D1203615

BIOLOGIE

2e édition

2e édition

BIOLOGIE

Neil A. Campbell • Jane B. Reece

Adaptation française:

Richard Mathieu
Cégep de Drummondville

ERPI
ÉDITIONS DU RENOUVEAU PÉDAGOGIQUE INC.

5757, RUE CYPIHOT, SAINT-LAURENT (QUÉBEC) H4S 1R3
TÉLÉPHONE : (514) 334-2690   TÉLÉCOPIEUR : (514) 334-4720
COURRIEL : erpidlm@erpi.com   www.erpi.com

Supervision éditoriale :
Sylvie Chapleau

Traduction :
Jean Blaquière, Marie-Claude Désorcy, Marc Lambert, Nathalie Liao,
Jean-Luc Riendeau, Traductions Artigau Inc.

Révision linguistique :
Bérengère Roudil, Leïla Turki

Recherche iconographique :
Chantal Bordeleau

Supervision de la production :
Muriel Normand

Correction d'épreuves :
Carole Laperrière, Hélène Léveillé

Édition électronique :
Alphatek

Conception graphique de la couverture :
E :RPi

Peinture de la couverture :
« À fleur de champs IV – Hirondelle rustique et Monarque », œuvre de Luc Leclerc.
Né au Québec, Luc Leclerc dessine et peint depuis son jeune âge. Peintre de la nature
reconnu pour son style unique, il a maintenant entrepris une carrière internationale.

Dans cet ouvrage, le générique masculin est utilisé sans aucune discrimination et
uniquement pour alléger le texte.

Dépôt légal : 1er trimestre 2004
Bibliothèque nationale du Québec
Bibliothèque nationale du Canada

Imprimé au Canada

ISBN 2-7613-1379-8

1234567890 II 09876543
20260   ABCD   LHM9

AVANT-PROPOS

Les innombrables articles scientifiques qui paraissent chaque année l'attestent : la biologie est la science pure qui connaît le plus grand essor. Ce manuel témoigne précisément du foisonnement d'idées et de découvertes qui animent tous les grands domaines de la biologie. J'ai accepté de travailler à son adaptation et à sa révision scientifique une deuxième fois parce qu'il me fascine toujours autant. D'une part, les auteurs montrent du début à la fin un grand souci pédagogique ; ils ont organisé l'ouvrage d'une façon qui permet une grande souplesse dans le choix d'une séquence de thèmes et ils fournissent une variété intéressante d'outils d'apprentissage. D'autre part, la richesse du contenu et l'abondance de l'iconographie, d'une qualité exceptionnelle, confèrent à l'ouvrage une valeur indubitable.

En effectuant mon travail d'adaptation, j'ai voulu donner à l'ouvrage une touche québécoise. C'est dans cette optique que j'ai choisi une scène familière pour la couverture. En outre, lorsque le texte s'y prêtait, j'ai substitué, dans les exemples, des espèces animales et végétales répertoriées au Québec aux espèces vivant exclusivement aux États-Unis. J'ai également ajouté des statistiques québécoises ou canadiennes concernant certaines maladies génétiques (chapitres 14 et 15). J'ai mis à jour les données relatives aux précipitations acides qui s'abattent sur le Québec (chapitre 3).

Par ailleurs, au cours de cette nouvelle adaptation, je me suis efforcé de répondre aux demandes des enseignants du réseau collégial. Ainsi, j'ai veillé à clarifier les concepts du transport membranaire, éliminant les termes qui pouvaient semer la confusion et articulant le tout dans un ensemble cohérent. J'ai enrichi le manuel de sections traitant notamment du foie, des organismes génétiquement modifiés (OGM) et d'une technique de superovulation. J'ai aussi ajouté un certain nombre de micrographies de tissus humains ; à ce sujet, précisons que toutes les micrographies sont dorénavant accompagnées de leur valeur de grossissement. J'ai porté une attention particulière au concept de régulation et j'ai inséré des réseaux de concepts, notamment dans les chapitres traitant des systèmes digestif et cardiovasculaire (chapitres 41 et 42). J'ai également peaufiné, à la suite des auteurs américains, le chapitre portant sur les défenses de l'organisme (chapitre 43). Enfin, j'ai complété les cycles biogéochimiques dans le chapitre traitant des écosystèmes (chapitre 54).

Dans le but d'enrichir la culture scientifique des élèves, j'ai placé en ouverture de chapitre une citation ayant un lien avec le thème général ou avec celui de l'une des sections, et ayant la plupart du temps pour auteur un chercheur qui a marqué l'histoire des sciences. Plusieurs passages du manuel de même que bon nombre de problèmes de la rubrique « Science, technologie et société », à la fin des chapitres, abordent des questions d'éthique.

De manière générale, conformément à l'approche programme, j'ai veillé à faire le lien avec les autres disciplines scientifiques enseignées aux niveaux collégial et secondaire, notamment sur le plan de la terminologie. Ainsi, vous trouverez en parallèle dans le texte de ce manuel de biologie les termes de chimie de la nouvelle nomenclature à laquelle les élèves ont été initiés pendant le secondaire et les termes de la nomenclature classique. Tout le monde peut ainsi s'y retrouver et la compréhension des notions biologiques en est d'autant facilitée. Vous constaterez également que les concepts appartenant à d'autres disciplines telles que la chimie, la géologie, les mathématiques et la physique portent ici les mêmes noms et sont mesurés avec les mêmes unités que dans leur discipline d'origine. Par exemple, vous lirez « concentration molaire volumique » au lieu de « molarité », concept désuet qui est encore trop utilisé dans les ouvrages traduits d'originaux américains. De plus, comme le veut la pratique en chimie et en physique, disciplines qui emploient les unités du Système international (SI), le « kilopascal » déloge dans ce manuel « l'atmosphère » et le « millimètre de mercure ». Ces unités de mesure font partie du système impérial et sont encore utilisées dans les milieux médicaux et hospitaliers bien que le Canada ait opté pour le Système international il y a une trentaine d'années. Cette uniformisation de la terminologie et des unités de mesure devrait faciliter les transferts d'apprentissage entre les disciplines. Le tableau périodique des éléments (appendice 3) m'a semblé nécessaire, particulièrement pour la première partie du manuel et les séances de laboratoire.

Pour donner au chapitre d'introduction la même structure que celle des autres chapitres, je lui ai adjoint une rubrique « Révision du chapitre ». Par ailleurs, dans toutes les rubriques « Autoévaluation », j'ai mis en évidence par du caractère gras les numéros des questions qui font surtout appel à la compréhension et j'ai fait en sorte qu'elles représentent au moins la moitié de l'ensemble des questions. À la fin des chapitres 14 et 15, qui traitent de la génétique mendélienne et des bases chromosomiques de l'hérédité, j'ai ajouté des questions sur les lignages et les caryotypes et, pour compenser, j'ai supprimé quelques problèmes de probabilité. J'ai par ailleurs étayé les outils d'apprentissage présentés en fin de chapitre d'une rubrique « Intégration », dont le but est de permettre une évaluation plus poussée de certaines connaissances et l'atteinte de certains des buts généraux du programme préuniversitaire en Sciences de la nature, notamment *appliquer la démarche scientifique, résoudre des problèmes de façon systématique, raisonner avec rigueur* et *traiter des situations nouvelles à partir de ses acquis* ; l'élève doit alors analyser, synthétiser et faire preuve d'esprit critique, notamment lorsqu'on lui demande de schématiser un réseau de concepts ou de faire appel à ce qu'il a appris dans d'autres disciplines.

Au cours de la révision scientifique, j'ai vérifié la pertinence et l'exactitude de toutes les informations, en faisant appel à de nombreux collègues des niveaux d'enseignement collégial et universitaire et en fouillant dans la littérature scientifique des années 2000. De plus, j'ai actualisé la nomenclature biologique et précisé tous les noms communs des espèces en leur adjoignant l'appellation latine, de manière à faciliter les recherches d'informations. À propos de la taxinomie, j'ai inséré des notes de bas de page qui témoignent du flou dans lequel baigne ce domaine depuis quelques années ; en effet, l'avènement récent de la systématique moléculaire et de la cladistique a inspiré de nombreuses hypothèses modifiant la classification traditionnelle. Un passage du manuel aide à comprendre dans quelle position inconfortable ce « flou biologique » nous place, les auteurs et moi-même : « Les chercheurs ne sont pas près d'arriver à un consensus quant aux liens entre les trois domaines du vivant et quant au nombre de règnes permettant de rendre compte de l'évolution. » (Chapitre 26, p. 568.)

L'adaptation resterait inachevée sans une révision linguistique poussée. Si la lisibilité du texte est une qualité de ce manuel, nous devons une fière chandelle à Bérengère Roudil et à Leïla Turki, qui n'ont pas ménagé leurs efforts ni leurs commentaires et suggestions pour faciliter la compréhension de concepts parfois difficiles à saisir.

Cette deuxième adaptation terminée, j'en ressors une fois de plus émerveillé par l'excellence de l'ouvrage. Je souhaite que vous ayez autant de plaisir que moi à découvrir ses multiples facettes : la richesse de l'information qu'il transmet aussi bien que la solidité de l'approche pédagogique qui le soutient.

Je remercie du fond du cœur mes proches, Ginette Gauthier, Joelle, Olivier et Sara-Claude, qui m'ont laissé à nouveau m'investir dans cette expérience et dont j'ai tout le temps senti l'encouragement, malgré le renoncement que tout ce travail leur impose. Je tiens également à remercier toute l'équipe des Éditions du Renouveau Pédagogique, plus précisément Sylvie Chapleau, Alain Belzil, Jean-Pierre Albert et Sylvain Giroux, pour l'assistance technique et professionnelle qu'ils m'ont apportée. J'exprime ma profonde gratitude à mes collègues enseignants et techniciens du Département des sciences de la nature du cégep de Drummondville, qui ont toujours bien accueilli mes nombreuses demandes et y ont répondu avec soin. Je m'en voudrais de passer sous silence la précieuse collaboration de Paul-André Girouard et de Céline Marier. Paul-André m'a beaucoup aidé dans la mise à jour de la nomenclature chimique et de la partie intitulée « La chimie de la vie », notamment dans la première édition. De son côté, Céline m'a fait part de ses suggestions et commentaires concernant certains passages, au cours de son utilisation de la première édition du manuel. Enfin, je remercie Francis Gagnon du collège Ahuntsic pour ses commentaires et suggestions sur le chapitre intitulé « The body's defenses » de l'édition originale américaine.

À tous mes élèves,

Anciens et nouveaux, sachez que c'est grâce à vous, à votre curiosité, à vos nombreuses questions qui souvent dépassent le cadre des cours que j'apprends chaque jour et que j'ai accepté de relever ce défi. Je vous en suis très reconnaissant et vous dédie ma contribution à ce manuel.

RICHARD MATHIEU

Professeur de biologie
Cégep de Drummondville

PRÉSENTATION DU MANUEL

L'étude de la biologie, c'est aussi la découverte d'une discipline à son apogée : des progrès exaltants ont amené une telle compréhension de la vie à chaque niveau de son organisation, depuis les molécules jusqu'à la biosphère, en passant par les cellules et les écosystèmes, que votre curiosité en sera d'autant aiguisée. Chercher à percer les mystères de la vie ne peut que rendre celle-ci fascinante : la résolution d'une question en entraîne une foule d'autres, lesquelles attisent l'intérêt pendant des dizaines d'années. Vous découvrirez également que la biologie est indissociable de la culture contemporaine, qu'elle est plus visible et plus influente que jamais ; elle fait de nos jours bien souvent la une des médias.

Tenant compte des changements qu'a connus et que connaît la discipline, nous avons fait subir à cette deuxième édition de *Biologie* une révision en profondeur. Cependant, nous n'avons pas perdu de vue les deux grands objectifs poursuivis dans l'édition précédente : expliquer les notions de biologie avec clarté et précision au moyen de fils conducteurs, et vous aider à vous faire une idée positive et réaliste de la science en tant que processus d'investigation.

La science en action dans divers contextes

La démarche scientifique, l'un des fils conducteurs de l'édition précédente, a été associée cette fois à d'autres aspects importants de la science, que nous avons regroupés sous la rubrique « La science en action ». Nous avons remanié le premier chapitre dans cette optique, afin de donner le coup d'envoi des 220 exemples de « La science en action » qu'on retrouve tout au long du manuel. Ces nombreux exemples présentent la rubrique dans cinq contextes, chacun étant identifié par une icône.

 met en évidence la démarche scientifique ou l'une de ses étapes par le biais d'études de cas, généralement ;

 décrit ou évoque une technique appliquée à la biologie ;

 souligne l'un des impacts de la science et de la technologie sur l'environnement ;

 relate un passage de l'histoire des sciences ;

 établit un lien avec l'évolution.

Le thème de l'évolution, plus présent que jamais

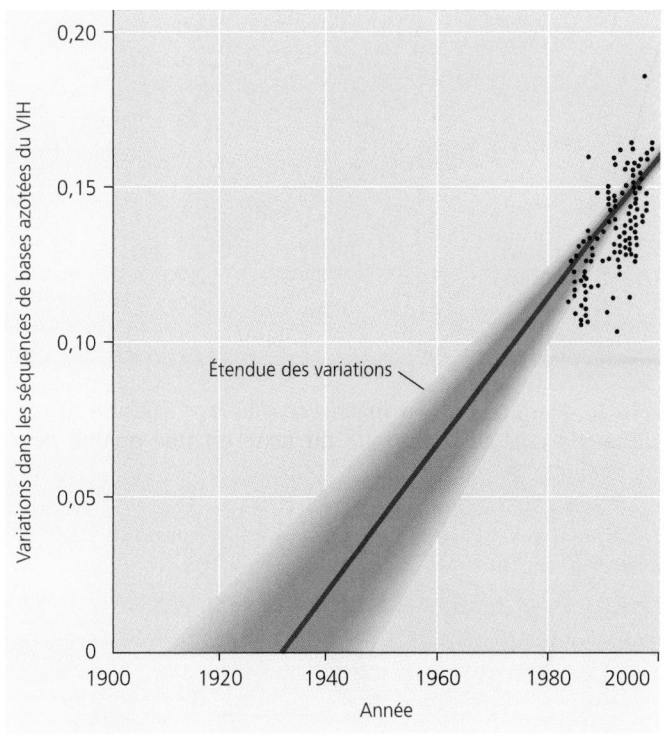

Datation de l'origine du VIH-1 M grâce à l'horloge moléculaire.

Les dix thèmes intégrateurs, ou fils conducteurs, présentés dans le premier chapitre servent de référence tout au long du manuel et permettent à celui-ci de se démarquer des ouvrages fondés sur une approche encyclopédique par sujet. Parmi les thèmes intégrateurs, celui de l'évolution est le principal : il témoigne à la fois de l'unité et de la diversité des êtres vivants, et constitue la trame de fond de chaque chapitre ; il vous guide dans la masse d'informations générées par l'explosion des découvertes. Cette seconde édition de *Biologie* lui accorde donc une très grande place. Ainsi, une nouvelle section du chapitre 25 (Phylogenèse et systématique) explique comment les chercheurs ont utilisé l'horloge moléculaire pour fixer l'origine du VIH. De plus, à la fin de chaque chapitre, un nouveau type de question intitulé « Lien avec l'évolution » vous aidera à situer dans un contexte biologique plus général ce que vous avez appris.

Des légendes descriptives et des figures encore plus nombreuses

L'étude de la biologie fait appel à des supports visuels, qui sont très utiles pour bon nombre d'élèves. En tant qu'auteurs, nous mettons autant de soin à trouver de nouvelles façons d'illustrer la biologie qu'à rédiger des textes clairs. Une réédition est l'occasion d'affiner la visée pédagogique des illustrations. Ainsi, pour illustrer de nouveaux exemples et faciliter l'apprentissage des concepts les plus difficiles, nous avons ajouté au-delà de 150 figures. En outre, notamment pour vous guider dans l'étude des structures et des processus biologiques complexes, nous nous sommes très souvent attachés à rédiger une légende descriptive faisant le lien entre le texte et les figures. Voici un exemple.

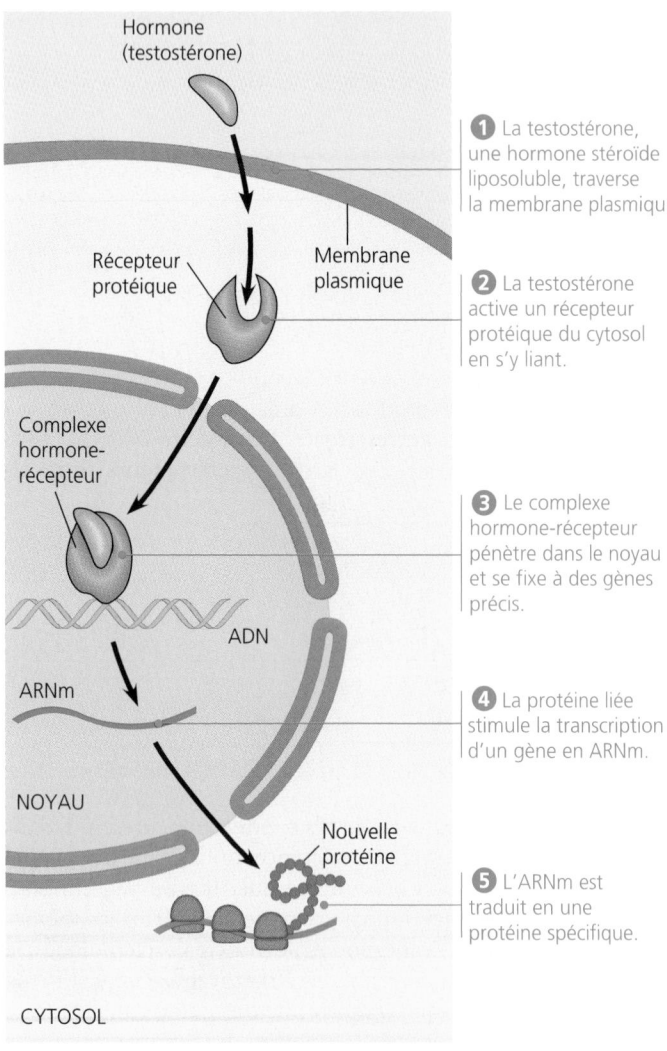

La figure illustre le mécanisme d'action d'une hormone stéroïde (testostérone) :

Hormone (testostérone)

Membrane plasmique

Récepteur protéique

Complexe hormone-récepteur

ADN

ARNm

NOYAU

Nouvelle protéine

CYTOSOL

❶ La testostérone, une hormone stéroïde liposoluble, traverse la membrane plasmiqu

❷ La testostérone active un récepteur protéique du cytosol en s'y liant.

❸ Le complexe hormone-récepteur pénètre dans le noyau et se fixe à des gènes précis.

❹ La protéine liée stimule la transcription d'un gène en ARNm.

❺ L'ARNm est traduit en une protéine spécifique.

Une section *Révision du chapitre* étoffée

Considérée comme un outil d'apprentissage essentiel, la section « Révision du chapitre », qui termine chaque chapitre, a subi certaines modifications. Outre le résumé des concepts importants et les questions à choix multiples qui figuraient déjà dans l'édition précédente, elle comporte maintenant, dans la rubrique « Autoévaluation », des questions à réponses brèves, selon les vœux exprimés par de nombreux élèves et enseignants. Les questions de la rubrique « Autoévaluation » vous aident à évaluer votre compréhension du contenu du chapitre et vous demandent parfois d'utiliser vos nouvelles connaissances ou de résoudre des problèmes. Les réponses à ces questions se trouvent maintenant à la dernière page du chapitre, et non plus en appendice. La section « Révision du chapitre » comporte également trois catégories de questions à développement plus

substantiel, dont deux nouvelles — « Lien avec l'évolution » et « Intégration » — s'ajoutent à « Science, technologie et société », qui figurait dans l'édition précédente. Ces trois catégories de questions à développement vous donnent l'occasion d'expliquer dans vos propres mots les notions présentées et d'appliquer les connaissances que vous avez acquises dans d'autres domaines ou d'autres sciences. De plus, elles vous apprennent à faire preuve d'esprit critique dans les débats complexes entourant la biologie, à utiliser vos acquis pour examiner des problèmes concernant la biologie et plus précisément l'évolution, et à émettre vous-même des hypothèses vérifiables.

Cette deuxième édition s'accompagne par ailleurs d'un site Web (**www.erpi.com/campbell.cw**) comprenant plus de 500 questions à choix multiple qui permettront à l'élève de tester ses connaissances.

Des concepts et des thèmes qui se complètent bien

Les concepts clés et les thèmes intégrateurs du manuel s'harmonisent pour vous aider à vous faire une idée cohérente du vivant. Par exemple, le concept intitulé « des mécanismes de rétro-inhibition régulent la respiration cellulaire » est propre à la matière abordée au chapitre 9. Cependant, la régulation, l'un des dix thèmes intégrateurs, vous aide à situer la notion de régulation de la respiration dans un cadre conceptuel plus général, qui s'applique à de nombreux processus biologiques. Ainsi, les concepts clés structurent les différents chapitres, et les thèmes intégrateurs établissent des liens entre les concepts et consolident l'ensemble du manuel.

Un manuel polyvalent

Ne serait-ce qu'avec le contenu des concepts clés de ses différents chapitres, *Biologie* couvre plus de matière que la plupart des cours d'introduction à la discipline. Effectivement, compte tenu de la grande diversité des plans de cours en biologie générale, nous avons choisi de donner une vue d'ensemble suffisamment vaste mais en même temps suffisamment approfondie pour nous adapter aux différentes priorités des enseignants. Les élèves aussi semblent apprécier l'équilibre entre étendue et profondeur : la grande majorité de ceux qui ont utilisé *Biologie* l'ont conservé. En fait, nous recevons de nombreux témoignages d'étudiants, notamment d'étudiants en médecine, qui affirment apprécier la valeur à long terme de *Biologie* comme référence générale dans leur formation continue.

Un manuel qui permet d'atteindre les objectifs et les éléments de compétence de tous les plans de cours

Certes, peu de cours couvrent la matière des 55 chapitres de ce manuel. Toutefois, un cours de biologie générale peut s'organiser de plusieurs façons, toutes très judicieuses. Bien que la table des matières d'un manuel de biologie soit linéaire, la science en soi est plutôt constituée d'idées entrelacées. Ainsi, différents cours peuvent naviguer dans ce réseau de notions en prenant divers points de départ, par exemple les molécules et les cellules, ou l'évolution et la diversité des organismes, ou encore les grandes perspectives de l'écologie. Nous avons voulu que ce manuel soit assez souple pour s'adapter à différents plans de cours. Les huit parties qu'il comporte sont dans une large mesure indépendantes les unes des autres, et la plupart des chapitres d'une partie ou de parties différentes peuvent être organisés en une séquence nouvelle sans que cela nuise réellement à la cohérence générale. Par exemple, l'enseignant qui intègre la physiologie végétale et animale dans une approche des systèmes peut fusionner les chapitres de la sixième partie (Anatomie et physiologie végétales) et de la septième partie (Anatomie et physiologie animales) pour les adapter à son cours. De même, l'enseignant qui commence son cours par l'écologie et continue avec cette approche « descendante », c'est-à-dire partant du macroscopique et terminant avec le microscopique, peut aborder la huitième partie (L'écologie) immédiatement après le premier chapitre (Introduction : dix thèmes intégrateurs pour l'étude des êtres vivants). Ce sont les thèmes présentés dans le premier chapitre qui, en fournissant un contexte global, donnent à la structure du livre toute sa souplesse.

Un aperçu de la deuxième édition

Des onglets de couleurs variées permettent de repérer chacune des parties du manuel et d'y accéder rapidement.

Première partie : *La chimie de la vie* Un grand nombre d'élèves ont de la difficulté à suivre un cours de biologie générale parce qu'ils ne maîtrisent pas les bases de la chimie. Conçus pour les aider, les chapitres 2 à 4 récapitulent les notions de 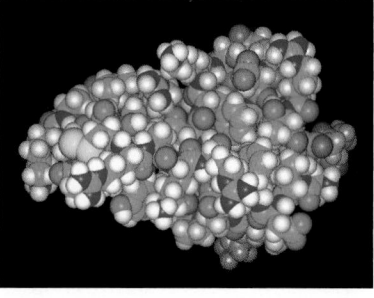 chimie qui sont essentielles pour réussir un cours d'introduction à la biologie. Nous avons préparé les chapitres de cette première partie de façon que les élèves, quelle que soit leur formation, puissent les étudier à la maison ; les périodes de cours autrefois consacrées à la révision de la chimie pourront alors être utilement réinvesties. Notons cependant que le chapitre 5 (Structure et fonction des macromolécules) et le chapitre 6 (Introduction au métabolisme) sont plus approfondis que les autres et qu'ils exigeront un certain effort des élèves, même de ceux qui possèdent une bonne base en chimie. Parmi les nouveautés de cette première partie du manuel, mentionnons la mise à jour, au chapitre 5, de l'exposé sur les chaperonines.

Deuxième partie : *La cellule* Les chapitres 7 à 12 montrent que l'étroite corrélation entre la structure et la fonction sert de fil conducteur à l'étude de la cellule. Par exemple, chaque chapitre de cette partie revient sur l'impor-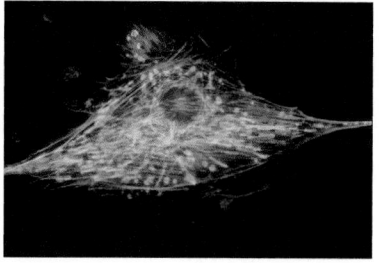tance des membranes dans la régulation des fonctions cellulaires. Le chapitre 7 (Exploration de la cellule) propose de nouvelles figures illustrant une vue d'ensemble des cellules animales et végétales. Le chapitre 8 présente maintenant le rôle des aquaporines, qui facilitent la diffusion de l'eau à travers les membranes plasmiques. Le chapitre 11, sur la communication cellulaire, est nouveau. Il résume nos connaissances actuelles sur les principaux mécanismes qui permettent aux cellules de détecter et d'analyser les stimulus chimiques envoyés par des pairs, et d'y répondre ; il fournit ainsi une base conceptuelle pour aborder divers autres sujets. Dans cette édition, nous avons étoffé l'information relative aux récepteurs intracellulaires (stéroïdes), tout en réservant l'approfondissement du sujet au chapitre 45 (La régulation chimique chez les Animaux).

Troisième partie : *La génétique* Les chapitres 13 à 21 abordent la génétique dans une perspective historique, depuis Mendel jusqu'à l'ère contemporaine de la biotechnologie, avec la démarche scientifique comme thème principal. La troisième partie couvre abondamment la génétique humaine. Nous avons effectué une sérieuse mise à jour de tous les chapitres portant sur la biologie moléculaire – chapitres 16 à 21 –, afin de rendre compte des 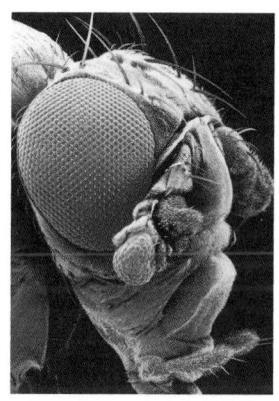 récentes avancées dans ce domaine en constante évolution. Les progrès réalisés en génomique nous ont conduits à modifier en profondeur le chapitre 20 (La biotechnologie). Ainsi, parmi les nouvelles figures, vous trouverez un diagramme illustrant les deux principales stratégies de séquençage d'un génome. Dans cette troisième partie, nous avons revu la présentation de nombreuses figures existantes (par exemple la série de diagrammes expliquant la réplication de l'ADN) afin de rendre leur lecture plus efficace. Le dernier chapitre de cette troisième partie, le chapitre 21, est nouveau. Portant sur la génétique du développement embryonnaire, il s'appuie sur les principes moléculaires, cellulaires et génétiques pour introduire les notions de base du développement qui s'appliquent aussi bien aux Animaux qu'aux Végétaux ; la Mouche du vinaigre (*Drosophila melanogaster*), un ver rond (*Cænorhabditis elegans*) et une plante, l'Arabette des dames (*Arabidopsis thaliana*), font l'objet des principales études de cas. (D'autres chapitres, dans d'autres parties du manuel, présentent de manière plus complète le développement des Vertébrés et celui des Végétaux.)

Quatrième partie: *Les mécanismes de l'évolution* L'évolution, thème central, constitue le fil conducteur de tout le manuel et le sujet de la quatrième partie. Les chapitres 22 à 25 sont entièrement consacrés à l'évolution de la vie et à la  façon dont les biologistes étudient l'évolution et vérifient les hypothèses évolutionnistes. Parmi les nouveautés de cette partie, notons les suivantes: le chapitre 22 (La «descendance modifiée»: l'évolution selon Darwin) présente le VIH dans une étude de cas sur la sélection naturelle en action; le chapitre 23 (L'évolution des populations) possède une section sur la biologie de l'évolution de la reproduction sexuée; le chapitre 24 (L'origine des espèces) examine en détail les différentes définitions du concept d'espèce et comporte une section sur la relation entre évolution et développement qui a été révisée en profondeur; enfin, le chapitre 25 (Phylogenèse et systématique) présente des exemples pour vous faire progresser dans les étapes de l'analyse cladistique, notamment dans la construction de cladogrammes à partir de séquences d'ADN.

Cinquième partie: *La diversité biologique à travers l'évolution* Un regain d'intérêt pour les archives géologiques nous incite à revoir l'histoire et la classification des organismes vivants. Nous avons donc tenté de saisir la  passion que suscite la révolution scientifique apportée par la systématique moléculaire et l'analyse cladistique. Le chapitre 26 (La terre primitive et l'origine de la vie) présente maintenant une vue d'ensemble de toute la partie sous forme de chronologie des événements importants de l'évolution du vivant. Le chapitre 27 (Les procaryotes et l'origine de la diversité métabolique) étudie la diversité des procaryotes en se fondant sur les principaux clades des Bactéries et des Archéobactéries. Le chapitre 28 (L'origine de la diversité des Eucaryotes) expose l'hypothèse selon laquelle les trois domaines d'êtres vivants sont issus de communautés de procaryotes qui se sont livrées à des échanges d'ADN; il relie également la diversité des Algues à l'évolution des plastes. Dans cette édition, deux chapitres (29 et 30) traitent de la diversité des Végétaux; ils expliquent l'évolution des Végétaux issus des Algues vertes, appelées «Charophytes», et comportent une taxinomie révisée des groupes de Végétaux qui reflète les récents progrès de la systématique. Dans le chapitre 31, sur les Eumycètes, les diagrammes des cycles de développement ont été révisés en profondeur: ils mettent maintenant en évidence les principales adaptations de chaque groupe à la reproduction. Enfin, les chapitres 32 à 34, sur la diversité des Animaux, ainsi que tous les autres chapitres de la partie présentent les hypothèses phylogénétiques et la taxinomie comme des thèmes en évolution, susceptibles d'être révisés à la lumière des nouvelles preuves apportées par la systématique moléculaire. Le remaniement en profondeur de cette cinquième partie visait à vous aider à bien suivre tous les changements que connaît en ce moment la taxinomie, tout en vous fournissant une vue d'ensemble claire de la diversité du vivant. Notre objectif était de vous amener à bien comprendre pourquoi des questions comme la relation entre les Annélides et les Arthropodes ne sont pas encore réglées, en veillant à ne pas alourdir la biologie des Annélides, des Arthropodes et des autres principaux groupes d'organismes. Enfin, avec le nouveau chapitre qu'est le chapitre 32 et qui porte sur l'évolution des Animaux, nous avons voulu accorder une plus grande place encore au thème de l'évolution.

Sixième partie: *Anatomie et physiologie végétales* La biologie des Végétaux connaît un grand renouveau. L'annonce, en 2000, de la séquence complète de l'ADN du génome d'*Arabidopsis thaliana*, la «souris blanche» des laboratoires de recherche modernes, marque le début de ce qui promet d'être une ère encore plus dynamique pour l'étude des Végétaux. Les derniers progrès nous ont ainsi conduits à actualiser les sections sur le  fondement cellulaire du développement des Végétaux, que nous avons insérées dans le chapitre 35 afin d'intégrer le développement à notre étude de l'anatomie et de la croissance des Végétaux. Le chapitre 35 (Anatomie et croissance des Végétaux), par exemple, traite maintenant d'une recherche sur les racines dont les cellules (trichoblastes) produisent des poils absorbants. Par ailleurs, le rôle des voies de conversion-amplification constitue dorénavant un concept organisateur pour tout le chapitre 39 (Les réponses des Végétaux aux stimulus internes et externes).

Septième partie: *Anatomie et physiologie animales* Les chapitres 40 à 49 explorent les diverses adaptations qui sont apparues au sein du règne animal. Dans cette édition, nous avons donné une plus grande place aux thèmes de la bioéner-  gétique et de la régulation dans toute cette partie. Par exemple, le chapitre 40 (Structure et fonction chez les Animaux: Introduction) comporte maintenant une section sur les allocations énergétiques de diverses espèces animales. De plus, nous avons mis à jour le chapitre 43, sur l'immunologie, en portant une attention spéciale au système immunitaire des Invertébrés, au complexe majeur d'histocompatibilité des

Vertébrés, aux maladies auto-immunes et au sida. Nous avons également simplifié et actualisé le chapitre 47 (Le développement chez les Animaux). Enfin, nous avons renouvelé le contenu des chapitres 48 (La régulation nerveuse chez les Animaux) et 49 (Mécanismes sensoriels et moteurs chez les Animaux) afin de rendre compte des progrès de la neuroscience. Par exemple, le chapitre 48 présente les dernières découvertes qui ont amélioré notre compréhension du fonctionnement de l'encéphale; il comporte des sections sur la façon dont les axones en développement se dirigent et sur la découverte et l'importance en médecine des cellules souches dans le système nerveux central.

Huitième partie: *L'écologie* Les chapitres 50 à 55 mettent en relief l'importance des liens entre l'écologie et l'évolution. Cette huitième partie établit le bien-fondé de la recherche fondamentale en écologie à une époque où l'activité humaine menace la biosphère. Dans tous les chapitres, nous avons introduit des études de cas et des analyses de nombreuses expériences sur le terrain ; cette partie, sur l'écologie, s'en est trouvée renouvelée.

Ainsi, le chapitre 52 (L'écologie des populations) présente des expériences que les écologistes réalisent pour déterminer les facteurs limitant la croissance démographique. Le chapitre 53 (L'écologie des communautés) compare le modèle des rivets à celui de la redondance en traitant de la structure des communautés, et rend compte des recherches sur les modèles ascendant et descendant qui se rapportent à la détermination de la structure d'une communauté. Le chapitre 54 (Les écosystèmes) présente une vue d'ensemble des expériences ayant pour but de vérifier quels nutriments limitent la productivité dans divers écosystèmes aquatiques. Enfin, le tout nouveau chapitre qu'est le chapitre 55 (La biologie de la conservation) met à profit l'étude des facteurs qui interviennent dans la perte de la biodiversité pour comparer l'approche des petites populations à l'approche des populations déclinantes ; ces deux approches permettent d'élaborer diverses stratégies visant à contrer la disparition d'espèces.

■   ■   ■

Ce qui fait un bon manuel, c'est surtout sa capacité à venir en aide tant aux enseignants qu'aux élèves. Nous sommes ouverts à tous les commentaires des lecteurs et utilisateurs de *Biologie*. Veuillez utiliser le site Web de l'éditeur ou vous adresser au représentant de l'éditeur dans votre région pour nous faire parvenir toutes vos remarques.

NEIL CAMPBELL
JANE REECE
RICHARD MATHIEU

SOMMAIRE

1   Introduction : dix thèmes intégrateurs pour l'étude
    des êtres vivants   1

PREMIÈRE PARTIE
LA CHIMIE DE LA VIE

2   L'organisation chimique fondamentale de la vie   27
3   La singularité vitale de l'eau   43
4   Le carbone et la diversité moléculaire de la vie   55
5   Structure et fonction des macromolécules   65
6   Introduction au métabolisme   91

DEUXIÈME PARTIE
LA CELLULE

7   Exploration de la cellule   111
8   Structure et fonction des membranes   143
9   La respiration cellulaire et la fermentation   163
10 La photosynthèse   187
11 La communication cellulaire   209
12 Le cycle cellulaire   229

TROISIÈME PARTIE
LA GÉNÉTIQUE

13 La méiose et les cycles de développement sexués   249
14 Mendel et le concept de gène   263
15 Les bases chromosomiques de l'hérédité   289
16 Les bases moléculaires de l'hérédité   309
17 Du gène à la protéine   327
18 La génétique des virus et des procaryotes   355
19 Structure et régulation du génome chez les eucaryotes   383
20 La biotechnologie   407
21 La génétique du développement embryonnaire   437

QUATRIÈME PARTIE
LES MÉCANISMES DE L'ÉVOLUTION

22 La « descendance modifiée » : l'évolution selon Darwin   465
23 L'évolution des populations   483
24 L'origine des espèces   505
25 Phylogenèse et systématique   527

CINQUIÈME PARTIE
LA DIVERSITÉ BIOLOGIQUE
À TRAVERS L'ÉVOLUTION

26 La terre primitive et l'origine de la vie   553
27 Les procaryotes et l'origine de la diversité métabolique   571

28 L'origine de la diversité des eucaryotes   593
29 La diversité des végétaux I : la colonisation
    des milieux terrestres   625
30 La diversité des végétaux II : l'évolution
    des plantes à graines   649
31 Les eumycètes   669
32 L'évolution des animaux   689
33 Les invertébrés   703
34 Évolution et diversité des vertébrés   739

SIXIÈME PARTIE
ANATOMIE ET PHYSIOLOGIE VÉGÉTALES

35 Anatomie et croissance des végétaux   781
36 Le transport des nutriments chez les végétaux   811
37 La nutrition chez les végétaux   833
38 Reproduction et biotechnologie végétales   851
39 Les réponses des végétaux aux stimulus internes
    et externes   871

SEPTIÈME PARTIE
ANATOMIE ET PHYSIOLOGIE ANIMALES

40 Structure et fonction chez les animaux : introduction   903
41 La nutrition chez les animaux   921
42 Circulation et échanges gazeux   949
43 Les défenses de l'organisme   983
44 La régulation du milieu interne   1011
45 La régulation chimique chez les animaux   1043
46 La reproduction chez les animaux   1065
47 Le développement chez les animaux   1091
48 La régulation nerveuse chez les animaux   1117
49 Mécanismes sensoriels et moteurs chez les animaux   1157

HUITIÈME PARTIE
L'ÉCOLOGIE

50 L'écologie et la biosphère : introduction   1193
51 La biologie du comportement   1225
52 L'écologie des populations   1257
53 L'écologie des communautés   1283
54 Les écosystèmes   1309
55 La biologie de la conservation   1339

TABLE DES MATIÈRES

Avant-propos   V

Présentation du manuel   VII

Sommaire   XII

1 INTRODUCTION : DIX THÈMES INTÉGRATEURS POUR L'ÉTUDE DES ÊTRES VIVANTS   1

L'organisation biologique   2

De nouvelles propriétés apparaissent à chaque niveau de l'organisation biologique   2

La cellule est l'unité structurale et fonctionnelle des organismes   4

La perpétuation de la vie repose sur l'information héréditaire contenue dans l'ADN   6

Il y a une corrélation constante entre la structure et la fonction à tous les niveaux de l'organisation biologique   7

Les organismes sont des systèmes ouverts qui interagissent sans cesse avec leur environnement   8

Des mécanismes de régulation assurent un équilibre dynamique dans les organismes   9

Évolution, unité et diversité   10

La vie sur la Terre se caractérise à la fois par l'unité et la diversité   10

L'évolution est le fil conducteur principal en biologie   13

La démarche scientifique   15

La démarche scientifique est un processus d'enquête amorcé par des observations répétitives et fondé sur des hypothèses vérifiables   15

La science et la technologie sont au service de la société   21

Révision : les 10 thèmes intégrateurs en biologie   22

Révision du chapitre   24

PREMIÈRE PARTIE
LA CHIMIE DE LA VIE

2 L'ORGANISATION CHIMIQUE FONDAMENTALE DE LA VIE   27

Éléments et composés chimiques   27

La matière est constituée d'éléments chimiques purs ou combinés, appelés composés   27

Environ 25 éléments chimiques sont essentiels à la vie   28

Atomes et molécules   29

La structure atomique d'un élément détermine son comportement   29

Les atomes établissent des liaisons chimiques pour former des molécules   34

Les liaisons chimiques faibles ont une grande importance biologique   37

Une molécule a une fonction biologique qui dépend de sa forme tridimensionnelle   38

Les réactions chimiques établissent et rompent des liaisons chimiques   39

Révision du chapitre   40

3 LA SINGULARITÉ VITALE DE L'EAU   43

Les effets de la polarité de l'eau   43

La polarité des molécules d'eau permet les liaisons hydrogène   43

Les organismes dépendent de la cohésion des molécules d'eau   44

L'eau stabilise les températures sur la Terre   44

Les océans et les lacs ne gèlent pas complètement parce que la glace flotte   46

L'eau : un solvant incomparable   46

La dissociation des molécules d'eau   49

Les organismes sont sensibles aux variations du pH   49

Les précipitations acides menacent l'environnement   51

Révision du chapitre   53

4 LE CARBONE ET LA DIVERSITÉ MOLÉCULAIRE DE LA VIE   55

L'importance du carbone   55

La chimie organique étudie les composés du carbone   55

Les atomes de carbone sont les éléments constitutifs les plus polyvalents   56

Les variations dans les squelettes carbonés contribuent à la diversité des molécules organiques   57

Les groupements fonctionnels   60

Les groupements fonctionnels contribuent à la diversité moléculaire de la vie   60

Les éléments chimiques de la vie : *une révision*   62

Révision du chapitre   63

5 STRUCTURE ET FONCTION DES MACROMOLÉCULES   65

Synthèse et dégradation des polymères   65

La plupart des macromolécules sont des polymères   66

On peut construire une infinité de polymères à partir d'un petit ensemble de monomères   67

Les glucides – des sources d'énergie et des matériaux de structure   67

Les monosaccharides composent les disaccharides et sont des sources d'énergie et de carbone   67

Les polysaccharides, des polymères de monosaccharides, constituent des substances de réserve destinées à la production d'énergie ou servent de matières premières   68

Les lipides – des molécules hydrophobes d'aspect varié   71

Les graisses emmagasinent de grandes quantités d'énergie   72

Les phosphoglycérolipides constituent la majeure partie des membranes cellulaires   73

Les stéroïdes comprennent le cholestérol et certaines hormones   73

Les protéines – de nombreux niveaux de structure, des fonctions très diversifiées   74

Un polypeptide est un polymère d'acides aminés associés selon une séquence déterminée   75

Une protéine a une fonction qui dépend de sa conformation particulière   77

Les acides nucléiques – des polymères de nucléotides jouant un rôle dans l'information génétique   83

Les acides nucléiques emmagasinent et transmettent l'information génétique   84

Un brin d'acide nucléique est un polymère de nucléotides   85

L'hérédité se fonde sur la réplication de la double hélice d'ADN   85

L'ADN et les protéines sont des reflets de l'évolution   87

Révision du chapitre   88

---

6   INTRODUCTION AU MÉTABOLISME   91

Métabolisme, énergie et vie   91

La chimie de la vie est organisée en voies métaboliques   91

Les organismes transforment l'énergie   92

Les transformations d'énergie chez les êtres vivants obéissent à deux principes de la thermodynamique   93

Les organismes vivent grâce à l'énergie libre   95

L'ATP permet le travail cellulaire en couplant les réactions exergoniques aux réactions endergoniques   98

Les enzymes   99

Les enzymes accélèrent les réactions métaboliques en abaissant les barrières énergétiques   100

Les enzymes sont spécifiques au substrat   102

Le site actif d'une enzyme est son centre catalytique   102

L'environnement physique et chimique d'une cellule influe sur l'activité d'une enzyme   103

La régulation du métabolisme   105

La régulation du métabolisme dépend souvent de la régulation allostérique   105

L'organisation des enzymes dans une cellule favorise la coordination du métabolisme   106

L'émergence en rappel   107

Révision du chapitre   107

DEUXIÈME PARTIE

LA CELLULE

7   EXPLORATION DE LA CELLULE   111

Les techniques d'étude de la cellule   112

Les microscopes nous donnent accès à l'univers de la cellule   112

Les cytologistes isolent les organites en vue d'étudier leur fonction   114

Vue d'ensemble de l'organisation cellulaire   114

Les cellules procaryotes et les cellules eucaryotes diffèrent par leur taille et par leur complexité   114

Des membranes internes compartimentent les fonctions de la cellule eucaryote   116

Noyau et ribosomes   117

Le noyau renferme l'information génétique de la cellule eucaryote   117

Les ribosomes assemblent les protéines cellulaires   121

Le réseau intracellulaire de membranes   121

En plus de réaliser de nombreuses autres synthèses, le réticulum endoplasmique fabrique des membranes   121

L'appareil de Golgi affine, trie et expédie les produits cellulaires   123

Les lysosomes sont des compartiments destinés à la digestion   124

Les vacuoles remplissent diverses fonctions ayant pour but l'entretien cellulaire   126

Autres organites membraneux   127

Les mitochondries et les chloroplastes sont les principaux convertisseurs d'énergie de la cellule   127

En accomplissant diverses fonctions métaboliques, les peroxysomes produisent et dégradent le H_2O_2 128

Le cytosquelette   129

En plus d'assurer le soutien structural de la cellule, le cytosquelette joue un rôle dans la mobilité et la régulation de la cellule   129

Surface cellulaire et jonctions intercellulaires   135

Une paroi cellulaire entoure les cellules végétales   135

La matrice extracellulaire des cellules animales joue un rôle dans le soutien structural, l'adhérence, le mouvement et la régulation de la cellule   136

Les jonctions intercellulaires assurent l'intégration des cellules dans les tissus   137

La cellule est une entité supérieure à la somme de ses parties   137

Révision du chapitre   139

---

8   STRUCTURE ET FONCTION DES MEMBRANES   143

La structure des membranes   143

Les modèles de membranes évoluent au fil des découvertes scientifiques   144

Les membranes sont fluides   145

Les membranes sont des mosaïques aux structures et aux fonctions multiples   147

Les glucides membranaires jouent un rôle majeur dans la reconnaissance intercellulaire   148

Le transport à travers une membrane   148

Une membrane a une perméabilité sélective qui résulte de sa structure   149

La diffusion à travers une membrane constitue un mode de transport passif (celui-ci ne nécessite aucune énergie provenant de l'ATP)   150

Le transport passif de l'eau est appelé osmose   152

La survie de la cellule dépend de l'équilibre entre l'entrée et la sortie d'eau   152

Des protéines spécifiques facilitent le transport passif de l'eau et de certains solutés : *une étude détaillée*   153

Le transport actif consiste à pomper des solutés à l'encontre de leurs gradients de concentration (ce mode de transport s'effectue grâce à l'énergie fournie par l'ATP)   155

Certaines pompes ioniques engendrent une différence de potentiel électrique de part et d'autre d'une membrane   155

Le cotransport est le transport par une protéine membranaire de deux solutés différents   157

Les macromolécules et les particules traversent la membrane par exocytose, phagocytose ou endocytose   157

Révision du chapitre   160

9 LA RESPIRATION CELLULAIRE ET LA FERMENTATION — 163

Les principes relatifs à l'extraction d'énergie — 163

La respiration cellulaire et la fermentation sont des voies cataboliques génératrices d'énergie — 164

La cellule régénère l'ATP, la substance qui lui procure l'énergie nécessaire pour effectuer un travail — 164

Les réactions d'oxydoréduction libèrent de l'énergie quand les électrons se rapprochent des atomes électronégatifs — 165

Les électrons sont transférés des molécules organiques au dioxygène au cours de la respiration cellulaire aérobie — 166

Dans la chaîne de transport d'électrons, le transfert des électrons s'effectue en une série d'étapes par l'entremise du NAD$^+$ — 166

La respiration cellulaire aérobie — 168

Caractéristiques générales de la respiration cellulaire aérobie — 168

La glycolyse libère de l'énergie chimique en oxydant le glucose en pyruvate : *une étude détaillée* — 169

Le cycle de krebs achève l'oxydation des molécules organiques : *une étude détaillée* — 172

La membrane mitochondriale interne couple le transport des électrons à la synthèse d'ATP : *une étude détaillée* — 174

Chaque mole de glucose oxydée par la respiration cellulaire aérobie génère de nombreuses moles d'ATP : *une révision* — 176

Autres processus métaboliques associés à la production d'énergie — 178

La fermentation permet à certaines cellules de produire de l'ATP en l'absence de dioxygène — 179

La glycolyse et le cycle de Krebs sont liés à de nombreuses autres voies métaboliques — 181

Des mécanismes de rétro-inhibition régulent la respiration cellulaire — 182

Révision du chapitre — 183

10 LA PHOTOSYNTHÈSE — 187

La photosynthèse dans la nature — 187

Les Végétaux et les autres autotrophes sont les producteurs de la biosphère — 187

Les chloroplastes sont les sites de la photosynthèse — 189

Les voies métaboliques de la photosynthèse — 190

La découverte de la scission des molécules d'eau par les chloroplastes a permis aux chercheurs de suivre le parcours des atomes pendant la photosynthèse — 190

L'énergie chimique des aliments provient de l'énergie lumineuse transformée par les réactions photochimiques et le cycle de calvin : *une vue d'ensemble* — 191

L'énergie chimique de l'ATP et du NADPH + H$^+$ provient de l'énergie solaire transformée par les réactions photochimiques : *une étude détaillée* — 192

Le cycle de calvin convertit du CO_2 en glucide à l'aide de l'ATP et du NADPH + H$^+$: *une étude détaillée* — 199

Les climats chauds et arides ont favorisé l'apparition de nouveaux modes de fixation du carbone — 202

La biosphère doit son existence à la photosynthèse : *une révision* — 204

Révision du chapitre — 205

11 LA COMMUNICATION CELLULAIRE — 209

Vue d'ensemble de la communication cellulaire — 209

La communication cellulaire est apparue très tôt dans l'histoire de la vie — 210

Les cellules communiquent à proximité ou à distance — 210

Les trois phases de la communication cellulaire sont la réception du stimulus, la conversion-amplification de celui-ci et la réponse de la cellule — 212

Réception du stimulus et amorce de la phase de conversion-amplification — 213

La molécule de communication se lie à un récepteur protéique et modifie sa conformation — 213

La majorité des récepteurs sont des protéines membranaires — 213

Les voies de conversion-amplification — 217

Les voies de conversion-amplification préparent la réponse cellulaire — 217

La phosphorylation des protéines, un mode courant de régulation des cellules, joue un rôle crucial dans la phase de conversion-amplification d'un stimulus — 218

Certaines petites molécules et certains ions sont des éléments clés des voies de conversion-amplification (seconds messagers) — 218

La réponse cellulaire — 222

En réponse à un stimulus, la cellule peut réguler certaines fonctions dans le cytoplasme ou la transcription dans le noyau — 222

Des voies plus élaborées amplifient et affinent la réponse de la cellule aux stimulus — 223

Révision du chapitre — 225

12 LE CYCLE CELLULAIRE — 229

Les fonctions essentielles de la division cellulaire — 229

La reproduction, la croissance et la régénération passent par la division cellulaire — 230

La division cellulaire attribue un jeu identique de chromosomes à chaque cellule fille — 230

La mitose dans le cycle cellulaire — 232

La phase mitotique alterne avec l'interphase au cours du cycle cellulaire : *une vue d'ensemble* — 232

Le fuseau de division répartit les chromosomes entre les cellules filles : *une étude détaillée* — 233

La cytocinèse est le processus par lequel le cytoplasme se divise en deux : *une étude détaillée* — 233

La mitose chez les eucaryotes a possiblement évolué à partir de la scissiparité bactérienne — 236

La régulation du cycle cellulaire — 238

Un mécanisme de régulation moléculaire gouverne le cycle cellulaire — 238

Des stimulus internes et externes concourent à réguler le cycle cellulaire — 241

Les cellules tumorales échappent à la régulation du cycle cellulaire — 244

Révision du chapitre — 245

TROISIÈME PARTIE

LA GÉNÉTIQUE

13 LA MÉIOSE ET LES CYCLES DE DÉVELOPPEMENT SEXUÉS — 249

Introduction à l'hérédité — 250

Les gènes des parents sont transmis à leurs enfants par l'intermédiaire des chromosomes — 250

La reproduction sexuée crée une plus grande
variation que la reproduction asexuée 250

Le rôle de la méiose dans la reproduction sexuée 251

La méiose et la fécondation alternent
dans la reproduction sexuée 251

La méiose est la réduction de moitié du nombre
de chromosomes et le passage du stade diploïde
au stade haploïde : *une étude détaillée* 254

Les origines de la variation génétique 255

La reproduction sexuée est une source de variation
génétique chez les descendants 255

L'évolution résulte de la variation génétique 260

Révision du chapitre 261

14 MENDEL ET LE CONCEPT DE GÈNE 263

Les découvertes de Gregor Mendel 264

Mendel a introduit une approche expérimentale
et quantitative dans le domaine de la génétique 264

Loi mendélienne de la ségrégation : les deux allèles
d'un gène vont dans des gamètes distincts 265

Loi mendélienne de l'assortiment indépendant
des caractères : les allèles des diverses paires se répartissent
dans les gamètes indépendamment les uns des autres 268

Les lois de l'hérédité de Mendel reflètent
les règles des probabilités 270

Mendel a découvert le comportement
particulier des gènes : *une révision* 272

Généralisation des lois de la génétique mendélienne 272

La relation qui existe entre le génotype et le phénotype
est rarement simple 272

L'hérédité mendélienne chez l'humain 277

L'étude des lignages révèle que l'hérédité humaine
suit le modèle mendélien 277

De nombreuses maladies humaines suivent
le modèle mendélien de l'hérédité 278

La technologie mène à la création de nouveaux
outils de dépistage et de conseil génétique 282

Révision du chapitre 284

15 LES BASES CHROMOSOMIQUES DE L'HÉRÉDITÉ 289

Les liens entre l'hérédité mendélienne et les chromosomes 290

Le fondement physique de l'hérédité mendélienne
réside dans le comportement des chromosomes
au cours des cycles de développement sexués 290

Morgan a trouvé sur quel chromosome
se situe un gène particulier 290

Les gènes liés sont souvent transmis ensemble,
parce qu'ils se trouvent sur le même chromosome 292

L'assortiment indépendant des chromosomes
et l'enjambement produisent des individus recombinés 294

Les généticiens cartographient les loci de chaque
chromosome à l'aide des données obtenues
grâce à la recombinaison 294

Les chromosomes sexuels 296

Les bases chromosomiques du sexe varient
selon le type d'organisme 297

Les gènes liés au sexe ont un mode de transmission
héréditaire qui leur est propre 298

Anomalies et exceptions touchant l'hérédité chromosomique 299

Les anomalies du nombre ou de la structure
des chromosomes causent certaines maladies génétiques 300

Chez les Mammifères, certains gènes produisent
un phénotype différent selon qu'ils proviennent
de la mère ou du père (empreinte génomique) 304

La transmission héréditaire des gènes extranucléaires
ne suit pas le modèle mendélien 304

Révision du chapitre 306

16 LES BASES MOLÉCULAIRES DE L'HÉRÉDITÉ 309

L'ADN constitue le matériel génétique 309

La recherche du matériel génétique a mené
à la découverte de l'ADN 310

Watson et Crick ont découvert la double hélice
en construisant des modèles à partir de données
obtenues à l'aide de rayons X 313

Réplication et réparation de l'ADN 315

Pendant la réplication, les deux brins d'ADN
servent de matrices pour la formation de brins
complémentaires par appariement des bases 315

La réplication de l'ADN s'effectue à l'aide
de plusieurs enzymes et d'autres protéines 316

Des enzymes effectuent une « correction d'épreuves »
de l'ADN pendant la réplication et, de façon générale,
réparent les dommages subis par l'ADN 321

Les extrémités des molécules d'ADN sont répliquées
selon un mécanisme particulier 323

Révision du chapitre 325

17 DU GÈNE À LA PROTÉINE 327

La relation entre les gènes et les protéines 327

L'étude de maladies métaboliques a permis de montrer
que les gènes codent pour les protéines 328

La transcription et la traduction sont les deux mécanismes
principaux reliant les gènes aux protéines : *une vue d'ensemble* 329

Dans le code génétique, la plupart des triplets
de nucléotides correspondent à des acides aminés 331

Le code génétique a dû apparaître très tôt dans l'histoire de la vie 332

Synthèse et maturation de l'ARN 333

La transcription est la synthèse de l'ARN à partir
de l'ADN : *une étude détaillée* 333

Dans les cellules eucaryotes, l'ARN est modifié
après avoir été transcrit 335

La synthèse des protéines 337

La traduction est la synthèse d'un polypeptide à partir
de l'ARN messager : *une étude détaillée* 338

Chez les Eucaryotes, les séquences signal orientent certains
polypeptides vers des destinations précises dans la cellule 344

L'ARN a plusieurs fonctions dans la cellule : *une révision* 346

Comparaison de la synthèse des protéines chez
les cellules procaryotes et chez les organismes
eucaryotes : *une révision* 346

Les mutations ponctuelles peuvent modifier
la structure et la fonction des protéines 346

Qu'est-ce qu'un gène? *Reconsidérons la question* 349

Révision du chapitre 351

18 LA GÉNÉTIQUE DES VIRUS ET DES PROCARYOTES 355

La génétique des virus 356

Les chercheurs ont découvert les Virus alors
qu'ils étudiaient une maladie des plantes 356

Un virus est un génome enfermé dans une coque protectrice 356

Les Virus ne peuvent se reproduire qu'à l'intérieur
d'une cellule hôte: *une vue d'ensemble* 357

Les Phages se répliquent en suivant un cycle
lytique ou un cycle lysogénique 359

Les Virus qui parasitent les animaux ont des modes
d'infection et de réplication très variés 361

Les Virus qui infectent les végétaux nuisent
sérieusement à l'agriculture 365

Les viroïdes et les prions sont des agents infectieux
encore plus simples que les Virus 366

Les Virus sont peut-être les descendants
d'autres éléments génétiques mobiles 366

La génétique des procaryotes 367

La succession rapide des générations de procaryotes
permet à ceux-ci de mieux s'adapter aux changements
de leur milieu 367

La recombinaison génétique produit de nouvelles
souches de procaryotes 368

Le contrôle de leur expression génique permet
aux Archéobactéries et aux Bactéries d'ajuster
leur métabolisme aux fluctuations de leur milieu 374

Révision du chapitre 379

19 STRUCTURE ET RÉGULATION DU GÉNOME CHEZ LES EUCARYOTES 383

La structure de la chromatine chez les Eucaryotes 383

La structure de la chromatine reflète les niveaux
successifs de repliement de l'ADN 384

La structure du génome au niveau de l'ADN 386

Une grande partie du génome des Eucaryotes est constituée
d'ADN répétitif et d'autres séquences non codantes 386

Les familles multigéniques sont apparues
par duplication de gènes ancestraux 387

L'amplification, la perte ou le remaniement des gènes
peuvent altérer le génome cellulaire au cours
de la vie d'un organisme 389

La régulation de l'expression génique 391

Chaque cellule d'un eucaryote multicellulaire n'exprime
qu'une petite partie des gènes de l'organisme 391

La régulation de l'expression génique peut s'exercer
à n'importe quelle étape de la voie qui part du gène
et qui mène à la protéine fonctionnelle: *une vue d'ensemble* 392

Les modifications de la chromatine déterminent
les gènes qui pourront être transcrits 393

L'initiation de la transcription est régulée par des protéines
qui interagissent avec l'ADN et entre elles 393

Les mécanismes posttranscriptionnels jouent un rôle
de soutien dans la régulation de l'expression génique 397

La biologie moléculaire du cancer 398

Le cancer résulte de modifications génétiques
qui altèrent le cycle cellulaire 398

Des protéines anormales de suppression des tumeurs
et les protéines codées par des oncogènes dérèglent
le fonctionnement des voies de conversion
et d'amplification des stimulus 399

L'apparition du cancer est le résultat de mutations multiples 400

Révision du chapitre 403

20 LA BIOTECHNOLOGIE 407

Le clonage d'ADN 408

La biotechnologie permet de cloner des gènes pour
la recherche fondamentale et pour des applications
commerciales: *une vue d'ensemble* 408

Utilisation d'enzymes de restriction dans
la fabrication d'ADN recombiné 408

Clonage de gènes dans des vecteurs d'ADN
recombiné: *une étude détaillée* 410

Entreposage de gènes clonés dans des génothèques 413

L'amplification en chaîne par polymérase (ACP) permet
d'effectuer le clonage de l'ADN entièrement *in vitro* 414

L'analyse d'ADN et la génomique 416

L'analyse des fragments de restriction permet de détecter
des variations dans l'ADN des sites de restriction 416

Il est possible de cartographier l'ADN de génomes entiers 418

Les séquences du génome fournissent des indices
sur des questions biologiques importantes 422

Les applications de la biotechnologie 426

La biotechnologie révolutionne la médecine
et l'industrie pharmaceutique 426

La biotechnologie a des applications dans les domaines de
la médecine légale, de l'environnement et de l'agriculture 428

La biotechnologie soulève des questions importantes
sur la sécurité et l'éthique 432

Révision du chapitre 433

21 LA GÉNÉTIQUE DU DÉVELOPPEMENT EMBRYONNAIRE 437

De la cellule à l'organisme multicellulaire 438

Le développement embryonnaire comprend la division
cellulaire, la différenciation cellulaire et la morphogenèse 438

Les chercheurs étudient les principes généraux
du développement embryonnaire en se fondant
sur des organismes modèles 439

L'expression génique différentielle 442

Les différents types de cellules d'un organisme
ont le même ADN 442

Les différents types de cellules produisent des protéines diverses,
généralement sous l'effet d'une régulation de la transcription 446

La régulation de la transcription est dirigée par des molécules
maternelles contenues dans le cytoplasme et par
des stimulus provenant d'autres cellules 447

Les mécanismes génétiques et cellulaires
de contrôle des plans d'organisation   448

L'analyse génétique de *Drosophila melanogaster* montre
comment les gènes commandent le développement
embryonnaire : *une vue d'ensemble*   449

Par leur gradient de concentration, des molécules d'origine
maternelle déterminent la position des axes du jeune embryon   451

L'activation en cascade de plusieurs gènes déclenche la
segmentation chez *Drosophila melanogaster* : *une étude détaillée*   452

Les gènes homéotiques déterminent l'identité
des parties corporelles   453

Les boîtes homéotiques ont été très bien conservées
au cours de l'évolution   454

Des cellules ordonnent à leurs voisines de former
certaines structures ; stimulus cellulaires et induction
chez le nématode *C. elegans*   455

Le développement des Végétaux résulte de la communication
cellulaire et de la régulation de la transcription   458

Révision du chapitre   461

QUATRIÈME PARTIE
LES MÉCANISMES DE L'ÉVOLUTION

22 LA « DESCENDANCE MODIFIÉE » : L'ÉVOLUTION SELON DARWIN   465

Le contexte historique de la théorie de l'évolution   466

La culture occidentale a commencé par rejeter
les grands principes de l'évolution   466

Les théories du gradualisme géologique ont
posé les jalons de la biologie de l'évolution   467

Lamarck a situé les fossiles dans le contexte de l'évolution   468

La révolution darwinienne   469

C'est grâce aux expériences qu'il a vécues au cours
de l'expédition du *Beagle* que Darwin a été amené
à formuler sa théorie de l'évolution   469

De l'origine des espèces soutient deux thèses : l'évolution
est bien réelle, et la sélection naturelle est son mécanisme   471

Certains exemples de sélection naturelle
prouvent l'existence de l'évolution   474

D'autres preuves de l'évolution sont présentes partout en biologie   476

Quels sont les éléments purement théoriques
dans la vision darwinienne du vivant ?   479

Révision du chapitre   481

23 L'ÉVOLUTION DES POPULATIONS   483

La génétique des populations   484

La théorie synthétique de l'évolution intègre
la sélection darwinienne et l'hérédité mendélienne   484

Le patrimoine génétique d'une population
est défini par ses fréquences alléliques   485

La loi de Hardy-Weinberg décrit une population qui n'évolue pas   486

Les causes de la microévolution   488

La microévolution change les fréquences alléliques
d'une génération à l'autre   488

Les deux causes principales de la microévolution
sont la dérive génétique et la sélection naturelle   488

**Les variations génétiques, fondements
de la sélection naturelle**   491

Les variations génétiques surviennent
au sein des populations et entre elles   491

Les mutations et les recombinaisons
produisent de la variation génétique   493

La diploïdie et le polymorphisme équilibré préservent la variation   495

**Étude détaillée de la sélection naturelle
en tant que mécanisme de l'évolution adaptative**   496

La valeur d'adaptation correspond à la contribution d'un
génotype au patrimoine génétique de la génération suivante   497

Les effets de la sélection naturelle sur la variation
du phénotype : sélection directionnelle, sélection
diversifiante et sélection stabilisante   497

La sélection naturelle maintient la reproduction sexuée   499

La sélection sexuelle peut produire des différences
importantes dans les caractères sexuels secondaires   500

La sélection naturelle ne peut produire des organismes parfaits   501

Révision du chapitre   500

24 L'ORIGINE DES ESPÈCES   505

Qu'est-ce qu'une espèce ?   506

Le concept biologique de l'espèce s'appuie
sur l'isolement reproductif   506

Les barrières prézygotiques ou postzygotiques
isolent le patrimoine génétique des espèces   507

Le concept biologique de l'espèce présente
certaines lacunes importantes   508

Les biologistes de l'évolution ont proposé
d'autres concepts de l'espèce   509

Les modes de spéciation   509

Spéciation allopatrique : les barrières géographiques
peuvent donner lieu à de nouvelles espèces   510

Spéciation sympatrique : une nouvelle espèce peut surgir
dans l'aire de distribution de l'espèce parentale   515

Le modèle de l'équilibre ponctué a servi de support
à la recherche portant sur le rythme de la spéciation   517

De la spéciation à la macroévolution   518

La plupart des innovations apparues au cours
de l'évolution correspondent à des versions
modifiées de structures plus anciennes   519

Évolution et développement : les gènes régissant
le développement jouent un rôle essentiel dans l'évolution   520

La tendance de l'évolution ne permet pas
de conclure à une finalité intrinsèque   522

Révision du chapitre   524

25 PHYLOGENÈSE ET SYSTÉMATIQUE   527

Archives et temps géologiques   527

Les roches sédimentaires sont les sources
de fossiles les plus riches   528

Les paléontologues ont recours à diverses
méthodes pour dater les fossiles   529

Les archives géologiques constituent un dossier
volumineux mais incomplet de l'histoire de l'évolution   532

La phylogenèse s'appuie sur la biogéographie
en lien avec la dérive des continents 532

L'histoire de la vie est marquée par des extinctions massives 533

La systématique : liens entre classification et phylogenèse 535

La taxinomie fait appel à un système
de classification hiérarchique 536

La systématique phylogénétique moderne
se fonde sur l'analyse cladistique 537

Les systématiciens déduisent la phylogenèse
à partir de données moléculaires 541

Le principe de parcimonie aide les systématiciens
à reconstruire la phylogenèse 542

Les arbres phylogénétiques constituent des hypothèses 543

Les horloges moléculaires rendent compte du temps d'évolution 546

La systématique moderne fait l'objet de vifs débats 547

Révision du chapitre 549

26 LA TERRE PRIMITIVE ET L'ORIGINE DE LA VIE 553

Aperçu de l'antiquité de la vie 554

L'apparition de la vie sur la Terre date
d'il y a 3,5 milliards à 4,0 milliards d'années 554

Les procaryotes sont apparus il y a 3,5 milliards
d'années et ont dominé l'histoire de l'évolution
pendant 1,5 milliard d'années 555

Le dioxygène a commencé à s'accumuler dans
l'atmosphère il y a environ 2,7 milliards d'années 557

Les eucaryotes unicellulaires sont apparus
il y a 2,1 milliards d'années 557

Les eucaryotes pluricellulaires sont apparus
il y a 1,2 milliard d'années 558

La diversification des Animaux s'est accélérée
au début du Cambrien 558

Les Végétaux, les Eumycètes et les Animaux ont colonisé
les milieux terrestres il y a environ 500 millions d'années 559

L'origine de la vie 559

Sur la Terre primitive, les premières cellules ont
probablement vu le jour au terme de nombreuses
et lentes réactions chimiques : une vue d'ensemble 559

La synthèse abiotique de monomères organiques
est une hypothèse vérifiable 560

Des simulations, en laboratoire, des conditions propres
à la terre primitive ont produit des polymères organiques 562

L'ARN a peut-être constitué le premier matériel génétique 562

Les protobiontes peuvent se former spontanément 563

Il se peut que les protobiontes contenant de l'information
héréditaire se soient perfectionnés grâce à la sélection naturelle 564

L'origine de la vie donne lieu à un débat animé 565

Les grandes ramifications du vivant 566

La classification fondée sur cinq règnes a évolué avec
les connaissances concernant la diversité biologique 566

Les taxons supérieurs font l'objet d'une remise en question 567

Révision du chapitre 568

27 LES PROCARYOTES ET L'ORIGINE DE LA DIVERSITÉ MÉTABOLIQUE 571

L'univers des procaryotes 571

Les procaryotes sont partout... ou presque :
une vue d'ensemble des organismes procaryotes 571

Les deux grandes lignées de cellules procaryotes
sont les Bactéries et les Archéobactéries 572

Structure, fonction et reproduction des procaryotes 573

Presque tous les organismes procaryotes ont une paroi
cellulaire autour de leur membrane plasmique 574

De nombreux procaryotes sont mobiles 575

La cellule et le génome sont organisés de manière
totalement différente chez les organismes procaryotes
et chez les Eucaryotes 575

Les populations de cellules procaryotes croissent
et s'adaptent rapidement 576

La diversité nutritionnelle et métabolique 578

On peut classer les procaryotes en quatre catégories selon
la manière dont ils se procurent l'énergie et le carbone 578

La photosynthèse est apparue tôt dans l'évolution des procaryotes 579

La diversité des procaryotes 581

La systématique moléculaire permet une classification
phylogénétique des procaryotes 581

Les chercheurs découvrent des archéobactéries très diversifiées
dans des environnements extrêmes et dans les océans 582

La plupart des organismes procaryotes connus sont des Bactéries 583

L'importance écologique des procaryotes 586

Les procaryotes sont des agents indispensables du recyclage
des éléments chimiques dans les écosystèmes 586

De nombreux procaryotes sont symbiotiques 586

Les bactéries pathogènes causent de nombreuses
maladies chez l'Humain 586

L'Humain utilise des procaryotes pour la recherche
et pour la technologie 588

Révision du chapitre 589

28 L'ORIGINE DE LA DIVERSITÉ DES EUCARYOTES 593

Introduction au monde des Protistes 594

Les systématiciens ont classifié les Protistes en plusieurs règnes 594

Les Protistes sont les organismes les plus diversifiés
de tous les Eucaryotes 595

Origine et diversification précoce des Eucaryotes 597

La formation de membranes internes a favorisé l'augmentation
du volume et l'accroissement de la complexité des cellules 597

Les mitochondries et les plastes proviennent
de bactéries endosymbiotiques 598

La cellule eucaryote est une chimère issue d'ancêtres procaryotes 598

Une endosymbiose secondaire a accru la diversité des Algues 599

La recherche sur les relations entre les trois domaines
remet en question les premières ramifications
de l'arbre phylogénétique du vivant 600

L'apparition des Eucaryotes a catalysé
une seconde vague de diversification 601

Aperçu de la diversité des protistes 603

Métamonadines et parabasaliens : des Protistes
sans mitochondries 603

Euglénobiontes : des flagellés photosynthétiques
ou hétérotrophes 604

Alvéolobiontes : des Protistes unicellulaires dotés d'alvéoles 604

Straménopiles : les Oomycètes et les Algues hétérochontes 607

Les algues marines survivent et se reproduisent
grâce à des adaptations structurales et biochimiques 610

Les générations haploïde et diploïde alternent dans le cycle
de développement de certaines algues 611

Rhodobiontes : des Algues rouges dépourvues de flagelle 613

Ulvophytes et Charophytes : les Algues vertes et
les Végétaux ont un même ancêtre photoautotrophe 613

Divers protistes se meuvent et se nourrissent
au moyen de pseudopodes 615

Les Mycétozoaires présentent des adaptations structurales
et des cycles de développement qui accroissent leur rôle
écologique de décomposeurs 618

La pluricellularité est apparue à plusieurs reprises 620

Révision du chapitre 621

29 LA DIVERSITÉ DES VÉGÉTAUX I : LA COLONISATION DES MILIEUX TERRESTRES   625

Aperçu de l'évolution des végétaux terrestres 626

Il y a quatre grands groupes de Végétaux qui se
caractérisent par des adaptations aux milieux terrestres 626

Les Charophytes sont les Algues vertes les plus
étroitement apparentées aux Végétaux terrestres 628

Diverses adaptations à la terre ferme distinguent
les Végétaux terrestres des Charophytes 629

L'origine des Végétaux terrestres 633

Les Végétaux terrestres ont divergé des Charophytes
il y a plus de 500 millions d'années 633

L'alternance de générations chez les Végétaux
résulte peut-être d'une méiose tardive 633

Des adaptations à la vie en eau peu profonde ont
préparé l'accession des Végétaux aux milieux terrestres 634

Les spécialistes de la taxinomie des Végétaux remettent
en question les limites du règne des Végétaux 634

Le règne des Végétaux est monophylétique 635

Les Bryophytes 635

Les trois embranchements de Bryophytes sont
les Mousses, les Hépatiques et les Anthocérotes 635

Le gamétophyte est la génération dominante
dans le cycle de développement des Bryophytes 636

Les sporophytes des Bryophytes dispersent
un très grand nombre de spores 637

Les Bryophytes offrent de nombreux
avantages écologiques et économiques 638

L'origine des vasculaires 639

Des adaptations supplémentaires aux milieux terrestres
sont apparues à mesure que les Vasculaires divergeaient
de leurs ancêtres semblables à des Mousses 639

Diverses Vasculaires sont apparues
il y a plus de 400 millions d'années 640

Les Ptéridophytes : vasculaires sans graines 640

Les Ptéridophytes nous fournissent des indices
sur l'apparition des racines et des feuilles 640

Le sporophyte est graduellement devenu la forme dominante
dans le cycle de développement des Vasculaires sans graines 642

Les deux embranchements modernes de Vasculaires
sans graines sont les Lycophytes et les Ptérophytes 642

Les Vasculaires sans graines formaient
les vastes forêts du Carbonifère 644

Révision du chapitre 645

30 LA DIVERSITÉ DES VÉGÉTAUX II : L'ÉVOLUTION DES PLANTES À GRAINES   649

Aperçu de l'évolution des Plantes à graines 650

La réduction de la taille du gamétophyte
s'est poursuivie chez les Plantes à graines 650

Les graines sont devenues un important moyen
de dispersion de la progéniture 651

Grâce à l'apparition du pollen, la fécondation
peut se faire sans eau 652

Les deux clades de Plantes à graines sont
les Gymnospermes et les Angiospermes 652

Les gymnospermes 652

Le Mésozoïque fut l'ère des Gymnospermes 652

Les quatre embranchements de Gymnospermes
actuels sont les Ginkgophytes, les Cycadophytes,
les Gnétophytes et les Pinophytes 654

Le cycle de développement du Pin comprend
les trois principales adaptations qui permettent
la reproduction des Plantes à graines en milieu terrestre 657

Les Angiospermes (plantes à fleurs) 657

Les systématiciens sont en train d'établir
des clades d'Angiospermes 657

La fleur est l'adaptation la plus déterminante
pour la reproduction des Angiospermes 659

Les fruits concourent à la dispersion
des graines chez les Angiospermes 661

Le cycle de développement d'une Angiosperme
est une variante hautement perfectionnée de l'alternance
de générations propre à tous les Végétaux 663

La radiation adaptative des Angiospermes marque
la transition entre le Mésozoïque et le Cénozoïque 664

Les Angiospermes et les Animaux se sont influencés
mutuellement durant leur évolution 664

Les Végétaux : une ressource vitale pour l'espèce humaine 664

Les plantes que nous cultivons sont
presque toutes des Angiospermes 665

La diversité des Végétaux est une ressource non renouvelable 665

Révision du chapitre 667

31 LES EUMYCÈTES   669

Introduction au règne des Eumycètes 670

L'absorption permet aux Eumycètes de vivre
en saprophytes et en symbiontes 670

La grande surface d'absorption et la croissance
rapide des Eumycètes sont particulièrement
adaptées à leur mode de nutrition 670

Les Eumycètes se dispersent et se reproduisent en libérant
des spores produites de manière sexuée ou asexuée 672

Le cycle de développement de nombreux Eumycètes
comprend un stade hétérocaryote 672

La diversité des Eumycètes 673

Embranchement des Chytridiomycètes : les Chytridiomycètes
nous renseignent sur l'origine des Eumycètes 673

Embranchement des Zygomycètes : les Zygomycètes produisent
des structures résistantes au cours de la reproduction sexuée 674

Embranchement des Ascomycètes : les Ascomycètes produisent
des spores sexuées dans des asques, structures en forme de sacs 674

Embranchement des Basidiomycètes : le mycélium dicaryote
des Basidiomycètes a une longue durée de vie 676

Les Moisissures, les Levures, les Lichens et les mycorhizes
ont des modes de vie spéciaux qui ont évolué indépendamment
dans divers embranchements des Eumycètes 678

L'importance écologique des Eumycètes 683

Les écosystèmes dépendent des Eumycètes
saprophytes et symbiotiques 683

Certains Eumycètes sont pathogènes 683

Les Eumycètes ont une valeur commerciale 684

L'évolution des Eumycètes 685

Les Eumycètes ont colonisé la terre ferme
en même temps que les Végétaux 685

Les Eumycètes et les Animaux ont évolué
à partir d'un Protiste ancestral commun 685

Révision du chapitre 685

32 L'ÉVOLUTION DES ANIMAUX 689

Qu'est-ce qu'un animal ? 689

Les Animaux se définissent par leur structure,
leur mode de nutrition et leur développement 689

L'origine du règne animal remonte probablement
à un Protiste flagellé qui vivait en colonies 691

Deux versions de la phylogenèse animale 691

La restructuration des arbres phylogénétiques
illustre la démarche scientifique 691

L'arbre phylogénétique traditionnel des Animaux est fondé
principalement sur les plans d'organisation corporelle 692

Les spécialistes de la systématique moléculaire déplacent
certaines ramifications de l'arbre phylogénétique des Animaux 696

L'origine de la diversité animale 699

La majorité des embranchements des Animaux sont apparus
au cours d'une période relativement courte du temps géologique 699

L'axe de recherche « évo-dévo » pourrait nous aider
à comprendre l'explosion du Cambrien 700

Révision du chapitre 701

33 LES INVERTÉBRÉS 703

Les Parazoaires 704

Embranchement des Porifères : les Éponges sont des
animaux sessiles au corps poreux tapissé de choanocytes 705

Les Radiaires 705

Embranchement des Cnidaires : les Cnidaires possèdent une
symétrie radiaire, une cavité gastrovasculaire et des cnidocytes 706

Embranchement des Cténophores : les Cydippes sont munies
de palettes natatoires ciliées et de colloblastes adhésifs 708

Les Protostomiens : Lophotrochozoaires 708

Embranchement des Plathelminthes : les Vers plats sont
des accœlomates munis d'une cavité gastrovasculaire 709

Embranchement des Rotifères : les Rotifères sont
des pseudocœlomates pourvus d'un appareil masticateur,
d'une couronne de cils entourant la bouche et d'un système
digestif complet 712

Embranchement du clade des Lophophoriens : les Bryozoaires,
les Phoronidiens et les Brachiopodes sont des cœlomates
dont la bouche s'entoure de tentacules ciliés 712

Embranchement des Némertes : les Némertes possèdent
un proboscis, trompe qui sert à capturer les proies 713

Embranchement des Mollusques : les Mollusques sont constitués
d'un pied musculeux, d'une masse viscérale et d'un manteau 714

Embranchement des Annélides : les Annélides
sont des Vers annelés 717

Les Protostomiens : Ecdysozoaires 719

Embranchement des Nématodes : les Vers ronds
sont des pseudocœlomates non segmentés recouverts
d'une cuticule résistante 720

Les Arthropodes sont des cœlomates segmentés
qui se protègent au moyen d'un exosquelette
et se meuvent grâce à des appendices articulés 721

Les Deutérostomiens 731

Embranchement des Échinodermes : les Échinodermes
sont des animaux à symétrie radiaire secondaire
qui possèdent un système ambulacraire 731

Embranchement des Cordés : les Cordés comprennent
deux sous-embranchements d'invertébrés et tous les Vertébrés 733

Révision du chapitre 735

34 ÉVOLUTION ET DIVERSITÉ DES VERTÉBRÉS 739

Cordés invertébrés et phylogenèse des Vertébrés 740

Quatre structures anatomiques caractérisent
l'embranchement des Cordés 740

Les Cordés invertébrés nous renseignent
sur la phylogenèse des Vertébrés 740

Introduction aux Vertébrés 744

Une crête neurale, une céphalisation marquée, une colonne
vertébrale et un système cardiovasculaire clos caractérisent
le sous-embranchement des Vertébrés 744

Aperçu de la diversité des Vertébrés 744

Les vertébrés sans mâchoires 746

Classe des Myxinoïdes : les Myxines sont
les Vertébrés actuels les plus primitifs 746

Classe des Pétromyzonoïdes : les Lamproies nous
renseignent sur l'évolution de la colonne vertébrale 747

Certains fossiles de Vertébrés sans mâchoires possèdent
des dents minéralisées et une armure de plaques osseuses 747

Poissons et Amphibiens 748

Les mâchoires des Vertébrés résultent d'une transformation
du squelette supportant les fentes branchiales 748

Classe des Chondrichthyens : les Requins
et les Raies ont un squelette cartilagineux 748

Les Ostéichthyens : les Poissons osseux actuels sont répartis en trois classes, celle des Actinoptérygiens, celle des Actinistiens et celle des Dipneustes   750

Les Tétrapodes sont issus de poissons qui se sont adaptés aux eaux peu profondes   752

Classe des Amphibiens : les Salamandres, les Grenouilles et les Cécilies sont les trois ordres d'Amphibiens actuels   753

Les Amniotes   755

L'œuf amniotique est une adaptation qui a favorisé la colonisation de la terre ferme par les Vertébrés   755

Les systématiciens qui étudient les Vertébrés réévaluent la classification des Amniotes   756

Tous les Amniotes sont manifestement issus d'un ancêtre reptilien   757

Les Oiseaux sont issus d'un ancêtre reptilien à plumes   760

Les Mammifères se sont considérablement diversifiés au début des extinctions du Crétacé   764

Primates et Phylogenèse de *Homo Sapiens*   767

L'étude de l'évolution des Primates permet de comprendre l'origine de l'Humain   767

L'Humanité est représentée par une branche très récente dans l'arbre phylogénétique des vertébrés   771

Révision du chapitre   778

S I X I È M E P A R T I E

ANATOMIE ET PHYSIOLOGIE VÉGÉTALES

35 ANATOMIE ET CROISSANCE DES VÉGÉTAUX   781

L'anatomie des végétaux   782

Les gènes et l'environnement déterminent l'anatomie des Végétaux   782

Les Végétaux ont trois composantes anatomiques fondamentales : les racines, les tiges et les feuilles   782

Les organes végétaux comportent trois catégories de tissus : les tissus de revêtement, les tissus conducteurs et les tissus fondamentaux   786

Les tissus des organes végétaux comportent trois types de cellules : les cellules parenchymateuses, les cellules collenchymateuses et les cellules sclérenchymateuses   788

La croissance et le développement des végétaux   790

Les méristèmes engendrent les cellules des nouveaux organes tout au long de la vie des Plantes : *une vue d'ensemble de la croissance des Végétaux*   790

Croissance primaire : les méristèmes apicaux, qui génèrent la structure primaire des Plantes, font s'allonger les racines et les pousses   792

Croissance secondaire : les méristèmes latéraux ajoutent du volume aux Plantes en produisant des tissus conducteurs secondaires et du périderme   797

Les mécanismes de la croissance et du développement des Végétaux   800

La biologie moléculaire révolutionne l'étude des Végétaux   800

La croissance, la morphogenèse et la différenciation façonnent la structure des Plantes   801

La croissance met en jeu la division et l'expansion cellulaires   801

La morphogenèse découle du plan d'organisation   804

La différenciation cellulaire dépend de la régulation de l'expression génique   805

Les analyses clonales de l'extrémité des pousses soulignent l'importance de l'emplacement dans le développement d'une cellule   806

Le passage d'une phase de développement à l'autre entraîne des changements importants dans la morphologie   806

Les gènes régulateurs de la transcription jouent un rôle clé dans le passage du méristème d'une phase végétative à une phase florale   807

Révision du chapitre   808

36 LE TRANSPORT DES NUTRIMENTS CHEZ LES VÉGÉTAUX   811

Vue d'ensemble des mécanismes de transport des nutriments chez les Végétaux   811

Au niveau cellulaire, le transport des substances dépend de la perméabilité sélective des membranes   812

Les pompes à protons jouent un rôle de premier plan dans le transport transmembranaire   813

Les différences de potentiel hydrique permettent le transport de l'eau dans les cellules végétales   814

Les aquaporines influent sur la vitesse du transport transmembranaire   815

Les cellules végétales vacuolisées possèdent trois compartiments majeurs   816

Le symplaste et l'apoplaste participent tous les deux au transport des nutriments à l'intérieur des tissus et des organes   817

Le courant de masse assure le transport sur de longues distances   818

L'absorption de l'eau et des minéraux par les racines   818

Les poils absorbants, les mycorhizes et la surface importante des cellules corticales augmentent l'absorption de l'eau et des minéraux   818

L'endoderme fonctionne comme une barrière sélective entre l'écorce de la racine et les tissus conducteurs   819

Le transport de la sève brute dans le xylème   820

La montée de la sève brute dans le xylème dépend principalement de la transpiration et des propriétés physicochimiques de l'eau   820

La sève brute monte dans le xylème grâce au courant de masse engendré par l'énergie solaire : *une révision*   823

La régulation de la transpiration   823

Les cellules stomatiques maintiennent l'équilibre entre la photosynthèse et la transpiration   823

L'évolution adaptative a permis aux xérophytes de réduire la transpiration   826

Le transport de la sève élaborée dans le phloème   826

Le phloème transporte la sève élaborée des organes sources aux organes cibles   827

Le courant de masse est le mécanisme de transport de la sève élaborée chez les Angiospermes   828

Révision du chapitre   830

37 LA NUTRITION CHEZ LES VÉGÉTAUX   833

Les besoins nutritifs des Végétaux   834

La composition chimique des Végétaux fournit des indices sur leurs besoins nutritifs   834

Les Végétaux ont besoin de neuf éléments majeurs et d'au moins huit éléments mineurs   834

Les symptômes d'une carence minérale dépendent
de la fonction et de la mobilité de l'élément 835

Le rôle du sol dans la nutrition des Végétaux 837

Les caractéristiques du sol constituent des facteurs
environnementaux importants dans les écosystèmes terrestres 837

La conservation du sol constitue un pas
vers une agriculture durable 839

Le cas particulier de l'azote comme nutriment 841

Par leur métabolisme, les Bactéries du sol
fournissent de l'azote aux Végétaux 841

L'augmentation du rendement protéique des cultures
est un objectif majeur de la recherche agricole 842

Les adaptations nutritives : la symbiose des végétaux et des microorganismes du sol 842

La fixation symbiotique de l'azote est le résultat d'interactions
complexes entre les racines et certaines bactéries 842

Les mycorhizes résultent d'une association symbiotique
de racines et de champignons qui améliore la nutrition
des Végétaux 845

Les mycorhizes et les nodosités des racines peuvent
être apparentées du point de vue de l'évolution 846

Les adaptations nutritives : le parasitisme et la prédation chez les végétaux 847

Les plantes parasites extraient des nutriments des autres plantes 847

Les plantes carnivores complètent leur nutrition
minérale en digérant des animaux 848

Révision du chapitre 848

38 REPRODUCTION ET BIOTECHNOLOGIE VÉGÉTALES 851

La reproduction sexuée 852

Les générations sporophyte et gamétophyte alternent
dans le cycle de développement des Végétaux : *une révision* 852

Les fleurs, pousses spécialisées, portent les organes
reproducteurs du sporophyte chez les Angiospermes 852

Les gamétophytes mâle et femelle se forment
respectivement dans les anthères et dans l'ovaire :
la pollinisation les met en contact 854

Les Végétaux empêchent l'autofécondation
par différents mécanismes 856

La double fécondation produit le zygote et l'endosperme 857

L'ovule devient une graine contenant un embryon
et une réserve de nutriments 858

L'ovaire devient un fruit servant à la dispersion des graines 860

Les adaptations relatives à la germination des graines
contribuent à la survie des plantules 861

La reproduction asexuée 862

De nombreux Végétaux engendrent des clones
d'eux-mêmes par reproduction asexuée 862

La reproduction sexuée et la reproduction asexuée
sont complémentaires chez de nombreuses Plantes,
au cours de leur existence 863

La multiplication végétative est courante en agriculture 863

La biotechnologie végétale 865

Les Humains du Néolithique ont fait appel à la sélection
artificielle pour créer de nouvelles variétés de plantes 865

La biotechnologie transforme l'agriculture 866

La biotechnologie végétale est à l'origine
de nombreux débats publics 867

Révision du chapitre 868

39 LES RÉPONSES DES VÉGÉTAUX AUX STIMULUS INTERNES ET EXTERNES 871

La conversion-amplification de stimulus et les réponses des Végétaux 872

Les voies de conversion-amplification des stimulus
font le lien entre les stimulus internes et externes
et les réponses des cellules 872

Les réactions des Végétaux aux hormones 875

La recherche sur l'attirance qu'exerce la lumière sur
les Végétaux a mené à la découverte des hormones végétales 875

Les hormones végétales coordonnent la croissance,
le développement et les réponses aux stimulus externes 877

Les réactions des Végétaux à la lumière 886

Les photorécepteurs sensibles à la lumière bleue
forment un groupe hétérogène de pigments 887

Les phytochromes fonctionnent comme des photorécepteurs
dans de nombreuses réactions des Végétaux à la lumière 888

L'horloge biologique régule les rythmes circadiens
chez les Végétaux et les autres Eucaryotes 889

La lumière règle l'horloge biologique 890

Le photopériodisme synchronise de nombreuses réactions
des Végétaux avec les changements de saison 891

Les réactions des Végétaux aux stimulus externes autres que la lumière 893

Les Végétaux réagissent aux stimulus externes
par une combinaison de mécanismes de
développement et de mécanismes physiologiques 893

Les défenses des Végétaux : les réactions à la présence d'herbivores et d'agents pathogènes 897

Les Végétaux dissuadent les herbivores par des moyens
de défense physiques et chimiques 897

Les Végétaux ont plusieurs lignes de défense pour
se protéger contre les agents pathogènes 898

Révision du chapitre 900

SEPTIÈME PARTIE

ANATOMIE ET PHYSIOLOGIE ANIMALES

40 STRUCTURE ET FONCTION CHEZ LES ANIMAUX : INTRODUCTION 903

Vue d'ensemble de l'anatomie fonctionnelle 903

La structure et la fonction animales reflètent
les thèmes intégrateurs de la biologie 903

Il y a une corrélation entre la structure et la fonction
dans les tissus des Animaux 904

Les systèmes des Animaux sont interdépendants 908

Plans d'organisation corporelle et milieu externe 910

Les lois de la physique régissent la morphologie des Animaux 910

La taille et la forme du corps se répercutent
sur les interactions avec l'environnement 910

La régulation du milieu interne 911

Les mécanismes de l'homéostasie tempèrent
les changements du milieu interne 911

L'homéostasie dépend des mécanismes de rétroaction 912

Introduction à la bioénergétique chez les animaux 914

Les Animaux sont des hétérotrophes qui tirent
de l'énergie chimique des aliments consommés 914

La vitesse du métabolisme permet de comprendre
la « stratégie » bioénergétique d'un animal 914

La vitesse du métabolisme par kilogramme de masse
corporelle est inversement proportionnelle à la taille du corps 915

Les Animaux font varier la vitesse de leur métabolisme
en fonction des conditions du moment 916

Les allocations énergétiques indiquent comment
les Animaux utilisent la matière et l'énergie 917

Révision du chapitre 918

41 LA NUTRITION CHEZ LES ANIMAUX 921

Les besoins nutritionnels 922

Les Animaux sont des hétérotrophes qui ont besoin
d'aliments comme source d'énergie, de squelettes
carbonés et de nutriments essentiels : *une vue d'ensemble* 922

Les mécanismes homéostatiques gèrent
l'approvisionnement en énergie des Animaux 922

Un animal doit avoir un régime alimentaire qui lui apporte
les éléments nutritifs essentiels, ainsi que des squelettes
carbonés pour la biosynthèse 924

Régimes alimentaires et types d'ingestion 928

La plupart des Animaux sont des consommateurs
opportunistes 928

Au cours de l'évolution, divers types d'ingestion
sont apparus chez les Animaux 928

Vue d'ensemble du traitement de la nourriture 929

Les quatre étapes principales du traitement de la nourriture
sont l'ingestion, la digestion, l'absorption et l'élimination 929

La digestion se déroule dans des compartiments spécialisés 930

Le système digestif des mammifères 931

C'est dans la cavité buccale que la transformation des aliments
commence ; ceux-ci sont ensuite acheminés vers l'estomac
par le pharynx et l'œsophage 932

Les aliments séjournent dans l'estomac, site d'une digestion
préliminaire et de l'absorption de certaines substances 934

L'intestin grêle joue un rôle majeur
dans la digestion et l'absorption 936

La régulation de la digestion s'effectue
par les voies nerveuse et hormonale 940

L'absorption d'eau et d'électrolytes constitue
une des fonctions essentielles du gros intestin 942

**Les adaptations du système digestif des Vertébrés
au cours de l'évolution** 942

Les adaptations structurales du système digestif
sont souvent associées au régime alimentaire 942

Des microorganismes symbiotiques contribuent
à la nutrition de nombreux Vertébrés 943

Révision du chapitre 945

42 CIRCULATION ET ECHANGES GAZEUX 949

La circulation chez les Animaux 950

Les systèmes de transport établissent une connexion
fonctionnelle entre les organes d'échanges et les cellules :
une vue d'ensemble 950

La plupart des Invertébrés disposent d'une cavité
gastrovasculaire ou d'un système cardiovasculaire
assurant le transport interne des substances 950

La phylogenèse des Vertébrés se reflète dans
les adaptations de leur système cardiovasculaire 951

Les Mammifères ont une circulation double qui dépend
de leur anatomie et de leur révolution cardiaque 953

Les différences structurales entre les artères,
les veines et les capillaires sont en corrélation
avec les fonctions de ces vaisseaux 956

Les lois de la physique relatives aux mouvements
des fluides dans les conduits s'appliquent
à la circulation et à la pression sanguine 957

Le transfert des substances entre le sang et le liquide
interstitiel se fait à travers la paroi mince des capillaires 959

Le système lymphatique renvoie les liquides dans
le sang et facilite la défense de l'organisme 960

Le sang est un tissu conjonctif composé
de cellules en suspension dans le plasma 962

Les maladies cardiovasculaires sont la cause
principale de décès en Amérique du Nord
et dans la plupart des pays industrialisés 965

Les échanges gazeux chez les Animaux 967

Les échanges gazeux fournissent le dioxygène nécessaire
à la respiration cellulaire et éliminent le dioxyde de carbone :
une vue d'ensemble 967

Les branchies résultent d'adaptations du système
respiratoire de la plupart des animaux aquatiques 968

Les trachées et les poumons sont les adaptations
du système respiratoire des animaux terrestres 969

Les centres de régulation de l'encéphale contrôlent
la fréquence et l'amplitude de la respiration 974

Les gaz diffusent dans les poumons et les autres
organes en réponse à des gradients de pression 975

Les pigments respiratoires transportent les gaz
et aident à stabiliser le pH du sang 976

Les animaux qui plongent en eau profonde accumulent
des réserves de dioxygène et les utilisent lentement 977

Révision du chapitre 979

43 LES DÉFENSES DE L'ORGANISME 983

Les défenses non spécifiques contre l'infection 984

La peau et les muqueuses constituent une première ligne
de défense contre l'infection 984

Les phagocytes, les cellules tueuses naturelles, la réaction
inflammatoire et les protéines antimicrobiennes
jouent un rôle dès le début de l'infection 984

Les bases de l'immunité spécifique 988

Les lymphocytes procurent au système
immunitaire sa spécificité et sa diversité 988

Les antigènes interagissent avec des lymphocytes spécifiques produisant les réactions et la mémoire immunitaires 989

La différenciation des lymphocytes donne naissance à un système immunitaire capable de distinguer le soi du non-soi 990

Les réactions immunitaires 992

Les lymphocytes T auxiliaires jouent un rôle dans l'immunité humorale et dans l'immunité à médiation cellulaire : *une vue d'ensemble* 992

Dans la réaction immunitaire à médiation cellulaire, les lymphocytes T cytotoxiques luttent contre les agents pathogènes intracellulaires et les cellules tumorales : *une vue détaillée* 994

Dans la réaction immunitaire humorale, les lymphocytes B fabriquent des anticorps pour lutter contre les agents pathogènes extracellulaires : *une étude détaillée* 995

Les Invertébrés ont un système immunitaire rudimentaire 1000

Le rôle de l'immunité dans la santé et la maladie 1000

L'immunité peut être acquise naturellement ou artificiellement 1000

La capacité du système immunitaire à reconnaître le soi du non-soi limite les transfusions sanguines et les greffes de tissu 1001

Les troubles du système immunitaire peuvent causer des maladies 1002

Le syndrome d'immunodéficience acquise (sida) est causé par un virus, le VIH 1003

Résumé du chapitre 1006

44 LA RÉGULATION DU MILIEU INTERNE 1011

Vue d'ensemble de l'homéostasie 1012

La régulation et la tolérance sont les deux réactions opposées des Animaux face aux fluctuations du milieu 1012

L'homéostasie équilibre les gains ainsi que les pertes d'énergie et de matière chez les Animaux 1013

La régulation de la température corporelle 1013

Quatre phénomènes physiques expliquent la perte ou le gain thermique 1014

Les ectothermes ont une température corporelle qui fluctue en fonction de la température de l'environnement ; les endothermes produisent de la chaleur métabolique pour stabiliser leur température corporelle malgré les fluctuations thermiques de l'environnement 1014

La thermorégulation fait intervenir des processus physiologiques et comportementaux en vue d'équilibrer la perte et le gain de chaleur 1015

La plupart des Animaux sont des ectothermes, mais l'endothermie reste répandue 1017

La torpeur sert à conserver l'énergie pendant les variations extrêmes de l'environnement 1022

Équilibre hydrique et élimination des déchets 1023

L'équilibre hydrique et l'élimination des déchets s'effectuent par l'intermédiaire des épithéliums de transport 1023

Les Animaux produisent des déchets azotés qui sont en corrélation avec leur phylogenèse et leur habitat 1024

Les cellules ont besoin d'un équilibre entre le gain et la perte d'eau par osmose 1026

Les osmorégulateurs dépensent de l'énergie pour contrôler leur osmolarité interne, tandis que les osmotolérants sont plutôt isoosmotiques par rapport à leur environnement 1026

Les systèmes urinaires 1029

La plupart des systèmes urinaires produisent de l'urine en raffinant un filtrat dérivé des liquides corporels : *une vue d'ensemble* 1029

Les divers systèmes urinaires constituent des variations de tubules spécialisés 1030

Le néphron est l'unité structurale et fonctionnelle des reins des Mammifères 1031

La capacité du rein mammalien à conserver l'eau est une adaptation essentielle à la vie terrestre 1034

L'évolution a amené les reins des Vertébrés à s'adapter à des habitats différents 1039

L'interaction des systèmes de régulation maintient l'homéostasie 1039

Révision du chapitre 1040

45 LA RÉGULATION CHIMIQUE CHEZ LES ANIMAUX 1043

Introduction aux systèmes de régulation 1044

Le système endocrinien et le système nerveux sont liés par leur structure, leur fonction et les substances chimiques qu'ils produisent 1044

Les mécanismes de régulation des Invertébrés illustrent clairement les interactions entre le système endocrinien et le système nerveux 1044

Les médiateurs chimiques et leurs modes d'action 1046

Divers régulateurs locaux agissent sur des cellules cibles voisines 1046

La plupart des médiateurs chimiques se fixent aux protéines de la membrane plasmique pour activer des voies de conversion-amplification des stimulus 1046

Les hormones stéroïdes et les hormones thyroïdiennes et certains régulateurs locaux pénètrent dans les cellules cibles pour se fixer à des récepteurs intracellulaires 1048

Le système endocrinien des Vertébrés 1048

L'hypothalamus et l'hypophyse intègrent de nombreuses fonctions du système endocrinien chez les Vertébrés 1049

Le corps pinéal participe aux rythmes circadiens 1053

Les hormones thyroïdiennes agissent sur le développement, la bioénergétique et l'homéostasie 1053

La parathormone et la calcitonine régulent la calcémie 1054

Les tissus endocrines du pancréas sécrètent l'insuline et le glucagon, deux hormones antagonistes qui régulent la glycémie 1055

La médulla surrénale et le cortex surrénal aident l'organisme à faire face au stress 1058

Les stéroïdes gonadiques régulent la croissance, le développement, les cycles reproducteurs et le comportement sexuel 1060

Révision du chapitre 1062

46 LA REPRODUCTION CHEZ LES ANIMAUX 1065

Vue d'ensemble de la reproduction chez les Animaux 1065

Les modes de reproduction chez les Animaux 1065

Divers mécanismes de reproduction asexuée permettent aux Animaux d'engendrer rapidement une progéniture qui leur est identique 1066

Les cycles et les types de reproduction varient considérablement chez les Animaux 1066

Les mécanismes de la reproduction sexuée 1068

La fécondation interne et la fécondation externe dépendent toutes deux de mécanismes qui permettent la rencontre d'un spermatozoïde mature et d'un ovule fécond appartenant à la même espèce 1068

Les espèces à fécondation interne produisent habituellement moins de zygotes que les espèces à fécondation externe, mais elles assurent une meilleure protection parentale 1069

Divers systèmes reproducteurs complexes se sont développés au cours de l'évolution dans de nombreux embranchements des Animaux 1070

La reproduction chez les Mammifères 1070

Chez l'Humain, la reproduction nécessite une anatomie et un comportement d'une grande complexité 1070

La spermatogenèse et l'ovogenèse se réalisent toutes deux grâce à la méiose, mais diffèrent sous trois aspects 1075

Une interaction complexe des hormones régule la reproduction 1077

Le développement embryonnaire et fœtal se fait durant la gestation chez l'Humain et les autres Mammifères placentaires 1081

La technologie moderne apporte des solutions aux problèmes de reproduction 1086

Révision du chapitre 1087

47 LE DÉVELOPPEMENT CHEZ LES ANIMAUX 1091

Les premiers stades du développement embryonnaire 1092

De l'ovocyte à l'organisme, les structures des Animaux se forment graduellement : *notion d'épigenèse* 1092

La fécondation active l'ovocyte de deuxième ordre et provoque la fusion du noyau du spermatozoïde et de celui de l'ovule 1092

La segmentation divise le zygote en un grand nombre de petites cellules 1095

La gastrulation transforme la blastula en un embryon à trois feuillets doté d'un tube digestif primitif 1098

L'organogenèse produit les organes des Animaux à partir des trois feuillets embryonnaires 1101

Chez les amniotes, les embryons se développent dans un sac plein de liquide, qui est lui-même dans une coquille ou dans l'utérus maternel 1101

Les fondements cellulaires et moléculaires de la morphogenèse et de la différenciation chez les Animaux 1106

Chez les Animaux, la morphogenèse comporte certaines modifications touchant la forme, l'emplacement et l'adhérence des cellules 1106

Pendant le développement, la destinée des cellules est définie par les déterminants cytoplasmiques et l'induction entre cellules : *une révision* 1108

La carte des territoires présomptifs permet de retrouver les lignées cellulaires dans les embryons des Cordés 1108

Les ovocytes de deuxième ordre de la plupart des Vertébrés contiennent des déterminants cytoplasmiques qui contribuent à établir la position des axes corporels et à différencier les cellules du jeune embryon 1109

Chez les Vertébrés, les stimulus d'induction déclenchent la différenciation et la réalisation des plans d'organisation 1110

Révision du chapitre 1114

48 LA RÉGULATION NERVEUSE CHEZ LES ANIMAUX 1117

Vue d'ensemble de la structure cellulaire du système nerveux 1118

Le système nerveux a trois principales fonctions 1118

Des réseaux complexes de neurones constituent un système nerveux 1118

La nature des messages nerveux 1122

Chaque cellule génère une tension transmembranaire : le potentiel de membrane 1122

Les variations du potentiel de membrane d'un neurone donnent naissance aux influx nerveux 1124

Les influx nerveux se propagent le long de l'axone 1127

La communication intercellulaire chimique ou électrique s'établit dans les synapses 1128

L'intégration nerveuse se fait au niveau cellulaire 1130

Un neurotransmetteur peut produire différents effets sur divers types de cellules 1132

L'évolution et la diversité des systèmes nerveux 1134

La capacité des cellules à réagir à leur environnement a évolué pendant des milliards d'années 1134

L'organisation des systèmes nerveux se présente sous diverses formes 1135

Les systèmes nerveux chez les Vertébrés 1135

Chez les Vertébrés, les systèmes nerveux ont une composante centrale et une composante périphérique 1135

Les divisions du système nerveux périphérique ont pour fonction d'assurer l'homéostasie 1137

Le développement embryonnaire de l'encéphale des Vertébrés reflète son évolution à partir de trois renflements situés au pôle antérieur du tube neural 1137

Chez les Vertébrés, les plus anciennes structures de l'encéphale du point de vue de l'évolution régulent les fonctions fondamentales liées aux automatismes et à l'intégration 1139

Chez les Mammifères, le cerveau est la structure la plus évoluée de l'encéphale 1143

Les diverses régions du cerveau ont des fonctions spécialisées 1145

Les recherches sur la formation et le développement des neurones et sur les cellules souches du système nerveux central pourraient mener à de nouvelles approches dans le traitement des lésions et des maladies neurologiques 1150

Révision du chapitre 1152

49 MÉCANISMES SENSORIELS ET MOTEURS CHEZ LES ANIMAUX 1157

Sentir, interpréter et réagir : les trois principales fonctions de l'encéphale 1158

Le traitement des informations sensorielles et l'émission de commandes motrices par l'encéphale constituent un processus cyclique et non linéaire 1158

Introduction aux récepteurs sensoriels 1159

Les récepteurs sensoriels convertissent l'énergie d'un stimulus en influx nerveux qu'ils transmettent au système nerveux central 1159

On classe les récepteurs sensoriels selon le type d'énergie auquel ils réagissent 1161

Photorécepteurs et vision 1164

Divers photorécepteurs sont apparus et se sont développés au cours de l'évolution chez les Invertébrés 1164

Les Vertébrés ont des yeux à cristallin unique 1165

La rhodopsine, pigment qui absorbe la lumière, amorce une voie de conversion-amplification du stimulus 1167

La rétine participe au traitement de l'information visuelle 1168

Ouïe et équilibre 1170

Chez les Mammifères, l'organe de l'ouïe se situe dans l'oreille interne 1170

L'oreille interne renferme également les organes de l'équilibre 1173

Chez la plupart des Poissons et des Amphibiens aquatiques, l'organe sensoriel de la ligne latérale et l'oreille interne détectent les ondes de pression 1174

De nombreux Invertébrés ont des récepteurs sensibles à la gravitation et perçoivent les sons 1175

Chimioréception : goût et odorat 1175

Les sens du goût et de l'odorat sont généralement associés 1176

Mouvement et locomotion 1177

La locomotion requiert de l'énergie pour vaincre la friction et la gravitation 1177

Le squelette assure le soutien et la protection du corps de l'animal et joue un rôle essentiel dans le mouvement 1179

Le soutien physique sur la terre ferme dépend d'adaptations des proportions du corps et de la posture 1182

Les muscles font bouger des parties du squelette en se contractant 1182

L'interaction des molécules de myosine et des molécules d'actine produit une force durant les contractions musculaires 1183

Les ions calcium et des protéines régulatrices régissent la contraction musculaire 1184

Les différents mouvements corporels requièrent des variations dans l'activité musculaire 1186

Révision du chapitre 1189

HUITIÈME PARTIE
L'ÉCOLOGIE

50 L'ÉCOLOGIE ET LA BIOSPHÈRE : INTRODUCTION 1193

Le champ de l'écologie 1194

Les interactions des organismes entre eux et avec leur milieu déterminent leur distribution et leur abondance 1194

L'écologie et la biologie de l'évolution sont des sciences étroitement liées 1195

Le champ de la recherche écologique s'étend de l'adaptation des organismes à la dynamique de la biosphère 1195

L'écologie fournit un contexte scientifique pour l'étude des questions environnementales 1196

Les facteurs qui influent sur la distribution des organismes 1197

La dispersion des espèces contribue à la distribution des organismes 1197

Le comportement et la sélection d'un habitat contribuent à la distribution des organismes 1200

Les facteurs biotiques influent sur la distribution des organismes 1201

Les facteurs abiotiques influent sur la distribution des organismes 1201

La température et les précipitations sont les principaux facteurs climatiques qui conditionnent la distribution des organismes 1202

Les biomes aquatiques et les biomes terrestres 1207

Les biomes aquatiques occupent la majeure partie de la biosphère 1209

La distribution des biomes terrestres repose principalement sur les variations climatiques régionales 1215

Les différentes échelles des distributions géographiques 1221

Divers facteurs peuvent déterminer la distribution d'une espèce à différentes échelles 1221

La plupart des espèces occupent de petites aires de distribution géographique 1221

Révision du chapitre 1222

51 LA BIOLOGIE DU COMPORTEMENT 1225

Introduction au comportement et à l'éthologie 1226

Qu'est-ce que le comportement ? 1226

Les causes immédiates et les causes ultimes du comportement 1226

Le comportement résulte de l'inné et de l'acquis 1226

Le comportement inné est stéréotypé 1228

L'éthologie classique a légué une approche évolutionniste à la biologie du comportement 1228

L'apprentissage 1233

L'apprentissage est une modification du comportement par l'expérience 1233

L'imprégnation est un apprentissage limité à une période critique 1234

Le chant des Oiseaux fournit un modèle pour la compréhension de l'apparition et de l'évolution d'un comportement 1235

De nombreux animaux apprennent à associer un stimulus à un autre 1237

L'expérience et l'exercice sont les finalités du jeu 1237

La cognition animale 1238

L'étude de la cognition associe une fonction du système nerveux et un comportement 1238

Les Animaux utilisent divers mécanismes cognitifs durant leurs déplacements 1239

L'étude de la conscience constitue un défi unique pour les scientifiques 1241

Comportement social et sociobiologie 1242

La sociobiologie situe le comportement social dans le contexte de l'évolution 1242

Les comportements sociaux compétitifs se manifestent souvent dans des luttes pour les ressources 1242

La sélection naturelle favorise le comportement d'accouplement qui maximise la quantité de partenaires ou leur qualité 1245

Les interactions sociales dépendent de divers modes de communication 1247

Le concept de valeur d'adaptation globale explique en grande partie le comportement altruiste 1250

La sociobiologie associe la théorie de l'évolution à la culture humaine 1253

Révision du chapitre 1254

52 L'ÉCOLOGIE DES POPULATIONS 1257

Les caractéristiques des populations 1258

Toute population présente deux caractéristiques importantes : une densité et une distribution 1258

La démographie est l'étude des facteurs qui influent
sur l'accroissement et la diminution des populations   1260

Les cycles biologiques   1262

Les cycles biologiques sont extrêmement divers,
mais de cette diversité se dégagent des modalités   1262

Des ressources limitées obligent à des compromis
d'investissement entre la reproduction et la survie   1263

L'accroissement démographique   1265

Le modèle exponentiel d'accroissement démographique
décrit une population idéale dans un environnement
aux ressources illimitées   1265

Le modèle logistique d'accroissement démographique
intègre la notion de capacité limite du milieu   1266

Les facteurs qui limitent la taille des populations   1270

La rétro-inhibition empêche un accroissement
démographique illimité   1270

La dynamique des populations repose sur une interaction
complexe d'influences biotiques et abiotiques   1272

Certaines populations connaissent des cycles
réguliers d'accroissement et de diminution   1273

L'accroissement de la population humaine   1275

La population humaine s'accroît de manière
presque exponentielle depuis trois siècles,
mais ne peut continuer ainsi indéfiniment   1275

L'estimation de la capacité limite de la Terre
est un problème complexe   1276

Révision du chapitre   1279

53 L'ÉCOLOGIE DES COMMUNAUTÉS   1283

Qu'est-ce qu'une communauté ?   1284

Les conceptions divergentes de la notion de communauté
tirent leur origine des hypothèses individualiste et interactive   1284

Le débat se poursuit autour du modèle des rivets
et du modèle de la redondance   1284

Interactions interspécifiques et structure des communautés   1285

La compétition, la prédation, le mutualisme
et le commensalisme lient les populations   1285

La structure trophique est un facteur déterminant
dans la dynamique des communautés   1291

Les espèces dominantes et les espèces clés ont une grande
influence sur la structure d'une communauté   1293

La structure d'une communauté est déterminée de bas en
haut par des nutriments et de haut en bas par des prédateurs   1294

Perturbations et structure d'une communauté   1296

La plupart des communautés vivent un déséquilibre
dû aux perturbations   1296

Les Humains sont les principaux agents de perturbation   1298

La série de changements que connaît une communauté
après une perturbation constitue la succession écologique   1298

Les facteurs biogéographiques qui influent sur la biodiversité des communautés   1301

La biodiversité d'une communauté se mesure
au nombre d'espèces et à leur abondance relative   1302

La richesse spécifique diminue généralement
le long d'un gradient équatorial-polaire   1302

La richesse spécifique dépend de l'étendue
géographique d'une communauté   1304

Sur les îles, la richesse spécifique dépend de la superficie
et de la distance par rapport au continent   1304

Révision du chapitre   1306

54 LES ÉCOSYSTÈMES   1309

L'approche écosystémique de l'écologie   1310

Les relations trophiques déterminent les voies du flux
de l'énergie et des cycles biogéochimiques dans un écosystème   1310

La décomposition lie tous les niveaux trophiques   1310

Les lois de la physique et de la chimie
s'appliquent aux écosystèmes   1311

La productivité primaire dans les écosystèmes   1311

L'allocation énergétique d'un écosystème
dépend de la productivité primaire   1311

Dans les écosystèmes aquatiques, la lumière
et les nutriments limitent la productivité primaire   1312

Dans les écosystèmes terrestres, la température, l'humidité
et les nutriments limitent la productivité primaire   1316

La productivité secondaire dans les écosystèmes   1317

Le rendement des transferts d'énergie entre les niveaux
trophiques est généralement inférieur à 20 %   1317

Les herbivores consomment un petit pourcentage
de la végétation : hypothèse d'un monde vert   1319

Le recyclage des éléments chimiques dans les écosystèmes   1320

Des processus biologiques et géologiques font circuler
les nutriments entre des réservoirs organiques et inorganiques   1320

La vitesse de décomposition détermine dans une large
mesure le temps de recyclage des nutriments   1325

La végétation joue un rôle déterminant
dans le recyclage des nutriments   1326

L'impact des Humains sur les écosystèmes et la biosphère   1327

La population humaine perturbe les cycles
biogéochimiques de toute la biosphère   1328

L'utilisation de combustibles fossiles est
la principale cause des précipitations acides   1329

La concentration des toxines augmente
à chaque niveau d'un réseau trophique   1330

Les activités humaines provoquent des changements
climatiques en augmentant la concentration
de dioxyde de carbone dans l'atmosphère   1331

Les activités humaines détruisent l'ozone atmosphérique   1333

Révision du chapitre   1335

55 LA BIOLOGIE DE LA CONSERVATION   1339

La crise de la biodiversité   1340

Les trois composantes de la biodiversité sont la diversité
génétique, la diversité spécifique et la diversité écosystémique   1340

La biodiversité est essentielle au bien-être des Humains   1342

Les quatre principales menaces pour la biodiversité
sont la destruction des habitats, l'introduction
d'espèces, la surexploitation et les perturbations
dans les chaînes alimentaires   1344

La conservation des populations et des espèces 1348

Selon l'approche des petites populations, une petite taille peut entraîner une population dans une spirale d'extinction 1348

L'approche des populations déclinantes est une stratégie proactive de conservation visant à dépister, à diagnostiquer et à freiner les déclins de populations 1351

La conservation des espèces implique l'évaluation d'exigences contraires des différentes espèces et des Humains 1353

La conservation des communautés, des écosystèmes et des paysages 1354

Les zones de transition et les corridors de migration peuvent influer fortement sur la biodiversité des paysages 1354

Les biologistes de la conservation ont de nombreux défis à relever lorsqu'ils établissent des zones protégées 1356

Les réserves naturelles doivent être des parties fonctionnelles des paysages 1357

La restauration des territoires dégradés constitue un effort de conservation de plus en plus important 1358

L'objectif du développement durable est de réorienter la recherche écologique et de nous forcer tous à reconsidérer nos valeurs 1361

L'avenir de la biosphère repose sur notre biophilie 1361

Révision du chapitre 1362

APPENDICES

1 COMPARAISON ENTRE LE MICROSCOPE PHOTONIQUE ET LE MICROSCOPE ÉLECTRONIQUE A-1

2 CLASSIFICATION DES ÊTRES VIVANTS A-2

3 ÉLÉMENTS CHIMIQUES A-4

GLOSSAIRE G-1

SOURCES DES PHOTOGRAPHIES ET DES ILLUSTRATIONS S-1

INDEX I-1

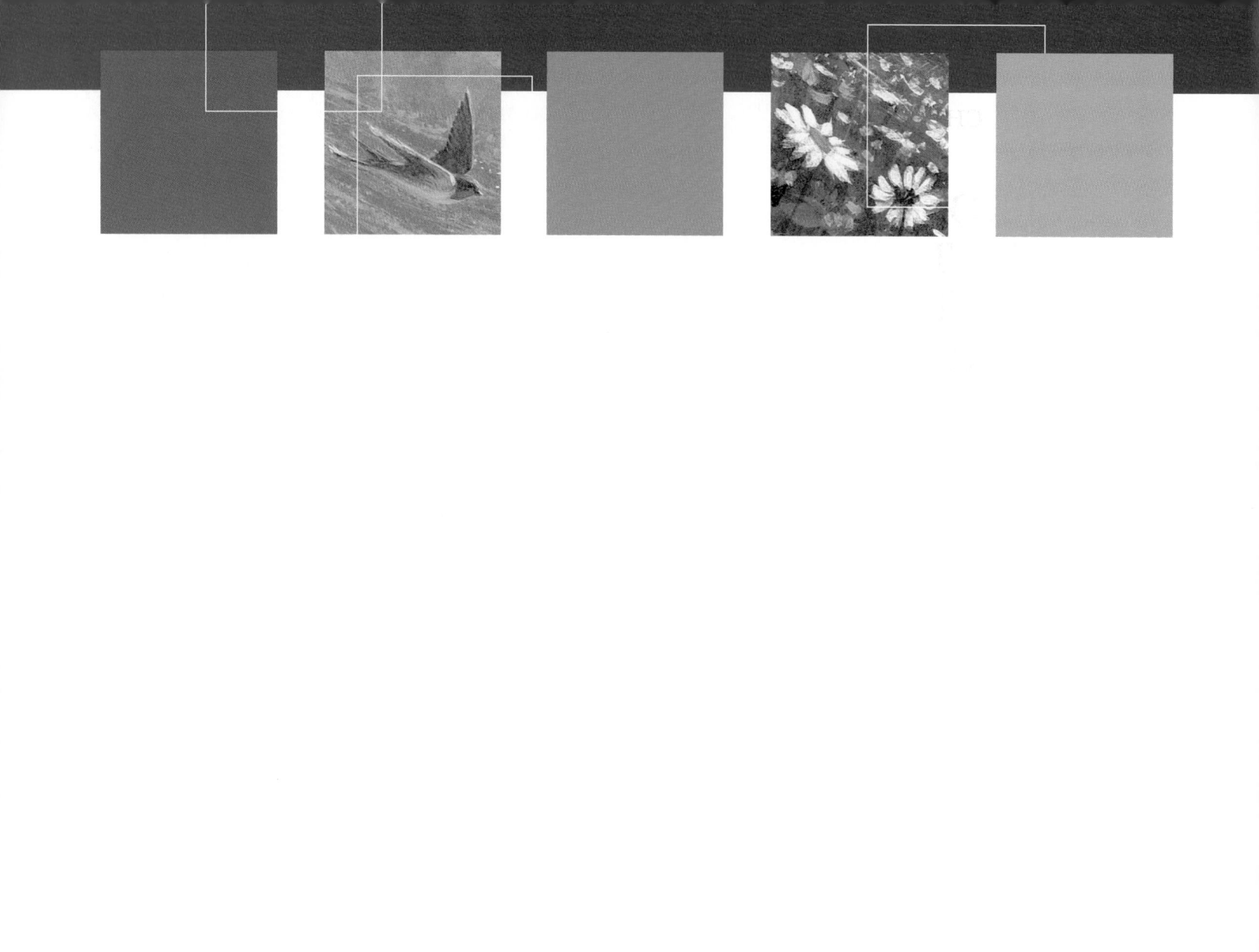

CHAPITRE 1

INTRODUCTION : DIX THÈMES INTÉGRATEURS POUR L'ÉTUDE DES ÊTRES VIVANTS

« La plus belle chose que nous puissions éprouver,
c'est le côté mystérieux de la vie. »

ALBERT EINSTEIN
physicien allemand (1879-1955)

L'ORGANISATION BIOLOGIQUE

- De nouvelles propriétés apparaissent à chaque niveau de l'organisation biologique
- La cellule est l'unité structurale et fonctionnelle des organismes
- La perpétuation de la vie repose sur l'information héréditaire contenue dans l'ADN
- Il y a une corrélation constante entre la structure et la fonction à tous les niveaux de l'organisation biologique
- Les organismes sont des systèmes ouverts qui interagissent sans cesse avec leur environnement
- Des mécanismes de régulation assurent un équilibre dynamique dans les organismes

ÉVOLUTION, UNITÉ ET DIVERSITÉ

- La vie sur la Terre se caractérise à la fois par l'unité et la diversité
- L'évolution est le fil conducteur principal en biologie

LA DÉMARCHE SCIENTIFIQUE

- La démarche scientifique est un processus d'enquête amorcé par des observations répétitives et fondé sur des hypothèses vérifiables
- La science et la technologie sont au service de la société

RÉVISION : LES 10 THÈMES INTÉGRATEURS EN BIOLOGIE

L'**esprit humain** *est naturellement enclin à la biologie, soit à l'étude des êtres vivants. Bien des gens, en effet, possèdent un animal de compagnie, cultivent des plantes, attirent des oiseaux dans leur jardin, visitent les zoos ou fréquentent les réserves naturelles. La biologie est le prolongement scientifique du sentiment* d'attachement et de curiosité que les êtres humains éprouvent à l'égard de toutes les manifestations de la vie. Il s'agit d'une science faite pour les esprits audacieux. Directement ou indirectement, elle nous emmène dans des jungles, des déserts, des mers et d'autres environnements. On trouve en ces lieux diverses formes de vie qui entretiennent entre elles et avec leur milieu physique des liens étroits qui s'entrelacent en des réseaux complexes appelés écosystèmes. L'étude de la vie nous conduit dans des laboratoires où nous observons de près les processus physiologiques des êtres vivants, c'est-à-dire des organismes. Elle nous entraîne dans le monde microscopique de la cellule – l'unité fondamentale de tout organisme –, ainsi que dans l'univers encore plus petit des molécules qui composent celle-ci. Par ailleurs, notre quête intellectuelle nous fait remonter dans le temps : la biologie s'intéresse non seulement à la vie contemporaine, mais aussi à l'histoire des espèces ancestrales, qui s'étend sur près de quatre milliards d'années. Son champ est immense, et ce manuel a pour objectif de vous initier à ses multiples facettes.

Vous abordez une science en plein âge d'or. Jamais dans l'histoire les scientifiques n'ont été si nombreux et si bien outillés pour percer des mystères qui semblaient autrefois impénétrables. Nous comprenons mieux comment une cellule unique devient une plante ou un animal et comment les premiers microorganismes ont donné naissance à la fabuleuse diversité du vivant. Nous saurons bientôt comment l'esprit humain fonctionne et comment tous les organismes interagissent dans une communauté, comme une forêt ou un récif de corail.

La biologie moderne est aussi importante que captivante. La génétique et la biologie cellulaire sont en voie de révolutionner la médecine et l'agriculture. La biologie moléculaire, elle, nous tend de nouveaux outils qui nous aideront à retracer l'origine et la propagation des premiers Humains. L'écologie nous permet de mesurer les problèmes environnementaux, tels que les causes et les conséquences du réchauffement planétaire. Quant aux neurosciences et à la biologie de l'évolution, elles mettent la psychologie et la sociologie sur de nouvelles voies. Ces quelques exemples ne suffisent même pas à illustrer la place que la biologie est en train de se tailler dans notre culture.

L'explosion des connaissances en biologie a de quoi vous enthousiasmer, certes, mais elle a aussi de quoi vous déconcerter. Même les professionnels se sentent parfois envahis par un sentiment de découragement. Alors, comment un élève débutant peut-il espérer se retrouver dans ce déluge de données et de découvertes? Le secret consiste à s'appuyer sur des thèmes intégrateurs, des fils conducteurs qui unifient toute cette matière et qui prévaudront encore dans des dizaines d'années, lorsque la majeure partie des détails présentés dans les ouvrages d'aujourd'hui seront désuets. Dans ce chapitre, nous présenterons les 10 thèmes généraux et intégrateurs de l'étude des êtres vivants. Nous les avons déjà énumérés dans le sommaire apparaissant sur la page précédente.

L'ORGANISATION BIOLOGIQUE

Les biologistes étudient les divers niveaux de l'organisation du vivant, de la molécule à la planète (FIGURE 1.1). La première série de thèmes vous aidera à dégager de tout cela une vision cohérente du vivant.

De nouvelles propriétés apparaissent à chaque niveau de l'organisation biologique

Les êtres vivants se caractérisent tout d'abord par leur très grande organisation. Vous pouvez vous en rendre compte en observant le réseau complexe des nervures d'une feuille ou les motifs colorés qui ornent le plumage d'un oiseau. L'ordre est présent à tous les niveaux de l'organisation biologique, même au-delà du visible.

Hiérarchie de l'organisation biologique

L'organisation biologique correspond à une hiérarchie de niveaux structuraux. Chacun de ceux-ci s'édifie sur les niveaux inférieurs (FIGURE 1.2). À la base se trouvent les *atomes,* unités chimiques de la matière. Ils s'agencent en *molécules* biologiques complexes. Un grand nombre de celles-ci forment des structures minuscules appelées *organites* qui, à leur tour, sont les composantes des *cellules.*

Les cellules constituent les *organismes,* et les organismes constituent le vivant. Certains de ceux-ci, tels que les Amibes, sont unicellulaires, mais d'autres sont formés de nombreux types de cellules spécialisées. Ce qu'une amibe réalise avec une seule cellule (ingestion et transformation de nutriments, excrétion des déchets, réaction aux stimulus environnementaux,

FIGURE 1.1 Les biologistes étudient la vie sous ses formes macroscopiques et microscopiques, actuelles et anciennes.

(a) Paul Sereno, paléontologue (spécialiste des fossiles)

(d) Joanne Chory, botaniste

(b) Flossie Wong-Staal, chercheuse spécialisée dans l'étude du sida

(c) George Langford, spécialiste de la biologie cellulaire

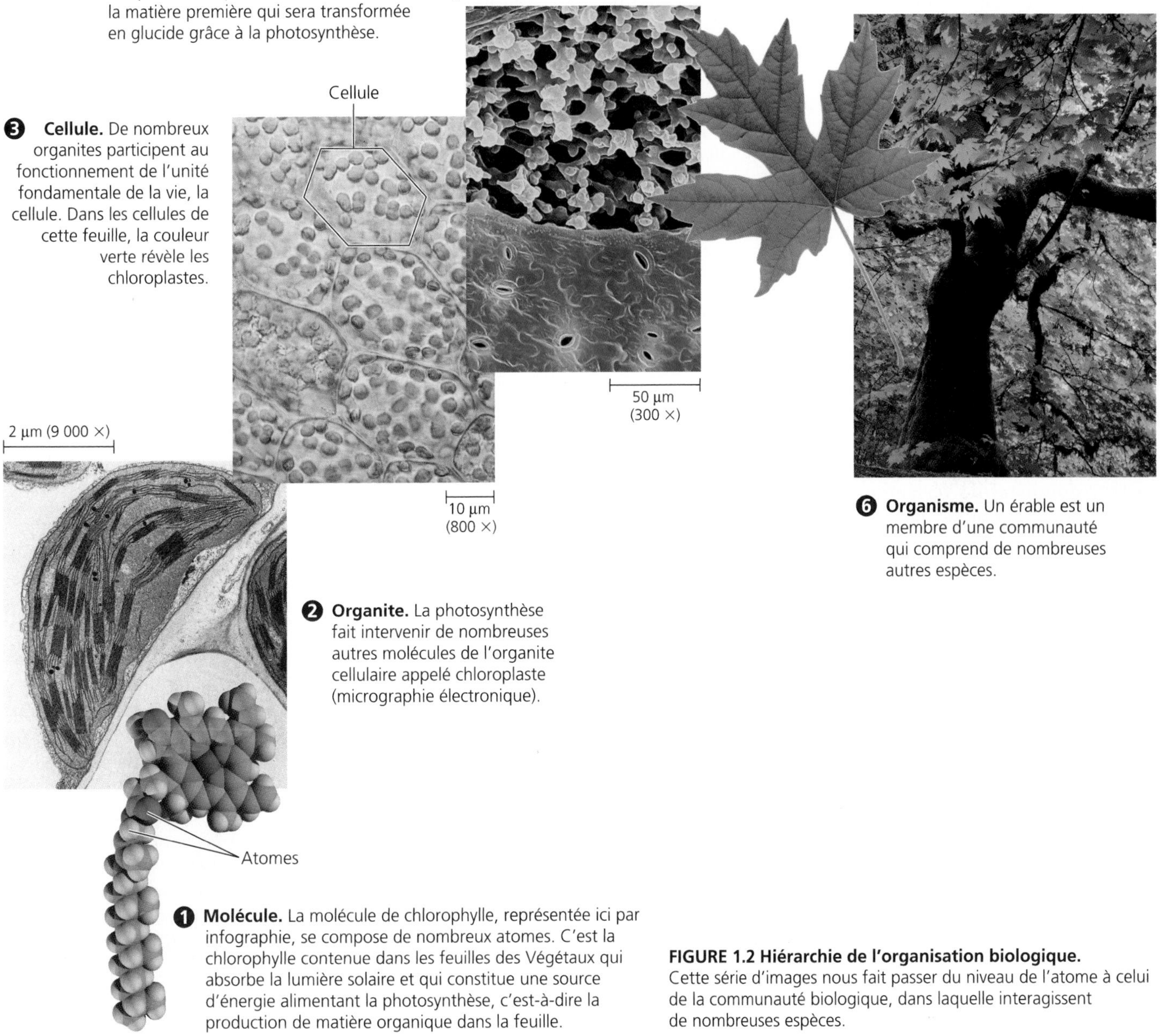

4 Tissu. Chez les organismes multicellulaires, les cellules s'organisent généralement en tissus, c'est-à-dire en groupes de cellules similaires formant une unité fonctionnelle. La feuille qui apparaît dans cette micrographie artificiellement colorée a été coupée obliquement; cela laisse apparaître deux tissus spécialisés différents. Celui qui est situé dans la partie supérieure se compose de cellules photosynthétiques; il s'agit d'un parenchyme lacuneux. Celui qui se trouve dans la partie inférieure et qui est perforé correspond à l'épiderme, soit au revêtement externe de la feuille. Les pores de l'épiderme laissent entrer du dioxyde de carbone, la matière première qui sera transformée en glucide grâce à la photosynthèse.

5 Organe. La feuille de l'Érable à grandes feuilles (*Acer macrophyllum*), un organe de la plante, possède une organisation spécifique de différents tissus, notamment le tissu photosynthétique, l'épiderme et les tissus conducteurs transportant l'eau des racines aux feuilles.

Cellule

3 Cellule. De nombreux organites participent au fonctionnement de l'unité fondamentale de la vie, la cellule. Dans les cellules de cette feuille, la couleur verte révèle les chloroplastes.

50 μm
(300 ×)

2 μm (9 000 ×)

10 μm
(800 ×)

6 Organisme. Un érable est un membre d'une communauté qui comprend de nombreuses autres espèces.

2 Organite. La photosynthèse fait intervenir de nombreuses autres molécules de l'organite cellulaire appelé chloroplaste (micrographie électronique).

Atomes

1 Molécule. La molécule de chlorophylle, représentée ici par infographie, se compose de nombreux atomes. C'est la chlorophylle contenue dans les feuilles des Végétaux qui absorbe la lumière solaire et qui constitue une source d'énergie alimentant la photosynthèse, c'est-à-dire la production de matière organique dans la feuille.

FIGURE 1.2 Hiérarchie de l'organisation biologique.
Cette série d'images nous fait passer du niveau de l'atome à celui de la communauté biologique, dans laquelle interagissent de nombreuses espèces.

reproduction, etc.), un Humain ou un autre organisme multicellulaire l'accomplit grâce à la répartition des tâches entre ses cellules spécialisées. Contrairement à une amibe, aucune des cellules humaines ne pourrait vivre longtemps de façon autonome. Les Animaux et les Plantes ne sont pas un ramassis aléatoire de cellules individuelles, mais une « coopérative » multicellulaire.

Les organismes multicellulaires présentent trois niveaux d'organisation structurale au-dessus de la cellule: les cellules semblables se regroupent en *tissus*; les arrangements particuliers de différents tissus forment des *organes* ; les organes sont réunis dans des *systèmes*. Par exemple, les influx nerveux qui coordonnent vos mouvements sont transmis le long de cellules spécialisées appelées neurones. Le tissu nerveux de votre cerveau se compose de milliards de neurones organisés en un réseau de communication d'une complexité stupéfiante. Le cerveau, cependant, ne comprend pas seulement du tissu nerveux : il renferme une grande variété de tissus, notamment du tissu conjonctif, qui forme son enveloppe protectrice. Le cerveau fait lui-même partie du système nerveux, tout comme la moelle épinière et les nombreux nerfs qui transmettent les messages entre celle-ci et les autres parties du corps. Outre le système nerveux, il existe plusieurs systèmes caractéristiques des animaux complexes auxquels nous appartenons.

Dans la hiérarchie de l'organisation biologique, l'organisme ne constitue pas le niveau le plus élevé. Une *population* est un groupe d'organismes de la même espèce qui se trouvent dans une même région à un moment déterminé. Les diverses populations qui vivent ensemble dans une même zone forment une *communauté*. Les interactions de la communauté, auxquelles participent les composantes non vivantes (ou physico-chimiques) du milieu, telles que le sol, l'énergie et l'eau, constituent un *écosystème*. Il y a des écosystèmes aquatiques, comme les lacs et les rivières, et des écosystèmes terrestres, comme les tourbières à sphaignes (voir la FIGURE 29.19) et les érablières à bouleaux jaunes. Un ensemble d'écosystèmes variés couvrant une vaste étendue géographique constitue un *biome*. Ce dernier présente des conditions climatiques uniformes qui déterminent un type dominant de végétation (voir la FIGURE 50.25), par exemple la forêt tropicale. Finalement, la *biosphère* englobe tous les milieux où l'on trouve de la vie : l'eau, une fraction du sol, ainsi que l'air environnant la planète.

Pour étudier les êtres vivants, il faut se pencher sur les divers niveaux de l'organisation biologique. C'est exactement ce que nous ferons dans ce manuel : au début, nous étudierons la chimie du vivant et, à la fin, nous examinerons les écosystèmes et la biosphère. Nous verrons toutefois que le déroulement des processus biologiques passe souvent par plusieurs niveaux d'organisation. Par exemple, lorsqu'un crotale se déploie et attaque une souris à la vitesse de l'éclair, ses mouvements coordonnés résultent d'interactions complexes aux niveaux moléculaire, cellulaire, tissulaire, organique et systémique. Son comportement a aussi des répercussions sur la communauté à laquelle sa proie et lui appartiennent. La prédation a, en effet, d'importantes conséquences cumulatives sur les populations de souris et de crotales. La plupart des biologistes se spécialisent dans l'étude d'un certain niveau de la hiérarchie, mais ils élargissent leur perspective en établissant des liens entre leurs découvertes et les processus propres aux niveaux inférieurs ou supérieurs.

Émergence

Chaque fois que l'on atteint un niveau supérieur de l'organisation biologique, de nouvelles propriétés apparaissent. Ce phénomène, appelé *émergence*, résulte des interactions entre les composantes. Une molécule comme une protéine possède des propriétés qu'aucun de ses atomes ne présente, et une cellule ne se ramène certainement pas à un paquet de molécules. De même, lorsqu'un traumatisme crânien perturbe l'organisation compliquée du cerveau humain, cet organe cesse de fonctionner correctement, même si toutes ses parties sont encore présentes. Autrement dit, un organisme constitue une entité plus grande et plus complexe que la somme de ses parties.

Le thème de l'émergence souligne l'importance de l'organisation structurale et, dans cette optique, il s'applique aussi bien à la matière inanimée qu'aux êtres vivants. Le diamant et le graphite se composent tous deux de carbone, mais ils possèdent des propriétés différentes, parce que leurs atomes de carbone sont disposés autrement. L'apparition de nouvelles propriétés chez les êtres vivants n'a rien de surnaturel ; elle ne fait que traduire la nature hiérarchique de leur organisation structurale, sans équivalent chez les objets inanimés.

La vie ne se laisse pas définir succinctement, car elle est associée à l'émergence. Pourtant, n'importe quel enfant conçoit qu'un chien, un insecte ou un arbre sont vivants, alors qu'un caillou ne l'est pas. Nous pouvons reconnaître la vie par les actions des êtres vivants. La FIGURE 1.3 représente et décrit quelques propriétés et processus associés à l'être vivant.

Le réductionnisme en biologie

Puisque les êtres vivants ont des propriétés qui émergent de leur organisation complexe, les scientifiques qui s'attachent à comprendre les processus biologiques font face à un dilemme. D'une part, il est impossible d'expliquer totalement un niveau d'organisation supérieur en le réduisant à ses parties. Un animal disséqué ne peut plus mener sa vie d'animal ; une cellule réduite à ses constituants chimiques n'a plus rien d'une cellule. D'autre part, il est vain d'essayer d'analyser une chose aussi complexe qu'un organisme ou une cellule sans la réduire à ses composantes. Le réductionnisme, c'est-à-dire la fragmentation de systèmes complexes en des éléments plus simples et plus faciles à manipuler en vue de les étudier, constitue une stratégie efficace en biologie. Par exemple, c'est en se penchant sur la structure moléculaire d'une substance extraite de cellules que James Watson et Francis Crick ont déduit, en 1953, que l'ADN constitue le fondement chimique de l'hérédité. Cependant, le rôle fondamental de l'ADN n'est apparu qu'au moment où l'on a pu étudier ses interactions avec d'autres substances dans la cellule. La biologie fait contrepoids au réductionnisme, car son objectif à long terme est de comprendre l'émergence, c'est-à-dire l'intégration fonctionnelle des différentes parties des cellules, des êtres vivants et des écosystèmes.

La cellule est l'unité structurale et fonctionnelle des organismes

La cellule est le plus bas échelon où l'on trouve *toutes* les caractéristiques de la vie. Tous les organismes sont composés de cellules. Celles-ci constituent l'unité structurale et fonctionnelle des organismes (voir la FIGURE 1.2).

FIGURE 1.3 Certaines caractéristiques de la vie.

(a) Ordre. Toutes les caractéristiques d'un organisme dérivent de sa structure ordonnée, manifeste dans ce plan rapproché d'une fleur de Tournesol (*Helianthus annuus*).

(b) Reproduction. Un organisme produit des organismes qui lui ressemblent. Un être vivant ne peut provenir que d'un autre être vivant, selon une théorie appelée biogenèse. Ici, un Macaque japonais (*Macaca fuscata*) protège son petit.

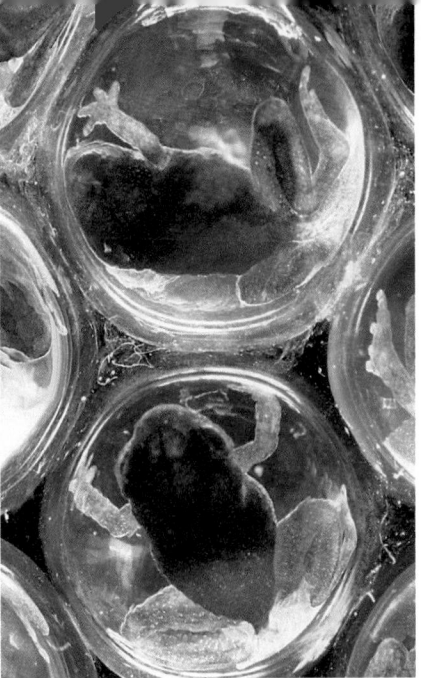

(c) Croissance et développement. L'information génétique contenue dans l'ADN détermine la croissance et le développement, et contribue à la production d'un organisme caractéristique de son espèce. On voit ici des embryons de grenouilles d'une espèce vivant au Costa Rica.

(d) Utilisation d'énergie. L'être vivant consomme de l'énergie et la transforme pour accomplir plusieurs fonctions. Cette chauve-souris s'alimente en butinant le nectar des fleurs d'un cactus. L'énergie emmagasinée dans les molécules de cette substance permettra à l'animal de voler.

(e) Réactions aux stimulus de l'environnement. Ce criquet dont on ne voit plus que les pattes a stimulé les cellules ciliées situées à la surface de feuilles modifiées d'une Dionée (*Dionaea muscipula*). Celle-ci a réagi à ce stimulus environnemental en fermant aussitôt son « piège ».

(g) Évolution adaptative. La vie évolue à la suite des interactions entre les organismes et leur environnement. L'adaptation des organismes à leur environnement compte parmi les conséquences de l'évolution. Grâce à la blancheur de son plumage hivernal, ce Lagopède à queue blanche (*Lagopus leucurus*) est presque invisible dans la neige.

(f) Homéostasie. Un organisme a des mécanismes de régulation qui maintiennent son milieu interne à l'intérieur de limites tolérables, malgré les fluctuations du milieu externe. Cet équilibre est appelé homéostasie. Par exemple, grâce au contrôle du volume sanguin circulant dans ses grandes oreilles, ce Lièvre de Californie (*Lepus californicus*) ajuste ses pertes de chaleur aux conditions extérieures et conserve une température constante.

La théorie cellulaire

C'est en 1665 que Robert Hooke, un scientifique anglais, a découvert les cellules en observant une fine coupe de liège (écorce d'un chêne) à l'aide d'un microscope grossissant 30 fois (30 ×). Il n'a jamais pris conscience de la portée de sa découverte : il croyait que seul le liège se composait de petites chambres agencées comme les cellules (*cells*) d'une prison (d'où l'appellation « cellules »). L'un de ses contemporains, le Hollandais Antonie Van Leeuwenhoek, a été le premier à décrire ce que l'on appelle aujourd'hui des organismes unicellulaires. Grâce aux microscopes qu'il fabriquait en polissant des lentilles capables de grossir jusqu'à 300 fois, il a découvert le monde des microorganismes en observant des gouttelettes d'eau provenant d'un étang. Il a observé aussi des globules sanguins et des spermatozoïdes d'animaux. Près de deux siècles plus tard, en 1839, les biologistes allemands Matthias Schleiden et Theodor Schwann ont élaboré enfin la théorie selon laquelle les cellules sont les constituants universels des êtres vivants. Ils ont résumé leurs propres observations au microscope et celles d'autres chercheurs en concluant que tous les êtres vivants se composent de cellules. Ils ont ainsi fourni un exemple classique de raisonnement inductif, lequel consiste à formuler une généralisation à partir de nombreuses observations concordantes. Leur généralisation constitue la base de ce que nous appelons maintenant la théorie cellulaire. Vingt ans plus tard, l'Allemand Rudolf Virchow a enrichi cette théorie en avançant que toute cellule provient d'une autre cellule. La capacité des cellules à se diviser pour former de nouvelles cellules est le fondement de la reproduction, de la croissance et de la réparation des organismes multicellulaires.

Les deux grands types de cellules

Toutes les cellules sont entourées d'une membrane qui régit le passage des matières entre leur milieu interne et leur environnement. Chacune contient, à une étape ou l'autre de sa vie, de l'ADN, le matériel génétique qui dirige ses nombreuses activités.

Il existe deux grands types de cellules : les cellules procaryotes (du latin *pro*, « avant », et du grec *karuon*, « noyau ») et les cellules eucaryotes (du grec *eu*, « vrai », et *karuon*, « noyau »). Elles diffèrent sur le plan de leur organisation structurale. Les microorganismes appelés Bactéries et Archéobactéries sont des cellules procaryotes. Tous les autres êtres vivants sont composés de **cellules eucaryotes,** beaucoup plus complexes. Ces dernières comprennent différents compartiments fonctionnels, ou organites, membraneux ou dépourvus de membranes (FIGURE 1.4). Dans le noyau d'une cellule eucaryote, l'ADN est associé à de nombreuses protéines variées et se présente sous forme de structures appelées chromosomes. Le noyau est le plus gros organite de la plupart des cellules eucaryotes. Un liquide épais, le cytoplasme, l'entoure et contient divers organites, qui accomplissent la plupart des fonctions cellulaires. Certaines cellules eucaryotes, notamment celles des Végétaux, possèdent une paroi rigide à l'extérieur de leur membrane plasmique ; quant aux cellules animales, elles en sont dépourvues.

Dans la **cellule procaryote,** l'ADN ne se trouve pas dans un noyau séparé du cytosol par une enveloppe membraneuse. Il constitue en grande partie ce que l'on a tendance à appeler le « chromosome bactérien », bien que celui-ci s'associe à très peu

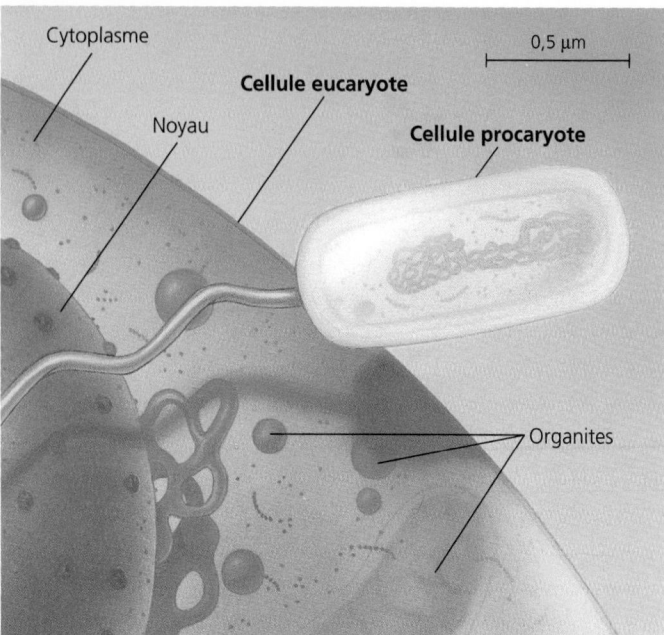

FIGURE 1.4 Organisation structurale des cellules eucaryote et procaryote. Tous les organismes, mis à part les Bactéries et les Archéobactéries, sont constitués de cellules eucaryotes. Celles-ci se caractérisent par la présence de nombreux compartiments fonctionnels appelés organites. La cellule procaryote, elle, est propre aux Bactéries et aux Archéobactéries. Beaucoup plus simple et plus petite, elle est dénuée de la plupart des organites contenus dans la cellule eucaryote. La différence la plus frappante entre les deux est l'absence de noyau dans la cellule procaryote.

de protéines, contrairement aux chromosomes eucaryotes. En outre, la cellule procaryote est dépourvue des organites membraneux caractéristiques de la cellule eucaryote. Elle contient cependant des organites peu variés et sans membranes. Presque toutes les cellules procaryotes ont une paroi cellulaire rigide.

La cellule procaryote et la cellule eucaryote diffèrent considérablement, mais nous verrons qu'elles n'en possèdent pas moins d'importants points communs. Si les cellules présentent des dimensions, des formes et des caractéristiques structurales très diverses, toutes ont des structures extrêmement ordonnées et accomplissent les processus complexes nécessaires au maintien de la vie.

La perpétuation de la vie repose sur l'information héréditaire contenue dans l'ADN

Pour s'organiser, la matière vivante a besoin d'information : les cellules doivent recevoir des instructions pour disposer de façon bien précise les structures et pour coordonner les processus de l'organisme qu'elles composent. Les directives biologiques sont encodées dans la molécule appelée acide désoxyribonucléique, ou ADN. L'ADN est le support matériel des gènes, des unités d'information transmises des parents à leur descendance (FIGURE 1.5).

Une molécule d'ADN est constituée de deux longues chaînes formant une double hélice. Chaque chaîne est faite à partir de quatre unités structurales chimiques appelées nucléotides. L'ADN transmet l'information d'une manière analogue à notre façon de combiner les lettres de l'alphabet en des séquences

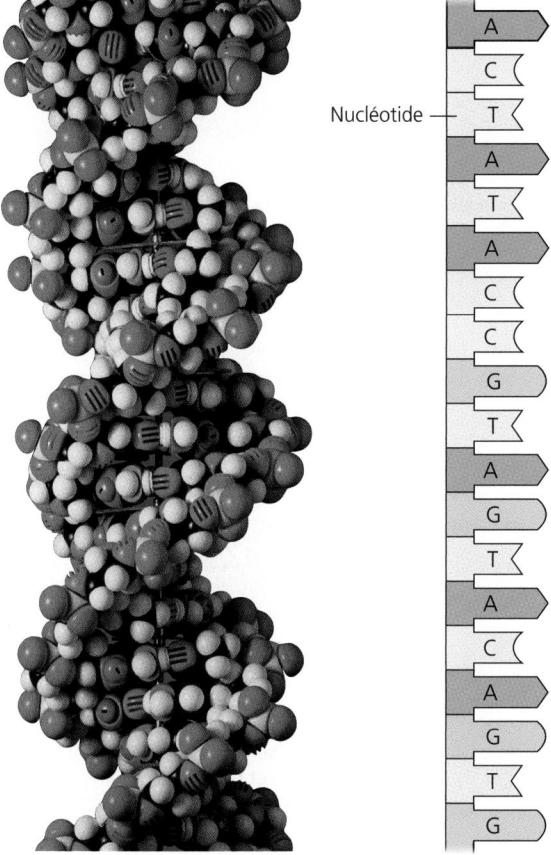

Nucléotide

(a) La double hélice de l'ADN.
Tous les atomes d'un segment d'ADN sont représentés dans ce modèle. La double hélice d'ADN est formée de deux longues chaînes d'unités structurales appelées nucléotides et a la forme tridimensionnelle d'une double hélice.

(b) Brin d'ADN. Ces lettres et ces formes géométriques représentent les nucléotides contenus dans un court segment d'une des deux chaînes d'une molécule d'ADN. L'information génétique réside dans l'enchaînement particulier des quatre nucléotides.

FIGURE 1.5 Le matériel génétique : l'ADN. Les molécules d'ADN transmettent l'information biologique d'une génération à l'autre.

précises correspondant à des significations spécifiques. Vous savez que, selon leur enchaînement, les lettres de l'alphabet forment des mots ayant des sens distincts. Le mot *rat,* par exemple, désigne un rongeur, alors que le mot *art,* qui contient les mêmes lettres, mais agencées de manière différente, signifie tout autre chose. Les livres de langue française contiennent des informations codées fondées sur 26 lettres seulement. Nous pouvons considérer les quatre nucléotides comme l'alphabet de l'hérédité. L'information génétique réside dans l'enchaînement particulier de ces lettres chimiques ; quant aux gènes, ils correspondent à une portion d'ADN et sont généralement formés de centaines ou de milliers de nucléotides.

Toutes les formes de vie partagent essentiellement le même code génétique : une séquence particulière de nucléotides porte toujours la même information, quel que soit l'organisme dans laquelle on la trouve. La diversité des êtres vivants provient des différences dans les séquences de leurs nucléotides. Chaque forme de vie correspond à une expression du langage de programmation de l'ordre biologique.

L'hérédité elle-même relève d'un mécanisme qui permet de copier l'ADN et de transmettre l'enchaînement de ses lettres

chimiques à la progéniture. Quand une cellule se prépare à se diviser, elle copie son ADN. Ensuite, un système mécanique déplace les chromosomes et distribue une copie de l'ADN à chacune des cellules filles. Chez les espèces qui se reproduisent par voie sexuée, les rejetons héritent de deux copies d'ADN : celle qui est contenue dans le spermatozoïde et celle qui est contenue dans l'ovule. Depuis la nuit des temps, la transmission de la vie repose, au point de vue moléculaire, sur la réplication de l'ADN.

L'ensemble des directives génétiques dont un organisme hérite est appelé génome. Le génome inscrit dans le noyau de chaque cellule humaine comporte trois milliards de lettres chimiques (nucléotides). Si ces dernières étaient écrites en lettres de la même grosseur que celles que vous lisez actuellement, elles rempliraient plus d'une centaine de manuels du même format que celui-ci. En 2001, les scientifiques qui s'emploient à déterminer l'enchaînement des nucléotides dans le génome humain ont publié une version préliminaire de leurs résultats. Dans le monde entier, les journalistes et les politiciens ont célébré cet accomplissement comme le plus grand triomphe de l'histoire de la science. Cependant, contrairement à d'autres sommets du génie humain, tels que la conquête de la Lune, le séquençage du génome humain marque un commencement plutôt qu'un aboutissement. En effet, les biologistes ont encore à découvrir les fonctions de milliers de gènes, ainsi que les mécanismes qui coordonnent l'activité des gènes au cours du développement d'un organisme. Leur quête constitue une manifestation éloquente de la curiosité qui pousse l'Humain à s'intéresser à tout ce qui vit.

Il y a une corrélation constante entre la structure et la fonction à tous les niveaux de l'organisation biologique

Généralement, on ne prend pas un marteau pour desserrer une vis ni un tournevis pour enfoncer un clou. Il y a une corrélation entre la structure d'un objet et la façon dont celui-ci fonctionne : la structure sous-tend la fonction. Appliqué à la biologie, ce principe aide à comprendre la structure de la vie à tous ses niveaux, depuis la molécule jusqu'à l'organisme entier. Analyser une structure biologique nous donne des indices sur sa fonction et son mécanisme. Inversement, une structure a une fonction qui nous renseigne sur sa composition.

La forme aérodynamique de l'aile d'un oiseau illustre bien la corrélation entre structure et fonction (FIGURE 1.6, p. 8). La façon dont le squelette d'un oiseau est fait favorise le vol : les os ont une structure lacunaire qui leur confère résistance et légèreté. De même, les muscles du vol sont régis par des neurones, qui transmettent des influx nerveux ; avec leurs longs prolongements, ces cellules sont particulièrement bien adaptées à la communication. Les muscles du vol ont besoin d'une grande quantité d'énergie ; ils l'obtiennent grâce aux organites appelés mitochondries. C'est dans celles-ci que se déroule la respiration cellulaire, le processus chimique qui, au moyen de dioxygène, capte l'énergie emmagasinée dans les glucides et les autres nutriments. La membrane interne d'une mitochondrie comporte de nombreux replis. Les molécules qui y sont enchâssées accomplissent plusieurs étapes de la respiration cellulaire.

(a) C'est grâce à sa morphologie qu'un oiseau peut voler. La corrélation entre la structure et la fonction peut se manifester dans la forme globale d'un organisme, comme en témoigne ce Goéland à bec cerclé (*Larus delawarensis*) en plein vol.

(400 ×)
30 µm

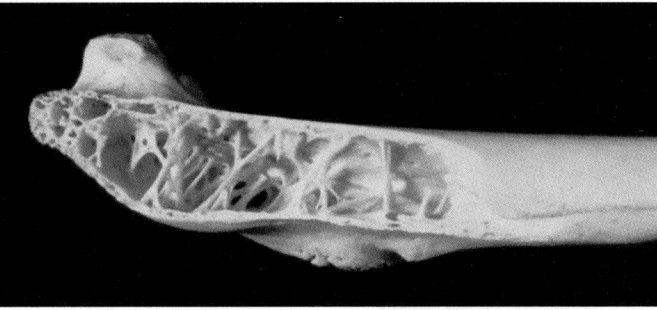

(b) La corrélation entre la structure et la fonction s'observe aussi dans les organes et les tissus. Par exemple, la structure lacunaire des os d'un oiseau dote celui-ci d'un squelette léger mais très résistant.

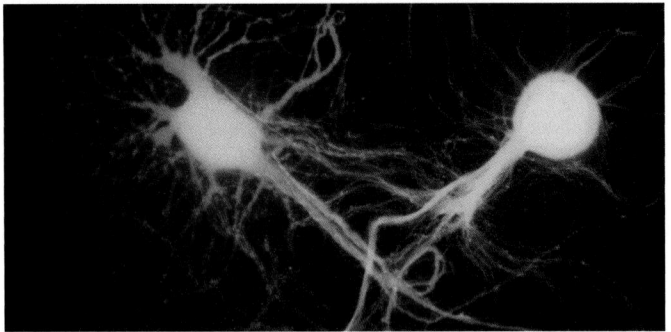

(c) La structure cellulaire sous-tend la fonction. Ainsi, les cellules nerveuses, ou neurones, sont munies de longs prolongements qui acheminent les influx nerveux.

FIGURE 1.6 La structure sous-tend la fonction.

Mitochondrie   Repli de la membrane

(45 000 ×)
0,5 µm

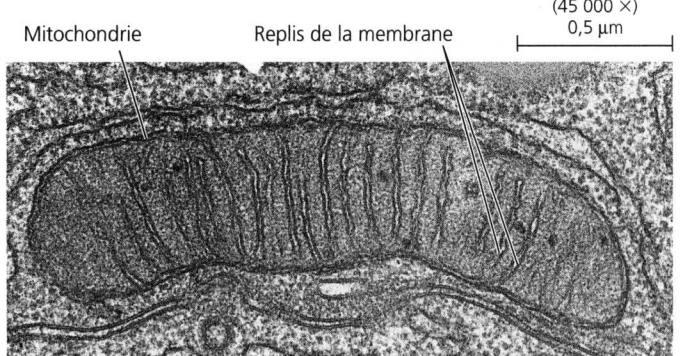

(d) Cet organite, appelé mitochondrie, possède une membrane interne comportant de nombreux replis. Grâce à son organisation structurale, cette membrane relativement étendue peut tenir dans un espace très restreint.

Quant aux replis, ils augmentent la surface de la membrane sans accroître le volume de l'organite (voir la FIGURE 1.6d). Explorer les différents niveaux de structure du vivant, c'est découvrir l'élégance fonctionnelle à chaque détour.

Les organismes sont des systèmes ouverts qui interagissent sans cesse avec leur environnement

Un organisme constitue un exemple de ce que les scientifiques appellent un système ouvert, c'est-à-dire une entité échangeant des matières et de l'énergie avec son environnement. Tout être vivant interagit continuellement avec son environnement, lequel comprend d'autres êtres vivants, ainsi que des facteurs abiotiques (physicochimiques). Par exemple, les racines d'un arbre absorbent de l'eau et des minéraux du sol, et les feuilles captent du dioxyde de carbone de l'air. La lumière solaire absorbée par la chlorophylle, le pigment vert des feuilles, active la photosynthèse, un processus au cours duquel des glucides sont produits à partir d'eau et de dioxyde de carbone. L'arbre libère

du dioxygène dans l'air, et ses racines modifient le sol en désagrégeant les roches, en sécrétant de l'acide et en absorbant des minéraux. Ce faisant, il agit à la fois sur lui-même et sur son environnement. Il interagit avec d'autres formes de vie, notamment avec les microorganismes du sol fixés à ses racines et avec les animaux qui mangent ses feuilles et ses fruits.

La dynamique des écosystèmes

Les nombreuses interactions entre les différents organismes et leur environnement forment la trame d'un écosystème. La dynamique d'un écosystème comprend deux grands processus. Le premier est la circulation cyclique des nutriments. Par exemple, les minéraux absorbés par les plantes finissent par retourner dans le sol sous l'action des microorganismes qui décomposent les feuilles et les racines mortes, ainsi que d'autres débris organiques. Le deuxième processus est la circulation de l'énergie solaire depuis les producteurs, c'est-à-dire les organismes photosynthétiques, jusqu'aux consommateurs, soit les organismes qui se nourrissent de plantes ou d'animaux (FIGURE 1.7).

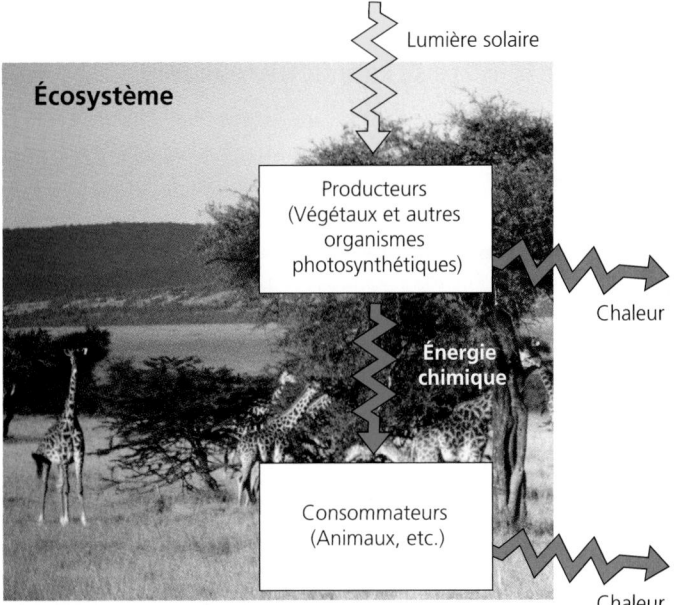

Lumière solaire

Écosystème

Producteurs
(Végétaux et autres
organismes
photosynthétiques)

Chaleur

Énergie
chimique

Consommateurs
(Animaux, etc.)

Chaleur

FIGURE 1.7 Circulation et transformation de l'énergie dans un écosystème. La vie suppose l'accomplissement de fonctions. Pour remplir leurs fonctions, les organismes doivent obtenir de l'énergie et l'utiliser. La plupart des écosystèmes sont alimentés par l'énergie solaire. Les Végétaux et les autres organismes photosynthétiques convertissent l'énergie lumineuse en énergie chimique ; celle-ci est emmagasinée dans les glucides et les autres molécules complexes. En dégradant ces molécules, les organismes photosynthétiques obtiennent l'énergie dont ils ont besoin pour accomplir leurs fonctions. Les consommateurs (les Animaux, entre autres) prennent l'énergie qui leur est nécessaire sous une forme chimique en mangeant des plantes, en dévorant des animaux qui se sont nourris de plantes ou en décomposant des débris organiques, tels que les feuilles et les animaux morts. L'énergie qui entre dans un écosystème sous forme de lumière en ressort sous forme de chaleur dissipée dans l'environnement par les organismes qui accomplissent un travail.

La conversion de l'énergie

L'échange d'énergie entre un organisme et son environnement suppose la conversion d'une forme d'énergie en une autre forme. Quand une feuille produit un glucide, par exemple, elle transforme l'énergie solaire en une énergie chimique. Quand les fibres musculaires d'un animal consomment un glucide pour se contracter, elles convertissent de l'énergie chimique en une énergie cinétique. Tout le travail que les cellules accomplissent suppose la transformation de l'énergie chimique (ordonnée) en chaleur (soit en une énergie désordonnée de mouvements moléculaires aléatoires). La vie nécessite une absorption constante d'énergie ordonnée et une libération d'énergie désordonnée dans l'environnement.

Des mécanismes de régulation assurent un équilibre dynamique dans les organismes

Lorsqu'on gratte une allumette, on augmente énormément sa température au point de friction. Cela déclenche une réaction au cours de laquelle l'énergie chimique enfermée dans les molécules de l'allumette se transforme en chaleur et en lumière. La combustion est une transformation désordonnée d'énergie. Si les organismes sont capables de tirer une énergie utilisable des molécules combustibles, comme les glucides, c'est qu'ils

les dégradent en une série de réactions chimiques rigoureusement contrôlées.

La régulation des réactions chimiques dans les cellules repose principalement sur des protéines appelées enzymes. Celles-ci sont produites par les cellules à l'intérieur desquelles elles agissent. Ce sont des catalyseurs, c'est-à-dire des substances qui accélèrent les réactions chimiques. Lorsque vos fibres musculaires ont besoin d'une grande quantité d'énergie pendant une activité physique, des enzymes catalysent la dégradation rapide de molécules de glucose, libérant ainsi l'énergie pouvant servir à l'accomplissement d'un travail. À l'inverse, lorsque vous vous reposez, d'autres enzymes catalysent la formation de glucose, qui constitue une substance de réserve. Avec, d'une part, des enzymes qui catalysent la dégradation du glucose et, d'autre part, des enzymes qui catalysent sa formation, comment l'ordre peut-il subsister dans la cellule ? La réponse réside en grande partie dans les mécanismes de régulation qui déterminent précisément le moment, l'endroit et la cadence de certaines réactions qui ont lieu dans la cellule.

De nombreux processus biologiques sont régis par leurs propres produits, selon un mécanisme de rétroaction. Si un produit ralentit ou arrête le processus qui l'engendre, le mécanisme est appelé rétro-inhibition ; s'il l'accélère, le mécanisme est appelé rétroactivation (FIGURE 1.8, p. 10).

La température corporelle des Mammifères et des Oiseaux est régie par un mécanisme de rétro-inhibition qui la maintient à l'intérieur de limites étroites, malgré les fluctuations importantes de la température extérieure. Un « thermostat » situé dans l'encéphale de ces animaux maintient la température de leur sang près d'un point fixe (environ 37 °C chez les Mammifères). Quand la température du corps humain commence à s'élever, par exemple, le centre de commande situé dans l'encéphale active les glandes sudorifères et provoque la dilatation des vaisseaux sanguins de la peau. La transpiration entraîne un refroidissement dû à la vaporisation ; à mesure que les vaisseaux sanguins se remplissent de sang plus chaud, de la chaleur s'échappe d'eux. La rétro-inhibition entre en jeu dès que la température du sang revient à la valeur de référence. Le centre de commande cesse alors d'envoyer des messages de régulation vers la peau. Inversement, si la température corporelle descend en dessous de la valeur de référence, il inactive les glandes sudorifères et provoque la constriction des vaisseaux sanguins de la peau. Le sang est ainsi dérivé vers les tissus profonds, ce qui réduit la perte de chaleur. Le retour de la température à la valeur de référence s'accompagne d'une nouvelle rétro-inhibition et, par le fait même, de l'arrêt des messages de contrôle émis par le centre de commande. Cette régulation dynamique, qui maintient un facteur interne comme la température corporelle à l'intérieur de limites de tolérance étroites, est appelée homéostasie (voir la FIGURE 1.3f).

La coagulation du sang, elle, est régie par un mécanisme de rétroactivation. Lorsqu'un vaisseau sanguin est endommagé, des éléments du sang appelés plaquettes s'accumulent autour de la lésion. Celles-ci libèrent des substances qui attirent un surcroît de plaquettes, et leur amas déclenche un enchaînement complexe de réactions chimiques formant un caillot pour colmater la brèche.

La régulation par rétroactivation ou rétro-inhibition est un thème capital en biologie. Nous en verrons de très nombreux exemples dans ce manuel.

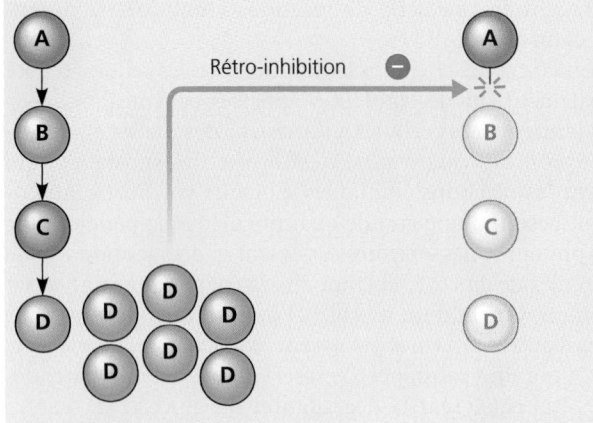

(a) Rétro-inhibition. Ce modèle simple montre le principe de la rétro-inhibition qui régit une réaction chimique faisant intervenir quatre types de molécules (de A à D) dans une cellule. Les flèches noires symbolisent trois enzymes qui catalysent la conversion d'une molécule en une autre. Le produit final (D) inhibe la production de la première enzyme de la chaîne. Quand la concentration de D atteint une certaine valeur, la réaction s'arrête d'elle-même.

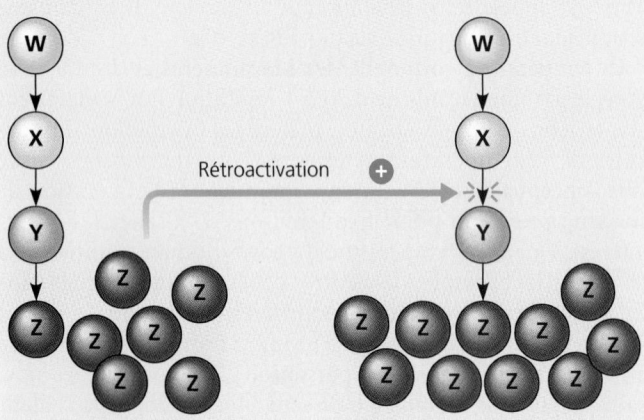

(b) Rétroactivation. Dans la rétroactivation, un produit de la réaction favorise l'action d'une enzyme, ce qui accroît la vitesse de synthèse de ce même produit. La rétroactivation est moins fréquente que la rétro-inhibition dans les organismes.

FIGURE 1.8 Régulation par rétro-inhibition et rétroactivation.

ÉVOLUTION, UNITÉ ET DIVERSITÉ

Le vaste champ de la biologie possède en quelque sorte deux dimensions : l'une, « verticale », et l'autre, « horizontale ». La première correspond à l'échelle de l'organisation biologique, qui s'étend des molécules jusqu'à la biosphère. La seconde correspond à la diversité du vivant, celle qui existe à présent et qui a existé à partir de l'apparition de la vie. L'évolution est le fil conducteur qui nous permet de nous orienter à travers cette diversité. Depuis son émergence, il y a environ quatre milliards d'années, la vie est marquée du sceau du changement. Les liens entre tous les organismes expliquent à la fois l'unité et la diversité du vivant. Ils sont le produit de l'évolution. Nous présenterons dans cette section deux thèmes connexes qui vous aideront à déceler ces liens tout au long de votre étude des organismes.

La vie sur la Terre se caractérise à la fois par l'unité et la diversité

La diversité est la caractéristique essentielle du vivant. Les biologistes ont répertorié environ 1 750 000 espèces, dont plus de 280 000 chez les Végétaux, près de 51 000 chez les Vertébrés (les animaux possédant une colonne vertébrale) et plus de 830 000 chez les Insectes. Chaque année, la liste s'enrichit de milliers d'espèces.

La classification des espèces : un principe fondamental

La diversité biologique mérite notre admiration et notre attention, mais elle a aussi de quoi nous dérouter (FIGURE 1.9). Face à la complexité, l'Humain a tendance à classifier, c'est-à-dire à former des catégories d'éléments. Regrouper les espèces semblables est une démarche naturelle pour nous. Ainsi, nous parlons d'Écureuils et de Papillons tout en reconnaissant que chacun de ces groupes comprend différentes espèces. Nous formons même des catégories plus vastes, comme les Rongeurs (qui comprennent les Écureuils) et les Insectes (qui comprennent les Papillons). La taxinomie, la branche de la biologie qui a pour objet de nommer et de classifier les espèces, institue une organisation hiérarchique des groupes (FIGURE 1.10). Nous reviendrons sur le sujet au chapitre 25. Pour l'instant, nous nous attarderons aux règnes et aux domaines, les plus vastes catégories de ce classement.

Les trois domaines du vivant

Jusque dans les années 1990, la plupart des biologistes divisaient les organismes en cinq grands groupes appelés règnes (les plus connus étant le règne animal et le règne végétal). Depuis lors, la mise au point de nouvelles méthodes, comme la comparaison des ADN, suscite une remise en question du nombre des règnes. Il existe à présent des classifications qui reconnaissent l'existence d'au moins six règnes. La question n'est pas tranchée, mais les scientifiques sont généralement d'accord pour établir une catégorie supérieure au règne : le domaine.

Il existe trois domaines : les Bactéries, les Archéobactéries (ou Archées) et les Eucaryotes (FIGURE 1.11, p. 12). Les Bactéries et les Archéobactéries sont deux groupes fort différents dont les membres se composent de cellules procaryotes. Les procaryotes formaient un règne dans l'ancien système fondé sur cinq règnes. Cependant, les découvertes les plus récentes donnent à penser que les organismes appelés Archéobactéries sont plus étroitement apparentés aux Eucaryotes qu'aux Bactéries.

Tous les Eucaryotes (organismes unicellulaires ou multicellulaires dont les cellules possèdent un noyau et d'autres organites membraneux) sont répartis en au moins quatre règnes. Ceux-ci appartiennent au domaine des Eucaryotes. Le règne des Protistes comprend des organismes eucaryotes généralement unicellulaires, notamment les Protozoaires microscopiques comme l'Amibe. Nombre de biologistes repoussent les limites du règne des Protistes de manière à y inclure certains organismes multicellulaires, tels que les Algues marines, qui semblent étroitement apparentées aux Protistes unicellulaires. D'autres biologistes considèrent que les Protistes forment un

FIGURE 1.9 Un modeste échantillon de la diversité biologique. Cette photo présente une petite fraction des dizaines de milliers d'espèces qui composent la collection de Papillons du National Museum of Natural History, à Washington. Aussi diverses soient-elles, elles constituent toutes des variations sur un même thème anatomique. Expliquer l'origine de la diversité tout en rendant compte des caractéristiques communes à différentes espèces, tel est l'un des objectifs principaux de la biologie.

règne trop large qui devrait être divisé en plusieurs règnes. Les trois autres règnes d'Eucaryotes, c'est-à-dire les Végétaux, les Eumycètes et les Animaux, se composent d'eucaryotes multicellulaires. Ils se distinguent en partie par leur mode de nutrition. Ainsi, les Végétaux produisent eux-mêmes leur matière organique au moyen de la photosynthèse. Les Eumycètes, eux, sont pour la plupart des décomposeurs qui se procurent leurs nutriments en dégradant les organismes morts et les débris organiques, comme les feuilles mortes et les excréments. Quant aux Animaux, ils obtiennent leur nourriture par l'ingestion et la digestion de proies de toute provenance. L'Humain, bien entendu, appartient au règne animal.

L'unité dans la diversité

S'il y a tant de diversité chez les êtres vivants, les thèmes intégrateurs de la biologie peuvent-ils vraiment être d'une quelconque utilité ? Que peuvent bien avoir en commun, par exemple, un arbre, un champignon et un être humain ? Beaucoup de choses, en fait ! La diversité du vivant cache une unité étonnante, surtout aux niveaux inférieurs de l'organisation biologique. Nous avons déjà vu une manifestation de cela : le langage génétique commun que constitue l'ADN. Il relie tous les règnes du vivant, rapprochant des organismes procaryotes, comme les Bactéries, d'organismes eucaryotes, comme l'Humain. Quant à l'unité des Eucaryotes, elle s'exprime dans de nombreux détails de la structure cellulaire (FIGURE 1.12, p. 13). Au-dessus du niveau cellulaire, cependant, les organismes se sont adaptés de manières tellement différentes à leurs modes de vie que leur description et leur classification progressent sans cesse. C'est le processus appelé évolution qui explique la coexistence de l'unité et de la diversité chez les organismes.

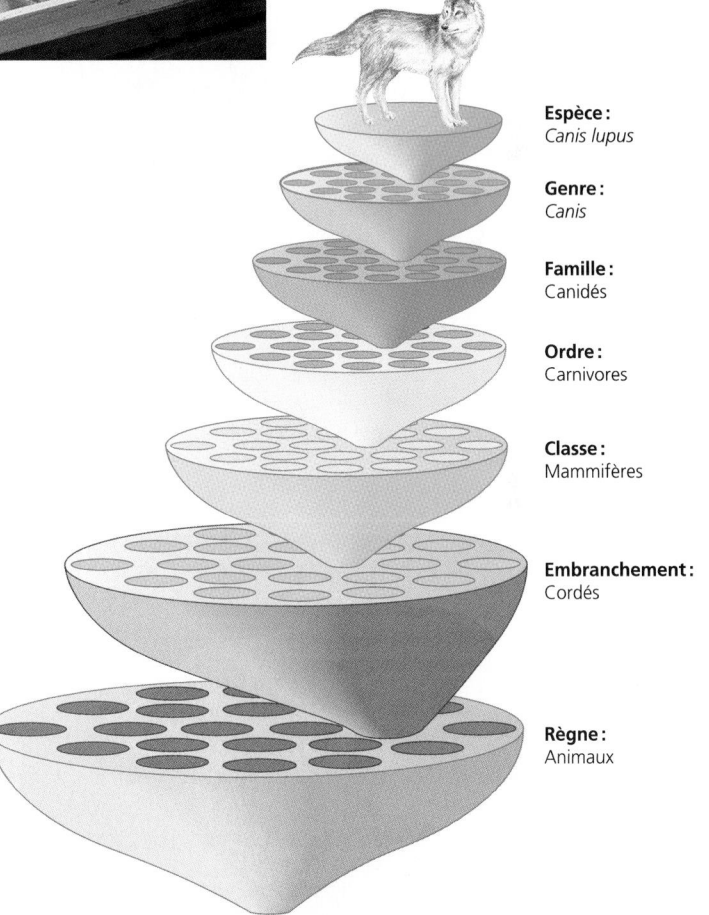

Espèce : *Canis lupus*

Genre : *Canis*

Famille : Canidés

Ordre : Carnivores

Classe : Mammifères

Embranchement : Cordés

Règne : Animaux

FIGURE 1.10 Classification des êtres vivants. La taxinomie classe les espèces en groupes subordonnés dans une hiérarchie. Celles qui sont très étroitement apparentées figurent dans le même genre ; les genres qui présentent certaines similitudes appartiennent à une même famille, et ainsi de suite. Chaque niveau de classification qui englobe d'autres niveaux est plus général : donc, plus on monte dans la hiérarchie, moins les critères sont spécifiques. Cette figure schématise la classification du Loup gris, *Canis lupus* : elle ne prend pas en considération le domaine (Eucaryotes) auquel appartient le règne animal.

DOMAINE DES BACTÉRIES

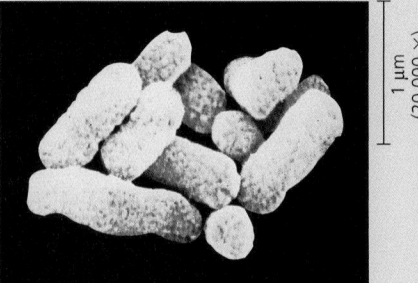

1 µm
(20 000 ×)

(a) Les membres du **domaine des Bactéries** sont les organismes procaryotes les plus diversifiés et les plus répandus.

DOMAINE DES ARCHÉOBACTÉRIES

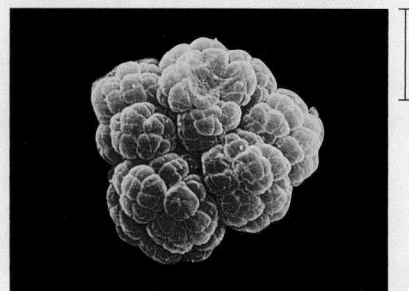

1 µm
(12 000 ×)

(b) La plupart des organismes procaryotes du **domaine des Archéobactéries** vivent dans des milieux extrêmes, comme les lacs salés et les sources hydrothermales. Les données moléculaires indiquent que les Archéobactéries ont au moins autant de points communs avec les Eucaryotes qu'avec les Bactéries.

DOMAINE DES EUCARYOTES

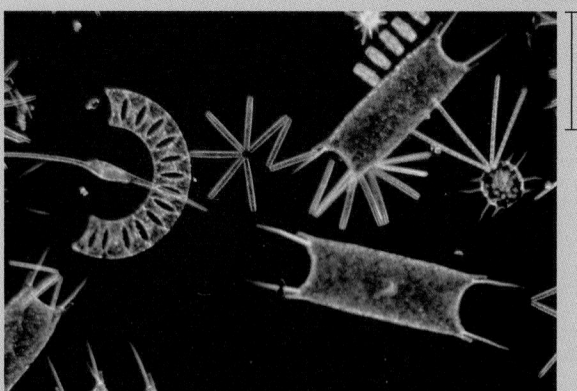

0,25 mm
(50 ×)

(c) Le **règne des Protistes** est formé d'organismes eucaryotes unicellulaires et d'organismes multicellulaires relativement simples qui leur sont apparentés. On voit ici un assortiment de protistes en suspension dans l'eau d'un étang. En ce moment, les scientifiques cherchent à diviser les Protistes en règnes de manière à bien rendre compte de leur évolution et de leur diversité.

(d) Le **règne des Végétaux** comprend les organismes eucaryotes multicellulaires qui, comme les Tulipes *(Tulipa sp.)*, sont capables de photosynthèse.

(e) Le **règne des Eumycètes** regroupe des organismes qui, comme ces champignons, décomposent les matières organiques pour en absorber les nutriments.

(f) Le **règne des Animaux** est composé d'organismes eucaryotes multicellulaires qui ingèrent d'autres organismes.

FIGURE 1.11 Les trois domaines du vivant.
Les Bactéries, les Archéobactéries et les Eucaryotes sont trois groupes d'organismes fondamentalement différents. Les domaines des Bactéries et des Archéobactéries regroupent des organismes formés pour la plupart d'une seule cellule procaryote (voir la FIGURE 1.4). Le système traditionnel rassemblait tous les organismes procaryotes dans le règne des Monères et comptait quatre autres règnes, formés d'organismes eucaryotes (représentés ici).

L'évolution est le fil conducteur principal en biologie

L'histoire de la vie, telle qu'elle est révélée par les fossiles et d'autres données, s'étend sur des milliards d'années. Elle a pour toile de fond une planète en constant bouleversement, peuplée par une succession d'êtres vivants (FIGURE 1.13). Les organismes évoluent. Tout comme une personne possède une histoire familiale, chaque espèce occupe l'extrémité d'une branche d'un

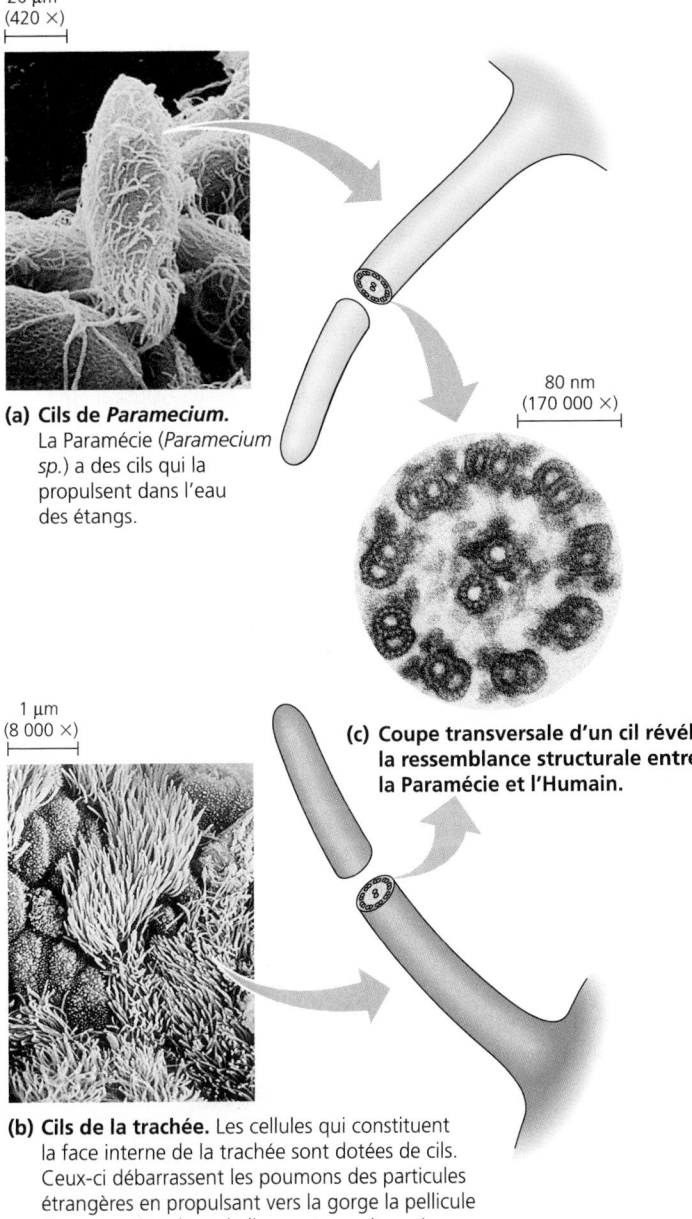

20 µm
(420 ×)

(a) Cils de *Paramecium*. La Paramécie (*Paramecium sp.*) a des cils qui la propulsent dans l'eau des étangs.

80 nm
(170 000 ×)

(c) Coupe transversale d'un cil révélant la ressemblance structurale entre la Paramécie et l'Humain.

1 µm
(8 000 ×)

(b) Cils de la trachée. Les cellules qui constituent la face interne de la trachée sont dotées de cils. Ceux-ci débarrassent les poumons des particules étrangères en propulsant vers la gorge la pellicule de mucus dans lequel elles sont emprisonnées.

FIGURE 1.12 Exemple de l'unité au sein de la diversité des êtres vivants : l'architecture des cils eucaryotes. Des organismes eucaryotes aussi différents qu'une paramécie (un organisme unicellulaire) et un animal possèdent des cils, soit des appendices locomoteurs émergeant de cellules. La comparaison de coupes transversales de cils de divers eucaryotes révèle une organisation structurale commune. Une similitude aussi frappante entre des composantes complexes atteste que la Paramécie et l'Humain sont jusqu'à un certain point apparentés, malgré la multitude de leurs différences.

FIGURE 1.13 À la recherche du passé. Ce paléontologue exhume les os d'une des pattes du Dinosaure *Jobaria tiguidensis,* un herbivore. Les archives géologiques confirment que la vie a subi des transformations radicales au cours de la longue histoire de la Terre.

arbre généalogique. En parcourant les ramifications, on remonte jusqu'aux espèces ancestrales. Les espèces très semblables, comme l'Ours brun (*Ursus arctos*) et l'Ours polaire (*Ursus maritimus*), descendent d'un ancêtre commun occupant une fourche relativement récente de l'arbre généalogique. En remontant plus loin dans le temps, on s'aperçoit que tous les Ours sont apparentés aux Écureuils, à l'Humain et à tous les autres Mammifères. Les poils et les glandes mammaires ne sont que deux des très nombreux caractères propres aux Mammifères. La chose est compréhensible, du reste, puisque tous les Mammifères descendent d'un même ancêtre. Par ailleurs, les Mammifères, les Reptiles, les Oiseaux et tous les autres Vertébrés ont un ancêtre commun encore plus ancien. Des ressemblances comme la structure des cils eucaryotes (voir la FIGURE 1.12) témoignent d'un lien de parenté encore plus archaïque. Toujours plus loin dans le temps, il y a plus de 3,5 milliards d'années, seuls les procaryotes primitifs existaient sur la Terre. Nous retrouvons des vestiges d'eux dans nos propres cellules, notamment dans le code génétique universel (à de très rares exceptions près). Tous les êtres vivants sont donc apparentés. L'essence de ce lien réside dans l'évolution, c'est-à-dire dans le processus qui a transformé la vie sur Terre, à partir du moment où elle a émergé jusqu'à notre époque, marquée du sceau de la diversité. L'évolution constitue le thème premier de la biologie, celui qui relie tous les autres et sert de fil conducteur principal dans notre discipline.

Darwin et la sélection naturelle

En 1859, Charles Darwin (FIGURE 1.14) a attiré l'attention de la société sur la biologie en publiant *De l'origine des espèces au moyen de la sélection naturelle ou la conservation des espèces dans la lutte pour la survie.* Son propos était double. D'abord, il a montré de façon convaincante, en se fondant sur de nombreuses observations, que les espèces contemporaines sont l'aboutissement d'une succession d'ancêtres ayant subi des transformations progressives au fil des générations. (Nous présentons au chapitre 22 les preuves détaillées de l'évolution.) Deuxièmement, il a exposé sa théorie sur le *mécanisme* de l'évolution, soit la sélection naturelle.

Darwin a formulé le concept de sélection naturelle à partir d'observations qui n'étaient ni nouvelles ni très poussées. En fait, les pièces du casse-tête étaient déjà connues, mais c'est lui qui a su comment les agencer. Il a conclu à l'existence de la sélection naturelle en liant deux observations.

> OBSERVATION N° 1: *La variation individuelle.* Dans une population donnée de n'importe quelle espèce, de nombreux caractères héréditaires varient d'un individu à l'autre.
>
> OBSERVATION N° 2: *La lutte pour la survie.* Toute population a le potentiel de trop se reproduire par rapport à ce que l'environnement offre en matière de nourriture, d'espace et d'autres ressources. Cette surnatalité entraîne inévitablement une lutte pour la survie entre les différents membres de la population.
>
> INFÉRENCE: *Le succès reproductif différentiel.* Les individus qui possèdent les caractères les mieux adaptés à leur milieu de vie engendrent généralement beaucoup plus de descendants féconds que les autres. Cette reproduction différentielle augmente la fréquence de certains caractères héréditaires dans la génération suivante. C'est ce que Darwin a appelé « sélection naturelle ». Il considérait celle-ci comme la cause de l'évolution (FIGURE 1.15).

FIGURE 1.14 Charles Darwin (1809-1882). Cette photo de Darwin et de son fils William date de 1842. Darwin est l'auteur de nombreux ouvrages et monographies sur des sujets aussi divers que les Balanes, les mouvements des Végétaux et la géologie des îles. Même s'il n'avait jamais abordé le sujet de l'évolution, il serait reconnu comme l'un des plus grands naturalistes du XIXᵉ siècle. C'est toutefois la publication de l'ouvrage *De l'origine des espèces au moyen de la sélection naturelle ou la conservation des espèces dans la lutte pour la survie* qui a fait de lui le scientifique le plus influent de l'histoire de la biologie moderne. Il est inhumé aux côtés d'Isaac Newton dans l'abbaye de Westminster, à Londres.

❶ Variation des caractères héréditaires dans une population. Cette population imaginaire de coléoptères a colonisé un lieu dont le sol a été noirci par un feu de brousse. Au départ, la coloration des individus varie considérablement dans la population : elle va d'un gris très pâle à un gris très sombre.

❷ Élimination des individus possédant certains traits. Les individus pâles sont repérés plus facilement par les oiseaux affamés qui se nourrissent de coléoptères.

❸ Reproduction des survivants. La prédation sélective favorise la survie et la reproduction des individus sombres. Par conséquent, la fréquence des gènes de la coloration sombre augmente d'une génération à l'autre.

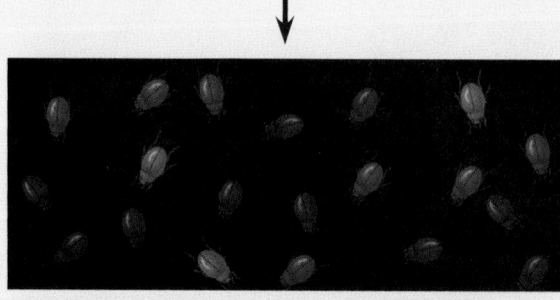

❹ Augmentation de la fréquence du trait qui favorise la survie et la reproduction. De génération en génération, la population de coléoptères s'adapte à son environnement au moyen de la sélection naturelle.

FIGURE 1.15 La sélection naturelle.

Les effets de la sélection naturelle sont révélés par l'adaptation parfois raffinée des organismes aux contraintes de leur environnement (FIGURE 1.16). Notez cependant que la sélection naturelle *ne crée pas* les adaptations ; elle « trie » les variations héréditaires présentes dans chaque génération, ce qui augmente la fréquence de certaines d'entre elles et diminue la fréquence d'autres au fil des générations. Le camouflage de l'Hippocampe qui apparaît à la FIGURE 1.16 n'est pas dû à une amélioration que cet individu a connue au cours de sa vie, qui lui permet de se confondre avec son environnement et qu'il transmettra à ses descendants. Cette adaptation est apparue au fil des générations précédentes : les individus naturellement mieux camouflés que la moyenne se sont reproduits davantage au cours du temps.

Sélection naturelle et diversité du vivant

Darwin expliquait que, en raison de ses effets cumulatifs, la sélection naturelle peut aboutir au fil de nombreuses générations à la constitution de nouvelles espèces à partir d'espèces ancestrales. Un tel phénomène peut se produire lorsqu'une population initiale se fragmente en plusieurs populations isolées vivant dans des environnements différents. Celles-ci peuvent, à la longue, former des espèces distinctes à mesure qu'elles s'adaptent chacune de leur côté à un environnement particulier (FIGURE 1.17, p. 16).

La transformation progressive des êtres vivants, d'une génération à l'autre, explique à la fois leur unité et leur diversité. Dans bien des cas, deux espèces ont des caractères communs qui proviennent de leurs ancêtres communs ; leurs différences, elles, résultent de la sélection naturelle qui a modifié les acquis ancestraux en fonction de contextes environnementaux différents. L'évolution est le thème principal en biologie, le fil conducteur qui relie tous les chapitres de ce manuel.

LA DÉMARCHE SCIENTIFIQUE

Darwin a contribué à hisser la biologie au rang de science en cherchant dans le domaine du naturel, et non du surnaturel, les causes de l'unité et de la diversité du vivant. Mais qu'est-ce que la science au juste ? Et comment pouvons-nous la différencier des autres moyens que nous mettons en œuvre pour comprendre la nature ?

La démarche scientifique est un processus d'enquête amorcé par des observations répétitives et fondé sur des hypothèses vérifiables

Le mot *science* vient du verbe latin *scire,* qui signifie « savoir ». La science est une façon de connaître. Elle naît de notre curiosité à l'égard de nous-mêmes, de la vie qui nous entoure et de tous les phénomènes de l'univers. Il semble que le besoin de comprendre soit inhérent à l'Humain. La science rassemble des hommes et des femmes qui s'interrogent sur la nature et croient pouvoir trouver des réponses à leurs questions. Le goût de la découverte prend souvent un caractère passionné chez les scientifiques, comme en témoigne Max Perutz, un biochimiste

FIGURE 1.16 L'adaptation est le produit de la sélection naturelle. Cet Hippocampe (*Hippocampus sp.*) vit dans le Varech (*Fucus sp.*). Il se confond si bien avec cette algue qu'il attire les proies en quête d'un refuge. Par ailleurs, son camouflage le dérobe aux regards de ses propres prédateurs.

lauréat du prix Nobel : « Faire une découverte, c'est comme tomber amoureux et, en même temps, atteindre le sommet d'une montagne après une ascension difficile. On vit l'extase ! ».

La science peut emprunter deux voies : l'approche descriptive et l'approche hypothéticodéductive. La plupart des scientifiques conjuguent les deux.

Approche descriptive et induction

La science cherche les causes naturelles de phénomènes naturels. Par conséquent, son champ se limite à l'étude des structures et des processus observables et mesurables, soit directement, soit indirectement, à l'aide d'outils qui, comme le microscope, prolongent la portée des sens. Cette primauté accordée aux observations que d'autres peuvent refaire et confirmer démythifie la nature et distingue la science des explications surnaturelles. La science ne peut ni prouver ni nier que les anges, les fantômes, les divinités, les bons et les mauvais esprits causent les tempêtes, les arcs-en-ciel, les maladies et les guérisons, car de telles explications ne sont pas de son ressort.

L'approche descriptive repose sur des observations et des mesures vérifiables (FIGURE 1.18, p. 17). En nous attachant à décrire la nature avec exactitude, nous découvrons sa structure et son fonctionnement. En biologie, cette démarche permet de détailler les différents niveaux du vivant, de la biosphère aux cellules et aux molécules. Les naturalistes du XIXe siècle qui décrivent consciencieusement les Végétaux et les Animaux avaient adopté l'approche descriptive. Les généticiens d'aujourd'hui en font autant quand ils s'appliquent à séquencer le génome

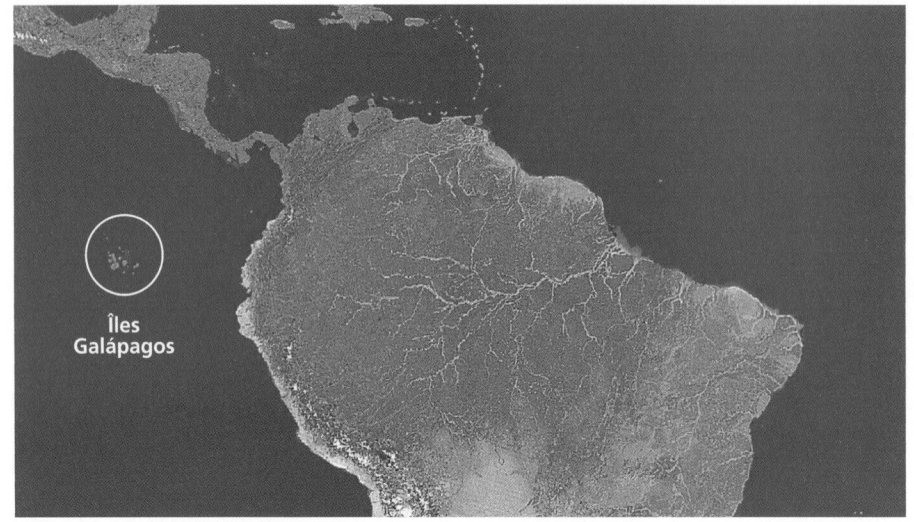

FIGURE 1.17 Diversification des Géospizes dans les îles Galápagos. (a) Darwin a visité les îles Galápagos en 1835. Cet archipel volcanique relativement jeune est situé dans l'océan Pacifique, à environ 850 km des côtes de l'Amérique du Sud. Il abrite de nombreuses espèces végétales et animales qui n'existent nulle part ailleurs dans le monde, encore qu'elles soient manifestement apparentées aux espèces du continent sud-américain. **(b)** On trouve aux Galápagos 14 espèces de Géospizes (communément et faussement appelés Pinsons) réparties en trois genres. Ces oiseaux descendent probablement d'un ancêtre commun venu du continent sud-américain il y a plusieurs millions d'années, après l'éruption des îles. Notez la spécialisation des becs, adaptés aux diverses sources de nourriture présentes sur les îles.

(a) Les îles Galápagos, au large des côtes de l'Amérique du Sud

Îles Galápagos

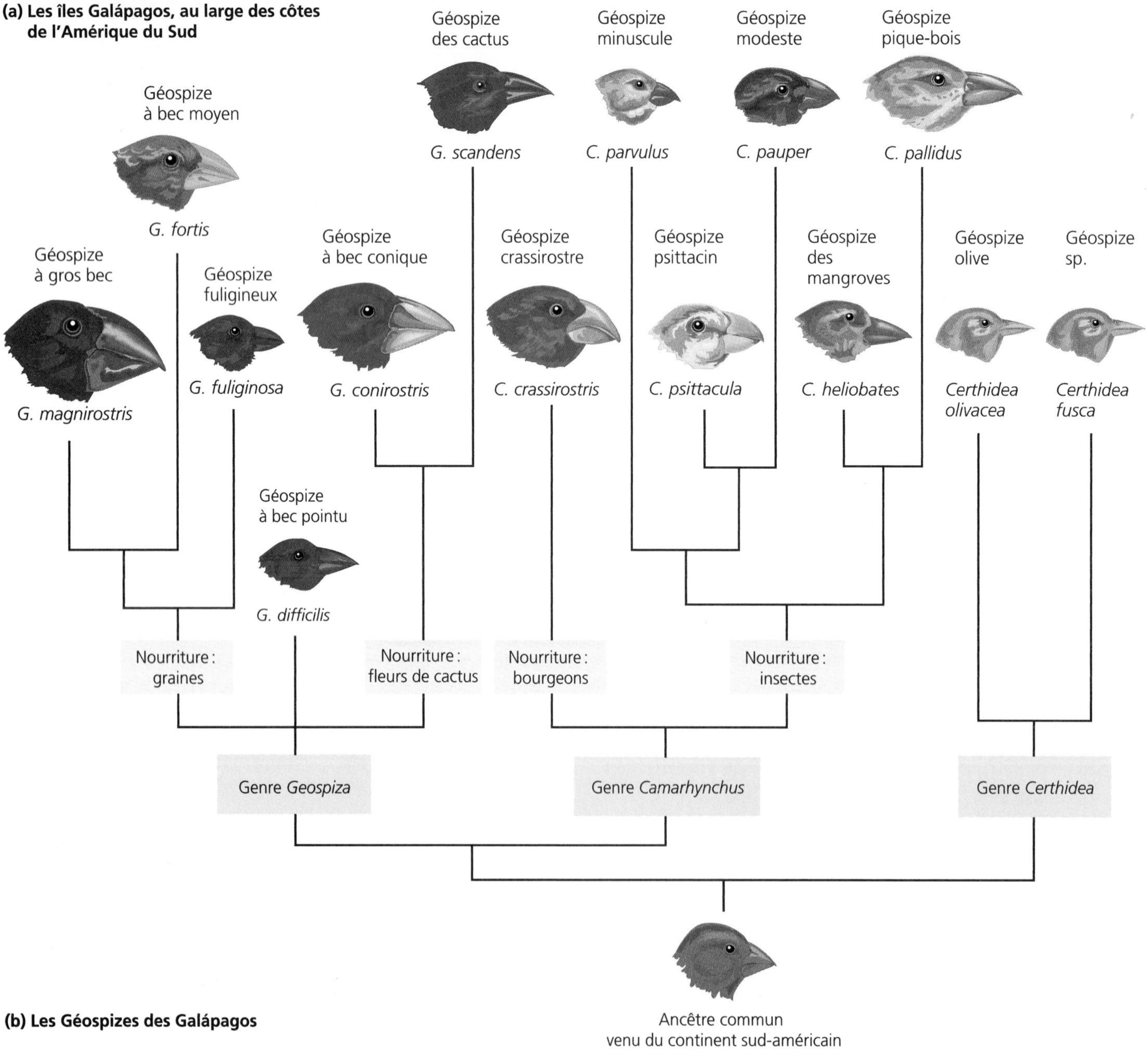

(b) Les Géospizes des Galápagos

Géospize à bec moyen
G. fortis

Géospize à gros bec
G. magnirostris

Géospize fuligineux
G. fuliginosa

Géospize à bec pointu
G. difficilis

Géospize des cactus
G. scandens

Géospize à bec conique
G. conirostris

Géospize crassirostre
C. crassirostris

Géospize minuscule
C. parvulus

Géospize modeste
C. pauper

Géospize pique-bois
C. pallidus

Géospize psittacin
C. psittacula

Géospize des mangroves
C. heliobates

Géospize olive
Certhidea olivacea

Géospize sp.
Certhidea fusca

Nourriture : graines

Nourriture : fleurs de cactus

Nourriture : bourgeons

Nourriture : insectes

Genre *Geospiza*

Genre *Camarhynchus*

Genre *Certhidea*

Ancêtre commun venu du continent sud-américain

humain. Ils ne procèdent pas à une série d'expériences à proprement parler : ils décrivent scrupuleusement le matériel génétique.

À côté des généticiens qui se livrent à des descriptions rigoureusement structurées, il existe des gens curieux et observateurs qui font parfois des découvertes totalement accidentelles. L'une des plus célèbres est sans doute celle d'Alexander Fleming, le médecin et microbiologiste écossais qui a constaté en 1928 que certaines moisissures produisent des substances antibactériennes. Fleming cultivait des bactéries dans des flacons de verre ; il s'est aperçu un jour qu'une moisissure avait contaminé une partie de ses cultures. Au moment où il s'apprêtait à jeter celles-ci, il a remarqué qu'il n'y avait absolument pas de bactéries aux alentours de la moisissure. Il s'agissait d'une moisissure du pain fort répandue, *Penicillium notatum. Penicillium* produit une substance antibactérienne, qui a reçu par la suite le nom de pénicilline. Ainsi, de manière tout à fait fortuite, Fleming a fait une découverte qui a débouché ultérieurement sur l'utilisation de la pénicilline et d'autres antibiotiques dans le traitement de la syphilis, de la méningite et d'une foule d'autres maladies d'origine bactérienne.

L'approche descriptive peut déboucher sur des conclusions importantes fondées sur une forme de logique appelée raisonnement inductif. Une conclusion inductive est une généralisation qui résume un grand nombre d'observations concordantes. Pendant deux siècles, par exemple, les biologistes ont vu qu'il y avait des cellules dans tous les échantillons biologiques qu'ils observaient au microscope. C'est ainsi que l'un d'entre eux a formulé un jour la célèbre conclusion inductive suivante : « Tous les organismes sont formés de cellules. » Les observations rigoureuses de l'approche descriptive et les conclusions inductives auxquelles elles mènent parfois sont essentielles à notre compréhension de la nature.

Approche hypothéticodéductive

L'approche descriptive nécessite que les esprits curieux posent des questions et cherchent des explications. Idéalement, elle repose sur une façon de faire appelée démarche scientifique. Il s'agit d'un processus de recherche structuré, composé d'une série d'étapes. Cependant, rares sont les scientifiques qui s'y conforment totalement (FIGURE 1.19). La démarche scientifique est moins structurée qu'on ne le croit généralement. Bien qu'elle ne se limite pas à une seule méthode stéréotypée, on peut en définir un élément clé. Il s'agit du raisonnement hypothéticodéductif. La première partie de ce terme fait référence à l'hypothèse.

Une hypothèse est une explication provisoire, une proposition que l'on émet en vue d'élucider un phénomène. Nous formulons tous des hypothèses pour résoudre les problèmes que nous rencontrons dans la vie de tous les jours. Supposez, par exemple, que vous passez une nuit en camping et que votre lampe de poche s'éteint. Voilà pour l'observation. La question qui se pose est évidemment : pourquoi la lampe de poche ne fonctionne-t-elle plus ? En vous fondant sur votre expérience, vous émettez une hypothèse plausible : les piles sont à plat.

« Si… et… alors… ». Dans le terme « hypothéticodéductif », l'élément *déductif* renvoie à une logique qui sert à vérifier les

FIGURE 1.18 Les observations et les mesures rigoureuses fournissent à la science ses matières premières. À l'université Cornell, Eloy Rodriguez prélève un échantillon de substances chimiques extraites d'une plante. Son analyse permettra d'en déterminer la nature et les quantités contenues dans la plante.

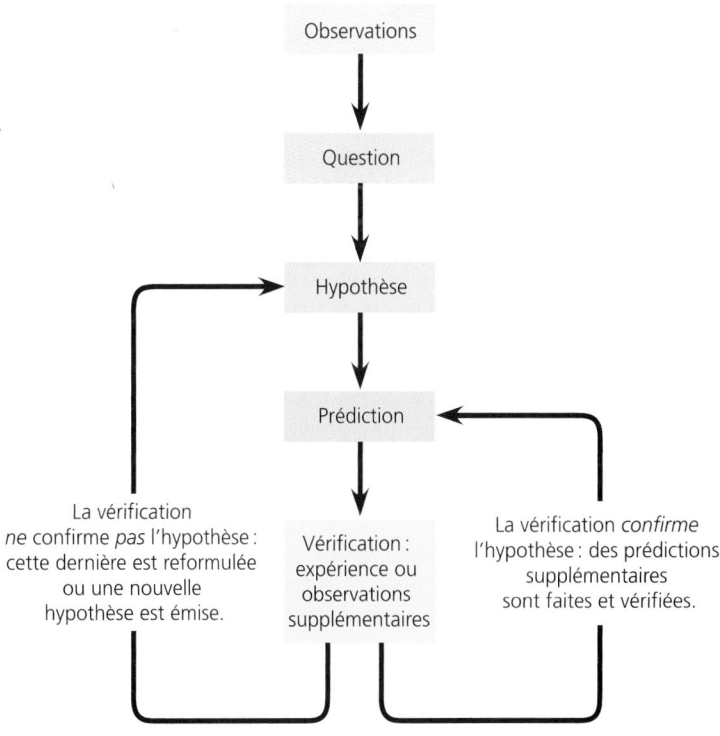

FIGURE 1.19 Schématisation de la démarche scientifique. Les scientifiques ne suivent pas toujours ce processus dans son intégralité, mais ils omettent rarement les étapes de la formulation et de la vérification de l'hypothèse.

hypothèses. La déduction s'oppose à l'induction. Rappelez-vous que cette dernière consiste à formuler une conclusion générale à partir d'une série d'observations particulières. Dans la déduction, par contre, le raisonnement s'effectue en sens inverse, c'est-à-dire qu'il va du général vers le particulier. On pose des prémisses générales, et on extrapole les résultats particuliers qui devraient se produire si elles sont vraies. Par exemple, si tous les organismes se composent de cellules (prémisse nº 1) et que les Humains sont des organismes (prémisse nº 2), alors les Humains se composent de cellules (prédiction déductive concernant un cas particulier).

Dans la démarche scientifique, la déduction consiste habituellement à prévoir les résultats auxquels des expériences ou des observations doivent aboutir si l'hypothèse émise (soit la prémisse) est correcte. On vérifie ensuite celle-ci en menant une expérience pour voir si oui ou non on obtient les résultats attendus. Cette vérification déductive fait appel à la formulation logique « si... et... alors ».

> Observation : Ma lampe de poche ne fonctionne plus.
>
> Question : Qu'est-ce qui ne va pas avec ma lampe de poche ?
>
> Hypothèse : Les piles sont à plat.
>
> Prédiction : *Si* cette hypothèse est exacte
>
> Expérience : *et* que je remplace les piles,
>
> Résultat attendu : *alors* ma lampe de poche devrait fonctionner de nouveau.

À supposer que votre lampe de poche ne fonctionne toujours pas, vous pourriez vérifier une autre hypothèse si vous aviez de nouvelles ampoules sous la main (FIGURE 1.20). Vous pourriez aussi attribuer votre problème à des fantômes, mais cette hypothèse est invérifiable ; par conséquent, elle se situe hors du champ de la science.

Étude de cas. Pour illustrer l'approche hypothéticodéductive, nous allons décrire une étude ingénieuse rapportée dans la littérature scientifique. Pendant plusieurs années, David Reznick, de l'Université de Californie à Riverside, et John Endler, de l'Université de Californie à Santa Barbara, ont étudié les différences entre des populations de Guppies à la Trinité, une île des Petites Antilles. Les Guppies (*Pœcilia reticulata*) sont de petits poissons d'eau douce que l'on trouve dans bon nombre d'aquariums domestiques. À l'île de la Trinité, dans le fleuve Aripo et ses affluents, les guppies forment des populations relativement isolées les unes des autres. Dans certains cas, deux populations habitent le même cours d'eau. Elles se trouvent à moins de 100 m l'une de l'autre, mais elles sont séparées par une cascade qui empêche leur migration d'un bassin à l'autre.

En comparant les populations de guppies, Reznick et Endler ont observé des différences entre certains paramètres biologiques. Ceux-ci comprennent la grosseur et l'âge moyens des guppies au moment où ils atteignent la maturité sexuelle et commencent à se reproduire. Les chercheurs ont pu établir une corrélation entre quelques variations des paramètres biologiques et les types de prédateurs vivant dans les différents bassins. Dans certains de ceux-ci, le prédateur principal est un petit poisson, une espèce d'Épiplatis, qui s'attaque aux petits et

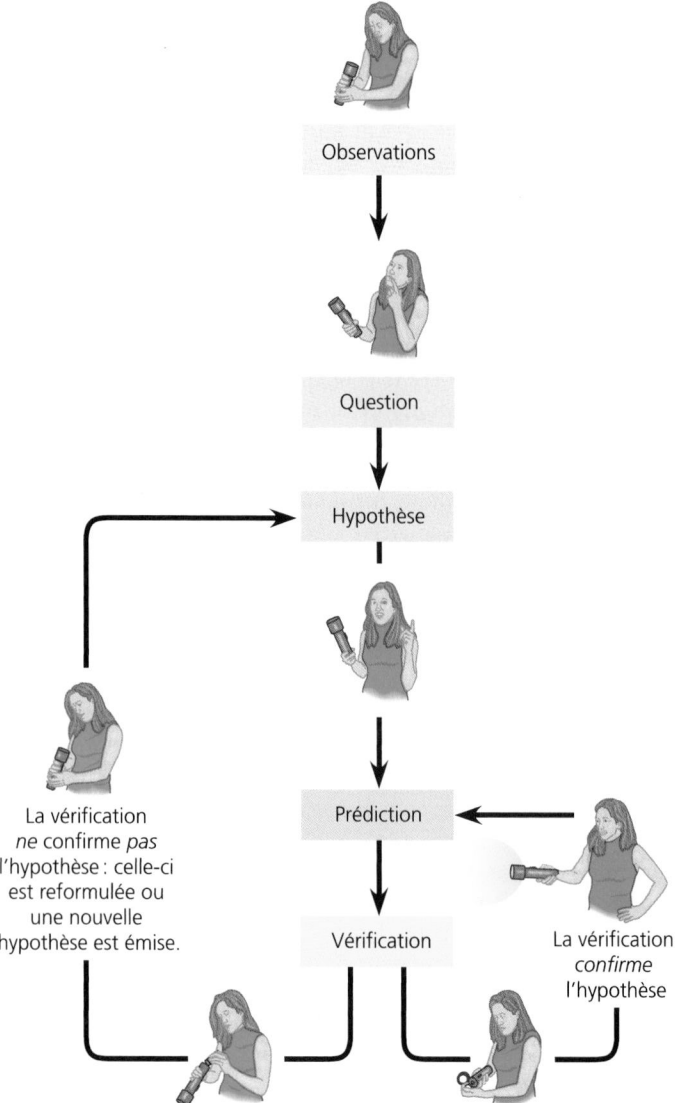

FIGURE 1.20 Application du raisonnement hypothéticodéductif à la résolution d'un problème de camping.

aux jeunes guppies. Ailleurs, un prédateur plus gros, une variété de Cichlidé-brochet, se montre plus vorace et se nourrit surtout de guppies relativement gros et sexuellement matures. Les guppies des populations exposées à ce prédateur se reproduisent plus jeunes et sont, en moyenne, plus petits à maturité que les guppies qui coexistent avec des épiplatis.

Quelle est la cause des différences biologiques entre les populations de guppies ? Il semble exister une corrélation avec le type de prédateur, mais une corrélation ne constitue pas nécessairement une relation de cause à effet. Il se peut que le type de prédateur présent et les paramètres biologiques des populations de guppies à un certain endroit soient les conséquences d'un troisième facteur. De fait, Reznick et Endler ont vérifié l'hypothèse selon laquelle les variations résultent de différences de la température de l'eau ou d'autres caractéristiques de l'environnement physique. Notez la présence de la formulation logique « si... et... alors » dans le raisonnement hypothéticodéductif :

Les chercheurs ont réalisé l'expérience, mais les différences ont persisté pendant plusieurs générations. Ce résultat élimine l'hypothèse n° 1 et indique que les différences biologiques sont héréditaires. Sachant que la sélection naturelle peut engendrer des différences génétiques entre des populations, Reznick et Endler ont vérifié l'hypothèse suivante :

Reznick et Endler ont prélevé des guppies dans des bassins peuplés de cichlidés-brochets. Ils les ont introduits dans des bassins habités par des épiplatis mais dépourvus de guppies (FIGURE 1.21). Ensuite, ils ont comparé les populations transplantées et celles qui sont restées dans les bassins habités par des cichlidés-brochets. Ils ont mesuré des caractéristiques comme l'âge et la taille à maturité. Pour s'assurer de tenir compte des différences héréditaires uniquement, ils ont recueilli leurs données après que des spécimens des groupes expérimentaux et témoins eurent été élevés pendant deux générations en aquarium, dans des environnements identiques. Au bout de 11 ans,

FIGURE 1.21 Expériences contrôlées visant à vérifier l'hypothèse selon laquelle la prédation sélective influe sur l'évolution des populations de guppies.

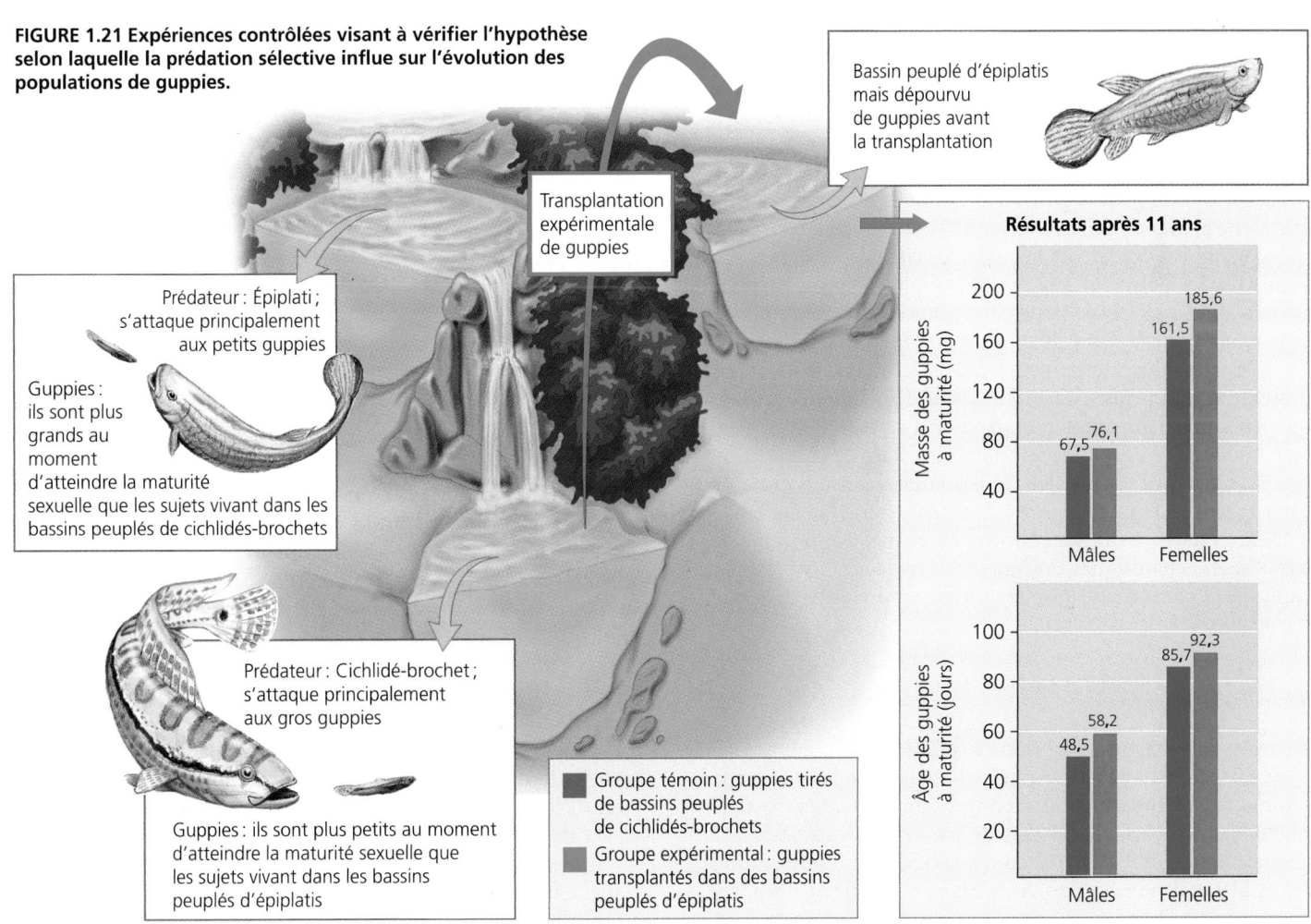

Bassin peuplé d'épiplatis mais dépourvu de guppies avant la transplantation

Transplantation expérimentale de guppies

Prédateur : Épiplati ; s'attaque principalement aux petits guppies

Guppies : ils sont plus grands au moment d'atteindre la maturité sexuelle que les sujets vivant dans les bassins peuplés de cichlidés-brochets

Prédateur : Cichlidé-brochet ; s'attaque principalement aux gros guppies

Guppies : ils sont plus petits au moment d'atteindre la maturité sexuelle que les sujets vivant dans les bassins peuplés d'épiplatis

■ Groupe témoin : guppies tirés de bassins peuplés de cichlidés-brochets
■ Groupe expérimental : guppies transplantés dans des bassins peuplés d'épiplatis

Résultats après 11 ans

Masse des guppies à maturité (mg)
200, 160, 120, 80, 40
Mâles : 67,5 ; 76,1
Femelles : 161,5 ; 185,6

Âge des guppies à maturité (jours)
100, 80, 60, 40, 20
Mâles : 48,5 ; 58,2
Femelles : 85,7 ; 92,3

soit de 30 à 60 générations de poissons plus tard, la masse moyenne des guppies transplantés ayant atteint la maturité sexuelle avait augmenté d'environ 14 % comparativement à celle des guppies non transplantés. De plus, d'autres paramètres biologiques avaient changé dans le sens prévu par l'hypothèse n° 2 (voir les histogrammes dans la FIGURE 1.21).

La démarche de Reznick et Endler constitue ce que les scientifiques appellent une *expérience contrôlée*. Celle-ci consiste à comparer deux ensembles de sujets (des populations de guppies, dans le cas que nous avons exposé précédemment). L'ensemble qui fait l'objet de manipulations expérimentales est appelé *groupe expérimental*; il est composé des guppies que les chercheurs ont transplantés des bassins peuplés de cichlidés-brochets aux bassins peuplés d'épiplatis dans notre exemple. L'ensemble qui ne subit pas de manipulations expérimentales est appelé *groupe témoin*; il s'agit, dans le cas exposé, des guppies qui sont demeurés dans les bassins peuplés de cichlidés-brochets. Idéalement, les manipulations expérimentales devraient constituer le seul facteur expliquant la différence entre le groupe expérimental et le groupe témoin. Le recours à une expérience contrôlée permet aux chercheurs de cerner les effets d'une seule variable (soit un changement de prédateurs, dans notre exemple).

Sans comparaison avec un groupe témoin, il aurait été impossible de dire si les changements subis par les populations transplantées de guppies étaient attribuables aux épiplatis ou à un *autre* facteur. Or, la principale variable était probablement la présence de prédateurs différents, puisque les groupes témoins et expérimentaux occupaient souvent des sections voisines d'un même cours d'eau. En outre, les chercheurs ont obtenu des résultats semblables avec des populations de guppies élevées dans des ruisseaux artificiels identiques en tout point, sauf en ce qui concerne le type de prédateur.

De toutes les hypothèses que Reznick et Endler ont vérifiées (nous en avons présenté seulement deux), la sélection naturelle due à une prédation différentielle est l'explication la plus plausible. Lorsque les prédateurs que sont les cichlidés-brochets s'attaquent principalement aux guppies adultes, reproducteurs, il semble que ceux-ci aient peu de chances de survivre assez longtemps pour se reproduire plusieurs fois. Dans ces conditions, les individus atteignant la maturité jeunes et petits, et produisant au moins une génération avant d'atteindre la grosseur que leurs prédateurs préfèrent, devraient se reproduire davantage. Grâce à leurs expériences contrôlées, Reznick et Endler ont rendu compte du phénomène de l'évolution dans un cadre naturel, au cours d'une période relativement courte (11 ans).

Notre étude de cas fait ressortir un élément important: les hypothèses scientifiques doivent être *vérifiables*. Avancer une explication concernant un phénomène naturel sans la vérifier n'a aucune valeur scientifique.

Théories en science

Beaucoup de gens associent science et faits, mais l'objet premier de la science n'est pas d'accumuler des faits. Un annuaire téléphonique constitue une masse impressionnante de renseignements factuels, mais il n'a rien de très scientifique. Certes, la science ne saurait se passer de faits sous la forme d'observations vérifiables et de résultats expérimentaux répétables. Cependant,

son avancement dépend avant tout de théories nouvelles permettant d'expliquer un ensemble d'observations et de résultats expérimentaux jusque-là sans relations apparentes. Ses piliers sont les explications qui s'appliquent au plus grand nombre de phénomènes à la fois. Si des savants comme Newton, Darwin et Einstein ont laissé leur marque dans l'histoire, ce n'est pas grâce à la quantité de faits qu'ils ont découverts, mais bien au nombre de choses qu'ils ont expliquées à l'aide de théories.

Qu'est-ce qu'une théorie scientifique? Quelle est la différence entre une théorie et une hypothèse? La portée de la première est beaucoup plus vaste que celle de la seconde. Voici un exemple d'hypothèse: « Les préférences alimentaires des prédateurs entraînent par sélection naturelle une variation des paramètres biologiques de différentes populations de guppies. » Et voici un exemple de théorie: « Les populations peuvent évoluer par sélection naturelle à cause des préférences alimentaires des prédateurs. »

Les théories étant très générales, les scientifiques n'y adhèrent que si elles reposent sur une multitude de données détaillées. Dans le langage courant, le mot *théorie* désigne souvent une spéculation ou une hypothèse. Dans le langage scientifique, cependant, il s'agit d'une explication générale qui s'appuie sur des preuves abondantes. La sélection naturelle est considérée comme une théorie scientifique, parce qu'elle couvre un grand nombre de situations. De plus, sa validité a été étayée par une longue série d'observations et d'expérimentations. (Vous trouverez de nombreux autres exemples dans les quatrième et huitième parties de ce manuel.)

Bien entendu, les théories scientifiques ne constituent pas la seule voie qui mène à la connaissance de la nature. Un cours de religion, par exemple, vous renseignerait sur les divers mythes relatifs à la création de la Terre et de ses habitants. La science et la religion sont deux moyens très différents de comprendre la nature. L'art en est un autre. Une éducation complète devrait inviter les gens à franchir toutes ces portes d'entrée. Chacun de nous synthétise sa vision du monde en fusionnant son expérience personnelle avec un apprentissage multidisciplinaire. En tant qu'outil d'éducation, le manuel que vous êtes en train de lire présente le vivant dans le contexte scientifique de l'évolution, le thème qui constitue toujours la trame de fond de la biologie, quelles que soient son étendue et sa complexité.

La science en tant qu'activité sociale

L'image hollywoodienne du savant asocial qui travaille seul dans un laboratoire obscur est aussi fausse que l'idée selon laquelle les chercheurs se conforment toujours scrupuleusement à la démarche scientifique. En réalité, la science est une pratique éminemment sociale. La plupart des scientifiques travaillent en équipe. Dans les milieux universitaires, les groupes de recherche sont souvent formés d'étudiants de tous les cycles (FIGURE 1.22). Si vous parcourez la table des matières d'un périodique scientifique, vous constaterez que la majorité des articles sont signés par deux auteurs ou plus. Du reste, ces articles font ressortir une autre vérité à propos du caractère social de la science: les résultats de la recherche ne s'actualisent que s'ils parviennent à une vaste communauté de pairs.

Il n'est pas rare que plusieurs scientifiques se posent simultanément la même question. Cette convergence compte parmi

FIGURE 1.22 La science en tant qu'activité sociale. Gloria Coruzzi (à gauche), une botaniste de l'université de New York, enseigne à une étudiante les méthodes de la biologie moléculaire.

les facteurs qui permettent à la science de progresser et de se corriger. Les chercheurs s'appuient en effet sur les découvertes de leurs prédécesseurs et ils se tiennent au courant des travaux qui s'effectuent dans leur domaine. Ils communiquent au moyen de publications, de colloques, de congrès et de conversations privées. Grâce à Internet, ils possèdent désormais un moyen de plus d'échanger des idées et des données.

Les membres de la communauté scientifique cultivent entre eux des relations qui tiennent à la fois de la collaboration et de la concurrence. Ils examinent d'un œil critique les travaux de ceux qui ont choisi le même domaine de recherche qu'eux. Il leur arrive souvent de vérifier les conclusions des autres en essayant de reproduire leurs expériences. Cette obsession de la corroboration compte parmi les caractéristiques de la recherche à caractère scientifique. Les scientifiques sont pour la plupart des sceptiques.

Nous avons vu que deux caractéristiques distinguent la recherche scientifique des autres formes de recherche : (1) le recours à des observations et à des mesures vérifiables ; (2) la formulation d'hypothèses et de théories que d'autres peuvent mettre à l'épreuve au moyen d'observations et d'expériences répétées.

 Tout au long de ce manuel, vous trouverez de nombreux exemples de la vitalité de la science. Ils vous seront signalés à l'aide d'icônes semblables à celle qui apparaît ci-contre (voir la présentation du manuel).

Le contexte culturel de la science

Le caractère social de la biologie ne tient pas uniquement au fait que les biologistes forment une communauté. La science est indissociable de la culture contemporaine. On n'a qu'à penser pour s'en convaincre à la proportion croissante de femmes œuvrant dans le domaine de la biologie et aux répercussions de leur présence sur la recherche.

Certains philosophes des sciences avancent que les chercheurs sont tellement influencés par les valeurs culturelles et politiques que la science ne possède pas plus d'objectivité que les autres moyens de connaître la nature. À l'opposé, on trouve des gens qui parlent des théories scientifiques comme s'il s'agissait de lois de la nature et non d'interprétations humaines de la nature. La réalité se situe probablement entre ces deux

extrêmes. Certes, le contexte culturel crée des « modes », mais la science reste fondamentalement différente des autres fenêtres sur la nature, car elle est soumise aux exigences de reproductibilité des observations et de vérification des hypothèses. C'est ainsi que les connaissances scientifiques conservent un caractère provisoire qui s'oppose à l'inviolabilité des croyances fondées sur la foi. Il y a des hypothèses séduisantes, voire des théories entières, qui ont dû être remaniées ou rejetées à la lumière de nouvelles données. Il y a 100 ans, pour ne citer qu'un seul exemple, la plupart des biologistes pensaient que les Eumycètes et les Bactéries appartenaient au règne végétal. Par ailleurs, certaines théories, notamment celle de l'univers géocentrique, sont restées incontestées trop longtemps, même si elles ne résistaient pas à des mesures et à des expériences répétées. Souvent, elles s'accordaient commodément avec le contexte culturel ou elles subsistaient parce que la société avait tendance à dissimuler les découvertes trop dérangeantes. S'il existe une vérité en science, elle repose sur la prépondérance des preuves.

La science et la technologie sont au service de la société

La science et la technologie sont associées. On peut définir largement cette dernière comme l'application de découvertes scientifiques à la production de biens et de services. Par exemple, la découverte par Watson et Crick de la structure de l'ADN représente un événement scientifique. Leur percée a suscité une foule d'activités scientifiques qui ont débouché sur une connaissance de plus en plus poussée de la chimie de l'ADN et du code génétique. De fil en aiguille, il est devenu possible de manipuler l'ADN, puis de greffer des gènes étrangers sur des microorganismes afin de produire des substances aussi précieuses que l'insuline humaine. Les biotechnologies sont en voie de révolutionner l'industrie pharmaceutique. Le génie génétique a eu des répercussions colossales dans des domaines très variés (FIGURE 1.23, p. 22). Watson et Crick ont peut-être pensé que leur découverte trouverait un jour des applications technologiques, mais ce n'est pas cela qui a motivé leurs recherches. Et ils ne pouvaient certainement pas prévoir quelles en seraient les applications.

La technologie ne se ramène pas simplement à la science appliquée. De fait, elle a précédé la science : nos ancêtres ingénieux ont fabriqué des outils, façonné des vases, mélangé des pigments, confectionné des instruments de musique et taillé des vêtements sans comprendre nécessairement pourquoi leurs inventions fonctionnaient. La science catalyse certaines technologies en donnant une certaine rigueur aux façons de faire et de penser les produits de consommation. Néanmoins, l'orientation que la technologie prend dépend moins de la science que des besoins des gens et des valeurs de la société.

La technologie a amélioré notre niveau de vie, mais elle a en même temps créé certains problèmes. Elle a permis à la population humaine de décupler au cours des trois derniers siècles, et ce, au prix de conséquences dramatiques pour l'environnement. Précipitations acides, déforestation, réchauffement planétaire, accidents nucléaires, trous dans la couche d'ozone, déchets toxiques, dégradation des paysages due à la recherche de pétrole et d'autres ressources naturelles et extinction de

FIGURE 1.23 Deux applications de la biotechnologie.

(a) Production d'un vaccin contre l'hépatite B. Cet employé d'une société de biotechnologie surveille une culture de levures auxquelles on a transféré les gènes du Virus de l'hépatite B. Ces cellules génétiquement modifiées produisent des quantités importantes d'une protéine qui est présente à la surface du virus et que l'on utilise pour fabriquer un vaccin contre l'hépatite B.

(b) Enquêtes criminelles. Dans la médecine d'enquête, on se sert des traces d'ADN extraites d'un échantillon de sang ou d'un autre liquide biologique pour produire une empreinte moléculaire. Les bandes sombres qui apparaissent sur les transparents correspondent aux fragments d'ADN. La disposition des bandes varie d'une personne à l'autre. Les applications judiciaires du génie génétique ont fait les manchettes ces dernières années. Vous en apprendrez davantage sur le sujet au chapitre 20.

nombreuses espèces ne constituent que quelques exemples des répercussions d'une technologie de plus en plus envahissante. La science peut nous aider à déceler ces problèmes et même nous éclairer sur la ligne de conduite la moins dommageable. Mais les solutions relèvent autant de la politique, de l'économie, de la culture et des valeurs que de la science et de la technologie.

La science et la technologie occupent une place si importante dans la société qu'il est devenu nécessaire de faire la distinction entre ce que nous aimerions comprendre et ce que nous aimerions construire. Les scientifiques ne devraient pas se distancier de la technologie, mais plutôt essayer d'influencer la façon dont elle appliquera les découvertes. Ils ont en outre la responsabilité de sensibiliser les politiciens, les bureaucrates, les dirigeants d'entreprise et les citoyens aux tenants et aboutissants de la science, de même qu'aux bienfaits et aux risques potentiels de certaines technologies. La relation fondamentale entre la science, la technologie et la société donne encore plus d'importance à tout cours de biologie.

RÉVISION : LES 10 THÈMES INTÉGRATEURS EN BIOLOGIE

À certains égards, la biologie est la science la plus exigeante qui soit. D'une part, les êtres vivants sont d'une complexité incommensurable ; d'autre part, c'est une science multidisciplinaire qui nécessite des connaissances en chimie, en géologie, en infor-

matique, en mathématique et en physique, entre autres. La biologie moderne est aux sciences naturelles ce que le décathlon est à l'athlétisme. Et elle se rapproche le plus des sciences humaines et sociales. Si vous étudiez la biologie ou que vous faites une option professionnelle qui exige une formation en biologie, vous avez la possibilité d'acquérir une certaine polyvalence. Si vous étudiez dans le domaine des sciences physiques ou du génie, vous découvrirez dans l'étude des êtres vivants des applications nombreuses et passionnantes des notions acquises dans vos autres cours. Si vous n'étudiez pas les sciences, mais que vous suivez un cours de biologie pour parfaire votre culture générale, vous avez choisi un cours qui vous donnera un aperçu de nombreuses disciplines scientifiques.

Bref, peu importe ce qui vous amène à la biologie, vous constaterez que l'étude de la vie est stimulante et enrichissante. Cependant, aussi fascinante soit-elle, la complexité du vivant peut aussi vous dérouter. Il serait dommage que les détails de cette matière gâchent votre plaisir. C'est pourquoi chaque chapitre de ce manuel s'articule autour d'un nombre limité de concepts clés. Ceux-ci sont énumérés au début du chapitre ; ils se retrouvent dans le corps du texte, où ils sont développés ; et ils réapparaissent dans le résumé, à la fin du chapitre. Les 10 thèmes suivants, en association avec les concepts clés de chaque chapitre, constitueront votre cadre conceptuel. Ils vous permettront d'intégrer la masse de connaissances que vous allez acquérir au fil de votre exploration multidisciplinaire du vivant. Ils vous inciteront en outre à poser vous-même des questions importantes (TABLEAU 1.1).

TABLEAU 1.1 Révision des 10 thèmes intégrateurs (fils conducteurs) en biologie

Thème	Description
1. L'émergence 	Des molécules à la biosphère, le monde vivant présente une organisation hiérarchique. De nouvelles propriétés apparaissent à chaque niveau de l'organisation biologique ; elles résultent des interactions entre les composantes des niveaux inférieurs.
2. La cellule 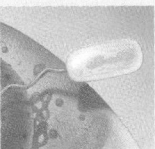	La cellule est l'unité structurale et fonctionnelle de tout organisme. Il y a deux types principaux de cellules : les cellules procaryotes (chez les Bactéries et les Archéobactéries) et les cellules eucaryotes (chez les Protistes, les Végétaux, les Eumycètes et les Animaux).
3. L'information héréditaire 	La perpétuation de la vie repose sur la transmission de l'information génétique sous la forme de molécules d'ADN. Cette information est encodée dans les séquences de nucléotides que comprend l'ADN.
4. La corrélation structure-fonction 	Il existe une corrélation constante entre la structure et la fonction à tous les niveaux de l'organisation biologique.
5. L'interaction avec l'environnement 	Tous les organismes sont des systèmes ouverts qui échangent des matières et de l'énergie avec leur environnement. L'environnement d'un organisme comprend d'autres organismes ainsi que des facteurs physicochimiques.

Thème	Description
6. La régulation 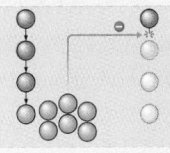	Les processus biologiques sont régis par des mécanismes de rétroaction. La régulation maintient l'homéostasie, soit l'état d'équilibre dynamique des facteurs internes, tels que la température corporelle.
7. L'unité et la diversité 	Les biologistes groupent les divers organismes en trois domaines : les Bactéries, les Archéobactéries et les Eucaryotes. Aussi diversifiés soient-ils, les organismes possèdent des points communs, comme le code génétique. Plus le lien de parenté entre deux espèces est étroit, plus celles-ci possèdent des caractéristiques communes.
8. L'évolution 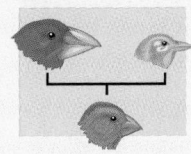	L'évolution, le thème fondamental en biologie, sous-tend à la fois l'unité et la diversité du vivant. Selon la théorie darwinienne de la sélection naturelle, les populations s'adaptent à leur environnement à la suite de leur reproduction différentielle.
9. La démarche scientifique Observations Question Hypothèse Prédiction Vérification	La démarche scientifique consiste à faire des observations et à vérifier des explications au moyen de l'approche hypothéticodéductive. La crédibilité des travaux scientifiques repose sur la reproductibilité des observations et des expériences.
10. Science, technologie et société 	La technologie consiste en grande partie à appliquer les découvertes scientifiques à des fins utilitaires. Plus que jamais, il est essentiel de comprendre les liens entre la science, la technologie et la société.

RÉVISION DU CHAPITRE

Résumé des concepts importants

L'ORGANISATION BIOLOGIQUE

- De nouvelles propriétés apparaissent à chaque niveau de l'organisation biologique (p. 2 et 3, FIGURE 1.2). Une hiérarchie de niveaux structuraux constitue l'organisation biologique : atome-molécule-organite-cellule-tissu-organe-système-organisme-population-communauté-écosystème-biome-biosphère. À chaque niveau structural supérieur apparaissent de nouvelles propriétés, caractérisant la vie ; un organisme représente une entité plus grande que la somme de ses parties.

- La cellule est l'unité structurale et fonctionnelle des organismes (p. 4 à 6, FIGURES 1.3 et 1.4). La cellule occupe une place privilégiée dans la hiérarchie de l'organisation biologique en raison de sa capacité à effectuer toutes les activités de la vie. La théorie cellulaire dit que tout être vivant a une base cellulaire et que toute cellule provient d'une autre cellule.

  Il y a deux catégories de cellules : les cellules procaryotes et les cellules eucaryotes. L'absence de noyau et de plusieurs organites caractérise les cellules procaryotes. Les cellules eucaryotes, elles, possèdent ces structures.

- La perpétuation de la vie repose sur l'information héréditaire contenue dans l'ADN (p. 6 et 7, FIGURE 1.5). La molécule d'ADN contient les instructions nécessaires à la structure et au fonctionnement de tout être vivant. L'ADN représente une longue chaîne constituée à partir de quatre unités structurales différentes, les nucléotides. Une séquence particulière de nucléotides code la même information pour tous les organismes. La diversité des organismes résulte de programmes génétiques différents.

- Il y a une corrélation constante entre la structure et la fonction à tous les niveaux de l'organisation biologique (p. 7 et 8, FIGURE 1.6). L'analyse d'une structure biologique nous donne des indices sur sa fonction et sur son mécanisme, et vice versa.

- Les organismes sont des systèmes ouverts qui interagissent sans cesse avec leur environnement (p. 8 et 9, FIGURE 1.7). Chaque organisme interagit continuellement avec d'autres organismes de son environnement et avec des facteurs physicochimiques. Ces interactions forment la trame de l'écosystème, le théâtre des processus suivants : le cycle des nutriments et la circulation de l'énergie. L'échange d'énergie entre un organisme et son environnement suppose une transformation d'énergie.

- Des mécanismes de régulation assurent un équilibre dynamique dans les organismes (p. 9 et 10, FIGURE 1.8). La régulation des réactions chimiques dans les cellules repose sur des catalyseurs protéiques appelés enzymes. Les mécanismes de régulation, tels que la rétroactivation et la rétro-inhibition, déterminent précisément le moment, l'endroit et la cadence de certaines réactions dans la cellule. L'homéostasie se manifeste par une régulation dynamique maintenant un facteur interne à l'intérieur de limites de tolérance étroites.

ÉVOLUTION, UNITÉ ET DIVERSITÉ

- La vie sur la Terre se caractérise à la fois par l'unité et la diversité (p. 10 à 13, FIGURES 1.10 à 1.12). La taxinomie, la branche de la biologie qui a pour objet de nommer et de classifier les espèces, institue une caractérisation hiérarchique. Au sommet de la classification figurent trois domaines : les Bactéries, les Archéobactéries et les Eucaryotes. La parenté entre les êtres vivants est incontestable. Tous les organismes possèdent l'ensemble des caractéristiques de la vie, inscrites dans un code génétique presque universel ; tous présentent beaucoup de similitudes au niveau cellulaire (l'unité dans la diversité).

- L'évolution est le fil conducteur principal en biologie (p. 13 à 16, FIGURES 1.13 à 1.17). Tous les êtres vivants sont apparentés. L'essence de ce lien réside dans l'évolution, c'est-à-dire dans le processus qui a transformé la vie sur la Terre, à partir du moment où elle a émergé jusqu'à notre époque, marquée du sceau de la diversité. Darwin explique l'évolution par la sélection naturelle. Cette théorie avance que les individus possédant les caractères les mieux adaptés à leur environnement laissent généralement une progéniture plus nombreuse.

  L'adaptation d'un organisme résulte d'un changement structural ou fonctionnel, génétiquement fixé, qui favorise la survie dans un environnement en évolution. La sélection naturelle, en raison de ses effets cumulatifs au fil des générations, finit par faire apparaître de nouvelles espèces à partir d'espèces ancestrales.

LA DÉMARCHE SCIENTIFIQUE

- La démarche scientifique est un processus d'enquête amorcé par des observations répétitives et fondé sur des hypothèses vérifiables (p. 15 à 21, FIGURE 1.19). L'approche descriptive repose sur des observations et des mesures vérifiables. Elle peut déboucher sur d'importantes conclusions fondées sur une forme de logique appelée raisonnement inductif. Une conclusion inductive est une généralisation qui résume un grand nombre d'observations concordantes. L'approche hypothéticodéductive, elle, comporte deux volets : l'hypothèse et le raisonnement déductif. L'hypothèse consiste en une proposition qui tente d'expliquer un phénomène et qu'on soumet à l'expérimentation. L'utilisation du raisonnement déductif sert à vérifier l'hypothèse. Dans la déduction, le raisonnement va du général au particulier, contrairement à l'induction. L'élément clé d'une expérimentation consiste à exercer le meilleur contrôle possible. Dans une expérience contrôlée, on compare les résultats d'un groupe expérimental et ceux d'un groupe témoin. Les deux groupes subissent le même traitement, sauf en ce qui concerne la variable mesurée par l'expérience. Une théorie désigne un concept plus général qu'une hypothèse, en ce sens qu'elle représente un ensemble d'idées expliquant plusieurs phénomènes ; un grand nombre de preuves soutiennent une théorie.

- La science et la technologie sont au service de la société (p. 21 et 22). La science est une activité éminemment sociale. Elle est indissociable de la culture contemporaine. La technologie et elle occupent une place très importante dans la société ; il est plus important que jamais de faire la distinction entre ce que nous aimerions comprendre et ce que nous aimerions construire. Les scientifiques devraient influencer la façon dont la technologie applique les découvertes scientifiques.

Autoévaluation

(Les questions dont les numéros sont en caractères gras font surtout appel à la compréhension.)

1. Placez en ordre décroissant de complexité les niveaux suivants d'organisation des êtres vivants : (1) cellule ; (2) communauté ; (3) organe ; (4) organisme ; (5) population ; (6) système ; (7) tissu.
   a) 6, 2, 5, 1, 7, 3, 4.
   b) 1, 7, 3, 6, 4, 5, 2.
   c) 2, 5, 4, 6, 3, 7, 1.
   d) 5, 2, 4, 7, 6, 3, 1.
   e) 2, 6, 4, 5, 3, 7, 1.

2. Des océanographes découvrent un « objet » mystérieux dans le golfe du Saint-Laurent et s'interrogent sur sa nature. Avant qu'il soit considéré comme un être vivant, à quel(s) critère(s) devrait-il répondre ?
   a) Il doit posséder une structure complexe uniquement.
   b) Il doit avoir la faculté de se mouvoir.
   c) Il doit être capable de se reproduire, de croître et de se développer, d'évoluer et de s'adapter.
   d) Il doit posséder une organisation structurale complexe et être capable d'utiliser l'énergie disponible.
   e) Il doit pouvoir réagir aux facteurs de l'environnement, rechercher un équilibre interne et répondre aux critères énoncés en c et d.

3. Dans la hiérarchie structurale du monde vivant, trouvez le premier niveau où se manifestent toutes les caractéristiques de la vie.
   a) La molécule.
   b) L'organite.
   c) La cellule.
   d) Le système.
   e) L'écosystème.

4. Complétez l'énoncé correctement. Les cellules procaryotes :
   a) ne possèdent pas d'enveloppe nucléaire.
   b) possèdent beaucoup d'organites cellulaires différents, comme les cellules eucaryotes.
   c) ne peuvent évoluer.
   d) ne montrent pas de complexité structurale.
   e) possèdent un noyau.

5. Trouvez les énoncés relatifs à l'information génétique qui sont vrais.
   a) L'ADN contient l'information biologique.
   b) Les gènes sont les unités d'information transmises des parents à leur progéniture.
   c) Chaque forme de vie possède son propre code génétique.
   d) Chaque molécule d'ADN représente une longue chaîne constituée de quatre sortes de nucléotides.
   e) Des arrangements séquentiels spécifiques de nucléotides codent avec précision les informations dans un gène.

6. Nommez la branche de la biologie qui sert à identifier et à classer les êtres vivants.
   a) Anatomie.
   b) Taxinomie.
   c) Évolution.
   d) Hiérarchie structurale.
   e) Génétique.

7. On ne peut contester les liens de parenté entre le Chat domestique et ses parasites :
   a) parce que leur association se perpétue d'une génération à l'autre.
   b) parce que ces êtres vivants possèdent l'ensemble des caractéristiques de la vie.
   c) parce que ces êtres vivants possèdent le même code génétique.
   d) parce qu'ils présentent beaucoup de similitudes au niveau cellulaire.
   e) b, c, et d font partie de la réponse.

8. Trouvez l'énoncé qui est vrai. Selon la théorie darwinienne de la sélection naturelle :
   a) les organismes les mieux adaptés à leur environnement ont de meilleures chances de se perpétuer.
   b) les organismes ayant la plus grande taille au sein d'une population ont de meilleures chances de survie.
   c) le besoin crée l'organe.
   d) tous les organismes peuvent transmettre leurs gènes à leur descendance.
   e) les nouvelles adaptations des organismes deviennent immuables.

9. Pour tirer profit de leurs expérimentations, Reznick et Endler ont procédé comme suit :
   a) Ils n'ont vérifié qu'une seule hypothèse.
   b) Ils ont analysé une seule variable à la fois, dans un groupe expérimental et dans un groupe témoin.
   c) Ils ont utilisé plusieurs groupes expérimentaux.
   d) Ils se sont basés uniquement sur l'approche inductive.
   e) Ils ont travaillé davantage au niveau des individus qu'à celui des populations.

10. Normalement, après le déclenchement du travail au terme de la grossesse, les contractions utérines augmentent en intensité et en fréquence jusqu'à l'accouchement. Cet exemple illustre un phénomène de :
    a) rétro-inhibition.
    b) catalyse.
    c) régulation négative.
    d) rétroactivation.
    e) désactivation contrôlée.

11. Deux espèces qui font partie ⎯⎯ sont plus apparentées que deux espèces qui appartiennent ⎯⎯.
    a) du même embranchement ; à la même classe.
    b) de la même famille ; au même genre.
    c) de la même classe ; au même ordre.
    d) de la même famille ; au même ordre.
    e) du même domaine ; au même règne.

12. Que signifie l'énoncé suivant : « Un organisme représente une entité plus grande que la somme de ses parties » ?

13. Énoncez la théorie cellulaire.

14. Qu'est-ce qui confère à la cellule son individualité ?

15. Lors de canicules, nous avons tendance à transpirer bien malgré nous. En quoi cette réaction est-elle adaptée ? Identifiez le concept qui sous-tend ce phénomène.

Lien avec l'évolution

Expliquez les résultats des expériences de Reznick et Endler (p. 18 et 19) à la lumière des observations et de l'inférence darwiniennes qui soutiennent la théorie de la sélection naturelle.

Intégration

Pierre Gingras, chroniqueur au journal *La Presse,* faisait état d'une épizootie de salmonellose chez le Sizerin flammé (*Carduelis flammea*) au printemps 2002. L'épidémie se propage un peu partout au nord de Montréal et dans la région de Rimouski. Les populations de ces oiseaux décroissent rapidement dans les régions affectées. On vous engage, en tant que biologiste, pour que vous étudiiez le phénomène. On veut savoir de quelle façon la maladie se propage. Utilisez cette mise en situation pour simuler les différentes étapes de la démarche scientifique. Précisez la ou les approches choisies.

Science, technologie et société

Vos coéquipiers et vous avez choisi la vulgarisation scientifique comme projet d'intégration à la dernière session de vos études collégiales. Le projet consiste, entre autres choses, à inviter des conférenciers qui viendront présenter les nouvelles technologies de la reproduction et dire ce qu'ils en pensent. La conférence se termine par des questions et des commentaires de l'auditoire. En tant qu'animateur et modérateur, vous vous retrouvez au cœur d'un débat entre créationnistes et scientifiques. Quelles interventions devrez-vous faire pour que les échanges se déroulent dans le respect des uns et des autres?

Réponses à l'autoévaluation : 1. c ; **2.** e ; 3. c ; 4. a ; **5.** a, b, d, e ; 6. b ; **7.** e ; 8. a ; 9. b ; **10.** d ; **11.** d ; **12.** Plus on monte dans la hiérarchie de l'organisation biologique, plus on découvre de nouvelles propriétés et une complexité accrue. Cet énoncé renvoie au concept de l'émergence. 13. Tous les êtres vivants se composent de cellules, et toute cellule provient d'une autre cellule. **14.** La cellule est isolée de l'environnement par une membrane qui règle le passage des substances entre son milieu interne et son milieu externe. Les caractéristiques de la membrane et de divers organites sont dictées par l'information génétique contenue dans l'ADN. **15.** Cette réaction est adaptée, en ce sens qu'elle permet de maintenir la température corporelle près de la normale. Par la transpiration, le corps perd de l'eau qui transporte de la chaleur. Les mécanismes de régulation d'un organisme, qui maintiennent son milieu interne à l'intérieur de limites tolérables malgré les fluctuations du milieu externe, contribuent à l'homéostasie.

CHAPITRE 2

L'ORGANISATION CHIMIQUE FONDAMENTALE DE LA VIE

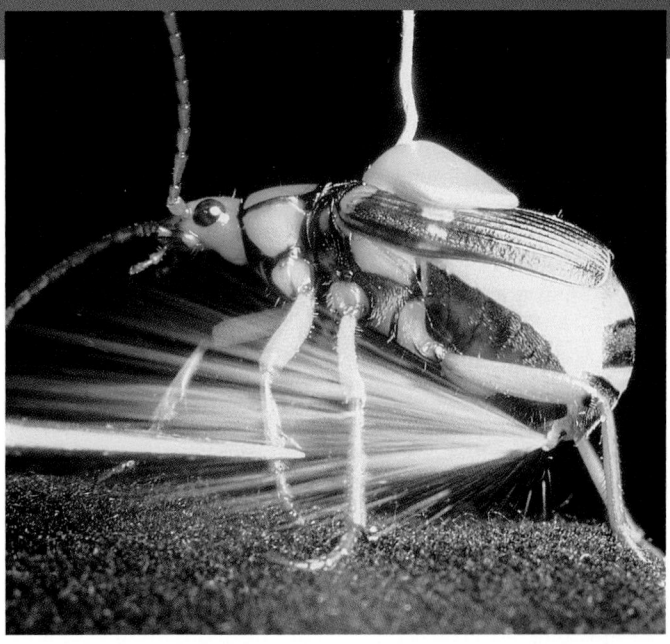

« Rien ne se perd, rien ne se crée,
tout se transforme. »

ANTOINE-LAURENT DE LAVOISIER
chimiste français (1743-1794)

ÉLÉMENTS ET COMPOSÉS CHIMIQUES

- La matière est constituée d'éléments chimiques purs ou combinés, appelés composés
- Environ 25 éléments chimiques sont essentiels à la vie

ATOMES ET MOLÉCULES

- La structure atomique d'un élément détermine son comportement
- Les atomes établissent des liaisons chimiques pour former des molécules
- Les liaisons chimiques faibles ont une grande importance biologique
- Une molécule a une fonction biologique qui dépend de sa forme tridimensionnelle
- Les réactions chimiques établissent et rompent des liaisons chimiques

Comme tout autre animal, *les Coléoptères ont développé des structures et des mécanismes de défense contre leurs prédateurs. Le Coléoptère bombardier (Stenaptinus insignis), qui vit au sol, possède un mécanisme de défense particulièrement efficace contre les fourmis qui le harcèlent. Lorsqu'une fourmi s'approche de lui, il l'arrose d'un liquide brûlant sécrété par ses glandes abdominales. (La photographie montre un Coléoptère bombardier projetant le liquide.) Ce liquide contient des produits chimiques irritants créés au moment de l'expulsion par une réaction fortement exothermique entre deux types de réactifs stockés séparément dans les glandes de l'animal. De plus, il se produit en même temps un claquement sonore susceptible d'effrayer l'agresseur.*

L'étude du Coléoptère bombardier nécessite qu'on recoure à plusieurs sciences. Les biologistes se spécialisent dans l'étude de la vie mais, les organismes et le monde dans lequel ceux-ci évoluent découlant de la matière et de l'énergie, il leur est nécessaire d'utiliser fréquemment des concepts fondamentaux de chimie, de physique, etc., pour expliquer certains phénomènes du vivant. La biologie est une science multidisciplinaire, une science d'intégration.

*Les chapitres de cette partie constituent une introduction aux concepts clés de la chimie. Nous aurons besoin de ceux-ci tout au long de notre étude de la vie. Nous ferons beaucoup de liens avec les thèmes présentés au chapitre 1. L'un de ces thèmes est l'organisation de la vie en une hiérarchie de niveaux structuraux (*FIGURE 2.1*, p. 28); chaque niveau possède des propriétés que le niveau précédent ne possède pas (concept d'émergence). Dans cette partie, nous verrons comment cette émergence se manifeste aux paliers les plus bas de l'organisation biologique. Nous parlerons de l'agencement des atomes en molécules, puis des interactions des molécules au sein des cellules. Ce faisant, nous franchirons la frontière qui sépare le non-vivant du vivant. Dans ce chapitre et dans le suivant, nous traiterons de l'organisation chimique fondamentale de la vie en nous limitant au volet inorganique de la chimie. Nous aborderons le volet organique aux chapitres 4 et 5.*

ÉLÉMENTS ET COMPOSÉS CHIMIQUES

La matière est constituée d'éléments chimiques purs ou combinés, appelés composés

Les organismes sont faits de matière. On appelle **matière** tout ce qui occupe un espace et possède une masse. La matière existe sous toutes sortes de formes; les pierres, les métaux, le pétrole, les gaz et les Humains en sont quelques exemples.

27

Les philosophes grecs de l'Antiquité croyaient que la grande diversité de la matière reposait sur quatre éléments de base: l'air, l'eau, le feu et la terre. Les Grecs considéraient ceux-ci comme des substances pures et irréductibles à d'autres formes de matière. Selon eux, toutes les autres substances s'obtenaient en mélangeant deux ou plusieurs de ces éléments dans des proportions diverses. Les philosophes grecs n'ont peut-être pas proposé les bons éléments, mais leur idée de base est correcte.

Un **élément** est une substance impossible à décomposer en d'autres substances plus simples au cours de réactions chimiques. Les chimistes ont identifié 92 éléments naturels, dont l'or, le cuivre, le carbone et l'oxygène. Ils ont attribué à chacun un symbole, le plus souvent constitué de la première ou des deux premières lettres de son nom. Quelques symboles dérivent de noms latins ou allemands; par exemple, celui du sodium est Na, du mot latin *natrium*, alors que celui du tungstène est W, du mot allemand *wolfram*.

Un **composé** est une substance formée de deux ou de plusieurs éléments combinés dans des proportions définies. Le sel de table, par exemple, est en fait du chlorure de sodium (NaCl); il est constitué des éléments sodium (Na) et chlore (Cl) dans un rapport de 1:1. Le sodium pur est un métal, alors que le chlore pur est un gaz toxique. Cependant, une fois qu'ils sont liés chimiquement, ils forment un composé comestible. Cet exemple illustre bien le concept d'émergence: un composé possède des caractéristiques que n'ont pas ses éléments pris individuellement (FIGURE 2.2).

Environ 25 éléments chimiques sont essentiels à la vie

Environ 25 des 92 éléments naturels sont essentiels à la vie. Quatre d'entre eux, soit le carbone (C), l'oxygène (O), l'hydrogène (H) et l'azote (N), constituent à eux seuls 96 % de la matière vivante. Le phosphore (P), le soufre (S), le calcium (Ca), le potassium (K) et quelques autres éléments forment presque tout le reste de la matière d'un organisme (4 %). Les éléments qui entrent dans la composition du corps humain ainsi que leur pourcentage de la masse corporelle figurent dans le TABLEAU 2.1; ces pourcentages sont pratiquement les mêmes chez les autres organismes. La FIGURE 2.3 montre l'effet qu'une carence en azote a sur une culture végétale.

L'organisme a besoin de certains éléments, appelés **éléments traces,** en quantités infimes; ils n'en sont pas moins essentiels. Quelques-uns d'entre eux, comme le fer (Fe), sont indispensables à toutes les formes de vie; d'autres, à quelques espèces

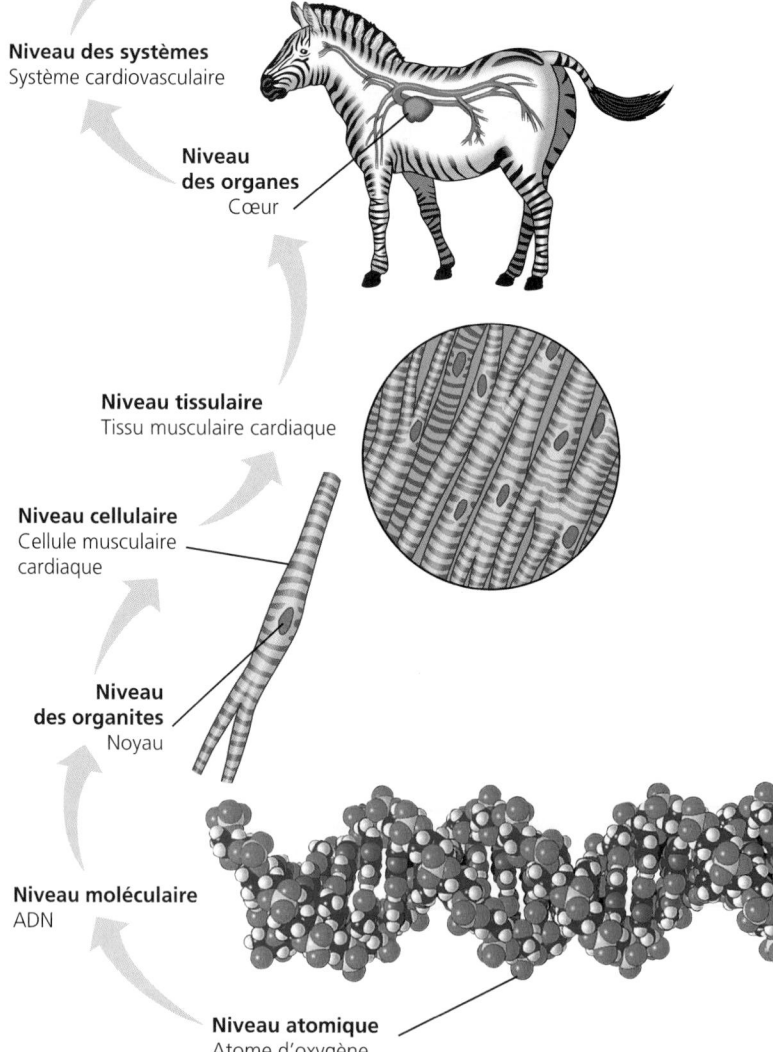

FIGURE 2.1
Intégration de certains niveaux d'organisation structurale.

Niveau des organismes
Zèbre (organisme constitué de nombreux systèmes)

Niveau des systèmes
Système cardiovasculaire

Niveau des organes
Cœur

Niveau tissulaire
Tissu musculaire cardiaque

Niveau cellulaire
Cellule musculaire cardiaque

Niveau des organites
Noyau

Niveau moléculaire
ADN

Niveau atomique
Atome d'oxygène

Sodium   +   Chlore   →   Chlorure de sodium

FIGURE 2.2 Émergence (apparition de nouvelles propriétés) au moment de la formation d'un composé. Le sodium, un métal alcalin, se combine au chlore, un gaz toxique, pour former un composé comestible, le chlorure de sodium ou sel de table.

TABLEAU 2.1 Éléments naturels entrant dans la composition du corps humain

Symbole chimique	Élément	Numéro atomique (voir la p. 30)	Pourcentage de la masse corporelle
O	Oxygène	8	65,0
C	Carbone	6	18,5
H	Hydrogène	1	9,5
N	Azote	7	3,3
Ca	Calcium	20	1,5
P	Phosphore	15	1,0
K	Potassium	19	0,4
S	Soufre	16	0,3
Na	Sodium	11	0,2
Cl	Chlore	17	0,2
Mg	Magnésium	12	0,1

Autres éléments à l'état de trace (moins de 0,01 %) : bore (B), chrome (Cr), cobalt (Co), cuivre (Cu), fluor (F), iode (I), fer (Fe), manganèse (Mn), molybdène (Mo), sélénium (Se), silicium (Si), étain (Sn), vanadium (V) et zinc (Zn).

FIGURE 2.3 Effet qu'une carence en azote a sur le maïs.
Dans cette expérience contrôlée, les plants à gauche croissent dans un sol fertilisé avec des composés contenant de l'azote, un élément essentiel. Ceux qui sont à droite poussent dans un sol pauvre en azote, donc moins productif ; leur récolte sera moins bonne, et le maïs, moins nutritif.

seulement. Par exemple, chez les Vertébrés (animaux dotés d'une colonne vertébrale), l'iode (I) est un constituant essentiel de plusieurs hormones produites par la glande thyroïde. Un apport quotidien de 0,15 mg d'iode suffit au bon fonctionnement de la thyroïde humaine, alors qu'un régime alimentaire déficient en iode fait augmenter le volume de cette glande et entraîne une déformation appelée goitre (FIGURE 2.4). Dans les régions où l'on consomme du sel iodé, l'incidence du goitre a diminué.

FIGURE 2.4 Goitre.
L'augmentation du volume de la glande thyroïde de cette Malaysienne est causée par une carence en iode.

ATOMES ET MOLÉCULES

Les propriétés des éléments et des composés chimiques sont déterminées par la structure de leurs atomes.

La structure atomique d'un élément détermine son comportement

Chaque élément est constitué d'un type d'atome qui lui est propre. L'**atome** est la plus petite unité de matière possédant les mêmes propriétés que l'élément auquel il appartient. Il est si petit qu'il en faudrait environ un million pour tracer le diamètre du point imprimé à la fin de cette phrase. On emploie le même symbole pour désigner l'atome et l'élément dont il fait partie. Ainsi, C représente aussi bien l'élément carbone qu'un seul atome de carbone.

Particules élémentaires

Bien que l'atome soit la plus petite unité possédant les propriétés de l'élément qu'il constitue, il est formé de parties encore plus petites, appelées particules élémentaires. Selon les physiciens, l'atome comporte plus d'une centaine de types de particules, mais seulement trois sont suffisamment stables pour que nous nous y attardions : les **neutrons,** les **protons** et les **électrons.** Les neutrons et les protons se trouvent au centre de l'atome et forment un noyau dense, appelé **noyau atomique.** Les électrons, eux, gravitent autour du noyau à une vitesse proche de celle de la lumière (FIGURE 2.5, p. 30).

Chaque électron et chaque proton a une charge électrique. L'électron possède une unité de charge négative, et le proton, une unité de charge positive. Quant au neutron, il est, comme son nom l'indique, électriquement neutre. Le noyau d'un atome est donc positif, et c'est l'attraction entre sa charge et celle, opposée, des électrons qui retient ceux-ci autour du noyau.

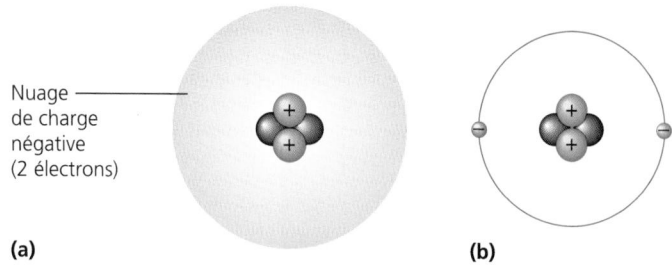

Nuage de charge négative (2 électrons)

(a)   (b)

FIGURE 2.5 Deux modèles simplifiés d'un atome d'hélium (He).
Le noyau de l'hélium comporte deux neutrons (en gris) et deux protons (en magenta). Deux électrons tournent rapidement autour du noyau. En **(a)**, les électrons sont représentés par un nuage de charge négative. Celui-ci est en fait proportionnellement *beaucoup* plus gros que le noyau, ce que le schéma ne montre pas. En **(b)**, les électrons sont représentés par de petites sphères bleues ; quant au cercle, il indique leur distance moyenne du noyau. Cela correspond aux deux tiers environ de l'épaisseur du nuage d'électrons. (Notre modèle de l'atome se précisera peu à peu au cours de ce chapitre.)

Le neutron et le proton possèdent une masse presque identique, de l'ordre de $1,67 \times 10^{-27}$ kg approximativement. Comme la masse d'un électron ne représente qu'environ 1/2 000 de celle d'un neutron ou d'un proton, on peut l'ignorer lorsque l'on calcule la masse totale d'un atome.

Numéro atomique, nombre de masse et masse atomique moyenne

Les atomes des différents éléments se distinguent par le nombre de particules élémentaires qu'ils contiennent. Tous les atomes d'un même élément ont un nombre égal de protons dans leur noyau. Ce nombre est appelé **numéro atomique.** Il est placé en indice à gauche du symbole de l'élément. Par exemple, l'abréviation $_2$He montre que chaque atome d'hélium a deux protons dans son noyau. À moins d'une indication contraire, un atome est électriquement neutre, c'est-à-dire qu'il a autant de protons que d'électrons. En conséquence, le numéro atomique indique à la fois le nombre de protons et le nombre d'électrons dans un atome électriquement neutre.

Il est également possible de déduire le nombre de neutrons à partir du **nombre de masse.** Ce dernier correspond *grosso modo* à la somme des protons et des neutrons contenus dans le noyau d'un atome. Il est exprimé au moyen d'un exposant placé à gauche du symbole de l'élément. Par exemple, pour désigner un atome d'hélium, on peut employer l'abréviation $_2^4$He. Puisque le numéro atomique indique le nombre de protons, il est possible de déterminer la quantité de neutrons en soustrayant le numéro atomique du nombre de masse : ainsi, un atome de $_2^4$He possède deux neutrons. Un atome de sodium ($_{11}^{23}$Na) a 11 protons, 11 électrons et 12 neutrons. L'atome le plus simple est l'hydrogène ($_1^1$H) ; il ne possède aucun neutron. Il a un seul proton, autour duquel gravite un seul électron.

En fait, le nombre de masse est une approximation de la **masse atomique moyenne.** Celle-ci figure dans le tableau périodique des éléments et est simplement appelée masse atomique. On la calcule en faisant la moyenne pondérée des masses atomiques des isotopes (soit des différentes formes) d'un élément et en prenant en compte l'abondance relative de chaque isotope dans la nature. On exprime généralement la masse atomique moyenne en unités de masse atomique, représentées par le symbole u*. Si on l'exprime en grammes, on parle alors de masse molaire atomique.

Puisque la masse des électrons est négligeable, presque toute la masse de l'atome se concentre dans le noyau. Par ailleurs, comme les neutrons et les protons ont chacun une masse très près de 1 u, la masse atomique moyenne nous indique, à peu de chose près, la masse de l'atome entier. Ainsi, la masse atomique de l'hélium ($_2^4$He) est de 4 u (4,003 u exactement).

Isotopes

Tous les atomes d'un élément donné possèdent le même nombre de protons (sinon, il ne s'agirait pas du même élément), mais certains ont plus de neutrons que d'autres et, par conséquent, pèsent plus lourd. Les différentes formes atomiques d'un élément s'appellent **isotopes.** Prenons, par exemple, le carbone, dont le numéro atomique est 6. On trouve dans la nature trois isotopes de cet élément. Le plus courant est le carbone 12 ($_6^{12}$C) ; il constitue environ 99 % du carbone naturel et possède six neutrons. La majeure partie du 1 % restant consiste en atomes de l'isotope $_6^{13}$C, qui a sept neutrons. Quant au troisième isotope, le $_6^{14}$C, il a huit neutrons.

Même si les isotopes d'un élément ont des masses différentes, ils se conduisent de la même façon dans les réactions chimiques.

Les isotopes ^{12}C et ^{13}C sont stables, c'est-à-dire que leur noyau n'a pas tendance à perdre de particules. Par contre, l'isotope ^{14}C est instable, ou radioactif. Un **radio-isotope** est un isotope dont le noyau se désintègre spontanément, libérant des particules et de l'énergie. Lorsque cela se produit et que le nombre de protons présents dans le noyau se modifie, l'atome se transforme en un atome d'un autre élément. Par exemple, le carbone radioactif se désintègre en azote.

Les radio-isotopes ont de nombreuses applications pratiques en biologie. Au chapitre 25, vous apprendrez comment les chercheurs étudient la quantité de radioactivité contenue dans les fossiles pour dater ces derniers. Les radio-isotopes servent également de traceurs permettant de suivre le cheminement des atomes dans le métabolisme (soit l'ensemble des réactions chimiques qui ont lieu dans un organisme), même si les cellules, elles, utilisent les isotopes radioactifs d'un élément de la même manière que les isotopes non radioactifs. La FIGURE 2.6 illustre deux méthodes employées par les biologistes pour suivre les traceurs radioactifs.

Les traceurs radioactifs sont très utiles en médecine. Par exemple, il est possible de diagnostiquer certaines maladies rénales en injectant dans le sang d'un individu de petites doses de substances contenant des radio-isotopes, puis en mesurant la quantité de traceur excrété dans l'urine. De plus, grâce à des techniques d'imagerie sophistiquées, comme la tomographie par émission de positrons (TEP), on peut suivre les étapes des processus chimiques à mesure qu'elles se produisent dans l'organisme (FIGURE 2.7).

---

* Certains auteurs utilisent le dalton comme unité de mesure de la masse atomique. Le dalton équivaut à la masse approximative du neutron ou du proton, c'est à dire à 1.

FIGURE 2.6 Emploi des radio-isotopes dans l'étude de la physiologie cellulaire. Les scientifiques utilisent des radio-isotopes pour marquer certaines substances chimiques dans le but de suivre les étapes d'un processus métabolique, ou encore de localiser une substance dans une cellule ou dans un organisme. **(a)** Cette chercheuse effectue une expérience qui vise à déterminer comment la température modifie la vitesse de réplication de l'ADN dans certaines cellules. Elle commence par cultiver des cellules dans un milieu contenant les substances nécessaires à la fabrication de l'ADN. L'une de celles-ci est marquée à l'aide d'un isotope radioactif de l'hydrogène, $_1^3H$. Par conséquent, chaque nouvelle copie d'ADN que les cellules fabriqueront incorporera cet isotope. La chercheuse incube ensuite des échantillons des cellules placées dans le milieu radioactif à différentes températures. Après un certain temps, elle prélève des spécimens de chaque culture et détermine la radioactivité de l'ADN qu'ils contiennent à l'aide d'un appareil appelé scintillateur (illustré ci-contre). Ensuite, elle les place dans des fioles contenant une solution liquide qui scintille chaque fois que ses réactifs sont excités par les radiations provenant de la désintégration du traceur. La fréquence des scintillations émises est proportionnelle à la quantité d'ADN radioactif présent ; elle se mesure en coups par minute. Lorsque la chercheuse représente graphiquement les coups par minute des différents échantillons d'ADN en fonction de la température à laquelle les cellules ont été cultivées, comme dans le graphique illustré ci-contre, elle constate que la température agit de façon importante sur la vitesse de synthèse de l'ADN. Ce résultat peut s'avérer utile pour les chercheurs qui étudient en profondeur la réplication de l'ADN. **(b)** La chercheuse peut également employer une technique appelée autoradiographie pour localiser l'ADN marqué radioactivement dans les cellules (comme nous l'avons vu dans la partie **(a)**. Elle place une fine couche de cellules sur des lames de verre, les recouvre d'une émulsion photographique, puis les laisse dans l'obscurité pendant un certain temps. Les radiations émises par le traceur présent dans le nouvel ADN impressionneront l'émulsion. Sur la photographie ci-contre, vous pouvez clairement localiser l'ADN radioactif dans le noyau de la cellule de gauche.

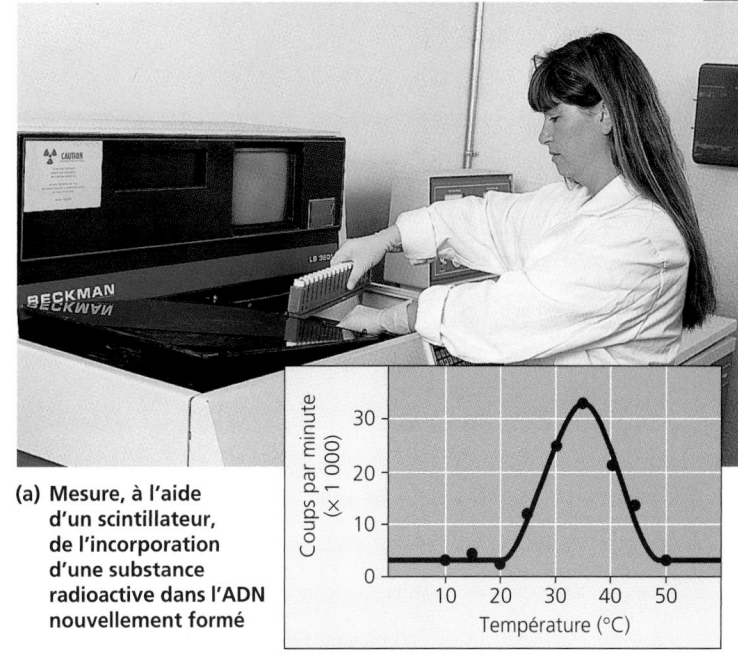

(a) Mesure, à l'aide d'un scintillateur, de l'incorporation d'une substance radioactive dans l'ADN nouvellement formé

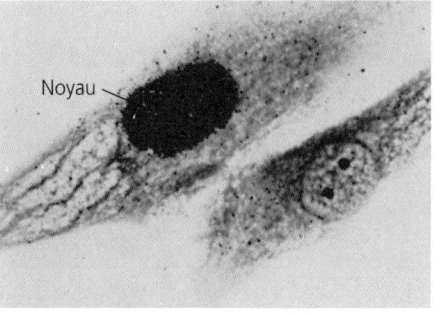

(b) Autoradiographie 25 µm (560 ×)

Les radio-isotopes sont très utiles dans les domaines de la recherche biologique et de la médecine. Toutefois, le rayonnement émis au cours de leur désintégration comporte des risques, parce qu'il endommage les molécules qui composent les cellules. La gravité des lésions dépend du type et de la quantité de radiations absorbées par l'organisme. Les retombées radioactives causées par des accidents nucléaires constituent l'une des menaces environnementales les plus sérieuses (FIGURE 2.8, p. 32).

Niveaux énergétiques des électrons

Dans la FIGURE 2.5, qui montre deux modèles simplifiés d'un atome d'hélium, la taille du noyau est disproportionnée au volume complet de l'atome. Si le noyau avait la grosseur d'une balle de golf, les électrons graviteraient autour à une distance moyenne d'environ 1 km. Les atomes se composent en grande partie d'espace vide.

FIGURE 2.7 Image obtenue grâce à la tomographie par émission de positrons, une application médicale des radio-isotopes. La tomographie par émission de positrons révèle les sites d'activité chimique intense dans l'organisme. On injecte dans le sang du patient un nutriment, comme le glucose, marqué d'un isotope radioactif émettant des particules élémentaires appelées positrons. Ces derniers se heurtent aux électrons provenant de réactions chimiques ayant lieu dans l'organisme. La tomographie par émission de positrons détecte l'énergie dégagée par ces collisions et localise les « points chauds » métaboliques, c'est-à-dire les régions d'un organe les plus actives chimiquement au moment du test. La couleur de l'image varie selon la quantité d'isotopes présents dans une région. Dans la photographie ci-contre, la couleur jaune clair révèle la présence de tissu osseux cancéreux dans la colonne vertébrale du patient et dans la partie inférieure d'une de ses omoplates.

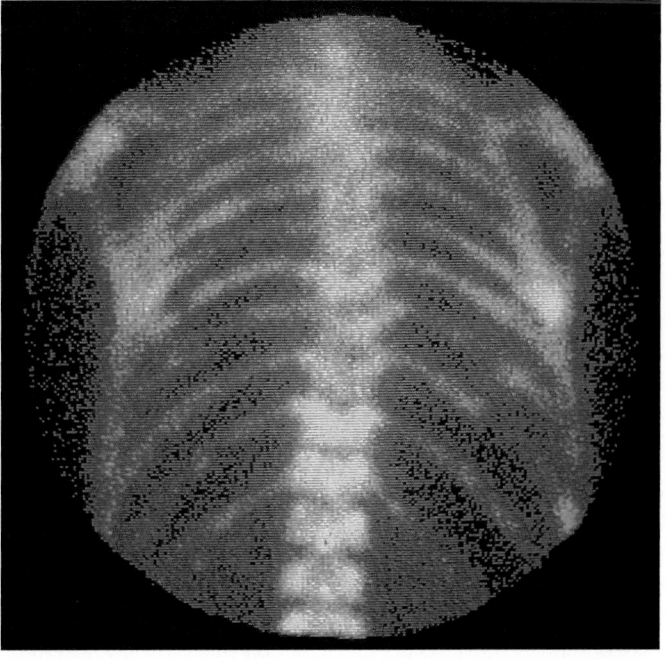

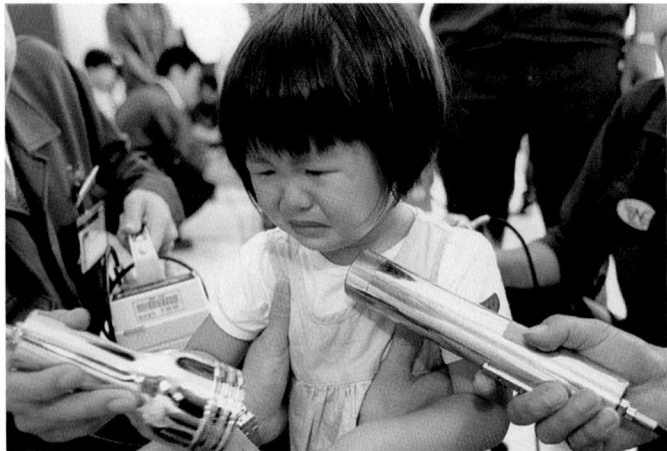

FIGURE 2.8 L'accident nucléaire de Tokaimura. En 1999, les employés d'une centrale nucléaire située à Tokaimura, au Japon, ont accidentellement provoqué une réaction en chaîne, qui a abouti à la propagation de grandes quantités de radiations dans les environs. Quarante-six employés de la centrale ont été exposés à des doses dangereuses ; même à plus de un kilomètre de la centrale, le taux de radiations était 15 000 fois plus élevé que la normale. On a examiné environ 300 000 habitants de la région pour voir s'ils avaient été contaminés ; on continuera de les observer pour s'assurer qu'ils ne souffriront pas à long terme de maladies comme le cancer.

Même lorsque deux atomes s'approchent l'un de l'autre au cours d'une réaction chimique, les noyaux demeurent trop éloignés pour interagir. Ainsi, parmi les trois types de particules élémentaires dont nous avons déjà parlé, seuls les électrons participent directement aux réactions chimiques entre les atomes.

Chaque électron possède sa propre quantité d'énergie. L'**énergie** est la capacité de produire du travail. L'**énergie potentielle** est l'énergie que la matière emmagasine grâce à sa structure ou à sa position par rapport à d'autres objets. Par exemple, l'eau contenue dans un réservoir situé sur une colline possède de l'énergie potentielle en raison de la hauteur à laquelle elle se trouve. Lorsque les vannes du réservoir s'ouvrent, l'énergie qu'elle avait emmagasinée se libère et sert à produire du travail, par exemple à faire marcher une turbine. L'eau qui arrive au pied de la colline a moins d'énergie que celle du réservoir. Or, il faut savoir que la tendance naturelle de la matière est d'occuper le niveau d'énergie potentielle le plus bas possible. Pour rétablir l'énergie potentielle de l'eau ayant coulé, il faut produire du travail ; celui-ci permettra de faire remonter l'eau jusqu'au réservoir malgré la force de gravitation.

Les électrons d'un atome, qui sont chargés négativement, possèdent eux aussi de l'énergie potentielle en raison de leur position par rapport au noyau, chargé positivement. Plus ils se trouvent loin du noyau, plus leur énergie potentielle est élevée. Contrairement à la variation graduelle de l'énergie potentielle de l'eau qui s'écoule vers le bas, les changements d'énergie potentielle des électrons s'effectuent par étapes, de façon discontinue. Un électron possédant une certaine énergie potentielle peut se comparer à une balle descendant un escalier. La balle a différentes quantités d'énergie potentielle selon la marche sur laquelle elle se trouve, et elle ne peut passer beaucoup de temps entre les marches. De même, un électron ne peut se trouver à un niveau intermédiaire d'énergie potentielle.

Les différents états d'énergie potentielle des électrons d'un atome s'appellent **niveaux énergétiques** ou **couches électroniques** (FIGURE 2.9). La première couche se situe le plus près du noyau ; les électrons qui s'y trouvent possèdent l'énergie la plus faible.

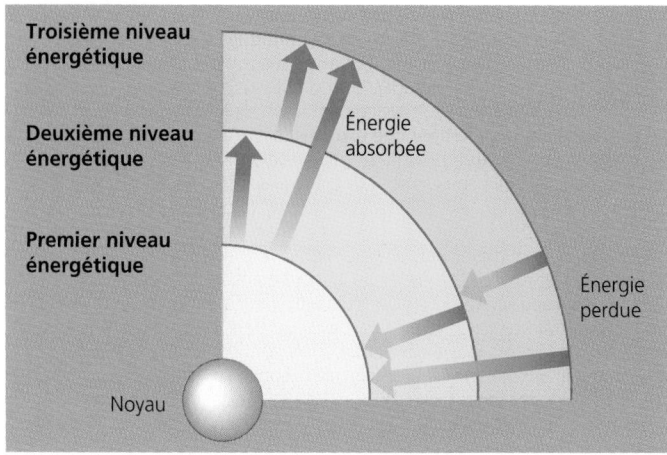

FIGURE 2.9 Niveaux énergétiques des électrons. Les électrons occupent certains niveaux déterminés d'énergie potentielle, également appelés couches électroniques. Un électron peut passer à un autre niveau uniquement si l'énergie qu'il gagne ou qu'il perd correspond exactement à la différence d'énergie entre les deux niveaux. Les flèches indiquent quelques-uns des changements possibles de niveaux d'énergie potentielle.

Les électrons situés dans la deuxième couche ont plus d'énergie, ceux de la troisième couche, encore plus, et ainsi de suite. Un électron peut passer d'une couche à une autre seulement en absorbant ou en perdant une quantité d'énergie égale à la différence d'énergie potentielle entre l'ancienne couche et la nouvelle. Pour gagner une couche plus éloignée du noyau, l'électron doit absorber de l'énergie. Par exemple, la lumière peut l'exciter et le faire passer à un niveau énergétique supérieur. (En fait, il s'agit là de la première étape de la photosynthèse, durant laquelle les Végétaux captent l'énergie lumineuse. C'est le processus qui leur permet de produire de la nourriture à partir de dioxyde de carbone et d'eau.) Au contraire, pour passer à une couche située plus près du noyau, l'électron doit perdre de l'énergie, habituellement en la libérant dans l'environnement sous forme de chaleur. Ainsi, quand les rayons du Soleil excitent les électrons contenus dans la peinture d'une voiture noire, ceux-ci passent à des niveaux énergétiques supérieurs. L'automobile chauffe pendant que les électrons regagnent leur niveau énergétique initial.

Configuration électronique et propriétés chimiques

Le comportement d'un atome dépend de la configuration électronique de celui-ci, c'est-à-dire de la répartition des électrons dans ses couches électroniques. En commençant avec l'hydrogène, l'atome le plus simple, nous pouvons élaborer les atomes des autres éléments en ajoutant un proton et un électron à la fois (de même qu'un nombre approprié de neutrons). La FIGURE 2.10 présente une version abrégée de ce que nous appelons le tableau périodique des éléments et nous permet de visualiser la configuration électronique des 18 premiers, soit de l'hydrogène ($_1$H) à l'argon ($_{18}$Ar). Ces éléments figurent sur trois lignes, appelées périodes, correspondant au nombre de couches électroniques contenues dans leurs atomes. De gauche à droite, la suite des éléments de chaque ligne correspond à l'addition séquentielle d'électrons (et de protons).

Comme toute matière, les électrons cherchent à atteindre l'état d'énergie potentielle le plus bas, ce qui est possible lorsqu'ils se trouvent dans la première couche électronique.

L'unique électron de l'hydrogène et les deux électrons de l'hélium, par exemple, occupent le premier niveau énergétique. Or, celui-ci ne peut contenir plus de deux électrons. Donc, quand un atome possède plus de deux électrons, il doit utiliser des couches électroniques supérieures, la première étant saturée. Le lithium, par exemple, a trois électrons : deux électrons remplissent sa première couche, et le troisième est localisé dans sa deuxième couche. Cette dernière peut contenir un maximum de huit électrons. Quant au néon, qui se situe à la fin de la deuxième ligne, il compte huit électrons dans sa seconde couche ; cet élément a donc 10 électrons au total.

Un atome a des propriétés chimiques qui dépendent principalement du nombre d'électrons présents dans sa couche *périphérique*, appelée **dernier niveau énergétique.** Ces électrons s'appellent **électrons de valence** ou **électrons périphériques.** Le lithium, par exemple, qui a deux couches, possède seulement un électron de valence. Les atomes qui ont le même nombre d'électrons dans leur dernier niveau énergétique affichent un comportement chimique semblable. Par exemple, le fluor (F) et le chlore (Cl) possèdent tous deux sept électrons de valence, et chacun d'eux peut se combiner au sodium et former des composés (voir la FIGURE 2.2). Par ailleurs, un atome dont le dernier niveau énergétique est saturé ne réagit pas spontanément avec les atomes qu'il rencontre. À l'extrême droite du tableau périodique se trouvent l'hélium, le néon et l'argon ; il s'agit des trois seuls éléments présentés à la FIGURE 2.10 dont le dernier niveau énergétique est saturé. Ils sont dits inertes en raison de leur stabilité chimique. Tous les autres atomes de la FIGURE 2.10 ont la capacité de réagir chimiquement, parce que leur dernier niveau énergétique est insaturé.

Orbitales électroniques

Au début du XXe siècle, les scientifiques percevaient les couches électroniques comme des trajectoires concentriques décrites par les électrons se déplaçant autour du noyau, un peu comme les orbites des planètes bougeant autour du Soleil. Aujourd'hui, on se sert encore des cercles concentriques pour illustrer les couches électroniques (voir la FIGURE 2.10). Cependant, la structure de l'atome n'est pas si simple. En fait, il est impossible de connaître la trajectoire exacte d'un électron. Par contre, nous pouvons déterminer le volume de l'espace dans lequel il passe la majeure partie de son temps. L'espace tridimensionnel où l'électron passe 90 % de son temps s'appelle **orbitale.** Chaque couche électronique compte un nombre déterminé d'orbitales de formes particulières (FIGURE 2.11, p. 34).

Une même orbitale ne peut contenir plus de deux électrons. La première couche électronique a une seule orbitale de forme sphérique, qui s'appelle 1s. L'unique électron de l'atome

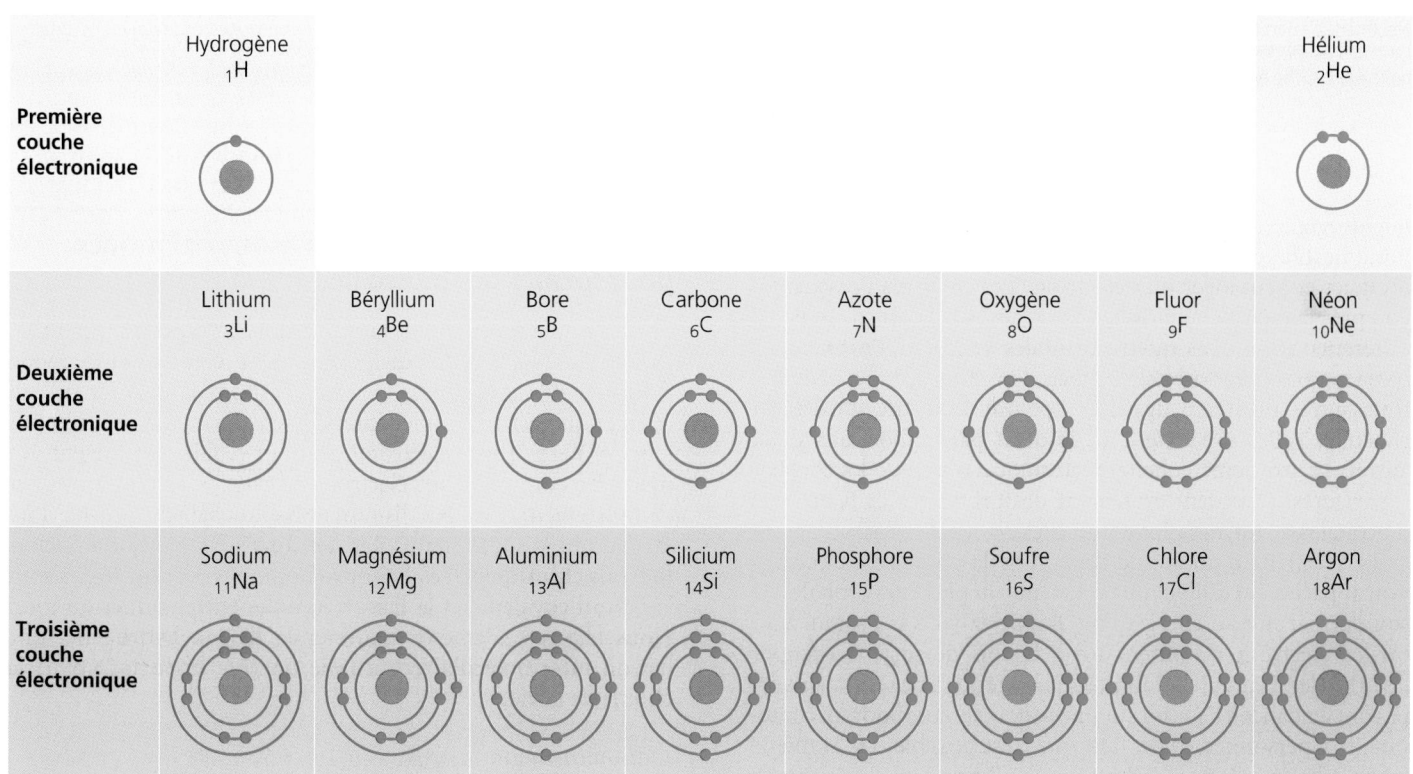

FIGURE 2.10 Configurations électroniques des 18 premiers éléments. Les électrons sont représentés par des points bleus, et les niveaux énergétiques (les couches électroniques), par des anneaux concentriques. Quant aux éléments, ils figurent sur trois lignes (ou périodes), selon le nombre de leurs couches et le nombre d'électrons contenus dans celles-ci. Chaque ligne représente le remplissage d'un niveau énergétique. À mesure que les électrons s'ajoutent, ils occupent le plus bas niveau énergétique disponible. Ainsi, l'unique électron de l'hydrogène et les deux électrons de l'hélium se logent dans la première couche. Les trois électrons de l'élément suivant, le lithium, sont répartis en deux couches : deux électrons remplissent le premier niveau énergétique, et l'autre occupe le deuxième niveau énergétique. Un ou plusieurs électrons occupent le dernier niveau énergétique des éléments de la troisième période, du sodium à l'argon. Les éléments qui possèdent un même nombre d'électrons de valence, comme le fluor et le chlore, présentent des propriétés chimiques semblables.

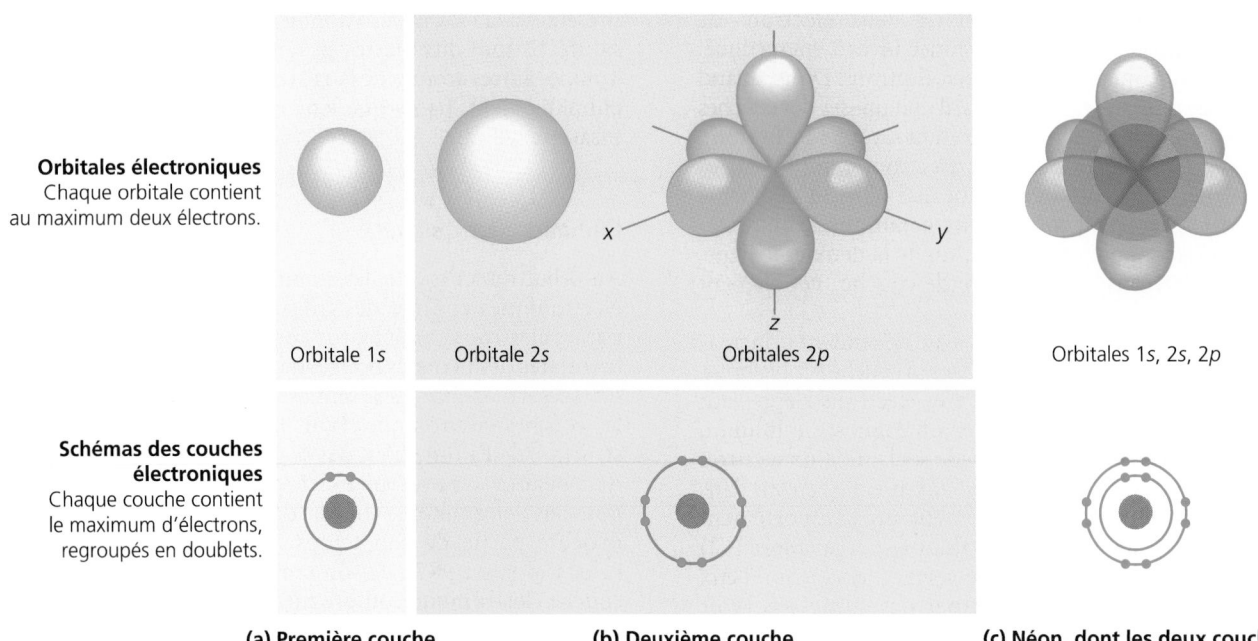

Orbitales électroniques
Chaque orbitale contient au maximum deux électrons.

Orbitale 1*s* | Orbitale 2*s* | Orbitales 2*p* | Orbitales 1*s*, 2*s*, 2*p*

Schémas des couches électroniques
Chaque couche contient le maximum d'électrons, regroupés en doublets.

(a) Première couche | **(b) Deuxième couche** | **(c) Néon, dont les deux couches sont saturées**

FIGURE 2.11 Orbitales électroniques. Les formes tridimensionnelles illustrées dans la partie supérieure de la figure représentent les orbitales électroniques, des nuages dans lesquels les électrons ont le plus de chances de se trouver. Chaque orbitale contient un maximum de deux électrons. La partie inférieure de la figure montre les couches électroniques correspondantes. **(a)** La première couche électronique possède une orbitale sphérique (*s*), appelée 1*s*. L'hydrogène, qui a un électron, et l'hélium, qui en a deux, possèdent seulement cette orbitale. **(b)** La deuxième couche et chacune des suivantes ont une orbitale *s* plus grande (elle s'appelle 2*s* dans le cas de la deuxième couche), ainsi que trois orbitales en forme d'haltères appelées orbitales *p* (elles se nomment 2*p* dans le cas de la deuxième couche). Les trois orbitales 2*p* se trouvent à angle droit les unes par rapport aux autres sur des axes imaginaires *x*, *y* et *z*. La troisième couche électronique et toutes les suivantes peuvent loger des électrons additionnels dans des orbitales de formes plus complexes. **(c)** Pour symboliser les orbitales électroniques du néon, qui possède 10 électrons, on superpose l'orbitale 1*s*, l'orbitale 2*s* et les trois orbitales 2*p*. (Rappelez-vous que chacune ne peut contenir que deux électrons.)

d'hydrogène et les deux électrons de l'atome d'hélium occupent donc l'orbitale 1*s*. La deuxième couche électronique a quatre orbitales et peut loger huit électrons. Les électrons possèdent à peu près la même énergie, mais ils se déplacent dans des espaces différents. Parmi ces quatre orbitales se trouve l'orbitale 2*s*, sphérique comme l'orbitale 1*s*, mais d'un diamètre supérieur. Les trois autres orbitales, appelées 2*p*, ont la forme d'haltères; chacune d'elles s'oriente à angle droit par rapport aux deux autres. La troisième couche électronique, ainsi que les couches supérieures, possèdent également des orbitales *s* et *p*, en plus d'orbitales de formes plus complexes.

La réactivité d'un atome dépend de la présence d'électrons non appariés, ou célibataires, dans une ou plusieurs orbitales de son dernier niveau énergétique. Rappelez-vous la FIGURE 2.10, où les électrons s'ajoutent un à la fois de sorte à occuper les orbitales. Dans un autobus, les passagers qui ne se connaissent pas ont tendance à s'asseoir sur une banquette libre pouvant contenir deux personnes, et ce, tant que c'est possible. De la même façon, chaque électron additionnel occupe seul une orbitale distincte jusqu'à ce qu'il n'en reste plus de vide dans la couche. C'est seulement à ce moment que les orbitales commencent à accepter un second électron. Chaque paire de points illustrée à la FIGURE 2.10 représente un doublet d'électrons occupant une orbitale. Quand les atomes interagissent pour combler leur dernier niveau énergétique, ce sont les électrons *célibataires* qui entrent en jeu.

Les atomes établissent des liaisons chimiques pour former des molécules

Montons maintenant dans la hiérarchie de l'organisation biologique pour voir comment les atomes se combinent de façon à former des molécules. Les atomes dont le dernier niveau énergétique est incomplet interagissent de manière à remplir leur dernière couche électronique. Pour ce faire, ils doivent soit mettre en commun leurs électrons de valence, soit les transférer complètement. Cela fait, ils restent habituellement proches l'un de l'autre : ils sont retenus par des forces d'attraction appelées **liaisons chimiques.** Les liaisons chimiques les plus fortes sont la liaison covalente et la liaison ionique entre atomes ou ions. Nous allons également examiner la liaison hydrogène, une liaison intermoléculaire qui joue un rôle important dans la chimie de la vie.

Liaison covalente *partage.*

Une **liaison covalente** existe quand deux atomes mettent en commun une ou plusieurs paires d'électrons de valence. C'est ce qui arrive, par exemple, quand deux atomes d'hydrogène s'approchent l'un de l'autre. Rappelez-vous que l'hydrogène possède un électron de valence situé dans sa première couche, mais que celle-ci peut en contenir deux. Lorsque deux atomes d'hydrogène sont assez près pour que leurs orbitales 1*s* se chevauchent, ils mettent en commun leur unique électron (FIGURE 2.12a). Chaque atome d'hydrogène possède alors deux électrons qui se déplacent dans son orbitale 1*s*, et son dernier niveau énergétique est complet. Quand deux atomes ou plus sont unis par des liaisons covalentes, ils forment une **molécule.** Dans l'exemple ci-dessus, nous avons une molécule de dihydrogène. Le symbole utilisé pour la représenter est H—H ; le tiret indique une liaison covalente, c'est-à-dire un doublet d'électrons mis en commun. Cette forme de notation, qui montre les atomes et leurs liaisons, s'appelle **formule développée.** Nous pouvons l'abréger en écrivant H_2 ; il s'agit de la **formule moléculaire,** qui indique simplement que la molécule consiste en deux atomes d'hydrogène.

Ayant six électrons dans sa deuxième couche électronique, l'oxygène a besoin de deux électrons supplémentaires pour combler son dernier niveau énergétique. Deux atomes d'oxygène qui se rencontrent doivent mettre en commun *deux* doublets d'électrons de valence afin de former une molécule (FIGURE 2.12b). Ils sont alors unis par une **liaison covalente double.**

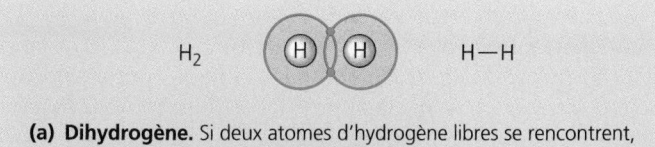

(a) Dihydrogène. Si deux atomes d'hydrogène libres se rencontrent, ils forment une liaison covalente simple.

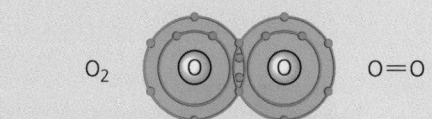

(b) Dioxygène. Deux atomes d'oxygène peuvent former une molécule en mettant en commun deux paires d'électrons ; ils ont alors une liaison covalente double.

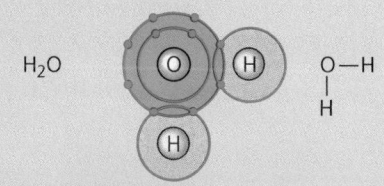

(c) Eau. Deux atomes d'hydrogène peuvent s'unir à un atome d'oxygène par des liaisons covalentes simples pour donner une molécule d'eau.

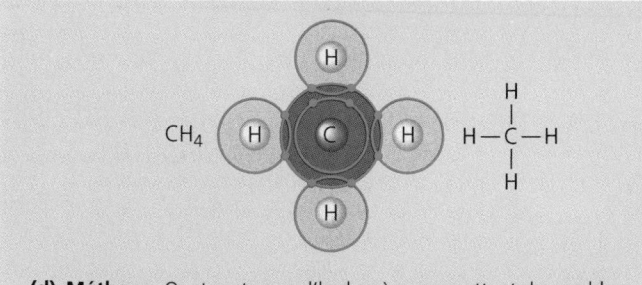

(d) Méthane. Quatre atomes d'hydrogène permettent de combler le dernier niveau énergétique d'un atome de carbone, et une molécule de méthane est formée.

FIGURE 2.12 Quatre molécules comprenant au moins une liaison covalente. Une liaison covalente simple se forme lorsqu'un doublet d'électrons est mis en commun. Le nombre d'électrons requis pour remplir le dernier niveau énergétique d'un atome détermine généralement le nombre de liaisons que cet atome peut former.

Chaque atome qui peut mettre en commun des électrons de valence possède une capacité de liaison correspondant au nombre de liaisons covalentes qu'il peut établir. Une fois que celles-ci sont formées, le dernier niveau énergétique de l'atome est comblé. Le **nombre d'oxydation** d'un atome détermine sa capacité de liaison. Il représente le nombre d'électrons qu'un atome doit perdre (signe +), gagner (signe −) ou mettre en commun pour remplir son dernier niveau énergétique. Le nombre d'oxydation de l'hydrogène est +1. Cette valeur signifie que l'électron a plutôt tendance à s'éloigner du noyau de l'hydrogène et à se rapprocher d'un autre atome ; l'électron éloigne, par le fait même, sa charge négative du noyau de l'hydrogène. Dans ce cas, le proton du noyau, de charge positive, prédomine au sein de l'hydrogène, d'où le +1 correspondant au nombre d'oxydation de cet atome. Quant au nombre d'oxydation de l'oxygène, il est de −2. Parfois, un élément comporte plusieurs nombres d'oxydation, selon le type de molécule auquel il appartient ; ainsi, ceux de l'azote sont ±3, +5, +4 et +2, et ceux du carbone, ±4 et +2.

Le phosphore (P), un élément important pour la vie, peut avoir un nombre d'oxydation de ±3, ainsi que ses trois électrons célibataires permettent de le prédire. Cependant, lorsqu'il fait partie d'une molécule essentielle à la vie, il a généralement un nombre d'oxydation de +5 : il forme trois liaisons simples et une liaison double. Il peut aussi avoir un nombre d'oxydation de +4.

Les molécules H_2 et O_2 constituent des éléments purs et non des composés. (Rappelez-vous qu'un composé est une combinaison de deux ou de plusieurs éléments *différents*.) L'eau, dont la formule moléculaire est H_2O, est un exemple de composé. Il faut deux atomes d'hydrogène pour combler le dernier niveau énergétique d'un atome d'oxygène. La FIGURE 2.12c montre la structure d'une molécule d'eau. L'eau revêt tellement d'importance pour la vie que nous consacrerons tout le chapitre 3 à sa structure et à ses propriétés.

Le méthane, dont la formule moléculaire est CH_4, représente un autre exemple de composé (FIGURE 2.12d). C'est en fait le constituant principal du gaz naturel. Il faut quatre atomes d'hydrogène (chacun ayant un nombre d'oxydation de +1) pour combler le dernier niveau énergétique d'un atome de carbone (dont le nombre d'oxydation est de −4). Nous étudierons de nombreux autres composés du carbone au chapitre 4.

Liaisons covalentes polaires et non polaires. L'attraction qu'un atome exerce sur les électrons qu'il met en commun dans le cadre d'une liaison covalente s'appelle **électronégativité.** Plus un atome est électronégatif, plus il attire fortement vers lui les électrons mis en commun. Dans une liaison covalente entre deux atomes du même élément, la partie est nulle, étant donné que ceux-ci ont une électronégativité égale. On parle alors de **liaison covalente non polaire** : les électrons sont répartis également entre les atomes. Ainsi, la liaison covalente de H_2 n'est pas polaire, tout comme la liaison double de O_2. Les liaisons du méthane (CH_4) sont également non polaires, même si elles impliquent des éléments différents ; en effet, l'électronégativité du carbone ne diffère pas de manière substantielle de celle de l'hydrogène. Dans d'autres composés, par contre, qui comprennent un atome lié à un autre plus électronégatif, les électrons de la liaison passent plus de temps du côté de ce dernier. On parle alors de **liaison covalente polaire.** Par exemple, dans une molécule d'eau, les liaisons entre l'oxygène et l'hydrogène sont polaires

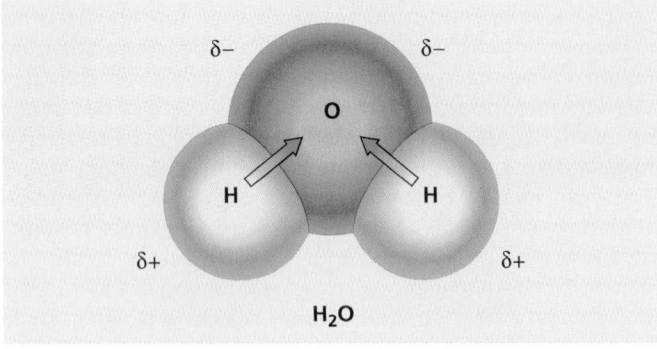

FIGURE 2.13 Liaisons covalentes polaires dans une molécule d'eau.
L'oxygène, qui est beaucoup plus électronégatif que l'hydrogène, attire les électrons mis en commun dans la liaison, comme l'indiquent les flèches. Cette répartition inégale confère à l'oxygène une charge partielle négative, et à l'hydrogène, une charge partielle positive. La lettre grecque delta (δ) indique que les charges sont partielles. Ce modèle compact se rapproche de la véritable forme de la molécule H_2O.

(FIGURE 2.13). L'oxygène fait partie des éléments les plus électronégatifs parmi les 92 éléments naturels ; l'attraction qu'il exerce sur les électrons mis en commun est beaucoup plus forte que celle de l'hydrogène. En conséquence, dans une liaison covalente entre l'oxygène et l'hydrogène, les électrons passent plus de temps autour du noyau de l'oxygène que du noyau de l'hydrogène. Comme ils possèdent une charge négative, leur répartition inégale dans l'eau confère à l'atome d'oxygène une charge partielle négative, et à chacun des atomes d'hydrogène, une charge partielle positive. (Rappelez-vous que le nombre d'oxydation de l'oxygène est -2, et celui de l'hydrogène, $+1$.)

Liaison ionique

Dans certains cas, deux atomes proches l'un de l'autre exercent des attractions tellement inégales sur leurs électrons de valence que le plus électronégatif arrache complètement un électron à l'autre atome. Cela se produit, par exemple, quand un atome de sodium ($_{11}$Na) rencontre un atome de chlore ($_{17}$Cl) (FIGURE 2.14). L'atome de sodium possède au total 11 électrons, dont un seul de valence. L'atome de chlore possède 17 électrons, dont sept de valence. Lorsque ces deux atomes se rencontrent, le sodium cède son

unique électron de valence au chlore ; les deux atomes ont alors leur dernier niveau énergétique saturé. (Comme le sodium n'a plus d'électron dans sa troisième couche, sa deuxième couche devient le dernier niveau énergétique.)

Le transfert d'un électron du sodium au chlore déplace vers celui-ci une unité de charge négative. Le sodium, qui se retrouve avec 11 protons et seulement 10 électrons, possède maintenant une charge électrique nette de $+1$. Un atome chargé (ou une molécule chargée) s'appelle **ion**. Lorsqu'un atome cède ou accepte au moins un électron, il devient un **ion monoatomique** : c'est le cas des ions Cl^- et Ca^{2+}. Une molécule chargée est un **ion polyatomique** (un groupe d'atomes liés) : c'est le cas, par exemple, des ions NH_4^+ et SO_4^{2-}. Lorsque la charge est positive, comme dans le cas du sodium de notre exemple, l'ion s'appelle **cation**. Par contre, comme l'atome de chlore a gagné un électron, il se retrouve avec 17 protons et 18 électrons, ce qui lui donne une charge électrique nette de -1. C'est devenu un ion chlorure, un **anion,** soit un ion chargé négativement. En raison de leurs charges opposées, les cations et les anions s'attirent mutuellement et forment des **liaisons ioniques.**

Les composés formés par des liaisons ioniques sont appelés **composés ioniques** ou **sels.** Nous connaissons tous le sel de table (FIGURE 2.15) ; il s'agit d'un composé ionique appelé chlorure de sodium (NaCl). Dans la nature, les sels ont souvent l'aspect de cristaux de taille et de forme diverses. Ce sont des agrégats formés d'un grand nombre de cations et d'anions unis par attraction électrique et assemblés en réseaux tridimensionnels. Un cristal de sel n'est pas constitué de molécules dans le sens que nous

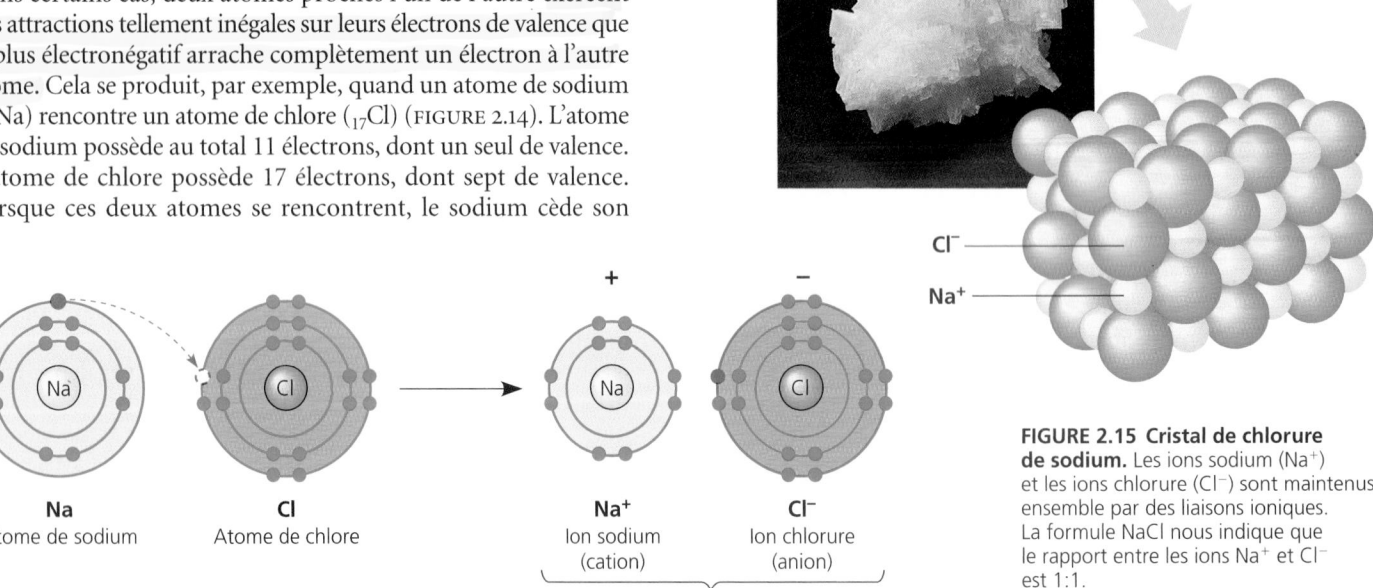

FIGURE 2.15 Cristal de chlorure de sodium. Les ions sodium (Na^+) et les ions chlorure (Cl^-) sont maintenus ensemble par des liaisons ioniques. La formule NaCl nous indique que le rapport entre les ions Na^+ et Cl^- est 1:1.

FIGURE 2.14 Transfert d'un électron et liaison ionique. Le sodium (Na) cède un électron de valence au chlore (Cl), ce qui fait que les deux atomes ont leur dernier niveau énergétique saturé. Ce transfert d'électron laisse à l'atome de sodium une charge nette de $+1$ (cation), et à l'atome de chlore, une charge nette de -1 (anion). L'attraction qui unit maintenant les atomes de charges opposées, ou ions, constitue une liaison ionique. L'ion peut se lier non seulement à l'atome avec lequel il a réagi, mais aussi à tout autre ion de charge opposée.

avons attribué aux composés covalents : cela, parce qu'une molécule formée d'atomes unis par des liaisons covalentes a une taille et un nombre d'atomes déterminés. La formule d'un composé ionique, comme NaCl, indique seulement le rapport entre les éléments que le cristal de sel renferme. La formule NaCl ne représente pas une molécule.

Tous les sels ne possèdent pas un nombre égal de cations et d'anions. Par exemple, le dichlorure de magnésium ($MgCl_2$), un composé ionique, comprend deux ions chlorure pour chaque ion magnésium. Le magnésium ($_{12}Mg$) doit perdre ses deux électrons de valence pour que son dernier niveau énergétique soit saturé ; il devient alors un cation, dont la charge est de $+2$ (Mg^{2+}). Un cation magnésium peut ainsi former des liaisons ioniques avec deux anions chlorure (Cl^-).

Le terme *ion* s'applique également à des molécules portant une charge électrique. Par exemple, dans le chlorure d'ammonium (NH_4Cl), l'anion est un simple ion chlorure (Cl^-), mais le cation est l'ammonium (NH_4^+), un composé formé d'un atome d'azote lié par covalence à quatre atomes d'hydrogène. L'ion ammonium possède une charge électrique de $+1$ parce qu'il lui manque un électron.

L'environnement influe sur la force des liaisons ioniques. Un cristal de sel pur possède des liaisons tellement fortes qu'il faut un marteau et un ciseau pour le casser en deux. Cependant, si on le place dans de l'eau, il se dissout à mesure que l'attraction diminue entre ses ions. Dans le prochain chapitre, vous en apprendrez davantage sur la dissolution des sels dans l'eau.

Les liaisons chimiques faibles ont une grande importance biologique

Chez les êtres vivants, les liaisons chimiques les plus fortes sont les liaisons covalentes unissant des atomes et formant les molécules d'une cellule. Les liaisons *intermoléculaires* sont également indispensables ; en fait, les propriétés de la vie découlent d'elles. Lorsque deux molécules entrent en contact dans une cellule, elles peuvent s'associer de façon temporaire grâce à des types de liaisons chimiques plus faibles que les liaisons covalentes. Les liaisons faibles permettent un contact bref entre les molécules : celles-ci s'associent, réagissent l'une à l'autre d'une certaine manière, puis se séparent.

La communication entre les cellules du système nerveux illustre bien l'importance des liaisons faibles. Quand une cellule nerveuse (neurone) stimule un neurone voisin, elle libère des molécules (neurotransmetteurs) qui s'unissent par des liaisons faibles à des molécules réceptrices (protéines) situées à la surface du neurone cible. La liaison dure juste le temps qu'il faut pour déclencher une réponse chez ce dernier. Si les neurotransmetteurs se fixaient au moyen de liaisons plus fortes, le neurone cible continuerait à réagir longtemps après la fin de la transmission du message, ce qui pourrait avoir des conséquences désastreuses. (Imaginez ce qui arriverait si votre cerveau continuait à percevoir le son d'une cloche longtemps après que vos neurones lui eurent transmis l'information reçue par vos oreilles.)

Les liaisons chimiques faibles jouent un rôle important dans les organismes. Elles comprennent, entre autres choses, la liaison ionique, relativement faible en présence d'eau, et la liaison hydrogène, essentielle à la vie et découlant des forces de Van der Waals, au même titre que d'autres liaisons chimiques faibles.

Liaison hydrogène

La **liaison hydrogène,** une liaison chimique faible, est tellement importante pour la vie qu'elle mérite une attention particulière. Elle se forme quand un atome d'hydrogène déjà lié par covalence à un atome électronégatif subit l'attraction d'un autre atome électronégatif. Dans les cellules, les atomes électronégatifs susceptibles de subir des liaisons hydrogène sont habituellement l'oxygène et l'azote.

Observons le cas simple de la liaison hydrogène entre l'eau (H_2O) et l'ammoniac (NH_3) (FIGURE 2.16). Vous avez vu de quelle façon les liaisons covalentes polaires de la molécule d'eau confèrent une charge partielle négative à l'atome d'oxygène et une charge partielle positive aux deux atomes d'hydrogène. Il se produit la même chose dans la molécule d'ammoniac. L'atome d'azote, qui est électronégatif, porte une charge partielle négative, parce qu'il attire vers lui les électrons mis en commun avec les atomes d'hydrogène. Quand une molécule d'eau et une molécule d'ammoniac s'approchent l'une de l'autre, une faible attraction s'exerce entre l'atome d'azote (chargé négativement) et l'un des atomes d'hydrogène (chargé positivement) de la molécule d'eau adjacente. On parle alors de liaison hydrogène.

Forces de Van der Waals

Même une molécule ayant des liaisons covalentes non polaires peut présenter des régions chargées positivement, et d'autres, négativement. Étant constamment en mouvement, les électrons ne sont pas toujours répartis de façon symétrique dans la molécule. Ils peuvent à tout moment se retrouver rassemblés par hasard dans l'une ou l'autre de ses parties. Par conséquent, les « points chauds » chargés positivement et négativement changent constamment, ce qui permet à tous les atomes et à toutes les molécules de s'attirer mutuellement. Ces **forces** (ou interactions) **de Van der Waals** sont faibles et apparaissent seulement quand les atomes et les molécules sont très proches les uns des autres.

Les forces de Van der Waals, les liaisons hydrogène et les liaisons ioniques en milieu aqueux peuvent se former non seulement entre des molécules, mais aussi entre différentes régions d'une même molécule, comme une protéine. Bien que ces liaisons soient faibles individuellement, elles ont un effet cumulatif qui renforce la forme tridimensionnelle des grosses molécules. Vous en apprendrez davantage sur les rôles biologiques des liaisons chimiques faibles au chapitre 5.

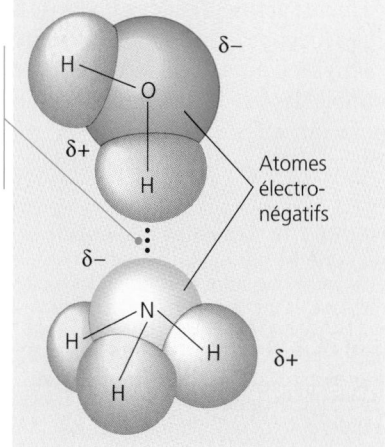

Cette liaison hydrogène unit un des deux atomes d'hydrogène d'une molécule d'eau (H_2O) à l'atome d'azote d'une molécule d'ammoniac (NH_3).

Atomes électronégatifs

FIGURE 2.16 Liaison hydrogène. Un atome d'hydrogène déjà uni par covalence à un atome électronégatif se lie, par une faible attraction électrique, à un autre atome électronégatif.

Une molécule a une fonction biologique qui dépend de sa forme tridimensionnelle

Une molécule possède une taille et une forme tridimensionnelle caractéristiques. La forme tridimensionnelle particulière d'une molécule contribue habituellement de manière très importante à la fonction de la molécule dans la cellule.

Les molécules constituées de deux atomes, comme H_2 ou O_2, sont toujours linéaires. Celles qui comportent plus de deux atomes ont des formes plus complexes, déterminées par la position des orbitales des atomes. Quand un atome établit des liaisons covalentes avec un autre atome, les orbitales de son dernier niveau énergétique se transforment. S'il possède des électrons de valence dans les orbitales s et p (voir la FIGURE 2.11), l'unique orbitale s et les trois orbitales p se combinent pour former quatre nouvelles orbitales, dites hybrides. Celles-ci ont la forme de gouttes d'eau identiques émergeant du noyau atomique (FIGURE 2.17a). Si nous relions les grosses extrémités des gouttes d'eau par des droites, nous obtenons une pyramide appelée tétraèdre.

Dans la molécule d'eau (H_2O), l'atome d'oxygène met en commun deux des orbitales hybrides de son dernier niveau énergétique avec les atomes d'hydrogène (FIGURE 2.17b). La molécule qui en résulte a grossièrement la forme d'un V (inversé dans la FIGURE 2.17b), ses deux liaisons covalentes formant un angle de 104,5°.

La molécule de méthane (CH_4) a la forme d'un tétraèdre parce que les quatre orbitales hybrides du carbone sont mises en commun avec l'hydrogène (FIGURE 2.17c). Le noyau de l'atome de carbone se trouve au centre, et ses quatre liaisons covalentes pointent vers les noyaux d'hydrogène situés aux sommets du tétraèdre.

Les molécules plus volumineuses contenant plusieurs atomes de carbone (dont de nombreuses molécules composant la matière organique) ont des formes tridimensionnelles plus complexes. Cependant, la forme tétraédrique que prend un atome de carbone uni à quatre autres atomes est un motif courant.

La géométrie moléculaire suscite beaucoup d'intérêt en biologie, car elle détermine la façon dont la plupart des molécules se reconnaissent et réagissent entre elles. Par exemple, dans le cas de la communication chimique dont nous avons parlé plus tôt, les molécules messagères libérées par la cellule nerveuse ont une forme tridimensionnelle unique. Celle-ci leur permet de s'imbriquer spécifiquement dans les molécules situées à la surface de la cellule cible, de la même manière qu'une clé ne convient qu'à une seule serrure (FIGURE 2.18). Cette complémentarité de forme permet l'établissement de liaisons faibles entre les molécules messagères et les molécules réceptrices. Leur contact stimule l'activité dans la cellule cible. Les molécules ayant des formes semblables à celles des molécules messagères du système nerveux peuvent affecter l'humeur et la perception de la douleur. Par exemple, la morphine, l'héroïne et d'autres drogues opiacées

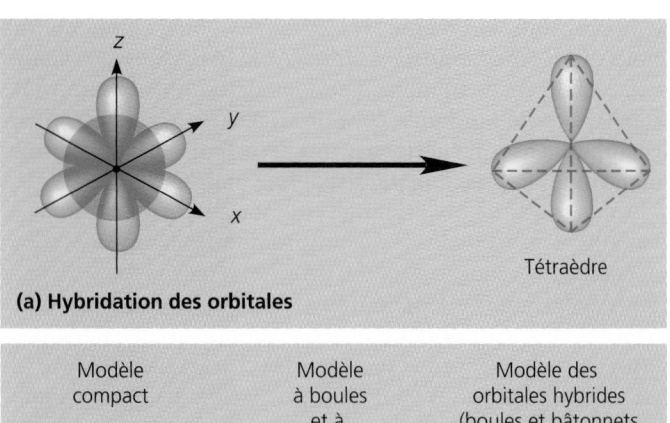

(a) Hybridation des orbitales

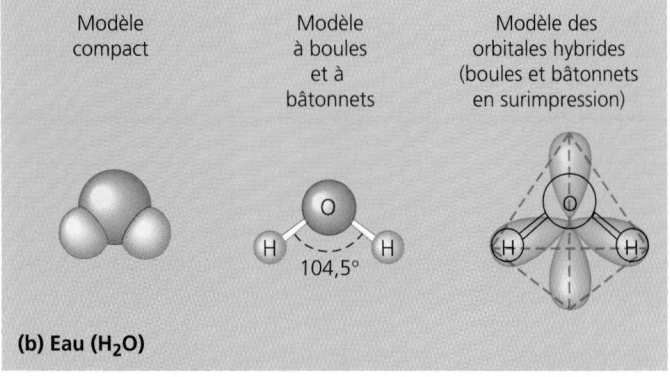

(b) Eau (H_2O)

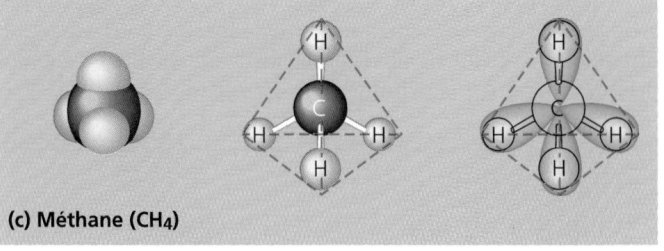

(c) Méthane (CH_4)

FIGURE 2.17 Formes moléculaires tridimensionnelles découlant des orbitales hybrides. (a) Dans une liaison covalente, l'unique orbitale s et les trois orbitales p du dernier niveau énergétique se combinent pour former quatre orbitales hybrides ayant la forme de gouttes d'eau. Ces orbitales pointent vers les quatre sommets d'un tétraèdre imaginaire (tracé en magenta). **(b)** En raison de la position des orbitales hybrides de l'eau, les deux liaisons covalentes de cette dernière (unissant l'atome d'oxygène aux deux atomes d'hydrogène) forment un angle de 104,5°. Cela est évident dans le modèle à boules et à bâtonnets. Par contre, le modèle compact reproduit plus fidèlement la forme tridimensionnelle de la molécule. **(c)** Les atomes d'hydrogène du méthane occupent les quatre sommets du tétraèdre, ce qui donne à cette molécule sa forme tétraédrique.

FIGURE 2.18 Géométrie moléculaire et chimie du système nerveux. Une cellule nerveuse (neurone) en stimule une autre en libérant des molécules messagères (neurotransmetteurs) dans l'espace qui les sépare. La forme tridimensionnelle des neurotransmetteurs et celle des molécules situées à la surface du neurone récepteur sont complémentaires. En réalité, les molécules ont des formes tridimensionnelles beaucoup plus complexes que celles qui sont illustrées ici.

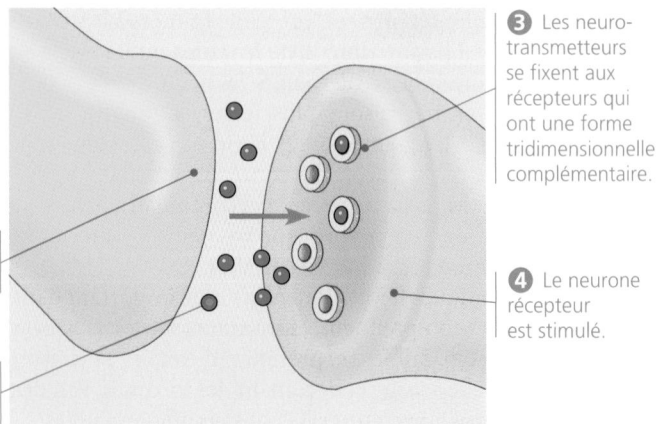

❶ Le neurone émetteur libère des neurotransmetteurs.

❷ Les neurotransmetteurs traversent l'espace qui sépare les neurones.

❸ Les neurotransmetteurs se fixent aux récepteurs qui ont une forme tridimensionnelle complémentaire.

❹ Le neurone récepteur est stimulé.

imitent les molécules messagères naturelles appelées endorphines (FIGURE 2.19). Elles donnent un sentiment d'euphorie et soulagent la douleur en se fixant aux récepteurs de l'endorphine dans le système nerveux. Le rôle de la géométrie moléculaire dans la chimie du système nerveux illustre la relation entre structure et fonction, l'un des fils conducteurs de la biologie.

Les réactions chimiques établissent et rompent des liaisons chimiques

La formation et la rupture de liaisons chimiques, qui provoquent des modifications dans la composition de la matière, constituent les **réactions chimiques.** La réaction qui se produit entre le dihydrogène et le dioxygène et qui aboutit à la formation d'eau en est un exemple :

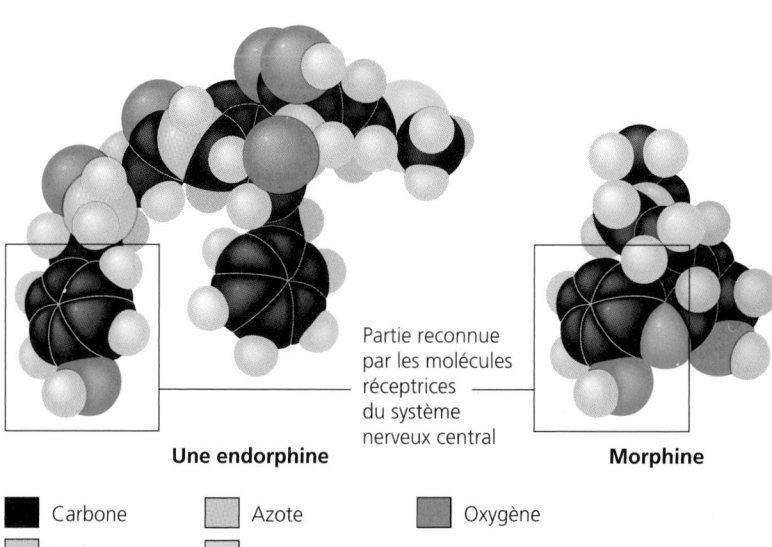

$$2\,H_2 \quad + \quad O_2 \quad \longrightarrow \quad 2\,H_2O$$

Réactifs   Produits

Cette réaction rompt les liaisons covalentes de H_2 et de O_2. De nouvelles liaisons sont établies, et des molécules de H_2O sont formées. Pour exprimer une réaction chimique, nous utilisons une flèche représentant la transformation des substances de départ, appelées **réactifs,** en une ou plusieurs nouvelles substances, les **produits.** Les coefficients indiquent le nombre de moles participantes. Une **mole** est une quantité d'une substance donnée (que ce soit un élément ou un composé) dont la masse équivaut à la somme (exprimée en grammes) des masses molaires

atomiques de cette substance. Le 2 devant H_2 signifie que la réaction commence avec deux moles de dihydrogène. Vous en saurez davantage sur le concept de mole au chapitre 3. Remarquez que tous les atomes des réactifs se retrouvent dans les produits. Dans toute réaction chimique, la matière est conservée : les réactions ne peuvent ni la créer ni la détruire ; elles ne peuvent que la réorganiser.

La photosynthèse est un bon exemple de réactions chimiques qui réorganisent la matière. Les Animaux (dont l'Humain fait partie) dépendent de la photosynthèse pour se nourrir et pour respirer ; celle-ci constitue la base de presque tous les écosystèmes. Voici une formule abrégée résumant la réaction de la photosynthèse :

$$6\,CO_2 + 6\,H_2O \longrightarrow C_6H_{12}O_6 + 6\,O_2$$

Les matériaux bruts de la photosynthèse sont le dioxyde de carbone (CO_2) et l'eau (H_2O). La lumière du Soleil fournit aux cellules capables de photosynthèse l'énergie nécessaire à la transformation de ces ingrédients en un sucre appelé glucose ($C_6H_{12}O_6$) et en molécules de dioxygène (O_2), un produit secondaire libéré dans l'environnement (FIGURE 2.20). Même si la photosynthèse consiste en une suite de réactions biochimiques, nous retrouvons en bout de ligne le même nombre et les mêmes types d'atomes qu'au début. Bref, les réactions réorganisent simplement la matière.

Certaines réactions chimiques sont complètes et irréversibles, c'est-à-dire que tous les réactifs sont transformés en produits. D'autres sont réversibles : les produits de la réaction directe deviennent les réactifs de la réaction inverse. Par exemple, les molécules de dihydrogène et de diazote peuvent se combiner pour former de l'ammoniac, et celui-ci peut se décomposer pour reformer du dihydrogène et du diazote :

$$3\,H_2 + N_2 \rightleftharpoons 2\,NH_3$$

Les flèches superposées et pointant dans un sens opposé indiquent que la réaction est réversible.

FIGURE 2.20 Photosynthèse : réorganisation de la matière grâce à l'énergie lumineuse. Cette Élodée (*Elodea canadensis*), une plante d'eau douce, produit un sucre en combinant différemment les atomes de dioxyde de carbone et d'eau grâce à un processus biochimique appelé photosynthèse. La lumière du Soleil fournit l'énergie nécessaire à cette transformation chimique. Une grande partie du sucre produit est convertie par la suite en d'autres molécules nutritives. Le dioxygène gazeux (O_2) est un produit secondaire de la photosynthèse ; notez les bulles de dioxygène qui s'échappent des feuilles sur la photographie.

Partie reconnue
par les molécules
réceptrices
du système
nerveux central

Une endorphine   **Morphine**

■ Carbone   ■ Azote   ■ Oxygène
■ Hydrogène   ■ Soufre

FIGURE 2.19 Mimétisme moléculaire. La morphine modifie la perception de la douleur et l'état affectif en imitant les endorphines naturelles du système nerveux central. La partie encadrée de la molécule d'endorphine est reconnue par les molécules réceptrices situées sur les cellules cibles du système nerveux central. La partie encadrée de la molécule de morphine, une substance opiacée, lui ressemble beaucoup.

La concentration des réactifs est l'un des facteurs qui déterminent la vitesse d'une réaction chimique. Plus les molécules des réactifs sont concentrées, plus elles se heurtent les unes aux autres et plus elles ont l'occasion de réagir et de former des produits. Le même principe vaut pour ces derniers : à mesure qu'ils s'accumulent, leurs collisions deviennent de plus en plus fréquentes, ce qui aboutit à la formation des réactifs de départ. En fin de compte, la réaction initiale et la réaction inverse ont lieu à la même vitesse, et la concentration relative des produits et des réactifs demeure constante. Le point précis où cela arrive, donc où les réactions s'annulent, est appelé **équilibre chimique.** En fait, il s'agit d'un équilibre dynamique ; les réactions continuent toujours de se dérouler dans les deux sens, mais elles n'ont aucune influence sur les concentrations des réactifs et des produits.

Notez que l'équilibre *ne signifie pas* que les concentrations des réactifs et des produits sont égales, mais seulement qu'elles sont stables. La réaction de l'ammoniac dont nous avons parlé plus haut atteint l'équilibre quand ce composé se dissocie aussi rapidement qu'il se forme. À l'état d'équilibre, il y a beaucoup plus d'ammoniac que de dihydrogène et de diazote.

■   ■   ■

Nous reverrons les réactions chimiques après avoir fait une étude détaillée des différents types de molécules essentielles à la vie. Dans le chapitre suivant, nous nous concentrerons sur l'eau, une substance dans laquelle toutes les réactions chimiques ont lieu chez les êtres vivants.

RÉVISION DU CHAPITRE

Résumé des concepts importants

ÉLÉMENTS ET COMPOSÉS CHIMIQUES

■ La matière est constituée d'éléments chimiques purs ou combinés, appelés composés (p. 27 et 28, FIGURE 2.2). Les éléments ne peuvent être décomposés en des substances plus simples. Un composé comporte deux ou plusieurs éléments dans des proportions définies.

■ Environ 25 éléments chimiques sont essentiels à la vie (p. 28 et 29, TABLEAU 2.1). Le carbone, l'oxygène, l'hydrogène et l'azote forment environ 96 % de la matière vivante.

ATOMES ET MOLÉCULES

■ La structure atomique d'un élément détermine son comportement (p. 29 à 34, FIGURE 2.10). L'atome constitue la plus petite unité d'un élément. Il se compose d'un noyau (formé de protons, chargés positivement, et de neutrons, électriquement neutres) autour duquel gravitent des électrons chargés négativement. Dans un atome électriquement neutre, le nombre d'électrons est égal au nombre de protons. La plupart des éléments possèdent deux ou plusieurs isotopes, qui diffèrent par le nombre de leurs neutrons et par leur masse. Certains isotopes sont instables ; ils émettent des particules et de l'énergie sous forme de radioactivité.

Un atome a une configuration électronique qui détermine son comportement chimique. Les électrons occupent des niveaux énergétiques (couches électroniques) particuliers de l'atome. Le comportement chimique d'un atome dépend du nombre d'électrons de valence présents dans son dernier niveau énergétique. Un atome possédant un dernier niveau énergétique insaturé est réactif. Les électrons se déplacent dans des orbitales, soit des espaces tridimensionnels aux formes particulières situés dans les couches électroniques successives.

■ Les atomes établissent des liaisons chimiques pour former des molécules (p. 34 à 37, FIGURES 2.12 et 2.14). Quand des atomes interagissent, des liaisons chimiques se forment entre eux et leur permettent de combler leur dernier niveau énergétique. Une liaison covalente est la mise en commun d'une ou de plusieurs paires d'électrons de valence entre deux atomes. Les molécules sont constituées de deux atomes ou plus unis par covalence. Les électrons impliqués dans une liaison covalente polaire sont surtout attirés par

l'atome le plus électronégatif. Une liaison covalente est non polaire lorsque l'électronégativité des atomes qu'elle unit est la même.

Deux atomes peuvent avoir une électronégativité tellement différente que l'un d'eux arrache littéralement à l'autre un ou plusieurs électrons. Il y a alors formation d'un ion chargé négativement (anion) et d'un ion chargé positivement (cation). L'attraction qui s'exerce entre deux ions de charges opposées est appelée liaison ionique.

■ Les liaisons chimiques faibles ont une grande importance biologique (p. 37, FIGURE 2.16). Une liaison hydrogène est une attraction faible entre un atome électronégatif et un atome d'hydrogène déjà lié par covalence à un autre atome électronégatif. Les forces de Van der Waals apparaissent quand les régions provisoirement positives et négatives de deux molécules s'attirent. Les liaisons faibles renforcent la forme tridimensionnelle des grosses molécules et permettent l'association des molécules.

■ Une molécule a une fonction biologique qui dépend de sa forme tridimensionnelle (p. 38 et 39, FIGURE 2.17). Celle-ci est déterminée par la position des orbitales du dernier niveau énergétique des atomes qui composent la molécule. Lorsque des liaisons covalentes sont établies, les orbitales *s* et *p* du dernier niveau énergétique d'un atome peuvent se combiner pour former quatre orbitales hybrides pointant vers les sommets d'un tétraèdre imaginaire. De telles orbitales sont responsables de la forme tridimensionnelle des molécules d'H_2O, de CH_4 et de nombreuses molécules organiques complexes. La forme tridimensionnelle est habituellement la base de la reconnaissance d'une molécule par une autre.

■ Les réactions chimiques établissent et rompent des liaisons chimiques (p. 39 et 40). Elles transforment les réactifs en produits tout en conservant la matière. Elles sont généralement réversibles. L'équilibre chimique est atteint quand les réactions initiale et inverse se produisent à la même vitesse.

Autoévaluation

(Les questions dont les numéros sont en caractères gras font surtout appel à la compréhension.)

1. Un élément est à un(e) _____ ce qu'un tissu est à un(e) _____.
   a) atome ; organisme   d) atome ; organe
   b) composé ; organe   e) composé ; organite
   c) molécule ; cellule

2. Comment s'appelle la plus petite partie d'un élément qui possède toutes les propriétés de celui-ci ?
   a) Un atome. d) Un positron.
   b) Un proton. e) Un électron.
   c) Un neutron.

3. En comparaison du ^{31}P, le radio-isotope ^{32}P possède :
   a) un numéro atomique différent. d) un électron de plus.
   b) un neutron de plus. e) une charge différente.
   c) un proton de plus.

4. On peut représenter les atomes en précisant le nombre de leurs protons, de leurs neutrons et de leurs électrons ; par exemple, $2p^+$; $2n^0$; $2e^-$ renvoie à l'hélium. Laquelle des expressions suivantes représente l'isotope ^{18}O ?
   a) $6p^+$; $8n^0$; $6e^-$ d) $7p^+$; $2n^0$; $9e^-$
   b) $8p^+$; $10n^0$; $8e^-$ e) $10p^+$; $8n^0$; $10e^-$
   c) $9p^+$; $9n^0$; $9e^-$

5. Le numéro atomique du soufre est 16. Le soufre se combine à l'hydrogène par une liaison covalente, et un composé, le sulfure d'hydrogène, est formé. En vous basant sur la configuration électronique du soufre, déterminez la formule moléculaire du composé (expliquez votre réponse).
   a) HS b) HS_2 c) H_2S d) H_3S_2 e) H_4S

6. En tenant compte des nombres d'oxydation du carbone, de l'oxygène, de l'hydrogène et de l'azote, déterminez la molécule qui est la plus susceptible d'exister parmi les suivantes :

   a) O=C—H

   c)
   ```
        H    H
        |    |
   H—C—H—C=O
        |
        H
   ```

   b)
   ```
        H   H
        |   |
   H—O—C—C=O
        |
        H
   ```

   d)
   ```
        O
        ‖
   H—N=H
   ```

7. La réactivité d'un atome provient de :
   a) la distance moyenne entre son dernier niveau énergétique et son noyau.
   b) la présence d'électrons célibataires dans le dernier niveau énergétique.
   c) la somme des énergies potentielles de toutes les couches électroniques.
   d) l'énergie potentielle du dernier niveau énergétique.
   e) la différence d'énergie entre les orbitales s et p.

8. Laquelle des affirmations suivantes concerne tous les anions ?
   a) Un anion possède plus d'électrons que de protons.
   b) Un anion possède plus de protons que d'électrons.
   c) Un anion possède moins de protons qu'un atome neutre du même élément.
   d) Un anion possède plus de neutrons que de protons.
   e) La charge nette d'un anion est de -1.

9. Quels coefficients faut-il placer devant les produits de cette réaction pour l'équilibrer ?

   $$C_6H_{12}O_6 \rightarrow \_\_C_2H_6O + \_\_CO_2$$

   a) 1 ; 2 b) 2 ; 2 c) 1 ; 3 d) 1 ; 1 e) 3 ; 1

10. Laquelle des affirmations suivantes décrit correctement toute réaction chimique au point d'équilibre ?
    a) La concentration des produits est égale à la concentration des réactifs.
    b) La vitesse de la réaction est égale dans les deux sens.
    c) Les réactions initiale et inverse ont toutes les deux cessé.
    d) La réaction est maintenant irréversible.
    e) Il ne reste plus de réactifs.

11. Quels sont les quatre éléments chimiques les plus abondants dans la matière organique ?

12. Pourquoi l'ADN, l'eau et le chlorure de sodium sont-ils classés comme des composés chimiques ?

13. Un atome d'azote possède sept protons ; son isotope le plus courant possède sept neutrons. Un radio-isotope de l'azote possède huit neutrons. Quels sont le numéro atomique et le nombre de masse de cet azote radioactif ?

14. Le numéro atomique du magnésium est 12. Combien de couches électroniques un atome de magnésium possède-t-il, et combien d'électrons son dernier niveau énergétique loge-t-il ?

15. Expliquez ce qui maintient les atomes ensemble dans un cristal de dichlorure de magnésium ($MgCl_2$).

Lien avec l'évolution

Dans le chapitre, vous apprenez que les éléments qui composent naturellement le corps humain (voir le TABLEAU 2.1) se trouvent dans les mêmes pourcentages dans les autres organismes. Expliquez cette similitude entre les organismes.

Intégration

Chez le Bombyx du mûrier (*Bombyx mori*), les femelles attirent les mâles en répandant des substances chimiques spécifiques dans l'air. Un mâle se trouvant à des centaines de mètres peut détecter ces molécules et voler vers leur source. Il les capte grâce à des antennes en forme de peignes, que nous pouvons voir sur la photographie ci-contre. Chaque filament des antennes est muni de milliers de cellules réceptrices qui détectent l'attractif sexuel. En vous basant sur ce que vous avez appris dans ce chapitre, posez des hypothèses qui vous amènent à expliquer la capacité du papillon mâle à détecter la présence dans l'air d'une molécule spécifique parmi de nombreuses autres. Concevez une expérience permettant de vérifier une de ces hypothèses.

Science, technologie et société

Un jour, un riche industriel s'est exclamé : « C'est faire preuve de paranoïa et d'ignorance que de s'inquiéter de la contamination de l'environnement par les déchets chimiques industriels ou agricoles. Après tout, ces substances sont composées des mêmes atomes que ceux qui sont déjà présents dans notre environnement ! » Réfutez cet argument en vous servant de connaissances acquises dans les chapitres étudiés jusqu'à maintenant.

Réponses à l'autoévaluation : 1. b ; 2. a ; 3. b ; **4.** b ; **5.** c ; **6.** b ; 7. b ; 8. a ; **9.** b ; 10. b ; 11. Carbone, oxygène, hydrogène et azote. 12. Ils sont tous constitués de différents éléments. 13. Numéro atomique = 7 ; nombre de masse = 15. **14.** Trois couches électroniques ; deux électrons au dernier niveau énergétique. **15.** L'attraction entre des ions de charges opposées forme une liaison ionique. Chaque ion magnésium chargé positivement (Mg^{2+}) peut former des liaisons ioniques avec deux ions chlorure chargés négativement (Cl^-).

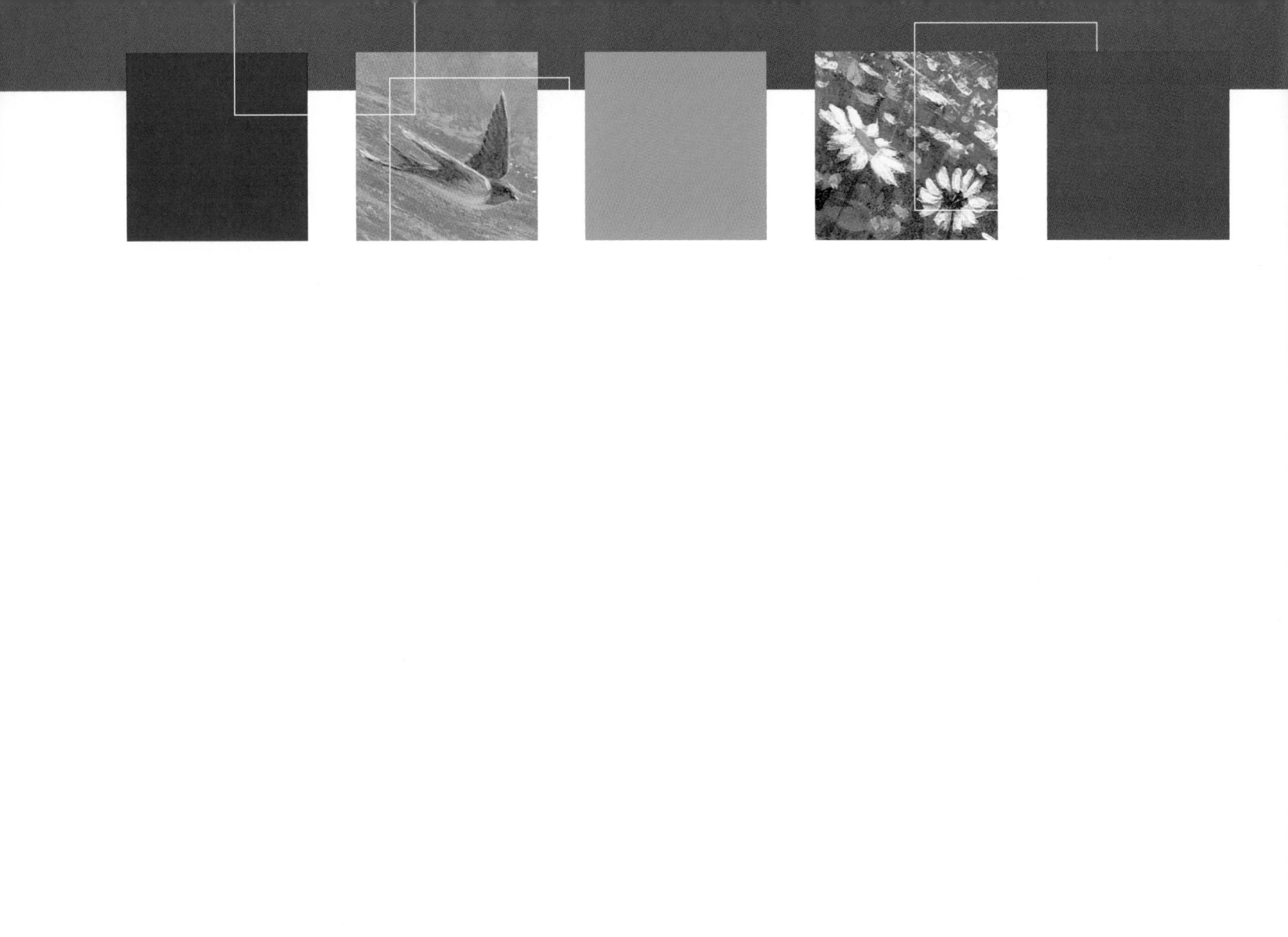

CHAPITRE 3

LA SINGULARITÉ VITALE DE L'EAU

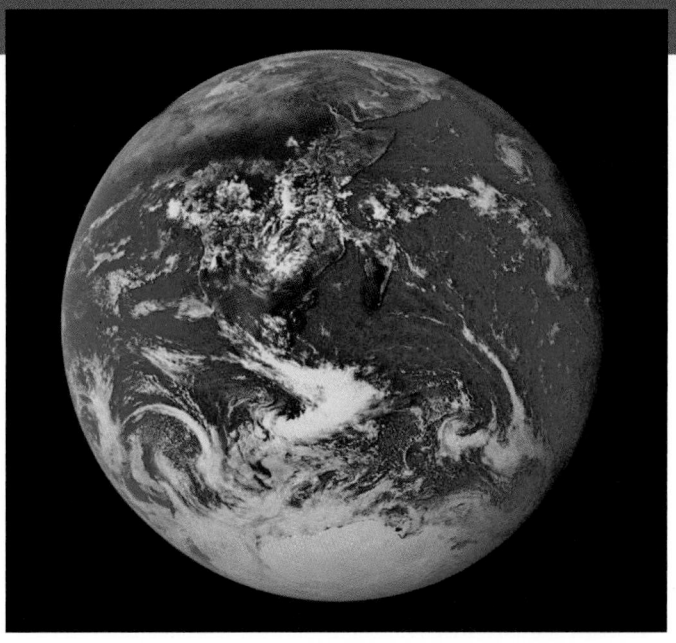

« L'eau est source de vie. C'est pourquoi elle coule de nos yeux devant la mort. »

Olivier Blanchette

LES EFFETS DE LA POLARITÉ DE L'EAU

- La polarité des molécules d'eau permet les liaisons hydrogène
- Les organismes dépendent de la cohésion des molécules d'eau
- L'eau stabilise les températures sur la Terre
- Les océans et les lacs ne gèlent pas complètement parce que la glace flotte
- L'eau : un solvant incomparable

LA DISSOCIATION DES MOLÉCULES D'EAU

- Les organismes sont sensibles aux variations du pH
- Les précipitations acides menacent l'environnement

En étudiant les planètes *nouvellement découvertes qui gravitent autour d'étoiles lointaines, les astronomes espèrent trouver des indices révélant la présence d'eau, car l'eau est la substance qui permet la vie telle que nous la connaissons sur Terre. Tous les organismes qui nous sont familiers sont principalement composés d'eau et vivent dans un environnement dominé par elle.*

La vie sur notre planète a débuté dans l'eau, et elle y a évolué pendant trois milliards d'années avant de gagner la terre ferme. Aujourd'hui encore, elle demeure dépendante de l'eau. La plupart des cellules baignent dans cette substance ; en fait, elles contiennent de 70 % à 95 % d'eau environ. L'eau recouvre également les trois quarts de la surface de la Terre. Bien qu'elle existe surtout sous forme liquide, on la trouve aussi sous forme de glace et de vapeur. C'est la seule substance courante qui existe dans l'environnement naturel à l'état solide, liquide et gazeux. Cette image de la Terre prise à partir de l'espace montre les trois états physiques de l'eau.

Ce chapitre vise à faire comprendre comment l'eau contribue à maintenir un environnement propice à la vie sur notre planète.

LES EFFETS DE LA POLARITÉ DE L'EAU

L'eau fait tellement partie de notre existence qu'il nous est facile d'oublier qu'il s'agit d'une substance exceptionnelle possédant des qualités extraordinaires. Le concept de l'émergence nous permet d'expliquer son comportement unique d'après la structure et les interactions de ses molécules.

La polarité des molécules d'eau permet les liaisons hydrogène

La molécule d'eau est très simple. Elle est constituée de deux atomes d'hydrogène et d'un atome d'oxygène unis par des liaisons covalentes simples. L'oxygène étant plus électronégatif que l'hydrogène, les électrons mis en commun dans les liaisons covalentes passent plus de temps aux environs de l'atome d'oxygène. Autrement dit, les liaisons covalentes qui unissent les atomes d'une molécule d'eau sont polaires ; la région de la molécule occupée par l'oxygène possède une charge partielle négative, et les régions où se trouvent les atomes d'hydrogène ont une charge partielle positive. La molécule d'eau, qui a à peu près la forme d'un V évasé, est une **molécule polaire** : ses pôles opposés présentent des charges opposées (voir la FIGURE 2.13).

L'eau a des propriétés singulières qui résultent de l'attraction électrique qui pousse ses molécules polaires l'une vers l'autre. L'atome d'hydrogène (de charge partielle positive) d'une molécule subit l'attraction de l'atome d'oxygène (de charge partielle négative) de la molécule voisine. Chaque molécule d'eau peut former des liaisons hydrogène avec un maximum de quatre molécules voisines (FIGURE 3.1, p. 44). Dans un échantillon d'eau liquide, de nombreuses molécules sont à tout moment unies de cette façon. Les liaisons hydrogène, qui agencent les molécules en une structure organisée, donnent à l'eau ses qualités extraordinaires.

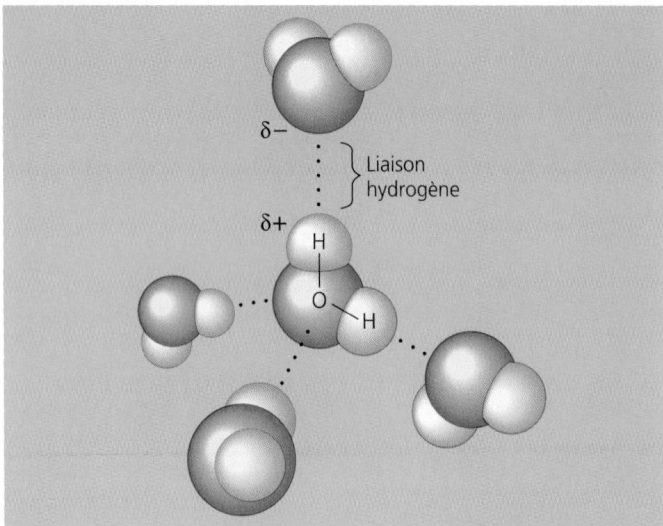

FIGURE 3.1 Liaisons hydrogène entre des molécules d'eau. Les régions chargées d'une molécule polaire subissent l'attraction des régions de charge opposée des molécules voisines. L'oxygène a une charge partielle négative, et les atomes d'hydrogène, une charge partielle positive. Chaque molécule peut former des liaisons hydrogène avec un maximum de quatre autres molécules. Dans une eau dont la température est de 37 °C (soit la température du corps humain), environ 15 % des molécules forment à tout moment quatre liaisons intermoléculaires ; ces groupements sont éphémères.

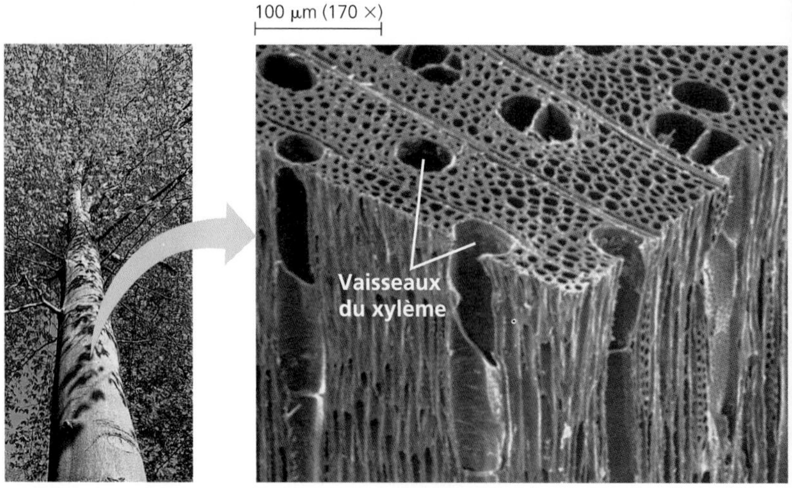

FIGURE 3.2 Transport de l'eau dans les plantes. La vaporisation qui se produit à la surface des feuilles fait monter l'eau des racines dans les conduits microscopiques appelés vaisseaux du xylème, que nous voyons ici dans le tronc d'un arbre. La cohésion des molécules d'eau est assurée par les liaisons hydrogène et contribue au maintien de la colonne d'eau dans les vaisseaux. L'adhérence de l'eau à la paroi de ceux-ci contribue également à contrer l'action de la gravitation.

Nous nous pencherons ici sur quatre propriétés de l'eau qui contribuent à rendre l'environnement terrestre propice à la vie : la cohésion, la capacité de stabiliser la température, la dilatation au gel et la polyvalence en tant que solvant.

Les organismes dépendent de la cohésion des molécules d'eau

Les liaisons hydrogène font en sorte que les molécules d'eau adhèrent les unes aux autres. Lorsque l'eau est à l'état liquide, ses liaisons hydrogène sont très fragiles. Leur force représente environ le vingtième de celle des liaisons covalentes. Elles se forment, se brisent et se reforment à une fréquence très élevée. Chacune d'elles ne dure que quelques billionièmes (10^{-12}) de seconde, mais les molécules établissent constamment de nouvelles liaisons entre elles. En conséquence, en tout temps, un bon pourcentage de toutes les molécules d'eau sont liées à leurs voisines, ce qui rend l'eau plus structurée que la plupart des autres liquides. Prises collectivement, les liaisons hydrogène maintiennent ensemble les molécules d'eau, un phénomène appelé **cohésion.**

Quand l'eau monte dans les plantes, elle peut contrer la force de gravitation grâce à la cohésion assurée par les liaisons hydrogène. Elle atteint ainsi les feuilles en se déplaçant dans des vaisseaux microscopiques depuis les racines (FIGURE 3.2). L'eau qui s'évapore d'une feuille est remplacée par l'eau des nervures. Grâce à la force des liaisons hydrogène, les molécules d'eau sortant des nervures attirent les molécules d'eau situées plus bas. Cette traction vers le haut se transmet tout le long du xylème

jusqu'à la racine. Quant à **l'adhérence,** issue de l'attraction mutuelle entre deux molécules de substances différentes, elle joue aussi un rôle dans le transport de l'eau : celle-ci adhère à la paroi des vaisseaux, ce qui lui permet de contrer la force de gravitation.

La **tension superficielle,** une force résultant de la cohésion, restreint au minimum le nombre de molécules à la surface d'un liquide. Cette tension s'explique par le fait que les molécules de surface subissent exclusivement des attractions les poussant vers l'intérieur du liquide ; cela produit une sorte de pellicule invisible qui occupe la plus petite surface possible. La tension superficielle est plus grande dans l'eau que dans la plupart des autres liquides. Nous pouvons observer son effet en remplissant un verre un peu plus qu'à ras bord : elle donne au volume d'eau excédentaire la forme d'un dôme qui retient l'eau au-dessus du bord. C'est également elle qui nous permet de faire ricocher des cailloux sur un lac et qui rend certains animaux capables de se tenir, de marcher ou de courir sur l'eau sans en briser la surface (FIGURE 3.3).

L'eau stabilise les températures sur la Terre

L'eau stabilise la température atmosphérique en absorbant la chaleur de l'air plus chaud et en libérant sa propre chaleur dans l'air plus froid. Elle forme un réservoir thermique efficace : un léger changement dans sa propre température s'accompagne de l'absorption ou de la libération d'une quantité relativement grande de chaleur. Pour comprendre cette propriété, nous devons d'abord étudier brièvement les notions de chaleur et de température.

FIGURE 3.3 Marcher sur l'eau. Le Patineur (*Gerris paludium*) répartit sa masse sur une surface assez grande, ce qui l'aide à marcher sur un étang sans en briser la surface. Ce phénomène est aussi attribuable à la tension superficielle élevée de l'eau, une force résultant de la cohésion de l'eau (elle-même issue de l'ensemble des liaisons hydrogène établies entre les molécules) et restreignant au minimum le nombre de molécules d'eau aux points de contact entre l'insecte et la surface de l'étang.

Chaleur et température

Tout ce qui se déplace possède de **l'énergie cinétique,** soit l'énergie du mouvement. Les atomes et les molécules ont également de l'énergie cinétique, parce qu'ils bougent continuellement, bien qu'ils ne suivent aucune direction particulière. Plus une molécule se déplace rapidement, plus son énergie cinétique est grande. La **chaleur,** elle, représente un transfert énergétique entre deux corps de températures différentes. Lorsque la vitesse moyenne des molécules augmente, une hausse de température est accusée et indiquée par un thermomètre. La **température** mesure l'énergie cinétique moyenne des molécules d'un corps quelconque et exprime la tendance relative de la chaleur à s'en échapper. La chaleur et la température sont liées, mais il ne s'agit pas de la même chose. Un nageur qui traverse la Manche possède une température plus élevée que celle de l'eau, mais l'océan contient beaucoup plus de chaleur que lui en raison de son volume.

Chaque fois que deux corps de températures différentes s'approchent l'un de l'autre, la chaleur de celui qui est le plus chaud se transmet à celui qui est le plus froid, jusqu'à ce que les deux atteignent la même température. Les molécules du corps froid accélèrent donc leur mouvement au détriment de l'énergie cinétique du corps chaud. Ainsi, un glaçon refroidit une boisson non pas en lui donnant du froid, mais en absorbant sa chaleur; c'est pourquoi il fond.

Tout au long de ce manuel, nous utiliserons l'**échelle Celsius** (°C) pour indiquer la température. Au niveau de la mer, l'eau gèle à 0 °C et bout à 100 °C. La température du corps humain se situe autour de 37 °C; une température ambiante agréable varie de 20 à 25 °C.

L'unité de mesure servant à quantifier toute énergie est le **joule (J).** Mais, dans les domaines de la médecine et de la diététique, notamment, l'usage de la calorie prend encore beaucoup de place. La **calorie (cal)** est une unité de mesure qui correspond à la quantité de chaleur nécessaire pour élever de 1 °C la température de 1 g d'eau. Une calorie équivaut à 4,184 joules dans un environnement à 15 °C environ.

Chaleur spécifique élevée de l'eau

La capacité de l'eau à stabiliser la température ambiante découle de sa chaleur spécifique relativement élevée. La **chaleur spécifique** d'une substance représente le nombre de joules requis pour augmenter de 1 °C la température de 1 g de cette substance. La chaleur spécifique de l'eau correspond à 4,184 joules par gramme par degré Celsius; on écrit de façon abrégée 4,184 J/g/°C. Comparativement à la plupart des autres substances, l'eau possède une chaleur spécifique exceptionnellement grande. Par exemple, l'éthanol contenu dans les boissons alcoolisées a une chaleur spécifique de 2,51 J/g/°C.

L'eau ayant une chaleur spécifique élevée, le climat varie moins lorsqu'elle absorbe ou libère une certaine quantité de chaleur. Une grande étendue d'eau peut emmagasiner une énorme quantité de chaleur solaire durant le jour et au cours de l'été, tout en se réchauffant de quelques degrés seulement. La nuit et au cours de l'hiver, elle se refroidit graduellement et peut réchauffer l'air. C'est pourquoi les régions côtières possèdent généralement des climats plus doux que les régions intérieures. La chaleur spécifique élevée de l'eau tend également à stabiliser la température des océans, créant un environnement favorable à la vie marine. L'eau, qui recouvre la majeure partie de la surface de la Terre, permet en fait de maintenir la température des continents et des océans dans des limites compatibles avec la vie. De même, comme les organismes se composent principalement d'eau, ils résistent plus facilement aux variations de température que s'ils étaient formés d'un liquide possédant une chaleur spécifique plus faible.

Ce sont ses liaisons hydrogène qui donnent à l'eau une chaleur spécifique élevée. De la chaleur doit être absorbée pour que celles-ci se brisent; inversement, il se produit un dégagement de chaleur lorsqu'elles se forment. Une quantité de chaleur de 1 J provoque une variation relativement petite de la température de l'eau. Ce phénomène s'explique par le fait qu'une bonne partie de cette énergie thermique sert à rompre les liaisons hydrogène avant que le reste fournisse aux molécules d'eau l'énergie nécessaire au mouvement. De plus, lorsque la température de l'eau baisse légèrement, beaucoup d'autres liaisons hydrogène se forment, libérant une quantité considérable d'énergie sous forme de chaleur.

Refroidissement par vaporisation

Dans tout liquide, les molécules demeurent groupées parce qu'elles s'attirent mutuellement. Celles qui se déplacent assez rapidement pour vaincre cette attraction peuvent s'échapper du liquide et se mélanger à l'air sous forme de gaz. Ce passage de l'état liquide à l'état gazeux s'appelle vaporisation. Rappelez-vous que la vitesse du mouvement moléculaire varie et que la température constitue une mesure de l'énergie cinétique *moyenne* des molécules. Même à une basse température, les molécules les plus rapides peuvent s'échapper dans l'air. Il se produit donc une vaporisation à toutes les températures; par exemple, l'eau contenue dans un verre placé à la température ambiante finit par se vaporiser. Si l'on chauffe un liquide, l'énergie cinétique moyenne des molécules augmente et il se vaporise plus rapidement.

La **chaleur de vaporisation** est la quantité de chaleur que 1 g de liquide doit absorber, à une température constante, pour passer de l'état liquide à l'état gazeux. L'eau possède une chaleur de vaporisation plus élevée que la plupart des autres liquides. La vaporisation d'un gramme d'eau à la température ambiante exige 2,26 kJ de chaleur, soit presque le double de la quantité nécessaire pour vaporiser un gramme d'alcool ou d'ammoniac. Ce sont ses liaisons hydrogène qui donnent à l'eau une chaleur de vaporisation élevée; celles-ci doivent être rompues avant que les molécules quittent le liquide.

La chaleur de vaporisation élevée de l'eau contribue à tempérer le climat de la Terre. Une quantité considérable de la chaleur solaire absorbée par les mers tropicales est utilisée durant la vaporisation de l'eau de surface. Puis, lorsque l'air tropical humide se déplace vers les pôles, il libère de la chaleur en se condensant et en formant de la pluie.

Au cours de la vaporisation d'une substance, la surface du liquide résiduel refroidit. Ce **refroidissement par vaporisation** se produit parce que les molécules les plus « chaudes », celles qui possèdent l'énergie cinétique la plus grande, sont les plus susceptibles de s'échapper sous forme de gaz.

Le refroidissement par vaporisation contribue à stabiliser la température des lacs et des étangs. Il empêche également la surchauffe des organismes terrestres. Par exemple, la vaporisation de l'eau des feuilles d'une plante empêche les tissus des feuilles de devenir trop chauds au soleil. De même, par une chaude journée ou lors d'un exercice intense, la vaporisation de la sueur sur la peau d'une personne refroidit la surface du corps et aide à prévenir l'hyperthermie (FIGURE 3.4). Lorsque le taux d'humidité est élevé au cours d'une journée chaude, nous avons plus chaud, parce que la vapeur d'eau contenue dans l'air empêche la vaporisation de la sueur à la surface de la peau.

FIGURE 3.4 Refroidissement par vaporisation. Grâce à la chaleur de vaporisation élevée de l'eau, la vaporisation de la sueur refroidit la surface du corps de façon importante.

Les océans et les lacs ne gèlent pas complètement parce que la glace flotte

L'eau est une des rares substances qui possèdent une masse volumique plus petite à l'état solide qu'à l'état liquide. En d'autres termes, la glace flotte. Alors que d'autres substances se contractent en se solidifiant, l'eau se dilate. Ce comportement singulier résulte, encore une fois, des liaisons hydrogène. À des températures supérieures à 4 °C, l'eau se comporte comme les autres liquides: elle se dilate quand elle se réchauffe et elle se contracte lorsqu'elle refroidit. Elle commence à geler lorsque ses molécules ne se déplacent plus avec suffisamment de vigueur pour briser leurs liaisons hydrogène. Lorsque la température atteint 0 °C, l'eau forme un réseau cristallin, chacune de ses molécules demeurant liée à quatre de ses voisines (FIGURE 3.5). Les liaisons hydrogène gardent les molécules assez éloignées les unes des autres pour que la masse volumique de la glace soit inférieure d'environ 10 % (il y a 10 % moins de molécules pour un même volume) à celle de l'eau liquide à 4 °C.

Lorsque la glace absorbe suffisamment de chaleur pour que sa température grimpe au-dessus de 0 °C, les liaisons hydrogène entre les molécules se rompent. À mesure que le cristal s'affaisse, la glace fond, et les molécules se rapprochent les unes des autres. L'eau atteint sa masse volumique maximale à 4 °C et commence à se dilater de nouveau en raison de la vitesse accrue de ses molécules. N'oubliez pas toutefois que, même dans l'eau liquide, nombre de molécules sont maintenues ensemble par des liaisons hydrogène. Cependant, celles-ci sont transitoires: elles se brisent et se reforment constamment.

La flottabilité de la glace causée par la dilatation de l'eau à l'état solide contribue grandement à rendre l'environnement propice à la vie. Si la glace descendait au fond de l'eau, les étangs, les lacs et même les océans gèleraient complètement; la vie sur Terre telle que nous la connaissons n'existerait pas. En été, seuls quelques centimètres à la surface des océans dégèleraient. Au lieu de cela, quand une étendue d'eau profonde refroidit, la glace qui flotte isole l'eau liquide qui se trouve en dessous et l'empêche de geler, rendant possible l'existence de la vie sous la surface (FIGURE 3.6).

L'eau: un solvant incomparable

Si l'on met un cube de sucre dans un verre d'eau, il se dissout graduellement. Une fois que cela s'est produit, on obtient un mélange homogène de sucre et d'eau; la concentration du sucre dissous est la même dans tout le verre. Un liquide formé d'un mélange homogène de deux ou de plusieurs substances s'appelle **solution**. L'agent dissolvant d'une solution est le **solvant**, et la substance dissoute, le **soluté**. Dans l'exemple ci-dessus, l'eau constitue le solvant, et le sucre, le soluté. Une **solution aqueuse** est une solution dont l'eau est le solvant.

Au Moyen Âge, les alchimistes essayaient de trouver un solvant universel, qui pourrait tout dissoudre. Ils se sont rendu compte de l'efficacité sans égale de l'eau. Cependant, l'eau n'est

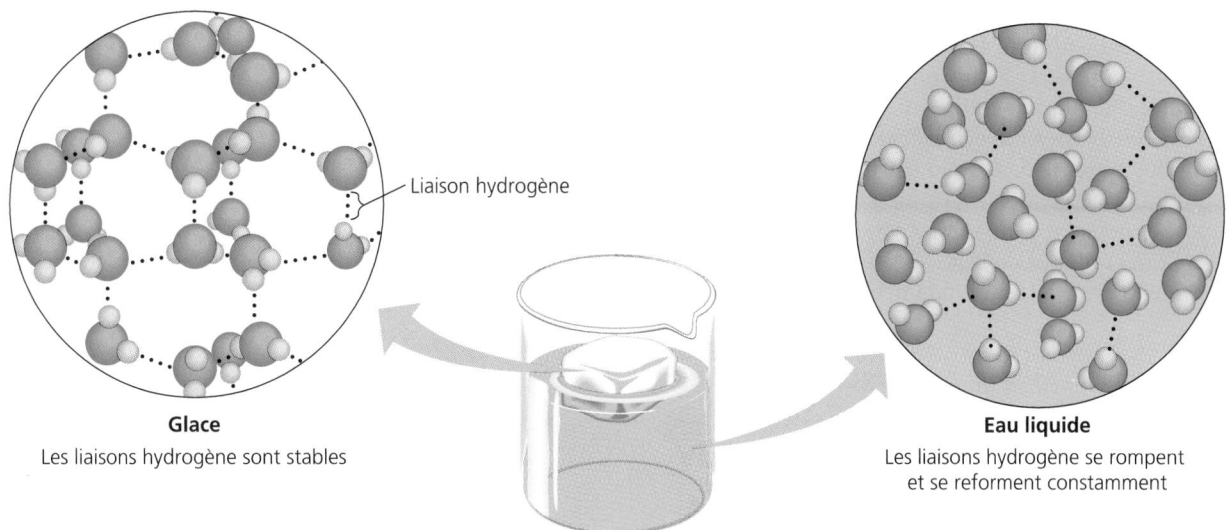

Glace
Les liaisons hydrogène sont stables

Liaison hydrogène

Eau liquide
Les liaisons hydrogène se rompent
et se reforment constamment

FIGURE 3.5 Structure de la glace. Chaque molécule s'associe, par des liaisons hydrogène, à quatre molécules voisines, formant un cristal tridimensionnel poreux. Les molécules contenues dans un certain volume de glace sont moins nombreuses que celles qui se trouvent dans un volume égal d'eau liquide, parce que les liaisons hydrogène plutôt stables les tiennent éloignées les unes des autres ; un cristal relativement volumineux est ainsi formé. Autrement dit, la glace possède une masse volumique inférieure à celle de l'eau liquide.

pas un solvant universel ; autrement, nous ne pourrions l'entreposer dans aucun récipient, pas même dans nos cellules. Il reste que c'est un solvant très polyvalent grâce à la polarité de ses molécules.

Supposons, par exemple, que nous placions dans l'eau un cristal de chlorure de sodium, un composé ionique (FIGURE 3.7). Les ions sodium et chlorure qui se trouvent à sa surface sont exposés au solvant. Ces ions ainsi que les molécules d'eau subissent une attraction électrostatique mutuelle. Le pôle négatif de l'atome d'oxygène des molécules d'eau s'associe aux cations sodium, tandis que le pôle positif des atomes d'hy-

drogène subit l'attraction des anions chlorure. Résultat : les molécules d'eau entourent chacun des ions sodium et chlorure, les séparant les uns des autres et formant un écran entre eux. Le processus par lequel un halo de molécules d'eau entoure chaque ion dissous s'appelle **hydratation.** L'eau pénètre petit à petit à l'intérieur du cristal de sel et finit par dissoudre tous les ions. La solution qui en résulte est formée de deux solutés, les ions sodium et les ions chlorure, mélangés de façon homogène avec l'eau, le solvant. D'autres composés ioniques sont solubles dans l'eau. L'eau de mer, par exemple, contient une grande variété d'ions en solution, à l'instar des cellules vivantes.

FIGURE 3.6 La flottabilité de la glace rend l'environnement sur la Terre propice à la vie. La glace flottant à la surface des étendues d'eau forme une barrière qui protège de l'air froid l'eau liquide qui se trouve en dessous. Ces Euphausiacés ont été photographiés sous la glace de l'Antarctique ; ce sont des invertébrés que l'on appelle krill.

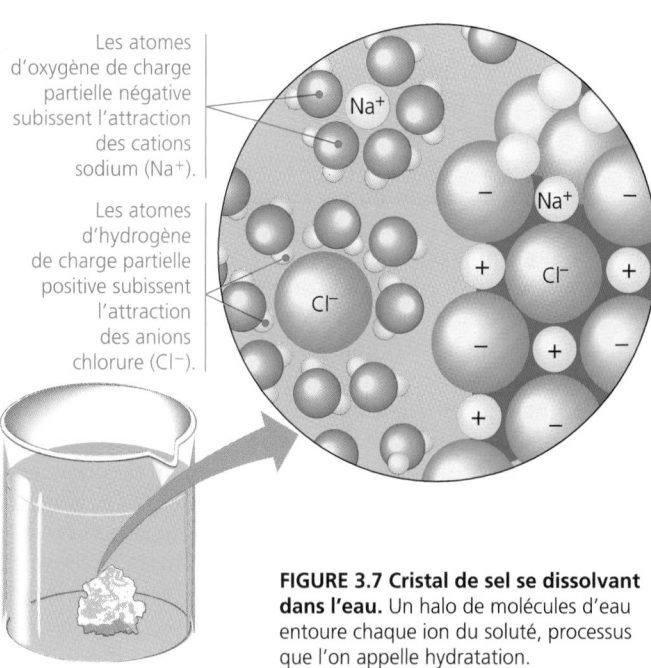

Les atomes d'oxygène de charge partielle négative subissent l'attraction des cations sodium (Na+).

Les atomes d'hydrogène de charge partielle positive subissent l'attraction des anions chlorure (Cl−).

FIGURE 3.7 Cristal de sel se dissolvant dans l'eau. Un halo de molécules d'eau entoure chaque ion du soluté, processus que l'on appelle hydratation.

Les composés n'ont pas besoin d'être ioniques pour se dissoudre dans l'eau ; ceux qui sont formés de molécules polaires, comme les sucres, sont aussi hydrosolubles. Ils se dissolvent quand les molécules d'eau entourent chacune de leurs molécules. Même les grosses molécules, comme certaines protéines, peuvent se dissoudre dans l'eau si leur surface présente des régions ioniques et polaires (FIGURE 3.8). De nombreux types de composés polaires se dissolvent (en même temps que des ions) dans l'eau contenue dans le sang, la sève ou le liquide intracellulaire. L'eau est le solvant fondamental de la vie.

Substances hydrophiles et substances hydrophobes

Qu'elle soit ionique ou polaire, toute substance ayant une affinité avec l'eau est dite **hydrophile.** On utilise ce terme même si elle ne se dissout pas, comme cela peut arriver si ses molécules sont trop grandes. Prenons l'exemple de la cellulose. Il s'agit d'un composé constitué de molécules géantes qui, grâce à leurs nombreuses régions chargées positivement ou négativement, adhèrent à l'eau. Cependant, elles ne se dissolvent pas. La cellulose est également présente dans la paroi des vaisseaux des Plantes où l'eau circule ; vous avez lu au début du chapitre que l'eau adhère à la paroi hydrophile des vaisseaux du xylème et que cela facilite son transport.

Évidemment, il existe des substances qui n'ont aucune affinité avec l'eau. En fait, celles qui ne sont ni ioniques ni polaires semblent la repousser ; elles sont dites **hydrophobes.** L'huile végétale et l'eau ne se mélangent pas. Le comportement hydrophobe des molécules d'huile résulte de la prédominance des liaisons covalentes non polaires unissant le carbone et l'hydrogène, qui se répartissent les électrons à peu près également. Certaines molécules hydrophobes apparentées aux huiles sont des constituantes importantes des membranes cellulaires. (Imaginez ce qui arriverait à une cellule si sa membrane se dissolvait dans les milieux aqueux extracellulaires et intracellulaires.)

Concentrations des solutés dans les solutions aqueuses

La plupart des réactions chimiques qui se produisent chez les êtres vivants mettent en jeu des solutés dissous dans de l'eau. Pour réaliser des expériences sur la chimie de la vie, il est important d'apprendre à calculer les concentrations des solutés en solution aqueuse.

Il faut connaître le nombre d'atomes et de molécules en jeu si l'on veut comprendre les réactions chimiques. Supposons que nous voulions préparer une solution aqueuse de sucre granulé qui aurait une concentration précise (un certain nombre de molécules de soluté dans un certain volume de solution). Comme il est peu commode de compter ou de peser les molécules individuellement, on mesure habituellement les substances en unités appelées moles. Pour obtenir la valeur d'une **mole (mol)** d'une substance donnée, on prend sa **masse molaire** et on l'exprime en grammes plutôt qu'en unités de masse atomique. Par exemple, une mole de saccharose (sucre granulé) correspond à 342 g. Pour obtenir cette valeur, on part de la formule moléculaire du saccharose ($C_{12}H_{22}O_{11}$). On convertit

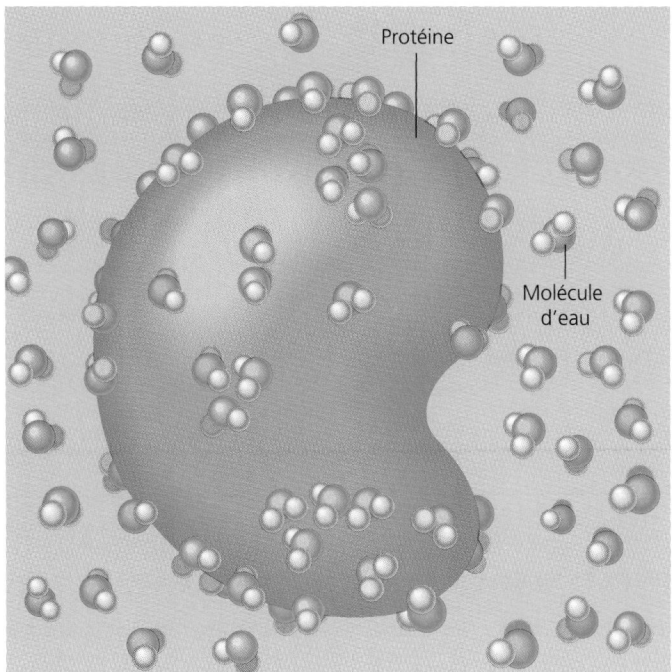

FIGURE 3.8 Protéine hydrosoluble. Même une molécule aussi grosse qu'une protéine peut se dissoudre dans l'eau si sa surface présente suffisamment de régions ioniques et polaires. La forme violette illustrée ici représente une telle protéine, entourée de molécules d'eau.

en grammes les unités de masse atomique de chaque atome, et on multiplie ce résultat en grammes par le nombre d'atomes. Ainsi, dans la formule $C_{12}H_{22}O_{11}$, le carbone représente 144 g (12×12 g), l'hydrogène, 22 g (22×1 g), et l'oxygène, 176 g (11×16 g). En additionnant ces chiffres, on obtient 342 g.

L'utilisation des moles pour mesurer des substances chimiques présente l'avantage suivant : une mole d'une substance donnée possède exactement le même nombre de molécules qu'une mole d'une autre substance. Le nombre de molécules contenues dans une mole, soit le nombre d'Avogadro, est de $6,02 \times 10^{23}$. Une mole de saccharose contient $6,02 \times 10^{23}$ molécules et pèse 342 g. Une mole d'éthanol (C_2H_6O) contient également $6,02 \times 10^{23}$ molécules, mais elle ne pèse que 46 g, parce que ses molécules sont plus petites que celles du saccharose. La mesure en moles permet également aux scientifiques travaillant dans des laboratoires de combiner des substances en respectant des proportions définies de molécules.

Comment préparer un litre (L) d'une solution formée de 1 mol de saccharose dissous dans de l'eau ? Il faut d'abord peser 342 g de saccharose, puis ajouter graduellement de l'eau dans le contenant tout en agitant celui-ci jusqu'à dissolution complète du sucre. On verse par la suite suffisamment d'eau pour amener le volume total de la solution à un litre. À ce stade, on a une solution de saccharose de 1 mol/L. La **concentration molaire volumique (c),** soit le nombre de moles de soluté par litre de solution, est l'unité de concentration la plus couramment employée dans le cas de solutions aqueuses.

LA DISSOCIATION DES MOLÉCULES D'EAU

Il arrive parfois qu'un atome d'hydrogène mis en commun par deux molécules d'eau (liaison hydrogène) se déplace d'une molécule à l'autre. Lorsque cela se produit, l'atome d'hydrogène abandonne son électron, et ce qui est transféré, c'est un seul proton portant une charge de +1, que nous identifierons désormais par H^+. La molécule d'eau qui perd un proton devient un **ion hydroxyde** (OH^-), dont la charge est de −1. Le proton se lie à l'autre molécule d'eau, formant ainsi un ion hydronium (ou ion oxonium, H_3O^+). Nous pouvons représenter cette réaction chimique de la façon suivante :

Ion hydronium (H_3O^+)   Ion hydroxyde (OH^-)

Cette illustration montre bien ce qui se produit réellement. Il est toutefois plus simple de se représenter cette réaction comme la dissociation d'une molécule d'eau en un proton et en un ion hydroxyde :

$$H_2O \rightleftharpoons H^+ + OH^-$$

Proton   Ion hydroxyde

Comme l'indique la flèche double, il s'agit d'une réaction réversible. Celle-ci atteint un état d'équilibre dynamique lorsque l'eau se dissocie à la même vitesse qu'elle se reforme à partir de H^+ et de OH^-. Au point d'équilibre, la concentration molaire volumique des molécules d'eau excède énormément celles de H^+ et de OH^-. En fait, dans l'eau pure, seulement une molécule d'eau sur 554 millions se dissocie. La concentration molaire volumique de chaque ion contenu dans de l'eau pure est de 10^{-7} mol/L (à 25 °C). Cela signifie qu'un litre d'eau pure contient un dix-millionième de mole de protons et un nombre égal d'ions hydroxyde.

Bien que la dissociation de l'eau soit réversible et rare sur le plan statistique, elle joue un rôle crucial dans la chimie de la vie. Les protons et les ions hydroxyde sont très réactifs. Une variation de leur concentration molaire volumique peut perturber dramatiquement les protéines et les autres molécules complexes d'une cellule. Comme nous l'avons vu, les concentrations molaires volumiques de H^+ et de OH^- sont égales dans l'eau pure, mais l'ajout d'acides ou de bases perturbe cet équilibre. On utilise une échelle de pH pour décrire le degré d'acidité ou de basicité d'une solution. Plus loin dans le chapitre, vous en apprendrez davantage sur les acides, les bases et le pH ; vous saurez également pourquoi une variation du pH peut porter atteinte aux organismes.

Les organismes sont sensibles aux variations du pH

Avant d'aborder l'échelle de pH, voyons ce que sont les acides et les bases, et comment ils interagissent avec l'eau.

Acides et bases

Qu'est-ce qui peut provoquer un déséquilibre dans les concentrations molaires volumiques des ions H^+ et OH^- en solution aqueuse ? Lorsque les substances dites acides se dissolvent dans de l'eau, elles augmentent le nombre des ions H^+. Un **acide** est une substance qui accroît la concentration molaire volumique des protons d'une solution. Par exemple, quand on met du chlorure d'hydrogène (HCl) dans de l'eau, les protons et les ions chlorure se dissocient :

$$HCl \longrightarrow H^+ + Cl^-$$

Cette deuxième source de H^+ (la dissociation de l'eau en est la première) fournit un plus grand nombre d'ions H^+ que d'ions OH^-. Une telle solution est dite acide. Inversement, une substance qui réduit la concentration molaire volumique des protons d'une solution s'appelle **base.** Certaines bases réduisent la concentration molaire volumique des ions H^+ en les acceptant directement. L'ammoniac (NH_3), par exemple, agit comme une base quand le doublet d'électrons libre du dernier niveau énergétique de l'azote attire un proton de la solution, ce qui donne un ion ammonium (NH_4^+) :

$$NH_3 + H^+ \rightleftharpoons NH_4^+$$

D'autres bases réduisent indirectement la concentration molaire volumique des protons en se dissociant pour former des ions hydroxyde. Ces derniers se combinent avec les protons de la solution pour former de l'eau. L'hydroxyde de sodium (NaOH) est une base qui agit de cette façon ; elle se dissocie en ions dans l'eau :

$$NaOH \longrightarrow Na^+ + OH^-$$

Dans les deux cas, la base réduit la concentration molaire volumique de H^+. Une solution dont la concentration molaire volumique de OH^- est plus élevée que celle de H^+ est dite basique. Une solution dont les concentrations molaires volumiques de H^+ et de OH^- s'équivalent est dite neutre.

Remarquez les flèches simples dans les réactions impliquant HCl et NaOH ; elles indiquent que ces composés se dissocient complètement quand on les mélange à de l'eau. Donc, le chlorure d'hydrogène est un acide fort, et l'hydroxyde de sodium, une base forte. Par contre, l'ammoniac est une base relativement faible : les flèches doubles de la réaction indiquent que la liaison ou la libération du proton sont réversibles. En conséquence, à l'équilibre, le rapport entre NH_4^+ et NH_3 est constant.

Il existe également des acides faibles, qui libèrent puis acceptent à nouveau des protons. L'acide carbonique en est un exemple ; cette substance exerce des fonctions essentielles dans de nombreux organismes.

$$H_2CO_3 \rightleftharpoons HCO_3^- + H^+$$

Acide   Ion   Proton
carbonique   hydrogénocarbonate

L'équilibre favorise tellement la réaction vers la gauche que, lorsqu'on ajoute de l'acide carbonique à de l'eau, seulement 1 % de ses molécules se dissocient. Cela suffit pourtant à déplacer l'équilibre des ions H^+ et OH^- du point de neutralité.

Échelle de pH

Dans toute solution, le *produit* des concentrations molaires volumiques de H^+ et de OH^- est toujours de 10^{-14}. Il peut s'écrire ainsi:

$$[H^+][OH^-] = 10^{-14} \text{ (mol/L)}^2$$

Les crochets indiquent la concentration molaire volumique de la substance qu'ils renferment. Dans une solution neutre à température ambiante (25 °C), $[H^+] = 10^{-7}$ mol/L et $[OH^-] = 10^{-7}$ mol/L, de telle sorte que le produit est $10^{-7} \times 10^{-7} = 10^{-14}$ (mol/L)². Si l'on ajoute suffisamment d'acide à la solution pour porter $[H^+]$ à 10^{-5} mol/L, $[OH^-]$ diminue d'une quantité équivalente, jusqu'à atteindre 10^{-9} mol/L ($10^{-5} \times 10^{-9} = 10^{-14}$). Cette relation constante explique le comportement des acides et des bases dans une solution. Un acide ne fait pas qu'ajouter des protons à une solution; il enlève également des ions hydroxyde en raison de la tendance de H^+ à se combiner avec OH^- pour former de l'eau. Une base produit l'effet opposé: elle augmente la concentration molaire volumique de OH^- tout en réduisant la concentration molaire volumique de H^+ par la formation d'eau. Si l'on ajoute assez de base à une solution pour porter la concentration molaire volumique de OH^- à 10^{-4} mol/L, celle de H^+ diminuera à 10^{-10} mol/L. Quand on connaît la concentration molaire volumique de H^+ dans une solution, on peut déduire la concentration molaire volumique de OH^-, et inversement.

Étant donné que les concentrations molaires volumiques de H^+ et de OH^- peuvent varier d'un facteur pouvant atteindre 100 billions (10^{14}), les scientifiques ont élaboré un moyen plus commode que les moles par litre pour exprimer ce changement: l'échelle de pH. Celle-ci s'étend de 0 à 14 (FIGURE 3.9). Elle réduit la plage des concentrations molaires volumiques de H^+ et de OH^- au moyen de logarithmes. Le **pH** d'une solution se définit comme le logarithme négatif, à base 10, de la concentration molaire volumique des protons:

$$pH = -\log [H^+]$$

Par ailleurs, on peut transformer le logarithme en exposant $[H^+] = 10^{-pH}$. Comme un exposant ne comporte jamais d'unité, toutes les valeurs de pH apparaissent sans unité.

Dans le cas d'une solution neutre, $[H^+]$ égale 10^{-7} mol/L, ce qui donne

$$pH = -\log 10^{-7} = -(-7) = 7$$

Remarquez que le pH *diminue* à mesure que la concentration molaire volumique de H^+ *augmente*. Notez également que, même si l'échelle de pH se base sur la concentration molaire volumique de H^+, elle reflète également celle de OH^-. Une solution dont le pH est 10 possède une concentration molaire volumique de protons de 10^{-10} mol/L et une concentration molaire volumique d'ions hydroxyde de 10^{-4} mol/L.

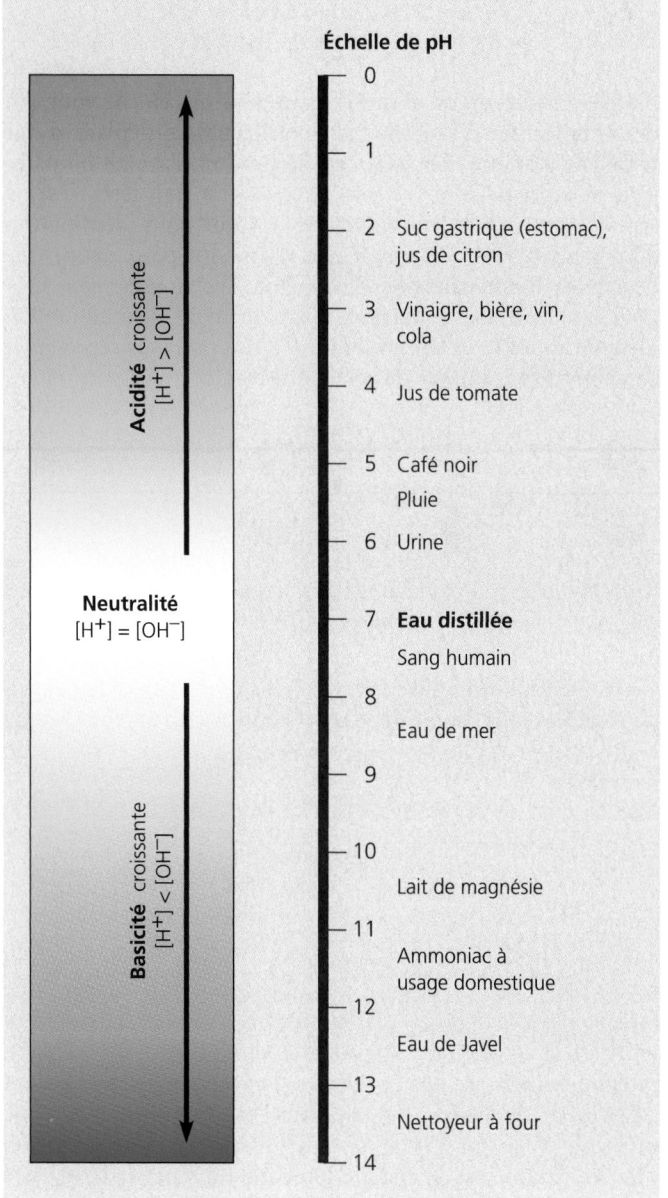

FIGURE 3.9 Le pH de quelques solutions aqueuses.

Le pH d'une solution neutre est 7, ce qui équivaut au milieu de l'échelle. Un pH inférieur à ce chiffre désigne une solution acide; plus cette valeur est faible, plus la solution est acide. Le pH d'une solution basique est supérieur à 7. Le pH de la plupart des liquides biologiques se situe entre 6 et 8. Il existe toutefois quelques exceptions, comme le suc gastrique de l'estomac humain, fortement acide: son pH est d'environ 2.

Il faut vous rappeler que chaque unité de pH représente une différence d'un facteur de 10 dans les concentrations molaires volumiques de H^+ et de OH^-. C'est cette propriété mathématique qui permet de condenser l'échelle de pH. Ainsi, une solution de pH 3 n'est pas 2 fois, mais 1000 fois plus acide qu'une autre de pH 6. Lorsque le pH d'une solution change légèrement, les concentrations molaires volumiques de H^+ et de OH^- varient de façon importante.

Solutions tampons

La plupart des cellules ont un pH qui se situe autour de 7. Le moindre changement de leur pH peut s'avérer dommageable, parce que leurs processus chimiques sont très sensibles aux variations des concentrations molaires volumiques des protons et des ions hydroxyde.

C'est grâce aux solutions tampons que les liquides biologiques résistent aux changements de pH causés par l'ajout d'un acide ou d'une base. Une **solution tampon** est une substance qui réduit au minimum la variation des concentrations molaires volumiques de H^+ et de OH^- dans une solution. Par exemple, des solutions tampons maintiennent le pH du sang humain très près de 7,4. Une personne ne peut survivre plus de quelques minutes si le pH de son sang chute à 7 ou grimpe à 7,8.

Les solutions tampons fonctionnent de la façon suivante : elles acceptent des protons quand la solution en renferme trop, et elles en donnent quand il n'y en a plus assez. La plupart d'entre elles se composent d'un acide faible et de son sel, qui se combine de façon réversible aux protons. L'acide carbonique (H_2CO_3) contribue à stabiliser le pH du sang et de nombreux autres liquides biologiques. Comme nous l'avons mentionné, il se dissocie pour produire un ion hydrogénocarbonate (ou ion bicarbonate, HCO_3^-) et un proton (H^+).

$$\underset{\substack{\text{Donneur de} \\ H^+ \text{ (acide)}}}{H_2CO_3} \underset{\substack{\text{Réaction à une} \\ \text{baisse du pH}}}{\overset{\substack{\text{Réaction à une} \\ \text{hausse du pH}}}{\rightleftharpoons}} \underset{\substack{\text{Accepteur de} \\ H^+ \text{ (base)}}}{HCO_3^-} + \underset{\text{Proton}}{H^+}$$

L'équilibre chimique entre l'acide carbonique et l'ion hydrogénocarbonate agit comme un régulateur de pH. La réaction se déplace vers la gauche ou la droite lorsque d'autres processus qui ont lieu dans la solution ajoutent ou enlèvent des protons. Si la concentration molaire volumique de H^+ dans le sang se met à baisser (c'est-à-dire si le pH augmente), l'acide carbonique se dissocie et libère des protons. Par contre, lorsque la concentration molaire volumique de H^+ dans le sang augmente (donc, quand le pH diminue), l'ion hydrogénocarbonate agit comme une base et enlève les protons en excès dans la solution. En fait, la solution tampon acide carbonique-hydrogénocarbonate se compose d'un acide et d'une base à l'état d'équilibre. La plupart des autres solutions tampons sont aussi des paires acide-base.

Les précipitations acides menacent l'environnement

Étant donné que toute vie dépend de l'eau, la contamination des rivières, des lacs et des mers constitue un problème environnemental crucial. Les précipitations acides représentent l'un des facteurs qui menacent le plus sérieusement l'eau.

La pluie non contaminée possède un pH de 5,6 ; elle est donc légèrement acide, et ce, en raison de la formation d'acide carbonique à partir du dioxyde de carbone de l'air et de l'eau. Le terme **précipitations acides** s'applique à la pluie, à la grêle, à la neige ou au brouillard dont le pH est inférieur à 5,6. Qu'est-ce qui engendre des précipitations acides ? Quels effets ont-elles sur l'environnement ?

Les précipitations acides sont principalement dues à la présence dans l'atmosphère d'oxydes de soufre (ils représentent environ les deux tiers des contaminants) et d'oxydes d'azote (ils représentent l'autre tiers). Ces composés gazeux réagissent avec l'humidité de l'air pour former des acides forts tombant au sol avec les précipitations. Ils proviennent principalement de l'utilisation des combustibles fossiles (charbon, pétrole et gaz) par les industries et les automobiles. Les centrales électriques qui consomment du charbon sont la plus grande source de ce type de pollution. Le problème des précipitations acides issues de la pollution atmosphérique est aussi vieux que la Révolution industrielle, mais il s'est constamment aggravé jusqu'à ce que des restrictions sévères soient imposées vers le milieu des années 1980. À cette époque, aux États-Unis seulement, les émanations ajoutaient annuellement plus de 40 millions de tonnes métriques d'oxydes de soufre et d'azote à l'atmosphère. Quant au Canada, il contribuait à la pollution de l'air en répandant des émissions d'environ 6 millions de tonnes. La construction de cheminées plus hautes, destinées à réduire la pollution locale en dispersant les émanations industrielles, a contribué à l'augmentation des précipitations acides. Malheureusement, les vents dominants, en provenance de l'ouest et du sud-ouest, ne font que déplacer le problème, et les précipitations acides tombent à des centaines, voire à des milliers de kilomètres, des centres industriels (FIGURE 3.10, p. 52). Elles affectent souvent des régions jusque-là intactes, au Québec notamment.

Dans la majeure partie de la vallée du Saint-Laurent, la moyenne pondérée du pH des précipitations se situait autour de 4,35 environ de 1985 à 1993, ce qui correspond à une acidité 18 fois plus grande que la normale. On enregistre les précipitations les plus acides dans les régions de Rouyn-Noranda, de Montréal, de Québec et de Jonquière.

Des expériences et des observations sur le terrain ont permis de constater que les précipitations acides sont dommageables pour les écosystèmes terrestres et aquatiques. Elles abaissent le pH des sols, ce qui affecte la solubilité des minéraux qu'ils contiennent. Certains nutriments minéraux sont lessivés, comme les ions calcium et magnésium, qui participent au pouvoir tampon du sol et qui sont essentiels à la croissance des végétaux, alors que d'autres minéraux, comme l'aluminium, sont solubilisés et atteignent des concentrations toxiques. Les précipitations acides agissent sur la chimie des sols et contribuent à la dégénérescence des forêts européennes et nord-américaines (FIGURE 3.11, p. 52). L'accumulation de minéraux lessivés du sol par les précipitations acides contamine davantage les habitats d'eau douce. L'effet des acides dans les lacs et les cours d'eau augmente à la fonte des neiges ; c'est le choc acide printanier. L'eau de fonte affiche souvent un pH aussi bas que 3 ; cet afflux d'acide s'avère particulièrement dommageable pour les espèces aquatiques qui fraient durant cette période. Une forte acidité peut perturber la structure des molécules biologiques et les empêcher de réaliser les processus chimiques de la vie. Les précipitations acides ont aussi abaissé le pH des lacs et des étangs dans certaines régions plus à risque, comme le territoire du Bouclier canadien situé au nord du fleuve Saint-Laurent. Les régions montagneuses caractérisées par un sol peu profond figurent également parmi les zones sensibles.

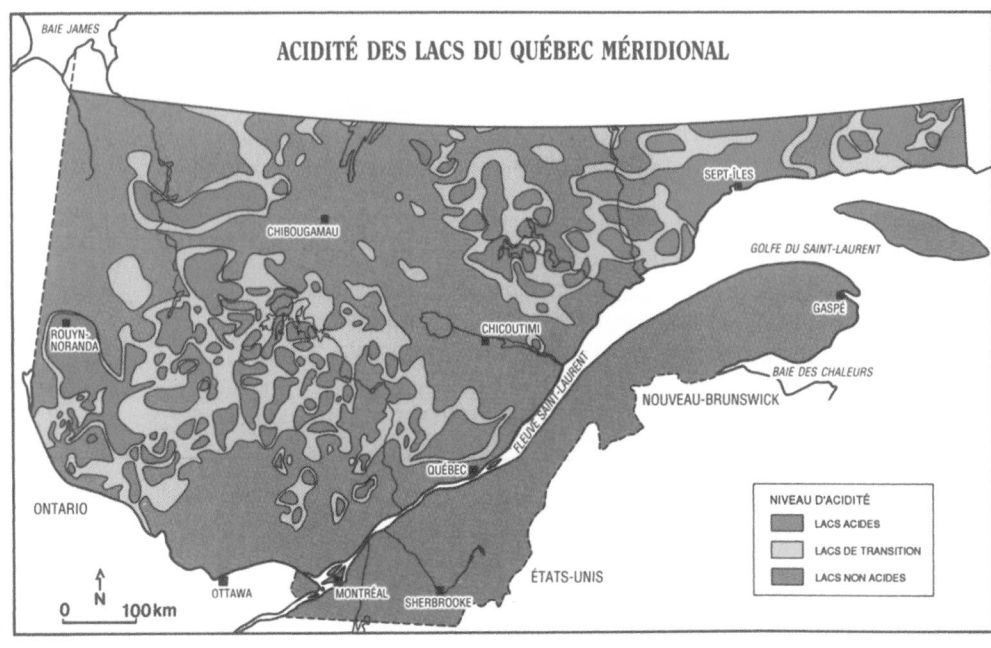

FIGURE 3.10 Précipitations acides au Québec. (a) Origine des contaminants et trajectoires des vents dominants. **(b)** Variabilité du pH dans les lacs du Québec méridional. On considère un lac comme acide lorsque son pH se situe au-dessous de 5,5 (MENV, 1994).

ACIDITÉ DES LACS DU QUÉBEC MÉRIDIONAL

NIVEAU D'ACIDITÉ
- LACS ACIDES
- LACS DE TRANSITION
- LACS NON ACIDES

(b)

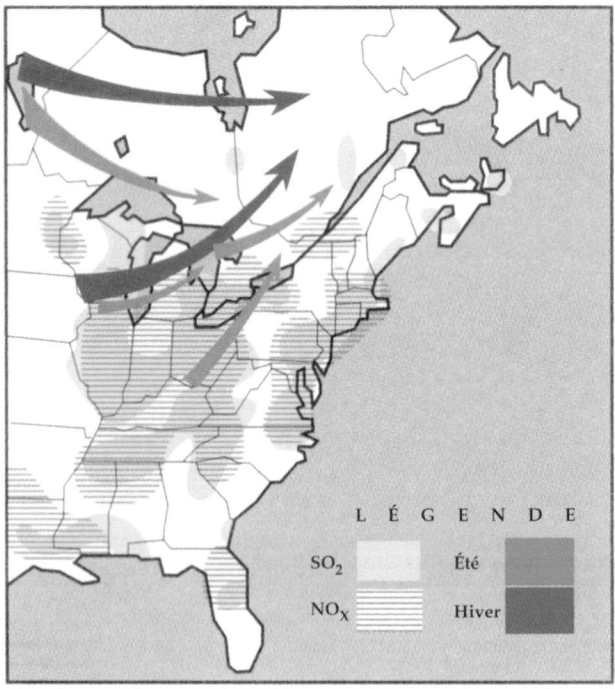

LÉGENDE

SO₂ Été
NOₓ Hiver

(a)

Le Québec comporte plus de 450 000 lacs. Des études récentes effectuées[*] sur le Bouclier canadien au sud du 51ᵉ parallèle ont révélé que le nombre total de lacs acides ou en voie d'acidification dépasse les 81 000 ; cela représente près de la moitié des lacs étudiés (environ 160 000). Par ailleurs, la rivière Saint-François, à la hauteur de Drummondville, bien que soumise à des précipitations acides, conserve ses eaux à un pH de 7 environ. Cette région a la chance de faire partie du 23 % des écosystèmes aquatiques canadiens qui présentent un potentiel élevé de neutralisation de l'acidité. Le lit de la rivière se

compose en effet de roche calcaire ; celle-ci constitue l'un des meilleurs systèmes tampons lorsqu'elle se dissout.

S'il y a lieu d'être optimiste au sujet de la qualité future des ressources aquifères, c'est grâce à la réduction de certains types de polluants. Par exemple, aux États-Unis et en Europe, les émissions d'oxydes de soufre ont baissé d'environ 30 % depuis 1985, ce qui a permis d'enregistrer une diminution des précipitations acides. Par ailleurs, au cours de la dernière décennie, le Québec et l'Ontario ont diminué de plus de 60 % leurs émissions de SO₂ par rapport à celles du début de la décennie 1980. Cet effort d'assainissement de l'air permettra à moyen terme de récupérer bon nombre de lacs victimes d'une acidification d'origine anthropique. Cependant, si l'on aspire à restaurer complètement les lacs acidifiés, il faut fournir un effort supplémentaire et réduire les émissions polluantes d'au moins 50 %. Un progrès soutenu ne peut venir que des dirigeants d'entreprise, des citoyens, des consommateurs et des politiciens qui se préoccupent de la qualité de l'environnement. Une partie essentielle de l'éducation devrait porter sur la compréhension du rôle crucial qu'une eau saine joue dans le maintien de la vie sur Terre.

FIGURE 3.11 Effets des précipitations acides sur une forêt.
On considère que le brouillard et les pluies acides sont directement et indirectement responsables de la mort des arbres sur le mont Mitchell, en Caroline du Nord.

---

[*] Environnement Québec, *Les précipitations acides au Québec,* http://www.menv.gouv.qc.ca/air/pre_acid/index.htm, gouvernement du Québec, 1999.

RÉVISION DU CHAPITRE

Résumé des concepts importants

LES EFFETS DE LA POLARITÉ DE L'EAU

- **La polarité des molécules d'eau permet les liaisons hydrogène (p. 43 et 44, FIGURE 3.1).** Il se forme une liaison hydrogène quand l'atome d'oxygène d'une molécule d'eau subit l'attraction électrostatique d'un des atomes d'hydrogène d'une molécule voisine. Les liaisons hydrogène entre les molécules d'eau donnent à cette dernière ses propriétés particulières.

- **Les organismes dépendent de la cohésion des molécules d'eau (p. 44).** Celles-ci sont maintenues ensemble grâce à des liaisons hydrogène; cela permet à l'eau de grimper dans les vaisseaux microscopiques des plantes. Les liaisons hydrogène expliquent également le fait que l'eau ait une tension superficielle élevée.

- **L'eau stabilise les températures sur la Terre (p. 44 à 46).** Les liaisons hydrogène liant les molécules d'eau confèrent à celle-ci une chaleur spécifique élevée. Il y a absorption de chaleur lorsque les liaisons hydrogène se brisent, et libération de chaleur lorsqu'elles se forment. Ce phénomène maintient les variations de température dans des limites compatibles avec la vie. Le refroidissement par vaporisation se fait grâce à la chaleur de vaporisation élevée de l'eau. Les molécules d'eau doivent posséder une énergie cinétique relativement élevée pour vaincre les liaisons hydrogène. La perte d'énergie liée à la vaporisation des molécules d'eau refroidit une surface.

- **Les océans et les lacs ne gèlent pas complètement parce que la glace flotte (p. 46 et 47, FIGURE 3.6).** La glace possède une masse volumique inférieure à celle de l'eau liquide. À l'état solide, l'eau se dilate en un cristal caractéristique; les liaisons hydrogène s'allongent, et les molécules d'eau perdent leur mobilité. La flottabilité de la glace permet à la vie d'exister sous les surfaces gelées des lacs et des eaux polaires.

- **L'eau : un solvant incomparable (p. 46 à 48, FIGURE 3.7).** L'eau est un solvant polyvalent, ses molécules polaires subissant l'attraction des substances chargées ou polaires. Lorsque des substances polaires ou des ions sont entourés de molécules d'eau, ils se dissolvent et s'appellent solutés. Les substances hydrophiles ont une affinité avec l'eau, alors que les substances hydrophobes la repoussent. On utilise habituellement la concentration molaire volumique, soit le nombre de moles de soluté par litre de solution, comme mesure de concentration. Une mole est le nombre de grammes d'une substance correspondant à sa masse molaire.

LA DISSOCIATION DES MOLÉCULES D'EAU

- **Les organismes sont sensibles aux variations du pH (p. 49 à 51, FIGURE 3.9).** L'eau peut se dissocier en H^+ et en OH^-. On se base sur le pH pour mesurer la concentration molaire volumique de H^+. On utilise la formule suivante : $pH = -\log [H^+]$. Les acides cèdent des ions H^+ dans les solutions aqueuses, alors que les bases donnent des ions OH^- ou acceptent des ions H^+. Dans une solution neutre, $[H^+] = [OH^-] = 10^{-7}$ mol/L, et le pH = 7. Dans une solution acide, $[H^+]$ est supérieure à $[OH^-]$, et le pH est inférieur à 7. Dans une solution basique, $[H^+]$ est inférieure à $[OH^-]$, et le pH est plus grand que 7. Les solutions tampons permettent aux liquides biologiques de résister aux variations de pH. Une solution tampon est constituée d'une paire acide-base qui se combine de façon réversible avec les protons.

- **Les précipitations acides menacent l'environnement (p. 51 et 52, FIGURES 3.10 et 3.11).** La pluie, la neige, la grêle et le brouillard sont acides lorsque leur pH est inférieur à 5,6. Les précipitations acides se produisent lorsque l'eau dans l'atmosphère réagit avec les oxydes de soufre et d'azote provenant de la dégradation des combustibles fossiles.

Autoévaluation

(Les questions dont les numéros sont en caractères gras font surtout appel à la compréhension.)

1. Les eaux du golfe du Saint-Laurent tempèrent le climat des Îles-de-la-Madeleine :
   a) parce qu'elles emmagasinent une grande quantité d'énergie solaire lors des hausses de température.
   b) parce qu'en refroidissant graduellement elles libèrent de la chaleur dans l'air environnant.
   c) parce que la chaleur spécifique élevée de l'eau contribue à régulariser la température de l'air.
   d) les énoncés a, b et c complètent correctement la phrase.
   e) parce que la cohésion et l'adhérence des molécules d'eau en milieu salin représentent une énergie plus grande qu'en eau douce.

2. La température de l'air augmente souvent légèrement lorsqu'il commence à pleuvoir ou à neiger. Quel comportement de l'eau explique *le plus directement* ce phénomène ?
   a) La diminution constante de la masse volumique de l'eau lorsqu'elle se condense.
   b) Les réactions de l'eau avec les autres composés atmosphériques.
   c) La libération de chaleur par formation de liaisons hydrogène.
   d) La libération de chaleur par rupture de liaisons hydrogène.
   e) La tension superficielle élevée de l'eau.

3. Lorsque deux corps se touchent, la chaleur s'écoule toujours :
   a) du corps qui a le plus de chaleur vers celui qui en a le moins.
   b) du corps dont la température est plus élevée vers celui dont la température est plus faible.
   c) vers le corps de masse volumique plus faible.
   d) du corps contenant plus d'eau vers celui qui en a moins.
   e) du corps le plus gros vers le plus petit.

4. On immerge la base d'une tige de céleri dans un colorant rouge dissous dans de l'eau. Deux heures plus tard, les nervures des feuilles deviennent rouges. À quelle propriété de l'eau attribue-t-on cela ?
   a) À sa chaleur spécifique élevée.
   b) À sa tension superficielle élevée.
   c) À sa cohésion et à sa capacité d'adhérence.
   d) Aux variations de sa masse volumique.
   e) À sa valeur unique comme solvant.

5. Lorsque l'eau se vaporise, les liaisons qui se rompent sont :
   a) des liaisons ioniques.
   b) des liaisons entre les molécules d'eau.
   c) des liaisons intramoléculaires.
   d) des liaisons covalentes polaires.
   e) des liaisons covalentes non polaires.

6. Laquelle des substances suivantes est hydrophobe?
   a) Le papier.
   b) Le sel de table.
   c) La cire.
   d) Le sucre.
   e) Les pâtes alimentaires.

7. Nous savons avec certitude qu'une mole de saccharose et une mole de vitamine C ont:
   a) la même masse molaire.
   b) la même masse en grammes.
   c) le même nombre de molécules.
   d) le même nombre d'atomes.
   e) la même masse volumique.

8. Combien de grammes d'acide acétique ($C_2H_4O_2$) vous faudrait-il pour préparer 10 L d'une solution aqueuse à 0,1 mol/L? (Note: les masses molaires atomiques sont approximativement de 12 g pour le carbone, de 1 g pour l'hydrogène et de 16 g pour l'oxygène.)
   a) 10 g.   d) 60 g.
   b) 0,1 g.   e) 0,6 g.
   c) 6 g.

9. Les précipitations acides ont abaissé le pH d'un lac à 4,0. Quelle est la concentration molaire volumique des protons dans ce lac?
   a) 4,0 mol/L.   d) 10^4 mol/L.
   b) 10^{-10} mol/L. e) 4 %.
   c) 10^{-4} mol/L.

10. Quelle est la concentration molaire volumique des *ions hydroxyde* dans le lac de la question précédente?
    a) 10^{-7} mol/L.   d) 10^{-14} mol/L.
    b) 10^{-4} mol/L.   e) 10 mol/L.
    c) 10^{-10} mol/L.

11. Pourquoi est-il improbable que deux molécules d'eau voisines s'associent ainsi?

$$O \underset{H \quad H}{\overset{H \quad H}{\diagup \diagdown}} C$$

12. Dans un grand arbre, la vaporisation qui se produit à la surface des feuilles attire vers le haut l'eau présente dans les vaisseaux du tronc. Qu'est-ce qui fait bouger les molécules d'eau situées à la base de l'arbre?

13. Expliquez cette expression populaire: « Ce n'est pas la chaleur, c'est l'humidité. »

14. Expliquez comment le gel peut casser une roche.

15. Une solution acide dont le pH est 4 possède _____ fois plus de protons (H^+) qu'une solution ayant le même volume et dont le pH est 9.

Lien avec l'évolution

Le paysage de la planète Mars présente des reliefs qui rappellent ceux qui sont formés par l'écoulement d'eau sur Terre, y compris ce qui semble être des canaux sinueux et des vallées creusées par un cours d'eau. Jusqu'à maintenant, les sondes envoyées sur Mars n'ont détecté que des traces d'eau sous forme de vapeur d'eau atmosphérique; cependant, certains scientifiques soupçonnent la présence d'une grande quantité d'eau sous la surface martienne. Pourquoi s'intéresse-t-on autant à la présence d'eau sur Mars? Rendrait-elle la présence de vie probable là-bas? Quels autres facteurs physiques importants devraient également être présents?

Intégration

1. Concevez une expérience contrôlée pour tester l'hypothèse qui veut que les précipitations acides inhibent la croissance de l'Élodée, une plante aquatique répandue.

2. Les agriculteurs suivent attentivement les prédictions météorologiques. Quand on prédit qu'il va geler pendant la nuit, les agriculteurs arrosent d'eau leurs cultures pour en protéger les plants. À partir des propriétés de l'eau, expliquez le bien-fondé de cette pratique.

Science, technologie et société

Les agriculteurs, les industriels et les populations urbaines croissantes se disputent les ressources d'eau en usant de leurs influences politiques. Si vous étiez responsable des ressources d'eau dans une région aride, selon quelles priorités distribueriez-vous cette denrée limitée? Comment défendriez-vous votre position auprès des différents groupes?

CHAPITRE 4

LE CARBONE ET LA DIVERSITÉ MOLÉCULAIRE DE LA VIE

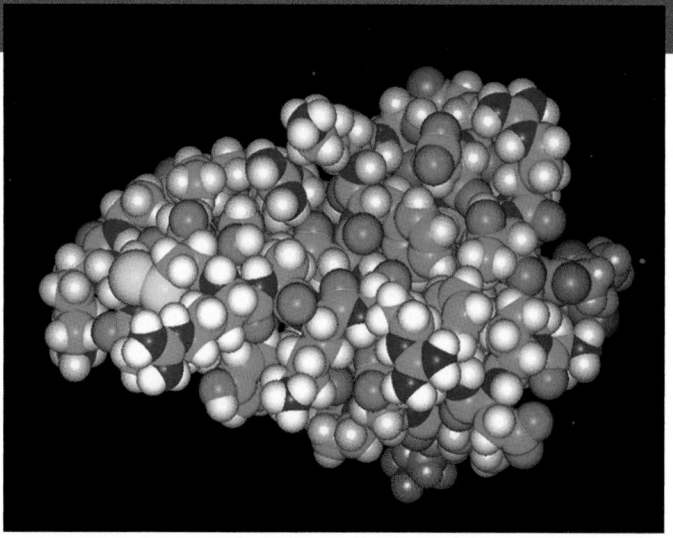

« L'esprit est un produit de l'organisation du cerveau tout comme la vie est un produit de l'organisation des molécules. »

FRANÇOIS JACOB
médecin et biologiste français (1920-)

L'IMPORTANCE DU CARBONE

- La chimie organique étudie les composés du carbone
- Les atomes de carbone sont les éléments constitutifs les plus polyvalents
- Les variations dans les squelettes carbonés contribuent à la diversité des molécules organiques

LES GROUPEMENTS FONCTIONNELS

- Les groupements fonctionnels contribuent à la diversité moléculaire de la vie
- Les éléments chimiques de la vie : *une révision*

Bien que l'eau *soit le milieu universel de la vie sur Terre, c'est le carbone qui constitue l'élément fondamental de la plupart des substances chimiques qui composent les êtres vivants. De tous les éléments chimiques, il n'a pas son pareil pour former des molécules volumineuses, complexes et variées. Cette diversité moléculaire a rendu possible la diversité des organismes qui ont évolué sur Terre. La protéine illustrée dans l'image informatisée de cette page est un exemple de molécule complexe dont la base est le carbone (les atomes verts). Nous parlerons des molécules complexes au chapitre 5. Dans le présent chapitre, nous nous concentrerons sur leur structure de base. Nous soulignerons l'importance que le carbone et l'émergence revêtent pour la vie.*

L'IMPORTANCE DU CARBONE

De 70 % à 95 % d'une cellule est fait d'eau ; le reste est principalement constitué de composés du carbone. Les protéines, l'ADN, les glucides et les autres molécules complexes qui caractérisent la matière vivante contiennent tous des atomes de carbone. Ceux-ci sont liés les uns aux autres et à des atomes d'autres éléments. Bien que les molécules complexes renferment d'autres éléments, tels que l'hydrogène (H), l'oxygène (O), l'azote (N) et parfois du soufre (S) ou du phosphore (P), c'est au carbone (C) que nous devons l'infinie diversité des molécules organiques.

La chimie organique étudie les composés du carbone

Les substances qui contiennent du carbone s'appellent *composés organiques,* à l'exception de certains carbures et composés, comme le dioxyde de carbone (CO_2) et les carbonates (ou trioxocarbonates, $-CO_3$). La branche de la chimie qui les étudie se nomme **chimie organique.** On a déjà cru que les composés organiques ne pouvaient provenir que des êtres vivants. Ils varient des molécules simples, telles que le méthane (CH_4), aux molécules gigantesques, comme les protéines, qui possèdent chacune des milliers d'atomes et une masse moléculaire supérieure à 100 000 u.

Les principaux éléments de la vie (C, H, O, N, S et P) se retrouvent à peu près dans les mêmes pourcentages d'un être vivant à l'autre. Cependant, en raison de la polyvalence du carbone, cet ensemble limité d'éléments constitutifs est agencé de si nombreuses façons qu'il forme une variété inépuisable de molécules organiques. Les diverses espèces ainsi que les différents individus d'une même espèce se distinguent par les variations de leurs molécules organiques.

Depuis des millénaires, l'Humain tire profit des êtres vivants qui peuvent lui fournir des substances précieuses. Pensons, par exemple, à la nourriture, aux médicaments et aux fibres textiles. La chimie organique tire son origine des tentatives de purification et d'amélioration de ces produits. Au début du XIXᵉ siècle, les chimistes ont appris à fabriquer en laboratoire de nombreux composés simples en combinant des éléments dans les bonnes conditions. La synthèse artificielle de molécules complexes, comme celles que l'on peut extraire de la matière vivante, semblait alors impossible. À cette époque, le chimiste suédois Jöns Jakob Berzelius fit, pour la première fois, une distinction importante. Il différencia les composés organiques, que seuls les êtres vivants pouvaient vraisemblablement fabriquer, et les composés inorganiques du monde inanimé. À ses débuts, la chimie organique s'appuyait sur le *vitalisme,* doctrine suivant laquelle les phénomènes de la vie témoignent d'une force vitale et ne se réduisent pas aux lois physicochimiques.

Les chimistes commencèrent à discréditer le vitalisme lorsqu'ils apprirent à synthétiser des composés organiques dans leurs laboratoires. En 1828, Friedrich Wöhler, un chimiste allemand qui avait reçu l'enseignement de Berzelius, essaya de fabriquer un sel inorganique, le cyanate d'ammonium, en mélangeant des solutions d'ions ammonium (NH_4^+) et cyanate (CNO^-). Il s'aperçut avec stupéfaction qu'il avait fabriqué de l'urée, un composé organique présent dans le plasma et l'urine des Animaux. Il remit en question le vitalisme lorsqu'il écrivit : « Je dois vous dire que je suis capable de faire de l'urée sans le secours d'un rein ni d'aucun animal, pas plus d'un homme que d'un chien. » Cependant, un des ingrédients qu'il avait utilisés dans la synthèse de l'urée, le cyanate, avait été extrait de sang animal. Les vitalistes ne tinrent donc pas compte de sa découverte. Quelques années plus tard, Hermann Kolbe, un étudiant de Wöhler, synthétisa l'acide acétique (un composé organique) à partir de substances inorganiques elles-mêmes préparées directement à partir d'éléments purs.

Mais les bases du vitalisme ne s'écroulèrent que quelques décennies plus tard, après que les chimistes eurent réussi à synthétiser en laboratoire des composés organiques de plus en plus complexes. En 1953, Stanley Miller, qui faisait des études supérieures à l'Université de Chicago, fit avancer les choses. Il contribua à situer la synthèse abiotique (qui n'implique pas le recours aux êtres vivants) des composés organiques dans le contexte de l'évolution. À l'aide d'une simulation en laboratoire des conditions chimiques qui existaient sur la Terre primitive, il démontra que la synthèse spontanée de composés organiques pouvait constituer une des premières étapes de l'origine de la vie (FIGURE 4.1).

Les pionniers de la chimie organique contribuèrent à faire passer le courant de pensée dominant du vitalisme au *mécanisme*. Le mécanisme est une théorie philosophique suivant laquelle tous les phénomènes naturels, y compris les processus de la vie, sont gouvernés par des lois physiques et chimiques. La plupart des composés organiques qui existent dans la nature proviennent des êtres vivants. Ils présentent une diversité et une complexité largement supérieures à celles des composés inorganiques. Cependant, que les molécules soient organiques ou non, elles obéissent toutes aux mêmes lois chimiques. La chimie organique ne repose pas sur une quelconque force vitale intangible, mais sur la polyvalence chimique unique du carbone.

FIGURE 4.1 Synthèse abiotique de composés organiques effectuée lors d'une simulation des conditions existant sur la « Terre primitive ». On voit ici Stanley Miller reproduire son expérience de 1953. Au moyen d'une simulation en laboratoire, il a démontré que les conditions environnementales de la Terre primitive et inanimée ont facilité la synthèse de certaines molécules organiques. Il a utilisé des décharges électriques (simulant des éclairs) pour déclencher des réactions dans une « atmosphère » primitive reconstituée, composée de H_2O, de H_2, de NH_3 (ammoniac) et de CH_4 (méthane) – certains des gaz qui s'échappent des volcans. L'appareil de Miller a produit, à partir de ces substances, divers composés organiques jouant un rôle clé dans les cellules. Il se peut qu'un tel processus chimique ait présidé à la mise en place des conditions propices à l'apparition de la vie sur Terre, une hypothèse que nous allons étudier plus en détail au chapitre 26.

Les atomes de carbone sont les éléments constitutifs les plus polyvalents

Comme vous l'avez appris au chapitre 2, la clé des propriétés chimiques d'un atome réside dans sa configuration électronique. Celle-ci détermine le type et le nombre de liaisons que l'atome forme avec d'autres atomes. Le carbone possède au total six électrons : deux dans sa première couche électronique et quatre dans sa seconde, qui peut en contenir huit. Ayant donc quatre électrons de valence, il a peu tendance à gagner ou à perdre des électrons pour former des liaisons ioniques, car il lui faudrait accepter ou céder quatre électrons. Dans le but de combler son dernier niveau énergétique, il met plutôt en commun des électrons avec d'autres atomes et établit quatre liaisons covalentes. Chaque atome de carbone se comporte en fait comme un point d'intersection à partir duquel une molécule peut se ramifier dans quatre directions. Le carbone doit en partie sa polyvalence à la capacité qu'il a de former quatre liaisons, ce qui rend possible l'existence de molécules complexes.

Vous avez également appris au chapitre 2 que, si un atome de carbone forme quatre liaisons covalentes simples, celles-ci pointent vers les sommets d'un tétraèdre imaginaire (voir la FIGURE 2.17). Dans le méthane (CH_4), les angles des liaisons sont de 109,5° (FIGURE 4.2a), et ils devraient être approximativement les mêmes dans toutes les molécules où le carbone établit quatre liaisons simples. Par exemple, l'éthane (C_2H_6) prend la forme de deux tétraèdres réunis par un de leurs sommets (FIGURE 4.2b). Dans les molécules contenant plusieurs atomes de carbone, chaque groupement constitué d'un atome de carbone lié à quatre autres atomes forme un tétraèdre. Cependant, lorsque deux atomes de carbone sont réunis par une liaison double, toutes les liaisons qui les entourent se trouvent sur le même plan. Par exemple, l'éthène (C_2H_4) est une molécule plane : tous ses atomes se trouvent dans un même plan (FIGURE 4.2c). Rappelons ici que les molécules ont trois dimensions, bien que l'on écrive leur formule développée comme si elles étaient planes, et que la géométrie d'une molécule organique détermine souvent sa fonction dans une cellule.

Le carbone a une configuration électronique qui lui permet de former des liaisons covalentes avec plusieurs éléments différents. La FIGURE 4.3 résume les nombres d'oxydation des quatre atomes principaux composant les molécules organiques : le carbone, l'oxygène, l'hydrogène et l'azote. Les nombres d'oxydation déterminent, si l'on peut dire, la formation des liaisons covalentes en chimie organique ; ce sont, d'une certaine façon, les codes de construction qui régissent l'architecture des molécules organiques.

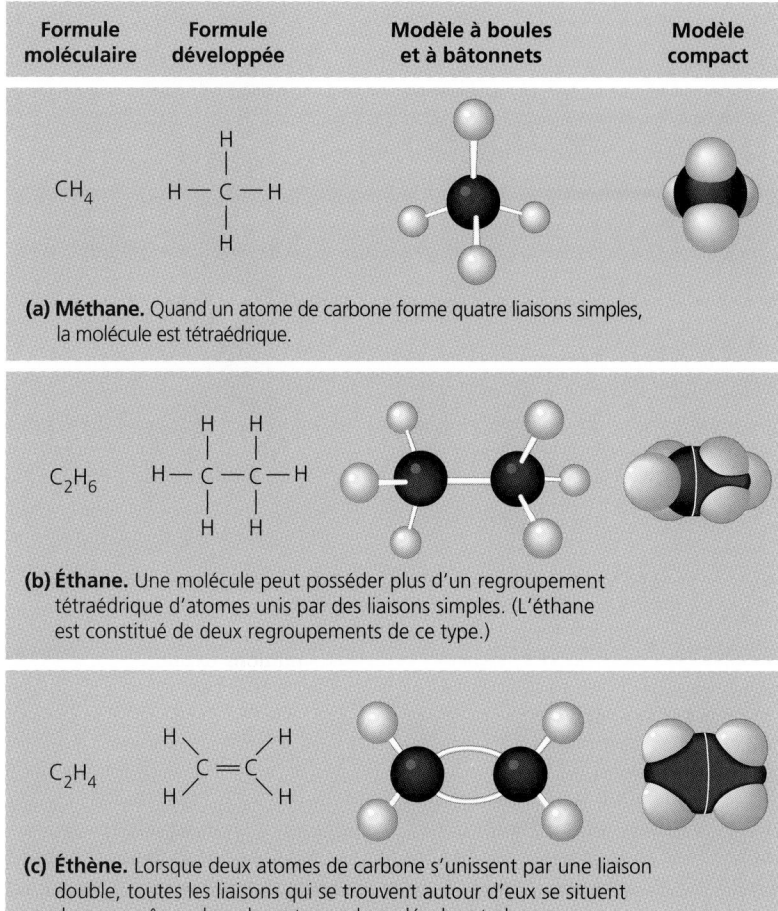

Formule moléculaire	Formule développée	Modèle à boules et à bâtonnets	Modèle compact

CH_4

(a) **Méthane.** Quand un atome de carbone forme quatre liaisons simples, la molécule est tétraédrique.

C_2H_6

(b) **Éthane.** Une molécule peut posséder plus d'un regroupement tétraédrique d'atomes unis par des liaisons simples. (L'éthane est constitué de deux regroupements de ce type.)

C_2H_4

(c) **Éthène.** Lorsque deux atomes de carbone s'unissent par une liaison double, toutes les liaisons qui se trouvent autour d'eux se situent dans un même plan, de sorte que la molécule est plane.

FIGURE 4.2 Géométrie de trois molécules organiques simples.

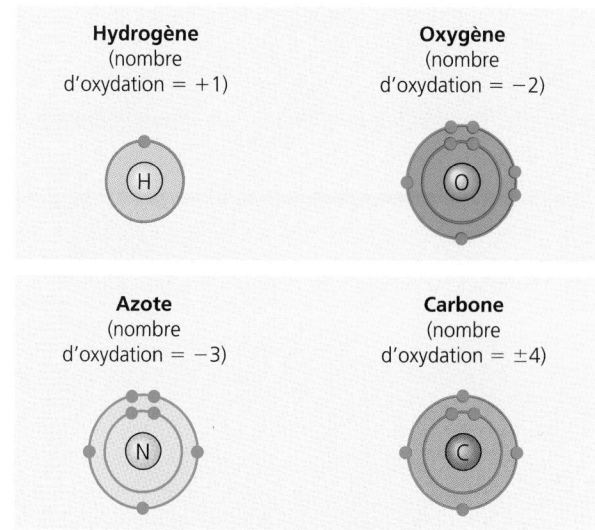

FIGURE 4.3 Nombres d'oxydation des principaux éléments qui composent les molécules organiques. Le nombre d'oxydation d'un atome détermine sa capacité de liaison. Il représente le nombre d'électrons qu'un atome doit perdre (signe +), gagner (signe −) ou mettre en commun pour combler son dernier niveau énergétique. Nous présentons ici les nombres d'oxydation les plus stables des principaux atomes qui forment les molécules organiques.

Un exemple portant sur le dioxyde de carbone, et un autre, sur l'urée, illustrent les règles de formation des liaisons covalentes entre les atomes de carbone et les autres atomes (mis à part l'hydrogène). Dans une molécule de dioxyde de carbone (CO_2), un seul atome de carbone est uni à deux atomes d'oxygène par des liaisons covalentes doubles. La formule développée du CO_2 est O=C=O ; chaque trait (liaison) représente une paire d'électrons mis en commun. Remarquez que l'atome de carbone participe à quatre liaisons covalentes : il établit deux liaisons avec chaque atome d'oxygène. Cet agencement permet à tous les atomes de la molécule de combler leur dernier niveau énergétique. Étant donné que le dioxyde de carbone est une molécule très simple qui ne renferme pas d'hydrogène, on le considère généralement comme une molécule inorganique, même s'il contient du carbone. Qualifier le CO_2 d'organique ou d'inorganique relève de l'arbitraire, mais son importance pour le monde vivant demeure incontestable. Puisé dans l'environnement par les organismes photosynthétiques et transformé en sucre et en d'autres aliments, il est la source de carbone de toutes les molécules organiques qui constituent les êtres vivants.

L'urée, $CO(NH_2)_2$, est une autre molécule relativement simple. Il s'agit d'un composé organique que l'on trouve dans le plasma et l'urine, et que Wöhler a synthétisé au début du XIXe siècle. Sa formule développée est la suivante :

Urée

Encore une fois, chaque atome possède le bon nombre de liaisons covalentes. Ici, l'atome de carbone participe à deux liaisons simples et à une liaison double.

L'urée et le dioxyde de carbone sont des molécules dotées d'un seul atome de carbone. Cependant, comme le montre la FIGURE 4.2, un atome de carbone peut également utiliser un ou plusieurs de ses électrons de valence pour former des liaisons avec d'autres atomes de carbone. Ceux-ci peuvent former des chaînes d'une variété quasiment illimitée.

Les variations dans les squelettes carbonés contribuent à la diversité des molécules organiques

Les chaînes carbonées forment le squelette de la plupart des molécules organiques. Elles varient en longueur et peuvent être linéaires (par exemple, dans le butane), ramifiées (comme dans l'isobutane) ou cycliques (FIGURE 4.4, p. 58). Certaines portent des liaisons doubles, dont le nombre et la position varient. De telles différences contribuent de façon importante à la

(a) Longueur. La longueur des chaînes carbonées varie.

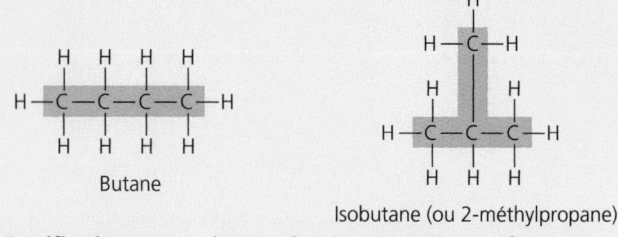

(b) Ramification. Les squelettes carbonés peuvent être ramifiés ou non.

(c) Liaisons doubles. Les squelettes carbonés peuvent porter des liaisons doubles, dont la position varie.

(d) Forme. Certaines chaînes carbonées forment un cycle, ou anneau. (Les figures utilisées pour les représenter omettent d'identifier les atomes de carbone et d'hydrogène.)

FIGURE 4.4 Variations dans les chaînes carbonées. Les hydrocarbures, des molécules organiques uniquement formées de carbone et d'hydrogène, illustrent la diversité des squelettes (ou chaînes) carbonés des molécules organiques.

complexité et à la diversité moléculaires qui caractérisent la matière vivante. De plus, les atomes d'autres éléments peuvent se lier aux chaînes là où il y a des sites libres.

Toutes les molécules illustrées aux FIGURES 4.2 et 4.4 sont des **hydrocarbures,** soit des molécules organiques formées uniquement de carbone et d'hydrogène. Les atomes d'hydrogène se lient aux chaînes carbonées partout où des électrons sont disponibles pour former des liaisons covalentes.

Les hydrocarbures sont les principales composantes du pétrole, que l'on appelle combustible fossile parce qu'il provient des restes partiellement décomposés d'organismes ayant vécu il y a des millions d'années.

Bien que les hydrocarbures ne soient pas abondants dans les êtres vivants, certaines parties des molécules organiques qui se trouvent dans les cellules comportent principalement du carbone et de l'hydrogène. Par exemple, les molécules que l'on appelle graisses possèdent de longues chaînes d'hydrocarbures liées à une composante qui n'est pas un hydrocarbure (FIGURE 4.5). Ni le pétrole ni les graisses ne se mélangent de manière uniforme avec l'eau. Ce sont des composés hydrophobes, parce que les liaisons entre les atomes de carbone et d'hydrogène ne sont pas polaires. Les hydrocarbures se caractérisent également par leur capacité à stocker une quantité d'énergie relativement élevée. Ainsi, l'essence que nous utilisons comme carburant dans les autos est composée d'hydrocarbures. Les Animaux ont des molécules de graisse contenant des chaînes d'hydrocarbures qui leur servent de source d'énergie.

Isomères

Les **isomères** illustrent bien les variations qui existent dans l'architecture des molécules organiques. Ce sont des composés ayant la même formule moléculaire mais des propriétés différentes, parce qu'ils n'ont pas la même configuration. Comparez, par exemple, les deux molécules de butane (butane et isobutane) de la

FIGURE 4.4b. Toutes deux ont la formule moléculaire C_4H_{10}, mais elles diffèrent dans l'agencement de leur squelette carboné. Celui du butane est linéaire, alors que celui de l'isobutane est ramifié. Nous examinerons trois types d'isomères : les isomères de structure, les isomères géométriques et les isomères optiques (FIGURE 4.6).

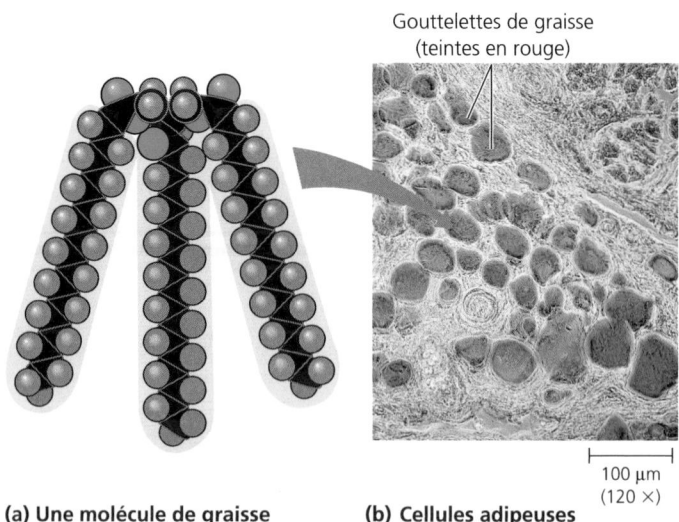

Gouttelettes de graisse (teintes en rouge)

(a) Une molécule de graisse

(b) Cellules adipeuses d'un mammifère

├── 100 μm (120 ×)

FIGURE 4.5 Rôle des hydrocarbures dans les graisses. (a) Une molécule de graisse est constituée de trois chaînes d'hydrocarbures rattachées au sommet à une molécule commune de glycérol. Les chaînes d'hydrocarbures emmagasinent de l'énergie. Leurs nombreuses liaisons C—H, non polaires, expliquent le comportement hydrophobe des graisses. (Noir = carbone ; gris = hydrogène ; rouge = oxygène)
(b) Les cellules adipeuses des Mammifères accumulent les molécules de graisse en tant que réserve d'énergie. Chaque cellule adipeuse présentée dans cette micrographie est presque entièrement occupée par une grosse gouttelette de graisse, qui accumule une quantité énorme de molécules de graisse.

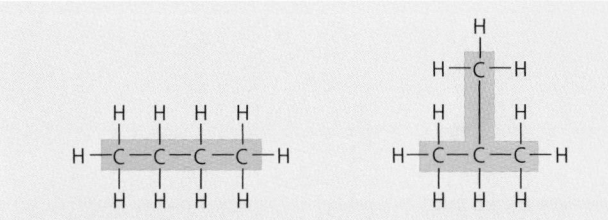

(a) Les **isomères de structure** sont des composés qui diffèrent par l'ordre d'enchaînement de leurs atomes, comme le butane et l'isobutane.

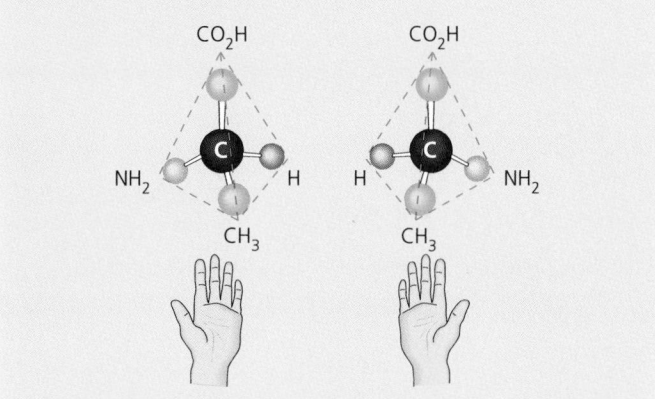

(b) Les **isomères géométriques** ont des liaisons agencées de la même façon, mais des H et des X disposés différemment dans l'espace autour de la liaison double.
(X représente un atome ou un groupe d'atomes.)

(c) Les **isomères optiques** montrent une disposition spatiale inversée autour d'un carbone asymétrique. Il en résulte des molécules qui sont l'image inversée l'une de l'autre, comme la main gauche et la main droite. Les isomères optiques ne peuvent pas se superposer.

FIGURE 4.6 Trois types d'isomères. De formules moléculaires identiques, mais de structures différentes, les isomères sont une des sources de la diversité des molécules organiques.

Les **isomères de structure** diffèrent par la disposition de leurs liaisons covalentes. Le nombre d'isomères possibles augmente énormément à mesure que les chaînes carbonées s'allongent. Il n'y a que deux molécules de butane, mais il existe 18 isomères de C_8H_{18} et 366 319 isomères de structure de $C_{20}H_{42}$. Les isomères de structure peuvent également différer par la position de leurs liaisons doubles.

Les **isomères géométriques** ont le même ensemble de liaisons covalentes, mais certains de leurs atomes ou de leurs groupes d'atomes n'occupent pas la même position. Généralement, l'emplacement de ces derniers est en relation avec une liaison double ou avec un cycle. Lorsque les atomes (ou groupes d'atomes) en question se trouvent du même côté de la double liaison ou du cycle, l'isomère prend la forme *cis*. Lorsqu'ils se situent à l'opposé, l'isomère prend la forme *trans*. L'existence des isomères géométriques est due à la rigidité des liaisons doubles et des liaisons

des chaînes carbonées cycliques qui, contrairement aux liaisons simples, ne permettent pas aux atomes qu'elles relient d'effectuer des rotations autour de l'axe de liaison. Cette légère différence de géométrie peut influencer de façon importante l'activité biologique des molécules organiques. Par exemple, le processus complexe de la vision fonctionne grâce à la conversion, sous l'effet de la lumière, des isomères géométriques (cis vers trans) du rétinal, un aldéhyde synthétisé à partir de la vitamine A. Ce dernier entre dans la composition de la rhodopsine, une molécule présente dans les bâtonnets rétiniens.

Les **isomères optiques** sont des molécules qui forment une image en miroir. Dans les modèles à boules et à bâtonnets illustrés à la FIGURE 4.6c, l'atome de carbone central est dit *asymétrique*, parce qu'il s'attache à quatre atomes ou groupes d'atomes différents. Ceux-ci peuvent s'agencer de deux façons différentes dans l'espace entourant l'atome de carbone asymétrique. Chacune de ces façons donne une image inversée de l'autre, un peu comme nos deux mains. Les cellules possèdent la capacité de distinguer les isomères optiques. Généralement, l'un de ceux-ci est biologiquement actif, et l'autre, inactif.

Cette caractéristique revêt une grande importance dans l'industrie pharmaceutique, car les isomères optiques d'un médicament peuvent posséder des propriétés différentes (FIGURE 4.7). Dans certains cas, un isomère peut même produire des effets nocifs. Le cas de la thalidomide illustre bien cela. La thalidomide était un médicament prescrit aux femmes enceintes à la fin des années 1950 et au début des années 1960. Elle comprenait un mélange de deux isomères optiques. L'un d'eux réduisait les nausées matinales, ce qui était un effet recherché, alors que l'autre provoquait des malformations congénitales graves. (Malheureusement, même si le « bon » isomère de la thalidomide est administré dans sa forme purifiée, une partie se convertit rapidement en « mauvais » isomère dans l'organisme.) Les isomères optiques ont donc des effets différents sur l'organisme. Cela montre à quel point ce dernier est sensible aux plus petites variations de l'architecture moléculaire. Une fois encore, nous constatons que les molécules acquièrent leurs propriétés en fonction de l'arrangement particulier de leurs atomes.

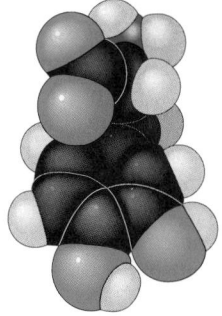

L-Dopa
(médicament efficace contre la maladie de Parkinson)

D-Dopa
(isomère optique, biologiquement inactif)

FIGURE 4.7 Importance des isomères optiques dans l'industrie pharmaceutique. La L-Dopa (lévodopa) est un médicament utilisé dans le traitement de la maladie de Parkinson, un trouble du système nerveux central. L'isomère optique de ce médicament, appelé D-Dopa (dextrodopa), n'est d'aucune efficacité chez le patient.

LES GROUPEMENTS FONCTIONNELS

Une molécule organique a des propriétés particulières qui reposent non seulement sur l'arrangement de son squelette carboné, mais aussi sur les composantes moléculaires qui s'y rattachent. Nous allons maintenant examiner certains groupements d'atomes fréquemment liés aux chaînes carbonées des molécules organiques.

Les groupements fonctionnels contribuent à la diversité moléculaire de la vie

Les composantes des molécules organiques qui participent le plus souvent aux réactions chimiques se nomment **groupements fonctionnels.**

Chaque groupement fonctionnel se comporte de la même façon d'une molécule organique à l'autre. C'est le nombre et l'arrangement des groupes d'atomes qu'une molécule contient qui confèrent à celle-ci des propriétés caractéristiques. Examinons la différence entre la testostérone, l'hormone sexuelle mâle, et l'œstradiol, une hormone sexuelle femelle (un type d'œstrogène), chez les Humains et les autres Vertébrés (FIGURE 4.8). Il s'agit de stéroïdes, c'est-à-dire de molécules organiques dont le squelette carboné a la forme de quatre cycles (anneaux) accolés. Ces hormones diffèrent principalement par les groupements fonctionnels rattachés aux cycles. Les différentes actions que ces deux molécules exercent sur de nombreuses cellules de l'organisme provoquent l'apparition des caractères sexuels mâles et femelles. Les sept groupements fonctionnels les plus importants dans la chimie de la vie sont les groupements hydroxyle, carbonyle, carboxyle, amine, thiol, phosphate et ester (TABLEAU 4.1). Comme la plupart d'entre eux sont hydrophiles, ils augmentent la solubilité des composés organiques dans l'eau.

Groupement hydroxyle

Dans un **groupement hydroxyle,** un atome d'hydrogène se lie à un atome d'oxygène lui-même fixé à la chaîne carbonée de la molécule organique. Les composés organiques qui comportent des groupements hydroxyle sont des **alcools,** et leurs noms se terminent en −*ol*, comme éthanol, un alcool présent dans les boissons. Dans une formule développée, on abrège habituellement le groupement hydroxyle en omettant la liaison covalente entre l'oxygène et l'hydrogène ; on écrit −OH ou HO− (qu'il ne faut pas confondre avec l'ion hydroxyde, OH^-, provenant de la dissociation d'une base comme l'hydroxyde de sodium, NaOH). Le groupement hydroxyle est polaire, étant donné qu'il contient un atome d'oxygène électronégatif, qui attire vers lui les électrons. En conséquence, il exerce une attraction sur les molécules d'eau. Cela facilite la dissolution des composés organiques comportant des groupements hydroxyle. Les sucres, par exemple, doivent leur solubilité dans l'eau à la présence de nombreux groupements hydroxyle (voir la FIGURE 5.3).

Groupement carbonyle

Le **groupement carbonyle** ($>$C=O) se compose d'un atome de carbone associé à un atome d'oxygène par une liaison double. Lorsqu'il se trouve entre un atome de carbone et un atome d'hydrogène, à l'extrémité d'une chaîne carbonée, il fait partie de la classe fonctionnelle des **aldéhydes.** Lorsqu'il se trouve entre deux atomes de carbone, il fait partie de la classe fonctionnelle des **cétones.** Pour qu'il soit ainsi placé entre deux atomes

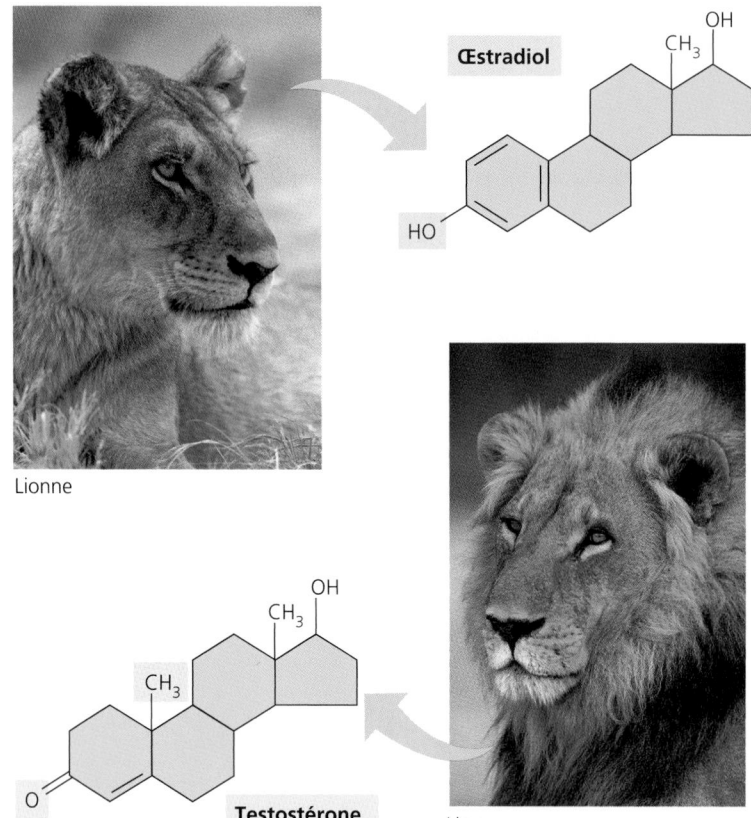

FIGURE 4.8 Comparaison entre les groupements fonctionnels présents dans les hormones sexuelles femelle (œstradiol) et mâle (testostérone). Les deux molécules, qui ont un squelette carboné semblable, formé de quatre cycles rattachés, diffèrent principalement par l'agencement de leurs groupements fonctionnels. (Nous avons simplifié le squelette carboné en omettant les atomes de carbone et ceux d'hydrogène situés dans les cycles.) Cette légère variation dans l'architecture moléculaire agit sur la différenciation anatomique et physiologique des femelles et des mâles chez les Vertébrés.

de carbone, la chaîne doit comporter au moins trois atomes de carbone, comme dans l'acétone, la cétone la plus simple. L'acétone a des propriétés différentes de celles du propanal, un aldéhyde qui possède aussi trois atomes de carbone. (L'acétone et le propanal sont des isomères de structure.)

Groupement carboxyle

Lorsqu'un atome d'oxygène est uni par une liaison double à un atome de carbone lui-même lié à un groupement hydroxyle, l'ensemble s'appelle **groupement carboxyle** (−COOH). Les composés comportant un groupement carboxyle sont des **acides carboxyliques,** ou acides organiques. Le plus simple de ceux-ci ne contient qu'un atome de carbone et s'appelle acide formique (HCOOH). Il s'agit d'une substance que certaines fourmis injectent lorsqu'elles mordent. L'acide acétique, un autre acide carboxylique, qui compte deux atomes de carbone, donne au vinaigre un goût aigre, typique des acides.

Pourquoi le groupement carboxyle a-t-il les propriétés d'un acide ? Parce qu'il a tendance à s'ioniser de façon réversible en perdant un proton (H^+). Ce phénomène confère aux acides carboxyliques un caractère d'acide relativement fort par rapport aux alcools, par exemple. Pour illustrer cela, prenons le cas de l'acide acétique.

TABLEAU 4.1 Les groupements fonctionnels très importants dans la chimie de la vie

Groupement fonctionnel	Formule	Classe fonctionnelle	Exemple	
Hydroxyle	—OH	Alcools		Éthanol (dans les boissons alcoolisées)
Carbonyle		Aldéhydes		Propanal
		Cétones		Acétone (propanone)
Carboxyle	(non ionisé) (ionisé)	Acides carboxyliques		Acide acétique* (acide éthanoïque)
Amine	(non ionisé) (ionisé)	Amines		Glycine* (un acide aminé)
Thiol	—SH	Thiols		Éthanethiol
Phosphate		Phosphates organiques		Glycérophosphate
Ester		Esters		Éthanoate de méthyle

* La forme ionisée des groupements carboxyle et amine prédomine dans les cellules. Cependant, l'acide acétique et la glycine figurent ici sous leur forme non ionisée.

Acide acétique ⇌ ... + H⁺ Proton

Ion acétate stabilisé par résonance

La recherche de stabilité au moyen d'une réaction demandant le moins d'énergie possible favorise ici la dissociation de l'acide. En effet, la formation d'un ion et d'un proton augmente l'espace alloué au déplacement d'un doublet d'électrons. Le besoin énergétique du système s'en trouve diminué, et sa stabilité, accrue. Un système privilégie normalement tout ce qui maintient ou accentue la stabilité ; il permet ainsi la résonance. Celle-ci se traduit par le déplacement d'un doublet d'électrons, rendant ceux-ci moins disponibles. Donc, la résonance stabilise l'ion, ce qui favorise la dissociation de l'acide. Si l'oxygène doublement lié et le groupement hydroxyle sont attachés à des atomes de carbone séparés, le groupement −OH a moins tendance à se dissocier. Voilà un autre exemple qui illustre bien l'émergence.

Groupement amine

Le **groupement amine** (−NH₂) est formé d'un atome d'azote lié à deux atomes d'hydrogène et à une chaîne carbonée. Les composés organiques qui portent ce groupement fonctionnel s'appellent **amines**. La glycine, illustrée au TABLEAU 4.1, en constitue un exemple. Étant donné qu'elle porte également un groupement carboxyle, elle est à la fois une amine et un acide carboxylique, d'où son appellation *acide aminé*. Les acides aminés constituent la base moléculaire des protéines. La plupart des composés organiques d'une cellule possèdent deux ou plusieurs groupements fonctionnels.

Le groupement amine se comporte comme une base; l'atome d'azote porte une paire d'électrons libres pouvant servir à lier un atome d'hydrogène, qui est ainsi retiré de la solution dans laquelle la réaction se produit.

$$-N\begin{array}{c} H \\ \\ H \end{array} + H^+ \rightleftharpoons -{}^+N\begin{array}{c} H \\ -H \\ H \end{array}$$

Ce processus donne une charge de +1 au groupement amine; c'est son état le plus fréquent dans la cellule.

Groupement thiol

Dans le tableau périodique, le soufre se trouve directement sous l'oxygène. Ces deux éléments possèdent six électrons de valence et forment deux liaisons covalentes. Le **groupement thiol** (−SH) est constitué d'un atome de soufre lié à un atome d'hydrogène. Il ressemble par sa forme au groupement hydroxyle (voir le TABLEAU 4.1). Au chapitre 5, vous verrez comment il contribue à stabiliser la structure complexe de nombreuses protéines.

Groupement phosphate

Le phosphate (ou tétraoxophosphate) est un anion formé par la dissociation d'un acide inorganique appelé acide phosphorique (H_3PO_4). La perte de protons occasionnée par cette dissociation laisse le phosphate avec deux charges négatives. Les composés organiques qui contiennent un **groupement phosphate** (−OPO₃²⁻) possèdent un ion phosphate attaché à la chaîne carbonée grâce à une liaison covalente avec un de ses atomes

d'oxygène (voir le TABLEAU 4.1). Une des fonctions du groupement phosphate consiste à transférer de l'énergie d'une molécule organique à une autre. Au chapitre 6, vous apprendrez comment les cellules régissent le transfert de groupements phosphate pour accomplir un travail, comme la contraction des cellules musculaires.

Groupement ester

Le **groupement ester** (−COO−) se compose d'un atome de carbone associé à deux atomes d'oxygène. Le carbone établit une liaison double avec le premier atome d'oxygène et une liaison simple avec le second, qui se lie lui-même à une chaîne carbonée. Le groupement ester provient d'une modification des acides carboxyliques sous l'effet d'un alcool, qui contient, comme nous l'avons vu dans cette section, un ou plusieurs groupements hydroxyle. Les esters sont très répandus dans la nature. Ils contribuent à former les graisses, qui représentent une source d'énergie importante et un matériau isolant chez les Animaux.

Les éléments chimiques de la vie : *une révision*

Vous savez maintenant que la matière vivante se compose principalement de carbone, d'oxygène, d'hydrogène et d'azote, et, en plus petites quantités, de soufre et de phosphore. Ces éléments ont une caractéristique en commun : ils forment des liaisons covalentes fortes, une qualité essentielle à l'architecture des molécules organiques complexes. Parmi tous ces éléments, le carbone est le roi de la liaison covalente. Son comportement chimique en fait un élément constitutif des molécules organiques. Il est doté de propriétés exceptionnelles : il peut établir quatre liaisons covalentes, s'unir à d'autres atomes de carbone de façon à former des molécules complexes et se lier à plusieurs éléments différents. Grâce aux innombrables possibilités qu'il offre, les molécules organiques sont très diversifiées et possèdent des propriétés spéciales associées à l'arrangement unique de leur squelette carboné et de leurs groupements fonctionnels. Toute la diversité des organismes repose sur cette variation moléculaire.

■　　　■　　　■

Maintenant que nous avons examiné quelques notions fondamentales de la chimie organique, nous pouvons aborder le chapitre suivant. Nous y explorerons la structure et les fonctions des macromolécules fabriquées par les cellules : les glucides, les lipides, les protéines et les acides nucléiques.

RÉVISION DU CHAPITRE

Résumé des concepts importants

L'IMPORTANCE DU CARBONE

■ **La chimie organique étudie les composés du carbone (p. 55 et 56).** On a déjà cru que les composés organiques ne pouvaient provenir que des êtres vivants (vitalisme), mais les chimistes ont remis en question cette notion quand ils ont réussi à synthétiser des composés organiques en laboratoire.

■ **Les atomes de carbone sont les éléments constitutifs les plus polyvalents (p. 56 et 57, FIGURE 4.2).** Grâce à sa faculté de former quatre liaisons covalentes, le carbone peut former des molécules très variées. Il peut se lier à différents atomes, dont O, H et N. Les atomes de carbone peuvent également s'unir entre eux et former des chaînes ; c'est le cas dans les molécules organiques, dont ils forment le squelette.

■ **Les variations dans les squelettes carbonés contribuent à la diversité des molécules organiques (p. 57 à 59, FIGURE 4.4).** Le squelette carboné de ces dernières varie par sa longueur et sa forme ; ses atomes de carbone peuvent former des liaisons avec des atomes d'autres éléments. Les hydrocarbures se composent uniquement de carbone et d'hydrogène. La capacité du carbone à se lier de multiples façons permet la formation d'isomères. Il s'agit de molécules possédant la même formule moléculaire, mais présentant une architecture et des propriétés différentes. Il existe trois types d'isomères : les isomères de structure, les isomères géométriques et les isomères optiques.

LES GROUPEMENTS FONCTIONNELS

■ **Les groupements fonctionnels contribuent à la diversité moléculaire de la vie (p. 60 à 62, TABLEAU 4.1).** Ce sont des groupes spécifiques d'atomes dont la réactivité donne aux molécules organiques des propriétés particulières. Le groupement hydroxyle ($-OH$), présent dans les alcools, a une liaison covalente polaire qui facilite la dissolution des alcools dans l'eau. Le groupement carbonyle ($>CO$) peut se trouver soit à l'extrémité d'une chaîne carbonée (aldéhyde), soit à l'intérieur de la chaîne (cétone). Le groupement carboxyle ($-COOH$) est présent dans les acides carboxyliques. L'hydrogène de ce groupement peut se dissocier et faire de la molécule un acide faible. Le groupement amine ($-NH_2$) peut accepter un proton (H^+) et se comporter comme une base. Le groupement thiol ($-SH$) contribue à stabiliser la structure de certaines protéines. Le groupement phosphate ($-OPO_3^{2-}$) joue un rôle important dans le transfert de l'énergie cellulaire. Le groupement ester ($-COO-$) contribue à former les graisses, une source d'énergie importante.

■ **Les éléments chimiques de la vie :** *une révision* **(p. 62).** La matière vivante se compose principalement de carbone, d'oxygène, d'hydrogène et d'azote, ainsi que d'une petite quantité de soufre et de phosphore. La diversité biologique réside, à l'échelle moléculaire, dans la capacité du carbone à produire une gamme impressionnante de molécules aux formes et aux propriétés chimiques particulières.

Autoévaluation

(Les questions dont les numéros sont en caractères gras font surtout appel à la compréhension.)

1. Quelle est la définition moderne de la chimie organique ?
   a) C'est l'étude des composés qui ne peuvent être élaborés que par des cellules.
   b) C'est l'étude des composés du carbone.
   c) C'est l'étude des forces vitales.
   d) C'est l'étude des composés naturels (par opposition aux composés synthétiques).
   e) C'est l'étude des hydrocarbures.

2. Choisissez la paire de termes qui complète cette phrase : « L'hydroxyle est _____ ce que _____ est à l'aldéhyde. »
   a) au carbonyle ; la cétone.
   b) à l'oxygène ; le carbone.
   c) à l'alcool ; le carbonyle.
   d) à l'amine ; le carboxyle.
   e) à l'alcool ; la cétone.

3. Quel énoncé à propos d'un composé possédant plusieurs groupements hydroxyle est vrai ?
   a) Il s'agit d'une molécule de graisse.
   b) Ce composé ne peut former de liaisons hydrogène avec l'eau.
   c) Ce composé peut se dissoudre dans un solvant non polaire.
   d) Ce composé se dissout dans l'eau.
   e) Il s'agit d'une molécule hydrophobe.

4. L'essence consommée par une automobile est un combustible fossile constitué surtout :
   a) d'aldéhydes.
   b) d'acides aminés.
   c) d'alcools.
   d) d'hydrocarbures.
   e) de thiols.

5. Choisissez l'expression qui décrit correctement ces deux molécules de sucre.

   a) Isomères de structure.
   b) Isomères géométriques.
   c) Isomères optiques.
   d) Isotopes du carbone.

6. Repérez l'atome de carbone asymétrique dans cette molécule.

7. Quel groupement fonctionnel est absent dans cette molécule ?

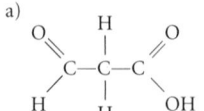

a) Carboxyle. c) Hydroxyle.
b) Thiol. d) Amine.

8. Pour obtenir un groupement carbonyle, il faut :
a) extraire un hydroxyle d'un carboxyle.
b) ajouter un thiol à un hydroxyle.
c) ajouter un hydroxyle à un phosphate.
d) remplacer l'azote par l'oxygène dans une amine.
e) ajouter un thiol à un carboxyle.

9. À quel groupement fonctionnel doit-on principalement le comportement basique d'une molécule organique ?
a) À un hydroxyle. d) À une amine.
b) À un carbonyle. e) À un phosphate.
c) À un carboxyle.

10. Laquelle de ces molécules formerait l'acide le plus fort ? Expliquez votre réponse.

11. Écrivez la formule développée de C_2H_4.

12. Pourquoi ce composé se nomme-t-il acide aminé ?

13. Écrivez la formule développée de trois isomères du pentane (C_5H_{12}).

14. Qu'ont en commun l'essence et les graisses ?

15. Qu'est-ce qu'un ester ?

Lien avec l'évolution

À l'aide de ce que vous avez appris sur la structure des molécules organiques, avancez de nouveaux arguments qui sont contre le vitalisme et en faveur de l'évolution.

Intégration

En 1918, une épidémie de la maladie du sommeil a causé chez certains survivants un type de paralysie se manifestant par une forme rare de rigidité musculaire. Les symptômes présentés rappelaient la maladie de Parkinson à un stade avancé. Des années plus tard, on a administré à certains patients de la lévodopa (L-Dopa), un médicament servant au traitement de la maladie de Parkinson (voir la FIGURE 4.7). Comme dans le film *L'Éveil* (*Awakenings*), la lévodopa a contribué à éliminer leur paralysie, du moins temporairement. On a par la suite démontré que, comme dans le cas de la maladie de Parkinson, son isomère optique, la D-dopa, n'était d'aucune aide. À la lumière des notions apprises jusqu'à maintenant, posez une hypothèse afin d'expliquer pourquoi un isomère est efficace dans le traitement de ces *deux* maladies, alors que l'autre ne l'est pas.

Science, technologie et société

Il y a 40 ans, la thalidomide est devenue tristement célèbre : de nombreuses femmes qui avaient pris ce médicament pendant leur grossesse pour soulager leurs nausées matinales ont donné naissance à des enfants souffrant de malformations congénitales. Cependant, en 1998, l'organisme de contrôle des médicaments aux États-Unis (Food and Drug Administration, FDA) a approuvé l'usage de ce médicament dans le traitement de certaines affections associées à la lèpre. Au cours d'essais cliniques, la thalidomide a également semblé être un moyen de soigner des patients atteints de sida, de tuberculose et d'autres maladies, dont certains types de cancer. Selon vous, devrait-on approuver l'utilisation de ce médicament ? Si oui, sous quelles conditions ? Quels critères devraient guider la FDA dans la comparaison entre les bienfaits et les dangers d'un médicament ?

Réponses à l'autoévaluation : 1. b ; 2. c ; 3. d ; 4. d ; 5. a ; 6. b ; 7. b ; 8. a ; 9. d ; 10. b ; la proximité de trois atomes d'oxygène rend cette molécule très instable, donc très réactive.

11.

12. Parce qu'il contient à la fois un groupement carboxyle ($-COOH$), d'où son appellation d'acide, et un groupement amine ($-NH_2$), d'où le terme aminé.

13.

14. Les deux substances sont constituées principalement de chaînes d'hydrocarbures.

15. C'est un groupement fonctionnel constitué d'un atome de carbone associé à deux atomes d'oxygène ; ce groupement se positionne généralement entre deux chaînes carbonées.

CHAPITRE 5

STRUCTURE ET FONCTION DES MACROMOLÉCULES

« La vie, ce concept mystérieux, est ramenée à la présence d'ADN. Il n'y a plus de frontière entre matière animée et inanimée. Tout n'est qu'une question de degré de complexité. »

ALBERT JACQUARD
biologiste et humaniste français (1929-)

SYNTHÈSE ET DÉGRADATION DES POLYMÈRES

- La plupart des macromolécules sont des polymères
- On peut construire une infinité de polymères à partir d'un petit ensemble de monomères

LES GLUCIDES – DES SOURCES D'ÉNERGIE ET DES MATÉRIAUX DE STRUCTURE

- Les monosaccharides composent les disaccharides et sont des sources d'énergie et de carbone
- Les polysaccharides, des polymères de monosaccharides, constituent des substances de réserve destinées à la production d'énergie ou servent de matières premières

LES LIPIDES – DES MOLÉCULES HYDROPHOBES D'ASPECT VARIÉ

- Les graisses emmagasinent de grandes quantités d'énergie
- Les phosphoglycérolipides constituent la majeure partie des membranes cellulaires
- Les stéroïdes comprennent le cholestérol et certaines hormones

LES PROTÉINES – DE NOMBREUX NIVEAUX DE STRUCTURE, DES FONCTIONS TRÈS DIVERSIFIÉES

- Un polypeptide est un polymère d'acides aminés associés selon une séquence déterminée
- Une protéine a une fonction qui dépend de sa conformation particulière

LES ACIDES NUCLÉIQUES – DES POLYMÈRES DE NUCLÉOTIDES JOUANT UN RÔLE DANS L'INFORMATION GÉNÉTIQUE

- Les acides nucléiques emmagasinent et transmettent l'information génétique

- Un brin d'acide nucléique est un polymère de nucléotides
- L'hérédité se fonde sur la réplication de la double hélice d'ADN
- L'ADN et les protéines sont des reflets de l'évolution

Nous avons appliqué *la notion d'émergence à l'étude de l'eau et des molécules organiques relativement simples. Ces substances font partie intégrante de la vie et chacune exerce une fonction importante qui découle de l'arrangement de ses atomes. Nous aborderons maintenant, au niveau moléculaire de la hiérarchie de l'organisation biologique, la synthèse des molécules organiques complexes à partir de molécules organiques simples. On regroupe les molécules organiques complexes dans quatre classes principales : les glucides, les lipides, les protéines et les acides nucléiques. Bon nombre de ces molécules comportent des milliers d'atomes unis par des liaisons covalentes et représentent de véritables colosses moléculaires. Les biologistes emploient le terme* **macromolécules** *pour les désigner.*

Compte tenu que les macromolécules ont une taille et une complexité incroyables, il est remarquable que les biochimistes aient réussi à déterminer la structure détaillée d'un si grand nombre d'entre elles (FIGURE 5.1, p. 66). Une macromolécule a une fonction qu'il est plus facile de saisir lorsqu'on comprend son architecture. Par exemple, la configuration plissée de la fibroïne, une protéine qui compose la toile de l'araignée sur la photo ci-dessus, donne de la force et de l'élasticité aux fibres. Les protéines et les autres molécules complexes de la vie constituent le sujet principal de ce chapitre. Au niveau moléculaire comme à tous les niveaux de l'organisation biologique, structure et fonction sont indissociables.

SYNTHÈSE ET DÉGRADATION DES POLYMÈRES

Pour saisir la relation entre la structure et la fonction des macromolécules, nous commencerons par voir comment, en général, les cellules construisent des molécules complexes à partir de molécules plus simples.

FIGURE 5.1 Construction de modèles servant à l'étude de la structure fonctionnelle des macromolécules. **(a)** Linus Pauling (1901-1994) pose à côté d'un modèle de protéine. Dans les années 1950, ce chimiste américain a découvert plusieurs principes fondamentaux de la structure des protéines, qu'il a démontrés en fabriquant des modèles tridimensionnels. **(b)** De nos jours, les scientifiques utilisent des ordinateurs pour construire des modèles moléculaires. Leur but demeure le même : établir la corrélation entre la structure d'une macromolécule et sa fonction.

La plupart des macromolécules sont des polymères

Les macromolécules appartenant à trois des quatre classes de composés organiques, soit les glucides, les protéines et les acides nucléiques, sont des polymères (du grec *polus*, plusieurs, et *meros*, partie). Un **polymère** est une molécule constituée d'un grand nombre d'unités structurales identiques ou semblables rattachées par des liaisons covalentes, comme un train formé d'une chaîne de wagons. Chacune des unités structurales formant un polymère s'appelle **monomère**. Certaines des molécules qui servent de monomères remplissent une fonction qui leur est propre.

Les classes de polymères diffèrent par la nature de leurs monomères, mais les types de réactions utilisés par les cellules pour synthétiser ou dégrader les macromolécules sont toujours les mêmes (FIGURE 5.2). Les monomères se lient au cours d'une réaction dans laquelle deux molécules s'associent par une liaison covalente tout en perdant une molécule d'eau. Il s'agit d'une **réaction de condensation,** plus particulièrement d'une **réaction de déshydratation,** parce qu'il y a perte d'une molécule d'eau (FIGURE 5.2a). Chaque fois que deux monomères s'unissent, chacun fournit une partie de la molécule d'eau éliminée : l'un d'eux perd un groupement hydroxyle (−OH), l'autre, un atome d'hydrogène (H). La construction d'un polymère implique la répétition de cette réaction ; c'est ainsi que des monomères sont graduellement ajoutés à la chaîne. La cellule doit fournir de l'énergie pour que ces nouvelles liaisons soient formées. De plus, ce processus ne peut se produire qu'avec l'aide d'enzymes, des protéines spécialisées qui accroissent la vitesse des réactions chimiques produites dans une cellule.

Les macromolécules se scindent en monomères par **hydrolyse,** le processus inverse de la réaction de condensation (FIGURE 5.2b). Le terme hydrolyse signifie « briser à l'aide de l'eau » (du grec *udor*, eau, et *lusis*, briser). L'addition de molécules d'eau rompt les liaisons entre les monomères : un atome d'hydrogène provenant de l'eau s'attache à un monomère, tandis qu'un groupement hydroxyle s'attache au monomère adjacent. Le processus de la digestion constitue un exemple d'hydrolyse. La majeure partie de la matière organique qui se trouve dans nos aliments se compose de polymères beaucoup trop volumineux pour entrer dans nos cellules. Dans le tube digestif, diverses enzymes accélèrent l'hydrolyse des polymères. Les monomères libérés sont ensuite absorbés par le tissu épithélial du tube

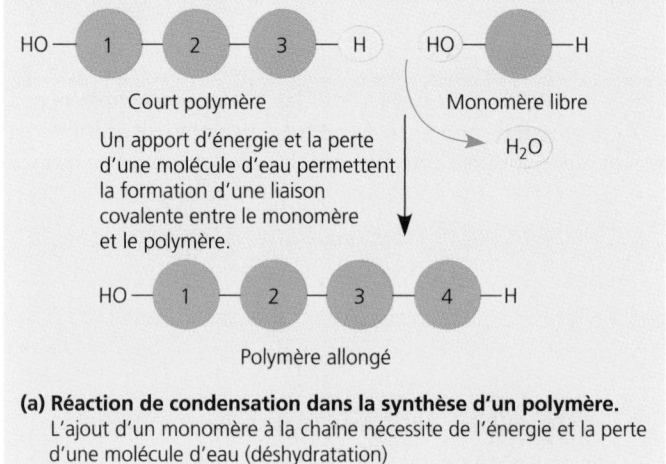

(a) Réaction de condensation dans la synthèse d'un polymère. L'ajout d'un monomère à la chaîne nécessite de l'énergie et la perte d'une molécule d'eau (déshydratation)

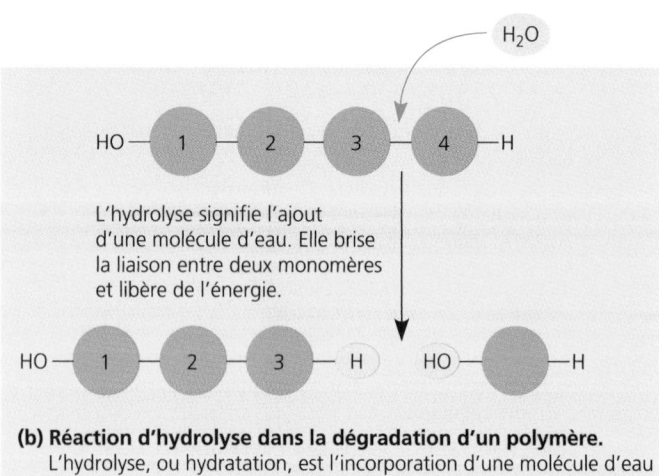

(b) Réaction d'hydrolyse dans la dégradation d'un polymère. L'hydrolyse, ou hydratation, est l'incorporation d'une molécule d'eau entre deux monomères de la chaîne. Cette réaction rompt la liaison covalente qui existait entre ceux-ci et libère de l'énergie.

FIGURE 5.2 Synthèse et dégradation des polymères.

digestif et passent dans la circulation sanguine, qui les distribue à toutes les cellules de l'organisme. Les cellules peuvent alors faire appel aux réactions de condensation pour assembler les monomères en des polymères différents de ceux qui avaient été ingérés.

On peut construire une infinité de polymères à partir d'un petit ensemble de monomères

Chaque cellule d'un organisme possède des milliers de macromolécules différentes, dont un grand nombre varie d'un tissu à l'autre. Les différences qui existent entre les frères et sœurs, par exemple, témoignent de variations dans les polymères, notamment dans l'ADN et les protéines. Les différences moléculaires sont plus importantes entre les individus sans liens de parenté, et encore plus entre les espèces. La diversité des macromolécules dans le monde vivant est considérable; son potentiel tend vers l'infini.

D'où provient la pluralité des polymères? Ceux-ci ne s'élaborent qu'à partir de 40 à 50 monomères communs et de quelques autres plus rares. Créer une énorme variété de polymères à partir d'un nombre aussi limité de monomères, c'est comme former des centaines de milliers de mots à partir des 26 lettres de l'alphabet français. Tout réside dans l'arrangement, c'est-à-dire dans la façon de combiner en séquence linéaire les unités structurales de base. Les protéines, par exemple, sont fabriquées à partir de 20 acides aminés différents arrangés en chaînes. Celles-ci sont généralement longues de centaines d'acides aminés.

Nous pouvons étudier maintenant les structures et les fonctions spécifiques des quatre classes principales de macromolécules présentes dans les cellules. Nous verrons que ces molécules complexes ont des propriétés que leurs monomères ne possèdent pas, une autre manifestation de l'émergence.

LES GLUCIDES – DES SOURCES D'ÉNERGIE ET DES MATÉRIAUX DE STRUCTURE

La classe des **glucides** comprend les monosaccharides (faits d'un seul monomère), les disaccharides (formés de deux monomères) et les polysaccharides (des polymères). Les glucides les plus simples sont les monosaccharides. Les disaccharides résultent de l'union de deux monosaccharides au cours d'une réaction de condensation. Les glucides qui sont des macromolécules sont des polysaccharides, c'est-à-dire des polymères de nombreux monosaccharides.

Les monosaccharides composent les disaccharides et sont des sources d'énergie et de carbone

Les **monosaccharides** (du grec *monos*, «un seul», et *sacchar*, «sucre») ont habituellement des formules moléculaires qui sont des multiples de CH_2O (FIGURE 5.3). Le glucose ($C_6H_{12}O_6$), le monosaccharide le plus courant, joue un rôle capital dans la chimie des êtres vivants. Sa structure révèle qu'il s'agit d'un glucide: la molécule possède un groupement carbonyle ($>C=O$) et de nombreux groupements hydroxyle. Selon la position du groupement carbonyle, un monosaccharide est soit un aldose (le carbonyle fait partie de la classe fonctionnelle des aldéhydes), soit une cétose (le carbonyle fait partie des cétones).

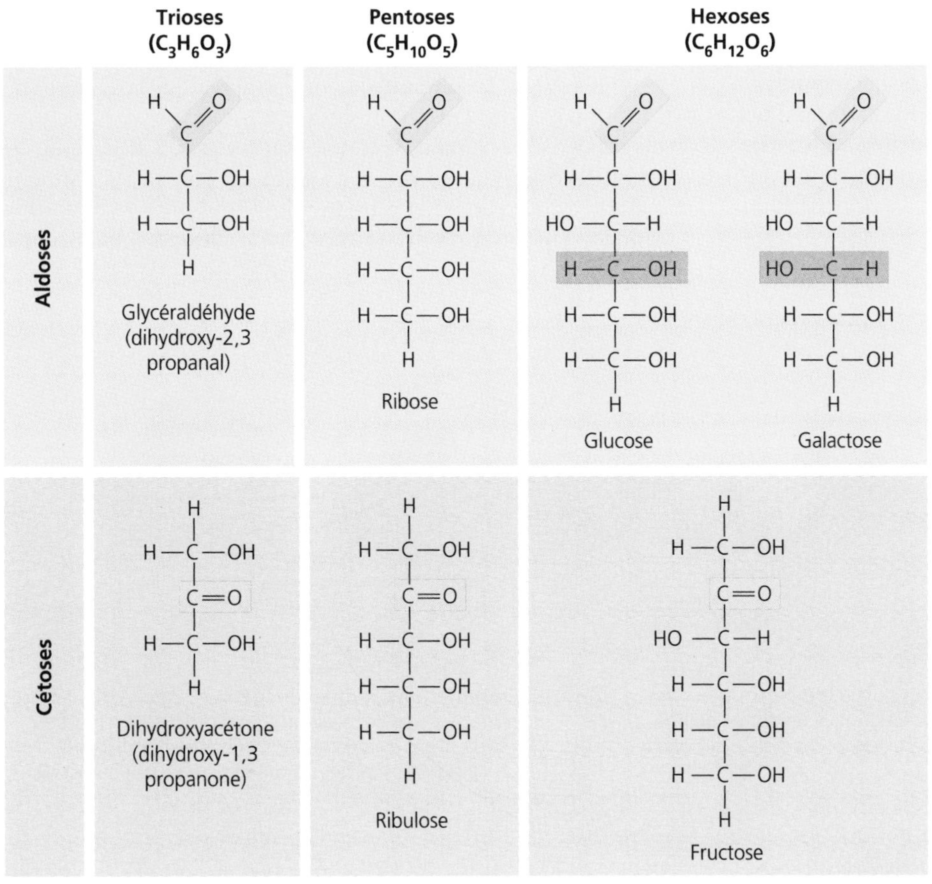

Trioses ($C_3H_6O_3$) — **Pentoses** ($C_5H_{10}O_5$) — **Hexoses** ($C_6H_{12}O_6$)

Aldoses: Glycéraldéhyde (dihydroxy-2,3 propanal), Ribose, Glucose, Galactose

Cétoses: Dihydroxyacétone (dihydroxy-1,3 propanone), Ribulose, Fructose

FIGURE 5.3 Structure et classification de quelques monosaccharides. Les monosaccharides font partie des aldoses lorsque le groupement carbonyle (en rose) est un aldéhyde; ils appartiennent aux cétoses si le groupement carbonyle est une cétone. On classe également les monosaccharides selon la longueur de leur chaîne carbonée. L'arrangement spatial autour d'un atome de carbone représente un troisième facteur de variation (comparez, par exemple, les parties en gris dans le glucose et le galactose).

Par exemple, le glucose est un aldose, alors que le fructose, un isomère de structure du glucose, est une cétose. (La plupart des noms de glucides se terminent en −*ose*.) La longueur des chaînes carbonées est un autre facteur de classification des monosaccharides; celles-ci sont constituées de trois à sept atomes de carbone. Le glucose, le fructose et les autres mono-saccharides qui possèdent six atomes de carbone se nomment hexoses. Les trioses (qui ont trois atomes de carbone) et les pen-toses (qui ont cinq atomes de carbone) sont également des monosaccharides répandus.

L'arrangement spatial autour d'un atome de carbone, par-fois asymétrique, contribue à la diversité des monosaccharides. (Au chapitre 4, nous avons vu qu'un atome de carbone asymétrique est lié par covalence à quatre partenaires différents, soit à des groupes, soit à de simples atomes.) Le glucose et le galactose, par exemple, ne diffèrent que par la disposition de leurs groupements hydroxyle autour du squelette carboné (voir les sections grises dans la FIGURE 5.3). Cette différence peut sembler minime, mais elle suffit à donner à ces deux monosaccharides une forme et un comportement distincts. Or, on sait que la forme constitue un des moyens principaux par lesquels les molécules d'une cellule se reconnaissent et interagissent les unes avec les autres.

Dans une solution aqueuse, les molécules de glucose, comme la majorité des monosaccharides, se présentent sous une forme linéaire ou cyclique (FIGURE 5.4). Par souci de commodité, nous représenterons dorénavant le glucose sous sa forme cyclique.

Les monosaccharides, particulièrement le glucose, sont des nutriments essentiels aux cellules. Au cours des processus ap-pelés respiration cellulaire et fermentation, les cellules utilisent l'énergie emmagasinée dans des molécules de glucose. Les monosaccharides ne constituent pas seulement une source d'énergie importante pour le travail cellulaire; leur squelette carboné sert également de matière première à la synthèse d'autres petites molécules organiques, comme les acides aminés et les acides gras. Lorsque leur énergie ou leurs atomes de carbone ne sont pas immédiatement utilisés pour le travail cellulaire, ils s'incorporent à titre de monomères à des disaccha-rides ou à des polysaccharides.

Un **disaccharide** se compose de deux monosaccharides unis par une liaison covalente, que l'on appelle **liaison glycosidique.** Par exemple, le maltose est un disaccharide formé par la liaison de deux molécules de glucose (FIGURE 5.5a). Il est également appelé sucre de malt, et il constitue un ingrédient important dans la fabrication de la bière. Le disaccharide le plus répandu est le saccharose, plus connu sous le nom de sucre granulé. Ses deux monomères sont le glucose et le fructose (FIGURE 5.5b). C'est sous forme de saccharose que les glucides voyagent des feuilles des plantes aux racines et aux autres organes non photosynthétiques. Le sucre présent dans le lait, le lactose, est aussi un disaccharide; il est formé d'une molécule de glucose liée à une molécule de galactose.

Les polysaccharides, des polymères de monosaccharides, constituent des substances de réserve destinées à la production d'énergie ou servent de matières premières.

Les **polysaccharides** sont des macromolécules, soit des poly-mères composés de quelques centaines à quelques milliers de monosaccharides unis par des liaisons glycosidiques. Certains polysaccharides jouent le rôle de substances de réserve et sont hydrolysés en fonction des besoins de la cellule en monosaccha-rides. D'autres polysaccharides servent de matière première destinée à l'édification des structures protégeant la cellule ou l'organisme entier.

Polysaccharides de réserve

L'**amidon**, un polysaccharide de réserve glucidique des Végé-taux, est une macromolécule entièrement formée de glucose (FIGURE 5.6a). La plupart des monomères qui le composent sont unis par des liaisons glycosidiques 1-4, comme les unités de glucose dans le maltose (voir la FIGURE 5.5a). L'angle de ces liaisons donne une forme hélicoïdale au polymère. L'amidon a deux composantes: la plus simple, l'amylose, est constituée d'une chaîne non ramifiée; la plus complexe, l'amylopectine,

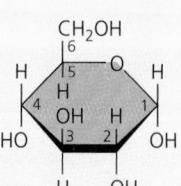

(a) Représentations linéaire et cyclique. L'équilibre chimique entre les structures linéaire et cyclique favorise grandement la formation cyclique (en forme d'anneau). Lorsque le carbone 1 de la chaîne linéaire se lie à l'oxygène attaché au carbone 5, un cycle est formé.

(b) Représentation cyclique abrégée. Les atomes de carbone qui font partie de l'anneau ne sont pas indiqués. Le côté du cycle qui apparaît en gras est orienté vers vous; ainsi, les composantes attachées à l'anneau se situent au-dessus et au-dessous du plan du cycle.

FIGURE 5.4 Représentations linéaire et cyclique du glucose.

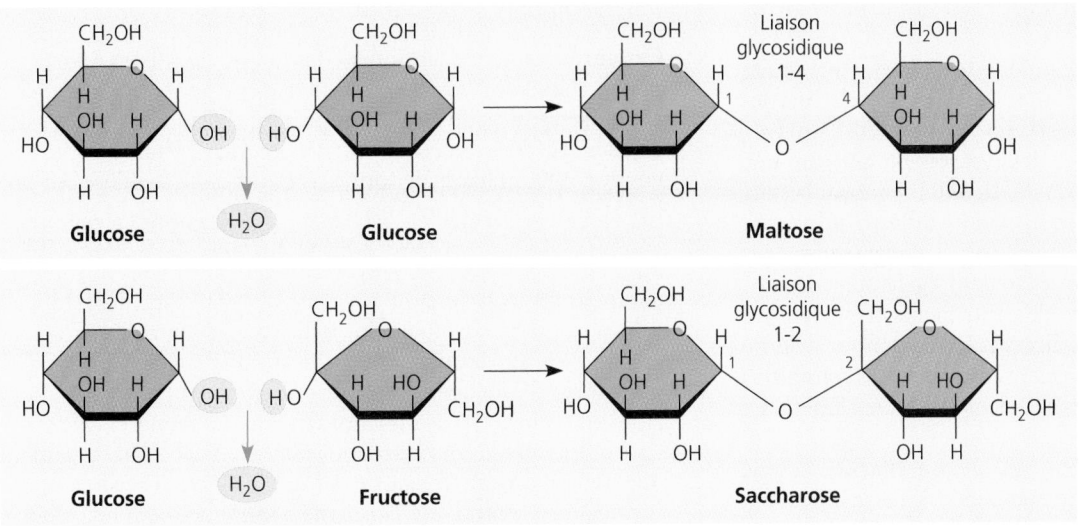

(a) **Synthèse du maltose par une réaction de condensation.** La combinaison de deux molécules de glucose donne une molécule de maltose. Une liaison glycosidique s'établit entre le carbone 1 d'un glucose et le carbone 4 d'un autre glucose. L'union de ces deux monomères à un autre emplacement aboutirait à la formation d'un disaccharide différent.

(b) **Synthèse du saccharose par une réaction de condensation.** Le saccharose est un disaccharide formé d'une molécule de glucose et d'une molécule de fructose. Remarquez que le fructose forme un cycle à cinq côtés plutôt qu'à six.

FIGURE 5.5 Exemples de la synthèse de disaccharides.

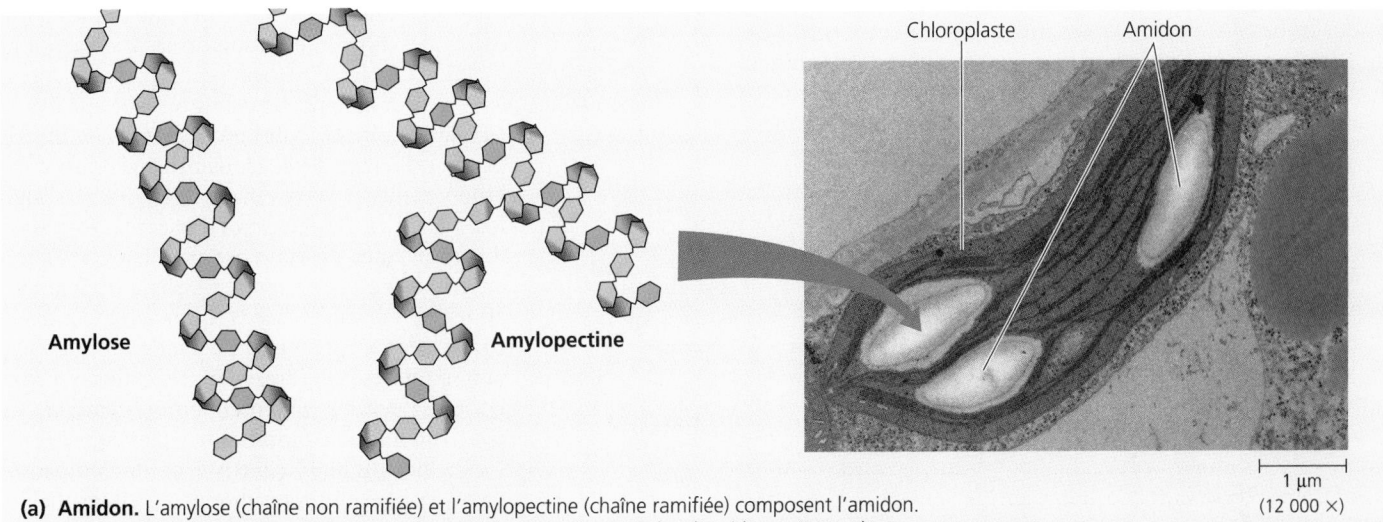

(a) **Amidon.** L'amylose (chaîne non ramifiée) et l'amylopectine (chaîne ramifiée) composent l'amidon. Les taches claires ovales visibles dans la micrographie sont des granules d'amidon présents dans un des chloroplastes d'une cellule végétale.

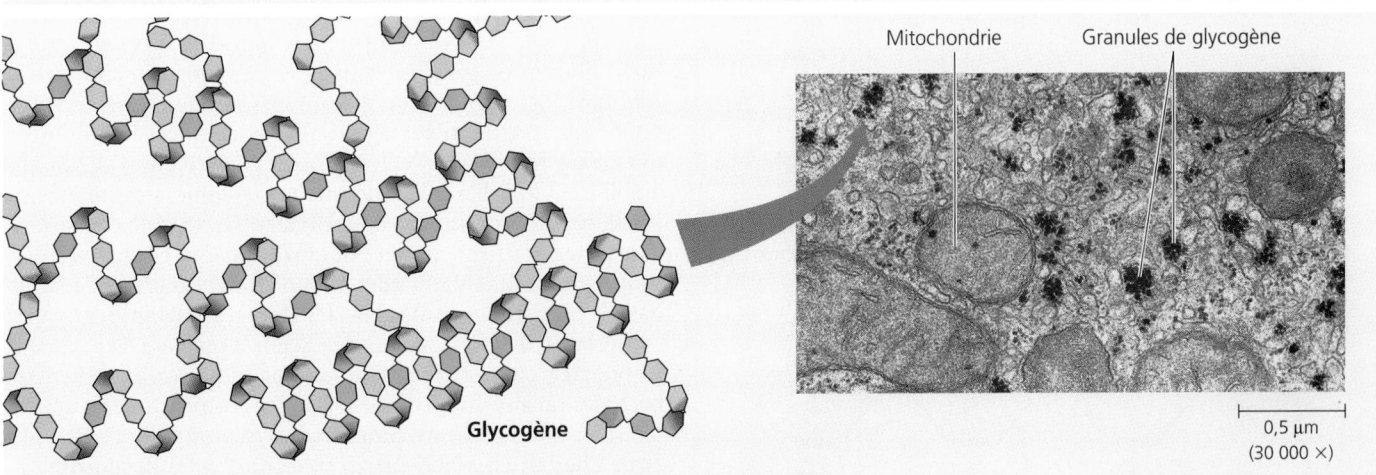

(b) **Glycogène.** Le glycogène est plus ramifié que l'amylopectine. Les Animaux emmagasinent le glycogène sous forme d'amas denses de granules dans leurs cellules hépatiques et musculaires. L'hydrolyse libère le glucose. (La micrographie montre une partie d'une cellule hépatique.)

FIGURE 5.6 Polysaccharides de réserve. Les exemples ci-dessus montrent des molécules d'amidon et de glycogène. Celles-ci sont entièrement constituées de molécules de glucose, représentées ici par des hexagones. Ces polymères ont une forme hélicoïdale.

est faite d'une chaîne ramifiée comportant des liaisons glycosidiques 1-6 aux embranchements.

Les Végétaux emmagasinent l'amidon sous forme de granules dans des structures cellulaires appelées plastes, tels que les chloroplastes (voir la FIGURE 5.6a). En synthétisant l'amidon, les Végétaux peuvent constituer des réserves de glucose, une source d'énergie cellulaire importante. La cellule peut par la suite puiser dans ces réserves au moyen de l'hydrolyse, qui rompt les liaisons entre les monomères de glucose. La plupart des Animaux, y compris les Humains, possèdent également des enzymes qui hydrolysent l'amidon des nutriments et libèrent du glucose, qui servira de ressource aux cellules. La pomme de terre et les céréales (comme le blé, le maïs, le riz et les autres graminées) sont les sources d'amidon principales dans le régime alimentaire des Humains.

Les Animaux emmagasinent un polysaccharide appelé **glycogène,** une macromolécule semblable à l'amylopectine, mais plus ramifiée (voir la FIGURE 5.6b). Les Humains et les autres Vertébrés le font surtout dans les cellules de leur foie et de leurs muscles. L'hydrolyse du glycogène libère du glucose dans ces cellules lorsque les besoins en monosaccharides augmentent. Cependant, cette énergie de réserve ne soutient pas longtemps un animal. La réserve de glycogène des Humains, par exemple, s'épuise en un jour environ si aucun aliment ne vient la réapprovisionner.

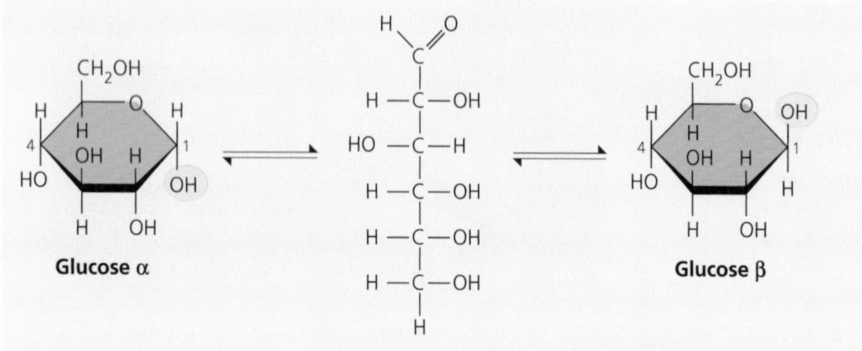

Polysaccharides structuraux

Certains organismes fabriquent des matériaux solides à partir de polysaccharides structuraux. Par exemple, le polysaccharide appelé **cellulose** est un constituant important de la paroi robuste des cellules végétales. À l'échelle planétaire, les Végétaux produisent environ 100 milliards de tonnes métriques de cellulose par année; il s'agit du composé organique le plus abondant sur Terre. Comme l'amidon, la cellulose est un polymère de glucose; toutefois, les liaisons glycosidiques de ces deux polymères ne sont pas pareilles. En effet, le cycle du glucose existe sous deux formes (FIGURE 5.7a): le groupement hydroxyle lié au carbone 1 peut se situer soit au-dessous, soit au-dessus du plan de l'anneau. Ces deux formes cycliques du glucose se nomment respectivement alpha (α) et bêta (β). Dans l'amidon, tous les monomères de glucose présentent la configuration α (FIGURE 5.7b), l'arrangement que nous avons vu aux FIGURES 5.4 et 5.5. Dans la cellulose, par contre, tous les monomères prennent la configuration β, de sorte que chaque monomère de glucose est inversé par rapport aux monomères adjacents (FIGURE 5.7c).

Étant donné que les molécules d'amidon et de cellulose ont des liaisons glycosidiques différentes, leurs formes tridimensionnelles sont distinctes. La molécule d'amidon est principalement hélicoïdale. Quant à la molécule de cellulose, elle est droite (jamais ramifiée), et ses groupements hydroxyle peuvent former des liaisons hydrogène avec des groupements hydroxyle d'autre molécules de cellulose parallèles. Dans la paroi d'une cellule végétale, des molécules de cellulose parallèles, retenues ensemble de cette façon, s'associent en unités appelées microfibrilles (FIGURE 5.8). Celles-ci constituent un matériau de soutien fort important pour les Végétaux. Les Humains utilisent le bois, riche en cellulose, comme matériau de construction ou comme source d'énergie.

Les enzymes qui digèrent l'amidon en hydrolysant les liaisons glycosidiques α sont incapables d'hydrolyser les liaisons glycosidiques β de la cellulose. En fait, peu d'organismes produisent des enzymes capables de digérer la cellulose. Les Humains ne peuvent dégrader celle-ci. Les microfibrilles de cellulose contenues dans nos aliments passent tout droit dans notre tube digestif et sont éliminées en même temps que nos matières fécales. Cependant, ces microfibrilles jouent un rôle positif: elles stimulent la sécrétion de mucus, amollissent les selles et leur donnent du volume, améliorant ainsi l'efficacité des contractions intestinales. Donc, si la cellulose ne constitue pas un nutriment pour les Humains, elle fait partie de tout régime alimentaire sain. On en trouve en grande quantité dans la plupart des fruits, dans les légumes et dans les céréales.

Certains microorganismes dégradent la cellulose. Par exemple, les premiers compartiments de l'estomac d'une vache abritent des bactéries capables de la digérer. Dans ces compartiments appelés panse et bonnet, les bactéries hydrolysent la cellulose du foin et de l'herbe; elles libèrent ainsi les molécules de glucose, qui deviennent des nutriments pour la vache. De même, les Termites ne peuvent digérer la cellulose, mais des microorganismes logés dans leur intestin leur permettent de se nourrir de bois. Certaines moisissures (champignons microscopiques) peuvent digérer la cellulose; elles accomplissent ainsi une fonction essentielle à la circulation de la matière dans les écosystèmes.

(a) Structures cycliques α et β du glucose. Ces deux formes interchangeables de glucose diffèrent par la position du groupement hydroxyle attaché au carbone 1.

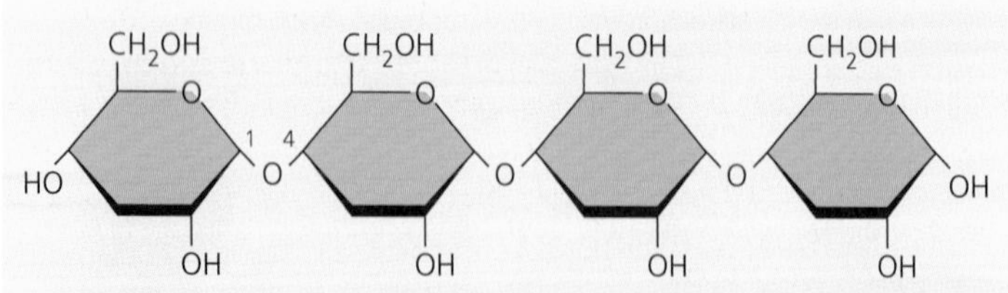

(b) Amidon: liaison glycosidique 1-4 entre les monomères de glucose α.

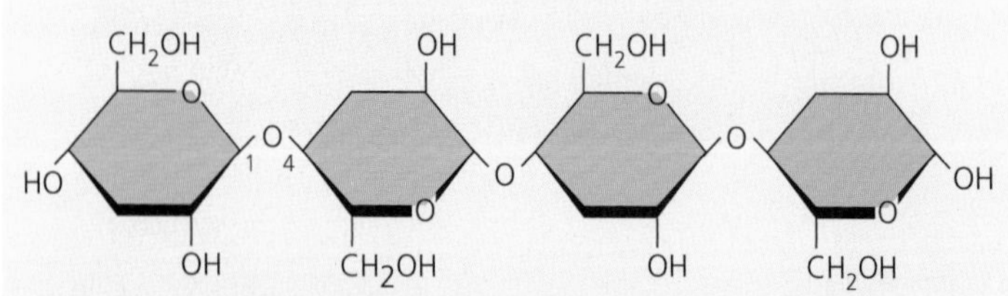

(c) Cellulose: liaison glycosidique 1-4 entre les monomères de glucose β. L'angle de liaison entre les cycles fait en sorte que les monomères s'inversent en alternance.

FIGURE 5.7 Structures de l'amidon et de la cellulose.

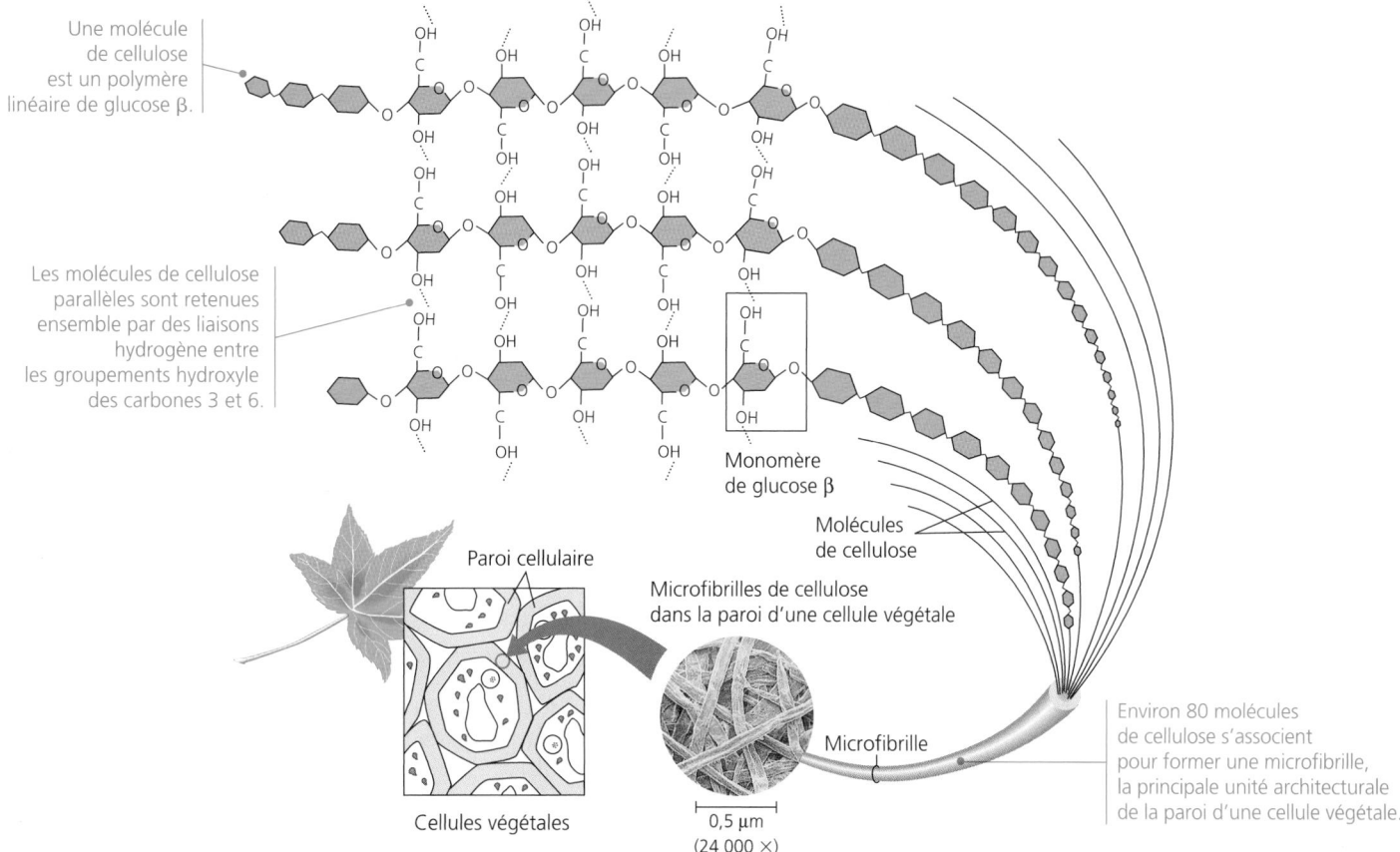

Une molécule de cellulose est un polymère linéaire de glucose β.

Les molécules de cellulose parallèles sont retenues ensemble par des liaisons hydrogène entre les groupements hydroxyle des carbones 3 et 6.

Monomère de glucose β

Molécules de cellulose

Paroi cellulaire

Microfibrilles de cellulose dans la paroi d'une cellule végétale

Cellules végétales

Microfibrille

0,5 μm
(24 000 ×)

Environ 80 molécules de cellulose s'associent pour former une microfibrille, la principale unité architecturale de la paroi d'une cellule végétale.

FIGURE 5.8 Arrangement de la cellulose dans la paroi des cellules végétales.

La **chitine** est un autre polysaccharide structural important. Les Arthropodes, parmi lesquels figurent les Insectes, les Araignées et les Crustacés, synthétisent de la chitine pour construire leur exosquelette (FIGURE 5.9). Un exosquelette est une enveloppe rigide qui recouvre les parties molles d'un animal. La chitine pure ressemble à du cuir, mais elle durcit lorsqu'elle est imprégnée d'un sel, le trioxocarbonate de calcium ($CaCO_3$, carbonate de calcium). On trouve également de la chitine chez les Champignons (Eumycètes). Ceux-ci utilisent ce polysaccharide au lieu de cellulose comme matériau de construction de leur paroi cellulaire. La chitine ressemble à la cellulose, exception faite que son monomère de glucose possède une chaîne latérale contenant de l'azote :

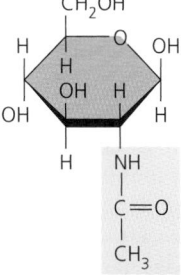

LES LIPIDES – DES MOLÉCULES HYDROPHOBES D'ASPECT VARIÉ

La classe des lipides est formée de molécules biologiques plus ou moins complexes qui ne sont pas des polymères (revoir la définition de *polymère* au début du chapitre). Les **lipides** sont des composés regroupés en fonction d'une caractéristique commune importante : ils n'ont pas, ou très peu, d'affinité avec l'eau. Leur comportement hydrophobe repose sur leur structure moléculaire. Bien qu'ils contiennent quelques liaisons polaires associées à l'oxygène, ils sont en majeure partie constitués d'hydrocarbures. Ils sont beaucoup plus petits que les vraies macromolécules (polymères), et ils forment un groupe très hétérogène, dont les éléments varient par leur structure et leur

FIGURE 5.9 La chitine : un polysaccharide structural.
(a) L'exosquelette des Arthropodes est constitué de chitine. Cette cigale mue ; elle se dépouille de son vieil exosquelette pour apparaître dans sa forme adulte.
(b) On utilise la chitine dans la composition d'un fil chirurgical fort et flexible, qui se décompose après la guérison de la plaie ou de l'incision.

(a)

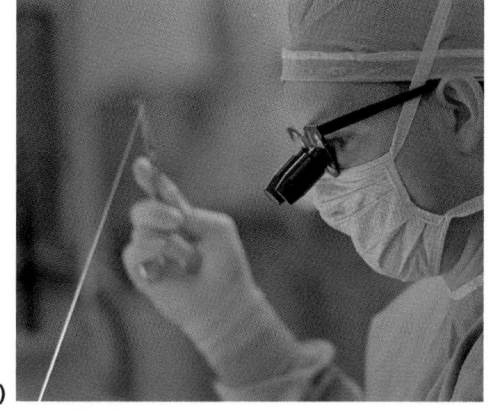

(b)

fonction. Les lipides comprennent notamment les cires ainsi que certains pigments végétaux ou animaux, mais nous ne nous attarderons ici que sur les familles les plus importantes : les graisses, les phosphoglycérolipides et les stéroïdes.

Les graisses emmagasinent de grandes quantités d'énergie

Nous savons que les graisses ne sont pas des polymères ; ce sont toutefois de grosses molécules construites à partir de petites molécules qui s'associent par des réactions de condensation. Une **graisse** se compose de deux types de molécules : de glycérol et d'acides gras (FIGURE 5.10). Le glycérol est un alcool à trois atomes de carbone, qui portent chacun un groupement hydroxyle. L'**acide gras,** lui, possède une longue chaîne d'hydrocarbures – chez les Animaux et les Végétaux, celle-ci est habituellement longue de 16 à 18 atomes de carbone – à l'extrémité de laquelle est attaché un groupement carboxyle. C'est la raison pour laquelle cette molécule porte le nom d'*acide.* Les liaisons non polaires C—H de la chaîne d'hydrocarbures expliquent le caractère hydrophobe des graisses. Celles-ci ne se dissolvent pas dans l'eau, parce que les molécules d'eau établissent des liaisons hydrogène entre elles, repoussant ainsi les graisses, qui ont tendance à se retrouver à la surface.

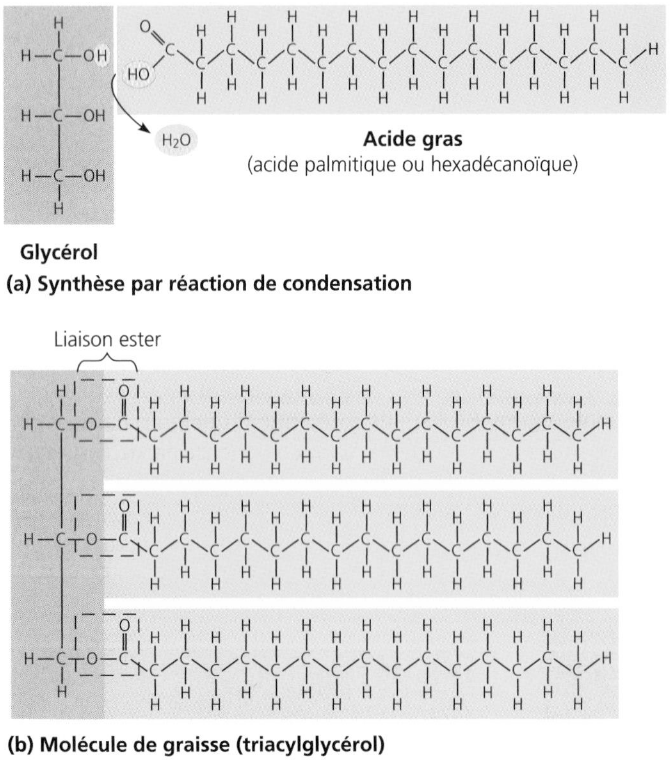

Glycérol

(a) Synthèse par réaction de condensation

Liaison ester

(b) Molécule de graisse (triacylglycérol)

FIGURE 5.10 Synthèse et structure d'une graisse, ou triacylglycérol.
La graisse se compose d'une molécule de glycérol et de trois molécules d'acides gras. **(a)** Il y a libération d'une molécule d'eau chaque fois qu'un acide gras se lie au glycérol. **(b)** La substance obtenue est une graisse. Bien que la graisse illustrée ici possède trois acides gras identiques, certaines graisses ont deux ou même trois acides gras différents. Les atomes de carbone des chaînes d'acides gras sont disposés en zigzag, ce qui suggère les orientations réelles des quatre liaisons simples qui émergent de chacun d'eux (voir la FIGURE 4.2).

Lorsque trois acides gras s'unissent par des liaisons ester avec une molécule commune de glycérol, une graisse se forme. (Nous avons vu au chapitre 4 qu'une liaison ester est une liaison entre un groupement hydroxyle et un groupement carboxyle.) Les acides gras forment les queues de la molécule de graisse, et le glycérol, la tête. La graisse produite est aussi appelée **triacylglycérol.** Dans la nomenclature classique, on emploie le terme triglycéride pour la désigner ; ce nom se retrouve souvent dans la liste des ingrédients figurant sur les emballages alimentaires. Dans une molécule de graisse, les acides gras peuvent être identiques, comme dans la FIGURE 5.10b, ou ils peuvent être différents.

La longueur des molécules de graisse ainsi que le nombre et la position des liaisons doubles entre leurs atomes de carbone varient. En nutrition, on utilise souvent les expressions *gras saturés* et *gras insaturés* (FIGURE 5.11). Celles-ci font référence à la structure de la chaîne hydrocarbonée (queue) des acides gras. S'il n'y a pas de liaisons doubles entre des atomes du squelette carboné, un maximum d'atomes d'hydrogène est lié à l'acide gras. Une telle structure est dite *saturée* d'hydrogène, et on se trouve en présence d'un **acide gras saturé** (FIGURE 5.11a). Dans un **acide gras insaturé,** par contre, il y a une ou plusieurs liaisons doubles formées par l'élimination de certains atomes d'hydrogène de la chaîne carbonée. L'acide gras prend alors une configuration angulaire partout où une liaison double s'établit (FIGURE 5.11b).

Une graisse composée d'acides gras saturés est dite saturée. La plupart des graisses animales le sont : leurs « queues » ne portent aucune liaison double. Les graisses animales saturées, comme le saindoux et le beurre, sont solides à la température ambiante. Par contre, les graisses végétales et celles des poissons sont généralement insaturées : elles comportent un ou plusieurs types d'acides gras insaturés. Elles sont habituellement liquides à la température ambiante, et on les appelle huiles (on dit, par exemple, huile de maïs et huile de foie de morue). Dans une huile, les angles formés par les liaisons doubles empêchent les molécules de s'agglomérer de façon à former un solide à la température ambiante. L'expression « huile végétale hydrogénée », souvent mentionnée sur l'étiquette des aliments, signifie que les graisses insaturées ont été converties en graisses saturées par l'addition d'hydrogène grâce à un procédé industriel. Le beurre d'arachide, la margarine et de nombreux autres produits sont hydrogénés pour empêcher les lipides de se séparer et de se liquéfier (de prendre la forme d'huile).

Un régime alimentaire riche en graisses saturées est un des facteurs qui contribuent à l'apparition d'une maladie cardiovasculaire appelée athérosclérose. Dans cette affection, des dépôts appelés athéromes se forment sur le revêtement interne des vaisseaux sanguins, entravant la circulation et réduisant l'élasticité des vaisseaux (voir la FIGURE 42.17).

Aujourd'hui, les graisses ont une réputation tellement négative que l'on peut se demander si elles jouent un rôle utile. Leur fonction principale consiste à emmagasiner de l'énergie. Les hydrocarbures qu'elles contiennent ressemblent aux molécules d'essence et sont aussi riches en énergie. Un gramme de graisse emmagasine plus de deux fois la quantité d'énergie contenue dans un gramme de polysaccharide comme l'amidon. En raison de leur relative immobilité, les plantes peuvent très bien fonctionner avec des réserves énergétiques volumineuses sous forme d'amidon. Les Animaux, par contre, doivent transporter

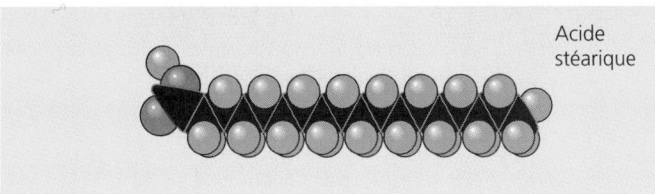

Acide stéarique

(a) **Graisse et acide gras saturés.** À la température ambiante, les molécules d'une graisse saturée sont étroitement agglomérées et forment un solide.

FIGURE 5.11 Exemples de graisses et d'acides gras saturés et insaturés.

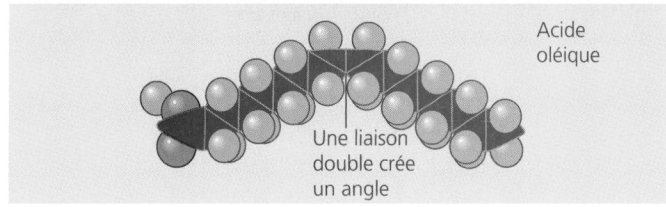

Acide oléique

Une liaison double crée un angle

(b) **Graisse et acide gras insaturés.** À la température ambiante, les molécules d'une graisse insaturée ne peuvent s'agglomérer suffisamment pour se solidifier en raison des liaisons doubles existant entre certains atomes de carbone. Celles-ci créent des angles dans les chaînes d'acide gras.

leur bagage d'énergie avec eux, de sorte qu'il est avantageux pour eux d'avoir une réserve d'énergie plus compacte : les graisses. Les Humains et les autres Mammifères accumulent leurs réserves d'énergie dans leurs cellules adipeuses (voir la FIGURE 4.5), qui se gonflent ou rétrécissent selon que la graisse y est emmagasinée ou en est retirée. Le tissu adipeux sert aussi d'amortisseur protégeant les organes vitaux (les reins, par exemple). Le tissu adipeux sous-cutané assure également une isolation thermique ; il est particulièrement épais chez les Baleines, les Phoques et la plupart des autres Mammifères marins.

Les phosphoglycérolipides constituent la majeure partie des membranes cellulaires

Les **phosphoglycérolipides*** ressemblent aux graisses, à la différence qu'ils ne possèdent que deux acides gras au lieu de trois. Dans une molécule de phosphoglycérolipide, le troisième groupement hydroxyle du glycérol est lié à un groupement phosphate porteur de charges négatives. De petites molécules additionnelles, habituellement chargées ou polaires, peuvent se lier à ce groupement phosphate et former divers phosphoglycérolipides (FIGURE 5.12, p. 74).

Les phosphoglycérolipides manifestent un comportement ambivalent à l'égard de l'eau. Leurs queues, formées d'hydrocarbures, sont hydrophobes. Par contre, le groupement phosphate et les molécules qui s'y rattachent forment une tête hydrophile, qui a une affinité avec l'eau.

---

* Nous avons choisi le terme *phosphoglycérolipides* dans le but de maintenir une certaine cohérence dans la nomenclature et par souci de précision. Certains auteurs préfèrent utiliser les termes glycérophospholipides, phosphoglycérides ou, tout simplement, phospholipides. Les phospholipides membranaires englobent notamment les phosphoglycérolipides et les sphingomyélines, qui exercent des fonctions différentes.

Dans l'eau, les phosphoglycérolipides s'agglomèrent en cachant leurs parties hydrophobes. La micelle, une gouttelette de phosphoglycérolipides, constitue un exemple d'agrégat : les têtes de phosphate se retrouvent à la surface de la micelle, où elles sont en contact avec de l'eau ; quant aux queues, hydrophobes, elles sont enfermées à l'intérieur de la micelle, où il n'y a pas d'eau (FIGURE 5.13a, p. 74).

Les phosphoglycérolipides à la surface d'une cellule sont disposés en une double couche (FIGURE 5.13b). Leurs queues, hydrophobes, se font face et pointent vers l'intérieur de la membrane, ce qui leur permet de s'éloigner de l'eau, alors que leurs têtes, hydrophiles, se trouvent complètement à l'opposé et sont en contact avec les solutions aqueuses de part et d'autre de la membrane cellulaire. La double couche de phosphoglycérolipides forme une frontière entre la cellule et son environnement externe ; en fait, les phosphoglycérolipides constituent la composante principale des membranes cellulaires. Encore une fois, ce comportement moléculaire évoque la corrélation qui existe entre structure et fonction.

Les stéroïdes comprennent le cholestérol et certaines hormones

Les **stéroïdes** sont des lipides caractérisés par un squelette carboné formé de quatre cycles accolés (FIGURE 5.14, p. 74). Les groupements fonctionnels attachés à cet ensemble de cycles varient d'un type de stéroïde à l'autre. Le **cholestérol** est un stéroïde présent dans les membranes cellulaires animales. Il constitue également le précurseur d'autres stéroïdes. Par exemple, de nombreuses hormones, notamment les hormones sexuelles des Vertébrés, sont des stéroïdes fabriqués à partir du cholestérol

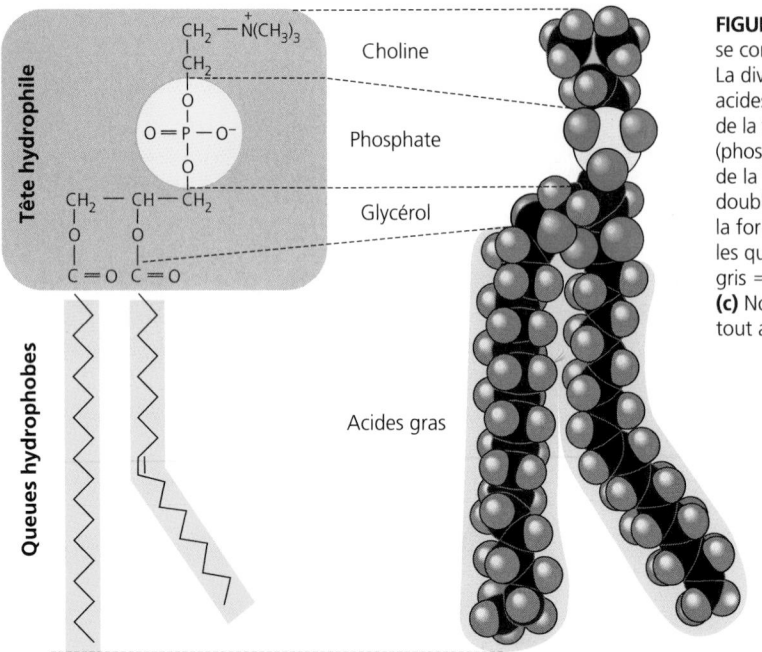

(a) Formule développée

(b) Modèle compact

(c) Symbole des phosphoglycérolipides

Tête hydrophile

Queues hydrophobes

FIGURE 5.12 Structure d'un phosphoglycérolipide. Un phosphoglycérolipide se compose d'une tête hydrophile (polaire) et de deux queues hydrophobes. La diversité des phosphoglycérolipides vient de différences dans les deux acides gras de la queue et dans les groupements liés au phosphate de la tête. Ce phosphoglycérolipide particulier, nommé couramment lécithine (phosphatidylcholine), porte une composante choline associée au phosphate de la tête. L'angle formé par l'une de ses queues résulte d'une liaison double entre deux carbones de la chaîne. **(a)** Selon la convention, la formule développée omet les atomes de carbone et d'hydrogène dans les queues hydrocarbonées. **(b)** Dans le modèle compact, noir = carbone, gris = hydrogène, rouge = oxygène, jaune = phosphore et bleu = azote. **(c)** Nous utiliserons ce symbole pour représenter les phosphoglycérolipides tout au long du manuel.

(voir la FIGURE 4.8). En conséquence, cette molécule est d'une importance cruciale chez les Animaux, même si sa concentration élevée dans le sang est associée à l'athérosclérose.

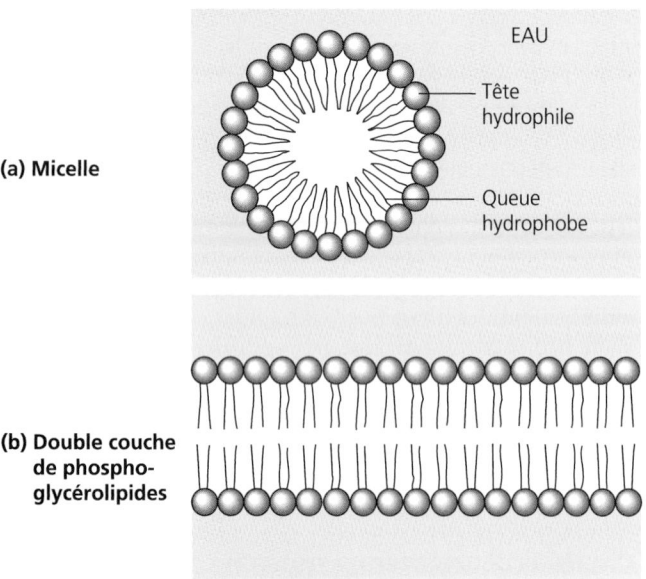

(a) Micelle

EAU

Tête hydrophile

Queue hydrophobe

(b) Double couche de phospho-glycérolipides

FIGURE 5.13 Deux structures formées par l'agglomération de phosphoglycérolipides en milieu aqueux. Les têtes hydrophiles des phosphoglycérolipides entrent en contact avec l'eau ; les queues hydrophobes adjacentes sont mutuellement en contact et isolées de l'eau. **(a)** Coupe transversale d'une micelle. **(b)** Coupe transversale d'une double couche de phosphoglycérolipides entre deux compartiments aqueux. Une telle double couche est la composante principale des membranes biologiques.

LES PROTÉINES – DE NOMBREUX NIVEAUX DE STRUCTURE, DES FONCTIONS TRÈS DIVERSIFIÉES

Le terme « protéines » exprime en lui-même l'importance de ces molécules ; il vient du grec *prôtos,* qui signifie « le premier ». Les protéines représentent plus de 50 % de la masse sèche de la plupart des cellules et interviennent dans presque toutes les fonctions cellulaires (TABLEAU 5.1). Elles soutiennent les tissus, emmagasinent et transportent des substances, transmettent des messages d'un point à un autre de l'organisme, permettent de produire le mouvement et défendent l'organisme contre les substances et les organismes étrangers. De plus, des protéines spécialisées appelées enzymes accélèrent de façon sélective la vitesse des réactions chimiques dans les cellules. L'être humain possède des dizaines de milliers de protéines différentes, chacune ayant une structure et une fonction spécifiques.

Sur le plan de la structure, les protéines sont les molécules les plus complexes que l'on connaisse. Tout comme leurs fonctions, leurs structures varient considérablement : chaque type de protéine possède une forme tridimensionnelle unique.

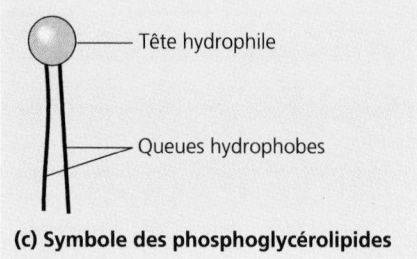

FIGURE 5.14 Le cholestérol : un stéroïde. Le cholestérol est le précurseur d'autres stéroïdes, comme les hormones sexuelles. Les stéroïdes diffèrent par les groupements fonctionnels qui se fixent à leurs quatre cycles accolés.

TABLEAU 5.1 Résumé des fonctions des protéines

Fonction	Exemples
Soutien	Certains insectes et la plupart des araignées utilisent des fibres de soie pour construire leur cocon et leur toile. Le collagène et l'élastine composent la structure fibreuse des tissus conjonctifs des Animaux. La kératine est la protéine des cheveux, des cornes, des plumes, des griffes, des écailles, etc.
Mise en réserve d'acides aminés	L'ovalbumine est la protéine du blanc d'œuf ; elle est employée comme source d'acides aminés par l'embryon en développement. La caséine, une protéine du lait, constitue la principale source d'acides aminés des petits des Mammifères avant leur sevrage. Les Végétaux emmagasinent des protéines dans les graines.
Transport de substances	Chez les Vertébrés, l'hémoglobine, une protéine sanguine contenant du fer, transporte le dioxygène des poumons vers les différentes parties de l'organisme. D'autres protéines transportent des substances à travers les membranes cellulaires.
Régulation hormonale	L'insuline, une hormone sécrétée par le pancréas, contribue à la régulation de la concentration de glucose dans le sang des Vertébrés.
Réception de substances	Les protéines réceptrices intégrées à la membrane d'une cellule nerveuse détectent les substances chimiques émises par d'autres cellules nerveuses.
Mouvement	L'actine et la myosine sont des protéines contractiles servant au mouvement des muscles. D'autres protéines contractiles permettent de faire onduler les cils et les flagelles propulsant de nombreuses cellules.
Immunité humorale	Les anticorps, des protéines spécifiques du plasma sanguin, combattent les bactéries et les virus pathogènes.
Catalyse	Les enzymes, des protéines qui accélèrent ou diminuent la vitesse des réactions chimiques, interviennent dans toute synthèse ou dégradation de substances ; ainsi, les enzymes digestives hydrolysent des polymères et d'autres molécules organiques contenus dans les aliments.

Cependant, pour diversifiées qu'elles soient, les protéines sont toutes des polymères élaborés à partir de la même série d'acides aminés (il y en a 20). Les polymères d'acides aminés se nomment **polypeptides.** Une **protéine** est constituée d'un ou de plusieurs polypeptides qui adoptent une conformation particulière.

Un polypeptide est un polymère d'acides aminés associés selon une séquence déterminée

Groupement amine   Groupement carboxyle

Nous avons vu au chapitre 4 qu'un **acide aminé** est une molécule organique qui possède des groupements carboxyle et amine. La figure ci-contre montre sa formule générale. Au centre de l'acide aminé se trouve un atome de carbone asymétrique, appelé carbone alpha (α). Sur cet atome se fixent quatre atomes ou groupes d'atomes différents : un groupement amine, un groupement carboxyle, un atome d'hydrogène et un radical variable symbolisé par la lettre R. Celui-ci est également appelé chaîne latérale. Il détermine grâce à ses propriétés physiques et chimiques les caractéristiques particulières d'un acide aminé. La FIGURE 5.15, à la page 76 présente les 20 acides aminés que les cellules utilisent pour fabriquer des milliers de protéines. Ici, les groupements amine et carboxyle sont illustrés sous leur forme ionisée, l'état dans lequel ils existent habituellement à l'intérieur d'une cellule dont le pH est près de 7. Le radical R peut aussi bien être un simple atome d'hydrogène, comme dans la glycine, qu'une chaîne carbonée portant divers groupements fonctionnels, comme dans la glutamine. (Les organismes possèdent d'autres acides aminés que ceux de la FIGURE 5.15. Ceux-ci ne sont pas incorporés dans les protéines.)

La FIGURE 5.15 classe les acides aminés selon les propriétés de leur chaîne latérale. Le premier groupe est constitué de ceux qui portent une chaîne latérale non polaire et hydrophobe. Le deuxième groupe comprend ceux qui ont une chaîne latérale polaire, donc hydrophile. Dans le troisième groupe figurent les acides aminés dits acides et ceux dits basiques. Les premiers portent une chaîne latérale dont le groupement carboxyle a tendance à se dissocier (s'ioniser) dans un milieu intracellulaire, qui a un pH de 7 environ ; en conséquence, la charge de la chaîne est généralement négative. Les deuxièmes ont une chaîne latérale de charge généralement positive. (Remarque : *tous* les acides aminés possèdent des groupements carboxyle et amine ; les termes *acide* et *basique* font ici uniquement référence à la nature des chaînes latérales.) Les chaînes latérales acides et basiques sont hydrophiles en raison de leur caractère ionique.

Maintenant que nous avons passé en revue les acides aminés, voyons comment ils se lient pour former des polymères (FIGURE 5.16, p. 77). Lorsque deux acides aminés sont placés de telle sorte que le groupement carboxyle de l'un se trouve à côté du groupement amine de l'autre, une enzyme peut provoquer leur union en catalysant une réaction de condensation. Une liaison covalente appelée **liaison peptidique** s'établit ainsi entre eux. Lorsque cette réaction est répétée encore et encore, un polypeptide se forme : il s'agit d'un polymère constitué de nombreux acides aminés unis par des liaisons peptidiques (FIGURE 5.16). À une extrémité de la chaîne se trouve un groupement amine libre, alors qu'à l'autre extrémité figure un groupement carboxyle libre. Donc, la chaîne possède une extrémité amine (N-terminale) et une extrémité carboxyle (C-terminale).

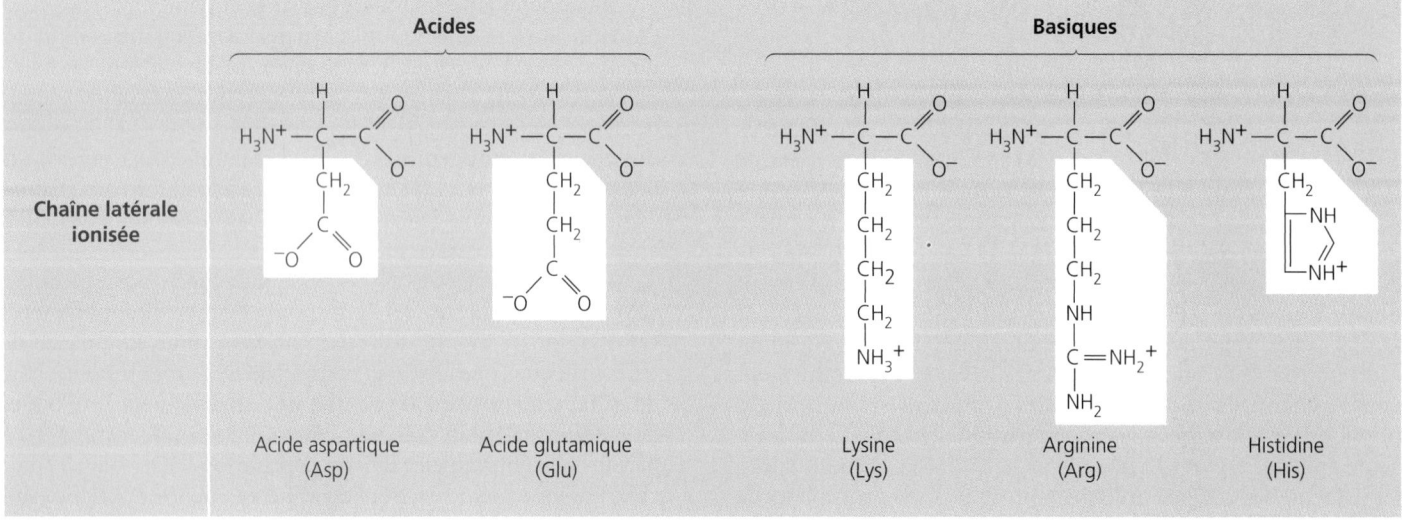

FIGURE 5.15 Les 20 acides aminés qui servent à la synthèse des protéines. Les acides aminés sont regroupés ici en fonction des propriétés de leur chaîne latérale (radical R), qui se déploie sur un fond blanc. Vous les voyez dans leur forme ionisée dominante au pH intracellulaire, qui est de 7 environ. Les trois lettres qui leur servent d'abréviation figurent entre parenthèses. Tous les acides aminés qui participent à la synthèse des protéines se présentent sous la forme L de leurs isomères optiques (voir la FIGURE 4.6).

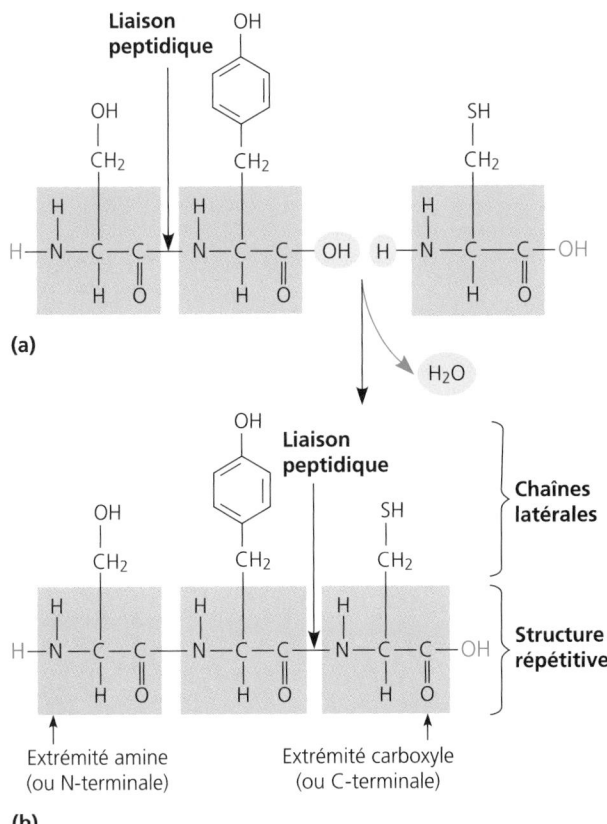

(a)

(b)

FIGURE 5.16 Chaîne polypeptidique. (a) La liaison peptidique formée au cours d'une réaction de condensation unit le groupement carboxyle d'un acide aminé au groupement amine d'un autre acide aminé. (b) Les liaisons peptidiques s'établissent une à une, en commençant par l'acide aminé de l'extrémité amine (N-terminale). Le polypeptide possède une structure répétitive (en violet) à laquelle les chaînes latérales des acides aminés sont attachées.

La structure répétitive des atomes, encadrée de violet dans la FIGURE 5.16b, se nomme chaîne polypeptidique. Cette dernière porte les différentes chaînes latérales des acides aminés. La longueur d'une chaîne polypeptidique va de quelques monomères à plus d'un millier de monomères. Chaque polypeptide spécifique possède une séquence linéaire unique d'acides aminés. L'immense diversité des polypeptides présents dans la nature provient de la capacité des cellules à utiliser un nombre variable d'acides aminés et à les assembler en polymères selon une variété étonnante de séquences, comme nous le verrons dans la section suivante.

Une protéine a une fonction qui dépend de sa conformation particulière

Le terme *polypeptide* n'est pas synonyme de *protéine*. La relation entre ces termes est analogue à celle qui existe entre un long fil de laine et un chandail de forme et de taille particulières que l'on peut tricoter avec le fil. Une protéine fonctionnelle n'est pas seulement une chaîne polypeptidique, mais un ou plusieurs polypeptides entortillés, pliés et enroulés de façon à créer une molécule de forme unique (FIGURE 5.17). C'est la séquence des acides aminés qui détermine la conformation tridimensionnelle

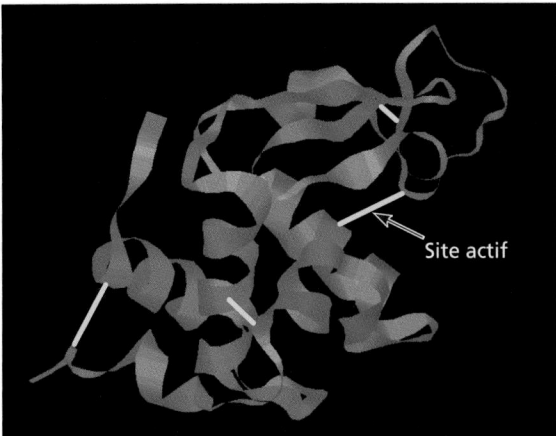

(a) Un **modèle en ruban** montre comment une chaîne polypeptidique simple se replie et s'enroule pour former une protéine fonctionnelle.

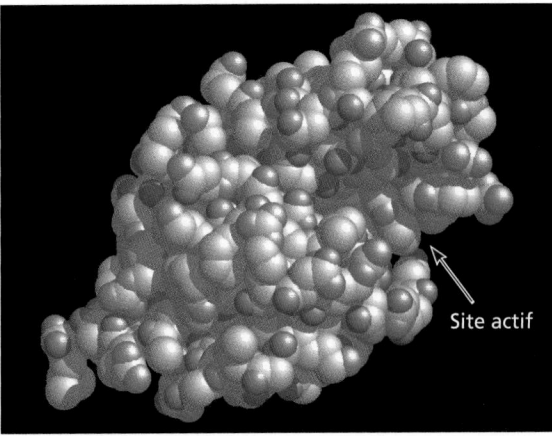

(b) Un **modèle compact** illustre plus fidèlement la forme globulaire de nombreuses protéines, ainsi que la conformation unique du lysozyme.

FIGURE 5.17 Conformation du lysozyme, une protéine. Le lysozyme, qui est présent dans notre sueur, nos larmes et notre salive, est une enzyme qui aide à prévenir les infections. Il se lie à des molécules spécifiques présentes à la surface de nombreuses bactéries pour les détruire. Le site actif de cette protéine est le segment qui reconnaît la molécule cible à la surface des bactéries et qui s'y lie. (Dans le modèle en ruban, les traits jaunes représentent un type de liaison chimique intramoléculaire qui stabilise la forme de la protéine.)

que la protéine prendra. De nombreuses protéines sont globulaires (grossièrement sphériques), tandis que d'autres sont fibreuses. À l'intérieur de ces vastes catégories, les variations possibles sont innombrables.

Une protéine a une fonction qui repose sur sa configuration unique et, dans presque tous les cas, sur sa capacité à reconnaître une autre molécule et à se lier à elle. Par exemple, un anticorps s'attache à une substance étrangère particulière qui a envahi l'organisme ; une enzyme spécifique reconnaît son substrat (substance sur laquelle elle travaille) et s'unit à lui. Vous avez vu au chapitre 2 qu'une cellule nerveuse envoie un message à une autre en libérant des molécules spécifiques qui possèdent une forme particulière. À la surface de la cellule cible se trouvent des récepteurs protéiques ayant une conformation complémentaire à celle des molécules messagères, comme une clé est adaptée à une serrure spécifique (voir la FIGURE 2.18).

Les quatre niveaux de l'organisation structurale des protéines

Lorsqu'une cellule synthétise un polypeptide, la chaîne polypeptidique se replie spontanément et adopte la conformation fonctionnelle convenant à la protéine. Ce processus est assuré et renforcé par les différentes liaisons chimiques qui s'établissent entre les parties de la chaîne. En conséquence, la fonction d'une protéine (par exemple, la capacité d'une protéine réceptrice à reconnaître une molécule messagère particulière et à s'y associer) résulte d'une organisation moléculaire précise. Il s'agit d'une autre manifestation de l'émergence. Nous pouvons reconnaître dans l'architecture complexe d'une protéine trois niveaux d'organisation structurale intégrés : un niveau primaire, un niveau secondaire et un niveau tertiaire. Un quatrième niveau, la structure quaternaire, apparaît quand une protéine se compose de deux ou de plusieurs chaînes polypeptidiques.

Structure primaire. La **structure primaire** d'une protéine correspond à la séquence de ses acides aminés. À titre d'exemple, nous allons examiner celle du lysozyme, l'enzyme antibactérienne illustrée en trois dimensions à la FIGURE 5.17. Le lysozyme est une protéine relativement petite, formée d'une seule chaîne polypeptidique comportant 129 acides aminés. La FIGURE 5.18 montre cette dernière alors qu'elle est déroulée, ce qui facilite l'observation de la structure primaire. La structure primaire fait penser à l'ordre des lettres dans un mot. Si l'arrangement des 129 acides aminés d'une telle chaîne était laissé au hasard, il pourrait se faire de 20^{129} façons. Cependant, la structure primaire d'une protéine n'est pas déterminée par l'association aléatoire des acides aminés, mais par l'information génétique.

Le moindre changement dans la structure primaire d'une protéine peut avoir des effets énormes : la protéine peut voir sa conformation modifiée et sa capacité de fonctionner entravée. Par exemple, l'anémie à hématies falciformes est un trouble sanguin héréditaire causé par la substitution d'un seul acide aminé (le sixième) par un autre dans la structure primaire d'une chaîne β de l'hémoglobine. L'hémoglobine est la protéine des globules rouges (ou hématies, érythrocytes) qui transporte le dioxygène. Les globules rouges normaux ont la forme d'un disque biconcave (un peu à l'image d'une chambre à air bien gonflée) dont le centre est occupé par une fine membrane. Dans l'anémie à hématies falciformes, l'hémoglobine anormale tend à se cristalliser, ce qui entraîne une déformation caractéristique des globules rouges : ceux-ci ressemblent à des faucilles ou à des croissants (FIGURE 5.19). Des périodes de malaises affectent la personne atteinte lorsque les cellules anguleuses s'agglomèrent dans les petits vaisseaux sanguins, obstruant par le fait même la circulation.

Vers la fin des années 1940 et au début des années 1950, Frederick Sanger et ses collègues de l'Université de Cambridge, en Angleterre, déterminèrent la séquence des acides aminés composant l'insuline (une hormone). Leur approche consistait à utiliser des enzymes protéolytiques et d'autres catalyseurs capables de scinder les polypeptides à des endroits spécifiques, plutôt que de les hydrolyser complètement. Sanger recueillit les fragments obtenus par chromatographie, une technique de séparation des molécules organiques. Par la suite, il effectua une hydrolyse partielle avec un nouvel agent, qui scinda le polypeptide à des endroits différents. Cela donna un deuxième groupe de fragments. Sanger

FIGURE 5.18 Structure primaire d'une protéine. Voici la séquence des acides aminés, ou la structure primaire, de l'enzyme appelée lysozyme. Les abréviations de trois lettres correspondent aux noms des acides aminés. La chaîne est dessinée de façon à rendre visible toute la séquence. La FIGURE 5.17 montre la forme réelle du lysozyme.

utilisa des méthodes chimiques pour déterminer la séquence des acides aminés dans ces petits fragments. Puis, il chercha parmi les morceaux récupérés des fragments se chevauchant. Par exemple, examinons la séquence des deux bouts suivants :

Cys-Ser-Leu-Tyr-Gln-Leu

Tyr-Gln-Leu-Glu-Asn

À partir de fragments qui se recoupent ainsi, nous pouvons déduire que la structure primaire du polypeptide intact contient la séquence suivante :

Cys-Ser-Leu-Tyr-Gln-Leu-Glu-Asn

Tout comme nous pourrions reconstituer une phrase à partir d'un ensemble de fragments contenant des séquences de lettres qui se chevauchent, Sanger et ses coéquipiers furent capables, après des années d'effort, de reconstituer la structure primaire

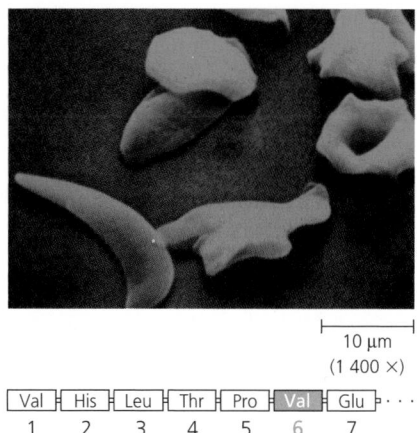

```
10 µm
(1 400 ×)
```

Val	His	Leu	Thr	Pro	Glu	Glu	· · ·
1	2	3	4	5	6	7	

```
10 µm
(1 400 ×)
```

Val	His	Leu	Thr	Pro	Val	Glu	· · ·
1	2	3	4	5	6	7	

(a) Globules rouges normaux et structure primaire de l'hémoglobine normale. Les globules rouges normaux ont la forme d'un disque biconcave, comme le montre la micrographie. Sous celle-ci, vous pouvez voir les sept premiers acides aminés de l'un des polypeptides (chaîne β) de l'hémoglobine normale ; ce polypeptide possède 146 acides aminés.

(b) Globules rouges falciformes et structure primaire d'une hémoglobine falciforme. Une légère modification de la structure primaire de l'hémoglobine (le polypeptide illustré en a), soit la substitution héréditaire de l'acide aminé numéro 6 par un autre acide aminé, provoque l'anémie à hématies falciformes.

FIGURE 5.19 La substitution dans une protéine d'un seul acide aminé par un autre acide aminé provoque l'anémie à hématies falciformes.

complète de l'insuline. Depuis ce temps, on a automatisé la plupart des techniques utilisées pour établir la séquence d'un polypeptide. Reste que c'est l'analyse de Sanger qui démontra pour la première fois un principe fondamental en biologie moléculaire : chaque type de protéine possède une structure primaire unique, soit une suite d'acides aminés précise.

Structure secondaire. Dans la plupart des protéines, certains segments de la chaîne polypeptidique sont enroulés ou pliés de façon répétitive ; ils forment ainsi des motifs qui contribuent à la conformation globale de la protéine. L'ensemble de ces motifs constitue la **structure secondaire** de la macromolécule et provient de liaisons hydrogène situées à des intervalles réguliers le long de la chaîne polypeptidique (FIGURE 5.20). Seuls les atomes d'hydrogène ou d'oxygène fixés à la structure répétitive du polypeptide participent à ces liaisons. Les atomes d'oxygène et d'azote de la chaîne polypeptidique sont tous deux électronégatifs ; ils portent une charge partielle négative (voir le chapitre 2). L'atome d'hydrogène, faiblement positif, qui est attaché à l'atome d'azote a une affinité avec l'atome d'oxygène, légèrement négatif, de la liaison peptidique d'en face. Prises individuellement,

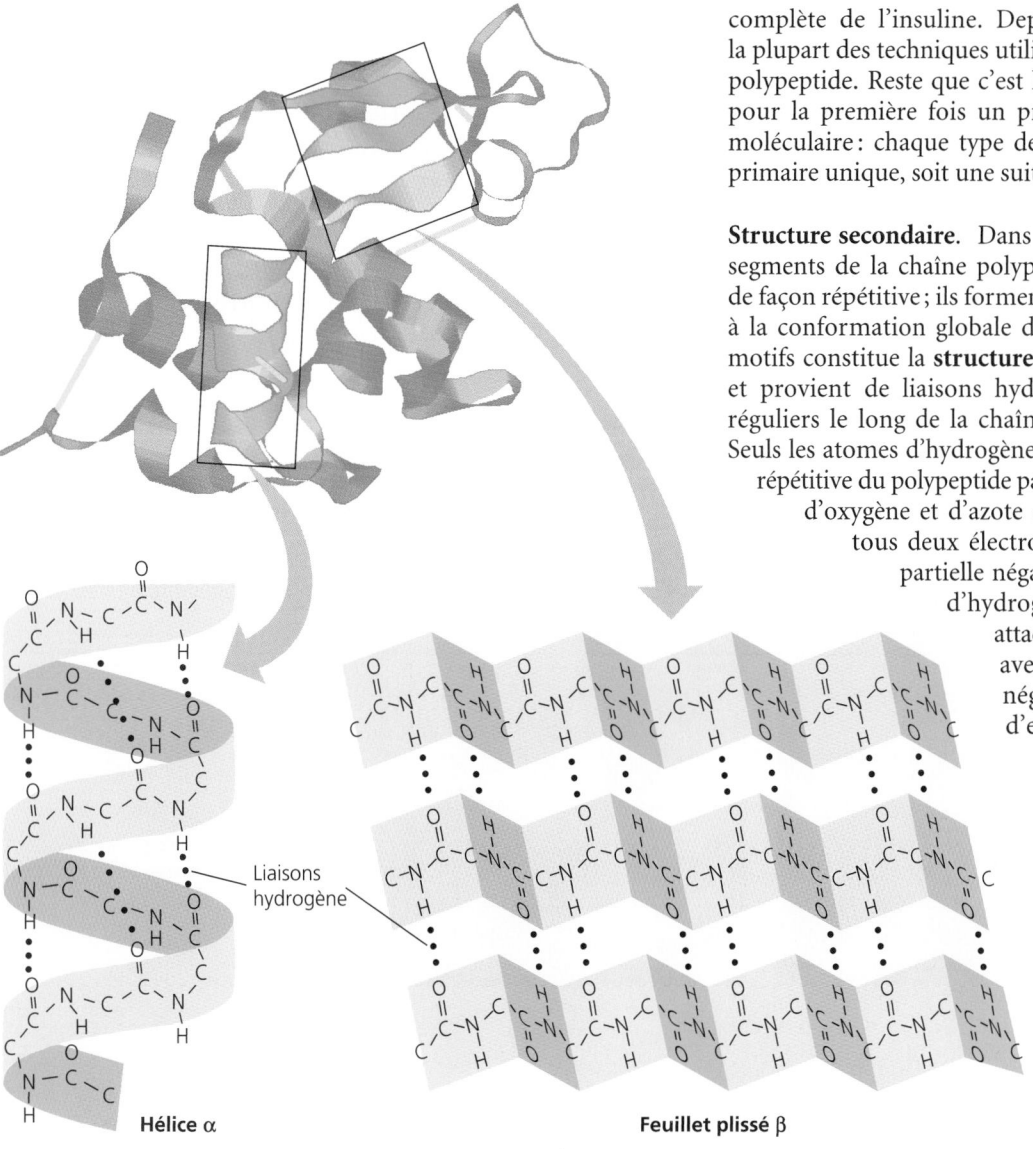

Liaisons hydrogène

Hélice α

Feuillet plissé β

FIGURE 5.20 Structure secondaire d'une protéine. Le lysozyme possède deux types de structures secondaires, l'hélice α et le feuillet plissé β. Ces deux configurations dépendent des liaisons hydrogène entre les groupements $>C=O$ et $>N—H$ le long de la chaîne polypeptidique. Les atomes d'hydrogène qui ne participent pas aux liaisons hydrogène et les radicaux R, de même que leur liaison au carbone asymétrique, ne sont pas représentés ici.

ces liaisons hydrogène sont faibles. Toutefois, comme elles se répètent souvent dans une zone relativement longue de la chaîne polypeptidique, elles peuvent conférer une forme particulière à cette section de la protéine. L'**hélice alpha (α)**, un enroulement délicat maintenu en place par des liaisons hydrogène tous les quatre acides aminés, est un exemple de structure secondaire. À la FIGURE 5.20, les régions du lysozyme formant une hélice α ressortent bien ; nous avons, par ailleurs, grossi une hélice α pour montrer les liaisons hydrogène. Le lysozyme est assez représentatif d'une protéine globulaire, car il possède quelques parties en hélice α séparées par des régions complètement déployées. À titre de comparaison, certaines protéines fibreuses comme la kératine α, une protéine structurale des cheveux, présentent des hélices α sur la majeure partie de leur longueur.

Le **feuillet plissé bêta (β)** représente l'autre type de structure secondaire : deux ou plusieurs régions de la chaîne polypeptidique sont parallèles grâce à des liaisons hydrogène. Les feuillets plissés β constituent la partie dense de nombreuses protéines globulaires ; le lysozyme possède d'ailleurs une telle structure (voir la FIGURE 5.20). Les feuillets plissés β prédominent aussi dans certaines protéines fibreuses, comme la fibroïne, qui compose la soie produite par de nombreux insectes et de nombreuses araignées (FIGURE 5.21). La fibroïne d'une toile d'araignée a de nombreuses régions constituées de feuillets plissés β. C'est le travail d'équipe de tant de liaisons hydrogène qui rend chaque fibre de soie plus forte que l'acier.

Structure tertiaire. La **structure tertiaire** d'une protéine se superpose aux motifs de la structure secondaire. Elle correspond à l'ensemble des contorsions irrégulières découlant des interactions entre les chaînes latérales (radicaux R) d'acides aminés différents (FIGURE 5.22). Les **interactions hydrophobes** aident à la fixer. En effet, les acides aminés et les chaînes latérales hydrophobes (non polaires) d'une protéine sont rassemblés au cœur de celle-ci ; ils sont donc isolés de l'eau. Ce que nous appelons interactions hydrophobes est, en fait, le résultat de l'action des molécules d'eau, qui établissent des liaisons hydrogène entre elles et avec les parties hydrophiles de la protéine, repoussant ainsi les substances non polaires les unes vers les autres. Une fois que les chaînes latérales non polaires des acides aminés se trouvent les unes devant les autres, les forces de London contribuent à les maintenir ensemble. Celles-ci constituent une sorte d'interaction attractive entre des molécules non polaires. On attribue cette attraction à des dipôles (deux pôles de charges contraires) instantanés provenant des fluctuations dans la distribution de la charge électronique d'atomes qui se font face. On regroupe dans la catégorie des forces de Van der Waals les attractions faibles qui s'établissent entre des molécules électriquement neutres. Les forces de London appartiennent à cette catégorie, de même que les liaisons hydrogène. Les liaisons hydrogène entre les chaînes latérales polaires, ainsi que les liaisons ioniques entre les chaînes latérales chargées positivement et négativement, aident également à stabiliser la structure tertiaire. Malgré leur faiblesse relative, ces interactions contribuent à doter la protéine d'une forme particulière, étant donné leur très grand nombre.

La conformation d'une protéine peut se stabiliser davantage sous l'action de liaisons covalentes fortes appelées **ponts disulfure.** Un pont disulfure se forme quand deux monomères de cystéine, un acide aminé portant un groupement thiol (−SH) dans sa chaîne latérale, se rapprochent l'un de l'autre lors du repliement de la protéine. Le soufre d'un monomère de cystéine se lie alors au soufre de l'autre, et ce pont disulfure (−S−S−) assure la cohésion de certaines parties de la protéine. (Les lignes jaunes dans les FIGURES 5.17 et 5.20 représentent des ponts disulfure.) Remarquez que tous ces types de liaisons peuvent se retrouver dans une même protéine, ainsi que le montre l'exemple de la FIGURE 5.22.

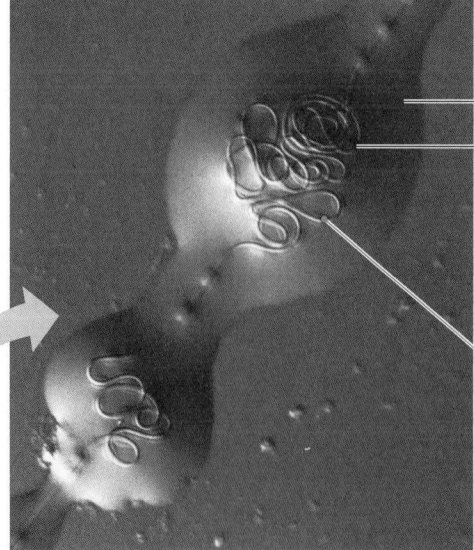

Les glandes abdominales de l'araignée sécrètent des fibres de soie qui forment la toile.

Les fils qui forment les anneaux concentriques (fils de capture) sont élastiques ; ils s'étirent au gré du vent, de la pluie et du contact avec les insectes.

Les fils qui rayonnent à partir du centre de la toile se composent de soie sèche et maintiennent la forme de la toile.

Enduit collant

Fibre de soie enroulée

Un fil de capture se compose d'une fibre de soie enroulée recouverte d'un enduit collant. Lorsqu'une force est appliquée, la fibre se déroule. Quand la force diminue, la tension superficielle provoque l'agglomération du liquide, et la fibre s'enroule de nouveau.

100 µm (160 ×)

FIGURE 5.21 La soie fabriquée par une araignée : une protéine structurale. La soie doit sa solidité et son élasticité à la structure secondaire de la fibroïne, la protéine qui la compose. Celle-ci présente de nombreuses régions en feuillets plissés β. Lorsqu'un insecte infortuné se prend dans la toile, les fibres de soie se déroulent d'abord pour absorber le choc, puis elles s'enroulent de façon à emprisonner la proie.

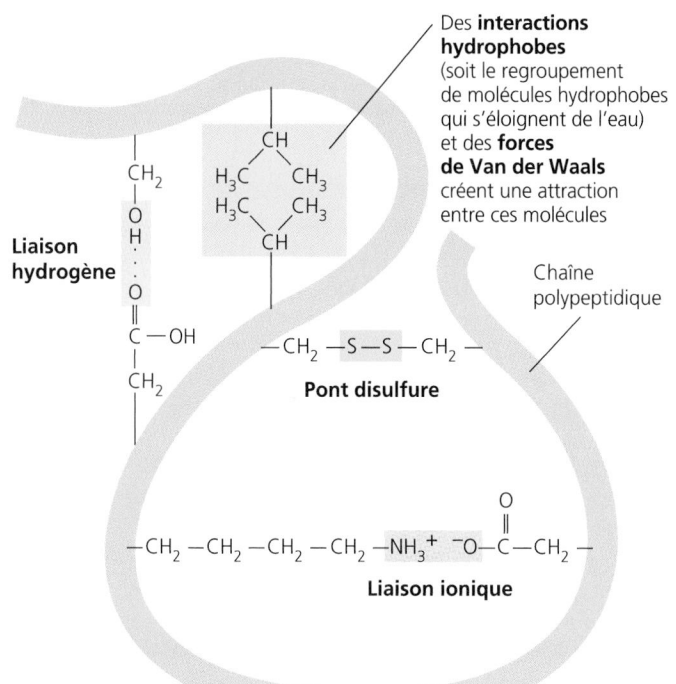

Des **interactions hydrophobes** (soit le regroupement de molécules hydrophobes qui s'éloignent de l'eau) et des **forces de Van der Waals** créent une attraction entre ces molécules

Liaison hydrogène

Chaîne polypeptidique

Pont disulfure

Liaison ionique

FIGURE 5.22 Exemples d'interactions contribuant à fixer la structure tertiaire d'une protéine. Les chaînes latérales hydrophobes d'une protéine se retournent habituellement vers l'intérieur de celle-ci en s'éloignant de l'eau. Dans ce vis-à-vis entre molécules hydrophobes, les forces de Van der Waals, plus spécifiquement les forces de London, créent une faible attraction entre les dipôles induits de ces molécules. Elles contribuent dans une certaine mesure à fixer la conformation de la protéine. Les forces de Van der Waals incluent également les liaisons hydrogène. Celles-ci influent, comme nous l'avons vu précédemment, sur la configuration de la protéine. Les liaisons ioniques entre acides aminés de charges opposées ont aussi un impact sur la conformation de la macromolécule. Toutes ces interactions constituent des liaisons faibles entre les différentes portions de la protéine, mais leur grand nombre permet de donner à celle-ci une forme spécifique. Les ponts disulfure, soit des liaisons covalentes entre les chaînes latérales de deux monomères de cystéine (un acide aminé), constituent des liens plus forts que les précédents.

Structure quaternaire. Comme nous l'avons mentionné précédemment, certaines protéines se composent de deux ou plusieurs chaînes polypeptidiques assemblées de façon à former une macromolécule fonctionnelle. Chaque chaîne polypeptidique constitue une sous-unité. La **structure quaternaire** est la structure générale d'une protéine ; elle résulte de l'interaction entre les sous-unités. Le collagène, par exemple, est une protéine fibreuse qui possède des sous-unités hélicoïdales enroulées en une triple « superhélice » (FIGURE 5.23a). Son organisation, semblable à celle d'un câble, confère à ses longues fibres une résistance exceptionnelle. Cela lui permet de remplir sa fonction, qui consiste à soutenir le tissu conjonctif de la peau, des os, des tendons, des ligaments et d'autres parties du corps. L'hémoglobine, qui fixe le dioxygène dans les globules rouges, constitue un exemple de protéine globulaire à structure quaternaire (FIGURE 5.23b). Elle comporte deux sortes de chaînes polypeptidiques, dont chacune se répète deux fois dans la macromolécule.

Nous avons examiné jusqu'ici les quatre niveaux d'organisation structurale des protéines en adoptant une approche réductionniste. Cependant, c'est le produit final, c'est-à-dire la macromolécule dotée d'une configuration tridimensionnelle unique, qui remplit certaines fonctions biologiques de la cellule. En d'autres termes, une protéine a une fonction spécifique qui découle de son architecture ; c'est une autre preuve de l'émergence. La FIGURE 5.24, à la page 82, résume les niveaux d'organisation structurale des protéines.

Facteurs déterminant la conformation

Nous avons appris que la conformation unique de chaque protéine confère à celle-ci une fonction spécifique ; mais quels sont les facteurs qui déterminent cette conformation ? Nous connaissons déjà une bonne partie de la réponse : une chaîne polypeptidique comportant une séquence particulière d'acides aminés prend spontanément une forme tridimensionnelle. Cette dernière résulte des interactions attractives qui ont lieu entre les atomes et qui sont à la base des structures secondaire

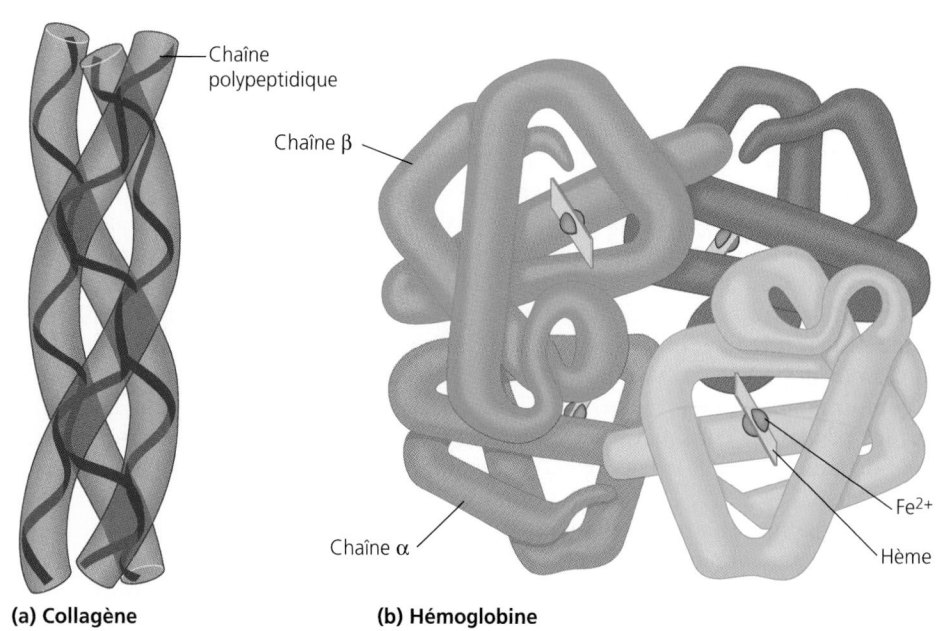

Chaîne polypeptidique

Chaîne β

FIGURE 5.23 Structure quaternaire de protéines. À ce niveau d'organisation structurale, deux ou plusieurs sous-unités polypeptidiques s'associent pour former une protéine fonctionnelle. **(a)** Le collagène est une protéine fibreuse comportant trois polypeptides hélicoïdaux qui s'entrelacent pour former une structure très résistante. Il représente 40 % des protéines du corps humain et renforce le tissu conjonctif de tout l'organisme. **(b)** L'hémoglobine est une protéine globulaire comportant quatre sous-unités de deux sortes : deux chaînes α et deux chaînes β. Celles-ci se caractérisent principalement par une structure secondaire en hélice α représentée par les grosses parties cylindriques dans ce modèle. (Chaque sous-unité a une composante non polypeptidique, appelée hème, portant un ion ferreux Fe^{2+} qui se lie au dioxygène.)

(a) Collagène

Chaîne α

Fe^{2+}

Hème

(b) Hémoglobine

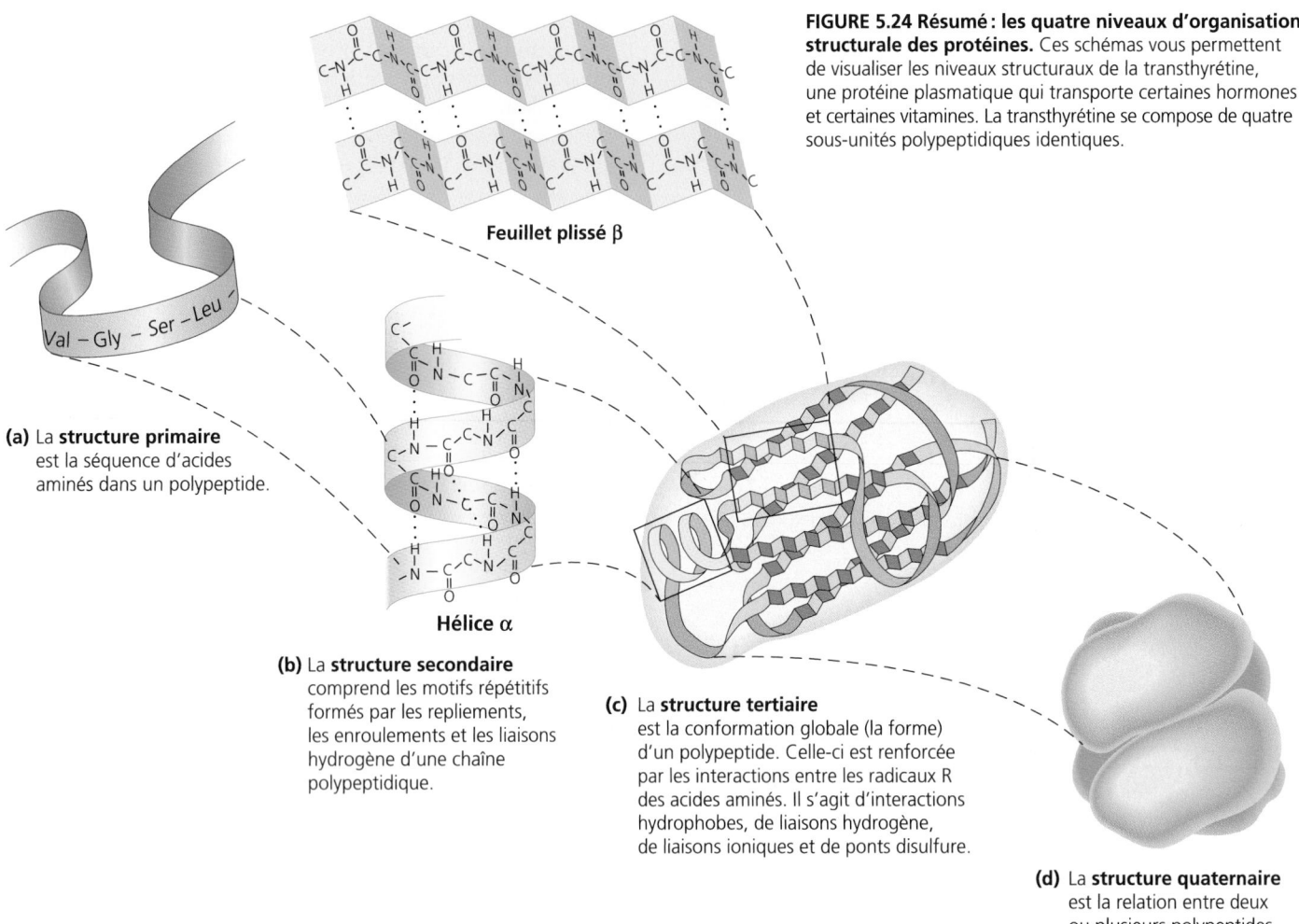

FIGURE 5.24 Résumé : les quatre niveaux d'organisation structurale des protéines. Ces schémas vous permettent de visualiser les niveaux structuraux de la transthyrétine, une protéine plasmatique qui transporte certaines hormones et certaines vitamines. La transthyrétine se compose de quatre sous-unités polypeptidiques identiques.

Feuillet plissé β

Hélice α

(a) La structure primaire est la séquence d'acides aminés dans un polypeptide.

Val – Gly – Ser – Leu

(b) La structure secondaire comprend les motifs répétitifs formés par les repliements, les enroulements et les liaisons hydrogène d'une chaîne polypeptidique.

(c) La structure tertiaire est la conformation globale (la forme) d'un polypeptide. Celle-ci est renforcée par les interactions entre les radicaux R des acides aminés. Il s'agit d'interactions hydrophobes, de liaisons hydrogène, de liaisons ioniques et de ponts disulfure.

(d) La structure quaternaire est la relation entre deux ou plusieurs polypeptides qui composent une protéine.

et tertiaire de la protéine. Cette conformation apparaît normalement lors de la synthèse de la protéine dans la cellule. Cependant, elle dépend également des conditions physiques et chimiques dans lesquelles la protéine baigne : si le pH, la concentration en sels, la température ou d'autres facteurs sont modifiés, la protéine peut se dérouler et perdre sa configuration originelle. Elle subit alors une **dénaturation** (FIGURE 5.25) et devient biologiquement inactive. La plupart des protéines se dénaturent si on les transfère d'un milieu aqueux à un solvant organique, tels que l'éther ou le chloroforme. Elles se retournent comme un gant, leurs régions hydrophobes changeant de place avec leurs régions hydrophiles. Parmi les autres agents de dénaturation figurent les substances chimiques qui brisent les liaisons hydrogène, les liaisons ioniques et les ponts disulfure, dont dépend la forme d'une protéine. La dénaturation peut également résulter d'une chaleur excessive ; celle-ci agite les chaînes polypeptidiques suffisamment pour vaincre les interactions faibles qui stabilisent la conformation d'une protéine. Ainsi, le blanc d'œuf devient opaque pendant la cuisson, car les protéines qui le composent sont dénaturées par la chaleur : elles deviennent insolubles et coagulent.

Une protéine dénaturée dans une éprouvette, que ce soit par des produits chimiques ou de la chaleur, reprend souvent sa forme fonctionnelle quand l'agent dénaturant disparaît. Nous pouvons en conclure que l'information conduisant à l'adoption d'une forme spécifique est liée à la structure primaire. C'est donc la séquence des acides aminés qui détermine la configuration d'une protéine, c'est-à-dire les endroits où se formeront des hélices α, des feuillets plissés β, des ponts disulfure, des liaisons ioniques, etc. Cependant, dans un environnement intracellulaire encombré, le repliement correct peut être plus difficile que dans une éprouvette.

Le mystère du repliement des protéines

Les biochimistes connaissent maintenant la séquence des acides aminés de plus de 100 000 protéines et la configuration tridimensionnelle d'environ 10 000 protéines. On pourrait penser que, en élaborant une corrélation entre la structure primaire de nombreuses protéines et la conformation de celles-ci, il est relativement facile de déterminer les règles régissant le repliement de ces macromolécules. Malheureusement, le mystère n'est pas résolu. La plupart des protéines passent probablement par plusieurs étapes intermédiaires avant d'adopter une configuration stable. L'étude de celle-ci ne les révèle pas. Cependant, les biochimistes ont élaboré des méthodes pour suivre les étapes intermédiaires de la formation d'une protéine. Les chercheurs ont également découvert des **chaperonines** (aussi appelées chaperons moléculaires). Il s'agit de molécules protéiques qui favorisent le repliement adéquat des autres protéines.

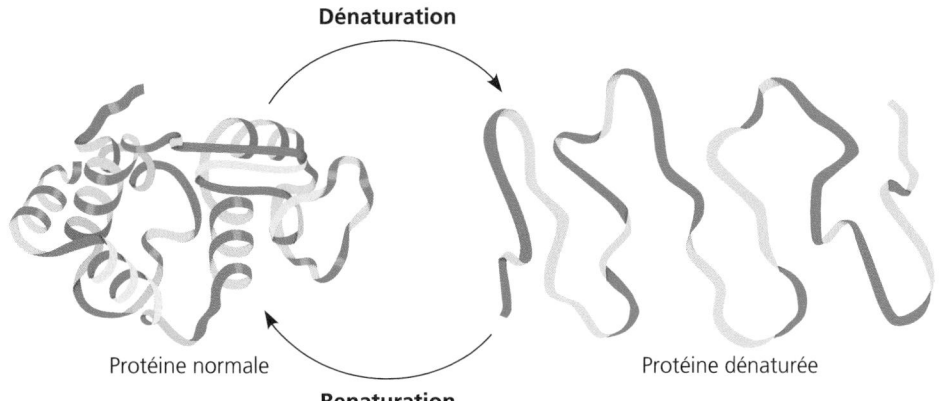

Dénaturation

Renaturation

Protéine normale — Protéine dénaturée

FIGURE 5.25 Dénaturation et renaturation d'une protéine. Des températures élevées ou divers traitements chimiques dénaturent une protéine. Ils lui font perdre sa conformation, donc sa capacité de fonctionner. Si la protéine dénaturée reste dissoute, elle peut retrouver sa forme originelle lorsque le milieu revient à la normale.

Les chaperonines ne dictent pas la structure finale d'un polypeptide ; elles empêchent plutôt le nouveau polypeptide de céder, pendant son repliement spontané, aux « mauvaises influences » qui se manifestent dans l'environnement cytoplasmique. La bactérie *E. coli* abrite une chaperonine bien connue ; il s'agit d'une multiprotéine complexe ayant la forme d'un cylindre creux dont la cavité sert d'abri à différents polypeptides en processus de repliement (FIGURE 5.26).

L'entreprise IBM travaille à un projet de cinq ans destiné à simuler le repliement des protéines au moyen de l'informatique. Ce processus n'est pas encore rendu possible par les ordinateurs actuels. Les scientifiques de cette entreprise essaient d'élaborer un ordinateur extraordinairement puissant, appelé Blue Gene (gène bleu), capable de générer la structure tridimensionnelle de n'importe quelle protéine à partir de sa séquence d'acides aminés (ou à partir de la séquence génétique qui code pour la protéine). Ce projet aura plusieurs applications pratiques. On pourra notamment exploiter les principes du repliement des protéines pour élaborer des protéines particulières ayant une utilité médicale ou autre.

Détermination de la structure d'une protéine

Lorsque les scientifiques sont en présence d'une vraie protéine, il ne leur est pas facile de déterminer sa structure tridimension-

nelle exacte, étant donné qu'elle est composée de milliers d'atomes. La FIGURE 5.27, à la page 84, décrit la **cristallographie par diffraction de rayons X,** la technique principale utilisée pour effectuer cette tâche. Elle détecte la déviation (diffraction) d'un faisceau de rayons X sur chacun des atomes présents dans une protéine cristallisée. Une fois que les coordonnées spatiales des atomes sont déterminées de cette façon, un modèle de la protéine est construit. Linus Pauling et d'autres pionniers de la biologie moléculaire ont bâti des modèles avec du bois, des fils et du plastique. Grâce aux ordinateurs, on peut élaborer maintenant de tels modèles plus rapidement.

LES ACIDES NUCLÉIQUES – DES POLYMÈRES DE NUCLÉOTIDES JOUANT UN RÔLE DANS L'INFORMATION GÉNÉTIQUE

Nous avons vu que la structure primaire des polypeptides détermine la conformation d'une protéine, mais qu'est-ce qui détermine la structure primaire ? Eh bien ! la séquence d'acides aminés est programmée par une unité d'information génétique appelée **gène.** Les gènes se composent d'ADN, un polymère appartenant à la classe de composés appelés **acides nucléiques.**

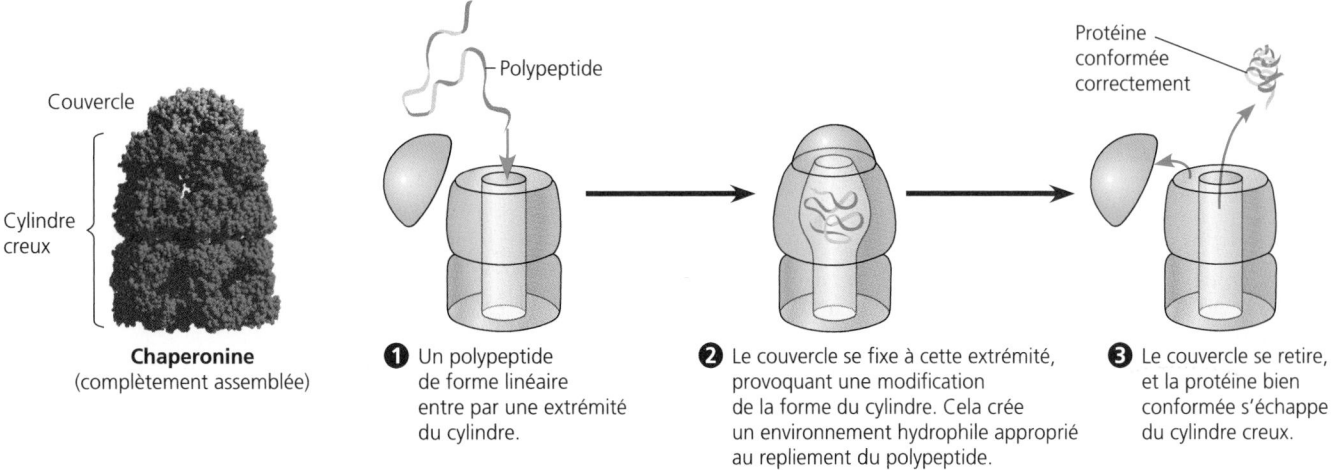

Couvercle

Cylindre creux

Chaperonine (complètement assemblée)

❶ Un polypeptide de forme linéaire entre par une extrémité du cylindre.

❷ Le couvercle se fixe à cette extrémité, provoquant une modification de la forme du cylindre. Cela crée un environnement hydrophile approprié au repliement du polypeptide.

❸ Le couvercle se retire, et la protéine bien conformée s'échappe du cylindre creux.

— Polypeptide

Protéine conformée correctement

FIGURE 5.26 Chaperonine en action. L'illustration réalisée par ordinateur montre un complexe de chaperonines dont l'espace interne permet à des polypeptides nouvellement formés de se plier correctement. Ce complexe est formé de deux protéines qui totalisent 21 polypeptides et dont la masse moléculaire est près de 900 000 u ! L'une des protéines forme un cylindre creux à l'extrémité duquel l'autre protéine, en forme de couvercle, peut se fixer.

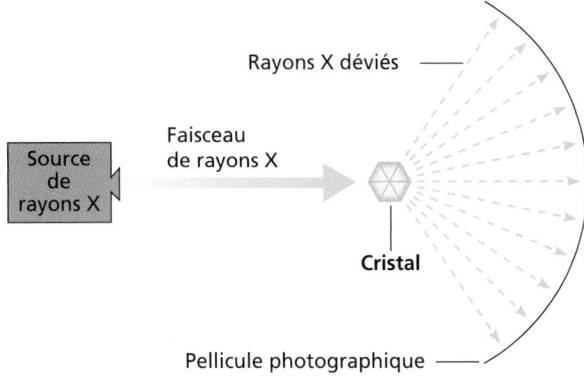

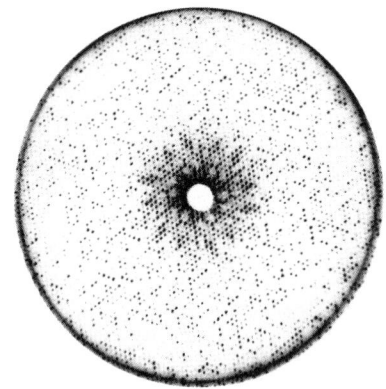

❶ Cristallographie par diffraction de rayons X. Un instrument émet un faisceau de rayons X vers la protéine cristallisée. Les atomes régulièrement espacés du cristal diffractent (dévient) les rayons X selon une disposition ordonnée.

❷ Figure de diffraction des rayons X provenant d'une protéine cristallisée. Les rayons X déviés impressionnent une pellicule photographique, produisant un ensemble de points.

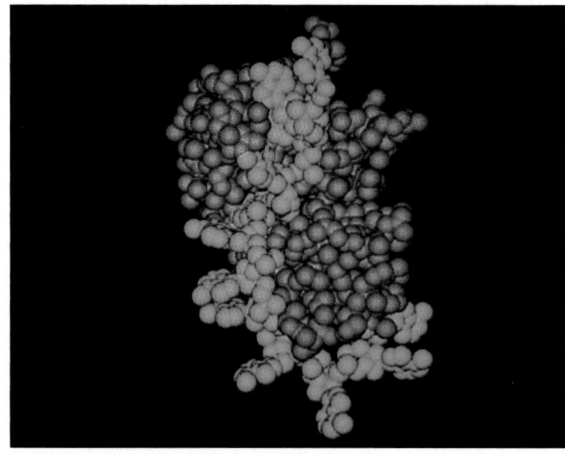

❸ Carte de densité électronique. À partir de ces figures de diffraction, des ordinateurs dressent les cartes de densité électronique de coupes transversales successives de la protéine. En combinant l'information qui est fournie par les cartes de densité électronique et celle qui porte sur la structure primaire de la protéine (telle que déterminée par des méthodes chimiques), il est possible de tracer le graphique des coordonnées spatiales (x, y, z) de chaque atome.

❹ Modèle par infographie de la ribonucléase (violet) liée à un court brin d'acide nucléique (vert). Finalement, les logiciels graphiques produisent une image qui montre la position de chaque atome dans la molécule. On peut faire tourner l'image sur l'écran afin de voir la molécule sous divers angles.

FIGURE 5.27 Cristallographie par diffraction de rayons X. Ces illustrations (une gracieuseté du Département de biochimie de l'Université de Californie à Riverside) montrent comment, à l'aide de la cristallographie par diffraction de rayons X, les scientifiques déterminent la structure tridimensionnelle d'une protéine. La protéine illustrée ici est une enzyme appelée ribonucléase liée à une molécule d'acide nucléique. La première étape consiste à cristalliser la protéine. L'analyse informatique des résultats de la cristallographie fixe sur une image la position de chaque atome dans l'espace tridimensionnel de la molécule. Finalement, les scientifiques font appel à un autre logiciel pour générer un modèle tridimensionnel de l'enzyme.

Les acides nucléiques emmagasinent et transmettent l'information génétique

Il existe deux types d'acides nucléiques : l'**acide désoxyribonucléique (ADN)** et l'**acide ribonucléique (ARN)**. Ces molécules permettent aux organismes de reproduire leurs composantes complexes d'une génération à l'autre. Unique en son genre, l'ADN fournit les directives de sa propre réplication. Il dirige également la synthèse de l'ARN et, ce faisant, il contrôle la synthèse des protéines.

L'ADN constitue le matériel génétique que les parents lèguent à leur progéniture. Très longue, la molécule d'ADN porte habituellement des centaines ou des milliers de gènes. Lorsqu'une cellule se reproduit en se divisant, ses molécules d'ADN (une par chromosome) sont copiées et transmises à la génération suivante. Les instructions qui programment toutes les activités de la cellule sont encodées dans la structure de l'ADN. Cependant, l'ADN ne participe pas directement aux opérations de la cellule, pas plus qu'un logiciel ne peut imprimer un texte scientifique. Tout comme il faut une imprimante pour imprimer un texte, il faut des protéines pour exécuter les programmes génétiques. Les protéines sont à la cellule ce que le matériel informatique est à l'ordinateur. Par exemple, c'est l'hémoglobine et non l'ADN qui transporte le dioxygène dans le sang; l'ADN, lui, spécifie la structure de l'hémoglobine.

Comment l'ARN sert-il d'intermédiaire dans la circulation de l'information génétique de l'ADN aux protéines? Chaque gène présent sur la molécule d'ADN dirige la synthèse d'un type d'ARN appelé ARN messager (ARNm). La molécule d'ARNm interagit ensuite avec la machinerie de la synthèse protéique pour diriger la production d'un polypeptide. Nous pouvons résumer cette circulation de l'information génétique de la manière suivante : ADN → ARN → protéine (FIGURE 5.28). Les sites de la synthèse protéique sont des organites cellulaires appelés ribosomes. Dans une cellule eucaryote, les ribosomes baignent dans le cytoplasme, alors que l'ADN se trouve dans le noyau. C'est donc du noyau au cytoplasme que l'ARN messager transmet les instructions génétiques relatives à l'élaboration des protéines. Les cellules procaryotes, qui sont dépourvues de noyau, utilisent également l'ARN pour transmettre un message de l'ADN aux ribosomes ; ceux-ci traduisent l'information codée en séquences d'acides aminés.

Un brin d'acide nucléique est un polymère de nucléotides

Les acides nucléiques sont des polymères formés de monomères appelés **nucléotides.** Chaque nucléotide se compose de trois parties : une molécule organique appelée base azotée, un pentose (monosaccharide à cinq atomes de carbone) et un groupement phosphate (FIGURE 5.29a, p. 86).

Il existe deux familles de bases azotées : les pyrimidines et les purines. Une **pyrimidine** possède un cycle contenant quatre atomes de carbone et deux d'azote. (Les atomes d'azote tendent à capter des ions H^+ de la solution, ce qui explique l'appellation *base azotée.*) Les membres de la famille des pyrimidines sont la cytosine (C), qui entre dans la composition de l'ADN et de l'ARN, la thymine (T), que l'on trouve exclusivement dans l'ADN, et l'uracile (U), une base azotée typique de l'ARN. Le rattachement d'atomes ou de groupements fonctionnels particuliers confèrent à chacune de ces bases azotées des propriétés différentes. Quant aux **purines,** elles ont une masse moléculaire plus importante : elles se composent de deux cycles accolés comportant cinq atomes de carbone et quatre atomes d'azote. Les purines sont l'adénine (A) et la guanine (G) ; on trouve ces deux bases azotées dans l'ADN et l'ARN. Comme les pyrimidines, elles se distinguent par les atomes ou les groupements fonctionnels attachés aux cycles.

Dans la structure des acides nucléiques, il y a toujours un pentose associé à la base azotée. Celui qui est lié à la base azotée des nucléotides de l'ARN est le **ribose** ; celui qui est lié à la base azotée des nucléotides de l'ADN est le **désoxyribose.** Il n'existe qu'une seule différence entre ces deux monosaccharides : il n'y a pas d'oxygène uni au deuxième atome de carbone du désoxyribose, d'où son nom.

Jusqu'ici, nous avons construit un nucléoside, c'est-à-dire une molécule contenant une base azotée associée à un pentose. Pour faire un nucléotide, nous devons attacher un groupement phosphate au cinquième atome de carbone du pentose (FIGURE 5.29b). La molécule devient alors un nucléoside monophosphate : celui-ci est plus connu sous le nom de nucléotide.

Un acide nucléique est un **polynucléotide.** Ce terme traduit bien la composition de cette macromolécule. Dans un polynucléotide, les monomères sont unis par des liaisons covalentes appelées liaisons phosphodiester. Celles-ci rattachent le phosphate d'un nucléotide au pentose du nucléotide suivant. Elles contribuent à former un squelette dont la séquence d'unités pentose-phosphate se répète (FIGURE 5.29c). Tout le long de ce

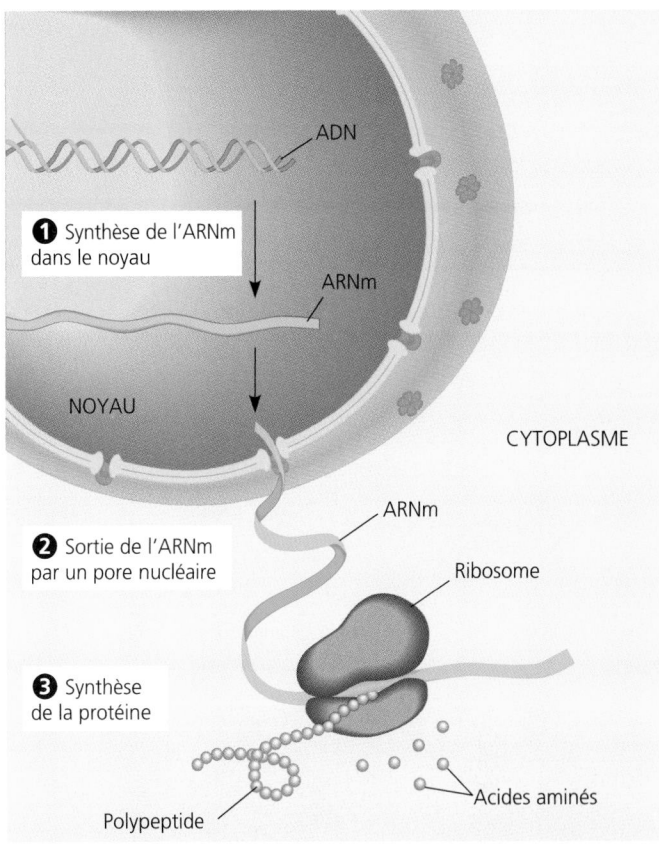

FIGURE 5.28 ADN → ARN → protéine : schéma de la circulation de l'information dans une cellule. Dans une cellule eucaryote, l'ADN nucléaire programme la production de protéines en dictant la synthèse de l'ARN messager (ARNm). Celui-ci se déplace vers les ribosomes situés dans le cytoplasme et s'y fixe. Lorsqu'un ribosome (très grossi sur ce dessin) rencontre l'ARNm, le message génétique est traduit, et un polypeptide ayant une séquence spécifique d'acides aminés est formé.

squelette pentose-phosphate se trouvent des chaînes latérales constituées d'une base azotée.

La séquence des bases azotées du polymère d'ADN (ou d'ARNm) est typique de chaque gène. Comme les gènes comprennent habituellement des centaines ou des milliers de nucléotides, le nombre de séquences possibles est pratiquement illimité. L'information d'un gène se trouve encodée dans la séquence spécifique des quatre bases d'ADN. Par exemple, la séquence génétique AGGTAACTT signifie une chose, alors que la séquence CGCTTTAAC a une tout autre signification. (Évidemment, tous les gènes comportent des séquences beaucoup plus longues.) C'est l'ordre linéaire des quatre bases tel qu'il est encodé dans un gène qui détermine la séquence des acides aminés (la structure primaire) d'une protéine. Cette séquence détermine aussi la conformation tridimensionnelle et la fonction d'une protéine dans une cellule.

L'hérédité se fonde sur la réplication de la double hélice d'ADN

Les molécules d'ADN dans les cellules se composent de deux chaînes de nucléotides enroulées en spirale autour d'un axe imaginaire de façon à former une **double hélice** (FIGURE 5.30, p. 87).

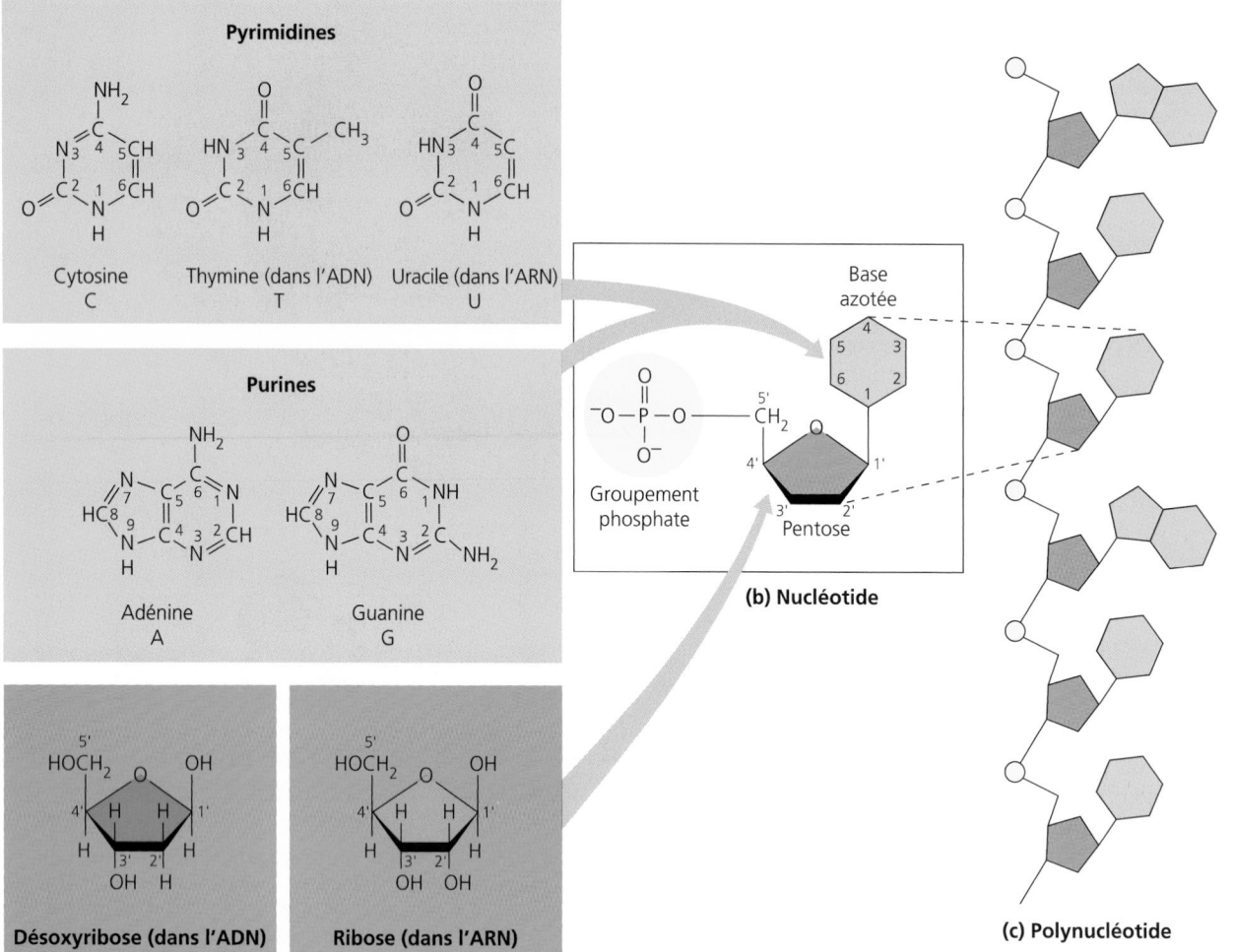

(a) Composantes des nucléotides

FIGURE 5.29 Les composantes des acides nucléiques. (a) Les nucléotides, c'est-à-dire les monomères d'acides nucléiques, ont eux-mêmes trois composantes moléculaires plus petites : une base azotée (une purine ou une pyrimidine), un pentose (un désoxyribose ou un ribose) et un groupement phosphate. Le pentose de l'ARN est le ribose, et celui de l'ADN, le désoxyribose. Par ailleurs, l'ARN comprend de l'uracile, et l'ADN, de la thymine. **(b)** Les trois composantes d'un nucléotide sont unies, tel qu'indiqué dans l'illustration. **(c)** Dans les polynucléotides, le groupement phosphate de chaque nucléotide est lié au pentose du nucléotide suivant. Le polymère est donc constitué d'un squelette régulier formé de l'alternance répétitive d'un pentose et d'un groupement phosphate, squelette auquel se rattachent différentes chaînes latérales, soit les bases azotées appropriées. L'ARN se présente habituellement sous la forme d'un polynucléotide simple, semblable à celui qui est illustré ici.

Ce sont James Watson et Francis Crick qui ont découvert en 1953, alors qu'ils menaient des travaux de recherche à l'Université de Cambridge, la structure en double hélice de la molécule d'ADN. Les deux squelettes désoxyribose-phosphate se trouvent sur les bordures extérieures de l'hélice, alors que les bases azotées s'apparient à l'intérieur de l'hélice. Les deux chaînes de polynucléotides, appelées brins, demeurent attachées ensemble grâce aux liaisons hydrogène qui unissent les bases azotées appariées et grâce aux autres forces de Van der Waals qui s'exercent entre les bases azotées voisines. La majorité des molécules d'ADN sont très longues ; elles possèdent des milliers, voire des millions, de paires de bases reliant les deux chaînes. Une double hélice d'ADN compte un grand nombre de gènes, dont chacun occupe un segment particulier de la molécule. De leur côté, les molécules d'ARN se composent d'une seule chaîne de nucléotides semblable à celle qui est illustrée à la FIGURE 5.29. Le squelette ribose-phosphate porte latéralement les bases azotées. Bien sûr, la masse moléculaire de l'ARN est de loin inférieure à celle de l'ADN. Lorsque nous étudierons la synthèse des protéines au chapitre 17, nous verrons que la conversion de l'information génétique en protéine fait intervenir plusieurs types d'ARN : l'ARN messager, l'ARN ribosomique et l'ARN de transfert. Quant à l'ADN, nous en trouvons dans les chromosomes et aussi dans certains organites, tels que les mitochondries et les chloroplastes. Les mitochondries effectuent la majeure partie de la respiration cellulaire chez les Eucaryotes, tandis que les chloroplastes se chargent de la photosynthèse. Dans ces deux types d'organites, l'ADN sert exclusivement à la synthèse de protéines ; il ne contribue donc ni à la reproduction de l'organite ni à celle de la cellule.

Dans la double hélice, chacune des bases azotées a un complément exclusif : l'adénine (A) forme toujours une paire avec la thymine (T), et la guanine (G), avec la cytosine (C). Ainsi, quand nous lisons la séquence des bases d'un brin de la double hélice, nous pouvons déduire la séquence des bases de l'autre brin. Si un bout de brin possède la séquence de bases AGGTCCG, la règle d'appariement des bases nous dit que le bout de brin opposé doit avoir la séquence TCCAGGC. Les deux

FIGURE 5.30 Réplication d'une double hélice d'ADN. La molécule d'ADN est constituée de deux brins. Les squelettes désoxyribose-phosphate forment les bordures extérieures de la double hélice (les parties en bleu). Les paires de bases azotées se trouvent à l'intérieur de celle-ci. Elles maintiennent les deux brins ensemble par des liaisons hydrogène (représentées par les pointillés unissant les paires de bases azotées). Comme on le voit dans la figure, l'adénine (A) s'apparie seulement avec la thymine (T), et la guanine (G), avec la cytosine (C). Lorsqu'une cellule s'apprête à se diviser, les deux brins de la double hélice se séparent. Chacun sert alors de gabarit à un nouveau brin complémentaire (en orange). (Chaque brin d'ADN illustré ici est l'équivalent structural du polynucléotide dessiné à la FIGURE 5.29c.)

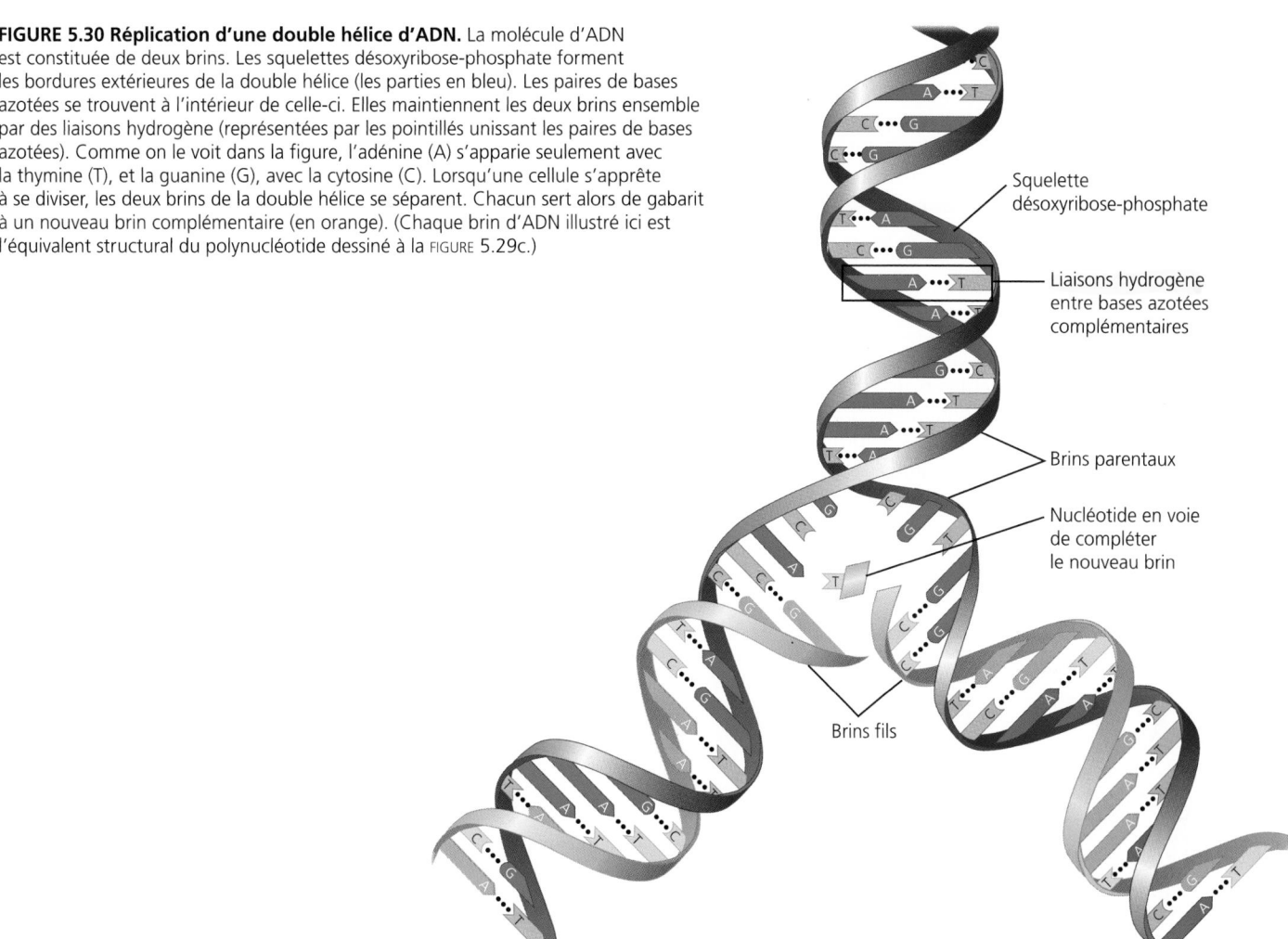

Squelette désoxyribose-phosphate

Liaisons hydrogène entre bases azotées complémentaires

Brins parentaux

Nucléotide en voie de compléter le nouveau brin

Brins fils

brins de la double hélice sont *complémentaires*. La même règle de complémentarité s'applique lors de la synthèse d'un ARN messager par la lecture d'un seul brin d'ADN, à quelques différences près. En voici un exemple, dans lequel P représente le phosphate ; D, le désoxyribose ; A, l'adénine ; G, la guanine ; T, la thymine ; C, la cytosine ; U, l'uracile ; et R, le ribose.

ADN

P–D–P–D–P–D–P–D–P–D–P–D–P–D
  | | | | | | |
  A   G   G   T   C   C   G
  | | | | | | |
  U   C   C   A   G   G   C
  | | | | | | |
P–R–P–R–P–R–P–R–P–R–P–R–P–R

ARN

Dans l'exemple précédent, remarquez l'alternance répétitive du désoxyribose et du phosphate dans le brin d'ADN, et celle du ribose et du phosphate dans le brin d'ARN. De plus, vous pouvez constater la complémentarité de G et de C, et celle de T et de A dans la double hélice. Par contre, comme il n'y a pas de thymine (T) dans l'ARN, c'est l'uracile (U) qui est le complément de l'adénine (A) dans l'ADN. Dans cet exemple, les tirets représentent les liaisons covalentes ; le schéma n'indique pas les liaisons hydrogène entre les bases azotées complémentaires. Par ailleurs, la complémentarité des deux brins de l'ADN permet la reproduction précise des gènes responsables de l'hérédité

(FIGURE 5.30). Lorsqu'une cellule s'apprête à se diviser, chacun des brins de la molécule d'ADN sert de gabarit permettant d'ordonner les nucléotides du nouveau brin complémentaire. Ce processus se solde par deux exemplaires identiques de la molécule d'ADN originale. Ceux-ci sont distribués dans les cellules filles. Ainsi, la structure de l'ADN explique sa fonction de transmission de l'information génétique quand une cellule se reproduit.

L'ADN et les protéines sont des reflets de l'évolution

Les gènes (ADN) et leurs produits (protéines) nous documentent sur le bagage héréditaire d'un organisme. Les séquences linéaires de nucléotides dans les molécules d'ADN se transmettent des parents à leurs descendants, et l'ADN détermine les séquences d'acides aminés des protéines. L'ADN et les protéines des enfants de mêmes parents se ressemblent davantage que ceux des individus sans lien de parenté. Si la notion évolutionniste de la vie est valide, on devrait pouvoir appliquer ce concept de « généalogie moléculaire » aux relations qui existent *entre* les espèces. Donc, si deux espèces semblent apparentées en raison de leur anatomie similaire et de données fournies par des fossiles, a-t-on raison de s'attendre à ce que leur ADN et leurs protéines se ressemblent davantage que ceux de deux espèces plus éloignées? La réponse est oui. Au TABLEAU 5.2, par exemple, on compare une chaîne polypeptidique de l'hémoglobine humaine à celles de cinq autres vertébrés. Les Humains et les Gorilles ne diffèrent que par un seul acide aminé sur 146. Les espèces plus éloignées ont des chaînes moins similaires. La biologie moléculaire offre aux chercheurs un nouvel outil pour évaluer la filiation entre les espèces.

■　　　■　　　■

Nous avons terminé notre survol des macromolécules, mais non l'étude de la chimie des êtres vivants. Nous avons examiné d'une façon réductionniste l'architecture des molécules, mais nous n'avons pas encore exploré leurs interactions dynamiques, qui se soldent par des modifications biochimiques que l'on appelle collectivement métabolisme cellulaire. Au chapitre 6, le dernier de cette partie, nous franchirons une autre étape dans la hiérarchie organisationnelle de la vie; pour ce faire, nous étudierons les principes fondamentaux du métabolisme.

TABLEAU 5.2 Ressemblance entre des chaînes polypeptidiques comme preuve de filiation

Animaux	Nombre d'acides aminés différents dans la chaîne β de l'hémoglobine, en comparaison avec l'hémoglobine humaine (longueur totale de la chaîne : 146 acides aminés)
Humains	0
Gorilles	1
Gibbons	2
Singes Rhésus	8
Souris	27
Grenouilles	67

RÉVISION DU CHAPITRE

Résumé des concepts importants

SYNTHÈSE ET DÉGRADATION DES POLYMÈRES

■ **La plupart des macromolécules sont des polymères (p. 66, FIGURE 5.2).** Les glucides, les lipides, les protéines et les acides nucléiques représentent les quatre classes principales de composés organiques que l'on trouve dans les cellules. Certains d'entre eux sont très volumineux; on les appelle macromolécules. La plupart des macromolécules sont des polymères, c'est-à-dire des chaînes de sous-unités identiques ou semblables appelées monomères. Les monomères forment des molécules plus complexes grâce à des réactions de condensation, soit des réactions chimiques au cours desquelles des molécules d'eau sont libérées (déshydratation) lors de la liaison entre les monomères. Ce type de réaction nécessite de l'énergie. Les polymères peuvent se dissocier au moyen de la réaction inverse, l'hydrolyse, qui, elle, libère de l'énergie.

■ **On peut construire une infinité de polymères à partir d'un petit ensemble de monomères (p. 67).** Chaque classe de polymères se forme à partir d'un ensemble donné de monomères. Bien que les organismes aient en commun le même nombre limité de monomères, ils sont uniques en raison de l'arrangement spécifique des monomères constituant les polymères.

LES GLUCIDES – DES SOURCES D'ÉNERGIE ET DES MATÉRIAUX DE STRUCTURE

■ **Les monosaccharides composent les disaccharides et sont des sources d'énergie et de carbone (p. 67 à 69, FIGURES 5.3 à 5.5).** Ils servent de sources d'énergie, sont convertis en d'autres types de molécules organiques ou servent de monomères inclus dans des polymères. Les disaccharides se composent de deux monosaccharides unis par une liaison glycosidique.

■ **Les polysaccharides, des polymères de monosaccharides, constituent des substances de réserve destinées à la production d'énergie ou servent de matières premières (p. 68 à 71, FIGURES 5.6 à 5.9).** Les monosaccharides qui constituent les polysaccharides sont unis par des liaisons glycosidiques. L'amidon accumulé chez les Végétaux et le glycogène emmagasiné chez les Animaux sont deux polymères de glucose. La cellulose, un polymère de glucose, est un constituant important de la paroi des cellules végétales. L'amidon, le glycogène et la cellulose se distinguent par la position et l'orientation de leurs liaisons glycosidiques.

LES LIPIDES – DES MOLÉCULES HYDROPHOBES D'ASPECT VARIÉ

■ **Les graisses emmagasinent de grandes quantités d'énergie (p. 72 et 73, FIGURES 5.10 et 5.11).** Elles sont aussi appelées triacylglycérols. Elles se composent d'une molécule de glycérol et de trois molécules d'acide gras unies par des réactions de condensation. Les acides gras saturés possèdent un maximum d'atomes d'hydrogène. Les acides gras insaturés (présents dans les huiles) présentent une ou plusieurs liaisons doubles dans leurs chaînes d'hydrocarbures.

■ **Les phosphoglycérolipides constituent la majeure partie des membranes cellulaires (p. 73 et 74, FIGURES 5.12 et 5.13).** Alors que les graisses portent un troisième acide gras lié au glycérol, les phosphoglycérolipides portent un groupement phosphate chargé négativement, qui, à son tour, s'unit à une autre petite molécule hydrophile. Ainsi, la « tête » d'un phosphoglycérolipide est hydrophile.

■ **Les stéroïdes comprennent le cholestérol et certaines hormones (p. 73 et 74, FIGURE 5.14).** Ils ont un squelette carboné formé de quatre cycles accolés.

LES PROTÉINES – DE NOMBREUX NIVEAUX DE STRUCTURE, DES FONCTIONS TRÈS DIVERSIFIÉES

- Une protéine se compose d'une ou de plusieurs chaînes polypeptidiques repliées et a une conformation tridimensionnelle spécifique (p. 75).

- **Un polypeptide est un polymère d'acides aminés associés selon une séquence déterminée (p. 75 à 77, FIGURES 5.15 et 5.16, TABLEAU 5.1).** Les polypeptides se forment à partir de 20 acides aminés ; chacun porte une chaîne latérale (radical R) caractéristique. Les groupements carboxyle et amine d'acides aminés adjacents s'unissent par des liaisons peptidiques.

- **Une protéine a une fonction qui dépend de sa conformation particulière (p. 77 à 84, FIGURES 5.17 à 5.27).** Sa structure primaire est sa séquence d'acides aminés. Sa structure secondaire est le repliement ou l'enroulement du polypeptide selon des motifs répétitifs, principalement en hélice α et en feuillet plissé β. Ceux-ci sont rendus possibles grâce aux liaisons hydrogène établies entre les parties du squelette polypeptidique. La structure tertiaire est la forme tridimensionnelle globale d'un polypeptide ; elle résulte des interactions entre les chaînes latérales des acides aminés. Les protéines composées de plus d'une chaîne polypeptidique (sous-unité) ont un quatrième niveau structural, dit quaternaire. La structure et la fonction d'une protéine sont sensibles aux conditions physiques et chimiques de l'environnement dans lequel celle-ci baigne. La forme d'une protéine est déterminée par sa structure primaire mais, dans la cellule, des protéines appelées chaperonines peuvent faciliter le processus de repliement.

LES ACIDES NUCLÉIQUES – DES POLYMÈRES DE NUCLÉOTIDES JOUANT UN RÔLE DANS L'INFORMATION GÉNÉTIQUE

- **Les acides nucléiques emmagasinent et transmettent l'information génétique (p. 84 et 85, FIGURE 5.28).** L'ADN emmagasine l'information nécessaire à la synthèse de protéines spécifiques. L'ARN (notamment l'ARNm) transporte cette information génétique à la machinerie qui synthétise les protéines.

- **Un brin d'acide nucléique est un polymère de nucléotides (p. 85 et 86, FIGURE 5.29).** Chaque nucléotide se compose d'un pentose uni par une liaison covalente à un groupement phosphate et à une de ces quatre bases azotées : A, G, C et T (ou U). Dans l'ARN le pentose est le ribose ; dans l'ADN, le pentose est le désoxyribose. L'ARN comprend de l'uracile, et l'ADN, de la thymine. Dans un polynucléotide, les nucléotides sont unis de façon à constituer un squelette pentose-phosphate, auquel se rattachent des bases azotées. La séquence des bases azotées sur un gène détermine la séquence des acides aminés d'une protéine.

- **L'hérédité se fonde sur la réplication de la double hélice d'ADN (p. 85 à 87, FIGURE 5.30).** L'ADN est une macromolécule hélicoïdale à double hélice à l'intérieur de laquelle se trouvent les bases. Étant donné que A forme toujours une liaison hydrogène avec T, et que C en forme toujours une avec G, les séquences de nucléotides dans les deux brins sont complémentaires. L'un peut servir de gabarit pour la formation de l'autre. Cette caractéristique typique de l'ADN permet la continuité de la vie.

- **L'ADN et les protéines sont des reflets de l'évolution (p. 87 et 88, TABLEAU 5.2).** Les comparaisons moléculaires aident les biologistes à déterminer les liens entre les espèces.

Autoévaluation

(Les questions dont les numéros sont en caractères gras font surtout appel à la compréhension.)

1. Lequel des termes de cette liste inclut tous les autres ?
   a) Monosaccharide.
   b) Disaccharide.
   c) Amidon.
   d) Glucide.
   e) Polysaccharide.

2. La formule moléculaire du glucose est $C_6H_{12}O_6$. Quelle serait la formule moléculaire d'un polymère de 10 molécules de glucose obtenu par des réactions de condensation ?
   a) $C_{60}H_{120}O_{60}$
   b) $C_6H_{12}O_6$
   c) $C_{60}H_{102}O_{51}$
   d) $C_{60}H_{100}O_{50}$
   e) $C_{60}H_{111}O_{51}$

3. Les deux formes cycliques du glucose (α et β) :
   a) se composent de deux isomères de structure du glucose.
   b) proviennent de molécules de glucose linéaires (non cycliques) différentes.
   c) apparaissent quand différents atomes de carbone de la structure linéaire s'unissent pour former les cycles.
   d) apparaissent parce que le groupement hydroxyle situé au point de fermeture du cycle peut se fixer en une des deux positions possibles.
   e) comprennent un aldose et une cétose.

4. Choisissez la paire de termes ou d'expressions qui complète adéquatement cette phrase : les nucléotides sont aux _____ ce que les _____ sont aux protéines.
   a) acides nucléique ; acides aminés.
   b) acides aminés ; polypeptides.
   c) liaisons glycosidiques ; liaisons polypeptidiques.
   d) gènes ; enzymes.
   e) polymères ; polypeptides.

5. Lequel des énoncés qui portent sur les graisses *insaturées* est correct ?
   a) Elles sont plus répandues chez les Animaux que chez les Végétaux.
   b) Les chaînes carbonées de leurs acides gras possèdent des liaisons doubles.
   c) Elles se solidifient généralement à la température ambiante.
   d) Elles contiennent plus d'hydrogène que les graisses saturées portant le même nombre d'atomes de carbone.
   e) Elles possèdent moins de molécules d'acides gras par molécule de graisse.

6. **Parmi les choix de réponse suivants, lequel convient le mieux au lipide $C_{16}H_{32}O_2$. Il s'agit d'un :**
   a) acide gras saturé.
   b) acide gras insaturé.
   c) monoacylglycérol.
   d) diacylglycérol.
   e) stéroïde.

7. Si une enzyme perdait un acide aminé à la suite d'une mutation, quelle(s) conséquence(s) cela entraînerait-il ?
   a) La structure primaire de l'enzyme changerait.
   b) L'enzyme perdrait sa structure secondaire.
   c) Cela pourrait modifier la structure tertiaire de l'enzyme.
   d) L'enzyme pourrait devenir incapable d'exercer sa fonction.
   e) a) est une conséquence certaine, tandis que c) et d) sont des conséquences possibles.

8. L'analyse d'un échantillon d'ADN nous révèle que la cytosine représente 22 % des nucléotides. Quel pourcentage de cet échantillon l'adénine occuperait-elle?

   a) 22 %.   b) 28 %.   c) 44 %.   d) 56 %.

   e) L'information contenue dans l'énoncé ne nous permet pas de trouver ce pourcentage.

9. Comparez l'amidon et la cellulose, deux polysaccharides présents chez les Végétaux.

10. À quelle famille de lipides les hormones sexuelles humaines appartiennent-elles?

11. Pourquoi une protéine dénaturée ne fonctionne-t-elle plus normalement?

12. Combien de molécules d'eau faut-il pour hydrolyser complètement un polymère d'une longueur de 100 monomères?

13. Comment la mutation d'une protéine peut-elle nuire à la fonction de cette macromolécule?

14. Un bout de brin d'une double hélice d'ADN présente la séquence de bases azotées suivante : TAGGCCT. Quelle est la séquence de bases azotées de l'autre brin de la molécule?

15. Trouvez la séquence de bases azotées de l'ARN messager fabriqué à partir de la séquence TAGGCCT.

Lien avec l'évolution

La comparaison des séquences des acides aminés des protéines ou des séquences des nucléotides des gènes peut apporter un nouvel éclairage sur les différences entre les organismes apparentés. Selon vous, toutes les protéines ou tous les gènes d'un ensemble donné d'organismes vivant sur la Terre devraient-ils montrer le même degré de différences? Pourquoi?

Intégration

1. Un polypeptide particulièrement petit compte neuf acides aminés. En utilisant trois enzymes différentes pour hydrolyser le polypeptide à divers endroits, nous obtenons les cinq fragments suivants (N désigne l'extrémité amine de la chaîne) : Ala-Leu-Asp-Tyr-Val-Leu ; Tyr-Val-Leu ; N-Gly-Pro-Leu ; Asp-Tyr-Val-Leu ; N-Gly-Pro-Leu-Ala-Leu. Déterminez la structure primaire de ce polypeptide.

2. Vous étudiez une enzyme cellulaire qui participe à la fragmentation d'acides gras, libérant ainsi leur énergie. Quels acides aminés devraient se trouver dans les parties de l'enzyme qui interagissent avec les acides gras? (Consultez les radicaux R des acides aminés de la FIGURE 5.15.) Pourquoi cette région de l'enzyme doit-elle être enfermée dans une poche au lieu de se trouver à la surface de l'enzyme?

Science, technologie et société

Certains athlètes amateurs et professionnels prennent des stéroïdes anabolisants pour accroître leur volume musculaire et acquérir de la force. On a largement démontré les risques que cette pratique comporte pour la santé. Ces considérations mises à part, quelle est votre opinion sur l'usage de substances chimiques visant à améliorer la performance des athlètes? Un athlète qui prend des stéroïdes anabolisants triche-t-il, ou cette habitude fait-elle simplement partie de la préparation requise pour réussir dans un sport de compétition?

CHAPITRE 6

INTRODUCTION AU MÉTABOLISME

« Laboratoire. Même quand on ne trouve rien,
on renifle l'odeur de la vérité qui se cache. »

JEAN ROSTAND
biologiste et écrivain français (1894-1977)

MÉTABOLISME, ÉNERGIE ET VIE

- La chimie de la vie est organisée en voies métaboliques
- Les organismes transforment l'énergie
- Les transformations d'énergie chez les êtres vivants obéissent à deux principes de la thermodynamique
- Les organismes vivent grâce à l'énergie libre
- L'ATP permet le travail cellulaire en couplant les réactions exergoniques aux réactions endergoniques

LES ENZYMES

- Les enzymes accélèrent les réactions métaboliques en abaissant les barrières énergétiques
- Les enzymes sont spécifiques au substrat
- Le site actif d'une enzyme est son centre catalytique
- L'environnement physique et chimique d'une cellule influe sur l'activité d'une enzyme

LA RÉGULATION DU MÉTABOLISME

- La régulation du métabolisme dépend souvent de la régulation allostérique
- L'organisation des enzymes dans une cellule favorise la coordination du métabolisme
- L'émergence en rappel

La cellule *est une industrie chimique miniature où se produisent des milliers de réactions dans un espace microscopique. Les petites molécules s'y combinent pour former des polymères que la cellule peut ensuite hydrolyser selon ses besoins. Chez les Végétaux et les Animaux, de nombreuses cellules exportent des produits chimiques d'une partie de l'organisme vers d'autres parties. Le processus chimique* appelé respiration cellulaire *assure le fonctionnement de la cellule en utilisant l'énergie emmagasinée dans les monosaccharides et autres sources d'énergie. La cellule se sert de cette énergie pour accomplir ses différentes fonctions, comme la synthèse des macromolécules dont nous avons parlé au chapitre 5. Il existe des exemples spectaculaires; par exemple, les cellules du champignon microscopique de la photo ci-dessus convertissent en lumière l'énergie stockée dans certaines de leurs molécules organiques, processus appelé* bioluminescence. *(La lumière peut attirer des insectes, qui dispersent ensuite les spores des champignons.) La bioluminescence et les réactions qui ont lieu dans une cellule sont coordonnées et régulées avec précision. Par sa complexité, son efficacité, son intégration et sa sensibilité aux moindres changements, la cellule présente une activité chimique sans égale. Les concepts du métabolisme que vous apprendrez dans ce chapitre vous aideront à comprendre davantage la relation entre la chimie et la vie.*

MÉTABOLISME, ÉNERGIE ET VIE

Le **métabolisme** (du grec *metabolê*, « changement ») correspond à l'ensemble des réactions biochimiques d'un organisme. La vie émerge du métabolisme, en ce sens qu'elle découle des interactions entre les molécules qui se trouvent dans l'environnement ordonné d'une cellule.

La chimie de la vie est organisée en voies métaboliques

Nous pouvons imaginer le métabolisme d'une cellule comme une carte routière complexe montrant les voies suivies par les milliers de réactions qui se produisent dans la cellule (FIGURE 6.1, p. 92). Ces réactions forment un réseau très ramifié le long duquel les molécules se transforment au cours d'une série d'étapes.

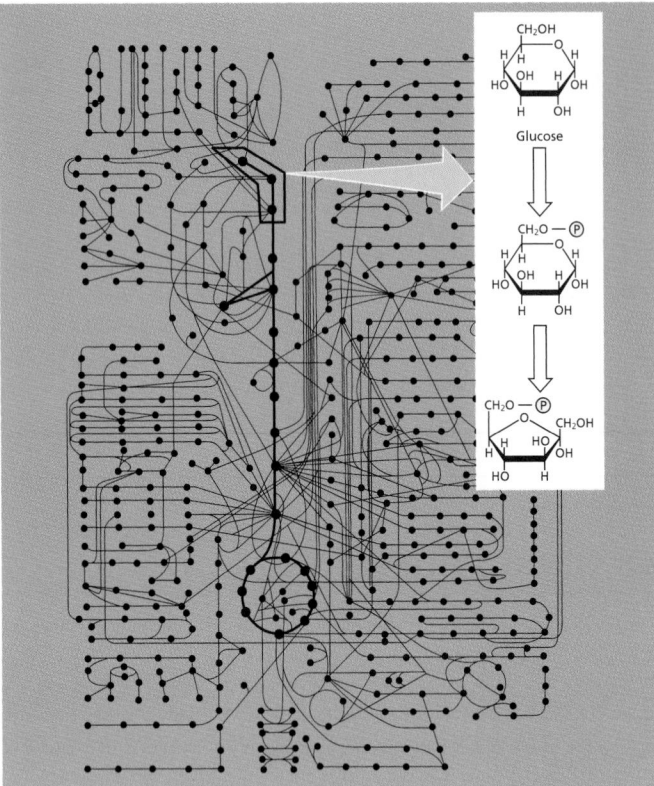

FIGURE 6.1 Complexité du métabolisme. Ce diagramme esquisse seulement quelques centaines des milliers de réactions qui se produisent dans une cellule. Les points représentent les molécules, et les lignes correspondent aux réactions chimiques qui les transforment. Les réactions se produisent dans des séries d'étapes appelées voies métaboliques ; chaque étape est catalysée par une enzyme spécifique. Le médaillon montre les deux premières étapes de la voie catabolique du glucose. (Vous en apprendrez davantage sur cette voie au chapitre 9.)

La cellule fait passer la matière par les voies métaboliques à l'aide d'enzymes qui accélèrent, de façon sélective, chacune des étapes des réactions. À la manière des feux rouges, jaunes et verts qui dirigent la circulation et préviennent les embouteillages, les mécanismes de régulation enzymatique équilibrent les besoins et les apports métaboliques, évitant les carences et les excès de substances chimiques.

Dans l'ensemble, le rôle du métabolisme consiste à gérer les ressources énergétiques et matérielles de la cellule. Certaines voies métaboliques libèrent de l'énergie en décomposant des molécules complexes en des composés plus simples. Ces processus de dégradation s'appellent **voies cataboliques.** La respiration cellulaire est une des principales voies cataboliques ; elle décompose le glucose et d'autres molécules organiques en dioxyde de carbone et en eau. L'énergie ainsi libérée peut alors servir à produire du travail dans la cellule. Inversement, les **voies anaboliques** consomment de l'énergie et permettent d'élaborer des molécules complexes à partir de molécules plus simples. La synthèse d'une protéine à partir d'acides aminés est un exemple d'anabolisme. Les voies cataboliques et anaboliques constituent les avenues qui « montent » et qui « descendent » dans le réseau métabolique. Les voies métaboliques sont reliées de telle façon que l'énergie libérée par les réactions cataboliques peut servir aux réactions anaboliques. Ce transfert d'énergie entre le catabolisme et l'anabolisme se nomme couplage énergétique.

Dans ce chapitre, nous nous attarderons sur les mécanismes communs aux voies métaboliques. Comme l'énergie joue un rôle fondamental dans tous les processus métaboliques, il est essentiel de bien la cerner pour comprendre le fonctionnement de la cellule. Nous utiliserons pour ce faire plusieurs exemples du domaine de la physique, sachant que les principes démontrés s'appliquent aussi à la **bioénergétique,** c'est-à-dire à l'étude de la gestion de l'énergie dans les cellules. La notion d'énergie est aussi importante en biologie qu'en chimie, en physique et en géologie.

Les organismes transforment l'énergie

L'**énergie** est la capacité de produire un travail, c'est-à-dire d'imprimer un mouvement à la matière pour vaincre les forces opposées qui s'exercent sur elle, comme la gravitation et la friction. Autrement dit, c'est le pouvoir de changer la disposition d'une portion de matière. L'énergie existe sous différentes formes, et la vie dépend de la capacité des cellules à la transformer d'un type en un autre.

Tout ce qui bouge possède une **énergie cinétique,** soit une énergie de mouvement. Un objet qui se déplace effectue un travail en faisant bouger un autre objet : ainsi, l'eau qui coule dans un barrage actionne des turbines ; la contraction des muscles des jambes permet de faire tourner les pédales d'une bicyclette. La lumière est également un type d'énergie cinétique pouvant servir à effectuer un travail, comme la photosynthèse chez les Végétaux. La chaleur, ou énergie thermique, est une énergie cinétique qui résulte du mouvement aléatoire de molécules entrant en collision.

Un corps au repos qui n'effectue pas de mouvement possède lui aussi de l'énergie, soit la *capacité* d'effectuer un travail. Il s'agit d'une énergie emmagasinée, ou **énergie potentielle,** que la matière possède en raison de sa position ou de sa structure. Par exemple, l'eau qui se trouve en amont d'un barrage possède une réserve d'énergie en raison de son élévation. L'**énergie chimique** contenue dans les réactifs constitue une forme d'énergie potentielle particulièrement importante pour les biologistes. Elle est emmagasinée dans les molécules en raison de la structure des atomes qui sont liés.

Comment l'énergie passe-t-elle d'une forme à une autre ? Examinez, par exemple, la scène du terrain de jeu à la FIGURE 6.2. La fillette qui se trouve au pied de la glissoire transforme son énergie cinétique en énergie potentielle lorsqu'elle grimpe au haut du monticule. L'énergie qu'elle emmagasine alors se transforme de nouveau en énergie cinétique quand elle descend la glissoire. Cette scène renvoie aussi à une autre source d'énergie potentielle, à savoir l'énergie chimique qui est contenue dans les aliments que la fillette a ingérés au déjeuner et qui lui permet de grimper.

Les réactions chimiques, qui provoquent un réarrangement moléculaire, peuvent transformer en énergie cinétique l'énergie potentielle emmagasinée dans les molécules. Cette transformation a lieu, par exemple, dans le moteur d'une automobile lorsque le dioxygène participe à la combustion des hydrocarbures de l'essence : la chaleur de la combustion devient l'énergie qui pousse les pistons. L'énergie chimique fait aussi fonctionner les êtres vivants d'une façon semblable. La respiration cellulaire et d'autres voies cataboliques libèrent l'énergie emmagasinée dans les glucides et les autres molécules complexes, et l'affecte

En grimpant, les enfants transforment l'énergie cinétique en énergie potentielle.

Inversement, en glissant, les enfants transforment l'énergie potentielle en énergie cinétique.

FIGURE 6.2 Énergie cinétique et énergie potentielle. Les enfants possèdent plus d'énergie potentielle au sommet de la glissoire (à cause de la gravitation) qu'au bas de celle-ci.

aux différentes fonctions cellulaires. Chaque enfant qui a grimpé le monticule à la FIGURE 6.2 a transformé une certaine quantité d'énergie. Ainsi, l'énergie chimique qui était accumulée dans les molécules organiques de ses aliments – et qui provenait de l'énergie lumineuse transformée par les Végétaux au cours de la photosynthèse – s'est convertie en une énergie cinétique nécessaire à ses mouvements. Bref, les organismes transforment l'énergie.

Les transformations d'énergie chez les être vivants obéissent à deux principes de la thermodynamique

L'étude des transformations d'énergie qui se produisent dans une portion de matière se nomme **thermodynamique.** Les scientifiques utilisent le terme *système* pour désigner la portion de matière étudiée, et *environnement* pour faire référence à ce qui est extérieur à celle-ci, soit au reste de l'Univers. Un *système fermé*, comme un liquide dans une bouteille thermos, est isolé de son environnement. Inversement, dans un *système ouvert*, il peut y avoir des échanges d'énergie (et souvent de matière) entre le système et son environnement. Les organismes sont des systèmes ouverts. Ils absorbent de l'énergie (par exemple, de l'énergie lumineuse ou de l'énergie chimique sous la forme de molécules organiques), dégagent de la chaleur et éliminent dans leur environnement des déchets métaboliques tels que le dioxyde de carbone. La transformation d'énergie dans les organismes et dans toute portion de matière obéit à deux principes de la thermodynamique (FIGURE 6.3).

Premier principe de la thermodynamique

Selon le **premier principe de la thermodynamique,** la quantité d'énergie dans l'Univers est constante. *L'énergie peut être transférée et transformée : elle ne peut être ni détruite ni créée.* Ce principe porte aussi le nom de conservation de l'énergie. Les centrales électriques ne fabriquent pas de l'énergie ; elles ne font que la transformer en une forme utilisable. De même, la plante qui change l'énergie lumineuse en énergie chimique joue le rôle de convertisseur d'énergie, non de producteur.

En roulant, la voiture de la FIGURE 6.3a convertira l'énergie chimique de l'essence en énergie cinétique et en d'autres formes d'énergie. Qu'arrive-t-il à l'énergie une fois qu'elle a effectué

FIGURE 6.3 Deux principes de la thermodynamique.
(a) L'énergie chimique (potentielle) de l'essence sera convertie en énergie cinétique, d'où le déplacement de la voiture.
(b) Un certain désordre s'ajoute à l'environnement de la voiture sous forme de chaleur et de petites molécules ; ce sont les produits de la dégradation de l'essence.

(a) Premier principe de la thermodynamique : L'énergie peut être transformée : elle ne peut être ni créée ni détruite.

(b) Deuxième principe de la thermodynamique : L'entropie (désordre) de l'Univers augmente.

un travail dans une machine ou un organisme? Si elle ne peut être détruite, qu'est-ce qui empêche les organismes de se comporter comme des systèmes fermés et de la recycler? La réponse se trouve dans le deuxième principe de la thermodynamique.

Deuxième principe de la thermodynamique

On peut formuler le **deuxième principe de la thermodynamique** de plusieurs façons. Commençons par l'énoncé suivant: tout échange ou toute transformation d'énergie augmente le désordre de l'Univers. Les scientifiques utilisent une fonction appelée **entropie** pour mesurer celui-ci. Plus un système tend vers le désordre, plus son entropie est élevée. Nous pouvons donc reformuler le deuxième principe ainsi: *tout échange d'énergie augmente l'entropie de l'Univers.* Bien que l'ordre puisse croître localement, l'Univers entier tend irrémédiablement vers un désordre accru.

Dans de nombreux cas, il est possible d'observer l'augmentation évidente de l'entropie dans la dégradation physique de la structure organisé d'un système, d'un immeuble abandonné, par exemple. Cependant, une grande partie de l'entropie croissante de l'Univers est moins apparente, parce qu'elle prend la forme d'une augmentation de la quantité de chaleur, c'est-à-dire de l'énergie du mouvement aléatoire des molécules. En convertissant l'énergie chimique en énergie cinétique, la voiture de la FIGURE 6.3b accroît le désordre de son environnement sous forme de chaleur et de petites molécules, qui sont les produits de la dégradation de l'essence.

Dans la plupart des transformations énergétiques, au moins une partie de l'énergie qui est présente sous une forme ordonnée se convertit en chaleur. Ainsi, seulement 25 % de l'énergie chimique emmagasinée dans le réservoir d'essence d'une voiture se transforme en mouvement; le reste (75 %) se perd en chaleur, qui se disperse rapidement dans l'environnement. De la même façon, les enfants de la FIGURE 6.2 convertissent seulement une fraction de l'énergie des aliments en énergie cinétique pour grimper et jouer. En accomplissant leurs différentes tâches, les cellules changent inévitablement une partie de l'énergie en chaleur. (La chaleur ainsi produite peut rendre une pièce bondée inconfortable.)

Dans les machines et les organismes, même l'énergie qui accomplit un travail utile finit par se muer en chaleur. Une automobile en mouvement voit son énergie ordonnée se transformer en chaleur lorsque la friction de ses freins et de ses pneus l'immobilise. Le sort ultime de *toute* l'énergie chimique qu'un enfant utilise pour monter sur l'échelle d'une glissoire est la conversion en chaleur. Pendant que le jeune grimpe, la dégradation métabolique des aliments qu'il a ingérés génère de la chaleur. Quand il descend, la fraction d'énergie temporairement emmagasinée sous forme d'énergie potentielle gravitationnelle se transforme en chaleur en raison de la friction entre la glissoire et lui, ce qui réchauffe l'air environnant.

La conversion de certaines formes d'énergie en chaleur ne viole pas le premier principe de la thermodynamique: l'énergie est en effet conservée, car la chaleur constitue elle aussi une forme d'énergie. En combinant le premier et le deuxième principe de la thermodynamique, nous pouvons conclure que la *quantité* d'énergie de l'Univers reste constante, mais que la *qualité* de son énergie varie. Dans un sens, la chaleur constitue

le niveau le plus bas et l'état le plus désordonné d'énergie, en raison des mouvements non coordonnés des molécules. Un système peut utiliser de la chaleur pour accomplir un travail seulement si une différence de température provoque la circulation de la chaleur d'un endroit plus chaud vers un endroit plus froid. Si la température est uniforme, comme à l'intérieur d'une cellule, l'énergie thermique sert seulement à réchauffer une portion de matière, comme un organisme.

Comment concilier le deuxième principe de la thermodynamique, qui suppose l'augmentation incessante de l'entropie de l'Univers, avec la nature hautement organisée des êtres vivants (FIGURE 6.4), qui est un des fils conducteurs de ce manuel? Pour cela, il faut se rappeler que les organismes sont des systèmes ouverts qui échangent de l'énergie et de la matière avec leur environnement. Les cellules créent des structures ordonnées à partir de matériaux moins organisés. Par exemple, les acides aminés s'agencent en une séquence spécifique dans une chaîne polypeptidique. Cependant, un organisme peut également prendre de son environnement des formes organisées de matière et d'énergie et les remplacer par des formes moins ordonnées. Ainsi, en consommant des aliments, un animal obtient de l'amidon, des protéines et d'autres molécules complexes. En les dégradant, il libère le dioxyde de carbone et de l'eau, de petites molécules simples qui emmagasinent moins d'énergie que les aliments de départ. La chaleur générée pendant le métabolisme explique la réduction de l'énergie chimique. À une plus vaste échelle, l'énergie pénètre dans un écosystème sous forme de lumière et le quitte sous forme de chaleur. Les systèmes vivants augmentent l'entropie de l'environnement, comme le prévoit le deuxième principe de la thermodynamique.

Lorsque la vie est apparue, des organismes complexes ont évolué à partir d'ancêtres plus simples. Par exemple, il est possible de remonter la lignée du règne végétal jusqu'à l'Algue verte, un être vivant très simple. L'augmentation de l'organisation des organismes avec le temps ne va pas à l'encontre du deuxième principe de la thermodynamique. En effet, l'entropie d'un système donné peut diminuer, pourvu que l'entropie totale

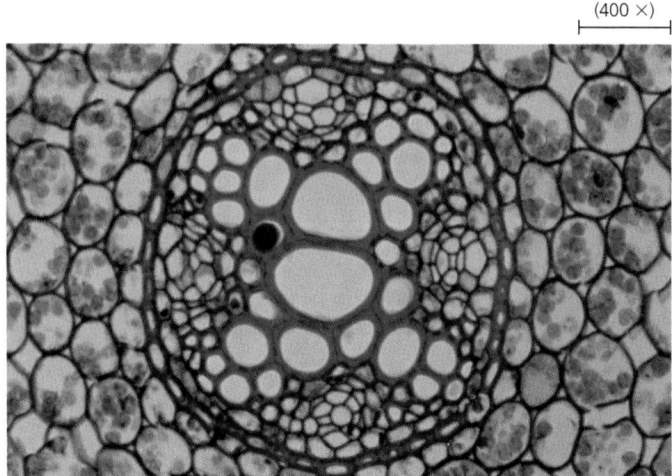

30 μm
(400 ×)

FIGURE 6.4 L'ordre: une caractéristique de la vie. Cette coupe transversale de la racine d'une Renoncule âcre (Bouton d'or, *Ranunculus acris*) montre bien le caractère ordonné des tissus de cette plante. En tant que systèmes ouverts, les organismes peuvent accroître leur ordre aux dépens de celui de leur environnement.

de l'Univers (soit le système et son environnement) augmente. En conséquence, les organismes sont des îlots de faible entropie dans un univers de plus en plus désordonné. L'évolution du caractère ordonné des êtres vivants est donc parfaitement en harmonie avec les principes de la thermodynamique.

Les organismes vivent grâce à l'énergie libre

Comment prédire ce qui peut et ce qui ne peut pas se produire dans la nature? Comment distinguer le possible de l'impossible? Nous savons par expérience que certains événements se produisent spontanément, alors que d'autres, non. Par exemple, nous savons que l'eau coule vers le bas, que les corps de charges opposées s'attirent, qu'un cube de glace fond à la température ambiante et que le sel de table se dissout dans l'eau. Mais il est difficile d'expliquer *pourquoi* ces processus se produisent spontanément.

Commençons par définir ce qu'est un processus spontané: c'est un changement qui se réalise sans influence extérieure. Il est possible d'exploiter une transformation spontanée pour obtenir un travail; par exemple, l'écoulement de l'eau a la capacité d'actionner une turbine dans une centrale. Un processus incapable de s'effectuer par lui-même n'est pas spontané; il ne se produit que grâce à l'apport d'une source énergétique externe. Ainsi, l'eau monte seulement lorsqu'on la chauffe ou quand une machine la pompe pour vaincre la gravitation; une cellule doit dépenser de l'énergie pour synthétiser une protéine à partir d'acides aminés.

Lorsqu'un processus spontané se produit dans un système, la stabilité de ce dernier augmente. De façon générale, les systèmes instables tendent à devenir plus stables. Une masse d'eau située en hauteur, dans un réservoir par exemple, est moins stable que si elle se trouve au niveau de la mer. Un système de particules chargées est moins stable lorsque les charges opposées sont séparées que lorsqu'elles sont ensemble. Un ressort comprimé est moins stable qu'un ressort relâché. Dans chacun de ces exemples, le système tend vers une plus grande stabilité si rien ne l'en empêche: l'eau descend, les charges opposées s'attirent et le ressort se relâche. Cependant, dans des situations moins familières, comment prédire les transformations qui mènent à une plus grande stabilité dans un système? Autrement dit, quels sont les changements spontanés? Vous savez déjà qu'un processus ne peut se produire spontanément que s'il augmente le désordre (entropie) de l'Univers. Ce principe est utile en théorie, mais il ne nous fournit pas un critère facilement applicable aux systèmes biologiques, parce qu'il nécessite la mesure des changements dans le système et dans l'environnement. Il nous faut donc un critère de spontanéité uniquement basé sur le système. Ce critère se nomme énergie libre.

L'énergie libre: un critère du changement spontané

Le concept d'énergie libre n'est pas facile à saisir. Vous devez toutefois le connaître, car il permet de comprendre de nombreux phénomènes biologiques. *L'**énergie libre** est la portion de l'énergie d'un système qui peut produire du travail à une température et à une pression constantes,* comme c'est le cas dans une cellule. Elle est ainsi nommée parce qu'elle est disponible pour effectuer

un travail. En fait, vous comprendrez bientôt que les organismes ne peuvent vivre qu'aux dépens de l'énergie libre puisée dans l'environnement. La FIGURE 6.5, à la page 96, illustre la relation entre l'énergie libre, la stabilité, la spontanéité et le travail.

La lettre G symbolise la quantité d'énergie libre d'un système (G, en l'honneur de J. W. Gibbs, un physicien américain du XIXe siècle qui fait partie des fondateurs de la thermodynamique). G a deux composantes: l'énergie totale d'un système, ou enthalpie (symbolisée par la lettre H), et l'entropie de ce système (symbolisée par la lettre S). La relation entre ces facteurs et l'énergie libre s'établit de la façon suivante:

$$G = H - TS$$

Dans cette équation, T représente la température absolue en degrés Kelvin (K = °C + 273). Remarquez que la température accroît l'entropie. Cela est tout à fait logique puisque, comme nous l'avons appris précédemment, elle représente l'énergie cinétique moyenne des molécules d'un corps et exprime la tendance relative de la chaleur à s'échapper de celui-ci, c'est-à-dire la tendance de la chaleur à réduire l'ordre. Dans une réaction chimique, on a, d'une part, les réactifs, et, d'autre part, les produits. Considérons d'abord les réactifs. L'énergie de toutes les liaisons chimiques qu'ils contiennent constitue ce qu'on appelle l'enthalpie des réactifs ($H_{réactifs}$). Cette énergie ne sert pas entièrement à fabriquer des produits: une partie d'elle est perdue, le plus souvent sous forme de chaleur, pendant la réaction. Cette perte représente l'entropie des réactifs ($S_{réactifs}$). La différence entre l'enthalpie et l'entropie des réactifs donne l'énergie libre des réactifs ($G_{réactifs}$). Considérons maintenant les produits de la réaction. Les liaisons chimiques qu'ils forment déterminent ce qu'on appelle l'enthalpie des produits ($H_{produits}$). Cette énergie ne peut servir entièrement à une nouvelle réaction à cause des pertes attribuables à l'entropie des produits ($S_{produits}$). La différence entre l'enthalpie et l'entropie des produits est l'énergie libre des produits ($G_{produits}$). Pour déterminer l'énergie libre d'une réaction chimique (ΔG), nous devons établir la différence entre celle des réactifs et celle des produits ($G_{réactifs} - G_{produits}$). Pour obtenir la valeur de ΔG, il faut donc trouver l'enthalpie de la réaction:

$$\Delta H = H_{réactifs} - H_{produits}$$

et l'entropie de la réaction:

$$\Delta S = S_{réactifs} - S_{produits}$$

Le calcul de l'énergie libre de la réaction chimique se fait ensuite à l'aide de l'équation suivante:

$$\Delta G = \Delta H - T\Delta S$$

Plus simplement, cette équation représente l'énergie disponible pour produire du travail ou, si l'on préfère, l'énergie potentielle moins l'énergie perdue en chaleur. Gibbs a démontré qu'à une température et à une pression constantes, tous les systèmes évoluent vers une diminution de leur énergie libre. La recherche de stabilité caractérise toute la matière, ce qui corrobore la démonstration de Gibbs. En effet, les réactifs instables tendent à se transformer en produits plus stables. Plus l'enthalpie des réactifs est grande, plus leur tendance au désordre est grande, d'où leur instabilité. Considérons l'énergie libre, ΔG, comme la mesure de l'instabilité d'un système ou la mesure de sa tendance à évoluer

- Énergie libre accrue
- Stabilité réduite
- Capacité de travail accrue

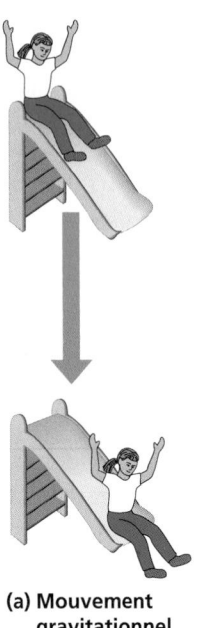

Lors d'un **changement spontané**:
- L'énergie libre du système diminue.
- Le système devient plus stable.
- La portion de l'énergie libre qui correspond à la diminution de l'énergie libre du système peut servir à effectuer un travail.

- Énergie libre réduite
- Stabilité accrue
- Capacité de travail réduite

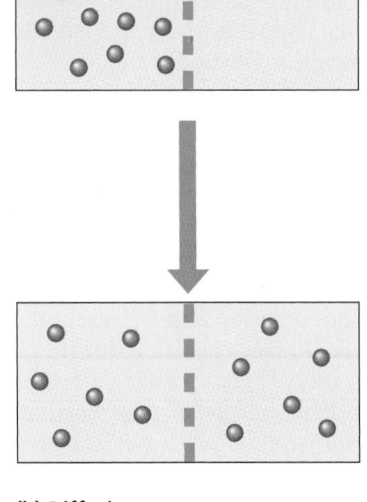

(a) Mouvement gravitationnel **(b) Diffusion** **(c) Réaction chimique**

FIGURE 6.5 Relation entre stabilité, énergie libre, changement spontané et travail. Les systèmes instables (illustrations du haut) possèdent beaucoup d'énergie libre. Ils ont tendance à changer spontanément pour atteindre un état plus stable (illustrations du bas). Il est possible d'utiliser cette diminution d'énergie pour produire du travail. **(a)** Ici, l'énergie libre est proportionnelle à la hauteur atteinte par la fillette. **(b)** Le concept d'énergie libre s'applique également à l'échelle moléculaire : il renvoie au mouvement physique des molécules appelé diffusion. Supposons que les molécules d'un soluté soient réparties inégalement de part et d'autre d'une membrane. Cet état ordonné est instable, c'est-à-dire riche en énergie libre. Si les molécules peuvent traverser la membrane, elles diffuseront jusqu'à ce que leurs concentrations dans les deux compartiments deviennent égales. **(c)** Les réactions chimiques mettent également en jeu l'énergie libre. Le glucide du haut est moins stable que les molécules simples qui le composent. Grâce à la dégradation de molécules organiques complexes par les voies cataboliques, une cellule peut utiliser l'énergie libre qui s'échappe de ces molécules pour produire du travail.

vers un état plus stable. Les systèmes riches en énergie, comme les ressorts comprimés ou des charges séparées, sont instables. Les systèmes hautement ordonnés, comme les molécules complexes, le sont également. En conséquence, les systèmes qui ont tendance à évoluer spontanément vers un état plus stable sont ceux qui possèdent une énergie totale (ΔH) élevée, ou une entropie (ΔS) faible, ou les deux.

Quand le terme ΔG d'une réaction chimique est négatif, le système est instable, et la réaction se déroule spontanément, comme dans l'exemple suivant :

$$\text{Saccharose} + H_2O \longrightarrow \text{Glucose} + \text{Fructose}$$

$$\Delta G° = -29,3 \text{ kJ/mol}$$

$\Delta G°$ fait référence à des valeurs obtenues dans les conditions standard suivantes : une température de 298 K, un pH de 7 et une pression de 101,3 kPa, pour une concentration molaire volumique de soluté de 1 mol/L. Toutes les valeurs de ΔG rencontrées d'ici la fin de ce manuel répondront à ces conditions standard.

Quand la valeur ΔG d'une réaction chimique est positive, le système connaît une certaine stabilité, et la réaction a besoin d'un supplément d'énergie pour se produire, comme dans l'exemple suivant :

$$\text{Glucose} + H_3PO_4 \longrightarrow \text{Glucose 6-phosphate} + H_2O$$

$$\Delta G = +13,8 \text{ kJ/mol}$$

Énergie libre et équilibre

Le terme *équilibre* exprime le maximum de stabilité, comme nous l'avons vu au chapitre 2 en ce qui a trait aux réactions chimiques. Il existe une relation importante entre l'énergie libre et l'équilibre, y compris l'équilibre chimique. Nous avons vu que la plupart des réactions chimiques sont réversibles et qu'elles s'effectuent jusqu'à ce que les réactions directe et inverse se produisent à la même vitesse. On dit alors qu'elles ont atteint un équilibre chimique. Lorsque c'est le cas, les concentrations des réactifs et des produits ne changent plus. L'énergie libre du mélange de réactifs et de produits diminue lorsque la réaction tend vers l'équilibre ; inversement, elle augmente lorsque la réaction s'éloigne de son point d'équilibre. Dans une réaction à l'équilibre, ΔG égale 0, car il n'y a aucun changement net dans le système. Une réaction chimique ou un phénomène physique à l'équilibre ne produit aucun travail. Une réaction qui se dirige vers son point d'équilibre est spontanée et peut effectuer un travail. Elle ne peut s'éloigner de l'équilibre qu'en présence d'une source extérieure d'énergie ; elle n'est donc pas spontanée. Appliquons maintenons le concept d'énergie libre spécifiquement à la chimie de la vie.

Énergie libre et métabolisme

Réactions exergoniques et endergoniques dans le métabolisme. Selon les variations d'énergie libre que les réactions chimiques entraînent, ces dernières sont soit exergoniques (« énergie vers l'extérieur »), soit endergoniques (« énergie vers l'intérieur »). Une **réaction exergonique** s'accompagne d'un dégagement net d'énergie libre (FIGURE 6.6a). La valeur de ΔG est donc négative. En d'autres mots, une réaction exergonique se produit spontanément, car elle n'a pas besoin d'une énergie extérieure pour avoir lieu, et la valeur de ΔG correspond à la quantité maximale de travail que la réaction peut produire. Prenons la respiration cellulaire comme exemple :

$$C_6H_{12}O_6 + 6\,O_2 \longrightarrow 6\,CO_2 + 6\,H_2O$$

$$\Delta G = -2\,871\ \text{kJ/mol}$$

Pour chaque mole de glucose (180 g) décomposée par la respiration, 2 871 kJ d'énergie sont libérés pour produire du travail. Comme l'énergie se conserve et que les produits de la respiration ($6\,CO_2 + 6\,H_2O$) ont 2 871 kJ d'énergie libre de moins que les réactifs ($C_6H_{12}O_6 + 6\,O_2$), nous savons que la différence d'énergie libre a servi à produire du travail, qu'elle a participé à une autre réaction.

Une **réaction endergonique**, elle, absorbe l'énergie libre de son environnement (FIGURE 6.6b). Étant donné qu'elle *emmagasine* plus d'énergie libre qu'elle n'en libère, ΔG est positif. Elle n'est pas spontanée, et la valeur de ΔG correspond à la quantité minimale d'énergie requise par la réaction. Si une réaction chimique est exergonique dans un sens, elle est obligatoirement endergonique dans le sens inverse. Une réaction réversible ne peut libérer de l'énergie dans les deux directions. Par exemple, si ΔG égale $-2\,871$ kJ/mol dans le cas de la respiration cellulaire, ΔG égale $+2\,871$ kJ/mol dans le cas de la photosynthèse qui produit le glucose à partir du dioxyde de carbone et de l'eau. La production de glucose dans les cellules des feuilles d'une plante est très endergonique ; elle s'effectue grâce à l'absorption d'énergie lumineuse.

Déséquilibre métabolique. Les réactions qui se produisent dans un système fermé finissent par atteindre l'équilibre et ne peuvent plus produire aucun travail, comme l'illustre le système hydroélectrique de la FIGURE 6.7a, à la page 98. Les réactions chimiques du métabolisme, elles, sont réversibles ; elles atteindraient l'équilibre si elles se produisaient de manière isolée dans une éprouvette. Comme les systèmes à l'état d'équilibre ont un ΔG nul et ne peuvent produire aucun travail, une cellule qui atteindrait un équilibre métabolique mourrait ! En fait, le déséquilibre métabolique soutient la vie.

Une cellule est capable de maintenir son état de déséquilibre parce qu'elle forme un système ouvert. La fuite et l'apport constants de matières empêchent ses voies métaboliques d'atteindre l'équilibre, lui permettant ainsi de produire un travail sa vie durant. Le système hydroélectrique ouvert (plus réaliste que le premier) de la FIGURE 6.7b illustre bien ce principe, à la différence que la voie catabolique d'une cellule libère l'énergie libre selon une suite de réactions. Prenons par exemple la respiration cellulaire, que le système de la FIGURE 6.7c illustre par analogie. Certaines de ses réactions doivent s'effectuer dans un seul sens : elles ne peuvent donc jamais atteindre le point d'équilibre. Par ailleurs, la cellule doit faire en sorte que les produits d'une réaction ne s'accumulent pas ; alors, elle fait d'eux les réactifs de la réaction suivante. Le processus global de la respiration cellulaire a lieu grâce à l'énorme différence d'énergie libre entre le glucose, au sommet de la pente énergétique, et le dioxyde de carbone et l'eau, au terme du processus. Tant que la cellule reçoit un apport constant de glucose ou d'autres sources d'énergie et qu'elle peut rejeter les déchets dans son environnement, elle n'atteint jamais l'équilibre métabolique et continue à produire son travail, essentiel à la vie.

Nous constatons encore une fois à quel point il est important de considérer l'être vivant comme un système ouvert. La lumière du Soleil assure un apport quotidien d'énergie libre aux Végétaux et aux autres organismes photosynthétiques d'un écosystème. Les Animaux et les autres organismes non photosynthétiques de cet écosystème dépendent de la transmission de l'énergie libre, qui prend la forme des produits organiques de la photosynthèse.

Maintenant que nous avons appliqué le concept d'énergie libre au métabolisme, nous pouvons voir comment une cellule effectue le travail essentiel à la vie. Le **couplage d'énergie** est un processus clé de la bioénergétique. Ce processus consiste à employer l'énergie dégagée par une réaction exergonique pour déclencher une réaction endergonique. C'est en grande partie grâce à une molécule appelée ATP que cela est possible dans les cellules.

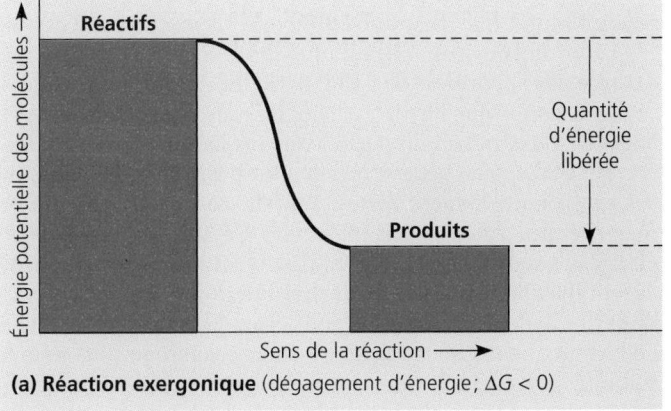

(a) Réaction exergonique (dégagement d'énergie ; $\Delta G < 0$)

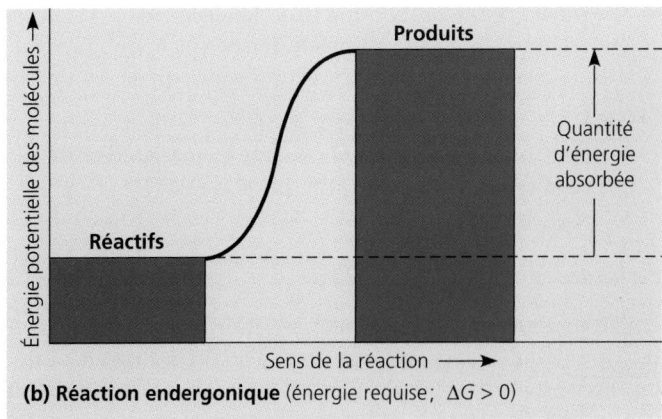

(b) Réaction endergonique (énergie requise ; $\Delta G > 0$)

FIGURE 6.6 Variations du niveau d'énergie dans les réactions exergonique et endergonique.

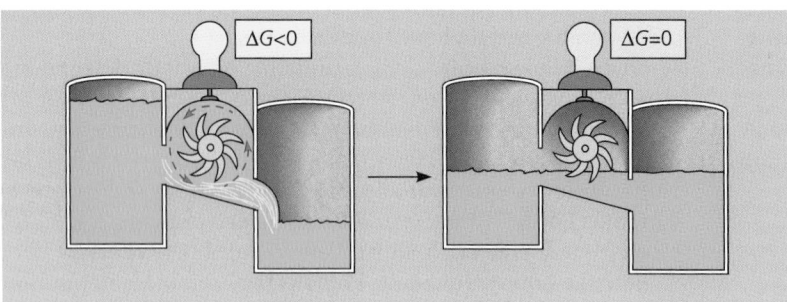

(a) Système hydroélectrique fermé. L'écoulement de l'eau actionne la génératrice jusqu'à ce que le système atteigne l'équilibre.

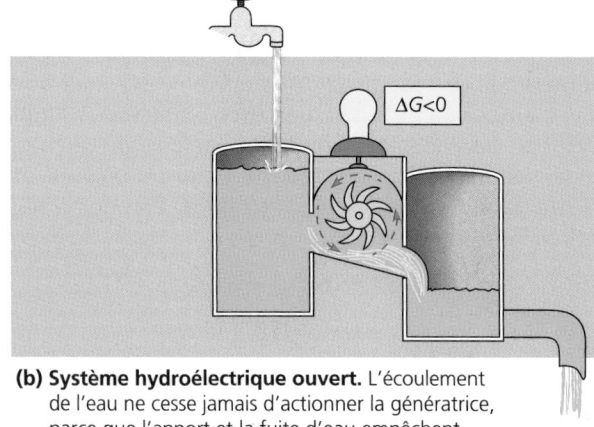

(b) Système hydroélectrique ouvert. L'écoulement de l'eau ne cesse jamais d'actionner la génératrice, parce que l'apport et la fuite d'eau empêchent le système d'atteindre l'équilibre.

(c) Système hydroélectrique ouvert à plusieurs niveaux.
L'eau qui coule vers le bas fournit l'électricité à une ampoule. La respiration cellulaire ressemble à ce mécanisme : le glucose se dégrade selon une série de réactions exergoniques qui fournissent l'énergie nécessaire au fonctionnement de la cellule. Le produit de chaque réaction devient le réactif de la suivante, de sorte qu'aucune réaction n'atteint l'équilibre.

FIGURE 6.7 Déséquilibre et travail dans les systèmes fermés et ouverts.

L'ATP permet le travail cellulaire en couplant les réactions exergoniques aux réactions endergoniques

Une cellule produit trois types principaux de travail :

1. Un *travail mécanique,* comme le battement des cils, la contraction des cellules musculaires et le mouvement des chromosomes au cours de la reproduction cellulaire.
2. Un *travail de transport,* comme le passage transmembranaire de substances dans le sens inverse du mouvement spontané.
3. Un *travail chimique,* comme le déclenchement de réactions endergoniques qui ne se produiraient pas spontanément ; c'est le cas, par exemple, de la synthèse de polymères à partir de monomères.

Dans la majorité des cas, la source d'énergie directe qui permet à la cellule de produire un travail est l'ATP.

Structure et hydrolyse de l'ATP

L'**ATP (adénosine triphosphate)** est étroitement apparentée à un type de nucléotide présent dans l'ARN, l'adénine. Comme dans celle-ci, la base azotée adénine de l'ATP est liée au ribose. Cependant, dans l'ARN, un seul groupement phosphate est lié à un ribose (voir la FIGURE 5.29b), alors que, dans l'ATP, trois groupements phosphate sont liés au ribose (FIGURE 6.8a).

Les liaisons entre les groupements phosphate de l'ATP peuvent être rompues par hydrolyse. Lorsque l'eau brise la liaison du phosphate terminal, une molécule de phosphate inorganique (que nous exprimerons dorénavant par le symbole P_i) est libérée. L'ATP devient alors l'adénosine diphosphate, ou ADP (FIGURE 6.8b). Il s'agit d'une réaction exergonique ; en laboratoire, elle dégage 30,5 kJ d'énergie par mole d'ATP hydrolysée :

$$ATP + H_2O \longrightarrow ADP + P_i \quad \Delta G = -30,5 \text{ kJ/mol}$$

Cette variation d'énergie libre se fait dans des conditions dites normales. Or, dans une cellule, les conditions physiques et chimiques ne sont pas normales. Lorsque cette réaction s'y produit plutôt que dans une éprouvette, la valeur de ΔG est de −54,4 kJ/mol environ ; elle est plus élevée de 78 % que l'énergie dégagée par l'hydrolyse de l'ATP dans des conditions normales.

Étant donné que l'hydrolyse des liaisons phosphate de l'ATP libère de l'énergie, on dit parfois que ces liaisons possèdent une énergie élevée, mais cette expression est trompeuse. Elles ne sont pas exceptionnellement fortes. En fait, comparativement à la majorité des liaisons des molécules organiques, les liaisons phosphate sont relativement faibles. C'est justement en raison de leur instabilité que leur hydrolyse libère de l'énergie. Les produits de l'hydrolyse (soit ADP et P_i) sont plus stables que l'ATP. Le changement d'un système qui mène vers une plus grande stabilité est exergonique. En conséquence, le dégagement d'énergie au cours de l'hydrolyse de l'ATP provient d'une transformation chimique qui aboutit à un état plus stable, et non des liaisons phosphate elles-mêmes.

Pourquoi les liaisons phosphate sont-elles si fragiles? Si nous examinons de nouveau la molécule d'ATP à la FIGURE 6.8a, nous pouvons voir que les trois groupements phosphate portent une charge négative. Comme ces trois charges de même signe sont rapprochées les unes des autres, il se produit une répulsion. Celle-ci contribue à l'instabilité de ce segment de la molécule d'ATP. La queue triphosphate de la molécule d'ATP est l'équivalent chimique d'un ressort comprimé.

Comment l'ATP produit du travail

Quand on hydrolyse de l'ATP dans une éprouvette, le dégagement d'énergie libre qui se produit ne fait que réchauffer l'eau contenue dans l'éprouvette. Dans une cellule, un tel résultat serait inefficace et dangereux. C'est pourquoi, avec l'aide d'enzymes spécifiques, la cellule applique directement l'énergie précieuse dégagée par l'hydrolyse de l'ATP à des processus endergoniques. Pour ce faire, elle transfère un groupement phosphate de l'ATP à une autre molécule, qui est alors **phosphorylée**. Cet intermédiaire phosphorylé, plus réactif (moins stable) que la molécule originale, constitue la clé du couplage des réactions exergoniques et endergoniques. La réaction cellulaire illustrée à la FIGURE 6.9, à la page 100, soit la synthèse de la glutamine à partir de l'acide glutamique (un autre acide aminé) et de l'ammoniac, est un exemple de ce mécanisme.

Presque tout le travail cellulaire repose sur la capacité de l'ATP à activer d'autres molécules en leur transférant des groupements phosphate. Par exemple, l'ATP assure le mouvement des muscles en cédant des groupements phosphate aux protéines contractiles.

Régénération de l'ATP

Un organisme au travail utilise continuellement de l'ATP. Heureusement, celle-ci constitue une ressource renouvelable qui peut être régénérée par l'ajout d'un phosphate à de l'ADP (FIGURE 6.10, p. 100). Ce sont les réactions de dégradation (catabolisme) qui fournissent l'énergie libre nécessaire à la phophorylation de l'ADP. Ce va-et-vient entre le phosphate inorganique et l'énergie se nomme cycle de l'ATP. Dans la cellule, les processus consommateurs d'énergie sont couplés aux processus producteurs d'énergie. Par exemple, une cellule musculaire au travail renouvelle la totalité de son ATP environ une fois par minute: cela représente 10 millions de molécules d'ATP utilisées et régénérées par seconde. Sans la reformation de l'ATP grâce à la phosphorylation de l'ADP, les Humains devraient consommer quotidiennement une quantité d'ATP équivalant à leur masse corporelle.

Puisqu'un processus réversible ne peut libérer de l'énergie dans les deux sens, la régénération de l'ATP à partir de l'ADP est nécessairement endergonique:

$$ADP + Ⓟ_i \longrightarrow ATP + H_2O$$

$$\Delta G = +30,5 \text{ kJ/mol (dans des conditions normales)}$$

Ce sont les voies cataboliques (exergoniques), notamment la respiration cellulaire, qui fournissent l'énergie nécessaire à la fabrication de l'ATP, un processus endergonique. Les Végétaux, eux, utilisent l'énergie lumineuse pour produire l'ATP.

Ainsi, le cycle de l'ATP est un tourniquet que l'énergie traverse lors de son transfert entre les voies cataboliques et anaboliques. En fait, c'est l'énergie temporairement emmagasinée dans l'ATP qui assure la plus grande partie du travail cellulaire.

LES ENZYMES

Les principes de la thermodynamique nous renseignent sur la spontanéité des réactions chimiques dans certaines conditions, mais pas sur leur vitesse. Une réaction spontanée peut se produire lentement, au point d'être imperceptible. Par exemple, l'hydrolyse du saccharose en glucose et en fructose (FIGURE 6.11, p. 100) est exergonique; elle a lieu spontanément et est accompagnée d'un dégagement d'énergie libre ($\Delta G = -29,3$ kJ/mol). Cependant, des années peuvent passer sans qu'une solution de saccharose

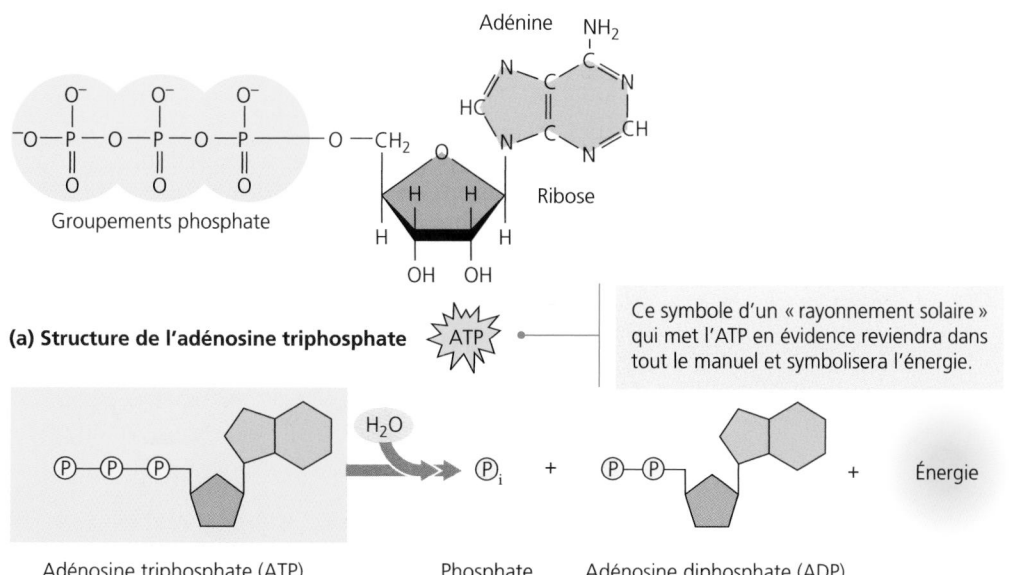

FIGURE 6.8 Structure et hydrolyse de l'ATP. L'hydrolyse de l'ATP produit un phosphate inorganique et de l'ADP. Dans la cellule, la plupart des groupements hydroxyle fixés aux groupements phosphate sont ionisés (—O⁻).

Adénine

Groupements phosphate

Ribose

(a) Structure de l'adénosine triphosphate

Ce symbole d'un « rayonnement solaire » qui met l'ATP en évidence reviendra dans tout le manuel et symbolisera l'énergie.

Adénosine triphosphate (ATP)

Phosphate inorganique

Adénosine diphosphate (ADP)

Énergie

(b) Hydrolyse de l'ATP

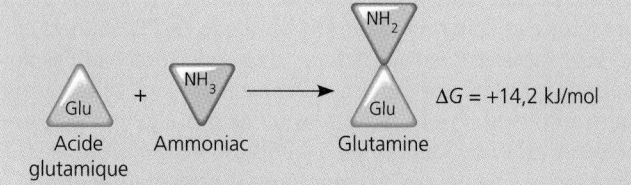

(a) Sans ATP. Sans l'aide de l'ATP, la conversion de l'acide glutamique en glutamine ne serait pas spontanée. En effet, l'acide glutamique emmagasine plus d'énergie qu'il n'en libère; cela explique pourquoi la valeur de son ΔG est positive.

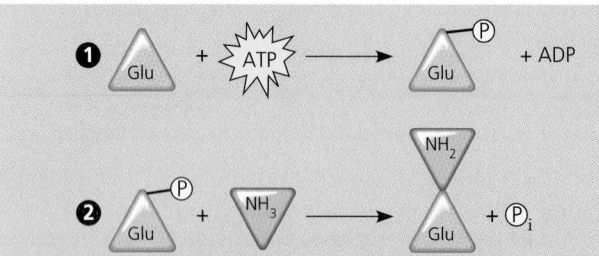

(b) Avec ATP. Telle qu'elle se produit dans la cellule, la synthèse de la glutamine est une réaction en deux étapes activée par de l'ATP. ❶ Durant la première étape, l'ATP cède un groupement phosphate à l'acide glutamique (qui est ainsi phosphorylé); ce faisant, elle lui transfère son instabilité chimique. ❷ Durant la deuxième étape, l'ammoniac déloge le groupement phosphate de l'intermédiaire phosphorylé pour former la glutamine.

$Glu + NH_3$ ⟶ Glu—NH_2		$\Delta G = +14,2$ kJ/mol
ATP ⟶ $ADP + \text{℗}_i$		$\Delta G = -30,5$ kJ/mol
		ΔG net $= -16,3$ kJ/mol

(c) La quantité d'énergie libre change avec l'ATP. Nous pouvons calculer le changement d'énergie libre de la réaction globale en additionnant le ΔG des deux étapes de la réaction. Comme le processus dans son ensemble est exergonique (ΔG est négatif), il se produit spontanément.

FIGURE 6.9 Couplage d'énergie par transfert de phosphate.
Dans cet exemple, l'hydrolyse de l'ATP sert à activer la conversion de l'acide glutamique (Glu) en un autre acide aminé, la glutamine (Glu—NH_2 ou Gln).

ajoutée à de l'eau stérile et placée à la température ambiante ne soit hydrolysée de façon appréciable. Par contre, si nous versons dans la solution une petite quantité de l'enzyme appelée *saccharase,* tout le saccharose peut s'hydrolyser en quelques secondes. Comment l'enzyme parvient-elle à agir de la sorte?

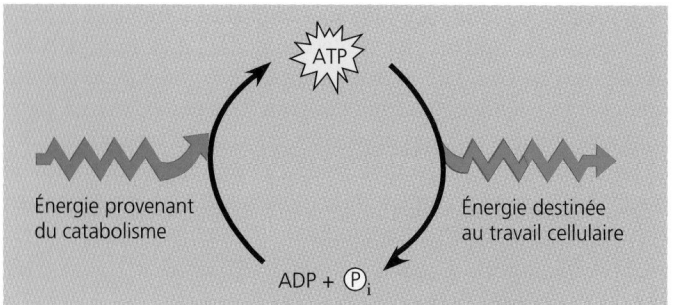

FIGURE 6.10 Cycle de l'ATP. Dans les cellules, l'énergie dégagée par les réactions de dégradation (catabolisme) sert à la phosphorylation de l'ADP, c'est-à-dire à la régénération de l'ATP. L'énergie emmagasinée dans l'ATP assure la majeure partie du travail cellulaire. Ainsi, l'ATP couple les réactions cellulaires qui dégagent de l'énergie à celles qui en consomment.

Les enzymes accélèrent les réactions métaboliques en abaissant les barrières énergétiques

Un **catalyseur** est un agent chimique qui modifie la vitesse d'une réaction tout en restant inchangé; la plupart du temps, une **enzyme** est une protéine catalytique. (Aux chapitres 17 et 26, nous étudierons une autre classe de catalyseurs biologiques, les ribozymes, qui sont constitués d'ARN.) S'il n'y avait pas les enzymes, la circulation chimique sur les voies métaboliques serait désespérément congestionnée. Dans les deux prochaines sections, nous verrons ce qui fait obstacle aux réactions spontanées et comment les enzymes remédient à la situation.

Énergie d'activation

Toute réaction chimique entre des molécules implique la rupture des liaisons existant dans les réactifs et la formation de nouvelles liaisons (qui donneront les produits). Par exemple, lors de l'hydrolyse du saccharose, la liaison entre le glucose et le fructose est d'abord brisée; ensuite, de nouvelles liaisons sont établies avec un proton et un groupement hydroxyle qui proviennent d'une molécule d'eau (voir la FIGURE 6.11). Les molécules des réactifs doivent absorber de l'énergie de leur environnement pour que leurs liaisons se rompent. Par contre, de l'énergie se dégage lorsque les liaisons se forment dans les molécules des produits.

L'énergie requise pour déclencher une réaction, c'est-à-dire pour briser les liaisons existant dans les molécules des réactifs, s'appelle **énergie libre d'activation,** ou **énergie d'activation**;

FIGURE 6.11 Exemple d'une réaction catalysée par une enzyme: l'hydrolyse du saccharose

elle est symbolisée par les lettres E_A dans ce manuel. Les liaisons des réactifs se rompent seulement si les molécules ont absorbé suffisamment d'énergie pour devenir instables. (Rappelez-vous que les systèmes riches en énergie libre sont instables et que les systèmes instables sont réactifs). L'absorption d'énergie thermique augmente la vitesse moléculaire des réactifs, de sorte que les collisions deviennent plus fréquentes et plus fortes. De plus, l'agitation thermique des atomes qui composent les molécules rend les liaisons plus faciles à rompre. Pendant que les molécules se stabilisent en formant de nouvelles liaisons, la réaction dégage de l'énergie dans l'environnement. Si la réaction est exergonique, E_A sera plus que « remboursée », car la formation des nouvelles liaisons libérera une quantité d'énergie supérieure à celle qui était investie pour rompre les liaisons initiales.

Nous pouvons considérer l'énergie d'activation comme la quantité d'énergie nécessaire pour pousser les réactifs au-delà d'une barrière, ou au sommet d'une colline, de sorte que la portion qui se trouve « vers le bas » de la réaction puisse être activée. La FIGURE 6.12 représente graphiquement les variations d'énergie d'une réaction exergonique hypothétique qui troque certaines parties de deux molécules de réactifs :

$$AB + CD \longrightarrow AC + BD$$

La partie ascendante de la courbe correspond à l'activation des réactifs ; elle indique que l'énergie libre de ces derniers augmente. Au sommet de la courbe, ils atteignent un état instable

appelé état de transition : ils sont activés. Des liaisons peuvent alors se rompre ou s'établir. La phase de formation de liaisons correspond à la portion descendante de la courbe, qui indique que les molécules perdent de l'énergie libre. La différence d'énergie libre entre les produits et les réactifs représente le ΔG de la réaction globale. Étant donné que celle-ci est exergonique, la valeur de ΔG est négative.

Comme le montre la FIGURE 6.12, les réactifs doivent franchir la barrière de l'énergie d'activation pour que la réaction se produise, même quand celle-ci est exergonique. Dans certaines réactions, E_A est si faible que l'énergie thermique qui existe à la température ambiante suffit à mener les réactifs à l'état de transition. Cependant, dans la plupart des cas, la barrière de E_A est élevée, et les réactifs ont besoin de chaleur pour que la réaction se produise à une vitesse perceptible. Par exemple, les bougies d'un moteur d'automobile chauffent le mélange essence dioxygène afin que les molécules atteignent l'état de transition requis et qu'elles réagissent. C'est à ce moment seulement que le dégagement explosif d'énergie qui pousse les pistons peut se produire. Sans une étincelle, les hydrocarbures de l'essence sont trop stables pour réagir avec le dioxygène.

Enzymes et énergie d'activation

La barrière créée par l'énergie d'activation est essentielle à la vie. Sans elle, les protéines, l'ADN et les autres molécules complexes d'une cellule, qui sont riches en énergie libre, pourraient se décomposer spontanément. En effet, les principes de la thermodynamique favorisent leur dégradation. Heureusement, peu de ces molécules sont capables de franchir l'état de transition aux températures caractéristiques des cellules. Il faut toutefois que certaines réactions puissent avoir lieu, sinon la cellule aurait un métabolisme stagnant. Comme l'organisme ne peut utiliser la chaleur, les températures élevées dénaturant les protéines et tuant les cellules, il doit faire appel à une solution de rechange : un catalyseur.

Une enzyme augmente la vitesse d'une réaction en abaissant l'énergie d'activation (FIGURE 6.13). Les réactifs franchissent

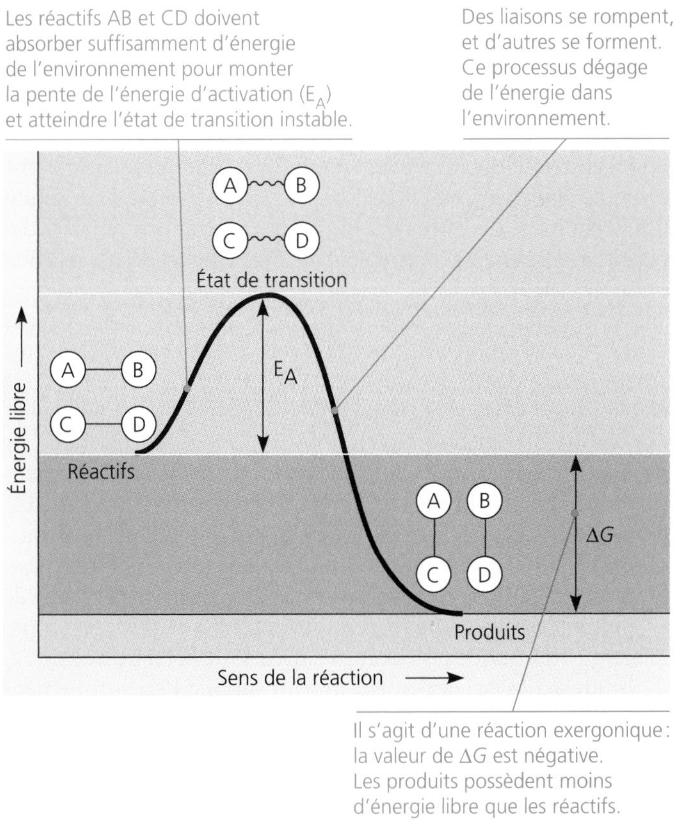

Les réactifs AB et CD doivent absorber suffisamment d'énergie de l'environnement pour monter la pente de l'énergie d'activation (E_A) et atteindre l'état de transition instable.

Des liaisons se rompent, et d'autres se forment. Ce processus dégage de l'énergie dans l'environnement.

Il s'agit d'une réaction exergonique : la valeur de ΔG est négative. Les produits possèdent moins d'énergie libre que les réactifs.

FIGURE 6.12 Profil énergétique d'une réaction exergonique. Dans cette réaction hypothétique, A, B, C et D représentent des *parties* de molécules réelles. Si nous prenons par exemple la réaction illustrée à la FIGURE 6.11, nous pouvons imaginer que AB = saccharose [monomère de glucose (A) − monomère de fructose (B)] ; CD = eau (C = groupement hydroxyle ; D = proton) ; AC = glucose et BD = fructose.

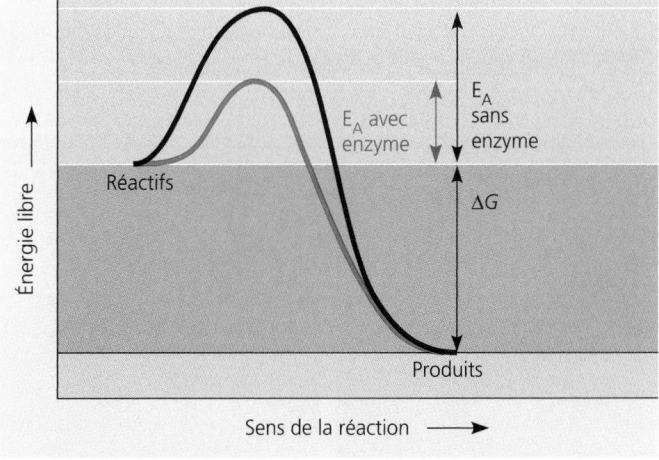

FIGURE 6.13 Diminution de l'énergie d'activation par les enzymes. Une enzyme augmente la vitesse d'une réaction en réduisant l'énergie d'activation nécessaire pour atteindre l'état de transition. Mais elle ne modifie pas la variation d'énergie libre (ΔG). La courbe noire montre le cours de la réaction en l'absence d'une enzyme ; la courbe rouge illustre la même réaction lorsqu'elle est catalysée par une enzyme.

alors plus facilement et plus rapidement l'état de transition, même à des températures normales. Une enzyme ne change pas le ΔG d'une réaction ; elle ne peut rendre exergonique une réaction endergonique. Elle ne fait qu'accélérer un processus qui, de toute façon, finirait par se produire. Cela permet à la cellule d'avoir un métabolisme dynamique. Comme les enzymes sélectionnent les réactions qu'elles catalysent, elles déterminent les processus chimiques qui se déroulent en tout temps dans la cellule.

Les enzymes sont spécifiques au substrat

On appelle **substrat** le réactif sur lequel une enzyme agit. L'enzyme se lie à son substrat (ou à ses substrats, lorsqu'il y a deux ou plusieurs réactifs). Pendant que les deux sont réunis, l'action catalytique de l'enzyme convertit le substrat en produit (ou en produits) de la réaction. Nous pouvons résumer ce processus de la façon suivante (le nom de l'enzyme s'écrit au-dessus de la flèche) :

$$\text{Substrat(s)} \xrightarrow{\text{Enzyme}} \text{Produit(s)}$$

Par exemple, l'enzyme appelée saccharase (la plupart des noms d'enzyme se terminent par −ase) scinde le saccharose (un disaccharide) en ses deux monosaccharides, le glucose et le fructose (voir la FIGURE 6.11) :

$$\text{Saccharose} + H_2O \xrightarrow{\text{Saccharase}} \text{Glucose} + \text{Fructose}$$

Une enzyme peut reconnaître son substrat même parmi des composés très apparentés, comme les isomères, de sorte que chaque enzyme catalyse une réaction spécifique. Par exemple, la saccharase n'agit que sur le saccharose : elle ignore les autres disaccharides, comme le maltose. Comment expliquer cette reconnaissance moléculaire ? Rappelez-vous que les enzymes sont pour la plupart des protéines, et que ces dernières sont des macromolécules possédant une conformation tridimensionnelle unique. Cette caractéristique détermine leur spécificité.

En fait, seule une petite partie de la molécule d'enzyme se lie au substrat. Cette partie, appelée **site actif**, forme habituellement une poche ou un sillon à la surface de la protéine (FIGURE 6.14a).

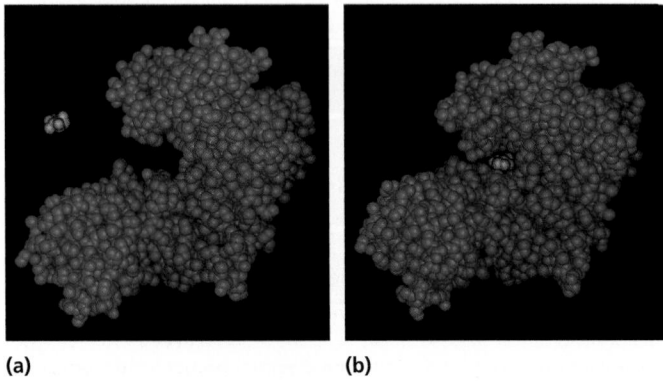

(a)　　　　**(b)**

FIGURE 6.14 Ajustement induit entre une enzyme et son substrat. (a) Le site actif de cette enzyme (l'hexokinase) forme un sillon à la surface de la protéine (en bleu). **(b)** En pénétrant dans le site actif, le substrat, qui est ici le glucose (en rouge), modifie légèrement la forme de la protéine ; le site actif s'ajuste alors à lui.

En général, le site actif comprend seulement quelques-uns des acides aminés qui composent l'enzyme ; le reste de celle-ci soutient la configuration du site actif. La spécificité d'une enzyme réside dans le fait que la forme de son site actif correspond exactement à la forme de son substrat. Cependant, le site actif n'est pas un réceptacle rigide dans lequel le substrat s'emboîte. Lorsque celui-ci y entre, il provoque une légère modification structurale de l'enzyme. Le site actif épouse alors encore mieux le contour du substrat (FIGURE 6.14b). Cet **ajustement induit** se compare à une poignée de mains. Il positionne les groupements fonctionnels du site actif de manière à favoriser leur capacité à catalyser la réaction chimique.

Le site actif d'une enzyme est son centre catalytique

Dans une réaction enzymatique, le substrat se lie au site actif de l'enzyme pour former un complexe enzyme-substrat (FIGURE 6.15). Dans la majorité des cas, cette liaison est assurée par des interactions faibles, comme des liaisons hydrogène et des liaisons ioniques. Les chaînes latérales (radicaux R) de quelques-uns des acides aminés qui constituent le site actif catalysent la transformation du substrat en produit. Une fois celle-ci terminée, le produit quitte le site actif. Ce dernier est donc libre d'accepter une autre molécule de substrat. Le cycle entier se produit tellement vite qu'une seule molécule d'enzyme transforme habituellement un millier de molécules de substrat par seconde. Certaines enzymes sont encore plus rapides. Par ailleurs, comme nous l'avons déjà dit, les enzymes demeurent inchangées après une réaction, à l'instar des autres catalyseurs. Bref, le cycle se répétant encore et encore, de très petites quantités d'enzymes peuvent avoir des répercussions énormes sur le métabolisme.

La plupart des réactions métaboliques étant réversibles, une enzyme peut catalyser les réactions directe et inverse. La réaction qui prédomine dépend surtout des concentrations relatives des réactifs et des produits. Autrement dit, l'enzyme accélère la réaction qui tend vers l'équilibre.

Les enzymes utilisent différents mécanismes pour abaisser l'énergie d'activation d'une réaction et accélérer celle-ci. Dans une réaction impliquant deux ou plusieurs réactifs, le site actif d'une enzyme fournit un gabarit qui aide les substrats à se rapprocher l'un de l'autre et à adopter une orientation qui permet leur interaction. À mesure que son site actif épouse étroitement les contours des substrats, l'enzyme exerce de la pression sur les molécules de réactifs : elle étire et déforme les liaisons chimiques qui doivent être rompues pour que la réaction se produise. Étant donné que E_A est proportionnelle au degré de difficulté de la rupture des liaisons, la torsion des substrats réduit la quantité d'énergie thermique nécessaire à l'atteinte de l'état de transition.

Le site actif peut également fournir un microenvironnement propice à un type particulier de réaction. Par exemple, s'il se compose d'acides aminés portant une chaîne latérale (radical R) acide, il constitue une poche de faible pH dans une cellule qui, par ailleurs, est neutre. Dans un tel cas, un acide aminé acide peut faciliter le transfert d'ions H^+ au substrat, ce qui constitue une étape clé dans la catalyse de la réaction. Un autre mécanisme de catalyse est la participation directe du site actif à la réaction chimique. Parfois, il arrive même que des liaisons covalentes de courte durée se forment entre le substrat et le radical d'un acide aminé de l'enzyme. Toutefois, les étapes subséquentes

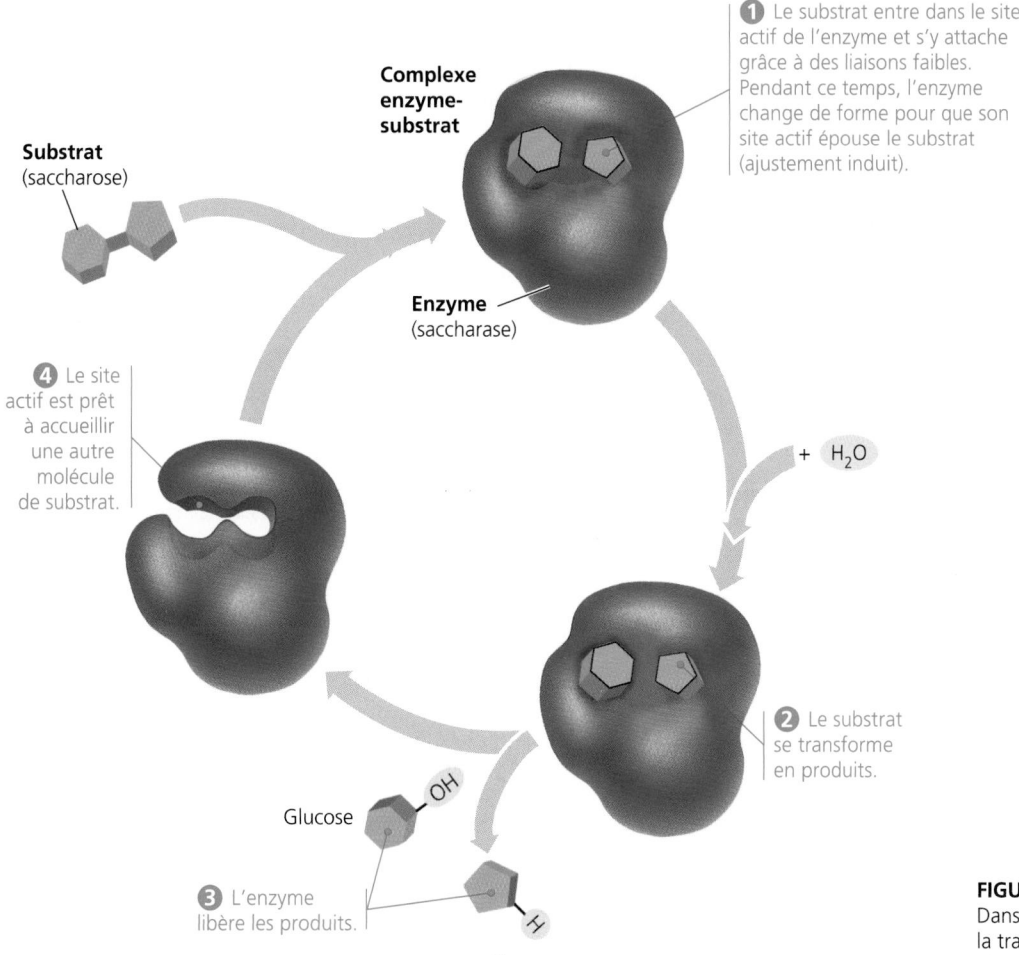

Complexe enzyme-substrat

Substrat (saccharose)

Enzyme (saccharase)

❶ Le substrat entre dans le site actif de l'enzyme et s'y attache grâce à des liaisons faibles. Pendant ce temps, l'enzyme change de forme pour que son site actif épouse le substrat (ajustement induit).

❹ Le site actif est prêt à accueillir une autre molécule de substrat.

+ H₂O

❷ Le substrat se transforme en produits.

Glucose — OH

❸ L'enzyme libère les produits.

— H

Fructose

FIGURE 6.15 Cycle catalytique d'une enzyme. Dans cet exemple, la saccharase catalyse la transformation du saccharose en glucose et en fructose.

de la réaction redonnent leur forme initiale aux chaînes latérales, de sorte que le site actif retrouve son état original après la réaction.

La vitesse à laquelle une quantité donnée d'enzyme convertit les molécules de substrat en produit dépend en partie de la concentration initiale du substrat : plus il y a de molécules de substrat, plus elles occupent les sites actifs des molécules d'enzyme. Toutefois, on ne peut augmenter indéfiniment la vitesse d'une réaction en ajoutant du substrat à une concentration fixe d'enzyme. À un certain point, la concentration du substrat est suffisamment élevée pour que tous les sites actifs des molécules d'enzyme soient occupés. L'enzyme est alors dite saturée. Dès que le produit quitte son site actif, une molécule de substrat s'y attache. La vitesse de la réaction correspond alors à la vitesse à laquelle le site actif peut convertir le substrat en produit. En cas de saturation enzymatique, la seule façon d'augmenter la productivité est d'accroître le nombre de molécules d'enzyme, ce que la cellule fait parfois.

L'environnement physique et chimique d'une cellule influe sur l'activité d'une enzyme

Les facteurs environnementaux, comme la température et le pH, ainsi que certaines substances chimiques, ont une influence sur l'activité d'une enzyme.

Actions de la température et du pH

Comme nous l'avons vu au chapitre 5, la structure tridimensionnelle des protéines est sensible à l'environnement. Chaque molécule d'enzyme de nature protéique travaille dans des conditions optimales, qui favorisent sa conformation la plus active.

La température et le pH constituent des facteurs environnementaux importants qui influent sur l'activité d'une enzyme. Jusqu'à un certain point, la vitesse d'une réaction enzymatique augmente avec la température, en partie parce que les substrats heurtent les sites actifs plus fréquemment lorsque les molécules se déplacent plus vite. Cependant, au-delà d'une certaine température, la vitesse de la réaction chute brusquement. C'est que la molécule d'enzyme devient si agitée thermiquement que les liaisons hydrogène, les liaisons ioniques et les autres interactions faibles qui stabilisent sa conformation active se rompent. La protéine est alors dénaturée. À chaque type d'enzyme correspond une température optimale à laquelle la vitesse de réaction est maximale et à laquelle le plus grand nombre possible de collisions moléculaires peut avoir lieu sans dénaturer l'enzyme. Les températures optimales de la plupart des enzymes humaines se situent entre 35 °C et 40 °C (près de la température corporelle chez l'Humain). À titre de comparaison, les bactéries vivant dans des sources d'eau chaude contiennent des enzymes dont la température optimale est de 70 °C ou plus (FIGURE 6.16a, p. 104).

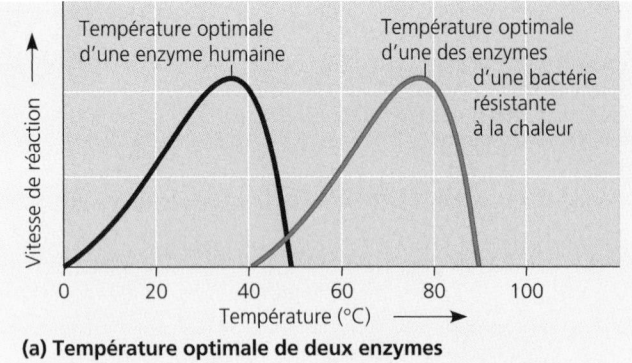

(a) Température optimale de deux enzymes

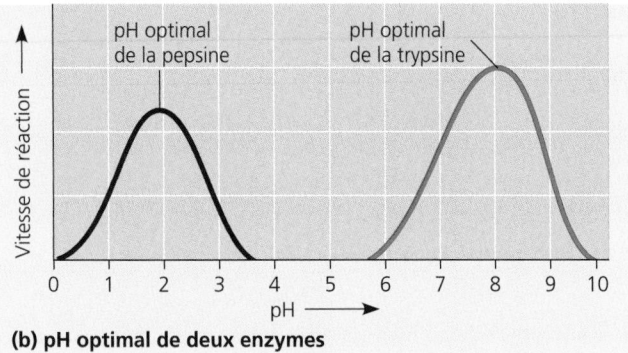

(b) pH optimal de deux enzymes

FIGURE 6.16 Facteurs environnementaux exerçant une influence sur l'activité enzymatique. Chaque enzyme possède **(a)** une température optimale et **(b)** un pH optimal, qui favorisent sa conformation active.

Il existe aussi un pH optimal qui assure à chaque enzyme une activité maximale. Celui de la majorité des enzymes se situe entre 6 et 8, mais il y a des exceptions. Par exemple, la pepsine, une enzyme digestive de l'estomac, fonctionne le mieux lorsque le pH est de 2. Un environnement aussi acide dénature la plupart des protéines, mais la conformation active de la pepsine est adaptée à l'acidité de l'estomac. En revanche, la trypsine, une enzyme digestive résidant dans l'environnement alcalin de l'intestin, a le meilleur rendement à un pH de 8 (FIGURE 6.16b). Les enzymes sont également sensibles à la concentration des sels. La majorité d'entre elles ne peuvent tolérer les solutions extrêmement salines, parce que les ions inorganiques interfèrent avec les liaisons ioniques dans la protéine. Encore une fois, il y a des exceptions. Certaines algues et certaines bactéries vivent dans des étangs où la concentration de sel est beaucoup plus élevée que celle de l'eau de mer; leurs enzymes et autres protéines sont actives dans des conditions qui dénatureraient les protéines des autres organismes.

Cofacteurs

Pour accomplir leur fonction catalytique, beaucoup d'enzymes ont besoin de l'aide de substances non protéiques. Ces auxiliaires, appelés **cofacteurs,** peuvent se lier fortement et de façon permanente au site actif de l'enzyme, ou ils peuvent se lier à celui-ci faiblement et de façon réversible, en même temps que le substrat. Les cofacteurs de certaines enzymes sont inorganiques: c'est le cas des atomes de métaux tels que le zinc, le fer et le cuivre sous une forme ionique. Quand le cofacteur est une molécule organique, on l'appelle plus spécifiquement

coenzyme. La plupart des vitamines sont des coenzymes ou des précurseurs de coenzymes. Les cofacteurs fonctionnent de diverses façons, mais ils sont tous essentiels à la catalyse. Vous verrez plus loin quelques exemples de cofacteurs.

Inhibiteurs enzymatiques

Certaines substances chimiques arrêtent de façon sélective l'action d'enzymes spécifiques (FIGURE 6.17). Si un inhibiteur se lie à une enzyme au moyen de liaisons covalentes, son effet est habituellement irréversible. Par contre, s'il s'unit à elle par des liaisons faibles, l'inactivation est réversible.

Certains inhibiteurs réversibles ressemblent aux molécules normales de substrat et entrent en compétition avec elles pour occuper les sites actifs de l'enzyme appropriée. Ces imitateurs, appelés **inhibiteurs compétitifs,** réduisent la productivité de l'enzyme en bloquant l'accès des molécules de substrat aux sites actifs. Pour contrer ce type d'inhibition, on peut augmenter la concentration de substrat; de cette façon, quand des sites actifs se libèrent, il y a plus de molécules de substrat que de molécules d'inhibiteur dans leur voisinage.

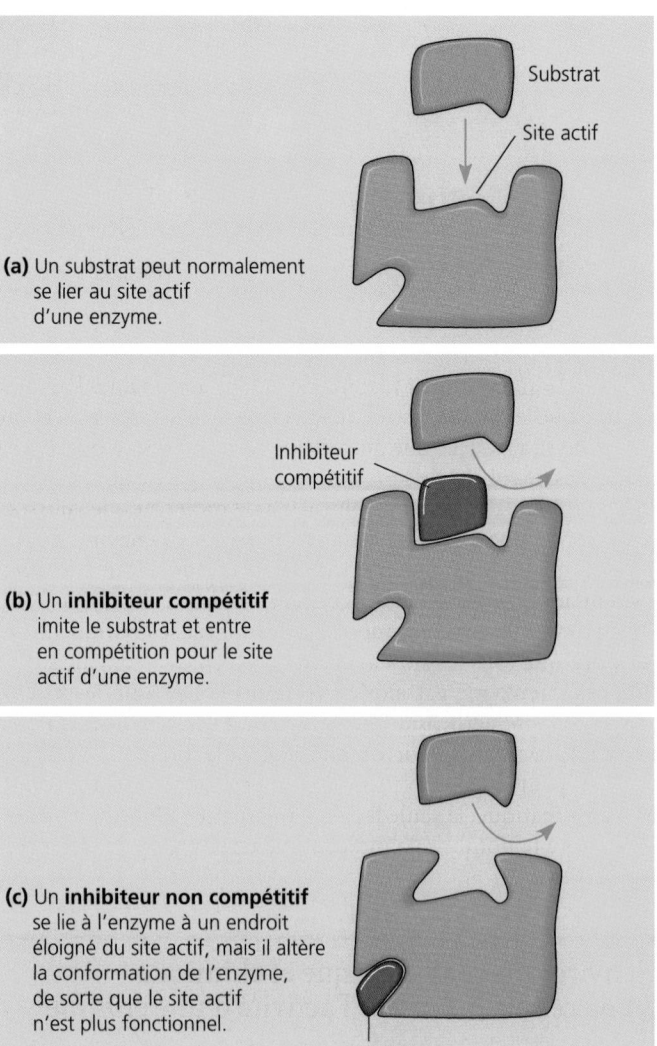

(a) Un substrat peut normalement se lier au site actif d'une enzyme.

(b) Un **inhibiteur compétitif** imite le substrat et entre en compétition pour le site actif d'une enzyme.

(c) Un **inhibiteur non compétitif** se lie à l'enzyme à un endroit éloigné du site actif, mais il altère la conformation de l'enzyme, de sorte que le site actif n'est plus fonctionnel.

FIGURE 6.17 Inhibition de l'activité enzymatique.

Les **inhibiteurs non compétitifs** n'entrent pas directement en compétition avec les molécules de substrat pour occuper les sites actifs. Ils entravent les réactions enzymatiques en se liant plutôt à une partie de l'enzyme qui est éloignée du site actif. Comme cette interaction déforme la molécule d'enzyme, le site actif n'est plus réceptif au substrat, ou encore la réaction est catalysée avec moins d'efficacité.

Certains poisons agissent comme des inhibiteurs enzymatiques dans l'organisme. Des pesticides comme le DDT et le parathion sont des inhibiteurs d'enzymes importantes du système nerveux. De même, un grand nombre d'antibiotiques inhibent des enzymes spécifiques chez les Bactéries. La pénicilline, par exemple, bloque le site actif d'une enzyme que de nombreuses bactéries utilisent pour fabriquer leur paroi cellulaire.

Ces exemples de «poisons» métaboliques peuvent donner l'impression que l'inhibition enzymatique est généralement anormale et dommageable. En fait, l'inhibition et l'activation sélectives des enzymes par des molécules naturellement présentes dans une cellule constituent des mécanismes essentiels de régulation métabolique, comme nous allons le voir maintenant.

LA RÉGULATION DU MÉTABOLISME

Si toutes les voies métaboliques d'une cellule s'ouvraient simultanément, il en résulterait un chaos chimique indescriptible. Par exemple, une substance serait synthétisée par une voie et aussitôt dégradée par une autre. Les voies métaboliques seraient alors des roues tournant en vain. En réalité, la cellule règle rigoureusement le fonctionnement de chacune d'elles. Elle contrôle le moment et l'endroit où ses différentes enzymes sont actives. Elle le fait en activant ou en inhibant les gènes qui codent pour les enzymes spécifiques (comme nous le verrons dans la troisième partie du manuel) ou en régulant l'activité des enzymes existantes.

La régulation du métabolisme dépend souvent de la régulation allostérique

Dans de nombreux cas, les molécules qui contrôlent naturellement l'activité enzymatique dans une cellule agissent comme des inhibiteurs non compétitifs réversibles (voir la FIGURE 6.17c). Elles modifient la conformation et la fonction des molécules d'enzyme en se liant faiblement à un **site allostérique** qui se trouve sur celles-ci, c'est-à-dire à un site récepteur spécifique éloigné du site actif. La régulation allostérique peut aboutir à l'inhibition ou à la stimulation de l'activité enzymatique.

Régulation allostérique

La plupart des enzymes contrôlées de manière allostérique sont élaborées à partir de deux ou de plusieurs chaînes polypeptidiques, qui représentent des sous-unités (FIGURE 6.18). Chacune de celles-ci possède son propre site actif. Quant aux sites allostériques, ils se trouvent habituellement aux points de jonction entre elles. Le complexe entier oscille entre deux conformations : l'une active du point de vue catalytique, et l'autre inactive. Lorsqu'un activateur se lie à un site allostérique, il stabilise la configuration qui a un site actif fonctionnel. Par contre, quand un inhibiteur s'unit à un site allostérique, il stabilise la forme inactive de l'enzyme. Les points de contact entre les sous-unités d'une enzyme allostérique s'articulent de telle sorte qu'un changement qui se produit dans la conformation d'une sous-unité se transmet à toutes les autres sous-unités. Grâce à cette interaction, la fixation d'une seule molécule d'activateur ou d'inhibiteur à un site allostérique modifie tous les sites actifs de l'enzyme.

L'activité d'une enzyme allostérique varie en fonction des fluctuations de la concentration des régulateurs. Dans certains cas, un inhibiteur et un activateur ont une conformation qui se ressemble suffisamment pour qu'ils entrent en compétition pour le même site allostérique. Par exemple, certaines enzymes des voies cataboliques possèdent un site allostérique capable

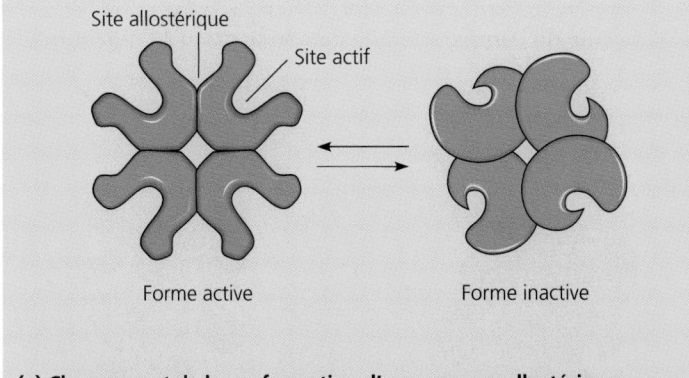

(a) Changement de la conformation d'une enzyme allostérique.
La majorité des enzymes allostériques se composent de deux ou de plusieurs sous-unités; chacune de celles-ci a son propre site actif. L'enzyme oscille entre deux configurations, l'une qui est active, et l'autre, inactive. À l'écart des sites actifs se trouvent des sites allostériques; ces derniers reçoivent les régulateurs spécifiques de l'enzyme, lesquels peuvent être des activateurs ou des inhibiteurs.

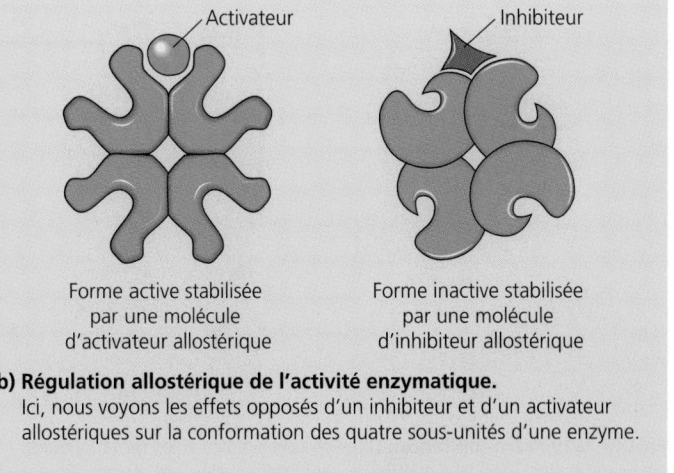

(b) Régulation allostérique de l'activité enzymatique.
Ici, nous voyons les effets opposés d'un inhibiteur et d'un activateur allostériques sur la conformation des quatre sous-unités d'une enzyme.

FIGURE 6.18 Régulation allostérique de l'activité enzymatique.

de recevoir l'ATP et l'AMP (l'adénosine monophosphate, une molécule que la cellule dérive de l'ADP). En fait, elles sont inhibées par l'ATP et activées par l'AMP. Ce phénomène est logique, parce qu'une des fonctions principales du catabolisme est de régénérer l'ATP. Si la production d'ATP est trop lente par rapport à son utilisation, l'AMP s'accumule et active les enzymes clés qui accélèrent le catabolisme. Par contre, si la formation d'ATP excède la demande, le catabolisme ralentit à mesure que l'ATP s'accumule et entre en compétition pour les sites allostériques. Ainsi, les enzymes allostériques régulent la vitesse des réactions clés dans les voies métaboliques.

Rétro-inhibition

La **rétro-inhibition** constitue l'un des mécanismes principaux de la régulation métabolique. Par exemple, une voie catabolique qui produit de l'ATP peut être coupée par la liaison allostérique

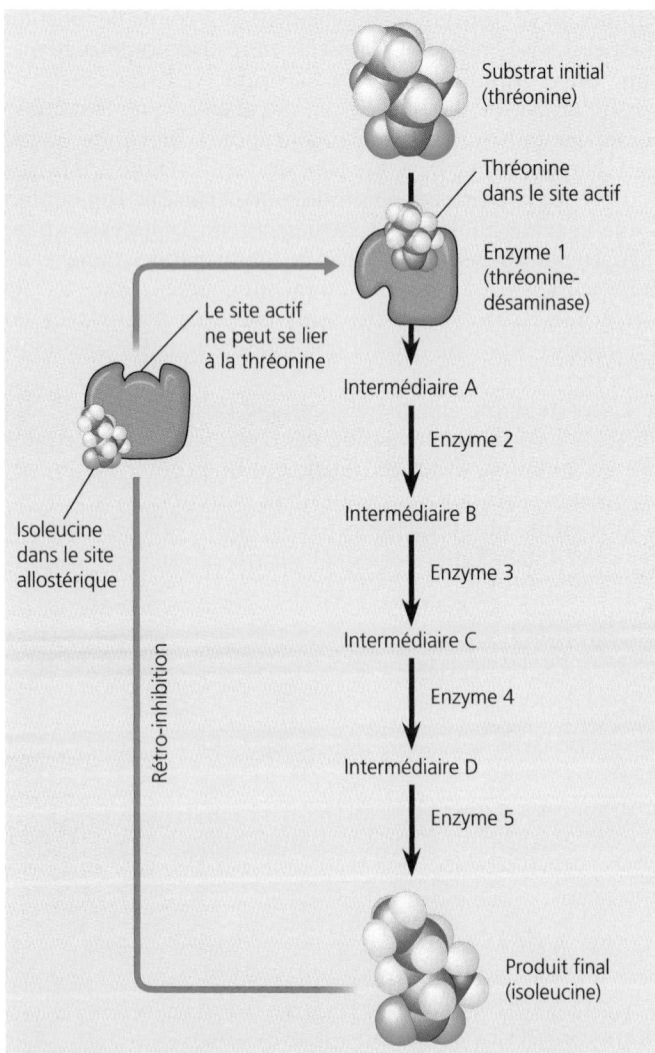

FIGURE 6.19 Rétro-inhibition. Dans de nombreuses voies métaboliques, les produits finaux de la séquence métabolique mettent fin aux toutes premières réactions de celle-ci, car ils constituent des inhibiteurs allostériques de la première enzyme de la voie. L'exemple suivant illustre la voie de la synthèse de l'isoleucine, un acide aminé. (L'enzyme 1 est un tétramère ayant quatre sous-unités identiques, tout comme l'enzyme hypothétique de la FIGURE 6.18.)

de l'ATP avec une enzyme de cette voie. La rétro-inhibition est la fermeture d'une voie métabolique grâce à l'intervention de son produit final, qui inhibe une enzyme de cette voie. La FIGURE 6.19 illustre ce type de régulation. Elle montre une voie anabolique composée de cinq étapes. Certaines cellules utilisent cette voie pour synthétiser l'isoleucine, un acide aminé, à partir de la thréonine, un autre acide aminé. En s'accumulant, l'isoleucine, qui représente le produit final, ralentit sa propre synthèse. Cela est possible parce qu'elle constitue un inhibiteur allostérique de l'enzyme qui catalyse la toute première étape de la voie. Ainsi, la rétro-inhibition empêche la cellule de gaspiller ses ressources chimiques et son énergie en synthétisant plus d'isoleucine que nécessaire.

Coopérativité

Grâce à un mécanisme qui ressemble à l'activation allostérique, les molécules de substrat peuvent stimuler le pouvoir catalytique d'une enzyme (FIGURE 6.20). Rappelez-vous que la réunion d'un substrat et d'une enzyme peut inciter le site actif de cette dernière à épouser encore plus étroitement le contour du substrat (ajustement induit). Si une enzyme possède deux ou plusieurs sous-unités, l'ajustement induit qu'une molécule de substrat entraîne dans une de celles-ci déclenche un ajustement dans toutes les autres. En d'autres termes, une molécule de substrat fait en sorte que l'enzyme accepte plus facilement d'autres molécules de substrat. Ce mécanisme, appelé **coopérativité**, accroît donc la réponse de l'enzyme au substrat.

L'organisation des enzymes dans une cellule favorise la coordination du métabolisme

La cellule n'est pas qu'un paquet de substances chimiques, de différentes enzymes et de substrats se déplaçant au hasard. Elle possède des structures qui assurent l'organisation des voies métaboliques. Dans certains cas, plusieurs enzymes peuvent s'assembler en un complexe selon plusieurs étapes d'une voie métabolique. La séquence des réactions est bien contrôlée : le produit de la première enzyme devient le substrat de l'enzyme adjacente du complexe, et ainsi de suite jusqu'à l'obtention du

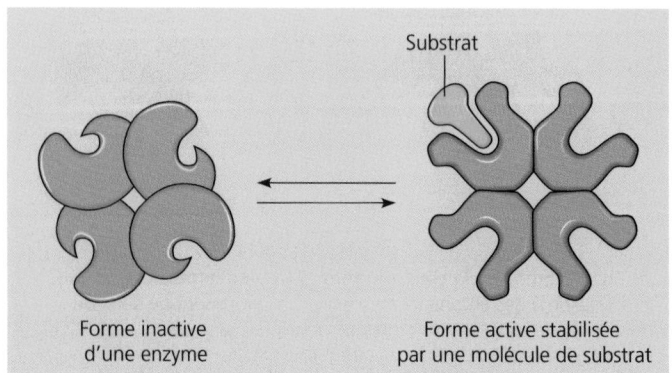

FIGURE 6.20 Coopérativité. Dans une molécule d'enzyme comportant plusieurs sous-unités, la fixation d'une molécule de substrat au site actif d'une sous-unité incite toutes les autres sous-unités à adopter la même conformation active.

produit final. Certaines enzymes et certains complexes d'enzymes se trouvent à des endroits fixes dans la cellule sous forme de composantes structurales de certaines membranes. D'autres se trouvent en solution à l'intérieur d'organites eucaryotes délimités par des membranes ; chacun de ceux-ci possède son propre environnement chimique interne. Par exemple, dans les cellules eucaryotes, les enzymes de la respiration cellulaire aérobie logent dans les mitochondries (FIGURE 6.21). Si ces enzymes étaient diluées dans tout le volume de la cellule, la respiration cellulaire aérobie prendrait trop de temps à fournir l'ATP nécessaire au métabolisme.

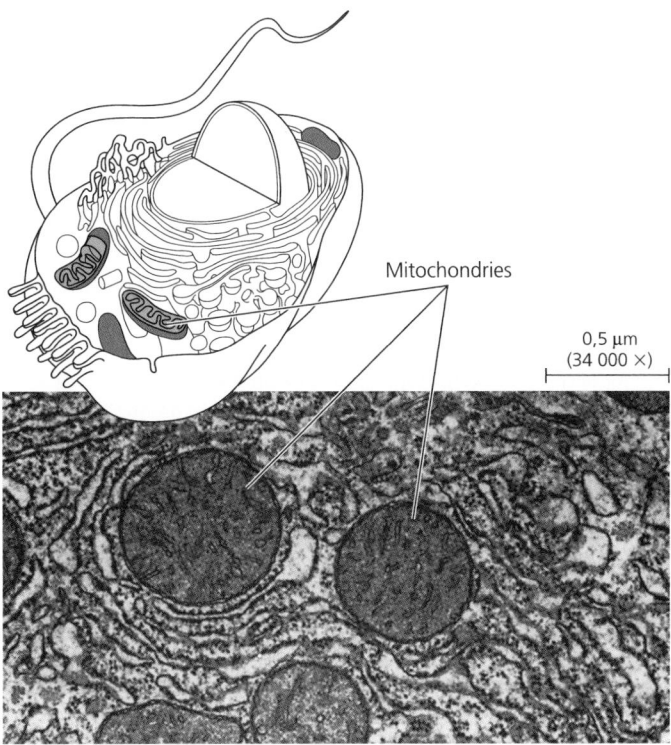

Mitochondries

0,5 µm
(34 000 ×)

FIGURE 6.21 Rôle de la compartimentation dans le métabolisme.
Des membranes séparent la cellule en divers compartiments métaboliques, les organites. La plupart de ceux-ci hébergent une équipe d'enzymes qui exécutent des fonctions bien définies. Cette micrographie montre des mitochondries, sites de la respiration cellulaire aérobie.

L'émergence en rappel

Rappelez-vous que la vie s'organise en une hiérarchie de niveaux structuraux. À mesure qu'on monte dans celle-ci et qu'on atteint un nouveau niveau d'organisation, de nouvelles propriétés apparaissent : elles s'ajoutent à celles des niveaux inférieurs. Dans les chapitres 2 à 6, nous avons analysé la chimie des êtres vivants en utilisant la stratégie du réductionnisme. Mais nous avons également donné une vision plus intégrée de la vie en mettant en évidence l'émergence associée à l'accroissement de l'ordre.

Nous avons vu que le comportement particulier de l'eau, une substance essentielle à la vie sur Terre, résulte des interactions entre les molécules qui la composent. Ces dernières sont elles-mêmes constituées par un assemblage ordonné d'atomes d'hydrogène et d'oxygène. Nous avons abordé le sujet des composés organiques : nous avons réduit leur complexité et leur diversité aux caractéristiques chimiques du carbone, mais nous avons aussi relevé que leurs propriétés uniques résultent de l'arrangement structural de leur squelette carboné et des groupements fonctionnels qui y sont attachés. Nous avons appris que les petites molécules organiques peuvent s'unir de façon à former des molécules complexes ; mais nous avons également découvert qu'une macromolécule ne se comporte pas comme un simple assemblage de monomères. Par exemple, la structure et la fonction uniques d'une protéine découlent de la hiérarchie de ses structures primaire, secondaire, tertiaire et quaternaire, le cas échéant. De plus, nous avons vu dans ce chapitre que le métabolisme, cette chimie organisée caractéristique de la vie, repose sur l'interaction concertée de milliers de molécules différentes dans une cellule organisée.

■   ■   ■

En terminant notre vue d'ensemble du métabolisme par une courte introduction à l'organisation interne de la cellule, nous avons établi un lien avec la deuxième partie du manuel, dans laquelle nous étudierons davantage la structure et les fonctions de la cellule. Nous maintiendrons l'équilibre entre notre besoin de réduire la vie à un ensemble de processus simples et notre ultime satisfaction d'aborder ces processus dans un contexte intégré.

RÉVISION DU CHAPITRE

Résumé des concepts importants

MÉTABOLISME, ÉNERGIE ET VIE

■ **La chimie de la vie est organisée en voies métaboliques (p. 91 et 92, FIGURE 6.1).** Le métabolisme est l'ensemble des réactions chimiques qui se produisent dans un organisme. Avec l'aide des enzymes, il suit des voies qui se croisent ; celles-ci peuvent être cataboliques (dégradation de molécules, dégagement d'énergie) ou anaboliques (construction de molécules, consommation d'énergie).

■ **Les organismes transforment l'énergie (p. 92 et 93, FIGURE 6.2).** L'énergie est la capacité d'effectuer un travail en imprimant un mouvement à la matière. Un corps qui se déplace possède une énergie cinétique. L'énergie potentielle est tributaire de la position ou de la structure de la matière ; elle comprend l'énergie chimique emmagasinée dans la structure moléculaire. Selon les principes de la thermodynamique, l'énergie peut se transformer.

- Les transformations d'énergie chez les êtres vivants obéissent à deux principes de la thermodynamique (p. 93 à 95, FIGURES 6.3 et 6.4). Selon le premier principe, celui de la conservation de l'énergie, l'énergie ne peut être ni créée ni détruite. Selon le deuxième principe, chaque fois que l'énergie change de forme, l'entropie (S), soit le désordre, de l'Univers augmente. La matière peut devenir plus ordonnée seulement si son environnement devient plus désordonné.

- Les organismes vivent grâce à l'énergie libre (p. 95 à 98, FIGURES 6.5 à 6.7). L'énergie libre d'un système vivant est l'énergie qui peut produire un travail dans des conditions cellulaires. L'énergie libre (G) est directement reliée à l'énergie totale, ou enthalpie (H), et à l'entropie (S) : $\Delta G = \Delta H - T\Delta S$. Un changement spontané s'accompagne d'une diminution de l'énergie libre ($-\Delta G$). Dans une réaction chimique exergonique (spontanée), les produits possèdent moins d'énergie libre que les réactifs ($-\Delta G$). Les réactions endergoniques (non spontanées), elles, nécessitent un apport d'énergie ($+\Delta G$). Dans le métabolisme cellulaire, les réactions exergoniques fournissent l'énergie nécessaire aux réactions endergoniques (couplage énergétique). L'apport des substances de départ et le retrait des produits finaux empêchent le métabolisme d'atteindre l'état d'équilibre.

- L'ATP permet le travail cellulaire en couplant les réactions exergoniques aux réactions endergoniques (p. 98 à 100, FIGURES 6.8 à 6.10). L'ATP est le transporteur d'énergie dans les cellules. La libération de son groupement phosphate terminal produit de l'ADP et un phosphate inorganique, et dégage de l'énergie libre. L'ATP active les réactions endergoniques en transférant un groupement phosphate à des réactifs spécifiques, accroissant ainsi leur réactivité. C'est de cette manière que la cellule peut produire un travail, comme le mouvement et l'anabolisme. Les voies cataboliques assurent la régénération de l'ATP à partir de l'ADP et du phosphate.

LES ENZYMES

- Les enzymes accélèrent les réactions métaboliques en abaissant les barrières énergétiques (p. 100 à 102, FIGURES 6.12 et 6.13). Les enzymes, qui sont pour la plupart des protéines, sont des catalyseurs biologiques. Elles accélèrent les réactions en abaissant l'énergie d'activation (E_A), ce qui permet la rupture des liaisons chimiques à de basses températures.

- Les enzymes sont spécifiques au substrat (p. 102, FIGURE 6.14). Chaque sorte d'enzyme possède un site actif unique qui se combine exclusivement avec son substrat, une molécule de réactif sur lequel elle agit. L'enzyme change légèrement de forme quand elle se lie au substrat (ajustement induit).

- Le site actif d'une enzyme est son centre catalytique (p. 102 et 103, FIGURE 6.15). Il peut abaisser l'énergie d'activation d'une réaction en orientant correctement les substrats, en tordant leurs liaisons et en fournissant un microenvironnement propice à la réaction.

- L'environnement physique et chimique d'une cellule influe sur l'activité d'une enzyme (p. 103 à 105, FIGURES 6.16 et 6.17). Les enzymes de nature protéique sont sensibles aux conditions qui influent sur leur structure tridimensionnelle. Chaque enzyme a des conditions optimales de température et de pH qui lui sont propres. Les cofacteurs sont des ions métalliques ou des molécules nécessaires au fonctionnement de l'enzyme. Les coenzymes sont des cofacteurs organiques. Les inhibiteurs réduisent le fonctionnement de l'enzyme. Un inhibiteur compétitif se lie au site actif de l'enzyme, alors qu'un inhibiteur non compétitif se lie à un site différent situé sur l'enzyme.

LA RÉGULATION DU MÉTABOLISME

- La régulation du métabolisme dépend souvent de la régulation allostérique (p. 105 et 106, FIGURES 6.18 à 6.20). De nombreuses enzymes changent de conformation quand des molécules de régulation (d'activation ou d'inhibition) se lient à des sites allostériques spécifiques qu'elles possèdent. Dans la rétro-inhibition, le produit final d'une voie métabolique inhibe de façon allostérique l'enzyme d'une étape précédente de la voie. Dans la coopérativité, une molécule de substrat se lie au site actif d'une sous-unité de l'enzyme et active toutes les autres sous-unités.

- L'organisation des enzymes dans une cellule favorise la coordination du métabolisme (p. 106 et 107, FIGURE 6.21). Certaines enzymes se regroupent en complexes ; certaines sont incorporées dans des membranes ; d'autres se trouvent à l'intérieur de certains organites.

- L'émergence en rappel (p. 107). Les niveaux supérieurs de l'organisation font apparaître de nouvelles propriétés. L'organisation est la clé de la chimie de la vie.

Autoévaluation

(Les questions dont les numéros sont en caractères gras font surtout appel à la compréhension.)

1. Choisissez la paire de termes qui complète adéquatement la phrase suivante : Le catabolisme est à l'anabolisme ce que _____ est _____.
   a) la réaction exergonique ; à la réaction spontanée.
   b) la réaction exergonique ; à la réaction endergonique.
   c) l'énergie libre ; à l'entropie.
   d) le travail ; à l'énergie.
   e) l'entropie ; au désordre.

2. La plupart des cellules ne peuvent utiliser la chaleur pour produire un travail :
   a) parce que la chaleur n'est pas une forme d'énergie.
   b) parce que les cellules ne possèdent pas beaucoup de chaleur ; elles sont relativement froides.
   c) parce que la température est habituellement uniforme dans toute la cellule.
   d) parce qu'il n'existe pas de mécanisme pouvant utiliser la chaleur pour produire un travail.
   e) parce que la chaleur dénature les enzymes.

3. Selon le premier principe de la thermodynamique :
   a) la matière ne peut être ni créée ni détruite.
   b) l'énergie est conservée dans tous les processus.
   c) tous les processus augmentent l'ordre de l'Univers.
   d) les systèmes riches en énergie sont plutôt stables.
   e) l'Univers perd constamment de l'énergie à cause de la friction.

4. Lequel des processus métaboliques suivants peut se produire sans un apport net d'énergie provenant d'un autre processus ?
   a) $ADP + P_i \longrightarrow ATP + H_2O$
   b) $C_6H_{12}O_6 + 6 O_2 \longrightarrow 6 CO_2 + 6 H_2O$
   c) $6 CO_2 + 6 H_2O \longrightarrow C_6H_{12}O_6 + 6 O_2$
   d) acides aminés $\longrightarrow$ protéine
   e) glucose + fructose $\longrightarrow$ saccharose

5. Si une enzyme est inhibée de manière non compétitive :
   a) la valeur de ΔG de la réaction qu'elle catalyse sera toujours négative.
   b) son site actif sera occupé par la molécule inhibitrice.
   c) une augmentation de la concentration du substrat augmentera l'inhibition.
   d) il faudra une énergie d'activation accrue pour déclencher la réaction.
   e) la molécule inhibitrice diffère du substrat.

6. Si une solution enzymatique est saturée de substrat, la façon la plus efficace d'augmenter le rendement de la réaction serait :
   a) d'ajouter davantage d'enzyme.
   b) de chauffer la solution à 90 °C.
   c) d'ajouter du substrat.
   d) d'ajouter un inhibiteur allostérique.
   e) d'ajouter un inhibiteur non compétitif.

7. Une enzyme accélère une réaction métabolique en :
   a) modifiant la variation globale de l'énergie libre de la réaction.
   b) provoquant une réaction endergonique spontanée.
   c) abaissant l'énergie d'activation.
   d) éloignant la réaction de son point d'équilibre.
   e) stabilisant la molécule de substrat.

8. Certaines bactéries ont un métabolisme actif dans les sources hydrothermales :
   a) parce qu'elles sont capables de maintenir une température interne plus basse que celle de l'eau environnante.
   b) parce que la température élevée active leur métabolisme sans l'aide de catalyseurs.
   c) parce que leurs enzymes possèdent des températures optimales élevées.
   d) parce que leurs enzymes sont insensibles aux variations de température.
   e) parce qu'elles utilisent d'autres molécules que des protéines comme catalyseurs principaux.

9. Laquelle des caractéristiques suivantes n'est pas associée à la régulation allostérique d'une enzyme ?
   a) Une molécule imite le substrat et entre en compétition avec lui pour se fixer au site actif d'une enzyme.
   b) Une molécule naturelle stabilise l'enzyme en une conformation active du point de vue catalytique.
   c) Les molécules de régulation se fixent à un site éloigné du site actif.
   d) Les molécules d'inhibition et d'activation peuvent entrer en compétition mutuelle.
   e) L'enzyme possède généralement une structure quaternaire.

10. Dans la voie métabolique ramifiée suivante, les flèches pointillées accompagnées d'un signe négatif symbolisent l'inhibition d'une étape métabolique par un produit final :

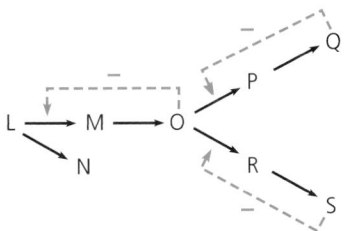

Quelle réaction aura lieu si la concentration de Q et de S est élevée dans la cellule ?
   a) L ⟶ M   d) O ⟶ P
   b) M ⟶ O   e) R ⟶ S
   c) L ⟶ N

11. Comment un objet au repos peut-il posséder de l'énergie ?

12. La respiration cellulaire est un processus exergonique. Selon le principe de la conservation d'énergie, que devient l'énergie dégagée du glucose durant la respiration cellulaire ?

13. En général, comment l'ATP transfère-t-elle l'énergie des réactions exergoniques aux réactions endergoniques qui se produisent dans la cellule ?

14. Que signifie l'expression « ajustement induit » ?

15. Un inhibiteur compétitif de la saccharase (voir la FIGURE 6.15) ralentit la production de glucose et de fructose dans une éprouvette. Comment pourriez-vous contrer son action ?

Lien avec l'évolution

Les anti-évolutionnistes ont récemment émis l'argument que les voies biochimiques sont trop complexes pour avoir évolué d'elles-mêmes, car il faut que toutes les étapes d'une voie donnée se réalisent pour que le produit final soit obtenu. Critiquez cela. Pour appuyer votre point de vue, faites appel aux diverses voies métaboliques qui fabriquent les mêmes produits ou des produits semblables.

Intégration

Une chercheuse a élaboré un test pour mesurer l'activité d'une enzyme importante présente dans des cellules hépatiques cultivées en laboratoire. Elle a ajouté le substrat de la réaction enzymatique à l'échantillon de cellules, puis elle a mesuré l'apparition des produits de la réaction. Elle a reporté les résultats sur un graphique : elle a marqué la quantité de produits sur l'axe des y, et le temps, sur l'axe des x. Elle a remarqué que la courbe se divise en quatre parties. Dans la partie A, qui couvre une courte période, aucun produit n'a été formé. Dans la partie B, la vitesse de la réaction est très rapide (la pente de la courbe est prononcée). Dans la partie C, la réaction ralentit considérablement, mais des produits continuent à se former (la courbe n'est pas plane). Encore plus tard, soit dans la partie D, la réaction retrouve sa vitesse originale. Tracez ce graphique, puis expliquez les événements moléculaires qui donnent cette courbe intéressante.

Science, technologie et société

La Direction générale de la santé de la population et de la santé publique (Santé Canada) a annoncé son intention d'évaluer le degré de sécurité des insecticides organophosphorés (des composés organiques contenant des groupements phosphate) les plus employés. En agriculture, les insecticides organophosphorés les plus utilisés représentent la moitié des insecticides épandus annuellement dans le pays. Ils agissent généralement sur la transmission nerveuse : ils inhibent les enzymes qui dégradent les molécules acheminant l'information d'un neurone à l'autre. Ils n'agissent pas que sur les insectes nuisibles : ils peuvent également toucher les Humains et les autres Vertébrés. En conséquence, l'utilisation d'insecticides organophosphorés comporte des risques pour la santé. En tant que consommateur, quels niveaux de risques êtes-vous prêt à assumer en échange d'une nourriture abondante et abordable ? Est-il réaliste d'espérer « avec certitude que l'exposition aux pesticides ne provoquera pas de dommages » ? Quelles autres données aimeriez-vous connaître sur cette situation avant de défendre votre point de vue ?

CHAPITRE 7

EXPLORATION DE LA CELLULE

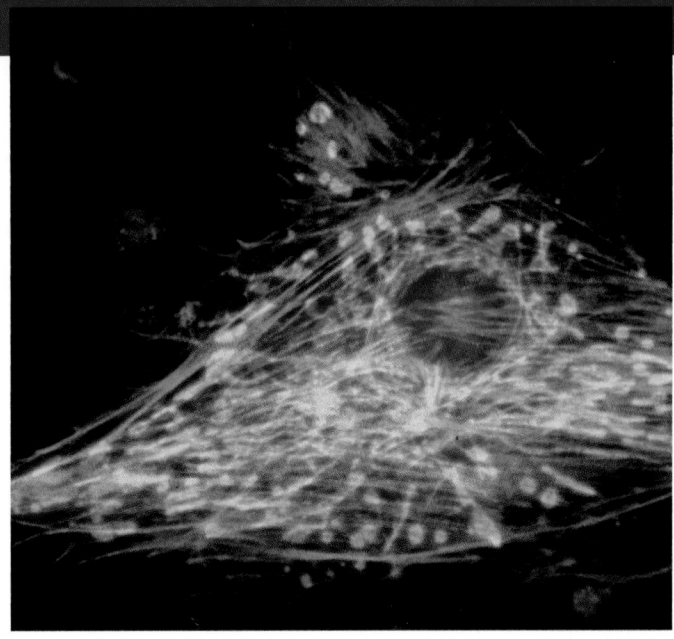

« Je n'ai jamais rien vu d'aussi agréable que ces milliers d'êtres vivants réunis dans une seule petite goutte d'eau. »

ANTONIE VAN LEEUWENHOEK
naturaliste hollandais et inventeur du microscope (1632-1723)

LES TECHNIQUES D'ÉTUDE DE LA CELLULE

- Les microscopes nous donnent accès à l'univers de la cellule
- Les cytologistes isolent les organites en vue d'étudier leur fonction

VUE D'ENSEMBLE DE L'ORGANISATION CELLULAIRE

- Les cellules procaryotes et les cellules eucaryotes diffèrent par leur taille et par leur complexité
- Des membranes internes compartimentent les fonctions de la cellule eucaryote

NOYAU ET RIBOSOMES

- Le noyau renferme l'information génétique de la cellule eucaryote
- Les ribosomes assemblent les protéines cellulaires

LE RÉSEAU INTRACELLULAIRE DE MEMBRANES

- En plus de réaliser de nombreuses autres synthèses, le réticulum endoplasmique fabrique des membranes
- L'appareil de Golgi affine, trie et expédie les produits cellulaires
- Les lysosomes sont des compartiments destinés à la digestion
- Les vacuoles remplissent diverses fonctions ayant pour but l'entretien cellulaire

AUTRES ORGANITES MEMBRANEUX

- Les mitochondries et les chloroplastes sont les principaux convertisseurs d'énergie de la cellule
- En accomplissant diverses fonctions métaboliques, les peroxysomes produisent et dégradent le H_2O_2

LE CYTOSQUELETTE

- En plus d'assurer le soutien structural de la cellule, le cytosquelette joue un rôle dans la mobilité et la régulation de la cellule

SURFACE CELLULAIRE ET JONCTIONS INTERCELLULAIRES

- Une paroi cellulaire entoure les cellules végétales
- La matrice extracellulaire des cellules animales joue un rôle dans le soutien structural, l'adhérence, le mouvement et la régulation de la cellule
- Les jonctions intercellulaires assurent l'intégration des cellules dans les tissus
- La cellule est une entité supérieure à la somme de ses parties

La cellule est à la biologie *ce que l'atome est à la chimie : tous les organismes se composent de cellules. Dans la hiérarchie de l'organisation biologique, celles-ci représentent le premier niveau capable de vie. D'ailleurs, bien des êtres vivants ne sont constitués que d'une seule cellule. Les organismes supérieurs, dont les Végétaux et les Animaux, sont multicellulaires et comportent plusieurs sortes de cellules spécialisées incapables de survivre par elles-mêmes. Cependant, même lorsqu'elles s'unissent à d'autres pour atteindre un niveau d'organisation supérieur, comme dans les tissus et les organes, les cellules demeurent les unités fondamentales de la structure et du fonctionnement des organismes. Au moment même où vous lisez cette phrase, des cellules musculaires se contractent pour mouvoir vos yeux ; quand vous déciderez de tourner cette page, vos neurones transmettront votre décision de votre cerveau jusqu'aux cellules musculaires de votre main. Tout ce qu'un être vivant réalise, il le doit d'abord et avant tout à son activité cellulaire. Dans le présent chapitre, nous vous invitons à explorer le monde microscopique de la cellule.*

Cet ouvrage aborde l'étude des êtres vivants en utilisant une approche thématique. Or, il se trouve que la cellule représente un microcosme de la plupart des thèmes précisés au chapitre d'introduction. Nous verrons que la vie à l'échelon cellulaire naît d'un ordre structural ; cela soutient le thème de l'émergence et celui de la corrélation entre structure et fonction dans la cellule. Par exemple, le mouvement d'une cellule animale repose sur l'interaction complexe des composantes du cytosquelette (en vert dans la micro-

graphie ci-dessus). La relation des organismes avec leur environnement est un autre thème récurrent en biologie. Les cellules détectent les fluctuations du milieu et y réagissent. Elles constituent des systèmes ouverts qui échangent sans cesse des matières et de l'énergie avec leur milieu. Il ne faut pas perdre de vue le thème biologique qui englobe tous les autres : l'évolution. Bien que toutes les cellules proviennent de cellules ancestrales et soient, dans une certaine mesure, apparentées, elles ont subi diverses modifications au cours de la longue histoire de la vie sur Terre.

LES TECHNIQUES D'ÉTUDE DE LA CELLULE

Il est difficile de concevoir le degré de complexité d'une cellule, vu sa taille microscopique. Comment les cytologistes réussissent-ils alors à étudier le fonctionnement d'une si petite entité ? Avant de commencer notre exploration de la cellule, penchons-nous sur les techniques permettant de l'observer.

Les microscopes nous donnent accès à l'univers de la cellule

L'évolution de la science est souvent tributaire de l'invention d'instruments qui permettent à l'être humain d'aller au-delà des limites de ses sens. Ainsi, c'est l'invention et le perfectionnement des microscopes au XVIIᵉ siècle qui ont rendu possible la découverte et l'étude de la cellule. Encore aujourd'hui, on ne peut étudier celle-ci sans recourir à toutes sortes de microscopes.

Les microscopes qu'utilisaient les scientifiques de la Renaissance, tout comme ceux de votre laboratoire, sont des **microscopes photoniques (MP)**. Dans ces instruments, la lumière traverse la préparation (l'échantillon), puis des lentilles de verre. Ces dernières la réfractent (dévient), de façon à grossir l'image projetée dans l'œil, sur une pellicule photographique ou sur un écran vidéo. (Voir l'appendice situé à la fin du manuel illustrant la structure du microscope.)

Le grossissement et le pouvoir de résolution sont deux facteurs importants en microscopie. Le **grossissement** représente le rapport entre les dimensions apparentes de l'image et les dimensions réelles de l'objet. Le **pouvoir de résolution** est une mesure de la clarté de l'image ; plus précisément, il correspond à la distance minimale à laquelle deux points n'apparaissent plus comme distincts. Par exemple, là où l'œil nu voit une seule étoile dans le ciel, le télescope permet d'apercevoir des étoiles jumelles.

Le pouvoir de résolution des télescopes et des microscopes, comme celui de l'œil humain, a ses limites. On peut fabriquer des microscopes photoniques qui grossissent les objets tant qu'on veut, mais leur pouvoir de résolution s'arrêtera toujours à 0,2 μm, ce qui représente la taille d'une petite bactérie ou d'une mitochondrie (FIGURE 7.1). On ne peut pas dépasser cette limite, car elle est fixée par la longueur d'onde de la lumière visible utilisée pour éclairer la préparation. Les microscopes photoniques grossissent efficacement jusqu'à 1 000 fois la taille

d'un objet ; au-delà, les images deviennent brouillées. Les perfectionnements qu'on leur apporte depuis le début du siècle ont pour la plupart consisté à améliorer le contraste, c'est-à-dire à mieux faire ressortir des détails déjà distinguables (TABLEAU 7.1). En outre, les scientifiques ont développé des techniques de

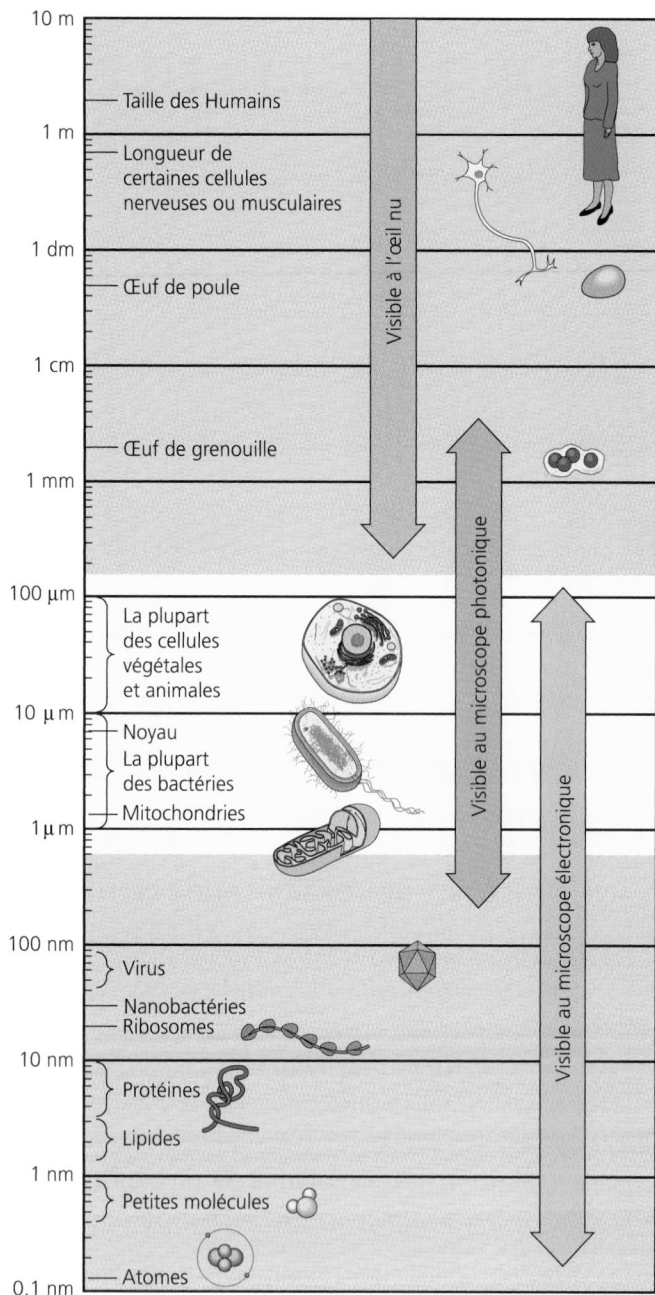

Unités de longueur
1 décimètre (dm) = 10^{-1} mètre (m)
1 centimètre (cm) = 10^{-2} m
1 millimètre (mm) = 10^{-3} m
1 micromètre (μm) = 10^{-6} m
1 nanomètre (nm) = 10^{-9} m

FIGURE 7.1 Dimensions comparées des cellules. La plupart des cellules (région colorée en jaune) mesurent entre 1 et 100 μm de diamètre ; par conséquent, elles ne sont visibles qu'au microscope. Notez que, étant donné l'écart entre les dimensions représentés, l'échelle est logarithmique : chaque mesure indiquée à gauche de la graduation est de 10 fois inférieure à la précédente.

TABLEAU 7.1 Comparaison entre différentes techniques de microscopie photonique

Technique de microscopie	Micrographies photoniques de cellules épithéliales de la muqueuse buccale		Technique de microscopie
Microscopie à fond clair (échantillon non coloré) : la lumière passe directement à travers l'échantillon ; si la cellule n'est ni naturellement pigmentée ni artificiellement colorée, le contraste est faible.	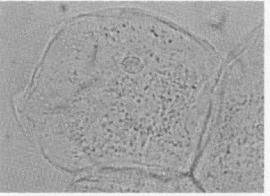	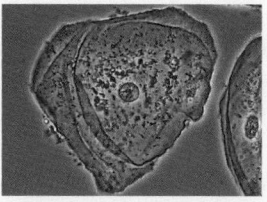	**Microscopie en contraste de phase :** cette technique accentue le contraste dans les cellules non colorées en amplifiant les variations de masse volumique à l'intérieur de l'échantillon. Elle s'avère particulièrement utile pour l'examen des cellules vivantes dépourvues de pigments.
Microscopie à fond clair (échantillon coloré) : l'utilisation de divers colorants accentue le contraste, mais la plupart des techniques de coloration nécessitent que la cellule soit fixée (rendue inerte par un fixateur).	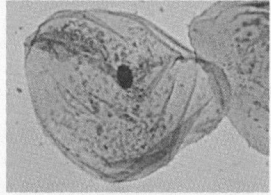	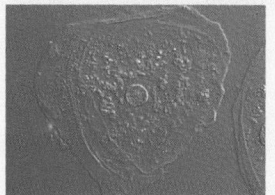	**Microscopie en contraste interférentiel de Nomarski :** à l'instar de la microscopie à contraste de phase, cette technique amplifie les différences de masse volumique au sein de l'objet, en tirant parti de ses propriétés optiques.
Microscopie à fluorescence : cette technique met en évidence certaines molécules structurales de la cellule. Les substances fluorescentes absorbent les longueurs d'onde courtes et les rayons ultraviolets, avant de réémettre de plus grandes longueurs d'onde et de la lumière visible. Des molécules avec une fluorescence naturelle se retrouvent parfois dans l'échantillon. Le plus souvent, les molécules sont rendues visibles grâce à l'adsorption d'une substance fluorescente.	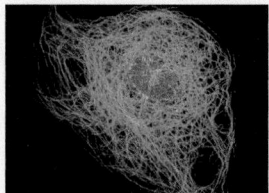	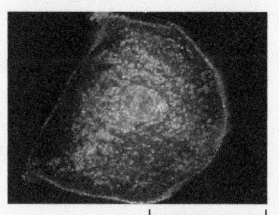 50 µm (400 ×)	**Microscopie confocale :** cette technique effectue une « coupe optique » à l'aide de lasers et d'instruments d'optique spéciaux. Seules les régions peu profondes et situées au même foyer sont visibles. Les régions qui se trouvent au-dessus et au-dessous du plan focal choisi apparaissent noires plutôt que troubles. Ce microscope fait habituellement appel à des échantillons colorés par fluorescence.

coloration permettant de mettre en évidence des compartiments cellulaires particuliers.

Bien qu'elle ait été découverte par Robert Hooke en 1665, la cellule ne révélera pas sa structure fine avant le milieu du XXᵉ siècle. En effet, la plupart des structures cellulaires, ou **organites,** sont invisibles au microscope photonique. La biologie cellulaire a fait un pas de géant dans les années 1950 grâce à l'invention du **microscope électronique.** Au lieu d'utiliser la lumière, celui-ci fait passer un faisceau d'électrons à travers la préparation ou en balaie la surface. Le pouvoir de résolution est inversement proportionnel à la longueur d'onde du rayonnement utilisé, et la longueur d'onde des faisceaux d'électrons est de beaucoup inférieure à celle de la lumière visible. Les microscopes électroniques modernes atteignent une limite de résolution d'environ 0,1 nm mais, en pratique, en ce qui a trait à la visualisation des structures biologiques, elle est de 2 nm. Cela représente quand même une résolution 100 fois plus grande que celle du microscope photonique. Les biologistes utilisent l'expression **ultrastructure cellulaire** pour désigner l'anatomie de la cellule que le microscope électronique permet d'observer.

On trouve deux sortes de microscopes électroniques : le **microscope électronique à transmission (MET)** et le **microscope électronique à balayage (MEB).** Les cytologistes se servent du premier principalement pour étudier l'ultrastructure cellulaire interne. Ce microscope envoie un faisceau d'électrons à travers une coupe mince de l'échantillon, un peu comme le microscope photonique fait passer la lumière à travers une lame. Au lieu de comporter des lentilles de verre, il fonctionne au moyen d'électroaimants qui mettent l'image au point et la grossissent en déviant la trajectoire des électrons. L'image est finalement projetée sur un écran ou sur une pellicule photographique. Pour accentuer le contraste, on colore des coupes très minces des cellules fixées ; cela se fait au moyen d'atomes de métaux lourds qui s'attachent à certaines structures cellulaires (FIGURE 7.2a, p. 114).

Les biologistes privilégient le microscope électronique à balayage lorsqu'ils désirent faire un examen détaillé de la surface d'un échantillon (FIGURE 7.2b). Le faisceau d'électrons balaie celle-ci. En général, elle est préalablement recouverte d'une mince pellicule d'or. Le faisceau excite les électrons de la pellicule d'or, qui émet des électrons secondaires. Ces derniers sont recueillis et forment une image tridimensionnelle de l'échantillon visible sur un écran. Le microscope électronique à balayage se distingue par sa grande profondeur de champ.

Les microscopes électroniques révèlent nombre d'organites qui échappent au microscope photonique. Toutefois, les techniques chimiques et physiques de préparation des échantillons qui sont utilisées en microscopie électronique tuent les cellules ; elles peuvent aussi introduire des artéfacts, c'est-à-dire des caractères structuraux inexistants dans les cellules intactes. C'est pourquoi la microscopie photonique convient mieux à l'étude des cellules vivantes, même si elle n'est pas non plus à l'abri des artéfacts.

Les microscopes de tous genres sont les outils principaux de la *cytologie*, soit l'étude de la cellule sous tous ses aspects. Cependant, la simple description des divers organites renseigne peu sur leur fonction. Par conséquent, la biologie cellulaire moderne s'est développée en intégrant la cytologie et la biochimie, c'est-à-dire l'étude des molécules et des réactions du métabolisme. La technique biochimique appelée fractionnement cellulaire a permis d'élargir nos connaissances dans le domaine de la biologie cellulaire de manière notable.

organites. Cette tâche aurait été infiniment plus ardue si les cellules avaient été intactes. Ainsi, en recueillant par centrifugation une fraction cellulaire contenant des enzymes de la respiration cellulaire et beaucoup de mitochondries, un type d'organite mis en évidence par microscopie électronique, les cytologistes ont pu déterminer que la mitochondrie est le site de la respiration cellulaire. La cytologie et la biochimie se complètent avantageusement, car elles concourent toutes les deux à préciser le lien entre la structure et la fonction cellulaires.

Les cytologistes isolent les organites en vue d'étudier leur fonction

Le **fractionnement cellulaire** consiste à décomposer les cellules de manière à isoler les principaux organites et à en étudier les fonctions respectives (FIGURE 7.3). La centrifugeuse, un instrument capable de tourner à différentes vitesses, sert au fractionnement. Les appareils les plus puissants, appelés **ultracentrifugeuses,** peuvent effectuer jusqu'à 130 000 révolutions par minute (rpm) et appliquer aux particules des forces jusqu'à 1 000 000 de fois plus grandes que celle de la gravitation (1 000 000 *g*).

La première étape du fractionnement est l'homogénéisation, qui désintègre les cellules. On cherche généralement à briser celles-ci sans trop endommager leurs organites. La centrifugation de l'homogénat à une faible vitesse produit deux fractions cellulaires : le culot et le surnageant. Le premier comprend les structures les plus grosses et les plus lourdes, qui sédimentent au fond du tube. Le second est un liquide situé au-dessus du culot ; il renferme les constituants cellulaires qui sont petits, légers et non sédimentés. On le décante dans un autre tube, après quoi on le centrifuge à nouveau. On recommence le procédé en augmentant chaque fois la vitesse de centrifugation. On recueille ainsi des constituants cellulaires de plus en plus petits.

Le fractionnement permet d'isoler des constituants cellulaires en grande quantité en vue d'étudier leur composition et leur métabolisme. Grâce à cette technique, les cytologistes ont réussi à associer les diverses fonctions cellulaires aux différents

VUE D'ENSEMBLE DE L'ORGANISATION CELLULAIRE

Tous les organismes se composent soit de cellules procaryotes, soit de cellules eucaryotes, deux sortes de cellules qui se différencient par leur structure. Seules les Bactéries et les Archéobactéries sont des cellules procaryotes. En revanche, les Protistes, les Végétaux, les Eumycètes et les Animaux sont formés de cellules eucaryotes.

Les cellules procaryotes et les cellules eucaryotes diffèrent par leur taille et par leur complexité

Toutes les cellules partagent plusieurs caractéristiques. Elles sont entourées d'une membrane appelée *membrane plasmique*, qui circonscrit leurs organites. Ceux-ci baignent dans une substance semi-liquide, le **cytosol.** L'ensemble formé par le cytosol et les organites porte le nom de **cytoplasme.** Toutes les cellules renferment de l'ADN, qui constitue leur matériel génétique, de même que des *ribosomes*, de minuscules organites fabriquant les protéines conformément aux instructions données par les gènes.

Une des différences marquées entre les cellules procaryotes et les cellules eucaryotes réside dans la localisation de leur matériel génétique. L'ADN des **cellules procaryotes** (FIGURE 7.4)

FIGURE 7.2 Micrographies électroniques.
(a) Cette micrographie, obtenue à l'aide d'un microscope électronique à transmission (MET), révèle l'ultrastructure superficielle d'une cellule de trachée de lapin en coupe fine. **(b)** Le microscope électronique à balayage (MEB) produit une image tridimensionnelle de la surface d'une cellule de même type. Les deux micrographies dévoilent la présence d'organites mobiles, les cils. Le battement des cils qui tapissent la trachée propulse les débris inhalés jusque dans le pharynx (gorge).

Dorénavant, le type de microscope à l'origine de chaque micrographie sera indiqué. MP renvoie à microscope photonique, MET, à microscope électronique à transmission, et MEB, à microscope électronique à balayage.

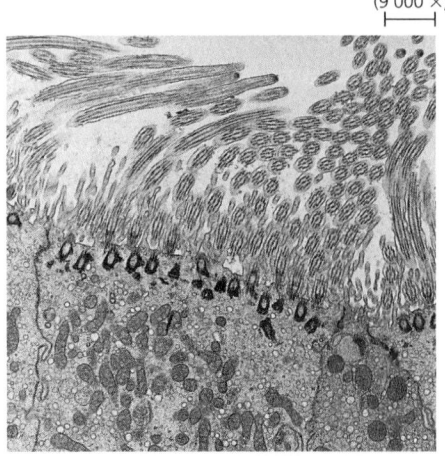

(a) Micrographie électronique à transmission (MET)

1 µm
(9 000 ×)

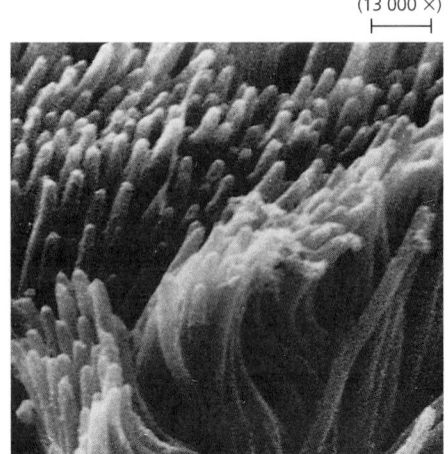

(b) Micrographie électronique à balayage (MEB)

1 µm
(13 000 ×)

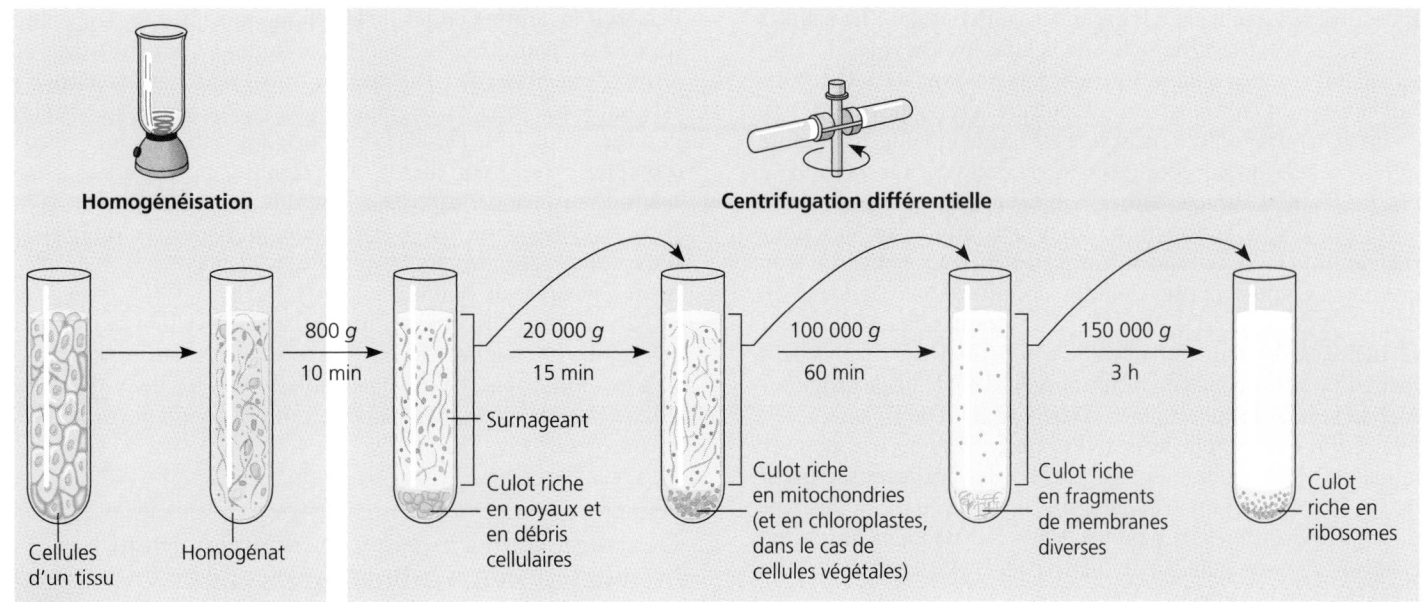

Homogénéisation

Centrifugation différentielle

Cellules d'un tissu → Homogénat

800 *g*
10 min

Surnageant

Culot riche en noyaux et en débris cellulaires

20 000 *g*
15 min

Culot riche en mitochondries (et en chloroplastes, dans le cas de cellules végétales)

100 000 *g*
60 min

Culot riche en fragments de membranes diverses

150 000 *g*
3 h

Culot riche en ribosomes

FIGURE 7.3 Fractionnement cellulaire. On centrifuge les cellules désintégrées à des vitesses diverses et pendant des laps de temps différents afin d'isoler (fractionner) les constituants de taille variable. En associant des fractions cellulaires à des processus métaboliques, on peut relier les fonctions aux organites.

est concentré dans une région appelée **nucléoïde.** Aucune membrane ne la sépare du reste de la cellule, d'où le mot *procaryote,* qui vient du grec *pro,* «avant», et *karuon,* «noyau». Dans le cas des cellules eucaryotes (du grec *eu,* «vrai», et *karuon,* «noyau»), les chromosomes se trouvent dans un organite

entouré d'une membrane appelé *noyau.* En d'autres termes, les **cellules eucaryotes** renferment un noyau véritable délimité par une enveloppe nucléaire (voir les FIGURES 7.7 et 7.8, p. 118 et 119). Et, suspendus dans le cytosol, baignent divers organites membraneux aux formes spécifiques et aux fonctions

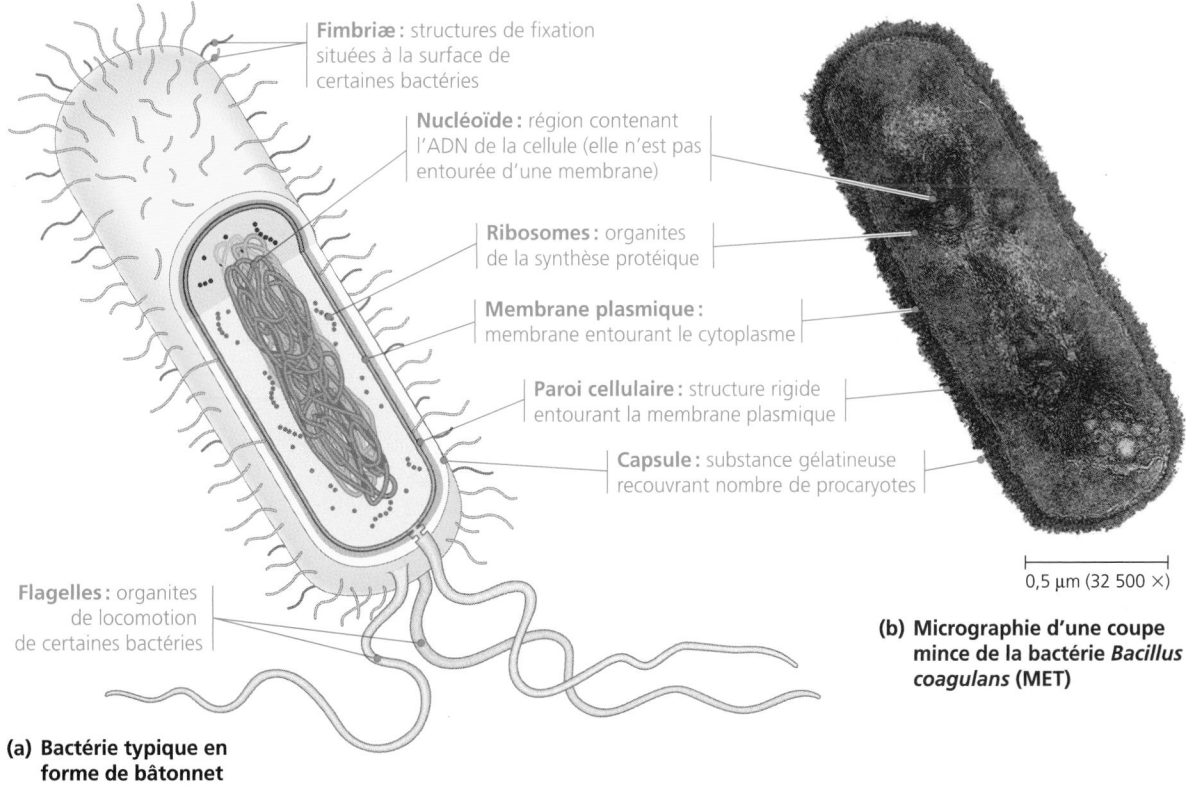

Fimbriæ : structures de fixation situées à la surface de certaines bactéries

Nucléoïde : région contenant l'ADN de la cellule (elle n'est pas entourée d'une membrane)

Ribosomes : organites de la synthèse protéique

Membrane plasmique : membrane entourant le cytoplasme

Paroi cellulaire : structure rigide entourant la membrane plasmique

Capsule : substance gélatineuse recouvrant nombre de procaryotes

Flagelles : organites de locomotion de certaines bactéries

(a) Bactérie typique en forme de bâtonnet

0,5 μm (32 500 ×)

(b) Micrographie d'une coupe mince de la bactérie *Bacillus coagulans* (MET)

FIGURE 7.4 Cellule procaryote. Dénuée d'un noyau véritable et d'organites membraneux, la cellule procaryote est beaucoup plus simple que la cellule eucaryote. Seuls les organismes appartenant aux Bactéries et aux Archéobactéries sont des cellules procaryotes.

spécialisées. La plupart des organites contenus dans les cellules eucaryotes n'existent pas dans les cellules procaryotes. La présence ou l'absence d'un noyau véritable est donc loin de constituer la seule différence structurale entre les deux types de cellules.

En général, la cellule eucaryote est beaucoup plus imposante que la cellule procaryote (voir la FIGURE 7.1). Or, la taille, à l'instar d'autres caractéristiques générales de la structure cellulaire, est liée à la fonction. Pour accomplir ses fonctions métaboliques, la cellule ne doit être ni trop petite ni trop grande. Les plus petites cellules connues appartiennent au domaine des Bactéries et font partie des nanobactéries ; leur diamètre est de 50 nm environ. Il s'agit peut-être là du plus petit format pouvant contenir suffisamment d'ADN pour programmer le métabolisme, et assez d'enzymes et d'équipement cellulaire pour accomplir les activités nécessaires au maintien de la vie et à la reproduction. La plupart des bactéries mesurent de 1 à 10 μm de diamètre ; elles sont donc de 20 à 200 fois plus grosses environ que les nanobactéries. Les cellules eucaryotes, elles, ont typiquement un diamètre 10 fois plus grand que celui des bactéries : il va de 10 à 100 μm.

Toujours à cause des nécessités du métabolisme, la cellule ne peut pas non plus avoir une taille trop grande. Lorsqu'un objet d'une forme donnée grossit, son volume augmente plus que sa surface. (Rappelez-vous que l'aire est proportionnelle au carré de la dimension linéaire, alors que le volume est proportionnel au cube de la dimension linéaire.) Par conséquent, plus un objet est petit, plus le rapport surface/volume est grand (FIGURE 7.5).

La **membrane plasmique**, périphérie de chaque cellule, tient lieu de barrière sélective assurant le passage d'une quantité adéquate de dioxygène, de nutriments et de déchets pour desservir le volume entier de la cellule (FIGURE 7.6). Il y a une limite à la quantité d'une substance donnée qui peut traverser 1 μm² de membrane par seconde. Ainsi, plus la surface (μm²) est grande par rapport au volume, plus les échanges satisfont les besoins cellulaires. Donc, la plupart des cellules sont microscopiques : c'est pour elles la seule façon de posséder suffisamment de surface par rapport à leur volume pour combler leurs besoins. Généralement, les organismes plus grands n'ont pas de plus *grandes* cellules que les petits organismes : ils ont simplement *davantage* de cellules.

Aux chapitres 18 et 27, nous décrirons la cellule procaryote en détail. Au chapitre 28, nous présenterons, dans le contexte de l'évolution, les relations possibles entre les deux types de cellules. La majeure partie du texte qui suit concerne les cellules eucaryotes.

Des membranes internes compartimentent les fonctions de la cellule eucaryote

En plus de la membrane plasmique, la cellule eucaryote possède un réseau étendu et élaboré de membranes internes qui la divisent en compartiments : il s'agit des organites membraneux mentionnés plus tôt. Ces membranes participent aussi directement au métabolisme cellulaire et enchâssent beaucoup d'enzymes. Étant donné que chaque compartiment cellulaire forme une sorte de microenvironnement favorisant certaines fonctions métaboliques spécialisées, des processus incompatibles peuvent se dérouler simultanément dans une cellule.

Bref, les diverses membranes occupent une place fondamentale dans l'organisation complexe de la cellule. En général, elles

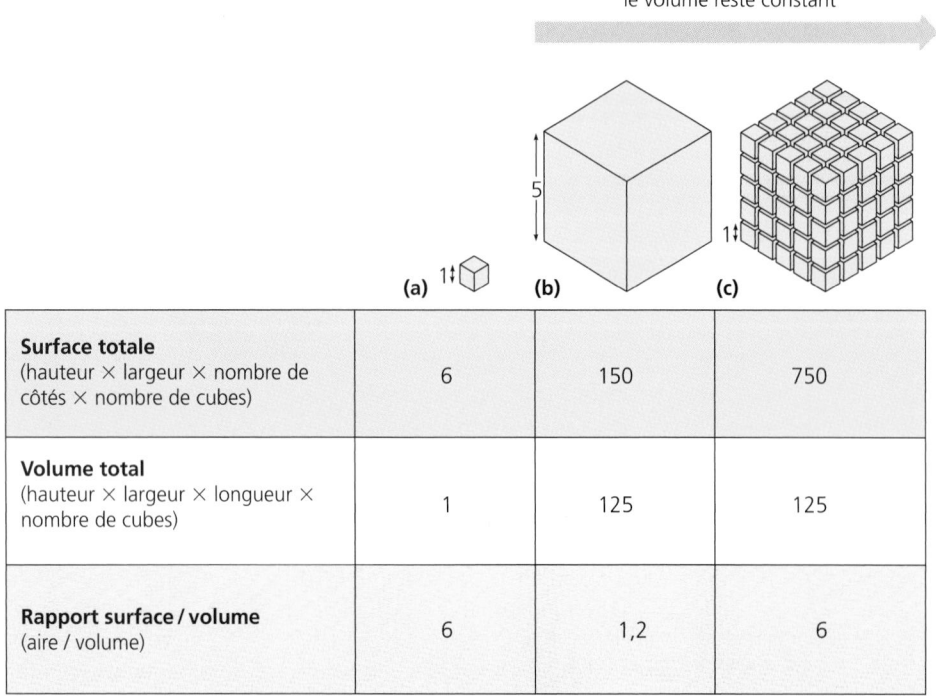

L'aire augmente alors que le volume reste constant

	(a)	(b)	(c)
Surface totale (hauteur × largeur × nombre de côtés × nombre de cubes)	6	150	750
Volume total (hauteur × largeur × longueur × nombre de cubes)	1	125	125
Rapport surface / volume (aire / volume)	6	1,2	6

FIGURE 7.5 Pourquoi la plupart des cellules sont-elles microscopiques ? Les cellules sont ici représentées par des cubes. À l'aide d'unités de longueur arbitraires, on peut calculer la surface (en unités carrées), le volume (en unités cubes) et le rapport surface / volume (en valeur absolue) de la cellule. Un grand rapport surface / volume favorise les échanges entre la cellule et son environnement.

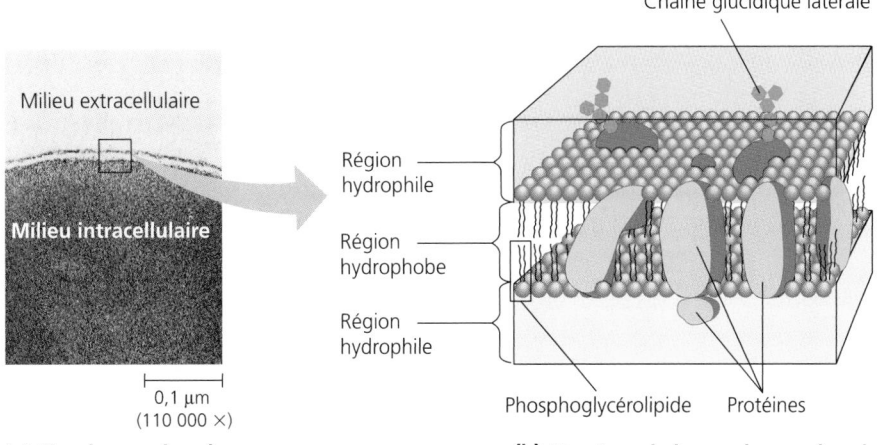

Chaîne glucidique latérale

FIGURE 7.6 Membrane plasmique. La membrane plasmique d'une cellule et les membranes des organites de celle-ci comportent diverses protéines spécialisées enchâssées dans une double couche de phosphoglycérolipides. Les queues des phospho-glycérolipides constituent une région hydrophobe à l'intérieur d'une membrane. La tête des phosphoglycérolipides, les protéines externes, certaines portions de protéines et les chaînes glucidiques latérales sont hydrophiles et entrent en contact avec la solution aqueuse située de part et d'autre d'une membrane. Les chaînes glucidiques latérales ne se trouvent qu'à la surface externe de la membrane plasmique. Une membrane a des fonctions qui dépendent des phosphoglycérolipides et des protéines qui la composent.

Milieu extracellulaire

Milieu intracellulaire

Région hydrophile

Région hydrophobe

Région hydrophile

Phosphoglycérolipide   Protéines

0,1 μm
(110 000 ×)

(a) Membrane plasmique d'un globule rouge (MET).
La membrane plasmique apparaît au microscope électronique sous forme de deux traits sombres séparés par une bande claire.

(b) Structure de la membrane plasmique

se composent d'une double couche de phosphoglycérolipides et d'autres lipides associés à diverses protéines directement enchâssées dans la double couche ou fixées à la surface de celle-ci (voir la FIGURE 7.6). Toutefois, chacune présente une composition lipidique et protéique conforme à ses fonctions spécifiques. Par exemple, plusieurs enzymes de la respiration cellulaire sont insérées dans la membrane interne des mitochondries.

Avant de poursuivre, examinez les FIGURES 7.7 et 7.8, aux pages 118 et 119. Elles présentent les divers organites des cellules eucaryotes et elles vous serviront de référence durant l'exploration que nous allons entreprendre maintenant. Vous remarquerez qu'elles opposent la cellule animale et la cellule végétale. Les différences entre ces cellules, quoique non négligeables, sont bien moins nombreuses que celles qui séparent les cellules eucaryotes des cellules procaryotes.

NOYAU ET RIBOSOMES

Pour commencer notre visite détaillée de la cellule, nous nous arrêterons sur deux des organites impliqués dans l'expression des gènes : le noyau, qui héberge la majorité de l'ADN cellulaire, et les ribosomes, qui fabriquent les protéines à partir de l'information codée dans l'ADN.

Le noyau renferme l'information génétique de la cellule eucaryote

Le **noyau** contient la plupart des gènes qui régissent la cellule eucaryote (les autres se trouvent dans les mitochondries et dans les chloroplastes). Son diamètre moyen étant de 5 μm, il

constitue généralement l'organite le plus visible d'une cellule eucaryote. Il est entouré d'une membrane *double*, appelée **enveloppe nucléaire** (FIGURE 7.9, p. 120), qui sépare son contenu du cytoplasme.

Les deux membranes de l'enveloppe nucléaire sont elles-mêmes formées d'une double couche de lipides associée à des protéines, et elles sont séparées par un espace de 20 à 40 nm environ. L'enveloppe nucléaire renferme des pores ayant un diamètre d'environ 100 nm. Les membranes interne et externe de l'enveloppe nucléaire se rejoignent à l'embouchure de ces pores. Chacun de ceux-ci est bordé d'une structure constituée de quelques dizaines de protéines, le complexe de pore nucléaire, dont le rôle est de réguler le passage de certaines macromolécules et particules. La **lamina nucléaire** tapisse la face interne de l'enveloppe nucléaire. Elle se compose d'un entrelacement de filaments protéiques (filaments intermédiaires) grâce auquel le noyau acquiert sa forme. Des données ont aussi révélé la présence d'une *matrice nucléaire,* soit un réseau de fibres qui s'étend dans le noyau. (Nous examinerons les fonctions présumées de la lamina et de la matrice nucléaire au chapitre 19.)

À l'intérieur du noyau, l'ADN et les protéines forment une matière fibreuse appelée **chromatine.** Quand celle-ci est colorée, elle apparaît comme un amas diffus, que ce soit au microscope photonique ou au microscope électronique. Cependant, au moment où la cellule s'apprête à se diviser (pour se reproduire), les minces fibres de chromatine se condensent et s'épaississent jusqu'à former des structures distinctes : les **chromosomes.** Chaque espèce eucaryote possède un nombre caractéristique de chromosomes. La cellule humaine, par exemple, en contient 46 dans son noyau, exception faite des cellules sexuelles (l'ovule et le spermatozoïde), qui en possèdent seulement 23.

Entre les périodes de division cellulaire, la structure intranucléaire la plus visible est le **nucléole.** Au microscope électronique, on le voit sous la forme d'une masse opaque de granules

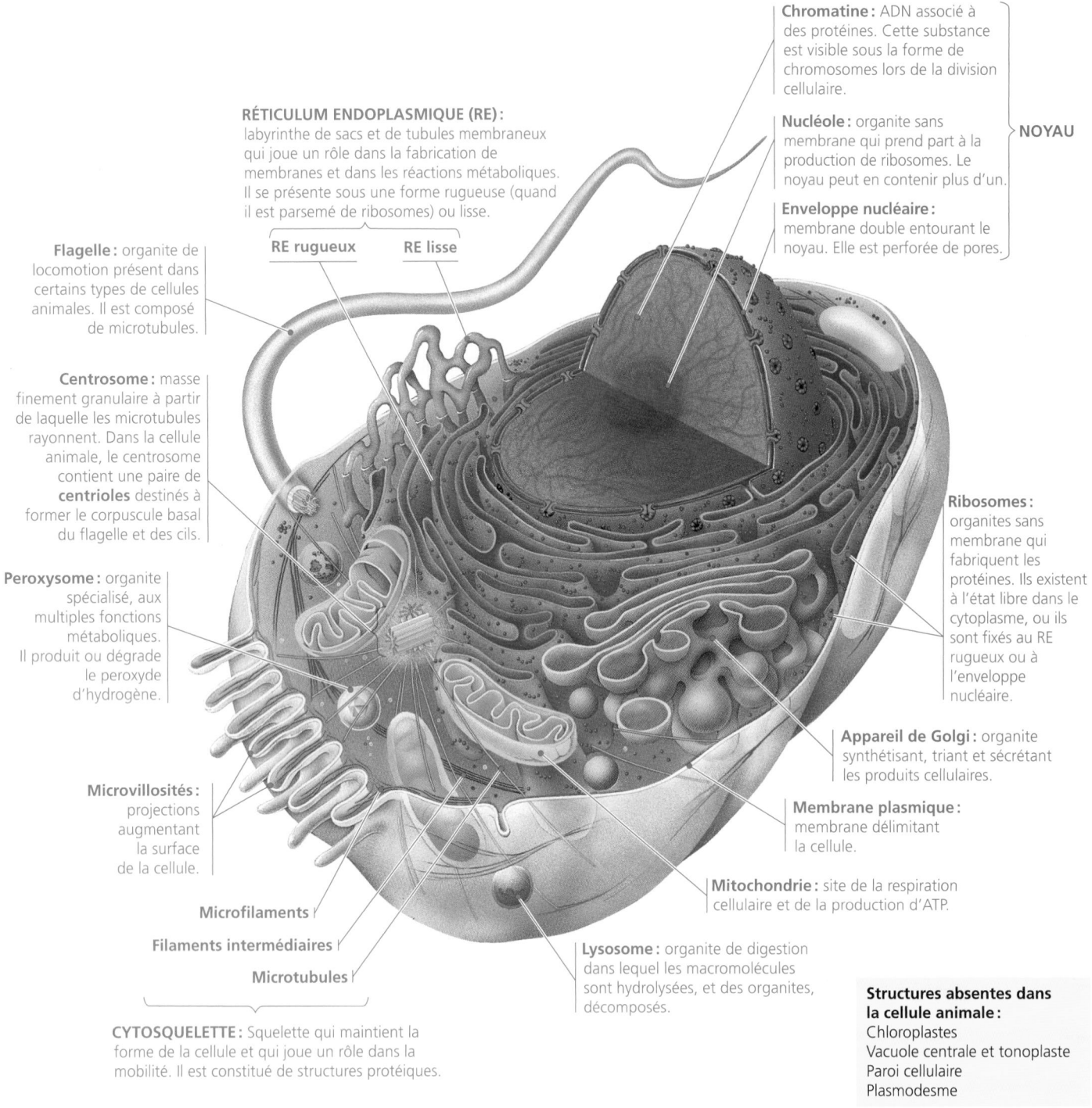

RÉTICULUM ENDOPLASMIQUE (RE) :
labyrinthe de sacs et de tubules membraneux qui joue un rôle dans la fabrication de membranes et dans les réactions métaboliques. Il se présente sous une forme rugueuse (quand il est parsemé de ribosomes) ou lisse.

RE rugueux   RE lisse

Chromatine : ADN associé à des protéines. Cette substance est visible sous la forme de chromosomes lors de la division cellulaire.

Nucléole : organite sans membrane qui prend part à la production de ribosomes. Le noyau peut en contenir plus d'un.

Enveloppe nucléaire : membrane double entourant le noyau. Elle est perforée de pores.

NOYAU

Flagelle : organite de locomotion présent dans certains types de cellules animales. Il est composé de microtubules.

Centrosome : masse finement granulaire à partir de laquelle les microtubules rayonnent. Dans la cellule animale, le centrosome contient une paire de **centrioles** destinés à former le corpuscule basal du flagelle et des cils.

Peroxysome : organite spécialisé, aux multiples fonctions métaboliques. Il produit ou dégrade le peroxyde d'hydrogène.

Ribosomes : organites sans membrane qui fabriquent les protéines. Ils existent à l'état libre dans le cytoplasme, ou ils sont fixés au RE rugueux ou à l'enveloppe nucléaire.

Appareil de Golgi : organite synthétisant, triant et sécrétant les produits cellulaires.

Membrane plasmique : membrane délimitant la cellule.

Microvillosités : projections augmentant la surface de la cellule.

Microfilaments

Filaments intermédiaires

Microtubules

Mitochondrie : site de la respiration cellulaire et de la production d'ATP.

Lysosome : organite de digestion dans lequel les macromolécules sont hydrolysées, et des organites, décomposés.

CYTOSQUELETTE : Squelette qui maintient la forme de la cellule et qui joue un rôle dans la mobilité. Il est constitué de structures protéiques.

Structures absentes dans la cellule animale :
Chloroplastes
Vacuole centrale et tonoplaste
Paroi cellulaire
Plasmodesme

FIGURE 7.7 Vue d'ensemble de la cellule animale. Ce schéma représente les caractéristiques structurales les plus répandues dans les cellules animales (cette cellule est hypothétique). Chacune de celles-ci renferme divers organites (« petits organes ») dont certains sont délimités par une ou plusieurs membranes. L'organite le plus volumineux est généralement le noyau. La majeure partie des activités métaboliques de la cellule se déroule dans le cytoplasme. Ce dernier occupe toute la région comprise entre le noyau et la membrane plasmique. Il contient une grande quantité d'organites spécialisés en suspension dans un milieu semi-liquide appelé cytosol. Un peu partout dans le cytoplasme s'étend un labyrinthe de membranes, le réticulum endoplasmique (RE).

et de fibres associée à la chromatine. Une sorte d'ARN, l'ARN ribosomique, y est synthétisé et assemblé avec des protéines importées du cytoplasme. Cet assemblage varié constitue les sous-unités des ribosomes. Celles-ci franchissent les pores nucléaires et se rendent dans le cytoplasme. Là, une grande sous-unité et une petite se combinent pour former un ribosome. Le noyau contient parfois plus de deux nucléoles, selon l'espèce et la phase du cycle cellulaire.

En parcourant rapidement le reste du chapitre, vous verrez que les FIGURES 7.7 et 7.8 ont été reproduites en miniature à des fins de repérage. Sur chacun des schémas miniaturisés, un organite spécifique est mis en évidence par une couleur, la même qu'il a à la FIGURE 7.7 ou 7.8. Chaque fois que vous étudierez un organite, le schéma de référence vous aidera à le situer dans la cellule.

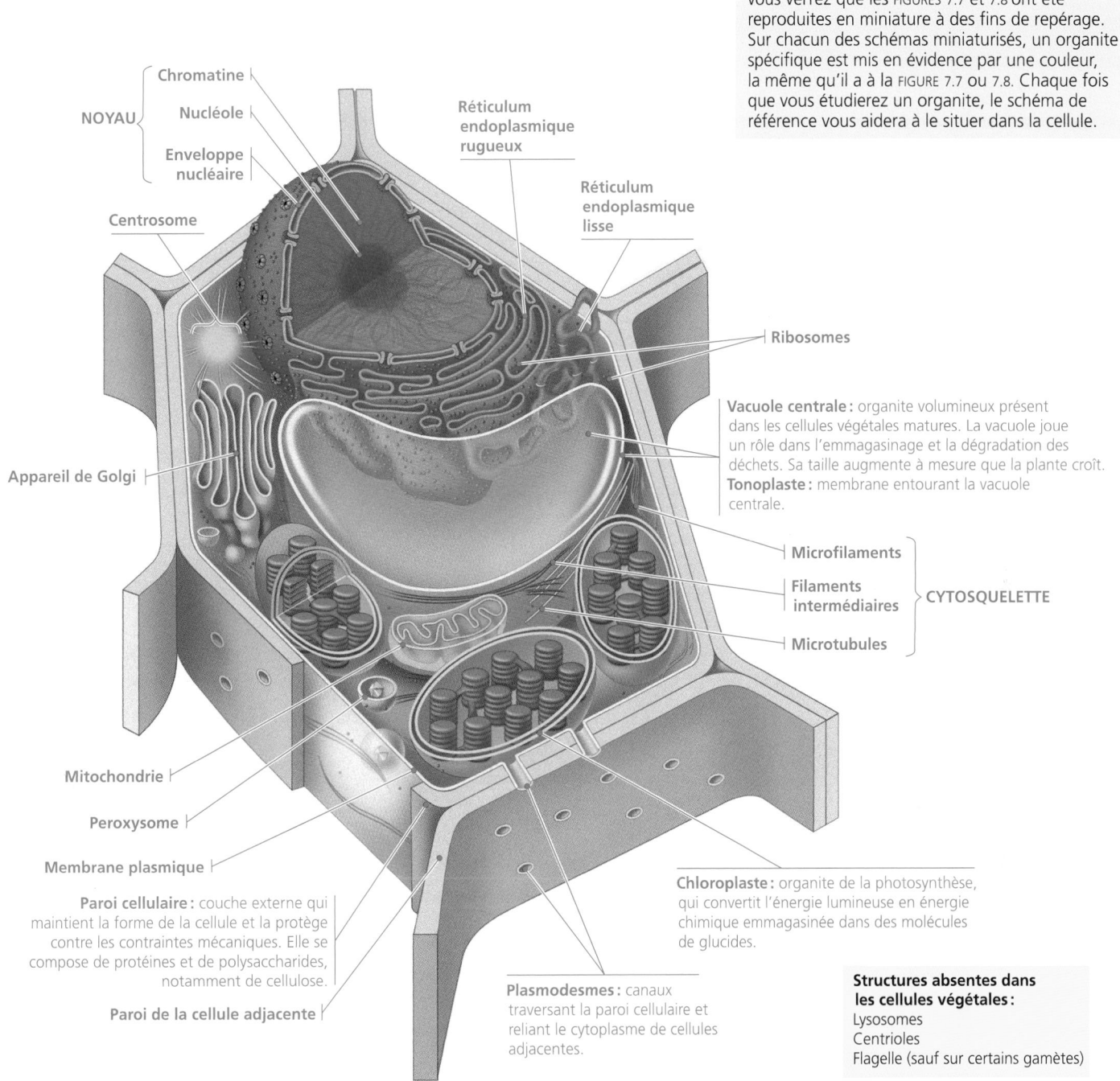

FIGURE 7.8 Vue d'ensemble d'une cellule végétale typique. Ce schéma met en relief les similarités et les différences entre la cellule végétale et la cellule animale. Outre les structures communes avec la cellule animale, la cellule végétale renferme des organites membraneux appelés plastes. Le chloroplaste est le plaste le plus important : il accomplit la photosynthèse. Beaucoup de cellules végétales contiennent une vacuole centrale volumineuse. Quant à la membrane plasmique, elle est entourée d'une paroi cellulaire épaisse transpercée de canaux appelés plasmodesmes.

Tel qu'illustré à la FIGURE 5.28, le noyau régit la synthèse protéique en synthétisant l'ARN messager (ARNm) et en l'expédiant dans le cytoplasme par les pores nucléaires. L'ARNm, de même que l'ARN ribosomique, est fabriqué selon les directives fournies par l'ADN. Lorsqu'une molécule d'ARNm rejoint le cytoplasme, les ribosomes traduisent son message génétique en un polypeptide de structure primaire. La traduction de l'information génétique est approfondie au chapitre 17.

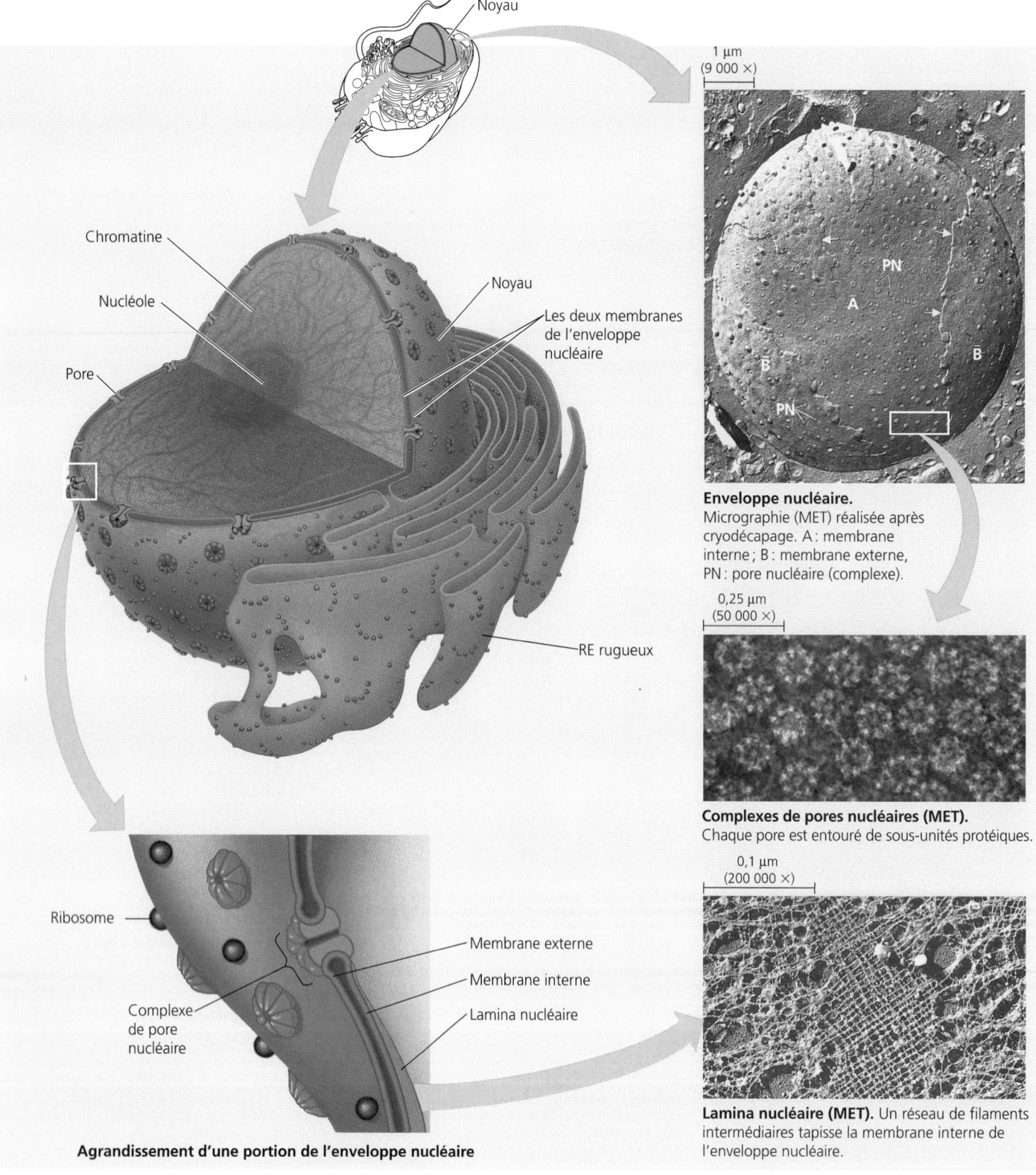

Noyau

Chromatine

Nucléole

Pore

Noyau

Les deux membranes de l'enveloppe nucléaire

RE rugueux

Agrandissement d'une portion de l'enveloppe nucléaire

Ribosome

Complexe de pore nucléaire

Membrane externe

Membrane interne

Lamina nucléaire

1 µm
(9 000 ×)

PN

A

B̄

B̄

PN

Enveloppe nucléaire.
Micrographie (MET) réalisée après cryodécapage. A : membrane interne ; B : membrane externe, PN : pore nucléaire (complexe).

0,25 µm
(50 000 ×)

Complexes de pores nucléaires (MET).
Chaque pore est entouré de sous-unités protéiques.

0,1 µm
(200 000 ×)

Lamina nucléaire (MET). Un réseau de filaments intermédiaires tapisse la membrane interne de l'enveloppe nucléaire.

FIGURE 7.9 Noyau et enveloppe nucléaire. La chromatine, constituée d'ADN et de protéines, se trouve à l'intérieur du noyau. Lorsque la division cellulaire débute, les chromosomes deviennent distincts et visibles à mesure que la chromatine se condense. Le nucléole est le lieu de synthèse des ribosomes. L'enveloppe nucléaire, formée de deux membranes séparées par un espace étroit, est percée de pores ; la membrane interne est tapissée de la lamina nucléaire.

La MET au coin supérieur droit est tirée de L. Orci et A. Perrelet, *Freeze-Etch Histology* (Heidelberg : Springer-Verlag, 1975). © 1975 Springer-Verlag. La MET à droite et au centre est tirée de C. Faberge, *Cell Tissue Res.* 151(1974) : 403. © 1975 Springer-Verlag.

Les ribosomes assemblent les protéines cellulaires

Les **ribosomes,** des particules constituées d'ARN ribosomique et de protéines, sont les organites qui synthétisent les protéines. Chacun d'eux est composé de deux sous-unités (FIGURE 7.10). Les cellules qui synthétisent beaucoup de protéines se démarquent par leur grand nombre de ribosomes. Par exemple, les cellules pancréatiques humaines possèdent quelques millions de ribosomes. Dans le même ordre d'idée, il n'est pas surprenant que les cellules particulièrement actives sur le plan de la synthèse protéique renferment aussi un nucléole volumineux.

Les protéines sont assemblées par deux types de ribosomes dans le cytoplasme (voir la FIGURE 7.10) : les ribosomes *libres*, en suspension dans le cytosol, et les ribosomes *liés*, fixés à l'extérieur du réticulum endoplasmique ou de l'enveloppe nucléaire. Les ribosomes libres sont inactifs mais, lorsqu'ils sont regroupés en polyribosomes, ils produisent essentiellement des protéines qui agissent à l'intérieur du cytosol. Par exemple, des polyribosomes fabriquent les enzymes qui catalysent les premières étapes du métabolisme des glucides. Quant aux ribosomes liés, ils synthétisent généralement des protéines destinées à être insérées dans les membranes ou dans des organites comme les lysosomes, ou encore à être exportées (sécrétion). Les cellules spécialisées dans la sécrétion de protéines, comme les cellules du pancréas et des autres glandes sécrétrices d'enzymes digestives, comportent pour la plupart une forte proportion de ribosomes liés. Cependant, qu'ils soient liés ou libres, les ribosomes sont structuralement identiques et interchangeables, et la cellule peut adapter leur nombre aux besoins du métabolisme. Vous approfondirez vos connaissances sur la structure et la fonction des ribosomes au chapitre 17.

LE RÉSEAU INTRACELLULAIRE DE MEMBRANES

Beaucoup de membranes d'une cellule eucaryote font partie intégrante d'un **réseau intracellulaire de membranes.** Elles sont liées de deux façons : ou bien elles se prolongent les unes les autres, ou bien elles échangent des portions d'elles-mêmes par l'intermédiaire de **vésicules** minuscules (sacs membraneux). Toutes n'ont pas pour autant la même structure ni la même fonction. Leur épaisseur, leur composition moléculaire et leur activité métabolique peuvent changer à plusieurs reprises au cours de la vie d'une cellule. Le réseau intracellulaire de membranes se compose de l'enveloppe nucléaire, du réticulum endoplasmique, de l'appareil de Golgi, des lysosomes, des peroxysomes, de divers types de vacuoles et de la membrane plasmique (celle-ci n'est pas une membrane interne, comme celle des autres organites membraneux ; elle est tout de même liée au réticulum endoplasmique et aux autres membranes internes). Étant donné que nous avons déjà décrit l'enveloppe nucléaire, nous nous pencherons ici sur le réticulum endoplasmique et sur les autres membranes internes auxquelles il donne naissance.

En plus de réaliser de nombreuses autres synthèses, le réticulum endoplasmique fabrique des membranes

Le **réticulum endoplasmique (RE)** forme un labyrinthe membraneux si étendu que, dans beaucoup de cellules eucaryotes,

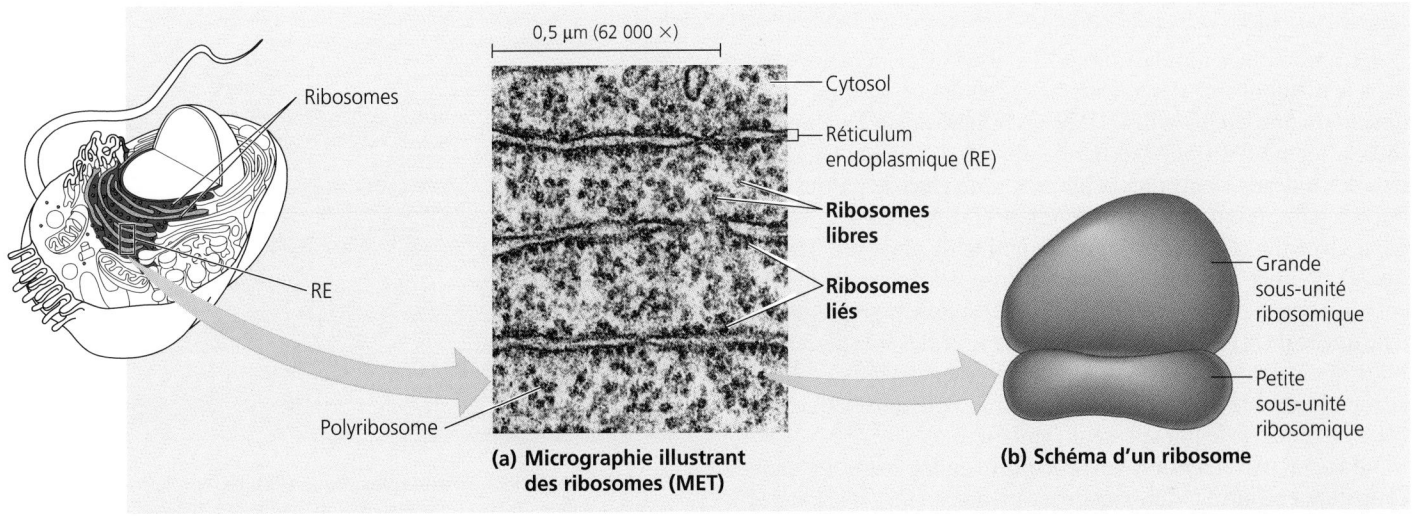

(a) Micrographie illustrant des ribosomes (MET)

(b) Schéma d'un ribosome

FIGURE 7.10 Ribosomes. (a) Cette micrographie électronique montre de nombreux ribosomes libres dans le cytosol ou liés au réticulum endoplasmique dans une cellule du pancréas (MET). Les ribosomes liés produisent les protéines de sécrétion, dont l'insuline, une hormone, et des enzymes digestives. Ils fabriquent aussi des protéines destinées à être insérées dans les membranes ou dans les organites. Quant aux ribosomes libres regroupés en polyribosomes, ils synthétisent les protéines qui restent dissoutes dans le cytosol. Qu'ils soient libres ou liés, les ribosomes sont identiques et interchangeables. **(b)** Ce schéma simplifié illustre les deux types de sous-unités d'un ribosome.

il représente plus de la moitié de toute la substance membraneuse. (Le terme *endoplasmique* signifie « à l'intérieur » du *cytoplasme*, et le terme *réticulum* vient d'un mot latin qui signifie « réseau ».) Le réticulum endoplasmique comprend un réseau de tubules et de sacs membraneux appelés **citernes** (du latin *cisterna*, « réservoir »). Sa membrane isole du cytosol le contenu des citernes. Et comme elle est en continuité avec l'enveloppe nucléaire, le contenu des citernes communique avec l'espace situé entre les deux membranes de l'enveloppe nucléaire (FIGURE 7.11).

Le réticulum endoplasmique se divise en deux régions présentant certaines différences moléculaires et fonctionnelles : le réticulum endoplasmique rugueux et le réticulum endoplasmique lisse. Le **réticulum endoplasmique lisse** est ainsi qualifié parce qu'il ne porte pas de ribosomes sur sa face cytoplasmique. Le **réticulum endoplasmique rugueux,** lui, a un aspect granulaire lorsqu'il est observé au microscope électronique. Il est parsemé de ribosomes sur sa face cytoplasmique. On trouve aussi des ribosomes sur la face externe cytoplasmique de l'enveloppe nucléaire, laquelle s'unit au réticulum endoplasmique rugueux.

Fonctions du réticulum endoplasmique lisse

Le réticulum endoplasmique lisse participe à divers processus métaboliques, dont la synthèse des lipides, le métabolisme des glucides, et la détoxication des médicaments, des drogues et des poisons.

Les enzymes du réticulum endoplasmique lisse jouent un rôle important dans la synthèse des lipides, notamment des graisses, des phosphoglycérolipides et des stéroïdes. Parmi les stéroïdes produits par le réticulum endoplasmique lisse des cellules animales, on compte les hormones sexuelles des Vertébrés et les diverses hormones stéroïdes sécrétées par les glandes surrénales. Les cellules spécialisées qui synthétisent et sécrètent ces hormones, celles des testicules et des ovaires, par exemple, sont riches en réticulum endoplasmique lisse, une caractéristique structurale conforme à leur fonction.

Le réticulum endoplasmique lisse joue également un rôle dans le métabolisme des glucides. Les cellules hépatiques fournissent un bon exemple de cela. Elles emmagasinent les glucides sous la forme d'un polysaccharide appelé glycogène. L'hydrolyse de ce dernier entraîne la libération de glucose par les cellules hépatiques, un mécanisme important pour la régulation de la glycémie (la concentration sanguine de glucose). Toutefois, le premier produit de l'hydrolyse du glycogène est le glucose-1-phosphate, une molécule chargée qui ne peut pas sortir telle quelle de la cellule, entrer dans le sang et élever la glycémie. Pour que cela puisse se faire, il faut qu'une enzyme accolée à la membrane du réticulum endoplasmique lisse de la cellule hépatique déloge le phosphate du glucose.

Grâce à ses enzymes, le réticulum endoplasmique lisse contribue en outre à détoxiquer les médicaments, les drogues et les poisons, particulièrement dans les cellules hépatiques. La détoxication se fait habituellement par l'ajout de groupements hydroxyle, qui augmentent la solubilité des produits nocifs et facilitent leur élimination. Le sédatif appelé phénobarbital et d'autres barbituriques font partie des médicaments métabolisés

de cette façon par le réticulum endoplasmique lisse des cellules hépatiques. En fait, la consommation de barbituriques, d'alcool et de beaucoup d'autres substances entraîne une prolifération du réticulum endoplasmique lisse et de ses enzymes de détoxication. À cause de cela, l'organisme acquiert une plus grande tolérance aux produits en question ; autrement dit, le sujet doit

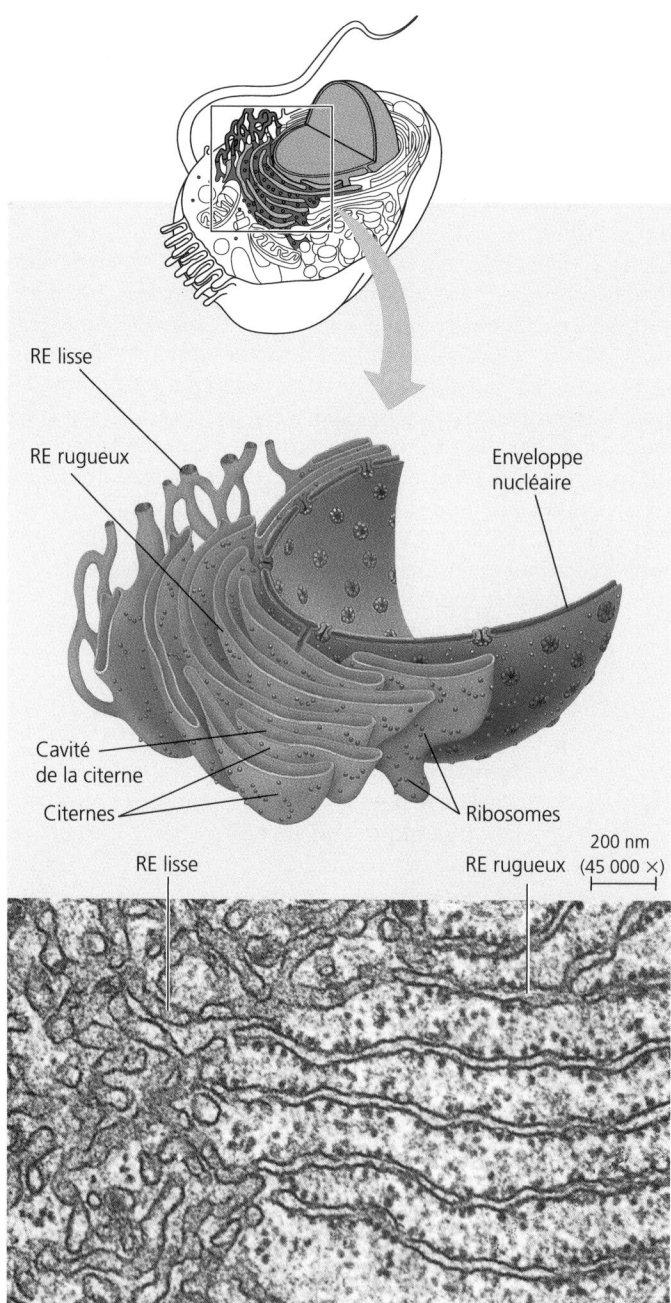

FIGURE 7.11 Réticulum endoplasmique (RE). Le réticulum endoplasmique (RE) est un réseau membraneux de tubules et de sacs aplatis appelés citernes. Celles-ci délimitent une cavité remplie de solutions diverses. La membrane du réticulum endoplasmique prolonge l'enveloppe nucléaire. Cette micrographie électronique illustrant une coupe du RE permet de distinguer le réticulum endoplasmique rugueux (ou granulaire), parsemé de ribosomes sur sa face cytoplasmique, et le réticulum endoplasmique lisse (MET).

ingérer des doses croissantes pour ressentir les mêmes effets. Et comme certaines enzymes de détoxication ont un spectre d'action relativement étendu, la prolifération du réticulum endoplasmique lisse consécutive à la consommation d'une substance peut accroître la tolérance à d'autres substances. La prise excessive de barbituriques, par exemple, peut diminuer l'efficacité de certains antibiotiques et d'autres médicaments.

Enfin, mentionnons que le réticulum endoplasmique lisse remplit une autre fonction spécialisée dans les cellules musculaires. Sa membrane extrait des ions calcium du cytosol et les accumule dans les citernes. Quand un influx nerveux atteint une cellule musculaire, le calcium retraverse la membrane du réticulum endoplasmique, pénètre dans le cytosol et déclenche la contraction musculaire.

Réticulum endoplasmique rugueux et synthèse des protéines de sécrétion

Les ribosomes attachés au réticulum endoplasmique rugueux produisent les protéines sécrétées par beaucoup de cellules spécialisées. Par exemple, certaines cellules du pancréas sécrètent l'insuline, une hormone, dans le sang (voir la FIGURE 7.10a). Lorsqu'un ribosome lié synthétise une chaîne polypeptidique, celle-ci pénètre dans la membrane du réticulum endoplasmique, vraisemblablement par un pore. En entrant dans une citerne, la protéine se replie et prend sa conformation native. Puis, avec l'aide d'enzymes enchâssées dans la membrane du réticulum endoplasmique, elle s'unit par covalence à un petit polysaccharide et devient une **glycoprotéine.** La plupart des protéines de sécrétion sont des glycoprotéines.

Une fois que les protéines destinées à être sécrétées sont formées, la membrane du réticulum endoplasmique les isole des protéines produites par les polyribosomes libres qui, elles, resteront dans le cytosol. Les protéines de sécrétion quittent le réticulum endoplasmique emballées dans des **vésicules de transition**; celles-ci se détachent d'une région spécialisée appelée **réticulum endoplasmique de transition.**

Réticulum endoplasmique rugueux et production de membranes

En plus de participer à la production de protéines de sécrétion, le réticulum endoplasmique rugueux fait croître sa membrane en y ajoutant des protéines et des phosphoglycérolipides. Certains polypeptides nouvellement formés par les ribosomes et destinés à devenir des protéines membranaires s'insèrent dans sa membrane et s'y ancrent à l'aide de leurs parties hydrophobes. Le réticulum endoplasmique rugueux produit également ses propres phosphoglycérolipides membranaires; des enzymes attachées à sa membrane assemblent ceux-ci à partir de matériaux extraits du cytosol. Ainsi, grâce à l'agencement de protéines adéquates et de phosphoglycérolipides, le réticulum endoplasmique étend sa membrane; le nouveau matériel peut aussi être transféré, sous la forme de vésicules de transition, à d'autres organites comportant des membranes.

L'appareil de Golgi affine, trie et expédie les produits cellulaires

À leur sortie du réticulum endoplasmique, beaucoup de vésicules de transition se dirigent vers l'**appareil de Golgi.** On peut comparer ce dernier à un centre de fabrication, d'entreposage, de triage et d'expédition. Les produits du réticulum endoplasmique y sont modifiés, entreposés, puis envoyés vers différentes destinations. Comme vous l'avez peut-être deviné, l'appareil de Golgi est particulièrement étendu dans les cellules spécialisées dans la sécrétion.

L'appareil de Golgi est composé de saccules membraneux aplatis et ressemble à une pile de pains pita (FIGURE 7.12, p. 124). Une cellule peut contenir jusqu'à plusieurs centaines d'empilements. La membrane des saccules sépare le contenu de ceux-ci du cytosol. Les *vésicules de sécrétion*, concentrées au voisinage de l'appareil de Golgi, véhiculent des matières entre ce dernier et d'autres structures cellulaires.

L'appareil de Golgi présente une nette polarité: les membranes des saccules situés aux extrémités opposées d'une pile n'ont ni la même épaisseur ni la même composition moléculaire. Les deux pôles d'une pile s'appellent **face cis** et **face trans**; ils ont respectivement pour fonction de recevoir et d'expédier les matières. La face *cis* est située près du réticulum endoplasmique et reçoit ses vésicules de transition. Une fois que celles-ci se sont détachées du réticulum endoplasmique, elles incorporent leur membrane et leur contenu à la face *cis* d'une pile en fusionnant avec la membrane du saccule supérieur. La face *trans* donne naissance à des vésicules de sécrétion qui s'acheminent vers d'autres sites.

En général, les produits des vésicules de transition du réticulum subissent une modification au cours de leur transit entre la face *cis* et la face *trans* de l'appareil de Golgi. Les protéines et les phosphoglycérolipides de la membrane des vésicules peuvent également subir une transformation. La partie glucidique des glycoprotéines, en particulier, est modifiée par diverses enzymes. Il faut dire que les polysaccharides qui s'unissent aux protéines dans le réticulum endoplasmique rugueux sont identiques. Les glycoprotéines qui résultent de cette union sont modifiées lors de leur passage dans le reste du RE et dans l'appareil de Golgi. Ce dernier déloge certains monomères des polysaccharides et les remplace par d'autres; il produit ainsi des polysaccharides différents.

En plus d'accomplir ce travail de finition, l'appareil de Golgi fabrique certaines macromolécules. C'est le cas de nombreux polysaccharides sécrétés par les cellules, comme les pectines et d'autres polysaccharides végétaux incorporés avec la cellulose dans la paroi de la cellule végétale. (Des enzymes localisées dans la membrane plasmique fabriquent la cellulose et la fixent sur la partie externe de la membrane.) Les produits de l'appareil de Golgi destinés à la sécrétion quittent la face *trans* dans des vésicules de sécrétion, qui fusionneront ultérieurement avec la membrane plasmique.

L'appareil de Golgi élabore et affine ses produits par étapes; celles-ci correspondent aux différents saccules compris entre la face *cis* et la face *trans* d'une pile, qui renferment chacun des enzymes particulières. Ce sont des vésicules qui s'occupent de faire passer les produits par les saccules successifs.

Avant d'émettre des vésicules de sécrétion par sa face *trans,* l'appareil de Golgi doit trier ses produits et déterminer leur destination. Cela est facilité par une sorte d'apposition d'étiquettes moléculaires, comme des groupements phosphate. On croit que les vésicules de sécrétion provenant de l'appareil de Golgi portent des molécules externes qui reconnaissent les sites récepteurs spécifiques à la surface des organites ou sur la membrane plasmique.

Les lysosomes sont des compartiments destinés à la digestion

Un **lysosome** est un sac membraneux rempli d'enzymes hydrolytiques qui digèrent les macromolécules, soit les protéines, les glucides, les lipides et les acides nucléiques (FIGURE 7.13a). Ces enzymes ont une efficacité maximale dans un milieu acide, à un pH de 5 environ. Pour maintenir ce faible pH interne, la membrane lysosomiale extrait des protons du cytosol et les envoie à l'intérieur du lysosome. Si un lysosome a une fuite ou qu'il se désagrège, ses enzymes deviennent inactives dans le milieu neutre du cytosol. Néanmoins, un écoulement excessif d'enzymes dû à la fuite de plusieurs lysosomes à la fois peut détruire une cellule. Voilà un autre exemple de l'importance de la compartimentation de la cellule. Le lysosome met celle-ci à l'abri des

dommages que causeraient les enzymes hydrolytiques si elles circulaient librement dans le cytosol.

Les enzymes hydrolytiques et la membrane du lysosome sont produites par le réticulum endoplasmique rugueux, puis transférées séparément dans l'appareil de Golgi, où leur traitement se poursuit. Il semble que certains lysosomes se forment par bourgeonnement de la face *trans* de l'appareil de Golgi (FIGURE 7.14). Les protéines de la face interne de la membrane du lysosome ainsi que les enzymes digestives échappent à l'autodestruction grâce à leur conformation tridimensionnelle, qui protège leurs liaisons vulnérables contre l'activité enzymatique.

La fonction de digestion intracellulaire des lysosomes entre en jeu dans diverses circonstances. Certaines cellules se nourrissent par **endocytose**, un processus au cours duquel elles ingèrent des nutriments. En fait, la membrane plasmique laisse passer les particules nutritives en formant des vacuoles. Chacune de celles-ci se détache de la membrane, puis fusionne avec un lysosome, qui en digère le contenu grâce à ses enzymes (voir la FIGURE 7.14). Les produits de la digestion, dont les glucides simples, les acides aminés et d'autres monomères, retournent dans le cytosol et fournissent à nouveau de la matière et de l'énergie à la cellule. Certaines cellules humaines, notamment les macrophages, des cellules du système immunitaire, détruisent des bactéries, des virus et des substances étrangères par **phagocytose** (du grec *phagein,* qui signifie «manger», et *kytos,*

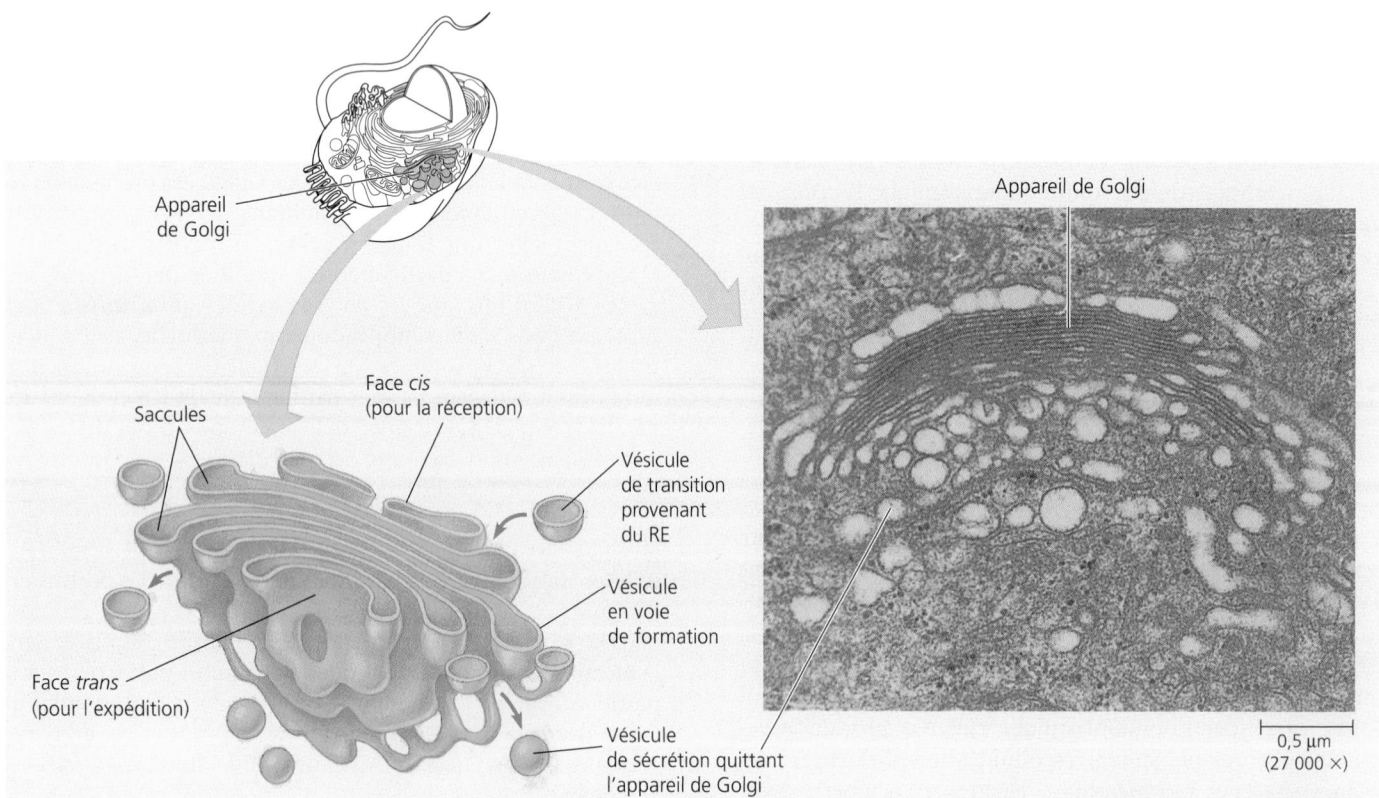

FIGURE 7.12 Appareil de Golgi. L'appareil de Golgi est formé de piles de saccules membraneux et aplatis qui ne sont pas reliés en réseau, contrairement aux citernes du RE. Il reçoit les vésicules de transition provenant du réticulum endoplasmique, modifie les matières qu'elles contiennent et les emmagasine en attendant leur exportation vers la membrane plasmique ou d'autres organites. Remarquez les vésicules qui commencent à se former aux extrémités des citernes, ainsi que les vésicules de sécrétion qui se sont détachées de l'organite. L'appareil de Golgi présente une polarité structurale et fonctionnelle : il comporte une face *cis,* qui reçoit les vésicules de transition, et une face *trans,* qui libère des vésicules de sécrétion (à droite, MET).

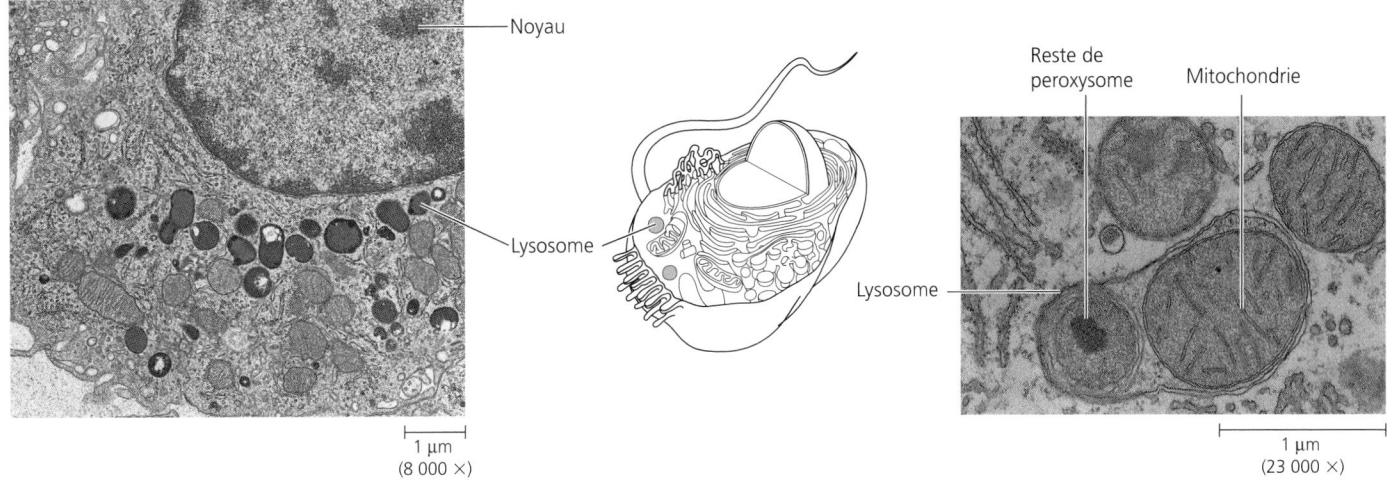

Noyau

Reste de peroxysome   Mitochondrie

Lysosome

Lysosome

1 μm
(8 000 ×)

1 μm
(23 000 ×)

(a) Lysosomes d'un globule blanc

(b) Digestion d'organites par un lysosome

FIGURE 7.13 Lysosomes. (a) Les lysosomes de ce globule blanc de rat sont très sombres, parce que le colorant utilisé réagit avec l'un des produits de la digestion qu'ils contiennent (MET). Ce genre de globule blanc ingère les agresseurs bactériens ou viraux et les détruit dans ses lysosomes.
(b) Dans le cytoplasme de cette cellule hépatique, on peut voir un lysosome autophagique qui a englobé deux organites défectueux, en l'occurrence une mitochondrie et un peroxysome (MET).

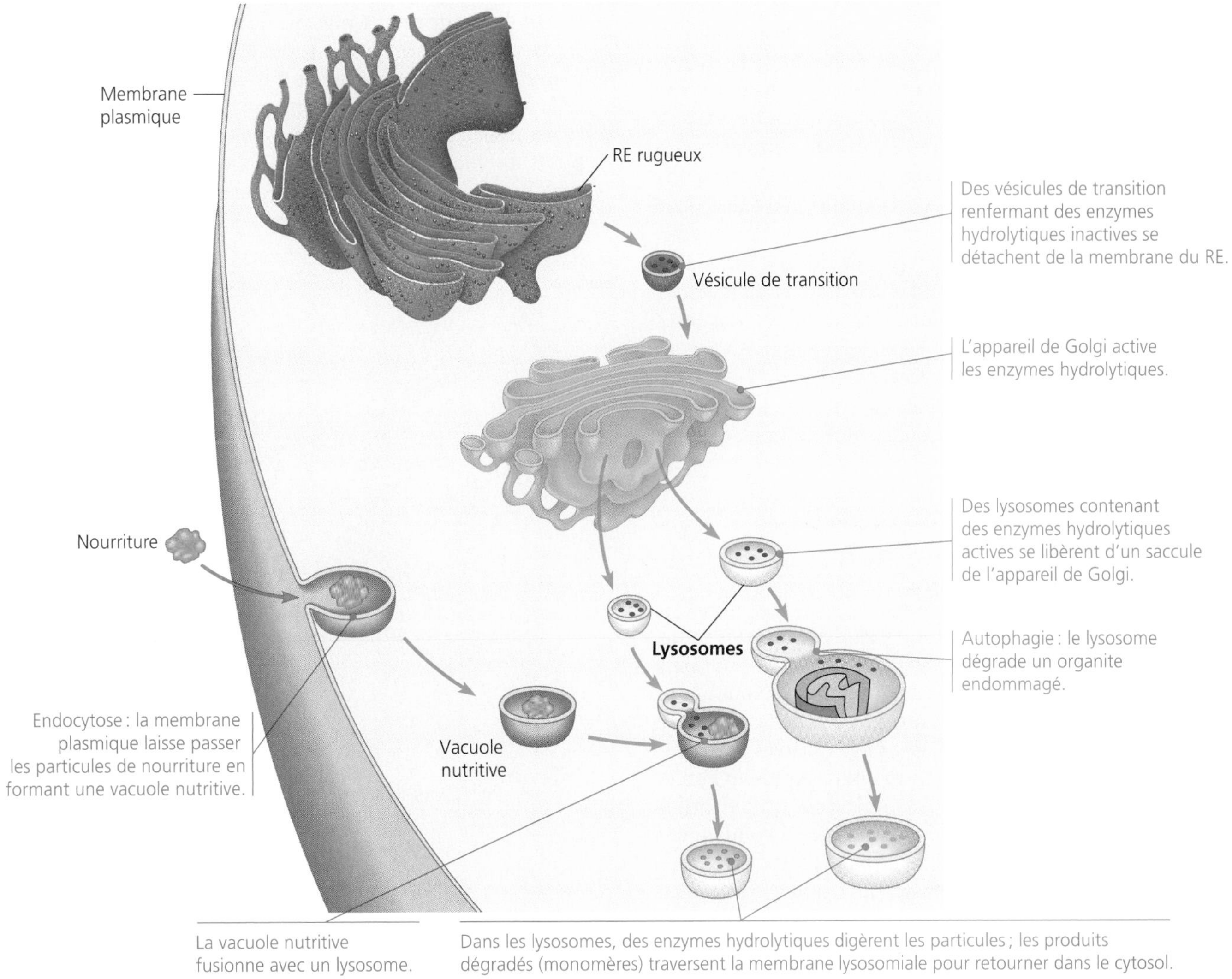

Membrane plasmique

RE rugueux

Des vésicules de transition renfermant des enzymes hydrolytiques inactives se détachent de la membrane du RE.

Vésicule de transition

L'appareil de Golgi active les enzymes hydrolytiques.

Des lysosomes contenant des enzymes hydrolytiques actives se libèrent d'un saccule de l'appareil de Golgi.

Nourriture

Lysosomes

Autophagie : le lysosome dégrade un organite endommagé.

Endocytose : la membrane plasmique laisse passer les particules de nourriture en formant une vacuole nutritive.

Vacuole nutritive

La vacuole nutritive fusionne avec un lysosome.

Dans les lysosomes, des enzymes hydrolytiques digèrent les particules ; les produits dégradés (monomères) traversent la membrane lysosomiale pour retourner dans le cytosol.

FIGURE 7.14 Formation et fonction des lysosomes. Le réticulum endoplasmique et l'appareil de Golgi concourent à la production de lysosomes contenant des enzymes hydrolytiques actives. Les lysosomes digèrent (hydrolysent) des matières absorbées par la cellule et recyclent les déchets intracellulaires. Ce schéma illustre un lysosome fusionnant avec une vacuole nutritive et un autre englobant une mitochondrie endommagée.

« récipient », qui renvoie à la cellule). Il s'agit d'un processus par lequel une cellule se déforme en tout ou en partie afin d'entourer complètement un corps étranger. Ce dernier se trouve ainsi emprisonné dans une vacuole nutritive. (Ce processus est différent de l'endocytose ; nous expliquerons cette différence au chapitre 8.)

Le lysosome a aussi pour fonction de recycler la matière organique intracellulaire, un processus appelé *autophagie*. Il englobe un organite ou un peu de cytosol (voir la FIGURE 7.13b) puis, à l'aide de ses enzymes, il décompose la matière organique ingérée en monomères. Ceux-ci peuvent alors retourner dans le cytosol et être réutilisés. Grâce à l'autophagie, la cellule se renouvelle sans cesse. Une cellule hépatique humaine, par exemple, recycle la moitié de ses macromolécules chaque semaine.

La destruction programmée des cellules par leurs propres lysosomes est une étape importante du développement de nombreux organismes multicellulaires. Lors de la métamorphose du têtard en adulte, par exemple, des lysosomes détruisent les cellules de la queue. De même, les mains de l'embryon humain demeurent palmées jusqu'à ce que les lysosomes digèrent les tissus qui relient les doigts.

Les maladies de surcharge comprennent un groupe de troubles héréditaires qui perturbent le métabolisme lysosomial. Elles se caractérisent par l'absence d'une des enzymes hydrolytiques actives normalement présentes dans les lysosomes. Les lysosomes des personnes atteintes s'engorgent de substrats non utilisables, ce qui nuit aux autres fonctions cellulaires. La glycogénose, par exemple, se caractérise par l'absence d'une enzyme lysosomiale nécessaire à la décomposition du glycogène et entraîne une accumulation de ce polysaccharide dans le foie. Chez les personnes souffrant de la maladie de Tay-Sachs, une lipase (une enzyme digérant les lipides) est absente ou inactive, et l'accumulation de lipides dans les cellules nerveuses entrave le fonctionnement de l'encéphale. Heureusement, les maladies de surcharge sont rares. La recherche indique qu'on pourra un jour les traiter en injectant dans le sang les enzymes manquantes ou en introduisant les gènes (ADN) de l'enzyme absente dans les cellules appropriées (voir le chapitre 20).

Les vacuoles remplissent diverses fonctions ayant pour but l'entretien cellulaire

Les vacuoles et les vésicules sont toutes les deux des sacs intracellulaires délimités par une membrane. Les vacuoles sont plus grosses que les vésicules et ont diverses fonctions. Nous avons déjà traité des **vacuoles nutritives,** formées lors de l'endocytose (voir la FIGURE 7.14). Mais les fonctions des vacuoles ne s'arrêtent pas là. Beaucoup de Protistes d'eau douce expulsent l'excès d'eau de leur unique cellule grâce à des **vacuoles pulsatiles** (voir la FIGURE 8.13). Les cellules végétales matures contiennent généralement une grande **vacuole centrale** (FIGURE 7.15) entourée d'une membrane, le **tonoplaste,** qui fait partie du réseau intracellulaire de membranes. La fusion de vésicules dérivées du réticulum endoplasmique et de l'appareil de Golgi conduit à la formation de la vacuole centrale. Voilà pourquoi celle-ci appartient au réseau intracellulaire de membranes. Comme c'est le cas de toutes les membranes cellulaires, le tonoplaste transporte les ions de manière sélective. Cela explique la disparité entre la composition de la solution de la vacuole, appelée suc vacuolaire, et celle du cytosol.

La vacuole centrale de la cellule végétale est un compartiment polyvalent. Tout d'abord, elle sert à emmagasiner des composés organiques cruciaux. Par exemple, elle renferme des réserves de protéines dans les cellules nutritives des graines produites par une plante. Elle constitue aussi le réservoir principal d'ions inorganiques, comme les ions potassium et chlorure, dans une cellule végétale. De plus, elle sert souvent à isoler les sous-produits du métabolisme, qui deviendraient nocifs s'ils s'accumulaient dans le cytoplasme. Certaines vacuoles contiennent des pigments, tels que les pigments rouges et bleus qui attirent les insectes pollinisateurs vers les pétales des fleurs. En outre, les vacuoles d'une plante peuvent protéger celle-ci contre les prédateurs, car elles renferment parfois des composés toxiques ou désagréables au goût. Et ce n'est pas fini ! Elles jouent un rôle primordial dans la croissance des cellules végétales. En effet, en absorbant de l'eau, elles provoquent l'allongement des cellules, qui s'agrandissent alors sans avoir à produire plus de cytoplasme. Et comme ce dernier se trouve refoulé entre la membrane plasmique et le tonoplaste, le rapport entre la surface membranaire et le volume cytoplasmique reste élevé, même dans une cellule végétale de grande dimension.

La FIGURE 7.16 passe en revue le réseau intracellulaire de membranes. La membrane du RE, celle de l'appareil de Golgi et celle des autres organites n'ont pas tout à fait la même composition moléculaire ni les mêmes fonctions métaboliques. De ce point de vue, on peut considérer le réseau intracellulaire de membranes comme une entité complexe jouant un rôle actif dans la compartimentation de la cellule.

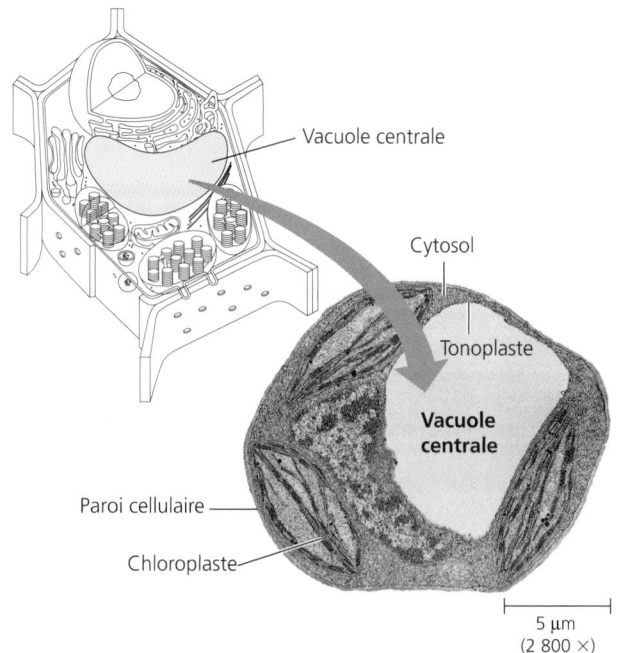

FIGURE 7.15 Vacuole de la cellule végétale. La vacuole centrale occupe 80 % ou plus du volume d'une cellule végétale mature et constitue habituellement le plus grand compartiment de celle-ci. Le cytoplasme se trouve dans une zone étroite comprise entre le tonoplaste et la membrane plasmique. La vacuole sert au stockage, à l'élimination des déchets, à la protection et à la croissance (MET).

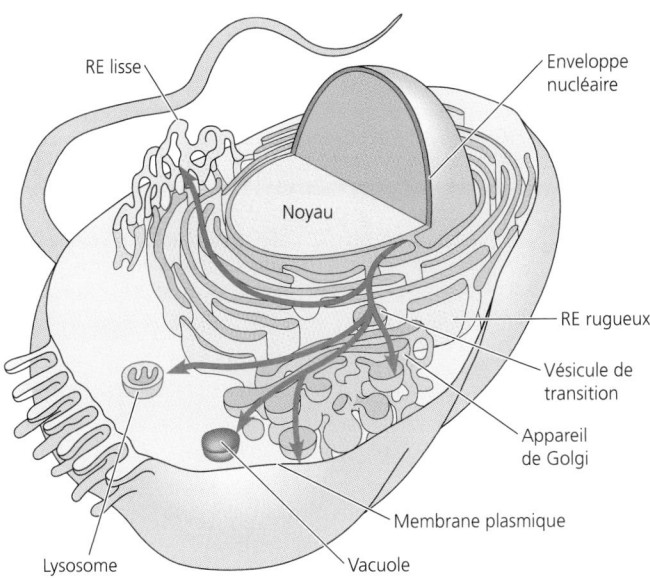

RE lisse

Enveloppe
nucléaire

Noyau

RE rugueux

Vésicule de
transition

Appareil
de Golgi

Membrane plasmique

Lysosome

Vacuole

FIGURE 7.16 Relations entre les différents organites du réseau intracellulaire de membranes. Les flèches rouges indiquent quelques-unes des voies de migration des membranes. L'enveloppe nucléaire est reliée au RE rugueux, qui est lui-même prolongé par le RE lisse. Des vésicules de transition se forment à partir de la membrane du RE et se détachent de celle-ci pour aller fusionner avec l'appareil de Golgi. À son tour, celui-ci produit des lysosomes et des vacuoles par bourgeonnement. La membrane plasmique s'agrandit aussi grâce à sa fusion avec des vésicules dérivées du RE et de l'appareil de Golgi. Cette fusion de membranes libère des protéines de sécrétion et d'autres produits à l'extérieur de la cellule.

Nous continuerons notre exploration de la cellule en étudiant certains organites membraneux qui ne sont pas associés au réseau intracellulaire de membranes.

AUTRES ORGANITES MEMBRANEUX

Les mitochondries et les chloroplastes sont les principaux convertisseurs d'énergie de la cellule

Les organismes sont de véritables systèmes ouverts qui transforment l'énergie puisée dans leur environnement. Les mitochondries et les chloroplastes sont les organites des cellules eucaryotes qui convertissent l'énergie captée en des formes utilisables par la cellule. Les **mitochondries** sont le site de la respiration cellulaire aérobie, un processus catabolique qui, à l'aide de dioxygène, produit de l'ATP en extrayant l'énergie de glucides, de lipides et d'autres substances. Les **chloroplastes,** des organites propres aux Végétaux et aux Algues, sont le site de la photosynthèse. Ils convertissent l'énergie solaire en énergie chimique. Grâce à la lumière qu'ils absorbent, ils alimentent la synthèse de composés organiques à partir de dioxyde de carbone et d'eau.

Bien qu'ils soient recouverts de membranes, les chloroplastes et les mitochondries ne font pas partie intégrante du réseau intracellulaire de membranes. Leurs protéines membranaires

proviennent des ribosomes qu'ils contiennent et des polyribosomes libres du cytosol, et non pas du réticulum endoplasmique. Les mitochondries et les chloroplastes possèdent, outre des ribosomes, une petite quantité d'ADN qui programme la synthèse des protéines fabriquées par leurs ribosomes. (Néanmoins, la plupart de leurs protéines se forment dans le cytosol et sont programmées par l'ARN messager provenant des gènes du noyau.) Les mitochondries et les chloroplastes sont des organites semi-autonomes qui croissent et qui se reproduisent à l'intérieur de la cellule. Nous aborderons leur fonctionnement aux chapitres 9 et 10, et leur évolution au chapitre 28. Pour le moment, concentrons-nous sur leur structure.

Mitochondries

On trouve des mitochondries dans presque toutes les cellules eucaryotes, dont celles des Végétaux, des Animaux, des Eumycètes et des Protistes. Certaines cellules n'en contiennent qu'une seule, qui est grosse, mais la plupart en comportent des centaines, voire des milliers. Leur nombre dépend généralement de l'activité métabolique de la cellule. Les mitochondries mesurent de 1 à 10 µm de long environ. Lorsque des prises de vue image par image de cellules vivantes ont été projetées en accéléré, elles ont révélé que les mitochondries se déplacent, modifient leur forme et se divisent en deux. Elles sont donc loin d'être les cylindres statiques montrés par les micrographies électroniques de cellules fixées.

L'enveloppe qui entoure une mitochondrie est formée de deux membranes: celles-ci se composent d'une double couche de phosphoglycérolipides, dans laquelle s'enchâsse un assemblage unique de protéines (FIGURE 7.17, p. 128). La membrane externe est lisse, alors que la membrane interne est repliée sur elle-même et forme des **crêtes.** La membrane interne divise la mitochondrie en deux compartiments: un espace intermembranaire, situé entre la membrane interne et la membrane externe, et une **matrice mitochondriale,** située dans l'espace délimité par la membrane interne. Plusieurs étapes métaboliques de la respiration cellulaire se déroulent dans la matrice, où se concentrent diverses enzymes, l'ADN et les ribosomes mitochondriaux. D'autres protéines nécessaires à la respiration cellulaire, dont l'enzyme qui produit l'ATP, sont intégrées à la membrane interne. Les crêtes de celle-ci augmentent l'aire consacrée à la respiration cellulaire, un autre exemple de corrélation entre structure et fonction.

Chloroplastes

Le chloroplaste est un membre spécialisé d'une famille d'organites végétaux étroitement apparentés appelés **plastes.** Les *amyloplastes* (aussi appelés leucoplastes) sont des plastes incolores qui renferment de l'amidon, particulièrement dans les racines et les tubercules. Les *chromoplastes,* eux, élaborent les pigments qui donnent aux fruits et aux fleurs leurs teintes orangées et jaunes. Quant aux *chloroplastes,* ils contiennent le pigment vert appelé chlorophylle ainsi que d'autres pigments, des enzymes et les molécules nécessaires à la production de glucides lors de la photosynthèse. Les chloroplastes sont biconvexes; ils mesurent environ 2 µm sur 5 µm, et ils se trouvent dans les feuilles et dans les autres organes verts des Végétaux, de même que chez les Algues (FIGURE 7.18, p. 128).

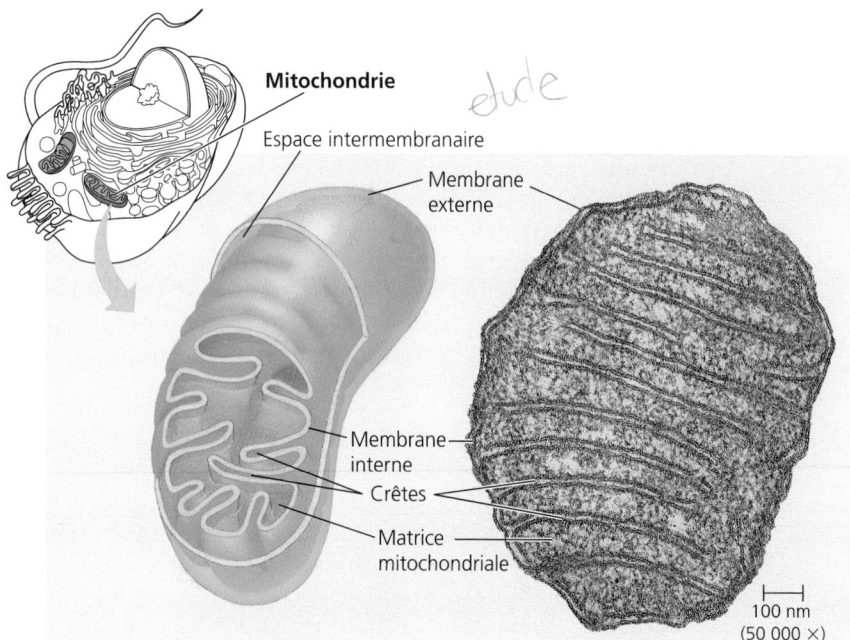

Mitochondrie

Espace intermembranaire

Membrane externe

Membrane interne

Crêtes

Matrice mitochondriale

étude

FIGURE 7.17 Mitochondrie. La mitochondrie est le site de la respiration cellulaire. Sa double membrane apparaît clairement sur cette illustration et sur cette micrographie électronique (MET). Des crêtes sont formées par les replis de la membrane interne. Celle-ci délimite deux compartiments, comme le fait ressortir le schéma en trois dimensions : l'espace intermembranaire et la matrice mitochondriale.

100 nm
(50 000 ×)

Le contenu d'un chloroplaste est isolé du cytosol par deux membranes séparées par un espace intermembranaire très mince. À l'intérieur du chloroplaste se trouve un autre réseau membraneux organisé en sacs aplatis, les **thylakoïdes.** Dans certaines régions du chloroplaste, les thylakoïdes sont empilés comme des jetons de poker et forment des structures appelées **grana** (granum au singulier). Le liquide où baignent les thylakoïdes contient de l'ADN et des ribosomes, de même que de nombreuses enzymes, et il s'appelle **stroma.** La membrane de chacun des thylakoïdes divise l'intérieur du chloroplaste en deux compartiments : l'espace intrathylakoïdien et le stroma. Au chapitre 10, nous verrons comment cette compartimentation permet au chloroplaste de convertir l'énergie lumineuse en énergie chimique pendant la photosynthèse.

Une fois de plus, à l'instar des mitochondries, les chloroplastes observés au microscope ont une apparence statique et rigide qui s'oppose à leur comportement réel dans les cellules vivantes. Ils ont une forme malléable, ils croissent et ils se divisent parfois en deux pour se reproduire. Ils se déplacent d'un endroit à l'autre le long des « rails » du cytosquelette, comme les mitochondries et d'autres organites.

En accomplissant diverses fonctions métaboliques, les peroxysomes produisent et dégradent le H_2O_2

Les **peroxysomes** sont des compartiments métaboliques spécialisés délimités par une membrane simple (FIGURE 7.19).

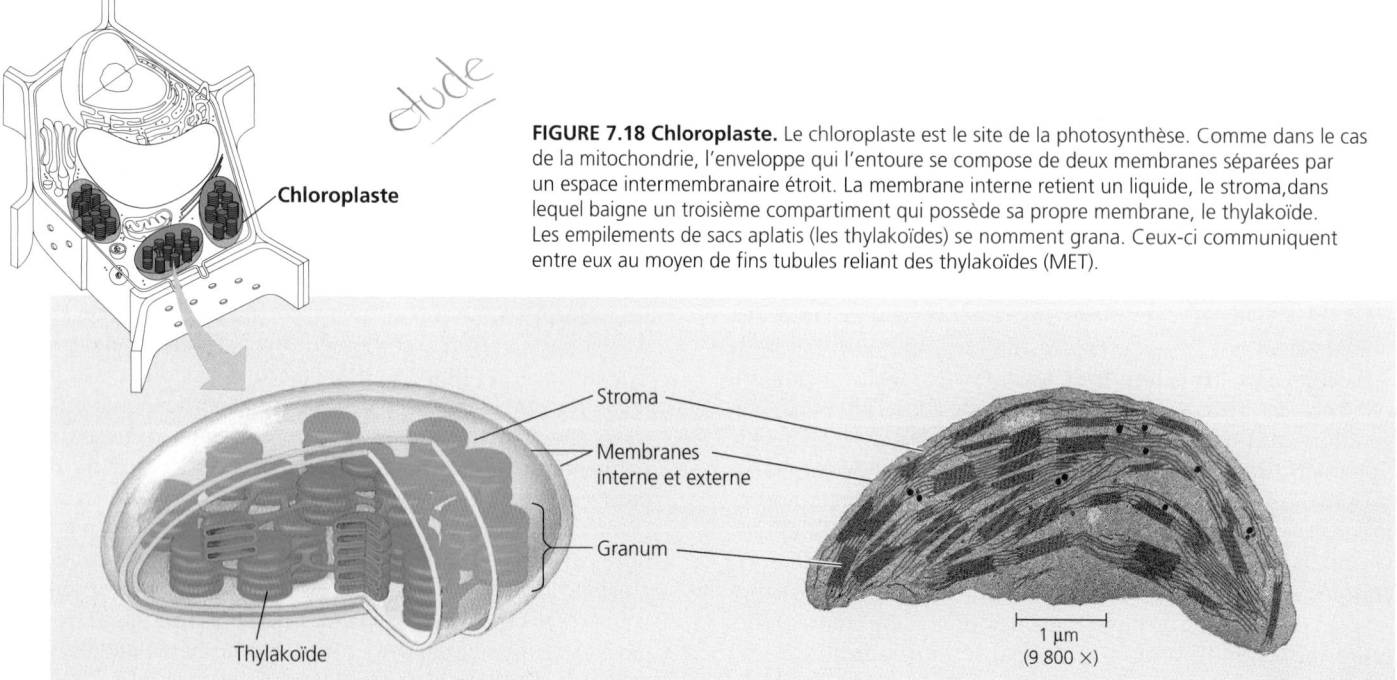

Chloroplaste

étude

FIGURE 7.18 Chloroplaste. Le chloroplaste est le site de la photosynthèse. Comme dans le cas de la mitochondrie, l'enveloppe qui l'entoure se compose de deux membranes séparées par un espace intermembranaire étroit. La membrane interne retient un liquide, le stroma, dans lequel baigne un troisième compartiment qui possède sa propre membrane, le thylakoïde. Les empilements de sacs aplatis (les thylakoïdes) se nomment grana. Ceux-ci communiquent entre eux au moyen de fins tubules reliant des thylakoïdes (MET).

Stroma

Membranes interne et externe

Granum

Thylakoïde

1 μm
(9 800 ×)

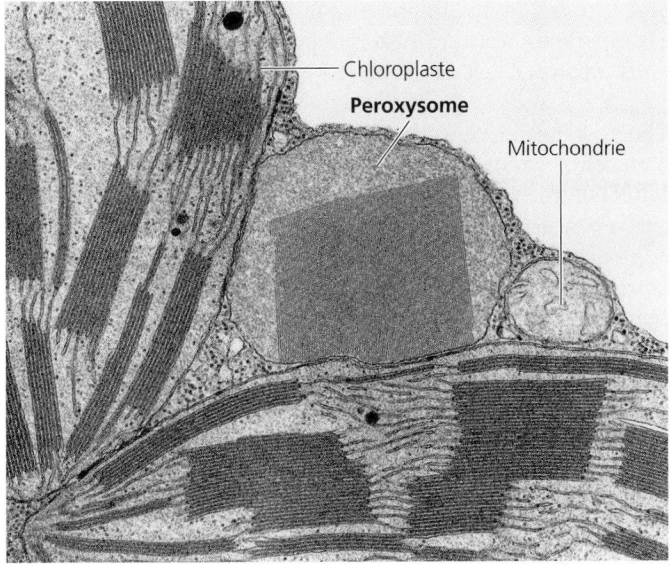

FIGURE 7.19 Peroxysomes. Les peroxysomes ont une forme plutôt sphérique. Ils présentent souvent une matrice granulaire ou cristalline constituée vraisemblablement d'un amas d'enzymes. Ce peroxysome appartient à une cellule de feuille. Notez qu'il est étroitement associé à des mitochondries et à des chloroplastes, avec lesquels il coopère pour accomplir certaines fonctions métaboliques (MET).

Ils contiennent des enzymes qui transfèrent l'hydrogène de divers substrats à du dioxygène. Ils doivent leur nom au sous-produit de ce transfert, le peroxyde d'hydrogène (ou dioxyde de dihydrogène, H_2O_2). Ils ont diverses fonctions. Certains utilisent le dioxygène pour décomposer les lipides en de petites molécules qui serviront de sources d'énergie pour la respiration cellulaire dans les mitochondries. Les peroxysomes des cellules hépatiques détoxiquent l'alcool et d'autres composés nocifs en transférant l'hydrogène de ces substances à du dioxygène. Le peroxyde d'hydrogène formé par le métabolisme des peroxysomes est toxique, mais ces derniers contiennent une enzyme qui le convertit en eau. Ils renferment donc à la fois les enzymes qui produisent le peroxyde d'hydrogène et l'enzyme qui l'élimine. C'est un autre exemple éloquent de l'adéquation entre structure et fonction dans la cellule.

Dans les graines, les tissus riches en lipides contiennent des peroxysomes spécialisés appelés glyoxysomes. Ces organites renferment des enzymes qui déclenchent la conversion de lipides en glucides, un processus qui fournit de l'énergie et une source de carbone au jeune plant, et ce, jusqu'à ce qu'il soit en mesure de produire lui-même ses glucides grâce à la photosynthèse.

Contrairement aux lysosomes, les peroxysomes ne naissent pas d'un bourgeonnement du réseau intracellulaire membraneux. Ils se forment en incorporant des protéines et des lipides produits dans le cytosol, et ils se multiplient par scissiparité (division en deux parties égales) quand ils atteignent une certaine taille.

LE CYTOSQUELETTE

Au moment de l'invention du microscope électronique, les biologistes présumaient que les organites des cellules eucaryotes baignaient librement dans le cytosol. Cependant, les avancées en matière de microscopie photonique et électronique ont permis de découvrir le **cytosquelette** (FIGURE 7.20). Ce réseau de fibres qui parcourt le cytoplasme joue un rôle fondamental dans l'organisation des structures et des activités cellulaires.

En plus d'assurer le soutien structural de la cellule, le cytosquelette joue un rôle dans la mobilité et la régulation de la cellule

La fonction la plus évidente du cytosquelette consiste à assurer un soutien mécanique à la cellule et à aider celle-ci à maintenir sa forme. Cela est particulièrement important pour les cellules animales, qui sont dépourvues de paroi. Le cytosquelette doit sa résistance remarquable et son élasticité à son architecture. À la manière d'un dôme géodésique, il se stabilise en équilibrant les forces opposées que ses éléments structuraux exercent. De la même façon que le squelette d'un animal aide à fixer la position des parties du corps, le cytosquelette fournit des points d'ancrage à de nombreux organites et même à des enzymes du cytosol. Il joue cependant un rôle beaucoup plus actif qu'un squelette, car il peut être démonté puis remonté ailleurs; il modifie ainsi la forme de la cellule.

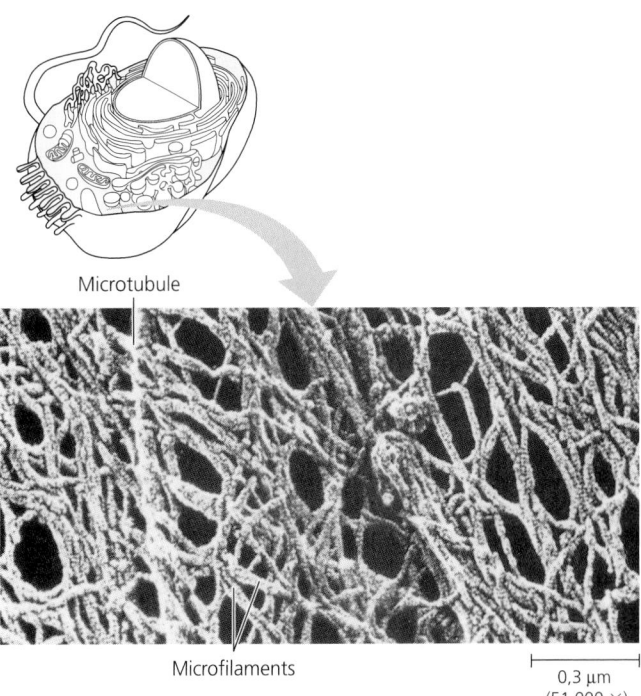

FIGURE 7.20 Cytosquelette. Cette micrographie électronique, réalisée après ombrage de l'échantillon, montre deux constituants du cytosquelette : les microtubules et les microfilaments. Les troisièmes constituants, les filaments intermédiaires, n'apparaissent pas ici.

Le cytosquelette joue aussi un rôle dans la mobilité de la cellule entière ou d'organites à l'intérieur de celle-ci. Dans les deux cas, on parle de mobilité cellulaire. Cette dernière nécessite habituellement l'interaction du cytosquelette et de ce qu'on appelle les protéines motrices (FIGURE 7.21). Les exemples de mobilité cellulaire abondent. Les protéines motrices font glisser les constituants du cytosquelette les uns contre les autres et, ce faisant, elles provoquent le mouvement des cils et des flagelles. Le même mécanisme entre en jeu lors de la contraction musculaire. Les vésicules se déplacent souvent à l'intérieur d'une cellule en empruntant des « monorails » assurés par le cytosquelette. À titre d'exemple, les vésicules porteuses de neurotransmetteurs utilisent ce moyen pour migrer vers les extrémités d'un axone (le prolongement principal des cellules nerveuses). Rendues à destination, les vésicules fusionnent avec la membrane plasmique de la cellule nerveuse et livrent leurs informations sous forme de stimulus chimiques à des cellules nerveuses adjacentes. Au cours de l'endocytose, c'est le cytosquelette qui entraîne l'invagination de la membrane plasmique et la formation de vacuoles nutritives. Enfin, c'est lui qui provoque le mouvement du cytoplasme (cyclose), qui assure la circulation des matériaux dans de nombreuses cellules végétales.

Les recherches portant sur les fonctions du cytosquelette permettent de croire que celui-ci joue un rôle dans la régulation d'activités biochimiques ayant lieu dans la cellule. Des indices de plus en plus probants indiquent qu'il propage de l'énergie mécanique de la surface de la cellule à l'intérieur, et même jusque dans le noyau par l'intermédiaire d'autres fibres. Au cours d'une expérience, des chercheurs ont « étiré », à l'aide d'un microdispositif de manipulation, certaines protéines membranaires associées au cytosquelette. Une caméra vidéo reliée à un microscope a alors dévoilé que le nucléole et d'autres structures nucléaires se réarrangent quasi instantanément. Cela laisse croire que le cytosquelette joue un rôle dans la régulation de certaines fonctions cellulaires.

Le cytosquelette comprend trois sortes de fibres principales (TABLEAU 7.2) que nous allons examiner plus en détail : les **microtubules** sont les plus épaisses ; viennent ensuite les **filaments intermédiaires,** et enfin les **microfilaments** (aussi appelés microfilaments d'actine).

Microtubules

On trouve des microtubules dans le cytoplasme de toutes les cellules eucaryotes. Ce sont des cylindres creux dont le diamètre est d'environ 25 µm, et dont la longueur va de 200 nm à 25 µm. Leur paroi se compose d'une protéine globulaire, la tubuline. Celle-ci existe sous deux formes légèrement différentes, la tubuline α et la tubuline β. Chaque molécule de tubuline est un dimère constitué d'une sous-unité de tubuline α, et d'une autre de tubuline β. Les microtubules peuvent s'allonger grâce à l'ajout de tubuline à une de leurs extrémités. Ils peuvent aussi se démonter ; la tubuline libre sert alors à former un autre microtubule ailleurs dans la cellule.

En plus de façonner et de soutenir la cellule, les microtubules servent de rails sur lesquels les organites associés à des protéines motrices peuvent se déplacer (voir la FIGURE 7.21). Par exemple, ce sont eux qui guident les vésicules de sécrétion de l'appareil de Golgi vers la membrane plasmique. De plus, ils participent à la séparation des chromosomes pendant la division cellulaire ; nous traiterons de ce sujet au chapitre 12.

Centrosomes et centrioles. Dans beaucoup de cellules, c'est d'un **centrosome** (aussi appelé **centre organisateur des microtubules**), une masse finement granulaire située près du noyau, que rayonnent les microtubules. Ces derniers servent alors de poutres dans la charpente cellulaire qu'est le cytosquelette. Le centrosome d'une cellule animale contient une paire de **centrioles.** Chacun de ceux-ci comprend neuf triplets de microtubules disposés en cercle (FIGURE 7.22, p. 132). Lorsqu'une cellule se divise, les centrioles se dédoublent. Bien qu'ils concourent probablement à l'assemblage des microtubules, ils ne sont pas essentiels à cette fonction chez tous les Eucaryotes. Par exemple, le centrosome des cellules appartenant au règne des Végétaux ne possède pas de centrioles.

Cils et flagelles. Les **flagelles** et les **cils** situés à la surface de certaines cellules eucaryotes et servant d'appendices locomoteurs sont formés de microtubules disposés de manière particulière. Beaucoup d'organismes unicellulaires eucaryotes (appartenant au règne des Protistes) se propulsent dans l'eau au moyen de cils ou de flagelles ; de même, les gamètes mâles des Animaux

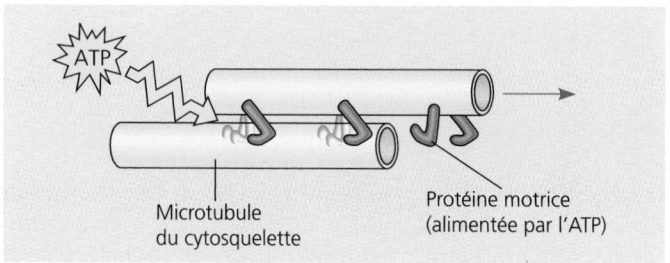

(a) Les protéines motrices fixées sur un microtubule (ou sur un microfilament) font glisser ce dernier sur les microtubules voisins, ce qui permet entre autres choses, le mouvement des cils et des flagelles. Lors de la contraction musculaire, les protéines motrices déplacent des microfilaments plutôt que des microtubules.

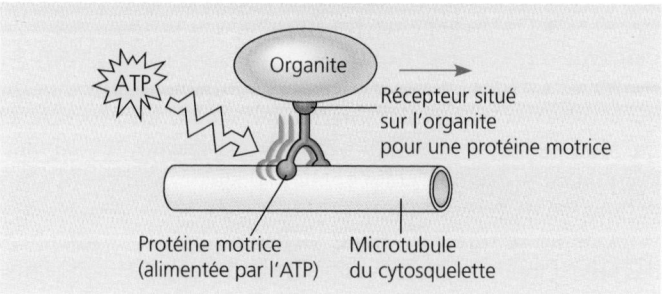

(b) Les protéines motrices fixées à des récepteurs situés sur des organites font glisser ces derniers le long de microtubules ou, parfois, de microfilaments. C'est ainsi que des vésicules remplies de neurotransmetteurs migrent vers l'extrémité des axones.

FIGURE 7.21 Protéines motrices et cytosquelette. Les molécules motrices sont des protéines qui interagissent avec les microtubules et les microfilaments du cytosquelette, créant un mouvement. Elles modifient leur conformation grâce à un apport d'ATP : elles bougent de l'arrière vers l'avant, et ainsi de suite, à la manière de bras microscopiques. À chaque glissement, la protéine motrice se détache du microtubule ou du microfilament et se fixe à un autre endroit situé plus en avant.

(soit les spermatozoïdes), des Algues et de certains Végétaux sont flagellés. Mais les cils et les flagelles ne servent pas seulement à mouvoir des cellules. Ils créent un courant dans le liquide qui se trouve à la surface du tissu dont font partie les cellules ciliées ou flagellées qui ne se déplacent pas. Par exemple, les cils des cellules qui tapissent la trachée expulsent des poumons le mucus chargé de débris (voir la FIGURE 7.2).

Lorsqu'une cellule est dotée de cils, ceux-ci sont généralement très abondants. Ils ont un diamètre de 0,25 µm environ et ils mesurent de 2 à 20 µm de long. Les flagelles ont le même diamètre, mais leur longueur va de 10 à 200 µm. Par contre, une cellule n'en porte généralement qu'un seul ou que quelques-uns.

Les flagelles et les cils ne battent pas de la même façon (FIGURE 7.23, p. 133). Les premiers ont un mouvement ondulatoire, et ils propulsent la cellule dans leur axe. Le mouvement ciliaire, en revanche, ressemble à celui d'un aviron : il fait alterner un battement de propulsion et un battement de récupération ; l'ensemble des battements de propulsion poussent la cellule perpendiculairement à l'axe du cil.

Bien que les cils et les flagelles diffèrent par leur longueur, leur nombre et leurs battements, ils présentent la même ultrastructure. Ils se composent de neuf doublets de microtubules recouverts par un prolongement de la membrane plasmique et formant un cylindre autour de deux microtubules non jumelés

etude

TABLEAU 7.2 Structure et fonction du cytosquelette

Propriétés	Microtubules	Microfilaments	Filaments intermédiaires
Structure	Cylindres creux ; paroi formée de 13 colonnes de tubuline	Deux brins d'actine entortillés	Diverses protéines fibreuses enroulées de façon à former un gros câble (ou une superhélice)
Diamètre	25 nm hors tout dont 15 nm de diamètre intérieur	7 nm environ	8 à 12 nm
Sous-unités protéiques	Tubulines α et β	Actine	Selon le type cellulaire, une ou plusieurs protéines de la famille des kératines
Fonctions principales	Maintien de la forme cellulaire (charpente résistant à la compression) Mobilité cellulaire (ils sont l'une des composantes des cils et des flagelles) Mouvements des chromosomes lors de la division cellulaire Mouvements des organites	Maintien de la forme cellulaire (éléments supportant la tension) Modification de la forme cellulaire Contraction musculaire Cyclose Mobilité cellulaire (des microfilaments d'actine aidés de filaments de myosine poussent le cytoplasme contre la membrane plasmique et déplacent ainsi la cellule) Formation du sillon de division cellulaire	Maintien de la forme cellulaire (éléments supportant la tension) Fixation du noyau et de certains organites Formation de la lamina nucléaire

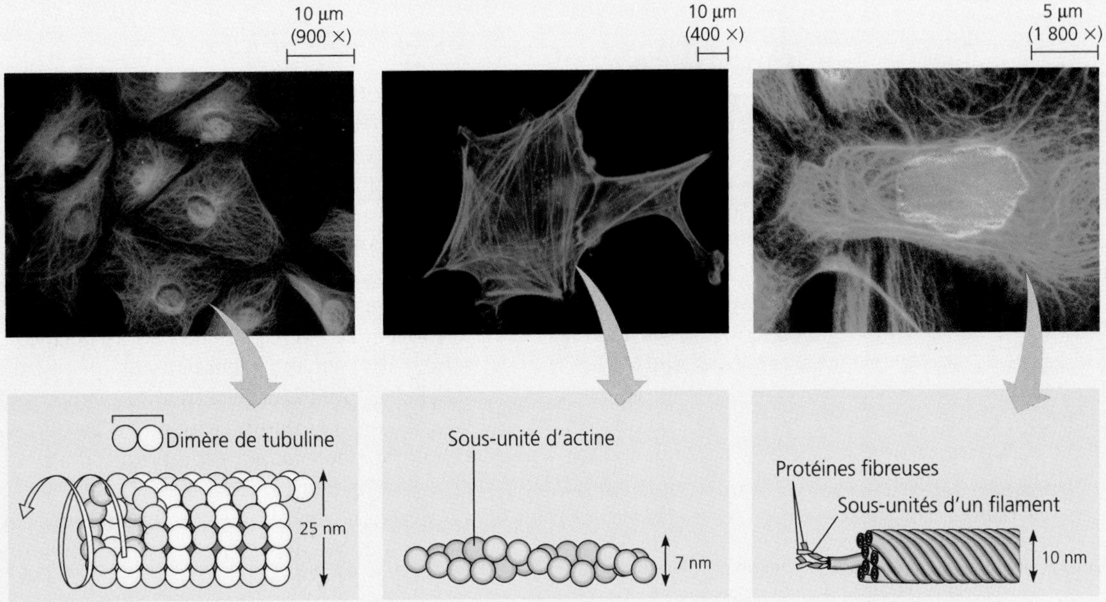

10 µm (900 ×)   10 µm (400 ×)   5 µm (1 800 ×)

Dimère de tubuline
25 nm

Sous-unité d'actine
7 nm

Protéines fibreuses
Sous-unités d'un filament
10 nm

Source : Adapté de W. M. Becker L. J. Keinsmith et J. Hardin, *The World of the Cell*, 4ᵉ éd., San Francisco, Californie, Benjamin/Cummings, 2000, p. 753.

(FIGURE 7.24). Les microtubules de chaque doublet adhèrent l'un à l'autre. Cette disposition de type « 9 + 2 » s'observe dans presque tous les cils et les flagelles eucaryotes. (Le flagelle des procaryotes mobiles est de structure différente. Nous y reviendrons au chapitre 27.) Des « roues » flexibles de protéines sont disposées régulièrement le long du cil ou du flagelle. Elles comportent des ponts de nexine (une protéine de liaison) qui joignent les doublets périphériques les uns aux autres. Des ponts radiaires relient ces doublets à la gaine protéique qui entoure les deux microtubules centraux (FIGURE 7.24c). Chaque doublet périphérique porte, sur un côté, une paire de bras latéraux orientés vers le doublet adjacent. Ces bras latéraux

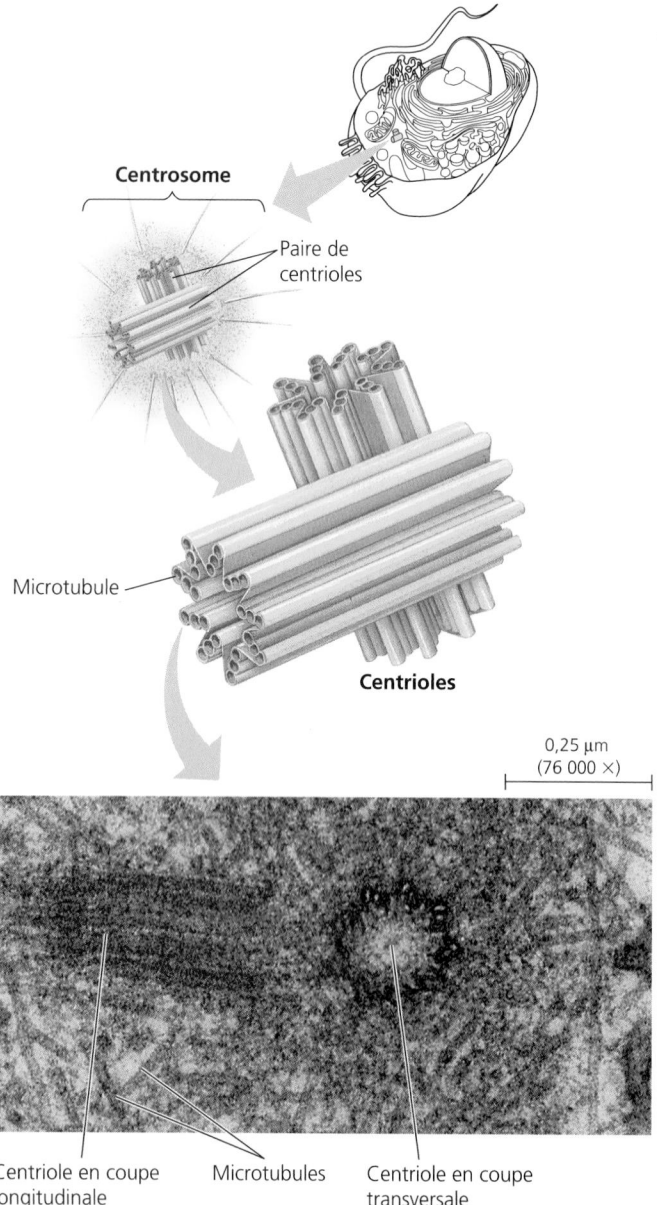

Centrosome

Paire de centrioles

Microtubule

Centrioles

0,25 µm
(76 000 ×)

Centriole en coupe longitudinale

Microtubules

Centriole en coupe transversale

FIGURE 7.22 Centrosome doté d'une paire de centrioles. Une cellule animale contient une paire de centrioles à l'intérieur de son centrosome, une masse finement granulaire située près du noyau et dans laquelle les microtubules se forment. Les centrioles ont chacun un diamètre de 0,25 µm environ ; ils sont disposés à angle droit l'un par rapport à l'autre. Chacun se compose de neuf triplets de microtubules. Les régions bleutées du schéma représentent les protéines différentes de la tubuline qui relient les triplets de microtubules (MET).

tiennent lieu de molécules motrices. L'assemblage de microtubules d'un cil ou d'un flagelle est ancré à la cellule par un **corpuscule basal** structuralement identique à un centriole. En fait, chez de nombreux animaux, dont l'Humain, le corpuscule basal du flagelle du spermatozoïde pénètre l'ovule et devient un centriole.

Les bras latéraux tendus entre les doublets de microtubules jouent un rôle important dans les mouvements de flexion des cils et des flagelles. Ils se composent d'une très grosse protéine appelée **dynéine.** Ils accomplissent un cycle complexe de mouvements rendu possible par des changements dans la conformation de la dynéine. L'énergie nécessaire à ces transformations est fournie par de l'ATP.

Les glissements de la dynéine évoquent les mouvements d'un chat qui grimpe à un arbre. L'animal enfonce les griffes de sa patte antérieure gauche et de sa patte postérieure droite dans l'écorce et se hisse plus haut ; ses deux autres pattes lâchent prise et se positionnent au-delà des points d'appui, et ainsi de suite. De même, les bras latéraux de dynéine d'un doublet s'attachent à un doublet adjacent et tirent de sorte que les doublets glissent l'un contre l'autre dans une direction opposée. Ensuite, les bras latéraux se détachent du doublet adjacent et se rattachent un peu plus haut.

En l'absence de contraintes, les doublets continueraient à glisser les uns contre les autres ; cela aurait pour effet d'allonger le cil ou le flagelle au lieu de le fléchir (voir la FIGURE 7.21a). Pour que ceux-ci puissent accomplir un mouvement latéral, les bras de dynéine doivent avoir un point d'appui, tout comme un muscle de la jambe doit se retenir sur l'os pour faire fléchir le genou. Chaque doublet de microtubules est maintenu en place par des protéines de liaison : des ponts de nexine sont situés entre les doublets adjacents, et des ponts radiaires relient les doublets aux deux microtubules centraux. C'est la raison pour laquelle les doublets adjacents ne peuvent glisser l'un contre l'autre sur de grandes distances. Les forces exercées par les bras de dynéine provoquent alors la flexion des doublets et donc celle du cil ou du flagelle (FIGURE 7.25, p. 134).

Microfilaments (d'actine)

Les microfilaments ont une forme cylindrique, et leur diamètre est d'environ 7 nm. Ils sont rigides. Ils se composent de molécules d'**actine,** une protéine globulaire, unies les unes aux autres. Chaque microfilament est formé de deux chaînes torsadées d'actine (voir le TABLEAU 7.2). Les microfilaments se retrouvent, semble-t-il, dans toutes les cellules eucaryotes.

Alors que les microtubules aident le cytosquelette à résister à la compression, les microfilaments, eux, l'aident à supporter la tension qui s'exerce sur lui. En association avec d'autres protéines, ils forment généralement un réseau fibreux tridimensionnel à l'intérieur de la membrane plasmique. Ce réseau aide la cellule à maintenir sa forme. C'est lui qui donne au cortex cellulaire (la couche périphérique du cytoplasme) sa consistance gélatineuse, alors que l'intérieur du cytoplasme (le cytosol, les organites et les inclusions, comme les granules, les pigments et les déchets) est plus liquide. Par exemple, des faisceaux de microfilaments forment le cœur des microvillosités, de fins prolongements cytoplasmiques qui accroissent la surface d'échange des cellules spécialisées dans le transport des matières à travers la membrane plasmique (FIGURE 7.26, p. 134).

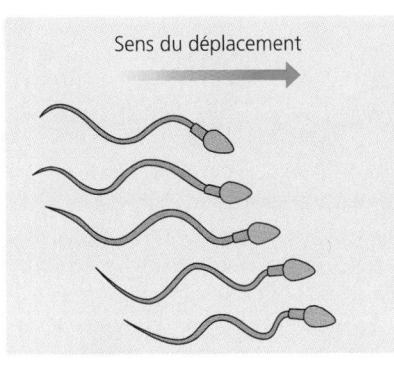

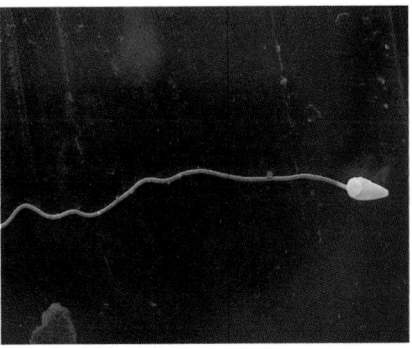

(a) Mouvement du flagelle. Le flagelle ondule à la manière d'un serpent, poussant la cellule dans son axe. La propulsion du spermatozoïde illustre bien la locomotion flagellaire (MEB).

1 μm
(8 000 ×)

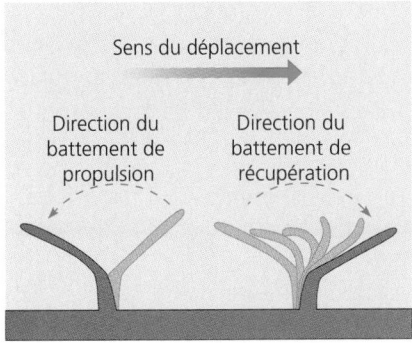

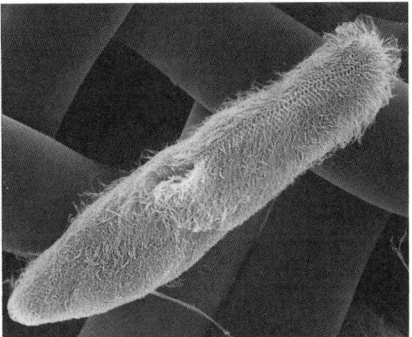

(b) Mouvement du cil. Le cil bat d'avant en arrière dans une direction perpendiculaire à son axe. D'innombrables cils recouvrent cette Paramécie, un protiste mobile, et se meuvent au rythme de 40 à 60 battements environ par seconde (MEB).

FIGURE 7.23 Comparaison entre le battement des flagelles et celui des cils.

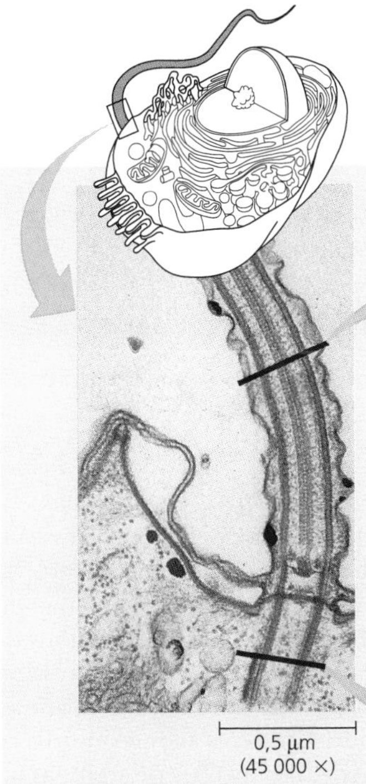

25 μm
(400 ×)

Doublet périphérique de microtubules

Gaine protéique centrale

Membrane plasmique

Bras de dynéine

Pont de nexine

Microtubule central

Pont radiaire

70 nm
(207 000 ×)

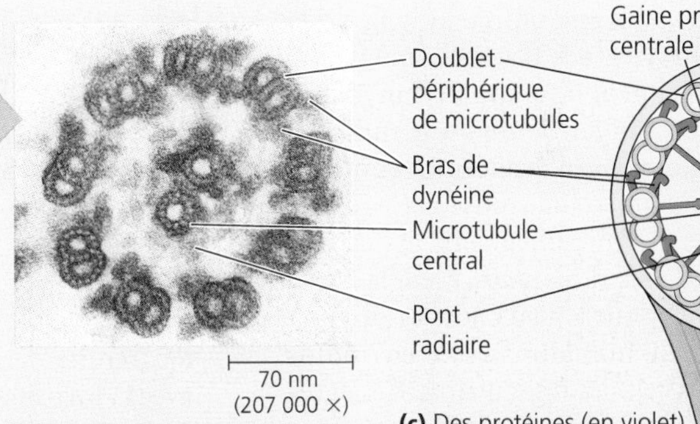

(b) Cette coupe transversale d'un cil montre la disposition de type « 9 + 2 » des microtubules (MET).

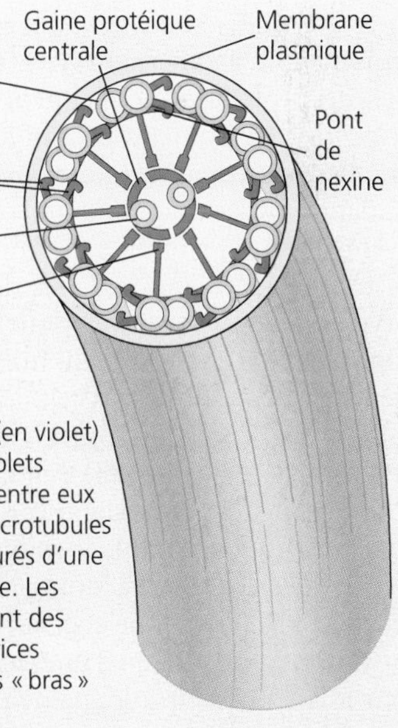

(c) Des protéines (en violet) relient les doublets périphériques entre eux et aux deux microtubules centraux entourés d'une gaine protéique. Les doublets portent des protéines motrices (en rouge), des « bras » de dynéine.

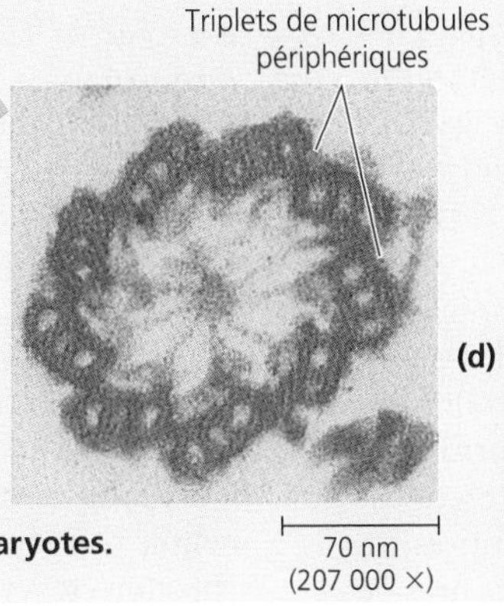

0,5 μm
(45 000 ×)

(a) Cette micrographie électronique d'un cil en coupe longitudinale montre les microtubules s'étendant dans l'axe de la structure (MET).

Triplets de microtubules périphériques

70 nm
(207 000 ×)

(d) Corpuscule basal : les neuf doublets périphériques d'un cil ou d'un flagelle s'enfoncent dans le corpuscule basal, où chacun d'eux s'unit à un microtubule ; un cylindre de neuf triplets est ainsi formé. Les deux microtubules centraux se terminent au-dessus du corpuscule basal (MET).

FIGURE 7.24 Ultrastructure du flagelle et du cil eucaryotes.

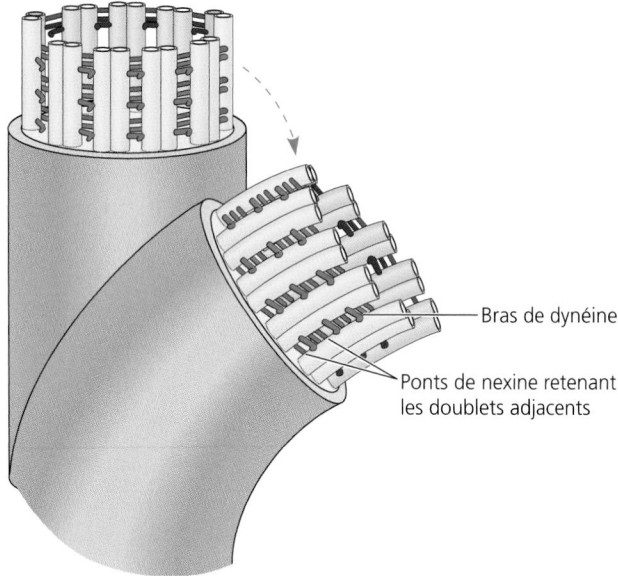

FIGURE 7.25 Rôle de la dynéine dans le mouvement des cils et des flagelles. Alimentés par de l'ATP, les bras de dynéine d'un doublet de microtubules s'attachent sur le doublet voisin, exercent une traction, se détachent, puis recommencent ce cycle. Le déplacement linéaire des doublets est limité par la présence de ponts de nexine et de ponts radiaires. Au lieu de s'allonger, le cil ou le flagelle fléchit. Pour plus de clarté, les deux microtubules centraux et les ponts radiaires n'ont pas été illustrés.

Les microfilaments (d'actine) sont surtout connus pour leur rôle dans la contraction musculaire. Des milliers d'entre eux sont disposés parallèlement les uns aux autres le long de la cellule musculaire; ils alternent avec des filaments plus épais composés de molécules d'une protéine appelée **myosine** (FIGURE 7.27a). Ce sont les molécules de myosine qui sont motrices: elles possèdent des « bras » qui avancent le long des microfilaments. La contraction d'une cellule musculaire résulte du mouvement en sens inverse des microfilaments et des filaments de myosine, qui a pour effet de raccourcir la cellule. Dans d'autres types de cellules aussi, des microfilaments s'associent à la myosine: ils reproduisent en miniature mais en moins élaboré leur disposition dans les cellules musculaires. Ces agrégats d'actine et de myosine sont à l'origine des contractions cellulaires localisées. Quand une cellule animale se divise, par exemple, la contraction d'une ceinture de microfilaments situés à l'équateur de la cellule accentue le sillon de division.

C'est également une contraction localisée entraînée par l'actine et la myosine qui donne naissance au mouvement amiboïde (FIGURE 7.27b), par lequel une cellule rampe le long d'une surface en formant des prolongements cellulaires rétractiles appelés **pseudopodes** (du grec *pseudês,* qui signifie « faux », et *podos,* « pied »). Pour s'allonger, la cellule forme temporairement des microfilaments à partir de sous-unités d'actine, puis des réseaux à partir de ces microfilaments, ce qui modifie la consistance du cytoplasme: celui-ci passe d'une solution colloïdale (sol) à une solution semi-liquide (gel) qui facilite la formation de pseudopodes. Pour se rétracter, la cellule démonte ces assemblages dans les pseudopodes, et ainsi de suite. D'après un modèle généralement accepté, les microfilaments situés près de

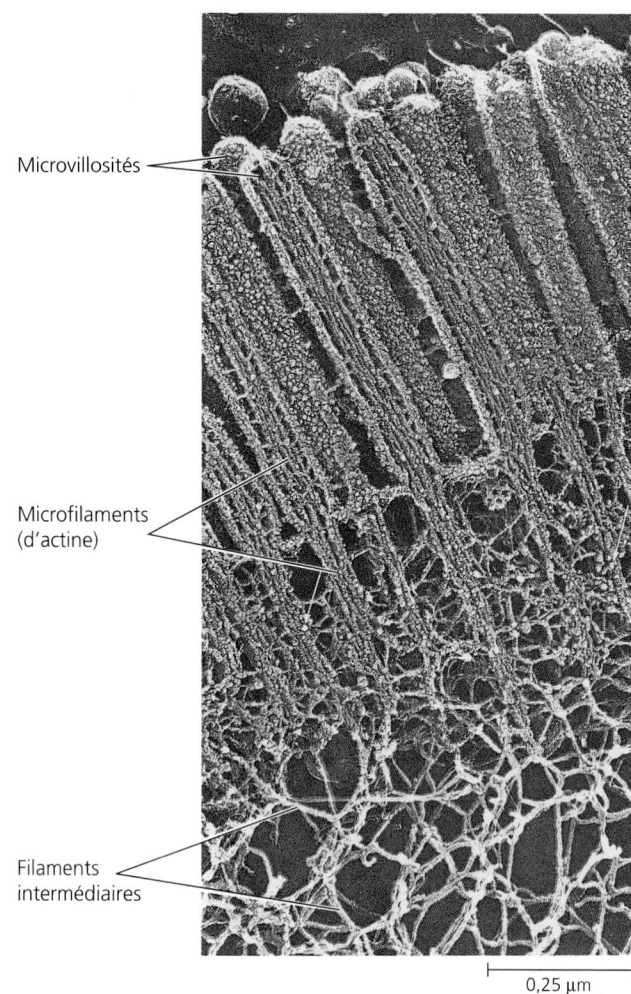

Microvillosités

Microfilaments (d'actine)

Filaments intermédiaires

0,25 µm
(80 000 ×)

FIGURE 7.26 Fonctions des microfilaments. Les microvillosités, des prolongements cytoplasmiques renforcés par des faisceaux de microfilaments, accroissent la surface de cette cellule intestinale. Les microfilaments sont ancrés à un réseau de filaments intermédiaires (MET).
Hirokawa *et al.* 1982, *J. Cell.* Biol 94, p. 425-443, fig. 1

l'extrémité de la cellule opposée au mouvement interagissent avec la myosine pour se contracter. Comme quand on presse un tube de dentifrice, la contraction pousse le fluide contre la membrane plasmique située dans le sens du mouvement, là où le réseau d'actine a été affaibli. La cellule ajoute des portions de membrane à l'aide de vésicules et, sous l'effet de la pression exercée par la poussée du fluide, la membrane se déforme et donne naissance à un pseudopode. Celui-ci s'allonge jusqu'à ce que le réseau d'actine se démantèle. Les Amibes ne sont pas les seules cellules qui peuvent ramper. Chez les Animaux, beaucoup de cellules, dont les globules blancs, possèdent cette capacité.

Dans les cellules végétales, les interactions actine-myosine et les transformations sol-gel du cytoplasme concourent à la **cyclose,** un phénomène par lequel une partie du cytoplasme circule sans cesse dans l'espace séparant la vacuole centrale et le cortex cellulaire sous la membrane plasmique (FIGURE 7.27c). Ce mouvement particulièrement répandu dans les grosses cellules végétales accélère la distribution intracellulaire des substances.

Filaments intermédiaires

Les filaments intermédiaires doivent leur nom à leur diamètre, qui va de 8 à 12 nm; il est donc supérieur à celui des microfilaments, mais inférieur à celui des microtubules (voir le TABLEAU 7.2). Les filaments intermédiaires sont capables de résister à la tension (comme les microfilaments), et ce sont

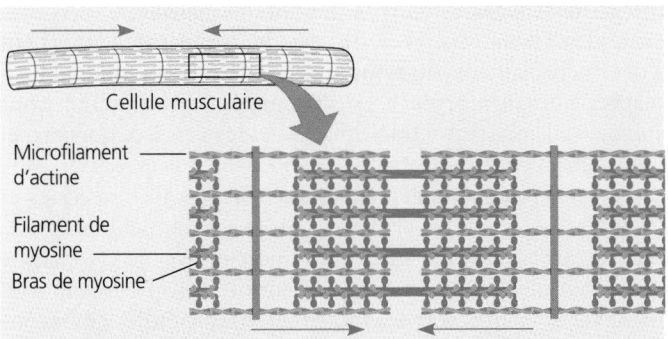

(a) Rôle de la myosine dans la contraction musculaire. Les bras de myosine font glisser les microfilaments d'actine et les filaments de myosine en sens inverse. L'action conjuguée des nombreuses molécules de myosine qui se trouvent dans une cellule musculaire permet à celle-ci de raccourcir.

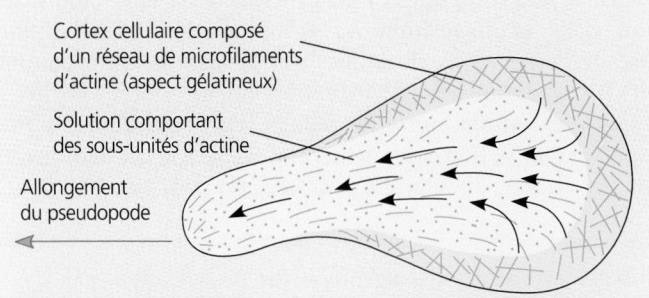

(b) Mouvement amiboïde. Dans la portion de droite de cette cellule, la contraction engendrée par l'interaction des microfilaments d'actine et des filaments de myosine entraîne le cytoplasme vers le côté opposé. La pression du cytoplasme contre la membrane fait émerger un pseudopode.

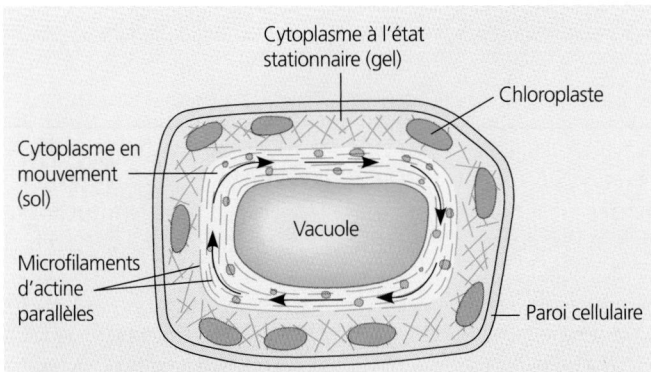

(c) Mouvement de cyclose dans les cellules végétales. Une couche de cytoplasme tourne autour de la vacuole centrale. Elle bouge au-dessus d'un lit de microfilaments d'actine parallèles. Les molécules motrices formées de myosine et fixées à des organites du cytosol peuvent provoquer ce mouvement de cyclose lorsqu'elles interagissent avec l'actine.

FIGURE 7.27 Microfilaments et mobilité Dans les trois exemples de cette figure, le noyau et la plupart des autres organites ont été omis.

des éléments constitutifs du cytosquelette. Chaque type de filament intermédiaire est formé par l'assemblage de sous-unités protéiques particulières appartenant à la famille des kératines et a donc un diamètre distinct. À l'opposé, les microtubules et les microfilaments ont le même diamètre et la même composition dans toutes les cellules eucaryotes.

Les filaments intermédiaires sont plus stables que les microfilaments et les microtubules, lesquels sont assemblés et démontés successivement dans diverses parties de la cellule. Des traitements chimiques qui séparent les microfilaments et les microtubules du cytoplasme laissent intact le réseau de filaments intermédiaires. Cela laisse croire que ces derniers sont essentiels au maintien de la cellule et à l'ancrage de certains organites. Par exemple, le noyau est généralement entouré d'une cage formée de filaments intermédiaires et maintenue en place par les ramifications de filaments qui s'étendent jusque dans le cytoplasme. Des filaments intermédiaires composent aussi la lamina nucléaire qui tapisse l'intérieur de l'enveloppe nucléaire (voir la FIGURE 7.9). Dans les cas où la cellule a une forme qui conditionne sa fonction, ce sont les filaments intermédiaires qui maintiennent cette forme. Ainsi, l'axone (le prolongement des neurones qui conduit l'influx nerveux) est renforcé par un type de filament intermédiaire. Il se pourrait que les divers types de filaments intermédiaires constituent l'armature du cytosquelette entier.

SURFACE CELLULAIRE ET JONCTIONS INTERCELLULAIRES

Maintenant que nous avons sondé l'intérieur de la cellule pour découvrir les différents organites qui s'y trouvent, nous terminerons notre exploration en étudiant les structures importantes présentes à la surface d'une cellule. La membrane plasmique est généralement considérée comme la frontière de la cellule vivante, mais plusieurs types de cellules synthétisent et sécrètent autour d'elle une enveloppe quelconque.

Une paroi cellulaire entoure les cellules végétales

La **paroi cellulaire** fait partie des caractéristiques distinctives de la cellule végétale. Elle la protège, maintient sa forme et prévient son absorption excessive d'eau. La paroi résistante formée par les cellules d'une plante permet à celle-ci de lutter contre la gravitation et de rester debout. Les Bactéries, les Archéobactéries, les Eumycètes et certains Protistes possèdent également une paroi cellulaire, mais nous n'en traiterons qu'à la cinquième partie de ce manuel.

La paroi cellulaire végétale mesure de 0,1 à plusieurs micromètres; elle est donc beaucoup plus épaisse que la membrane plasmique. À quelques variantes près (d'une espèce à l'autre ou d'un type de cellule à l'autre dans une même plante), elle présente une composition assez uniforme: elle est constituée de fibres de cellulose enchâssées dans une matrice faite d'autres polysaccharides ainsi que de protéines (voir la

FIGURE 5.8). Le béton armé et la fibre de verre présentent une structure semblable : des fibres solides sont encastrées dans une « substance de liaison » (matrice).

Les cellules végétales immatures commencent par sécréter une paroi relativement mince et flexible, appelée **paroi primaire** (FIGURE 7.28). Entre les parois primaires de cellules adjacentes se trouve la **lamelle moyenne,** une couche mince riche en polysaccharides adhésifs appelés pectines. La lamelle moyenne colle les cellules les unes aux autres. (D'ailleurs, on utilise de la pectine pour épaissir les confitures et les gelées.) Une fois arrivées à maturité, les cellules durcissent leur paroi. Pour ce faire, certaines sécrètent simplement des substances raffermissantes dans la paroi primaire. D'autres élaborent une **paroi secondaire** entre la membrane plasmique et la paroi primaire. La paroi secondaire, souvent construite par l'apposition de couches successives, a une matrice résistante et durable qui protège et soutient la cellule. Le bois, par exemple, se compose principalement de parois secondaires.

La matrice extracellulaire des cellules animales joue un rôle dans le soutien structural, l'adhérence, le mouvement et la régulation de la cellule

Les cellules animales possèdent une **matrice extracellulaire** élaborée (FIGURE 7.29), principalement composée de glycoprotéines qu'elles sécrètent. (Rappelez-vous que les glycoprotéines sont des protéines liées de façon covalente à de courts glucides.) Le **collagène** est la glycoprotéine la plus abondante de la matrice. Il compte en fait pour la moitié environ de toutes les protéines humaines. Il forme de solides fibres à l'extérieur de la cellule. Les fibres de collagène traversent un réseau tissé de **protéoglycanes,** un autre type de glycoprotéines. Ces molécules sont particulièrement riches en glucides (ceux-ci comptent pour plus de 95 % de leur composition) et peuvent former d'imposants complexes, comme le montre la FIGURE 7.29. D'autres glycoprotéines – les plus communes étant les **fibronectines** – concourent à fixer les cellules à la matrice extracellulaire. Les fibronectines se lient à des récepteurs appelés **intégrines** enchâssés dans la membrane plasmique. Les intégrines traversent celle-ci et, du côté du cytoplasme, s'attachent à des microfilaments du cytosquelette. De ce fait, elles sont bien placées pour « informer » le cytosquelette des modifications subies par la matrice extracellulaire, et vice versa, ce qui permet l'adaptation de la cellule.

La recherche actuellement menée sur les fibronectines et les intégrines a mis en évidence le rôle substantiel joué par la matrice extracellulaire. En communiquant avec le cytoplasme au moyen des intégrines, celle-ci peut influencer le comportement de la cellule. Par exemple, certaines cellules embryonnaires migrent vers une destination précise en faisant concorder l'orientation de leurs microfilaments avec celle des fibres de la matrice extracellulaire. Les chercheurs constatent aussi que celle-ci modifie l'activité des gènes du noyau. Des changements d'ordre mécanique se transmettent successivement aux fibronectines, aux intégrines et au cytosquelette. Une modification dans la disposition du cytosquelette déclenche une cascade de réactions chimiques qui propagent l'information vers le noyau. Ainsi, la matrice extracellulaire pourrait favoriser la coordination de toutes les cellules d'un tissu donné. Cette coordination s'effectue également au moyen d'un lien direct, comme nous en discuterons dans la section qui suit.

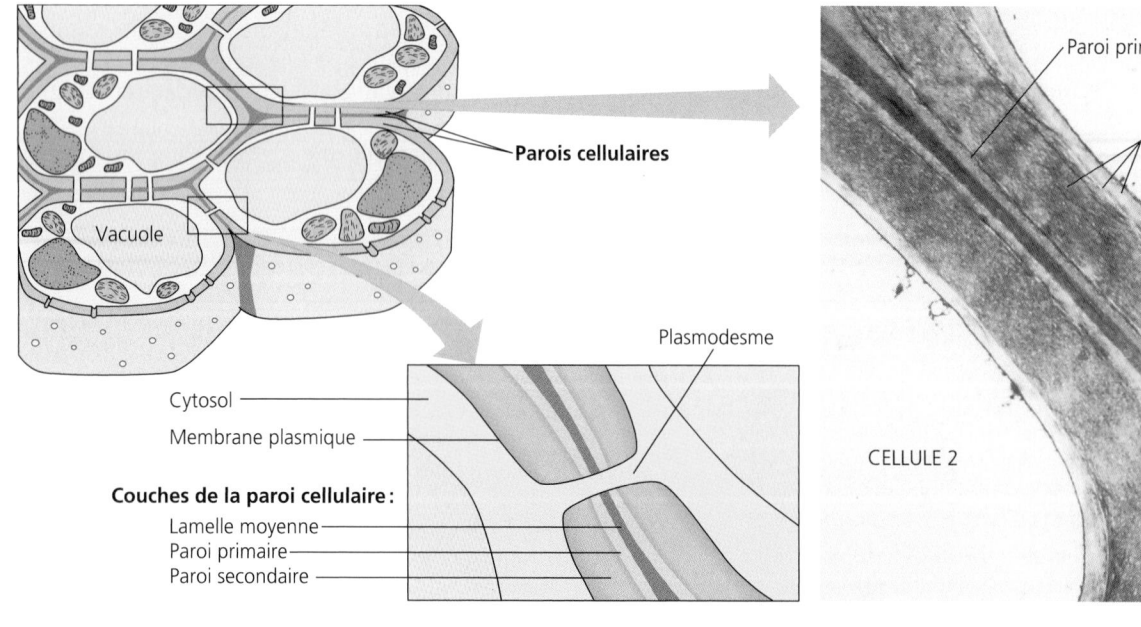

FIGURE 7.28 Paroi cellulaire végétale. Les cellules immatures commencent par élaborer une paroi primaire. Au terme de leur croissance, elles érigent une paroi secondaire, plus résistante, entre la paroi primaire et la membrane plasmique. Une lamelle moyenne adhésive cimente les cellules adjacentes. Les parois cellulaires ne sont pas étanches : des canaux appelés plasmodesmes les traversent et établissent un lien entre les cytoplasmes de cellules voisines (MET).

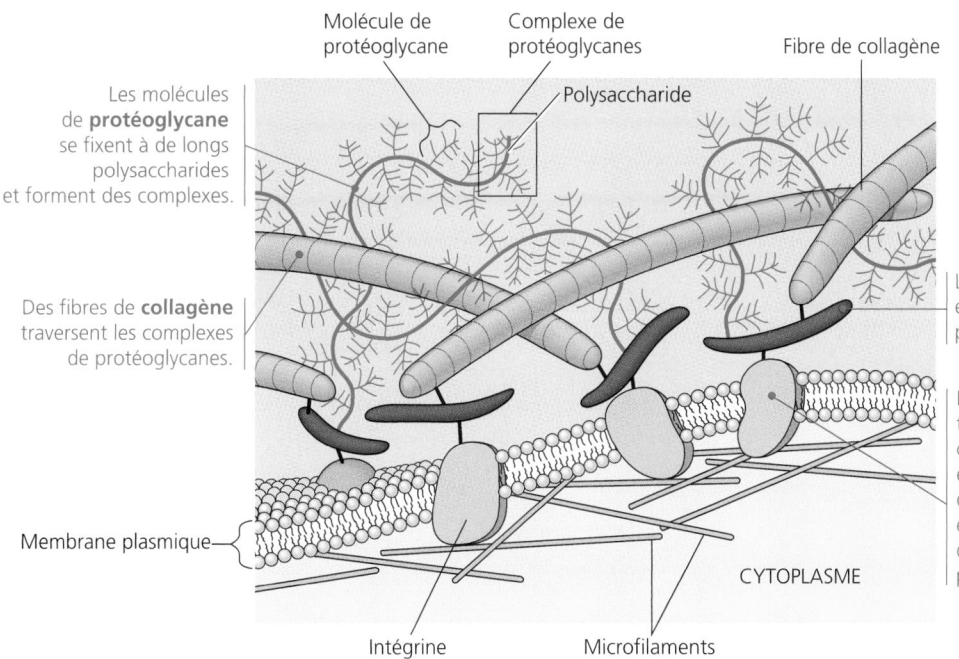

Les molécules de **protéoglycane** se fixent à de longs polysaccharides et forment des complexes.

Molécule de protéoglycane

Complexe de protéoglycanes

Polysaccharide

Fibre de collagène

Des fibres de **collagène** traversent les complexes de protéoglycanes.

La **fibronectine** ancre la matrice extracellulaire à la membrane plasmique.

Les intégrines sont des protéines transmembranaires fixées d'un côté à la matrice extracellulaire, et de l'autre, à des microfilaments du cytosquelette. Du fait de leur position, elles transmettent des informations de part et d'autre de la membrane plasmique.

Membrane plasmique

CYTOPLASME

Intégrine

Microfilaments

FIGURE 7.29 Matrice extracellulaire d'une cellule animale. La structure et la composition de la matrice varient selon le type de cellule. Dans cet exemple, trois sortes de glycoprotéines sont illustrées : les protéoglycanes, les fibres de collagène et les fibronectines. Les fibres de collagène traversent un réseau de protéoglycanes fixés à de longs polysaccharides. Les molécules de fibronectine ancrent la matrice extracellulaire à la membrane plasmique au moyen d'intégrines, des protéines transmembranaires.

Les jonctions intercellulaires assurent l'intégration des cellules dans les tissus

Les cellules d'un organisme multicellulaire forment des tissus variés. Généralement, les cellules adjacentes adhèrent les unes aux autres, interagissent et communiquent directement entre elles par des zones de contact.

On pourrait penser que la paroi cellulaire végétale isole les cellules les unes des autres. En fait, comme nous l'avons déjà mentionné, des canaux appelés **plasmodesmes** (du grec *desmos*, qui signifie « se lier ») traversent cette paroi et font communiquer le cytosol de cellules voisines (voir les FIGURES 7.8 et 7.28). Ainsi, la plante en entier forme un continuum : les membranes plasmiques de cellules adjacentes se continuent à travers le plasmodesme et tapissent le canal ; l'eau et les petits solutés diffusent librement d'une cellule à l'autre ; des protéines spécifiques et des molécules d'ARN transitent également par ces canaux dans des circonstances particulières, comme l'ont démontré de récentes expériences. Certaines macromolécules destinées à des cellules voisines atteignent les plasmodesmes en se déplaçant le long de fibres du cytosquelette.

Dans le règne animal, on trouve trois types principaux de jonctions intercellulaires : les jonctions serrées, les desmosomes et les jonctions ouvertes. Le tissu épithélial, qui tapisse les surfaces internes de l'organisme, regorge particulièrement de ces trois sortes de jonctions. La FIGURE 7.30, à la page 138, illustre celles qu'on trouve dans les cellules de l'épithélium intestinal. Chaque type de jonction possède une structure liée à sa fonction. Ainsi, c'est aux **jonctions serrées** que les membranes de cellules adjacentes fusionnent. En formant des ceintures continues autour des cellules, ces jonctions ne permettent pas qu'il y ait des fuites de liquide extracellulaire entre les cellules épithéliales. Dans l'exemple de la FIGURE 7.30, les jonctions serrées de l'épithélium intestinal empêchent le contenu de l'intestin de se mêler au liquide corporel. Quant aux **desmosomes** (aussi appelés *jonctions d'ancrage*), ils fonctionnent à la manière de rivets : ils retiennent les cellules solidement entre elles de façon qu'elles forment des tissus résistants à la compression et à l'étirement. Des filaments intermédiaires constitués de kératine, une protéine robuste, renforcent les desmosomes. Enfin, les **jonctions ouvertes,** aussi connues sous le nom de *jonctions communicantes,* sont des canaux reliant le cytoplasme de cellules animales adjacentes. Des protéines membranaires spéciales entourent chaque canal, dont le diamètre est assez grand pour permettre le passage des ions, des glucides, des acides aminés et d'autres petites molécules. Dans le tissu cardiaque, la circulation des ions à travers les jonctions ouvertes permet de synchroniser les contractions. Enfin, ces jonctions sont particulièrement courantes dans les embryons d'animaux : la communication chimique entre leurs cellules est un élément crucial de leur développement.

La cellule est une entité supérieure à la somme de ses parties

De la compartimentation cellulaire à la structure des organites, l'exploration de la cellule nous a fourni de nombreuses occasions de souligner la relation entre structure et fonction. Les FIGURES 7.7 et 7.8 présentent un résumé des structures et des fonctions cellulaires. Toutefois, même si l'on doit compartimenter la cellule dans le but de l'étudier, on doit se rappeler

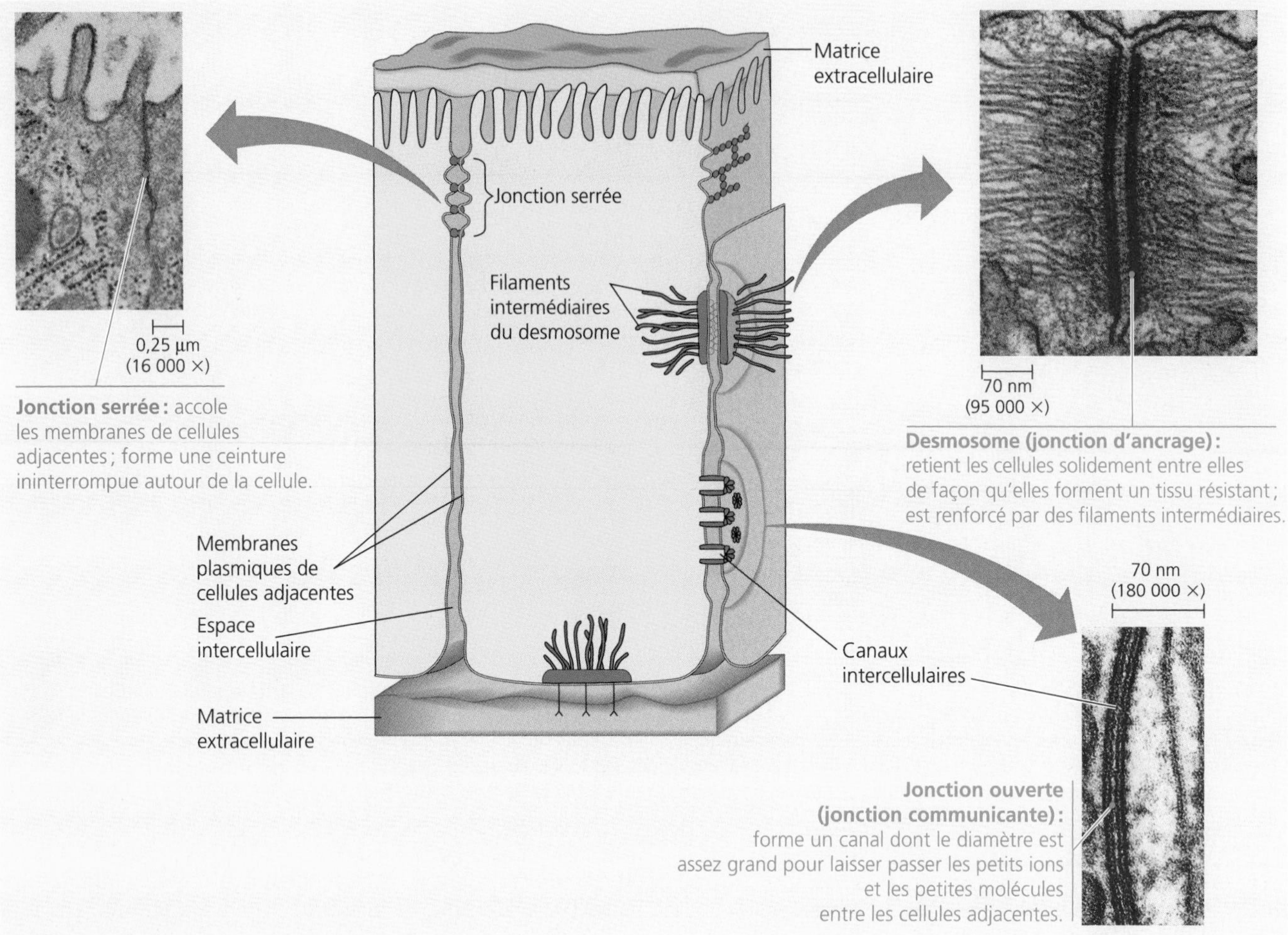

Matrice extracellulaire

Jonction serrée

Filaments intermédiaires du desmosome

Jonction serrée: accole les membranes de cellules adjacentes; forme une ceinture ininterrompue autour de la cellule.

0,25 µm
(16 000 ×)

70 nm
(95 000 ×)

Desmosome (jonction d'ancrage): retient les cellules solidement entre elles de façon qu'elles forment un tissu résistant; est renforcé par des filaments intermédiaires.

70 nm
(180 000 ×)

Membranes plasmiques de cellules adjacentes

Espace intercellulaire

Matrice extracellulaire

Canaux intercellulaires

Jonction ouverte (jonction communicante): forme un canal dont le diamètre est assez grand pour laisser passer les petits ions et les petites molécules entre les cellules adjacentes.

FIGURE 7.30 Jonctions intercellulaires dans les tissus animaux. Les cellules épithéliales de l'intestin sont un bon exemple pour illustrer les trois types de jonctions intercellulaires (MET).

MET du desmosome tiré de Ord L. et Perrelet A., *Freeze-Etch Histology*, Heidelberg, Springer-Verlag, 1975. © 1975 Springer-Verlag.

que tous les organites travaillent en coopération avec un ou plusieurs autres organites. Pour mieux comprendre la profondeur de cette intégration cellulaire, examinez la scène microscopique reproduite à la FIGURE 7.31. La grosse cellule est un macrophage. Elle défend l'organisme contre les infections en phagocytant des bactéries (les petites cellules jaunes). Elle rampe sur une surface et lance ses prolongements (filopodes) en direction des bactéries, un mouvement rendu possible par l'interaction des microfilaments et des autres composantes du cytosquelette. À l'intérieur du macrophage, les bactéries sont détruites par des lysosomes. Ceux-ci sont produits par le réseau intracellulaire de membranes, plus spécifiquement par le réticulum endoplasmique et l'appareil de Golgi. Les enzymes digestives des lysosomes et les protéines du cytosquelette, elles, sont fabriquées par des ribosomes. Et la synthèse des protéines est programmée par les messages génétiques que l'ADN envoie du noyau. Tous ces processus requièrent de l'énergie, que les mitochondries fournissent sous forme d'ATP. Les fonctions cellulaires naissent de l'ordre cellulaire : la cellule est une entité supérieure à la somme de ses parties.

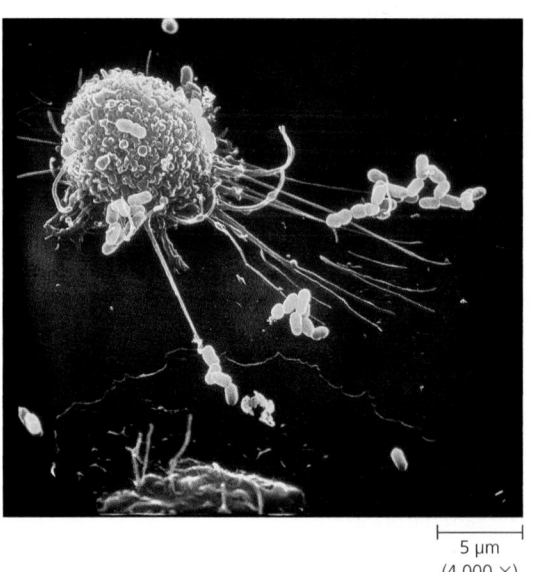

5 µm
(4 000 ×)

FIGURE 7.31 Les fonctions cellulaires résultent de la coopération entre les organites. La capacité de ce macrophage (en brun) de reconnaître, d'emprisonner et de détruire des bactéries (en jaune) est le fruit de la coordination entre toutes les parties de la cellule. Le cytosquelette, les lysosomes et la membrane plasmique font partie des constituants cellulaires qui interviennent dans la phagocytose. (MEB, coloriée).

RÉVISION DU CHAPITRE

Résumé des concepts importants

LES TECHNIQUES D'ÉTUDE DE LA CELLULE

- Les microscopes nous donnent accès à l'univers de la cellule (p. 112 à 114, FIGURES 7.1 et 7.2). Leur perfectionnement a accéléré l'acquisition des connaissances sur la structure cellulaire.

- Les cytologistes isolent les organites en vue d'étudier leur fonction (p. 114 et 115, FIGURE 7.3). Ils mettent à profit l'ultracentrifugation pour obtenir des culots riches en certains organites.

VUE D'ENSEMBLE DE L'ORGANISATION CELLULAIRE

- Les cellules procaryotes et les cellules eucaryotes diffèrent par leur taille et par leur complexité (p. 114 à 117, FIGURES 7.4 à 7.6). Mais toutes sont délimitées par une membrane plasmique. La cellule procaryote ne contient pas de noyau véritable ni d'organites enveloppés dans des membranes. Les Bactéries et les Archéobactéries sont des procaryotes. Tous les autres organismes se composent de cellules eucaryotes. Le cytoplasme de celles-ci renferme un noyau entouré d'une double membrane ainsi que des organites membraneux en suspension. La nécessité d'un rapport favorable entre la surface membranaire et le volume cellulaire limite la taille des cellules.

- Des membranes internes compartimentent les fonctions de la cellule eucaryote (p. 116 à 119, FIGURES 7.7 et 7.8). Les cellules végétales et animales ont quasiment les mêmes organites.

NOYAU ET RIBOSOMES

- Le noyau renferme l'information génétique de la cellule eucaryote (p. 117 à 120, FIGURE 7.9). Lors de la division cellulaire, l'ADN et des protéines forment de minces fibres de chromatine qui se condensent, s'épaississent et forment des chromosomes. Un ou plusieurs nucléoles, sites de la synthèse de ribosomes, sont associés avec la chromatine dans les cellules au repos. Les macromolécules et les sous-unités ribosomiques partent du noyau vers le cytoplasme; elles traversent ce faisant les pores de l'enveloppe nucléaire.

- Les ribosomes assemblent les protéines cellulaires (p. 121, FIGURE 7.10). Cette synthèse est effectuée par les ribosomes en suspension dans le cytoplasme (polyribosomes libres), par ceux qui sont fixés sur la face externe du réticulum endoplasmique (ribosomes liés) ou par ceux qui sont fixés à l'enveloppe nucléaire.

LE RÉSEAU INTRACELLULAIRE DE MEMBRANES

- Les membranes d'une cellule eucaryote sont liées : elles sont en continuité les unes avec les autres, ou elles échangent des segments par l'intermédiaire de vésicules (p. 121).

- En plus de réaliser de nombreuses autres synthèses, le réticulum endoplasmique fabrique des membranes (p. 121-123, FIGURE 7.11). Il prolonge l'enveloppe nucléaire, et il constitue un réseau de compartiments délimités par des membranes appelées citernes. Le réticulum endoplasmique lisse ne porte pas de ribosomes; il synthétise des stéroïdes, métabolise les glucides, emmagasine le calcium dans les cellules musculaires, détoxique les médicaments, les drogues et les poisons dans les cellules hépatiques, etc. Le réticulum endoplasmique rugueux porte des ribosomes. Il synthétise des membranes et des protéines de sécrétion. Ces deux dernières sont transférées à d'autres parties de la cellule par des vésicules de transition qui se détachent du réticulum endoplasmique.

- L'appareil de Golgi affine, trie et expédie les produits cellulaires (p. 123 et 124, FIGURE 7.12). Il est formé de piles de sacs membraneux. Sa face *cis* reçoit les vésicules de transition apportant les protéines de sécrétion du réticulum endoplasmique. Dans l'appareil de Golgi, les protéines sont modifiées chimiquement et triées, avant que la face *trans* les libère à l'intérieur de vésicules de sécrétion. L'appareil de Golgi synthétise également certaines macromolécules.

- Les lysosomes sont des compartiments destinés à la digestion (p. 124 à 126, FIGURES 7.13 et 7.14). Ce sont des sortes de sacs membraneux remplis d'enzymes hydrolytiques. Ils dégradent les macromolécules et recyclent les monomères de la cellule ainsi que les substances phagocytées.

- Les vacuoles remplissent diverses fonctions ayant pour but l'entretien cellulaire (p. 126 et 127, FIGURE 7.15). La vacuole centrale des cellules végétales sert au stockage de nutriments, à l'élimination des déchets, à la croissance cellulaire et à la protection.

AUTRES ORGANITES MEMBRANEUX

- Les mitochondries et les chloroplastes sont les principaux convertisseurs d'énergie de la cellule (p. 127 et 128, FIGURES 7.17 et 7.18). Les mitochondries sont le site de la respiration cellulaire dans les cellules eucaryotes; elles comportent une membrane externe lisse et une membrane interne qui forme des replis appelés crêtes. Quelques-unes des réactions métaboliques de la respiration cellulaire se déroulent dans l'espace délimité par la membrane interne, appelée matrice mitochondriale; d'autres sont réalisées par des enzymes enchâssées dans la membrane interne. Les chloroplastes contiennent de la chlorophylle et d'autres pigments photosynthétiques. Ils sont enveloppés de deux membranes. La membrane interne délimite le liquide appelé stroma, dans lequel baignent des sacs aplatis appelés thylakoïdes. Ces derniers forment des empilements appelés grana.

- En accomplissant diverses fonctions métaboliques, les peroxysomes produisent et dégradent le H_2O_2 (p. 128 et 129, FIGURE 7.19). Les peroxysomes produisent du H_2O_2, un déchet métabolique, et leurs enzymes convertissent celui-ci en eau pour accomplir certains processus métaboliques.

LE CYTOSQUELETTE

- En plus d'assurer le soutien structural de la cellule, le cytosquelette joue un rôle dans la mobilité et la régulation de la cellule (p. 129 à 135, TABLEAU 7.2, FIGURES 7.20 à 7.24). Il se compose de microtubules, de microfilaments et de filaments intermédiaires. Les microtubules rayonnent du centrosome (centre organisateur des microtubules), une masse finement granulaire située près du noyau qui comporte généralement deux centrioles dans les cellules animales. Les microtubules soutiennent la cellule, maintiennent sa forme, guident les mouvements des organites et participent à la séparation des chromosomes pendant la division cellulaire. Les cils et les flagelles sont des appendices mobiles formés de doublets de microtubules qui glissent les uns contre les autres grâce à l'action de la dynéine, une protéine motrice. Les microfilaments sont de fins cylindres composés d'actine. Ils interviennent dans la contraction musculaire, le mouvement amiboïde, la cyclose et le soutien des prolongements cellulaires, tels que les microvillosités. Les filaments intermédiaires concourent à maintenir la forme de la cellule et à ancrer les organites.

SURFACE CELLULAIRE ET JONCTIONS INTERCELLULAIRES

■ Une paroi cellulaire entoure les cellules végétales (p. 135 et 136, FIGURE 7.28). Elle se compose de fibres de cellulose enchâssées dans d'autres polysaccharides ainsi que de protéines.

■ La matrice extracellulaire des cellules animales joue un rôle dans le soutien structural, l'adhérence, le mouvement et la régulation de la cellule (p. 136 et 137, FIGURE 7.29). Les cellules animales sécrètent les glycoprotéines qui constituent la matrice extracellulaire. Parmi les substances qui composent celle-ci figurent le collagène, les complexes de protéoglycanes et la fibronectine fixée aux intégrines de la membrane plasmique.

■ Les jonctions intercellulaires assurent l'intégration des cellules dans les tissus (p. 137 et 138, FIGURE 7.30). Les Végétaux possèdent des plasmodesmes, des canaux unissant les cellules adjacentes. Chez les Animaux, le contact entre les cellules se fait au moyen de desmosomes, de jonctions serrées et de jonctions ouvertes.

■ La cellule est une entité supérieure à la somme de ses parties (p. 137 et 138, FIGURE 7.31).

Autoévaluation

(Les questions dont les numéros sont en caractères gras font surtout appel à la compréhension.)

1. Une certaine maladie génétique cause des problèmes respiratoires, et, chez les hommes, la stérilité. Lequel de ces énoncés pourrait fournir une hypothèse plausible expliquant l'origine de cette maladie sur le plan moléculaire ?
   a) Il y a une enzyme dans la mitochondrie qui fonctionne mal.
   b) Il y a des molécules d'actine dysfonctionnelles dans les microfilaments de la cellule.
   c) Il y a des molécules de dynéine dysfonctionnelles dans les cils et les flagelles.
   d) Il manque des enzymes hydrolytiques dans les lysosomes.
   e) Une protéine de sécrétion importante reste dans la cellule.

2. Les ribosomes liés :
   a) possèdent leur propre membrane.
   b) sont structuralement différents des ribosomes libres.
   c) synthétisent des protéines membranaires et des protéines de sécrétion.
   d) se trouvent généralement sur la face cytoplasmique de la membrane plasmique.
   e) sont concentrés dans les citernes du réticulum endoplasmique.

3. Lequel des organites suivants est le moins relié au réseau intracellulaire de membranes ?
   a) L'enveloppe nucléaire.
   b) Le chloroplaste.
   c) L'appareil de Golgi.
   d) La membrane plasmique.
   e) Le réticulum endoplasmique.

4. Si l'on fournit des acides aminés radioactifs à des cellules pancréatiques, celles-ci les incorporent à des protéines. Le procédé permet de repérer les protéines nouvellement synthétisées et de suivre leur cheminement dans la cellule. Un chercheur veut suivre la progression d'une enzyme sécrétée par les cellules pancréatiques. Lequel des cheminements suivants est-il le plus susceptible d'observer ?
   a) Réticulum endoplasmique → appareil de Golgi → noyau.
   b) Appareil de Golgi → réticulum endoplasmique → lysosome.
   c) Noyau → réticulum endoplasmique → appareil de Golgi.
   d) Réticulum endoplasmique → appareil de Golgi → vésicules de sécrétion fusionnant avec la membrane plasmique.
   e) Réticulum endoplasmique → lysosomes → vésicules de transition fusionnant avec la membrane plasmique.

5. Lequel des organites suivants se trouve dans les cellules végétales et dans les cellules animales ?
   a) Le chloroplaste.
   b) La paroi cellulaire composée de cellulose.
   c) Le tonoplaste.
   d) La mitochondrie.
   e) Le centriole.

6. Lequel des constituants cellulaires suivants se trouve dans les cellules procaryotes ?
   a) La mitochondrie.
   b) Le ribosome.
   c) L'enveloppe nucléaire.
   d) Le chloroplaste.
   e) Le réticulum endoplasmique.

7. Laquelle des cellules suivantes convient le mieux à l'étude des lysosomes ?
   a) La cellule musculaire.
   b) Le neurone.
   c) Le globule blanc.
   d) La cellule de feuille.
   e) La bactérie.

8. Si vous tenez compte de l'absence d'un cytosquelette chez les procaryotes, lequel de ces énoncés fait une distinction correcte entre les cellules procaryotes et les cellules eucaryotes ?
   a) Les organites membraneux ne se retrouvent que chez les cellules eucaryotes.
   b) La cyclose ne s'observe que chez les Eucaryotes.
   c) Seules les cellules eucaryotes sont capables de mouvement.
   d) Les cellules procaryotes mesurent habituellement moins de 10 μm de diamètre.
   e) Seules les cellules eucaryotes limitent leur matériel génétique à une région séparée du reste de la cellule.

9. Laquelle des associations suivantes est erronée ?
   a) Nucléole – production des ribosomes.
   b) Lysosome – digestion intracellulaire.
   c) Ribosome – synthèse des protéines.
   d) Appareil de Golgi – sécrétion de produits cellulaires.
   e) Microtubules – contraction musculaire.

10. Le cyanure se lie avec au moins une des molécules qui jouent un rôle dans la production d'ATP. Si l'on expose des cellules à du cyanure, la majorité de cette substance devrait se retrouver dans :
    a) les mitochondries.
    b) les ribosomes.
    c) les peroxysomes.
    d) les lysosomes.
    e) le réticulum endoplasmique.

11. Quel type de microscope devrait-on utiliser pour étudier a) les modifications de la forme d'un globule blanc humain ; b) la texture de la surface d'un cheveu humain ; c) la structure fine d'un organite situé dans le cytoplasme d'une cellule hépatique humaine ?

12. Après avoir traversé la membrane d'une cellule végétale pour l'infecter, les virus prolifèrent généralement très vite dans tout le plant. Comment cela peut-il se produire ?

13. Parmi les organites suivants, il y a un intrus. Identifiez-le et dites pourquoi il diffère des autres : chloroplaste, lysosome, mitochondrie, peroxysome et ribosome.

14. Quel est le lien entre les chromosomes et la chromatine ?

15. Quels sont les trois fonctions du réticulum endoplasmique lisse ?

16. Quels sont les organites dont la fonction principale est de convertir l'énergie ?

17. Pourquoi les vésicules de sécrétion font-elles partie du réseau intracellulaire de membranes ?

18. Quel élément du cytosquelette joue un rôle dans :
    a) l'ancrage du noyau ?
    b) le transit des vésicules de sécrétion de l'appareil de Golgi à la membrane plasmique ?
    c) le mouvement amiboïde ?

19. Comment les cils et les flagelles fléchissent-ils ?

20. En quoi un tissu végétal ou animal diffère-t-il d'un simple amas de cellules ?

Lien avec l'évolution

Bien que leur structure puisse être considérablement différente, les cellules ont des similitudes qui révèlent une certaine unité au cours de l'évolution. Quels aspects de la structure cellulaire mettent le plus en évidence cette unité ? Donnez quelques exemples de modifications cellulaires ayant donné naissance à des fonctions spécialisées.

Intégration

1. Faites un schéma de concepts qui montre comment une enzyme digestive est produite (elle devra quitter la cellule pour aller dans la cavité du tube digestif), depuis sa conception jusqu'à sa sécrétion.

2. Une ville, un hôpital ou un cégep comportent un certain nombre de composantes auxquelles on attribue diverses fonctions. Trouvez, par analogie, la correspondance entre les structures fonctionnelles de la ville, de l'hôpital ou du cégep et celles d'une cellule animale.

Science, technologie et société

La vie en soi n'a pas de forme. Le monde animal (incluant l'Humain), le monde végétal et le monde cellulaire expriment la vie. Notre société protège, par ses lois, les Humains et certaines catégories animales. Par contre, très peu de lois défendent la vie végétale ou cellulaire. À votre avis, n'y a-t-il pas ici une contradiction fondamentale ? Tentez de trouver le pourquoi de cette situation de fait.

Réponses à l'autoévaluation : 1. c ; 2. c ; 3. b ; 4. d ; 5. d ; 6. b ; 7. c ; 8. b ; 9. e ; 10. a **11.** a) microscope photonique ; b) microscope électronique à balayage ; c) microscope électronique à transmission ; **12.** Les virus se propagent par l'intermédiaire des plasmodesmes. **13.** Ribosome, parce qu'il s'agit du seul organite de la liste qui n'est pas délimité par une membrane. 14. Les deux sont constitués d'ADN et de protéines ; cependant, seuls les chromosomes sont visibles au microscope photonique et seulement pendant la division cellulaire, résultat de la condensation des fibres de chromatine. 15. Synthèse de lipides ; destruction de substances toxiques (dans les cellules hépatiques) ; régulation de la contraction musculaire par l'entrée et la libération de calcium. 16. Les mitochondries (respiration cellulaire) et les chloroplastes (photosynthèse). **17.** Les vésicules de sécrétion participent au transport de membranes et des substances qu'elles renferment entre les différents constituants du réseau intracellulaire de membranes. 18. a) les filaments intermédiaires ; b) les microtubules ; c) les microfilaments. **19.** Les bras de dynéine, alimentés par l'ATP, font glisser les doublets de microtubules adjacents l'un contre l'autre. Du fait qu'ils soient retenus à l'intérieur de l'organite par certaines protéines, les doublets sont limités dans leur déplacement et fléchissent au lieu de glisser. **20.** Les jonctions intercellulaires participent à l'intégration des cellules dans un tissu.

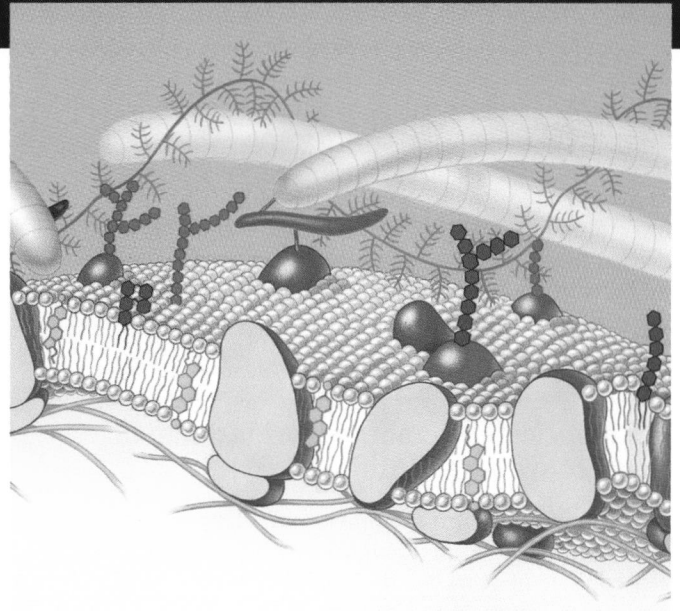

CHAPITRE 8

STRUCTURE ET FONCTION DES MEMBRANES

« On peut se demander si l'humanité a avantage à connaître les secrets de la nature, si elle est mûre pour en profiter ou si cette connaissance ne sera pas nuisible. »

PIERRE CURIE
physicien français (1869-1906)

LA STRUCTURE DES MEMBRANES

- Les modèles de membranes évoluent au fil des découvertes scientifiques
- Les membranes sont fluides
- Les membranes sont des mosaïques aux structures et aux fonctions multiples
- Les glucides membranaires jouent un rôle majeur dans la reconnaissance intercellulaire

LE TRANSPORT À TRAVERS UNE MEMBRANE

- Une membrane a une perméabilité sélective qui résulte de sa structure
- La diffusion à travers une membrane constitue un mode de transport passif (celui-ci ne nécessite aucune énergie provenant de l'ATP)
- Le transport passif de l'eau est appelé osmose
- La survie de la cellule dépend de l'équilibre entre l'entrée et la sortie d'eau
- Des protéines spécifiques facilitent le transport passif de l'eau et de certains solutés : *une étude détaillée*
- Le transport actif consiste à pomper des solutés à l'encontre de leurs gradients de concentration (ce mode de transport s'effectue grâce à l'énergie fournie par l'ATP)
- Certaines pompes ioniques engendrent une différence de potentiel électrique de part et d'autre d'une membrane
- Le cotransport est le transport par une protéine membranaire de deux solutés différents
- Les macromolécules et les particules traversent la membrane par exocytose, phagocytose ou endocytose

La **membrane plasmique** *est la frontière de la vie, la ligne de démarcation entre la cellule et son environnement. Épaisse de 8 nm environ, elle détermine ce qui entre dans la cellule et ce qui en sort. Il faut 8 000 membranes pour atteindre l'épaisseur de cette page. Comme toutes les membranes biologiques, la membrane plasmique présente une* **perméabilité sélective** ; *autrement dit, elle se laisse traverser plus facilement par certaines substances que par d'autres. La vie telle que nous la connaissons aurait sans doute été impossible sans la formation, à l'ère prébiotique, d'une membrane qui pouvait délimiter une solution différente de la solution environnante, tout en lui permettant d'absorber sélectivement des nutriments et d'éliminer des déchets.*

Ce chapitre porte sur les membranes et sur leur capacité à régir le passage des substances. Nous nous pencherons principalement sur la membrane plasmique, soit celle qui enveloppe la cellule (voir le schéma illustré sur cette page). Néanmoins, les principes généraux du passage des substances à travers la membrane plasmique valent aussi pour les différentes membranes internes qui cloisonnent toute cellule eucaryote. Pour comprendre le fonctionnement des membranes, nous allons commencer par examiner leur architecture.

LA STRUCTURE DES MEMBRANES

Les membranes se composent principalement de lipides et de protéines et, accessoirement, de glucides. Les **phosphoglycérolipides** sont les lipides les plus abondants dans la plupart des membranes à cause de leur structure moléculaire même. Un phosphoglycérolipide est une **molécule amphipathique,** c'est-à-dire qu'elle comprend une partie hydrophile et une autre, hydrophobe (voir la FIGURE 5.12), comme d'autres types de lipides membranaires (par exemple, les galactolipides, les glycolipides et les gangliosides) et la majorité des protéines membranaires.

Comment les phosphoglycérolipides et les protéines sont-ils disposés dans la membrane ? Au chapitre 7, à la FIGURE 7.6, vous avez eu un aperçu du modèle membranaire, le **modèle de la mosaïque fluide.** Vous savez que la membrane a une structure fluide et que diverses protéines sont encastrées ou fixées à sa bicouche de phosphoglycérolipides. (Une bicouche est une double couche de molécules lipidiques dont les extrémités hydrophiles sont dirigées vers l'extérieur, et les extrémités hydrophobes, vers l'intérieur). Nous étudierons ce modèle en détail mais, auparavant, commençons par son historique.

Les modèles de membranes évoluent au fil des découvertes scientifiques

Les scientifiques ont commencé à élaborer des modèles moléculaires de la membrane bien avant que le microscope électronique ne permette d'observer celle-ci. En 1895, Charles Overton a remarqué que les substances liposolubles pénètrent dans les cellules beaucoup plus rapidement que les autres substances. Il en a déduit que les membranes se composent de lipides. Vingt ans plus tard, l'analyse de membranes isolées à partir de globules rouges a montré que celles-ci sont formées de lipides et de protéines.

En 1917, I. Langmuir a fabriqué des membranes artificielles en mélangeant à de l'eau des phosphoglycérolipides dissous dans du benzène (un solvant organique). Après vaporisation du benzène, les phosphoglycérolipides ont formé une pellicule à la surface de l'eau ; seules leurs têtes hydrophiles étaient immergées (FIGURE 8.1a). Huit ans plus tard, deux scientifiques néerlandais, E. Gorter et F. Grendel, ont supposé que les membranes cellulaires étaient composées d'une bicouche de phosphoglycérolipides. Selon eux, celle-ci pouvait constituer une limite stable entre deux compartiments aqueux, car ses molécules étaient disposées de telle façon que les queues hydrophobes étaient abritées de l'eau, alors que les têtes hydrophiles y étaient exposées (FIGURE 8.1b). Gorter et Grendel ont mesuré la quantité de phosphoglycérolipides présente dans des membranes de globules rouges, et ils se sont aperçus qu'elle suffisait exactement à former deux couches autour des cellules. (Ironiquement, ils ont sous-estimé à la fois la quantité de phosphoglycérolipides et la surface des cellules. Toutefois, les deux erreurs se sont annulées : leurs conclusions sont donc correctes, malgré leurs erreurs de mesure.)

Si l'on suppose que la bicouche de phosphoglycérolipides forme la trame de la membrane, où se situent les protéines ? Bien que la tête des phosphoglycérolipides soit hydrophile, la surface d'une membrane artificielle composée uniquement d'une bicouche de phosphoglycérolipides absorbe moins l'eau que la surface d'une membrane biologique véritable. Cela peut s'expliquer si les deux faces de cette dernière sont couvertes de protéines qui, en règle générale, absorbent l'eau. En 1935, H. Davson et J. Danielli se sont appuyés sur cette hypothèse pour élaborer un modèle moléculaire représentant la membrane comme une bicouche de phosphoglycérolipides prise en sandwich entre deux couches de protéines globulaires (FIGURE 8.2a).

Dans les années 1950, les premières micrographies électroniques de membranes semblaient étayer ce modèle. En effet, dans les échantillons de cellules colorées à l'aide d'atomes de métaux lourds, la membrane plasmique présente trois épaisseurs : deux lisières sombres (perméables aux électrons) séparées par une bande claire (imperméable aux électrons) (voir la FIGURE 7.6a). Les premiers utilisateurs du microscope électronique ont donc cru pour la plupart que les atomes de métaux lourds adhèrent aux protéines et aux têtes hydrophiles des phosphoglycérolipides, mais qu'ils ne se fixent pas au centre hydrophobe de la membrane. Dans les années 1960, le modèle du « sandwich » de Davson et Danielli est devenu le modèle privilégié non seulement de la membrane plasmique, mais aussi de toutes les membranes internes d'une cellule. À la fin de cette décennie, cependant, plusieurs cytologistes ont remis en question deux aspects.

Premièrement, certains scientifiques ont réfuté le concept de l'uniformité des membranes cellulaires. D'ailleurs, toutes les membranes ne présentent pas le même aspect au microscope électronique. Par exemple, la microscopie électronique révèle que la membrane plasmique mesure de 7 à 8 nm d'épaisseur et comprend trois zones d'aspect différent, tandis que la membrane interne de la mitochondrie n'a que 6 nm d'épaisseur et présente l'aspect d'une rangée de billes. Ces deux membranes ne contiennent ni la même proportion de protéines ni les mêmes lipides. Il est donc clair que les membranes ont une composition chimique et une structure qui varient suivant leurs fonctions.

Deuxièmement, les scientifiques ont contesté la position que Davson et Danielli avaient attribuée aux protéines. Contrairement aux protéines dissoutes dans le cytosol, les protéines membranaires ne sont pas très solubles dans l'eau. Étant amphipathiques, elles comportent une partie hydrophobe et une autre, hydrophile. Si elles avaient été étalées à la surface de la membrane, comme le supposaient Davson et Danielli, leurs parties hydrophobes se seraient trouvées en milieu aqueux.

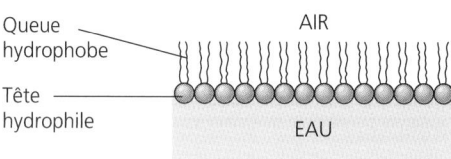

(a) Les têtes hydrophiles des phosphoglycérolipides demeurent dans l'eau, tandis que les queues hydrophobes en émergent.

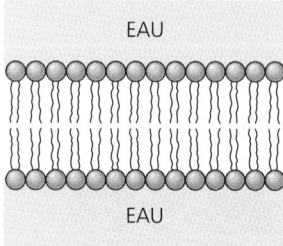

(b) Une bicouche de phosphoglycérolipides forme une limite stable entre deux compartiments aqueux. Les parties hydrophiles des molécules restent en contact avec l'eau, alors que les parties hydrophobes sont protégées de celle-ci.

FIGURE 8.1 Membranes artificielles en coupe transversale.

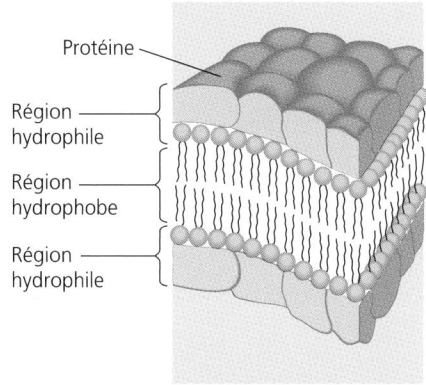

Protéine

Région hydrophile

Région hydrophobe

Région hydrophile

(a) Modèle de Davson et Danielli. Ce modèle, proposé en 1935, montre une bicouche de phosphoglycérolipides prise en sandwich entre deux couches de protéines. À quelques modifications près, il a été adopté jusqu'en 1970 environ.

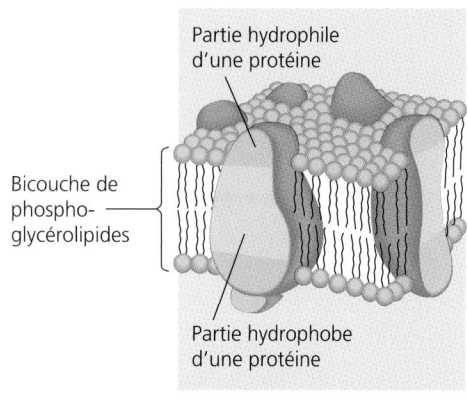

Partie hydrophile d'une protéine

Bicouche de phospho-glycérolipides

Partie hydrophobe d'une protéine

(b) Modèle de la mosaïque fluide. Ce modèle suppose que les protéines se trouvent dispersées et immergées dans une bicouche fluide de phosphoglycérolipides. C'est le modèle qui prévaut à l'heure actuelle. Ce schéma montre la structure simplifiée d'une membrane.

FIGURE 8.2 Évolution des modèles de la membrane.

En 1972, S. J. Singer et G. Nicolson ont proposé un modèle qui tient compte du caractère amphipathique des protéines. Ils avancent que les protéines membranaires sont dispersées et insérées individuellement dans la bicouche de phosphoglycérolipides ; selon eux, seules leurs parties hydrophiles en émergent suffisamment pour entrer en contact avec l'eau (FIGURE 8.2b). Une telle disposition maximiserait le contact des parties hydrophiles des protéines et des phosphoglycérolipides avec l'eau, tout en fournissant aux parties hydrophobes un milieu exempt de cette substance. D'après ce modèle, la membrane est une mosaïque constituée d'une bicouche fluide de phosphoglycérolipides dans laquelle flottent des protéines, d'où l'expression *modèle de la mosaïque fluide.*

Une technique de préparation des cellules, le cryodécapage, a fini par convaincre les chercheurs que les protéines se trouvent bel et bien insérées dans la bicouche de phosphoglycérolipides (FIGURE 8.3, p. 146). Le cryodécapage permet de séparer les deux couches de la membrane et de les examiner au microscope électronique. On voit alors que l'intérieur de la bicouche a un aspect granuleux dû au protéines, qui sont parsemées dans une matrice lisse, comme l'illustre le modèle de la mosaïque fluide. D'autres preuves appuient cette disposition.

Les chercheurs proposent des modèles permettant d'organiser et d'expliquer les données existantes. L'adoption d'un nouveau modèle n'annule pas la valeur du modèle antérieur. Un modèle est accepté ou rejeté selon sa capacité à correspondre aux faits observés et à expliquer les résultats expérimentaux. Il doit permettre de réaliser des prédictions qui orienteront les recherches ultérieures. Il faut faire des expériences pour tester les modèles ; rares sont ceux qui n'en sortent pas modifiés. Ceux qui sont rendu caducs par de nouvelles données ne sont pas nécessairement mis à l'écart : ils peuvent être révisés de façon à inclure celles-ci. Le modèle de la mosaïque fluide se raffine perpétuellement ; il pourrait, un jour, être l'objet d'une profonde révision.

Examinons en détail la structure de la membrane en disséquant les mots de l'expression *mosaïque fluide.* Commençons par l'étude de la fluidité membranaire.

Les membranes sont fluides

Les membranes ne sont pas des couches statiques de molécules maintenues rigidement en place. Leurs constituants tiennent ensemble grâce aux attractions hydrophobes, plus faibles que les liaisons covalentes (voir le chapitre 5). La plupart des lipides et certaines protéines peuvent dériver latéralement dans le plan de la membrane (FIGURE 8.4a, p. 147). Il arrive rarement qu'une molécule culbute et passe d'une couche de phosphoglycérolipides à l'autre ; ce déplacement exige un apport d'énergie (parce que la partie hydrophile de la molécule doit traverser le centre hydrophobe de la membrane) et l'aide d'enzymes intramembranaires, les flippases (leur nom provient de l'expression anglaise *flip-flop*, qui signifie « basculer »). Un phosphoglycérolipide met 100 fois plus de temps à franchir une distance donnée lorsqu'il bascule que lorsqu'il se déplace latéralement.

Les mouvements latéraux des phosphoglycérolipides s'effectuent rapidement, à la vitesse moyenne d'environ 2 μm (la longueur d'une bactérie typique) par seconde. Les protéines, elles, sont beaucoup plus grosses que les lipides et se déplacent plus lentement. Certaines dérivent latéralement (FIGURE 8.5, p. 147), alors que d'autres bougent de manière organisée, vraisemblablement en glissant le long des filaments du cytosquelette. Ce mouvement nécessite l'aide de protéines motrices cytoplasmiques, elles-mêmes associées aux protéines du feuillet interne de la membrane. Toutefois, la majorité des protéines semblent immobiles, parce qu'elles sont rattachées au cytosquelette.

Même lorsque la température baisse, la membrane reste fluide. Cependant, lorsque ses phosphoglycérolipides se mettent à former des agrégats, elle se solidifie à la manière du gras de bacon qui refroidit. La température à laquelle cela arrive varie selon la composition lipidique de la membrane. Celle-ci résiste mieux à la solidification si elle comporte beaucoup de phosphoglycérolipides portant des queues hydrocarbonées insaturées (voir les FIGURES 5.11 et 5.12). Les inflexions marquent l'emplacement des liaisons doubles ; les hydrocarbures insaturés ne s'entassent pas autant que les hydrocarbures saturés (FIGURE 8.4b).

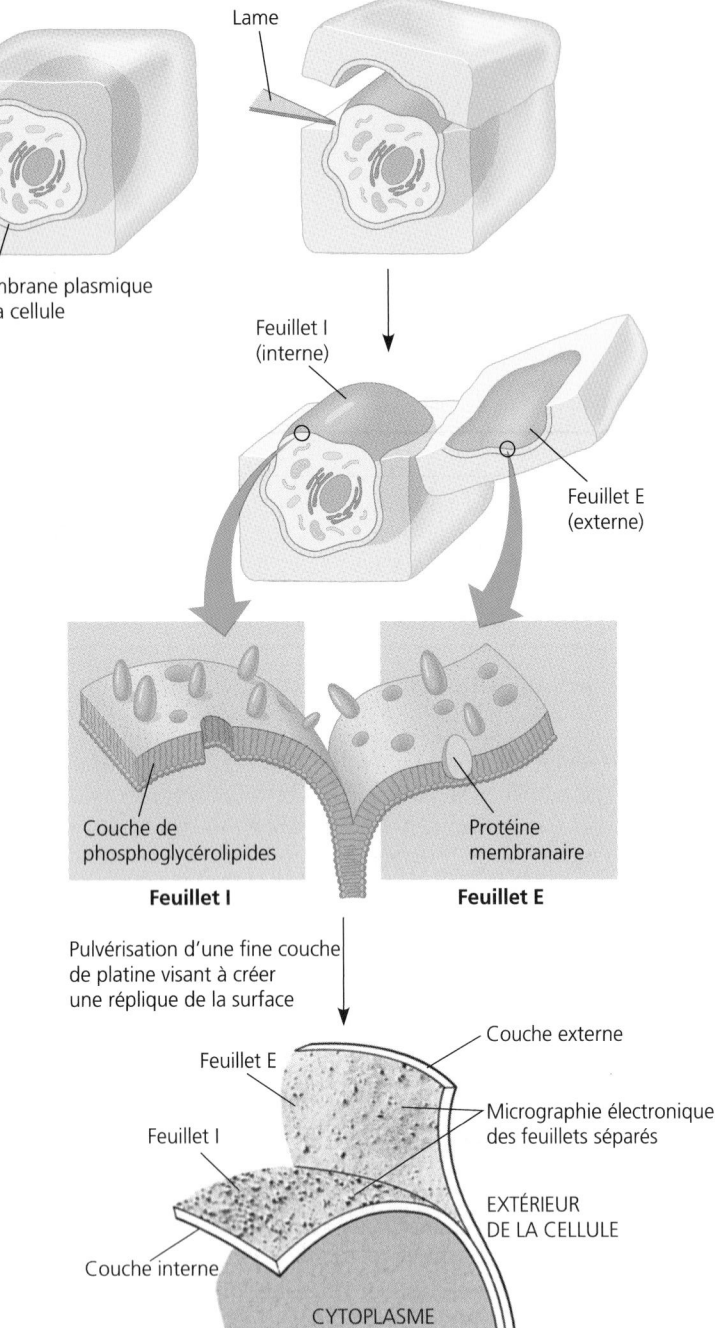

(a) Tout d'abord, on congèle l'échantillon dans de l'azote liquide (−196 °C). Ensuite, on fractionne la cellule à l'aide d'une lame réfrigérée. Celle-ci n'opère pas une coupe franche dans la cellule congelée : elle la rompt suivant un plan de fracture déterminé par les zones de moindre résistance.

(b) Le plan de fracture suit souvent l'intérieur hydrophobe de la membrane. Il divise la bicouche en son milieu, et l'on obtient un feuillet I (interne) et un feuillet E (externe). Les protéines membranaires ne se divisent pas ; elles restent prises dans l'un des deux feuillets de phosphoglycérolipides. On peut accentuer la topographie de la surface fracturée en utilisant le cryodécapage. Ce procédé consiste à sublimer la glace, c'est-à-dire à la faire passer directement de l'état solide à l'état gazeux (donc sans la faire passer par l'état liquide).

(c) On pulvérise ensuite obliquement un nuage fin de platine sur la surface fracturée de la cellule. Ce métal s'accumule sur les parties en relief et forme des « ombres ». On ajoute ensuite une pellicule de carbone à la couche de platine pour renforcer celle-ci.

On détruit l'échantillon original à l'aide d'acides et d'enzymes. À la fin, il ne reste plus qu'une réplique de platine et de carbone de la surface fracturée. C'est la réplique, et non la membrane elle-même, qu'on examine au microscope électronique.

Le dessin et une micrographie électronique des feuillets I et E, en surimpression, montrent la face intérieure de chacune des couches de la membrane. Remarquez les granules : ils correspondent aux protéines.

FIGURE 8.3 Cryofracture et cryodécapage. Cette technique permet de séparer les deux couches de la membrane plasmique. Le microscope électronique révèle l'ultrastructure de chacune d'elles.

Le cholestérol, un stéroïde inséré entre les molécules de phosphoglycérolipides de la membrane plasmique des cellules animales, a des effets complexes sur la fluidité membranaire (FIGURE 8.4c). À des températures relativement élevées (par exemple, à 37 °C, soit la température corporelle moyenne des Humains), il restreint partiellement le mouvement des phosphoglycérolipides et diminue donc la fluidité membranaire. Mais, comme il entrave aussi l'entassement des phosphoglycérolipides, il abaisse le point de fusion des membranes.

Les membranes doivent rester fluides pour bien fonctionner. Généralement, elles le sont autant que l'huile végétale. Lorsqu'elles se solidifient, leur perméabilité change, et certaines de leurs enzymes peuvent devenir inactives. Lorsqu'une cellule renouvelle ses membranes, elle peut en modifier quelque peu la composition lipidique de manière à s'adapter aux variations de température. Chez les Végétaux qui tolèrent le froid extrême, comme le Blé d'hiver (*Triticum æstivum*), le pourcentage de phosphoglycérolipides insaturés augmente à l'automne ; cette

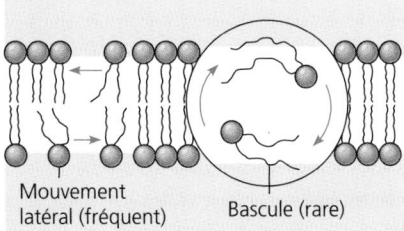

(a) Mouvement des phosphoglycérolipides. Les phosphoglycérolipides se déplacent latéralement dans une membrane ; les bascules d'une couche à l'autre se produisent rarement.

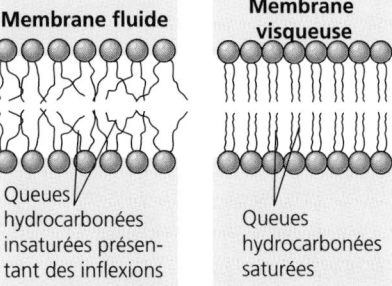

(b) Fluidité de la membrane. Les queues hydrocarbonées insaturées des phosphoglycérolipides présentent des inflexions qui empêchent les molécules de s'entasser et qui permettent ainsi à la membrane de conserver sa fluidité.

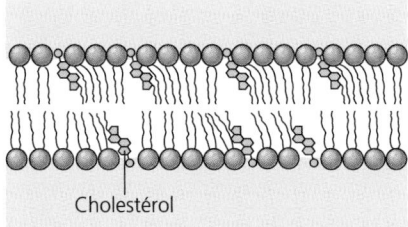

(c) Rôle du cholestérol dans la membrane. À une température modérée, le cholestérol diminue les mouvements des phosphoglycérolipides ; il réduit donc la fluidité membranaire. Cependant, à une basse température, il entrave l'entassement des phosphoglycérolipides et empêche ainsi la membrane de se solidifier.

FIGURE 8.4 Fluidité des membranes.

plasmique et les membranes des différents organites possèdent chacune leur propre ensemble de protéines. Par exemple, on a compté plus de 50 types de protéines dans la membrane plasmique des globules rouges, et il en reste sans doute bien d'autres à répertorier.

La FIGURE 8.6 montre qu'il existe deux grandes classes de protéines membranaires : les protéines intramembranaires et les protéines périphériques. Les **protéines intramembranaires** sont insérées dans la membrane ; elles la pénètrent assez profondément pour que leurs parties hydrophobes se trouvent entourées par les parties hydrocarbonées des lipides. Beaucoup d'entre elles, qui sont qualifiées plus spécifiquement de protéines *transmembranaires*, traversent la membrane de part en part. Leur partie hydrophobe contient au moins une séquence d'acides aminés non polaires (voir la FIGURE 5.15) qui adopte habituellement une conformation en hélice α (FIGURE 8.7, p. 149). Ces protéines comportent aussi une partie hydrophile exposée aux solutions aqueuses de part et d'autre de la membrane. Les **protéines périphériques,** elles, ne pénètrent pas du tout dans la membrane ; elles constituent des appendices rattachés à la surface membranaire, souvent à la partie saillante de protéines intramembranaires (voir la FIGURE 8.6).

Sur le feuillet interne de la membrane plasmique, des microfilaments du cytosquelette aident à maintenir en place certaines protéines. Sur le feuillet externe, ce sont les diverses fibres de la matrice extracellulaire qui fixent bon nombre de protéines (voir la FIGURE 7.29 ; les *intégrines* sont un type de protéine intramembranaire). Cela renforce la membrane plasmique des cellules animales, et par conséquent, leur charpente.

Le feuillet interne et le feuillet externe des membranes sont bien distincts. Ils ne présentent pas la même composition lipidique, et l'orientation de leurs protéines diffère. En outre, seul le feuillet externe de la membrane plasmique contient des glycoprotéines. Cette répartition inégale des protéines, des lipides et des glucides est déterminée durant la formation de la membrane par le réticulum endoplasmique. Après leur transit, les molécules insérées dans le feuillet interne du réticulum endoplasmique se retrouvent dans le feuillet externe de la membrane plasmique (FIGURE 8.8, p. 149).

adaptation empêche les membranes de se solidifier pendant l'hiver. Dans les régions côtières du Québec, les Crustacés qui vivent dans un milieu baigné par le courant froid du Labrador concentrent davantage de cholestérol dans leurs membranes afin de conserver leur souplesse.

Les membranes sont des mosaïques aux structures et aux fonctions multiples

Explorons maintenant la notion de *mosaïque.* Une membrane est un assemblage de protéines diverses insérées dans la matrice fluide d'une bicouche de phosphoglycérolipides (FIGURE 8.6, p. 148). Celle-ci forme la trame de la membrane, mais ce sont les protéines qui déterminent la plupart de ses fonctions. La membrane

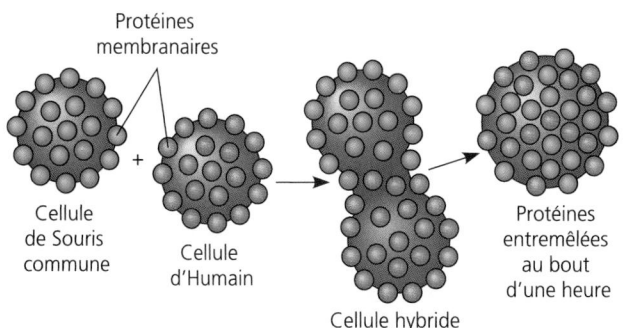

FIGURE 8.5 Observations à l'appui du déplacement des protéines membranaires. Quand on fusionne expérimentalement une cellule d'Humain et une cellule de Souris commune (*Mus musculus*), les protéines membranaires des deux espèces s'entremêlent complètement en moins d'une heure.

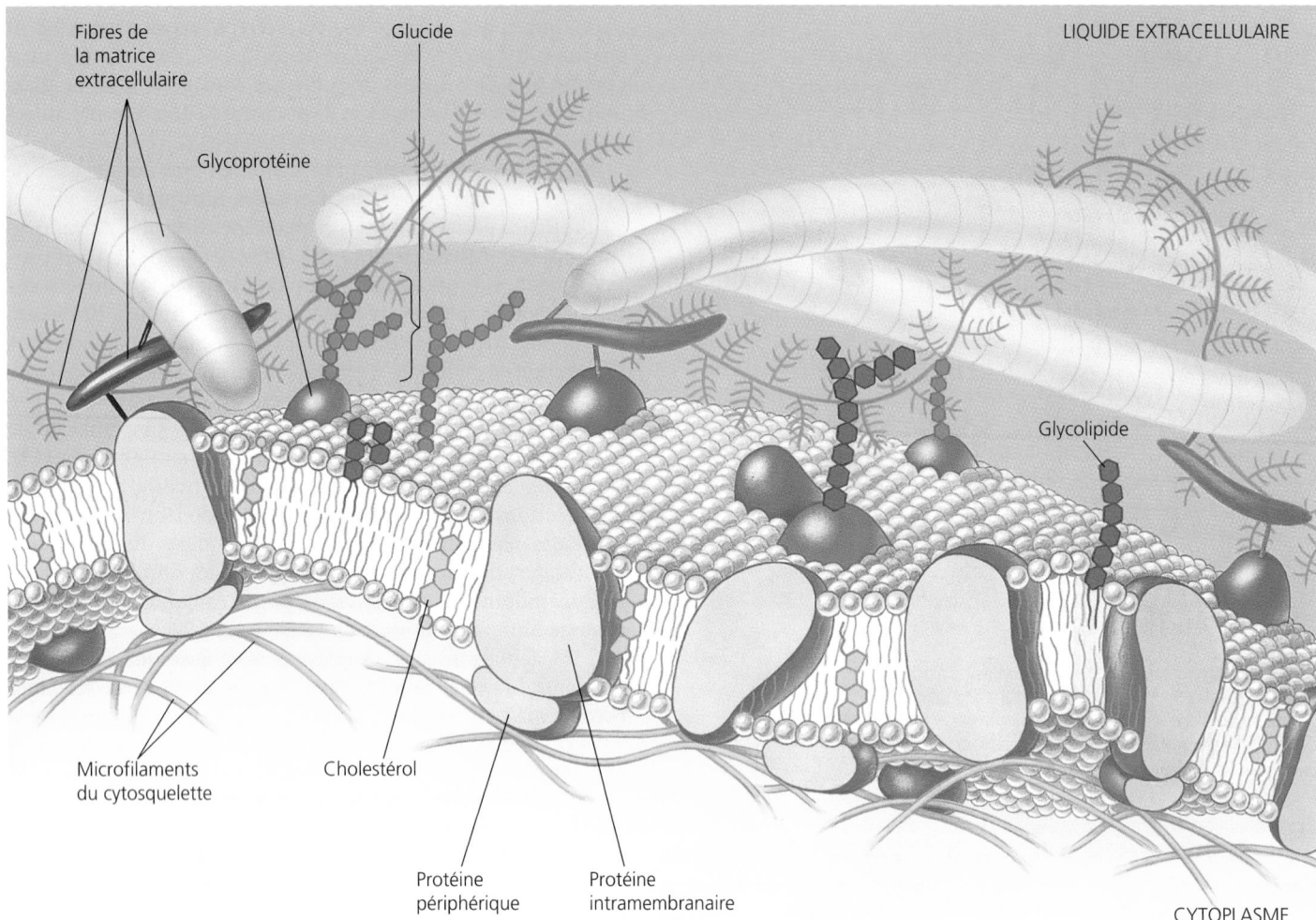

Fibres de
la matrice
extracellulaire

Glucide

Glycoprotéine

Glycolipide

Microfilaments
du cytosquelette

Cholestérol

Protéine
périphérique

Protéine
intramembranaire

CYTOPLASME

FIGURE 8.6 Structure détaillée de la membrane plasmique d'une cellule animale.
(Voir la FIGURE 7.29 pour plus de détails sur la matrice extracellulaire.)

La FIGURE 8.9, à la page 150, énumère les six fonctions remplies par les protéines de la membrane plasmique. Il faut savoir que, dans une cellule, les protéines membranaires peuvent accomplir plusieurs fonctions et qu'une seule protéine peut jouer plusieurs rôles. C'est dans ce sens que les membranes sont des mosaïques aux structures et aux fonctions multiples.

Les glucides membranaires jouent un rôle majeur dans la reconnaissance intercellulaire

La reconnaissance intercellulaire, c'est-à-dire la capacité d'une cellule à distinguer les types de cellules de l'organisme dont elle fait partie, revêt une importance capitale dans le fonctionnement d'un organisme. Chez l'embryon animal, par exemple, elle permet aux cellules de même type de se regrouper en tissus. Elle détermine aussi le rejet des cellules étrangères (y compris celles des organes greffés) par le système immunitaire, un mécanisme de défense important chez les Vertébrés (voir le chapitre 43). Les cellules se reconnaissent entre elles au moyen de molécules – généralement des glucides – qui se trouvent à la surface de leur membrane plasmique.

Les glucides membranaires sont souvent de petits polysaccharides ramifiés comptant moins de 15 monomères. Si certains glucides membranaires s'unissent aux lipides (glycolipides) par des liaisons covalentes, la plupart se lient à des protéines (glycoprotéines), également par covalence (voir la FIGURE 8.6).

Les petits polysaccharides associés au feuillet externe de la membrane plasmique varient selon les espèces d'organismes, selon les individus d'une même espèce, voire selon les types de cellules d'un même organisme. Étant donné leur diversité et leurs différentes positions, on les considère comme les marqueurs qui permettent de distinguer les cellules, notamment celles des différents groupes sanguins.

LE TRANSPORT À TRAVERS UNE MEMBRANE

Une membrane biologique est un exemple merveilleux de structure supramoléculaire : ses propriétés dépassent celles des molécules qui la constituent. Il s'agit d'un bel exemple d'émergence. Tout le reste de ce chapitre traite de l'une des propriétés

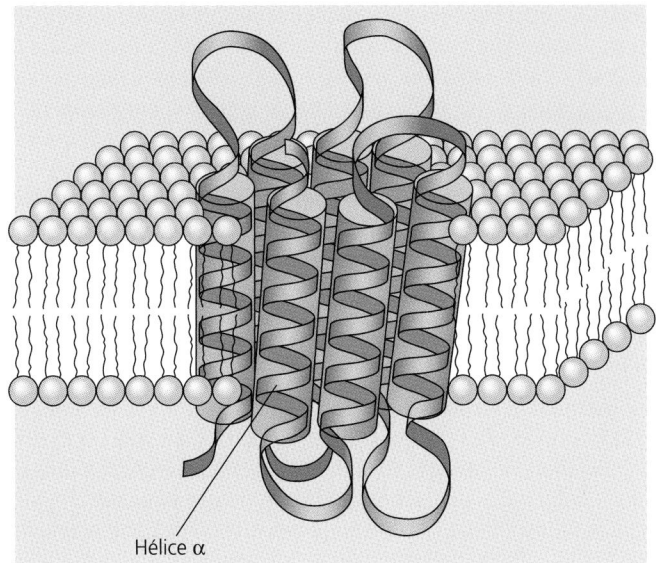

FIGURE 8.7 Structure d'une protéine transmembranaire. Cette représentation en ruban met en évidence la structure secondaire en hélice α des parties hydrophobes d'une protéine. Celles-ci s'insèrent généralement dans la portion hydrophobe de la bicouche membranaire. La protéine que l'on voit ici, la bactériorhodopsine, possède sept hélices transmembranaires (que nous avons encastrées dans des cylindres pour mieux les délimiter). De part et d'autre de la membrane, les parties hydrophiles non hélicoïdales sont en contact avec les solutions aqueuses. La bactériorhodopsine est une protéine de transport spécialisée que l'on trouve dans certaines bactéries.

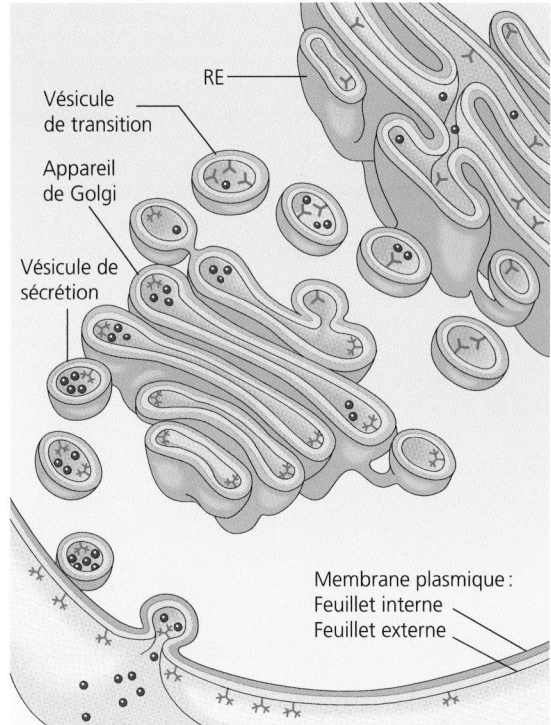

FIGURE 8.8 Disposition de la membrane plasmique. Le feuillet interne et le feuillet externe de la membrane plasmique sont bien distincts. Le feuillet qui tapisse la lumière (cavité) du réticulum endoplasmique, de l'appareil de Golgi et des vésicules est structuralement équivalent au feuillet externe de la membrane plasmique. La fusion de vésicules avec la membrane plasmique cause l'élargissement de celle-ci et provoque la sécrétion de produits cellulaires (en violet). Les glucides du feuillet extracellulaire (en vert) sont synthétisés par le RE et modifiés par l'appareil de Golgi.

les plus importantes d'une membrane : sa perméabilité sélective. Grâce à celle-ci, la cellule peut exister en tant que système ouvert. Vous aurez encore une fois l'occasion de constater la corrélation entre structure et fonction. Le modèle de la mosaïque fluide vous aidera à comprendre le passage des substances à travers les membranes. *Les notions concernant le transport membranaire revêtent une importance primordiale pour la compréhension du fonctionnement des êtres vivants.*

Une membrane a une perméabilité sélective qui résulte de sa structure

De petites molécules et des ions traversent régulièrement la membrane plasmique dans les deux sens. Une cellule musculaire, par exemple, procède à de nombreux échanges chimiques avec le liquide extracellulaire. Elle laisse entrer les monosaccharides, les acides aminés et les autres nutriments, alors qu'elle fait sortir les sous-produits du métabolisme. Elle laisse pénétrer le dioxygène nécessaire à sa respiration et expulse du dioxyde de carbone. Enfin, elle régularise ses concentrations en ions inorganiques monoatomiques (tels que H^+, Na^+, K^+, Ca^{2+}, Mg^{2+}, Mn^{2+} et Cl^-) et en ions inorganiques polyatomiques

(tels que NH_4^+, OH^-, HCO_3^-, NO_3^-, PO_4^{3-} et SO_4^{2-}) en leur faisant traverser la membrane plasmique dans un sens ou dans l'autre. Bien que la circulation qui a lieu à travers la membrane soit intense, celle-ci forme une barrière dotée d'une perméabilité sélective : les substances ne la traversent pas sans restriction. La cellule a la capacité d'admettre de nombreuses sortes de petites molécules et d'ions, et de refuser l'accès à d'autres. De plus, toutes les substances ne traversent pas la membrane à la même vitesse, comme nous le verrons un peu plus loin.

Perméabilité de la bicouche lipidique

Les molécules hydrophobes, comme les lipides, les hydrocarbures, les acides gras, les vitamines A, D, E et K, le dioxyde de carbone et le dioxygène, se dissolvent dans la bicouche de la membrane et la traversent lentement, mais aisément. Toutefois, le centre hydrophobe de la membrane entrave le passage des ions et des molécules polaires, qui sont hydrophiles. Ainsi, l'eau ne franchit pas facilement la bicouche. Cependant, en raison de sa très petite taille, elle parvient parfois, malgré sa polarité, à se faufiler lentement entre les phosphoglycérolipides dans une membrane très fluide. Il reste que cette traversée est marginale et n'a rien à voir avec l'entrée massive et spontanée de l'eau

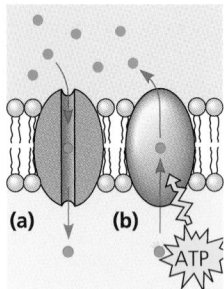

Protéines de transport. (a) Une protéine qui traverse la membrane de part en part peut constituer un canal hydrophile dans lequel un seul type de soluté passe. **(b)** Certaines protéines de transport hydrolysent l'ATP pour véhiculer des substances à travers la membrane.

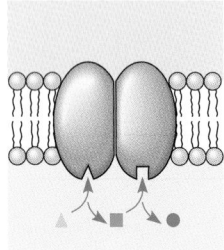

Enzymes. Une protéine intramembranaire peut être une enzyme dont le site actif se trouve exposé aux substances de la solution adjacente. Dans certains cas, la membrane comporte un alignement ordonné d'enzymes qui accomplissent suivant une séquence précise les étapes d'un processus métabolique.

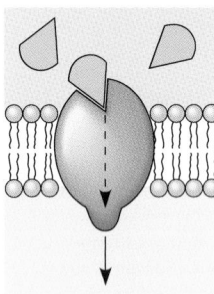

Protéines réceptrices. Une protéine membranaire peut porter un site de liaison dont la forme épouse celle d'un messager chimique, comme une hormone. Le messager (stimulus) peut entraîner un changement de la conformation de la protéine; à la suite de cela, la partie cytoplasmique de la protéine déclenche une cascade de réactions chimiques dans la cellule.

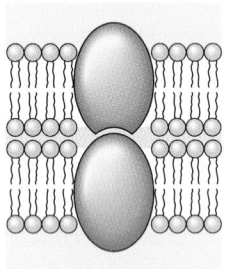

Adhérence intercellulaire. Les protéines intramembranaires de cellules adjacentes peuvent se lier et unir celles-ci suivant plusieurs types de jonctions (FIGURE 7.30). Cette fonction permet la formation de tissus.

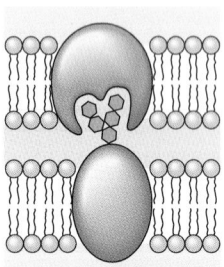

Reconnaissance intercellulaire. Certaines glycoprotéines (protéines munies de courts polysaccharides) servent à identifier les cellules et sont reconnues par les autres cellules de manière spécifique.

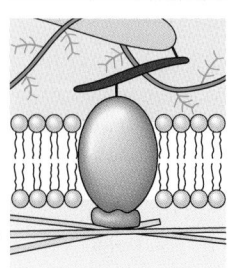

Fixation au cytosquelette et à la matrice extracellulaire. Des microfilaments ou d'autres éléments du cytosquelette peuvent se lier à des protéines membranaires. Cette fonction joue un rôle important dans le maintien de la forme cellulaire et dans la stabilité de certaines protéines intramembranaires. Les protéines qui adhèrent à la matrice extracellulaire peuvent coordonner des changements extracellulaires et intracellulaires.

FIGURE 8.9 Quelques fonctions des protéines membranaires. Certaines protéines membranaires cumulent plusieurs fonctions.

pendant l'osmose. Les monosaccharides et les disaccharides, des molécules beaucoup plus volumineuses, sont incapables de traverser une membrane sans aide. Les ions, avec leur revêtement aqueux, et les molécules chargées (par exemple, certains acides aminés) ont, eux aussi, bien du mal à pénétrer la couche hydrophobe de la membrane. Heureusement pour la cellule, le mécanisme de perméabilité sélective de la membrane ne repose pas uniquement sur la bicouche. La membrane plasmique renferme également des protéines qui jouent un rôle clé dans la régulation des transports.

Protéines de transport

Les membranes biologiques laissent passer certains ions et certaines molécules polaires, dont l'eau. Ces substances hydrophiles évitent le contact avec la bicouche en traversant les membranes grâce à des **protéines de transport** qui y sont enchâssées (voir la FIGURE 8.9). Certaines de ces protéines comportent un canal que différentes substances empruntent, tel un tunnel hydrophile. D'autres se lient faiblement à leurs passagers et les portent physiquement d'un côté à l'autre de la membrane. Dans un cas comme dans l'autre, les protéines de transport sont généralement très sélectives: la plupart ne véhiculent ou ne laissent passer qu'une seule substance; d'autres transportent une ou plusieurs substances fortement apparentées. Par exemple, le glucose que le sang apporte au foie entre très rapidement dans les cellules hépatiques grâce à des protéines de transport particulières insérées dans la membrane plasmique. Ces dernières sont si spécifiques qu'elles rejettent même le fructose, un isomère du glucose.

La perméabilité sélective de la membrane repose donc à la fois sur les protéines de transport spécifiques enchâssées dans celle-ci et sur les propriétés chimiques de la bicouche. Mais qu'est-ce qui détermine la *direction* des déplacements à travers la membrane? Qu'est-ce qui fait qu'à un moment donné une substance entre dans la cellule ou en sort? Quels mécanismes sont responsables du passage des molécules de part et d'autre de la membrane? Dans la section qui suit, nous répondrons à ces questions à mesure que nous étudierons deux modes de transport: le transport passif et le transport actif.

La diffusion à travers une membrane constitue un mode de transport passif (celui-ci ne nécessite aucune énergie provenant de l'ATP)

Nous avons vu, au chapitre 3, que les molécules en mouvement possèdent une énergie cinétique moyenne, mesurée par la température. La **diffusion,** soit la tendance que les substances (ions ou molécules) ont à se répartir uniformément dans un milieu, découle de cette propriété. On distingue deux modes de diffusion lorsqu'il s'agit de transport membranaire: la diffusion simple et la diffusion facilitée. On parle de **diffusion simple** lorsqu'une substance traverse la bicouche de phosphoglycérolipides d'une membrane sans l'intermédiaire d'une protéine. Par contre, lorsque le passage d'une substance s'effectue grâce à une protéine, on parle de **diffusion facilitée.** *Ces modes de transport ne nécessitent pas une dépense d'énergie métabolique (ATP) de la part de la cellule.* Le déplacement de chaque molécule se fait de façon aléatoire, mais la diffusion de chaque

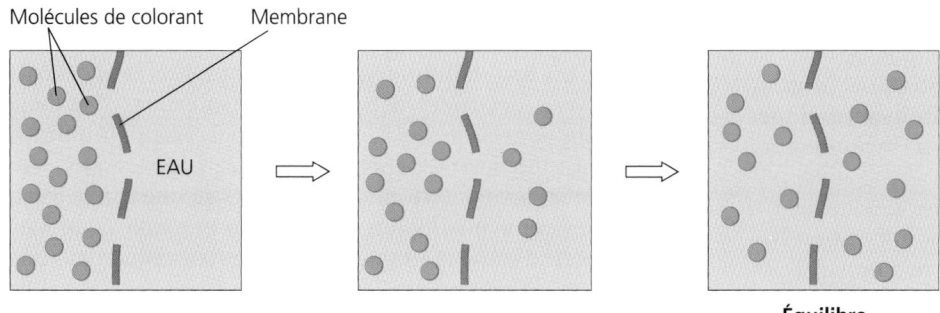

FIGURE 8.10 Diffusion de solutés à travers une membrane.

Molécules de colorant   Membrane

EAU

Équilibre

(a) Diffusion d'un soluté en milieu aqueux. Les pores de la membrane sont assez grands pour laisser traverser l'eau et les molécules de colorant dissoutes. Le colorant diffuse de la zone où il est le plus concentré vers la zone ou il est le moins concentré, c'est-à-dire suivant son gradient de concentration, et ce, jusqu'à l'équilibre.

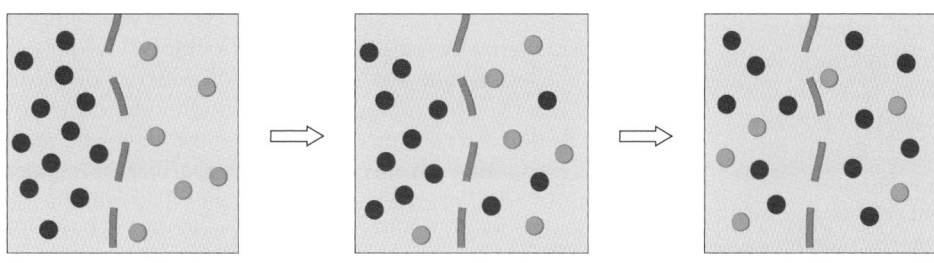

Équilibre

(b) Diffusion simultanée de deux solutés en milieu aqueux. Deux solutions de couleurs différentes sont séparées par une membrane perméable aux deux colorants. Les molécules de chaque colorant diffusent suivant leur gradient de concentration. Le colorant orange diffuse vers la gauche, même si la concentration totale de solutés était initialement plus grande à gauche qu'à droite.

substance (que ce soit des molécules ou des ions) peut se produire dans une direction précise. Imaginez, par exemple, qu'une membrane sépare de l'eau distillée d'une solution aqueuse de colorant. Supposez aussi qu'elle est perméable aux molécules de colorant (FIGURE 8.10a). Ces dernières errent toutes au hasard, mais elles présentent un mouvement *net* en direction de l'eau distillée. Elles se répartissent de part et d'autre de la membrane jusqu'à ce qu'elles atteignent une concentration égale dans les deux solutions. Il s'ensuit alors un équilibre dynamique et, chaque seconde, le nombre de molécules de colorant qui traversent la membrane vers la gauche est égal au nombre de molécules de colorant qui traversent la membrane vers la droite.

Nous pouvons maintenant énoncer quelques règles à propos de la diffusion. Premièrement, dans des conditions normales, une substance diffuse de la région où elle est la plus concentrée vers la région où elle est la moins concentrée. En d'autres termes, toute substance diffuse suivant un **gradient de concentration.** Ce phénomène ne nécessite aucune autre énergie que l'énergie libre: la diffusion se produit spontanément, parce qu'elle diminue l'énergie libre (voir la FIGURE 6.5b). Rappelez-vous que, dans l'Univers, l'entropie (ou le désordre) a tendance à augmenter. La diffusion d'un soluté dans l'eau accroît l'entropie, car elle défait l'ordre représenté par des concentrations distinctes d'un soluté. Remarquez aussi que chaque substance se répand suivant son *propre* gradient de concentration, sans égard aux différences de concentration des autres substances (FIGURE 8.10b). Deuxièmement, en général, la vitesse de diffusion d'une substance est inversement proportionnelle à son volume. Troisièmement, plus une substance possède un coefficient de partage (solubilité dans les lipides/solubilité dans l'eau) élevé, plus elle traverse rapidement la bicouche de phosphoglycérolipides. Quatrièmement, les substances liposolubles traversent une membrane plus rapidement que les substances hydrosolubles.

La plus grande partie des échanges transmembranaires se fait par diffusion. Chaque fois qu'une substance se trouve plus concentrée d'un côté de la membrane que de l'autre, elle tend à diffuser, suivant son gradient de concentration, à travers la membrane (à condition que celle-ci lui soit perméable). L'absorption de dioxygène en vue de la respiration cellulaire constitue un exemple important de la diffusion simple. Le dioxygène dissous diffuse vers l'intérieur de la cellule. Cela se poursuit tant que la respiration cellulaire le consomme, car le gradient de concentration favorise le mouvement dans cette direction.

La diffusion d'une substance à travers une membrane biologique constitue un mode de **transport passif,** parce qu'elle ne nécessite pas de dépense d'énergie de la part de la cellule. (Le gradient de concentration lui-même représente de l'énergie potentielle et alimente la diffusion.) Rappelez-vous, cependant, que la perméabilité sélective influe sur la capacité et la vitesse de diffusion des différentes molécules. Comme nous l'avons vu précédemment, toutes les substances ne peuvent traverser la bicouche de phosphoglycérolipides ou encore elles ne le font pas aisément: c'est le cas de l'eau, par exemple. Heureusement, l'eau, les ions inorganiques et certaines molécules organiques, tels que les acides aminés, les monosaccharides et les disaccharides, trouvent une voie de passage à travers la bicouche de lipides grâce aux protéines intramembranaires.

Le transport passif de l'eau est appelé osmose

Quand deux solutions présentent des concentrations inégales de solutés, celle qui est la plus concentrée est dite **hypertonique,** alors que celle qui est la moins concentrée est dite **hypotonique.** (*Hyper* et *hypo* signifient respectivement « plus » et « moins ».) Il s'agit de deux qualificatifs relatifs qu'on utilise uniquement à des fins de comparaison. Par exemple, l'eau du robinet est hypertonique par rapport à l'eau distillée, mais hypotonique par rapport à l'eau de mer. En d'autres termes, elle contient une plus forte concentration de solutés que l'eau distillée, mais une plus faible concentration de solutés que l'eau de mer. Les solutions qui contiennent une concentration égale de solutés sont dites **isotoniques** (*iso* signifie « même »).

Imaginez un récipient en forme de U dans lequel une membrane synthétique, dont la perméabilité est sélective, sépare deux solutions de glucose de concentrations molaires volumiques différentes (FIGURE 8.11). La membrane est perméable à l'eau, mais imperméable au glucose. La solution dont la concentration de soluté est la plus élevée (hypertonique) possède une concentration en eau plus faible. Par conséquent, l'eau diffuse à travers la membrane de la solution hypotonique vers la solution hypertonique. La diffusion de l'eau à travers une membrane dont la perméabilité est sélective représente un cas particulier de transport passif appelé **osmose*.**

La direction de l'osmose dépend uniquement de la différence dans la concentration *totale* du soluté de part et d'autre d'une membrane, et non de la nature du soluté. L'eau passe d'une solution hypotonique à une solution hypertonique même si la première contient plus de *sortes* de solutés que la seconde. Ainsi, l'eau de mer, qui contient des solutés très divers, perd de l'eau au profit d'une solution de glucose très concentrée, parce que la concentration totale de l'eau de mer est plus faible. Quand une membrane sépare des solutions isotoniques, l'eau la traverse à la même vitesse dans les deux directions ; autrement dit, il n'y a pas de flux osmotique net de l'eau entre des solutions isotoniques. (Aux chapitres 36 et 44, nous nous pencherons davantage sur les aspects quantitatifs de l'osmose.)

La survie de la cellule dépend de l'équilibre entre l'entrée et la sortie d'eau

La diffusion de l'eau à travers les membranes cellulaires ainsi que l'équilibre hydrique entre la cellule et son milieu sont essentiels aux organismes. Appliquons maintenant aux cellules ce que nous venons d'apprendre à propos de l'osmose.

Équilibre hydrique dans les cellules dénuées de paroi

Si l'on immerge une cellule animale dans un milieu isotonique, il n'y a pas de diffusion nette d'eau à travers la membrane plasmique. De l'eau traverse bien celle-ci, mais elle le fait autant

dans un sens que dans l'autre. Bref, dans un milieu isotonique, le volume d'une cellule animale reste stable (FIGURE 8.12). Par contre, dans une solution très hypertonique, la cellule animale perd de l'eau, devient crénelée (ratatinée) et meurt. C'est l'une des raisons pour lesquelles l'augmentation de la salinité d'un lac (causée par des déversements de neige usée, par exemple) peut tuer les animaux qui y vivent. Précisons ici qu'une entrée d'eau excessive s'avère aussi dommageable pour une cellule animale qu'une perte d'eau importante. Si l'on place une cellule dans une solution très hypotonique, l'eau entre plus vite dans la cellule qu'elle n'en sort : la cellule enfle et se lyse (éclate) comme un ballon trop gonflé.

Une cellule dénuée de paroi rigide ne peut tolérer ni les entrées d'eau ni les sorties d'eau qui sont excessives. Le problème de l'équilibre hydrique ne se pose pas si elle vit dans un milieu isotonique. Ainsi, beaucoup d'Invertébrés marins sont isotoniques par rapport à l'eau de mer, et les cellules de la plupart des Animaux terrestres baignent dans un liquide isotonique par rapport à elles. Quant aux organismes dépourvus de paroi cellulaire mais vivant dans un milieu hypertonique ou hypotonique, ils doivent posséder des adaptations qui leur permettent d'effectuer une **osmorégulation,** c'est-à-dire de réguler l'équilibre hydrique entre leur milieu et eux. Par exemple, le Protiste appelé Paramécie (*Paramecium caudatum*), un être vivant unicellulaire, vit dans des eaux stagnantes hypotoniques. L'eau a tendance à entrer continuellement dans cette cellule. Cependant, la membrane plasmique de la Paramécie est beaucoup moins perméable à l'eau que celle de la plupart des autres cellules. Notons que cette adaptation ne fait que ralentir l'entrée d'eau, qui est continue. Heureusement, la Paramécie possède une vacuole pulsatile, un organite qui expulse l'eau à mesure qu'elle entre par osmose (FIGURE 8.13). Nous étudierons d'autres mécanismes d'osmorégulation au chapitre 44.

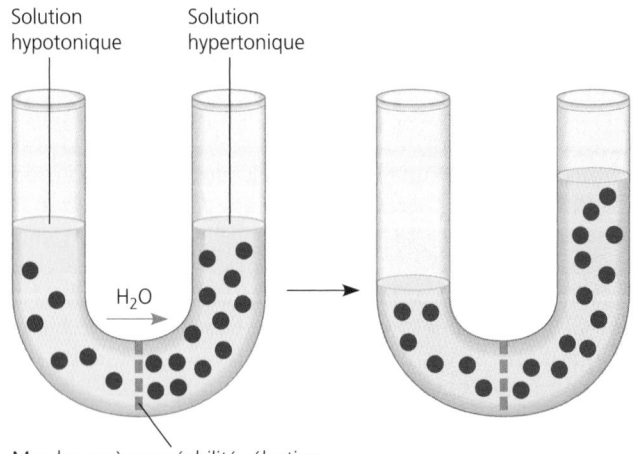

Solution hypotonique   Solution hypertonique

H₂O

Membrane à perméabilité sélective

FIGURE 8.11 Osmose. Deux solutions de glucose de concentrations molaires volumiques différentes sont séparées par une membrane perméable au solvant (l'eau), mais imperméable au soluté (le glucose). L'eau diffuse de la solution la moins concentrée en soluté (hypotonique) vers la solution la plus concentrée (hypertonique). Le transport passif de l'eau, ou osmose, amenuise la différence entre les concentrations des solutions de glucose.

---

* En tout temps, certaines molécules d'eau de la solution ne peuvent se mouvoir, car elles forment une couche d'hydratation autour des molécules de soluté. En réalité, l'osmose ne provient pas d'une différence dans la concentration totale d'eau, mais d'une différence dans la concentration de l'eau libre capable de traverser la membrane.

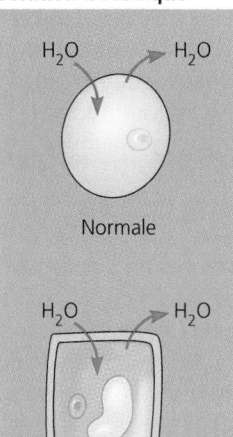
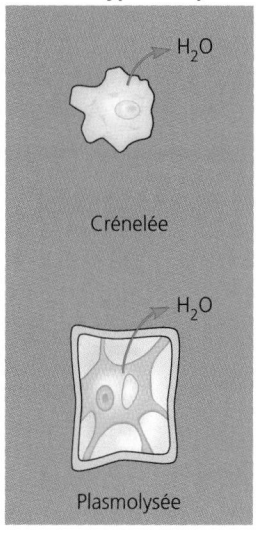

Solution hypotonique | **Solution isotonique** | **Solution hypertonique**

H_2O — Lysée | H_2O → H_2O — Normale | H_2O — Crénelée

H_2O — Turgescente | H_2O → H_2O — Flasque | H_2O — Plasmolysée

Cellule animale. À moins de posséder des adaptations spéciales qui contrent son gain ou sa perte d'eau par osmose, la cellule animale se porte mieux dans un milieu isotonique.

Cellule végétale. La cellule végétale est turgescente (ferme) et, en règle générale, saine dans un milieu hypotonique. L'entrée de l'eau est contrée par la pression de la paroi élastique qui s'exerce sur la membrane plasmique et le cytoplasme.

FIGURE 8.12 Équilibre hydrique dans les cellules. Suivant que les cellules possèdent ou non une paroi cellulaire, elles réagissent différemment aux variations de concentration des solutés de leur milieu. Contrairement à la cellule végétale (rangée du bas), la cellule animale est dépourvue de paroi cellulaire (rangée du haut). (Les flèches indiquent la diffusion *nette* de l'eau juste après l'immersion des cellules dans les solutions.)

Équilibre hydrique dans les cellules pourvues d'une paroi

Les cellules des Végétaux, des Bactéries, des Archéobactéries, des Eumycètes et de certains Protistes sont entourées d'une paroi. Lorsqu'elles se trouvent dans une solution hypotonique (dans de l'eau de pluie, par exemple), leur paroi concourt à l'équilibre hydrique. Comme la cellule animale, la cellule végétale gagne de l'eau par osmose et enfle (voir la FIGURE 8.12). La paroi élastique se distend jusqu'à un certain point, après quoi elle exerce sur la cellule une pression qui empêche l'eau d'entrer. La cellule est alors **turgescente** (très ferme). La turgescence constitue l'état idéal pour la plupart des Végétaux ; elle apporte d'ailleurs un soutien mécanique essentiel aux plantes non ligneuses qui ornent nos intérieurs. Si une cellule végétale baigne dans un milieu isotonique, il n'y a pas de diffusion nette de l'eau vers l'intérieur, et elle devient flasque. Une plante dont les cellules sont flasques flétrit.

Cependant, si une cellule végétale baigne dans un milieu hypertonique, sa paroi n'est pas d'une grande utilité : la cellule perd de l'eau et rétrécit, comme le ferait une cellule animale dans les mêmes conditions. À mesure qu'elle se ratatine, sa membrane plasmique s'écarte de la paroi cellulaire. Ce phénomène, appelé **plasmolyse,** est généralement fatal. Les Bactéries, les Archéobactéries et les Eumycètes subissent le même sort dans un milieu hypertonique.

Des protéines spécifiques facilitent le transport passif de l'eau et de certains solutés : *une étude détaillée*

Examinons en détail comment l'eau et certains solutés hydrophiles traversent une membrane. Comme nous l'avons mentionné précédemment, beaucoup de molécules polaires ou plus ou moins polaires et les ions refoulés par la bicouche arrivent à diffuser à l'intérieur de la cellule à l'aide des protéines

Vacuole pleine — 35 µm (500 ×)

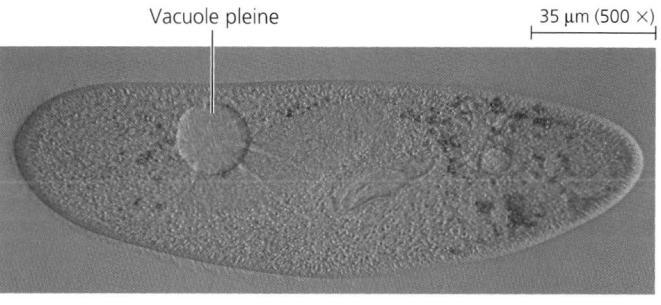

(a) Un réseau de canaux parcourant le cytoplasme achemine l'eau dans la vacuole pulsatile.

Vacuole contractée — 35 µm (500 ×)

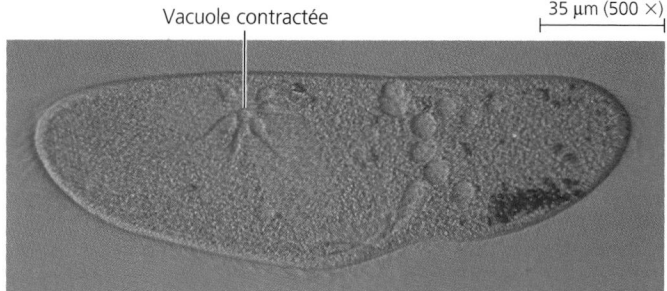

(b) Quand la vacuole et les canaux sont pleins, ils se contractent et expulsent de l'eau de la cellule.

FIGURE 8.13 La vacuole pulsatile, une adaptation apparue au cours de l'évolution et permettant l'osmorégulation chez la Paramécie (*Paramecium caudatum*). La vacuole pulsatile de ce Protiste dulcicole annule les effets de l'osmose en expulsant l'eau de la cellule. (MP à interférence-contraste de Nomarski.)

de transport disséminées dans la membrane. On appelle ce phénomène **diffusion facilitée.** On distingue deux modes de diffusion facilitée : la diffusion facilitée par l'ouverture contrôlée d'un canal protéique et la diffusion facilitée par une perméase. Une protéine de transport possède certaines propriétés des enzymes. De la même manière qu'une enzyme est propre à son substrat, la majorité des protéines de transport découvertes jusqu'à maintenant véhiculent ou laissent passer une substance spécifique. En effet, de nombreuses protéines de transport servent de tunnel dans la membrane pour le passage de molécules ou d'ions particuliers (FIGURE 8.14a). Ces **canaux protéiques,** de véritables couloirs hydrophiles, permettent aux molécules d'eau et aux petits ions de franchir très rapidement la membrane. Leur caractère hydrophile résulte de la disposition particulière des acides aminés polaires ou chargés qui bordent leur lumière. Quant à leur partie externe, elle comporte des acides aminés non polaires qui s'intègrent bien à la portion hydrophobe de la bicouche. Un canal protéique est constitué d'une seule protéine faite de plusieurs protomères (ou chaînes polypeptidiques) On a pu localiser au moins une porte (une sorte de clapet ou de vanne) sur la plupart des canaux ioniques identifiés à ce jour ; il s'agit d'un protomère ou d'une partie de protomère qui obéit à une régulation. Une fois de plus, nous constatons une corrélation très étroite entre la structure membranaire et la fonction de perméabilité sélective.

Certains canaux protéiques spécialisés dans le transport de l'eau, les **aquaporines,** facilitent la diffusion massive d'eau illustrée à la FIGURE 8.12. Jusqu'à présent, les chercheurs en ont découvert plus d'une dizaine de sortes différentes chez les Végétaux et les Animaux. L'ouverture et la fermeture de certains types d'aquaporines dépendent du pH. Les aquaporines, qui comportent parfois plusieurs canaux, permettent le passage rapide et sélectif de l'eau. D'autres canaux protéiques, les canaux ioniques, permettent le transport sélectif d'ions. Un stimulus de nature électrique, chimique ou mécanique commande leur ouverture et leur fermeture. Ainsi, certains canaux, qualifiés de tensiodépendants, s'ouvrent lors d'une variation du potentiel électrique membranaire (que nous expliquerons dans les prochaines sections ; en attendant, vous pouvez voir ces canaux à la FIGURE 48.9). Dans le cas des canaux qualifiés de chimiodépendants, c'est sous l'effet d'un stimulus chimique que des molécules modulatrices se fixent à des récepteurs situés sur les canaux, qui s'ouvrent pour laisser passer une substance

différente. Par exemple, la stimulation d'un neurone par des neurotransmetteurs entraîne l'ouverture des canaux ioniques, qui laissent pénétrer les ions sodium dans la cellule (voir la FIGURE 48.12). Finalement, certains canaux s'ouvrent à la suite d'une déformation mécanique de la membrane plasmique. Par exemple, des canaux protéiques sont situés à proximité des cils d'une cellule ciliée de l'oreille interne humaine (voir la FIGURE 49.17) ou de la ligne latérale d'un poisson (voir la FIGURE 49.20). Ils s'ouvrent lors du passage d'ondes qui font ployer les cils. La pression exercée sur la base de ceux-ci étire la membrane et ouvre les canaux ; on qualifie ces derniers de mécanodépendants. Nous reparlerons ultérieurement de tous ces canaux au cours de notre étude de la physiologie.

Certaines substances, comme les monosaccharides, les disaccharides, les acides aminés, les bases azotées et les nucléosides, ne peuvent emprunter les canaux que nous venons de décrire. Pour traverser une membrane, elles utilisent les services de transporteurs protéiques spécifiques appelés *perméases.* Bien que cette appellation (qui se termine par un ase) évoque les enzymes, il ne s'agit pas d'enzymes, mais de « catalyseurs physiques » intramembranaires, qui transportent une substance d'un milieu à l'autre sans en changer la nature d'aucune façon. Les perméases présentent un site de liaison analogue au site actif des enzymes. Et, à l'instar de celles-ci, elles peuvent devenir saturées : une membrane plasmique ne contient qu'un certain nombre de molécules de chaque type de perméase et, quand ces molécules sont toutes occupées, le transport atteint sa vitesse maximale. De plus, comme les enzymes, les perméases peuvent être inhibées par des molécules qui ressemblent à leur « substrat » normal. Ces imposteurs se lient à elles et entrent en compétition avec le soluté qu'elles transportent normalement. Contrairement aux enzymes, cependant, les protéines de transport ne catalysent pas de réactions chimiques. Leur fonction consiste à catalyser un processus physique : le transport d'une molécule à travers une membrane qui serait autrement imperméable à cette molécule.

Les perméases opèrent de la façon suivante : elles subissent un changement subtil de conformation qui transfère le site de liaison d'un côté de la membrane à l'autre (FIGURE 8.14b). Il se peut que la liaison et la libération de la substance transportée initient le changement de configuration.

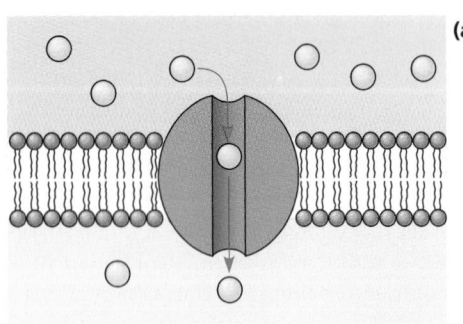

(a) La protéine de transport (en violet) forme un canal par lequel les molécules d'eau ou d'un soluté spécifique diffusent.

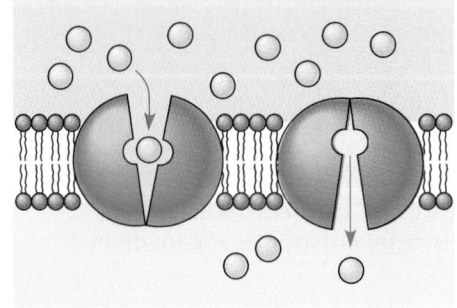

(b) La protéine de transport oscille entre deux conformations ; en changeant de forme, elle déplace un soluté à travers la membrane. Elle peut le transporter dans une direction ou dans l'autre, la diffusion nette s'effectuant suivant le gradient de concentration du soluté.

FIGURE 8.14 Modèles de la diffusion facilitée.

Certaines maladies héréditaires se traduisent par l'anomalie d'un mécanisme de transport ou par l'absence d'un transporteur spécifique. La cystinurie, par exemple, est une maladie humaine héréditaire, de transmission autosomique récessive (un autosome est tout chromosome non sexuel), caractérisée par l'absence de perméases transportant certains acides aminés (la lysine, l'arginine et la cystine, soit la forme oxydée de la cystéine faite de deux molécules de cet acide aminé reliées par leurs atomes de soufre) à travers la membrane des cellules rénales. En temps normal, les cellules rénales réabsorbent ces acides aminés perdus par le sang et les lui renvoient. Chez une personne atteinte de cystinurie, les acides aminés s'accumulent dans les reins, cristallisent et forment des calculs douloureux.

Le transport actif consiste à pomper des solutés à l'encontre de leurs gradients de concentration (ce mode de transport s'effectue grâce à l'énergie fournie par l'ATP)

En dépit de l'intervention d'une protéine de transport, on considère la diffusion facilitée comme un mode de transport passif, car le soluté suit son gradient de concentration. La diffusion facilitée accélère le transport d'un soluté en ouvrant un corridor spécifique dans la membrane, mais elle ne modifie pas la direction du déplacement. Il existe des protéines de transport qui peuvent aller à l'encontre du gradient de concentration du soluté et porter celui-ci du côté de la membrane où il est le moins concentré vers le côté où il est le plus concentré. Cela équivaut à pousser une charge vers le haut d'une pente, et donc cela nécessite du travail. Pour faire passer une substance à travers une membrane à l'encontre du gradient de concentration, *la cellule doit dépenser de l'énergie métabolique,* c'est-à-dire de l'ATP. Par conséquent, cette forme de transport membranaire s'appelle **transport actif.**

Le transport actif joue un rôle clé dans le maintien de concentrations intracellulaires différentes des concentrations extracellulaires. La cellule animale, par exemple, possède une concentration d'ions potassium beaucoup plus élevée que celle du milieu environnant, alors que sa concentration d'ions sodium est beaucoup plus faible. La membrane plasmique maintient ces fortes différences de gradients en expulsant le sodium de la cellule et en y introduisant du potassium.

Le transport actif relève de protéines spécifiques enchâssées dans la membrane. Comme dans le cas d'autres formes de travail cellulaire, c'est l'ATP qui fournit l'énergie nécessaire au processus en cédant son groupement phosphate terminal à la protéine de transport. Ce transfert entraîne un changement dans la conformation de la protéine. Grâce à cela, le soluté faiblement lié à la protéine est transporté de l'autre côté de la membrane. Il semble que la **pompe à sodium et à potassium** (aussi appelée pompe à $Na^+ - K^+$), qui échange du sodium (Na^+) contre du potassium (K^+) en faisant passer ceux-ci à travers les membranes des cellules animales, fonctionne de cette façon

(FIGURE 8.15, p. 156). Ce mécanisme, d'une importance capitale pour les cellules, exige environ le tiers de leur puissance énergétique totale. En plus de la pompe à $Na^+ - K^+$, on trouve dans les membranes des pompes à H^+, à $H^+ - K^+$, à Ca^{2+}, à Cl^-, et d'autres encore. La FIGURE 8.16, à la page 156, compare les transports passif et actif.

Certaines pompes ioniques engendrent une différence de potentiel électrique de part et d'autre d'une membrane

Toutes les membranes déterminent une différence de potentiel électrique (ou tension) entre le milieu externe et le milieu interne. En fait, elles jouent le rôle d'un condensateur, c'est-à-dire d'un dispositif qui emmagasine les charges et qui génère un potentiel électrique. Cette tension représente l'énergie potentielle électrique qui naît de la séparation de charges opposées (gradient électrique). Le cytoplasme porte une charge négative par rapport au liquide extracellulaire, car les anions et les cations sont inégalement répartis entre les deux milieux. La différence de potentiel électrique existant de part et d'autre d'une membrane, appelée **potentiel de membrane,** varie de -50 à -200 mV (millivolts). (Le signe moins indique que l'intérieur de la cellule est négatif par rapport à l'extérieur.)

Le potentiel de membrane se comporte comme une pile, et il influe sur le passage de toutes les substances chargées à travers la membrane: il favorise l'entrée des cations et la sortie des anions. Les cations pénètrent plus facilement dans la cellule parce que l'intérieur de celle-ci est négatif, contrairement au milieu extracellulaire. En résumé, deux forces président au transport passif des ions à travers les membranes: l'énergie libre associée au gradient de concentration des ions et le potentiel électrique, qui produit une attraction des cations vers l'intérieur de la cellule et une attraction des anions vers l'extérieur. Cette combinaison de forces que les ions subissent est appelée **gradient électrochimique.** Dans le cas des ions, il est nécessaire de réviser le concept de transport passif: ainsi, on ne devrait pas dire qu'ils diffusent toujours suivant leur gradient de concentration, mais plutôt suivant leur gradient *électrochimique.* La concentration intracellulaire des ions sodium (Na^+) d'un neurone au repos, par exemple, est beaucoup moins élevée que la concentration extracellulaire des ions sodium. Lorsque le neurone est stimulé, des canaux ioniques qui facilitent la diffusion de Na^+ s'ouvrent. Ces ions diffusent suivant leur gradient électrochimique. Ils sont influencés à fois par le gradient de concentration de Na^+ et par le gradient électrique qui attire les cations vers le feuillet membranaire chargé négativement.

Plusieurs facteurs contribuent au potentiel de membrane d'une cellule. Au pH cellulaire, les protéines et d'autres macromolécules portent une charge négative. Ces gros anions se trouvent emprisonnés dans la cellule et contribuent faiblement à son potentiel de membrane. Quant aux protéines membranaires qui transportent activement des ions, elles ont un effet plus marqué sur ce dernier. Tel est le cas de la pompe à sodium

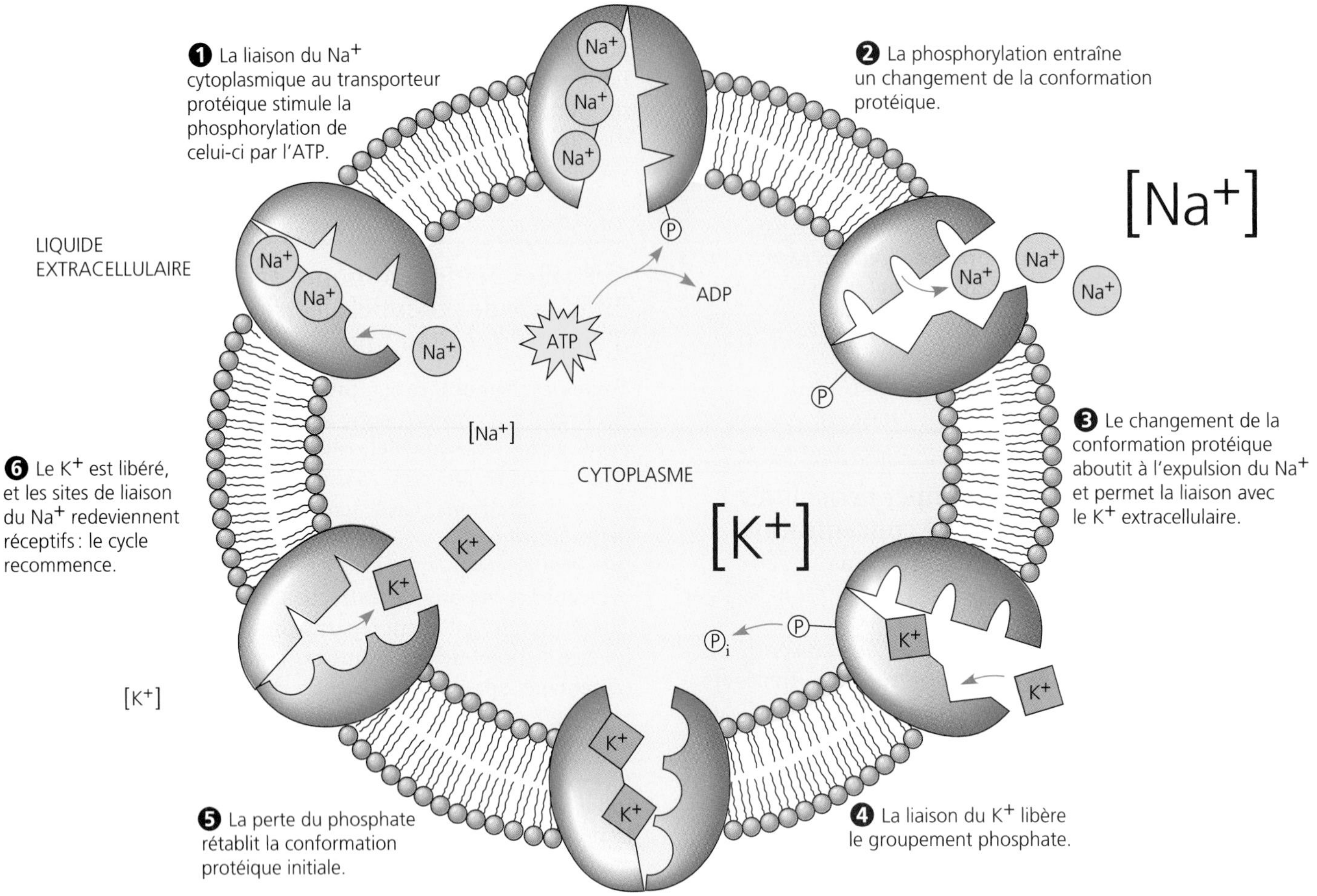

1 La liaison du Na$^+$ cytoplasmique au transporteur protéique stimule la phosphorylation de celui-ci par l'ATP.

2 La phosphorylation entraîne un changement de la conformation protéique.

$$[Na^+]$$

LIQUIDE EXTRACELLULAIRE

Na$^+$

ADP

ATP

$[Na^+]$

CYTOPLASME

$$[K^+]$$

3 Le changement de la conformation protéique aboutit à l'expulsion du Na$^+$ et permet la liaison avec le K$^+$ extracellulaire.

6 Le K$^+$ est libéré, et les sites de liaison du Na$^+$ redeviennent réceptifs : le cycle recommence.

P$_i$

P

K$^+$

$[K^+]$

K$^+$

5 La perte du phosphate rétablit la conformation protéique initiale.

4 La liaison du K$^+$ libère le groupement phosphate.

FIGURE 8.15 Un cas particulier de transport actif : la pompe à sodium et à potassium
La pompe à sodium et à potassium transporte des ions à l'encontre de leurs gradients de concentration (la taille des symboles chimiques dans la figure est proportionnelle à la concentration des solutés). Oscillant entre deux conformations au cours de son cycle, la pompe protéique (soit la protéine de transport) expulse trois ions Na$^+$ chaque fois qu'elle fait entrer deux ions K$^+$. L'ATP alimente ses changements de conformation en la phosphorylant (c'est-à-dire en lui cédant un groupement phosphate).

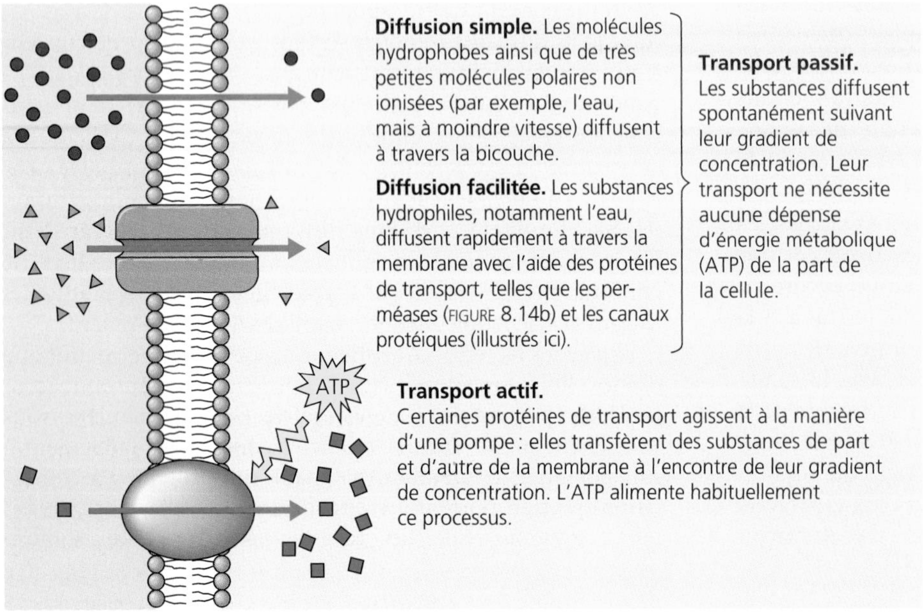

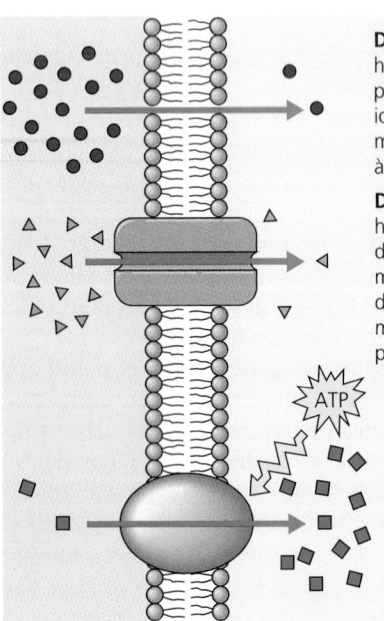

Diffusion simple. Les molécules hydrophobes ainsi que de très petites molécules polaires non ionisées (par exemple, l'eau, mais à moindre vitesse) diffusent à travers la bicouche.

Diffusion facilitée. Les substances hydrophiles, notamment l'eau, diffusent rapidement à travers la membrane avec l'aide des protéines de transport, telles que les perméases (FIGURE 8.14b) et les canaux protéiques (illustrés ici).

Transport passif. Les substances diffusent spontanément suivant leur gradient de concentration. Leur transport ne nécessite aucune dépense d'énergie métabolique (ATP) de la part de la cellule.

Transport actif. Certaines protéines de transport agissent à la manière d'une pompe : elles transfèrent des substances de part et d'autre de la membrane à l'encontre de leur gradient de concentration. L'ATP alimente habituellement ce processus.

FIGURE 8.16 Révision : comparaison entre les modes de transport passif et actif.

et à potassium. La FIGURE 8.15 montre qu'elle n'échange pas un ion Na⁺ contre un ion K⁺: elle rejette plutôt trois ions Na⁺ chaque fois qu'elle fait entrer deux ions K⁺. Chaque cycle de cette pompe transfère une charge positive du cytoplasme vers le liquide extracellulaire. Cela aide le cytosol qui se trouve près de la membrane à garder une charge négative, et le liquide extracellulaire situé à proximité de la membrane à garder une charge positive. Ce processus emmagasine l'énergie sous forme de potentiel électrique. Une protéine de transport qui engendre un potentiel électrique de part et d'autre d'une membrane se nomme **pompe électrogène.** Il semble que la pompe à sodium et à potassium soit la pompe électrogène principale des cellules animales. Chez les Végétaux, les Bactéries, les Archéobactéries et les Eumycètes, la pompe électrogène principale est une **pompe à protons** qui transporte activement des protons hors de la cellule. Son action transfère des charges positives du cytoplasme vers la solution extracellulaire (FIGURE 8.17).

En générant un potentiel électrique de part et d'autre des membranes, les pompes électrogènes créent une réserve d'énergie pouvant servir au travail cellulaire, notamment à une forme de transport membranaire appelée cotransport.

Le cotransport est le transport par une protéine membranaire de deux solutés différents

Une pompe alimentée par l'ATP et transportant activement un certain soluté peut amorcer indirectement le transport passif d'un autre soluté. Cela se fait à l'aide d'une protéine de transport spécialisée distincte de la pompe, une perméase, et ce, grâce à un mécanisme appelé **cotransport.** En d'autres termes, une substance qui a été transportée activement à travers une membrane peut produire du travail en diffusant en sens inverse, tout comme l'eau pompée vers le haut d'une pente peut produire du

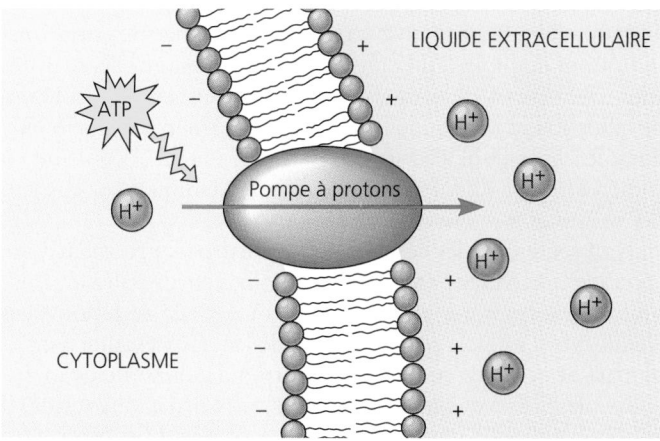

FIGURE 8.17 Pompe électrogène. La pompe à protons, la pompe électrogène principale des Végétaux, des Eumycètes, des Archéobactéries et des Bactéries, est un exemple de protéine membranaire qui crée une réserve d'énergie en engendrant un potentiel électrique (à la suite d'une séparation des charges) de part et d'autre de la membrane. Activée par l'ATP, la pompe véhicule des charges positives sous forme de protons (H⁺). Le potentiel électrique et le gradient de H⁺ constituent une double source d'énergie, que la cellule utilise pour alimenter d'autres processus, tels que le transport de certains nutriments.

travail en descendant celle-ci. Une perméase couple la diffusion «descendante» de cette substance au transport «ascendant» d'une seconde substance qui se déplace contre la force de son gradient de concentration. Par exemple, la cellule végétale utilise le gradient électrochimique engendré par sa pompe à protons (transport actif) pour alimenter le transport (passif) des acides aminés, de certains glucides et de quelques autres nutriments vers l'intérieur de la cellule. Une perméase spécifique, qui possède deux sites récepteurs (un site pour un proton et un autre pour le saccharose), couple le retour des protons dans la cellule au transport du saccharose. Elle déplace donc simultanément (cotransport) deux solutés différents (FIGURE 8.18, p. 158). Elle importe le saccharose dans la cellule à l'encontre de son gradient de concentration, mais seulement s'il voyage en compagnie d'un proton qui suit, lui, son gradient électrochimique. Ce mécanisme permet aux Végétaux d'acheminer le saccharose produit par photosynthèse vers des cellules spécialisées situées dans les nervures des feuilles. Un tissu conducteur le distribue ensuite aux organes de la plante, tels que les fruits et les racines. Chez les Animaux, les vitamines hydrosolubles et le pyruvate pénètrent dans les cellules par un mécanisme de cotransport.

Les macromolécules et les particules traversent la membrane par exocytose, phagocytose ou endocytose

Comme nous venons de le voir, l'eau et les petits solutés se déplacent vers l'intérieur ou l'extérieur de la cellule en traversant directement la bicouche de la membrane, en étant pompés, en étant transportés par des perméases spécifiques ou en empruntant des canaux protéiques sélectifs. Les particules, telles que des granules et des microorganismes, et les macromolécules, telles que les protéines et les polysaccharides, franchissent la membrane à l'aide de mécanismes qui font intervenir une vacuole ou une vésicule. Comme nous l'avons expliqué au chapitre 7, la cellule sécrète des macromolécules en fusionnant des vésicules de sécrétion avec la membrane plasmique au cours d'un processus appelé **exocytose.** Durant l'exocytose, le cytosquelette transporte vers la membrane plasmique une vésicule de sécrétion qui s'est détachée de l'appareil de Golgi. Lorsque la membrane de la vésicule et la membrane plasmique entrent en contact, les molécules de phosphoglycérolipides des deux bicouches se réarrangent. Les membranes fusionnent et deviennent continues, et le contenu de la vésicule se déverse à l'extérieur de la cellule (voir la FIGURE 8.8).

Beaucoup de cellules sécrétrices exportent leurs produits au moyen de l'exocytose. Par exemple, c'est le processus qu'utilisent les cellules pancréatiques produisant l'insuline et le glucagon pour sécréter ces hormones dans le sang. De même, les neurones recourent à l'exocytose pour libérer les neurotransmetteurs qui stimulent d'autres neurones ou des cellules musculaires (voir la FIGURE 2.18). Les cellules végétales y recourent aussi lorsqu'elles élaborent leur paroi: des vésicules de sécrétion transportent des glucides vers l'extérieur de la membrane plasmique.

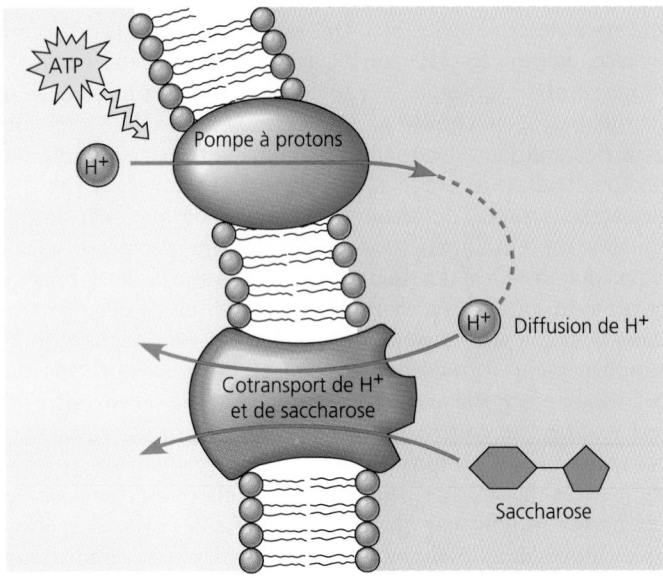

FIGURE 8.18 Cotransport. Une pompe activée par l'ATP crée une réserve d'énergie en concentrant une substance (H+, dans ce cas-ci) d'un côté de la membrane. Une protéine de transport (perméase) spécifique ramène la substance dans le cytoplasme ; elle transporte simultanément une autre substance (le saccharose, dans ce cas-ci) dans la cellule. Dans le schéma ci-dessus, on voit que la pompe à protons de la membrane de cette cellule végétale favorise indirectement l'accumulation de saccharose dans le cytoplasme, avec l'aide d'une perméase cotransportant les deux solutés.

Au cours d'un autre processus, appelé **phagocytose** (du grec *phagein,* « manger »), la cellule laisse entrer une particule au moyen de pseudopodes (du grec *pseudô,* « je mens, faux », et *podos,* « pied »), c'est-à-dire de prolongements cytoplasmiques temporaires qui englobent la particule à l'intérieur d'une vacuole (FIGURE 8.19a). Celle-ci fusionne ensuite avec un lysosome rempli d'enzymes hydrolytiques qui digère la particule. Les particules transportées de cette manière sont beaucoup plus grosses que les macromolécules destinées à l'endocytose. Les vacuoles phagocytaires ont un diamètre de 1 à 2 μm, tandis que les vésicules endocytaires, issues de l'invagination d'une très petite zone de la membrane plasmique, atteignent un diamètre de 0,1 μm environ. Par ailleurs, les pseudopodes émis autour de la particule phagocytée font intervenir de nombreux microfilaments, ce qui ne se produit pas lors de l'endocytose. Pour toutes ces raisons, les cytologistes considèrent maintenant la phagocytose comme un phénomène complètement différent de l'endocytose.

Dans l'**endocytose,** une portion de la membrane plasmique s'invagine et forme une poche. La poche s'approfondit, se détache de la membrane plasmique, puis forme dans le cytoplasme une vésicule remplie de matière provenant de l'extérieur de la cellule.

Il existe deux formes d'endocytose : la pinocytose (du grec *pinein,* « boire ») et l'endocytose par récepteur interposé. Dans la **pinocytose,** la cellule absorbe des gouttelettes de liquide extracellulaire dans de minuscules vésicules (FIGURE 8.19b). Comme tous les solutés dissous dans les gouttelettes sont englobés sans discrimination, la pinocytose ne constitue pas

une forme de transport spécifique, contrairement à l'**endocytose par récepteur interposé** (FIGURE 8.19c). Au sein de la membrane se trouvent des protéines dont les sites récepteurs spécifiques font face au liquide extracellulaire. Elles sont généralement regroupées dans certaines régions de la membrane appelées *puits tapissés* (de protéines réceptrices situées sur le feuillet externe de la membrane plasmique). Dans la région d'un puits tapissé, le feuillet interne de la membrane plasmique est recouvert d'une couche pelucheuse de clathrine, une protéine fibreuse qui soutient la forme du puits tapissé. Les substances extracellulaires qui se lient aux récepteurs se nomment **ligands** (du latin *ligare,* « lier ») ; il s'agit d'un terme générique désignant toute molécule qui se lie spécifiquement à un site récepteur situé sur une autre molécule. Parmi les ligands de ce type d'endocytose figurent les lipoprotéines de faible masse volumique, certaines glycoprotéines et certaines hormones. Quand les ligands appropriés se lient aux sites récepteurs, ils sont emportés dans la cellule par une **vésicule enrobée** résultant de l'invagination d'un puits tapissé. Une fois que la vésicule a libéré le matériel transporté, certains besoins du métabolisme sont comblés, et les récepteurs retournent à la membrane.

L'endocytose par récepteur interposé permet à la cellule d'acquérir des quantités appréciables de substances particulières, même si celles-ci ne sont pas très concentrées dans le liquide extracellulaire. Par exemple, les cellules animales s'approvisionnent en fer grâce à l'endocytose par récepteur interposé. Le fer voyage dans le sang à l'aide d'une glycoprotéine (la transferrine), qui s'associe à un récepteur protéique spécifique dans un puits tapissé. Les cellules animales utilisent aussi ce processus pour importer le cholestérol dont elles ont besoin pour synthétiser d'autres stéroïdes et des membranes. Le sang véhicule le cholestérol sous forme de complexes moléculaires appelés lipoprotéines de faible masse volumique (il s'agit de complexes de lipides et de protéines). Ces substances se lient à des récepteurs membranaires spécifiques et pénètrent la cellule par endocytose. L'hypercholestérolémie familiale, une maladie humaine héréditaire qui se caractérise par une très forte concentration de cholestérol dans le sang, provient de l'absence des sites récepteurs fonctionnels auxquels se lient les lipoprotéines de faible masse volumique. Incapable de pénétrer dans les cellules, le cholestérol s'accumule dans le sang, et il contribue à l'athérosclérose (la formation de dépôts lipidiques sur la paroi des vaisseaux sanguins).

Non seulement les vésicules transportent des substances de la cellule à son milieu et inversement, mais encore elles fournissent à la membrane plasmique un moyen de se renouveler. L'endocytose et l'exocytose ont lieu de façon incessante dans la plupart des cellules eucaryotes ; pourtant, la quantité de membrane plasmique des cellules matures varie peu à long terme. Il semble bien que l'ajout de membrane consécutif à l'exocytose compense la perte résultant de l'endocytose. L'exocytose, la phagocytose et l'endocytose représentent des modes de transport actifs ; ils nécessitent donc de l'ATP. Certaines expériences ont démontré que des inhibiteurs de la synthèse ou de l'utilisation de l'ATP bloquent le transport membranaire des macromolécules et des particules.

■   ■   ■

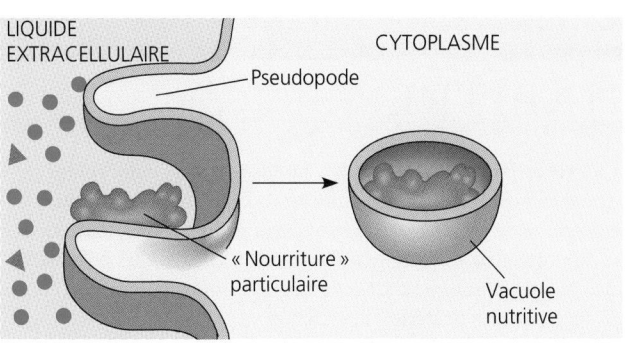
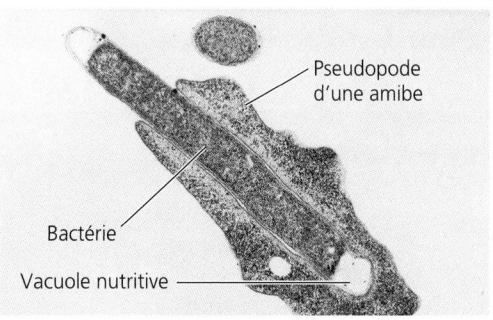

1 µm
(7 000 ×)

LIQUIDE EXTRACELLULAIRE — CYTOPLASME

Pseudopode

« Nourriture » particulaire

Vacuole nutritive

Pseudopode d'une amibe

Bactérie

Vacuole nutritive

(a) Phagocytose. Des pseudopodes encerclent une particule et l'enveloppent dans une vacuole. La micrographie électronique montre une amibe ingérant une bactérie (MET).

0,5 µm (54 000 ×)

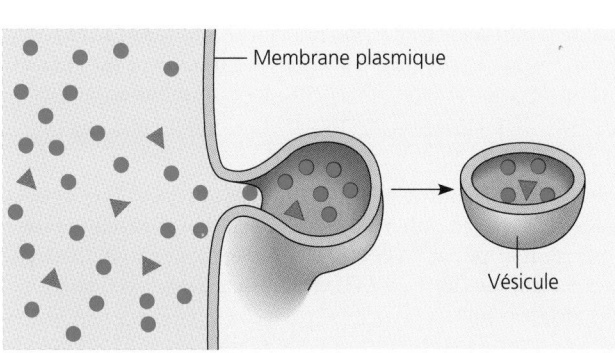
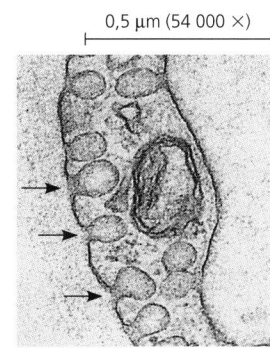

Membrane plasmique

Vésicule

(b) Pinocytose. Des gouttelettes de liquide extracellulaire sont incorporées à la cellule dans de petites vésicules. La micrographie électronique montre des vésicules (flèches) en cours de formation dans une cellule de l'épithélium d'un capillaire, un petit vaisseau sanguin (MET).

0,25 µm
(97 000 ×)

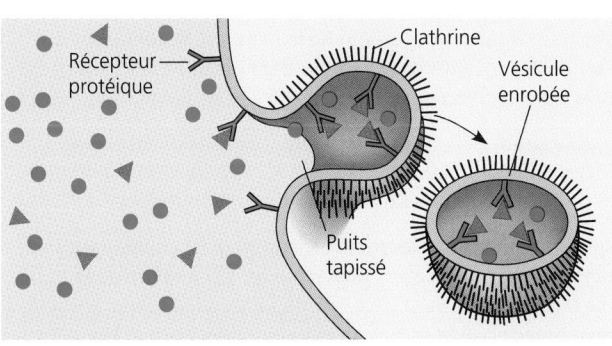
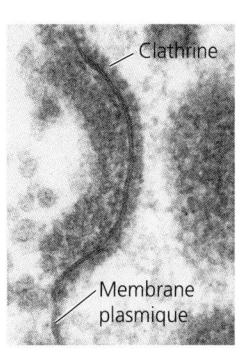
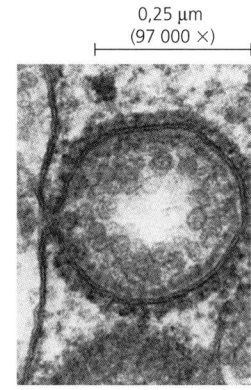

Clathrine

Récepteur protéique

Vésicule enrobée

Puits tapissé

Clathrine

Membrane plasmique

(c) Endocytose par récepteur interposé. Des puits tapissés forment des vésicules lorsque certaines molécules (ligands) se lient à des récepteurs situés à la surface de la cellule. Notez que les molécules liées (en violet) sont relativement plus abondantes dans les vésicules que les autres molécules (en vert). Cette micrographie électronique montre deux stades successifs de l'endocytose par récepteur interposé (MET).

FIGURE 8.19 Modes de transport des particules et des macromolécules dans la cellule animale.

Notre étude des membranes a révélé la nécessité du travail cellulaire et de l'énergie. Nous avons vu, par exemple, que le transport actif est alimenté par l'ATP. Dans les deux chapitres qui suivent, nous montrerons de manière plus approfondie comment les cellules obtiennent l'énergie chimique nécessaire à leur fonctionnement. Les membranes seront encore à l'honneur, car elles jouent un rôle capital dans le fonctionnement des mitochondries et des chloroplastes.

RÉVISION DU CHAPITRE

Résumé des concepts importants

LA STRUCTURE DES MEMBRANES

■ **Les modèles de membrane évoluent au fil des découvertes scientifiques (p. 144 à 146, FIGURES 8.1 à 8.3).** Le modèle de la mosaïque fluide a remplacé le modèle proposé par Davson et Danielli, lequel présentait la membrane plasmique comme une double couche lipidique (bicouche) prise en sandwich entre deux couches de protéines.

■ **Les membranes sont fluides (p. 145 à 147, FIGURES 8.4 et 8.5),** c'est-à-dire que les phosphoglycérolipides et les protéines (à un degré moindre, cependant) s'y déplacent latéralement. Le cholestérol et les queues hydrocarbonées insaturées des phosphoglycérolipides influent sur la fluidité membranaire.

■ **Les membranes sont des mosaïques aux structures et aux fonctions multiples (p. 147 à 150, FIGURES 8.6 à 8.9).** Les protéines sont soit insérées dans la bicouche (protéines intramembranaires), soit rattachées à sa surface (protéines périphériques). Les feuillets interne et externe des membranes se distinguent par leur composition. Les protéines membranaires interviennent dans le transport de substances, l'activité enzymatique, la réception de stimulus chimiques, l'adhérence intercellulaire, la reconnaissance intercellulaire et la fixation au cytosquelette et à la matrice extracellulaire.

■ **Les glucides membranaires jouent un rôle majeur dans la reconnaissance intercellulaire (p. 148).** Sur son feuillet externe, la membrane plasmique comporte des protéines et des lipides auxquels sont liés de courts polysaccharides. Ces glucides interagissent avec les molécules situées à la surface des autres cellules.

LE TRANSPORT À TRAVERS UNE MEMBRANE

■ **Une membrane a une perméabilité sélective qui résulte de sa structure (p. 149 et 150).** La cellule échange de petites molécules et des ions avec son milieu. Le passage de ces substances est régi par la membrane plasmique. Les substances hydrophobes traversent rapidement la membrane plasmique, car elles se dissolvent dans la bicouche de phosphoglycérolipides. En général, les molécules polaires et les ions passent à travers la membrane grâce à des protéines de transport spécifiques.

■ **La diffusion à travers une membrane constitue un mode de transport passif (celui-ci ne nécessite aucune énergie provenant de l'ATP) (p. 150 et 151, FIGURE 8.10).** La diffusion est le mouvement spontané qu'une substance effectue suivant son gradient de concentration.

■ **Le transport passif de l'eau est appelé osmose (p. 152, FIGURE 8.11).** L'eau traverse une membrane du côté où les solutés sont le moins concentrés (solution hypotonique) vers le côté où les solutés sont le plus concentrés (solution hypertonique). Il n'y a pas de flux osmotique net à travers une membrane séparant des solutions également concentrées (isotoniques).

■ **La survie de la cellule dépend de l'équilibre entre l'entrée et la sortie d'eau (p. 152 et 153, FIGURE 8.12).** Les cellules dépourvues de paroi (celles des Animaux et de certains Protistes) sont isotoniques par rapport à leur milieu ; quand ce n'est pas le cas, elles possèdent des adaptations qui les rendent aptes à l'osmorégulation. Les cellules des Végétaux, des Bactéries, des Archéobactéries, des Eumycètes et des autres Protistes sont entourées d'une paroi élastique qui les empêche d'éclater dans un milieu hypotonique.

■ **Des protéines spécifiques facilitent le transport passif de l'eau et de certains solutés : *une étude détaillée* (p. 153 à 155, FIGURE 8.14).** Dans le cas de la diffusion facilitée, des protéines de transport accélèrent le mouvement de substances traversant une membrane suivant leur gradient de concentration. Il y a deux modes de diffusion facilitée : le passage d'une substance précise à travers un canal protéique transmembranaire ou son passage grâce à une perméase.

■ **Le transport actif consiste à pomper des solutés à l'encontre de leurs gradients de concentration (ce mode de transport s'effectue grâce à l'énergie fournie par l'ATP) (p. 155 et 156, FIGURE 8.15).** L'énergie, généralement sous forme d'ATP, est utilisée par des protéines de transport spécifiques.

■ **Certaines pompes ioniques génèrent une différence de potentiel électrique de part et d'autre d'une membrane (p. 155 à 157, FIGURE 8.17).** Les ions ont à la fois un gradient de concentration (chimique) et un gradient électrique (potentiel électrique). Ces deux gradients constituent le gradient électrochimique, qui détermine la direction de la diffusion des ions. Les pompes électrogènes, telles que la pompe à sodium et à potassium ou la pompe à protons, sont des protéines de transport qui engendrent un potentiel électrique à travers une membrane.

■ **Le cotransport est le transport par une protéine membranaire de deux solutés différents (p. 157 et 158, FIGURE 8.18).** La diffusion « descendante » de l'un entraîne le transport « ascendant » de l'autre.

■ **Les macromolécules et les particules traversent la membrane par exocytose, phagocytose ou endocytose (p. 157 à 159, FIGURE 8.19).** Dans le cas de l'exocytose, des vésicules intracellulaires migrent vers la membrane plasmique, fusionnent avec elle et libèrent leur contenu à l'extérieur de la cellule. Lors de l'endocytose, des macromolécules pénètrent la cellule au moyen de vésicules qui se forment par invagination de la membrane plasmique. Il existe deux types d'endocytose : la pinocytose et l'endocytose par récepteur interposé. Cette dernière ajoute à la perméabilité sélective de la membrane plasmique. La phagocytose est un mode employé par certaines cellules pour ingurgiter des particules. L'exocytose, l'endocytose et la phagocytose constituent des modes de transport actifs.

Autoévaluation

(Les questions dont les numéros sont en caractères gras font surtout appel à la compréhension.)

1. Qu'est-ce qui distingue les diverses membranes d'une cellule eucaryote ?
   a) Elles ne contiennent pas toutes des phosphoglycérolipides.
   b) Elles ne contiennent pas toutes les mêmes protéines.
   c) Elles n'ont pas toutes une perméabilité sélective.
   d) Elles ne se composent pas toutes de molécules amphipathiques.
   e) Leur feuillet interne porte soit des constituants hydrophobes, soit des constituants hydrophiles.

2. Selon le modèle de la mosaïque fluide, les protéines membranaires sont :
   a) répandues en une couche ininterrompue sur les faces interne et externe de la membrane.
   b) restreintes au centre hydrophobe de la membrane.
   c) insérées dans une bicouche de phosphoglycérolipides.
   d) orientées au hasard dans la membrane, sans polarité précise.
   e) libres de se détacher de la membrane fluide et de se dissoudre dans la solution extracellulaire.

3. Lequel des facteurs suivants tend à augmenter la fluidité membranaire ?
   a) Une forte proportion de phosphoglycérolipides insaturés.
   b) Une faible température.
   c) Une teneur en protéines relativement élevée dans la membrane.
   d) Une proportion de gros glycolipides supérieure à la proportion de lipides de faible masse molaire volumique.
   e) Un potentiel membranaire élevé.

4. Quel processus englobe tous les autres ?
   a) L'osmose.
   b) La diffusion d'un soluté à travers la membrane.
   c) La diffusion facilitée.
   d) Le transport passif.
   e) Le transport d'un ion suivant son gradient électrochimique.

5. Basez-vous sur la FIGURE 8.18, qui illustre l'entrée de saccharose dans une cellule végétale, pour dire lequel des traitements suivants augmenterait la vitesse du transport de cette molécule vers le cytoplasme.
   a) Une diminution de la concentration extracellulaire de saccharose.
   b) Une baisse du pH extracellulaire.
   c) Une baisse du pH cytoplasmique.
   d) L'ajout de cations monovalents dans le milieu extracellulaire.
   e) L'ajout d'une substance qui rend la membrane plus perméable aux protons.

6. Pourquoi les phosphoglycérolipides ont-ils tendance à se disposer en une bicouche dans un milieu aqueux ?

7. Des glucides sont fixés à certaines protéines et à certains lipides de la membrane plasmique lorsque celle-ci est affinée dans l'appareil de Golgi. Puis, la membrane prend la forme de vésicules de sécrétion qui s'acheminent vers la surface de la cellule. Sur quel feuillet de la membrane des vésicules se trouvent les glucides ?

8. Sans qu'elle ait à pénétrer dans la cellule hépatique, l'adrénaline (une hormone) stimule parfois l'hydrolyse du glycogène qui y est emmagasiné et la libération de glucose. Expliquez ce phénomène.

9. Comment le deuxième principe de la thermodynamique explique-t-il la diffusion d'une substance à travers la membrane ?

10. Pourquoi ne peut-on juste dire d'une solution qu'elle est « hypotonique » ?

11. Pourquoi le transport actif est-il un processus endergonique ?

12. Quel rôle jouent les protéines de transport dans la perméabilité sélective d'une membrane ?

13. Comment une cellule sécrétrice peut-elle synthétiser et sécréter une protéine sans que cette dernière touche à la membrane plasmique ?

Questions 14 à 18

Une cellule artificielle enveloppée par une membrane à perméabilité sélective et renfermant une solution aqueuse est immergée dans un bécher contenant une solution différente.

La membrane est perméable à l'eau ainsi qu'au glucose et au fructose (des monosaccharides), mais elle est complètement imperméable au saccharose (un disaccharide).

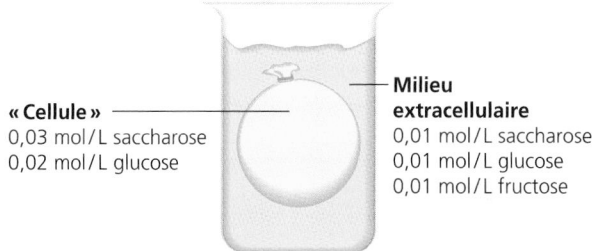

« Cellule »
0,03 mol/L saccharose
0,02 mol/L glucose

Milieu extracellulaire
0,01 mol/L saccharose
0,01 mol/L glucose
0,01 mol/L fructose

14. Combien de solutés et lesquels connaîtront une diffusion nette dans la cellule ?

15. Combien de solutés et lesquels connaîtront une diffusion nette hors de la cellule ?

16. Quelle solution (intracellulaire ou extracellulaire) est hypertonique par rapport à l'autre ?

17. Dans quelle direction s'effectue le flux osmotique net de l'eau ?

18. Quel changement se produit quand on place la cellule artificielle dans le bécher ?
   a) La cellule devient flasque.
   b) La cellule devient turgescente.
   c) L'entropie du système (la cellule et la solution extracellulaire) diminue.
   d) L'énergie libre emmagasinée dans le système augmente.
   e) Le potentiel de membrane augmente.

Lien avec l'évolution

La Paramécie et les autres Protistes qui vivent dans des milieux hypotoniques ont modifié leur membrane plasmique afin de ralentir leur absorption d'eau par osmose, alors que ceux qui vivent dans des milieux isotoniques possèdent une membrane plasmique plus perméable à l'eau. À quelles adaptations pourriez-vous vous attendre de la part des Protistes vivant dans des habitats hypertoniques, comme le Grand Lac Salé ? Qu'en est-il de ceux qui vivent dans des milieux où la concentration saline varie ?

Intégration

Pendant l'activité d'intégration, votre équipe de laboratoire doit réaliser les objectifs suivants : concevoir et réaliser une expérience quantitative de l'osmose. Ensuite, vous devrez présenter oralement en classe le phénomène de l'osmose et les diverses étapes de votre démarche expérimentale. Vous disposez des instruments habituels de laboratoire (balance, pH-mètre, pied à coulisse, toute la verrerie nécessaire, etc.). Vous recevez des pommes de terre, comme matériel vivant, et vous avez accès à des bases et à des acides forts ou faibles, à du saccharose et à des sels de différentes natures. N'oubliez pas de préciser quels sont les acquis d'autres disciplines scientifiques qui vous auront permis d'accomplir votre recherche.

Science, technologie et société

L'irrigation excessive de terres arides cause l'accumulation de sels dans le sol. L'eau contient des concentrations de sels peu élevées ; mais, après vaporisation, les sels demeurent et se concentrent avec le temps. Servez-vous de vos connaissances sur l'équilibre hydrique des cellules végétales pour expliquer pourquoi une augmentation de la salinité du sol (salinisation) nuit à l'agriculture. Proposez des moyens permettant de réduire les dommages au minimum.

Réponses à l'autoévaluation : 1. b ; 2. c ; 3. a ; 4. d ; **5.** b ; 6. Cet arrangement met les queues hydrophobes des phosphoglycérolipides à l'abri de l'eau, alors qu'il expose à celle-ci les têtes hydrophiles ; cela réduit le coût énergétique. **7.** Ils sont situés sur le feuillet interne de la membrane de la vésicule de sécrétion. **8.** En se liant à un récepteur situé à la surface des cellules hépatiques, l'adrénaline active une voie métabolique intracellulaire qui aboutit à la libération de glucose. **9.** Le deuxième principe stipule que l'entropie tend à croître dans un système. Les molécules de deux solutions de même concentration séparées par une membrane présentent une répartition plus désordonnée que celles de solutions de concentration différente. En effet, la diffusion d'une substance vers une région où sa concentration est moins élevée augmente l'entropie, comme le soutient le deuxième principe. **10.** L'hypertonie et l'hypotonie sont des concepts relatifs ; une solution hypertonique par rapport à l'eau du robinet pourrait être hypotonique par rapport à l'eau de mer. Vous devez préciser quelles solutions vous mettez en comparaison l'une avec l'autre. **11.** Le transport actif est « ascendant » du point de vue énergétique, ce qui signifie qu'il requiert de l'énergie (sous la forme d'ATP). **12.** Les protéines de transport sélectionnent les substances qu'elles transportent. Par conséquent, le nombre et les sortes de protéines de transport qui sont enchâssées dans la membrane influent sur sa perméabilité aux diverses substances. **13.** La protéine est d'abord fabriquée par un ribosome situé sur le réticulum endoplasmique ; ensuite, elle est placée à l'intérieur du RE, puis dans l'appareil de Golgi et les vésicules de sécrétion. Durant l'exocytose, la membrane de la vésicule de sécrétion fusionne avec la membrane plasmique ; cela crée une ouverture qui permet de libérer le contenu de la vésicule directement à l'extérieur de la cellule, sans qu'il ne transite à travers les constituants de la membrane plasmique. **14.** Un seul, le fructose. **15.** Un seul, le glucose. **16.** La solution intracellulaire. **17.** Vers l'intérieur de la cellule. **18.** b

CHAPITRE 9

LA RESPIRATION CELLULAIRE ET LA FERMENTATION

« La respiration est le berceau du rythme. »

RAINER MARIA RILKE
écrivain autrichien (1875-1926)

LES PRINCIPES RELATIFS À L'EXTRACTION D'ÉNERGIE

- La respiration cellulaire et la fermentation sont des voies cataboliques génératrices d'énergie
- La cellule régénère l'ATP, la substance qui lui procure l'énergie nécessaire pour effectuer un travail
- Les réactions d'oxydoréduction libèrent de l'énergie quand les électrons se rapprochent des atomes électronégatifs
- Les électrons sont transférés des molécules organiques au dioxygène au cours de la respiration cellulaire aérobie
- Dans la chaîne de transport d'électrons, le transfert des électrons s'effectue en une série d'étapes par l'entremise du NAD⁺

LA RESPIRATION CELLULAIRE AÉROBIE

- Caractéristiques générales de la respiration cellulaire aérobie
- La glycolyse libère de l'énergie chimique en oxydant le glucose en pyruvate : *une étude détaillée*
- Le cycle de Krebs achève l'oxydation des molécules organiques : *une étude détaillée*
- La membrane mitochondriale interne couple le transport des électrons à la synthèse d'ATP : *une étude détaillée*
- Chaque mole de glucose oxydée par la respiration cellulaire aérobie génère de nombreuses moles d'ATP : *une révision*

AUTRES PROCESSUS MÉTABOLIQUES ASSOCIÉS À LA PRODUCTION D'ÉNERGIE

- La fermentation permet à certaines cellules de produire de l'ATP en l'absence de dioxygène
- La glycolyse et le cycle de Krebs sont liés à de nombreuses autres voies métaboliques
- Des mécanismes de rétro-inhibition régulent la respiration cellulaire

Vivre, c'est travailler. *La cellule assemble de petites molécules organiques en polymères, tels que les protéines et l'ADN. Elle transporte des substances à travers des membranes. Elle se déplace ou change de forme. Elle croît et se reproduit. Ne serait-ce que pour conserver sa structure complexe, elle doit travailler, car l'ordre est fondamentalement précaire. Pour accomplir ses nombreuses tâches, elle a besoin de puiser de l'énergie dans des sources extérieures. L'énergie principale entre dans la plupart des écosystèmes sous forme de lumière solaire, la source d'énergie des Végétaux et des autres organismes photosynthétiques (FIGURE 9.1, p. 164). Les Animaux, comme l'Orang-outan (Pongo pigmæus) ci-dessus, se procurent leur combustible en dévorant des plantes ou d'autres organismes animaux. Au cours de ce chapitre, vous apprendrez comment les cellules extraient l'énergie des molécules organiques et s'en servent pour régénérer l'ATP, la molécule qui assure l'énergie essentielle à tout travail cellulaire.*

LES PRINCIPES RELATIFS À L'EXTRACTION D'ÉNERGIE

Pour extraire de l'énergie chimique, la cellule active généralement des voies métaboliques comprenant plusieurs étapes. Heureusement, ces processus complexes peuvent être simplifiés grâce à quelques grands principes. La première partie de ce chapitre, qui expose ceux-ci en détail, vous permettra de mieux comprendre ce que sont la respiration cellulaire et les voies qui lui sont associées.

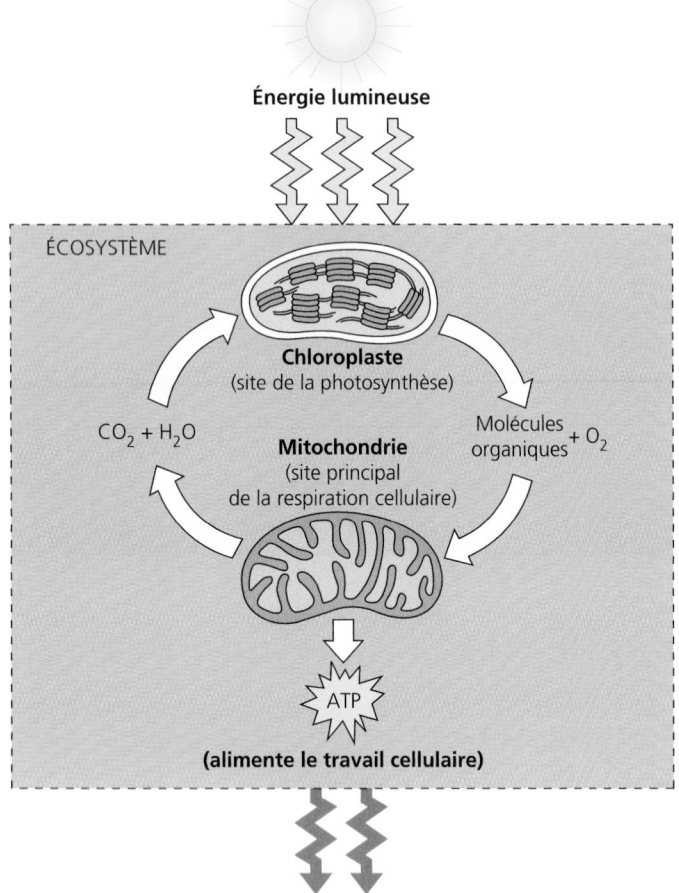

Énergie lumineuse

ÉCOSYSTÈME

Chloroplaste
(site de la photosynthèse)

$CO_2 + H_2O$

Mitochondrie
(site principal
de la respiration cellulaire)

Molécules
organiques $+ O_2$

ATP

(alimente le travail cellulaire)

Énergie thermique

FIGURE 9.1 Flux de l'énergie et recyclage chimique dans les écosystèmes.
Les mitochondries des cellules eucaryotes utilisent les molécules organiques
et le dioxygène issus de la photosynthèse pour la respiration aérobie.
La respiration extrait l'énergie emmagasinée dans les molécules organiques
pour produire de l'ATP, la substance qui alimente la majeure partie du travail
cellulaire. Les déchets de la respiration, soit le dioxyde de carbone et l'eau,
sont justement les matières premières de la photosynthèse, qui se fait dans
les chloroplastes. On voit donc que les substances chimiques nécessaires
à la vie se recyclent. L'énergie, elle, ne se recycle pas : elle entre dans
un écosystème sous forme de lumière solaire et en sort sous forme de chaleur.

La respiration cellulaire et la fermentation sont des voies cataboliques génératrices d'énergie

L'énergie emmagasinée dans les composés organiques provient
de l'arrangement de leurs atomes. À l'aide d'enzymes, la cellule
procède à la dégradation de molécules organiques complexes,
contenant beaucoup d'énergie potentielle, en des produits
plus simples, contenant moins d'énergie. Une partie de l'énergie
tirée des réserves chimiques sert à accomplir du travail,
et le reste se dissipe sous forme de chaleur. Comme vous l'avez
appris au chapitre 6, on appelle voies cataboliques les voies
métaboliques qui libèrent l'énergie emmagasinée, et ce, en
dégradant des molécules complexes. L'une de ces voies, la
fermentation, s'occupe de dégrader partiellement le glucose en
l'absence de dioxygène et de chaîne de transport d'électrons.
Cependant, la **respiration cellulaire aérobie** constitue la voie
catabolique la plus répandue et la plus efficace ; ses réactifs sont
le dioxygène et les combustibles organiques, et elle utilise une

chaîne de transport d'électrons. Les mitochondries renferment
la majeure partie du matériel métabolique nécessaire à la respiration aérobie d'une cellule eucaryote. Quant à la **respiration
cellulaire anaérobie,** elle est plus marginale que la précédente ;
elle s'effectue en l'absence de dioxygène, mais elle nécessite une
chaîne de transport d'électrons.

Bien que leur mécanisme soit différent, la respiration cellulaire
aérobie se fonde sur un principe similaire à celui de la combustion de l'essence dans un moteur une fois que le dioxygène
est mélangé au combustible (hydrocarbures). Les combustibles
de la respiration sont les nutriments, et les produits d'échappe-
ment sont le dioxyde de carbone et l'eau. Le processus peut
se résumer comme suit :

$$\text{Composés organiques} + \text{Dioxygène} \longrightarrow \text{Dioxyde de carbone} + \text{Eau} + \text{Énergie}$$

Bien que les glucides, les lipides et les protéines puissent servir
de combustibles une fois qu'ils ont été traités, il est d'usage
de présenter les étapes de la respiration cellulaire aérobie en
décrivant la dégradation du glucose ($C_6H_{12}O_6$) :

$$C_6H_{12}O_6 + 6\,O_2 \longrightarrow 6\,CO_2 + 6\,H_2O + \text{Énergie (ATP et chaleur)}$$

La dégradation du glucose est exergonique : elle correspond
à une variation d'énergie libre de 2 871 kJ par mole de glucose
dégradée ($\Delta G = -2\,871$ kJ/mol ; rappelez-vous qu'un ΔG négatif
indique que les produits de la réaction chimique renferment
moins d'énergie que les réactifs).

Les voies cataboliques ne prennent pas directement part au
mouvement des flagelles, au transport actif des solutés, à la
polymérisation des monomères et à la contraction musculaire,
bref, aux processus vitaux. Le catabolisme est lié au travail
cellulaire par un intermédiaire chimique : l'ATP. La respiration
cellulaire aérobie et la fermentation sont des processus complexes
dont l'étude demande quelque effort. Cependant, ne perdez
jamais de vue l'objectif de ce chapitre : montrer comment
les cellules utilisent l'énergie emmagasinée dans les molécules
de nutriments pour produire de l'ATP.

La cellule régénère l'ATP, la substance qui lui procure l'énergie nécessaire pour effectuer un travail

La molécule appelée adénosine triphosphate, plus souvent
désignée par son sigle, ATP, représente le pilier de l'énergie
cellulaire. Vous avez appris au chapitre 6 que le triphosphate de
l'ATP est l'équivalent chimique d'un ressort comprimé : les trois
groupements phosphate négativement chargés ont une disposition
instable et riche en énergie potentielle (les charges semblables se
repoussent). Ce « ressort chimique » tend à se relâcher en perdant
le groupement phosphate terminal (voir la FIGURE 6.8). La cellule
puise dans cette source d'énergie en transférant, à l'aide d'enzymes, un ou plusieurs groupements phosphate de l'ATP à
d'autres composés, qui deviennent phosphorylés. La phosphorylation amorce, dans une molécule, un changement qui produit du travail ; au cours de celui-ci, la molécule perd son groupement phosphate (FIGURE 9.2). Le prix du travail cellulaire est
donc la conversion de l'ATP en ADP et en phosphate inorganique (P_i), soit en des produits moins riches en énergie que

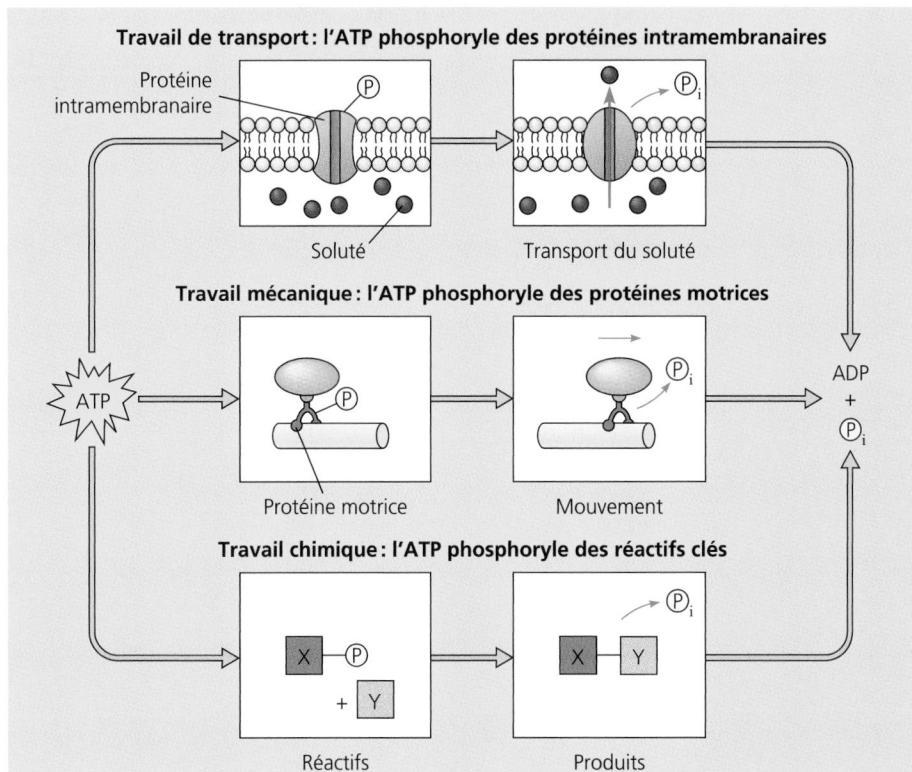

Travail de transport : l'ATP phosphoryle des protéines intramembranaires

Protéine intramembranaire

Soluté

Transport du soluté

Travail mécanique : l'ATP phosphoryle des protéines motrices

Protéine motrice

Mouvement

Travail chimique : l'ATP phosphoryle des réactifs clés

Réactifs

Produits

ADP + P_i

FIGURE 9.2 Révision du rôle de l'ATP dans le travail cellulaire. Le transfert d'un groupement phosphate est le mécanisme à l'origine de la plupart des formes de travail cellulaire. Des enzymes délogent un groupement phosphate de l'ATP et le transfèrent à une autre molécule. Celle-ci est phosphorylée : elle subit un changement qui produit du travail. Par exemple, l'ATP alimente le transport actif en phosphorylant des protéines intramembranaires spécialisées. Elle alimente aussi le travail mécanique en phosphorylant des protéines motrices, comme celles qui causent le déplacement des organites le long des microtubules du cytosquelette. Enfin, elle alimente le travail chimique en phosphorylant des réactifs clés. Les molécules phosphorylées perdent leur groupement phosphate à mesure que le travail s'accomplit, ce qui laisse de l'ADP et du phosphate inorganique (P_i). La respiration cellulaire reconstitue les réserves d'ATP en alimentant la phosphorylation de l'ADP.

l'ATP. Afin de continuer à travailler, la cellule doit refaire ses réserves d'ATP à partir d'ADP et de phosphate inorganique. Une cellule musculaire au travail, par exemple, régénère son ATP à une vitesse d'environ 10 millions de molécules par seconde. Pour comprendre comment la respiration cellulaire alimente la synthèse de l'ATP, nous devons aborder deux processus chimiques fondamentaux : l'oxydation et la réduction.

Les réactions d'oxydoréduction libèrent de l'énergie quand les électrons se rapprochent des atomes électronégatifs

Qu'arrive-t-il exactement lorsque les voies cataboliques dégradent le glucose ou d'autres combustibles organiques ? Pourquoi fournissent-elles de l'énergie ? Les réponses à ces questions résident dans le transfert d'électrons qui survient pendant les réactions chimiques appelées oxydation et réduction : il libère l'énergie emmagasinée dans les molécules de nutriments, et cette énergie sert à synthétiser de l'ATP.

Dans beaucoup de réactions chimiques, un ou plusieurs électrons (e^-) passent d'un réactif à un autre. Ces transferts sont appelés **réactions d'oxydoréduction,** ou réactions rédox en abrégé : la perte d'électrons correspond à l'**oxydation,** et le gain d'électrons, à la **réduction***. Considérons, par exemple, la réaction dans laquelle du sel de table se forme à partir de sodium et de chlore :

$$\overbrace{Na\ +\ Cl\ \longrightarrow\ Na^+\ +\ Cl^-}$$

Oxydation (au-dessus), Réduction (au-dessous)

---

* En toute logique, on peut se demander pourquoi l'ajout d'électrons s'appelle réduction. Le terme fait référence aux effets électriques de l'ajout d'électrons. Quand des électrons (charge négative) s'ajoutent à un cation, il réduisent la quantité de charges positives du cation.

Nous pouvons généraliser comme suit les réactions d'oxydoréduction :

$$\overbrace{Xe^-\ +\ Y\ \longrightarrow\ X\ +\ Ye^-}$$

Oxydation (au-dessus), Réduction (au-dessous)

Dans la réaction hypothétique ci-dessus, la substance X, qui est le donneur d'électrons, s'appelle **agent réducteur** : elle réduit Y. La substance Y, qui est l'accepteur d'électrons, est l'**agent oxydant** : elle oxyde X. Comme un transfert d'électrons nécessite à la fois un donneur et un accepteur, l'oxydation et la réduction vont toujours de pair.

Les réactions d'oxydoréduction n'impliquent pas toutes un transfert complet des électrons d'une substance à une autre ; certaines ne font que modifier le *degré* de la mise en commun d'électrons dans des liaisons covalentes. La réaction par laquelle le méthane (CH_4) et le dioxygène produisent du dioxyde de carbone et de l'eau, représentée à la FIGURE 9.3 (p. 166), en est un exemple. Comme nous l'expliquions au chapitre 2, les électrons covalents du méthane sont mis en commun de façon égale par les atomes liés, parce que le carbone et l'hydrogène ont une affinité presque égale pour les électrons de valence. Ils possèdent tous deux à peu près la même électronégativité. Mais, quand le carbone du méthane réagit avec le dioxygène et forme du dioxyde de carbone, les électrons s'éloignent de l'atome de carbone pour se rapprocher du dioxygène, qui possède une forte électronégativité. Le méthane est alors oxydé. Les deux atomes de la molécule de dioxygène, eux, mettent en commun leurs électrons de façon égale. Par ailleurs, quand le dioxygène réagit avec l'hydrogène du méthane pour former de l'eau, les électrons des liaisons covalentes se rapprochent du dioxygène, qui est

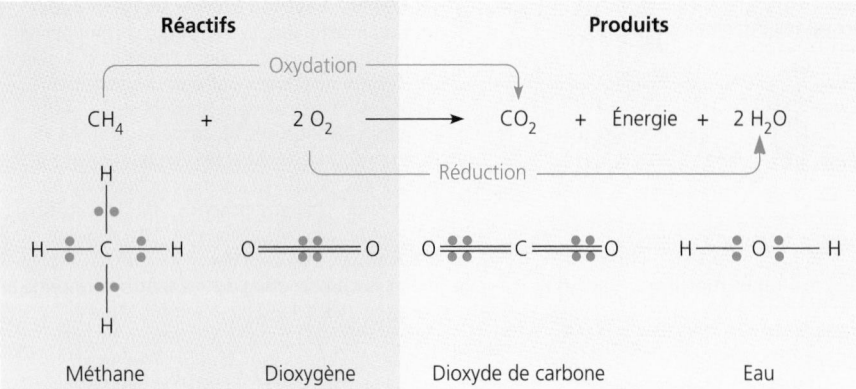

FIGURE 9.3 Un exemple de réaction d'oxydoréduction : la combustion du méthane. Pendant la réaction, les électrons mis en commun par covalence par les atomes de carbone et d'hydrogène s'éloignent de ces deux éléments et se rapprochent du dioxygène, qui possède une forte électronégativité. Cette réaction libère de l'énergie, car les électrons perdent de l'énergie potentielle en se rapprochant des atomes électronégatifs.

alors réduit. Étant donné sa forte électronégativité, le dioxygène figure parmi les agents oxydants les plus puissants.

Il faut de l'énergie pour séparer un électron d'un atome, tout comme il faut de l'énergie pour pousser un ballon vers le haut d'une pente. Plus un atome est électronégatif (plus il attire les électrons), plus il faut d'énergie pour en éloigner un électron, tout comme il faut un surcroît d'énergie pour pousser un ballon vers le haut d'une pente abrupte. Un électron *perd* de l'énergie potentielle quand il va d'un atome faiblement électronégatif *vers* un atome fortement électronégatif, tout comme un ballon perd de l'énergie potentielle quand il roule vers le bas d'une pente. Une réaction d'oxydoréduction qui rapproche les électrons du dioxygène, telle que la combustion du méthane, libère de l'énergie chimique pouvant servir à produire du travail.

Les électrons sont transférés des molécules organiques au dioxygène au cours de la respiration cellulaire aérobie

L'oxydation du propane (C_3H_8) par le dioxygène constitue la principale réaction de combustion qui se produit dans les brûleurs d'une cuisinière à gaz. La combustion de l'essence dans un moteur d'automobile représente aussi une réaction d'oxydoréduction, et l'énergie qu'elle libère actionne les pistons. Mais la réaction d'oxydoréduction qui nous intéresse ici est la respiration cellulaire, c'est-à-dire l'oxydation du glucose et d'autres molécules combustibles provenant des aliments. Considérons encore l'équation de la respiration cellulaire aérobie, cette fois sous l'angle de l'oxydoréduction :

$$\underset{\text{Réduction}}{\overset{\text{Oxydation}}{C_6H_{12}O_6 \ + \ 6\ O_2 \ \longrightarrow \ 6\ CO_2 \ + \ 6\ H_2O}}$$

Comme dans la combustion du propane et de l'essence, il y a oxydation du combustible (le glucose) et réduction du dioxygène ; par la même occasion, les électrons perdent de l'énergie potentielle.

En général, les molécules organiques riches en hydrogène sont d'excellents combustibles, car leurs liaisons renferment des électrons à énergie potentielle élevée susceptibles de se rapprocher du dioxygène. L'équation de la respiration cellulaire aérobie indique que l'hydrogène du glucose est transféré au dioxygène. Cependant, elle ne rend pas compte d'un fait

important : la libération d'énergie. Celle-ci a lieu parce que le degré de covalence des électrons change quand l'hydrogène est transféré au dioxygène. En oxydant le glucose, la respiration cellulaire aérobie extrait l'énergie qui était emmagasinée dans celui-ci et la rend disponible pour la synthèse de l'ATP.

Les principaux nutriments énergétiques, soit les glucides et les lipides, sont des réservoirs d'électrons associés à de l'hydrogène. Seule la barrière formée par l'énergie d'activation empêche qu'il y ait un raz-de-marée d'électrons tendant à adopter l'état énergétique le plus bas (voir la FIGURE 6.12). Sans elle, une substance nutritive comme le glucose se combinerait spontanément au dioxygène. Lorsque l'on fournit l'énergie d'activation en déclenchant la combustion – c'est-à-dire l'oxydation rapide d'un combustible et la libération d'une énorme quantité d'énergie sous forme de chaleur –, chaque mole de glucose (environ 180 g) brûle dans l'air en libérant 2 871 kJ de chaleur. La température corporelle n'est pas assez élevée pour amorcer seule la combustion du glucose. Voilà pourquoi des enzymes se chargent d'abattre la barrière de l'énergie d'activation ; ainsi, le glucose est oxydé lentement.

Dans la chaîne de transport d'électrons, le transfert des électrons s'effectue en une série d'étapes par l'entremise du NAD+

Il est difficile d'exploiter l'énergie de façon efficace et productive quand elle se libère en bloc d'un combustible. L'explosion d'un réservoir d'essence, par exemple, ne ferait guère avancer une voiture. De même, il ne servirait à rien que la respiration cellulaire aérobie oxyde le glucose en une seule étape explosive, qui transférerait d'un seul coup tout son hydrogène au dioxygène. La respiration cellulaire se produit autrement : le glucose et les autres combustibles organiques sont dégradés en une série d'étapes, toutes catalysées par une enzyme. Aux étapes clés, des atomes d'hydrogène sont arrachés au glucose, mais ils ne joignent pas directement le dioxygène. Généralement, ils doivent d'abord passer par une coenzyme appelée nicotinamide adénine dinucléotide, ou **NAD+**, qui joue par le fait même le rôle d'agent oxydant.

Comment le NAD+ capte-t-il les électrons du glucose et des autres molécules combustibles ? Des enzymes appelées déshydrogénases retirent une paire d'atomes d'hydrogène du substrat (qu'il s'agisse de glucose ou d'un autre monosaccharide), soit deux électrons et deux protons. (Rappelez-vous que chaque atome d'hydrogène a un électron et un proton). Elles apportent ensuite les *deux* électrons et *un* proton (H⁺) au NAD⁺ (FIGURE 9.4). Quant au proton restant, il est libéré dans la solution environnante :

$$H—\overset{|}{\underset{|}{C}}—OH + NAD^+ \xrightarrow{\text{Déshydrogénase}} \overset{|}{C}{=}O + NADH + H^+$$

Alors que le NAD⁺, la forme oxydée, a une charge positive, le NADH, la forme réduite, est électriquement neutre. Lorsque le NAD⁺ reçoit les deux électrons (de charge négative) mais un seul proton (de charge positive), il est neutralisé. L'appellation NADH donnée à la forme réduite indique le gain d'un atome d'hydrogène au cours de la réaction. Comme le NAD⁺ gagne des électrons, il représente un accepteur d'électrons (un agent oxydant). C'est, en fait, l'accepteur d'électrons le plus polyvalent dans la respiration cellulaire, et il intervient dans plusieurs des étapes d'oxydoréduction caractéristiques de la dégradation des monosaccharides.

Les électrons perdent très peu de leur énergie potentielle quand les déshydrogénases les transfèrent des nutriments au NAD⁺. Par conséquent, chaque mole de NADH + H⁺ formée pendant la respiration cellulaire aérobie représente une réserve d'énergie qui pourra servir à produire de l'ATP quand les électrons auront fini de « descendre » la pente énergétique menant du NADH + H⁺ au dioxygène.

Comment les électrons extraits des nutriments et mis en réserve dans le NADH rejoignent-ils enfin le dioxygène ? Pour mieux faire comprendre les réactions d'oxydoréduction complexes de la respiration cellulaire aérobie, faisons une analogie avec une réaction beaucoup plus simple, celle qui produit de l'eau à partir de dihydrogène et de dioxygène (FIGURE 9.5a, p. 168). Mélangez ces deux gaz et fournissez-leur l'énergie d'activation requise sous la forme d'une étincelle : ils se combineront de manière explosive. L'explosion produite correspond à la libération d'énergie survenant quand les électrons de l'hydrogène se rapprochent du dioxygène électronégatif. La respiration cellulaire aérobie rapproche elle aussi de l'hydrogène et du dioxygène en formant de l'eau, mais à deux différences importantes près. Premièrement, l'hydrogène qui réagit avec le dioxygène dérive de molécules organiques. Deuxièmement, la respiration cellulaire aérobie utilise une **chaîne de transport d'électrons** pour décomposer la « descente » des électrons vers le dioxygène en une série d'étapes libératrices d'énergie (FIGURE 9.5b). La chaîne de transport d'électrons se compose de plusieurs molécules (des protéines pour la plupart), insérées dans la membrane interne des mitochondries. Le NADH apporte au « sommet » de la chaîne les électrons retirés des nutriments. Au « bas » de la chaîne, le dioxygène capture ces électrons en même temps que les protons, et de l'eau est formée.

Le transfert d'électrons du NADH + H⁺ au dioxygène est exergonique, puisqu'il entraîne une variation d'énergie libre de −222 kJ/mol environ. Mais cette énergie ne se libère pas en une seule étape : les électrons descendent la chaîne en passant d'un transporteur à l'autre et en perdant à chaque étape une petite quantité d'énergie, jusqu'à ce qu'ils atteignent le dioxygène, qui se trouve tout au bas de la chaîne et qui est le dernier accepteur d'électrons. Ils restent toujours en mouvement, car chaque transporteur qui est situé en aval d'un autre a plus d'affinité pour eux. Les électrons retirés des nutriments par le NAD⁺ dévalent donc la pente énergétique de la chaîne de transport jusqu'à ce qu'ils atteignent une position stable dans l'atome d'oxygène électronégatif. En d'autres termes, le dioxygène attire à lui les électrons de la chaîne de transport dans une cascade énergétique, de la même manière qu'un corps subissant la loi de la gravitation est attiré vers le bas.

Donc, au cours de la respiration cellulaire aérobie, la majorité des électrons descendent cette pente : nutriment → NADH → chaîne de transport d'électrons → dioxygène. Dans la prochaine section, vous en apprendrez davantage sur la synthèse de l'ATP à partir de l'énergie libérée par la « descente » exergonique des électrons.

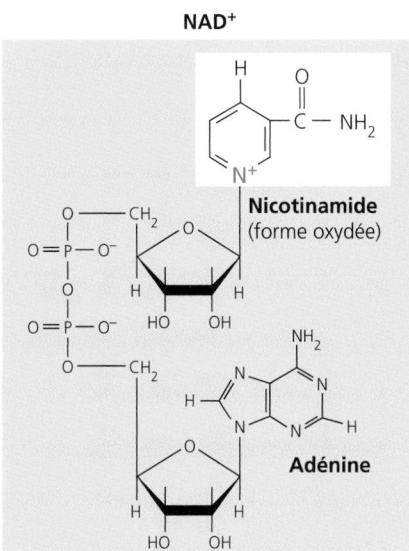

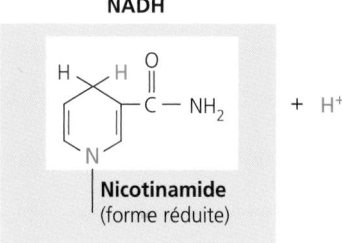

FIGURE 9.4 Le NAD⁺ : un transporteur d'électrons. Le nom « nicotinamide adénine dinucléotide » décrit la structure de cette molécule : elle est constituée de deux nucléotides reliés. (Le nicotinamide est une base azotée différente de celle qui est contenue dans l'ADN ou l'ARN.) Le transfert enzymatique de deux électrons et d'un proton issus d'un substrat au NAD⁺ réduit ce dernier en NADH. La plupart des électrons retirés des nutriments sont d'abord transférés au NAD⁺.

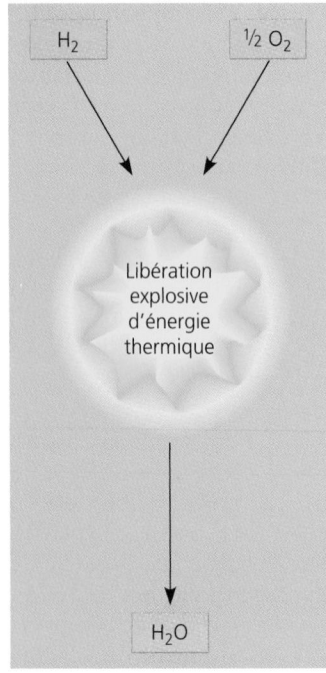

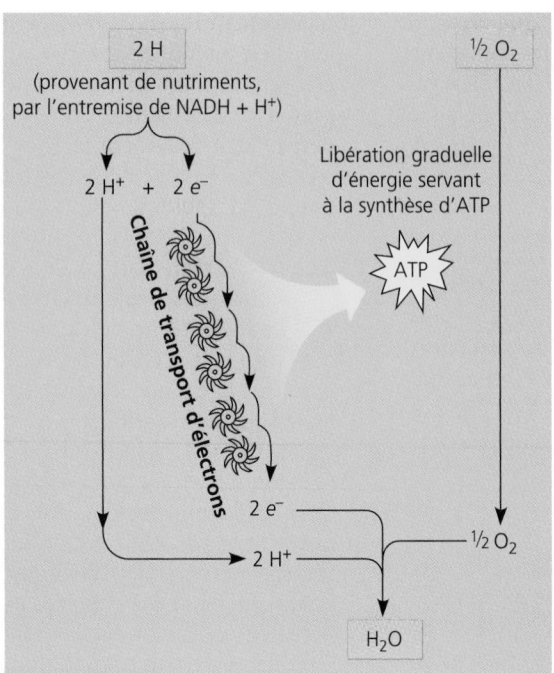

FIGURE 9.5 Introduction à la chaîne de transport d'électrons. (a) La réaction exergonique par laquelle le dihydrogène et le dioxygène forment de l'eau libère une grande quantité d'énergie sous forme de chaleur et de lumière, autrement dit sous forme d'explosion. **(b)** Dans la respiration cellulaire aérobie, une chaîne de transport d'électrons décompose la « descente » des électrons en une série d'étapes et stocke une partie de l'énergie libérée sous une forme qui peut servir à produire de l'ATP. (Le reste de l'énergie est libéré sous forme de chaleur.)

(a) Réaction non contrôlée　　**(b) Respiration cellulaire aérobie**

LA RESPIRATION CELLULAIRE AÉROBIE

Maintenant que nous avons exposé les mécanismes d'oxydoréduction fondamentaux, étudions le processus entier de la respiration cellulaire aérobie.

Caractéristiques générales de la respiration cellulaire aérobie

La respiration cellulaire aérobie comprend trois stades métaboliques, schématisés dans la FIGURE 9.6 :

1. La glycolyse (représentée en bleu-vert tout au long du chapitre).

2. Le cycle de Krebs (représenté par la couleur saumon).

3. La chaîne de transport d'électrons et la phosphorylation oxydative (représentées en violet).

Les deux premiers stades, la glycolyse et le cycle de Krebs, sont les voies cataboliques qui dégradent le glucose et les autres combustibles organiques. La **glycolyse,** qui a lieu dans le cytosol, marque le début de la dégradation du glucose : elle scinde une mole de celui-ci en deux moles d'un composé appelé pyruvate. Le **cycle de Krebs,** qui se déroule dans la matrice mitochondriale,

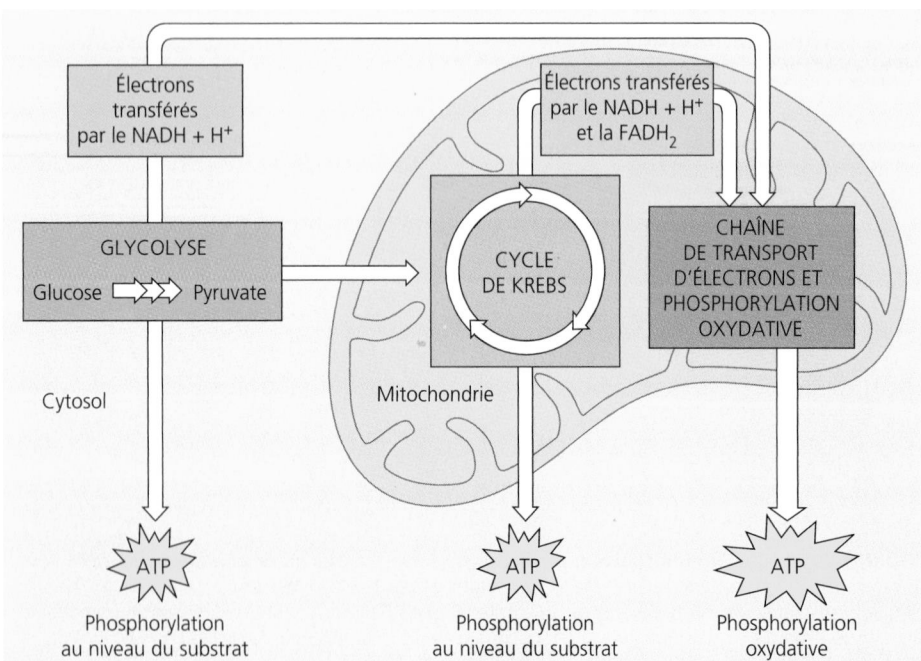

FIGURE 9.6 Un aperçu de la respiration cellulaire aérobie. Dans une cellule eucaryote, la glycolyse a lieu à l'extérieur des mitochondries, dans le cytosol. Quant au cycle de Krebs et aux réactions de la chaîne de transport d'électrons, ils se produisent à l'intérieur des mitochondries. Pendant la glycolyse, chaque mole de glucose est transformée en deux moles d'un composé appelé pyruvate. Le pyruvate traverse la double membrane des mitochondries par un mécanisme de cotransport et entre dans la matrice, où le cycle de Krebs le dégrade en dioxyde de carbone. Le NADH + H$^+$ ou la FADH$_2$ (voir p. 172) transfère les électrons provenant de la glycolyse et du cycle de Krebs à la chaîne de transport d'électrons, qui est insérée dans la membrane mitochondriale interne. La chaîne de transport d'électrons convertit l'énergie chimique en une forme d'énergie capable d'alimenter la phosphorylation oxydative. Cette dernière produit la majeure partie de l'ATP engendrée par la respiration cellulaire aérobie. La phosphorylation au niveau du substrat produit directement une petite quantité d'ATP au cours de la glycolyse et du cycle de Krebs.

termine le travail en dégradant un dérivé du pyruvate en dioxyde de carbone. Le dioxyde de carbone produit par la respiration représente donc des fragments de molécules organiques oxydées.

Quelques-unes des étapes de la glycolyse et du cycle de Krebs sont des réactions d'oxydoréduction dans lesquelles les déshydrogénases transfèrent des électrons du substrat au NAD^+, en formant du $NADH + H^+$. La chaîne de transport d'électrons, qui représente le troisième stade de la respiration cellulaire aérobie, accepte les électrons provenant des produits des deux premiers stades (par l'entremise du $NADH + H^+$), et elle les transmet d'une molécule à une autre. À la fin de la chaîne, les électrons se combinent à des protons et à du dioxygène, et ils forment de l'eau (voir la FIGURE 9.5b). L'énergie libérée à chaque maillon de la chaîne est emmagasinée sous une forme que la mitochondrie peut utiliser pour produire de l'ATP. Ce mode de synthèse de l'ATP s'appelle **phosphorylation oxydative,** car il est alimenté par les réactions d'oxydoréduction qui transfèrent des électrons en provenance des nutriments à du dioxygène.

Le transport des électrons et la phosphorylation oxydative ont lieu dans la membrane interne des mitochondries (voir la FIGURE 7.17). Près de 90 % de l'ATP engendrée par la respiration cellulaire aérobie provient de la phosphorylation oxydative. Une quantité moindre se forme directement au cours de certaines des réactions de la glycolyse et du cycle de Krebs, et ce, grâce à un mécanisme appelé **phosphorylation au niveau du substrat** (FIGURE 9.7). Dans ce mode de synthèse de l'ATP, une enzyme transfère un groupement phosphate d'un substrat à de l'ADP. (Le substrat fait ici référence à une molécule organique produite pendant le catabolisme du glucose.)

La respiration change les « grosses coupures » de l'énergie du glucose en « petite monnaie », l'ATP, qui est plus commode à écouler pour la cellule. On estime que, pour chaque mole de glucose dégradée en dioxyde de carbone et en eau au cours de la respiration cellulaire aérobie, la cellule produit environ 36 à 38 moles d'ATP.

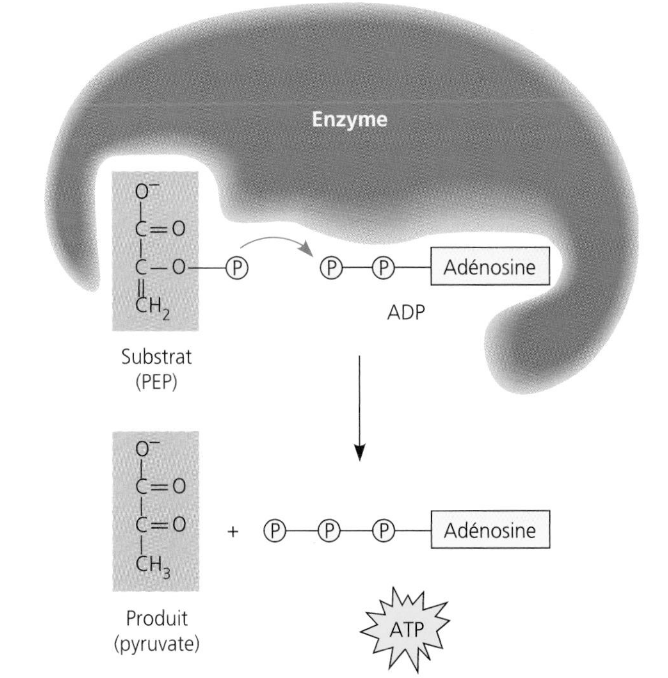

Vous venez d'entrevoir comment la glycolyse, le cycle de Krebs et la chaîne de transport d'électrons constituent la respiration cellulaire aérobie*. Entreprenons maintenant une étude plus approfondie de chacun de ces trois stades.

La glycolyse libère de l'énergie chimique en oxydant le glucose en pyruvate : *une étude détaillée*

Le mot *glycolyse* signifie « dégradation du glucose ». Au cours de cette voie catabolique, le glucose, un monosaccharide ayant six atomes de carbone, se scinde en deux monosaccharides ayant chacun trois atomes de carbone. Ces petits monosaccharides sont ensuite oxydés, et les atomes restants se réarrangent en deux molécules de pyruvate. (Le pyruvate est la forme ionisée d'un acide possédant trois atomes de carbone, l'acide pyruvique.)

On peut diviser la glycolyse en deux phases totalisant 10 étapes, comme le montre la FIGURE 9.8. Chacune des 10 étapes (détaillées dans la FIGURE 9.9 aux pages 170 et 171) est catalysée par une

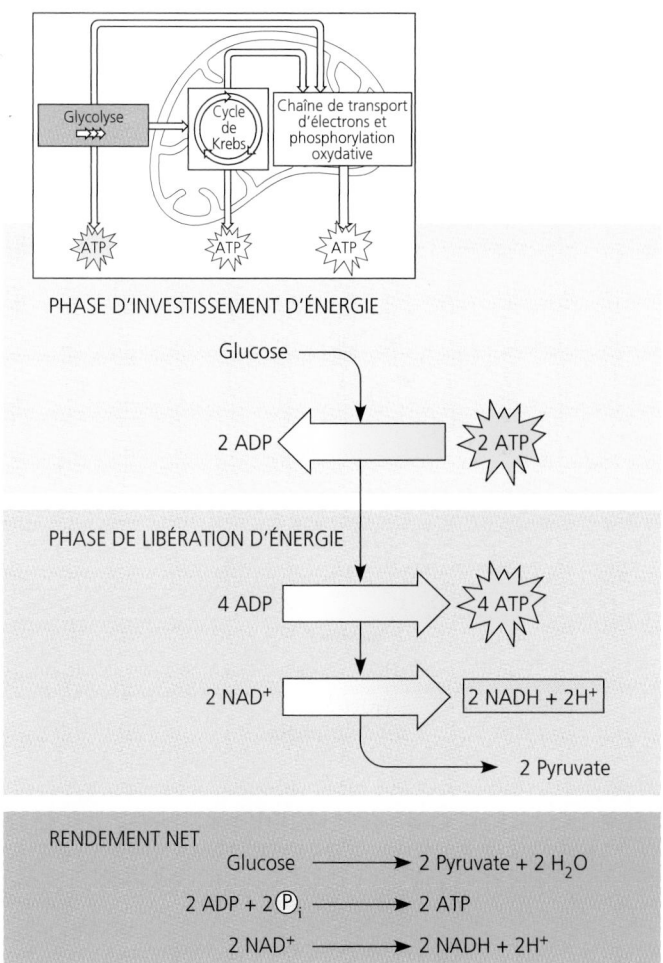

FIGURE 9.8 **Rendement énergétique de la glycolyse.**

FIGURE 9.7 image caption (left column):

FIGURE 9.7 **Phosphorylation au niveau du substrat.** Une partie de l'ATP est produite grâce au transfert enzymatique direct d'un groupement phosphate provenant d'un substrat à de l'ADP. Le donneur de phosphate, par exemple le phosphoénolpyruvate (PEP), se forme au cours de la glycolyse.

---

* Techniquement, la respiration cellulaire aérobie est définie de manière à ne comprendre que les processus qui requièrent du dioxygène : le cycle de Krebs, la chaîne de transport d'électrons et la synthèse de l'ATP par phosphorylation oxydative. Nous avons également inclus la glycolyse car la plupart des cellules aérobies qui tirent leur énergie du glucose font appel à ce processus pour obtenir le matériel de départ nécessaire à l'amorce du cycle de Krebs.

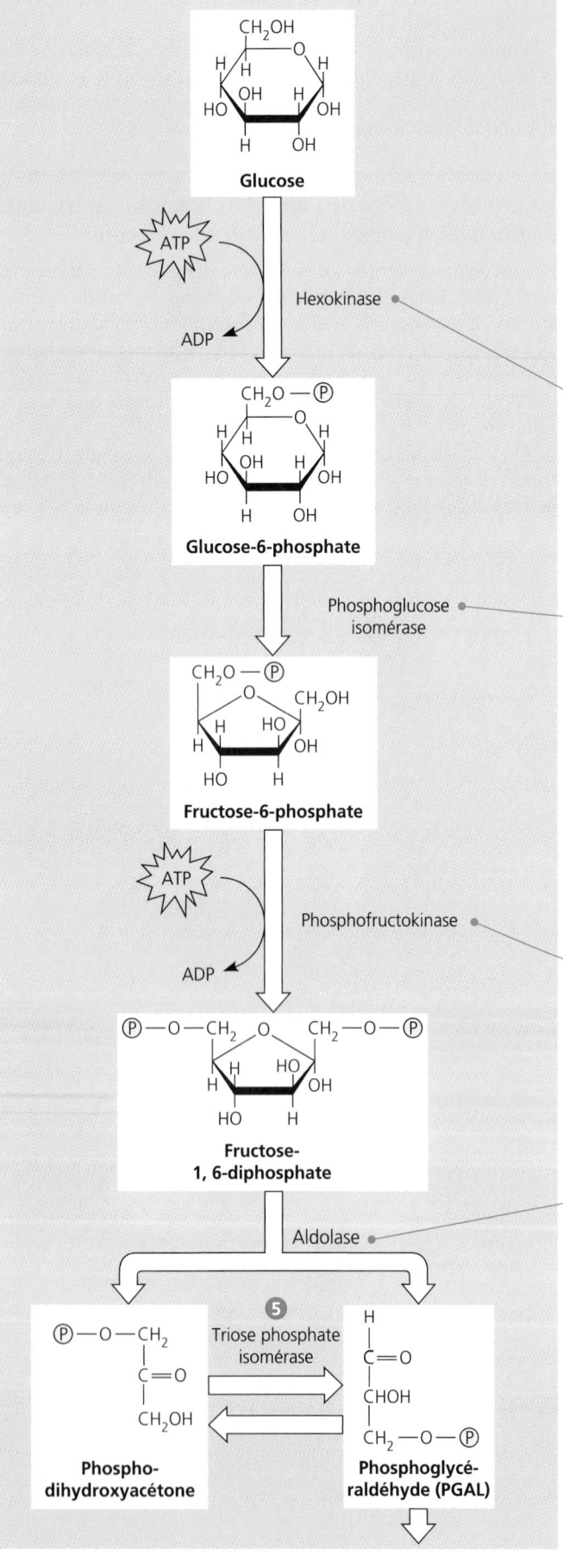

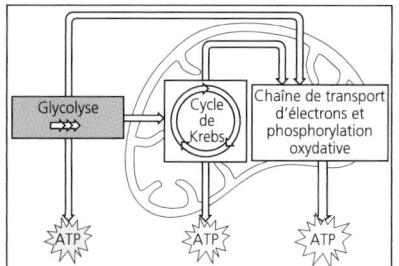

FIGURE 9.9 Les 10 étapes de la glycolyse. Le diagramme de droite situe la glycolyse dans la respiration cellulaire aérobie. Malgré les nombreux détails du diagramme principal, ne perdez pas de vue le but de la glycolyse : fournir de l'ATP et du NADH + H⁺.

PHASE D'INVESTISSEMENT D'ÉNERGIE

❶ Le glucose entre dans la cellule à l'aide d'une perméase par diffusion facilitée, puis il est phosphorylé par l'enzyme hexokinase, qui lui adjoint un groupement phosphate provenant de l'ATP. La charge électrique négative du groupement phosphate emprisonne le glucose dans la cellule, car la membrane plasmique ne laisse pas passer par diffusion simple les ions et les molécules chargées. En outre, la phosphorylation accroît la réactivité chimique du glucose. Dans ce diagramme, les flèches couplées représentent le transfert d'un groupement phosphate ou d'une paire d'électrons d'un réactif à un autre.

❷ La phosphoglucose isomérase transforme le glucose-6-phosphate (groupement phosphate lié au sixième atome de carbone du glucose) en un isomère, le fructose-6-phosphate.

❸ De nouveau, de l'énergie doit être investie. Une enzyme, la phosphofructokinase, transfère un groupement phosphate de l'ATP au fructose-6-phosphate. Jusque-là, le bilan de l'ATP indique un déficit de deux moles *(Rappel : Même si nous expliquons les changements chimiques en parlant de molécules, gardez à l'esprit que chaque coefficient représente la substance en moles).* Le fructose porte maintenant un groupement phosphate de chaque côté, et il est prêt à se faire scinder.

❹ La réaction qui survient à cette étape est celle qui donne son nom à la glycolyse. Une enzyme, l'aldolase, scinde le fructose-1, 6-diphosphate (un groupement phosphate est lié au premier atome de carbone du fructose, et l'autre, au sixième atome de carbone du fructose) en deux substances différentes ayant chacune trois atomes de carbone : le phosphoglycéraldéhyde (PGAL) et le phosphodihydroxyacétone. Ces deux trioses sont des isomères.

❺ La triose phosphate isomérase catalyse la conversion réversible des deux trioses. Dans la cellule, cette réaction n'atteint jamais l'équilibre, car l'enzyme qui intervient par la suite ne prend que le phosphoglycéraldéhyde (PGAL) comme substrat : elle n'accepte pas le phosphodihydroxyacétone. L'équilibre entre les deux substances penche vers le PGAL, qui est utilisé comme réactif à mesure qu'il se forme. Le résultat net des étapes 4 et 5 est donc le clivage d'une mole d'un monosaccharide à six atomes de carbone en deux moles de PGAL, qui participeront aux étapes ultérieures de la glycolyse.

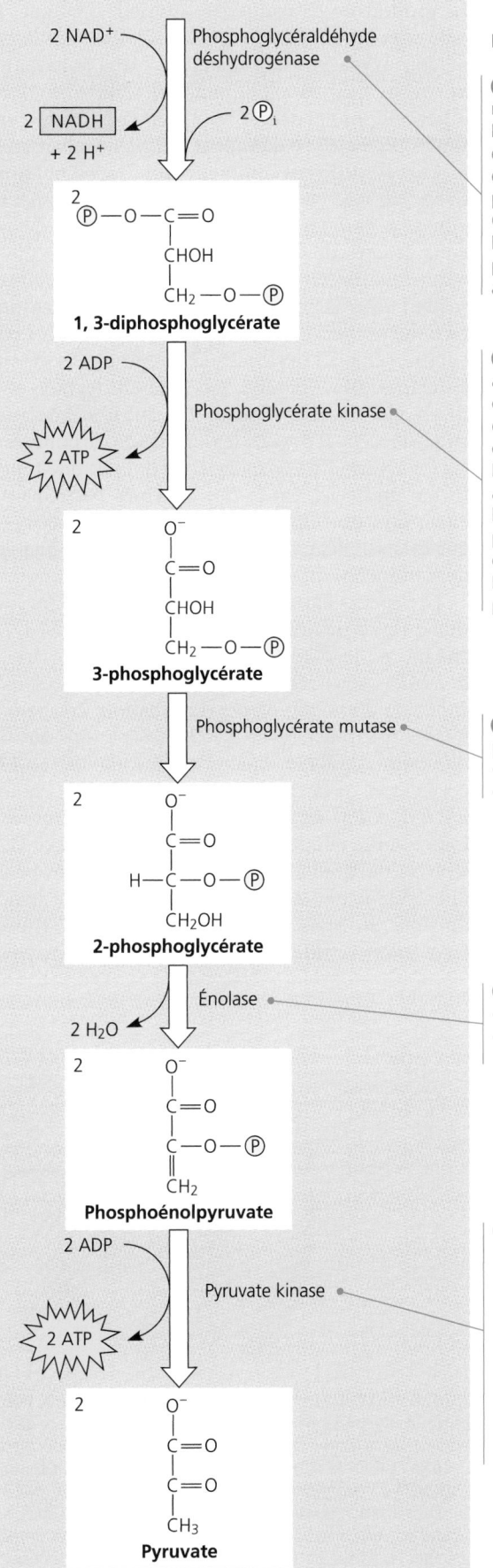

6 Une enzyme, la phosphoglycéraldéhyde déshydrogénase, catalyse deux réactions successives pendant la liaison du PGAL à son site actif. D'abord, au cours d'une réaction d'oxydoréduction, le transfert d'électrons et de H+ au NAD+ oxyde le PGAL, ce qui forme du NADH + H+. Cette réaction est fortement exergonique; l'enzyme « capitalise » en attachant un groupement phosphate au substrat oxydé, qui acquiert une grande énergie potentielle. Ce phosphate provient de phosphate inorganique, toujours présent dans le cytosol. Notez que toutes les substances de la phase de libération d'énergie portent le coefficient 2. En effet, le glucose a été scindé en deux glucides ayant chacun trois atomes de carbone au cours de l'étape 4.

7 La glycolyse produit enfin de l'ATP. Le groupement phosphate ajouté à l'étape précédente rejoint l'ADP au cours d'une réaction exergonique catalysée par la phosphoglycérate kinase. Pour chaque mole de glucose qui entre dans la glycolyse, deux moles d'ATP sont produites à l'étape 7, car chaque produit formé après la scission du fructose (étape 4) est doublé. Bien entendu, la cellule a investi deux moles d'ATP pour préparer le fructose à la scission. Le bilan de l'ATP est maintenant de zéro. À la fin de l'étape 7, le glucose se trouve converti en deux moles de 3-phosphoglycérate. Il ne s'agit pas là d'un glucide. Le groupement carbonyle qui caractérise les glucides a été oxydé en un groupement carboxyle, le signe distinctif des acides organiques. Les glucides (2 PGAL) ont été oxydés à l'étape 6, et l'énergie rendue disponible par cette oxydation a servi à produire de l'ATP.

8 Une enzyme, la phosphoglycérate mutase, déplace le groupement phosphate résiduel du troisième au deuxième carbone de la chaîne. Cette transformation change très peu le potentiel énergétique de la molécule. Cette étape prépare le substrat à la réaction suivante.

9 Une enzyme, l'énolase, forme une double liaison dans le substrat en extrayant une molécule d'eau pour produire du phosphoénolpyruvate, ou PEP. Cette réaction réarrange les électrons du substrat de sorte que la liaison phosphate résiduelle devienne très instable et, par conséquent, très réactive.

10 La dernière réaction de la glycolyse produit de l'ATP en transférant le groupement phosphate du PEP à l'ADP. Comme cette étape se produit deux fois pour chaque mole de glucose, le bilan de l'ATP indique un gain net de deux moles d'ATP. Les étapes 7 et 10 ayant produit chacune deux moles d'ATP, le crédit total est de quatre moles d'ATP. Cependant, la dette encourue aux étapes 1 et 3 était de deux moles d'ATP. Bref, la glycolyse a remboursé l'investissement d'ATP avec un intérêt de 100 %. Une quantité supplémentaire d'énergie a été emmagasinée dans le NADH + H+ à l'étape 6, et elle peut servir à produire de l'ATP par phosphorylation oxydative (en présence de dioxygène). Pendant ce temps, une mole de glucose a été scindée et oxydée en deux moles de pyruvate, le produit final de la glycolyse.

enzyme spécifique. La phase d'investissement d'énergie comprend les cinq premières étapes, et la phase de libération d'énergie, les cinq dernières. Pendant la phase d'investissement d'énergie, la cellule doit dépenser de l'ATP pour phosphoryler les molécules combustibles. Mais elle récolte les dividendes de son investissement durant la phase de libération d'énergie, alors que la phosphorylation au niveau du substrat produit de l'ATP et que l'oxydation réduit le NAD^+ en $NADH + H^+$. Le rendement net de la glycolyse est de deux moles d'ATP et de deux moles de $NADH + H^+$ par mole de glucose.

Notez que tout le carbone initialement contenu dans le glucose se retrouve dans les deux moles de pyruvate ; il n'y a pas de libération de dioxyde de carbone pendant la glycolyse. Notez aussi que cette dernière se produit en présence ou en l'absence de dioxygène. *En présence de dioxygène,* toutefois, l'énergie emmagasinée dans le $NADH + H^+$ peut être convertie en ATP à la suite de la phosphorylation oxydative alimentée par la chaîne de transport d'électrons. L'énergie chimique contenue dans le pyruvate peut également être libérée dans le cycle de Krebs.

Le cycle de Krebs achève l'oxydation des molécules organiques : *une étude détaillée*

On utilise l'expression « cycle de Krebs » en l'honneur de Hans Adolf Krebs, un biochimiste d'origine allemande qui a décrit cette voie métabolique dans les années 1930. Sa découverte, d'une très grande importance, lui a d'ailleurs valu un prix Nobel. Le cycle de Krebs, ou cycle de l'acide citrique, constitue une plaque tournante du métabolisme : il est au cœur du catabolisme des glucides, des acides gras et des acides aminés, et il fabrique de nombreux précurseurs de biosynthèse. Par exemple, le malate produit au cours du cycle de Krebs quitte la mitochondrie pour servir à la synthèse du glucose (gluconéogenèse) ; le citrate, lui, entre dans la biosynthèse des acides gras et du cholestérol ; quant à l'oxaloacétate et à l'α-cétoglutarate, ce sont des précurseurs de certains acides aminés.

La glycolyse libère moins du quart de l'énergie chimique emmagasinée dans le glucose ; le reste est stocké dans les deux moles de pyruvate. Dans la respiration cellulaire aérobie, le pyruvate entre dans la mitochondrie grâce à un mécanisme de cotransport de protons et de pyruvate. Les enzymes du cycle de Krebs, synthétisées dans la mitochondrie, terminent l'oxydation des deux moles de pyruvate. Nous verrons comment le couplage de ce cycle, de la chaîne de transport d'électrons et de la phosphorylation oxydative produit beaucoup d'énergie.

Après son entrée dans la mitochondrie, le pyruvate est d'abord converti en un composé appelé **acétyl-CoA** (FIGURE 9.10). Cette étape charnière entre la glycolyse et le cycle de Krebs est catalysée par un complexe multienzymatique qui active trois réactions. ❶ Le groupement carboxyle du pyruvate, qui possède peu d'énergie chimique vu son état d'oxydation, est éliminé et libéré sous forme de dioxyde de carbone. (La respiration cellulaire aérobie dégage pour la première fois du dioxyde de carbone.) ❷ Le fragment restant, qui possède deux atomes de carbone, est oxydé et forme un composé appelé acétate (c'est la forme ionisée de l'acide acétique). Une enzyme transfère au NAD^+ les électrons extraits, ce qui emmagasine l'énergie sous forme de $NADH + H^+$. ❸ La coenzyme A, un composé contenant du soufre et dérivé de la vitamine B, s'unit à l'acétate par

une liaison instable ; cela rend le groupement acétyle très réactif. Le produit de ce complexe multienzymatique, l'acétyl-CoA, peut maintenant faire entrer son acétate dans le cycle de Krebs, où son oxydation se poursuivra. Dans la FIGURE 9.10 et dans la suivante, nous expliquons les transformations chimiques à l'échelle moléculaire. Rappelez-vous bien, cependant, que toutes ces étapes se déroulent à l'échelle molaire.

Le cycle de Krebs comprend huit étapes, qui sont toutes catalysées par une enzyme spécifique (FIGURE 9.11). Comme vous pouvez le voir dans le schéma, à chaque tour du cycle de Krebs, deux atomes de carbone entrent sous la forme relativement réduite de l'acétate (étape 1), et deux autres atomes de carbone sortent sous la forme complètement oxydée du dioxyde de carbone (étapes 3 et 4). L'acétate entre dans le cycle lorsqu'une enzyme le lie à l'oxaloacétate, ce qui forme du citrate. Durant les étapes subséquentes, le citrate est dégradé et, de nouveau, de l'oxaloacétate est formé. Durant la dégradation du citrate en oxaloacétate, du gaz, le dioxyde de carbone, est libéré. C'est la régénération de l'oxaloacétate qui fait que tout ce processus forme un cycle. Toutes les enzymes participant au cycle de Krebs sont situées dans la matrice mitochondriale, excepté celle qui catalyse l'étape 6 (elle se loge dans la membrane interne de la mitochondrie).

La majeure partie de l'énergie fournie par les étapes d'oxydation du cycle de Krebs est entreposée dans le $NADH + H^+$. Pour chaque mole d'acétate qui entre dans le cycle, trois moles de NAD^+ sont réduites en $NADH + H^+$ (étapes 3, 4 et 8). Au cours d'une des étapes d'oxydation, l'étape 6, les électrons ne sont pas transférés au NAD, mais plutôt à un autre accepteur d'électrons, la flavine adénine dinucléotide (ou FAD, un composé dérivé de la riboflavine, la vitamine B). La forme réduite, $FADH_2$, donne ses électrons à la chaîne de transport d'électrons, tout comme le fait le $NADH + H^+$. À l'instar de la glycolyse, le cycle de Krebs comprend une étape, l'étape 5, qui forme directement une mole d'ATP par phosphorylation au niveau du substrat. Mais la majeure partie de l'ATP produite par la respiration résulte de la phosphorylation oxydative, lorsque

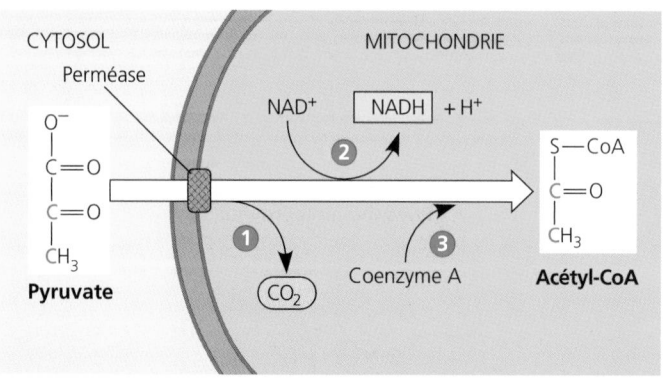

FIGURE 9.10 Conversion du pyruvate en acétyl-CoA, l'étape charnière entre la glycolyse et le cycle de Krebs. Un complexe de plusieurs enzymes catalyse les étapes numérotées, également décrites dans l'exposé. L'acétyl-CoA entre dans le cycle de Krebs. Le CO_2 diffuse simplement hors de la mitochondrie, puis de la cellule. *(Remarque : Nous utilisons la représentation classique de la transformation du pyruvate en acétyl-CoA. Lorsqu'on calcule le bilan énergétique de l'oxydation complète d'une mole de glucose, il faut ajouter un coefficient de 2 à tous les réactifs et à tous les produits de cette figure.)*

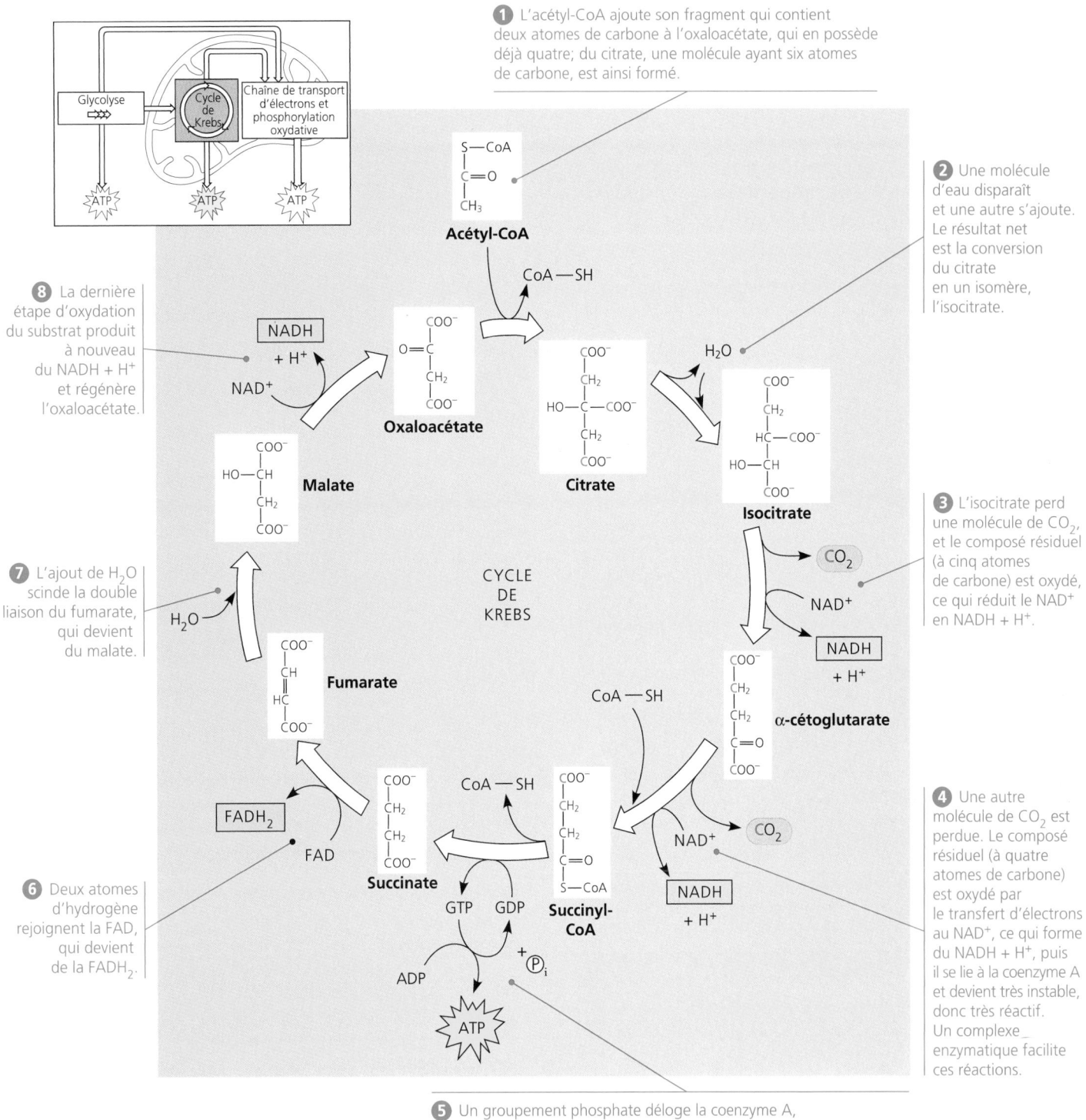

1 L'acétyl-CoA ajoute son fragment qui contient deux atomes de carbone à l'oxaloacétate, qui en possède déjà quatre; du citrate, une molécule ayant six atomes de carbone, est ainsi formé.

2 Une molécule d'eau disparaît et une autre s'ajoute. Le résultat net est la conversion du citrate en un isomère, l'isocitrate.

8 La dernière étape d'oxydation du substrat produit à nouveau du NADH + H⁺ et régénère l'oxaloacétate.

3 L'isocitrate perd une molécule de CO_2, et le composé résiduel (à cinq atomes de carbone) est oxydé, ce qui réduit le NAD^+ en NADH + H⁺.

7 L'ajout de H_2O scinde la double liaison du fumarate, qui devient du malate.

4 Une autre molécule de CO_2 est perdue. Le composé résiduel (à quatre atomes de carbone) est oxydé par le transfert d'électrons au NAD^+, ce qui forme du NADH + H⁺, puis il se lie à la coenzyme A et devient très instable, donc très réactif. Un complexe enzymatique facilite ces réactions.

6 Deux atomes d'hydrogène rejoignent la FAD, qui devient de la $FADH_2$.

5 Un groupement phosphate déloge la coenzyme A, et le succinyl-CoA devient temporairement du succinyl-phosphate (non illustré). Puis, une enzyme transfère le groupement phosphate à la guanosine diphosphate (GDP), et de la guanosine triphosphate (GTP) est formée. Finalement, le groupement phosphate passe à l'ADP, ce qui donne de l'ATP (phosphorylation au niveau du substrat).

FIGURE 9.11 Les huit étapes du cycle de Krebs.
La couleur rouge représente le cheminement des deux atomes de carbone qui entrent dans le cycle par l'intermédiaire de l'acétyl-CoA (étape 1). Les deux atomes de carbone libérés sous forme de dioxyde de carbone aux étapes 3 et 4 paraissent en bleu. Notez que les acides carboxyliques figurent sous leur forme ionisée, $-COO^-$. Par exemple, le citrate est la forme ionisée de l'acide citrique. Notez aussi que, dans le but d'alléger la figure, nous avons omis le nom des enzymes qui catalysent les différentes réactions. *(Remarque : Nous utilisons la représentation classique du cycle de Krebs. Dans le calcul du bilan énergétique de l'oxydation complète d'une mole de glucose, il faut ajouter un coefficient de 2 à tous les réactifs et à tous les produits de cette figure. Bien que le cycle se déroule à l'échelle molaire, nous décrivons les transformations principales à l'échelle moléculaire.)*

le NADH + H⁺ et la FADH₂ engendrés par le cycle de Krebs transmettent les électrons extraits des nutriments à la chaîne de transport d'électrons. Avant d'aborder cette dernière, étudiez la FIGURE 9.12, afin de revoir les événements marquants du cycle de Krebs.

La membrane mitochondriale interne couple le transport des électrons à la synthèse d'ATP : *une étude détaillée*

L'objectif principal de ce chapitre est d'expliquer comment les cellules extraient l'énergie des nutriments pour former de l'ATP. Or, chacun des stades de la respiration cellulaire aérobie que nous avons étudiés jusqu'à maintenant, soit la glycolyse et le cycle de Krebs, ne produit directement que deux moles d'ATP par mole de glucose au moyen de la phosphorylation au niveau du substrat. Il revient donc au NADH + H⁺ et à la FADH₂ de libérer la majeure partie de l'énergie extraite des nutriments. Ces transmetteurs d'électrons relient la glycolyse et le cycle de Krebs à la machinerie de la phosphorylation oxydative, laquelle alimente la synthèse de l'ATP avec l'énergie libérée par la chaîne de transport d'électrons. Dans cette section, nous étudierons d'abord le fonctionnement de la chaîne de transport d'électrons, puis nous verrons comment la mitochondrie couple la synthèse de l'ATP à la descente énergétique des électrons le long de la chaîne.

Chaîne de transport d'électrons

Comme nous l'avons expliqué précédemment, la chaîne de transport d'électrons est un ensemble de molécules enchâssées dans la membrane interne de la mitochondrie. Grâce à ses crêtes, cette membrane possède une aire accrue qui permet à chaque mitochondrie de contenir des milliers d'exemplaires de la chaîne. (Une fois de plus, nous assistons à un exemple de corrélation entre structure et fonction.) Celle-ci comprend surtout des protéines liées à des groupements prosthétiques (c'est-à-dire à des composantes non protéiques) essentiels aux fonctions catalytiques de certaines enzymes. Pendant le transport des électrons dans la chaîne, les groupements prosthétiques oscillent entre l'état réduit et l'état oxydé, suivant qu'ils acceptent ou cèdent des électrons.

La FIGURE 9.13 illustre la succession des transporteurs d'électrons dans la chaîne et la baisse d'énergie libre qui accompagne le transfert des électrons. Les électrons extraits des nutriments au cours de la glycolyse et du cycle de Krebs sont transférés par le NADH + H⁺ à la première molécule de la chaîne. Il s'agit d'une flavoprotéine, qui est ainsi nommée parce qu'elle possède un groupement prosthétique appelé flavinemononucléotide (désigné par les lettres FMN dans la FIGURE 9.13). Au cours de la réaction d'oxydoréduction suivante, la flavoprotéine retrouve sa forme oxydée en donnant des électrons à une protéine contenant du soufre et du fer fermement liés (Fe•S dans la FIGURE 9.13). À son tour, celle-ci transmet les électrons à un lipide appelé ubiquinone (Q dans la FIGURE 9.13). C'est le seul élément de la chaîne qui n'est pas une protéine.

La plupart des transporteurs d'électrons entre l'ubiquinone (Q) et le dioxygène sont des protéines appelées **cytochromes** (Cyt). Leur groupement prosthétique, nommé **groupement hème,** se compose de quatre cycles entourant un atome de fer. Il ressemble au groupement prosthétique de l'hémoglobine, la protéine du sang qui transporte le dioxygène. Cependant, l'atome de fer des cytochromes transporte des électrons et non pas du dioxygène. La chaîne de transport d'électrons comprend divers cytochromes portant tous un groupement hème. Le dernier cytochrome de la chaîne, le cytochrome a_3, cède ses électrons au dioxygène, qui recueille également une paire de protons dans le milieu aqueux et forme de l'eau. (Dans la FIGURE 9.13, l'oxygène est désigné par le symbole ½ O₂ pour souligner que la chaîne de transport d'électrons réduit le dioxygène, O₂, et non pas des atomes d'oxygène pris individuellement. Le coefficient ½ représente le nombre de moles. Pour deux moles de NADH + H⁺, une mole de dioxygène est réduite en deux moles d'eau.)

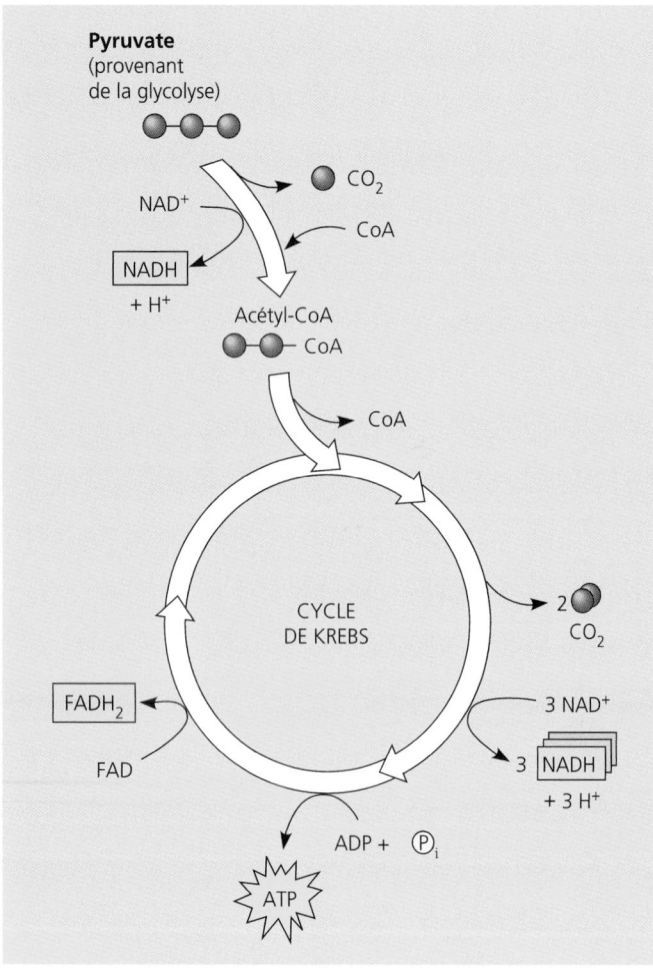

FIGURE 9.12 Résumé du cycle de Krebs. Ce diagramme précise le nombre de moles utilisées ou libérées par le cycle à mesure que le pyruvate est dégradé en trois moles de CO₂, dont celle qui est libérée pendant la conversion du pyruvate en acétyl-CoA (avant l'amorce du cycle). La phosphorylation au niveau du substrat produit une mole d'ATP à chaque cycle. Toutefois, une grande partie de l'énergie chimique est transférée au NAD⁺ et à la FAD au cours des réactions d'oxydoréduction. Une fois réduites, ces coenzymes apportent leur chargement d'électrons à la chaîne de transport d'électrons, qui alimente la synthèse de l'ATP par phosphorylation oxydative. (Pour calculer le nombre de moles requises et libérées par le cycle pour chaque mole de glucose, il faut multiplier par deux tous les réactifs et les produits, car chaque mole de glucose est scindée en deux et fournit deux moles de pyruvate au cours de la glycolyse.)

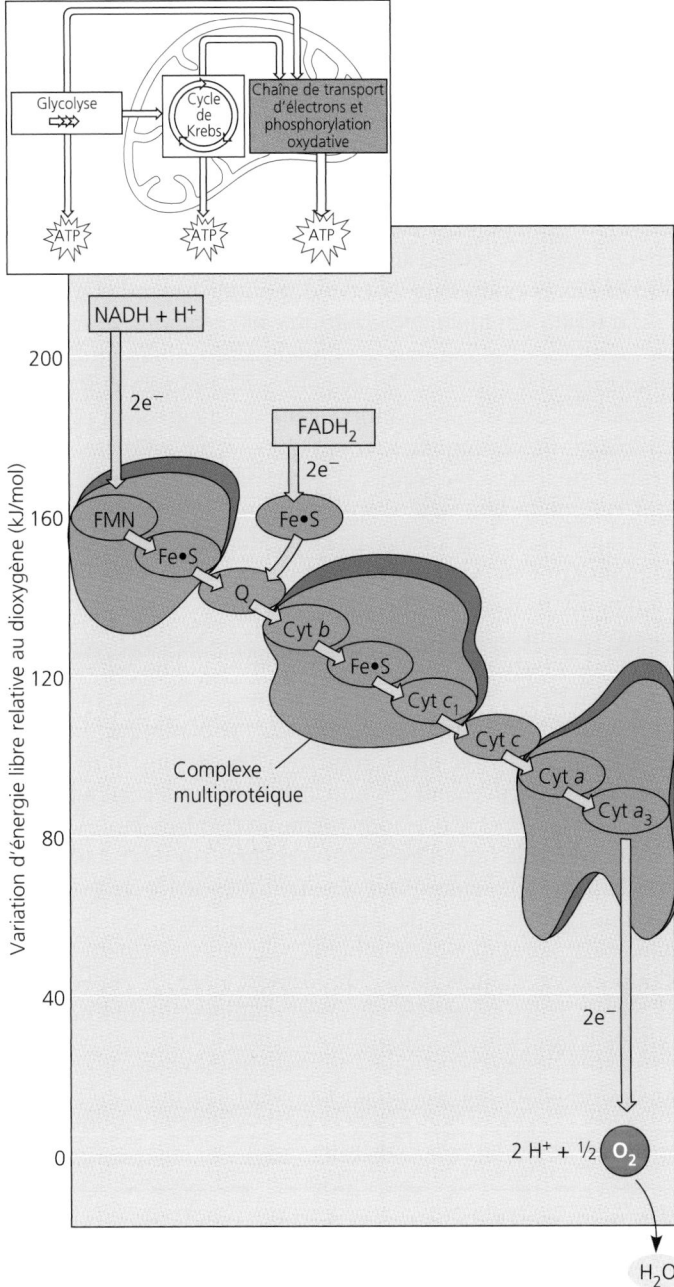

FIGURE 9.13 Variation d'énergie libre pendant le transport d'électrons. Chaque élément de la chaîne oscille entre l'état réduit et l'état oxydé. Un élément de la chaîne devient réduit lorsqu'il accepte des électrons de son voisin d'amont (qui a moins d'affinité pour les électrons). Chaque élément de la chaîne retrouve sa forme oxydée en cédant des électrons à son voisin d'aval (qui a plus d'affinité pour les électrons). Au bas de la chaîne se trouve le dioxygène, *fortement* électronégatif. Du NADH + H⁺ au dioxygène, la diminution globale de l'énergie est d'environ 220 kJ/mol, mais cette chute s'effectue graduellement en une série d'étapes. Les molécules prenant part au transport d'électrons (ellipses mauves) sont décrites dans le texte de cette section. La plupart de ces transporteurs sont groupés en complexes multiprotéiques, comme les régions violettes l'indiquent ici et dans la FIGURE 9.15. Les flèches dorées représentent le transfert des électrons.

La FADH₂, l'autre coenzyme réduite du cycle de Krebs, apporte elle aussi des électrons à la chaîne de transport. La FIGURE 9.13 montre que le niveau d'énergie auquel la FADH₂ donne ses électrons à la chaîne est inférieur à celui du NADH + H⁺. Par conséquent, la chaîne de transport d'électrons fournit à la synthèse de l'ATP une énergie inférieure de 33 % environ quand le donneur d'électrons est la FADH₂ au lieu du NADH + H⁺.

La chaîne de transport d'électrons ne produit pas d'ATP directement. Sa fonction consiste à faire passer les électrons des nutriments au dioxygène en une série d'étapes qui libèrent l'énergie de manière contrôlée. Alors, comment la mitochondrie couple-t-elle ce processus à la synthèse de l'ATP? Par un mécanisme appelé chimiosmose.

La chimiosmose : un mécanisme de couplage de l'énergie

La membrane interne de la mitochondrie renferme de nombreux exemplaires d'un complexe protéique appelé **ATP synthétase,** l'enzyme qui fabrique réellement l'ATP à partir de l'ADP et du phosphate inorganique (FIGURE 9.14). L'ATP synthétase ressemble à une pompe ionique qui fonctionne à rebours. Au chapitre 8, nous avons vu que les pompes ioniques utilisent l'ATP comme source d'énergie pour transporter des ions contre leur gradient de concentration. Inversement, l'ATP synthétase utilise l'énergie d'un gradient existant pour synthétiser l'ATP. Le gradient électrochimique qui actionne la phosphorylation oxydative provient de protons ; autrement dit, la source

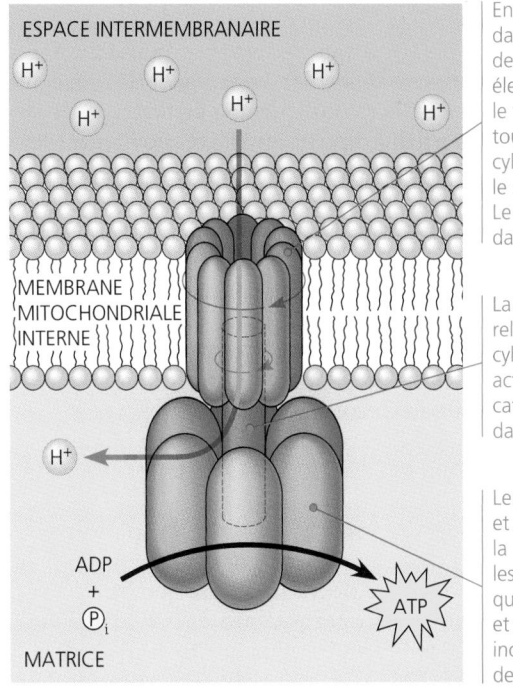

FIGURE 9.14 L'ATP synthétase, une turbine moléculaire. Le complexe protéique formé par l'ATP synthétase fonctionne à la manière d'une turbine alimentée par un flux de protons. Cette enzyme se retrouve dans la membrane des mitochondries et des chloroplastes eucaryotes, et dans la membrane plasmique des procaryotes. Elle se compose d'un rotor, d'un arbre et d'un stator, chaque partie étant constituée de plusieurs sous-unités protéiques.

d'énergie de l'ATP synthétase réside dans la différence des concentrations de H^+ de part et d'autre de la membrane mitochondriale interne. On peut aussi considérer ce gradient comme une différence de pH, puisque le pH est une mesure de la concentration de H^+.

Comment la membrane mitochondriale crée-t-elle et maintient-elle un gradient de H^+? Par la chaîne de transport d'électrons, qui est illustrée dans la mitochondrie à la FIGURE 9.15. En effet, la chaîne est un convertisseur d'énergie qui utilise le flux exergonique d'électrons pour véhiculer les H^+ à travers la membrane, de la matrice vers l'espace intermembranaire. Les H^+ ont ensuite tendance à refluer à travers la membrane, suivant le gradient électrochimique. Or, les ATP synthétases constituent les seuls segments membranaires perméables aux H^+. Les protons empruntent donc un canal aménagé dans une ATP synthétase, et le complexe protéique produit une phosphorylation oxydative de l'ADP alimentée par le transfert exergonique des H^+. Bref, un gradient électrochimique de H^+ couple les réactions d'oxydoréduction de la chaîne de transport d'électrons à la synthèse de l'ATP. Ce mécanisme de couplage s'appelle **chimiosmose** (du grec *osmos*, qui signifie «pousser»), un terme qui exprime bien la relation entre les réactions chimiques et le transport membranaire. Nous avons déjà employé le terme osmose pour désigner la pression osmotique (la poussée de l'eau); le terme chimiosmose renvoie à la poussée de H^+ à travers une membrane.

Si vous avez suivi jusqu'ici nos explications sur la chimiosmose, deux questions au moins doivent vous venir à l'esprit. Comment la chaîne de transport d'électrons véhicule-t-elle les protons? Et comment l'ATP synthétase utilise-t-elle le reflux de ceux-ci pour attacher un phosphate inorganique à l'ADP? Les chercheurs possèdent quelques éléments de réponse à la première question. Il semble que certaines composantes de la chaîne de transport captent et libèrent des protons (H^+) en même temps que les électrons. Par conséquent, à certaines étapes de la chaîne, les transporteurs captent les H^+ et provoquent leur libération dans la solution environnante. Les transporteurs d'électrons sont disposés dans la membrane de façon que les H^+ soient prélevés dans la matrice mitochondriale, puis déposés dans l'espace intermembranaire (FIGURE 9.15). Nous pouvons difficilement préciser le nombre exact de protons qui va en direction de l'espace intermembranaire, puisque, selon les auteurs, ce nombre varie de 8 à 10 dans le cas d'une seule chaîne de transport d'électrons. Le gradient électrochimique de H^+ ainsi créé se nomme **force protonmotrice,** une expression qui souligne la capacité du gradient électrochimique à produire du travail. Cette force renvoie les H^+ à travers la membrane au moyen des canaux spécifiques fournis par les ATP synthétases; là encore, nous ne pouvons préciser le nombre exact de protons qu'il faut à l'ATP synthétase pour produire une seule molécule d'ATP. Par contre, tous s'accordent pour dire que les électrons transférés à la chaîne de transport, en provenance d'une mole de NADH + H^+, génèrent indirectement trois moles d'ATP, tandis qu'une mole de $FADH_2$ donne au bout de la chaîne deux moles d'ATP.

Les scientifiques ont aussi découvert comment le flux de H^+ alimente la synthèse de l'ATP au moyen de l'ATP synthétase. L'étude de la structure moléculaire de cette enzyme a permis de comprendre son fonctionnement (voir la FIGURE 9.14). Le complexe formé par l'ATP synthétase comprend trois parties: un rotor cylindrique inséré dans la membrane interne de la mitochondrie, un stator qui s'avance dans la matrice mitochondriale et un arbre reliant les deux éléments. En traversant le rotor dans le sens de leur gradient électrochimique, les protons déclenchent une rotation du rotor et de l'arbre, tout comme l'eau qui fait tourner une roue à aube. L'arbre en rotation entraîne alors un changement de la conformation du stator, ce qui amène les sites catalytiques à combiner l'ADP avec le phosphate inorganique pour former de l'ATP.

En résumé, *la chimiosmose constitue un mécanisme de couplage de l'énergie qui utilise l'énergie emmagasinée sous la forme d'un gradient de H^+ traversant la membrane pour alimenter le travail cellulaire.* Dans la mitochondrie, l'énergie du gradient provient de réactions chimiques exergoniques, et la synthèse d'ATP représente le travail effectué. Des variantes de la chimiosmose ont également lieu dans d'autres organites. Les chloroplastes font appel à ce mécanisme pour produire de l'ATP pendant la photosynthèse. Cependant, dans ces organites, c'est l'énergie lumineuse et non l'énergie chimique qui permet l'entrée des électrons dans la chaîne de transport et la formation du gradient de H^+. Les Bactéries et les Archéobactéries, qui ne possèdent ni mitochondries ni chloroplastes, créent des gradients électrochimiques de H^+ à travers leur membrane plasmique. Ensuite, au moyen de la force protonmotrice, elles produisent de l'ATP, transportent activement des nutriments et des déchets à travers leur membrane, et se déplacent même en remuant leurs flagelles.

En 1961, à la suite d'expériences menées sur des bactéries, le biochimiste britannique Peter Mitchell a présenté la chimiosmose comme un mécanisme de couplage de l'énergie. Près de 20 ans plus tard, après que de nombreux scientifiques eurent attesté l'importance capitale de la chimiosmose pour les conversions d'énergie dans les bactéries, les mitochondries et les chloroplastes, Mitchell reçut le prix Nobel.

Chaque mole de glucose oxydée par la respiration cellulaire aérobie génère de nombreuses moles d'ATP: *une révision*

Maintenant que nous avons décortiqué la respiration cellulaire, revenons à sa fonction principale, qui est d'extraire l'énergie des nutriments pour alimenter la synthèse de l'ATP.

Pendant la respiration cellulaire aérobie, la majeure partie de l'énergie suit cette séquence: glucose $\rightarrow$ NADH + H^+ $\rightarrow$ chaîne de transport d'électrons $\rightarrow$ force protonmotrice $\rightarrow$ ATP. Faisons un bilan du profit net en ATP réalisé chaque fois qu'une mole de glucose est oxydée en six moles de dioxyde de carbone. Les trois services principaux de l'entreprise métabolique qu'est la respiration cellulaire aérobie sont la glycolyse, le cycle de Krebs et la chaîne de transport d'électrons, qui alimente la phosphorylation oxydative. La FIGURE 9.16, à la page 178, présente un bilan détaillé du rendement en ATP par mole de glucose oxydée. Comptons d'abord les quelques moles d'ATP

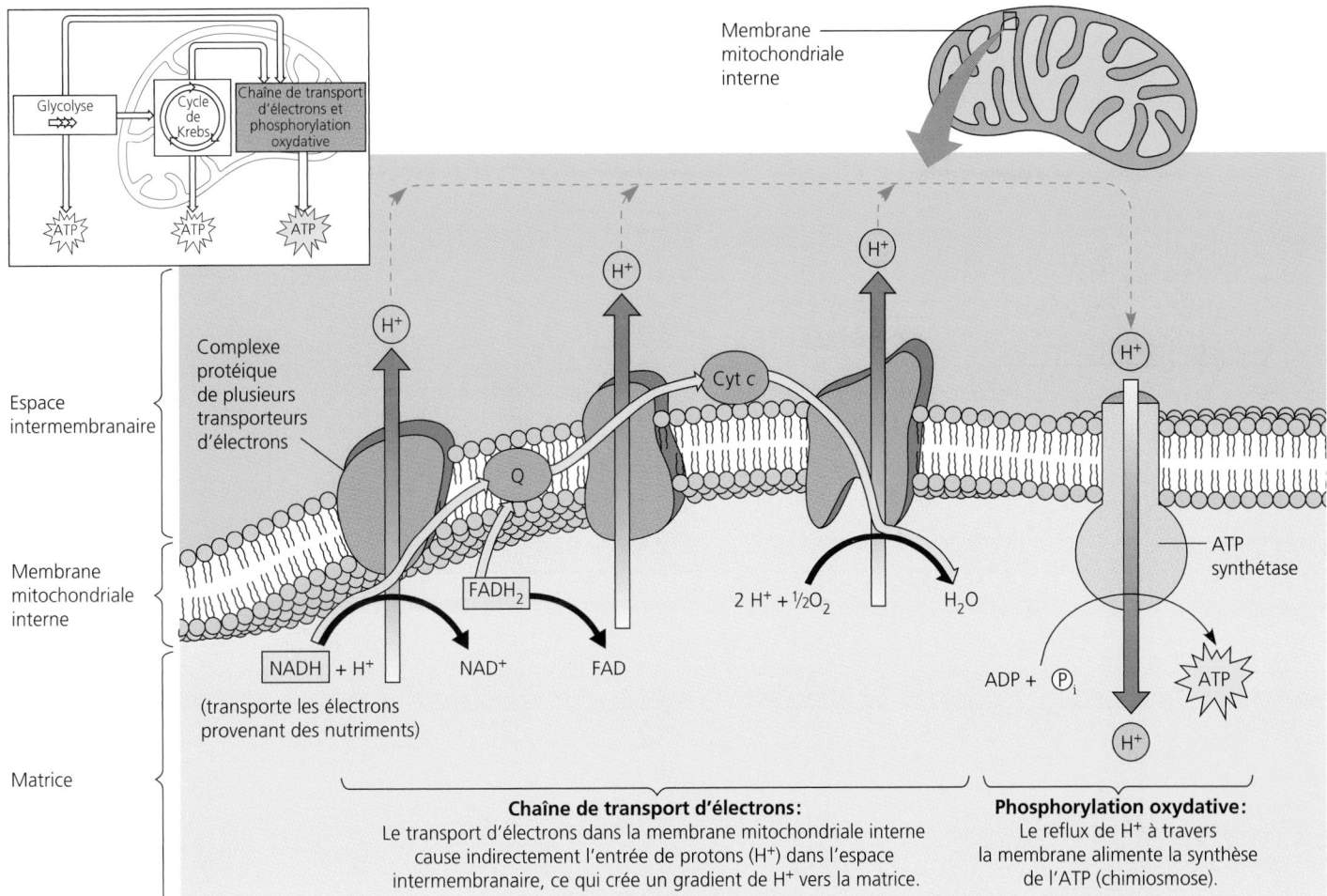

Chaîne de transport d'électrons:
Le transport d'électrons dans la membrane mitochondriale interne cause indirectement l'entrée de protons (H⁺) dans l'espace intermembranaire, ce qui crée un gradient de H⁺ vers la matrice.

Phosphorylation oxydative:
Le reflux de H⁺ à travers la membrane alimente la synthèse de l'ATP (chimiosmose).

FIGURE 9.15 Couplage de la chaîne de transport d'électrons à la synthèse de l'ATP par la chimiosmose. Le NADH + H⁺ véhicule les électrons de haute énergie extraits des nutriments pendant la glycolyse et le cycle de Krebs vers la chaîne de transport d'électrons située dans la membrane mitochondriale interne. Les flèches dorées indiquent le trajet des électrons qui aboutissent au dioxygène, le dernier élément de la descente énergétique. Il se forme de l'eau à cette étape. Comme il est illustré à la FIGURE 9.13, la plupart des transporteurs d'électrons de la chaîne se trouvent réunis en trois complexes : chacun est représenté par une forme irrégulière violette. Les électrons sont relayés entre ces complexes par deux transporteurs mobiles, l'ubiquinone (Q) et le cytochrome c, qui se déplacent rapidement dans le plan de la membrane. Chaque fois qu'un complexe de la chaîne accepte puis cède des électrons, des protons sont prélevés dans la matrice et transportés dans l'espace intermembranaire ; le nombre total de moles de protons ainsi prélevés varierait de 8 à 10 pour chaque mole de NADH + H⁺, selon les auteurs. L'énergie chimique provenant initialement des nutriments est donc transformée en une force protonmotrice sous la forme d'un gradient de H⁺ à travers la membrane. Tout en suivant leur gradient électrochimique, les protons refluent dans un canal formé dans l'ATP synthétase, un autre complexe protéique situé dans la membrane. L'ATP synthétase exploite la force protonmotrice pour phosphoryler l'ADP, ce qui produit de l'ATP. On ne connaît pas précisément le nombre de moles de protons nécessaires à la production d'une mole d'ATP. Cependant, on s'accorde pour dire qu'une mole de NADH + H⁺ génère trois moles d'ATP, tandis qu'une mole de FADH₂ donne en bout de chaîne deux moles d'ATP. Cette phosphorylation est dite *oxydative*, car elle est alimentée par les électrons que les molécules de nutriments ont perdus. Le procédé par lequel un gradient de H⁺ (force protonmotrice) transfère de l'énergie à l'aide de réactions d'oxydoréduction afin de produire un travail cellulaire (synthèse de l'ATP, dans le cas qui nous concerne) est appelé chimiosmose.

produites directement par phosphorylation au niveau du substrat, au cours de la glycolyse et du cycle de Krebs. (Ces chiffres apparaissent dans la ligne jaune des résultats de la FIGURE 9.16.) À ce nombre ajoutons les moles d'ATP engendrées par la phosphorylation oxydative. Chaque mole de NADH + H⁺ qui transfère des électrons des nutriments à la chaîne de transport d'électrons contribue assez à la force protonmotrice pour produire un maximum d'environ trois moles d'ATP. (Le rendement net moyen par NADH + H⁺ se situe probablement entre deux et trois moles d'ATP ; nous arrondissons le chiffre à trois pour simplifier notre calcul du rendement

énergétique.) Le cycle de Krebs fournit aussi des électrons à la chaîne de transport d'électrons par l'intermédiaire de la FADH₂. Cependant, chaque mole de ce transporteur d'électrons ne vaut au maximum que deux moles d'ATP, parce que les électrons qui proviennent de la FADH₂ ne traversent que deux complexes transporteurs de protons.

Dans la plupart des cellules eucaryotes, le NADH + H⁺ produit par la glycolyse dans le cytosol a aussi un rendement inférieur par paire d'électrons. La membrane mitochondriale ne le laisse pas passer, tant et si bien qu'il se trouve isolé de la machinerie de la phosphorylation oxydative. Des « navettes »

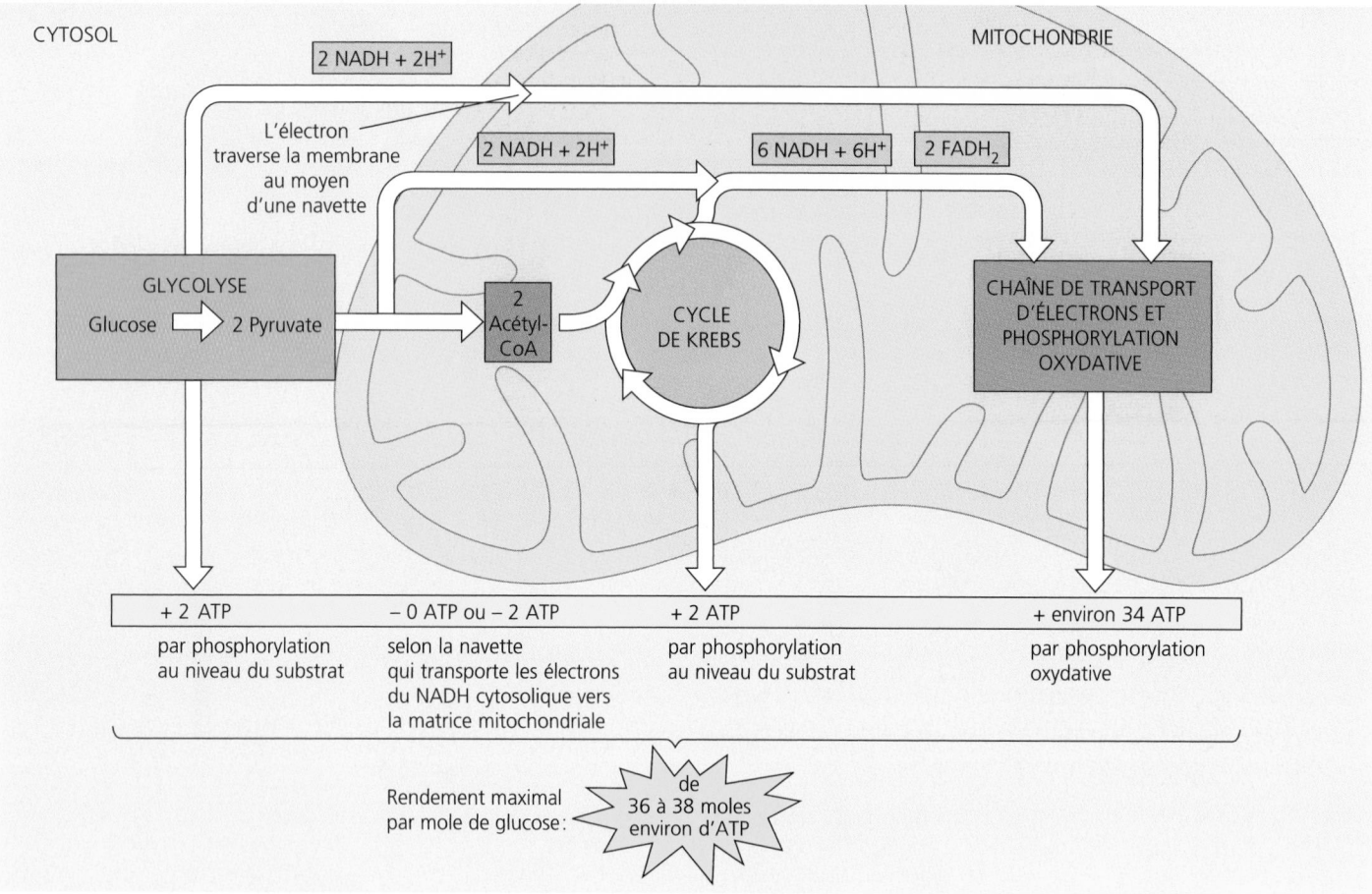

FIGURE 9.16 Révision : rendement en ATP de chaque mole de glucose oxydée pendant la respiration cellulaire aérobie. Le rendement maximal de la respiration cellulaire aérobie est de 36 à 38 moles d'ATP par mole de glucose. Nous expliquons dans le texte pourquoi ce nombre constitue une estimation généreuse.

doivent transférer les électrons qu'il porte jusqu'à des accepteurs d'électrons situés à l'intérieur de la mitochondrie. Selon le type de navette, les électrons sont transférés au NAD$^+$ ou à la FAD. Si les électrons sont véhiculés par la FAD, chaque FADH$_2$ cytosolique ne produit qu'un maximum de deux moles d'ATP. En revanche, s'ils sont transportés par le NAD$^+$ mitochondrial, ce rendement se rapproche de trois moles.

En supposant que seule la navette la plus efficace du point de vue énergétique est active, nous pouvons ajouter un maximum de 34 moles d'ATP produites par phosphorylation oxydative aux 4 moles dérivant de la phosphorylation au niveau du substrat. Au total, nous obtenons donc 38 moles d'ATP. Cette estimation du rendement par mole de glucose est probablement exagérée. En effet, la force protonmotrice générée par les réactions d'oxydoréduction de la respiration cellulaire aérobie peut être utilisée à d'autres fins : elle peut, par exemple, servir à l'entrée de pyruvate dans la mitochondrie à partir du cytosol et réduire le rendement en ATP.

Nous pouvons maintenant évaluer grossièrement l'efficacité de la respiration cellulaire aérobie, c'est-à-dire le pourcentage de l'énergie chimique enfermée dans le glucose qui a servi à produire de l'ATP. Rappelez-vous que l'oxydation complète d'une mole de glucose libère 2 871 kJ d'énergie ($\Delta G = -2\ 871$ kJ/mol). Étant donné les conditions chimiques de la cellule, la phospho-

rylation de l'ADP emprisonne environ 30,5 kJ/mol dans les liaisons d'une mole d'ATP (voir la page 98 pour une explication). Par conséquent, l'efficacité de la respiration cellulaire aérobie est de 30,5 fois 38 (c'est le rendement maximal en ATP par mole de glucose) divisé par 2 871, soit environ 40 %. Le reste de l'énergie du glucose se perd sous forme de chaleur. Nous utilisons une partie de cette chaleur pour conserver notre température corporelle (à 37 °C, ce qui est relativement élevé), et nous dissipons le reste par la transpiration et d'autres mécanismes de refroidissement. La respiration cellulaire aérobie demeure un processus de conversion d'énergie fort efficace. En comparaison, la voiture la plus performante convertit en mouvement 25 % environ de l'énergie emmagasinée dans l'essence.

AUTRES PROCESSUS MÉTABOLIQUES ASSOCIÉS À LA PRODUCTION D'ÉNERGIE

Comme la majeure partie de l'ATP produite par la respiration cellulaire aérobie provient de la phosphorylation oxydative, notre estimation de son rendement est conditionnelle à un apport suffisant de dioxygène. En absence de dioxygène, très électronégatif, qui attire les électrons vers le bas de la chaîne, la phosphorylation oxydative cesse. Cependant, beaucoup de cellules s'en passent pour oxyder leurs nutriments. Au lieu de produire leur ATP au moyen de la respiration cellulaire aérobie, certaines utilisent la respiration cellulaire anaérobie, et d'autres, la fermentation. La **respiration cellulaire anaérobie** est une voie catabolique de production d'énergie à partir de molécules organiques et à l'aide d'une chaîne de transport d'électrons. Cependant, celle-ci conduit les électrons à un accepteur final différent du dioxygène, tel que NO_3^-, SO_4^{2-}, CO_2, Fe^{3+}, etc. Par exemple, certaines bactéries réduisent les nitrates (ou trioxonitrates, NO_3^-) en nitrites (ou dioxonitrates, NO_2^-); d'autres réduisent les sulfates (ou tétraoxosulfates, SO_4^{2-}) en sulfure de dihydrogène (H_2S); d'autres encore réduisent le dioxyde de carbone (CO_2) en méthane (CH_4), etc. Par ailleurs, certaines cellules utilisent une voie métabolique productrice d'énergie en l'absence de dioxygène et sans l'intermédiaire d'une chaîne de transport d'électrons; ces cellules fabriquent leur ATP grâce à la fermentation.

La fermentation permet à certaines cellules de produire de l'ATP en l'absence de dioxygène

Comment les nutriments se font-ils oxyder sans dioxygène? La glycolyse oxyde une mole de glucose en deux moles de pyruvate; l'agent oxydant est le NAD^+, et *non* le dioxygène. Dans la glycolyse, l'oxydation du glucose est exergonique, et une partie de l'énergie libérée est utilisée pour produire deux moles d'ATP (net) par phosphorylation au niveau du substrat. En présence de dioxygène, la phosphorylation oxydative produit des moles d'ATP additionnelles quand le $NADH + H^+$ transfère les électrons du glucose à la chaîne de transport d'électrons. Cependant, que le dioxygène soit présent ou non, c'est-à-dire que les conditions soient **aérobies** ou **anaérobies** (du grec *aêr*, qui signifie « air », et *bios*, « vie »; le préfixe *an* signifie « sans »), la glycolyse à elle seule, c'est-à-dire sans la contribution d'une chaîne de transport d'électrons, génère toujours deux moles d'ATP.

Comme nous l'avons mentionné au début du chapitre, le catabolisme anaérobie des nutriments organiques peut emprunter la voie de la fermentation. Celle-ci constitue un prolongement de la glycolyse; elle engendre de l'ATP par phosphorylation au niveau du substrat tant qu'il y a suffisamment de NAD^+ pour accepter les électrons pendant la phase d'oxydation de la glycolyse. Sans un mécanisme de recyclage du $NADH + H^+$ en NAD^+, la glycolyse épuiserait vite la réserve cellulaire de NAD^+ et elle s'arrêterait, faute d'un agent oxydant. Chez les organismes aérobies, le $NADH + H^+$ est recyclé en NAD^+ par le transfert des électrons à la chaîne de transport. Chez les organismes fermentatifs, les électrons du $NADH + H^+$ sont transférés au pyruvate, le produit final de la glycolyse, ou à des dérivés du pyruvate. Le NAD^+ peut alors servir de nouveau pour l'oxydation du glucose dans la glycolyse et produire deux moles d'ATP grâce à la phosphorylation au niveau du substrat. Il existe plusieurs types de fermentation, dont la fermentation alcoolique et la fermentation lactique. Ils se distinguent par les sous-produits formés à partir du pyruvate.

Dans la **fermentation alcoolique** (FIGURE 9.17a), le pyruvate est converti en éthanol en deux étapes. Dans la première, du dioxyde de carbone est enlevé au pyruvate; celui-ci devient de l'acétaldéhyde, un composé à deux atomes de carbone. Au cours de la seconde étape, le $NADH + H^+$ réduit l'acétaldéhyde en éthanol, régénérant ainsi le NAD^+ nécessaire à la glycolyse. Dans l'industrie brassicole ou vinicole, on déclenche la fermentation alcoolique au moyen de levures, des microorganismes appartenant au règne des Eumycètes. Beaucoup de bactéries réalisent aussi la fermentation alcoolique.

Au cours de la **fermentation lactique** (FIGURE 9.17b), le pyruvate se fait réduire directement par le $NADH + H^+$: du lactate

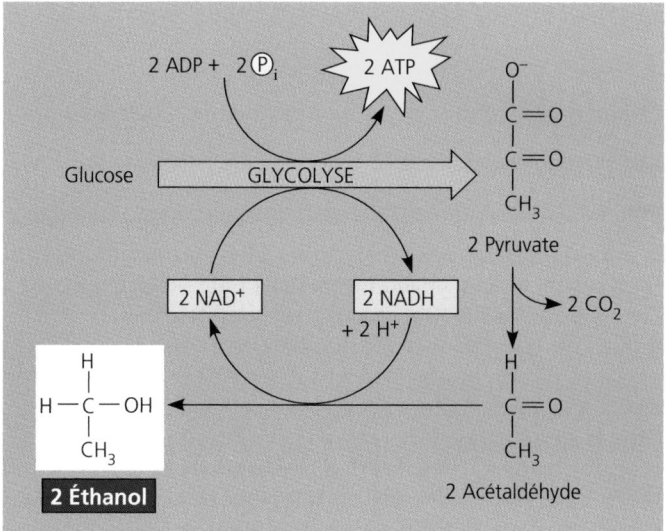

(a) Fermentation alcoolique

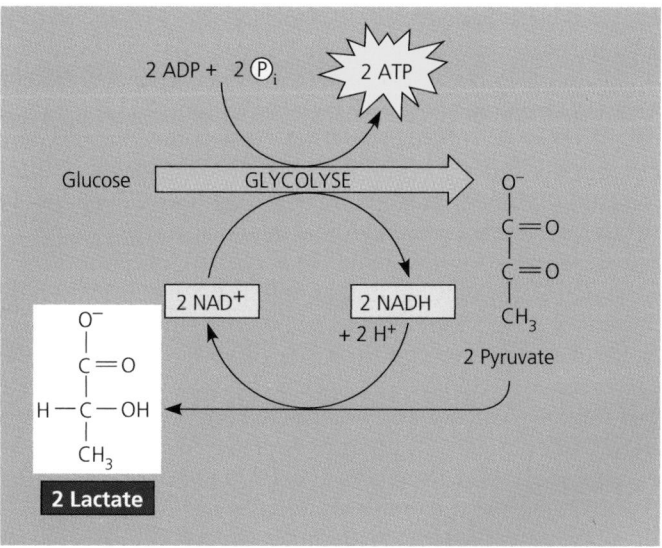

(b) Fermentation lactique

FIGURE 9.17 Fermentation. En l'absence de dioxygène, plusieurs types de cellules font appel à la fermentation pour produire de l'ATP par phosphorylation au niveau du substrat. Le pyruvate, le produit final de la glycolyse, sert d'accepteur d'électrons pour l'oxydation du $NADH + H^+$ en NAD^+. Le NAD^+ peut ensuite servir de nouveau pendant la glycolyse. Deux des produits principaux de la fermentation sont **(a)** l'éthanol et **(b)** le lactate, la forme ionisée de l'acide lactique.

est ainsi formé sans que du dioxyde de carbone soit libéré. (Le lactate est la forme ionisée de l'acide lactique.) Dans l'industrie laitière, la fermentation lactique par des levures et des bactéries donne des fromages et du yogourt. L'acétone et le méthanol figurent parmi les sous-produits d'autres types de fermentation microbienne utilisés dans l'industrie.

Les cellules musculaires produisent de l'ATP par fermentation lactique lorsque le dioxygène se fait rare. Cela arrive notamment pendant les premières minutes d'un exercice exigeant, quand le glucose se fait dégrader plus rapidement que le dioxygène ne parvient aux muscles. Les cellules passent alors de la respiration cellulaire aérobie à la fermentation. Le lactate qui s'accumule dans les muscles peut causer de la fatigue et de la douleur, mais la circulation le transporte graduellement au foie, qui le convertit en pyruvate.

Comparaison entre la respiration cellulaire et la fermentation

La fermentation et la respiration cellulaire produisent de l'ATP à partir de l'énergie chimique des nutriments. Ces voies métaboliques font appel à la glycolyse pour oxyder le glucose et d'autres combustibles organiques en pyruvate. Elles fournissent, pendant la glycolyse, un rendement net de deux moles d'ATP au moyen de la phosphorylation au niveau du substrat. Tant dans la fermentation que dans la respiration cellulaire, le NAD^+ est l'agent oxydant qui accepte les électrons dérivés de la transformation des nutriments au cours de la glycolyse. La différence majeure entre la fermentation et la respiration cellulaire aérobie ou anaérobie réside dans le mécanisme d'oxydation du $NADH + H^+$ en NAD^+, une étape nécessaire à la poursuite de la glycolyse. Dans la fermentation, le dernier accepteur d'électrons est une molécule organique comme le pyruvate (fermentation lactique) ou l'acétaldéhyde (fermentation alcoolique). En revanche, dans la respiration cellulaire aérobie, le $NADH + H^+$ cède ses électrons à un dernier accepteur qui est le dioxygène; et dans la respiration cellulaire anaérobie, il cède ses électrons à un dernier accepteur qui peut être NO_3^-, SO_4^{2-}, CO_2 ou Fe^{3+}. Pendant la respiration cellulaire, non seulement le NAD^+ nécessaire à la glycolyse est régénéré, mais aussi de l'ATP supplémentaire est produit lorsque, à l'étape 6 de la glycolyse, le transport d'électrons du $NADH + H^+$ à un accepteur final implique une phosphorylation oxydative. L'oxydation du pyruvate dans le cycle de Krebs, un stade métabolique limité à la respiration cellulaire, engendre davantage d'ATP. Sans dioxygène, l'énergie emmagasinée dans le pyruvate ne peut être mise à la disposition de la cellule. La respiration cellulaire extrait donc beaucoup plus d'énergie par mole de glucose que la fermentation, soit 18 à 19 fois plus d'ATP par mole de glucose (de 36 à 38 moles d'ATP pour la respiration cellulaire, contre 2 moles pour la fermentation).

Les organismes **anaérobies facultatifs,** tels que les Levures et de nombreuses Bactéries, peuvent fabriquer l'ATP dont ils ont besoin par fermentation ou par respiration cellulaire aérobie, suivant qu'ils trouvent ou non du dioxygène dans leur milieu. À l'échelon cellulaire, les cellules musculaires se comportent d'une certaine façon comme des organismes anaérobies facultatifs. Chez ceux-ci, le pyruvate représente un carrefour qui mène à deux voies cataboliques (FIGURE 9.18): en aérobiose, il se fait convertir en acétyl-CoA, et l'oxydation prend la voie du cycle de Krebs; en anaérobiose, il se soustrait au cycle de Krebs et sert

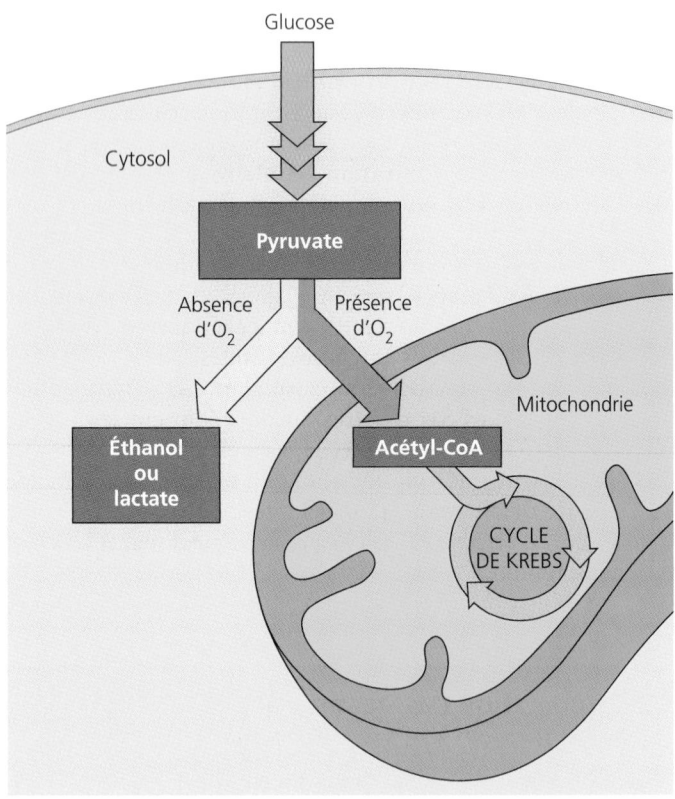

FIGURE 9.18 Le pyruvate au carrefour de deux voies cataboliques. La fermentation et la respiration cellulaire aérobie comportent toutes les deux le processus de la glycolyse. Le produit final de celle-ci, soit le pyruvate, représente un carrefour dans l'oxydation du glucose. Dans une cellule capable de pratiquer la respiration cellulaire aérobie et la fermentation, le pyruvate prend une voie ou l'autre, selon la présence ou l'absence de dioxygène.

plutôt d'accepteur d'électrons pour le recyclage du NAD^+, et l'oxydation prend alors la voie de la fermentation. Un organisme anaérobie facultatif doit métaboliser le glucose beaucoup plus rapidement lors de la fermentation que lors de la respiration cellulaire aérobie, et ce, pour produire une même quantité d'ATP.

Importance de la glycolyse dans l'évolution

La glycolyse est commune à la fermentation et à la respiration cellulaire, et cette similitude s'explique par l'évolution. Les procaryotes primitifs se servaient probablement de la glycolyse pour produire leur ATP bien avant que le dioxygène ne compose l'atmosphère terrestre. Les fossiles de Bactéries les plus anciens datent de 3,5 milliards d'années environ, mais le dioxygène ne s'est probablement accumulé en quantités appréciables dans l'atmosphère terrestre qu'il y a 2,7 milliards d'années. (D'après les paléontologues, les Cyanobactéries, qui émettent du dioxygène à la suite de la photosynthèse, étaient déjà apparues à cette époque.) Par conséquent, les premiers procaryotes ont dû produire leur ATP uniquement par fermentation. En outre, la glycolyse constitue la voie métabolique la plus répandue, ce qui laisse croire qu'elle est apparue très tôt dans l'histoire de la vie. Le fait qu'elle se déroule dans le cytoplasme suggère également qu'elle date d'il y a très longtemps; elle ne nécessite aucun des organites membraneux de la cellule eucaryote, qui est apparue près de deux milliards d'années après la cellule procaryote. Héritage métabolique des premières cellules, la glycolyse existe encore chez tous les organismes modernes.

La glycolyse et le cycle de Krebs sont liés à de nombreuses autres voies métaboliques

Jusqu'à maintenant, nous avons traité du catabolisme du glucose sans tenir compte des autres voies métaboliques de la cellule. Dans cette section, nous apprendrons que la glycolyse et le cycle de Krebs sont au croisement de plusieurs voies cataboliques et anaboliques (de biosynthèse).

Polyvalence du catabolisme

Jusqu'ici, le seul combustible de la respiration cellulaire et de la fermentation que nous avons considéré est le glucose. Pourtant, les molécules libres de glucose ne représentent pas une portion abondante du régime alimentaire animal. L'Humain, en particulier, tire la majeure partie de son énergie des lipides, des protéines, du saccharose et d'autres disaccharides, ainsi que de l'amidon et du glycogène, des polysaccharides. La respiration cellulaire peut produire de l'ATP à partir de toutes ces molécules (FIGURE 9.19).

La glycolyse s'effectue à partir d'une grande variété de glucides. Dans le système digestif, l'amidon se fait hydrolyser en glucose, que les cellules dégradent ensuite au cours de la glycolyse et du cycle de Krebs. Le glycogène, le polysaccharide emmagasiné dans les cellules hépatiques et musculaires animales, peut aussi se faire hydrolyser en glucose entre les repas. La digestion des disaccharides, dont le saccharose, fournit du glucose ainsi que d'autres monosaccharides, que des enzymes peuvent convertir. On voit donc que, dans le catabolisme, le glucose subissant la glycolyse peut provenir de divers glucides.

Les protéines peuvent aussi servir de combustible pour la respiration cellulaire. Elles doivent d'abord être dégradées en leurs acides aminés constituants. Beaucoup de ceux-ci servent, bien entendu, à fabriquer de nouvelles protéines. Cependant, ceux qui sont en excès sont convertis par des enzymes en des produits intermédiaires de la glycolyse et du cycle de Krebs. Avant d'entrer dans la glycolyse ou dans le cycle de Krebs, ils doivent perdre leur groupement amine, un processus appelé désamination. Le résidu azoté est ensuite excrété sous forme d'ammoniac, d'urée ou d'autres substances.

Enfin, le catabolisme peut extraire l'énergie stockée dans les lipides provenant des aliments ou des cellules adipeuses des organismes multicellulaires. Une fois les lipides digérés, le glycérol est converti en phosphoglycéraldéhyde (PGAL), un produit intermédiaire de la glycolyse. Mais l'essentiel de l'énergie d'un lipide se trouve dans ses acides gras. Une séquence métabolique appelée **bêta-oxydation** dégrade ceux-ci en fragments contenant deux atomes de carbone. Ils entrent dans le cycle de Krebs sous forme d'acétyl-CoA. Les lipides font d'excellents combustibles. Un gramme de lipides oxydés par la respiration cellulaire produit deux fois plus d'ATP qu'un gramme de glucides. Malheureusement, cela signifie aussi qu'une personne suivant un régime doit s'armer de patience : comme les lipides contiennent énormément de kilojoules par gramme, la graisse corporelle met du temps à « fondre ».

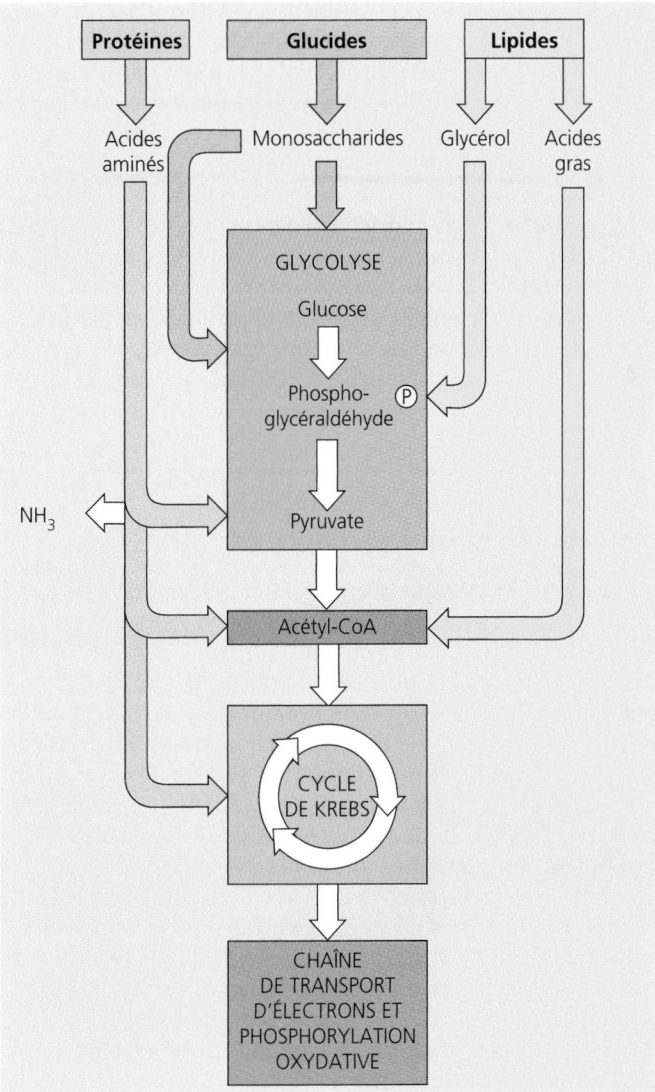

FIGURE 9.19 Catabolisme de divers nutriments. Les glucides, les lipides et les protéines peuvent servir de combustibles pour la respiration cellulaire. Leurs monomères entrent dans la glycolyse ou dans le cycle de Krebs en divers points. La glycolyse et le cycle de Krebs représentent des entonnoirs cataboliques à travers lesquels les électrons provenant de tous les nutriments amorcent leur descente exergonique vers l'accepteur final d'électrons.

Biosynthèse (voies anaboliques)

Les cellules ont besoin d'énergie, mais aussi de matière. Les molécules organiques de la nourriture ne sont pas toutes destinées à l'oxydation et à la synthèse de l'ATP. En effet, la nourriture doit fournir aux cellules non seulement des kilojoules, mais aussi les chaînes carbonées nécessaires à la fabrication de molécules structurales. Certains monomères organiques issus de la digestion peuvent être utilisés directement. Par exemple, les acides aminés provenant de l'hydrolyse des protéines alimentaires peuvent servir de monomères dans la synthèse des protéines de l'organisme. Mais il arrive fréquemment que celui-ci ait besoin de molécules précises que la nourriture ne lui fournit pas. Les produits intermédiaires de la glycolyse et du cycle de Krebs peuvent alors être détournés vers les voies anaboliques et servir de précurseurs à la synthèse des molécules nécessaires. Le corps humain, par exemple, peut synthétiser environ 10 des 20 acides aminés en modifiant des composés détournés du cycle de Krebs. De même, il peut fabriquer du glucose à partir de pyruvate, et des acides gras à partir d'acétyl-CoA. Il va sans dire que ces voies anaboliques, ou de biosynthèse, ne produisent pas d'ATP : au contraire, elles en consomment.

Enfin, la glycolyse et le cycle de Krebs permettent à nos cellules de convertir certaines molécules au besoin. Ainsi, les protéines et les glucides peuvent être convertis en lipides au moyen de produits intermédiaires de la glycolyse et du cycle de Krebs. Si notre apport alimentaire dépasse nos besoins, nous engraissons, même si notre régime ne comporte pas de matières grasses. Le métabolisme est un processus complexe, polyvalent et adaptable.

Des mécanismes de rétro-inhibition régulent la respiration cellulaire

L'économie métabolique obéit aux lois fondamentales de l'offre et de la demande. La cellule ne gaspille pas d'énergie à produire davantage d'une substance qu'il ne lui en faut. Par exemple, s'il y a un surplus d'un acide aminé donné, la voie anabolique qui synthétise celui-ci à partir d'un produit intermédiaire du cycle de Krebs se ferme. Cette régulation repose principalement sur un mécanisme de rétro-inhibition : le produit final de la voie anabolique inhibe l'enzyme qui catalyse la première étape de cette voie (voir la FIGURE 6.19). L'organisme évite ainsi de consacrer des produits intermédiaires à des usages non essentiels.

La cellule gère aussi son catabolisme. Si elle travaille dur et que sa concentration en ATP commence à diminuer, la respiration cellulaire s'accélère. Quand il y a amplement d'ATP pour satisfaire la demande, la respiration cellulaire ralentit, ce qui permet à la cellule d'économiser de précieuses molécules organiques en vue d'autres fonctions. Ici encore, la régulation porte principalement sur l'activité d'enzymes intervenant en des points stratégiques de la voie catabolique. L'une de celles-ci est la phosphofructokinase, qui catalyse l'étape 3 de la glycolyse (voir la FIGURE 9.9). C'est la première étape durant laquelle un substrat est irréversiblement dirigé vers la voie glycolytique. En contrôlant le débit de cette étape, la cellule peut accélérer ou ralentir le processus catabolique entier ; par conséquent, la phosphofructokinase détermine la vitesse de la respiration cellulaire (FIGURE 9.20).

La phosphofructokinase est une enzyme allostérique qui possède des sites récepteurs destinés à des inhibiteurs et à des activateurs spécifiques. L'ATP l'inhibe, alors que l'AMP, un dérivé de l'ADP (voir la p. 105) l'active. Donc, lorsque l'ATP s'accumule, l'inhibition de la phosphofructokinase ralentit la glycolyse. Inversement, quand la cellule consomme davantage d'ATP qu'elle n'en produit, l'enzyme est réactivée.

En outre, la phosphofructokinase est sensible au citrate, le premier produit du cycle de Krebs. S'il augmente beaucoup dans les mitochondries, une certaine quantité passe dans le cytosol à l'aide d'une perméase et inhibe la phosphofructokinase. Ce mécanisme contribue à synchroniser la glycolyse et le cycle de Krebs. À mesure que le citrate s'accumule, la glycolyse ralentit et l'apport d'acétate au cycle de Krebs diminue. Si, au contraire, la consommation de citrate augmente à la suite d'un accroissement de la demande d'ATP ou à cause de l'utilisation de produits intermédiaires du cycle de Krebs à des fins anaboliques, la

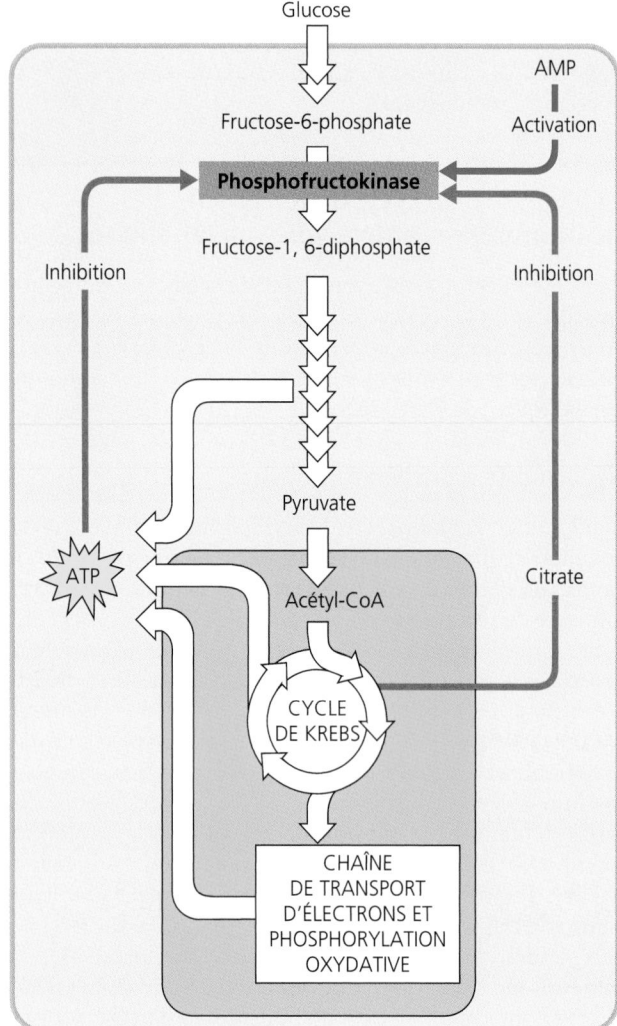

FIGURE 9.20 Régulation de la respiration cellulaire. Des enzymes allostériques interviennent en certains points de la voie catabolique. Elles réagissent à des inhibiteurs et à des activateurs. Elles déterminent ainsi la vitesse de la glycolyse et du cycle de Krebs. La phosphofructokinase, qui catalyse l'étape 3 de la glycolyse, est l'une de ces enzymes clés. L'AMP (qui dérive de l'ADP) l'active, mais l'ATP et le citrate l'inhibent. Ce mécanisme de rétro-inhibition ajuste la vitesse de la respiration cellulaire aux variations des besoins cataboliques et anaboliques de la cellule.

glycolyse s'accélère et s'adapte à la demande. D'autres enzymes interviennent aussi en des points clés de la glycolyse et du cycle de Krebs. Elles sont contrôlées par des mécanismes qui favorisent l'équilibre métabolique. Le métabolisme cellulaire est un processus économique, efficace et souple.

■   ■   ■

Examinons la FIGURE 9.1 une fois de plus pour mettre en contexte la respiration cellulaire aérobie dans les processus énergétiques et chimiques des écosystèmes. L'énergie qui nous tient en vie est *libérée* et non pas *produite* par la respiration cellulaire. Nos cellules extraient l'énergie que la photosynthèse a préalablement stockée dans notre nourriture. Dans le chapitre suivant, vous apprendrez comment la photosynthèse capte la lumière et la convertit en énergie chimique.

RÉVISION DU CHAPITRE

Résumé des concepts importants

LES PRINCIPES RELATIFS À L'EXTRACTION D'ÉNERGIE

- Les substances chimiques nécessaires à la vie se recyclent durant la respiration et la photosynthèse, mais l'énergie, elle, ne se recycle pas (p. 163 et 164, FIGURE 9.1).

- La respiration cellulaire et la fermentation sont des voies cataboliques génératrices d'énergie (p. 164). La dégradation du glucose et d'autres combustibles organiques en des molécules plus simples est exergonique et alimente la synthèse de l'ATP.

- La cellule régénère l'ATP, la substance qui lui procure l'énergie nécessaire pour effectuer un travail (p. 164 et 165, FIGURE 9.2). L'ATP fournit des groupements phosphate à divers composés ; elle les rend ainsi aptes à effectuer un travail. Pour continuer à travailler, la cellule doit régénérer l'ATP. La respiration cellulaire aérobie produit, à partir de glucose ou d'un autre combustible organique et au moyen de dioxygène, de l'eau, du dioxyde de carbone et de l'énergie sous forme d'ATP et de chaleur.

- Les réactions d'oxydoréduction libèrent de l'énergie quand les électrons se rapprochent des atomes électronégatifs (p. 165 et 166, FIGURE 9.3). La cellule extrait l'énergie emmagasinée dans les molécules de nutriments au moyen de réactions d'oxydoréduction. Au cours de celles-ci, une substance cède quelques-uns ou la totalité de ses électrons à une autre substance. La substance qui reçoit les électrons est réduite ; celle qui les perd est oxydée.

- Les électrons sont transférés des molécules organiques au dioxygène au cours de la respiration cellulaire aérobie (p. 166). Le glucose ($C_6H_{12}O_6$) est oxydé en CO_2 et le dioxygène est réduit en H_2O. Au cours de leur transfert des composés organiques au dioxygène, les électrons perdent leur énergie potentielle, laquelle alimente la synthèse de l'ATP.

- Dans la chaîne de transport d'électrons, le transfert des électrons s'effectue en une série d'étapes par l'entremise du NAD^+ (p. 166 et 167, FIGURE 9.4). Celui-ci capte habituellement les électrons extraits des nutriments et devient réduit en $NADH + H^+$. Le $NADH + H^+$ passe les électrons le long de la chaîne de transport d'électrons jusqu'au dioxygène : cela se fait en une série d'étapes qui libèrent chacune une petite quantité d'énergie. Cette énergie sert à produire de l'ATP par phosphorylation oxydative (p. 168, FIGURE 9.5).

LA RESPIRATION CELLULAIRE AÉROBIE

- Caractéristiques générales de la respiration cellulaire aérobie (p. 168 et 169, FIGURE 9.6). La respiration cellulaire aérobie comprend trois stades métaboliques : la glycolyse (dans le cytosol), le cycle de Krebs (dans la matrice mitochondriale) et la chaîne de transport d'électrons (dans la membrane mitochondriale interne). La glycolyse et le cycle de Krebs fournissent des électrons à la chaîne de transport des électrons (par l'intermédiaire du $NADH + H^+$), et celle-ci alimente la phosphorylation oxydative.

- La glycolyse libère de l'énergie chimique en oxydant le glucose en pyruvate : une étude détaillée (p. 169 à 172, FIGURES 9.8 et 9.9). Cette voie a un rendement net de deux moles d'ATP, produites par phosphorylation oxydative au niveau du substrat, et de deux moles de $NADH + H^+$.

- Le cycle de Krebs achève l'oxydation des molécules organiques : une étude détaillée (p. 172 à 174, FIGURES 9.11 et 9.12). La conversion du pyruvate en acétyl-CoA relie la glycolyse au cycle de Krebs. L'acétate de l'acétyl-CoA (qui a deux carbones) s'unit à une molécule ayant quatre atomes de carbone, l'oxaloacétate : du citrate, une molécule ayant six atomes de carbone, est ainsi formé. Il est lui-même transformé graduellement en oxaloacétate. Le cycle libère du CO_2, produit une mole d'ATP par phosphorylation oxydative, et transfère des électrons et des protons à trois moles de NAD^+ et à une mole de FAD.

- La membrane mitochondriale interne couple le transport des électrons à la synthèse d'ATP : une étude détaillée (p. 174 à 177, FIGURE 9.15). La majeure partie de l'ATP produite au cours de la respiration cellulaire provient de la phosphorylation oxydative. Au cours de ce processus, le $NADH + H^+$ et le $FADH_2$ donnent leurs électrons à un système de transporteurs, qui constituent la chaîne de transport d'électrons. Au bout de celle-ci, les électrons sont transférés au dioxygène et le réduisent en H_2O. Ce transport d'électrons est couplé à la synthèse d'ATP par la chimiosmose. Lors de certains des transferts de la chaîne, des complexes protéiques transporteurs d'électrons font passer des H^+ de la matrice à l'espace intermembranaire. L'énergie se trouve ainsi emmagasinée dans un gradient électrochimique appelé force protonmotrice. Les protons rentrent dans la matrice grâce à l'ATP synthétase, et ce passage exergonique alimente la phosphorylation endergonique de l'ADP.

- Chaque mole de glucose oxydée par la respiration cellulaire aérobie génère de nombreuses moles d'ATP : une révision (p. 176 à 178, FIGURE 9.16). L'oxydation du glucose en CO_2 produit un maximum d'environ 36 à 38 moles d'ATP.

AUTRES PROCESSUS MÉTABOLIQUES ASSOCIÉS À LA PRODUCTION D'ÉNERGIE

- La respiration cellulaire anaérobie est une voie catabolique de production d'énergie à partir de molécules organiques et à l'aide d'une chaîne de transport d'électrons. Cependant, celle-ci conduit les électrons à un accepteur final différent du dioxygène, tels que NO_3^-, SO_4^{2-}, CO_2, Fe^{3+} (p. 178 et 179).

- La fermentation permet à certaines cellules de produire de l'ATP en l'absence de dioxygène (p. 179 à 181, FIGURES 9.17 et 9.18). Cette voie correspond à un catabolisme anaérobie des nutriments organiques. Elle fournit les deux moles d'ATP produites par la glycolyse. Les électrons du $NADH + H^+$ qui proviennent de la glycolyse sont transférés au pyruvate, ce qui régénère le NAD^+ nécessaire à la glycolyse. Les Levures et certaines Bactéries sont des organismes anaérobies facultatifs : elles produisent de l'ATP par respiration cellulaire aérobie ou par fermentation. La respiration cellulaire aérobie donne un meilleur rendement en ATP par mole de glucose que la fermentation. La glycolyse se produit dans presque tous les organismes ; elle est probablement apparue chez les procaryotes primitifs, avant que l'atmosphère ne contienne du dioxygène.

- La glycolyse et le cycle de Krebs sont liés à de nombreuses autres voies métaboliques (p. 181 et 182, FIGURE 9.19). Les voies cataboliques font converger les électrons provenant de tous les nutriments vers la respiration cellulaire. Les chaînes carbonées nécessaires à l'anabolisme (biosynthèse) proviennent directement de la digestion, d'intermédiaires de la glycolyse ou du cycle de Krebs.

■ **Des mécanismes de rétro-inhibition régulent la respiration cellulaire** (p. 182, FIGURE 9.20). Celle-ci est régie par des enzymes allostériques qui interviennent en des points clés de la glycolyse et du cycle de Krebs. Cette régulation réalise un équilibre de tous les instants entre le catabolisme et l'anabolisme.

Autoévaluation

(Les questions dont les numéros sont en caractères gras font surtout appel à la compréhension.)

1. Quel est l'agent réducteur dans la réaction suivante?

$$\text{Pyruvate} + \text{NADH} + \text{H}^+ \longrightarrow \text{Lactate} + \text{NAD}^+$$

   a) Le dioxygène.
   b) Le NADH + H$^+$.
   c) Le NAD$^+$.
   d) Le lactate.
   e) Le pyruvate.

2. La source d'énergie qui alimente *directement* la synthèse de l'ATP pendant la phosphorylation oxydative est:
   a) l'oxydation du glucose et d'autres composés organiques.
   b) le flux endergonique des électrons dans la chaîne de transport d'électrons.
   c) l'affinité du dioxygène pour les électrons.
   d) une différence dans la concentration de H$^+$ de part et d'autre de la membrane mitochondriale interne.
   e) le transfert du phosphate des produits intermédiaires du cycle de Krebs à l'ADP.

3. Quelle voie métabolique est commune à la fermentation et à la respiration cellulaire aérobie?
   a) Le cycle de Krebs.
   b) La chaîne de transport d'électrons.
   c) La glycolyse.
   d) La synthèse de l'acétyl-CoA à partir du pyruvate.
   e) La réduction du pyruvate en lactate.

4. Dans la mitochondrie, les réactions d'oxydoréduction exergoniques:
   a) sont une source d'énergie qui alimente la synthèse d'ATP chez les procaryotes.
   b) sont directement couplées à la phosphorylation au niveau du substrat.
   c) fournissent l'énergie nécessaire à l'établissement d'un gradient de H$^+$.
   d) réduisent les atomes de carbone en dioxyde de carbone.
   e) sont couplées à des processus endergoniques par l'entremise de produits intermédiaires phosphorylés.

5. Quel est le dernier accepteur dans une des chaînes de transport d'électrons de la respiration cellulaire anaérobie?
   a) NO$_3^-$.
   b) Le dioxygène.
   c) Le NAD$^+$.
   d) Le pyruvate.
   e) L'ADP.

6. Lequel des changements suivants se produit lorsque les électrons descendent dans la chaîne de transport d'électrons à l'intérieur des mitochondries?
   a) Le pH de la matrice augmente.
   b) L'ATP synthétase transporte activement des protons.
   c) Les électrons gagnent de l'énergie libre.
   d) Les cytochromes de la chaîne phosphorylent l'ADP en ATP.
   e) Le NAD$^+$ est oxydé.

7. Que se passe-t-il lorsqu'un poison métabolique inhibe spécifiquement l'ATP synthétase mitochondriale?
   a) La différence de pH s'atténue de part et d'autre de la membrane mitochondriale.
   b) La différence de pH s'accentue de part et d'autre de la membrane mitochondriale.
   c) La synthèse de l'ATP augmente.
   d) La consommation de dioxygène cesse.
   e) La chaîne de transport d'électrons s'interrompt.

8. Les cellules ne catabolisent pas le dioxyde de carbone parce que:
   a) les liaisons doubles sont trop stables pour être brisées.
   b) le CO$_2$ possède moins d'électrons liants que d'autres composés organiques.
   c) l'atome de carbone est déjà complètement réduit.
   d) la majeure partie de l'énergie des électrons est déjà libérée après la formation de la molécule.
   e) la molécule possède trop peu d'atomes.

9. Lequel des énoncés suivants distingue vraiment la fermentation de la respiration cellulaire?
   a) Seule la respiration cellulaire oxyde le glucose.
   b) Le NADH + H$^+$ est oxydé par la chaîne de transport d'électrons pendant la respiration cellulaire seulement.
   c) La fermentation est une voie catabolique, ce qui n'est pas le cas de la respiration cellulaire.
   d) La phosphorylation au niveau du substrat se produit au cours de la fermentation seulement.
   e) Le NAD$^+$ sert d'agent oxydant dans la respiration cellulaire seulement.

10. Lors du catabolisme aérobie, la majorité du CO$_2$ est libérée pendant:
    a) la glycolyse.
    b) le cycle de Krebs.
    c) la fermentation lactique.
    d) le transport des électrons.
    e) la phosphorylation oxydative.

11. Quelle caractéristique chimique de l'oxygène explique le rôle que cet élément joue dans la respiration cellulaire?

12. Dans la réaction d'oxydoréduction suivante, quel composé est oxydé et lequel est réduit?

$$\text{C}_4\text{H}_6\text{O}_5 + \text{NAD}^+ \longrightarrow \text{C}_4\text{H}_4\text{O}_5 + \text{NADH} + \text{H}^+$$

13. Quel sont les produits de la glycolyse pour deux moles de glucose?

14. Quelles seraient les conséquences d'une absence de dioxygène sur le processus de la FIGURE 9.15?

15. Une levure nourrie au glucose est transférée d'un environnement aérobie à un environnement anaérobie. Sachant que la cellule continue de produire de l'ATP à la même vitesse, comparez la vitesse de consommation du glucose dans ce nouveau milieu à la vitesse de consommation du glucose dans les conditions précédentes.

Lien avec l'évolution

On trouve de l'ATP synthétase dans la membrane plasmique des cellules procaryotes, ainsi que dans les mitochondries et les chloroplastes. Essayez d'expliquer cette réalité sous l'angle de l'évolution. En supposant que vous disposiez de la technologie nécessaire, comment procéderiez-vous pour valider votre hypothèse?

Intégration

1. Dans les années 1940, certains médecins prescrivaient à leurs patients de faibles doses d'un agent chimique appelé dinitrophénol (DNP) destiné à leur faire perdre du poids. Après le décès de quelques personnes, cette pratique a été abandonnée. Le DNP découple les processus liés à la chimiosmose cellulaire et rend la membrane mitochondriale interne perméable aux H^+. Expliquez ce qui causait la perte de poids.

2. Consultez les FIGURES 9.9, 9.10, 9.11, 9.15 et 9.16 pour répondre aux questions qui suivent.
Dans des conditions aérobies et optimales, supposez que quatre moles de glucose participent à la respiration cellulaire aérobie. Établissez un bilan énergétique (en ATP) cumulatif, du tout début du processus jusqu'à la fin de chacune des étapes identifiées plus bas. Votre bilan tiendra compte de l'énergie produite par la phosphorylation oxydative chaque fois que vous verrez apparaître les coenzymes appropriées.

Bilan cumulatif en ATP

Glycolyse	Étape 3	_____
	Étape 6	_____
	Étape 10	_____
Cycle de Krebs	Étape 3	_____
	Étape 5	_____
	Étape 6	_____
	Étape 8	_____

Combien de moles d'O_2 serviront à l'oxydation complète des quatre moles de glucose initiales?

Si vous introduisez une grande quantité d'un inhibiteur de l'enzyme qui participe à l'étape 5 de la glycolyse, combien de moles d'ATP obtiendrez-vous à la fin de l'étape 8 du cycle de Krebs pour les quatre moles de glucose initiales?

Supposez que vous suivez une diète limitée à de l'eau. Vous puisez alors dans vos réserves de graisses constituées (dans ce problème) d'acide palmitique (voir la FIGURE 5.10). Combien deux moles de graisses généreront-elles de moles d'ATP lorsque les produits de leur dégradation auront parcouru le cycle de Krebs?

Vous vous retrouvez dans un pays qui souffre de la famine. Vos réserves de graisses sont épuisées. Vous tirez maintenant votre énergie de vos protéines. Une enzyme transforme l'alanine (voir la FIGURE 5.15) en pyruvate. Combien de moles d'ATP produiront trois moles d'alanine si vous omettez le coût énergétique de la transformation?

Combien de moles de CO_2 seront libérées au cours de l'oxydation complète des trois moles d'alanine?

Science, technologie et société

Presque toutes les sociétés humaines produisent des boissons alcoolisées, comme la bière et le vin, au moyen de la fermentation. Le procédé remonte aux origines de l'agriculture. Selon vous, comment a-t-on découvert cet usage de la fermentation? Pourquoi le vin constituait-il une boisson plus utile que le jus de raisin dont il provenait, particulièrement pour les sociétés préindustrielles?

Réponses à l'autoévaluation : 1. b ; 2. d ; 3. c ; **4.** c ; 5. a ; **6.** a ; **7.** b ; **8.** d ; 9. b ; 10. b ; 11. Comparativement aux autres éléments, l'oxygène est très électronégatif, ce qui signifie qu'il attire fortement les électrons à lui. **12.** $C_4H_6O_5$ est oxydé, et le NAD^+ est réduit. 13. Quatre moles de pyruvate, quatre moles d'ATP et quatre moles de ($NADH + H^+$). **14.** Il n'y aurait pas de production d'ATP par phosphorylation oxydative. Sans le dioxygène pour attirer les électrons au bas de la chaîne de transport d'électrons, les protons ne seraient pas transportés dans l'espace intermembranaire mitochondrial, et la chimiosmose n'aurait pas lieu. **15.** La cellule doit consommer maintenant le glucose à une vitesse 19 fois supérieure à la vitesse de consommation du glucose dans un milieu aérobie (2 ATP dans le cas la fermentation, contre 38 ATP dans le cas de la respiration cellulaire aérobie).

CHAPITRE 10

LA PHOTOSYNTHÈSE

« Dans le subconscient des anciens, où naquirent
tous les mythes, on ne pouvait croire que la plante
ou les fleurs ne fussent autre chose que l'apparence
que les dieux voulaient bien nous en montrer. »

JEAN DE BOSSCHÈRE
essayiste belge (1881-1953)

LA PHOTOSYNTHÈSE DANS LA NATURE

- Les Végétaux et les autres autotrophes sont les producteurs de la biosphère
- Les chloroplastes sont les sites de la photosynthèse

LES VOIES MÉTABOLIQUES DE LA PHOTOSYNTHÈSE

- La découverte de la scission des molécules d'eau par les chloroplastes a permis aux chercheurs de suivre le parcours des atomes pendant la photosynthèse
- L'énergie chimique des aliments provient de l'énergie lumineuse transformée par les réactions photochimiques et le cycle de Calvin : *une vue d'ensemble*
- L'énergie chimique de l'ATP et du NADPH + H$^+$ provient de l'énergie solaire transformée par les réactions photochimiques : *une étude détaillée*
- Le cycle de Calvin convertit du CO_2 en glucide à l'aide de l'ATP et du NADPH + H$^+$: *une étude détaillée*
- Les climats chauds et arides ont favorisé l'apparition de nouveaux modes de fixation du carbone
- La biosphère doit son existence à la photosynthèse : *une révision*

La vie sur la Terre *existe grâce à l'énergie solaire. Les chloroplastes des Végétaux captent l'énergie lumineuse qui a parcouru les 149,5 millions de kilomètres environ qui nous séparent du Soleil. Ensuite, ils la convertissent en énergie chimique, et ils l'emmagasinent dans des glucides et d'autres molécules organiques. Ce processus s'appelle* **photosynthèse**. *Dans ce chapitre, nous examinerons le fonctionnement de celle-ci en détail. Mais commençons d'abord par la situer dans le contexte de l'écologie.*

LA PHOTOSYNTHÈSE DANS LA NATURE

Les Végétaux et les autres autotrophes sont les producteurs de la biosphère

La photosynthèse nourrit presque tous les êtres vivants, directement ou indirectement. Un organisme se procure les composés organiques nécessaires à la production d'ATP et de chaînes carbonées soit par **autotrophie**, soit par **hétérotrophie**. De prime abord, le terme *autotrophe* (du grec *autos*, « soi-même », et *trophê*, « nourriture ») semble contredire le principe suivant lequel les cellules constituent des systèmes ouverts tirant leurs ressources de leur milieu. En réalité, les autotrophes ne sont autosuffisants que dans la mesure où ils ne doivent manger ni d'autres organismes ni des substances qui en sont dérivées. Ils élaborent leurs molécules organiques à partir du dioxyde de carbone et d'autres matières premières inorganiques tirées de leur milieu. Pour les organismes hétérotrophes, par contre, ce sont les autotrophes qui représentent l'ultime source de matière organique. C'est pourquoi les biologistes désignent les autotrophes comme les *producteurs* de la biosphère (l'ensemble des écosystèmes), et les hétérotrophes, comme les *consommateurs*.

Les Végétaux sont autotrophes : les seuls « nutriments » dont ils ont besoin sont le dioxyde de carbone de l'air ainsi que l'eau et les minéraux du sol. Plus précisément, ils sont **photoautotrophes**, c'est-à-dire qu'ils utilisent la lumière comme source d'énergie pour synthétiser des matières organiques. La photosynthèse s'observe aussi chez les Algues et certains autres Protistes, ainsi que chez quelques Bactéries (FIGURE 10.1, p. 188). Dans le présent chapitre, nous nous attarderons à la photosynthèse chez les Végétaux. (Nous traiterons des particularités de la photosynthèse chez les Algues et les Bactéries dans la cinquième

(a) Plantes

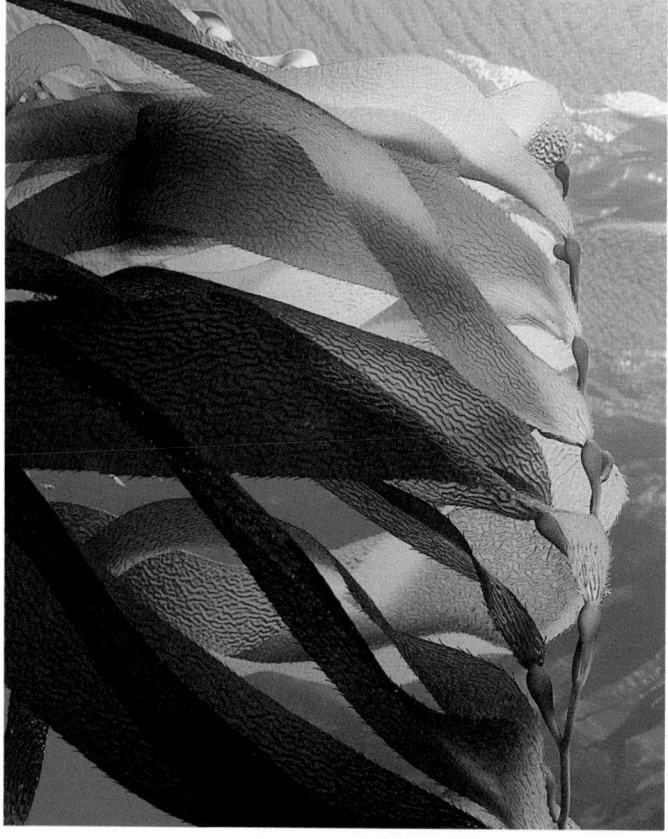

(b) Algues multicellulaires

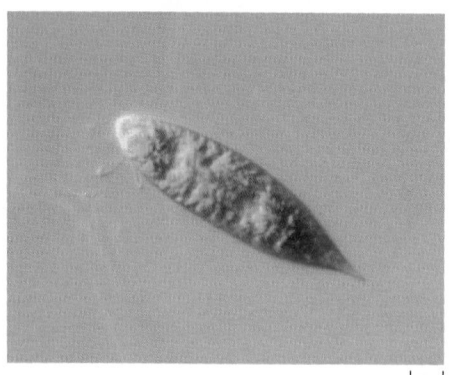

(c) Protiste unicellulaire 5 µm (800 ×)

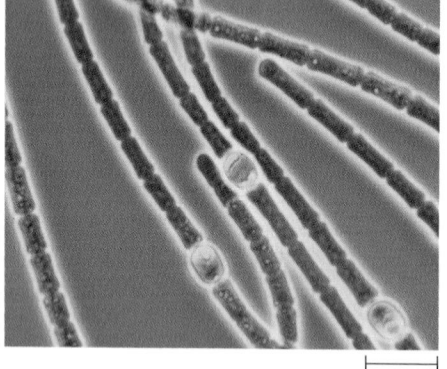

(d) Cyanobactéries 20 µm (475 ×)

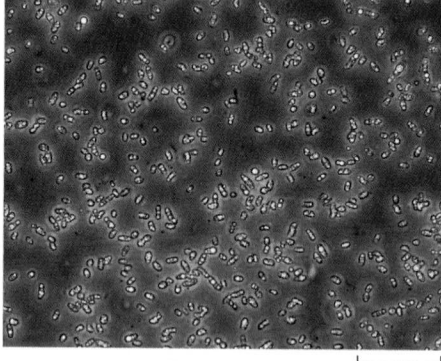

(e) Bactéries pourpres sulfureuses 25 µm (400 ×)

FIGURE 10.1 Photoautotrophes. Les photo-autotrophes utilisent l'énergie lumineuse pour synthétiser des molécules organiques à partir de dioxyde de carbone et (généralement) d'eau. Ils assurent ainsi leur nutrition et celle de tous les êtres vivants. **(a)** Dans le milieu terrestre, les Végétaux sont les principaux producteurs de nourriture. Les trois groupes de Végétaux terrestres parmi les plus importants sont représentés sur cette photo : les Mousses, les Fougères et les Plantes à fleurs. Dans les océans, les étangs, les lacs et les autres milieux aquatiques, les organismes photosynthétiques comprennent : **(b)** des Algues multicellulaires, telles que cette Algue brune ; **(c)** des Protistes unicellulaires, comme les Euglènes ; **(d)** les Cyanobactéries et **(e)** certains procaryotes photosynthétiques, dont les Bactéries pourpres sulfureuses (c, d, e : MP).

partie de ce manuel.) Notons ici qu'une forme beaucoup plus rare d'autotrophie existe chez les Bactéries **chimioautotrophes.** Ces organismes produisent leurs composés organiques sans l'aide de lumière : ils obtiennent leur énergie en oxydant des substances inorganiques comme le soufre et l'ammoniac. (Nous aborderons ce type de nutrition autotrophe au chapitre 27.)

Incapables de produire eux-mêmes leur nourriture, les hétérotrophes se nourrissent de composés synthétisés par d'autres organismes (le préfixe grec *heteros* signifie « autre »). Ce sont les consommateurs de la biosphère. Les Animaux représentent l'exemple le plus manifeste de ce type de nutrition, puisqu'ils consomment des plantes ou des animaux. Mais la nutrition hétérotrophe peut prendre des formes plus subtiles. Ainsi, certains hétérotrophes ingèrent et décomposent des résidus organiques : les carcasses, les matières fécales, les feuilles mortes, etc. On les appelle des décomposeurs. La plupart des Eumycètes et de nombreuses Bactéries font partie de ce groupe. Toujours est-il que presque tous les hétérotrophes, l'Humain y compris,

FIGURE 10.2 Site de la photosynthèse dans une plante. Les feuilles sont les principaux organes de la photosynthèse chez les Végétaux. Les illustrations représentent des agrandissements successifs allant de la feuille à la cellule, puis au chloroplaste (le site de la photosynthèse). Les échanges gazeux entre le mésophylle (soit le tissu interne des feuilles) et l'atmosphère s'effectuent par des pores microscopiques appelés stomates. Les chloroplastes, qui se trouvent majoritairement dans le mésophylle, sont entourés d'une double membrane ; ils contiennent un liquide dense appelé stroma. La membrane des thylakoïdes (des sacs membraneux aplatis) isole le stroma de l'espace intrathylakoïdien. Les thylakoïdes forment des empilements appelés grana. (Au milieu, à droite, MP ; en bas, à droite, MET.)

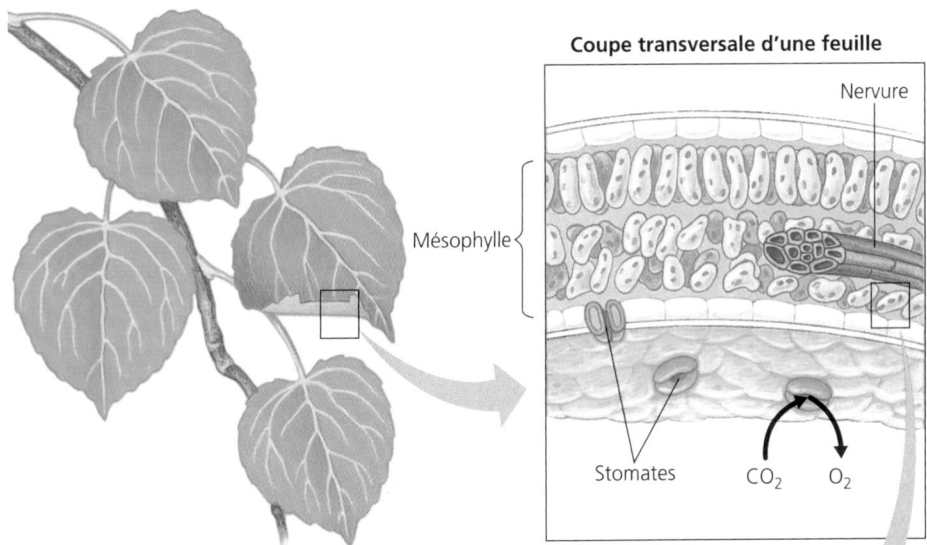

Coupe transversale d'une feuille

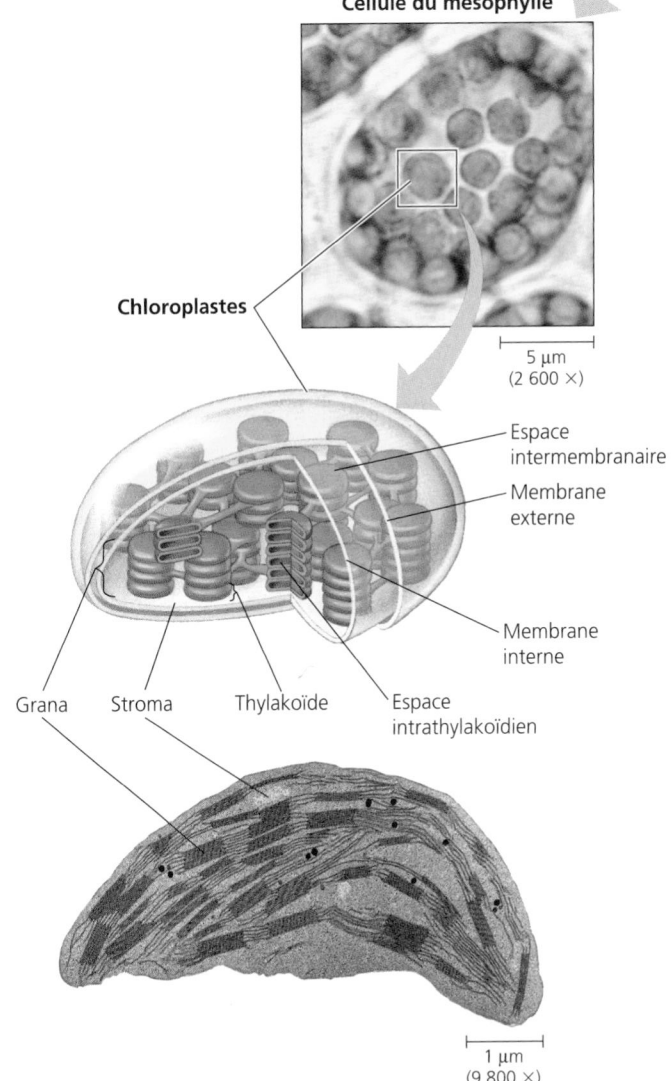

ont absolument besoin des photoautotrophes, non seulement pour se nourrir, mais également pour respirer, le dioxygène étant un sous-produit de la photosynthèse. Nous pouvons donc dire que la nourriture que nous ingérons et le dioxygène que nous respirons proviennent des chloroplastes.

Les chloroplastes sont les sites de la photosynthèse

Toutes les parties vertes d'une plante, y compris les tiges vertes et les fruits non encore mûrs, comprennent des chloroplastes, mais ce sont généralement les feuilles qui en renferment le plus (FIGURE 10.2) : on en compte environ un demi-million par millimètre carré de feuille. La couleur des feuilles vient de la **chlorophylle,** le pigment vert contenu dans les chloroplastes. Celle-ci absorbe l'énergie lumineuse qui alimente la synthèse des molécules organiques. Les chloroplastes abondent tout particulièrement dans le **mésophylle,** le tissu interne des feuilles. Le dioxyde de carbone entre dans ces dernières et le dioxygène en sort par des pores microscopiques appelés **stomates** (du grec *stoma,* « bouche »). L'eau absorbée par les racines, elle, se rend aux feuilles par les nervures. Celles-ci servent également à transporter les glucides jusqu'aux parties non photosynthétiques de la plante, notamment les racines.

La cellule du mésophylle typique contient de 30 à 40 chloroplastes biconvexes mesurant de 2 à 4 µm d'épaisseur sur 4 à 7 µm de longueur. L'enveloppe extérieure de ces organites se compose de deux membranes. À l'intérieur des chloroplastes se trouve un liquide dense, le stroma. Dans celui-ci baignent des sacs membraneux aplatis appelés thylakoïdes. Leur membrane délimite un compartiment appelé espace intrathylakoïdien. Ici et là, ils forment des empilements denses appelés grana (granum au singulier). La chlorophylle se trouve dans les membranes des thylakoïdes. Les procaryotes photosynthétiques n'ont pas de chloroplastes, mais ils possèdent tout de même des membranes qui fonctionnent à la manière de celles des thylakoïdes (voir le chapitre 27). Nous pouvons apprendre maintenant comment les chloroplastes convertissent l'énergie lumineuse absorbée par la chlorophylle en énergie chimique.

LES VOIES MÉTABOLIQUES DE LA PHOTOSYNTHÈSE

La découverte de la scission des molécules d'eau par les chloroplastes a permis aux chercheurs de suivre le parcours des atomes pendant la photosynthèse

 Pendant des siècles, les scientifiques ont cherché à comprendre le processus par lequel les Végétaux fabriquent la matière organique. Bien que certaines étapes de la photosynthèse échappent encore aux explications de la science, on connaît depuis le début du XIXe siècle l'équation générale de la photosynthèse : en présence de lumière, les parties vertes des plantes produisent des molécules organiques et du dioxygène à partir de dioxyde de carbone et d'eau. Nous pouvons résumer la photosynthèse par l'équation suivante :

$$6\,CO_2 + 12\,H_2O + \text{Énergie lumineuse} \longrightarrow C_6H_{12}O_6 + 6\,O_2 + 6\,H_2O$$

La formule $C_6H_{12}O_6$ est celle du glucose*. On trouve de l'eau des deux côtés de l'équation, parce que la photosynthèse consomme 12 moles d'eau et en produit 6. Simplifions l'équation en indiquant la consommation nette d'eau :

$$6\,CO_2 + 6\,H_2O + \text{Énergie lumineuse} \longrightarrow C_6H_{12}O_6 + 6\,O_2$$

Cette équation simplifiée révèle que le changement chimique réalisé pendant la photosynthèse est l'inverse de celui qui a lieu pendant la respiration cellulaire aérobie. La cellule végétale est le siège de ces deux processus métaboliques. Nous verrons sous peu, toutefois, que la photosynthèse représente bien plus qu'une respiration cellulaire aérobie à rebours.

Écrivons maintenant l'équation sous sa forme la plus simple :

$$CO_2 + H_2O \longrightarrow CH_2O + O_2$$

Nous employons ici la formule CH_2O pour symboliser les glucides en général. Cette équation réduite à sa plus simple expression représente la synthèse d'une molécule de glucose lorsqu'on prend un carbone à la fois. Si on la répétait six fois, on obtiendrait une molécule de glucose complète. En nous fondant sur elle, voyons comment les chercheurs ont suivi le trajet des éléments chimiques de la photosynthèse (C, H et O), depuis les réactifs jusqu'aux produits.

Scission de la molécule d'eau

Le mécanisme de la photosynthèse a commencé à livrer ses secrets lorsque les scientifiques ont découvert que le dioxygène libéré par les Végétaux dérive de l'eau et non du dioxyde de carbone. En effet, les chloroplastes scindent les molécules d'eau en protons et en oxygène. Avant cette découverte, l'hypothèse la plus répandue était que la photosynthèse scinde la molécule de dioxyde de carbone, puis ajoute de l'eau au carbone ; on pensait donc que le dioxygène libéré provenait du dioxyde de carbone :

$$\text{Étape 1 :}\quad CO_2 \longrightarrow C + O_2$$
$$\text{Étape 2 :}\quad C + H_2O \longrightarrow CH_2O$$

Dans les années 1930, C. B. Van Niel, de l'Université Stanford, a remis ce modèle en question en étudiant la photosynthèse chez certaines bactéries qui produisent leurs glucides à partir de dioxyde de carbone, mais qui ne libèrent pas de dioxygène. Il a avancé que, chez ces dernières à tout le moins, la molécule de dioxyde de carbone n'est pas scindée en carbone et en dioxygène. Certaines des bactéries sur lesquelles il s'est penché utilisent du sulfure de dihydrogène (H_2S) à la place de l'eau et rejettent du soufre sous forme de petites sphères jaunes (ce rejet est visible à la FIGURE 10.1e), selon l'équation suivante :

$$CO_2 + 2\,H_2S \longrightarrow CH_2O + H_2O + 2\,S$$

Van Niel en a déduit que les bactéries scindent le sulfure de dihydrogène et forment un glucide à partir du dihydrogène. Il a conclu que tous les organismes photosynthétiques ont besoin d'une source d'hydrogène, mais que cette source varie :

$$\text{En général :}\quad CO_2 + 2\,H_2X \longrightarrow CH_2O + H_2O + 2\,X$$
$$\text{Bactéries sulfureuses :}\quad CO_2 + 2\,H_2S \longrightarrow CH_2O + H_2O + 2\,S$$
$$\text{Plantes :}\quad CO_2 + 2\,H_2O \longrightarrow CH_2O + H_2O + O_2$$

Sur sa lancée, Van Niel a supposé que les Végétaux scindent les molécules d'eau pour se procurer du dihydrogène, ce qui les amène à rejeter de l'oxygène.

Près de 20 ans plus tard, des scientifiques ont confirmé son hypothèse. Ils ont commencé par fournir à des plantes de l'eau marquée à l'oxygène 18 (^{18}O), un isotope lourd, et du dioxyde de carbone non marqué. Les plantes ont émis du dioxygène 18, qui ne pouvait provenir que de l'eau marquée. Dans un deuxième temps, ils leur ont fourni de l'eau naturelle ($H_2{}^{16}O$) et du dioxyde de carbone marqué ($C^{18}O_2$). Cette fois, elles ont libéré du dioxygène non marqué (^{16}O). Ces expériences sont résumées dans les équations suivantes, où les atomes d'oxygène marqués apparaissent en rouge :

$$\text{Expérience 1 :}\quad CO_2 + 2\,H_2O \longrightarrow CH_2O + H_2O + O_2$$
$$\text{Expérience 2 :}\quad CO_2 + 2\,H_2O \longrightarrow CH_2O + H_2O + O_2$$

Le résultat principal du brassage d'atomes réalisé pendant la photosynthèse est l'extraction du dihydrogène de l'eau et son incorporation au glucide. Le résidu de la photosynthèse, soit le dioxygène, « remplace » le dioxygène atmosphérique consommé pendant la respiration cellulaire aérobie. La FIGURE 10.3 illustre le trajet de tous les atomes pendant la photosynthèse.

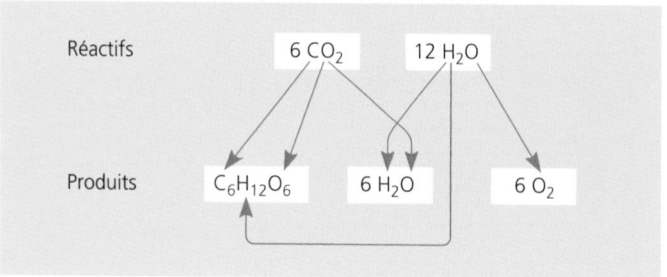

FIGURE 10.3 Localisation des atomes de réactifs dans les produits de la photosynthèse.

---

* Le produit issu directement de la photosynthèse est en réalité un glucide à trois carbones. Nous n'utilisons le mot glucose que pour simplifier la relation entre photosynthèse et respiration.

Photosynthèse et oxydoréduction

Comparons brièvement la photosynthèse avec la respiration cellulaire aérobie. Pendant cette dernière, l'énergie est libérée du glucose quand des transporteurs amènent vers le dioxygène les électrons associés à l'hydrogène. Cela libère de l'eau comme sous-produit. Les électrons perdent de l'énergie potentielle à mesure que le dioxygène électronégatif les attire vers le bas de la chaîne de transport, et les mitochondries utilisent cette énergie pour synthétiser de l'ATP. La photosynthèse, qui est aussi un processus d'oxydoréduction, inverse le flux d'électrons, c'est-à-dire qu'elle puise ses électrons dans l'eau et, à l'aide de la lumière, leur redonne une grande énergie potentielle. La molécule d'eau se fait scinder, et les électrons sont transférés, avec des protons, de l'eau au dioxyde de carbone, ce qui réduit ce dernier en glucide. Les électrons doivent gagner de l'énergie potentielle en passant de l'eau au glucide. Cela est possible grâce la lumière.

L'énergie chimique des aliments provient de l'énergie lumineuse transformée par les réactions photochimiques et le cycle de Calvin : *une vue d'ensemble*

L'équation de la photosynthèse, en apparence assez simple, représente un processus fort complexe. De fait, la photosynthèse comprend deux phases, elles-mêmes divisées en de nombreuses étapes. Les deux phases sont les **réactions photochimiques** et

le **cycle de Calvin,** aussi nommé phase de la fixation du carbone (FIGURE 10.4).

Les réactions photochimiques incluent les étapes de la photosynthèse qui convertissent l'énergie solaire en énergie chimique. La lumière absorbée par la chlorophylle déclenche un transfert d'électrons et de protons de l'eau vers un accepteur appelé **NADP$^+$** (nicotinamide adénine dinucléotide phosphate). Celui-ci stocke temporairement les électrons riches en énergie. La molécule d'eau se trouve ainsi scindée ; ce sont donc les réactions photochimiques qui rejettent du dioxygène. Quant à l'accepteur d'électrons des réactions photochimiques, le NADP$^+$, il est apparenté au NAD$^+$, un transporteur d'électrons de la respiration cellulaire. En fait, la molécule de NADP$^+$ ne se distingue de la molécule de NAD$^+$ que par un groupement phosphate supplémentaire. En bref, les réactions photochimiques utilisent l'énergie solaire pour réduire le NADP$^+$ en NADPH + H$^+$ en lui ajoutant une paire d'électrons et deux protons (H$^+$). De plus, elles produisent de l'ATP, car elles alimentent l'ajout d'un groupement phosphate à l'ADP, un processus appelé **photophosphorylation.** Par conséquent, la conversion initiale de l'énergie lumineuse en énergie chimique donne deux composés : le NADPH + H$^+$, une source d'électrons riches en énergie (le potentiel réducteur), et l'ATP, la devise énergétique des cellules. Soulignons que le glucide n'est produit qu'au cours de la deuxième phase de la photosynthèse, le cycle de Calvin.

Le cycle de Calvin a été décrit par Melvin Calvin et ses collègues à la fin des années 1940. Il commence par l'incorporation de dioxyde de carbone atmosphérique dans les molécules organiques déjà présentes dans le chloroplaste. On appelle cette étape

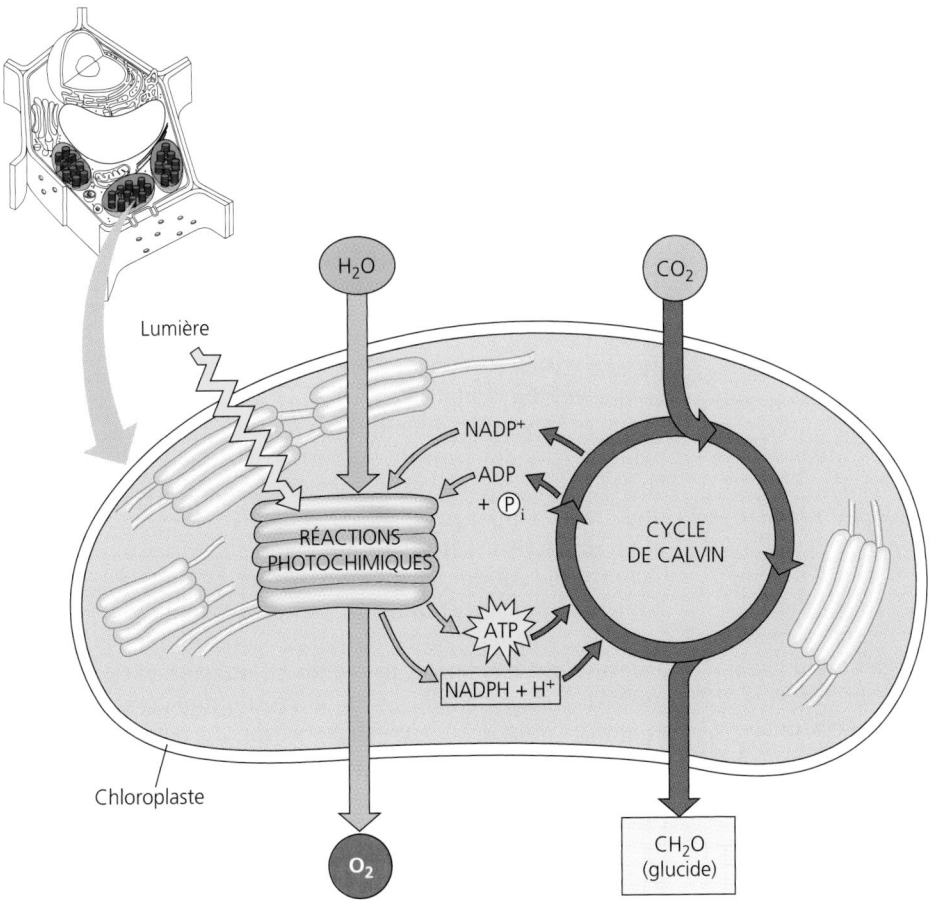

FIGURE 10.4 Vue d'ensemble de la photosynthèse : intégration des réactions photochimiques et des réactions du cycle de Calvin. Les réactions photochimiques utilisent l'énergie solaire pour produire de l'ATP et du NADPH + H$^+$, qui servent respectivement de source d'énergie chimique et de potentiel réducteur dans le cycle de Calvin. Au cours de celui-ci, le dioxyde de carbone sert à produire des molécules organiques qui seront ultérieurement transformées en glucides. (Au chapitre 5, nous avons appris que la formule de la majorité des glucides simples est un multiple de CH$_2$O.) Les réactions photochimiques se déroulent dans la membrane des thylakoïdes formant les grana, tandis que le cycle de Calvin a lieu dans le stroma.

Vous verrez une version plus petite de ce diagramme dans plusieurs figures de ce chapitre. Elle vous indiquera si les phénomènes décrits relèvent des réactions photochimiques ou du cycle de Calvin.

fixation du carbone. Le carbone fixé se fait ensuite réduire en glucide par l'ajout d'électrons. Le potentiel réducteur provient du NADPH + H⁺, qui a acquis des électrons riches en énergie pendant les réactions photochimiques. Pour que le dioxyde de carbone soit converti en glucide, le cycle de Calvin a aussi besoin d'énergie chimique sous forme d'ATP. Celle-ci provient également des réactions photochimiques. Bref, c'est le cycle de Calvin qui élabore le glucide, mais seulement avec l'aide du NADPH + H⁺ et de l'ATP produits au cours des réactions photochimiques. Les étapes métaboliques de ce cycle sont parfois appelées phase obscure, car aucune ne nécessite *directement* de la lumière. Chez la plupart des Végétaux, néanmoins, le cycle de Calvin se déroule pendant le jour, car c'est le seul moment où les réactions photochimiques peuvent régénérer le NADPH + H⁺ et l'ATP utilisés lors de la réduction du dioxyde de carbone en glucide. Le chloroplaste produit des glucides à l'aide de l'énergie lumineuse en coordonnant les deux phases de la photosynthèse.

Comme le montre la FIGURE 10.4, les réactions photochimiques se déroulent dans les thylakoïdes des chloroplastes, tandis que le cycle de Calvin a lieu dans le stroma. En heurtant la membrane des thylakoïdes, les molécules de NADP⁺ et d'ADP captent respectivement des électrons et du phosphate, puis elles transfèrent ce chargement riche en énergie au cycle de Calvin. La FIGURE 10.4 présente les deux phases de la photosynthèse comme des engrenages métaboliques qui captent des réactifs et libèrent des produits. Poussons plus loin notre étude de la photosynthèse et voyons ses deux phases en détail, en commençant par les réactions photochimiques.

L'énergie chimique de l'ATP et du NADPH + H⁺ provient de l'énergie solaire transformée par les réactions photochimiques : *une étude détaillée*

Les chloroplastes sont des usines chimiques qui fonctionnent à l'énergie solaire. Leurs thylakoïdes transforment l'énergie lumineuse en l'énergie chimique de l'ATP et du NADPH + H⁺. Pour mieux comprendre cette conversion, il faut connaître quelques propriétés importantes de la lumière.

Nature de la lumière

La lumière constitue une forme d'énergie appelée **énergie électromagnétique,** ou rayonnement. L'énergie électromagnétique se propage en ondes rythmiques semblables à celles qu'un caillou crée en tombant dans une mare. Toutefois, les ondes électromagnétiques sont des perturbations de champs électriques et magnétiques, et non des perturbations d'un milieu matériel. On appelle **photon** la quantité minimale d'énergie qu'elles peuvent transporter.

La distance qui sépare les crêtes des ondes électromagnétiques correspond à la **longueur d'onde.** Les longueurs d'onde varient de moins de un nanomètre (dans le cas des rayons gamma) à plus de un kilomètre (dans le cas de certaines ondes radio). Ensemble, elles forment ce que l'on appelle le **spectre électromagnétique** (FIGURE 10.5). Le segment de ce spectre qui a le plus d'importance pour les organismes est l'étroite bande des longueurs d'onde comprises entre 380 et 720 nm. Ce rayonnement forme la **lumière visible,** car l'œil humain l'interprète comme des couleurs.

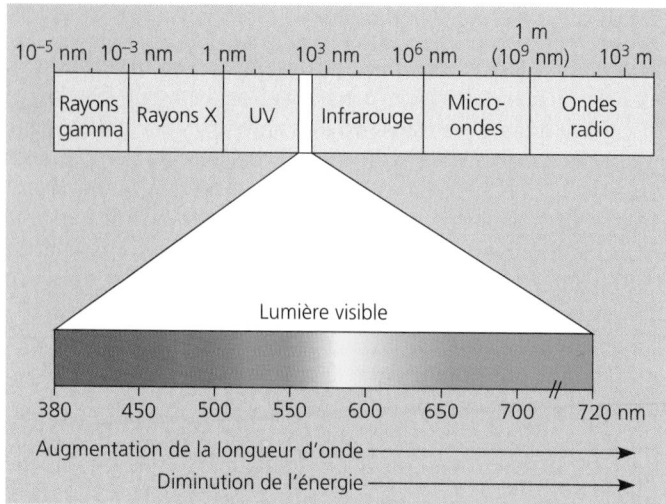

FIGURE 10.5 Spectre électromagnétique. La lumière visible et les autres formes d'énergie électromagnétique se propagent dans l'espace sous forme d'ondes de longueur variable. Les différentes longueurs d'onde de la lumière visible, qui s'étendent de 380 à 720 nm, se traduisent pour nous en couleurs. La lumière blanche consiste en un mélange de longueurs d'onde. Elle peut être décomposée par un prisme qui dévie les différentes longueurs d'onde qui la constituent. La lumière visible alimente la photosynthèse.

Les photons ne sont pas des objets tangibles, mais ils agissent comme s'ils l'étaient dans la mesure où chacun d'eux possède une quantité déterminée d'énergie. La quantité d'énergie est inversement proportionnelle à la longueur d'onde de la lumière : plus la longueur d'onde est courte, plus les photons possèdent de l'énergie. Par conséquent, un photon de lumière violette renferme près de deux fois plus d'énergie qu'un photon de lumière rouge.

Le Soleil émet le spectre complet de l'énergie électromagnétique, mais l'atmosphère se comporte comme un filtre : elle laisse passer la lumière visible et bloque une fraction substantielle des autres rayons. La lumière visible est justement le rayonnement qui alimente la photosynthèse.

Les pigments photosynthétiques : des capteurs de lumière

Lorsque la lumière rencontre la matière, celle-ci peut la diffuser ou l'absorber. Les substances qui absorbent la lumière visible chez les organismes photoautotrophes s'appellent **pigments.** Chaque pigment absorbe surtout  certaines longueurs d'onde de la lumière et les fait ainsi disparaître. Si on illumine un pigment avec de la lumière blanche, la couleur que nous voyons est celle que le pigment diffuse le plus. (Si un pigment absorbe toutes les longueurs d'onde, il paraît noir.) Les feuilles nous semblent vertes parce que la chlorophylle absorbe, entre autres choses, la lumière rouge et la lumière bleue en même temps qu'elle diffuse la lumière verte (FIGURE 10.6). On peut mesurer la capacité d'un pigment à absorber diverses longueurs d'onde en utilisant un **spectrophotomètre.** Cet appareil dirige un faisceau lumineux de plusieurs longueurs d'onde à travers une solution du pigment en question et mesure la proportion de lumière transmise pour chaque longueur d'onde (FIGURE 10.7). Le graphique qui représente la capacité d'absorption du pigment (c'est-à-dire la fraction non diffusée) en fonction de la longueur d'onde se nomme **spectre d'absorption.**

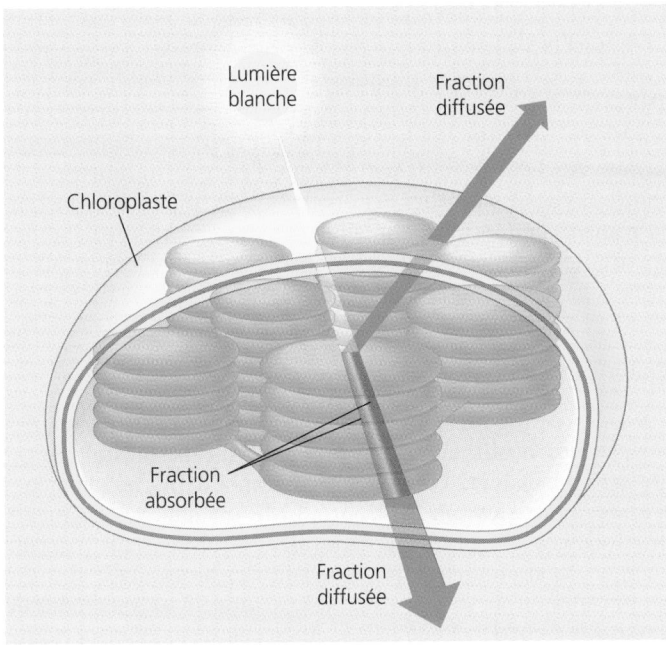

FIGURE 10.6 La couleur verte des feuilles : une interaction de la lumière et des chloroplastes. Les pigments des chloroplastes absorbent principalement la lumière rouge et la lumière bleue, les couleurs les plus favorables à la photosynthèse. Ils diffusent la majeure partie de la lumière verte, d'où la couleur verte des feuilles.

Le spectre d'absorption des pigments du chloroplaste montre que différentes longueurs d'onde activent la photosynthèse. Rappelez-vous que la lumière exerce un effet qui dépend de son absorption par cet organite. La FIGURE 10.8a, à la page 194, illustre les spectres d'absorption d'un type particulier de pigment, la **chlorophylle *a*,** et d'autres pigments du chloroplaste (la chlorophylle *b* et les caroténoïdes). Le spectre d'absorption de la

chlorophylle *a* révèle que la lumière bleue et la lumière rouge sont les plus favorables à la photosynthèse, tandis que la lumière verte l'est le moins. Quant au **spectre d'action** (FIGURE 10.8b) de la photosynthèse, qui indique l'efficacité des différentes longueurs d'onde, il confirme ce phénomène. Pour établir le spectre d'action de la photosynthèse, on illumine des chloroplastes avec de la lumière de différentes couleurs et on porte sur un graphique la mesure du rendement de la photosynthèse – par exemple, la quantité libérée de dioxygène ou la consommation de dioxyde de carbone – en fonction de la longueur d'onde. En 1833, le botaniste allemand Thomas Engelmann a réalisé une expérience ingénieuse pour déterminer quelles longueurs d'onde de la lumière favorisent le plus la photosynthèse. Il s'est servi de bactéries pour mesurer le rendement photosynthétique d'algues filamenteuses.

En comparant les FIGURES 10.8a et 10.8b, vous pouvez constater que le spectre d'action de la photosynthèse ne coïncide pas exactement avec le spectre d'absorption de la chlorophylle *a*. Il faut savoir que celui-ci sous-estime le rôle de certaines longueurs d'onde dans la photosynthèse. La chlorophylle *a* n'est pas le seul pigment à participer à la photosynthèse dans les chloroplastes. Il est vrai qu'elle seule peut déclencher les réactions photochimiques ; cependant, d'autres pigments qui se trouvent dans les membranes des thykaloïdes peuvent absorber la lumière et transférer l'énergie qui en résulte à la chlorophylle *a*. L'un de ces pigments accessoires se nomme **chlorophylle *b*.** La chlorophylle *a* et la chlorophylle *b* sont presque identiques (FIGURE 10.9, p. 195), mais leur légère différence de composition chimique (un seul groupement fonctionnel les distingue) suffit à leur donner des spectres d'absorption différents et, par le fait même, des couleurs distinctes. La chlorophylle *a* est bleu-vert, tandis que la chlorophylle *b* est jaune-vert. Si la chlorophylle *b* absorbe un photon, de l'énergie est transférée à la chlorophylle *a*, qui se comporte alors comme si elle avait elle-même absorbé le photon. Le chloroplaste renferme aussi une famille de pigments

FIGURE 10.7 Détermination d'un spectre d'absorption. Un spectrophotomètre mesure les proportions de lumière de différentes longueurs d'onde qu'une solution d'un pigment donné absorbe et diffuse. Un prisme logé à l'intérieur de l'instrument décompose la lumière blanche en différentes couleurs (longueurs d'onde). On dirige celles-ci une à une à travers la solution. La lumière transmise par la solution frappe un tube photoélectrique, qui convertit l'énergie lumineuse en électricité. Enfin, un ampèremètre mesure l'intensité du courant électrique. Chaque fois que la longueur d'onde de la lumière change, l'ampèremètre indique la proportion de lumière transmise par la solution ou, au contraire, la proportion de lumière absorbée. Ce schéma indique la capacité de transmission d'une solution de chlorophylle lorsque **(a)** la lumière verte et **(b)** la lumière bleue la traversent.

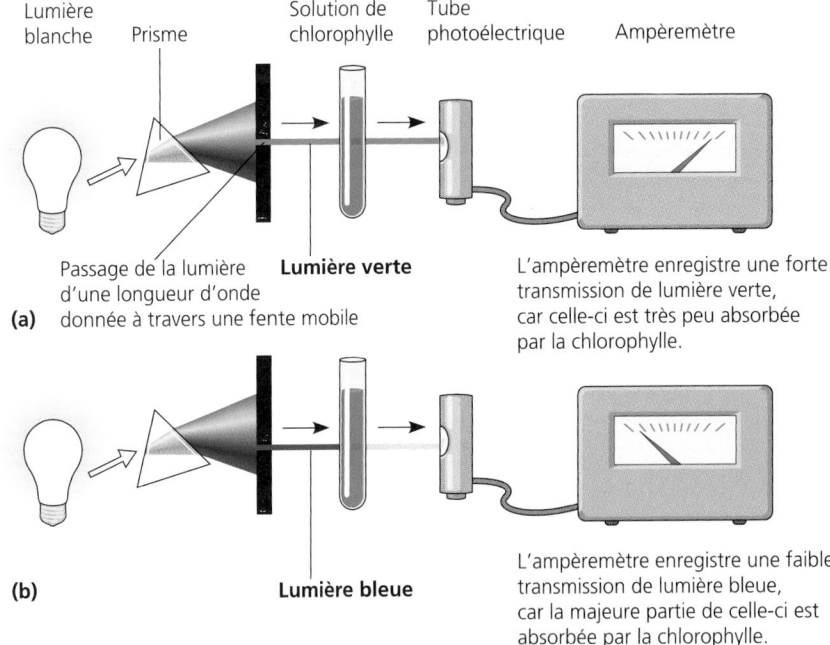

L'ampèremètre enregistre une forte transmission de lumière verte, car celle-ci est très peu absorbée par la chlorophylle.

L'ampèremètre enregistre une faible transmission de lumière bleue, car la majeure partie de celle-ci est absorbée par la chlorophylle.

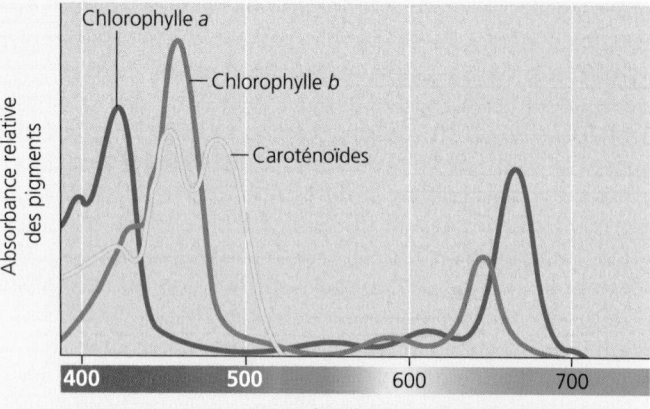

(a) Spectre d'absorption. Les trois courbes correspondent aux longueurs d'onde absorbées par trois types de pigments extraits des chloroplastes.

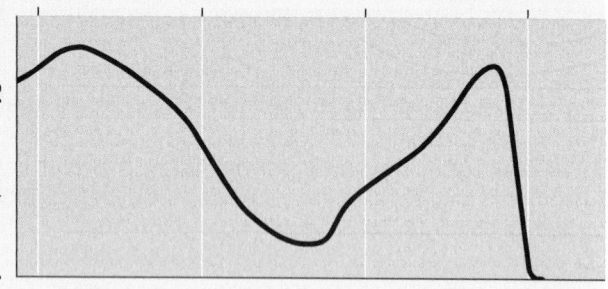

(b) Spectre d'action. Ce graphique indique la capacité de l'ensemble des longueurs d'onde de la lumière visible à alimenter la photosynthèse. Les pics du spectre d'action sont plus larges que les pics du spectre d'absorption de la chlorophylle a (voir la partie **(a)**. Le creux qui sépare les pics du spectre d'action est plus étroit et moins profond que le creux qui sépare les pics du spectre d'absorption. Cela s'explique en partie par le fait que la chlorophylle b et les caroténoïdes absorbent aussi la lumière ; ces pigments accessoires élargissent le spectre des couleurs pouvant servir à la photosynthèse.

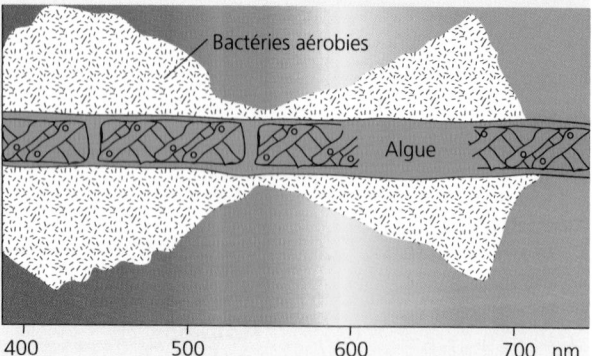

(c) Expérience de Engelmann. Le botaniste allemand Thomas Engelmann a dirigé sur une algue filamenteuse de la lumière qu'il a préalablement fait passer à travers un prisme. Il a ainsi exposé des segments distincts de l'algue à des longueurs d'onde différentes. Il a utilisé des bactéries aérobies (qui ont besoin de dioxygène) pour repérer les segments libérant le plus de dioxygène. Les bactéries se sont agglutinées plus densément autour des parties de l'algue exposées à la lumière rouge et à la lumière bleue. Remarquez la similitude entre la distribution bactérienne et le spectre d'action en **(b)**.

FIGURE 10.8 Démonstration de la participation des pigments du chloroplaste à la photosynthèse par la mesure des spectres d'absorption et d'action d'une algue.

accessoires appelés **caroténoïdes,** dont la couleur varie du jaune à l'orangé (voir la FIGURE 10.8a). Les caroténoïdes élargissent le spectre des longueurs d'onde de la lumière visible capables d'alimenter la photosynthèse. En outre, certains d'entre eux semblent jouer un rôle encore plus important : la *photoprotection*. Au lieu de transmettre toute l'énergie lumineuse à la chlorophylle, ils absorbent et dissipent le surplus d'énergie qui, autrement, endommagerait le pigment. (Certains caroténoïdes apparentés aux pigments photoprotecteurs du chloroplaste protègent également l'œil humain.)

Photo-oxydation de la chlorophylle

Les amas de pigments qui se trouvent dans la membrane des thylakoïdes absorbent des photons (voir la FIGURE 10.9). Qu'arrive-t-il alors ? Les couleurs correspondant aux longueurs d'onde absorbées par la chlorophylle ou d'autres pigments disparaissent du spectre de la lumière diffusée, mais pas leur énergie. En effet, quand une molécule de chlorophylle absorbe un photon, un de ses électrons passe à une orbitale où il possède davantage d'énergie potentielle. La molécule de pigment se trouve alors à l'**état excité.** (Inversement, lorsque l'électron se trouve dans son orbitale normale, la molécule de pigment est à l'**état fondamental.**) Notez qu'elle n'absorbe que les photons dont l'énergie équivaut exactement à la différence d'énergie entre son état fondamental et son état excité. Cette différence varie d'un atome et d'une molécule à l'autre. Par conséquent, un composé donné absorbe seulement les photons correspondant à des longueurs d'onde précises ; chaque pigment a son propre spectre d'absorption.

Lorsqu'une molécule de pigment absorbe l'énergie d'un photon, un de ses électrons passe de l'état fondamental à l'état excité ; ce changement d'état représente de l'énergie potentielle. Mais l'électron ne peut rester longtemps à l'état excité, parce que c'est un état instable, comme tous les états fortement énergétiques. Il revient généralement à l'état fondamental en 10^{-9} seconde et libère son excédent d'énergie sous forme de chaleur. Certains pigments, dont la chlorophylle, émettent de la lumière en plus de la chaleur après avoir absorbé des photons. En effet, les électrons excités accèdent à un niveau énergétique supérieur et, lors de leur retour à l'état fondamental, ils émettent chacun un photon. On appelle **fluorescence** cette émission de lumière. Si on illumine une solution pure de chlorophylle, elle émet de la fluorescence dans la partie rouge du spectre ainsi que de la chaleur (FIGURE 10.10).

Les photosystèmes : des complexes moléculaires capteurs de lumière situés dans la membrane des thylakoïdes

L'illumination de chlorophylle pure isolée *in vitro* ne donne pas les mêmes résultats que l'illumination de chlorophylle qui se trouve dans un chloroplaste intact. Dans la membrane des thylakoïdes, la chlorophylle s'associe à des protéines et à d'autres petites molécules organiques en des **photosystèmes.**

Un photosystème comprend une antenne photoréceptrice composée d'un amas de plusieurs centaines de molécules de chlorophylle a, de chlorophylle b et de caroténoïdes (FIGURE 10.11, p. 196). Le grand nombre et la variété des molécules de pigments qu'il contient lui permettent d'élargir le spectre et la surface d'absorption. Quand une molécule de l'antenne absorbe un photon, l'énergie se transmet d'un pigment à un autre jusqu'à

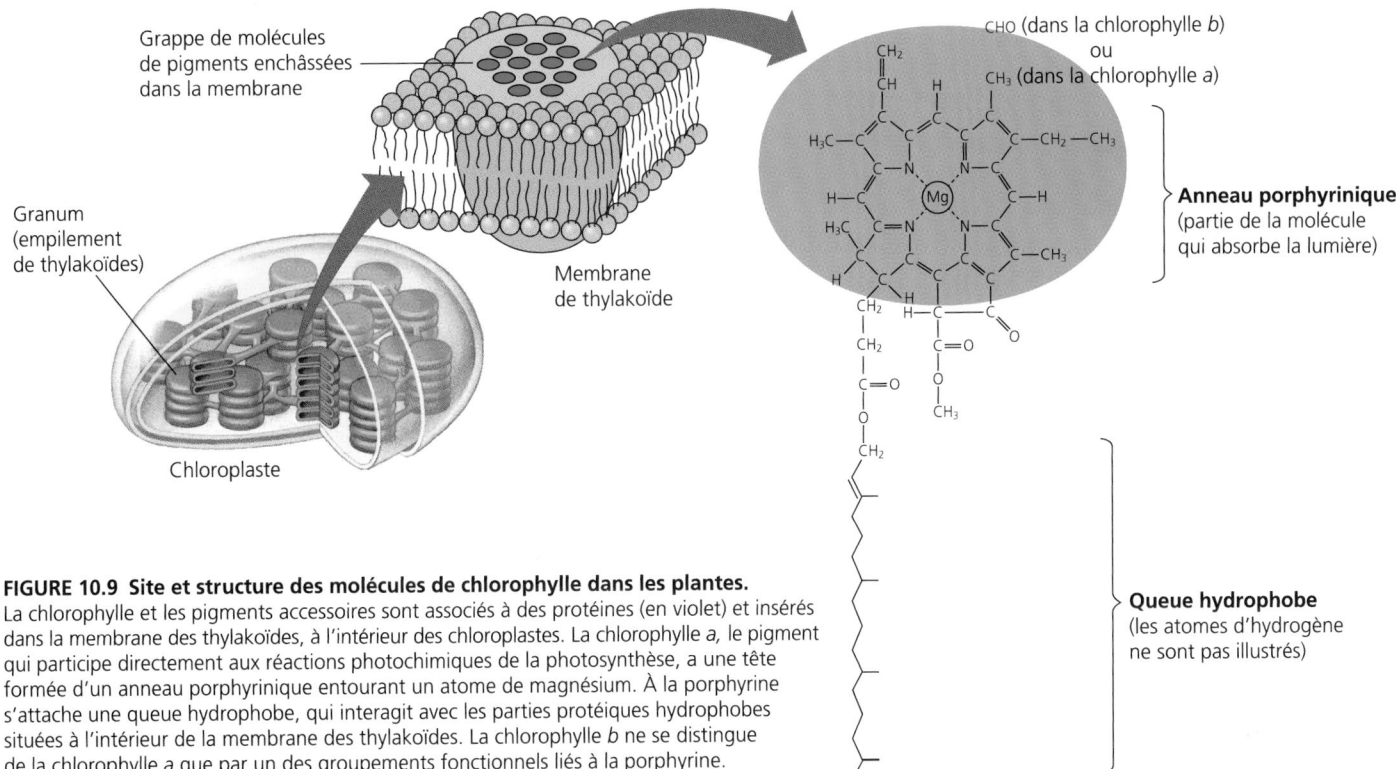

FIGURE 10.9 Site et structure des molécules de chlorophylle dans les plantes.
La chlorophylle et les pigments accessoires sont associés à des protéines (en violet) et insérés dans la membrane des thylakoïdes, à l'intérieur des chloroplastes. La chlorophylle *a*, le pigment qui participe directement aux réactions photochimiques de la photosynthèse, a une tête formée d'un anneau porphyrinique entourant un atome de magnésium. À la porphyrine s'attache une queue hydrophobe, qui interagit avec les parties protéiques hydrophobes situées à l'intérieur de la membrane des thylakoïdes. La chlorophylle *b* ne se distingue de la chlorophylle *a* que par un des groupements fonctionnels liés à la porphyrine.

atteindre une molécule de chlorophylle *a* spécifique. Celle-ci est particulière non pas à cause de sa structure, mais plutôt en raison de sa position : elle est située dans le **centre réactionnel** ; il s'agit de l'endroit où la première réaction photochimique de la photosynthèse se déroule.

Une molécule spécialisée, l'**accepteur primaire d'électrons**, forme le centre réactionnel avec cette molécule de chlorophylle *a*. Celle-ci lui cède un de ses électrons au cours d'une réaction d'oxydoréduction : excité par la lumière, l'électron de la chlorophylle accède à un niveau énergétique supérieur et est recueilli par

l'accepteur avant son retour à l'état fondamental. La chlorophylle pure et isolée *in vitro* est fluorescente quand elle reçoit de la lumière car, en l'absence d'un accepteur primaire, l'électron excité retourne à l'état fondamental. Dans le chloroplaste, l'accepteur primaire agit comme un barrage : il retient l'électron de haute énergie et l'empêche de regagner l'état fondamental. Ainsi, chaque photosystème (c'est-à-dire la chlorophylle du centre réactionnel, les autres pigments de l'antenne et l'accepteur primaire) fonctionne à la manière d'une unité photoréceptrice. Le transfert d'un électron de la chlorophylle à l'accepteur primaire d'électron,

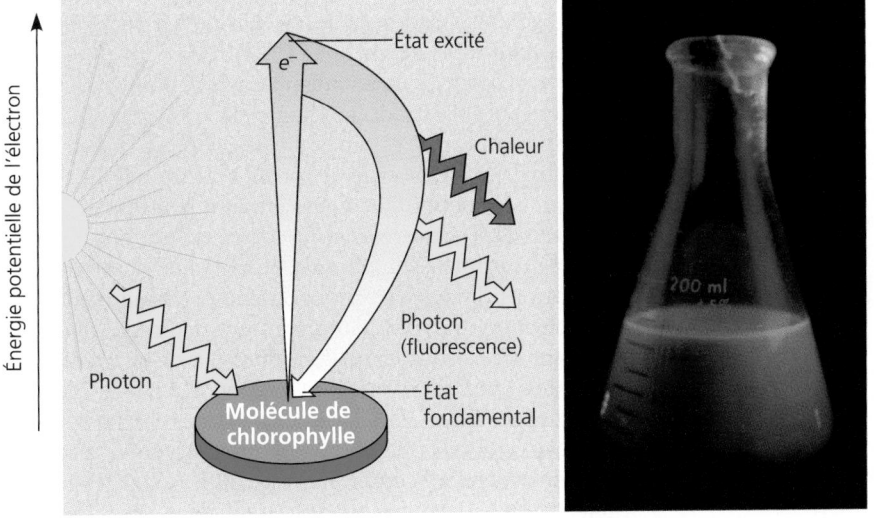

(a) Excitation d'une molécule de chlorophylle isolée (b) Fluorescence

FIGURE 10.10 Excitation de la chlorophylle pure isolée *in vitro*. (a) L'absorption d'un photon fait passer un électron de la molécule de chlorophylle de l'état fondamental à l'état excité. Le photon propulse l'électron vers une orbitale où il possède davantage d'énergie potentielle. Si on illumine de la chlorophylle pure isolée *in vitro*, son électron excité retourne immédiatement à l'état fondamental ; il libère son excédent d'énergie sous forme de chaleur et de fluorescence (lumière). **(b)** Une solution de chlorophylle illuminée à la lumière ultraviolette émet une fluorescence orangée.

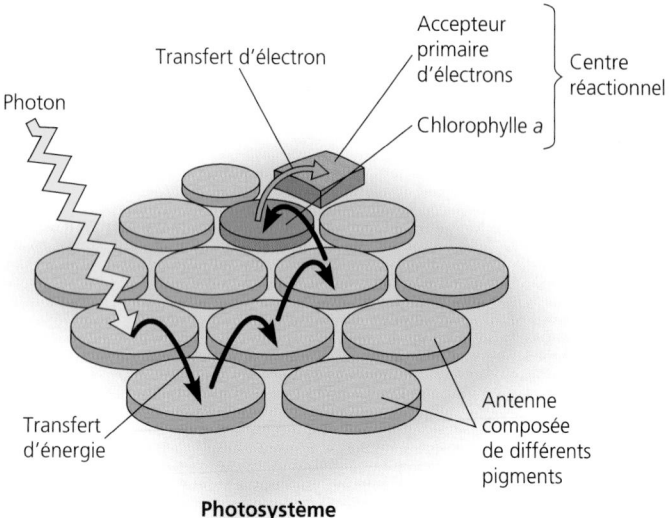

FIGURE 10.11 Réception de la lumière dans un photosystème.
Les photosystèmes sont les unités photoréceptrices de la membrane des thylakoïdes. Chacun d'eux est formé d'un complexe de protéines et d'autres molécules organiques, et comprend une antenne composée de plusieurs centaines de molécules de pigments divers. Quand un photon frappe une molécule de pigment, l'énergie passe de molécule en molécule jusqu'à atteindre le centre réactionnel, où une molécule de chlorophylle *a* particulière transmet l'électron excité à un accepteur primaire d'électrons, une autre molécule organique spécialisée située dans le centre réactionnel.

qui est déclenché par la lumière solaire, représente la première étape des réactions photochimiques.

La membrane des thylakoïdes comprend deux types de photosystèmes, **le photosystème I** et **le photosystème II** (numérotés selon l'ordre de leur découverte), qui participent aux réactions photochimiques de la photosynthèse. Chacun possède un centre réactionnel spécifique ; un accepteur primaire d'électrons particulier côtoie une molécule de chlorophylle *a* associée à certaines protéines. La molécule de chlorophylle *a* située dans le centre réactionnel du photosystème I est appelée P_{700} ; ce pigment doit son appellation au fait qu'il absorbe mieux que les autres pigments la lumière ayant une longueur d'onde de 700 nm (dans la partie rouge du spectre). La molécule de chlorophylle *a* située dans le centre réactionnel du photosystème II, elle, est appelée P_{680}, parce qu'elle absorbe mieux que les autres pigments la lumière ayant une longueur d'onde de 680 nm (dans la partie rouge du spectre également). En fait, les pigments P_{700} et P_{680} sont des molécules de chlorophylle *a* identiques mais associées à des protéines différentes ; la distribution de leurs électrons et leurs spectres d'absorption diffèrent donc légèrement. Voyons maintenant comment les deux photosystèmes travaillent de concert et utilisent l'énergie lumineuse pour fabriquer de l'ATP et du NADPH + H⁺, les deux principaux produits des réactions photochimiques.

Transport non cyclique d'électrons

La lumière alimente la synthèse du NADPH + H⁺ et de l'ATP en fournissant de l'énergie aux deux photosystèmes enchâssés dans la membrane des thylakoïdes. La conversion d'énergie repose sur un flux d'électrons qui traverse les photosystèmes et d'autres composantes moléculaires insérées dans la membrane des thylakoïdes. Le transport des électrons qui a lieu au cours des réactions photochimiques peut s'effectuer de façon cyclique ou non cyclique. Le **transport non cyclique d'électrons,** la voie la plus empruntée, est schématisé à la FIGURE 10.12. Les chiffres qui précèdent les six paragraphes suivants du texte principal correspondent à ceux des étapes de la figure.

❶ Quand le photosystème II absorbe deux photons d'énergie lumineuse, deux électrons de la chlorophylle *a* du centre réactionnel (P_{680}) passent de l'état fondamental à l'état excité. L'accepteur primaire d'électrons les capture et les empêche de retourner à l'état fondamental. La chlorophylle oxydée devient alors un agent oxydant très puissant, car les vides laissés par ses électrons doivent être comblés.

❷ Une enzyme, la déshydrogénase, extrait des électrons de l'eau et les fournit au P_{680} ; les électrons perdus par la chlorophylle lors de l'absorption de l'énergie lumineuse sont ainsi remplacés. Cette réaction scinde une molécule d'eau en deux protons et en un atome d'oxygène, lequel se combine immédiatement avec un autre atome d'oxygène pour former du dioxygène (O_2). C'est l'étape de la scission des molécules d'eau qui libère du dioxygène.

❸ Chaque électron excité par la lumière voyage de l'accepteur primaire du photosystème II au photosystème I par l'intermédiaire d'une chaîne de transport d'électrons située dans le chloroplaste. Cette dernière ressemble beaucoup à la chaîne de transport de la respiration cellulaire. Elle est constituée d'un transporteur d'électrons appelé plastoquinone (Pq), d'un complexe de cytochromes (très apparentés à ceux de la mitochondrie) et d'une protéine contenant du cuivre, la plastocyanine (Pc).

❹ Les électrons dévalent la chaîne. Leur descente vers un niveau d'énergie plus faible est exergonique. L'énergie libérée alimente la production d'ATP par l'ATP synthétase de la membrane des thylakoïdes. Cette synthèse d'ATP, amorcée par l'énergie lumineuse, est appelée photophosphorylation ou, plus précisément, **photophosphorylation non cyclique,** car elle se déroule grâce à un transport d'électrons non cyclique. (Vous apprendrez bientôt que le mécanisme de la phosphorylation est la chimiosmose ; c'est le même processus que celui qui se produit lors de la respiration cellulaire.) L'ATP générée par les réactions photochimiques fournit l'énergie chimique nécessaire à la synthèse d'un glucide par le cycle de Calvin, la deuxième phase de la photosynthèse.

❺ En atteignant le bas de la chaîne de transport, les deux électrons comblent les vides dans le P_{700}, la molécule de chlorophylle *a* située dans le centre réactionnel du photosystème I. Deux photons d'énergie lumineuse avaient créé ce trou en déclenchant le transfert de deux électrons du P_{700} à l'accepteur primaire du photosystème I.

❻ L'accepteur primaire d'électrons du photosystème I cède alors les électrons excités par la lumière à une deuxième chaîne de transport d'électrons, laquelle les passe à de la ferrédoxine (Fd), une protéine contenant du fer. L'enzyme NADP⁺ réductase transfère alors les électrons de la Fd au NADP⁺. C'est par cette réaction d'oxydoréduction que les électrons riches en énergie sont emmagasinés dans le NADPH + H⁺, la molécule qui fournit le potentiel réducteur nécessaire à la synthèse d'un glucide par le cycle de Calvin.

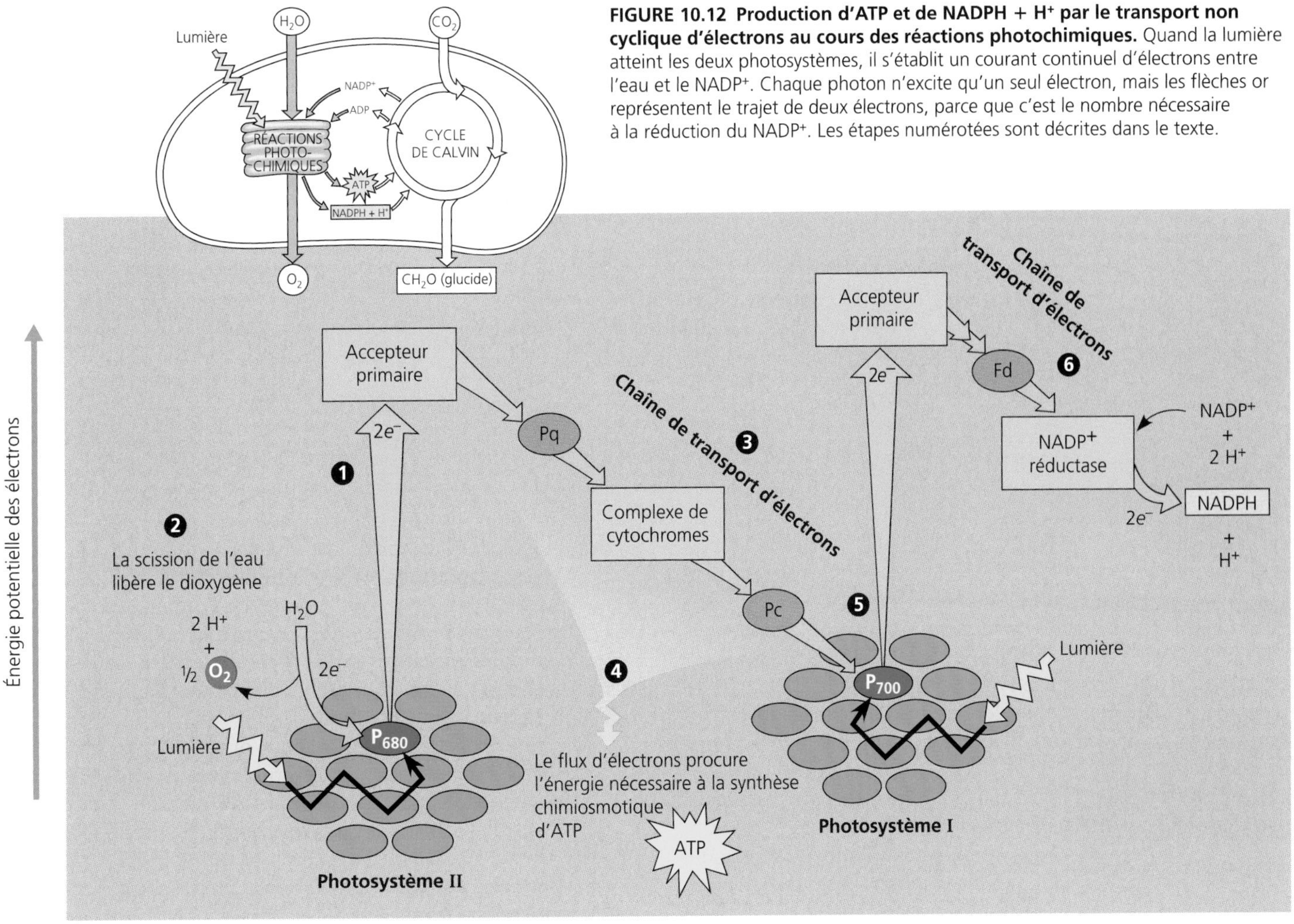

FIGURE 10.12 Production d'ATP et de NADPH + H⁺ par le transport non cyclique d'électrons au cours des réactions photochimiques. Quand la lumière atteint les deux photosystèmes, il s'établit un courant continuel d'électrons entre l'eau et le NADP⁺. Chaque photon n'excite qu'un seul électron, mais les flèches or représentent le trajet de deux électrons, parce que c'est le nombre nécessaire à la réduction du NADP⁺. Les étapes numérotées sont décrites dans le texte.

La variation d'énergie subie par les électrons au cours des réactions photochimiques s'apparente à celle qui est illustrée dans la FIGURE 10.13. Les réactions photochimiques sont très complexes, mais ne perdez pas de vue leur fonction première : utiliser l'énergie solaire pour générer de l'ATP et du NADPH + H⁺, et ainsi fournir de l'énergie chimique et un potentiel réducteur aux réactions du cycle de Calvin qui produisent un glucide.

Transport cyclique d'électrons

Dans certaines conditions, les électrons excités par la lumière suivent la voie du **transport cyclique d'électrons,** laquelle fait intervenir le photosystème I et non le photosystème II. Le transport cyclique est un petit circuit fermé (FIGURE 10.14, p. 198) : les électrons quittent la ferrédoxine (Fd), s'acheminent vers le complexe de cytochromes, puis vers la chlorophylle P_{700}, avant de retourner à la ferrédoxine. Le cycle ne produit pas de NADPH + H⁺, pas plus qu'il ne libère de dioxygène. Il génère cependant de l'ATP. C'est pourquoi ce processus est aussi connu sous le nom de **photophosphorylation cyclique.**

Quel est le rôle du transport cyclique d'électrons ? Pour le comprendre, il faut garder à l'esprit que le transport non cyclique d'électrons élabore de l'ATP et du NADPH + H⁺ en quantités à peu près égales. Or, le cycle de Calvin consomme davantage d'ATP que de NADPH + H⁺. C'est au transport

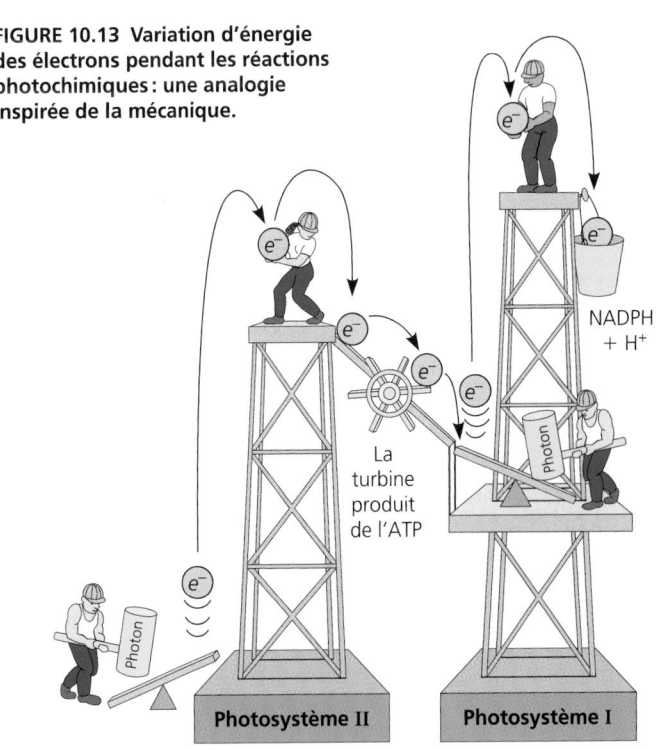

FIGURE 10.13 Variation d'énergie des électrons pendant les réactions photochimiques : une analogie inspirée de la mécanique.

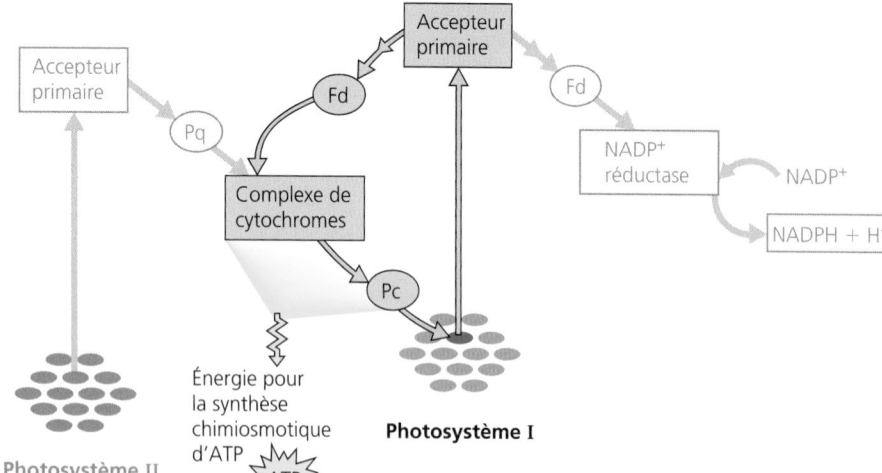

FIGURE 10.14 Transport cyclique d'électrons.
En quittant la ferrédoxine, les électrons du photosystème I excités par la lumière retournent parfois à la chlorophylle en passant par le complexe de cytochromes et la plastocyanine (Pc). Ce détournement d'électrons fournit un surplus d'ATP, mais il ne produit pas de NADPH + H⁺. La partie ombrée, qui correspond au transport non cyclique d'électrons, est incluse dans le diagramme à des fins de repérage. Les deux molécules de ferrédoxine illustrées sont en fait une seule et même molécule, soit le dernier transporteur de la chaîne de transport d'électrons du photosystème I.

cyclique d'électrons qu'il revient de combler cette différence. La concentration de NADPH + H⁺ dans le chloroplaste peut régir la voie (cyclique ou non cyclique) suivie par les électrons pendant les réactions photochimiques. Si le chloroplaste manque d'ATP pour faire fonctionner le cycle de Calvin, le NADPH + H⁺ s'accumule à mesure que le cycle de Calvin ralentit. L'augmentation de NADPH + H⁺ stimule le transport cyclique aux dépens du transport non cyclique, le temps de répondre à la demande d'ATP.

Que la photophosphorylation soit alimentée par un transport cyclique ou non cyclique d'électrons, le mécanisme de la synthèse d'ATP demeure le même : la chimiosmose. Rappelez-vous qu'il s'agit du processus par lequel les réactions d'oxydoréduction sont couplées à la synthèse d'ATP dans les membranes. Nous avons approfondi l'étude de ce mécanisme au chapitre 9. Si vous en ressentez le besoin, reportez-vous-y.

Une comparaison de la chimiosmose dans les chloroplastes et dans les mitochondries

Les chloroplastes et les mitochondries produisent de l'ATP par le même mécanisme : la chimiosmose. Une chaîne de transport d'électrons située dans une membrane achemine des protons à travers celle-ci à mesure que des électrons sont transférés à des transporteurs de plus en plus électronégatifs. C'est ainsi que la chaîne de transport d'électrons convertit l'énergie des réactions d'oxydoréduction en une force protonmotrice, c'est-à-dire en une énergie potentielle emmagasinée sous la forme d'un gradient de H⁺ dans la membrane. Cette dernière contient une ATP synthétase qui couple la diffusion des protons à la phosphorylation de l'ADP. Certains des transporteurs d'électrons (dont les protéines contenant du fer appelées cytochromes) qui se trouvent dans les chloroplastes et dans les mitochondries sont similaires. Les ATP synthétases de ces deux organites se ressemblent également beaucoup. Il existe cependant des différences importantes entre la phosphorylation oxydative qui a lieu dans les mitochondries et la photophosphorylation qui se produit dans les chloroplastes. Dans les mitochondries, les électrons riches en énergie véhiculés par la chaîne de transport proviennent de l'oxydation de molécules de nutriments. Les chloroplastes, eux, n'ont pas besoin d'oxyder des nutriments pour produire de l'ATP ; leurs photosystèmes captent l'énergie lumineuse et l'utilisent pour acheminer des électrons au sommet de la chaîne de transport. Autrement dit, les mitochondries transfèrent l'énergie chimique des molécules nutritives à l'ATP, tandis que les chloroplastes transforment l'énergie lumineuse en énergie chimique. Il s'agit là d'une distinction importante.

Une autre différence découle de l'orientation de la chimiosmose dans les chloroplastes et les mitochondries (FIGURE 10.15). La membrane interne d'une mitochondrie achemine les protons de la matrice vers l'espace intermembranaire, qui sert alors de réservoir de protons en vue de la synthèse d'ATP. Dans un chloroplaste, par contre, la membrane des thylakoïdes achemine les protons du stroma vers l'espace intrathylakoïdien, qui sert de réservoir de protons. Elle synthétise l'ATP à mesure que les protons diffusent de l'espace intrathylakoïdien vers le stroma à travers les ATP synthétases, dont la tête catalytique se trouve du côté du stroma. Par conséquent, l'ATP se forme dans le stroma, où elle alimente la synthèse d'un glucide pendant le cycle de Calvin.

Le gradient de protons, ou de pH, établi à travers la membrane des thylakoïdes est substantiel. Lorsque les chloroplastes reçoivent de la lumière, le pH tombe à 5 environ dans l'espace intrathylakoïdien, alors qu'il passe à 8 environ dans le stroma. Autrement dit, les protons sont 1000 fois moins concentrés dans le stroma que dans l'espace intrathylakoïdien. En laboratoire, on abolit le gradient de pH en faisant l'obscurité, mais on peut le rétablir rapidement en allumant les lumières. Voilà un argument de plus en faveur du modèle chimiosmotique (voir le chapitre 9).

La FIGURE 10.16, à la page 200, présente un modèle hypothétique, fondé sur des études réalisées dans plusieurs laboratoires, de l'organisation de la membrane d'un thylakoïde. Dans chaque thylakoïde, il y a en fait de très nombreux exemplaires des molécules de pigments et des complexes moléculaires qui sont illustrés. Remarquez aussi que le NADPH + H⁺, comme l'ATP, est produit du côté du stroma, où le cycle de Calvin synthétise les glucides.

Résumons maintenant les réactions photochimiques. Le transport non cyclique d'électrons pousse les électrons de l'eau, où ils possèdent peu d'énergie potentielle, vers le NADPH + H⁺, où ils renferment beaucoup d'énergie potentielle. Le flux d'électrons

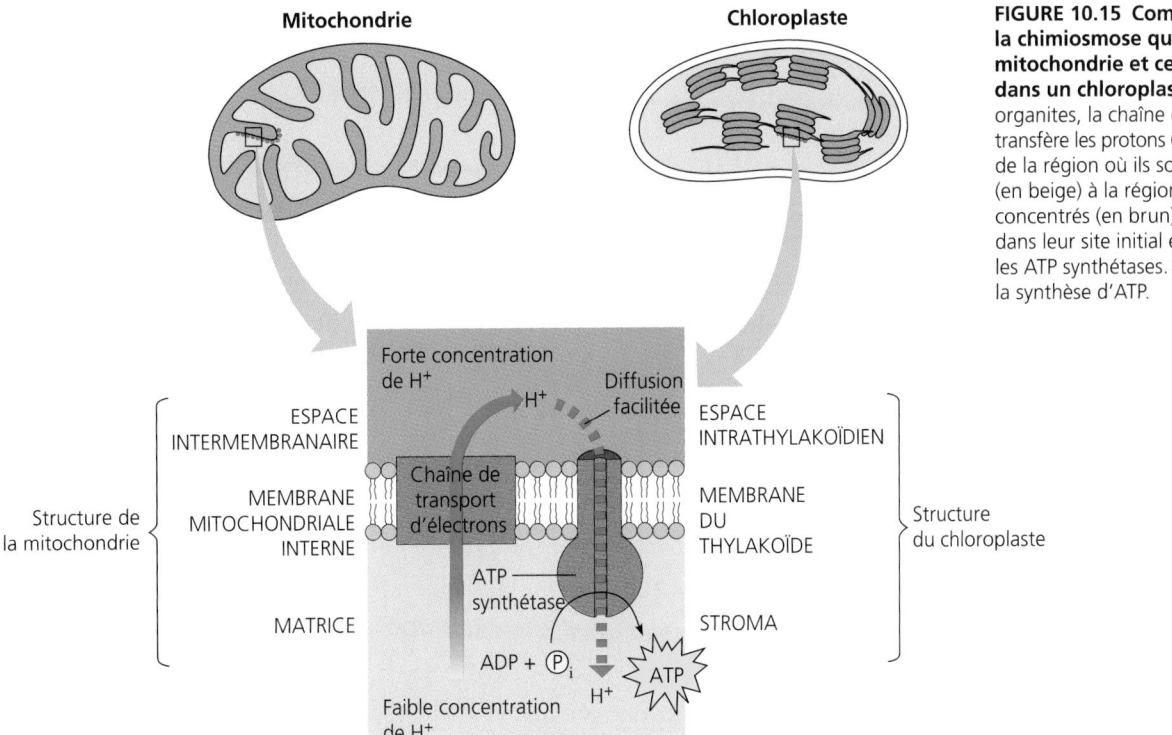

Mitochondrie

Chloroplaste

FIGURE 10.15 Comparaison entre la chimiosmose qui a lieu dans une mitochondrie et celle qui se produit dans un chloroplaste. Dans les deux organites, la chaîne de transport d'électrons transfère les protons (H$^+$) à travers la membrane de la région où ils sont le moins concentrés (en beige) à la région où ils sont le plus concentrés (en brun). Les protons retournent dans leur site initial en diffusant à travers les ATP synthétases. Ce passage alimente la synthèse d'ATP.

Forte concentration de H$^+$

Diffusion facilitée

ESPACE INTERMEMBRANAIRE

ESPACE INTRATHYLAKOÏDIEN

Structure de la mitochondrie

Chaîne de transport d'électrons

MEMBRANE MITOCHONDRIALE INTERNE

MEMBRANE DU THYLAKOÏDE

Structure du chloroplaste

ATP synthétase

MATRICE

STROMA

ADP + P$_i$

ATP

Faible concentration de H$^+$

H$^+$

engendré par la lumière produit en outre de l'ATP. Par conséquent, l'organisation moléculaire de la membrane des thylakoïdes convertit l'énergie lumineuse en une énergie chimique emmagasinée dans le NADPH + H$^+$ et dans l'ATP. Le dioxygène constitue un sous-produit des réactions photochimiques. À présent, voyons comment les produits des réactions photochimiques servent, au cours du cycle de Calvin, à synthétiser des glucides à partir de CO_2.

Le cycle de Calvin convertit du CO_2 en glucide à l'aide de l'ATP et du NADPH + H$^+$: *une étude détaillée*

Le cycle de Calvin a ceci de semblable au cycle de Krebs qu'il régénère une molécule initiale. Du carbone entre dans le cycle de Calvin sous forme de dioxyde de carbone et en sort sous forme de glucide. Le cycle consomme de l'ATP comme source d'énergie et utilise du NADPH + H$^+$. Ce dernier procure des électrons riches en énergie et des protons à l'une des molécules du cycle de Calvin afin de produire un glucide.

Le glucide produit directement par le cycle de Calvin n'est pas du glucose mais un monosaccharide à trois atomes de carbone appelé **phosphoglycéraldéhyde (PGAL)**. Pour en synthétiser une mole, le cycle doit fixer trois moles de dioxyde de carbone, donc se dérouler trois fois. (Rappelez-vous que la fixation du carbone correspond à l'incorporation de dioxyde de carbone dans une molécule organique.) En étudiant les étapes du cycle, ne perdez pas de vue que vous suivez le parcours de trois moles de dioxyde de carbone. La FIGURE 10.17, à la page 201, divise le cycle de Calvin en trois étapes :

Étape 1 : Fixation du carbone. Le cycle de Calvin attache chaque mole de dioxyde de carbone à une mole de ribulose diphosphate (RuDP, en abrégé), un glucide à cinq atomes de carbone. L'enzyme qui catalyse cette première étape est la **RuDP carboxylase**, la protéine la plus abondante dans les chloroplastes et probablement sur Terre. La réaction donne un intermédiaire à six atomes de carbone qui est si instable qu'il se scinde aussitôt en deux moles de 3-phosphoglycérate.

Étape 2 : Réduction. Chaque molécule de 3-phosphoglycérate reçoit un groupement phosphate provenant de l'ATP ; du 1,3-diphosphoglycérate est ainsi formé. Ensuite, une paire d'électrons donnée par le NADPH + H$^+$ réduit le 1,3-diphosphoglycérate en PGAL. Plus précisément, les électrons du NADPH + H$^+$ réduisent le groupement carboxyle du 1,3-diphosphoglycérate, qui devient alors le groupement carbonyle du PGAL, plus riche en énergie potentielle. Le PGAL est un glucide à trois atomes de carbone ; il s'agit du même glucide que celui que la glycolyse forme en scindant le glucose. La FIGURE 10.17 montre que l'on obtient six moles de PGAL pour *trois* moles de dioxyde de carbone. Le cycle a commencé avec un capital glucidique valant 15 moles de carbone, c'est-à-dire avec trois moles de ribulose diphosphate à cinq atomes de carbone. Maintenant, on compte 18 moles de carbone sous la forme de six moles de PGAL. Cependant, une seule mole de PGAL compte pour un gain net en glucide. En effet, une mole sort du cycle pour être utilisée par la cellule végétale, alors que les cinq autres doivent aller régénérer les trois moles de ribulose diphosphate.

Étape 3 : Régénération de l'accepteur de CO_2 (RuDP). Au cours d'une série complexe de réactions, les dernières étapes du cycle réarrangent les chaînes de carbone des cinq moles

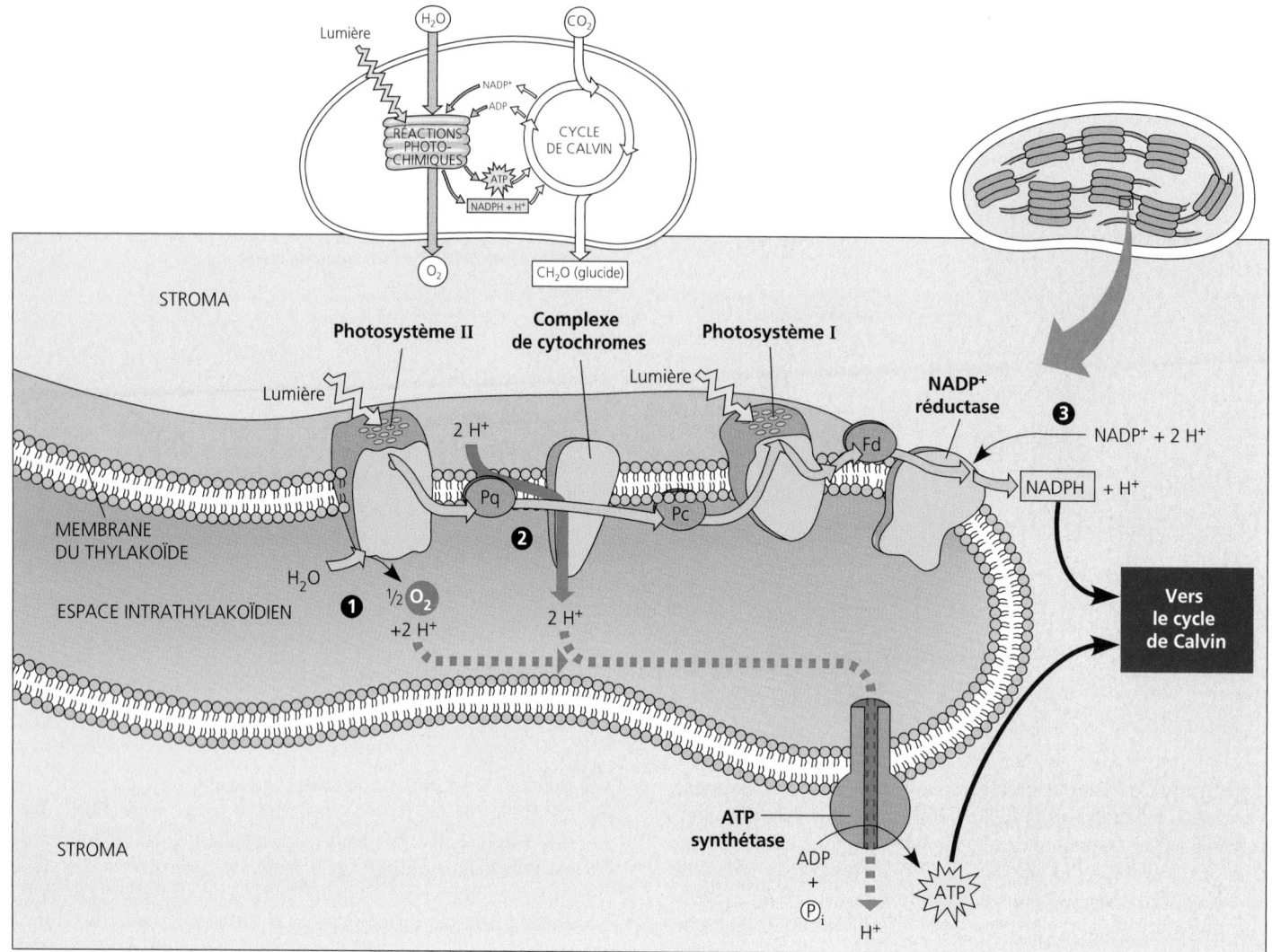

FIGURE 10.16 Les réactions photochimiques et la chimiosmose : l'organisation de la membrane des thylakoïdes. Ce schéma illustre le modèle de la membrane des thylakoïdes qui prévaut à l'heure actuelle. Les flèches or représentent le trajet des électrons du transport non cyclique esquissé à la FIGURE 10.12. À mesure que les électrons passent d'un transporteur à l'autre dans les réactions d'oxydoréduction, les protons extraits du stroma sont déposés dans l'espace intrathylakoïdien.

L'énergie est alors emmagasinée sous forme d'une force protonmotrice (gradient de H⁺). Au moins trois étapes des réactions photochimiques contribuent au gradient de protons.
❶ Le photosystème II entraîne la scission d'une molécule d'eau dans l'espace intrathylakoïdien grâce à une déshydrogénase.
❷ Quand la plastoquinone (Pq), un transporteur mobile, transfère les électrons au complexe de cytochromes, des protons sont importés dans l'espace intrathylakoïdien.

❸ Le NADP⁺ capte deux protons dans le stroma lors de sa réduction en NADPH + H⁺. La diffusion des protons de l'espace intrathylakoïdien vers le stroma (suivant le gradient de concentration) alimente l'ATP synthétase. Ces réactions déclenchées par la lumière emmagasinent de l'énergie chimique dans le NADPH + H⁺ et dans l'ATP, qui fournissent de l'énergie au cycle de Calvin.

de PGAL en trois moles de ribulose diphosphate. Pour que cela soit possible, trois autres moles d'ATP doivent être dépensées. Le ribulose diphosphate est alors de nouveau prêt à recevoir du dioxyde de carbone. Le cycle recommence.

Pour synthétiser une mole nette de PGAL, le cycle de Calvin consomme neuf moles d'ATP et six moles de NADPH + H⁺. Les réactions photochimiques régénèrent l'ATP et le NADPH + H⁺. Le PGAL issu du cycle de Calvin devient la matière première de voies métaboliques qui synthétisent d'autres composés organiques, dont différents glucides. Ni les réactions photochimiques ni le cycle de Calvin pris séparément ne fabriquent des glucides à partir du CO₂. C'est en intégrant ces deux phases que les chloroplastes en viennent à réaliser la photosynthèse.

Facteurs externes influant sur la photosynthèse

Dans un milieu naturel, certains facteurs environnementaux influent sur l'intensité de la photosynthèse. Il suffit de revenir à l'équation originale pour en dégager quelques-uns.

$$6\ CO_2 + 12\ H_2O + \text{Énergie lumineuse} \longrightarrow C_6H_{12}O_6 + 6\ O_2 + 6\ H_2O$$

La concentration molaire volumique du CO_2 dans l'air n'atteint pas encore une valeur critique pour la photosynthèse, bien que l'effet de serre soit en train d'augmenter. Par contre, *in vitro,* une augmentation graduelle de CO_2 pouvant atteindre jusqu'à cinq fois la teneur normale de l'air sec entraîne un accroissement graduel de la photosynthèse. Précisons que l'air exempt d'humidité n'est pas le siège d'une réaction entre CO_2 et H_2O.

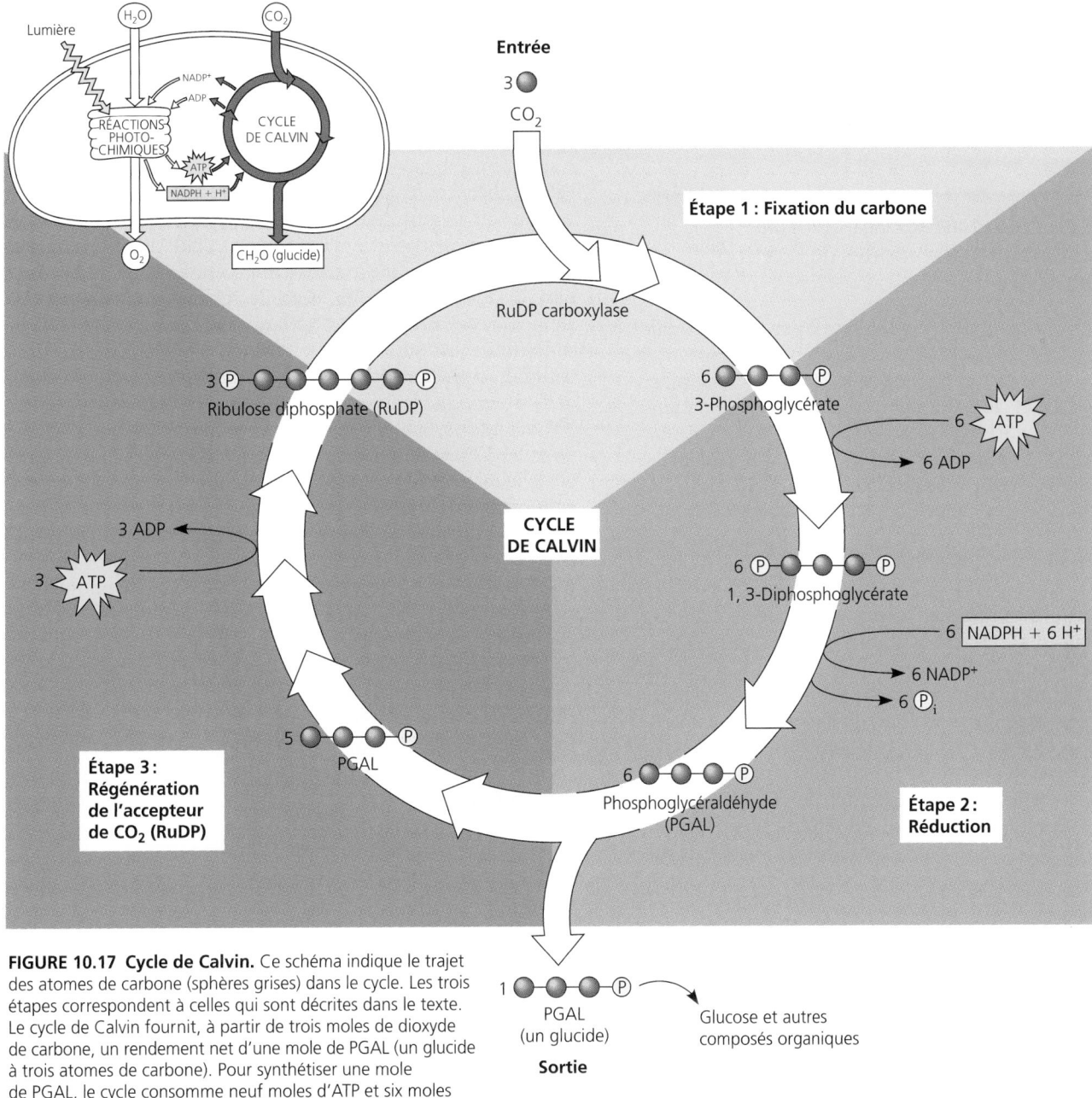

FIGURE 10.17 Cycle de Calvin. Ce schéma indique le trajet des atomes de carbone (sphères grises) dans le cycle. Les trois étapes correspondent à celles qui sont décrites dans le texte. Le cycle de Calvin fournit, à partir de trois moles de dioxyde de carbone, un rendement net d'une mole de PGAL (un glucide à trois atomes de carbone). Pour synthétiser une mole de PGAL, le cycle consomme neuf moles d'ATP et six moles de NADPH + H⁺. Les réactions photochimiques alimentent le cycle par une régénération de l'ATP et du NADPH + H⁺.

Le produit de celle-ci, l'acide carbonique, corrode les feuilles à des concentrations élevées. Quant à la disponibilité de l'eau (sous forme d'humidité, de pluie, etc.) ou, au contraire, au manque d'eau (dû à une sécheresse, à la saison sèche, etc.), ils interviennent toujours dans le processus de la photosynthèse, et ce, à toutes les latitudes. Un manque d'eau ne peut que constituer un facteur limitant. La lumière, pour sa part, agit de diverses manières. L'intensité de la photosynthèse augmente proportionnellement à l'intensité de l'éclairement jusqu'à un certain seuil, qui varie selon les espèces. Durant le jour, les plantes doivent recevoir de la lumière pendant un certain temps (durée minimale), sans quoi elles puisent dans leurs réserves ou encore entrent en dormance. Un excès de lumière continue peut, par contre, se révéler néfaste ; ainsi, *in vitro*, un éclairement

ininterrompu de plusieurs jours ralentit la photosynthèse, car les produits de synthèse finissent par engorger les chloroplastes. En ce qui a trait à la qualité de la lumière, la longueur d'onde a aussi un impact sur la photosynthèse. Dans un milieu naturel, comme la composition de la lumière blanche reste constante jour après jour, elle ne modifie pas l'activité photosynthétique durant l'année. *In vitro*, cependant, une plante verte réagit davantage à certaines longueurs d'onde qu'à d'autres, notamment à celles qui correspondent à la lumière bleue et à la lumière rouge. Elle fournit un meilleur rendement encore lorsqu'elle est exposée à de la lumière blanche, qui regroupe l'ensemble des longueurs d'onde du spectre visible. Par ailleurs, il existe un lien étroit entre la photosynthèse et la température ambiante. Jusqu'à un certain point, plus celle-ci augmente, plus elle favorise la photosynthèse. Lorsqu'une température extrême est atteinte, les enzymes sont dénaturées et ne fonctionnent plus. Enfin, mentionnons que la valeur nutritive du milieu influe sur la photosynthèse ; si le milieu s'appauvrit, par exemple, cela risque de ralentir la croissance de nombreuses plantes ou de modifier la structure de leurs chloroplastes.

Les climats chauds et arides ont favorisé l'apparition de nouveaux modes de fixation du carbone

Depuis leur implantation sur la terre ferme il y environ 425 millions d'années, les Végétaux se sont adaptés aux problèmes inhérents à la vie terrestre, en particulier à la déshydratation. Aux chapitres 29 et 36, nous examinerons les adaptations anatomiques qui favorisent la conservation de l'eau chez les Végétaux. Pour le moment, concentrons-nous sur leurs adaptations métaboliques. On remarque que, souvent, la recherche d'une solution à un problème aboutit à un compromis. Par exemple, procéder à la photosynthèse tout en prévenant une déshydratation excessive exige souvent un compromis. Le CO_2 nécessaire à la photosynthèse entre dans les feuilles par les stomates, les pores situés sur toute la surface des feuilles (voir la FIGURE 10.2). Or, les feuilles transpirent, c'est-à-dire qu'elles perdent leur eau par vaporisation, également par ces pores. Par une journée chaude et sèche, la majorité des plantes ferment leurs stomates, ce qui les aide à conserver leur eau. Cependant, leur réponse à la chaleur ralentit aussi la photosynthèse, car l'accès au CO_2 se trouve limité. En raison de la fermeture partielle des stomates, la concentration de CO_2 décroît dans les lacunes des feuilles, alors que la concentration de O_2 libéré augmente. Toutes ces conditions favorisent un processus qui semble être un gaspillage : la photorespiration.

La photorespiration : vestige de l'évolution ?

Dans la majorité des Végétaux, la RuDP carboxylase, l'enzyme qui ajoute un CO_2 au ribulose diphosphate, fixe le carbone au cours de la première étape du cycle de Calvin. Les plantes qui suivent ce processus sont appelées **plantes de type C_3**, car le premier produit formé par la fixation du carbone est le 3-phosphoglycérate, un composé à trois carbones (voir la FIGURE 10.17). Les plantes de ce type, comme le Riz, le Blé et le Soja (Soya), sont les plus importantes en agriculture. Par temps chaud et sec, elles produisent moins de nutriments, car leurs stomates se ferment. La baisse de la concentration de CO_2 dans leurs feuilles ralentit le cycle de Calvin. Qui plus est, la RuDP carboxylase peut accepter le dioxygène à la place du dioxyde de carbone. Or, si la concentration de dioxygène dépasse celle du dioxyde de carbone dans les lacunes (espace intercellulaire dont la taille est supérieure à celle des cellules environnantes) des feuilles, l'enzyme fournit du dioxygène au cycle de Calvin. Il en résulte un produit scindé en un composé à deux carbones qui est exporté dans les chloroplastes. Les mitochondries et les peroxysomes dégradent alors ce composé et libèrent du dioxyde de carbone. Ce processus est appelé **photorespiration,** parce qu'il nécessite de la lumière (d'où le préfixe *photo*) et qu'il consomme du dioxygène (*respiration*). Toutefois, à l'inverse de la respiration, il ne génère

pas d'ATP et, contrairement à la photosynthèse, il ne conduit pas à la production de molécules organiques. De fait, la photorespiration réduit le rendement de la photosynthèse en soutirant de la matière au cycle de Calvin.

Comment expliquer l'existence d'un processus métabolique qui semble nuisible aux plantes ? Certains croient que la photorespiration est un vestige métabolique des temps reculés où l'atmosphère contenait moins de dioxygène et plus de dioxyde de carbone qu'aujourd'hui. Selon cette hypothèse, quand la RuDP carboxylase est apparue, l'atmosphère était encore primitive, et il importait peu que le site actif de cette enzyme distingue le dioxyde de carbone du dioxygène. Les tenants de cette hypothèse supposent que la RuDP carboxylase moderne a gardé un peu de son affinité ancestrale pour le dioxygène, qui est si concentré dans l'atmosphère actuelle qu'une certaine part de photorespiration demeure inévitable.

On ignore si la photorespiration comporte quelque avantage pour les Végétaux. On sait en revanche qu'elle rejette jusqu'à 50 % du carbone fixé par le cycle de Calvin chez des Végétaux qui, comme le Soja, revêtent une grande importance économique pour les humains. En tant qu'hétérotrophes dépendants de la fixation du carbone dans les chloroplastes pour nous nourrir, nous sommes naturellement portés à considérer la photorespiration comme un gaspillage. De fait, si nous pouvions la réduire chez certaines espèces végétales sans influer sur la productivité de la photosynthèse, les rendements agricoles et les ressources alimentaires augmenteraient.

La chaleur, la sécheresse et l'ensoleillement favorisent la photorespiration. Quand ces conditions se trouvent réunies, les stomates se ferment. On remarque cependant que certaines espèces ont des modes de fixation du carbone qui réduisent la photorespiration au minimum, même dans les climats arides. Les deux adaptations de ce type les plus importantes sont la photosynthèse en C_4 et le métabolisme acide crassulacéen (CAM).

Plantes de type C_4

Les **plantes de type C_4** sont ainsi nommées parce qu'elles font précéder le cycle de Calvin d'un autre mode de fixation du carbone. Les réactions forment un premier produit composé de quatre atomes de carbone. Plusieurs milliers d'espèces végétales réparties en une vingtaine de familles font appel à ce mécanisme de photosynthèse. C'est le cas, notamment, de la Canne à sucre (*Saccharum officinarum*) et du Maïs (*Zea mays*), de la famille des Graminées.

Le mécanisme de la photosynthèse en C_4 s'explique par l'anatomie particulière des feuilles où il s'effectue (FIGURE 10.18 ; faites une comparaison avec la FIGURE 10.2). On trouve deux types de cellules photosynthétiques dans les plantes de type C_4 : les cellules de la gaine fasciculaire et les cellules du mésophylle. Les **cellules de la gaine fasciculaire** sont entassées autour des nervures. Entre la surface d'une feuille et elles se trouvent les **cellules du mésophylle.** Le cycle de Calvin a seulement lieu dans les chloroplastes des cellules de la gaine fasciculaire. Toutefois, il est précédé par l'incorporation, dans le mésophylle, de dioxyde de carbone à des composés organiques. D'abord, l'enzyme appelée **PEP carboxylase** ajoute du dioxyde de carbone au phosphoénolpyruvate (PEP), ce qui donne de l'oxaloacétate, un composé à quatre atomes de carbone. Contrairement au site

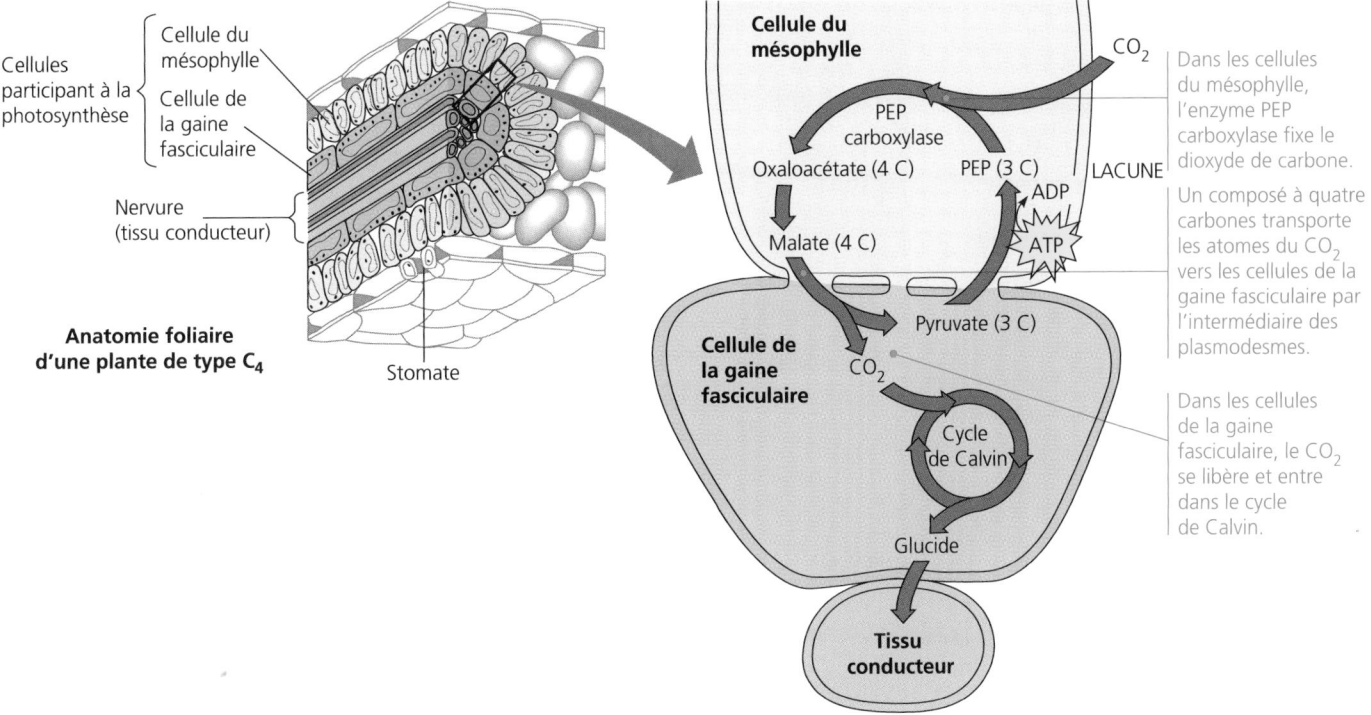

Anatomie foliaire d'une plante de type C₄

Cellules participant à la photosynthèse
- Cellule du mésophylle
- Cellule de la gaine fasciculaire

Nervure (tissu conducteur)

Stomate

Cellule du mésophylle

PEP carboxylase

Oxaloacétate (4 C)

Malate (4 C)

PEP (3 C)

LACUNE

ADP

ATP

Pyruvate (3 C)

CO_2

Cellule de la gaine fasciculaire

CO_2

Cycle de Calvin

Glucide

Tissu conducteur

Dans les cellules du mésophylle, l'enzyme PEP carboxylase fixe le dioxyde de carbone.

Un composé à quatre carbones transporte les atomes du CO_2 vers les cellules de la gaine fasciculaire par l'intermédiaire des plasmodesmes.

Dans les cellules de la gaine fasciculaire, le CO_2 se libère et entre dans le cycle de Calvin.

Photosynthèse en C₄

FIGURE 10.18 Anatomie et voies de la photosynthèse en C₄. La structure et les fonctions biochimiques des feuilles des plantes de type C₄ découlent d'une adaptation à un climat chaud et sec. Cette adaptation, apparue au cours de l'évolution, favorise le maintien, dans la gaine fasciculaire, d'une concentration de dioxyde de carbone qui permet la photosynthèse au détriment de la photorespiration.

actif de la RuDP carboxylase, le site actif de la PEP carboxylase possède une très haute affinité pour le dioxyde de carbone. Par conséquent, la PEP carboxylase fixe le CO_2 efficacement quand la RuDP carboxylase en est incapable, c'est-à-dire par temps chaud et sec. Dans ces conditions, les stomates se ferment partiellement; ils font diminuer la concentration de dioxyde de carbone et augmenter la concentration de dioxygène dans les feuilles. Une fois que le dioxyde de carbone est fixé, les cellules du mésophylle exportent leurs produits à quatre atomes de carbone (le malate, dans l'exemple de la FIGURE 10.18) vers les cellules de la gaine fasciculaire, et ce, par l'intermédiaire des plasmodesmes (voir la FIGURE 7.28). Dans les cellules de la gaine fasciculaire, les composés à quatre atomes de carbone libèrent le dioxyde de carbone, que la RuDP carboxylase et le cycle de Calvin incorporent à de la matière organique.

En fait, le dioxyde de carbone est fourni aux cellules de la gaine fasciculaire par les cellules du mésophylle, ce qui maintient sa concentration à un niveau où la RuDP carboxylase peut l'accepter, lui, et non le dioxygène. De cette manière, la photosynthèse en C₄ réduit au minimum la photorespiration et favorise la production de glucides. Cette adaptation est particulièrement avantageuse dans les régions chaudes et très ensoleillées; c'est d'ailleurs dans ces milieux que les plantes de type C₄ sont apparues et qu'elles prospèrent de nos jours.

Plantes de type CAM

Une deuxième adaptation photosynthétique à l'aridité est apparue chez les plantes succulentes (qui ont de grandes réserves d'eau),

les Ananas, de nombreux Cactus et des membres de plusieurs autres familles végétales. Ces plantes ouvrent leurs stomates pendant la nuit et les ferment pendant le jour, à l'inverse de ce que font les autres plantes. La fermeture des stomates pendant le jour protège les plantes désertiques contre la déshydratation, mais elle empêche l'entrée de dioxyde de carbone dans les feuilles. C'est donc pendant la nuit, quand les stomates sont ouverts, que le dioxyde de carbone doit être absorbé et utilisé dans la production d'une variété d'acides organiques. Ce mode de fixation du carbone s'appelle CAM (pour *crassulacean acid metabolism*), nom donné d'après la famille des Crassulacées, chez qui le processus a été découvert. Les cellules du mésophylle des **plantes de type CAM** emmagasinent les acides organiques dans des vacuoles jusqu'au matin, moment où les stomates se ferment. Durant le jour, lorsque les réactions photochimiques fournissent de l'ATP et du NADPH + H⁺ au cycle de Calvin, les acides organiques élaborés la nuit précédente libèrent du dioxyde de carbone, qui sert à former des glucides dans les chloroplastes.

Les plantes de type CAM et les plantes de type C₄ ont ceci de commun qu'elles se servent du dioxyde de carbone pour élaborer des intermédiaires organiques avant le début du cycle de Calvin (cette similitude est mise en évidence à la FIGURE 10.19, à la page 204). La différence est que, dans les plantes de type C₄, la fixation du carbone est physiquement séparée du cycle de Calvin, tandis que, dans les plantes de type CAM, les deux étapes n'ont pas lieu simultanément. Rappelez-vous que les plantes de type CAM, de type C₄ et de type C₃ finissent toutes par utiliser le cycle de Calvin pour produire des glucides à partir de dioxyde de carbone.

FIGURE 10.19 Comparaison entre la photo-synthèse en C_4 et le métabolisme acide crassulacéen (CAM). Les deux adaptations se caractérisent par ❶ une fixation du CO_2 dans des acides organiques, suivie ❷ d'un transfert du CO_2 au cycle de Calvin. La photosynthèse en C_4 et le métabolisme acide crassulacéen représentent deux solutions au problème posé, en milieu aride, par la poursuite de la photo-synthèse alors que les stomates sont partiellement ou complètement fermés.

Canne à sucre (*Saccharum officinarum*)

Ananas (*Ananas comosus*)

C_4

CAM

CO_2

Cellule du mésophylle

Acide organique

Nuit

❶ Le CO_2 est incorporé dans des acides organiques à quatre carbones (fixation du carbone)

CO_2

Cellule de la gaine fasciculaire

CYCLE DE CALVIN

Jour

❷ Les acides organiques libèrent le CO_2, qui entre dans le cycle de Calvin

Glucide

CO_2

Acide organique

CO_2

CYCLE DE CALVIN

Glucide

(a) Séparation physique des étapes.
Dans les plantes de type C_4, la fixation du carbone et le cycle de Calvin se déroulent dans des cellules différentes.

(b) Séparation temporelle des étapes.
Dans les plantes de type CAM, la fixation du carbone et le cycle de Calvin ne se déroulent pas simultanément.

La biosphère doit son existence à la photosynthèse : *une révision*

Dans ce chapitre, nous avons expliqué la photosynthèse, de l'étape de l'absorption de photons à celle de la synthèse de glucides. Les réactions photochimiques captent l'énergie solaire et l'exploitent pour produire de l'ATP et pour transférer des électrons de l'eau au $NADP^+$. Le cycle de Calvin utilise l'ATP et le $NADPH + H^+$ pour élaborer un glucide à partir de dioxyde de carbone. L'énergie entrée dans les chloroplastes sous forme de lumière solaire se trouve emmagasinée sous forme d'énergie chimique dans des composés organiques. (Voir la FIGURE 10.20 pour une révision.)

Les glucides formés dans les chloroplastes fournissent à la plante entière l'énergie chimique et les chaînes carbonées nécessaires à la synthèse des molécules organiques principales des cellules. Environ 50 % de la matière organique issue de la photosynthèse sert de combustible à la respiration cellulaire, dans les mitochondries. Dans certains cas, la photorespiration « gaspille » des produits de la photosynthèse.

Techniquement, les cellules vertes sont les seules parties autotrophes d'une plante. Le reste de celle-ci se nourrit des molécules organiques qui lui parviennent des feuilles par les nervures. Chez la plupart des Végétaux, les glucides quittent les feuilles sous forme de saccharose, un disaccharide. Une fois que celui-ci atteint les cellules non photosynthétiques, il est utilisé dans la respiration cellulaire et dans une multitude de voies anaboliques synthétisant des protéines, des lipides et d'autres produits. Une quantité considérable de molécules de saccharose se lient pour former un polysaccharide appelé cellulose, particulièrement dans les cellules en cours de croissance et de maturation. La cellulose, le composant principal de la paroi cellulaire, est la molécule organique la plus abondante dans les plantes, et sans doute sur la planète.

En 24 heures, la plupart des plantes fabriquent plus de matière organique qu'elles n'en ont besoin pour la respiration et la biosynthèse. Elles emmagasinent le surplus en synthétisant de l'amidon et en le stockant dans les chloroplastes, ainsi que dans les racines, les tubercules, les graines et les fruits. N'oublions pas que les molécules organiques produites par la photosynthèse nourrissent non seulement les plantes elles-mêmes, mais aussi les hétérotrophes, comme nous, qui dévorent les feuilles, les racines, les tiges, les fruits, voire les plantes entières.

À l'échelle planétaire, la productivité des organites minuscules que sont les chloroplastes défie l'imagination ; on estime que la photosynthèse produit environ 160 milliards de tonnes de glucides par année ! Aucun autre processus chimique se déroulant sur la Terre n'a un rendement équivalent ni ne contribue autant à la vie.

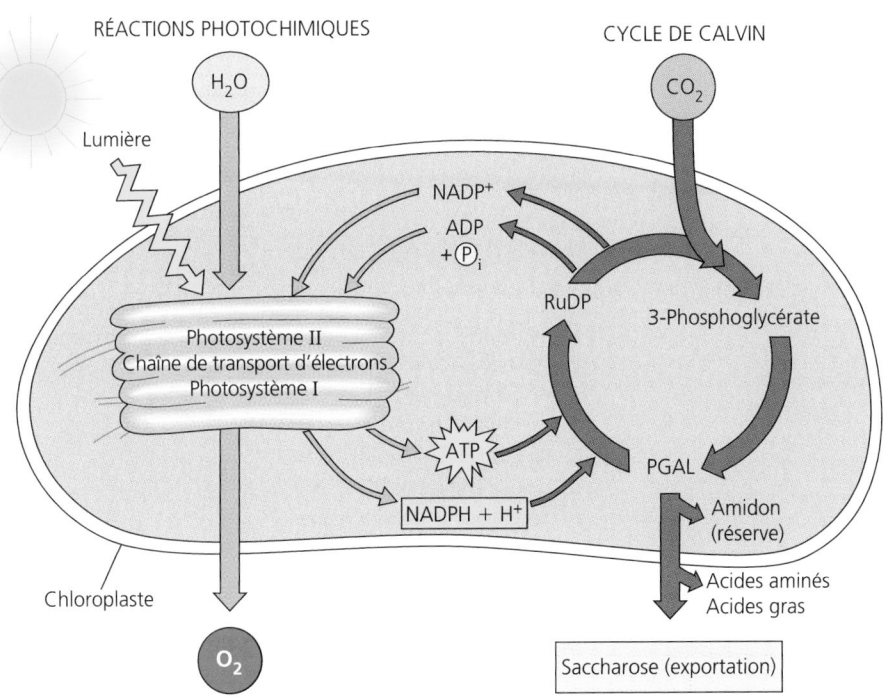

RÉACTIONS PHOTOCHIMIQUES

CYCLE DE CALVIN

FIGURE 10.20 Résumé de la photosynthèse.
Ce diagramme présente les produits et les réactifs principaux des réactions photochimiques et de celles du cycle de Calvin à mesure qu'elles se déroulent dans les chloroplastes. La bonne marche de l'opération repose sur l'intégrité structurale des chloroplastes et de leurs membranes. Les enzymes situées dans les chloroplastes et dans le cytosol convertissent le phosphoglycéraldéhyde (PGAL), le produit direct du cycle de Calvin, en plusieurs autres composés organiques.

Les réactions photochimiques :

- sont réalisées par des molécules situées dans la membrane des thylakoïdes
- convertissent l'énergie lumineuse en l'énergie chimique de l'ATP et du NADPH + H⁺
- scindent l'eau et libèrent le dioxygène dans l'atmosphère

Les réactions du cycle de Calvin :

- se déroulent dans le stroma
- utilisent l'ATP et le NADPH + H⁺ pour convertir le CO_2 en PGAL
- retournent l'ADP, le phosphate inorganique et le NADP⁺ aux réactions photochimiques

RÉVISION DU CHAPITRE

Résumé des concepts importants

LA PHOTOSYNTHÈSE DANS LA NATURE

- Les Végétaux et les autres autotrophes sont les producteurs de la biosphère (p. 187 à 189, FIGURE 10.1). Ils sont autosuffisants et n'ont pas besoin d'ingérer des molécules organiques. Ils utilisent l'énergie lumineuse pour synthétiser des molécules organiques à partir de dioxyde de carbone et d'eau. Les hétérotrophes, eux, doivent ingérer les molécules organiques provenant d'autres organismes pour se procurer de l'énergie et obtenir du carbone.

- Les chloroplastes sont les sites de la photosynthèse (p. 189, FIGURE 10.2). Chez les Eucaryotes autotrophes, la photosynthèse a lieu à l'intérieur des chloroplastes. Ces organites contiennent des thylakoïdes, des sacs membraneux qui forment ici et là des empilements appelés grana. La membrane des thylakoïdes isole l'espace intrathylakoïdien du stroma.

LES VOIES MÉTABOLIQUES DE LA PHOTOSYNTHÈSE

- La découverte de la scission des molécules d'eau par les chloroplastes a permis aux chercheurs de suivre le parcours des atomes pendant la photosynthèse (p. 190 et 191, FIGURE 10.3). L'équation suivante résume le processus de la photosynthèse :

$$6\,CO_2 + 12\,H_2O + \text{Énergie lumineuse} \longrightarrow C_6H_{12}O_6 + 6\,O_2 + 6\,H_2O$$

Des expériences ont montré que le chloroplaste scinde la molécule d'eau en dihydrogène et en oxygène, et qu'il incorpore les électrons du dihydrogène dans les liaisons de molécules de glucide. La photosynthèse est donc un processus d'oxydoréduction au cours duquel l'eau est oxydée, et le dioxyde de carbone, réduit.

- L'énergie chimique des aliments provient de l'énergie lumineuse transformée par les réactions photochimiques et le cycle de Calvin : *une vue d'ensemble* (p. 191 et 192, FIGURE 10.4). Les réactions photochimiques, qui se déroulent dans les grana, produisent de l'ATP et scindent les molécules d'eau ; elles libèrent du dioxygène et forment du NADPH + H⁺ en transférant des électrons de l'eau au NADP⁺. Le cycle de Calvin a lieu dans le stroma ; utilisant l'ATP comme source d'énergie et le NADPH + H⁺ comme potentiel réducteur, il forme un glucide à partir de dioxyde de carbone.

- L'énergie chimique de l'ATP et du NADPH + H⁺ provient de l'énergie solaire transformée par les réactions photochimiques : *une étude détaillée* (p. 192 à 200, FIGURES 10.12 et 10.16). La lumière est un rayonnement électromagnétique qui se propage sous forme d'ondes. Les couleurs que nous percevons sous forme de lumière visible font partie du spectre électromagnétique. Un pigment est une substance qui absorbe des longueurs d'onde précises de la lumière. Le spectre d'action de la photosynthèse et le spectre d'absorption de la chlorophylle *a*, le pigment principal des Végétaux, ne coïncident pas exactement, car les pigments accessoires, la chlorophylle *b* et divers caroténoïdes, absorbent des longueurs d'onde différentes et transmettent leur énergie à la chlorophylle *a*.

Une molécule de pigment passe de l'état fondamental à l'état excité lorsqu'un photon propulse un de ses électrons à un niveau énergétique supérieur. Les pigments des chloroplastes se trouvent dans la membrane des thylakoïdes, près de molécules appelées accepteurs primaires d'électrons. Ces molécules captent les électrons excités avant qu'ils retournent à l'état fondamental. Les pigments forment un amas de quelques centaines de molécules appelé antenne. L'antenne entoure la chlorophylle *a* située dans le centre réactionnel. À la suite de l'absorption d'un photon, les différentes molécules de l'antenne peuvent transmettre leur excitation à la chlorophylle *a*, qui cède alors un électron à un accepteur primaire situé à proximité. L'antenne, le centre réactionnel et l'accepteur primaire d'électrons forment le photosystème, l'unité photoréceptrice intégrée dans la membrane des thylakoïdes. Il y a deux types de photosystèmes : le photosystème I et le photosystème II. Le centre réactionnel du photosystème I comprend le pigment P_{700}, alors que celui du photosystème II contient le P_{680}.

Le transport non cyclique d'électrons fait intervenir les deux photosystèmes ; il produit du NADPH + H$^+$ et du dioxygène, en plus d'ATP. Pour synthétiser l'ATP, le transport cyclique d'électrons ne fait appel qu'au photosystème I et ne produit ni NADPH + H$^+$ ni O_2. Au cours des réactions photochimiques, la synthèse de l'ATP, appelée photophosphorylation, s'effectue par chimiosmose. Les réactions d'oxydoréduction de la chaîne de transport d'électrons qui relient les deux photosystèmes engendrent un gradient de H$^+$ à travers la membrane des thylakoïdes. L'ATP synthétase se sert de cette force protonmotrice pour former de l'ATP.

■ **Le cycle de Calvin convertit du CO_2 en glucide à l'aide de l'ATP et du NADPH + H$^+$:** *une étude détaillée* (p. 199 à 202, FIGURE 10.17). Cette voie métabolique se déroule dans le stroma. Une enzyme appelée RuDP carboxylase combine du dioxyde de carbone à du ribulose diphosphate (RuDP), un glucide à cinq atomes de carbone. Ensuite, grâce aux électrons du NADPH + H$^+$ et à l'énergie fournie par l'hydrolyse de l'ATP, une série de réactions synthétisent le phosphoglycéraldéhyde (PGAL), un glucide à trois atomes de carbone. La majeure partie du PGAL reste dans le cycle pour régénérer le ribulose diphosphate. Le reste du PGAL sort du cycle et est converti en molécules organiques essentielles.

■ **Les climats chauds et arides ont favorisé l'apparition de nouveaux modes de fixation du carbone** (p. 202 à 204, FIGURE 10.19). Par temps chaud et sec, les plantes ferment leurs stomates afin d'éviter les pertes d'eau. Le dioxygène provenant des réactions photochimiques s'accumule. Quand il se substitue au dioxyde de carbone dans le site actif de la RuDP carboxylase, un produit intermédiaire se forme et sort du cycle ; ce produit se fait oxyder en dioxyde de carbone et en eau dans les peroxysomes et les mitochondries. Ce processus, appelé photorespiration, consomme du combustible organique sans produire d'ATP. Les plantes de type C_4 empêchent la photorespiration en fixant le dioxyde de carbone dans un composé à quatre atomes de carbone. Ce processus se déroule dans des cellules spécialisées du mésophylle. Le composé à quatre atomes de carbone est exporté vers les cellules photosynthétiques de la gaine fasciculaire, où il libère du dioxyde de carbone en vue du cycle de Calvin. Les plantes de type CAM ouvrent leurs stomates pendant la nuit et fixent le dioxyde de carbone dans des acides organiques, qu'elles emmagasinent dans les cellules du mésophylle. Pendant le jour, les stomates se ferment,

et le dioxyde de carbone est libéré des acides organiques en vue du cycle de Calvin.

■ **La biosphère doit son existence à la photosynthèse :** *une révision* (p. 204 et 205, FIGURE 10.20). Les composés organiques dérivés de la photosynthèse fournissent de l'énergie et des matériaux aux écosystèmes.

Autoévaluation

(Les questions dont les numéros sont en caractères gras font surtout appel à la compréhension.)

1. Les réactions photochimiques de la photosynthèse fournissent au cycle de Calvin :
   a) de l'énergie lumineuse.
   b) du dioxyde de carbone et de l'ATP.
   c) de l'eau et du NADPH + H$^+$.
   d) de l'ATP et du NADPH + H$^+$.
   e) un glucide et du dioxygène.

2. Dans quel ordre s'effectue le transport des électrons pendant la photosynthèse ?
   a) NADPH + H$^+$ $\longrightarrow O_2 \longrightarrow CO_2$.
   b) $H_2O \longrightarrow$ NADPH + H$^+$ $\longrightarrow$ Cycle de Calvin.
   c) NADPH + H$^+$ $\longrightarrow$ Chlorophylle $\longrightarrow$ Cycle de Calvin.
   d) $H_2O \longrightarrow$ Photosystème I $\longrightarrow$ Photosystème II.
   e) NADPH + H$^+$ $\longrightarrow$ Chaîne de transport d'électrons $\longrightarrow O_2$.

3. Laquelle des conclusions suivantes *ne* découle *pas* de l'étude du spectre d'absorption de la chlorophylle *a* et du spectre d'action de la photosynthèse ?
   a) Les longueurs d'onde ne sont pas toutes aussi favorables à la photosynthèse.
   b) Des pigments accessoires élargissent le spectre des longueurs d'onde de la lumière qui déclenchent la photosynthèse.
   c) La partie rouge et la partie bleue du spectre sont les plus favorables à la photosynthèse.
   d) La chlorophylle doit sa couleur à l'absorption de la lumière verte.
   e) Le spectre d'absorption de la chlorophylle *a* comprend deux pics.

4. Les *deux* photosystèmes d'un chloroplaste doivent interagir dans :
   a) la synthèse de l'ATP.
   b) la réduction du NADP$^+$.
   c) la photophosphorylation cyclique.
   d) l'oxydation du centre réactionnel du photosystème I.
   e) l'établissement de la force protonmotrice.

5. D'un point de vue mécanique, la photophosphorylation ressemble
   a) à la phosphorylation au niveau du substrat pendant la glycolyse.
   b) à la phosphorylation oxydative pendant la respiration cellulaire.
   c) au cycle de Calvin.
   d) à la fixation du carbone.
   e) à la réduction du NADP$^+$.

6. Quelle est la ressemblance entre les adaptations photosynthétiques des plantes de type C_4 et celles des plantes de type CAM ?
   a) Les stomates des deux types de plantes se ferment généralement pendant le jour.
   b) Les deux types de plantes produisent des glucides en dehors du cycle de Calvin.
   c) Chez les deux types de plantes, une enzyme autre que la RuDP carboxylase catalyse la première étape de la fixation du carbone.
   d) Les deux types de plantes produisent la majeure partie de leurs glucides dans l'obscurité.
   e) Ni les plantes de type C_4 ni les plantes de type CAM n'ont de grana dans leurs chloroplastes.

7. Quel processus est directement alimenté par l'énergie lumineuse?
   a) L'établissement d'un gradient de pH par un transfert de protons à travers la membrane des thylakoïdes.
   b) La fixation du carbone dans le stroma.
   c) La réduction des molécules de $NADP^+$.
   d) La perte des électrons par les molécules de chlorophylle associées à la membrane.
   e) La synthèse d'ATP.

8. Quel énoncé fait une véritable distinction entre les photophosphorylations cyclique et non cyclique?
   a) Seule la photophosphorylation non cyclique produit de l'ATP.
   b) La photophosphorylation cyclique engendre, outre de l'ATP, du dioxygène et du $NADPH + H^+$.
   c) Seule la photophosphorylation cyclique peut être déclenchée par une longueur d'onde de 700 nm.
   d) La chimiosmose est propre à la photophosphorylation non cyclique.
   e) Seule la photophosphorylation cyclique se déroule sans faire appel au photosystème II.

9. Lequel des énoncés suivants exprime une véritable distinction entre les autotrophes et les hétérotrophes?
   a) Seuls les hétérotrophes ont besoin de tirer des composés chimiques de leur milieu.
   b) La respiration cellulaire est propre aux hétérotrophes.
   c) Seuls les hétérotrophes ont des mitochondries.
   d) Les autotrophes, contrairement aux hétérotrophes, se nourrissent à partir de dioxyde de carbone et d'autres substances entièrement inorganiques.
   e) Seuls les hétérotrophes ont besoin de dioxygène.

10. Quel processus a lieu dans les chloroplastes malgré la présence d'un inhibiteur qui empêche les H^+ de traverser le complexe de l'ATP synthétase?
    a) La synthèse de glucides.
    b) L'établissement de la force protonmotrice.
    c) La photophosphorylation non cyclique.
    d) Le cycle de Calvin.
    e) L'oxydation du $NADPH + H^+$.

11. Le chloroplaste est à _____ ce que _____ est à la respiration cellulaire.

12. Quelle série de réactions d'oxydoréduction, entre la photosynthèse et la respiration cellulaire, est endergonique?

13. Pour produire des glucides à partir de dioxyde de carbone dans l'obscurité, les chloroplastes ont besoin d'un apport artificiel de _____ et de _____.

14. Quelle partie du spectre visible est la moins favorable à la photosynthèse?

15. Contrairement à une solution de chlorophylle pure isolée *in vitro*, les chloroplastes libèrent moins de chaleur et de fluorescence lorsqu'on les illumine. Pourquoi?

16. Quel est l'avantage, pour les réactions photochimiques, de produire l'ATP et le $NADPH + H^+$ dans le stroma?

17. Pour synthétiser trois moles de glucose, le cycle de Calvin utilise _____ moles de CO_2, _____ moles d'ATP et _____ moles de $NADPH + H^+$.

18. Pourquoi un poison qui inhibe une enzyme du cycle de Calvin aura-t-il également un effet néfaste sur les réactions photochimiques?

Lien avec l'évolution

La photosynthèse ne se déroule pas exclusivement dans des chloroplastes. Par exemple, les Cyanobactéries ne possèdent pas d'organites membraneux et pourtant elles réalisent la photosynthèse. Sur le plan de l'évolution, d'où proviennent les chloroplastes et quels avantages donnent-ils aux cellules végétales?

Intégration

1. Le diagramme ci-dessous représente une expérience réalisée avec des chloroplastes isolés. On commence par rendre ces organites acides en les incubant dans une solution dont le pH est de 4. Une fois que le pH de leur espace intrathykaloïdien a atteint 4, on les transfère dans une solution basique dont le pH est de 8. Lorsque les chloroplastes sont placés dans un milieu noir, ils produisent de l'ATP. Expliquez ce résultat.

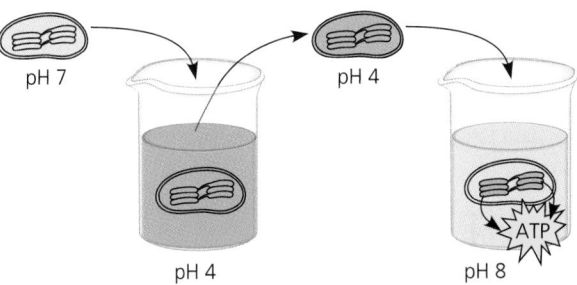

2. En laboratoire, on peut déterminer le rendement de la photosynthèse de plantes aquatiques en recueillant et en mesurant le dioxygène qui s'échappe de l'eau. Si l'on ajoute à l'eau du $NaHCO_3$ et une solution tampon acide, la production de dioxygène augmente. Pourquoi? Expliquez les équilibres chimiques qui vont s'établir dans la solution. Justifiez la nature de la solution tampon utilisée. Quel produit de la solution sert à la photosynthèse? Expliquez pourquoi il est lié à la libération de dioxygène.

Science, technologie et société

Le dioxyde de carbone de la couche atmosphérique emprisonne la chaleur et réchauffe l'air à la manière des vitres d'une serre. La majorité des scientifiques croient que le dioxyde de carbone libéré par la combustion du bois et des combustibles fossiles contribue dangereusement à réchauffer la planète (effet de serre). On estime que les forêts tropicales humides sont à l'origine de plus de 20 % de la photosynthèse globale. Il semble logique de croire que le feuillage luxuriant de la jungle produit de grandes quantités de dioxygène et réduit l'effet de serre en consommant du dioxyde de carbone. Or, de nombreux experts pensent aujourd'hui que la contribution *nette* des forêts tropicales humides à la production de dioxygène ou au ralentissement du réchauffement planétaire est faible, voire nulle. Comment cela est-il possible? (*Piste:* Qu'arrive-t-il à la nourriture produite par un arbre de la forêt tropicale humide quand elle est mangée par des herbivores ou quand l'arbre meurt?)

Réponses à l'autoévaluation: 1. d; **2.** b; **3.** d; 4. b; 5. b; 6. c; 7. d; **8.** e; 9. d; **10.** b; **11.** photosynthèse… mitochondrie. 12. photosynthèse. **13.** ATP … $NADPH + H^+$. 14. La gamme de longueurs d'onde de la lumière verte. **15.** Dans les chloroplastes, les électrons excités sont captés par l'accepteur primaire. Ils ne libèrent pas instantanément toute leur énergie sous forme de chaleur et de lumière. 16. Le cycle de Calvin, qui nécessite du $NADPH + H^+$ et de l'ATP, se déroule dans le stroma. **17.** 18… 54… 36. **18.** Les réactions photochimiques nécessitent de l'ADP et du $NADP^+$. Or, si le cycle de Calvin cesse, ces produits ne peuvent pas être formés à partir de l'ATP et du $NADPH + H^+$.

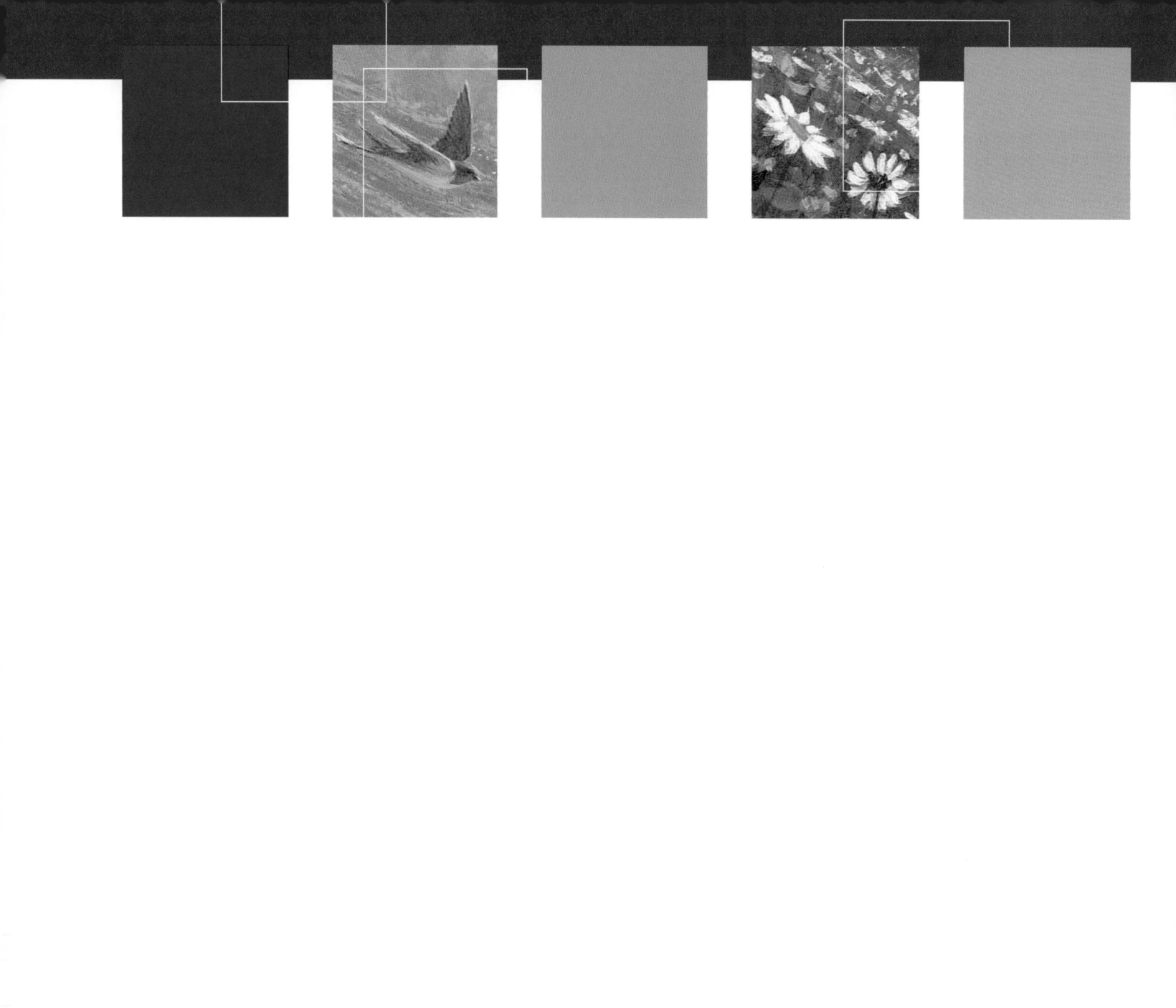

CHAPITRE 11

LA COMMUNICATION CELLULAIRE

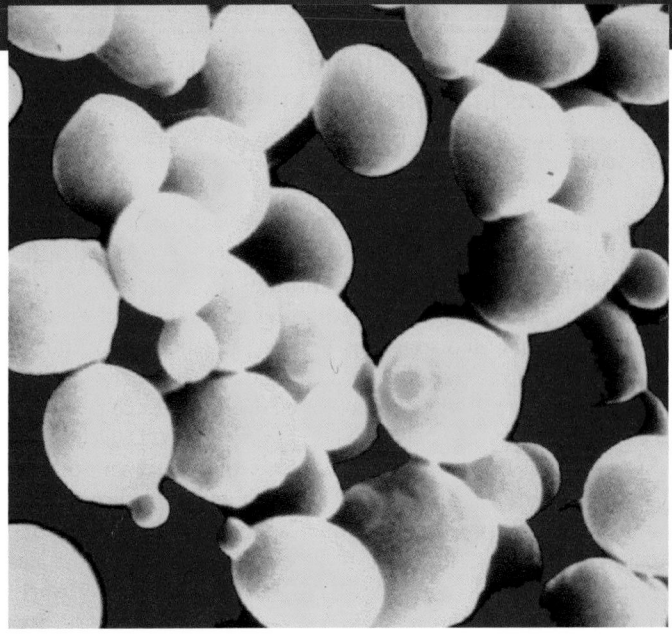

« Tout parle dans l'univers ;
Il n'est rien qui n'ait son langage. »

Jean de la Fontaine
poète français (1621-1695)

VUE D'ENSEMBLE DE
LA COMMUNICATION CELLULAIRE

- La communication cellulaire est apparue très tôt dans l'histoire de la vie
- Les cellules communiquent à proximité ou à distance
- Les trois phases de la communication cellulaire sont la réception du stimulus, la conversion-amplification de celui-ci et la réponse de la cellule

RÉCEPTION DU STIMULUS ET AMORCE DE LA PHASE
DE CONVERSION-AMPLIFICATION

- La molécule de communication se lie à un récepteur protéique et modifie sa conformation
- La majorité des récepteurs sont des protéines membranaires

LES VOIES DE CONVERSION-AMPLIFICATION

- Les voies de conversion-amplification préparent la réponse cellulaire
- La phosphorylation des protéines, un mode courant de régulation des cellules, joue un rôle crucial dans la phase de conversion-amplification d'un stimulus
- Certaines petites molécules et certains ions sont des éléments clés des voies de conversion-amplification (seconds messagers)

LA RÉPONSE CELLULAIRE

- En réponse à un stimulus, la cellule peut réguler certaines fonctions dans le cytoplasme ou la transcription dans le noyau
- Des voies plus élaborées amplifient et affinent la réponse de la cellule aux stimulus

« Attention, c'est brûlant ! »** Un tel avertissement nous rappelle l'importance de la communication dans nos vies. Le rôle de celle-ci à l'échelle cellulaire est tout aussi critique, mais il nous semble peut-être moins évident. Chez les organismes multicellulaires, la communication intercellulaire est cruciale. Les milliards de cellules du corps humain ou d'un arbre doivent communiquer : d'une part, pour coordonner le développement de l'organisme depuis l'embryon ; d'autre part, pour survivre et se reproduire. La communication intercellulaire joue aussi un rôle important chez de nombreux organismes unicellulaires, tels que les levures révélées par la micrographie ci-dessus.

En étudiant la façon dont les cellules communiquent les unes avec les autres et la manière dont elles interprètent les stimulus reçus, les biologistes ont découvert des mécanismes universels de régulation cellulaire, un argument de plus en faveur de la théorie de l'évolution. Nombre de domaines de recherche révèlent l'existence des mêmes ensembles restreints de mécanismes de communication cellulaire. Et, à la grande satisfaction des scientifiques, l'étude de la communication cellulaire permet de résoudre des questions biologiques importantes relatives à des domaines allant du développement de l'embryon à l'implication d'une hormone dans le cancer et d'autres maladies.

Les cellules reçoivent des stimulus provenant d'autres cellules ou de leur milieu sous diverses formes. Par exemple, elles captent des stimulus électromagnétiques, tels que la lumière, et des stimulus mécaniques, tels qu'un contact physique, et y répondent. Dans d'autres parties du manuel, nous discuterons de la détection des stimulus physiques. Dans le présent chapitre, nous nous concentrerons sur les mécanismes principaux par lesquels les cellules détectent et analysent les stimulus chimiques envoyés par des pairs, et sur la façon dont elles y répondent.

VUE D'ENSEMBLE DE
LA COMMUNICATION CELLULAIRE

De quoi les cellules « parlent-elles » ? Que dit une cellule qui « parle » à une cellule qui « écoute » ? Comment cette dernière répond-elle au message ? Abordons ces questions en nous fondant sur les microorganismes, puisque ceux-ci nous révèlent le rôle joué par la communication cellulaire au cours de l'évolution de la vie sur la Terre.

La communication cellulaire est apparue très tôt dans l'histoire de la vie

Tout au moins dans le cas de *Saccharomyces cerevisiæ*, la Levure qui entre dans la fabrication du pain, du vin et de la bière depuis des millénaires, un des sujets de « conversation » est le sexe. Les chercheurs ont découvert que cette sorte de cellule identifie son partenaire sexuel grâce à des stimulus chimiques, en l'occurrence des **phéromones**. Ce sont des substances chimiques libérées par un organisme dans le but d'influencer le comportement d'un autre individu de la même espèce (aux chapitres 46 et 51, nous traiterons de cela plus en détail). Chez cette Levure, il existe deux types sexuels, que l'on appelle **a** et **α**. Dans les deux cas, il s'agit de cellules haploïdes, c'est-à-dire contenant un seul assortiment de chromosomes, *n* (nous approfondirons cette notion au chapitre 13). Lorsque la nourriture abonde, une fusion entre des cellules de type sexuel opposé conduit à la formation de cellules diploïdes (possédant un double assortiment de chromosomes semblables, 2*n*), de type **a/α**. Au contraire, dans le cas d'une pénurie de nourriture, les cellules diploïdes subissent la méiose et produisent chacune quatre cellules filles haploïdes.

Voici comment les choses se passent. Une levure de type **a** sécrète une phéromone, le facteur **a**, qui se lie à des récepteurs protéiques précis d'une levure de type **α** située à proximité. Simultanément, la levure de type **α** sécrète le facteur **α** (une autre phéromone), qui se fixe à des récepteurs particuliers de la levure de type **a**. Ces deux facteurs de reconnaissance sexuelle ne pénètrent pas à l'intérieur des cellules auxquelles ils se lient, mais ils provoquent leur expansion l'une vers l'autre, ainsi que certaines modifications. Il en résulte une fusion ou un accouplement des deux cellules de type sexuel opposé. La cellule **a/α** ainsi formée contient tous les gènes des deux cellules originelles, et sa combinaison génétique constituera une source de variation génétique chez ses descendants (FIGURE 11.1).

Comment le stimulus atteignant la surface de la Levure est-il transformé de sorte à entraîner une réponse cellulaire comme l'accouplement ? Le processus par lequel il est converti en une réponse cellulaire particulière se nomme **conversion-amplification.** Il a lieu en une série d'étapes appelée **voie de conversion-amplification.** Parfois, contrairement à ce que son nom indique, cette voie ne comporte qu'une série d'étapes de conversion du stimulus en une substance chimique particulière. Mais, le plus souvent, à la phase de conversion s'ajoute une phase d'amplification. Il s'agit d'une cascade de réactions amorcée par une seule molécule et produisant des millions de molécules différentes de la première. De telles voies ont été étudiées en profondeur chez les Levures et les Animaux. Étonnamment, du point de vue moléculaire, la conversion-amplification d'un stimulus chez ces deux types d'organismes est très similaire, bien que leur ancêtre commun le plus proche remonte à il y a plus d'un milliard d'années. Ces similarités, ainsi que celles qui ont été récemment mises en évidence entre les Bactéries, les Archéobactéries et les Végétaux, laissent croire que les premiers mécanismes de communication cellulaire sont apparus sur la Terre bien avant la formation de la première créature multicellulaire. Les scientifiques pensent que les procaryotes primitifs et les eucaryotes unicellulaires ont été les premiers à utiliser de tels mécanismes et que, par la suite, leurs descendants multicellulaires les ont adoptés et appliqués à de nouveaux usages. La communication cellulaire est demeurée essentielle dans le monde des microorganismes. La FIGURE 11.2 en illustre un exemple au sein d'une colonie bactérienne.

Les cellules communiquent à proximité ou à distance

Comme les microorganismes, les cellules d'un organisme multicellulaire communiquent généralement en libérant des médiateurs chimiques, qui ciblent des cellules adjacentes ou non.

Certains médiateurs parcourent de courtes distances. La cellule qui désire émettre un « message » sécrète alors des molécules

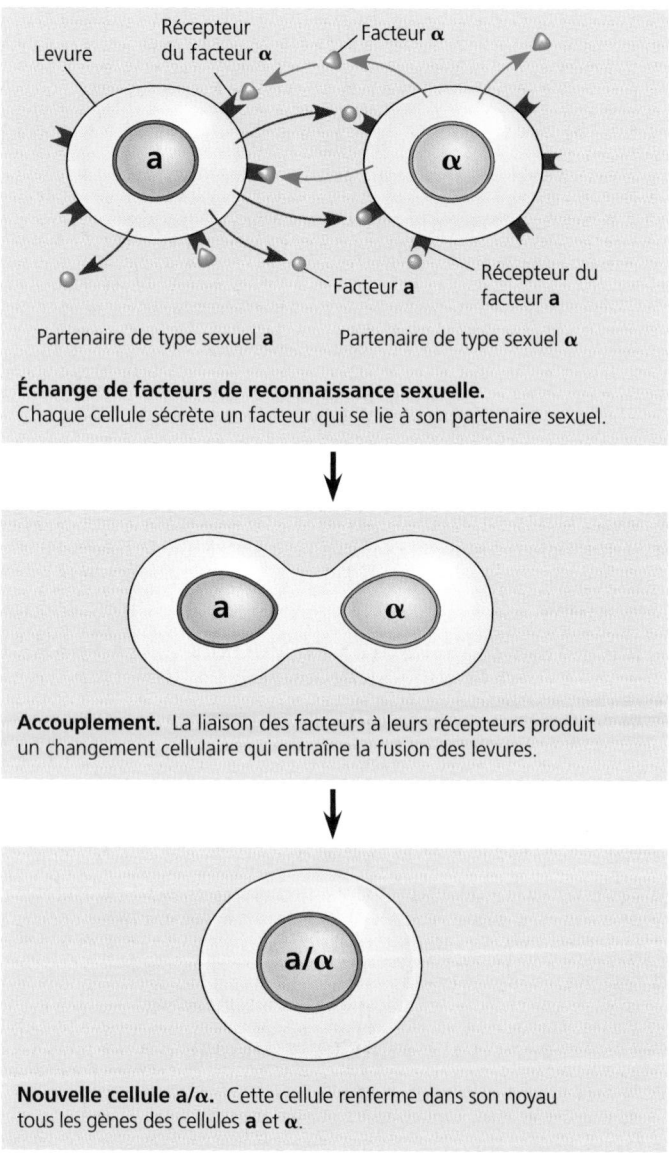

Échange de facteurs de reconnaissance sexuelle.
Chaque cellule sécrète un facteur qui se lie à son partenaire sexuel.

Accouplement. La liaison des facteurs à leurs récepteurs produit un changement cellulaire qui entraîne la fusion des levures.

Nouvelle cellule a/α. Cette cellule renferme dans son noyau tous les gènes des cellules **a** et **α**.

FIGURE 11.1 Communication préalable à la fusion de deux cellules de levure. C'est au moyen d'un stimulus chimique que les cellules de la Levure *Saccharomyces cerevisiæ* identifient le type sexuel de leur partenaire potentiel et qu'elles amorcent leur fusion. Les deux types sexuels et les stimulus chimiques qui leur correspondent, soit les facteurs de reconnaissance sexuelle, sont nommés **a** et **α**. Les facteurs de reconnaissance sexuelle sont des phéromones peptidiques constituées de 12 acides aminés environ.

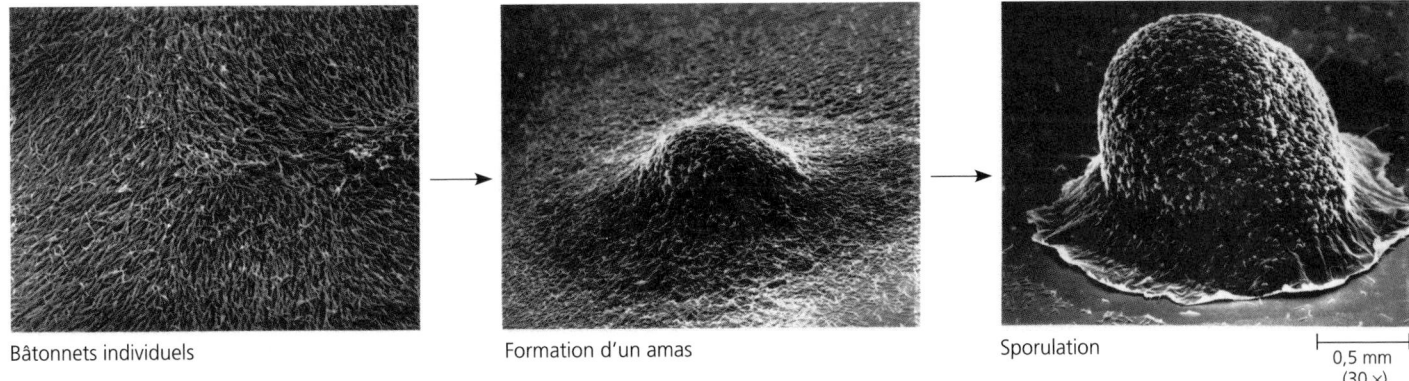

Bâtonnets individuels

Formation d'un amas

Sporulation

0,5 mm
(30 ×)

FIGURE 11.2 Communication entre bactéries.
À l'aide de stimulus chimiques, les bactéries du sol appelées Myxobactéries partagent avec leurs congénères l'information sur la disponibilité de la nourriture. Quand celle-ci se fait rare, les cellules affamées sécrètent une molécule qui pénètre dans les cellules situées à proximité et qui stimule leur agrégation. Pour survivre, elles forment un amas et se transforment en spores à paroi épaisse. Elles restent dans cet état jusqu'à ce que les conditions s'améliorent. La bactérie illustrée est *Myxococcus xanthus.*

d'un **régulateur local,** une substance agissant sur les cellules situées à proximité (FIGURE 11.3a). *Les facteurs de croissance,* une catégorie de régulateurs locaux que l'on trouve chez les Animaux, sont des composés qui poussent des cellules cibles adjacentes à croître et à se multiplier. De nombreuses cellules peuvent recevoir des facteurs de croissance libérés par une seule cellule située dans le voisinage et y répondre. Chez les Animaux, cette sorte de communication locale est appelée *communication paracrine.*

Le système nerveux des Animaux est le siège d'un autre type de communication locale spécialisée. Un neurone produit des stimulus chimiques, les neurotransmetteurs, qui diffusent vers une cellule cible presque contiguë. Un potentiel électrique transmis le long du neurone provoque la sécrétion de molécules de neurotransmetteurs dans la fente synaptique, qui est l'espace étroit séparant le neurone et la cellule cible (habituellement un autre neurone). L'influx nerveux peut voyager de cette manière, de neurone en neurone, du cerveau au gros orteil, par exemple,

sans générer de réponses indésirables dans d'autres parties du corps.

Chez les Végétaux, certaines facettes de la communication locale demeurent mystérieuses. À cause de la paroi cellulaire, les mécanismes de communication locale sont distincts de ceux des Animaux.

Par contre, les Animaux et les Végétaux font appel à des **hormones** pour communiquer à distance. Au cours de la communication hormonale animale, aussi connue sous le nom de communication endocrine, des cellules spécialisées libèrent des hormones dans les vaisseaux du système cardiovasculaire, qui les acheminent vers les cellules cibles (FIGURE 11.3b). Chez les Végétaux, les hormones empruntent parfois les tissus conducteurs de sève mais, plus souvent qu'autrement, elles atteignent leur destination en passant de cellule en cellule (voir la FIGURE 39.6) ou diffusent sous forme de gaz dans l'atmosphère. La taille et la nature des hormones varient, tout comme celle des régulateurs

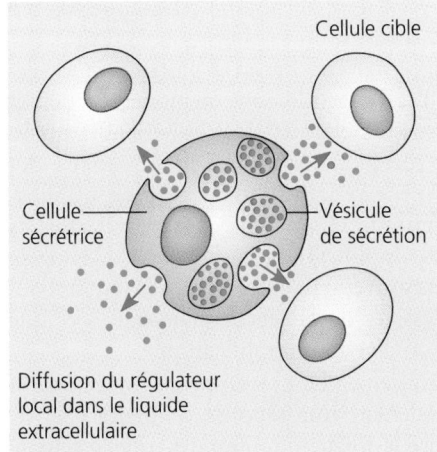

Communication paracrine. Une cellule visant à interagir avec d'autres cellules situées à proximité libère des molécules d'un régulateur local dans le liquide extracellulaire.

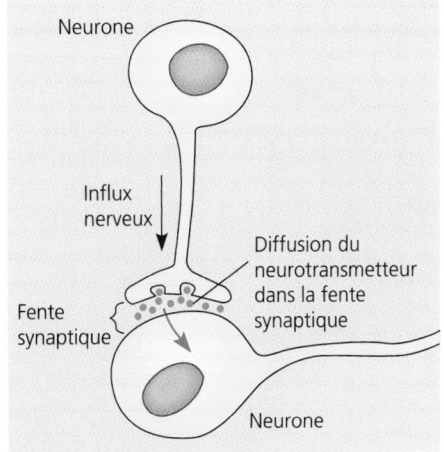

Communication synaptique. Un neurone sécrète des molécules d'un neurotransmetteur dans la fente synaptique, l'espace étroit séparant la cellule qui communique et la cellule cible.

(a) Communication locale

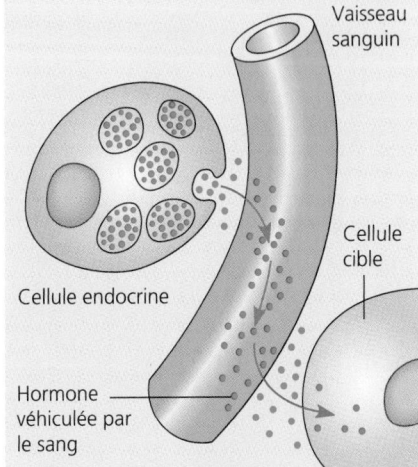

(b) Communication à distance (hormonale).
Des cellules endocrines spécialisées sécrètent des hormones dans les liquides corporels, généralement dans le sang. Celles-ci ciblent des cellules situées ailleurs dans l'organisme.

FIGURE 11.3 Communication cellulaire locale ou à distance chez les Animaux. Dans la communication à proximité ou à distance, seules les cellules cibles reconnaissent le stimulus chimique et y répondent.

locaux. Par exemple, l'hormone végétale appelée éthylène, le gaz produit lors du mûrissement des fruits, est un hydrocarbure qui contient seulement six atomes (C_2H_4). En comparaison, l'insuline, l'hormone animale qui régule la concentration de glucose sanguin, est une protéine formée de plusieurs centaines d'atomes.

Les cellules communiquent également par des canaux, comme nous l'avons appris dans les chapitres 7 et 8. Ainsi, les cellules animales possèdent des jonctions ouvertes, et les cellules végétales, des plasmodesmes, qui assurent un contact direct entre les cytoplasmes de cellules adjacentes (FIGURE 11.4a). Grâce à cela, les substances de communication dissoutes dans le cytosol peuvent se propager librement d'une cellule à l'autre. De plus, les cellules animales peuvent établir un contact entre elles par l'entremise de molécules situées à leur surface (FIGURE 11.4b). Cette sorte de communication est critique lors du développement de l'embryon et c'est elle qui assure le bon fonctionnement du système immunitaire.

Que se produit-il quand une cellule reçoit un stimulus ? D'abord, un récepteur spécifique le reconnaît. Ensuite, l'information transmise est modifiée (c'est-à-dire qu'elle subit une conversion-amplification) à l'intérieur de la cellule avant que cette dernière puisse y répondre. Les sections à venir traitent de ce processus, en s'attardant surtout aux cellules animales.

Les trois phases de la communication cellulaire sont la réception du stimulus, la conversion-amplification de celui-ci et la réponse de la cellule

Nous devons nos connaissances sur les médiateurs chimiques des voies de conversion-amplification aux travaux pionniers

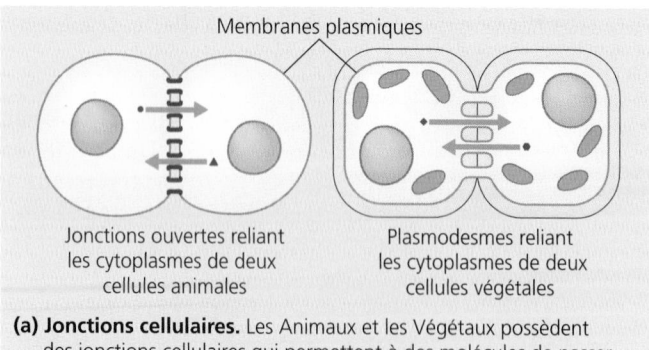

(a) **Jonctions cellulaires.** Les Animaux et les Végétaux possèdent des jonctions cellulaires qui permettent à des molécules de passer directement d'une cellule à une autre qui lui est contiguë, et ce, sans avoir à traverser la membrane plasmique.

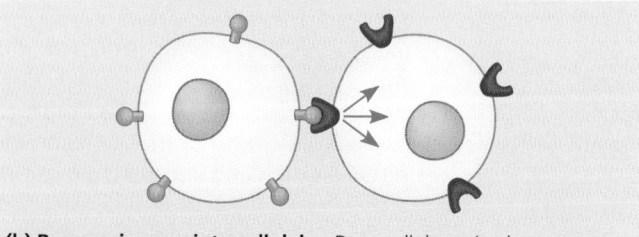

(b) **Reconnaissance intercellulaire.** Deux cellules animales peuvent établir un contact direct et communiquer entre elles par l'entremise de molécules membranaires.

FIGURE 11.4 Communication intercellulaire par contact direct.

de Earl W. Sutherland, qui a, d'ailleurs, remporté un prix Nobel en 1971. Ses collègues de l'université Vanderbilt et lui ont étudié le mode d'action de l'adrénaline, une hormone animale, sur l'hydrolyse du glycogène stocké dans les cellules hépatiques ou musculaires. L'hydrolyse du glycogène libère du glucose 1-phosphate, que la cellule transforme en glucose 6-phosphate. Ce dernier, qui constitue le réactif initial de la glycolyse, peut servir à produire de l'énergie dans les cellules du foie et des muscles ; il peut aussi se faire enlever son phosphate et se retrouver dans le sang sous forme de glucose destiné à d'autres cellules. Par conséquent, en temps de stress physique ou émotionnel, l'adrénaline sécrétée par les glandes surrénales mobilise les réserves de combustible, entre autres choses.

L'équipe de Sutherland a découvert que l'adrénaline stimule la dégradation du glycogène en activant indirectement une enzyme cytoplasmique, la glycogène phosphorylase. Cependant, l'ajout d'adrénaline à un mélange de phosphorylase et de glycogène *in vitro* ne conduit pas à l'hydrolyse. L'hormone n'active la glycogène phosphorylase que lorsqu'elle est ajoutée à une solution physiologique contenant des cellules *intactes*. En se fondant sur ce résultat, Sutherland a tiré deux conclusions : premièrement, l'adrénaline n'interagit pas directement avec l'enzyme de dégradation du glycogène, ce qui semble indiquer l'existence d'une ou de plusieurs étapes intermédiaires ; deuxièmement, la membrane plasmique semble intervenir dans la transmission du stimulus de l'adrénaline.

Les premiers travaux de Sutherland indiquent que la communication cellulaire comporte trois phases : la réception du stimulus, la conversion-amplification du stimulus et la réponse (FIGURE 11.5).

❶ **Réception.** La réception consiste pour une cellule cible à détecter un stimulus externe. Un médiateur chimique est « détecté » lorsqu'il se lie à une protéine, habituellement située à la surface de la cellule cible.

❷ **Conversion-amplification.** Lorsque le médiateur chimique se lie au récepteur protéique, il modifie celui-ci de façon à amorcer la phase de conversion-amplification. Pendant cette phase, le stimulus est converti en une ou en plusieurs molécules intermédiaires capables d'engendrer une ou plusieurs réponses cellulaires. Dans le système étudié par Sutherland, l'union de l'adrénaline au récepteur protéique membranaire des cellules hépatiques mène à l'activation de la glycogène phosphorylase. Cela se produit en une série d'étapes. Parfois, la phase de conversion-amplification du stimulus s'effectue en une seule étape ; plus souvent qu'autrement, elle requiert des modifications successives de plusieurs molécules – ce que l'on appelle *voie* de conversion-amplification.

❸ **Réponse.** Dans la troisième phase, le stimulus transformé et parfois amplifié déclenche une réponse cellulaire précise. Celle-ci peut prendre la forme de n'importe quelle activité cellulaire, notamment la catalyse par une enzyme (comme la glycogène phosphorylase), le réarrangement du cytosquelette ou l'activation de certains gènes du noyau. Grâce à la communication intercellulaire, des fonctions cruciales se produisent dans les cellules adéquates au moment opportun, ce qui garantit la coordination des cellules de l'organisme.

Approfondissons maintenant les mécanismes de la communication cellulaire.

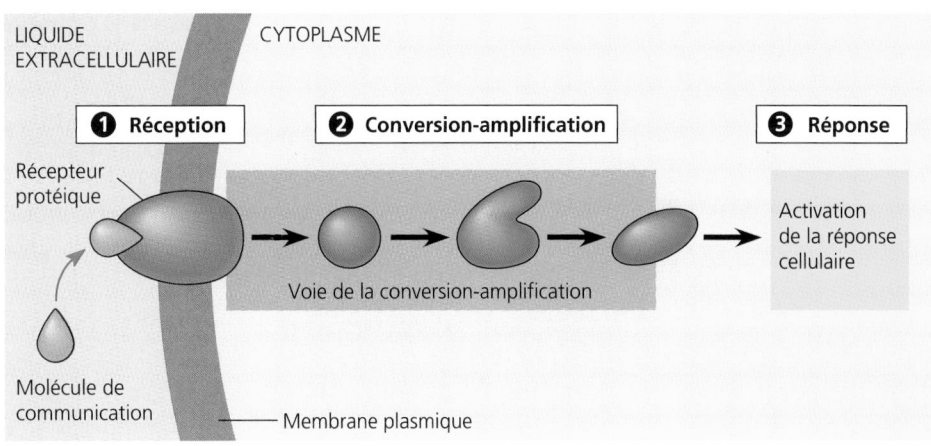

FIGURE 11.5 Vue d'ensemble de la communication cellulaire. Du point de vue de la cellule qui reçoit un « message », la communication se divise en trois phases : la réception du stimulus par la membrane plasmique, la conversion-amplification du stimulus et la réponse de la cellule. La phase de conversion-amplification comprend habituellement une série de modifications successives impliquant plusieurs molécules. C'est la dernière molécule de la voie de conversion-amplification qui déclenche la réponse cellulaire.

RÉCEPTION DU STIMULUS ET AMORCE DE LA PHASE DE CONVERSION-AMPLIFICATION

Quand nous nous entretenons confidentiellement avec quelqu'un, il arrive que des oreilles indiscrètes perçoivent des bribes de notre conversation. Lors d'une communication cellulaire, ce genre de bévue survient rarement. Par exemple, les Levures émettent des stimulus qui sont uniquement perçus par leurs partenaires de type sexuel opposé. De la même manière, bien que l'adrénaline rencontre plusieurs sortes de cellules à mesure qu'elle est véhiculée par le sang, elle n'est reconnue que par des cellules bien précises, chez qui elle provoque une réponse. Les récepteurs situés sur les cellules cibles constituent en quelque sorte une étiquette identificatrice.

La molécule de communication se lie à un récepteur protéique et modifie sa conformation

La cellule ciblée par un stimulus chimique particulier possède un récepteur protéique qui reconnaît la molécule de communication. Un site spécifique du récepteur et la molécule de communication sont en fait complémentaires : ils peuvent se lier à la manière d'une clé qui entre dans une serrure ou d'un substrat qui se fixe sur le site actif d'une enzyme. La molécule de communication se comporte comme un **ligand** ; ce terme décrit une petite molécule qui s'attache de manière spécifique à une autre plus grosse. Habituellement, la liaison d'un ligand entraîne un changement de la conformation du récepteur, c'est-à-dire une modification de sa forme. Ce changement amène plusieurs récepteurs à interagir avec d'autres molécules cellulaires. Cependant, comme nous le verrons sous peu, dans le cas de certaines sortes de récepteurs, la liaison d'un ligand a parfois peu d'effets directs : elle aboutit surtout à l'agrégation de deux récepteurs ou plus.

La majorité des récepteurs sont des protéines membranaires

À cause de leur hydrosolubilité et de leur grande taille, la plupart des molécules de communication ne peuvent traverser libre-ment la membrane plasmique. Toutefois, comme l'indiquent les travaux de Sutherland sur l'adrénaline, elles influent considérablement sur l'activité cellulaire. À la manière des facteurs de reconnaissance sexuelle des Levures, la plupart des molécules de communication hydrosolubles se lient à des sites particuliers situés sur des récepteurs membranaires. Ceux-ci transmettent l'information de l'extérieur de la cellule à l'intérieur en changeant leur conformation ou en s'agrégeant après la liaison d'un ligand précis.

Nous étudierons le fonctionnement des récepteurs membranaires en nous penchant sur trois types de récepteurs des plus importants : les récepteurs couplés à une protéine G, les récepteurs couplés à un canal ionique et les récepteurs à domaine tyrosine kinase.

Récepteurs couplés à une protéine G

Les **récepteurs couplés à une protéine G** sont situés sur la membrane plasmique ; comme leur nom l'indique, ils fonctionnent à l'aide d'une protéine, la protéine G. Beaucoup de molécules de communication se lient à eux, notamment les facteurs de reconnaissance sexuelle des Levures, de nombreuses hormones (dont l'adrénaline) et les neurotransmetteurs. Bien que la similarité de leur structure soit frappante, ils se distinguent les uns des autres par leurs sites de liaison et par leur capacité à reconnaître différentes protéines G internes. Ils possèdent sept hélices α intégrées à la membrane plasmique, comme le montre la FIGURE 11.6, à la page 214.

Précairement fixée à la membrane du côté cytoplasmique, la **protéine G** fonctionne comme un interrupteur. Elle a une activité qui dépend du nucléotide qui est attaché à elle ; le GDP (guanosine diphosphate) l'inactive, tandis que le GTP (guanosine triphosphate, qui ressemble à l'ATP) l'active (FIGURE 11.7, p. 214).

Les étapes de la FIGURE 11.7b illustrent l'activation, par un stimulus chimique, d'une protéine G et des protéines qui lui sont associées. Lorsqu'une molécule de communication (ligand) se lie à la partie extracellulaire du récepteur couplé à la protéine G, ❶ elle modifie la conformation de celui-ci. Le récepteur peut alors se lier à une protéine G inactive, qui se lie elle-même ❷ à une molécule de GTP (celle-ci prend la place d'une molécule de GDP). La protéine G se trouve ainsi activée. ❸ Elle se lie à une autre protéine, habituellement une enzyme, et modifie l'activité de cette dernière. Quand l'enzyme est activée, ❹ la prochaine étape de la voie de conversion-amplification s'amorce.

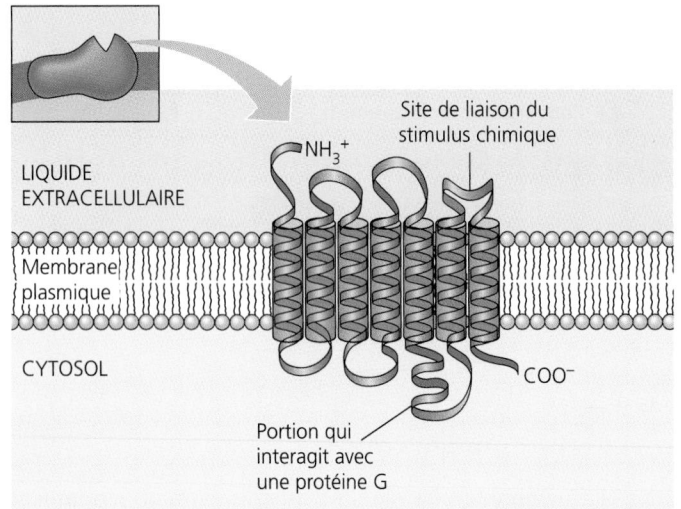

FIGURE 11.6 Structure d'un récepteur couplé à une protéine G.
Une grande famille de récepteurs des cellules eucaryotes a cette structure secondaire, composée d'un polypeptide (le ruban) replié en sept hélices α transmembranaires. Pour plus de clarté, les hélices ont été enchâssées dans des cylindres et disposées côte à côte. Les boucles correspondent aux sites de fixation des molécules de communication extracellulaires ou des protéines G intracellulaires.

(a) Forme inactive de la protéine G. En l'absence d'une molécule de communication extracellulaire spécifique reconnue par le récepteur, les trois protéines sont inactives. Une molécule de GDP est liée à la protéine G inactive.

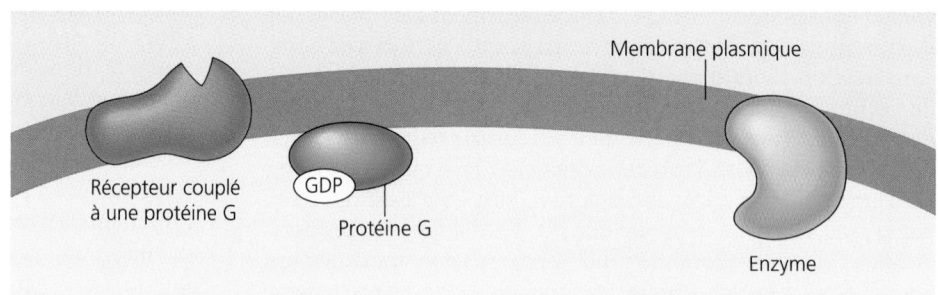

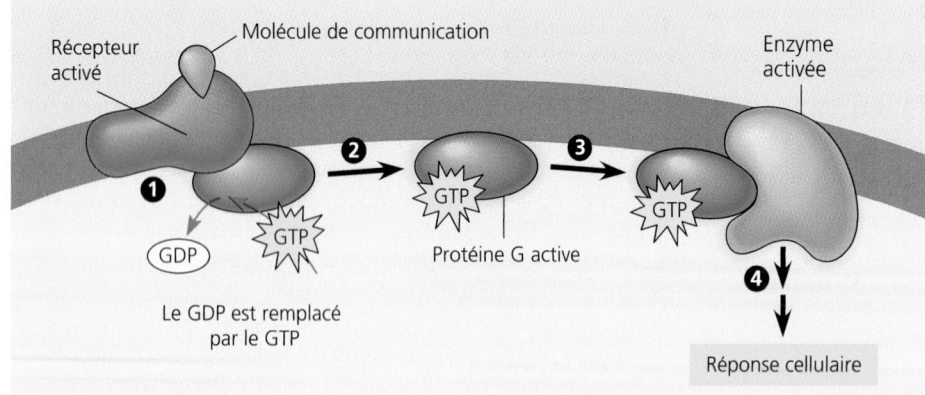

(b) Protéine G active. ❶ Lorsqu'une molécule de communication se lie au récepteur, celui-ci change de conformation : ce faisant, il rend possibles la fixation et l'activation de la protéine G. **❷** Une molécule de GTP vient se lier à la protéine G ; elle prend la place d'une molécule de GDP. **❸** La protéine G active (qui se déplace librement dans la membrane) se fixe à une enzyme et l'active, ce qui **❹** déclenche la prochaine étape de la voie de conversion-amplification menant à la réponse cellulaire.

(c) Retour à la forme inactive. La protéine G hydrolyse alors le GTP en GDP et se dissocie de l'enzyme, redevenant libre. Elle est prête à être réactivée. Les trois protéines demeurent liées à la membrane plasmique.

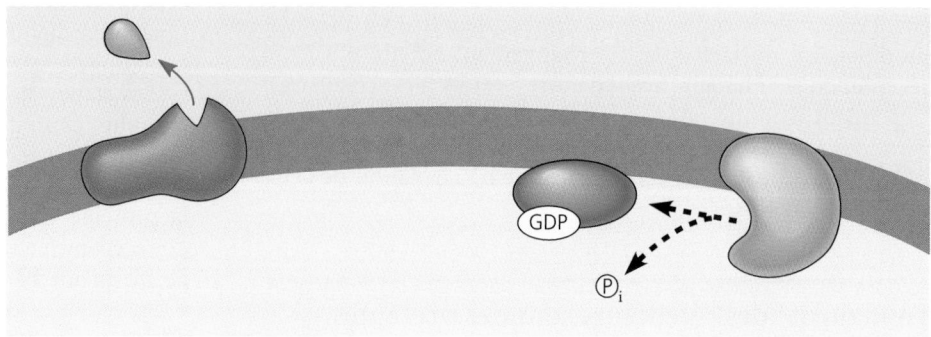

FIGURE 11.7 Fonctionnement d'un récepteur couplé à une protéine G. Ce type de récepteur comprend une protéine membranaire qui agit conjointement avec une protéine G et une autre protéine, généralement une enzyme.

Les modifications que subissent l'enzyme et la protéine G ne durent qu'un temps, car la protéine G agit également comme une GTPase (une enzyme): elle hydrolyse le GTP qui lui est fixé en GDP (FIGURE 11.7c). Elle se trouve ainsi neutralisée, et elle libère l'enzyme à laquelle elle est liée. Cette dernière retourne à son état initial. La GTPase permet d'arrêter rapidement la conversion-amplification quand la molécule de communication n'est plus fixée au récepteur.

Les récepteurs couplés à une protéine G sont très répandus et ont des fonctions très variées. Ils jouent notamment un rôle important lors du développement de l'embryon, ainsi qu'en témoignent des recherches en génétique. Par exemple, des embryons mutants de souris qui sont dénués d'une protéine G donnée ne peuvent former des vaisseaux sanguins normaux et finissent par mourir *in utero*. En outre, le fonctionnement des sens (comme la vue et l'odorat chez les Humains) dépend de telles protéines. Les diverses protéines G ainsi que les récepteurs qui y sont couplés ont une structure apparentée qui laisse croire qu'ils sont apparus très tôt dans l'évolution, peut-être sous la forme de récepteurs sensoriels chez des microorganismes ancestraux.

Beaucoup de maladies humaines impliquent des protéines G. Ainsi, les bactéries responsables du choléra (*Vibrio choleræ*), de la coqueluche (*Bordetella pertussis*) et du botulisme (*Clostridium botulinum*), notamment, sécrètent des toxines qui nuisent au bon fonctionnement des protéines G. Des médicaments traitant des infections et d'autres types de maladies ont souvent été découverts à la suite de tentatives, d'échecs et de corrections (essais et erreurs). Pourtant, on se rend compte aujourd'hui que plus de 60 % de ceux qui sont en usage sont efficaces parce qu'ils agissent sur les voies où les protéines G interviennent.

Récepteurs à domaine tyrosine kinase

On compte parmi les stimulus chimiques reçus par les cellules eucaryotes les facteurs de croissance, ces régulateurs locaux qui poussent les cellules à croître et à se reproduire. Nous verrons au chapitre 12 que plusieurs éléments cellulaires prennent part aux activités menant à la reproduction d'une cellule. Celles-ci comprennent la synthèse de protéines dans le cytoplasme, le dédoublement des chromosomes dans le noyau et le réarrangement du cytosquelette. La cellule régule et coordonne ces activités grâce à un type de récepteur spécialisé qui déclenche plus d'une voie de conversion-amplification.

Le récepteur d'un facteur de croissance appartient souvent à la famille des récepteurs à domaine tyrosine kinase. Il s'agit de l'une des principales familles de récepteurs membranaires. Elle se caractérise par son activité enzymatique. Mais définissons d'abord un domaine: c'est la région d'une protéine qui possède une structure tertiaire particulière et qui exerce une activité caractéristique. Un des domaines du récepteur donnant sur le cytoplasme agit comme une **tyrosine kinase,** une enzyme qui catalyse le transfert d'un groupement phosphate de l'ATP à la tyrosine (un des acides aminés du substrat protéique). Bref, les **récepteurs à domaine tyrosine kinase** sont des récepteurs membranaires qui attachent du phosphate aux molécules de tyrosine des protéines.

Nombre d'entre eux ont une structure qui s'apparente à celle qui est illustrée à la FIGURE 11.8, à la page 216. Avant que les molécules de communication se lient à eux, ils existent sous la forme de polypeptides individuels. Remarquez que chacun possède un site de liaison extracellulaire, une hélice α traversant la membrane et une queue intracellulaire constituée de plusieurs molécules de tyrosine. La fixation d'une molécule de communication au site de liaison extracellulaire d'un polypeptide n'entraîne pas un changement assez important de la conformation du polypeptide pour activer directement sa partie cytoplasmique. Comme le montre la FIGURE 11.8b, l'activation d'un récepteur à domaine tyrosine kinase se déroule plutôt en deux étapes. ❶ D'abord, la liaison de ligands provoque une dimérisation de deux polypeptides, c'est-à-dire que ceux-ci s'associent de façon à former une protéine ayant une structure quaternaire. ❷ Cette agrégation active les tyrosines kinases des deux polypeptides. Chacune de ces enzymes ajoute alors un groupement phosphate aux tyrosines de la queue de l'autre polypeptide. En résumé, lorsque des molécules de communication se fixent au site de liaison de deux polypeptides, ceux-ci s'agrègent. Cette dimérisation des deux polypeptides constitutifs du récepteur est une condition préalable à la phosphorylation et à l'activation de ce dernier.

Une fois qu'il est activé, ❸ le récepteur est reconnu par des intermédiaires protéiques intracellulaires. Chacun de ceux-ci se fixe à une tyrosine phosphorylée particulière, change de conformation et est ainsi activé (les tyrosines kinases phosphorylent parfois les intermédiaires protéiques). Un seul récepteur à domaine tyrosine kinase peut activer simultanément plus de 10 protéines intracellulaires différentes ❹ et déclencher autant de voies de conversion-amplification et de réponses cellulaires. La distinction fondamentale entre les récepteurs couplés à une protéine G et les récepteurs à domaine tyrosine kinase repose sur la capacité de ces derniers à donner naissance à autant de voies. Certains cancers résultent de la présence de récepteurs à domaine tyrosine kinase déficients qui s'agrègent sans qu'un ligand ne s'y soit fixé.

Récepteurs couplés à un canal ionique

Certains récepteurs membranaires font partie d'une famille de protéines comportant un **canal ionique à ouverture régulée par un ligand.** En réponse à un stimulus chimique, le canal protéique membranaire laisse pénétrer ou non, de manière sélective, des ions tels que Na^+ ou Ca^{2+}. Comme les autres récepteurs que nous venons d'étudier, les récepteurs couplés à un canal ionique fixent une molécule de communication, leur ligand, sur un site particulier de leur domaine extracellulaire (FIGURE 11.9, p. 217). Cela provoque une transformation de la conformation du canal, ce qui modifie immédiatement la concentration molaire volumique d'ions spécifiques intracellulaires. Certaines fonctions cellulaires sont souvent touchées directement par le changement de conformation du canal. Par exemple, dans une synapse, celui-ci déclenche un stimulus électrique qui se propage le long de la cellule réceptrice. Les canaux ioniques à ouverture régulée jouent un rôle crucial dans le système nerveux, tout comme les canaux ioniques tensiodépendants régis par une variation de potentiel électrique (voir le chapitre 48).

Récepteurs intracellulaires

Tous les récepteurs ne sont pas nécessairement des protéines membranaires. Certains sont des protéines cytosoliques ou

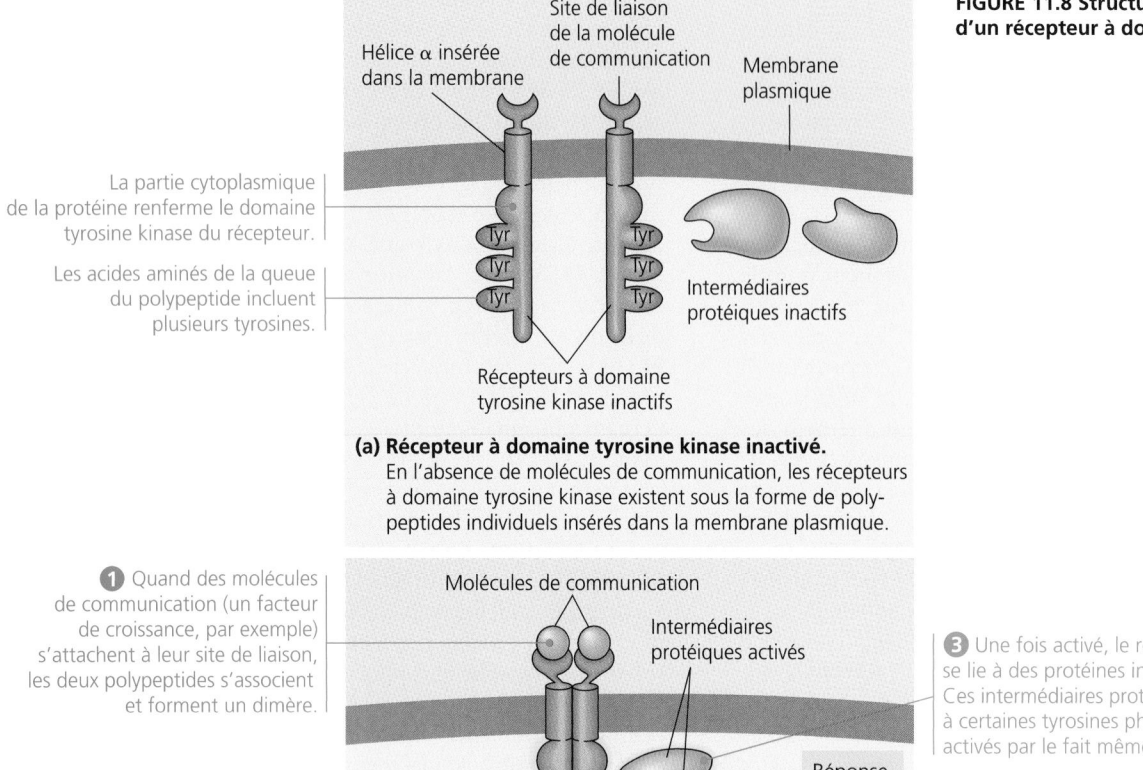

FIGURE 11.8 Structure et fonction d'un récepteur à domaine tyrosine kinase.

Hélice α insérée dans la membrane

Site de liaison de la molécule de communication

Membrane plasmique

La partie cytoplasmique de la protéine renferme le domaine tyrosine kinase du récepteur.

Les acides aminés de la queue du polypeptide incluent plusieurs tyrosines.

Tyr

Intermédiaires protéiques inactifs

Récepteurs à domaine tyrosine kinase inactifs

(a) Récepteur à domaine tyrosine kinase inactivé.
En l'absence de molécules de communication, les récepteurs à domaine tyrosine kinase existent sous la forme de polypeptides individuels insérés dans la membrane plasmique.

1 Quand des molécules de communication (un facteur de croissance, par exemple) s'attachent à leur site de liaison, les deux polypeptides s'associent et forment un dimère.

Molécules de communication

Intermédiaires protéiques activés

3 Une fois activé, le récepteur protéique se lie à des protéines intracellulaires spécifiques. Ces intermédiaires protéiques s'attachent à certaines tyrosines phosphorylées et sont activés par le fait même.

2 À l'aide de groupements phosphate provenant de molécules d'ATP, le domaine tyrosine kinase de chacun des polypeptides phosphoryle les tyrosines de l'autre polypeptide.

ATP ADP

Récepteurs à domaine tyrosine kinase activés (dimère phosphorylé)

Réponse cellulaire

Réponse cellulaire

4 Chacun des intermédiaires protéiques peut s'engager dans une voie de conversion-amplification qui mène à une réponse cellulaire précise. Généralement, les récepteurs à domaine tyrosine kinase activent simultanément plusieurs voies de conversion-amplification.

(b) Récepteurs à domaine tyrosine kinase activés.

nucléaires. Pour les atteindre, les stimulus chimiques doivent traverser la membrane plasmique de la cellule cible. Plusieurs molécules de communication importantes y parviennent parce qu'elles sont suffisamment hydrophobes pour glisser à travers les phosphoglycérolipides. Parmi les médiateurs chimiques hydrophobes, citons les hormones stéroïdes et thyroïdiennes animales. Le monoxyde d'azote (NO) est un autre stimulus chimique reconnu par un récepteur intracellulaire; les molécules de ce gaz sont très petites et passent aisément entre les phosphoglycérolipides membranaires.

La testostérone a un comportement typique des hormones stéroïdiennes: elle est sécrétée principalement par les cellules interstitielles des testicules et elle est acheminée par le sang dans l'organisme. Dans les cellules cibles, elle s'attache à un récepteur cytosolique spécifique et l'active (FIGURE 11.10). Le complexe formé de l'hormone et du récepteur activé se rend alors dans le noyau, où il stimule les gènes responsables des caractères sexuels secondaires masculins.

Comment ce complexe active-t-il les gènes en question? Rappelez-vous que les gènes, ces portions d'ADN d'une cellule, sont transcrits en ARN messager (ARNm). Celui-ci quitte le noyau pour être traduit en une protéine spécifique par les ribosomes cytoplasmiques (voir la FIGURE 5.28). Des protéines spécialisées appelées *facteurs de transcription* décident des gènes qui seront activés, c'est-à-dire qui seront transcrits en ARNm à un moment précis, dans une cellule en particulier. Le complexe formé de la testostérone et du récepteur activé constitue un exemple de facteur de transcription régulant l'expression de gènes précis.

En agissant comme un facteur de transcription, le récepteur de la testostérone réalise à lui seul toute la conversion-amplification du stimulus. La majorité des autres récepteurs intracellulaires fonctionnent de la même manière, à la différence que beaucoup d'entre eux logent déjà dans le noyau (comme les récepteurs d'œstrogènes). Il est intéressant de noter la similarité de structure de plusieurs récepteurs intracellulaires. Cela évoque une origine commune au regard de l'évolution, comme nous l'avons mentionné dans le cas des récepteurs couplés à une protéine G. Au chapitre 45, nous examinerons en détail les hormones qui se fixent aux récepteurs intracellulaires. Pour le moment, penchons-nous sur les voies de conversion-amplification amorcées par les récepteurs membranaires.

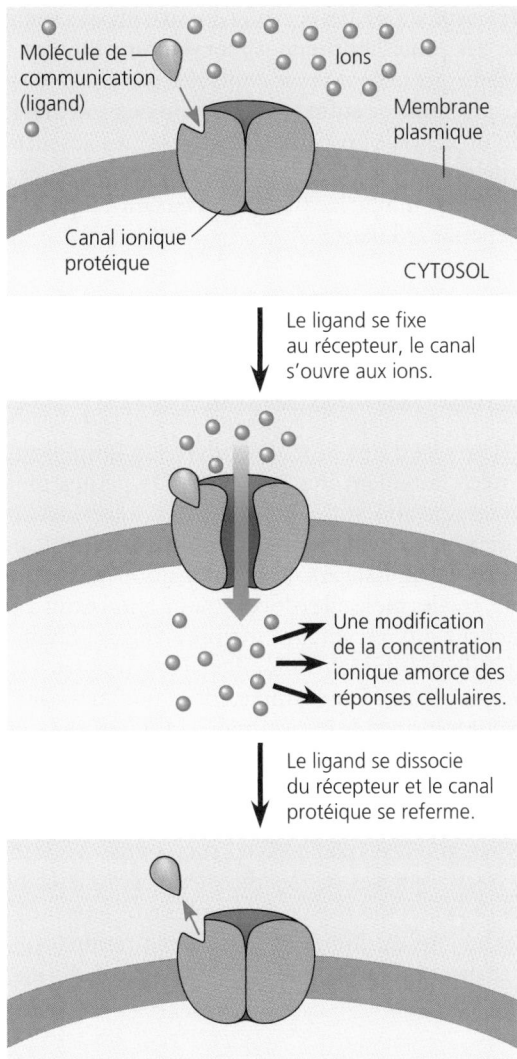

FIGURE 11.9 Un récepteur couplé à un canal ionique à ouverture régulée par un ligand. Ce récepteur est une protéine transmembranaire qui laisse pénétrer des ions spécifiques quand une molécule de communication particulière se lie à un site de son domaine extracellulaire.

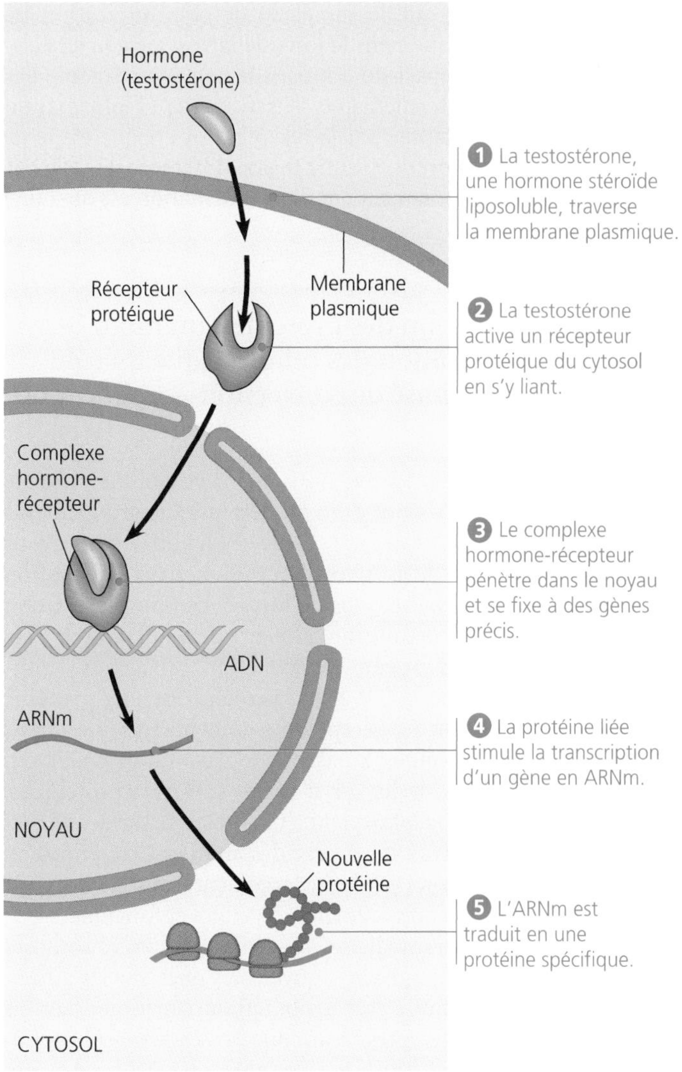

Figure 11.10 (colonne droite)

Hormone (testostérone)

❶ La testostérone, une hormone stéroïde liposoluble, traverse la membrane plasmique.

Récepteur protéique

Membrane plasmique

❷ La testostérone active un récepteur protéique du cytosol en s'y liant.

Complexe hormone-récepteur

❸ Le complexe hormone-récepteur pénètre dans le noyau et se fixe à des gènes précis.

ADN

ARNm

❹ La protéine liée stimule la transcription d'un gène en ARNm.

NOYAU

Nouvelle protéine

❺ L'ARNm est traduit en une protéine spécifique.

CYTOSOL

FIGURE 11.10 Interaction entre une hormone stéroïde et un récepteur intracellulaire.

LES VOIES DE CONVERSION-AMPLIFICATION

Quand le récepteur est une protéine membranaire, comme c'est le cas de la plupart des récepteurs que nous avons étudiés, la conversion-amplification du stimulus se fait en plusieurs étapes. L'amplification se réalise lorsque quelques molécules transmettent un stimulus à beaucoup de molécules de l'étape subséquente, un processus qui active à la fin un très grand nombre de molécules. Autrement dit, un petit nombre de molécules de communication extracellulaires peuvent provoquer une réponse cellulaire amplifiée. En outre, les voies à plusieurs étapes facilitent la coordination et la régulation, contrairement aux voies plus simples.

Les voies de conversion-amplification préparent la réponse cellulaire

L'arrimage d'une molécule de communication à un récepteur membranaire amorce la première étape d'une chaîne d'interactions moléculaires, la voie de conversion-amplification. Celle-ci provoque la réponse cellulaire. Dans une file de dominos, une plaque qui tombe entraîne dans sa chute les plaques qui la suivent, les unes après les autres (effets en cascade) ; de même, le récepteur activé stimule une autre protéine, qui active à son tour une autre molécule, et ainsi de suite, jusqu'à ce que la protéine responsable de la réponse cellulaire soit activée. Les molécules intermédiaires qui transmettent « l'information » sont généralement des protéines. L'interaction entre protéines est fondamentale dans la communication cellulaire. De fait, toute la régulation cellulaire repose sur des interactions protéiques.

Gardez à l'esprit que la molécule de communication ne se déplace pas physiquement le long de la voie de conversion-amplification. La plupart du temps, elle ne pénètre même pas dans la cellule. Les intermédiaires se transmettent l'information et non la molécule captée par le récepteur. À chaque étape de la voie, les produits prennent une forme différente de celle des réactifs. Souvent, ce changement de conformation est dû à une phosphorylation.

La phosphorylation des protéines, un mode courant de régulation des cellules, joue un rôle crucial dans la phase de conversion-amplification d'un stimulus

Dans les chapitres précédents, nous avons vu qu'une protéine peut être activée par l'ajout d'un ou de plusieurs groupements phosphate (voir la FIGURE 9.2). Dans ce chapitre, nous avons déjà exposé le rôle de la phosphorylation dans l'activation des récepteurs à domaine tyrosine kinase. La phosphorylation des protéines est un mécanisme cellulaire de régulation de l'activité protéique très répandu. L'enzyme qui transfère un groupement phosphate de l'ATP à une protéine est une **protéine kinase.** Contrairement aux récepteurs à domaine tyrosine kinase, la majorité des protéines kinases cytoplasmiques n'agissent pas sur elles-mêmes, mais sur d'autres substrats protéiques. De plus, la plupart phosphorylent leurs substrats sur des sérines ou des thréonines, deux types d'acides aminés. Ces sérines ou thréonines kinases interviennent largement dans les voies de conversion-amplification animales, végétales et fongiques.

De nombreux intermédiaires des différentes voies sont des protéines kinases, qui agissent souvent les unes sur les autres. La FIGURE 11.11 décrit une voie hypothétique constituée de trois protéines kinases différentes créant une « cascade » de phosphorylations. La séquence illustrée ressemble à beaucoup de voies connues, notamment à celles que les facteurs de reconnaissance sexuelle déclenchent dans la levure et à celles que de nombreux facteurs de croissance suscitent dans les cellules animales. L'activation engendrée par un stimulus se transmet par une « cascade » de phosphorylations protéiques ; chaque phosphorylation entraîne un changement de conformation résultant de l'interaction entre le groupement phosphate chargé et des acides aminés polaires ou chargés (voir la FIGURE 5.15). L'ajout de phosphate active souvent une protéine (mais il arrive parfois qu'elle *diminue* son activité).

L'importance des protéines kinases n'est pas surestimée. Près de 1 % de nos gènes codent pour elles. Une cellule peut en contenir plusieurs centaines de sortes, chacune phosphorylant un substrat protéique différent. Ensemble, elles contrôlent probablement une proportion élevée des milliers de protéines renfermées dans une cellule. Parmi celles-ci figurent les protéines qui régissent la reproduction cellulaire. Le mauvais fonctionnement de telles kinases cause souvent une croissance cellulaire anormale et favorise le développement d'un cancer.

Pour qu'elle puisse répondre adéquatement à un stimulus extracellulaire, une cellule doit pouvoir désactiver la voie de conversion-amplification par certains mécanismes quand le stimulus disparaît. C'est pourquoi l'action des protéines kinases est rapidement renversée, lorsque le besoin se fait sentir, par les **protéines phosphatases,** des enzymes qui retirent les groupements phosphate des protéines (déphosphorylation). En tout temps, l'activité d'une protéine donnée contrôlée par phosphorylation repose sur un équilibre entre la proportion de protéines kinases et celle de protéines phosphatases actives. En l'absence d'une molécule de communication, les protéines phosphatases actives dominent, ce qui inhibe la voie de conversion-amplification et arrête la réponse cellulaire.

Certaines petites molécules et certains ions sont des éléments clés des voies de conversion-amplification (seconds messagers)

Tous les éléments d'une voie de conversion-amplification ne sont pas nécessairement des protéines. De petites molécules solubles d'origine non protéique et des ions interviennent dans de nombreuses voies de conversion-amplification. Ils sont appelés **seconds messagers** (par opposition aux « premiers messagers », soit les molécules de communication extracellulaires qui s'attachent aux récepteurs membranaires). Étant donné leur petite taille et leur hydrosolubilité, ils diffusent facilement à l'intérieur des cellules. Par exemple, un second messager appelé AMP cyclique transmet, de la membrane plasmique au cytoplasme d'une cellule hépatique ou musculaire, l'information du stimulus généré par l'adrénaline. Cela déclenche la dégradation du glycogène à l'intérieur de la cellule cible. Les seconds messagers prennent part aux voies amorcées par les récepteurs couplés à une protéine G et aux voies amorcées par les récepteurs à domaine tyrosine kinase. Les deux seconds messagers les plus courants sont l'AMP cyclique et les ions calcium, Ca^{2+}. La concentration cytosolique de ces substances influe sur une grande variété d'intermédiaires protéiques.

AMP cyclique

Après avoir établi que l'adrénaline cause la dégradation du glycogène à l'intérieur d'une cellule, et ce, sans traverser la membrane plasmique, Earl Sutherland s'est mis à chercher un second messager (c'est lui qui a inventé cette expression) responsable de la transmission de l'information entre la membrane plasmique et les voies métaboliques du cytoplasme.

Il a compris que la fixation de l'adrénaline à la membrane plasmique des cellules hépatiques provoque l'augmentation de la concentration cytosolique d'un composé appelé adénosine monophosphate cyclique, dont l'abréviation est **AMP cyclique** ou **AMPc** (FIGURE 11.12, p. 220). En réponse à un stimulus extracellulaire – l'adrénaline dans le cas qui nous concerne –, l'**adénylate cyclase,** une enzyme enchâssée dans la membrane plasmique, transforme de l'ATP en AMPc. Cette enzyme s'active uniquement quand l'adrénaline se lie à un récepteur membranaire spécifique. En d'autres termes, le « premier messager », soit l'hormone adrénaline, pousse l'enzyme adénylate cyclase à produire de l'AMPc, et ce second messager transmet l'information au cytoplasme. En l'absence d'adrénaline, la durée de vie de l'AMPc est très courte, car l'enzyme phosphodiestérase convertit l'AMPc en un produit inactif, l'AMP. Il faut qu'une nouvelle poussée d'adrénaline se produise pour augmenter de nouveau la concentration cytosolique de l'AMPc.

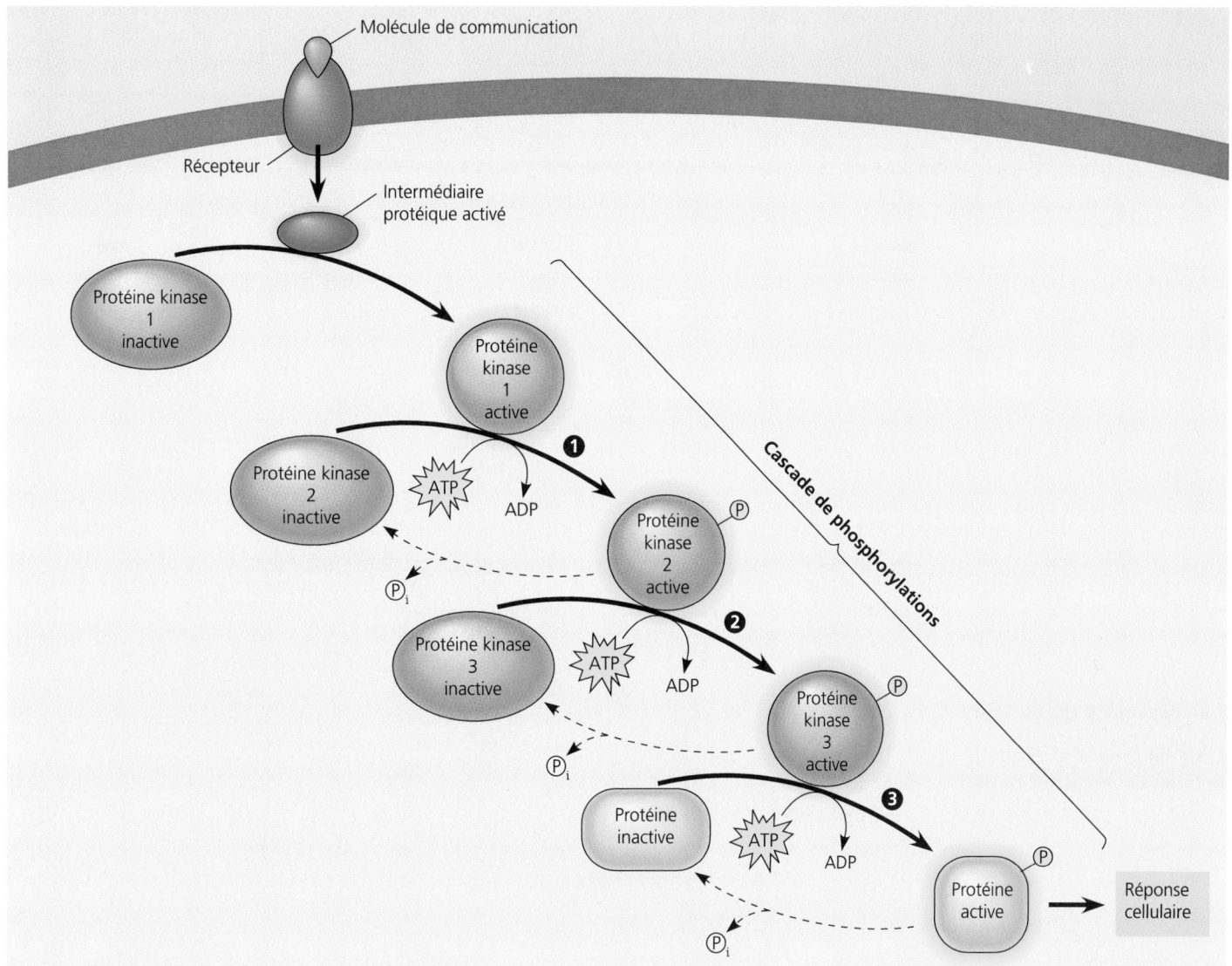

FIGURE 11.11 Une cascade de phosphorylations
Dans une cascade de phosphorylations, une variété de molécules protéiques sont phosphorylées tour à tour : chacune ajoute un groupement phosphate à la protéine située en aval. Ce diagramme illustre le déclenchement d'une cascade. Celle-ci débute lorsqu'un intermédiaire protéique active une molécule de l'enzyme appelée protéine kinase 1.

❶ La protéine kinase 1 activée transfère un groupement phosphate d'une molécule d'ATP à une molécule de protéine kinase 2 inactive, ce qui active cette dernière. ❷ La protéine kinase 2 activée phosphoryle (et active) la protéine kinase 3. ❸ La protéine kinase 3 activée phosphoryle une protéine (en rose) qui entraîne la réponse de la cellule au stimulus initial. Les flèches pointillées, elles, illustrent l'*inactivation*

des protéines phosphorylées par des protéines phosphatases, qui leur enlèvent leur groupement phosphate. Les groupements phosphate retirés serviront ultérieurement à reformer de l'ATP. Pour vous rappeler que les molécules changent généralement de configuration lorsqu'elles sont activées, nous vous présentons les protéines actives et les protéines inactives sous des formes différentes.

Des recherches ultérieures ont montré que l'adrénaline n'est ni la seule hormone ni la seule molécule de communication qui déclenche la production d'AMPc. Elles ont aussi révélé les autres intermédiaires des voies impliquant l'AMPc, notamment les protéines G, les récepteurs couplés à une protéine G et les protéines kinases (FIGURE 11.13, p. 220). L'AMPc active immédiatement une sérine-thréonine kinase appelée *protéine kinase A*. Celle-ci phosphoryle alors d'autres protéines, dont la nature dépend de la cellule. (La voie conduisant à la dégradation de glycogène en réponse à une stimulation provoquée par l'adrénaline est illustrée à la FIGURE 11.16.)

Des mécanismes mettant en jeu des protéines G *inhibant* l'adénylate cyclase permettent de réguler plus finement le méta-

bolisme cellulaire. Une molécule de communication spécifique active un récepteur qui active à son tour une protéine G *inhibitrice*.

Maintenant que nous connaissons le rôle de l'AMPc dans les voies de conversion-amplification faisant intervenir des protéines G, nous pouvons expliquer, sur le plan moléculaire, l'étiologie de certaines maladies d'origine bactérienne. Prenons le choléra, une maladie contagieuse qu'on attrape lorsqu'on boit de l'eau contaminée par des déjections humaines. La maladie est causée par le vibrion cholérique, *Vibrio choleræ*, une bactérie qui colonise les cellules épithéliales de l'intestin grêle et qui sécrète une toxine. Celle-ci est constituée d'une enzyme qui modifie chimiquement une protéine G régulant la perte d'eau et de sels. Incapable d'hydrolyser le GTP en GDP, la protéine G

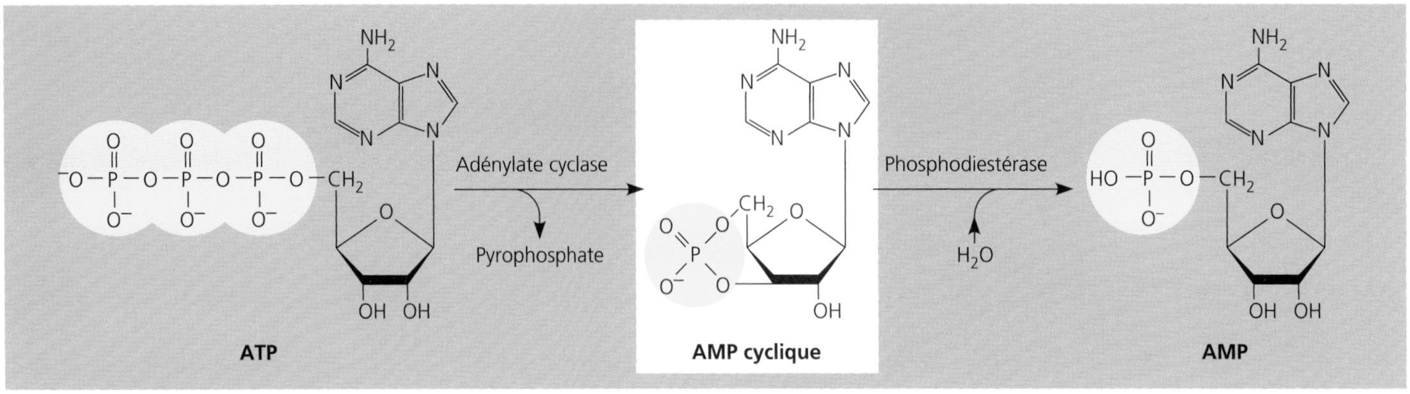

FIGURE 11.12 AMP cyclique. L'adénylate cyclase, une enzyme de la membrane plasmique, produit l'AMP cyclique (AMPc) et le pyrophosphate (deux phosphates inorganiques liés) à partir de l'ATP. L'AMP cyclique est un second messager qui transmet l'information reçue de la membrane plasmique aux voies métaboliques du cytoplasme. La molécule d'AMP cyclique est inactivée par la phosphodiestérase, une enzyme qui la transforme en AMP.

modifiée demeure active et stimule continuellement l'adénylate cyclase, qui ne cesse de produire de l'AMPc. Les concentrations élevées d'AMPc qui en résultent causent la sécrétion de quantités énormes d'eau et de sels dans les intestins. La personne infectée développe rapidement une diarrhée intense et peut mourir si elle n'est pas traitée.

Ions calcium et inositol triphosphate

Un grand nombre de molécules de communication animales, notamment les neurotransmetteurs, les facteurs de croissance et certaines hormones, suscitent des réponses cellulaires (comme la contraction musculaire, la sécrétion de certaines substances et la division cellulaire) grâce à des voies de conversion-amplification qui augmentent la concentration cytosolique d'ions calcium (Ca^{2+}). Le calcium est un second messager beaucoup plus commun que l'AMPc. Chez les cellules végétales, il joue un rôle dans les voies de conversion-amplification développées en réponse à un stress environnemental, comme la sécheresse ou le froid. Les cellules utilisent ce second messager à la fois dans les voies où les protéines G interviennent et dans celles qui mettent en jeu des tyrosines kinases.

Bien que les cellules contiennent toujours du calcium, celui-ci peut agir en tant que second messager parce que, en temps normal, sa concentration cytosolique est beaucoup plus faible que sa concentration extracellulaire. De fait, la quantité de Ca^{2+} dans le sang et à l'extérieur des cellules est souvent supérieure de 10 000 fois à celle qui se trouve dans le cytosol. Des pompes protéiques transportent activement les ions calcium hors de la cellule, ou encore du cytosol au réticulum endoplasmique (et, dans certaines conditions, aux mitochondries et aux chloroplastes) (FIGURE 11.14). Par conséquent, la concentration de calcium dans le RE est habituellement beaucoup plus élevée que dans le cytosol. Comme ce dernier contient une faible concentration de calcium, une toute petite augmentation ou une diminution infime du nombre de ses ions calcium modifie de manière significative sa concentration de cet élément.

En réponse à un stimulus et grâce à un mécanisme libérant des ions Ca^{2+} du RE, la concentration de calcium peut augmenter dans le cytosol. La voie qui conduit à cela comprend deux autres seconds messagers, le **diacylglycérol (DAG)** et l'**inositol triphosphate (IP$_3$)**. Ceux-ci dérivent de l'hydrolyse d'un phosphoglycérolipide particulier de la membrane plasmique, le PIP$_2$ (phosphatidylinositol 4, 5-diphosphate). La FIGURE 11.15 illustre la production de ces messagers et la libération de calcium stimulée par l'IP$_3$. Puisque l'IP$_3$ agit avant le calcium dans cette voie, ce dernier pourrait être considéré comme un *troisième messager*. Cependant, les scientifiques utilisent le terme *second messager* pour décrire tout élément non protéique de petite taille qui joue un rôle dans les voies de conversion-amplification.

Dans certains cas, les ions calcium activent directement une protéine de la voie de conversion-amplification; cependant, généralement, ils se fixent à une protéine appelée **calmoduline,**

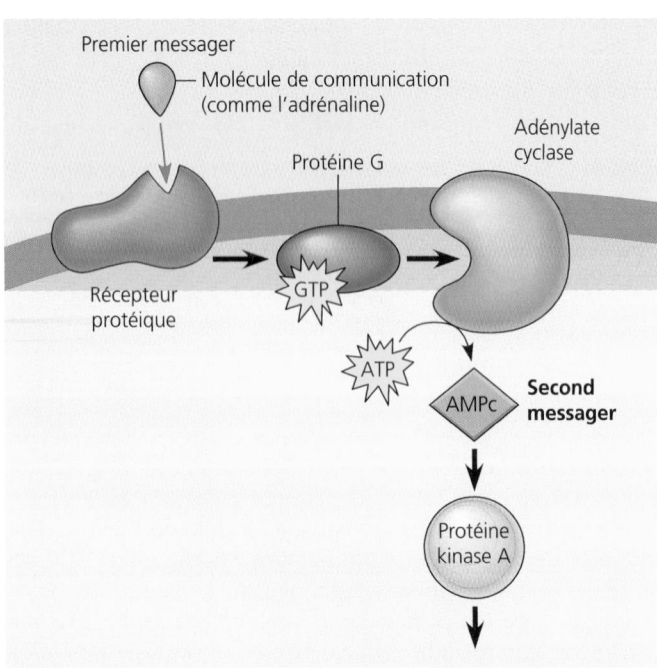

FIGURE 11.13 L'AMPc, un second messager. L'AMP cyclique fait partie de plusieurs voies où les protéines G interviennent. Une molécule de communication (soit le « premier messager ») active le récepteur couplé à la protéine G, lequel active une protéine G spécifique. À son tour, celle-ci active l'adénylate cyclase, qui catalyse la conversion de l'ATP en AMPc. Cette dernière active une autre protéine, habituellement la protéine kinase A.

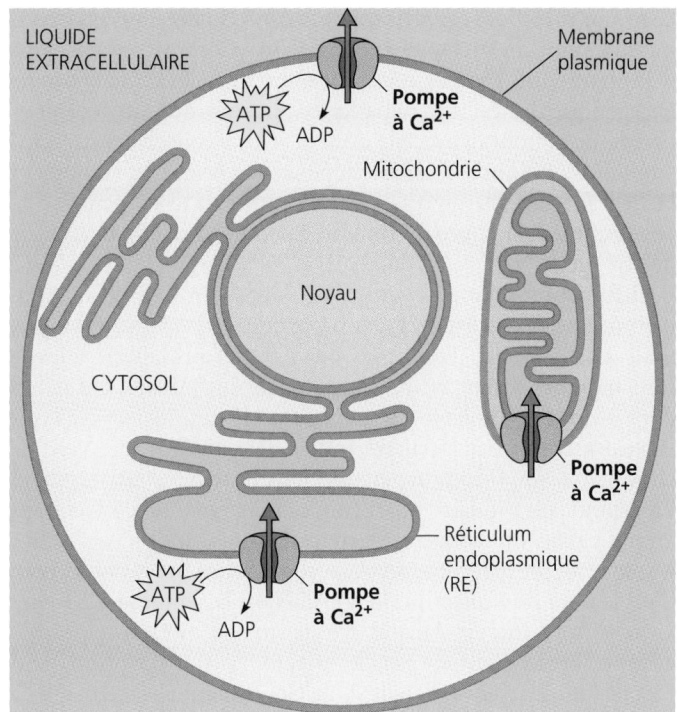

FIGURE 11.14 Régulation de la concentration de calcium dans le cytosol des cellules eucaryotes. La concentration de calcium dans le cytosol est habituellement beaucoup plus faible (partie bleu ciel) que la concentration de calcium dans le liquide extracellulaire ou dans le RE (parties bleu foncé). En effet, des pompes protéiques insérées dans la membrane plasmique transportent le calcium du cytosol à l'extérieur de la cellule ; d'autres pompes, qui se trouvent dans la membrane du RE, l'acheminent du cytosol à la lumière du RE. Quant aux pompes mitochondriales, elles fonctionnent grâce à la chimiosmose (voir le chapitre 9). Elles transfèrent les ions Ca^{2+} à l'intérieur des mitochondries quand la concentration cytosolique augmente sensiblement.

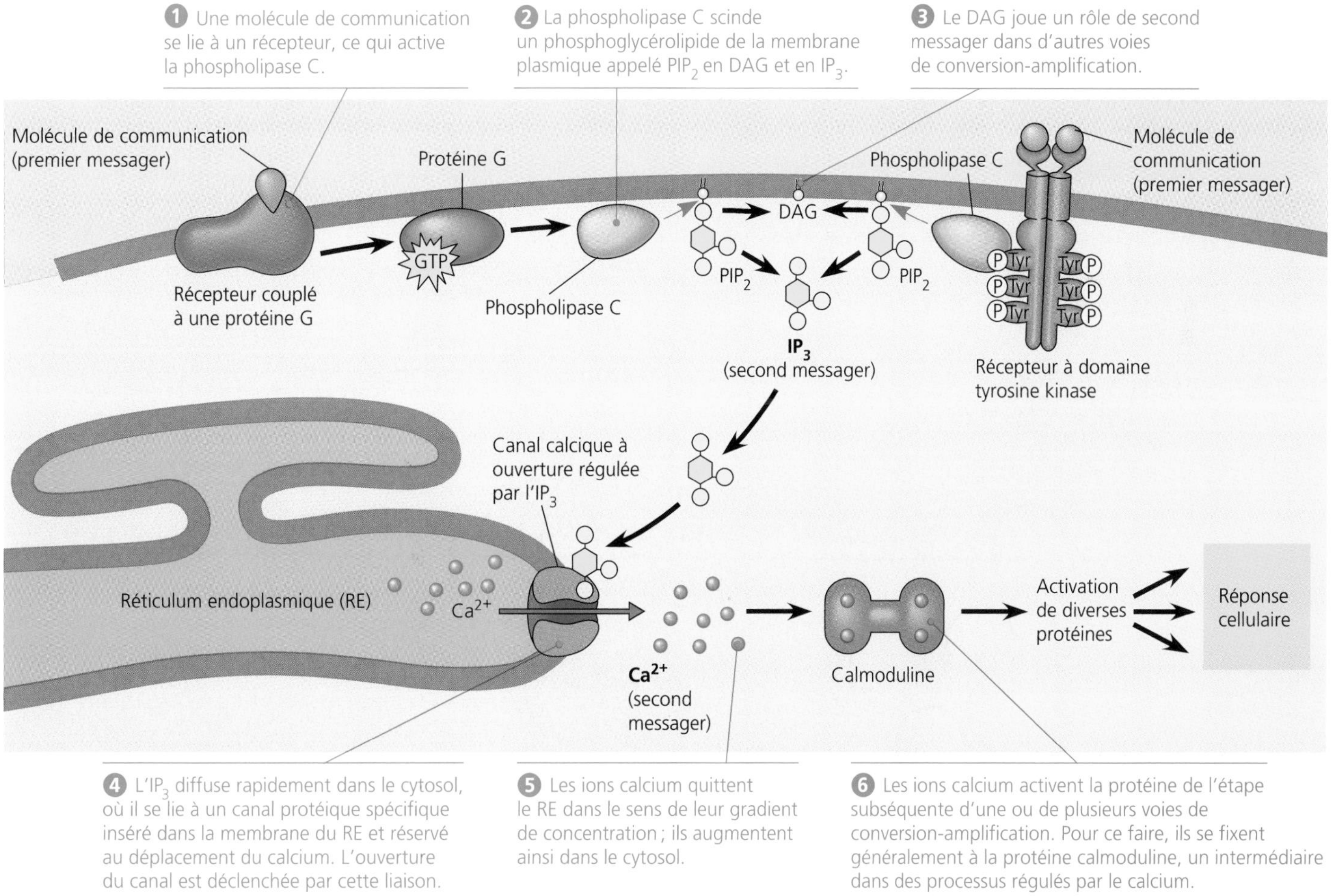

1 Une molécule de communication se lie à un récepteur, ce qui active la phospholipase C.

2 La phospholipase C scinde un phosphoglycérolipide de la membrane plasmique appelé PIP_2 en DAG et en IP_3.

3 Le DAG joue un rôle de second messager dans d'autres voies de conversion-amplification.

4 L'IP_3 diffuse rapidement dans le cytosol, où il se lie à un canal protéique spécifique inséré dans la membrane du RE et réservé au déplacement du calcium. L'ouverture du canal est déclenchée par cette liaison.

5 Les ions calcium quittent le RE dans le sens de leur gradient de concentration ; ils augmentent ainsi dans le cytosol.

6 Les ions calcium activent la protéine de l'étape subséquente d'une ou de plusieurs voies de conversion-amplification. Pour ce faire, ils se fixent généralement à la protéine calmoduline, un intermédiaire dans des processus régulés par le calcium.

FIGURE 11.15 Rôle du calcium et de l'inositol triphosphate dans les voies de conversion-amplification. Les ions calcium (Ca^{2+}) et l'inositol triphosphate (IP_3) sont des seconds messagers dans beaucoup de voies de conversion-amplification. La transmission de l'information est amorcée par l'arrimage d'une molécule de communication sur un récepteur couplé à une protéine G (à gauche) ou sur un récepteur à domaine tyrosine kinase (à droite). Les étapes numérotées décrivent une voie qui fait intervenir un récepteur couplé à une protéine G.

que l'on trouve en grande quantité dans les cellules eucaryotes. La calmoduline représente environ 1 % des protéines animales. Elle sert d'intermédiaire dans des processus régulés par le calcium. Quand des ions Ca^{2+} se lient à elle, elle change de conformation et se fixe à d'autres protéines, ce qui les active ou les désactive. Les protéines qu'elle contrôle ainsi sont souvent des protéines kinases et des protéines phosphatases, les intermédiaires protéiques les plus courants dans les voies de conversion-amplification.

LA RÉPONSE CELLULAIRE

Examinons maintenant la réponse de la cellule après qu'elle a été stimulée par un médiateur extracellulaire. Quelle est la nature de la dernière phase de la communication cellulaire ?

En réponse à un stimulus, la cellule peut réguler certaines fonctions dans le cytoplasme ou la transcription dans le noyau

Les voies de conversion-amplification aboutissent à la régulation d'une ou de plusieurs fonctions cellulaires. Dans le cytoplasme, un stimulus peut, par exemple, entraîner l'ouverture ou la fermeture d'un canal ionique membranaire, ou encore la modification du métabolisme cellulaire. Comme nous l'avons déjà mentionné, l'adrénaline concourt à contrôler le métabolisme énergétique des cellules hépatiques. En se liant à un récepteur protéique membranaire, elle déclenche une voie de conversion-amplification dont la dernière étape active une enzyme catalysant la dégradation du glycogène. La FIGURE 11.16 schématise la voie qui mène à la production de glucose 1-phosphate à partir de glycogène.

Beaucoup d'autres voies de conversion-amplification n'aboutissent pas à la régulation d'une *activité* enzymatique, mais à la *synthèse* d'enzymes ou d'autres protéines. Elles le font habituellement en activant ou en désactivant des gènes dans le noyau. À l'instar d'un récepteur de stéroïdes activé (voir la FIGURE 11.10), la dernière molécule activée d'une voie de conversion-amplification peut servir de facteur de transcription. La FIGURE 11.17 illustre un exemple d'une voie de conversion-amplification qui active un facteur de transcription, qui active à son tour un gène. La réponse consécutive au rattachement d'un facteur de transcription à l'ADN est la synthèse d'ARNm. Celui-ci sera traduit dans le cytoplasme en une protéine spécifique. Dans d'autres cas, le facteur de transcription peut réguler un gène en le désactivant. Généralement, le facteur de transcription contrôle plusieurs gènes différents.

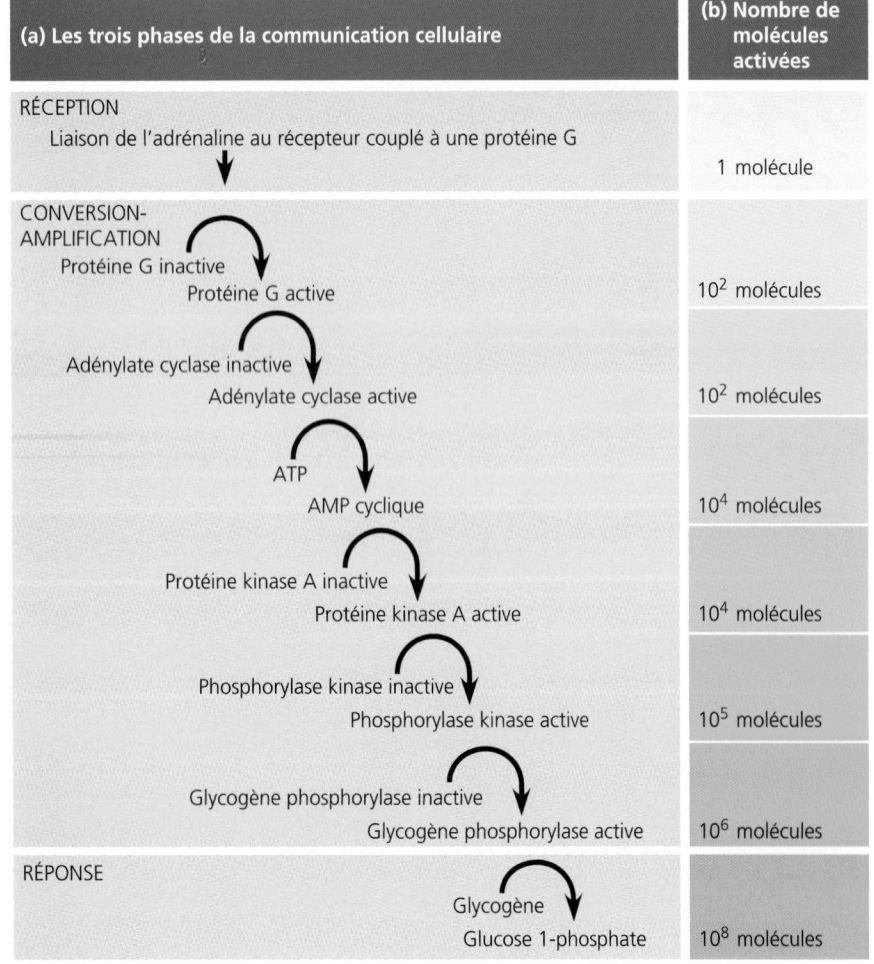

(a) Les trois phases de la communication cellulaire	(b) Nombre de molécules activées
RÉCEPTION Liaison de l'adrénaline au récepteur couplé à une protéine G	1 molécule
CONVERSION-AMPLIFICATION Protéine G inactive → Protéine G active	10^2 molécules
Adénylate cyclase inactive → Adénylate cyclase active	10^2 molécules
ATP → AMP cyclique	10^4 molécules
Protéine kinase A inactive → Protéine kinase A active	10^4 molécules
Phosphorylase kinase inactive → Phosphorylase kinase active	10^5 molécules
Glycogène phosphorylase inactive → Glycogène phosphorylase active	10^6 molécules
RÉPONSE Glycogène → Glucose 1-phosphate	10^8 molécules

FIGURE 11.16 Activation de la dégradation de glycogène par l'adrénaline : la réponse cellulaire à un stimulus. (a) Dans cette voie de communication, l'adrénaline active, en se fixant à récepteur couplé à une protéine G, une série d'intermédiaires, dont l'AMPc et deux protéines kinases. La dernière protéine qui est activée est la glycogène phosphorylase, une enzyme cytosolique qui enlève le glucose 1-phosphate du glycogène. **(b)** Comme nous en discuterons dans la prochaine section, cette voie amplifie un stimulus hormonal, parce que le récepteur protéique peut activer beaucoup de molécules de protéine G et que chaque enzyme de la voie peut transformer de nombreuses molécules de substrat en des produits qui deviennent les réactifs suivants de la cascade. Nous avons estimé le nombre de molécules activées à chaque étape.

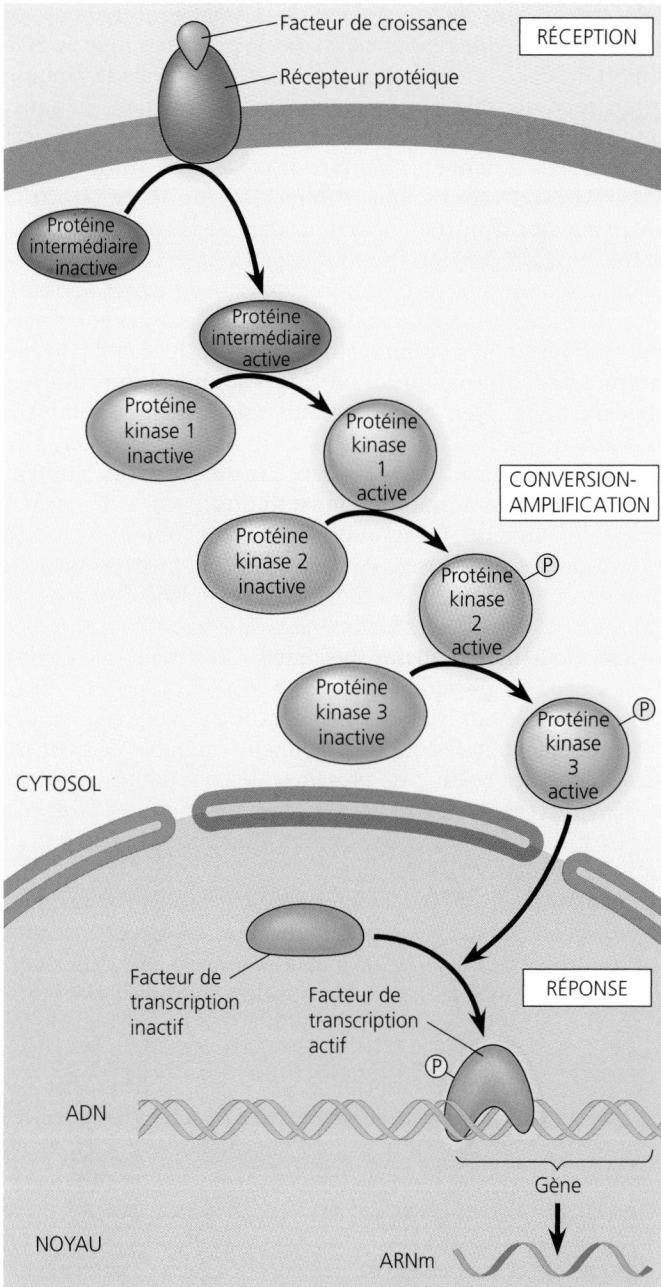

RÉCEPTION

Facteur de croissance

Récepteur protéique

Protéine intermédiaire inactive

Protéine intermédiaire active

Protéine kinase 1 inactive

Protéine kinase 1 active

CONVERSION-AMPLIFICATION

Protéine kinase 2 inactive

Protéine kinase 2 active

Protéine kinase 3 inactive

Protéine kinase 3 active

CYTOSOL

RÉPONSE

Facteur de transcription inactif

Facteur de transcription actif

ADN

Gène

NOYAU

ARNm

FIGURE 11.17 Réponse du noyau à un stimulus extracellulaire : l'activation d'un gène précis par un facteur de croissance. Ce schéma est une représentation simplifiée d'une voie de conversion-amplification typique menant à la régulation d'un gène dans le noyau. La molécule de communication, un régulateur local appelé facteur de croissance, déclenche une cascade de phosphorylations. (Les molécules d'ATP qui fournissent le phosphate ne sont pas illustrées.) La dernière kinase de la séquence pénètre dans le noyau et active une protéine régulant l'expression d'un gène, soit un facteur de transcription. Cette protéine stimule la transcription en ARNm d'un gène en particulier. L'ARNm dirige ensuite la synthèse d'une protéine bien précise dans le cytoplasme.

Tous les récepteurs et tous les intermédiaires présentés dans ce chapitre participent à diverses voies assurant le bon fonctionnement des gènes ou menant vers d'autres types de réponses cellulaires. Les médiateurs moléculaires qui régulent les gènes comprennent les facteurs de croissance ainsi que certaines hormones végétales et animales. Le mauvais fonctionnement d'une voie amorcée par un facteur de croissance, comme celle de la FIGURE 11.17, peut favoriser l'apparition d'un cancer. Nous y reviendrons au chapitre 19.

Des voies plus élaborées amplifient et affinent la réponse de la cellule aux stimulus

Pourquoi existe-t-il tant d'étapes entre le stimulus extracellulaire et la réponse de la cellule ? Comme nous en avons déjà discuté, les voies de conversion-amplification comprenant plusieurs étapes présentent deux avantages non négligeables : elles amplifient l'effet du stimulus et, par conséquent, de la réponse cellulaire, et elles contribuent à la spécificité de cette dernière.

Amplification du stimulus

Une cascade enzymatique élaborée amplifie la réponse de la cellule à un stimulus. À chaque étape catalytique de la cascade, le nombre de produits activés s'accroît. Par exemple, dans la voie déclenchée par l'adrénaline à la FIGURE 11.16, chaque molécule d'adénylate cyclase catalyse la formation de nombreuses molécules d'AMPc ; chaque molécule de protéine kinase A phosphoryle beaucoup de kinases qui agiront à l'étape subséquente, et ainsi de suite. L'amplification découle du fait que ces protéines restent assez longtemps sous une forme active pour stimuler de nombreuses molécules de substrat, avant de redevenir inactives. L'amplification des stimulus résultant du rattachement d'un petit nombre de molécules d'adrénaline aux récepteurs membranaires d'une cellule hépatique ou musculaire se traduit donc par la libération de centaines de millions de molécules de glucose produites à partir de glycogène.

Spécificité de la communication cellulaire

Prenons deux cellules différentes de l'organisme : une cellule hépatique et une cellule musculaire. Les deux sont irriguées par le sang et sont, par conséquent, toujours exposées aux effets d'hormones diverses, de même qu'aux régulateurs locaux sécrétés par les cellules voisines. Pourtant, la cellule hépatique, tout comme la cellule cardiaque, répond uniquement à certains stimulus. Par ailleurs, les mêmes stimulus peuvent entraîner des réponses distinctes chez des cellules différentes. Par exemple, l'adrénaline pousse les cellules hépatiques à dégrader le glycogène, alors qu'elle stimule la contraction des cellules cardiaques, ce qui augmente le pouls.

Comment expliquer cela ? Eh bien ! en comprenant que ce qui explique la spécificité d'une réponse cellulaire à un stimulus explique aussi les divergences entre les cellules. En effet, *les différents types de cellules ont chacun un ensemble unique de protéines* (FIGURE 11.18, p. 224). Une cellule répond à un stimulus en fonction de ses récepteurs protéiques, de ses intermédiaires protéiques et de ses protéines cytoplasmiques. Une cellule hépatique, par exemple, est prête à répondre à l'adrénaline parce qu'elle a toutes les protéines énumérées à la FIGURE 11.16, ainsi que celles qui servent à fabriquer le glycogène.

Deux cellules qui répondent différemment au même stimulus se distinguent par une ou plusieurs protéines convertissant

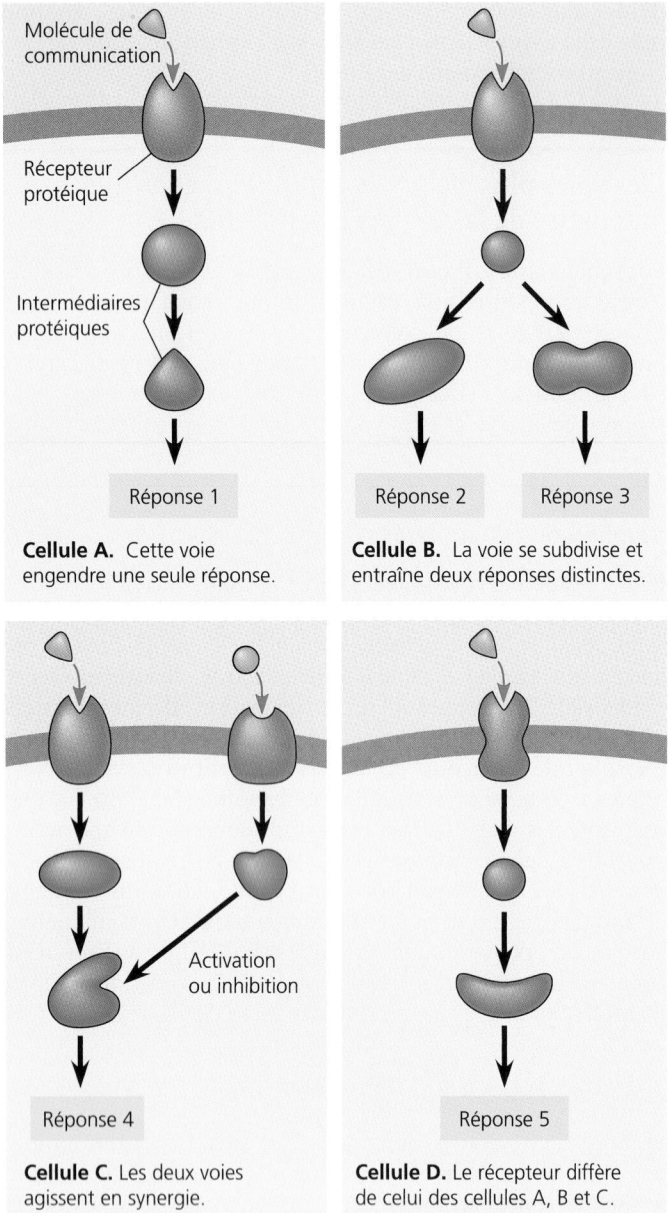

Molécule de communication

Récepteur protéique

Intermédiaires protéiques

Réponse 1

Cellule A. Cette voie engendre une seule réponse.

Réponse 2   Réponse 3

Cellule B. La voie se subdivise et entraîne deux réponses distinctes.

Activation ou inhibition

Réponse 4

Cellule C. Les deux voies agissent en synergie.

Réponse 5

Cellule D. Le récepteur diffère de celui des cellules A, B et C.

FIGURE 11.18 Spécificité de la communication cellulaire. Les protéines qu'elle possède déterminent le type de stimulus auxquels une cellule répond et la façon dont elle le fait. Les quatre cellules illustrées dans ces schémas sont stimulées par la même sorte de molécule de communication (triangle orangé), mais elles ne réagissent pas de la même manière, parce que chacune possède un ensemble unique de protéines (en vert et violet). Remarquez que certaines protéines peuvent intervenir dans plus d'une voie.

le stimulus ou y répondant. Remarquez à la FIGURE 11.18 que des voies dissemblables peuvent impliquer les mêmes molécules. Par exemple, les cellules A, B et C font toutes trois appel au même récepteur protéique pour lier la molécule de communication triangulaire. Cependant, leur réponse au stimulus diffère, car elles ne possèdent pas toutes les mêmes protéines. Dans la cellule B, un seul stimulus déclenche une voie qui se scinde et qui entraîne deux réponses. Les voies qui se ramifient mettent souvent en jeu des récepteurs à domaine tyrosine kinase (activant plusieurs intermédiaires protéiques) ou des seconds messagers (régulant un grand nombre de protéines). Dans la cellule C,

deux stimulus distincts amorcent deux voies convergentes qui modulent une seule réponse. Ce type de processus joue un rôle important dans la régulation et la coordination de la réponse cellulaire consécutive à la réception d'une information. En outre, l'utilisation des mêmes protéines dans plusieurs voies permet à la cellule de diminuer le nombre de protéines à synthétiser.

Les voies de conversion-amplification de la FIGURE 11.18 (de même que d'autres illustrations dans ce chapitre) sont très simplifiées. Les schémas montrent peu d'intermédiaires protéiques et, pour plus de clarté, les représentent dans le cytosol. Or, si ces protéines baignaient dans le cytosol, les voies de conversion-amplification seraient inefficaces, parce que la plupart des intermédiaires protéiques sont trop grands pour diffuser rapidement dans le cytosol, qui est visqueux. Alors, comment une protéine kinase trouve-t-elle son substrat? De récentes recherches indiquent que des **protéines adaptatrices** facilitent la conversion-amplification d'un stimulus. Il s'agit d'intermédiaires de grande taille qui rassemblent plusieurs autres intermédiaires protéiques. Par exemple, une protéine adaptatrice découverte dans des cellules de l'encéphale d'une souris transporte trois protéines kinases jusqu'à son site de liaison avec un récepteur membranaire spécifique. Ce faisant, elle facilite une cascade de phosphorylations particulière (FIGURE 11.19). Des chercheurs ont trouvé dans des cellules encéphaliques des protéines adaptatrices qui maintiennent ensemble de manière *permanente* des réseaux de protéines de communication dans les synapses (voir la FIGURE 2.18). L'organisation des protéines en réseau augmente la vitesse de transmission de l'information entre les cellules et sa précision.

Le rôle crucial joué par les intermédiaires protéiques au carrefour des voies de conversion-amplification est mis en évidence par les problèmes issus de leur manque ou de leur déficience. Par exemple, la maladie héréditaire appelée syndrome de Wiskott-Aldrich, qui se caractérise par l'absence d'un intermédiaire protéique particulier, conduit à diverses manifestations cliniques, comme des saignements anormaux, de l'eczéma, une prédisposition aux infections et à la leucémie, etc. On soupçonne que ces symptômes sont dus au fait que l'intermédiaire protéique en question n'existe pas dans les cellules du système immunitaire. Dans les cellules normales, il est situé juste en dessous de la membrane plasmique. Il interagit avec les microfilaments du cytosquelette et avec plusieurs éléments des voies de conversion-amplification qui transmettent l'activation à partir de la membrane (notamment les voies régulant la prolifération des cellules immunitaires). Cet intermédiaire protéique aux multiples fonctions est au carrefour d'un réseau complexe de voies de conversion-amplification qui régit le comportement des cellules immunitaires. En son absence, le cytosquelette présente un défaut de structure, et les voies de conversion-amplification sont altérées, ce qui explique les symptômes de la maladie de Wiskott-Aldrich.

Pour simplifier la FIGURE 11.18, nous n'avons pas indiqué les mécanismes d'*inactivation*, même s'ils sont essentiels à la communication. Mais rappelez-vous que, pour que les cellules d'un organisme multicellulaire restent alertes et capables de répondre à des stimulus, chaque modification moléculaire qui survient dans une voie de communication ne doit durer qu'un court laps de temps. Comme vous l'avez vu dans l'exemple du choléra, si un intermédiaire protéique reste bloqué dans un état – que celui-ci soit actif ou inactif –, l'organisme peut en pâtir.

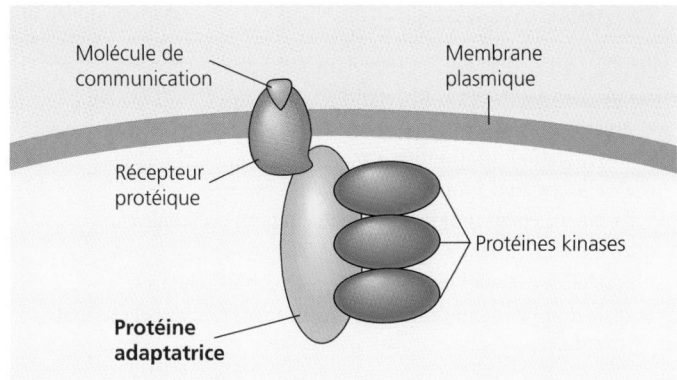

FIGURE 11.19 Une protéine adaptatrice. La protéine adaptatrice illustrée ici (en rose) se lie simultanément à un récepteur membranaire précis activé et à trois protéines kinases distinctes. Cet arrangement favorise la transmission de l'information générée par le stimulus et relayée par ces molécules.

Pour qu'une cellule soit en tout temps régulée, les stimulus auxquels elle est sensible doivent produire des changements réversibles. Ainsi, l'association des molécules de communication et des récepteurs est réversible, de sorte qu'il y a toujours des récepteurs libres, prêts à recevoir les molécules de communication. Cette caractéristique revêt une importance particulière

dans les cas où les molécules de communication parviennent aux récepteurs à de très faibles concentrations. Une fois que ceux-ci sont libérés de leur ligand, ils redeviennent inactifs. Puis, par différents moyens, les intermédiaires protéiques reprennent leur forme inactive : l'activité GTPase inhérente à la protéine G hydrolyse le GTP lié ; l'enzyme phosphodiestérase transforme l'AMPc en AMP ; les protéines phosphatases inactivent les protéines kinases phosphorylées ainsi que d'autres protéines, et ainsi de suite. Il s'ensuit que la cellule est rapidement prête à répondre à un autre stimulus.

■   ■   ■

Dans ce chapitre, nous vous avons présenté de nombreux aspects de la communication cellulaire. Il est surtout important que vous compreniez ses mécanismes généraux, tels que la liaison d'un ligand, le changement de conformation des protéines, les interactions entre les protéines, les cascades convertissant et amplifiant les stimulus, et la phosphorylation des protéines par les kinases. Tout au long de ce manuel, vous rencontrerez des exemples de communication cellulaire. Dans le prochain chapitre, vous verrez que celle-ci joue un rôle déterminant dans la régulation de la reproduction cellulaire.

RÉVISION DU CHAPITRE

Résumé des concepts importants

VUE D'ENSEMBLE DE LA COMMUNICATION CELLULAIRE

- **La communication cellulaire est apparue très tôt dans l'histoire de la vie (p. 210 et 211, FIGURES 11.1 et 11.2).** La preuve, c'est qu'on remarque que la communication chez les microorganismes s'apparente de très près à celle qui a lieu dans les organismes multicellulaires.

- **Les cellules communiquent à proximité ou à distance (p. 210 à 212, FIGURES 11.3 et 11.4).** Chez les Animaux, les cellules voisines communiquent entre elles en sécrétant des régulateurs locaux ou, dans le cas des neurones, en sécrétant des neurotransmetteurs aux synapses. Lorsqu'elles veulent communiquer à distance, les cellules tant animales que végétales transmettent des stimulus chimiques sous forme d'hormones. Les cellules communiquent aussi directement par des canaux intercellulaires.

- **Les trois phases de la communication cellulaire sont la réception du stimulus, la conversion-amplification de celui-ci et la réponse de la cellule (p. 212 et 213, FIGURE 11.5).** Earl Sutherland a découvert comment l'adrénaline, une hormone, agit sur les cellules. Cette molécule de communication se lie à un récepteur de surface (réception). Ce faisant, elle déclenche toute une série de modifications affectant ce dernier ainsi que d'autres molécules intracellulaires (conversion-amplification). En dernier lieu, l'enzyme qui dégrade le glycogène est activée (réponse).

RÉCEPTION DU STIMULUS ET AMORCE DE LA PHASE DE CONVERSION-AMPLIFICATION

- **La molécule de communication se lie à un récepteur protéique et modifie sa conformation (p. 213).** La liaison entre la molécule de communication (ligand) et le récepteur est spécifique. Le changement de conformation du récepteur amorce souvent la phase de conversion-amplification du stimulus.

- **La majorité des récepteurs sont des protéines membranaires (p. 213 à 217, FIGURES 11.6, 11.8, 11.9 et 11.10).** Un récepteur couplé à une protéine G est un récepteur membranaire qui fonctionne avec l'aide d'une protéine G cytosolique. Lorsqu'un ligand se lie à ce type de récepteur, il l'active ; par la suite, celui-ci active une protéine G spécifique, qui active à son tour une autre protéine de la voie de conversion-amplification. L'adrénaline transmet une stimulation en se servant de ce type de récepteur.

    Lorsque des molécules de communication se lient à des récepteurs à domaine tyrosine kinase, ceux-ci réagissent en formant des dimères, puis en ajoutant un groupement phosphate aux tyrosines de leur portion cytosolique. Les tyrosines phosphorylées activent des intermédiaires protéiques en s'y liant. C'est ainsi que ce type de récepteur déclenche simultanément plusieurs voies. Les récepteurs des facteurs de croissance sont souvent des récepteurs à domaine tyrosine kinase.

    Certaines molécules de communication provoquent l'ouverture et la fermeture de canaux ioniques à ouverture régulée, ce qui contrôle le flux d'un ion spécifique.

Les récepteurs intracellulaires sont des protéines cytosoliques ou nucléaires. Les molécules de communication qui traversent la membrane plasmique sans difficulté, les hormones stéroïdes et le monoxyde d'azote, par exemple, se fixent à ce type de récepteurs.

LES VOIES DE CONVERSION-AMPLIFICATION

- **Les voies de conversion-amplification préparent la réponse cellulaire (p. 217 et 218).** À chacune des étapes d'une voie, le stimulus prend une forme différente ; le plus souvent, il entraîne un changement de la conformation d'une protéine.

- **La phosphorylation des protéines, un mode courant de régulation des cellules, joue un rôle crucial dans la phase de conversion-amplification d'un stimulus (p. 218 et 219, FIGURE 11.11).** Beaucoup de voies de conversion-amplification comprennent des cascades de phosphorylations, au cours desquelles plusieurs protéines kinases ajoutent tour à tour un groupement phosphate à la protéine kinase en aval afin de l'activer. Des protéines phosphatases éliminent rapidement les phosphates.

- **Certaines petites molécules et certains ions sont des éléments clés des voies de conversion-amplification (seconds messagers) (p. 218 à 222, FIGURES 11.12 à 11.15).** Les seconds messagers, tels que l'AMP cyclique (AMPc) et le Ca^{2+}, diffusent rapidement dans le cytosol ; par conséquent, ils accélèrent la transmission de l'information. De nombreuses protéines G activent l'adénylate cyclase, l'enzyme qui fabrique de l'AMPc à partir d'ATP. Bien qu'ils soient toujours présents dans les liquides biologiques, les ions Ca^{2+} peuvent jouer le rôle d'un second messager, parce que des pompes protéiques les maintiennent généralement en faible concentration dans le cytosol. Beaucoup de protéines G et de récepteurs à domaine tyrosine kinase activent une enzyme qui scinde un phosphoglycérolipide membranaire en deux seconds messagers, dont l'un est l'inositol triphosphate (IP_3). L'IP_3 est le ligand d'un canal calcique à ouverture régulée de la membrane du réticulum endoplasmique, un organite qui stocke le calcium à de fortes concentrations. Lorsque l'IP_3 se lie à un tel canal, les ions Ca^{2+} se dirigent vers le cytosol, où ils activent des protéines appartenant à diverses voies de conversion-amplification.

LA RÉPONSE CELLULAIRE

- **En réponse à un stimulus, la cellule peut réguler certaines fonctions dans le cytoplasme ou la transcription dans le noyau (p. 222 à 223, FIGURES 11.16 et 11.17).** Par exemple, les voies de conversion-amplification contrôlent l'activité enzymatique et le réarrangement du cytosquelette. D'autres voies régulent des gènes en activant des facteurs de transcription, c'est-à-dire les protéines qui activent ou inhibent certains gènes.

- **Des voies plus élaborées amplifient et affinent la réponse de la cellule aux stimulus (p. 223 à 225, FIGURE 11.18).** Chaque protéine catalytique d'une voie de conversion-amplification amplifie le stimulus reçu en activant plusieurs copies de la protéine qui lui succède dans la voie. Dans le cas de voies plus complexes, l'amplification totale est sidérante : l'amplification d'un stimulus résultant du rattachement d'une molécule à un récepteur membranaire peut se traduire par la libération de plusieurs millions de molécules. Par ailleurs, une cellule a une combinaison unique de protéines qui lui confère une grande spécificité sur les plans de la réception d'un stimulus et de la réponse. Des protéines adaptatrices rassemblent plusieurs éléments d'une voie et peuvent ainsi accroître l'efficacité de la conversion-amplification. La division des voies et leur interaction favorise aussi la coordination des stimulus et des réponses.

Autoévaluation

(Les questions dont les numéros sont en caractères gras font surtout appel à la compréhension.)

1. Les cascades de phosphorylations dans lesquelles plusieurs protéines kinases interviennent sont utiles à la phase de conversion-amplification du stimulus, car :
   a) elles ne sont propres qu'à certaines espèces.
   b) elles mènent toujours à la même réponse cellulaire.
   c) elles amplifient plusieurs fois le stimulus.
   c) elles renversent les effets néfastes des phosphatases.
   e) le nombre de molécules auxquelles elles font appel est petit et fixe.

2. Quel type de récepteur modifie le potentiel électrique de la membrane quand une molécule de communication s'y lie ?
   a) Les récepteurs à domaine tyrosine kinase.
   b) Les récepteurs couplés à une protéine G.
   c) Les dimères de tyrosine kinase phosphorylés.
   d) Les canaux ioniques à ouverture régulée par un ligand.
   e) Les récepteurs protéiques intracellulaires.

3. L'activation d'un récepteur à domaine tyrosine kinase se caractérise par :
   a) une dimérisation et une phosphorylation.
   b) la liaison d'IP_3.
   c) la production de calmoduline.
   d) l'hydrolyse de GTP.
   e) un changement de conformation du canal protéique.

4. La communication cellulaire est apparue très tôt dans l'histoire de la vie, car :
   a) elle a été observée dans des organismes rudimentaires comme les bactéries.
   b) les levures de sexe différent communiquent les unes avec les autres.
   c) les molécules de communication que l'on trouve chez des organismes plus ou moins apparentés sont similaires.
   d) un stimulus peut se transmettre sur de grandes distances, une propriété nécessaire au développement de la vie multicellulaire.
   e) les molécules de communication interagissent spécifiquement avec la portion externe de la membrane plasmique.

5. Quelle observation a conduit Sutherland à conclure qu'un second messager était impliqué dans la stimulation des cellules hépatiques par l'adrénaline ?
   a) L'activité enzymatique était proportionnelle à la quantité de calcium ajoutée à un extrait sans cellules.
   b) Les études portant sur les récepteurs montraient que l'adrénaline était un ligand.
   c) Quand de l'adrénaline était ajoutée à des cellules intactes, du glycogène était dépolymérisé.
   d) Une dépolymérisation du glycogène résultait de la combinaison de l'adrénaline et de la glycogène phosphorylase.
   e) L'adrénaline était connue pour produire des effets sur différentes cellules.

6. La phosphorylation des protéines s'observe dans tous les événements cellulaires suivants, sauf un ; duquel s'agit-il ?
   a) De la régulation de la transcription par des molécules de communication extracellulaires.
   b) De l'activation enzymatique.
   c) De l'activation de récepteurs couplés à une protéine G.
   d) De l'activation de récepteurs à domaine tyrosine kinase.
   e) De l'activation de protéines kinases.

7. Un stimulus chimique est amplifié quand:
   a) le récepteur membranaire active plusieurs protéines G alors qu'il est encore lié à une molécule de communication.
   b) une molécule d'AMPc active une protéine kinase avant d'être transformée en AMP.
   c) l'activité des phosphorylases kinases et des protéines phosphatases s'équilibrent.
   d) de nombreux ions calcium traversent les canaux calciques après avoir commandé leur ouverture.
   e) a et d.

8. Les molécules de communication liposolubles, comme la testostérone, traversent les membranes cellulaires; pourtant, elles n'exercent des effets que sur les cellules cibles. Pourquoi?
   a) Parce que seules les cellules cibles contiennent les portions d'ADN nécessaires.
   b) Parce que les récepteurs intracellulaires ne se trouvent que dans les cellules cibles.
   c) Parce que la plupart des cellules ne possèdent pas de récepteurs à domaine tyrosine kinase.
   d) Parce que seules les cellules cibles possèdent les enzymes cytosoliques qui transmettent l'information de ces molécules de communication.
   e) Parce que ce n'est que dans les cellules cibles qu'elles amorcent la cascade de phosphorylations aboutissant à l'activation du facteur de transcription.

9. Lequel des effets suivants des voies de conversion-amplification n'est pas positif pour les cellules?
   a) Grâce à elles, les cellules répondent aux molécules de communication qui sont trop grandes ou trop polaires pour diffuser à travers la membrane plasmique.
   b) Elles permettent à différentes cellules de répondre adéquatement à un même stimulus.
   c) Elles favorisent la consommation du phosphate libéré par l'hydrolyse de l'ATP.
   d) Elles amplifient le stimulus.
   e) Les variantes de ces voies peuvent augmenter la spécificité de la réponse.

10. Dans la voie suivante: adrénaline → récepteur couplé à une protéine G → adénylate cyclase, identifiez le second messager.
   a) L'AMPc.
   b) La protéine G.
   c) Le GTP.
   d) L'adénylate cyclase.
   e) Le récepteur couplé à la protéine G.

11. En quoi les récepteurs des hormones hydrosolubles et des hormones liposolubles se distinguent-ils?

12. L'ajout de noradrénaline (une hormone hydrosoluble) à une suspension de cellules thyroïdiennes mises en culture provoque une augmentation de la concentration de calcium cytosolique et la libération de thyroxine (une autre hormone). Quel mécanisme de communication cellulaire expliquerait cet effet?

13. À la question 12, est-ce qu'une micro-injection de noradrénaline dans les cellules engendrerait les mêmes effets?

14. Comment la réponse d'une cellule cible à une hormone peut-elle être amplifiée plusieurs millions de fois?

15. Comment la réponse cellulaire peut-elle être inhibée dans les voies où des cascades de phosphorylations interviennent?

Lien avec l'évolution

Vous avez appris dans ce chapitre que la communication intercellulaire est probablement apparue tôt dans l'histoire de la vie, car on trouve les mêmes mécanismes de communication dans des organismes qui sont de lointains parents. Pourquoi de «meilleurs» mécanismes ne se sont-ils pas développés? Est-il trop difficile de fabriquer des mécanismes entièrement nouveaux ou est-ce que les mécanismes qui existent déjà sont adéquats, et donc maintenus? En d'autres termes, des mécanismes de communication plus sophistiqués apparaissent-ils si les mécanismes existants sont adéquats et efficaces? Pourquoi?

Intégration

Des cytologistes ont récemment fait la découverte de l'orexine, un petit peptide hydrosoluble. Cette molécule de communication semble réguler l'appétit des Mammifères. La concentration extracellulaire d'orexine est plus élevée chez les individus qui jeûnent que chez ceux qui se nourrissent normalement. À l'aide de vos connaissances sur les récepteurs membranaires et les voies de conversion-amplification, proposez des mécanismes liés à l'orexine qui permettraient de traiter l'anorexie et l'obésité.

Science, technologie et société

Le vieillissement est un processus qui semble s'amorcer dans les cellules. En effet, certaines modifications apparaissent après un nombre donné de divisions cellulaires. Les cellules perdent, entre autres choses, leur capacité à répondre aux facteurs de croissance et à d'autres stimulus chimiques. La plupart des travaux menés sur le vieillissement visent à comprendre pourquoi elles ne répondent plus aux stimulus, et leur but ultime est de rallonger de manière significative la durée de vie. Si nous vivions beaucoup plus vieux, quelles en seraient les conséquences sur l'écologie et la société? Comment pourrions-nous y faire face?

Réponses à l'autoévaluation: 1. c; 2. d; 3. a; 4. c; 5. c; **6.** c; **7.** a; **8.** b; **9.** c; 10. a; **11.** Les récepteurs des hormones hydrosolubles sont situés dans la membrane plasmique, et ceux des hormones liposolubles, dans la cellule. 12. Une communication par l'intermédiaire d'un récepteur membranaire couplé à une protéine G, suivie d'une catalyse par la phospholipase C, qui libère de l'IP$_3$. L'IP$_3$ ouvre des canaux du RE, et ceux-ci déversent des ions Ca^{2+} dans le cytosol. L'augmentation de la concentration de Ca^{2+} dans le cytosol déclenche la libération de thyroxine. **13.** Non, parce que la noradrénaline doit se lier à la portion extracellulaire du récepteur pour activer la voie de conversion-amplification. 14. Par une cascade d'activations successives dans laquelle certaines étapes activent de nombreuses molécules. 15. Les protéines phosphatases renversent l'effet des protéines kinases.

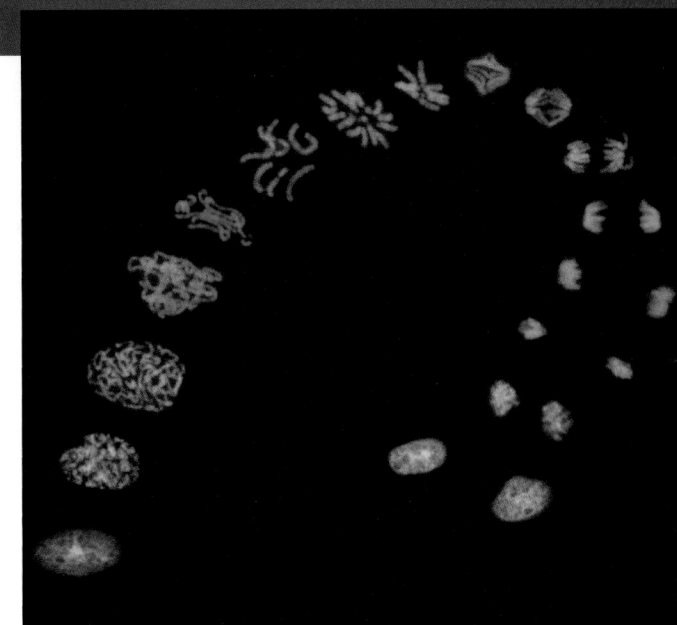

CHAPITRE 12

LE CYCLE CELLULAIRE

« Naissances, corps, héritages, jusque dans le secret
de nos cellules, le monde qui nous est accessible devient
entièrement réglé, dicté, dédié, administré. »

FRANCK HAMMOUTÈNE
architecte français

LES FONCTIONS ESSENTIELLES DE LA DIVISION CELLULAIRE

- La reproduction, la croissance et la régénération passent par la division cellulaire
- La division cellulaire attribue un jeu identique de chromosomes à chaque cellule fille

LA MITOSE DANS LE CYCLE CELLULAIRE

- La phase mitotique alterne avec l'interphase au cours du cycle cellulaire : une vue d'ensemble
- Le fuseau de division répartit les chromosomes entre les cellules filles : une étude détaillée
- La cytocinèse est le processus par lequel le cytoplasme se divise en deux : une étude détaillée
- La mitose chez les Eucaryotes a possiblement évolué à partir de la scissiparité bactérienne

LA RÉGULATION DU CYCLE CELLULAIRE

- Un mécanisme de régulation moléculaire gouverne le cycle cellulaire
- Des stimulus internes et externes concourent à réguler le cycle cellulaire
- Les cellules tumorales échappent à la régulation du cycle cellulaire

L'aptitude des organismes à se reproduire constitue l'une des caractéristiques qui distinguent les êtres vivants du monde inanimé. La capacité à se reproduire a, comme toutes les fonctions biologiques, des fondements cellulaires. En 1855, Rudolf Virchow, un médecin allemand, a formulé cette idée comme suit : « L'existence d'une cellule suppose obligatoirement la préexistence d'une autre cellule, de la même manière que l'animal ne peut naître que d'un animal, et la plante, d'une plante. » Il a résumé sa pensée en un axiome, Omnis cellula e cellula, qui signifie : « Chaque cellule naît d'une cellule ». La perpétuation de la vie repose sur la reproduction des cellules, ou la division cellulaire. La micrographie ci-dessus met en relief les chromosomes au cours des différentes étapes de la division d'une cellule animale ; c'est dans le coin inférieur gauche que la division cellulaire débute.

Dans ce chapitre, vous apprendrez comment les cellules se reproduisent pendant la mitose et forment des cellules filles génétiquement identiques. La division cellulaire fait partie intégrante du cycle cellulaire, le processus qui correspond à la vie d'une cellule au terme de la division de sa cellule mère, jusqu'à sa propre division en deux cellules filles.

LES FONCTIONS ESSENTIELLES DE LA DIVISION CELLULAIRE

Avant de décrire le cycle cellulaire ou le mécanisme de la division cellulaire, attardons-nous sur les différentes fonctions remplies par la reproduction cellulaire chez les êtres vivants.

La reproduction, la croissance et la régénération passent par la division cellulaire

Dans le cas d'un organisme unicellulaire (tel qu'une Amibe) qui se réplique, la division d'une seule cellule reproduit l'individu en entier (FIGURE 12.1a). Dans le cas de certains organismes multicellulaires, la division cellulaire à une grande échelle peut engendrer une progéniture (comme les plantes dérivées de boutures). La division cellulaire permet aussi aux organismes à reproduction sexuée de se développer à partir d'une seule cellule : l'œuf fécondé, ou zygote (FIGURE 12.1b). Même quand un organisme multicellulaire a atteint la maturité, la division cellulaire se poursuit ; elle permet de remplacer les cellules détruites par l'usure normale et par les lésions. Ainsi, la division des cellules de la moelle osseuse produit sans cesse de nouvelles cellules sanguines (FIGURE 12.1c).

Une entité aussi complexe que la cellule ne se reproduit pas par simple segmentation ; ce n'est pas une bulle de savon qui grossit, puis qui se scinde en deux. La division cellulaire par voie de mitose distribue un matériel génétique identique (soit le même ADN) aux deux cellules filles. Sa propriété la plus remarquable est la fidélité de la transmission du génome d'une génération de cellules à la suivante. Une cellule en voie de division copie tous ses gènes, les répartit également à ses deux extrémités, puis se divise en deux cellules filles.

La division cellulaire attribue un jeu identique de chromosomes à chaque cellule fille

L'information génétique (ADN) dont une cellule hérite est le **génome.** Alors que celui des cellules procaryotes est souvent constitué d'une longue et unique molécule d'ADN, celui des cellules eucaryotes se compose d'un grand nombre de longues molécules. La longueur de tout l'ADN d'une cellule eucaryote est considérable. Par exemple, l'ADN d'une cellule humaine typique mesure environ 3 m, ce qui équivaut à 300 000 fois le diamètre de la cellule. Pourtant, avant la division cellulaire, il doit être répliqué, et les deux exemplaires qui en résultent doivent être distribués de façon que chacune des cellules filles reçoive un génome complet.

Si la réplication et la distribution d'une si grande quantité d'ADN sont possibles, c'est parce que les molécules d'ADN forment des **chromosomes.** Ceux-ci doivent leur nom au fait qu'ils retiennent certains colorants en microscopie (du grec *khrôma*, « couleur », et *sôma*, « corps ») (FIGURE 12.2). Chaque espèce possède dans le noyau de ses cellules un nombre caractéristique de chromosomes. Ainsi, chez l'Humain, les **cellules somatiques** (toutes les cellules de l'organisme, sauf les cellules reproductrices matures) en contiennent 46, alors que les **cellules reproductrices** matures (les spermatozoïdes et les ovules) en contiennent deux fois moins, soit 23. Les cellules reproductrices immatures, les spermatogonies et les ovogonies, font partie des cellules somatiques. Elles donneront respectivement les spermatozoïdes et les ovules au terme du processus de division cellulaire appelé méiose, que nous étudierons au chapitre suivant.

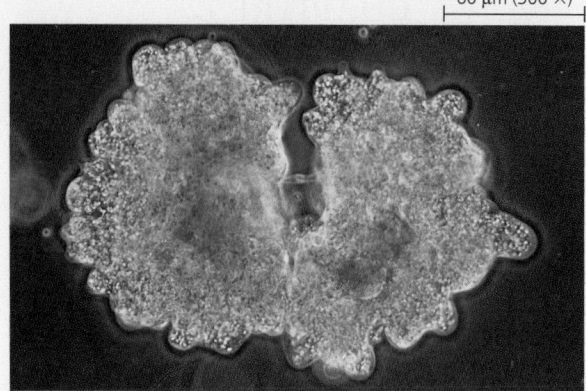

60 µm (300 ×)

(a) Reproduction. L'Amibe, un organisme eucaryote unicellulaire, se divise en deux cellules, chacune formant un individu complet (MP).

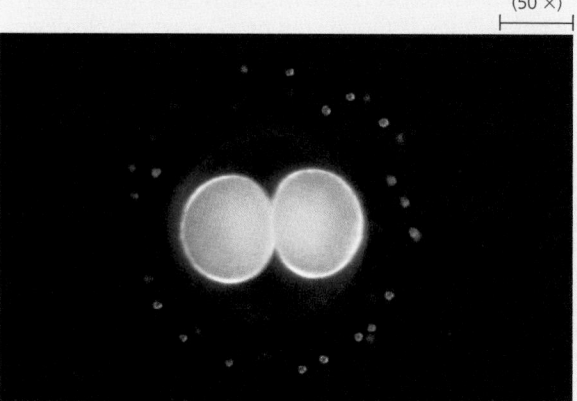

200 µm (50 ×)

(b) Croissance et développement. Cette micrographie à fond noir montre un embryon de Dollar des sables (embranchement des Échinodermes) peu après la division de l'œuf fécondé, ou zygote, en deux cellules (MP).

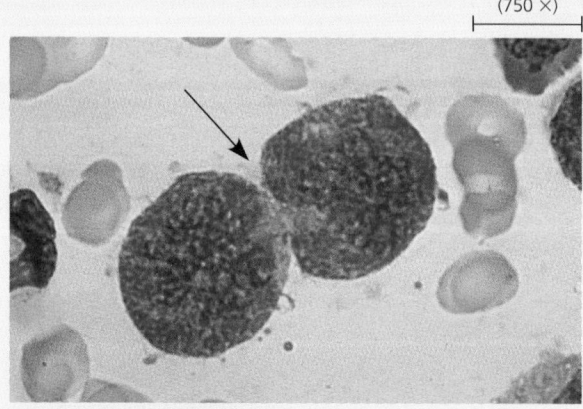

20 µm (750 ×)

(c) Régénération des tissus. Ces cellules de moelle osseuse, issues de la division d'une cellule mère et encore liées par les fibres du fuseau, donnent naissance à de nouvelles cellules sanguines (MP).

FIGURE 12.1 Fonctions de la division cellulaire.

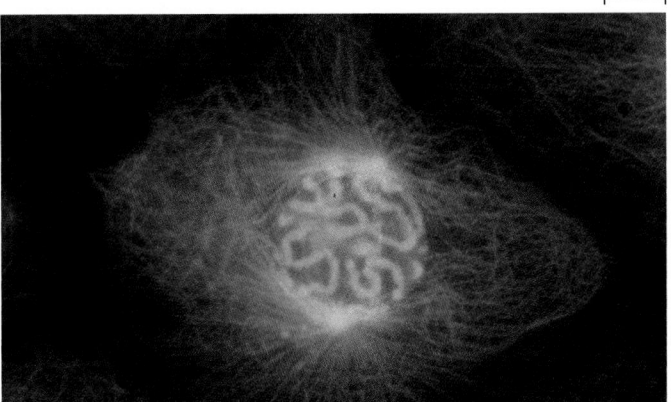

FIGURE 12.2 Chromosomes d'une cellule eucaryote. Une cellule épithéliale de Rat kangourou (*Dipodomys sp.*) se prépare à la division, et un enchevêtrement de chromosomes filamenteux (en orangé) apparaît à l'intérieur du noyau.

Micrographie photonique reproduite avec l'aimable autorisation de J. M. Murray, University of Pennsylvania Medical School.

Chaque chromosome renferme une très longue molécule d'ADN divisée en des centaines ou en des milliers de gènes; rappelez-vous que ces derniers sont les unités d'information génétiques qui déterminent les caractères d'un organisme. L'ADN est associé à diverses protéines qui maintiennent la structure des chromosomes ou qui concourent à la régulation de l'activité des gènes. Le complexe formé des protéines et de l'ADN, ainsi que d'ARN, est appelé **chromatine**; celle-ci a un aspect diffus. Chez l'Humain, elle se compose au début de l'interphase de 46 fibres longues et très minces. En préparation de la division cellulaire, l'ADN se réplique, puis la chromatine se condense: elle s'enroule et se replie maintes fois, si bien que, vus au microscope photonique, les chromosomes apparaissent courts et épais.

Chaque chromosome dédoublé se compose de deux **chromatides sœurs,** qui sont les copies identiques de la molécule d'ADN initiale. Les deux chromatides sont d'abord unies par des protéines sur toute leur longueur. Sous sa forme condensée, le chromosome possède une région spécialisée, le **centromère,** qui prend la forme d'un étranglement (FIGURE 12.3). Au cours de la **mitose,** les chromatides sœurs sont séparées; elles forment deux jeux chromosomiques complets dans deux noyaux situés à chaque

FIGURE 12.3 Réplication et répartition des chromosomes pendant la mitose. Quand une cellule eucaryote se prépare à la division, chacun de ses chromosomes se réplique et forme deux chromatides sœurs rattachées par leur centromère. Les centromères se trouvent dans la région commune des chromatides qui subit une constriction. La micrographie électronique montre un chromosome humain après réplication (MEB). Chaque chromatide se compose d'une très longue fibre de chromatine maintes et maintes fois enroulée et très condensée. Les molécules d'ADN des chromatides sœurs sont identiques. Au cours de la mitose, un processus mécanique sépare celles-ci et en distribue un exemplaire à chaque cellule fille. C'est uniquement durant la mitose que les chromosomes prennent une forme très condensée, comme celle que l'on voit ici.

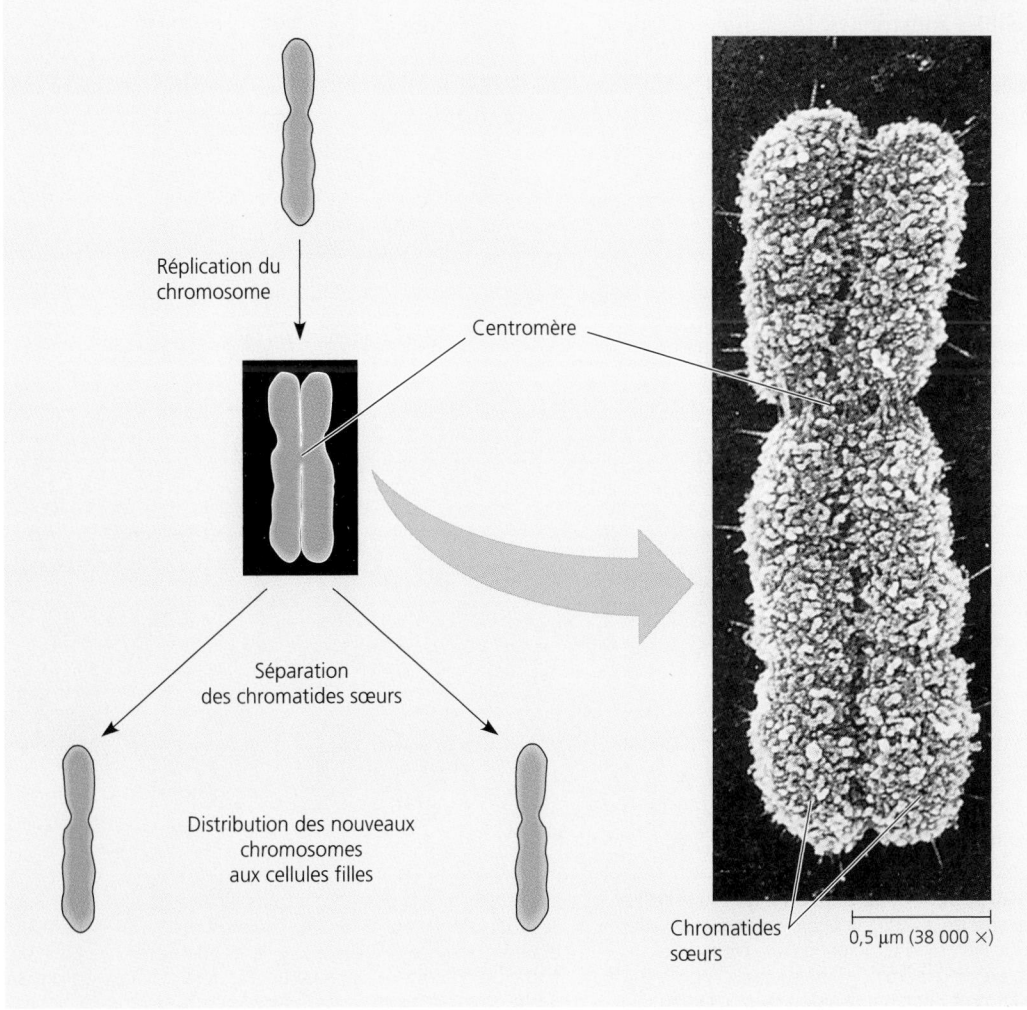

Réplication du chromosome

Centromère

Séparation des chromatides sœurs

Distribution des nouveaux chromosomes aux cellules filles

Chromatides sœurs

0,5 μm (38 000 ×)

extrémité de la cellule mère. Généralement, pendant la mitose, la division du noyau est immédiatement suivie de la **cytocinèse,** la division du cytoplasme. Là où il n'y avait qu'une cellule, il s'en trouve désormais deux, chacune étant l'équivalent génétique de la cellule mère.

Suivons le cycle de développement humain pour voir ce qu'il advient du nombre de chromosomes. Vous avez hérité de 46 chromosomes : 23 viennent de votre père, et 23, de votre mère. Voici comment les choses se sont passées. Un spermatozoïde de votre père (une cellule reproductrice) contenant 23 chromosomes a fusionné avec un ovule de votre mère (une autre cellule reproductrice) contenant aussi 23 chromosomes. Ils ont formé un ovule fécondé, ou zygote, contenant 46 chromosomes. Ces derniers se sont assemblés dans le noyau d'une cellule unique, somatique. Grâce à la mitose et à la cytocinèse, cette cellule s'est multipliée, et les cellules filles aussi, et ainsi de suite. Voilà pourquoi votre organisme se compose aujourd'hui de milliards de cellules somatiques. Le même processus continue d'engendrer de nouvelles cellules pour remplacer celles qui sont mortes ou endommagées. Quant à vos cellules reproductrices matures (l'opposé des cellules somatiques), c'est-à-dire vos ovules ou vos spermatozoïdes, elles sont produites par une variante de la division cellulaire, la **méiose.** Celle-ci produit des cellules filles non identiques contenant deux fois moins de chromosomes que la cellule mère. La méiose se produit uniquement dans les organes reproducteurs. Chez l'Humain, à la puberté, elle fait passer le nombre de chromosomes de 46 à 23. (Attention ! les cellules somatiques, toujours issues de la mitose, contiennent 46 chromosomes ; ce sont les cellules reproductrices, issues de la méiose, qui en contiennent 23.) La fécondation ramène le nombre de chromosomes à 46. Au chapitre 13, nous examinerons de plus près le rôle de la méiose dans la reproduction et l'hérédité. Pour l'instant, penchons-nous sur la mitose.

LA MITOSE DANS LE CYCLE CELLULAIRE

La phase mitotique alterne avec l'interphase au cours du cycle cellulaire : *une vue d'ensemble*

La mitose ne constitue qu'une étape du cycle cellulaire (FIGURE 12.4). En fait, la **phase M** (pour « mitose »), qui comprend la mitose et la cytocinèse, est l'étape la plus courte du cycle cellulaire. Elle alterne avec une période de croissance cellulaire appelée **interphase,** une étape beaucoup plus longue représentant généralement 90 % de la durée du cycle. Pendant l'interphase, la cellule croît et copie ses chromosomes en préparation de la division cellulaire. L'interphase se subdivise en trois périodes de croissance, appelées dans l'ordre la **phase G_1** (G pour *gap* ou intervalle sans synthèse d'ADN), la **phase S** (pour « synthèse d'ADN ») et la **phase G_2.** Durant ces trois phases, la cellule croît en synthétisant des protéines et en produisant des organites cytoplasmiques. La réplication des chromosomes n'a toutefois lieu que pendant la phase S. En somme, la cellule croît (G_1), copie ses chromosomes tout en continuant de croître (S), finit de se préparer pour la division cellulaire sans cesser de croître (G_2) et, enfin, se divise (M). Les cellules filles peuvent ensuite répéter le cycle.

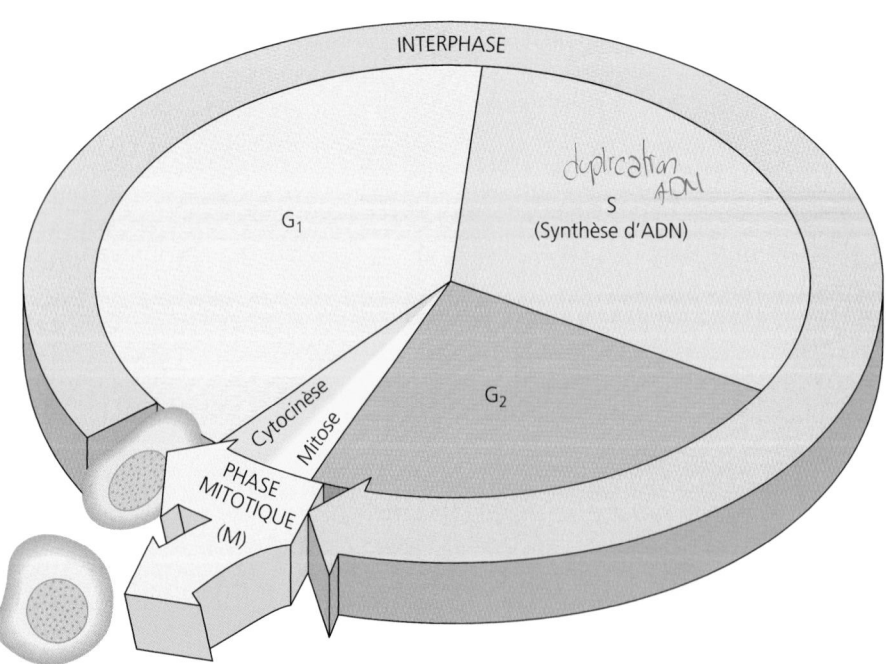

FIGURE 12.4 Cycle cellulaire. Dans une cellule en voie de division, la phase mitotique (M) alterne avec l'interphase, ou période de croissance. La première partie de l'interphase s'appelle G_1. Elle correspond à une phase de croissance. Elle est suivie de la phase S, au cours de laquelle se produisent la réplication des chromosomes et une croissance cellulaire. Puis vient la dernière partie de l'interphase, la phase G_2. Pendant celle-ci, la croissance se poursuit. À l'interphase succède la mitose, qui divise le noyau de la cellule mère et répartit les chromosomes entre les noyaux fils. Enfin, la cytocinèse divise le cytoplasme, produisant deux cellules filles.

Les films en accéléré montrant des cellules en cours de division révèlent que la mitose et la cytocinèse représentent un ensemble de changements ininterrompus. Pour les besoins de la description, toutefois, on subdivise la mitose en cinq phases : la **prophase,** la **prométaphase,** la **métaphase,** l'**anaphase** et la **télophase.** La FIGURE 12.5, aux pages 234 et 235, montre les détails de ces phases dans une cellule animale.

Le fuseau de division répartit les chromosomes entre les cellules filles : *une étude détaillée*

Plusieurs événements de la mitose reposent sur une structure appelée **fuseau de division,** qui commence à se former dans le cytoplasme pendant la prophase. Le fuseau de division est un ensemble de fibres constituées de microtubules associés à des protéines. Comme les microtubules du cytosquelette se désorganisent pendant la formation du fuseau de division, on croit qu'ils fournissent à celui-ci ses matériaux. Les microtubules du fuseau allongent en incorporant des sous-unités de tubuline (voir le TABLEAU 7.2).

L'assemblage des microtubules du fuseau commence dans le **centrosome,** un organite non membraneux qui organise les microtubules tout au long du cycle cellulaire (on le nomme également *centre organisateur des microtubules*). Dans les cellules animales, on trouve une paire de centrioles au cœur du centrosome. Ces structures ne sont toutefois pas essentielles à la division cellulaire, puisque les centrosomes des cellules végétales n'en contiennent pas. Et si l'on détruit les centrioles de cellules animales au moyen d'un faisceau laser, on n'empêche ni la formation ni le fonctionnement du fuseau pendant la mitose.

Pendant l'interphase, le centrosome se réplique et forme deux centrosomes situés à côté du noyau (voir la FIGURE 12.5). Ceux-ci s'éloignent l'un de l'autre pendant la prophase et la prométaphase, et c'est d'eux que les microtubules du fuseau rayonnent. À la fin de la prométaphase, les deux centrosomes se trouvent aux pôles de la cellule et deviennent les pôles du fuseau.

Chacune des deux chromatides sœurs d'un chromosome possède un **kinétochore,** une structure constituée de protéines et de certaines portions d'ADN du centromère. Les deux kinétochores d'un chromosome font face aux extrémités opposées de la cellule. Durant la prométaphase, certains microtubules du fuseau de division s'attachent à eux. Quand un microtubule en « capture » un, le chromosome commence à migrer vers le pôle d'origine de la fibre. Toutefois, ce mouvement est contré dès qu'un microtubule provenant de l'autre pôle s'attache au second kinétochore du chromosome. Il se produit alors une partie de souque à la corde. Le chromosome se déplace dans une direction, puis dans l'autre, et ce, pendant un moment. Il s'arrête finalement à l'équateur de la cellule (FIGURE 12.6, p. 236). Entre-temps, les microtubules qui ne s'attachent pas aux kinétochores interagissent avec les microtubules polaires issus du pôle opposé. À la métaphase, ils se chevauchent, et les centromères de tous les chromosomes répliqués se trouvent dans un plan situé à mi-chemin entre les deux pôles appelé **plaque équatoriale.** Le fuseau de division est alors complet.

Étudions maintenant la corrélation entre la structure et la fonction du fuseau pendant l'anaphase. L'anaphase débute quand les protéines retenant les chromatides sœurs sont inactivées.

Celles-ci sont désormais indépendantes et forment des chromosomes à part entière, qui se déplacent vers les pôles de la cellule. Quel rôle jouent les microtubules kinétochoriens dans cette migration ? Des résultats expérimentaux semblent appuyer l'hypothèse selon laquelle les kinétochores possèdent des protéines motrices qui font « marcher » les chromosomes le long des microtubules vers le pôle situé le plus près. En même temps, les microtubules raccourcissent en se dépolymérisant du côté de leur extrémité kinétochorienne (FIGURE 12.7, p. 237). (Pour une révision du mouvement des protéines motrices le long des microtubules, voir la FIGURE 7.21b.)

À quoi servent les microtubules polaires ? Ceux qui se chevauchent à l'équateur d'une cellule animale en division font allonger la cellule entière dans l'axe polaire durant l'anaphase (voir la FIGURE 12.5). Ils glissent à rebours les uns sur les autres en direction de leur pôle d'origine. Le mécanisme de ce processus semble s'apparenter à celui des microtubules adjacents dans un flagelle : des protéines motrices liées aux microtubules polaires font glisser ceux-ci les uns sur les autres grâce à l'énergie fournie par de l'ATP (voir la FIGURE 7.21a). Simultanément, les microtubules s'allongent au fur et à mesure que des sous-unités de tubuline sont ajoutées à leurs extrémités et, par le fait même, contribuent à l'étirement de la cellule mère.

À la fin de l'anaphase, deux jeux de chromosomes identiques se trouvent aux extrémités opposées de la cellule mère, qui s'est allongée dans l'axe de ses pôles. Les noyaux apparaissent pendant la télophase, la dernière phase de la mitose. C'est généralement à ce moment que la cytocinèse s'amorce.

La cytocinèse est le processus par lequel le cytoplasme se divise en deux : *une étude détaillée*

Dans les cellules animales, la cytocinèse fait partie d'un processus appelé **segmentation.** Elle débute par l'apparition du **sillon de division,** une invagination de la surface cellulaire qui se produit à l'endroit qui était occupé par la plaque équatoriale (FIGURE 12.8a, p. 238). Sur la face cytoplasmique du sillon, on trouve un anneau contractile fait de microfilaments (d'actine) associés à des molécules de myosine. L'actine et la myosine sont les protéines responsables de la contraction musculaire et de bien d'autres types de mouvements cellulaires. Pendant la division cellulaire, les microfilaments de l'anneau se contractent, et le diamètre de celui-ci diminue. Le sillon de division se creuse jusqu'à ce que la cellule mère se segmente, donnant deux nouvelles cellules complètes et séparées.

Dans les cellules végétales, cellules qui ont une paroi, la cytocinèse prend une tout autre tournure. Au lieu qu'un sillon de division apparaisse, c'est une structure appelée **plaque cellulaire** qui se constitue à l'équateur de la cellule mère pendant la télophase (FIGURE 12.8b). La plaque cellulaire se forme quand des vésicules de sécrétion issues de l'appareil de Golgi avancent sur des microtubules jusqu'au milieu de la cellule, où elles fusionnent. Leur contenu fournit les matériaux nécessaires à la formation de la nouvelle paroi. La fusion des vésicules concourt à étendre la plaque cellulaire, et la membrane qui l'entoure, produite par la fusion des membranes des vésicules de sécrétion, finit par s'unir latéralement avec la membrane plasmique. Le

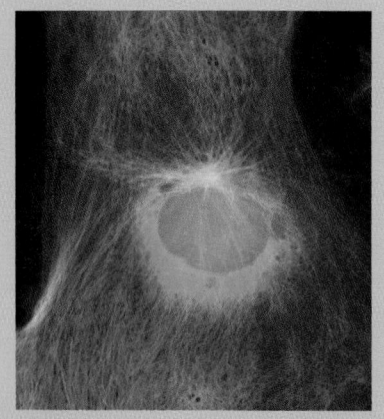
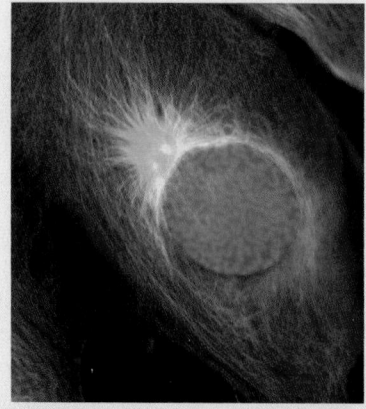

| **PHASE G₂ DE L'INTERPHASE** | **PROPHASE** | **PROMÉTAPHASE** |

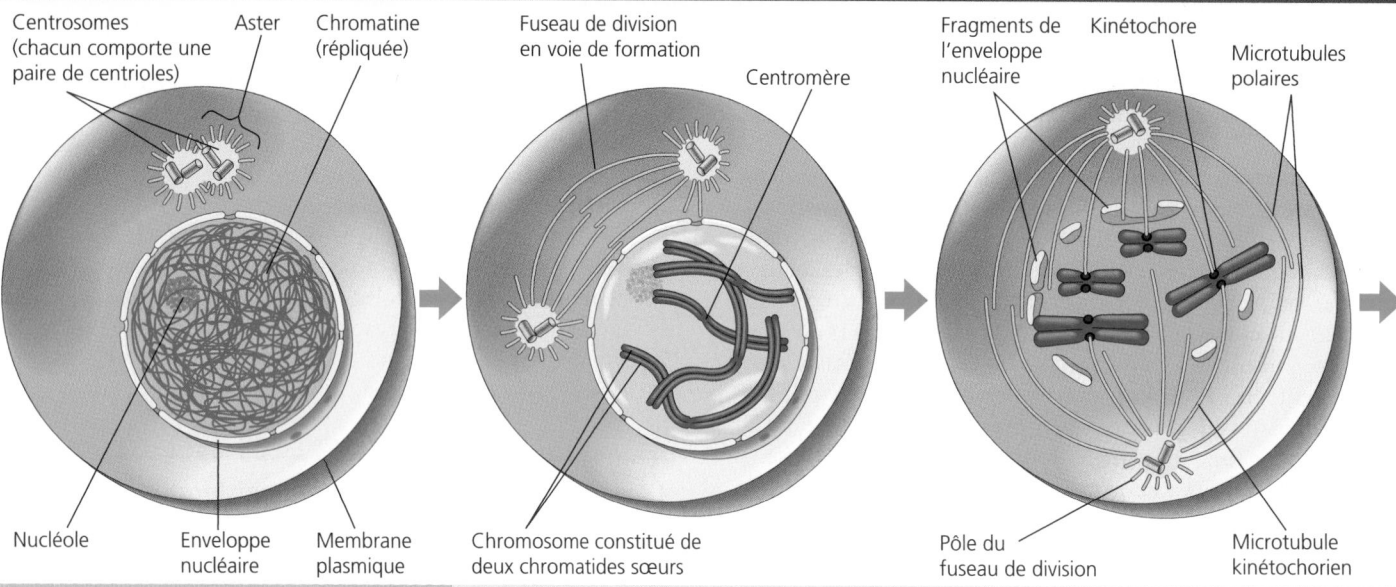

Centrosomes (chacun comporte une paire de centrioles)   Aster   Chromatine (répliquée)

Fuseau de division en voie de formation   Centromère

Fragments de l'enveloppe nucléaire   Kinétochore   Microtubules polaires

Nucléole   Enveloppe nucléaire   Membrane plasmique

Chromosome constitué de deux chromatides sœurs

Pôle du fuseau de division   Microtubule kinétochorien

À la fin de l'interphase, le noyau est bien défini et entouré de l'enveloppe nucléaire. Il contient un ou plusieurs nucléoles. À côté du noyau, dans le cytoplasme, se trouvent deux centrosomes, formés au début de l'interphase à la suite de la réplication d'un centrosome unique. Dans les cellules animales, chaque centrosome contient une paire de centrioles. Les microtubules rayonnent des centrosomes en une formation étoilée appelée **aster** (du latin *aster*, « étoile »). La réplication des chromosomes a déjà eu lieu durant la phase S, mais on ne peut les distinguer : ils se présentent sous la forme de fibres de chromatine diffuses.

Le noyau et le cytoplasme subissent tous deux des changements pendant la prophase. Les fibres de chromatine s'enroulent et se replient de façon à former des chromosomes visibles au microscope photonique. Dans le noyau, les nucléoles s'estompent petit à petit, jusqu'à disparaître. Chaque chromosome répliqué prend la forme de deux chromatides sœurs identiques réunies dans la région du centromère. Dans le cytoplasme, le fuseau de division se constitue. Il se compose d'un assemblage de fibres du cytosquelette, les microtubules, qui prennent l'aspect d'un fuseau et qui se prolongent entre les deux centrosomes. Ces derniers s'éloignent l'un de l'autre, apparemment propulsés à la surface du noyau par l'élongation – à partir des pôles vers l'équateur de la cellule – des microtubules qui les relient et que l'on appelle fibres du fuseau. (Notez que le diagramme illustre un stade plus avancé de la prophase que celui que nous révèle la micrographie, prise au tout début de la prophase, alors que les centrosomes se côtoient.)

L'enveloppe nucléaire se fragmente. Les centrosomes se trouvent aux pôles de la cellule. Les fibres du fuseau peuvent alors envahir le contenu du noyau et interagir avec les chromosomes, qui n'ont pas cessé de se condenser. Chacune des deux chromatides du chromosome possède une structure spécialisée appelée **kinétochore,** située dans la région du centromère. Les microtubules qui s'attachent aux kinétochores et qui amorcent le mouvement saccadé des chromosomes se nomment microtubules kinétochoriens (à voir en plan rapproché à la FIGURE 12.6). De nombreux autres microtubules, appelés microtubules polaires, rayonnent des pôles vers l'équateur sans s'attacher à des chromosomes. Chaque microtubule polaire interagit avec son vis-à-vis du pôle opposé afin de préparer l'allongement ultérieur de la cellule.

FIGURE 12.5 Phases de la mitose et cytocinèse dans une cellule animale. Les micrographies montrent un pneumocyte (une cellule pulmonaire) du Triton de l'Oregon (*Taricha granulosa*) en train de se diviser. Les cellules somatiques de cette espèce possèdent chacune 22 chromosomes.

Les chromosomes apparaissent en bleu, les microtubules (une sorte de fibre du cytosquelette), en vert et les filaments intermédiaires (une autre sorte de fibre du cytosquelette), en rouge. Les diagrammes, très schématiques, permettent de voir des détails invisibles dans les micrographies.

Pour simplifier les diagrammes, seulement quatre chromosomes ont été représentés. Dans les cellules végétales, il n'y a pas de centrioles, et le mécanisme de la cytocinèse s'effectue différemment. (MP à fluorescence.)

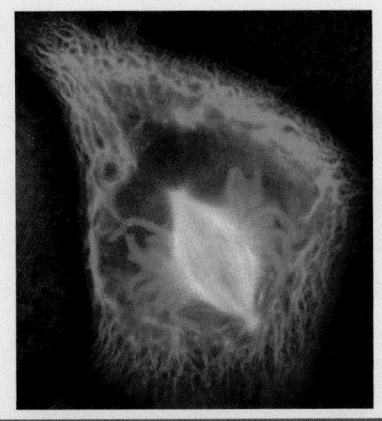
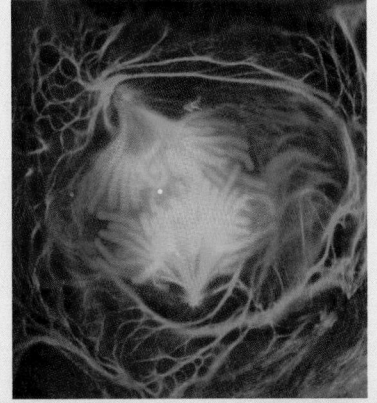
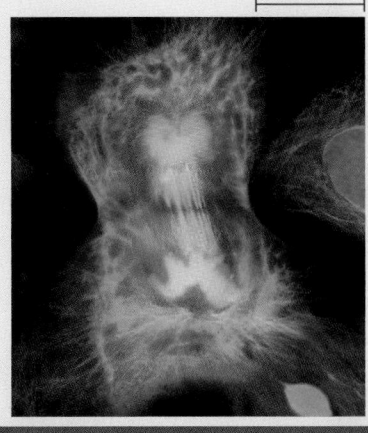

MÉTAPHASE | **ANAPHASE** | **TÉLOPHASE ET CYTOCINÈSE**

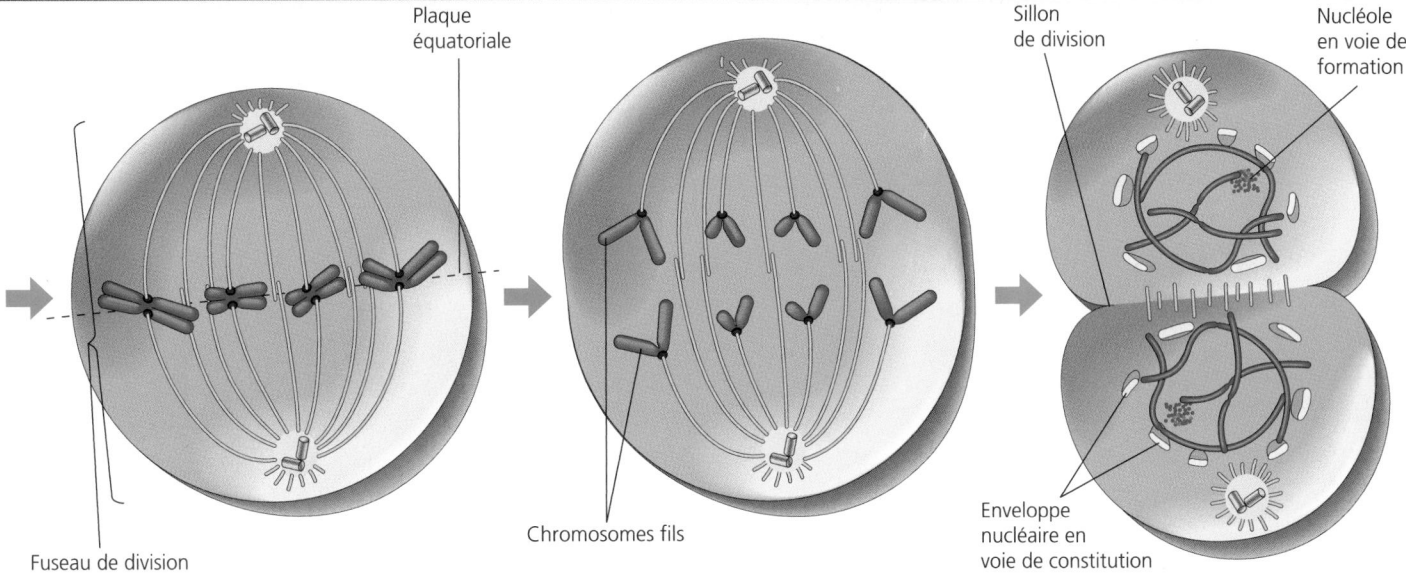

Plaque
équatoriale

Sillon
de division

Nucléole
en voie de
formation

Fuseau de division

Chromosomes fils

Enveloppe
nucléaire en
voie de constitution

Les chromosomes s'alignent sur la **plaque équatoriale,** qui constitue un plan imaginaire à égale distance des deux pôles du fuseau. Tous les centromères sont alignés dessus. Chacun des kinétochores des chromatides sœurs fait face à un pôle différent. Par conséquent, les chromatides d'un chromosome sont attachées à des microtubules kinétochoriens provenant des extrémités opposées de la cellule mère. Dans la micrographie, on voit bien la forme caractéristique du fuseau donnée par l'ensemble des microtubules polaires astériens et kinétochoriens.

L'anaphase commence quand le centromère dédoublé de chaque chromosome se sépare en deux, libérant les chromatides sœurs. Celles-ci deviennent des chromosomes à part entière qui se dirigent vers des pôles opposés, à mesure que les microtubules kinétochoriens raccourcissent. Ces derniers exercent une traction sur les centromères, qui prennent les devants et traînent le reste du chromosome vers les pôles. En même temps, l'allongement des microtubules polaires éloigne les pôles l'un de l'autre. À la fin de l'anaphase, les deux pôles possèdent des jeux équivalents et complets de chromosomes.

Pendant la télophase, les microtubules polaires allongent encore la cellule, et des noyaux fils commencent à se former aux pôles. Les enveloppes nucléaires se constituent à partir des fragments de l'enveloppe nucléaire de la cellule mère et de portions de membranes fournies par le réseau intracellulaire de membranes. Contrairement à la prophase et à la prométaphase, la télophase amène les chromosomes à perdre leur organisation spatiale compacte. La mitose, c'est-à-dire la division d'un noyau en deux noyaux génétiquement identiques, vient de se terminer. Quant à la cytocinèse, ou division du cytoplasme, elle est déjà bien amorcée en général, de sorte que deux cellules filles distinctes apparaissent peu de temps après la mitose. Dans les cellules animales, la cytocinèse est associée à la formation d'un sillon de division, qui étrangle la cellule mère et la sépare en deux cellules filles.

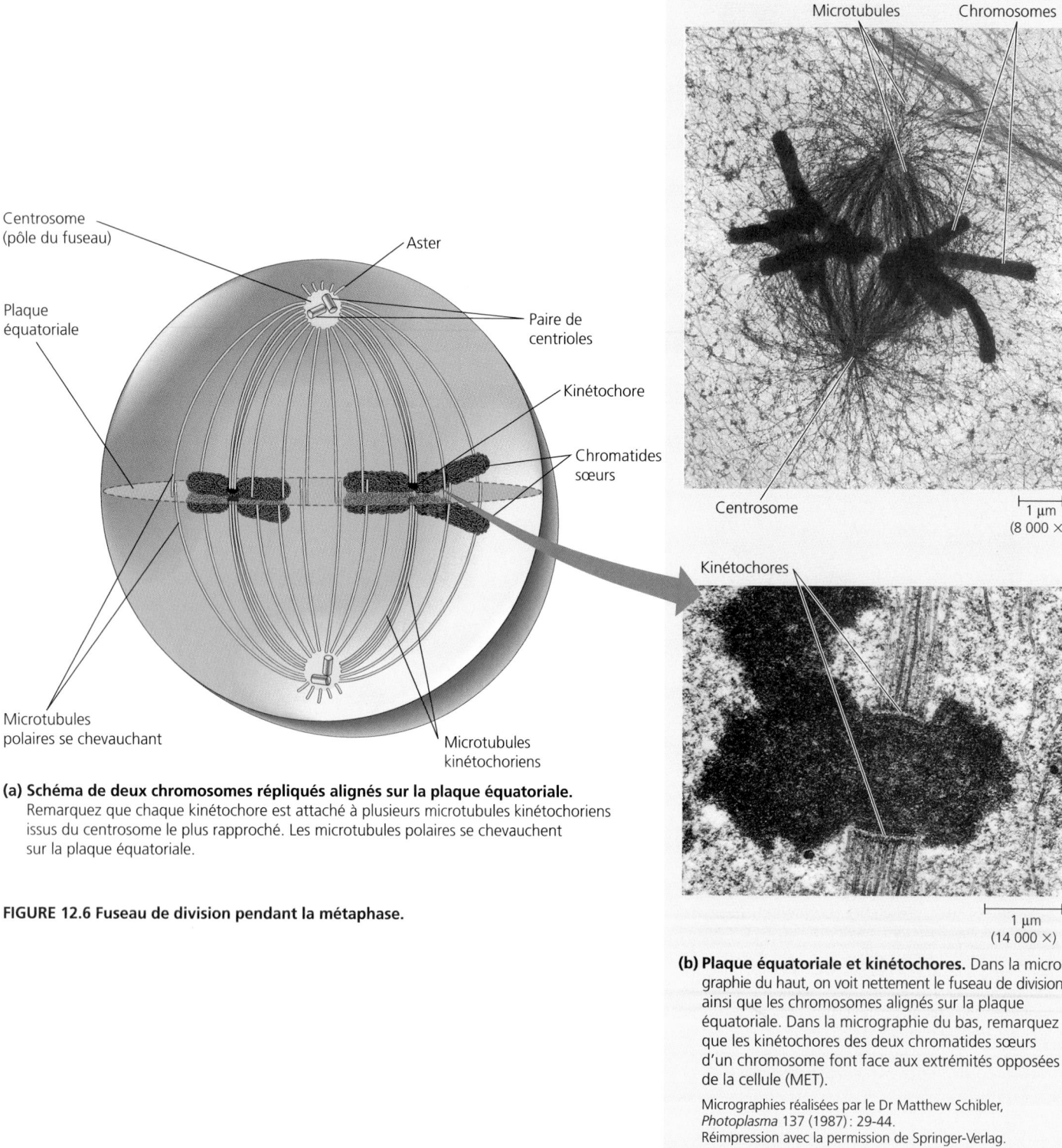

(a) Schéma de deux chromosomes répliqués alignés sur la plaque équatoriale.
Remarquez que chaque kinétochore est attaché à plusieurs microtubules kinétochoriens issus du centrosome le plus rapproché. Les microtubules polaires se chevauchent sur la plaque équatoriale.

FIGURE 12.6 Fuseau de division pendant la métaphase.

(b) Plaque équatoriale et kinétochores. Dans la micrographie du haut, on voit nettement le fuseau de division, ainsi que les chromosomes alignés sur la plaque équatoriale. Dans la micrographie du bas, remarquez que les kinétochores des deux chromatides sœurs d'un chromosome font face aux extrémités opposées de la cellule (MET).

Micrographies réalisées par le Dr Matthew Schibler, *Photoplasma* 137 (1987) : 29-44.
Réimpression avec la permission de Springer-Verlag.

résultat : deux cellules filles possédant chacune leur membrane plasmique. Dans l'intervalle, la plaque cellulaire a produit une nouvelle paroi entre les cellules filles.

La FIGURE 12.9, à la page 239, montre des micrographies d'une cellule végétale en train de se diviser. Observez-les ; cela vous permettra de réviser les processus de la mitose et de la cytocinèse.

La mitose chez les Eucaryotes a possiblement évolué à partir de la scissiparité bactérienne

La mitose résout le problème posé par la distribution équitable des exemplaires du génome eucaryote aux cellules filles. Mais comment a-t-elle évolué ?

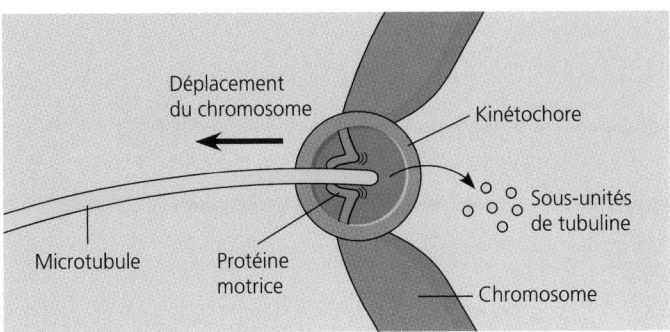

(a) Hypothèse. Dans ce modèle, le chromosome se déplace le long des microtubules grâce à des protéines motrices (dynéine et kinésines) ancrées dans le kinétochore. Les microtubules se dépolymérisent du côté de leur extrémité kinétochorienne, et des sous-unités de tubuline sont libérées.

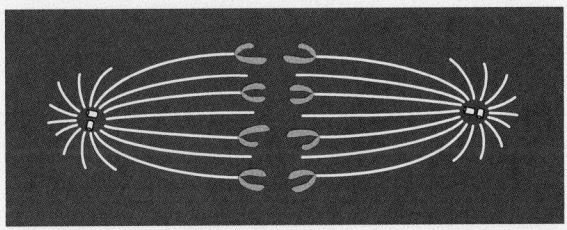

❶ Les microtubules de la cellule en division sont marqués à l'aide d'un colorant fluorescent visible au microscope (en jaune).

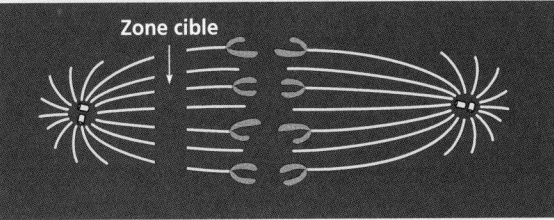

❷ Un faisceau laser élimine la fluorescence des microtubules kinétochoriens dans la zone située à mi-chemin environ entre le pôle et le kinétochore.

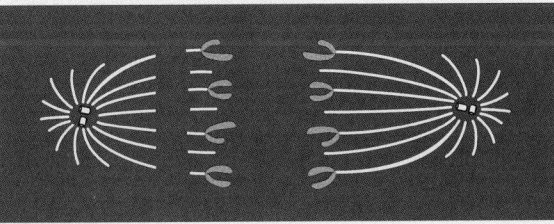

❸ À mesure que les chromosomes se rapprochent des pôles, les segments de microtubules situés du côté des kinétochores raccourcissent, alors que les segments situés du côté du centrosome restent de la même longueur.

(b) Expérimentation. Dans l'une des expériences appuyant l'hypothèse illustrée en (a), on marque d'abord de fluorescence les microtubules du fuseau de division. Puis, à l'aide d'un faisceau laser, on élimine la fluorescence d'une région des microtubules kinétochoriens appartenant à une cellule en début d'anaphase. Ce traitement permet de suivre les variations de la longueur des microtubules de part et d'autre de la zone cible au cours de cette phase.

FIGURE 12.7 Vérification d'une hypothèse relative à la migration des chromosomes pendant l'anaphase.

Comme les cellules procaryotes sont apparus sur la Terre deux milliards d'années avant les cellules eucaryotes, nous pouvons émettre l'hypothèse que la mitose a son origine dans les mécanismes élémentaires de la reproduction cellulaire bactérienne. La reproduction des procaryotes (c'est-à-dire des Bactéries et des Archéobactéries) fait appel à un mode de division cellulaire appelé **scissiparité** (ou fissiparité). La plupart des gènes bactériens sont portés par un chromosome unique, composé d'une molécule circulaire d'ADN associée à peu de protéines, comparativement aux Eucaryotes. Bien que les Bactéries et les Archéobactéries soient plus petites et plus simples que les cellules eucaryotes, le problème que constitue la réplication fidèle de leur génome et la distribution équitable des génomes aux deux cellules filles demeure colossal. Considérons, par exemple, le chromosome de la bactérie *Escherichia coli*. Quand on l'étale complètement, il est environ 500 fois plus long que la cellule elle-même. On devine qu'il doit être maintes fois replié à l'intérieur de la cellule.

Si les procaryotes ne se divisent pas à l'aide d'un fuseau de division, qu'est-ce qui entraîne la séparation des chromosomes fils? Celle-ci survient, selon une hypothèse émise dans les années 1960, lorsqu'une nouvelle membrane plasmique se forme entre les deux sites où les chromosomes sont attachés. Toutefois, de récentes découvertes remettent en question ce modèle (FIGURE 12.10, p. 240). Les chromosomes fils bactériens sont loin de se séparer selon un processus passif. À l'amorce de la réplication de l'ADN chromosomique, les copies de la première région dupliquée (donc de l'**origine de réplication**) se séparent rapidement. En marquant de molécules fluorescentes (voir le TABLEAU 7.1) les origines de réplication à l'aide de biotechnologies, les chercheurs ont pu observer directement le mouvement de chromosomes bactériens. Celui-ci rappelle le déplacement des centromères des chromosomes eucaryotes vers les pôles durant l'anaphase, et ce, même si les bactéries ne possèdent ni fuseau de division ni microtubules. Que les procaryotes puissent posséder des structures semblables aux microtubules et aux protéines motrices serait surprenant. Le mouvement des chromosomes bactériens demeure mystérieux.

Pendant la réplication du chromosome bactérien, la cellule s'allonge. Une fois que la réplication est achevée et que la taille initiale de la bactérie a doublé, la membrane plasmique s'invagine et divise la cellule mère en deux cellules filles. Chacune reçoit un génome complet.

Au fur et à mesure que les Eucaryotes se sont transformés, leur génome et leur enveloppe nucléaire devenant toujours plus volumineux, le processus primitif de la scissiparité bactérienne a évolué vers la mitose. La FIGURE 12.11, à la page 241, décrit une hypothèse de l'évolution par étapes de la mitose. Nous avons représenté deux modes de division nucléaire que l'on trouve chez certaines algues unicellulaires contemporaines. Dans les deux, l'enveloppe nucléaire reste intacte. Chez les Dinoflagellés, les chromosomes répliqués, qui sont attachés à l'enveloppe nucléaire, se séparent durant l'allongement de la cellule, juste avant sa scission. Chez les Diatomées, un fuseau de division situé dans le noyau sépare les chromosomes.

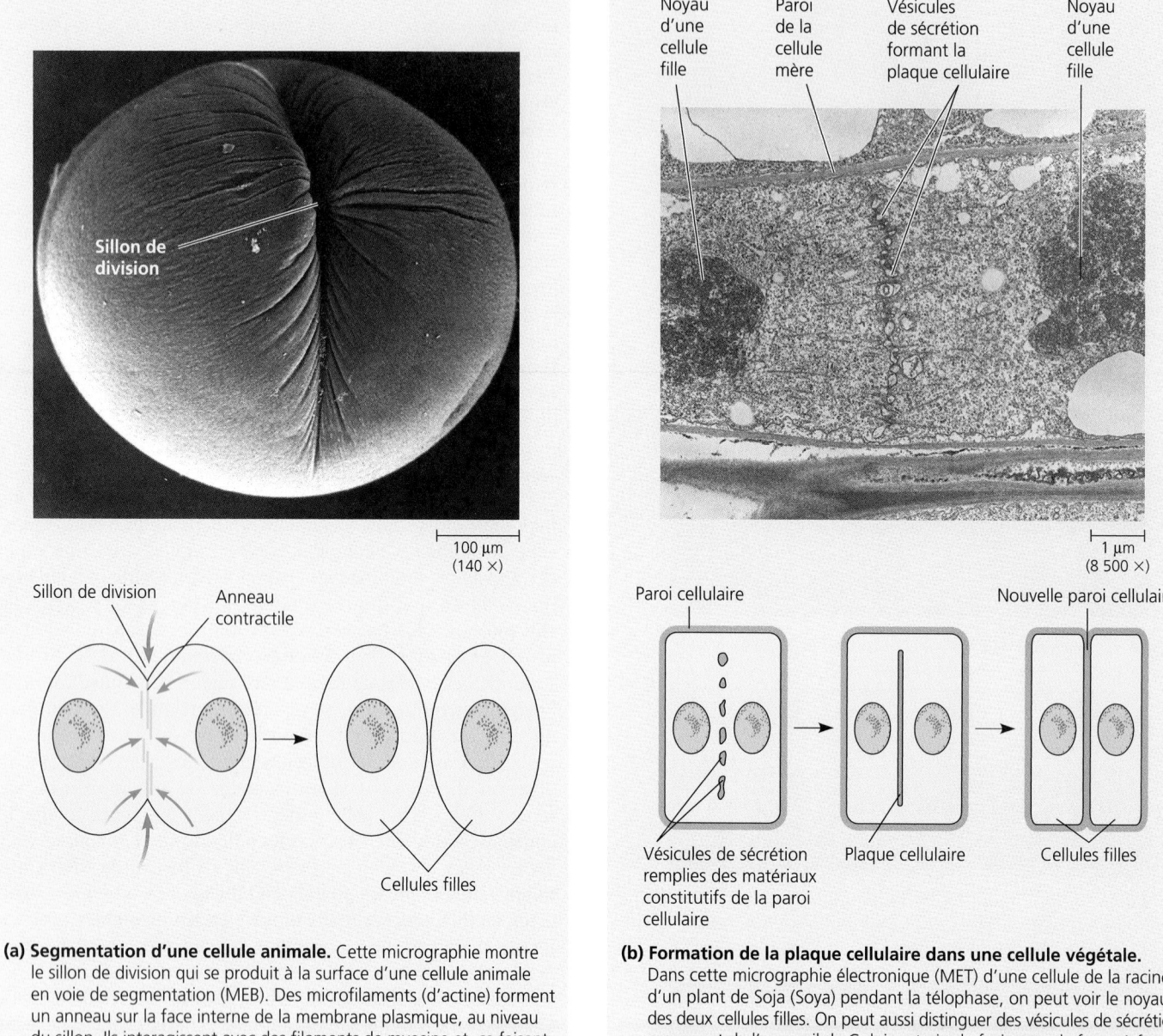

(a) Segmentation d'une cellule animale. Cette micrographie montre le sillon de division qui se produit à la surface d'une cellule animale en voie de segmentation (MEB). Des microfilaments (d'actine) forment un anneau sur la face interne de la membrane plasmique, au niveau du sillon. Ils interagissent avec des filaments de myosine et, ce faisant, l'anneau se contracte. Le sillon de division se creuse jusqu'à ce que la cellule se scinde en deux.

(b) Formation de la plaque cellulaire dans une cellule végétale. Dans cette micrographie électronique (MET) d'une cellule de la racine d'un plant de Soja (Soya) pendant la télophase, on peut voir le noyau des deux cellules filles. On peut aussi distinguer des vésicules de sécrétion provenant de l'appareil de Golgi en train de fusionner de façon à former une plaque cellulaire à l'équateur de la cellule mère. Une paroi cellulaire constituée des matériaux contenus dans la plaque cellulaire s'élabore entre les deux cellules filles.

FIGURE 12.8 Cytocinèse dans la cellule animale et dans la cellule végétale.

LA RÉGULATION DU CYCLE CELLULAIRE

Pour que les différentes parties d'une plante ou d'un animal croissent, se développent et se régénèrent normalement, la division cellulaire doit absolument se dérouler au moment opportun et à un rythme approprié. Ses modalités varient suivant le type de cellule. Les cellules épithéliales humaines, par exemple, se divisent fréquemment ; les cellules hépatiques, elles, se divisent seulement lorsque les circonstances l'exigent, en cas de lésion notamment ; enfin, certaines cellules, telles que les neurones et les cellules musculaires, ne se divisent pas chez l'adulte. Ces disparités sont imputables à une régulation du cycle cellulaire sur le plan moléculaire. On s'intéresse aux mécanismes régissant cette régulation, non seulement pour comprendre le cycle de cellules normales, mais également pour découvrir comment les cellules tumorales y échappent.

Un mécanisme de régulation moléculaire gouverne le cycle cellulaire

Qu'est-ce qui régit le cycle cellulaire ? Selon une hypothèse plausible, chacun de ses événements déclenche le prochain. Par exemple, la réplication des chromosomes à la phase S peut provoquer la croissance de la cellule à la phase G_2, qui peut

Noyau   Nucléole   Chromatine condensée

Chromosomes

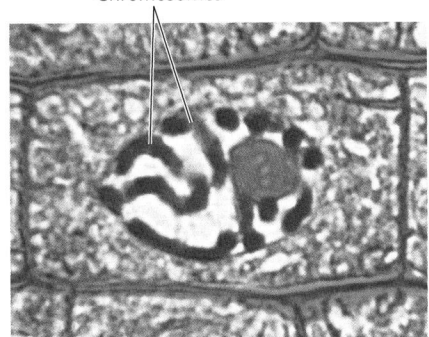

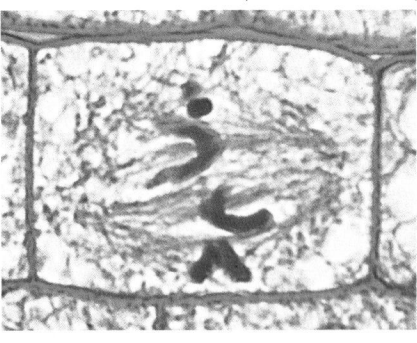

(a) Prophase. La chromatine se condense. Le nucléole est encore bien défini, mais il disparaît peu à peu. Le fuseau de division se forme progressivement (il n'est pas visible sur cette micrographie).

(b) Prométaphase. Les chromosomes sont maintenant bien distincts ; chacun est constitué de deux chromatides sœurs identiques rattachées sur toute leur longueur. Plus tard durant la prométaphase, l'enveloppe nucléaire se fragmente, et les microtubules du fuseau de division s'attachent aux kinétochores des chromosomes.

(c) Métaphase. Le fuseau de division est complet ; les chromosomes, qui sont attachés aux microtubules par leurs kinétochores, se retrouvent tous sur la plaque équatoriale.

Plaque cellulaire

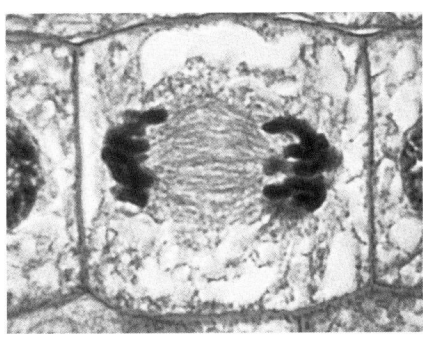

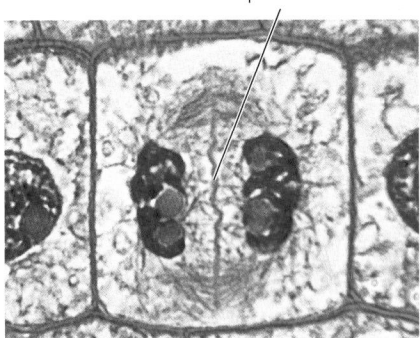

FIGURE 12.9 Mitose dans une cellule végétale. Ces micrographies photoniques montrent une cellule de racine d'Oignon (*Allium cepa*) durant la mitose.

(d) Anaphase. Les chromatides sœurs de chacun des chromosomes sont séparées et deviennent des chromosomes à part entière. Ces derniers se déplacent vers les pôles de la cellule à mesure que les microtubules kinétochoriens raccourcissent.

(e) Télophase. Le noyau des cellules filles se forme. Entre-temps, la cytocinèse a débuté : la plaque cellulaire, qui divise le cytoplasme en deux, croît en direction de la membrane plasmique et de la paroi de la cellule mère.

elle-même amorcer directement la mitose. Cependant, cette hypothèse en apparence logique est inexacte.

 Au début des années 1970, une tout autre hypothèse fondée sur une panoplie d'expériences a été formulée : le cycle cellulaire serait plutôt régi par des stimulus chimiques précis présents dans le cytoplasme. Certains indices convaincants à l'appui de cette hypothèse proviennent d'expériences réalisées sur des cellules mammaliennes mises en culture (voir la FIGURE 12.15). Au cours de l'une d'elles, deux cellules se trouvant dans différentes phases du cycle ont été fusionnées de façon à former une seule cellule munie de deux noyaux. On a relevé que, quand l'une des cellules initiales était en phase S, et l'autre, en phase G$_1$, le noyau en phase G$_1$ entrait immédiatement en phase S, comme si des substances chimiques présentes dans le cytoplasme de la cellule initiale l'activaient. De la même manière, si une cellule en voie de mitose (phase M) fusionnait avec une cellule dans une autre phase de son cycle (la phase G$_1$ y compris), le second noyau entrait immédiatement en mitose : sa chromatine se condensait, et le fuseau de division se formait (FIGURE 12.12, p. 242).

Ces expériences et bien d'autres ont montré qu'un **mécanisme de régulation du cycle cellulaire** commande l'enchaînement des phases par l'intermédiaire de molécules qui, de manière

cyclique, déclenchent et coordonnent les événements clés du cycle. À l'instar du système de contrôle d'une laveuse (FIGURE 12.13, p. 242), le mécanisme de régulation du cycle cellulaire fonctionne par lui-même, gouverné par une horloge interne. Cependant, tout comme le cycle d'une laveuse peut faire l'objet d'un contrôle externe (par exemple, les robinets règlent l'arrivée d'eau) et interne (les senseurs détectent le remplissage de la cuve), le cycle cellulaire est régulé par des mécanismes internes et externes à des points de contrôle bien précis.

Points de contrôle du cycle cellulaire

Un **point de contrôle** du cycle cellulaire représente un moment critique où un stimulus dicte l'arrêt ou la poursuite du cycle. (Les stimulus sont transmis à l'intérieur de la cellule par des voies de conversion-amplification similaires à celles qui ont été étudiées au chapitre 11.) Généralement, les cellules animales obéissent à des stimulus intrinsèques qui bloquent le cycle cellulaire aux points de contrôle, et ce, jusqu'à ce que des stimulus de poursuite du cycle soient émis. La plupart des stimulus qui sont captés aux points de contrôle proviennent de mécanismes de veille cellulaire. Ils indiquent si les processus cellulaires cruciaux ont été réalisés correctement et ils décident en conséquence

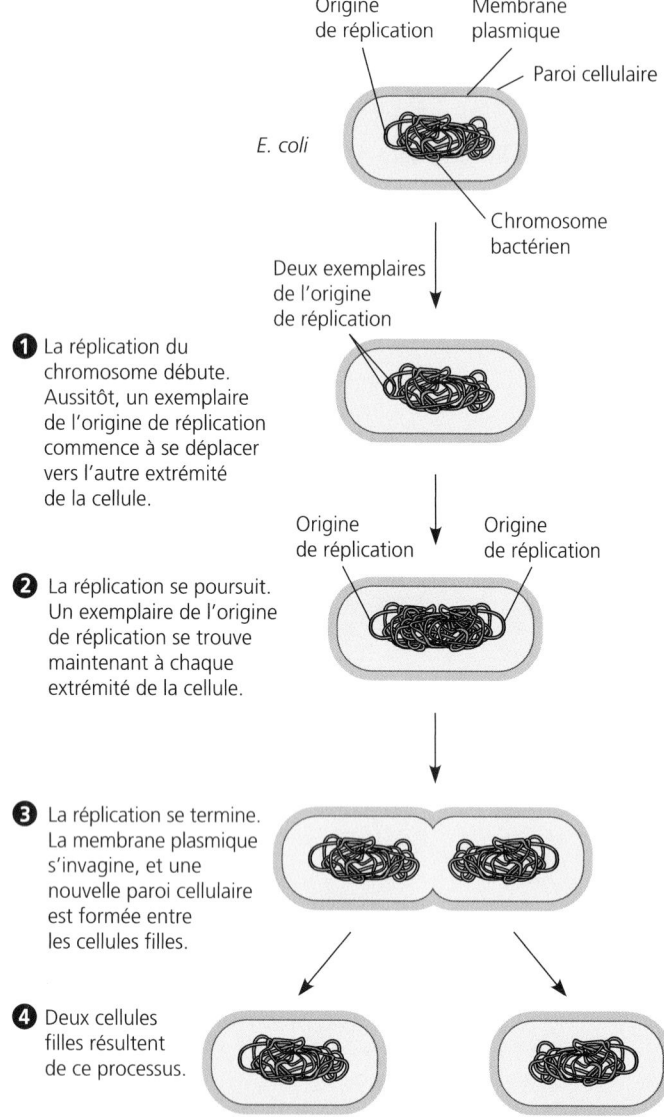

Origine de réplication · Membrane plasmique

Paroi cellulaire

E. coli

Chromosome bactérien

Deux exemplaires de l'origine de réplication

❶ La réplication du chromosome débute. Aussitôt, un exemplaire de l'origine de réplication commence à se déplacer vers l'autre extrémité de la cellule.

Origine de réplication · Origine de réplication

❷ La réplication se poursuit. Un exemplaire de l'origine de réplication se trouve maintenant à chaque extrémité de la cellule.

❸ La réplication se termine. La membrane plasmique s'invagine, et une nouvelle paroi cellulaire est formée entre les cellules filles.

❹ Deux cellules filles résultent de ce processus.

FIGURE 12.10 Division de la cellule bactérienne (scissiparité).
Une fois que l'unique chromosome circulaire d'une bactérie s'est répliqué, les deux exemplaires formés se séparent par un mécanisme inconnu. Entre-temps, la cellule s'allonge. Puis, l'invagination de la membrane plasmique et la formation d'une nouvelle paroi cellulaire divise la cellule mère en deux cellules filles. La division cellulaire illustrée ici est celle de la bactérie *Escherichia coli*.

de la progression du cycle. Les points de contrôle captent également des stimulus externes (nous en discuterons plus loin). Les trois points de contrôle principaux se situent vers la fin de la phase G_1, à la toute fin de la phase G_2 et vers la fin de la phase M.

Le point de contrôle G_1, couramment appelé « point de restriction » dans le cas des cellules mammaliennes, joue souvent un rôle crucial. Ainsi, si une cellule reçoit un stimulus de poursuite du cycle au point de contrôle G_1, elle complète son cycle et se divise. Dans le cas contraire, elle entre dans un état de « repos » appelé **phase G_0**. La majorité des cellules humaines se trouvent en phase G_0. Comme nous l'avons mentionné précédemment, les cellules spécialisées, les neurones et les cellules musculaires, entre autres, atteignent un stade où elles ne sont plus jamais

censées se diviser. D'autres cellules, comme les cellules hépatiques, peuvent réintégrer le cycle cellulaire sous l'effet de stimulations environnementales, notamment la libération de facteurs de croissance à la suite d'une lésion.

Pour comprendre la régulation aux points de contrôle, penchons-nous sur les molécules qui gouvernent le cycle cellulaire.

L'horloge du cycle cellulaire : les cyclines et les kinases cycline-dépendantes

Les fluctuations rythmiques de la quantité et de l'activité des molécules régulatrices du cycle cellulaire contrôlent la vitesse de progression des phases. Deux types de protéines interviennent : il y a les **cyclines,** diverses protéines dont le nom reflète bien la variation cyclique de leur concentration dans la cellule, et il y a les protéines kinases, des enzymes qui activent ou inactivent les cyclines par phosphorylation (voir le chapitre 11). Des protéines kinases spécifiques amorcent la poursuite du cycle aux points de contrôle G_1 et G_2.

Les kinases régulatrices ont une concentration constante dans une cellule en croissance. La plupart du temps, elles sont inactives. Pour sortir de cet état d'inactivité, elles doivent se lier à de la cycline. Ces kinases sont appelées **kinases cycline-dépendantes,** ou **kcd.** Leur activité varie suivant l'augmentation ou la diminution de la concentration de leur cycline associée. La FIGURE 12.14a, à la page 242, illustre l'activité cyclique du premier complexe cycline-kcd découvert, le **MPF** (*maturation-promoting factor*). Remarquez que les pics d'activité de ce dernier concordent avec les pics de concentration de la cycline. La quantité de cycline augmente très rapidement durant l'interphase (G_1, S et G_2) et chute brutalement pendant la mitose (M).

Le MPF est un facteur qui provoque la maturation, comme son nom l'indique. Mais il peut aussi être considéré comme un facteur qui amorce la phase M, puisqu'il déclenche cette phase au point de contrôle en G_2 (FIGURE 12.14b). Quand la cycline accumulée durant la phase G_2 s'associe avec des molécules de kcd, le complexe MPF qui en résulte active la mitose, probablement en phosphorylant une variété de protéines. Le MPF agit de manière directe et indirecte. Par exemple, il amorce la fragmentation de l'enveloppe nucléaire en phosphorylant des protéines de la lamina nucléaire (la couche tapissant l'enveloppe nucléaire) et en amenant d'autres kinases à le faire à leur tour (voir la FIGURE 7.9).

À la fin de la phase M, le MPF s'inactive lui-même en déclenchant un processus qui dégrade la cycline. Nous reviendrons plus tard sur le mécanisme de dégradation protéique (voir la FIGURE 19.11). Sachez que celle-ci intervient aussi dans la poursuite du cycle, passé le point de contrôle de la phase M, avant que la cellule ne s'engage dans l'anaphase. Quant à la partie kcd du MPF, elle demeure dans la cellule sous une forme inactive, et ce, jusqu'à sa prochaine liaison avec des molécules de cycline nouvellement synthétisées (durant l'interphase du cycle).

Qu'en est-il du point de contrôle de la phase G_1 ? De récentes découvertes laissent croire qu'au moins trois kinases cycline-dépendantes et plusieurs cyclines jouent un rôle à ce point de contrôle. Il semble donc que toutes les phases du cycle cellulaire soient régies par les activités cycliques de divers complexes cycline-kcd.

| Séquence de stades hypothétiques | Preuve à l'appui de l'hypothèse chez des organismes actuels |

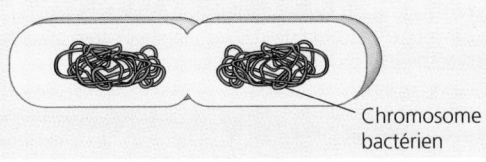

Chromosome bactérien

(a) Les Procaryotes. Chez les Bactéries et les Archéobactéries, les chromosomes fils se séparent au cours de la scissiparité et se déplacent vers des extrémités opposées de la cellule. Le mécanisme par lequel cela se produit demeure inconnu ; on suppose toutefois que la liaison du chromosome à la membrane plasmique joue un rôle.

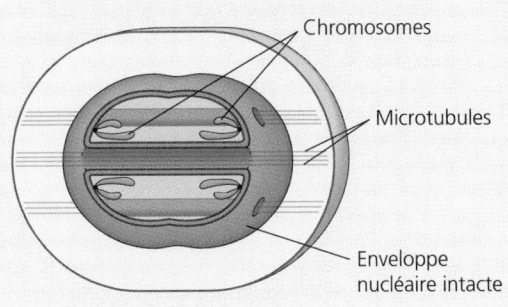

Chromosomes

Microtubules

Enveloppe nucléaire intacte

(b) Les Dinoflagellés. Chez les Dinoflagellés, des Algues unicellulaires, l'enveloppe nucléaire ne se fragmente pas pendant la division cellulaire, et les chromosomes s'attachent à elle. Les microtubules empruntent des canaux cytoplasmiques qui traversent le noyau de part en part. La disposition des faisceaux de microtubules détermine le plan de fission du noyau, qui se divise selon un processus rappelant la scissiparité bactérienne.

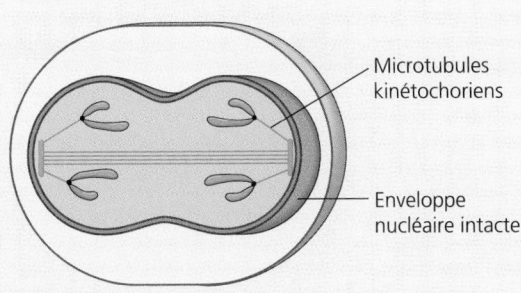

Microtubules kinétochoriens

Enveloppe nucléaire intacte

(c) Les Diatomées. De même, chez d'autres Algues unicellulaires appelées Diatomées, l'enveloppe nucléaire reste intacte pendant la division cellulaire. Cependant, les microtubules forment un fuseau de division à l'intérieur du noyau. Ils séparent les chromosomes, et le noyau se divise en deux noyaux fils.

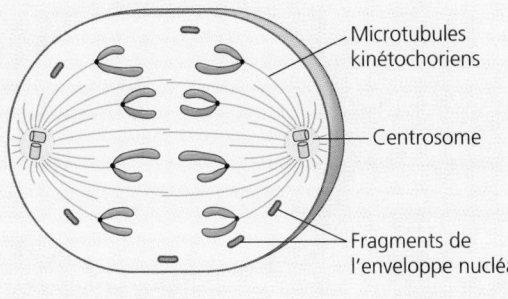

Microtubules kinétochoriens

Centrosome

Fragments de l'enveloppe nucléaire

(d) La plupart des Eucaryotes. Chez la plupart des Eucaryotes, dont les Végétaux et les Animaux, le fuseau de division se forme à l'extérieur du noyau, et l'enveloppe nucléaire se rompt durant la mitose. Les microtubules séparent les chromatides sœurs, et l'enveloppe nucléaire se reconstitue.

POPULATION

FIGURE 12.11 Hypothèse de l'évolution de la mitose. Les chercheurs qui s'intéressent à l'évolution de la division cellulaire chez les Eucaryotes ont observé ce qu'ils croient être des mécanismes de division cellulaire intermédiaires. Ceux-ci se situent entre la scissiparité et la mitose. Ces schémas, qui illustrent une succession plausible de stades, ne montrent pas la paroi cellulaire.

Des stimulus internes et externes concourent à réguler le cycle cellulaire

Les chercheurs découvrent à peine les voies de communication qui relient les kinases cycline-dépendantes aux autres molécules, ainsi qu'aux événements intracellulaires et extracellulaires. Par exemple, on sait que des kcd actives phosphorylent des substrats protéiques influant sur certaines phases du cycle cellulaire. Cependant, il n'est pas facile d'identifier les substrats spécifiques des différentes kcd qui deviennent actives à différentes phases du cycle cellulaire. Autrement dit, les scientifiques ignorent encore la fonction des kcd dans la plupart des cas. Ils ont identifié certaines étapes des voies de communication qui transmettent l'information à la machinerie du cycle cellulaire. Dans les paragraphes qui suivent, nous exposerons deux exemples de ces voies : l'une prend naissance à l'intérieur de la cellule, et l'autre, à l'extérieur.

Stimulus internes : les messages des kinétochores

L'anaphase, l'étape de la séparation des chromatides sœurs, ne débute pas avant que tous les chromosomes ne soient retenus par les fibres du fuseau de division et adéquatement alignés sur la

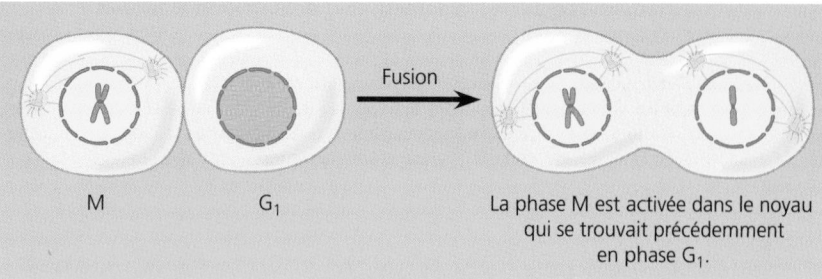

M   G₁

Fusion

La phase M est activée dans le noyau
qui se trouvait précédemment
en phase G₁.

FIGURE 12.12 Mise en évidence de stimulus chimiques générés par le cytoplasme dans la régulation du cycle cellulaire. Il est possible de provoquer la fusion de cellules mammaliennes mises en culture et de former une cellule unique munie de deux noyaux. Le résultat d'une fusion de cellules qui se trouvent à des phases différentes du cycle laisse croire que des substances chimiques régissent l'enchaînement des phases. Par exemple, lorsqu'une cellule en phase M fusionne avec une cellule qui est rendue à une autre phase du cycle, le second noyau amorce immédiatement la mitose. Si la seconde cellule est en phase G₁, comme on le voit dans l'illustration, les chromosomes condensés, en début de prophase, apparaissent sous la forme d'un simple trait, sans chromatide sœur, parce qu'ils ont esquivé les phases S et G₂.

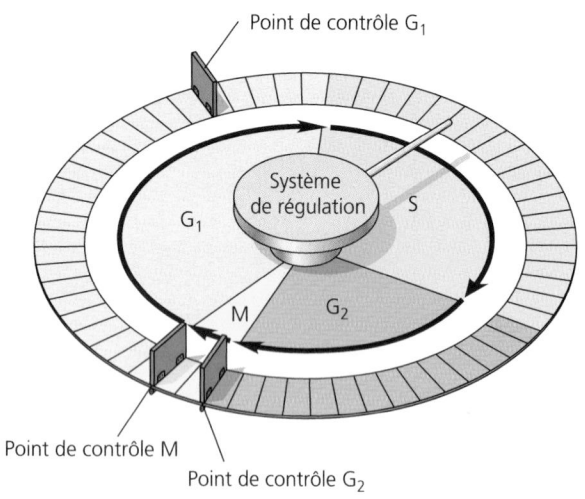

Point de contrôle G₁

Point de contrôle M

Point de contrôle G₂

FIGURE 12.13 Analogie expliquant la régulation du cycle cellulaire.
Dans ce diagramme, les différentes sections représentent les étapes du cycle cellulaire. À l'instar du système de contrôle d'une laveuse automatique, le mécanisme de régulation du cycle cellulaire fonctionne par lui-même, gouverné par une horloge interne. Toutefois, il peut subir une régulation à des points de contrôle (en rouge).

FIGURE 12.14 Mécanisme de régulation moléculaire du cycle cellulaire au point de contrôle situé en G₂. Les étapes du cycle cellulaire fluctuent en fonction des variations rythmiques de l'activité d'une certaine catégorie de protéines kinases. Ces enzymes sont nommées kinases cycline-dépendantes, parce que leur activation dépend de leur liaison à de la cycline, une protéine dont la concentration varie de manière cyclique. Dans ce schéma, nous examinons le complexe cycline-kcd appelé MPF, dont le rôle est de déclencher la mitose au point de contrôle situé en G₂.

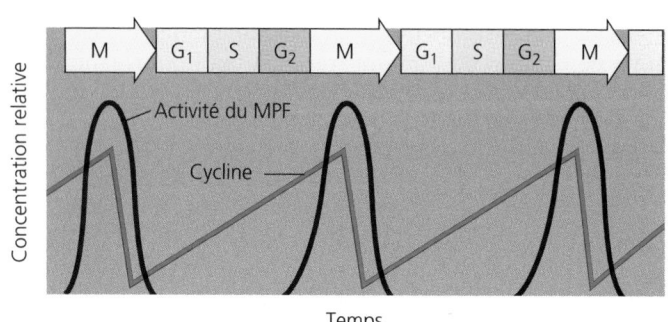

(a) Fluctuation de l'activité du MPF et de la cycline pendant le cycle cellulaire

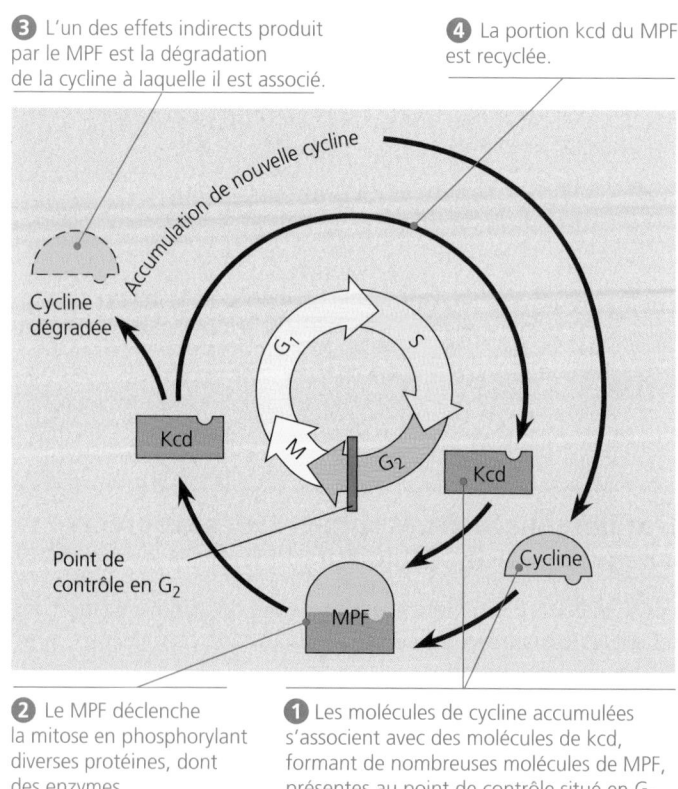

❸ L'un des effets indirects produit par le MPF est la dégradation de la cycline à laquelle il est associé.

❹ La portion kcd du MPF est recyclée.

❷ Le MPF déclenche la mitose en phosphorylant diverses protéines, dont des enzymes.

❶ Les molécules de cycline accumulées s'associent avec des molécules de kcd, formant de nombreuses molécules de MPF, présentes au point de contrôle situé en G₂.

(b) Mécanismes de régulation moléculaires

plaque équatoriale. Le point de contrôle de la phase M veille à ce que les cellules filles possèdent toutes le nombre qu'il faut de chromosomes. Des recherches ont révélé que la substance inhibitrice qui retarde l'anaphase provient des kinétochores qui ne sont pas encore attachés à des microtubules du fuseau. Certaines protéines stimulent une voie de communication qui maintient inactif le complexe déclenchant l'anaphase. Ce n'est que lorsque tous les kinétochores sont attachés au fuseau de division que l'inhibition disparaît. Le complexe déclenchant l'anaphase s'active alors : il stimule indirectement la dégradation de la cycline ainsi que l'inactivation des protéines retenant les chromatides sœurs.

Stimulus externes : les facteurs de croissance

En procédant à des cultures de cellules animales, les biologistes ont découvert bon nombre de facteurs physico-chimiques qui stimulent ou inhibent la division cellulaire. Par exemple, les cellules ne se divisent pas s'il manque un nutriment essentiel dans leur milieu de culture. Ainsi, certaines cellules mammaliennes ne se divisent que si elles sont en présence de facteurs de croissance bien précis, même quand toutes les autres conditions sont favorables. Comme nous l'avons expliqué au chapitre 11, un **facteur de croissance** est une protéine libérée par certaines cellules qui stimule la division d'autres cellules.

Le *facteur de croissance dérivé des plaquettes* est produit par les cellules sanguines appelées plaquettes. L'expérience illustrée à la FIGURE 12.15 montre que les fibroblastes (des cellules du tissu

conjonctif) mis en culture ont besoin de ce facteur de croissance pour se diviser. Leur membrane plasmique possède des récepteurs à domaine tyrosine kinase (voir le chapitre 11) qui servent à cette fin. Lorsque des molécules du facteur de croissance dérivé des plaquettes se lient à ces récepteurs, elles activent une voie de conversion-amplification stimulant la division. Il semble que cette voie active un ou plusieurs éléments du mécanisme de régulation du cycle cellulaire.

Ce contrôle se réalise non seulement dans des conditions artificielles, mais aussi *in vivo*. Ainsi, les plaquettes sanguines se fragmentent et libèrent le facteur de croissance aux environs d'une lésion. La division des fibroblastes se trouve ainsi stimulée dans la région, ce qui favorise la cicatrisation. Jusqu'à présent, de nombreux facteurs de croissance ont été découverts. On croit que chaque type de cellule réagit à un facteur de croissance spécifique ou à une combinaison de facteurs.

L'étude des facteurs de croissance a permis de comprendre l'**inhibition de contact,** le phénomène par lequel un entassement de cellules inhibe la division de celles-ci (FIGURE 12.16a, p. 244). Il y a de nombreuses années déjà, on a remarqué que les cellules mises en culture se divisent jusqu'à former une couche simple dans le récipient où elles se trouvent. Après quoi, elles cessent de se multiplier. Cependant, si l'on en retire quelques-unes, celles qui bordent l'espace vide recommencent à se diviser, jusqu'à combler de nouveau l'espace. Lorsque la population en question atteint une certaine densité, il semble que la quantité de facteurs de croissance et de nutriments essentiels impartie à chaque cellule ne suffise plus à alimenter la croissance de la population.

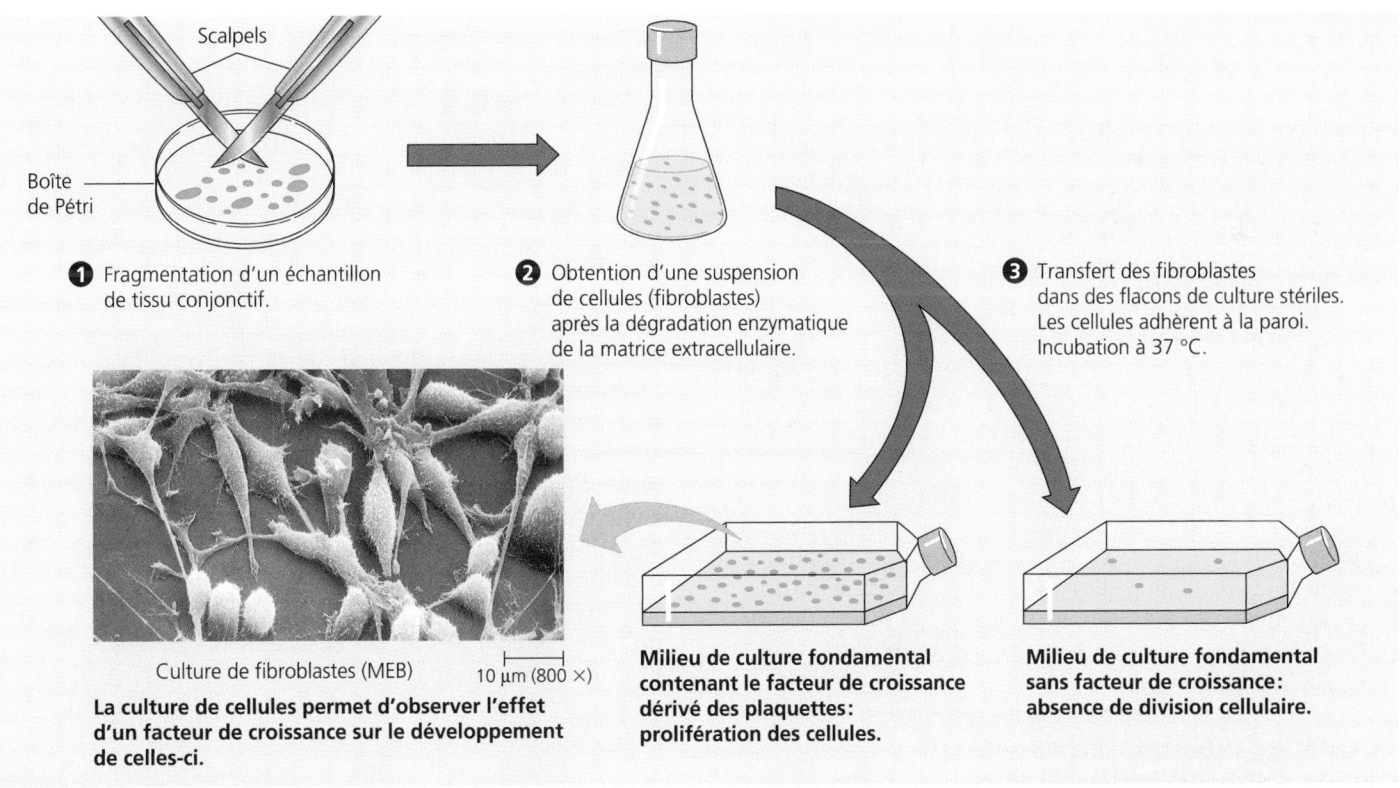

① Fragmentation d'un échantillon de tissu conjonctif.

② Obtention d'une suspension de cellules (fibroblastes) après la dégradation enzymatique de la matrice extracellulaire.

③ Transfert des fibroblastes dans des flacons de culture stériles. Les cellules adhèrent à la paroi. Incubation à 37 °C.

Culture de fibroblastes (MEB)   10 µm (800 ×)

La culture de cellules permet d'observer l'effet d'un facteur de croissance sur le développement de celles-ci.

Milieu de culture fondamental contenant le facteur de croissance dérivé des plaquettes : prolifération des cellules.

Milieu de culture fondamental sans facteur de croissance : absence de division cellulaire.

FIGURE 12.15 Effet d'un facteur de croissance sur la division cellulaire. Cette expérience montre que le facteur de croissance dérivé des plaquettes stimule la division des fibroblastes humains mis en culture. Le milieu de culture fondamental est constitué d'un mélange complexe de glucose, d'acides aminés, de sels et d'antibiotiques (une précaution contre la croissance bactérienne). Dans cette expérience, on a recours à deux types de milieu : certains flacons de culture (témoins) renferment uniquement le milieu fondamental, alors que d'autres contiennent le même milieu, mais enrichi du facteur de croissance.

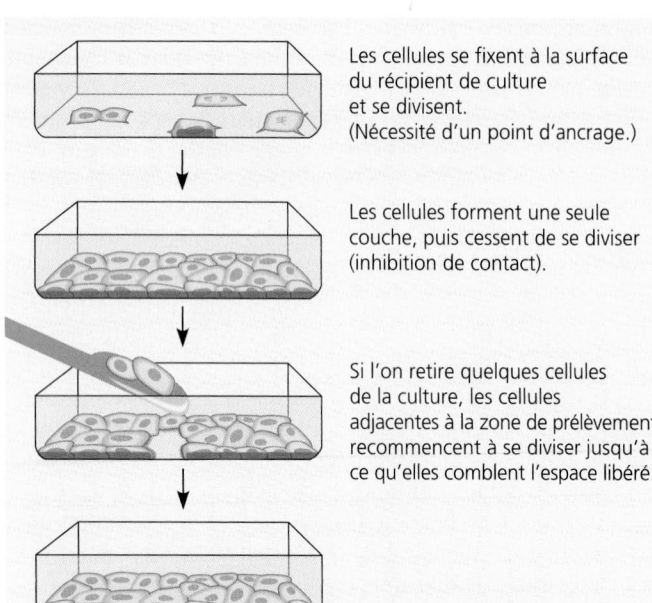

Les cellules se fixent à la surface du récipient de culture et se divisent. (Nécessité d'un point d'ancrage.)

Les cellules forment une seule couche, puis cessent de se diviser (inhibition de contact).

Si l'on retire quelques cellules de la culture, les cellules adjacentes à la zone de prélèvement recommencent à se diviser jusqu'à ce qu'elles comblent l'espace libéré.

(a) Cellules mammaliennes normales. Les cellules normales mises en culture se multiplient jusqu'à former une couche simple. La quantité de nutriments et de facteurs de croissance, ainsi que l'étendue du substrat disponible pour l'ancrage limitent la densité de la population cellulaire.

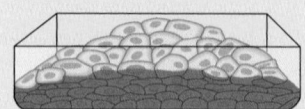

Les cellules tumorales ne s'ancrent pas à une surface et échappent à l'inhibition de contact.

(b) Cellules tumorales. Les cellules tumorales continuent généralement de se diviser, même après qu'elles ont formé une couche. Il en résulte des amas de cellules superposées.

FIGURE 12.16 Inhibition de contact. La taille des cellules apparaissant dans cette figure est exagérée.

En outre, la plupart des cellules animales en division ont besoin d'avoir un **point d'ancrage.** Elles doivent adhérer à un substrat, qu'il s'agisse de l'intérieur d'un récipient de culture ou de la matrice extracellulaire d'un tissu. Des expériences indiquent que le mécanisme de régulation du cycle cellulaire reçoit l'information de l'ancrage de la cellule grâce à des voies faisant intervenir des protéines membranaires et des éléments du cytosquelette. Ce mécanisme de régulation de même que l'inhibition de contact se réalisent probablement dans les tissus autant que dans les cultures. Cela maintient les populations cellulaires à une densité optimale au meilleur point d'ancrage possible. Les cellules tumorales, dont nous traiterons plus loin, ne subissent pas l'inhibition de contact et n'ont plus besoin d'avoir un point d'ancrage.

Les cellules tumorales échappent à la régulation du cycle cellulaire

Les cellules tumorales n'obéissent pas aux mécanismes de régulation du cycle cellulaire. Elles se divisent d'une manière excessive et anarchique, et elles envahissent d'autres tissus. Si on ne les détruit pas, elles peuvent tuer l'organisme.

L'étude de cellules tumorales en culture a révélé que les stimulus qui font normalement cesser la croissance n'ont aucun effet sur elles. Par exemple, comme vous pouvez le voir à la FIGURE 12.16b, elles sont insensibles à l'inhibition de contact. Elles continuent de se multiplier, même en l'absence de facteurs de croissance. Ce comportement pourrait s'expliquer par le fait qu'elles ne requièrent pas de facteurs de croissance dans leur milieu de culture pour croître et se diviser. Il est possible qu'elles produisent elles-mêmes le facteur de croissance dont elles ont besoin, qu'elles présentent une défaillance dans la voie de conversion-amplification qui transmet la stimulation du facteur de croissance au mécanisme de régulation du cycle cellulaire ou que ce dernier soit tout simplement déficient. En fait, comme vous l'apprendrez au chapitre 19, toutes ces explications sont plausibles.

Il existe d'autres différences notoires entre les cellules normales et les cellules tumorales qui reflètent une perturbation du cycle cellulaire. Ainsi, quand les cellules tumorales arrêtent de se diviser, elles le font de manière aléatoire, à n'importe quel moment du cycle, et non aux points de contrôle habituels. En outre, dans les milieux de culture, elles peuvent continuer à se multiplier indéfiniment si elles reçoivent continuellement des nutriments. En ce sens, elles sont « immortelles ». À preuve, il en existe une lignée aux États-Unis qui se reproduit en culture depuis 1951. Les cellules issues de cette lignée sont appelées HeLa, car elles dérivent d'une tumeur retirée d'une femme nommée Henrietta Lacks. En comparaison, presque toutes les cellules mammaliennes normales « élevées » en culture se divisent pendant 20 à 50 générations; après quoi, le tissu vieillit et meurt. (Nous étudierons une des causes de ce phénomène lorsque nous traiterons de la réplication des chromosomes, au chapitre 16.)

Le comportement des cellules tumorales peut avoir des conséquences catastrophiques. Le problème commence par la **transformation** d'une première cellule, c'est-à-dire par son passage de l'état normal à l'état prolifératif, qui conduit à la formation d'une masse anormale (ou néoplasme). Normalement, le système de défense de l'organisme, soit le système immunitaire, détruit la rebelle. Mais si celle-ci réussit de quelque manière que ce soit à lui échapper, elle peut proliférer au point de former une **tumeur bénigne,** une masse de cellules transformées logées à l'intérieur d'un tissu. Les tumeurs bénignes se présentent sous une forme compacte souvent encapsulée, et elles se développent plutôt lentement. Généralement, elles ne causent pas de problèmes graves, et on peut en faire l'ablation complète au cours d'une intervention chirurgicale. Par contre, les cellules d'une **tumeur maligne** (ou néoplasme malin) constituent une masse exempte de capsule et ont une croissance très rapide. On dit d'une personne qui a une tumeur maligne qu'elle est atteinte de cancer. Les cellules cancéreuses peuvent se propager à d'autres parties de l'organisme par l'intermédiaire de la circulation sanguine ou lymphatique. Elles peuvent compromettre le fonctionnement d'un ou de plusieurs organes. Elles envahissent ainsi d'autres parties du corps, y prolifèrent et forment d'autres tumeurs malignes. La propagation des cellules cancéreuses s'appelle **métastase** (FIGURE 12.17). Généralement, on traite les métastases au moyen de radiations ou de substances chimiques cytotoxiques, particulièrement nocives pour les cellules en voie de division.

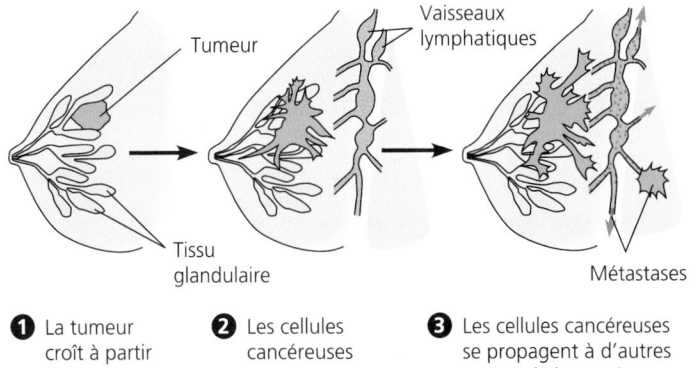

Tumeur

Vaisseaux lymphatiques

Tissu glandulaire

Métastases

❶ La tumeur croît à partir d'une première cellule transformée.

❷ Les cellules cancéreuses envahissent les tissus adjacents.

❸ Les cellules cancéreuses se propagent à d'autres parties de l'organisme en empruntant les vaisseaux sanguins et lymphatiques.

FIGURE 12.17 Croissance et métastases d'une tumeur maligne du sein. Les cellules d'une tumeur maligne (cancéreuse) croissent anarchiquement. Elles peuvent se propager et atteindre les tissus adjacents. Elles peuvent aussi toucher d'autres parties de l'organisme par l'intermédiaire des vaisseaux sanguins et lymphatiques. La dissémination de cellules cancéreuses à l'extérieur du foyer primitif s'appelle métastase.

La division anarchique ne constitue pas la seule anomalie des cellules des tumeurs malignes. Ces cellules peuvent également contenir un nombre inhabituel de chromosomes. Leur métabolisme peut être perturbé, de sorte que leur fonctionnement devient totalement désordonné. Leur surface présente des changements atypiques, et elles perdent leurs liens avec les cellules adjacentes et avec le substrat extracellulaire.

Les chercheurs commencent à comprendre par quelles modifications une cellule normale se transforme en cellule cancéreuse. Bien que les causes de la maladie soient diverses, le cancer se caractérise toujours par une altération des gènes influant sur le mécanisme de régulation du cycle cellulaire. Néanmoins, on sait encore peu de chose sur la façon dont les changements du génome suscitent les diverses anomalies des cellules tumorales. Comment pourrait-il en être autrement, puisque nos connaissances sur le fonctionnement normal des cellules restent fort lacunaires, malgré les découvertes innombrables dans les domaines de la cytologie, de la génétique et de la biochimie. La cellule, l'unité structurale et fonctionnelle des êtres vivants, recèle suffisamment de secrets pour occuper la recherche pendant bien des années encore.

RÉVISION DU CHAPITRE

Résumé des concepts importants

LES FONCTIONS ESSENTIELLES DE LA DIVISION CELLULAIRE

■ **La reproduction, la croissance et la régénération passent par la division cellulaire** (p. 230, FIGURE 12.1). Celle-ci assure la reproduction des organismes unicellulaires, alors qu'elle permet aux organismes multicellulaires de se développer à partir d'un œuf fécondé, de croître et de se régénérer.

■ **La division cellulaire attribue un jeu identique de chromosomes à chaque cellule fille** (p. 230 à 232). La division d'une cellule eucaryote inclut deux processus : la mitose (division du noyau) et la cytocinèse (division du cytoplasme). L'ADN est réparti entre les chromosomes, ce qui facilite la réplication et la distribution d'un génome volumineux. Les chromosomes se composent de chromatine, un complexe d'ADN et de protéines qui se condense pendant la mitose. Au cours de la réplication, chaque chromosome forme deux chromatides sœurs identiques. Celles-ci se séparent pendant la mitose et constituent les chromosomes des cellules filles.

LA MITOSE DANS LE CYCLE CELLULAIRE

■ **La phase mitotique alterne avec l'interphase au cours du cycle cellulaire :** *une vue d'ensemble* (p. 232 et 233, FIGURE 12.4). Entre les divisions de la mitose, la cellule connaît une période de croissance active appelée interphase. Celle-ci est composée de trois phases : G_1, S et G_2. La réplication de l'ADN a lieu pendant la phase S (synthèse). Quant à la phase M du cycle cellulaire, elle comprend la mitose et la cytocinèse. La phase M est un enchaînement dynamique de changements, que l'on répartit traditionnellement en cinq phases : la prophase, la prométaphase, la métaphase, l'anaphase et la télophase.

■ **Le fuseau de division répartit les chromosomes entre les cellules filles :** *une étude détaillée* (p. 233 à 236, FIGURES 12.5 et 12.6). Le fuseau de division est un complexe de microtubules qui orchestre le mouvement des chromosomes pendant la mitose. Il commence à se former à partir du centrosome, une région située près du noyau et associée aux centrioles dans les cellules animales. Le fuseau comprend des microtubules kinétochoriens. Ceux-ci s'attachent aux kinétochores des chromatides et déplacent les chromosomes sur la plaque équatoriale de la cellule. Pendant l'anaphase, les chromatides sœurs se séparent et deviennent des chromosomes indépendants qui se dirigent vers des pôles opposés. À mesure que les microtubules raccourcissent par leur extrémité kinétochorienne, les chromosomes avancent le long des microtubules grâce à des protéines motrices. En même temps, le glissement des microtubules polaires les uns sur les autres allonge la cellule entière dans l'axe des pôles. Pendant la télophase, des noyaux fils se forment aux extrémités opposées de la cellule en voie de division.

■ **La cytocinèse est le processus par lequel le cytoplasme se divise en deux :** *une étude détaillée* (p. 233 à 238, FIGURE 12.8). Dans la plupart des cas, la mitose est suivie de la cytocinèse ; celle-ci comporte la formation d'un sillon de division dans les cellules animales et la formation d'une plaque cellulaire dans les cellules végétales.

■ **La mitose chez les Eucaryotes a possiblement évolué à partir de la scissiparité bactérienne** (p. 236 à 241, FIGURES 12.10 et 12.11). La scissiparité implique la séparation active des deux chromosomes fils bactériens suivant un mécanisme qui n'est pas encore résolu.

LA RÉGULATION DU CYCLE CELLULAIRE

■ **Un mécanisme de régulation moléculaire gouverne le cycle cellulaire** (p. 238 à 242, FIGURES 12.13 et 12.14). Les modifications cycliques des protéines régulatrices font office d'horloge mitotique. Les régulateurs clés sont les kinases cycline-dépendantes, les complexes de cycline (dont les quantités s'accumulent au cours du cycle cellulaire), ainsi que des protéines kinases spécifiques qui s'activent lors de leur association avec une cycline.

■ **Des stimulus internes et externes concourent à réguler le cycle cellulaire** (p. 241 à 244, FIGURE 12.15). La culture cellulaire permet aux chercheurs d'étudier la division cellulaire sur le plan moléculaire. Les stimulus internes (comme les substances chimiques émises par les kinétochores qui ne sont pas encore attachés au fuseau) et les stimulus externes (tels que les facteurs de croissance) agissent sur des points de contrôle du cycle cellulaire par l'intermédiaire de voies de conversion-amplification. L'inhibition de contact survient notamment à cause d'une baisse de la concentration des facteurs de croissance.

■ **Les cellules tumorales échappent à la régulation du cycle cellulaire** (p. 244 et 245, FIGURES 12.16 et 12.17). Les cellules tumorales échappent aux mécanismes normaux de régulation. Elles se divisent anarchiquement et forment des tumeurs bénignes ou malignes. Les tumeurs malignes se propagent et envahissent les tissus environnants, ou encore se disséminent à distance : elles exportent des cellules cancéreuses à d'autres parties du corps par l'intermédiaire des vaisseaux sanguins ou lymphatiques. Ce processus s'appelle métastase.

Autoévaluation

(Les questions dont les numéros sont en caractères gras font surtout appel à la compréhension.)

1. Pendant le cycle cellulaire, l'activité des protéines kinases augmente à cause de :
   a) la synthèse de kinases par les ribosomes.
   b) l'activation de kinases à la suite d'une liaison avec la cycline.
   c) la transformation de la cycline inactive en kinase active par phosphorylation.
   d) la dégradation des kinases inactives par des protéases cytoplasmiques.
   e) la baisse de la concentration des facteurs de croissance externes en-dessous du seuil d'inhibition.

2. Vous observez au microscope la formation d'une plaque cellulaire à l'équateur d'une cellule ; vous voyez aussi des noyaux qui se reconstituent aux pôles de la cellule. Il s'agit vraisemblablement d'une :
   a) cellule animale pendant la cytocinèse.
   b) cellule végétale pendant la cytocinèse.
   c) cellule animale pendant la phase S.
   d) cellule bactérienne en voie de division.
   e) cellule végétale pendant la métaphase.

3. La vinblastine est un médicament courant utilisé en chimiothérapie pour traiter le cancer. Étant donné qu'elle perturbe l'assemblage des microtubules, son effet est vraisemblablement causé par
   a) une altération du fuseau de division pendant sa formation.
   b) une inhibition de la phosphorylation de protéines régulatrices.
   c) une répression de la production de cycline.
   d) une dénaturation de la myosine et une inhibition de la formation du sillon de division.
   e) une inhibition de la synthèse d'ADN.

4. Une cellule qui contient deux fois moins d'ADN qu'une autre cellule en phase mitotique active se trouve en :
   a) phase G_1.
   b) phase G_2.
   c) prophase.
   d) métaphase.
   e) anaphase.

5. Laquelle des caractéristiques suivantes distingue les cellules tumorales des cellules normales ?
   a) Les cellules tumorales ne synthétisent pas d'ADN.
   b) Le cycle cellulaire des cellules tumorales est bloqué à la phase S.
   c) Les cellules tumorales continuent de se diviser même si elles sont entassées.
   d) Les cellules tumorales fonctionnent mal, parce qu'elles subissent une inhibition de contact.
   e) Les cellules tumorales sont toujours en phase M.

6. Qu'est-ce qui cause la diminution de la concentration de MPF actif à la fin de la mitose ?
   a) La dégradation de la protéine kinase (kcd).
   b) La diminution de la synthèse de cycline.
   c) La dégradation de la cycline.
   d) La synthèse de l'ADN.
   e) L'augmentation du rapport cytoplasme/génome.

7. La durée de vie d'un globule rouge est de 120 jours. En tenant pour acquis qu'un adulte moyen contient 5 L (5 000 cm³) de sang et que chaque 1 mL³ renferme 5 millions de globules rouges, combien de nouvelles cellules doivent être produites par seconde si toute la population de globules rouges est à remplacer ?
   a) 30 000.
   b) 2 400.
   c) 2 400 000.
   d) 18 000.
   e) 30 000 000.

8. Au point de vue de la fonction, trouvez la structure d'une cellule végétale qui est similaire au sillon de division d'une cellule animale.
   a) Un chromosome.
   b) La plaque cellulaire.
   c) Le noyau.
   d) Le centrosome.
   e) Le fuseau de division.

9. Dans certains organismes, la mitose survient sans cytocinèse. Dans ce cas particulier :
   a) les cellules possèdent plus d'un noyau.
   b) les cellules sont exceptionnellement petites.
   c) les cellules ne possèdent pas de noyau.
   d) les chromosomes sont détruits.
   e) la phase S n'a pas lieu au cours du cycle cellulaire.

10. Lequel de ces événements ne se produit pas durant la mitose ?
    a) La condensation des chromosomes.
    b) La réplication de l'ADN.
    c) La séparation des chromatides sœurs.
    d) La formation du fuseau.
    e) La séparation des centrosomes.

11. La micrographie photonique ci-dessous montre des cellules en voie de division, situées à l'extrémité d'une racine d'Oignon (*Allium cepa*). Trouvez une cellule en interphase, une autre en prophase, une autre encore en métaphase, et enfin une en anaphase. Décrivez les principaux événements qui surviennent à chacune de ces étapes.

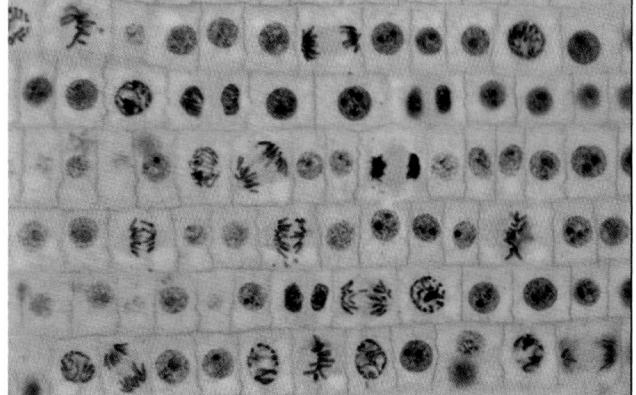

12. Après avoir subi cinq divisions cellulaires, un œuf fécondé (zygote) produit un embryon de combien de cellules ?

13. Sur la base de ce que vous avez appris dans ce chapitre, énumérez trois similarités entre les chromosomes bactériens et les chromosomes eucaryotes. Tenez compte de leur structure et de leur comportement durant la division cellulaire.

14. Quand un chromosome se retrouve-t-il sous la forme de deux chromatides sœurs ?

15. Un chercheur traite des cellules avec une substance chimique qui empêche l'amorce de la synthèse de l'ADN. Dans quelle partie du cycle cellulaire ce traitement intervient-il ?

Lien avec l'évolution

Durant la mitose, le nombre de chromosomes double, puis il retourne au nombre initial une fois que la division cellulaire a eu lieu. Dans le cas d'une cellule diploïde ($2n$), le nombre de chromosomes varie comme suit : $2n \longrightarrow 4n \longrightarrow$ division cellulaire $\longrightarrow 2n$. On obtiendrait le même résultat si la division cellulaire survenait en premier lieu et que, par la suite, le nombre de chromosomes doublait. Le nombre de chromosomes varierait comme suit : $2n \longrightarrow$ division cellulaire $\longrightarrow n \longrightarrow 2n$. Existe-t-il des avantages au processus courant ? Les deux processus sont-ils équivalents ?

Intégration

1. En vous servant des connaissances que vous avez puisées dans les chapitres 7 (*Exploration de la cellule*), 8 (*Structure et fonction des membranes*), 11 (*La communication cellulaire*) et 12, élaborez une stratégie et posez des hypothèses sur un mode d'intervention susceptible, selon vous, d'empêcher la formation de cellules tumorales ou de les éliminer.

2. Les microtubules sont polaires : ils ont une extrémité qui polymérise et dépolymérise à une vitesse beaucoup plus élevée que celle de l'extrémité. L'expérience illustrée à la FIGURE 12.7 identifie clairement les deux extrémités.

   a) À partir des résultats, identifiez l'extrémité + et expliquez votre raisonnement.

   b) Supposez que l'extrémité la plus éloignée est l'extrémité +. Redessinez la troisième partie de la FIGURE 12.7b et modifiez les résultats en conséquence.

   c) Remaniez le modèle de la FIGURE 12.7a en tenant compte de ces nouvelles données.

Science, technologie et société

Des centaines de millions de dollars sont alloués chaque année à la recherche de traitements contre le cancer. Par contre, des sommes beaucoup plus modestes sont consacrées à la prévention de cette maladie. Pourquoi en est-il ainsi ? Comment notre style de vie pourrait-il être modifié de façon à prévenir le cancer ? Quels genres de programmes de prévention pourraient amorcer ou encourager ces changements ? Quels facteurs pourraient empêcher ces changements ou ces programmes de se mettre en branle ?

LA MÉIOSE ET LES CYCLES DE DÉVELOPPEMENT SEXUÉS

« Ce qui donne à un individu sa valeur génétique,
ce n'est pas la qualité propre de ses gènes.
C'est qu'il n'a pas la même collection de gènes que les autres. »

FRANÇOIS GROS
biochimiste français (1925-)
et
FRANÇOIS JACOB
médecin et biologiste français (1920-)

INTRODUCTION À L'HÉRÉDITÉ

- Les gènes des parents sont transmis à leurs enfants par l'intermédiaire des chromosomes
- La reproduction sexuée crée une plus grande variation que la reproduction asexuée

LE RÔLE DE LA MÉIOSE DANS LA REPRODUCTION SEXUÉE

- La méiose et la fécondation alternent dans la reproduction sexuée
- La méiose est la réduction de moitié du nombre de chromosomes et le passage du stade diploïde au stade haploïde : *une étude détaillée*

LES ORIGINES DE LA VARIATION GÉNÉTIQUE

- La reproduction sexuée est une source de variation génétique chez les descendants
- L'évolution résulte de la variation génétique

Les êtres vivants *se caractérisent avant tout par leur capacité à se reproduire. Un organisme n'engendre que des êtres qui lui sont semblables. Seuls les Chênes blancs (Quercus alba) produisent des Chênes blancs, et seuls les Épaulards (Orcinus orca) peuvent donner naissance à des Épaulards. De plus, chaque individu ressemble plus à ses propres parents qu'aux autres représentants de son espèce avec lesquels il a moins de liens de parenté.*

*Cette transmission des caractères d'une génération à la suivante est appelée **hérédité** (du latin heres, « héritier »). Bien que celle-ci entraîne des ressemblances, elle produit également une certaine **variation** : chaque individu est différent de ses parents et de ses frères et sœurs. On exploite ce phénomène depuis qu'on cultive des plantes et qu'on élève des animaux, soit depuis des millénaires. Les ressemblances et les différences entre les Humains suscitent la curiosité depuis tout aussi longtemps. La photographie qui figure sur cette page montre les ressemblances et les différences entre les membres de la famille de la comédienne Gwyneth Paltrow. Cependant, les biologistes n'ont commencé à comprendre les mécanismes de l'hérédité et de la diversité des êtres vivants qu'avec l'avènement de la génétique, au XXᵉ siècle.*

*Cette partie du manuel porte sur la **génétique,** qui est l'étude scientifique de l'hérédité et de la variation chez les individus. Nous allons aborder cette branche de la biologie aux niveaux de l'organisme, de la cellule et de la molécule. Nous allons également apprendre comment les biologistes élucident des questions restées sans réponse pendant des siècles, comme le mystère de la formation d'animaux et de plantes multicellulaires à partir d'une seule cellule fécondée. Nous verrons aussi que les méthodes et les découvertes de la génétique ouvrent la voie à des progrès dans toutes les autres branches de la biologie, que ce soit la physiologie, la biologie de l'évolution, l'écologie ou même l'étude du comportement. D'un point de vue plus pratique, vous verrez que la génétique moderne engendre une véritable révolution dans les domaines de la médecine et de l'agriculture. Enfin, nous aborderons certaines questions sociales ou éthiques soulevées par les possibilités de manipulation du matériel génétique qu'est l'ADN. Dans le présent chapitre, nous commencerons par la reproduction sexuée, c'est-à-dire un mode de transmission des chromosomes des parents à leurs enfants.*

INTRODUCTION À L'HÉRÉDITÉ

Les gènes des parents sont transmis à leurs enfants par l'intermédiaire des chromosomes

Les amis de votre famille vous disent peut-être que vous avez les taches de rousseur de votre mère. Au sens strict, les parents ne « donnent » pas à leur progéniture leurs taches de rousseur, leurs yeux, leurs cheveux ou d'autres traits. Alors, qu'est-ce qui est transmis ? Ce que les enfants héritent de leurs parents, c'est une information codée contenue dans des unités héréditaires appelées **gènes.** Les dizaines de milliers de gènes que nous recevons de notre mère et de notre père constituent notre génome. C'est ce lien génétique entre les parents et leurs rejetons qui explique la ressemblance entre les membres d'une même famille. Il est possible que votre génome contienne un gène pour les taches de rousseur qui vous a été transmis par votre mère. Ce sont les gènes qui déterminent l'apparition des caractères de chaque individu au cours de son développement, de la conception à l'âge adulte.

Les gènes sont des segments d'ADN. Aux chapitres 1 et 5, vous avez appris que l'ADN est un polymère constitué de quatre sortes de monomères appelés nucléotides. L'information héréditaire est contenue dans les séquences de nucléotides propres à chaque gène, tout comme l'information écrite est contenue dans les séquences de lettres qui forment des mots. Le langage humain est abstrait, et notre cerveau traduit les mots et les phrases en idées et en images mentales. Par exemple, l'objet que vous imaginez lorsque vous lisez le mot « pomme » ne ressemble en rien au mot lui-même. De façon analogue, les cellules traduisent les « phrases » génétiques en taches de rousseur et en d'autres caractères qui n'ont aucune ressemblance avec les gènes eux-mêmes. La plupart de ceux-ci programment les cellules pour qu'elles synthétisent des enzymes ou d'autres protéines, dont l'effet cumulatif produit les caractères héréditaires d'un organisme donné. Cette programmation héréditaire inscrite dans l'ADN est l'un des fils conducteurs de la biologie.

Les fondements moléculaires de la transmission héréditaire résident dans la réplication exacte de l'ADN, c'est-à-dire le recopiage des gènes qui passent d'une génération à la suivante. Chez les Animaux et les Végétaux, les gènes sont transmis d'une génération à l'autre par les cellules reproductrices, les spermatozoïdes et les ovules. (Par souci de commodité, nous utiliserons le terme ovule dans les prochains chapitres, bien qu'en réalité il s'agisse le plus souvent d'un ovocyte secondaire, c'est-à-dire d'un œuf non fécondé, comme nous le verrons au chapitre 46). Lorsqu'un spermatozoïde s'unit à un ovule, les gènes des deux parents se combinent dans le noyau de l'œuf fécondé, né de la fusion des deux cellules reproductrices.

Dans une cellule eucaryote, l'ADN est presque entièrement réparti entre plusieurs chromosomes situés dans le noyau ; quelques petites quantités d'ADN sont contenues dans les mitochondries et les chloroplastes. Chaque espèce possède un nombre de chromosomes qui lui est propre. Par exemple, presque toutes les cellules humaines ont 46 chromosomes. Un chromosome est constitué d'une seule molécule d'ADN enroulée de façon complexe et associée à diverses protéines. Chaque chromosome contient des centaines ou des milliers de gènes, et chacun de ceux-ci se situe en un point bien précis de la molécule d'ADN. L'emplacement exact d'un gène sur un chromosome est appelé **locus** (pluriel : *loci*). Notre bagage génétique est l'ensemble des gènes qui se trouvent sur les chromosomes que nous ont transmis nos parents.

La reproduction sexuée crée une plus grande variation que la reproduction asexuée

Seuls les organismes qui se reproduisent par voie asexuée ont des descendants identiques à eux-mêmes. Dans la **reproduction asexuée,** un seul individu joue le rôle de parent et transmet une copie de tous ses gènes à chacun de ses descendants. Par exemple, les organismes eucaryotes unicellulaires peuvent se reproduire de façon asexuée grâce au processus de division cellulaire appelé mitose : l'ADN de la cellule d'origine est d'abord répliqué ; il se répartit ensuite également entre deux cellules filles. Les génomes de celles-ci sont donc virtuellement identiques à ceux de la cellule mère (ou cellule d'origine). Certains organismes multicellulaires peuvent aussi se reproduire par voie asexuée. Ainsi, l'Hydre, qui appartient au même embranchement que la Méduse, peut se multiplier par bourgeonnement (FIGURE 13.1). Comme les cellules d'un bourgeon résultent de mitoses qui ont eu lieu à partir de l'organisme parental, une nouvelle petite Hydre (le bourgeon) est en quelque sorte un « morceau » du parent et est habituellement génétiquement identique à celui-ci. Toute

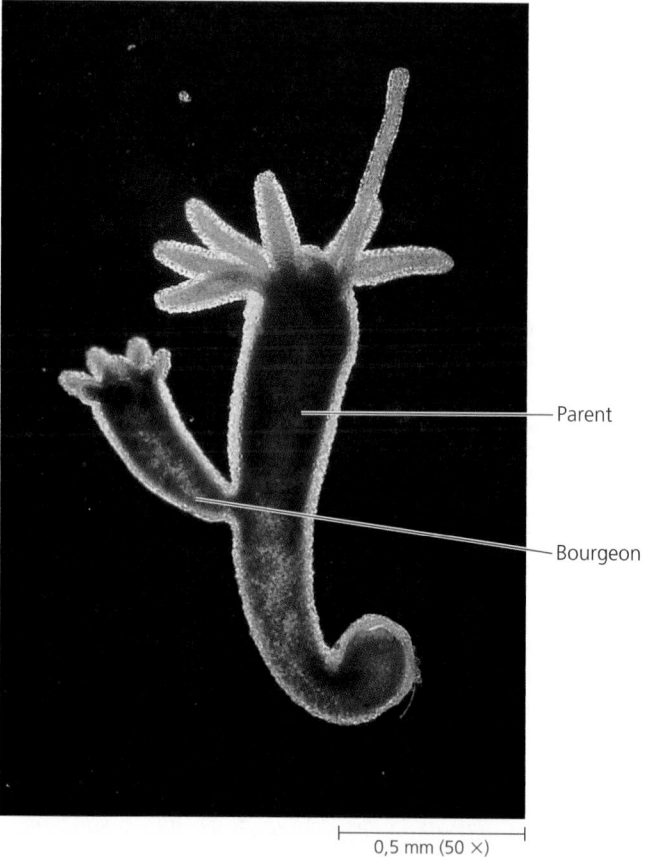

Parent

Bourgeon

0,5 mm (50 ×)

FIGURE 13.1 La reproduction asexuée de l'Hydre. Cet animal multicellulaire relativement simple se reproduit par bourgeonnement. Le bourgeon, masse compacte de cellules qui se divisent par mitose, se transforme en une petite Hydre qui finit par se détacher du parent (MP).

différence génétique pouvant exister entre les deux serait due à des mutations, soit à des modifications de l'ADN. Cela survient assez rarement ; nous en reparlerons au chapitre 17. Un organisme qui se reproduit par voie asexuée donne naissance à un **clone,** c'est-à-dire à un groupe d'organismes génétiquement identiques.

La **reproduction sexuée** crée une plus grande variation que la reproduction asexuée : chaque individu reçoit une combinaison unique de gènes provenant de ses deux parents. Contrairement à ce qui arrive chez un clone, les individus nés de la reproduction sexuée sont génétiquement différents de leurs frères et sœurs et aussi de leurs parents. La variation génétique illustrée à la FIGURE 13.2 est l'une des conséquences principales de la reproduction sexuée. Quel est son mécanisme ? Pour le découvrir, il faut examiner le comportement des chromosomes pendant le cycle de la reproduction sexuée.

LE RÔLE DE LA MÉIOSE DANS LA REPRODUCTION SEXUÉE

On appelle **cycle de développement** la suite d'étapes qui se déroulent à partir du moment où un organisme est conçu jusqu'au moment où il produit ses propres descendants (soit la suite d'étapes constituant l'histoire reproductive d'un organisme). Dans cette section, nous suivrons le comportement des chromosomes tout au long de certains cycles de développement.

La méiose et la fécondation alternent dans la reproduction sexuée

Nous commencerons par prendre un exemple bien connu, celui du cycle de développement humain, et nous en profiterons pour présenter quelques notions fondamentales.

Le cycle de développement humain

Chez l'Humain, chaque **cellule somatique** (toute cellule qui n'est pas reproductrice, c'est-à-dire toute cellule autre qu'un spermatozoïde ou un ovule) renferme 46 chromosomes. À l'aide d'un microscope photonique, on peut reconnaître les différents chromosomes (à l'état condensé, pendant la mitose) grâce à leur forme caractéristique. En effet, tous n'ont pas la même taille, et leurs centromères ne sont pas placés au même endroit. Lorsqu'on ajoute certains colorants aux chromosomes, des bandes distinctives apparaissent sur chacun de ceux-ci.

Si l'on regarde attentivement une micrographie des 46 chromosomes humains, on constate qu'il y en a deux de chaque type. Cela devient évident lorsqu'on les regroupe par paires et par ordre décroissant de taille. L'image obtenue est appelée **caryotype** (FIGURE 13.3, p. 252). Les chromosomes qui forment une paire (ceux qui ont la même longueur, des centromères situés au même endroit et les mêmes bandes de couleur) sont des **chromosomes homologues** et portent les gènes qui déterminent les mêmes caractères héréditaires. Par exemple, si un gène déterminant la couleur des yeux occupe un certain locus sur un chromosome donné, il y aura aussi un gène de la couleur des yeux au même locus sur le chromosome homologue.

Dans les cellules somatiques humaines, deux chromosomes font exception à la règle des chromosomes homologues : les chromosomes X et Y. La femelle de l'espèce humaine possède une paire de chromosomes X homologues (XX), tandis que le mâle a un chromosome X et un chromosome Y (XY). Seules de petites portions des X et des Y sont homologues. La plupart des gènes portés par le chromosome X n'ont pas d'équivalent sur le chromosome Y. Celui-ci est de taille très réduite et porte également des gènes absents du chromosome X. Comme ce sont les chromosomes X et Y qui déterminent le sexe de l'individu, on les nomme **chromosomes sexuels** (ou hétérochromosomes). Les autres sont appelés **autosomes.**

Couple 1   Couple 2

FIGURE 13.2 Deux familles. Les photographies de la rangée du haut montrent deux couples. Chacun a deux enfants, dont les clichés sont placés au hasard dans la rangée du bas. (Toutes ces personnes ont été photographiées à peu près au même âge, alors qu'elles finissaient leur cinquième secondaire.) Pouvez-vous dire qui sont les parents de chacun des enfants ? Les réponses à cette question se trouvent au bas de la page*.

* Réponses : Le garçon et la fille qui se trouvent au centre de la rangée du bas sont les enfants du couple 1. Le garçon et la fille situés à chaque bout de la rangée sont les enfants du couple 2.

CHAPITRE 13 LA MÉIOSE ET LES CYCLES DE DÉVELOPPEMENT SEXUÉS **251**

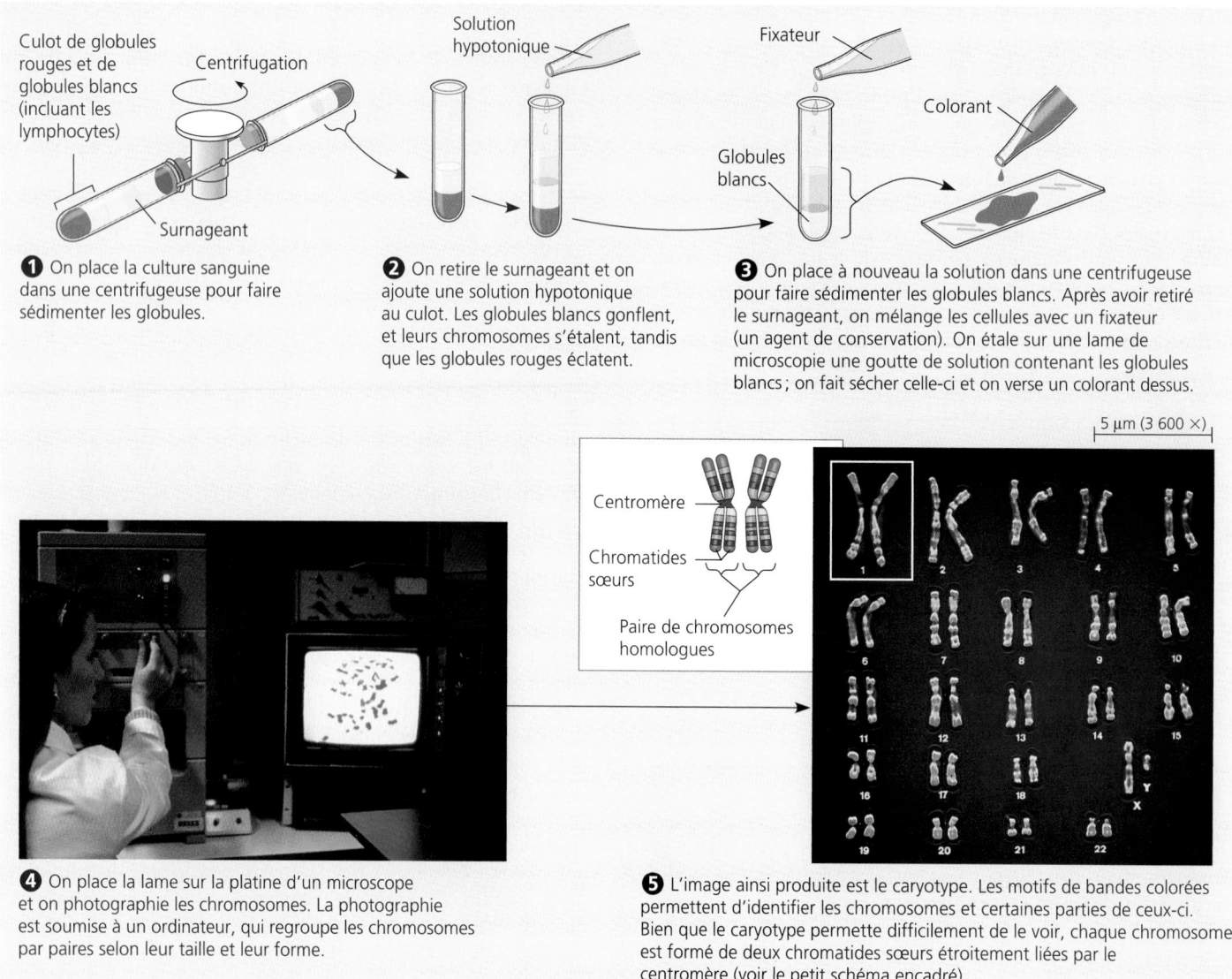

Centromère

Chromatides sœurs

Paire de chromosomes homologues

5 μm (3 600 ×)

① On place la culture sanguine dans une centrifugeuse pour faire sédimenter les globules.

② On retire le surnageant et on ajoute une solution hypotonique au culot. Les globules blancs gonflent, et leurs chromosomes s'étalent, tandis que les globules rouges éclatent.

③ On place à nouveau la solution dans une centrifugeuse pour faire sédimenter les globules blancs. Après avoir retiré le surnageant, on mélange les cellules avec un fixateur (un agent de conservation). On étale sur une lame de microscopie une goutte de solution contenant les globules blancs ; on fait sécher celle-ci et on verse un colorant dessus.

④ On place la lame sur la platine d'un microscope et on photographie les chromosomes. La photographie est soumise à un ordinateur, qui regroupe les chromosomes par paires selon leur taille et leur forme.

⑤ L'image ainsi produite est le caryotype. Les motifs de bandes colorées permettent d'identifier les chromosomes et certaines parties de ceux-ci. Bien que le caryotype permette difficilement de le voir, chaque chromosome est formé de deux chromatides sœurs étroitement liées par le centromère (voir le petit schéma encadré).

FIGURE 13.3 Préparation d'un caryotype humain. Le caryotype est une représentation ordonnée des chromosomes d'une personne. On le prépare souvent à partir de lymphocytes, un type de globules blancs. On traite d'abord ces cellules avec une substance qui stimule la mitose, puis on les cultive pendant plusieurs jours. On leur ajoute ensuite une substance qui arrête la mitose à la métaphase. Pendant cette phase, les chromosomes, qui sont formés de deux chromatides sœurs associées, sont très condensés et faciles à identifier au microscope. La figure ci-dessus illustre les autres étapes de la préparation du caryotype. Ce dernier permet de déceler certaines anomalies de la structure ou du nombre de chromosomes. De certaines anomalies chromosomiques découlent des affections congénitales, comme le syndrome de Down (trisomie 21). (Les causes et les effets des anomalies chromosomiques sont abordés au chapitre 15.)

La présence de paires de chromosomes homologues dans notre caryotype découle de notre origine sexuée. Chacun de nos parents nous transmet un chromosome de chaque paire, de sorte que les 46 chromosomes de nos cellules somatiques proviennent en fait de deux jeux de 23 chromosomes, l'un venant de notre mère, et l'autre, de notre père. Les cellules reproductrices (soit les spermatozoïdes et les ovules), qu'on appelle aussi **gamètes,** n'ont pas le même nombre de chromosomes que les cellules somatiques. Elles n'ont qu'un seul jeu de chromosomes, qui comprend 22 autosomes et 1 chromosome sexuel (qui peut être X ou Y). Une cellule qui n'a qu'un jeu de chromosomes est une **cellule haploïde.** Chez les Humains, le nombre haploïde est 23, et son abréviation est n ($n = 23$).

C'est au moment des rapports sexuels qu'un spermatozoïde haploïde venant du père peut atteindre un ovule haploïde de la mère et fusionner avec lui. Cette union des gamètes se nomme **fécondation** ou **syngamie** (de syn, du grec *sun*, « avec », qui marque l'idée de réunion dans l'espace ou le temps, et gamie, du grec *gamos,* « mariage »). L'œuf fécondé qui en résulte, le **zygote,** contient deux jeux haploïdes de chromosomes, dont les gènes représentent les lignées paternelle et maternelle. Le zygote et toutes les autres cellules qui ont deux jeux de chromosomes sont des **cellules diploïdes.** Chez l'Humain, le nombre diploïde (abrégé $2n$) est 46.

Pendant que l'être humain se développe, à partir du zygote, jusqu'à atteindre la maturité sexuelle et l'âge adulte, les gènes du zygote sont transmis avec précision, par mitose, à toutes les cellules somatiques de l'organisme. Par conséquent, les cellules somatiques sont diploïdes, tout comme le zygote, dont elles sont issues.

Les seules cellules de l'organisme humain qui ne sont pas produites par mitose sont les gamètes : ceux-ci se développent dans les **gonades** (soit les ovaires, chez les femelles, et les testicules, chez les mâles). Imaginez ce qui se passerait s'ils se formaient par mitose ! Ils seraient diploïdes, comme les cellules somatiques. Il résulterait de cela que, à la fécondation suivante, le nombre de chromosomes doublerait, passant de 46 à 92. En fait, il doublerait à chaque génération. C'est pourquoi les organismes à reproduction sexuée passent par un processus qui réduit de moitié le nombre de chromosomes des gamètes. Ce processus permet de conserver le nombre de chromosomes de l'espèce après la fécondation. Il constitue une forme de division cellulaire nommée **méiose,** qui se produit uniquement dans les organes reproducteurs. Donc, pendant la méiose, le nombre de chromosomes est réduit de moitié (alors qu'il demeure constant pendant la mitose). C'est ce qui explique que les spermatozoïdes et les ovules humains ont chacun 23 chromosomes (nombre haploïde), soit un chromosome de chaque paire de chromosomes homologues. Lors de la fécondation, les deux jeux haploïdes se regroupent, et le nombre de chromosomes redevient diploïde. Le cycle de développement de l'Humain peut ainsi se poursuivre d'une génération à l'autre (FIGURE 13.4).

D'une manière générale, on trouve ce même cycle de développement chez les Animaux : la méiose et la fécondation caractérisent la reproduction sexuée. Elles alternent au cours du cycle de développement sexué et exercent un effet opposé sur le nombre de chromosomes d'une espèce donnée, qui reste donc constant.

Diversité des cycles de développement sexués

Bien que l'alternance de la méiose et de la fécondation soit commune à tous les organismes à reproduction sexuée, le moment où elles ont lieu dans le cycle de développement diffère d'une espèce à l'autre. Ces variantes permettent de distinguer trois types principaux de cycles de développement (FIGURE 13.5). Le premier est celui que l'on observe chez l'Humain et la plupart des Animaux. Dans ce cycle, les gamètes sont les seules cellules haploïdes (*n*). La méiose se produit lors de la formation des gamètes, qui ne se divisent plus par la suite. L'union des gamètes (syngamie)

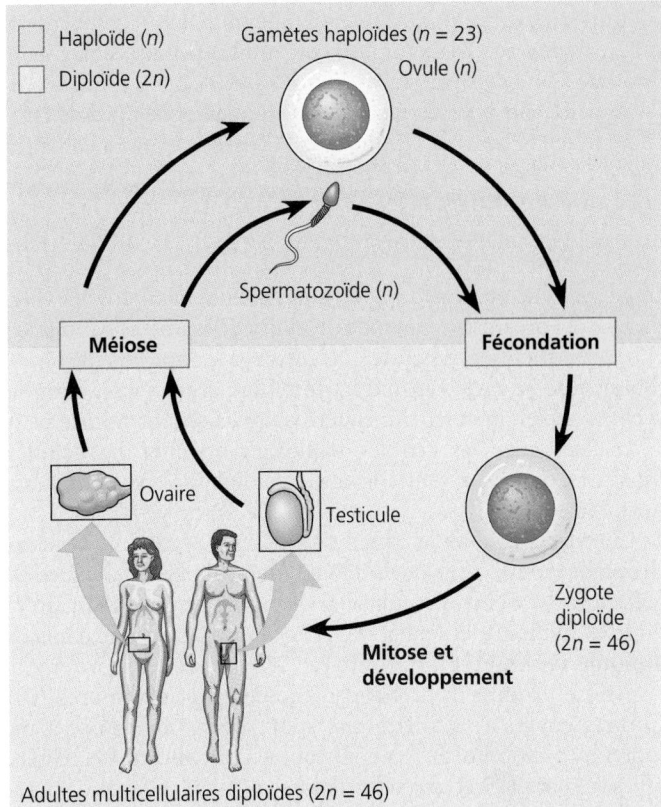

FIGURE 13.4 Le cycle de développement humain. À chaque génération, la fécondation doublerait le nombre de chromosomes si la méiose ne compensait ce phénomène en réduisant de moitié le nombre de chromosomes lors de la formation des gamètes. Chez l'Humain, chaque cellule haploïde a 23 chromosomes (*n* = 23). Quant au zygote diploïde et à toutes les cellules somatiques qui en sont issues (par mitose), ils en ont 46 (2*n* = 46).

Cette figure est illustrée à l'aide d'un « code de couleurs » que nous emploierons pour tous les cycles de développement présentés dans ce manuel : les phases haploïdes sont présentées sur fond bleu-gris, et les phases diploïdes, sur fond beige.

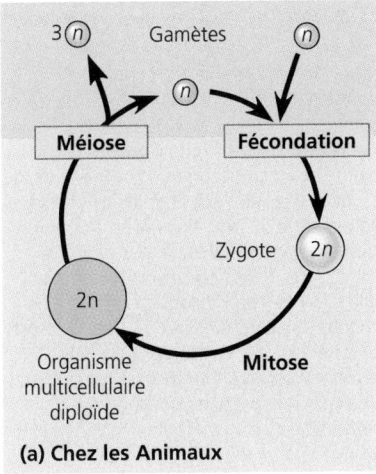

(a) Chez les Animaux

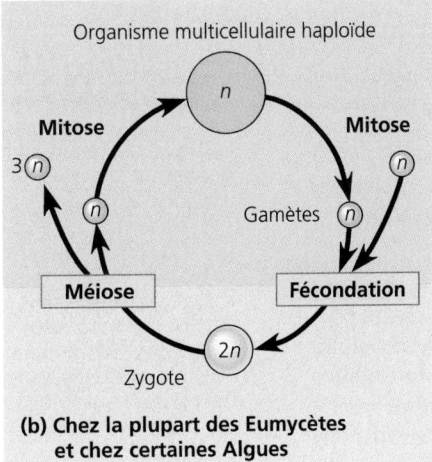

(b) Chez la plupart des Eumycètes et chez certaines Algues

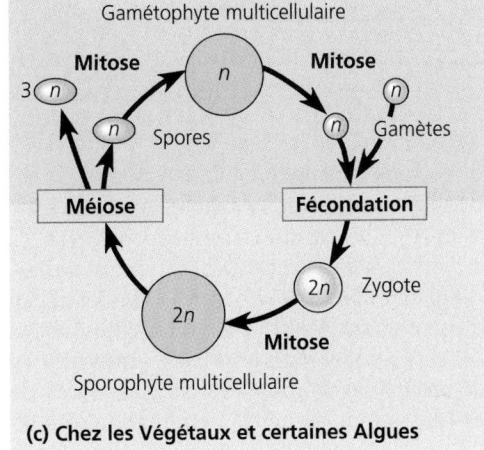

(c) Chez les Végétaux et certaines Algues

☐ Haploïde   ☐ Diploïde

FIGURE 13.5 Trois cycles de développement sexués où la méiose et la fécondation se produisent, mais à des moments différents.

Dans ces trois cycles, la méiose et la fécondation alternent. Cela contribue à la variation génétique des descendants. Notez que la méiose produit quatre cellules filles.

produit un zygote diploïde (2n), qui se divise par mitose et donne naissance à un organisme multicellulaire également diploïde (2n) (FIGURE 13.5a).

Le deuxième type de cycle de développement s'observe chez de nombreux Eumycètes et quelques Protistes, y compris certaines Algues. La fusion des gamètes produit un zygote diploïde (2n), qui se divise par méiose avant qu'un organisme complet ne se forme. Cette méiose donne non pas des gamètes, mais des cellules haploïdes, qui se multiplient ensuite par mitose de façon à constituer un organisme adulte multicellulaire haploïde (n). Plus tard, l'organisme haploïde produira des gamètes par mitose et non par méiose. Le zygote (2n) représente donc la seule phase diploïde de ce cycle (FIGURE 13.5b). (Remarquez que, selon le cycle de développement considéré, la division par mitose peut se réaliser chez les cellules haploïdes ou chez les cellules diploïdes, mais que seules les cellules diploïdes peuvent subir une méiose.)

Chez les Végétaux et certaines espèces d'Algues, il existe un troisième type de cycle de développement, appelé **alternance de générations.** Celle-ci comprend deux phases multicellulaires: l'une est diploïde, et l'autre, haploïde. La phase multicellulaire diploïde se nomme **sporophyte** (2n). Chez le sporophyte, la méiose produit des cellules haploïdes appelées **spores** (n). Contrairement au gamète, une spore donne naissance à un individu multicellulaire sans fusionner avec une autre cellule. Elle se divise par mitose et devient un organisme haploïde multicellulaire appelé **gamétophyte** (n), qui forme des gamètes par mitose. La fécondation engendre ensuite un zygote diploïde, qui devient le sporophyte (2n) de la génération suivante. Dans ce genre de cycle de développement, le sporophyte et le gamétophyte se reproduisent tour à tour (FIGURE 13.5c).

Dans ces trois types de cycles de développement, la méiose et la fécondation se produisent à des moments différents. Toutefois, le processus fondamental reste le même : à chaque cycle se produit une réduction de moitié (2n → n), puis un appariement des chromosomes homologues (n → 2n), ce qui crée une variation génétique dans la génération suivante. Examinons de plus près le mécanisme de la méiose pour comprendre comment cette variation se produit.

***

La méiose est la réduction de moitié du nombre de chromosomes et le passage du stade diploïde au stade haploïde : *une étude détaillée*

Certaines étapes de la méiose ressemblent beaucoup aux étapes correspondantes de la mitose. Avant la méiose, comme avant la mitose, les chromosomes se répliquent. Cependant, dans le cas de la méiose, cette duplication est suivie de deux divisions cellulaires consécutives, appelées **méiose I** et **méiose II,** qui produisent quatre cellules filles différentes (au lieu des deux cellules filles identiques dans le cas de la mitose). Celles-ci ont chacune la moitié du nombre de chromosomes de la cellule mère. Étudiez attentivement la présentation générale de la méiose à la FIGURE 13.6 et assurez-vous que vous comprenez bien la différence entre les chromosomes homologues et les chromatides sœurs. Les deux chromosomes homologues d'une même paire sont différents, parce que chacun provient d'un des parents. Ils ont la même apparence lorsqu'on les observe au microscope,

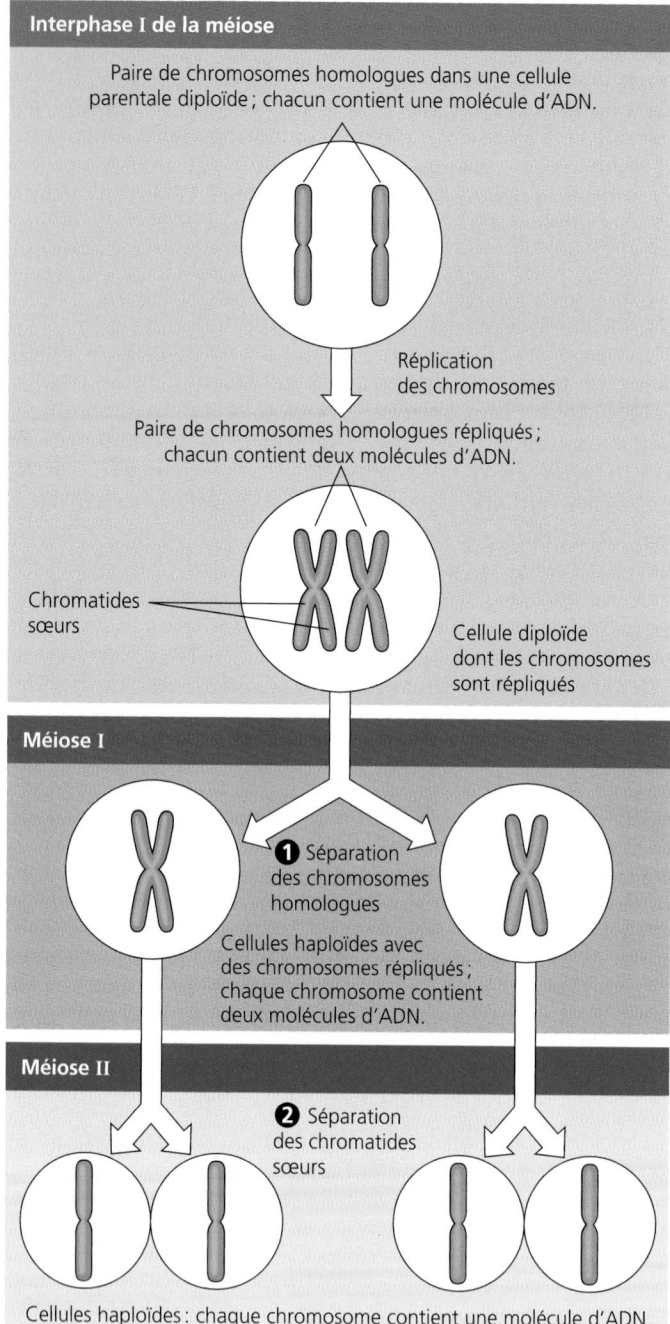

FIGURE 13.6 Comment la méiose réduit de moitié le nombre de chromosomes. Après la réplication des chromosomes, la cellule diploïde se divise *deux fois*, produisant ainsi quatre cellules filles haploïdes. (Lorsque nous aurons fait une étude approfondie de la méiose, nous vous montrerons que les quatre cellules filles sont différentes sur le plan de leur génome, ce qui n'est pas entièrement illustré ici.) Cette représentation schématique montre le cheminement d'une seule paire de chromosomes homologues. Pour faciliter votre compréhension, nous les avons dessinés à l'état condensé à toutes les étapes (normalement, ils ne sont pas condensés pendant l'interphase). Dans cette figure et les suivantes, les chromosomes homologues ont été colorés en rouge et en bleu pour vous rappeler qu'ils portent des versions différentes de certains gènes.

mais ils ont des versions différentes de gènes à certains de leurs loci (par exemple, un gène pour des taches de rousseur sur un chromosome et un gène pour l'absence de taches de rousseur sur le même locus du chromosome homologue).

La FIGURE 13.7, aux pages 256 et 257, montre de façon assez détaillée les deux divisions issues de la méiose d'une cellule animale, dont le nombre diploïde est 4. Étudiez-la bien avant de passer à la section suivante.

Comparaison entre la mitose et la méiose

Maintenant que nous avons suivi le cheminement des chromosomes au cours de la méiose dans la FIGURE 13.7, résumons les différences essentielles entre la méiose et la mitose. Premièrement, le nombre de chromosomes est réduit de moitié pendant la méiose, ce qui entraîne des différences importantes du point de vue génétique. Pendant la mitose, par contre, le nombre de chromosomes reste le même. Deuxièmement, la méiose produit des cellules qui diffèrent génétiquement de la cellule mère et aussi entre elles. La mitose, elle, donne des cellules filles génétiquement identiques à la cellule mère.

La FIGURE 13.8, à la page 258, permet de comparer les étapes clés de la mitose et de la méiose. Bien que cette dernière comporte deux divisions cellulaires, les trois événements qui la caractérisent ont tous lieu pendant la première division, ou méiose I:

1. Pendant la prophase I de la méiose, les chromosomes répliqués s'apparient avec leurs homologues, un processus nommé **synapse**. Durant une partie de la prophase I, une protéine qui agit telle une fermeture à glissière (*complexe synaptonémique*) retient fortement les chromosomes homologues sur toute leur longueur. À la fin de la prophase, lorsque le complexe synaptonémique disparaît, les quatre chromatides étroitement associées d'une paire de chromosomes homologues deviennent visibles au microscope photonique sous forme de **tétrade**. Le microscope photonique permet également de voir leurs chevauchements en forme de *X*, appelés **chiasmas**. Il s'agit du croisement de chromatides *homologues*, c'est-à-dire qui font partie de deux chromosomes distincts mais homologues. Les chiasmas sont la manifestation physique d'une recombinaison génétique appelée enjambement, dont nous reparlerons plus loin. Pendant la mitose, il ne se produit ni synapse ni chiasmas.
2. À la métaphase I de la méiose, ce sont les paires de chromosomes homologues et non les chromosomes individuels qui s'alignent sur la plaque équatoriale.
3. À l'anaphase I de la méiose, les chromatides sœurs de chaque chromosome ne se séparent pas comme elles le font lors de la mitose. Elles restent liées et migrent vers le même pôle cellulaire. *La méiose I a pour effet de séparer les paires de chromosomes homologues et non les chromatides sœurs de chaque chromosome.*

Les chromatides sœurs se séparent au cours de la seconde division méiotique (méiose II), dont le mécanisme est pratiquement identique à celui de la mitose. Attention! Les chromosomes ne subissent pas de réplication entre la méiose I et la méiose II. La méiose se solde donc par une réduction de moitié du nombre de chromosomes présents dans chaque cellule.

LES ORIGINES DE LA VARIATION GÉNÉTIQUE

Comment peut-on expliquer la variation génétique illustrée à la FIGURE 13.2? C'est la question à laquelle nous allons répondre maintenant.

La reproduction sexuée est une source de variation génétique chez les descendants

Chez les espèces à reproduction sexuée, la variation génétique qui apparaît à chaque génération résulte en majeure partie du comportement des chromosomes pendant la méiose et après la fécondation. Examinons trois phénomènes qui contribuent à la diversité génétique des organismes sexués: l'assortiment indépendant des chromosomes, l'enjambement et la fécondation aléatoire.

Assortiment indépendant des chromosomes

La FIGURE 13.9, à la page 259, illustre l'un des mécanismes qui créent une variation génétique chez les organismes à reproduction sexuée. La figure montre une cellule diploïde comportant deux paires de chromosomes, homologues deux à deux (à la métaphase I, soit avant la première cytocinèse). Nous avons utilisé deux couleurs différentes, le bleu et le rouge, pour distinguer les chromosomes dédoublés qui proviennent de la mère de ceux qui sont hérités du père. Cela vous permettra de suivre chacun d'eux au cours de la méiose et de comprendre où ils se retrouvent dans les gamètes. À la métaphase I, toutes les paires de chromosomes homologues (qui comportent chacune un chromosome maternel dédoublé et un chromosome paternel dédoublé) se trouvent sur la plaque équatoriale. L'orientation de chaque paire par rapport aux deux pôles cellulaires est aléatoire: il existe donc deux possibilités. Après la méiose I, il y a une chance sur deux qu'une cellule fille reçoive le chromosome maternel d'une paire de chromosomes homologues donnée, et une chance sur deux qu'elle reçoive le chromosome paternel de la même paire.

Étant donné que chaque paire de chromosomes se positionne indépendamment des autres paires lors de la métaphase I (comme si sa place était jouée à pile ou face), la première division méiotique produit un assortiment indépendant, ou aléatoire, des chromosomes maternels et paternels dans les cellules filles. Chaque gamète contient une des combinaisons possibles des chromosomes maternels et paternels. Comme le montre la FIGURE 13.9, dans le cas de gamètes formés par méiose à partir de deux paires de chromosomes homologues ($2n = 4$, $n = 2$), le nombre de combinaisons possibles est de quatre. Pour $n = 3$, il existe huit combinaisons chromosomiques possibles. D'une manière plus générale, lorsque la méiose assortit au hasard des chromosomes dans les gamètes, le nombre de combinaisons possibles est de 2^n, n étant le nombre haploïde de l'organisme.

Chez l'Humain, le nombre haploïde (n) est 23. Dans les gamètes, le nombre de combinaisons possibles des chromosomes maternels et paternels est donc de 2^{23}, soit 8 388 608. Le nombre possible de gamètes est analogue au nombre

INTERPHASE	PROPHASE I	MÉTAPHASE I	ANAPHASE I

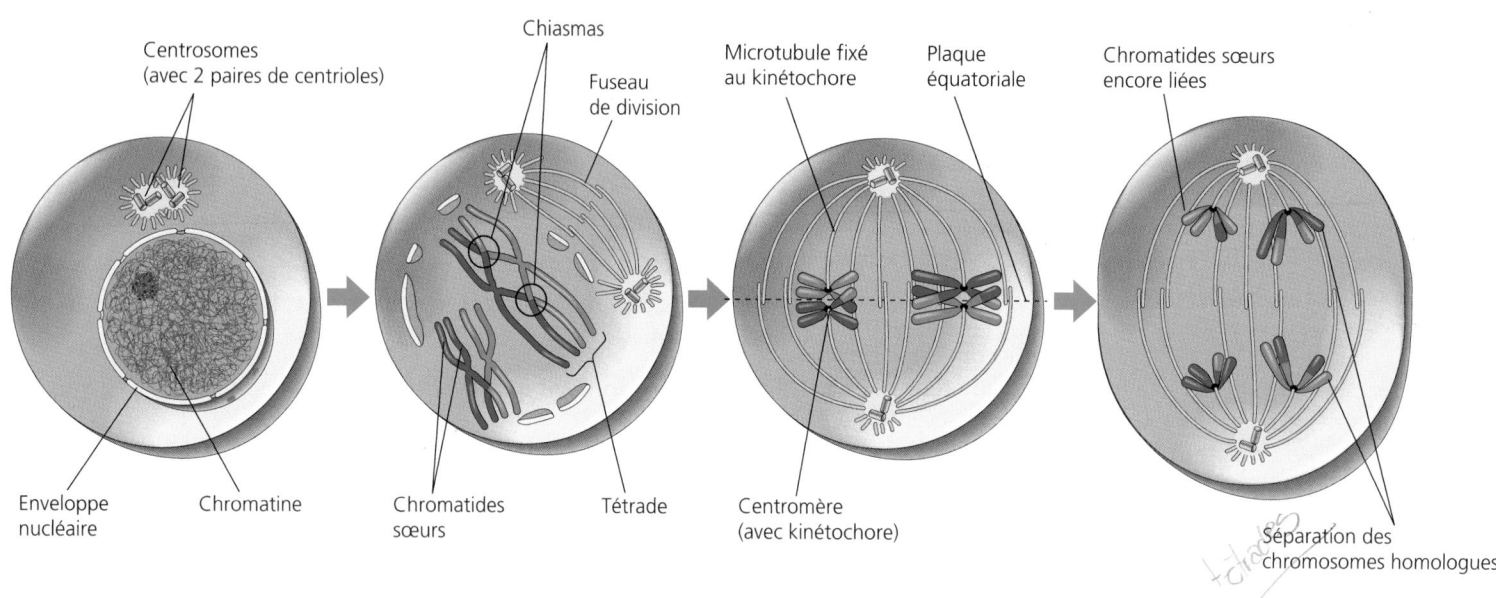

Centrosomes (avec 2 paires de centrioles)

Chiasmas

Fuseau de division

Microtubule fixé au kinétochore

Plaque équatoriale

Chromatides sœurs encore liées

Enveloppe nucléaire

Chromatine

Chromatides sœurs

Tétrade

Centromère (avec kinétochore)

Séparation des chromosomes homologues

Réplication des chromosomes

Appariement des chromosomes homologues et échange de segments entre eux

Alignement des tétrades

Migration des chromosomes homologues vers les pôles opposés

INTERPHASE

La méiose est précédée d'une interphase, pendant laquelle tous les chromosomes se répliquent. Ce processus ressemble au dédoublement chromosomique qui précède la mitose. Chaque chromosome prend la forme de deux chromatides sœurs génétiquement identiques, liées entre elles par leur centromère. Le centrosome subit également une réplication et forme les deux paires de centrioles représentées ici.

PROPHASE I

La prophase de la méiose I est plus longue et plus complexe que celle de la mitose. La prophase I englobe les caractéristiques typiques de la prométaphase de la mitose. Les chromosomes commencent à se condenser, et ceux qui sont homologues s'apparient. Rappelez-vous que chacun est formé de deux chromatides sœurs. Pendant le processus appelé synapse, une structure protéique en forme d'échelle (le complexe synaptonémique) apparie étroitement les chromosomes homologues sur toute leur longueur. À la fin de la prophase I, lorsque le complexe synaptonémique disparaît, chaque paire de chromosomes

devient visible au microscope sous forme de tétrade, c'est-à-dire d'un ensemble de quatre chromatides liées deux à deux. Les chromosomes homologues se chevauchent en plusieurs endroits en croisant leurs chromatides homologues. Ces points de croisement sont appelés chiasmas. Les chiasmas retiennent ensemble les chromosomes homologues de chaque paire jusqu'à l'anaphase I. Remarquez également que les chromosomes échangent des segments au niveau des chiasmas.

Pendant ce temps, les autres composantes cellulaires préparent la division du noyau d'une façon semblable à ce qui s'observe pendant la mitose. Les centrosomes s'éloignent l'un de l'autre, et des faisceaux de microtubules apparaissent entre eux. L'enveloppe du noyau et les nucléoles se dispersent. Finalement, certains microtubules du fuseau s'attachent aux kinétochores qui se forment sur les chromosomes. Ceux-ci commencent à migrer vers la plaque équatoriale située à mi-chemin entre les deux pôles de la cellule. La prophase I, qui peut s'étaler sur des jours, voire plus longtemps, représente habituellement plus de 90 % de la durée totale de la méiose.

MÉTAPHASE I

Les paires de chromosomes homologues sont maintenant alignées sur la plaque équatoriale. Des microtubules du fuseau qui partent de l'un des pôles de la cellule se fixent au kinétochore d'un chromosome de chaque paire, alors que des microtubules venant du pôle opposé se lient au kinétochore de l'autre chromosome de la paire.

ANAPHASE I

Comme pendant la mitose, les fibres du fuseau tirent les chromosomes en direction des pôles. Cependant, les chromatides sœurs restent liées par leur centromère et se dirigent ensemble vers le même pôle. Les chromosomes homologues de chaque paire rejoignent ainsi les pôles opposés. (Lors de la mitose, les chromosomes n'ont pas le même comportement : ils s'alignent un par un sur la plaque équatoriale et non par paires, et les chromatides sœurs de chaque chromosome se séparent l'une de l'autre.)

FIGURE 13.7 Phases de la méiose. Les dessins ci-dessus illustrent la méiose d'une cellule animale dont le nombre diploïde est 4 ($2n = 4$). Nous avons représenté les chromosomes en rouge et en bleu pour bien montrer leur comportement et pour permettre d'identifier les membres de chaque paire de chromosomes homologues. Le chapitre 12 explique en détail la formation du fuseau et les autres propriétés communes à la mitose et à la méiose.

MÉIOSE II:
Séparation des chromatides sœurs

TÉLOPHASE I ET CYTOCINÈSE	PROPHASE II	MÉTAPHASE II	ANAPHASE II	TÉLOPHASE II ET CYTOCINÈSE

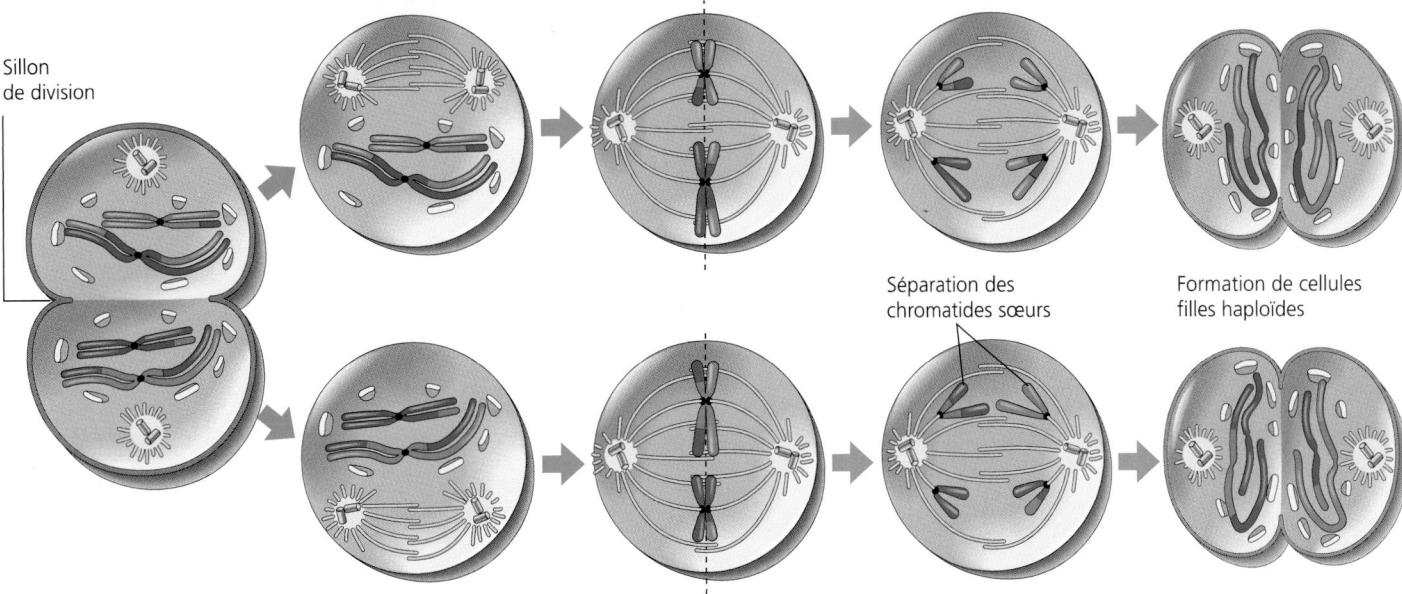

Sillon de division

Séparation des chromatides sœurs

Formation de cellules filles haploïdes

Formation de deux cellule haploïdes ; chromosomes encore dédoublés

Au cours de la seconde division cellulaire, séparation des chromatides sœurs ; formation de quatre cellules filles haploïdes au génome différent

TÉLOPHASE I ET CYTOCINÈSE

Les chromosomes homologues de chaque paire continuent de s'éloigner l'un de l'autre, jusqu'à ce qu'ils aient rejoint leur pôle respectif. Il y a maintenant un jeu haploïde de chromosomes à chaque pôle, mais chacun de ceux-ci est encore formé de deux chromatides sœurs. Généralement, la cytocinèse (division du cytoplasme) a lieu en même temps que la télophase I : elle aboutit à la formation de deux cellules filles. Un sillon de division apparaît dans les cellules animales, alors qu'une plaque cellulaire se constitue dans les cellules végétales. Chez certaines espèces, les chromosomes sortent de leur état condensé, et les membranes nucléaires et les nucléoles se reforment ; il s'écoule un certain intervalle, appelé intercinèse (ou interphase II), avant la méiose II. Chez d'autres espèces, les cellules filles de la télophase I se préparent immédiatement à la seconde division méiotique. Dans un cas comme dans l'autre, qu'il y ait ou non intercinèse, il ne se produit aucune nouvelle réplication du matériel génétique.

PROPHASE II

Un nouveau fuseau se forme, et les chromosomes se déplacent vers la plaque équatoriale de la métaphase II.

MÉTAPHASE II

Les chromosomes s'alignent sur la plaque équatoriale, comme pendant la mitose. Les kinétochores des chromatides sœurs de chaque chromosome s'orientent vers les pôles opposés de la cellule.

ANAPHASE II

Les centromères des chromatides sœurs se séparent enfin, et celles-ci deviennent des chromosomes indépendants, qui se dirigent vers les pôles opposés de la cellule.

TÉLOPHASE II ET CYTOCINÈSE

Les noyaux commencent à se former aux deux pôles de la cellule, et la cytocinèse a lieu. À la fin de la cytocinèse, il y a quatre cellules filles qui sont génétiquement différentes les unes des autres et qui ont chacune un nombre haploïde de chromosomes.

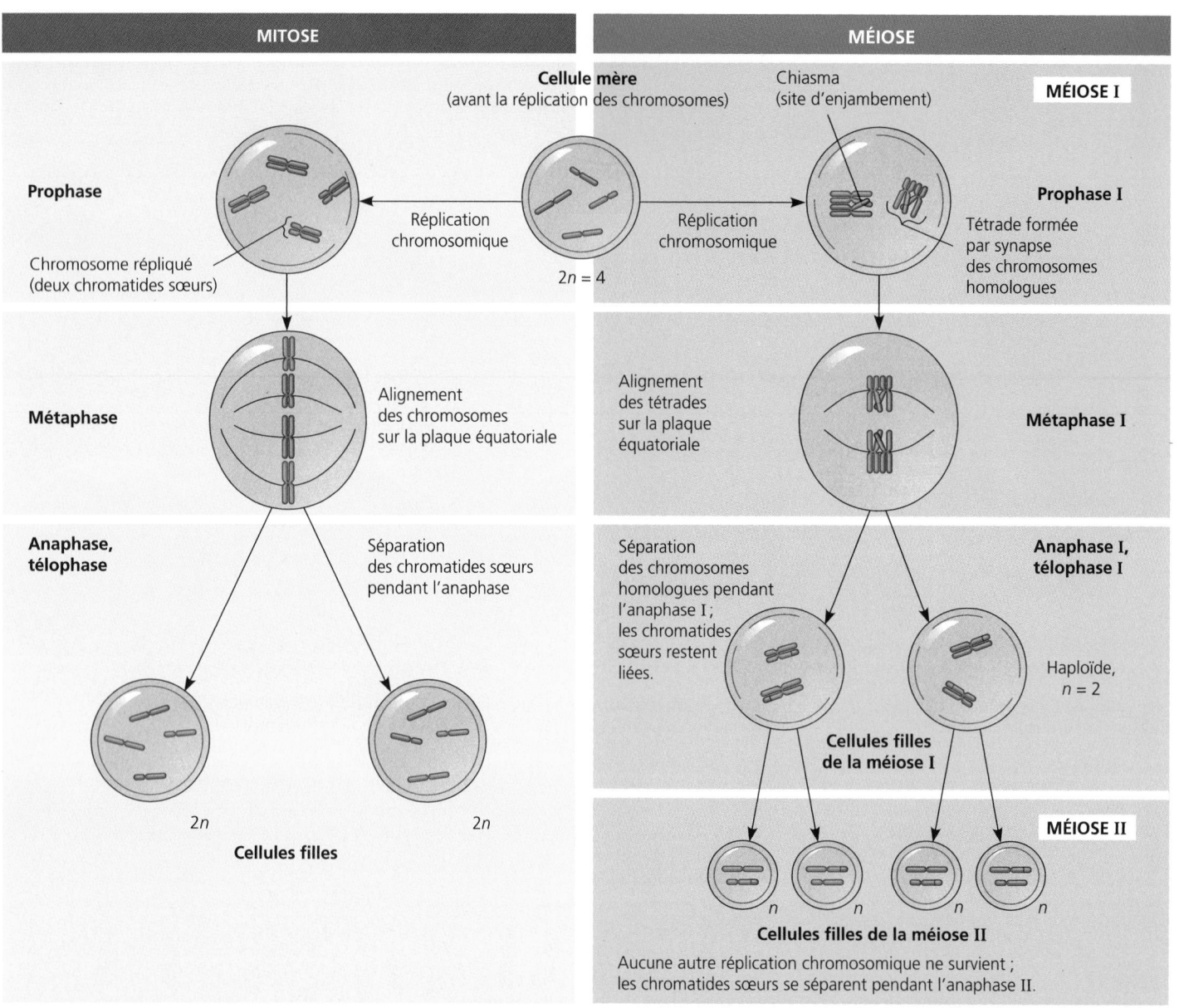

	MITOSE	MÉIOSE	

Cellule mère
(avant la réplication des chromosomes)

Chiasma
(site d'enjambement)

MÉIOSE I

Prophase

Réplication chromosomique

Réplication chromosomique

Prophase I

Chromosome répliqué
(deux chromatides sœurs)

2n = 4

Tétrade formée par synapse des chromosomes homologues

Métaphase

Alignement des chromosomes sur la plaque équatoriale

Alignement des tétrades sur la plaque équatoriale

Métaphase I

Anaphase, télophase

Séparation des chromatides sœurs pendant l'anaphase

Séparation des chromosomes homologues pendant l'anaphase I ; les chromatides sœurs restent liées.

Anaphase I, télophase I

Haploïde, n = 2

Cellules filles de la méiose I

2n   2n

Cellules filles

MÉIOSE II

n   n   n   n

Cellules filles de la méiose II

Aucune autre réplication chromosomique ne survient ; les chromatides sœurs se séparent pendant l'anaphase II.

RÉSUMÉ		
Événement	**Mitose**	**Méiose**
Réplication de l'ADN	Se produit pendant l'interphase, avant le début de la prophase.	Se produit pendant l'interphase, avant le début de la prophase I.
Nombre de divisions	Une seule, comprenant une prophase, une prométaphase, une métaphase, une anaphase et une télophase.	Deux divisions, chacune comprenant une prophase, une métaphase, une anaphase et une télophase.
Synapse des chromosomes homologues	Absente.	La synapse est caractéristique de la méiose : pendant la prophase I, les chromosomes homologues s'accolent, formant ainsi des tétrades (soit des groupes de quatre chromatides). La synapse s'accompagne d'un enjambement entre les chromatides homologues.
Nombre de cellules filles et composition génétique	Deux cellules diploïdes (2n) génétiquement identiques à la cellule mère.	Quatre cellules haploïdes (n) qui contiennent la moitié du nombre des chromosomes de la cellule mère et qui sont génétiquement différentes les unes des autres et de la cellule mère.
Rôle dans l'organisme animal	Développement d'un adulte multicellulaire à partir d'un zygote (2n) ; production de cellules servant à la croissance et à la réparation des tissus.	Production de gamètes ; réduction du nombre de chromosomes de moitié et réalisation d'une variabilité génétique des gamètes.

FIGURE 13.8 Comparaison des étapes correspondantes de la mitose et de la méiose.

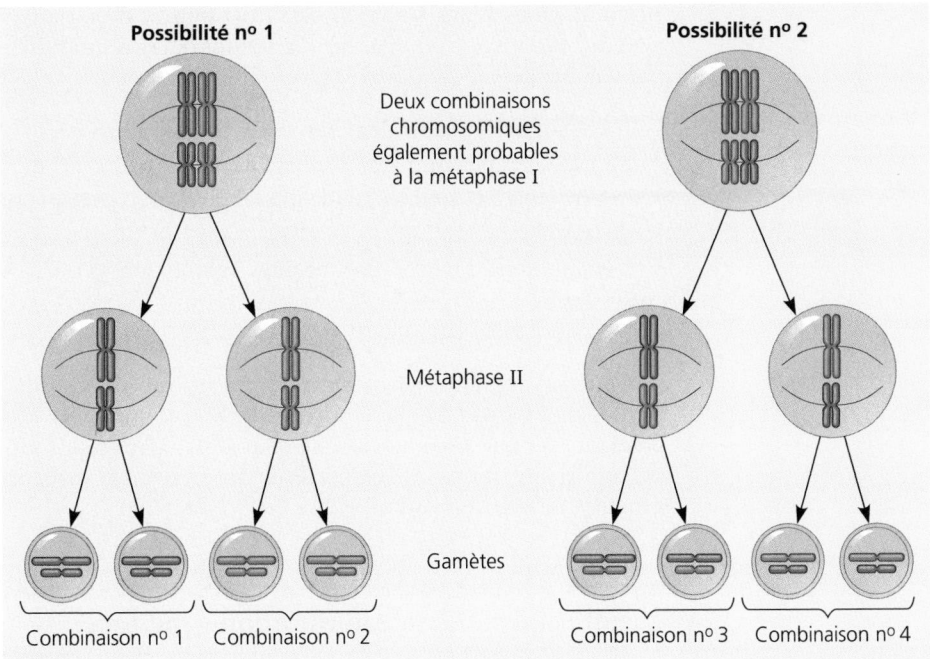

FIGURE 13.9 Résultats des combinaisons possibles de deux paires de chromosomes, homologues deux à deux, sur la plaque équatoriale pendant la méiose I. Cette figure montre les conséquences de la méiose chez un organisme hypothétique ayant un nombre diploïde de chromosomes de 4 (2*n* = 4). L'origine des chromosomes est représentée par un code de couleurs (le bleu est utilisé pour les chromosomes venant d'un parent, et le rouge, pour ceux de l'autre parent). La disposition de chaque paire de chromosomes homologues au cours de la métaphase I est le fruit du hasard, et elle détermine quels chromosomes se retrouveront ensemble dans chacune des cellules filles haploïdes. Cette figure ne tient pas compte des enjambements possibles à la prophase I.

Dans la figure : **Possibilité n° 1**, **Possibilité n° 2**, Deux combinaisons chromosomiques également probables à la métaphase I, Métaphase II, Gamètes, Combinaison n° 1, Combinaison n° 2, Combinaison n° 3, Combinaison n° 4.

de combinaisons des côtés pile ou face si on lance simultanément 23 pièces de monnaie. Chaque gamète contient donc l'une des quelque huit millions de combinaisons possibles de chromosomes hérités de la mère et du père de l'individu qui le produit.

Enjambement

Comme l'assortiment des chromosomes se fait de façon aléatoire pendant la méiose, chacun de nous possède des gamètes qui contiennent des combinaisons différentes des chromosomes hérités de nos deux parents. Mais les choses ne sont pas aussi simples. D'après ce que nous avons vu jusqu'ici, vous pourriez penser que chaque chromosome pris *individuellement* dans un gamète a une origine exclusivement paternelle ou maternelle, c'est-à-dire qu'il est constitué d'ADN provenant de la mère ou du père, mais pas des deux à la fois. Cela n'est pas le cas: le mécanisme appelé **enjambement** produit des **chromosomes recombinés,** c'est-à-dire qui portent des gènes provenant de chacun des deux parents (FIGURE 13.10, p. 260).

Des recherches récentes ont permis de montrer que l'enjambement commence très tôt au cours de la prophase I. À ce moment-là, avant même que le complexe synaptonémique ne se forme entre les chromosomes homologues, ceux-ci s'apparient sur leur longueur d'une manière précise: les gènes correspondants sont alignés face à face. Quelle est l'utilité du complexe synaptonémique? On pense qu'il sert d'échafaudage permettant l'interaction des molécules d'ADN et la poursuite de l'enjambement. Au cours de celui-ci, des segments correspondants de chromatides homologues sont échangés. (Chez l'Humain, on compte en moyenne deux ou trois enjambements par paire de chromosomes.) Après la disparition du complexe synaptonémique, les sites de ces échanges de matériel génétique sont visibles sous forme de chiasmas.

À la métaphase II, les chromosomes, qui contiennent chacun une ou même deux chromatides recombinées, peuvent prendre deux orientations différentes de celle des autres chromosomes. L'une est illustrée à la métaphase II de la FIGURE 13.10. L'autre n'est pas illustrée; elle consiste à faire subir une rotation de 180° aux chromosomes vers la gauche. Ces deux positions ne sont pas équivalentes, parce que les chromatides sœurs ne sont plus identiques depuis l'enjambement subi à la prophase I. Au cours de la méiose II, l'assortiment indépendant des chromatides sœurs non identiques accroît encore le nombre de types génétiques possibles dans les gamètes issus de la méiose.

Nous parlerons de nouveau de l'enjambement au chapitre 15. Pour l'instant, il faut retenir qu'il représente un moyen de recombiner dans un même chromosome l'ADN provenant des deux parents. Il constitue donc une source importante de variation génétique chez les organismes à reproduction sexuée.

Fécondation aléatoire

La nature aléatoire de la fécondation ajoute encore à la variation génétique résultant de la méiose. Prenons l'exemple d'un zygote humain. Un ovule, qui renferme une seule des quelque huit millions de combinaisons chromosomiques possibles, est fécondé par un spermatozoïde, qui représente lui aussi une combinaison unique sur huit millions de possibilités *différentes*. Si l'on ne tient pas compte des effets de l'enjambement, un zygote engendré par deux parents pris au hasard possède une combinaison chromosomique diploïde sur environ 70 billions ($2^{23} \times 2^{23}$) de combinaisons possibles! Si l'on tient compte de la variation résultant de l'enjambement, le nombre de résultats possibles est encore plus astronomique. Il n'est donc pas étonnant que les frères et sœurs soient parfois si différents! Vous êtes vraiment un être unique.

■   ■   ■

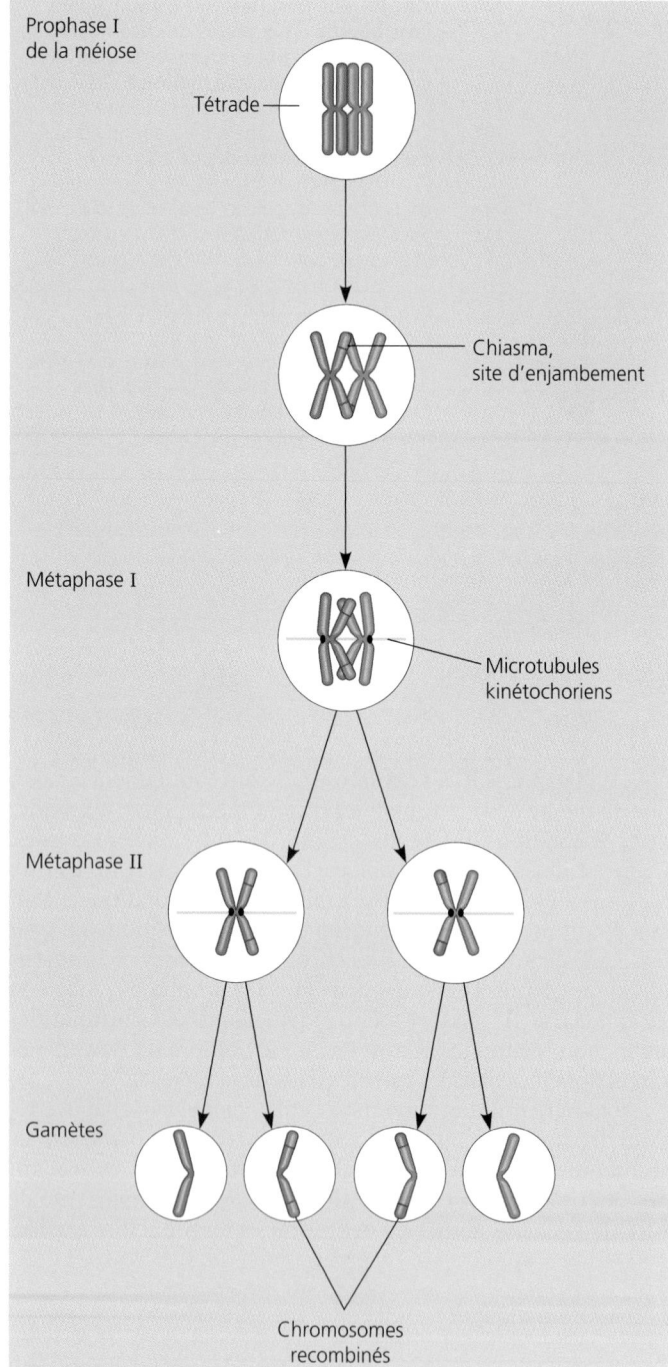

Prophase I
de la méiose

Tétrade

Chiasma,
site d'enjambement

Métaphase I

Microtubules
kinétochoriens

Métaphase II

Gamètes

Chromosomes
recombinés

FIGURE 13.10 Résultats de l'enjambement pendant la méiose.
Pendant la prophase de la méiose I, les chromatides homologues
d'une paire de chromosomes échangent des segments correspondants.
Si l'on suit le cheminement des chromosomes pendant la méiose,
on remarque que l'enjambement est une source importante de variation
génétique. Grâce à ce mécanisme, des chromosomes sont recombinés,
c'est-à-dire que chaque chromosome pris individuellement provient
de l'un des parents, mais son ADN comporte des segments provenant
de l'autre parent.

Jusqu'ici, nous avons vu qu'il existe trois sources de variations génétiques dans une population d'individus qui se reproduisent par voie sexuée :

- L'assortiment indépendant des paires de chromosomes homologues pendant la métaphase de la méiose I et celui des chromatides sœurs non identiques pendant la métaphase de la méiose II
- L'enjambement entre chromosomes homologues pendant la prophase de la méiose I
- La fécondation aléatoire d'un ovule par un spermatozoïde

Ces trois mécanismes créent une redistribution des différents gènes portés par les individus d'une population. Cependant, comme nous le verrons dans les chapitres suivants, ce sont les mutations qui, en fin de compte, créent la variation génétique d'une population.

L'évolution résulte de la variation génétique

Maintenant que nous avons vu comment la reproduction sexuée contribue à la variation génétique d'une population, nous pouvons établir le lien entre ces notions et l'évolution, un des fils conducteurs de ce manuel. Darwin reconnaissait l'importance de la variation héréditaire dans le mécanisme de l'évolution, qu'il appelait sélection naturelle. Comme nous l'avons expliqué au chapitre 1, une population évolue en fonction des différences influant sur le succès reproductif des individus qui la composent. En moyenne, ce sont les individus les mieux adaptés à leur milieu qui ont le plus de descendants et qui parviennent le plus à perpétuer leurs gènes. L'adaptation, c'est-à-dire l'accumulation des variations héréditaires favorisées par le milieu, est rendue possible par la sélection naturelle. Une population qui se trouve dans un milieu de vie qui change ou une population qui se déplace ne peuvent survivre que si chaque génération comprend au moins quelques individus capables de faire face aux nouvelles conditions ambiantes d'une façon efficace. Il arrive que des variations héréditaires récentes s'avèrent plus avantageuses que celles qui existaient auparavant ou à un autre endroit. Les variations proviennent de deux sources : la reproduction sexuée et les mutations. Nous avons étudié la contribution de la reproduction sexuée dans le présent chapitre.

Darwin (1809-1882) a compris que l'évolution est le résultat de la variation héréditaire, mais il n'est pas parvenu à expliquer pourquoi les enfants ressemblent à leurs parents sans leur être identiques. Gregor Mendel (1822-1884), un contemporain de Darwin, a publié une théorie de l'hérédité expliquant partiellement la variation génétique mais, ironie du sort, ses découvertes n'ont eu aucune influence sur les biologistes avant 1900, soit plus de 15 ans après sa mort et celle de Darwin. Au prochain chapitre, nous verrons comment Mendel a découvert les principales lois de l'hérédité.

RÉVISION DU CHAPITRE

Résumé des concepts importants

INTRODUCTION À L'HÉRÉDITÉ

- Les gènes des parents sont transmis à leurs enfants par l'intermédiaire des chromosomes (p. 250). La génétique est l'étude de l'hérédité et de la variation produite par les gènes. Dans l'ADN d'un organisme, chaque gène occupe un locus précis sur un chromosome donné.

- La reproduction sexuée crée une plus grande variation que la reproduction asexuée (p. 250 et 251, FIGURE 13.2). Dans la reproduction asexuée, un seul parent engendre par mitose une descendance qui lui est génétiquement identique. Dans la reproduction sexuée, les gènes provenant de deux parents différents se combinent pour produire des descendants génétiquement différents.

LE RÔLE DE LA MÉIOSE DANS LA REPRODUCTION SEXUÉE

- La méiose et la fécondation alternent dans la reproduction sexuée (p. 251 à 254, FIGURE 13.5). Les cellules somatiques humaines contiennent 46 chromosomes : 23 proviennent du père, et 23, de la mère. Chacun des 22 autosomes du jeu de chromosomes maternel a un homologue qui y correspond dans le jeu de chromosomes paternel. Les chromosomes de la 23e paire, ou chromosomes sexuels, déterminent si la personne est de sexe féminin (XX) ou masculin (XY). Pendant la fécondation, le jeu de chromosomes haploïde (n) de l'ovule et celui du spermatozoïde se combinent pour donner un zygote unicellulaire diploïde (2n), qui devient un individu multicellulaire par mitose. À la maturité sexuelle, les ovaires et les testicules (gonades) produisent des gamètes haploïdes par méiose. On distingue trois types de cycles de développement sexués, selon le moment où s'effectue la méiose par rapport à la fécondation. Un premier cycle caractérise les organismes multicellulaires diploïdes, comme la plupart des Animaux ; un second cycle distingue les organismes multicellulaires haploïdes, tels que la plupart des Eumycètes et certaines Algues ; un troisième cycle, typique des Végétaux, se démarque par une alternance de générations successives tantôt haploïdes, tantôt diploïdes.

- La méiose est la réduction de moitié du nombre de chromosomes et le passage du stade diploïde au stade haploïde : une étude détaillée (p. 254 à 258, FIGURES 13.6 à 13.8). Les deux divisions cellulaires de la méiose (la méiose I et la méiose II) produisent quatre cellules filles haploïdes. Les événements caractéristiques de la méiose I ne se produisent pas pendant la mitose. Pendant la prophase I, les chromosomes homologues répliqués (chacun étant formé de deux chromatides) s'unissent par synapse. C'est à ce moment-là que se produit l'enjambement des chromatides homologues, qui échangent des segments (les sites d'enjambement apparaissent sous forme de chiasmas). Les chromosomes appariés (tétrades) s'alignent sur la plaque équatoriale et, à l'anaphase I, les deux chromosomes homologues de chaque paire (et non les chromatides sœurs) migrent vers les pôles opposés de la cellule. La cellule se divise, et chaque cellule fille reçoit un chromosome de chaque paire. Les chromatides sœurs se séparent pendant la méiose II, qui produit quatre cellules filles haploïdes génétiquement différentes.

LES ORIGINES DE LA VARIATION GÉNÉTIQUE

- La reproduction sexuée est une source de variation génétique chez les descendants (p. 255 à 260, FIGURES 13.9 et 13.10). Dans la reproduction sexuée, les événements qui contribuent à la variation génétique d'une population sont l'assortiment indépendant des chromosomes pendant la méiose I, l'enjambement des chromosomes homologues pendant la méiose I et la fécondation aléatoire d'un ovule par un spermatozoïde.

- L'évolution résulte de la variation génétique (p. 260). Les variations héréditaires entre les individus d'une population constituent le fondement de l'évolution par sélection naturelle. Elles sont le résultat de la reproduction sexuée et des mutations.

Autoévaluation

(Les questions dont les numéros sont en caractères gras font surtout appel à la compréhension.)

1. Une cellule humaine qui contient 22 autosomes et un chromosome Y est : *chromosome pas sexuelle.*
   a) une cellule somatique masculine.
   b) un zygote.
   c) une cellule somatique féminine.
   d) un spermatozoïde.
   e) un ovule.

2. Les chromosomes homologues échangent des segments pendant cette étape ; il s'agit : *P m a t c*
   a) de la métaphase I.
   b) de la prophase I.
   c) de la télophase II.
   d) de l'interphase II.
   e) de la prométaphase.

3. En quoi la méiose II ressemble-t-elle à la mitose ?
   a) Les chromosomes homologues s'unissent par synapse.
   b) L'ADN subit une réplication avant la division.
   c) Les cellules filles sont diploïdes.
   d) Les chromatides sœurs se séparent pendant l'anaphase.
   e) Le nombre de chromosomes est réduit.

4. On mesure la quantité d'ADN présente dans une cellule diploïde à la phase G_1 du cycle cellulaire (voir le chapitre 12). Si cette quantité est de *x*, quelle est la quantité d'ADN présente dans la même cellule à la métaphase de la méiose I ?
   a) $0,25x$.   d) $2x$.
   b) $0,5x$.   e) $4x$.
   c) x.

5. Si l'on continuait de suivre la lignée cellulaire de la question 4, quelle serait la quantité d'ADN présente à la métaphase de la méiose II ?
   a) $0,25x$.   d) $2x$.
   b) $0,5x$.   e) $4x$.
   c) x.

6. Dans les gamètes d'un organisme dont le nombre diploïde est 8 ($2n = 8$), combien peut-il y avoir de combinaisons possibles de chromosomes paternels et maternels?

   a) 2
   b) 4
   c) 8
   d) 16
   e) 32

7. Chez les Végétaux, quel est le résultat immédiat de la méiose?

   a) Des spores.
   b) Des gamètes.
   c) Un zygote.
   d) Un sporophyte.
   e) Un gamétophyte.

8. Les organismes multicellulaires haploïdes:

   a) sont généralement appelés sporophytes.
   b) produisent de nouvelles cellules de croissance par méiose.
   c) produisent des gamètes par mitose.
   d) n'existent que dans le milieu aquatique.
   e) sont le résultat direct de la syngamie.

9. L'enjambement contribue à la variation génétique par l'échange de segments d'ADN entre:

   a) les chromatides sœurs du même chromosome.
   b) les chromatides de chromosomes non homologues.
   c) les chromatides homologues d'une paire de chromosomes.
   d) les loci non homologues du génome.
   e) les autosomes et les chromosomes sexuels.

10. Si l'on compare les cycles de développement habituellement observés chez divers organismes, quelle est la phase qu'on observe chez les Végétaux, mais pas chez les Animaux?

   a) Le gamète.
   b) Le zygote.
   c) L'organisme multicellulaire diploïde.
   d) L'organisme multicellulaire haploïde.

11. _____ est aux cellules somatiques ce que haploïde est aux _____

12. Si une cellule diploïde ayant 18 chromosomes subit la méiose, chacun des gamètes qui en résultera aura _____ chromosomes.

13. Expliquez brièvement comment le nombre de chromosomes est conservé pendant la mitose, alors qu'il est réduit de moitié au cours de la méiose.

14. Nommez deux événements qui se produisent pendant la méiose et qui contribuent à la variation génétique des gamètes.

15. Quelle est la différence entre le caryotype d'une femme et celui d'un homme?

Lien avec l'évolution

De nombreuses espèces peuvent se reproduire par voie sexuée ou asexuée. C'est souvent lorsqu'un changement environnemental défavorable à une population existante survient que celle-ci commence à se reproduire par voie sexuée. Émettez des hypothèses relatives à l'évolution sur la signification de ce passage de la reproduction asexuée à la reproduction sexuée.

Intégration

Vous préparez le caryotype d'un animal et découvrez que ses cellules somatiques contiennent un chromosome homologue surnuméraire, un état appelé triploïdie. Comment procéderiez-vous pour établir le caryotype? Qu'est-ce qui a pu produire cette trisomie? En vous appuyant sur les notions apprises dans ce chapitre, émettez diverses hypothèses.

Science, technologie et société

Il est possible d'obtenir des pousses de Pin rouge (*Quercus rubra*) à partir de petits morceaux de leurs aiguilles. On sélectionne les arbres les plus droits et à la croissance la plus rapide pour les multiplier de cette façon. Cette méthode permet de faire pousser des milliers d'arbres génétiquement identiques et de créer une forêt où la production de bois de construction sera d'excellente qualité. Quels sont les avantages et les désavantages à court et à long terme de cette approche?

Réponses à l'autoévaluation: 1. d; 2. b; 3. d; **4.** d; **5.** c; **6.** d; 7. a; 8. c; 9. c; **10.** d; 11. Diploïde; gamètes. **12.** 9; **13.** Dans la mitose, une réplication unique des chromosomes est suivie d'une division cellulaire. Dans la méiose, une réplication unique des chromosomes est suivie de deux divisions cellulaires. 14. L'enjambement entre les chromosomes homologues pendant la prophase I et l'assortiment indépendant des chromosomes à la métaphase I. 15. La femme possède deux chromosomes *X*; alors que l'homme a un chromosome *X*, et un autre, *Y*.

CHAPITRE 14

MENDEL
ET LE CONCEPT
DE GÈNE

« Le tragique de la destinée humaine ne vient-il pas
de ce que l'homme comprend qu'il en connaît assez
pour savoir qu'il ne connaît rien de sa destinée,
et qu'il n'en connaîtra jamais suffisamment pour savoir
s'il y aura autre chose à connaître. »

HENRI LABORIT
chirurgien et biologiste français (1914-1995)

LES DÉCOUVERTES DE GREGOR MENDEL

- Mendel a introduit une approche expérimentale et quantitative dans le domaine de la génétique
- Loi mendélienne de la ségrégation : les deux allèles d'un gène vont dans des gamètes distincts
- Loi mendélienne de l'assortiment indépendant des caractères : les allèles des diverses paires se répartissent dans les gamètes indépendamment les uns des autres
- Les lois de l'hérédité de Mendel reflètent les règles des probabilités
- Mendel a découvert le comportement particulier des gènes : *une révision*

GÉNÉRALISATION DES LOIS DE LA GÉNÉTIQUE MENDÉLIENNE

- La relation qui existe entre le génotype et le phénotype est rarement simple

L'HÉRÉDITÉ MENDÉLIENNE CHEZ L'HUMAIN

- L'étude des lignages révèle que l'hérédité humaine suit le modèle mendélien
- De nombreuses maladies humaines suivent le modèle mendélien de l'hérédité
- La technologie mène à la création de nouveaux outils de dépistage et de conseil génétique

Certains individus *ont les yeux bleus, d'autres ont les yeux verts, d'autres encore ont les yeux gris... Certains ont les cheveux noirs, d'autres sont bruns, d'autres encore sont blonds ou roux... Ce ne sont là que quelques exemples des variations héréditaires que l'on peut relever dans une population donnée. Quelles lois génétiques régissent la transmission de ces caractères des parents aux enfants?*

On pourrait tenter d'expliquer ce phénomène par l'hypothèse du « mélange » des caractères; selon celle-ci, le matériel génétique provenant des deux parents se mêle de la même façon qu'une peinture bleue se mélange avec une peinture jaune, donnant de la peinture verte. Au fil des générations, une population qui s'accouplerait librement tendrait à devenir uniforme. Cependant, l'observation quotidienne et les résultats d'expériences menées sur la reproduction d'animaux contredisent cette prédiction. En outre, l'hérédité par mélange ne permet pas d'expliquer certains phénomènes génétiques, comme le fait que des caractères peuvent sauter une génération.

À l'hypothèse du mélange on peut opposer le modèle de l'hérédité « particulaire », qui mène au concept de gène. Selon ce modèle, les parents transmettent à leurs descendants des unités héréditaires discontinues (les gènes), qui restent distinctes. Dans cette perspective, l'ensemble des gènes d'un organisme ressemble plus à un seau de billes qu'à un pot de peinture. Tout comme des billes, les gènes peuvent être triés et transmis d'une génération à l'autre sans être dilués.

La génétique moderne est née dans le jardin d'une abbaye où un moine nommé Gregor Mendel a mis en évidence une forme d'hérédité particulière. Sur la toile en haut de cette page, on voit Mendel travailler avec le Pois, un organisme sur lequel il a réalisé ses expériences. Il a élaboré sa théorie de l'hérédité plusieurs décennies avant qu'on puisse observer le comportement des chromosomes au microscope et comprendre leur rôle. Dans ce chapitre, nous délaisserons momentanément l'étude des chromosomes pour raconter comment Mendel a conçu sa théorie, puis nous verrons en quoi son modèle s'applique à l'hérédité des caractères humains.

LES DÉCOUVERTES DE GREGOR MENDEL

Mendel a découvert les principes fondamentaux de l'hérédité en faisant se reproduire des plants de Pois (*Pisum sativum*). Il planifiait soigneusement les expériences qu'il menait. Au fur et à mesure que nous suivrons ses travaux, nous retrouverons les éléments clés de la démarche scientifique que nous avons exposés au chapitre 1.

Mendel a introduit une approche expérimentale et quantitative dans le domaine de la génétique

Mendel a grandi dans la petite ferme de ses parents, dans une région agricole qui appartenait autrefois à l'Autriche et qui fait aujourd'hui partie de la République tchèque. À l'école, à l'instar des autres enfants, il a reçu une formation générale ainsi qu'une formation en agriculture. Plus tard, en dépit de sa santé délicate et de ses difficultés financières, il a fait des études brillantes à l'école secondaire et à l'Institut de philosophie d'Olmütz.

Mendel est entré au monastère des Augustins en 1843. Après avoir étudié la théologie pendant trois ans, il a été nommé enseignant intérimaire dans une école, mais il a échoué à l'examen de titularisation. Un administrateur l'a alors envoyé à l'Université de Vienne, où il a poursuivi ses études de 1851 à 1853. Ces années se sont révélées décisives : elles ont marqué son avenir en tant que scientifique. En effet, deux de ses professeurs, Doppler et Unger, ont exercé une très forte influence sur lui. Doppler, un physicien, encourageait ses élèves à apprendre les sciences par l'expérimentation, et c'est lui qui a montré à Mendel comment expliquer les phénomènes naturels à l'aide des mathématiques. Quant à Unger, un botaniste, il a suscité l'intérêt de Mendel pour les causes des variations chez les Plantes. Les expériences que Mendel a entreprises plus tard sur le Pois reflètent ces deux influences.

Après ses études universitaires, Mendel a été nommé professeur à l'École moderne de Brünn. Là-bas, beaucoup de ses collègues partageaient sa passion pour la recherche scientifique. En outre, une atmosphère intellectuellement stimulante régnait dans le monastère où il vivait, parce que plusieurs de ses confrères enseignaient à l'université et faisaient de la recherche. Par ailleurs, c'était dans la tradition du monastère de cultiver des plantes, y compris des Pois. Il n'y avait donc rien d'exceptionnel au fait que Mendel commence, vers 1857, à faire se reproduire des Pois dans le jardin de l'abbaye pour étudier l'hérédité. Par contre, la nouvelle approche qu'il a adoptée pour aborder de vieilles questions héréditaires était tout à fait inédite.

Mendel a probablement choisi d'étudier les Pois parce qu'il en existe de nombreuses variétés : par exemple, il y en a une avec des fleurs violettes et une autre avec des fleurs blanches. Les généticiens appellent **caractère** une propriété héréditaire, comme la couleur des fleurs, qui varie d'un individu à l'autre.

En travaillant sur le Pois, Mendel était en mesure de déterminer et de contrôler de façon absolue l'identité des plantes qu'il croisait. Il faut savoir que les organes reproducteurs du Pois se trouvent dans la fleur, qui contient à la fois les parties mâle et femelle (soit les étamines et le pistil). Normalement, cette plante s'autoféconde, c'est-à-dire que les grains de pollen libérés par les étamines d'une fleur tombent sur le pistil de la même fleur. Un gamète mâle (spermatozoïde) issu du pollen féconde alors un gamète femelle (oosphère) situé dans le carpelle du pistil (voir le glossaire). Pour effectuer une pollinisation croisée (soit une fécondation entre des plantes différentes), Mendel retirait les étamines immatures d'une plante avant qu'elles produisent du pollen, puis il saupoudrait du pollen provenant d'une autre plante sur la fleur ainsi castrée (FIGURE 14.1). Chaque zygote obtenu de cette manière se développait pour donner un embryon enfermé dans une graine. Quelle que fût la méthode que Mendel choisissait (l'autofécondation ou la pollinisation croisée artificielle), il était toujours sûr de connaître les parents des nouvelles semences.

Mendel a pris soin de limiter son étude de l'hérédité à des caractères discontinus, c'est-à-dire s'exprimant sous un nombre limité de formes. Par exemple, ses plantes possédaient des fleurs violettes ou blanches : il n'existait pas d'intermédiaire entre ces deux variantes. Si, au contraire, Mendel avait examiné des caractères variant de façon continue d'un individu à l'autre (comme la masse des graines), il n'aurait pas découvert la nature particulaire de l'hérédité.

Mendel a veillé également à effectuer ses expériences à partir de variétés appartenant à une **lignée pure**, c'est-à-dire ne produisant que des descendants de la même variété après autofécondation. Par exemple, une plante à fleurs violettes provient d'une lignée pure si les graines qu'elle engendre par autofécondation donnent toutes des plantes à fleurs violettes.

D'ordinaire, dans une expérience de croisement, Mendel effectuait une pollinisation croisée entre *deux variétés* de Pois *de lignée pure* ayant au moins un caractère présentant deux variations différentes (par exemple, des plantes à fleurs violettes et des plantes à fleurs blanches) (voir la FIGURE 14.1). Ce type de croisement est appelé **hybridation**. On nomme **génération P** (parentale) la génération des parents de lignée pure, et **génération F_1** (première génération filiale), celle des hybrides qui en sont issus. En permettant l'autofécondation des hybrides F_1, on obtient une **génération F_2** (deuxième génération filiale). En général, Mendel suivait les caractères pendant trois générations au moins (P, F_1 et F_2). S'il avait mis fin à ses expériences à la génération F_1, le mécanisme de base de l'hérédité lui aurait échappé. C'est principalement l'analyse de la génération F_2 qui lui a permis de découvrir les deux principes fondamentaux de l'hérédité, aujourd'hui appelés loi de la ségrégation et loi de l'assortiment indépendant des caractères.

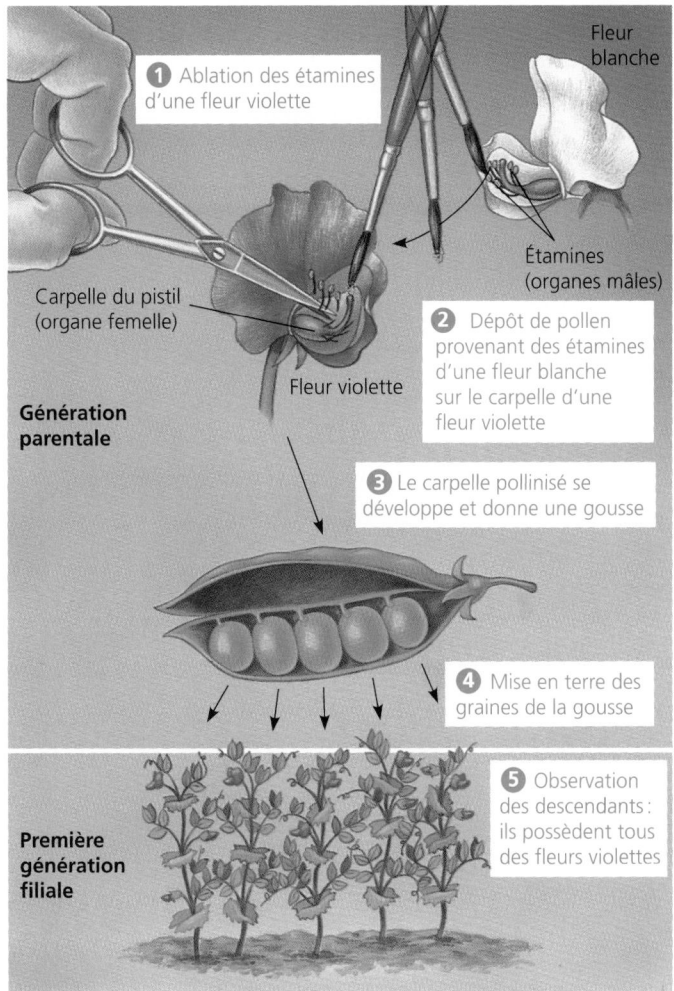

FIGURE 14.1 Croisement génétique. Pour hybrider deux variétés du Pois, Mendel déposait du pollen porteur des gamètes mâles d'une plante sur un des carpelles du pistil d'une autre plante à l'aide d'un pinceau. Dans cet exemple, le caractère étudié est la couleur des fleurs. Lorsque les spermatozoïdes contenus dans le pollen d'une fleur blanche fécondent l'oosphère contenue dans l'ovule d'une fleur violette, les hybrides de première génération ont tous des fleurs violettes. On obtient le même résultat si l'on effectue un *croisement réciproque*, c'est-à-dire si l'on place le pollen de fleurs violettes dans des fleurs blanches.

Loi mendélienne de la ségrégation : les deux allèles d'un gène vont dans des gamètes distincts

Si le modèle de l'hérédité par mélange avait été exact, les hybrides de la génération F_1 issus d'un croisement entre un Pois à fleurs violettes et un Pois à fleurs blanches auraient eu des fleurs d'une couleur intermédiaire, soit d'un violet pâle. Remarquez que l'expérience de la FIGURE 14.1 donne un résultat tout à fait différent : la génération F_1 possède des fleurs de la même couleur que le parent à fleurs violettes. Qu'est-il donc advenu chez les hybrides de la contribution génétique du Pois à fleurs blanches ? Si ce caractère avait été perdu, les plantes de la génération F_1 auraient uniquement produit des descendants à fleurs violettes (génération F_2). Or, lorsque Mendel laissait les plantes hybrides de la génération F_1 s'autoféconder, puis qu'il en semait les graines, le caractère des fleurs blanches réapparaissait à la génération F_2.

Précisons ici que Mendel se servait de très grands échantillons et qu'il notait soigneusement ses résultats : ainsi, il avait obtenu 705 plantes de la génération F_2 ayant des fleurs violettes, et 224 ayant des fleurs blanches. Vous remarquerez qu'il y a trois plantes à fleurs violettes pour une plante à fleurs blanches (FIGURE 14.2). Mendel a déduit de cela que le facteur héréditaire des fleurs blanches ne disparaît pas chez les plantes de la génération F_1, mais que la couleur des fleurs de ces hybrides dépend uniquement de la présence du facteur des fleurs violettes. Selon la terminologie employée par lui, les fleurs violettes constituent un caractère dominant, alors que les fleurs blanches représentent un caractère récessif. L'apparition de plantes à fleurs blanches à la génération F_2 prouve que le facteur héréditaire causant ce caractère récessif n'a aucunement été dilué par sa coexistence avec le facteur des fleurs violettes chez les hybrides de la génération F_1.

Mendel a observé le même schéma d'hérédité dans le cas de six autres caractères du Pois présentant chacun deux variations (TABLEAU 14.1, p. 266). Par exemple, les graines de la génération parentale étudiée étaient soit lisses et rondes, soit ridées. Après un croisement de deux variétés de lignée pure présentant ces caractères, tous les hybrides de la génération F_1 produisaient des graines rondes ; il s'agissait donc du caractère dominant. À la génération F_2, 75 % des plantes produisaient des graines rondes, et 25 %, des graines ridées, ce qui correspond à la proportion de trois contre un de la FIGURE 14.2. Comment Mendel a-t-il expliqué les résultats de chacun des croisements qu'il effectuait ? Il a élaboré une hypothèse que nous expliquerons à l'aide de quatre notions interdépendantes. (Nous remplacerons ici

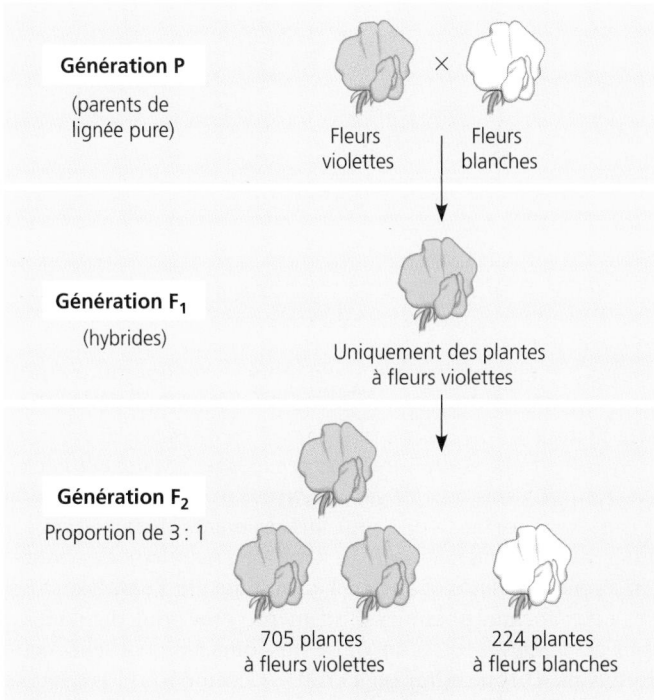

FIGURE 14.2 Mendel a étudié les caractères génétiques sur trois générations. Lorsqu'on permet l'autofécondation d'hybrides de la génération F_1 ou qu'on effectue une pollinisation croisée entre des hybrides de cette génération, la génération F_2 qui en résulte présente les deux variations du caractère en question dans une proportion de trois contre un (3 : 1). Le symbole × désigne un croisement génétique, ou une fécondation.

Caractère	Allèle dominant	×	Allèle récessif	Génération F₂ Dominants : récessifs	Proportion
Couleur des fleurs	Violette	×	Blanche	705 : 224	3,15 : 1
Position des fleurs	Axiale	×	Terminale	651 : 207	3,14 : 1
Couleur des graines	Jaune	×	Verte	6022 : 2001	3, 01 : 1
Forme des graines	Ronde	×	Ridée	5474 : 1850	2,96 : 1
Forme des gousses	Gonflée	×	Monoliforme	882 : 299	2,95 : 1
Couleur des gousses	Verte	×	Jaune	428 : 152	2,82 : 1
Longueur de la tige	Longue	×	Naine	787 : 277	2,84 : 1

certains termes employés par lui par des expressions modernes ; par exemple, nous parlerons de « gène » plutôt que de « facteur héréditaire ».)

1. *Les variations des caractères génétiques s'expliquent par les formes différentes que les gènes peuvent avoir.* Par exemple, il existe deux formes (ou, plus précisément, deux séquences différentes de nucléotides) du gène de la couleur des fleurs : l'une pour les fleurs violettes, l'autre pour les fleurs blanches. Ces deux formes possibles d'un même gène sont maintenant appelées **allèles** (FIGURE 14.3). De nos jours, on peut relier cette notion aux chromosomes et à l'ADN. Comme vous l'avez vu au chapitre 13, chaque gène occupe un locus précis sur un chromosome donné. Cependant, la séquence des nucléotides de l'ADN qui est localisée sur ce locus présente parfois certaines variations ; par conséquent, l'information qu'elle représente se trouve modifiée. Les allèles de la couleur violette et de la couleur blanche des fleurs sont deux variantes possibles de l'ADN situé

sur le locus du gène de la couleur des fleurs sur l'un des chromosomes du Pois.

2. *Tout organisme hérite de deux allèles (semblables ou différents) de chaque caractère, soit un du « père » et l'autre de la « mère ».* Mendel a tiré cette conclusion sans connaître le rôle des chromosomes, mais ce que nous avons appris sur ces derniers au chapitre 13 nous permet de mieux comprendre son idée. Il faut se rappeler que tout organisme diploïde possède des paires de chromosomes homologues et que chaque membre d'une paire provient de l'un des parents. Par conséquent, dans une cellule diploïde, chaque locus est présent en deux exemplaires. Les loci homologues peuvent porter le même allèle (comme dans le cas des plantes de lignée pure de la génération P de Mendel) ou bien des allèles différents (comme chez les hybrides de la génération F₁). Dans l'exemple de la couleur des fleurs des Pois, les hybrides ont reçu l'allèle de la couleur violette d'un de leurs parents et l'allèle de la couleur blanche de

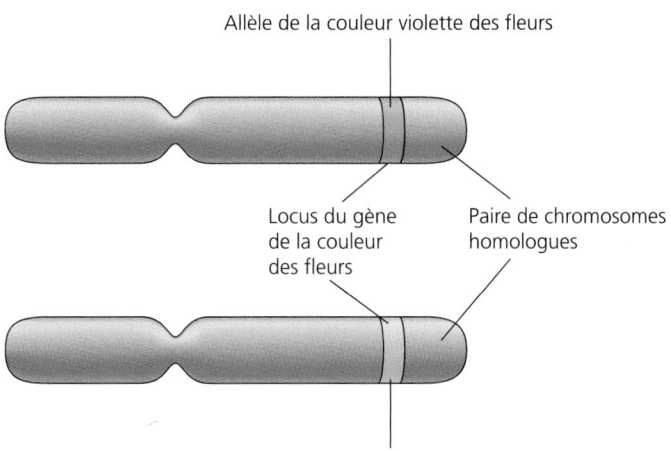

Allèle de la couleur violette des fleurs

Locus du gène
de la couleur
des fleurs

Paire de chromosomes
homologues

Allèle de la couleur blanche des fleurs

FIGURE 14.3 Les allèles, les formes différentes d'un gène. Le gène à l'origine d'un caractère héréditaire donné (comme la couleur des fleurs du Pois) occupe un locus précis (une position) sur un certain chromosome. Les allèles sont les variantes d'un gène. Dans le cas du Pois, le gène de la couleur des fleurs existe sous deux formes, qui sont l'allèle de la couleur violette et l'allèle de la couleur blanche. La paire de chromosomes homologues représentée dans cette figure appartient à un hybride de la génération F_1, qui a reçu l'allèle des fleurs violettes de l'un de ses parents et l'allèle des fleurs blanches de l'autre de ses parents.

l'autre parent (voir la FIGURE 14.3). Cela nous amène à parler de la troisième partie de l'hypothèse de Mendel.

3. *Si les deux allèles d'un gène sont différents, l'un d'eux, l'**allèle dominant**, s'exprime pleinement et marque l'apparence de l'organisme, alors que l'autre, l'**allèle récessif**, n'a pas d'effet notable sur celle-ci.* Selon cette hypothèse, les plantes de la génération F_1 de Mendel présentent des fleurs violettes parce que l'allèle correspondant à cette variation est dominant et que l'allèle de la couleur blanche des fleurs est récessif.

4. *Il y a ségrégation des deux allèles de chaque caractère au cours de la formation des gamètes.* Par conséquent, en ce qui a trait à un gène donné, les gamètes mâle et femelle d'un organisme reçoivent chacun un seul des deux allèles présents dans les cellules somatiques. Cette ségrégation correspond à la réduction du nombre de chromosomes pendant la méiose. Remarquez que, si un organisme possède deux allèles identiques d'un caractère donné (s'il est de lignée pure en ce qui a trait à ce caractère), il n'y aura qu'un seul type d'allèle dans tous les gamètes qu'il produira. Mais, s'il a deux allèles différents du caractère en question, comme dans le cas des hybrides F_1, alors 50 % de ses gamètes recevront l'allèle dominant, et 50 %, l'allèle récessif. C'est de cette dernière hypothèse du partage des allèles entre des gamètes distincts que vient le nom de la **loi mendélienne de la ségrégation.**

Nous pouvons tester l'hypothèse de la ségrégation formulée par Mendel en vérifiant si elle permet d'expliquer la proportion de 3:1 observée à la génération F_2 de ses nombreux croisements. (Rappelez-vous que la génération P est constituée de deux variétés de lignée pure, et la génération F_1, d'hybrides de ces deux lignées.) L'hypothèse prévoit que les hybrides de la génération F_1 produiront deux catégories de gamètes. Au moment de la séparation des allèles (durant la méiose), la moitié

des gamètes devraient recevoir un allèle de la couleur violette des fleurs, et l'autre moitié, un allèle de la couleur blanche des fleurs. Puis, pendant l'autofécondation, les deux catégories de gamètes devraient s'unir au hasard. Un gamète femelle possédant l'allèle de la couleur violette des fleurs – tout comme un gamète femelle possédant celui de la couleur blanche des fleurs – a autant de chances d'être fécondé par un gamète mâle ayant l'allèle de la couleur violette des fleurs que par un gamète mâle ayant l'allèle de la couleur blanche des fleurs. Lorsqu'ils s'unissent, les gamètes mâle et femelle forment un zygote qui contient une combinaison d'allèles parmi quatre combinaisons, toutes aussi possibles les unes que les autres. Nous avons représenté celles-ci à la FIGURE 14.4 de la page 268 à l'aide d'une **grille de Punnett,** un tableau qui permet de prédire facilement les résultats de croisements génétiques entre individus de génotype connu. (Le génotype est la constitution allélique d'un individu: celle-ci dépend des gènes hérités de ses parents, qu'ils soient exprimés ou non, par opposition au phénotype. Nous y reviendrons plus tard.) Remarquez que les lettres majuscules désignent les allèles dominants, et les lettres minuscules, les allèles récessifs. Dans cet exemple, V est l'allèle de la couleur violette des fleurs, et v, celui de la couleur blanche des fleurs.

Quelle sera la couleur des plantes de la génération F_2? Un quart d'entre elles possédera deux allèles correspondant à des fleurs violettes (VV) et, de toute évidence, aura des fleurs violettes. La moitié aura hérité d'un allèle de la couleur violette et d'un allèle de la couleur blanche (le génotype sera donc Vv), et aura des fleurs violettes, à l'instar des plantes de la génération F_1 (l'allèle de la couleur violette étant dominant). Enfin, un quart aura hérité de deux allèles de la couleur blanche des fleurs (vv) et exprimera ce caractère récessif. Le modèle de Mendel explique donc exactement la proportion de 3:1 observée à la génération F_2.

Quelques termes utiles en génétique

Si un organisme possède une paire d'allèles identiques d'un caractère donné, on dit qu'il est **homozygote** pour ce caractère. Un Pois de lignée pure ayant deux allèles de fleurs violettes (VV) en est un exemple. Le Pois à fleurs blanches est nécessairement homozygote pour l'allèle récessif (vv). Si l'on croise des homozygotes dominants avec des homozygotes récessifs, comme les Pois de la génération parentale (génération P) de la FIGURE 14.4, tous les individus de la génération suivante auront deux allèles différents (les hybrides de la génération F_1 dans notre expérience sur la couleur des fleurs ont tous un génotype Vv). Les organismes qui possèdent deux allèles différents d'un caractère donné sont **hétérozygotes** pour ce caractère. Contrairement aux homozygotes, ils ne représentent pas une lignée pure, parce que leurs gamètes ont soit l'un, soit l'autre des deux allèles. Nous avons vu que l'autofécondation d'une plante Vv de la génération F_1 produit à la fois des descendants à fleurs violettes (de génotype VV ou Vv) et des descendants à fleurs blanches (vv).

Les phénomènes de dominance et de récessivité font qu'un organisme a des caractères qui ne reflètent pas nécessairement sa combinaison allélique. Il faut donc établir une distinction entre l'apparence, appelée **phénotype,** et la constitution allélique, ou **génotype.** Dans le cas de la couleur des fleurs du

Toutes les plantes d'une lignée pure de génération parentale possèdent des allèles identiques, soit *VV* ou *vv*.

Leurs gamètes (représentés par les cercles) ne contiennent chacun qu'un allèle du gène de la couleur des fleurs. Et tous les gamètes produits par le même parent ont le même allèle.

L'union des gamètes, elle, produit les hybrides de la génération F_1. Ceux-ci reçoivent forcément une combinaison d'allèles *Vv*. Comme l'allèle de la couleur violette des fleurs est dominant, tous les hybrides *Vv* ont des fleurs violettes.

Cependant, lorsque ces plantes produisent des gamètes, les deux allèles se séparent : la moitié des gamètes reçoit l'allèle *V*, et l'autre moitié, l'allèle *v*.

Ce type de tableau, appelé *grille de Punnett*, montre toutes les combinaisons possibles d'allèles chez les descendants. Chaque case représente un produit de la fécondation qui a la même probabilité d'exister que les autres. Par exemple, la case du coin gauche montre la combinaison génétique résultant de la fécondation d'un gamète femelle (*v*) par un gamète mâle (*V*).

Le croisement des gamètes se produisant au hasard, Mendel a observé une proportion de 3 : 1 à la génération F_2.

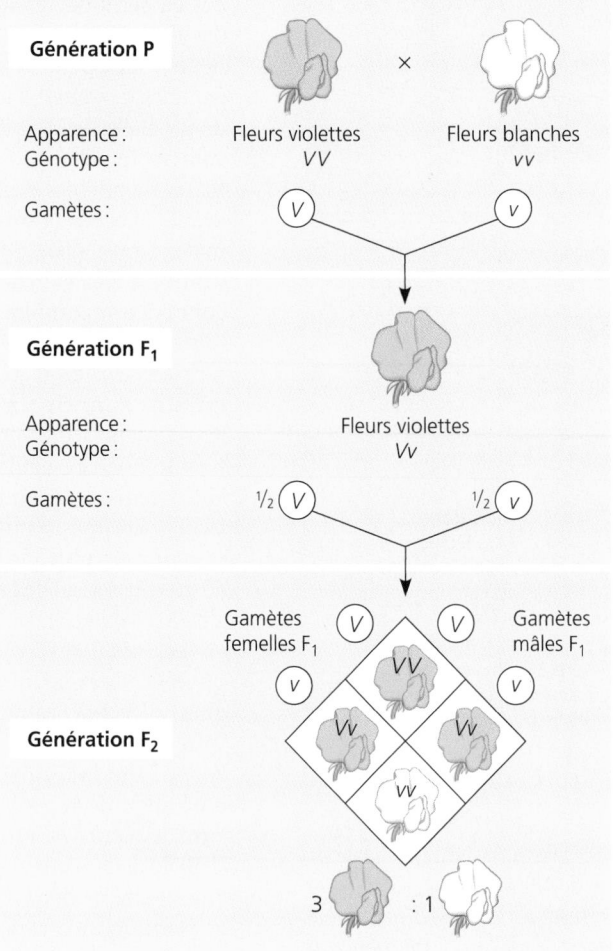

FIGURE 14.4 Loi mendélienne de la ségrégation. Ce diagramme reprend de façon plus détaillée le modèle de la FIGURE 14.2. Il montre le modèle de l'hérédité des allèles d'un même gène selon Mendel. L'allèle de la couleur violette des fleurs (*V*) est dominant ; celui de la couleur blanche des fleurs (*v*) est récessif. Chaque plante a deux allèles du gène de la couleur des fleurs : l'un provient du « père », et l'autre, de la « mère ».

Pois, les plantes *VV* et *Vv* ont le même phénotype (leurs fleurs sont violettes), mais pas le même génotype. Nous illustrons ces notions à la FIGURE 14.5, et nous calculons le *rapport génotypique* et le *rapport phénotypique*. Le rapport génotypique prend en considération la fraction de chaque génotype trouvé dans un échantillon ou dans une population. Ainsi, dans la FIGURE 14.5, nous obtenons un rapport génotypique de $^1/_4$ *VV*: $^1/_2$ *Vv*: $^1/_4$ *vv*. Quant au rapport phénotypique, il tient compte de la fraction de chaque phénotype trouvé dans un échantillon ou dans une population. Ainsi, dans la FIGURE 14.5, nous avons un rapport phénotypique de $^3/_4$ de plantes à fleurs violettes: $^1/_4$ plantes à fleurs blanches. Remarquez que le phénotype désigne tant les caractères physiologiques (par exemple, le fonctionnement d'une enzyme) que ceux qui sont directement liés à l'apparence (comme la couleur).

Croisement de contrôle

Supposons que nous ayons un Pois à fleurs violettes. Comment pouvons-nous savoir s'il est homozygote ou hétérozygote, puisque les génotypes *VV* et *Vv* produisent le même phénotype ? Un moyen de déterminer cela est de le croiser avec un Pois à fleurs blanches (FIGURE 14.6). Nous connaissons déjà le génotype de la plante à fleurs blanches : elle doit avoir deux allèles récessifs, donc elle ne peut être qu'homozygote (*vv*). Bref,

si tous les individus issus du croisement ont des fleurs violettes, alors le Pois à fleurs violettes dont on veut connaître le génotype est nécessairement homozygote. Rappelez-vous : un croisement *VV* × *vv* ne peut produire que des individus *Vv*. Si, par contre, nous trouvons le phénotype à fleurs violettes et celui à fleurs blanches chez les hybrides, alors le parent à fleurs violettes est nécessairement hétérozygote. En effet, les descendants issus d'un croisement *Vv* × *vv* présentent les phénotypes *Vv* et *vv* dans une proportion de 1:1. On appelle **croisement de contrôle** (« *testcross* ») le croisement d'un homozygote récessif et d'un individu ayant un phénotype dominant, mais de génotype inconnu. Ce type de croisement a été inventé par Mendel et il demeure un outil essentiel pour les généticiens.

Loi mendélienne de l'assortiment indépendant des caractères : les allèles des diverses paires se répartissent dans les gamètes indépendamment les uns des autres

Gregor Mendel a découvert la loi de la ségrégation à partir de croisements expérimentaux portant sur un seul caractère, comme la couleur des fleurs. Les hybrides de la génération F_1 obtenus par des croisements de ce type sont qualifiés de **mono-hybrides.** Mais que se passe-t-il lorsqu'on croise des variétés

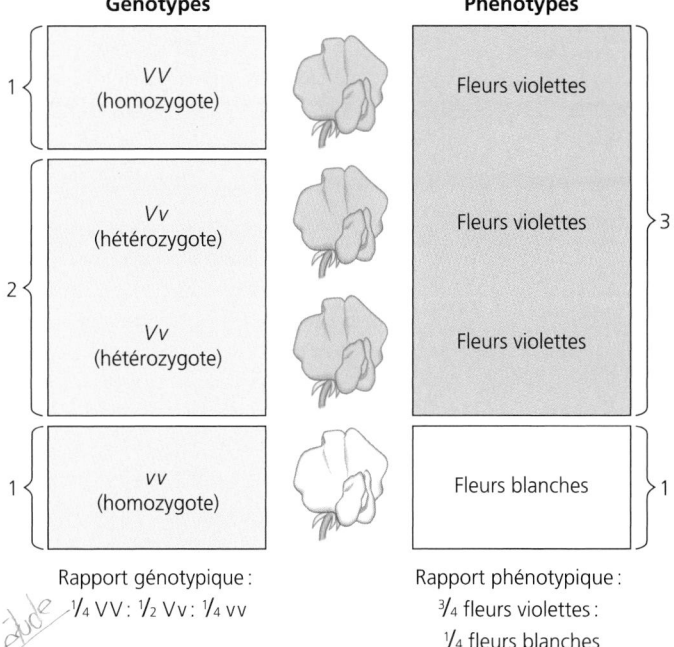

Génotypes

1	VV (homozygote)
2	Vv (hétérozygote)
	Vv (hétérozygote)
1	vv (homozygote)

Phénotypes

Fleurs violettes
Fleurs violettes
Fleurs violettes } 3
Fleurs blanches } 1

Rapport génotypique :
1/4 VV : 1/2 Vv : 1/4 vv

Rapport phénotypique :
3/4 fleurs violettes :
1/4 fleurs blanches

FIGURE 14.5 Génotypes et phénotypes. En regroupant les individus de la génération F₂, nous obtenons un rapport génotypique de 1/4 VV : 1/2 Vv : 1/4 vv, et un rapport phénotypique de 3/4 de plantes à fleurs violettes : 1/4 de plantes à fleurs blanches.

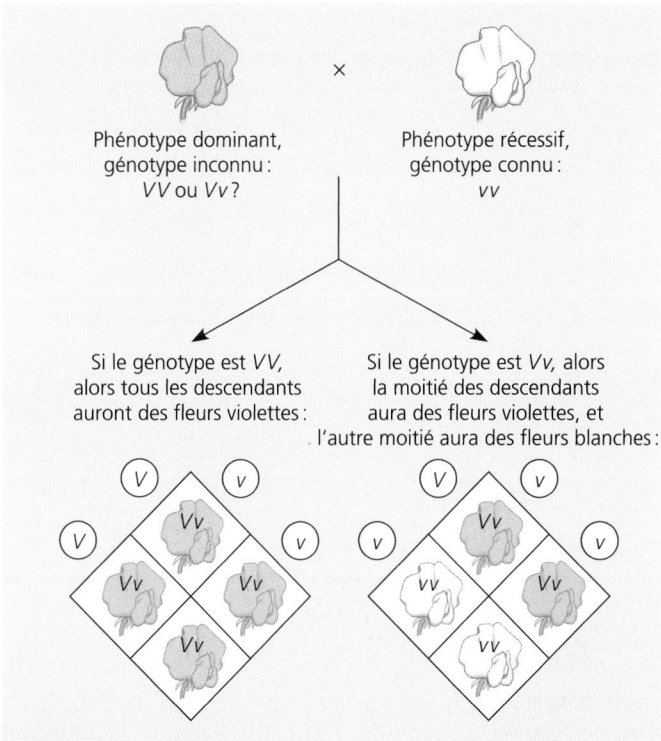

Phénotype dominant, génotype inconnu : VV ou Vv ?

×

Phénotype récessif, génotype connu : vv

Si le génotype est VV, alors tous les descendants auront des fleurs violettes :

Si le génotype est Vv, alors la moitié des descendants aura des fleurs violettes, et l'autre moitié aura des fleurs blanches :

FIGURE 14.6 Croisement de contrôle. Le but d'un croisement de contrôle est de révéler le génotype d'un organisme qui présente un phénotype dominant (comme les fleurs violettes chez le Pois). Cet individu peut être soit hétérozygote, soit homozygote pour l'allèle dominant. Le moyen le plus efficace de connaître son génotype est de le croiser avec un organisme exprimant le phénotype récessif (comme les fleurs blanches chez le Pois), et donc nécessairement homozygote. Les phénotypes de la génération suivante permettront de déterminer le génotype du parent ayant un phénotype dominant.

parentales présentant *deux* caractères différents? Par exemple, deux des sept caractères étudiés par Mendel sont la couleur et la forme des graines : celles-ci peuvent être jaunes ou vertes, mais aussi rondes ou ridées. Les croisements monohybrides ont permis à Mendel de constater que l'allèle des graines jaunes est dominant (J), alors que celui des graines vertes (j) est récessif. Pour ce qui est de la forme des graines, l'allèle des graines rondes est dominant (R), et celui des graines ridées, récessif (r). Que se passe-t-il si l'on hybride deux variétés de Pois qui diffèrent par ces *deux* caractères à la fois (**croisement dihybride**), c'est-à-dire si l'on croise un parent à graines jaunes et rondes ($JJRR$) avec un parent à graines vertes et ridées ($jjrr$)? On sait que les plantes de la génération F_1 seront des individus hétérozygotes pour les deux caractères ($JjRr$). Mais ces derniers sont-ils transmis ensemble des parents aux descendants? Autrement dit, les allèles J et R restent-ils toujours associés d'une génération à l'autre ou bien sont-ils transmis indépendamment l'un de l'autre? La FIGURE 14.7, à la page 270, montre comment un *croisement dihybride* permet de déterminer laquelle de ces deux hypothèses est bonne.

Quelle que soit l'hypothèse qui est juste, les plantes de la génération F_1 auront le génotype $JjRr$ et les deux phénotypes dominants (graines jaunes et rondes). L'étape clé de cette expérience consiste à observer ce qui se passe lorsque les plantes de la génération F_1 s'autofécondent et produisent la génération F_2.

Si les hybrides transmettent une combinaison d'allèles identique à celle qu'ils ont reçue de la génération P, il n'y aura que deux catégories de gamètes, JR et jr. Selon cette hypothèse, la proportion des phénotypes de la génération F_2 sera de 3:1, comme dans un croisement monohybride (voir la FIGURE 14.7a). Au chapitre suivant, lorsque nous traiterons de la liaison des gènes (un mode de transmission des caractères qui ne s'applique pas dans la situation présente), vous verrez que cette hypothèse se vérifie.

Selon l'autre hypothèse, les deux paires d'allèles subissent une ségrégation indépendante. Autrement dit, les gènes peuvent se trouver regroupés dans les gamètes selon n'importe quelle combinaison allélique, dans la mesure où chaque gamète reçoit un gène de chaque caractère et à la condition que les deux caractères relèvent de paires différentes de chromosomes. Dans cet exemple, il devrait y avoir quatre catégories de gamètes produites en quantités égales, JR, Jr, jR et jr. Si l'on met quatre catégories de gamètes mâles en présence de quatre catégories de gamètes femelles, à la génération F_2, les allèles formeront 16 (soit 4×4) combinaisons ayant des probabilités égales de se réaliser, comme le montre la FIGURE 14.7b. Ces combinaisons donneront quatre catégories de phénotypes selon une proportion de 9:3:3:1 ($9/16$ des graines seront jaunes et rondes, $3/16$ des graines seront vertes et rondes, $3/16$ des graines seront jaunes et ridées, et $1/16$ des graines seront vertes et ridées). Lorsque Mendel a effectué cette expérience, il a dénombré les individus appartenant à la génération F_2 et il a obtenu une proportion de 315:108:101:32, soit approximativement 9:3:3:1. (*Remarque : pour connaître le nombre de catégories de gamètes lorsqu'un problème à résoudre porte sur plusieurs caractères, il suffit d'appliquer la formule 2^n, où n représente le nombre de caractères considérés.*)

Ces résultats expérimentaux confirment l'hypothèse selon laquelle chaque caractère sélectionné chez le Pois est transmis de façon indépendante. En effet, chez les dihybrides ($JjRr$), la ségrégation des deux allèles de la couleur des graines n'est pas

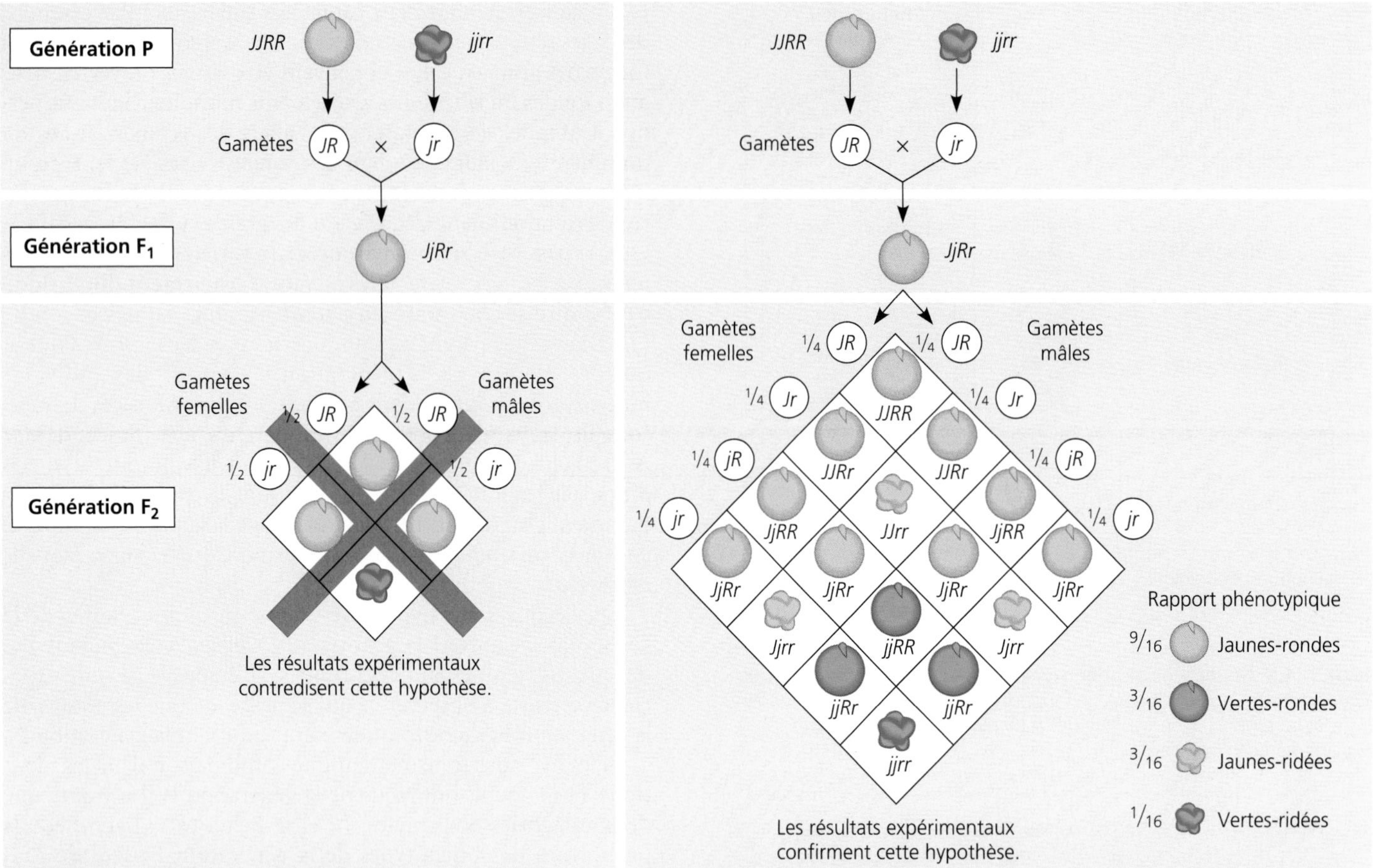

Génération P — JJRR × jjrr

Gamètes: JR × jr

Génération F₁ — JjRr

(a) Gamètes femelles: ½ JR, ½ jr — Gamètes mâles: ½ JR, ½ jr

Génération F₂

Les résultats expérimentaux contredisent cette hypothèse.

(a) Hypothèse de l'assortiment dépendant. Si deux caractères forment un assortiment dépendant (soit s'ils se transmettent ensemble), les hybrides de la génération F₁ ne pourront produire que les catégories de gamètes qu'ils ont eux-mêmes reçues de leurs parents (soit *JR* ou *jr*), et les individus de la génération F₂ présenteront uniquement les phénotypes parentaux dans une proportion de 3 : 1.

(b) Génération P — JJRR × jjrr

Gamètes: JR × jr

Génération F₁ — JjRr

Gamètes femelles: ¼ JR, ¼ Jr, ¼ jR, ¼ jr — Gamètes mâles: ¼ JR, ¼ Jr, ¼ jR, ¼ jr

JJRR, JJRr, JJRr, JjRR, JjRR, JJrr, JjRR, JjRr, JjRr, JjRr, JjRr, Jjrr, jjRR, Jjrr, jjRr, jjRr, jjrr

Les résultats expérimentaux confirment cette hypothèse.

Rapport phénotypique
- ⁹⁄₁₆ Jaunes-rondes
- ³⁄₁₆ Vertes-rondes
- ³⁄₁₆ Jaunes-ridées
- ¹⁄₁₆ Vertes-ridées

(b) Hypothèse de l'assortiment indépendant. Si les deux caractères subissent un assortiment indépendant, la génération F₁ produira quatre catégories de gamètes et, dans la génération F₂, toutes les combinaisons possibles de caractères apparaîtront selon une proportion de 9 : 3 : 3 : 1.

FIGURE 14.7 Comparaison de deux hypothèses de la ségrégation dans le cas d'un croisement dihybride. Un croisement *dihybride* entre deux plantes de lignée pure différant par deux caractères produit des individus (génération F₁) hétérozygotes pour les deux caractères. Les phénotypes de la génération F₂ montrent que les caractères sont transmis indépendamment l'un de l'autre, c'est-à-dire qu'ils subissent une ségrégation. Dans cet exemple, les deux caractères à l'étude sont la couleur et la forme des graines. La couleur jaune (*J*) et la forme ronde (*R*) sont les phénotypes dominants.

liée à celle des allèles de la forme des graines. Mendel est allé plus loin que cela : il a effectué divers croisements dihybrides en combinant deux des sept caractères qu'il étudiait chez le Pois, et il a observé à chaque fois une proportion phénotypique de 9:3:3:1 à la génération F₂. Cependant, vous pouvez remarquer à la FIGURE 14.7b que chaque caractère pris séparément présente une proportion phénotypique de 3:1 (³⁄₄ de graines jaunes contre ¹⁄₄ de graines vertes ; ³⁄₄ de graines rondes contre ¹⁄₄ de graines ridées). Pour chaque caractère pris individuellement, la ségrégation se produit comme dans un croisement monohybride. Aujourd'hui, on appelle **loi de l'assortiment indépendant des caractères** ce comportement de chacune des paires d'allèles au moment de la formation des gamètes.

Les lois de l'hérédité de Mendel reflètent les règles des probabilités

Les hypothèses de la ségrégation et de l'assortiment indépendant de Mendel reflètent des lois de probabilités identiques à celles qui s'appliquent lorsqu'on joue à pile ou face, ou lorsqu'on lance des dés. Avant de se livrer à une analyse génétique, il est essentiel de posséder une compréhension élémentaire de certaines règles qui régissent le hasard.

L'échelle des probabilités va de 0 à 1. Un événement qui se produit à coup sûr a une probabilité de 1, alors qu'un autre qui ne se produit jamais a une probabilité de 0. Si on lance une pièce qui a deux côtés face, la probabilité qu'elle tombe sur le côté face est de 1, et la probabilité qu'elle tombe sur le côté pile (inexistant) est de 0. Si on lance une pièce normale, la probabilité d'obtenir le côté face est de $1/2$, et celle d'obtenir le côté pile est aussi de $1/2$. Les chances d'obtenir le chiffre 3 avec un dé à six faces sont de $1/6$. La somme des probabilités de tous les résultats possibles d'un événement donné est obligatoirement de 1. Lorsqu'on lance un dé, les chances d'obtenir un nombre autre que 3 sont de $5/6$. Nous pouvons en apprendre beaucoup sur les lois des probabilités en lançant une pièce de monnaie. À chaque lancer, la probabilité d'obtenir le côté face est de $1/2$. Le résultat d'un lancer particulier n'est aucunement influencé par les résultats des lancers précédents. Les lancers successifs d'une même pièce ou les lancers simultanés de plusieurs pièces sont appelés événements indépendants. La question de savoir si un lancer va donner le côté pile ou face est analogue à la question de savoir si un gamète produit par un hétérozygote Vv portera l'allèle V ou v (FIGURE 14.8). Lors de la fécondation de gamètes issus d'un organisme hétérozygote, un gamète femelle a une chance sur deux de porter l'allèle dominant et une chance sur deux de porter l'allèle récessif, et il en est de même pour le gamète mâle. Pendant la formation des deux types de gamètes, la ségrégation des allèles qui s'effectue dans le gamète mâle se produit indépendamment de celle qui se déroule dans le gamète femelle. Il s'agit donc de deux événements indépendants, comme le lancer de deux pièces de monnaie.

Maintenant que nous comprenons la nature des événements indépendants, nous pouvons prévoir le résultat de croisements génétiques. Il existe deux règles de probabilité élémentaires particulièrement utiles dans les jeux de hasard et la résolution des problèmes de génétique : il s'agit de la règle de la multiplication et de la règle de l'addition.

Règle de la multiplication

Si on lance deux pièces de monnaie en même temps, quelle est la probabilité d'obtenir deux côtés face ? D'une manière plus générale, comment calcule-t-on les chances que deux événements indépendants se produisent ensemble selon une combinaison donnée ? Il suffit de calculer la probabilité de chacun des événements, puis de multiplier les deux résultats obtenus : c'est de cette façon qu'on peut connaître la probabilité que deux événements indépendants se produisent simultanément. Selon la règle de la multiplication, les chances que les deux pièces tombent en même temps du côté face sont de $1/2 \times 1/2 = 1/4$. Supposons maintenant que la couleur des fleurs du Pois est le caractère génétique à l'étude : on effectue un croisement monohybride de deux individus de la génération F_1 (donc de génotype Vv) et on veut connaître la probabilité qu'une plante de la génération F_2 ait des fleurs blanches. Vous savez que, pour que cela soit possible, le gamète mâle et le gamète femelle doivent tous deux posséder l'allèle v. Or, chez une plante hétérozygote, la ségrégation est analogue au lancer d'une seule pièce de monnaie. La probabilité qu'un gamète femelle ait l'allèle v est de $1/2$, et la probabilité qu'un gamète mâle ait l'allèle v est également de $1/2$. Vous pouvez employer maintenant la règle de la multiplication. La probabilité que deux allèles v se trouvent ensemble au moment de la fécondation est de $1/2 \times 1/2 = 1/4$; ce résultat est analogue à celui du jeu de hasard qu'est le lancer simultané de deux pièces de monnaie (voir la grille de Punnett à la FIGURE 14.8).

On peut également appliquer la règle de la multiplication dans le cas des croisements dihybrides, comme celui qui est illustré à la FIGURE 14.7b. La probabilité qu'un parent qui a le génotype $JjRr$ produise un gamète portant les allèles J et R est de $1/4$. La règle de la multiplication permet de calculer, sans construire une grille de Punnett à 16 cases, la probabilité qu'un génotype donné apparaisse dans la génération F_2. Par exemple, les chances qu'une plante de la génération F_2 ait le génotype $JJRR$ sont de $1/16$ ($1/4$ pour un gamète femelle $JR \times 1/4$ pour un gamète mâle JR). Cette combinaison correspond à la case du haut de la grille de Punnett de la FIGURE 14.7b.

Règle de l'addition

Quelle est la probabilité qu'une plante de la génération F_2 issue d'un croisement monohybride soit hétérozygote ? À la FIGURE 14.8, remarquez que les gamètes provenant de la génération F_1 peuvent se combiner de deux façons pour produire un individu hétérozygote. L'allèle dominant peut venir du gamète femelle, et l'allèle récessif, du gamète mâle, ou vice versa. Selon la règle de l'addition, la probabilité d'un événement qui peut se produire de deux façons différentes est égale à la somme des probabilités des deux façons. Cette règle permet donc de calculer la probabilité qu'un individu de la génération F_2 soit hétérozygote : $1/4 + 1/4 = 1/2$.

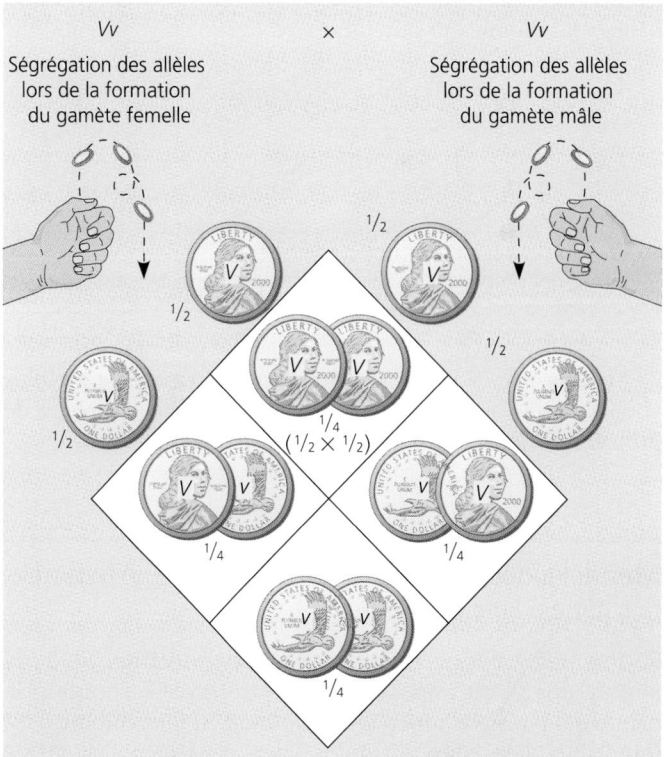

FIGURE 14.8 La ségrégation des allèles et la fécondation, des événements aléatoires. Lorsqu'un individu hétérozygote (Vv) produit des gamètes, la ségrégation des allèles obéit aux mêmes règles que le lancer d'une pièce de monnaie. Il est donc possible de calculer la probabilité que les descendants de deux hétérozygotes aient un génotype donné, comme on l'explique dans le texte. L'exemple pourrait également s'appliquer dans le cas d'individus homozygotes.

Emploi des règles de probabilité dans les problèmes de génétique

On peut combiner les règles de la multiplication et de l'addition pour résoudre des problèmes complexes de génétique mendélienne. Par exemple, on peut imaginer un croisement de deux variétés de Pois qui diffèrent par trois caractères (*croisement trihybride*). Supposons que l'on croise un trihybride aux fleurs violettes et aux graines jaunes et rondes (qui est hétérozygote pour les trois gènes) avec une plante à fleurs violettes et à graines vertes et ridées (qui est hétérozygote pour la couleur des fleurs, mais homozygote récessif pour les deux autres caractères). Les symboles mendéliens nous permettent d'écrire ce croisement ainsi :

$$VvJjRr \times Vvjjrr$$

À l'aide des règles de probabilité, calculons maintenant la fraction des descendants qui aura des phénotypes récessifs dans le cas d'*au moins* deux caractères. On peut commencer par énumérer tous les génotypes répondant à cette condition : *vvjjRr, vvJjrr, Vvjjrr, VVjjrr et vvjjrr*. (Comme la condition est d'avoir *au moins* deux caractères récessifs, il faut tenir compte du dernier génotype cité, qui produit les trois phénotypes en question.) Ensuite, on se sert de la règle de la multiplication pour calculer la probabilité d'apparition de chacun des génotypes résultant du croisement $VvJjRr \times Vvjjrr$ (c'est-à-dire qu'on multiplie entre elles les probabilités individuelles correspondant à chaque paire d'allèles). Enfin, on se sert de la règle de l'addition pour faire la somme des probabilités d'apparition d'au moins deux caractères récessifs, comme on peut le voir au haut de la colonne qui suit.

vvjjRr $\frac{1}{4}$ (probabilité de *vv*) $\times \frac{1}{2}$ (*jj*) $\times \frac{1}{2}$ (*Rr*)	$= \frac{1}{16}$
vvJjrr $\frac{1}{4} \times \frac{1}{2} \times \frac{1}{2}$	$= \frac{1}{16}$
Vvjjrr $\frac{1}{2} \times \frac{1}{2} \times \frac{1}{2}$	$= \frac{2}{16}$
VVjjrr $\frac{1}{4} \times \frac{1}{2} \times \frac{1}{2}$	$= \frac{1}{16}$
vvjjrr $\frac{1}{4} \times \frac{1}{2} \times \frac{1}{2}$	$= \frac{1}{16}$
Probabilité d'apparition *d'au moins deux* phénotypes récessifs :	$= \frac{6}{16}$ ou $\frac{3}{8}$

Avec un peu de pratique, vous parviendrez à résoudre plus vite les problèmes de génétique en vous servant des règles de probabilité plutôt qu'en recourant à la grille de Punnett.

Mendel a découvert le comportement particulier des gènes : *une révision*

Si l'on met en terre une graine de la génération F_2 de la FIGURE 14.4, il est impossible de prévoir avec certitude si la plante qui poussera aura des fleurs blanches, tout comme il est impossible de prédire, lorsqu'on lance deux pièces en même temps, si l'on obtiendra deux côtés face. Par contre, on peut affirmer qu'il y a exactement une chance sur quatre que la plante ait des fleurs blanches. Si l'on étudie un grand échantillon de plantes de la génération F_2, on s'apercevra qu'un quart (soit 25 %) aura des fleurs blanches. Généralement, plus un échantillon est grand, plus les résultats se rapprochent de ce que l'on a

prévu. Le fait que Mendel ait recensé un si grand nombre de descendants issus de ses croisements montre bien qu'il comprenait la nature statistique de l'hérédité et qu'il avait une bonne notion des règles de probabilités.

Les deux lois découvertes par Mendel (la ségrégation et l'assortiment indépendant) permettent d'expliquer la diversité des caractères par l'existence de gènes (des « particules » héréditaires) pouvant revêtir différentes formes et se transmettre de génération en génération en obéissant à de simples règles de probabilité. La théorie particulaire de l'hérédité, découverte chez le Pois, s'applique également aux Figues, aux Mouches, aux Oiseaux et aux Humains. L'influence de Mendel se fait encore sentir aujourd'hui non seulement sur la génétique, mais aussi sur l'ensemble du monde scientifique, parce que ses travaux illustrent parfaitement les possibilités du raisonnement scientifique (pour se remémorer ce qu'est l'approche hypothéticodéductive, voir le chapitre 1).

GÉNÉRALISATION DES LOIS DE LA GÉNÉTIQUE MENDÉLIENNE

La relation qui existe entre le génotype et le phénotype est rarement simple

Au cours du XXe siècle, les généticiens ont étendu les principes mendéliens à d'autres organismes que les Pois ainsi qu'à des modèles d'hérédité plus complexes que ceux décrits par Mendel. Celui-ci avait eu l'idée géniale (ou la chance) de choisir des caractères dont la transmission génétique obéit à des lois relativement simples. Ainsi, chacun des caractères qu'il a étudiés est déterminé par un seul gène, pour lequel il n'existe que deux allèles, l'un étant complètement dominant par rapport à l'autre. Mais cela ne s'observe pas dans le cas de tous les caractères génétiques, même chez le Pois. Il est rare que la relation entre le génotype et le phénotype soit aussi simple. Malgré tout, la génétique mendélienne est incontournable, car les principes fondamentaux de la ségrégation et de l'assortiment indépendant s'appliquent également aux modèles d'hérédité plus complexes. Dans la présente section, nous étendrons la génétique mendélienne aux modèles d'hérédité qui n'ont pas été décrits par Mendel.

Dominance incomplète

Dans les croisements mendéliens classiques effectués entre des Pois, les descendants de la génération F_1 ressemblent toujours à l'une des deux variétés parentales, parce que l'un des allèles est complètement dominant par rapport à l'autre. Cependant, certains gènes peuvent avoir une **dominance incomplète** ; de ce fait, les hybrides de la génération F_1 auront un phénotype intermédiaire, situé entre les phénotypes des deux variétés parentales. Par exemple, si l'on croise des Gueules-de-loup à fleurs rouges avec des Gueules-de-loup à fleurs blanches, tous les hybrides de la génération F_1 auront des fleurs roses (FIGURE 14.9). Ce troisième phénotype apparaît chez les indi-

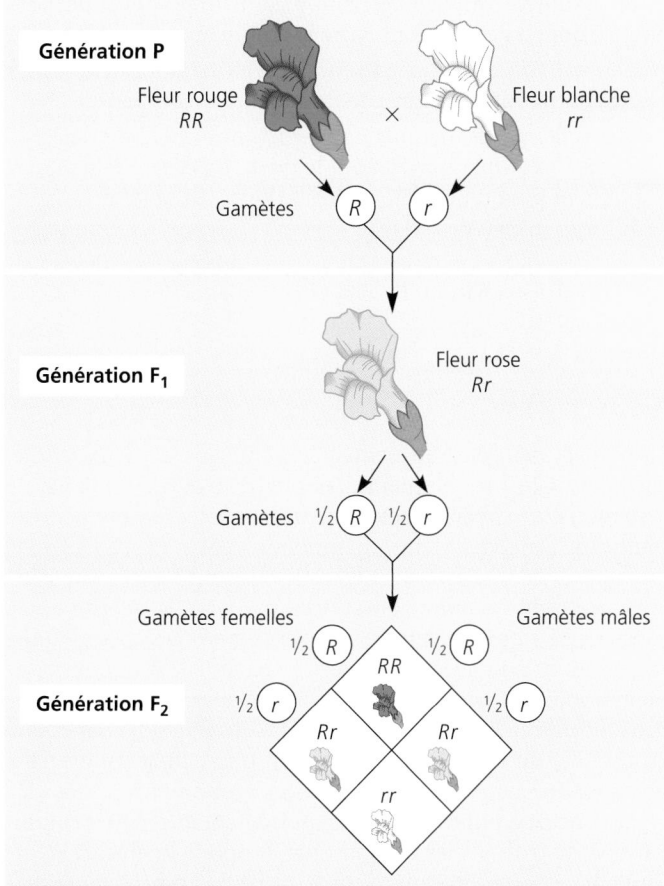

Génération P

Fleur rouge
RR

×

Fleur blanche
rr

Gamètes R r

Génération F₁

Fleur rose
Rr

Gamètes ½ R ½ r

Gamètes femelles Gamètes mâles

½ R ½ R

Génération F₂ ½ r ½ r

RR

Rr Rr

rr

FIGURE 14.9 Exemple de dominance incomplète : la couleur des fleurs de Gueule-de-loup. Lorsqu'on croise des Gueules-de-loup rouges avec des Gueules-de-loup blanches, tous les hybrides de la génération F₁ possèdent des fleurs roses. La ségrégation des allèles dans les gamètes des plantes de la génération F₁ produit une génération F₂ dans laquelle la proportion des génotypes et des phénotypes est de 1:2:1. *R* = allèle des fleurs rouges ; *r* = allèle des fleurs blanches*.

vidus hétérozygotes, parce qu'ils produisent moins de pigment rouge que les homozygotes rouges (contrairement aux hétérozygotes *Vv* des Pois de Mendel, qui produisent assez de pigment violet pour que leurs fleurs soient identiques à celles des plantes *VV*). Cependant, il ne faudrait pas considérer la dominance incomplète comme une preuve à l'appui de la théorie de l'hérédité par mélange : celle-ci prédit qu'on ne pourra jamais retrouver les caractères rouge ou blanc à partir d'hybrides roses. En fait, un croisement effectué entre des

---

* Dans le domaine de la génétique, il n'y a pas pour le moment de règles clairement établies quant à l'usage des symboles. Certains auteurs utiliseraient dans cette figure les symboles *R* (pour rouge) et *R'* (pour blanc) ; nous réservons l'emploi de la majuscule à l'expression de la dominance (complète ou incomplète) et à la codominance. Dans la majorité des cas de dominance incomplète, nous avons affaire à un allèle dominant qui a moins de pénétrance, c'est-à-dire qu'il génère un niveau d'activité moindre dans la synthèse protéique. Par conséquent, le trait de caractère n'est pas exprimé totalement par un seul allèle dominant. L'autre allèle, quant à lui, est un mutant récessif qui n'influe pas sur l'expression de l'allèle à dominance incomplète ; nous employons la minuscule pour désigner ce mutant récessif. En ce qui a trait au génotype d'un hétérozygote, l'usage des symboles *Rr* ne nous permet pas de distinguer la dominance complète de la dominance incomplète. On pourrait pallier cette lacune en utilisant *R'r*, où *R'* (rouge) exercerait une dominance incomplète sur *r* (blanc) ; cependant, on ne trouve pas cela dans la littérature scientifique.

hybrides de la génération F₁ donne, à la génération F₂, une proportion phénotypique d'un individu rouge contre deux roses et un blanc. (Comme les hétérozygotes ont un phénotype qui leur est propre, les proportions génotypiques et phénotypiques de la génération F₂ sont identiques, soit de 1:2:1.) La ségrégation des allèles de fleurs rouges et des allèles de fleurs blanches dans les gamètes issus des plantes à fleurs roses confirme le fait que les gènes de la couleur des fleurs sont des facteurs héréditaires conservant leur identité chez les hybrides ; en d'autres termes, l'hérédité est de nature particulaire.

Qu'est-ce qu'un allèle dominant ?

Maintenant que vous savez ce qu'est la dominance incomplète, revenons à la signification de la dominance et de la récessivité. Qu'est-ce qu'un allèle dominant ? Ou plutôt, qu'est-ce qu'il n'est pas ?

Dans le cas de la **dominance complète** décrite par Mendel, il est impossible de distinguer le phénotype d'un hétérozygote de celui d'un homozygote dominant. Il s'agit là d'un cas extrême dans la gamme des relations de dominance et de récessivité des allèles. À l'autre extrême, on trouve la **codominance,** dans laquelle les deux allèles d'un gène se manifestent entièrement et de manière indépendante dans le phénotype. Prenons, par exemple, les groupes sanguins. Chez l'Humain, on a mis au point une vingtaine de systèmes de classification des groupes sanguins, dont les systèmes ABO, Rhésus, Kell, Duffy et MN. Le système MN comporte les groupes sanguins M, N et MN. Le typage de ces derniers s'appuie sur la présence, à la surface des globules rouges, de l'une ou l'autre de deux variantes d'une protéine transmembranaire (une glycophorine de type A). Les personnes du groupe M possèdent l'une de ces deux molécules, et celles du groupe N, l'autre. Le groupe MN, lui, a les deux molécules à la fois. À quels génotypes correspondent ces phénotypes ? Les groupes sanguins en question sont déterminés par un seul gène situé sur un locus précis et ayant deux allèles. Les personnes du groupe M sont homozygotes pour un allèle ($I^M I^M$), et celles du groupe N sont homozygotes pour l'autre allèle ($I^N I^N$). Quant aux hétérozygotes, ils ont le groupe sanguin MN ($I^M I^N$). Remarquez que le phénotype MN n'est absolument pas intermédiaire entre les phénotypes M et N, mais que ces deux derniers s'expriment indépendamment l'un de l'autre par la présence d'une molécule particulière sur les globules rouges. La dominance incomplète, elle, se reconnaît à un phénotype intermédiaire, comme dans le cas des fleurs roses des Gueules-de-loup hybrides. Bref, la gamme des relations possibles entre les allèles comprend la dominance complète, la codominance et divers degrés de dominance incomplète. Ces variantes se manifestent dans les phénotypes des hétérozygotes.

En ce qui a trait à un caractère donné, la relation entre la dominance et la récessivité dépend du niveau auquel on examine le phénotype. Prenons, par exemple, la maladie héréditaire de Tay-Sachs, qui affecte certains Humains. Les cellules du cerveau d'un bébé atteint de cette maladie ne peuvent pas métaboliser les gangliosides (des glycolipides), parce qu'une de leurs enzymes ne fonctionne pas de manière adéquate. Les gangliosides s'accumulent peu à peu dans le cerveau, où ils entravent de plus en plus le fonctionnement des cellules. Ils finissent par provoquer la mort. Seuls les enfants qui reçoivent deux copies de l'allèle de Tay-Sachs (homozygotes) sont atteints de cette maladie. On pourrait donc considérer l'allèle de Tay-Sachs comme récessif par rapport à l'allèle normal au niveau de l'*organisme*. Cependant, au niveau *biochimique*, le phénotype reflète une dominance incomplète : chez les individus hétérozygotes, il est en effet possible de détecter la déficience enzymatique caractéristique de la maladie de Tay-Sachs, parce que le niveau d'activité de l'enzyme du métabolisme des gangliosides se situe entre celui des individus homozygotes pour l'allèle normal et celui des individus atteints de la maladie. Si les hétérozygotes ne présentent pas les symptômes de la maladie, c'est apparemment parce que la moitié de la quantité normale de l'enzyme non déficiente suffit à empêcher l'accumulation de gangliosides dans le cerveau. En fait, les personnes hétérozygotes produisent en quantité égale l'enzyme normale et l'enzyme déficiente. Par conséquent, au niveau *moléculaire,* l'allèle normal et l'allèle de la maladie de Tay-Sachs sont codominants. Comme on le voit, les relations entre la dominance et la récessivité ne sont pas toujours aussi simples que ce que Mendel a décrit.

Il importe également de comprendre que, même si on qualifie un allèle de *dominant,* ce n'est pas parce qu'il atténue ou empêche l'expression d'un allèle récessif. Souvenez-vous que les allèles sont de simples variations de la séquence nucléotidique d'un gène. Lorsqu'un allèle dominant et un allèle récessif se trouvent ensemble dans un génotype hétérozygote, il n'existe en fait aucune interaction entre eux. C'est dans la transposition du génotype en phénotype que la dominance et la récessivité entrent en jeu. Considérons, par exemple, l'un des caractères étudiés par Mendel : la forme ronde ou la forme ridée des graines de Pois. L'allèle dominant code pour la synthèse d'une enzyme qui permet de transformer le saccharose en amidon dans la graine. L'allèle récessif, lui, code pour une forme défectueuse de cette enzyme. Par conséquent, dans une graine homozygote récessive, le saccharose s'accumule, parce qu'il n'est pas converti en amidon. Au fil du temps, sa forte concentration entraîne l'absorption d'eau par osmose, ce qui fait gonfler la graine. Lorsque cette dernière mûrit et sèche, elle se ride. Par contre, il suffit qu'une graine ait un allèle dominant pour que son saccharose soit transformé en amidon et pour qu'elle ne se ride pas en séchant. En d'autres termes, un seul allèle dominant permet de produire l'enzyme en question, et ce, en quantité suffisante pour convertir le saccharose en amidon. Il résulte de cela que le phénotype des homozygotes dominants et celui des hétérozygotes sont identiques (les graines sont rondes dans les deux cas). L'étude des mécanismes déterminant le phénotype permet d'expliquer les notions de dominance et de récessivité.

La signification du terme *dominance* appelle une autre remarque importante. Même si un des allèles d'un caractère donné est dominant, cela ne signifie pas nécessairement qu'il est plus répandu dans une population que l'allèle récessif. Par exemple, aux États-Unis, environ 1 nouveau-né sur 400 présente des doigts ou des orteils surnuméraires (une malformation appelée polydactylie). Or, l'allèle de la polydactylie est dominant par rapport à l'allèle de cinq doigts par membre. Cela n'empêche pas 399 personnes sur 400 d'être des homozygotes récessifs pour ce caractère. L'allèle récessif est donc beaucoup plus commun que l'allèle dominant. Au chapitre 23, nous verrons que, dans une population donnée, les fréquences relatives des allèles sont influencées par la sélection naturelle.

En résumé, il importe de se rappeler trois points importants pour ce qui est des relations entre la dominance et la récessivité :
1. Elles vont de la dominance complète à la codominance, en passant par divers degrés de dominance incomplète.
2. Elles reflètent les mécanismes par lesquels des allèles spécifiques s'expriment, marquant le phénotype, et elles n'impliquent pas qu'un allèle empêche l'expression d'un autre allèle au niveau de l'ADN.
3. Elles ne déterminent pas l'abondance relative des allèles dans une population. Bref, ces deux phénomènes ne sont pas corrélés.

Allèles multiples

La plupart des gènes présentent en fait plus de deux formes alléliques. Chez les Humains, les quatre groupes sanguins du système ABO (phénotypes) constituent un exemple d'allèles multiples. Dans ce système, un individu peut être A, B, AB ou O (FIGURE 14.10a). Les lettres A et B désignent deux glucides : le *N-acétylglucosamine* (ou substance A) et le *galactose* (ou substance B) qui peuvent se trouver à la surface des globules rouges en liaison avec l'extrémité N-terminale d'une protéine membranaire. Les globules sanguins d'une personne donnée peuvent porter l'une ou l'autre de ces substances (groupe A ou groupe B), ou les deux (groupe AB), ou aucune d'entre elles (groupe O).

Les quatre groupes sanguins représentent différentes combinaisons de trois allèles désignés par I^A (pour le glucide A), I^B (pour B) et i (ne produisant ni A ni B). Comme chaque personne est porteuse de deux allèles, il existe six génotypes (FIGURE 14.10b). Les deux allèles I^A et I^B sont dominants par rapport à l'allèle i. Par conséquent, les individus de génotype I^AI^A ou I^Ai sont du groupe sanguin A, et les individus I^BI^B et I^Bi sont du groupe B. Les homozygotes récessifs ii sont du groupe O, parce que leurs globules rouges ne contiennent ni la substance A ni la substance B. Les allèles I^A et I^B sont codominants, étant donné que les deux s'expriment ensemble dans le phénotype des individus hétérozygotes I^AI^B, qui sont du groupe sanguin AB.

Pour effectuer des transfusions, il est essentiel d'avoir des groupes sanguins compatibles. Il faut savoir que l'organisme de chaque personne produit des protéines appelées anticorps qui attaquent les marqueurs sanguins étrangers (FIGURE 14.10c). Si le sang d'un donneur contient un type de molécules (A ou B) qui n'existe pas chez le receveur, les anticorps de ce dernier se lient à elles et provoquent une agglutination des globules sanguins étrangers (FIGURE 14.10d). Cela peut entraîner la mort du receveur. En réalité, on évite le plus possible les transfusions de sang entier (globules et plasma). La plupart des prélèvements de sang subissent un fractionnement, de sorte que les cellules sanguines et le plasma ont des destinées indépendantes.

Pléiotropie

Jusqu'ici nous avons parlé de l'hérédité mendélienne comme si chaque gène influait sur un seul caractère phénotypique à la fois. Cependant, la plupart des gènes ont des effets phénotypiques multiples. Cette faculté d'influencer un organisme de plusieurs façons à la fois est appelée **pléiotropie** (du grec *pleion,*

(a) Phénotypes (groupe sanguin)	(b) Génotypes	(c) Anticorps présents dans le plasma sanguin	(d) Réactions lorsque des globules rouges (sans le plasma) des groupes sanguins ci-dessous sont ajoutés au plasma des groupes sanguins de gauche			
			A	B	AB	O
A	$I^A I^A$ ou $I^A i$	Anti-B				
B	$I^B I^B$ ou $I^B i$	Anti-A				
AB	$I^A I^B$	—				
O	ii	Anti-A Anti-B				

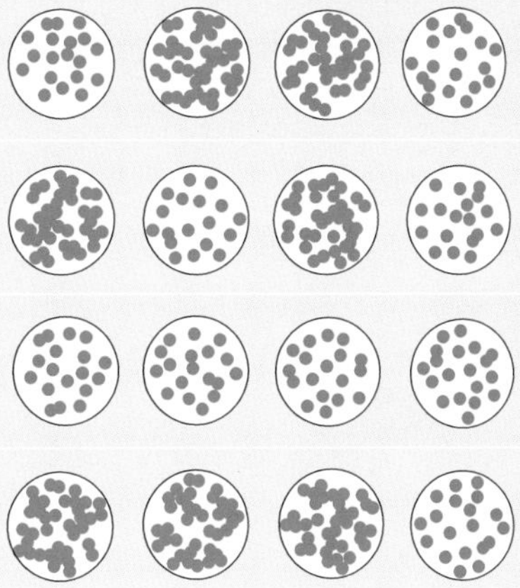

FIGURE 14.10 Allèles multiples des groupes sanguins du système ABO.

«plus»). Par exemple, chez les Humains, des allèles pléiotropiques causant certaines maladies héréditaires, dont l'anémie à hématies falciformes, provoquent des symptômes multiples (voir la FIGURE 14.15). Compte tenu de la complexité des interactions moléculaires et cellulaires qui interviennent dans le développement d'un organisme, il n'est pas surprenant qu'un seul gène puisse influer sur un grand nombre de caractéristiques.

Épistasie

La dominance, les allèles multiples et la pléiotropie concernent les effets des allèles d'un seul gène. Mais il existe des cas où plusieurs gènes interagissent. Un gène occupant un locus donné peut agir sur l'expression phénotypique d'un autre gène situé sur un autre locus. Cet état est appelé **épistasie** (du grec *epi*, «au-dessus de», et *stasis*, «action de se tenir»). Un exemple permettra de mieux expliquer cela. Chez les Souris, comme chez de nombreux autres Mammifères, la couleur du pelage peut être soit noire, soit brune, suivant le génotype d'un premier locus. Le pelage noir est dominant par rapport au pelage brun. (Nous appellerons N et n les deux allèles de ce caractère.) Pour qu'une souris ait un pelage brun, il faut que son génotype soit homozygote récessif, nn. Cependant, c'est un second gène situé sur un autre locus qui détermine si le pigment se déposera dans le poil ou non. (On dit que ce gène est *épistatique* par rapport au premier.) Son allèle dominant, C (couleur), permet au pigment de se déposer. Donc, si la souris est homozygote récessive pour le second locus (cc), son pelage sera blanc (elle sera albinos), quel que soit le génotype du premier locus (brun ou noir). Que se passe-t-il si l'on croise des souris noires hétérozygotes pour les deux gènes ($CcNn$)? Bien que ces derniers déterminent le même caractère phénotypique (la couleur du pelage), ils suivent la loi de l'assortiment indépendant (ils sont transmis indépendamment l'un de l'autre). Il s'agit donc d'un croisement dihybride d'individus de la génération F_1, comme celui qui a donné une proportion de 9:3:3:1 dans les expériences de Mendel. Toutefois, dans le cas de la couleur du pelage, le rapport entre les phénotypes des individus de la génération F_2 est de $^9/_{16}$ de noirs contre $^3/_{16}$ de bruns et $^4/_{16}$ de blancs. À la FIGURE 14.11 de la page 276, une grille de Punnett permet de comprendre comment l'épistasie donne cette proportion. Il existe d'autres types d'épistasie produisant des rapports différents.

Hérédité polygénique

Mendel a étudié des caractères qu'on pourrait qualifier de dichotomiques, parce qu'ils revêtent des caractères distincts, comme des fleurs violettes ou des fleurs blanches. Cependant, il existe de nombreux caractères, tels que la couleur de la peau ou la taille chez les Humains, qui ne répondent pas à cette définition, étant donné que la population présente une variation continue. Ce sont des **caractères quantitatifs.** Les variations quantitatives sont habituellement le signe d'une **hérédité polygénique,** où deux gènes ou plus exercent un effet cumulatif sur un même phénotype (c'est l'inverse de la pléiotropie, où un seul gène influe sur plusieurs phénotypes).

Par exemple, certaines données permettent de penser que la pigmentation de la peau chez les Humains est régie par trois gènes au moins, qui sont transmis d'une manière indépendante. Supposons qu'il existe seulement trois gènes de la pigmentation. Chacun d'eux a un allèle de la peau foncée (A, B, C) qui apporte une «unité» de couleur foncée au phénotype et qui exerce une dominance incomplète sur les autres allèles (a, b, c). La peau d'une personne de génotype AABBCC serait très foncée, celle d'une personne de génotype aabbcc serait très claire, et celle d'un individu AaBbCc serait d'une teinte intermédiaire. Comme les allèles ont un effet cumulatif, les génotypes AaBbCc et AABbcc représentent le même apport génétique (soit trois unités) relativement à la couleur foncée de la peau. La FIGURE 14.12, à la page 276, montre comment ce système peut produire une courbe en forme de cloche, appelée distribution normale, pour la couleur de la peau chez les membres d'une population hypothétique. Les facteurs environnementaux, dont l'exposition au soleil, influant également sur le phénotype de la couleur de la peau, le graphique prend l'aspect d'une courbe lisse plutôt que d'un histogramme en escalier.

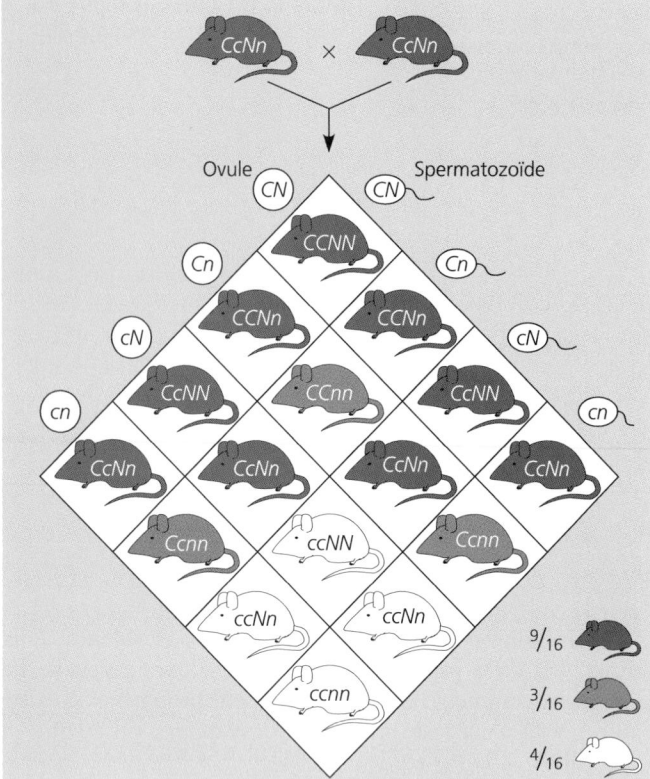

FIGURE 14.11 Exemple d'épistasie. Cette grille de Punnett illustre les génotypes et les phénotypes des individus issus d'accouplements entre deux souris noires de génotype *CcNn*. Le gène *N/n* détermine si le pelage sera noir (*N* est dominant) ou brun (*n* est récessif). Quant au gène *C/c*, épistatique par rapport au gène *N/n*, il détermine si un pigment, quelle que soit sa couleur, se déposera dans le poil. L'allèle de la présence de pigment (*C*) est dominant par rapport à l'allèle de l'absence de couleur (*c*). Comme le gène de la couleur est épistatique par rapport au gène noir-brun, à la génération F$_2$, on obtiendra une proportion phénotypique de 9 individus noirs contre 3 bruns et 4 blancs.

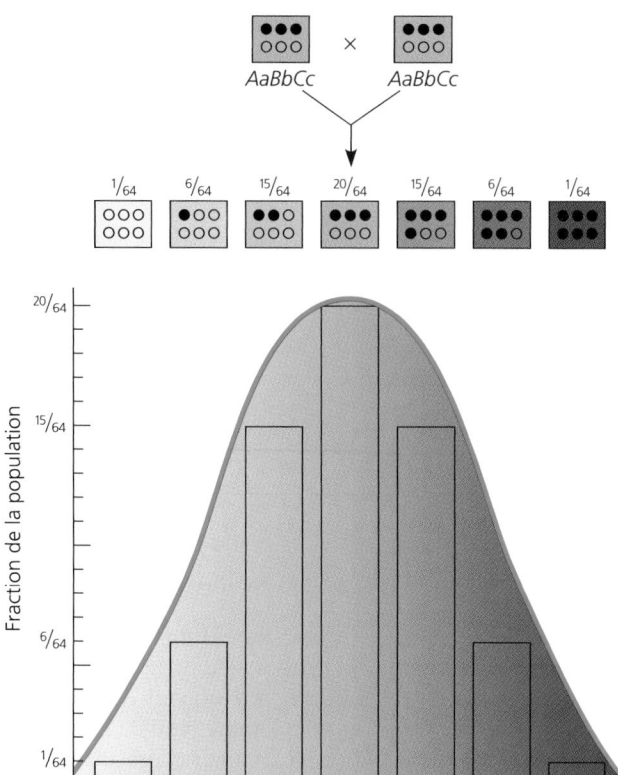

FIGURE 14.12 Modèle simplifié de l'hérédité polygénique de la couleur de la peau. Selon ce modèle, la couleur de la peau dépend de trois gènes transmis de façon indépendante. Dans le cas de chaque gène, l'allèle de la peau foncée (*A*, *B*, *C*) exerce une dominance incomplète sur l'allèle de la peau claire ou sans pigmentation (*a*, *b*, *c*). Les personnes hétérozygotes (*AaBbCc*) représentées par les deux rectangles du haut ont hérité chacune de trois « unités » de la teinte foncée (les points noirs représentent les allèles de la peau foncée). Au-dessus du graphique, nous montrons les variantes qui peuvent apparaître chez les descendants de ces hétérozygotes. La fraction de chacune de ces variantes dans la progéniture est portée sur l'axe des *y*. L'histogramme ainsi obtenu prend la forme d'une courbe en cloche sous l'effet des facteurs environnementaux influant sur la couleur de la peau.

Hérédité et environnement : l'influence du milieu sur le phénotype

Le phénotype dépend à la fois du milieu et des gènes. Ainsi, un arbre donné qui a hérité d'un certain génotype produit des feuilles dont la dimension, la forme et la couleur sont influencées par l'exposition au vent et au soleil. Chez les Humains, l'alimentation a un effet notable sur la taille ; l'exercice physique modifie, entre autres choses, la silhouette ; les rayons du soleil rendent la peau plus foncée ; et l'expérience améliore les résultats obtenus aux tests d'intelligence. Même les jumeaux monozygotes, qui possèdent le même patrimoine génétique, ont des différences phénotypiques résultant de leurs expériences propres.

La question de savoir si ce sont les gènes ou le milieu (l'hérédité ou l'environnement) qui influent le plus sur les caractéristiques des Humains a donné lieu à une polémique il y a déjà longtemps, et elle suscite encore des débats orageux. Nous ne tenterons donc pas d'y répondre. Cependant, nous pouvons affirmer que le résultat d'un génotype n'est généralement pas un phénotype absolument prédéterminé ; c'est plutôt une gamme de phénotypes possibles sur laquelle le milieu exerce des variations. On appelle cette gamme **norme de réaction** du génotype (FIGURE 14.13). Il existe des cas où la norme de réaction n'a aucune étendue, c'est-à-dire qu'un certain génotype commande un phénotype précis. Le locus du gène qui détermine le groupe sanguin du système ABO chez les Humains en est un exemple. Par contre, le nombre de globules blancs et rouges de notre organisme varie en fonction de facteurs comme l'altitude où nous vivons, notre pratique d'une activité physique et les agents infectieux auxquels nous sommes exposés.

En général, la norme de réaction est plus étendue dans le cas des caractères polygéniques. L'environnement influe sur l'aspect quantitatif de ces derniers, comme nous l'avons vu en ce qui concerne la couleur de la peau, dont la variation est continue. Selon les généticiens, les caractères polygéniques sont **plurifactoriels** ; en d'autres termes, le phénotype est influencé simultanément par plusieurs facteurs, qui sont à la fois génétiques et environnementaux.

FIGURE 14.13 Effet du milieu sur le phénotype. Le résultat d'un génotype se situe dans les limites de sa norme de réaction. La norme de réaction est une gamme de phénotypes qui dépend du milieu dans lequel le génotype s'exprime. Par exemple, la couleur des fleurs d'Hortensias (ou Hydrangées, *Hydrangea macrophylla*) d'une même variété génétique va du bleu-violet au rose, selon l'acidité du sol.

Intégration d'une perspective mendélienne de l'hérédité et de la variation

Dans les pages qui précèdent, nous avons élargi notre vision de l'hérédité mendélienne grâce à l'étude de la dominance incomplète, d'autres variantes de la relation dominance-récessivité, des allèles multiples, de la pléiotropie, de l'épistasie, de l'hérédité polygénique et de l'effet de l'environnement sur le phénotype. Comment pouvons-nous élaborer une théorie globale de la génétique mendélienne en intégrant ces notions complexes? Pour ce faire, nous devons passer d'une vision réductionniste, fondée sur des gènes pris individuellement et sur un phénotype unique, à une vision plus large, basée sur l'organisme considéré dans son ensemble. Cela constitue d'ailleurs l'un des thèmes de ce manuel. En fait, le terme *phénotype* est employé dans deux sens différents. Il désigne, d'une part, un caractère très précis, comme la couleur d'une fleur ou un groupe sanguin; il renvoie, d'autre part, à la totalité de l'organisme, c'est-à-dire à l'ensemble de son apparence physique, de son anatomie interne, de sa physiologie et de son comportement. Le terme *génotype* a aussi un sens restreint, et un autre, plus large. Il peut désigner les allèles qui se trouvent sur un locus donné ou l'ensemble du patrimoine génétique d'un organisme (son génome). Disons que, dans la plupart des cas, l'effet d'un gène sur le phénotype est influencé par d'autres gènes et par le milieu. Dans cette perspective globale de l'hérédité et de la variation, un organisme donné a un phénotype qui résulte à la fois de son génotype et de l'influence particulière de son milieu.

Étant donné le nombre de facteurs capables d'intervenir sur le chemin menant du génotype au phénotype, on ne peut que s'émerveiller du fait que Mendel ait surmonté cette complexité et découvert les principes fondamentaux régissant la transmission héréditaire des gènes individuels des parents à leurs descendants. Lorsqu'on élargit les principes de la ségrégation et de l'assortiment indépendant pour expliquer des phénomènes génétiques comme l'épistasie et les caractères quantitatifs, on commence à percevoir toute la portée de la génétique mendélienne. Dans le jardin de l'abbaye où vivait ce moine est née la théorie de l'hérédité particulaire, qui est devenue le fondement de la génétique moderne. Dans la dernière section de ce chapitre, nous verrons de quelle façon cette théorie s'applique à la génétique humaine et plus particulièrement aux maladies héréditaires.

L'HÉRÉDITÉ MENDÉLIENNE CHEZ L'HUMAIN

Si le Pois se prête facilement à la recherche en génétique, ce n'est pas le cas de l'Humain. Une génération humaine s'étend sur une vingtaine d'années et produit une descendance relativement peu nombreuse par comparaison avec le Pois ou la plupart des autres espèces. De plus, il serait inacceptable de mener sur des Humains des expériences de croisement comme celles que Mendel a effectuées. En dépit de toutes ces difficultés, l'étude de la génétique humaine ne cesse de progresser. Elle est motivée par notre désir de comprendre les mécanismes de l'hérédité. De nouvelles techniques de biologie moléculaire ont permis d'effectuer de nombreuses percées, comme nous le verrons au chapitre 20, mais la théorie de Mendel constitue encore la base de la génétique humaine.

L'étude des lignages révèle que l'hérédité humaine suit le modèle mendélien

Comme il est impossible de planifier des croisements entre Humains, les généticiens analysent les résultats d'unions qui se sont déjà produites. On recueille des informations aussi exhaustives que possible sur l'histoire d'un caractère particulier dans une famille. On reporte ensuite ces données sur un arbre généalogique qui représente les relations entre parents et enfants d'une génération à l'autre. Il s'agit du **lignage** de la famille. La FIGURE 14.14a, à la page 278, montre un lignage relativement simple qui permet de suivre la transmission d'un allèle dominant *P* au fil de plusieurs générations. La présence de l'allèle *P* fait apparaître une pousse de cheveux particulière, en forme de V, qui prend racine sur le front.

Nous savons que les membres de cette famille qui n'ont pas ce phénotype sont homozygotes récessifs. Cela nous permet d'indiquer leur génotype sur le lignage (*pp*). Nous savons également que les deux grands-parents qui ont ce phénotype sont hétérozygotes (*Pp*) parce que, s'ils avaient été homozygotes dominants (*PP*), ce phénotype aurait été présent chez tous leurs enfants. Les membres de la seconde génération qui ont le phénotype en question doivent également être hétérozygotes: ils sont le produit de croisements *Pp* × *pp*. La troisième génération de ce lignage compte deux sœurs. Celle qui présente le phénotype peut être soit homozygote (*PP*), soit hétérozygote (*Pp*), étant donné ce que nous savons du génotype de ses parents (tous deux sont *Pp*).

La FIGURE 14.14b montre le lignage de la même famille, mais cette fois nous suivons le phénotype des lobes d'oreilles adhérents (fixés à la tête), un phénotype récessif. Nous emploierons les symboles *l* pour l'allèle récessif et *L* pour l'allèle dominant (lobes libres ou détachés de la tête). Vous remarquerez qu'il vous est encore possible d'indiquer dans le lignage les génotypes de la plupart des membres de la famille en vous servant de la génétique mendélienne.

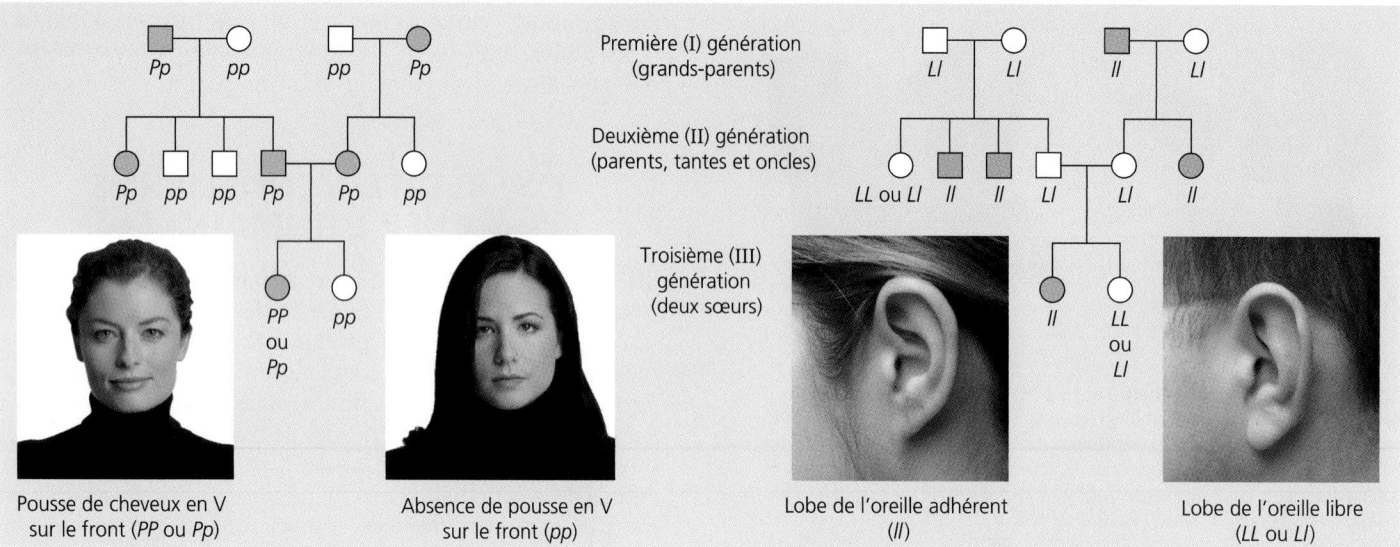

Première (I) génération (grands-parents)

Deuxième (II) génération (parents, tantes et oncles)

Troisième (III) génération (deux sœurs)

Pousse de cheveux en V sur le front (*PP* ou *Pp*)

Absence de pousse en V sur le front (*pp*)

Lobe de l'oreille adhérent (*ll*)

Lobe de l'oreille libre (*LL* ou *Ll*)

(a) Caractère dominant (pousse de cheveux en V sur le front). Ce lignage montre les occurrences du caractère de la pousse de cheveux en V sur le front des membres d'une famille, et ce, pendant trois générations. Remarquez que la cadette de la troisième génération ne présente pas ce caractère, contrairement à ses deux parents. Un tel modèle d'hérédité semble indiquer que le caractère est dû à un allèle dominant (*P*). S'il avait été dû à un allèle *récessif* (*p*) et s'il avait été présent chez les deux parents, il aurait dû être présent chez *tous* leurs enfants.

(b) Caractère récessif (lobe de l'oreille adhérent). Nous étudions la même famille, mais nous suivons ici la transmission héréditaire d'un caractère récessif, le lobe de l'oreille adhérent (fixé à la tête). Remarquez que l'aînée des filles de la troisième génération a des lobes adhérents, mais qu'aucun de ses parents ne présente ce caractère (leurs lobes sont libres, c'est-à-dire non fixés à leur tête). Cela s'explique facilement si l'on suppose que le phénotype du lobe adhérent est dû à un allèle récessif. S'il avait été dû à un allèle *dominant,* il aurait été présent chez au moins un des parents.

FIGURE 14.14 Analyse d'un lignage. Dans cet arbre généalogique ou lignage, chaque carré représente un homme, et chaque cercle, une femme (les deux schémas représentent un même arbre généalogique, parce que c'est la même famille qui est étudiée, mais sous l'angle de deux caractères). Une ligne horizontale entre un homme et une femme (□—○) indique une union. Les enfants issus de celle-ci sont représentés au-dessous, de gauche à droite, par ordre de naissance. Nous avons coloré en mauve les symboles qui représentent les personnes portant un caractère particulier.

Un lignage ne permet pas seulement de comprendre le passé, mais également de prédire l'avenir. Supposons que le couple de la deuxième génération de la FIGURE 14.14a décide d'avoir un autre enfant. Quelle est la probabilité que celui-ci hérite du phénotype de la pousse de cheveux en V sur le front? Il s'agit ici d'un croisement de la génération F_1 (*Pp* × *Pp*); par conséquent, les chances que l'enfant qui en est issu hérite du phénotype de la pousse de cheveux en V sur le front sont de $^3/_4$. Dans la FIGURE 14.14b, quelle est la probabilité qu'un enfant III-3 (le chiffre romain renvoie à la génération, alors que le chiffre arabe précise le rang de l'enfant dans la famille) ait des lobes d'oreilles adhérents? Il s'agit, là encore, d'un croisement monohybride (*Ll* × *Ll*). Cependant, cette fois-ci, nous voulons connaître la probabilité que l'enfant soit homozygote récessif. Celle-ci est de $^1/_4$. Les figures a et b représentent la même famille, quelle est la probabilité qu'un enfant III-3 ait à la fois des cheveux qui poussent en V sur le front et des lobes d'oreilles adhérents? Dans ce croisement dihybride (*PpLl* × *PpLl*), si l'assortiment des deux paires d'allèles est indépendant, nous pouvons nous servir de la règle de la multiplication pour répondre à la question: $^3/_4$ (soit la probabilité que les cheveux poussent en V sur le front) × $^1/_4$ (la probabilité que les lobes soient adhérents) = $^3/_{16}$ (la probabilité d'avoir des cheveux poussant en V sur le front et des lobes adhérents).

De nombreuses maladies humaines suivent le modèle mendélien de l'hérédité

L'examen de lignages peut servir à des fins beaucoup plus sérieuses lorsque les allèles à l'étude causent des maladies héréditaires incapacitantes ou mortelles, plutôt que des variantes sans gravité, comme la configuration de la ligne de la chevelure ou l'adhérence des lobes d'oreilles.

Maladies héréditaires récessives

On connaît plusieurs milliers de maladies héréditaires récessives. Certaines sont relativement peu dangereuses, comme l'albinisme (l'absence de pigmentation cutanée; elle s'accompagne d'une susceptibilité aux cancers de la peau et de problèmes de vision), alors que d'autres sont mortelles à plus ou moins brève échéance, comme la fibrose kystique. Comment explique-t-on que les allèles qui provoquent ces affections soient récessifs? Souvenez-vous que les gènes codent pour des protéines aux fonctions spécifiques. Un allèle à la source d'une affection génétique code pour une protéine défectueuse, ou encore ne code pour aucune protéine. Dans le cas des maladies récessives, les hétérozygotes ont un phénotype normal, parce qu'une seule copie de leur allèle «normal» produit la protéine en question en quantité suffisante pour qu'ils soient sains. Par conséquent, ce type d'affection n'apparaît que chez les individus homozygotes, qui ont reçu un allèle récessif de chacun de leurs parents. Nous pouvons représenter leur génotype par *aa*. Celui des individus normaux est soit *AA*, soit *Aa*. Les hétérozygotes (*Aa*), dont le phénotype est normal, sont appelés **transmetteurs sains** de la maladie, parce qu'ils peuvent transmettre l'allèle récessif à leurs enfants sans souffrir eux-mêmes de la maladie.

La majorité des gens atteints d'une maladie récessive sont nés de parents qui ont un phénotype normal, mais qui sont tous deux des transmetteurs sains. Un croisement mendélien entre deux transmetteurs sains (*Aa* × *Aa*) produit, à la génération F_1, un zygote qui a une chance sur quatre de recevoir deux exemplaires de l'allèle récessif. Un bébé au phénotype normal issu d'un tel croisement a deux chances sur trois d'être hétérozygote, c'est-à-dire d'être un transmetteur sain. (La proportion attendue des génotypes des enfants de cette génération est de 1 *AA* : 2 *Aa* : 1 *aa*). Par conséquent, deux bébés sur trois ayant un phénotype normal (*AA* ou *Aa*) risquent d'être des transmetteurs sains. Des homozygotes récessifs pourraient aussi naître de croisements *Aa* × *aa* ou *aa* × *aa*. Cependant, si la maladie en question est létale (c'est-à-dire si elle entraîne la mort) avant l'âge de la maturité sexuelle ou si elle provoque la stérilité, aucun individu *aa* n'aura de descendants. De toute manière, même si les individus homozygotes récessifs sont en mesure de se reproduire, ils représentent un pourcentage beaucoup plus faible de la population que les transmetteurs sains hétérozygotes. Nous aborderons les raisons de cela au chapitre 23.

Généralement, les maladies génétiques ne sont pas réparties uniformément entre les populations humaines. Cela s'explique par les différences qui ont marqué l'histoire génétique des peuples avant l'ère technologique, à des époques où les populations étaient géographiquement, donc génétiquement, plus isolées. Examinons maintenant trois exemples de maladies héréditaires récessives.

La maladie héréditaire létale la plus répandue au Canada est la **fibrose kystique** ou **mucoviscidose.** Elle frappe surtout les Blancs (un sur 2 600). Un Blanc sur 20 (5%) est un transmetteur sain de cette maladie. L'allèle normal du gène impliqué code pour une protéine membranaire qui assure le transport des ions chlorure vers l'extérieur des cellules. Les pompes à chlorure sont déficientes ou absentes chez les enfants qui ont reçu deux allèles récessifs causant la fibrose kystique. La quantité d'ions chlorure présente dans les cellules augmente donc, ce qui attire un surplus d'ions sodium. Puis, par osmose, les cellules absorbent de l'eau provenant du mucus qui les recouvre. Comme le mucus devient plus visqueux, il s'écoule moins bien. À la longue, il s'épaissit et s'accumule dans le pancréas, les poumons, le tube digestif et d'autres organes. Cela contribue à l'apparition d'infections bactériennes. Or, la prolifération de bactéries attire les cellules du système immunitaire, qui peuvent endommager le tissu de revêtement des poumons par leurs sécrétions puissantes. Pour compliquer le tout, les débris cellulaires de toutes sortes contribuent à épaissir le mucus, ce qui crée un cercle vicieux. En l'absence de traitement, la plupart des enfants atteints de fibrose kystique meurent avant l'âge de cinq ans. On peut prolonger leur vie à l'aide de percussions thoraciques servant à déloger le mucus de leurs voies respiratoires, de doses quotidiennes d'antibiotiques permettant d'enrayer les infections, et aussi d'autres mesures préventives. Actuellement, en Amérique du Nord, plus de la moitié des personnes atteintes de fibrose kystique atteignent ou dépassent la fin de la vingtaine.

La **maladie de Tay-Sachs,** dont nous avons déjà décrit les effets dans ce chapitre, est une autre affection mortelle transmise par un allèle récessif. Souvenez-vous qu'elle est due à une enzyme défectueuse. Ses symptômes se manifestent habituellement quelques mois après la naissance. Le bébé commence à souffrir de crises de convulsions ; il devient aveugle, et ses capacités motrices et mentales diminuent. Il finit par mourir au bout de quelques années. L'incidence de la maladie de Tay-Sachs est proportionnellement très élevée chez les Juifs ashkénazes, dont les ancêtres vivaient en Europe centrale. Dans cette population, la fréquence de la maladie est de 1 sur 3 600 naissances, ce qui est environ 100 fois plus que chez les non-Juifs et chez les Juifs des pays méditerranéens (séfarades).

L'**anémie à hématies falciformes** ou **drépanocytose** est de loin la maladie héréditaire la plus répandue chez les Noirs. Elle touche un Afro-Américain sur 400. Elle est due à la substitution d'un seul acide aminé dans l'hémoglobine (une protéine des globules rouges) (voir la FIGURE 5.19). Chez une personne atteinte, lorsque la teneur du sang en dioxygène est faible (à haute altitude ou en cas d'effort physique, par exemple), les molécules d'hémoglobine se regroupent et se cristallisent sous forme de longs bâtonnets. Ces cristaux déforment les globules rouges, qui prennent la forme de faucilles (d'où le qualificatif falciforme). Cela entraîne d'autres symptômes. Les effets multiples de la possession de deux copies de l'allèle responsable de l'anémie à hématies falciformes (individus homozygotes) constituent un exemple de pléiotropie (FIGURE 14.15, p. 280).

En fait, l'allèle normal qui est la contrepartie de l'allèle de l'anémie à hématies falciformes ne domine pas complètement ce dernier au niveau de l'organisme. On dit que les hétérozygotes (soit les transmetteurs d'un seul allèle de la maladie) *portent le caractère de l'anémie à hématies falciformes*: ils sont habituellement sains, mais certains d'entre eux présentent plusieurs symptômes typiques de la maladie lorsque la quantité de dioxygène véhiculée dans leur sang diminue pendant un intervalle prolongé. Au niveau moléculaire, les deux allèles sont codominants, c'est-à-dire qu'il y a à la fois production d'hémoglobine normale et production d'hémoglobine anormale.

À l'heure actuelle, les enfants victimes d'anémie à hématies falciformes doivent subir des transfusions sanguines à intervalles réguliers pour prévenir les lésions cérébrales. Certains nouveaux médicaments permettent de traiter ou de prévenir en partie d'autres problèmes. Malheureusement, aucune guérison n'est possible.

Environ 1 Afro-Américain sur 10 est transmetteur de l'anémie à hématies falciformes. Cela représente un taux exceptionnellement élevé d'hétérozygotes pour un caractère qui a des effets aussi graves chez les homozygotes. Il semble que la présence d'un seul allèle de la maladie représente un avantage pour le transmetteur, dans la mesure où elle lui confère une certaine résistance au paludisme (malaria). Il est possible que cela explique l'incidence élevée de cet allèle chez les Noirs.

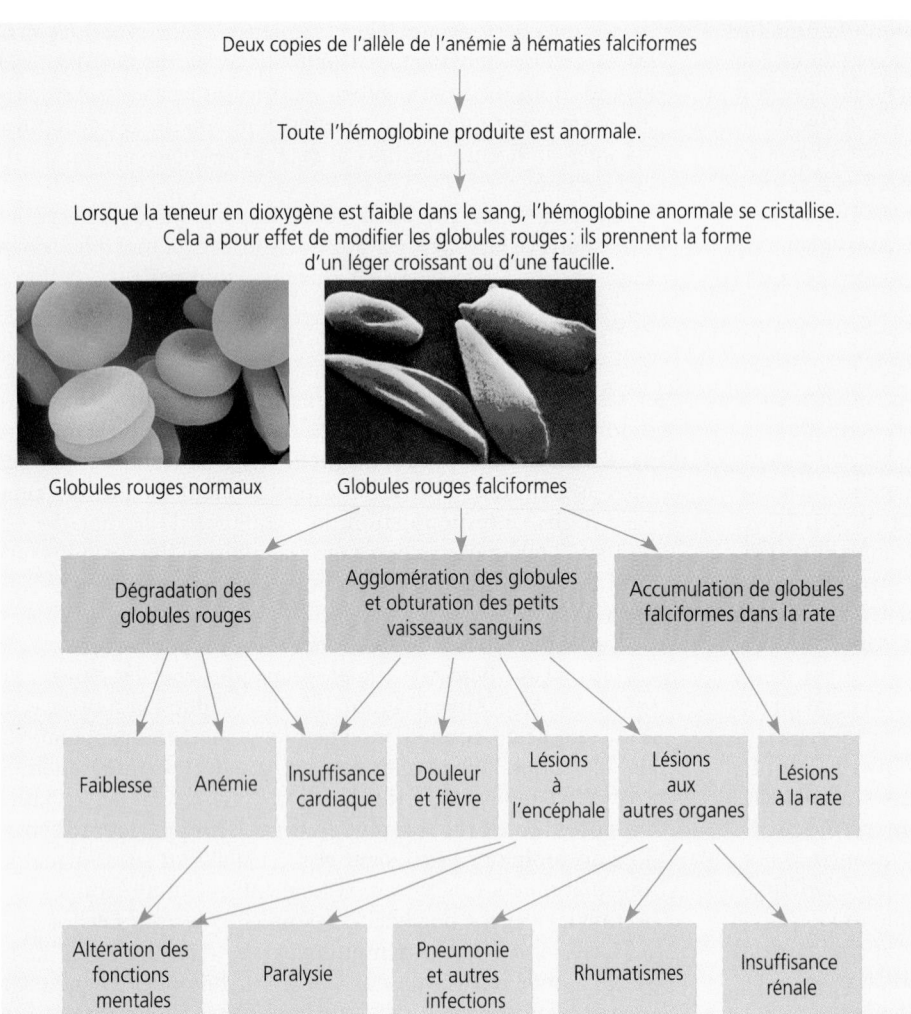

Deux copies de l'allèle de l'anémie à hématies falciformes

↓

Toute l'hémoglobine produite est anormale.

↓

Lorsque la teneur en dioxygène est faible dans le sang, l'hémoglobine anormale se cristallise. Cela a pour effet de modifier les globules rouges : ils prennent la forme d'un léger croissant ou d'une faucille.

Globules rouges normaux — Globules rouges falciformes

- Dégradation des globules rouges
- Agglomération des globules et obturation des petits vaisseaux sanguins
- Accumulation de globules falciformes dans la rate

Faiblesse — Anémie — Insuffisance cardiaque — Douleur et fièvre — Lésions à l'encéphale — Lésions aux autres organes — Lésions à la rate

Altération des fonctions mentales — Paralysie — Pneumonie et autres infections — Rhumatismes — Insuffisance rénale

FIGURE 14.15 Effets pléiotropiques de l'allèle de l'anémie à hématies falciformes chez un individu homozygote. Au niveau moléculaire, l'allèle récessif de l'anémie à hématies falciformes a un seul effet direct, qui est la production d'une forme anormale d'hémoglobine (une protéine). L'organisme d'une personne qui a reçu un allèle de l'anémie à hématies falciformes de chacun de ses parents (donc qui est homozygote) ne produit que la forme anormale de l'hémoglobine. Celle-ci déforme les globules rouges, ce qui déclenche une avalanche de symptômes dans tout l'organisme.

Le parasite du paludisme passe une partie de son cycle de développement dans les globules rouges (voir la FIGURE 28.13). Or, ceux-ci sont fragilisés par la présence du type d'hémoglobine propre à l'anémie à hématies falciformes, même à l'état hétérozygote. Cela contribue à interrompre le cycle de vie du parasite. Dans les régions tropicales d'Afrique où le paludisme est une maladie répandue, l'allèle des hématies falciformes représente donc à la fois une bénédiction et un fléau. La fréquence relativement élevée de l'allèle des hématies falciformes chez les Afro-Américains est un vestige de l'origine africaine de ces derniers.

Bien qu'il n'y ait pas de fortes chances que deux transmetteurs sains du même allèle rare et nocif se rencontrent et s'unissent, cette probabilité augmente fortement si deux parents proches (par exemple, un frère et une sœur ou des cousins germains) forment un couple. On qualifie de telles unions de **consanguines** («même sang»), et on les représente par des traits doubles dans les lignages. Étant donné qu'il est plus probable de retrouver les mêmes allèles récessifs chez des individus qui partagent des ancêtres récents que chez ceux qui n'ont aucun lien de parenté, les enfants issus d'une union entre proches parents ont plus de chances d'être homozygotes pour un caractère récessif (y compris un caractère nocif). On peut observer de telles conséquences de la fécondation consanguine chez de nombreux animaux domestiqués par l'Humain ou vivant dans des jardins zoologiques.

Dans quelle mesure la consanguinité humaine augmente-t-elle les risques de maladies génétiques? Les généticiens ne s'entendent pas sur cette question. De nombreux allèles nocifs produisent des effets si graves que des femmes portant un embryon homozygote avortent spontanément, bien avant terme. La plupart des sociétés et des civilisations ont des lois et des tabous qui interdisent les mariages entre proches parents. Ces règles sont le résultat de la constatation empirique que, dans la plupart des populations, les couples formés de proches parents courent plus le risque que les autres d'avoir des enfants mort-nés ou souffrant de malformations congénitales. Bien sûr, des facteurs sociaux et économiques ont aussi influé sur l'apparition de coutumes et de lois prohibant les mariages consanguins.

Maladies héréditaires dominantes

Bien que la plupart des allèles nocifs soient récessifs, de nombreuses maladies humaines sont dues à des allèles dominants; c'est le cas, par exemple, de l'*achondroplasie,* une forme de nanisme qui affecte un bébé sur 10 000. Les individus hétérozygotes présentent donc un phénotype de nain. Inversement, tous ceux qui ne sont pas des nains achondroplasiques (soit 99,99 % de la population) sont homozygotes pour l'allèle récessif.

On peut supposer que les allèles létaux dominants et les allèles létaux récessifs apparaissent avec la même fréquence et sont tous les deux causés par la mutation (soit par la modification de l'ADN) d'un gamète. Cependant, les allèles létaux dominants sont beaucoup moins répandus. En effet, si un allèle dominant létal tue l'individu qui le porte avant même que celui-ci atteigne la maturité sexuelle et puisse se reproduire, il ne sera pas transmis aux générations suivantes. Par contre, les mutations récessives létales sont transmises de génération en génération par des transmetteurs sains hétérozygotes, qui ont des phénotypes normaux.

Évidemment, il est possible qu'un allèle dominant létal ne soit pas éliminé s'il se manifeste tard dans la vie et s'il ne provoque la mort qu'à un âge relativement avancé. Avant même l'apparition des symptômes, l'individu atteint peut l'avoir transmis à ses enfants. Par exemple, la **chorée de Huntington,** une maladie dégénérative du système nerveux, est due à un allèle dominant létal dont les effets phénotypiques ne se manifestent pas de façon évidente avant l'âge de 35 à 45 ans. Lorsque la détérioration du système nerveux est enclenchée, elle est malheureusement irréversible, et la mort s'ensuit inévitablement. Un individu né d'un père ou d'une mère ayant l'allèle de la chorée de Huntington a 50 % de chances de posséder cet allèle. (On peut représenter l'union des parents par $Cc \times cc$, C étant l'allèle dominant de la maladie.) Jusqu'à récemment, il était impossible de savoir avant l'apparition des premiers symptômes de la maladie si une personne à risque avait effectivement reçu l'allèle de la chorée de Huntington. Grâce à l'analyse d'échantillons d'ADN provenant des membres d'une famille nombreuse dans laquelle la maladie présentait une forte incidence, des spécialistes en génétique moléculaire ont trouvé l'allèle de la chorée de Huntington sur un locus situé près de l'extrémité du chromosome 4 (FIGURE 14.16). Il est donc possible à présent d'effectuer des tests pour détecter la présence de cet allèle dans le génome d'un individu. (Nous verrons au chapitre 20 les techniques qui rendent ces tests possibles.)

L'existence de ce test représente toutefois un terrible dilemme pour les personnes dont la famille a déjà été touchée par cette maladie : dans quelles circonstances est-il souhaitable de faire savoir à une personne actuellement en bonne santé si elle a hérité ou non d'un mal mortel et encore incurable ?

Maladies plurifactorielles

On qualifie parfois les maladies héréditaires dont nous avons parlé jusqu'ici de maladies mendéliennes simples, parce qu'elles sont dues à la présence de certains allèles sur un seul locus. Il existe un bien plus grand nombre d'affections dont les causes sont plurifactorielles ; il s'agit, en d'autres termes, de maladies ayant une composante génétique et résultant d'une influence significative du milieu. La longue liste des maladies plurifactorielles comprend les troubles cardiaques, le diabète, le cancer, l'alcoolisme et certaines formes de maladies mentales, telles que la schizophrénie et les troubles bipolaires. Dans beaucoup de cas, la composante héréditaire est polygénique. Par exemple, de nombreux gènes influent sur l'état de notre système cardiovasculaire, ce qui augmente les risques que certains d'entre nous aient une crise cardiaque ou un accident vasculaire cérébral (AVC). Mais notre mode de vie est aussi déterminant. L'exercice physique, une alimentation saine, l'absence de consommation de tabac et la capacité de composer avec les situations stressantes sont autant de facteurs qui diminuent les risques de souffrir d'une maladie cardiaque ou de certains types de cancer, par exemple.

À l'heure actuelle, on sait si peu de choses sur le rôle joué par les facteurs génétiques dans la plupart des maladies plurifactorielles que la meilleure stratégie en matière de santé publique consiste à donner aux gens le plus d'informations possible sur l'importance des facteurs environnementaux et à les encourager à adopter des habitudes de vie saines.

FIGURE 14.16 Les familles nombreuses, des laboratoires vivants pour la génétique humaine. Nancy Wexler, professeure à l'Université Columbia et membre de la Hereditary Disease Foundation, se tient devant un immense lignage qui montre la transmission, de génération en génération, de la chorée de Huntington dans une grande famille vénézuélienne. L'analyse mendélienne classique de cette famille, associée aux nouvelles techniques de biologie moléculaire, a permis aux scientifiques de mettre au point un test permettant de détecter l'allèle dominant de cette maladie avant l'apparition de ses premiers symptômes. La D^re Wexler risque elle-même d'être atteinte de la chorée de Huntington. Sa mère ayant succombé à ce mal, il y a 50 % de chances qu'elle ait elle-même reçu l'allèle dominant en cause.

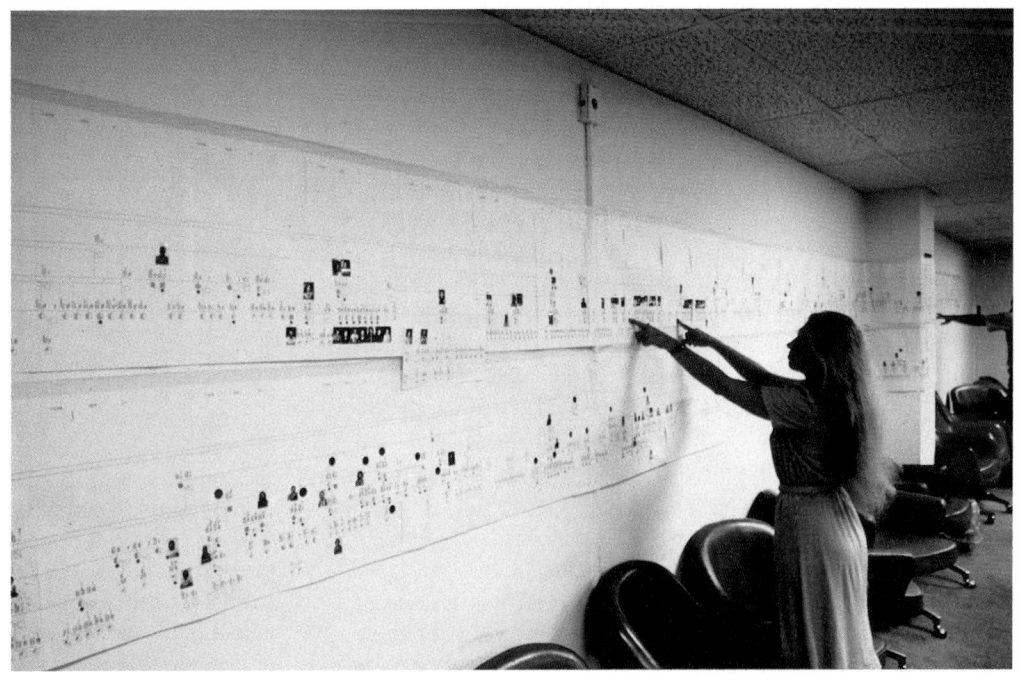

La technologie mène à la création de nouveaux outils de dépistage et de conseil génétique

Il est possible de déterminer les risques qu'on ait un bébé souffrant de certaines maladies génétiques avant même qu'on le conçoive ou au cours des premiers stades de la grossesse. Le calcul des probabilités, les pronostics, les tests de dépistage, etc., permettent d'adopter une approche préventive. De nombreux hôpitaux proposent aux futurs parents les services de conseillers en génétique capables de les renseigner au cas où une maladie présente dans leur famille leur inspire des inquiétudes.

Prenons, par exemple, un couple imaginaire formé par Jean et Carole, qui désirent un premier enfant et qui souhaitent consulter un conseiller en génétique, parce qu'une maladie héréditaire létale et récessive marque leur histoire familiale: ils ont tous les deux un frère qui est mort de cette maladie. Ils veulent donc savoir quelles sont les chances que leur enfant l'ait. Nous pouvons déduire que chacun de leurs parents est un transmetteur sain de l'allèle récessif. Carole et Jean sont donc issus de croisements de Aa et Aa, où a représente l'allèle de la maladie en question. Nous savons également qu'aucun des deux n'est un homozygote récessif (aa), étant donné qu'ils ne présentent aucun symptôme. Leurs génotypes sont donc soit AA, soit Aa. La proportion des génotypes des descendants d'un croisement $Aa \times Aa$ étant de 1 AA : 2 Aa : 1 aa, Jean et Carole ont chacun deux chances sur trois d'être des transmetteurs sains (Aa). La règle de la multiplication nous permet de calculer la probabilité que leur premier enfant soit atteint de la maladie: elle est de $^2/_3$ (la probabilité que Jean soit un transmetteur sain) $\times$ $^2/_3$ (la probabilité que Carole soit une transmettrice saine) $\times$ $^1/_4$ (la probabilité que l'enfant de deux transmetteurs sains soit un homozygote récessif) = $^1/_9$. Supposons que Carole et Jean décident de courir le risque d'avoir un enfant (après tout, il y a huit chances sur neuf qu'il soit normal) et que celui-ci souffre de la maladie en question. Nous savons désormais que Jean et Carole sont tous deux des transmetteurs sains, et nous connaissons leur génotype. Ils savent que, s'ils décident d'avoir un autre bébé, celui-ci a une chance sur quatre d'être atteint.

Lorsqu'on se sert des lois de Mendel pour prévoir les résultats possibles d'une union, il ne faut pas oublier que le hasard n'a pas de mémoire: chaque enfant est le résultat d'un événement indépendant, c'est-à-dire que son génotype ne subit pas l'influence des génotypes de ses frères et sœurs plus âgés. Supposons que Jean et Carole donnent naissance à trois autres enfants, et que tous aient la maladie héréditaire hypothétique. On pourrait dire que cette famille est frappée par la malchance, parce que la probabilité d'un tel résultat est de 1 sur 64 (soit $^1/_4 \times ^1/_4 \times ^1/_4$). Cette malchance persistante n'influera en rien sur le prochain résultat si Jean et Carole décident d'avoir un cinquième bébé. Celui-ci aura encore une chance sur quatre d'être atteint et trois chances sur quatre de n'être pas atteint. Souvenez-vous que les lois de Mendel sont simplement des règles de probabilités appliquées à l'hérédité.

Dépistage des transmetteurs sains

La plupart des enfants souffrant de maladies récessives naissent de parents au phénotype normal. Cependant, il est possible d'évaluer le risque génétique lié à une affection donnée et de déterminer si de futurs parents sont des transmetteurs sains d'un caractère récessif. Dans le cas de certaines maladies héréditaires, il existe maintenant des tests montrant si un individu au phénotype normal est homozygote dominant ou hétérozygote. Les tests de ce type se multiplient d'ailleurs chaque année. À titre d'exemple, citons ceux qui permettent de dépister les transmetteurs sains des allèles de la maladie de Tay-Sachs, de l'anémie à hématies falciformes et de la forme la plus répandue de la fibrose kystique. Ils permettent aux individus ayant des antécédents familiaux de maladies génétiques de prendre des décisions éclairées s'ils désirent procréer.

Malheureusement, ces nouvelles méthodes de dépistage génétique risquent de donner lieu à des abus. En cas de levée du secret médical, les transmetteurs sains seront-ils stigmatisés? Refusera-t-on de leur accorder une assurance-maladie ou une assurance-vie, bien qu'ils soient eux-mêmes en bonne santé? Des employeurs mal informés penseront-ils que les transmetteurs sains sont tous malades? Et y aura-t-il assez de conseillers en génétique pour aider les nombreux individus qui se soumettent à des tests à en comprendre les résultats?

Les nouvelles biotechnologies permettront peut-être de réduire la souffrance humaine, mais il est impératif d'apporter en premier des réponses à des questions fondamentales d'ordre éthique. Les dilemmes posés par la génétique humaine soulignent l'importance que revêt l'un des thèmes abordés par le présent ouvrage, à savoir les implications sociales énormes de la biologie.

Diagnostic prénatal

Supposons qu'un homme et une femme apprennent qu'ils sont tous deux des transmetteurs sains de la maladie de Tay-Sachs et qu'ils décident malgré tout d'avoir un enfant. Des tests réalisés à la suite de l'**amniocentèse** permettent de déterminer, parfois dès la 14e semaine de grossesse, si le fœtus est atteint de la maladie (FIGURE 14.17a). Cette technique consiste à insérer une aiguille dans la cavité utérine et à franchir l'amnios (la membrane extraembryonnaire la plus externe). Le médecin qui effectue le test extrait ensuite de la cavité amniotique environ 10 mL du liquide dans lequel baigne le fœtus. Il est possible de détecter certaines maladies génétiques grâce à la présence de substances chimiques dans le liquide amniotique ou à partir de cellules détachées du fœtus que l'on met en culture. Les cellules issues de celle-ci permettent d'établir le caryotype et d'identifier certaines anomalies chromosomiques (voir les FIGURES 13.3 [caryotype normal] et 15.14 [caryotype anormal]).

Une autre technique appelée **biopsie des villosités chorioniques** (FIGURE 14.17b) consiste à insérer un tube mince dans l'utérus par le col utérin et à aspirer une petite quantité de tissu fœtal en provenance du placenta, un organe qui assure le transport des nutriments et des déchets entre le fœtus et la mère. Comme les cellules des villosités chorioniques prolifèrent rapidement, on peut recueillir un nombre suffisant de cellules subissant la mitose et établir immédiatement un caryotype. Cette méthode a l'avantage de donner des résultats en moins de 24 heures, donc bien plus rapidement que l'amniocentèse (celle-ci nécessite qu'on cultive les cellules pendant plusieurs semaines, avant de pouvoir dresser un caryotype). Par ailleurs, on peut réaliser une biopsie des villosités chorioniques dès la huitième semaine de

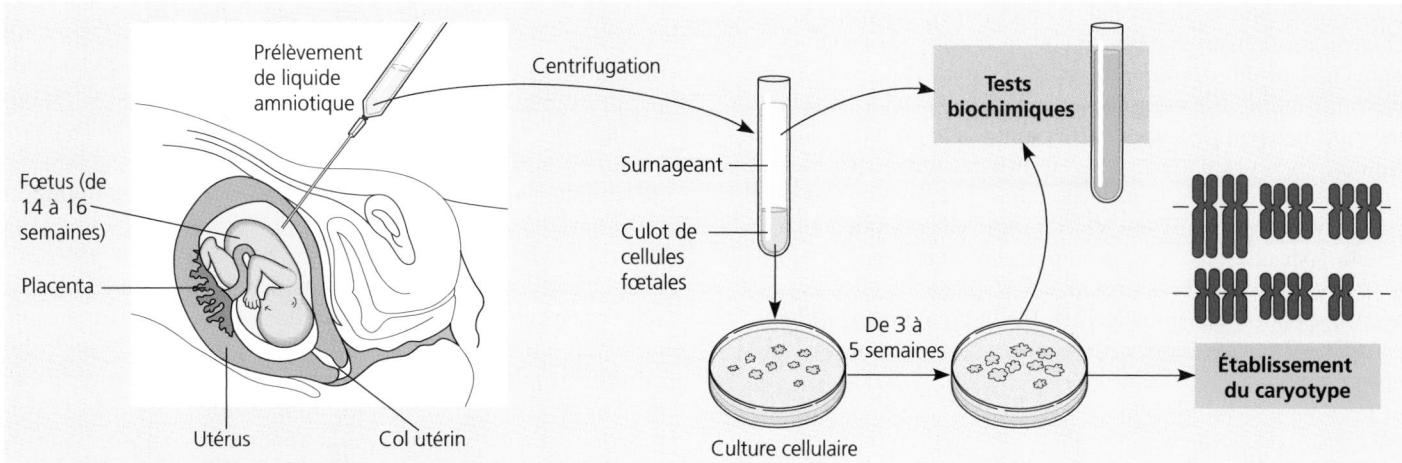

(a) Amniocentèse. On peut déceler certaines anomalies à partir de substances chimiques produites par le fœtus, qui se trouvent dans le liquide provenant de la cavité amniotique. Avant d'essayer de détecter la présence d'autres maladies ou de faire un caryotype, il faut cultiver les cellules provenant du liquide amniotique. Le caryotype permet de voir si l'apparence des chromosomes et leur nombre sont normaux.

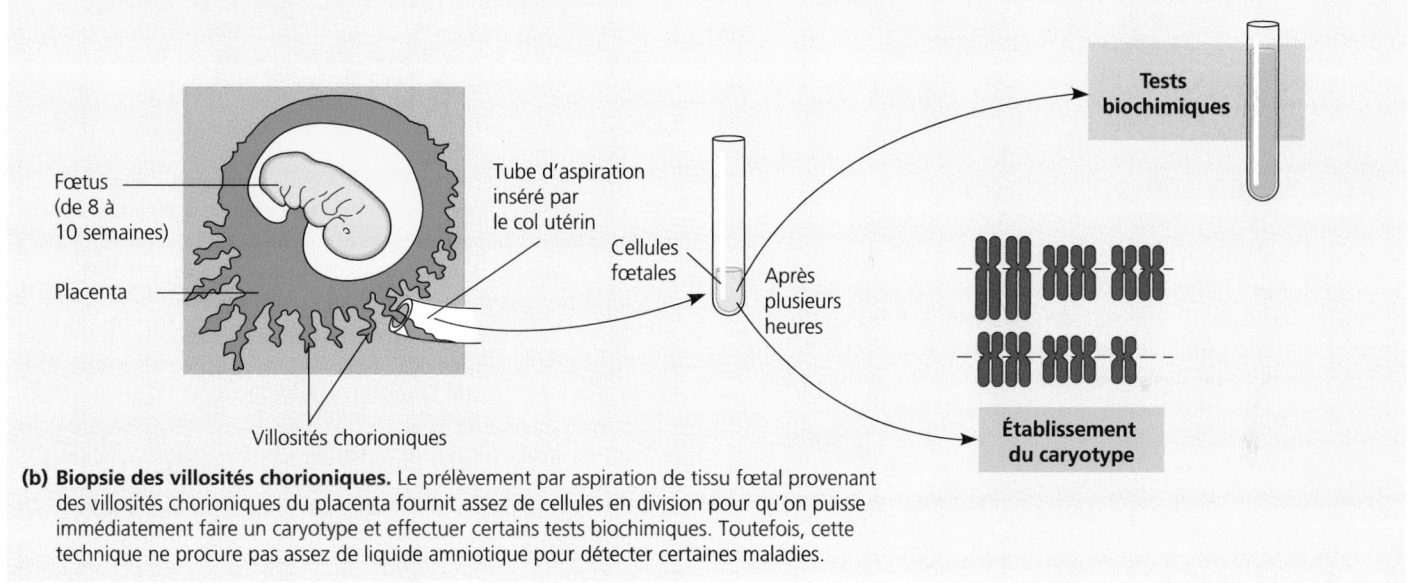

(b) Biopsie des villosités chorioniques. Le prélèvement par aspiration de tissu fœtal provenant des villosités chorioniques du placenta fournit assez de cellules en division pour qu'on puisse immédiatement faire un caryotype et effectuer certains tests biochimiques. Toutefois, cette technique ne procure pas assez de liquide amniotique pour détecter certaines maladies.

FIGURE 14.17 Tests de dépistage de maladies héréditaires chez un fœtus.

grossesse. Cependant, cette méthode ne convient pas aux tests qui exigent un prélèvement de liquide amniotique, et elle est moins facilement disponible que l'amniocentèse. Récemment, des scientifiques ont mis au point des méthodes d'isolement des cellules fœtales qui se sont échappées dans le sang de la mère. Bien que celles-ci soient peu nombreuses, on peut les cultiver pour effectuer des tests.

D'autres techniques permettent au médecin d'examiner directement le fœtus pour détecter la présence d'anomalies graves. L'une d'elles, l'*échographie,* consiste à utiliser des ultrasons. Ce procédé simple et non effractif sert à produire une image du fœtus à partir de la réflexion des ondes sonores et à le repérer lors de l'amniocentèse. Il est sans danger pour la mère et le fœtus. Une autre technique, la *fœtoscopie,* consiste à insérer dans l'utérus un tube aussi fin qu'une aiguille comportant un objectif et des fibres optiques.

Dans environ 1 % des cas, l'amniocentèse ou la fœtoscopie provoquent des complications, comme une hémorragie chez la mère ou la mort du fœtus. Habituellement, on n'a recours à ces techniques que si les risques de maladies génétiques ou d'autres anomalies congénitales sont relativement élevés. Quand un diagnostic prénatal révèle une maladie grave, les parents doivent prendre une décision difficile : soit mettre fin à la grossesse, soit se préparer à prendre soin d'un enfant atteint d'une maladie génétique.

Dépistage chez les nouveau-nés

Certaines maladies génétiques peuvent être détectées dès la naissance au moyen de tests simples effectués régulièrement dans les hôpitaux. L'un des programmes de dépistage concerne la phénylcétonurie, une maladie héréditaire récessive qui frappe environ un nouveau-né sur 25 600 au Québec. Les enfants atteints ne peuvent dégrader de façon adéquate la phénylalanine, un acide aminé. Ce composé et son dérivé, l'acide phénylpyruvique, peuvent s'accumuler au point d'atteindre des concentrations toxiques dans le sang et entraîner un retard mental. Toutefois, si l'on détecte cette affection chez un nouveau-né, il est possible de prévenir son retard mental en le soumettant à un régime spécial à faible teneur en phénylalanine. Le dépistage de la phénylcétonurie et d'autres maladies soignables chez les nouveau-nés peut jouer un rôle vital. Malheureusement, à l'heure actuelle, on ne sait encore traiter qu'un petit nombre de maladies génétiques.

■   ■   ■

Dans ce chapitre, vous avez découvert le modèle mendélien de l'hérédité et ses applications à la génétique humaine. La notion de gène, ou de facteurs héréditaires transmis selon les règles simples du hasard, nous vient des expériences remarquables de Gregor Mendel. À l'époque où il les menait, l'approche quantitative qu'il utilisait était étrangère au domaine de la biologie. Les quelques biologistes qui ont lu ses publications n'ont apparemment pas compris l'importance de ses découvertes. Ce n'est qu'au début du XXe siècle que la génétique mendélienne a été redécouverte par des biologistes étudiant le rôle des chromosomes dans l'hérédité. Dans le chapitre suivant, nous verrons que les lois de Mendel s'expliquent par le comportement physique des chromosomes dans les cycles de développement sexués, et nous apprendrons comment la synthèse du mendélisme et de la théorie chromosomique de l'hérédité a catalysé les progrès de la génétique.

RÉVISION DU CHAPITRE

Résumé des concepts importants

LES DÉCOUVERTES DE GREGOR MENDEL

■ **Mendel a introduit une approche expérimentale et quantitative dans le domaine de la génétique (p. 264 et 265, FIGURE 14.1).** Gregor Mendel a formulé une théorie particulière de l'hérédité fondée sur les résultats d'expériences menées sur des Pois dans les années 1860. Il a démontré que les parents transmettent à leurs descendants des unités héréditaires discontinues, les gènes, qui conservent leur identité d'une génération à l'autre.

■ **Loi mendélienne de la ségrégation : les deux allèles d'un gène vont dans des gamètes distincts (p. 265 à 268, FIGURE 14.4).** Mendel a découvert cette loi en produisant des hybrides et en les laissant s'autoféconder. Les hybrides (génération F_1) avaient tous le phénotype dominant. À la génération suivante (F_2), 75 % des plantes avaient le phénotype dominant, alors que 25 % avaient le phénotype récessif (soit une proportion de 3 : 1). Pour expliquer ces résultats, Mendel a émis l'hypothèse que les gènes peuvent revêtir plusieurs formes distinctes (celles-ci sont maintenant appelées allèles, terme que nous utiliserons dorénavant) et que tout organisme reçoit de son père un des deux allèles de chaque gène, et de sa mère, l'autre allèle. Les allèles se séparent (ségrégation) lors de la formation des gamètes, de sorte qu'un gamète mâle ou femelle ne porte qu'un allèle de chaque gène. Après la fécondation, si les deux allèles de la paire sont différents, l'un d'eux (l'allèle dominant) s'exprime pleinement dans l'individu ; quant à l'autre (l'allèle récessif), il est masqué. Les individus homozygotes possèdent deux allèles identiques d'un caractère donné et sont de lignée pure. Les individus hétérozygotes ont deux allèles différents d'un caractère donné.

■ **Loi mendélienne de l'assortiment indépendant des caractères : les allèles des diverses paires se répartissent dans les gamètes indépendamment les uns des autres (p. 268 à 270, FIGURE 14.7).** Mendel a proposé cette loi à la lumière des résultats qu'il a obtenus en effectuant des croisements dihybrides entre des plantes hétérozygotes pour deux caractères ou plus (comme la couleur des fleurs et la forme des graines). Les allèles d'un caractère se répartissent dans les gamètes indépendamment des allèles des autres caractères. Les descendants d'un croisement dihybride (génération F_2) présentent quatre phénotypes dans une proportion de 9 : 3 : 3 : 1.

■ **Les lois de l'hérédité de Mendel reflètent les règles des probabilités (p. 270 à 272, FIGURE 14.8).** La règle de la multiplication stipule que la probabilité de voir plusieurs événements se manifester ensemble est égale au produit des probabilités de chacun des événements indépendants. La règle de l'addition stipule que la probabilité que se réalise un événement qui peut se produire de deux façons indépendantes ou plus est égale à la somme des probabilités associées à chaque façon.

■ **Mendel a découvert le comportement particulier des gènes : *une révision* (p. 272).** L'analyse quantitative des résultats d'expériences soigneusement contrôlées est un exemple de démarche scientifique.

GÉNÉRALISATION DES LOIS DE LA GÉNÉTIQUE MENDÉLIENNE

■ **La relation qui existe entre le génotype et le phénotype est rarement simple (p. 272 à 277, FIGURES 14.9 à 14.13).** Dans le cas d'une dominance incomplète, le phénotype de l'hétérozygote se situe entre celui des deux types d'homozygotes. Dans la codominance, les *deux* allèles s'expriment dans le phénotype des hétérozygotes. Dans une population donnée, de nombreux gènes ont des allèles *multiples* (plus de deux allèles). La pléiotropie, elle, est l'effet d'un gène sur plusieurs caractères. Quant à l'épistasie, c'est l'influence d'un gène sur l'expression d'un autre gène. Certains caractères sont quantitatifs, c'est-à-dire qu'ils varient de façon continue. C'est le signe d'une hérédité polygénique, soit de l'effet additif de deux gènes ou plus sur un même caractère phénotypique. Les caractères quantitatifs qui sont aussi influencés en partie par l'environnement sont dits plurifactoriels.

L'HÉRÉDITÉ MENDÉLIENNE CHEZ L'HUMAIN

- L'étude des lignages révèle que l'hérédité humaine suit le modèle mendélien (p. 277 et 278, FIGURE 14.14). On peut examiner les lignages de familles humaines pour déterminer les génotypes possibles de certaines personnes et prédire ceux des enfants à venir. Ces prévisions se présentent habituellement sous la forme de probabilités statistiques et non de certitudes.

- De nombreuses maladies humaines suivent le modèle mendélien de l'hérédité (p. 278 à 281, FIGURE 14.15). Certaines maladies génétiques se perpétuent grâce à un allèle récessif véhiculé par des transmetteurs sains hétérozygotes, dont le phénotype est normal. D'autres maladies sont transmises sous la forme d'allèles dominants. Les chercheurs commencent à peine à définir les composantes génétiques et environnementales de troubles plurifactoriels humains, comme les maladies cardiaques et le cancer.

- La technologie mène à la création de nouveaux outils de dépistage et de conseil génétique (p. 282 à 284, FIGURE 14.17). Les conseillers en génétique s'appuient sur l'histoire familiale des couples pour aider ceux-ci à calculer les risques que leurs enfants soient atteints d'une maladie génétique. Dans le cas de certaines affections, il existe des tests qui permettent d'identifier les transmetteurs sains et de calculer avec plus de précision les probabilités qu'ils transmettent le phénotype en question à leur descendance. À l'aide de l'amniocentèse et de la biopsie des villosités chorioniques, on peut déterminer après la conception d'un enfant si celui-ci est atteint d'une maladie génétique.

Autoévaluation

(Les questions dont les numéros sont en caractères gras font surtout appel à la compréhension.)

1. Un coq à plumes grises s'accouple avec une poule possédant le même phénotype que lui. Parmi les poussins qu'ils produisent, 15 sont gris, 6 sont noirs et 8 sont blancs. Identifiez le mode de transmission de ces couleurs. Quelle descendance aura le coq gris s'il s'accouple avec une poule noire?

2. Chez certaines plantes, une souche de lignée pure à fleurs rouges ne donne que des descendants à fleurs roses si on la croise avec une souche de lignée pure à fleurs blanches: RR (rouge) × rr (blanc) → Rr (rose). Si le mode de transmission de la position des fleurs (axiale ou terminale) s'effectue comme chez le Pois (voir le numéro 3), quelles seront les proportions des génotypes et des phénotypes de la génération F_1 issue du croisement suivant: axiale-rouge (lignée pure) × terminale-blanche (lignée pure)? Quelles seront les proportions des génotypes et des phénotypes de la génération F_2?

3. Mendel avait choisi d'étudier plusieurs caractères chez le Pois, notamment la position des fleurs, la longueur de la tige et la forme des graines. Ces trois caractères sont régis par des gènes dont l'assortiment est indépendant et dont les relations de dominance-récessivité sont les suivantes:

Caractère	Dominant	Récessif
Position des fleurs	Axiale (A)	Terminale (a)
Longueur de la tige	Longue (L)	Naine (l)
Forme des graines	Ronde (R)	Ridée (r)

Si on permet qu'une plante qui est hétérozygote pour les trois caractères s'autoféconde, selon quelle proportion ses descendants devraient-ils présenter les phénotypes suivants? (*Remarque*: Servez-vous des règles de probabilité plutôt que de dessiner une immense grille de Punnett):

a) Homozygotes dominants pour les trois caractères.

b) Homozygotes récessifs pour les trois caractères.

c) Hétérozygotes pour les trois caractères.

d) Homozygotes dominants pour la position des fleurs et la longueur de la tige, hétérozygotes pour la forme des graines.

4. On croise deux Cobayes (*Cavia Porcellus*): un mâle noir et une femelle albinos. Ils produisent 12 petits de couleur noire. Lorsqu'on croise la même femelle albinos avec un autre mâle noir, on obtient 7 bébés noirs et 5 bébés albinos. Identifiez le mode de transmission du caractère en question. Dans les deux situations, précisez le génotype des parents, des gamètes et des petits.

5. Chez le Sésame (*Sesamum indicum*), le caractère gousse simple (S) est dominant par rapport au caractère gousse multiple (s), et le caractère feuille lisse (L) est dominant par rapport au caractère feuille plissée (l). La transmission de ces deux caractères s'effectue selon la loi de l'assortiment indépendant des caractères. Déterminez les génotypes des deux parents dans le cas de tous les croisements produisant les descendances suivantes:

a) 318 gousse simple-feuille lisse; 98 gousse simple-feuille plissée.

b) 323 gousse multiple-feuille lisse; 106 gousse multiple-feuille plissée.

c) 401 gousse simple-feuille lisse.

d) 105 gousse simple-feuille lisse; 147 gousse simple-feuille plissée; 51 gousse multiple- feuille lisse; 48 gousse multiple-feuille plissée.

e) 223 gousse simple-feuille lisse; 72 gousse simple-feuille plissée; 76 gousse multiple-feuille lisse; 27 gousse multiple-feuille plissée.

6. Un homme du groupe sanguin A épouse une femme du groupe B. Ils ont un enfant du groupe O. Quels sont les génotypes de ces personnes? Quels autres génotypes s'attendrait-on à trouver chez les autres enfants issus de ce mariage, et selon quelle fréquence?

7. La coloration de plusieurs espèces sauvages de canards est déterminée par un gène ayant trois allèles. Les allèles H et I sont codominants, et l'allèle i est récessif par rapport aux deux autres. Combien de phénotypes différents trouve-t-on dans une volée de canards contenant toutes les combinaisons possibles de ces trois allèles?

8. Le lignage suivant illustre la transmission d'une maladie héréditaire, la tyrosinémie de type I, dans une famille du Lac-Saint-Jean. On attribue cette maladie à un déficit en fumaryl acétoacétate hydrolase, une enzyme essentielle au catabolisme de l'acide aminé tyrosine. Quel serait le mode de transmission de la tyrosinémie de type I? Identifiez les génotypes de Pierre, de Robert, de Francine, de Louise et de Céline.

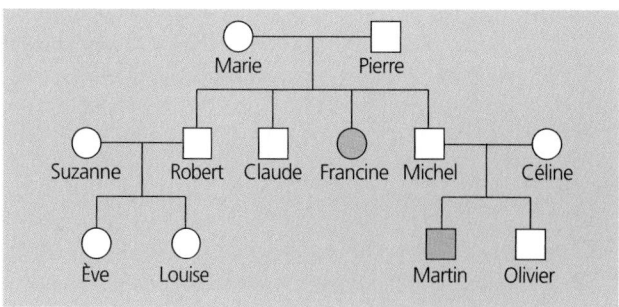

9. Dans le lignage suivant, trouvez le ou les génotypes possibles des individus I-2, II-2, II-3 et III-2. Les lettres représentent le groupe sanguin du système ABO.

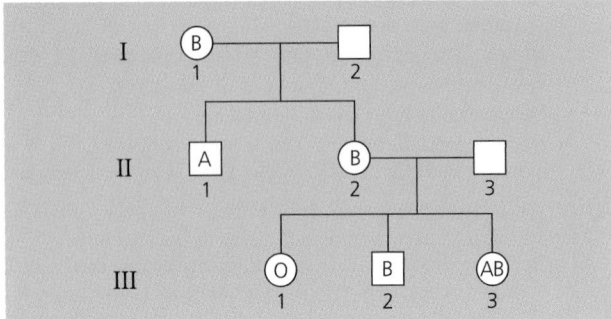

10. Quelle est la probabilité que chacun des couples suivants produise la descendance indiquée ? (Supposez que toutes les paires d'allèles obéissent à la loi de l'assortiment indépendant.)

   a) $AABBCC \times aabbcc \rightarrow AaBbCc$

   b) $AABbCc \times AaBbCc \rightarrow AAbbCC$

   c) $AaBbCc \times AaBbCc \rightarrow AaBbCc$

   d) $aaBbCC \times AABbcc \rightarrow AaBbCc$

11. Martine et Philippe forment un couple. Ils ont tous les deux une sœur ou un frère atteint de phénylcétonurie. Cependant, ni Martine, ni Philippe, ni aucun de leurs parents n'ont souffert de cette maladie. À partir de ces renseignements, calculez la probabilité qu'un enfant issu de ce couple soit atteint de phénylcétonurie.

12. Vous découvrez et adoptez un chat noir errant, qui a d'étranges oreilles arrondies et courbées vers l'intérieur. Vous décidez de créer une variété de lignée pure à partir de cet individu exceptionnel. Comment pourriez-vous déterminer si l'allèle des oreilles courbées vers l'intérieur est domi-  nant ou récessif ? Comment vérifieriez-vous que les chatons aux oreilles courbées vers l'intérieur appartiennent à une lignée pure ?

13. L'arc plantaire normal (A) est un caractère dominant par rapport au pied plat. Par ailleurs, la brachydactylie (B) est une maladie héréditaire dominante. Elle se manifeste par des doigts très courts qui résultent d'un raccourcissement prononcé de la phalange moyenne. La forme homozygote de la maladie entraîne la mort avant la puberté. Supposez qu'un homme hétérozygote pour les deux caractères conçoit des enfants avec une femme aux pieds plats et brachydactyle.

   a) Trouvez le rapport phénotypique des adultes de la génération suivante. Utilisez une grille de Punnett.

   b) Quelle fraction des adultes de la génération F_1 sera brachydactyle ?

   c) Quelle fraction des adultes de la génération F_1 sera homozygote pour les deux caractères ?

   d) Quelle fraction des adultes de la génération F_1 sera hétérozygote pour au moins un caractère ?

14. Chez le Tigre (*Panthera tigris*), un même allèle produit une fourrure blanche rayée (« Tigre blanc ») et du strabisme (le fait de loucher). En puisant dans vos connaissances, établissez le mode de transmission de ces caractères. Si un mâle hétérozygote et une femelle blanche rayée et strabique s'accouplent, quel pourcentage de leur progéniture aura une fourrure fauve rayée et un regard normal ?

15. Chez le Maïs (*Zea mays*), l'allèle dominant I inhibe la coloration des graines, alors que l'allèle récessif i, à l'état homozygote, permet la coloration. Sur un autre locus, l'allèle dominant P produit des graines pourpres, alors que l'allèle récessif p, à l'état homozygote, produit des graines rouges. À quels modes de transmission avons-nous affaire ici ? Si l'on croise des plantes hétérozygotes pour les deux caractères, quelles seront les proportions phénotypiques des individus de la génération F_1 ?

16. Le lignage ci-dessous montre la transmission héréditaire de l'alcaptonurie, une maladie métabolique dont la manifestation clinique la plus frappante se traduit par une urine qui noircit au contact de l'air. Les individus touchés, représentés ici par des cercles et des carrés violets, ne parviennent pas à dégrader l'homogentisate (autrefois nommé alcaptone) qui colore l'urine et teinte les tissus conjonctifs de l'organisme. L'alcaptonurie semble-t-elle causée par un allèle dominant ou récessif ? Indiquez le ou les génotypes possibles de chaque personne de ce lignage.

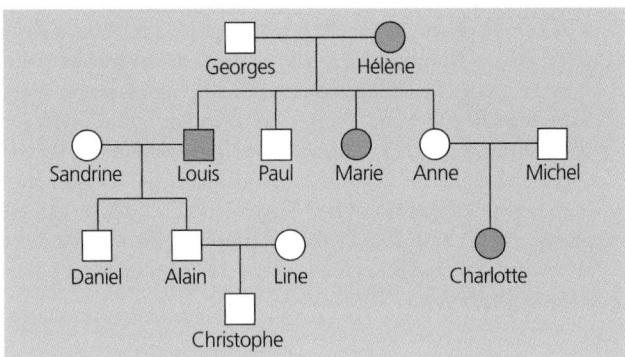

17. Un homme a six doigts à chaque main et à chaque pied, ce que l'on nomme polydactylie. Sa femme et leur fille ont un nombre normal de doigts et d'orteils. La présence de doigts surnuméraires est un caractère dominant (P). Selon quelle proportion les enfants de ce couple devraient-ils avoir des doigts et des orteils surnuméraires ?

18. Imaginez que vous êtes conseiller en génétique et qu'un couple souhaitant fonder une famille vienne vous consulter. Charles a vécu précédemment une autre union, de laquelle est né un enfant atteint de fibrose kystique. Le frère de sa conjointe actuelle, Hélène, est mort des suites de cette maladie. Calculez la probabilité que Charles et Hélène donnent naissance à un enfant atteint de fibrose kystique. (Aucun des deux ne souffre de cette maladie.)

19. Chez la Souris commune (*Mus musculus*), la couleur brun ocre (B) est un caractère dominant par rapport à la couleur blanche (b). Chez les Souris brunes, un allèle dominant (J) localisé sur un autre locus produit une bande de couleur jaune près de la pointe de chaque poil, ce qui donne au pelage une apparence mouchetée, appelée agouti. L'allèle récessif (j) produit un pelage uniforme. Si l'on croise des souris hétérozygotes pour ces deux loci, quelle devrait être la proportion phénotypique de leurs petits ?

Lien avec l'évolution

Depuis la Révolution tranquille au Québec, c'est-à-dire le début des années 1960, les personnes tendent à fonder une famille à un âge plus avancé que le faisaient leurs parents et leurs grands-parents. Émettez une hypothèse sur les effets que cette tendance pourrait avoir sur la fréquence des allèles létaux dominants dans la population.

Intégration

On vous remet un plant de Pois à longues tiges et à fleurs axiales (voir le TABLEAU 14.1).

a) Trouvez *tous* les génotypes possibles de ce plant.

b) Décrivez le croisement que vous devriez effectuer et qui vous permettrait de déterminer le génotype exact de cette plante.

c) En attendant les résultats de ce croisement, faites des prévisions distinctes pour chacun des génotypes trouvés à la partie a. Expliquez votre procédure.

d) Formulez vos prédictions sous la forme suivante : « Si le génotype du plant de Pois est _____, les individus issus du croisement seront _____. »

e) Si la moitié des plantes ainsi produites ont des tiges longues et des fleurs axiales, et l'autre moitié, des tiges longues et des fleurs terminales, quel est le génotype du plant de Pois ?

f) Expliquez pourquoi aux parties c et d vous n'avez pas eu à faire d'autres croisements.

Science, technologie et société

Imaginez que l'un de vos parents souffre de la chorée de Huntington. Quelle est la probabilité que vous aussi soyez un jour atteint de cette maladie ? Il n'existe aucun traitement permettant de guérir cette affection. Souhaiteriez-vous subir le test de détection de l'allèle de la chorée de Huntington ? Pourquoi ?

Réponses à l'autoévaluation : 1. Dominance incomplète, les hétérozygotes étant de couleur grise. Le croisement d'un coq gris avec une poule noire devrait produire des poussins gris et noirs en nombre à peu près égal. **2.** Le croisement de la génération parentale est $AARR \times aarr$. Le génotype de la génération F_1 est $AaRr$, le phénotype est une fleur axiale-rose. Les génotypes de la génération F_2 sont : 4 $AaRr$: 2 $AaRR$: 2 $AaRr$: 2 $aaRr$: 2 $Aarr$: 1 $AARR$: 1 $aaRR$: 1 $AArr$: 1 $aarr$; les phénotypes sont 6 axiale-rose : 3 axiale-rouge : 3 axiale-blanche : 2 terminale-rose : 1 terminale-blanche : 1 terminale-rouge. **3.** a) $^1/_{64}$; b) $^1/_{64}$; c) $^1/_8$; d) $^1/_{32}$. **4.** Le caractère albinos est récessif ; le caractère noir est dominant. Premier croisement : parents $NN \times nn$; gamètes N et n ; tous les descendants (F_1) sont Nn. Deuxième croisement : parents $nn \times Nn$, gamètes n et 1/2 N, 1/2 n ; descendants (F_1) : 1/2 Nn, 1/2 nn **5.** a. $SSLl \times SSLl$ ou $SSLl \times SsLl$ ou $SSLl \times ssLl$ b. $ssLl \times ssLl$ c. $SSLL \times$ n'importe lequel des 9 génotypes possibles d. $SsLl \times Ssll$ e. $SsLl \times SsLl$ **6.** Homme $I^A i$; femme $I^B i$; enfant ii. Les génotypes des autres enfants sont 1/4 $I^A I^B$, 1/4 $I^A i$, 1/4 $I^B i$. **7.** Quatre. **8.** La tyrosinémie de type I (t) est un caractère récessif. Pierre = Tt, Robert = TT ou Tt, Francine = tt, Louise = TT ou Tt, Céline = Tt **9.** I-2 = $I^A I^B$ ou $I^A i$; II-2 = $I^B i$; II-3 = $I^A i$; III-2 = $I^B i$. **10.** a) 1 ; b) $^1/_{32}$; c) $^1/_8$; d) $^1/_2$. **11.** $^1/_9$ **12.** Il s'agit de croiser le chat aux oreilles courbées avec un autre aux oreilles droites et de lignée pure. Si le caractère oreilles courbées est dominant, il apparaîtra dans la progéniture. Si le caractère est récessif, aucun chaton n'aura les oreilles courbées. On sait que ces chats appartiennent à une lignée pure lorsque des croisements oreilles courbées × oreilles courbées ne produisent que des individus aux oreilles courbées. **13.** a) $^1/_3$ pieds arqués-brachydactyle : $^1/_3$ pieds plats-brachydactyle : $^1/_6$ pieds arqués-doigts longs : $^1/_6$ pieds plats-doigts longs. b) $^2/_3$ c) $^1/_6$ d) $^5/_6$ **14.** Vous avez déjà fort probablement observé, à la télévision ou ailleurs, beaucoup plus de tigres fauves rayés au regard normal que de tigres blancs rayés qui louchent ; on en déduit que le mode de transmission est celui de la dominance/récessivité et que l'allèle blanc-strabique est récessif. De plus, dans cet exemple, chaque allèle contribue à deux caractères ; alors, dans le mode de transmission, il faut ajouter la pléiotropie. La moitié de la progéniture aura une fourrure fauve rayée et un regard normal. **15.** Les allèles I et i effectuent de l'épistasie par rapport au locus P/p, alors que l'allèle P domine le récessif p. À la génération F_1 nous obtiendrons 12 graines incolores : 3 graines violettes : 1 graine rouge. **16.** Récessif ; Georges = Aa, Hélène = aa, Sandrine = AA ou Aa, Louis = aa, Paul = Aa, Marie = aa, Anne = Aa, Michel = Aa, Daniel = Aa, Alain = Aa, Line = AA ou Aa, Charlotte = aa, Christophe = AA ou Aa. **17.** $^1/_2$ **18.** $^1/_6$ **19.** 9 $B\_J\_$ (agouti) : 3 B_jj (bruns) : 3 $bbJ\_$ (blancs) : 1 $bbjj$ (blanc) ; ce qui donne 9 agouti : 3 bruns : 4 blancs.

CHAPITRE 15

LES BASES CHROMOSOMIQUES DE L'HÉRÉDITÉ

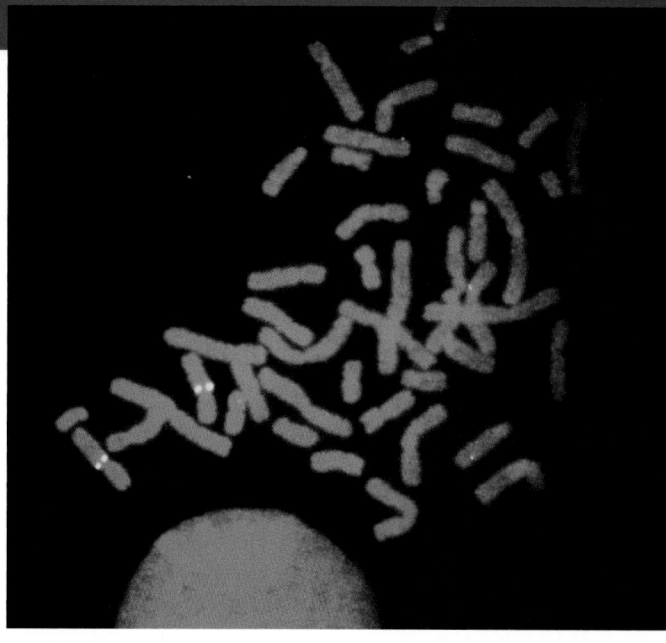

Reproduit avec la permission de Peter Lichter et David Ward, *Science* 247 (1990). Copyright © 1990 American Association for the Advancement of Science.

« Une mouche ne doit pas tenir dans la tête d'un naturaliste plus de place qu'elle n'en tient dans la nature. »

GEORGES LOUIS LECLERC, comte de Buffon
naturaliste français (1707-1788)

LES LIENS ENTRE L'HÉRÉDITÉ MENDÉLIENNE ET LES CHROMOSOMES

- Le fondement physique de l'hérédité mendélienne réside dans le comportement des chromosomes au cours des cycles de développement sexués
- Morgan a trouvé sur quel chromosome se situe un gène particulier
- Les gènes liés sont souvent transmis ensemble, parce qu'ils se trouvent sur le même chromosome
- L'assortiment indépendant des chromosomes et l'enjambement produisent des individus recombinés
- Les généticiens cartographient les loci de chaque chromosome à l'aide des données obtenues grâce à la recombinaison

LES CHROMOSOMES SEXUELS

- Les bases chromosomiques du sexe varient selon le type d'organisme
- Les gènes liés au sexe ont un mode de transmission héréditaire qui leur est propre

ANOMALIES ET EXCEPTIONS TOUCHANT L'HÉRÉDITÉ CHROMOSOMIQUE

- Les anomalies du nombre ou de la structure des chromosomes causent certaines maladies génétiques
- Chez les Mammifères, certains gènes produisent un phénotype différent selon qu'ils proviennent de la mère ou du père (empreinte génomique)
- La transmission héréditaire des gènes extranucléaires ne suit pas le modèle mendélien

Ce n'est qu'en 1900 *que le monde de la biologie a enfin compris la portée des travaux de Gregor Mendel. Trois botanistes qui effectuaient alors chacun de leur côté des expériences sur le croisement de plantes sont arrivés aux mêmes résultats que lui. L'Allemand Karl Correns, l'Autrichien Erich von Tschermak et le Hollandais Hugo de Vries ont découvert au cours de leur recherche bibliographique que Mendel avait expliqué ces mêmes résultats 35 ans plus tôt. Entre-temps, la biologie était devenue une science plus expérimentale et quantitative, et elle était davantage prête à accepter le mendélisme. Les lois de Mendel sur la ségrégation et l'assortiment indépendant des caractères ont laissé cependant de nombreux biologistes sceptiques. Cela, jusqu'au moment où la preuve a été faite que le comportement des chromosomes constitue bien le fondement physique des lois de l'hérédité. Or, les facteurs héréditaires de Mendel, ou gènes, se trouvent sur les chromosomes. Par exemple, les taches jaunes (produites par un colorant fluorescent) que vous voyez sur la micrographie de cette page marquent le locus d'un gène particulier sur une paire de chromosomes homologues humains (ayant déjà subi la réplication, ce qui explique la présence de deux taches sur chacun des chromosomes de la paire). Dans ce chapitre, nous approfondirons le contenu des deux chapitres précédents et nous présenterons les fondements chromosomiques de l'hérédité, ainsi que quelques exceptions importantes.*

LES LIENS ENTRE L'HÉRÉDITÉ MENDÉLIENNE ET LES CHROMOSOMES

Le fondement physique de l'hérédité mendélienne réside dans le comportement des chromosomes au cours des cycles de développement sexués

Grâce aux progrès de la microscopie, les cytologistes ont pu décrire le mécanisme de la mitose en 1875 et celui de la méiose au cours des années 1890. Puis, vers 1900, la cytologie et la génétique ont commencé à converger, les biologistes ayant remarqué des analogies entre le comportement des chromosomes et celui des facteurs particulaires de Mendel. Par exemple, dans les cellules diploïdes, les chromosomes forment des paires, tout comme les gènes. Pendant la méiose, les chromosomes homologues se séparent, et les allèles subissent la ségrégation. Enfin, lors de la fécondation, les paires de chromosomes ainsi que les paires de gènes se reconstituent. Vers 1902, de façon indépendante, Walter S. Sutton, Theodor Boveri et d'autres chercheurs ont souligné ces analogies ; c'est ainsi que la **théorie chromosomique de l'hérédité** a pris forme peu à peu. Selon cette théorie, les gènes mendéliens sont situés sur les chromosomes, et ce sont ces derniers qui subissent les phénomènes de la ségrégation et de l'assortiment indépendant (FIGURE 15.1).

Morgan a trouvé sur quel chromosome se situe un gène particulier

 Thomas Hunt Morgan, un embryologiste à l'Université Columbia, est le premier à avoir associé, au début du XXᵉ siècle, un gène à un chromosome. Bien qu'il ait éprouvé un certain scepticisme à l'égard de l'hérédité mendélienne et de la théorie chromosomique, ses premières expériences lui ont fourni la preuve que les facteurs héréditaires de Mendel se trouvent bel et bien sur les chromosomes.

Le choix des organismes expérimentaux de Morgan

L'histoire de la biologie est jalonnée de découvertes majeures faites par des personnes assez perspicaces ou chanceuses pour choisir un organisme convenant parfaitement au type de recherche envisagé. Mendel a opté pour le Pois, parce qu'il en existe plusieurs variétés. Pour ses travaux, Morgan a choisi un insecte commun et généralement peu nuisible, la Mouche du vinaigre, ou Drosophile (*Drosophila melanogaster*), qui se nourrit des moisissures poussant sur les fruits. La Drosophile est prolifique : un seul accouplement produit des centaines de descendants, et il est possible d'obtenir une nouvelle génération tous les 15 jours. Ces caractéristiques font de cet insecte un sujet d'étude particulièrement commode pour les recherches en génétique.

La Drosophile présente aussi l'avantage de posséder seulement quatre paires de chromosomes, que l'on peut aisément distinguer au microscope photonique : ils comprennent trois paires d'autosomes et une paire de chromosomes sexuels. La femelle possède une paire de chromosomes X homologues, et le mâle, un chromosome X, et un autre, Y.

Contrairement à Mendel, qui n'éprouvait aucune difficulté à trouver les variétés du Pois dont il avait besoin, Morgan ne disposait d'aucun fournisseur capable de lui procurer différentes variétés de Drosophiles. C'était probablement le premier à avoir de tels besoins. Au terme d'une année consacrée à la reproduction de Drosophiles et à la recherche de mutants, il a découvert enfin un mâle particulier : au lieu d'avoir les yeux rouges normalement présents chez l'espèce, il avait des yeux blancs. Le phénotype normal d'un caractère donné (c'est-à-dire le plus commun dans les populations naturelles, comme les yeux rouges de la Drosophile) est appelé **phénotype sauvage** (FIGURE 15.2, p. 292). Les traits qui remplacent parfois le phénotype sauvage, comme les yeux blancs de la Drosophile en question, sont appelés *phénotypes mutants,* parce qu'on suppose que les allèles correspondants résultent d'une modification (ou mutation) de l'allèle sauvage.

Découverte de l'hérédité liée au sexe

Après avoir découvert un mâle aux yeux blancs, Morgan l'a accouplé à une femelle aux yeux rouges. Tous les individus de la génération F_1 ont eu les yeux rouges, ce qui lui a permis de penser que le type sauvage est dominant. Lorsqu'il a croisé entre elles les Drosophiles de la génération F_1, il a retrouvé la proportion phénotypique classique de 3 : 1 à la génération F_2. Cependant, une surprise de taille l'attendait : le caractère des yeux blancs n'était présent que chez les mâles. Toutes les femelles avaient les yeux rouges, alors que la moitié des mâles avait les yeux rouges, et l'autre moitié, les yeux blancs. La couleur des yeux de la Drosophile devait être en quelque sorte liée au sexe.

Morgan a déduit de cet indice et d'autres éléments que, chez un mutant aux yeux blancs, le gène en question est situé exclusivement sur le chromosome X. En d'autres termes, il n'existe aucun locus de ce gène sur le chromosome Y (FIGURE 15.3, p. 292). Par conséquent, les femelles (*XX*) ont deux allèles du gène correspondant à ce caractère ; quant aux mâles, ils n'en ont qu'un. Comme l'allèle mutant est récessif, la femelle ne peut avoir des yeux blancs que si elle porte un exemplaire de cet allèle sur chacun de ses chromosomes X, ce qui est impossible dans le cas des femelles de la génération F_2 de l'expérience de Morgan. Par contre, il suffit qu'un mâle reçoive un exemplaire de l'allèle mutant pour qu'il ait les yeux blancs ; comme il n'a qu'un seul chromosome X, il ne peut avoir un deuxième allèle, du type sauvage, qui annulerait l'effet de l'allèle récessif.

Les gènes situés sur un chromosome sexuel sont appelés **gènes liés au sexe,** et on qualifie leur mode de transmission d'**hérédité liée au sexe.** En montrant que le chromosome X peut porter un gène spécifique, Morgan a donné de la crédibilité à la théorie chromosomique de l'hérédité. De nombreux étudiants brillants ont reconnu l'importance de ses travaux et ont commencé à fréquenter son laboratoire, lequel a dominé le monde de la recherche génétique pendant les trois décennies suivantes. Nous reparlerons de l'influence de Morgan et de ses collaborateurs lorsque nous étudierons certains autres aspects importants des fondements chromosomiques de l'hérédité.

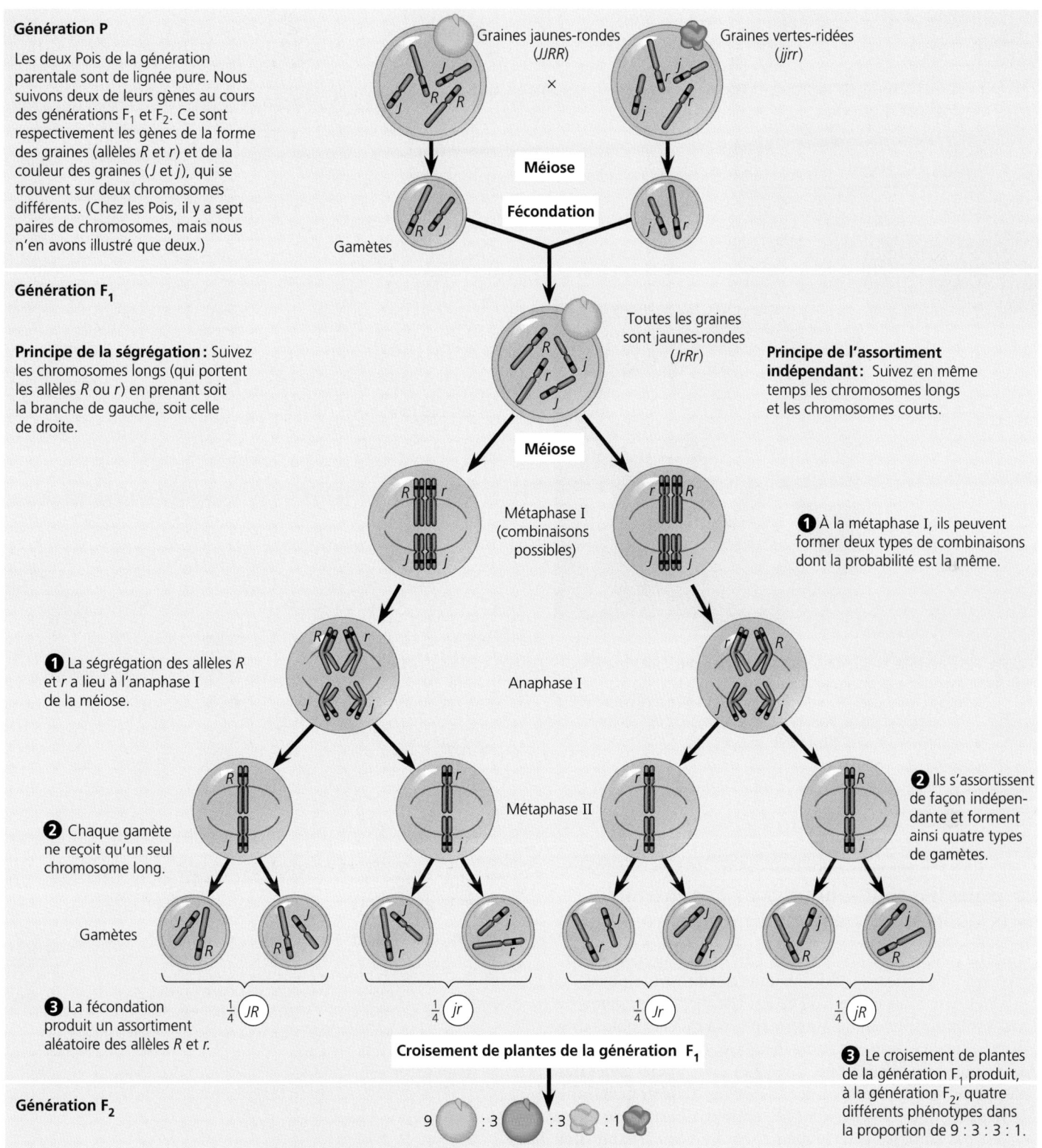

Génération P

Les deux Pois de la génération parentale sont de lignée pure. Nous suivons deux de leurs gènes au cours des générations F_1 et F_2. Ce sont respectivement les gènes de la forme des graines (allèles *R* et *r*) et de la couleur des graines (*J* et *j*), qui se trouvent sur deux chromosomes différents. (Chez les Pois, il y a sept paires de chromosomes, mais nous n'en avons illustré que deux.)

Graines jaunes-rondes (*JJRR*) × Graines vertes-ridées (*jjrr*)

Méiose

Fécondation

Gamètes

Génération F_1

Principe de la ségrégation: Suivez les chromosomes longs (qui portent les allèles *R* ou *r*) en prenant soit la branche de gauche, soit celle de droite.

Toutes les graines sont jaunes-rondes (*JrRr*)

Principe de l'assortiment indépendant: Suivez en même temps les chromosomes longs et les chromosomes courts.

Méiose

Métaphase I (combinaisons possibles)

❶ À la métaphase I, ils peuvent former deux types de combinaisons dont la probabilité est la même.

❶ La ségrégation des allèles *R* et *r* a lieu à l'anaphase I de la méiose.

Anaphase I

Métaphase II

❷ Ils s'assortissent de façon indépendante et forment ainsi quatre types de gamètes.

❷ Chaque gamète ne reçoit qu'un seul chromosome long.

Gamètes

❸ La fécondation produit un assortiment aléatoire des allèles *R* et *r*.

$\frac{1}{4}$ (*JR*) $\frac{1}{4}$ (*jr*) $\frac{1}{4}$ (*Jr*) $\frac{1}{4}$ (*jR*)

Croisement de plantes de la génération F_1

❸ Le croisement de plantes de la génération F_1 produit, à la génération F_2, quatre différents phénotypes dans la proportion de 9 : 3 : 3 : 1.

Génération F_2

9 : 3 : 3 : 1

FIGURE 15.1 Les fondements chromosomiques des lois de Mendel. Nous montrons ici l'analogie entre les résultats de l'un des croisements dihybrides de Mendel (voir la FIGURE 14.7b) et le comportement des chromosomes. La position de ces derniers à la métaphase I de la méiose et leur déplacement pendant l'anaphase I expliquent la ségrégation et l'assortiment indépendant des allèles de la couleur et de la forme des graines. Comme les résultats possibles de la métaphase I ont les mêmes chances de s'observer, les plantes de la génération F_1 produisent les quatre types de gamètes en nombre égal.

(40 ×)

FIGURE 15.2 Le premier mutant de Morgan. Les Drosophiles du type sauvage ont les yeux rouges (en haut). Dans son échantillon, Morgan a découvert un mâle mutant aux yeux blancs (en bas). Cela lui a permis d'associer le gène de la couleur des yeux à un chromosome spécifique (MP).

Les gènes liés sont souvent transmis ensemble, parce qu'ils se trouvent sur le même chromosome

Dans une cellule, les chromosomes sont beaucoup moins nombreux que les gènes ; en fait, chaque chromosome porte des centaines, voire des milliers de gènes. Lors des croisements, les gènes sont plus souvent qu'autrement transmis ensemble s'ils se trouvent sur le même chromosome, parce que celui-ci se comporte comme une seule unité. Ces gènes sont appelés **gènes liés,** et le mode de transmission des caractères, **liaison génétique.** (Remarquez que ces gènes sont liés entre eux et qu'ici le terme *lié* n'est pas employé dans le même sens que dans l'expression *gène lié au sexe,* qui signifie que le gène est porté par un chromosome sexuel.) Lorsque les généticiens suivent les gènes liés au cours d'expériences de croisement, les résultats qu'ils obtiennent n'obéissent pas à la loi mendélienne de l'assortiment indépendant des caractères.

Pour comprendre comment les liaisons génétiques influent sur la transmission héréditaire de deux caractères distincts, examinons une autre expérience que Morgan a effectuée sur les Drosophiles (FIGURE 15.4). Les gènes étudiés ici sont ceux de la

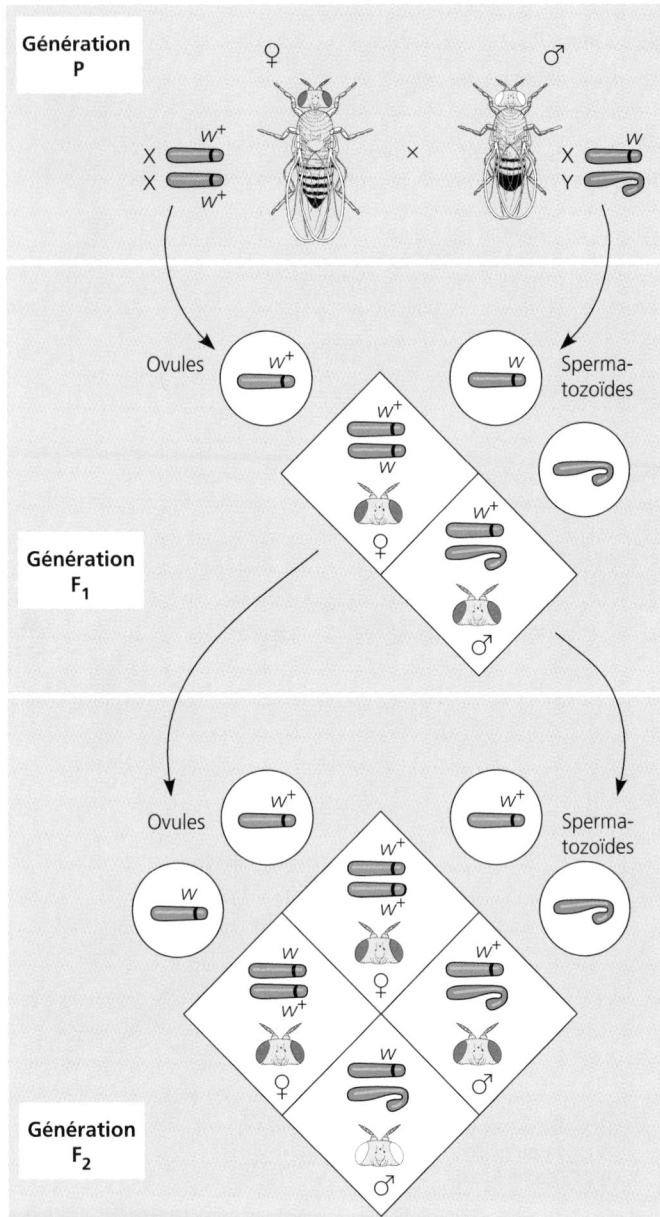

FIGURE 15.3 Hérédité liée au sexe. Lorsque Morgan a croisé un mâle mutant avec une femelle du type sauvage, tous les individus de la génération F₁ ont eu les yeux rouges. À la génération F₂, il a obtenu la proportion phénotypique mendélienne classique de 3 : 1. Cependant, il a remarqué que le trait récessif (yeux blancs) est lié au sexe : toutes les femelles avaient les yeux rouges, alors que la moitié des mâles avaient les yeux rouges, et l'autre moitié, les yeux blancs. Morgan a émis l'hypothèse que le gène correspondant aux yeux blancs est situé sur le chromosome *X* et qu'il n'y a pas de locus équivalent sur le chromosome *Y.*

couleur du corps et de la taille des ailes. Les Drosophiles du type sauvage ont le corps gris et des ailes normales. Morgan a observé des mutations de ces caractères : certaines de ses Drosophiles avaient le corps noir et des ailes vestigiales (beaucoup plus petites que la normale). On représente les allèles de ces caractères par les symboles suivants : b^+ = gris,

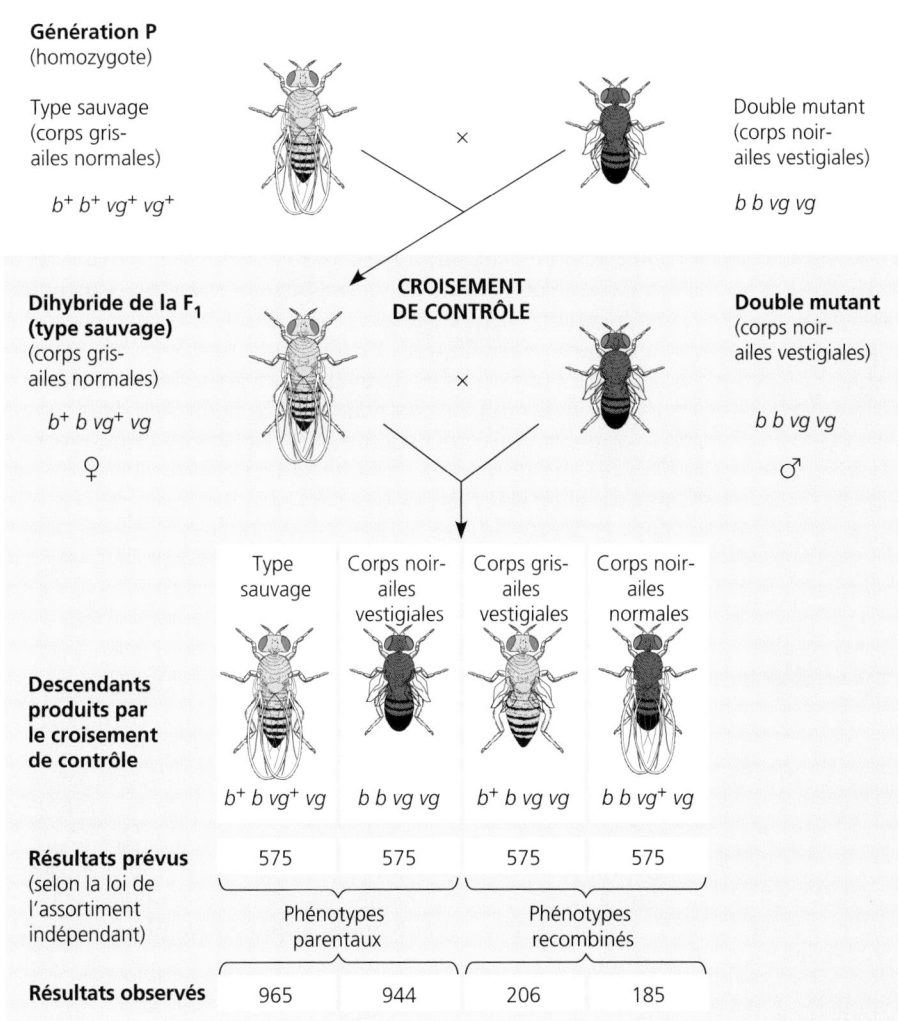

Génération P
(homozygote)

Type sauvage
(corps gris-
ailes normales)

$b^+ b^+ vg^+ vg^+$

×

Double mutant
(corps noir-
ailes vestigiales)

$b\ b\ vg\ vg$

Dihybride de la F₁
(type sauvage)
(corps gris-
ailes normales)

$b^+ b\ vg^+ vg$

♀

**CROISEMENT
DE CONTRÔLE**

×

Double mutant
(corps noir-
ailes vestigiales)

$b\ b\ vg\ vg$

♂

**Descendants
produits par
le croisement
de contrôle**

Type sauvage	Corps noir-ailes vestigiales	Corps gris-ailes vestigiales	Corps noir-ailes normales
$b^+ b\ vg^+ vg$	$b\ b\ vg\ vg$	$b^+ b\ vg\ vg$	$b\ b\ vg^+ vg$

Résultats prévus
(selon la loi de
l'assortiment
indépendant)

| 575 | 575 | 575 | 575 |

Phénotypes parentaux — Phénotypes recombinés

Résultats observés

| 965 | 944 | 206 | 185 |

FIGURE 15.4 Preuve de l'existence de gènes liés chez la Drosophile. La partie colorée représente un croisement de contrôle entre deux Drosophiles différant par deux caractères, la couleur du corps et la taille des ailes. La femelle est hétérozygote pour les deux caractères et a un phénotype sauvage. Le mâle, lui, est un mutant homozygote récessif pour les deux caractères. Morgan a dénombré 2 300 individus issus de croisements de ce type. Après les avoir répartis selon leur phénotype, il a remarqué que la proportion des phénotypes parentaux était beaucoup plus élevée que si les deux gènes avaient subi un assortiment indépendant. Il en a conclu que les gènes en question sont généralement transmis ensemble du fait qu'ils sont situés sur le même chromosome. Les phénotypes recombinés (soit les combinaisons de caractères différentes de celles qui existent chez l'un ou l'autre des parents) sont dus à des enjambements.

b = noir ; vg^+ = ailes normales, vg = ailes vestigiales*. Les allèles mutants sont récessifs. Aucun des gènes impliqués n'est lié au sexe.

Morgan a croisé des Drosophiles de type sauvage et de lignée pure ($b^+ b^+ vg^+ vg^+$) avec des individus au corps noir et aux ailes vestigiales ($b\ b\ vg\ vg$). Il a obtenu, à la génération F₁, des dihybrides ($b^+ b\ vg^+ vg$) ayant le phénotype sauvage. Puis, il a croisé des femelles dihybrides avec des mâles ayant le phénotype mutant ($b\ b\ vg\ vg$). Remarquez que cela équivaut à un croisement de contrôle mendélien. Selon la loi mendélienne de l'assortiment indépendant des caractères, ce croisement aurait dû produire quatre phénotypes en un nombre à peu près égal,

soit 1 corps gris-ailes normales : 1 corps noir-ailes vestigiales : 1 corps gris-ailes vestigiales : 1 corps noir-ailes normales. Mais l'expérience a donné un résultat différent : parmi les descendants, il y avait un nombre plus élevé d'individus du type sauvage (corps gris-ailes normales) et de mutants (corps noir-ailes vestigiales). Ces deux phénotypes sont ceux de la génération P et des parents utilisés dans le croisement de contrôle. Morgan en a conclu que le caractère de la couleur du corps et celui de la forme des ailes sont habituellement transmis ensemble, parce que les gènes correspondants se trouvent sur le même chromosome.

---

* **Symboles génétiques :** Pour représenter les allèles, Morgan et ses étudiants ont établi une convention qu'on utilise encore de nos jours lorsqu'il s'agit de la génétique de la Drosophile. Le gène correspondant à un caractère donné est désigné par un symbole choisi en fonction du nom du premier mutant découvert. Par exemple, le symbole de l'allèle des yeux blancs chez la Drosophile est w (w pour *white,* soit blanc, en anglais ; nous utilisons ici la nomenclature internationale, qui conserve les symboles adoptés par Morgan). Quant à l'exposant +, il désigne l'allèle du caractère sauvage : on écrira ainsi w^+ pour les yeux rouges. La nomenclature des gènes varie malheureusement d'un organisme à l'autre, et d'un auteur à l'autre. Cela complique les choses pour les élèves qui essaient de comprendre sa logique. Par exemple, jusqu'ici, nous avons utilisé une seule lettre par symbole. À compter de maintenant, vous pourrez en voir plus d'une. Par exemple, dans la génétique mendélienne, on choisit habituellement un symbole en fonction de la caractéristique du trait dominant, mais ce n'est pas le cas quand il s'agit de certaines maladies humaines. Hélas ! en attendant un nouveau Linné… de la génétique, nous devrons composer avec cette difficulté.

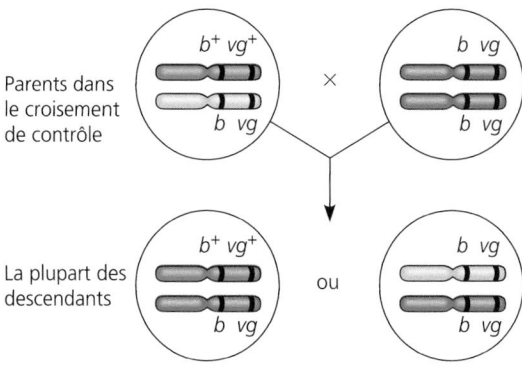

Parents dans le croisement de contrôle : $b^+ vg^+$ / $b\ vg$ × $b\ vg$ / $b\ vg$

La plupart des descendants : $b^+ vg^+$ / $b\ vg$ ou $b\ vg$ / $b\ vg$

Si les deux autres phénotypes (corps gris-ailes vestigiales et corps noir-ailes normales) étaient moins nombreux que prévu selon la loi mendélienne de l'assortiment indépendant des caractères, ils étaient tout de même présents parmi les individus issus des croisements effectués par Morgan. Ces nouvelles variantes phénotypiques sont dues à des enjambements, un phénomène que nous avons expliqué au chapitre 13 et sur lequel nous reviendrons dans la section suivante.

L'assortiment indépendant des chromosomes et l'enjambement produisent des individus recombinés

Nous avons vu au chapitre 13 que, chez les organismes sexués, la méiose et la fécondation aléatoire créent une variation génétique à chaque génération. L'expression **recombinaison génétique** désigne le brassage de gènes entraînant l'apparition, dans la descendance, de caractères qui n'existaient ensemble chez aucun des parents. En d'autres termes, les individus en question présentent des combinaisons nouvelles des caractères hérités de leur père et de leur mère. Nous allons étudier ici plus en détail les fondements chromosomiques de la recombinaison.

Recombinaison de gènes non liés : assortiment indépendant des chromosomes

À partir de ses croisements dihybrides, Mendel a constaté que les caractères de certains individus forment des combinaisons différentes de celles des plantes de la génération parentale (P). Par exemple, on peut dessiner une grille de Punnett représentant un croisement de contrôle entre un Pois hétérozygote à graines jaunes-rondes (*JjRr*, la génération F_1 de la FIGURE 15.1) et une plante homozygote à graines vertes-ridées (*jjrr*). Cette grille permet de prévoir les proportions génotypiques et phénotypiques des descendants de la génération F_1 : elles seront semblables à celles que Mendel a trouvées, parce que le locus de la couleur des graines et celui de la forme des graines se trouvent sur des chromosomes différents. Autrement dit, le gène de la forme des graines et celui de la couleur des graines ne sont pas liés, et leurs allèles suivent un assortiment indépendant. Remarquez que la moitié des individus issus de ce croisement de contrôle aura l'un des deux phénotypes parentaux (graines jaunes-rondes ou graines vertes-ridées). On parle alors de **types parentaux** (en fait, le terme « parental » désigne ici les phénotypes des plantes de la génération P, qui sont les grands-parents dans ce cas). Mais les autres phénotypes seront également présents : un quart des descendants aura des graines vertes-rondes, et un quart, des graines jaunes-ridées. Comme ces individus présenteront de nouvelles combinaisons d'allèles (relatives à la forme et à la couleur des graines), on dit qu'ils sont **recombinés**. Lorsque la moitié des descendants (appartenant à la même génération) est constituée d'individus recombinés, comme dans cet exemple, les généticiens disent que la fréquence de recombinaison est de 50 %.

On observe une fréquence de recombinaison de 50 % dans le cas de deux gènes situés sur des chromosomes différents. Du point de vue physique, la recombinaison de gènes non liés s'explique par l'agencement aléatoire des chromosomes homologues à la métaphase I de la méiose, qui mène à un assortiment indépendant des allèles (voir la FIGURE 15.1).

Recombinaison de gènes liés : enjambement

Étant donné que les gènes liés se trouvent sur le même chromosome et qu'ils tendent à rester associés au cours de la méiose et de la fécondation, ils ne subissent pas un assortiment indépendant. On ne s'attend donc pas à les voir former des combinaisons alléliques qui n'existent pas chez les parents. Cependant, il arrive que ce phénomène se produise. Pour comprendre pourquoi, revenons aux expérimentations de Morgan.

Comment peut-on expliquer les résultats du croisement de Drosophiles illustré à la FIGURE 15.4 ? La génération issue du croisement de contrôle relatif à la couleur du corps et à la forme des ailes ne présente pas la proportion phénotypique de 1:1:1:1. On obtiendrait cette proportion si les gènes des deux caractères étaient situés sur des chromosomes différents et qu'ils subissaient un assortiment indépendant. Toutefois, quand deux gènes sont *complètement* liés, parce que leurs loci se situent sur le même chromosome, on devrait observer une proportion de 1:1:0:0, et il ne devrait y avoir que des phénotypes parentaux à la génération F_2. Les résultats obtenus ne correspondent à aucune de ces deux hypothèses. Si la plupart des individus présentent un des phénotypes parentaux – ce qui semble indiquer qu'il existe une liaison entre les deux gènes –, environ 17 % sont recombinés. Bref, bien qu'il y ait une liaison entre les deux gènes concernés, elle semble incomplète.

Morgan a émis une hypothèse pour expliquer ce phénomène : il a supposé qu'un certain mécanisme, tel que l'échange de segments entre chromosomes homologues, brise quelquefois la liaison existant entre deux gènes. Des expériences ultérieures ont montré que de tels échanges ont lieu ; ils expliquent la recombinaison des gènes liés. En effet, à la prophase de la méiose I, lorsque les chromosomes homologues sont appariés, il arrive que les chromatides qui ne sont pas sœurs s'entrecroisent : elles se brisent à des endroits correspondants et échangent des fragments. C'est ce phénomène que l'on appelle enjambement (voir la FIGURE 13.9). C'est ainsi que l'on observe de nouvelles combinaisons d'allèles situés sur les chromosomes recombinés. Les étapes ultérieures de la méiose ont pour effet de répartir ces derniers dans les gamètes (FIGURE 15.5a). Cette suite d'événements explique l'existence de phénotypes recombinés chez les individus issus du croisement de contrôle effectué par Morgan (FIGURE 15.5b).

Les généticiens cartographient les loci de chaque chromosome à l'aide des données obtenues grâce à la recombinaison

À partir de la découverte des gènes liés et de la recombinaison par enjambement, l'un des étudiants de Morgan, Alfred H. Sturtevant, a mis au point une méthode permettant d'établir une **carte chromosomique** (ou carte cytogénétique), c'est-à-dire une liste ordonnée des loci tout le long d'un chromosome.

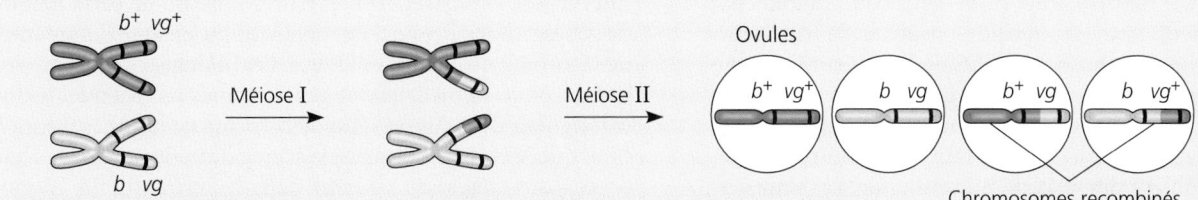

(a) Production de gamètes recombinés par une femelle dihybride. Pendant la prophase de la méiose I, les chromatides des chromosomes homologues appariés subissent un enjambement, c'est-à-dire qu'elles se brisent et échangent des fragments homologues. Dans ce cas précis, l'enjambement se produit entre les loci b^+ vg^+, d'une part, et entre les loci b et vg, d'autre part. Sur les quatre types d'ovules issus de la méiose, deux ont des génotypes recombinés, soit b^+ vg et b vg^+.

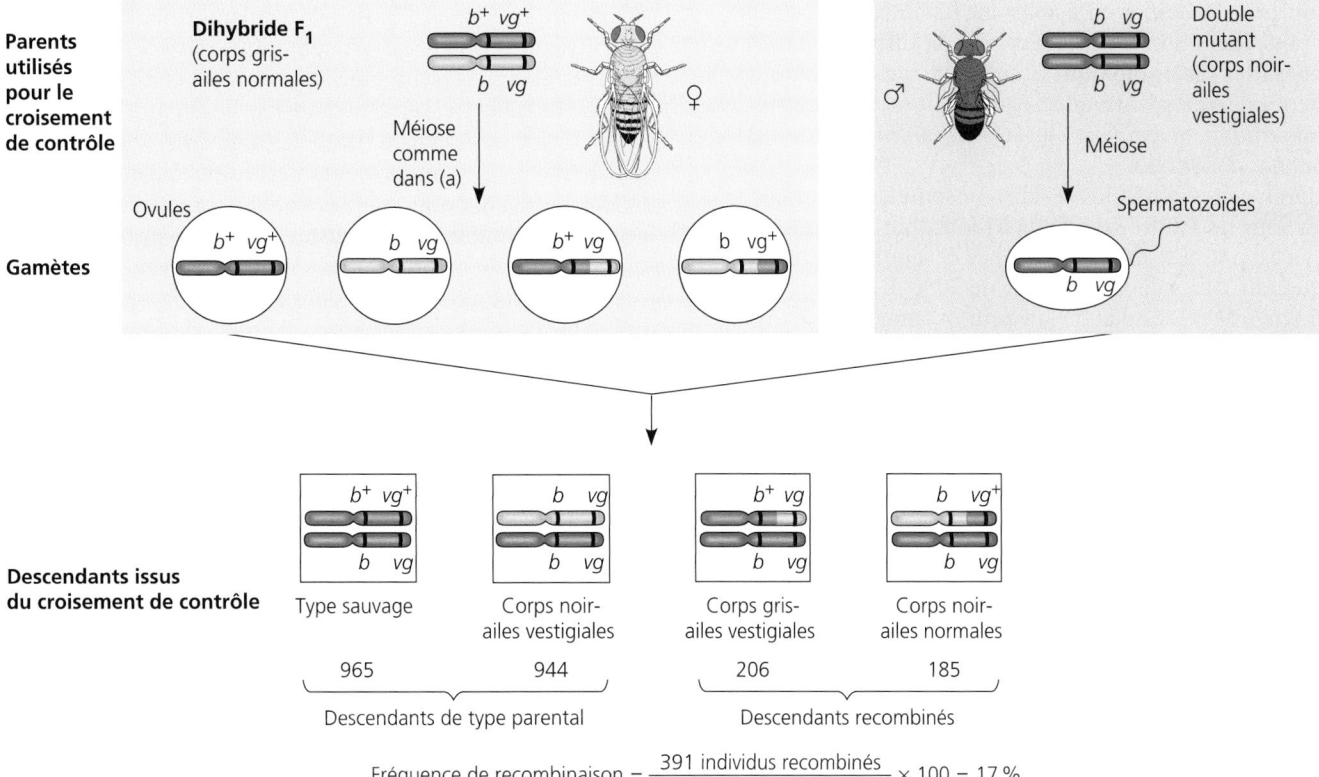

Fréquence de recombinaison = $\dfrac{391 \text{ individus recombinés}}{2\ 300 \text{ descendants au total}} \times 100 = 17\ \%$

(b) Production de descendants recombinés. Si l'on suit les chromosomes recombinés au cours de la fécondation des ovules par les spermatozoïdes de génotype b vg, on constate qu'un certain nombre de descendants recombinés auront des génotypes et des phénotypes différents de ceux de leurs deux parents. La fréquence de recombinaison est le pourcentage d'individus recombinés parmi l'ensemble des individus de la même génération.

FIGURE 15.5 Recombinaisons dues à l'enjambement. Ces diagrammes reproduisent le croisement de contrôle présenté à la FIGURE 15.4, à la différence que nous pouvons suivre ici et les chromosomes et les gènes. Les loci de la couleur du corps et de la forme des ailes sont liés du fait qu'ils se trouvent sur le même chromosome. Nous avons utilisé deux couleurs pour les chromosomes maternels afin de mieux différencier les deux homologues.

Sturtevant a émis l'hypothèse selon laquelle les fréquences de recombinaison calculées à partir d'expériences semblables à celle qui est illustrée à la FIGURE 15.5 donnent une image des distances entre les gènes le long d'un chromosome. En supposant que la probabilité d'un enjambement est à peu près la même en tout point du chromosome, il a prédit que plus les gènes sont éloignés l'un de l'autre, plus il y a des chances qu'un enjambement survienne entre eux. Par conséquent, plus la probabilité qu'une recombinaison se produise est élevée.

Son raisonnement est simple : plus l'intervalle entre les gènes est grand, plus ceux-ci sont séparés par un grand nombre de points pouvant être le siège d'un enjambement. Poursuivant son idée, Sturtevant a entrepris d'attribuer aux gènes des positions relatives sur les chromosomes, c'est-à-dire de *cartographier* les gènes à partir des fréquences de recombinaison obtenues à l'aide de croisements de drosophiles. On appelle **carte génétique** une carte dressée à partir des fréquences de recombinaison.

La FIGURE 15.6 montre une carte génétique établie par Sturtevant. Elle représente les positions relatives de trois gènes situés sur le même chromosome : celui de la couleur du corps (*b*) et celui de la taille des ailes (*vg*), que vous avez vus à la FIGURE 15.5, et enfin celui de la couleur vermillon, symbolisé par *cn* (pour cinabre). Ce dernier est l'un des nombreux gènes déterminant la couleur des yeux de la Drosophile. Les yeux vermillon (un phénotype mutant) sont d'un rouge plus vif que celui du type sauvage. La fréquence de recombinaison entre *cn* et *b* est de 9 %, et celle entre *cn* et *vg* est de 9,5 %. Autrement dit, la fréquence des enjambements entre *cn* et *b* et entre *cn* et *vg* est environ deux fois moins élevée qu'entre *b* et *vg* (17 %). Pour représenter ces chiffres de façon logique, il faut dessiner une carte génétique où *cn* se trouve à peu près à mi-chemin entre *b* et *vg* (on peut le vérifier en établissant les autres cartes génétiques possibles). Sturtevant a exprimé la distance entre les gènes en **unités cartographiques** : une unité cartographique est définie comme équivalant à une fréquence de recombinaison de 1 %. Aujourd'hui, on emploie plutôt le terme *centimorgan* (cM) en l'honneur de Morgan.

Certains gènes d'un même chromosome sont parfois si éloignés l'un de l'autre que l'apparition d'un enjambement entre eux est presque sûre. La fréquence de leur recombinaison peut atteindre une valeur maximale de 50 %. Il est impossible de distinguer un tel résultat de la valeur obtenue dans le cas de gènes non liés (donc situés sur des chromosomes différents). En fait, bien que le Pois possède sept paires de chromosomes, les sept caractères étudiés par Mendel ne sont pas tous situés sur des chromosomes différents. Par exemple, on sait maintenant que le gène de la couleur des graines et celui de la couleur des fleurs se trouvent tous deux sur le chromosome I. Cependant, ils sont si éloignés l'un de l'autre que les croisements génétiques ne permettent pas de remarquer qu'ils sont liés. Pour cartographier les gènes localisés sur un même chromosome mais distants l'un de l'autre, on effectue des croisements faisant intervenir les deux gènes en question, ainsi qu'un certain nombre de gènes situés entre eux. On tient compte ensuite des fréquences de recombinaison ainsi obtenues. Les biologistes contemporains ont découvert que deux des gènes étudiés par Mendel (celui de la longueur de la tige et celui de la forme de la gousse) sont liés. Bien que Mendel ait observé la ségrégation des allèles de chacun de ces caractères séparément dans les croisements monohybrides, il n'a pas publié les résultats des croisements dihybrides relatifs à cette paire de caractères en particulier.

Même si la distance entre deux loci situés sur le même chromosome n'est pas assez grande pour cacher les effets de leur liaison, la probabilité que plusieurs enjambements se produisent entre eux peut être significative. Un deuxième enjambement « annule » le premier, réduisant le nombre de descendants recombinés observés. L'existence d'enjambements multiples est la principale raison de l'écart numérique relevé à la FIGURE 15.6, où la fréquence de recombinaison entre *b* et *vg* est inférieure à la somme de celles qui ont lieu entre *b* et *cn* et entre *cn* et *vg*.

À l'aide des résultats de divers croisements, Sturtevant et ses collaborateurs ont pu cartographier les autres gènes connus de la Drosophile. Ils ont découvert qu'il existe quatre groupes de gènes liés. Comme les biologistes avaient identifié auparavant quatre paires de chromosomes chez cette espèce, l'existence de ces quatre groupes est venue confirmer que les gènes se situent bel et bien sur les chromosomes. Les loci des gènes portés par chaque chromosome sont alignés (FIGURE 15.7).

Comme la carte génétique représente des fréquences de recombinaisons, elle n'est pas une image exacte d'un chromosome. La fréquence des enjambements n'est pas la même tout le long du chromosome ; les unités cartographiques n'ont donc pas de dimension absolue (en nanomètres, par exemple). Une carte génétique indique la séquence des gènes le long d'un chromosome, mais elle ne montre pas leur emplacement exact. Les généticiens se servent d'autres méthodes pour dresser des **cartes cytologiques,** indiquant la position précise des gènes par rapport à certaines portions chromosomiques révélées par des bandes colorées visibles au microscope (voir la FIGURE 15.14). Les cartes les plus perfectionnées, elles, montrent les distances entre les loci des gènes selon le nombre de nucléotides d'ADN (nous en parlerons au chapitre 20). Lorsqu'on compare une carte génétique (ou même cytologique) d'un chromosome donné avec une carte de ce type, on constate que la séquence des gènes reste identique, mais que les espaces qui les séparent ne sont pas les mêmes.

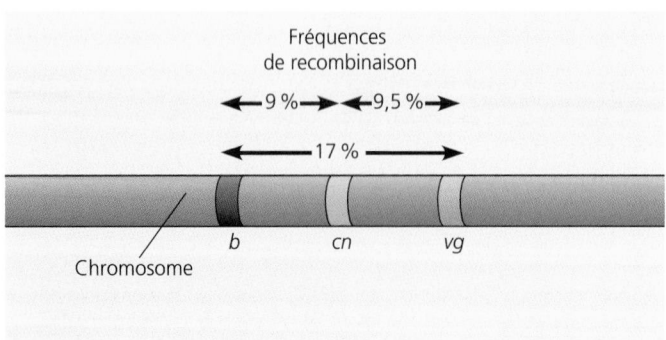

FIGURE 15.6 Établissement d'une carte génétique à partir des fréquences de recombinaison. Pour obtenir cette sorte de carte, appelée carte génétique, on suppose que la probabilité qu'un enjambement se produise entre deux loci est proportionnelle à la distance qui sépare ceux-ci. Pour déterminer l'emplacement des trois gènes de la Drosophile (*b, vg* et *cn*) qu'on voit sur cette carte, on s'est fondé sur les fréquences de recombinaison. Dans la séquence qui représente le mieux les fréquences obtenues, *cn* se trouve à peu près à mi-chemin entre les deux autres gènes. Le texte de la présente section explique pourquoi la fréquence de recombinaison entre *b* et *vg* est un peu trop faible.

LES CHROMOSOMES SEXUELS

Vous avez déjà appris que la découverte par Morgan d'un caractère lié au sexe (yeux blancs) avait constitué une étape cruciale dans l'élaboration de la théorie chromosomique de l'hérédité. Dans cette partie, nous étudierons plus en détail le rôle des chromosomes sexuels dans l'hérédité. Nous commencerons par examiner la génétique de l'identité sexuelle chez les Humains et par la comparer à la détermination du sexe chez certains autres Animaux.

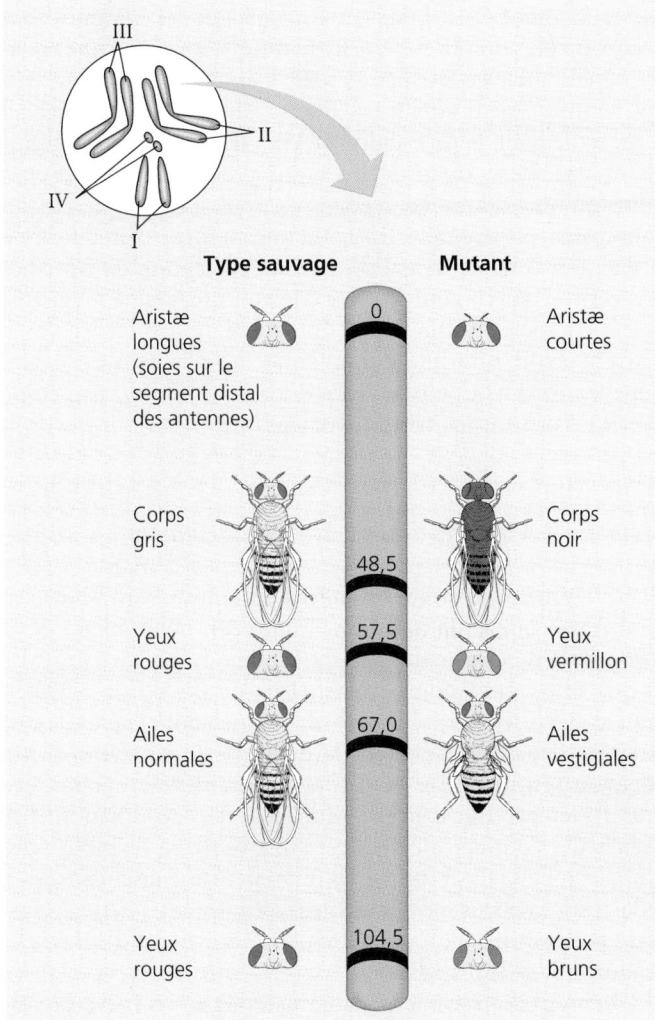

Type sauvage | **Mutant**

Aristæ longues (soies sur le segment distal des antennes) — 0 — Aristæ courtes

Corps gris — 48,5 — Corps noir

Yeux rouges — 57,5 — Yeux vermillon

Ailes normales — 67,0 — Ailes vestigiales

Yeux rouges — 104,5 — Yeux bruns

FIGURE 15.7 Carte génétique partielle d'un chromosome de la Drosophile. Cette carte génétique simplifiée montre quelques-uns des gènes qui ont été repérés sur le chromosome II de la Drosophile. Remarquez qu'un caractère phénotypique donné, comme la couleur des yeux, peut être influencé par plusieurs gènes.

Les bases chromosomiques du sexe varient selon le type d'organisme

Notre sexe constitue l'un de nos ensembles de caractères phénotypiques les plus évidents. Bien qu'il existe de nombreuses différences anatomiques et physiologiques entre l'homme et la femme, les bases chromosomiques du sexe sont relativement simples. L'Humain et les autres Mammifères présentent deux types de chromosomes sexuels, appelés X et Y. Une personne qui hérite de deux chromosomes X (un de sa mère et l'autre de son père) devient habituellement une femme. Quant à l'homme, il se développe généralement à partir d'un zygote contenant un chromosome X et un chromosome Y (FIGURE 15.8a et caryotype de la FIGURE 13.3). Dans un testicule, pendant la méiose, les chromosomes X et Y se comportent comme des chromosomes homologues, bien qu'ils ne soient que partiellement homologues. Il ne se produit que très peu d'enjambements entre eux.

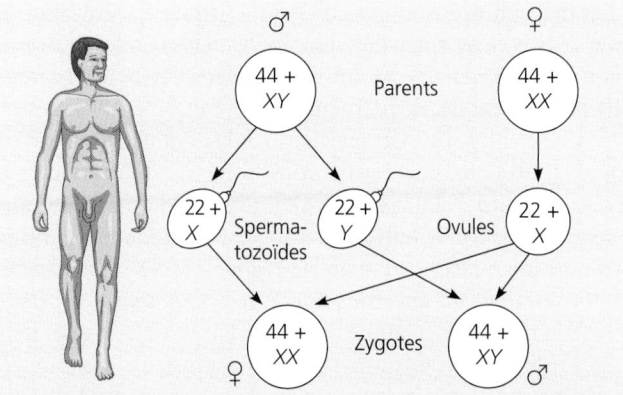

(a) Système X-Y. Chez les Mammifères, le sexe d'un individu dépend du chromosome sexuel (X ou Y) qui était porté par le spermatozoïde.

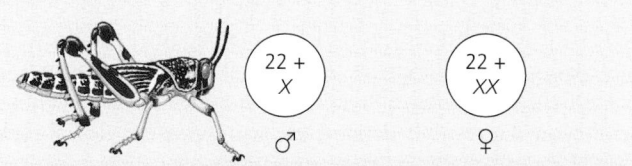

(b) Système X-0. Chez les Sauterelles, les Criquets, les Coquerelles (ou Cafards) et quelques autres insectes, il n'y a qu'un type de chromosome sexuel, le chromosome X. Les femelles sont XX, et les mâles, $X0$ (le zéro indique l'absence d'un chromosome sexuel; en d'autres termes, les mâles n'ont qu'un seul chromosome sexuel). Le sexe d'un descendant est donc conditionné par la présence ou l'absence, dans le spermatozoïde, d'un chromosome X. En réalité, pour être plus précis, nous devons dire que c'est le rapport X/A qui détermine le sexe (X représente le nombre de chromosomes sexuels X, et A, le nombre de jeux d'autosomes). Chez les femelles, $X/A = 1$; chez les mâles, $X/A = \frac{1}{2}$.

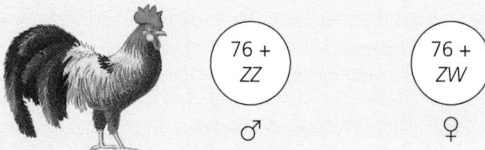

(c) Système Z-W. Chez les Oiseaux, certains Poissons et certains Insectes, le sexe est déterminé par le chromosome présent dans l'ovule (et non dans le spermatozoïde, comme dans les systèmes X-Y et X-0). Les chromosomes sexuels sont désignés par les lettres Z et W pour éviter la confusion avec le système X-Y. Les mâles sont donc ZZ, et les femelles, ZW.

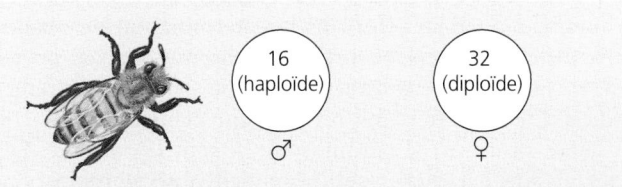

(d) Système haplo-diploïde. Chez la plupart des espèces d'Abeilles et de Fourmis, il n'y a pas de chromosomes sexuels. Les femelles se développent à partir d'ovules fécondés et sont donc diploïdes. Les mâles se développent à partir d'ovules non fécondés et sont haploïdes; ils n'ont pas de père.

FIGURE 15.8 Quelques systèmes de détermination chromosomique du sexe. Les chiffres indiquent le nombre d'autosomes (les chromosomes non sexuels). Chez la Drosophile, les mâles possèdent les chromosomes sexuels XY. Cependant, chez certains insectes, le sexe est uniquement déterminé par le nombre de chromosomes X (voir la partie b de la figure).

Les deux chromosomes sexuels subissent une ségrégation au cours de la méiose, qui a lieu dans les testicules ou les ovaires, et chaque gamète en reçoit un exemplaire. Un ovule (gamète femelle) contient nécessairement un chromosome *X*. Par contre, il y a deux catégories de spermatozoïdes (gamètes mâles) : la moitié d'entre eux porte un chromosome *X*, et l'autre moitié, un chromosome *Y*. Le sexe de tout individu est donc déterminé au moment de la conception : si un spermatozoïde porteur d'un chromosome *X* féconde l'ovule, le zygote sera *XX*. Si le spermatozoïde contient un chromosome *Y*, le zygote sera *XY*. Le sexe est le fruit du hasard, chaque résultat ayant une chance sur deux de se produire. La FIGURE 15.8 montre plusieurs systèmes de détermination chromosomiques du sexe. Le système *X* et *Y* des Mammifères est différent de celui d'autres groupes d'Animaux.

Chez l'Humain, les caractéristiques anatomiques du sexe apparaissent lorsque l'embryon a environ deux mois. Avant cela, les rudiments des gonades (organes qui produisent les gamètes) sont indifférenciés : ils peuvent devenir des ovaires ou des testicules selon les influences hormonales qui s'exercent sur l'embryon. Le résultat dépend de la présence ou de l'absence d'un chromosome *Y*. En 1990, une équipe de recherche britannique a identifié un gène indispensable au développement des testicules. Elle l'a appelé *SRY*, pour *sex-determining region of Y* (soit « région du *Y* déterminant le sexe »). En l'absence de *SRY*, les gonades deviennent des ovaires. Les chercheurs en question ont souligné que la présence (ou l'absence) de *SRY* n'est qu'un déclencheur. Les caractéristiques biochimiques, physiologiques et anatomiques associées au sexe sont complexes, et de nombreux gènes interviennent dans le développement sexuel. Le gène *SRY*, lui, code pour une protéine qui exerce une fonction régulatrice sur de nombreux autres gènes. Récemment, les chercheurs ont identifié sur le chromosome *Y* d'autres gènes assurant le fonctionnement normal des testicules. En leur absence, l'individu *XY* est de sexe masculin, mais il ne produit pas de spermatozoïdes normaux.

Les gènes liés au sexe ont un mode de transmission héréditaire qui leur est propre

En plus de jouer un rôle dans la détermination du sexe, les chromosomes sexuels, et surtout les chromosomes *X*, portent les gènes de nombreux caractères qui ne sont pas proprement sexuels. Chez les Humains, on dit d'une manière générale que les gènes situés sur le chromosome *X* sont *liés au sexe*. Leur transmission héréditaire suit le modèle observé par Morgan dans le cas du locus des yeux blancs chez la Drosophile. Les pères transmettent les allèles *liés au sexe* à toutes leurs filles, mais pas à leurs fils (FIGURE 15.9). Par contre, les mères peuvent transmettre les allèles liés au sexe à leurs filles et à leurs fils.

Si un caractère lié au sexe est dû à un allèle récessif, seules les femmes homozygotes expriment le phénotype correspondant. Il n'y a pas lieu de parler d'*homozygotes* ou d'*hétérozygotes* dans le cas des hommes, puisqu'ils n'ont qu'un seul locus de gènes liés au sexe. On dit plutôt qu'ils sont *hémizygotes*. Tout mâle ayant reçu de sa mère l'allèle récessif exprime le caractère

correspondant. C'est pour cette raison que les hommes sont beaucoup plus nombreux que les femmes à souffrir d'une maladie héréditaire récessive liée au sexe. Il arrive, évidemment, que des femmes soient atteintes d'une maladie héréditaire liée au sexe : seulement, la probabilité qu'elles héritent de deux exemplaires de l'allèle mutant est beaucoup plus faible que la probabilité qu'un homme en reçoive un seul. Prenons le cas du daltonisme, par exemple. Il s'agit d'une anomalie héréditaire de la vue, qui consiste dans l'absence de perception de certaines couleurs ou dans la confusion de couleurs (surtout le rouge et le vert). Un père daltonien et une mère transmettrice saine peuvent avoir une fille daltonienne (voir la FIGURE 15.9c). Cependant, cela a peu de chances de se produire, parce que l'allèle du daltonisme est relativement rare.

Maladies héréditaires liées au sexe chez l'Humain

Chez l'Humain, certaines maladies liées au sexe sont beaucoup plus graves que le daltonisme ; c'est le cas, notamment, de la **myopathie de Duchenne** (ou dystrophie musculaire progressive de Duchenne), qui touche environ un garçon sur 3 500 en France et en Amérique du Nord. Les personnes qui en sont atteintes dépassent rarement le début de la vingtaine. Cette affection se caractérise par un affaiblissement progressif des muscles et par une perte graduelle de la coordination. Les chercheurs l'ont liée à l'absence d'une protéine essentielle des muscles appelée dystrophine. Ils ont repéré le gène codant pour celle-ci sur un locus spécifique du chromosome *X*. Cette découverte pourrait mener à un traitement permettant d'enrayer la progression de la maladie.

L'**hémophilie** est une maladie héréditaire récessive liée au sexe. Elle résulte de l'absence d'une ou de plusieurs protéines assurant la coagulation sanguine. Lorsqu'une personne hémophile se blesse, son saignement se prolonge, parce le caillot est lent à se former. Les petites éraflures sont habituellement sans gravité, mais les saignements qui surviennent dans les muscles ou les articulations pour des raisons inconnues peuvent être douloureux et entraîner des séquelles graves. À notre époque, on traite les hémophiles au besoin en leur injectant la protéine manquante par voie intraveineuse.

L'histoire de cette maladie est intéressante. Les Hébreux de l'Antiquité avaient probablement une idée de son mode de transmission héréditaire, parce que les garçons étaient exemptés de circoncision si leur mère venait d'une famille d'hémophiles. Les familles royales d'Europe présentent une forte incidence d'hémophilie. Il semble que le premier individu de la lignée royale à avoir été atteint soit Léopold, un des fils de la reine Victoria d'Angleterre (1819-1901). L'allèle récessif de cette maladie (qui était mortelle, à l'époque) est probablement apparu chez la mère ou le père de Victoria par mutation d'une cellule sexuelle. Victoria était hétérozygote pour ce gène : c'était donc une transmettrice saine de l'allèle. Léopold a vécu assez longtemps pour engendrer une fille hétérozygote, qui a transmis la maladie à l'un de ses fils... Ultérieurement, l'hémophilie a affecté les familles royales de Prusse, de Russie et d'Espagne. Elle s'est propagée par les mariages de deux des filles de Victoria, elles aussi hétérozygotes.

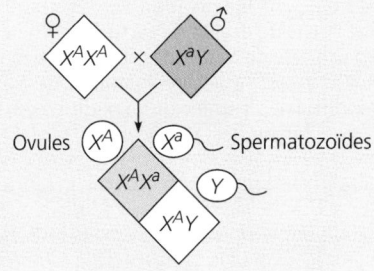

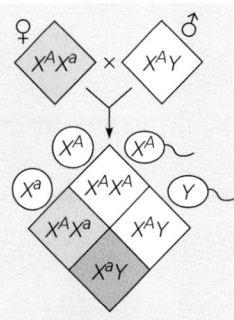

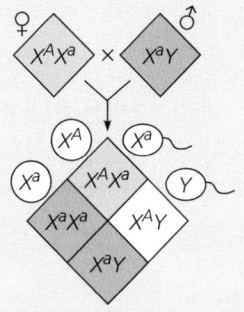

(a) Un homme qui porte l'allèle mutant donnera celui-ci à toutes ses filles, mais à aucun de ses fils. Si sa femme est homozygote dominante, leurs filles présenteront un phénotype normal, mais elles seront des transmettrices saines de la mutation.

(b) Une transmettrice saine qui s'unit à un homme normal léguera l'allèle mutant à la moitié de leurs fils et à la moitié de leurs filles. Les fils qui auront reçu l'allèle mutant seront atteints de la maladie. Les filles qui auront reçu une seule copie de celui-ci présenteront le phénotype normal, mais ce seront des transmettrices saines de la maladie, comme leur mère.

(c) Si une transmettrice saine s'unit à un homme qui a la maladie, chacun de leurs enfants aura une chance sur deux d'être atteint, quel que soit son sexe. Les filles normales seront des transmettrices saines, tandis que les garçons normaux ne porteront aucun l'allèle récessif nocif.

FIGURE 15.9 Transmission de caractères récessifs liés au sexe. Dans ce diagramme, l'exposant *A* désigne un allèle dominant porté par le chromosome *X*, alors que l'exposant *a* renvoie à un allèle récessif. Supposons que ce dernier résulte d'une mutation provoquant une maladie liée au sexe, comme l'hémophilie. Les cases blanches représentent les individus normaux, les cases claires, les transmetteurs sains, et les cases plus foncées, les personnes qui sont atteintes de la maladie.

Inactivation d'un chromosome X *chez les Mammifères femelles*

Bien que les Mammifères femelles reçoivent deux chromosomes *X*, dans chacune de leurs cellules un chromosome *X* est presque complètement inactivé au cours du développement embryonnaire. Par conséquent, les cellules somatiques des femelles et des mâles ont quasiment la même proportion effective de gènes dont le locus se trouve sur le chromosome *X*. Chez la femelle, le chromosome *X* inactif de chaque cellule se condense et forme une masse compacte appelée **corpuscule de Barr.** Celui-ci se place contre la face interne de l'enveloppe nucléaire. La plupart de ses gènes ne s'expriment pas, bien que de petites régions restent actives. (Attention ! le corpuscule de Barr est réactivé dans une cellule qui subit la méiose.)

La généticienne britannique Mary Lyon a démontré que, dans chacune des cellules embryonnaires présentes au moment de l'inactivation, le choix du chromosome *X* qui formera le corpuscule de Barr se fait au hasard et de façon indépendante. Par conséquent, la femelle est une *mosaïque* de deux types de cellules : dans certaines, le *X* actif provient du père, et dans d'autres, il provient de la mère. Une fois qu'un chromosome *X* est inactivé dans une cellule donnée, il reste dans toutes les cellules qui descendent de celle-ci par mitose. Par conséquent, si une femelle est hétérozygote pour un caractère lié au sexe, la moitié de ses cellules environ exprimera un allèle, et l'autre moitié, l'autre allèle. On peut observer directement ce type de mosaïque dans la coloration d'une chatte écaille de tortue, dont le pelage présente des taches rousses et noires (FIGURE 15.10, p. 300). Chez l'Humain, il existe une mutation récessive liée au chromosome *X* qui empêche la formation de glandes sudoripères ; on nomme cette maladie *dysplasie ectodermique anidrotique.* Une femme hétérozygote pour ce caractère présente des régions de la peau normales et des régions sans glandes sudoripères.

L'inactivation d'un chromosome *X* sous-tend l'ajout de groupements méthyle (—CH₃) à la cytosine, l'une des bases azotées des nucléotides d'ADN. (Le rôle régulateur de la méthylation de l'ADN est traité plus en détail au chapitre 19.) Mais qu'est-ce qui détermine lequel des deux chromosomes *X* sera méthylé ? Des chercheurs ont découvert un gène qui est *seulement* actif sur le corpuscule de Barr. Ils l'ont nommé *XIST* (*X-inactive specific transcript*), ou « transcription spécifique du *X* inactif ». La transcription de ce gène donne une molécule d'ARN. Des copies multiples de cette dernière semblent se lier au chromosome *X* en question au fur et à mesure qu'elles sont produites, jusqu'à ce qu'elles le recouvrent presque entièrement. Apparemment, c'est cette interaction qui amorce l'inactivation de ce chromosome. Mais cette découverte soulève d'autres questions. Quel est le lien entre le gène *XIST* et la méthylation de l'ADN ? Et dans chacune des cellules de la femelle, qu'est-ce qui détermine quel chromosome *X* aura un gène *XIST* continuellement actif et deviendra le corpuscule de Barr ? Notre connaissance du sujet est encore rudimentaire, et ces questions demeurent sans réponse pour le moment.

ANOMALIES ET EXCEPTIONS TOUCHANT L'HÉRÉDITÉ CHROMOSOMIQUE

Les caractères liés au sexe ne sont pas les seules exceptions importantes au modèle d'hérédité observé par Mendel. De plus, les modifications génotypiques qui peuvent se répercuter sur le phénotype ne se limitent pas aux mutations génétiques entraînant l'apparition de nouveaux allèles. La dernière section du présent chapitre porte sur les aberrations chromosomiques principales et sur leurs conséquences, ainsi que sur deux formes d'hérédité normales qui constituent des exceptions à la théorie chromosomique classique.

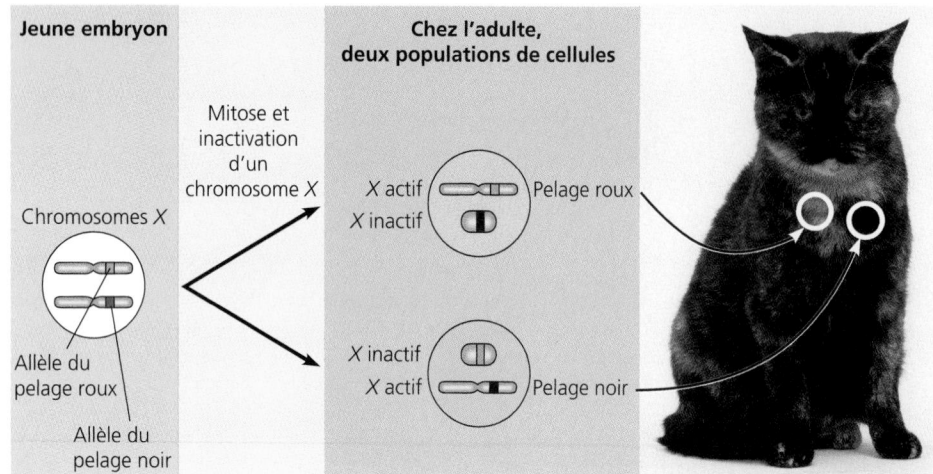

FIGURE 15.10 Inactivation du chromosome *X* chez la chatte écaille de tortue. Le gène du pelage écaille de tortue (de couleur noire mêlée de roux) se trouve sur le chromosome *X*. Ce phénotype ne s'exprime qu'en présence de deux allèles différents, l'un pour le pelage roux, l'autre, pour le pelage noir. Normalement, comme les mâles (*XY*) ne peuvent recevoir qu'un seul de ces deux allèles, les individus écaille sont presque toujours des femelles (*XX*). Si une femelle est hétérozygote pour le caractère de la couleur du pelage, elle présente le phénotype écaille de tortue. Les taches rousses sont formées par les populations de cellules dont le chromosome *X* actif porte l'allèle du pelage roux ; les taches noires sont formées par les cellules dont le chromosome *X* actif porte l'allèle du pelage noir.

Les anomalies du nombre ou de la structure des chromosomes causent certaines maladies génétiques

Des facteurs physiques comme les radiations et des substances chimiques comme les drogues peuvent endommager gravement les chromosomes d'une cellule ou encore modifier leur nombre. Même chose en ce qui concerne les erreurs qui surviennent pendant la méiose. Nous allons étudier ici certaines aberrations chromosomiques et leur lien avec quelques maladies humaines importantes.

Modifications du nombre de chromosomes : aneuploïdie et polyploïdie

Normalement, le fuseau mitotique répartit les chromosomes sans erreur dans les cellules filles. Mais il se produit parfois un accident appelé **non-disjonction** : les chromosomes homologues ne se séparent pas comme ils le devraient pendant la méiose I ou encore les chromatides sœurs ne se séparent pas pendant la méiose II. Dans ces cas, l'un des gamètes reçoit deux chromosomes de la même paire, alors qu'un autre n'en reçoit aucun (FIGURE 15.11). Habituellement, les autres chromosomes sont transmis de façon normale. Si l'un des gamètes anormaux s'unit à un gamète normal, l'individu qui en sera issu aura un nombre anormal de chromosomes, un état appelé **aneuploïdie.** Quand il y a trois copies du même chromosome dans le zygote (soit $2n + 1$ chromosomes au total), on dit que cette cellule aneuploïde est **trisomique** pour ce chromosome. Inversement, quand il manque un chromosome (la cellule a $2n - 1$ chromosomes) dans le zygote, cette cellule aneuploïde est dite **monosomique** pour ce chromosome. L'anomalie se transmet ensuite à toutes les cellules de l'embryon par mitose. Dans le cas où l'organisme survit, il souffre habituellement d'un ensemble de symptômes liés au nombre anormal de gènes dû au chromosome surnuméraire ou à l'absence d'un chromosome. La non-disjonction peut également survenir pendant la mitose. Si elle se produit au début du développement embryonnaire, alors l'état aneuploïde se transmettra par mitose à un grand nombre de cellules. Cela aura probablement des effets importants sur l'organisme. Un avortement spontané risque même de se produire.

Certains organismes possèdent plus de deux jeux complets de chromosomes. Ce type d'anomalie chromosomique porte le nom générique de **polyploïdie** ; les termes spécifiques de *triploïdie* et de *tétraploïdie* désignent respectivement un nombre de trois jeux chromosomiques ($3n$) ou de quatre jeux chromosomiques ($4n$). Un zygote triploïde peut être formé par la fécondation d'un ovule anormal, devenu diploïde à cause de la non-disjonction de tous ses chromosomes. L'état tétraploïde, lui, peut résulter de l'absence de division d'un zygote (originellement à $2n$) après la réplication de ses chromosomes en vue de la première mitose. Les mitoses ultérieures produisent alors un embryon à $4n$.

La polyploïdie est relativement fréquente dans le règne végétal, et nous verrons au chapitre 24 que l'apparition spontanée d'individus polyploïdes joue un rôle important dans l'évolution des Végétaux. Chez les Animaux, les espèces polyploïdes sont beaucoup moins communes, mais elles existent chez les Poissons et les Amphibiens. Récemment, les chercheurs ont identifié au Chili un rongeur, le Rat-viscache roux (*Tympanoctomys barreræ*), dont les cellules sont tétraploïdes (FIGURE 15.12). Il s'agit du premier mammifère polyploïde connu. D'une manière générale, les individus polyploïdes ont une apparence plus normale que les aneuploïdes. L'absence d'un chromosome ou, au contraire, la présence d'un chromosome surnuméraire semblent rompre l'équilibre génétique plus gravement que la présence d'un jeu complet de chromosomes supplémentaires.

Modifications de la structure chromosomique

Lorsqu'un chromosome se rompt, quatre types de modifications de sa structure peuvent se produire. La **délétion** apparaît lorsqu'un fragment de chromosome exempt de centromère est perdu au cours de la division cellulaire. Il manque alors certains gènes au chromosome en question. Dans certains cas, si la méiose est en cours, le fragment peut s'attacher à une chromatide sœur et former un segment supplémentaire, entraînant une **duplication** dans le chromosome hôte. (Il se peut également qu'un fragment détaché s'attache à un chromosome homologue et soit la source d'une duplication ; dans ce cas, les parties « dédoublées » du chromosome ne sont pas nécessairement identiques.) Le fragment peut aussi s'attacher de nouveau

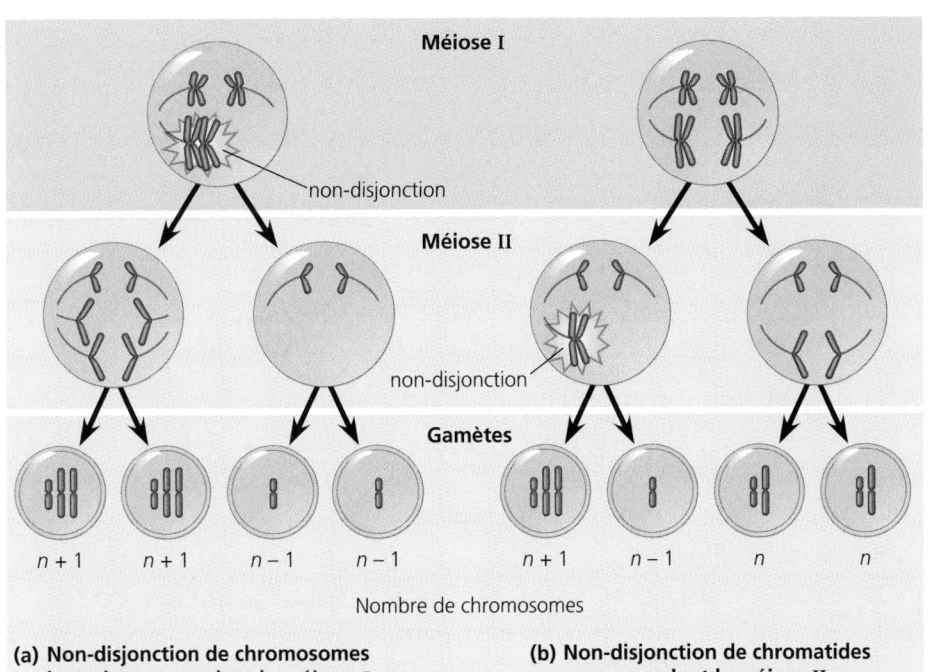

FIGURE 15.11 Non-disjonction méiotique.
Pendant la méiose, il y a deux moments de non-disjonction possible ; il en résulte des gamètes avec un nombre anormal de chromosomes.

Méiose I

non-disjonction

Méiose II

non-disjonction

Gamètes

$n + 1$ $n + 1$ $n - 1$ $n - 1$ $n + 1$ $n - 1$ n n

Nombre de chromosomes

(a) Non-disjonction de chromosomes homologues pendant la méiose I

(b) Non-disjonction de chromatides sœurs pendant la méiose II

à son chromosome d'origine, mais à l'envers ; une **inversion** a alors lieu. Enfin, le segment détaché peut se joindre à un chromosome non homologue ; ce quatrième résultat possible est nommé **translocation**. La FIGURE 15.13, à la page 302, illustre ces quatre types de modifications de la structure chromosomique.

C'est pendant la méiose, lors d'un enjambement, que les délétions et les duplications ont le plus de chances de se produire. Des fragments de chromatides homologues (qui ne sont pas sœurs) se brisent et se rattachent au mauvais endroit, de sorte que l'une des chromatides perd des gènes, alors que l'autre en reçoit en trop. Le résultat final d'un tel enjambement non réciproque donne un chromosome avec une délétion, et un autre, avec une duplication.

FIGURE 15.12 Un mammifère tétraploïde ? Les cellules somatiques du Rat-viscache roux d'Argentine (*Tympanoctomys barreræ*) ont environ deux fois plus de chromosomes que celles des espèces étroitement apparentées. (Il est intéressant de constater que la tête de ses spermatozoïdes est plus grande que la normale, probablement pour contenir le volume accru du matériel génétique.) Les scientifiques pensent que cette espèce de rat est apparue sous sa forme tétraploïde lorsque le nombre de chromosomes d'un ancêtre a doublé, sans doute à la suite d'une erreur survenue à la mitose ou à la méiose dans les organes reproducteurs de l'animal. On étudie actuellement cette espèce pour déterminer si elle porte vraiment quatre jeux complets de chromosomes (4*n*).

Chez un embryon diploïde dont deux chromosomes homologues ont subi une délétion (ou chez un mâle dont l'unique chromosome *X* a perdu un fragment), il peut manquer un certain nombre de gènes essentiels, et cet état est généralement létal. Les duplications et les translocations ont aussi souvent des effets nocifs. Dans le cas des translocations réciproques (échanges de segments entre chromosomes non homologues) et des inversions, tous les gènes sont présents en nombre normal, et l'équilibre n'est pas rompu. Il reste que les translocations et les inversions risquent de se répercuter sur le phénotype, un gène pouvant s'exprimer en fonction de son emplacement sur le chromosome, soit de sa position par rapport aux autres gènes.

Maladies humaines résultant d'aberrations chromosomiques

Les modifications du nombre et de la structure des chromosomes sont associées à certaines maladies graves chez l'Humain. Lorsqu'une non-disjonction survient au cours de la méiose, le gamète affecté, puis le zygote issu de sa fusion avec un autre gamète, lors de la fécondation, sont aneuploïdes : ils contiennent un nombre anormal de chromosomes. La fréquence des zygotes aneuploïdes peut être assez élevée chez l'Humain. Toutefois, la plupart des aberrations chromosomiques de cette nature ont des conséquences si désastreuses sur le développement que les embryons atteints sont expulsés naturellement (avortements spontanés), bien avant la naissance. Certains types d'aneuploïdie perturbent moins l'équilibre génétique que les autres, de sorte que les grossesses sont menées à terme et que les individus atteints de l'anomalie vivent un certain temps. Chaque type d'aneuploïdie s'accompagne d'un ensemble de symptômes (un syndrome) caractéristiques. Les maladies génétiques causées par l'aneuploïdie peuvent être diagnostiquées chez les fœtus avant la naissance (p. 282 et 283).

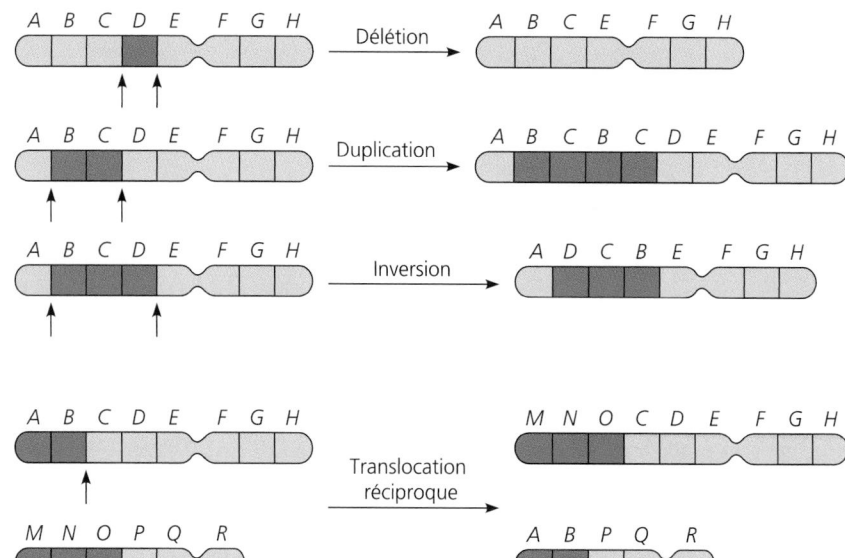

(a) Délétion : Perte d'un segment de chromosome.

(b) Duplication : Répétition d'un segment.

(c) Inversion : Retournement d'un segment dans un même chromosome.

(d) Translocation : Cassure d'un segment de chromosome et transfert sur un chromosome non homologue. Il y a deux sortes de translocations. La plus commune est la translocation réciproque : elle se produit quand des chromosomes non homologues échangent des fragments. La translocation non réciproque est moins fréquente : elle a lieu lorsqu'un chromosome donne un fragment à un chromosome non homologue sans en recevoir un autre en échange.

FIGURE 15.13 Altérations de la structure chromosomique. Les flèches verticales indiquent les endroits où les chromosomes se brisent. Les parties colorées en violet foncé représentent les morceaux de chromosome affectés par les remaniements.

L'état aneuploïde appelé **syndrome de Down** touche environ un enfant sur 800 né au Québec. Il est habituellement dû à la présence d'un chromosome 21 surnuméraire : chaque cellule a 47 chromosomes au total (FIGURE 15.14) au lieu de 46. On dit alors que la cellule est trisomique pour le chromosome 21. Bien qu'il s'agisse du plus petit chromosome humain, son surnombre a de graves conséquences sur le phénotype des personnes atteintes : celles-ci ont des traits faciaux caractéristiques, une petite taille, des malformations cardiaques, une sensibilité aux infections respiratoires et un retard intellectuel. De plus, elles ont une prédisposition à la leucémie et à la maladie d'Alzheimer. (Ce n'est probablement pas une coïncidence que les gènes associés à ces deux maladies se trouvent sur le chromosome 21.) Elles ont une durée de vie moyenne nettement inférieure à la normale, mais certaines d'entre elles atteignent un âge assez avancé. En général, elles ne se développent pas complètement sur le plan sexuel et elles sont stériles. Dans la plupart des cas, le syndrome de Down est dû à une non-disjonction lors de la production des gamètes chez l'un des parents.

Il existe une corrélation entre l'âge de la mère et la fréquence du syndrome de Down. Cette anomalie apparaît chez 0,04 % des enfants issus de mères ayant moins de 30 ans. Cette proportion passe à 1,25 % dans le cas de femmes au début de la trentaine, et elle s'élève encore plus chez celles qui sont plus âgées. Comme les femmes enceintes ayant plus de 35 ans courent un risque relativement grand, elles subissent généralement des tests permettant de détecter la trisomie 21 chez l'embryon. La corrélation entre la fréquence de cette anomalie et l'âge de la mère reste inexpliquée. La plupart des cas de syndrome de Down résultent d'une non-disjonction lors de la méiose I. Des recherches récentes permettent de penser qu'une anomalie liée à l'âge affecte le fonctionnement du fuseau :

l'anaphase commence avant même que tous les kinétochores soient fixés aux microtubules du fuseau, et le chromosome 21 libre va rejoindre son homologue dans une cellule fille. L'incidence des trisomies des autres chromosomes s'accroît aussi avec l'âge de la mère, mais les nouveau-nés souffrant de trisomies autosomiques survivent rarement.

La non-disjonction des chromosomes sexuels entraîne divers types d'états aneuploïdes chez l'Humain. Le plus souvent, il semble que le déséquilibre génétique ainsi créé soit moins grave que dans les formes d'aneuploïdie touchant les autosomes. Peut-être est-ce parce que le chromosome Y porte relativement peu de gènes et que les copies surnuméraires du chromosome X sont inactivées sous la forme de corpuscules de Barr dans les cellules somatiques.

Un garçon sur 1 000 porte, à la naissance, un chromosome X surnuméraire (génotype XXY). Cette anomalie est appelée *syndrome de Klinefelter* (voir le caryotype ci-dessous). Les

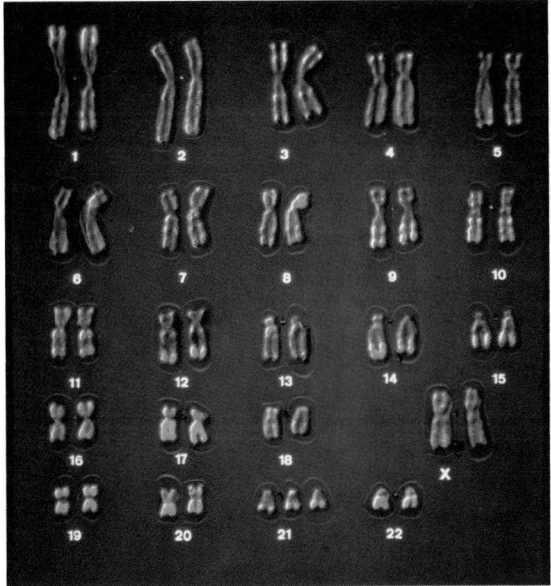

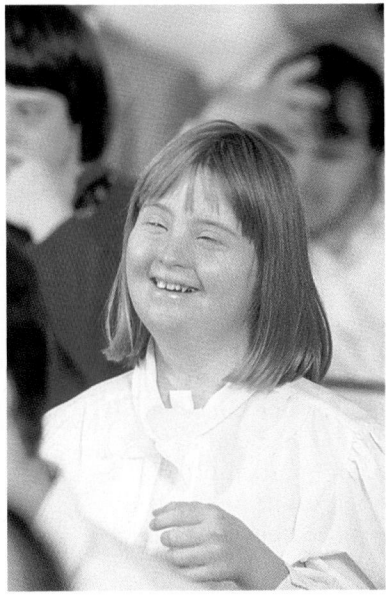

FIGURE 15.14 Syndrome de Down (trisomie 21). Le caryotype montre la trisomie 21. L'enfant présente le faciès caractéristique du syndrome de Down.

hommes touchés ont des organes sexuels masculins, mais leurs testicules sont atrophiés et ils sont stériles. Ils ont souvent des seins développés et d'autres caractères physiques féminins qui ont trait à la pilosité et à la déposition de graisses, notamment dans les seins. Leur intelligence est habituellement normale.

Un garçon sur 840 naît avec un chromosome *Y* surnuméraire (*XYY*). Les sujets de sexe masculin à qui cela arrive ne présentent aucun syndrome bien défini, mais leur taille est légèrement supérieure à la moyenne. Les sujets de sexe féminin atteints de trisomie *X* (ou *syndrome du triple X*), une anomalie qui touche environ un enfant né vivant sur 1 000, présentent des phénotypes variés : certaines femmes seront normales (sauf en ce qui concerne leur caryotype), alors que d'autres auront des ovaires immatures, des problèmes de fécondité, un certain retard dans le développement intellectuel ou d'autres phénotypes possibles. La monosomie *X* (génotype *X0*), appelée *syndrome de Turner* (voir le caryotype ci-dessous), touche un enfant sur 5 000 environ. C'est la seule monosomie viable chez l'Humain. Bien que les personnes atteintes aient un phénotype féminin, leurs organes sexuels ne parviennent pas à maturité à l'adolescence et elles sont stériles. Cependant, elles acquièrent des caractères sexuels secondaires si elles reçoivent une thérapie de remplacement aux œstrogènes. La plupart ont une intelligence normale.

Un Humain qui a un *nombre* normal de chromosomes mais une *structure* chromosomique altérée peut souffrir de certains troubles. Beaucoup de délétions affectant des chromosomes (voir la FIGURE 15.13a), même à l'état hétérozygote, provoquent des déficiences physiques et mentales graves. L'un de ces syndromes est appelé *cri du chat*. Il traduit une délétion sur un chromosome de la paire 5. Un bébé sur 50 000 est atteint de cette anomalie. En grandissant, il accuse un retard mental. Il possède une petite tête et des traits faciaux inhabituels, et son cri ressemble au miaulement d'un chat en détresse. Il mourra habituellement peu après sa naissance ou au début de l'enfance.

La translocation (le rattachement d'un fragment de chromosome à un autre chromosome non homologue) est une autre sorte de modification de la structure chromosomique associée à des maladies humaines (FIGURE 15.13d). On a relié certains cancers, y compris la *leucémie myéloïde chronique* (LMC), à des translocations chromosomiques. La LMC est caractérisée par une prolifération des globules blancs, d'abord dans la moelle osseuse, puis dans le sang. Dans la phase aiguë de la maladie, les globules blancs ne subissent pas de maturation ; ils ne peuvent donc pas exercer leur fonction de défense. Les cellules cancéreuses des malades atteints de LMC ont subi une translocation réciproque : une partie du chromosome 22 a été échangée contre l'extrémité du chromosome 9. (Nous verrons au chapitre 19 comment un tel échange peut causer le cancer.)

Une translocation chromosomique d'un type différent survient chez un petit pourcentage des sujets atteints de trisomie 21. Toutes leurs cellules ont un nombre normal de chromosomes, soit 46. Cependant, un examen attentif de leur caryotype révèle la présence d'un troisième chromosome 21, ou d'un segment de celui-ci, rattaché à un autre chromosome à la suite d'une translocation.

Chez les Mammifères, certains gènes produisent un phénotype différent selon qu'ils proviennent de la mère ou du père (empreinte génomique)

Tout au long de notre présentation de la génétique mendélienne et des bases chromosomiques de l'hérédité, nous avons supposé qu'un allèle donné exerce un effet donné, qu'il soit transmis par la mère ou par le père. C'est probablement vrai dans la plupart des cas. Par exemple, lorsque Mendel croisait des Pois à fleurs violettes avec d'autres Pois à fleurs blanches, il obtenait des résultats identiques, que le parent à fleurs violettes ait fourni le gamète mâle ou le gamète femelle. Cependant, les généticiens ont identifié récemment chez les Mammifères certains caractères (y compris certaines maladies héréditaires humaines) dont l'expression dépend de l'identité du parent qui transmet l'allèle correspondant. (Remarquez qu'il ne s'agit pas de caractères liés au sexe : les gènes en question peuvent se trouver ou non sur le chromosome *X*).

Considérons deux affections appelées *syndrome de Prader-Labhart-Willi* et *syndrome d'Angelman.* Leurs symptômes ne sont pas les mêmes. Le syndrome de Prader-Labhart-Willi se caractérise par l'arriération mentale, l'obésité, une petite taille, et des mains et des pieds particulièrement petits. Cette maladie génétique affecte 1 nouveau-né sur 12 000 à 15 000. Quant aux personnes souffrant du syndrome d'Angelman (1 bébé sur 100 000 est atteint), elles rient de façon spontanée et inattendue, ont des gestes saccadés et présentent d'autres symptômes sur les plans de la motricité et du développement mental. Les deux maladies semblent avoir la même cause : la délétion d'un certain segment du chromosome 15. Cependant, quand un enfant reçoit le chromosome défectueux de son père, il présente le syndrome de Prader-Labhart-Willi ; quand il le reçoit de sa mère, il a le syndrome d'Angelman. Il semble donc que les gènes de la région ayant subi la délétion aient des effets différents selon qu'ils se trouvent sur le chromosome maternel ou paternel.

Le mécanisme nommé **empreinte génomique** permet d'expliquer les différences entre ces deux syndromes, ainsi que d'autres phénomènes analogues. Il fait en sorte qu'un gène situé sur un chromosome donné soit « réduit au silence », pendant que son allèle (situé sur le chromosome homologue) est libre de s'exprimer. Chez les Mammifères, certains gènes reçoivent une empreinte particulière à chaque génération, selon qu'ils se trouvent chez un individu de sexe masculin ou chez un individu de sexe féminin (FIGURE 15.15). Il semble que les empreintes paternelle et maternelle soient « effacées » dans les cellules germinales primordiales (les cellules productrices de gamètes) de la nouvelle génération et que tous les chromosomes reçoivent une empreinte selon le sexe de l'individu chez qui ils se trouvent. Il résulte de cela que les mêmes allèles peuvent avoir des effets différents selon qu'ils arrivent dans un zygote par l'ovule ou par le spermatozoïde.

 Comment une cellule fabrique-t-elle l'empreinte génomique ? Dans de nombreux cas, des groupements méthyle (—CH₃) sont ajoutés aux nucléotides de cytosine de l'un des allèles. L'hypothèse de la neutralisation d'un allèle par méthylation concorde avec le fait que les gènes très méthylés sont habituellement inactifs (voir la p. 393). Chez un animal, l'allèle actif serait donc celui qui *n'est pas* méthylé. Cependant, il existe aussi des cas où c'est l'absence de méthylation dans le voisinage d'un allèle qui contribue à neutraliser celui-ci (le voisinage de l'allèle actif, sur le chromosome homologue, est méthylé). Les chercheurs s'efforcent d'élucider le mécanisme en jeu.

Jusqu'à présent, les chercheurs ont identifié chez les Mammifères environ 20 gènes pouvant subir une empreinte ; il en existe peut-être des centaines d'autres. La plupart de ceux qui sont connus ont une fonction critique dans le développement embryonnaire. Des expériences menées sur des souris appuient cette idée. Ainsi, on a manipulé des embryons de souris de sorte à leur donner deux exemplaires de certains chromosomes d'un même parent ; aucune gestation n'a été menée à terme, quel qu'ait été le sexe du parent en question. Apparemment, le développement ne peut se dérouler normalement que s'il y a un exemplaire actif de certains gènes (et non zéro ou deux).

Chez les Humains, l'empreinte génomique permet peut-être d'expliquer le mode de transmission héréditaire d'autres syndromes que ceux de Prader-Labhart-Willi et d'Angelman, notamment le **syndrome de l'*X* fragile.** Le nom de cette affection vient de l'apparence anormale d'un chromosome *X* : l'extrémité de celui-ci est reliée au reste par un mince fil d'ADN. Normalement, le gène situé à la base du chromosome sexuel *X* contient un triplet CGG répété une trentaine de fois. Lorsque ce triplet est répété quelque 230 fois, cela amincit l'extrémité du chromosome, et la maladie apparaît. Les enfants atteints de ce syndrome (environ un garçon sur 2 000 et une fille sur 4 000) présentent un phénotype variable et souffrent de troubles à des degrés divers : certains connaissent un léger problème d'apprentissage, alors que d'autres ont une déficience intellectuelle sévère ; certains sont hyperactifs, alors que d'autres sont autistes. Le syndrome de l'*X* fragile est la forme la plus commune de déficience intellectuelle d'origine génétique.

La transmission héréditaire de l'*X* fragile s'effectue selon un mode complexe. Le syndrome est plus commun lorsque le chromosome anormal est transmis par la mère que par le père, ce qui explique que la maladie soit plus commune chez les garçons : si un garçon (*XY*) reçoit un chromosome *X* fragile, celui-ci vient nécessairement de sa mère. Le syndrome de l'*X* fragile représente un cas où l'empreinte (méthylation) de l'allèle anormal chez la mère provoque le syndrome (au lieu de le « neutraliser »). Au chapitre 19, nous verrons que cet allèle anormal a des caractéristiques moléculaires inhabituelles.

La transmission héréditaire des gènes extranucléaires ne suit pas le modèle mendélien

Bien que ce chapitre ait porté essentiellement sur les bases chromosomiques de l'hérédité, nous allons le conclure par une mise au point importante : les gènes des cellules eucaryotes ne sont pas tous situés sur les chromosomes du noyau ni même dans le noyau. Il existe des gènes extranucléaires, localisés sur de petits anneaux d'ADN contenus dans les mitochondries ou, chez les Végétaux, dans les plastes (dont font partie les chloroplastes). Les mitochondries, de même que les plastes, se reproduisent et transmettent leurs gènes à des organites fils. Les gènes cytoplasmiques ne suivent pas le modèle mendélien de l'hérédité, parce qu'ils ne sont pas transmis aux descendants selon les mêmes lois que les chromosomes nucléaires pendant la méiose.

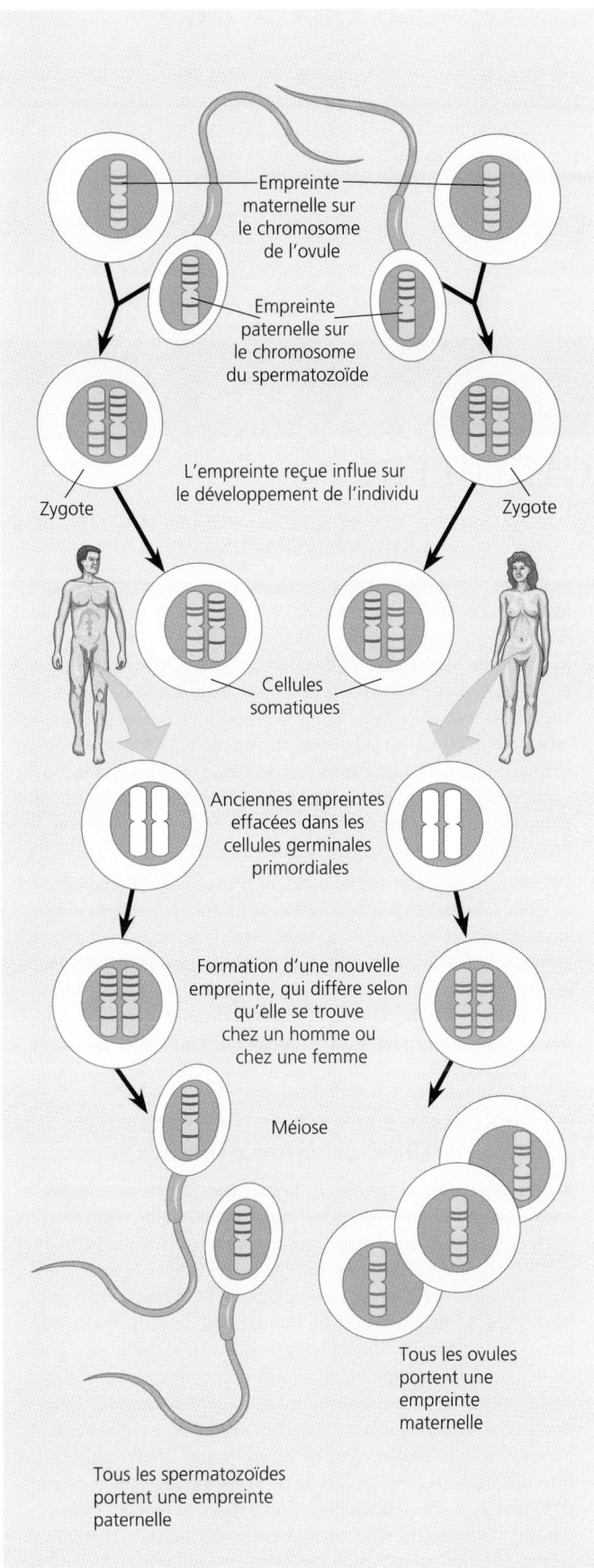

Empreinte maternelle sur le chromosome de l'ovule

Empreinte paternelle sur le chromosome du spermatozoïde

Zygote

L'empreinte reçue influe sur le développement de l'individu

Zygote

Cellules somatiques

Anciennes empreintes effacées dans les cellules germinales primordiales

Formation d'une nouvelle empreinte, qui diffère selon qu'elle se trouve chez un homme ou chez une femme

Méiose

Tous les ovules portent une empreinte maternelle

Tous les spermatozoïdes portent une empreinte paternelle

FIGURE 15.15 Empreinte génomique. Les spermatozoïdes et les ovules des Mammifères sont porteurs de chromosomes qui ont une empreinte génomique différente. Par conséquent, un allèle donné a un effet phénotypique qui dépend du sexe de l'individu dont il provient. À chaque nouvelle génération, les anciennes empreintes sont « effacées » lors de la production des gamètes, et tous les chromosomes reçoivent une empreinte particulière selon le sexe de l'individu chez qui ils se trouvent.

Les gènes cytoplasmiques ont été observés pour la première fois chez les Végétaux. En 1909, Karl Correns a étudié la transmission héréditaire des taches jaunes ou blanches parsemant les feuilles d'une plante dont les autres parties étaient vertes. Il a découvert que la coloration des descendants ne dépend que du parent femelle duquel proviennent les graines, et non du parent mâle ayant fourni le pollen. Des recherches ultérieures ont permis de montrer que ces motifs de couleur sont dus aux gènes des plastes déterminant la pigmentation. Chez la plupart des Végétaux, tous les plastes du zygote proviennent du gamète femelle et non du pollen. Lors du développement du zygote, le motif de la coloration des feuilles dépend donc uniquement des gènes des plastes maternels (FIGURE 15.16).

Chez les Mammifères, les gènes des mitochondries sont aussi transmis par hérédité maternelle : toutes les mitochondries issues du zygote proviennent du cytoplasme de l'ovule. Récemment, les chercheurs ont découvert que des mutations de l'ADN mitochondrial sont la cause de certaines maladies rares chez les Humains. Les produits de la plupart des gènes mitochondriaux contribuent à la constitution des complexes protéiques de la chaîne de transport des électrons et de l'ATP synthétase (voir le chapitre 9). Par conséquent, si une ou plusieurs de ces protéines sont défectueuses, la cellule ne peut pas synthétiser autant d'ATP qu'il le faut. La plupart des maladies mitochondriales touchent le système nerveux et les muscles, qui sont les systèmes les plus exposés aux déficits énergétiques. Par exemple, les personnes atteintes de *myopathie mitochondriale* souffrent de faiblesse, d'intolérance à l'exercice et de dégénérescence musculaire.

FIGURE 15.16 Hérédité cytoplasmique des feuilles de Tomate (*Lycopersicum esculentum*). Les feuilles panachées (rayées ou tachetées) sont dues à des gènes situés dans les plastes des cellules végétales et non aux gènes des chromosomes du noyau. Comme tous les plastes d'un zygote proviennent du gamète femelle, tous les gènes des plastes proviennent de la plante ayant produit les graines.

Il n'y a pas que des maladies rares qui sont causées par des défauts de l'ADN mitochondrial. Des mutations mitochondriales transmises par la mère contribuent à certaines formes de diabète et à des maladies cardiaques, ainsi qu'à d'autres troubles communs chez les personnes âgées, comme la maladie d'Alzheimer. Au cours de la vie, de nouvelles mutations s'accumulent peu à peu dans l'ADN mitochondrial, et certains chercheurs pensent qu'elles jouent un rôle dans le processus de vieillissement normal.

■ ■ ■

Quel que soit l'endroit où les gènes sont situés (dans le noyau ou dans le cytoplasme), leur transmission héréditaire dépend de la réplication précise de l'ADN, qui constitue le matériel génétique. Dans le prochain chapitre, nous étudierons le mécanisme de ce dédoublement moléculaire.

RÉVISION DU CHAPITRE

Résumé des concepts importants

LES LIENS ENTRE L'HÉRÉDITÉ MENDÉLIENNE ET LES CHROMOSOMES

■ **Le fondement physique de l'hérédité mendélienne réside dans le comportement des chromosomes au cours des cycles de développement sexués (p. 290 et 291, FIGURE 15.1)** Au début du XXe siècle, les généticiens ont démontré que les lois de Mendel s'expliquent par les mouvements des chromosomes pendant la méiose.

■ **Morgan a trouvé sur quel chromosome se situe un gène particulier (p. 290 à 292, FIGURE 15.3)** Il a découvert qu'un gène de la couleur des yeux chez la Drosophile se trouve sur le chromosome X, ce qui concordait avec la théorie chromosomique de l'hérédité.

■ **Les gènes liés sont souvent transmis ensemble, parce qu'ils se trouvent sur le même chromosome (p. 292 à 294, FIGURE 15.4)** Chaque chromosome porte des centaines ou des milliers de gènes. Les gènes liés ne suivent pas la loi mendélienne de l'assortiment indépendant.

■ **L'assortiment indépendant des chromosomes et l'enjambement produisent des individus recombinés (p. 294 et 295, FIGURE 15.5)** Les descendants recombinés, dont les caractères hérités de leurs parents forment de nouvelles combinaisons, sont le résultat des événements survenus pendant la méiose et la fécondation aléatoire. Parmi ces événements, il y a notamment l'enjambement et l'assortiment indépendant des chromosomes à la première division méiotique. Une fréquence de recombinaison inférieure à 50 % indique que les gènes sont liés, mais qu'il y a eu enjambement entre les chromosomes homologues. À la prophase de la méiose I, les chromosomes homologues appariés se coupent à des endroits correspondants et échangent des fragments. Cela fait apparaître de nouvelles combinaisons d'allèles, qui sont ensuite transmises aux gamètes.

■ **Les généticiens cartographient les loci de chaque chromosome à l'aide des données obtenues grâce à la recombinaison (p. 294 à 296, FIGURE 15.6)** À partir des données sur les enjambements, il est possible de cartographier les gènes en reconstituant l'ordre dans lequel ils sont alignés et en évaluant approximativement les distances relatives qui les séparent. Plus les gènes sont éloignés l'un de l'autre sur un même chromosome, plus il est probable qu'un enjambement surviendra entre eux. La cartographie cytologique est une technique qui permet de situer le locus d'un gène en faisant le lien entre un phénotype mutant et une anomalie chromosomique visible au microscope.

LES CHROMOSOMES SEXUELS

■ **Les bases chromosomiques du sexe varient selon le type d'organisme (p. 297 et 298, FIGURE 15.8)** Le sexe se traduit par un ensemble de caractères phénotypiques héréditaires habituellement déterminés par la présence ou l'absence de chromosomes particuliers. Le mécanisme exact de la détermination du sexe varie selon les espèces. Les Humains et les autres Mammifères ont un système X-Y, ce qui est également le cas de la Drosophile : un mâle XY transmet soit un chromosome X, soit un chromosome Y à un spermatozoïde, qui s'unit ensuite à un ovule contenant un chromosome X provenant d'une femelle XX. Dès la conception, le sexe du descendant est déterminé par le chromosome sexuel du spermatozoïde (X ou Y).

■ **Les gènes liés au sexe ont un mode de transmission héréditaire qui leur est propre (p. 298 et 299, FIGURE 15.9)** Les chromosomes sexuels portent les gènes de certains caractères qui n'ont aucun lien avec le sexe (mâle ou femelle). L'hémophilie est une maladie héréditaire récessive liée au sexe. Le gène qui cause son apparition se trouve sur le chromosome X. Chez les Mammifères femelles, l'un des deux chromosomes X de chaque cellule est inactivé de façon aléatoire au début du développement embryonnaire.

ANOMALIES ET EXCEPTIONS TOUCHANT L'HÉRÉDITÉ CHROMOSOMIQUE

■ **Les anomalies du nombre ou de la structure des chromosomes causent certaines maladies génétiques (p. 300 à 303, FIGURES 15.11, 15.13, 15.14)** Des erreurs survenant au cours de la méiose peuvent modifier le nombre de chromosomes par cellule ou la structure des chromosomes. Ces changements peuvent se répercuter sur le phénotype. L'aneuploïdie, soit l'anomalie du nombre de chromosomes, peut apparaître lorsqu'un gamète normal s'unit à un gamète contenant deux exemplaires ou, au contraire, ne contenant aucun exemplaire d'un chromosome donné à la suite d'une non-disjonction survenue pendant la méiose. La polyploïdie, c'est-à-dire la présence de plus de deux jeux de chromosomes, peut résulter d'une non-disjonction complète lors de la formation des gamètes. Le bris d'un chromosome peut mener à divers types de remaniements. Un fragment détaché d'un chromosome (délétion) peut produire une duplication, une translocation ou une inversion en s'attachant à un autre chromosome. Les aberrations de ce type sont la cause de diverses maladies humaines, comme le syndrome de Down (généralement dû à la trisomie du chromosome 21).

- Chez les Mammifères, certains gènes produisent un phénotype différent selon qu'ils proviennent de la mère ou du père (empreinte génomique) (p. 304 et 305, FIGURE 15.15) Dans les cellules germinales primordiales, certaines parties des chromosomes subissent une empreinte soit mâle, soit femelle, probablement sous forme de méthylation. Ce phénomène influe sur l'expression des gènes chez les descendants. L'empreinte génomique permet d'expliquer le mode de transmission de certaines maladies héréditaires, comme le syndrome de l'X fragile.

- La transmission héréditaire des gènes extranucléaires ne suit pas le modèle mendélien (p. 304 à 306) Les mitochondries et les chloroplastes contiennent leurs propres gènes. Comme le cytoplasme du zygote provient de l'ovule, certains caractères du phénotype des descendants dépendent uniquement des gènes du cytoplasme maternel. Certaines maladies touchant les systèmes nerveux et musculaire sont causées par des défauts de l'ADN mitochondrial qui empêchent les cellules de produire assez d'ATP.

Autoévaluation

(Les questions dont les numéros sont en caractères gras font surtout appel à la compréhension.)

1. Un homme souffrant d'hémophilie (une maladie héréditaire récessive liée au sexe) a une fille au phénotype normal. Elle épouse un homme qui est normal pour ce trait. Quelle est la probabilité qu'une fille issue de cette union soit hémophile? Qu'un fils issu de cette union soit hémophile? Calculez les chances que le couple ait un fils et que celui-ci soit normal. Si le couple a quatre fils, quelle est la probabilité que tous soient hémophiles?

2. La myopathie de Duchenne est une maladie qui provoque une dégénérescence graduelle des muscles. Elle ne frappe que les garçons nés de parents apparemment normaux. Elle aboutit habituellement à la mort au début de l'adolescence. Est-elle causée par un allèle dominant ou récessif? Son mode de transmission héréditaire est-il lié au sexe ou autosomique? Comment le sait-on? Expliquez pourquoi cette maladie ne touche que les garçons, jamais les filles.

3. Le daltonisme est causé par un allèle récessif lié au sexe. Un homme daltonien épouse une femme dont la vue est normale, mais dont le père est daltonien. Calculez la probabilité qu'ils aient une fille et que celle-ci soit daltonienne. Quelle est la probabilité que leur *premier* fils soit daltonien?

4. Une drosophile de phénotype sauvage (hétérozygote pour un corps gris et des ailes normales) est accouplée à un individu noir à ailes vestigiales. Leurs descendants ont la distribution suivante: phénotype sauvage, 778; corps noir-ailes vestigiales, 785; corps noir-ailes normales, 158; corps gris-ailes vestigiales, 162. Quelle est la fréquence de recombinaison entre les gènes de la couleur du corps et de la forme des ailes?

5. Deux gènes auront probablement un assortiment indépendant si:
   a) ils sont très rapprochés et situés sur le même chromosome.
   b) ils sont très éloignés et situés sur le même chromosome.
   c) ils se trouvent sur des chromosomes homologues.
   d) ils se trouvent tous deux sur le chromosome X.
   e) l'un est dominant, et l'autre, récessif.

6. À l'aide des indices suivants, devinez à quel type d'anomalie génétique nous avons affaire: il s'agit d'une personne aneuploïde possédant des organes sexuels mâles, mais dont les cellules comportent un corpuscule de Barr.

7. Déterminer la séquence des gènes sur un chromosome à partir des fréquences de recombinaison suivantes: *A-B*, 8 centimorgans (cM); *A-C*, 28 cM, *A-D*, 25 cM; *B-C*, 20 cM; *B-D*, 33 cM.

8. Il s'agit du phénomène génétique qui est à l'origine de la trisomie 21 (ou syndrome de Down).
   a) Un enjambement non réciproque.
   b) Une inversion chromosomique.
   c) La non-disjonction des chromosomes pendant la méiose.
   d) Une délétion.
   e) Une translocation.

9. Dans le type de remaniement chromosomique appelé duplication:
   a) un fragment d'un chromosome donné peut s'attacher au chromosome homologue.
   b) les chromosomes homologues ne se séparent pas durant la méiose I.
   c) les chromatides sœurs se séparent effectivement pendant la méiose II.
   d) un fragment d'un chromosome donné s'attache à un chromosome non homologue.
   e) l'état aneuploïde est dû à la présence d'un chromosome surnuméraire.

10. Supposez que les gènes *A* et *B* sont liés et qu'ils se trouvent à 50 centimorgans de distance. On croise un animal hétérozygote pour les deux loci avec un autre qui est homozygote récessif pour les deux loci. Quel pourcentage des descendants aura les phénotypes résultant d'un enjambement? Si vous ne connaissiez pas la liaison des gènes *A* et *B*, comment procéderiez-vous afin de vérifier s'il s'agit de gènes liés ou non?

11. Chez la Drosophile, on a montré que le gène des yeux blancs et le gène des ailes « poilues » se trouvent sur le même chromosome et ont une fréquence de recombinaison de 1,5 %. Un généticien remarque que chez une certaine souche de drosophiles, ces deux gènes suivent la loi mendélienne de l'assortiment indépendant, c'est-à-dire qu'ils se comportent comme s'ils étaient sur des chromosomes différents. Comment expliquez-vous ce phénomène?

12. On croise une drosophile de type sauvage (hétérozygote pour le corps gris et les yeux rouges) avec une drosophile au corps noir et aux yeux pourpres. Leurs descendants ont les phénotypes suivants: type sauvage, 721; corps noir-yeux pourpres, 751; corps gris-yeux pourpres, 49; corps noir-yeux rouges, 45. Quelle est la fréquence de recombinaison entre les gènes de la couleur du corps et de la couleur des yeux? Si vous tenez compte de l'information du problème 4, quelles drosophiles (précisez les génotypes et les phénotypes) croiseriez-vous pour connaître la séquence des gènes de la couleur du corps, de la forme des ailes et de la couleur des yeux sur un chromosome?

13. Une sonde spatiale a découvert une planète habitée par des êtres qui se reproduisent selon les mêmes lois génétiques que les Humains. Trois de leurs caractères phénotypiques sont la taille (*G* = grand, *g* = nain), la présence d'appendices sur la tête (*A* = à antennes, *a* = sans antennes) et la forme du museau (*R* = retroussé, *r* = tourné vers le bas). Comme ces créatures ne sont pas « intelligentes », les scientifiques terriens procèdent à quelques croisements de contrôle impliquant divers hétérozygotes. Les descendants d'un hétérozygote grand à antennes se répartissent comme suit: 46 grands à antennes; 7 nains à antennes; 42 nains sans antennes; 5 grands sans antennes. Les descendants d'un hétérozygote avec des antennes et un museau retroussé se répartissent comme suit: 47 à antennes et museau retroussé; 2 à antennes et museau vers le bas; 48 sans antennes et à museau vers le bas; 3 sans antennes et à museau retroussé. Calculez les fréquences des recombinaisons obtenues dans les deux expériences.

14. L'une des conséquences de l'inactivation du chromosome *X* est que
    a) les femelles sont des mosaïques génétiques à cause de la non-disjonction aléatoire des chromatides pendant la mitose.
    b) la plupart des gènes liés au chromosome *X* se trouvent en quantité quasiment égale chez les mâles et les femelles.
    c) chez les mâles, les caractères liés au sexe viennent de la mère.
    d) le chromosome *Y* peut exercer une influence génétique sur le cytoplasme de l'ovule.
    e) le taux de mortalité des mâles dépasse celui des femelles chez les chats écaille de tortue.

15. On a établi que le locus du groupe sanguin ABO se trouve sur le chromosome 9. Un père de groupe sanguin AB et une mère de groupe sanguin O ont un enfant qui est de groupe A et qui est atteint de trisomie 9. À partir de cette information, pouvez-vous identifier lequel des parents a subi la non-disjonction ? Expliquez votre réponse.

16. Chez une plante, un gène détermine la couleur des pétales – ils sont bleus (*B*) ou blancs (*b*) –, et l'autre, la forme des étamines – elles sont rondes (*R*) ou ovales (*r*). Les deux gènes sont liés et se situent à une distance de 10 centimorgans. Vous croisez une plante homozygote pétales bleus-étamines ovales avec une plante homozygote pétales blancs-étamines rondes. Vous croisez des individus de la génération F₁ avec des plantes homozygotes pétales blancs-étamines ovales. Vous obtenez 1 000 descendants. Combien de plantes de chacun des quatre phénotypes vous attendez-vous à trouver ?

Lien avec l'évolution

Comme vous l'avez vu, on croit que l'enjambement (ou recombinaison) est un avantage du point de vue de l'évolution, parce qu'il a pour effet de créer sans cesse de nouvelles combinaisons d'allèles. Cependant, le mécanisme de recombinaison semble s'être perdu chez certains organismes, et chez d'autres certains chromosomes n'effectuent pas de recombinaisons. Selon vous, quels facteurs ont pu jouer en faveur d'une réduction du nombre de recombinaisons ?

Intégration

La figure suivante montre les chromosomes d'une personne inconnue. Nous vous suggérons de l'agrandir par photocopie et de construire le caryotype de la personne. Vous aurez besoin d'une feuille, d'une paire de ciseaux, d'une règle millimétrée et de colle. Quel est le sexe de la personne ? De quelle anomalie est-elle atteinte (il s'agit d'une anomalie identifiée dans ce chapitre) ? D'où provient cette anomalie ? Cette personne peut-elle avoir des enfants ? Si c'est le cas, et à supposer qu'elle soit mariée avec une personne au caryotype normal, trouvez la probabilité qu'ils aient des enfants normaux en vous servant d'une grille de Punnett.

Maintenant, supposez que les deux membres du couple soient hétérozygotes pour la capacité de rouler la langue en forme de gouttière. Calculez les rapports génotypiques et phénotypiques de leur progéniture en considérant simultanément la capacité de rouler la langue (*R* = roule, *r* = ne roule pas) et le sexe des individus. Il n'y a pas de liaison entre les deux caractères.

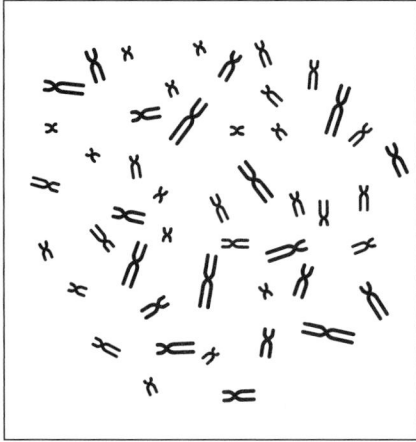

Science, technologie et société

Faut-il effectuer un caryotype pour rechercher la présence du chromosome *X* fragile chez les enfants ayant des troubles d'apprentissage ? Les avis divergent. Certains avancent qu'il est toujours préférable de connaître la cause d'un problème pour pouvoir donner un enseignement spécialisé approprié. D'autres répondent que, si l'on attribue une cause biologique spécifique à un problème d'apprentissage, on stigmatise l'enfant et on lui ferme des portes dans la vie. Qu'en pensez-vous ?

Réponses à l'autoévaluation : 1. 0 ; $^1/_2$ (un fils ne peut avoir des chromosomes *XX* ; quand on est certain qu'un événement ne se produira pas, sa probabilité est nulle, donc p (*XY*) = 1) ; $^1/_4$ (il y a deux événements indépendants à considérer simultanément ; il faut d'abord calculer la probabilité d'avoir un fils ($^1/_2$) puis la probabilité que les fils soient hémophiles ($^1/_2$) ; ensuite, on applique la règle de la multiplication) ; $^1/_{16}$. **2.** Récessif ; si la maladie était un trait dominant, elle toucherait au moins l'un des parents d'un enfant né avec le caractère. Hérédité liée au sexe ; cette maladie affecte les garçons. Une fille ne peut être touchée que si elle reçoit les allèles récessifs de ses deux parents, ce qui est très peu probable, d'autant plus que les garçons nés avec cet allèle meurent au début de leur adolescence. **3.** $^1/_4$ ($^1/_2$ que l'enfant soit une fille × $^1/_2$ que son génotype soit homozygote récessif) ; $^1/_2$ pour leur premier fils. **4.** 17 %. **5.** b. **6.** Syndrome de Klinefelter. **7.** *D-A-B-C* **8.** c. **9.** a. **10.** 50 % des descendants auraient des phénotypes résultant d'un enjambement. Les résultats seraient identiques à ceux d'un croisement où *A* et *B* ne seraient pas liés. On pourrait démontrer l'existence de la liaison et cartographier les gènes après avoir effectué des croisements faisant intervenir d'autres gènes situés sur le même chromosome. **11.** Une hypothèse vraisemblable serait qu'il y a eu translocation de l'un des gènes sur un autre chromosome. **12.** 6 %. Type sauvage (hétérozygote pour ailes normales et yeux rouges) × homozygote récessif avec ailes vestigiales et yeux pourpres. **13.** Entre *G* et *A*, 12 % ; entre *A* et *R*, 5 %. **14.** b. **15.** Non ; l'enfant peut être soit *IᴬIᴬi*, soit *IᴬiI*. Un spermatozoïde ayant le génotype *IᴬIᴬ* serait le résultat d'une non-disjonction pendant la méiose II chez le père, alors qu'un ovule ayant le génotype *ii* serait le résultat d'une non-disjonction survenue pendant la méiose I ou II chez la mère. **16.** 450 pétales bleus-étamines ovales, 450 pétales blancs-étamines rondes (phénotypes parentaux), 50 pétales bleus-étamines rondes et 50 pétales blancs-étamines ovales (phénotypes recombinés).

CHAPITRE 16

LES BASES MOLÉCULAIRES DE L'HÉRÉDITÉ

« La science a fait de nous des dieux avant même que nous méritions d'être des hommes. »

JEAN ROSTAND
biologiste et écrivain français (1894-1977)

L'ADN CONSTITUE LE MATÉRIEL GÉNÉTIQUE

- La recherche du matériel génétique a mené à la découverte de l'ADN
- Watson et Crick ont découvert la double hélice en construisant des modèles à partir de données obtenues à l'aide de rayons X

RÉPLICATION ET RÉPARATION DE L'ADN

- Pendant la réplication, les deux brins d'ADN servent de matrices pour la formation de brins complémentaires par appariement des bases
- La réplication de l'ADN s'effectue à l'aide de plusieurs enzymes et d'autres protéines
- Des enzymes effectuent une « correction d'épreuves » de l'ADN pendant la réplication et, de façon générale, réparent les dommages subis par l'ADN
- Les extrémités des molécules d'ADN sont répliquées selon un mécanisme particulier

De toutes les molécules présentes dans la nature, les acides nucléiques sont les seules à pouvoir diriger leur propre réplication. Les enfants ressemblent à leurs parents, parce que l'ADN de ces derniers se réplique d'une manière précise avant d'être transmis d'une génération à l'autre. Autrement dit, c'est l'ADN qui est à l'origine du dicton « tel père, tel fils ». L'information héréditaire est codée dans la langue chimique de l'ADN et recopiée dans toutes nos cellules. C'est ce programme qui détermine la nature de nos caractéristiques biochimiques, anatomiques et physiologiques, et aussi, dans une certaine mesure, de la portion innée de notre comportement. Dans ce chapitre, nous allons voir comment les biologistes ont établi que l'ADN constitue le fondement concret de la génétique, comment Watson et Crick ont découvert sa structure, et comment les cellules effectuent la réplication et la réparation de l'ADN, qui constitue la base moléculaire de l'hérédité.

En avril 1953, *James Watson et Francis Crick ont fait sensation dans le monde scientifique en dévoilant un modèle élégant, en forme de double hélice, représentant la structure de l'acide désoxyribonucléique, ou ADN. Sur la photo de cette page, on les voit devant leur modèle. L'ADN, qui est le fondement matériel de l'hérédité, est la molécule la plus célèbre de l'époque moderne. Les facteurs héréditaires de Mendel et les gènes que Morgan a localisés sur les chromosomes sont composés d'ADN. Du point de vue chimique, votre génome est formé de l'ADN que vous avez reçu de vos parents.*

L'ADN CONSTITUE LE MATÉRIEL GÉNÉTIQUE

Aujourd'hui, même les écoliers ont entendu parler de l'ADN, et les scientifiques manipulent régulièrement de l'ADN en laboratoire. Ils s'en servent notamment pour modifier les caractères héréditaires de cellules. Au début du XXe siècle, cependant, l'identification des molécules de l'hérédité apparaissait aux biologistes comme un défi de taille.

La recherche du matériel génétique a mené à la découverte de l'ADN

 À partir du moment où le groupe de T. H. Morgan a démontré que les gènes sont situés sur les chromosomes, on a su que le matériel génétique devait être formé d'ADN, d'ARN ou de protéines, qui sont les composantes chimiques des chromosomes. Jusqu'aux années 1940, on semblait pencher pour les protéines; en effet les biochimistes avaient montré qu'elles forment une catégorie de macromolécules dotées d'une grande hétérogénéité et d'une spécificité fonctionnelle, des qualités essentielles qui devaient être celles du matériel génétique. Par ailleurs, on ignorait à peu près tout des acides nucléiques, si ce n'est que l'uniformité de leurs propriétés physiques et chimiques ne permettait pas d'expliquer la multitude des caractères héréditaires exprimés par un organisme. Mais ce point de vue a changé quand des expériences menées sur des microorganismes ont donné des résultats inattendus. La découverte de l'identité du matériel génétique a été déterminée dans une large mesure par le choix d'organismes expérimentaux appropriés, comme elle l'a été pour Mendel et pour Morgan. Les Bactéries et les Virus sont beaucoup plus simples que le Pois, la Drosophile et l'Humain, et c'est l'étude de ces microorganismes qui a permis de comprendre le rôle de l'ADN dans l'hérédité. Dans la présente section, nous allons décrire de façon assez détaillée les recherches qui ont mené à l'identification du matériel génétique. Cette démarche constituera également une étude de cas portant sur la démarche scientifique.

La preuve que l'ADN peut transformer les bactéries

La découverte du rôle génétique de l'ADN remonte à 1928. Un officier britannique du nom de Frederick Griffith, à la fois médecin et microbiologiste, étudiait alors *Streptococcus pneumoniæ,* une bactérie qui cause la pneumonie chez les Mammifères. Il travaillait sur deux souches (variétés): une variété pathogène (qui peut causer une maladie) et une variété inoffensive. Il a eu la surprise de constater que, lorsqu'il tuait des bactéries pathogènes par l'action de la chaleur et qu'il mélangeait leurs résidus avec des bactéries vivantes de la souche inoffensive, certaines de celles-ci devenaient pathogènes (FIGURE 16.1). De plus, ce nouveau caractère était transmis héréditairement à tous les descendants des bactéries transformées. Cette modification héréditaire était donc certainement causée par une substance chimique provenant des bactéries pathogènes mortes et lysées. Cependant, la nature de cette substance était encore inconnue. Griffith a donné à ce phénomène le nom de **transformation,** que l'on définit actuellement comme une modification du génotype et du phénotype due à l'assimilation par une cellule d'un ADN qui lui est étranger. (Il ne faut pas confondre le sens du mot *transformation* employé ici avec la conversion d'une cellule animale normale en une cellule cancéreuse; voir le chapitre 12.)

Les travaux de Griffith ont ouvert la voie à de nouvelles études. Ainsi, le microbiologiste américain Oswald Avery a cherché pendant 14 ans l'identité de la substance causant cette transformation. Il a purifié plusieurs substances chimiques provenant des bactéries pathogènes tuées par la chaleur.

Ensuite, il a tenté de transformer des bactéries vivantes non pathogènes à l'aide de chacune de ces substances appliquée séparément. Seul l'ADN a donné des résultats positifs. En 1944, Avery et ses collaborateurs Maclyn McCarty et Colin MacLeod ont annoncé que l'agent de la transformation est l'ADN. Leur découverte a été accueillie avec scepticisme: d'une part, parce qu'on continuait de croire que les protéines étaient plus à même de constituer le matériel génétique; d'autre part, parce que de nombreux biologistes n'étaient pas convaincus que la composition et la fonction des gènes bactériens étaient les mêmes que chez les organismes plus complexes. Il faut dire que, comme on ne savait encore pratiquement rien sur l'ADN, personne ne pouvait comprendre comment il pouvait porter l'information génétique.

La preuve que l'ADN viral peut programmer des cellules

Des études portant sur un virus qui infecte des bactéries ont fourni d'autres preuves que le matériel génétique est constitué d'ADN. Les Virus sont beaucoup plus simples que les cellules. Ils sont essentiellement constitués d'ADN (ou parfois d'ARN) enfermé dans une enveloppe protectrice (la capside) formée de protéines. Pour se reproduire, un virus doit infecter une cellule et s'approprier le métabolisme de celle-ci.

Les Virus qui infectent les Bactéries sont largement utilisés comme outils de recherche en génétique moléculaire. On les appelle **Bactériophages** («mangeurs de bactéries») ou, tout simplement, **Phages.** En 1952, Alfred Hershey et Martha Chase ont découvert que le matériel génétique d'un phage appelé T2 est constitué d'ADN. Il s'agit de l'un des nombreux phages qui infectent *Escherichia coli* (*E. coli*), une bactérie vivant normalement dans l'intestin des Mammifères. À cette époque, les biologistes savaient déjà que, à l'instar d'autres virus, T2 se compose presque entièrement d'ADN et de protéines. Ils savaient également que ce phage peut rapidement faire d'une cellule de *E. coli* une machine à produire des phages T2, qu'elle libère en éclatant. T2 pouvait donc reprogrammer la cellule hôte et lui faire produire des virus, mais à quelle composante du phage, à la protéine ou à l'ADN, ce mécanisme était-il dû?

Pour répondre à cette question, Hershey et Chase ont conçu une expérience montrant qu'une seule des deux composantes de T2 pénètre dans la cellule de *E. coli* au moment de l'infection (FIGURE 16.2, p. 312). Voici comment ils ont procédé. Ils ont marqué l'ADN et les protéines de phages à l'aide de différents isotopes radioactifs. Ils ont d'abord cultivé des T2 et des *E. coli* ensemble, dans un milieu contenant du soufre radioactif. Comme les protéines sont en partie composées de soufre, au contraire de l'ADN, les atomes radioactifs ne se sont insérés que dans la *protéine* des phages. Ensuite, les chercheurs ont marqué l'*ADN* d'un autre lot de phages à l'aide d'atomes de phosphore radioactif. (Étant donné que presque tout le phosphore contenu dans un phage se trouve dans son ADN, cette procédure permet de ne pas marquer les protéines des phages.) L'expérience consistait à laisser les phages T2 de chaque lot infecter des échantillons distincts de bactéries *E. coli* normales. Peu après le début de l'infection, chaque culture a été passée au mélangeur; cela a permis de détacher les parties de phages restées à l'extérieur des cellules bactériennes. Les mélanges ont ensuite été centrifugés de sorte à former un précipité de cellules bactériennes au fond des éprouvettes (le culot), et à permettre aux parties de phages et aux phages libres, plus légers, de rester en suspension dans le liquide (le surnageant). Hershey et Chase ont finalement mesuré la radioactivité présente dans le précipité et dans le surnageant.

Ils ont découvert que, lorsque les bactéries sont infectées par des T2 dont les protéines contiennent des marqueurs radioactifs, la plus grande partie de la radioactivité se retrouve dans le surnageant, qui est constitué essentiellement de particules virales (et non de bactéries). Cette constatation leur a permis de penser que les protéines du phage ne pénètrent pas dans les cellules hôtes. Par contre, lorsque les bactéries sont infectées par des phages T2 dont l'ADN a été marqué au phosphore radioactif, la plus grande partie de la radioactivité se retrouve dans le culot, qui se compose surtout de matériel bactérien. De plus, lorsque les bactéries sont remises en culture, l'infection se poursuit, et les cellules de *E. coli* libèrent des phages contenant de petites quantités de phosphore radioactif.

Hershey et Chase en ont conclu que l'ADN du virus est injecté dans la cellule hôte, alors que la plupart des protéines restent à l'extérieur de celle-ci. L'ADN ainsi injecté fournit une information génétique qui force la cellule bactérienne à produire des protéines et de l'ADN viraux. Ceux-ci s'assemblent ensuite, formant de nouveaux virus. L'expérience de Hershey et Chase a donc montré de façon convaincante que le matériel héréditaire se compose d'acides nucléiques et non de protéines, tout au moins chez les Virus.

Des preuves supplémentaires montrent que le matériel génétique des cellules est constitué d'ADN

D'autres preuves indirectes semblaient indiquer que le matériel génétique des Eucaryotes est formé d'ADN. Avant la mitose (à la phase S de l'interphase), la cellule eucaryote double la quantité d'ADN qu'elle contient. Pendant la mitose, cet ADN se répartit également entre les deux cellules filles. De plus, les jeux de chromosomes diploïdes possèdent deux fois plus d'ADN que les jeux haploïdes qui se trouvent dans les gamètes du même organisme.

Une autre preuve concluante a été apportée par le biochimiste Erwin Chargaff. À l'époque, on savait déjà que l'ADN est un polymère de nucléotides et que chaque nucléotide regroupe trois composantes : une base azotée, un pentose (un glucide) appelé désoxyribose et un groupement phosphate (FIGURE 16.3, p. 313). On savait aussi que la base peut être l'adénine (A), la thymine (T), la guanine (G) ou la cytosine (C). Chargaff a analysé la proportion des bases présentes dans l'ADN de plusieurs organismes différents. En 1950, il a annoncé que, si l'ADN de toutes les espèces est en partie composé des mêmes quatre bases azotées, A, T, G, C, celles-ci ne sont pas présentes en quantité égale. Autrement dit, leur proportion varie d'une manière caractéristique d'une espèce à l'autre. Cette preuve de la diversité moléculaire de l'ADN, dont on ne supposait pas l'existence, a permis de penser plus sérieusement que l'ADN constitue le matériel génétique.

Chargaff a aussi observé une certaine régularité dans les proportions des bases. Dans l'ADN de toutes les espèces étudiées, le nombre d'adénines était approximativement égal au nombre de thymines, et le nombre de guanines était à peu près égal au nombre de cytosines. Dans l'ADN humain, par exemple, les quatre bases sont présentes selon les rapports suivants : A = 30,9 %, T = 29,4 %; G = 19,9 %, C = 19,8 %. Les égalités A = T et G = C, appelées par la suite *règles de Chargaff*, sont restées inexpliquées jusqu'à la découverte de la double hélice.

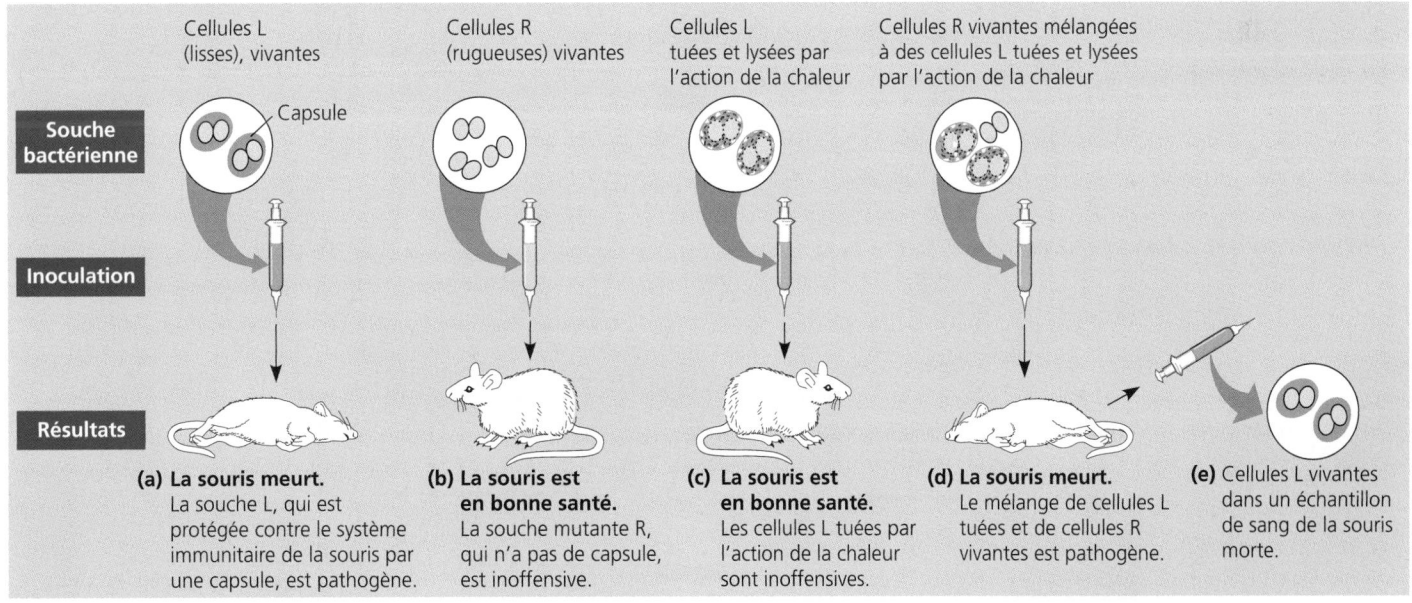

(a) La souris meurt. La souche L, qui est protégée contre le système immunitaire de la souris par une capsule, est pathogène.

(b) La souris est en bonne santé. La souche mutante R, qui n'a pas de capsule, est inoffensive.

(c) La souris est en bonne santé. Les cellules L tuées par l'action de la chaleur sont inoffensives.

(d) La souris meurt. Le mélange de cellules L tuées et de cellules R vivantes est pathogène.

(e) Cellules L vivantes dans un échantillon de sang de la souris morte.

FIGURE 16.1 Transformation bactérienne. La souche R n'est pas pathogène, alors que la souche L de *Streptococcus pneumoniæ* cause la pneumonie. Griffith a découvert, cependant, qu'un mélange de cellules R vivantes et de cellules L tuées et lysées par l'action de la chaleur entraîne la mort de souris infectées, et aussi que l'on peut recueillir, à partir des cadavres de celles-ci, des bactéries L vivantes. Il en a conclu que les bactéries vivantes de la souche R ont été génétiquement transformées en bactéries L sous l'effet de molécules en provenance des cellules L mortes.

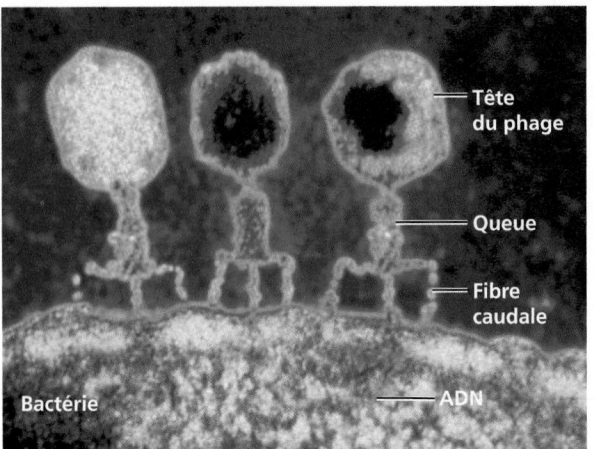

0,1 µm (160 000 ×)

Tête
du phage

Queue

Fibre
caudale

Bactérie

ADN

FIGURE 16.2 L'expérience de Hershey et Chase. Grâce à leur célèbre expérience réalisée en 1952, Hershey et Chase ont démontré que le matériel génétique des phages est constitué d'ADN et non de protéines.

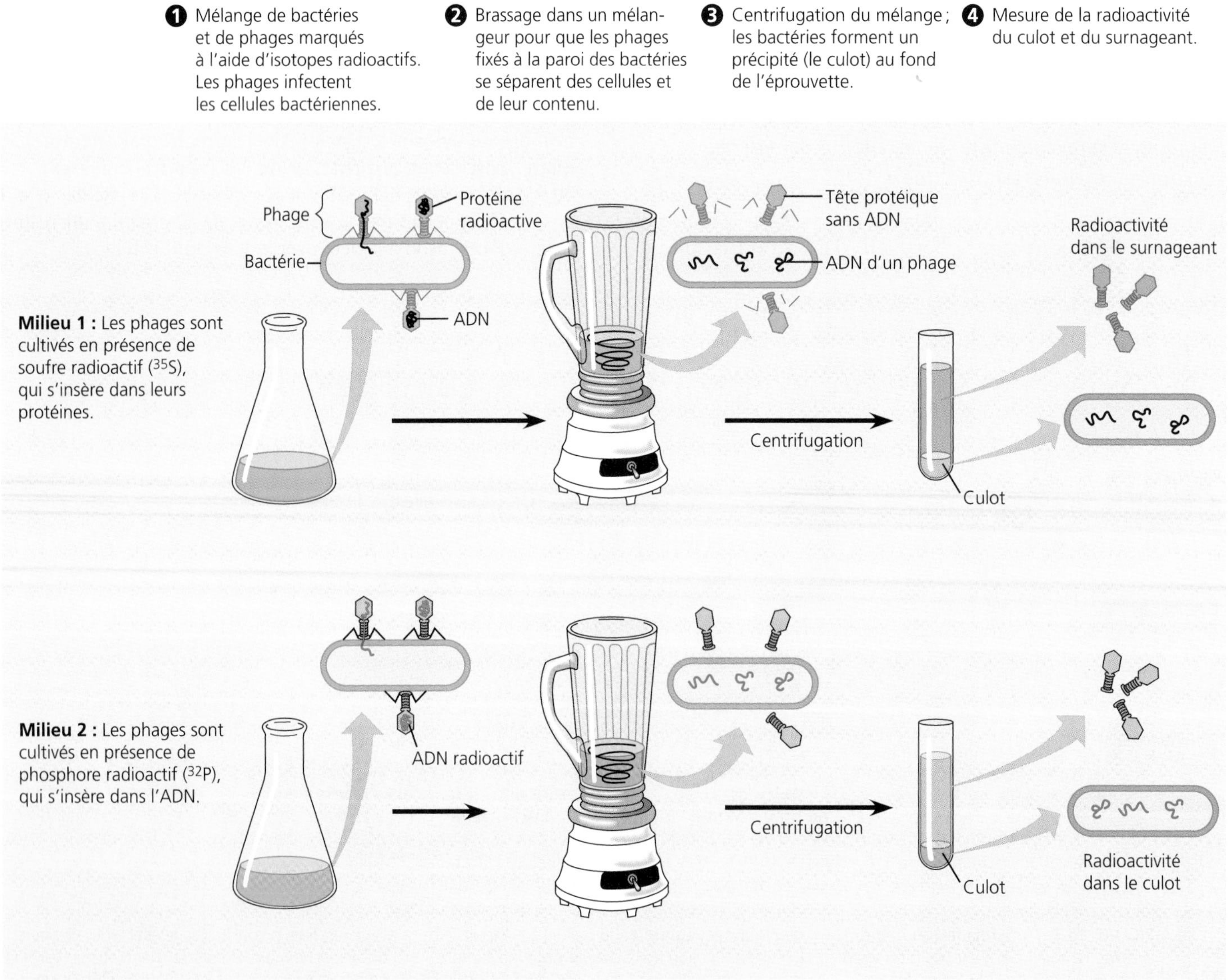

(a) Les phages T2 et les phages apparentés se fixent aux cellules hôtes par leur queue et leur injectent leur matériel génétique (MET).

❶ Mélange de bactéries et de phages marqués à l'aide d'isotopes radioactifs. Les phages infectent les cellules bactériennes.

❷ Brassage dans un mélangeur pour que les phages fixés à la paroi des bactéries se séparent des cellules et de leur contenu.

❸ Centrifugation du mélange ; les bactéries forment un précipité (le culot) au fond de l'éprouvette.

❹ Mesure de la radioactivité du culot et du surnageant.

Phage

Protéine
radioactive

Bactérie

ADN

Tête protéique
sans ADN

ADN d'un phage

Radioactivité
dans le surnageant

Milieu 1 : Les phages sont cultivés en présence de soufre radioactif (^{35}S), qui s'insère dans leurs protéines.

Centrifugation

Culot

Milieu 2 : Les phages sont cultivés en présence de phosphore radioactif (^{32}P), qui s'insère dans l'ADN.

ADN radioactif

Centrifugation

Culot

Radioactivité
dans le culot

(b) L'expérience montre que, lors de l'infection, les protéines des phages T2 restent à l'extérieur des cellules hôtes, alors que leur ADN pénètre à l'intérieur de celles-ci.

Squelette désoxyribose-phosphate

Bases

CH₃

Thymine (T)

Adénine (A)

Cytosine (C)

Phosphate

Glucide (désoxyribose)

Nucléotide d'ADN

Guanine (G)

FIGURE 16.3 Structure d'un seul brin d'ADN. Chaque nucléotide de la chaîne polynucléotidique d'un brin d'ADN comporte une base azotée (T, A, C ou G), un glucide (désoxyribose) et un groupement phosphate. Le phosphate de chaque nucléotide est lié au glucide du nucléotide suivant. Le tout forme un « squelette » dans lequel le phosphate et le désoxyribose alternent et à partir duquel chacune des bases fait saillie.

trouvé la réponse sont deux chercheurs qui étaient relativement inconnus à l'époque, l'Américain James Watson (un biologiste et un médecin) et l'Anglais Francis Crick (un biochimiste).

La collaboration célèbre, quoique de courte durée, qui a permis de résoudre l'énigme de l'ADN a commencé peu après l'arrivée du jeune Watson à l'Université de Cambridge, où Crick étudiait la structure des protéines au moyen d'une technique appelée cristallographie par diffraction de rayons X (voir la FIGURE 5.27). En visitant le laboratoire de Maurice Wilkins au King's College de Londres, Watson a eu l'occasion de voir une radiographie d'ADN par diffraction de rayons X prise par Rosalind Franklin, la collaboratrice de Wilkins (FIGURE 16.4a). La cristallographie par diffraction de rayons X ne permet pas de produire de véritables « images » des molécules. Les taches et les points que l'on voit à la FIGURE 16.4b ont été produits par des rayons X diffractés (déviés) au cours de leur passage à travers des fibres alignées d'ADN purifié. À l'aide d'équations mathématiques, telles que les fonctions à plusieurs variables dans l'espace, des spécialistes de la cristallographie traduisent les motifs de taches en données sur la structure tridimensionnelle des molécules. Watson connaissait déjà les motifs produits par les molécules hélicoïdales. Il lui a suffi de lancer un simple coup d'œil sur la radiographie d'ADN par diffraction de rayons X produite par Franklin pour relever certains indices : la forme hélicoïdale de l'ADN, la largeur de l'hélice, ainsi que la distance entre les bases azotées alignées sur l'hélice. D'après la largeur de l'hélice, on pouvait penser que celle-ci était constituée de deux brins, contrairement au modèle à trois brins proposé peu avant par Linus Pauling. (Effectivement, l'ADN est constitué de deux brins, ce qui explique l'emploi de l'expression **double hélice,** maintenant bien connue.)

FIGURE 16.4 Rosalind Franklin et sa radiographie de l'ADN par diffraction de rayons X. Franklin, une spécialiste en cristallographie par diffraction de rayons X, a produit la radiographie grâce à laquelle Watson et Crick ont pu découvrir la structure en double hélice de l'ADN. Elle est morte du cancer à l'âge de 38 ans. Son collaborateur Maurice Wilkins a reçu le prix Nobel en 1962, en même temps que Watson et Crick. Comme le prix Nobel n'est pas attribué à titre posthume, les historiens des sciences ne peuvent que se demander si le comité aurait reconnu la contribution de Franklin à la découverte de la double hélice.

Watson et Crick ont découvert la double hélice en construisant des modèles à partir de données obtenues à l'aide de rayons X

Une fois que les biologistes ont compris que l'ADN constitue bel et bien le matériel génétique, il leur a fallu déterminer de quelle manière sa structure explique son rôle dans l'hérédité. Au début des années 1950, la disposition des liaisons covalentes dans un polymère d'acide nucléique était bien définie (voir la FIGURE 16.3), et les chercheurs s'efforçaient de découvrir la structure tridimensionnelle de l'ADN. De nombreux scientifiques étudiaient cette question, notamment Linus Pauling (un chimiste), en Californie, ainsi que Maurice Wilkins (un biophysicien) et Rosalind Franklin (une chimiste), à Londres. Cependant les premiers qui ont

(a) Rosalind Franklin

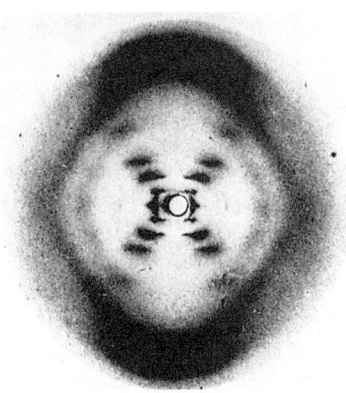

(b) Radiographie de l'ADN par diffraction de rayons X produite par Franklin

En se basant sur les données obtenues grâce à la radiographie et sur ce qui était connu de la chimie de l'ADN, Watson et Crick ont commencé à construire des modèles de double hélice en fils métalliques. Après avoir tenté en vain d'édifier un modèle acceptable en plaçant les chaînes de désoxyribose-phosphate à l'intérieur de la molécule, Watson a tenté de les placer à l'extérieur, en orientant les bases azotées vers l'intérieur de la double hélice (FIGURE 16.5). Essayez d'imaginer celle-ci comme une échelle de corde pourvue de barreaux transversaux rigides et tordue en forme de spirale. Les cordes représentent le squelette désoxyribose-phosphate, et les barreaux, les paires de bases azotées. La radiographie obtenue par R. Franklin indiquait que l'hélice fait un tour complet sur une longueur de 3,4 nm. Comme les bases sont espacées de 0,34 nm, chaque tour d'hélice porte 10 paires de bases (donc 10 barreaux) disposées les unes au-dessus des autres. Cette disposition était particulièrement intéressante, parce que les bases azotées, plus hydrophobes, se retrouvaient à l'intérieur de la molécule, et donc plus loin du milieu aqueux environnant.

Les bases azotées de la double hélice s'apparient selon des combinaisons précises : l'adénine (A) va toujours avec la thymine (T), et la guanine (G), avec la cytosine (C). C'est en grande partie en procédant de façon empirique (par essais et erreurs) que Watson et Crick ont découvert cette caractéristique essentielle de l'ADN. Au départ, Watson pensait que les appariements se faisaient entre bases identiques (A avec A, C avec C, etc.). Cependant, ce modèle ne concordait pas avec les données obtenues à partir des figures de diffraction, qui montraient que la double hélice avait un diamètre uniforme. Pourquoi cela est-il incompatible avec un appariement entre des bases identiques ? Il faut savoir que l'adénine et la guanine sont des purines, c'est-à-dire des bases azotées pourvues de deux molécules organiques cycliques, alors que la cytosine et la thymine sont des pyrimidines, soit des bases azotées ayant un seul cycle. Les purines (A et G) sont donc environ deux fois plus larges que les pyrimidines (C et T). Une paire purine-purine serait trop large, et une paire pyrimidine-pyrimidine, trop étroite, pour correspondre au diamètre de la double hélice, qui est de 2 nm. L'appariement doit donc toujours se faire entre une purine et une pyrimidine :

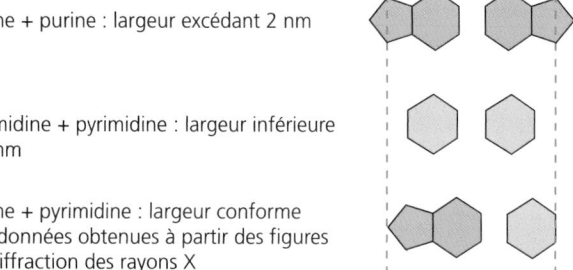

Purine + purine : largeur excédant 2 nm

Pyrimidine + pyrimidine : largeur inférieure à 2 nm

Purine + pyrimidine : largeur conforme aux données obtenues à partir des figures de diffraction des rayons X

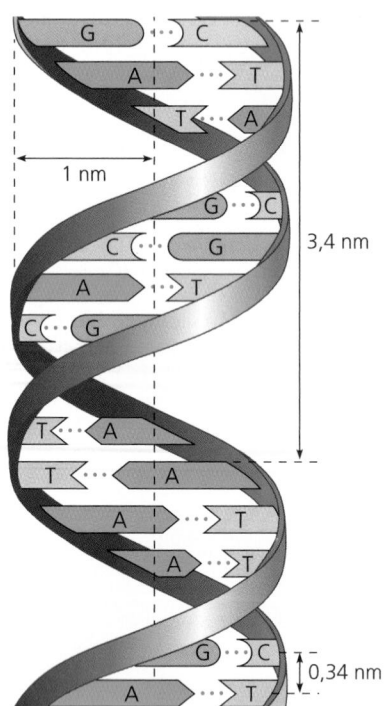

(a) Principales caractéristiques tridimensionnelles de la structure de l'ADN

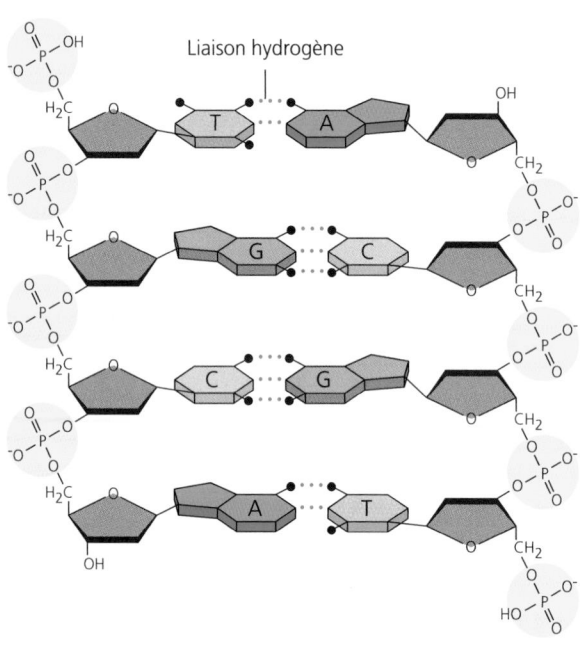

(b) Composition chimique fondamentale

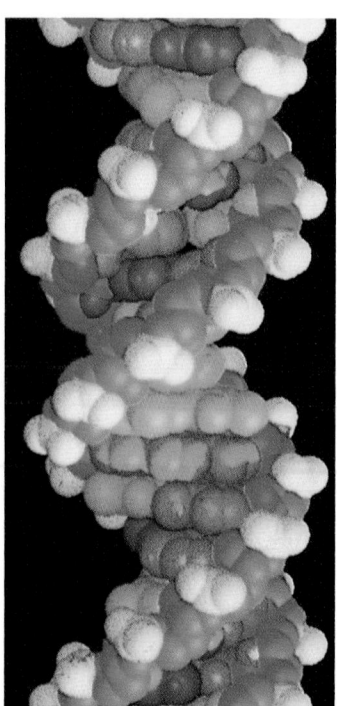

(c) Modèle compact de l'ADN

FIGURE 16.5 La double hélice. (a) Les « rubans » de ce schéma (l'équivalent des cordes de l'échelle) représentent le squelette désoxyribose-phosphate des deux brins d'ADN. L'hélice est *dextrogyre,* c'est-à-dire qu'elle a la propriété de dévier le plan de polarisation de la lumière vers la droite. Les deux brins sont reliés l'un à l'autre par des liaisons hydrogène (en pointillé) établies entre les bases azotées. Celles-ci sont appariées à l'intérieur de la double hélice. **(b)** Pour plus de clarté, dans ce schéma partiel de la structure chimique de l'ADN, on a représenté les deux brins déroulés. Remarquez qu'ils sont orientés en sens opposé. **(c)** Ce modèle informatisé montre bien l'empilement serré des paires de bases. Les forces de Van der Waals qui s'exercent entre les paires contribuent grandement à maintenir la forme de la molécule.

Par ailleurs, Watson et Crick ont compris que la structure des bases doit contraindre les appariements à être spécifiques. Ainsi, chaque base comporte des atomes périphériques capables de former des liaisons hydrogène avec un atome complémentaire : l'adénine peut former deux liaisons hydrogène avec la thymine seulement ; quant à la guanine, elle forme trois liaisons hydrogène avec la cytosine uniquement. Autrement dit, A s'apparie avec T, et G s'apparie avec C (FIGURE 16.6).

Le modèle de Watson et Crick permettait d'expliquer les règles de Chargaff. Partout où un brin de la molécule d'ADN porte un A, l'autre brin porte un T ; et là où il y a un G sur un brin, il y a un C sur le brin complémentaire. Par conséquent, dans l'ADN de tout organisme, la quantité d'adénine est égale à celle de la thymine, et la quantité de guanine est égale à celle de la cytosine. Par ailleurs, un autre point à l'appui du modèle de Watson et Crick est que, si les règles d'appariement des bases définissent les combinaisons entre les bases azotées formant les « barreaux » de la double hélice, elles ne limitent en rien la séquence nucléotidique *le long* de chaque brin d'ADN. Les quatre bases peuvent donc former une infinité de séquences linéaires, et chaque gène a un ordre, ou une séquence de bases, qui lui est propre.

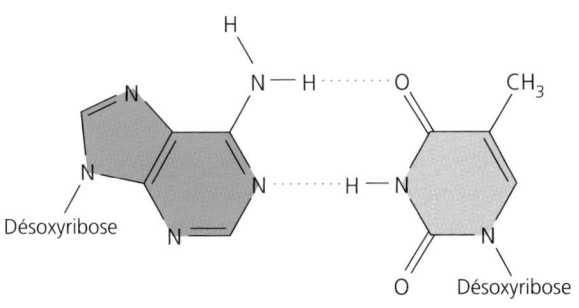

Adénine (A)   **Thymine (T)**

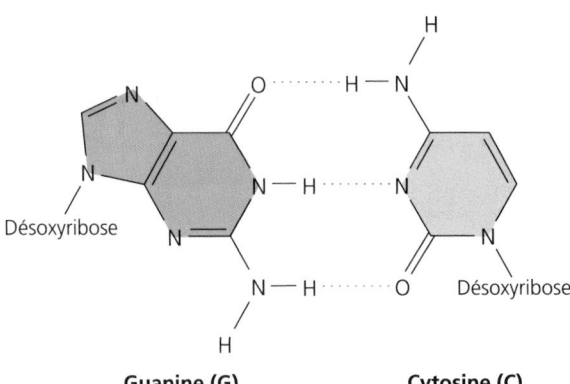

Guanine (G)   **Cytosine (C)**

FIGURE 16.6 Appariement des bases dans l'ADN. Dans la double hélice d'ADN, les paires de bases azotées sont retenues ensemble par des liaisons hydrogène, comme nous le montrons ici.

En avril 1953, Watson et Crick on fait sensation dans le monde scientifique en publiant, dans la revue britannique *Nature**, un article d'une seule page présentant un modèle moléculaire de l'ADN : une double hélice, qui est devenue depuis le symbole même de la biologie moléculaire. Le modèle en question était d'autant plus convaincant que sa structure laissait entrevoir le mécanisme général de réplication de l'ADN. Bref, les scientifiques connaissent la composition chimique de l'ADN depuis les années 1910, mais il a fallu attendre 40 ans environ pour comprendre l'agencement des composantes de l'ADN.

RÉPLICATION ET RÉPARATION DE L'ADN

La relation entre la structure et la fonction, qui est l'un des concepts fondamentaux de la science biologique, apparaît clairement dans la double hélice. L'idée de la formation d'appariements spécifiques entre les bases azotées a amené Watson et Crick à découvrir la structure de la double hélice. Du même coup, ils ont compris la signification fonctionnelle de la règle d'appariement des bases. Ils ont conclu leur article, devenu un classique, par cette affirmation audacieuse : « Nous avons aussi remarqué que les appariements spécifiques que nous avons postulés permettent d'entrevoir directement un mécanisme possible de recopiage du matériel génétique. »**

Dans la section qui suit, nous allons voir le mécanisme général de la réplication de l'ADN, puis nous nous pencherons sur certains aspects importants de ce processus.

Pendant la réplication, les deux brins d'ADN servent de matrices pour la formation de brins complémentaires par appariement des bases

Dans un article qu'ils ont publié après avoir annoncé la découverte de la double hélice, Watson et Crick ont résumé leur hypothèse concernant la réplication de l'ADN :

« Notre modèle de l'acide désoxyribonucléique est un assemblage de deux matrices complémentaires. Selon nous, avant la réplication, les liaisons hydrogène sont rompues. Les deux chaînes se déroulent alors et se séparent. Chacune agit comme une matrice : il se forme le long d'elle une nouvelle chaîne qui lui est associée, de sorte qu'on se retrouve avec deux paires de chaînes là où, au départ, il n'y en avait qu'une. De plus, la séquence des paires de bases est ainsi reproduite de façon exacte. » ***

  * J. D. Watson et F. H. C. Crick, « Molecular Structure of Nucleic Acids : A Structure for Deoxynucleic Acids », *Nature,* 171 (1953) : 738.

  ** Notre traduction.

  *** F. H. C. Crick et J. D. Watson, « The Complementary Structure of Deoxyribonucleic Acid », *Proc. Roy. Soc.,* (A) 223 (1954) : 80 (notre traduction).

La FIGURE 16.7 illustre le concept de base défendu par Watson et Crick. Pour plus de clarté, nous n'avons représenté, de manière plane, qu'une toute petite portion de la double hélice. Remarquez que, si l'on couvre l'un des deux brins d'ADN de la FIGURE 16.7a, il est possible de déduire sa séquence linéaire en se fondant sur les bases de l'autre brin et en appliquant la règle de l'appariement. Les deux brins sont complémentaires, et chacun d'eux contient l'information qui permet de reconstruire l'autre. Lorsqu'une cellule copie une molécule d'ADN, chaque brin agit comme une matrice sur laquelle des nucléotides viennent se placer : ceux-ci s'alignent un par un, en suivant la règle de l'appariement. Ils sont ensuite liés, et le brin complémentaire est achevé. Alors qu'au début du processus il y avait une seule molécule formée de deux brins d'ADN, il y en a maintenant deux, qui sont des répliques exactes l'une de l'autre et de la molécule de départ (voir la FIGURE 5.30, une version hélicoïdale de la FIGURE 16.7).

Ce modèle de la réplication du matériel génétique n'a été testé que plusieurs années après la publication du modèle de la structure de l'ADN. Les expériences à réaliser étaient simples à concevoir, mais difficiles à mettre en œuvre. Selon le modèle de Watson et Crick, une fois que la réplication de la double hélice est terminée, chacune des deux molécules filles doit être formée d'un ancien brin (provenant de la molécule de départ) et d'un nouveau brin. On peut opposer ce **modèle semi-conservateur** au modèle conservateur de réplication, qui prévoit que la molécule mère reste inchangée (conservée). D'après un troisième modèle appelé modèle dispersif, les quatre brins d'ADN issus de la réplication de la double hélice sont formés d'un mélange de nouveau et d'ancien ADN (FIGURE 16.8). Bien qu'il ait été difficile de concevoir le fonctionnement des modèles conservateur ou dispersif de réplication de l'ADN, ces deux dernières hypothèses sont longtemps demeurées plausibles. Ce n'est qu'à la fin des années 1950 que Matthew Meselson et Franklin Stahl ont conçu des expériences permettant de tester les trois hypothèses. Leurs résultats ont confirmé l'exactitude du modèle semi-conservateur de Watson et Crick (FIGURE 16.9).

Le principe de base de la réplication de l'ADN semble plutôt simple. Cependant, ce mécanisme fait intervenir des processus biochimiques complexes, comme nous allons le voir.

La réplication de l'ADN s'effectue à l'aide de plusieurs enzymes et d'autres protéines

La bactérie *E. coli* possède un seul chromosome d'environ cinq millions de paires de bases. Dans un milieu favorable, une cellule de *E. coli* peut copier tout son ADN, se diviser et former deux cellules filles génétiquement identiques en moins d'une heure. Chacune de vos cellules somatiques comprend 46 molécules d'ADN, soit une molécule géante par chromosome. Dans la littérature scientifique, on estime généralement que le génome humain comporte environ trois milliards de paires de bases, ce qui équivaut à peu près à 500 fois plus d'ADN que dans une cellule bactérienne. Si l'on voulait représenter toutes les paires de bases d'une seule cellule humaine par des lettres (A, G, C et T) de la taille des caractères que vous lisez en ce moment, il faudrait imprimer plusieurs centaines de manuels comme celui-ci. Il suffit pourtant de quelques heures à la cellule pour recopier tout son ADN. La réplication de cette énorme quantité d'information génétique se fait avec très peu d'erreurs (environ une par milliard de nucléotides). La réplication de l'ADN s'effectue donc avec une rapidité et une précision remarquables.

Plus d'une douzaine d'enzymes et d'autres protéines interviennent dans la réplication de l'ADN. Le fonctionnement de cette « machine à répliquer » est mieux connu chez les Bactéries que chez les Eucaryotes. Cependant, il semble qu'il soit essentiellement le même chez les Bactéries, chez les Archéobactéries et chez les Eucaryotes. Nous allons étudier quelques-unes des étapes de ce processus.

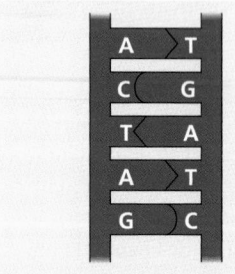

(a) La molécule de départ comporte deux brins d'ADN complémentaires. Chaque base s'associe par des liaisons hydrogène à la base correspondante : A va avec T, et G va avec C (règle de l'appariement).

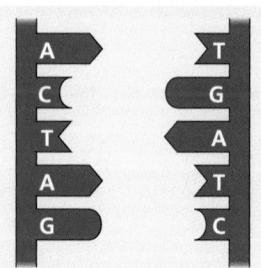

(b) La première étape de la réplication est la séparation des deux brins d'ADN.

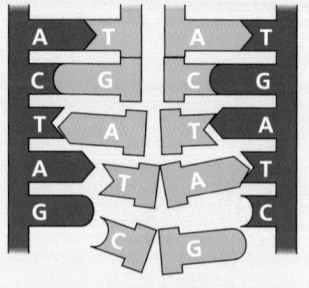

(c) Chacun des deux brins forme une matrice qui détermine l'ordre de synthèse des nucléotides des deux nouveaux brins complémentaires en voie de formation.

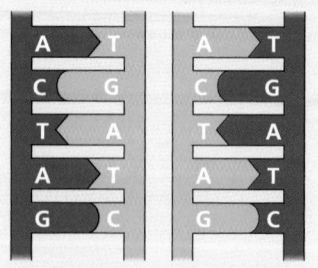

(d) Les nucléotides sont liés entre eux et forment le squelette désoxyribose-phosphate des nouveaux brins. Chacune des molécules « filles » d'ADN se compose d'un brin parental et d'un nouveau brin.

FIGURE 16.7 Modèle de réplication de l'ADN, concept de base. Dans cette illustration simplifiée, nous montrons un court segment d'ADN déroulé, qui a la forme d'une échelle : les montants représentent le squelette désoxyribose-phosphate des deux brins d'ADN, et les barreaux transversaux correspondent aux paires de bases azotées. Les quatre bases sont représentées symboliquement par des formes géométriques simples. Les brins colorés en bleu foncé appartiennent à la cellule mère ; l'ADN nouvellement synthétisé est en bleu clair.

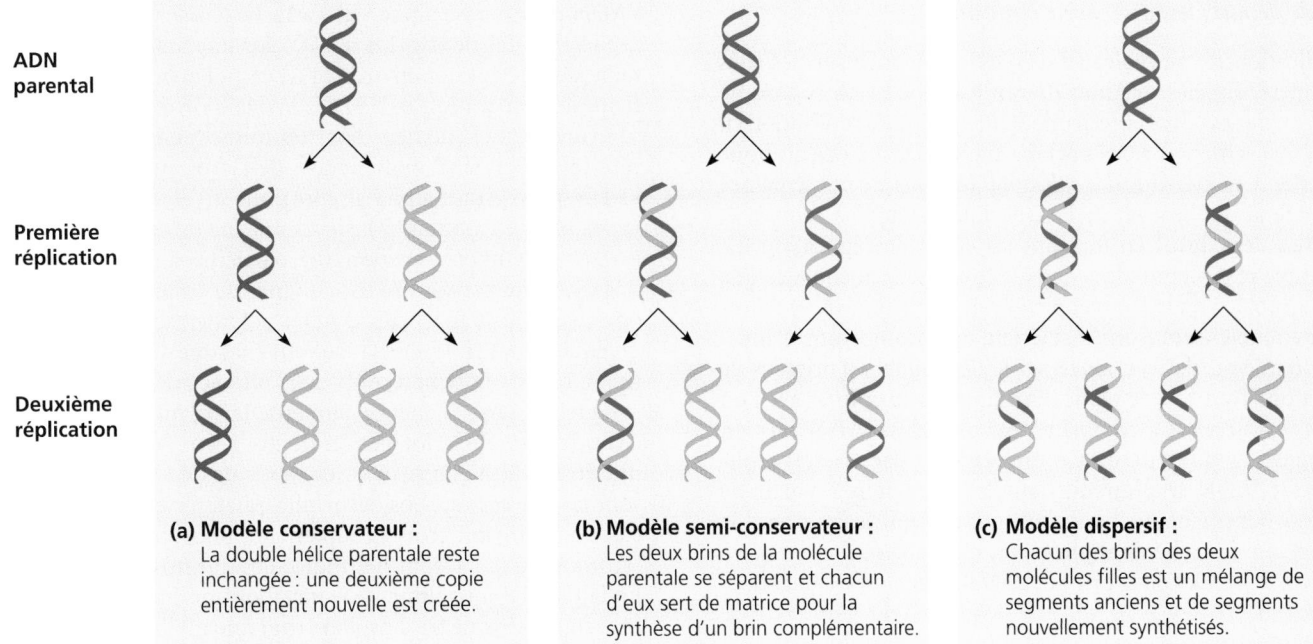

ADN
parental

Première
réplication

Deuxième
réplication

(a) Modèle conservateur :
La double hélice parentale reste
inchangée : une deuxième copie
entièrement nouvelle est créée.

(b) Modèle semi-conservateur :
Les deux brins de la molécule
parentale se séparent et chacun
d'eux sert de matrice pour la
synthèse d'un brin complémentaire.

(c) Modèle dispersif :
Chacun des brins des deux
molécules filles est un mélange de
segments anciens et de segments
nouvellement synthétisés.

FIGURE 16.8 Les trois modèles de réplication de l'ADN. Les courts segments de double hélice
que nous montrons ici représentent le matériel génétique d'une cellule. À partir d'une cellule mère,
on suit l'ADN parental durant deux générations cellulaires, soit deux réplications du matériel
génétique. L'ADN nouvellement synthétisé est coloré en bleu clair.

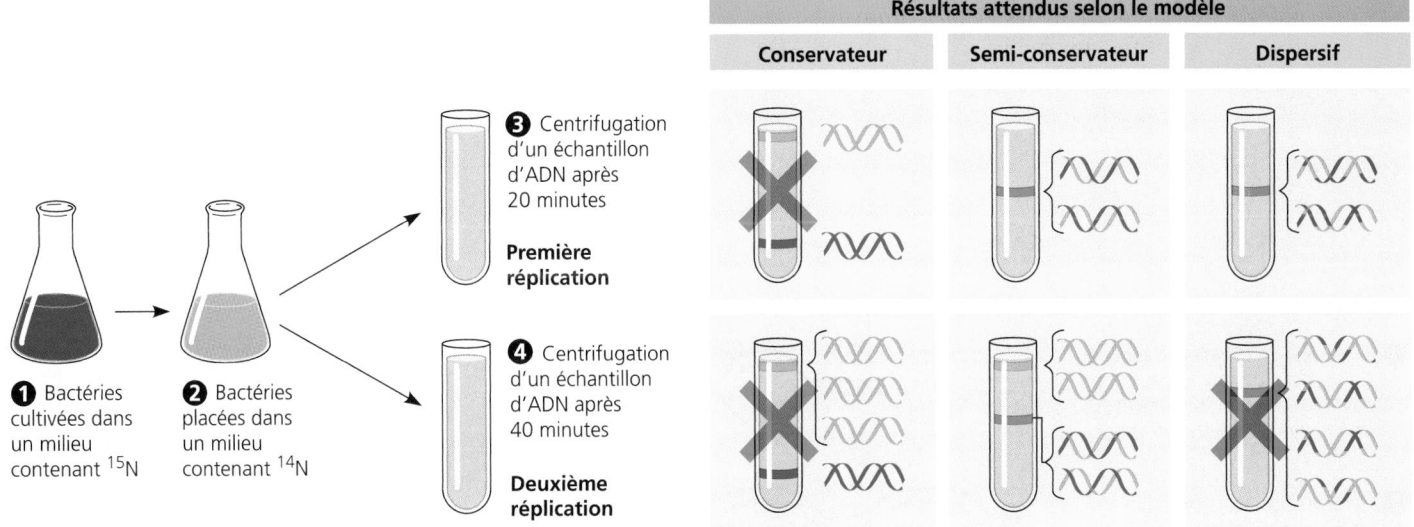

**FIGURE 16.9 L'expérience de Meselson et Stahl a permis de tester les trois
modèles de réplication de l'ADN.** Meselson et Stahl ont cultivé plusieurs générations
de bactéries *E. coli* dans un milieu contenant un isotope lourd de l'azote, ^{15}N. Une fois
que les bactéries ont incorporé l'azote lourd dans leurs nucléotides, puis dans leur ADN,
elles ont été placées dans un milieu contenant l'isotope le plus léger et le plus commun
de l'azote, ^{14}N. Ainsi, tout nouvel ADN synthétisé par les bactéries devait être plus léger que
l'« ancien » ADN fabriqué dans le milieu contenant le ^{15}N. Après centrifugation de l'ADN extrait
des bactéries, Meselson et Stahl ont été en mesure d'identifier les molécules de différentes masses
volumiques. Sur ce schéma, les éprouvettes représentent les résultats prévus selon chacun des
trois modèles de la figure 16.8. La première réplication effectuée dans le milieu ^{14}N a produit une
bande d'ADN hybride (^{15}N-^{14}N), ce qui a permis d'éliminer le modèle conservateur. La deuxième
réplication a produit à la fois un ADN léger et un ADN hybride, ce qui a permis d'éliminer le
modèle dispersif et a confirmé l'exactitude du modèle semi-conservateur.

Point de départ : les origines de réplication

La réplication d'une molécule d'ADN commence sur des sites particuliers, appelés **origines de réplication.** Le chromosome bactérien, qui est circulaire, a une seule origine de réplication : il s'agit d'un segment d'ADN portant une séquence nucléotidique spécifique. Une *protéine de réplication* reconnaît cette séquence et amorce la duplication de l'ADN. Elle s'attache à celui-ci et sépare les deux brins en formant un «œil» de réplication. La réplication se poursuit alors dans les deux sens, jusqu'à ce que toute la molécule ait été recopiée (voir la FIGURE 18.11). Contrairement au chromosome bactérien, un chromosome d'eucaryote peut avoir des centaines, voire des milliers d'origines de réplication. Tout œil de réplication finit par fusionner avec un autre, ce qui accélère le recopiage des molécules d'ADN qui sont très longues (FIGURE 16.10). Comme chez les Bactéries, la réplication de l'ADN se poursuit dans les deux sens à partir de chaque origine. Chaque bout d'un œil de réplication prend la forme d'une **fourche de réplication,** c'est-à-dire d'une région en forme de Y où les deux brins d'ADN subissent une élongation.

Élongation d'un nouveau brin

Au niveau de la fourche de réplication, l'élongation du nouveau brin d'ADN est catalysée par des enzymes appelées **ADN polymérases.** Au fur et à mesure que les nucléotides s'alignent sur les bases complémentaires le long du brin qui sert de matrice, la polymérase les rattache un par un à l'extrémité du brin d'ADN en voie de formation. La vitesse d'élongation est d'environ 500 nucléotides par seconde chez les procaryotes, et de 50 nucléotides par seconde dans les cellules humaines. Les biochimistes ont identifié au moins cinq sortes d'ADN polymérases chez les Eucaryotes. La plupart se trouvent dans le noyau. Nous les nommons ici suivant l'ordre de découverte :

l'ADN polymérase alpha (α) s'attache à une amorce et initie la réplication des deux brins d'ADN sur une longueur d'une centaine de nucléotides environ ; l'ADN polymérase bêta (ß) participe à la réparation de l'ADN ; l'ADN polymérase gamma (γ) se trouve principalement dans les mitochondries et sert à leur réplication ; l'ADN polymérase delta (δ) prend le relais de l'ADN polymérase alpha et contribue à l'élongation des nouveaux brins en ajoutant plusieurs milliers de nucléotides ; enfin, l'ADN polymérase epsilon (ε) participe à la réparation de l'ADN, à l'instar de l'ADN polymérase bêta. Les procaryotes ont aussi plusieurs sortes d'ADN polymérases ; on en connaît quelques-unes (I, II, et III), qui ont chacune des fonctions multiples. L'ADN polymérase III est la plus active d'entre elles.

Quelle source d'énergie alimente la polymérisation des nucléotides lors de la formation de nouveaux brins d'ADN ? Les nucléotides qui constituent les substrats de l'ADN polymérase sont en fait des nucléosides triphosphates, c'est-à-dire des nucléotides portant trois groupements phosphate au lieu d'un (FIGURE 16.11). Ce sont des molécules qui ressemblent à l'ATP. En fait, l'ATP (qui alimente le métabolisme énergétique) ne diffère du nucléoside triphosphate (qui fournit l'adénine à l'ADN) que par son glucide. L'ATP a un ribose, alors que l'ADN a un désoxyribose. (L'ATP, qui contient du ribose, est un substrat de la synthèse de l'*ARN*). Comme l'ATP, les monomères triphosphatés intervenant dans la synthèse de l'ADN sont chimiquement actifs, en partie parce que leur queue triphosphate contient un regroupement instable de charges négatives. En se fixant au bout du brin d'ADN en cours de synthèse, chaque monomère perd deux groupements phosphate sous la forme d'une molécule de pyrophosphate (P-P$_i$). L'hydrolyse subséquente du pyrophosphate en deux molécules de phosphate inorganique (P$_i$) constitue une réaction exergonique. Celle-ci fournit l'énergie nécessaire à la polymérisation des nucléotides menant à la formation de l'ADN.

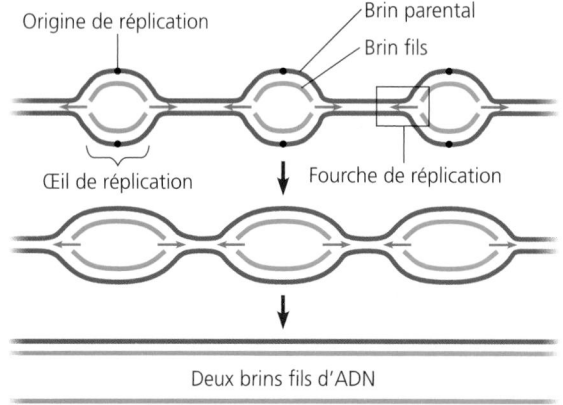

❶ La réplication commence sur des sites spécifiques où les deux brins de l'ADN parental se séparent en formant un œil de réplication.

❷ La réplication progresse dans les deux sens en étirant l'œil de réplication.

❸ Un œil de réplication finit par fusionner avec le suivant, et ainsi de suite, ce qui met fin à la synthèse des nouveaux brins.

Origine de réplication — Brin parental — Brin fils

Œil de réplication — Fourche de réplication

Deux brins fils d'ADN

(a) Chez les Eucaryotes, la réplication de l'ADN commence sur de nombreux sites situés le long de la molécule géante d'ADN de chaque chromosome.

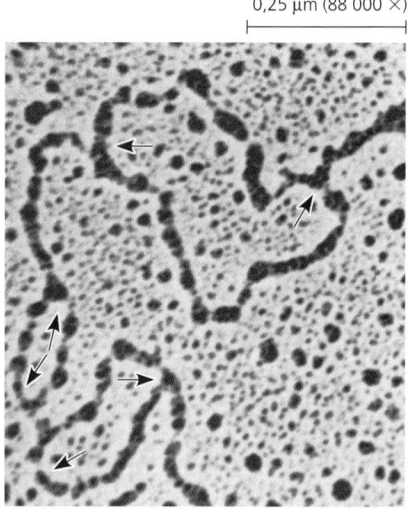

0,25 µm (88 000 ×)

(b) Sur cette micrographie de l'ADN de cellules cultivées de Hamster chinois (*Cricetulus griseus*), on peut voir trois exemplaires d'un œil de réplication. Les flèches indiquent le sens de la réplication de l'ADN aux deux fourches de chaque œil de réplication. (MET)

FIGURE 16.10 Origines de réplication chez les Eucaryotes.

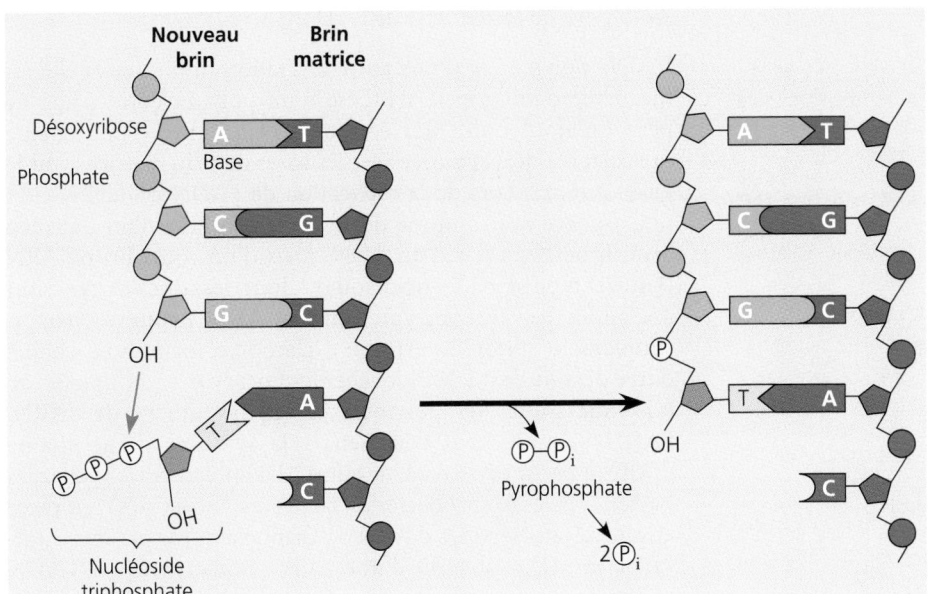

FIGURE 16.11 Ajout d'un nucléotide à un brin d'ADN. Lorsqu'un nucléoside triphosphate se lie au squelette désoxyribose-phosphate d'un brin d'ADN en cours de synthèse, il perd deux de ses groupements phosphate sous la forme d'une molécule de pyrophosphate. L'enzyme qui catalyse cette réaction est l'ADN polymérase. C'est l'hydrolyse des liaisons existant entre les groupements phosphate du pyrophosphate qui fournit l'énergie nécessaire à la réaction.

La disposition antiparallèle des brins d'ADN

Le mécanisme de synthèse de l'ADN à la fourche de réplication est plus complexe que ce que nous venons de voir. Jusqu'ici, nous n'avons pas tenu compte d'une caractéristique importante de la double hélice, à savoir que les deux brins d'ADN sont *antiparallèles*. En effet, les deux squelettes désoxyribose-phosphate ont des directions opposées. Vous pouvez remarquer que, à la FIGURE 16.12, les cinq carbones d'un désoxyribose de chaque brin d'ADN sont numérotés de 1′ à 5′. (Le signe prime sert à distinguer les atomes de carbone du désoxyribose des atomes de carbone et d'azote des bases azotées.) Notez aussi que le groupement phosphate de chaque nucléotide est lié au carbone 5′ du désoxyribose, et que ce même groupement phosphate est lié au carbone 3′ du nucléotide adjacent. Par conséquent, le brin d'ADN a une polarité. À une extrémité, appelée 3′, un groupement hydroxyle est lié au carbone 3′ du désoxyribose terminal. À l'autre extrémité, soit à l'extrémité 5′, le squelette désoxyribose-phosphate se termine par le groupement phosphate lié au carbone 5′ du dernier nucléotide. Dans la double hélice, les deux squelettes désoxyribose-phosphate sont placés tête-bêche (ils sont antiparallèles).

De quelle façon la structure antiparallèle de la double hélice influe-t-elle sur la réplication? Les ADN polymérases ajoutent toujours des nucléotides à l'extrémité libre 3′ d'un brin d'ADN en croissance, jamais à l'extrémité 5′. Par conséquent, le nouveau brin ne peut s'allonger que dans le sens 5′ → 3′. Revenons maintenant à la fourche de réplication en gardant cette caractéristique à l'esprit (FIGURE 16.13, p. 320). Une ADN polymérase peut synthétiser, à partir d'une origine de réplication et le long du brin matrice, un brin complémentaire continu. L'élongation du nouvel ADN se fait nécessairement dans le sens 5′ → 3′. La polymérase se loge dans la fourche de réplication, sur le brin qui sert de matrice. Elle ajoute un nucléotide à la fois au brin complémentaire au fur et à mesure que la fourche se déplace. Le brin d'ADN ainsi synthétisé est appelé **brin directeur.** Cette synthèse se répète simultanément dans les autres régions de l'ADN comportant une origine de réplication.

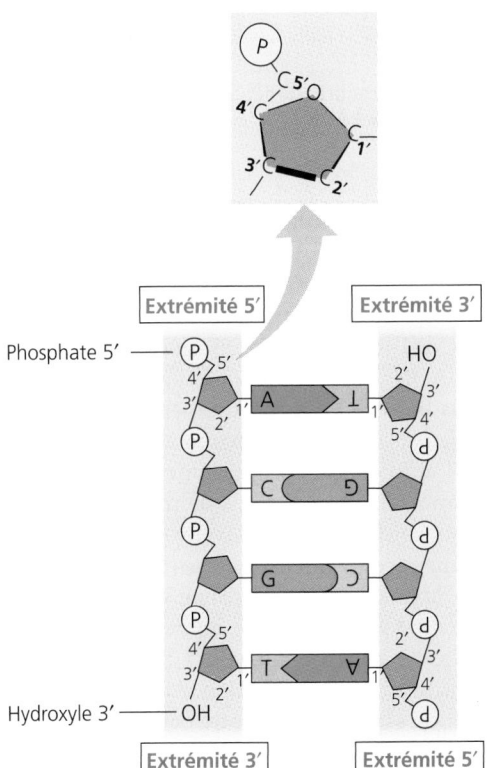

FIGURE 16.12 Les deux brins d'ADN sont antiparallèles. Le sens 5′ → 3′ d'un brin est opposé à celui de l'autre brin. Nous avons numéroté les atomes de carbone de deux désoxyriboses situés au bout des deux brins.

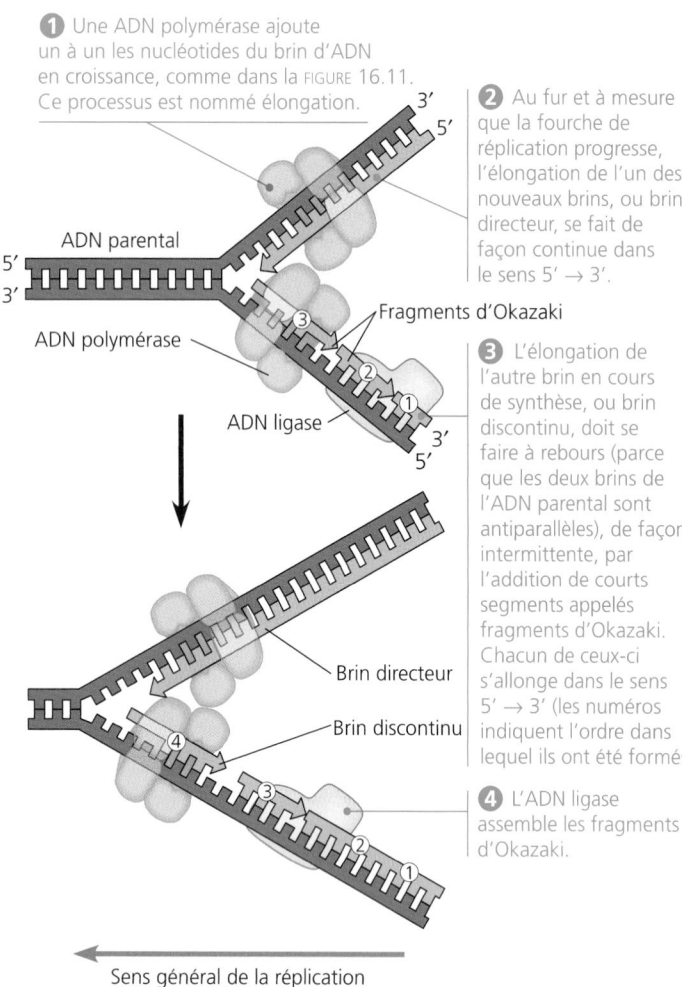

① Une ADN polymérase ajoute un à un les nucléotides du brin d'ADN en croissance, comme dans la FIGURE 16.11. Ce processus est nommé élongation.

② Au fur et à mesure que la fourche de réplication progresse, l'élongation de l'un des nouveaux brins, ou brin directeur, se fait de façon continue dans le sens 5' → 3'.

ADN parental

Fragments d'Okazaki

ADN polymérase

ADN ligase

③ L'élongation de l'autre brin en cours de synthèse, ou brin discontinu, doit se faire à rebours (parce que les deux brins de l'ADN parental sont antiparallèles), de façon intermittente, par l'addition de courts segments appelés fragments d'Okazaki. Chacun de ceux-ci s'allonge dans le sens 5' → 3' (les numéros indiquent l'ordre dans lequel ils ont été formés).

Brin directeur

Brin discontinu

④ L'ADN ligase assemble les fragments d'Okazaki.

Sens général de la réplication

FIGURE 16.13 Synthèse du brin directeur et du brin discontinu pendant la réplication de l'ADN.

L'élongation de l'autre brin d'ADN en croissance se fait différemment. L'ADN polymérase doit suivre la matrice en *s'éloignant* de la fourche de réplication. (Il faut garder en mémoire que les deux brins de l'ADN parental sont antiparallèles.) Le brin d'ADN ainsi formé est appelé **brin discontinu,** parce que son élongation ne se réalise pas de manière continue : de courts segments sont synthétisés, avant d'être reliés par une enzyme. On appelle ces segments *fragments d'Okazaki,* du nom du scientifique japonais qui les a découverts. Voici comment les choses se passent : lorsque l'œil de réplication se forme, une ADN polymérase synthétise un court fragment d'ADN en s'éloignant de la fourche de réplication. Au fur et à mesure que l'œil de réplication s'agrandit, un autre court fragment est synthétisé de la même façon. Chacun a une longueur de 100 à 200 nucléotides chez les Eucaryotes. Une enzyme appelée **ADN ligase** relie ensuite les squelettes désoxyribose-phosphate des fragments d'Okazaki ; ainsi, un brin d'ADN ininterrompu est formé.

Amorçage de la synthèse de l'ADN

L'ADN polymérase a une autre limitation importante : elle est incapable d'*amorcer* la synthèse d'un polynucléotide. Elle ne peut qu'ajouter des nucléotides à l'extrémité d'une chaîne préexistante déjà appariée avec les bases du brin matrice (voir la FIGURE 16.11). Lors de la réplication de l'ADN cellulaire, c'est une **amorce** qui assure le début de la synthèse d'un nouveau brin. Il ne s'agit pas d'un ADN, mais d'un court brin d'ARN (l'autre type d'acide nucléique), dont les nucléotides sont assemblés par une enzyme appelée **ADN primase** (parfois simplement nommée primase). L'amorce forme une chaîne d'une dizaine de nucléotides chez les Eucaryotes (FIGURE 16.14). (Comme toutes les polymérases qui fabriquent de l'ARN, l'ADN primase peut commencer la synthèse d'une chaîne d'ARN à partir de rien.) Une autre ADN polymérase (I chez les Bactéries et les Archéobactéries, ß chez les Eucaryotes) remplace ensuite les nucléotides d'ARN de chaque amorce par leur équivalent en ADN. Il suffit d'une seule amorce pour que l'ADN polymérase puisse commencer la synthèse d'un nouveau brin directeur. Dans le cas des brins discontinus, par contre, il faut une amorce pour chaque fragment d'Okazaki. Les amorces sont converties en ADN avant que l'ADN ligase relie les fragments.

Autres protéines intervenant dans la réplication de l'ADN

Vous connaissez déjà quatre sortes de protéines qui interviennent dans la synthèse de l'ADN : les protéines de réplication, les ADN polymérases, l'ADN ligase et l'ADN primase. D'autres protéines entrent également en jeu, dont les hélicases et les protéines fixatrices d'ADN monocaténaire (*monocaténaire* signifie « constitué d'une seule chaîne », par opposition à bicaténaire, « une chaîne double »). Une **hélicase** est une enzyme qui intervient dans l'angle de la fourche de réplication : elle déroule la double hélice et sépare les deux brins parentaux. Deux molécules d'hélicase opèrent simultanément dans un œil de réplication, et il existe plusieurs types d'hélicase. Quant aux **protéines fixatrices d'ADN monocaténaire** (ou protéines SSB, *single-strand binding proteins*), elles s'attachent l'une derrière l'autre, formant des chaînes, le long des deux brins parentaux séparés par l'hélicase ; elles maintiennent ceux-ci en position rectiligne pendant la synthèse des brins complémentaires.

La FIGURE 16.15 résume les fonctions des principales protéines qui interviennent dans la réplication de l'ADN. La FIGURE 16.16, p. 322, elle, illustre la réplication de l'ADN.

La machine de réplication de l'ADN, un complexe stationnaire

On représente souvent les molécules d'ADN polymérase comme des locomotives avançant sur une « voie ferrée » formée d'ADN (ce qui est commode), mais ce modèle est inexact pour deux raisons principales. Premièrement, les différentes protéines qui assurent la réplication de l'ADN forment un seul grand complexe, qui est en quelque sorte une « machine » à reproduire l'ADN. Deuxièmement, cette machine est probablement stationnaire pendant la réplication. Dans les cellules eucaryotes, il est possible que de multiples exemplaires de cette machine regroupés en « usines » soient fixés à la matrice

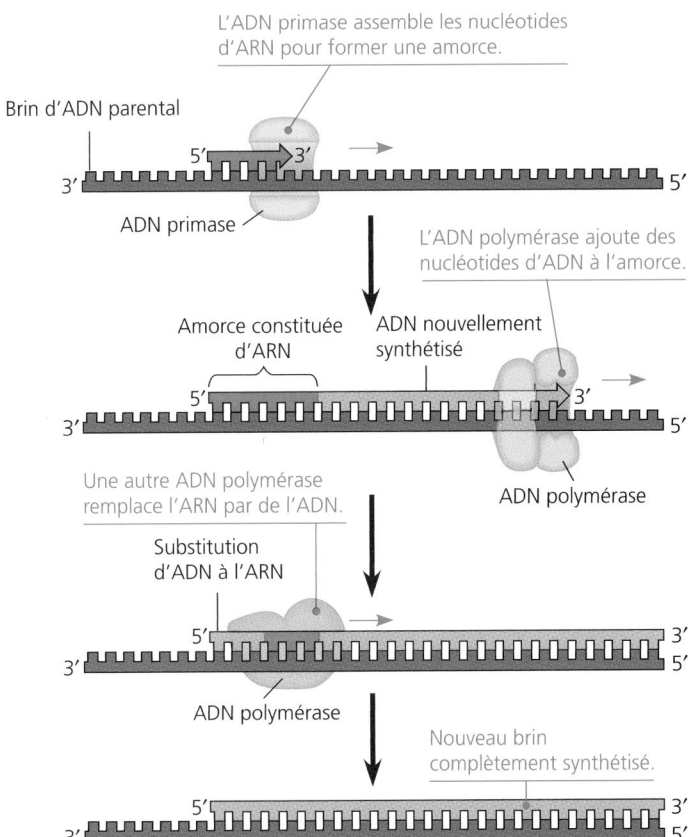

L'ADN primase assemble les nucléotides d'ARN pour former une amorce.

Brin d'ADN parental

ADN primase

L'ADN polymérase ajoute des nucléotides d'ADN à l'amorce.

Amorce constituée d'ARN

ADN nouvellement synthétisé

ADN polymérase

Une autre ADN polymérase remplace l'ARN par de l'ADN.

Substitution d'ADN à l'ARN

ADN polymérase

Nouveau brin complètement synthétisé.

FIGURE 16.14 Amorçage de la synthèse de l'ADN à l'aide d'un court brin d'ARN. L'ADN polymérase (α chez les Eucaryotes, et III chez les Bactéries et les Archéobactéries) est incapable de commencer seule la synthèse d'un polynucléotide. Elle peut uniquement ajouter des nucléotides à l'extrémité 3′ d'un brin préexistant. L'amorce est un court segment d'ARN synthétisé par de l'ADN primase, une enzyme. Par la suite, une autre ADN polymérase (β chez les Eucaryotes et I chez les Bactéries et les Archéobactéries) remplace chaque amorce par un segment d'ADN.

Pendant la réplication, l'ADN polymérase relit elle-même chacun des nucléotides ajouté et le compare à la matrice aussitôt qu'il est intégré au brin en croissance. Lorsqu'elle trouve une paire erronée au cours de cette « correction d'épreuves », elle enlève le nucléotide inadéquat et refait la synthèse.

Il arrive parfois que les nucléotides mal appariés échappent à la vigilance de l'ADN polymérase ou qu'ils apparaissent après la fin de la synthèse de l'ADN (à la suite d'un dommage subi par une base nucléotidique, par exemple). Les cellules effectuent la **réparation des mésappariements des bases** à l'aide d'enzymes spécifiques, dont la fonction est de corriger les paires erronées. Les chercheurs ont commencé à comprendre le rôle de ces protéines lorsqu'ils ont découvert qu'une anomalie héréditaire touchant l'une d'entre elles est liée à une forme de cancer du côlon. Il semble que cette anomalie permette aux erreurs cancérogènes de s'accumuler dans l'ADN.

L'information génétique ainsi codée doit être entretenue. Elle exige de fréquentes réparations, parce que l'ADN subit divers types de lésions. Les molécules d'ADN sont constamment exposées à des agents physiques et chimiques nocifs. Les substances chimiques réactives (présentes dans l'environnement ou apparaissant naturellement dans les cellules), la radioactivité, les rayons X et les rayons ultraviolets peuvent modifier les nucléotides, altérant ainsi l'information génétique codée. Cela a habituellement des conséquences néfastes. De plus, les bases de l'ADN subissent souvent des modifications chimiques spontanées dans les conditions qui existent normalement dans la cellule. Heureusement, tous ces changements sont généralement corrigés avant qu'ils ne constituent des mutations héréditaires. Chaque cellule surveille et répare son matériel génétique en permanence. La réparation de l'ADN endommagé est essentielle à la survie de l'organisme. Il n'est donc pas surprenant que les enzymes de réparation de l'ADN soient apparues en si grand nombre. On en connaît près de 100 chez *E. coli* et on en a identifié jusqu'ici 130 chez les Humains.

nucléaire (un réseau de fibres occupant l'intérieur du noyau). Des études récentes semblent confirmer l'exactitude d'un modèle selon lequel les molécules d'ADN polymérase « bobinent » l'ADN parental et « débobinent » les nouveaux brins d'ADN.

Des enzymes effectuent une « correction d'épreuves » de l'ADN pendant la réplication et, de façon générale, réparent les dommages subis par l'ADN

La précision de la réplication de l'ADN ne résulte pas uniquement de la spécificité de l'appariement des bases. Dans le nouvel ADN d'une cellule fille produite par mitose, le nombre d'erreurs n'est que d'une par milliard de nucléotides. Au départ, cependant, les erreurs d'appariement entre les nouveaux nucléotides et ceux du brin matrice sont 100 000 fois plus nombreuses : elles sont de l'ordre de 1 sur 10 000 paires de bases.

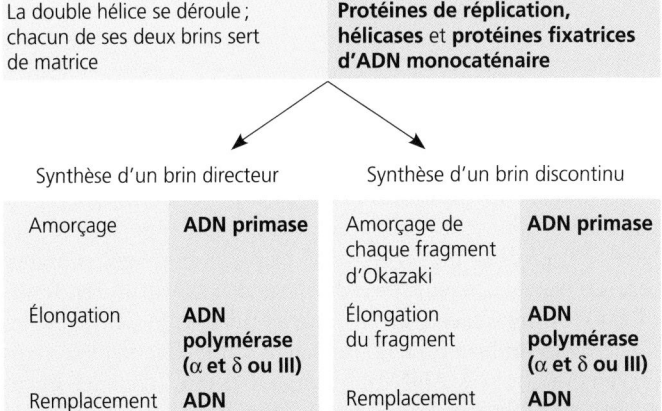

Début de la réplication	
La double hélice se déroule ; chacun de ses deux brins sert de matrice	**Protéines de réplication, hélicases et protéines fixatrices d'ADN monocaténaire**

Synthèse d'un brin directeur		Synthèse d'un brin discontinu	
Amorçage	**ADN primase**	Amorçage de chaque fragment d'Okazaki	**ADN primase**
Élongation	**ADN polymérase (α et δ ou III)**	Élongation du fragment	**ADN polymérase (α et δ ou III)**
Remplacement de l'amorce d'ARN par de l'ADN	**ADN polymérase (β ou I)**	Remplacement de l'amorce d'ARN par de l'ADN	**ADN polymérase (β ou I)**
		Assemblage des fragments	**ADN ligase**

FIGURE 16.15 Principales protéines intervenant dans la réplication de l'ADN et leurs fonctions.

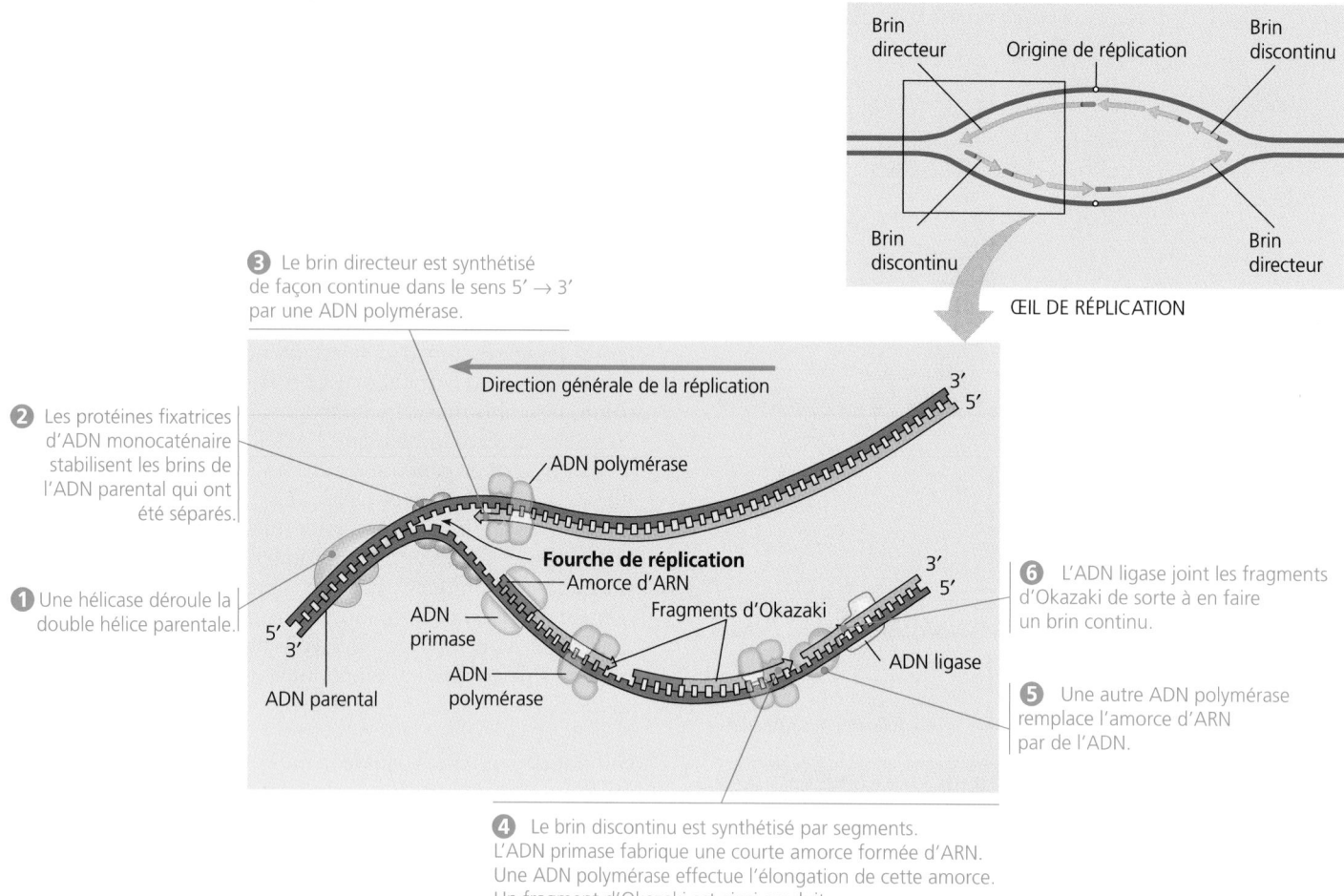

3 Le brin directeur est synthétisé de façon continue dans le sens 5′ → 3′ par une ADN polymérase.

ŒIL DE RÉPLICATION

Direction générale de la réplication

2 Les protéines fixatrices d'ADN monocaténaire stabilisent les brins de l'ADN parental qui ont été séparés.

ADN polymérase

3′
5′

Fourche de réplication
Amorce d'ARN

1 Une hélicase déroule la double hélice parentale.

ADN primase

Fragments d'Okazaki

3′
5′

6 L'ADN ligase joint les fragments d'Okazaki de sorte à en faire un brin continu.

5′
3′

ADN polymérase

ADN ligase

5 Une autre ADN polymérase remplace l'amorce d'ARN par de l'ADN.

ADN parental

4 Le brin discontinu est synthétisé par segments. L'ADN primase fabrique une courte amorce formée d'ARN. Une ADN polymérase effectue l'élongation de cette amorce. Un fragment d'Okazaki est ainsi produit.

FIGURE 16.16 Résumé de la réplication de l'ADN. Le schéma détaillé ci-dessus montre une fourche de réplication. Cependant, comme le rappelle la petite illustration globale un peu plus haut, à droite, la réplication se déroule simultanément aux deux fourches situées à chaque extrémité d'un œil de réplication. Remarquez que les brins directeurs sont amorcés par un segment d'ARN (magenta), tout comme la plupart des fragments d'Okazaki des brins discontinus. Dans les deux fragments sans amorce, une ADN polymérase a déjà remplacé les nucléotides d'ARN par des nucléotides d'ADN. Si l'on regarde chacun des nouveaux brins, on remarque que la moitié de leur longueur est synthétisée de façon continue, sous forme de brin directeur, alors que l'autre moitié (de l'autre côté du point d'origine) est synthétisée par fragments, sous forme de brin discontinu.

La plupart des processus de réparation des dommages subis par l'ADN reposent sur le mécanisme de l'appariement des bases. En général, un segment du brin endommagé est enlevé (excisé) par une enzyme de découpage de l'ADN (une **endonucléase**) et remplacé par les nucléotides appariés avec les nucléotides du brin intact. Les enzymes qui effectuent ce remplacement sont les ADN polymérases β et ε (chez les Eucaryotes) et I (chez les Bactéries et les Archéobactéries), et l'ADN ligase. Ce type d'intervention est appelé **réparation par excision-resynthèse** (FIGURE 16.17).

Dans les cellules de notre peau, l'une des fonctions des enzymes de réparation de l'ADN est de corriger les dommages infligés à notre matériel génétique par les rayons ultraviolets du soleil. La FIGURE 16.17 illustre un type de lésion ainsi causé: la liaison covalente de bases de thymine adjacentes sur un brin d'ADN. Les dimères de thymine de ce type déforment l'ADN et entravent sa réplication. La maladie appelée mélanose lenticulaire progressive (ou xeroderma pigmentosum) permet de comprendre à quel point il est important que de tels dommages soient réparés. Dans la plupart des cas, elle est due à une anomalie héréditaire d'une enzyme d'excision-resynthèse. Les personnes atteintes sont extrêmement sensibles à la lumière du soleil et voient, entre autres choses, apparaître des plaques et des ulcères cutanés sur leur peau découverte. Dans les cellules de celle-ci, les mutations produites par les rayons ultraviolets ne sont pas corrigées. Elles finissent par provoquer un cancer de la peau. Cette maladie récessive autosomique entraîne généralement la mort pendant l'adolescence.

Les extrémités des molécules d'ADN sont répliquées selon un mécanisme particulier

La plupart des mécanismes de réparation de l'ADN font intervenir des ADN polymérases. Évidemment, ces enzymes ne peuvent pas réparer les « défauts » découlant de leurs propres limitations. Lorsque l'ADN est linéaire, comme dans le cas des chromosomes eucaryotes, le fait *qu'une ADN polymérase ne puisse ajouter des nucléotides qu'à l'extrémité 3' d'un polynucléotide préexistant* pose un problème. Le mécanisme normal de réplication ne permet pas de synthétiser l'extrémité 5' des brins d'ADN nouvellement formés. Par exemple, l'ADN polymérase β qui excise et remplace les nucléotides d'ARN de l'amorce ne peut substituer un nucléotide d'ADN au tout premier nucléotide, car aucune liaison 3' ne le précède et qu'elle ne peut pas « s'agripper ». Par conséquent, le nouveau brin d'ADN possède moins de nucléotides que le brin parental, et les réplications successives produisent des molécules d'ADN de plus en plus courtes (FIGURE 16.18). Si la cellule se divisait assez de fois, elle perdrait certains de ses gènes essentiels. Il est évident que cette tendance ne s'est pas maintenue au cours des générations, parce que nous n'existerions même pas !

Le problème ne se pose pas chez les Bactéries et les Archéobactéries, qui ont un ADN circulaire (sans extrémités) ; mais que se passe-t-il donc chez les Eucaryotes ?

Au bout des molécules d'ADN chromosomique des Eucaryotes se trouvent des séquences nucléotidiques particulières, nommées **télomères** (FIGURE 16.19, p. 324), qui ne correspondent pas à un gène. Il s'agit en fait d'une même séquence nucléotidique courte, mais répétée un grand nombre de fois. Dans les télomères humains, par exemple, la séquence est constituée de six nucléotides : TTAGGG. Dans un télomère donné, le même ordre d'enchaînement de quelques nucléotides peut être répété de 100 à 1 000 fois environ. Cela empêche les gènes de l'organisme de disparaître peu à peu sous l'effet des réplications successives. De plus, les télomères ainsi que certaines protéines spéciales qui leur sont associées empêchent les extrémités d'un chromosome d'activer le système d'alarme cellulaire. S'ils ne le faisaient pas, les bouts d'une molécule d'ADN seraient « perçus » comme des cassures de brin double. Cela pourrait déclencher les mécanismes de conversion-amplification du stimulus conduisant à l'arrêt du cycle cellulaire ou à la mort de la cellule.

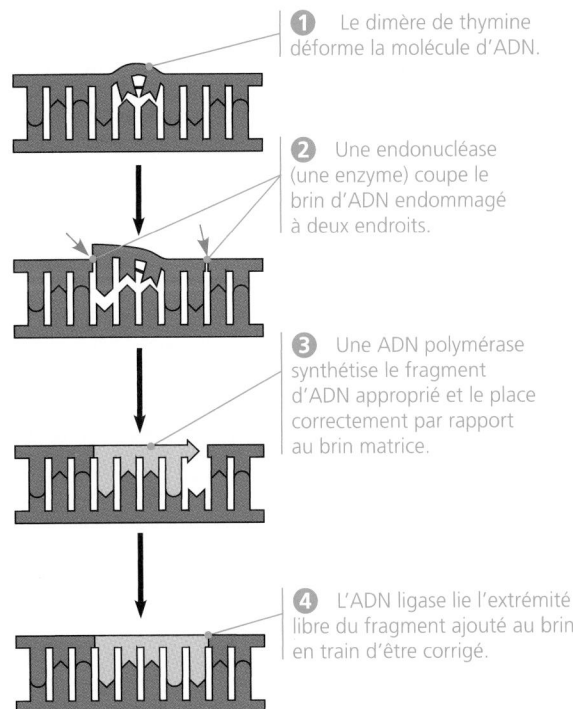

FIGURE 16.17 Réparation de l'ADN par excision-resynthèse. Une escouade d'enzymes détecte les dommages subis par l'ADN et les répare. Nous avons illustré ici une portion d'ADN contenant un dimère de thymine, un type de lésion fréquemment produit par les rayons ultraviolets. Les enzymes de réparation excisent la partie endommagée et la remplacent par un segment d'ADN normal.

① Le dimère de thymine déforme la molécule d'ADN.

② Une endonucléase (une enzyme) coupe le brin d'ADN endommagé à deux endroits.

③ Une ADN polymérase synthétise le fragment d'ADN approprié et le place correctement par rapport au brin matrice.

④ L'ADN ligase lie l'extrémité libre du fragment ajouté au brin en train d'être corrigé.

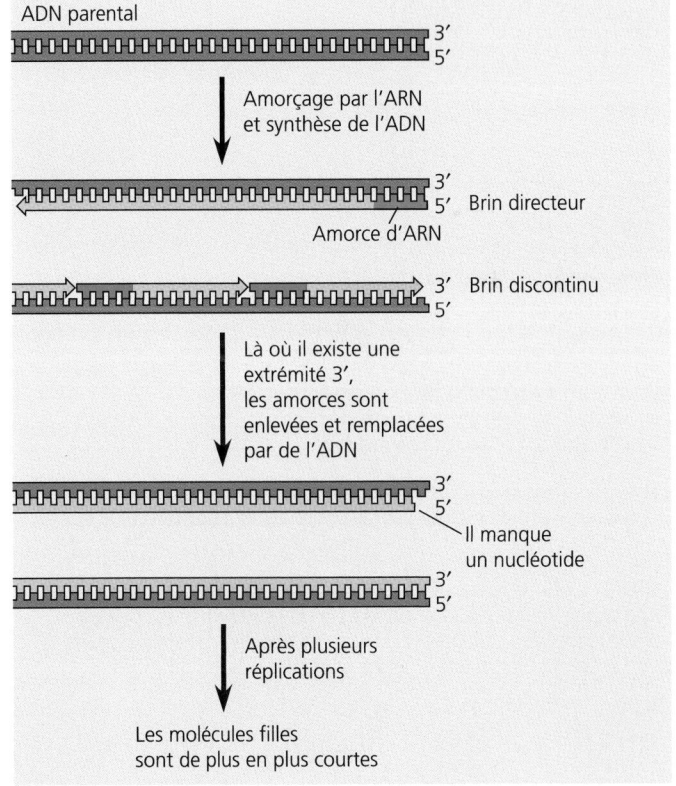

FIGURE 16.18 Problème de réplication de l'extrémité 5'. Lors de la duplication d'une molécule d'ADN linéaire, il reste une partie non répliquée à l'extrémité 5' du nouveau brin (bleu clair), parce que l'ADN polymérase ne peut ajouter des nucléotides qu'à l'extrémité 3'. Par conséquent, après chaque réplication, les molécules d'ADN sont un peu plus courtes que les précédentes. Pour simplifier l'illustration, nous n'avons représenté qu'une extrémité de la molécule d'ADN linéaire.

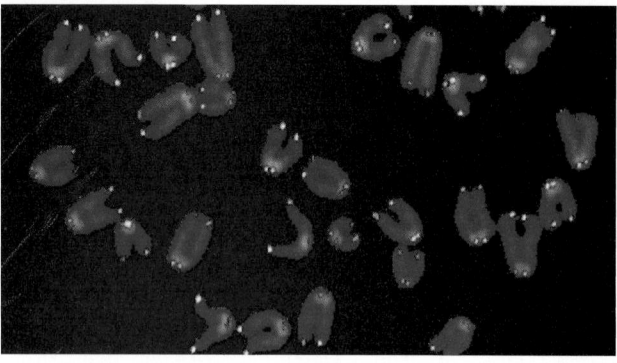

(a) Le colorant orange vif marque les télomères de ces chromosomes de souris (MP).

1 µm (8 000 ×)

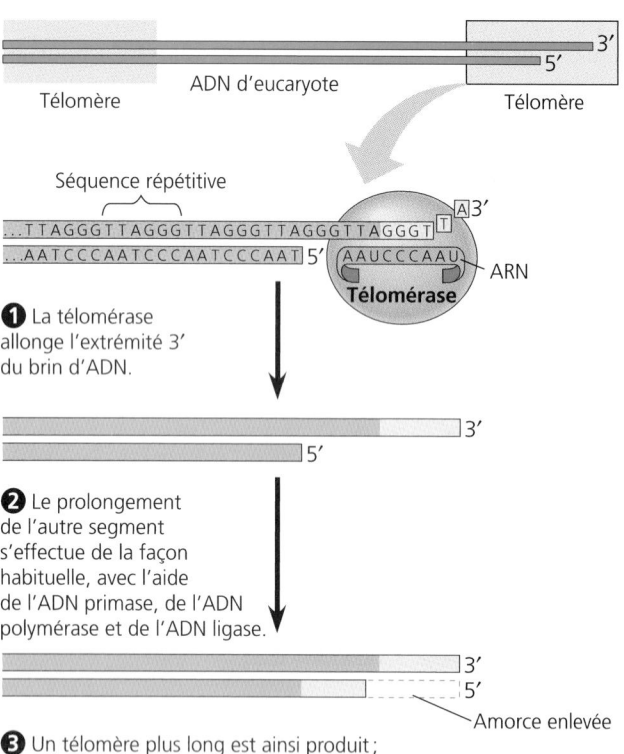

Télomère   ADN d'eucaryote   Télomère

Séquence répétitive

...TTAGGGTTAGGGTTAGGGTTAGGGTTAGGGT
...AATCCCAATCCCAATCCCAAT

AAUCCCAAU — ARN

Télomérase

❶ La télomérase allonge l'extrémité 3' du brin d'ADN.

❷ Le prolongement de l'autre segment s'effectue de la façon habituelle, avec l'aide de l'ADN primase, de l'ADN polymérase et de l'ADN ligase.

Amorce enlevée

❸ Un télomère plus long est ainsi produit ; l'extrémité 3' de l'amorce « dépasse » le début du gène situé sur le brin complémentaire.

(b) La télomérase comporte une courte molécule d'ARN, dont une séquence sert de matrice pour le prolongement de l'extrémité 3' du télomère.

FIGURE 16.19 Télomères et télomérase. Chez les Eucaryotes, le problème de la réplication des extrémités est résolu par la présence de séquences non codantes et sacrifiables, appelées télomères, et par la présence de l'enzyme télomérase dans certaines cellules.

À long terme, au bout de plusieurs générations de cellules, les organismes eucaryotes doivent reconstituer les télomères raccourcis. C'est là qu'intervient la **télomérase,** une enzyme spéciale qui produit l'élongation des télomères. Mais comment peut-elle synthétiser de l'ADN là où la matrice d'ADN a disparu ? Eh bien ! elle a ceci de particulier qu'elle comporte une courte molécule d'ARN en plus de sa partie protéique. Cet ARN contient une séquence nucléotidique qui sert de matrice pour la synthèse des nouveaux segments à l'extrémité 3' du télomère. À la FIGURE 16.19, on voit comment la télomérase et d'autres enzymes agissent de concert pour allonger un télomère.

Dans la plupart des cellules des organismes multicellulaires, comme les Humains, la télomérase est *absente.* L'ADN des cellules somatiques qui se divisent est généralement plus court chez les individus plus âgés et dans les cellules cultivées qui se sont divisées un grand nombre de fois. Il est donc possible que les télomères constituent un facteur limitatif, qui restreint la durée de vie de certains tissus et même de l'organisme lui-même. Quoi qu'il en soit, la télomérase *est présente* dans les cellules de la lignée germinale dont descendent les gamètes. Elle produit de longs télomères dans ces cellules et, par conséquent, chez le nouveau-né.

Chose intéressante, les chercheurs ont également trouvé de la télomérase dans les cellules somatiques cancéreuses. Les cellules provenant de grosses tumeurs ont souvent des télomères anormalement petits, comme on s'y attend dans le cas de cellules ayant subi un grand nombre de divisions. Ce raccourcissement progressif pourrait mener à l'autodestruction du cancer, sauf si de la télomérase était produite et qu'elle stabilisait la longueur des télomères. C'est ce qui semble se produire dans les cellules cancéreuses et dans les souches immortelles de cellules cultivées (voir le chapitre 12). Si la télomérase joue un rôle aussi important qu'on le croit dans de nombreux cancers, elle pourrait servir de cible pour le diagnostic du cancer et pour la chimiothérapie.

■   ■   ■

La réplication de l'ADN crée les copies des gènes que les parents transmettent à leurs enfants par l'intermédiaire des gamètes. Cependant, il ne suffit pas que les gènes soient copiés et transmis ; encore faut-il qu'ils soient exprimés. Comment produisent-ils les caractères phénotypiques, tels que la couleur des yeux ? Dans le prochain chapitre, nous étudierons les bases moléculaires de l'expression génique, c'est-à-dire la façon dont une cellule traduit l'information génétique qui est codée sous forme d'ADN.

RÉVISION DU CHAPITRE

Résumé des concepts importants

L'ADN CONSTITUE LE MATÉRIEL GÉNÉTIQUE

- La recherche du matériel génétique a mené à la découverte de l'ADN (p. 310 à 313, FIGURES 16.1 et 16.2). Des expériences menées sur des bactéries et, plus tard, sur des phages ont fourni les premières preuves convaincantes que le matériel génétique est bel et bien constitué d'ADN.

- Watson et Crick ont découvert la double hélice en construisant des modèles à partir de données obtenues à l'aide de rayons X (p. 313 à 315, FIGURES 16.3, 16.5 et 16.6). Watson et Crick ont découvert que l'ADN a la forme d'une double hélice. Deux chaînes antiparallèles de désoxyribose-phosphate s'enroulent et délimitent l'extérieur de la molécule. Les bases azotées pointent vers l'intérieur, où elles forment des liaisons hydrogène en s'appariant de façon précise : A va avec T, et G avec C.

RÉPLICATION ET RÉPARATION DE L'ADN

- Pendant la réplication, les deux brins d'ADN servent de matrices pour la formation de brins complémentaires par appariement des bases (p. 315 et 316, FIGURE 16.7). La réplication de l'ADN est semi-conservatrice : la molécule mère se déroule, et chaque brin sert de matrice pour la synthèse d'une nouvelle demi-molécule, conformément aux règles d'appariement des bases.

- La réplication de l'ADN s'effectue à l'aide de plusieurs enzymes et d'autres protéines (p. 316 à 322, FIGURES 16.15 et 16.16). La duplication commence aux origines de réplication. À chaque extrémité d'un œil de réplication, là où les deux brins d'ADN se séparent, une fourche de réplication en forme de Y apparaît. Les ADN polymérases catalysent la synthèse de deux nouveaux brins d'ADN en allant dans le sens $5' \rightarrow 3'$. À la fourche de réplication, un brin directeur est synthétisé de façon continue, alors qu'un brin discontinu est formé à partir de courts segments discontinus, qui sont ensuite assemblés par de l'ADN ligase. La synthèse de l'ADN doit commencer au bout d'une amorce (un court segment d'ARN).

- Des enzymes effectuent une « correction d'épreuves » de l'ADN pendant la réplication et, de façon générale, réparent les dommages subis par l'ADN (p. 321 à 323, FIGURE 16.17). Une ADN polymérase vérifie que l'ADN nouvellement synthétisé est conforme à ce qu'il devrait être et remplace les nucléotides erronés. Dans le cas de la réparation des mésappariements, des enzymes de réparation corrigent les erreurs d'appariement des bases. Dans le cas de la réparation par excision-resynthèse, les enzymes découpent et remplacent les segments d'ADN qui sont endommagés.

- Les extrémités des molécules d'ADN sont répliquées selon un mécanisme particulier (p. 323 et 324, FIGURE 16.19). Chez les Eucaryotes, les extrémités (télomères) des molécules d'ADN linéaires (chromosomes) deviennent de plus en plus courtes à chaque réplication. La télomérase, une enzyme présente dans certaines cellules, peut les rallonger.

Autoévaluation

(Les questions dont les numéros sont en caractères gras font surtout appel à la compréhension.)

1. En étudiant des bactéries causant une pneumonie chez des souris, Griffith a découvert que :
   a) la capsule de protéines provenant de cellules lisses pathogènes peut transformer des cellules rugueuses inoffensives.
   b) les cellules lisses pathogènes tuées par la chaleur peuvent causer une pneumonie seulement lorsqu'elles sont transformées par l'ADN des cellules rugueuses.
   c) une certaine substance chimique provenant des cellules lisses pathogènes est transmise aux cellules rugueuses inoffensives et les rend pathogènes.
   d) la capsule de polysaccharides des cellules rugueuses cause la pneumonie.
   e) les bactériophages injectent l'ADN des cellules lisses pathogènes dans les cellules rugueuses inoffensives.

2. Des bactéries *E. coli* cultivées dans un milieu contenant du ^{15}N sont transférées dans un milieu contenant du ^{14}N, où on les laisse croître pendant deux générations (l'ADN se réplique deux fois). On centrifuge ensuite l'ADN extrait de ces bactéries. Quelle devrait être la distribution de la masse volumique de l'ADN à la suite de cette expérience ? On devrait obtenir :
   a) une bande d'ADN lourd et une bande d'ADN léger.
   b) une bande de masse volumique intermédiaire.
   c) une bande d'ADN lourd et une bande d'ADN de masse volumique intermédiaire.
   d) une bande d'ADN léger et une bande d'ADN de masse volumique intermédiaire.
   e) une bande d'ADN léger.

3. Une biochimiste a isolé et purifié plusieurs molécules nécessaires à la duplication de l'ADN. Lorsqu'elle leur a ajouté un peu d'ADN, une réplication s'est produite, mais les molécules d'ADN qui se sont formées présentaient des anomalies : chacune d'entre elles se composait d'un brin d'ADN normal apparié à un grand nombre de segments d'ADN d'une longueur de quelques centaines de nucléotides. Quel élément ne se trouvait probablement pas dans le mélange ?
   a) L'ADN polymérase.
   b) L'ADN ligase.
   c) Les nucléotides.
   d) Les fragments d'Okazaki.
   e) Les amorces.

4. Pourquoi y a-t-il une différence entre la synthèse d'un brin directeur et celle d'un brin discontinu dans les molécules d'ADN ?
   a) Les origines de réplication ne se trouvent qu'à l'extrémité 5' de la molécule.
   b) Les hélicases et les protéines fixatrices d'ADN monocaténaire agissent à l'extrémité 5'.
   c) Les ADN polymérases ne peuvent ajouter de nouveaux nucléotides qu'à l'extrémité 3' d'un brin en cours de synthèse.
   d) L'ADN ligase ne fonctionne que dans le sens $3' \rightarrow 5'$.
   e) Les ADN polymérases ne peuvent fonctionner que sur un brin à la fois.

5. Si l'on comptait le nombre de bases de chaque type contenues dans un échantillon d'ADN, quel résultat serait en accord avec les règles d'appariement des bases ?
   a) A = G
   b) A + G = C + T
   c) A + T = G + T
   d) A = C
   e) G = T

6. L'amorce nécessaire à la mise en place de la synthèse d'un nouveau brin d'ADN est constituée :
   a) d'ARN.
   b) d'ADN.
   c) d'un fragment d'Okazaki.
   d) d'une protéine de structure.
   e) d'un dimère de thymine.

7. Une cellule eucaryote sans télomérase :
   a) ne pourrait pas prélever l'ADN dans la solution environnante.
   b) ne pourrait identifier et corriger les nucléotides mal appariés dans ses brins d'ADN nouvellement formés.
   c) subirait une réduction graduelle de la longueur de ses chromosomes à chaque réplication.
   d) aurait plus de chances de devenir cancéreuse.
   e) ajouterait un nucléotide surnuméraire à chaque fragment d'Okazaki.

8. Un certain gène mesure environ 1 μm de long sur une molécule d'ADN à double brin. Quel est approximativement le nombre de paires de bases que ce gène porte ?
   a) 3.
   b) 10.
   c) 1 000.
   d) 3 000.
   e) 30 000.

9. La perte spontanée de groupements amine par l'adénine produit de l'hypoxanthine, une base anormale qui s'apparie à la thymine. À l'aide de quelle combinaison de molécules la cellule peut-elle réparer ce type de dommage ?
   a) D'endonucléase, d'ADN polymérase et d'ADN ligase.
   b) De télomérase, d'ADN primase et d'ADN polymérase.
   c) De télomérase, d'hélicase et de protéines fixatrices d'ADN monocaténaire.
   d) D'ADN ligase, de protéines de réplication et d'hélicase.
   e) D'endonucléase, de télomérase et d'ADN primase.

10. On a remarqué que les anomalies touchant les enzymes de réparation de l'ADN contribuent à l'apparition de certaines formes de cancer ; quelle est la conclusion la plus logique de cette observation ?
   a) Le cancer est généralement héréditaire.
   b) Sans corrections d'épreuves, les modifications de l'ADN peuvent causer le cancer.
   c) Le cancer ne peut pas apparaître lorsque les enzymes de réparation de l'ADN remplissent leurs fonctions de façon adéquate.
   d) Les mutations aboutissent généralement au cancer.
   e) Le cancer est provoqué par des facteurs environnementaux qui endommagent les enzymes de réparation de l'ADN.

11. Quelle expérience Hershey et Chase ont-ils effectuée sur les virus portant des marqueurs radioactifs pour démontrer que le matériel génétique est constitué d'ADN et non de protéines ?

12. Comment l'appariement des bases complémentaires rend-il possible la réplication de l'ADN ?

13. Sur un brin de la double hélice, la séquence nucléotidique est 5′-GGCATAGGT-3′ Quelle est la séquence correspondante sur l'autre brin d'ADN ?

14. Nommez trois fonctions des ADN polymérases dans la réplication de l'ADN.

Lien avec l'évolution

De nombreuses bactéries répondent au stress environnemental en accélérant la fréquence des mutations au cours de la division cellulaire. Comment ce phénomène peut-il se produire et quel pourrait être l'avantage de cette aptitude sur le plan de l'évolution ?

Intégration

Reconstituez le début de la synthèse d'un brin directeur d'ADN apparié à son brin parental. La portion du brin directeur doit contenir 10 nucléotides variés. La représentation doit être plane. Précisez les repères qui orientent la synthèse. Composez une amorce. Dessinez dessus la forme cyclique du dernier glucide en prenant soin de numéroter ses carbones (référez-vous au besoin à la FIGURE 5.29). Situez l'amorce sur votre schéma en relation avec le brin directeur. Sur ce dernier, dessinez la forme cyclique du premier et du dernier glucide, en prenant soin de numéroter les carbones. En marge du modèle, indiquez à l'aide de flèches ou d'accolades les sites des interventions enzymatiques. De plus, identifiez les enzymes qui entrent en jeu chez les Eucaryotes. Identifiez les symboles suivants, et utilisez-les dans la configuration de votre modèle : A, C, G, T, U, D, R, P, 3′, 5′,....., __, 1′, 2′, 3′, 4′, 5′. (Remarque : Un retour à la section intitulée *L'hérédité est basée sur la réplication de la double hélice d'ADN*, au chapitre 5, peut s'avérer nécessaire.)

Science, technologie et société

En science, la coopération et la rivalité sont deux phénomènes communs. Quel a été le rôle de ces deux comportements sociaux dans la découverte de la double hélice par Watson et Crick ? En quoi la rivalité entre scientifiques peut-elle accélérer l'avancement d'un domaine scientifique ? En quoi peut-elle le ralentir ?

Réponses à l'autoévaluation : 1. c ; 2. d ; 3. b ; 4. c ; 5. b ; 6. a ; 7. c ; 8. d ; 9. a ; 10. b ; 11. Ils ont découvert que l'ADN viral portant un marqueur radioactif pénètre dans la cellule hôte au moment de l'infection et provoque la synthèse de nouveaux virus, ce qui n'est pas le cas des protéines marquées. 12. Les deux brins de la double hélice se séparent, et chacun d'eux devient une matrice sur laquelle des nucléotides peuvent être ordonnés par appariement des bases et former un nouveau brin complémentaire. 13. 3′-CCGTATCCA-5′. 14. Ajout de nucléotides aux nouveaux brins par liaison covalente, correction d'épreuves de chacun des nouveaux nucléotides (vérification de l'appariement des bases) et remplacement des amorces d'ARN par de l'ADN.

CHAPITRE 17

DU GÈNE À LA PROTÉINE

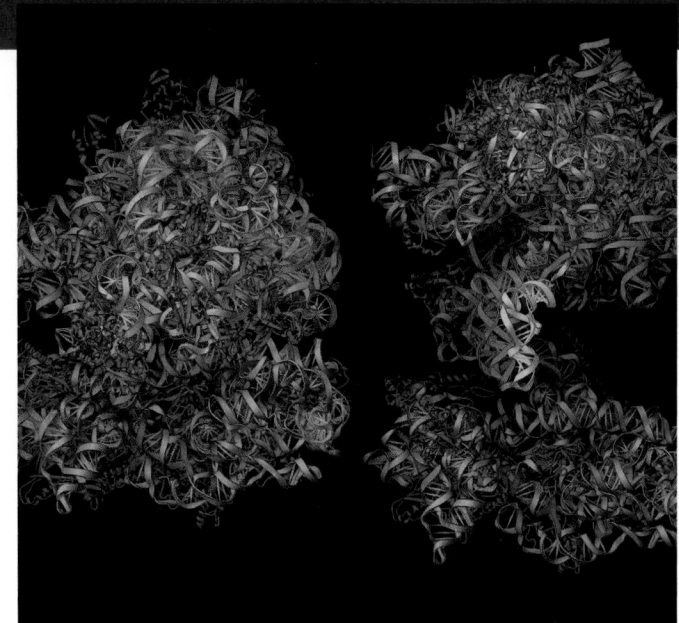

« Ce n'est point dans l'objet que réside le sens des choses, mais dans la démarche. »

ANTOINE DE SAINT-EXUPÉRY
écrivain et aviateur français (1900-1944)

LA RELATION ENTRE LES GÈNES ET LES PROTÉINES

- L'étude de maladies métaboliques a permis de montrer que les gènes codent pour les protéines
- La transcription et la traduction sont les deux mécanismes principaux reliant les gènes aux protéines : *une vue d'ensemble*
- Dans le code génétique, la plupart des triplets de nucléotides correspondent à des acides aminés
- Le code génétique a dû apparaître très tôt dans l'histoire de la vie

SYNTHÈSE ET MATURATION DE L'ARN

- La transcription est la synthèse de l'ARN à partir de l'ADN : *une étude détaillée*
- Dans les cellules eucaryotes, l'ARN est modifié après avoir été transcrit

LA SYNTHÈSE DES PROTÉINES

- La traduction est la synthèse d'un polypeptide à partir de l'ARN messager : *une étude détaillée*
- Chez les Eucaryotes, les séquences signal orientent certains polypeptides vers des destinations précises dans la cellule
- L'ARN a plusieurs fonctions dans la cellule : *une révision*
- Comparaison de la synthèse des protéines chez les cellules procaryotes et chez les organismes eucaryotes : *une révision*
- Les mutations ponctuelles peuvent modifier la structure et la fonction des protéines
- Qu'est-ce qu'un gène ? *Reconsidérons la question*

L'information contenue dans l'ADN, *c'est-à-dire le matériel génétique, se présente sous la forme de séquences nucléotidiques précises, alignées sur les brins d'ADN. Mais comment s'opère le lien entre cette information et les caractères héréditaires* d'un organisme donné ? En d'autres termes, que dit vraiment le gène, et comment les cellules traduisent-elles son message en caractères précis, tels que la couleur des cheveux ou le groupe sanguin ?

Revenons aux Pois de Mendel. Mendel avait notamment étudié la longueur des tiges (voir le TABLEAU 14.1). *La différence entre la variété de Pois à tige longue et celle à tige naine est due à la variation d'un seul gène. Mendel ignorait les causes physiologiques de cette différence phénotypique, mais les botanistes en ont trouvé l'explication depuis lors : les Pois à tige naine ne produisent pas les hormones de croissance appelées gibbérellines, qui stimulent le développement normal des tiges. Si un individu à tige naine est traité aux gibbérellines, il atteindra une hauteur normale. Les sujets à tige naine ne produisent pas leurs propres gibbérellines, parce qu'il leur manque une enzyme clé sans laquelle ils ne peuvent les synthétiser. Cet exemple illustre le thème principal de ce chapitre : c'est en dictant la synthèse de certaines protéines que l'ADN d'un organisme produit des caractères spécifiques. Les protéines représentent donc le lien entre le génotype et le phénotype. Dans le présent chapitre, nous étudierons la transmission de l'information des gènes aux protéines.*

LA RELATION ENTRE LES GÈNES ET LES PROTÉINES

Les chercheurs étudient actuellement les structures et les mécanismes de la synthèse des protéines de façon extrêmement détaillée. Par exemple, l'image informatisée de cette page montre un ribosome à l'échelle moléculaire. La vue éclatée de droite montre aussi trois molécules

d'ARN de transfert (en rouge, en orange et en jaune). Comme vous allez le voir dans ce chapitre, ces molécules agissent de concert avec les ribosomes lors de la synthèse polypeptidique. Mais avant d'étudier en détail la façon dont les gènes dirigent la synthèse des protéines, prenons le temps d'examiner comment la relation fondamentale qui existe entre les gènes et les protéines a été découverte.

L'étude de maladies métaboliques a permis de montrer que les gènes codent pour les protéines

En 1909, le médecin britannique Archibald Garrod a émis l'hypothèse selon laquelle les gènes déterminent les phénotypes par l'intermédiaire d'enzymes catalysant certaines réactions chimiques précises dans la cellule. Il a posé comme postulat que les maladies héréditaires reflètent une incapacité à produire une enzyme particulière. Il a qualifié celles-ci d'« erreurs innées du métabolisme ». Il a pris comme exemple une maladie héréditaire appelée alcaptonurie. Les individus atteints de cette affection produisent une urine qui paraît noire, parce qu'elle contient de l'homogentisate (un sel autrefois appelé alcaptone). Il s'agit d'une substance chimique qui devient foncée au contact de l'air. Garrod a supposé que les individus normaux produisent une enzyme qui dégrade l'homogentisate, tandis que les personnes alcaptonuriques ont hérité d'une incapacité à fabriquer cette enzyme.

Comment les gènes contrôlent le métabolisme : un gène, une enzyme

En formulant une telle hypothèse, Garrod était en avance sur son temps. Des recherches effectuées plusieurs décennies plus tard ont permis de confirmer que la fonction d'un gène est bel et bien de dicter la production d'une enzyme spécifique. Les biochimistes ont apporté de nombreux éléments de preuve pour expliquer comment les cellules synthétisent et dégradent la plupart des molécules organiques : elles empruntent des voies métaboliques dans lesquelles chacune des réactions chimiques d'une séquence particulière est catalysée par une enzyme spécifique. Ce sont ces voies métaboliques qui mènent, par exemple, à la synthèse des pigments qui confèrent une couleur donnée aux yeux des Drosophiles (voir la FIGURE 15.2). Dans les années 1930, George Beadle et Boris Ephrussi ont émis l'hypothèse selon laquelle chacune des diverses mutations affectant la couleur des yeux des Drosophiles bloque la synthèse d'un pigment particulier. Ce blocage survient à un stade spécifique et empêche la production de l'enzyme catalysant l'étape correspondante. Cependant, à l'époque, on ignorait tout des réactions chimiques en question et des enzymes qui les catalysent.

Quelques années plus tard, George Beadle et Edward Tatum ont fait une découverte décisive touchant la relation entre gènes et enzymes. Au cours de leurs recherches sur la Moisissure rouge du pain, *Neurospora crassa*, ils ont exposé cet organisme à des rayons X et ont cherché, parmi les survivants, des mutants n'ayant pas les mêmes besoins nutritionnels que les individus du type sauvage. Précisons ici que ces derniers ont des besoins en nutriments limités. En laboratoire, *Neurospora* peut survivre sur de l'agar (un milieu de culture humide) auquel on a simplement ajouté un mélange de sels inorganiques, de saccharose et de biotine (une vitamine hydrosoluble). À partir de ce *milieu minimal*, la moisissure en question produit toutes les molécules dont elle a besoin par l'intermédiaire de ses voies métaboliques. Mais Beadle et Tatum ont identifié des mutants incapables de survivre dans le milieu minimal : ils ne pouvaient apparemment pas synthétiser certaines molécules essentielles à partir des ingrédients disponibles. Toutefois, la plupart d'entre eux pouvaient survivre dans un *milieu de culture complet*, c'est-à-dire un milieu minimal auquel les 20 acides aminés et quelques autres nutriments avaient été ajoutés.

Déterminés à mettre en évidence l'anomalie métabolique présente chez les mutants, Beadle et Tatum ont prélevé des échantillons de chaque type de mutant survivant dans le milieu complet. Ils les ont réparti dans plusieurs récipients. Chacun de ceux-ci renfermait le milieu minimal ainsi qu'un seul nutriment supplémentaire. Les chercheurs ont pu établir la nature de l'anomalie métabolique en notant quel supplément permettait la croissance des organismes. Par exemple, si un mutant ne se développait que dans le récipient contenant un supplément d'arginine, c'est qu'il devait être atteint d'une déficience de la voie métabolique permettant la synthèse de cet acide aminé.

Beadle et Tatum ont ensuite entrepris de caractériser la déficience de chacun des mutants avec plus de précision. Les travaux qu'ils ont effectués sur ceux qui ont besoin d'arginine sont particulièrement instructifs. À partir de croisements génétiques, ils ont établi que leurs mutants pour l'arginine se regroupaient en trois catégories, chacune de celles-ci portant une mutation sur un gène différent. Ils ont ensuite démontré qu'ils pouvaient identifier les diverses catégories de mutants en effectuant d'autres tests sur leurs besoins de croissance (FIGURE 17.1). Ils supposaient que, dans la voie métabolique menant à l'arginine, un nutriment précurseur est transformé en ornithine, qui est elle-même transformée en citrulline, qui est à son tour transformée en arginine. Effectivement, lorsqu'ils ont placé les mutants pour l'arginine dans des milieux contenant de l'ornithine ou de la citrulline, ou les deux, ils ont noté trois choses : certains individus pouvaient se développer en présence de l'un ou l'autre de ces produits (ou encore d'arginine) ; d'autres avaient besoin soit de citrulline, soit d'arginine ; enfin, d'autres encore ne pouvaient se contenter ni d'ornithine ni de citrulline : il leur fallait absolument de l'arginine. Ils ont conclu de cela que, chez ces trois catégories de mutants, il y avait un blocage à différentes étapes de la voie de synthèse de l'arginine, et qu'il leur manquait l'enzyme catalysant l'étape correspondante.

Comme un seul gène était déficient dans chaque cas, les résultats obtenus par Beadle et Tatum constituaient un argument de taille en faveur de l'hypothèse qu'ils ont appelée *un gène, une enzyme* : selon celle-ci, chaque gène a pour fonction de diriger la production d'une enzyme particulière. Les chercheurs ont également montré que l'on peut allier la génétique et la biochimie pour comprendre les étapes d'une voie métabolique. Des expériences biochimiques ultérieures ont permis d'identifier les enzymes qui étaient absentes chez les mutants. Cela a renforcé l'hypothèse d'un gène, une enzyme.

Un gène, un polypeptide

Au fur et à mesure que des connaissances plus précises sur les protéines ont été accumulées, il a fallu apporter de petites modifications à l'hypothèse d'un gène, une enzyme. En effet, toutes les protéines ne sont pas des enzymes. Ainsi, la kératine, qui est la protéine structurale du poil des Mammifères, et l'insuline, une hormone, sont deux protéines non enzymatiques. Comme certains gènes commandent la synthèse de protéines qui ne sont pas des enzymes, les biologistes moléculaires se sont mis à penser qu'un gène correspondait à une protéine. Cependant, de nombreuses protéines sont construites à partir de deux ou de plusieurs chaînes polypeptidiques différentes, chacune ayant son propre gène. Par exemple, l'hémoglobine (une protéine des globules rouges des Vertébrés qui a pour fonction de transporter le dioxygène) est formée de deux types de polypeptides et est produite à partir de deux gènes (voir la FIGURE 5.23b). Il a donc fallu reformuler l'idée de Beadle et Tatum sous la forme **un gène, un polypeptide.** Notons ici que l'on

mentionne souvent les protéines plutôt que les polypeptides comme produits des gènes, et c'est la pratique qui a été adoptée dans le présent ouvrage.

La transcription et la traduction sont les deux mécanismes principaux reliant les gènes aux protéines : *une vue d'ensemble*

Les gènes contiennent les instructions qui permettent de fabriquer des protéines spécifiques, mais ils ne les construisent pas directement. C'est l'acide ribonucléique, ou ARN, qui établit le lien entre l'ADN et la synthèse des protéines. Comme vous l'avez appris au chapitre 5, l'ARN est semblable chimiquement à l'ADN. Cependant, dans l'ARN, un ribose (un glucide) remplace le désoxyribose, et de l'uracile (une base azotée) remplace la thymine (voir la FIGURE 5.29). Autrement dit, le long d'un brin d'ADN, chaque nucléotide est composé d'un glucide qui

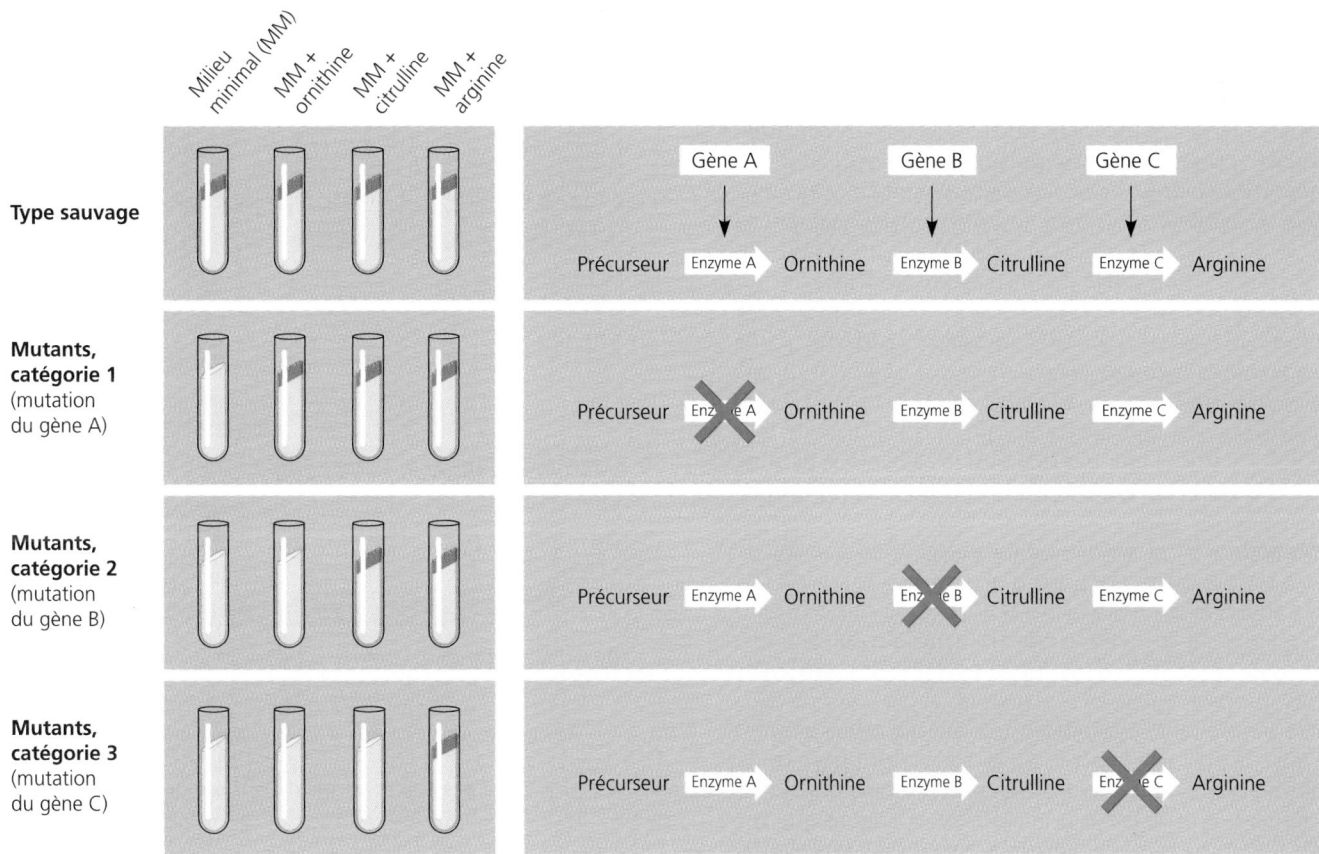

(a) Expérience. Les chercheurs ont testé trois catégories de mutants pour la synthèse de l'arginine. Ils ont tenté de les faire croître sur un milieu minimal enrichi en ornithine ou en citrulline.

(b) Interprétation. À partir des résultats de l'expérience de croissance, ils ont conclu qu'il manquait à chaque catégorie l'une des étapes de la voie de synthèse de l'arginine, probablement parce que les mutants ne produisaient pas l'enzyme correspondante.

FIGURE 17.1 La preuve de l'hypothèse d'un gène, une enzyme fournie par Beadle et Tatum. Au cours de cette expérience, les chercheurs ont étudié trois catégories de mutants de la Moisissure rouge du pain, *Neurospora crassa,* toutes incapables de synthétiser l'arginine, un acide aminé. La souche de type sauvage, elle, peut croître dans un milieu de croissance minimal : elle synthétise l'arginine par une voie comportant plusieurs étapes, dans laquelle l'ornithine et la citrulline sont des intermédiaires. Beadle et Tatum ont relevé que les trois types de mutants avaient des exigences différentes les uns des autres. Ils en ont conclu que chaque gène mutant code pour la production d'une enzyme, d'où l'hypothèse d'un gène, une enzyme.

est le désoxyribose, ainsi que d'une base qui peut être A, G, C ou T. Par contre, le long d'un brin d'ARN, chaque nucléotide est constitué d'un glucide qui est le ribose, ainsi que d'une base qui peut être A, G, C ou U. Par ailleurs, la molécule d'ARN est presque toujours formée d'un seul brin.

La description du passage de l'information du gène à la protéine se rapporte souvent à la linguistique : les acides nucléiques et les protéines contiennent des séquences spécifiques de monomères qui véhiculent une information, tout comme certaines séquences précises de lettres permettent de transmettre une information dans une langue donnée. Dans l'ADN et l'ARN, les quatre types de nucléotides constituent les monomères en question : ils diffèrent par leur base azotée. Les gènes se composent généralement de centaines ou de milliers de nucléotides, et chaque gène comporte une séquence de bases qui lui est spécifique. Dans les protéines aussi, chaque polypeptide présente des monomères alignés dans un ordre précis (la structure primaire des protéines). Toutefois, chacun de ceux-ci est l'un des 20 acides aminés qui caractérisent les êtres vivants. Les acides nucléiques et les protéines contiennent donc une information écrite dans deux langages chimiques différents. Le passage de l'un à l'autre se fait en deux étapes principales, appelées transcription et traduction.

La **transcription** est la synthèse d'ARN sous la direction de l'ADN. Les deux acides nucléiques utilisent le même langage, et l'information est simplement transcrite, ou transposée, d'une molécule à l'autre. La séquence de nucléotides d'ADN constitue une matrice servant à l'assemblage d'une séquence de nucléotides d'ARN, de la même façon qu'elle constitue une matrice pour la synthèse d'un brin complémentaire pendant la réplication de l'ADN. La molécule d'ARN qui en résulte est donc une transcription fidèle des instructions fournies par un gène en vue de la construction d'une protéine. Ce type de molécule d'ARN est appelé **ARN messager** (**ARNm**), parce qu'il joue le rôle de messager génétique entre l'ADN et le dispositif de synthèse protéique de la cellule (FIGURE 17.2a). (D'une manière générale, on nomme transcription la synthèse de *tout type* d'ARN à partir d'une matrice d'ADN. Plus loin dans ce chapitre, vous verrez qu'il existe d'autres types d'ARN produits par transcription.)

La **traduction** est la synthèse d'un polypeptide à partir de l'ARNm. À cette étape, il y a passage d'un langage à l'autre : la cellule doit traduire la séquence de bases d'une molécule d'ARNm en une séquence d'acides aminés appartenant à un polypeptide. La traduction se déroule dans les ribosomes, des particules complexes qui participent à la formation de chaînes polypeptidiques en permettant l'assemblage ordonné des acides aminés.

Bien que le schéma général de la transcription et de la traduction soit semblable chez les organismes procaryotes et les organismes eucaryotes, il existe une différence importante sur le plan de la transmission de l'information au sein des cellules. Comme les Archéobactéries et les Bactéries n'ont pas de noyau, leur ADN côtoie les ribosomes et les autres outils essentiels à la synthèse protéique. La transcription et la traduction sont donc couplées : des ribosomes se fixent à l'extrémité libre d'une molécule d'ARNm pendant que sa transcription est en cours (voir la FIGURE 17.22). Dans la cellule eucaryote, par contre, étant donné la présence de l'enveloppe nucléaire, la transcription et la traduction ne se déroulent ni au même endroit ni au

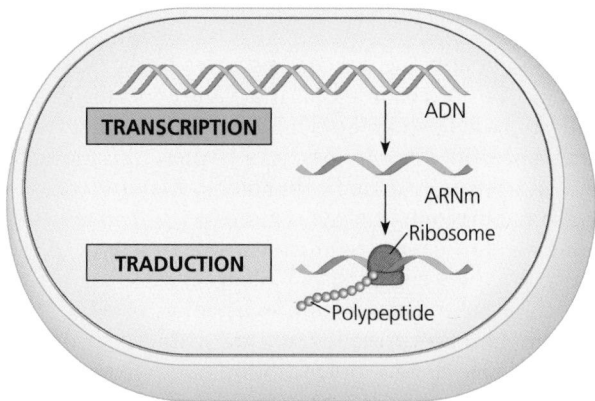

(a) Cellule procaryote. Dans une cellule sans noyau, l'ARNm produit par la transcription est immédiatement traduit, sans aucune maturation.

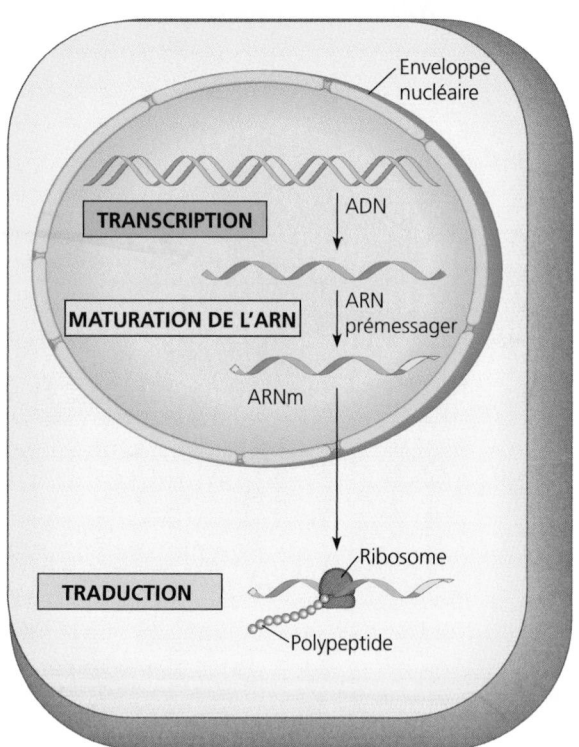

(b) Cellule eucaryote. Le noyau constitue un compartiment distinct, où se déroule la transcription. Le premier transcrit d'ARN, appelé ARN prémessager, subit une maturation en plusieurs étapes, puis il quitte le noyau sous forme d'ARNm.

FIGURE 17.2 Vue d'ensemble : le rôle de la transcription et de la traduction dans la transmission de l'information génétique. Dans la cellule, l'information génétique passe de l'ADN à l'ARN, puis de l'ARN à la protéine. Les deux étapes principales de la transmission de l'information sont la transcription et la traduction. Pendant la transcription, un gène donné fournit les instructions nécessaires à la synthèse d'une molécule d'ARN messager (ARNm). Pendant la traduction, l'information codée sous forme d'ARNm détermine l'ordre d'assemblage des acides aminés qui formeront un polypeptide donné. Les sites de traduction sont les ribosomes.

Plusieurs figures qui se trouvent plus loin dans ce chapitre sont accompagnées d'une image réduite de la partie b ou de la partie a. Cela vous aidera à situer les figures dans le processus global.

même moment (FIGURE 17.2b). La transcription a lieu dans le noyau, puis l'ARNm est envoyé dans le cytoplasme, où s'effectue la traduction. Cependant, avant de quitter le noyau, les transcrits d'ARN subissent diverses transformations. Ce n'est qu'après cela qu'ils deviennent des ARNm définitifs et fonctionnels. Par conséquent, le processus se déroule en deux étapes : la transcription du gène eucaryote produit de l'**ARN prémessager** ; ensuite, la **maturation de l'ARN** donne la version finale de l'ARNm. De façon plus générale, on appelle **transcrit primaire** la première version d'ARN qui résulte de la transcription.

Résumons donc notre survol de la synthèse des protéines : les gènes programment la synthèse des protéines par l'intermédiaire de messages génétiques qui se présentent sous la forme d'ARN messager. Autrement dit, les cellules sont régies par une chaîne de commandement de nature moléculaire : ADN → ARN → protéine. Dans la prochaine section, nous verrons comment les acides nucléiques encodent l'ordre d'assemblage des acides aminés.

Dans le code génétique, la plupart des triplets de nucléotides correspondent à des acides aminés

Lorsque les biologistes ont commencé à se douter que l'ADN contenait les instructions pour la synthèse des protéines, ils se sont posé la question suivante : comment quatre nucléotides seulement peuvent-ils détenir le message génétique correspondant à 20 acides aminés différents ? Le code génétique ne peut constituer un langage analogue au chinois, langue dans laquelle chaque symbole d'écriture représente un mot unique. En effet, si une base nucléotidique renfermait le code d'un acide aminé, il ne pourrait y avoir que quatre acides aminés au lieu de 20. Alors, un langage avec des mots de deux lettres suffirait-il ? Par exemple, la séquence de bases AG désignerait un acide aminé, GT, un autre acide aminé, etc. Étant donné qu'il y a quatre bases, cela donnerait 16 (4^2) combinaisons possibles. Or, ce nombre ne suffit toujours pas à détenir le message génétique correspondant aux 20 acides aminés existants.

Les plus courtes séquences de longueur égale permettant de coder pour tous les acides aminés comprennent en fait trois bases. En effet, si chaque combinaison de trois bases consécutives représente un acide aminé, il y a 4^3, soit 64, mots de code possibles ; c'est plus qu'il n'en faut pour représenter les 20 acides aminés. Des expériences ont permis de confirmer que le flux d'information allant du gène à la protéine repose sur un **code à triplets.** Les instructions pour la synthèse d'une chaîne polypeptidique se présentent sous la forme d'une série de mots composés chacun de trois nucléotides d'ADN. Par exemple, le triplet de bases AGT placé sur un certain site de l'ADN mène à l'insertion de l'acide aminé appelé sérine à la position correspondante sur la chaîne polypeptidique en cours de synthèse.

Comme vous le savez, la cellule ne traduit pas directement les gènes en acides aminés. Il y a une étape intermédiaire de transcription, au cours de laquelle le gène détermine la séquence des triplets d'une molécule d'ARNm. Un seul des deux brins d'ADN de chaque gène est transcrit (FIGURE 17.3). On l'appelle **brin codant** ; il sert de matrice pour l'agencement des séquences de nucléotides du transcrit d'ARN. Cependant, suivant les régions et les gènes de la double hélice d'ADN, le brin codant peut se trouver sur l'un ou l'autre des deux brins.

La molécule d'ARNm et sa matrice d'ADN ne sont pas identiques, mais complémentaires : les bases de l'ARN s'assemblent sur la matrice suivant les règles de l'appariement des bases. Elles sont identiques à celles qui se forment pendant la réplication de l'ADN, à une différence près : dans l'ARN, c'est U et non T qui s'apparie avec A. Par conséquent, pendant la transcription, le triplet ACC de l'ADN donne UGG dans la molécule d'ARNm (alors que, pendant la réplication, il donne TGG). Les triplets de l'ARNm sont appelés **codons.** Par exemple, UGG est le codon de l'acide aminé appelé tryptophane (dont l'abréviation est Trp). Notons ici que le terme *codon* désigne parfois aussi les triplets de l'ADN ; nous préférons les appeler **génons** afin d'éviter toute confusion.

Au cours de la traduction, la séquence de codons alignés sur la molécule d'ARNm est décodée, ou traduite, en une séquence d'acides aminés constituant une chaîne polypeptidique. Les codons sont lus dans le sens 5′ → 3′ le long de l'ARNm. (Pour revoir ce que sont les extrémités 5′ et 3′ d'une chaîne d'acides nucléiques, consultez la FIGURE 16.12.) Chaque codon présent sur la molécule d'ARNm détermine l'acide aminé qui sera inséré à la position correspondante dans le polypeptide. Comme les codons sont des triplets de bases, le nombre de nucléotides constituant le message génétique doit être trois fois plus élevé que le nombre d'acides aminés composant la protéine finale. Par exemple, il faut une séquence codante de 300 nucléotides sur un brin d'ARN pour coder un polypeptide long de 100 acides aminés.

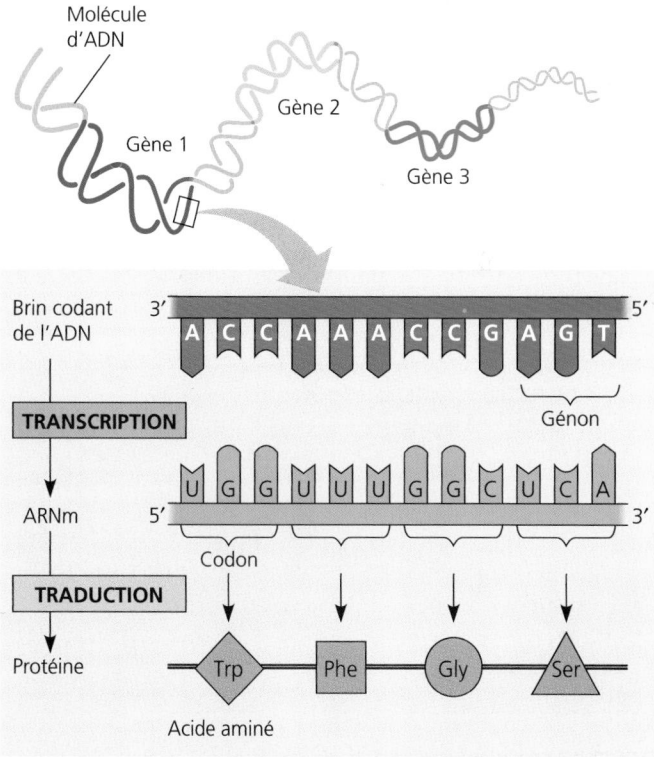

FIGURE 17.3 Le code à triplets. Un seul brin d'ADN sert de matrice pour la transcription de chaque gène, c'est-à-dire pour la synthèse d'une molécule d'ARNm complémentaire. Les règles de l'appariement des bases qui régissent la synthèse de l'ADN s'appliquent également à la transcription, mais l'uracile (U) remplace la thymine (T) dans l'ARN. Pendant la traduction, l'ARNm est lu comme une séquence de triplets de bases appelés codons. Chaque codon représente un acide aminé qui doit être ajouté au bout de la chaîne polypeptidique en cours de synthèse. L'ARNm est lu dans le sens 5′ → 3′.

Décryptage du code génétique

Les biologistes moléculaires ont décrypté le code de la vie au début des années 1960. À cette époque, une série d'expériences remarquables ont permis de connaître la traduction de chaque codon d'ARNm en un acide aminé. Marshall Nirenberg, des National Institutes of Health, aux États-Unis, a déchiffré le premier codon en 1961. Il a synthétisé un ARNm artificiel en reliant des nucléotides d'ARN identiques, dont la base était toujours l'uracile. Ainsi, peu importait où le message commençait ou finissait: il ne contenait qu'un seul codon, UUU, répété plusieurs fois. Dans une éprouvette, Nirenberg a ajouté ce «poly-U» à un mélange contenant des acides aminés, des ribosomes et les autres molécules nécessaires à la synthèse des protéines. Son système artificiel a traduit le poly-U en un polypeptide formé d'une longue chaîne de phénylalanine (Phe); le codon d'ARNm UUU représentait donc le code de la phénylalanine. Peu de temps après, on a trouvé les acides aminés correspondant aux codons AAA, GGG et CCC.

Il a fallu employer des techniques plus élaborées pour décoder des triplets mixtes, tels que AUA et CGA. Toutefois, vers le milieu des années 1960, les 64 codons étaient déchiffrés. Comme vous pouvez le voir à la FIGURE 17.4, sur les 64 triplets, 61 codent pour les acides aminés. Remarquez que le triplet

AUG a une double fonction: non seulement il détient le message génétique correspondant à un acide aminé, la méthionine (Met), mais il sert aussi de signal de «départ». Tous les messages génétiques commencent par le codon AUG. Celui-ci indique où le dispositif de synthèse protéique doit entreprendre la traduction de l'ARNm. (Étant donné que AUG code également pour la méthionine, toutes les chaînes peptidiques nouvellement synthétisées débutent par cet acide aminé. Plus tard, une enzyme peut détacher celui-ci du polypeptide.) Les trois autres codons ne désignent pas des acides aminés, mais des signaux d'«arrêt» marquant la fin de la traduction.

En consultant la FIGURE 17.4, vous pouvez remarquer que le code génétique est *redondant*; il n'est cependant jamais ambigu. Par exemple, GAA et GAG donnent tous deux l'acide glutamique (redondance). Toutefois, aucun codon ne code pour plus d'un acide aminé (pas d'ambiguïté). La redondance du code n'est pas seulement l'effet du hasard. Dans de nombreux cas, les codons «synonymes» ne diffèrent que par la troisième base du triplet. Plus loin dans ce chapitre, nous verrons un des avantages de cette redondance.

Un message écrit ne peut être compris que si les symboles sont lus dans le bon ordre et selon les bons groupements; c'est ce que l'on appelle le **cadre de lecture**. Prenons, par exemple, la phrase: «Ils ont élu roi mon ami qui fut ému». Si l'on forme des groupements erronés en commençant au mauvais endroit, le message devient incompréhensible: «Iso nté lur oim ona miq uif uté». Le cadre de lecture revêt une importance cruciale dans le langage moléculaire de la cellule. La synthèse du court segment polypeptidique représenté à la FIGURE 17.3 ne se fait correctement que si les nucléotides d'ARNm sont lus de gauche à droite (5′ → 3′) et selon les groupements suivants: UGG UUU GGC UCA. Bien qu'aucun espace ne sépare les différents codons dans le message génétique, celui-ci est lu comme une série de mots de trois lettres seulement par les enzymes de la synthèse protéique de la cellule. En d'autres termes, les codons ne chevauchent pas. La séquence *n'est pas* lue comme une série de triplets qui se recouvrent (UGG GUU, etc.): cela produirait un message totalement différent.

En résumé, nous pouvons dire que, d'une manière générale, l'information génétique est codée sous la forme de séquences de triplets de bases, ou codons, qui ne se superposent pas, et que chacun des triplets est traduit en un acide aminé spécifique au cours de la synthèse des protéines.

	Deuxième base				
Première base (extrémité 5′)	U	C	A	G	Troisième base (extrémité 3′)
U	UUU UUC Phe / UUA UUG Leu	UCU UCC UCA UCG Ser	UAU UAC Tyr / UAA Arrêt / UAG Arrêt	UGU UGC Cys / UGA Arrêt / UGG Trp	U C A G
C	CUU CUC CUA CUG Leu	CCU CCC CCA CCG Pro	CAU CAC His / CAA CAG Gln	CGU CGC CGA CGG Arg	U C A G
A	AUU AUC Ile / AUA / AUG Met ou départ	ACU ACC ACA ACG Thr	AAU AAC Asn / AAA AAG Lys	AGU AGC Ser / AGA AGG Arg	U C A G
G	GUU GUC GUA GUG Val	GCU GCC GCA GCG Ala	GAU GAC Asp / GAA GAG Glu	GGU GGC GGA GGG Gly	U C A G

FIGURE 17.4 Le dictionnaire du code génétique. Dans ce tableau, on désigne les trois bases d'un codon d'ARNm par première, deuxième et troisième base. Elles sont lues dans le sens 5′ → 3′ de l'ARNm. (Exercez-vous à vous servir de ce dictionnaire en trouvant les codons de la FIGURE 17.3.) Le codon AUG code pour l'acide aminé méthionine (Met); il constitue aussi un signal de «départ» montrant l'endroit où les ribosomes doivent commencer à traduire l'ARNm. Trois des 64 codons sont des signaux d'«arrêt»: le message génétique se termine par l'un ou l'autre de ces codons de terminaison.

Le code génétique a dû apparaître très tôt dans l'histoire de la vie

Le code génétique est presque universel; il est le même chez des organismes aussi différents que les Archéobactéries, les Bactéries, les Protistes, les Eumycètes, les Végétaux et les Animaux les plus complexes. Par exemple, la traduction du codon CCG de l'ARNm donne l'acide aminé proline chez tous les organismes dont on a examiné le code génétique. Au cours d'expériences de laboratoire, les gènes peuvent être transcrits et traduits après avoir été transplantés d'une espèce à une autre (FIGURE 17.5). Cela a des retombées très intéressantes; par exemple, il est possible de programmer des bactéries en insérant un gène humain dans celles-ci pour leur faire produire certaines protéines humaines précieuses sur le plan médical. Dans le domaine de la

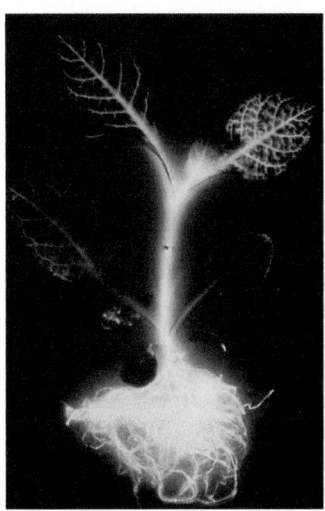

FIGURE 17.5 Plant de Tabac exprimant un gène de Luciole.
Comme les diverses formes de vie possèdent un code génétique commun, il est possible de programmer une espèce afin qu'elle produise des protéines propres à une autre espèce; pour ce faire, on lui transplante de l'ADN provenant de cette dernière. Dans l'expérience illustrée ici, des chercheurs ont incorporé un gène de Luciole dans l'ADN d'un plant de Tabac. Le gène en question code pour l'enzyme catalysant la réaction chimique qui produit, chez la Luciole, de l'énergie sous forme de lumière.

biotechnologie, des applications de cette nature ont abouti à de nombreux développements très intéressants, dont nous parlerons au chapitre 20.

Le code génétique n'est pas absolument universel: il existe des systèmes de traduction dans lesquels certains codons diffèrent de ceux de la majorité des organismes. On trouve ces exceptions, notamment, chez certains eucaryotes unicellulaires comme la Paramécie (que vous avez peut-être déjà vue en laboratoire), ainsi que chez certaines mitochondries et certains chloroplastes, qui effectuent eux-mêmes la transcription et la traduction des petites quantités d'ADN qu'ils contiennent. Cependant, la signification évolutive de la *quasi*-universalité du code génétique est claire: ce langage a dû apparaître assez tôt dans l'histoire de la vie pour se retrouver chez les ancêtres communs à tous les organismes actuels. L'existence d'un vocabulaire génétique commun nous rappelle les liens de parenté qui unissent toutes les formes de vie présentes sur terre.

Après ces considérations sur l'aspect linguistique et la signification du code génétique du point de vue de l'évolution, abordons plus en détail la transcription, la traduction et des aspects connexes.

SYNTHÈSE ET MATURATION DE L'ARN

La transcription est la synthèse de l'ARN à partir de l'ADN : *une étude détaillée*

L'ARN messager est transcrit à partir du brin codant d'un gène. Il transmet l'information de l'ADN aux structures cellulaires assurant la synthèse des protéines. Une enzyme appelée **ARN polymérase** écarte les deux brins d'ADN et assemble les nucléotides d'ARN au fur et à mesure que leur base s'apparie avec la matrice d'ADN (FIGURE 17.6, p. 334). À l'instar des ADN polymérases, qui assurent la réplication de l'ADN, les ARN polymérases ne peuvent ajouter des nucléotides qu'à l'extrémité 3′ du polymère en cours de synthèse. Par conséquent, la molécule d'ARN s'allonge dans la direction 5′ → 3′.

Des séquences particulières d'ADN marquent le début et la fin de la transcription du gène. La séquence d'ADN à laquelle l'ARN polymérase se lie pour commencer la transcription est appelée **promoteur.** Quant à la séquence qui marque la fin de la transcription, elle est appelée **terminateur.** En biologie moléculaire, on nomme « aval » le sens dans lequel s'effectue la transcription et « amont » le sens opposé. On désigne également ainsi les positions relatives des séquences de nucléotides de l'ADN et de l'ARN. En ce qui a trait à l'ADN, par exemple, on dit que le promoteur se situe en amont du terminateur. L'**unité de transcription** est le segment d'ADN transcrit en molécule d'ARN.

Chez les Archéobactéries et les Bactéries, un seul type d'ARN polymérase synthétise l'ARNm et d'autres sortes d'ARN intervenant dans la synthèse des protéines. Par contre, les noyaux des Eucaryotes renferment trois types d'ARN polymérase: ils sont appelés I, II et III. C'est l'ARN polymérase II qui effectue la synthèse de l'ARNm. Dans cette section, consacrée à la transcription, nous commencerons par les aspects de la synthèse de l'ARNm qui sont communs aux cellules procaryotes et aux organismes eucaryotes. Ensuite, nous verrons quelques-unes des différences principales entre ces deux groupes.

Les trois étapes de la transcription illustrées à la FIGURE 17.6 et dont il est question plus loin sont l'initiation, l'élongation et la terminaison de la chaîne d'ARN. À l'aide de la FIGURE 17.6, apprenez à les reconnaître et familiarisez-vous avec les termes qui s'y rapportent.

Liaison de l'ARN polymérase et initiation de la transcription

Le promoteur d'un gène inclut le point de départ de la transcription (le nucléotide à partir duquel la synthèse de l'ARN commence). Il couvre habituellement plusieurs douzaines de paires de nucléotides en amont du point de départ. En plus de servir de site de liaison de l'ARN polymérase et de marquer le début de la transcription, il détermine lequel des deux brins de l'hélice d'ADN sera codant.

Certaines parties du promoteur jouent un rôle particulièrement important dans la liaison de l'ARN polymérase. Chez les cellules procaryotes, c'est l'ARN polymérase elle-même qui reconnaît le promoteur et qui s'y lie. Chez les Eucaryotes, un ensemble de protéines appelées **facteurs de transcription** servent d'intermédiaires: ce sont eux qui permettent la liaison de l'ARN polymérase et le début de la transcription. Ce n'est que lorsqu'un certain nombre de facteurs de transcription ont été fixés au promoteur que l'ARN polymérase se lie à celui-ci. L'ensemble constitué par l'ARN polymérase et les facteurs de transcription liés au promoteur est appelé **complexe d'initiation de la transcription.** La FIGURE 17.7, à la page 335, montre la fonction des facteurs de transcription et d'une séquence essentielle de l'ADN du promoteur, appelée **boîte TATA** – parce qu'elle présente une forte concentration de thymine (T) et d'adénine (A) –, lors de la formation du complexe d'initiation.

L'interaction entre l'ADN polymérase et les facteurs de transcription illustre bien l'importance particulière que revêtent les interactions protéine-protéine dans le contrôle de la transcription chez les Eucaryotes (nous en reparlerons plus en détail au chapitre 19). Une fois que la polymérase est fermement liée au promoteur, les deux brins d'ADN se déroulent à cet endroit, et l'enzyme commence à transcrire le brin codant.

Élongation du brin d'ARN

Pendant qu'elle se déplace le long de l'ADN, l'ARN polymérase continue de dérouler la double hélice ; elle expose de 10 à 20 bases environ à la fois. Elle permet ainsi leur appariement avec les nouveaux nucléotides d'ARN (voir la FIGURE 17.6). Précisons qu'elle ajoute ceux-ci à l'extrémité 3′ de la molécule d'ARN en cours de synthèse, tout en avançant le long de la double hélice. La partie de la double hélice d'ADN qui se trouve derrière l'ARN polymérase se reconstitue, et la nouvelle molécule d'ARN se détache progressivement du brin codant d'ADN. Chez les Eucaryotes, la vitesse de progression de la transcription est d'environ 60 nucléotides par seconde.

Un même gène peut être transcrit simultanément par plusieurs molécules d'ARN polymérase, qui se suivent tel un convoi de camions. De chaque molécule émerge un nouveau filament d'ARN en formation : sa longueur reflète la distance parcourue par l'enzyme sur le brin codant depuis le point de départ (voir la FIGURE 17.22). La transcription simultanée d'un même gène par un grand nombre de molécules de polymérase accroît le nombre d'ARNm fabriqués ; cela permet à la cellule de produire la protéine correspondante en grande quantité.

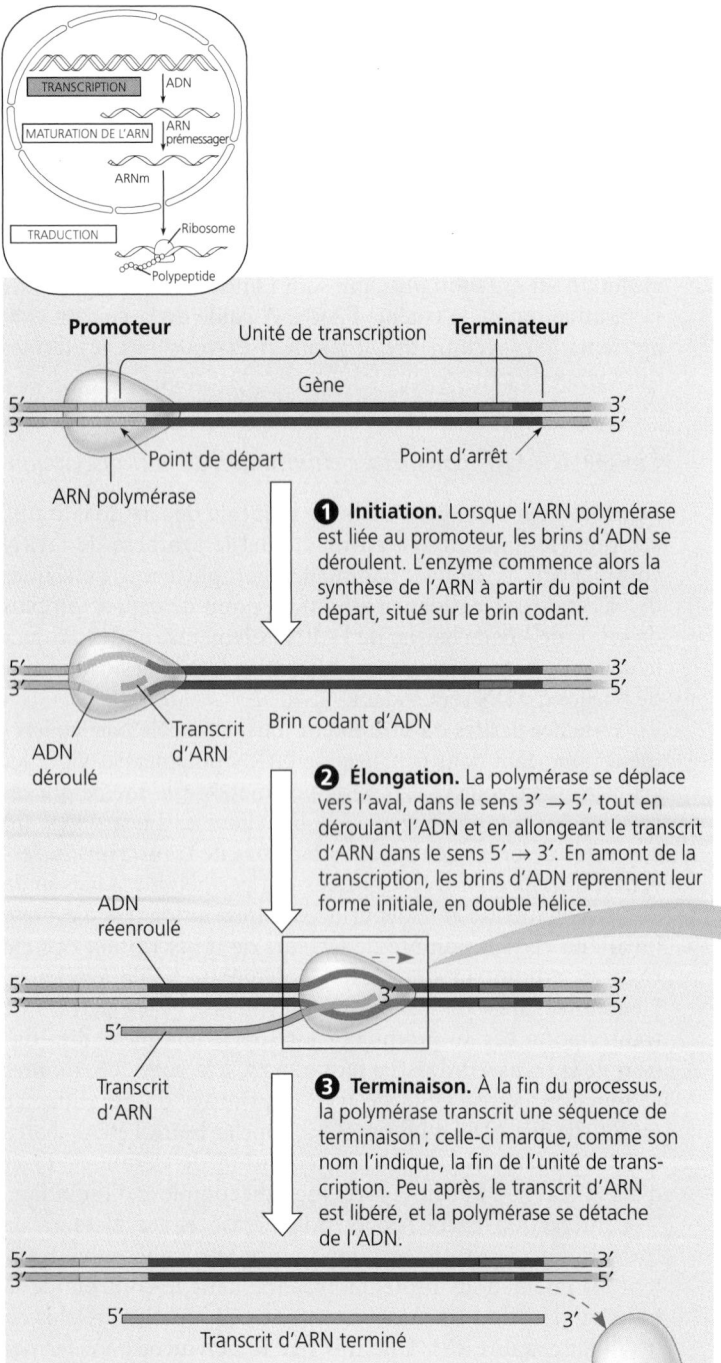

FIGURE 17.6 Les étapes de la transcription : initiation, élongation et terminaison. L'ARN polymérase se déplace le long du gène : elle part du promoteur (vert) et se rend un peu au-delà du signal de terminaison (rouge), tout en assemblant une molécule d'ARN (transcrit). Celle-ci et le brin codant du gène sont complémentaires. Chez un procaryote, l'ARN ainsi transcrit à partir d'un gène détenant le message génétique correspondant à une protéine est aussitôt utilisé comme ARNm. Chez un eucaryote, par contre, il doit d'abord passer par l'étape de la maturation décrite aux pages 335 à 337.

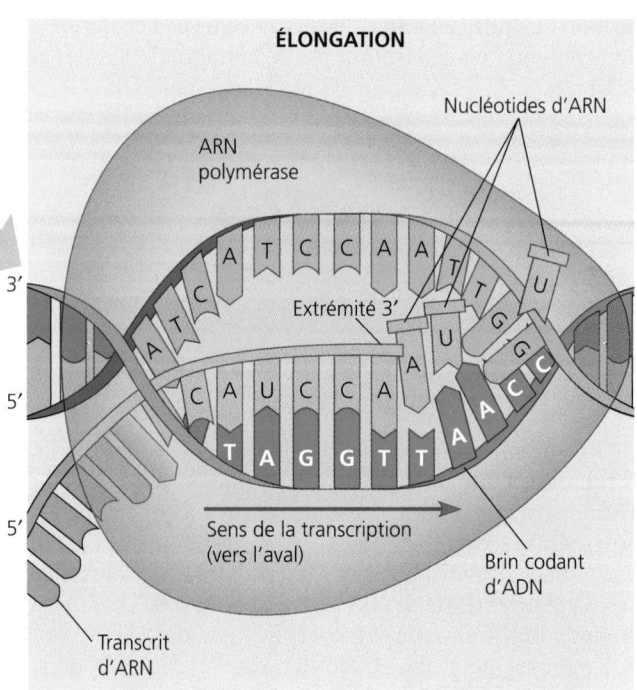

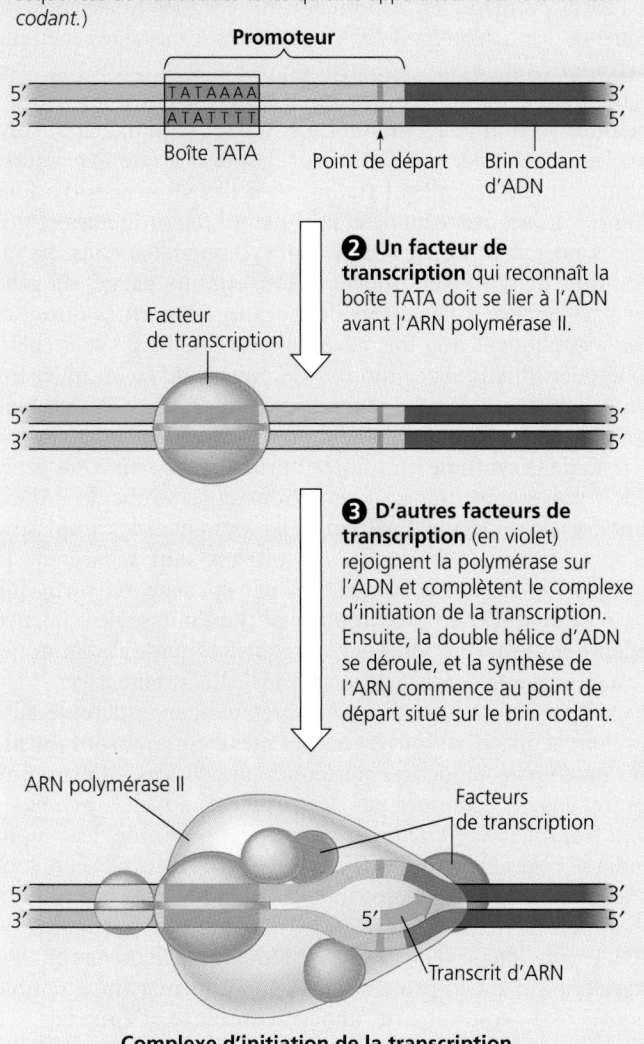

❶ Les promoteurs des cellules eucaryotes comprennent souvent une boîte TATA, c'est-à-dire une séquence nucléotidique contenant les bases T et A à répétition et située à environ 25 nucléotides en amont du point de départ de la transcription. (Par convention, on indique les séquences de nucléotides telles qu'elles apparaissent sur le brin *non codant*.)

Promoteur

5′ ┤ TATAAAA ├ 3′
3′ ┤ ATATTTT ├ 5′

Boîte TATA — Point de départ — Brin codant d'ADN

❷ Un facteur de transcription qui reconnaît la boîte TATA doit se lier à l'ADN avant l'ARN polymérase II.

Facteur de transcription

5′ ━━━ 3′
3′ ━━━ 5′

❸ D'autres facteurs de transcription (en violet) rejoignent la polymérase sur l'ADN et complètent le complexe d'initiation de la transcription. Ensuite, la double hélice d'ADN se déroule, et la synthèse de l'ARN commence au point de départ situé sur le brin codant.

ARN polymérase II

Facteurs de transcription

5′ ━━━ 3′
3′ ━━━ 5′

5′ — Transcrit d'ARN

Complexe d'initiation de la transcription

FIGURE 17.7 Initiation de la transcription à un promoteur d'eucaryote. Dans les cellules eucaryotes, des protéines appelées facteurs de transcription jouent un rôle d'intermédiaires lors de l'initiation de la transcription par l'ARN polymérase. L'enzyme qui transcrit les gènes codant pour les protéines dans les cellules eucaryotes est appelée ARN polymérase II.

Terminaison de la transcription

La transcription se poursuit jusqu'à ce que l'ARN polymérase transcrive quelques dizaines de nucléotides au-delà du terminateur de l'ADN. Il existe différents mécanismes de terminaison de la transcription ; cependant, leurs détails restent mal connus. Dans la cellule procaryote, la transcription s'arrête habituellement à la fin du terminateur : lorsque l'ARN polymérase atteint cet endroit, elle libère l'ARN et se détache de l'ADN. Par contre, dans la cellule eucaryote, l'ARN polymérase continue la transcription jusqu'à quelques dizaines de nucléotides au-delà du terminateur. Ce dernier est la séquence TTATTT de l'ADN qui correspond à la séquence AAUAAA de l'ARN prémessager (FIGURE 17.8). Cependant, de 10 à 35 nucléotides après cette séquence, l'ARN prémessager est séparé de l'enzyme. Une queue poly-A est ajoutée sur l'ARN au site du clivage. Cette séquence poly-A n'est pas codée par l'ADN du brin matrice ; elle est ajoutée à l'ARN dans le noyau après la transcription. Il s'agit d'une étape de maturation que nous allons maintenant étudier.

Dans les cellules eucaryotes, l'ARN est modifié après avoir été transcrit

Dans le noyau de la cellule eucaryote, des enzymes apportent diverses modifications à l'ARN prémessager avant que l'information génétique soit envoyée vers le cytoplasme. Habituellement, pendant cette maturation, les deux extrémités du transcrit primaire sont modifiées. Ensuite, dans la plupart des cas, certaines parties de l'intérieur de la molécule sont excisées, et les parties restantes sont réunies par épissage.

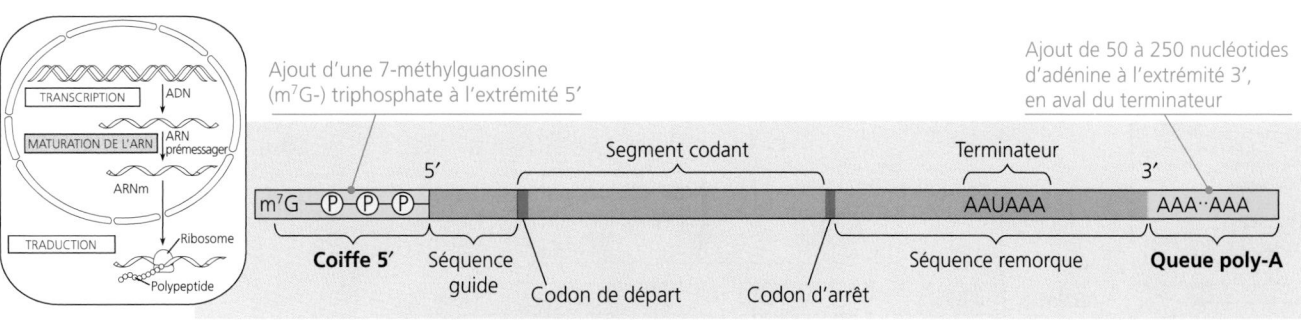

FIGURE 17.8 Maturation de l'ARN : ajout de la coiffe 5′ et de la queue poly-A. Dans la cellule eucaryote, les enzymes modifient les deux extrémités de la molécule d'ARN prémessager. Les extrémités ainsi modifiées protègent l'ARN de la dégradation, et il est possible que la queue poly-A contribue à faire sortir l'ARNm du noyau. Lorsque l'ARNm parvient dans le cytoplasme, les extrémités modifiées, conjointement avec certaines protéines cytosoliques, facilitent la liaison des ribosomes. La coiffe, la séquence remorque et la queue poly-A ne sont pas traduites.

Modification des extrémités de l'ARN prémessager

Chaque extrémité de la molécule d'ARN prémessager subit une transformation. L'extrémité 5' créée au cours de la transcription est immédiatement recouverte d'une coiffe. Celle-ci est constituée d'un nucléotide de guanine (G) modifié, la 7-méthylguanosine triphosphate (m^7G-P-P-P). Cette **coiffe 5'** a au moins deux fonctions importantes: premièrement, elle protège l'ARNm de la dégradation par les enzymes hydrolytiques; deuxièmement, elle devient une partie du repère de fixation des ribosomes lorsque l'ARNm parvient dans le cytosol. Quant à l'extrémité 3' de la molécule d'ARNm, elle est elle aussi modifiée avant que le message quitte le noyau. Une enzyme, la *poly-A polymérase,* y produit une **queue poly-A** formée de 50 à 250 nucléotides d'adénine. À l'instar de la coiffe 5', la queue poly-A empêche la dégradation de l'ARN et facilite probablement la fixation des ribosomes sur celui-ci. Elle semble également faciliter le transport de l'ARNm vers l'extérieur du noyau. La FIGURE 17.8 montre une molécule d'ARNm eucaryote pourvue de sa coiffe et de sa queue poly-A, attachées respectivement à une *séquence guide* et à une *séquence remorque,* qui ne sont pas traduites. Ces séquences interviennent dans la régulation de la traduction. Par exemple, un enchaînement particulier de nucléotides dans la séquence guide peut jouer un rôle d'atténuateur de la synthèse du polypeptide codé par un ARNm, selon un mécanisme de rétro-inhibition; un enchaînement particulier de nucléotides dans la séquence remorque peut jouer un rôle d'amplificateur de la synthèse du même polypeptide.

Gènes discontinus et épissage de l'ARN

Dans le noyau de la cellule eucaryote, l'étape la plus étonnante de la maturation de l'ARN est l'élimination d'une grande partie de la molécule d'ARN nouvellement synthétisée. Cela se fait grâce à un processus d'excision et de recollage appelé **épissage de l'ARN** (FIGURE 17.9). La longueur moyenne d'une unité de transcription d'une molécule d'ADN d'eucaryote est d'environ 8 000 nucléotides, comme celle du transcrit primaire d'ARN. Cependant, environ 1 200 nucléotides, soit 400 acides aminés (souvenez-vous que chaque acide aminé est codé par un *triplet* de nucléotides), suffisent à coder pour une protéine de taille moyenne. La plupart des gènes d'eucaryote et leurs transcrits

d'ARN ont donc de longues séquences nucléotidiques non codantes qui échappent à la traduction. Ce qui est encore plus surprenant, c'est que la plupart de celles-ci sont dispersées entre les segments codants d'un gène, donc entre les segments codants de l'ARN prémessager. Autrement dit, chez les Eucaryotes, la séquence de nucléotides d'ADN qui détient le message génétique correspondant à un polypeptide n'est pas continue. Les segments d'acide nucléique qui se trouvent entre les régions codantes sont appelés **introns.** Les autres régions, elles, sont appelées **exons,** parce qu'elles sont destinées à être exprimées: habituellement, elles sont traduites en des séquences d'acides aminés. (La séquence guide et la séquence remorque des exons, situées aux extrémités de l'ARN, font exception. Par conséquent, il est utile de se souvenir que les exons sont les parties du gène qui parviennent à l'*extérieur* du noyau.) Les termes *intron* et *exon* s'appliquent à la fois à l'ADN et à l'ARN. C'est Richard Roberts et Phillip Sharp qui ont découvert, de façon indépendante, l'existence de ces «gènes discontinus» en 1977. Cela leur a valu de recevoir conjointement un prix Nobel en 1993.

Lors de la synthèse du transcrit primaire à partir d'un gène, l'ARN polymérase transcrit les introns et les exons de l'ADN. Toutefois, la molécule d'ARNm ne parvient dans le cytoplasme qu'après avoir été tronquée. Les introns sont séparés de la molécule, et les exons sont réunis par épissage, de sorte que la molécule d'ARNm ne comporte plus qu'une seule séquence codante continue encadrée par les séquences guide et remorque. C'est en cela que consiste l'épissage de l'ARN prémessager.

Comment l'épissage de l'ARN prémessager se déroule-t-il? Les chercheurs ont découvert que les sites d'épissage sont constitués de courtes séquences nucléotidiques situées à l'extrémité des introns et reconnues par des particules appelées *petites ribonucléoprotéines nucléaires,* ou *pRNPn.* Comme leur nom l'indique, celles-ci se trouvent dans le noyau de la cellule. Elles sont constituées d'ARN et de protéines. L'ARN situé dans une pRNPn est appelé *petit ARN nucléaire.* Chacune des particules de pRNPn a une longueur de 150 nucléotides environ. Plusieurs pRNPn s'ajoutent à d'autres protéines de façon à former un ensemble encore plus volumineux, appelé **complexe d'épissage.** Ce dernier a presque la taille d'un ribosome. Il interagit avec les sites d'épissage situés aux extrémités d'un intron. Il coupe l'ARN en des points prédéterminés et libère l'intron, puis il réunit aussitôt les deux exons qui l'encadraient (FIGURE 17.10). On pense que le

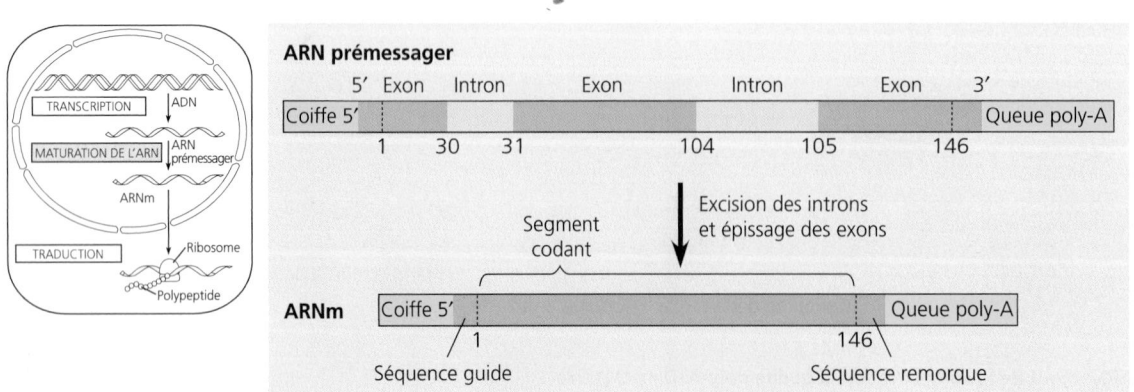

FIGURE 17.9 Maturation de l'ARN: épissage.
La molécule d'ARN illustrée ici code pour la globine ß, un des polypeptides de l'hémoglobine. Les nombres qui figurent sous l'ARN correspondent à des codons. La globine ß a une longueur de 146 acides aminés. Le gène et son transcrit d'ARN prémessager possèdent trois segments appelés exons, comportant essentiellement des séquences codantes. Les exons sont séparés par des régions non codantes appelées introns. Pendant la maturation de l'ARN, les introns sont excisés, et les exons sont réunis par épissage.

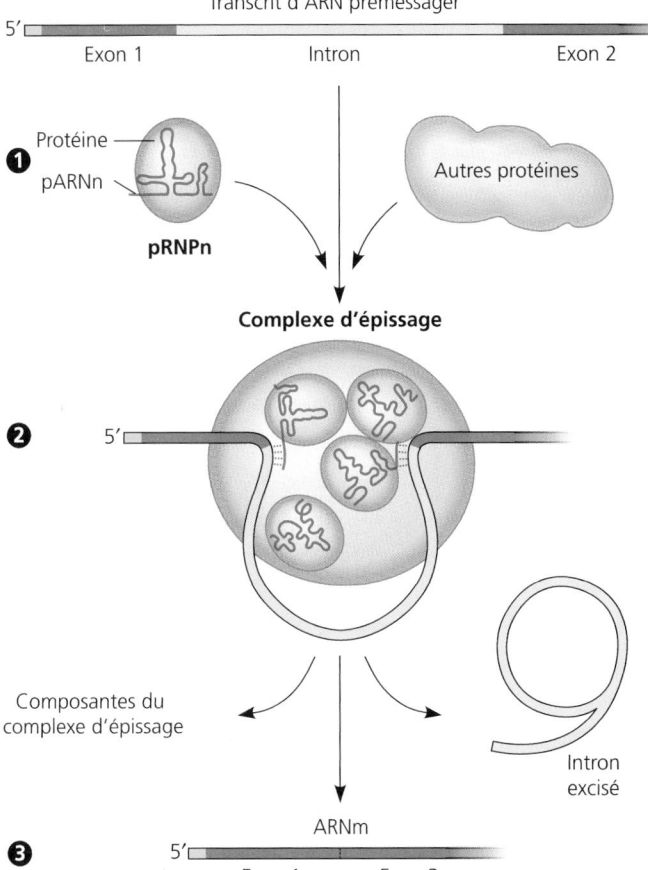

Transcrit d'ARN prémessager

5′

Exon 1 — Intron — Exon 2

❶
Protéine
pARNn

pRNPn

Autres protéines

Complexe d'épissage

❷ 5′

Composantes du
complexe d'épissage

Intron
excisé

ARNm

❸ 5′

Exon 1 — Exon 2

FIGURE 17.10 Rôles des complexes d'épissage et des pRNPn dans l'épissage de l'ARN prémessager. Ce schéma ne montre qu'une partie du transcrit d'ARN ; d'autres introns et exons se trouvent en aval de ceux qui sont représentés ici. ❶ L'ARN prémessager contenant des exons et des introns se combine avec de petites ribonucléoprotéines nucléaires (pRNPn) et d'autres protéines pour former une association moléculaire appelée complexe d'épissage. ❷ À l'intérieur du complexe d'épissage, les bases azotées du petit ARN nucléaire (pARNn) et celles situées à chaque bout de l'intron s'apparient. ❸ Le transcrit d'ARN est découpé, et l'intron est excisé. Ensuite, les exons sont réunis par épissage. Le complexe d'épissage se dissocie et libère l'ARNm, qui contient une suite d'exons encadrée par la séquence guide à l'extrémité 5′ et la séquence remorque à l'extrémité 3′.

petit ARN nucléaire intervient dans la catalyse, ainsi que dans l'assemblage du complexe d'épissage et dans la reconnaissance du site d'épissage. L'idée selon laquelle le petit ARN nucléaire a une fonction catalytique est née de la découverte des **ribozymes,** des molécules d'ARN agissant comme des enzymes.

Ribozymes

À l'instar de l'ARN prémessager, les autres types de transcrits primaires peuvent être épissés ; cependant, cela se fait par l'intermédiaire de divers mécanismes ne faisant pas intervenir de complexes d'épissage. Par ailleurs, comme c'est le cas dans la maturation du transcrit primaire d'ARNm, l'ARN joue souvent un rôle dans la catalyse de l'épissage. Il arrive que celui-ci se déroule en l'absence de toute protéine et même de toute autre molécule d'ARN, parce que l'ARN de l'intron catalyse sa propre excision ! Par exemple, chez le Protozoaire *Tetrahymena,* il y a autoépissage lors de la production d'un ARN entrant dans la

composition des ribosomes de l'organisme (ARN ribosomique). Comme les enzymes, les ribozymes sont des catalyseurs. Leur découverte a donc rendu caduque la notion voulant que tous les catalyseurs biologiques soient des protéines.

Importance des introns des points de vue de la fonction et de l'évolution

Quelles sont les fonctions biologiques des introns et de l'épissage de l'ARN ? On pense que les introns jouent un rôle régulateur dans la cellule. Certains contiennent des séquences agissant sur l'activité des gènes d'une façon ou d'une autre ; le mécanisme d'épissage lui-même constitue peut-être une forme de régulation du passage de l'ARNm du noyau au cytoplasme.

Les gènes discontinus ont un avantage connu : ils permettent à un même gène de coder pour plusieurs types de polypeptides. On sait que certains gènes, que l'on nomme parfois *gènes mosaïque,* mènent à la synthèse de deux polypeptides différents ou plus, selon les segments traités comme des exons pendant la maturation de l'ARN. Ce phénomène est appelé **épissage différentiel de l'ARN** (voir la FIGURE 19.11). Les Drosophiles fournissent un exemple intéressant à cet égard : leur appartenance sexuelle dépend dans une large mesure de différences dans la façon dont les mâles et les femelles procèdent à l'épissage de l'ARN transcrit à partir de certains gènes. Les résultats préliminaires du Programme Génome Humain (dont il est question au chapitre 20) permettent de penser que l'épissage différentiel de l'ARN est l'une des raisons qui font que les Humains possèdent un nombre de gènes relativement limité (environ le double de celui de la Drosophile).

Les gènes discontinus facilitent peut-être l'apparition de nouvelles protéines utiles. Les protéines ont souvent une architecture modulaire comportant des régions structurales et fonctionnelles discontinues, appelées **domaines.** Par exemple, un des domaines d'une protéine enzymatique peut comprendre le site actif de celle-ci, alors qu'un autre peut fixer la protéine à une membrane cellulaire. Dans de nombreux cas, des exons différents codent pour les multiples domaines d'une protéine donnée (FIGURE 17.11, p. 338). Quant aux introns, ils rendent plus probables les enjambements bénéfiques de gènes et l'échange de segments. Par la simple création de nouveaux sites possibles d'enjambement (et sans altérer les séquences codantes), ils accroissent les probabilités d'une recombinaison entre deux allèles d'un gène. Il y a donc plus de chances que, lors d'un enjambement, un exon soit échangé contre une autre version du même exon, qui provient du chromosome homologue. On peut également imaginer qu'il se produit occasionnellement un mélange ou l'ajout d'exons entre des gènes complètement différents. Ces deux sortes d'échanges peuvent aboutir à l'apparition de protéines ayant des fonctions nouvelles.

LA SYNTHÈSE DES PROTÉINES

Nous allons étudier maintenant plus en détail la traduction, c'est-à-dire le mode de transmission de l'information génétique de l'ARNm à la protéine. Comme nous l'avons fait pour la transcription, nous nous intéresserons avant tout aux principales étapes de la traduction chez les cellules procaryotes et les organismes eucaryotes, tout en soulignant les différences essentielles qui existent entre ces deux groupes.

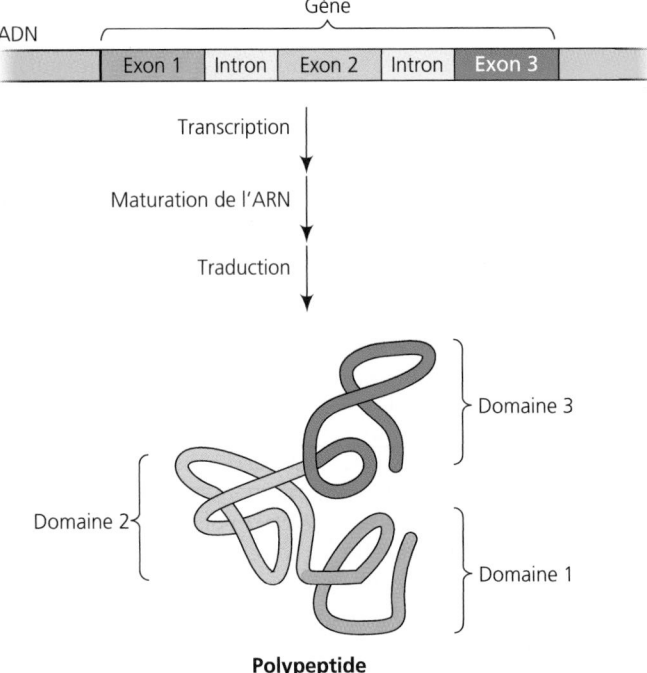

FIGURE 17.11 Correspondance entre les exons et les domaines des protéines. Dans certains gènes, chaque exon code pour un domaine donné d'une protéine particulière. Un domaine est une partie de la protéine dont la configuration se fait de façon indépendante du reste de la protéine et qui a une fonction propre. La correspondance entre les exons et les domaines permet de penser que de nouvelles protéines peuvent être créées par l'échange d'exons entre les gènes.

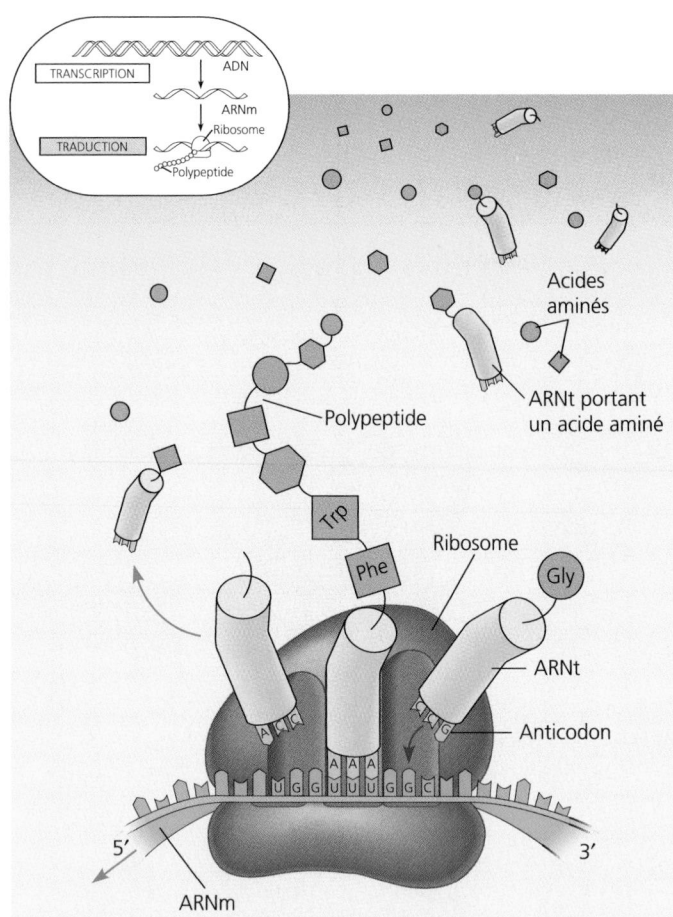

FIGURE 17.12 La traduction, concept de base. Les codons sont traduits en acides aminés un par un, au fur et à mesure que la molécule d'ARNm traverse le ribosome. Ce sont des molécules d'ARNt qui les interprètent. Chaque type d'ARNt porte un anticodon donné à une de ses extrémités et un certain acide aminé à l'autre extrémité. Lorsque son anticodon se lie à un codon complémentaire situé sur l'ARNm, l'ARNt ajoute son acide aminé à l'extrémité de la chaîne polypeptidique en cours de synthèse. Il y a une relation de spécificité entre l'anticodon et l'acide aminé que l'ARNt transporte. Les figures qui suivent montrent certains détails de la traduction qui a lieu dans la cellule procaryote.

La traduction est la synthèse d'un polypeptide à partir de l'ARN messager : *une étude détaillée*

Au cours du processus de la traduction, la cellule construit une protéine à partir des instructions contenues dans le message génétique. Celui-ci consiste en une série de codons alignés sur une molécule d'ARNm, et il est interprété par une molécule d'ARN d'un autre type, qui porte le nom d'**ARN de transfert (ARNt).** Cet ARN a pour fonction d'acheminer vers un ribosome les molécules d'acides aminés qui se trouvent dans le cytosol. Il faut savoir que la cellule garde en réserve les 20 acides aminés dans son cytosol, soit en les synthétisant à partir d'autres composés, soit en les prélevant dans la solution environnante. Le ribosome ajoute chacun des acides aminés que l'ARNt lui apporte à l'extrémité de la chaîne de polypeptides en cours de synthèse (**FIGURE 17.12**).

Les molécules d'ARNt ne sont pas toutes identiques. Chacune d'elles sert à associer un certain codon d'ARNm avec un acide aminé particulier. C'est ce lien qui constitue la clé de la traduction du message génétique en une séquence d'acides aminés. Lorsque la molécule d'ARNt atteint un ribosome, elle porte un acide aminé donné à l'une de ses extrémités ; à l'autre extrémité se trouve un triplet de nucléotides appelé **anticodon,** qui se lie au codon complémentaire de l'ARNm conformément aux règles de l'appariement des bases. Prenons, par exemple, le codon d'ARNm UUU, qui commande l'acide aminé phénylalanine (voir la **FIGURE 17.4**). Les liaisons hydrogène ne permettent

au codon UUU de s'associer qu'avec l'ARNt ayant l'anticodon AAA à une de ses extrémités. Il se trouve que cet ARNt porte également de la phénylalanine à son autre extrémité. À mesure que la molécule d'ARNm avance à travers le ribosome, de la phénylalanine est ajoutée à l'extrémité de la chaîne polypeptidique chaque fois que le codon UUU se présente au site de traduction. Notons que les ARNt traduisent le message génétique un codon à la fois : ils déposent les acides aminés dans l'ordre voulu. Voilà comment un ribosome synthétise une chaîne polypeptidique.

Dans son principe, la traduction est simple ; en réalité, elle repose sur des phénomènes biochimiques et des mécanismes complexes, notamment chez les cellules eucaryotes. Nous allons analyser la traduction plus en détail. Nous commencerons par l'étudier chez les procaryotes, où elle est un peu plus simple. Voyons d'abord quels sont les principaux acteurs à l'échelle cellulaire, et ensuite comment ils agissent conjointement pour fabriquer un polypeptide.

Structure et fonction de l'ARN de transfert

À l'instar de l'ARNm et des autres types d'ARN de la cellule, les molécules d'ARNt sont transcrites à partir de matrices d'ADN. Dans la cellule eucaryote, l'ARNt, tout comme l'ARNm, est produit dans le noyau et doit passer de celui-ci au cytoplasme, où la traduction se déroule. Dans les cellules procaryotes ou eucaryotes, chaque molécule d'ARNt sert plusieurs fois : elle se lie d'abord à l'acide aminé qui lui correspond dans le cytosol ; elle le cède ensuite au ribosome, puis elle quitte ce dernier pour aller chercher un nouvel acide aminé identique dans le cytosol.

Comme on le voit à la FIGURE 17.13, la molécule d'ARNt est formée d'un seul brin d'ARN qui n'a que 80 nucléotides de long environ (la plupart des molécules d'ARNm, elles, ont des centaines, voire des milliers de nucléotides). Ce brin d'ARN se replie sur lui-même, ce qui lui confère une structure tridimensionnelle. Celle-ci est renforcée par les interactions qui ont lieu entre les différentes parties de la chaîne nucléotidique. En effet, les bases des nucléotides de certaines régions du brin d'ARNt forment des liaisons hydrogène avec des bases complémentaires situées dans d'autres régions du même brin. Si l'on représente la molécule d'ARNt à plat pour montrer l'emplacement des zones d'appariement des bases, on voit qu'elle prend la forme d'une feuille de trèfle. Cependant, en réalité, l'ARNt se tord et se replie de façon à former une structure tridimensionnelle compacte, qui ressemble vaguement à un L inversé. L'anticodon (soit le triplet de bases spécialisé qui se lie à un codon d'ARNm spécifique) se trouve sur la boucle qui dépasse à l'extrémité longue du L inversé. L'extrémité 3', qui est le site de liaison de l'acide aminé, se trouve à l'extrémité courte du L inversé (voir la FIGURE 17.13b). La structure de l'ARNt reflète donc sa fonction.

Si un ARNt différent correspondait à chacun des codons d'ARNm commandant un acide aminé, il y aurait 61 ARNt (voir la FIGURE 17.4). En fait, il n'y en a que 45. Ce nombre est suffisant, les anticodons de certains ARNt pouvant reconnaître deux sortes de codons ou plus. Une telle souplesse est rendue possible parce que les règles qui régissent l'appariement de la troisième base d'un codon et de la base correspondante de l'anticodon d'ARNt ne sont pas aussi strictes que celles qui prévalent entre les génons de l'ADN et les codons de l'ARNm. Par exemple, la base U d'un anticodon d'ARNt peut s'associer soit à la base A, soit à la base G en troisième position d'un codon d'ARNm. Ce relâchement des règles de l'appariement des bases est appelé **oscillation**. Les ARNt les plus polyvalents sont ceux qui portent l'inosine (I), une base modifiée, à la position d'oscillation de l'anticodon. L'inosine est produite par altération enzymatique de l'adénine après la synthèse de l'ARNt. Au moment de l'appariement des anticodons et des codons, la base I peut former des liaisons hydrogène avec trois bases : U, C ou A. La molécule d'ARNt qui a pour anticodon CCI peut donc s'apparier avec les codons GGU, GGC ou GGA, qui codent tous pour l'acide aminé appelé glycine. Le phénomène d'oscillation permet d'expliquer pourquoi les codons synonymes, codant pour un même acide aminé, diffèrent par leur troisième base et non par les deux autres.

Aminoacyl-ARNt synthétases

La liaison codon-anticodon est en fait la deuxième étape de reconnaissance nécessaire pour permettre la traduction exacte du message génétique. Elle doit être précédée d'un appariement adéquat entre l'ARNt et un acide aminé. Un ARNt qui s'associe à un codon d'ARNm commandant un acide aminé précis ne

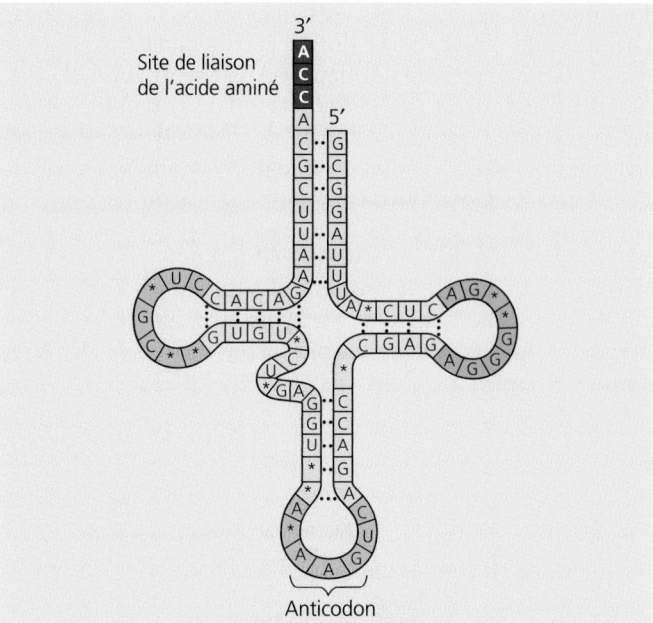

(a) Structure bidimensionnelle. Les quatre régions qui comportent des bases appariées, ainsi que les trois boucles et la séquence de bases du site de liaison de l'acide aminé situé à l'extrémité 3', se retrouvent chez tous les ARNt. Le triplet de l'anticodon varie selon le type d'ARN. (Les astérisques désignent une base ayant subi une modification chimique qui l'a rendue différente de A, C, G ou U ; il s'agit d'une caractéristique propre aux ARNt.)

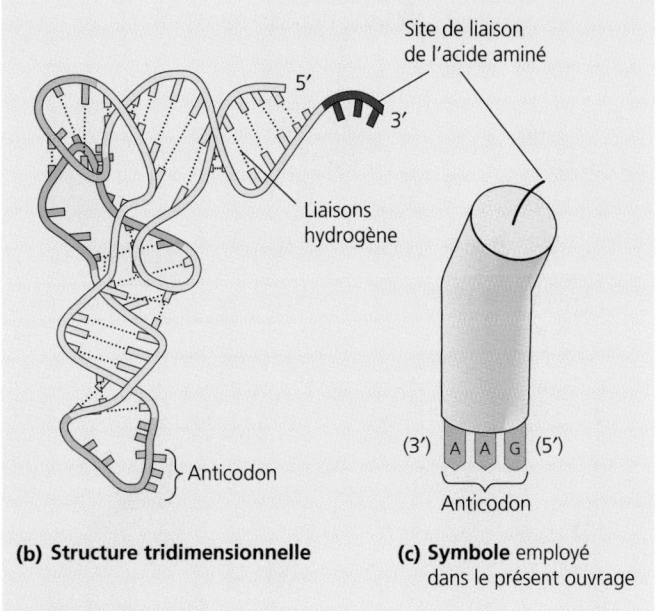

(b) Structure tridimensionnelle

(c) Symbole employé dans le présent ouvrage

FIGURE 17.13 Structure de l'ARN de transfert (ARNt).
Conventionnellement, on écrit les anticodons dans le sens 3' → 5' pour pouvoir les aligner avec les codons, qui sont écrits dans le sens 5' → 3' (voir la FIGURE 17.12). Pour que les bases azotées puissent s'apparier, il faut que les brins d'ARN soient antiparallèles, comme dans le cas de l'ADN (voir la FIGURE 16.12). Par exemple, l'anticodon 3' - AAG - 5' s'apparie avec le codon d'ARNm 5' - UUC - 3'.

doit pouvoir apporter que cet acide aminé au ribosome. Chaque acide aminé est lié à l'ARNt correspondant par une enzyme spécifique appelée **aminoacyl-ARNt synthétase.** Il existe 20 types d'aminoacyl-ARNt synthétase dans la cellule, soit une par sorte d'acide aminé. Le site actif de chaque type ne peut former qu'une seule combinaison d'acide aminé et d'ARNt. L'aminoacyl-ARNt synthétase catalyse la liaison covalente de l'acide aminé et de son ARNt suivant un processus en deux étapes alimenté par l'hydrolyse d'ATP (FIGURE 17.14). Le complexe acide aminé-ARNt ainsi formé (aussi appelé acide aminé activé) se détache ensuite de l'enzyme et va ajouter son acide aminé au bout d'une chaîne polypeptidique en cours de formation sur un ribosome.

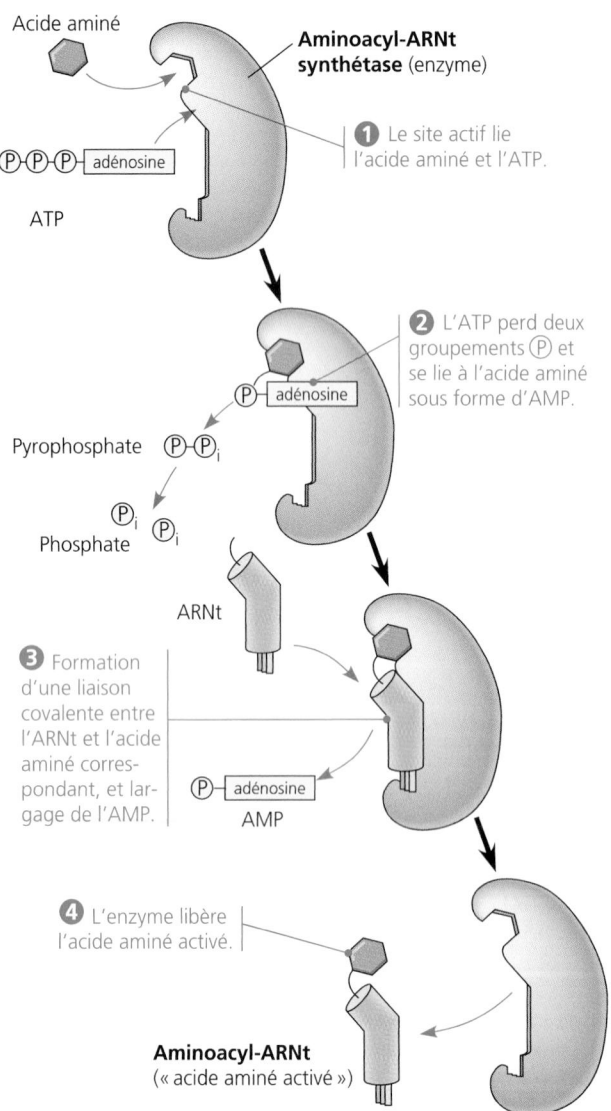

FIGURE 17.14 Appariement d'un acide aminé et d'un ARNt par une aminoacyl-ARNt synthétase. La liaison de l'ARNt et de l'acide aminé est endergonique et consomme de l'ATP. Celle-ci perd deux groupements phosphate et se transforme en AMP (adénosine monophosphate).

Ribosomes

Les ribosomes permettent l'appariement des anticodons d'ARNt avec les codons d'ARNm au cours de la synthèse des protéines. Ces organites cytoplasmiques sont visibles au microscope électronique ; ils sont formés de deux sous-unités, dont l'une est appelée grande sous-unité ribosomique, et l'autre, petite sous-unité ribosomique (FIGURE 17.15). Chacune de ces sous-unités est constituée de protéines et d'un type d'ARN spécialisé appelé **ARN ribosomique (ARNr).** Il existe plusieurs types d'ARNr commandés par des gènes différents. Après la transcription de ces gènes, l'ARNr subit une maturation et est assemblé avec des protéines provenant du cytosol. Chez les Eucaryotes, les sous-unités sont produites dans le nucléole. Les sous-unités ribosomiques ainsi fabriquées sont ensuite exportées dans le cytosol par les pores nucléaires. Chez tous les organismes, la petite et la grande sous-unité ne se regroupent pour constituer un ribosome fonctionnel qu'au moment où elles se fixent à une molécule d'ARNm. Près des deux tiers de la masse d'un ribosome sont constitués d'ARNr. Comme la plupart des cellules contiennent des milliers de ribosomes, l'ARNr est le type d'ARN le plus abondant.

Si les ribosomes des cellules procaryotes et eucaryotes ont une structure et des fonctions très semblables, ceux des Eucaryotes sont un peu plus gros, et leur composition moléculaire est quelque peu différente. Cela a des incidences d'ordre médical : certains antibiotiques, dont la tétracycline et la streptomycine, peuvent paralyser les ribosomes des cellules procaryotes sans entraver la synthèse de protéines chez les Eucaryotes. On s'en sert pour lutter contre les infections bactériennes.

La structure d'un ribosome reflète sa fonction, qui est de rapprocher les ARNm et les ARNt porteurs d'acides aminés. Chaque ribosome comprend, outre un site de liaison à l'ARNm, trois sites de liaison à l'ARNt : P, A et E (voir la FIGURE 17.15). Le **site P** (site peptidyl-ARNt) retient l'ARNt qui porte la chaîne polypeptidique en cours de synthèse. Le **site A** (site aminoacyl-ARNt) retient l'ARNt qui porte le prochain acide aminé qui sera ajouté à la chaîne. C'est à partir du **site E** (site de sortie) que l'ARNt quitte le ribosome. Ce dernier rapproche l'ARNt et l'ARNm, et place le nouvel acide aminé de façon à l'ajouter à l'extrémité carboxyle du polypeptide en cours de synthèse. Il catalyse ensuite la formation de la liaison peptidique.

Récemment, après quatre décennies de recherches dans les domaines de la génétique et de la biochimie, on a enfin compris en détail la structure du ribosome bactérien. La FIGURE 17.16 montre la grande sous-unité à l'échelle atomique, et vous avez pu voir un ribosome entier sous forme de « rubans » au début du présent chapitre. La structure du ribosome semble confirmer l'hypothèse selon laquelle les fonctions de cet organite sont assumées par l'ARNr et non par les protéines. L'ARN est la principale composante de l'interface entre les deux sous-unités, ainsi que des sites A et P, et c'est lui qui catalyse la formation de la liaison peptidique. On peut donc considérer le ribosome comme un énorme ribozyme ! Ses protéines sont localisées en grande partie sur sa périphérie et semblent avoir un rôle essentiellement structural.

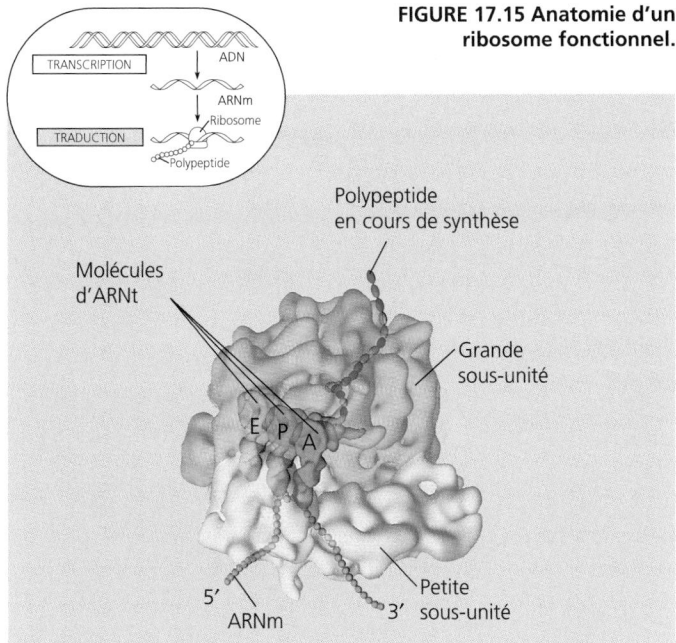

FIGURE 17.15 Anatomie d'un ribosome fonctionnel.

Polypeptide en cours de synthèse

Molécules d'ARNt

Grande sous-unité

E P A

5′
ARNm
3′
Petite sous-unité

(a) Modèle informatisé d'un ribosome fonctionnel. Ce modèle montre la forme générale d'un ribosome bactérien. Les ribosomes des Eucaryotes sont à peu près semblables. Chaque sous-unité est un assemblage de molécules d'ARN ribosomique et de protéines.

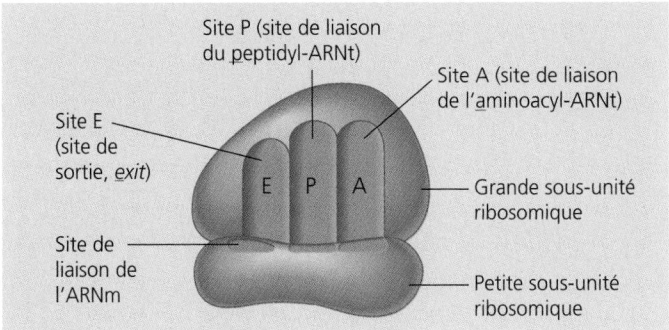

Site P (site de liaison du peptidyl-ARNt)

Site A (site de liaison de l'aminoacyl-ARNt)

Site E (site de sortie, *exit*)

E P A

Site de liaison de l'ARNm

Grande sous-unité ribosomique

Petite sous-unité ribosomique

(b) Schéma montrant les sites de liaison. Un ribosome comprend un site de liaison de l'ARNm, ainsi que trois sites de liaison de l'ARNt, appelés E, P et A. Nous reverrons ce schéma dans d'autres illustrations.

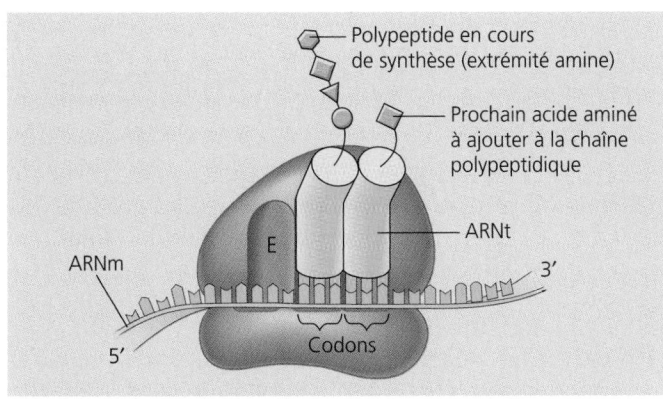

Polypeptide en cours de synthèse (extrémité amine)

Prochain acide aminé à ajouter à la chaîne polypeptidique

ARNt

ARNm

E

3′

5′

Codons

(c) Schéma montrant l'ARNm et l'ARNt en interaction. Un ARNt s'unit à un site de liaison lorsque les bases de son anticodon s'apparient avec celles d'un codon d'ARNm. Le site P retient l'ARNt attaché au polypeptide en cours de synthèse. Le site A retient l'ARNt qui porte le prochain acide aminé qu'il faut ajouter à la chaîne polypeptidique. L'ARNt libéré se détache du ribosome par le site E.

Synthèse d'un polypeptide

La traduction, ou synthèse, d'un polypeptide comprend trois étapes principales, qui rappellent celles de la transcription : il s'agit de l'initiation, de l'élongation et de la terminaison. Celles-ci ne peuvent se dérouler qu'en présence de «facteurs» protéiques assistant l'ARNm, l'ARNt et les ribosomes (ARNr) pendant la traduction. L'initiation et l'élongation de la chaîne nécessitent également un apport énergétique fourni par l'hydrolyse de GTP (guanosine triphosphate), une molécule étroitement apparentée à l'ATP.

Initiation. Cette étape met en jeu l'ARNm, un ARNt portant le premier acide aminé du polypeptide en cours de formation et les deux sous-unités d'un ribosome (FIGURE 17.17, p. 342). En premier lieu, la petite sous-unité s'attache à la fois à un ARNm et à un ARNt spécifique d'initiation. Elle se lie à la séquence guide de l'extrémité 5′ (en amont) de l'ARNm. Chez les Archéobactéries et les Bactéries, les bases azotées de l'ARNr de la petite sous-unité ribosomique s'apparient avec une séquence spécifique de bases azotées de la séquence guide de l'ARNm. Chez les Eucaryotes, la coiffe 5′ indique d'abord à la petite sous-unité qu'elle doit se fixer à l'extrémité 5′ de l'ARNm. Le codon d'initiation AUG, qui précise le point de départ de la traduction, se trouve en aval sur l'ARNm. L'ARNt qui porte l'acide aminé méthionine se fixe au codon de départ AUG.

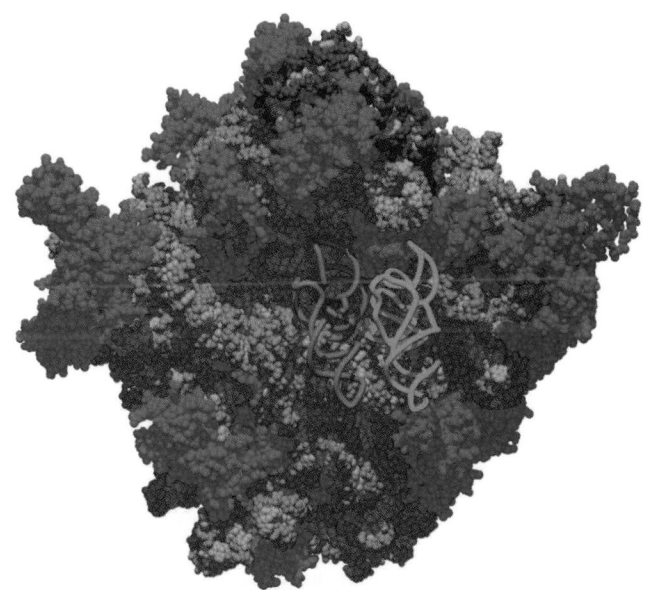

FIGURE 17.16 Structure de la grande sous-unité ribosomique à l'échelle atomique. En l'an 2000, les chercheurs ont réussi à élucider la structure atomique des deux sous-unités d'un ribosome bactérien à l'aide de la cristallographie par diffraction de rayons X (voir la FIGURE 5.27). Ce modèle informatisé montre la grande sous-unité sous un autre angle que celui de la FIGURE 17.15. Il la présente par « dessous », comme on la verrait à partir d'une petite sous-unité qui lui serait liée. Les molécules d'ARNr sont représentées en orange ou en marron (il s'agit de la structure formée de glucides et de phosphates) et en gris (bases azotées) ; quant aux protéines, elles sont représentées en violet. Remarquez que la plupart des protéines sont situées à la périphérie de la sous-unité, alors que l'ARNr, qui assure les fonctions du ribosome, se trouve surtout à l'intérieur de l'organite. On a montré les molécules d'ARNt (en rouge et en vert) à des fins d'orientation.

FIGURE 17.17
Initiation de la traduction.

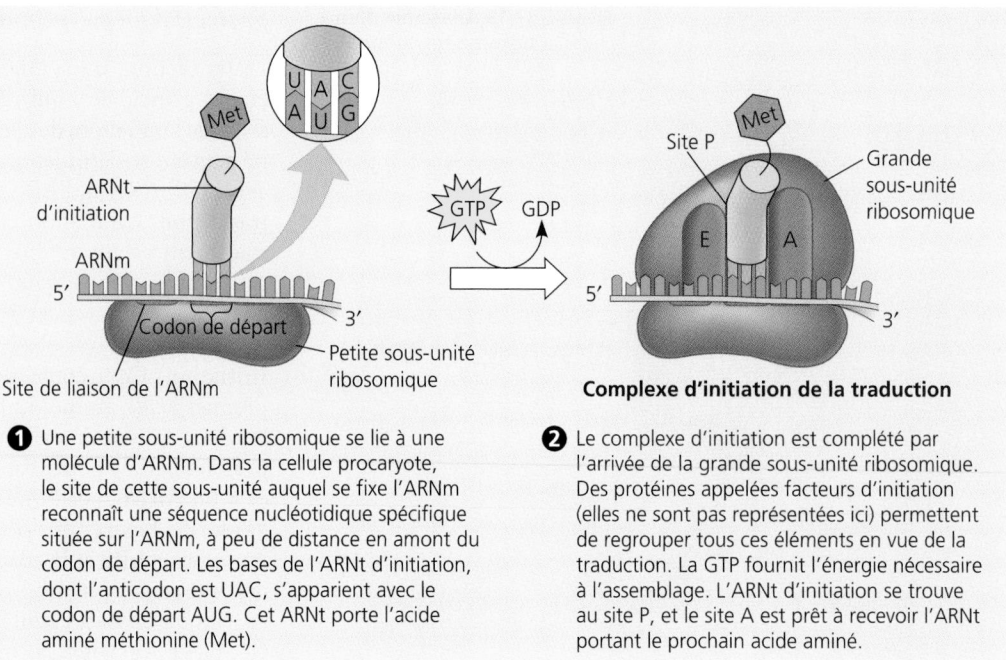

❶ Une petite sous-unité ribosomique se lie à une molécule d'ARNm. Dans la cellule procaryote, le site de cette sous-unité auquel se fixe l'ARNm reconnaît une séquence nucléotidique spécifique située sur l'ARNm, à peu de distance en amont du codon de départ. Les bases de l'ARNt d'initiation, dont l'anticodon est UAC, s'apparient avec le codon de départ AUG. Cet ARNt porte l'acide aminé méthionine (Met).

❷ Le complexe d'initiation est complété par l'arrivée de la grande sous-unité ribosomique. Des protéines appelées facteurs d'initiation (elles ne sont pas représentées ici) permettent de regrouper tous ces éléments en vue de la traduction. La GTP fournit l'énergie nécessaire à l'assemblage. L'ARNt d'initiation se trouve au site P, et le site A est prêt à recevoir l'ARNt portant le prochain acide aminé.

L'union de l'ARNm, de l'ARNt d'initiation et de la petite sous-unité ribosomique est suivie de l'arrivée de la grande sous-unité ribosomique, qui vient compléter le complexe d'initiation. L'assemblage de toutes ces composantes ne peut se faire qu'en présence de protéines appelées *facteurs d'initiation*. Pour former un complexe d'initiation, la cellule puise de l'énergie dans la GTP. À la fin du processus d'initiation, l'ARNt d'initiation se retrouve sur le site P du ribosome, et le site A, vacant, est prêt à recevoir le prochain aminoacyl-ARNt. Le polypeptide commence à être synthétisé par son extrémité amine (voir la FIGURE 5.16.b).

Élongation. Au cours de l'étape de la traduction appelée élongation, les acides aminés sont ajoutés un à un, à la suite l'un de l'autre. Chaque ajout suppose la participation de plusieurs protéines appelées *facteurs d'élongation* et se déroule selon un cycle comptant trois phases (FIGURE 17.18) :

❶ *Reconnaissance du codon.* Le codon de l'ARNm placé face au site A du ribosome forme des liaisons hydrogène avec l'anticodon d'une molécule d'ARNt qui porte l'acide aminé correspondant. C'est un facteur d'élongation qui achemine l'ARNt jusqu'au site A. Cette étape nécessite l'hydrolyse de deux molécules de GTP.

❷ *Formation d'une liaison peptidique.* Une molécule d'ARNr faisant partie de la grande sous-unité ribosomique et agissant comme un ribozyme catalyse la formation d'une liaison peptidique entre le polypeptide émergeant du site P et l'acide aminé nouvellement arrivé au site A. Puis, le polypeptide se sépare de l'ARNt auquel il était attaché, et l'acide aminé situé à son extrémité carboxyle se lie à l'acide aminé apporté au site A par l'ARNt suivant.

❸ *Translocation.* Le ribosome effectue ensuite la translocation (déplacement) de l'ARNt qui se trouve au site A et qui porte le polypeptide. Il le déplace vers le site P. Au cours de cette translocation, l'anticodon de l'ARNt reste fixé au codon correspondant d'ARNm par des liaisons hydrogène. L'ARNm avance donc en même temps et place le codon suivant du message génétique au site A, où il sera traduit. Pendant ce temps, l'ARNt qui se trouvait au site P est acheminé au site E (pour *exit*, « sortie »). De là, il quitte le ribosome. L'étape de la translocation nécessite un apport d'énergie, fourni par l'hydrolyse d'une molécule de GTP. L'ARNm traverse toujours le ribosome dans la même direction, c'est-à-dire en commençant par l'extrémité 5'. Cela revient à dire que le ribosome se déplace dans le sens 5' → 3' sur l'ARNm. Il suffit de se souvenir que le ribosome et l'ARNm bougent l'un par rapport à l'autre, en sens inverse et codon par codon. Le cycle d'élongation dure moins d'un dixième de seconde et se répète chaque fois qu'un acide aminé est ajouté à la chaîne polypeptidique, et ce, jusqu'à ce que celle-ci soit complète.

Terminaison. La dernière étape de la traduction est la terminaison (FIGURE 17.19, p. 344). Les triplets de bases UAA, UAG et UGA de l'ARNm ne codent pas pour des acides aminés (ces codons n'ont pas d'anticodons complémentaires), mais servent de signal de fin de la traduction. L'élongation se poursuit jusqu'à ce que l'un de ces codons d'arrêt arrive au site A du ribosome. Une protéine appelée *facteur de terminaison* se lie alors directement au codon et ajoute une molécule d'eau au lieu d'un acide aminé à la chaîne polypeptidique enfin terminée. La liaison entre cette dernière et l'ARNt qui se trouve au site P est ainsi hydrolysée, et le polypeptide se détache du ribosome. Le reste du complexe de traduction se dissocie alors.

Polyribosomes

Un seul ribosome peut synthétiser un polypeptide de taille moyenne en moins d'une minute. Cependant, une même molécule d'ARNm sert en général à synthétiser simultanément un grand nombre de copies d'un polypeptide donné. Cela est possible parce que plusieurs ribosomes traduisent le message en même temps. En effet, dès que l'un d'eux dépasse le codon d'initiation, un autre peut se lier à l'ARNm à son tour, et ainsi de suite. Le résultat est que de nombreux ribosomes peuvent se suivre le long d'une même molécule d'ARNm. Une telle file de ribosomes, appelée **polyribosome** (ou parfois polysome), est visible au microscope électronique (FIGURE 17.20, p. 344). On trouve des polyribosomes dans les cellules procaryotes et eucaryotes.

Du polypeptide à la protéine fonctionnelle

Pendant la synthèse et après, la chaîne polypeptidique s'enroule et se replie spontanément en formant une protéine fonctionnelle dotée d'une conformation spécifique. En d'autres termes, elle devient une molécule tridimensionnelle possédant une structure secondaire et tertiaire (voir la FIGURE 5.24). C'est le gène qui détermine la structure primaire, et cette dernière détermine à son tour la conformation de la molécule. Dans de nombreux cas, une chaperonine (une protéine jouant le rôle de chaperon moléculaire) contribue à plier correctement le polypeptide nouvellement formé (voir la FIGURE 5.26).

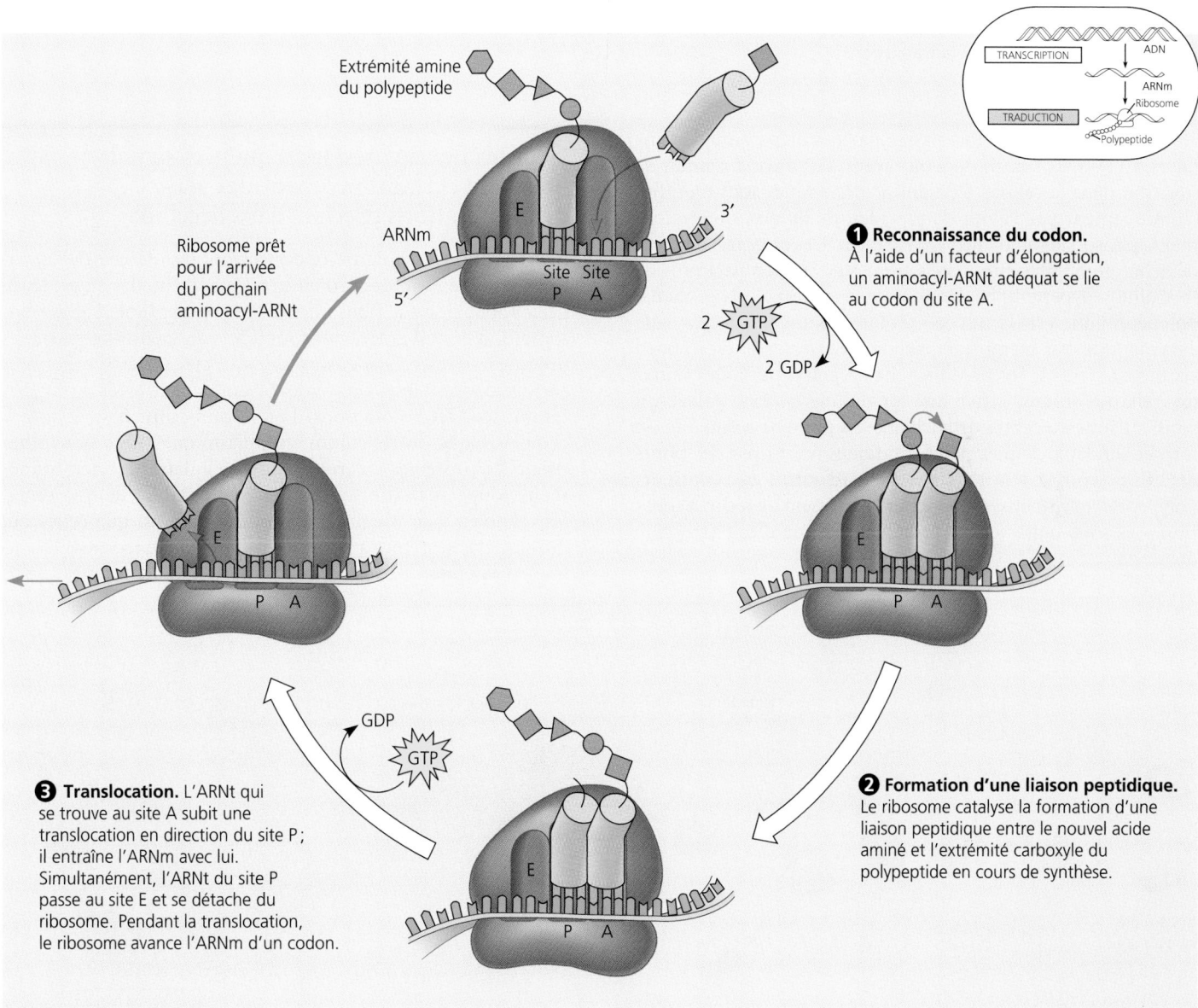

FIGURE 17.18 Cycle d'élongation de la traduction. Ces schémas ne montrent pas les protéines appelées facteurs d'élongation. C'est l'hydrolyse de GTP qui produit l'énergie nécessaire à l'élongation.

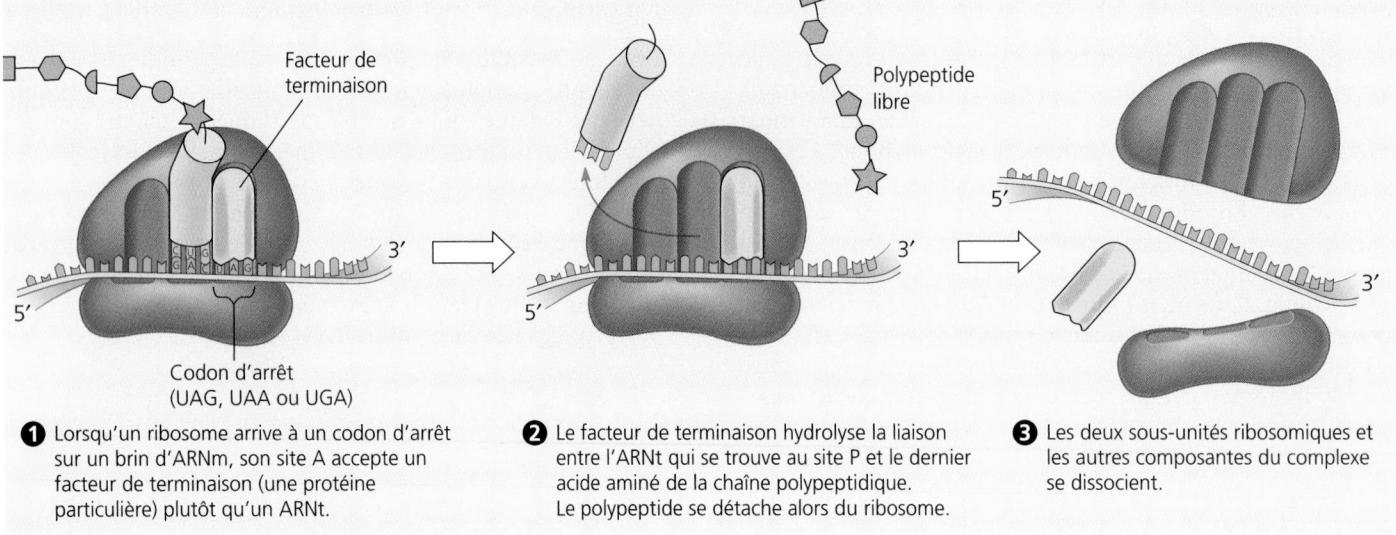

FIGURE 17.19 Terminaison de la traduction.

① Lorsqu'un ribosome arrive à un codon d'arrêt sur un brin d'ARNm, son site A accepte un facteur de terminaison (une protéine particulière) plutôt qu'un ARNt.

② Le facteur de terminaison hydrolyse la liaison entre l'ARNt qui se trouve au site P et le dernier acide aminé de la chaîne polypeptidique. Le polypeptide se détache alors du ribosome.

③ Les deux sous-unités ribosomiques et les autres composantes du complexe se dissocient.

La protéine doit parfois passer par des étapes supplémentaires, qui suivent la traduction, avant de pouvoir remplir sa fonction dans la cellule. Certains acides aminés sont modifiés chimiquement par l'ajout de glucides, de lipides, de groupements phosphate ou d'autres substances. Des enzymes peuvent détacher un ou plusieurs acides aminés de l'extrémité amine de la chaîne polypeptidique. Dans certains cas, une même chaîne polypeptidique est découpée en plusieurs morceaux par voie enzymatique. Par exemple, l'insuline (une protéine) est d'abord synthétisée sous la forme d'une chaîne polypeptidique ; toutefois, elle ne devient active que lorsqu'une enzyme enlève un segment situé au centre de la chaîne. La protéine résultante est formée de deux chaînes polypeptidiques reliées par des ponts disulfure (voir la FIGURE 5.22). Dans d'autres cas, plusieurs polypeptides synthétisés séparément s'unissent de façon à constituer les sous-unités d'une protéine pourvue d'une structure quaternaire.

Chez les Eucaryotes, les séquences signal orientent certains polypeptides vers des destinations précises dans la cellule

L'observation au microscope électronique de cellules eucaryotes synthétisant des protéines permet de mettre en évidence deux populations de ribosomes (et de polyribosomes) : des ribosomes libres, et d'autres qui sont liés (voir la FIGURE 7.10). Les premiers sont en suspension dans le cytosol et synthétisent surtout des protéines qui se dissolvent dans le cytosol, où elles remplissent leurs fonctions. Les seconds sont fixés à la face cytoplasmique du réticulum endoplasmique (RE) ; ils synthétisent les protéines du réseau intracellulaire de membranes (l'enveloppe nucléaire, le RE, l'appareil de Golgi, les lysosomes, les vacuoles et la membrane plasmique), ainsi que celles qui doivent être sécrétées à l'extérieur de la cellule (comme l'insuline). Cependant, tous les ribosomes sont identiques, et ils peuvent passer de l'état libre à l'état lié.

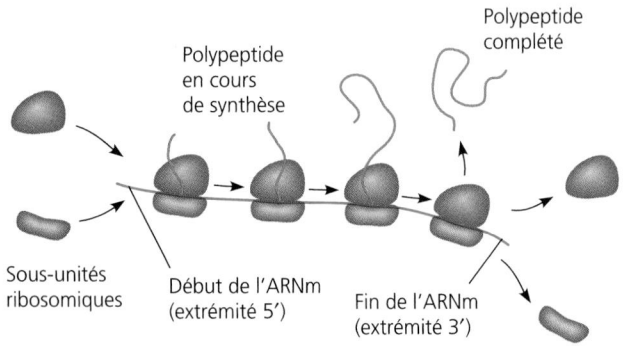

(a) Une molécule d'ARNm est généralement traduite simultanément par plusieurs ribosomes. L'ensemble de ceux-ci est appelé polyribosome.

FIGURE 17.20 Polyribosomes.

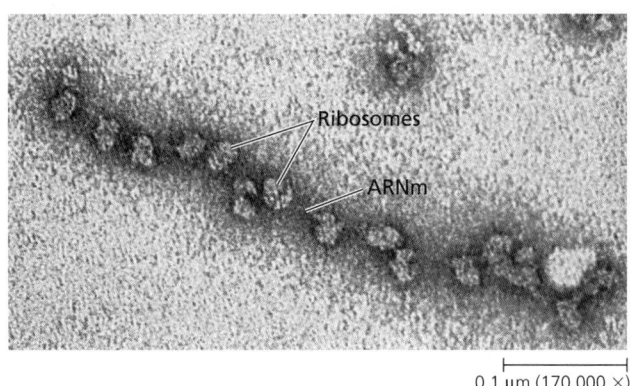

0,1 μm (170 000 ×)

(b) Cette micrographie montre un polyribosome dans une cellule procaryote (MET).

Quel est le facteur qui détermine si un ribosome se trouve libre dans le cytosol ou lié au réticulum endoplasmique ? Il faut savoir que la synthèse de toute protéine commence dans le cytosol lorsqu'un ribosome libre entame la traduction d'une molécule d'ARNm. Le processus se poursuit entièrement dans ce milieu *sauf* si le polypeptide en cours de synthèse incite le ribosome, par une séquence particulière d'acides aminés, à se fixer au RE. Par exemple, les protéines destinées au réseau intracellulaire de membranes ou devant être sécrétées portent une **séquence signal** qui les oriente vers le RE (FIGURE 17.21). Cette séquence compte environ 20 acides aminés et se situe à l'extrémité amine du polypeptide ou près de celle-ci. Au moment où la séquence signal émerge du ribosome, elle est reconnue par un complexe appelé **particule de reconnaissance du signal (PRS)**. Celle-ci est constituée de six protéines et d'un petit ARN. Elle agit alternativement comme un interrupteur de la synthèse protéique et comme un adaptateur entre le ribosome et la membrane du RE. En effet, dès que le ribosome a synthétisé le début du polypeptide, la particule de reconnaissance se fixe à la séquence signal et interrompt la synthèse protéique avant que le polypeptide commence à se replier sur lui-même. Cette interruption se maintient jusqu'à ce que le ribosome en suspension dans le cytosol atteigne une membrane du réticulum

endoplasmique. À ce moment, la particule de reconnaissance du signal sert d'adaptateur entre le ribosome et une protéine réceptrice enchâssée dans la membrane du RE et faisant partie d'un complexe multiprotéique. La synthèse du polypeptide se poursuit à cet endroit, et le polypeptide en voie de formation commence à passer dans la citerne en se faufilant à travers un canal protéique de la membrane. Sa séquence signal est habituellement enlevée par une enzyme. Si le polypeptide enfin complété est destiné à devenir une protéine de sécrétion, il est libéré dans la solution qui remplit la citerne (voir la FIGURE 17.21). S'il doit devenir une protéine membranaire, il reste partiellement enchâssé dans la membrane du RE.

D'autres types de séquences signal orientent les polypeptides vers les mitochondries, les chloroplastes, l'intérieur du noyau et d'autres organites qui ne font pas partie du réseau intracellulaire de membranes. Dans ces cas, la principale particularité est que la traduction prend fin dans le cytosol, avant que le polypeptide soit exporté vers l'organite auquel il est destiné. Les mécanismes de translocation sont également variables ; mais, dans tous les cas qui ont été étudiés jusqu'à aujourd'hui, les étiquettes qui orientent les protéines vers un endroit de la cellule sont divers types de séquences signal.

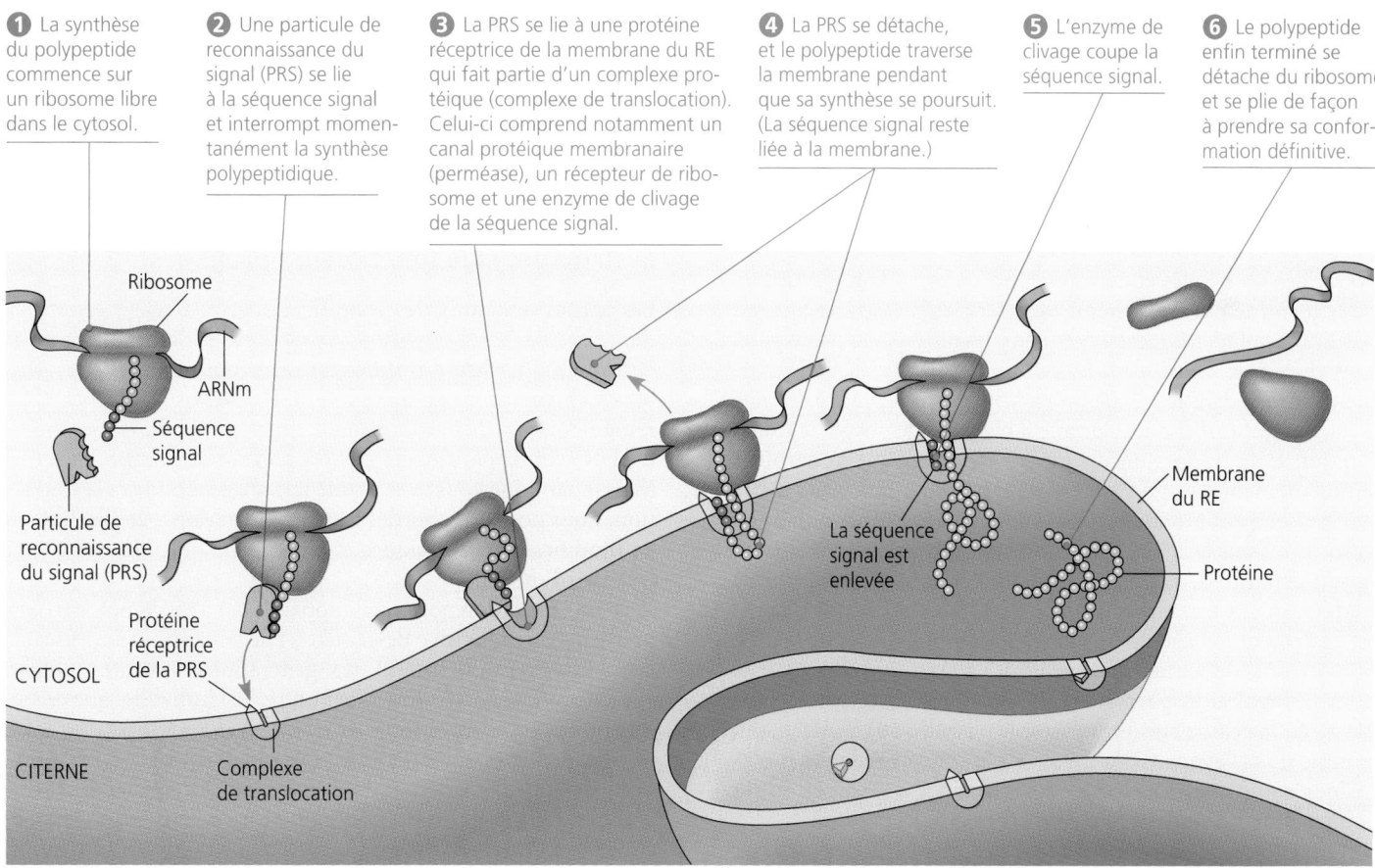

① La synthèse du polypeptide commence sur un ribosome libre dans le cytosol.

② Une particule de reconnaissance du signal (PRS) se lie à la séquence signal et interrompt momentanément la synthèse polypeptidique.

③ La PRS se lie à une protéine réceptrice de la membrane du RE qui fait partie d'un complexe protéique (complexe de translocation). Celui-ci comprend notamment un canal protéique membranaire (perméase), un récepteur de ribosome et une enzyme de clivage de la séquence signal.

④ La PRS se détache, et le polypeptide traverse la membrane pendant que sa synthèse se poursuit. (La séquence signal reste liée à la membrane.)

⑤ L'enzyme de clivage coupe la séquence signal.

⑥ Le polypeptide enfin terminé se détache du ribosome et se plie de façon à prendre sa conformation définitive.

Ribosome
ARNm
Séquence signal
Particule de reconnaissance du signal (PRS)
Protéine réceptrice de la PRS
CYTOSOL
CITERNE
Complexe de translocation
La séquence signal est enlevée
Membrane du RE
Protéine

FIGURE 17.21 Mécanisme de signalisation pour le ciblage des protéines à destination du RE. Les polypeptides devant être affectés au réseau intracellulaire de membranes ou sécrétés à l'extérieur de la cellule commencent par une séquence signal, c'est-à-dire par une série d'acides aminés qui leur assigne une destination précise, le RE. Ce schéma montre successivement le début de la synthèse d'une protéine destinée à la sécrétion et son arrivée dans le RE. Sa maturation se poursuit dans le RE, puis dans l'appareil de Golgi. Enfin, une vésicule de sécrétion l'achemine vers la membrane plasmique. C'est de là qu'elle sera sécrétée à l'extérieur de la cellule (voir la FIGURE 8.8).

L'ARN a plusieurs fonctions dans la cellule : *une révision*

Comme nous l'avons vu, les mécanismes cellulaires de synthèse protéique (et de ciblage du RE) reposent avant tout sur différentes sortes d'ARN : l'ARN messager, l'ARN de transfert, l'ARN ribosomique et, chez les Eucaryotes, le petit ARN nucléaire et l'ARN de la particule de reconnaissance du signal (TABLEAU 17.1). Ces molécules ont diverses fonctions, notamment de participation à la structure, de transmission de l'information et de catalyse. Deux caractéristiques interdépendantes leur permettent d'assumer des rôles aussi nombreux : l'ARN peut former des liaisons hydrogène avec d'autres molécules d'acides nucléiques (d'ADN ou d'ARN); de plus, il peut adopter une structure tridimensionnelle grâce à l'établissement de liaisons hydrogène entre des bases situées à différents endroits le long de sa chaîne nucléotidique (l'ARNt de la FIGURE 17.13 offre un exemple de liaisons intramoléculaires de ce type). Si l'ADN constitue le support moléculaire de l'information génétique de toutes les *cellules,* l'ARN est beaucoup plus polyvalent. Et vous verrez au chapitre 18 que c'est l'ARN, et non l'ADN, qui constitue le génome de nombreux virus.

Comparaison de la synthèse des protéines chez les cellules procaryotes et chez les organismes eucaryotes : *une révision*

La transcription et la traduction se déroulent de façon très semblable chez les cellules procaryotes et chez les organismes eucaryotes, mais nous avons relevé certaines différences sur le plan des structures cellulaires et des détails du processus. Les ARN polymérases des deux groupes sont différentes, et celles des organismes eucaryotes font intervenir des facteurs de transcription. Chez les cellules eucaryotes et procaryotes, la transcription ne se termine pas de la même façon, et les ribosomes ne sont pas tout à fait identiques. Cependant, les différences principales sont dues à la division de la cellule eucaryote en compartiments. Ainsi, dans la cellule procaryote, le processus se déroule de façon ininterrompue. Comme il n'y a pas de noyau, la transcription et la traduction du même gène peuvent se dérouler simultanément (FIGURE 17.22), et la protéine qui vient d'être synthétisée peut atteindre rapidement son site fonctionnel par diffusion. Dans la cellule eucaryote, par contre, l'enveloppe du noyau délimite deux compartiments, où la transcription et la traduction ont lieu respectivement. L'un de ces compartiments est également le siège d'une maturation très élaborée de l'ARN. Le processus de maturation inclut des étapes supplémentaires, dont la régulation permet de coordonner les activités complexes de la cellule eucaryote (voir le chapitre 19). Finalement, comme nous l'avons vu, la cellule eucaryote possède des mécanismes complexes de ciblage des protéines à destination du compartiment cellulaire approprié (organite).

Où les êtres vivants ont-il acquis les gènes qui codent pour l'énorme diversité des protéines qu'ils synthétisent? Depuis plus de trois milliards d'années, de nouveaux gènes apparaissent par mutation de gènes préexistants; nous parlerons de ce phénomène dans la section qui suit.

TABLEAU 17.1 Types d'ARN dans la cellule eucaryote	
Type d'ARN	**Fonctions**
ARN messager (ARNm)	Transmet aux ribosomes l'information de l'ADN définissant les séquences d'acides aminés des protéines.
ARN de transfert (ARNt)	Sert d'adaptateur lors de la synthèse des protéines; traduit les codons d'ARNm en acides aminés.
ARN ribosomique (ARNr)	Joue un rôle catalytique (ribozyme) et un rôle structural dans les ribosomes.
Transcrit primaire	Précurseur de l'ARNm, de l'ARNr ou de l'ARNt; peut subir une maturation par épissage et par clivage. Chez les Eucaryotes, l'ARN prémessager contient souvent des introns, ou segments non codants, qui sont enlevés par épissage au cours de la maturation du transcrit primaire. Certaines molécules d'ARN provenant des introns agissent comme des ribozymes et catalysent leur propre épissage.
Petit ARN nucléaire pARNn	Joue un rôle structural et catalytique dans les complexes d'épissage (formés de protéines et d'ARN) qui effectuent l'épissage de l'ARN prémessager dans le noyau des cellules.
ARN de la PRS	Composante de la particule de reconnaissance du signal (PRS), le complexe de protéines et d'ARN qui reconnaît la séquence signal des polypeptides destinés au RE.

Les mutations ponctuelles peuvent modifier la structure et la fonction des protéines

Les **mutations** sont des modifications du bagage génétique d'une cellule (ou d'un virus). Au chapitre 15, nous avons parlé des mutations chromosomiques : celles qui modifient le nombre de chromosomes d'un individu, et celles qui impliquent des remaniements chromosomiques touchant de longs segments d'ADN (voir la FIGURE 15.13) et portant sur de nombreux gènes. Maintenant que vous avez étudié le code génétique et la traduction, nous pouvons aborder les **mutations ponctuelles.** Il s'agit de modifications chimiques touchant une ou plusieurs paires de bases d'un gène.

Si une mutation ponctuelle apparaît dans un gamète ou dans une cellule productrice de gamètes, elle peut être transmise à la descendance immédiate et aux générations suivantes. Quand elle a des effets nocifs sur le phénotype de l'individu (que ce soit un Humain ou autre animal), on parle d'anomalie génétique ou de maladie héréditaire. Par exemple, on a trouvé la cause génétique de l'anémie à hématies falciformes : cette maladie est due à une mutation touchant une seule paire de bases du gène qui code pour l'un des polypeptides de l'hémoglobine. Cette modification d'un seul nucléotide de la matrice d'ADN entraîne la production d'une protéine anormale (FIGURE 17.23). L'hémoglobine ainsi transformée des personnes homozygotes pour le gène mutant donne aux hématies (globules rouges) une forme

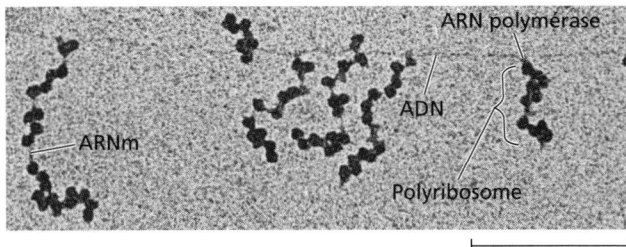

0,25 μm (84 000 ×)

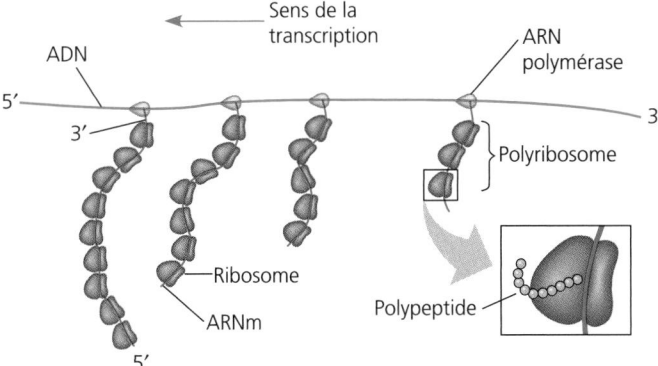

Sens de la transcription

ADN

5′

3′

ARN polymérase

3′

Polyribosome

Ribosome

ARNm

5′

Polypeptide

FIGURE 17.22 Couplage de la transcription et de la traduction chez les Archéobactéries et les Bactéries. Dans les cellules procaryotes, la traduction de l'ARNm peut commencer dès que la première extrémité (5′) de la molécule d'ARNm se détache de la matrice d'ADN. La micrographie montre la transcription d'un brin d'ADN de *E. coli* par des molécules d'ARN polymérase. Chacune de celles-ci engendre un brin d'ARNm déjà en cours de traduction par les ribosomes. Les polypeptides nouvellement synthétisés ne sont pas visibles ici (MET).

Photographie reproduite avec la permission de O.L. Miller, B.A. Hamkalo et C.A. Thomas, Jr, *Science* 169 (1970). Copyright © 1970 American Association for the Advancement of Science.

de faucille qui réduit substantiellement la fixation du dioxygène. Cela fait apparaître les nombreux symptômes de l'anémie à hématies falciformes (voir la FIGURE 14.15). Voyons maintenant comment les différents types de mutations ponctuelles se traduisent en protéines modifiées.

Catégories de mutations ponctuelles

On peut classer les mutations ponctuelles survenant à l'intérieur d'un gène en deux grandes catégories : les substitutions de paires de bases, et les insertions ou délétions de paires de bases. Au fur et à mesure que vous lirez la section consacrée aux effets de ces mutations sur les protéines, reportez-vous à la partie correspondante de la FIGURE 17.24, à la p. 348.

Substitutions. La **substitution d'une paire de bases** est le remplacement d'un nucléotide et de son vis-à-vis sur le brin d'ADN complémentaire par une paire de nucléotides différente. Certaines substitutions sont appelées *mutations silencieuses,* parce que la redondance du code génétique fait en sorte qu'elles n'ont aucun effet sur la protéine synthétisée. Autrement dit, la modification d'une paire de bases peut résulter en un codon dont la traduction donne le même acide aminé que celui pour lequel le codon initial aurait codé. Par exemple, si CCG devient CCA à la suite d'une mutation, le codon d'ARNm GGC devient GGU ; or, ces deux derniers commandent l'ajout d'une glycine à l'endroit voulu de la protéine (voir la FIGURE 17.4). D'autres changements touchant une seule paire de nucléotides peuvent aboutir au remplacement d'un acide aminé par un autre sans avoir d'effets notables sur la protéine synthétisée. Il se peut que le nouvel acide aminé ait des propriétés semblables à celles de l'ancien ou encore que la séquence exacte des acides aminés d'une certaine région de la protéine ne soit pas essentielle aux fonctions de celle-ci.

Sur l'ADN, le brin matrice de l'allèle mutant porte un A au lieu d'un T.

Un codon de l'ARNm mutant porte un U au lieu d'un A.

L'hémoglobine mutante porte une valine (Val) à la place d'un acide glutamique (Glu).

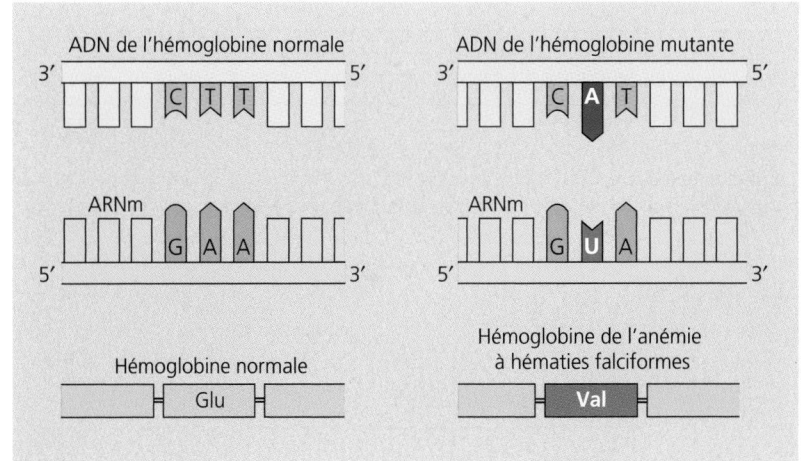

FIGURE 17.23 L'origine moléculaire de l'anémie à hématies falciformes, une mutation ponctuelle. La différence entre l'allèle qui produit l'anémie à hématies falciformes et l'allèle normal est la modification d'une seule paire de bases de l'ADN.

Cependant, les substitutions de paires de bases les plus intéressantes sont celles qui occasionnent un changement évident au niveau de la protéine. L'altération d'un seul acide aminé dans une région essentielle de la protéine (sur le site actif d'une enzyme, par exemple) a des répercussions importantes sur l'activité de cette dernière. De temps à autre, une telle mutation crée une protéine améliorée ou ayant de nouvelles propriétés, qui accroissent les chances de succès de l'organisme mutant et de ses descendants. Cependant, la plupart du temps, les mutations sont néfastes, parce qu'elles engendrent une protéine inutile ou moins active qui entrave le fonctionnement de la cellule.

Les substitutions provoquent le plus souvent des **mutations faux-sens** : les codons touchés codent encore pour des acides aminés et ont donc un sens, mais celui-ci est erroné. Si la mutation ponctuelle transforme un codon correspondant à un acide aminé en un codon d'arrêt, alors la traduction s'arrêtera prématurément, et le polypeptide créé sera plus court que la normale. Les altérations qui transforment un codon d'acide aminé

en signal d'arrêt sont appelées **mutations non-sens,** et elles conduisent presque toujours à la synthèse de protéines non fonctionnelles.

Insertions et délétions. Les **insertions** et les **délétions** correspondent à l'ajout ou à la perte d'une ou de plusieurs paires de nucléotides dans un gène. Elles ont généralement des conséquences plus désastreuses que les substitutions. Étant donné que l'ARNm est lu sous forme d'une série de triplets pendant la traduction, l'insertion ou la délétion de nucléotides peut dissocier les triplets originaux du message génétique. Ce type de mutation, appelé **décalage du cadre de lecture,** apparaît chaque fois que le nombre de nucléotides insérés ou enlevés n'est pas un multiple de trois. Tous les nucléotides situés en aval de la modification sont alors regroupés en des codons erronés. Il en résulte un long faux sens qui se termine tôt ou tard par un non-sens (terminaison prématurée). À moins que le décalage du cadre de lecture survienne très près de la fin du gène, la protéine fabriquée ne sera probablement pas fonctionnelle.

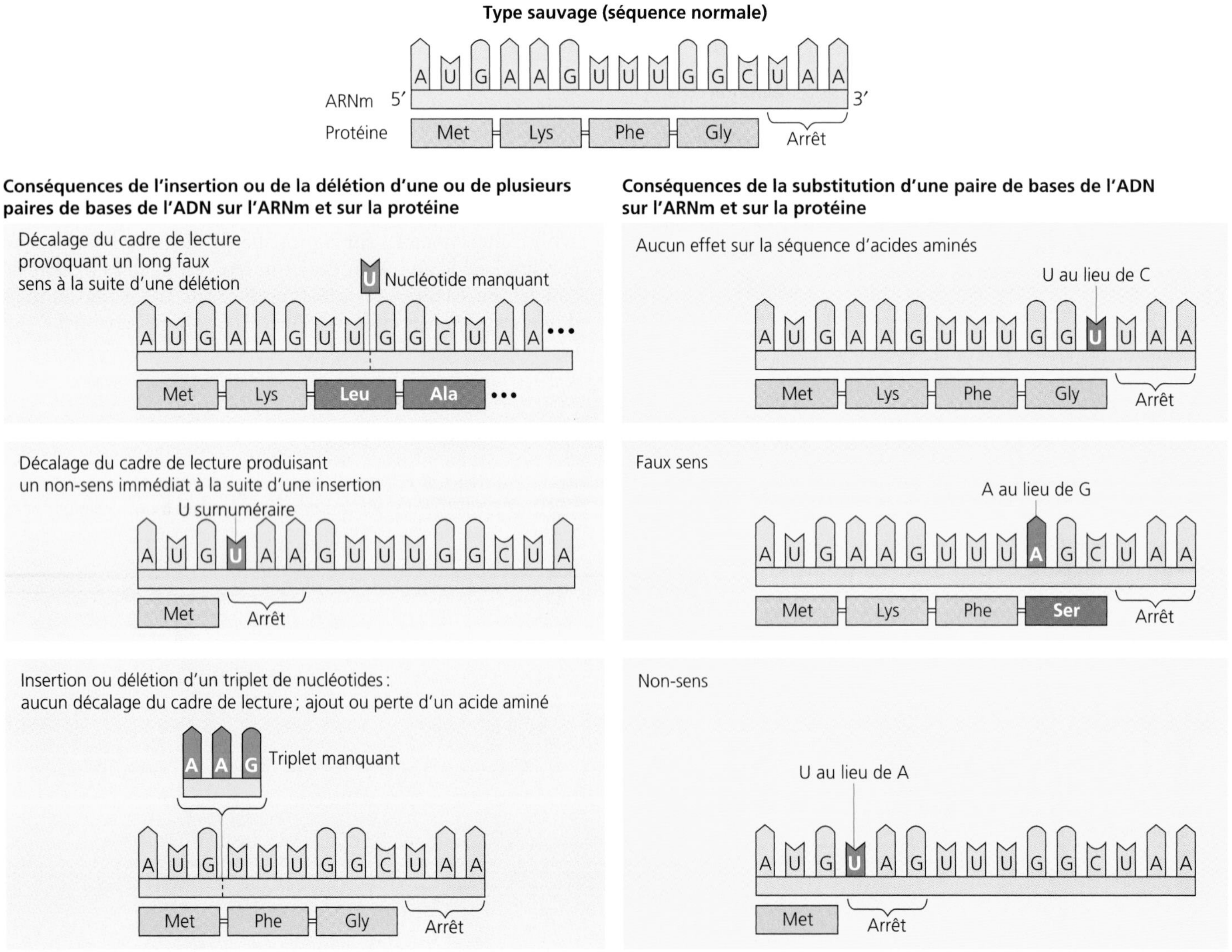

FIGURE 17.24 Les catégories de mutations ponctuelles et leurs conséquences. Les mutations sont des modifications de l'ADN, mais nous avons représenté ici les ARNm et les protéines qui en résultent.

Mutagènes

Les mutations peuvent avoir des causes diverses. Les erreurs survenues lors de la réplication, de la réparation ou de la recombinaison de l'ADN peuvent engendrer des substitutions de paires de bases, des insertions, des délétions ou des mutations touchant des parties plus longues de l'ADN. Les mutations résultant de ce genre d'erreurs sont appelées *mutations spontanées*.

Certains agents physiques ou chimiques appelés **mutagènes** interagissent avec l'ADN et provoquent des changements. Dans les années 1920, Hermann Muller a exposé des drosophiles à des rayons X. Il a découvert que cela augmentait la fréquence des mutations génétiques. Cette méthode lui a permis d'obtenir des drosophiles mutantes, qu'il a ensuite utilisées au cours de ses recherches. Mais il s'est rendu compte des implications inquiétantes de sa découverte : les rayons X et les autres formes de radiations à haute énergie sont mutagènes. Elles représentent donc un danger tant pour le génome humain que pour celui des organismes de laboratoire. Le rayonnement ultraviolet fait partie des mutagènes physiques ; il contribue à la formation de dimères de thymine dans l'un ou l'autre des brins d'ADN (voir la FIGURE 16.17).

Il existe plusieurs catégories de mutagènes chimiques. Les analogues des bases sont des substances qui ressemblent aux bases azotées normales de l'ADN et qui s'insèrent dans celui-ci pendant sa réplication. Ils modifient ponctuellement l'information génétique. Certains autres mutagènes chimiques entravent la réplication en s'insérant dans l'ADN et en déformant la double hélice. D'autres mutagènes modifient chimiquement les bases en altérant leur capacité d'appariement.

Des chercheurs ont mis au point plusieurs méthodes pour tester l'activité mutagène de diverses substances chimiques. Le principal domaine d'application de ces tests est le dépistage préliminaire des substances chimiques cancérogènes (qui peuvent provoquer le cancer).

■   ■   ■

Qu'est-ce qu'un gène ? *Reconsidérons la question*

Notre définition du gène a progressé au cours des derniers chapitres. Nous avons commencé par le concept mendélien, selon lequel le gène est une unité héréditaire discontinue définissant un caractère phénotypique (chapitre 14). Puis, nous avons vu que Morgan et ses collaborateurs ont associé les gènes à des loci spécifiques situés sur les chromosomes, et que les généticiens emploient parfois le terme de *locus* au lieu de gène

(chapitre 15). Ensuite, nous avons montré qu'un gène est une région d'une molécule d'ADN portant une séquence nucléotidique précise (chapitre 16). Enfin, dans le présent chapitre, nous en sommes arrivés à une définition fonctionnelle du gène : il s'agit d'une séquence d'ADN codant pour une chaîne polypeptidique spécifique (la FIGURE 17.25, à la page 350, résume le processus qui va du gène, selon la définition moderne, au polypeptide dans une cellule eucaryote.). Suivant le contexte dans lequel on étudie les gènes, toutes ces définitions peuvent être utiles.

Même le concept « un gène, un polypeptide » doit être amélioré, et son application doit être sélective. Ainsi, chez les Eucaryotes, la plupart des gènes comportent des segments non codants (introns), de sorte qu'une grande partie de la chaîne d'ADN ne correspond à aucun segment au niveau des polypeptides. Les spécialistes de la biologie moléculaire incluent souvent dans le gène les promoteurs et certaines régions régulatrices de l'ADN. Ces séquences d'ADN ne sont pas transcrites, mais elles peuvent être considérées comme faisant partie du gène fonctionnel, étant donné qu'elles sont nécessaires à la transcription. Notre définition du gène au niveau moléculaire doit aussi être assez large pour englober les segments d'ADN qui sont transcrits en ARNr, en ARNt et en d'autres types d'ARN qui ne sont pas traduits. Comme ces gènes ne produisent aucun polypeptide, on en arrive à la définition suivante : *Un gène est une région de l'ADN dont le produit final est soit un polypeptide, soit une molécule d'ARN.*

En ce qui a trait à la plupart des gènes, cependant, il est encore utile de retenir le concept d'un gène, un polypeptide. Dans le présent chapitre, nous avons appris comment un gène ordinaire est exprimé au niveau moléculaire, à savoir par transcription en ARNm, puis par traduction en un polypeptide qui forme une protéine ayant une structure et une fonction spécifiques. Les protéines, pour leur part, expriment le phénotype observable de l'organisme.

Les gènes sont soumis à une régulation. La régulation de l'expression génique permet à une bactérie, par exemple, d'ajuster sa production de certaines enzymes selon ses besoins métaboliques immédiats. Chez les Eucaryotes multicellulaires, la régulation de l'expression génique permet à des cellules ayant le même ADN de se différencier au cours de leur développement et de devenir des cellules animales nerveuses ou musculaires, par exemple. Nous étudierons la régulation de l'expression génique chez les Eucaryotes aux chapitres 19 et 21. Dans le prochain chapitre, nous aborderons l'étude de la régulation génique en examinant la biologie moléculaire des Bactéries et des Virus, qui est relativement simple.

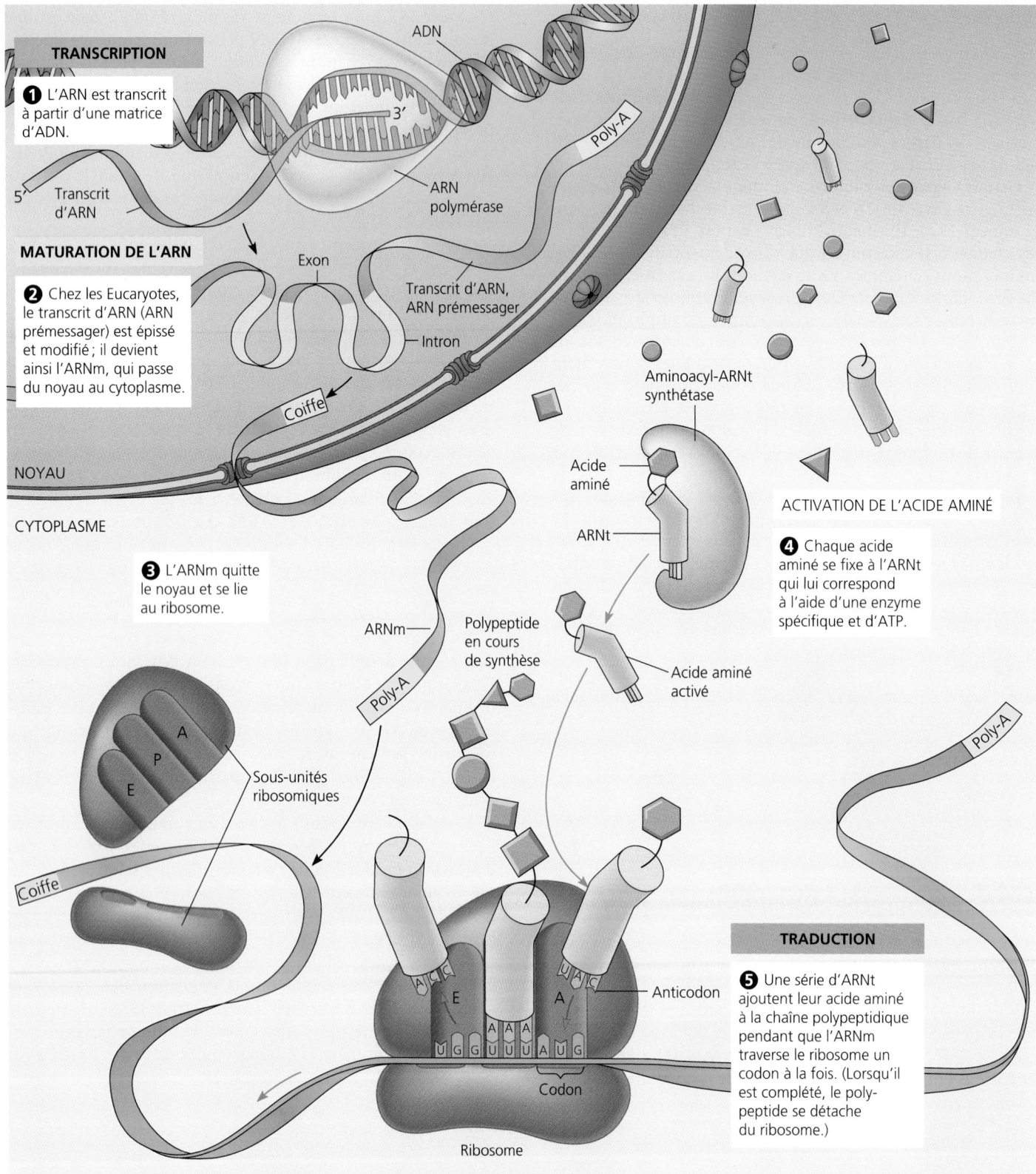

TRANSCRIPTION

ADN

❶ L'ARN est transcrit à partir d'une matrice d'ADN.

3′

5′ Transcrit d'ARN

ARN polymérase

Poly-A

MATURATION DE L'ARN

Exon

❷ Chez les Eucaryotes, le transcrit d'ARN (ARN prémessager) est épissé et modifié ; il devient ainsi l'ARNm, qui passe du noyau au cytoplasme.

Transcrit d'ARN, ARN prémessager

Intron

Coiffe

NOYAU

CYTOPLASME

❸ L'ARNm quitte le noyau et se lie au ribosome.

ARNm

Polypeptide en cours de synthèse

Poly-A

Aminoacyl-ARNt synthétase

Acide aminé

ARNt

ACTIVATION DE L'ACIDE AMINÉ

❹ Chaque acide aminé se fixe à l'ARNt qui lui correspond à l'aide d'une enzyme spécifique et d'ATP.

Acide aminé activé

Poly-A

A

P

E

Sous-unités ribosomiques

Coiffe

Anticodon

TRADUCTION

❺ Une série d'ARNt ajoutent leur acide aminé à la chaîne polypeptidique pendant que l'ARNm traverse le ribosome un codon à la fois. (Lorsqu'il est complété, le poly-peptide se détache du ribosome.)

E

A

Codon

Ribosome

FIGURE 17.25 Résumé de la transcription et de la traduction dans une cellule eucaryote. Ce schéma illustre le processus de synthèse d'un polypeptide à partir du gène qui détient le message génétique correspondant. Souvenez-vous que chaque gène peut être transcrit en ARNm à maintes reprises et que chaque ARNm peut être traduit en polypeptide de nombreuses fois. (Souvenez-vous également que le produit final de certains gènes n'est pas un polypeptide, mais une molécule d'ARN qui peut être un ARNt ou un ARNr.) De façon générale, les étapes de la transcription et de la traduction sont semblables dans les cellules procaryote et eucaryote. La différence principale est l'étape de la maturation de l'ARNm, qui se déroule dans le noyau de la cellule eucaryote. Les autres différences importantes concernent les étapes de l'initiation de la transcription et de la traduction, ainsi que la terminaison de la transcription.

RÉVISION DU CHAPITRE

Résumé des concepts importants

LA RELATION ENTRE LES GÈNES ET LES PROTÉINES

■ L'étude de maladies métaboliques a permis de montrer que les gènes codent pour les protéines (p. 328 et 329, FIGURE 17.1). L'ADN régit le métabolisme en ordonnant aux cellules de fabriquer des enzymes spécifiques et d'autres protéines. Les expériences de Beadle et Tatum sur des souches mutantes de *Neurospora* ont permis de confirmer l'hypothèse appelée un gène, une enzyme, qui est devenue plus tard un gène, un polypeptide. Dans la plupart des cas, le gène détermine la séquence d'acides aminés d'une chaîne polypeptidique.

■ La transcription et la traduction sont les deux mécanismes principaux reliant les gènes aux protéines : *une vue d'ensemble* (p. 329 à 331, FIGURE 17.2). Les acides nucléiques et les protéines sont des polymères qui contiennent une certaine information sous la forme de séquences linéaires de monomères (respectivement des nucléotides et des acides aminés). La transcription est le passage de l'information de l'ADN à l'ARN, c'est à dire de désoxyribonucléotides à des ribonucléotides ; la traduction est le passage de l'information d'une séquence nucléotidique d'ARN à une séquence d'acides aminés formant un polypeptide.

■ Dans le code génétique, la plupart des triplets de nucléotides correspondent à des acides aminés (p. 331 et 332, FIGURES 17.3 et 17.4). Un codon est un triplet de nucléotides qui, dans l'ARNm, peut coder pour un acide aminé (61 codons codent pour les acides aminés) ou servir de signal d'arrêt de la traduction (3 codons). Le codon de la méthionine, AUG, sert également de signal de départ de la traduction.

■ Le code génétique a dû apparaître très tôt dans l'histoire de la vie (p. 332 et 333). La quasi-universalité du code génétique permet de penser que celui-ci existait déjà chez les ancêtres communs à tous les règnes du vivant.

SYNTHÈSE ET MATURATION DE L'ARN

■ La transcription est la synthèse de l'ARN à partir de l'ADN : *une étude détaillée* (p. 333 à 335, FIGURES 17.6 et 17.7). La synthèse de l'ARN sur une matrice d'ADN est catalysée par l'ARN polymérase. Elle obéit aux mêmes règles d'appariement des bases que la réplication de l'ADN. Toutefois, dans l'ARN, l'uracile remplace la thymine. Les promoteurs, qui sont des séquences nucléotidiques situées au début d'un gène, indiquent le point de départ de la synthèse de l'ARN. Chez les Eucaryotes, les facteurs de transcription (qui sont des protéines) aident l'ARN polymérase à reconnaître les séquences du promoteur. La transcription se poursuit jusqu'à ce que survienne une séquence d'ADN spécifique indiquant la fin de la transcription.

■ Dans les cellules eucaryotes, l'ARN est modifié après avoir été transcrit (p. 335 à 338, FIGURES 17.8 à 17.11). Chez les Eucaryotes, les molécules d'ARN prémessager subissent avant de quitter le noyau une maturation par modification de leurs extrémités et par épissage. L'extrémité 5′ reçoit une coiffe nucléotidique modifiée, alors que l'extrémité 3′ reçoit une queue poly-A. Ces mécanismes semblent protéger la molécule de la dégradation et stimuler la traduction. La plupart des gènes d'eucaryotes contiennent des introns, c'est-à-dire des régions non codantes intercalées entre les régions codantes, ou exons. Pendant la maturation de l'ARN prémessager, les introns sont enlevés et les exons sont réunis. L'épissage de l'ARN est catalysé par les petites ribonucléoprotéines nucléaires (pRNPn), qui agissent à l'intérieur de complexes d'épissage. Dans certains cas, l'ARN catalyse seul l'épissage. Les molécules d'ARN catalytique sont appelées ribozymes. L'échange d'exons lors de la recombinaison contribue peut-être à accroître la diversité des protéines.

LA SYNTHÈSE DES PROTÉINES

■ La traduction est la synthèse d'un polypeptide à partir de l'ARN messager : *une étude détaillée* (p. 338 à 344, FIGURES 17.12 à 17.19). Après avoir pris l'acide aminé qui lui correspond, chaque molécule d'ARN de transfert (ARNt) aligne son anticodon sur le codon complémentaire de l'ARNm. La liaison d'un acide aminé donné et de son ARNt est catalysée par l'aminoacyl-ARNt synthétase, et sa source d'énergie est l'ATP. Les ribosomes coordonnent les trois étapes de la traduction, qui sont l'initiation, l'élongation et la terminaison. Chaque ribosome est constitué de deux sous-unités, elles-mêmes formées de protéines et d'ARN ribosomique (ARNr). Les ribosomes ont un site de liaison pour l'ARNm ; les sites P et A retiennent les ARNt adjacents pendant que les acides aminés sont reliés à l'extrémité de la chaîne polypeptidique en cours de synthèse ; le site E, lui, sert à la libération de l'ARNt. La formation des liaisons peptidiques est catalysée par une molécule d'ARNr. Plusieurs ribosomes peuvent traduire une même molécule d'ARNm simultanément ; ils forment alors un polyribosome. Après la traduction, la protéine peut subir des modifications qui influent sur sa structure tridimensionnelle.

■ Chez les Eucaryotes, les séquences signal orientent certains polypeptides vers des destinations précises dans la cellule (p. 344 et 345, FIGURE 17.21). Les ribosomes libres dans le cytosol amorcent la synthèse de toutes les protéines ; cependant, la synthèse de celles qui sont destinées aux membranes ou à l'exportation ne se termine que lorsque le ribosome correspondant se fixe au réticulum endoplasmique. Dans ce dernier cas, une particule de reconnaissance du signal (PRS) se lie à une séquence signal à l'extrémité du polypeptide en cours de synthèse, ce qui permet au ribosome de se lier au RE. D'autres séquences signal ciblent les protéines destinées aux mitochondries et aux chloroplastes.

■ L'ARN a plusieurs fonctions dans la cellule : *une révision* (p. 346, TABLEAU 17.1). L'ARN, qui est plus polyvalent que l'ADN, a des fonctions relatives à la structure, à l'information et à la catalyse.

■ Comparaison de la synthèse des protéines chez les cellules procaryotes et chez les organismes eucaryotes : *une révision* (p. 346). Dans une cellule bactérienne, la traduction de l'ARNm peut commencer alors même que la transcription est en cours. Dans la cellule eucaryote, par contre, l'enveloppe nucléaire sépare les sites de transcription et de traduction ; l'ARN subit une maturation importante dans le noyau.

■ Les mutations ponctuelles peuvent modifier la structure et la fonction des protéines (p. 346 à 349, FIGURE 17.24). Les mutations ponctuelles sont des modifications d'une ou de plusieurs paires de bases de l'ADN. Les substitutions de paires de bases peuvent provoquer une mutation faux-sens ou un non-sens, qui nuisent souvent au fonctionnement de la cellule. L'insertion et la délétion de paires de bases peuvent bouleverser le cadre de lecture de l'ARNm en aval de la mutation (décalage du cadre de lecture). Des mutations spontanées peuvent apparaître pendant la réplication ou la réparation de l'ADN. Plusieurs mutagènes chimiques ou physiques peuvent aussi modifier les gènes.

■ **Qu'est-ce qu'un gène?** *Reconsidérons la question* (p. 349 et 350, FIGURE 17.25). Un gène est généralement une région de l'ADN qui code pour un polypeptide; toutefois, le produit final de certains gènes est une molécule d'ARN.

Autoévaluation

(Les questions dont les numéros sont en caractères gras font surtout appel à la compréhension.)

1. Une substitution touchant la troisième paire de bases d'un génon a moins de chances d'entraîner une erreur au niveau du polypeptide, parce que:
   a) les substitutions de paires de bases sont corrigées avant le début de la transcription.
   b) les substitutions de paires de bases ne touchent que les introns; or ceux-ci finissent par être enlevés de l'ARNm.
   c) dans la plupart des ARNt, seules les deux premières bases de l'anticodon deviennent déterminantes et se lient fortement aux bases complémentaires d'un codon.
   d) une particule de reconnaissance du signal corrige les erreurs de codage avant que l'ARNm atteigne le ribosome.
   e) les erreurs de transcription attirent les petites ribonucléoprotéines nucléaires, qui stimulent l'épissage et la correction.

2. Dans les cellules eucaryotes, la transcription ne peut commencer tant que:
   a) les deux brins d'ADN ne se sont pas complètement séparés pour exposer le promoteur.
   b) les facteurs de transcription appropriés ne sont pas liés au promoteur.
   c) la coiffe 5' n'a pas été enlevée de l'ARNm.
   d) les introns d'ADN n'ont pas été enlevés de la matrice.
   e) les endonucléases d'ADN n'ont pas isolé l'unité de transcription de l'ADN non codant.

3. Parmi les affirmations suivantes concernant le codon, laquelle est *fausse*?
   a) Il est formé de trois nucléotides.
   b) Il peut coder pour le même acide aminé qu'un autre codon.
   c) Il ne code jamais pour plus d'un acide aminé.
   d) Il caractérise l'une des extrémités de la molécule d'ARNt.
   e) C'est l'unité fondamentale du code génétique.

4. Beadle et Tatum ont découvert plusieurs catégories de mutants de *Neurospora* pouvant croître dans un milieu minimal enrichi d'arginine. Les mutants de la catégorie I pouvaient aussi vivre dans un milieu enrichi soit d'ornithine, soit de citrulline, alors que les mutants de la catégorie II pouvaient croître dans le milieu contenant de la citrulline, mais pas dans celui contenant de l'ornithine. La voie métabolique de la synthèse de l'arginine est la suivante:

   Précurseur → Ornithine → Citrulline → Arginine
   　　　　　　　 A　　　　　 B　　　　　 C

   À partir du comportement de leurs mutants, Beadle et Tatum ont conclu que:
   a) un seul gène code pour l'ensemble de la voie métabolique.
   b) le code génétique de l'ADN est un code à triplet.

   c) chez les mutants de la catégorie I, la mutation apparaît plus tard sur la chaîne nucléotidique que chez les mutants de la catégorie II; les premiers ont, par conséquent, un plus grand nombre d'enzymes fonctionnelles.
   d) les mutants de la catégorie I ont une enzyme non fonctionnelle à l'étape A, alors que les mutants de la catégorie II ont une enzyme non fonctionnelle à l'étape B.
   e) les mutants de la catégorie I ont une enzyme non fonctionnelle à l'étape B, alors que les mutants de la catégorie II ont une enzyme non fonctionnelle à l'étape C.

5. L'anticodon d'une molécule d'ARNt:
   a) et le codon correspondant sur l'ARNm sont complémentaires.
   b) et le triplet correspondant sur l'ARNr sont complémentaires.
   c) est la partie de l'ARNt qui se lie à un acide aminé spécifique.
   d) peut être associé à plus d'un acide aminé.
   e) est un catalyseur, ce qui fait de l'ARNt un ribozyme.

6. Parmi les affirmations suivantes concernant la maturation de l'ARN, laquelle est *fausse*?
   a) Les exons sont excisés et hydrolysés avant que l'ARNm ne quitte le noyau.
   b) La présence des introns facilite peut-être l'enjambement entre les régions d'un gène codant pour différents domaines d'un polypeptide.
   c) Les ribozymes peuvent jouer un rôle dans l'épissage de l'ARN.
   d) L'épissage de l'ARN peut être catalysé par les complexes d'épissage.
   e) Le transcrit primaire est souvent beaucoup plus long que la molécule d'ARNm qui finit par sortir du noyau.

7. Parmi les affirmations suivantes, laquelle s'applique à la fois chez les cellules procaryotes et chez les organismes eucaryotes?
   a) La traduction a lieu en même temps que la transcription.
   b) Le produit de la transcription est immédiatement traduit.
   c) Le codon UUU code pour la phénylalanine.
   d) Les ribosomes sont affectés par la streptomycine.
   e) La particule de reconnaissance du signal se lie aux 20 premiers acides aminés de certains polypeptides.

8. À l'aide du code génétique qui se trouve à la FIGURE 17.4, identifiez une séquence possible de nucléotides (que vous lirez dans le sens 5'→3') de la matrice *d'ADN* qui produit un ARNm codant pour la séquence de polypeptides Phe-Pro-Lys.
   a) UUU-GGG-AAA
   b) GAA-CCC-CTT
   c) AAA-ACC-TTT
   d) CTT-CGG-GAA
   e) AAA-CCC-UUU

9. Parmi les mutations suivantes, laquelle risque le plus d'avoir un effet nocif sur l'organisme touché?
   a) La substitution d'une paire de bases.
   b) La délétion de trois bases près du milieu d'un gène.
   c) La délétion d'une seule base près du milieu d'un intron.
   d) La délétion d'une seule base près de la fin de la séquence codante.
   e) L'insertion d'une seule base près du début d'une séquence codante.

10. Quelle est la composante qui *n'intervient pas directement* dans le mécanisme appelé traduction?
    a) L'ARNm.　　　　　d) Les ribosomes.
    b) L'ADN.　　　　　　e) La GTP.
    c) L'ARNt.

11. Une molécule d'ARNm contient la séquence nucléotidique suivante : 5'-CCAUUUACG-3'. En vous servant de la FIGURE 17.4, donnez la séquence d'acides aminés correspondante.

12. Comment l'ARN polymérase « sait-elle » où elle doit commencer à transcrire un gène ?

13. Quelles sont les fonctions du ribosome dans la synthèse des polypeptides ?

14. Que se passerait-il si une mutation transformait le codon de départ en un autre codon ?

15. Lorsque la synthèse d'un polypeptide est amorcée, quelles sont les trois étapes principales qui déterminent sa croissance (élongation) ?

16. Que se passe-t-il lorsqu'une paire de nucléotides est enlevée du milieu de la séquence codante d'un gène ?

Lien avec l'évolution

Le code génétique (FIGURE 17.4) reflète l'évolution. En examinant la composition des codons, quelles sont les déductions que vous pouvez faire du point de vue de l'évolution ? Par exemple, remarquez que les 20 acides aminés ne sont pas dispersés au hasard, mais que la plupart d'entre eux sont codés par des codons qui se ressemblent. Quelle explication relative à l'évolution peut-on donner à ce phénomène ? (*Indice* : il existe une explication liée aux lignées ancestrales et d'autres explications moins claires, du type « la structure reflète la fonction ».)

Intégration

1. Un biologiste insère un gène provenant d'une cellule de foie humain dans le chromosome d'une bactérie. La bactérie transcrit ce gène en ARNm, puis traduit celui-ci en protéine. La protéine en question est inutile et contient beaucoup plus d'acides aminés que celle qui est produite par la cellule eucaryote ; de plus, l'ordre d'enchaînement des acides aminés n'est pas le même. Expliquez pourquoi.

2. La séquence de bases du gène qui code pour un court polypeptide est CTACGCGAACCCAAAACCTTTCTTTAGGCGATTATC. Une ARN polymérase ne peut transcrire ce gène chez un Eucaryote.
   a) Que manque-t-il à ce gène pour que l'ARN polymérase puisse exercer sa fonction ?

   b) Ajoutez ce qui manque à ce gène.
   c) Écrivez le transcrit de ce gène.
   d) En supposant que votre transcrit a subi l'épissage, ajoutez ce qui lui manque pour devenir un ARNm qui sortira du noyau.
   e) En vous servant du tableau du code génétique (FIGURE 17.4), indiquez la séquence d'acides aminés du polypeptide résultant de la traduction de cet ARNm.
   f) Supposons qu'un mutagène provoque la délétion de la huitième paire de bases de l'ADN parental. Trouvez la protéine correspondante. Quelles sont les conséquences possibles de cette mutation ?
   g) Que produira le remplacement de la dernière base C (à l'extrémité droite de la séquence) par une base T ?

Science, technologie et société

Notre société produit un grand nombre de substances chimiques qui peuvent être mutagènes (les pesticides, par exemple). En outre, elle modifie l'environnement d'une façon qui accroît l'exposition à d'autres types de mutagènes, notamment le rayonnement ultraviolet. Quel devrait être le rôle de l'État en matière d'identification des mutagènes et de réglementation de leur libération dans l'environnement ?

Réponses à l'autoévaluation : **1.** c ; **2.** b ; **3.** d ; **4.** d ; **5.** a ; **6.** a ; **7.** c ; **8.** d ; **9.** e ; **10.** b ; **11.** Pro-Phe-Thr. **12.** Elle reconnaît le promoteur du gène, qui est une séquence nucléotidique spécifique. **13.** Le ribosome maintient ensemble l'ARNm et les ARNt ; il catalyse l'ajout des acides aminés provenant des ARNt à la chaîne polypeptidique en cours de synthèse ; de plus, pendant la translocation, il déplace les ARNt et l'ARNm. **14.** L'ARN messager transcrit, le cas échéant, à partir du gène mutant ne serait pas fonctionnel, parce que les ribosomes n'amorceraient pas la traduction à l'endroit voulu. **15.** La reconnaissance du codon par un ARNt adéquat, la formation d'une liaison peptidique par le ribosome et la translocation de l'ARNt et de l'ARNm dans le ribosome. **16.** Dans l'ARNm, il y a décalage du cadre de lecture en aval de la délétion, ce qui a pour effet de produire une longue chaîne d'acides aminés erronés (mutation faux-sens) dans le polypeptide et peut-être une terminaison prématurée (mutation non-sens). Le polypeptide ne sera pas fonctionnel.

CHAPITRE 18

LA GÉNÉTIQUE DES VIRUS ET DES PROCARYOTES

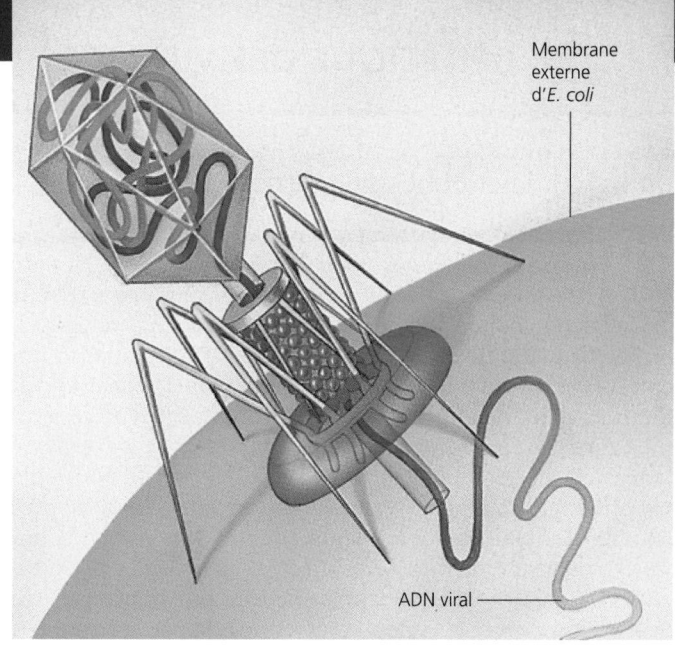

Membrane externe d'*E. coli*

ADN viral

« Le microbe n'est rien. Le terrain est tout. »

LOUIS PASTEUR
chimiste et biologiste français (1822-1895)

LA GÉNÉTIQUE DES VIRUS

- Les chercheurs ont découvert les Virus alors qu'ils étudiaient une maladie des Plantes
- Un virus est un génome enfermé dans une coque protectrice
- Les Virus ne peuvent se reproduire qu'à l'intérieur d'une cellule hôte : *une vue d'ensemble*
- Les Phages se répliquent en suivant un cycle lytique ou un cycle lysogénique
- Les Virus qui parasitent les Animaux ont des modes d'infection et de réplication très variés
- Les Virus qui infectent les Végétaux nuisent sérieusement à l'agriculture
- Les viroïdes et les prions sont des agents infectieux encore plus simples que les Virus
- Les Virus sont peut-être les descendants d'autres éléments génétiques mobiles

LA GÉNÉTIQUE DES PROCARYOTES

- La succession rapide des générations de procaryotes permet à ceux-ci de mieux s'adapter aux changements de leur milieu
- La recombinaison génétique produit de nouvelles souches de procaryotes
- Le contrôle de leur expression génique permet aux Archéobactéries et aux Bactéries d'ajuster leur métabolisme aux fluctuations de leur milieu

L'**illustration** *qui figure au début de ce chapitre montre un événement remarquable : la prise de possession du génome d'une cellule par un virus. La cellule en question est la Bactérie E. coli, et le virus, qui ressemble un peu à un véhicule d'alunissage miniature, est le Bactériophage (ou Phage) T4. Le phage infecte la cellule en lui injectant son ADN. À la FIGURE 16.2, vous avez vu*

un autre virus qui lui est étroitement apparenté, T2. C'est grâce à ce dernier que l'on a pu démontrer que le matériel génétique est constitué d'ADN. La biologie moléculaire est née dans les laboratoires de microbiologistes étudiant des virus et des bactéries comme ceux-ci. Ce sont les microbiologistes qui ont fourni la plus grande partie des preuves montrant que les gènes sont formés d'ADN ; ce sont également eux qui ont décrit les étapes principales de la réplication, de la transcription et de la traduction de l'ADN, les trois mécanismes principaux de la transmission de l'information génétique. Les Virus, les Archéobactéries et les Bactéries constituent des modèles qui permettent aux chercheurs d'observer les mécanismes moléculaires fondamentaux de la vie sous leur forme la plus rudimentaire et la plus facilement accessible.

Cependant, si l'étude des Virus, des Archéobactéries et des Bactéries est si intéressante, ce n'est pas seulement parce que ceux-ci représentent des modèles pour la recherche en biologie. Bien sûr, ils ont permis de comprendre la génétique moléculaire d'organismes plus complexes. Mais ils ont aussi des caractéristiques particulières qui font que leur étude génétique est intéressante en soi. Ces mécanismes spécialisés sont des outils précieux pour ceux qui cherchent à comprendre comment les Virus et les Bactéries provoquent des maladies. En outre, leur étude a permis aux scientifiques de manipuler des gènes et de les faire passer d'un organisme à l'autre. Ces techniques ont des retombées importantes en recherche fondamentale et dans le domaine de la biotechnologie (voir le chapitre 20).

Dans le présent chapitre, nous allons étudier la génétique des Virus et des procaryotes. Souvenez-vous que les Archéobactéries et les Bactéries sont des organismes procaryotes et que la cellule procaryote est beaucoup plus petite et simple que la cellule eucaryote (Protistes, Eumycètes, Végétaux et Animaux). Quant aux Virus, ils sont encore plus petits et plus rudimentaires ; il leur manque les structures et la plupart des outils métaboliques qui existent dans les cellules (FIGURE 18.1, p. 356). Certains virus ne sont guère plus qu'un assemblage d'acides nucléiques et de protéines (ce sont des gènes emballés dans une coque de protéines). Nous commencerons donc par l'étude des Virus, les plus simples de tous les modèles génétiques.

LA GÉNÉTIQUE DES VIRUS

Les chercheurs ont découvert les Virus alors qu'ils étudiaient une maladie des Plantes

 Les microbiologistes savaient détecter les Virus de façon indirecte longtemps avant d'être en mesure de les voir. L'histoire de la découverte des Virus remonte à 1883 ; à cette époque, Adolf Mayer, un scientifique allemand, recherchait la cause de la maladie de la mosaïque du tabac, qui entrave la croissance des plants de Tabac (*Nicotiana tabacum*) et donne à leurs feuilles une coloration marbrée (d'où le nom mosaïque) (voir la FIGURE 18.9a). Mayer a découvert que la maladie en question était contagieuse, parce qu'il pouvait la transmettre à une plante saine en aspergeant celle-ci de sève extraite des feuilles d'une plante atteinte. Il a recherché un microorganisme dans la sève infectée, mais il n'en a trouvé aucun. Il en a conclu que la maladie était provoquée par une bactérie exceptionnellement petite et invisible au microscope. Cette hypothèse a été mise à l'épreuve une décennie plus tard par le Russe Dimitri Ivanowsky : celui-ci a fait passer la sève provenant de feuilles de tabac infectées à travers un filtre permettant d'éliminer les bactéries. Il a constaté que, bien que la sève ait été ainsi filtrée, elle déclenchait encore la maladie.

Ivanowsky a continué de croire que la mosaïque du tabac était due à une bactérie pathogène. Selon lui, il se pouvait que cette dernière soit d'une taille assez petite pour passer à travers le filtre, ou encore qu'elle produise une toxine traversant le filtre et causant la maladie. Cette deuxième hypothèse a été éliminée en 1897 par le botaniste hollandais Martinus Beijerinck, qui a découvert que l'agent infectieux présent dans la sève filtrée se reproduisait. En effet, il a aspergé des plantes saines de sève filtrée et, après qu'elles ont été atteintes par la maladie, il a répété l'opération pour produire une série d'infections. Il a conclu que l'agent pathogène devait se reproduire, parce que son pouvoir infectieux n'était nullement réduit après plusieurs transferts d'un plant à un autre.

Beijerinck a remarqué que le mystérieux agent pathogène de la mosaïque ne pouvait se reproduire qu'à l'intérieur de son hôte. Contrairement aux Bactéries, il était impossible à cultiver dans des milieux nutritifs placés dans des éprouvettes ou dans des boîtes de Pétri. Il n'était pas non plus neutralisé par l'alcool, une substance généralement mortelle pour les Bactéries. Beijerinck a donc imaginé une particule qui se reproduisait et qui était beaucoup plus petite et plus simple qu'une bactérie. Son hypothèse a été confirmée en 1935 par un scientifique américain, Wendell Stanley, qui est parvenu à cristalliser la particule infectieuse aujourd'hui appelée Virus de la mosaïque du tabac. Plus tard, grâce au microscope électronique, on a pu observer ce virus ainsi que de nombreux autres.

Un virus est un génome enfermé dans une coque protectrice

Les plus petits virus ont un diamètre de 20 nm seulement (c'est la taille approximative d'un ribosome) ; des millions d'entre eux pourraient donc facilement tenir sur la tête d'une épingle. Stanley a constaté que certains virus peuvent cristalliser ; il s'agit

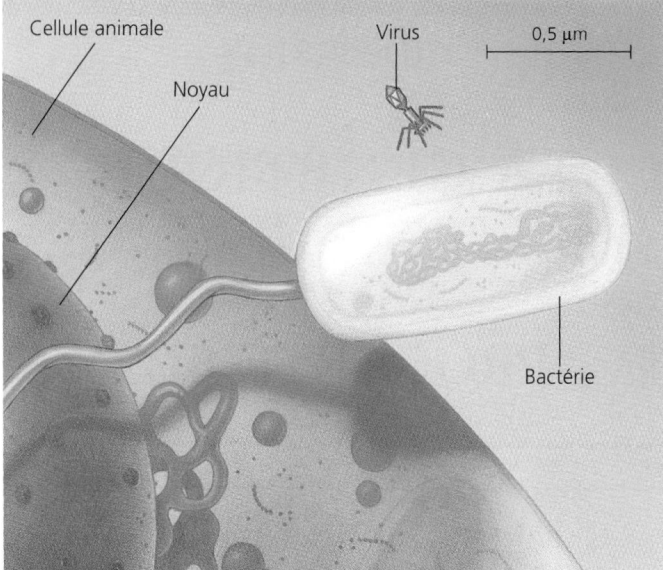

FIGURE 18.1 Comparaison de la taille d'un virus, d'une bactérie et d'une cellule eucaryote. C'est en étudiant des virus et des bactéries, qui sont les modèles génétiques les plus simples, que les scientifiques ont pu avoir un premier aperçu des mécanismes moléculaires étonnants de l'hérédité.

là d'une découverte à la fois intéressante et étonnante. Il faut savoir que même les cellules les plus simples ne peuvent pas s'assembler en cristaux réguliers. Alors, si les Virus ne sont pas des cellules, que sont-ils ? Ce sont des particules infectieuses constituées d'acide nucléique enfermé dans une coque de protéines et, dans certains cas, dans une membrane. Nous commencerons par étudier la structure des Virus plus en détail ; nous examinerons ensuite leur mode de réplication.

Génomes viraux

On pense généralement que les gènes se composent d'ADN bicaténaire (soit de la double hélice classique), mais il existe de nombreuses exceptions à cette règle chez les diverses classes de Virus : leur génome peut être fait d'ADN bicaténaire, d'ADN monocaténaire (c'est-à-dire d'une seule chaîne de nucléotides), d'ARN bicaténaire ou d'ARN monocaténaire. On parle de Virus à ADN ou de Virus à ARN suivant le type d'acide nucléique qui constitue leur génome. Dans les deux cas, le génome viral contient généralement une seule molécule d'acide nucléique. Celle-ci est linéaire ou circulaire. Les plus petits virus n'ont que quatre gènes, alors que les plus gros en ont plusieurs centaines.

Capsides recouvertes d'une enveloppe

La coque de protéines qui entoure le génome viral est appelée **capside.** Selon le type de virus, elle peut avoir une forme hélicoïdale (qui ressemble à un bâtonnet), polyédrique ou plus complexe encore. Les capsides se composent d'un grand nombre de sous-unités protéiques appelées *capsomères,* mais le nombre de *types* de protéines est habituellement faible. Le Virus de la mosaïque du tabac, par exemple, a une capside rigide en forme

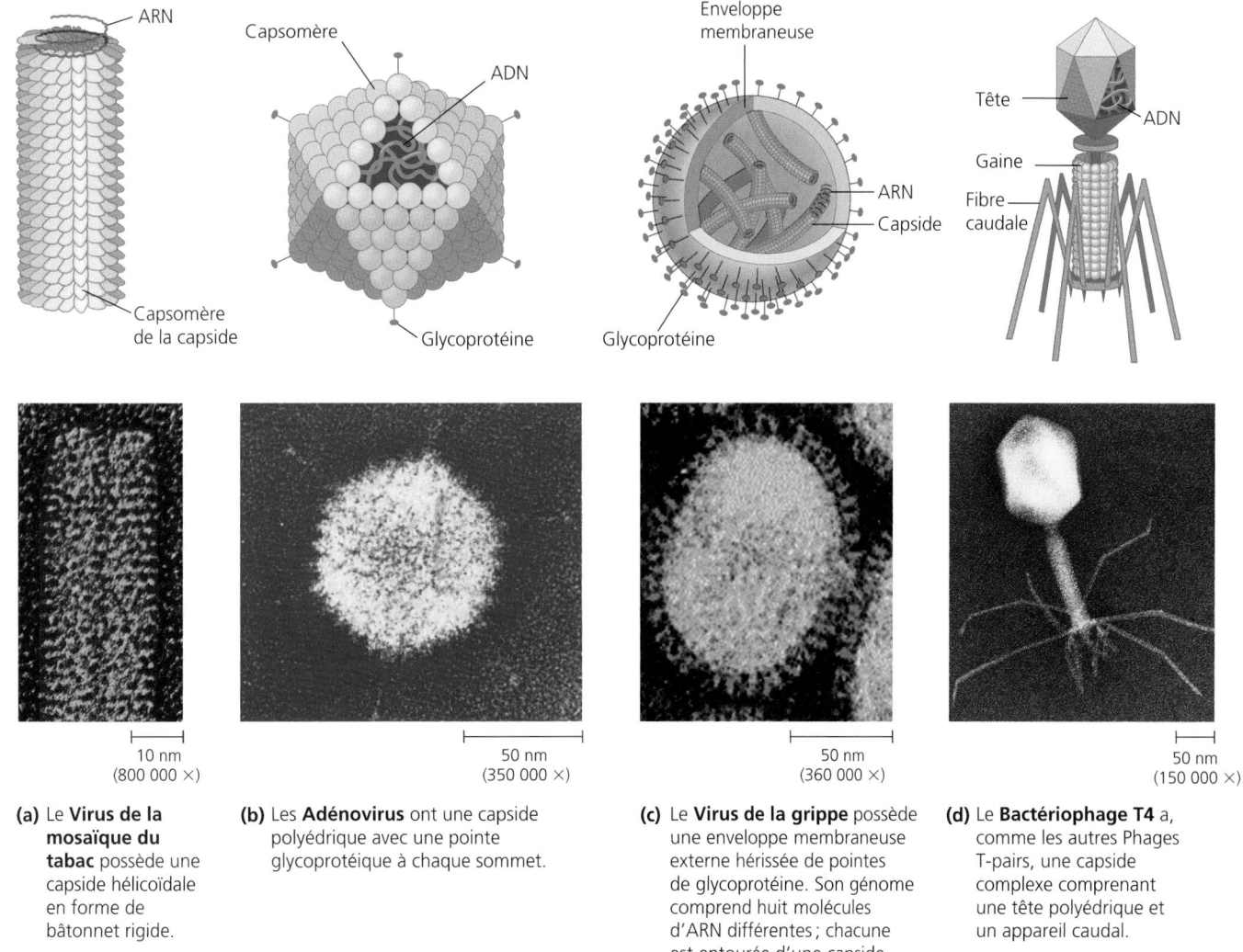

(a) Le **Virus de la mosaïque du tabac** possède une capside hélicoïdale en forme de bâtonnet rigide.

(b) Les **Adénovirus** ont une capside polyédrique avec une pointe glycoprotéique à chaque sommet.

(c) Le **Virus de la grippe** possède une enveloppe membraneuse externe hérissée de pointes de glycoprotéine. Son génome comprend huit molécules d'ARN différentes ; chacune est entourée d'une capside hélicoïdale.

(d) Le **Bactériophage T4** a, comme les autres Phages T-pairs, une capside complexe comprenant une tête polyédrique et un appareil caudal.

FIGURE 18.2 La structure des Virus. Les Virus sont constitués d'acide nucléique (d'ADN ou d'ARN) enfermé dans une coque de protéines appelée capside. Celle-ci est parfois elle-même recouverte d'une enveloppe membraneuse. Les sous-unités protéiques qui forment la capside sont appelées capsomères. Bien que les Virus aient des formes et des dimensions différentes, ils ont en commun certains modèles structuraux ; la plupart de ces modèles correspondent aux quatre exemples illustrés ici. (Toutes les images sont des MET.)

de bâtonnet constituée de plus de mille molécules de la même protéine (FIGURE 18.2a). Les Adénovirus qui infectent les voies respiratoires des animaux ont une capside polyédrique à 20 facettes (un icosaèdre) et qui est formée de 252 molécules protéiques identiques (FIGURE 18.2b).

Certains virus ont des structures accessoires qui leur permettent d'infecter leur hôte. La capside du Virus de la grippe et de nombreux autres virus d'animaux est recouverte d'une **enveloppe membraneuse** (FIGURE 18.2c). Celle-ci est constituée d'une partie de la membrane de la cellule hôte. Elle contient, outre les phosphoglycérolipides et les protéines provenant de la membrane, des protéines et des glycoprotéines d'origine virale (les glycoprotéines sont des protéines ayant une liaison covalente avec un glucide). La capside de certains virus contient aussi quelques enzymes virales.

Les capsides les plus complexes sont celles des virus qui infectent des bactéries. Comme vous l'avez vu au chapitre 16, les virus bactériens sont appelés **Bactériophages** ou, plus simplement,

Phages. Sept des premiers à avoir été étudiés infectent la Bactérie *Escherichia coli,* et ils ont été nommés type 1 (T1), type 2 (T2), etc., selon l'ordre de leur découverte. Il se trouve que les trois Phages T-pairs (soit T2, T4 et T6) ont une structure très semblable : leur capside est formée d'une tête icosaédrique (à 20 faces) qui contient leur ADN. Une queue protéique munie de fibres caudales est attachée à leur tête. Ils se fixent aux bactéries à l'aide de ces fibres (FIGURE 18.2d).

Les Virus ne peuvent se reproduire qu'à l'intérieur d'une cellule hôte : *une vue d'ensemble*

Les Virus sont des parasites intracellulaires obligatoires, c'est-à-dire qu'ils ne peuvent se multiplier qu'à l'intérieur d'une cellule hôte. Un virus isolé n'est pas en mesure de se répliquer (ni d'accomplir quoi que ce soit d'autre ; il ne peut qu'infecter une cellule hôte appropriée). Les Virus ne possèdent ni les enzymes nécessaires au métabolisme ni les ribosomes et autres structures nécessaires à la production de leurs propres protéines. Ils ne sont donc qu'un ensemble de gènes enveloppé dans des protéines qui va d'une cellule hôte à une autre.

Chaque type de virus ne peut infecter et parasiter qu'une gamme limitée de cellules hôtes, appelée **spectre d'hôtes.** Cette spécificité résulte de l'apparition d'un processus de reconnaissance chez les Virus. L'identification des cellules hôtes se fait par un mécanisme du type « clé et serrure » entre les protéines présentes sur la face externe d'un virus et les molécules réceptrices correspondantes situées à la surface d'une cellule. (Il est probable que les récepteurs sont apparus parce qu'ils avaient des fonctions utiles à l'organisme en question.) Le spectre d'hôtes de certains virus peut être assez large pour englober plusieurs espèces. Le Virus de la grippe porcine, par exemple, peut s'attaquer au Porc et à l'Humain, et celui de la rage peut infecter plusieurs espèces de Mammifères, dont le Raton-laveur, la Moufette, le Chien et l'Humain. D'autres virus ont un spectre d'hôtes si réduit qu'ils ne s'attaquent qu'à une seule espèce; par exemple, il existe plusieurs phages qui parasitent uniquement la Bactérie *E. coli*.

Les virus des Eucaryotes sont généralement propres à un tissu. Ainsi, chez l'Humain, les virus du rhume n'infectent que les muqueuses des voies respiratoires supérieures, jamais les autres tissus. Le Virus du sida (VIH), lui, se lie à un récepteur spécifique qui se trouve sur certains types de globules blancs.

L'infection virale commence lorsque le génome du virus parvient à l'intérieur d'une cellule (FIGURE 18.3). Le mécanisme d'entrée de l'acide nucléique dans l'hôte varie selon le type de virus. Par exemple, les Phages T-pairs injectent leur ADN dans une bactérie à l'aide d'un appareil caudal complexe (voir l'illustration du début du chapitre, à la page 355). Une fois que le génome viral est entré dans une cellule hôte, il la contrôle et la reprogramme de sorte qu'elle le recopie. Elle fabrique par la suite ses protéines à lui. La plupart des Virus à ADN utilisent les ADN polymérases de la cellule hôte pour synthétiser de nouveaux génomes. C'est l'ADN viral qui sert de matrice. Par contre, les Virus à ARN doivent se servir de polymérases spéciales qu'ils possèdent et qui effectuent la réplication à partir de leur matrice d'ARN. (Les cellules n'ont généralement pas d'enzymes propres leur permettant d'effectuer cette opération.) Nous étudierons la réplication des Virus à ADN et à ARN de façon plus détaillée plus loin dans ce chapitre.

Quel que soit le génome viral en cause, un virus détourne les ressources de son hôte pour produire de nouveaux virus. La réplication de ses acides nucléiques se fait à partir des nucléotides de la cellule hôte. La synthèse de ses protéines est dictée par ses gènes, mais elle s'effectue à l'aide des enzymes, des ribosomes, des ARNt, des acides aminés, de l'ATP et des autres composantes de l'hôte.

Une fois fabriquées, les molécules d'acide nucléique viral et les capsomères s'assemblent souvent de façon spontanée (auto-assemblage), formant de nouveaux virus. En laboratoire, on peut même séparer l'ARN et les capsomères de virus de la mosaïque du tabac, puis reconstituer des virus complets en en mélangeant simplement les composantes. Le cycle de réplication le plus simple des Virus se termine lorsque des centaines, voire des milliers de virus sortent de la cellule hôte infectée, qui meurt souvent à ce moment-là. Certains symptômes des infections virales humaines, comme les rhumes et la grippe, sont dus aux dommages subis par des cellules et à la mort de celles-ci, ainsi qu'aux réactions que ces phénomènes provoquent dans l'organisme. Les virus de la nouvelle génération qui sortent d'une cellule hôte peuvent parasiter de nouvelles cellules et propager l'infection.

Le cycle de réplication simplifié que nous avons décrit dans cette vue d'ensemble présente de nombreuses variantes; nous en verrons quelques-unes lorsque nous étudierons plus en détail certains Virus affectant les Bactéries (Phages), les Végétaux et les Animaux.

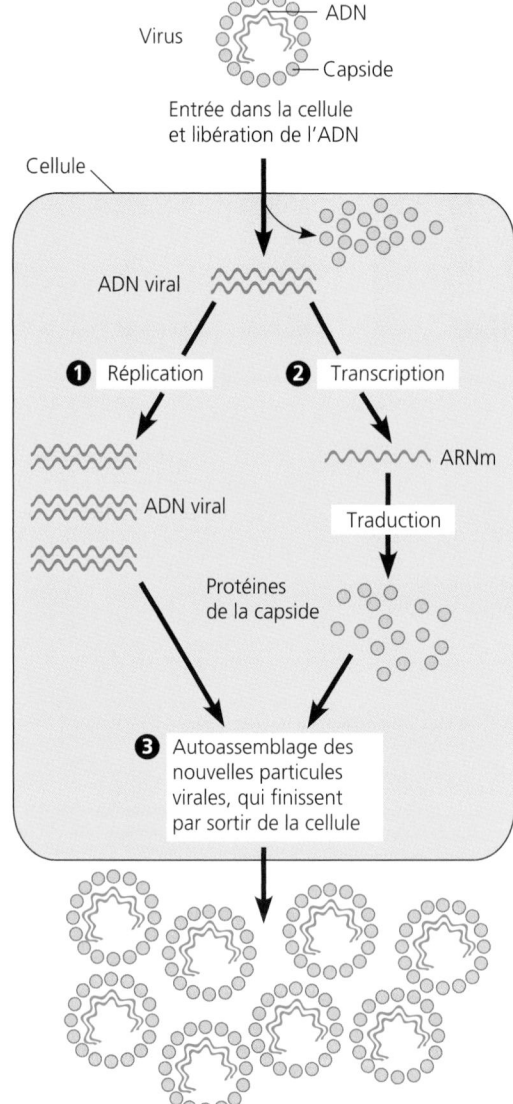

FIGURE 18.3 Représentation simplifiée du cycle de réplication d'un virus. Un virus est un parasite intracellulaire obligatoire qui se multiplie grâce aux structures et aux fonctions métaboliques de la cellule hôte. Dans cet exemple de cycle de réplication viral, le plus simple de tous, le parasite est un virus à ADN dont la capside ne comporte qu'une seule sorte de protéine. ❶ Après avoir pénétré dans la cellule, l'ADN viral utilise des nucléotides et des enzymes de l'hôte pour se répliquer. ❷ Il produit les protéines de sa propre capside (suivant la transcription et la traduction) à l'aide d'autres matériaux et d'autres structures de l'hôte. ❸ L'ADN viral nouvellement formé et les protéines de la capside s'assemblent ensuite pour former de nouvelles particules virales, qui quittent la cellule.

Les Phages se répliquent en suivant un cycle lytique ou un cycle lysogénique

Les Phages sont les mieux connus de tous les Virus, bien que certains d'entre eux comptent parmi les plus complexes. Les recherches sur des phages ont permis de découvrir que les Virus à ADN bicaténaire peuvent se reproduire par deux mécanismes : le cycle lytique ou le cycle lysogénique.

Cycle lytique

On nomme **cycle lytique** le processus de réplication virale qui aboutit à la mort de la cellule hôte. Ce terme fait référence au dernier stade de l'infection, qui est la lyse (éclatement) de la bactérie et la libération des phages fabriqués en son sein. Chacun de ceux-ci est alors prêt à infecter une autre cellule saine, de sorte que quelques cycles lytiques successifs suffisent à détruire toute une colonie bactérienne en quelques heures. On appelle **phage virulent** un phage qui se multiplie uniquement suivant un cycle lytique. La FIGURE 18.4 montre les étapes du cycle lytique du Phage virulent T4. Elle décrit le processus en question, que vous devriez bien connaître avant de poursuivre.

Après avoir lu ce qui précède, vous vous demandez sans doute pourquoi les Phages n'ont pas exterminé les Bactéries. Celles-ci ne sont pas dépourvues de moyens de défense. La sélection naturelle favorise les mutants bactériens dont les sites récepteurs ne sont plus reconnus par un type donné de phage. De plus, lorsque l'ADN d'un phage parvient à pénétrer dans une bactérie, il peut être détruit par diverses enzymes cellulaires. Par exemple, les enzymes appelées *enzymes de restriction* reconnaissent et découpent l'ADN étranger à la cellule, y compris certains ADN phagiques. L'ADN des cellules bactériennes, lui, est modifié chimiquement de sorte à ne pas pouvoir être attaqué par les enzymes de restriction. Cependant, tout comme la sélection naturelle avantage les bactéries pourvues d'enzymes de restriction efficaces, elle favorise les phages mutants capables de résister à ces mêmes enzymes. La relation parasite-hôte évolue donc constamment.

Un autre facteur explique la survie des Bactéries : de nombreux phages peuvent réfréner leurs tendances destructrices et coexister avec leurs cellules hôtes au lieu de les lyser. C'est ce qui caractérise le cycle lysogénique.

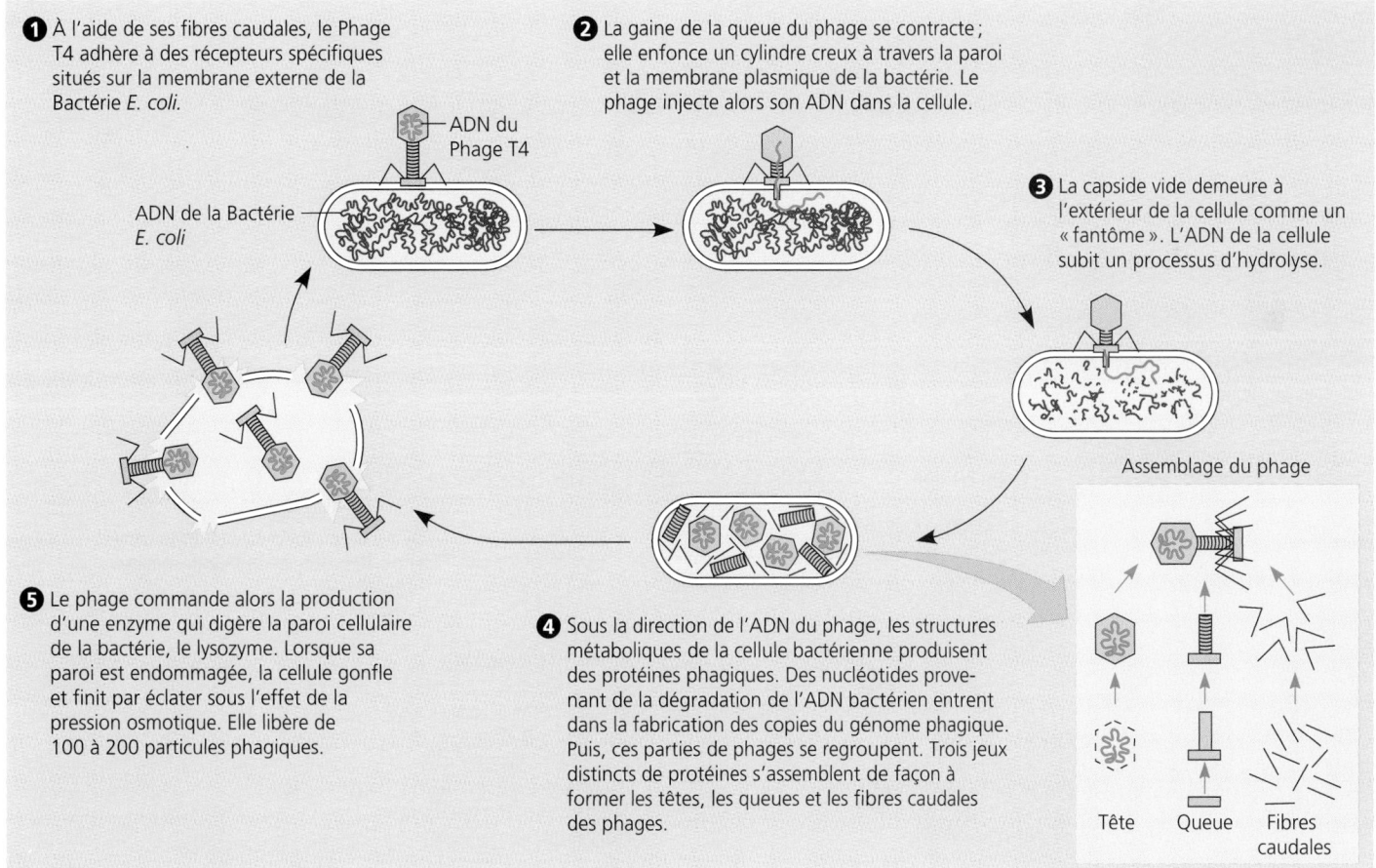

1 À l'aide de ses fibres caudales, le Phage T4 adhère à des récepteurs spécifiques situés sur la membrane externe de la Bactérie *E. coli*.

ADN du Phage T4

ADN de la Bactérie *E. coli*

2 La gaine de la queue du phage se contracte ; elle enfonce un cylindre creux à travers la paroi et la membrane plasmique de la bactérie. Le phage injecte alors son ADN dans la cellule.

3 La capside vide demeure à l'extérieur de la cellule comme un « fantôme ». L'ADN de la cellule subit un processus d'hydrolyse.

Assemblage du phage

5 Le phage commande alors la production d'une enzyme qui digère la paroi cellulaire de la bactérie, le lysozyme. Lorsque sa paroi est endommagée, la cellule gonfle et finit par éclater sous l'effet de la pression osmotique. Elle libère de 100 à 200 particules phagiques.

4 Sous la direction de l'ADN du phage, les structures métaboliques de la cellule bactérienne produisent des protéines phagiques. Des nucléotides provenant de la dégradation de l'ADN bactérien entrent dans la fabrication des copies du génome phagique. Puis, ces parties de phages se regroupent. Trois jeux distincts de protéines s'assemblent de façon à former les têtes, les queues et les fibres caudales des phages.

Tête Queue Fibres caudales

FIGURE 18.4 Cycle lytique du Phage T4.
Le Phage T4 possède environ 100 gènes, qui sont transcrits et traduits par les structures d'une cellule hôte. Une fois que celle-ci est infectée, l'un des premiers gènes du phage à être traduit code pour une enzyme qui découpe l'ADN de la cellule hôte (étape 3). L'ADN du phage n'est pas découpé, parce qu'il contient une forme modifiée de cytosine que l'enzyme ne reconnaît pas. L'ensemble du cycle lytique – à partir du contact entre le phage et la surface de la bactérie jusqu'à la lyse de la cellule – ne dure que de 20 à 30 minutes à 37 °C.

Cycle lysogénique

Contrairement au cycle lytique, qui aboutit à la mort de la cellule hôte, le **cycle lysogénique** permet la réplication du génome viral sans entraîner la destruction de l'hôte. Il existe des virus capables de suivre les deux modes de réplication dans une bactérie ; ils sont appelés **virus tempérés.** Nous allons comparer les deux cycles de réplication en prenant comme exemple un virus tempéré appelé Phage λ (il s'agit de la lettre grecque lambda). Le Phage λ ressemble au Phage T4, mais sa queue ne comporte qu'une seule fibre caudale, qui est courte.

L'infection d'une bactérie *E. coli* débute lorsqu'un phage λ se lie à la surface de la cellule et injecte son ADN (FIGURE 18.5). À l'intérieur de l'hôte, la molécule d'ADN du phage prend une forme circulaire. Ce qui se passe ensuite dépend du mode de réplication (le cycle lytique ou le cycle lysogénique). Si le virus suit le cycle lytique, les gènes viraux transforment immédiatement la cellule en usine de production de phages λ, et la cellule ne tarde pas à se lyser et à libérer les virus qu'elle a fabriqués. Si le virus suit le cycle lysogénique, son génome se comporte différemment. L'ADN du phage λ s'insère dans un site spécifique du chromosome de la bactérie par recombinaison génétique (enjambement) ; on l'appelle alors **prophage.** L'un des gènes de ce dernier code pour un répresseur, soit une protéine qui réprime la plupart des autres gènes du prophage. Presque tout le génome du phage reste donc silencieux à l'intérieur de la bactérie. Alors, comment le phage se reproduit-il ? Chaque fois que la bactérie *E. coli* se prépare à se diviser, elle réplique l'ADN du phage en même temps que le sien et en transmet les copies à ses cellules filles. En peu de temps, une seule cellule infectée peut donner naissance à une grande population de bactéries portant le virus sous forme de prophage. Ce mécanisme permet à certains virus de se multiplier sans détruire les cellules hôtes dont ils dépendent.

Le terme *lysogénique* indique que les prophages sont en mesure de donner naissance à des phages actifs qui lyseront les cellules hôtes. Ce phénomène se produit de temps en temps lorsque le génome d'un phage λ quitte le chromosome bactérien et amorce un cycle lytique. C'est habituellement un facteur environnemental, comme la présence de radiations ou de certains produits chimiques, qui déclenche le passage de l'état latent au cycle lytique.

Pendant le cycle lysogénique, le prophage exprime parfois, outre le gène du répresseur, quelques autres gènes capables de modifier le phénotype de la bactérie hôte. Ce phénomène peut revêtir une grande importance en médecine. Par exemple, les bactéries qui provoquent chez les Humains des maladies comme la diphtérie, le botulisme et la scarlatine seraient inoffensives si certains gènes de prophages ne les poussaient pas à produire des toxines qu'elles ne fabriqueraient pas en temps normal.

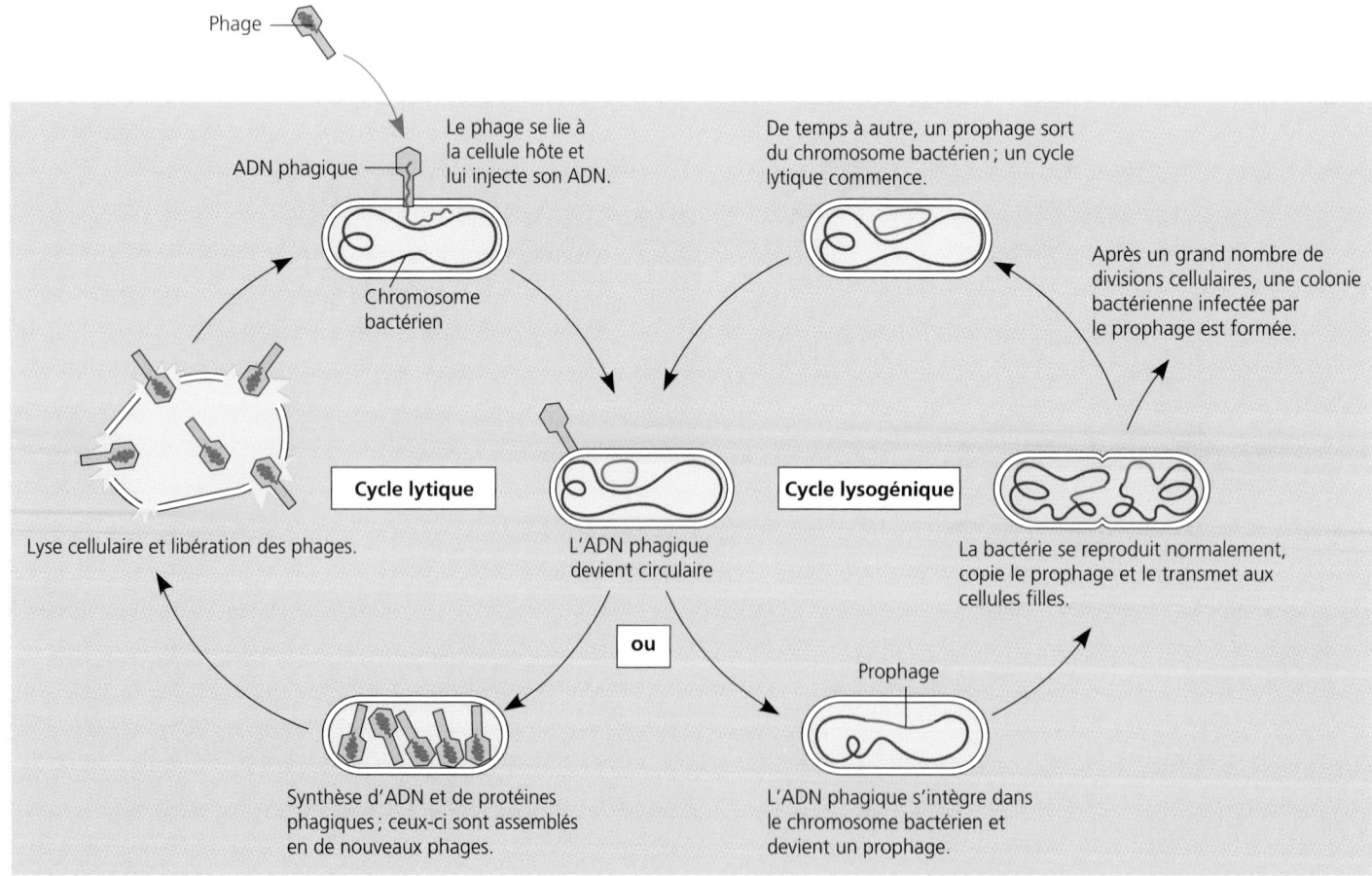

FIGURE 18.5 Le cycle lytique et le cycle lysogénique chez un phage tempéré, le Phage λ. Après avoir pénétré dans la cellule bactérienne, l'ADN d'un phage λ peut soit s'intégrer au chromosome bactérien (cycle lysogénique), soit commander immédiatement la production d'un grand nombre de phages λ (cycle lytique). Dans la plupart des cas, il suit le cycle lytique. Cependant, une fois le cycle lysogénique amorcé, le prophage peut demeurer dans le chromosome de la cellule hôte pendant de nombreuses générations. Le Phage λ n'a qu'une seule fibre caudale, qui est courte et qui n'apparaît pas sur ce schéma.

Les Virus qui parasitent les Animaux ont des modes d'infection et de réplication très variés

Nous avons tous été atteints d'infections virales, qu'il s'agisse de la varicelle, de la grippe ou d'un simple rhume. Le TABLEAU 18.1 présente quelques classes importantes de Virus qui parasitent les Animaux. Tous les Virus, notamment ceux qui causent des maladies chez les Humains et les autres Animaux, se reproduisent à l'intérieur de cellules hôtes.

TABLEAU 18.1 Classification, selon le type d'acide nucléique, des Virus parasites d'Animaux

CLASSE* *Famille* (genre)	Exemples, maladies
I. ADN bicaténaire	
Papovaviridæ (Papovavirus)	Papillomes (chez l'Humain, verrues, cancer du col utérin); polyomes (tumeurs chez certaines espèces animales)
Adenoviridæ (Mastadenovirus, Aviadenovirus)	Maladies respiratoires; certains virus provoquent des tumeurs chez les Mammifères (Mastadenovirus) ou les Oiseaux (Aviadenovirus).
Herpesviridæ (Simplexvirus, Varicellovirus)	Herpès labial (Herpès simplex I); herpès génital (Herpès simplex II); varicelle, zona (Herpèsvirus III humain); mononucléose, lymphome de Burkitt (Virus d'Epstein-Barr)
Poxviridæ (Orthopoxvirus)	Variole; vaccine
II. ADN monocaténaire	
Parvoviridæ (Parvovirus)	Roséole (à noter que la croissance des Parvovirus dépend généralement d'une infection simultanée par des Adénovirus)
III. ARN bicaténaire	
Reoviridæ (Orthoreovirus)	Diarrhée; maladies respiratoires bénignes
IV. ARN monocaténaire pouvant jouer le rôle d'ARNm	
Picornaviridæ (Enterovirus, Rhinovirus)	Poliomyélite et maladies intestinales (Enterovirus); rhume (Rhinovirus)
Togaviridæ (Rubivirus, Alphavirus)	Rubéole (Rubivirus); fièvre jaune; encéphalite (Alphavirus)
V. ARN monocaténaire servant de matrice pour l'ARNm	
Rhabdoviridæ (Lyssavirus)	Rage
Paramyxoviridæ (Morbillivirus, Rubulavirus)	Rougeole (Morbillivirus); oreillons (Rubulavirus)
Orthomyxoviridæ (Virus de l'influenza)	Grippe (Virus de l'influenza de type A, B ou C)
VI. ARN monocaténaire servant de matrice pour la synthèse de l'ADN	
Retroviridæ (Lentivirus)	Leucémie, lymphome (Virus oncogènes à ARN); sida (VIH, Lentivirus)

* Les familles à l'intérieur de chaque classe (ou groupe, selon certaines taxinomies) diffèrent surtout par la structure de la capside et par la présence ou l'absence d'une enveloppe membraneuse. Nous avons identifié un ou deux genres seulement par famille.

Cycles de réplication des Virus qui parasitent les Animaux

Chez les Virus qui parasitent les Animaux, il existe de nombreuses variantes du modèle fondamental d'infection et de réplication. L'une des variables principales est le type d'acide nucléique qui constitue le matériel génétique du virus (voir la classification générale au TABLEAU 18.1). Une autre variable est la présence ou l'absence d'une enveloppe membraneuse virale. Au lieu d'examiner tous les mécanismes d'infection et de réplication virales, nous étudierons le rôle des enveloppes virales et la fonction de l'ARN en tant que matériel génétique chez de nombreux virus.

Virus à enveloppe. Les virus parasites d'animaux qui ont une membrane externe, ou enveloppe virale, utilisent cette dernière pour pénétrer dans la cellule hôte (FIGURE 18.6, p. 362). Il s'agit généralement d'une bicouche de lipides analogue à une membrane cellulaire et dont la surface externe contient des glycoprotéines protubérantes. Les pointes des glycoprotéines se lient à des molécules réceptrices spécifiques situées à la surface de la cellule hôte. L'enveloppe virale fusionne alors avec la membrane plasmique de l'hôte, de sorte que la capside et le génome du virus se retrouvent à l'intérieur de la cellule. Une fois que les enzymes cellulaires ont détruit la capside, le génome viral peut se répliquer et commander la synthèse des protéines virales, y compris des glycoprotéines qui entreront dans la composition des nouvelles enveloppes virales. Le réticulum endoplasmique de la cellule hôte fabrique les glycoprotéines en question. Dans la plupart des cas, celles-ci sont transportées jusqu'à la membrane plasmique. Là, elles se regroupent en plaques, qui serviront de porte de sortie aux virus de la génération suivante. Les nouveaux virus sortent de la cellule par bourgeonnement (un mécanisme qui ressemble à l'exocytose) là où il y a des plaques; ce faisant, ils s'enveloppent dans une portion de la membrane. Autrement dit, l'enveloppe virale provient de la membrane plasmique de la cellule hôte. Cependant, celle-ci contient certaines molécules dont la synthèse a été commandée par des gènes viraux. Les virus ainsi pourvus d'une enveloppe et libérés sont prêts à propager l'infection à d'autres cellules. Contrairement au cycle lytique des phages, ce cycle de réplication ne tue pas nécessairement la cellule hôte.

D'autres virus possèdent une enveloppe qui ne provient pas de la membrane plasmique de la cellule hôte. Chez les *Herpesviridæ*, par exemple, elle provient de la membrane nucléaire de la cellule hôte. Ces virus ont un génome constitué d'ADN bicaténaire et ils se reproduisent dans le noyau de la cellule. La réplication et la transcription de leur ADN se feront à l'aide de diverses enzymes virales et cellulaires. Au cours de son séjour dans le noyau, l'ADN de l'Herpèsvirus s'insère parfois dans le génome de la cellule sous la forme d'un **provirus** semblable à un prophage bactérien. Les personnes atteintes d'une infection herpétique (qui peut provoquer l'herpès labial ou l'herpès génital, par exemple) sont sujettes à des récurrences tout au long de leur vie. Entre les crises, le provirus reste à l'état latent dans le noyau de la cellule hôte. De temps à autre, sous l'effet d'un stress physique ou émotionnel, il est excisé du génome et se réplique; apparaissent alors les vésicules qui caractérisent l'infection active.

Virus à ARN. Certains phages et la plupart des virus qui parasitent des plantes sont des virus à ARN, mais ce sont les virus qui infectent des animaux qui présentent la plus grande variété de génomes d'ARN. Comme vous pouvez le voir au TABLEAU 18.1, on classe les Virus à ARN selon le nombre de brins de leur ARN et selon la fonction de ce dernier dans la cellule hôte. Remarquez qu'il existe trois types de génomes d'ARN monocaténaire (classes IV à VI). Le génome des virus de la classe IV peut servir directement d'ARNm et être traduit en une protéine virale aussitôt après l'infection. La FIGURE 18.6, elle, illustre le cas d'un virus de la classe V dont le génome d'ARN sert de *matrice* pour la synthèse d'ARNm. Le génome d'ARN est transcrit en un brin d'ARN complémentaire, qui servira à la fois d'ARNm et de matrice pour la synthèse de nouvelles copies du génome viral. Comme tous les virus qui synthétisent de l'ARNm par la voie ARN → ARN, ce virus utilise une enzyme virale qui est emballée avec son génome à l'intérieur de la capside.

Parmi les Virus à ARN, les **Rétrovirus** (*Retroviridæ*, classe VI) ont les cycles de réplication les plus complexes. La racine latine *rétro*, qui signifie « en reculant », se rapporte au mode de transmission de l'information génétique de ces virus, qui se déroule en sens inverse. Les Rétrovirus possèdent en effet une enzyme spécifique, appelée **transcriptase inverse,** qui synthétise de l'ADN à partir d'une matrice d'ARN (d'où l'inversion du mode de transmission de l'information génétique : ARN → ADN). L'ADN nouvellement formé s'insère sous forme de provirus dans un des chromosomes de la cellule animale. L'ARN polymérase de la cellule hôte le transcrit alors en molécules d'ARN ; il peut s'agir soit d'ARNm servant à la synthèse de protéines virales, soit du génome de nouveaux virus, qui seront libérés par la cellule. Le **VIH** (**Virus de l'immunodéficience humaine**), qui cause le **sida** (**syndrome d'immunodéficience acquise**), est un Rétrovirus qui revêt une importance particulière. La FIGURE 18.7 montre sa structure ; quant à la FIGURE 18.7b, elle illustre son cycle de réplication, qui est semblable à celui de nombreux autres Rétrovirus. Nous étudierons le sida plus en détail au chapitre 43 ; entre-temps, comparez la FIGURE 18.7 avec la micrographie de la FIGURE 43.19.

Les causes et la prévention de maladies virales affectant les Animaux

Le lien entre une infection virale et les symptômes qui l'accompagnent est souvent difficile à cerner. Certains virus endommagent ou tuent des cellules en provoquant la libération des enzymes hydrolytiques contenues dans les lysosomes. D'autres commandent la production, par les cellules infectées, de toxines causant les symptômes de la maladie. D'autres encore possèdent des composantes toxiques (telles que les protéines de l'enveloppe). L'étendue des dégâts suscités par un virus dépend en partie de la capacité du tissu infecté à se régénérer par division cellulaire. Habituellement, nous nous remettons complètement d'un rhume parce que l'épithélium des voies respiratoires se reconstitue facilement de lui-même après une infection virale. Par contre, le Poliovirus (un Entérovirus) s'attaque aux cellules nerveuses, lesquelles ne se divisent pas et ne peuvent donc pas être remplacées. Malheureusement, les lésions infligées à ces cellules sont irréversibles. De nombreux symptômes passagers qui accompagnent les infections virales (fièvre, douleurs, inflammation) sont dus aux réactions de défense de l'organisme face à l'infection.

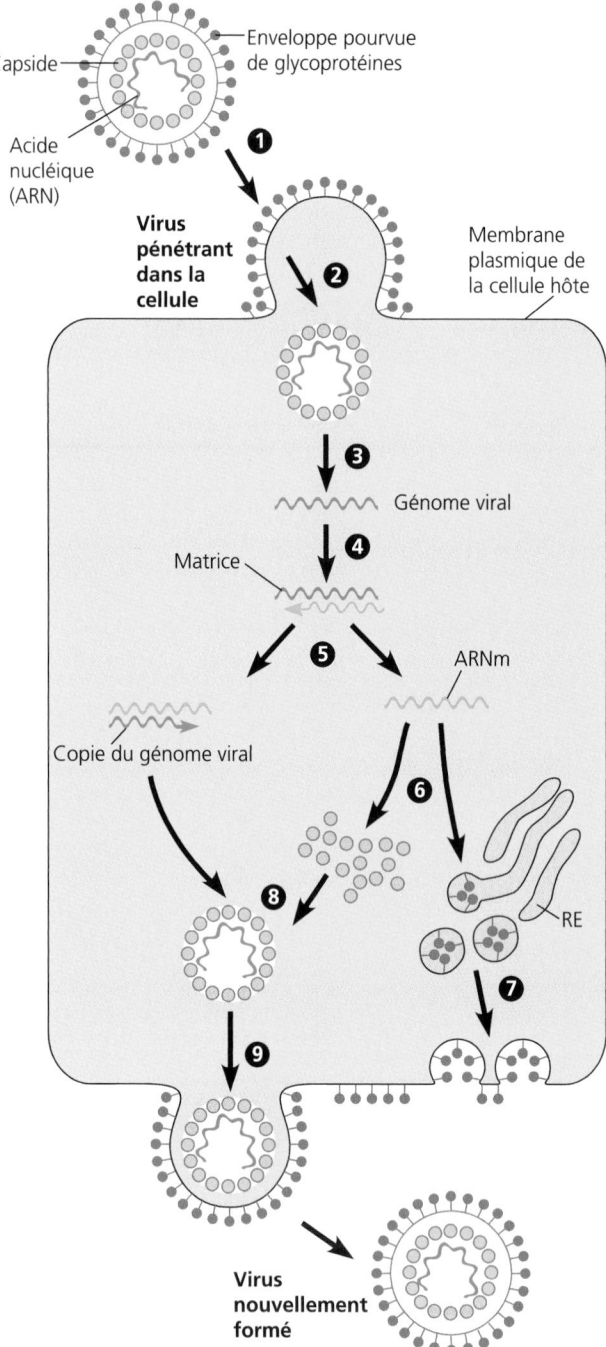

FIGURE 18.6 Cycle de réplication d'un virus à enveloppe. Le génome du virus illustré ici est constitué d'ARN monocaténaire (classe V du TABLEAU 18.1). ❶ Les glycoprotéines de l'enveloppe virale, qui saillissent, reconnaissent des molécules réceptrices spécifiques (non représentées) situées à la surface de la cellule hôte. Elles se lient à elles. ❷ L'enveloppe virale fusionne avec la membrane plasmique de la cellule ; la capside et le génome du virus pénètrent alors à l'intérieur de la cellule. ❸ Les enzymes cellulaires détruisent la capside. ❹ Le génome viral sert de matrice pour la synthèse de brins d'ARN complémentaires (couleur claire) ayant deux fonctions : ❺ ils servent de matrice pour la synthèse de nouvelles copies de l'ARN du génome viral ; ❻ ils deviennent des ARNm. L'ARNm est traduit en des protéines de la capside et en des glycoprotéines de l'enveloppe virale. Le réticulum endoplasmique (RE) de la cellule synthétise les glycoprotéines. ❼ Les vésicules transportent des glycoprotéines vers la membrane plasmique de la cellule. ❽ Une capside s'assemble autour de chacune des molécules d'ARN qui constitue le génome viral. ❾ Le virus sort de la cellule par bourgeonnement. Son enveloppe, qui contient des glycoprotéines formant saillie, provient de la membrane plasmique de la cellule.

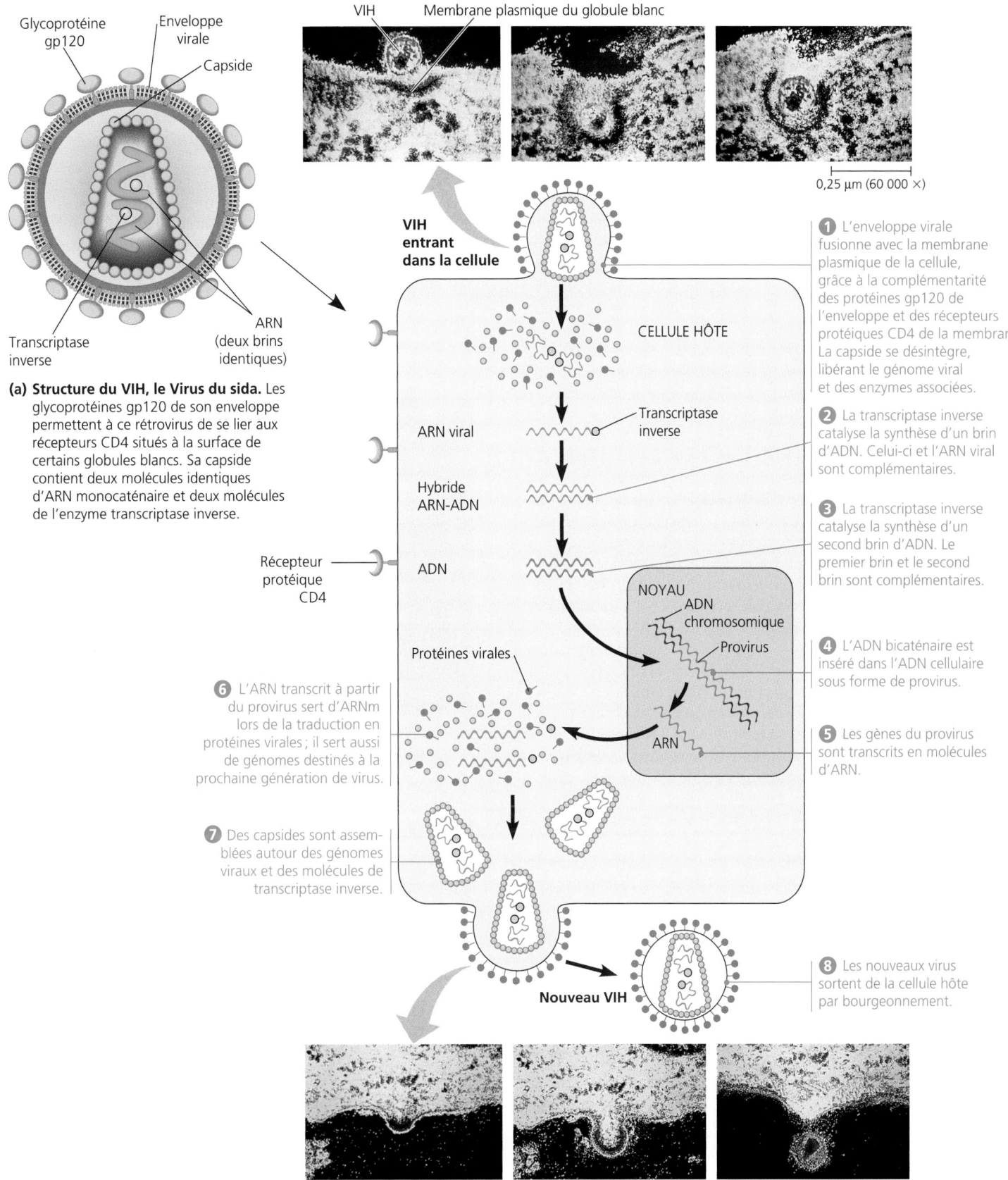

Glycoprotéine gp120

Enveloppe virale

Capside

VIH — Membrane plasmique du globule blanc

0,25 µm (60 000 ×)

Transcriptase inverse

ARN (deux brins identiques)

(a) Structure du VIH, le Virus du sida. Les glycoprotéines gp120 de son enveloppe permettent à ce rétrovirus de se lier aux récepteurs CD4 situés à la surface de certains globules blancs. Sa capside contient deux molécules identiques d'ARN monocaténaire et deux molécules de l'enzyme transcriptase inverse.

Récepteur protéique CD4

VIH entrant dans la cellule

CELLULE HÔTE

ARN viral — Transcriptase inverse

Hybride ARN-ADN

ADN

NOYAU
ADN chromosomique
Provirus

Protéines virales

ARN

❶ L'enveloppe virale fusionne avec la membrane plasmique de la cellule, grâce à la complémentarité des protéines gp120 de l'enveloppe et des récepteurs protéiques CD4 de la membrane. La capside se désintègre, libérant le génome viral et des enzymes associées.

❷ La transcriptase inverse catalyse la synthèse d'un brin d'ADN. Celui-ci et l'ARN viral sont complémentaires.

❸ La transcriptase inverse catalyse la synthèse d'un second brin d'ADN. Le premier brin et le second brin sont complémentaires.

❹ L'ADN bicaténaire est inséré dans l'ADN cellulaire sous forme de provirus.

❺ Les gènes du provirus sont transcrits en molécules d'ARN.

❻ L'ARN transcrit à partir du provirus sert d'ARNm lors de la traduction en protéines virales; il sert aussi de génomes destinés à la prochaine génération de virus.

❼ Des capsides sont assemblées autour des génomes viraux et des molécules de transcriptase inverse.

❽ Les nouveaux virus sortent de la cellule hôte par bourgeonnement.

Nouveau VIH

(b) Cycle de réplication du VIH. Ces clichés pris au microscope électronique à transmission (colorés artificiellement) montrent le VIH entrant dans un globule blanc humain (au haut de la page) et sortant de la cellule (au bas de la page).

FIGURE 18.7 Le VIH, un Rétrovirus.

Comme nous le verrons au chapitre 43, le système immunitaire est une composante complexe et essentielle des mécanismes de défense de l'organisme. C'est sur lui que repose le principe de la vaccination, qui est l'un des principaux outils de prévention des maladies virales. Les **vaccins** sont des variantes ou des dérivés inoffensifs d'agents pathogènes; ils stimulent le système immunitaire de façon à préparer sa défense contre le véritable agent pathogène.

Le terme *vaccin* vient du latin *vacca,* qui signifie « vache ». Le premier vaccin qui a été mis au point conférait une immunité contre la variole. Il contenait le Virus de la vaccine, une maladie sans gravité qui touche habituellement les vaches. À la fin du XVIIIe siècle, Edward Jenner, un médecin anglais exerçant dans une région agricole, a appris par ses patients que des employées chargées de la traite et ayant contracté la vaccine avaient acquis une résistance à la variole. Dans sa célèbre expérience effectuée en 1796, il a égratigné la peau d'un garçon de ferme à l'aide d'une aiguille trempée dans du liquide provenant d'une des plaies d'une personne atteinte de vaccine. Plus tard, lorsque le garçon a été exposé à la variole, il a résisté à la maladie.

Le Virus de la vaccine et celui de la variole se ressemblent tellement que le système immunitaire ne les distingue pas l'un de l'autre. Quelqu'un qui a été vacciné contre le Virus de la vaccine et qui est exposé au Virus de la variole voit son système immunitaire réagir vigoureusement. La vaccination a permis d'éradiquer la variole, qui a constitué pendant longtemps un terrible fléau dans de nombreuses régions du monde. Il existe des vaccins efficaces contre bon nombre de maladies virales, dont la poliomyélite, la rubéole, la rougeole, les oreillons et l'hépatite B.

Si les vaccins permettent de prévenir certaines maladies virales, la médecine actuelle ne réussit généralement pas à guérir les infections virales une fois qu'elles se sont déclenchées. Les antibiotiques, qui nous permettent de lutter contre les infections bactériennes, n'ont aucun effet sur les Virus. En effet, ils tuent les Bactéries en inhibant les enzymes ou les mécanismes biochimiques propres à ces agents pathogènes; or, les Virus possèdent peu ou pas d'enzymes propres. Heureusement, on a découvert quelques médicaments efficaces contre les Virus; ils empêchent essentiellement la synthèse des acides nucléiques viraux. L'un de ces produits est l'AZT, qui inhibe la reproduction du VIH en entravant les fonctions de la transcriptase inverse. On peut également citer l'acyclovir, qui inhibe la synthèse de l'ADN de l'Herpesvirus.

Nouveaux virus

Le VIH, ou Virus du sida, a semblé faire son apparition soudainement au début des années 1980. En 1993, des dizaines de personnes vivant au sud-ouest des États-Unis sont mortes d'une infection à Hantavirus, que les médias ont qualifiée de « nouvelle » maladie. Le Virus Ebola (FIGURE 18.8a), lui, fait régulièrement planer une menace sur les peuples d'Afrique centrale depuis 1976, année où il a été découvert. C'est l'un des différents virus récemment reconnus qui causent des *fièvres hémorragiques.* Ce syndrome, souvent mortel, se caractérise d'abord par de la fièvre, des douleurs musculaires, des céphalées et des maux de gorge. Surviennent ensuite des vomissements, des hémorragies internes et externes, une diarrhée, une éruption cutanée, une insuffisance rénale et hépatique. Certains

nouveaux virus causent une encéphalite (une inflammation du cerveau). On peut citer l'exemple du Virus Nipah, qui a tué 105 personnes en Malaisie en 1999 et détruit l'industrie porcine du pays. Chaque année, des millions de personnes s'absentent du travail ou de leurs cours parce qu'elles sont infectées par de nouvelles souches du Virus de la grippe, et il n'est pas rare que cette maladie fasse des morts. D'où proviennent ces souches et les autres « nouveaux » virus?

Trois phénomènes contribuent à l'émergence de maladies virales. Mentionnons d'abord la mutation de virus existants. Les Virus à ARN ont un taux de mutation exceptionnellement élevé, parce que la réplication de leur acide nucléique ne comprend pas les étapes de relecture caractéristiques de la réplication de l'ADN. Certaines mutations leur permettent de former

0,5 μm (55 000 ×)

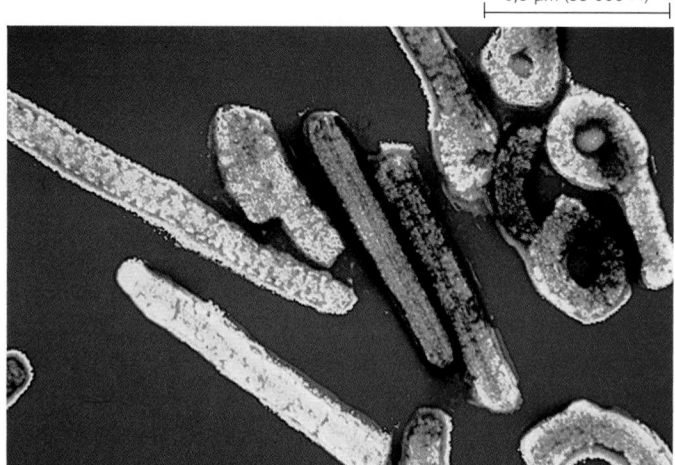

(a) Virus Ebola. Chaque particule virale filiforme est un brin d'ARN dans une enveloppe protéique. L'ARN est monocaténaire (classe V du TABLEAU 18.1).

0,1 μm (126 000 ×)

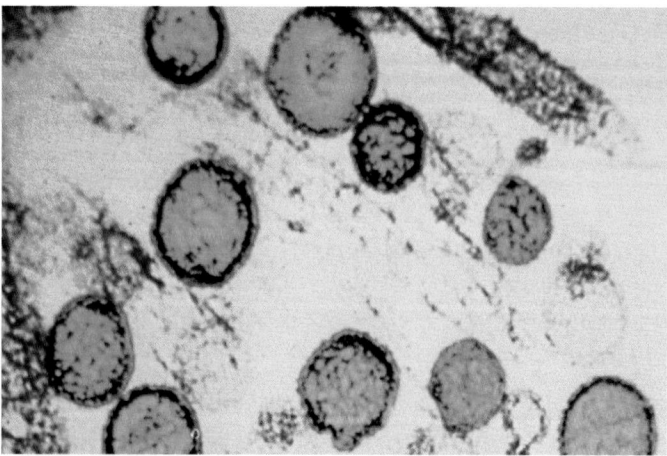

(b) Hantavirus. L'Hantavirus est un autre virus à ARN enveloppé; son génome est constitué d'une molécule d'ARN monocaténaire (classe V du TABLEAU 18.1).

FIGURE 18.8 Les nouveaux virus. L'expression *nouveaux virus* désigne des virus récemment apparus ou nouvellement découverts par des chercheurs en médecine. Ces clichés pris au MET et colorés montrent deux de ces virus.

de nouvelles variantes génétiques capables de rendre malades des individus immunisés contre le virus ancestral. Les épidémies de grippe sont dues à des virus génétiquement assez différents de ceux des années précédentes ; c'est la raison pour laquelle l'immunité acquise lors d'infections grippales précédentes a peu d'effets sur eux.

Une autre source de nouvelles maladies virales est la propagation de virus d'une espèce hôte à une autre. Les chercheurs estiment que près des trois quarts des nouvelles maladies humaines sont d'abord apparues chez d'autres animaux. Par exemple, l'Hantavirus (FIGURE 18.8b) est commun chez les Rongeurs, notamment chez les Souris sylvestres (*Peromyscus maniculatus*). En 1993, la population de Souris sylvestres du sud-ouest des États-Unis a connu une croissance spectaculaire, parce que le temps avait été exceptionnellement humide et qu'elle disposait d'une nourriture plus abondante que d'habitude. Lorsque les Humains inhalaient de la poussière contenant des traces d'urine et de déjections de souris infectées, ils étaient à leur tour infectés par l'Hantavirus.

Enfin, la propagation d'une maladie virale à partir d'une petite population isolée peut mener à une épidémie de grande envergure. Par exemple, le sida est passé pratiquement inaperçu pendant des décennies avant qu'on l'identifie et qu'il se propage dans le monde entier. C'est grâce à des facteurs technologiques et sociaux (le prix abordable des voyages internationaux, les transfusions sanguines, la promiscuité sexuelle et la consommation de drogues par voie intraveineuse) que cette maladie, qui était rare chez les Humains, est devenue un fléau mondial.

Généralement, les virus ne sont pas véritablement « nouveaux ». Ce sont plutôt des virus préexistants qui étendent leur spectre d'hôtes en évoluant, en affectant de nouvelles espèces ou en se disséminant plus largement chez les espèces hôtes déjà touchées. Les modifications de l'environnement peuvent faciliter leur propagation. Par exemple, les nouvelles routes qui conduisent à des régions reculées permettent parfois à des virus de se déplacer entre des populations humaines jusque-là isolées les unes des autres. Un autre facteur est la destruction des forêts au profit des terres agricoles. Il s'agit là d'un bouleversement environnemental qui met des Humains en contact avec d'autres espèces animales pouvant héberger des virus susceptibles de les infecter, eux.

Virus et cancer

Depuis 1911, date à laquelle Peyton Rous a découvert qu'un virus cause le cancer chez les Poules, les scientifiques savent que certains virus peuvent provoquer le cancer chez les Animaux. On sait que parmi ces *virus oncogènes* figurent des Rétrovirus, des Papovavirus, des Adénovirus (*Adenoviridæ*) et des Herpèsvirus (voir le TABLEAU 18.1).

Des indices très convaincants permettent de penser que, chez l'Humain, des virus peuvent causer certains types de cancer. Ainsi, le Virus de l'hépatite B semble provoquer le cancer du foie chez les personnes atteintes d'hépatite chronique. Le Virus d'Epstein-Barr (Herpèsvirus de la mononucléose infectieuse) est associé à plusieurs sortes de cancer fréquentes dans certaines régions d'Afrique, et plus particulièrement au lymphome de Burkitt. Les Papillomavirus (de la classe des *Papovaviridæ*) sont liés au cancer du col utérin. Le Rétrovirus HTLV-I provoque un type

de leucémie chez l'adulte. Tous les virus oncogènes transforment les cellules en insérant leur génome dans l'ADN de leur hôte.

Les scientifiques ont identifié un certain nombre de gènes viraux qui interviennent directement dans le déclenchement de phénomènes cancéreux. Beaucoup de ces gènes, appelés *oncogènes,* ne sont pas propres aux virus oncogènes ou aux cellules tumorales : on en trouve également dans les cellules normales ; dans ce cas, on les appelle *proto-oncogènes.* Les proto-oncogènes codent généralement pour des protéines intervenant dans le cycle cellulaire (par exemple, des facteurs de croissance et des protéines connexes, comme les récepteurs des facteurs de croissance). Dans certains cas, le virus à l'origine du cancer ne porte pas d'oncogènes, mais il transforme une cellule en déclenchant ou en intensifiant l'expression d'un ou de plusieurs de ses proto-oncogènes. Quel que soit le mécanisme de déclenchement du cancer par un virus donné, il semble que la cellule ne puisse devenir entièrement cancéreuse que si son génome a subi plusieurs modifications. Il est probable que la plupart des virus oncogènes soient incapables de causer le cancer s'ils n'agissent pas conjointement avec d'autres facteurs mutagènes (notamment l'exposition à des produits mutagènes et les erreurs de réplication ou de réparation de l'ADN). Nous reparlerons du cancer au chapitre 19.

Les Virus qui infectent les Végétaux nuisent sérieusement à l'agriculture

Certains virus entravent la croissance de plantes et diminuent le rendement des cultures (FIGURE 18.9a, p. 366). La majorité d'entre eux sont des Virus à ARN. Beaucoup possèdent des capsides ayant la forme de bâtonnets et contenant des protéines disposées en spirale (voir la FIGURE 18.2a) ; c'est le cas, par exemple, du Virus de la mosaïque du tabac.

Les maladies virales des Plantes se propagent principalement par deux voies : la transmission horizontale et la transmission verticale. La *transmission horizontale* est l'infection d'une plante par une source externe. Le virus envahisseur doit traverser la couche de cellules protectrices externes (l'épiderme) de la plante ; celle-ci est plus vulnérable aux infections virales si elle a été endommagée par le vent, le froid, une blessure ou des insectes. Certains insectes représentent une menace en partie parce qu'ils agissent comme des vecteurs et qu'ils propagent une maladie virale d'une plante à une autre. Les agriculteurs et les jardiniers eux-mêmes peuvent transmettre des virus de plantes involontairement, par l'intermédiaire de leurs cisailles ou d'autres outils. Quant à la *transmission verticale,* c'est l'infection virale d'une plante transmise par une plante mère. Elle peut également se produire lors de la reproduction asexuée (par les boutures, par exemple).

Une fois qu'un virus a pénétré dans une cellule végétale et qu'il a commencé à se répliquer, les particules virales se répandent dans l'ensemble de la plante en passant par les plasmodesmes (les canaux cytoplasmiques qui traversent les parois entre les cellules végétales voisines) (FIGURE 18.9b). Les agronomes n'ont trouvé aucun remède contre la plupart des maladies virales touchant les Végétaux. Ils cherchent donc surtout à empêcher leur propagation et à produire des variétés génétiques de cultures résistantes à certains virus.

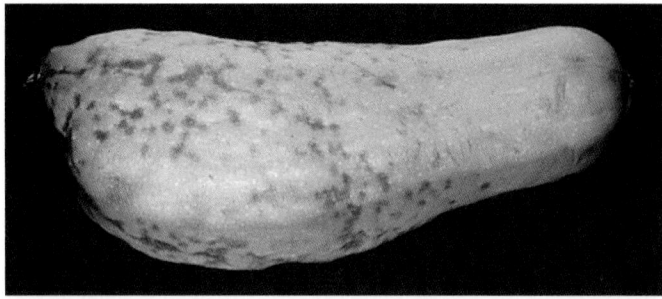

(a) Les marbrures visibles sur cette courge d'été (photo du haut) et sur cette feuille de tabac (photo du bas) sont produites par les Virus de la mosaïque.

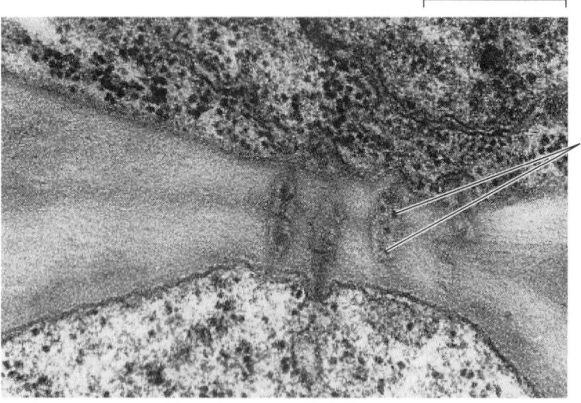

1 μm (20 000 ×)

Particules virales

(b) Les virus qui infectent les Végétaux, comme le Virus de la panachure jaune du riz, se propagent dans toute la plante par les plasmodesmes reliant les cellules entre elles (MET).

FIGURE 18.9 Infection virale de plantes.

Les viroïdes et les prions sont des agents infectieux encore plus simples que les Virus

Bien que les Virus aient de très petites dimensions et une structure très simple, ils sont encore beaucoup plus gros que les **viroïdes,** une autre catégorie de pathogènes. Il s'agit de minuscules molécules d'ARN circulaire nu, d'une longueur de quelques centaines de nucléotides seulement, qui infectent certaines plantes. Les viroïdes ne codent pas pour des protéines, mais ils peuvent se répliquer dans les cellules des plantes hôtes, apparemment par l'intermédiaire des enzymes cellulaires. Quoi qu'il en soit, ces molécules d'ARN entravent le métabolisme des cellules végétales et empêchent la croissance des plantes atteintes. Une maladie provoquée par un viroïde a tué plus de 10 millions de cocotiers aux Philippines. Les viroïdes semblent produire des erreurs dans le système régulateur de la croissance végétale. Les symptômes généralement associés aux maladies à viroïdes sont un développement anormal et un ralentissement de la croissance.

Comme on le constate dans le cas des viroïdes, une simple *molécule* peut constituer un agent infectieux susceptible de propager une maladie. Il reste que les Viroïdes sont des acides nucléiques, et que ceux-ci sont bien connus pour leur capacité de réplication. Il est plus difficile d'expliquer les indices concernant l'existence des *protéines* infectieuses appelées **prions.** Les prions semblent causer diverses maladies dégénératives du cerveau, dont la tremblante du mouton, l'encéphalopathie spongiforme bovine (la « maladie de la vache folle », qui a fait des ravages dans le secteur de l'élevage bovin en Europe au cours des dernières années) et la maladie de Creutzfeldt-Jacob chez les Humains. Comment une protéine, qui ne peut pas se répliquer, peut-elle devenir un agent pathogène transmissible ? Selon l'hypothèse la plus plausible, un prion est une variante mal configurée d'une protéine normalement présente dans les cellules du cerveau. Lorsqu'un prion pénètre dans une cellule contenant une protéine sous sa configuration normale, il la transforme en prion (FIGURE 18.10). Cette particule protéique infectieuse peut se multiplier et déclencher des réactions en chaîne. Stanley Prusiner, un chercheur américain, défend depuis longtemps l'hypothèse des prions, et il a reçu un prix Nobel en 1997 pour ses recherches dans ce domaine. Actuellement, on accumule les indices sur le rôle pathogène des prions dans les maladies animales et en faveur de l'hypothèse illustrée à la FIGURE 18.10.

Les Virus sont peut-être les descendants d'autres éléments génétiques mobiles

Les Virus se situent dans la zone nébuleuse qui sépare le vivant du non-vivant. Devons-nous les considérer comme les molécules naturelles les plus complexes ou comme les formes de vie les plus simples ? Quoi qu'il en soit, ils nous forcent à revoir les définitions auxquelles nous sommes habitués. Un virus isolé est biologiquement inerte et il ne peut recopier ses gènes ni reconstituer sa réserve d'ATP. Cependant, son programme génétique est écrit dans le langage universel de la vie. Bien que les Virus soient des parasites intracellulaires obligatoires incapables de se répliquer de façon autonome, on ne peut nier, du point de vue de l'évolution, leur parenté avec le monde vivant.

Comment les Virus sont-ils apparus ? Étant donné que leur réplication ne peut se faire en l'absence de cellules, on peut raisonnablement supposer qu'ils ne descendent pas de formes de vie précellulaires et qu'ils sont apparus *après* les premières cellules. La plupart des spécialistes de la biologie moléculaire penchent pour l'hypothèse selon laquelle les Virus proviennent de fragments d'acides nucléiques capables de se déplacer d'une cellule à l'autre. Effectivement, le génome d'un virus ressemble généralement davantage à celui de sa cellule hôte qu'à celui de virus infectant d'autres hôtes. Certains gènes viraux, comme les oncogènes, sont même pratiquement identiques à ceux de l'hôte. Il est possible que les premiers virus aient été formés

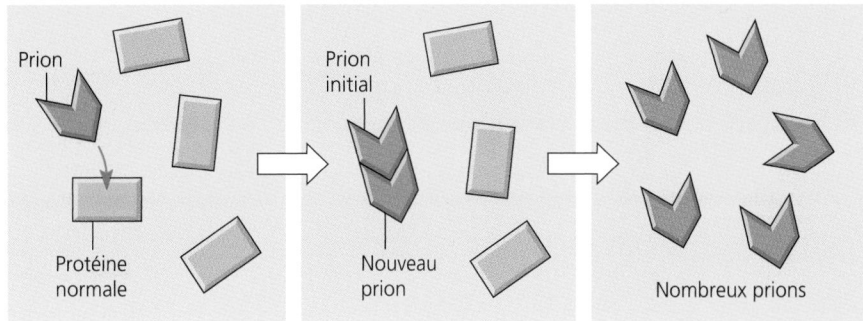

FIGURE 18.10 Hypothèse concernant le mode de propagation des prions. Les prions sont des variantes mal configurées de protéines cérébrales normales. Lorsqu'un prion entre en contact avec une protéine de configuration normale qui lui ressemble, il la contraint à prendre la forme anormale qui le caractérise. Le nouveau prion transforme à son tour une autre protéine, et ainsi de suite. La réaction en chaîne ainsi amorcée peut se poursuivre jusqu'à ce que la concentration de prions atteigne des niveaux dangereux, ce qui entrave le fonctionnement des cellules et aboutit à la dégénérescence du cerveau.

Prion

Protéine normale

Prion initial

Nouveau prion

Nombreux prions

de morceaux d'acide nucléique nus, semblables à des viroïdes, qui passaient d'une cellule à l'autre en traversant les surfaces cellulaires endommagées. L'apparition de gènes codant pour les protéines de capsides a pu faciliter l'infection de cellules saines.

Les précurseurs les plus probables des génomes viraux sont deux types d'éléments génétiques cellulaires nommés *plasmides* et *transposons*. Les plasmides sont de petites molécules d'ADN circulaires distinctes des chromosomes. On les trouve chez les Archéobactéries, les Bactéries et les Levures (des eucaryotes unicellulaires). À l'instar de la plupart des virus, les plasmides peuvent se répliquer indépendamment du reste du génome cellulaire et, dans certains cas, passer d'une cellule à l'autre. Quant aux transposons, ce sont des segments d'ADN capables de se déplacer à l'intérieur du génome d'une même cellule. Les plasmides, les transposons et les Virus partagent donc une caractéristique importante : ce sont des composantes génétiques mobiles. (Nous parlerons davantage des plasmides et des transposons plus loin dans ce chapitre.)

C'est parce que la relation entre les Virus et le génome de leurs cellules hôtes est liée à l'évolution que les Virus constituent des modèles si utiles en biologie moléculaire. En étudiant la régulation de la réplication virale, les chercheurs apprennent à mieux connaître les mécanismes cellulaires de régulation de la réplication de l'ADN et de l'expression génique (transcription et traduction). Les Bactéries constituent des modèles microbiens tout aussi précieux, mais pour des raisons différentes. Contrairement aux Virus, ce sont de véritables cellules. Les chercheurs utilisent ces cellules procaryotes pour étudier la génétique moléculaire des organismes les plus simples, comme *E. coli*, l'organisme le mieux connu à l'échelle moléculaire. Nous allons maintenant nous pencher sur la génétique des procaryotes.

LA GÉNÉTIQUE DES PROCARYOTES

La succession rapide des générations de procaryotes permet à ceux-ci de mieux s'adapter aux changements de leur milieu

Les Archéobactéries et les Bactéries font preuve de grandes capacités d'adaptation, tant sur le plan de l'évolution par sélection naturelle que sur le plan de l'ajustement physiologique aux changements du milieu. Les sections qui suivent portent sur la génétique des procaryotes ; elles vous permettront de comprendre pourquoi ces microorganismes sont si adaptables.

La composante principale du génome bactérien est une molécule d'ADN bicaténaire de forme circulaire. Nous appelons cette structure chromosome bactérien, bien qu'elle soit très différente des chromosomes eucaryotes. Ces derniers sont en effet constitués de molécules d'ADN linéaire associées à de grandes quantités de protéines. Le chromosome d'*E. coli,* la bactérie intestinale bien connue, comprend environ 4,6 millions de paires de nucléotides dont une partie compose quelque 4 300 gènes. Il contient donc 100 fois plus d'ADN qu'un virus ordinaire, mais 1 000 fois moins qu'une cellule eucaryote moyenne. Il reste que cela représente beaucoup d'ADN à emballer dans un récipient aussi petit. L'ADN déployé d'une cellule d'*E. coli* mesurerait environ un millimètre de longueur, ce qui est 500 fois plus grand que la taille de la cellule elle-même. Cependant, le chromosome est si ramassé à l'intérieur de la bactérie qu'il n'occupe qu'une partie du volume de celle-ci. Cette région dense où se trouve l'ADN, et que l'on appelle **nucléoïde,** n'est pas délimitée par une enveloppe membraneuse, comme l'est le noyau d'une cellule eucaryote. Outre un chromosome, de nombreuses bactéries contiennent des plasmides, des anneaux d'ADN beaucoup plus petits, qui comptent chacun tout au plus quelques douzaines de gènes. Nous étudierons la structure et la fonction des plasmides dans la prochaine section.

Les Archéobactéries et les Bactéries se divisent par scissiparité (ou fission binaire). Celle-ci survient après la réplication du chromosome bactérien (voir la FIGURE 12.10). La synthèse de l'ADN se fait à partir d'une origine de réplication unique, mais elle progresse dans les deux sens le long du cercle formé par le chromosome (FIGURE 18.11, p. 368). Les détails moléculaires de ce mécanisme sont illustrés à la FIGURE 16.16.

Dans un milieu favorable, qu'il s'agisse d'un habitat naturel ou d'une culture de laboratoire, les Archéobactéries et les Bactéries se multiplient très rapidement. Par exemple, *E. coli* se divise toutes les 20 minutes dans des conditions optimales. Une culture issue d'une seule cellule peut produire une colonie de 10^7 à 10^8 individus en une nuit (12 heures). Dans son habitat naturel, qui est le gros intestin (côlon) des Mammifères, le taux de reproduction de cet organisme est tout aussi impressionnant. Dans le côlon humain, par exemple, *E. coli* se reproduit assez rapidement pour remplacer les 2×10^{10} bactéries qui sont perdues chaque jour dans les matières fécales.

Vu que la scissiparité est un processus asexué (c'est la production de descendants à partir d'un seul parent), la plupart des individus d'une colonie sont génétiquement identiques à la cellule mère. Un certain nombre de descendants possède, sous l'effet de mutations, un bagage génétique légèrement différent. Pour un gène donné d'*E. coli*, par exemple, la probabilité qu'une mutation spontanée se produise est seulement de 1×10^{-7} en

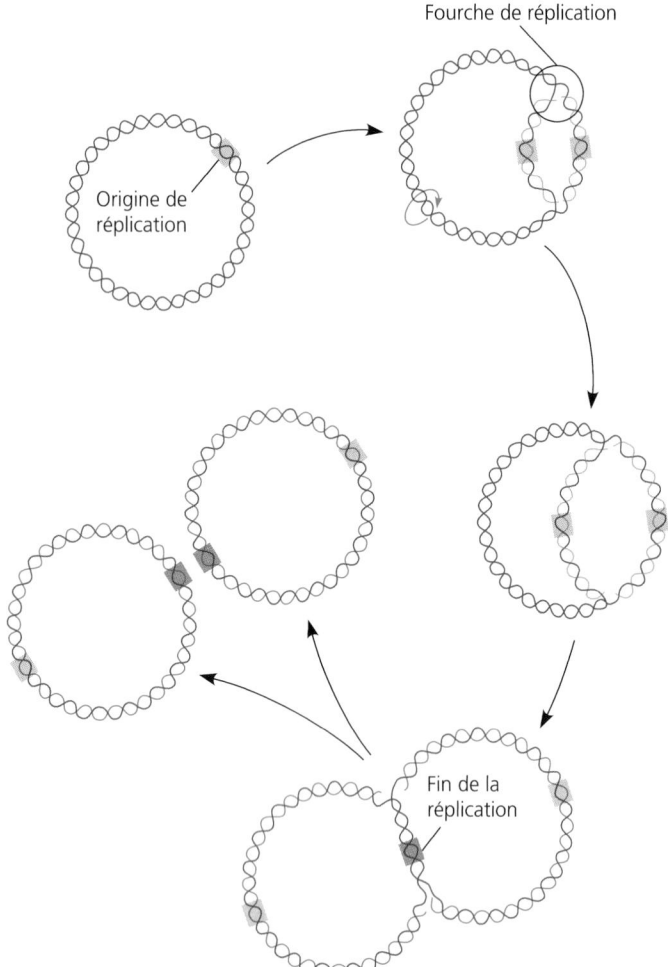

FIGURE 18.11 Réplication du chromosome bactérien. La réplication de l'ADN se fait à partir d'une origine unique; elle progresse dans les deux sens le long du cercle formé par le chromosome (sens *général*), jusqu'à ce que celui-ci soit entièrement dédoublé. Les enzymes qui coupent, enroulent (flèche magenta) et soudent la double hélice empêchent l'ADN de s'emmêler. Il faut retenir que, à chaque fourche de réplication, l'un des nouveaux brins est formé à partir de tronçons discontinus synthétisés en sens inverse, c'est-à-dire en direction de l'origine de réplication (voir la FIGURE 16.16).

moyenne par division cellulaire, soit de une chance sur 10 millions. Mais, comme 2×10^{10} nouvelles cellules d'*E. coli* apparaissent chaque jour dans un côlon humain, sur ce chiffre, il y a environ $(2 \times 10^{10})(1 \times 10^{-7}) = 2\,000$ nouveaux individus chez qui ce gène particulier a subi une mutation. Pour l'ensemble des 4 300 gènes d'*E. coli*, le nombre total de mutations est d'environ $4\,300 \times 2\,000 = 8{,}6$ millions par jour par hôte humain. Retenons que les nouvelles mutations, bien qu'elles soient relativement rares à l'échelle individuelle, contribuent grandement à la diversité génétique des organismes dont les générations sont courtes et dont le taux de reproduction est très élevé. Cette diversité influe à son tour sur l'évolution des populations bactériennes : les individus possédant des caractères génétiques bien adaptés à leur milieu produisent des clones plus vite que ceux qui sont moins bien pourvus.

Par contre, les nouvelles mutations apportent une contribution relativement faible à la variation génétique des populations d'organismes à reproduction lente, tels que les Humains. La majeure partie de la variation héréditaire que l'on observe dans une population humaine ne résulte pas de l'apparition de nouveaux allèles par mutation, mais de la recombinaison génétique des allèles existants (voir le chapitre 15). Chez les Archéobactéries et les Bactéries, les mutations sont une grande source de variation individuelle, mais la recombinaison génétique ajoute encore à la diversité de la population, comme nous allons le voir.

La recombinaison génétique produit de nouvelles souches de procaryotes

La sélection naturelle repose sur la variation héréditaire présente chez les individus d'une population (voir le chapitre 1). Outre les mutations, la recombinaison génétique contribue à la diversité des populations bactériennes. Nous définissons ici la recombinaison comme l'apparition d'une nouvelle combinaison de gènes, provenant de deux individus, dans le génome d'un seul individu.

Comment détecte-t-on la recombinaison génétique chez les procaryotes? Considérons deux souches (ou variétés génétiques) mutantes d'*E. coli* qui sont incapables de synthétiser un des acides aminés dont elles ont besoin. Les *E. coli* de type sauvage peuvent croître sur un milieu minimal contenant seulement du glucose (comme source de carbone) et des sels. Les deux souches mutantes, elles, ne peuvent pas croître sur ce milieu minimal, parce que l'une d'entre elles ne peut synthétiser le tryptophane, alors que l'autre ne peut synthétiser l'arginine (FIGURE 18.12).

Supposons qu'on laisse incuber les deux souches mutantes ensemble, pendant une heure environ, dans un milieu liquide. On transfère ensuite un petit échantillon de cette culture dans une boîte de Pétri; on l'étale sur une gélose (un milieu nutritif solidifié avec de l'agar) contenant le milieu minimal, et on le laisse incuber une nuit. Le lendemain matin, on observe de nombreuses colonies bactériennes sur le milieu minimal. Chacune d'entre elles doit être issue d'une cellule en mesure de synthétiser *à la fois* le tryptophane et l'arginine. Cependant, elles sont beaucoup trop nombreuses pour être le résultat de simples mutations. La majorité des cellules capables de synthétiser ces deux acides aminés à la fois descendent de cellules qui ont dû acquérir des gènes de l'autre souche. C'est la preuve qu'il y a eu recombinaison génétique.

L'ADN provenant de deux souches bactériennes ne se regroupe pas dans une cellule unique par le même processus que chez les Eucaryotes. Dans le cas d'un organisme eucaryote, l'ADN de deux individus se retrouve dans un zygote grâce aux mécanismes sexuels que sont la méiose et la fécondation (voir le chapitre 13). Chez les procaryotes, ces processus sexuels n'existent pas. Chez les Archéobactéries et les Bactéries, le regroupement de l'ADN provenant de deux individus distincts se fait par des mécanismes de nature différente, qui sont la transformation, la transduction et la conjugaison.

Transformation

En génétique bactérienne, la **transformation** est la modification du génotype d'une bactérie par l'absorption d'un ADN nu et étranger présent dans le milieu environnant. Par exemple,

FIGURE 18.12 Détection de la recombinaison génétique chez des bactéries.
Dans cette expérience, une souche mutante d'*E. coli* est incapable de synthétiser l'arginine (un acide aminé), et une autre souche mutante, le tryptophane (un autre acide aminé). Ces bactéries mutantes ne peuvent donc pas croître dans un milieu minimal, qui consiste en une simple solution de glucose et de sels. Cependant, lorsque des bactéries des deux souches mutantes sont incubées ensemble, certaines cellules forment des colonies sur une gélose contenant le milieu minimal. Ce sont des bactéries recombinées *arg⁺ trp⁺* qui résultent d'un transfert de gènes entre des individus des deux types mutants. (Les mécanismes en cause sont illustrés à la FIGURE 18.15c et d.)

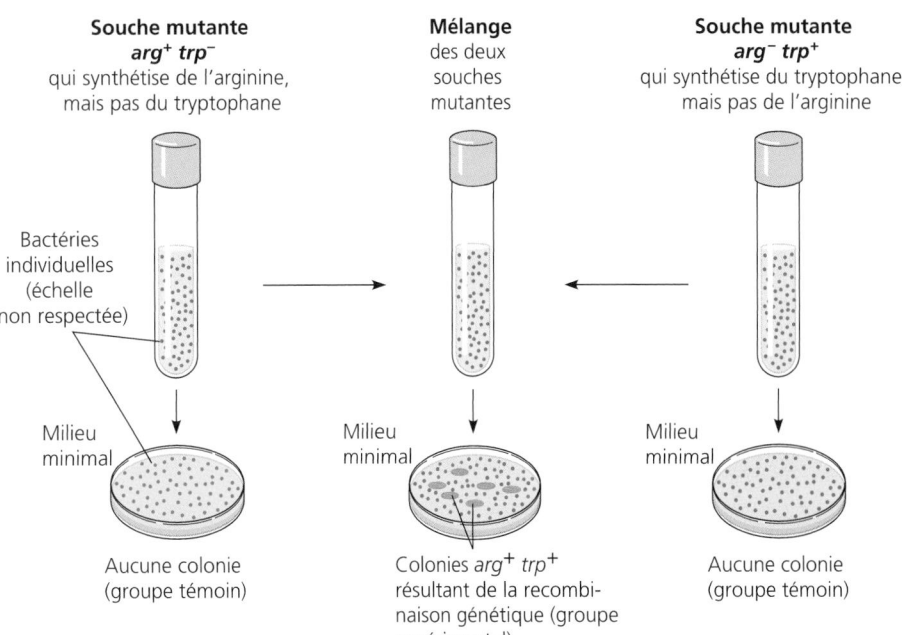

nous avons vu au chapitre 16 que la souche R de *Streptococcus pneumoniæ*, une bactérie inoffensive, peut être transformée en une souche L, constituée de bactéries causant la pneumonie. Il lui suffit pour cela de se trouver dans un milieu contenant des cellules mortes, éclatées, de la souche L pathogène et d'absorber un ADN nu. Ainsi, lorsqu'une cellule vivante non pathogène absorbe un morceau d'ADN contenant l'allèle de la pathogénicité, elle se transforme. (Dans ce cas, l'allèle de la pathogénicité est l'allèle du gène de la capsule protégeant la bactérie contre le système immunitaire de l'hôte.) L'allèle étranger s'insère dans son chromosome à la place de l'allèle d'origine (qui code pour l'absence de capsule). Cela se fait par recombinaison génétique (soit par l'échange de segments d'ADN lors de l'enjambement de chromosomes). La cellule résultante est recombinée, puisque son chromosome contient de l'ADN en provenance de deux cellules distinctes.

Pendant des années après la découverte de la transformation dans les milieux de culture, la majorité des biologistes ont persisté à croire que ce phénomène était trop rare et aléatoire, et qu'il ne jouait pas un rôle important dans les populations bactériennes naturelles. Cependant, il est clair maintenant que de nombreuses espèces de procaryotes portent à leur surface des protéines spécialisées dans l'absorption d'ADN nu présent dans la solution environnante. Celles-ci ne reconnaissent et ne transportent que l'ADN provenant d'espèces bactériennes apparentées. Certaines bactéries ne possèdent pas de protéines membranaires de ce type. *E. coli*, par exemple, ne semble pas avoir de mécanisme spécialisé d'absorption d'ADN étranger. Cependant, si l'on place des cellules de ce microorganisme dans un milieu de culture contenant notamment une concentration relativement élevée d'ions calcium, elles absorbent de petits fragments d'ADN. En biotechnologie, on se sert de cette technique artificielle pour introduire des gènes étrangers dans des bactéries *E. coli* (par exemple, des gènes codant pour des protéines particulièrement précieuses, comme l'insuline et l'hormone de croissance humaines).

Transduction

Dans le mécanisme de recombinaison appelé **transduction,** des bactériophages transfèrent des gènes bactériens d'une cellule hôte à une autre. Il existe deux formes de transduction : la transduction généralisée et la transduction localisée (ou restreinte). Les deux résultent d'anomalies des cycles de réplication phagiques.

Étudions d'abord la transduction généralisée illustrée dans la partie gauche de la FIGURE 18.13, à la page 370. Souvenez-vous que, à la fin du cycle lytique d'un phage, les molécules d'acide nucléique du virus sont emballées dans des capsides ; ce sont des phages complets qui sont libérés par la lyse de la bactérie hôte. De temps à autre, un petit fragment d'ADN de la cellule hôte se trouve enfermé dans une capside à la place du génome du phage. Le virus ainsi formé est défectueux, parce qu'il est dépourvu de son matériel génétique. Cependant, après sa libération, il peut se fixer à une autre bactérie et lui injecter le fragment d'ADN provenant de la première bactérie. Une partie de cet ADN peut ensuite prendre la place de la région homologue du chromosome de la deuxième bactérie. Il s'agit d'une véritable recombinaison génétique, étant donné que le chromosome en question se retrouve avec de l'ADN provenant de deux cellules distinctes. Ce type de transduction est appelé **transduction généralisée,** parce que le phage transfère les gènes bactériens au hasard.

Comparons cette forme de transduction avec la transduction localisée illustrée à la FIGURE 18.13, dans la partie droite. La transduction localisée nécessite une infection par un phage tempéré. Souvenez-vous que, dans le cycle lysogénique, le génome d'un phage tempéré s'insère sous forme de prophage dans le chromosome d'une bactérie. Cela se produit généralement à un site spécifique. Lorsque le génome du phage est finalement excisé du chromosome, il entraîne parfois avec lui de petites régions de l'ADN bactérien adjacent. Au moment où ce virus infecte une autre cellule, ses gènes bactériens pénètrent dans la cellule en même temps que son génome phagique. Ce mode de recombinaison, appelé **transduction localisée,** touche

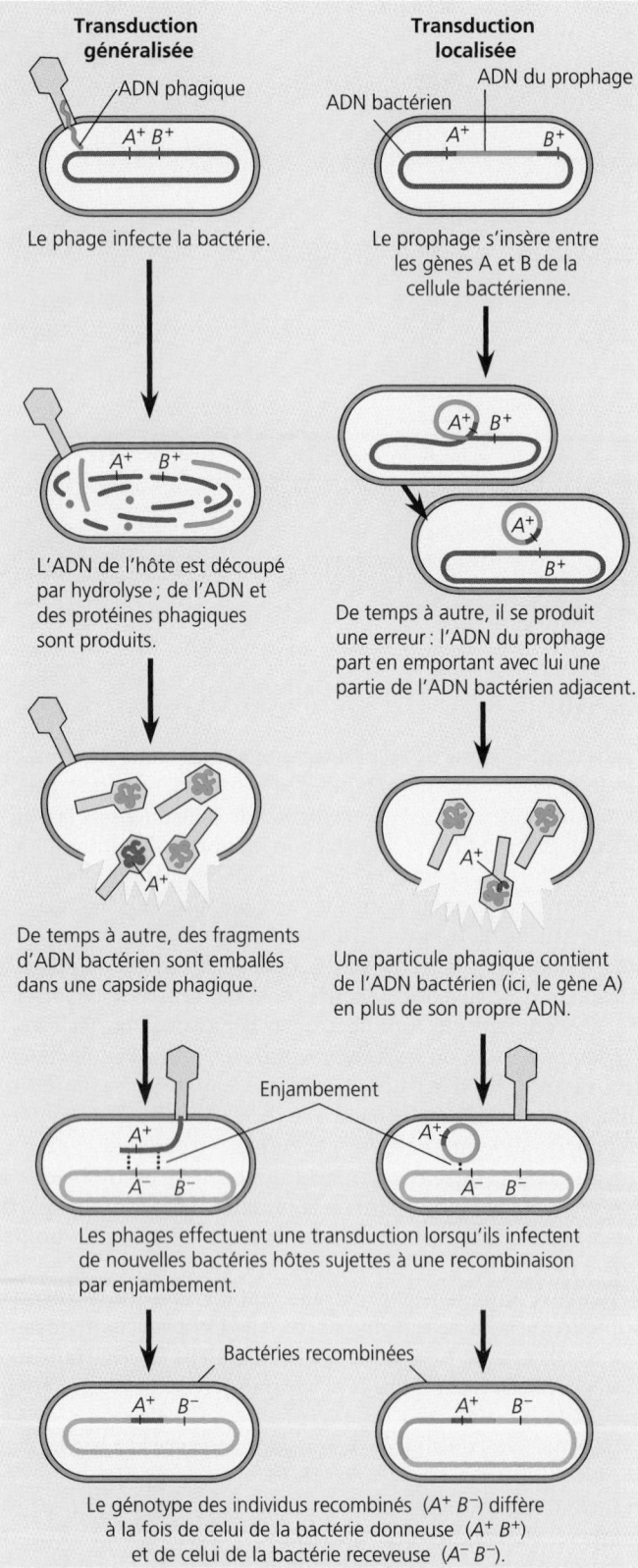

Transduction généralisée

ADN phagique

Le phage infecte la bactérie.

A^+ B^+

L'ADN de l'hôte est découpé par hydrolyse ; de l'ADN et des protéines phagiques sont produits.

A^+ B^+

De temps à autre, des fragments d'ADN bactérien sont emballés dans une capside phagique.

A^+

Enjambement

A^+
A^- B^-

Les phages effectuent une transduction lorsqu'ils infectent de nouvelles bactéries hôtes sujettes à une recombinaison par enjambement.

Bactéries recombinées

A^+ B^-

Le génotype des individus recombinés (A^+ B^-) diffère à la fois de celui de la bactérie donneuse (A^+ B^+) et de celui de la bactérie receveuse (A^- B^-).

Transduction localisée

ADN du prophage

ADN bactérien

A^+ B^+

Le prophage s'insère entre les gènes A et B de la cellule bactérienne.

A^+ B^+

A^+
B^+

De temps à autre, il se produit une erreur : l'ADN du prophage part en emportant avec lui une partie de l'ADN bactérien adjacent.

A^+

Une particule phagique contient de l'ADN bactérien (ici, le gène A) en plus de son propre ADN.

A^+
A^- B^-

A^+ B^-

FIGURE 18.13 Transduction. De temps en temps, des bactériophages transportent des gènes d'une bactérie à une autre. Dans la transduction généralisée (à gauche), des fragments du chromosome de l'hôte sont pris au hasard et enfermés dans une capside phagique. Dans la transduction localisée (à droite), un prophage quitte le chromosome en emportant avec lui les gènes bactériens adjacents. Dans les deux types de transduction, l'ADN transféré peut se recombiner avec le génome de la nouvelle cellule hôte.

spécifiquement les gènes du chromosome qui se trouvent près du site d'insertion du prophage.

Conjugaison et plasmides

La **conjugaison** est un transfert direct de matériel génétique entre deux cellules bactériennes temporairement liées. C'est chez *E. coli* que ce mécanisme de recombinaison génétique (l'équivalent bactérien de la reproduction sexuée) a été le plus étudié. Le transfert d'ADN s'effectue de façon unidirectionnelle : une cellule donne de l'ADN, alors qu'une autre le reçoit. La bactérie donneuse d'ADN s'attache à la bactérie receveuse au moyen d'un appendice appelé *pilus sexuel,* qui agit à la manière d'un grappin. Une fois que le pilus est entré en contact avec la bactérie receveuse, il se raccourcit ; ce faisant, il tire les deux cellules l'une vers l'autre (FIGURE 18.14). Un pont cytoplasmique temporaire par où l'ADN passe s'établit alors entre ces dernières. Dans la plupart des cas, la capacité de former des pili sexuels et de transférer de l'ADN par conjugaison résulte de la présence d'un segment d'ADN appelé **facteur F** (F pour fertilité). Le facteur F peut être soit une partie de l'ADN du chromosome bactérien, soit un plasmide. Avant de parler de son rôle dans la conjugaison, étudions les plasmides de façon plus générale.

Caractéristiques générales des plasmides. Un **plasmide** est une petite molécule d'ADN circulaire distincte du chromosome bactérien et capable de se répliquer de façon autonome. Certains plasmides, comme les plasmides F, s'insèrent de façon réversible dans un chromosome bactérien. On appelle **épisome** un élément génétique pouvant exister soit sous forme de plasmide, soit en tant que segment du chromosome bactérien. Outre certains plasmides, certains virus tempérés (comme le Phage λ) sont des épisomes. Nous avons vu que leur génome se

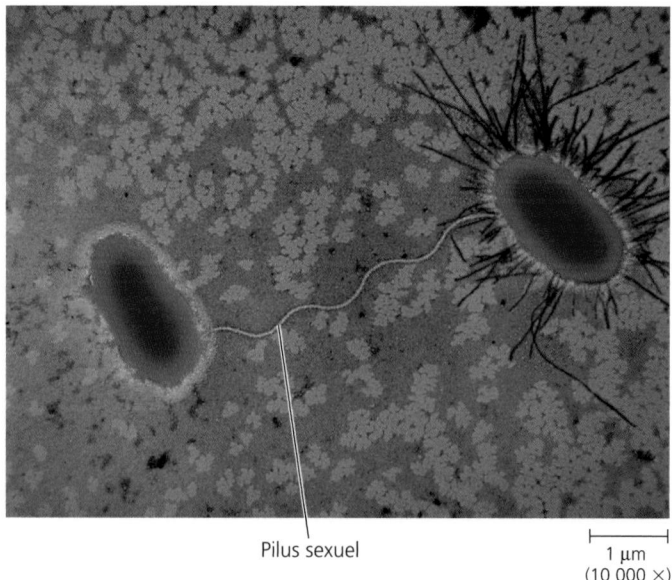

Pilus sexuel

1 μm
(10 000 ×)

FIGURE 18.14 Croisement bactérien. La bactérie donneuse *E. coli,* située à droite, étend un pilus sexuel en direction de la bactérie receveuse et le fixe à elle. Les deux cellules sont ensuite tirées l'une vers l'autre. Un pont cytoplasmique peut désormais se former entre elles. Grâce à ce tunnel, la bactérie donneuse transfère de l'ADN à la bactérie receveuse. Ce mécanisme de transfert de l'ADN est appelé conjugaison (cliché pris au MET et coloré).

réplique d'une manière indépendante (cycle lytique) ou en tant que partie intégrante du chromosome bactérien (cycle lysogénique). Bien entendu, il existe des différences importantes entre un plasmide et un virus. Un plasmide n'a pas de coque de protéines et n'existe pas normalement à l'extérieur de la cellule. De plus, il est généralement bénéfique à la cellule bactérienne, alors qu'un virus parasite son hôte.

Les plasmides ne contiennent que quelques gènes qui, dans des conditions normales, ne servent ni à la survie ni à la reproduction des procaryotes. Cependant, il arrive que ces gènes soient utiles aux procaryotes vivant dans un environnement changeant et difficile. Par exemple, le facteur F facilite la recombinaison génétique, ce qui est avantageux dans un milieu devenu hostile aux souches bactériennes existantes.

Le facteur F et la conjugaison. Le facteur F, aussi appelé facteur de fertilité extrachromosomique ou **plasmide F,** contient environ 25 gènes. La plupart de ceux-ci participent à la production de pili sexuels. Les généticiens désignent par le symbole F^+ une bactérie contenant le plasmide F (cellule donneuse). L'état F^+ est héréditaire : la réplication du plasmide F est synchronisée avec celle de l'ADN chromosomique, et la division d'une bactérie F^+ donne habituellement naissance à deux descendants F^+. Quant aux bactéries dépourvues de facteur F, elles sont appelées F^- ; elles jouent le rôle de receveuses d'ADN lors de la conjugaison. Notez cependant que l'état F^+ est « contagieux » ; la bactérie F^+ transforme la bactérie F^- en bactérie F^+ lors de la conjugaison. La bactérie F^+ de départ, elle, ne change pas d'état : le plasmide F se réplique à l'intérieur de la cellule donneuse, et une seule copie est transférée à la bactérie receveuse par le pont de conjugaison (FIGURE 18.15a, p. 372). Bref, lors de la conjugaison $F^+ \times F^-$, un seul plasmide F est transféré.

Dans quelles circonstances les gènes du chromosome bactérien sont-ils transférés au cours de la conjugaison ? Cela peut arriver lorsque la bactérie donneuse a un facteur F inséré dans son chromosome (FIGURE 18.15b). Une telle bactérie est appelée bactérie Hfr (« à haute fréquence de recombinaison »). À l'instar de la bactérie F^+, la bactérie Hfr joue le rôle de donneuse pendant la conjugaison : elle amorce la réplication de l'ADN en un point du facteur F, puis elle commence le transfert de la copie d'ADN à la bactérie F^- à partir de ce point. Notez que la première partie du facteur F répliqué traîne à sa suite une copie de l'ADN chromosomique (FIGURE 18.15c). Les mouvements aléatoires des bactéries interrompent presque toujours la conjugaison avant que la bactérie F^- reçoive une copie entière du chromosome Hfr. La bactérie receveuse devient pour un temps partiellement diploïde : elle possède son propre chromosome en plus d'une copie partielle du chromosome de la bactérie donneuse. Une recombinaison a lieu si une partie de l'ADN nouvellement acquis s'aligne sur une région homologue du chromosome F^- et qu'un échange de segments d'ADN se produit (FIGURE 18.15d). La division de cette bactérie donne naissance à une colonie de bactéries recombinées, dont les gènes proviennent de deux bactéries différentes. (C'est exactement ce qui s'est produit dans l'expérience de la FIGURE 18.12, où l'une des souches bactériennes était Hfr, et l'autre, F^-.)

Les plasmides R et la résistance aux antibiotiques. Au cours des années 1950, des médecins japonais ont remarqué que certains patients hospitalisés pour une dysenterie bactérienne (une maladie qui provoque une diarrhée grave) ne réagissaient pas à des antibiotiques jusqu'alors efficaces dans le traitement de ce type d'infection. Certaines souches de *Shigella dysenteriæ*, le pathogène en cause, étaient apparemment devenues résistantes aux antibiotiques administrés. Les chercheurs ont fini par identifier les gènes de la résistance aux antibiotiques chez *Shigella dysenteriæ* et d'autres bactéries pathogènes. Quelques-uns de ces gènes, par exemple, codent pour des enzymes qui dégradent spécifiquement certains antibiotiques, comme la tétracycline et l'ampicilline. Il s'avère que les gènes de résistance aux antibiotiques se trouvent sur des plasmides aujourd'hui appelés **plasmides R** (R pour résistance).

Si l'on expose une population bactérienne à un antibiotique donné (que ce soit dans un milieu de culture ou dans un organisme hôte, comme un être humain), on tue les bactéries sensibles à ce produit, mais pas celles qui possèdent le plasmide R correspondant. Conformément à la théorie de la sélection naturelle, un nombre croissant de bactéries héritent des gènes de résistance à l'antibiotique en question. On devine facilement les conséquences que cela entraîne du point de vue médical : les souches d'agents pathogènes résistants deviennent de plus en plus communes, ce qui complique le traitement de certaines infections bactériennes. Le problème se trouve aggravé par le fait que les plasmides R, tout comme les plasmides F, portent les gènes des pili sexuels et se transmettent donc d'une cellule bactérienne à l'autre par conjugaison. Pire encore, certains plasmides R portent jusqu'à 10 gènes de résistance à autant d'antibiotiques. Comment un seul plasmide peut-il porter un tel nombre de gènes de résistance aux antibiotiques ? Avant de répondre à cette question, nous devons étudier un autre type d'élément génétique mobile appelé transposon.

Transposons

Le **transposon,** aussi nommé élément génétique transposable, est un segment d'ADN capable de se déplacer à l'intérieur du génome cellulaire. Contrairement à l'épisome et au prophage, il n'existe pas indépendamment ; il a besoin de l'ADN d'un chromosome ou de l'ADN d'un plasmide pour exercer son influence. Son déplacement (transposition) se manifeste sous la forme d'une recombinaison entre le transposon lui-même et un autre site de liaison de l'ADN (site cible). Dans une cellule bactérienne, un transposon peut se déplacer à l'intérieur du chromosome, ou bien passer d'un plasmide au chromosome ou d'un chromosome à un plasmide, ou encore aller d'un plasmide à un autre. Ce sont les transposons qui font en sorte que plusieurs gènes de résistance aux antibiotiques se regroupent sur un même plasmide R ; en effet, ce sont eux qui y amènent des gènes en provenance d'autres plasmides.

On appelle parfois les transposons « gènes sauteurs », mais l'expression prête quelque peu à confusion. Certains d'entre eux sautent effectivement d'un site à l'autre au sein du génome (transposition non réplicative). Cependant, il existe une autre forme de transposition appelée transposition réplicative, au cours de laquelle un transposon se réplique sur son site d'origine. C'est sa *copie* qui va s'insérer ailleurs.

Bien que certains transposons ciblent un site particulier, la plupart d'entre eux peuvent gagner un grand nombre de sites dans l'ADN. La capacité de disséminer certains gènes dans

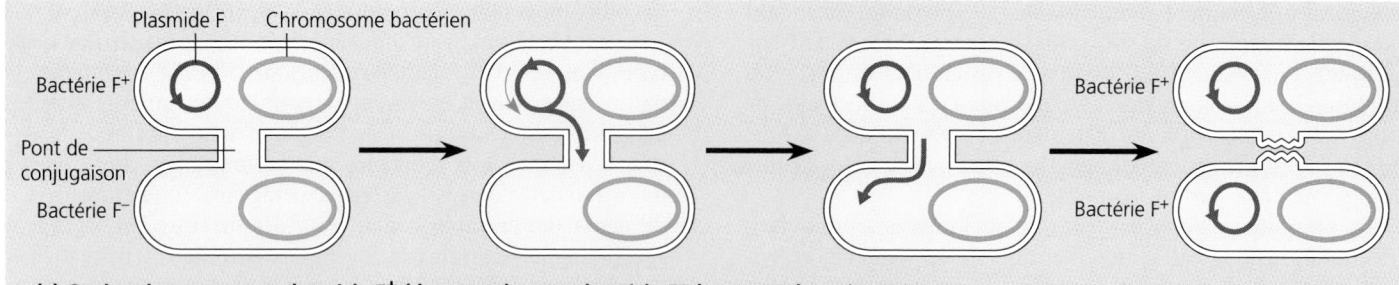

(a) Conjugaison entre une bactérie F⁺ (donneuse) et une bactérie F⁻ (receveuse). Les bactéries qui portent un plasmide F sont appelées bactéries F⁺. Elles sont dites donneuses, parce qu'elles peuvent donner une copie de leur plasmide à une bactérie, appelée receveuse F⁻. Celle-ci devient alors F⁺. Le plasmide F se réplique pendant son transfert, de sorte que la cellule donneuse reste F⁺. La pointe de flèche située dans le plasmide F désigne l'endroit où la réplication et le transfert commencent. Au fur et à mesure que la réplication a lieu et que la nouvelle copie se détache du cercle formé par le plasmide, celui-ci tourne sur lui-même (réplication en cercle roulant).

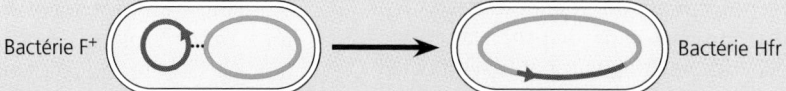

(b) Conversion d'une bactérie donneuse F⁺ en une bactérie donneuse Hfr par l'insertion du plasmide F (épisome) dans le chromosome. Ce mécanisme ressemble à l'insertion de l'ADN d'un phage sous forme de prophage dans le chromosome d'une bactérie hôte : il y a fusion entre les deux ADN circulaires à un site spécifique situé sur chacun d'eux.

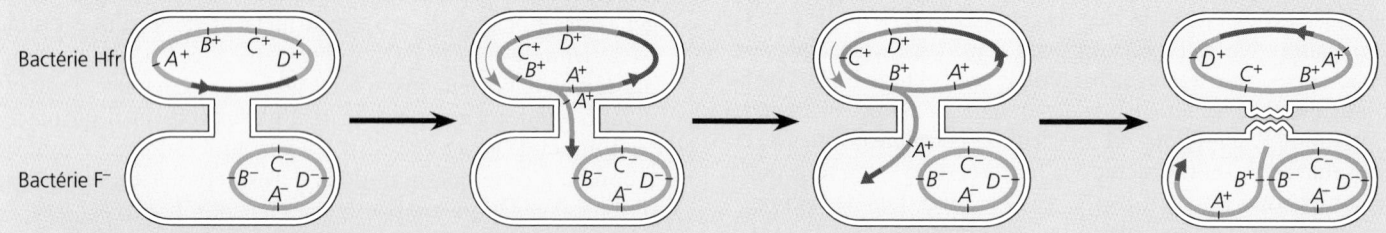

(c) Conjugaison entre une bactérie Hfr et une bactérie F⁻. La réplication et le transfert du chromosome Hfr commencent à un point déterminé (pointe de la flèche) du facteur F. Le site d'insertion et l'orientation du facteur F dans le chromosome déterminent la séquence de transfert des gènes pendant la conjugaison. Dans cette souche de *E. coli*, l'ordre de transfert de quatre gènes est *A-B-C-D*. Le pont de conjugaison se brise habituellement bien avant que l'ensemble du chromosome et la dernière partie du facteur F soient transférés.

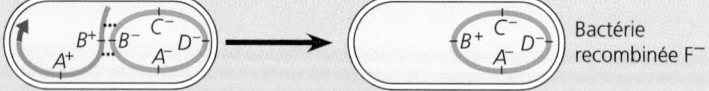

(d) Recombinaison entre le fragment chromosomique Hfr et le chromosome de la bactérie F⁻. Un enjambement peut se produire entre les gènes situés sur le fragment de chromosome bactérien provenant de la bactérie Hfr et les gènes homologues situés sur le chromosome de la bactérie receveuse (F⁻). Une bactérie recombinée F⁻ résulte de cet entrecroisement de gènes. Les fragments d'ADN qui se retrouvent à l'extérieur du chromosome bactérien finissent par être dégradés par les enzymes cellulaires ou par se perdre lors de la division cellulaire.

FIGURE 18.15 Conjugaison et recombinaison chez *E. coli*. La réplication de l'ADN qui accompagne le transfert d'un plasmide F ou d'une partie d'un chromosome bactérien Hfr est appelée *réplication en cercle roulant*.

l'ensemble du génome fait de la transposition un phénomène fondamentalement différent de tous les autres mécanismes de brassage génétique. En effet, la recombinaison génétique résultant de la transformation bactérienne, de la transduction généralisée et de la conjugaison (et aussi de la méiose chez les Eucaryotes) est rendue possible par l'appariement des bases entre des régions homologues de l'ADN dont les séquences sont très semblables ou identiques. Par contre, l'insertion d'un transposon dans un nouveau site ne dépend aucunement de la présence de séquences de bases qui lui sont complémentaires. Un transposon peut introduire des gènes dans un site qui ne contenait auparavant aucun gène semblable.

Transposon simple. On appelle **transposon simple** une séquence d'insertion qui ne comporte que l'ADN nécessaire à la transposition elle-même. Le gène unique qui se trouve dans une séquence d'insertion code pour la transposase, une enzyme catalysant le déplacement du transposon à l'intérieur du génome. Le gène de la transposase est encadré par une paire de séquences d'ADN appelées *répétitions inversées*. Il s'agit de séquences non codantes longues de 20 à 40 nucléotides. Si vous vous reportez à la FIGURE 18.16, vous remarquerez que chacune d'elles se retrouve en sens inverse sur l'autre brin d'ADN, à l'extrémité opposée du transposon. La transposase reconnaît ces répétitions inversées comme les limites de ce dernier. Pendant la transposition, les molécules de l'enzyme en question se lient aux répétitions inversées et à un site cible situé ailleurs dans le génome. Elles catalysent l'excision et l'épissage nécessaires à la transposition. D'autres enzymes participent également à l'opération. Par exemple, l'ADN polymérase contribue à la création de régions d'ADN identiques, appelées *répétitions directes*, qui encadrent le transposon sur son nouveau site (FIGURE 18.17).

Les transposons simples provoquent des mutations lorsqu'ils se retrouvent à l'intérieur de la séquence codante d'un gène ou dans une région assurant la régulation de l'expression génique. Il faut bien remarquer que ce mécanisme de mutation de la cellule est intrinsèque, contrairement à la mutagenèse, qui résulte de facteurs extrinsèques, tels que les radiations ou les substances chimiques présentes dans l'environnement. Les transposons simples représentent environ 1,5 % du génome d'*E. coli*. Cependant, il est très rare qu'un gène donné subisse une mutation par transposition ; cela arrive environ 1 fois sur 10 millions de générations. Ce taux correspond approximativement à celui des mutations dues à d'autres facteurs.

Transposon complexe. Des transposons plus longs et plus complexes que les transposons simples se déplacent aussi dans le génome bactérien. Un **transposon complexe** comporte l'ADN nécessaire à la transposition, ainsi que d'autres gènes (par exemple, des gènes de résistance aux antibiotiques), qu'il entraîne avec lui lorsqu'il bouge. Ces gènes sont encadrés par deux transposons simples (FIGURE 18.18, p. 374). Tout se passe comme si deux transposons simples situés à proximité l'un de l'autre se déplaçaient ensemble et entraînaient tout l'ADN situé entre eux, formant un transposon unique. Comme dans tout transposon, chaque extrémité comporte une répétition inversée. (La répétition directe n'est pas considérée comme une partie du transposon).

Contrairement aux transposons simples qui, apparemment, ne représentent aucun avantage pour les Archéobactéries et les Bactéries, il semble que les transposons complexes permettent à celles-ci de s'adapter à de nouveaux milieux. Nous avons déjà vu qu'un même plasmide R peut porter plusieurs gènes de résistance à différents antibiotiques. Ce phénomène s'explique par l'existence de transposons complexes capables d'insérer un gène de résistance à un antibiotique dans un plasmide portant déjà un gène de résistance à un autre antibiotique. Ce plasmide complexe peut ensuite être transmis à d'autres bactéries par division cellulaire ou par conjugaison. C'est ainsi que la résistance simultanée à plusieurs antibiotiques peut se propager à l'ensemble d'une population bactérienne. Dans un milieu riche en antibiotiques, la sélection naturelle favorise les clones bactériens qui possèdent des plasmides R complexes de ce type, formés par une série de transpositions.

Les éléments génétiques transposables n'existent pas uniquement chez les Archéobactéries et les Bactéries ; ce sont également des composantes importantes du génome des Eucaryotes. La première démonstration de

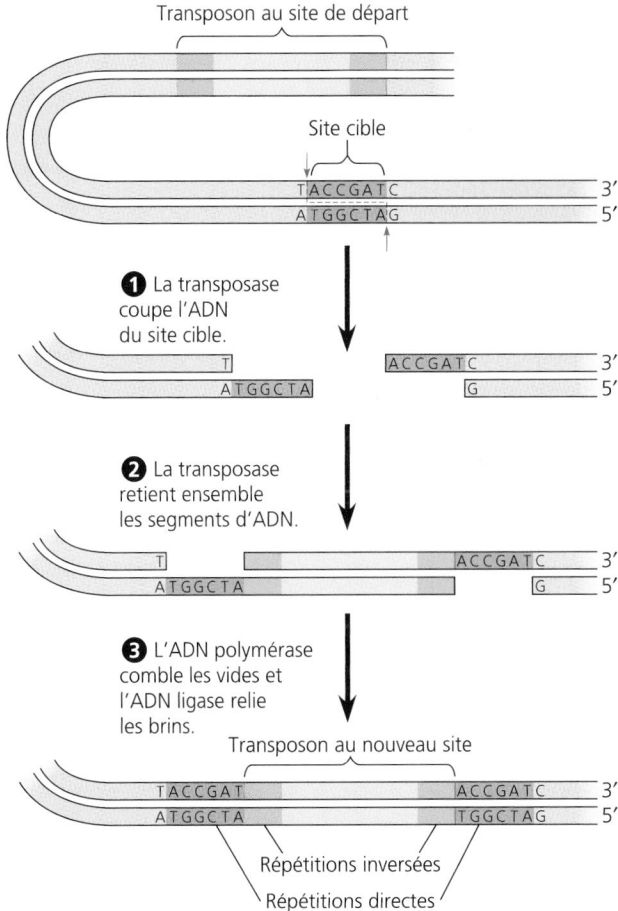

FIGURE 18.16 Le transposon le plus simple : une séquence d'insertion. Le seul gène contenu dans une séquence d'insertion code pour la transposase, une enzyme catalysant le déplacement du transposon. Les séquences appelées répétitions inversées sont longues de 20 à 40 nucléotides environ. Elles sont l'image inversée l'une de l'autre. (Par exemple, l'extrémité supérieure gauche du transposon, lue de gauche à droite, correspond à l'extrémité inférieure droite du transposon, lue de droite à gauche). Lors de la transposition, les molécules de transposase se lient aux répétitions inversées ; elles catalysent l'excision et l'épissage de l'ADN nécessaires à l'insertion du transposon dans le site cible. Ce schéma et ceux qui suivent ne sont pas à l'échelle.

FIGURE 18.17 Insertion d'un transposon et création de répétitions directes. ❶ Premièrement, à l'endroit ciblé, l'enzyme transposase coupe les deux brins d'ADN de façon décalée (flèches rouges). Elle laisse de courts segments non appariés. Entre-temps, le transposon est excisé ou copié sur son site d'origine. ❷ Il est ensuite joint à l'un des bouts libres du site cible. La transposase retient probablement les segments d'ADN ensemble pendant ce processus. ❸ Enfin, les vides dans les deux brins d'ADN sont comblés par l'ADN polymérase et scellés par l'ADN ligase. Des *répétitions directes* (soit des segments d'ADN identiques situés de part et d'autre du transposon) sont ainsi créées. (Les distances le long de l'ADN ne sont pas à l'échelle.)

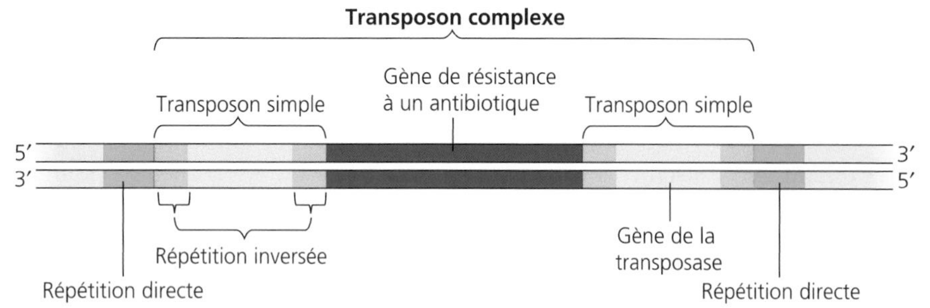

Gène de résistance
à un antibiotique

Transposon simple

Transposon simple

5′   3′
3′   5′

Répétition inversée

Gène de la
transposase

Répétition directe

Répétition directe

FIGURE 18.18 Structure d'un transposon complexe. Un transposon complexe comporte un ou plusieurs gènes situés entre des transposons simples jumeaux. Le transposon complexe représenté ici porte un gène de résistance à un antibiotique. Il l'entraîne avec lui lorsqu'il va s'insérer dans un nouveau site du génome.

l'existence de tels segments d'ADN mobiles a été faite par la généticienne américaine Barbara McClintock, alors qu'elle effectuait des expériences de croisement sur le Maïs (*Zea mays*) pendant les années 1940 et 1950. Elle a identifié des changements de couleur de grains de maïs qui ne pouvaient s'expliquer que par l'existence d'éléments génétiques mobiles, capables d'influer sur les gènes de la couleur des grains à partir d'autres emplacements dans le génome. Elle a appelé ces éléments génétiques mobiles « éléments régulateurs », parce qu'ils semblaient s'insérer à côté des gènes de la couleur des grains et les activer ou les désactiver. La découverte de Barbara McClintock est passée pratiquement inaperçue pendant de nombreuses années, jusqu'à ce que l'on trouve également des transposons chez les Bactéries et que des spécialistes de la génétique des microorganismes comprennent mieux les fondements moléculaires de ce phénomène. En 1983, plus de 30 ans après avoir découvert les éléments génétiques transposables, Barbara McClintock a reçu un prix Nobel. Elle était alors âgée de 81 ans. Elle a poursuivi ses expériences au laboratoire de Cold Spring Harbor, à New York, jusqu'à sa mort en 1992.

Nous reparlerons des transposons chez les Eucaryotes au chapitre 19. Terminons ce chapitre en examinant le mode de régulation des gènes bactériens dans différents milieux.

Le contrôle de leur expression génique permet aux Archéobactéries et aux Bactéries d'ajuster leur métabolisme aux fluctuations de leur milieu

Les mutations et les divers mécanismes de recombinaison étudiés jusqu'ici engendrent une variabilité génétique qui rend possible la sélection naturelle. Par son action sur un grand nombre de générations d'une population bactérienne, la sélection naturelle accroît la proportion d'individus adaptés à de nouvelles conditions du milieu. Mais comment une cellule procaryote ayant hérité d'un génome fixe peut-elle *s'adapter* aux fluctuations de son environnement?

Prenons l'exemple d'une bactérie *E. coli* vivant dans un intestin humain. Son milieu est extrêmement variable, et son approvisionnement en nutriments dépend des caprices alimentaires de son hôte. Si elle manque de tryptophane, un acide aminé dont elle a besoin pour survivre, elle réagit en activant une voie métabolique qui lui permet de synthétiser cette substance à partir d'un autre composé. Plus tard, si son hôte absorbe un repas riche en tryptophane, elle cesse d'en produire elle-même, évitant ainsi de gaspiller ses ressources pour fabriquer une substance déjà toute prête dans la solution environnante. Cet exemple illustre le mode d'adaptation du métabolisme bactérien aux variations du milieu.

La régulation métabolique s'exerce à deux niveaux (FIGURE 18.19). En premier lieu, les cellules peuvent faire varier le nombre de molécules enzymatiques qu'elles synthétisent, c'est-à-dire moduler l'expression de leurs gènes. Deuxièmement, elles peuvent agir sur l'activité des enzymes déjà présentes. Ce second mode de régulation, plus immédiat, est rendu possible par la sensibilité d'un grand nombre d'enzymes à des stimulus chimiques qui font augmenter ou diminuer leur activité catalytique (voir le chapitre 6). Par exemple, l'activité de la première enzyme de la voie de synthèse du tryptophane est inhibée lorsque le produit final de la voie est présent en grande quantité. Par conséquent, si le tryptophane s'accumule dans la cellule, il met fin à sa propre synthèse. Grâce à ce type de rétro-inhibition caractéristique des voies anaboliques (de biosynthèse), la cellule peut s'adapter aux fluctuations à court terme de la concentration d'une substance dont elle a besoin.

Si, dans notre exemple, le milieu continue de fournir des quantités suffisantes de tryptophane, la régulation génique entre également en jeu, et la cellule arrête de produire les enzymes de la voie du tryptophane. Cette régulation de la production enzymatique s'exerce au niveau de la transcription, soit de la synthèse de l'ARN messager codant pour ces enzymes. D'une

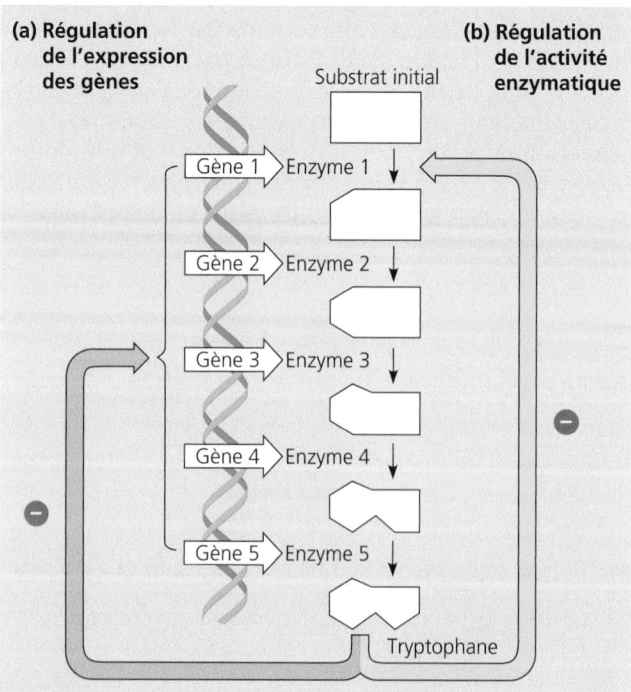

FIGURE 18.19 Régulation d'une voie métabolique. Dans la voie de synthèse du tryptophane, une forte concentration de cet acide aminé peut avoir pour effet **(a)** de réprimer l'expression des gènes de tous les enzymes de la voie de synthèse et **(b)** d'inhiber l'activité de la première enzyme de la voie (rétro-inhibition). Le symbole ⊖ désigne une inhibition.

manière plus générale, de nombreux gènes du génome bactérien sont activés et inactivés par les fluctuations de l'état métabolique de la cellule. Le mécanisme fondamental de ce mode de régulation de l'expression génique, appelé modèle de l'opéron, a été découvert en 1961 par François Jacob et Jacques Monod, de l'Institut Pasteur de Paris. À partir de l'exemple de la régulation de la synthèse du tryptophane, voyons en quoi consiste un opéron et comment il fonctionne.

Opérons : concept de base

E. coli synthétise le tryptophane à partir d'un substrat initial et en passant par une série d'étapes, où chaque réaction est catalysée par une enzyme spécifique (voir la FIGURE 18.19). Les cinq gènes qui codent pour les chaînes polypeptidiques constituant ces enzymes sont regroupés sur le chromosome bactérien. Un seul promoteur dessert les cinq gènes, qui forment une unité de transcription. (Nous avons vu au chapitre 17 qu'un promoteur est un site de l'ADN auquel l'ARN polymérase se lie avant de commencer à transcrire les gènes.) La transcription produit donc une longue molécule d'ARNm. Celle-ci représente

les cinq gènes de la voie du tryptophane. La bactérie peut traduire ce transcrit en polypeptides distincts, parce que l'ARNm porte des codons de départ et d'arrêt marquant le début et la fin de la séquence de codage de chaque polypeptide.

Le fait que les gènes ayant des fonctions connexes soient regroupés dans une même unité de transcription représente un avantage important : ils forment un ensemble qui peut être commandé par un seul « interrupteur ». Lorsque le tryptophane est absent du milieu nutritif et que la bactérie *E. coli* doit le fabriquer elle-même, elle synthétise toutes les enzymes de la voie métabolique en même temps. L'interrupteur en question est un segment d'ADN appelé **opérateur.** Son emplacement et son nom reflètent bien sa fonction : il est situé à l'intérieur du promoteur ou entre le promoteur et les gènes codant pour les enzymes nécessaires ; cela lui permet de réguler l'accès de l'ARN polymérase à ces gènes. L'ensemble formé par les gènes, l'opérateur et le promoteur (tout le tronçon d'ADN nécessaire à la production des enzymes de la voie du tryptophane) constitue un **opéron** (FIGURE 18.20). Celui que nous étudions ici est l'opéron *trp* (*trp* pour tryptophane), l'un des nombreux opérons découverts chez *E. coli.*

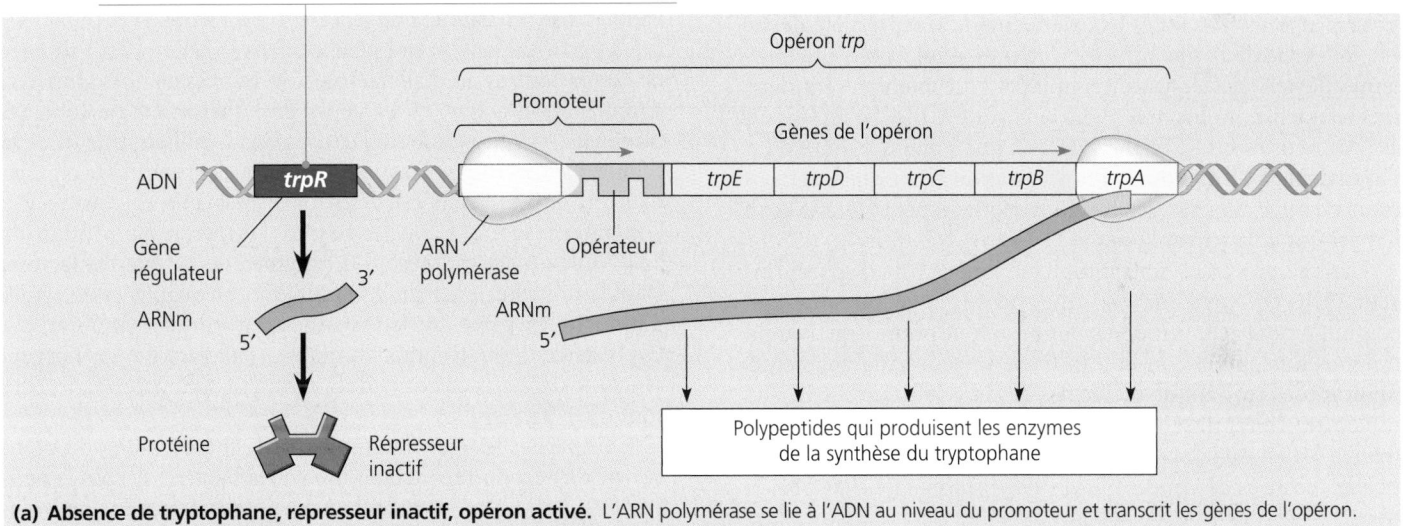

(a) **Absence de tryptophane, répresseur inactif, opéron activé.** L'ARN polymérase se lie à l'ADN au niveau du promoteur et transcrit les gènes de l'opéron.

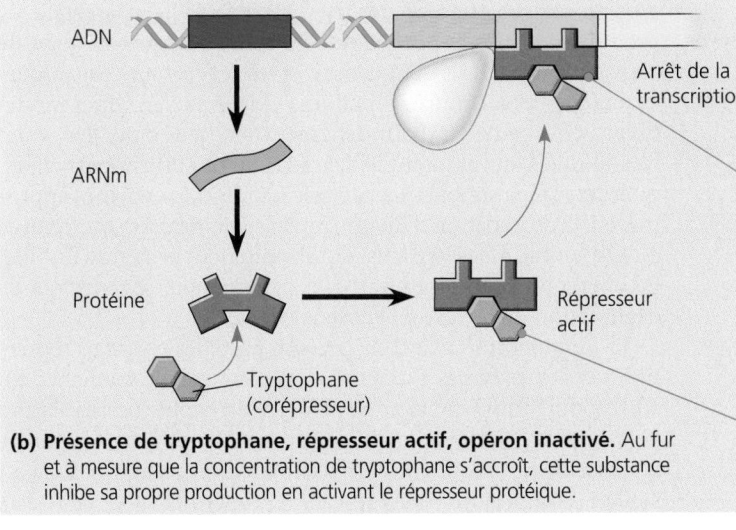

(b) **Présence de tryptophane, répresseur actif, opéron inactivé.** Au fur et à mesure que la concentration de tryptophane s'accroît, cette substance inhibe sa propre production en activant le répresseur protéique.

Le répresseur inactive l'opéron en se liant à l'opérateur et en empêchant l'ARN polymérase d'accéder au promoteur.

Le tryptophane se lie à un site allostérique du répresseur protéique ; celui-ci prend sa conformation active.

FIGURE 18.20 L'opéron *trp* : Régulation de la synthèse des enzymes répressibles. Le tryptophane est un acide aminé produit par l'intermédiaire d'une voie métabolique catalysée par des enzymes répressibles. Cinq gènes codant pour les polypeptides constituant les enzymes de cette voie de synthèse sont regroupés en un opéron ; cet opéron contient aussi un promoteur et un opérateur. (L'opérateur *trp* se situe à l'intérieur du promoteur.) L'accumulation de tryptophane (le produit final de cette voie de synthèse) a pour effet de réprimer la synthèse des enzymes en question. Le mécanisme présent chez *E. coli* est illustré ici.

Si l'opérateur est le lieu où s'exerce la régulation de la transcription, qu'est-ce qui détermine son activation ou son inactivation ? En fait, à l'état naturel, il est activé. L'ARN polymérase peut se lier au promoteur et transcrire les gènes de l'opéron. Mais l'opéron peut être inactivé par une protéine appelée **répresseur.** Celui-ci se lie à l'opérateur et empêche l'ARN polymérase de se fixer au promoteur, interrompant ainsi la transcription des gènes. Les répresseurs protéiques sont spécifiques, c'est-à-dire qu'ils ne reconnaissent que l'opérateur d'un certain opéron et ils ne peuvent se lier qu'à lui. Le répresseur qui inactive l'opéron *trp* n'a aucun effet sur les autres opérons présents dans le génome d'*E. coli.*

Le répresseur est le produit d'un gène appelé **gène régulateur.** Le gène régulateur *trpR,* qui code pour le répresseur de *trp,* se trouve à une certaine distance de l'opéron qu'il contrôle et possède son propre promoteur. La transcription du gène *trpR* produit une molécule d'ARNm. Celle-ci est traduite en un répresseur inactif qui diffuse dans le cytosol. Les gènes régulateurs sont transcrits de façon continue, mais à un rythme lent, et il y a toujours quelques molécules de répresseur dans la cellule. Mais si tel est le cas, pourquoi l'opéron *trp* n'est-il pas inactivé en permanence ? Premièrement, la liaison entre un répresseur et un opérateur est réversible. L'opérateur oscille entre les modes « activé » et « inactivé » ; la durée relative de chacun de ces états dépend du nombre de molécules de répresseur actives qui sont présentes dans la cellule. Deuxièmement, le répresseur de *trp* est, à l'instar de la plupart des protéines régulatrices, une protéine allostérique, c'est-à-dire qu'il peut lui-même revêtir deux formes : active ou inactive (voir la FIGURE 6.18). Le répresseur est synthétisé sous sa forme inactive, qui a peu d'affinité pour l'opérateur *trp.* Il n'adopte sa configuration active que si le tryptophane se lie à lui sur un site allostérique ; il peut alors se lier à l'opérateur et inactiver l'opéron.

Dans ce processus, le tryptophane joue le rôle de **corépresseur.** Un corépresseur est une petite molécule qui agit conjointement avec un répresseur protéique pour désactiver un opéron. Lorsque la concentration de tryptophane augmente, un nombre croissant de molécules de cette substance se lie aux molécules de répresseur de *trp* ; l'une de celles-ci peut alors se fixer à l'opérateur *trp* et inactiver la production du tryptophane. Lorsque la concentration de tryptophane diminue, la transcription des gènes de l'opéron reprend. Cet exemple montre comment l'expression génique permet de répondre rapidement aux fluctuations des milieux interne et externe de la cellule.

Opérons répressibles et inductibles : deux types de régulation génique négative

L'opéron *trp* est un *opéron répressible,* parce que sa transcription est *inhibée* par la liaison allostérique d'une petite molécule spécifique (tryptophane) et d'une protéine régulatrice. À l'inverse, un *opéron inductible* est *stimulé* (induction) par l'interaction entre une petite molécule spécifique et une protéine régulatrice. Penchons-nous sur un exemple qui porte sur le premier opéron étudié, par Jacob et Monod (FIGURE 18.21).

Lorsque son hôte humain boit du lait, la bactérie *E. coli* dispose du disaccharide nommé lactose (sucre du lait). Elle peut alors l'absorber et le dégrader : soit elle en tire de l'énergie, soit elle s'en sert comme source de carbone pour la synthèse d'autres composés organiques. Le métabolisme du lactose commence par l'hydrolyse de ce disaccharide en deux composantes, le glucose et le galactose (des monosaccharides). L'enzyme qui catalyse cette réaction est appelée ß-galactosidase. Dans une bactérie *E. coli* qui s'est développée en l'absence de lactose (dans l'intestin d'une personne qui ne boit pas de lait, par exemple), il n'y a que quelques molécules de cette enzyme. Cependant, si l'on ajoute du lactose dans le milieu nutritif de la bactérie, il suffit de 15 minutes environ pour que le nombre de molécules de ß-galactosidase soit multiplié par mille.

Le gène de la ß-galactosidase fait partie de l'opéron *lac* (*lac* pour métabolisme du lactose), qui comprend également deux autres gènes codant pour des protéines du métabolisme du lactose (voir la FIGURE 18.21). L'ensemble de cette unité de transcription est régulé par un seul opérateur et par un seul promoteur. Le gène régulateur *lacI,* situé à l'extérieur de l'opéron, code pour un répresseur allostérique capable d'inactiver l'opéron *lac* en se liant à l'opérateur. Jusqu'ici, ce mécanisme ressemble beaucoup à celui de la régulation de l'opéron *trp.* Il y a néanmoins une différence importante. Souvenez-vous que le répresseur de *trp* est par nature inactif et qu'il a besoin du tryptophane comme corépresseur pour se lier à l'opérateur. À l'inverse, le répresseur de *lac* est par nature actif : il se lie à l'opérateur et inactive l'opéron *lac.* Il peut être *inactivé* par une petite molécule spécifique appelée **inducteur.** Pour ce qui est de l'opéron *lac,* l'inducteur est l'allolactose, un isomère du lactose. Il est formé en petite quantité à partir du lactose qui pénètre dans la cellule. En l'absence de lactose (et donc d'allolactose), le répresseur *lac* adopte sa conformation active, et les gènes de l'opéron *lac* ne sont pas transcrits. Si l'on ajoute du lactose dans le milieu nutritif de la cellule, l'allolactose se lie au répresseur *lac* et modifie sa conformation ; le répresseur est désormais incapable de s'associer à l'opérateur. Donc, selon les besoins, l'opéron *lac* produit de l'ARNm pour la synthèse des enzymes de la voie du lactose. Dans le contexte de la régulation génique, on qualifie ces enzymes d'inductibles, parce que leur synthèse est stimulée (induite) par la présence d'un stimulus chimique (l'allolactose, en l'occurrence). Quant aux enzymes de la synthèse du tryptophane, elles sont dites répressibles.

Comparons les enzymes répressibles et inductibles du point de vue de l'économie métabolique de la bactérie *E. coli.* Les enzymes répressibles interviennent généralement dans les voies anaboliques, c'est-à-dire dans la synthèse de produits essentiels à partir de substrats de départ (précurseurs). En arrêtant de produire ces substances lorsqu'elles sont présentes en quantité suffisante, la bactérie peut consacrer les précurseurs organiques et son énergie à d'autres fonctions. Quant aux enzymes inductibles, elles entrent habituellement en jeu dans les voies cataboliques, qui assurent la dégradation des nutriments en des molécules plus simples. La bactérie produit les enzymes appropriées à la dégradation d'un nutriment seulement lorsque celui-ci est disponible. Elle évite ainsi de fabriquer des protéines inutiles. En effet, pourquoi produirait-elle, par exemple, les enzymes de dégradation du lactose en l'absence de lait ?

En ce qui a trait à la comparaison entre les enzymes répressibles et les enzymes inductibles, il convient de souligner un autre point important : ce sont deux exemples de régulation *négative* des gènes, parce que les opérons sont *inactivés* par les répresseurs protéiques dont la conformation est active. Cela est facile à comprendre dans le cas de l'opéron *trp* et peut-être moins évident dans le cas de l'opéron *lac*. L'allolactose entraîne la synthèse des enzymes non pas en agissant directement sur le génome, mais en relâchant l'emprise du répresseur sur l'opéron. Techniquement, l'allolactose est plus un *dérépresseur* qu'un inducteur de l'expression génique. Cependant, on ne parle de régulation génique positive que lorsqu'une molécule d'activateur déclenche la transcription en interagissant directement avec le génome. Prenons un autre exemple relatif à l'opéron *lac*.

Un exemple de régulation génique positive

Pour que les enzymes de dégradation du lactose soient synthétisées en grande quantité, il ne suffit pas que la cellule bactérienne contienne du lactose. Il faut également qu'il y ait *peu* de glucose (un monosaccharide). En effet, si *E. coli* a le choix entre plusieurs substrats lui permettant d'effectuer la glycolyse et d'autres voies cataboliques, elle consomme en priorité du glucose, le glucide le plus souvent présent dans son milieu. Les enzymes de dégradation du glucose (glycolyse; voir la FIGURE 9.9) sont toujours synthétisées par la bactérie.

Comment la bactérie *E. coli* perçoit-elle la concentration de glucose, et comment cette information parvient-elle à son génome? Là encore, le mécanisme en question repose sur l'interaction entre une protéine régulatrice allostérique et une petite molécule organique. La molécule organique est l'adénosine monophosphate cyclique, ou **AMP cyclique** (**AMPc**); sa concentration augmente lorsque le glucose est présent en toute petite quantité (voir la structure de l'AMPc à la FIGURE 11.12). La protéine régulatrice, elle, est la **protéine réceptrice d'AMPc** (**PRA**), qui *active* la transcription. Lorsque l'AMPc se lie au site allostérique de la PRA, celle-ci retrouve sa conformation active et se lie à son tour à un site spécifique situé en amont du promoteur *lac* (FIGURE 18.22, p. 378). La fixation de la protéine réceptrice d'AMPc à l'ADN facilite l'insertion de l'ARN polymérase sur le promoteur et le début de la transcription de l'opéron. Dans ce cas, on peut parler de mécanisme de régulation positive, parce que la protéine réceptrice d'AMPc est une protéine régulatrice stimulant directement l'expression génique.

Si la concentration de glucose augmente dans la cellule, la concentration d'AMPc diminue et la protéine réceptrice d'AMPc quitte l'opéron. Quand la PRA devient inactive, la

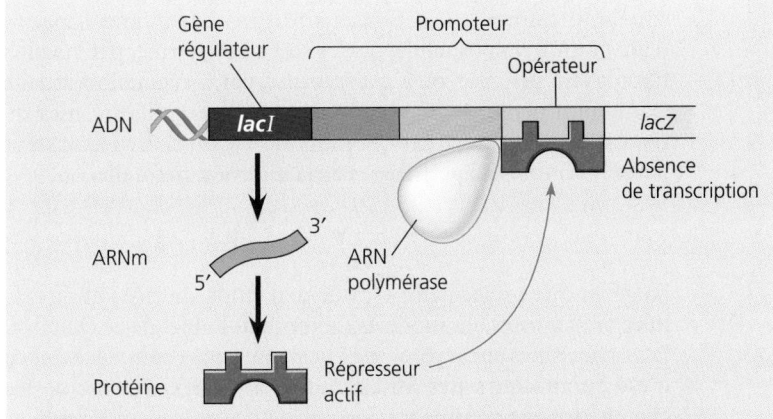

(a) Absence de lactose, répresseur actif, opéron désactivé. Le répresseur de *lac* est naturellement actif; en l'absence de lactose, il désactive l'opéron en se liant à l'opérateur.

FIGURE 18.21 L'opéron *lac*: régulation de la synthèse des enzymes inductibles. Pour assimiler et métaboliser le lactose, *E. coli* a besoin de trois enzymes, dont les gènes sont regroupés dans l'opéron *lac*. L'un d'entre eux, *lacZ*, code pour la β-galactosidase, qui hydrolyse le lactose en glucose et en galactose. Un autre gène, *lacY*, code pour une perméase, la protéine membranaire qui assure le transport du lactose vers l'intérieur de la cellule. Le troisième gène, *lacA*, code pour une enzyme appelée transacétylase, dont la fonction dans le métabolisme du lactose reste incertaine. Le gène du répresseur de *lac*, *lacI*, est adjacent à l'opéron *lac*, ce qui est inhabituel. (La fonction de l'extrémité amont du promoteur, à gauche, est illustrée à la FIGURE 18.22.)

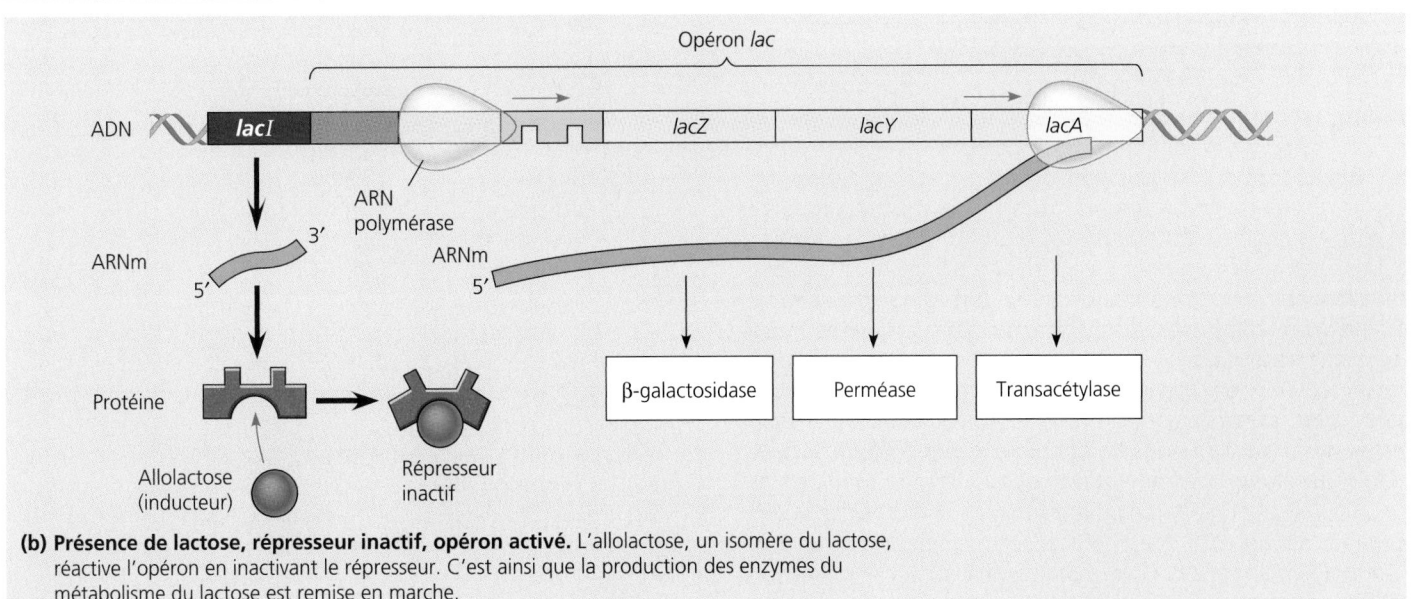

(b) Présence de lactose, répresseur inactif, opéron activé. L'allolactose, un isomère du lactose, réactive l'opéron en inactivant le répresseur. C'est ainsi que la production des enzymes du métabolisme du lactose est remise en marche.

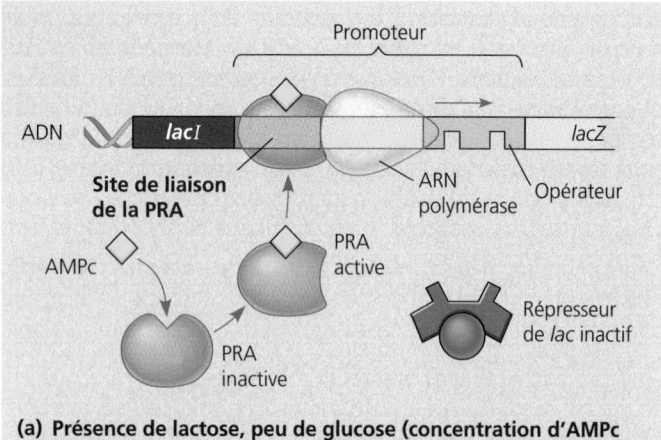

(a) Présence de lactose, peu de glucose (concentration d'AMPc élevée) : synthèse de grandes quantités d'ARNm *lac*. Si le glucose est rare, l'AMPc active la protéine réceptrice d'AMPc (PRA), et l'opéron *lac* produit de grandes quantités d'ARNm pour la voie catabolique du lactose.

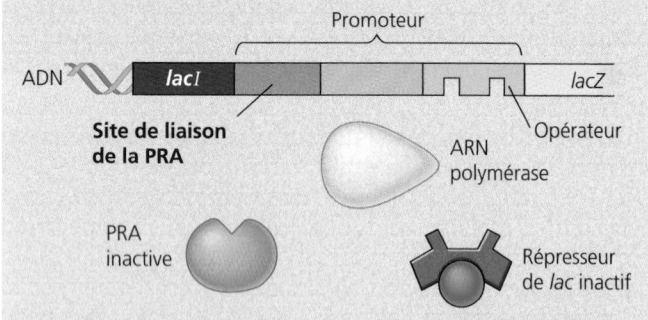

(b) Présence de lactose et de glucose (concentration d'AMPc faible) : synthèse de faibles quantités d'ARNm *lac*. Lorsque le glucose est présent, l'AMPc se fait rare, et la protéine réceptrice d'AMPc (PRA) n'est pas en mesure de stimuler la transcription.

FIGURE 18.22 Régulation positive : protéine réceptrice d'AMPc. L'ARN polymérase a une faible affinité pour le promoteur de l'opéron *lac*, à moins d'être assistée par la protéine réceptrice d'AMPc (PRA), une protéine régulatrice qui s'unit à l'ADN à l'extrémité amont du promoteur. La PRA se lie à l'ADN seulement si elle est associée à l'AMP cyclique (AMPc), dont la concentration augmente dans la cellule lorsque celle du glucose diminue. Donc, même en présence de lactose, la cellule catabolise en priorité le glucose au moyen d'enzymes toujours présentes. Ce système régulateur fait en sorte que la bactérie *E. coli* consomme du lactose et d'autres catabolites secondaires uniquement lorsque le glucose est rare.

transcription de l'opéron *lac* se poursuit au ralenti, même en présence de lactose. L'opéron *lac* subit donc une double régulation : une régulation négative par le répresseur de *lac*, et une régulation positive par la protéine réceptrice d'AMPc. L'état dans lequel le répresseur de *lac* (avec ou sans allolactose) se trouve détermine si la transcription des gènes de l'opéron *lac* aura lieu. Quant à l'état de la PRA (avec ou sans AMPc), il détermine la vitesse de transcription si l'opéron est exempt de répresseur. C'est comme si l'opéron était muni à la fois d'un interrupteur et d'un bouton de volume.

Bien que nous ayons pris l'opéron *lac* comme exemple, la protéine réceptrice d'AMPc agit, contrairement aux répresseurs, sur plusieurs opérons codant pour les enzymes de diverses voies cataboliques. Lorsque le milieu contient du glucose et que la protéine réceptrice d'AMPc est inactive, il y a un ralentissement général de la synthèse des enzymes nécessaires au catabolisme de substances autres que le glucose. Comme la cellule peut cataboliser d'autres composés, tels que le lactose, elle dispose de mécanismes de secours qui lui permettent de survivre en l'absence de glucose. La nature des composés présents à un moment donné détermine l'identité des opérons activés. Ces mécanismes d'urgence complexes conviennent à un organisme qui ne peut exercer aucune régulation sur le régime alimentaire de son hôte humain. Les procaryotes possèdent une capacité d'adaptation remarquable, que ce soit à long terme, par l'évolution de leur génome, ou à court terme, par la régulation de leur expression génique. Bien entendu, les divers mécanismes de régulation sont aussi des produits de l'évolution : ils existent parce qu'ils ont été perpétués par la sélection naturelle.

■   ■   ■

La génétique moléculaire est née de l'étude de virus et de cellules procaryotes, les modèles qui ont fait l'objet de ce chapitre. Les organismes eucaryotes sont beaucoup plus complexes, et ce n'est qu'au cours des 10 dernières années environ que les chercheurs ont commencé à comprendre comment la régulation de l'expression génique peut aboutir à une telle complexité. Nous aborderons cette question dans le prochain chapitre.

RÉVISION DU CHAPITRE

Résumé des concepts importants

LA GÉNÉTIQUE DES VIRUS

- Les chercheurs ont découvert les Virus alors qu'ils étudiaient une maladie des Plantes (p. 356). À la fin du XIXe siècle, ils ont découvert un agent infectieux beaucoup plus petit qu'une bactérie.

- Un virus est un génome enfermé dans une coque protectrice (p. 356 et 357, FIGURE 18.2). Un virus est un petit génome d'acide nucléique enfermé dans une capside de protéines et, parfois, dans une enveloppe membraneuse. Le génome peut être formé d'ADN monocaténaire ou bicaténaire, ou encore d'ARN monocaténaire ou bicaténaire.

- Les Virus ne peuvent se reproduire qu'à l'intérieur d'une cellule hôte : *une vue d'ensemble* (p. 357 et 358, FIGURE 18.3). Les Virus se répliquent à l'aide des enzymes, des ribosomes et des molécules de leur cellule hôte. Chaque type de virus a un spectre d'hôtes qui lui est propre et qui est déterminé par la nature des récepteurs présents sur les cellules hôtes.

- Les Phages se répliquent en suivant un cycle lytique ou un cycle lysogénique (p. 359 et 360, FIGURE 18.5). Le cycle lytique s'amorce lorsqu'un génome phagique s'incorpore dans une cellule procaryote et programme la destruction de l'ADN de son hôte, la production de nouveaux phages et la digestion de la paroi cellulaire de son hôte. Le dernier phénomène permet la libération des phages nouvellement créés. Dans le cycle lysogénique, le génome d'un phage tempéré s'insère dans un chromosome bactérien sous forme de prophage. Celui-ci est ensuite transmis aux cellules bactériennes filles, et ce, jusqu'à ce qu'il soit excisé du chromosome sous l'effet d'une stimulation et qu'il commence un cycle lytique.

- Les Virus qui parasitent les Animaux ont des modes d'infection et de réplication très variés (p. 361 à 365, FIGURES 18.6 et 18.7). Les Virus qui parasitent les Animaux sont souvent pourvus d'une enveloppe provenant de la membrane de leur cellule hôte, ce qui leur permet d'entrer dans celle-ci et d'en sortir. Les Rétrovirus (comme celui du VIH) sont des Virus à ARN qui synthétisent de l'ADN à partir de leur matrice d'ARN. Ils le font à l'aide de l'enzyme appelée transcriptase inverse. L'ADN peut ensuite s'insérer dans le génome de l'hôte sous forme de provirus. Les vaccins antiviraux stimulent les mécanismes de défense de l'hôte contre une infection par le virus correspondant. Les « nouveaux » virus qui provoquent des épidémies sont généralement des virus préexistants qui ont étendu leur spectre d'hôtes. Les virus oncogènes insèrent leur ADN dans celui de la cellule hôte, ce qui déclenche la formation de tumeurs.

- Les Virus qui infectent les Végétaux nuisent sérieusement à l'agriculture (p. 365). La plupart sont des Virus à ARN monocaténaire. Ils pénètrent dans les cellules végétales par la paroi cellulaire endommagée ou bien ils sont hérités d'un parent.

- Les viroïdes et les prions sont des agents infectieux encore plus simples que les Virus (p. 366). Les maladies des Plantes peuvent être causées par des viroïdes, des molécules d'ARN nues. Celles-ci entravent la croissance des végétaux atteints. Les prions sont des protéines infectieuses provoquant des maladies du cerveau chez les Mammifères.

- Les Virus sont peut-être les descendants d'autres éléments génétiques mobiles (p. 366 et 367). Il semble qu'ils soient apparus sous la forme de fragments d'acide nucléique cellulaire entourés d'une coque.

LA GÉNÉTIQUE DES PROCARYOTES

- La succession rapide des générations de procaryotes permet à ceux-ci de mieux s'adapter aux changements de leur milieu (p. 367 et 368). Le chromosome bactérien est une molécule d'ADN circulaire à laquelle un petit nombre de protéines est lié. Les plasmides sont des cercles d'ADN de plus petite taille portant des gènes accessoires. Les Archéobactéries et les Bactéries prolifèrent rapidement, et leurs générations sont courtes. Ainsi, leurs mutations peuvent entraîner des variations génétiques rapides dans une population bactérienne donnée.

- La recombinaison génétique produit de nouvelles souches de procaryotes (p. 368 à 374, FIGURES 18.12, 18.13, 18.15, 18.18). Les mécanismes de transfert de gènes entre cellules procaryotes sont : la transformation, la transduction et la conjugaison. Lors de la transformation, un ADN nu pénètre dans une bactérie à partir du milieu environnant. La transduction est le transfert d'ADN bactérien d'une cellule à l'autre à l'aide d'un phage. Lors de la conjugaison, une bactérie donneuse contenant un facteur F transfère de l'ADN à une bactérie F$^-$. Les bactéries F$^+$ ne transfèrent que leur plasmide F. Dans une bactérie Hfr, le facteur F est inséré dans le chromosome, et il entraîne avec lui une partie de l'ADN chromosomique pendant son transfert à une bactérie F$^-$. Les plasmides R confèrent une résistance à divers antibiotiques. Leur transfert aux autres bactéries pose des problèmes d'ordre médical. Les transposons sont des segments d'ADN qui peuvent s'insérer dans plusieurs sites de l'ADN d'une cellule ; ils contribuent aussi au brassage des gènes chez les Archéobactéries et les Bactéries (et chez les Eucaryotes). Le déplacement des séquences d'insertion, ou transposons simples, peut se répercuter sur le fonctionnement des gènes. Les transposons simples sont constitués de répétitions inversées encadrant un gène de transposase. Les transposons complexes contiennent d'autres gènes, comme ceux de la résistance aux antibiotiques.

- Le contrôle de leur expression génique permet aux Archéobactéries et aux Bactéries d'ajuster leur métabolisme aux fluctuations de leur milieu (p. 374 à 378, FIGURES 18.19 et 18.22). Les cellules ajustent leur métabolisme en assurant la régulation de l'activité enzymatique ou de la synthèse des enzymes. Pour ce faire, elles activent ou inactivent les gènes correspondants. Chez les Bactéries, les gènes dont la régulation est coordonnée sont souvent regroupés en opérons. Un même promoteur dessert plusieurs gènes contigus situés sur le même opéron. Un opérateur situé sur l'ADN active ou inactive l'opéron correspondant. Dans le cas d'un opéron répressible, la liaison d'un répresseur protéique à l'opéron a pour effet d'inactiver la transcription en empêchant l'ARN polymérase de se lier à l'ADN. Le répresseur est lui-même activé lorsqu'il se lie à une petite molécule de corépresseur (qui est généralement le produit final d'une voie anabolique). Dans le cas d'un opéron inductible, un répresseur naturellement actif est inactivé lorsqu'il se lie à un inducteur ; ainsi les gènes de l'opéron ne sont activés qu'en cas de nécessité. Les enzymes inductibles jouent habituellement un rôle dans les voies cataboliques. Les opérons peuvent également faire l'objet d'une régulation positive par l'intermédiaire d'une protéine activatrice stimulatrice. Par exemple, la forme active de la protéine réceptrice d'AMPc stimule la transcription en se liant à un site voisin du promoteur, ce qui accroît sa capacité à se lier à l'ARN polymérase.

Autoévaluation

(Les questions dont les numéros sont en caractères gras font surtout appel à la compréhension.)

1. Les scientifiques ont trouvé la façon d'assembler un bactériophage à partir de la coque protéique d'un phage T2 et de l'ADN d'un phage T4. Si l'on permettait à ce phage composite d'infecter une bactérie, les phages produits dans la cellule hôte posséderaient :
   a) les protéines de T2 et l'ADN de T4.
   b) les protéines de T4 et l'ADN de T2.
   c) un mélange de l'ADN et des protéines des deux phages.
   d) les protéines et l'ADN de T2.
   e) les protéines et l'ADN de T4.

2. La transmission horizontale d'une maladie virale chez une plante peut s'effectuer par :
   a) le déplacement des particules virales à travers les plasmodesmes.
   b) la transmission héréditaire d'une infection en provenance d'un parent.
   c) la transmission d'une infection par reproduction végétative (asexuée).
   d) l'action d'insectes qui agissent comme vecteurs en portant les particules virales d'une plante à l'autre
   e) la transmission de provirus lors de la division cellulaire.

3. Les Virus à ARN ont besoin d'avoir leur propre provision de certaines enzymes, parce que :
   a) ils sont rapidement détruits par les mécanismes de défense de la cellule hôte.
   b) les cellules hôtes n'ont pas les enzymes qui permettent la réplication du génome viral.
   c) les enzymes traduisent l'ARNm viral en protéines.
   d) ils traversent les membranes de la cellule hôte au moyen de ces enzymes.
   e) ces enzymes ne peuvent pas être produites dans la cellule hôte.

4. Parmi les affirmations suivantes, laquelle s'applique à un plasmide R ?
   a) Son transfert a pour effet de convertir une bactérie F^- en une bactérie F^+.
   b) Il contient les gènes de la résistance aux antibiotiques, ainsi que des pili sexuels.
   c) Il est habituellement transféré d'une bactérie à l'autre par transduction.
   d) C'est un bon exemple de transposon complexe.
   e) Il rend les Bactéries résistantes aux Phages.

5. La transposition diffère des autres mécanismes de recombinaison génétique :
   a) parce qu'elle ne se produit que chez les Bactéries.
   b) parce qu'elle déplace les gènes entre des régions homologues de l'ADN.
   c) parce qu'elle joue un rôle très réduit ou nul dans l'évolution.
   d) parce qu'elle ne se produit que chez les Eucaryotes.
   e) parce qu'elle dissémine les gènes sur de nouveaux loci dans le génome.

6. Un certain opéron produit des enzymes qui, ensemble, permettent la synthèse d'un acide aminé important. Si sa régulation se déroule comme celle de l'opéron *trp* :
   a) l'acide aminé inactive le répresseur.
   b) les enzymes produites sont appelées enzymes inductibles.
   c) le répresseur se lie à l'opérateur en l'absence de l'acide aminé.
   d) l'acide aminé joue le rôle de corépresseur.
   e) l'acide aminé active la synthèse des enzymes.

7. Une mutation rendant non fonctionnel le gène régulateur d'un opéron inductible aurait comme conséquence :
   a) la transcription continue des gènes de l'opéron.
   b) le ralentissement de la transcription des gènes de l'opéron.
   c) l'accumulation de grandes quantités du substrat de la voie catabolique dont l'opéron assure la régulation.
   d) la liaison irréversible du répresseur au promoteur.
   e) la surproduction de la protéine réceptrice d'AMPc.

8. Parmi les types de transfert d'information ci-dessous, lequel est catalysé par la transcriptase inverse ?
   a) ARN → ARN
   b) ADN → ARN
   c) ARN → ADN
   d) protéine → ADN
   e) ARN → protéine

9. Quelle caractéristique ou quel mécanisme parmi les suivants est commun aux Bactéries et aux Virus ?
   a) Un matériel génétique constitué d'acide nucléique.
   b) La scissiparité.
   c) La mitose
   d) La présence de ribosomes dans le cytoplasme.
   e) La conjugaison.

10. Parmi les mécanismes suivants, lequel ne contribue jamais à la variabilité génétique dans une population bactérienne ?
    a) La transduction.
    b) La transformation.
    c) La conjugaison.
    d) La mutation.
    e) La méiose.

11. Lors de la conjugaison entre une bactérie Hfr et une bactérie F^- :
    a) toutes les bactéries F^- deviennent des bactéries F^+.
    b) toutes les bactéries F^- deviennent des bactéries Hfr.
    c) le chromosome de la bactérie F^- est entièrement remplacé par celui de la bactérie Hfr.
    d) certains gènes de la bactérie Hfr peuvent remplacer ceux de la bactérie F^- par recombinaison.
    e) de l'ADN de la bactérie F^- passe dans la bactérie Hfr, et de l'ADN de la cellule Hfr passe dans la bactérie F^-.

12. Les « nouveaux » virus apparaissent par :
    a) mutation des virus existants.
    b) propagation des virus existants à de nouvelles espèces hôtes.
    c) la dissémination plus générale d'un virus existant dans la population hôte actuelle.
    d) toutes les réponses ci-dessus.
    e) aucune des réponses ci-dessus.

13. Une certaine mutation survenue chez *E. coli* rend impossible la liaison entre le répresseur actif et l'opérateur *lac*. Quel effet cela a-t-il sur la bactérie ?

14. Décrivez un mode de propagation des gènes viraux qui ne mène pas à la destruction des cellules infectées.

15. Comment certains virus peuvent-ils se reproduire sans jamais contenir d'ADN?

16. Quels sont les trois modes d'infection d'une plante par un virus?

17. Pourquoi dit-on que le VIH est un Rétrovirus?

Lien avec l'évolution

Le succès de virus comme le VIH tient à leur capacité à évoluer à l'intérieur même de l'organisme infecté. Le VIH échappe au système immunitaire de l'hôte en mutant à une fréquence élevée : il produit des générations successives de virus qui changent d'aspect avant même que l'organisme puisse contre-attaquer. C'est ainsi qu'il finit par vaincre les mécanismes de défense de l'hôte. Les virus qui sont présents aux derniers stades de l'infection sont donc différents de ceux qui ont amorcé l'infection, bien qu'ils en soient les descendants. Commentez ce phénomène en vous en servant comme d'un exemple d'évolution dans un microcosme. Quelles sont les lignées virales qui survivent le plus facilement?

Intégration

Lorsque des bactéries infectent un animal, la quantité de bactéries présentes dans l'organisme de celui-ci s'accroît graduellement. Le graphique (a) montre une courbe régulière qui représente la croissance de la population bactérienne. Une infection virale donne une courbe différente : pendant un certain temps, il n'y a aucun signe d'infection, puis le nombre de virus augmente brusquement. Ce nombre reste constant pendant un certain temps, puis on observe une nouvelle augmentation soudaine. La croissance de la population de virus, illustrée par la courbe du graphique (b), forme une série de plateaux. Expliquez

les différences entre les deux courbes. À quel type d'équation mathématique correspond chacune des courbes?

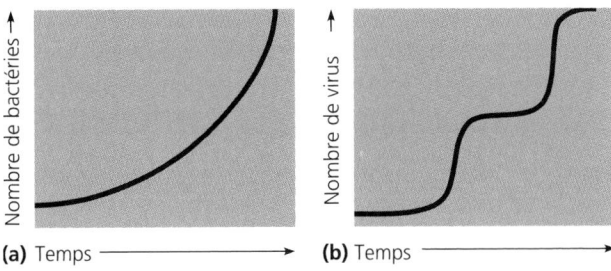

(a) Temps ⟶   (b) Temps ⟶

Science, technologie et société

Expliquez pourquoi l'utilisation abusive ou inadéquate d'antibiotiques représente un danger pour la santé des populations humaines.

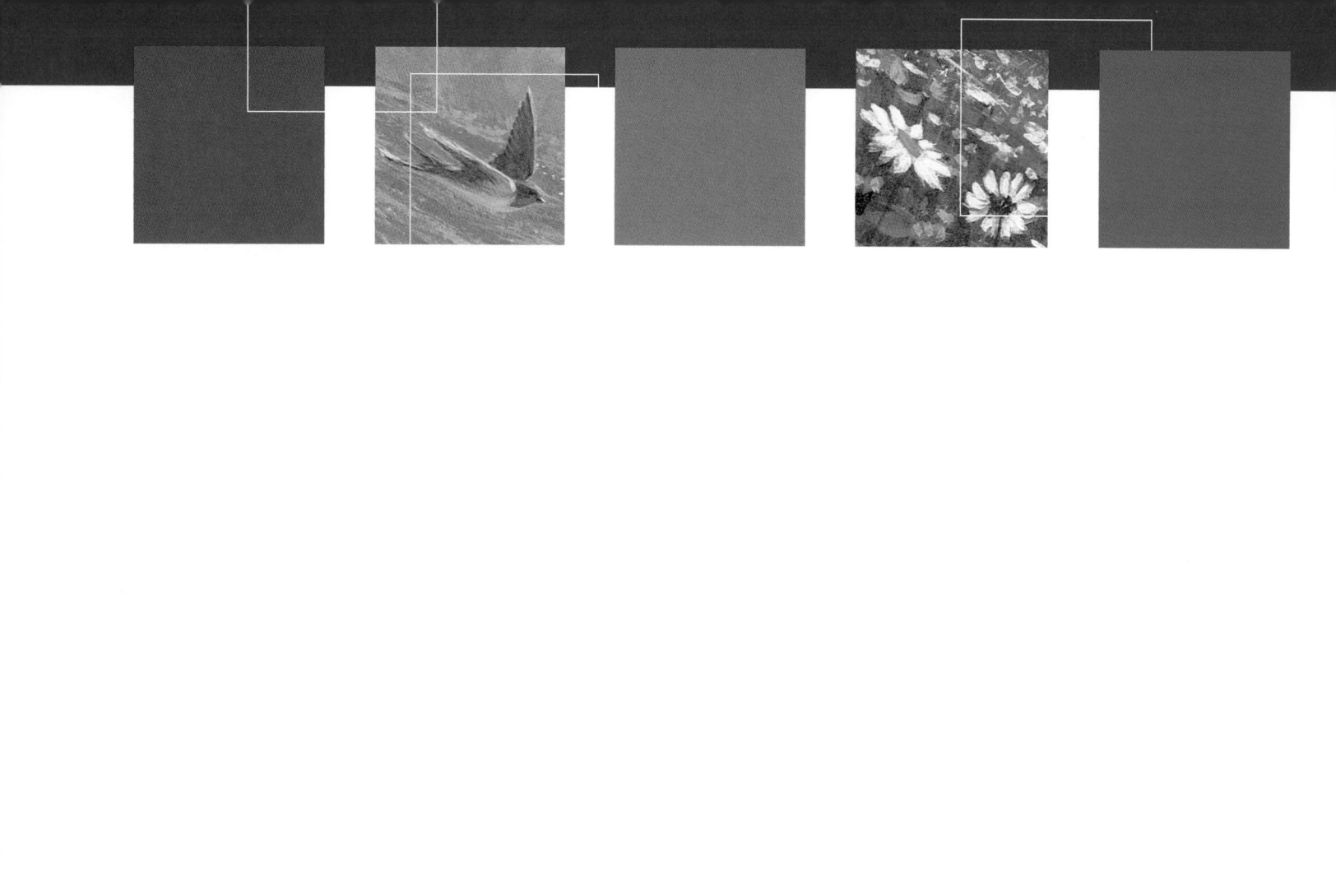

CHAPITRE 19

STRUCTURE ET RÉGULATION DU GÉNOME CHEZ LES EUCARYOTES

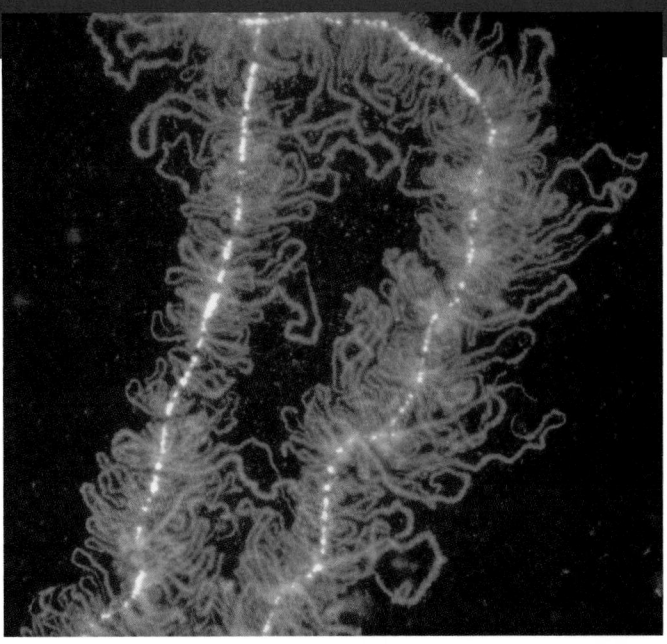

« La structure de l'ADN : une mélodie pour les yeux de la raison, sans aucune note superflue. »

HORACE FREELAND JUDSON
historien des sciences aux États-Unis

LA STRUCTURE DE LA CHROMATINE CHEZ LES EUCARYOTES

- La structure de la chromatine reflète les niveaux successifs de repliement de l'ADN

LA STRUCTURE DU GÉNOME AU NIVEAU DE L'ADN

- Une grande partie du génome des Eucaryotes est constituée d'ADN répétitif et d'autres séquences non codantes
- Les familles multigéniques sont apparues par duplication de gènes ancestraux
- L'amplification, la perte ou le remaniement des gènes peuvent altérer le génome cellulaire au cours de la vie d'un organisme

LA RÉGULATION DE L'EXPRESSION GÉNIQUE

- Chaque cellule d'un eucaryote multicellulaire n'exprime qu'une petite partie des gènes de l'organisme
- La régulation de l'expression génique peut s'exercer à n'importe quelle étape de la voie qui part du gène et qui mène à la protéine fonctionnelle : *une vue d'ensemble*
- Les modifications de la chromatine déterminent les gènes qui pourront être transcrits
- L'initiation de la transcription est régulée par des protéines qui interagissent avec l'ADN et entre elles
- Les mécanismes posttranscriptionnels jouent un rôle de soutien dans la régulation de l'expression génique

LA BIOLOGIE MOLÉCULAIRE DU CANCER

- Le cancer résulte de modifications génétiques qui altèrent le cycle cellulaire
- Des protéines anormales de suppression des tumeurs et les protéines codées par des oncogènes dérèglent le fonctionnement des voies de conversion et d'amplification des stimulus
- L'apparition du cancer est le résultat de mutations multiples

Pour exprimer leurs gènes, *les cellules eucaryotes font face aux mêmes obstacles que les cellules procaryotes, à la différence que le génome des Eucaryotes a une taille habituellement beaucoup plus grande et que les Eucaryotes multicellulaires ont des cellules spécialisées. À cause de ces deux facteurs, la cellule eucaryote doit effectuer un travail colossal de traitement de l'information.*

Par exemple, on estime que le génome d'une cellule humaine contient environ 35 000 gènes (un nombre 10 fois plus élevé que celui d'une bactérie ordinaire). Il renferme également une quantité énorme d'ADN qui ne commande pas la synthèse d'ARN ni de protéines. Tout cet ADN doit se répliquer à chaque cycle cellulaire. Sa gestion n'est possible que s'il est finement structuré. Chez les cellules procaryotes comme chez les cellules eucaryotes, l'ADN se lie à des protéines de façon à former la chromatine. Cependant, dans les cellules eucaryotes, la chromatine a une structure plus élaborée. La micrographie ci-dessus donne une idée de la structure complexe de la chromatine dans un ovule de salamandre en cours de développement. Une partie de la chromatine (en blanc) est compactée le long de l'axe principal de chacune des deux chromatides du chromosome, alors que d'autres parties (boucles rouges) sont en cours de transcription. Chez les Eucaryotes comme chez les cellules procaryotes, la régulation de l'expression génique s'effectue le plus souvent à l'étape de la transcription. Dans le présent chapitre, vous allez en apprendre davantage sur la structure des chromosomes des cellules eucaryotes, sur la répartition des séquences nucléotidiques dans le génome des Eucaryotes et sur les mécanismes de régulation génique chez les Eucaryotes. Vous verrez également comment certaines modifications de l'ADN bouleversent la régulation génique et mènent au cancer.

LA STRUCTURE DE LA CHROMATINE CHEZ LES EUCARYOTES

Voyons d'abord comment les cellules eucaryotes regroupent leur ADN chromosomique sous forme de chromatine.

La structure de la chromatine reflète les niveaux successifs de repliement de l'ADN

On pensait autrefois que le génome bactérien, qui ne contient généralement que quelques millions de paires de nucléotides, était un cercle d'ADN nu, sans mode de repliement particulier. Aujourd'hui, on sait que l'ADN du chromosome bactérien est lié à des protéines spécifiques et qu'il est enroulé et replié de façon complexe mais ordonnée.

Cependant, la chromatine des Eucaryotes (FIGURE 19.1) est beaucoup plus complexe que celle des Archéobactéries et des Bactéries. L'ADN des Eucaryotes est lié de façon précise à de grandes quantités de protéines, et la chromatine ainsi formée subit des changements importants au cours du cycle cellulaire. Généralement, pendant l'interphase, les fibres de chromatine sont en grande partie déroulées dans le noyau de la cellule. Et, lorsqu'on ajoute un colorant à celle-ci en vue de l'observer au microscope photonique, la chromatine apparaît comme une masse diffuse et colorée. Cependant, comme vous l'avez vu au chapitre 12, lorsqu'une cellule se prépare à la mitose, sa chromatine s'enroule et se replie (se condense) en formant un nombre prédéterminé de chromosomes courts et épais, visibles au microscope photonique.

Les chromosomes des Eucaryotes à l'état condensé ne sont pas longs par rapport à la quantité énorme d'ADN qu'ils contiennent. Chacun est constitué d'une double hélice d'ADN linéaire. Chez l'Humain, celle-ci contient en moyenne 2×10^8 paires de nucléotides. Si une telle molécule d'ADN était entièrement déroulée, elle aurait une longueur d'environ 6 cm, un chiffre des milliers de fois plus grand que le diamètre du noyau cellulaire. Tout cet ADN, ainsi que celui des 45 autres chromosomes humains, est logé dans le noyau grâce à un système complexe de condensation à plusieurs niveaux. La FIGURE 19.1 montre un modèle de ce mode de condensation.

Les nucléosomes ou « collier de perles »

Chez les Eucaryotes, des protéines appelées **histones** assurent le premier niveau de condensation de l'ADN. Dans la chromatine, leur masse équivaut à peu près à celle de l'ADN. Elles contiennent une forte proportion d'acides aminés de charge positive (lysine et arginine), et elles se lient solidement à l'ADN, qui porte des charges négatives. (Souvenez-vous que les groupements phosphate de l'ADN confèrent à celui-ci des charges négatives sur toute sa longueur ; voir la FIGURE 16.5.) Le complexe formé par l'ADN et les histones constitue la chromatine sous sa forme la plus simple. Il y a cinq sortes d'histones. Ces protéines sont très semblables d'une espèce eucaryote à l'autre, et on trouve même des protéines similaires chez les procaryotes. Il semble donc que les gènes à l'origine des histones se soient très bien conservés au cours de l'évolution.

Sur les micrographies électroniques, la chromatine déroulée ressemble à un collier de perles, comme on peut le voir à la FIGURE 19.1a. Chacune des « perles » forme avec l'ADN adjacent un **nucléosome.** Ce dernier constitue l'unité fondamentale de la condensation de l'ADN. Il est formé d'ADN enroulé autour d'un noyau protéique, un octamère constitué de deux molécules de chacun des quatre types d'histones suivants : H2A, H2B, H3

et H4. Une molécule de la cinquième sorte d'histone, appelée H1, se lie à l'ADN près de la perle lorsque la chromatine passe au stade de condensation suivant.

Le collier de perles semble demeurer essentiellement intact pendant tout le cycle cellulaire. Les histones ne se séparent de l'ADN que de façon temporaire, pendant la réplication de celui-ci. Elles restent associées à lui pendant la transcription. Comment l'ADN peut-il être transcrit alors qu'il est enroulé autour des histones des nucléosomes ? Les chercheurs ont constaté que les nucléosomes sont des structures dynamiques, qui peuvent changer de forme et de position pour permettre aux ARN polymérases de se déplacer le long de l'ADN. Plus loin dans ce chapitre, nous parlerons de certaines découvertes récentes concernant la fonction des nucléosomes dans la régulation de l'expression génique.

Niveaux supérieurs de condensation de l'ADN

Le collier de perles subit à son tour un repliement d'ordre supérieur. Ce phénomène est manifeste lorsque la chromatine, déroulée pendant l'interphase, s'enroule et se replie. Elle finit par former les chromosomes épais et denses observables pendant la mitose. Il est possible d'isoler et de dérouler les chromosomes mitotiques en laboratoire, de façon à retrouver tous les ordres d'enroulement de la chromatine. La FIGURE 19.1b illustre les différentes structures par ordre croissant de condensation. Grâce à l'histone H1, le collier de perles s'enroule et forme une fibre d'environ 30 nm d'épaisseur, appelée *fibre de chromatine de 30 nm* (voir la FIGURE 19.1b). Celle-ci forme à son tour des boucles, les *domaines en boucle,* qui sont liées à la charpente du chromosome. Cette dernière est constituée de protéines autres que des histones. Dans un chromosome mitotique, les domaines en boucle s'enroulent et se replient eux aussi, de sorte que la chromatine devient plus compacte et donne au chromosome métaphasique son aspect caractéristique, que vous pouvez voir au bas de la FIGURE 19.1. On sait que les étapes de la condensation sont extrêmement spécifiques et précises, parce que certains gènes se retrouvent toujours au même endroit sur les chromosomes durant la métaphase.

Pendant l'interphase, la chromatine est généralement beaucoup moins condensée que pendant la mitose. On peut tout de même observer certains niveaux de condensation d'ordre supérieur. Une grande partie du collier de perles est regroupée sous la forme d'une fibre de 30 nm, elle-même repliée en domaines en boucle (comme le montre la micrographie au début du chapitre). Bien que le chromosome interphasique n'ait pas de charpente protéique distincte, ses domaines en boucles semblent être liés à la lamina nucléaire située sur la face interne de l'enveloppe nucléaire, et peut-être aux fibres de la matrice nucléaire. Ces liens contribuent probablement à stabiliser l'ADN des régions en cours de transcription. Pendant l'interphase, la chromatine de chaque chromosome occupe un secteur réduit à l'intérieur du noyau, et les fibres de chromatine des différents chromosomes ne s'emmêlent pas.

Même au cours de cette phase, dans certaines cellules, des portions de chromosomes se trouvent à l'état hautement condensé illustré à la FIGURE 19.1d. Ce type de chromatine interphasique, visible au microscope photonique, est appelé **hétérochromatine,** par opposition à l'**euchromatine** (« vraie

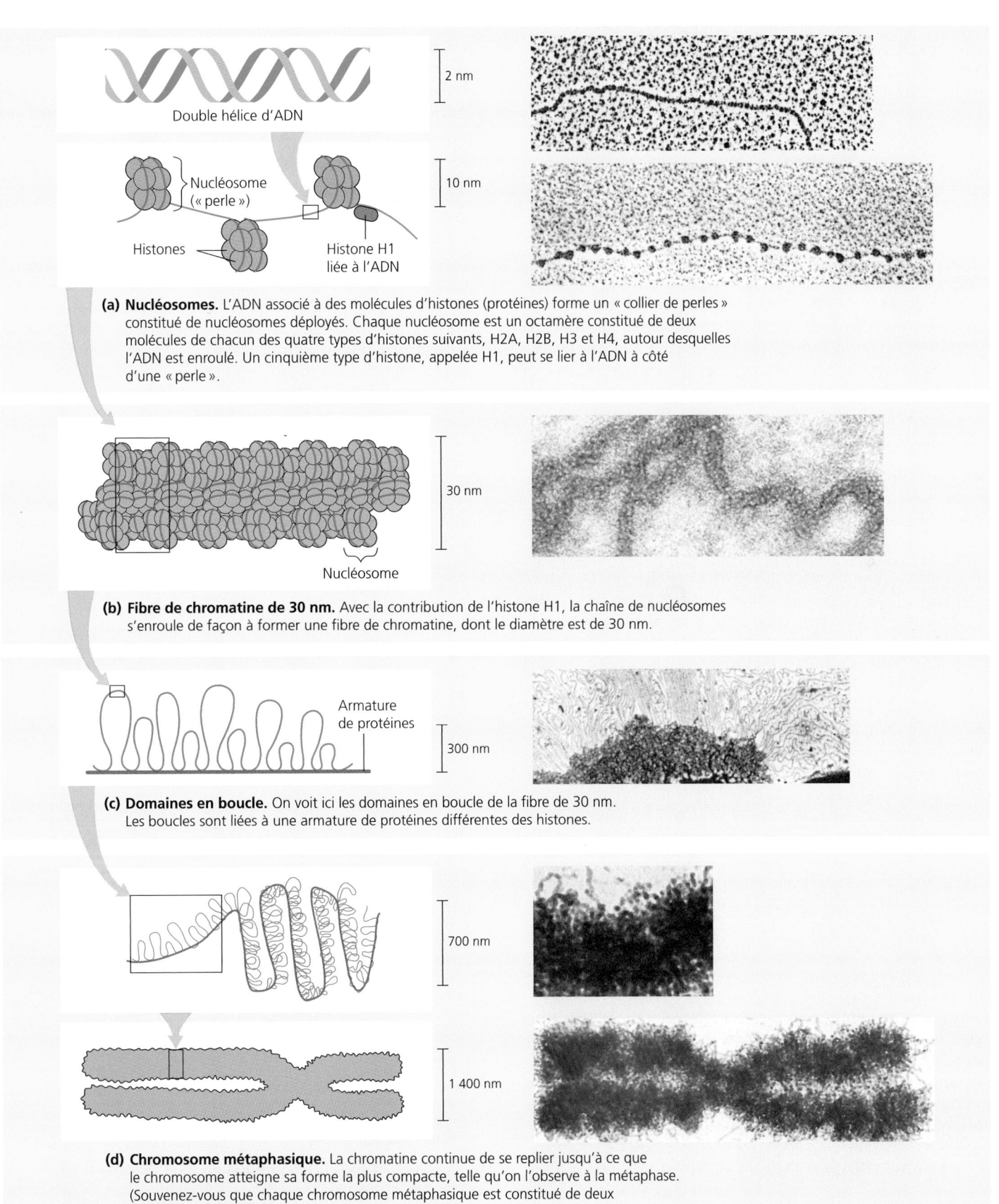

(a) Nucléosomes. L'ADN associé à des molécules d'histones (protéines) forme un « collier de perles » constitué de nucléosomes déployés. Chaque nucléosome est un octamère constitué de deux molécules de chacun des quatre types d'histones suivants, H2A, H2B, H3 et H4, autour desquelles l'ADN est enroulé. Un cinquième type d'histone, appelée H1, peut se lier à l'ADN à côté d'une « perle ».

(b) Fibre de chromatine de 30 nm. Avec la contribution de l'histone H1, la chaîne de nucléosomes s'enroule de façon à former une fibre de chromatine, dont le diamètre est de 30 nm.

(c) Domaines en boucle. On voit ici les domaines en boucle de la fibre de 30 nm. Les boucles sont liées à une armature de protéines différentes des histones.

(d) Chromosome métaphasique. La chromatine continue de se replier jusqu'à ce que le chromosome atteigne sa forme la plus compacte, telle qu'on l'observe à la métaphase. (Souvenez-vous que chaque chromosome métaphasique est constitué de deux chromatides sœurs.)

FIGURE 19.1 Niveaux de condensation de la chromatine. Cette série de diagrammes et de photographies prises au microscope électronique à transmission montre un modèle actuel des stades successifs d'enroulement et de repliement de l'ADN. Ceux-ci aboutissent à un chromosome métaphasique hautement condensé.

chromatine »), moins compacte. Quel est le rôle de cette condensation sélective dans les cellules en interphase ? Comme l'ADN de l'hétérochromatine n'est pas transcrit, il est possible que la formation d'hétérochromatine constitue une sorte d'ajustement préliminaire de la régulation de l'expression génique.

LA STRUCTURE DU GÉNOME AU NIVEAU DE L'ADN

Nous allons examiner maintenant la répartition des gènes et des autres séquences d'ADN à l'intérieur du génome. Étant donné que cette partie du manuel met l'accent sur les gènes, vous serez peut-être surpris d'apprendre que ceux-ci ne constituent qu'une petite partie du génome de la plupart des Eucaryotes multicellulaires.

Une grande partie du génome des Eucaryotes est constituée d'ADN répétitif et d'autres séquences non codantes

Chez les procaryotes, la plus grande partie de l'ADN du génome code pour des protéines (ou de l'ARNt et de l'ARNr). De petites quantités d'ADN non codant sont principalement constituées de séquences régulatrices, comme les promoteurs. De plus, le segment nucléotidique codant des gènes de procaryote est ininterrompu. Dans le génome des Eucaryotes, par contre, la plus grande partie de l'ADN (environ 97 % chez les Humains) ne code ni pour des protéines ni pour de l'ARN. De quoi est-il donc fait ? On sait qu'il comporte des séquences régulatrices, mais il est constitué pour une large part de segments dont la fonction est encore inconnue, si fonction il y a. Ce type d'ADN comprend les introns, des portions d'ADN non codant souvent situées à l'intérieur des séquences codantes des gènes d'eucaryote (voir la FIGURE 17.9). Une partie encore plus importante de l'ADN non codant est formée d'**ADN répétitif**, c'est-à-dire d'un grand nombre de copies de séquences nucléotidiques qui se trouvent dans le génome, mais généralement pas à l'intérieur des gènes.

ADN répétitif en tandem

Le TABLEAU 19.1 montre les diverses catégories d'ADN répétitif que l'on trouve dans des quantités variables chez différentes espèces. Chez les Mammifères, de 10 % à 15 % du génome est constitué d'*ADN répétitif en tandem,* c'est-à-dire d'une série de courtes séquences maintes fois répétées, comme dans l'exemple suivant (montrant un seul brin d'ADN) :

… GTTACGTTACGTTACGTTACGTTACGTTAC …

À un même endroit du génome, l'unité GTTAC peut se suivre plusieurs centaines de milliers de fois. Les unités ainsi répétées peuvent comporter jusqu'à 10 paires de bases.

L'ADN répétitif a souvent une composition nucléotidique assez différente du reste de l'ADN et il ne possède pas la même

masse volumique que celui-ci. Les chercheurs peuvent donc l'isoler par ultracentrifugation analytique (comme dans l'expérience de Meselson-Stahl ; voir la FIGURE 16.9). Si l'on découpe l'ADN génomique en morceaux et qu'on le centrifuge, les segments de masse volumique distincte migrent vers des positions différentes dans le tube à centrifuger. À l'origine, l'ADN répétitif isolé de cette manière était appelé **ADN satellite,** parce qu'il apparaît comme une bande « satellite » distincte du reste de l'ADN dans le tube à centrifuger. Aujourd'hui, ce terme est souvent employé pour désigner tous les ADN répétitifs en tandem.

Comme on le voit au TABLEAU 19.1, on divise l'ADN satellite en trois types, selon la longueur totale de l'ADN présent à chaque site. L'ADN satellite classique se présente sous la forme de segments longs de plus de 100 000 paires de bases. Les catégories *minisatellites* et *microsatellites,* quant à elles, désignent les séquences qui sont plus courtes. L'ADN des microsatellites, dont les unités ne sont répétées que de 10 à 100 fois, s'est avéré extrêmement utile à la technique de l'empreinte génétique, comme nous le verrons au chapitre 20.

Certaines maladies génétiques, dont deux ont été évoquées au chapitre 15, sont dues à des segments anormalement longs de triplets de nucléotides répétés en tandem (un type de microsatellite) à l'intérieur du gène touché. La première séquence de « triplets répétés » de ce type qui a été identifiée est celle qui provoque le syndrome de l'X fragile (l'une des causes principales de l'arriération mentale). Dans l'allèle normal du gène de l'X fragile, la région 5′ de la séquence guide non traduite du premier exon comporte environ 30 répétitions du triplet CGG. Dans l'allèle anormal de l'X fragile, par contre, ce triplet est répété des centaines, voire des milliers de fois. Cela a pour effet de créer le site fragile. L'allongement de l'ADN répétitif se produit par étapes, sur plusieurs générations. La chorée de Huntington est également causée par une répétition anormale

---

TABLEAU 19.1 Types d'ADN répétitif

ADN répétitif en tandem (ADN satellite)

Les unités répétées sur un site sont habituellement identiques.

Proportion dans l'ADN des Mammifères	De 10 % à 15 %
Longueur de chaque unité répétée	De 1 à 10 paires de bases
Longueur totale de l'ADN répétitif par site, en paires de bases	
ADN satellite classique	De 100 000 à 10 millions
minisatellites	De 100 à 100 000
microsatellites	De 10 à 100

ADN répétitif dispersé

Les « copies » sont très semblables mais pas identiques

Proportion dans l'ADN des Mammifères	De 25 % à 40 %
Longueur de chaque unité répétée	De 100 à 10 000 paires de bases
Nombre de répétitions par génome	De 10 à un million

du triplet CAG. Celle-ci est traduite, et la protéine résultante porte une longue suite de glutamines, l'acide aminé codé par la séquence CAG de l'ADN (souvenez-vous qu'on note les séquences d'ADN comme elles apparaissent sur le brin *non codant*). On a identifié jusqu'ici une douzaine de maladies dues à des répétitions de triplets. Elles touchent toutes le système nerveux, et le nombre de répétitions semble toujours être en corrélation avec la gravité de l'affection et l'âge de l'apparition des premiers symptômes. Les chercheurs ne savent pas exactement de quelle façon les répétitions surnuméraires provoquent la maladie; le mécanisme en question varie probablement d'un gène à l'autre.

Dans un génome donné, une grande partie de l'ADN satellite classique est située dans les télomères et dans les centromères. Cela permet de penser que l'ADN joue un rôle structural dans les chromosomes. L'ADN des centromères joue un rôle essentiel lors de la séparation des chromatides, pendant la division cellulaire (voir le chapitre 12). De plus, il contribue peut-être à structurer au cours de l'interphase – et ce, conjointement avec les autres séquences répétitives en tandem – la chromatine contenue dans le noyau. Au chapitre 16, nous avons parlé de l'ADN des télomères, l'extrémité naturelle des chromosomes. Les télomères permettent d'éviter la perte de gènes lorsque l'ADN est raccourci à chaque réplication; ils protègent également les chromosomes en se liant à des protéines qui empêchent les extrémités de ceux-ci de se dégrader ou de se joindre à d'autres chromosomes.

L'importance du rôle joué par les télomères et par les centromères a été mise en évidence lors de la création de *chromosomes artificiels* en laboratoire. Bien entendu, l'ADN dont on se sert pour fabriquer ces chromosomes doit comprendre une origine de réplication. Cependant, cela ne suffit pas: il doit également comporter un centromère et deux télomères. Si le chromosome artificiel contient ces éléments, quelle que soit la nature du reste de son ADN, la cellule sera en mesure de le répliquer et d'en distribuer les exemplaires aux cellules filles d'une manière appropriée.

ADN répétitif dispersé

Outre l'ADN répétitif en tandem, le génome eucaryote contient des quantités énormes d'*ADN répétitif dispersé* (voir le TABLEAU 19.1). Les multiples segments de ce type d'ADN ne sont pas contigus, mais dispersés dans l'ensemble du génome. Une seule de ces unités est habituellement longue de plusieurs centaines, voire de milliers de paires de bases. Les «copies» dispersées sont semblables les unes aux autres; cependant, elles ne sont généralement pas identiques. L'ADN répétitif dispersé constitue de 25% à 40% du génome de la plupart des Mammifères. Chez les Humains et les autres Primates, une partie de cet ADN (au moins 5% du génome) est formée d'une famille de séquences semblables, appelées **séquences *Alu***. Chacune de ces unités est constituée d'environ 300 paires de nucléotides. Comme les triplets répétés de la chorée de Huntington, les séquences *Alu* sont une exception à la règle voulant que l'ADN répétitif ne soit pas codant. De nombreux éléments *Alu* sont transcrits en molécules d'ARN, dont la fonction dans la cellule reste inconnue, si fonction il y a.

Bien qu'on connaisse peu de chose à propos des fonctions de l'ADN répétitif dispersé, on sait comment il en vient à être aussi abondant et situé à des emplacements aussi variables. La plupart des séquences de ce type semblent être, du moins chez les Mammifères, des transposons (les éléments génétiques mobiles présentés au chapitre 18). Nous reparlerons des transposons chez les Eucaryotes plus loin dans ce chapitre.

Les familles multigéniques sont apparues par duplication de gènes ancestraux

Le génome des Eucaryotes, comme celui des cellules procaryotes, ne renferme qu'un exemplaire unique de la plupart des gènes, c'est-à-dire qu'il n'y a qu'une seule copie par jeu haploïde de chromosomes. Cependant, certains gènes sont présents en plusieurs exemplaires, et d'autres ont des séquences nucléotidiques très semblables. On appelle **famille multigénique** un ensemble de gènes identiques ou très semblables. Il est probable que tous les gènes d'une même famille dérivent d'un même gène ancestral. On peut considérer les familles multigéniques comme de l'ADN répétitif comportant de très longues séquences répétées (de la longueur d'un gène). Les membres d'une famille multigénique peuvent être regroupés ou dispersés dans l'ensemble du génome.

Certaines familles multigéniques sont constituées de *gènes identiques,* habituellement regroupés en tandem. Les familles multigéniques de gènes identiques sont le plus souvent constituées de gènes codant pour de l'ARN (les gènes détenant le message génétique correspondant aux histones représentent une exception importante à cette règle). On peut citer l'exemple de la famille de gènes identiques codant pour les trois plus grandes molécules d'ARN ribosomique (ARNr) (FIGURE 19.2, p. 388). Celles-ci sont encodées sous forme d'une même unité de transcription, qui est répétée en tandem des centaines ou des milliers de fois dans le génome des Eucaryotes multicellulaires. Cela permet aux cellules de fabriquer les millions de ribosomes nécessaires à la synthèse protéique. Le transcrit primaire est découpé de façon à donner trois molécules d'ARNr. Ces dernières forment ensuite des sous-unités ribosomiques en se combinant avec des protéines et un autre type d'ARNr.

Des exemples classiques de familles multigéniques constituées de *gènes non identiques* sont les deux familles apparentées qui codent pour les globines, soit les sous-unités polypeptidiques α et β de l'hémoglobine. L'une de ces familles (située sur le chromosome 16 chez les Humains) code pour diverses versions de la globine α; l'autre (située sur le chromosome 11), pour plusieurs versions de la globine β (FIGURE 19.3, p. 388). Les ressemblances entre les séquences des divers gènes en question montrent que les globines α et β descendent toutes d'une même globine ancestrale. Les différentes versions de chaque sous-unité s'expriment à des stades distincts du développement, ce qui permet à l'hémoglobine de remplir ses fonctions de façon efficace, malgré les changements affectant le milieu où l'individu se développe. Chez l'Humain, par exemple, les formes d'hémoglobines de l'embryon et du fœtus ont une plus grande affinité pour le dioxygène que celles qui existent chez l'adulte. Cela permet d'assurer un transfert efficace du dioxygène de la mère au fœtus.

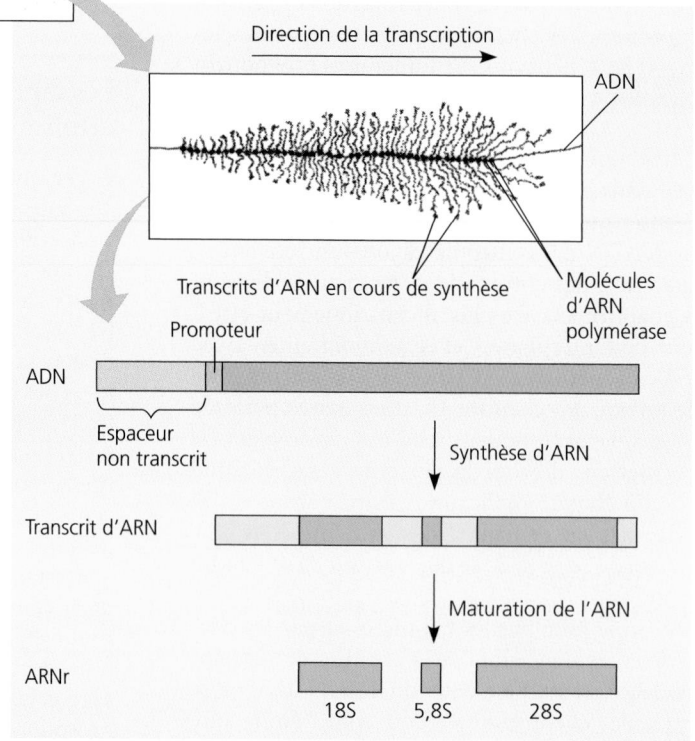

FIGURE 19.2 Partie d'une famille de gènes identiques de l'ARN ribosomique.

Unité de transcription

La micrographie ci-dessus montre trois exemplaires (il en existe des centaines) d'unités de transcription présentes dans le génome d'une salamandre (MET). Chaque unité comprend les gènes de trois types d'ARNr. Chacune des « plumes » (droite) correspond à une unité de transcription en train d'être transcrite par environ 100 molécules d'ARN polymérase (les points foncés situés le long de l'ADN). Celles-ci se déplacent de gauche à droite. Les transcrits d'ARN en cours de synthèse se détachent peu à peu de l'ADN.

Les unités de transcription sont séparées par des espaceurs composés d'ADN non transcrit.

Les transcrits d'ARN subissent une maturation par clivage et donnent trois types de molécules d'ARNr : 18S, 5,8S et 28S. (La lettre S symbolise la vitesse de sédimentation dans la centrifugeuse; cette vitesse dépend de la taille de la molécule. S représente une unité svedberg. Un svedberg correspond à un temps de sédimentation de 10^{-13} seconde à 20 °C dans l'eau.)

Direction de la transcription

ADN

Transcrits d'ARN en cours de synthèse

Molécules d'ARN polymérase

Promoteur

ADN

Espaceur non transcrit

Synthèse d'ARN

Transcrit d'ARN

Maturation de l'ARN

ARNr

18S   5,8S   28S

FIGURE 19.3 L'évolution des familles multigéniques de la globine α et de la globine β. Les deux sortes de polypeptides qui constituent l'hémoglobine sont codées par des gènes appartenant à deux familles multigéniques situées sur deux chromosomes différents. Chacune d'elles se compose d'un ensemble de gènes très semblables mais non identiques. De l'ADN non codant comportant des pseudogènes sépare les gènes fonctionnels d'une même famille (en vert). Nous avons illustré ici une hypothèse permettant d'expliquer l'apparition des familles multigéniques actuelles des globines α et β à partir d'un seul gène ancestral de la globine.

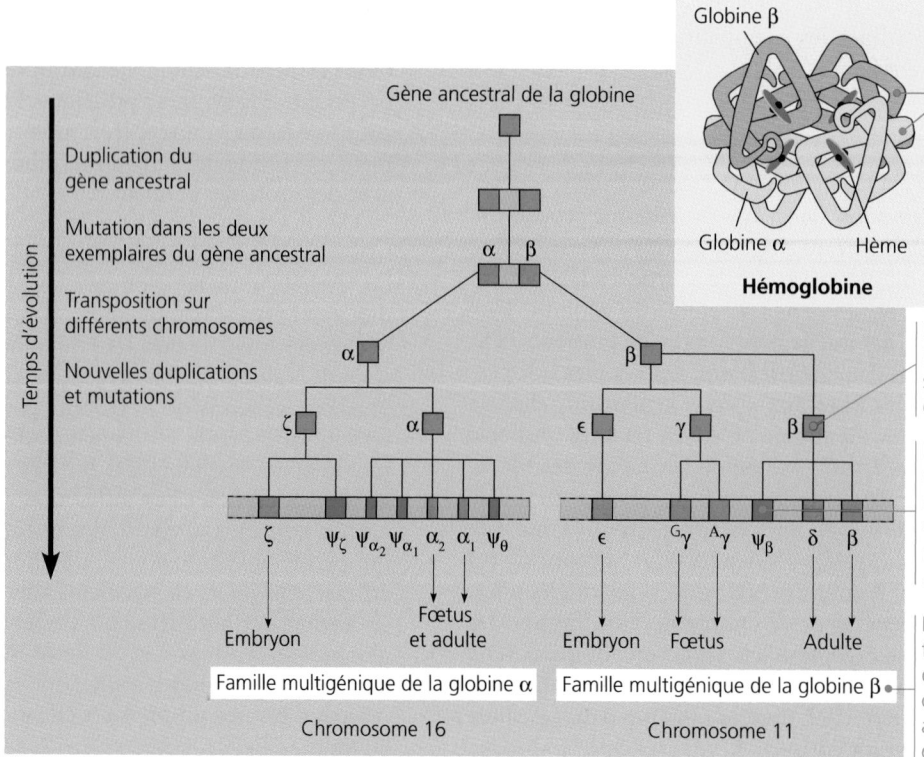

Globine β

L'hémoglobine est formée de quatre sous-unités polypeptidiques, dont deux appartiennent à la famille α, et deux, à la famille β.

Globine α   Hème

Hémoglobine

Gène ancestral de la globine

Temps d'évolution

Duplication du gène ancestral

Mutation dans les deux exemplaires du gène ancestral

Transposition sur différents chromosomes

Nouvelles duplications et mutations

α   β

α   β

ζ   α   ε   γ   β

ζ   ψζ   ψα₂   ψα₁   α₂   α₁   ψθ   ε   Gγ   Aγ   ψβ   δ   β

Embryon   Fœtus et adulte   Embryon   Fœtus   Adulte

Famille multigénique de la globine α   Famille multigénique de la globine β

Chromosome 16   Chromosome 11

Les divers gènes de la **globine (en rouge)** sont désignés par des lettres grecques.

Les **pseudogènes (en vert)** sont des séquences nucléotidiques non fonctionnelles très semblables aux gènes fonctionnels.

Dans chacune des deux familles, les gènes sont disposés dans l'ordre où ils sont exprimés au cours du développement.

Comment un seul gène peut-il donner naissance à une famille de gènes ? L'explication la plus probable est que ceux-ci résultent de duplications répétées. Ces dernières peuvent être issues d'erreurs survenues au cours de la réplication et de la recombinaison de l'ADN. Les différences entre les membres d'une même famille de gènes non identiques découlent probablement des mutations accumulées par les copies de ces gènes au fil des générations. Les segments d'ADN appelés **pseudogènes** témoignent de l'existence de ce mécanisme de duplication et de mutation. Ils comportent des séquences qui ressemblent beaucoup à celles des véritables gènes (c'est-à-dire des gènes fonctionnels), mais ils ne s'expriment pas. On peut supposer que ce sont des mutations aléatoires, apparues au cours de l'évolution, qui les ont rendus non fonctionnels. Les familles multigéniques des globines comprennent plusieurs pseudogènes. Ils sont situés dans les segments d'ADN non codant séparant les gènes fonctionnels.

Chez l'Humain, l'emplacement des familles multigéniques des globines α et β sur des chromosomes différents, ainsi que la dispersion des gènes de certaines autres familles, résulte probablement de la transposition. Nous aborderons ce sujet dans les paragraphes qui suivent.

L'amplification, la perte ou le remaniement des gènes peuvent altérer le génome cellulaire au cours de la vie d'un organisme

On a tendance à penser que la séquence nucléotidique de l'ADN ne varie pas au cours de la vie d'un organisme donné, à de rares mutations près. Cependant, il existe quelques exceptions importantes à cette règle ; ainsi, l'ADN des cellules somatiques est parfois modifié de façon systématique. Comme ces changements ne touchent pas les gamètes, ils ne sont pas transmis aux générations suivantes. Ils ont toutefois des effets importants sur l'expression génique au sein de certains types de tissus et de cellules.

Amplification génique et perte sélective de gènes

Il arrive parfois que, à un stade particulier du développement, le nombre d'exemplaires d'un gène ou d'une famille multigénique augmente temporairement dans les cellules de certains tissus. Prenons, par exemple, les gènes de l'ARN ribosomique chez les Amphibiens. Comme chez la plupart des Eucaryotes, le génome de chaque cellule comprend de multiples copies de ces gènes (c'est le résultat de leur duplication au cours de l'évolution). L'ovule en cours de développement en synthétise au moins un million d'exemplaires supplémentaires. Ceux-ci se présentent dans les nucléoles sous forme de cercles minuscules d'ADN distincts des chromosomes. Ce type de réplication sélective est appelé **amplification génique,** et c'est un moyen très efficace d'accroître l'expression des gènes d'ARNr. L'ovule en cours de développement peut fabriquer une quantité prodigieuse de ribosomes. Ceux-ci permettent une brusque augmentation de la synthèse protéique après la fécondation de l'ovule. Les copies supplémentaires des gènes d'ARNr ne peuvent pas se répliquer, et elles sont détruites au début du développement embryonnaire.

On a remarqué qu'une amplification génique a lieu dans des cellules cancéreuses exposées à de fortes concentrations de médicaments chimiothérapeutiques. Bien que ces derniers tuent un grand nombre de cellules tumorales, certaines sont résistantes. Elles contiennent souvent des segments amplifiés d'ADN portant des gènes qui leur confèrent une résistance aux médicaments. Au cours de recherches menées en laboratoire, on a remarqué que le fait d'augmenter la concentration des médicaments provoque une résistance accrue de la population cellulaire, et ce, par sélection des cellules où ces gènes sont amplifiés.

Chez certaines espèces d'Insectes, des gènes *sont éliminés* de façon sélective dans certains tissus (mais pas dans les cellules qui fabriquent les gamètes, bien entendu). Des chromosomes entiers ou des segments de chromosomes peuvent être éliminés de certaines cellules au début du développement d'un insecte.

Remaniements du génome

L'échange de grands segments d'ADN est plus commun que l'amplification génique ou la perte de gènes. Nous ne parlons pas ici de la recombinaison génétique qui se déroule pendant la méiose, mais plutôt du déplacement de gènes vers de nouveaux loci qui a lieu à l'intérieur des cellules somatiques d'un organisme. Ce phénomène peut avoir des effets considérables sur l'expression des gènes.

Transposons et rétrotransposons. Il semble que tous les organismes possèdent des transposons, c'est-à-dire des segments d'ADN capables de se déplacer d'un endroit à l'autre à l'intérieur du génome. Nous en avons parlé en détail au chapitre 18 (voir les FIGURES 18.16, 18.17 ET 18.18) ; nous avons aussi dit au début de ce chapitre que la transposition est une source de dispersion des familles multigéniques. Souvenez-vous que, quand un transposon s'insère au milieu de la séquence codante d'un autre gène, il empêche celui-ci de fonctionner normalement (FIGURE 19.4, p. 390). S'il s'intercale dans une séquence qui contribue à la régulation de la transcription, cela peut accroître ou réduire la production d'une ou de plusieurs protéines. Dans certains cas, le transposon lui-même peut porter un gène qui est activé lorsqu'il est introduit juste en aval d'un promoteur actif. Barbara McClintock a été la première à découvrir les transposons lorsqu'elle a démontré l'existence d'éléments génétiques mobiles influençant la couleur des grains de maïs au cours de leur développement.

Des études récentes ont permis de montrer que les transposons forment plus de 50 % du génome du Maïs et 10 % de celui de l'Humain. La plupart d'entre eux sont des **rétrotransposons,** c'est-à-dire qu'ils se déplacent à l'intérieur du génome par l'intermédiaire d'un ARN. Celui-ci est une transcription de l'ADN du rétrotransposon (FIGURE 19.5, p. 390). Pour pouvoir s'introduire dans un autre site, le rétrotransposon d'ARN doit être reconverti en ADN. Cette opération est effectuée par l'enzyme appelée transcriptase inverse. Cette dernière est encodée dans le rétrotransposon lui-même, en même temps qu'une enzyme catalysant l'insertion dans un nouveau site. Par conséquent, la transcriptase inverse peut être présente dans des cellules qui ne sont pas infectées par des rétrovirus. (En fait, il est possible que les Rétrovirus descendent de rétrotransposons

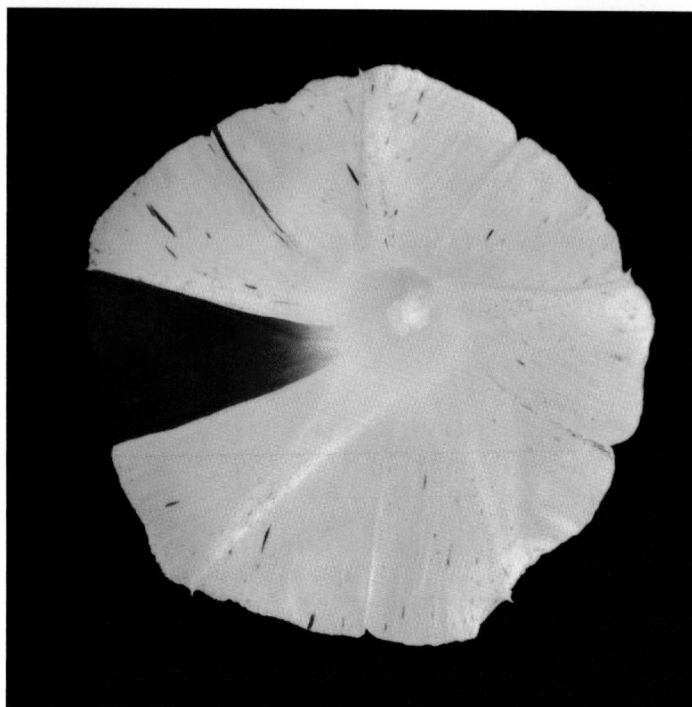

FIGURE 19.4 Effet d'un transposon sur la couleur d'une fleur. Cette Gloire du matin (*Ipomœa purpurea*) serait entièrement pourpre n'eût été l'intervention d'un transposon. La couleur blanche de la majeure partie de la fleur (qui semble vert-bleu clair sur cette photo) résulte du déplacement d'un transposon dans le génome d'une cellule. Le transposon s'est inséré sur le locus du gène qui détermine la couleur pourpre de la fleur et a rendu celui-ci non fonctionnel.

enveloppés, qui ont été libérés d'un génome.) Les séquences *Alu* dont nous avons déjà parlé sont des rétrotransposons qui ne codent pas pour la transcriptase inverse, mais qui peuvent se déplacer à l'aide d'enzymes codées par les autres rétrotransposons présents dans le génome.

Gènes des immunoglobulines. Chez les Vertébrés, au moins un ensemble de gènes subit normalement des remaniements permanents de son ADN. Ceux-ci se produisent au cours du développement du système immunitaire, pendant la *différenciation cellulaire,* soit la spécialisation de la structure et de la fonction des cellules. Plusieurs types de gènes subissent un remaniement pendant la différenciation des cellules du système immunitaire. Nous allons examiner les gènes qui codent pour les anticorps, ou **immunoglobulines,** des protéines dont la fonction est de reconnaître et d'attaquer les Virus, les Bactéries et autres envahisseurs de l'organisme.

Les immunoglobulines sont synthétisées par les lymphocytes B, qui sont des globules blancs du système immunitaire hautement spécialisés. En effet, chaque cellule différenciée et ses descendantes fabriquent un type d'anticorps spécifique qui attaque un envahisseur prédéterminé. Lorsqu'une cellule embryonnaire indifférenciée se transforme en lymphocyte B, les gènes d'anticorps fonctionnels sont constitués à partir de segments provenant de régions distinctes et parfois éloignées de l'ADN (FIGURE 19.6)

Au bas de la FIGURE 19.6, à droite, vous pouvez voir un modèle simplifié de molécule d'immunoglobuline. Une immunoglobuline se compose de quatre chaînes polypeptidiques

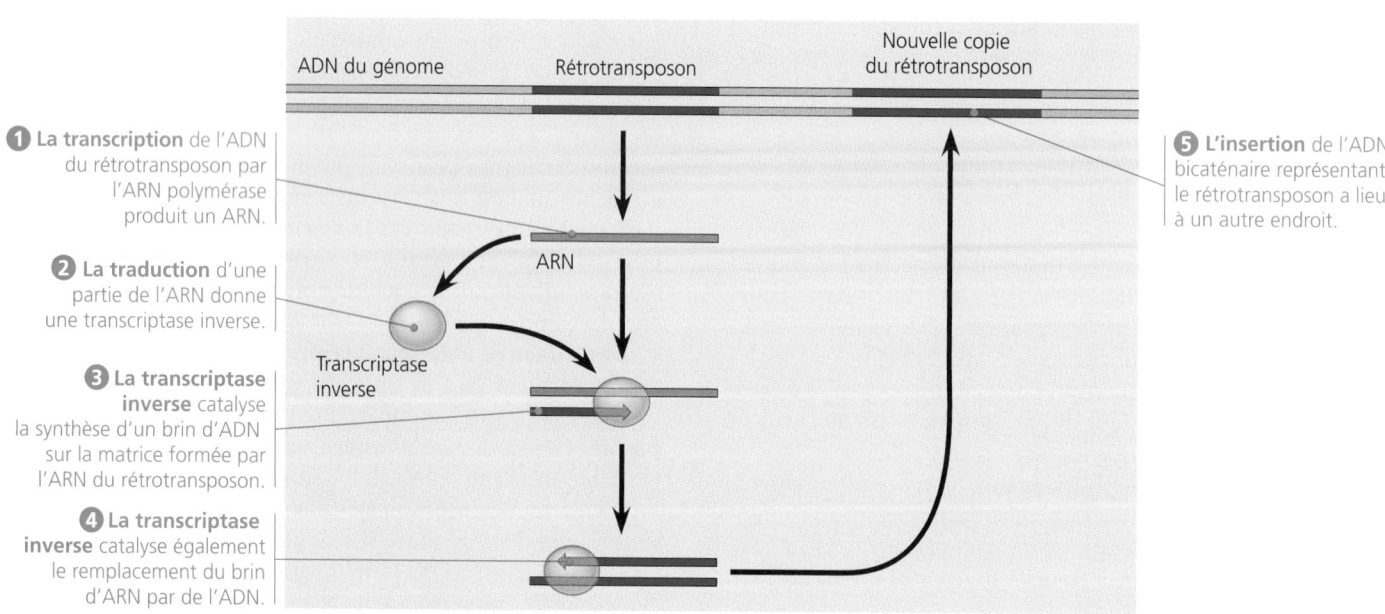

❶ **La transcription** de l'ADN du rétrotransposon par l'ARN polymérase produit un ARN.

❷ **La traduction** d'une partie de l'ARN donne une transcriptase inverse.

❸ **La transcriptase inverse** catalyse la synthèse d'un brin d'ADN sur la matrice formée par l'ARN du rétrotransposon.

❹ **La transcriptase inverse** catalyse également le remplacement du brin d'ARN par de l'ADN.

ADN du génome   Rétrotransposon   Nouvelle copie du rétrotransposon

ARN

Transcriptase inverse

❺ **L'insertion** de l'ADN bicaténaire représentant le rétrotransposon a lieu à un autre endroit.

FIGURE 19.5 Déplacement d'un rétrotransposon. Remarquez que le mécanisme d'un rétrotransposon est essentiellement identique à une partie du cycle de réplication des Rétrovirus (voir la FIGURE 18.7). Grâce à la transposition réplicative, dont le mécanisme est illustré ici, un rétrotransposon peut produire un nombre considérable de copies dans le génome d'un eucaryote multicellulaire.

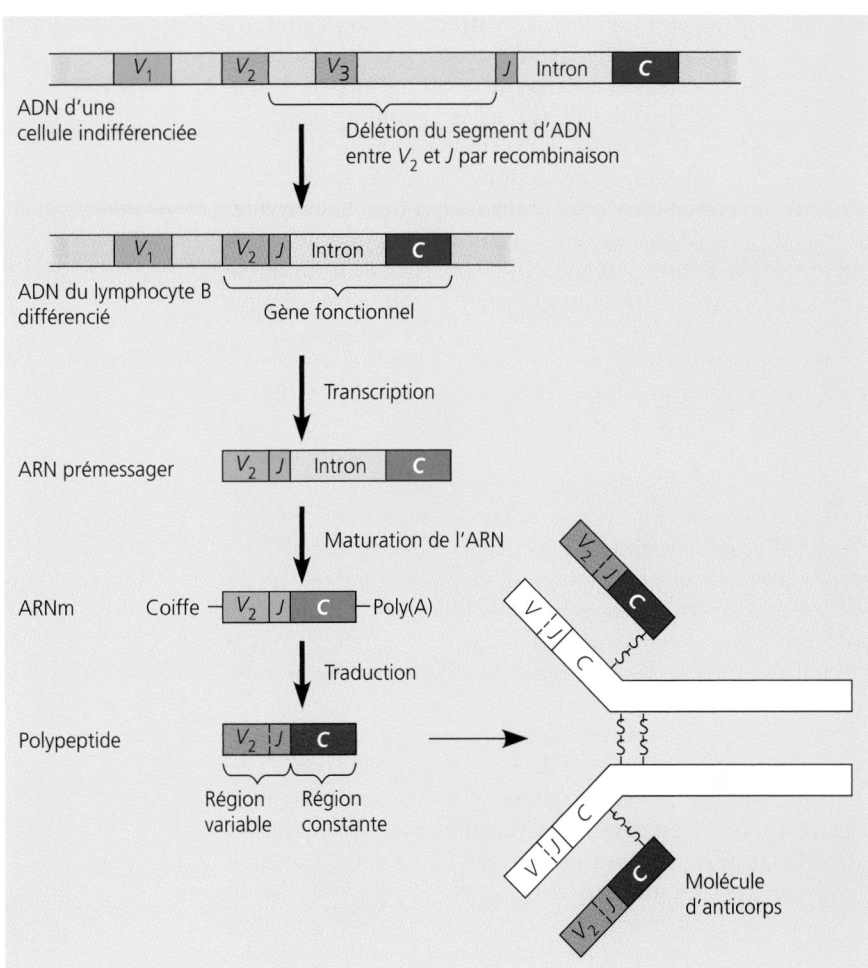

❶ Dans la cellule indifférenciée, l'ADN d'un gène d'immunoglobuline porte des segments qui codent pour des centaines de régions variables (*V*), pour de nombreuses régions de jonction (*J*) et pour une ou plusieurs régions constantes (*C*). Ce schéma simplifié ne montre que trois segments *V*, un segment *J* et un segment *C*.

❷ Pendant la différenciation du lymphocyte B, la délétion d'un long segment d'ADN met un segment *V* (*V₂* dans ce cas) dans une position adjacente à celle d'un segment *J* et produit un gène prêt à être transcrit.

❸ Les introns du transcrit d'ARN sont excisés de la façon habituelle lors de la maturation. L'ARNm est ensuite traduit et donne l'un des polypeptides entrant dans la composition d'une molécule d'immunoglobuline. (Les acides aminés codés par le segment J sont considérés comme faisant partie de la région variable du polypeptide.)

FIGURE 19.6 Remaniement de l'ADN dans la maturation d'un gène d'immunoglobuline (anticorps). L'assemblage des régions *V*, *J* et *C* selon des combinaisons aléatoires dote le système immunitaire d'une variété infinie de lymphocytes producteurs d'anticorps.

reliées entre elles par des ponts disulfure. Chaque chaîne comprend deux parties principales : une région constante (*C*), qui est pareille dans tous les anticorps d'une même classe, et une région variable (*V*). C'est la région variable qui confère à un anticorps donné une fonction particulière, soit la capacité de reconnaître une molécule étrangère spécifique et de s'y lier. Dans le génome d'une cellule embryonnaire, un long morceau d'ADN est interposé entre la séquence qui code pour la partie polypeptidique constante de l'anticorps et le site où se trouvent les centaines de segments codant pour les régions variables. Pendant la différenciation du lymphocyte B, un segment variable est relié à un segment constant par délétion de l'ADN situé entre eux. Ce phénomène résulte d'un certain type de recombinaison génétique à l'intérieur même de l'ADN (souvenez-vous qu'il ne s'agit pas ici d'épissage de l'ARN). Le segment ainsi formé constitue la séquence nucléotidique continue qui joue le rôle de gène de l'un des polypeptides de l'immunoglobuline. La combinaison de régions variables et constantes différentes donne naissance à un nombre extraordinaire de polypeptides distincts. Ces derniers se combinent à leur tour pour former des molécules d'anticorps complètes, ce qui contribue encore à la diversité des anticorps. Par conséquent, le système immunitaire arrivé à maturité peut produire, grâce à ses millions de sous-populations de lymphocytes B, des millions de types différents de molécules d'anticorps.

LA RÉGULATION DE L'EXPRESSION GÉNIQUE

Le remaniement de gènes d'anticorps et d'autres mécanismes modifiant des séquences d'ADN dans les cellules somatiques constituent des processus de régulation de l'expression génique. Cependant, ils ne touchent que des gènes particuliers de certaines cellules. Nous allons voir maintenant quels mécanismes généraux de la régulation de l'expression génique s'exercent sur la majorité des gènes d'eucaryotes.

Chaque cellule d'un eucaryote multicellulaire n'exprime qu'une petite partie des gènes de l'organisme

Le génome des Eucaryotes peut contenir des dizaines de milliers de gènes disséminés dans une masse d'ADN non codant. Lesquels sont exprimés ? À l'instar des organismes unicellulaires, les cellules des organismes multicellulaires doivent continuellement activer et désactiver certains gènes en réponse à des stimulus provenant des milieux interne et externe. De plus, la différenciation cellulaire doit être assurée par une régulation à long terme de l'expression génique. La **différenciation cellulaire** est le processus par lequel les cellules acquièrent des structures et des fonctions spécialisées au cours du développement de l'organisme. Les cellules hautement spécialisées, comme celles des tissus musculaire et nerveux, n'expriment qu'une très petite partie de leurs gènes. Une cellule humaine quelconque n'exprime que de 3 % à 5 % de ses gènes à la fois. Les enzymes qui transcrivent l'ADN doivent repérer les gènes qu'il faut au moment voulu, ce qui n'est guère plus facile que de trouver une aiguille dans une botte de foin. Lorsque la régulation génique est déréglée, des déséquilibres sérieux et des maladies graves peuvent apparaître, notamment le cancer. L'étude de la régulation des gènes d'Eucaryotes est donc capitale pour la recherche médicale et pour les sciences biologiques fondamentales.

Il y a seulement 35 ans, il semblait qu'on ne parviendrait jamais à comprendre les mécanismes de régulation de l'expression génique chez les Eucaryotes. Grâce à de nouvelles méthodes de recherche, des spécialistes de la biologie moléculaire ont commencé à lever le voile. Les biologistes se servent maintenant des techniques d'isolement des gènes individuels et de séquençage de l'ADN (dont nous reparlerons au chapitre 20) pour étudier en détail les processus de contrôle des gènes chez les Eucaryotes.

La régulation de l'expression génique chez les Eucaryotes fait intervenir certains des mécanismes fondamentaux qui existent chez les cellules procaryotes. Elle est toutefois plus complexe. Chez tous les organismes, elle s'exerce généralement à l'étape de la transcription et est assurée par des protéines qui se lient à l'ADN. Les mêmes protéines interagissent avec d'autres protéines et, souvent, avec des stimulus extérieurs. C'est pour cette raison qu'on emploie fréquemment les termes *expression génique* dans le sens d'activité génique (c'est-à-dire de transcription) chez les cellules procaryotes et les Eucaryotes. Cependant, étant donné que la cellule eucaryote a une plus grande complexité structurale et fonctionnelle, la régulation de l'expression génique peut aussi s'exercer chez elle à d'autres niveaux.

La régulation de l'expression génique peut s'exercer à n'importe quelle étape de la voie qui part du gène et qui mène à la protéine fonctionnelle : *une vue d'ensemble*

La FIGURE 19.7 résume l'ensemble du processus d'expression génique qui a lieu dans la cellule eucaryote. Elle met en relief les étapes principales de l'expression d'un gène codant pour une protéine : le déroulement de l'ADN de la chromatine puis sa transcription, la maturation et la traduction de l'ARN, ainsi que les diverses modifications apportées à la protéine produite. L'expression d'un gène donné ne passe pas nécessairement par toutes les étapes illustrées ici ; par exemple, tous les polypeptides ne subissent pas de clivage. Ce qu'il faut retenir, c'est que chacune de ces étapes est un point de régulation possible, où l'expression génique peut être activée ou désactivée, accélérée ou ralentie. Par ailleurs, la figure ne mentionne pas certains aspects secondaires et n'illustre pas le réseau de régulations reliant les *différents* gènes et leurs produits. Dans les trois prochaines sections, nous étudierons certaines des étapes de régulation les plus importantes.

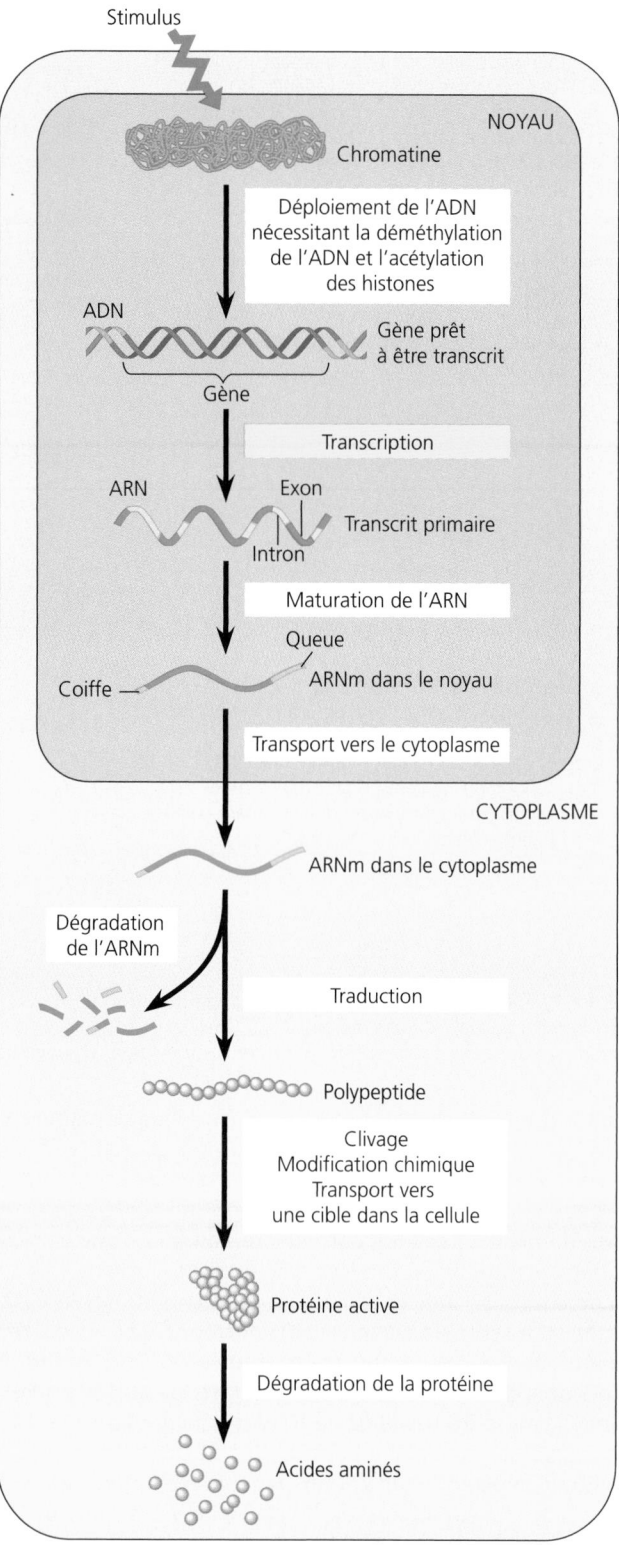

FIGURE 19.7 Étapes possibles de régulation de l'expression génique dans la cellule eucaryote. Contrairement à la cellule procaryote, la cellule eucaryote possède une enveloppe nucléaire qui sépare le lieu de la transcription de celui de la traduction. Cela lui permet d'assurer une régulation après la transcription, à l'étape de la maturation de l'ARN. De plus, elle dispose d'un plus grand nombre de mécanismes de contrôle avant la transcription et après la traduction. Dans ce diagramme, les étapes de régulation potentielles figurent dans des rectangles blancs ou jaunes. Chez les Eucaryotes comme chez les cellules procaryotes, l'étape de régulation la plus importante est l'initiation de la transcription.

Les modifications de la chromatine déterminent les gènes qui pourront être transcrits

La structure de la chromatine, dont nous avons déjà parlé dans ce chapitre, a deux fonctions : l'une d'elles est de donner à l'ADN une forme compacte, de façon qu'il puisse être contenu dans le noyau de la cellule ; l'autre est liée à la régulation. En effet, l'état physique de l'ADN à l'intérieur ou à proximité d'un gène contribue à déterminer si ce dernier est prêt pour la transcription. Par exemple, les gènes de l'hétérochromatine, qui est hautement condensée, ne sont généralement pas exprimés, sans doute parce que les protéines de transcription ne peuvent atteindre leur ADN. De plus, les chances qu'un gène soit transcrit peuvent dépendre de son emplacement par rapport aux nucléosomes et des sites où l'ADN s'attache à l'armature chromosomique ou à la lamina nucléaire. Des recherches récentes montrent que la chromatine subit des modifications chimiques qui jouent un rôle clé dans sa structure et dans la régulation de la transcription. La méthylation de l'ADN et l'acétylation des histones sont particulièrement importantes à cet égard. Ces deux réactions sont catalysées par des enzymes spécifiques.

Méthylation de l'ADN

La **méthylation de l'ADN** est l'addition d'un groupement méthyle ($-CH_3$) à des bases de l'ADN après la synthèse de celui-ci. L'ADN de la plupart des Plantes et des Animaux comporte des bases (généralement de la cytosine) méthylées. Chez les Eucaryotes, environ 5 % des bases de cytosine de l'ADN portent un groupement méthyle. L'ADN inactif, comme celui des chromosomes X inactivés chez les Mammifères, est *généralement* beaucoup plus méthylé que celui qui est transcrit activement. Si l'on compare des gènes identiques provenant de différents types de tissus, on remarque qu'ils sont habituellement plus méthylés dans les cellules où ils ne sont pas exprimés. En outre, la déméthylation (l'élimination des groupements méthyle) de certains gènes inactifs a pour effet d'activer ceux-ci.

Chez certaines espèces, la méthylation de l'ADN semble essentielle à l'inactivation génique à long terme qui se produit dans l'embryon pendant la différenciation cellulaire. Chez des organismes aussi différents que la Souris commune (*Mus musculus*) et l'Arabette des dames (*Arabidopsis thaliana*), une plante, des défauts de méthylation de l'ADN (dus à l'absence d'une enzyme de méthylation, par exemple) provoquent des anomalies du développement embryonnaire. Habituellement, une fois que les gènes ont été méthylés, ils restent dans cet état au cours des divisions cellulaires suivantes. À chaque réplication de l'ADN, les enzymes de méthylation agissent sur les sites du brin matrice déjà méthylé : elles ajoutent des groupements méthyle aux endroits correspondants sur le brin nouvellement synthétisé. La méthylation passe donc d'une génération cellulaire à l'autre ; c'est ainsi que la mémoire chimique des événements survenus au cours du développement cellulaire est transmise à toutes les cellules des tissus spécialisés. Chez les Mammifères, cette forme de transmission de la méthylation explique également le phénomène de l'**empreinte génomique,** soit l'inactivation permanente de l'allèle maternel ou paternel de certains gènes dès le début du développement (voir la FIGURE 15.15).

Acétylation des histones

Des preuves de plus en plus nombreuses tendent à montrer que l'acétylation et la désacétylation des histones jouent un rôle direct dans la régulation de la transcription génique. L'**acétylation des histones** est l'ajout d'un groupement acétyle ($-COCH_3$) à certains acides aminés des histones. Inversement, la désacétylation est l'élimination de groupements acétyle. Lorsque les histones d'un nucléosome sont acétylées, elles changent de conformation et enserrent l'ADN moins étroitement. Les facteurs de transcription ont donc plus facilement accès aux gènes de la région acétylée. Des chercheurs ont démontré que certaines enzymes d'acétylation ou de désacétylation des histones sont étroitement associées aux facteurs de transcription qui se lient aux promoteurs, ou qu'elles en sont des composantes (voir la FIGURE 17.7). Autrement dit, l'acétylation des histones et l'initiation de la transcription génique semblent couplées des points de vue structural et fonctionnel. De plus, des scientifiques ont découvert que certaines protéines qui se lient à l'ADN méthylé recrutent des enzymes de désacétylation des histones. Il semble donc que la méthylation de l'ADN et la désacétylation des histones aient pour effet de réprimer la transcription d'une manière coordonnée. Bref, les enzymes clés qui agissent sur la structure de la chromatine font, semble-t-il, partie intégrante des mécanismes cellulaires de régulation de la transcription.

L'initiation de la transcription est régulée par des protéines qui interagissent avec l'ADN et entre elles

Les enzymes de modification de la chromatine assurent une régulation grossière de l'expression génique en rendant une région donnée de l'ADN plus ou moins accessible aux outils de transcription. La régulation fine commence par l'interaction des facteurs de transcription avec les séquences d'ADN commandant des gènes spécifiques. En effet, l'initiation de la transcription d'un gène est le point de régulation de l'expression génique le plus important et le plus souvent mis à contribution. Mais avant d'étudier les mécanismes de régulation, revoyons la structure d'un gène typique des Eucaryotes et de son transcrit.

Structure d'un gène typique des Eucaryotes

Un gène d'eucaryote et les éléments d'ADN (segments) qui assurent sa régulation ont habituellement une structure semblable à celle que montre la FIGURE 19.8, à la page 394. Celle-ci reprend et complète ce que vous avec appris sur les gènes des Eucaryotes au chapitre 17. Ces derniers diffèrent principalement des gènes de cellules procaryotes par la présence d'introns : rappelez-vous qu'il s'agit de séquences d'ADN non codantes interposées entre les séquences codantes, ou exons. Au chapitre 17, vous avez vu qu'un assemblage de protéines, appelé *complexe d'initiation de la transcription,* se forme sur le promoteur à l'extrémité « amont » du gène. Vous avez aussi appris que l'une de ces protéines, l'ARN polymérase, transcrit le gène. Les introns sont enlevés du transcrit primaire pendant la maturation de l'ARN. Ils n'apparaissent donc plus dans l'ARNm après maturation. Chez les Eucaryotes, la maturation de l'ARNm comprend aussi généralement l'ajout d'une coiffe de 7-méthylguanosine triphosphate modifiée à l'extrémité 5', ainsi que d'une queue poly(A) à l'extrémité 3'. La FIGURE 19.8 montre une autre caractéristique des gènes des Eucaryotes : un nombre relativement élevé d'**éléments de contrôle** leur sont associés. Il s'agit tout simplement d'éléments d'ADN non codants qui contribuent à réguler la transcription d'un gène en liant des protéines spécifiques, les *facteurs de transcription*. (Les éléments de contrôle comprennent également les promoteurs.)

Rôle des facteurs de transcription

Comme vous l'avez vu au chapitre 17, chez les Eucaryotes, la transcription d'un gène ne peut être effectuée par l'ARN polymérase seule. Elle nécessite la présence de facteurs de transcription. Ceux dont il est question au chapitre 17 sont essentiels à la transcription de *tous* les gènes codant pour des protéines (voir la FIGURE 17.7). Souvenez-vous qu'il n'y a qu'un seul facteur de transcription qui reconnaît de façon indépendante la séquence d'ADN appelée boîte TATA, située à l'intérieur du promoteur. Les facteurs de transcription restants reconnaissent avant tout les protéines, y compris les autres facteurs de transcription et l'ARN polymérase. Les interactions protéine-protéine sont essentielles à l'initiation de la transcription chez les Eucaryotes. Ce n'est que lorsque le complexe d'initiation est entièrement assemblé que la polymérase commence à se déplacer le long du brin d'ADN servant de matrice et à produire un brin d'ARN complémentaire.

Cependant, l'interaction entre les facteurs de transcription, l'ARN polymérase et le promoteur n'aboutit pas habituellement à une transcription efficace ; le taux d'initiation est peu élevé, et les transcrits d'ARN, peu nombreux. Ce sont les éléments de contrôle qui augmentent le débit de la transcription chez les Eucaryotes. Ces séquences d'ADN rendent les promoteurs beaucoup plus productifs en se liant à des facteurs de transcription supplémentaires.

Comme on le voit à la FIGURE 19.8, des éléments de contrôle situés sur l'ADN se trouvent près du promoteur. Ils sont dits *proximaux*. Certains biologistes les englobent dans le promoteur. Quant aux *éléments de contrôle distaux,* plus éloignés, ils sont appelés **amplificateurs.** Ils peuvent être situés à des milliers de nucléotides de distance du promoteur, voire en aval du gène en question ou à l'intérieur d'un intron. Chez les Eucaryotes, l'association entre les facteurs de transcription et les amplificateurs joue un rôle important dans la régulation de l'expression génique. Comment des segments d'ADN si éloignés du promoteur peuvent-ils avoir une influence sur la transcription ? La courbure de l'ADN semble permettre aux facteurs de transcription déjà liés aux amplificateurs d'entrer en contact avec les protéines du complexe d'initiation de la transcription situé sur le promoteur (FIGURE 19.9). Un facteur de transcription qui se lie à un amplificateur et qui stimule la transcription d'un gène est appelé **activateur.** L'activateur aide à placer le complexe d'initiation sur le promoteur.

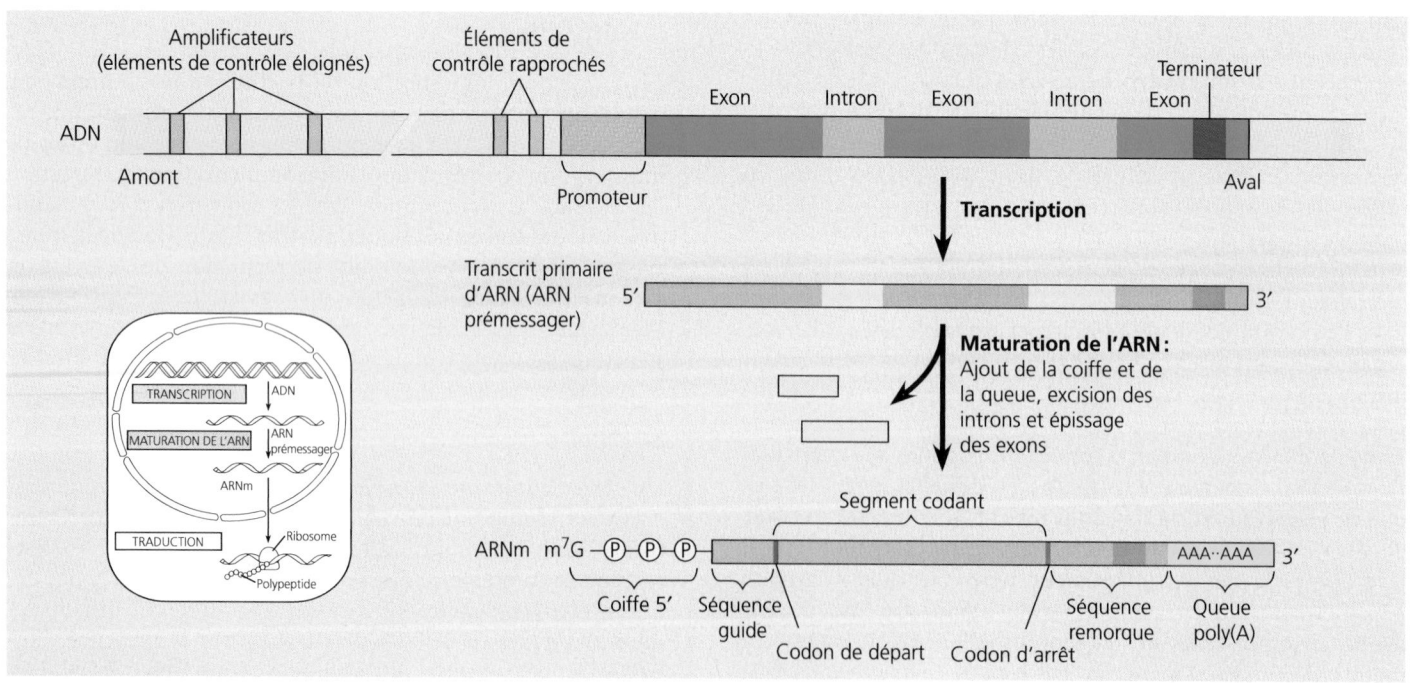

FIGURE 19.8 Un gène d'eucaryote et son transcript. Chez les Eucaryotes, chaque gène fonctionnel comporte un promoteur, soit une séquence d'ADN à laquelle l'ARN polymérase se lie (avec l'aide des facteurs de transcription) et où elle commence la transcription, en se dirigeant vers l'« aval ». L'extrémité 3' du transcrit d'ARN est marquée par un terminateur ; celui-ci est situé près de la fin du dernier exon. Les enzymes de maturation de l'ARN ajoutent immédiatement une coiffe 5' et une queue poly(A) au transcrit primaire, puis un complexe d'épissage excise les introns. L'ARNm ainsi produit est prêt à être transporté dans le cytoplasme. Il comprend la séquence guide et la séquence remorque, qui ne seront pas traduites. Un certain nombre d'éléments de contrôle (en orange) et de séquences d'ADN situées près du promoteur (séquences *proximales*) ou loin de celui-ci (séquences *distales*) contribuent à la régulation de l'initiation de la transcription. Les éléments de contrôle éloignés, appelés amplificateurs, peuvent se situer soit en amont, soit en aval du gène.

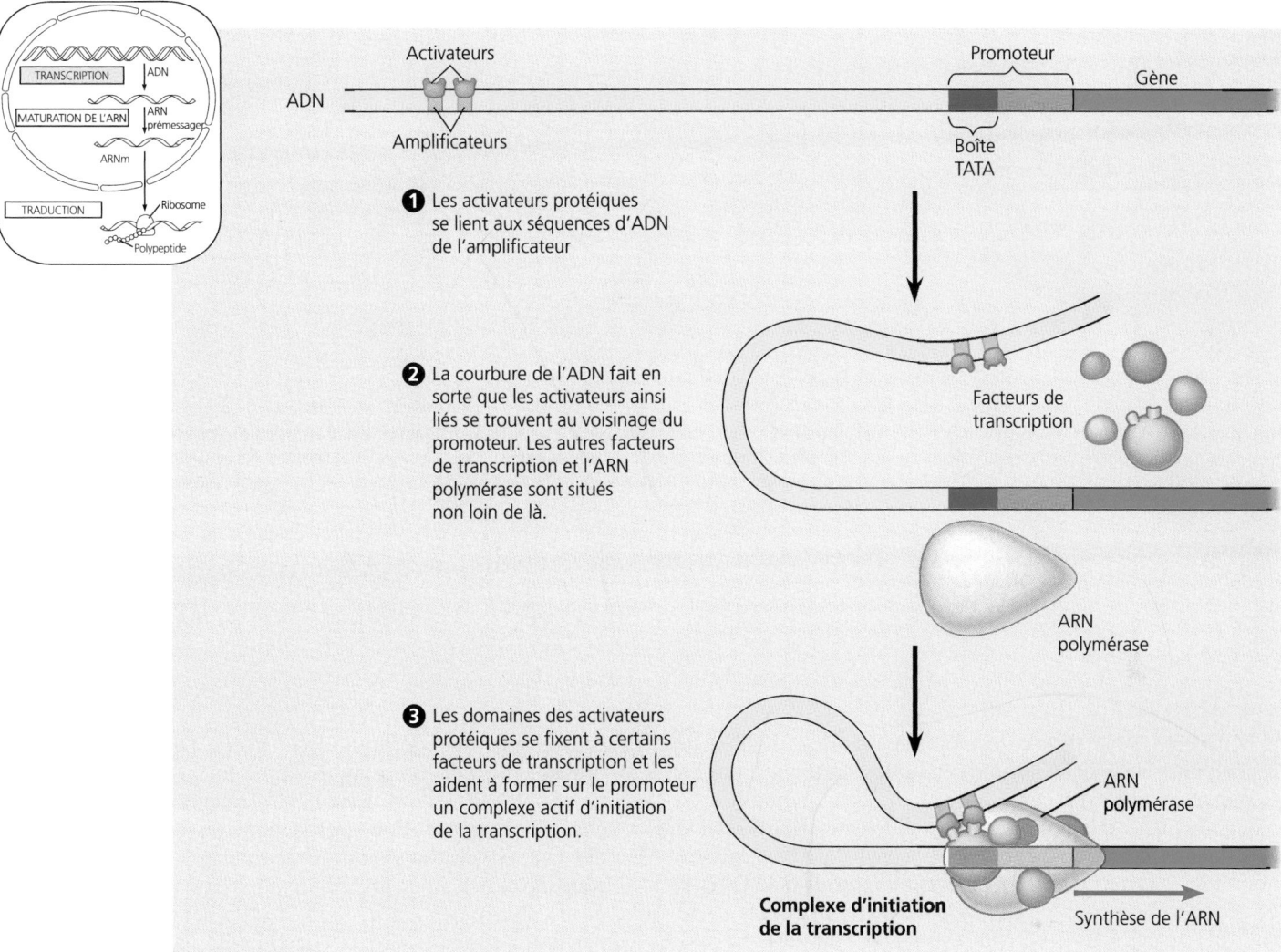

FIGURE 19.9 Modèle d'action d'un amplificateur. La courbure de l'ADN permet à un amplificateur d'exercer une influence sur un promoteur situé à des centaines ou même à des milliers de nucléotides de distance. Les facteurs de transcription appelés activateurs se lient aux séquences d'ADN de l'amplificateur, puis aux protéines du complexe d'initiation de la transcription. Ce faisant, ils facilitent le positionnement du complexe sur le promoteur et l'initiation de la synthèse de l'ARN.

Les cellules eucaryotes possèdent-elles, à l'instar des cellules procaryotes, des facteurs de transcription servant de *répresseurs*? Il semble bien que oui. Certains se lient de façon sélective à l'ADN d'éléments de contrôle appelés *silenceurs*; ceux-ci sont peut-être la contrepartie des amplificateurs, en ce sens qu'ils diminuent la transcription. Cependant, les activateurs jouent probablement un rôle plus important que les répresseurs parce que, dans les cellules eucaryotes, le mode de régulation principal semble être l'activation de la transcription de gènes qui, autrement, sont silencieux. Chez les Eucaryotes, les mécanismes de désactivation (c'est-à-dire de répression) des gènes agissent peut-être sur le plan de la modification de la chromatine (par exemple, par méthylation de l'ADN).

Quoi qu'il en soit, la régulation directe de la transcription dépend, dans une large mesure, des protéines qui se lient à l'ADN et à d'autres protéines, et ce, de façon sélective. On a découvert des centaines de facteurs de transcription chez les Eucaryotes. Bien que ces protéines soient très nombreuses, leur structure obéit à quelques principes de base. Un facteur de transcription comporte généralement un **domaine de liaison à l'ADN,** c'est-à-dire qu'une partie de sa structure tridimensionnelle se lie à l'ADN. Il n'existe que quatre grands types de domaines de cette nature (FIGURE 19.10, page 396). De plus, chaque facteur de transcription possède un domaine de liaison protéique capable de reconnaître un autre facteur de transcription.

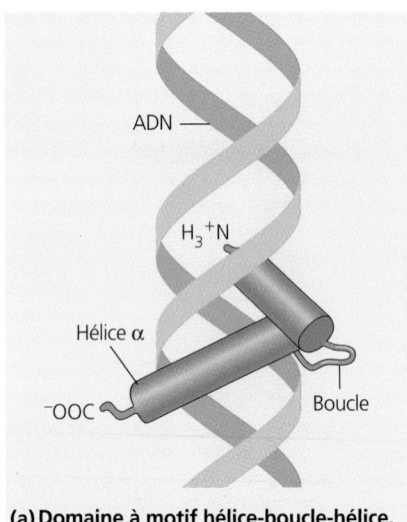

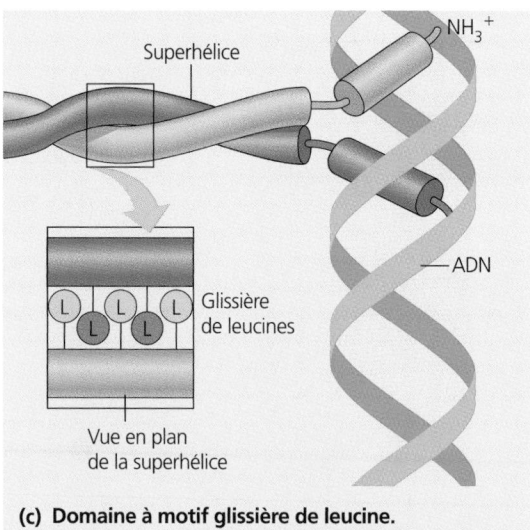

(a) Domaine à motif hélice-boucle-hélice.
On trouve ce motif dans un grand nombre de protéines régulatrices, dont les répresseurs *lac* et *trp* chez les cellules procaryotes.

(b) Domaine à motif doigts de zinc.
Chaque « doigt » est formé par une hélice α et un feuillet plissé β maintenus ensemble par un atome de zinc.

(c) Domaine à motif glissière de leucine.
Deux hélices α portant des leucines régulièrement espacées relient deux polypeptides en s'enroulant l'une autour de l'autre.

FIGURE 19.10 Trois des principaux types de domaines de liaison à l'ADN qu'on trouve dans les facteurs de transcription. Le domaine protéique qui interagit avec l'ADN se compose principalement d'hélices α (représentées comme des cylindres). Celles-ci s'insèrent dans le sillon de la double hélice. La protéine reconnaît des séquences spécifiques d'ADN grâce aux variations de la séquence d'acides aminés à l'intérieur de ces hélices.

Vu la complexité de la régulation des dizaines de milliers de gènes d'une cellule animale ou végétale, il est surprenant que les éléments de contrôle comprennent un si petit nombre de séquences nucléotidiques entièrement différentes. Une douzaine de séquences d'une longueur de 4 à 10 bases réapparaissent à de nombreux endroits dans les éléments de contrôle de différents gènes. Dans beaucoup de cas, la *combinaison* des éléments de contrôle associés au gène peut avoir plus d'importance que la présence d'un élément de contrôle donné propre au gène en question.

Gènes à régulation coordonnée

Comment la cellule eucaryote régule-t-elle les gènes aux fonctions apparentées qui doivent être activés ou désactivés simultanément ? Au chapitre 18, vous avez vu que, chez les cellules procaryotes, les gènes à régulation coordonnée sont souvent regroupés en un opéron. Ils occupent des positions adjacentes sur la molécule d'ADN et partagent un promoteur ainsi que d'autres éléments de contrôle situés à l'extrémité en amont du groupement. Les gènes d'un opéron sont transcrits l'un après l'autre en une même molécule d'ARNm, puis ils sont traduits ensemble. On n'a pas découvert d'opéron dans les cellules eucaryotes, à quelques rares exceptions près. Ainsi, dans un génome d'eucaryote, les gènes qui codent pour les enzymes d'une même voie métabolique sont souvent disséminés, voire situés sur des chromosomes différents. Même lorsque des gènes ayant des fonctions apparentées se trouvent l'un près de l'autre, sur un même chromosome, chacun d'eux a son propre promoteur et est transcrit séparément. Il reste que, chez les Eucaryotes, les ensembles dispersés de gènes s'expriment souvent d'une manière coordonnée.

La régulation coordonnée des gènes d'eucaryotes dépend probablement de l'association d'un élément de contrôle spécifique – ou encore d'un ensemble d'éléments de contrôle – et de chacun des gènes d'un groupement disséminé. Des copies des facteurs de transcription reconnaissent ces éléments de contrôle et se lient à eux, facilitant la transcription simultanée de plusieurs gènes. L'activation coordonnée de différents gènes par une hormone stéroïde constitue un exemple d'une telle forme de régulation chez les Eucaryotes. Les hormones stéroïdes (notamment les hormones sexuelles) ont des effets multiples sur l'organisme. Comme vous l'avez vu à la FIGURE 11.10, elles agissent comme un stimulus chimique en pénétrant dans la cellule et en se liant à des récepteurs protéiques spécifiques dans le cytoplasme ou dans le noyau. Lorsqu'un récepteur stéroïdien est activé par une telle liaison, il joue le rôle d'activateur de la transcription. Chaque gène devant être activé par une hormone stéroïde porte un élément de contrôle reconnu par l'activateur en question.

La plupart des autres types de stimulus moléculaires, tels que les hormones dérivées d'acides aminés ou les stimulus de communication intercellulaire d'un embryon en développement, se lient à des récepteurs situés à la surface de la cellule. Ils ne pénètrent jamais dans celle-ci. Mais ils peuvent assurer la régulation génique indirectement, en mettant en marche des voies de conversion et d'amplification menant à l'activation de facteurs de transcription spécifiques (voir la FIGURE 11.17). Le principe de la régulation coordonnée est le suivant : les gènes qui ont les mêmes éléments de contrôle sont activés par les mêmes stimulus chimiques. Les systèmes de coordination de la régulation génique sont probablement dus à la duplication des éléments de contrôle et à la dissémination de ceux-ci dans le génome.

Les mécanismes posttranscriptionnels jouent un rôle de soutien dans la régulation de l'expression génique

À elle seule, la transcription n'équivaut pas à l'expression génique. L'expression des gènes codant pour des protéines dépend en fin de compte de la quantité de protéine fonctionnelle produite par la cellule. De nombreux événements surviennent entre la synthèse du transcrit d'ARN et l'activité d'une protéine donnée dans la cellule. Théoriquement, l'expression génique peut être bloquée ou stimulée à n'importe quelle étape suivant la transcription (voir la FIGURE 19.7). Lorsqu'un changement survient dans son environnement, la cellule peut rapidement assurer la régulation fine de l'expression génique sans modifier son mode de transcription : il lui suffit de faire intervenir les mécanismes régulateurs posttranscriptionnels.

La maturation de l'ARN dans le noyau puis son exportation vers le cytoplasme constituent des étapes sujettes à une régulation de l'expression génique (elles n'existent pas chez les cellules procaryotes). Prenons, par exemple, l'**épissage différentiel de l'ARN**, qui a lieu à l'étape de la maturation de celui-ci : des molécules d'ARNm différentes sont produites à partir d'un même transcrit primaire, selon les segments d'ARN qui sont traités comme des exons ou comme des introns (FIGURE 19.11). Les protéines régulatrices caractéristiques d'un type donné de cellules déterminent le choix des introns et des exons en se liant aux séquences régulatrices du transcrit primaire.

Après la maturation de l'ARN, la cellule peut contrôler diverses étapes de l'expression génique : la dégradation de l'ARNm, l'initiation de la traduction, ainsi que la maturation et la dégradation des protéines.

Régulation de la dégradation de l'ARNm

La durée de vie des molécules d'ARNm dans le cytoplasme constitue un facteur de régulation important de la synthèse protéique qui a lieu dans une cellule. Les molécules d'ARNm des procaryotes ont généralement une vie très courte ; les enzymes les dégradent au bout de quelques minutes seulement. C'est l'une des raisons pour lesquelles les cellules procaryotes ajustent si rapidement leur synthèse protéique aux conditions de leur milieu. Pour leur part, les molécules d'ARNm des Eucaryotes multicellulaires ont une durée de vie allant de quelques heures à quelques semaines. Un excellent exemple d'ARNm ayant une longue durée de vie est représenté par les globules rouges en voie de formation. Ces cellules sont des « usines » de production d'hémoglobine (une protéine). L'ARNm des polypeptides de l'hémoglobine (globine α et globine β) a une stabilité peu commune et est traduit un grand nombre de fois.

De récentes recherches effectuées sur des levures permettent de penser qu'une voie commune de dégradation de l'ARNm commence par la scission enzymatique de la queue poly(A), qui contribue à activer les enzymes retirant la coiffe 5'. (Les deux extrémités de l'ARNm peuvent être maintenues ensemble un court instant par les protéines en question.) L'enlèvement de la coiffe constitue une étape critique ; il est aussi contrôlé par des séquences nucléotidiques particulières de l'ARNm. Une fois que la coiffe a été retirée, les nucléases dégradent rapidement l'ARNm à partir de son extrémité 5'.

Les séquences nucléotidiques qui affectent la stabilité de l'ARNm se situent souvent dans la région non traduite de la séquence remorque, à l'extrémité 3' de la molécule (voir la FIGURE 19.8). Des chercheurs ont réalisé l'expérience suivante : ils ont prélevé une séquence remorque provenant d'un ARNm ayant une courte durée de vie (il était destiné à la synthèse d'un facteur de croissance). Ensuite, ils l'ont insérée à l'extrémité 3' d'un ARNm de globine normalement stable. Celui-ci a été rapidement dégradé.

Régulation de la traduction

La plupart des mécanismes de régulation de la traduction bloquent l'étape de l'initiation de la synthèse polypeptidique lorsque les sous-unités ribosomiques et l'ARNt d'initiation se lient à un ARNm (voir la FIGURE 17.15). La traduction de certains ARNm peut être suspendue par des protéines régulatrices, qui se lient à des segments ou à des structures spécifiques de la séquence guide située à l'extrémité 5' de l'ARNm. Cela empêche les ribosomes de se fixer à l'ARNm. Ce mécanisme revêt une grande importance au cours du développement embryonnaire : la femelle entrepose dans l'ovule divers ARNm, qui ne seront traduits qu'à certaines étapes suivant la fécondation.

Les facteurs protéiques nécessaires à l'initiation de la traduction chez les Eucaryotes sont des moyens de contrôler la traduction de *l'ensemble* des ARNm d'une cellule. Un exemple de régulation « globale » de ce type est relatif à l'hémoglobine. Une molécule d'hémoglobine fonctionnelle contient quatre groupements hème, liés chacun à un polypeptide (voir la FIGURE 19.3). S'ils ne sont pas présents en quantité suffisante dans un globule rouge en cours de développement, une protéine régulatrice inactive un facteur d'initiation essentiel de la traduction en le phosphorylant. L'ensemble de la traduction se trouve ainsi inhibé, mais cela affecte surtout la traduction de l'ARNm de l'hémoglobine, qui constitue la plus grande partie de l'ARNm de la cellule.

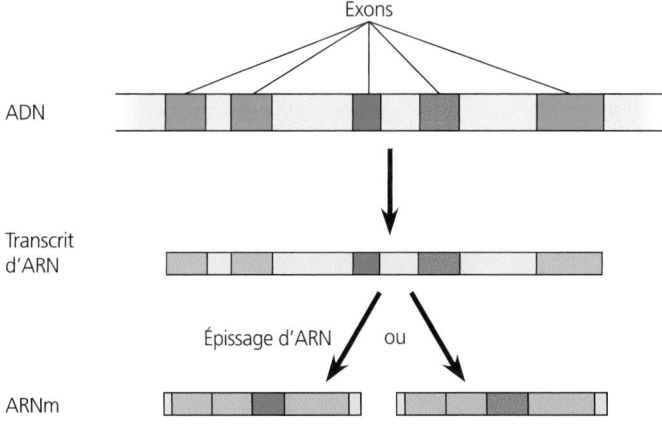

FIGURE 19.11 Épissage différentiel de l'ARN. Les transcrits d'ARN de certains gènes peuvent être épissés de plusieurs façons, ce qui mène à la création de molécules d'ARNm différentes. Notez que, dans cet exemple, une molécule d'ARNm se retrouve avec l'exon vert, et l'autre, avec l'exon brun. L'épissage différentiel permet à un organisme de produire plusieurs sortes de polypeptides à partir d'un même gène.

La régulation globale de la traduction joue un rôle important au cours du développement de l'embryon. Par exemple, les ovules de nombreux organismes synthétisent et accumulent de grandes quantités de molécules d'ARNm. La traduction de celles-ci débute seulement après la fécondation. Elle est déclenchée par l'activation soudaine des facteurs d'initiation de la traduction. Il résulte de cela une augmentation brutale de la synthèse de protéines données. Certaines plantes et certaines algues entreposent l'ARNm pendant les périodes d'obscurité. Par contre, lorsqu'elles sont exposées à la lumière, la réactivation de leurs mécanismes de traduction se déclenche.

Maturation et dégradation des protéines

La dernière étape où la régulation de l'expression génique peut s'exercer a lieu après la traduction. Chez les Eucaryotes, les polypeptides doivent souvent subir une maturation avant de devenir des protéines fonctionnelles. Par exemple, c'est le clivage du polypeptide initial de l'insuline qui aboutit à la formation d'une hormone active. De plus, de nombreuses protéines ne peuvent être fonctionnelles que si elles sont modifiées chimiquement. Ainsi, des glucides doivent être ajoutés aux protéines destinées à la face externe (feuillet E) des membranes plasmiques animales ; de même, les protéines régulatrices sont souvent activées ou inactivées par l'ajout réversible de groupements phosphate. Dans de nombreux cas, les polypeptides ne peuvent être fonctionnels que s'ils sont transportés vers des sites précis de la cellule. La régulation peut s'exercer à n'importe quelle étape de la modification ou du transport des protéines.

Le ciblage anormal d'une protéine peut avoir des conséquences graves, comme dans le cas de la mucoviscidose. Cette maladie résulte de mutations du gène de la protéine qui joue le rôle de pompe à chlorure. La protéine produite est défectueuse ; elle n'atteint jamais sa destination ultime, qui est la membrane plasmique, et elle est rapidement dégradée.

Si la cellule dégrade les protéines défectueuses et endommagées, elle limite aussi la durée de vie des protéines normales grâce à une dégradation sélective. De nombreuses protéines, comme les cyclines régulant le cycle cellulaire, doivent avoir une durée de vie relativement courte pour permettre à la cellule de fonctionner de façon adéquate (voir la FIGURE 12.14). La cellule marque souvent celles qui doivent être détruites en leur ajoutant des molécules d'ubiquitine, une petite protéine. Des complexes protéiques géants appelés **protéasomes** reconnaissent cette dernière et dégradent la protéine ainsi marquée (FIGURE 19.12). On a découvert que les mutations qui rendent les protéines du cycle cellulaire insensibles à cette forme de dégradation peuvent déclencher le cancer ; cela permet de mieux comprendre l'importance des protéasomes.

LA BIOLOGIE MOLÉCULAIRE DU CANCER

Au chapitre 12, vous avez vu que le terme cancer regroupe un ensemble de maladies dans lesquelles les cellules échappent aux mécanismes de régulation limitant normalement leur croissance. Maintenant que vous connaissez les fondements moléculaires de l'expression génique et de sa régulation, vous êtes prêts à étudier le cancer plus en détail.

Le cancer résulte de modifications génétiques qui altèrent le cycle cellulaire

En temps normal, certains gènes assurent la régulation de la croissance et de la division de la cellule (le cycle cellulaire). Les mutations qui altèrent ces gènes dans les cellules somatiques peuvent mener au cancer. C'est le cas, notamment, des mutations aléatoires spontanées. Il est aussi probable que de nombreuses mutations causant le cancer sont dues à des facteurs environnementaux, tels que les produits chimiques cancérogènes, les mutagènes physiques (comme les rayons X) et certains virus. L'une des percées dans le domaine du cancer a été réalisée grâce

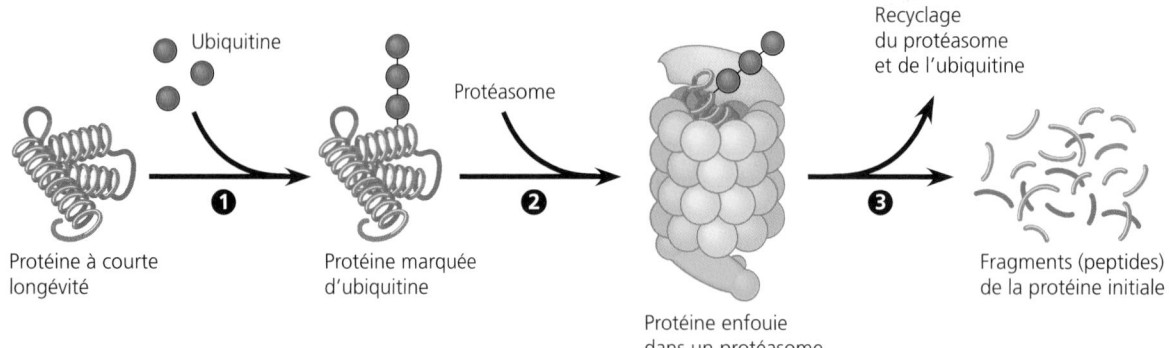

FIGURE 19.12 Dégradation d'une protéine par un protéasome. Un protéasome est un énorme complexe protéique dont la forme rappelle celle d'un tonneau. Sa fonction est de découper les protéines inutiles qui se trouvent dans la cellule. Dans la plupart des cas, il attaque les protéines marquées de courtes chaînes d'ubiquitine (une petite protéine). ❶ Des enzymes du cytosol ajoutent des molécules d'ubiquitine à une protéine. (On ignore comment celle-ci est choisie.) ❷ Un protéasome reconnaît la protéine ainsi marquée ; il la déploie et l'enfouit dans sa cavité centrale. ❸ Les enzymes du protéasome découpent la protéine en de petits peptides pouvant être dégradés ultérieurement par les enzymes du cytosol. Les étapes 1 et 3 nécessitent la présence d'ATP. Les protéasomes des cellules eucaryotes sont aussi massifs que les sous-unités ribosomiques et ils sont dispersés dans l'ensemble de la cellule. Leur forme de tonneau rappelle quelque peu celle des chaperonines, ces complexes protéiques qui élaborent la conformation de la protéine au lieu de la détruire (voir la FIGURE 5.26).

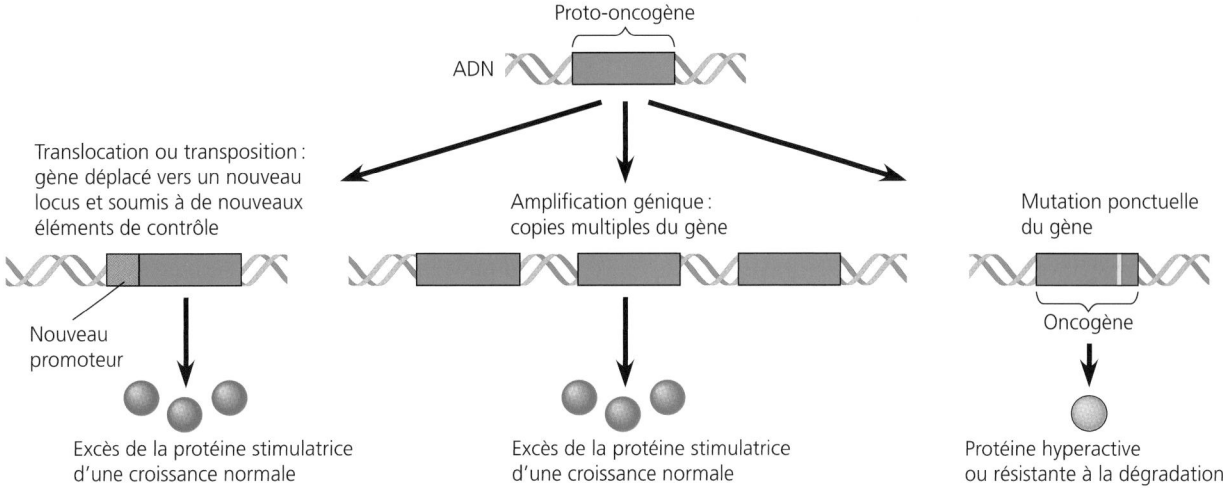

FIGURE 19.13 Modifications génétiques pouvant transformer un proto-oncogène en oncogène.

à l'étude de tumeurs déclenchées par des virus. Ces recherches ont mené à la découverte de gènes cancérogènes, les **oncogènes** (du grec *onkos*, « grosseur, tumeur »), chez certains rétrovirus. Plus tard, on a trouvé des parents proches de ces oncogènes dans le génome des Humains et des autres Animaux. Les gènes cellulaires normaux, appelés **proto-oncogènes,** codent pour des protéines stimulant une croissance et une division normales de la cellule. (Pour réviser le cycle cellulaire, référez-vous au chapitre 12.)

Comment un proto-oncogène (un gène qui a une fonction essentielle dans la cellule normale) peut-il devenir un oncogène, c'est-à-dire un gène provoquant le cancer? D'une manière générale, un oncogène apparaît sous l'effet d'une modification génétique menant à l'accroissement de la quantité de protéines codées par le proto-oncogène ou de l'activité intrinsèque de chaque protéine. Il existe trois modes principaux de transformation d'un proto-oncogène en oncogène: le déplacement d'ADN dans le génome, l'amplification d'un proto-oncogène et la mutation ponctuelle d'un proto-oncogène (FIGURE 19.13). En ce qui a trait au premier mode, on constate souvent que les cellules malignes ont subi des translocations: certains de leurs chromosomes se sont brisés et reconstitués de façon erronée, de telle sorte que les fragments des chromosomes cassés ont été transférés sur d'autres chromosomes (voir la FIGURE 15.13). Un proto-oncogène qui s'insère dans une région de jonction peut se retrouver dans une position adjacente à un promoteur (ou à un autre élément de contrôle) particulièrement actif. Celui-ci fait augmenter la vitesse de transcription du proto-oncogène, qui devient un oncogène. L'expression peut également s'accroître lorsque le proto-oncogène tombe sous le contrôle d'un promoteur plus actif par transposition du gène lui-même ou du promoteur à l'intérieur du chromosome. Le deuxième grand type de modification génétique, l'amplification, mène à l'accroissement du nombre de copies du gène dans la cellule. Le troisième mode, la mutation ponctuelle, implique la transformation de la protéine produite par le gène en une substance plus active ou plus résistante à la dégradation. Tous ces mécanismes risquent de provoquer une stimulation anormale du cycle cellulaire et de prédisposer la cellule en question à devenir cancéreuse.

Mais il n'y a pas que les mutations touchant les protéines stimulatrices de la croissance qui favorisent l'apparition du cancer. Les changements affectant les gènes dont les produits normaux *inhibent* la division cellulaire constituent aussi un facteur de risque. Les gènes en question sont appelés **gènes suppresseurs de tumeurs,** parce que les protéines pour lesquelles ils devraient coder contribuent à empêcher une croissance cellulaire anarchique. Toute mutation entraînant la diminution de l'activité normale d'une protéine de suppression des tumeurs risque de déclencher un cancer, du fait que la croissance cellulaire est stimulée par l'absence de contrôle. Les protéines produites par les gènes suppresseurs de tumeurs ont diverses fonctions. Par exemple, certaines servent à réparer l'ADN endommagé et à empêcher la cellule d'accumuler des mutations cancérogènes. D'autres régulent la liaison des cellules entre elles ou leur fixation à une matrice extracellulaire. (L'ancrage cellulaire joue un rôle crucial dans la plupart des tissus et est souvent absent dans les cancers.) D'autres enfin interviennent dans les voies de conversion et d'amplification des stimulus inhibant le cycle cellulaire.

Dans la partie qui suit, nous parlerons de quelques protéines de suppression des tumeurs ainsi que de protéines régulées par des oncogènes. Nous étudierons leur rôle dans les voies de conversion et d'amplification des stimulus cellulaires.

Des protéines anormales de suppression des tumeurs et les protéines codées par des oncogènes dérèglent le fonctionnement des voies de conversion et d'amplification des stimulus

Regardons plus en détail ce que font (ou ne font pas) les protéines produites dans la cellule par les oncogènes, et considérons plus précisément deux gènes clés, le **proto-oncogène *Ras*** (d'abord identifié sur des rats ayant développé un sarcome ou cancer du tissu conjonctif) et le **gène suppresseur de tumeurs *p53*.** Leurs mutations sont très communes dans les cancers humains: elles sont de l'ordre de 30 % dans le cas de *Ras* et de près de 50 % dans le cas de *p53*.

Les produits du proto-oncogène *Ras* et du gène suppresseur de tumeurs *p53*, soit les protéines *Ras* et *p53*, sont des composantes des voies de conversion et d'amplification qui acheminent des informations externes vers l'ADN situé dans le noyau. Vous avez vu un modèle général d'une voie de ce type à la FIGURE 11.17. Comme le montre la FIGURE 19,14a, *Ras* est une protéine G qui transmet un stimulus de croissance d'un récepteur de facteurs de croissance situé sur la membrane plasmique à une cascade de protéines kinases. La réponse cellulaire déclenchée par cette voie est la synthèse d'une protéine stimulant le cycle cellulaire. Normalement, une voie de cette nature ne peut être mise en marche que par le facteur de croissance approprié. Cependant, une protéine produite par un oncogène et constituant une version hyperactive de l'une des protéines normales de la voie peut accroître le rythme de la division cellulaire, et ce, même en l'absence de tout facteur de croissance. De nombreux oncogènes *Ras* portent une mutation ponctuelle qui aboutit à la production d'une forme hyperactive de la protéine *Ras*. La protéine anormale émet son propre stimulus. Bref, que la cellule comporte des protéines devenues hyperactives ou des quantités excessives de n'importe quelle composante de cette voie, le résultat est le même : les divisions cellulaires se produisent à un rythme accéléré.

La FIGURE 19.14b illustre une voie comparable d'*inhibition* de la croissance, dans laquelle le stimulus mène à la synthèse d'une protéine arrêtant le cycle cellulaire. Par conséquent, les gènes des composantes de cette voie sont des gènes suppresseurs de tumeurs (à l'instar des gènes dont les produits restreignent le fonctionnement de la voie de stimulation de la croissance). La protéine codée par le gène *p53* de type sauvage est un facteur de transcription stimulant la synthèse des protéines d'inhibition de la croissance. C'est pour cette raison qu'une mutation qui rend le gène *p53* non fonctionnel peut mener à une croissance cellulaire excessive et à la formation d'une tumeur.

Le gène qui porte le nom banal de *p53* (parce que la masse moléculaire de la protéine qu'il produit est de 53 000 u) est souvent qualifié d'« ange gardien du génome ». Son expression est déclenchée par les dommages infligés à l'ADN d'une cellule. Une fois produite, la protéine *p53* devient un facteur de transcription de plusieurs gènes. Elle active souvent un gène appelé *p21*, dont le produit interrompt le cycle cellulaire en se liant aux kinases dépendantes des cyclines. Cela laisse à la cellule le temps de réparer son ADN. La protéine *p53* peut également activer des gènes qui contribuent directement à la réparation de l'ADN. Lorsque les dommages subis par ce dernier sont irréparables, *p53* active les gènes de « suicide », dont les produits protéiques tuent la cellule par un processus appelé *apoptose* (voir la FIGURE 21.18). Ainsi, lorsque l'ADN d'une cellule est endommagé, *p53* agit d'au moins trois façons pour empêcher celle-ci de transmettre les mutations. Si les mutations s'accumulent et si la cellule survit à de nombreuses divisions (ce qui est plus que probable quand le gène suppresseur de tumeurs *p53* est défectueux ou absent), un cancer peut naître.

L'apparition du cancer est le résultat de mutations multiples

Il faut généralement que plusieurs mutations somatiques aient lieu pour que tous les changements caractéristiques d'une véritable cellule cancéreuse se produisent. Cela pourrait expliquer en partie la raison pour laquelle l'incidence du cancer s'accroît beaucoup avec l'âge. Si cette maladie est le résultat d'une accumulation de mutations et si ces dernières apparaissent au cours de l'existence, alors plus notre vie est longue, plus nous risquons d'avoir le cancer.

Le modèle d'apparition de cette maladie suivant des étapes multiples est corroboré par des études portant sur le cancer colorectal, l'un des cancers humains les mieux compris. Chaque année, on diagnostique environ 17 000 nouveaux cas de cancers de ce type au Canada, et on enregistre environ 6 500 décès dans le même intervalle. Selon l'Institut national de Cancer du pays, il s'agit de la deuxième cause la plus fréquente de décès dus à cette maladie. À l'instar de la plupart des cancers, le cancer colorectal apparaît graduellement (FIGURE 19.15, p. 402). Le premier signe est souvent un polype, soit une petite excroissance bénigne de l'épithélium du côlon. Les cellules du polype ont une apparence normale, mais elles se divisent à une fréquence inhabituelle. La tumeur grossit et peut finir par devenir maligne. L'apparition d'une tumeur maligne s'accompagne d'une accumulation graduelle de mutations activant les oncogènes et rendant les gènes suppresseurs de tumeurs non fonctionnels. Un oncogène *Ras* et un gène suppresseur de tumeurs muté *p53* entrent souvent en jeu.

L'ADN doit subir une demi-douzaine de changements environ avant que la cellule devienne entièrement cancéreuse. Ces changements comprennent habituellement l'apparition d'au moins un oncogène actif, ainsi que la mutation ou la perte de plusieurs gènes suppresseurs de tumeurs. De plus, comme les allèles mutants des suppresseurs de tumeurs sont habituellement récessifs, les mutations doivent rendre non fonctionnels *les deux allèles* présents dans le génome. (Par contre, la plupart des oncogènes se comportent comme des allèles dominants.) Enfin, dans de nombreuses tumeurs malignes, le gène de la télomérase est activé. Cette enzyme empêche l'érosion des extrémités des chromosomes et élimine l'une des limitations naturelles du nombre de divisions qu'une cellule peut subir (voir les pages 323 et 324).

Les Virus semblent jouer un rôle dans environ 15 % des cancers humains dans le monde. Par exemple, les Rétrovirus interviennent dans certains types de leucémie ; les Virus de l'hépatite, eux, peuvent provoquer le cancer du foie ; quant à certains Papovavirus, ils favorisent l'apparition du cancer du col de l'utérus. Les Virus contribuent à l'apparition du cancer en insérant leur propre matériel génétique dans l'ADN des cellules qu'ils infectent. Par ce processus, un Rétrovirus, par exemple, peut introduire un oncogène dans une cellule. Il est également possible que l'insertion d'un ADN viral dans un génome cellulaire ait pour effet de rendre non fonctionnel un gène suppresseur de tumeurs ou de transformer un proto-oncogène en oncogène.

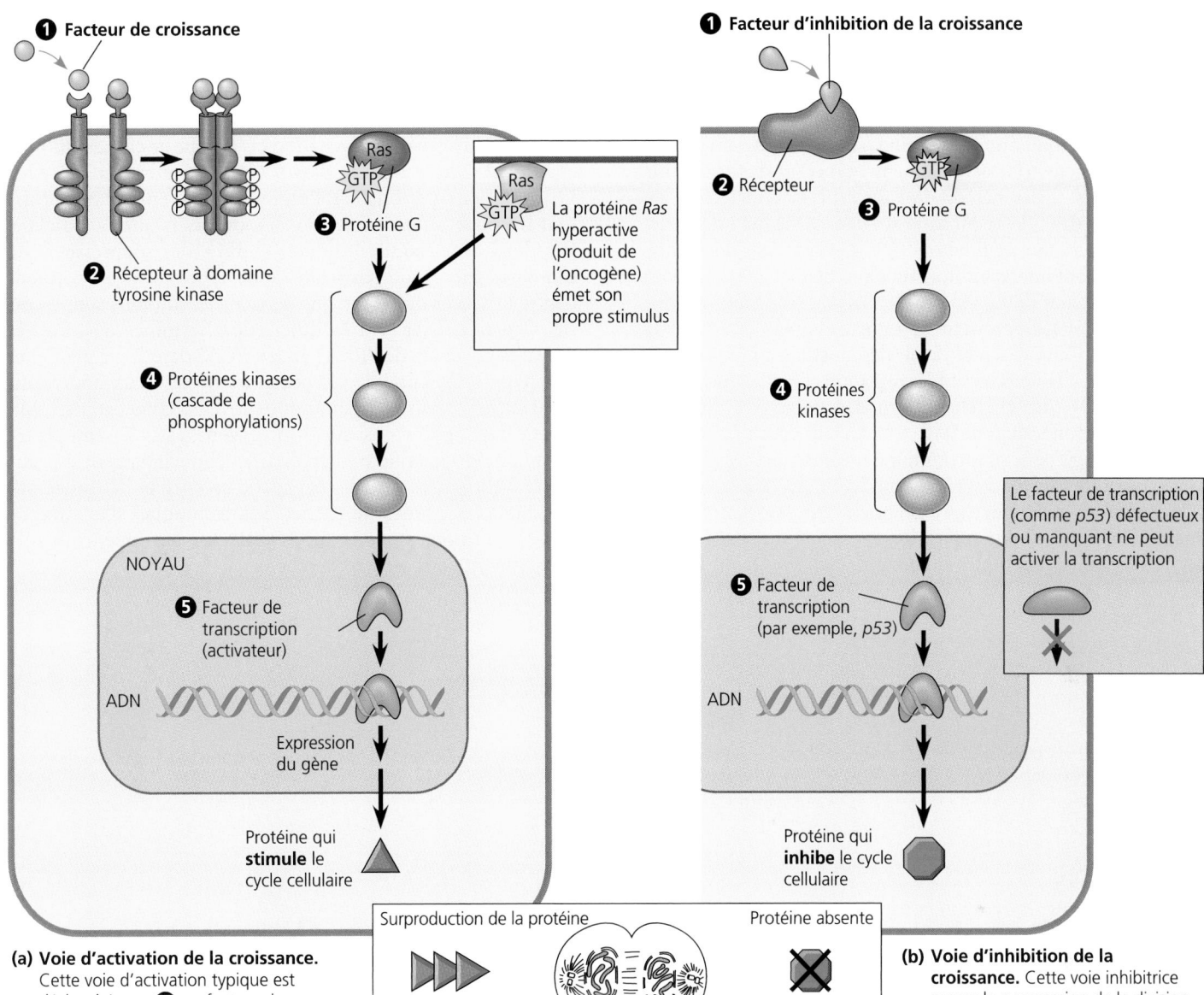

① Facteur de croissance

② Récepteur à domaine tyrosine kinase

③ Protéine G

Ras GTP

Ras GTP — La protéine *Ras* hyperactive (produit de l'oncogène) émet son propre stimulus

④ Protéines kinases (cascade de phosphorylations)

NOYAU

⑤ Facteur de transcription (activateur)

ADN

Expression du gène

Protéine qui **stimule** le cycle cellulaire

① Facteur d'inhibition de la croissance

② Récepteur

③ Protéine G

GTP

④ Protéines kinases

Le facteur de transcription (comme *p53*) défectueux ou manquant ne peut activer la transcription

⑤ Facteur de transcription (par exemple, *p53*)

ADN

Protéine qui **inhibe** le cycle cellulaire

(a) Voie d'activation de la croissance.
Cette voie d'activation typique est déclenchée par **①** un facteur de croissance qui se lie à **②** un récepteur à domaine tyrosine kinase (FIGURE 11.8). Le stimulus est transmis à **③** une protéine G appelée *Ras*. (Comme toutes les protéines G, la protéine *Ras* est active lorsqu'elle est liée à une molécule de GTP.) *Ras* transmet l'information à **④** une série de protéines kinases. La dernière kinase active **⑤** un facteur de transcription, qui active à son tour les gènes codant pour une ou plusieurs protéines. Celles-ci stimulent le cycle cellulaire. Si *Ras* (ou toute autre composante de la voie) devient anormalement active à cause d'une mutation, il peut en résulter une division cellulaire excessive et la formation d'une tumeur.

Surproduction de la protéine

Stimulation excessive du cycle cellulaire

Protéine absente

Absence d'inhibition du cycle cellulaire

(c) Effets des anomalies. Que le cycle cellulaire subisse une stimulation excessive ou qu'il ne soit pas inhibé alors qu'il devrait l'être, le résultat est le même: les divisions cellulaires se produisent à un rythme accéléré.

(b) Voie d'inhibition de la croissance. Cette voie inhibitrice assure la suppression de la division cellulaire. Les mutations aboutissant à l'anomalie d'une des composantes de cette voie peuvent mener au cancer. La protéine *p53* est un exemple de facteur de transcription intervenant dans une voie inhibitrice. Le stimulus qui déclenche son activité est habituellement un dommage causé à l'ADN (normalement, cette protéine empêche l'ADN endommagé de se répliquer).

FIGURE 19.14 Voies de conversion et d'amplification du stimulus qui régulent la croissance cellulaire. Le cycle cellulaire est contrôlé par des voies d'activation aussi bien que par des voies d'inhibition. Elles agissent souvent à l'étape de la transcription. Les anomalies qui les touchent peuvent entraîner l'apparition d'un cancer.

Le fait que plusieurs modifications génétiques doivent se produire avant qu'un cancer n'apparaisse permet d'expliquer en partie pourquoi certaines familles sont prédisposées à cette maladie. Un individu qui hérite d'un oncogène ou de l'allèle mutant d'un gène suppresseur de tumeurs a plus de chances d'accumuler les mutations nécessaires à l'apparition d'un cancer.

Les généticiens font actuellement beaucoup d'efforts pour déterminer les allèles héréditaires du cancer; la détection de ceux-ci permettrait de savoir assez tôt dans la vie qui est prédisposé à certains cancers. Environ 15 % des cancers colorectaux, par exemple, font intervenir des mutations héréditaires. Certaines touchent les gènes de réparation de l'ADN. Beaucoup d'autres affectent un gène suppresseur de tumeurs appelé PAC (voir la FIGURE 19.15). Celui-ci semble avoir des fonctions multiples dans la cellule; il régule notamment la migration et l'adhérence cellulaires. En 1997, des chercheurs ont découvert une mutation jusqu'alors inconnue du gène PAC; 6 % des Juifs ashkénases en sont porteurs. Il s'agit de la plus commune mutation prédisposant au cancer qui a été trouvée dans un groupe ethnique donné.

Certains travaux portent également sur les allèles héréditaires impliqués dans l'apparition du cancer du sein. L'étude des fondements génétiques de cette maladie revêt un intérêt particulier, parce qu'il s'agit du type de cancer le plus souvent diagnostiqué chez les femmes au Canada. Il touche environ 19 000 femmes par an, et environ 5 500 en meurent chaque année. Dans 5 % à 10 % des cas, on note une forte prédisposition héréditaire. En 1994 et en 1995, des chercheurs ont identifié deux gènes intervenant dans ce type de cancer : *BRCA1* et *BRCA2* (*BRCA* signifie *BReast CAncer*, ou cancer du sein). Les mutations qui touchent l'un ou l'autre d'entre eux accroissent le risque qu'un cancer du sein ou des ovaires apparaisse. Ces deux gènes sont considérés comme des suppresseurs de tumeurs, parce que leurs allèles de type sauvage protègent contre le cancer du sein et que leurs allèles mutants sont récessifs. Cependant, il a été très difficile de déterminer la nature des produits normaux de *BRCA1* et de *BRCA2* dans la cellule. Selon une hypothèse, l'une de ces protéines ou les deux pourraient jouer un rôle dans la réparation de l'ADN. Quoi qu'il en soit, l'étude de ces gènes ainsi que d'autres gènes associés à un cancer dont la prédisposition est héréditaire débouchera peut-être sur de nouvelles méthodes de diagnostic précoce et de traitement de toutes les formes de cancer. Les techniques d'analyse de l'ADN que nous verrons au chapitre suivant jouent un rôle déterminant dans cette recherche.

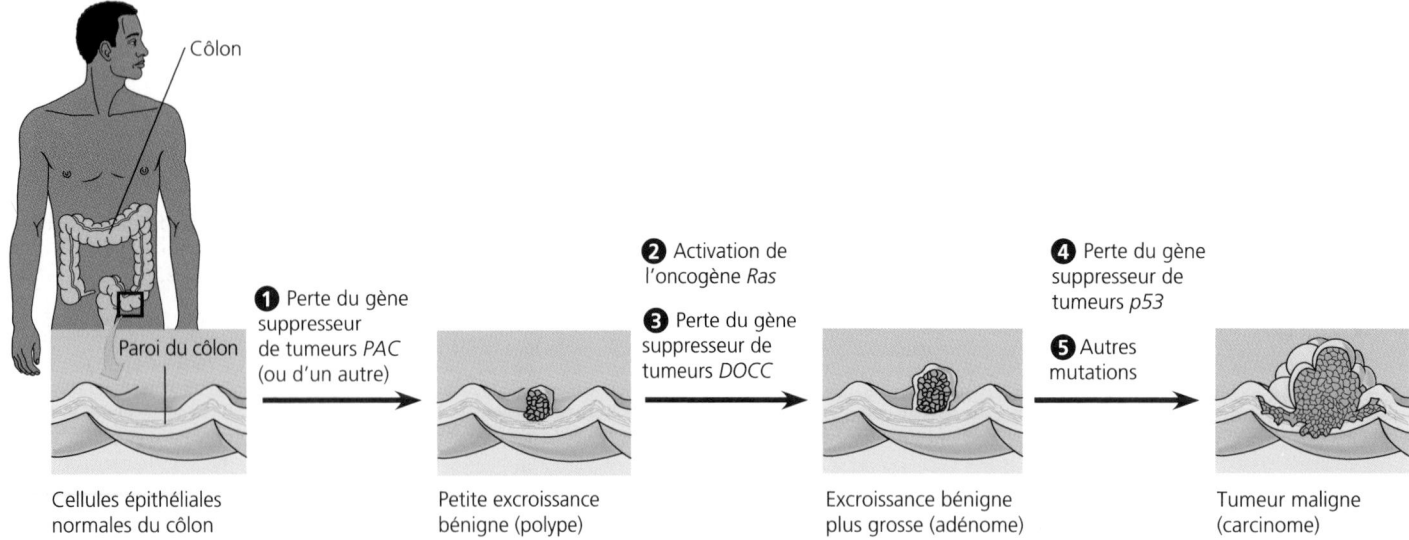

FIGURE 19.15 Modèle d'apparition du cancer colorectal selon des étapes multiples. Ce cancer, qui touche le côlon, le rectum ou ces deux parties du gros intestin, est l'un des mieux compris. L'apparition d'une tumeur s'accompagne d'une série de modifications génétiques, dont des mutations affectant plusieurs gènes suppresseurs de tumeurs (tels que *p53*) ainsi que le proto-oncogène *Ras*. Les mutations qui affectent des gènes suppresseurs de tumeurs entraînent souvent la perte (délétion) de ces gènes. De nombreuses familles ayant une prédisposition au cancer colorectal sont porteuses des allèles mutants du gène *PAC*. (*PAC* signifie polypose adénomateuse colique.) Le sigle *DOCC*, qui figure à l'étape 3, signifie délétion à l'origine du cancer colorectal. D'autres séquences de mutations peuvent également mener au cancer.

RÉVISION DU CHAPITRE

Résumé des concepts importants

LA STRUCTURE DE LA CHROMATINE CHEZ LES EUCARYOTES

■ **La structure de la chromatine reflète les niveaux successifs de repliement de l'ADN (p. 384 à 386, FIGURE 19.1).** Chez les Eucaryotes, la chromatine est principalement constituée d'ADN et d'histones, des protéines qui se lient à l'ADN en formant des nucléosomes. Les nucléosomes sont les structures fondamentales de la condensation de l'ADN. D'autres formes de repliement aboutissent à la formation de l'hétérochromatine; il s'agit de la chromatine hautement condensée typique des chromosomes métaphasiques. Dans les cellules en interphase, la plus grande partie de la chromatine se trouve sous une forme très déroulée, appelée euchromatine.

LA STRUCTURE DU GÉNOME AU NIVEAU DE L'ADN

■ **Une grande partie du génome des Eucaryotes est constituée d'ADN répétitif et d'autres séquences non codantes (p. 386 et 387, TABLEAU 19.1).** Des séquences dont la longueur peut atteindre 10 paires de nucléotides et qui sont répétées en tandem des milliers de fois occupent une grande place dans l'ADN des centromères et des télomères. Elles jouent probablement un rôle structural dans les chromosomes.

■ **Les familles multigéniques sont apparues par duplication de gènes ancestraux (p. 387 à 389, FIGURE 19.3).** Les gènes de l'ARN ribosomique (une famille de gènes identiques disposés en tandem) permettent à la cellule de fabriquer des millions de ribosomes en peu de temps. Les gènes non identiques des deux familles de gènes de la globine codent pour des polypeptides intervenant à différentes étapes du développement animal.

■ **L'amplification, la perte ou le remaniement des gènes peuvent altérer le génome cellulaire au cours de la vie d'un organisme. (p. 389 à 391, FIGURES 19.5 et 19.6).** La réplication sélective de certains gènes, comme les gènes de l'ARNr, se produit au cours du développement de certaines espèces. Cela permet à la cellule de fabriquer des quantités encore plus importantes d'ARNr. Chez certaines espèces, des parties de chromosomes ou des chromosomes entiers sont éliminés de façon sélective dans certaines cellules. Dans les cellules somatiques, les remaniements de l'ADN par les transposons ou les rétrotransposons peuvent altérer le génome en modifiant l'expression génique. Chez les Vertébrés, la diversité des anticorps résulte du remaniement et de la délétion sélective de segments d'ADN dans les lymphocytes B en cours de différenciation.

LA RÉGULATION DE L'EXPRESSION GÉNIQUE

■ **Chaque cellule d'un eucaryote multicellulaire n'exprime qu'une petite partie des gènes de l'organisme (p. 391 et 392).** En particulier, la régulation sélective des gènes est nécessaire à la différenciation cellulaire.

■ **La régulation de l'expression génique peut s'exercer à n'importe quelle étape de la voie qui part du gène et qui mène à la protéine fonctionnelle : *une vue d'ensemble* (p. 392, FIGURE 19.7).** Les étapes clés sont les modifications subies par la chromatine, l'initiation de la transcription, la maturation de l'ARN, la traduction, la modification des protéines, ainsi que la dégradation de l'ARNm et des protéines.

■ **Les modifications de la chromatine déterminent les gènes qui pourront être transcrits (p. 393).** La méthylation de l'ADN semble réduire le taux de transcription de l'ADN concerné. L'acétylation des histones semble avoir pour effet de relâcher la structure des nucléosomes et de faciliter la transcription.

■ **L'initiation de la transcription est régulée par des protéines qui interagissent avec l'ADN et entre elles (p. 393 à 396, FIGURES 19.8 et 19.9).** Chez les Eucaryotes, les multiples éléments de contrôle qui se lient à des facteurs de transcription spécifiques assurent la régulation de la formation d'un complexe d'initiation de transcription sur le promoteur. Mais les interactions protéine-protéine jouent un rôle aussi important dans la régulation des gènes d'eucaryotes que les liaisons protéine-ADN. La courbure de l'ADN permet aux facteurs de transcription liés aux éléments de contrôle (amplificateurs) éloignés du promoteur d'entrer en contact avec les protéines présentes sur le promoteur. Contrairement aux gènes d'un opéron de procaryote, chacun des gènes d'eucaryotes à régulation coordonnée a son propre promoteur et ses propres éléments de contrôle. Toutefois, tous les gènes d'un groupe donné ont les mêmes séquences de régulation; cela permet la reconnaissance par les mêmes facteurs de transcription.

■ **Les mécanismes posttranscriptionnels jouent un rôle de soutien dans la régulation de l'expression génique (p. 397 et 398, FIGURES 19.11 et 19.12).** L'épissage différentiel de l'ARN est un exemple de régulation à l'étape de la maturation de l'ARN. Chaque molécule d'ARNm a une durée de vie caractéristique, en partie déterminée par la séquence guide et par la séquence remorque. L'initiation de la traduction peut être régulée par le contrôle des facteurs d'initiation. Après la traduction, diverses formes de maturation des protéines (comme le clivage et l'ajout de groupements fonctionnels) sont assujetties à une régulation; c'est le cas de la dégradation des protéines.

LA BIOLOGIE MOLÉCULAIRE DU CANCER

■ **Le cancer résulte de modifications génétiques qui altèrent le cycle cellulaire (p. 398 et 399, FIGURE 19.13).** Les produits des proto-oncogènes et des gènes suppresseurs de tumeurs assurent la régulation de la division cellulaire. Une modification qui entraîne l'activité trop intense d'un proto-oncogène transforme celui-ci en un oncogène capable de déclencher une croissance cellulaire excessive et de provoquer le cancer. Un gène suppresseur de tumeurs code pour une protéine qui empêche toute division cellulaire anormale. La mutation ou la délétion de ce type de gène a des effets semblables à ceux de l'activation d'un oncogène.

■ **Des protéines anormales de suppression des tumeurs et les protéines codées par des oncogènes dérèglent le fonctionnement des voies de conversion et d'amplification des stimulus (p. 399 à 401, FIGURE 19.14).** Parmi les composantes typiques des voies de stimulation et d'inhibition de la croissance figurent des facteurs de croissance, les récepteurs membranaires, les protéines G (comme *Ras*), des protéines kinases et des activateurs de la transcription. Si une protéine d'une voie de stimulation, telle que *Ras* (une protéine G), existe sous une forme hyperactive, elle devient oncogène. Si une protéine d'une voie d'inhibition, comme *p53* (un activateur de la transcription), est défectueuse, elle n'agit plus en tant que suppresseur de tumeurs.

- L'apparition du cancer est le résultat de mutations multiples (p. 400 à 402, FIGURE 19.15). Dans les cellules tumorales, il y a accumulation de modifications touchant les proto-oncogènes et les gènes suppresseurs de tumeurs. Certaines de ces mutations peuvent être héréditaires et entraîner une prédisposition à certains types de cancer.

Autoévaluation

(Les questions dont les numéros sont en caractères gras font surtout appel à la compréhension.)

1. Dans un nucléosome, l'ADN est enroulé autour
   a) de molécules de polymérase.
   b) de ribosomes.
   c) d'histones.
   d) du nucléole.
   e) d'ADN satellite.

2. Nos cellules musculaires semblent différentes de nos cellules nerveuses, principalement
   a) parce qu'elles n'expriment pas les mêmes gènes.
   b) parce qu'elles ne contiennent pas les mêmes gènes.
   c) parce qu'elles utilisent un code génétique différent.
   d) parce qu'elles ont des ribosomes qui leur sont propres.
   e) parce qu'elles n'ont pas les mêmes chromosomes.

3. Voici une des caractéristiques des rétrotransposons:
   a) La traduction de leur transcrit d'ARN produit une enzyme qui reconvertit l'ARN en ADN.
   b) On ne les trouve que dans les cellules animales.
   c) Une fois qu'ils ont été enlevés de l'ADN, les segments de gènes codant pour la région variable d'un anticorps sont liés à la région constante.
   d) Ils contribuent de façon significative à la variabilité génétique d'une population de gamètes.
   e) Leur amplification dépend d'une infection concurrente due à un rétrovirus.

4. Le fonctionnement des amplificateurs est
   a) un exemple de régulation de l'expression génique au niveau de la transcription.
   b) un exemple de mécanisme de modification de l'ARNm après la transcription.
   c) un exemple de stimulation de la traduction par les facteurs d'initiation.
   d) un exemple de régulation postérieure à la traduction grâce à l'activation de certaines protéines.
   e) chez les Eucaryotes l'équivalent du fonctionnement du promoteur chez les cellules procaryotes.

5. Les familles multigéniques
   a) sont des groupes d'amplificateurs qui assurent la régulation de la transcription.
   b) sont habituellement regroupées au niveau des télomères.
   c) sont les équivalents des opérons des procaryotes.
   d) sont des ensembles de gènes dont l'expression est contrôlée par des protéines régulatrices identiques.
   e) sont des ensembles de gènes identiques ou semblables qui sont apparus par duplication génique.

6. Parmi les énoncés suivants concernant l'ADN de l'une des cellules de votre cerveau, lequel est vrai?
   a) Certaines séquences d'ADN sont présentes en de multiples exemplaires.
   b) La plus grande partie de l'ADN code pour des protéines.

   c) La majorité des gènes a de bonnes chances d'être transcrite.
   d) Chaque gène est adjacent à un amplificateur qui contribue à la régulation de sa transcription.
   e) De nombreux gènes forment des groupements qui ressemblent à des opérons.

7. On sait qu'il se produit un remaniement des segments d'ADN dans les gènes qui codent pour
   a) l'ARN ribosomique.
   b) la majorité des protéines chez les Eucaryotes.
   c) l'hémoglobine.
   d) les protéines histones.
   e) les anticorps.

8. Parmi les événements suivants, lequel constitue une étape possible dans le contrôle de l'expression génique après la transcription?
   a) L'ajout de groupements méthyle aux bases de cytosine de l'ADN.
   b) La liaison de facteurs de transcription sur un promoteur.
   c) L'excision d'introns et l'épissage d'exons.
   d) L'amplification génique à une étape donnée du développement.
   e) Le repliement de l'ADN pendant la formation de l'hétérochromatine.

9. La quantité de protéine fabriquée à partir d'une molécule donnée d'ARNm dépend en partie
   a) du degré de méthylation de l'ADN.
   b) du taux de dégradation de l'ARNm.
   c) de la présence de certains facteurs de transcription.
   d) du nombre d'introns présents dans l'ARNm.
   e) des types de ribosomes présents dans le cytoplasme.

10. Toutes nos cellules contiennent des proto-oncogènes qui risquent de devenir des oncogènes capables de provoquer le cancer. Quelle est la meilleure explication de la présence de ces bombes à retardement dans nos cellules?
    a) Les proto-oncogènes sont apparus à la suite d'infections virales.
    b) Normalement, les proto-oncogènes contribuent à la régulation de la division cellulaire.
    c) Les proto-oncogènes sont des «débris» génétiques.
    d) Les proto-oncogènes sont des gènes normaux ayant subi des mutations.
    e) Dans la cellule, les proto-oncogènes sont des sous-produits du processus de vieillissement.

11. D'une manière générale, comment la condensation poussée de l'ADN des chromosomes empêche-t-elle l'expression des gènes?

12. Chez les Eucaryotes, l'amplificateur stimule la transcription d'un gène spécifique non pas en influençant directement le promoteur du gène, mais en agissant indirectement par l'intermédiaire de protéines qui se lient à l'ADN et qui sont appelées _____.

13. Lorsqu'un ARNm codant pour une protéine donnée atteint le cytoplasme, quatre mécanismes permettent de réguler la quantité de protéine active présente dans la cellule. Quels sont-ils?

14. Dans quel sens peut-on affirmer que le cancer est toujours une maladie génétique?

15. En quoi le terme *proto-oncogène* prête-t-il à confusion?

16. Comment une mutation touchant un gène suppresseur de tumeurs peut-elle contribuer à l'apparition d'un cancer?

17. Pourquoi la plupart des cancers du sein ne sont-ils pas considérés comme héréditaires?

Lien avec l'évolution

L'une des révélations du séquençage du génome humain annoncée en février 2001 est l'existence de reliques de séquences de procaryotes (en d'autres termes, des gènes de procaryotes sont insérés dans notre génome, mais ce sont des « fossiles » moléculaires sans activité). Quels types de mutations cellulaires ont pu amener des gènes bactériens dans notre génome ?

Intégration

Depuis longtemps, les chercheurs se demandent pourquoi certaines cellules cancéreuses de la prostate survivent en dépit des traitements visant à éliminer la testostérone et les autres androgènes habituellement nécessaires à la survie des cellules prostatiques. On a récemment émis l'hypothèse que les gènes normalement contrôlés par les récepteurs d'androgènes peuvent être activés par l'œstrogène (qu'on a longtemps considéré comme une hormone féminine). Décrivez une ou plusieurs expériences permettant de tester cela. (Les hormones en question sont toutes des stéroïdes ; pour réviser leur mode d'action, référez-vous à la FIGURE 11.10.)

Science, technologie et société

Une substance chimique appelée dioxine, ou TCDD, est un sous-produit de certains procédés de fabrication chimique. L'agent orange, un défoliant épandu sur la végétation pendant la guerre du Viêtnam, contenait des traces de cette substance. Les effets que celle-ci a produits sur les soldats qui y ont été exposés pendant cette guerre fait l'objet d'une controverse qui se poursuit encore. Des tests effectués sur des animaux permettent de penser que la dioxine peut être mortelle et provoquer des anomalies congénitales, le cancer, des dommages au foie et au thymus, et une inhibition du système immunitaire. Cependant, ses effets sur les Humains ne sont pas clairement démontrés. En fait, même les résultats des tests effectués sur des animaux sont peu convaincants. Par exemple, une dose qui peut tuer un cobaye n'a aucun effet sur un hamster. Des chercheurs ont constaté que la dioxine agit un peu comme une hormone stéroïde : elle pénètre dans la cellule et se lie à un récepteur protéique, qui se lie à son tour à l'ADN de la cellule. Comment ce mécanisme peut-il contribuer à expliquer la diversité des effets de la dioxine sur différents systèmes et sur différentes espèces animales ? Comment peut-on déterminer si un type de maladie est en relation avec l'exposition à la dioxine ? Ou encore si une personne en particulier est tombée malade à la suite d'une exposition à la dioxine ? Laquelle de ces deux démonstrations serait la plus difficile à faire ? Pourquoi ?

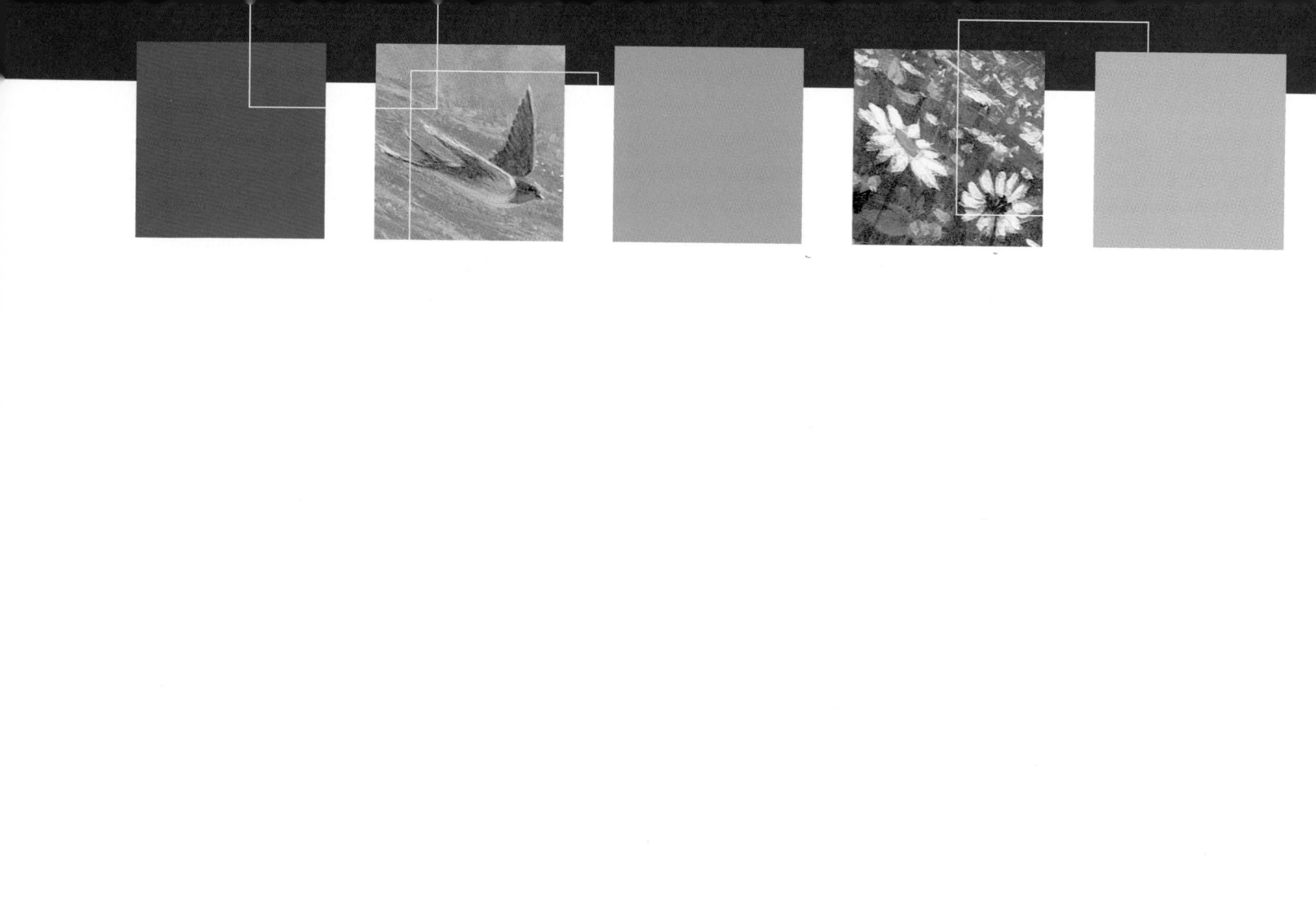

CHAPITRE 20

LA
BIOTECHNOLOGIE

« L'homme est devenu trop puissant
pour se permettre de jouer avec le mal.
L'excès de sa force le condamne à la vertu. »

JEAN ROSTAND
biologiste français (1894-1977)

LE CLONAGE D'ADN

■ La biotechnologie permet de cloner des gènes pour la recherche
fondamentale et pour des applications commerciales : *une vue
d'ensemble*

■ Utilisation d'enzymes de restriction dans la fabrication d'ADN
recombiné

■ Clonage de gènes dans des vecteurs d'ADN recombiné : *une étude
détaillée*

■ Entreposage de gènes clonés dans des génothèques

■ L'amplification en chaîne par polymérase (ACP) permet d'effectuer
le clonage de l'ADN entièrement *in vitro*

L'ANALYSE D'ADN ET LA GÉNOMIQUE

■ L'analyse des fragments de restriction permet de détecter
des variations dans l'ADN des sites de restriction

■ Il est possible de cartographier l'ADN de génomes entiers

■ Les séquences du génome fournissent des indices sur des questions
biologiques importantes

LES APPLICATIONS DE LA BIOTECHNOLOGIE

■ La biotechnologie révolutionne la médecine et l'industrie
pharmaceutique

■ La biotechnologie a des applications dans les domaines
de la médecine légale, de l'environnement et de l'agriculture

■ La biotechnologie soulève des questions importantes sur la sécurité
et l'éthique

La photo qui figure sur cette page montre *une salle pleine de
machines séquençant l'ADN humain à raison de 350 000 nucléotides par machine et par jour. La cartographie et le séquençage*

*du génome humain, l'une des grandes réalisations de la science
moderne, ont été rendus possibles grâce aux progrès accomplis
dans le domaine de la biotechnologie, à commencer par l'invention
de techniques de fabrication de l'***ADN recombiné.*** Il s'agit d'une
molécule d'ADN contenant des gènes regroupés* in vitro *et provenant
d'au moins deux sources différentes (souvent d'espèces différentes).*

*Les techniques de confection d'ADN recombiné jouent égale-
ment un rôle essentiel dans le domaine du ***génie génétique,*** qui est
un ensemble de techniques portant sur la manipulation directe de
gènes à des fins pratiques. Les applications de ce champ touchent à
la fabrication de centaines de produits. La biotechnologie permet
de produire de l'ADN recombiné, puis de l'insérer dans des cellules
en culture qui en assurent la réplication, qui en expriment les gènes
et qui synthétisent une protéine donnée. La Bactérie E.* coli *sert
souvent d'organisme «hôte» de l'ADN recombiné, parce qu'elle
est facile à cultiver et qu'on connaît bien ses caractéristiques
biochimiques.*

*La ***biotechnologie*** a engendré une révolution dans le monde
scientifique. Au sens large, elle est l'application des sciences ou de
l'ingénierie dans l'utilisation d'êtres vivants, de leurs parties ou de
leurs produits, que ce soit sous leur forme naturelle ou modifiée
(selon la Loi canadienne sur la protection de l'environnement).*

*Certaines pratiques vieilles de plusieurs siècles sont des exemples
de biotechnologies : il n'est qu'à penser, entre autres choses, à l'utilisation de microorganismes dans la fabrication du vin et du
fromage, à la sélection du bétail... Elles reposaient toujours sur des
mécanismes génétiques naturels, comme la mutation et la recombinaison génétique. Mais la biotechnologie fondée sur la manipulation de l'ADN* in vitro *et les anciennes pratiques présentent des
différences ; en effet, la première permet de modifier des gènes
spécifiques et de les transférer entre des organismes aussi distincts
que des bactéries, des plantes et des animaux.*

*La biotechnologie a maintenant des applications dans des
domaines variés, tels que l'agriculture et la criminologie, mais ses
retombées les plus importantes concernent la recherche fondamentale. Elle a fourni aux chercheurs de nouveaux outils, qui leur ont*

permis de s'attaquer à des questions très anciennes. Elle a également mené à des découvertes dans pratiquement tous les sous-domaines de la biologie. En outre, grâce à elle, on acquiert actuellement une connaissance détaillée du génome humain et de ceux de nombreuses autres espèces. Il y a seulement quelques décennies, ce pan de la science était en grande partie inaccessible…

Dans ce chapitre, nous décrirons les principales techniques de manipulation de l'ADN. Nous parlerons aussi de l'analyse des génomes au niveau de l'ADN et nous survolerons les applications pratiques de la biotechnologie. Enfin, nous nous pencherons sur certaines questions sociales et éthiques découlant de la présence de plus en plus grande de la biotechnologie dans nos vies.

LE CLONAGE D'ADN

Le biologiste moléculaire qui étudie un gène donné se heurte à un problème : les molécules naturelles d'ADN sont très longues, et une même molécule porte habituellement un grand nombre de gènes. De plus, les gènes n'occupent parfois qu'une petite proportion de l'ADN du chromosome, le reste étant constitué de séquences nucléotidiques non codantes. Un gène humain, par exemple, représente parfois seulement 1/100 000 de la molécule d'ADN chromosomique. De plus, les différences existant entre le gène lui-même et l'ADN voisin sont subtiles. Pour pouvoir travailler directement avec des gènes spécifiques, les scientifiques doivent mettre au point des méthodes de préparation d'un grand nombre de copies identiques de segments d'ADN bien définis, de la taille d'un gène. Autrement dit, ils doivent disposer de techniques de **clonage génique.**

La biotechnologie permet de cloner des gènes pour la recherche fondamentale et pour des applications commerciales : *une vue d'ensemble*

La plupart des méthodes de clonage de segments d'ADN ont un certain nombre de caractéristiques communes. La FIGURE 20.1, qui est une présentation rapide et simplifiée du clonage génique et de ses applications, illustre une approche qui se fonde sur l'utilisation de bactéries et de leurs plasmides. Comme nous l'avons vu au chapitre 18, les plasmides sont de petites molécules circulaires d'ADN qui se répliquent à l'intérieur de cellules bactériennes, indépendamment du chromosome de celles-ci. Pour cloner des gènes ou d'autres fragments d'ADN, on commence par isoler les plasmides de cellules bactériennes. La FIGURE 20.1 montre un plasmide dans lequel on insère un gène étranger. Le plasmide devient ainsi une molécule d'ADN recombiné : il contient de l'ADN provenant de deux sources différentes. Il est ensuite replacé dans une bactérie, qui se reproduit en formant un clone cellulaire. Le gène étranger porté par le plasmide est « cloné » simultanément, puisque la bactérie, en se divisant, réplique le plasmide recombiné et le transmet à ses descendants. Dans des conditions adéquates, le clone bactérien peut produire la protéine codée par le gène étranger.

Il y a deux grandes catégories d'utilisation possible des gènes clonés. On peut chercher à produire une protéine à des fins scientifiques ou pratiques. Par exemple, les compagnies pharmaceutiques exploitent des bactéries portant le gène de l'hormone de croissance humaine. Ces bactéries produisent de grandes quantités de l'hormone en question, qui sert au traitement des retards de croissance. À l'inverse, on peut viser à produire beaucoup de copies du gène lui-même. L'objectif du chercheur peut être de déterminer la séquence nucléotidique du gène ou de se servir de celui-ci pour doter un organisme de nouvelles capacités métaboliques. Par exemple, il est possible qu'un gène cloné à partir d'une plante et conférant une résistance aux ravageurs soit transféré à une autre espèce. Comme la plupart des gènes ne sont présents qu'en un seul exemplaire dans le génome (ce qui représente environ un millionième de l'ensemble de l'ADN), la possibilité de cloner des fragments d'ADN peu abondants est extrêmement intéressante. Dans le reste de ce chapitre, nous étudierons plus en détail les étapes de la FIGURE 20.1 et des méthodes connexes.

Utilisation d'enzymes de restriction dans la fabrication d'ADN recombiné

Le clonage génique et plusieurs techniques du génie génétique ont été rendus possibles grâce à la découverte d'enzymes découpant les molécules d'ADN en un nombre limité de sites bien précis. Ces enzymes, appelées **enzymes de restriction,** ont été identifiées à la fin des années 1960 par des chercheurs étudiant des bactéries. Dans la nature, elles protègent les Bactéries contre de l'ADN étranger provenant d'autres organismes, que ce soit d'autres cellules bactériennes ou de phages. Leur mode d'action consiste à couper l'ADN intrus grâce à un mécanisme nommé *restriction*. La plupart des enzymes de restriction sont très spécifiques ; elles reconnaissent de courtes séquences nucléotidiques bien précises dans les molécules d'ADN, puis elles coupent celles-ci à des points précis. La bactérie protège son propre ADN de la restriction en ajoutant des groupements méthyle ($-CH_3$) aux adénines et aux cytosines des séquences pouvant être reconnues par l'enzyme. On a identifié et isolé des centaines d'enzymes de restriction différentes.

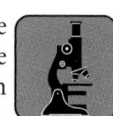

Le schéma du haut de la FIGURE 20.2, à la page 410, montre une molécule d'ADN contenant une séquence de reconnaissance, ou **site de restriction,** identifiée par une certaine enzyme de restriction. Comme on peut le voir dans cet exemple, la plupart des sites de restriction sont symétriques. Les deux brins portent la même séquence $5' \rightarrow 3'$, constituée de quatre à huit nucléotides (il y en a six dans ce cas) et allant dans une direction opposée (les brins sont antiparallèles). Les enzymes de restriction coupent les liaisons phosphodiester covalentes des deux brins, habituellement de façon décalée, comme le montre la figure. Étant donné que la séquence cible se retrouve plusieurs fois sur une longue molécule d'ADN, l'enzyme coupe celle-ci en de nombreux endroits. Le traitement des copies d'une molécule d'ADN par une enzyme donnée produit toujours un même ensemble de **fragments de restriction.** Autrement dit, l'enzyme de restriction coupe la molécule d'ADN de façon reproductible. (Nous verrons plus loin comment ces différents fragments peuvent être séparés.)

À la FIGURE 20.2, remarquez que les fragments de restriction sont des fragments d'ADN bicaténaire ayant au moins une

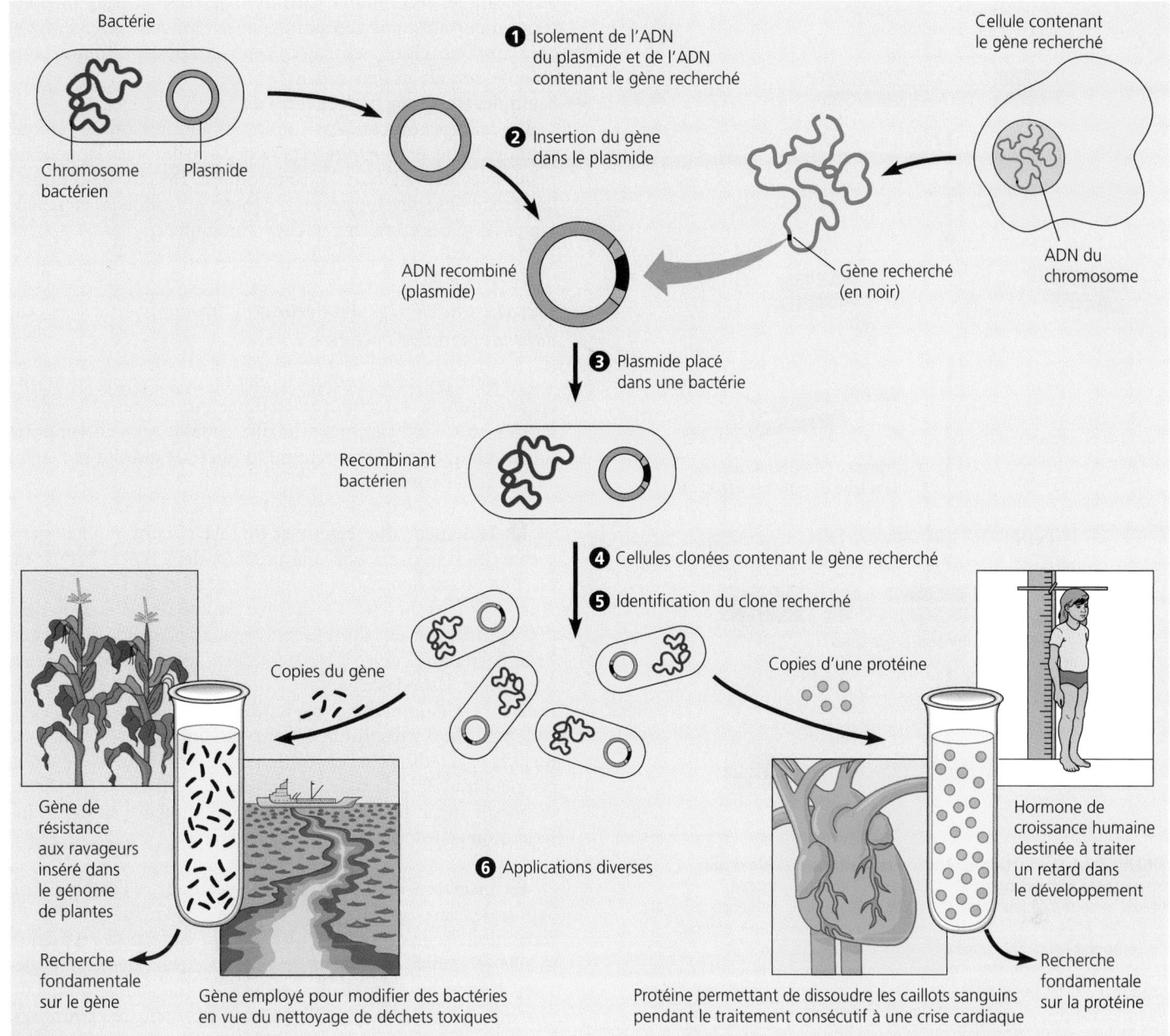

1 Isolement de l'ADN du plasmide et de l'ADN contenant le gène recherché

Bactérie

Chromosome bactérien

Plasmide

Cellule contenant le gène recherché

2 Insertion du gène dans le plasmide

ADN recombiné (plasmide)

Gène recherché (en noir)

ADN du chromosome

3 Plasmide placé dans une bactérie

Recombinant bactérien

4 Cellules clonées contenant le gène recherché

5 Identification du clone recherché

Copies du gène

Copies d'une protéine

Gène de résistance aux ravageurs inséré dans le génome de plantes

6 Applications diverses

Hormone de croissance humaine destinée à traiter un retard dans le développement

Recherche fondamentale sur le gène

Gène employé pour modifier des bactéries en vue du nettoyage de déchets toxiques

Protéine permettant de dissoudre les caillots sanguins pendant le traitement consécutif à une crise cardiaque

Recherche fondamentale sur la protéine

FIGURE 20.1 Vue d'ensemble de l'utilisation des plasmides bactériens en vue du clonage génique.
1 On isole l'ADN d'un plasmide bactérien et l'ADN d'une cellule issue d'un autre organisme (tel qu'un animal) portant le gène recherché. **2** On produit un ADN recombiné en insérant un segment de l'ADN contenant le gène dans le plasmide. **3** On replace le plasmide dans une bactérie.

4 La bactérie est ensuite mise en culture. Elle forme un clone de cellules. L'ADN étranger inséré dans le plasmide se réplique en même temps que le reste du plasmide lorsque la cellule hôte se multiplie. C'est ainsi que le gène recherché est « cloné ». **5** Une étape critique du clonage génique est l'identification du clone bactérien contenant le gène recherché. **6** Les illustrations montrent certaines applications actuelles du clonage génique au moyen de bactéries.

Dans les exemples de gauche, un gène provenant d'un organisme a servi à doter un autre organisme de nouvelles capacités métaboliques. Dans les exemples de droite, de grandes quantités de protéines utiles sont récoltées à partir de cultures bactériennes. Dans cette figure et dans celles qui suivent, les chromosomes et les plasmides bactériens ne sont pas à l'échelle ; en fait, les chromosomes sont beaucoup plus grands que les plasmides.

extrémité monocaténaire, appelée **extrémité cohésive.** Les bases de ces courts prolongements forment des liaisons hydrogène avec les parties monocaténaires complémentaires portées par d'autres molécules d'ADN découpées par la même enzyme. Les ensembles ainsi constitués sont temporaires, parce que les fragments ne sont retenus ensemble que par un petit nombre de liaisons hydrogène. Cependant, ces liaisons peuvent devenir permanentes sous l'effet d'une enzyme appelée **ADN ligase.** Celle-ci soude les brins d'ADN en catalysant la formation de liaisons phosphodiester. (Comme nous l'avons vu au chapitre 16, l'ADN ligase est une enzyme clé dans la réplication et la réparation de l'ADN.) Il en résulte donc un ADN recombiné, formé par l'épissage de molécules de deux provenances différentes.

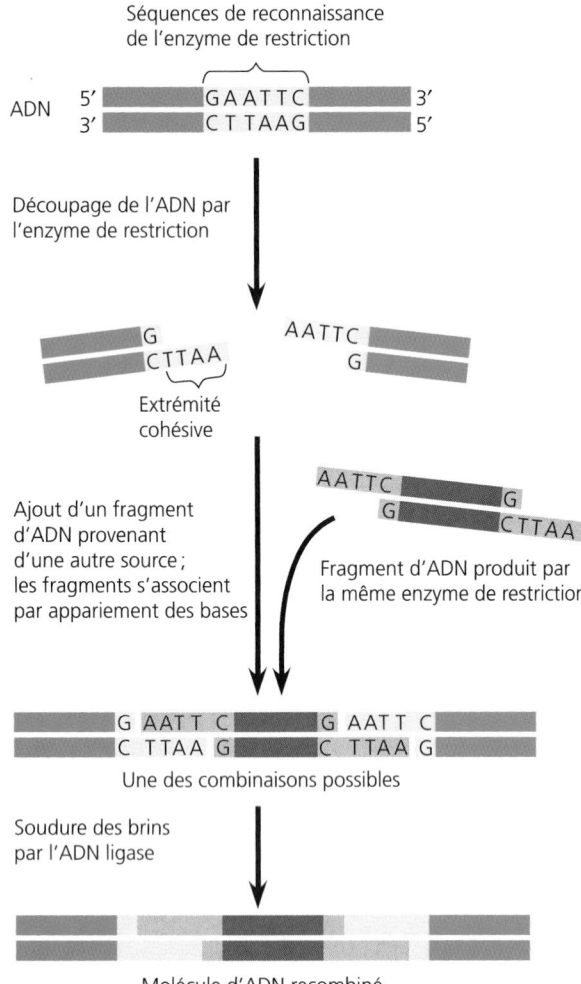

Séquences de reconnaissance
de l'enzyme de restriction

ADN 5' GAATTC 3'
3' CTTAAG 5'

Découpage de l'ADN par
l'enzyme de restriction

G   AATTC
CTTAA   G

Extrémité
cohésive

AATTC   G
G   CTTAA

Fragment d'ADN produit par
la même enzyme de restriction

Ajout d'un fragment
d'ADN provenant
d'une autre source ;
les fragments s'associent
par appariement des bases

G AATT C   G AATT C
C TTAA G   C TTAA G

Une des combinaisons possibles

Soudure des brins
par l'ADN ligase

Molécule d'ADN recombiné

FIGURE 20.2 Production d'un ADN recombiné à l'aide d'une enzyme de restriction et d'ADN ligase. Dans cet exemple, l'enzyme de restriction (appelée *EcoRI*) reconnaît une séquence de six paires de bases. Elle effectue des coupures décalées (aux endroits correspondants) dans le squelette désoxyribose-phosphate de la séquence. Les extrémités cohésives complémentaires établissent des liaisons hydrogène entre elles ; ainsi, les fragments s'associent de façon temporaire, soit en reformant les combinaisons d'origine, soit en formant de nouvelles combinaisons (recombinaison). L'ADN ligase peut alors catalyser l'établissement de liaisons covalentes entre les extrémités. Si les fragments proviennent de sources différentes, il en résulte un ADN recombiné.

Clonage de gènes dans des vecteurs d'ADN recombiné : *une étude détaillée*

Si l'on dispose d'une enzyme de restriction et d'ADN ligase, on peut fabriquer le plasmide recombiné décrit à l'étape 2 de la FIGURE 20.1. Le plasmide d'origine est appelé **vecteur de clonage** ; il s'agit d'une molécule d'ADN servant à introduire un ADN étranger dans une cellule et à l'y faire répliquer. Les plasmides bactériens sont largement utilisés en tant que vecteurs de clonage. Des plasmides recombinés sont produits à partir de fragments de restriction issus d'un ADN étranger et insérés par épissage dans les plasmides bactériens. Il est relativement facile de replacer

les plasmides recombinés dans des bactéries. Lorsqu'une bactérie en portant un se reproduit, elle le réplique également. On crée ainsi un clone cellulaire ; celui-ci apparaît comme une colonie sur un milieu nutritif solide ; il contient des copies multiples (un clone moléculaire) de l'ADN étranger.

Les cellules hôtes les plus employées pour le clonage génique sont des bactéries, surtout à cause de la facilité avec laquelle on peut isoler leur ADN et l'y réintroduire. De plus, les cultures bactériennes se développent rapidement et répliquent en peu de temps les gènes étrangers qu'elles contiennent.

Procédure de clonage d'un gène d'eucaryote dans un plasmide bactérien

Supposons que nous voulions cloner un certain gène eucaryote en recourant à la technique résumée aux étapes 1 à 5 de la FIGURE 20.1. Le diagramme détaillé de la FIGURE 20.3 montre une technique possible. Les numéros du texte qui suit renvoient à ceux de la figure.

❶ **Isolement du vecteur et de l'ADN contenant le gène recherché.** On commence par préparer deux types d'ADN : un plasmide bactérien choisi comme vecteur et de l'ADN contenant le gène recherché. Ce dernier est issu de cellules de tissu humain cultivées en laboratoire. Quant au plasmide, il provient de la Bactérie *E. coli* et il contient deux gènes qui seront utiles par la suite. L'un de ces gènes est *amp*[R], qui confère à *E. coli* une résistance à l'ampicilline, un antibiotique ; l'autre gène, *lacZ*, code pour la β-galactosidase, l'enzyme qui catalyse l'hydrolyse du lactose (un disaccharide contenant une molécule de glucose, et une autre, de galactose). L'enzyme de restriction choisie ne reconnaît sur le plasmide qu'une seule séquence située à l'intérieur du gène *lacZ*.

❷ **Insertion de l'ADN dans le vecteur.** À l'étape 2a, on expose le plasmide et l'ADN humain à la même enzyme de restriction. Celle-ci coupe le plasmide au seul site de restriction qu'elle reconnaît, détruisant le gène *lacZ*. Elle découpe également l'ADN humain en des milliers de fragments, dont l'un porte le gène recherché. Tout en effectuant ces coupures, l'enzyme de restriction crée sur les fragments d'ADN et sur le plasmide des extrémités cohésives compatibles. Pour des raisons de simplicité, la FIGURE 20.3 ne montre que le traitement, étape par étape, d'un fragment d'ADN humain et d'un plasmide. En réalité, le traitement porte simultanément sur des millions de copies du plasmide et sur un mélange hétérogène contenant des millions de fragments d'ADN humain.

À l'étape 2b, on mélange les fragments d'ADN humain avec les plasmides coupés. Les extrémités cohésives d'un plasmide s'associent par appariement des bases avec les extrémités cohésives complémentaires du fragment d'ADN humain qui nous intéresse. (Une multitude d'autres combinaisons apparaît aussi : des ensembles formés par deux plasmides ou par un plasmide et plusieurs fragments d'ADN ; par ailleurs, de nombreux plasmides non recombinés se reforment.) À l'étape 2c, des liaisons covalentes sont établies entre les molécules d'ADN à l'aide de l'ADN ligase. Il en résulte un mélange de molécules d'ADN recombiné, dont quelques-unes sont identiques à celle qui est illustrée ici.

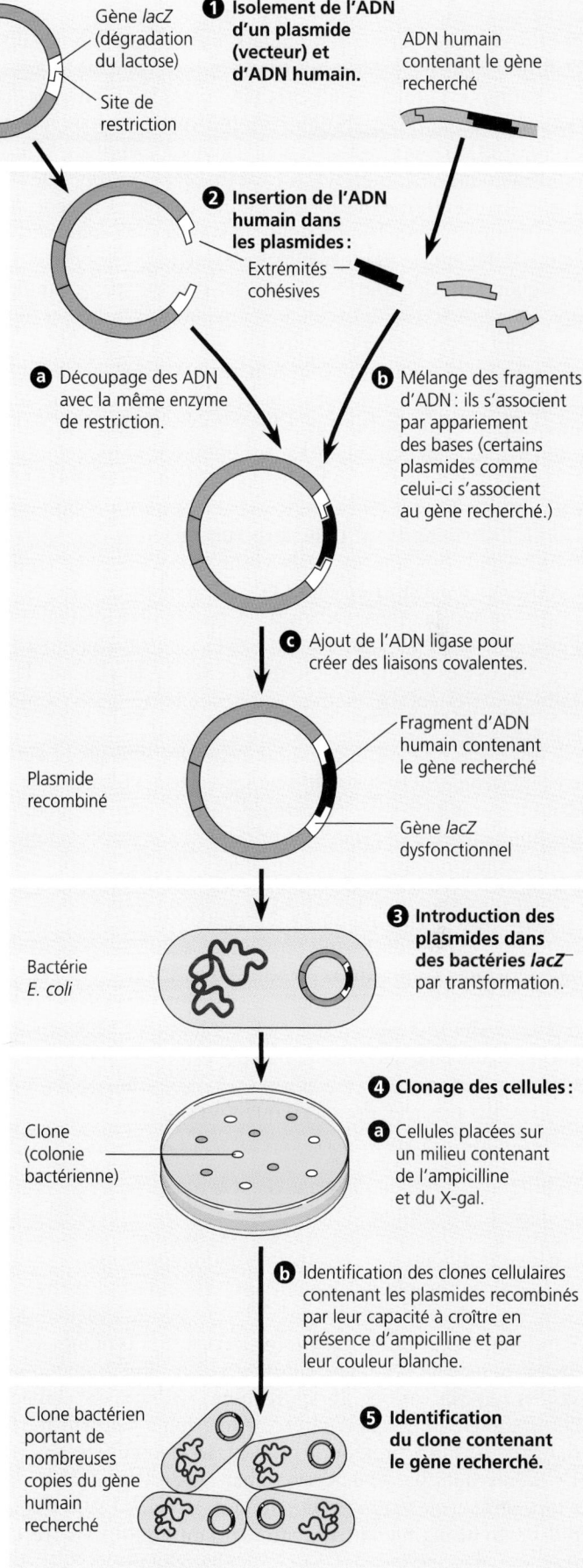

FIGURE 20.3 Clonage d'un gène humain dans un plasmide bactérien : une étude détaillée. Dans cette figure, l'ADN bicaténaire est représenté par un trait unique. (La FIGURE 20.2 montre les étapes 2a à 2c de façon plus détaillée.) Les numéros encerclés renvoient aux étapes numérotées du texte. Le schéma illustre un fragment d'ADN humain portant le gène recherché (en noir). Cependant, les étapes 2a à 2c produisent une grande quantité de plasmides recombinés différents, formant chacun une colonie distincte à l'étape 4. La méthode d'identification des clones recherchés (étape 4b) fait intervenir les gènes *amp^R* et *lacZ* du vecteur employé ici. On peut choisir d'autres vecteurs et d'autres méthodes d'identification. La reconnaissance de la colonie recherchée, à l'étape 5, représente souvent l'étape la plus difficile de ce clonage fait en aveugle.

❸ **Introduction du vecteur de clonage dans les cellules.** À cette étape, les bactéries absorbent les plasmides recombinés par transformation (prélèvement d'ADN nu à partir de la solution environnante ; voir les pages 368 et 369). Les bactéries sont *lacZ⁻* ; la mutation du gène *lacZ* les empêche d'hydrolyser le lactose. Certaines bactéries acquièrent le plasmide recombiné recherché, alors que d'autres absorbent des fragments d'ADN différents, notamment de l'ADN recombiné.

❹ **Clonage de cellules (et de gènes étrangers).** C'est enfin l'étape du clonage proprement dit. Les bactéries transformées sont étalées sur une gélose contenant de l'ampicilline et un glucide appelé X-gal (étape 4a). En se reproduisant, chaque bactérie donne naissance à un clone cellulaire, qui forme une colonie sur le milieu nutritif. Ce faisant, elle clone également les gènes humains portés par les plasmides recombinés. On profite de l'existence des gènes propres au plasmide pour sélectionner les colonies bactériennes contenant les plasmides recombinés. Comme le milieu renferme de l'ampicilline, seules les cellules possédant un plasmide peuvent croître, parce qu'elles ont le gène *amp^R* de la résistance à l'ampicilline. La présence de X-gal dans le milieu facilite l'identification des colonies bactériennes dont les plasmides portent l'ADN étranger. En effet, la β-galactosidase hydrolyse le X-gal en un produit bleu, de sorte que les colonies bactériennes dotées de plasmides portant les gènes de la β-galactosidase dans leur intégrité sont colorées en bleu. Cependant, dans le cas où un ADN étranger est inséré dans le gène *lacZ* de la colonie, celle-ci a plutôt une couleur blanche, parce que les cellules en question ne produisent pas de β-galactosidase. Ainsi, il est possible de distinguer dans un milieu contenant de l'ampicilline et du X-gal les bactéries portant des plasmides recombinés et incluant de l'ADN étranger : elles forment des colonies blanches (étape 4b).

Jusqu'ici, cette procédure a permis de cloner un grand nombre de fragments d'ADN humains différents, et pas seulement celui auquel on s'intéresse. La prochaine étape, qui est la plus difficile, consiste à cribler les colonies en vue de trouver le gène humain recherché.

❺ Identification des clones cellulaires contenant le gène recherché. Comment reconnaît-on une colonie contenant le gène recherché parmi des milliers de colonies contenant d'autres fragments d'ADN humain ? On peut chercher le gène lui-même ou la protéine qu'il produit. Toutes les techniques de détection directe de l'ADN d'un gène passent par l'appariement des bases de ce dernier et d'une séquence complémentaire portée par une autre molécule d'acide nucléique. Ce procédé est appelé **hybridation moléculaire.** La molécule complémentaire est un court acide nucléique monocaténaire (il s'agit soit d'ARN, soit d'ADN) appelé **sonde nucléique.** Si au moins une partie de la séquence nucléotidique du gène est connue (par exemple, grâce à la protéine qu'il code), il est possible de synthétiser une sonde qui lui est complémentaire.

La sonde s'associe spécifiquement aux brins monocaténaires complémentaires portés par le gène recherché en formant des liaisons hydrogène. Elle est marquée à l'aide d'un isotope radioactif ou d'un marqueur fluorescent qui permet de la repérer. La FIGURE 20.4 montre comment on peut sélectionner simultanément, parmi les colonies formées de plusieurs clones bactériens ayant poussé sur un milieu solide (agar), toutes celles qui ont un ADN complémentaire à la sonde d'ADN. La **dénaturation** de l'ADN des cellules (soit la séparation de ses deux brins) constitue une étape essentielle. À l'instar des protéines, l'ADN peut être facilement dénaturé par des substances chimiques ou sous l'effet de la chaleur. Les sondes marquées permettent de reconnaître les colonies portant le gène recherché.

Après avoir identifié un clone cellulaire portant le gène recherché, on peut cultiver les bactéries dans une culture liquide, dans un grand réservoir, et isoler facilement une grosse quantité de copies du gène. Le gène cloné peut lui-même servir de sonde pour l'identification de gènes semblables ou identiques contenus dans de l'ADN provenant d'autres sources.

Si les bactéries portant un gène recherché traduisent celui-ci en une protéine, il est parfois possible de les identifier en trouvant les clones contenant la protéine en question. La détection de cette dernière peut être fondée sur son activité (dans le cas d'une enzyme), ou sur sa structure (utilisation d'anticorps se liant spécifiquement à l'enzyme). Cependant, pour que des bactéries synthétisent une protéine eucaryote, il faut prendre des précautions spéciales, dont il est question ci-dessous.

Clonage et expression des gènes d'eucaryotes ; problèmes et solutions

Il peut être difficile de faire exprimer par un procaryote le gène cloné d'un eucaryote, parce qu'il existe des différences entre ces deux types de cellules en ce qui a trait à l'expression génique. Pour contourner les différences concernant les promoteurs et les autres séquences de contrôle, on se sert habituellement d'un **vecteur d'expression.** Il s'agit d'un vecteur de clonage contenant le promoteur d'un procaryote voulu juste en amont d'un site de restriction, où le gène eucaryote peut être inséré. La cellule hôte bactérienne reconnaît alors le promoteur et exprime le gène étranger qui lui est associé. Les vecteurs d'expression permettent la synthèse d'un grand nombre de protéines d'eucaryotes par des cellules bactériennes.

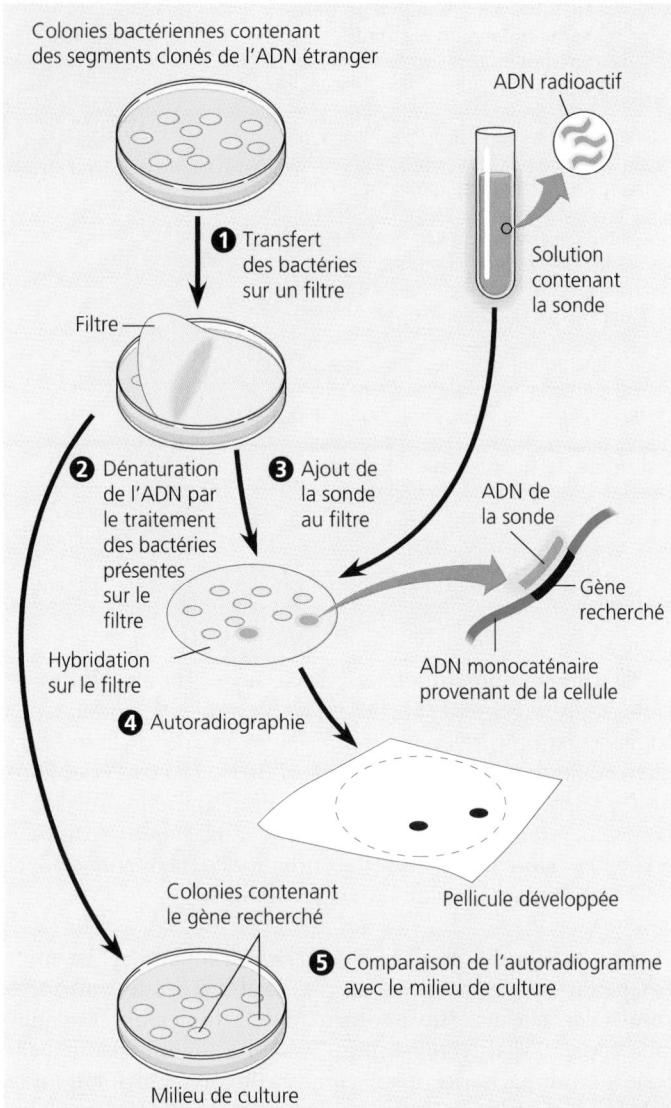

FIGURE 20.4 Identification d'un gène cloné à l'aide d'une sonde nucléique. Cette technique fait intervenir l'appariement de bases par des liaisons hydrogène établies entre les séquences nucléotidiques complémentaires. Ici, le gène cloné auquel on s'intéresse est porté par un plasmide bactérien, et la sonde est un court brin d'ADN monocaténaire radioactif complémentaire à une partie du gène. ❶ On applique sur les colonies bactériennes présentes sur l'agar un papier filtre spécial, auquel les cellules adhèrent. ❷ On traite le papier de sorte à ouvrir les cellules et à dénaturer leur ADN ; les brins d'ADN monocaténaire ainsi obtenus adhèrent au filtre. ❸ Une solution de sondes moléculaires est mise à incuber avec le filtre. L'ADN des sondes s'hybride (appariement des bases) avec l'ADN complémentaire présent sur le filtre ; l'excès d'ADN est éliminé par rinçage. ❹ On place le filtre sur une pellicule photographique qui enregistre la position de toutes les parties radioactives (autoradiographie). ❺ On compare la pellicule développée (autoradiogramme) avec le milieu de culture principal pour trouver les colonies portant le gène recherché.

La présence de longues régions non codantes (introns) dans la plupart des gènes d'eucaryotes est un autre obstacle au clonage et à l'expression de l'ADN d'eucaryotes par des bactéries. Les gènes contenant des introns sont souvent très longs et difficiles à manipuler. De plus, les cellules bactériennes, qui n'ont pas d'outils d'épissage de l'ARN, sont incapables de les traduire correctement. Heureusement, il est possible de fabriquer des gènes artificiels d'eucaryotes dépourvus d'introns (FIGURE 20.5). Cette opération se déroule à partir d'un ARNm ayant subi une maturation complète, c'est-à-dire ayant été débarrassé de ses introns dans le noyau d'une cellule d'eucaryote. On peut extraire cet ARNm des cellules, puis fabriquer des transcrits d'ADN à l'aide de l'enzyme transcriptase inverse (extraite d'un rétrovirus). Chaque molécule d'ADN ainsi produite porte la séquence codante complète d'un gène, mais ne contient aucun intron. Cet ADN est appelé **ADN complémentaire** ou **ADNc**; il peut être lié à un ADN de vecteur en vue de sa réplication dans une cellule. Une bactérie est en mesure d'exprimer un gène porté par un ADNc d'eucaryote si le vecteur contient un promoteur bactérien et tout élément de contrôle nécessaire à la transcription et à la traduction du gène.

Les biologistes moléculaires peuvent contourner l'incompatibilité entre eucaryotes et procaryotes en remplaçant les bactéries par des cellules eucaryotes servant d'hôtes pour le clonage ou l'expression (ou les deux) de gènes d'eucaryotes. Les Levures (champignons unicellulaires) offrent deux avantages à cet égard : elles sont aussi faciles à cultiver que les Bactéries et elles contiennent des plasmides, ce qui est rare chez les eucaryotes. Les scientifiques ont même construit des plasmides recombinés contenant à la fois de l'ADN de levure et de bactérie, et pouvant se répliquer dans l'un ou l'autre de ces deux types de cellules. On a également fabriqué des vecteurs appelés **chromosomes artificiels de levure** et renfermant les éléments essentiels d'un chromosome d'eucaryote (une origine de réplication de l'ADN, un centromère et deux télomères), ainsi que de l'ADN étranger. Ces chromosomes se comportent normalement pendant la mitose; ils clonent donc l'ADN étranger lorsque la cellule de levure se divise. Un chromosome artificiel de levure peut englober beaucoup plus d'ADN qu'un plasmide, et il permet le clonage de très longs segments d'ADN.

En outre, un autre facteur joue en faveur de l'emploi de cellules eucaryotes en tant qu'hôtes servant à l'expression de gènes clonés d'eucaryotes. De nombreuses protéines d'eucaryotes ne sont fonctionnelles que si elles sont modifiées après leur traduction, par exemple par l'ajout d'un glucide (glycoprotéine) ou d'un lipide (lipoprotéine). Les bactéries sont incapables d'effectuer ces modifications; de plus, si la protéine devant subir cette transformation provient d'un mammifère, même les cellules de levure ne peuvent pas la modifier correctement. Il est donc parfois nécessaire d'employer des cellules hôtes provenant d'une culture cellulaire d'origine animale ou végétale.

De nombreux types de cellules d'eucaryotes peuvent absorber de l'ADN présent dans leur milieu, à l'instar des Bactéries, mais ce processus n'est pas toujours très efficace. Pour contourner cet obstacle, les scientifiques ont mis au point plusieurs méthodes plus directes d'introduction d'ADN recombiné dans les cellules. L'**électroporation** est l'application d'une brève impulsion électrique à une solution contenant des cellules. Le courant électrique crée dans la membrane plasmique un trou temporaire, qui permet à l'ADN de pénétrer dans la cellule. (Aujourd'hui, on emploie couramment cette technique dans le cas de bactéries également.) Il est aussi possible d'injecter l'ADN directement dans les cellules eucaryotes au moyen d'aiguilles microscopiques. Une autre technique, surtout employée avec les cellules végétales, consiste à fixer l'ADN à des particules métalliques microscopiques, que l'on projette dans les cellules à l'aide d'un pistolet à ADN (voir la FIGURE 38.17). Ensuite, l'ADN a de bonnes chances d'être inséré dans celui de la cellule par une recombinaison génétique naturelle.

Entreposage de gènes clonés dans des génothèques

Comme la procédure de clonage génique illustrée à la FIGURE 20.3 porte sur un mélange de fragments issus de l'ensemble du génome d'un organisme, on parle de procédure «en aveugle» (le clonage ne vise aucun gène particulier). L'étape 2 de la FIGURE 20.3 produit des milliers de plasmides recombinés

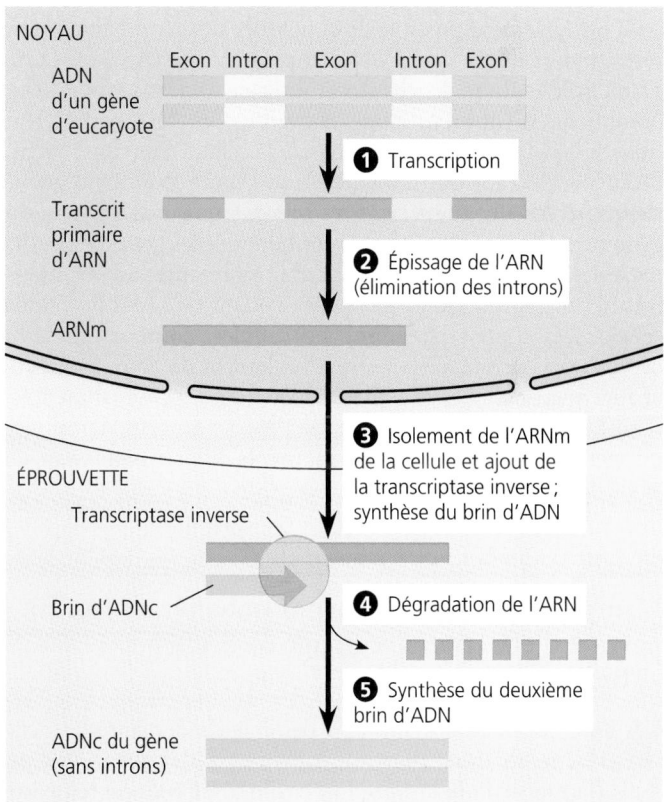

FIGURE 20.5 Production d'un ADN complémentaire (ADNc) d'un gène d'eucaryote. On fabrique l'ADN complémentaire *in vitro* à partir d'une matrice d'ARNm et à l'aide de la transcriptase inverse. Les étapes ❶ et ❷ montrent la synthèse et l'épissage d'une molécule d'ARNm dans le noyau d'une cellule. À l'étape ❸, on isole les molécules d'ARNm de la cellule et on leur ajoute la transcriptase inverse; celle-ci fabrique un brin d'ADN sur la matrice formée par l'ARN. À l'étape ❹, on ajoute une autre enzyme qui dégrade l'ARN puis, à l'étape ❺, on fournit de l'ADN polymérase, qui synthétise un deuxième brin d'ADN. On obtient ainsi de l'ADNc portant la séquence codante complète du gène, mais aucun intron.

différents. À l'étape 4, chaque colonie (blanche) contient un clone de l'un d'eux. On appelle **génothèque** (banque génomique) l'ensemble formé par les milliers de clones de plasmides recombinés, dont chacun porte une copie d'un segment particulier du génome initial (FIGURE 20.6a). Il est possible de conserver une génothèque en vue d'en extraire d'autres gènes intéressants ou de cartographier le génome (nous reparlerons de ce volet plus loin).

Outre les plasmides, on emploie couramment certains bactériophages comme vecteurs de clonage pour la constitution de génothèques. Il est possible d'insérer des fragments d'ADN étranger dans un génome phagique comme dans un plasmide, c'est-à-dire par épissage, à l'aide d'une enzyme de restriction et d'une ADN ligase. L'ADN phagique recombiné est ensuite emballé *in vitro* dans des capsides et introduit dans des bactéries par le mécanisme normal d'infection. Une fois à l'intérieur de la bactérie, l'ADN phagique se réplique et produit de nouvelles particules phagiques, portant toutes l'ADN étranger. Une génothèque constituée à partir de phages est entreposée sous la forme d'une collection de clones phagiques (FIGURE 20.6b). Quel que soit le vecteur de clonage employé, les enzymes de restriction découpent l'ADN génomique sans respecter les limites des gènes ; par conséquent, dans une génothèque, certains gènes peuvent être répartis entre deux clones ou plus.

Il est également possible de constituer des génothèques plus restreintes à partir de l'ADN complémentaire (ADNc). Lorsqu'on isole l'ARNm des cellules (voir l'étape 3 de la FIGURE 20.5), on obtient en fait un mélange de toutes les molécules d'ARNm transcrites à partir de divers gènes de la cellule. Par conséquent, l'ADNc ainsi fabriqué constitue une génothèque. Une **génothèque d'ADNc** de ce type ne représente qu'une partie du génome de l'organisme (elle ne contient que les gènes transcrits dans les cellules de départ). Cela représente un avantage lorsqu'on désire étudier des gènes codant pour les fonctions spécialisées d'un type donné de cellules, comme celles du cerveau ou du foie. Cela permet également de reconnaître les changements affectant l'expression génique au cours du temps. Il suffit pour cela de fabriquer de l'ADNc à partir de cellules du même type, prélevées à des moments différents au cours de la vie d'un organisme.

L'amplification en chaîne par polymérase (ACP) permet d'effectuer le clonage de l'ADN entièrement *in vitro*

Le clonage d'ADN dans des cellules demeure la meilleure méthode de production de grandes quantités d'un gène ou d'une autre séquence d'ADN. Cependant, il existe une méthode plus rapide et plus sélective lorsque la source d'ADN est peu abondante ou impure : la technique de **l'amplification en chaîne par polymérase** ou **ACP** (en anglais, *polymerase chain reaction,* ou *PCR*). Elle permet l'amplification (soit la production de nombreuses copies) rapide de n'importe quel segment d'ADN sans passer par des cellules (FIGURE 20.7). L'ADN est mis à incuber dans une éprouvette avec un type particulier d'ADN polymérase, une certaine quantité de nucléotides et de courts segments d'ADN monocaténaire artificiel servant d'amorce pour la synthèse de l'ADN. (Comme on l'a vu

à la FIGURE 16.14, les ADN polymérases ne peuvent fonctionner sans amorces, parce qu'elles ne peuvent ajouter des nucléotides qu'à une chaîne nucléotidique existante.) L'amplification en chaîne par polymérase automatisée permet de produire des milliards de copies d'un segment donné en quelques heures, alors qu'il faut plusieurs jours pour cloner un segment d'ADN par confection d'un plasmide recombiné et réplication dans une bactérie. La multiplication d'un minuscule échantillon d'ADN à un milliard d'exemplaires ne produit pas de grandes quantités d'ADN, mais elle peut être suffisante pour certaines utilisations, telles que la prise d'une empreinte d'ADN dans une affaire de meurtre.

La procédure de l'amplification en chaîne par polymérase (voir la FIGURE 20.7) est la répétition cyclique d'une réaction en chaîne qui se déroule en trois étapes et qui accroît une population de molécules d'ADN de façon exponentielle. La clé qui permet d'automatiser facilement l'ACP est une ADN polymérase peu commune, isolée pour la première fois à partir de bactéries vivant dans des sources hydrothermales. Contrairement à la plupart des protéines, cette enzyme résiste aux fortes températures nécessaires pour séparer les brins d'ADN au début de chaque cycle.

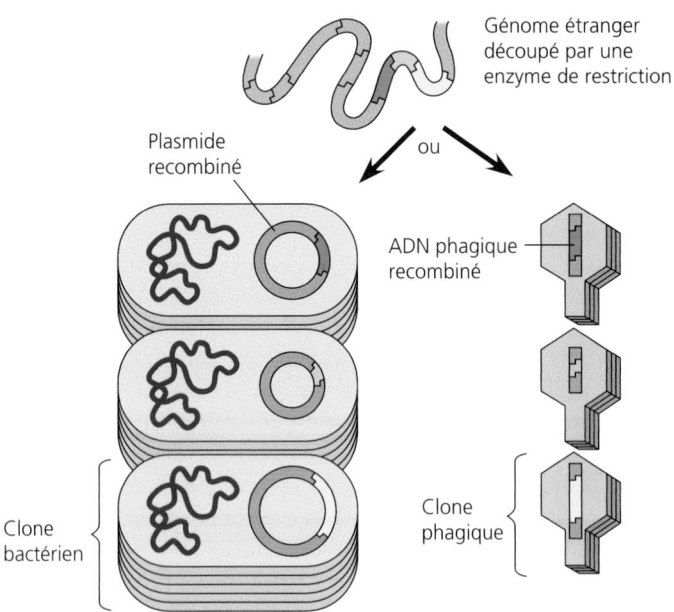

(a) Génothèque plasmidique.
On a représenté ici trois « échantillons » parmi les milliers qui constituent la génothèque. Chacun est un clone bactérien contenant un certain fragment du génome étranger (coloré en rouge, en orange ou en jaune) dans son plasmide recombiné.

(b) Génothèque phagique.
Les trois mêmes fragments de génome étranger apparaissent dans trois « échantillons » d'une génothèque phagique.

FIGURE 20.6 Génothèques. Une génothèque comprend un grand nombre de clones bactériens ou phagiques, chacun contenant une copie d'un segment d'ADN issu d'un génome étranger. Dans une génothèque complète, les segments d'ADN étranger couvrent tout le génome d'un organisme. Ce schéma montre des parties de deux génothèques.

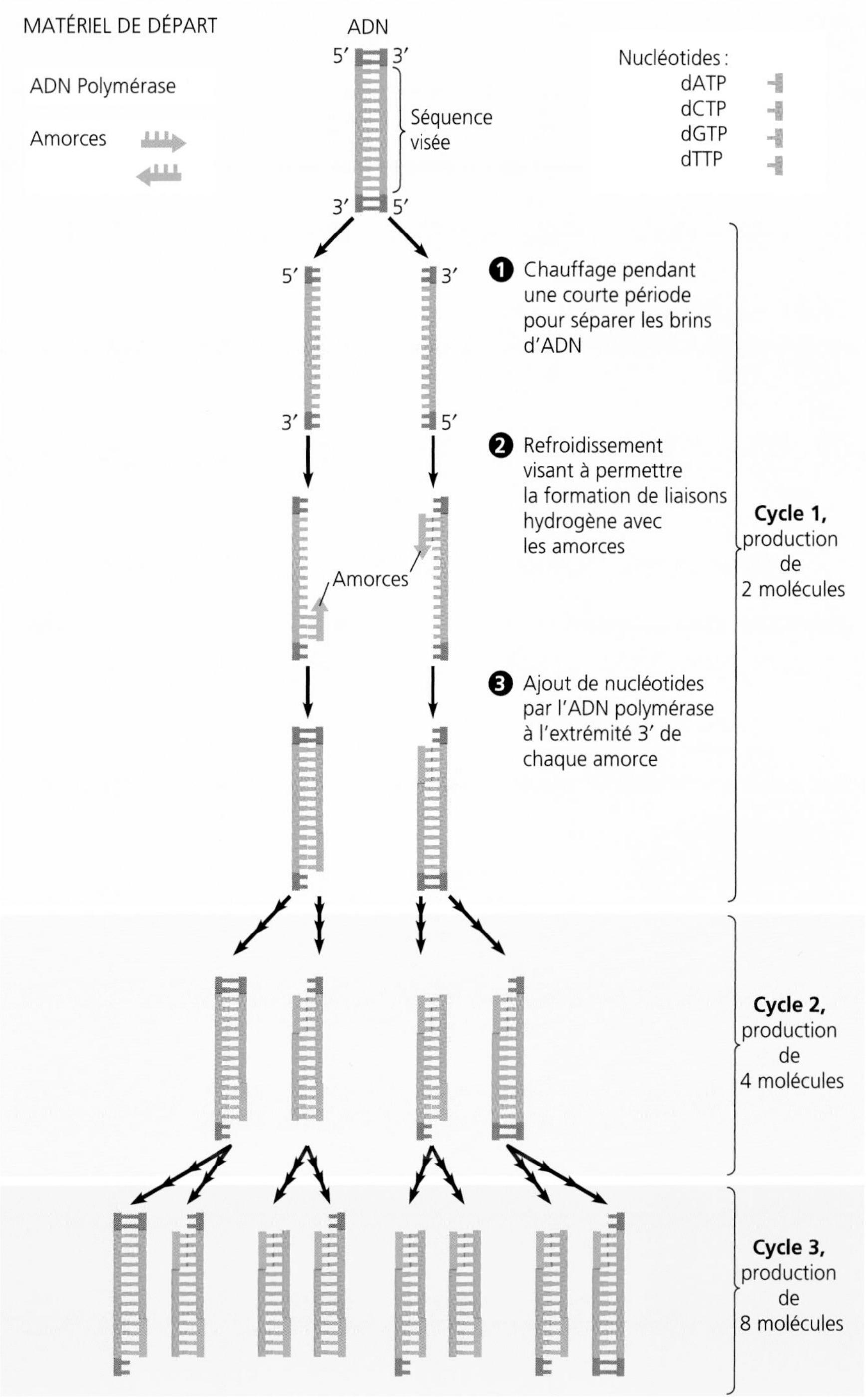

Le matériel de départ de l'ACP est une solution d'ADN bicaténaire contenant la séquence nucléotidique visée. Celle-ci est marquée en vue du recopiage. On ajoute un type d'ADN polymérase résistant à la chaleur, une quantité suffisante des quatre nucléotides, ainsi que des amorces: dATP (désoxyadénosine triphosphate), dCTP (désoxycytidine triphosphate), dGTP (désoxyguanosine triphosphate) et dTTP (désoxythymidine triphosphate).

Les amorces employées pour commencer la synthèse de l'ADN pendant l'ACP sont de courtes molécules artificielles d'ADN monocaténaire. Les extrémités de l'ADN ciblé et les amorces sont complémentaires. Ces dernières déterminent ainsi le choix du segment d'ADN qui sera amplifié.

Chaque cycle de la procédure de l'ACP ne dure que cinq minutes environ. À la fin du cycle, la séquence d'ADN visée est doublée (même si elle est longue de plusieurs centaines de paires de bases).

On chauffe ensuite de nouveau la solution pour entamer le prochain cycle de séparation des brins d'ADN, de liaison des amorces et de synthèse d'ADN.

MATÉRIEL DE DÉPART

ADN Polymérase

Amorces

ADN

Séquence visée

Nucléotides:
dATP
dCTP
dGTP
dTTP

❶ Chauffage pendant une courte période pour séparer les brins d'ADN

❷ Refroidissement visant à permettre la formation de liaisons hydrogène avec les amorces

Amorces

❸ Ajout de nucléotides par l'ADN polymérase à l'extrémité 3' de chaque amorce

Cycle 1, production de 2 molécules

Cycle 2, production de 4 molécules

Cycle 3, production de 8 molécules

FIGURE 20.7 L'amplification en chaîne par polymérase (ACP). L'ACP permet de produire un grand nombre de copies d'un segment d'ADN donné. Elle est beaucoup plus rapide que le clonage génique effectué à l'aide d'un vecteur plasmidique ou phagique, et elle se déroule entièrement *in vitro*. Une machine produit de nombreuses copies de la séquence visée en répétant un grand nombre de fois le cycle de trois étapes illustré ici.

La spécificité de l'amplification en chaîne par polymérase est tout aussi étonnante que sa rapidité. Les amorces et les séquences encadrant la séquence visée sont complémentaires; de ce fait, les amorces déterminent le choix de la séquence d'ADN qui sera amplifiée. (En fait l'ACP exige que l'on connaisse les séquences en question.) On peut se servir de l'ACP pour amplifier, par exemple, un gène spécifique, avant de poursuivre le clonage des cellules. Sous l'effet de l'ACP, le gène visé devient de loin le fragment d'ADN le plus abondant, ce qui simplifie l'étape ultérieure d'identification du clone qui le contient. L'ACP est tellement spécifique et puissante que le matériel de départ n'a même pas besoin d'être de l'ADN purifié. Il suffit de minuscules quantités

d'ADN (même s'il n'est pas intact) dans le matériel de départ. Remarquez, cependant, que l'ACP ne peut pas remplacer le clonage d'un gène qui doit être produit en grande quantité. Des erreurs occasionnelles surviennent pendant la réplication, ce qui limite le nombre de copies exactes fournies grâce à cette technique.

L'amplification en chaîne par polymérase, mise au point en 1985, a eu de grandes répercussions sur les domaines de la recherche biologique et de la biotechnologie. On s'en sert pour amplifier de l'ADN de provenances très diverses: d'un Mammouth laineux congelé depuis 40 000 ans, de minuscules échantillons de sang, de tissus ou de sperme prélevés sur les lieux de

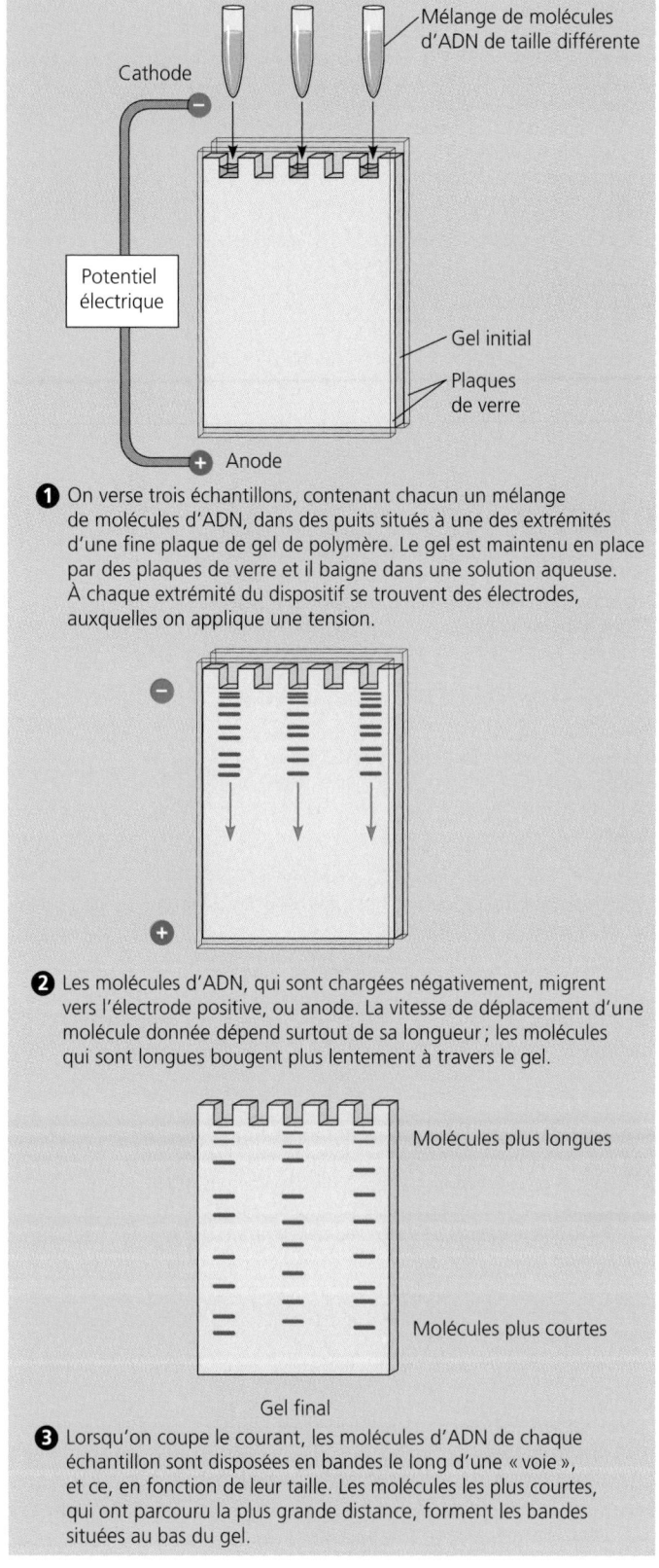

FIGURE 20.8 Électrophorèse sur gel de macromolécules.
L'électrophorèse sur gel consiste à séparer les macromolécules en fonction de leur vitesse de déplacement dans un gel sous l'effet d'un champ électrique. Dans le cas de l'ADN, la vitesse de migration (la distance parcourue pendant que le courant passe) est inversement proportionnelle à la taille de la molécule. Les acides nucléiques portent des charges négatives (sur les groupements phosphate) en nombre proportionnel à leur longueur, mais le réseau de fibres de polymères du gel ralentit davantage les longs fragments que les courts.

❶ On verse trois échantillons, contenant chacun un mélange de molécules d'ADN, dans des puits situés à une des extrémités d'une fine plaque de gel de polymère. Le gel est maintenu en place par des plaques de verre et il baigne dans une solution aqueuse. À chaque extrémité du dispositif se trouvent des électrodes, auxquelles on applique une tension.

❷ Les molécules d'ADN, qui sont chargées négativement, migrent vers l'électrode positive, ou anode. La vitesse de déplacement d'une molécule donnée dépend surtout de sa longueur ; les molécules qui sont longues bougent plus lentement à travers le gel.

❸ Lorsqu'on coupe le courant, les molécules d'ADN de chaque échantillon sont disposées en bandes le long d'une « voie », et ce, en fonction de leur taille. Les molécules les plus courtes, qui ont parcouru la plus grande distance, forment les bandes situées au bas du gel.

crimes violents, d'une cellule embryonnaire unique dans le but de poser un diagnostic prénatal rapide de maladies génétiques, de gènes viraux provenant de cellules infectées par des virus difficiles à détecter (comme le VIH), etc. Nous reparlerons des applications de l'ACP plus loin dans ce chapitre.

L'ANALYSE D'ADN ET LA GÉNOMIQUE

Maintenant que l'on dispose de techniques de préparation d'échantillons homogènes d'ADN contenant un grand nombre de segments identiques d'un génome donné, on peut commencer à poser des questions de grande portée. Supposons que l'on ait cloné un segment d'ADN ayant un gène humain intéressant. Celui-ci varie-t-il d'une personne à l'autre ? Certains de ses allèles sont-ils liés à une maladie héréditaire ? Où et quand est-il exprimé dans l'organisme ? Quel est son emplacement dans le génome ? On peut également aborder la question sous l'angle de l'évolution et tenter de savoir comment le gène varie d'une espèce à l'autre.

Pour apporter des réponses complètes à ces questions, il faut connaître toute la séquence nucléotidique du gène et de ses équivalents chez des individus de la même espèce ou d'espèces différentes. Il faut aussi connaître les séquences nucléotidiques de génomes entiers pour pouvoir étudier des ensembles complets de gènes et leurs interactions (une démarche appelée **génomique**). En outre, l'ADN cloné peut être analysé par des méthodes plus indirectes, permettant d'obtenir rapidement des informations utiles à des fins de comparaison. La plupart de ces méthodes, ainsi que le séquençage de l'ADN, peuvent s'appuyer sur une technique appelée **électrophorèse sur gel.** Cette technique, présentée à la FIGURE 20.8, consiste à séparer des macromolécules (que ce soient des acides nucléiques ou des protéines) en fonction de leur taille, de leur charge électrique et d'autres propriétés physiques. La séparation des molécules linéaires comme l'ADN se fait surtout en fonction de leur taille. L'électrophorèse sur gel produit, à partir d'un mélange d'ADN, des bandes contenant des molécules de la même longueur.

L'analyse des fragments de restriction permet de détecter des variations dans l'ADN des sites de restriction

L'analyse des fragments de restriction permet de détecter indirectement certaines différences relatives aux séquences nucléotidiques des molécules d'ADN. Il s'agit de trier des fragments

d'ADN selon leur taille en recourant à l'électrophorèse sur gel. Les fragments résultent du découpage d'une longue molécule d'ADN à l'aide d'une enzyme de restriction. Un simple examen visuel des motifs de bandes colorées apparaissant sur le gel peut fournir des informations scientifiques utiles. Lorsque le mélange de fragments de restriction issus d'une molécule d'ADN est soumis à l'électrophorèse, il produit un motif de bandes caractéristique de la molécule de départ et de l'enzyme de restriction employée. Il est même possible d'identifier les molécules d'ADN relativement petites provenant de plasmides et de virus grâce aux motifs formés par leurs fragments de restriction. (Les molécules d'ADN plus longues, comme celles des chromosomes d'eucaryotes, produisent trop de fragments pour que les bandes soient distinctes.) Étant donné que l'ADN peut être extrait des gels de sorte à rester intact, cette procédure permet de préparer des échantillons purs de fragments individuels.

Recourons à l'analyse de fragments de restriction pour comparer deux molécules d'ADN représentant, par exemple, deux allèles différents d'un gène. Nous commençons par scinder chaque échantillon d'ADN à l'aide d'une même enzyme de restriction. Comme les séquences d'ADN de ces allèles présentent de légères différences, les sites de restriction peuvent diverger. Par conséquent, la séparation par électrophorèse des fragments de restriction provenant des deux allèles risque de ne pas produire les mêmes motifs de bandes. La FIGURE 20.9 montre comment l'analyse des fragments de restriction par électrophorèse permet de distinguer deux allèles d'un gène dont les séquences ne diffèrent que par un seul site de restriction.

À la FIGURE 20.9, les matériaux de départ sont des échantillons de gènes clonés et purifiés. Cependant, en combinant l'électrophorèse sur gel et l'hybridation des acides nucléiques, il est possible d'effectuer le même genre de comparaison sans effectuer préalablement de clonage génique. On peut même partir de l'ADN de tout le génome. Bien que l'électrophorèse produise trop de bandes pour qu'on soit capable de les reconnaître individuellement, on peut effectuer l'hybridation des acides nucléiques à l'aide d'une sonde spécifique en vue d'étiqueter des bandes discontinues provenant du gène recherché.

Le principe est le même dans le cas de l'hybridation des acides nucléiques représentée à la FIGURE 20.4: une sonde nucléique monocaténaire radioactive s'associe de façon sélective, par des liaisons hydrogène, avec une séquence d'ADN complémentaire ciblée. Celle-ci est ensuite détectée par autoradiographie. Ici, cependant, on se sert d'une sonde conjointement avec une autre technique, appelée **buvardage de Southern.** La FIGURE 20.10, à la page 419, résume l'ensemble de la procédure et montre comment on peut s'en servir pour comparer des échantillons d'ADN provenant de trois individus. Cette méthode va plus loin que celle qui est illustrée à la FIGURE 20.4: non seulement elle permet de savoir si une séquence particulière est présente dans un échantillon d'ADN, mais elle permet également d'identifier les fragments de restriction contenant la séquence en question.

Le buvardage de Southern s'est avéré précieux dans le cas de l'étude de l'ADN *non codant,* qui constitue la majeure partie du génome des Animaux et des Végétaux. Existe-t-il, entre les séquences d'ADN non codant, des différences analogues à celles que l'on remarque entre les allèles des gènes? En étudiant l'ADN non codant à l'aide de procédures semblables à celle qui est décrite à la FIGURE 20.9, des chercheurs ont eu la surprise de constater de nombreuses différences entre les motifs de bandes obtenus. Les séquences d'ADN des chromosomes homologues présentent des variantes qui se reflètent parfois dans les motifs

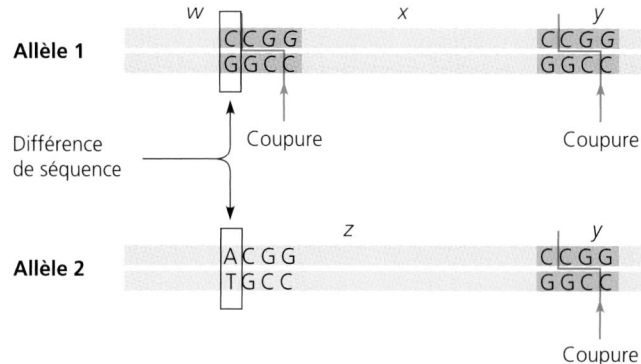

(a) ADN provenant de deux allèles. Nous avons représenté deux segments homologues d'ADN portant des allèles différents d'un gène (seules les bases pertinentes sont illustrées). Ils divergent par une paire de bases, de sorte que l'allèle 2 a une séquence de reconnaissance (un site de restriction) en moins en ce qui a trait à une certaine enzyme de restriction. Celle-ci découpe donc l'ADN de l'allèle 1 en trois morceaux (w, x et y) et l'ADN de l'allèle 2 en deux morceaux (z et y).

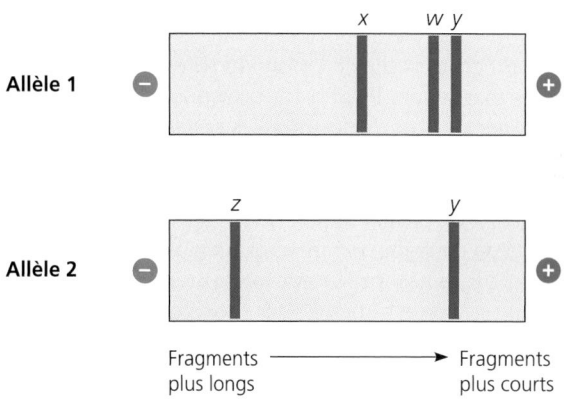

(b) Électrophorèse des fragments de restriction. L'électrophorèse a pour effet de séparer les fragments de restriction provenant de chaque allèle. Les motifs de bandes formés sur le gel montrent une nette différence entre les deux allèles. L'allèle 1 forme trois bandes correspondant aux fragments w, x et y; l'allèle 2 forme deux bandes correspondant aux fragments z et y.

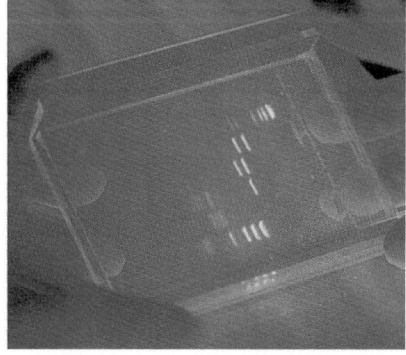

(c) Gel à la fin de l'opération. Après l'ajout d'un colorant qui se lie à l'ADN, les bandes émettent une lumière rose par fluorescence lorsqu'elles sont placées sous une lumière ultraviolette. Six échantillons ont été appliqués sur le gel montré ici, et chacun contient un mélange de fragments issus d'une préparation d'ADN scindée par une enzyme de restriction. Les bandes roses correspondent aux fragments de restriction d'ADN de tailles différentes qui subissent une migration différentielle.

FIGURE 20.9 Reconnaissance de l'ADN provenant d'allèles différents à partir des motifs formés par les fragments de restriction.

formés par les fragments de restriction. Dans tous les génomes, y compris dans le génome humain, les variations de ce type, appelées **polymorphismes de taille des fragments de restriction** ou **PTFR** (en anglais, RFLP ou *restriction fragment length polymorphism*), sont très abondantes. Elles sont analogues à celles qui existent dans les séquences codantes ; elles peuvent aussi servir de marqueur génétique d'un certain emplacement (locus) du génome. Dans une population donnée, un marqueur PTFR particulier présente souvent de nombreuses variantes. (Le mot *polymorphisme* vient du grec *polus,* « nombreux », et *morphè,* « forme ».)

Les polymorphismes de taille des fragments de restriction sont détectés et analysés à l'aide de la technique du buvardage de Southern. La FIGURE 20.10 pourrait tout aussi bien illustrer la détection d'un PTFR dans un ADN non codant que la détection d'une différence entre les séquences codantes de deux allèles. Étant donné la sensibilité de l'hybridation de l'ADN, l'opération peut se faire à partir du génome entier. (On extrait généralement les échantillons d'ADN humain des leucocytes.) Les résultats de la procédure illustrée à la FIGURE 20.10 montrent que les individus I et II portent la même version du marqueur (PTFR ou gène) ; celle de l'individu III est différente.

Comme les marqueurs PTFR sont transmis selon le modèle mendélien, ils permettent de dessiner des cartes génétiques. Les généticiens emploient le raisonnement que nous avons vu à la FIGURE 15.6 : la fréquence de transmission simultanée de deux marqueurs PTFR (ou d'un PTFR et d'un allèle) est une mesure de la proximité de deux loci sur un chromosome. Grâce à la découverte des PTFR, le nombre de marqueurs rendant possible la cartographie du génome humain s'est énormément accru. Les généticiens ne sont plus contraints de se limiter aux variantes génétiques donnant lieu à des différences génotypiques évidentes (comme les maladies génétiques) ou à des différences au niveau des protéines.

Il est possible de cartographier l'ADN de génomes entiers

 Dès 1980, le biologiste moléculaire David Botstein et ses collaborateurs ont émis l'idée que les variations de l'ADN se reflétant au niveau du polymorphisme de taille des fragments de restriction pouvaient servir de point de départ pour l'établissement d'une cartographie extrêmement détaillée de l'ensemble du génome humain. Depuis, les chercheurs ont employé les marqueurs de ce type pour cartographier le génome de plusieurs autres organismes. On connaît déjà les moindres détails de la cartographie de l'ADN de certains d'entre eux, soit l'ensemble de leur séquence nucléotidique. Chemin faisant, les chercheurs ont fait appel à tous les outils et à toutes les techniques dont il est question dans ce chapitre (enzymes de restriction, clonage génique, électrophorèse sur gel, sondes marquées, etc.).

Le projet de recherche le plus ambitieux rendu possible par la biotechnologie est le **programme Génome humain,** officiellement lancé en 1990. Il vise à cartographier tout le génome humain et à déterminer l'ensemble de la séquence nucléotidique de chacun des chromosomes (les 22 autosomes et les chromosomes sexuels X et Y). Ce projet a été mis sur pied par un consortium international publiquement financé et regroupant 20 équipes de chercheurs employés par des universités et des instituts de recherche. Il a suivi trois étapes centrées sur une étude de plus en plus approfondie de l'ADN : la cartographie génétique (factorielle), la cartographie physique et le séquençage de l'ADN. Nous reparlerons de ces étapes un peu plus loin.

Le projet prévoit aussi de cartographier le génome d'autres espèces importantes pour la recherche en biologie : il s'agit notamment de *E. coli* et d'autres procaryotes, de *Saccharomyces cerevisiæ* (une Levure), de *Cænorhabditis elegans* (un Nématode ou Ver rond), de *Drosophila melanogaster* (la Mouche du vinaigre) et de *Mus musculus* (la Souris commune). Ces génomes sont très intéressants en eux-mêmes ; ils nous fourniront également des renseignements précieux sur la biologie en général, comme nous le verrons plus loin. De plus, les premiers travaux effectués sur eux ont facilité l'élaboration de stratégies, de méthodes et de nouvelles techniques en vue de décoder le génome humain, qui est beaucoup plus vaste. Les outils technologiques mis au service de cette tâche monumentale résultent en grande partie des progrès accomplis dans le domaine de la cybernétique, et sont des applications de l'électronique et de l'informatique.

Cartographie génétique

La première étape de la cartographie d'un génome de grande taille est la construction d'une carte de plusieurs milliers de marqueurs génétiques régulièrement espacés sur l'ensemble des chromosomes. Comme on l'a vu au chapitre 15, sur une telle carte, l'ordre des marqueurs et leurs distances relatives sont déterminés à partir des fréquences de recombinaison. Les marqueurs peuvent être des gènes (comme au chapitre 15) ou toute autre séquence d'ADN identifiable, telle qu'un PTFR ou de courtes séquences répétitives appelées microsatellites (voir le TABLEAU 19.1, p. 386). Les chercheurs ont tracé en quelques années une carte du génome humain comportant environ 5 000 marqueurs à partir des microsatellites abondants dans le génome humain et comportant divers « allèles » de longueur variable. Cette carte leur permet de repérer les autres marqueurs, y compris les gènes, en mesurant le degré de liaison génétique avec les marqueurs connus. Elle constitue également un cadre de travail précieux pour la préparation de cartes plus détaillées de certaines régions.

Cartographie physique : classement des fragments d'ADN

Sur une carte physique, les distances entre les marqueurs sont exprimées en fonction d'une grandeur physique, généralement le nombre de nucléotides d'ADN. Pour cartographier l'ensemble du génome, on trace une carte physique en découpant l'ADN de chacun des chromosomes en un certain nombre de fragments de restriction identifiables, puis on détermine l'ordre dans lequel ceux-ci se trouvaient sur l'ADN du chromosome. Il est essentiel de produire des fragments qui se recouvrent partiellement, puis de trouver les zones de recouvrement à l'aide de sondes ou grâce au séquençage nucléotidique automatisé des extrémités. L'**arpentage chromosomique** est une technique qui fait appel à des sondes et qui s'est avérée très utile (FIGURE 20.11, p. 420).

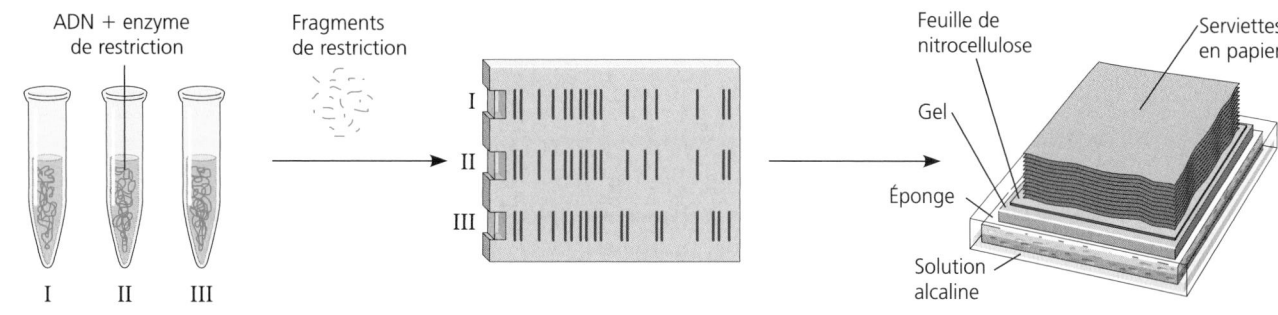

❶ Préparation des fragments de restriction. Les trois échantillons d'ADN à analyser (ici appelés échantillons I, II et III) proviennent de trois individus différents. On leur ajoute une enzyme de restriction produisant des fragments de restriction.

❷ Électrophorèse. Le mélange de fragments de restriction formé à partir de chaque échantillon est séparé par électrophorèse. Chaque échantillon a un motif caractéristique en bandes. (En réalité, celles-ci devraient être beaucoup plus nombreuses.)

❸ Buvardage. Sous l'effet de la capillarité, une solution alcaline monte et passe à travers le gel et une feuille de nitrocellulose posée sur celui-ci ; l'ADN se trouve ainsi transféré sur la feuille et dénaturé. Les brins d'ADN monocaténaire adhèrent à la feuille de nitrocellulose en formant des bandes identiques à celles qui sont présentes dans le gel.

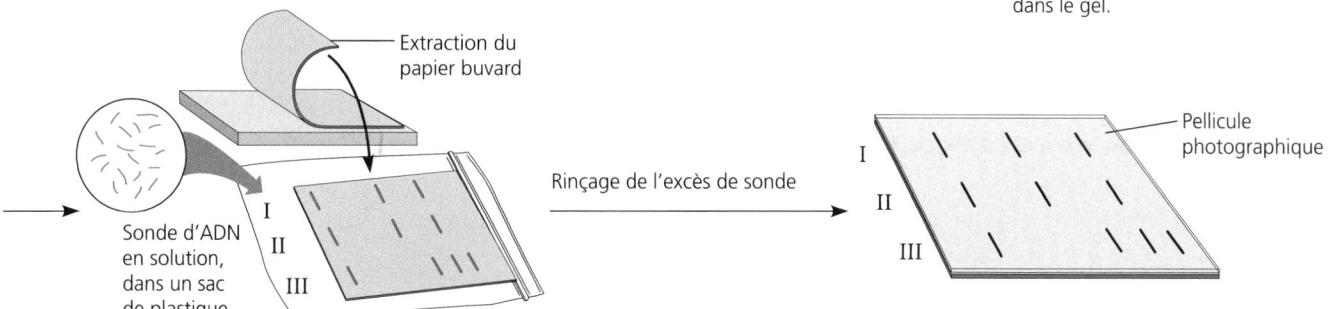

❹ Hybridation à l'aide d'une sonde radioactive. Le papier buvard (feuille de nitrocellulose) est mis en présence d'une solution contenant une sonde marquée d'un isotope radioactif. La sonde est un ADN monocaténaire complémentaire à la séquence d'ADN recherchée ; elle se lie par appariement des bases avec les fragments de restriction portant la séquence complémentaire.

❺ Autoradiographie. Une pellicule photographique est placée sur le papier buvard. La radioactivité de la sonde liée mène à la reproduction, sur la pellicule, de l'image des bandes contenant l'ADN dont les bases sont appariées avec la sonde. Les motifs formés par les échantillons I et II sont identiques, mais ceux de l'échantillon III sont différents.

FIGURE 20.10 Analyse des fragments de restriction par la technique de buvardage de Southern.
Cette technique permet de détecter et d'analyser des séquences particulières d'ADN. Le principe de la détection de séquences spécifiques repose sur l'hybridation des acides nucléiques. On peut savoir si certaines séquences existent dans différents échantillons ; on peut aussi connaître leur nombre dans un génome donné et la taille des fragments de restriction qui les renferment. La technique de buvardage de Southern est un moyen de comparer l'ADN d'individus différents, voire d'espèces différentes. Étant donné le pouvoir de sélection de l'hybridation des acides nucléiques, l'analyse peut se faire à partir de l'ensemble du génome d'un organisme. Cependant, une telle quantité d'ADN produit une multitude de fragments de restriction. Si tous étaient rendus visibles après l'électrophorèse sur gel (à l'aide d'un colorant, par exemple), ils formeraient une traînée continue et non des bandes distinctes. On se sert donc d'une sonde marquée, de sorte que seules les bandes recherchées sont visibles. Avant l'hybridation, l'ADN à analyser est transféré par capillarité (buvardage) du gel à un support solide, comme une feuille de nitrocellulose ou de papier nylon. L'ensemble de cette procédure d'hybridation est appelé buvardage de Southern, du nom de E. M. Southern, qui l'a mise au point en 1975. Il est possible d'ajuster la sensibilité de l'hybridation de façon à ne détecter que les séquences semblables (homologues) ou les séquences parfaitement complémentaires à la sonde.

Les fragments d'ADN employés pour établir la cartographie physique sont préparés par clonage. Lorsque les chercheurs travaillent avec des génomes de grande taille, ils effectuent plusieurs cycles de découpage de l'ADN, de clonage et de cartographie physique. Le premier vecteur de clonage est souvent un chromosome artificiel de levure, dans lequel on peut insérer des fragments longs d'un million de paires de bases, ou encore un **chromosome artificiel bactérien,** dans lequel on peut insérer de 100 000 à 500 000 paires de bases. On détermine l'ordre de ces longs fragments (par arpentage chromosomique, par exemple), puis on découpe chacun d'eux en des morceaux plus petits, que l'on clone et que l'on ordonne à leur tour. Les derniers ensembles de fragments, qui sont clonés dans un plasmide ou dans un phage, sont longs d'environ 1 000 paires de bases ; cela permet de les séquencer facilement.

Séquençage de l'ADN

La meilleure cartographie imaginable d'un génome est sa séquence nucléotidique complète. Comme nous l'avons déjà dit – et cet aspect est essentiel –, c'est la technologie du clonage des fragments d'ADN qui a rendu possible le séquençage de très longues molécules d'ADN et de génomes. Un séquenceur permet de déterminer la séquence nucléotidique d'un fragment d'ADN relativement court à partir d'une préparation purifiée

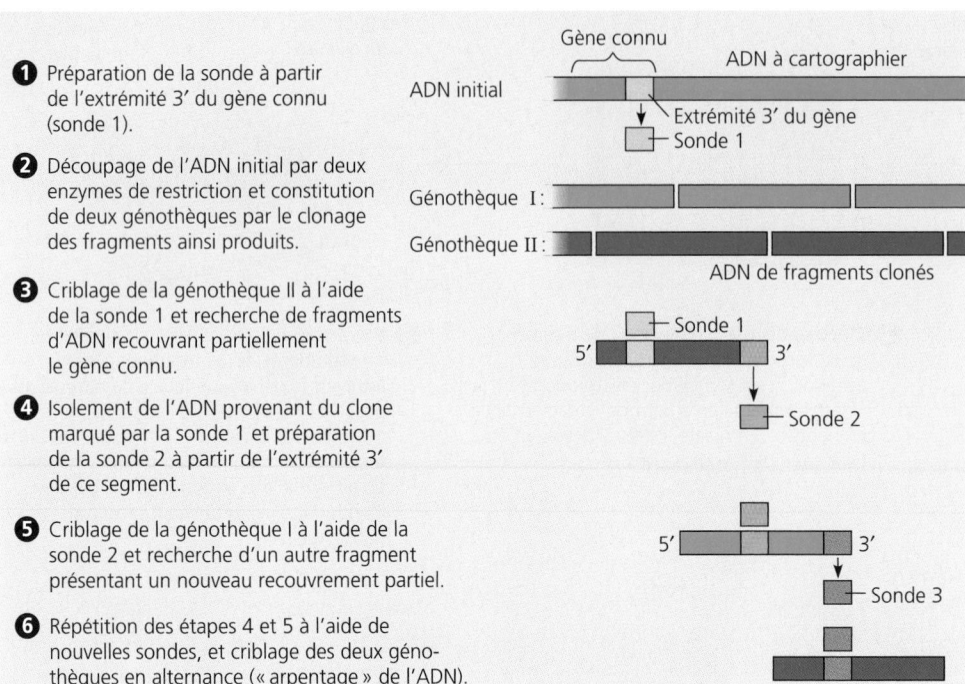

① Préparation de la sonde à partir de l'extrémité 3' du gène connu (sonde 1).

② Découpage de l'ADN initial par deux enzymes de restriction et constitution de deux génothèques par le clonage des fragments ainsi produits.

③ Criblage de la génothèque II à l'aide de la sonde 1 et recherche de fragments d'ADN recouvrant partiellement le gène connu.

④ Isolement de l'ADN provenant du clone marqué par la sonde 1 et préparation de la sonde 2 à partir de l'extrémité 3' de ce segment.

⑤ Criblage de la génothèque I à l'aide de la sonde 2 et recherche d'un autre fragment présentant un nouveau recouvrement partiel.

⑥ Répétition des étapes 4 et 5 à l'aide de nouvelles sondes, et criblage des deux génothèques en alternance (« arpentage » de l'ADN).

⑦ Création d'une carte de l'ADN montrant une série de marqueurs connus (séquences) ordonnés et placés à des distances connues.

FIGURE 20.11 Arpentage chromosomique. On commence avec un gène ou un autre segment d'ADN connu (qui a déjà été cloné, cartographié et séquencé) et on cartographie les fragments de restriction qui se recouvrent partiellement en « arpentant » le chromosome à partir de ce locus. Pour séparer les fragments, on découpe deux échantillons de l'ADN chromosomique à l'aide d'enzymes de restriction différentes. Puis, on clone les deux ensembles de fragments de façon à former deux génothèques. Cette technique et d'autres méthodes de classement des fragments d'ADN obligent à déterminer la séquence nucléotidique de courts segments spécifiques formant chacun des fragments. La carte physique ainsi produite est donc une suite linéaire de fragments, chacun de ceux-ci pouvant être identifié par deux régions séquencées ou plus. Dans ce schéma, tout l'ADN est représenté sous la forme de brins monocaténaires.

d'un grand nombre de copies de ce fragment (voir la photographie au début du présent chapitre). La technique habituelle de séquençage décrite à la FIGURE 20.12 combine le marquage de l'ADN, la synthèse d'ADN à partir des nucléotides particuliers situés à la fin des chaînes et une électrophorèse sur gel à haute résolution. Toutefois, même lorsqu'il est automatisé, le séquençage des 3,2 milliards de paires de nucléotides d'un jeu haploïde de chromosomes humains représente une tâche monumentale. Parmi les événements qui ont eu un impact décisif sur le programme Génome humain figurent la mise au point d'une technique de séquençage plus rapide et le perfectionnement des programmes informatiques d'analyse et d'assemblage des séquences partielles.

La FIGURE 20.13a, à la page 422, résume cette approche hiérarchisée, constituée de trois étapes, qui permet de séquencer le génome. Dans la pratique, ces trois étapes se recoupent, ce que ce schéma simplifié ne montre pas ; mais elles constituent encore la stratégie globale du consortium public de recherche.

Autres stratégies de séquençage d'un génome entier

En 1992, encouragé par les progrès réalisés dans le domaine des séquenceurs et de l'informatique, le biologiste moléculaire J. Craig Venter a proposé une autre stratégie de séquençage de génomes entiers. Son idée était essentiellement de sauter les étapes de la cartographie génétique et de la cartographie physique, et de passer directement au séquençage de fragments d'ADN pris au hasard. Ensuite, de puissants programmes informatiques

regrouperaient les courtes séquences, très nombreuses, ainsi produites et se recouvrant partiellement de sorte à former une seule séquence continue (FIGURE 20.13b). Malgré le scepticisme de beaucoup de ses collègues, Venter a quitté le consortium public pour poursuivre son idée. Les mérites de son approche ont été démontrés en 1995, du moins en ce qui concerne les génomes de procaryotes. Cette année-là, Venter et ses collaborateurs ont publié la première séquence complète du génome de la Bactérie *Hæmophilus influenzæ*. En 1998, il a créé sa propre société, Celera Genomics, et a promis de déterminer la séquence du génome humain en trois ans. La valeur de son approche en aveugle sur l'ensemble du génome a été confirmée en mars 2000, lors de la publication de la séquence du génome de *Drosophila melanogaster,* établie en collaboration avec des chercheurs universitaires. Tel que promis, en février 2001, Celera a annoncé avoir séquencé plus de 90 % du génome humain (le consortium public a fait en même temps une annonce similaire).

Le consortium public a souligné que la société Celera s'était abondamment servie de ses cartes et de ses séquences, qui sont toutes rendues publiques immédiatement (contrairement à celles de Celera). Il a également affirmé que les fondements établis grâce à l'approche du consortium faciliteraient grandement la phase de finition du projet en question. Venter, pour sa part, souligne l'aspect rentable et économique de ses méthodes, et il est exact que le consortium public en a fait un certain usage. Il est évident que les deux approches sont valables et que la concurrence apparue entre les deux groupes a stimulé les progrès (voir la figure 20.13, qui résume les deux stratégies).

❶ Une préparation de l'un des brins du fragment d'ADN est divisée en quatre portions ; celles-ci sont mises à incuber avec tous les ingrédients nécessaires à la synthèse du brin complémentaire : une amorce marquée (dont les bases devront s'apparier avec l'extrémité 3' connue de la matrice), de l'ADN polymérase et les quatre désoxyribonucléosides triphosphate. De plus, on ajoute à chacun des mélanges de réactifs l'un des quatre nucléotides sous sa forme modifiée « didésoxy » (dd).

L'ADN monocaténaire de séquence inconnue (en bleu) sert de matrice

+ ADN polymérase

+ dATP, dCTP, dTTP et dGTP

+ Amorce marquée par radioactivité

Préparation de quatre mélanges de réactifs

+ ddATP   + ddCTP   + ddTTP   + ddGTP

❷ La synthèse des nouveaux brins commence au niveau de l'amorce et se poursuit jusqu'à l'insertion d'un didésoxyribonucléotide mettant fin à la synthèse. On insère régulièrement du didésoxyribo-nucléotide, de façon aléatoire, à la place du nucléotide normal équivalent. Finalement, on obtient un ensemble de brins marqués, de longueurs différentes. On ne montre ici que le mélange de réactifs contenant du ddATP.

Synthèse d'ADN

Électrophorèse sur gel suivie d'autoradiographie

❸ Les nouveaux brins d'ADN présents dans chaque mélange sont soumis à l'électrophorèse sur gel de polyacrylamide, ce qui permet de séparer les brins dont la longueur ne diffère que par un seul nucléotide. On lit ensuite les bandes radioactives par autoradiographie.

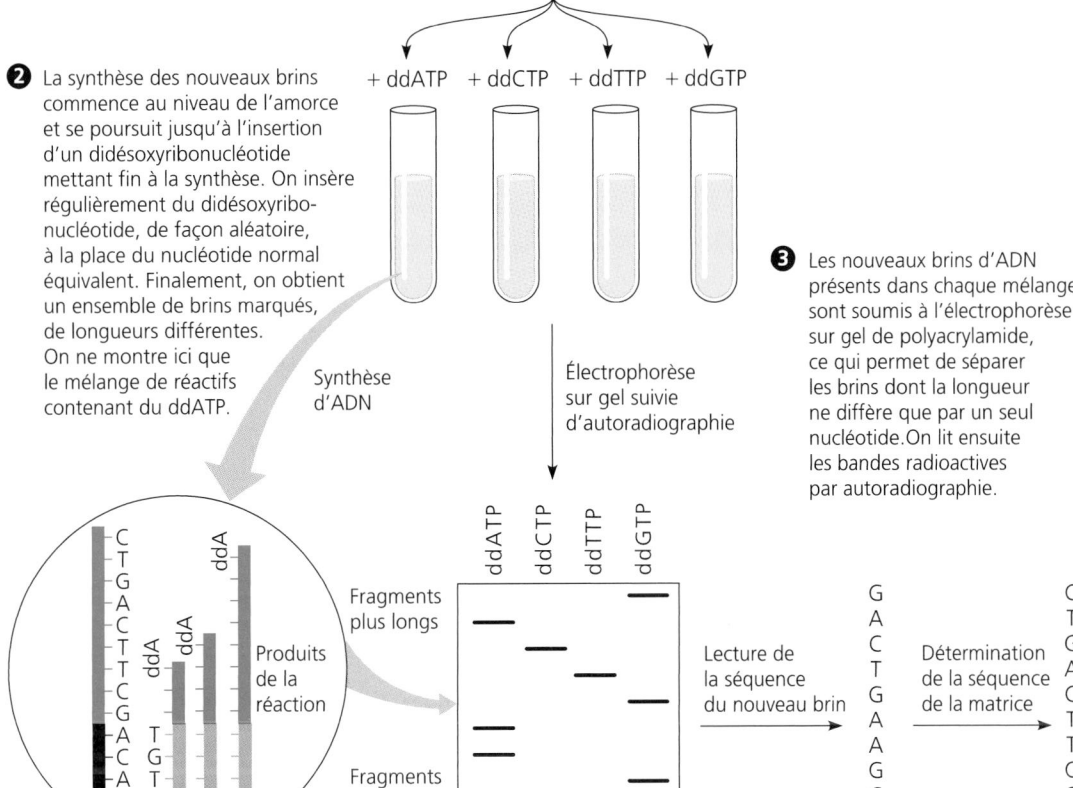

Fragments plus longs

Fragments plus courts

Produits de la réaction

Lecture de la séquence du nouveau brin

Détermination de la séquence de la matrice

❹ À partir des bandes produites par autoradiographie, on peut lire directement la séquence des brins nouvellement synthétisés, puis en déduire la séquence du brin initial ayant servi de matrice. Dans cet exemple, comme le fragment le plus long se termine par ddG, G doit être la dernière base du nouveau brin d'ADN. Le deuxième fragment par ordre de longueur se termine par ddA, ce qui signifie que A est l'avant-dernière base, et ainsi de suite.

FIGURE 20.12 Séquençage de l'ADN par la méthode Sanger. Cette méthode de séquençage des nucléotides d'ADN a été mise au point par le Britannique Frederick Sanger. Elle consiste à synthé-tiser *in vitro* des brins d'ADN complémentaires à l'un des brins de l'ADN à séquencer. Elle repose sur l'insertion aléatoire d'un nucléotide modifié (didésoxyribonucléotide) mettant fin à la synthèse de la chaîne d'ADN, parce qu'il lui manque la partie 3'—OH qui rendrait possible l'insertion du nucléotide suivant (voir la FIGURE 16.11). On synthétise ainsi des brins d'ADN qui reflètent toutes les positions possibles des didésoxyribo-nucléotides et, finalement, l'ensemble de la séquence d'ADN. Les molécules séquencées sont des fragments de restriction clonés, généralement longs de plusieurs centaines de nucléotides. Aujourd'hui, la plus grande partie du travail de séquençage de l'ADN est automatisée. Au lieu de marquer les fragments avec des amorces radio-actives, les séquenceurs modernes marquent les didésoxyribonucléotides à l'aide de colorants fluorescents : ils utilisent une couleur pour chaque type de nucléotide. Cela permet de produire les quatre réactions possibles dans une même éprouvette. Les extrémités didésoxy-des brins d'ADN produits par la réaction sont reconnaissables à la couleur de la lumière fluorescente qu'ils émettent (voir la photo au début du chapitre).

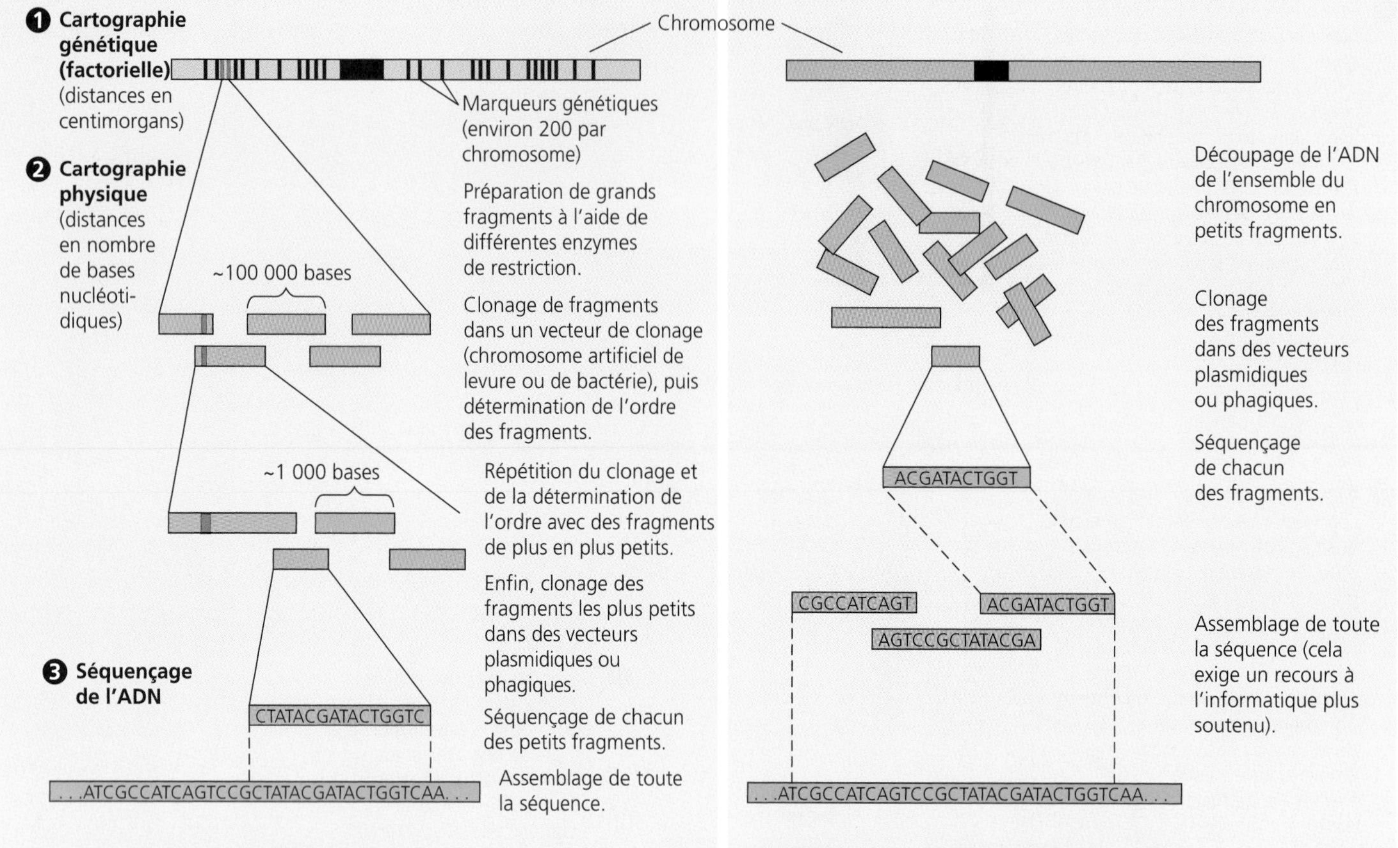

Diagramme (a) Approche hiérarchisée en trois étapes

❶ Cartographie génétique (factorielle) (distances en centimorgans)

❷ Cartographie physique (distances en nombre de bases nucléotidiques)

Chromosome

Marqueurs génétiques (environ 200 par chromosome)

Préparation de grands fragments à l'aide de différentes enzymes de restriction.

~100 000 bases

Clonage de fragments dans un vecteur de clonage (chromosome artificiel de levure ou de bactérie), puis détermination de l'ordre des fragments.

~1 000 bases

Répétition du clonage et de la détermination de l'ordre avec des fragments de plus en plus petits.

Enfin, clonage des fragments les plus petits dans des vecteurs plasmidiques ou phagiques.

❸ Séquençage de l'ADN

Séquençage de chacun des petits fragments.

CTATACGATACTGGTC

. . .ATCGCCATCAGTCCGCTATACGATACTGGTCAA. . .

Assemblage de toute la séquence.

(a) Approche hiérarchisée en trois étapes employée par le consortium public

Diagramme (b) Approche en aveugle

Chromosome

Découpage de l'ADN de l'ensemble du chromosome en petits fragments.

Clonage des fragments dans des vecteurs plasmidiques ou phagiques.

Séquençage de chacun des fragments.

ACGATACTGGT

CGCCATCAGT   ACGATACTGGT
AGTCCGCTATACGA

Assemblage de toute la séquence (cela exige un recours à l'informatique plus soutenu).

. . .ATCGCCATCAGTCCGCTATACGATACTGGTCAA. . .

(b) Approche en aveugle sur l'ensemble du génome, employée par Celera Genomics

FIGURE 20.13 Autres stratégies de séquençage d'un génome entier. Dans les deux cas, la détermination de l'ordre des fragments d'ADN se fait à partir des régions de recouvrement.

À l'été 2001, les génomes d'environ 50 espèces étaient déjà entièrement ou presque entièrement séquencés. Il s'agit surtout de procaryotes (y compris de *E. coli*), d'un certain nombre d'autres bactéries (dont plusieurs présentent un certain intérêt médical), et d'une dizaine d'Archéobactéries. Le premier eucaryote dont le génome a été entièrement séquencé est la levure du boulanger, *Saccharomyces cerevisiæ,* et le premier organisme multicellulaire est le Nématode *Cænorhabditis elegans,* un ver rond rudimentaire. On a aussi entièrement séquencé le génome de l'Arabette des dames, *Arabidopsis thaliana,* une plante très employée en recherche. Enfin, le séquençage du génome humain est très avancé, bien qu'il subsiste encore de nombreux vides. Certaines parties des chromosomes des organismes multicellulaires sont en effet difficiles à cartographier en détail par les méthodes habituelles. Cela est dû à la présence d'ADN répétitif et à d'autres raisons mal comprises. Cependant, plus on avance dans le séquençage du génome d'autres organismes, plus la tâche devient facile. Par exemple, le séquençage du génome de la Souris commune, qui est identique à environ 85 % au génome humain, est grandement facilité par ce que l'on connaît de ce dernier.

À un certain niveau, les séquences en question ne sont que des listes monotones de bases nucléotidiques (une succession interminable de millions de A, de T, de C et de G). À un autre niveau, rendu possible par l'analyse informatique, elles ont déjà mené à certaines découvertes très intéressantes, dont nous allons parler ci-dessous.

Les séquences du génome fournissent des indices sur des questions biologiques importantes

La génomique, soit l'étude des génomes à partir de leurs séquences d'ADN, jette une lumière nouvelle sur des questions fondamentales concernant la structure des génomes, la régulation de l'expression génique, la croissance et le développement, et aussi l'évolution. Un des intérêts de la biotechnologie, c'est qu'elle permet d'étudier les gènes directement, sans avoir à déduire un génotype à partir d'un phénotype, comme c'était le cas en génétique classique. Mais cette nouvelle approche pose le problème inverse, celui de la déduction du phénotype à partir du génotype. Comment peut-on reconnaître les gènes et déterminer leur fonction en partant d'une longue séquence d'ADN?

Analyse des séquences d'ADN

Les séquences d'ADN sont rassemblées dans des banques de données informatisées mises à la disposition des chercheurs du monde entier sur Internet. Les scientifiques se servent de programmes informatiques pour les parcourir et rechercher des indices de la présence de gènes codant pour des protéines : signaux de départ et d'arrêt de la transcription et de la traduction (par exemple promoteurs), séquences associées aux sites d'épissage de l'ARN… Ces programmes recherchent également les séquences semblables à celles de gènes connus. (Des milliers de séquences de ce type, appelées *étiquettes de séquences exprimées,* sont actuellement cataloguées dans des bases de données informatisées.) Elles permettent aux chercheurs de constituer une liste de gènes possibles.

On est surpris de constater que le génome humain contient très peu de gènes. Jusqu'ici, le résultat le plus surprenant du programme Génome humain (et celui qui inspire le plus l'humilité) est le petit nombre de gènes humains. On estime qu'il y en a entre 30 000 et 40 000, ce qui est de loin inférieur à ce que l'on s'attendait à trouver (entre 50 000 et 100 000). Le nombre de nos gènes représente seulement le double ou le triple de celui des Drosophiles et des Vers ronds (TABLEAU 20.1). La proportion de l'ADN constituée de gènes est beaucoup plus faible chez l'Humain que chez les autres organismes étudiés jusqu'ici. Dans le génome humain, l'énorme quantité d'ADN non codant est composée en grande partie d'ADN répétitif et aussi d'introns. Les introns humains ont une longueur inhabituelle ; ils sont généralement une dizaine de fois plus longs que ceux d'une mouche ou d'un ver.

Alors, qu'est-ce qui rend les Humains (et les Vertébrés en général) plus complexes que les Mouches ou les Vers ? Il est certain que, si l'on compare les séquences de notre génome à celles de ces autres organismes, on remarque qu'elles sont plus « productives », parce que leurs transcrits d'ARN sont plus sujets à l'épissage différentiel (voir la FIGURE 19.11). En moyenne, un gène humain code probablement pour au moins deux ou trois polypeptides différents grâce à diverses combinaisons d'exons. Chez l'Humain, le nombre total de polypeptides différents serait donc d'environ 90 000, même si l'on ne tient pas compte de la diversité supplémentaire résultant de la maturation des polypeptides après leur traduction (par exemple, le clivage et l'ajout de glucides).

TABLEAU 20.1 Taille du génome et nombre de gènes			
Organisme	Taille du génome	Nombre estimé de gènes	Gènes par Mb*
H. influenzæ (Bactérie)	1,8 Mb*	1 700	950
S. cerevisiæ (Levure)	12 Mb	6 000	500
C. elegans (Nématode)	97 Mb	19 000	200
A. thaliana (Plante)	100 Mb	25 000	200
D. melanogaster (Drosophile)	180 Mb	13 000	100
H. sapiens (Humain)	3 200 Mb	30 000 à 40 000	10

* Mb = million de paires de bases ou mégabase

De plus, la séquence de l'ADN humain et d'autres données permettent de penser que les polypeptides de notre espèce sont généralement plus complexes que ceux des Invertébrés. Souvenons-nous que de nombreux polypeptides comportent plusieurs *domaines*, soit des portions discontinues ayant une structure et une fonction propre (voir les exemples de la FIGURE 19.10). Bien que les polypeptides humains ne semblent pas avoir plus de domaines que ceux des Invertébrés, les combinaisons formées par l'assemblage des divers types de domaines sont beaucoup plus nombreuses.

En résumé, dans le génome humain, le brassage et la combinaison des éléments modulaires (exons et domaines polypeptidiques) semblent être plus poussés que chez les organismes plus simples ; cela constitue sans aucun doute une caractéristique des Vertébrés en général.

Étude et comparaison des gènes. Environ la moitié des gènes humains étaient déjà connus lorsque le programme Génome humain a été lancé ; mais qu'en est-il des autres ? Les scientifiques comparent les séquences de gènes potentiels à celles de gènes connus provenant de divers organismes. Dans certains cas, une séquence nouvellement déterminée correspond, au moins en partie, à celle d'un gène dont on connaît déjà la fonction (qui code, par exemple, pour une protéine kinase). Cela permet de penser que le gène nouvellement séquencé a la même fonction. Dans d'autres cas, la nouvelle séquence peut être semblable à une autre déjà connue, mais dont on ignore la fonction. Il peut aussi arriver qu'elle soit entièrement inédite. Chez les organismes dont on a séquencé le génome jusqu'ici, on a trouvé beaucoup de séquences entièrement nouvelles de gènes potentiels. Par exemple, environ un tiers des gènes de *E. coli* était tout à fait inconnu, bien qu'il s'agisse de l'organisme le plus étudié !

En dépit de la très grande complexité du génome humain et des protéines qu'il code, les comparaisons entre les séquences génomiques humaines et non humaines confirment l'existence de liens entre des organismes ayant une parenté même très lointaine. Elles montrent également que les recherches menées sur des organismes simples sont un moyen de mieux comprendre la biologie humaine. La ressemblance entre les gènes d'organismes disparates peut sembler surprenante ; un chercheur a même déclaré qu'il considérait maintenant les Drosophiles comme « de petites personnes avec des ailes ». Certains gènes de Levures, par exemple, ressemblent assez à leurs équivalents dans une cellule humaine pour pouvoir les remplacer. Dans quelques cas, les chercheurs étudient même le gène d'une maladie génétique humaine par l'intermédiaire de son équivalent normal chez une Levure. Les séquences présentes chez les Bactéries révèlent des voies métaboliques insoupçonnées, pouvant avoir des applications industrielles ou médicales. En outre, les comparaisons effectuées entre les séquences complètes de génomes de Bactéries, d'Archéobactéries et d'Eucaryotes confirment que ce sont là les trois domaines fondamentaux du monde vivant.

Étude de l'expression génique

L'étude des génomes permet non seulement de connaître les gènes individuels et leur évolution, mais aussi de comprendre comment ceux-ci interagissent de façon à créer un organisme et à assurer son fonctionnement. L'existence de réseaux extrêmement complexes d'interactions entre les gènes et leurs produits explique probablement en grande partie pourquoi un si petit nombre de gènes nous suffit. Pendant que certains scientifiques travaillent à séquencer des gènes et à analyser leur structure, d'autres partent des séquences déjà établies pour étudier les modes d'expression génique dans une nouvelle perspective globale. Ils tentent de déterminer quels gènes sont transcrits et dans quelles circonstances. Leur stratégie générale consiste à isoler l'ARNm produit par certaines cellules particulières, à fabriquer une génothèque d'ADNc par transcription inverse à partir de ces matrices, puis à comparer les ADNc en question avec d'autres génothèques d'ADN à l'aide de l'hybridation. Il est ainsi possible de savoir quels gènes sont actifs à divers stades de développement, dans différents tissus ou dans des tissus plus ou moins affectés par la maladie.

C'est la biotechnologie qui rend possible ce genre d'études sur l'expression des gènes. Quant à l'automation, elle permet d'en effectuer toutes les étapes facilement et à grande échelle. On peut aujourd'hui détecter et mesurer l'expression de milliers de gènes à la fois. Une technique révolutionnaire, présentée à la FIGURE 20.14, consiste à effectuer des **essais sur micro-réseau à ADN.** De minuscules quantités d'un grand nombre de fragments d'ADN monocaténaire représentant différents gènes sont fixés sur une plaque de verre sous forme de réseau dense. (Le réseau est également appelé *puce à ADN,* par analogie avec les puces informatiques.) Idéalement, ces fragments représentent l'ensemble des gènes d'un organisme ; cela est possible dans le cas d'organismes dont le génome a déjà été entièrement séquencé. Les fragments sont mis en présence de divers échantillons de molécules d'ADNc marquées par un colorant fluorescent, avec lesquelles ils peuvent s'hybrider ou non. L'un des premiers tests effectués par cette technique comparait les gènes exprimés dans les racines et les feuilles d'*Arabidopsis thaliana.* Ensuite, les chercheurs ont séquencé les gènes plus fortement exprimés dans un type de tissu que dans l'autre. Les résultats se sont avérés conformes à ce qui était prévu. Les gènes codant pour des enzymes connues de la photosynthèse, par exemple, étaient activés dans les feuilles, mais pas dans les racines. Cette technique devrait également permettre de découvrir de nouveaux gènes et de nouvelles interactions entre les gènes, et aussi de mieux connaître le fonctionnement de ceux-ci, ce qui est plus important que de confirmer simplement des prédictions. Par exemple, on effectue des essais sur des microréseaux à ADN pour comparer des tissus cancéreux et non cancéreux. L'étude des différences au niveau de l'expression des gènes pourrait mener à l'élaboration de nouvelles techniques de diagnostic, à la découverte de traitements à ciblage biochimique et à une meilleure compréhension du cancer. En fin de compte, l'information obtenue grâce aux essais sur microréseaux devrait nous donner une meilleure vision globale du domaine et nous faire mieux comprendre comment les gènes interagissent pour former un être vivant.

Détermination de la fonction des gènes

Les gènes les plus intéressants découverts au cours du séquençage du génome et des recherches sur l'expression génique sont peut-être ceux dont on ignore complètement les fonctions. Comment les chercheurs s'y prennent-ils pour déterminer leurs fonctions ? Ils neutralisent le gène à l'étude et espèrent que les conséquences qui se manifesteront dans la cellule ou dans

l'organisme permettront de mieux comprendre son fonctionnement normal. Une approche puissante à cet égard est la **mutagenèse *in vitro*,** une technique permettant de modifier spécifiquement la séquence d'un gène cloné. Les mutations ainsi obtenues risquent d'altérer ou de neutraliser complètement le fonctionnement de la protéine codée par le gène. Par conséquent, lorsque le gène muté est de nouveau inséré dans une cellule, on est en mesure de déterminer la fonction de la protéine normale manquante en examinant le phénotype du mutant. Les chercheurs peuvent même introduire un gène ainsi muté dans les cellules de l'embryon d'un organisme multicellulaire (comme une souris) pour étudier le rôle du gène dans le développement et le fonctionnement de l'ensemble de l'organisme.

Des chercheurs travaillant sur des organismes autres que des mammifères ont récemment commencé à exploiter une technique plus simple et plus rapide de blocage de l'expression de gènes sélectionnés. Cette technique, appelée **interférence par ARN,** consiste à déclencher la dégradation d'ARN messager au moyen de molécules d'ARN bicaténaires artificielles, dont la séquence correspond à celle du gène visé. On ignore dans une large mesure comment l'ARN bicaténaire exerce cet effet dans la cellule. Cependant, il s'agit d'un processus naturel, probablement apparu comme une forme de protection des cellules contre les Virus et comme un moyen de limitation des déplacements des rétrotransposons (qui peuvent porter atteinte à des gènes essentiels). Ce n'est que récemment que les chercheurs ont réussi à bloquer, dans une certaine mesure, l'expression de gènes dans les cellules de Mammifères. Chez d'autres types d'organismes, comme les Nématodes, l'interférence par ARN avait déjà fait ses preuves.

Orientations futures de la génomique

Les succès enregistrés dans le domaine de la cartographie et du séquençage des génomes ont incité les scientifiques à passer à la **protéomique :** il s'agit de l'étude systématique de jeux complets de protéines (*protéomes*) codés par un génome. La protéomique pose des difficultés d'un genre nouveau. Comme l'ARN subit un épissage différentiel et que les protéines sont modifiées après avoir été traduites, il est probable que le nombre de protéines présentes chez l'Humain et chez les espèces voisines dépasse de loin celui des gènes. En outre, la collecte de toutes ces substances sera difficile, parce que les protéines produites varient selon le type de cellule et son état. De plus, contrairement à l'ADN, les protéines diffèrent énormément par leur structure, ainsi que par leurs propriétés chimiques et physiques. Cependant, les protéines sont les molécules qui assurent les diverses fonctions cellulaires, et il faut les étudier si l'on veut comprendre le fonctionnement des cellules et des organismes. Les progrès techniques en cours (comme l'invention récente de microréseaux servant à l'étude des interactions entre protéines) mèneront à la création d'outils permettant de relever ce défi.

Grâce à la génomique et à la protéomique, les biologistes ont maintenant une vision de plus en plus globale du monde vivant. Dans un essai publié dans *Science,* les biologistes du Massachusetts Institute of Technology (MIT) Eric Lander et Robert Weinberg prédisent que l'existence de «listes complètes de pièces de rechange de certains organismes» (c'est-à-dire de catalogues de gènes et de protéines) amènera des bouleversements radicaux dans le domaine de la biologie :

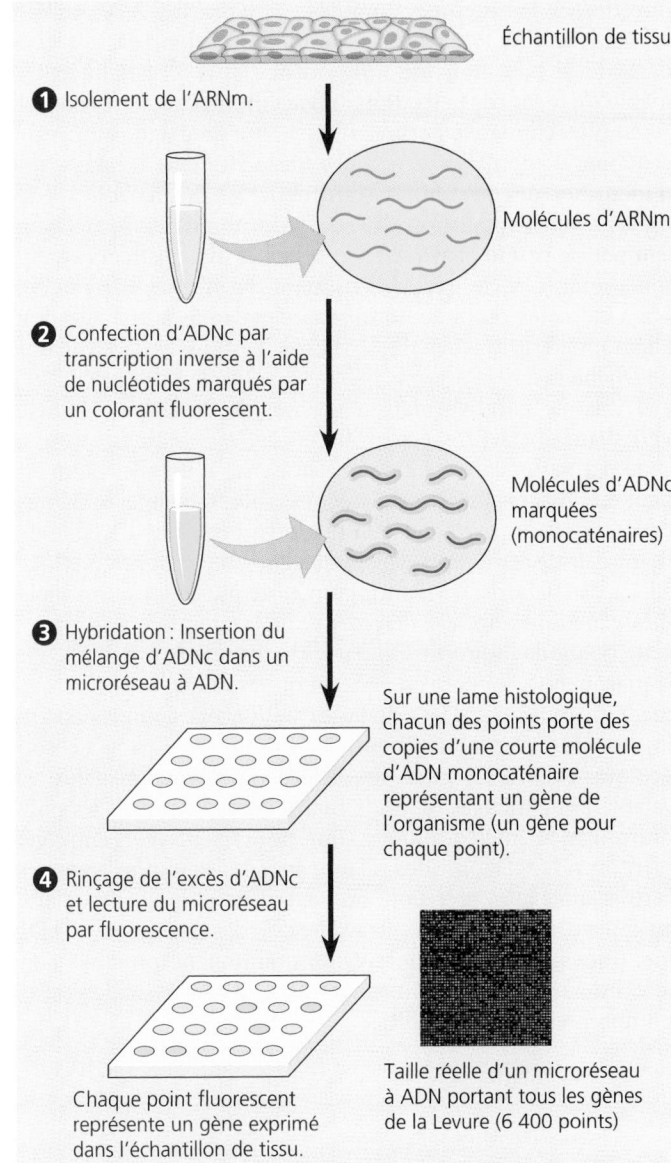

① Isolement de l'ARNm.

Molécules d'ARNm

② Confection d'ADNc par transcription inverse à l'aide de nucléotides marqués par un colorant fluorescent.

Molécules d'ADNc marquées (monocaténaires)

③ Hybridation : Insertion du mélange d'ADNc dans un microréseau à ADN.

Sur une lame histologique, chacun des points porte des copies d'une courte molécule d'ADN monocaténaire représentant un gène de l'organisme (un gène pour chaque point).

④ Rinçage de l'excès d'ADNc et lecture du microréseau par fluorescence.

Taille réelle d'un microréseau à ADN portant tous les gènes de la Levure (6 400 points)

Chaque point fluorescent représente un gène exprimé dans l'échantillon de tissu.

(a) Procédure d'emploi d'un ADNc marqué, préparé à partir d'un échantillon de tissu

FIGURE 20.14 Essai d'expression génique sur un microréseau à ADN. Cette technique permet d'analyser simultanément tous les gènes exprimés dans un tissu. Elle repose sur l'hybridation avec un réseau de courtes séquences d'ADN représentant des milliers de gènes, voire tous les gènes, d'un organisme. Les molécules d'ADNc confectionnées à l'étape 2 de la figure a et placées dans chacun des puits du microréseau à l'étape 3 représentent les gènes qui étaient actifs dans le tissu. À l'étape 4, les points où l'un des ADNc s'est hybridé émettent une fluorescence, dont l'intensité reflète la quantité relative d'ARNm qui se trouvait dans le tissu. On peut se servir de marqueurs de couleurs différentes pour analyser ensemble les molécules d'ADNc représentant plusieurs tissus ou le même type de tissu soumis à diverses conditions.

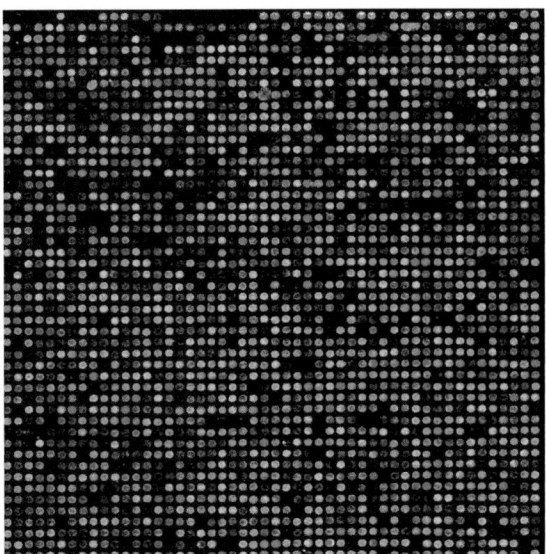

(b) Photographie agrandie d'un microréseau représentant 2 400 gènes humains

Au XXIᵉ siècle, la science portera de plus en plus sur les systèmes biologiques complets, c'est-à-dire qu'elle cherchera à comprendre comment différentes composantes interagissent pour former un tout. Pour la première fois depuis un siècle, les réductionnistes cèdent du terrain à ceux qui tentent d'étudier les cellules et les tissus selon une perspective holistique*.

Les progrès du domaine de la **bio-informatique,** qui est l'application de l'informatique et des mathématiques à la génétique et aux autres spécialités de la biologie, joueront un rôle essentiel dans le traitement des données innombrables à collecter et analyser.

Comme Lander et Weinberg le soulignent ailleurs dans leur essai, nous sommes en voie de comprendre tout le spectre des variations génétiques chez les Humains. L'ADN humain présente relativement peu de variantes, parce que l'histoire de notre espèce est assez courte, comparativement à celle des autres espèces. (Nous descendons probablement d'une petite population qui vivait en Afrique il y a 150 000 à 200 000 ans.) La plus grande partie de notre diversité semble se présenter sous la forme de **polymorphismes nucléotidiques** (en anglais, **SNP,** *single nucleotide polymorphisms*), soit de variations du génome ne touchant qu'une seule paire de bases**.

Dans le génome humain, on trouve en moyenne un polymorphisme nucléotidique sur 1 000 paires de bases. Autrement dit, si vous compariez votre ADN à celui de votre voisin de classe (ou avec celui d'une personne vivant à l'autre bout du monde), vous constateriez qu'ils sont identiques à 99,9 %.

---

* E. S. Lander et R. A. Weinberg, « Genomics : Journey to the Center of Biology. » *Science* 287 (10 mars 2000) : 1777. [Notre traduction]

** Vous vous interrogez peut-être sur la relation existant entre les polymorphismes nucléotidiques et les polymorphismes de taille des fragments de restriction (PTFR). Certains PTFR sont des polymorphismes nucléotidiques ; c'est le cas de la différence d'une seule paire de bases illustrée à la figure 20.9a. Mais certains polymorphismes nucléotidiques n'affectent pas les sites de restriction et ils doivent être identifiés par séquençage de l'ADN. En outre, certains PTFR représentent des variations de plusieurs paires de bases.

Les scientifiques sont en voie de localiser les quelque 3 millions de sites de polymorphisme nucléotidique du génome humain. Ceux-ci constitueront des marqueurs génétiques utiles pour l'étude de l'évolution de l'espèce humaine, des différences entre les populations et des routes migratoires ayant conduit nos ancêtres de l'Afrique aux autres continents. Ils seront également utiles pour l'identification des gènes causant des maladies et des gènes affectant notre santé de façon plus insidieuse (susceptibilité à certaines maladies, aux drogues, et aux toxines présentes dans l'environnement). Il est probable que la pratique de la médecine au XXI⁰ siècle s'en trouvera transformée. Cependant, les retombées de la recherche sur l'ADN et des technologies connexes ont déjà des répercussions multiples sur nos vies. Le reste de ce chapitre porte sur quelques-unes de ces applications et sur les questions en découlant.

LES APPLICATIONS DE LA BIOTECHNOLOGIE

Il se passe rarement une journée sans qu'on nous parle de biotechnologie dans l'actualité. Le plus souvent, il s'agit de prédictions concernant une nouvelle application prometteuse dans le domaine médical.

La biotechnologie révolutionne la médecine et l'industrie pharmaceutique

La biotechnologie moderne a apporté d'énormes contributions à la médecine, qu'il s'agisse du diagnostic de maladies ou de la mise au point de nouveaux produits pharmaceutiques. L'un des résultats évidents de la biotechnologie et du programme Génome humain est l'identification de gènes dont les mutations causent des anomalies génétiques ; ce type de découverte pourrait mener à de nouveaux modes de diagnostic, de traitement et même peut-être de prévention.

La biotechnologie aura des retombées tout aussi importantes en ce qui a trait aux autres sortes de maladies, telles que l'arthrite ou le sida. La susceptibilité d'un individu à de nombreuses maladies « non génétiques » est influencée par ses gènes. De plus, tous les types de maladies entraînent des modifications de l'expression génique dans les cellules affectées et, souvent, dans le système immunitaire des personnes touchées. Les chercheurs espèrent pouvoir trouver une grande partie des gènes activés ou inactivés par une maladie donnée ; pour ce faire, ils se serviraient des essais sur microréseau à ADN ou d'autres techniques permettant de comparer l'expression génique dans des tissus sains et malades. Ces gènes et leurs produits sont des cibles potentielles pour la prévention ou le traitement.

Diagnostic de maladies

La biotechnologie et, notamment, la recherche de certains agents pathogènes à l'aide de l'amplification en chaîne par polymérase (ACP) et de sondes nucléiques ont ouvert de nouvelles perspectives dans le domaine du diagnostic des maladies

infectieuses. Par exemple, comme la séquence de l'ADN du VIH est connue, l'ACP permet de l'amplifier et donc de la déceler dans des échantillons de sang ou de tissus. C'est souvent la meilleure forme de détection d'un agent infectieux très discret.

La biotechnologie permet aujourd'hui de diagnostiquer des centaines d'anomalies génétiques chez l'Humain. Il est possible d'identifier des personnes transmettrices de maladies génétiques avant l'apparition de leurs symptômes et même avant leur naissance. On peut aussi identifier des transmetteurs asymptomatiques d'allèles récessifs risquant d'avoir des effets nocifs. On a cloné les gènes de nombreuses maladies humaines, dont l'hémophilie, la mucoviscidose (fibrose kystique) et la myopathie de Duchenne.

L'analyse par hybridation permet de détecter des allèles anormaux à partir d'échantillons d'ADN. Même lorsqu'un gène n'a pas encore été cloné, la présence d'un allèle anormal peut être diagnostiquée avec une précision raisonnable si l'on a déjà trouvé un marqueur PTFR (polymorphisme de taille des fragments de restriction) voisin du gène visé (FIGURE 20.15). Les allèles de la chorée de Huntington et de plusieurs autres maladies génétiques ont été détectés pour la première fois grâce à cette méthode indirecte. On part du raisonnement selon lequel le marqueur est si près du gène en question que tout enjambement entre les deux lors de la formation des gamètes est très improbable. Par conséquent, le marqueur et le gène sont presque toujours légués ensemble. (Le même principe est valable pour tous les types de marqueurs, y compris les polymorphismes nucléotidiques, qui pourraient être employés bientôt pour établir des diagnostics.) Lorsqu'un gène est cartographié avec précision, on peut le cloner pour l'étudier et en faire une sonde servant à détecter des fragments d'ADN identiques ou semblables. C'est maintenant possible dans le cas de la chorée de Huntington, de la mucoviscidose et de nombreuses autres maladies.

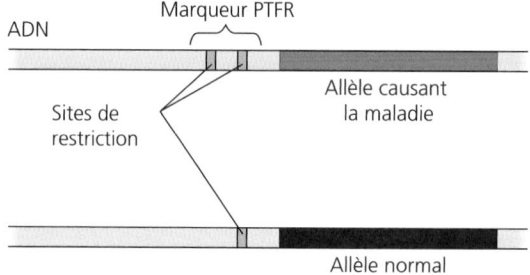

FIGURE 20.15 Marqueurs PTFR voisins d'un gène. Même quand un allèle causant une maladie n'a pas été cloné et que son locus n'est pas connu avec exactitude, il est parfois possible de le détecter avec un degré de précision élevé. Pour ce faire, il suffit de rechercher la présence de marqueurs PTFR (polymorphisme de taille des fragments de restriction) qui en sont très proches. Ce schéma montre des segments homologues d'ADN provenant de membres d'une même famille, dont certains sont atteints d'une maladie génétique. Dans cette famille, des versions différentes d'un marqueur PTFR sont associées aux divers allèles du gène ciblé, ce qui permet d'employer le test en question. Si un membre de la famille a hérité de la version du marqueur PTFR pourvu de deux sites de restriction (au lieu d'un seul), il est très probable qu'il a également hérité de l'allèle causant la maladie.

Thérapie génique humaine

La biotechnologie offre un grand potentiel de traitement de diverses maladies par la **thérapie génique** (soit par la modification de gènes anormaux chez un patient). Dans le cas de personnes souffrant d'une maladie due à un seul gène défectueux, il est théoriquement possible de remplacer celui-ci ou d'y suppléer par un allèle normal. Ce dernier pourrait être inséré dans les cellules somatiques des tissus affectés.

Pour que la thérapie génique des cellules somatiques soit permanente, les cellules recevant l'allèle normal doivent se multiplier pendant toute la durée de vie du patient. Les cellules de la moelle osseuse rouge comprennent les *cellules souches* donnant naissance à l'ensemble des cellules sanguines et à celles du système immunitaire. Ce sont donc des cibles de choix à cet égard. La FIGURE 20.16 présente une procédure possible dans le cas où les cellules de la moelle osseuse rouge ne produisent pas une enzyme vitale, parce qu'elles contiennent un gène défectueux. On prélève quelques cellules de moelle osseuse rouge chez le patient ; on y insère l'allèle normal au moyen d'un vecteur viral et on réinjecte les cellules modifiées au patient. Si la procédure réussit, les cellules modifiées se multiplieront pendant toute la vie du patient et exprimeront le gène normal. Elles produiront donc la protéine manquante, et le patient sera guéri.

Toutefois, en dépit des nombreux gros titres que l'on a vus dans les médias au cours de la dernière décennie, il y a très peu de preuves scientifiques que les thérapies géniques sont vraiment efficaces. Même lorsque des gènes ont pu être introduits avec succès et sans danger dans l'organisme d'un patient et qu'ils s'y expriment, leur activité diminue habituellement après un court délai.

C'est pour cela – et aussi pour des raisons de sécurité – que la plupart des expériences de thérapie génique actuellement en cours sur des Humains ne visent pas à corriger des anomalies génétiques. Elles cherchent plutôt à lutter contre des fléaux tels que les maladies cardiaques et le cancer. Les expériences les plus prometteuses concernent les situations où il est non seulement suffisant, mais aussi souhaitable, que l'activité des gènes transférés soit de courte durée. Par exemple, on envisage de traiter les maladies coronariennes en introduisant dans le muscle cardiaque un gène codant pour un facteur de croissance stimulant la formation de nouveaux vaisseaux sanguins autour des artères bouchées. Après avoir enregistré un certain succès chez le Porc (*Sus scrofa*), deux groupes de chercheurs effectuent actuellement des essais préliminaires visant à évaluer l'innocuité de ce procédé chez les Humains. Un groupe emploie le même vecteur que celui qui a été utilisé dans les études menées sur le Porc ; il s'agit d'un adénovirus (l'une des causes principales du rhume) que l'on a modifié de sorte à le rendre inoffensif. L'autre groupe injecte le gène du facteur de croissance nu directement dans le muscle. Les vecteurs viraux sont rapidement détruits par le système immunitaire, et la méthode d'injection directe est très peu efficace. Mais, dans ce cas, l'objectif est simplement de forcer les cellules cardiaques à produire assez de facteur de croissance pour déclencher une courte période de prolifération des vaisseaux sanguins. Les résultats préliminaires s'avèrent encourageants.

La thérapie génique soulève de nombreuses questions d'ordre technique. Par exemple, comment peut-on ajuster l'activité du gène transféré pour que les cellules synthétisent le produit correspondant en quantité adéquate, au bon moment et au bon endroit ? Comment peut-on être sûr que l'insertion du gène n'entrave pas d'autres fonctions cellulaires essentielles ? Le séquençage du génome nous fournit de nouvelles données sur les éléments de contrôle ; quant aux études à grande échelle sur l'expression génique, elles jettent une lumière nouvelle sur les interactions entre les gènes et les éléments de contrôle. C'est probablement de là que viendront quelques réponses aux questions posées.

La thérapie génique soulève également des questions éthiques et sociales épineuses. Certains critiques avancent qu'on ne devrait pas toucher aux gènes humains de quelque façon que ce soit, même s'il s'agit de cellules somatiques et même si c'est pour traiter des patients atteints de maladies mortelles. Ils font valoir que cela mènera inévitablement à l'eugénisme, soit à un effort visant délibérément à influencer la constitution génétique des populations humaines. D'autres observateurs ne voient aucune différence fondamentale entre la manipulation génétique de

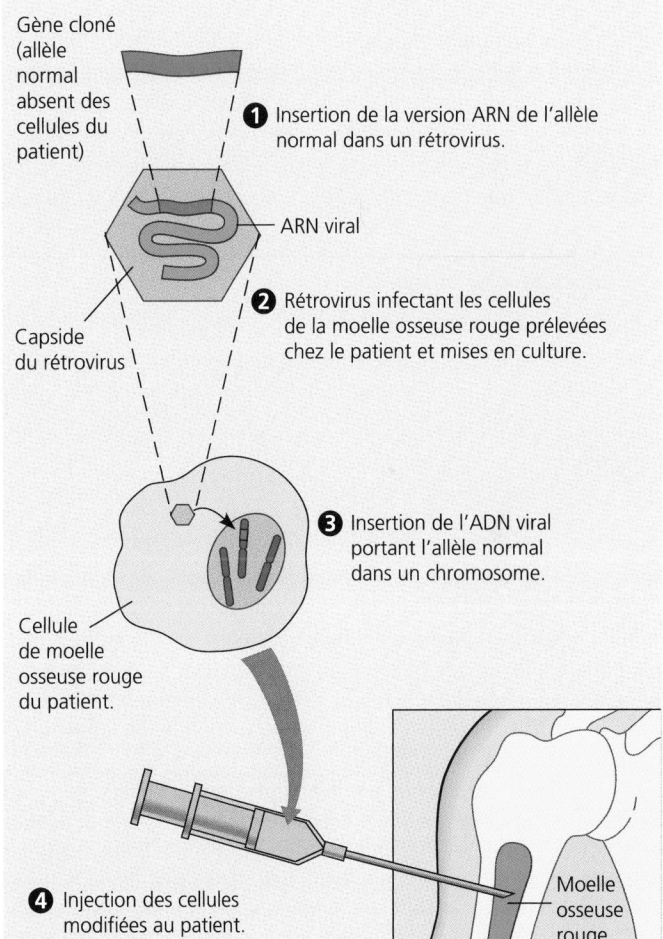

FIGURE 20.16 Une procédure de thérapie génique. Un rétrovirus rendu inoffensif sert de vecteur pour introduire l'allèle normal du gène défectueux dans les cellules d'un patient. La technique utilisée repose sur le fait que le rétrovirus produit un transcrit d'ADN à partir de son génome d'ARN et qu'il l'insère dans l'ADN chromosomique de la cellule hôte (voir la FIGURE 18.7). Si l'acide nucléique viral contient un gène étranger et que celui-ci est exprimé, la cellule et ses descendantes fabriqueront le produit correspondant, et le patient pourra guérir. Les cellules qui se reproduisent pendant toute la vie de l'individu, comme celles de la moelle osseuse rouge, sont des cibles idéales pour ce type de traitement.

cellules somatiques et d'autres interventions médicales conventionnelles cherchant à sauver des vies. Ils comparent la transplantation de gènes à la transplantation d'organes.

La question éthique la plus difficile est de savoir si nous devons traiter des cellules de la lignée reproductrice dans l'espoir de corriger une anomalie dans les générations à venir. Dans les souris de laboratoire, on insère couramment des gènes étrangers dans la lignée reproductrice, c'est-à-dire dans des ovocytes (les cellules sexuelles qui deviendront des ovules à la fécondation). Il est évident qu'on finira par résoudre les difficultés techniques qui empêchent encore de réaliser avec succès une manipulation génétique semblable chez l'Humain. Il faudra alors répondre aux questions suivantes : est-il souhaitable, quelles que soient les circonstances, de modifier le génome de lignées reproductrices humaines ou d'embryons ? Devrions-nous influencer l'évolution de quelque façon que ce soit ? Du point de vue biologique, l'élimination des allèles indésirables du patrimoine génétique pourrait avoir l'effet inverse de celui qui est recherché. La variabilité génétique est nécessaire à la survie de l'espèce lorsque les conditions environnementales changent avec le temps. Des gènes nocifs dans certaines conditions peuvent être avantageux dans d'autres circonstances (il n'est qu'à penser à l'allèle de l'anémie à hématies falciformes, dont il a été question au chapitre 14). Accepterions-nous de recourir à des modifications génétiques capables de nuire à notre espèce dans l'avenir ? Il est possible que nous devions trouver bientôt des réponses à ces questions.

Produits pharmaceutiques

La biotechnologie a mené à la création de nombreux produits pharmaceutiques utiles, notamment des protéines. Il est possible de produire sur une grande échelle une protéine qui n'est présente naturellement qu'en très petite quantité. Pour ce faire, on peut transférer le gène de la protéine désirée dans une bactérie, une levure ou un autre type de cellule facile à cultiver.

Grâce à la biotechnologie, il est possible d'insérer des promoteurs très actifs (et d'autres éléments de contrôle) dans l'ADN de vecteurs. On crée ainsi des vecteurs d'expression permettant à la cellule hôte de produire une protéine recherchée en grande quantité à partir du gène inséré dans le vecteur. De plus, on peut modifier les cellules hôtes pour leur faire sécréter la protéine en question au fur et à mesure qu'elle est produite. Cela simplifie l'étape de la purification par les méthodes biochimiques traditionnelles.

L'une des premières applications pratiques de l'épissage des gènes a été la création de bactéries productrices d'hormones et d'autres protéines régulatrices de mammifères. L'insuline et l'hormone de croissance humaine ont été parmi les premières substances synthétisées par cette méthode. L'insuline ainsi produite est très utile aux 2,3 millions de diabétiques nord-américains, qui en ont besoin pour se soigner. Avant cela, ils devaient employer de l'insuline provenant de porcs et de bovins ; or, celle-ci qui n'est pas identique à celle des Humains. Quant à la synthèse de l'hormone de croissance humaine, c'est une bénédiction pour les enfants atteints à leur naissance d'hypohypophysie (hypopituitarisme), une forme de nanisme provoquée par une production insuffisante de cette hormone. Il est également possible que cette substance ait d'autres usages (notamment dans la cicatrisation).

L'activateur tissulaire du plasminogène est une autre substance pharmaceutique importante élaborée grâce au génie génétique. Cette protéine permet de dissoudre les caillots sanguins et réduit le risque de souffrir d'une crise cardiaque subséquente si elle est administrée très peu de temps après une première crise. Cependant, l'activateur tissulaire du plasminogène pose un problème commun à de nombreux produits du génie génétique : vu que le marché est relativement limité, il est coûteux.

Les derniers développements du domaine pharmaceutique sont relatifs à de nouvelles méthodes de lutte contre des maladies sur lesquelles les traitements médicamenteux traditionnels n'ont aucun effet. L'une de ces stratégies consiste à fabriquer des protéines génétiquement modifiées qui bloquent ou qui imitent les récepteurs de la membrane plasmique. Un médicament expérimental de ce type imite une protéine réceptrice à laquelle le VIH se lie lorsqu'il pénètre dans les leucocytes. Lorsque ce médicament est administré, c'est à ses molécules que le VIH se lie ; ce dernier n'entre donc pas dans les leucocytes.

La prévention à l'aide de la vaccination est pratiquement le seul moyen de lutter contre de nombreuses maladies virales non soignables par des médicaments. Un **vaccin** est une variante ou un dérivé inoffensif d'un agent pathogène ; il stimule le système immunitaire et lui permet de combattre l'organisme pathogène. Les vaccins antiviraux traditionnels sont de deux types : des particules d'un virus virulent inactivées par des moyens chimiques ou physiques, ou des particules virales provenant d'une souche atténuée (non pathogène). Dans les deux cas, les particules virales ressemblent assez à l'agent pathogène actif pour déclencher une réponse immunitaire (voir le chapitre 43).

Les techniques de l'ADN recombiné permettent de produire de grandes quantités d'une protéine spécifique qui se trouve normalement à la surface d'un agent pathogène. Si la protéine, appelée sous-unité, déclenche la réponse immunitaire contre l'agent pathogène entier, elle peut servir de vaccin. Le génie génétique permet aussi de modifier le génome du microbe pathogène de façon à l'atténuer. Un vaccin confectionné à l'aide d'un microorganisme atténué est souvent plus efficace qu'une sous-unité, parce qu'il déclenche généralement une réponse plus vigoureuse du système immunitaire. Les microbes pathogènes atténués par épissage des gènes peuvent être plus sûrs que les mutants naturels classiques.

L'industrie pharmaceutique fait appel également à la biotechnologie pour produire des plantes génétiquement modifiées qui synthétisent des vaccins et des protéines humaines d'intérêt médical. Dans la prochaine partie, nous reparlerons de cette application, souvent appelée agriculture moléculaire.

La biotechnologie a des applications dans les domaines de la médecine légale, de l'environnement et de l'agriculture

Applications de la biotechnologie en médecine légale

Lorsqu'un crime violent est commis, du sang ou de petites quantités de tissus humains peuvent rester sur les lieux du délit, sur les vêtements de la victime ou sur n'importe quel autre objet lui appartenant ou appartenant à son assaillant. En cas de viol, on peut prélever de petits échantillons de sperme sur la victime. Dans le cas où les laboratoires d'enquête disposent de quantités suffisantes de tissu ou de sperme, ils peuvent déterminer le groupe sanguin ou le type tissulaire de l'individu concerné. Ils se servent d'anticorps pour chercher des protéines spécifiques peut-être présentes à la surface des cellules. Cependant, ces tests nécessitent une quantité relativement importante de tissu frais. De plus, comme de nombreux individus d'une même population ont le même groupe sanguin ou le même type tissulaire, cette méthode permet seulement d'innocenter un suspect, pas de prouver sa culpabilité.

Les tests d'ADN, eux, permettent d'identifier un coupable avec beaucoup plus de certitude, parce que chaque personne possède une séquence d'ADN qui lui est propre (sauf dans le cas de jumeaux identiques). L'analyse des PTFR (polymorphismes de taille des fragments de restriction) par la technique de buvardage de Southern est un outil de détection puissant des ressemblances et des différences entre des échantillons d'ADN lors d'enquêtes criminelles. Elle ne requiert que de très petites quantités de sang ou de tissu (environ 1 000 cellules). En cas de meurtre, par exemple, elle permet de comparer de petits échantillons de sang, prélevés sur les lieux du crime, avec l'ADN du suspect et celui de la victime. Les bandes d'électrophorèse contenant certains marqueurs PTFR sont repérées à l'aide de sondes nucléiques radioactives. L'expert en criminalistique effectue habituellement des tests sur environ cinq marqueurs; autrement dit, un test ne porte que sur quelques portions sélectionnées de l'ADN. Cependant, un ensemble aussi réduit de marqueurs suffit à produire une **empreinte génétique,** c'est-à-dire un motif de bandes pouvant être employé dans le cadre de l'enquête criminelle. En effet, la probabilité que deux personnes (autres que des jumeaux identiques) aient exactement le même jeu de marqueurs PTFR est très faible. Les pièces à conviction présentées (accompagnées d'explications) aux jurés des procès pour meurtre ressemblent à l'autoradiographie de la FIGURE 20.17.

L'emploi des empreintes génétiques en médecine légale ne se limite pas aux procès pour meurtre. Par exemple, on peut comparer l'ADN d'une mère, de son enfant et du père supposé pour apporter une solution définitive à une affaire de paternité. Il arrive parfois que la paternité revête un intérêt d'ordre historique. Récemment, des empreintes génétiques ont permis de montrer de façon probante que Thomas Jefferson était le père d'au moins un des enfants de son esclave Sally Hemings.

Aujourd'hui, au lieu des PTFR, on se sert de plus en plus des variations de longueur de l'ADN satellite en tant que marqueurs pour établir des empreintes génétiques. Au chapitre 19, nous avons vu que l'ADN satellite est constitué de séquences de bases répétées en tandem dans le génome. En médecine légale, les séquences satellites les plus utiles sont les microsatellites. Ceux-ci comportent de 10 à 100 paires de bases environ et des unités répétitives constituées de quelques paires de bases. De plus, ils sont extrêmement variables d'une personne à l'autre. Par exemple, l'unité ACA peut être répétée 65 fois à un locus et 118 fois à un autre locus dans le cas d'un individu, alors que chez un autre le nombre de répétitions à ces mêmes locus est différent. Les loci polymorphes de ce type sont généralement appelés **répétitions courtes en tandem** (**STRs,** *simple tandem repeats*). La taille des fragments de restriction contenant les répétitions courtes en tandem varie d'une personne à l'autre, et cela n'est pas dû au nombre de sites de restriction présents dans cette région du

génome, comme c'est le cas pour les PTFR (polymorphismes de taille des fragments de restriction). Plus le nombre de marqueurs examinés dans un échantillon d'ADN est grand, plus il est probable que l'empreinte génétique ainsi obtenue soit celle d'un même individu. On se sert souvent de l'amplification en chaîne par polymérase (ACP) pour développer sélectivement certaines répétitions courtes en tandem ou d'autres marqueurs avant l'électrophorèse. Étant donné son pouvoir sélectif, l'ACP est particulièrement précieuse lorsque l'ADN est en mauvais état ou qu'on n'en a que de petites quantités. L'ACP peut porter sur un échantillon de tissus ne contenant que 20 cellules.

À quel point l'empreinte génétique est-elle fiable? Elle le serait entièrement s'il était possible d'étendre l'analyse des fragments de restriction au génome entier. En pratique, comme nous l'avons déjà vu, par exemple en médecine d'enquête, les tests d'ADN ne portent que sur environ cinq régions minuscules du génome. Cependant, les régions de l'ADN choisies sont celles où l'on sait qu'il existe de nombreuses variations individuelles. Dans la plupart des affaires criminelles, la probabilité que deux personnes aient des empreintes génétiques identiques se situe entre un sur 100 000 et un sur un milliard. Le chiffre exact dépend du nombre de marqueurs comparés et de la fréquence de ces marqueurs dans la population en question. Il est essentiel de disposer de données sur la fréquence, selon les différents groupes ethniques d'une population, des marqueurs les plus employés, parce que leur proportion peut varier grandement. Ces données permettent actuellement aux experts en criminalistique de faire des calculs statistiques extrêmement précis. Par conséquent, malgré les problèmes pouvant résulter de l'insuffisance des données statistiques, de l'erreur humaine ou de témoignages faussés, l'empreinte génétique est maintenant considérée comme une preuve concluante par les experts juristes et les scientifiques. On entend souvent dire qu'elle est plus fiable que le témoignage oculaire lorsqu'il s'agit de confirmer la présence d'un suspect sur la scène d'un crime.

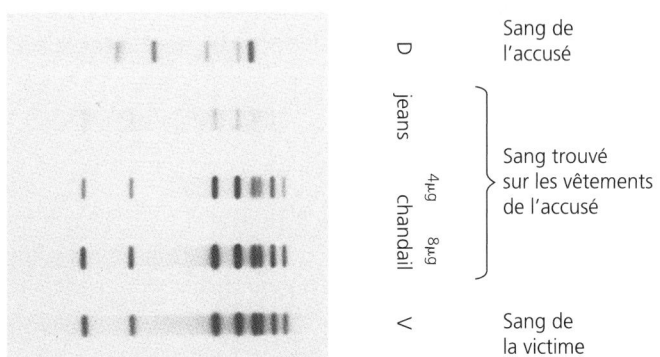

FIGURE 20.17 Empreintes génétiques dans une affaire de meurtre. L'analyse des PTFR (polymorphismes de taille des fragments de restriction) montre que l'empreinte génétique de l'ADN provenant des taches de sang trouvées sur les vêtements de l'accusé est la même que celle de la victime, mais est différente de celle de l'accusé. C'est donc la preuve que le sang tachant les vêtements de l'accusé est celui de la victime. Dix marqueurs PTFR différents apparaissent à des positions diverses sur cette autoradiographie. Le plus souvent, on effectue des autoradiographies distinctes pour chacun des marqueurs testés. Les différentes bandes obtenues grâce à l'électrophorèse sont successivement traitées à l'aide de plusieurs sondes nucléiques; chacune de celles-ci est enlevée par rinçage avant l'ajout de la suivante.

La biotechnologie au service de l'environnement

On se sert de plus en plus souvent du génie génétique dans le domaine de l'environnement. La capacité des microorganismes à transformer les substances chimiques est remarquable, et les scientifiques travaillent actuellement à doter certains organismes de capacités métaboliques qui en feront des outils de protection de l'environnement. Par exemple, de nombreuses bactéries peuvent extraire des métaux lourds de leur milieu (cuivre, plomb, nickel) et les transformer en des composés comme le sulfate de cuivre ou le sulfate de plomb, dont l'extraction est facile. Les microorganismes génétiquement modifiés pourraient jouer un rôle important dans le domaine minier (particulièrement dans le cas où les réserves de minerais sont épuisées) et dans le traitement des déchets miniers hautement toxiques.

Les capacités métaboliques multiples des microorganismes permettent de s'en servir également dans le traitement des déchets provenant d'autres sources. Le fonctionnement des stations de traitement des eaux usées repose sur le fait que des microorganismes dégradent de nombreux composés organiques en des substances non toxiques. Cependant, un nombre croissant de composés potentiellement toxiques libérés dans l'environnement ne sont pas facilement dégradés par les microorganismes présents naturellement ; les hydrocarbures chlorés en sont un bon exemple. Les biotechnologistes tentent de modifier des microorganismes de sorte à leur permettre de dégrader ces substances : ils seraient employés dans les stations de traitement des eaux usées ou par les industries avant le rejet de ces composés dans l'environnement.

Un domaine de recherche connexe est celui de l'identification et de la création de microorganismes capables de détoxifier les déchets trouvés dans les rejets et les dépotoirs. Par exemple, on a mis au point des souches bactériennes dégradant certains composés présents dans les déversements pétroliers. Comme il est possible de transplanter les gènes qui permettent ces transformations dans différents organismes, on peut créer des souches en mesure de survivre aux conditions difficiles prévalant sur les lieux de désastres environnementaux et de détoxifier les déchets qui s'y trouvent.

Utilisations de la biotechnologie en agriculture

Le génome des plantes et animaux les plus utilisés en agriculture fait également l'objet de recherches, et il y a des années que l'on se sert de la biotechnologie pour tenter d'améliorer la productivité agricole.

Élevage et animaux « pharmaceutiques ». La biotechnologie produit des vaccins et des hormones de croissance servant au traitement du bétail et, à titre largement expérimental, à la création d'**organismes transgéniques** (dont le génome contient des gènes provenant d'une autre espèce). La création d'animaux transgéniques a souvent les mêmes objectifs que la sélection traditionnelle : elle vise, par exemple, à produire un mouton donnant une laine de meilleure qualité, un porc dont la viande est plus maigre ou une vache qui atteindra l'âge adulte en moins de temps. Les scientifiques, par exemple, peuvent identifier et cloner un gène qui permet un meilleur développement des

muscles (les muscles représentent la plus grande partie de la viande que nous consommons) dans une variété de bovins et le transférer à d'autres bovins ou même à des moutons.

Il existe une autre catégorie d'animaux transgéniques : ceux que l'on a modifiés pour en faire des « usines » pharmaceutiques ; ils produisent de grandes quantités d'une substance organique naturellement rare et pouvant être employée en médecine (FIGURE 20.18). Dans la plupart des cas signalés jusqu'ici, on a ajouté le gène d'une protéine humaine recherchée (hormone, facteur de coagulation du sang) au génome d'un animal d'élevage, de sorte que celui-ci sécrète la substance en question dans son lait. Elle peut alors être purifiée, habituellement plus facilement que si elle provenait d'une culture cellulaire ou d'une plante transgénique.

Les protéines humaines produites par les animaux d'élevage peuvent être ou non structuralement identiques aux protéines humaines naturelles équivalentes ; on doit donc les tester avec grand soin pour s'assurer qu'elles ne provoqueront pas de réactions allergiques ou d'autres effets néfastes chez les patients auxquels elles seront administrées. De plus, la santé et le bien-être des animaux d'élevage portant des gènes provenant d'humains ou d'autres espèces sont des questions qui ont leur importance. Des complications telles qu'une faible fécondité et une sensibilité accrue à la maladie ne sont pas rares.

Comment crée-t-on un animal transgénique ? On commence par prélever les ovocytes d'une femelle et par les féconder *in vitro*. On clone également le gène recherché à partir d'un autre organisme. Puis, on injecte l'ADN cloné directement dans le noyau des ovocytes. Certaines cellules insèrent l'ADN étranger dans leur génome et sont en mesure de l'exprimer. Les ovocytes ainsi transformés sont ensuite implantés chirurgicalement dans une mère porteuse. Si l'embryon se développe comme prévu, il devient un animal transgénique contenant le gène d'un « troisième » parent appartenant peut-être à une autre espèce.

FIGURE 20.18 Animaux « pharmaceutiques ». Ces moutons transgéniques portent le gène d'une protéine du sang humain ; ils la sécrètent dans leur lait. Elle inhibe une enzyme qui endommage les poumons chez les patients atteints de mucoviscidose et de certaines autres maladies respiratoires chroniques. La protéine, qui est facilement purifiée à partir du lait des moutons, est actuellement testée comme traitement de la mucoviscidose.

Génie génétique et cultures végétales. On a déjà produit plusieurs variétés agricoles portant les gènes de caractères recherchés (maturation plus tardive, résistance à la détérioration ou à la maladie). Les Plantes sont beaucoup plus faciles à modifier que la plupart des Animaux. Chez de nombreuses espèces végétales, une seule cellule de tissu mise en culture peut donner une plante adulte (voir la FIGURE 21.5). Par conséquent, il est possible d'opérer des manipulations génétiques sur une seule cellule, à partir de laquelle on crée un organisme ayant de nouveaux caractères.

Dans la plupart des cas, le vecteur employé pour introduire de nouveaux gènes dans les cellules végétales est un plasmide provenant d'*Agrobacterium tumefaciens,* une bactérie du sol. Dans la nature, ce plasmide, appelé **plasmide Ti,** produit des tumeurs (la galle du collet) dans les plantes infectées par la bactérie. Il insère un segment de son ADN (ADN T) dans l'ADN chromosomique des cellules végétales hôtes. On se sert, comme vecteur, d'une variante du plasmide qui ne produit pas la maladie.

On peut ajouter des gènes étrangers dans le plasmide Ti à l'aide de techniques d'ADN recombiné. Le plasmide recombiné est soit replacé dans *Agrobacterium,* dont on se sert pour infecter des cellules végétales mises en culture, soit introduit directement dans les cellules végétales elles-mêmes, où il s'insère dans les chromosomes. Puis, on exploite la capacité de ces cellules à devenir des individus complets pour produire des plantes contenant le gène étranger, l'exprimant et le transmettant à leurs descendants (FIGURE 20.19).

L'une des contraintes liées à l'emploi du plasmide Ti comme vecteur est qu'*Agrobacterium tumefaciens* ne peut infecter que les Dicotylédones (classe de plantes dont les graines produisent deux cotylédons, ou feuilles embryonnaires). Les Monocotylédones, qui comprennent des graminées de culture importantes, telles que le Maïs (*Zea mays*) et le Blé (*Triticum œstivum*), ne peuvent pas être infectées ainsi. Heureusement, il est possible d'insérer de l'ADN dans les cellules de ces plantes à l'aide de nouvelles techniques, comme l'électroporation et le pistolet à ADN (voir la FIGURE 38.17).

Le génie génétique remplace rapidement les programmes traditionnels de sélection des plantes, surtout dans les cas où les caractères recherchés sont déterminés par un ou quelques gènes. Depuis plusieurs années déjà, environ la moitié de la production de soja et de maïs des États-Unis provient de graines génétiquement modifiées. De nombreuses plantes transgéniques actuellement cultivées ont reçu des gènes de résistance aux herbicides. Par exemple, on a mis au point des plants de coton portant un gène bactérien qui les rend résistants aux herbicides, ce qui facilite la culture de cette espèce tout en permettant de lutter contre les mauvaises herbes. De plus, on modifie certaines espèces cultivées pour les rendre résistantes aux micro-organismes infectieux et aux insectes ravageurs. La culture de plantes résistantes aux insectes permet de réduire l'emploi des insecticides chimiques.

On se sert également du transfert de gènes pour améliorer la valeur nutritive des plantes cultivées. Récemment, on a mis au point une variété très intéressante de riz transgénique. Elle produit des grains dorés contenant du β-carotène, une substance à partir de laquelle notre organisme fabrique la vitamine A (FIGURE 20.20, p. 432). Cette variété pourrait permettre de lutter contre les carences en vitamine A dont souffre la moitié de la population mondiale, pour qui le riz constitue un aliment de base. Il s'agit d'un problème de santé très répandu. Actuellement, 70 % des enfants d'Asie du Sud-Est âgés de moins de cinq ans souffrent de cette carence, qui se répercute sur la vue et qui accroît la sensibilité à la maladie.

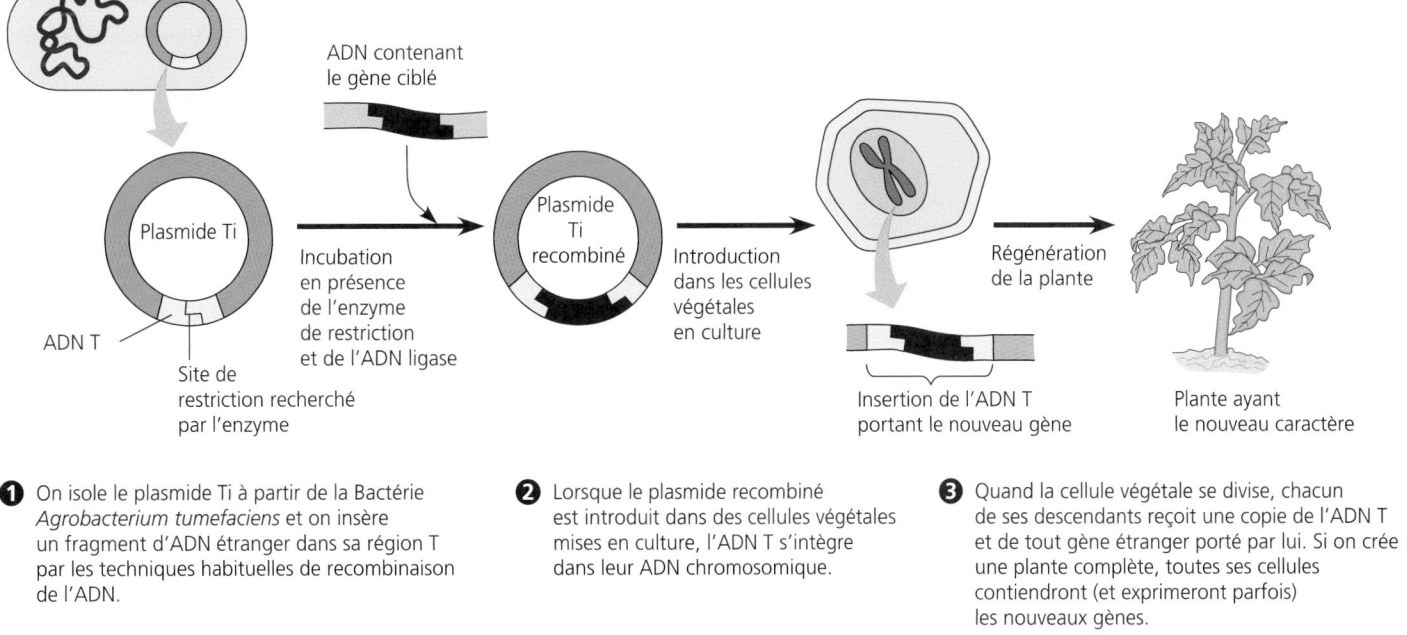

FIGURE 20.19 Utilisation en génie génétique du plasmide Ti comme vecteur chez les Plantes.

① On isole le plasmide Ti à partir de la Bactérie *Agrobacterium tumefaciens* et on insère un fragment d'ADN étranger dans sa région T par les techniques habituelles de recombinaison de l'ADN.

② Lorsque le plasmide recombiné est introduit dans des cellules végétales mises en culture, l'ADN T s'intègre dans leur ADN chromosomique.

③ Quand la cellule végétale se divise, chacun de ses descendants reçoit une copie de l'ADN T et de tout gène étranger porté par lui. Si on crée une plante complète, toutes ses cellules contiendront (et exprimeront parfois) les nouveaux gènes.

FIGURE 20.20 Riz « doré » et riz ordinaire. C'est le β-carotène qu'ils contiennent qui donne aux grains de riz dorés leur couleur et qui leur confère une meilleure valeur nutritive. Les gènes permettant à la plante de synthétiser cette vitamine dans ses graines proviennent du Narcisse (*Narcissus sp.*) et d'une bactérie. Le vecteur employé était le plasmide Ti d'*Agrobacterium fascians*.

En matière d'amélioration de l'alimentation de la population mondiale, l'une des applications importantes possibles de la biotechnologie concerne la fixation de l'azote. Celle-ci consiste à transformer le diazote de l'atmosphère, que les Plantes ne peuvent exploiter, en des composés qu'elles convertissent par la suite en des molécules azotées essentielles, telles que les acides aminés. Dans la nature, la fixation de l'azote est effectuée par certaines bactéries vivant dans le sol ou les racines des plantes. Malgré cela, la teneur en composés azotés du sol est souvent si faible qu'il faut ajouter des engrais pour assurer la croissance des cultures. Or, les engrais azotés sont coûteux et ils polluent les réserves d'eau. La biotechnologie permet de trouver des méthodes pour accroître la fixation de l'azote par des bactéries et peut-être même de créer des variétés de plantes cultivées qui fixeront l'azote elles-mêmes.

Enfin, nous en arrivons à l'alliance nouvelle et étonnante qui s'est formée entre l'industrie pharmaceutique et l'agriculture, dont nous avons déjà parlé. Il y a longtemps que l'industrie pharmaceutique exploite les Végétaux comme source de substances médicamenteuses. Aujourd'hui, cependant, la biotechnologie permet de créer des plantes produisant des protéines humaines à usage médical et des protéines virales capables de servir de vaccins. Plusieurs de ces produits « agro-pharmaceutiques » font actuellement l'objet d'essais cliniques : des vaccins contre l'hépatite B, et un anticorps qui est produit par une variété transgénique de tabac et qui empêche le développement de bactéries causant la carie dentaire. La production de ces protéines en grande quantité serait peut-être plus économique si elle était assurée par des plantes que par des cultures cellulaires.

La biotechnologie soulève des questions importantes sur la sécurité et l'éthique

Aussitôt que les scientifiques ont compris les possibilités de la biotechnologie, ils ont commencé à s'inquiéter de ses dangers potentiels. On s'est d'abord préoccupé du risque de création d'agents pathogènes dangereux. Que se passerait-il, par exemple, si les gènes de cellules cancéreuses étaient introduits dans des bactéries ou des virus ? Les scientifiques ont adopté un ensemble de lignes directrices, devenues des règlements officiels aux États-Unis et dans d'autres pays.

Parmi les mesures de sécurité figurent des procédures strictes de travail en laboratoire qui visent à protéger les chercheurs contre l'infection par des microorganismes modifiés et aussi à empêcher que ceux-ci s'échappent accidentellement du laboratoire. De plus, les souches de microorganismes employées dans les expériences portant sur l'ADN recombiné sont modifiées génétiquement, de sorte qu'elles ne peuvent survivre hors du laboratoire. Enfin, on a interdit certains types d'expériences présentant un risque évident. Aujourd'hui, le public s'inquiète surtout des risques liés non pas aux microorganismes recombinés, mais plutôt aux **organismes génétiquement modifiés** (**OGM**) dont on se sert en agriculture. Dans le langage commun, l'« OGM » est un organisme auquel on a ajouté un ou plusieurs gènes par des moyens artificiels ; les gènes en question ne proviennent pas nécessairement d'une autre espèce.

Notre approvisionnement alimentaire n'est pas encore assuré par du bétail modifié génétiquement à l'aide de moyens artificiels, mais il comporte des plantes qui le sont. En 1999, la controverse sur l'innocuité de ce type d'aliments a éclaté au Royaume-Uni (où l'un des titres les plus alarmants faisait état des « forces démentes de l'inconnu génétique ») et a gagné en peu de temps l'ensemble de l'Europe. En réponse à cette réaction, l'Union européenne a suspendu l'introduction de nouvelles cultures génétiquement modifiées en attendant l'adoption d'une nouvelle loi, et elle a envisagé d'interdire l'importation de tous les aliments modifiés génétiquement. En Amérique du Nord et dans les autres pays, où la révolution génétique n'a pas suscité autant d'opposition, le débat porte actuellement sur l'étiquetage des aliments modifiés génétiquement.

Au début de l'an 2000, les négociateurs de 130 pays se sont entendus sur un protocole sur la prévention des risques biotechnologiques. Ce document stipule que les exportateurs sont tenus d'identifier les organismes génétiquement modifiés présents dans leurs livraisons de denrées alimentaires en vrac. Le protocole spécifie également que les pays importateurs sont libres de déterminer si ces denrées posent un risque pour l'environnement ou la santé. Cette entente a été saluée comme une percée par les environnementalistes.

Ceux qui préconisent une approche prudente craignent que les variétés porteuses de gènes d'autres espèces posent un danger pour la santé humaine, causent des dommages à l'environnement ou portent atteinte à la biodiversité. Ils s'inquiètent notamment de ce que les plantes transgéniques puissent transmettre leurs nouveaux gènes à des espèces apparentées situées dans des zones voisines restées à l'état naturel. On sait que les graminées des pelouses ou des cultures, par exemple, échangent souvent des gènes avec leurs parentes sauvages par l'intermédiaire du pollen. Si le pollen des plantes cultivées portant des gènes de résistance aux herbicides, aux maladies ou aux insectes ravageurs féconde des espèces sauvages, celles-ci pourraient devenir de « super-mauvaises herbes » très difficiles à éliminer. Les chercheurs seront peut-être en mesure de contrôler la transmission de ces gènes végétaux en modifiant les plantes de sorte à empêcher toute hybridation. En avril 2000, la National

Academy of Sciences des États-Unis a publié une étude dans laquelle elle fait état de l'absence de preuves scientifiques démontrant que les plantes modifiées génétiquement pour résister aux ravageurs posent un risque particulier pour la santé ou l'environnement. Cependant, les auteurs de l'étude recommandent d'adopter une réglementation plus sévère que celle qui est en vigueur actuellement. À ce jour, on ne dispose pas de données convaincantes permettant de donner raison à l'un des deux camps. D'autres recherches sont encore nécessaires.

Les gouvernements et les agences de réglementation du monde entier s'efforcent de favoriser l'emploi des biotechnologies dans l'agriculture, dans l'industrie et dans la médecine, tout en veillant à ce que les nouveaux produits et procédés ne posent aucun danger. Au Canada, la Direction générale de la protection de la santé (DGPS, Santé Canada), Agriculture Canada, l'Agence canadienne d'inspection des aliments et le Comité consultatif national sur la biotechnologie partagent la responsabilité en ce qui concerne l'établissement des principes directeurs et la réglementation des nouvelles réalisations en biotechnologie. Ces organismes subissent des pressions croissantes de la part de certains groupes de consommateurs. Ils doivent également examiner des questions éthiques en fonction des nouvelles biotechnologies.

Comme toutes les technologies récentes, la biotechnologie soulève des questions d'ordre éthique. La cartographie complète du génome humain, par exemple, nous force à aborder des questions éthiques importantes. Qui devrait avoir le droit d'examiner les gènes d'une autre personne? Comment cette information devrait-elle être utilisée? Le génome d'un individu devrait-il être pris en compte pour déterminer s'il peut avoir un emploi ou contracter une assurance? Il est probable que les considérations éthiques, ainsi que les inquiétudes suscitées par les dangers pour la santé et l'environnement, ralentiront la mise en œuvre des nouveaux produits biotechnologiques. Or, l'excès de réglementation risque de nuire à la recherche fondamentale et à l'avènement de ses retombées bénéfiques. Cependant, la puissance de la biotechnologie, qui nous permet de modifier radicalement et rapidement des espèces qui évoluent depuis des millénaires, nous oblige à faire preuve d'humilité et de prudence.

RÉVISION DU CHAPITRE

Résumé des concepts importants

LE CLONAGE D'ADN

■ La biotechnologie permet de cloner des gènes pour la recherche fondamentale et pour des applications commerciales: *une vue d'ensemble* (p. 408 et 409, FIGURE 20.1). La biotechnologie est un ensemble puissant de techniques de manipulation et d'analyse de l'ADN. Elle permet de créer de nouveaux produits et organismes utiles.

■ Utilisation d'enzymes de restriction dans la fabrication d'ADN recombiné (p. 408 à 410, FIGURE 20.2). Diverses enzymes de restriction bactériennes reconnaissent de courtes séquences nucléotidiques spécifiques et coupent celles-ci à des endroits précis des deux brins d'ADN; elles créent ainsi un ensemble de fragments d'ADN bicaténaire pourvus d'extrémités cohésives monocaténaires. Les bases des extrémités cohésives s'apparient facilement avec les segments monocaténaires complémentaires situés sur les autres molécules d'ADN. L'ADN ligase, une enzyme, peut lier les brins en produisant des molécules d'ADN recombiné.

■ Clonage de gènes dans des vecteurs d'ADN recombiné: *une étude détaillée* (p. 410 à 413, FIGURES 20.3 à 20.5). Les plasmides peuvent servir de vecteurs (transporteurs) pour l'introduction de gènes étrangers dans des bactéries hôtes. Lors de la production d'ADN recombiné, des fragments de restriction tirés d'un ADN contenant le gène recherché sont insérés dans l'ADN du vecteur, préalablement découpé par la même enzyme. Il y a clonage lorsque les gènes étrangers sont répliqués en même temps que le vecteur recombiné à l'intérieur de la bactérie hôte. Les cellules eucaryotes peuvent également servir d'hôtes pour le clonage génique. Il est possible d'identifier les clones cellulaires portant le gène recherché à l'aide d'une sonde nucléique marquée par radioactivité et ayant une séquence complémentaire à celle du gène.

■ Entreposage de gènes clonés dans des génothèques (p. 413 et 414, FIGURE 20.6). Lorsque le clonage d'ADN (de gènes) porte sur un génome entier, les clones de vecteurs recombinés ainsi produits forment un ensemble appelé génothèque. On peut aussi constituer une génothèque d'ADNc (ADN complémentaire) en clonant l'ADN fabriqué *in vitro* à partir de la transcription inverse de tous les ARNm produits par un certain type de cellule. Les génothèques d'ADNc sont particulièrement utiles lorsqu'on travaille sur des gènes eucaryotes (les ADNc ne contiennent pas d'introns) et qu'on étudie l'expression des gènes.

■ L'amplification en chaîne par polymérase (ACP) permet d'effectuer le clonage de l'ADN entièrement *in vitro* (p. 414 à 416, FIGURE 20.7). Cette technique permet de faire rapidement de nombreuses copies d'un certain segment d'ADN, parce qu'elle fait intervenir une ADN polymérase résistante à la chaleur et des amorces qui encadrent la séquence recherchée.

L'ANALYSE D'ADN ET LA GÉNOMIQUE

■ L'analyse des fragments de restriction permet de détecter des variations dans l'ADN des sites de restriction (p. 416 à 419, FIGURES 20.8 à 20.10). L'électrophorèse sur gel permet de séparer et d'isoler les fragments de restriction d'ADN selon leur longueur. Les polymorphismes de taille des fragments de restriction (PTFR) sont des variations touchant la séquence de bases azotées de chromosomes homologues; ces différences se répercutent sur la longueur des fragments de restriction. L'électrophorèse sur gel fait apparaître ces variantes sous la forme de bandes. Des fragments spécifiques peuvent être identifiés par la technique de buvardage de Southern; ce procédé consiste à employer des sondes marquées qui s'hybrident avec l'ADN ayant adhéré à la copie «buvard» du gel. Les PTFR sont des marqueurs génétiques présents partout dans l'ADN non codant des Eucaryotes. L'analyse des PTFR donne lieu à de nombreuses applications, dont la cartographie génétique et le diagnostic de maladies génétiques.

- Il est possible de cartographier l'ADN de génomes entiers (p. 418 à 422, FIGURES 20.11 à 20.13). Le programme Génome humain, auquel participent plusieurs pays, porte sur la cartographie génétique, sur la cartographie physique et sur le séquençage de l'ADN du génome humain et de celui d'autres organismes. Une autre approche consiste à commencer par le séquençage de fragments d'ADN aléatoires et à faire un usage systématique de l'informatique pour assembler les séquences. On pense que le génome humain comporte de 30 000 à 40 000 gènes : c'est moins que ce que l'on croyait auparavant.

- Les séquences du génome fournissent des indices sur des questions biologiques importantes (p. 422 à 426, FIGURE 20.14). Grâce à la connaissance des séquences du génome, il est maintenant plus facile de trouver de nouveaux gènes, d'étudier en détail la structure des gènes et leur régulation, et de répondre à certaines questions sur l'évolution. Les microréseaux à ADN permettent de comparer les motifs d'expression génique de différents tissus, dans des conditions diverses. La génomique est l'étude systématique de génomes entiers ; la protéomique est l'étude systématique de l'ensemble des protéines codées par un génome. Les polymorphismes nucléotidiques constituent des marqueurs utiles pour l'étude des variations génétiques chez l'Humain.

LES APPLICATIONS DE LA BIOTECHNOLOGIE

- **La biotechnologie révolutionne la médecine et l'industrie pharmaceutique (p. 426 à 428, FIGURES 20.15 et 20.16).** Les applications médicales de la biotechnologie comprennent les tests de diagnostic de maladies génétiques ou autres, la mise au point de vaccins plus sûrs et plus efficaces, ainsi que la production à grande échelle de nombreux produits pharmaceutiques nouveaux et de certains produits rares. On espère que la biotechnologie permettra également de traiter ou même de guérir certaines maladies génétiques.

- **La biotechnologie a des applications dans les domaines de la médecine légale, de l'environnement et de l'agriculture (p. 428 à 432, FIGURES 20.17 à 20.20).** Les « empreintes » génétiques, obtenues par analyse des PTFR ou des répétitions courtes en tandem d'échantillons de tissus humains trouvés sur le lieu de crimes violents, constituent des pièces à conviction. On s'en sert également pour régler des litiges sur la paternité. La biotechnologie permet de modifier le métabolisme de microorganismes de façon à leur faire extraire des minéraux présents dans l'environnement ou à dégrader des déchets. En agriculture, on crée des plantes et des animaux transgéniques pour améliorer la productivité et la qualité des aliments.

- **La biotechnologie soulève des questions importantes sur la sécurité et l'éthique (p. 432 et 433).** Au Canada, plusieurs organismes gouvernementaux sont chargés d'élaborer des politiques et des règlements relatifs à la biotechnologie. Les avantages potentiels de cette dernière doivent être soigneusement évalués à la lumière des dangers pouvant découler de la création de nouveaux produits, ou de la mise au point de procédés susceptibles de nuire aux Humains, à la biodiversité ou à l'environnement.

Autoévaluation

(Les questions dont les numéros sont en caractères gras font surtout appel à la compréhension.)

1. Parmi les outils suivants issus de la biotechnologie, lequel *n'est pas* associé à son utilisation ?
   a) Enzyme de restriction – production de PTFR.
   b) ADN ligase – enzyme qui découpe l'ADN en créant des fragments de restriction à bouts collants.
   c) ADN polymérase – employée dans une amplification en chaîne par polymérase pour développer des fragments d'ADN.
   d) Transcriptase inverse – production d'ADNc à partir d'ARNm.
   e) Électrophorèse – séquençage de l'ADN.

2. Parmi les affirmations suivantes, laquelle *ne s'appliquerait pas* à un ADNc produit à partir d'un échantillon de tissu de cerveau humain ?
   a) Il peut être développé au moyen de l'amplification en chaîne par polymérase.
   b) Il peut servir à constituer une génothèque complète.
   c) Il est produit à partir d'ARNm et à l'aide de la transcriptase inverse.
   d) Il peut servir de sonde nucléique pour repérer un gène intéressant.
   e) Il ne contient pas les introns des gènes humains et peut donc probablement être inséré dans des vecteurs phagiques.

3. Il est plus facile de manipuler par biotechnologie des plantes que des animaux, parce que
   a) les gènes des cellules végétales ne contiennent pas d'introns.
   b) il existe un plus grand nombre de vecteurs pour transférer l'ADN recombiné dans les cellules végétales.
   c) une cellule somatique végétale peut souvent donner une plante complète.
   d) les gènes peuvent être insérés dans les cellules végétales par micro-injection.
   e) les cellules végétales ont de plus gros noyaux.

4. Un paléontologue a prélevé un morceau de la peau préservée d'un Dodo (oiseau disparu) vieux de 400 ans. Il aimerait comparer l'ADN de cet échantillon avec celui d'oiseaux vivants. Parmi les techniques suivantes, laquelle permettrait le mieux d'accroître la quantité d'ADN de Dodo disponible pour ces tests ?
   a) L'analyse des PTFR.
   b) L'amplification en chaîne par polymérase (ACP).
   c) L'électroporation.
   d) L'électrophorèse sur gel.
   e) Le buvardage de Southern.

5. L'expression d'un gène eucaryote cloné par une cellule de procaryote soulève de nombreuses difficultés. L'emploi de l'ARNm et de la transcriptase inverse s'inscrit dans une stratégie qui vise à résoudre le problème suivant :
   a) La maturation après la transcription.
   b) L'électroporation.
   c) La maturation après la traduction.
   d) L'hybridation des acides nucléiques.
   e) La liaison des fragments de restriction.

6. La biotechnologie donne lieu à de nombreuses applications dans le domaine médical. Parmi les opérations suivantes, laquelle *n'est pas encore* effectuée de façon régulière ?
   a) La production d'hormones pour le traitement du diabète et du nanisme.
   b) La production de sous-unités virales pour des vaccins.
   c) L'introduction de gènes modifiés dans des gamètes humains.
   d) La détection prénatale de gènes de maladies génétiques.
   e) Les tests génétiques sur les transmetteurs d'allèles nocifs.

7. Parmi les organismes suivants, lequel a le plus grand génome et le plus petit nombre de gènes par million de paires de bases ?
   a) *H. influenzæ* (Bactérie).
   b) *S. cerevisiæ* (Levure).
   c) *A. thaliana* (Plante).
   d) *D. melanogaster* (Drosophile).
   e) *H. sapiens* (Humain).

8. Parmi les séquences suivantes d'ADN bicaténaire, laquelle a le plus de chances d'être reconnue et coupée par une enzyme de restriction ?
   a) AAGG   b) AGTC   c) GGCC   d) ACCA   e) AAAA
      TTCC   TCAG   CCGG   TGGT   TTTT

9. Dans les méthodes de production de l'ADN recombiné, le terme de *vecteur* peut désigner :
   a) l'enzyme qui découpe l'ADN en fragments de restriction.
   b) l'extrémité cohésive d'un fragment d'ADN.
   c) un marqueur PTFR.
   d) un plasmide employé pour introduire de l'ADN dans une cellule vivante.
   e) une sonde d'ADN servant à identifier un gène particulier.

10. La société Celera Genomics a séquencé le génome humain en effectuant
    a) une cartographie génétique de chaque chromosome.
    b) une cartographie physique poussée de chaque chromosome à partir de grands fragments chromosomiques.
    c) le séquençage de petits fragments d'ADN, puis la détermination de la séquence nucléotidique globale par assemblage des fragments.
    d) a et b.
    e) a, b et c.

11. Le génome humain semble ne contenir que de 30 000 à 40 000 gènes, mais certains indices permettent de penser que notre espèce possède bien plus de 100 000 polypeptides. Comment cet écart pourrait-il s'expliquer ?

12. Quelle est la principale utilisation des microréseaux à ADN ?

13. En moyenne, quelle est la proportion des différences entre les séquences d'ADN de deux personnes ? Pourquoi cet écart n'est-il pas plus grand ?

14. Quel avantage présenterait l'emploi de cellules souches dans la thérapie génique ?

15. Énumérez au moins trois caractéristiques différentes qui ont été transmises à des plantes cultivées grâce à la biotechnologie.

Lien avec l'évolution

Si la biotechnologie devenait omniprésente, quelle pourrait être son influence sur les mécanismes d'évolution qui prévalent depuis 4 milliards d'années ?

Intégration

Vous tentez d'étudier un gène qui code pour un neurotransmetteur protéique des neurones du cerveau humain, et vous connaissez la séquence d'acides aminés de cette protéine. Expliquez comment vous pouvez (a) identifier les gènes exprimés par un type spécifique de neurones ; (b) identifier le gène du neurotransmetteur ; (c) produire un grand nombre de copies de ce gène à des fins de recherche et (d) produire le neurotransmetteur en quantité suffisante pour pouvoir évaluer son emploi éventuel comme médicament.

Science, technologie et société

Existe-t-il un risque de discrimination fondée sur les tests de détection de gènes « nocifs » ? Quelles orientations générales proposeriez-vous d'adopter pour prévenir de tels abus ?

Réponses à l'autoévaluation : 1. b ; **2.** b ; **3.** c ; 4. b ; **5.** a ; **6.** c ; 7. e ; **8.** c ; 9. d ; 10. c ; **11.** Par l'épissage différentiel de l'ARN. 12. Identification des gènes exprimés dans un type donné de cellules. **13.** Environ une différence sur 1 000 paires de bases ; l'espèce humaine n'existe pas depuis assez longtemps pour avoir permis l'apparition d'un plus grand nombre de variations. 14. Elles continuent de se reproduire par elles-mêmes. 15. Résistance aux herbicides, résistance aux ravageurs, résistance à la maladie, retard de la maturation, amélioration de la valeur nutritive et autres.

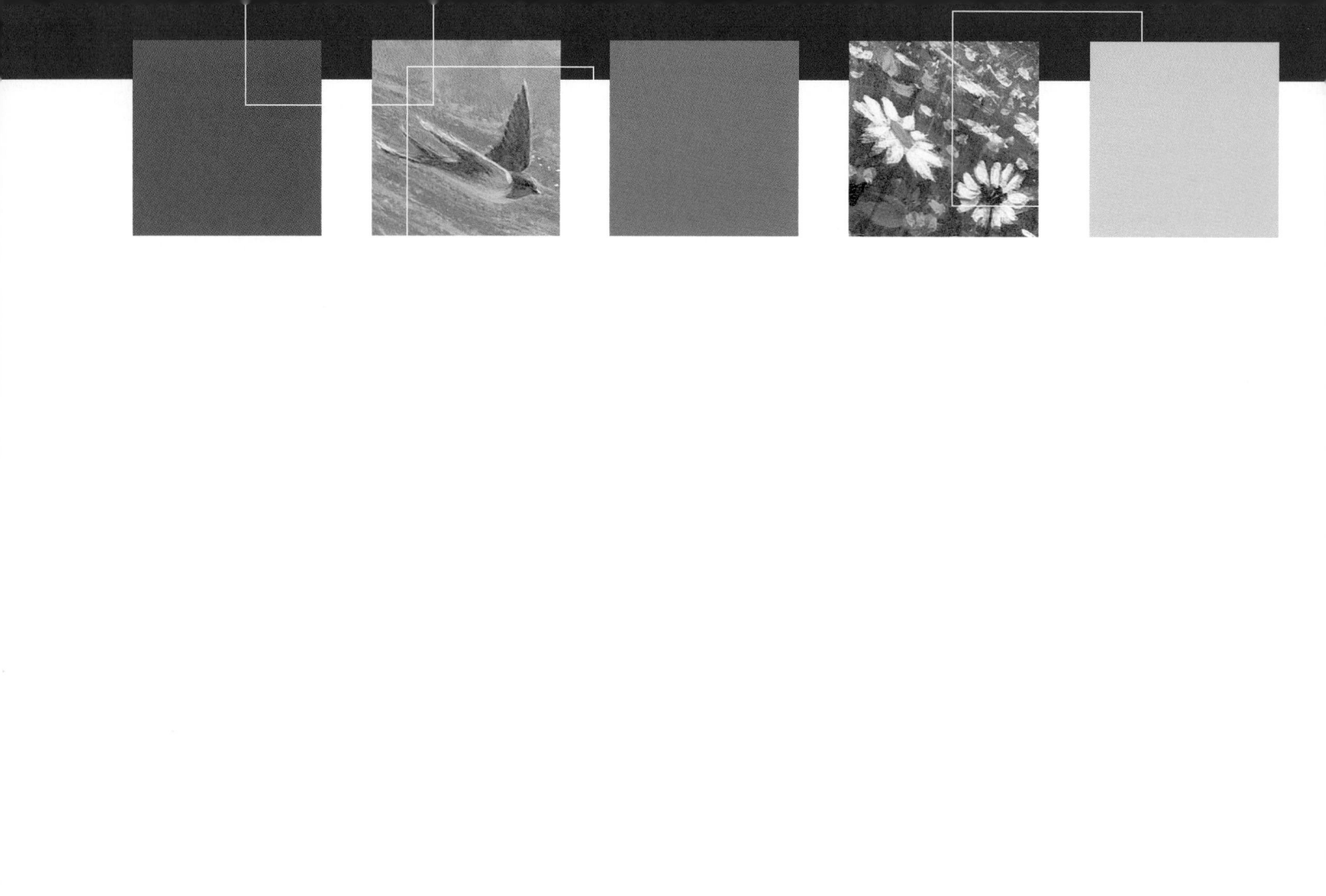

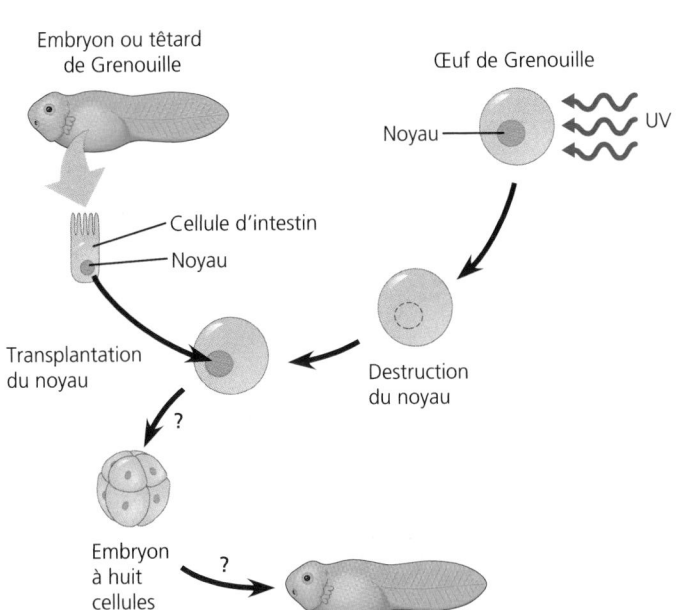

date récente, on ignorait qu'il était possible d'inverser la perte de potentiel génomique des cellules différenciées d'un mammifère adulte. Cependant, en 1997, le chercheur écossais Ian Wilmut et ses collaborateurs ont fait sensation en annonçant qu'ils avaient cloné une brebis adulte ; pour ce faire, ils ont transplanté le noyau d'une cellule mammaire issue d'un individu dans un ovocyte de deuxième ordre provenant d'un autre individu (FIGURE 21.7). Ils ont obtenu la dédifférenciation cellulaire nécessaire en cultivant les cellules mammaires sur un milieu pauvre en nutriments. Cela a provoqué l'arrêt du cycle cellulaire (voir la FIGURE 12.13) au début de la phase G_1, et les cellules sont entrées dans une phase de « repos », G_0. Les chercheurs les ont ensuite fusionnées avec des ovocytes de deuxième ordre de brebis dont les noyaux avaient été préalablement enlevés. Les cellules diploïdes ainsi créées se sont divisées, formant de jeunes embryons. Ceux-ci ont été implantés chez des mères porteuses. Les chercheurs ont déclaré que, sur plusieurs centaines d'embryons, un seul a connu un développement normal. Depuis, les analyses d'ADN ont montré que l'ADN chromosomique de la brebis clonée, nommée Dolly, était effectivement identique à celui de l'individu ayant fourni le noyau. D'autres expériences subséquentes ont montré que l'ADN mitochondrial de Dolly provenait de l'individu ayant fourni l'ovocyte de deuxième ordre, comme on s'y attendait. Dolly a été euthanasiée en février 2003, à l'âge de six ans et demi. Au cours de sa dernière année de vie, elle était atteinte de maladies caractéristiques de la vieillesse. (La plupart des moutons vivent jusqu'à l'âge de 11 ou 12 ans.)

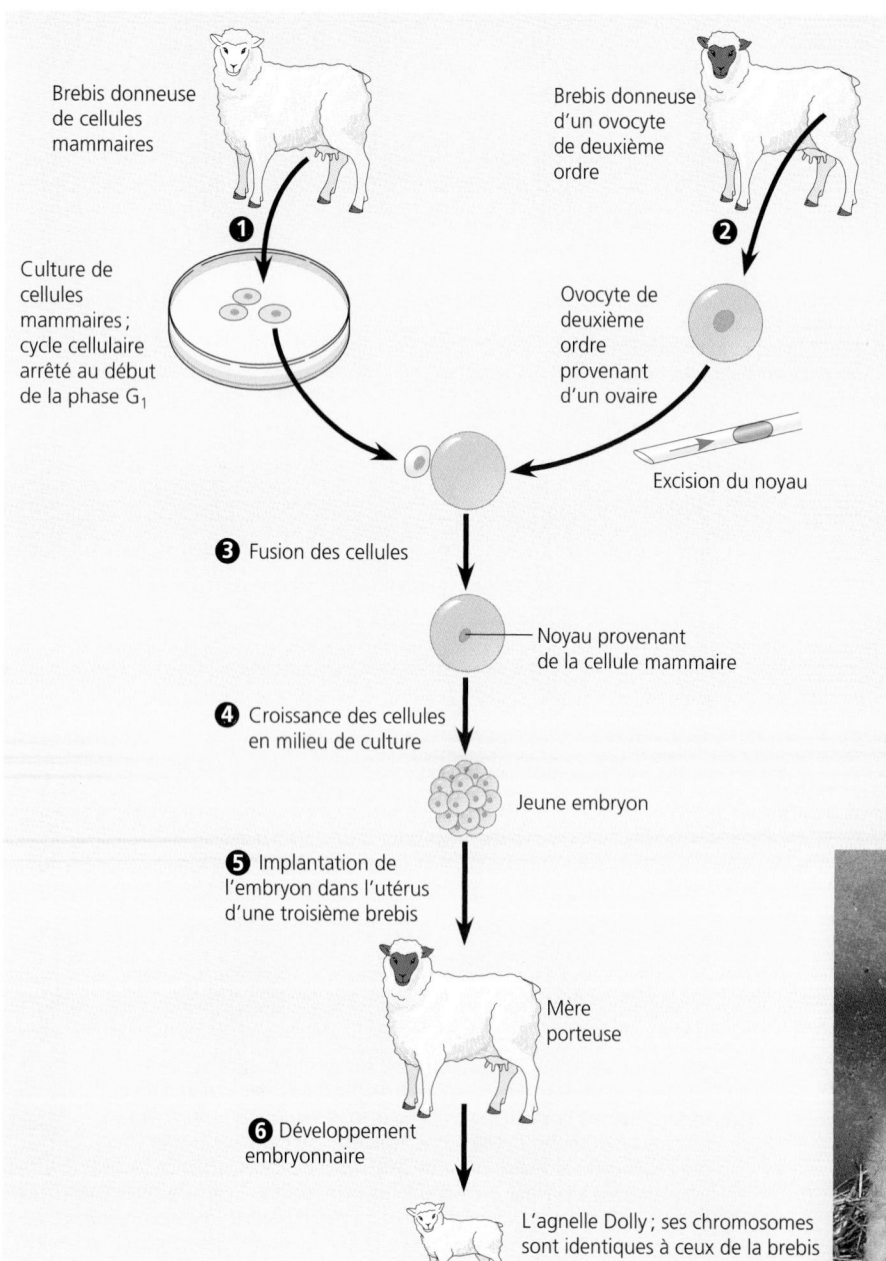

FIGURE 21.7 Clonage d'un mammifère. ❶ Des cellules ont été prélevées sur le pis d'une brebis et mises en culture sur un milieu pauvre en nutriments. Cet état de sous-alimentation a provoqué l'arrêt du cycle cellulaire au début de la phase G_1 cela a aussi apparemment permis aux cellules de se dédifférencier. ❷ Chez une autre brebis, on a prélevé un ovocyte de deuxième ordre, dont on a enlevé le noyau. ❸ On a fusionné une cellule mammaire en phase G_0 et l'ovocyte énucléé, et ce, en soumettant les deux cellules à un courant électrique. Cela a également stimulé la division de l'ovocyte. ❹ Après avoir mis l'embryon en culture pendant six jours, on l'a implanté ❺ dans l'utérus d'une troisième brebis semblable à celle ayant fourni l'ovocyte de deuxième ordre. ❻ La brebis Dolly est née après la période de gestation ; elle avait la même constitution chromosomique et la même apparence que la brebis qui a fourni la cellule mammaire. (Cependant, Dolly n'avait pas des gènes *totalement* identiques à ceux de la donneuse de cellules mammaires, parce que son ADN mitochondrial provenait de l'individu qui a fourni l'ovocyte de deuxième ordre.) Dolly est le premier mammifère dont on a annoncé le « clonage » ; à partir du noyau d'une cellule différenciée. Cette photographie la montre en compagnie de sa mère porteuse.

Brebis donneuse de cellules mammaires

Brebis donneuse d'un ovocyte de deuxième ordre

Culture de cellules mammaires ; cycle cellulaire arrêté au début de la phase G_1

Ovocyte de deuxième ordre provenant d'un ovaire

Excision du noyau

❸ Fusion des cellules

Noyau provenant de la cellule mammaire

❹ Croissance des cellules en milieu de culture

Jeune embryon

❺ Implantation de l'embryon dans l'utérus d'une troisième brebis

Mère porteuse

❻ Développement embryonnaire

L'agnelle Dolly ; ses chromosomes sont identiques à ceux de la brebis ayant fourni la cellule mammaire

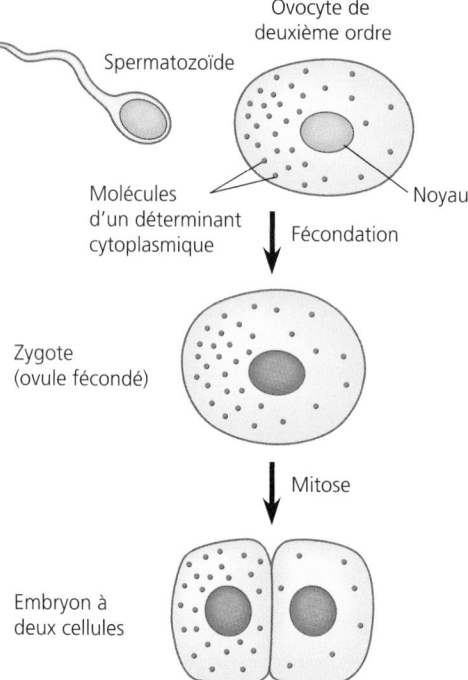

Spermatozoïde

Ovocyte de
deuxième ordre

Molécules
d'un déterminant
cytoplasmique

Noyau

Fécondation

Zygote
(ovule fécondé)

Mitose

Embryon à
deux cellules

(a) Déterminants cytoplasmiques de l'ovocyte de deuxième ordre.
Le cytoplasme de l'ovocyte de deuxième ordre contient des molécules
codées par les gènes maternels et influençant le cours du développement du futur embryon. Beaucoup de ces déterminants cytoplasmiques, comme celui qui est illustré ici, ne sont pas distribués
également dans l'ovocyte. Après la fécondation et la division mitotique,
les noyaux cellulaires de l'embryon se retrouvent dans des environnements où la concentration des divers déterminants cytoplasmiques
varie ; par conséquent, ils expriment des gènes différents.

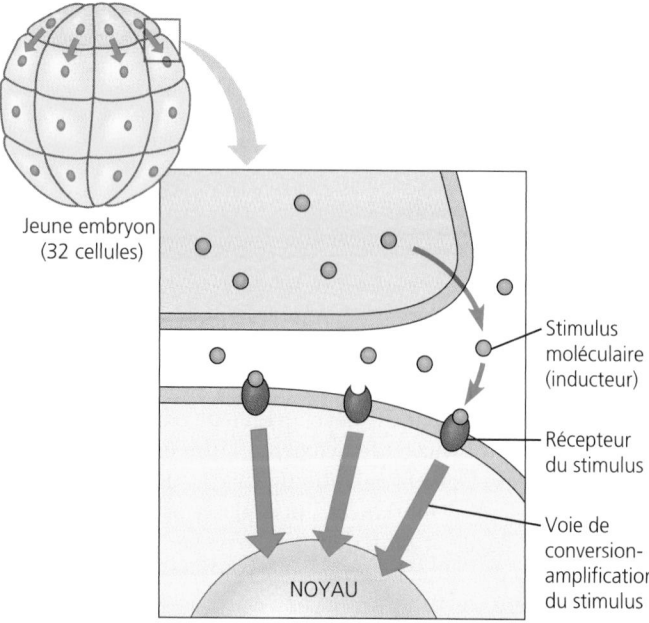

Jeune embryon
(32 cellules)

Stimulus
moléculaire
(inducteur)

Récepteur
du stimulus

Voie de
conversion-
amplification
du stimulus

NOYAU

(b) Induction par les cellules voisines. Les cellules situées au sommet
de ce jeune embryon de Sarcelle émettent des substances chimiques
modifiant l'expression des gènes des cellules voisines.

**FIGURE 21.10 Sources d'information régissant le développement
du jeune embryon.**

L'environnement d'une cellule embryonnaire constitue
une deuxième source d'information pour le développement
embryonnaire. Il gagne en importance au fur et à mesure que
le nombre de cellules embryonnaires s'accroît. Une cellule
embryonnaire est principalement influencée par les stimulus
provenant des cellules embryonnaires situées dans son voisinage. La synthèse des molécules transmettant ces stimulus est
commandée par les gènes de l'embryon lui-même. Les stimulus moléculaires provoquent des changements dans les cellules
cibles situées à proximité par un mécanisme appelé **induction**
(FIGURE 21.10b). D'une façon générale, les stimulus moléculaires produisent des modifications cellulaires observables
en changeant l'expression génique des cellules cibles. Les
interactions entre les cellules de l'embryon finissent donc par
provoquer la différenciation des nombreux types de cellules
spécialisées constituant le nouvel organisme. L'induction
peut se faire par la diffusion de stimulus chimiques ou, si
les cellules sont en contact, par l'interaction entre les surfaces
cellulaires.

Pour étudier les déterminants cytoplasmiques et l'induction
plus en détail, nous nous pencherons sur quelques mécanismes
génétiques et cellulaires jouant un rôle important dans le
développement embryonnaire de trois organismes modèles :
Drosophila melanogaster, Cænorhabditis elegans et *Arabidopsis
thaliana.*

LES MÉCANISMES GÉNÉTIQUES ET CELLULAIRES DE CONTRÔLE DES PLANS D'ORGANISATION

Comment les déterminants cytoplasmiques, les stimulus
d'induction et leurs effets sur les cellules embryonnaires
contribuent-ils à la morphogenèse (soit à la mise en forme de
l'organisme et de ses parties) ? Nous allons étudier cette question du point de vue des **plans d'organisation,** c'est-à-dire du
développement d'une *organisation spatiale* dans laquelle les
tissus et les organes occupent un emplacement caractéristique.
Au cours de la vie d'un animal, ce phénomène est en grande
partie limité aux embryons et aux individus juvéniles. Au cours
de la vie d'une plante, par contre, les plans d'organisation se
déroulent de façon permanente dans les méristèmes apicaux
(voir la FIGURE 21.2b).

Chez les espèces animales, les plans d'organisation apparaissent au stade du jeune embryon ; c'est à ce moment-là que
s'établit la structure générale tridimensionnelle de ce dernier.
Les axes principaux de l'organisme animal sont définis à un
stade très précoce, tout comme les plans d'un édifice sont dessinés préalablement à sa construction. La position relative de la
tête et de la queue, par exemple, est fixée avant même que les
organes ou les tissus spécialisés soient formés. Les indices
moléculaires déterminant les plans d'organisation et regroupés
sous le nom générique d'**information de positionnement**
reflètent l'emplacement de la cellule par rapport aux axes de
l'organisme et aux cellules voisines. Ce sont eux qui conditionnent la réponse de chaque cellule et de ses cellules filles aux
stimulus moléculaires ultérieurs.

CHAPITRE 21

LA GÉNÉTIQUE DU DÉVELOPPEMENT EMBRYONNAIRE

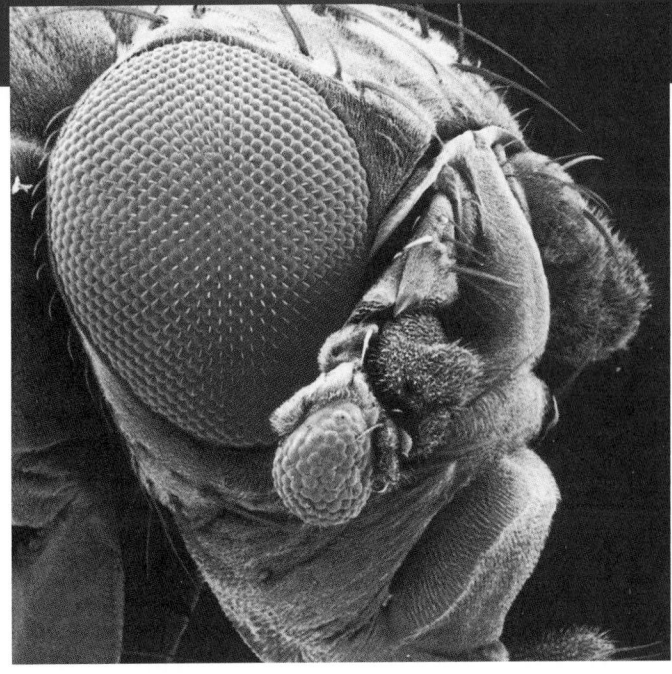

« Le programme génétique prescrit la mort de l'individu dès la fécondation de l'ovule. »

FRANÇOIS JACOB
Médecin et biochimiste français (1920-)

DE LA CELLULE À L'ORGANISME MULTICELLULAIRE

- Le développement embryonnaire comprend la division cellulaire, la différenciation cellulaire et la morphogenèse
- Les chercheurs étudient les principes généraux du développement embryonnaire en se fondant sur des organismes modèles

L'EXPRESSION GÉNIQUE DIFFÉRENTIELLE

- Les différents types de cellules d'un organisme ont le même ADN
- Les différents types de cellules produisent des protéines diverses, généralement sous l'effet d'une régulation de la transcription
- La régulation de la transcription est dirigée par des molécules maternelles contenues dans le cytoplasme et par des stimulus provenant d'autres cellules

LES MÉCANISMES GÉNÉTIQUES ET CELLULAIRES DE CONTRÔLE DES PLANS D'ORGANISATION

- L'analyse génétique de *Drosophila melanogaster* montre comment les gènes commandent le développement embryonnaire : *une vue d'ensemble*
- Par leur gradient de concentration, des molécules d'origine maternelle déterminent la position des axes du jeune embryon
- L'activation en cascade de plusieurs gènes déclenche la segmentation chez *Drosophila melanogaster* : *une étude détaillée*
- Les gènes homéotiques déterminent l'identité des parties corporelles
- Les boîtes homéotiques ont été très bien conservées au cours de l'évolution
- Des cellules ordonnent à leurs voisines de former certaines structures ; stimulus cellulaires et induction chez le Nématode *C. elegans*
- Le développement des Végétaux résulte de la communication cellulaire et de la régulation de la transcription

Dans ce chapitre, *nous allons partir de ce que nous avons appris sur les molécules, les cellules et les gènes pour examiner l'un des aspects principaux de la biologie : le développement d'un organisme multicellulaire complexe à partir d'une seule cellule. L'étude du développement au moyen de l'analyse génétique et de la technologie de l'ADN a engendré une révolution dans ce domaine. Tout comme les chercheurs se sont servis des mutations pour élucider les voies métaboliques cellulaires, ils se fondent sur des mutations pour analyser les voies du développement. Nous retenons l'exemple de chercheurs suisses qui ont démontré en 1995 qu'un certain gène constitue un interrupteur déclenchant le développement de l'œil chez la Drosophile (Drosophila melanogaster). La photographie qui figure sur cette page et qui a été prise au microscope électronique à balayage montre la tête d'une drosophile anormale portant de petits yeux surnuméraires sur les antennes. C'est l'expression du gène responsable du développement des yeux qui a provoqué la formation de ces organes à cet endroit inhabituel. Un gène semblable permet le développement des yeux chez les Souris et les autres Mammifères. Les spécialistes de la biologie du développement découvrent des ressemblances étonnantes entre les mécanismes régissant la formation d'organismes différents.*

L'étude scientifique du développement embryonnaire a commencé il y a environ un siècle, à la même époque que la génétique. Cependant, ces deux disciplines ont en grande partie évolué séparément pendant des décennies. Nous avons vu comment la génétique est passée des lois de Mendel à la compréhension des fondements moléculaires de l'hérédité. Pendant ce temps, les biologistes du développement se sont penchés sur l'embryologie, c'est-à-dire sur l'étude de la transformation d'un ovule fécondé en un organisme complètement formé. Selon cette définition, on considère comme un embryon le zygote unicellulaire (ovule fécondé), depuis sa formation jusqu'à la dernière étape de son développement. Ce n'est que récemment que les concepts et les outils de la génétique moléculaire ont rendu possible une véritable synthèse des deux disciplines. Celle-ci constitue un grand défi, parce qu'elle oblige à faire le lien entre l'information linéaire contenue dans

437

les gènes et le processus de développement se déroulant en quatre dimensions : les trois dimensions de l'espace et celle du temps.

Dans le présent chapitre, nous verrons quelques mécanismes génétiques et cellulaires fondamentaux qui régissent le développement embryonnaire. Nous étudierons surtout les principes qui s'appliquent aux Animaux et aux Végétaux, et nous nous attarderons sur deux invertébrés, la Drosophile Drosophila melanogaster et le Nématode Cænorhabditis elegans. Dans des chapitres ultérieurs, vous aurez l'occasion de vous pencher davantage sur le développement des Végétaux (chapitre 35) et des Animaux (chapitre 47).

Ce chapitre conclut la partie du manuel consacrée à la génétique ; il représente également une transition permettant de mieux saisir le reste de l'ouvrage. En effet, la compréhension du développement est essentielle à l'étude de l'évolution, de la diversité, de l'anatomie, de la physiologie et de l'écologie des organismes.

DE LA CELLULE À L'ORGANISME MULTICELLULAIRE

Chez la plupart des organismes multicellulaires, le développement se fait à partir d'un zygote ; celui-ci donne naissance à de nombreux types de cellules qui ont toutes une structure et une fonction propres. Par exemple, les Animaux possèdent des cellules musculaires qui leur permettent de se déplacer, ainsi que des neurones (cellules nerveuses) qui transmettent des stimulus aux cellules musculaires. Chez les Végétaux, les cellules du mésophylle effectuent la photosynthèse, et les cellules stomatiques ajustent la circulation d'air entre l'intérieur et l'extérieur des feuilles (voir la FIGURE 10.2). Comme vous le savez déjà, les cellules ne constituent que l'un des niveaux de l'organisation biologique caractérisant un organisme multicellulaire (voir la FIGURE 2.1). Les cellules de type similaire sont regroupées en tissus, les tissus, en organes, et les organes, en systèmes ; les systèmes constituent l'ensemble de l'organisme lui-même. Le mécanisme du développement embryonnaire doit donc mener non seulement à la création de différents types de cellules, mais également à la formation de structures d'ordre supérieur ayant une configuration tridimensionnelle.

Le développement embryonnaire comprend la division cellulaire, la différenciation cellulaire et la morphogenèse

La division cellulaire, la différenciation cellulaire et la morphogenèse sont les trois processus interdépendants qui transforment un ovule fécondé en un organisme entier (FIGURE 21.1). Le zygote passe par une série de divisions mitotiques successives qui créent une multitude de cellules. Cependant, à elle seule, la division cellulaire ne produirait qu'une grosse boule de cellules identiques, non un animal ou une plante. Au cours du développement embryonnaire, les cellules subissent une **différenciation** tout en se multipliant, c'est-à-dire qu'elles acquièrent des structures et des fonctions spécialisées. Les cellules de différents types ne sont pas mélangées au hasard : elles sont regroupées en tissus et en organes. La **morphogenèse** (terme

signifiant « création de la forme ») est l'ensemble des mécanismes physiques déterminant la forme de l'organisme.

Les processus de division cellulaire, de différenciation et de morphogenèse se chevauchent dans le temps. C'est au cours des premières étapes de la morphogenèse – qui se déroulent au tout début du développement embryonnaire – que la structure générale de l'organisme s'établit. L'extrémité de l'embryon animal qui deviendra la tête ou l'extrémité de la plante qui se transformera en racines sont alors déterminés. La division et la différenciation cellulaires jouent un rôle important dans la morphogenèse de toutes les espèces, à l'instar de la mort programmée (apoptose) de certaines cellules. Relevons ici que la morphogenèse suit des modèles généraux très différents chez les Animaux et les Végétaux. Les mécanismes en question divergent principalement de deux façons (FIGURE 21.2). Premièrement, chez les Animaux, les *migrations* de cellules et de tissus permettent au jeune embryon de devenir l'organisme tridimensionnel que l'on connaît, ce qui n'est pas le cas chez les Végétaux. (Nous reparlerons de ces mouvements morphogénétiques au chapitre 47.) Deuxièmement, chez les Végétaux, la morphogenèse et l'accroissement général de la taille ne sont pas restreints aux périodes embryonnaire et juvénile : ils se poursuivent pendant toute la vie de l'individu. Les **méristèmes apicaux** sont des régions situées dans l'apex des pousses et des racines ; ils restent toujours à l'état embryonnaire. Ils assurent la croissance continue des plantes et la formation de nouveaux organes, comme les feuilles et les racines. Chez les Animaux adultes, le développement se restreint à la différenciation des cellules ; celles-ci doivent être, à l'instar des globules sanguins, remplacées durant toute la vie de l'individu.

Certaines maladies humaines dues à des dérèglements morphogénétiques font ressortir l'importance d'une régulation précise de la morphogenèse. Par exemple, le bec-de-lièvre (fermeture incomplète de la paroi supérieure de la cavité buccale) est une anomalie morphogénétique.

En tant qu'Humains, il est naturel que nous nous intéressions avant tout au développement de notre propre espèce. Cependant, de nombreux aspects du développement sont beaucoup plus faciles à étudier chez d'autres organismes.

(a) Zygote de grenouille   **(b) Éclosion du têtard**

FIGURE 21.1 D'un zygote à un animal : quel changement en une semaine ! En une semaine seulement, la division cellulaire, la différenciation et la morphogenèse ont transformé ce zygote **(a)** en un têtard prêt à éclore **(b)**.

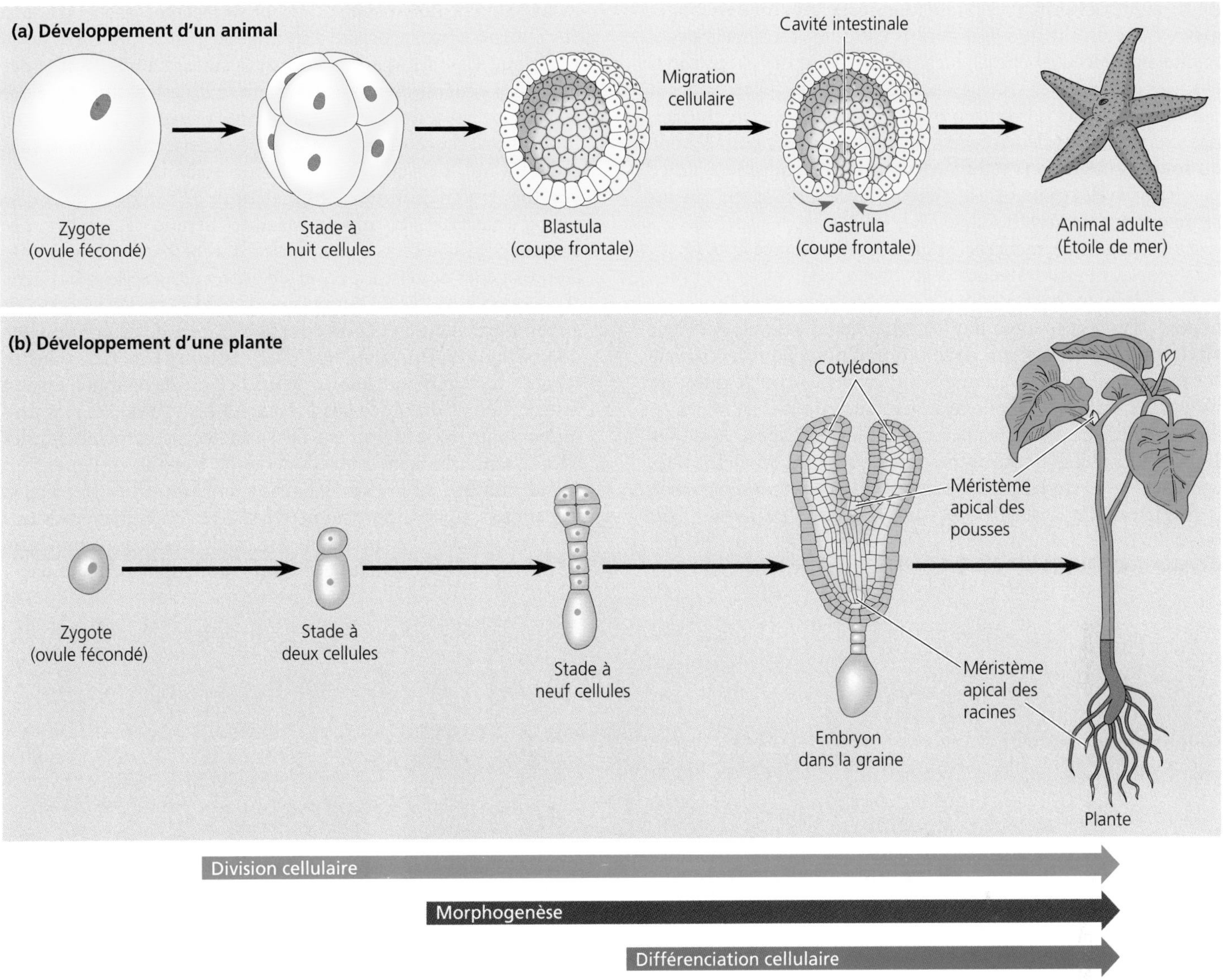

(a) Développement d'un animal

Cavité intestinale

Migration cellulaire

Zygote
(ovule fécondé)

Stade à
huit cellules

Blastula
(coupe frontale)

Gastrula
(coupe frontale)

Animal adulte
(Étoile de mer)

(b) Développement d'une plante

Cotylédons

Méristème
apical des
pousses

Zygote
(ovule fécondé)

Stade à
deux cellules

Stade à
neuf cellules

Méristème
apical des
racines

Embryon
dans la graine

Plante

Division cellulaire

Morphogenèse

Différenciation cellulaire

FIGURE 21.2 Quelques étapes clés du développement des Animaux et des Végétaux. La division cellulaire, la morphogenèse et la différenciation cellulaire sont communes au développement des Animaux et des Végétaux. **(a)** La plupart des Animaux passent par une variante des stades de blastula et de gastrula, représentés ici schématiquement. La blastula est une sphère de cellules entourant une cavité remplie de liquide. La gastrula, elle, résulte de l'invagination d'une partie de la blastula ; une cavité intestinale rudimentaire est ainsi formée. La migration des cellules et des tissus joue un rôle important dans la morphogenèse animale. Les processus biochimiques menant à la différenciation cellulaire s'amorcent avant la formation de la gastrula. Une fois qu'un animal atteint l'âge adulte, la différenciation devient très limitée (elle vise à remplacer des cellules endommagées ou perdues). **(b)** Chez les Plantes à graines, un embryon complet se développe dans la graine même. La morphogenèse, qui se produit sans migration de cellules ou de tissus, se poursuit pendant toute la vie des plantes. Les méristèmes apicaux (en jaune) ne cessent jamais de se former et de donner naissance aux divers organes des plantes au fur et à mesure que celles-ci poursuivent leur croissance, jusqu'à atteindre une taille indéterminée.

Les chercheurs étudient les principes généraux du développement embryonnaire en se fondant sur des organismes modèles

Une grande partie des premières recherches portant sur le développement animal concernait des espèces pondant leurs œufs dans de l'eau, notamment des Amphibiens, comme les Grenouilles. Les œufs de Grenouille sont gros (leur diamètre va de 2 à 3 mm) ; il est facile de les observer et de les manipuler, et leur fécondation et leur développement se déroulent à l'extérieur de l'organisme maternel. C'est grâce à l'étude de ces espèces, entre autres, que les biologistes ont pu décrire le développement animal au niveau macroscopique et microscopique, tout en faisant un certain nombre de découvertes importantes (voir le chapitre 47). D'autres recherches effectuées sur diverses espèces végétales ont permis de comprendre l'essentiel du développement des Plantes (voir le chapitre 35). Lorsque l'objectif premier de la recherche est d'établir des principes biologiques généraux du développement, l'être vivant que l'on choisit d'étudier est appelé **organisme modèle.** Les chercheurs optent pour des organismes modèles qui se prêtent bien à l'examen d'un aspect particulier et qui sont représentatifs d'un groupe plus vaste. Les Grenouilles, par exemple, sont des organismes modèles utiles pour l'étude du rôle des migrations cellulaires dans la morphogenèse, parce que leur développement est à la fois facile à observer et assez représentatif des Vertébrés.

Des travaux de recherche plus récents visaient à saisir les liens existant entre les gènes et le développement, et de nombreux chercheurs se sont tournés vers des organismes se prêtant mieux à l'analyse génétique. En génétique du développement embryonnaire, les critères de sélection d'un organisme modèle sont la facilité d'observation des embryons, la courte durée de vie des générations, la taille relativement petite des génomes et, idéalement, une connaissance préalable de l'espèce et de ses gènes. Plusieurs organismes ont servi de modèles aux chercheurs : la Mouche du vinaigre (*Drosophila melanogaster*), le Nématode *Cænorhabditis elegans,* la Souris commune (*Mus musculus*), le Poisson zèbre (*Danio rerio*) et une plante, l'Arabette des dames (*Arabidopsis thaliana*) (FIGURE 21.3).

La Mouche du vinaigre (*Drosophila melanogaster*) a d'abord été choisie comme organisme modèle par le pionnier de la génétique T. H. Morgan. Elle a, par la suite, été très étudiée par plusieurs générations de généticiens. Elle est petite et s'élève facilement en laboratoire. Comme on l'a vu au chapitre 15, elle produit une descendance nombreuse, et les générations se succèdent à un intervalle de deux à trois semaines seulement. Le développement des embryons se déroule à l'extérieur de l'organisme maternel, ce qui en facilite l'étude. En outre, les chercheurs disposent d'une source d'information importante liée aux gènes de cette espèce et à d'autres aspects de sa biologie. (La séquence de l'ADN du génome de la Mouche du vinaigre est entièrement connue depuis l'an 2000.) L'un des inconvénients du choix de la Drosophile comme organisme modèle dans ce type de recherche est que le début de son développement est assez différent du processus présenté à la FIGURE 21.2 : les premières mitoses se déroulent en l'absence de cytocinèse ; elles aboutissent à la formation d'une jeune blastula contenant un grand nombre de noyaux baignant dans un seul cytoplasme. Cependant, comme nous allons le voir, les recherches effectuées sur *Drosophila melanogaster* ont permis de très bien comprendre les principes fondamentaux régissant le développement animal.

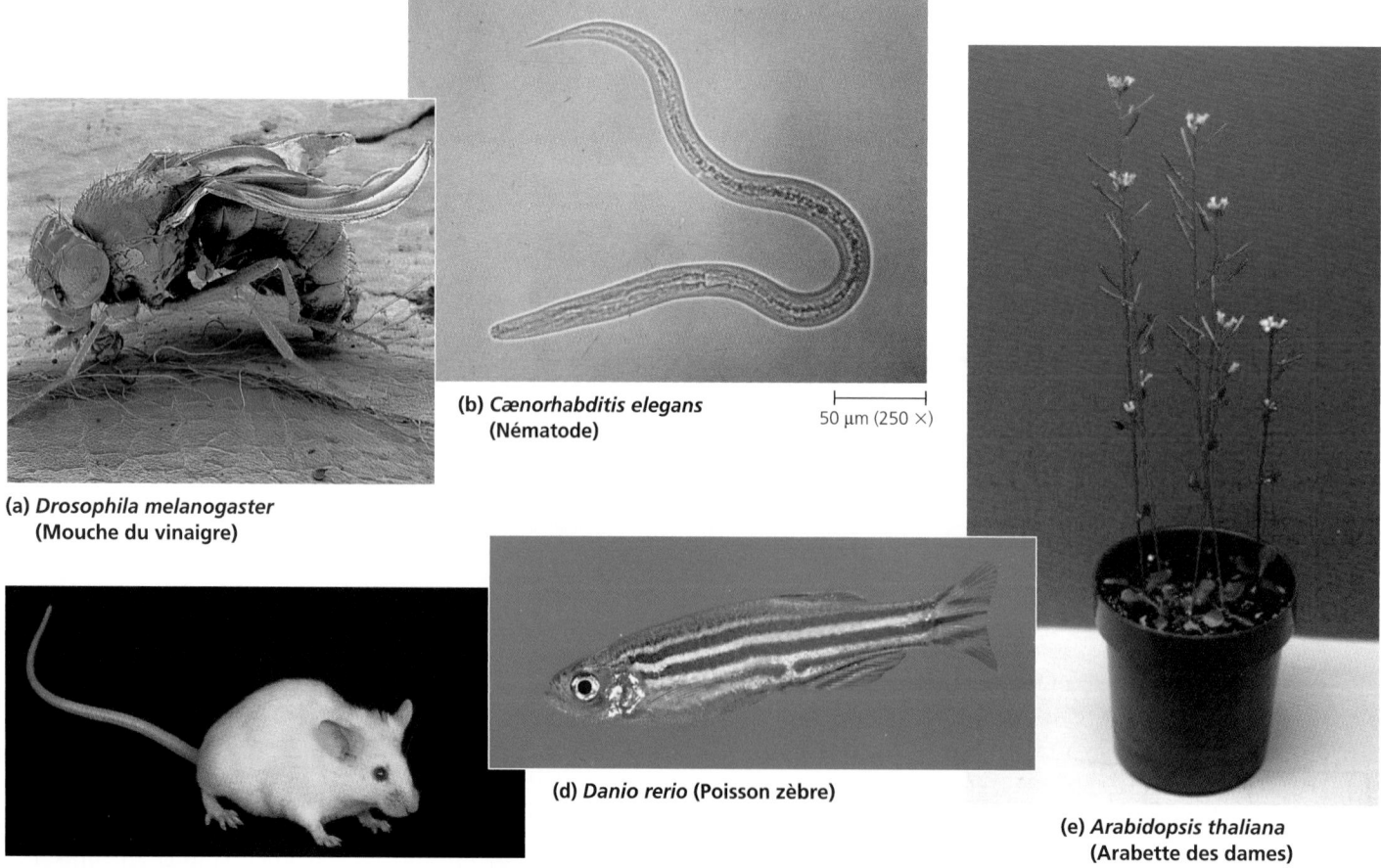

(a) *Drosophila melanogaster*
(Mouche du vinaigre)

(b) *Cænorhabditis elegans*
(Nématode)

50 μm (250 ×)

(c) *Mus musculus* (Souris commune)

(d) *Danio rerio* (Poisson zèbre)

(e) *Arabidopsis thaliana*
(Arabette des dames)

FIGURE 21.3 Organismes modèles. Chacune de ces espèces offre des avantages particuliers pour la recherche en génétique du développement.

Le Nématode (Ver rond) *Cænorhabditis elegans* vit normalement dans le sol, mais il est facile de l'élever en laboratoire dans des boîtes de Pétri. Il ne mesure qu'un millimètre de long environ ; son corps est simple et transparent, et il ne comporte que quelques types de cellules. Ce ver passe de l'état de zygote à celui d'adulte en trois jours et demi. L'un des avantages de son utilisation, du point de vue de l'étude génétique, est que son génome a été entièrement séquencé. En outre, la plupart des individus de cette espèce sont hermaphrodites, c'est-à-dire qu'ils produisent à la fois des ovocytes secondaires (stade cellulaire précédant la formation d'un ovule) et des spermatozoïdes. Les hermaphrodites sont de bons sujets d'étude génétique parce que, dans leur cas, les mutations récessives sont faciles à détecter. Comme tout organisme diploïde, un individu qui porte une seule copie d'une mutation récessive a un phénotype sauvage. Cependant, un chercheur peut facilement détecter sa mutation en le laissant s'autoféconder : un quart des individus de la génération suivante seront homozygotes pour l'allèle mutant et auront un phénotype mutant.

Pour les embryologistes, *C. elegans* a une autre caractéristique importante : chaque adulte hermaphrodite a exactement 959 cellules somatiques (dont certaines sont fusionnées) ; celles-ci descendent du zygote pratiquement de la même façon chez tous les individus. Des biologistes ont suivi au microscope toutes les divisions cellulaires qui se produisent à partir de la formation du zygote ; ils ont ainsi pu établir la provenance de chaque cellule de l'adulte et reconstituer la **lignée cellulaire** complète de ce dernier. Le schéma de la FIGURE 21.4 représente une lignée cellulaire ; c'est une *carte des territoires présomptifs* montrant la destinée des différentes parties de l'embryon en cours de développement. (Nous verrons d'autres types de cartes de territoires présomptifs au chapitre 47.)

Parmi les Vertébrés, la Souris commune (*Mus musculus*) et le Poisson zèbre (*Danio rerio*) se prêtent particulièrement bien à l'analyse génétique du développement embryonnaire. La Souris commune est employée comme modèle de Mammifère depuis très longtemps, et on connaît très bien sa biologie, y compris ses gènes. De plus, les chercheurs savent maintenant modifier ses gènes de façon à produire des individus transgéniques ou des individus dont certains gènes ont été « neutralisés » par des mutations. Mais les Souris sont des animaux complexes ; leur génome est aussi vaste que le nôtre, et le développement de leurs embryons se déroule dans l'utérus de la mère. Il est donc difficile à observer.

De nombreux inconvénients présents chez la Souris commune n'existent pas chez le Poisson zèbre, le nouveau modèle des Vertébrés. Ces petits poissons (d'une longueur de 2 à 4 cm) s'élèvent facilement et en grand nombre en laboratoire. En outre, leurs embryons transparents se développent à l'extérieur de l'organisme maternel. Bien que les générations soient relativement longues (de deux à quatre mois), les premiers stades de développement se déroulent rapidement : 24 heures après la fécondation, la plupart des organes et des tissus sont déjà ébauchés, et le poisson minuscule éclot au bout de deux jours. Le séquençage et la cartographie du génome du Poisson zèbre sont encore en cours, mais des chercheurs ont identifié de nombreux gènes intervenant dans le développement de l'animal.

Les chercheurs se fondent sur une petite plante appelée *Arabidopsis thaliana* (Arabette des dames, de la famille de la Moutarde) pour étudier la génétique moléculaire du développement végétal. Cette plante peut pousser dans une éprouvette et produire des milliers de descendants en 8 ou 10 semaines. Comme chez les Pois de Mendel, chaque fleur produit à la fois des oosphères et des spermatozoïdes. En vue de manipulations

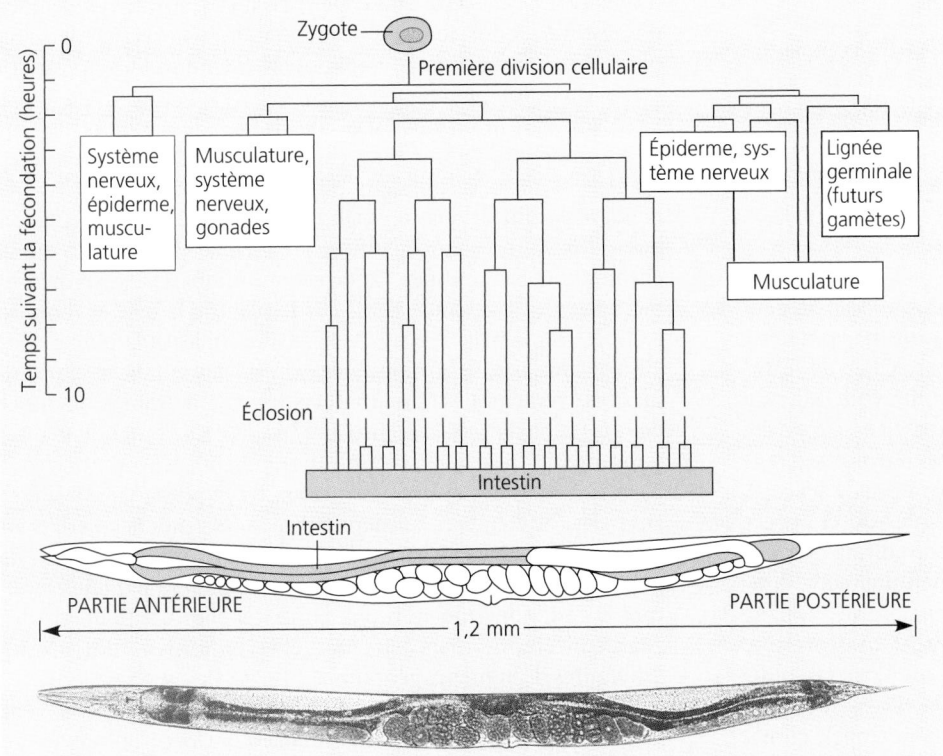

FIGURE 21.4 Lignée cellulaire de *C. elegans*. Le Nématode *Cænorhabditis elegans* est transparent à tous les stades de son développement. Cela permet de reconstituer la lignée de chacune de ses cellules, en allant du zygote à l'adulte (MP). La seule lignée cellulaire que le schéma montre en détail est celle de l'intestin ; celui-ci descend entièrement de l'une des quatre premières cellules formées à partir du zygote. La lignée des cellules intestinales ne comprend aucune mort cellulaire programmée, un phénomène qui joue un rôle important dans la formation d'autres organes de l'animal.

génétiques, on cultive des cellules d'*Arabidopsis thaliana*, aux-quelles on fait absorber de l'ADN (transformation génétique). *Arabidopsis thaliana* présente aussi l'avantage d'avoir un génome relativement petit et déjà séquencé : il est constitué d'environ 100 millions de paires de nucléotides.

Plus loin dans ce chapitre, nous verrons les découvertes importantes qui ont été faites grâce à l'étude de certains de ces organismes modèles.

L'EXPRESSION GÉNIQUE DIFFÉRENTIELLE

Comme nous l'avons déjà dit à plusieurs reprises, les différences entre les cellules d'un organisme multicellulaire résultent presque entièrement de variations de l'*expression* génique et non de disparités entre les génomes des cellules. (Il existe quelques exceptions, comme les cellules productrices d'anti-corps ; voir la FIGURE 19.6). Nous avons également vu que ces divergences sont l'effet de mécanismes régulateurs activant et désactivant des gènes spécifiques au cours du développement embryonnaire. Voyons maintenant certaines preuves qui ont permis de démontrer cela.

Les différents types de cellules d'un organisme ont le même ADN

De nombreux indices permettent de croire qu'il y a *équivalence génomique* de presque toutes les cellules d'un même organisme, c'est-à-dire que celles-ci ont les mêmes gènes. Qu'arrive-t-il à ces derniers lorsque la cellule commence à se différencier ? On peut élucider partielle-ment cette question en tentant de savoir si la différenciation s'accompagne de l'inactivation irréversible de certains gènes. Par exemple, dans une cellule de l'épiderme d'un doigt, un gène de la couleur des yeux est-il fonctionnel ou bien a-t-il été défini-tivement inactivé, voire détruit ?

Totipotence chez les Plantes

Pour résoudre la question de l'équivalence génomique, on peut tenter de générer expérimentalement un organisme complet à partir de cellules différenciées du même type. Chez de nom-breuses espèces végétales, il est possible de produire un individu complet à partir de cellules somatiques différenciées. Cela a été démontré pour la première fois par F. C. Steward et ses étu-diants, de l'université Cornell. En travaillant sur la Carotte (*Daucus carotta*), ils ont établi que des cellules différenciées extraites de la racine et placées sur un milieu de culture peuvent devenir des plantes adultes normales, génétiquement iden-tiques à la plante « mère » (FIGURE 21.5). On nomme **clonage** l'emploi d'une cellule somatique unique, issue d'un organisme multicellulaire, dans le but de fabriquer un ou plusieurs indi-vidus qui lui sont génétiquement identiques. Dans la langue familière, chacun des individus ainsi produits est appelé **clone.** En biologie, toute la descendance obtenue est aussi appelée

clone. (La signification de ce terme varie selon le contexte.) Une cellule provenant d'une plante adulte peut donc se dédif-férencier (inverser sa différenciation) et donner naissance à toutes les cellules spécialisées d'un nouvel individu. Cela montre bien que la différenciation n'entraîne pas toujours des modifications irréversibles de l'ADN. Chez les Végétaux au moins, les cellules peuvent rester **totipotentes** : comme le zygote, elles gardent la capacité de former toutes les parties de l'organisme adulte. Le clonage des végétaux est maintenant très employé en agriculture.

Transplantation de noyaux chez les Animaux

Le plus souvent, des cellules animales différenciées mises en culture ne se diviseront pas, et elles ne produiront pas de nou-vel organisme. Par conséquent, les chercheurs dans ce domaine ont abordé la question de l'équivalence génomique en rem-plaçant le noyau d'un ovocyte de deuxième ordre ou d'un zygote par le noyau d'une cellule différenciée. Cependant, un noyau tiré d'une cellule différenciée peut-il commander le développement d'un organisme, avec tous ses tissus et ses organes ? Les premières expériences de transplantation de noyaux ont été effectuées par les embryologistes américains Robert Briggs et Thomas King pendant les années 1950. Elles ont été poursuivies par le Britannique John Gurdon. Ces chercheurs commençaient par enlever ou détruire le noyau d'un œuf de Grenouille ; ils transplantaient ensuite le noyau d'une cellule d'embryon de têtard de la même espèce dans l'œuf énucléé (FIGURE 21.6). La capacité du noyau transplanté à as-surer un développement normal s'est avérée inversement reliée à l'âge de l'organisme donneur. Ainsi, la plupart des œufs ayant reçu des noyaux de cellules relativement non différenciées, issues de jeunes embryons, produisaient des têtards. À l'opposé, moins de 2 % de ceux qui avaient reçu des noyaux de cellules d'intestin déjà différenciées donnaient des têtards normaux ; la plupart des embryons ne dépassaient même pas les premières étapes du développement.

Comment interpréter ces résultats ? Les biologistes du développement s'entendent sur plusieurs points. Première-ment, les noyaux subissent effectivement des changements pendant la différenciation cellulaire. Bien que la séquence de bases d'ADN ne change habituellement pas, la structure de la chromatine est modifiée de façon spécifique (par exemple, il peut y avoir des changements sur le plan de la méthylation de l'ADN ; voir la page 393). Chez les Grenouilles et la plupart des autres Animaux, la « totipotence » du noyau semble disparaître progressivement au cours du développement embryonnaire et de la différenciation cellulaire. Les biologistes s'entendent aussi pour dire que les changements qui touchent la chromatine sont parfois réversibles et que les noyaux de la plupart des cellules animales différenciées contiennent tous les gènes nécessaires au développement d'un organisme entier. Autrement dit, ils pensent que les cellules d'un organisme diffèrent par leur struc-ture et leur fonction non pas parce qu'elles contiennent des gènes différents, mais parce qu'elles expriment des parties différentes d'un même génome.

Les chercheurs qui travaillent sur les Mammifères savent depuis longtemps cloner des animaux à partir de cellules ou de noyaux issus de jeunes embryons de divers types. Jusqu'à une

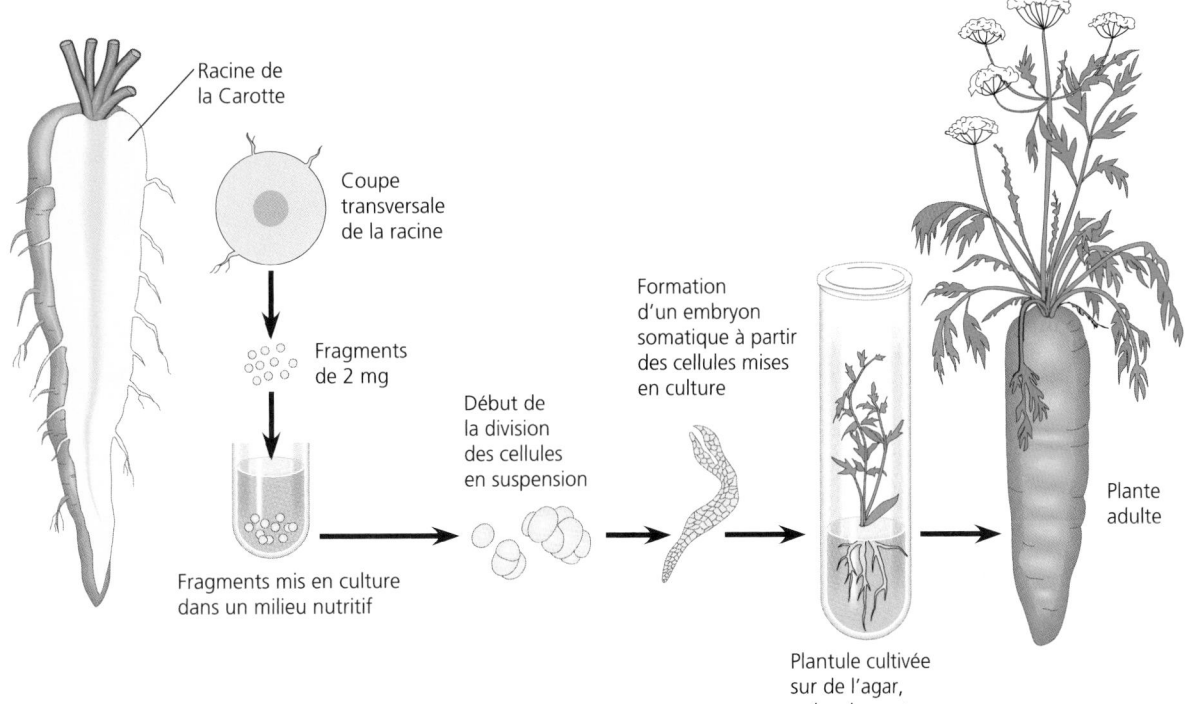

FIGURE 21.5 Clonage de carottes dans une éprouvette. Grâce à leurs expériences classiques effectuées dans les années 1950, F. C. Steward et ses étudiants de l'université Cornell ont démontré qu'on peut produire des plantes entières à partir de cellules somatiques de la Carotte. Une cellule somatique donne dans ce cas-ci un embryon somatique (et non un embryon zygotique, issu de la reproduction sexuée). Les plantes ainsi créées sont des copies génétiques (clones) de la plante mère.

FIGURE 21.6 Transplantation de noyaux. Pour déterminer si les noyaux subissent des changements irréversibles au début de la différenciation cellulaire, on commence par détruire le noyau d'un œuf de Grenouille à l'aide d'un rayonnement ultraviolet (UV). On insère ensuite dans l'œuf le noyau d'une cellule qui se trouve à un stade de développement plus avancé. On s'aperçoit que plus la cellule de laquelle le noyau est extrait est à une étape de développement précoce, plus il y a de chances que le noyau permette un développement normal de l'embryon. Les noyaux issus de cellules qui se trouvent aux premières étapes du développement embryonnaire sont souvent totipotents, alors que ceux qui proviennent de cellules ayant atteint les derniers stades de développement (comme le têtard) le sont rarement.

date récente, on ignorait qu'il était possible d'inverser la perte de potentiel génomique des cellules différenciées d'un mammifère adulte. Cependant, en 1997, le chercheur écossais Ian Wilmut et ses collaborateurs ont fait sensation en annonçant qu'ils avaient cloné une brebis adulte ; pour ce faire, ils ont transplanté le noyau d'une cellule mammaire issue d'un individu dans un ovocyte de deuxième ordre provenant d'un autre individu (FIGURE 21.7). Ils ont obtenu la dédifférenciation cellulaire nécessaire en cultivant les cellules mammaires sur un milieu pauvre en nutriments. Cela a provoqué l'arrêt du cycle cellulaire (voir la FIGURE 12.13) au début de la phase G₁, et les cellules sont entrées dans une phase de « repos », G₀. Les chercheurs les ont ensuite fusionnées avec des ovocytes de deuxième ordre de brebis dont les noyaux avaient été préalablement

enlevés. Les cellules diploïdes ainsi créées se sont divisées, formant de jeunes embryons. Ceux-ci ont été implantés chez des mères porteuses. Les chercheurs ont déclaré que, sur plusieurs centaines d'embryons, un seul a connu un développement normal. Depuis, les analyses d'ADN ont montré que l'ADN chromosomique de la brebis clonée, nommée Dolly, était effectivement identique à celui de l'individu ayant fourni le noyau. D'autres expériences subséquentes ont montré que l'ADN mitochondrial de Dolly provenait de l'individu ayant fourni l'ovocyte de deuxième ordre, comme on s'y attendait. Dolly a été euthanasiée en février 2003, à l'âge de six ans et demi. Au cours de sa dernière année de vie, elle était atteinte de maladies caractéristiques de la vieillesse. (La plupart des moutons vivent jusqu'à l'âge de 11 ou 12 ans.)

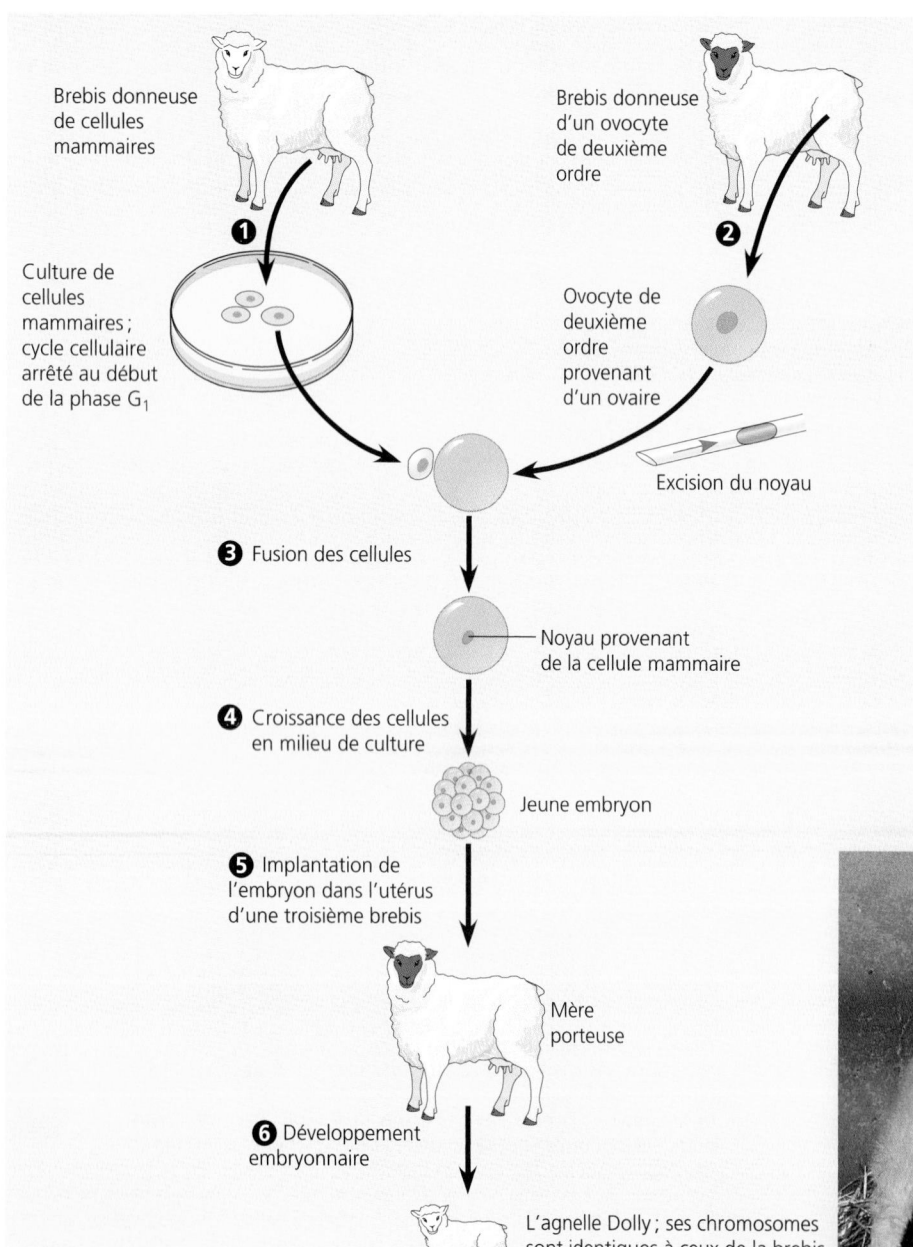

FIGURE 21.7 Clonage d'un mammifère. ❶ Des cellules ont été prélevées sur le pis d'une brebis et mises en culture sur un milieu pauvre en nutriments. Cet état de sous-alimentation a provoqué l'arrêt du cycle cellulaire au début de la phase G₁ cela a aussi apparemment permis aux cellules de se dédifférencier. ❷ Chez une autre brebis, on a prélevé un ovocyte de deuxième ordre, dont on a enlevé le noyau. ❸ On a fusionné une cellule mammaire en phase G₀ et l'ovocyte énucléé, et ce, en soumettant les deux cellules à un courant électrique. Cela a également stimulé la division de l'ovocyte. ❹ Après avoir mis l'embryon en culture pendant six jours, on l'a implanté ❺ dans l'utérus d'une troisième brebis semblable à celle ayant fourni l'ovocyte de deuxième ordre. ❻ La brebis Dolly est née après la période de gestation ; elle avait la même constitution chromosomique et la même apparence que la brebis qui a fourni la cellule mammaire. (Cependant, Dolly n'avait pas des gènes *totalement* identiques à ceux de la donneuse de cellules mammaires, parce que son ADN mitochondrial provenait de l'individu qui a fourni l'ovocyte de deuxième ordre.) Dolly est le premier mammifère dont on a annoncé le « clonage » ; à partir du noyau d'une cellule différenciée. Cette photographie la montre en compagnie de sa mère porteuse.

Brebis donneuse de cellules mammaires

Brebis donneuse d'un ovocyte de deuxième ordre

Culture de cellules mammaires ; cycle cellulaire arrêté au début de la phase G₁

Ovocyte de deuxième ordre provenant d'un ovaire

Excision du noyau

❸ Fusion des cellules

Noyau provenant de la cellule mammaire

❹ Croissance des cellules en milieu de culture

Jeune embryon

❺ Implantation de l'embryon dans l'utérus d'une troisième brebis

Mère porteuse

❻ Développement embryonnaire

L'agnelle Dolly ; ses chromosomes sont identiques à ceux de la brebis ayant fourni la cellule mammaire

En juillet 1998, des chercheurs de Hawaï ont annoncé qu'ils avaient cloné des souris à partir de noyaux de cellules d'ovaires. Depuis cette date, on a cloné de nombreuses espèces de Mammifères, dont beaucoup présentent un intérêt pour l'agriculture. Le clonage du bétail soulève des questions de sécurité pour les consommateurs humains, et la perspective du clonage humain nous force à aborder des aspects éthiques sans précédent. Cependant, le mécanisme du clonage pose des difficultés qui nous laissent un peu plus de temps pour réfléchir. Dans la plupart des cas, seul un très petit pourcentage des embryons clonés se développent normalement. Pourquoi en est-il ainsi ? Récemment, les scientifiques ont trouvé un indice intéressant à cet égard : chez de nombreux embryons clonés, la méthylation de l'ADN est anormale : il y a souvent des groupements méthyle surnuméraires. La méthylation de l'ADN intervient dans la régulation de l'expression génique ; or, l'expression adéquate des gènes est essentielle au développement embryonnaire. On peut donc comprendre que la présence de groupements méthyle excédentaires puisse entraver celui-ci. Les difficultés liées au clonage nous rappellent que nous avons encore beaucoup à apprendre sur les principes et les mécanismes fondamentaux régissant le développement embryonnaire.

Les cellules souches animales

Les **cellules souches** constituent un autre domaine de recherche qui retient l'attention et qui s'appuie sur le potentiel génétique conservé par les cellules animales pendant le développement embryonnaire. Les cellules souches ont deux particularités importantes : elles sont relativement peu spécialisées et elles continuent à se diviser. De plus, dans des conditions appropriées, elles se différencient en cellules spécialisées d'un ou de plusieurs types. L'organisme adulte contient plusieurs variétés de cellules souches qui remplacent au besoin les cellules spécialisées autres que celles de la lignée germinale. Par exemple, les cellules souches de la moelle osseuse rouge produisent les différents types de globules sanguins (voir la FIGURE 42.15). Une autre découverte qui a récemment surpris le monde scientifique concerne l'existence dans l'encéphale adulte de cellules souches continuant de produire certains types de neurones. Les cellules souches capables de donner naissance à plusieurs types cellulaires sont souvent qualifiées de *pluripotentes* ou, parfois, de multipotentes.

Bien que le nombre de cellules souches soit très réduit chez les adultes, les scientifiques apprennent à les identifier, à les isoler à partir de divers tissus et, dans certains cas, à les mettre en culture. Il est plus facile de cultiver des cellules issues de jeunes embryons ; il s'agit, pour la plupart, de cellules souches capables de produire n'importe quel type de cellules différenciées. Ces *cellules souches embryonnaires* donnent des cultures « immortelles », parce qu'elles se reproduisent indéfiniment (elles entretiennent leurs télomères chromosomiques par l'intermédiaire de la télomérase). Ce type de recherche a été poussé plus loin ; on a récemment découvert que, en présence de conditions de culture adéquates (par exemple, l'ajout de facteurs de croissance spécifiques), les cellules souches provenant de l'une ou l'autre source peuvent se différencier en cellules spécialisées. On a également eu la surprise de constater que l'on peut forcer les cellules souches provenant d'un adulte à se différencier en une gamme de types cellulaires plus vaste que celle qui est normale chez les Animaux (FIGURE 21.8).

En plus d'être un excellent moyen d'étudier la différenciation, la recherche sur les cellules souches a un énorme potentiel dans le domaine médical. L'objectif majeur est de produire des cellules dans le but de soigner des organes endommagés ou malades. Par exemple, on pourrait peut-être guérir le diabète, la maladie de Parkinson ou la chorée de Huntington en fournissant aux patients des cellules pancréatiques productrices d'insuline ou encore certains types de neurones. Actuellement, en ce qui a trait à ce type d'application, l'utilisation de cellules embryonnaires semble plus prometteuse que celle de cellules

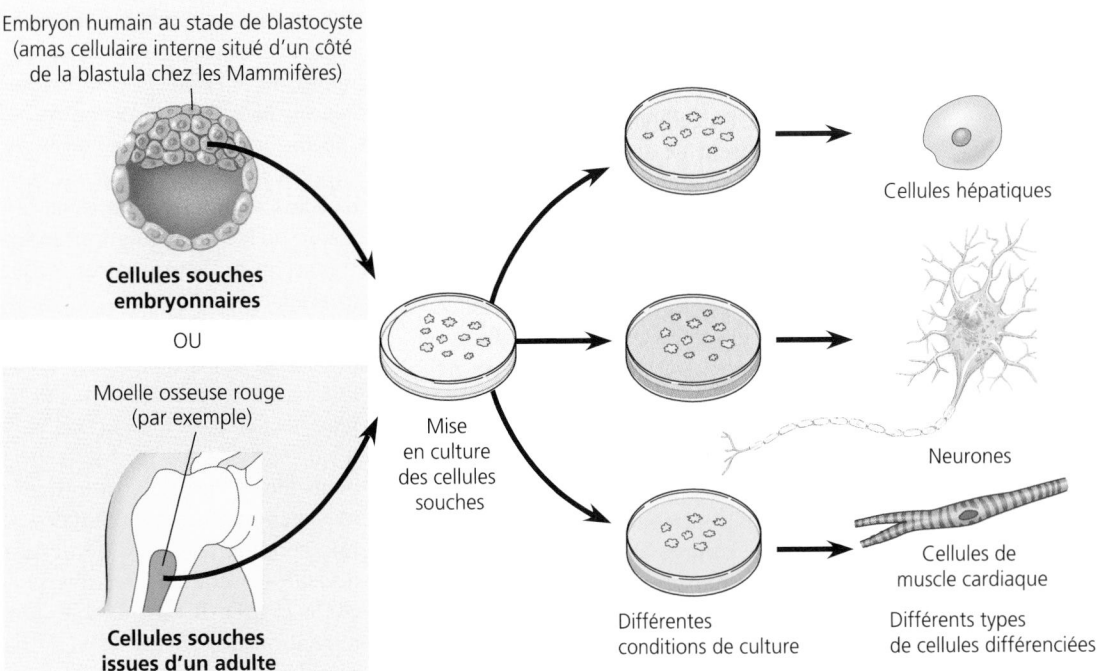

FIGURE 21.8 Utilisation des cellules souches. Les cellules souches animales (des cellules relativement non différenciées, qui se reproduisent naturellement et qui peuvent donner divers types de cellules spécialisées) peuvent être isolées à partir de jeunes embryons ou de tissus provenant d'un adulte, puis mises en culture. Les scientifiques recherchent les conditions de croissance qui déclenchent la différenciation des cellules souches en des cellules de divers types.

Embryon humain au stade de blastocyste (amas cellulaire interne situé d'un côté de la blastula chez les Mammifères)

Cellules souches embryonnaires

OU

Moelle osseuse rouge (par exemple)

Cellules souches issues d'un adulte

Mise en culture des cellules souches

Différentes conditions de culture

Cellules hépatiques

Neurones

Cellules de muscle cardiaque

Différents types de cellules différenciées

souches adultes ; cependant, les premières doivent être extraites d'embryons humains (souvent, des embryons surnuméraires donnés par les patientes suivant des traitements contre la stérilité), ce qui pose des difficultés d'ordre éthique et politique.

Dans la partie qui suit, nous allons étudier les fondements moléculaires de la différenciation cellulaire.

Les différents types de cellules produisent des protéines diverses, généralement sous l'effet d'une régulation de la transcription

Au fur et à mesure que les tissus et les organes d'un embryon prennent forme, la différenciation de leurs cellules devient plus apparente. Celles-ci acquièrent de toute évidence des structures et des fonctions différentes. La différenciation d'une cellule résulte en fait de son développement à partir des premières divisions mitotiques du zygote. Cependant, les premières modifications qui annoncent sa spécialisation sont subtiles et ne se manifestent qu'au niveau moléculaire. À une époque où les biologistes connaissaient mal les phénomènes moléculaires ayant lieu dans les embryons, ils ont inventé le terme **détermination** pour désigner les mécanismes menant à la différenciation observable d'une cellule. Lorsqu'une cellule atteint le stade où sa destinée est fixée de façon irréversible, on dit qu'elle est « déterminée ». Actuellement, la notion de détermination fait référence à des modifications moléculaires. La détermination (la différenciation) se manifeste par l'expression des gènes codant pour les *protéines spécifiques au tissu,* c'est-à-dire pour les protéines qui n'existent que dans certains types de cellules et qui leur confèrent la structure et les fonctions qui leur sont propres. Le premier signe de différenciation est l'apparition de l'ARNm correspondant à ces protéines. Plus tard, la différenciation peut être observée au microscope sous la forme de modifications de la structure cellulaire. Dans la plupart des cas, l'expression génique d'une cellule différenciée (soit les protéines produites) est contrôlée au niveau de la transcription.

Les cellules différenciées ont pour fonction de produire les protéines spécifiques à chaque tissu ; ce sont ces dernières qui leur permettent de jouer leur rôle spécialisé dans l'organisme. Chez les Vertébrés, par exemple, les cellules d'un cristallin en cours de développement synthétisent de grandes quantités de cristallines (δ, γ, etc.) ; il s'agit de protéines auxquelles elles consacrent 80 % de leur capacité de synthèse. Ces molécules se lient ensuite pour former des fibres conférant au cristallin sa transparence et son pouvoir de résolution. Comme aucun autre type de cellule ne produit de cristalline chez les Vertébrés, la présence de ces protéines est le signe de la différenciation du cristallin.

La différenciation des cellules des muscles squelettiques est un autre exemple intéressant. Les « cellules » des muscles squelettiques qui nous servent à marcher, à saisir des objets et à effectuer d'autres mouvements volontaires sont de longues fibres comportant de nombreux noyaux enfermés dans une seule membrane plasmique. Elles contiennent des concentrations très élevées de protéines spécifiques au tissu musculaire : des versions particulières de filaments de myosine et de microfilaments d'actine (des protéines contractiles), ainsi que des protéines membranaires réceptrices des stimulus en provenance des neurones. Les cellules musculaires se développent à partir de cellules précurseurs embryonnaires ayant le potentiel de donner divers types de cellules (cartilagineuses, adipeuses). Cependant, ces cellules précurseurs sont soumises à des conditions qui les destinent à devenir des cellules musculaires. Bien que l'examen au microscope ne le révèle pas, elles ont subi une détermination et sont appelées *myoblastes.* Au bout d'un certain temps, les myoblastes commencent à produire de grandes quantités de protéines spécifiques aux muscles, et ils fusionnent en devenant des cellules musculaires squelettiques parvenues à maturité, multinucléées et allongées (FIGURE 21.9).

Que se passe-t-il au moment de la détermination des cellules musculaires ? Pour élucider cette question, les chercheurs ont cultivé des myoblastes et mis en œuvre certaines techniques dont nous avons parlé au chapitre 20.  Ils ont testé l'hypothèse selon laquelle certains gènes régulateurs spécifiques aux muscles sont actifs dans les myoblastes. Pour ce faire, ils ont isolé l'ARNm de myoblastes mis en culture et constitué une génothèque d'ADNc (voir les FIGURES 20.5 et 20.6) à l'aide de transcriptase inverse. (L'ADNc est une copie des gènes exprimés dans les myoblastes, sans les introns.) Les chercheurs ont cloné les gènes d'ADNc en les plaçant à côté d'un promoteur viral capable de déclencher leur transcription dans n'importe quel type de cellule. Ils ont ensuite inséré chacun des gènes clonés dans des cellules précurseurs embryonnaires distinctes. Ils ont attendu leur différenciation en myoblastes et en cellules musculaires. Ils ont ainsi pu identifier plusieurs gènes essentiels à la détermination des cellules musculaires, des « gènes maîtres régulateurs ». Lorsque ceux-ci sont transcrits et traduits, ils destinent les cellules à devenir des cellules musculaires squelettiques. Par conséquent, dans le cas des cellules musculaires, les fondements moléculaires de la détermination se trouvent au niveau de l'expression d'un ou de plusieurs gènes maîtres régulateurs.

Pour mieux comprendre le déroulement de la détermination lors de la différenciation des cellules musculaires, nous étudierons le gène maître régulateur appelé *myoD.* Les chercheurs ont découvert que la protéine MyoD produite par ce gène est un facteur de transcription. Il s'agit d'une protéine régulatrice qui se lie aux éléments de contrôle spécifiques situés sur l'ADN et qui stimule la transcription de divers gènes ; certains de ces gènes codent à leur tour pour d'autres facteurs de transcription spécifiques aux muscles (voir les pages 394 et 395). On peut supposer que tous ces gènes cibles comportent des activateurs de transcription reconnus par la protéine MyoD ; ils sont donc assujettis à une régulation coordonnée. Enfin, les facteurs de transcription secondaires activent les gènes des protéines musculaires.

La protéine MyoD a des effets très marqués. Les chercheurs ont pu se servir d'elle pour transformer certains types de cellules entièrement différenciées et autres que musculaires (adipeuses et hépatiques) en cellules musculaires. Mais pourquoi n'agit-elle pas sur *tous* les types de cellules ? Une explication plausible est que l'activation des gènes spécifiques des muscles ne dépend pas uniquement de l'activité de MyoD ; elle nécessite une certaine *combinaison* de protéines régulatrices. Certaines de celles-ci seraient donc absentes des cellules qui ne répondent pas à MyoD. Il est possible que la détermination et la différenciation des autres types de tissus se déroulent d'une façon semblable.

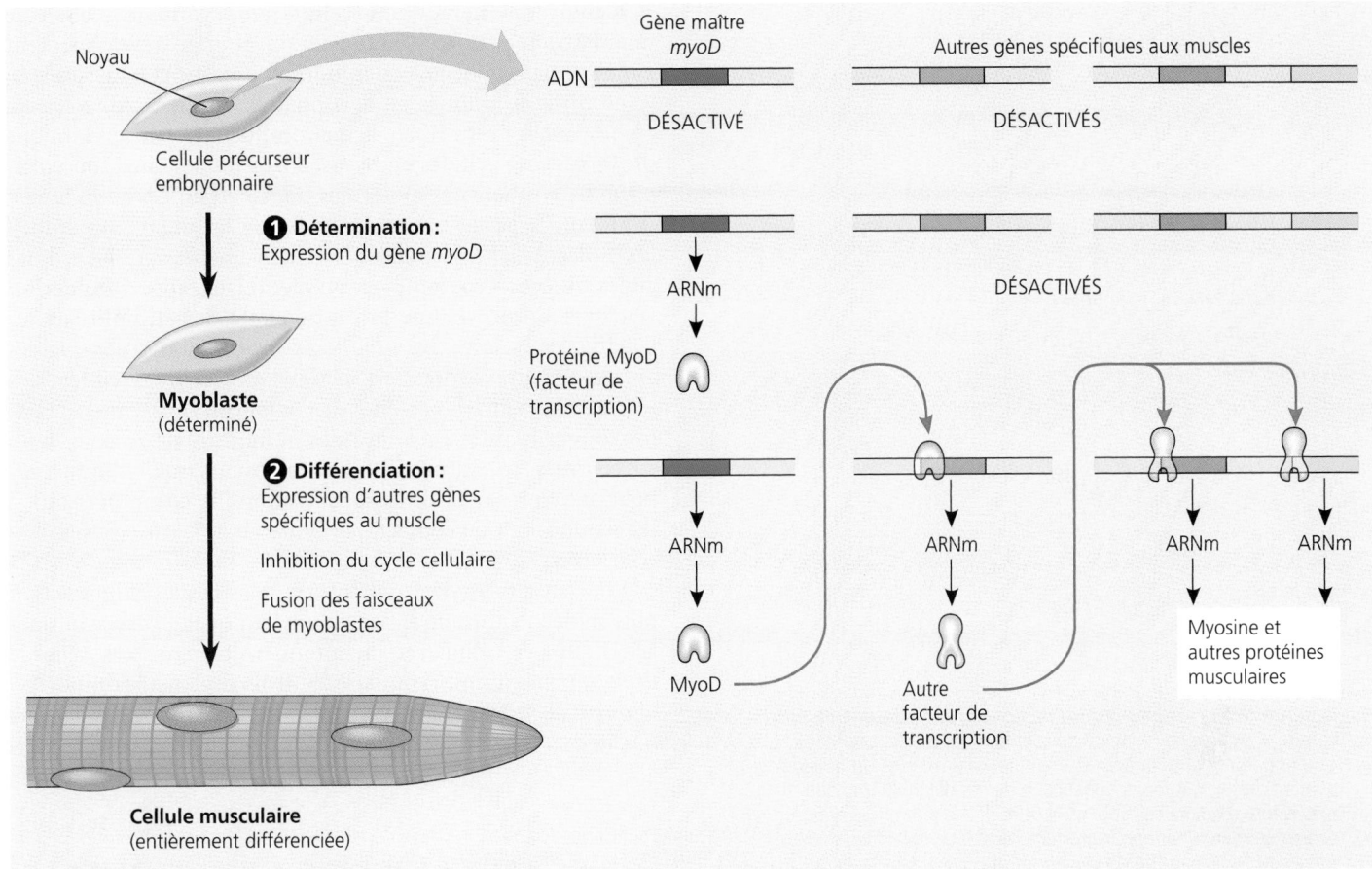

FIGURE 21.9 Détermination et différenciation des cellules musculaires. Cette figure illustre de façon simplifiée la formation d'une cellule de muscle squelettique à partir de cellules embryonnaires quelconques ressemblant à des fibroblastes (voir la photo de la FIGURE 12.15). ❶ Lorsque ce type de cellule précurseur embryonnaire reçoit un certain stimulus envoyé par les autres cellules, un gène maître appelé *myoD* est activé, et la protéine correspondante est produite. L'examen au microscope ne révèle aucun changement, mais il y a eu détermination : l'activation de *myoD* destine la cellule – qui porte maintenant le nom de myoblaste – à devenir une cellule de muscle squelettique. ❷ La protéine MyoD est un facteur de transcription qui active les gènes codant pour d'autres facteurs de transcription spécifiques aux muscles. MyoD active également des gènes comme *p21*, qui interrompent le cycle cellulaire et mettent fin aux divisions. Les différents facteurs de transcription spécifiques au muscle activent les gènes des protéines musculaires, comme la myosine et l'actine. Pendant ce temps, les myoblastes fusionnent pour former des cellules musculaires multinucléées parvenues à maturité, qu'on nomme également fibres musculaires.

La régulation de la transcription est dirigée par des molécules maternelles contenues dans le cytoplasme et par des stimulus provenant d'autres cellules

Même si l'on a élucidé le rôle du gène *myoD* dans la différenciation des cellules musculaires, on est loin d'avoir compris l'ensemble du développement embryonnaire d'un organisme. Il faut se demander ce qui déclenche l'expression du gène *myoD* en particulier, puis se poser toute une série de questions semblables, qui ramènent au zygote. À quoi sont dues les *premières* divergences apparaissant entre les cellules d'un jeune embryon ? Qu'est-ce qui détermine la morphogenèse et la différenciation des divers types de cellules pendant le développement de l'embryon ? Comme nous l'avons vu dans le cas des cellules musculaires, cela revient à demander quels gènes sont transcrits dans les cellules d'un organisme en cours de développement. Deux sources d'information « indiquent » à la cellule les gènes qu'elle doit exprimer à un moment donné.

Le cytoplasme de l'ovocyte de deuxième ordre, qui contient des molécules d'ARN et de protéines codées par l'ADN de la mère, constitue une source d'information importante exerçant son influence au début du développement embryonnaire. Le cytoplasme d'un ovocyte de deuxième ordre et même son cytosol ne sont pas des milieux homogènes. L'ARN messager, les protéines et d'autres substances, ainsi que les organites, ont une distribution inégale à l'intérieur de l'ovocyte. Chez de nombreuses espèces, cette hétérogénéité influence fortement le développement du futur embryon. Après la fécondation, les noyaux cellulaires issus de la division mitotique du zygote se retrouvent dans des milieux cytoplasmiques différents. On appelle **déterminants cytoplasmiques** les substances maternelles présentes dans l'ovocyte de deuxième ordre et influençant le déroulement du début du développement. Ils assurent la régulation de l'expression des gènes déterminant la destinée des cellules (FIGURE 21.10a, p. 448).

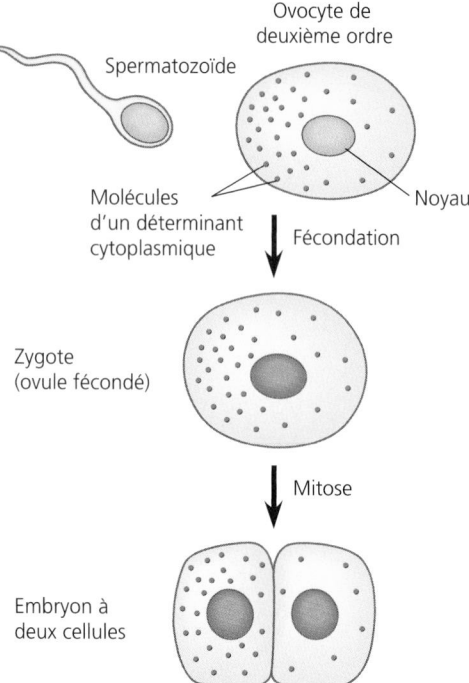

(a) Déterminants cytoplasmiques de l'ovocyte de deuxième ordre. Le cytoplasme de l'ovocyte de deuxième ordre contient des molécules codées par les gènes maternels et influençant le cours du développement du futur embryon. Beaucoup de ces déterminants cytoplasmiques, comme celui qui est illustré ici, ne sont pas distribués également dans l'ovocyte. Après la fécondation et la division mitotique, les noyaux cellulaires de l'embryon se retrouvent dans des environnements où la concentration des divers déterminants cytoplasmiques varie ; par conséquent, ils expriment des gènes différents.

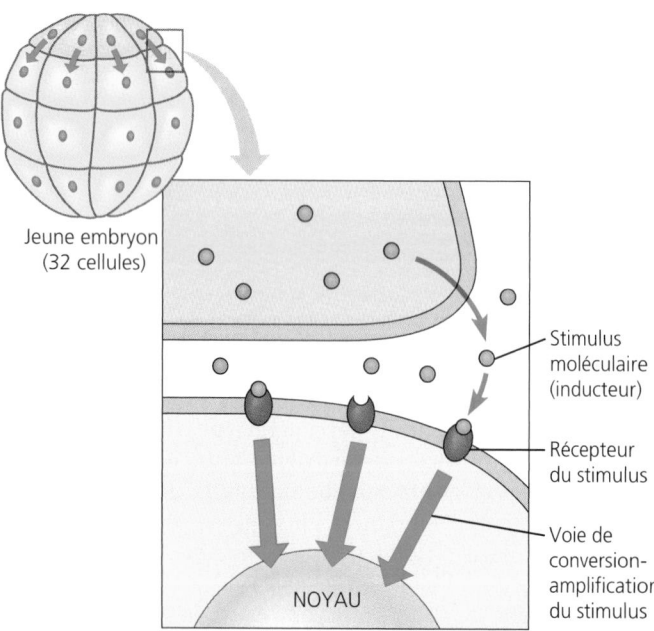

(b) Induction par les cellules voisines. Les cellules situées au sommet de ce jeune embryon de Sarcelle émettent des substances chimiques modifiant l'expression des gènes des cellules voisines.

FIGURE 21.10 Sources d'information régissant le développement du jeune embryon.

L'environnement d'une cellule embryonnaire constitue une deuxième source d'information pour le développement embryonnaire. Il gagne en importance au fur et à mesure que le nombre de cellules embryonnaires s'accroît. Une cellule embryonnaire est principalement influencée par les stimulus provenant des cellules embryonnaires situées dans son voisinage. La synthèse des molécules transmettant ces stimulus est commandée par les gènes de l'embryon lui-même. Les stimulus moléculaires provoquent des changements dans les cellules cibles situées à proximité par un mécanisme appelé **induction** (FIGURE 21.10b). D'une façon générale, les stimulus moléculaires produisent des modifications cellulaires observables en changeant l'expression génique des cellules cibles. Les interactions entre les cellules de l'embryon finissent donc par provoquer la différenciation des nombreux types de cellules spécialisées constituant le nouvel organisme. L'induction peut se faire par la diffusion de stimulus chimiques ou, si les cellules sont en contact, par l'interaction entre les surfaces cellulaires.

Pour étudier les déterminants cytoplasmiques et l'induction plus en détail, nous nous pencherons sur quelques mécanismes génétiques et cellulaires jouant un rôle important dans le développement embryonnaire de trois organismes modèles : *Drosophila melanogaster*, *Cænorhabditis elegans* et *Arabidopsis thaliana*.

LES MÉCANISMES GÉNÉTIQUES ET CELLULAIRES DE CONTRÔLE DES PLANS D'ORGANISATION

Comment les déterminants cytoplasmiques, les stimulus d'induction et leurs effets sur les cellules embryonnaires contribuent-ils à la morphogenèse (soit à la mise en forme de l'organisme et de ses parties) ? Nous allons étudier cette question du point de vue des **plans d'organisation,** c'est-à-dire du développement d'une *organisation spatiale* dans laquelle les tissus et les organes occupent un emplacement caractéristique. Au cours de la vie d'un animal, ce phénomène est en grande partie limité aux embryons et aux individus juvéniles. Au cours de la vie d'une plante, par contre, les plans d'organisation se déroulent de façon permanente dans les méristèmes apicaux (voir la FIGURE 21.2b).

Chez les espèces animales, les plans d'organisation apparaissent au stade du jeune embryon ; c'est à ce moment-là que s'établit la structure générale tridimensionnelle de ce dernier. Les axes principaux de l'organisme animal sont définis à un stade très précoce, tout comme les plans d'un édifice sont dessinés préalablement à sa construction. La position relative de la tête et de la queue, par exemple, est fixée avant même que les organes ou les tissus spécialisés soient formés. Les indices moléculaires déterminant les plans d'organisation et regroupés sous le nom générique d'**information de positionnement** reflètent l'emplacement de la cellule par rapport aux axes de l'organisme et aux cellules voisines. Ce sont eux qui conditionnent la réponse de chaque cellule et de ses cellules filles aux stimulus moléculaires ultérieurs.

L'analyse génétique de *Drosophila melanogaster* montre comment les gènes commandent le développement embryonnaire : *une vue d'ensemble*

C'est chez *Drosophila melanogaster* que les plans d'organisation ont été les plus étudiés, et les méthodes de recherche employées en génétique ont donné des résultats impressionnants. Il a été montré que les gènes commandent le développement, et les rôles clés joués par des molécules spécifiques dans le positionnement et la différenciation ont aussi été élucidés. Les chercheurs ont appréhendé le développement de *Drosophila melanogaster* en cumulant des approches anatomiques, génétiques et biochimiques. Ils ont ainsi découvert qu'il est régi par des principes communs à de nombreuses autres espèces, y compris l'espèce humaine.

Le cycle vital de Drosophila melanogaster

Les *Drosophiles* et les autres Arthropodes ont une structure modulaire, constituée de segments corporels disposés en une série ordonnée. Ceux-ci délimitent les trois grandes parties du corps des Arthropodes : la tête, le thorax (milieu du corps sur lequel les ailes et les pattes sont fixées) et l'abdomen (voir le bas de la FIGURE 21.11). Comme les autres Animaux à symétrie bilatérale, *Drosophila melanogaster* possède un axe antéro-postérieur (tête→queue) et un axe dorso-ventral (dos→ventre). Chez cette espèce, les déterminants cytoplasmiques présents dans l'ovocyte non fécondé constituent une information de positionnement déterminant l'emplacement des deux axes avant la fécondation. Une fois que cette dernière a lieu, l'information de positionnement agit à une échelle de plus en plus fine et définit un nombre prédéterminé de segments convenablement orientés. Enfin, elle déclenche la formation des structures propres à chacun de ces segments.

La FIGURE 21.11 montre les stades de développement de *Drosophila melanogaster*. L'ovocyte se développe dans l'ovaire, où il est entouré de cellules nourricières et de cellules folliculaires. Elles lui apportent les nutriments et les autres substances nécessaires au développement de l'œuf et à la fabrication de la membrane périvitelline. ❶ Après la fécondation et la ponte, la mitose commence. Les premières divisions mitotiques se distinguent de deux façons. Premièrement, la quantité de cytoplasme ne change pas ; les 10 premières divisions, qui sont très rapides, ne comportent que les phases S et M du cycle cellulaire ; il n'y a aucune croissance. Deuxièmement, il n'y a pas de

FIGURE 21.11 Étapes principales dans le cycle de développement de *Drosophila melanogaster*. Dans le dessin du haut, l'ovocyte de deuxième ordre (en jaune) est entouré de cellules formant l'épithélium folliculaire. Les follicules se trouvent dans les ovaires. L'ovocyte de deuxième ordre croît lors de sa maturation et finit par remplir l'espace délimité par la membrane périvitelline de l'œuf. Cette dernière est sécrétée par les cellules de l'épithélium folliculaire. Les cellules nourricières rétrécissent et disparaissent. L'œuf est fécondé dans l'organisme maternel, puis pondu. L'embryon se développe à l'intérieur de la membrane protectrice, comme nous l'expliquons dans le texte. Chez *Drosophila melanogaster*, la couche de cellules formant l'équivalent de la blastula est appelée blastoderme.

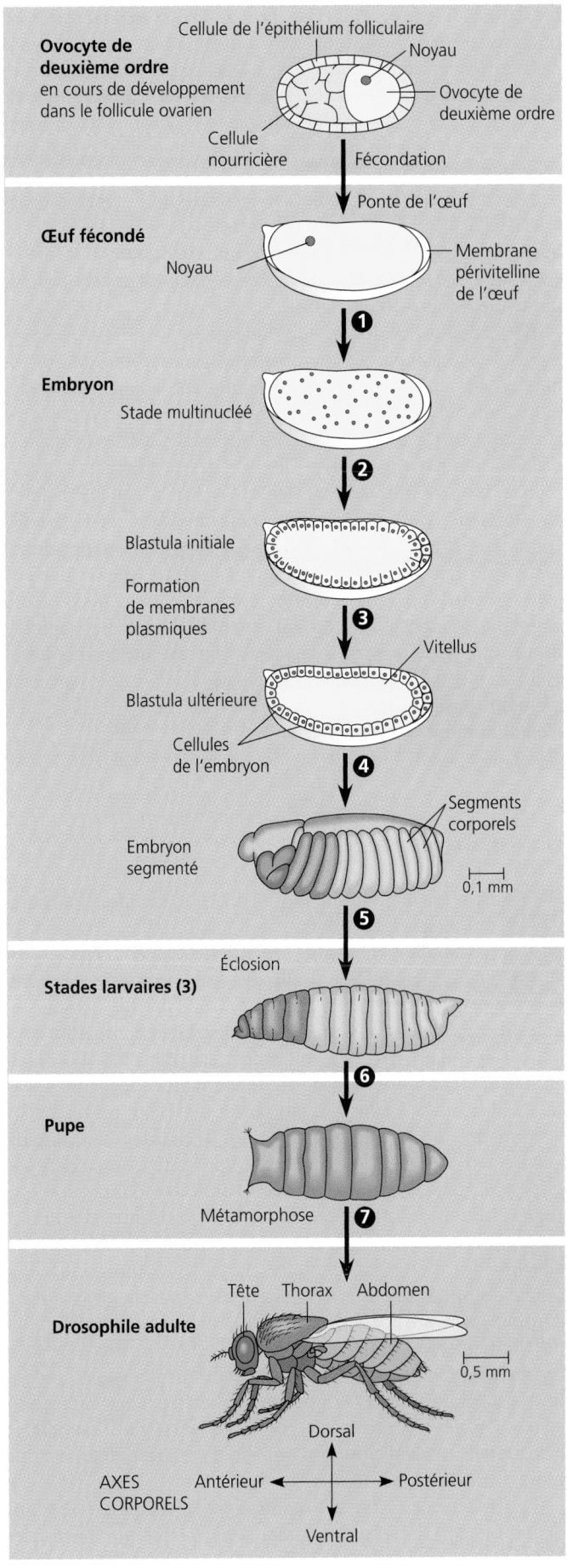

cytocinèse; le jeune embryon de *Drosophila melanogaster* est une grosse cellule multinucléée (contrairement aux embryons des Vertébrés; voir la FIGURE 47.8). ❷ À la 10e division nucléaire, les noyaux commencent à migrer vers la périphérie de l'embryon; ❸ à la 13e division, les membranes plasmiques se forment enfin, et les quelque 6 000 noyaux se retrouvent chacun dans une cellule distincte.

À ce moment-là, la structure générale de l'organisme (les axes du corps et les limites des segments) est déjà définie, bien qu'elle n'apparaisse pas à l'examen microscopique. L'embryon est nourri par le vitellus situé au centre, et il est encore protégé par la membrane périvitelline.

❹ Pendant l'évolution subséquente de l'embryon, les segments deviennent parfaitement visibles. Ils sont d'abord très semblables. ❺ Puis, certaines cellules migrent vers de nouveaux emplacements, les organes se forment, et une larve vermiforme (juvénile) sort à travers la membrane périvitelline. *Drosophila melanogaster* passe par trois stades larvaires, pendant lesquels elle mange, croît et mue (elle se débarrasse de sa cuticule rigide), ❻ finissant par former une pupe enfermée dans un cocon. ❼ La métamorphose (le passage du stade larvaire au stade adulte) se déroule dans le cocon, d'où émerge l'adulte. Chez ce dernier, les segments sont anatomiquement distincts et portent des appendices caractéristiques. Par exemple, le premier segment thoracique porte une paire de pattes; le deuxième segment thoracique, une paire de pattes et une paire d'ailes; et le troisième segment thoracique, une paire de pattes et une paire d'organes d'équilibration, appelés haltères.

Analyse génétique du début du développement chez Drosophila melanogaster

 Pendant la première moitié du XXe siècle, des biologistes ont effectué des observations anatomiques détaillées du développement embryonnaire de plusieurs espèces. Ils ont également manipulé des tissus embryonnaires au cours d'expériences. Leurs recherches ont permis de jeter les bases de l'étude des mécanismes du développement embryonnaire. Cependant, ces embryologistes « classiques » n'étaient pas en mesure d'identifier les molécules guidant le développement ou établissant les plans d'organisation. En 1940, un biologiste visionnaire du California Institute of Technology, Edward B. Lewis, a montré qu'on peut analyser le développement de *Drosophila melanogaster* en suivant une approche génétique (par l'examen des mutants). Il a étudié des mutants étranges présentant des anomalies de développement, notamment des ailes ou des pattes excédentaires (voir la FIGURE 21.14). Il a repéré les mutations correspondantes sur la carte génétique de l'animal et a ainsi établi des liens entre des anomalies du développement et des gènes spécifiques. Pour la première fois, ces recherches ont prouvé concrètement que des gènes guident les mécanismes du développement étudiés par les embryologistes. Les gènes découverts par Lewis, eux, commandent le développement de l'embryon à un stade avancé, un aspect que nous aborderons bientôt.

Le mystère des plans d'organisation au début du développement n'était toutefois pas encore éclairci. À la fin des années 1970, en Allemagne, deux chercheurs nommés Christiane Nüsslein-Volhard et Eric Wieschaus se sont attaqués à un projet ambitieux. Celui-ci a permis de mieux comprendre les plans d'organisation au niveau moléculaire pendant les premières étapes du développement embryonnaire. Les deux chercheurs ont entrepris d'identifier *l'ensemble* des gènes déterminant les plans d'organisation chez *Drosophila melanogaster*. Leur projet était monumental pour plusieurs raisons. Tout d'abord, le nombre de gènes de cette espèce tourne autour de 13 000. Les gènes ayant un effet sur la segmentation pouvaient donc représenter des aiguilles dans une botte de foin, ou encore être si nombreux et variés qu'il serait impossible de les comprendre. Deuxièmement, les mutations affectant un processus aussi fondamental que la segmentation devaient être **létales au stade embryonnaire,** c'est-à-dire produire des phénotypes conduisant à la mort des embryons ou des larves. Dans ce cas, il serait impossible de reproduire ces derniers de sorte à les étudier génétiquement. Troisièmement, comme les déterminants cytoplasmiques présents dans l'ovocyte jouent un rôle dans la détermination des axes, il fallait étudier les gènes maternels en plus de ceux de l'embryon.

Nüsslein-Volhard et Wieschaus ont réglé le problème de la létalité à l'état embryonnaire en orientant leur recherche vers les mutations récessives transmissibles par des individus hétérozygotes. Leur méthode de travail était la suivante: ils exposaient les Drosophiles à une substance chimique mutagène afin de provoquer la mutation de leurs gamètes. Puis, ils recherchaient parmi leurs descendants les embryons morts et les larves ayant une segmentation anormale. En effectuant des croisements appropriés, ils pouvaient identifier les hétérozygotes vivants porteurs de mutations embryonnaires létales. Pour trouver le plus grand nombre possible de gènes de segmentation, ils ont effectué un *criblage par saturation,* c'est-à-dire qu'ils ont produit assez de mutants pour « saturer » de mutations le génome des Drosophiles. Les deux chercheurs espéraient comprendre le fonctionnement normal des gènes touchés en examinant les anomalies visibles des embryons morts.

Après une dure année de labeur passée à effectuer des milliers de croisements et à examiner des milliers d'embryons morts, Nüsslein-Volhard et Wieschaus ont réussi à identifier environ 1 200 gènes nécessaires au développement embryonnaire. Parmi ceux-ci, 120 sont essentiels aux plans d'organisation conduisant à une segmentation normale. Au bout de plusieurs années, les deux chercheurs ont été en mesure de regrouper les gènes selon leurs fonctions générales, de les cartographier et d'en cloner un grand nombre. Grâce à leurs études, on connaît maintenant en détail les aspects moléculaires des premières étapes des plans d'organisation de *Drosophila melanogaster*. Leurs travaux ainsi que ceux de Lewis ont permis de tracer une image cohérente du développement embryonnaire de *Drosophila melanogaster*. Cela a valu aux trois chercheurs le prix Nobel en 1995.

Avant de parler du fonctionnement des gènes de segmentation, nous devons revenir en arrière et examiner les déterminants cytoplasmiques déposés dans l'ovocyte par l'organisme maternel, parce que ce sont eux qui commandent l'expression des gènes de segmentation.

Par leur gradient de concentration, des molécules d'origine maternelle déterminent la position des axes du jeune embryon

Comme nous l'avons déjà vu, les déterminants cytoplasmiques sont les substances conduisant, au début, à la mise en place des axes corporels de *Drosophila melanogaster*. Ils sont déjà présents dans l'ovocyte non fécondé et sont codés par des gènes maternels nommés **gènes à effet maternel**. Lorsque ces derniers sont mutants chez la mère, ils produisent un phénotype mutant chez les descendants, et ce, quel que soit leur génotype. En ce qui a trait au développement de la Drosophile, les gènes à effet maternel codent pour des protéines ou des ARNm placés dans l'ovocyte pendant qu'il se trouve encore dans l'ovaire. Si l'un de ces gènes est mutant chez la mère, son produit est défectueux (ou inexistant). Les ovocytes sont anormaux et ne se développent pas adéquatement après avoir été fécondés.

Comme les gènes à effet maternel commandant l'orientation (polarité) de l'œuf et, par conséquent, de l'embryon, ils sont aussi appelés **gènes de polarité de l'œuf**. Un groupe de gènes de ce type détermine l'orientation de l'axe antéropostérieur de l'embryon, et un autre groupe établit l'axe dorsoventral. Généralement, les mutations de ces gènes sont, à l'instar des mutations des gènes de la segmentation, létales au stade embryonnaire.

Comment les produits des gènes à effet maternel déterminent-ils l'orientation des axes de l'organisme en train de se former? Prenons, par exemple, un des gènes principaux de la polarité de l'œuf, le gène *bicoïde,* et voyons comment il agit. (En anglais, ce mot signifie « à deux queues ».) Lorsqu'il est défectueux chez la mère, il manque à l'embryon sa moitié antérieure. Celui-ci possède à la place des structures postérieures à ses deux extrémités (FIGURE 21.12a). Ce phénotype permet d'émettre l'hypothèse selon laquelle le produit du gène *bicoïde* de la mère est essentiel à l'établissement de l'extrémité antérieure de l'embryon et est concentré là où cette dernière doit se trouver. C'est un exemple spécifique de l'*hypothèse des gradients* formulée par les embryologistes il y a un siècle, et suivant laquelle ce sont les gradients de substances appelées **morphogènes** qui fixent l'orientation des axes de l'embryon et d'autres caractéristiques de sa forme.

Grâce à la biotechnologie et à des techniques biochimiques récentes, les chercheurs ont pu confirmer l'hypothèse selon laquelle le produit du gène *bicoïde* est un morphogène déterminant la position de l'extrémité antérieure de la Drosophile. Ils ont cloné le gène *bicoïde* et s'en sont servis comme d'une sonde d'ADN pour repérer l'ARNm *bicoïde* dans les ovocytes produits par des drosophiles femelles de type sauvage. Conformément à ce que prévoyait l'hypothèse, l'ARNm *bicoïde* se concentre à l'extrémité antérieure de l'ovocyte (FIGURE 21.12b). Une fois que celui-ci est fécondé, l'ARNm est traduit en une protéine; cette dernière diffuse de l'extrémité antérieure vers l'extrémité postérieure en créant un gradient de concentration à l'intérieur du jeune embryon. Ces résultats sont conformes à l'hypothèse selon laquelle c'est la protéine bicoïde qui détermine la position

FIGURE 21.12 Effet du gène *bicoïde,* un gène à effet maternel (polarité de l'ovocyte) chez *Drosophila melanogaster.*

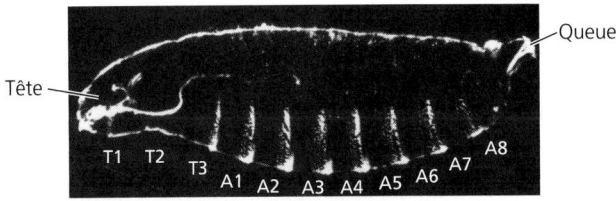

Larve de phénotype sauvage

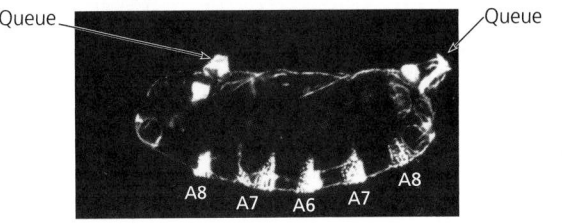

Larve de phénotype mutant (bicoïde)

(a) Larves de *Drosophila melanogaster* de phénotype sauvage et de phénotype mutant bicoïde. La larve du bas présente des structures caudales à chaque extrémité, parce qu'il y a eu mutation du gène *bicoïde* chez la mère. Les numéros désignent les segments thoraciques et abdominaux présents.

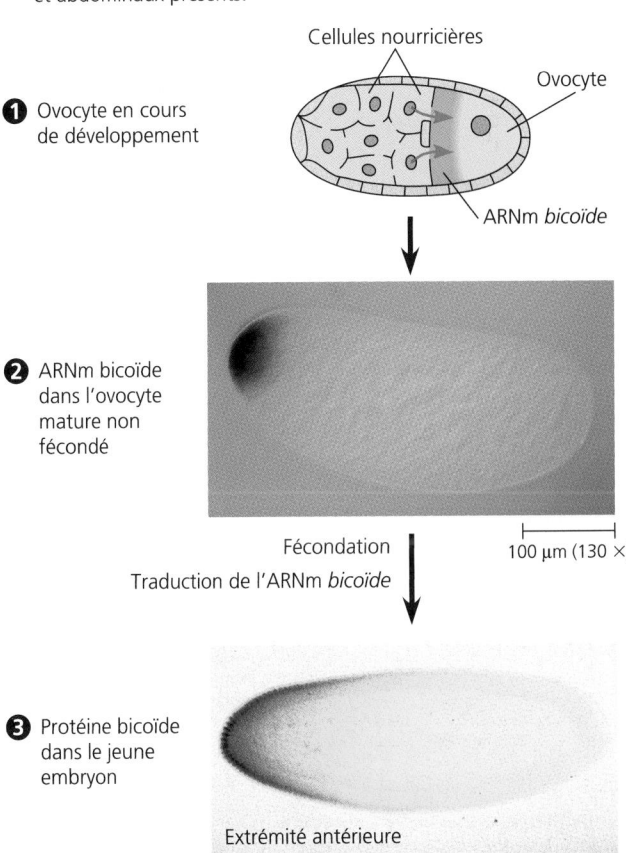

❶ Ovocyte en cours de développement

❷ ARNm bicoïde dans l'ovocyte mature non fécondé

Fécondation
Traduction de l'ARNm *bicoïde*

100 µm (130 ×)

❸ Protéine bicoïde dans le jeune embryon

Extrémité antérieure

(b) Gradients de l'ARNm et de la protéine bicoïde dans l'ovocyte normal et dans le jeune embryon. ❶ L'ARNm *bicoïde* est transcrit à partir du gène maternel *bicoïde* dans les cellules nourricières. Puis, il passe dans l'ovocyte par des jonctions ouvertes. Il se fixe au cytosquelette de la partie antérieure de l'ovocyte au fur et à mesure que celui-ci grossit et que les cellules nourricières disparaissent. **❷** Un ADN *bicoïde* marqué (en violet) sert de sonde pour repérer l'ARNm correspondant qui se trouve à l'extrémité antérieure de l'ovocyte. **❸** Après la fécondation, l'ARNm est traduit. Dans ce jeune embryon, le gradient de couleur représente un gradient de la protéine bicoïde. Cette dernière ne constitue qu'un des différents morphogènes intervenant dans la détermination des axes de l'organisme.

de l'extrémité antérieure de la Drosophile. Pour valider cette hypothèse de façon plus précise, les chercheurs ont injecté de l'ARNm *bicoïde* pur dans diverses parties de jeunes embryons. La protéine issue de sa traduction a provoqué la formation de structures antérieures sur les sites d'injection.

La recherche effectuée sur le gène *bicoïde* est importante pour plusieurs raisons. Premièrement, elle a mené à l'identification d'une protéine spécifique nécessaire au bon déroulement de certaines des premières étapes des plans d'organisation. Deuxièmement, elle a permis d'élucider en partie le rôle maternel dans le développement de l'embryon. Enfin, on a démontré qu'un gradient de molécules peut déterminer la polarité de l'ovocyte et la position des extrémités, comme les premiers embryologistes l'avaient pensé. Il s'agit là d'une notion fondamentale en matière de développement. Chez *Drosophila melanogaster*, des gradients de concentration de protéines déterminent la position des extrémités postérieure et antérieure, et l'orientation de l'axe dorsoventral. Le criblage par saturation a abouti à l'identification de la plupart des gènes et des protéines intervenant dans ce mécanisme.

L'activation en cascade de plusieurs gènes déclenche la segmentation chez *Drosophila melanogaster* : *une étude détaillée*

La protéine bicoïde et les autres morphogènes produits par les gènes déterminant la polarité de l'ovocyte sont des facteurs de transcription ; il s'agit donc de protéines assurant la régulation de la transcription de certains gènes de l'embryon. Leur gradient crée des différences régionales dans l'expression des **gènes de segmentation,** c'est-à-dire des gènes de l'embryon qui commandent la formation des segments lorsque les axes principaux de l'embryon sont définis.

Il se produit alors une activation en cascade de certains gènes : en fait, trois ensembles de gènes de segmentation sont activés à tour de rôle. Ils fournissent l'information de positionnement qui détermine la structure corporelle modulaire de l'animal avec une précision croissante. En premier lieu figurent les produits des **gènes de délétion** ; ils délimitent les subdivisions principales le long de l'axe antéropostérieur de l'embryon (FIGURE 21.13a). Des mutations de ces gènes font apparaître des

(a) Produits de deux gènes de délétion. Les gènes de délétion, qui constituent le premier groupe de gènes de segmentation à être activé, produisent de larges bandes de protéines régulatrices de gènes. Celles-ci subdivisent grossièrement l'embryon. Sur cette micrographie, les bandes verte et rouge représentent les produits de deux gènes de délétion différents ; quant à la bande jaune, c'est une région de recouvrement.

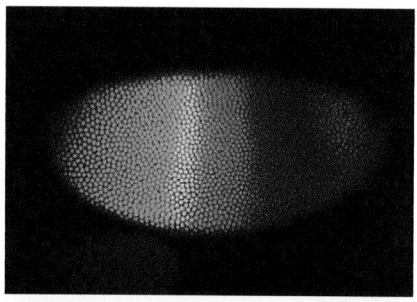

(b) Produits d'un gène de parité segmentaire. Les produits localisés des gènes de délétion activent un deuxième ensemble de gènes de segmentation, appelés gènes de parité segmentaire. C'est la protéine codée par un gène de parité segmentaire qui a créé ces bandes vertes. Les gènes de parité segmentaire commandent la suite de la subdivision de l'embryon.

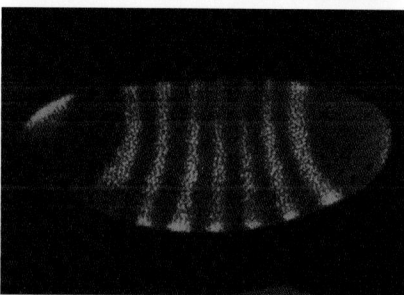

(c) Produit d'un gène de polarité segmentaire. Les dernières instructions menant à la subdivision de l'embryon en segments sont émises lorsque les protéines de parité segmentaire déclenchent l'expression localisée des différents gènes de polarité segmentaire. Les bandes vertes que vous voyez ici sont dues au produit d'un gène de polarité segmentaire. Chacun des compartiments situé entre ces bandes de protéines représente un segment corporel de l'embryon qui, à cette étape, est replié sur lui-même.

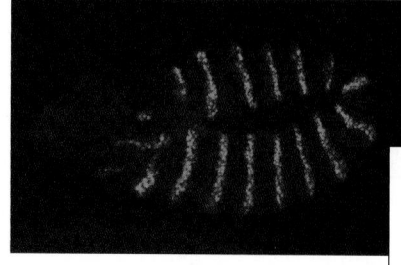

FIGURE 21.13 Les gènes de segmentation de *Drosophila melanogaster*. Les gènes maternels de polarité de l'ovocyte déterminent la position des axes de l'organisme. Peu après la fécondation, la protéine bicoïde et les produits des autres gènes maternels déclenchent l'activation en cascade de gènes de segmentation dans les noyaux de l'embryon. Ces micrographies d'embryons de drosophiles en cours de développement montrent les bandes successives de protéines régulatrices codées par les gènes de segmentation. Ces protéines sont des facteurs de transcription ; elles se lient à l'ADN et commandent la division de l'organisme en des segments caractéristiques des Insectes et des autres Arthropodes. Les couleurs que vous voyez sont produites par des colorants fluorescents qui marquent les anticorps liés aux protéines régulatrices codées par les gènes de segmentation.

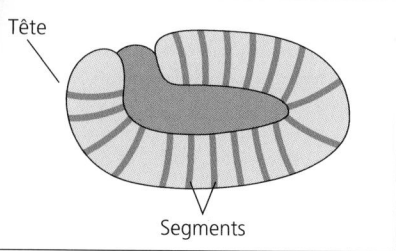

« délétions », ou lacunes, dans la segmentation de l'animal. Par exemple, une mutation particulière conduit à la formation d'un embryon auquel il manque six segments abdominaux. Les **gènes de parité segmentaire**, eux, constituent le deuxième ensemble de gènes qui subit une activation. Ils définissent la structure modulaire par paires de segments (FIGURE 21.13b). Les mutations touchant ce type de gènes aboutissent à la formation d'embryons n'ayant que la moitié du nombre normal de segments, un segment sur deux (pair ou impair, selon la mutation) ne se développant pas. Enfin, le troisième ensemble de gènes de segmentation à être activé est celui des **gènes de polarité segmentaire**. Ceux-ci définissent l'axe antéropostérieur de chacun des segments (FIGURE 21.13c). Les embryons dont les gènes de polarité segmentaire ont subi des mutations possèdent un nombre normal de segments ; toutefois, une partie de chacun de ces derniers est remplacée par une image miroir d'une autre partie.

Les produits de nombreux gènes de segmentation, tels que les gènes de polarité segmentaire de l'ovocyte, sont des facteurs de transcription activant directement l'ensemble suivant de gènes dans la hiérarchie des plans d'organisation. D'autres gènes de segmentation agissent de diverses façons et de manière plus subtile dans la synthèse de facteurs de transcription. Par exemple, certains de ceux-ci contrôlent la synthèse d'intermédiaires dans les voies de communication intracellulaires, qu'il s'agisse de molécules servant de stimulus dans la communication intercellulaire ou de récepteurs membranaires qui les reconnaissent (voir le chapitre 11). Les molécules de la communication cellulaire jouent un rôle essentiel lorsque les membranes plasmiques ont divisé l'embryon en des compartiments cellulaires distincts.

Agissant de concert, les produits des gènes de la polarité de l'ovocyte ajustent l'expression des gènes de délétion selon les parties corporelles. Puis, les gènes de délétion régulent à leur tour l'expression des gènes de parité segmentaire. Enfin, les gènes de parité segmentaire activent des gènes de polarité segmentaire spécifiques dans différentes parties de chacun des segments. Les limites et les axes des segments sont alors définis. Dans la hiérarchie génique des plans d'organisation, les prochains gènes à être activés sont ceux qui déterminent l'anatomie propre à chacun des segments de l'embryon.

Les gènes homéotiques déterminent l'identité des parties corporelles

Chez une drosophile normale, les organes comme les antennes, les pattes et les ailes se développent sur les segments appropriés. L'identité anatomique des segments est déterminée par un ensemble de gènes maîtres régulateurs, appelés **gènes homéotiques.** Ceux-ci ont été découverts par Edward Lewis. Une fois que les gènes de segmentation ont délimité des segments, les gènes homéotiques définissent les types de structures et d'appendices que chaque segment formera. Les mutations des gènes homéotiques produisent des drosophiles ayant des caractéristiques bizarres, comme des pattes sur la tête à la place des antennes (FIGURE 21.14). Par conséquent, comme l'a découvert Lewis, les mutations des gènes homéotiques causent l'apparition de certaines structures ailleurs que là où elles devraient se trouver normalement.

Les gènes homéotiques codent pour des facteurs de transcription, à l'instar de beaucoup de gènes de polarité de l'œuf ou de segmentation. Les protéines régulatrices produites par les gènes homéotiques commandent l'expression de gènes détenant le message génétique correspondant à des structures anatomiques précises. Par exemple, une protéine homéotique synthétisée dans les cellules d'un segment thoracique donné peut activer sélectivement les gènes qui déclenchent le développement des pattes ; ou encore, une protéine homéotique active dans un certain segment de la tête peut commander la formation d'antennes. Chez un mutant, cette protéine peut marquer le segment comme faisant partie du « thorax » au lieu de la « tête » et provoquer la formation de pattes à la place des antennes. Les scientifiques s'affairent maintenant à identifier les gènes activés par les protéines homéotiques (c'est-à-dire les gènes codant pour les protéines assurant la formation même des structures). Le diagramme suivant résume la cascade d'activités géniques dans l'embryon de *Drosophila melanogaster* :

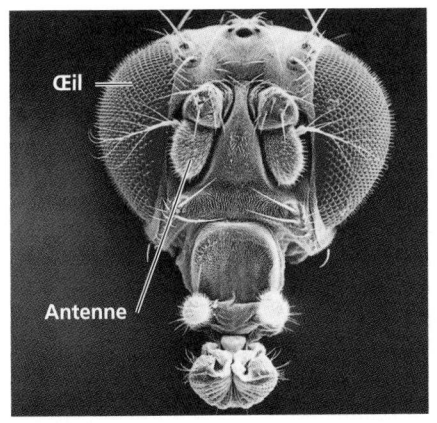
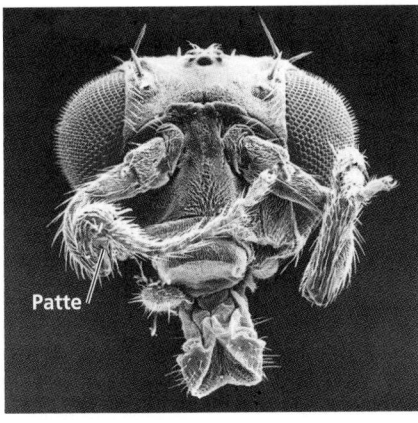

FIGURE 21.14 Mutations de gènes homéotiques et plans anormaux d'organisation chez *Drosophila melanogaster.* Les mutations de gènes homéotiques provoquent l'apparition de structures à des endroits inhabituels chez l'animal. Ces micrographies montrent la tête de deux drosophiles (MEB). L'individu dont un gène homéotique a subi une mutation (photo de droite) porte des pattes sur la tête au lieu des courtes antennes que l'on voit chez l'individu normal (photo de gauche).

Œil

Antenne

Patte

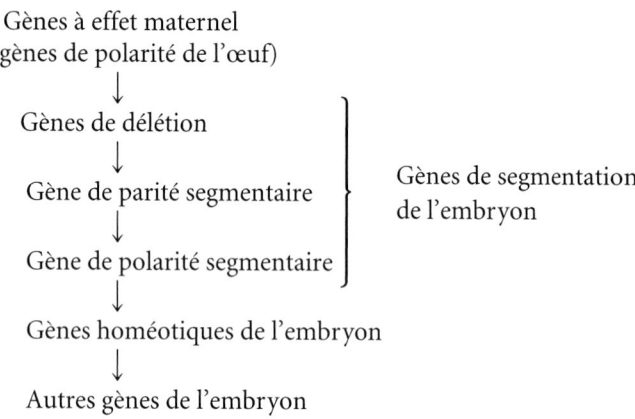

Gènes à effet maternel
(gènes de polarité de l'œuf)
↓
Gènes de délétion
↓
Gène de parité segmentaire
↓ } Gènes de segmentation
Gène de polarité segmentaire de l'embryon
↓
Gènes homéotiques de l'embryon
↓
Autres gènes de l'embryon

Ce qui est le plus étonnant, c'est qu'une grande partie des molécules et des mécanismes découverts au cours de recherches portant sur les plans d'organisation chez la Drosophile ont des équivalents étroitement apparentés dans l'ensemble du monde animal. Et il s'avère que les ressemblances les plus frappantes concernent précisément les gènes homéotiques et leurs produits.

Les boîtes homéotiques ont été très bien conservées au cours de l'évolution

Tous les gènes homéotiques de *Drosophila melanogaster* comprennent une séquence de 180 nucléotides appelée **boîte homéotique.** Celle-ci code pour un *domaine homéotique* de 60 acides aminés. On a découvert une séquence nucléotidique identique ou très semblable dans les gènes de nombreuses autres espèces animales, y compris des insectes, des nématodes, des mollusques, des poissons, des grenouilles, des oiseaux et des mammifères, dont l'être humain. (Les gènes contenant des boîtes homéotiques sont souvent appelés gènes *Hox*, notamment chez les Mammifères.) De plus, des séquences apparentées ont également été trouvées dans les gènes régulateurs d'eucaryotes beaucoup plus éloignés, comme des levures, et même dans les gènes de procaryotes. Ces ressemblances nous permettent de conclure que la séquence d'ADN de la boîte homéotique est apparue très tôt au cours de l'histoire de la vie ; de plus, elle doit être assez précieuse pour avoir été conservée pratiquement intacte chez les Animaux pendant des centaines de millions d'années. Chez les Vertébrés, les gènes homologues aux gènes homéotiques des Drosophiles ont même conservé l'ordre qu'ils occupaient sur les chromosomes (FIGURE 21.15).

Tous les gènes contenant une boîte homéotique ne sont pas nécessairement des gènes homéotiques : certains ne déterminent pas directement l'identité des parties de l'organisme. Cependant, la plupart sont liés au développement, ce qui permet de penser qu'ils jouent un rôle fondamental dans ce processus depuis des temps reculés. Par exemple, chez la Drosophile, les boîtes homéotiques sont présentes non seulement dans les gènes homéotiques, mais aussi dans les gènes *bicoïdes* de polarité de l'œuf, dans plusieurs gènes de segmentation et dans le gène régulateur principal du développement de l'œil (voir la photographie au début du chapitre).

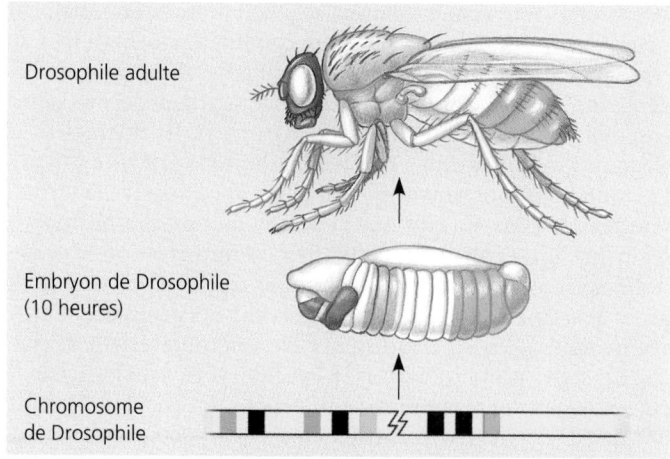

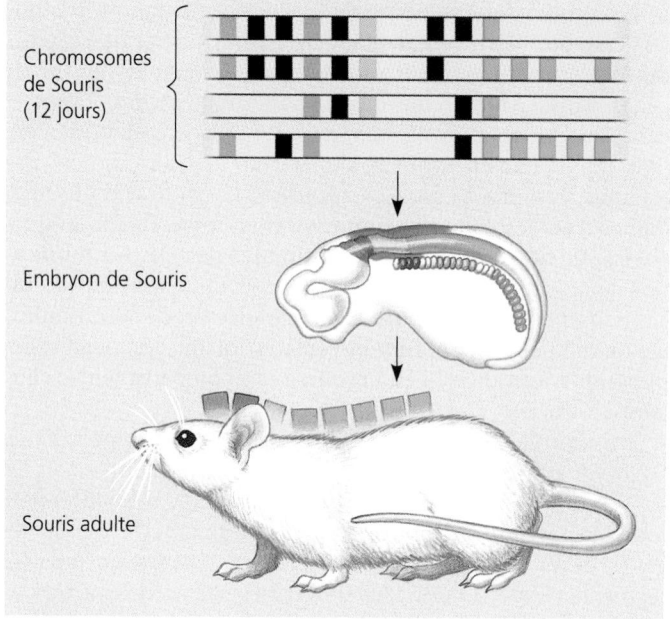

FIGURE 21.15 Gènes homologues commandant les plans d'organisation chez la Drosophile et la Souris. Les gènes homéotiques (contenant une boîte homéotique) commandant la forme des structures antérieures et postérieures de l'organisme sont placés dans le même ordre sur les chromosomes de la Drosophile et de la Souris. Chacune des petites cases qui figurent ici sur les chromosomes désigne un gène contenant une boîte homéotique. Chez la Drosophile, tous ces gènes se situent sur le même chromosome. Chez la Souris et les autres Mammifères, on trouve le même ensemble de gènes ou des ensembles similaires sur quatre chromosomes. Les couleurs renvoient aux parties de l'embryon où ces gènes s'expriment et aux régions correspondantes de l'organisme adulte. Les cases violettes, vertes, grises et orange représentent les gènes contenant les boîtes homéotiques qui sont pratiquement identiques chez les Drosophiles et les Souris. Les cases noires indiquent les gènes incluant les boîtes homéotiques qui se ressemblent moins chez ces deux espèces. Chez les Vertébrés, on appelle souvent gènes *Hox* les gènes ayant des boîtes homéotiques.

Quel est le rôle du domaine homéotique dans une protéine ? Cette séquence polypeptidique est la partie de la protéine qui se lie à l'ADN lorsque cette dernière agit en tant que facteur de transcription. Un domaine homéotique forme trois hélices α, dont une s'insère avec précision dans le sillon de l'hélice d'ADN. Cependant, un domaine homéotique a une forme qui

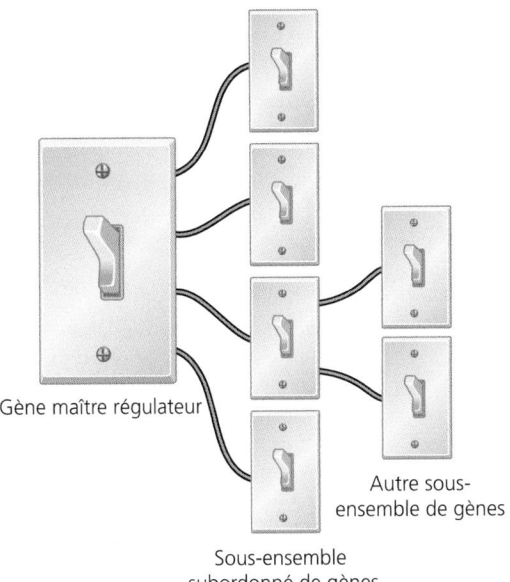

FIGURE 21.16 Gènes contenant une boîte homéotique et agissant comme des interrupteurs. Le mode de différenciation d'une cellule de l'organisme animal dépend du nombre d'interrupteurs activés (c'est-à-dire de la nature des protéines à domaine homéotique synthétisées dans la cellule). Un interrupteur général peut commander plusieurs interrupteurs secondaires, qui à leur tour en commandent d'autres. Ici, les fils électriques représentent les effets des protéines de régulation codées par les gènes.

Gène maître régulateur

Autre sous-ensemble de gènes

Sous-ensemble subordonné de gènes

lui permet de se lier à n'importe quel segment d'ADN; il ne peut pas choisir une séquence spécifique. Ce sont d'autres domaines plus variables de la protéine qui déterminent la nature des gènes dont la protéine assurera la régulation. Ces domaines interagissent avec d'autres facteurs de transcription, qui permettent à la protéine de reconnaître certains promoteurs ou certaines séquences activatrices présentes sur l'ADN. Les protéines contenant un domaine homéotique assurent probablement la régulation du développement en coordonnant la transcription d'un ensemble de gènes du développement qu'elles activent ou désactivent (FIGURE 21.16). Chez la Drosophile, diverses combinaisons de gènes à boîte homéotique sont actives dans les différentes parties de l'embryon. L'expression sélective des gènes régulateurs et les fluctuations de cette expression dans le temps et dans l'espace sont essentielles à la réalisation des plans d'organisation.

Des cellules ordonnent à leurs voisines de former certaines structures; stimulus cellulaires et induction chez le Nématode *C. elegans*

Le développement d'un organisme multicellulaire ne peut s'effectuer sans une communication précise entre les cellules. Avant même que l'embryon de *Drosophila melanogaster* soit plus qu'une «cellule» multinucléée, la transmission d'informations entre cellules joue un rôle essentiel. Par exemple, c'est l'échange d'informations entre l'ovocyte encore non fécondé et les cellules folliculaires voisines qui guide la localisation de l'extrémité antérieure de l'œuf; c'est aussi un stimulus émis par les cellules folliculaires qui entraîne la mise en place de l'ARNm

bicoïde à cet endroit. Une fois que l'embryon devient vraiment multicellulaire, l'échange d'informations entre les cellules de l'embryon se met à jouer un rôle de plus en plus important. Par un mécanisme appelé induction, les cellules ordonnent à leurs voisines d'effectuer certains changements spécifiques, souvent par l'intermédiaire de l'expression de gènes particuliers. Comme nous l'avons vu, la cause ultime des divergences apparaissant entre les cellules est la régulation de la transcription, soit l'activation et la désactivation de gènes spécifiques. La différenciation résulte de l'induction, qui est la transmission d'informations d'un groupe de cellules à un groupe voisin.

Induction du développement de la vulve chez *Cænorhabditis elegans*

Le Nématode *C. elegans* est un organisme modèle très utile pour l'étude de la communication cellulaire et de l'induction ayant lieu au cours du développement embryonnaire. Les résultats de la recherche sur le développement de la *vulve* du Nématode (une ouverture minuscule par laquelle ce dernier pond ses œufs) sont particulièrement intéressants à cet égard. Les chercheurs ont employé différentes approches génétiques, biochimiques et embryologiques pour élucider la formation de cet organe.

Avant de devenir un adulte prêt à se reproduire, le Nématode passe par quatre stades larvaires (les larves ressemblent aux adultes en beaucoup plus petit). Sur la face ventrale de la larve de deuxième stade, on remarque déjà six cellules qui formeront la vulve (FIGURE 21.17a, p. 456). Une seule cellule de la gonade embryonnaire, la *cellule d'ancrage,* amorce une cascade de stimulus chimiques déterminant la destinée des cellules précurseurs de la vulve. Si l'on détruit la cellule d'ancrage avec un rayon laser, la vulve ne se forme pas, et les cellules précurseurs deviennent tout simplement une partie de l'épiderme de l'animal.

Des chercheurs ont élucidé les mécanismes moléculaires de l'induction qui a lieu au niveau de la vulve. Pour ce faire, ils ont isolé des mutants dont la vulve ne se développe pas normalement. Il faut savoir que cela n'empêche pas ce type de mutants d'atteindre l'âge adulte, parce que cet organe de ponte n'est pas essentiel à leur survie. Toute une gamme de phénotypes ont été observés: ils vont de la présence de vulves multiples à l'absence totale de cet organe. (Les descendants des mutants de ce dernier type se développent à l'intérieur du corps des hermaphrodites autofécondés; ils sortent de leur parent en digérant une partie de son épiderme!) Grâce à l'étude des mutants, on a pu identifier un certain nombre de gènes intervenant dans le développement de la vulve. On a également pu savoir où et comment leurs produits agissent (FIGURE 21.17b).

La cellule d'ancrage sécrète un inducteur, c'est-à-dire une protéine de communication qui se lie à un récepteur protéique de la membrane plasmique des cellules précurseurs de la vulve. (Cette protéine ressemble beaucoup au *facteur de croissance épidermique* des Humains et des autres Animaux, ce qui illustre bien l'unité du vivant.) Au départ, toutes les cellules précurseurs sont équivalentes: elles synthétisent le même ensemble de protéines nécessaires à la formation de la vulve, y compris les récepteurs des stimulus moléculaires émis par la cellule d'ancrage. Cependant, elles ne répondent pas toutes à

FIGURE 21.17 Communication cellulaire et induction dans le développement de la vulve du Nématode *C. elegans*. La vulve est l'ouverture par laquelle les Nématodes pondent leurs œufs.

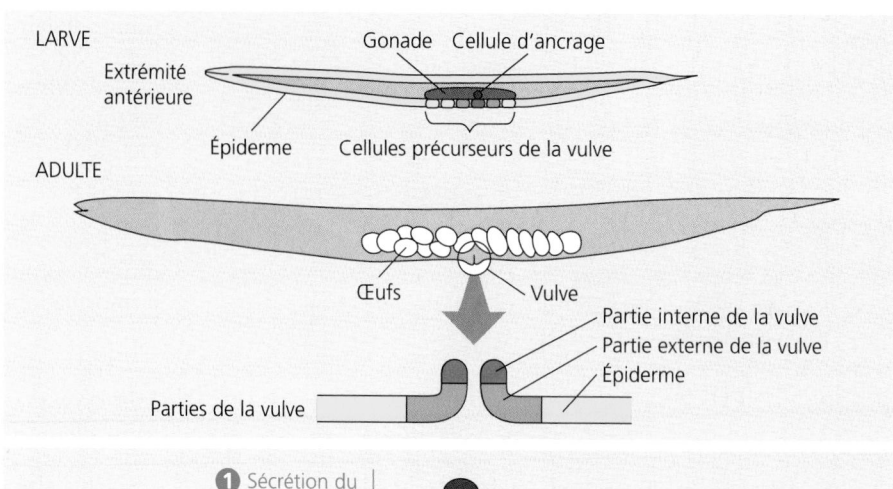

(a) Anatomie du développement de la vulve.
Chez la larve, les cellules précurseurs de la vulve ont trois destinées possibles : elles peuvent former ultérieure-ment la partie interne de la vulve, ou la partie externe de la vulve, ou encore l'épiderme adjacent.

(b) Communication cellulaire et induction. La destinée de ces cellules est déterminée par une série d'inductions amorcées par ❶ un stimulus chimique provenant d'une cellule voisine appelée cellule d'ancrage. Les cercles orange représentent ce premier inducteur. ❷ La liaison des molécules chimiques avec les récepteurs situés sur les cellules précurseurs vulvaires les plus proches amorce une voie de conversion-amplification du stimulus. Celle-ci mène ❸ à la synthèse d'un second inducteur, une protéine de la matrice extracellulaire (en vert). ❹ Cet inducteur se lie à son tour à des récepteurs spécifiques (en violet) situés sur deux cellules précurseurs vulvaires adjacentes.

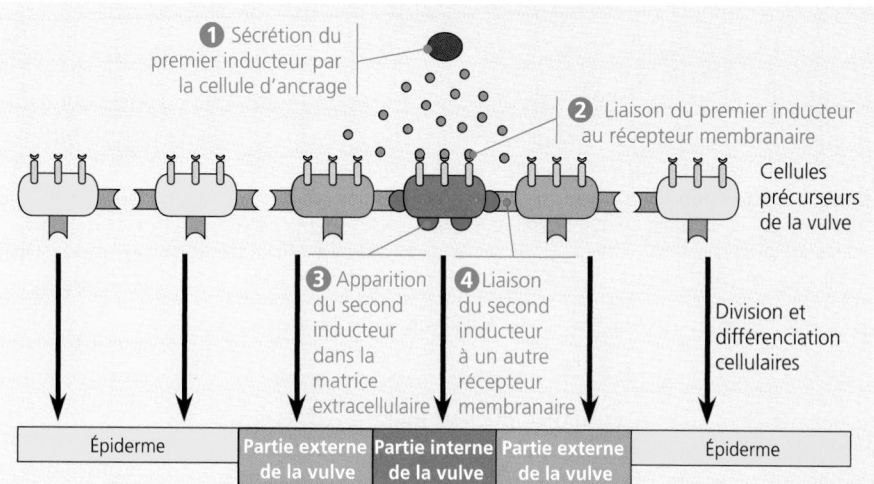

l'inducteur. La cellule qui constituera normalement la partie interne de la vulve reçoit des quantités importantes d'inducteur, parce que c'est elle qui se trouve le plus près de la cellule d'ancrage. Ces quantités importantes d'inducteur ont probablement deux effets : elles entraînent (1) la division et la différenciation de la cellule précurseur, qui forme la partie interne de la vulve, et (2) l'activation d'un gène de protéine de communication ; celle-ci constitue un deuxième inducteur et s'insère dans la matrice extracellulaire. Les récepteurs des deux cellules précurseurs vulvaires adjacentes se lient au deuxième inducteur, qui stimule leur division et le développement de la partie externe de la vulve. Les trois autres cellules précurseurs vulvaires se trouvent trop loin pour recevoir quelque signal que ce soit, et elles deviennent des cellules épidermiques.

L'inducteur libéré par la cellule d'ancrage et la voie de conversion-amplification du stimulus qu'elle met en marche dans les cellules précurseurs vulvaires les plus proches ressemblent à ce que l'on a vu dans des chapitres précédents. Le stimulus chimique est une protéine semblable à un facteur de croissance. Dans la cellule cible, la conversion-amplification du stimulus est assurée par un récepteur à domaine tyrosine kinase, une protéine *ras* (découverte chez un rat ayant un sarcome) et une cascade de protéines kinases. Il s'agit d'une voie commune menant à la régulation de la transcription chez de nombreuses espèces (voir la FIGURE 19.14a). (Les recherches sur *C. elegans*

ont permis d'obtenir la première preuve *in vivo* du lien entre la voie *ras* et un facteur de croissance.)

Bref, l'étude du développement de la vulve chez *C. elegans* illustre plusieurs notions importantes, qui s'appliquent au développement de nombreuses autres espèces animales.

- Une séquence d'inductions conduit à la formation des organes de l'embryon en cours de développement.

- L'effet d'un inducteur peut dépendre de sa concentration (comme on l'a vu dans le cas des déterminants cytoplasmiques chez *Drosophila melanogaster*).

- Les inducteurs exercent leurs effets par l'intermédiaire de voies de conversion-amplification du stimulus semblables à celles qui existent dans les cellules d'adultes.

- La réponse des cellules visées par l'induction est souvent l'activation (ou l'inactivation) de gènes (on parle de régulation de la transcription). Cette réponse détermine à son tour le type d'activité génique caractérisant les cellules différenciées d'un type donné.

- La génétique constitue un bon outil d'étude des mécanismes du développement embryonnaire.

Mort cellulaire programmée (apoptose)

L'analyse des lignées cellulaires de *C. elegans* a montré que la communication cellulaire peut mener à un autre résultat, qui joue un rôle crucial dans le développement des organismes animaux : la mort cellulaire programmée, ou **apoptose.** Cette forme de suicide cellulaire opportun se produit précisément 131 fois au cours du développement normal de *C. elegans,* et ce, toujours à la même génération dans la lignée cellulaire de chaque nouvel individu. Des stimulus déclenchent l'activation d'une cascade de protéines de « suicide » dans les cellules destinées à mourir. Celles-ci rétrécissent, et leurs noyaux se condensent, avant de se désintégrer. Les cellules voisines ne tardent pas à phagocyter et à digérer leurs restes, sans laisser de traces (FIGURE 21.18a).

Le criblage génétique de *C. elegans* a mené à la découverte de deux gènes clés de l'apoptose : *ced-3* et *ced-4* (*ced* signifie « mort cellulaire » ; cela vient de l'anglais *cell death*). Ils codent pour les protéines essentielles à l'apoptose, qui portent respectivement les noms de Ced-3 et de Ced-4. Celles-ci, de même que la plupart des autres protéines intervenant dans l'apoptose, sont continuellement présentes dans les cellules, mais sous une forme inactive. L'activité des protéines n'est donc régulée ni par la transcription ni par la traduction. Une protéine appelée Ced-9 (produit du gène *ced-9*) est le régulateur principal de l'apoptose (FIGURE 21.18b). La voie de l'apoptose active des protéases et des nucléases, des enzymes découpant respectivement les protéines et l'ADN de la cellule. Les protéases principales de l'apoptose sont appelées *caspases.* Chez les Nématodes, la caspase principale est Ced-3.

Chez les Humains et les autres Mammifères, les voies de l'apoptose sont plus compliquées. Les recherches sur les Mammifères ont récemment montré que les mitochondries jouent, du moins chez ces animaux complexes, un rôle important dans le « suicide » des cellules. Les protéines des voies de l'apoptose ou d'autres stimulus connexes provoquent des fuites de la membrane externe des mitochondries ; des protéines entraînant la mort cellulaire sont ainsi libérées. (Chose surprenante, elles incluent le cytochrome *c* ; on pensait auparavant que les fonctions de ce dernier dans la cellule se limitaient au transport d'électrons. Voir la FIGURE 9.15.) On ne sait pas encore avec certitude si les mitochondries jouent un rôle essentiel ou secondaire dans le « suicide » cellulaire. Cela dépend peut-être des circonstances. Quoi qu'il en soit, la cellule doit prendre des « décisions » concernant sa survie en effectuant une certaine intégration des stimulus qu'elle reçoit ; ceux-ci comprennent des stimulus de « mort » et des stimulus de « vie », comme les facteurs de croissance.

 **FIGURE 21.18 Apoptose (mort cellulaire programmée).**

POPULATION

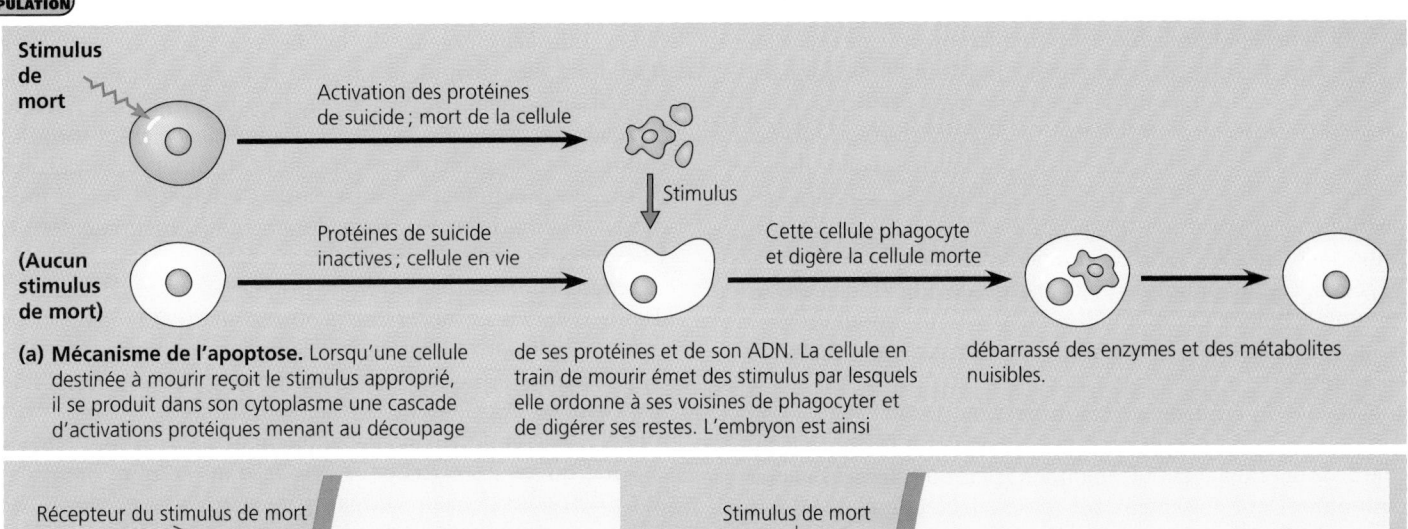

Stimulus de mort

Activation des protéines de suicide ; mort de la cellule

Stimulus

Cette cellule phagocyte et digère la cellule morte

(Aucun stimulus de mort)

Protéines de suicide inactives ; cellule en vie

(a) Mécanisme de l'apoptose. Lorsqu'une cellule destinée à mourir reçoit le stimulus approprié, il se produit dans son cytoplasme une cascade d'activations protéiques menant au découpage de ses protéines et de son ADN. La cellule en train de mourir émet des stimulus par lesquels elle ordonne à ses voisines de phagocyter et de digérer ses restes. L'embryon est ainsi débarrassé des enzymes et des métabolites nuisibles.

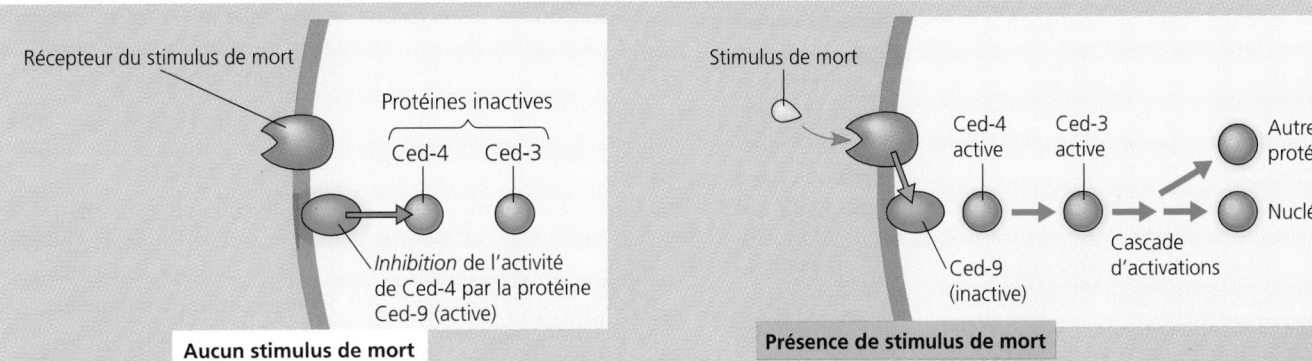

Récepteur du stimulus de mort

Protéines inactives

Ced-4   Ced-3

Inhibition de l'activité de Ced-4 par la protéine Ced-9 (active)

Aucun stimulus de mort

Stimulus de mort

Ced-4 active   Ced-3 active

Autres protéases

Nucléases

Ced-9 (inactive)

Cascade d'activations

Présence de stimulus de mort

(b) Modèle du fondement moléculaire de l'apoptose dans le développement de *C. elegans.* Chez *C. elegans,* l'apoptose fait intervenir trois protéines principales : Ced-9, Ced-4 et Ced-3. Une cellule reste en vie tant que la protéine régulatrice Ced-9 reste active.

Ced-9 inhibe l'activité de Ced-4 et l'empêche d'activer Ced-3. Lorsqu'une cellule reçoit des « stimulus de mort », ceux-ci inactivent Ced-9, ce qui permet à Ced-4 puis à Ced-3 d'être activées. Ced-3 est une protéase puissante qui, lorsqu'elle est active, découpe les protéines.

Cela active les autres protéases et les nucléases. Par leur action combinée, ces enzymes tuent la cellule. Les protéases de l'apoptose sont appelées caspases.

Les mécanismes intrinsèques du suicide cellulaire sont essentiels au développement de tous les Animaux. Les ressemblances entre les gènes de l'apoptose chez les Nématodes et ceux des autres espèces montrent que ce mécanisme fondamental est apparu au début de l'évolution animale. La croissance et le développement des embryons et des adultes passent par l'activation des protéines de l'apoptose au moment opportun. La mort cellulaire programmée est essentielle au développement normal du système nerveux des Vertébrés, au bon fonctionnement de leur système immunitaire, et à la morphogenèse des mains et des pieds des Humains. Dans ce dernier cas, l'absence d'une mort cellulaire normale peut entraîner la formation de doigts et d'orteils palmés. Les chercheurs tentent aussi de savoir si certaines maladies dégénératives du système nerveux résultent de l'activation inopportune de gènes de l'apoptose, et si certains cancers sont dus à l'absence d'apoptose de certaines cellules. Normalement, les cellules qui ont subi des dommages irréparables, infligés notamment à leur ADN et capables de mener au cancer, génèrent des stimulus *internes* déclenchant l'apoptose.

Le développement des Végétaux résulte de la communication cellulaire et de la régulation de la transcription

Le dernier ancêtre commun des Végétaux et des Animaux était probablement un microorganisme unicellulaire ayant vécu il y a des centaines de millions d'années. Les mécanismes du développement ont donc dû évoluer séparément dans les deux groupes. Les Végétaux ont acquis des parois cellulaires rigides empêchant pratiquement tout déplacement de cellules ou de tissus. Ce phénomène a rendu impossible un mécanisme de morphogenèse qui joue un rôle important chez les espèces animales. La morphogenèse des Végétaux résulte plutôt de la formation de différents plans de division cellulaire et du grandissement sélectif de cellules particulières. (Vous aurez l'occasion d'étudier ces mécanismes au chapitre 35.)

Cependant, en dépit de ces différences, les Végétaux et les Animaux ont des mécanismes moléculaires, cellulaires et génétiques de développement (remontant à leurs origines cellulaires communes) qui présentent des ressemblances fondamentales. En particulier, leur développement dépend de la communication cellulaire (induction) et de la régulation de la transcription.

On commence à peine à comprendre les détails des fondements moléculaires du développement végétal. Les recherches sur les Plantes font actuellement des progrès rapides grâce à la biotechnologie, aux indices fournis par la recherche sur les Animaux et à l'emploi d'organismes modèles, comme *Arabidopsis thaliana*. Le développement embryonnaire de la plupart des espèces végétales se déroule à l'intérieur de la graine, là où il est relativement difficile de l'étudier. (Une graine parvenue à maturité contient un embryon complètement formé.) Néanmoins, pendant toute la vie d'une plante, il est possible d'observer d'autres aspects importants de son développement en se penchant sur ses méristèmes, notamment les méristèmes apicaux situés à l'apex des pousses. C'est à cet endroit que la division

cellulaire, la morphogenèse et la différenciation donnent naissance à de nouveaux organes, comme les feuilles ou les pétales des fleurs. Nous allons voir deux exemples de recherches effectuées sur les méristèmes floraux (il s'agit de tissus végétaux embryonnaires situés à l'apex des nouvelles pousses et produisant les fleurs).

Communication cellulaire dans le développement des fleurs

Les stimulus provenant de l'environnement, tels que la durée de l'éclairement diurne et la température ambiante, activent des voies de conversion-amplification entraînant la transformation des méristèmes apicaux ordinaires en des méristèmes floraux. Les chercheurs ont étudié le rôle et les mécanismes de l'induction dans le développement des fleurs de la Tomate (*Lycopersicum esculentum*) en employant conjointement une approche génétique et des transplantations de tissus. Comme le montre la FIGURE 21.19a, le méristème floral apparaît comme un renflement constitué de trois couches de cellules (de L1 à L3). Celles-ci participent à la formation d'une fleur, une structure servant à la reproduction et dotée de quatre types d'organes : les carpelles (contenant les oosphères, soit les gamètes femelles), les pétales, les étamines (contenant le pollen porteur de spermatozoïdes, ou gamètes mâles) et les sépales (structures ressemblant à des feuilles et situées à l'extérieur des pétales).

Les chercheurs ont découvert que les plants de Tomate homozygotes pour un allèle mutant appelé *fascié* (*f*) produisent des fleurs ayant un nombre anormalement élevé d'organes. Ils ont exploité la totipotence des cellules végétales pour greffer des tiges de ce type de mutant sur des plants de type sauvage. Ensuite, ils ont fait croître de nouveaux plants à partir des pousses apparues sur le site des greffes. Ces nouvelles plantes sont des **chimères**, c'est-à-dire des organismes constitués d'un mélange de cellules génétiquement différentes. Certaines chimères produisent des méristèmes floraux dont les couches de cellules L1, L2 et L3 ne descendent pas du même « parent » (FIGURE 21.19b). Les chercheurs ont pu identifier l'origine parentale des couches des méristèmes en observant d'autres marqueurs génétiques (comme une autre mutation indépendante, produisant des feuilles jaunes). Ils ont constaté que le nombre d'organes d'une fleur dépend des gènes de la couche cellulaire L3 (la plus profonde) ; celle-ci déclenche par induction la formation, par les couches qui la recouvrent (L1 et L2), d'un nombre prédéterminé d'organes. On ne connaît pas encore le mécanisme de communication intercellulaire permettant cette induction.

Gènes d'identité des organes chez les Plantes

Outre les gènes déterminant le *nombre* d'organes des fleurs, il y a des gènes qui déterminent l'identité des organes. Un **gène d'identité des organes** établit le type de structure qui se formera à partir d'un méristème : par exemple, si une certaine excroissance d'un méristème floral deviendra un pétale ou une étamine. La plus grande partie de ce que l'on sait sur les gènes d'identité des organes chez les Plantes vient des recherches effectuées sur le développement des fleurs de *Arabidopsis thaliana*. Les gènes d'identité des organes sont analogues aux gènes homéotiques des Animaux et sont souvent qualifiés de gènes homéotiques végétaux. Tout comme la mutation d'un

FIGURE 21.19 Induction du développement de la fleur.

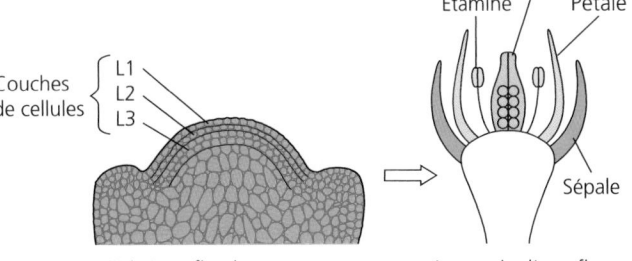

Carpelle
Étamine   Pétale

Couches
de cellules { L1
L2
L3

Sépale

Méristème floral   Anatomie d'une fleur   Fleur de la Tomate

(a) Développement de la fleur (vue latérale).
La fleur se développe à partir d'un méristème contenant trois couches de cellules, L1, L2 et L3. Sa formation résulte de modes spécifiques de division cellulaire, de différenciation et de grandissement sélectif. La fleur est constituée de quatre types d'organes disposés en cercles concentriques : les carpelles (contenant les oosphères), les étamines (contenant le pollen porteur de spermatozoïdes), les pétales et les sépales.

(b) Preuves d'induction dans le méristème floral.
Les expériences menées sur des chimères de la Tomate (*Lycopersicum esculentum*) ont permis de démontrer que le nombre d'organes d'une fleur est déterminé par l'induction ayant lieu entre les différentes couches cellulaires du méristème. Chez certaines chimères issues d'une greffe de plants de génotypes différents, les couches cellulaires des méristèmes floraux descendent de « parents » différents. Les phénotypes des fleurs ainsi produites montrent que le développement des couches L1 et L2 dépend du génotype de la couche L3. Par conséquent, les cellules de la couche L3 doivent émettre un stimulus induisant la formation, dans les couches L1 et L2, de fleurs ayant un nombre prédéterminé d'organes.

PLANT	GÉNOTYPES DES COUCHES CELLULAIRES DU MÉRISTÈME FLORAL			PHÉNOTYPE DE LA FLEUR
	L1	**L2**	**L3**	
« Parent » de type sauvage	++	++	++	Normal (sans organes supplémentaires)
« Parent » *fascié**	*ff*	*ff*	*ff*	Anormal : présence d'organes supplémentaires
Chimère n° 1	++	*ff*	*ff*	Anormal : présence d'organes supplémentaires
Chimère n° 2	++	++	*ff*	Anormal : présence d'organes supplémentaires
Chimère n° 3	++	*ff*	++	Normal
Chimère n° 4	*ff*	++	++	Normal

* Fascié : se dit des tiges et des inflorescences anormalement aplaties, élargies, au lieu d'avoir une forme bombée et des ramifications soudées sur un même plan.

gène homéotique peut produire l'apparition de pattes à la place d'antennes chez une drosophile, la mutation d'un gène d'identité des organes peut provoquer la formation de carpelles à la place de sépales chez une plante.

Grâce à la collecte et à l'étude de mutants ayant des fleurs anormales, les chercheurs ont pu identifier et cloner un certain nombre de gènes d'identité des organes floraux. Ils commencent à comprendre leur mode d'action. Pour expliquer les travaux qu'ils ont menés, on doit représenter le méristème floral tel que vu de haut (FIGURE 21.20a, p. 460). Sous cet angle, on peut le diviser en quatre cercles concentriques ou verticilles, chacun de ceux-ci formant un cercle d'organes identiques. Les premiers gènes d'identité des organes à avoir été identifiés forment trois classes (*A*, *B* et *C*) agissant chacune sur deux verticilles adjacents. Le modèle simple représenté schématiquement à la FIGURE 21.20a permet de comprendre comment ces trois ensembles de gènes commandent la formation des quatre types d'organes.

D'après ce modèle (hypothétique), chaque gène d'identité des organes est transcrit dans deux verticilles du méristème floral. Pour tester cette prédiction, les chercheurs ont produit des sondes d'acides nucléiques en clonant les gènes en question ; ils ont ainsi pu démontrer que l'ARNm produit par chacune des classes de gènes est effectivement transcrit dans les verticilles correspondants du méristème floral en développement. Par

exemple, il n'y a eu d'hybridation significative de l'acide nucléique du gène *C* que dans les verticilles 3 et 4, parce que l'ARNm complémentaire n'était produit que dans les cellules de ces mêmes verticilles (FIGURE 21.20b).

Ce modèle permet d'expliquer les phénotypes des mutants chez qui les gènes *A*, *B* ou *C* sont inactifs ou dysfonctionnels. De plus, lorsque le gène *A* est actif, il inhibe *C*, et vice-versa. Si le gène *A* ou *C* est absent, un autre gène qui est présent et qui n'est pas inhibé prendra sa place. La FIGURE 21.20c représente les fleurs des mutants chez qui il manque respectivement chacune des trois classes de gènes d'identité des organes ; elle montre également comment le modèle permet d'expliquer les différents phénotypes floraux.

D'autres tests portant sur ce modèle ainsi que d'autres hypothèses ont mené en 2001 à la découverte d'une quatrième classe de gènes d'identité des organes, appelée classe E. Cette découverte, de même que les études portant sur les gènes et les produits de gènes au niveau moléculaire, permettra aux chercheurs d'élargir et de raffiner ce modèle.

On peut supposer que les gènes d'identité des organes jouent le rôle de gènes maîtres régulateurs. En effet, chacun d'eux semble contrôler l'activité d'un ensemble d'autres gènes ayant un effet plus direct sur la structure et la fonction de l'organe en question. À l'instar des gènes homéotiques des Animaux, les gènes d'identité des organes végétaux codent pour des facteurs

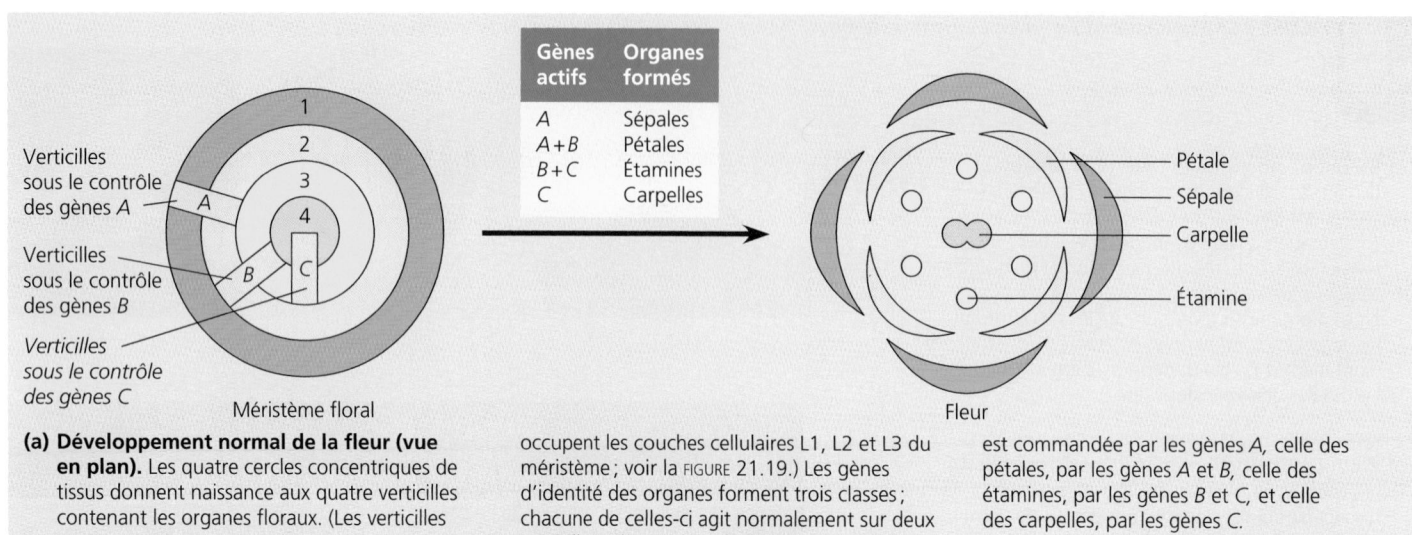

Gènes actifs	Organes formés
A	Sépales
A + B	Pétales
B + C	Étamines
C	Carpelles

Verticilles sous le contrôle des gènes A

Verticilles sous le contrôle des gènes B

Verticilles sous le contrôle des gènes C

Méristème floral

Pétale
Sépale
Carpelle
Étamine

Fleur

(a) Développement normal de la fleur (vue en plan). Les quatre cercles concentriques de tissus donnent naissance aux quatre verticilles contenant les organes floraux. (Les verticilles occupent les couches cellulaires L1, L2 et L3 du méristème ; voir la FIGURE 21.19.) Les gènes d'identité des organes forment trois classes ; chacune de celles-ci agit normalement sur deux verticilles adjacents. La formation des sépales est commandée par les gènes *A*, celle des pétales, par les gènes *A* et *B*, celle des étamines, par les gènes *B* et *C*, et celle des carpelles, par les gènes *C*.

Verticilles

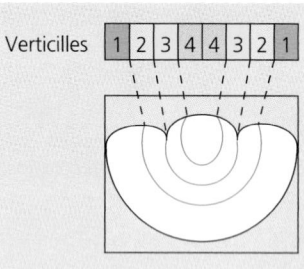

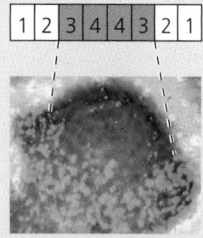
Gènes *A* actifs

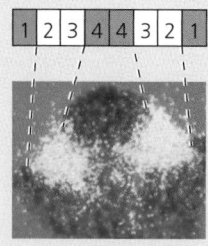
Gènes *B* actifs

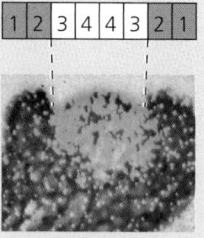
Gènes *C* actifs

(b) Hybridation *in situ* (vue latérale du méristème floral). Ce sont des expériences d'hybridation *in situ* qui ont permis de prouver l'activité des gènes *A*, *B* et *C* au niveau des différents verticilles. On s'est servi d'acides nucléiques marqués par des colorants et représentant les gènes clonés pour repérer l'ARNm complémentaire dans les fleurs en cours de développement. Les gènes *A* sont exprimés dans les verticilles externes (en rouge), les gènes *B*, dans les verticilles intermédiaires (en jaune), et les gènes *C*, dans les verticilles centraux (en orange). Les produits de ces gènes semblent être des facteurs de transcription, c'est-à-dire des protéines se liant à l'ADN. Ils assurent probablement la régulation des gènes de transcription ayant pour fonction de diriger la construction des organes.

Gènes actifs

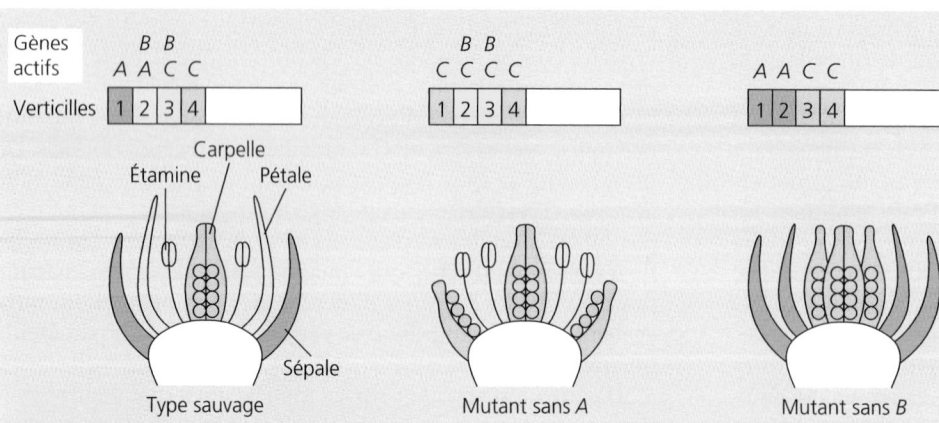

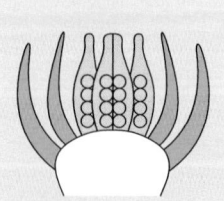

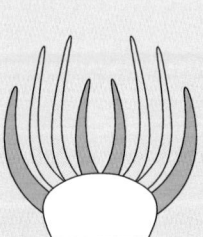

Type sauvage — Mutant sans *A* — Mutant sans *B* — Mutant sans *C*

(c) Mutations des gènes d'identité des organes (vue latérale des fleurs). On peut combiner le modèle exposé dans la partie (a) avec la règle suivante : si les gènes *A* ou les gènes *C* sont inactifs ou dysfonctionnels, les autres gènes actifs interviennent dans les quatre verticilles. Il est ainsi possible d'expliquer les phénotypes des mutants chez qui il manque des gènes fonctionnels *A*, *B* ou *C*. Par exemple, chez une plante dont les gènes *A* ont subi une mutation, les carpelles sont remplacés par des sépales, et les étamines, par des pétales.

FIGURE 21.20 Gènes d'identité des organes et plans d'organisation dans le développement de la fleur. Ce modèle, accompagné de quelques preuves, explique comment les gènes déterminent l'identité des organes floraux chez *Arabidopsis thaliana*.

de transcription qui se lient à l'ADN au niveau de séquences activatrices ou de promoteurs, assurant ainsi la régulation d'autres gènes. Les gènes végétaux ne contiennent cependant pas la boîte homéotique caractérisant la séquence d'ADN des gènes homéotiques des Animaux. Ils contiennent à la place une séquence codant pour un domaine différent capable de se lier à l'ADN. Cette séquence, qui est peut-être aussi ancienne que la boîte homéotique, est également présente dans les gènes de certains facteurs de transcription des Levures et des Animaux.

Plus les scientifiques étudient les molécules et les mécanismes de développement embryonnaire des divers organismes, plus ils découvrent des ressemblances étonnantes entre eux. Celles-ci reflètent l'unité de la vie sur terre et confirment l'existence d'ancêtres communs. Mais les différences jouent aussi un rôle essentiel, parce que ce sont elles qui ont fait apparaître l'énorme diversité des organismes actuels.

Le reste du présent ouvrage va au-delà des molécules, des cellules et des gènes. Il vous amènera à explorer le vivant au niveau des organismes et de leur environnement.

■   ■   ■

RÉVISION DU CHAPITRE

Résumé des concepts importants

DE LA CELLULE À L'ORGANISME MULTICELLULAIRE

■ **Le développement embryonnaire comprend la division cellulaire, la différenciation cellulaire et la morphogenèse (p. 438)** En plus de la mitose, les cellules embryonnaires subissent une différenciation, et elles acquièrent des structures et des fonctions spécialisées. La morphogenèse englobe les processus donnant forme à l'organisme et à ses diverses parties.

■ **Les chercheurs étudient les principes généraux du développement embryonnaire en se fondant sur des organismes modèles (p. 439 à 442, FIGURE 21.3)** Les organismes chez lesquels on étudie les fondements génétiques du développement sont la Drosophile (*Drosophila melanogaster*), le Nématode (*Cænorhabditis elegans*), la Souris (*Mus musculus*), le Poisson zèbre (*Danio rerio*) et l'Arabette des dames (*Arabidopsis thaliana*).

L'EXPRESSION GÉNIQUE DIFFÉRENTIELLE

■ **Les différents types de cellules d'un organisme ont le même ADN (p. 442 à 446; FIGURES 21.5 et 21.6)** Les cellules diffèrent par leurs structures et leurs fonctions non pas parce qu'elles contiennent des gènes différents, mais parce qu'elles expriment des parties différentes d'un génome commun. Il y a équivalence génomique entre elles. Les cellules différenciées de plantes parvenues à maturité sont souvent totipotentes, c'est-à-dire qu'elles peuvent donner naissance à un nouvel individu. Le noyau d'une cellule animale différenciée peut parfois donner naissance à un nouvel individu s'il est transplanté dans un ovocyte énucléé. Les cellules souches pluripotentes provenant d'embryons humains ou de tissus d'adultes peuvent se reproduire et se différencier *in vitro* comme *in vivo*, ce qui permet d'entrevoir des applications médicales.

■ **Les différents types de cellules produisent des protéines diverses, généralement sous l'effet d'une régulation de la transcription (p. 446)** La différenciation se manifeste par la présence de protéines spécifiques aux tissus. Celles-ci permettent aux cellules différenciées d'assurer leurs fonctions spécialisées.

■ **La régulation de la transcription est dirigée par des molécules maternelles contenues dans le cytoplasme et par des stimulus provenant d'autres cellules (p. 447 et 448, FIGURE 21.10)** Les déterminants cytoplasmiques présents dans le cytosol des ovocytes non fécondés assurent la régulation de l'expression des gènes

déterminant la destinée des cellules au cours du développement embryonnaire. L'induction est la production par les cellules embryonnaires de stimulus moléculaires modifiant la transcription dans des cellules cibles voisines.

LES MÉCANISMES GÉNÉTIQUES ET CELLULAIRES DE CONTRÔLE DES PLANS D'ORGANISATION

■ La réalisation des plans d'organisation (soit la mise en place de tissus et d'organes selon une certaine configuration spatiale) est un processus continu chez les Plantes; par contre, elle est principalement limitée aux embryons et aux individus juvéniles chez les Animaux. L'information de positionnement (indices moléculaires commandant la réalisation des plans d'organisation) indique à la cellule son emplacement par rapport aux axes de l'organisme et aux autres cellules.

■ **L'analyse génétique de *Drosophila melanogaster* montre comment les gènes commandent le développement embryonnaire: *une vue d'ensemble* (p. 449 et 450, FIGURE 21.11)** Après la fécondation, l'information de positionnement commande la formation des segments de *Drosophila melanogaster* à une échelle de plus en plus fine. Elle finit par déclencher la mise en place des structures caractéristiques de chacun de segments. Grâce à l'analyse de mutants de *Drosophila melanogaster*, Christiane Nüsslein-Volhard et Eric Wieschaus ont identifié et cartographié les gènes essentiels à une segmentation normale.

■ **Par leur gradient de concentration, des molécules d'origine maternelle déterminent la position des axes du jeune embryon (p. 451 et 452, FIGURE 21.12)** Les recherches portant sur *bicoïde*, l'un des gènes à effet maternel principaux de *Drosophila melanogaster*, ont permis de démontrer qu'il produit un morphogène (une substance dont le gradient de concentration détermine la position des axes de l'embryon et d'autres caractéristiques de l'organisme). Les produits de gènes maternels indiquent à l'embryon où sa partie antérieure et sa partie postérieure doivent se trouver.

■ **L'activation en cascade de plusieurs gènes déclenche la segmentation chez *Drosophila melanogaster*: *une étude détaillée* (p. 452 et 453, FIGURE 21.13)** Les gradients des morphogènes codés par les gènes à effet maternel produisent des différences régionales dans l'expression des gènes de segmentation. Ces derniers codent pour des produits qui dirigent la formation des segments eux-mêmes. Il y a activation en cascade de trois ensembles de gènes de segmentation. En premier lieu, les produits des gènes de délétion établissent des subdivisions le long de l'axe antéropostérieur de l'embryon. Ensuite, les gènes de parité segmentaire définissent l'organisation sous la forme de paires de segments. Enfin, les gènes de polarité segmentaire fixent la position de l'axe antéropostérieur de chacun des segments.

- **Les gènes homéotiques déterminent l'identité des parties corporelles (p. 453 et 454)** L'identité anatomique des segments de *Drosophila melanogaster* est déterminée par des gènes maîtres régulateurs, appelés gènes homéotiques ; ces derniers commandent les types d'appendices et les autres structures devant se former sur chaque segment. Les facteurs de transcription codés par les gènes homéotiques sont des protéines régulatrices. Celles-ci agissent sur l'expression des gènes commandant la formation de structures anatomiques spécifiques.

- **Les boîtes homéotiques ont été très bien conservées au cours de l'évolution (p. 454 et 455, FIGURE 21.15)** Les gènes homéotiques contiennent une séquence nucléotidique appelée boîte homéotique. Des gènes de diverses espèces animales et d'organismes plus éloignés contiennent aussi des séquences semblables.

- **Des cellules ordonnent à leurs voisines de former certaines structures ; stimulus cellulaires et induction chez le Nématode *C. elegans* (p. 455 à 458, FIGURES 21.17 et 21.18)** Chez *C. elegans,* la cellule d'ancrage de la gonade embryonnaire produit un inducteur qui amorce une chaîne d'inductions menant à la formation de la vulve. Une séquence d'inductions peut donc commander la formation d'un organe de l'embryon. Dans le cas de l'apoptose (la mort cellulaire programmée), des stimulus coordonnés avec précision déclenchent l'activation en cascade de protéines de « suicide » dans les cellules destinées à mourir.

- **Le développement des Végétaux résulte de la communication cellulaire et de la régulation de la transcription (p. 458 à 461, FIGURES 21.19 et 21.20)** La communication intercellulaire (induction) semble influencer le nombre d'organes floraux devant se former dans un méristème. Les gènes d'identité des organes déterminent le type de structure (étamine, carpelle, sépale ou pétale) qui se formera sur chaque verticille du méristème floral. Les gènes d'identité des organes agissent apparemment comme des gènes maîtres régulateurs ; chacun d'eux contrôle l'activité d'autres gènes commandant plus directement l'apparition de la structure et de la fonction de l'organe.

Autoévaluation

(Les questions dont les numéros sont en caractères gras font surtout appel à la compréhension.)

1. Dans un embryon de Drosophile en cours de développement, la mise en place de l'axe dorsoventral est un élément essentiel de
   a) la réalisation des plans d'organisation.
   b) la régulation de la transcription.
   c) l'apoptose.
   d) la division cellulaire.
   e) l'induction.

2. Parmi les critères de choix d'un organisme modèle pour l'étude du développement embryonnaire, on trouverait probablement tous les éléments suivants, *sauf*
   a) un développement embryonnaire observable.
   b) des générations courtes.
   c) un génome relativement petit.
   d) une connaissance préalable du cycle de développement de l'organisme.
   e) des populations locales abondantes pour la collecte de spécimens.

3. La totipotence est démontrée dans le cas suivant :
   a) Des mutations touchant des gènes homéotiques entraînent l'apparition d'appendices à des endroits inadéquats.
   b) Une cellule prélevée sur une feuille de plante devient un individu adulte normal.
   c) Une cellule embryonnaire se divise et se différencie.
   d) Le remplacement du noyau d'un ovocyte non fécondé par le noyau d'une cellule intestinale transforme l'ovocyte en une cellule intestinale.
   e) Les organes caractéristiques de chacun des segments apparaissent sur l'axe antéropostérieur de l'embryon de *Drosophila melanogaster.*

4. La différenciation cellulaire comprend toujours
   a) la production de protéines typiques des tissus, comme l'actine des muscles.
   b) la formation d'une gastrula.
   c) la transcription du gène *myoD.*
   d) la perte sélective de certains gènes du génome.
   e) la sensibilité de la cellule aux indices présents dans son milieu, comme la lumière ou la chaleur.

5. Le développement de *Drosophila melanogaster* est quelque peu atypique, parce que
   a) les premières divisions mitotiques se déroulent en l'absence de cytocinèse.
   b) la métamorphose se produit au stade de larve et non au stade de pupe, comme c'est le cas chez les autres Insectes.
   c) les gènes homéotiques sont mutés.
   d) la migration cellulaire n'a pas lieu dans ce type d'embryon.
   e) pendant les premières divisions cellulaires, la phase G_1 est prolongée.

6. Chez *Drosophila melanogaster,* quels sont les gènes, parmi les choix de réponses, qui amorcent une activation en cascade de tous les autres gènes identifiés ci-dessous ?
   a) Les gènes homéotiques.
   b) Les gènes de délétion.
   c) Les gènes de parité segmentaire.
   d) Les gènes de polarité de l'œuf.
   e) Les gènes de polarité segmentaire.

7. Dans l'œuf de *Drosophila melanogaster,* l'absence de l'ARNm *bicoïde* entraîne la formation d'une larve dépourvue de parties antérieures et un dédoublement en miroir de ses parties postérieures. C'est la preuve que le produit du gène *bicoïde*
   a) est un inducteur.
   b) contient une boîte homéotique.
   c) est un morphogène.
   d) est un facteur de transcription.
   e) est une caspase.

8. Les gènes homéotiques
   a) codent pour des facteurs de transcription qui assurent la régulation de l'expression des gènes commandant des structures anatomiques spécifiques.
   b) n'existent que chez *Drosophila melanogaster* et les autres Arthropodes.
   c) commandent la mise en place de l'axe antéropostérieur de chacun des segments de *Drosophila melanogaster.*
   d) mettent en place les subdivisions principales de l'axe antéropostérieur de l'embryon de *Drosophila melanogaster.*
   e) commandent la mort cellulaire programmée qui se produit pendant la morphogenèse.

9. Le développement embryonnaire de *Cænorhabditis elegans* illustre toutes les notions suivantes, *sauf une*. Laquelle ?
   a) L'effet d'un inducteur peut dépendre de son gradient de concentration.
   b) La réponse d'une cellule visée par l'induction comprend la mise en place d'un modèle d'activité génique qui lui est propre.
   c) Les voies de conversion-amplification du stimulus activées par les inducteurs n'existent que chez les cellules embryonnaires.
   d) Les inductions séquentielles commandent la formation de structures complexes dans l'embryon en cours de développement.
   e) Les inducteurs agissent par l'intermédiaire de l'activation ou de l'inactivation des gènes codant pour les régulateurs de la transcription.

10. Bien qu'ils possèdent une structure différente, les Animaux et les Plantes ont des ressemblances fondamentales qui se manifestent au cours de leur développement embryonnaire, notamment
    a) l'importance des migrations cellulaires et tissulaires.
    b) l'importance du grandissement sélectif de certaines cellules.
    c) l'importance des stimulus provenant du milieu.
    d) la persistance des tissus méristématiques chez l'adulte.
    e) la présence de gènes maîtres régulateurs codant pour des protéines qui se lient à l'ADN.

11. Pourquoi une cellule souche embryonnaire seule ne peut-elle pas devenir un embryon ?

12. Les stimulus moléculaires émis par une cellule souche embryonnaire peuvent induire des changements dans une cellule voisine sans pénétrer à l'intérieur de celle-ci. Comment cela est-il possible ?

13. Les séquences d'ADN appelées boîtes homéotiques – qui assistent les gènes homéotiques commandant le développement embryonnaire – sont communes aux Drosophiles et aux Souris. Alors pourquoi ces animaux ne se ressemblent-ils pas davantage ?

14. Pourquoi les gènes à effet maternel de *Drosophila melanogaster* sont-ils également appelés gènes de polarité de l'œuf ?

15. Si vous clonez une carotte, toutes les plantes produites (« clones ») seront-elles identiques ? Pourquoi ?

Lien avec l'évolution

Les gènes qui jouent un rôle important dans le développement embryonnaire des Animaux, par exemple les gènes qui contiennent une boîte homéotique, ont été relativement bien conservés au cours de l'évolution. Cela revient à dire que, d'une espèce à l'autre, ils se ressemblent plus que de nombreux autres gènes. Pourquoi ?

Intégration

Dans un organisme adulte, les cellules souches destinent certaines de leurs cellules filles à suivre une voie de différenciation particulière, alors qu'elles-mêmes maintiennent une population de cellules relativement indifférenciées. Au terme de la division mitotique, l'une des deux cellules filles résultantes est une cellule souche, alors que l'autre amorce une voie de différenciation différente. Proposez une ou plusieurs hypothèses pour expliquer comment ce phénomène peut se produire. (*Remarque* : Il n'y a pas de réponse facile à cette question, mais cela vaut la peine d'y réfléchir.)

Science, technologie et société

Le financement par l'État de la recherche sur les cellules souches d'origine embryonnaire a donné lieu à de nombreuses controverses sur la scène politique. Pourquoi ce débat suscite-t-il tant de passions ? Résumez les arguments pour et contre la recherche sur les cellules souches embryonnaires, et donnez votre point de vue sur la question.

Réponses à l'autoévaluation : 1. a ; **2.** e ; **3.** b ; **4.** a ; **5.** a ; **6.** d ; **7.** c ; **8.** a ; **9.** c ; **10.** e ; **11.** L'information laissée par la mère dans l'ovocyte (déterminants cytoplasmiques) est essentielle au développement de l'embryon. **12.** Les molécules se lient à un récepteur situé à la surface de la cellule ; elles déclenchent une voie de conversion-amplification du stimulus qui influence l'expression génique. **13.** Les gènes homéotiques diffèrent par leurs séquences non homéotiques, ce qui influence leurs fonctions. De plus, les gènes commandés par les gènes homéotiques ne sont pas les mêmes chez ces deux espèces. **14.** Parce que leurs produits, qui proviennent de l'organisme maternel, déterminent la position des extrémités antérieure et postérieure de l'œuf (et, par conséquent, de la Drosophile adulte). **15.** Non, principalement à cause de différences subtiles de leur environnement.

LA « DESCENDANCE MODIFIÉE » : L'ÉVOLUTION SELON DARWIN

« Rien n'a de sens en biologie,
si ce n'est à la lumière de l'évolution. »

THEODOSIUS DOBZHANSKY
généticien et zoologiste américain né en Russie (1900-1975)

ON

THE ORIGIN OF SPECIES

BY MEANS OF NATURAL SELECTION,

OR THE

PRESERVATION OF FAVOURED RACES IN THE STRUGGLE
FOR LIFE.

BY CHARLES DARWIN, M.A.,

FELLOW OF THE ROYAL, GEOLOGICAL, LINNÆAN, ETC., SOCIETIES;
AUTHOR OF 'JOURNAL OF RESEARCHES DURING H. M. S. BEAGLE'S VOYAGE
ROUND THE WORLD.'

LONDON:
JOHN MURRAY, ALBEMARLE STREET.
1859.

The right of Translation is reserved.

LE CONTEXTE HISTORIQUE DE LA THÉORIE DE L'ÉVOLUTION

- La culture occidentale a commencé par rejeter les grands principes de l'évolution
- Les théories du gradualisme géologique ont posé les jalons de la biologie de l'évolution
- Lamarck a situé les fossiles dans le contexte de l'évolution

LA RÉVOLUTION DARWINIENNE

- C'est grâce aux expériences qu'il a vécues au cours de l'expédition du *Beagle* que Darwin a été amené à formuler sa théorie de l'évolution
- *De l'origine des espèces* soutient deux thèses : l'évolution est bien réelle, et la sélection naturelle est son mécanisme
- Certains exemples de sélection naturelle prouvent l'existence de l'évolution
- D'autres preuves de l'évolution sont présentes partout en biologie
- Quels sont les éléments purement théoriques dans la vision darwinienne du vivant ?

L a biologie a gagné ses lettres de noblesse *le 24 novembre 1859, le jour où Charles Darwin a publié* De l'origine des espèces au moyen de la sélection naturelle ou la conservation des espèces dans la lutte pour la survie (*voir le coin supérieur droit*). Cet ouvrage trace un portrait cohérent de la vie, en rassemblant sous forme d'ensemble ordonné une variété étonnante de faits apparemment indépendants. Il a amené les biologistes à se concentrer sur la grande diversité des organismes : leurs origines et leurs relations, leurs points communs et leurs différences, leur répartition géographique et leur adaptation à des environnements divers. La perspective de l'évolution continue d'influer sur tous les secteurs de la biologie, de l'analyse des molécules à l'étude des écosystèmes. En outre, certaines applications de la biologie de l'évolution sont en train de transformer la médecine, l'agriculture, la biotechnologie et l'aménagement du territoire. L'évolution concerne l'ensemble de la biologie et constitue donc le principal fil conducteur de ce manuel. Cette partie regroupe des chapitres qui traitent des mécanismes régissant l'évolution de la vie.

Darwin en arrive à deux grands constats dans De l'origine des espèces. D'une part, il soutient en s'appuyant sur des preuves que les espèces d'organismes peuplant la Terre descendent d'espèces ancestrales. D'autre part, il présente un mécanisme justifiant l'évolution, qu'il appelle la **sélection naturelle**. D'après ce grand principe, une population d'organismes peut changer au fil des générations si des individus possédant certaines caractéristiques transmissibles ont une descendance plus nombreuse que d'autres individus. La sélection naturelle a pour résultat l'**évolution adaptative**, c'est-à-dire la prédominance de caractères héréditaires favorisant la survie et la reproduction des organismes dans certains environnements. En reprenant un vocabulaire plus moderne, on peut affirmer que la composition génétique des populations a évolué au fil du temps ; c'est l'une des manières de définir l'**évolution**. Toutefois, il est aussi possible d'employer le mot évolution de manière beaucoup plus large, pour désigner l'ensemble de l'histoire biologique, des premiers microorganismes jusqu'à la diversité phénoménale des organismes modernes.

Dans ce chapitre, vous apprendrez à mieux comprendre la vision darwinienne de la vie et son développement dans l'histoire.

LE CONTEXTE HISTORIQUE DE LA THÉORIE DE L'ÉVOLUTION

Pour mettre en perspective la vision darwinienne, il faut la comparer avec les idées précédentes concernant la Terre et la vie qu'elle supporte. Les incidences d'une révolution intellectuelle comme celle que le darwinisme a lancée s'inscrivent dans un développement historique et dépendent de processus logiques. Passons en revue le contexte historique de la vie et des idées de Darwin (FIGURE 22.1).

La culture occidentale a commencé par rejeter les grands principes de l'évolution

L'ouvrage *De l'origine des espèces* révolutionne les idées de l'époque ; il remet en question les idées scientifiques dominantes mais ébranle aussi les assises de la culture occidentale. La vision de Darwin s'oppose radicalement à la perspective classique d'une planète âgée d'à peine quelques milliers d'années et peuplée de formes de vie immuables, créées à titre individuel en une semaine par un Créateur ayant modelé l'Univers entier. Bref, l'ouvrage de Darwin remet en question une vision du monde enseignée depuis des siècles.

L'échelle de la nature et la théologie naturelle

Divers philosophes grecs de l'époque classique ont formulé des idées relatives à l'évolution graduelle de la vie. Cependant, ceux qui ont marqué le plus profondément la culture occidentale,

Platon (427-347 av. J.-C.) et son disciple Aristote (384-322 av. J.-C.), défendent des opinions qui s'opposent à toute idée d'évolution. Platon pose l'existence de deux mondes : un monde réel, idéal et éternel, et un monde illusoire et imparfait perçu par les sens. L'évolution n'aurait pu être acceptée par ce philosophe, car un tel mécanisme aurait été défavorable dans un univers peuplé d'organismes idéaux, déjà parfaitement adaptés à leur milieu.

D'après Aristote, toutes les formes de vie peuvent être classées selon une échelle de complexité croissante, que les savants appelleront par la suite *scala naturæ* (l'échelle de la nature). Chaque forme de vie occupe un rang, et tous les rangs sont occupés. Selon cette vision des choses, qui a subsisté pendant plus de 2 000 ans, les espèces sont permanentes et parfaites, et elles n'évoluent pas.

Dans la culture judéo-chrétienne, le récit de la Création dans l'*Ancien Testament* renforce l'idée selon laquelle les espèces sont conçues indépendamment l'une de l'autre, sans possibilité d'évolution. Dans les années 1700, les naturalistes européens et américains se réclamaient de la **théologie naturelle,** une philosophie qui s'attache à découvrir le dessein du Créateur en étudiant la nature. Selon la théologie naturelle, les adaptations des organismes prouvent que le Créateur a conçu chaque espèce à une fin précise. L'un des grands objectifs de la théologie naturelle est de classifier les espèces afin de révéler les rangs de l'échelle de la vie créée par Dieu.

Au XVIIIᵉ siècle, Carl Von Linné (1707-1778), un médecin et botaniste suédois, s'est mis en quête de l'ordre présidant à la diversité du vivant, « pour la plus grande gloire de Dieu ». Linné est le père de la **taxinomie** (on dit aussi taxonomie), une science visant à nommer et à classifier les êtres vivants. Il a élaboré la

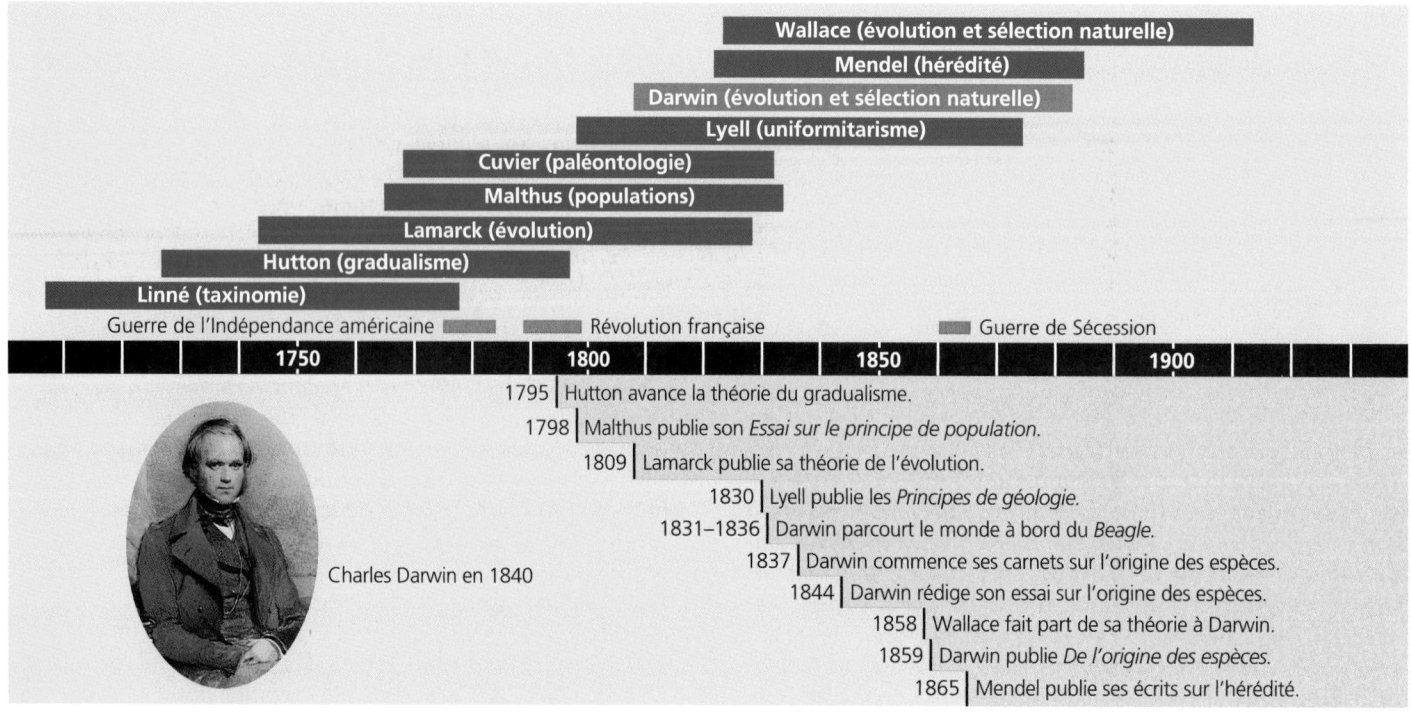

FIGURE 22.1 Contexte historique de la vie et des idées de Darwin

nomenclature binominale, encore en usage de nos jours, qui désigne chaque organisme par son genre et son espèce. En outre, il a établi un système de regroupement des espèces semblables, et ce, sous forme de catégories hiérarchisées de plus en plus générales. Par exemple, les espèces semblables forment un genre, les genres semblables, une famille, et ainsi de suite (voir la FIGURE 1.10). Cependant, pour Linné, le regroupement des espèces en catégories n'indiquait aucune parenté sur le plan de l'évolution. Un siècle plus tard, son système taxinomique a pourtant servi d'argument en faveur de l'évolution, sous la plume de Darwin.

Cuvier, les fossiles et le catastrophisme

L'étude des fossiles a aussi jeté les bases des idées de Darwin. Les **fossiles** sont des vestiges ou des empreintes d'organismes anciens conservés dans la roche (FIGURE 22.2). La plupart se trouvent dans les **roches sédimentaires** formées par la boue et le sable déposés au fond des mers, des lacs et des marais. Les nouvelles couches de sédiments recouvrent les anciennes et les compriment ; des couches de roches superposées appelées **strates** sont ainsi formées. Par la suite, sous l'effet de l'érosion, les strates supérieures (les plus récentes) s'effritent ou se creusent, exposant les strates plus anciennes, qui avaient été enterrées. Les fossiles des strates indiquent qu'une succession d'organismes a peuplé la Terre au fil du temps (FIGURE 22.3).

C'est l'anatomiste français Georges Cuvier (1769-1832) qui a établi les fondements de la **paléontologie,** la science des êtres vivants ayant existé au cours des temps géologiques, et qui est fondée sur l'étude des fossiles. Conscient du fait que l'histoire de la vie s'inscrit dans les strates fossilifères, il a étudié la succession des espèces fossiles dans le bassin parisien. Il a constaté que chaque strate se distingue par un groupe unique d'espèces fossiles et que plus une strate est enfouie profondément (donc plus elle est ancienne), plus les fossiles qu'elle contient se démarquent des espèces contemporaines. Cuvier est allé jusqu'à constater que les phénomènes d'extinction sont fréquents dans l'histoire

FIGURE 22.2 Fossiles de Trilobites, organismes qui ont vécu dans les mers voilà des centaines de millions d'années

de la vie car, de strate en strate, des espèces apparaissent, alors que d'autres disparaissent. Pourtant, il s'est vigoureusement opposé aux évolutionnistes de son temps et a plutôt défendu le **catastrophisme.** Pour lui, les limites entre les strates correspondent à des catastrophes dans le temps (sécheresses ou inondations) qui ont détruit un grand nombre des espèces vivant à l'endroit étudié. Toujours selon lui, les catastrophes périodiques sont généralement limitées dans l'espace ; une région dévastée est repeuplée ultérieurement par des espèces venues d'ailleurs.

Les théories du gradualisme géologique ont posé les jalons de la biologie de l'évolution

Le catastrophisme de Cuvier se heurtait à l'époque à une explication bien différente des phénomènes géologiques ayant modelé l'écorce terrestre. En 1795, en effet, le géologue écossais James Hutton (1726-1797) a posé qu'il est possible d'expliquer les divers éléments du relief en observant les phénomènes

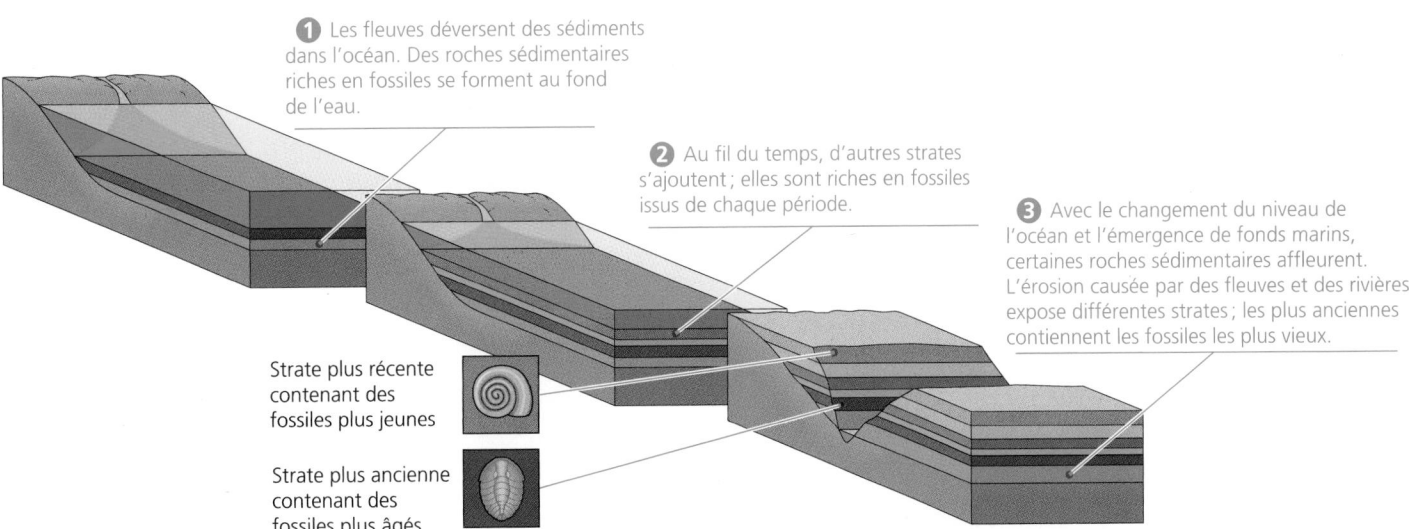

❶ Les fleuves déversent des sédiments dans l'océan. Des roches sédimentaires riches en fossiles se forment au fond de l'eau.

❷ Au fil du temps, d'autres strates s'ajoutent ; elles sont riches en fossiles issus de chaque période.

❸ Avec le changement du niveau de l'océan et l'émergence de fonds marins, certaines roches sédimentaires affleurent. L'érosion causée par des fleuves et des rivières expose différentes strates ; les plus anciennes contiennent les fossiles les plus vieux.

Strate plus récente contenant des fossiles plus jeunes

Strate plus ancienne contenant des fossiles plus âgés

FIGURE 22.3 Formation de roches sédimentaires et fossilisation correspondant à différentes périodes

encore à l'œuvre dans le monde. Par exemple, d'après lui, les canyons ont été creusés par des fleuves, et les roches sédimentaires contenant des fossiles marins sont constituées de particules détachées de la Terre et emportées par les fleuves jusque dans la mer (FIGURE 22.4). Hutton explique les caractéristiques biologiques de la Terre par le principe du **gradualisme,** en vertu duquel un changement profond résulte du cumul de processus lents mais continuels.

Le géologue le plus respecté de l'époque de Darwin, un Écossais nommé Charles Lyell (1797-1875), s'est appuyé sur le gradualisme de Hutton pour formuler la théorie de l'**uniformitarisme.** Selon Lyell, les processus géologiques n'ont pas changé au cours de l'histoire de la planète. Ainsi, les forces qui ont modelé les montagnes et qui les érodent, ainsi que le rythme de ces phénomènes, sont les mêmes aujourd'hui que par le passé.

Darwin a été très influencé par deux conclusions découlant directement des observations de Hutton et de Lyell. Premièrement, si le changement géologique résulte d'actions lentes et continues, et non d'événements soudains, alors la Terre est très ancienne ; elle a certainement bien plus que les 6 000 ans que lui ont attribués de nombreux théologiens en se fondant sur la Bible. Deuxièmement, des processus extrêmement lents et ténus peuvent causer à la longue des changements importants. Notons ici que Darwin n'est pas le premier à avoir appliqué le principe du gradualisme à l'évolution biologique.

Lamarck a situé les fossiles dans le contexte de l'évolution

Vers la fin du XVIIIᵉ siècle, plusieurs naturalistes (dont Erasmus Darwin, le grand-père de Charles Darwin) estimaient que la vie avait évolué en fonction de changements dans l'environnement.

Mais un seul des prédécesseurs de Charles Darwin a élaboré un modèle complet tentant d'expliquer les modalités de l'évolution biologique : il s'agit de Jean-Baptiste de Monet, chevalier de Lamarck (1744-1829).

Lamarck a publié sa théorie de l'évolution en 1809, année de naissance de Charles Darwin. Ce naturaliste français était responsable de la collection des Invertébrés du Muséum national d'histoire naturelle de Paris. En comparant des espèces contemporaines à des formes fossiles, il a cru déceler des lignées, c'est-à-dire des séries chronologiques de fossiles menant à des espèces modernes.

Lamarck s'est surtout illustré en expliquant l'évolution des adaptations spécifiques par un mécanisme particulier. Sa thèse réunit deux principes répandus à l'époque. Le premier est celui de l'usage et du non-usage : les organes qu'un organisme utilise intensivement pour survivre dans son milieu se développent et se renforcent, tandis que ceux qu'il n'utilise pas s'atrophient. Lamarck donne notamment l'exemple du forgeron, qui développe ses biceps à force de manier le marteau, ainsi que celui de la Girafe, qui allonge le cou pour atteindre les feuilles situées à la cime des arbres. Le deuxième principe est celui de l'hérédité des caractères acquis : les modifications qu'un organisme acquiert au cours de sa vie sont transmissibles à ses descendants. Selon Lamarck, le long cou des Girafes s'est formé graduellement. Il résulte des efforts cumulatifs de centaines de générations essayant d'atteindre des feuilles toujours plus hautes.

Or, rien ne prouve que les caractères acquis sont héréditaires. Le forgeron développe sa force et son endurance en martelant les métaux toute sa vie, mais cela ne modifie en rien les gènes qu'il transmet par l'intermédiaire de ses gamètes. La théorie de Lamarck sur l'évolution peut faire sourire aujourd'hui, parce qu'elle est fondée sur une hypothèse erronée, celle de la transmission héréditaire de caractères acquis. À l'époque, cette conception de l'hérédité faisait l'unanimité (du reste, Darwin n'en a

FIGURE 22.4 Stratification de la roche sédimentaire dans le Grand Canyon. Le fleuve Colorado a creusé une entaille de 2 000 m dans la roche, exposant des strates sédimentaires qui sont autant de pages marquantes du livre de la vie. En examinant les parois du canyon du sommet à la base, l'observateur recule dans le temps et parcourt des centaines de millions d'années. Chacune des couches renferme des fossiles qui témoignent de la présence de certains organismes vivant à une époque donnée.

pas trouvé de meilleure). Pour la majorité des contemporains de Lamarck, cependant, le mécanisme de l'évolution ne suscitait aucun intérêt, car ils étaient fermement convaincus que les espèces restent invariables; pour eux, aucune théorie de l'évolution ne méritait qu'on s'y attarde. Lamarck a fait l'objet de calomnies, particulièrement de la part de Cuvier, qui ne voulait rien entendre de l'évolution. Il faut aujourd'hui rendre à Lamarck les honneurs qui lui reviennent et reconnaître les mérites de sa théorie, audacieuse à bien des égards: il a compris que l'évolution constitue l'explication la plus valable des archives fossiles et de la diversité biologique actuelle. Il a admis que la Terre est extrêmement ancienne; et, surtout, il a insisté sur *l'adaptation au milieu*, la conséquence première de l'évolution.

LA RÉVOLUTION DARWINIENNE

 Nous avons mis en contexte la révolution darwinienne. À l'aube du XIXᵉ siècle, la théologie naturelle dominait toujours la scène intellectuelle. Quelques nuages de doute jetaient de l'ombre sur la permanence des espèces, mais nul n'aurait pu prévoir la tempête qui se préparait à l'horizon.

Charles Darwin (1809-1882) est né à Shrewsbury, dans l'ouest de l'Angleterre. Dès sa plus tendre enfance, il s'est passionné pour la nature. Il ne fermait ses livres d'histoire naturelle que pour pêcher, chasser et collectionner des insectes. Son père, un médecin réputé qui jugeait la carrière de naturaliste sans

avenir, a fini par l'envoyer étudier la médecine à l'Université d'Édimbourg. Le jeune Darwin n'avait alors que 16 ans. Trouvant les études de médecine ennuyeuses et rebutantes, il a quitté Édimbourg avant d'avoir obtenu son diplôme et s'est inscrit peu après au Christ College de l'Université Cambridge dans l'intention de devenir pasteur. À cette époque, en Grande-Bretagne, la plupart des savants, naturalistes y compris, étaient des ecclésiastiques; presque tous envisageaient le monde à travers le prisme de la théologie naturelle. Darwin est devenu le protégé du révérend John Henslow, un professeur de botanique à Cambridge. Il a été reçu bachelier en 1831. Peu après, le professeur Henslow l'a recommandé au capitaine Robert Fitz-Roy, qui se préparait à faire le tour du monde en mission de reconnaissance cartographique à bord du navire *Beagle*. Darwin a dû payer son voyage et servir de compagnon au capitaine. Ce dernier l'a choisi en raison de son éducation, et aussi parce qu'ils étaient tous deux de la même classe sociale et du même âge environ.

C'est grâce aux expériences qu'il a vécues au cours de l'expédition du *Beagle* que Darwin a été amené à formuler sa théorie de l'évolution

Le voyage du Beagle

Darwin n'avait que 22 ans lorsque le *Beagle* a levé l'ancre et quitté la Grande-Bretagne; c'était en décembre 1831 (FIGURE 22.5).

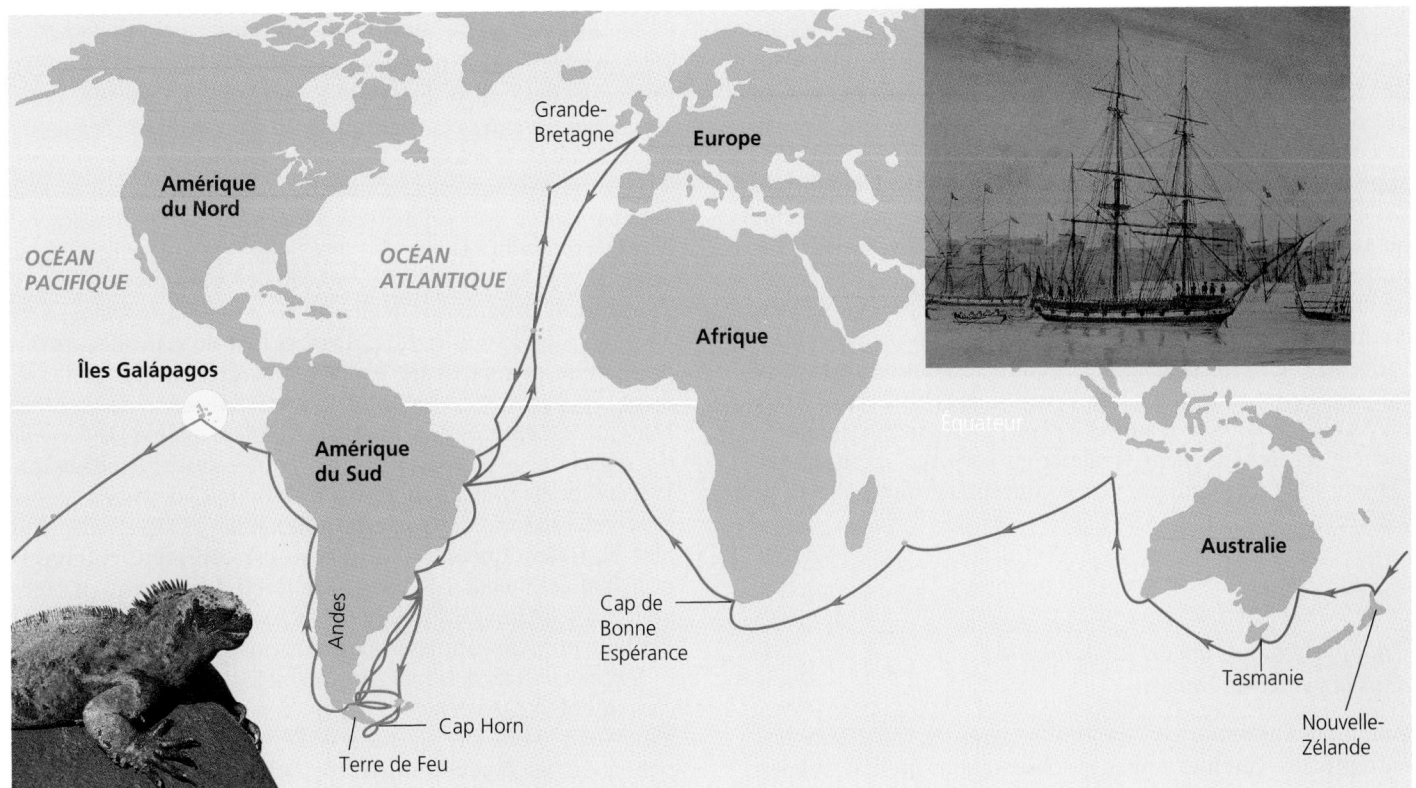

FIGURE 22.5 Voyage du *Beagle*. Les deux images qui figurent aux coins de la carte montrent le navire *Beagle* ainsi qu'un Iguane marin (*Amblyrhynchus cristatus*), l'un des animaux uniques ayant évolué sur les îles Galápagos (Équateur).

L'expédition avait pour mission principale de tracer la cartographie des portions mal connues du littoral de l'Amérique du Sud. Le navire a ainsi contourné le continent et, pendant que l'équipage faisait des relevés, Darwin débarquait. Il se consacrait à l'observation et à la collecte de milliers de spécimens de plantes et d'animaux. Durant ses excursions, il a pu voir les adaptations de plantes et d'animaux peuplant des milieux aussi différents que la luxuriante jungle brésilienne, les vastes prairies de la pampa argentine, les contrées désolées de la Terre de Feu, près de l'Antarctique, ainsi que les sommets vertigineux de la Cordillère des Andes.

Darwin a constaté que les espèces végétales et animales sud-américaines possèdent des caractéristiques particulières et se distinguent clairement des espèces européennes. Plus important, il a relevé que les végétaux et les animaux vivant dans les régions tempérées de l'Amérique du Sud sont plus proches des espèces issues des régions tropicales de ce continent que des espèces des régions tempérées d'Europe. En outre, il a remarqué que les fossiles découverts par lui au cours de cette partie du voyage trahissaient indubitablement leur origine sud-américaine du fait de leur ressemblance avec les espèces vivantes de ce continent.

Darwin s'est intéressé à la distribution géographique des espèces. Par exemple, il s'est étonné des singularités de la faune des Galápagos, un archipel volcanique d'origine relativement récente situé au niveau de l'Équateur, à environ 960 km à l'ouest du littoral sud-américain (voir la FIGURE 22.5). Mais il n'a saisi l'importance de la faune de ces îles qu'à son retour en Angleterre, en 1836, après avoir étudié en profondeur ses collections de spécimens. Il a alors compris que la plupart des espèces des Galápagos n'existent nulle part ailleurs, même si elles ressemblent à d'autres vivant sur le continent sud-américain. C'est comme si l'archipel avait été colonisé par des plantes et des animaux qui se sont écartés du continent, puis qui se sont diversifiés dans les îles. Parmi les oiseaux observés par Darwin aux Galápagos figurent divers types de Géospizes (autrefois appelés Pinsons) ; quoique semblables, ceux-ci semblent former des espèces distinctes. Certaines d'entre elles sont propres à une île, tandis que d'autres se retrouvent sur deux ou plusieurs îles rapprochées.

Précisons ici que Darwin a lu les *Principes de géologie* de Lyell à bord du *Beagle*. Les idées de Lyell, ainsi que ses propres observations sur les îles Galápagos, l'ont amené à douter de la position de l'Église selon laquelle la Terre est une entité stable, créée il y a quelques milliers d'années à peine. En reconnaissant que la planète est extrêmement vieille et en perpétuel changement, Darwin a fait un grand pas vers le concept d'évolution de la vie sur Terre.

L'adaptation, un concept fondamental dans la pensée de Darwin

Peu après son retour en Grande-Bretagne, en 1836, Darwin a entrepris de réévaluer toutes les observations qu'il avait faites pendant son voyage sur le *Beagle*. Il a commencé à comprendre que la formation de nouvelles espèces et l'adaptation à l'environnement constituent des processus étroitement liés. Une nouvelle espèce peut-elle émerger d'une forme ancestrale par suite d'une accumulation graduelle d'adaptations à un milieu différent ? Bien des années après l'expédition de Darwin, des biologistes ont réalisé des études et en sont arrivés à la conclusion que c'est précisément ce qui s'est produit dans le cas des Géospizes des Galápagos. Ces oiseaux se distinguent notamment par leur bec, qui est adapté aux aliments particuliers disponibles dans leur île respective (FIGURE 22.6). Darwin avait pressenti la nécessité d'expliquer le mécanisme de telles adaptations pour comprendre l'évolution.

En 1839, Charles Darwin a épousé sa cousine Emma Wedgewood ; elle lui a donné par la suite 10 enfants. Au début des années 1840, Darwin avait déjà formulé les points principaux de sa théorie de l'évolution au moyen de la sélection naturelle, mais il n'avait pas encore publié ses travaux. D'une santé chancelante, il sortait rarement de chez lui. Il n'était pas pour autant isolé du milieu scientifique : ses lettres et les spécimens qu'il avait envoyés en Grande-Bretagne pendant son voyage l'avaient déjà rendu célèbre, et il entretenait une correspondance assidue avec Lyell, Henslow et d'autres savants. Ceux-ci lui rendaient aussi visite.

En 1844, Darwin a enfin rédigé un long essai sur l'origine des espèces et la sélection naturelle. Il a hésité toutefois à publier ses travaux, sans doute parce qu'il redoutait le scandale que sa théorie soulèverait. Il a demandé à son épouse, Emma, de publier l'ouvrage s'il mourait avant d'avoir signé un traité plus approfondi sur l'évolution. En attendant, repoussant l'échéance de jour en jour, il a continué d'accumuler les preuves étayant sa théorie. Lyell, qui n'avait pas encore adhéré à la théorie de l'évolution, lui conseillait malgré tout de publier sur le sujet avant qu'un autre savant n'en arrive aux mêmes conclusions que lui et lui dame le pion.

En juin 1858, les prédictions de Lyell se sont réalisées : Darwin a reçu une lettre signée par Alfred Wallace (1823-1913), un jeune naturaliste britannique travaillant dans les Indes Orientales. La lettre était accompagnée d'un manuscrit exposant une théorie de la sélection naturelle identique, pour l'essentiel, à la sienne. Wallace lui demandait d'évaluer son travail et de le faire parvenir à Lyell s'il méritait d'être publié. Darwin a obtempéré et a répondu à Lyell : « Vos prédictions se sont réalisées avec éclat. [...] Je n'ai jamais vu coïncidence plus frappante [...]. Toute mon originalité, quelle qu'en soit l'importance, sera anéantie. » Le 1er juillet 1858, Lyell et l'un de ses collègues ont présenté le manuscrit de Wallace avec des extraits de l'essai inédit de Darwin (de 1844) à la Société linnéenne de Londres. Darwin s'est empressé de mettre la dernière main à *De l'origine des espèces* et a publié l'ouvrage l'année suivante. Bien que Wallace ait été prêt à publier avant Darwin, ce dernier a exposé et étayé la théorie de la sélection naturelle de façon tellement plus complète que c'est lui qui en est considéré comme le principal architecte. Les carnets de Darwin prouvent en outre qu'il avait formulé sa théorie de la sélection naturelle 15 ans avant de prendre connaissance du manuscrit de Wallace.

Dix ans plus tard, la majorité des biologistes étaient convaincus par l'ouvrage de Darwin et par ses partisans que la diversité biologique résulte effectivement de l'évolution. Darwin a triomphé là où les évolutionnistes précédents ont échoué, entre autres choses parce que la pensée scientifique commençait déjà à se détourner de la théologie naturelle, mais surtout parce qu'il défendait l'évolution au moyen d'une logique sans faille et d'une multitude de preuves.

FIGURE 22.6 Géospizes des Galápagos. L'archipel des Galápagos abrite 14 espèces de Géospizes étroitement apparentées, dont certaines ne se trouvent que sur une seule île. Les espèces se distinguent principalement par leur bec : celui-ci est adapté à des régimes alimentaires particuliers (voir aussi la FIGURE 1.17b).

(a) Granivore. Le Géospize à gros bec (*Geospiza magnirostris*) possède un gros bec adapté au cassage des graines, lesquelles tombent des plantes et se retrouvent au sol.

(b) Insectivore. Le Géospize minuscule (*Camarhynchus parvulus*) attrape des insectes grâce à son bec.

(c) Insectivore qui s'aide d'un outil. Le Géospize pique-bois (*Camarhynchus pallidus*) se sert d'une épine de cactus ou d'une brindille comme outil pour trouver des termites et d'autres insectes gâte-bois.

De l'origine des espèces soutient deux thèses : l'évolution est bien réelle, et la sélection naturelle est son mécanisme

Le darwinisme défend deux grandes thèses. D'une part, il fonde l'unité et la diversité du vivant sur l'évolution ; d'autre part, il explique l'évolution adaptative par la sélection naturelle.

Descendance modifiée

Dans la première édition de l'ouvrage *De l'origine des espèces*, Darwin n'emploie pas le mot *évolution* avant le dernier paragraphe, lui préférant plutôt les termes **descendance modifiée.** Toute sa vision du monde se concentre dans cette expression. Selon lui, la vie se distingue par son unité, tous les organismes étant issus d'un prototype inconnu ayant vécu dans un passé très lointain. En se répandant dans les divers habitats au fil de millions d'années, les descendants de cet organisme primordial ont accumulé des modifications diverses, ou adaptations, les rendant aptes à des modes de vie particuliers.

Dans la conception darwinienne, l'histoire de la vie se présente comme un arbre : d'un même tronc jaillissent des branches multiples qui se divisent jusqu'à former des ramilles. À chaque fourche de l'arbre de l'évolution se trouve l'ancêtre d'une série de lignées. Les espèces étroitement apparentées, telles que l'Éléphant d'Asie (*Elephas maximus*) et l'Éléphant d'Afrique (*Loxodonta africana*), partagent énormément de caractéristiques, parce qu'elles constituent une même lignée (elles sont issues d'un ancêtre commun) qui a divergé relativement récemment (FIGURE 22.7, p. 472). La plupart des branches de l'évolution – y compris quelques-unes des principales – débouchent sur un cul-de-sac : près de 99 % de toutes les espèces ayant vécu sur Terre se sont éteintes.

Par une ironie du sort, c'est Linné, un partisan du fixisme des espèces, qui a donné à Darwin l'accès au lien vers l'évolution, et ce, en reconnaissant que l'immense variété des organismes peut être rangée en « groupes subordonnés aux groupes » (c'est l'expression de Darwin). Nous avons présenté à la FIGURE 1.10 les catégories taxinomiques principales ; les voici, encore une fois : domaine > règne > embranchement > classe > ordre > famille > genre > espèce.

D'après Darwin, la hiérarchie linnéenne révèle l'historique des ramifications de l'arbre généalogique de la vie : les organismes situés aux différents niveaux taxinomiques sont apparentés, car ils descendent d'ancêtres communs. Deux espèces comme le Lion (*Panthera leo*) et le Tigre (*Panthera tigris*), qui sont regroupées dans la même famille (*Félidés*), ont un ancêtre commun plus récent que deux espèces plus éloignées, comme le Lion et l'Éléphant d'Afrique, qui appartiennent à des familles différentes de la même classe (*Mammifères*).

Sélection naturelle et adaptation

Quel est le mécanisme de la sélection naturelle ? Et comment la sélection naturelle explique-t-elle l'adaptation ? Ernst Mayr, un biologiste de l'évolution, a décomposé la théorie darwinienne de la sélection naturelle en cinq propositions desquelles découlent trois inférences* :

---

* Adaptation d'après E. Mayr, *The Growth of Biological Thought : Diversity, Evolution and Inheritance* (Cambridge, Massachusetts : Harvard University Press, 1982). Selon Le petit Robert, une inférence est une opération logique par laquelle on admet une proposition en vertu de son lien avec d'autres propositions vraies.

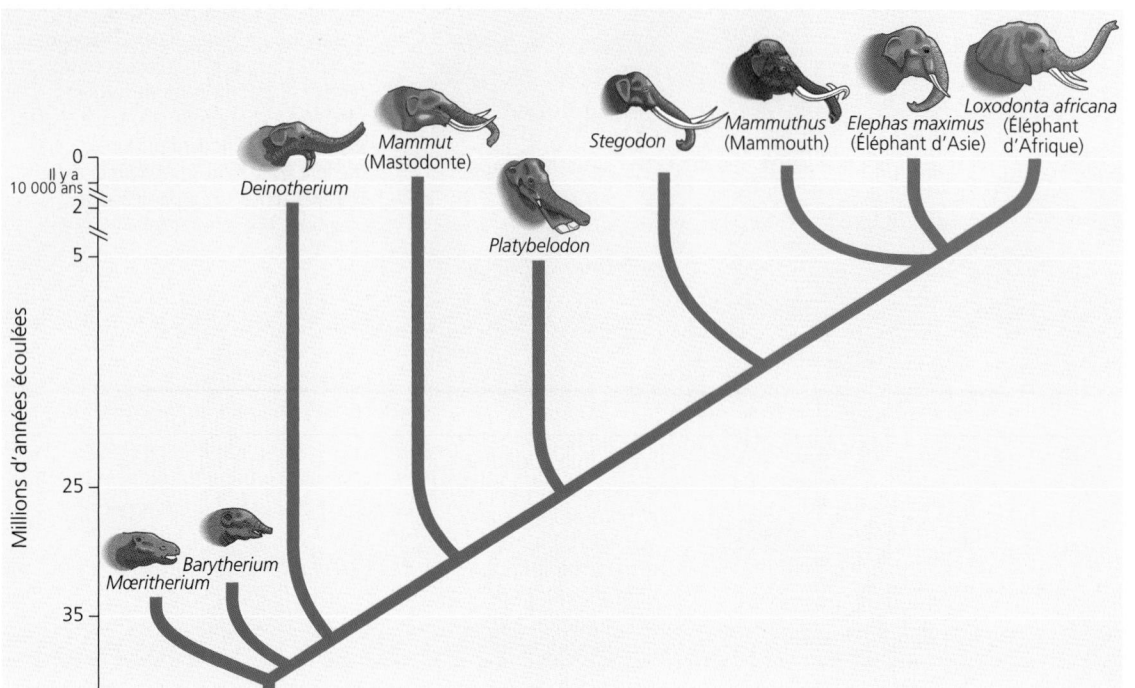

FIGURE 22.7 Descendance modifiée. Cet arbre généalogique retrace l'évolution de la famille des Éléphantidés. Il se fonde principalement sur les fossiles trouvés : leur anatomie, leur ordre d'apparition selon l'époque géologique et leur distribution géographique. (L'axe du temps n'est pas à l'échelle.)

PROPOSITION 1 : Toutes les espèces ont une telle fécondité potentielle que leur effectif croîtrait de manière exponentielle si tous les descendants engendrés réussissaient à se reproduire (FIGURE 22.8).

PROPOSITION 2 : En dehors des fluctuations saisonnières, la taille des populations reste généralement stable.

PROPOSITION 3 : Les ressources naturelles sont limitées.

INFÉRENCE 1 : La présence d'un nombre d'individus trop élevé par rapport aux ressources du milieu entraîne une lutte pour l'existence entre les membres d'une population ; une fraction seulement des descendants survit à chaque génération.

PROPOSITION 4 : Les caractéristiques des individus d'une population varient énormément ; il n'existe pas deux individus parfaitement identiques (FIGURE 22.9).

PROPOSITION 5 : Les variations sont en grande partie héréditaires.

INFÉRENCE 2 : Dans la lutte pour l'existence, la survie n'est pas laissée au hasard : elle dépend en partie de la constitution héréditaire. Les individus qui sont les plus aptes à affronter leur environnement grâce aux caractères dont ils ont hérité produisent vraisemblablement plus de descendants que les autres.

INFÉRENCE 3 : Les individus n'ayant pas les mêmes aptitudes à la survie et à la reproduction, la population se modifie graduellement ; les caractères favorables s'accumulent au fil des générations.

On peut donner le résumé suivant des idées principales de Darwin :

La sélection naturelle correspond au succès différentiel dans la reproduction. (Tous les individus n'ont pas les mêmes capacités de survie et de reproduction.)

La sélection naturelle repose sur une interaction entre le milieu et la variabilité propre aux organismes composant une population.

La sélection naturelle débouche sur l'adaptation des populations à leur environnement (FIGURE 22.10).

FIGURE 22.8 Surproduction de descendants. Un nuage de millions de spores est projeté lors de l'explosion de cette Vesse-de-loup (*Lycoperdon gemmatum*), un type de Champignon. Le vent disperse les spores ici et là. Seule une infime fraction d'entre elles donnera naissance à des descendants susceptibles de survivre et de se reproduire.

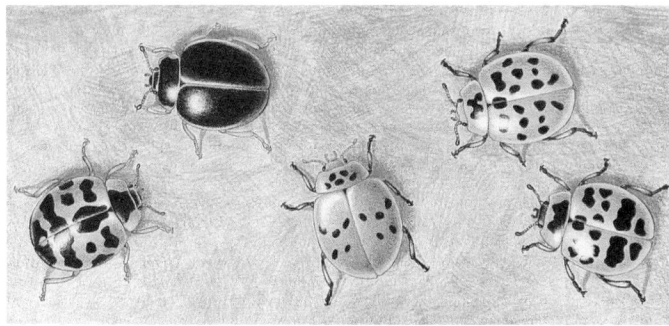

FIGURE 22.9 Un aperçu de la variété des taches marquant la carapace d'une population de Coccinelles asiatiques (*Propylæa quatuordecimpunctata*).

Développons les rapports importants établis par Darwin entre la sélection naturelle, la lutte pour l'existence et la capacité des organismes à trop se reproduire. Les spécialistes estiment que Darwin a admis le principe de la lutte pour l'existence après avoir lu l'ouvrage écrit par Thomas Malthus en 1798 au sujet de la population humaine (voir la FIGURE 22.1). Malthus y affirme que la majorité des souffrances de l'Humain – la maladie, la famine, l'itinérance et la guerre – découlent inéluctablement de sa tendance à croître plus rapidement que les ressources et l'approvisionnement en aliments. La capacité de se reproduire à l'excès semble caractériser toutes les espèces. Cependant, sur le grand nombre d'œufs pondus, de jeunes mis au monde et de graines disséminées, une infime fraction seulement d'individus mènent à terme leur développement et se reproduisent à leur

tour (voir la FIGURE 22.8). Les autres sont dévorés par des prédateurs ou meurent pour d'autres raisons (le gel, l'absence de nourriture, la maladie, etc.), ou encore ils ne trouvent pas de partenaire ou ne peuvent se reproduire, peu importe pourquoi.

À chaque génération, des facteurs environnementaux filtrent les variations héréditaires, de sorte que certaines sont favorisées. La reproduction différentielle – soit le fait que les organismes bénéficiant de caractères favorables produisent davantage de descendants que les autres – aboutit à la fréquence accrue des caractères favorables à la génération suivante. C'est cela, l'évolution.

Pour illustrer la puissance de la sélection en tant que force évolutive, Darwin a invoqué la **sélection artificielle,** c'est-à-dire l'élevage et la culture par les Humains. Ces derniers ont modifié certaines espèces au fil de nombreuses générations en sélectionnant des géniteurs possédant les caractères souhaités. Les plantes et les animaux que nous cultivons et que nous élevons pour nous nourrir n'ont souvent que peu de ressemblance avec leurs ancêtres sauvages (FIGURE 22.11, p. 474). Les effets puissants de la sélection artificielle se manifestent tout particulièrement chez les animaux de compagnie, élevés pour des raisons plus proches de la fantaisie que de l'utilité.

Si la sélection artificielle engendre autant de changements en un laps de temps relativement court, se disait Darwin, alors la sélection naturelle devrait produire des modifications considérables sur une période couvrant des centaines ou des milliers de générations. Même si les bénéfices de certains caractères héréditaires sont ténus, les variations avantageuses vont s'accumuler dans la population après de nombreuses générations de sélection naturelle, alors que les variations moins favorables seront éliminées.

(a) Mante de Malaisie, qui se confond avec une fleur

(b) Mante forestière de l'île de la Trinité, qui simule une feuille morte

(c) Mante d'Amérique centrale, qui ressemble à s'y méprendre à une feuille verte

FIGURE 22.10 Le camouflage, un exemple de l'évolution adaptative.
Les espèces apparentées de Mantes ont diverses formes et couleurs, apparues en fonction de leur évolution dans des environnements variés.

(a) Éleveurs de bétail de l'Afrique ancienne. L'artiste qui a produit ces peintures rupestres, il y a environ 5 000 ans, a représenté des Nord-Africains ainsi que leurs diverses races de bétail. De telles représentations picturales, que l'on trouve par milliers, soulignent l'acuité de la perception que les peintres avaient des variations marquant les caractères physiques des animaux domestiques. Les premiers agriculteurs ont répandu certaines variations en procédant à la reproduction sélective du bétail et des cultures.

(b) Divers légumes issus de la Moutarde sauvage (*Brassica arvensis*). Le chou, le chou frisé, le chou-rave, le chou de Bruxelles, le chou-fleur et le brocoli ont pour ancêtre commun la Moutarde sauvage (petite photo superposée). En accentuant artificiellement certains caractères de la plante d'origine, les producteurs ont obtenu ces résultats divergents.

FIGURE 22.11 Sélection artificielle

Darwin a intégré le gradualisme, une notion au cœur de la théorie géologique de Lyell, à la théorie de l'évolution. Il envisage la vie sous l'angle d'une évolution issue de l'accumulation graduelle de changements minuscules. Il postule que la sélection naturelle, opérant dans divers contextes et sur de longues périodes, peut rendre compte de toute la diversité de la vie.

Nous pouvons à présent résumer les deux éléments principaux de la pensée de Darwin : 1) les diverses espèces contemporaines descendent, avec modifications, d'espèces ancestrales ; 2) le mécanisme de modification est la sélection naturelle, dont l'action se produit sur une très longue période.

Quelques subtilités de la sélection naturelle. Il nous faut ici expliquer certaines subtilités de la sélection naturelle. La première a trait à l'importance des populations dans l'évolution. Pour l'instant, nous définirons une population comme un groupe d'individus interféconds appartenant à une espèce donnée et occupant une même zone géographique. La population représente la plus petite unité capable d'évolution. Si la sélection naturelle met en jeu des interactions entre les individus et leur milieu, les individus eux-mêmes n'évoluent pas. L'évolution ne peut se mesurer qu'en fonction des changements observés dans les proportions des variations héréditaires au sein d'une population donnée et au cours de générations successives.

En outre, la sélection naturelle ne peut amplifier ou diminuer que les variations héréditaires. Comme nous l'avons vu, un organisme peut se modifier à la suite de ses expériences, et ses caractères acquis peuvent favoriser son adaptation à son milieu. Cependant, rien ne prouve que les caractères acquis pendant la vie se transmettent génétiquement. Il faut donc faire la distinction entre les adaptations qu'un organisme développe du fait de ses actions et les adaptations héréditaires qui apparaissent graduellement dans une population, après de nombreuses générations, par sélection naturelle.

Il faut également souligner que les rouages de la sélection naturelle dépendent du temps et de l'espace ; les facteurs environnementaux varient d'un endroit à l'autre et d'une époque à l'autre. Un changement qui constitue une adaptation dans une situation particulière peut devenir inutile, voire nuisible, dans des circonstances différentes. Passons à des exemples précis qui vous permettront de mieux comprendre le caractère circonstanciel de la sélection naturelle.

Certains exemples de sélection naturelle prouvent l'existence de l'évolution

La sélection naturelle et l'évolution adaptative qu'elle entraîne constituent des phénomènes observables. Examinons maintenant deux autres exemples de sélection naturelle en tant que mécanisme régissant l'évolution des populations.

La sélection naturelle à l'action : l'évolution d'insectes résistants aux insecticides

Parmi les exemples les plus classiques – et les plus inquiétants – de la sélection naturelle, on peut donner celui de l'évolution de la résistance aux insecticides chez des centaines d'espèces d'insectes. Les insecticides sont des substances chimiques employées pour tuer des insectes nuisibles. Citons notamment le DDT (dichloro-diphényl-trichloréthane, aujourd'hui interdit dans de nombreux pays) et le malathion. L'Humain recourt à ces produits pour maîtriser les populations d'insectes qui ravagent les récoltes, qui transmettent certaines maladies (comme la malaria, ou paludisme) ou qui l'ennuient à la maison ou en camping. Cependant, ces armes chimiques sont à double tranchant. Les poisons épandus ne touchent pas uniquement les insectes ciblés, et leur usage généralisé débouche sur des problèmes environnementaux immenses. Nous nous y pencherons au chapitre 54. Pour l'instant, contentons-nous d'étudier les incidences de l'introduction de ces produits chimiques dans les environnements peuplés d'insectes.

Quand un nouveau type d'insecticide fait son apparition sur le marché, les choses se déroulent généralement suivant les mêmes étapes. Au début, les résultats sont encourageants. Il suffit d'asperger une quantité relativement petite de l'agent en question pour tuer 99 % des insectes. Toutefois, les épandages suivants sont de moins en moins efficaces. Une première solution consiste à accroître la quantité de produit utilisée, ce qui se traduit par des coûts beaucoup plus élevés (sans oublier les grandes répercussions environnementales). On peut aussi passer à un autre insecticide, jusqu'au jour où il devient à son tour inefficace.

C'est le processus de sélection naturelle qui provoque la résistance aux insecticides. En effet, les quelques insectes survivant au premier épandage sont pourvus de gènes qui leur permettent de résister à l'assaut chimique (FIGURE 22.12). Dans certains cas, quelques-uns d'entre eux ont même des gènes codant pour des enzymes capables de détruire l'insecticide. Le poison tue donc la plupart des membres de la population initiale, mais il laisse en vie les individus résistants. Ces derniers se reproduisent et transmettent à leurs descendants les gènes qui leur confèrent l'immunité. À chaque génération, la proportion d'individus résistants à l'insecticide augmente. On dit que ces insectes se sont adaptés à un changement dans leur environnement.

Cet exemple d'adaptation des insectes aux insecticides met en évidence deux points clés touchant la sélection naturelle. Tout d'abord, cette dernière se fait davantage par suppression sélective que par création brute. En effet, un insecticide ne crée pas des individus résistants : il sélectionne plutôt ceux qui sont déjà présents dans la population. Ensuite, la sélection naturelle dépend de facteurs géographiques et temporels. Elle favorise les caractères les plus adaptés au milieu local et les plus appropriés à la situation présente. Un élément jugé adaptatif dans une situation peut devenir inutile, voire nuisible, dans des circonstances différentes. Par exemple, certaines mutations génétiques qui confèrent à la Mouche domestique (*Musca domestica*) une résistance au DDT réduisent aussi son rythme de croissance. Avant que cet insecticide soit présent dans l'environnement, ces gènes particuliers constituaient un handicap pour la mouche. Toutefois, avec l'apparition du DDT, le changement du milieu a favorisé la survie des individus résistants aux insecticides.

La sélection naturelle en action : évolution du VIH vers des formes pharmacorésistantes

Les chercheurs ont mis au point de nombreux médicaments pour lutter contre le Virus de l'immunodéficience humaine (VIH), qui provoque le sida (voir le chapitre 18). Chaque fois qu'un médicament est donné à un patient, la population de VIH présente dans son organisme évolue vers la pharmacorésistance. La FIGURE 22.13, à la page 476, illustre l'évolution de la résistance à un médicament appelé 3TC. Vous constaterez que les souches résistantes commencent à augmenter en nombre presque immédiatement après l'administration du traitement ; à peine quelques semaines plus tard, elles composent 100 % de la population totale de VIH dans l'organisme de chacun des patients.

Les scientifiques ont élaboré le 3TC (3-thio-cytidine ou lamivudine) dans le but de gêner le processus exécuté par la transcriptase inverse, l'enzyme utilisée par le VIH pour convertir son génome à ARN en ADN qui s'insère par la suite dans l'ADN de la cellule hôte humaine (voir la FIGURE 18.7). Rappelons que l'ADN est un polymère composé de quatre types de

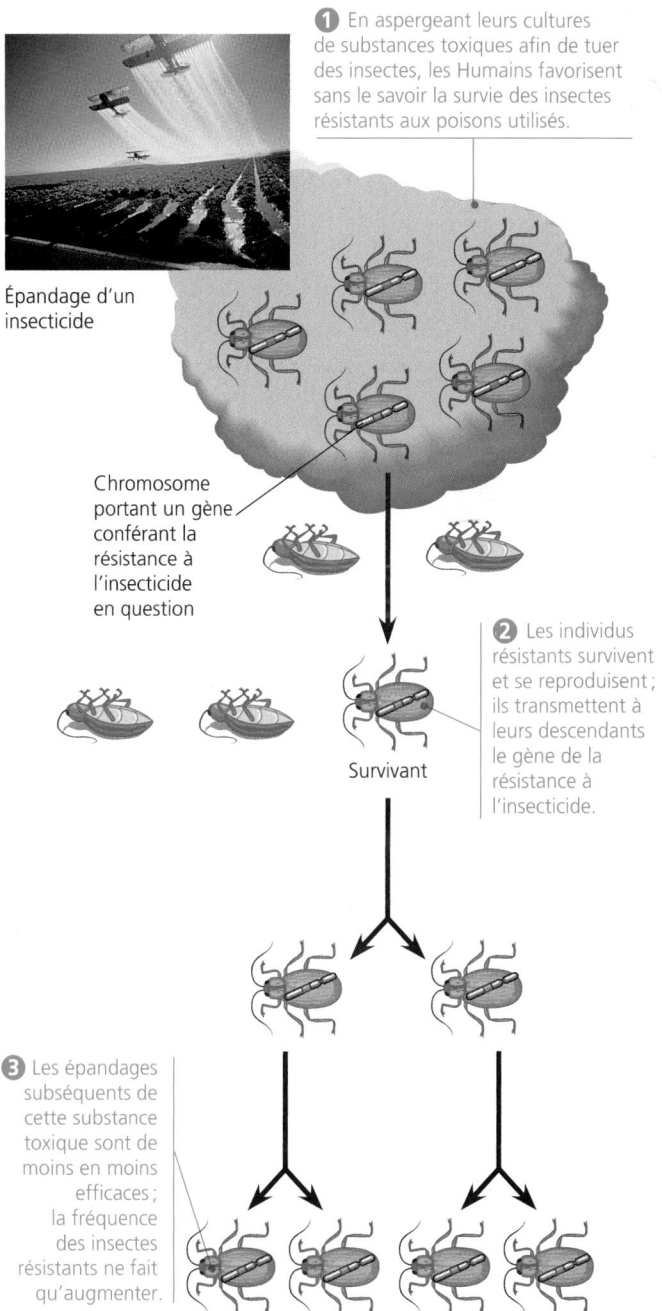

FIGURE 22.12 Évolution de la résistance aux insecticides dans une population d'insectes

❶ En aspergeant leurs cultures de substances toxiques afin de tuer des insectes, les Humains favorisent sans le savoir la survie des insectes résistants aux poisons utilisés.

Épandage d'un insecticide

Chromosome portant un gène conférant la résistance à l'insecticide en question

❷ Les individus résistants survivent et se reproduisent ; ils transmettent à leurs descendants le gène de la résistance à l'insecticide.

Survivant

❸ Les épandages subséquents de cette substance toxique sont de moins en moins efficaces ; la fréquence des insectes résistants ne fait qu'augmenter.

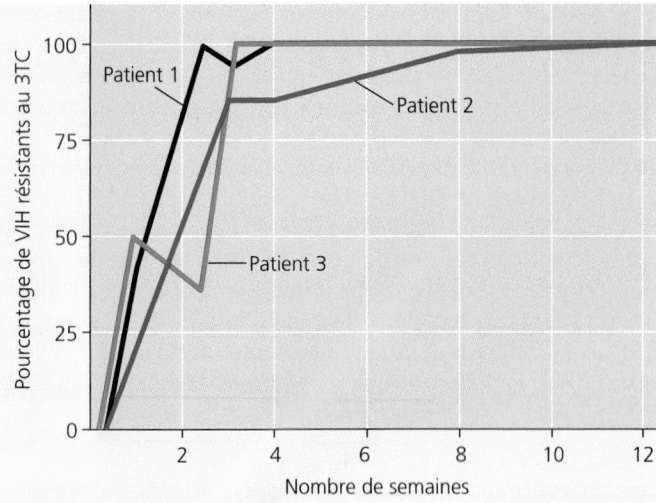

FIGURE 22.13 Évolution de la pharmacorésistance chez le VIH. Dès le début de leur traitement, les patients traités avec l'anti-VIH 3TC sont infectés, entre autres, par un nombre infime de virus pharmacorésistants. Au fil du temps, la sélection naturelle accroît la fréquence de ces derniers. La durée du processus varie d'un patient à l'autre mais, dans tous les cas, après quelques semaines seulement, les souches résistantes à la molécule de 3TC composent jusqu'à 100 % de la population de virus présente dans l'organisme.

nucléotides, désignés par les lettres A, G, T et C (voir le chapitre 16). La molécule de 3TC ressemble assez au nucléotide C (cytosine) de l'ADN pour que la transcriptase inverse du VIH la prenne, elle, au lieu d'un nucléotide C, et l'insère dans la chaîne de l'ADN en formation. Cette erreur met fin à l'élongation de l'ADN et interrompt donc la réplication du VIH.

La souche de VIH résistante au 3TC possède une version légèrement différente de la transcriptase inverse et est capable de distinguer entre la molécule de médicament et le nucléotide C normal. Les membres de la population de VIH qui héritent du gène codant pour cette forme d'enzyme sont désavantagés dans un milieu duquel le 3TC est absent; en effet, leur ARN se réplique plus lentement que celui de la variété plus courante de VIH. Cependant, une fois que des molécules de 3TC sont introduites dans le milieu où les deux sortes de virus évoluent, elles constituent une force puissante qui influe sur la sélection naturelle et qui favorise la réplication des spécimens résistants.

D'autres preuves de l'évolution sont présentes partout en biologie

Nous nous sommes penchés sur certains cas d'évolution par sélection naturelle qui surviennent assez rapidement pour être observés directement. Cela dit, les changements de grande envergure, qui donnent lieu à la diversité du vivant et dont attestent les archives géologiques fournies par les fossiles, se déroulent sur une échelle de centaines de millions d'années. Dans tous les domaines de recherche en biologie, il existe des preuves que la diversité du vivant est le produit de l'évolution. De plus, la biologie progresse toujours, et de nouvelles découvertes (notamment en biologie moléculaire) confirment la vision darwinienne de la vie.

Homologie

L'expression « descendance modifiée », utilisée par Darwin pour désigner l'évolution, signifie que de nouvelles espèces descendent d'espèces ancestrales en accumulant des modifications, à mesure que les populations s'adaptent à des milieux différents. Les traits particuliers qui caractérisent une nouvelle espèce ne sont pas créés de toutes pièces : ils correspondent à des versions modifiées de caractères ancestraux. Les espèces qui ont des ancêtres communs présentent des similarités sous-jacentes, y compris dans le cas où les mêmes caractères n'exercent plus les mêmes fonctions. La ressemblance de caractères résultant d'ancêtres communs est appelée **homologie.**

Homologies anatomiques. La descendance modifiée est révélée d'une manière éclatante par les ressemblances anatomiques existant entre des espèces regroupées dans une même catégorie taxinomique. Par exemple, les membres antérieurs de l'Humain, du Chat, de la Baleine, de la Chauve-souris et de tous les autres Mammifères se composent de mêmes éléments osseux, quoique ces appendices remplissent des fonctions fort différentes (FIGURE 22.14). On parle, dans ce cas, de **structures homologues.** Toutes les espèces de Mammifères partagent un même ancêtre, et leurs pattes antérieures, leurs ailes, leurs nageoires ou leurs bras représentent des variations fonctionnelles sur un même thème structural. De telles modifications de la structure de base contribuent à une meilleure adaptation des espèces à leur milieu.

L'anatomie comparée, qui consiste à analyser en parallèle les structures corporelles de différentes espèces, permet de confirmer que l'évolution est un processus de remodelage. Les contraintes historiques de cette restructuration se révèlent tout particulièrement dans les imperfections anatomiques. Ainsi, la rotule et la colonne vertébrale de l'Humain proviennent de structures ancestrales convenant à des mammifères tétrapodes. Dans les dernières années de leur vie, presque tous les Humains subiront des affections touchant leurs genoux ou leur dos. Si ceux-ci avaient pris forme de manière à soutenir expressément la posture bipède, ils seraient moins susceptibles de se blesser. Le remodelage anatomique qui a accompagné la démarche des bipèdes s'est opéré dans les contraintes de l'histoire de l'évolution.

Parmi les structures homologues les plus singulières figurent les **organes vestigiaux**; il s'agit de structures atrophiées ayant une utilité secondaire ou nulle. Ils représentent des témoignages historiques de structures qui remplissaient des fonctions importantes chez les ancêtres des organismes qui les portent. Par exemple, le squelette de certains serpents a gardé des vestiges des os du bassin et des pattes de certains de leurs ancêtres marcheurs. On ne pourrait s'attendre que les Serpents aient de telles structures s'ils avaient eu une origine indépendante de celle des autres Vertébrés.

Homologies embryologiques. Il arrive que des homologies difficiles à repérer dans les organismes adultes sautent aux yeux à l'examen des étapes du développement de l'embryon. Par exemple, tous les embryons de Vertébrés présentent à certains stades de leur développement des structures appelées sacs branchiaux situées dans la région de la gorge. Ces structures se développent en des éléments homologues ayant des fonctions extrêmement différentes: par exemple, les sacs branchiaux se transforment en branchies chez les Poissons, et en trompes auditives chez l'Humain et d'autres Mammifères.

Homologies moléculaires. L'homologie anatomique n'est d'aucune utilité pour établir des liens entre des organismes dont la parenté est extrêmement lointaine, comme c'est le cas entre les Végétaux et les Animaux. Cependant, tous les êtres vivants partagent certaines caractéristiques à l'échelle moléculaire. Ainsi, toutes les formes de vie font appel aux mêmes modalités de codage de l'information génétique (ADN et ARN) : le code génétique est en quelque sorte universel (voir le chapitre 17). Il est évident que le langage du code génétique a été transmis à toutes les branches successives de l'arbre généalogique du vivant. La biologie moléculaire fournit de nouveaux outils pour mieux comprendre les relations entre les êtres vivants au cours de l'évolution.

Homologies et arbre de vie. Les homologies donnent une image en miroir de la hiérarchie taxinomique de l'arbre de la vie. Certaines d'entre elles, comme le code génétique, sont partagées par toutes les formes de vie, car elles appartiennent à un passé ancestral lointain, mais commun. En revanche, les homologies qui sont le fruit d'une évolution plus récente ne sont partagées que par des ramifications secondaires de l'arbre de la vie. Par exemple, tous les Tétrapodes (du grec *tetra*, « quatre », et *pode*, « pied »), branche des Vertébrés regroupant la plupart des Amphibiens, quelques Reptiles, les Oiseaux et les Mammifères, ont la même structure de membre à cinq doigts (celle de certains Mammifères est illustrée à la FIGURE 22.14). Les homologies forment donc une configuration ramifiée : tous les êtres vivants partagent un tronc commun de caractéristiques lointaines ; la succession de nouveaux embranchements a permis l'ajout de nouvelles homologies, qui ont contribué à caractériser des groupes de rang supérieur, et ainsi de suite. Cette configuration hiérarchique correspond exactement au modèle de l'ascendance commune ; il n'y aurait pas de hiérarchie si les espèces s'étaient développées indépendamment les unes des autres.

Si les homologies reflètent l'histoire de l'évolution, alors les scientifiques devraient pouvoir déceler des configurations semblables en comparant des molécules, des os ou tout autre caractère.

Les nouveaux outils de la biologie moléculaire ont, en général, corroboré l'existence des arbres généalogiques fondés sur l'anatomie comparée et sur d'autres méthodes. Les relations lointaines entre les espèces sont attestées par l'ADN de celles-ci et par leurs protéines, soit par leurs gènes et leurs produits géniques. Si les génomes de deux espèces comportent des séquences similaires, c'est que ces dernières ont sans doute été copiées à partir d'un ancêtre commun. Le TABLEAU 22.1 compare l'ordre d'enchaînement des acides aminés de l'hémoglobine humaine – une protéine du sang qui assure le transport du

TABLEAU 22.1 Données moléculaires et relations entre de certains Vertébrés sur le plan de l'évolution

Espèces	Nombre d'acides aminés différant de ceux de la chaîne polypeptidique de l'hémoglobine humaine (longueur totale de la chaîne : 46 acides aminés)
Humain	0
Singe Rhésus	8
Souris	27
Poulet	45
Grenouille	67
Lamproie	125

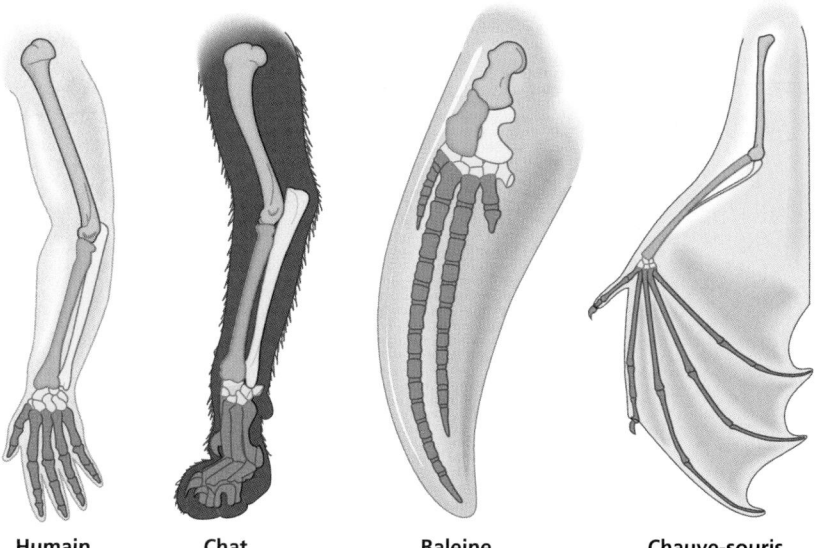

Humain   Chat   Baleine   Chauve-souris

FIGURE 22.14 Structures homologues : preuves anatomiques de la descendance modifiée. Les membres antérieurs de tous les Mammifères comprennent les mêmes éléments osseux (chacun de ceux-ci porte une couleur particulière dans l'illustration). D'après l'hypothèse voulant que tous les Mammifères descendent d'un ancêtre commun, leurs membres antérieurs, quoique adaptés de manière différente, correspondraient à des variations sur un même thème anatomique.

dioxygène – avec celui de l'hémoglobine d'autres Vertébrés. Sur le plan de l'évolution, les données indiquent les mêmes relations que celles obtenues lorsque l'on compare d'autres protéines. D'après la vision darwinienne de l'évolution à partir d'un ancêtre commun, il ne pourrait en être autrement.

Biogéographie

C'est la répartition géographique des espèces, soit la **biogéographie,** qui a amené Darwin à envisager l'évolution. Les espèces ont tendance à être plus proches des autres espèces qui vivent dans la même région que de celles qui ont le même mode de vie, mais qui occupent des zones différentes. Par exemple, l'Australie abrite un groupe de Mammifères, les Marsupiaux, qui se distingue d'un autre groupe de Mammifères, les Placentaires, qui se trouve ailleurs sur la Terre. (Le développement embryonnaire des Placentaires se déroule entièrement dans l'utérus, tandis que celui des Marsupiaux commence dans l'utérus, puis se poursuit dans une poche ventrale.) Il est vrai que certains Marsupiaux australiens ressemblent à des mammifères placentaires habitant d'autres continents : ils présentent des adaptations semblables. Ainsi, le Phalanger du sucre (*Petaurus breviceps*), un Marsupial arboricole, ressemble en apparence à l'Écureuil volant (*Glaucomys volans*), un Placentaire des forêts d'Amérique du Nord (FIGURE 22.15). Ces deux mammifères se sont adaptés au même mode de vie ; cependant, ils ont évolué indépendamment, à partir d'ancêtres différents. Le Phalanger a tous les caractères du Marsupial ; il est beaucoup plus proche des Kangourous et d'autres Marsupiaux australiens que des Écureuils volants, voire de tout autre mammifère placentaire, issus d'un autre continent. Le Phalanger appartient à la famille des Marsupiaux non pas parce qu'il faut être un Marsupial pour planer d'un arbre à l'autre, mais simplement parce que ses ancêtres étaient des Marsupiaux. La faune unique d'Australie s'est diversifiée une fois que cette île-continent a été isolée des grandes masses terrestres sur lesquelles les Mammifères placentaires se sont diversifiés. La ressemblance fonctionnelle entre les Phalangers du sucre et les Écureuils volants constitue un exemple de ce que les biologistes appellent évolution convergente. Deux espèces de lignées différentes peuvent finir par se ressembler du fait qu'elles occupent un environnement semblable ou qu'elles jouent un rôle similaire (nous y reviendrons au chapitre 25).

Les îles sont des environnements particulièrement précieux en tant que sources de preuves biogéographiques de l'évolution. Elles comptent généralement de nombreuses espèces de Plantes et d'Animaux **endémiques,** c'est-à-dire qui n'existent nulle part ailleurs dans le monde. Et pourtant, comme l'a constaté Darwin quand il a réévalué ses spécimens prélevés pendant l'expédition du *Beagle,* la plupart des espèces insulaires entretiennent des liens de parenté étroits avec les espèces des îles voisines ou du continent le plus proche. C'est pourquoi deux îles comportant des environnements semblables, mais sises dans des régions différentes du globe, peuvent être peuplées non pas par des espèces étroitement apparentées, mais par des espèces affiliées sur le plan taxinomique aux plantes et aux animaux du continent le plus proche, où l'environnement est souvent très différent. Les archipels présentent des caractéristiques particulièrement intéressantes sur le plan de la biogéographie. Si une espèce qui se propage à partir du continent gagne une île et s'y adapte bien, elle pourra donner naissance à toute une gamme de nouvelles espèces, dont les populations se diffuseront dans d'autres îles de l'archipel. Nous avons déjà donné l'exemple des Géospizes des Galápagos. La FIGURE 22.16 illustre un autre cas, celui de l'évolution de la Mouche du vinaigre (*Drosophila sp.*) dans l'archipel hawaïen.

Archives géologiques

La succession des formes fossiles correspond aux principaux embranchements de l'arbre de la vie qu'on a établi en se fondant sur diverses preuves. Par exemple, d'après la biochimie, la biologie moléculaire et la microbiologie, les procaryotes sont les ancêtres de tous les êtres vivants ; ils devraient donc commencer à se retrouver dans des couches géologiques plus vieilles que

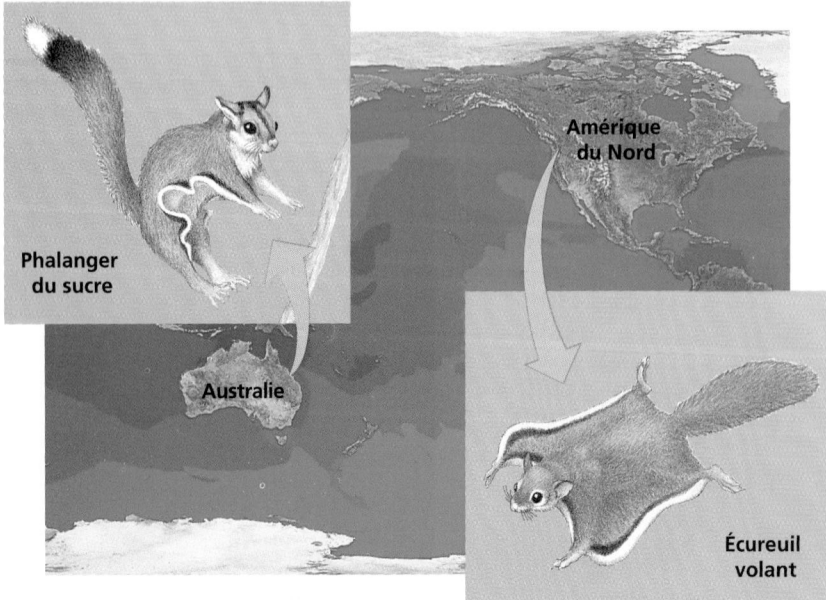

FIGURE 22.15 Des régions éloignées, des Mammifères de nature différente. Le Phalanger du sucre (*Petaurus breviceps*) est un exemple qui ajoute à la diversité des Marsupiaux ayant évolué dans l'isolement du continent australien. La ressemblance entre le Phalanger du sucre et l'Écureuil volant (*Glaucomys volans*), un Mammifère placentaire d'Amérique du Nord, n'est pas la conséquence d'une relation étroite au cours de l'évolution, mais d'une évolution convergente qui s'est faite dans des contextes environnementaux semblables.

FIGURE 22.16 Évolution des espèces de Mouche du vinaigre (*Drosophila sp.*) dans l'archipel hawaïen. Les géologues ont déterminé l'âge de ces îles volcaniques. Ils ont noté que plus on s'éloigne de Kauai (la plus ancienne) en se dirigeant vers Hawaii, plus les îles sont jeunes. Hawaii est la plus grande île de l'archipel ; c'est aussi la plus jeune. Elle continue de croître, ses volcans encore en activité entrant en éruption et déversant de la lave, qui se solidifie et qui vient s'ajouter au rivage. L'archipel compte environ 500 espèces endémiques de Mouche du vinaigre (*Drosophila sp.*) ; elles descendent toutes d'un ancêtre commun qui a réussi à atteindre l'île de Kauai voilà plus de cinq millions d'années. Les flèches retracent l'histoire d'un certain nombre d'espèces d'une même lignée évolutive. La date d'apparition de ces dernières se rapproche étroitement de l'âge de l'île où elles se sont établies.

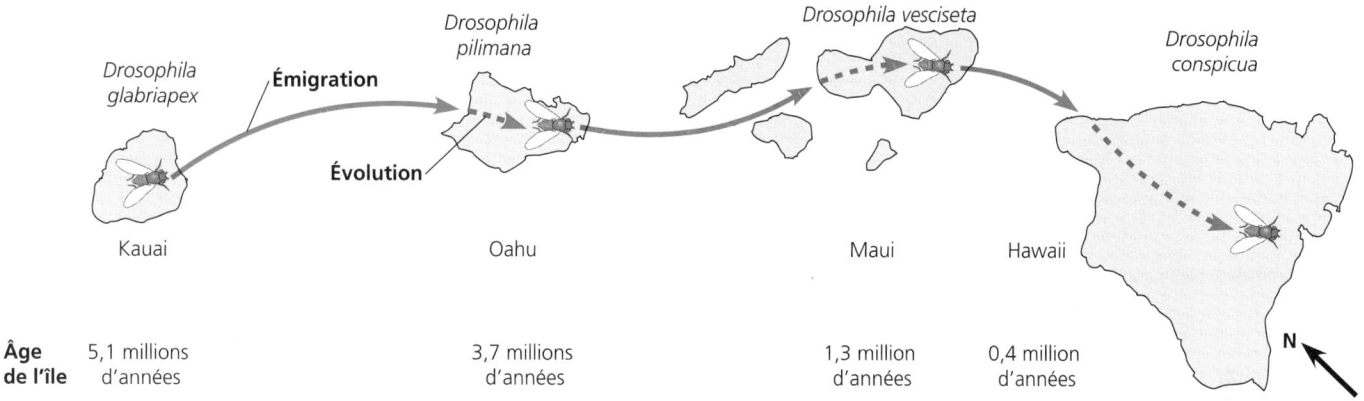

celles dans lesquelles on a retrouvé les plus anciens fossiles d'organismes eucaryotes. De fait, les plus anciens fossiles connus sont des procaryotes. On peut aussi donner l'exemple de l'ordre d'apparition chronologique des différentes classes de Vertébrés dans les archives géologiques. Les fossiles de Poissons précèdent ceux de tous les autres Vertébrés ; viennent ensuite les Amphibiens, puis les Reptiles, puis les Mammifères et les Oiseaux. Cette séquence chronologique cadre avec l'histoire de la descendance des Vertébrés, selon les indications de divers autres types de preuves. En revanche, si l'on donne foi à la théorie voulant que toutes les espèces aient été créées à peu près au même moment, alors on devrait retrouver les premiers fossiles de toutes les classes de Vertébrés dans des roches du même âge. Cette hypothèse n'est nullement étayée par les observations concrètes des paléontologues.

Selon la vision darwinienne de la vie, les transitions survenues au cours de l'évolution doivent laisser des preuves dans les archives géologiques. Effectivement, les paléontologues ont découvert des fossiles qui représentent de nombreuses formes transitoires : ils relient des fossiles encore plus anciens à des espèces modernes. Ainsi, une série de fossiles témoigne des changements qui se sont produits dans la forme et dans la taille du crâne des Mammifères au cours de leur évolution à partir de leurs ancêtres reptiliens. Tous les ans, les paléontologues découvrent d'autres liens importants entre les formes de vie modernes et leurs ancêtres. Ces dernières années, par exemple, des chercheurs ont trouvé des fossiles de baleines qui font le lien entre ces mammifères aquatiques et leurs ancêtres terrestres (FIGURE 22.17, p. 480).

En conclusion, la vision darwinienne de la vie reste dominante dans la biologie, car elle s'appuie sur des types de preuves indépendantes : structures homologiques de l'évolution qui correspondent à la distribution dans l'espace (biogéographie) et dans le temps (archives géologiques).

Quels sont les éléments purement théoriques dans la vision darwinienne du vivant ?

Certains rejettent le darwinisme en prétendant qu'il ne s'agit « que d'une simple théorie ». Cet argument, qui vise à discréditer la vision de la vie déterminée par l'évolution, présente de grandes faiblesses. Il ne distingue pas les deux énoncés de Darwin : primo, que les espèces modernes évoluent à partir de formes ancestrales ; secundo, que la sélection naturelle constitue le mécanisme principal de cette évolution. Or, la conclusion voulant que la vie soit le fruit de l'évolution se fonde sur des preuves historiques, dont nous avons discuté dans la section précédente.

Que reste-t-il alors de proprement théorique à propos de l'évolution ? Il faut savoir que les théories sont une tentative d'explication et de synthèse des faits grâce à des concepts généraux. Pour les biologistes, la théorie de l'évolution se ramène à la sélection naturelle, c'est-à-dire à la modalité proposée par Darwin pour justifier les faits révélés par les fossiles, la biogéographie et d'autres types de preuves.

Par conséquent, l'argument voulant que le darwinisme ne soit « qu'une simple théorie » concerne seulement le principe de la sélection naturelle de Darwin. En ce qui a trait à ce sujet,

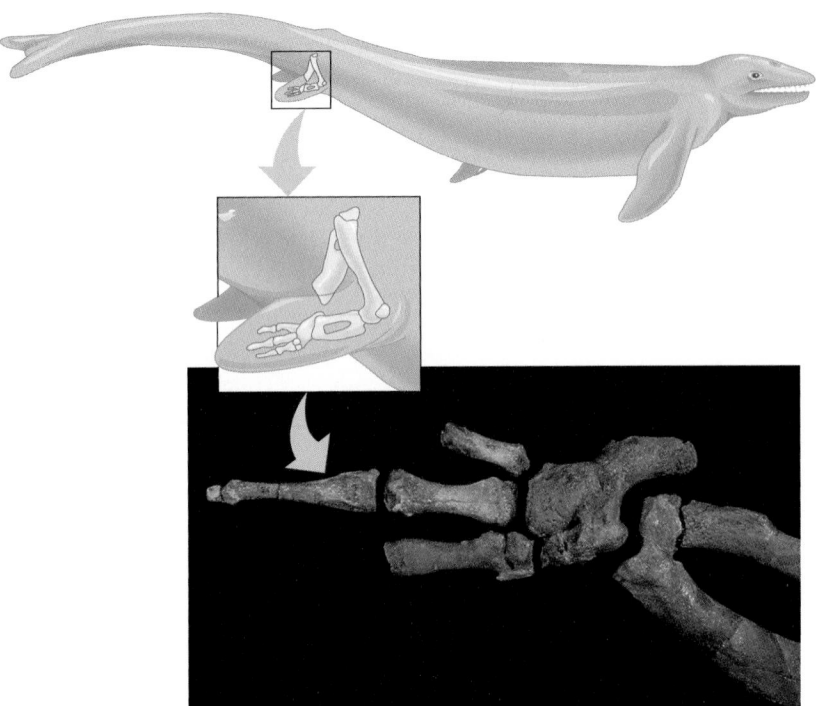

FIGURE 22.17 Fossile transitionnel liant passé et présent. Soutenir l'hypothèse que les Baleines descendent d'ancêtres terrestres (évoluant sur la terre ferme), c'est poser l'existence d'une créature à quatre membres dans l'arbre généalogique de ces Cétacés. Des paléontologues se livrant à des fouilles en Égypte et au Pakistan ont réussi à retrouver des fossiles de baleines d'une espèce aujourd'hui disparue, qui possède des membres postérieurs. Voici les os fossilisés d'une patte de *Basilosaurus,* l'une de ces anciennes baleines. Il s'agissait d'animaux aquatiques qui n'avaient plus besoin de s'appuyer sur leurs pattes arrière pour marcher. Les os des pattes d'un type de baleines encore plus anciennes, *Ambulocetus,* sont plus massifs. Le Cétacé *Ambulocetus* partageait peut-être son temps entre la terre et l'eau.

il faut garder en tête que le terme *théorie* n'a pas dans le domaine scientifique la même signification que dans le langage courant. Dans son emploi familier, le mot a sensiblement le sens que les scientifiques attribuent au terme *hypothèse*. En sciences, une théorie constitue un énoncé plus global qu'une hypothèse. Une théorie, telle que la théorie de la gravitation universelle de Newton ou celle de la sélection naturelle de Darwin, rend compte de faits multiples et tente d'expliquer une grande variété de phénomènes. Une telle théorie unificatrice n'est reconnue en sciences qu'à condition de résister à des vérifications systématiques et répétées sous forme d'expériences et d'observations (voir le chapitre 1). Qui plus est, les scientifiques rigoureux se gardent de laisser les théories être érigées en dogmes. Par exemple, de nombreux biologistes de l'évolution se demandent aujourd'hui si la sélection naturelle suffit à elle seule à expliquer les modifications dont font état les archives géologiques.

Les études actuelles sur l'évolution sont plus dynamiques que jamais, et nous présenterons quelques-uns des débats de l'heure dans les trois chapitres suivants. Mais ces interrogations sur le *mécanisme* de l'évolution du vivant n'impliquent nullement que la plupart des biologistes rangent l'évolution elle-même parmi de « simples théories ». Nous pouvons comparer les débats sur la théorie de l'évolution elle-même aux discussions sur les théories de la gravitation : nous savons que les objets continuent de tomber pendant que nous discutons des causes de leur chute.

Darwin a procuré à la biologie une base scientifique solide en attribuant la diversité du vivant à des causes naturelles plutôt qu'à un dessein surnaturel (FIGURE 22.18). Malgré tout, la variété et l'harmonie des produits de l'évolution ne cessent de nous émerveiller. Comme l'indique Darwin dans le paragraphe de conclusion de son ouvrage *De l'origine des espèces* : « Il y a de la grandeur dans cette vision de la vie. »

FIGURE 22.18 Charles Darwin en 1859, année de publication de l'ouvrage *De l'origine des espèces.*

RÉVISION DU CHAPITRE

Résumé des concepts importants

LE CONTEXTE HISTORIQUE DE LA THÉORIE DE L'ÉVOLUTION

■ **La culture occidentale a commencé par rejeter les grands principes de l'évolution (p. 466 et 467, FIGURE 22.1).** La théorie de Darwin selon laquelle la sélection naturelle entraîne des changements au cours de l'évolution s'écartait radicalement des idées religieuses et philosophiques alors dominantes.

■ **Les théories du gradualisme géologique ont posé les jalons de la biologie de l'évolution (p. 467 et 468, FIGURE 22.4).** Les géologues Hutton et Lyell ont compris que les changements survenus à la surface de la Terre peuvent résulter d'actions continuelles et lentes.

■ **Lamarck a situé les fossiles dans le contexte de l'évolution (p. 468 et 469).** En soulignant les interactions entre les organismes et leur milieu, il a ouvert la voie à Darwin.

LA RÉVOLUTION DARWINIENNE

■ **C'est grâce aux expériences qu'il a vécues au cours de l'expédition du *Beagle* que Darwin a été amené à formuler sa théorie de l'évolution (p. 469 à 471, FIGURES 22.5 et 22.6).** Il a montré que de nouvelles espèces dérivent d'espèces ancestrales par l'accumulation graduelle d'adaptations.

■ *De l'origine des espèces* **soutient deux thèses: l'évolution est bien réelle, et la sélection naturelle est son mécanisme (p. 471 à 474, FIGURES 22.7 à 22.11).** La sélection naturelle se fonde sur un succès reproductif différentiel. Celui-ci est rendu possible par l'héritabilité des variations marquant les individus d'une population et la tendance des populations à produire une descendance supérieure en nombre à celle que l'environnement peut soutenir. La sélection naturelle débouche sur l'adaptation, c'est-à-dire la présence chez les êtres vivants de caractères héréditaires adaptés à l'environnement local.

■ **Certains exemples de sélection naturelle prouvent l'existence de l'évolution (p. 474 à 476, FIGURES 22.12 et 22.13).** La sélection naturelle et l'évolution adaptative qu'elle cause sont des phénomènes observables.

■ **D'autres preuves de l'évolution sont présentes partout en biologie (p. 476 à 480, FIGURES 22.14 à 22.17).** La théorie de l'évolution est soutenue par des preuves homologiques, c'est-à-dire par de multiples ressemblances entre des espèces imputables à une origine commune. La biogéographie et les archives géologiques appuient généralement les déductions fondées sur les homologies.

■ **Quels sont les éléments purement théoriques dans la vision darwinienne du vivant? (p. 479 et 480, FIGURE 22.18).** La théorie de Darwin sur la sélection naturelle a unifié la biologie et l'a intégrée au domaine des sciences pures.

Autoévaluation

(Les questions dont les numéros sont en caractères gras font surtout appel à la compréhension.)

1. Les idées de Hutton et de Lyell dont s'est inspiré Darwin touchent:
   a) à l'âge de la Terre et aux processus géologiques graduels produisant de profonds changements.
   b) aux extinctions révélées par les archives géologiques.
   c) à l'adaptation des espèces à leur milieu.
   d) à une classification hiérarchique des organismes.
   e) à l'hérédité des caractères acquis.

2. **Lequel des énoncés suivants *ne relève pas* de la théorie de la sélection naturelle?**
   a) Il existe des variations héréditaires entre les individus.
   b) Les individus peu adaptés ne produisent jamais de descendants.
   c) Les individus luttent pour obtenir une part des ressources limitées, et une fraction seulement des descendants survit.
   d) Les individus qui sont le mieux adaptés à leur milieu grâce à des caractères dont ils ont hérité laissent plus de descendants que les autres.
   e) L'inégalité des chances de reproduction entraîne des adaptations.

3. **Laquelle des preuves suivantes fournirait les informations les plus utiles pour distinguer les relations phylogénétiques entre plusieurs espèces dont l'anatomie est presque identique?**
   a) Les archives fossiles.
   b) Les structures homologues.
   c) L'anatomie comparée.
   d) L'embryologie comparée.
   e) Les comparaisons moléculaires de l'ADN et des séquences d'acides aminés.

4. Laquelle des observations suivantes a aidé Darwin à formuler son idée de la descendance modifiée?
   a) La diversité des espèces diminue à mesure que la distance par rapport à l'équateur augmente.
   b) Le nombre d'espèces vivant sur les îles était inférieur au nombre d'espèces trouvées sur les continents les plus proches.
   c) Les oiseaux vivaient sur des îles situées à une distance du continent supérieure à leur distance maximale de vol.
   d) Les plantes du climat tempéré d'Amérique du Sud étaient plus semblables aux plantes tropicales d'Amérique du Sud qu'aux plantes des climats tempérés d'Europe.
   e) Les Géospizes des Galápagos se nourrissaient de graines, tandis que les Géospizes du continent sud-américain étaient insectivores.

5. Quel énoncé, parmi les suivants, traduirait le mieux le concept d'évolution?
   a) L'évolution correspond à un changement du caractère phénotypique d'une population.
   b) L'évolution est un changement des conditions du milieu.
   c) L'évolution correspond à un changement du bagage génétique d'une population.
   d) L'évolution correspond à un changement dans le génome d'un individu.
   e) L'évolution correspond à un changement dans la composition des espèces d'une communauté.

6. Dans quel cas la sélection naturelle aurait-elle le plus de chances de se manifester ?
   a) Au sein d'une population très homogène.
   b) Dans une population qui subit la prédation dans un milieu où les ressources n'abondent pas.
   c) Chez un groupe d'individus adaptés à un milieu stable.
   d) Au sein d'une population insulaire.
   e) Dans une population qui trouve suffisamment de nourriture et de territoire pour se perpétuer.

7. Quelques semaines après qu'on commence à administrer à un patient séropositif le médicament 3TC, la population de VIH dans son organisme se compose entièrement de virus résistants au traitement. Comment expliquer ce résultat ?
   a) Le VIH est en mesure de modifier ses protéines de surface et de résister au vaccin.
   b) Le patient a subi une réinfection causée par des virus résistants au 3TC.
   c) Le VIH a commencé à synthétiser une variante résistante de la transcriptase inverse en réaction au médicament.
   d) Quelques spécimens de souches résistantes au 3TC étaient déjà présents au début du traitement, et le processus de sélection naturelle a augmenté leur nombre.
   e) Certains virus ont réussi à acquérir des caractéristiques de pharmacorésistance, et les gènes résistants ont été transmis à tous les virus du patient.

8. Comment s'appelle la plus petite unité biologique susceptible d'évoluer au fil du temps ?
   a) La cellule.
   b) L'organisme.
   c) La population.
   d) L'espèce.
   e) L'écosystème.

9. Laquelle de ces idées est commune à la théorie de l'évolution de Darwin et à celle de Lamarck ?
   a) L'adaptation résulte d'un succès reproductif différentiel.
   b) L'évolution amène les organismes à avoir une complexité croissante.
   c) L'évolution adaptative résulte des interactions entre les organismes et leur milieu.
   d) L'adaptation provient de l'utilisation et de la non-utilisation des structures anatomiques.
   e) Les archives géologiques prouvent que les espèces ne changent pas au fil du temps.

10. Parmi les structures suivantes, lesquelles ont le moins de chances de correspondre à une homologie ?
   a) Les ailes de la Chauve-souris et les membres antérieurs d'un Humain.
   b) L'hémoglobine du Babouin et l'hémoglobine du Gorille.
   c) Les mitochondries des Végétaux et les mitochondries des Animaux.
   d) L'écorce d'un arbre et la carapace de la Langouste.
   e) L'encéphale de la Grenouille léopard et l'encéphale du Chien domestique.

11. Quels sont les deux grands principes défendus dans l'ouvrage de Darwin intitulé *De l'origine des espèces* ?

12. L'expression de Darwin pour décrire l'évolution, c'est-à-dire la _____, indique qu'une espèce ancestrale peut se diversifier en de nombreuses espèces descendantes, et ce, par l'accumulation de différentes _____ aux divers environnements.

13. Pourquoi les fossiles plus anciens se trouvent-ils généralement dans des couches rocheuses plus profondes que les fossiles plus jeunes ?

14. Qu'est-ce que l'homologie ?

15. Définissez la sélection naturelle.

16. Expliquez pourquoi l'énoncé suivant est faux : « Les pesticides ont créé la résistance aux pesticides chez les Insectes. »

Lien avec l'évolution

D'après un grand principe de la géologie historique, « le présent est la clé du passé ». Comment interpréter cet énoncé et comment appliquer cette idée aux organismes ? Inversement, comment le passé peut-il nous aider à comprendre la diversité actuelle de la vie ?

Intégration

1. L'argument de Darwin qui soutient l'idée de l'évolution est principalement inductif, tandis que son argument qui défend le mécanisme de la sélection naturelle est essentiellement déductif. Résumez dans vos propres mots les éléments inductifs et déductifs de la théorie de Darwin. (Au besoin, passez en revue les principes de l'induction et de la déduction présentés au chapitre 1.)

2. Pendant de nombreuses années, certains biologistes ont observé diverses populations animales dans leur milieu naturel dans le but d'établir le pourcentage d'albinos (individus sans pigmentation) selon l'espèce. Leur étude révèle que le pourcentage d'albinos chez les Mammifères est le plus élevé qui soit et qu'il se démarque très nettement de ceux des aux autres classes animales (Poissons, Reptiles, Amphibiens, Oiseaux). De plus, parmi les Mammifères, on constate que ce sont les Humains qui ont le pourcentage d'albinos le plus élevé, et ce, de loin. Expliquez cette différence d'un point de vue darwinien.

Science, technologie et société

1. La notion de sélection naturelle est-elle pertinente dans un contexte politico-économique ? Autrement dit, si une nation ou une société arrive à dominer les autres ou à assurer son succès, est-ce à dire qu'elle est plus apte à la survie que ses concurrents et qu'une dominance sans réglementation est justifiée ? Expliquez votre position.

2. En 1850, l'immigration humaine a introduit en Amérique du Nord le Moineau domestique. Depuis, cet oiseau a proliféré dans toute l'Amérique, délogeant par sa combativité des populations entières d'Hirondelles, de Bruants, de Parulines, etc., notamment au Québec. Bref, il contribue à restreindre la diversité. À votre avis, devrait-on s'incliner devant la sélection naturelle et favoriser le développement de cette espèce ? Son introduction a-t-elle été une erreur monumentale ? Savez-vous s'il existe des lois canadiennes interdisant l'introduction d'espèces végétales ou animales étrangères ?

Réponses à l'autoévaluation : 1. a ; **2.** b ; **3.** e ; 4. d ; **5.** c ; **6.** b ; **7.** d ; 8. c ; **9.** c ; **10.** d ; 11. La descendance d'espèces diverses à partir d'ancêtres communs ; la sélection naturelle comme mécanisme de l'évolution. 12. descendance modifiée ; adaptations. 13. La sédimentation ajoute des couches de matériaux plus récentes sur les couches plus anciennes. 14. La ressemblance entre les espèces quant à certains caractères hérités d'ancêtres communs. 15. La sélection naturelle correspond au succès reproductif différentiel des individus d'une population. **16.** Un facteur environnemental ne crée pas de nouveaux caractères, comme la résistance aux pesticides ; il opère plutôt une sélection parmi les caractères déjà présents dans la population.

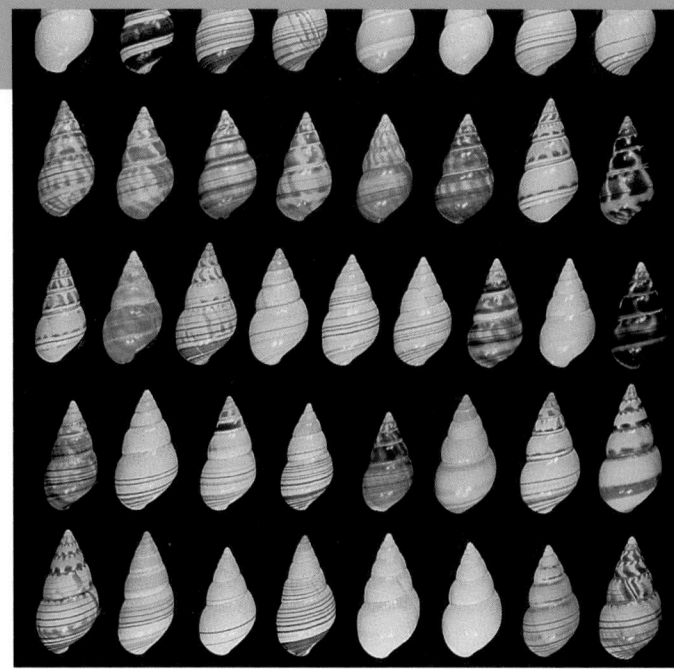

CHAPITRE 23

L'ÉVOLUTION DES POPULATIONS

« Dans quelques décennies, nous ne serons plus, mais nos atomes existeront toujours, poursuivant ailleurs l'évolution du monde. »

HUBERT REEVES
Astrophysicien québécois (1932-)

- La sélection naturelle maintient la reproduction sexuée
- La sélection sexuelle peut produire des différences importantes dans les caractères sexuels secondaires
- La sélection naturelle ne peut produire des organismes parfaits

LA GÉNÉTIQUE DES POPULATIONS

- La théorie synthétique de l'évolution intègre la sélection darwinienne et l'hérédité mendélienne
- Le patrimoine génétique d'une population est défini par ses fréquences alléliques
- La loi de Hardy-Weinberg décrit une population qui n'évolue pas

LES CAUSES DE LA MICROÉVOLUTION

- La microévolution change les fréquences alléliques d'une génération à l'autre
- Les deux causes principales de la microévolution sont la dérive génétique et la sélection naturelle

LES VARIATIONS GÉNÉTIQUES, FONDEMENTS DE LA SÉLECTION NATURELLE

- Les variations génétiques surviennent au sein des populations et entre elles
- Les mutations et les recombinaisons produisent de la variation génétique
- La diploïdie et le polymorphisme équilibré préservent la variation

ÉTUDE DÉTAILLÉE DE LA SÉLECTION NATURELLE EN TANT QUE MÉCANISME DE L'ÉVOLUTION ADAPTATIVE

- La valeur d'adaptation correspond à la contribution d'un génotype au patrimoine génétique de la génération suivante
- Les effets de la sélection naturelle sur la variation du phénotype : sélection directionnelle, sélection diversifiante et sélection stabilisante

Parmi les éléments *qui font obstacle à la compréhension de l'évolution, on peut donner l'exemple d'une idée fausse couramment répandue : les organismes évoluent à titre individuel, au sens darwinien, pendant leur vie. En fait, la sélection naturelle agit sur les individus : c'est de leurs caractères que dépendent leurs chances de survie et leur succès reproductif. Toutefois, les répercussions évolutives de cette sélection naturelle ne peuvent être mises en évidence que si l'on établit un suivi des changements dans la population d'organismes. Prenons les divers représentants de la population d'Escargots de mer (Liguus fascitus) figurant dans la photographie présentée au haut de la page. Leurs différents coloris correspondent à des variations génétiques. Si les prédateurs d'escargots se nourrissent de préférence de proies ayant une couleur particulière, alors la proportion des individus visés va sans doute diminuer d'une génération à l'autre : ces derniers seront moins nombreux et produiront moins de descendants. Par conséquent, c'est la population et non ses individus qui évolue. Certains caractères seront plus fréquents dans l'ensemble de la population, alors que d'autres seront plus rares. La FIGURE 23.1 (à la page 484) donne un autre exemple du même principe. L'évolution à la plus petite échelle possible, appelée microévolution, peut être définie comme tout changement dans la fréquence des allèles d'une population (voir la page 266 pour la définition d'allèle). Nous allons commencer notre étude de la microévolution en examinant de quelle façon les biologistes ont fini par comprendre, pendant la première moitié du XXᵉ siècle, les véritables principes de la théorie de la sélection naturelle de Darwin.*

LA GÉNÉTIQUE DES POPULATIONS

Grâce à son ouvrage *De l'origine des espèces*, Darwin a convaincu la plupart des biologistes que les espèces résultent de l'évolution ; il n'a toutefois pas réussi à leur faire accepter facilement l'idée que la sélection naturelle est le mécanisme principal de l'évolution. La sélection naturelle repose sur des processus héréditaires qu'il n'était pas en mesure d'expliquer. Il lui manquait une compréhension de l'hérédité susceptible d'expliquer comment les variations produites au hasard surviennent dans une population, tout en étant transmissibles des parents aux enfants. Charles Darwin était contemporain de Gregor Mendel, mais les découvertes de ce dernier étaient méconnues à l'époque ; nul n'avait remarqué qu'il avait élucidé les principes mêmes de l'hérédité qui auraient pu résoudre le paradoxe de Darwin et apporter à la sélection naturelle des preuves dignes de foi.

FIGURE 23.1 La sélection naturelle agit sur les individus, mais c'est la population qui évolue. L'Agrostis commun (*Agrostis tenuis*) à l'avant-plan pousse parmi les résidus d'une mine abandonnée du pays de Galles, au Royaume-Uni. Cette population de plantes tolère une concentration de métaux lourds qui est toxique pour les individus de la population poussant quelques mètres plus loin, dans le pâturage situé de l'autre côté de la clôture. Chaque année, de nombreuses graines atterrissent sur les résidus de la mine ; la plupart d'entre elles ne sont pas en mesure de se développer. Les seuls plants qui germent, croissent et se reproduisent sont ceux qui ont hérité de gènes leur permettant de tolérer la forte présence de métaux lourds dans le sol : il ne s'agit pas d'individus qui acquièrent au cours de leur vie une tolérance aux métaux. L'adaptation correspond à un accroissement, au fil des générations, de la *proportion* d'individus tolérant des conditions particulières.

La théorie synthétique de l'évolution intègre la sélection darwinienne et l'hérédité mendélienne

Par une ironie du sort, quand les travaux de Mendel ont été redécouverts et réévalués au début du XXe siècle, de nombreux généticiens ont cru que les lois de l'hérédité qui y étaient exposées entraient en contradiction avec la théorie de la sélection naturelle. D'après Darwin, les matières premières de la sélection naturelle sont les caractères quantitatifs, c'est-à-dire les caractéristiques d'une population qui varient de manière continue, telles que la longueur des poils des Mammifères ou la vitesse à laquelle une proie fuit ses prédateurs. Nous savons aujourd'hui que les caractères quantitatifs sont déterminés par de multiples loci. (Pour réviser l'hérédité polygénique et les caractères quantitatifs, voir le chapitre 14.) Or, Mendel (suivi par les généticiens du début du XXe siècle) en était arrivé à la conclusion que seuls les caractères discontinus et mutuellement exclusifs, comme la couleur violette ou blanche des fleurs du Pois, sont héréditaires. Par conséquent, la génétique n'apportait en apparence aucune explication à l'action de la sélection naturelle sur les variations plus ténues dans une population, autour desquelles s'articulait la théorie de Darwin.

La théorie évolutionniste a fait un pas en avant grâce à la naissance de la **génétique des populations.** Celle-ci a souligné l'étendue des variations génétiques au sein d'une population et a reconnu l'importance des caractères quantitatifs. Elle a pris son essor dans les années 1930. Le mendélisme et le darwinisme sont enfin devenus compatibles : les chercheurs ont pu jeter les bases des fondements génétiques de la variation et de la sélection naturelle.

C'est au début des années 1940 qu'une théorie globale de l'évolution a été élaborée ; elle a pris le nom de **théorie synthétique de l'évolution.** Elle est dite synthétique parce qu'elle intègre les découvertes et les principes de nombreux domaines, notamment la paléontologie, la taxinomie, la biogéographie et, bien entendu, la génétique des populations. Parmi les auteurs de la théorie synthétique moderne figurent les généticiens Theodosius Dobzhansky (1900-1975) et Sewall Wright (1889-1988), le biogéographe et taxinomiste Ernst Mayr (1904-), le paléontologue George Gaylord Simpson (1902-1984) et le botaniste G. Ledyard Stebbins (1906-2000). La théorie synthétique souligne l'importance des populations en tant qu'unités de l'évolution. Elle pose la sélection naturelle comme le mécanisme principal de l'évolution et explique par le gradualisme la production de changements d'envergure : ceux-ci résulteraient de l'accumulation de modifications ténues, mais étalées sur de longues périodes. Cependant, nul modèle scientifique ne reste inchangé pendant un demi-siècle : de nombreux biologistes de l'évolution contestent aujourd'hui certains points de la théorie synthétique. Malgré tout, son principe a profondément marqué la biologie du XXe siècle et a modelé la plupart de nos idées sur l'évolution des populations.

Le patrimoine génétique d'une population est défini par ses fréquences alléliques

Une **population** représente un groupe localisé d'individus de la même espèce existant à un moment déterminé. En termes simples, une **espèce** est un ensemble de populations dont les membres sont en mesure de se reproduire entre eux dans un environnement naturel et de donner naissance à une descendance féconde (nous procéderons à une réflexion critique de cette définition au chapitre 24). Chaque espèce possède une aire de distribution géographique au sein de laquelle ses individus sont généralement concentrés en plusieurs populations localisées. Une population donnée peut se retrouver isolée des autres populations de la même espèce et n'échanger avec elles que rarement, voire jamais, du matériel génétique. Cet isolement touche particulièrement les populations habitant des îles éloignées, des lacs fermés ou des chaînes de montagnes entrecoupées de plaines. Cependant, les populations n'ont pas nécessairement des limites géographiques bien définies. Une population dense peut avoir des échanges avec une autre qui est moins nombreuse. Bien que les deux ne soient pas à proprement parler isolées l'une de l'autre, les individus de chacune sont regroupés et ont plus de chances de s'accoupler entre eux qu'avec des individus de l'autre population. Quant aux individus vivant à la périphérie, ils restent en moyenne plus étroitement apparentés les uns aux autres qu'aux individus vivant au coeur de la population ou aux membres d'autres populations (FIGURE 23.2).

Le **patrimoine génétique** (parfois appelé «*pool génique*») d'une population est l'ensemble des gènes que celle-ci possède à un moment donné. Il comprend donc les allèles de tous les membres de la population. Chez une espèce diploïde, chaque gène figure deux fois dans le génome d'un individu. Celui-ci est soit homozygote, soit hétérozygote pour les loci homologues. (Rappelons que les homozygotes possèdent deux allèles identiques d'un caractère ou gène donné, tandis que les hétérozygotes ont deux allèles différents.) Si tous les membres d'une population portent deux allèles identiques d'un même gène, on dit qu'il y a *fixation* de l'allèle dans le patrimoine génétique. Souvent, toutefois, il existe deux allèles ou davantage d'un même gène, et chacun présente une fréquence relative dans le patrimoine génétique.

Pour rendre un peu plus concrète la notion de fréquence des allèles d'un patrimoine génétique, prenons un exemple. Imaginons une population de plantes à fleurs sauvages comprenant deux variétés, caractérisées par la couleur, rouge ou blanche, de leurs pétales. L'allèle des pétales rouges, représenté par la lettre R, domine complètement l'allèle des pétales blancs, représenté par la lettre r. Afin de simplifier l'explication, admettons que, dans la population en question, seuls ces deux allèles occupent un locus donné. Notre population imaginaire compte 500 individus; 20 d'entre eux ont des pétales blancs, parce qu'ils sont homozygotes pour l'allèle récessif (leur génotype est donc rr). Sur les 480 individus restants, qui ont tous des pétales rouges, 320 sont homozygotes (RR), alors que 160 sont hétérozygotes (Rr). Comme il s'agit d'organismes diploïdes, cette population de 500 individus renferme un total de $2 \times 500 = 1\,000$ allèles pour la couleur des pétales. L'allèle dominant R représente à lui seul 800 gènes (soit $320 \times 2 = 640$ gènes relatifs aux plants RR, plus $160 \times 1 = 160$ gènes relatifs aux plants Rr). Par conséquent, la fréquence de l'allèle R dans le patrimoine génétique de la population s'élève à $800/1\,000 = 0{,}8 = 80\,\%$. Comme il n'existe que deux formes alléliques du gène de la couleur des pétales, nous savons que la fréquence de l'allèle r doit être de 0,2, c'est-à-dire de 20 %.

FIGURE 23.2 Distribution de la population. (a) Deux populations de Douglas taxifoliés (*Pseudotsuga memziesii*), des conifères, sont séparées par le lit d'une rivière où peu d'individus de cette espèce croissent. Les deux populations conservent cependant un lien, car le vent transporte leur pollen d'une rive à l'autre. Malgré tout, les arbres ont plus de chances de se reproduire avec les membres de leur propre population qu'avec ceux de l'autre population. **(b)** Cette photographie de l'est du territoire américain, prise la nuit par satellite, montre les lumières des agglomérations principales de la région. Les citoyens se déplacent d'un quartier, d'une ville ou d'un État à l'autre, bien sûr, mais les hommes et les femmes ont davantage tendance à choisir un partenaire habitant la même localité qu'eux.

(a) Deux populations denses de Douglas taxifoliés

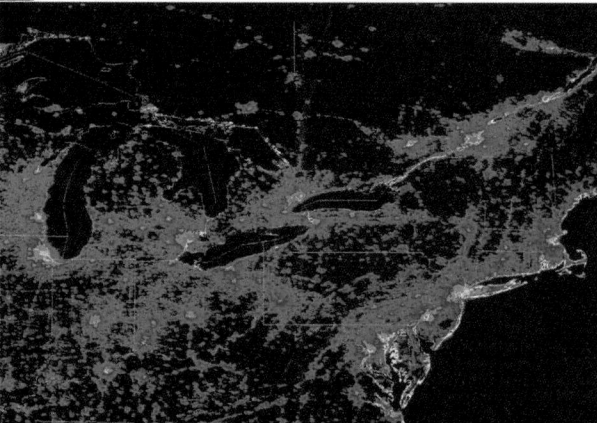

(b) Centres urbains dans l'Est des États-Unis

La loi de Hardy-Weinberg décrit une population qui n'évolue pas

Avant de passer à l'étude des modalités qui amènent une population à évoluer, il serait utile de commencer par examiner, à titre de comparaison, le patrimoine génétique d'une population *qui n'évolue pas*. Ce cas est décrit par la **loi de Hardy-Weinberg,** ainsi baptisée d'après les deux scientifiques qui l'ont énoncée chacun de son côté, en parallèle, en 1908. Cette loi veut que, de génération en génération, les fréquences alléliques du patrimoine génétique d'une population restent constantes, à moins qu'elles ne subissent les effets de facteurs autres que la ségrégation mendélienne et la recombinaison d'allèles. Autrement dit, le brassage des allèles résultant de la méiose et des aléas de la fécondation n'a pas d'incidence sur la composition génétique d'une population.

Appliquons la loi de Hardy-Weinberg à la population de 500 plantes à fleurs sauvages mentionnée précédemment (FIGURE 23.3a). Rappelons que 80 % des loci régissant la couleur des pétales portent l'allèle *R*, et 20 %, l'allèle *r*. Quel sera l'effet de la méiose, pendant la reproduction sexuée, sur la fréquence de ces allèles dans la génération suivante ? Supposons que l'union des gamètes mâles et femelles se fait complètement au hasard, c'est-à-dire que toutes les combinaisons mâle-femelle ont les mêmes chances de se réaliser. C'est comme si, pour déterminer le génotype de chaque zygote (œuf fécondé résultant de la fusion de deux gamètes), on mélangeait tous les gamètes dans un sac, puis on les tirait au hasard, deux à la fois. Chaque gamète porte un gène déterminant la couleur des pétales. Toutes les fois qu'un gamète est tiré au hasard, la probabilité qu'il porte l'allèle *R* s'élève à 0,8, et la probabilité qu'il porte l'allèle *r* est de 0,2. Les fréquences alléliques de la génération filiale sont donc les mêmes que celles de la population parentale.

À l'aide de la règle de la multiplication (voir le chapitre 14), nous pouvons calculer la fréquence des trois génotypes possibles de la génération filiale (FIGURE 23.3b). La probabilité de tirer deux allèles *R* parmi l'ensemble des gamètes est de $0,8 \times 0,8 = 0,64$. Par conséquent, environ 64 % des individus de la génération filiale auront le génotype *RR*. La fréquence des individus *rr*, elle, sera d'environ 0,04 ($0,2 \times 0,2 = 0,04$), c'est-à-dire de 4 %. Enfin, 32 % (ou 0,32) des plants seront hétérozygotes (*Rr* ou *rR*), que l'allèle dominant provienne du gamète mâle ou du gamète femelle (la fréquence de la combinaison $Rr = 0,8 \times 0,2 = 0,16$; la fréquence de la combinaison $rR = 0,2 \times 0,8 = 0,16$; la fréquence des combinaisons $Rr + rR = 0,32$).

Équilibre de Hardy-Weinberg

En consultant la FIGURE 23.3, vous remarquerez que la méiose et la fécondation aléatoire n'ont pas modifié les fréquences alléliques et génotypiques prévalant à la génération précédente. En ce qui a trait au locus de la couleur des fleurs, le patrimoine génétique de la population a atteint un état d'équilibre, désigné par l'expression équilibre de Hardy-Weinberg. En théorie, les fréquences alléliques de notre population imaginaire pourraient rester à tout jamais constantes. (Dans la réalité, d'autres facteurs que la ségrégation mendélienne et la recombinaison d'allèles interviennent toujours.) Établissons un parallèle entre l'équilibre de Hardy-Weinberg et un jeu de cartes. On a beau

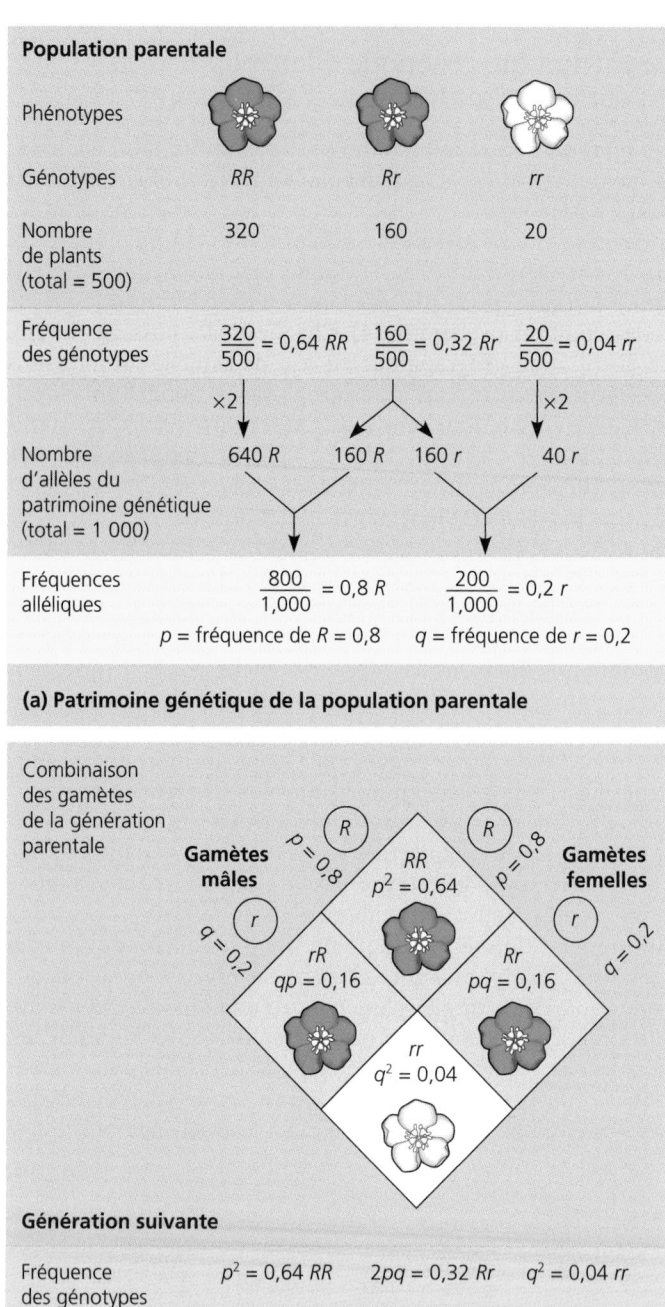

(a) Patrimoine génétique de la population parentale

(b) Patrimoine génétique de la génération suivante

FIGURE 23.3 Loi de Hardy-Weinberg. Le patrimoine génétique d'une population qui n'évolue pas reste constant de génération en génération ; la ségrégation mendélienne ne peut à elle seule modifier les fréquences alléliques ou les génotypes. Dans l'exemple de la population imaginaire de plantes à fleurs, vous constaterez que la fréquence des allèles et des génotypes reste la même d'une génération (a) à l'autre (b).

mélanger les cartes d'un paquet plusieurs fois avant chaque distribution, le contenu du paquet demeure inchangé. Il n'y aura jamais plus d'as que de valets. Ainsi, le brassage répété du patrimoine génétique d'une population ne peut en lui-même accroître, au fil des générations, la fréquence d'un allèle par rapport à un autre allèle.

Équation de Hardy-Weinberg

En partant de notre population hypothétique de plantes à fleurs sauvages, nous pouvons décrire en des termes plus généraux la loi de Hardy-Weinberg. Nous limiterons notre analyse au cas le plus simple : celui où il n'existe que deux allèles pour un même locus et où ils sont transmis selon le mode de dominance-récessivité. Toutefois, l'équation de Hardy-Weinberg s'applique aussi aux situations dans lesquelles plus de deux allèles existent, sans dominance évidente.

Dans le cas d'un locus pour lequel il n'y a que deux allèles dans une population, les généticiens des populations représentent la fréquence d'un des allèles par la lettre p, et celle de l'autre, par la lettre q. Dans notre population imaginaire de plantes à fleurs sauvages, $p = 0,8$ et $q = 0,2$ (voir la FIGURE 23.3). Vous constatez que $p + q = 1$; en effet, la somme des fréquences de tous les allèles possibles pour ce locus dans la population doit égaler 1 (ou 100 %). Or, s'il n'existe que deux allèles et que nous connaissons la fréquence de l'un, alors nous pouvons calculer la fréquence de l'autre :

$$\text{Si } p + q = 1 \text{ alors } p = 1 - q \text{ et } q = 1 - p$$

Lorsque les gamètes combinent leurs allèles et qu'un zygote se forme, la probabilité que celui-ci ait un génotype RR est de p^2 (mise en application de la règle de la multiplication). Dans notre population de plantes à fleurs sauvages, $p = 0,8$, donc $p^2 = 0,64$; il s'agit de la probabilité qu'un gamète mâle R féconde un gamète femelle R, produisant un zygote RR. La fréquence des individus homozygotes pour l'autre allèle (rr) est de q^2, soit $0,2 \times 0,2 = 0,04$. Le génotype Rr peut être formé de deux façons, selon l'identité du parent qui transmet l'allèle dominant. Par conséquent, la fréquence des hétérozygotes dans la population est de $2\,pq$ ($2 \times 0,8 \times 0,2 = 0,32$ dans notre exemple). En calculant correctement les fréquences de tous les génotypes possibles, nous devrions obtenir un total de 1 :

p^2	$+$	$2pq$	$+$	q^2	$= 1$
Fréquence du génotype RR		Fréquence des génotypes $Rr + rR$		Fréquence du génotype rr	

En ce qui a trait à nos plantes à fleurs sauvages, nous avons $0,64 + 0,32 + 0,04 = 1$.

Pour les généticiens des populations, cette formule générale s'appelle l'**équation de Hardy-Weinberg.** Elle permet de calculer les fréquences alléliques d'un patrimoine génétique dont les fréquences génotypiques sont connues ; le calcul inverse est aussi possible.

Génétique des populations et sciences de la santé

L'équation de Hardy-Weinberg permet de calculer le pourcentage approximatif de la population humaine qui porte l'allèle d'une maladie héréditaire particulière. Aux États-Unis, par exemple, approximativement 1 nouveau-né sur 10 000 (au Québec, 1 sur 25 600 environ) est atteint de phénylcétonurie, un trouble métabolique qui, non traité, entraîne une déficience mentale et d'autres difficultés. Normalement, l'acide aminé phénylalanine se transforme en un autre acide aminé, la tyrosine, grâce à l'enzyme phénylalanine hydroxylase. Chez les malades, la phénylalanine s'accumule d'abord dans le sang et les tissus ; par la suite, une voie métabolique mineure transforme l'excédent en phénylpyruvate, qui se retrouve en partie dans le sang et dans l'urine. Les nouveau-nés font aujourd'hui l'objet d'un test systématique d'urine. Lorsque cette affection est décelée peu après la naissance, on peut la soigner par un régime alimentaire strict. L'accumulation de la phénylalanine et de ses dérivés nuit à la synthèse d'autres acides aminés et à leur transport membranaire, ce qui touche grandement le développement du cerveau. La maladie est provoquée par un allèle récessif ; par conséquent, la fréquence des nouveau-nés atteints dans la population américaine correspond à la variable q^2 selon l'équation de Hardy-Weinberg (q^2 = fréquence du génotype récessif homozygote). Étant donné que 1 bébé sur 10 000 est atteint, on sait que $q^2 = 0,0001$. On peut établir, selon les principes de Hardy-Weinberg, la fréquence de l'allèle récessif de la phénylcétonurie dans la population en effectuant le calcul suivant :

$$q = \sqrt{0,0001} = 0,01$$

On peut connaître à présent la fréquence de l'allèle dominant en appliquant la règle suivante :

$$p = 1 - q = 1 - 0,01 = 0,99$$

Enfin, la fréquence des transmetteurs sains, c'est-à-dire des hétérozygotes qui n'ont pas la maladie mais qui peuvent léguer leur allèle récessif à leurs enfants, est la suivante :

$$2\,pq = 2 \times 0,99 \times 0,01 = 0,0198 \text{ (environ 2 %)}$$

En conclusion, environ 2 % de la population américaine porte l'allèle de la maladie.

Loi de Hardy-Weinberg et variation génétique

La loi de Hardy-Weinberg joue un rôle important sur le plan conceptuel et historique : elle montre de quelle façon la théorie de l'hérédité mendélienne comble un trou dans la théorie de la sélection naturelle darwinienne. Il faut comprendre que la sélection naturelle exige des variations génétiques ; elle ne peut intervenir dans une population uniforme sur le plan génétique. La loi de Hardy-Weinberg explique comment l'hérédité mendélienne préserve les variations génétiques d'une génération à l'autre. Avant Mendel, on prônait la théorie de l'hérédité par mélange : les caractères héréditaires de la descendance étaient censés résulter de la fusion des caractères transmis par les deux parents. Ainsi, d'après cette théorie, si une plante à fleurs rouges et une plante à fleurs blanches se fécondent, les descendants seront roses et porteront les facteurs héréditaires déterminant cette nouvelle couleur. La variation génétique a été éliminée, car les deux formes d'expression de la couleur présentes chez les parents ont été réduites à une seule chez les descendants. Si un tel mécanisme héréditaire avait existé, la population serait rapidement devenue uniforme. Par contre, selon les lois mendéliennes de l'hérédité, les modes de transmission des caractères n'ont aucune tendance à réduire les variations génétiques. L'ensemble des allèles que chaque génération hérite de ses parents est transmis à la génération suivante. Le mécanisme de l'hérédité particulaire (sans mélange) préserve les variations génétiques sur lesquelles la sélection naturelle intervient.

Conditions préalables à l'application de la loi de Hardy-Weinberg

L'équilibre de Hardy-Weinberg ne se maintient dans une population que si celle-ci remplit cinq conditions.

1. *La taille de la population est très grande.* Dans une population de taille restreinte, sous l'effet de la dérive génétique (soit de modifications dues au hasard dans le patrimoine génétique), les fréquences génotypiques peuvent changer au fil du temps.
2. *Aucune migration ne se produit.* Le flux génétique, c'est-à-dire le déplacement des allèles entre des populations en raison de la migration d'individus ou de gamètes, peut accroître la fréquence d'un génotype courant chez les immigrants.
3. *Les mutations nettes sont absentes.* En modifiant un allèle, les mutations altèrent le patrimoine génétique.
4. *L'accouplement se fait au hasard.* Si les individus choisissent des partenaires possédant certaines caractéristiques, alors la rencontre des gènes ne se fait pas au hasard, comme l'exige l'équilibre de Hardy-Weinberg.
5. *Absence de sélection naturelle.* L'inégalité des chances de survie et de succès reproductif modifie les fréquences des divers génotypes et peut entraîner un écart important entre la réalité et les fréquences établies selon l'équation de Hardy-Weinberg.

Pour toutes ces raisons, il n'est guère possible qu'une population naturelle respecte l'équilibre de Hardy-Weinberg. Toute déviation dans la stabilité du patrimoine génétique – assortie d'une rupture de l'équilibre de Hardy-Weinberg – provoque généralement un processus évolutif.

LES CAUSES DE LA MICROÉVOLUTION

La microévolution change les fréquences alléliques d'une génération à l'autre

La loi de Hardy-Weinberg s'avère utile pour étudier l'évolution, car elle sert de point de repère : si les fréquences alléliques ou génotypiques d'une population s'écartent des valeurs établies selon le calcul de Hardy-Weinberg, c'est généralement parce que celle-ci est en train d'évoluer.

Nous pouvons à présent redéfinir l'évolution à l'échelle de la population : *l'évolution consiste en des changements, d'une génération à l'autre, dans les fréquences alléliques d'une population.*

Parce qu'une telle modification du patrimoine génétique est la plus petite manifestation possible de l'évolution, on désigne le processus de manière plus précise par le terme **microévolution.**

Une microévolution s'observe même si les fréquences alléliques pour un locus sont les seules à changer. En étudiant les fréquences alléliques et génotypiques d'une population sur plusieurs générations successives, on constate que certains loci sont en équilibre, alors que d'autres ne le sont pas : leurs fréquences alléliques changent. Cela signifie que la population en question est en train d'évoluer. Ainsi, dans le cas de notre exemple hypothétique de plantes à fleurs sauvages, nous constaterions une évolution si la fréquence des allèles des pétales rouges et des pétales blancs changeait d'une génération à l'autre, même si l'équilibre de Hardy-Weinberg était préservé relativement à tous les autres loci.

Les deux causes principales de la microévolution sont la dérive génétique et la sélection naturelle

Les quatre facteurs principaux qui peuvent modifier les fréquences alléliques d'une population sont la dérive génétique, la sélection naturelle, le flux génétique et la mutation. La dérive génétique et la sélection naturelle sont les mécanismes les plus importants, mais nous nous pencherons aussi sur la mutation et le flux génétique. Nous verrons que ces quatre causes de microévolution vont à l'encontre du maintien de l'équilibre de Hardy-Weinberg.

Seule la sélection naturelle provoque généralement une adaptation de la population à son environnement. Elle a des effets positifs, parce qu'elle favorise la propagation disproportionnée de caractéristiques favorables. Les trois autres facteurs de microévolution, eux, peuvent avoir des répercussions positives, négatives ou neutres sur les organismes.

Dérive génétique

Si vous lancez une pièce de monnaie à 1 000 reprises et que vous obtenez 700 fois le côté face et 300 fois le côté pile, vous soupçonnerez votre pièce de présenter un défaut. Mais si vous vous contentez de lancer celle-ci 10 fois et que vous obtenez 7 fois le côté face et 3 fois le côté pile, vous ne vous poserez pas de questions. Pourquoi ? Parce que plus un échantillon est petit, plus il y a de chances de déviation par rapport à un résultat idéal (un nombre égal de piles et de faces, dans le cas du lancer d'une pièce). On appelle un tel écart par rapport aux résultats attendus *erreur d'échantillonnage* ; il est imputable à la taille limitée de l'échantillon.

Appliquons le principe du lancer d'une pièce de monnaie au patrimoine génétique d'une population. Si une nouvelle génération reçoit au hasard ses allèles, alors plus la population de départ sera grande (taille de l'échantillon), plus le patrimoine génétique de la nouvelle génération sera à l'image de celui de la génération précédente. Pour qu'un patrimoine génétique se maintienne (équilibre de Hardy-Weinberg), il faut, entre autres choses, que la taille de la population tende vers l'infini (ce qui n'arrive jamais, en fait). Le patrimoine génétique d'une population de taille réduite n'est pas nécessairement représenté fidèlement dans la génération suivante : il suffit d'événements fortuits (erreurs d'échantillonnage) pour que les fréquences alléliques soient altérées. C'est une situation qui rappelle les résultats aléatoires obtenus dans le cas d'un faible nombre de lancers d'une pièce de monnaie.

La FIGURE 23.4 illustre l'effet d'une erreur d'échantillonnage sur une petite population de plantes à fleurs sauvages. D'une génération à l'autre, le hasard provoque des variations dans les fréquences alléliques des pétales rouges (R) et des pétales blancs (r). Ce changement respecte notre définition de la microévolution. Ce mécanisme évolutif, aboutissant à la variation des fréquences alléliques d'une population sous l'effet du hasard, s'appelle **dérive génétique.** Deux situations mènent à une réduction si importante de la taille d'une population qu'une dérive génétique se produit et a de profondes conséquences : il s'agit de l'effet d'étranglement et de l'effet fondateur.

Effet d'étranglement. Des désastres comme les séismes, les inondations, les sécheresses et les incendies peuvent réduire considérablement la taille d'une population. Il y donc de fortes chances que la petite population survivante ne soit pas représentative de la population initiale sur le plan de la composition génétique. Le hasard fera que certains allèles seront surreprésentés, alors que d'autres seront sous-représentés. Certains disparaîtront même complètement. La dérive génétique continuera d'influer sur la population pendant de nombreuses générations, jusqu'à ce que celle-ci redevienne suffisamment grande pour réduire l'importance des erreurs d'échantillonnage.

L'analogie présentée à la FIGURE 23.5, à la page 490, illustre pourquoi la dérive génétique causée par une réduction brutale de la taille d'une population s'appelle **effet d'étranglement.**

Le phénomène d'étranglement réduit généralement la variabilité génétique d'une population, puisque certains allèles risquent de disparaître du patrimoine génétique. Pour illustrer ce principe, on peut évoquer la perte éventuelle des variations individuelles, et donc des fonctions d'adaptation, dans certaines populations extrêmement réduites d'espèces en voie de disparition, comme le Guépard (*Acinonyx jubatus*). Le Guépard est le plus rapide de tous les animaux coureurs ; ce félin magnifique existait auparavant dans de nombreuses régions d'Afrique et d'Asie. Comme c'est le cas de nombreux Mammifères africains, sa population a été considérablement réduite durant la dernière glaciation, il y a environ 10 000 ans. À l'époque, l'espèce a sans doute subi un effet d'étranglement important, sans doute à la suite de maladies, de sécheresses périodiques et aussi de la chasse. Certains chercheurs estiment que la population de Guépards d'Afrique du Sud a subi un second effet d'étranglement au XIXe siècle, lorsque les agriculteurs sud-africains l'ont pratiquement exterminée. Aujourd'hui, il n'existe plus que trois petites populations de Guépards dans la nature. Leur variabilité génétique est extrêmement faible, comparativement à celle de populations d'autres Mammifères. En fait, l'uniformité génétique qu'on trouve chez le Guépard est équivalente à celle des lignées fortement endogamiques de Souris de laboratoire issues de la Souris commune (*Mus musculus*).

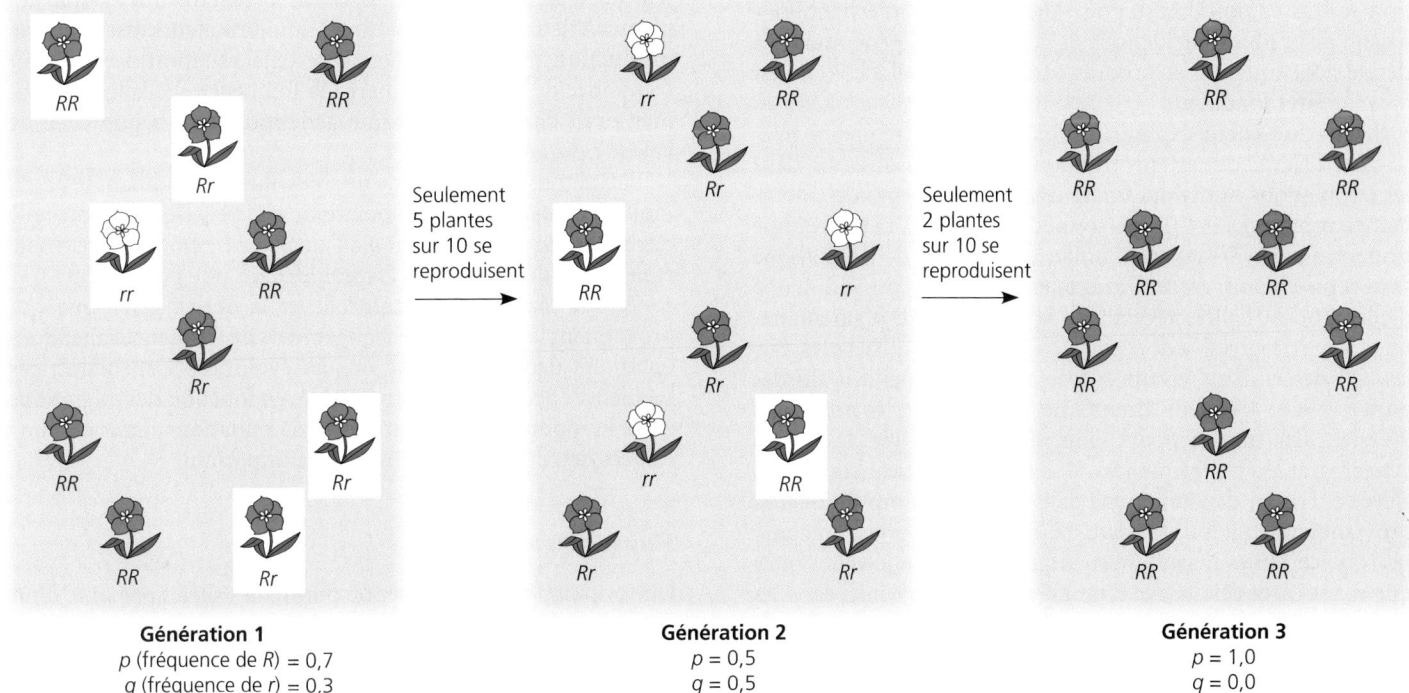

Génération 1
p (fréquence de R) = 0,7
q (fréquence de r) = 0,3

Génération 2
p = 0,5
q = 0,5

Génération 3
p = 1,0
q = 0,0

FIGURE 23.4 Dérive génétique. Cette petite population de plantes à fleurs sauvages a une taille stable de 10 individus. Seules les cinq plantes de la génération 1 mises en évidence produisent des semences fertiles. À la génération 2, deux plantes seulement laissent des semences fertiles. On voit comment, au fil des générations, la dérive génétique peut aboutir à l'élimination complète de certains allèles ; c'est le cas de l'allèle r, disparu de la génération 3 de cette population imaginaire.

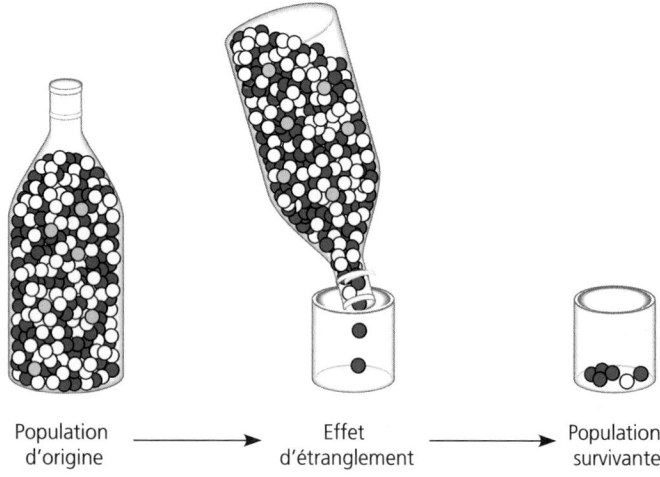

Population
d'origine

Effet
d'étranglement

Population
survivante

FIGURE 23.5 Effet d'étranglement : analogie. En agitant la bouteille de manière à ne faire glisser que quelques billes à travers le goulot jusque dans le verre, on peut représenter la réduction brutale et considérable d'une population décimée par une catastrophe naturelle. Le hasard fait que, dans la nouvelle population, les billes bleues sont surreprésentées par rapport aux billes blanches ; quant aux billes dorées, elles sont carrément absentes. Dans une population réelle, l'effet d'étranglement diminue de la même façon la variabilité génétique.

Effet fondateur. La dérive génétique survient aussi lorsqu'un petit nombre d'individus colonise une île isolée, un lac ou tout autre nouvel habitat. Plus la colonie est petite, moins sa composition génétique représente fidèlement celle de la grande population de départ. Un cas extrême serait celui d'une population fondée par une seule femelle gravide ou par une seule graine. Si la colonie réussit à s'implanter, la dérive génétique continuera d'influer sur les fréquences alléliques jusqu'à ce que la population soit assez nombreuse pour que les erreurs d'échantillonnage n'aient plus d'incidences, de génération en génération. La dérive génétique qui se produit dans une nouvelle colonie est appelée **effet fondateur.**

L'effet fondateur explique probablement la fréquence relativement élevée de certains troubles héréditaires observés dans les populations humaines issues d'un petit nombre de colons. Par exemple, en 1814, 15 personnes ont fondé la petite colonie britannique de Tristan da Cunha, un archipel de l'Atlantique situé à mi-chemin entre l'Afrique et l'Amérique du Sud. L'une d'elles portait l'allèle récessif de la rétinopathie pigmentaire, une forme progressive de cécité atteignant les homozygotes. Sur les 240 descendants vivant encore dans l'archipel à la fin des années 1960, 4 étaient atteints de rétinopathie, et au moins 9 étaient des transmetteurs sains, d'après l'analyse des arbres généalogiques. La fréquence de cet allèle est beaucoup plus élevée à Tristan da Cunha que dans les populations desquelles proviennent les colons fondateurs. Plus près de nous, on constate que certaines maladies génétiques sont plus que courantes que d'autres, et cela relève d'un effet fondateur. Ainsi, dans les régions de Charlevoix et du Saguenay–Lac-Saint-Jean, les cas de dystrophie myotonique sont plus fréquents que la normale. La dystrophie myotonique est une maladie génétique à transmission autosomique dominante qui se manifeste, en partie et à différents degrés, par des atteintes oculaire, musculaire et endocrinienne, par des irrégularités du rythme cardiaque et par des troubles neurologiques parfois associés à une légère déficience mentale. Dans les régions de Charlevoix et du Saguenay–

Lac-Saint-Jean, on compte 189 cas de dystrophie myotonique sur 100 000 habitants, alors qu'il y en a 4 sur 100 000 en Europe. On attribue cet écart considérable à une fréquence plus élevée que la normale de l'allèle de la dystrophie myotonique au sein de la très petite population colonisatrice ayant quitté la Vendée et la Charente-Maritime, en France, pour s'établir au Québec. Précisons ici que l'effet fondateur ne modifie pas uniquement la fréquence d'allèles responsables de maladies héréditaires ; il touche aussi celle de nombreux allèles déterminant des traits moins évidents.

Sélection naturelle

Le maintien de l'équilibre de Hardy-Weinberg exige que tous les membres d'une population aient la même aptitude à survivre et à produire une descendance viable et féconde. Cette condition n'est jamais tout à fait respectée. Les populations se composent d'individus variés, dont certains laissent en moyenne plus de descendants que d'autres. Ce succès différentiel dans la reproduction correspond à la **sélection naturelle** de Darwin. La sélection fait en sorte que certains allèles se transmettent à la génération filiale d'une façon disproportionnée par rapport à leur fréquence relative dans la génération parentale. La survie différentielle figure parmi les causes possibles d'une telle disproportion. Par exemple, toujours dans notre population hypothétique de plantes à fleurs sauvages, les individus à pétales blancs (*rr*) sont repérés plus facilement que les individus à pétales rouges par les insectes herbivores, de sorte qu'ils sont consommés en plus grand nombre. Les plantes à pétales rouges (*RR* ou *Rr*) ont donc de meilleures chances de produire davantage de descendants. Mais la sélection peut se répercuter encore plus directement sur le succès reproductif. Par exemple, les plantes à fleurs rouges réussissent peut-être mieux que les plantes à fleurs blanches à attirer les pollinisateurs essentiels à la production de leurs graines. Une telle situation perturberait l'équilibre de Hardy-Weinberg : la fréquence de l'allèle *R* augmenterait dans le patrimoine génétique, tandis que celle de l'allèle *r* diminuerait.

Parmi tous les facteurs de microévolution modifiant le patrimoine génétique d'une population, seule la sélection naturelle débouche sur une adaptation à l'environnement. Elle accumule et perpétue des génotypes favorables dans une population.

Ce sont la sélection naturelle et la dérive génétique qui provoquent la plupart des changements de fréquences alléliques observées dans les populations en évolution. Cependant, ces fréquences peuvent aussi être altérées en fonction des migrations entre les populations ou en raison de mutations ; dans certains cas, ces deux facteurs jouent un rôle important.

Flux génétique

Une population peut gagner ou perdre des allèles par suite d'un **flux génétique.** Ce dernier se définit comme la migration d'individus féconds ou l'échange de gamètes entre des populations différentes. Imaginons que, non loin de notre population imaginaire de plantes à fleurs sauvages, se trouve une population de la même espèce, composée cependant entièrement d'individus à pétales blancs (*rr*). Un vent violent pourrait apporter du pollen de la population *rr* à notre population, dont les fréquences alléliques pourraient changer à la génération suivante.

Le flux génétique tend à atténuer les différences entre les groupes en contact. S'il est suffisamment intense, il peut même, à la longue, amalgamer des populations voisines, qui partageront alors le même patrimoine génétique. Quand les Humains ont commencé à voyager dans le monde, il ne fait aucun doute que le flux génétique est devenu un agent important de la microévolution de populations jusqu'alors assez isolées (FIGURE 23.6).

Mutation

Une **mutation** correspond à un changement dans l'ADN d'un organisme (voir le chapitre 17). Une mutation qui se transmet par les gamètes modifie immédiatement le patrimoine génétique d'une population en substituant un allèle à un autre. Cependant, une mutation relative à un locus précis n'a pas, en une seule génération, un effet quantitatif important lorsque la population est grande, car il s'agit d'un événement extrêmement rare. Si la fréquence d'un nouvel allèle produit par mutation augmente de manière importante dans une population, ce n'est pas parce que la mutation engendre l'allèle en abondance, mais parce que les transmetteurs de l'allèle mutant produisent beaucoup plus de descendants que les autres individus par suite de la sélection naturelle ou de la dérive génétique.

Les mutations touchant un locus particulier sont rares, mais les répercussions cumulatives des mutations affectant *tous* les loci peuvent être considérables. Cela est dû au fait que chaque individu possède des milliers de gènes, et que de nombreuses populations comportent des milliers, voire des millions d'indi-

vidus. À la longue, les mutations représentent un facteur important de l'évolution. Elles sont la source première de variations génétiques et, par conséquent, la matière brute de la sélection naturelle.

LES VARIATIONS GÉNÉTIQUES, FONDEMENTS DE LA SÉLECTION NATURELLE

Les variations héréditaires sont l'un des piliers de la théorie de Darwin, car la variation constitue la matière première – le fondement – de la sélection naturelle.

Les variations génétiques surviennent au sein des populations et entre elles

Vous n'avez aucun mal à reconnaître un ami dans une foule. Chaque personne possède un génome unique, qui est reflété par les particularités de son apparence et de son tempérament. La variation individuelle existe dans les populations de toutes les espèces à reproduction sexuée. Nous sommes très sensibles à la diversité humaine ; nous le sommes généralement beaucoup moins à celle des autres Animaux et des Végétaux, parce que leurs variations, parfois subtiles, nous échappent. Or, les légères différences entre les individus d'une population sont justement les variations que Darwin considère comme la matière première de la sélection naturelle. Aux différences visibles s'ajoutent des variations complexes, qui ne peuvent être observées qu'au niveau moléculaire. Par exemple, il est impossible de déceler en regardant une personne à quel groupe sanguin elle appartient (A, B, AB ou O).

Les variations observées dans une population ne sont pas toutes héréditaires. Le phénotype résulte d'un génotype dont on a hérité et d'une multitude d'influences environnementales. Par exemple, les culturistes modifient leur phénotype de manière considérable. La FIGURE 23.7, à la page 492, donne un exemple frappant de variations provoquées par l'environnement chez une population de Papillons. Il faut garder à l'esprit que seuls les éléments de la variation inscrits dans les gènes peuvent avoir des conséquences évolutives par suite de la sélection naturelle. Cela, parce qu'il s'agit du matériel héréditaire, donc de ce qui est transmis à la génération suivante.

Variation au sein des populations

Les caractères qualitatifs et quantitatifs contribuent à la variation *au sein* d'une population. La plupart des variations héréditaires se composent de *caractères quantitatifs*, qui varient le long d'une échelle continue au sein d'une population. C'est le cas, par exemple, de la taille des plants de notre population imaginaire de plantes à fleurs sauvages (il peut y avoir des plants de très petite taille, d'autres, de taille moyenne, d'autres encore, de grande taille, etc.). Les variations quantitatives reflètent généralement une hérédité polygénique : elles résultent de l'effet conjugué d'au moins deux gènes sur un même caractère

FIGURE 23.6 Flux génétique et évolution des Humains. La migration des peuples dans le monde entier transfère des allèles entre des populations précédemment isolées. Cette page couverture d'un magazine souligne l'évolution du patrimoine génétique des États-Unis en présentant une image fabriquée à l'aide d'un ordinateur. Cette image représente une synthèse des traits caractéristiques du visage de plusieurs groupes d'immigrants.

**(a) Carte géographique printanière :
orange et brun**

**(b) Carte géographique estivale :
noir et blanc**

**FIGURE 23.7 Une différence non héréditaire marquant une
population.** Ces deux Papillons eurasiatiques appelés Carte géographique
(*Araschnia levana*) sont en fait deux formes saisonnières de la même
espèce : **(a)** les spécimens qui naissent au printemps sont orange et brun ;
(b) les spécimens qui naissent à la fin de l'été sont noir et blanc. Une
variation saisonnière des concentrations d'hormones provoque ces écarts
phénotypiques ; en fait les deux formes présentées ici ont le même
patrimoine génétique aux loci déterminant la couleur. Par conséquent,
même si le taux de survie et de fertilité de ces deux types différait, il n'y
aurait pas de changement dans la fréquence des deux phénotypes aux
générations suivantes, le patrimoine génétique demeurant identique.

phénotypique (voir le chapitre 14). En revanche, les *caractères
qualitatifs* (pétales rouges ou blancs) varient du tout au tout,
généralement parce qu'ils dépendent d'un locus unique, dont
les allèles produisent des phénotypes distincts.

Polymorphisme. Quand au moins deux formes d'expression
d'un caractère qualitatif sont observables dans une population,
elles sont appelées *types morphologiques* (par exemple, les types
morphologiques à pétales rouges ou blancs de notre population
de plantes à fleurs sauvages). Une population est dite **polymorphe**
pour un caractère si au moins deux types morphologiques ont
une fréquence suffisamment élevée pour être observables. (Il
s'agit, bien sûr, d'une définition arbitraire, mais on ne peut
qualifier une population de polymorphe si elle est composée
presque exclusivement d'un seul type morphologique.) Consultez
une fois de plus la photographie de la page 483 : c'est un
exemple frappant de polymorphisme chez les Escargots de mer.
Le polymorphisme est marqué dans les populations humaines,
tant sur le plan des caractères physiques (présence ou absence
de taches de rousseur, par exemple) que sur le plan des caractères biochimiques (ainsi, il y a quatre types morphologiques de
groupes sanguins : groupe A, groupe B, groupe AB et groupe O).

Le polymorphisme s'applique uniquement aux caractères
qualitatifs, et non pas aux attributs comme la taille, chez
l'Humain, laquelle varie d'un sujet à l'autre selon une échelle
continue.

Mesure de la variation génétique. Les généticiens des populations mesurent la variation génétique au niveau du patrimoine
génétique (diversité génétique) et au niveau moléculaire (diversité nucléotidique) par l'analyse de l'ADN. Prenons l'exemple
d'une population de Mouches du vinaigre (*Drosophila
melanogaster*). Le génome de cette espèce compte environ
13 000 loci. La **diversité génétique** de *Drosophila melanogaster*
correspond au pourcentage moyen de loci hétérozygotes. En
moyenne, les Mouches du vinaigre sont homozygotes (ont deux
allèles identiques) dans environ 86 % des loci. Cela revient à
dire qu'elles sont hétérozygotes (ont deux allèles différents)
dans près de 14 % des loci. On peut donc affirmer que la population de Mouches du vinaigre bénéficie d'une diversité génétique de 14 % ; la Mouche du vinaigre est hétérozygote pour
environ 1 800 loci sur 13 000, et homozygote pour le reste des loci.

Les généticiens des populations mesurent la **diversité nucléotidique** d'une population en comparant les séquences de
nucléotides de l'ADN d'un échantillon représentatif de cette
dernière. Ils procèdent en comparant deux individus à la fois.
Ils regroupent ensuite toutes les données obtenues. Le génome
de la Mouche du vinaigre compte environ 180 millions de
nucléotides et, d'après les chercheurs, la diversité nucléotidique
dans une population de Mouches du vinaigre s'établit à environ
1 %. Autrement dit, en moyenne, deux mouches d'une même
population ont des nucléotides différents dans environ
1,8 million de sites nucléotidiques de leur ADN.

Les généticiens des populations ont également mesuré la
diversité génétique et nucléotidique de l'Humain. Ils ont constaté
que sa variation génétique est faible comparativement à celle de la
plupart des autres espèces : elle s'établit à 14 %. Il s'agit du
même ratio environ que celui de la Mouche du vinaigre. La
diversité nucléotidique de l'Humain, elle, est encore inférieure :
elle tourne autour de 0,1 %, ce qui représente un dixième de la
diversité nucléotidique de la Mouche du vinaigre. En fait, votre
voisin et vous possédez les mêmes nucléotides dans 999 sites
nucléotidiques de votre ADN sur 1 000. C'est pourquoi on peut
affirmer que, sur le plan génétique, tous les Humains sont
extrêmement proches et que leurs écarts sont négligeables.
Pourtant, le génome humain comporte suffisamment de variations génétiques pour expliquer la part héréditaire des variations
individuelles considérables que nous remarquons dans la
morphologie des Humains (sans compter les différences biochimiques, comme le groupe sanguin, qui sont invisibles sans
analyse de laboratoire).

Variation entre les populations

La plupart des espèces présentent une **variation géographique,**
c'est-à-dire que le patrimoine génétique des populations d'une
même espèce ou des groupes composant une même population
diffère. Certains facteurs environnementaux changent d'un
endroit à l'autre, et la sélection naturelle peut contribuer à la
variation géographique. Par exemple, chez une de nos populations imaginaires de plantes à fleurs sauvages rouges (*RR* ou *Rr*)

ou blanches (*rr*), la fréquence de l'allèle récessif de la couleur des pétales peut être plus élevée que dans d'autres populations en raison d'une prédominance locale de pollinisateurs préférant les plantes à fleurs blanches (homozygotes récessifs). La dérive génétique peut aussi causer des variations fortuites entre certaines populations.

La variation géographique peut aussi s'observer *au sein* d'une population, soit parce que l'environnement est hétérogène, soit parce que la population se divise en sous-populations par suite d'une faible dispersion des individus.

Parmi les types particuliers de variations géographiques, on peut donner l'exemple du **cline,** qui est le changement graduel d'un caractère le long d'un axe géographique. Dans certains cas, le cline représente une région dans laquelle se succèdent des zones d'hybridation, où des membres de populations voisines s'accouplent. Dans d'autres cas, il résulte de la gradation d'une variable environnementale. Ainsi, la taille moyenne de nombreuses espèces d'Oiseaux et de Mammifères d'Amérique du Nord augmente avec la latitude. On présume que la diminution du rapport surface-volume accompagnant l'accroissement de la taille constitue une adaptation qui aide les Animaux à conserver leur chaleur en milieu froid. Les études expérimentales de certains clines confirment le rôle joué par la variation génétique (en plus des effets environnementaux) dans les différences géographiques des phénotypes (FIGURE 23.8).

Contrairement au cline, qui se manifeste par les changements graduels de certains caractères quantitatifs, la variation géographique entre des populations isolées prend souvent la forme de différences qualitatives. La FIGURE 23.9, à la page 494, en donne un exemple; elle illustre une étude des variations géographiques de la Souris commune (*Mus musculus*) publiée par des chercheurs en l'an 2000.

Les mutations et les recombinaisons produisent de la variation génétique

Deux processus aléatoires, la mutation et la recombinaison (voir le chapitre 15) créent des variations dans le patrimoine génétique d'une population.

Mutation

Les nouveaux allèles résultent uniquement de mutations, c'est-à-dire de changements dans la séquence de nucléotides de l'ADN. Une mutation touchant un locus constitue un événement rare et fortuit. La plupart des mutations se produisent dans des cellules somatiques et disparaissent à la mort de l'individu. Seules les mutations de lignées cellulaires produisant les gamètes peuvent être transmises aux descendants.

Une mutation est un coup de dé : le hasard détermine l'endroit où elle se produira et les modifications qu'elle causera dans un gène. La plupart des mutations ponctuelles, celles qui touchent un ou plusieurs nucléotides de l'ADN, sont relativement inutiles. La majeure partie de l'ADN du génome eucaryote ne code pour aucune protéine, et on ignore si le changement d'un seul nucléotide de cet ADN silencieux perturbe le bien-être d'un organisme. Même les mutations affectant des gènes

de structure (codant pour des protéines) peuvent n'avoir qu'une incidence minime ou nulle, en partie en raison de la redondance du code génétique. Bien sûr, une mutation ponctuelle *peut aussi* avoir un effet considérable sur le phénotype ; c'est le cas de la mutation causant la drépanocytose (ou anémie à hématies falciformes) (voir la FIGURE 5.19).

Une mutation qui altère une protéine au point de modifier sa fonction est le plus souvent nuisible : les organismes sont le produit de milliers de générations soumises à la sélection, et un changement aléatoire a peu de chances d'améliorer un génome. Il arrive toutefois qu'un allèle mutant augmente l'adaptation d'un individu à son milieu et favorise son succès reproductif. Ce processus, peu probable dans un environnement stable, a plus de chances de se réaliser lorsque le milieu subit des changements et que les mutations éliminées précédemment par la sélection deviennent favorables, compte tenu des nouvelles circonstances. Par exemple, les mutations qui amènent le VIH à résister aux antiviraux ralentissent aussi la réplication du Virus (voir le chapitre 22). Une fois les médicaments présents dans l'environnement, les allèles mutants sont favorisés, et la sélection naturelle accroît leur fréquence dans la population de VIH.

Les mutations chromosomiques qui perturbent de nombreux loci ont presque toujours un impact négatif sur le développement d'un organisme. Toutefois, il arrive qu'une redistribution de fragments chromosomiques qui n'affecte pas l'intégrité des gènes ait des effets relativement neutres, comme dans l'exemple de la FIGURE 23.9. Dans de rares cas, le réarrangement de chromosomes peut être bénéfique. Par exemple, la translocation d'un segment chromosomique peut réunir des allèles qui assurent un avantage à l'organisme lorsqu'ils sont transmis ensemble.

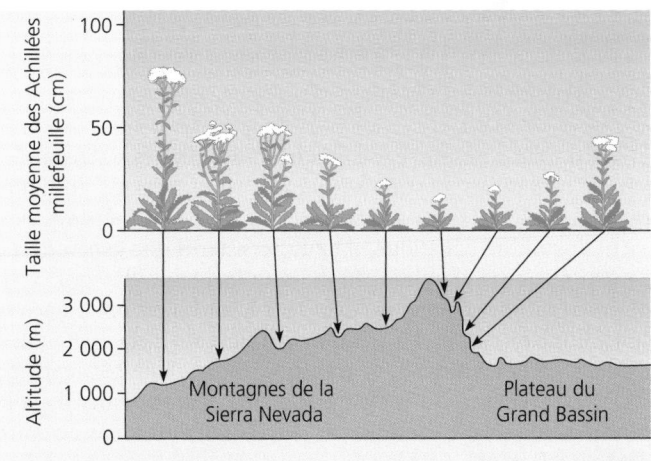

FIGURE 23.8 Cline de la taille chez l'Achillée millefeuille (*Achillea millefolium*). Sur les pentes des montagnes de la Sierra Nevada californienne, la taille moyenne des Achillées millefeuille décroît à mesure que l'altitude augmente. D'une certaine façon, le milieu influe directement sur la croissance, mais la variation a aussi des causes génétiques. Pour prouver cela, des chercheurs ont prélevé des graines à diverses altitudes et les ont semées dans un même jardin. La taille moyenne des Achillées adultes s'est révélée effectivement en corrélation avec l'altitude à laquelle les graines avaient été recueillies.

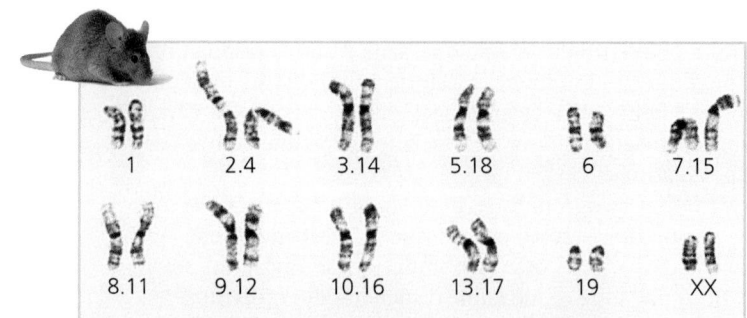

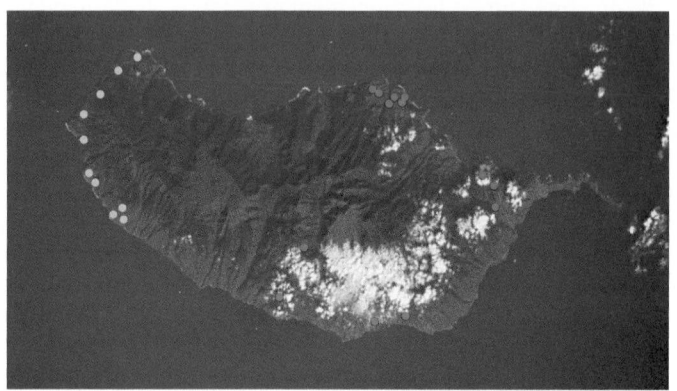

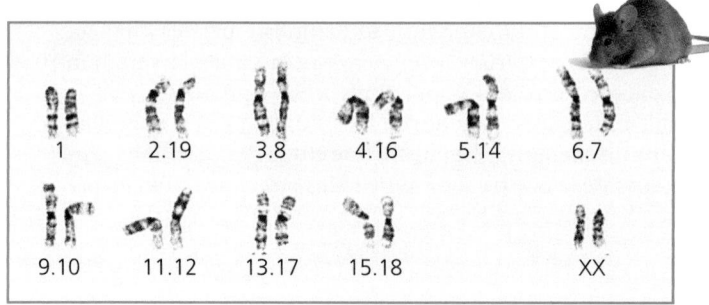

FIGURE 23.9 Variations géographiques entre des populations isolées de Souris communes. Quand des colons Portugais se sont établis pour la première fois dans la petite île de Madère, dans l'Atlantique, au xve siècle, ils ont introduit sans le vouloir des Souris communes (*Mus musculus*). Étant donné que les premiers villages fondés étaient généralement séparés par des montagnes, diverses populations de la Souris commune ont évolué dans l'isolement. Aujourd'hui, quelques différences marquent le caryotype (l'ensemble des chromosomes) de certaines de ces populations. Par exemple, des chercheurs ont remarqué que plusieurs chromosomes des populations de l'île ont fusionné, réduisant de près de la moitié le nombre normal de chromosomes de l'espèce, qui est de 40 ($2n = 40$). Toutefois, les modalités de fusion diffèrent en fonction des populations de Souris. Le caryotype des spécimens vivant dans les zones indiquées par les points dorés est visible au haut de la figure ($2n = 24$); le caryotype des individus habitant les localités désignées par des points rouges est présenté au bas de la figure ($2n = 22$). Les nombres sous les chromosomes indiquent le numéro des paires qui ont fusionné. Cette variation géographique du caryotype est probablement en grande partie imputable à la dérive génétique.

Les duplications de segments chromosomiques, à l'instar des autres mutations chromosomiques, sont presque toujours nuisibles. Même si un segment répété ne perturbe pas gravement l'équilibre génétique, il peut persister d'une génération à l'autre. Il ajoute alors au génome des loci superflus qui, à un moment donné, risquent d'exercer de nouvelles fonctions à la suite d'une mutation. La création de nouveaux gènes peut aussi résulter de la fixation d'un transposon dans une séquence de l'ADN, ou encore du mélange d'exons déjà présents dans le génome, que cela se produise au sein d'un même locus ou entre des loci différents (voir le chapitre 19).

Chez les microorganismes qui ont un temps de génération très court (le temps de génération est la période moyenne comprise entre la naissance d'un individu et celle de ses rejetons), les mutations produisent des variations génétiques très rapidement. Par exemple, le VIH (Virus de l'immunodéficience humaine) a un temps de génération d'environ deux jours. Chez un sidéen, l'infection au VIH produit au moins 10^{10} nouveaux Virus par jour et, à chaque génération, la réplication ouvre la porte à des possibilités d'erreurs ou de mutations. En outre, le VIH ayant un génome à ARN, il a un taux de mutation beaucoup plus élevé que celui des génomes à ADN. En 24 heures seulement, des mutations relatives à tous les sites du génome du VIH apparaissent dans la population de VIH infectant un seul patient. C'est pourquoi un traitement consistant en un seul médicament ne reste pas longtemps efficace. Il en va de même lorsque deux médicaments sont administrés durant une longue période: tous les jours, des VIH ayant subi une double mutation leur permettant de résister *aux deux* substances sont formés. Ainsi, les traitements les plus efficaces contre le sida font appel à diverses combinaisons de médicaments. Des mutations multiples conférant rapidement l'immunité à *tous* ces derniers ont moins de chances d'apparaître que des mutations simples ou doubles.

Les populations bactériennes peuvent également évoluer rapidement grâce à une reproduction asexuée explosive produisant des clones mutants, et ce, d'autant plus lorsque les conditions du milieu sont optimales. Inversement dans le cas où le temps de génération est relativement long, comme chez les Animaux et les Végétaux, c'est surtout la recombinaison qui est source de variation génétique menant à l'adaptation.

Recombinaison

Les membres d'une population à reproduction sexuée doivent presque toutes leurs différences génétiques à la recombinaison des allèles dont ils ont hérité et qui sont issus du patrimoine génétique. (Bien sûr, la variation allélique dépend en fait des mutations précédentes.)

Grâce à l'enjambement qui se produit pendant la méiose, la reproduction sexuée permet un échange d'allèles entre le chromosome maternel et le chromosome paternel d'une paire d'homologues. Ensuite, les chromosomes homologues, avec les allèles qu'ils portent, se répartissent au hasard entre les gamètes ; c'est pourquoi le génotype des gamètes d'un même individu varie beaucoup. Chaque zygote produit par un couple possède un assortiment exclusif d'allèles résultant de l'union aléatoire d'un gamète mâle et d'un gamète femelle (voir le chapitre 13). Bien entendu, une population comprend un très grand nombre de combinaisons mâle-femelle possibles ; chacune de celles-ci réunit les gamètes d'individus aux antécédents génétiques différents. À chaque génération, la reproduction sexuée produit de nouveaux assortiments d'allèles.

La diploïdie et le polymorphisme équilibré préservent la variation

Si la sélection naturelle élimine les génotypes défavorables, qu'est-ce qui l'empêche d'aplanir la variation dans une population ? La tendance à l'uniformisation qu'elle pourrait occasionner est contrée par des mécanismes qui maintiennent ou qui rétablissent les variations.

Diploïdie

La majorité des Eucaryotes sont diploïdes, et une part considérable de leur variation génétique échappe à la sélection naturelle en étant cachée chez les hétérozygotes sous forme d'allèles récessifs. Les allèles récessifs moins favorables que leurs équivalents dominants (y compris les allèles nuisibles dans l'environnement où ils se trouvent) peuvent persister dans une population grâce aux individus hétérozygotes. Cette variation latente n'est soumise à la sélection que lorsque deux parents transmettent le même allèle récessif à un zygote. Une telle situation survient rarement quand la fréquence de l'allèle récessif est très faible. En effet, plus des allèles récessifs sont rares, moins il y a d'homozygotes récessifs qui se manifestent ; par conséquent, la sélection naturelle a plus de difficulté à éliminer les allèles récessifs nocifs ou moins avantageux. La « protection hétérozygote » entretient une énorme réserve d'allèles, qui ne sont peut-être pas avantageux dans les conditions actuelles, mais qui pourraient le devenir si le milieu venait à changer.

Polymorphisme équilibré

La sélection naturelle peut aussi soutenir la variation à certains loci. La capacité de la sélection naturelle à maintenir les fréquences de plusieurs phénotypes dans une population s'appelle **polymorphisme équilibré.** La sélection naturelle protège la variation grâce à deux mécanismes : l'avantage de l'hétérozygote et la sélection dépendant de la fréquence. Penchons-nous d'abord sur l'**avantage de l'hétérozygote.** Si les individus hétérozygotes à un locus donné ont plus de chances de survivre et de se reproduire que les homozygotes (récessifs ou dominants), alors au moins deux des allèles du locus en question seront sauvegardés grâce à la sélection naturelle.

On peut citer comme exemple de l'avantage de l'hétérozygote le locus qui, chez l'Humain, code pour l'une des chaînes de l'hémoglobine (la protéine des globules rouges qui transporte le dioxygène). Un allèle récessif spécifique de ce locus cause l'anémie à hématies falciformes (ou drépanocytose) chez les homozygotes (voir les FIGURES 5.19 et 14.15). En revanche, les hétérozygotes bénéficient d'une résistance au paludisme, un avantage précieux dans les régions tropicales, où cette maladie constitue une cause importante de mortalité. En fait, dans les régions tropicales, les hétérozygotes sont plus favorisés que les homozygotes dominants, vulnérables au paludisme, et que les homozygotes récessifs, atteints d'anémie à hématies falciformes. En Afrique, la fréquence de l'allèle de cette maladie atteint généralement son niveau le plus élevé dans les régions particulièrement touchées par le parasite qui cause le paludisme, le Protozoaire *Plasmodium falciparum* (FIGURE 23.10). Dans le patrimoine génétique de certaines tribus, l'allèle récessif représente jusqu'à 20 % des loci de l'hémoglobine ; il s'agit d'un chiffre très élevé pour un allèle qui a des conséquences désastreuses chez les homozygotes. À cette fréquence ($q = 0{,}2$), cependant, les hétérozygotes résistants au paludisme ($2pq$) constituent 32 % de la population ; quant à l'anémie à hématies falciformes, elle atteint seulement 4 % de la population (q^2).

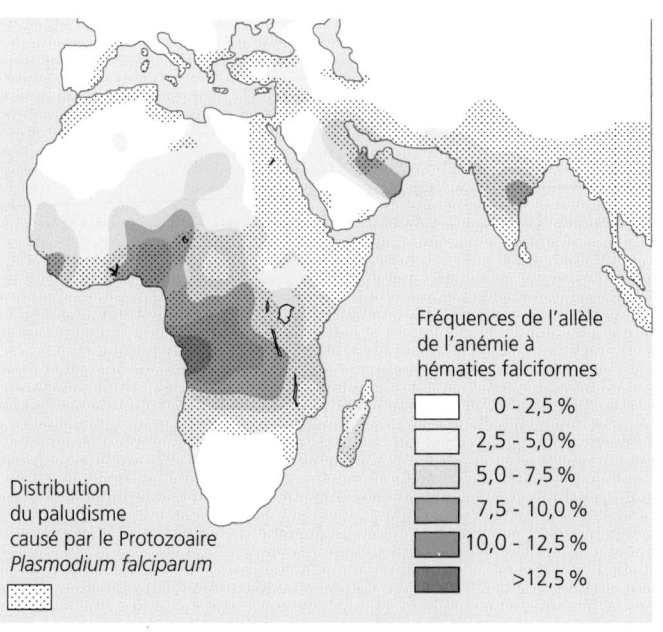

Fréquences de l'allèle de l'anémie à hématies falciformes

- [ ] 0 - 2,5 %
- [ ] 2,5 - 5,0 %
- [ ] 5,0 - 7,5 %
- [ ] 7,5 - 10,0 %
- [ ] 10,0 - 12,5 %
- [ ] >12,5 %

Distribution du paludisme causé par le Protozoaire *Plasmodium falciparum*

FIGURE 23.10 Répartition géographique du paludisme et de l'allèle associé à l'anémie à hématies falciformes.

Le polymorphisme équilibré peut aussi naître d'une **sélection dépendant de la fréquence**; celle-ci se définit comme une diminution des taux de survie et de reproduction des individus ayant un phénotype particulier, et ce, à la suite de la propagation excessive de ce dernier dans la population. Les relations entre les parasites et leurs hôtes peuvent faire intervenir un tel type de sélection. En effet, les parasites internes reconnaissent généralement leurs cellules hôtes en se combinant spécifiquement à des molécules réceptrices qu'elles contiennent. Imaginons maintenant une population hôte dont les molécules réceptrices reconnues par une espèce de parasites présentent une variété : les hôtes possèdent soit le récepteur A, soit le récepteur B sur leurs cellules. Si, pour l'espèce de parasites en question, le récepteur A est une voie de pénétration des cellules hôtes, alors la sélection naturelle favorisera les individus de la population hôte qui possèdent le récepteur B, c'est-à-dire ceux qui sont le moins susceptibles d'être infectés. La fréquence des individus ayant le récepteur B augmentera donc dans la population. Toutefois, la population de parasites évolue aussi par sélection naturelle. Les parasites qui reconnaissent la variante la plus fréquente des hôtes, le récepteur B, sont à leur tour favorisés, et leur fréquence augmente. Mais cette adaptation provoque une autre contre-adaptation de la population hôte : les individus qui possèdent le récepteur A ont de nouveau le plus de chances de survivre et de se multiplier. Cet effet de balancier de la sélection dépendant de la fréquence permet de maintenir une vaste gamme de variantes dans les populations. En l'an 2000, certains chercheurs ont publié une étude présentant un exemple d'une telle sélection dans des populations d'escargots infectés par un ver parasite (FIGURE 23.11).

Variation neutre

Certaines variations génétiques observées dans les populations ont des effets négligeables sur le plan du succès reproductif. La diversité des empreintes digitales humaines constitue un exemple de **variation neutre** : elle ne semble pas conférer un avantage sélectif à certains individus plutôt qu'à d'autres. Beaucoup de variations dans les protéines et l'ADN, que certaines techniques comme l'électrophorèse permettent de détecter, équivalent à des empreintes digitales chimiques dans la mesure où elles sont neutres sur le plan de l'adaptation. Les fréquences relatives des variations neutres ne sont pas soumises à l'action de la sélection naturelle. Certains allèles neutres augmenteront en fréquence dans le patrimoine génétique alors que d'autres diminueront à la suite des effets aléatoires de la dérive génétique.

Quelle est la part des variations génétiques neutres ? Existe-t-il en fait des variations véritablement neutres ? Les biologistes de l'évolution ne s'entendent pas sur ces questions. En effet, il se peut fort bien que des variations qui semblent neutres exercent sur la survie et la reproduction des influences difficiles à mesurer. Il est possible de démontrer le caractère nuisible de tel ou tel allèle, mais il est impossible de prouver qu'un allèle considéré comme « neutre » n'apporte vraiment aucun avantage à un organisme. En outre, une variation peut s'avérer neutre dans un milieu, et utile ou néfaste dans un autre environnement. Nous ne pourrons jamais connaître le degré de neutralité d'une variation génétique. Une certitude s'impose toutefois : même si une fraction seulement des variations innombrables du patrimoine génétique d'une population a un effet marqué sur les organismes, elle constitue une réserve gigantesque de matière première, que la section naturelle pourra transformer, entraînant une évolution adaptative.

ÉTUDE DÉTAILLÉE DE LA SÉLECTION NATURELLE EN TANT QUE MÉCANISME DE L'ÉVOLUTION ADAPTATIVE

L'évolution adaptative fait intervenir le hasard et le tri : le hasard, par la création de variations génétiques à la suite de mutations et de recombinaisons ; et le tri, par l'action de la sélection naturelle, qui favorise la propagation de certaines variations fortuites au détriment des autres. En puisant dans le capital de variations mis à sa disposition, la sélection naturelle accroît la fréquence de certains génotypes et adapte les organismes à leur environnement. Dans cette partie, nous nous pencherons plus attentivement sur la sélection naturelle en tant que mécanisme de l'évolution adaptative.

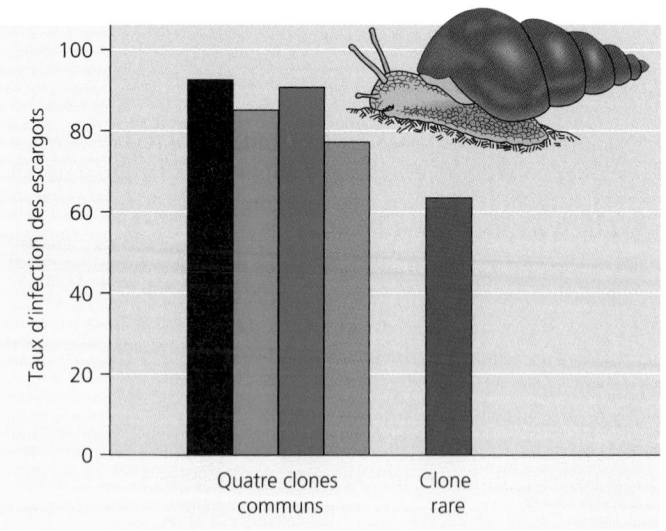

FIGURE 23.11 Sélection dépendant de la fréquence dans le cas d'une relation hôte-parasite. L'histogramme compare le taux d'infection de cinq types de clones d'escargots par un ver parasite. Les escargots étudiés proviennent du lac Porerua, en Nouvelle-Zélande. (La population d'escargots en question existe sous la forme de clones parce que la reproduction des individus est asexuée.) Le taux d'infection de certains clones communs est plus élevé que celui d'un type de clone plus rare, ce qui sous-tend que la sélection en fonction de la fréquence favorise le maintien du polymorphisme dans la population d'escargots.

La valeur d'adaptation correspond à la contribution d'un génotype au patrimoine génétique de la génération suivante

Les expressions «lutte pour l'existence» et «survie du plus apte» peuvent être trompeuses et laisser entendre que seule une concurrence directe entre les individus est en cause. Il existe *effectivement* des espèces dont certains individus, généralement les mâles, luttent pour avoir le privilège de s'accoupler. Toutefois, le succès reproductif s'obtient généralement d'une manière plus subtile, voire passive. Certaines balanes produisent plus d'œufs que leurs voisines parce qu'elles se nourrissent avec plus d'efficacité. Certains individus d'une population de papillons de nuit engendrent en moyenne plus de descendants que les autres parce que la coloration de leur corps et de leurs ailes les dissimule mieux et qu'ils courent moins de risques d'être vus par des prédateurs. Tels individus d'une population de plantes à fleurs sauvages ont un plus grand succès reproductif que les autres parce que, grâce à de légères variations dans la couleur, la forme ou le parfum de leurs fleurs, ils attirent mieux les pollinisateurs.

Abordant la sélection naturelle dans une optique quantitative, la génétique des populations définit la **valeur d'adaptation** comme la contribution d'un génotype à la génération suivante par rapport à celle des autres génotypes pour le même locus. Revenons à notre population imaginaire de plantes à fleurs sauvages : nous avons dit que les plants *RR* et *Rr* ont des pétales rouges, et les plants *rr*, des pétales blancs. Supposons qu'en moyenne les individus aux pétales rouges produisent plus de descendants que les individus aux pétales blancs. Pour les besoins de la comparaison, la valeur d'adaptation des variétés les plus fécondes est fixée à 1 ; dans ce cas, la valeur d'adaptation des plants *RR* ou *Rr* s'établit à 1. Si la variété aux pétales blancs produit en moyenne 20 % de descendants de moins que les individus aux pétales rouges, sa valeur d'adaptation se chiffre à 0,8.

La survie à elle seule ne garantit pas le succès reproductif. La valeur d'adaptation s'établit à zéro dans le cas d'un plant ou d'un individu stérile, même s'il est en bonne santé et qu'il vit plus longtemps que d'autres membres de sa population. Pourtant, bien sûr, la survie est une condition préalable à la reproduction ; la longévité augmente la valeur d'adaptation si elle résulte en une fécondité plus grande que celle des autres. Précisons ici qu'un individu qui grandit rapidement et qui devient fécond précocement aura peut-être plus de chances de se reproduire que des individus qui vivent plus longtemps que lui, mais qui atteignent la maturité sexuelle plus tard. On peut donc conclure que de nombreux facteurs relevant de la survie et de la fécondité déterminent la valeur d'adaptation d'un individu.

L'organisme expose son phénotype – ses caractères physiques, son métabolisme, sa physiologie et son comportement – et non pas son génotype à l'environnement. Par contre, du fait de son action sur les phénotypes, la sélection adapte indirectement une population à son milieu en augmentant ou en maintenant la fréquence des génotypes avantageux dans le patrimoine génétique.

La sélection naturelle agit sur l'organisme en entier. C'est pourquoi la valeur d'adaptation d'un allèle dépend de l'ensemble des gènes de l'organisme. Par exemple, les allèles qui favorisent la croissance du tronc et des branches d'un arbre sont inutiles, voire nuisibles, en l'absence d'allèles d'autres loci favorisant la croissance des racines. Par ailleurs, il se peut que des allèles qui ne contribuent en rien au succès d'un organisme, ou qui nuisent quelque peu à son adaptation, se perpétuent du fait qu'ils appartiennent à des individus dont l'aptitude générale est élevée. Quand une équipe sportive remporte une victoire, c'est l'ensemble du groupe qui triomphe, y compris le joueur qui obtient le moins de points et qui commet le plus d'erreurs.

Les effets de la sélection naturelle sur la variation du phénotype : sélection directionnelle, sélection diversifiante et sélection stabilisante

Suivant les phénotypes favorisés dans une population qui évolue, on distingue trois modes de sélection naturelle : il s'agit de la sélection directionnelle, de la sélection diversifiante et de la sélection stabilisante (FIGURE 23.12, p. 498).

La **sélection directionnelle** opère principalement lorsqu'un milieu subit des changements ou que des membres d'une population émigrent dans un nouvel habitat dont les conditions environnementales sont différentes. Elle déplace la courbe de fréquence des variations d'un phénotype dans un sens ou dans l'autre en favorisant les individus relativement rares, qui dévient de la moyenne en ce qui a trait au caractère en question. Par exemple, la paléontologie révèle que la taille moyenne des Ours noirs d'Europe a augmenté à chaque glaciation et a diminué pendant les périodes interglaciaires. Donnons aussi un exemple observable à l'époque actuelle : le Géospize à bec moyen utilise son bec puissant pour broyer des graines. Quand il a le choix entre des graines de petite taille et des graines de grande taille, il se tourne vers celles qui sont petites, parce qu'elles sont plus faciles à broyer. Pendant les années de pluies abondantes, les petites graines sont produites en plus grand nombre que les autres, de sorte que les Géospizes à bec moyen peuvent s'en suffire quasiment. Toutefois, en temps de sécheresse, les graines se font beaucoup plus rares, quelle que soit leur taille, et l'oiseau doit consommer proportionnellement davantage de grosses graines. À ce changement de régime alimentaire correspond une variation de l'épaisseur moyenne du bec (écart entre la partie haute et la base du bec) à la génération suivante. Les oiseaux héritent de ce caractère, ils ne l'acquièrent pas (le bec ne peut grossir pendant la durée de vie d'un Géospize, même si ce dernier broie beaucoup de grosses graines). Comment expliquer alors ce fait ? Les oiseaux de la population qui ont des becs plus gros ou plus forts bénéficient d'un avantage alimentaire et ont donc un meilleur succès reproductif que les autres pendant les années de sécheresse. Ils transmettent les gènes favorisant un bec plus gros à leurs descendants (FIGURE 23.13, p. 498).

La **sélection diversifiante** se produit lorsqu'un changement dans les conditions environnementales procure un net avantage aux phénotypes extrêmes, aux dépens des phénotypes intermédiaires (FIGURE 23.14, p. 498).

La **sélection stabilisante** élimine les phénotypes extrêmes et favorise ceux qui sont intermédiaires et plus courants. Ce mode de sélection naturelle réduit les variations et maintient le *statu quo* relatif à un phénotype particulier. Ainsi, la sélection stabilisante fait en sorte que la majorité des Humains ont, à la

FIGURE 23.12 Modes de sélection naturelle.
Ces illustrations indiquent les modalités possibles de la microévolution d'une population imaginaire de Souris sylvestres (*Peromyscus maniculatus*), dont la couleur du pelage varie (teinte claire à teinte foncée). Les graphiques montrent les changements qui se produisent au fil du temps dans la fréquence des individus dont la pigmentation du pelage est différente. Les flèches blanches symbolisent l'action exercée par la sélection naturelle contre certains phénotypes.

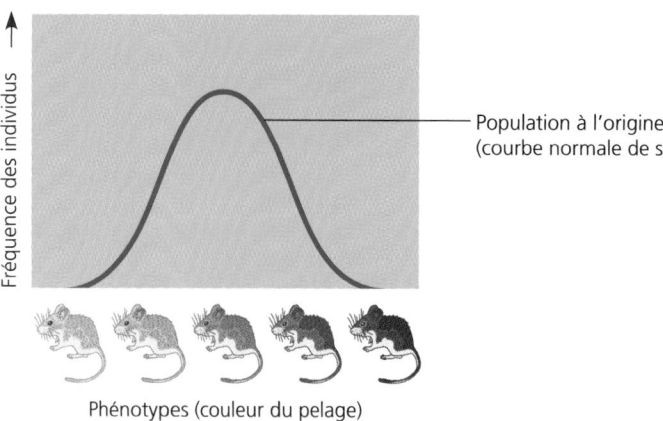

Population à l'origine (courbe normale de sélection)

Phénotypes (couleur du pelage)

Population à l'origine   Population ayant évolué

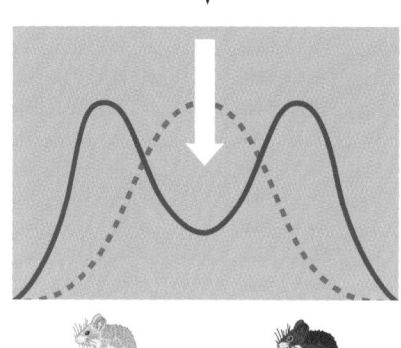

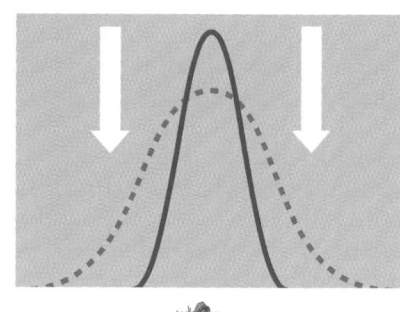

(a) La **sélection directionnelle** modifie la composition générale de la population en favorisant les phénotypes situés à une seule extrémité de la courbe normale de sélection. Dans ce cas-ci, elle favorise les individus plus sombres, peut-être parce que le milieu des Souris sylvestres est devenu plus ombragé à la suite de la croissance de beaucoup d'arbres.

(b) La **sélection diversifiante** favorise les deux phénotypes extrêmes : les fréquences relatives des Souris sylvestres au pelage très clair et très foncé ont augmenté. Il est possible que ces rongeurs aient récemment colonisé un habitat hétérogène, par exemple le sous-bois foncé d'une forêt de feuillus ou de conifères parsemée de nombreuses clairières aux teintes plus pâles.

(c) La **sélection stabilisante** élimine les phénotypes extrêmes, c'est-à-dire les individus très clairs ou très sombres qui ne peuvent se camoufler adéquatement. La tendance favorise la diminution de la variation phénotypique et le maintien du *statu quo*.

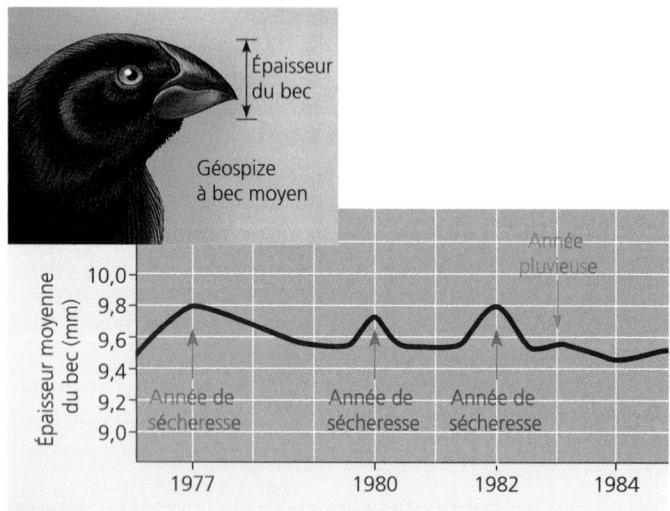

Épaisseur du bec

Géospize à bec moyen

FIGURE 23.13 Sélection directionnelle touchant l'épaisseur du bec dans une population de Géospizes à bec moyen des îles Galápagos.

FIGURE 23.14 Effet de la sélection diversifiante sur une population de Pyrénestes. Une population de Pyrénestes ponceau (*Pyrenestes ostrinus*), une espèce qui vit au Cameroun, en Afrique de l'Ouest, comprend des individus à gros bec et d'autres, à petit bec. Les premiers (à droite) se nourrissent de graines dures qu'ils cassent, alors que les seconds (à gauche) consomment surtout des graines molles. On peut supposer que la sélection naturelle élimine les individus à bec moyen, qui broient les deux genres de graines avec peu d'efficacité.

naissance, une masse comprise entre trois et quatre kilogrammes. Dans l'histoire de l'Humanité, la mortinatalité a affecté davantage les bébés beaucoup plus légers ou beaucoup plus lourds que la moyenne.

Bien que nous parlions de trois modes de sélection naturelle, le mécanisme fondamental est le même : la sélection naturelle favorise certains traits héréditaires par le truchement de l'inégalité du succès reproductif.

La sélection naturelle maintient la reproduction sexuée

La reproduction sexuée représente une énigme de l'évolution. Elle exige davantage de conditions pour se concrétiser que la reproduction asexuée, ce qui la rend moins facile à réaliser. Prenons, par exemple, une population d'insectes dans laquelle la moitié des femelles se reproduit de manière sexuée, et l'autre moitié, de manière asexuée. Même si les deux groupes de femelles produisent le même nombre de descendants à chaque génération, la reproduction asexuée augmentera en fréquence, parce que tous les descendants qui en sont issus seront des femelles, qui produiront elles-mêmes davantage de femelles. Par contre, la moitié des descendants des femelles à reproduction sexuée seront des mâles (nécessaires à la perpétuation du mode de reproduction sexué) ; or, les mâles ne peuvent donner eux-mêmes naissance à des descendants, ce qui réduit l'occurrence de la reproduction sexuée dans la population (FIGURE 23.15).

Il faut que la reproduction sexuée confère aux organismes qui la pratiquent certains avantages, sinon ils seraient bientôt dominés par les organismes asexués, qui apparaîtraient dans la population par mutation ou par migration. Si la reproduction sexuée n'apportait pas certains bénéfices sur le plan de la valeur d'adaptation, la sélection naturelle éliminerait graduellement l'information génétique associée à la reproduction sexuée. Or, on constate que cette dernière est maintenue chez la majorité des espèces eucaryotes, même chez celles qui sont aussi capables de se reproduire de façon asexuée.

L'explication classique des avantages conférés par la reproduction sexuée est la suivante : les processus de méiose et de fécondation aléatoire produisent les variations génétiques sur lesquelles la sélection naturelle opère à des fins d'adaptation. (Pour plus de détails, revoir le chapitre 13.). En fait, la sélection agit dans le présent, en favorisant le succès reproductif des individus d'une population variable qui obtiennent les meilleurs résultats dans leur milieu. Les hypothèses relatives au maintien de la reproduction sexuée par sélection naturelle les plus valables sont celles qui accordent de l'importance à la variation génétique à court terme, c'est-à-dire d'une génération à l'autre.

Bon nombre de personnes savent à quel point la variation génétique joue un rôle capital dans la résistance aux maladies. Rappelons que de nombreux agents pathogènes, notamment des virus, des bactéries et des protozoaires, reconnaissent et infectent un hôte spécifique en se fixant à des molécules réceptrices situées sur ses cellules. Une population a avantage à produire des descendants qui varient sur le plan de leur résistance aux différentes maladies. Par exemple, une fraction peut développer des molécules réceptrices situées sur la membrane plasmique qui lui permettent de résister à un virus A ; une autre fraction peut produire des molécules réceptrices capables de résister à un virus B. La diversité des allèles augmente particulièrement dans le cas de loci codant pour les molécules de surface cellulaires auxquelles les agents pathogènes se fixent. Les faits confirment cette idée. Chez l'Humain, par exemple, on dénombre des centaines d'allèles pour chacun des deux loci codant pour les protéines qui procurent aux surfaces cellulaires leurs particularités moléculaires (nous vous en dirons plus sur ces marqueurs cellulaires au chapitre 43). Bien sûr, étant donné que la plupart des agents pathogènes évoluent extrêmement vite, de même que leur capacité à se fixer à des récepteurs spécifiques de l'hôte, la résistance à la maladie d'un génotype hôte particulier n'est pas permanente. Il reste que la reproduction sexuée est un mécanisme de modification des paramètres et de variation de la descendance.

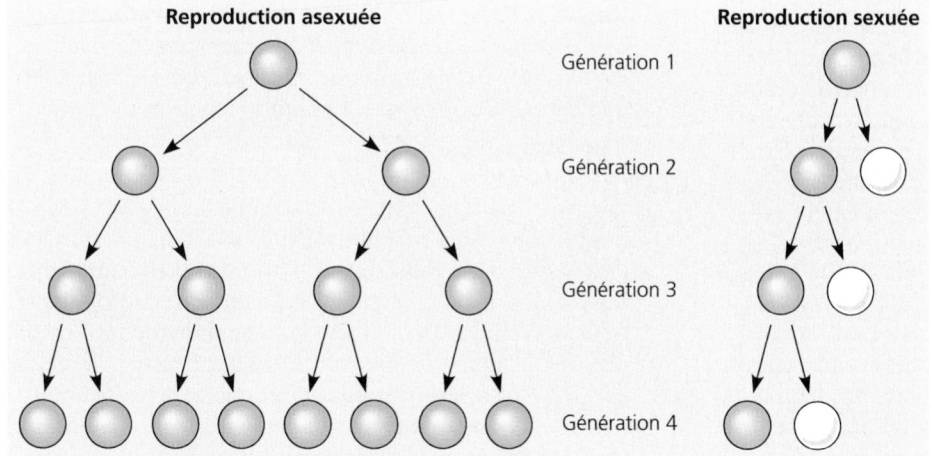

FIGURE 23.15 La reproduction asexuée possède un net avantage sur la reproduction sexuée. Ces diagrammes mettent en parallèle les possibilités de réalisation des modes de reproduction asexué et sexué. Les cercles bleus représentent les femelles, et les cercles blancs, les mâles d'une même population. Le diagramme de gauche montre les fruits de la reproduction asexuée au terme de quatre générations. Le diagramme de droite, lui, illustre le résultat de la reproduction sexuée pour la même période. On remarque que, dans le diagramme de gauche, toute la progéniture peut perpétuer le mode de reproduction asexué. Dans le diagramme de droite, par contre, à chaque génération, la moitié seulement de la progéniture (en l'occurrence, les femelles) est capable de perpétuer le mode de reproduction sexué, et ce, à condition que toutes les femelles soient fécondées, sinon elles opteront pour la reproduction asexuée. On voit donc que la reproduction asexuée a beaucoup plus de chances de se réaliser que la reproduction sexuée.

La sélection sexuelle peut produire des différences importantes dans les caractères sexuels secondaires

Les mâles et les femelles des espèces animales à reproduction sexuée se distinguent, bien entendu, par leurs organes génitaux. Toutefois, dans bien des cas, ils ont aussi des différences marquées au niveau de caractères sexuels secondaires, qui ne sont pas directement associés à la reproduction. Ces différences dans l'apparence constituent le **dimorphisme sexuel.** Celui-ci s'exprime souvent par une différence de taille (le mâle est généralement plus gros que la femelle) ou encore par d'autres caractéristiques : par exemple, chez la plupart des Oiseaux, les mâles ont un plumage plus coloré que les femelles ; chez les Lions, seuls les mâles ont une crinière ; les Cervidés mâles, eux, ont des bois, etc. En fait, les mâles sont généralement dotés des phénotypes les plus impressionnants quand il y a dimorphisme sexuel, à tout le moins parmi les Vertébrés.

Le dimorphisme sexuel est le produit de ce que Darwin a appelé la sélection sexuelle. Aujourd'hui, les biologistes distinguent la sélection *intra*sexuelle de la sélection *inter*sexuelle. La **sélection intrasexuelle** désigne la sélection qui a lieu entre des individus de même sexe. Elle passe par la concurrence directe pour gagner les faveurs d'un partenaire de sexe opposé. (Chez les Vertébrés, ce sont généralement les mâles qui entrent directement en compétition l'un avec l'autre.) Les mâles peuvent aussi avoir recours à des caractères sexuels secondaires (par exemple, les bois chez les Cervidés) pour combattre leurs concurrents. Ce phénomène est particulièrement fréquent chez les espèces où un seul mâle exerce son emprise sur un groupe de femelles. Pour atteindre le sommet de la hiérarchie, un mâle doit parfois combattre les mâles plus petits, plus faibles ou moins acharnés que lui et les vaincre. Le plus souvent, cependant, il se livre à des parades ritualisées qui découragent ses rivaux (voir le chapitre 51).

La sélection intrasexuelle est souvent représentée dans les émissions télévisées sur la nature (par exemple, quand on voit des béliers s'affronter, tête baissée) et dans les dessins animés (les rois lions, notamment, doivent lutter pour obtenir le droit de monter sur le trône). Toutefois, la **sélection intersexuelle** est sans doute plus courante et, à certains égards, plus étonnante. Elle passe par un choix circonspect effectué parmi les partenaires possibles de sexe opposé (ce sont généralement les femelles qui sélectionnent les mâles). Il semble que les femelles préfèrent les mâles qui possèdent les traits masculins les plus éclatants. Le Paon (*Pavo cristatus*) qui se pavane devant des femelles en faisant la roue se livre à une véritable parade pour les inviter à le choisir. Ce genre de manifestations a d'ailleurs intrigué Darwin. Bien sûr, certaines caractéristiques du comportement mâle facilitent l'obtention des faveurs d'une femelle. Cependant, en d'autres circonstances, elles ne présentent aucune valeur d'adaptation et peuvent même comporter certains risques. Ainsi, un plumage éclatant peut rendre les oiseaux mâles plus visibles pour leurs prédateurs, et donc plus vulnérables. Toutefois, si des caractères sexuels secondaires aident des mâles à s'accoupler, alors ils se maintiendront au fil des générations pour la plus darwinienne des raisons : parce qu'ils favorisent le succès reproductif. Chaque fois qu'une femelle choisit un mâle en fonction d'un comportement ou d'une caractéristique corporelle, elle perpétue les allèles qui l'ont amenée à faire son choix ; elle permet ainsi au mâle portant un phénotype particulier de transmettre ses allèles.

Quand une femelle choisit un mâle, en quoi est-il avantageux qu'elle privilégie des caractères sexuels secondaires précis, comme une magnifique queue colorée et en éventail ? Il est peu probable qu'il s'agisse d'une préférence esthétique. Divers chercheurs procèdent actuellement à des études en vue de vérifier si de tels caractères secondaires éclatants ne reflètent pas plutôt l'état de santé général du mâle. Par exemple, les oiseaux mâles qui souffrent d'une infection grave ont un plumage terne et ébouriffé. Ils ne réussissent généralement pas à gagner les faveurs de nombreuses femelles. Une femelle qui cherche un compagnon en bonne santé a avantage à choisir un partenaire qui semble en forme (même si elle ne fait que répondre de manière automatique à certains indices visuels) ; elle aura ainsi plus de chances de donner naissance à des descendants en pleine santé.

La sélection naturelle ne peut produire des organismes parfaits

On compte au moins quatre raisons qui expliquent pourquoi la sélection naturelle ne peut engendrer la perfection.

1. *L'évolution est limitée par des contraintes historiques.* Chaque espèce provient d'une longue lignée ancestrale modifiée au fil des générations. L'évolution ne se débarrasse pas de l'anatomie ancestrale pour construire une structure complexe à partir de rien ; elle travaille plutôt sur les structures existantes et les adapte à des situations nouvelles. Par exemple, les maux de dos dont souffrent un nombre grandissant de personnes résultent en partie du fait que les Humains ont une musculature et un squelette qui dérivent de l'anatomie de leurs ancêtres quadrupèdes et ne sont donc pas pleinement compatibles avec la station debout.

2. *De nombreuses adaptations sont des compromis.* Chaque organisme exerce des activités diverses qui peuvent entrer en contradiction les unes avec les autres. Par exemple, le Phoque passe une partie de son temps sur des rochers ; il marcherait probablement mieux s'il avait des pattes au lieu de nageoires. Cependant, dans un tel cas, il ne pourrait pas évoluer aussi bien dans l'eau. L'Humain, lui, doit son habileté et sa force à ses mains préhensiles et à ses membres flexibles, qui l'amènent toutefois à subir des entorses, des déchirures ligamentaires et des luxations. La diminution de notre résistance structurale est le prix à payer pour notre agilité.

3. *L'évolution n'a pas toujours une valeur d'adaptation.* Le hasard influe sans doute sur la composition génétique des populations ; on a probablement sous-estimé l'importance de son influence. Ainsi, quand un vent violent emporte des insectes jusqu'à une île située à des centaines de kilomètres de leur habitat, il ne choisit pas les individus les mieux adaptés au nouveau milieu. Les allèles fixés par la dérive génétique dans le patrimoine génétique de la petite population fondatrice ne sont pas tous mieux adaptés au nouvel environnement que les allèles perdus.

4. *La sélection ne peut que modifier des variations existantes.* La sélection naturelle favorise les variations les mieux adaptées au milieu parmi celles qui existent déjà dans une population. Or, les phénotypes les plus favorables ne sont pas toujours idéaux. Les nouveaux allèles n'apparaissent pas sur demande.

Compte tenu de toutes ces contraintes, nous ne pouvons nous attendre que des organismes parfaits soient produits sous l'effet de la sélection naturelle. Cette dernière privilégie les meilleurs éléments disponibles en fonction du milieu. L'une des preuves que l'évolution n'agit pas toujours de façon idéale réside dans les subtiles imperfections des organismes qu'elle engendre.

RÉVISION DU CHAPITRE

Résumé des concepts importants

LA GÉNÉTIQUE DES POPULATIONS

- **La théorie synthétique de l'évolution intègre la sélection darwinienne et l'hérédité mendélienne (p. 484).** Elle se concentre sur les populations en tant qu'unités de l'évolution.

- **Le patrimoine génétique d'une population est défini par ses fréquences alléliques (p. 485).** Une population est un groupe localisé d'organismes appartenant à la même espèce. Elle est unie par son patrimoine génétique, c'est-à-dire par l'accumulation de tous ses allèles.

- **La loi de Hardy-Weinberg décrit une population qui n'évolue pas (p. 486 à 488, FIGURE 23.3).** Les fréquences alléliques d'une population restent constantes si la ségrégation mendélienne est le seul processus agissant sur le patrimoine génétique. Si p représente la fréquence relative de l'allèle dominant d'un locus, et q, la fréquence relative de l'allèle récessif du même locus, alors $p^2 + 2pq + q^2 = 1$; p^2 et q^2 correspondent aux fréquences des génotypes homozygotes, et $2pq$ correspond à la fréquence du génotype hétérozygote. Pour que l'équilibre de Hardy-Weinberg soit préservé, il faut que les critères suivants soient respectés : la population doit être très grande ; elle doit être totalement isolée ; aucune mutation ne doit se produire ; l'accouplement doit être aléatoire ; enfin, tous les individus doivent avoir un succès reproductif égal.

LES CAUSES DE LA MICROÉVOLUTION

- **La microévolution change les fréquences alléliques d'une génération à l'autre (p. 488).** Elle peut survenir quand au moins une des conditions nécessaires à l'équilibre de Hardy-Weinberg n'est pas remplie.

- **Les deux causes principales de la microévolution sont la dérive génétique et la sélection naturelle (p. 488 à 491, FIGURES 23.4 et 23.5).** La sélection naturelle ainsi que certains phénomènes aléatoires, comme la dérive génétique, peuvent modifier les fréquences alléliques d'une population. Il en est de même en ce qui concerne la migration et la mutation.

LES VARIATIONS GÉNÉTIQUES, FONDEMENTS DE LA SÉLECTION NATURELLE

- **Les variations génétiques surviennent au sein des populations et entre elles (p. 491 à 494, FIGURES 23.7 à 23.9).** La variation génétique comprend la variation individuelle des caractères qualitatifs et quantitatifs d'une population, ainsi que les variations géographiques entre les populations.

- **Les mutations et les recombinaisons produisent de la variation génétique (p. 493 à 495).** La plupart des mutations sont sans effet ou encore nuisibles ; certaines d'entre elles ont cependant une valeur d'adaptation. La recombinaison qui se produit lors de la méiose est la source de la plupart des variations génétiques rendant possible l'adaptation des populations à reproduction sexuée.

- **La diploïdie et le polymorphisme équilibré préservent la variation (p. 495 et 496, FIGURES 23.10 et 23.11).** La diploïdie maintient une réserve latente de variation chez les hétérozygotes. Le polymorphisme équilibré peut maintenir la variation dans certains loci par suite de l'avantage de l'hétérozygote ou de la sélection dépendant de la fréquence.

ÉTUDE DÉTAILLÉE DE LA SÉLECTION NATURELLE EN TANT QUE MÉCANISME DE L'ÉVOLUTION ADAPTATIVE

- **La valeur d'adaptation correspond à la contribution d'un génotype au patrimoine génétique de la génération suivante (p. 497).** Un génotype bénéficie d'une plus grande valeur d'adaptation relative qu'un autre génotype s'il produit davantage de descendants. La sélection favorise certains des génotypes retrouvés dans une population en intervenant sur le phénotype des organismes.

- **Les effets de la sélection naturelle sur la variation du phénotype : sélection directionnelle, sélection diversifiante et sélection stabilisante (p. 497 à 499, FIGURE 23.12).** La sélection naturelle peut favoriser des individus relativement rares, situés à une extrémité de la courbe normale de sélection des phénotypes (sélection directionnelle), ou encore favoriser les individus situés aux deux extrêmes de la courbe plutôt que les phénotypes intermédiaires (sélection diversifiante), ou enfin éliminer les phénotypes extrêmes (sélection stabilisante).

- **La sélection naturelle maintient la reproduction sexuée (p. 499, FIGURE 23.15).** Les variations génétiques issues de la reproduction sexuée aboutissent souvent à une résistance accrue aux maladies. Cela peut expliquer en partie pourquoi la sélection naturelle maintient ce mode de reproduction, en dépit de sa faible occurrence et de sa complexité plus grande que celle de la reproduction asexuée.

- **La sélection sexuelle peut produire des différences importantes dans les caractères sexuels secondaires (p. 500).** La sélection sexuelle débouche sur la production de caractères sexuels secondaires ; ces derniers procurent aux individus certains avantages lors de l'accouplement.

- **La sélection naturelle ne peut produire des organismes parfaits** (**p. 501**). Les structures anatomiques résultent de la modification de la lignée ancestrale ; les adaptations constituent le plus souvent des compromis ; le patrimoine génétique peut être modifié par la dérive génétique ; enfin, la sélection naturelle ne peut intervenir que sur la gamme de variations déjà existantes.

Autoévaluation

(Les questions dont les numéros sont en caractères gras font surtout appel à la compréhension.)

1. Le patrimoine génétique comprend :
   a) tous les allèles exposés à la sélection naturelle.
   b) tous les allèles présents dans une population.
   c) le génome entier de l'individu qui se reproduit.
   d) les fréquences alléliques d'un locus donné dans une population.
   e) tous les gamètes d'une population.

2. Dans une population qui comporte deux allèles, *B* et *b,* pour un locus particulier, la fréquence allélique de *B* s'établit à 0,7. Quelle serait la fréquence des hétérozygotes si la population respectait l'équilibre de Hardy-Weinberg ?
   a) 0,7
   b) 0,49
   c) 0,21
   d) 0,42
   e) 0,09

3. Supposons que, dans une population qui a atteint l'équilibre de Hardy-Weinberg, 16 % des individus présentent un certain trait récessif. Quelle est la fréquence de l'allèle dominant dans la population ?
   a) 0,84
   b) 0,36
   c) 0,6
   d) 0,4
   e) 0,48

4. Plus on avance vers le Nord, plus la longueur moyenne des oreilles des Renards diminue. À quoi correspond cette variation ?
   a) À un cline.
   b) À une variation qualitative.
   c) À un cas de polymorphisme.
   d) À un cas de dérive génétique.
   e) À un cas de sélection diversifiante.

5. Parmi les éléments suivants, lequel constitue un exemple de polymorphisme chez l'Humain ?
   a) La variation de la taille du corps.
   b) Une faible variation de l'intelligence.
   c) La présence ou l'absence d'une pousse de cheveux en V sur le front (FIGURE 14.14a).
   d) La variation du nombre de doigts.
   e) La variation de la longueur du nez.

6. La sélection agit *directement sur* :
   a) le phénotype.
   b) le génotype.
   c) le génome entier.
   d) chacun des allèles.
   e) le patrimoine génétique d'une population.

7. On a constaté que, chez l'Hirondelle rustique (*Hirundo rustica*), les mâles possédant la queue la plus longue attirent davantage de femelles que les mâles dont la queue est plus courte. Cette observation constitue un exemple :
   a) de dérive génétique, la longueur de la queue augmentant par suite de la petite taille de la population.
   b) de sélection en fonction de la reproduction sexuée, laquelle favorise un niveau élevé de variations génétiques dans la population.
   c) de sélection intersexuelle, dans laquelle les femelles ont davantage tendance à choisir un partenaire qui possède une longue queue.
   d) de sélection intrasexuelle, dans laquelle les mâles avec la queue la plus longue ont plus de succès dans leur combat avec d'autres concurrents pour accéder aux femelles.
   e) de sélection directionnelle, la longueur accrue de la queue favorisant les capacités de vol, donc la possibilité de chercher de la nourriture en couvrant de plus longues distances.

8. Lorsqu'on observe une population de Chevaux sauvages, on remarque des variations relatives à la couleur et à la configuration de leur robe. La plupart de ces variations relèvent sans doute :
   a) de mutations survenues à la génération précédente.
   b) de la recombinaison de certains allèles pendant la reproduction sexuée.
   c) d'une dérive génétique, imputable à la petite taille de la population.
   d) d'une variation géographique au sein de la population.
   e) de facteurs environnementaux.

9. L'effet fondateur favorise la microévolution parce que :
   a) les mutations sont plus courantes dans un nouvel environnement.
   b) une petite population fondatrice fait l'objet d'erreurs d'échantillonnage.
   c) le nouvel environnement est sans doute hétérogène, ce qui favorise la sélection diversifiante.
   d) le flux génétique augmente.
   e) les membres d'une petite population ont tendance à migrer.

10. Chez une espèce particulière d'Oiseau, les individus possédant des ailes de taille moyenne survivent mieux que les autres en cas de tempête violente. Il s'agit :
    a) de l'effet fondateur.
    b) de la sélection stabilisante.
    c) de la sélection artificielle.
    d) du flux génétique.
    e) de la sélection diversifiante.

11. Comparez l'effet d'étranglement et l'effet fondateur comme causes de la dérive génétique.

12. Pourquoi les nouvelles maladies posent-elles une menace plus importante pour les populations de Guépards que pour les autres populations de Mammifères ?

13. Quelle cause de microévolution a le plus agi chez l'Humain à la suite du développement des moyens de transport ?

14. Quelle est la meilleure mesure de la valeur d'adaptation darwinienne ?

15. Que signifie l'expression suivante : « La reproduction asexuée supplante la reproduction sexuée » ?

16. Pourquoi est-il inexact de décrire l'évolution par sélection naturelle comme un processus totalement aléatoire ?

D'après Stephen Jay Gould, un biologiste de l'évolution, « l'histoire de l'évolution est présente dans les imperfections des êtres vivants ». Rédigez un bref paragraphe commentant cette déclaration.

Intégration

Retournons aux plantes à fleurs sauvages utilisées pour illustrer la loi de Hardy-Weinberg. La fréquence de R, l'allèle dominant des pétales rouges, est de 0,8, alors que la fréquence de r, l'allèle récessif des pétales blancs, est de 0,2. Dans une nouvelle population, les fréquences des génotypes ne respectent pas l'équilibre de Hardy-Weinberg : 60 % des plantes ont le génotype RR, et 40 %, le génotype Rr. (Pour l'instant, la population ne comporte aucun individu ayant des pétales blancs.) En admettant que toutes les conditions nécessaires à la loi de Hardy-Weinberg soient présentes, prouvez que les génotypes atteindront l'équilibre à la génération suivante.

Science, technologie et société

Dans quelle mesure les Humains d'une société technologique échappent-ils à la sélection naturelle ? Expliquez votre réponse.

Réponses à l'autoévaluation : 1. b ; **2.** d ; **3.** c ; **4.** a ; **5.** c ; **6.** a ; **7.** c ; **8.** b ; 9. b ; **10.** b ; 11. Les deux processus débouchent sur la création de populations suffisamment petites pour que des erreurs d'échantillonnage importantes surviennent dans le patrimoine génétique. L'effet d'étranglement réduit la taille de la population existante ; le plus souvent, cela arrive à la suite d'une catastrophe. L'effet fondateur se traduit par l'arrivée dans un milieu d'une population de petite taille composée d'individus issus d'une population plus grande. 12. Étant donné que les populations de Guépards ne bénéficient que de très peu de variations génétiques, il est possible que de nouvelles maladies surviennent et qu'aucun individu ne puisse leur résister. 13. Flux génétique **14.** Le nombre de descendants fertiles produit par un individu. **15.** Seulement *la moitié* des descendants (femelles) d'une population à reproduction sexuée produit des descendants, alors que *tous* les descendants d'une population à reproduction asexuée peuvent avoir une progéniture. **16.** La variation génétique dépend des processus aléatoires de mutation et de ségrégation mendélienne, mais la sélection des variations les mieux adaptées dépend de facteurs environnementaux spécifiques.

CHAPITRE 24

L'ORIGINE DES ESPÈCES

« Les humains ne sont pas le résultat final d'un
progrès évolutif prédictible, mais plutôt une minuscule
brindille, sur l'énorme buisson arborescent de la vie,
qui ne repousserait sûrement pas si la graine de cet arbre
était mise en terre une seconde fois. »

STEPHEN JAY GOULD
paléontologue et vulgarisateur scientifique américain (1941-2002)

QU'EST-CE QU'UNE ESPÈCE ?

■ Le concept biologique de l'espèce s'appuie sur l'isolement
reproductif

■ Les barrières prézygotiques ou postzygotiques isolent le patrimoine
génétique des espèces

■ Le concept biologique de l'espèce présente certaines lacunes
importantes

■ Les biologistes de l'évolution ont proposé d'autres concepts
de l'espèce

LES MODES DE SPÉCIATION

■ Spéciation allopatrique : les barrières géographiques peuvent
donner lieu à de nouvelles espèces

■ Spéciation sympatrique : une nouvelle espèce peut surgir dans
l'aire de distribution de l'espèce parentale

■ Le modèle de l'équilibre ponctué a servi de support à la recherche
portant sur le rythme de la spéciation

DE LA SPÉCIATION À LA MACROÉVOLUTION

■ La plupart des innovations apparues au cours de l'évolution
correspondent à des versions modifiées de structures plus anciennes

■ Évolution et développement : les gènes régissant le développement
jouent un rôle essentiel dans l'évolution

■ La tendance de l'évolution ne permet pas de conclure à une finalité
intrinsèque

Quand Darwin *a constaté que les îles Galápagos, d'origine
géologique récente, abritaient des plantes et des animaux
inconnus ailleurs, il a compris qu'il s'agissait d'un lieu de genèse.
Les îles tirent leur nom de la Tortue géante (Geochelone elephan-
topus) présentée ci-dessus, qui figure parmi ses habitants uniques
(Galápago veut dire « Tortue » en espagnol). Après avoir visité
l'archipel, Darwin a écrit dans son journal : « Dans le temps et
dans l'espace, il semble que nous approchions d'un fait grandiose,
du mystère des mystères : l'apparition de nouveaux êtres sur la
Terre. » La naissance des nouvelles formes de vie, c'est-à-dire
l'origine des espèces, constitue le point central de la théorie évolutionniste, car il n'y a pas de diversité biologique sans création
d'espèces. Il ne suffit pas d'expliquer l'évolution des adaptations
dans les populations (microévolution), sujet que nous avons
abordé dans le chapitre 23 ; il faut aussi prendre en compte la
macroévolution, c'est-à-dire l'origine de nouveaux groupes
taxinomiques (apparition d'espèces, de genres, de familles, voire de
règnes). La **spéciation** (à l'origine des nouvelles espèces) constitue
un processus essentiel à cet égard. En effet, les genres, les familles et
toutes les catégories de rang taxinomique supérieur prennent
naissance lors de l'apparition d'une nouvelle espèce.*

*Les archives géologiques révèlent que la spéciation emprunte
deux voies : l'anagenèse et la cladogenèse (FIGURE 24.1, p. 506).
L'anagenèse (du grec ana, « retour en arrière », et genesis,
« origine »), aussi appelée évolution phylétique, désigne l'accumulation de changements associés à la transformation d'une espèce
en une autre. La cladogenèse (du grec klados, « branche »), aussi
appelée évolution divergente, est la formation d'une ou de
plusieurs espèces à partir d'une espèce mère qui continue d'exister.
Seule la cladogenèse peut favoriser la diversité biologique, et ce,
en accroissant le nombre des espèces.*

*Dans ce chapitre, nous analyserons les définitions de l'espèce et
les mécanismes de spéciation, et nous nous pencherons sur les
origines possibles de certaines caractéristiques nouvelles définissant
des groupes taxinomiques de rang supérieur. Notre première tâche
consistera à vérifier si les espèces constituent effectivement dans
la nature des unités biologiques discontinues et distinctes les unes
des autres.*

(a) Anagenèse　　　**(b) Cladogenèse**

FIGURE 24.1 Deux voies de spéciation. (a) L'anagenèse (évolution phylétique) désigne l'accumulation de changements héréditaires dans une population ; elle aboutit à la transformation de cette population en une nouvelle espèce. **(b)** La cladogenèse désigne l'évolution divergente : une nouvelle espèce émerge d'une petite population issue d'une espèce mère. La cladogenèse est la source de la diversité biologique.

QU'EST-CE QU'UNE ESPÈCE ?

Le terme **espèce** provient du mot latin *species,* qui signifie « type » ou « apparence ». De fait, nous apprenons à distinguer les catégories de Végétaux ou d'Animaux (les Chiens et les Chats, par exemple) d'après les différences marquant leur apparence. Cependant, les taxinomistes modernes ne se contentent pas d'établir des comparaisons morphologiques (fondées sur la forme du corps) ; ils prennent aussi en considération les différences dans les fonctions corporelles, la biochimie, le comportement et la composition génétique. En outre, la classification des organismes en des espèces différentes selon des données comparatives ne constitue que l'un des éléments d'une étude complexe permettant de mieux comprendre la nature des espèces et les facteurs maintenant leurs caractères distinctifs.

Le concept biologique de l'espèce s'appuie sur l'isolement reproductif

C'est en 1942 que le biologiste de l'évolution Ernst Mayr a proposé une définition classique de l'espèce, liée au concept biologique de l'espèce. Sa définition répond à la question suivante : en fonction de quels critères fractionne-t-on la diversité biologique en espèces ?

Selon le **concept biologique de l'espèce,** une espèce est une population ou un groupe de populations dont les individus sont en mesure de se reproduire les uns avec les autres dans la nature et de produire une descendance viable et féconde ; ils sont, par contre, le plus souvent dans l'impossibilité d'avoir une descendance viable et fertile avec les individus d'autres epèces (FIGURE 24.2). Si la première génération hybride est viable et fédonce, la suivante ne l'est généralement pas. En d'autres termes, une espèce au sens biologique du terme représente la plus grande unité de population dans laquelle le flux génétique est possible et qui est isolée sur le plan génétique des autres populations. Tous les Humains appartiennent à la même espèce au sens biologique. En revanche, les Humains et les Chimpanzés sont des espèces distinctes, même dans les zones où ils cohabitent, car ils ne sont pas interféconds. La notion d'espèce biologique dépend donc de l'isolement repro-

(a) Similarité entre des espèces différentes. La Sturnelle des prés (*Sturnella magna,* à gauche), une espèce qui fréquente les régions agricoles du Québec à l'ouest de Rivière-du-Loup, et la Sturnelle de l'Ouest (*Sturnella neglecta*) ont une forme et des couleurs très semblables. Elles constituent pourtant deux espèces. Leur chant est différent, et cette distinction comportementale fait en sorte que les femelles d'une espèce ne sont pas incitées à la reproduction par les mâles de l'autre espèce. Il existe une aire de chevauchement de ces deux espèces en Amérique du Nord.

(b) Diversité au sein d'une même espèce. Bien que les Humains présentent une très grande variété sur le plan de leurs traits, ils appartiennent tous à la même espèce (*Homo sapiens*) : ils sont interféconds.

FIGURE 24.2 La définition biologique de l'espèce repose sur l'interfécondité et non sur la ressemblance physique.

ductif: chaque espèce est isolée des autres par des facteurs (des barrières ou des obstacles à la reproduction) qui empêchent l'interfécondité, rendant impossible le mélange des gènes.

Les barrières prézygotiques ou postzygotiques isolent le patrimoine génétique des espèces

Tout facteur qui empêche deux espèces de produire, au fil des générations, des hybrides viables et féconds, contribue à l'isolement reproductif. Aucune barrière n'exclut complètement la possibilité qu'il y ait un flux génétique, mais nombre d'espèces sont génétiquement isolées les unes des autres de plusieurs façons. Nous ne considérerons ici que les barrières biologiques, lesquelles sont intrinsèques. Bien entendu, si deux espèces sont séparées sur le plan géographique, elles ne peuvent se croiser. Cependant, on ne considère pas les barrières géographiques comme des mécanismes d'isolement reproductif, car elles ne sont pas intrinsèques. L'isolement reproductif, lui, empêche les populations appartenant à des espèces différentes de se croiser, même si leurs aires de distribution se chevauchent.

Il est clair que la Mouche domestique (*Musca domestica*) ne peut s'accoupler avec la Grenouille léopard du Nord (*Rana pipiens*) ou la Grande Fougère (*Pteridium aquilinum*). Mais qu'est-ce qui fait en sorte que des espèces très semblables (c'est-à-dire étroitement apparentées) soient incapables de se croiser ? Eh bien, les diverses barrières reproductives qui isolent le patrimoine génétique des espèces sont soit prézygotiques, soit postzygotiques, selon qu'elles entrent en jeu avant ou après la formation des zygotes (c'est-à-dire des ovules fécondés).

Barrières prézygotiques

Les **barrières prézygotiques** empêchent la copulation d'individus d'espèces différentes ou encore entravent la fécondation des ovules dans le cas de l'accouplement d'individus d'espèces distinctes.

Isolement écologique. Deux espèces vivant dans des habitats différents compris dans une même région peuvent ne jamais se rencontrer ou encore se rencontrer rarement, même si elles ne sont pas à proprement parler isolées géographiquement. Ainsi, au Québec, les Campagnols des champs (*Microtus pennsylvanicus*) et les Campagnols des rochers (*Microtus chrotorrhinus*) se retrouvent dans la même région ; toutefois, la première espèce occupe surtout un milieu humide et herbeux, tandis que la seconde préfère un milieu frais et rocailleux. Un tel isolement écologique s'observe aussi chez les parasites, qui s'en tiennent généralement à une espèce hôte particulière. Deux espèces de parasites n'ont aucune chance de se croiser si elles vivent aux dépens d'hôtes différents.

Isolement éthologique. Les principaux obstacles à la reproduction touchant les animaux étroitement apparentés sont probablement les stimulus précis destinés à attirer les partenaires, ainsi que le comportement nuptial élaboré, propre à chaque espèce. Par exemple, les mâles de différentes espèces de Lucioles se manifestent aux femelles en émettant des séquences lumineuses particulières. Quant aux femelles, pour attirer les mâles, elles n'émettent de stimulus qu'en réponse aux séquences caractéristiques de leur propre espèce. La Sturnelle des prés et la Sturnelle de l'Ouest présentées à la FIGURE 24.2a ont une morphologie et un habitat presque identiques, et leurs aires de distribution se chevauchent au centre de l'Amérique du Nord. Pourtant, elles forment des espèces distinctes, notamment parce qu'elles ont des chants différents, qui permettent aux congénères de se reconnaître. Notons ici que l'isolement éthologique dépend souvent de la parade nuptiale, un comportement complexe qui varie en fonction de l'espèce (FIGURE 24.3).

Isolement temporel. Deux espèces qui se reproduisent à des heures, des semaines, des saisons ou des années différentes ne peuvent unir leurs gamètes. Ainsi, les aires de distribution géographique de deux espèces de Dorés se chevauchent en grande partie sur le territoire québécois ; cependant, ces espèces très semblables ne se croisent pas, parce que le Doré jaune (*Stizostedion vitreum*) se reproduit au mois d'avril, alors que le Doré noir (*Stizostedion canadense*) le fait à la fin du mois de mai et au début du mois de juin. Trois espèces d'Orchidées du genre *Dendrobium* vivant dans la même forêt tropicale ne s'hybrident pas, parce que leur floraison n'a pas lieu la même journée. La pollinisation de chaque espèce se limite à une seule journée, les fleurs s'ouvrant le matin et se fanant le soir même.

Isolement mécanique. Si des individus d'espèces étroitement apparentées tentent de s'accoupler sans succès, c'est parfois en raison d'une incompatibilité anatomique. Par exemple, des obstacles mécaniques contribuent à l'isolement reproductif des plantes à fleurs pollinisées par des insectes ou d'autres animaux.

FIGURE 24.3 La parade nuptiale, un mécanisme d'isolement éthologique des espèces. Ces Fous à pieds bleus (*Sula nebouxii*) des Galápagos et d'Amérique centrale ne s'accouplent qu'après qu'une parade nuptiale bien précise a eu lieu. Au cours de celle-ci, le mâle lève les pieds bien haut ; son comportement expose à la vue des femelles le ton bleu vif de ses pieds ; il s'agit d'un stimulus visuel propre à cette espèce.

Souvent, l'anatomie florale est adaptée à un pollinisateur particulier, qui ne transporte le pollen qu'entre des plantes de la même espèce. Par ailleurs, dans le cas d'insectes d'espèces voisines tentant de s'accoupler, les organes génitaux du mâle et de la femelle ne concordent pas ; les gamètes mâles ne peuvent donc rejoindre les gamètes femelles.

Isolement gamétique. Même si les gamètes d'espèces différentes viennent à se rencontrer, il est rare qu'ils fusionnent et forment un zygote. Chez les animaux dont les ovules sont fécondés dans le système génital de la femelle (fécondation interne), les spermatozoïdes d'une espèce donnée ne survivent généralement pas dans le système génital féminin d'une autre espèce. Nombre d'animaux aquatiques libèrent leurs gamètes dans l'eau afin de féconder les ovules qui s'y trouvent (fécondation externe). Même lorsque deux espèces apparentées libèrent leurs gamètes en même temps et au même endroit, la fécondation interspécifique se produit rarement. La reconnaissance des gamètes pourrait dépendre de molécules spécifiques situées sur les enveloppes des ovules et adhérant uniquement à des molécules complémentaires situées sur les spermatozoïdes de la même espèce (nous étudierons cette compatibilité au chapitre 47). Un mécanisme analogue de reconnaissance moléculaire permet à une fleur de distinguer le pollen de son espèce du pollen d'autres espèces.

Barrières postzygotiques

Si un spermatozoïde féconde un ovule d'une autre espèce, certaines **barrières postzygotiques** empêchent généralement le zygote hybride de devenir un adulte viable et fécond (isolement reproductif postzygotique).

Viabilité réduite des hybrides. Lorsque les barrières prézygotiques sont franchies et qu'un zygote hybride est formé, l'incompatibilité génétique entre les deux espèces en question peut entraîner la mort de l'embryon. Même si les hybrides survivent, ils restent fragiles et atteignent rarement la maturité. On observe une telle situation dans le cas du Ouaouaron (*Rana catesbeiana*) et de la Grenouille léopard du Nord (*Rana pipiens*), qui partagent le même habitat et s'hybrident occasionnellement.

Fécondité réduite des hybrides. Il arrive que deux espèces se croisent et engendrent des descendants hybrides vigoureux. Toutefois, l'isolement reproductif de ces espèces subsiste, parce que les hybrides sont généralement stériles et ne peuvent se reproduire avec aucune des espèces parentales. Ainsi, les gènes de deux espèces ne peuvent circuler librement entre elles. Cela est vrai parce que la méiose ne produit pas de gamètes normaux chez l'hybride issu de deux espèces parentales qui ne possèdent pas le même nombre de chromosomes ou dont les chromosomes n'ont pas la même structure. Le cas le plus connu de stérilité des hybrides est celui de la mule, un animal robuste né du croisement d'un âne et d'une jument. L'Âne (*Equus asinus*) et le Cheval (*Equus caballus*) sont des espèces distinctes, parce que les mules ne peuvent se croiser ni avec l'une ni avec l'autre, sauf dans le cas de rares exceptions (FIGURE 24.4).

Déchéance des hybrides. Dans certains cas de croisements interspécifiques, les hybrides de la première génération sont viables et féconds. Toutefois, lorsqu'ils s'accouplent entre eux ou lorsqu'ils se croisent avec l'une des espèces parentales, leur progéniture est frêle ou stérile. Ainsi, différentes espèces de Cotonniers (genre *Gossypium*) peuvent se croiser et produire des hybrides féconds ; la déchéance survient à la troisième génération : les graines ou les plants issus des hybrides meurent ou sont faibles et difformes.

La FIGURE 24.5 résume les barrières reproductives qui distinguent les espèces étroitement apparentées.

Le concept biologique de l'espèce présente certaines lacunes importantes

Le concept biologique de l'espèce, qui s'appuie sur les barrières reproductives pour classer les espèces, a eu des incidences importantes sur la théorie de l'évolution et sur l'appréhension des espèces en tant qu'unités distinctes marquant la diversité de la vie. En fait, la plupart du temps, il n'est guère utile pour démarquer les espèces. Par exemple, il est impossible de vérifier dans quels cas l'interfécondité était possible chez les formes de vie aujourd'hui disparues. Les biologistes doivent classer les fossiles en se fondant sur des différences morphologiques. Même la

Cheval

Mule (hybride)

Âne

FIGURE 24.4 La stérilité des hybrides, une barrière postzygotique. Le Cheval (*Equus caballus*) et l'Âne (*Equus asinus*) restent des espèces distinctes, parce que le produit de leur croisement, la mule, est stérile.

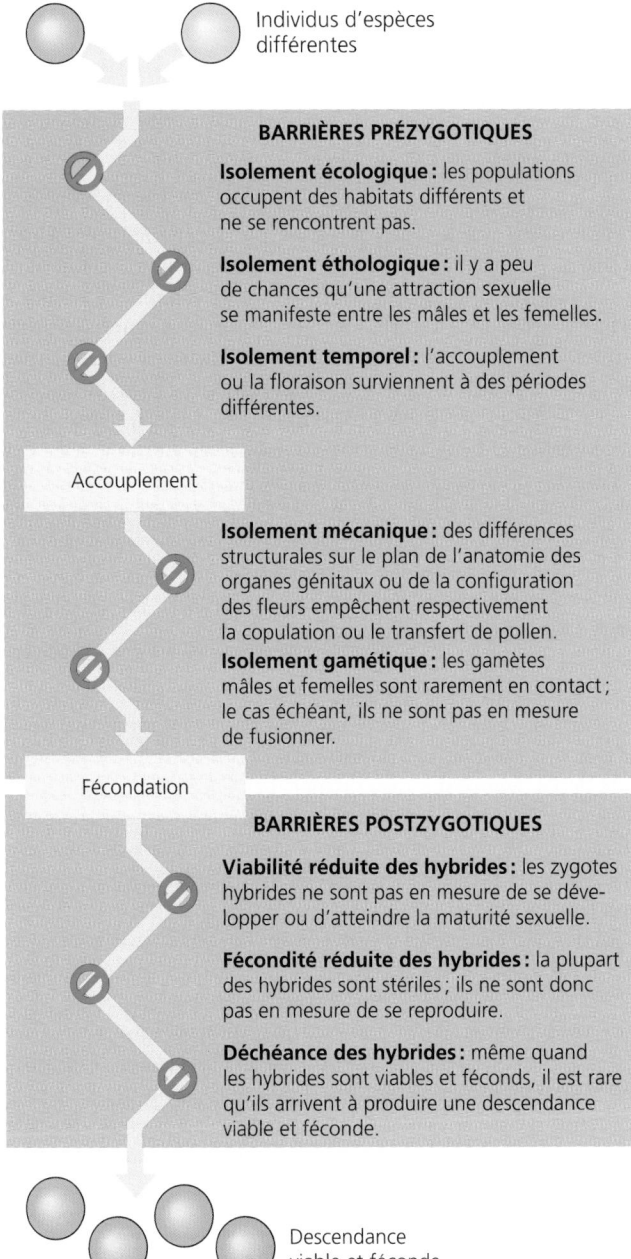

Individus d'espèces différentes

BARRIÈRES PRÉZYGOTIQUES

Isolement écologique : les populations occupent des habitats différents et ne se rencontrent pas.

Isolement éthologique : il y a peu de chances qu'une attraction sexuelle se manifeste entre les mâles et les femelles.

Isolement temporel : l'accouplement ou la floraison surviennent à des périodes différentes.

Accouplement

Isolement mécanique : des différences structurales sur le plan de l'anatomie des organes génitaux ou de la configuration des fleurs empêchent respectivement la copulation ou le transfert de pollen.

Isolement gamétique : les gamètes mâles et femelles sont rarement en contact ; le cas échéant, ils ne sont pas en mesure de fusionner.

Fécondation

BARRIÈRES POSTZYGOTIQUES

Viabilité réduite des hybrides : les zygotes hybrides ne sont pas en mesure de se développer ou d'atteindre la maturité sexuelle.

Fécondité réduite des hybrides : la plupart des hybrides sont stériles ; ils ne sont donc pas en mesure de se reproduire.

Déchéance des hybrides : même quand les hybrides sont viables et féconds, il est rare qu'ils arrivent à produire une descendance viable et féconde.

Descendance viable et féconde

FIGURE 24.5 Résumé des barrières reproductives entre les espèces étroitement apparentées.

plupart des espèces existantes sont surtout distinguées suivant des critères de morphologie comparée. En effet, on ne dispose pas de tous les renseignements nécessaires pour déterminer leur interfécondité, et cela rend impossible une application concrète du concept biologique de l'espèce. En outre, ce dernier est tout à fait inutile dans le cas des formes de vie dont la reproduction est totalement asexuée, comme les Bactéries. (De nombreuses Bactéries échangent des gènes grâce à la conjugaison et à d'autres processus, comme nous l'avons vu au chapitre 18, mais ces modalités n'ont rien de comparable avec l'union de gamètes lors de la reproduction sexuée.) Les biologistes classent les organismes à reproduction asexuée en s'appuyant principalement sur des caractéristiques structurales et biochimiques.

Les biologistes de l'évolution ont proposé d'autres concepts de l'espèce

Selon le concept biologique de l'espèce, on distingue les espèces en fonction des obstacles à la reproduction. En revanche, d'autres concepts soulignent plutôt les processus qui unissent les individus d'une même espèce. C'est comme si l'on définissait un pays non pas d'après les frontières qui le séparent des autres, mais en fonction des caractéristiques culturelles qui fondent son identité.

Le **concept écologique de l'espèce** tient compte de la niche écologique d'une espèce, c'est-à-dire de l'ensemble des conditions environnementales dans lesquelles cette dernière vit et se perpétue. Autrement dit, une espèce a une niche écologique qui dépend de ses adaptations particulières ; celles-ci sont reliées au rôle particulier que l'espèce joue dans la communauté. (Nous nous pencherons plus en détail sur le principe de la niche écologique au chapitre 53.) Par exemple, une espèce parasite peut être définie en partie en fonction de ses adaptations à un organisme hôte spécifique. Précisons que ce concept de l'espèce se rapporte aussi aux espèces asexuées.

Selon le **concept pluraliste de l'espèce,** les facteurs les plus importants qui garantissent la cohésion des individus formant une espèce peuvent varier. Dans certains cas, l'isolement reproductif constitue l'élément unificateur clé. Dans d'autres situations, c'est l'adaptation à une niche écologique particulière qui compte le plus. Enfin, il arrive que l'intégrité d'une espèce dépende d'une combinaison de facteurs, tels que l'isolement reproductif et la niche écologique.

Les concepts biologique, écologique et pluraliste de l'espèce sont de nature explicative ; ils visent à expliquer l'existence des espèces en tant qu'unités distinctes marquant la diversité de la vie. Aucun ne sert utilement à identifier les différentes espèces trouvées dans la nature. À cet égard, les taxinomistes se fondent encore et toujours sur des caractéristiques morphologiques. Voilà pourquoi, même s'il n'explique pas vraiment pourquoi les espèces existent, c'est le **concept morphologique de l'espèce** qui prime. Il définit une espèce en fonction d'un ensemble unique de caractéristiques structurales.

De nombreux biologistes de l'évolution proposent aussi un **concept généalogique de l'espèce :** dans cette optique, une espèce correspond à un ensemble d'organismes bénéficiant d'une évolution unique et se trouvant à une extrémité d'un des embranchements de l'arbre généalogique de la vie. Les chercheurs recourent au séquençage des acides nucléiques et des protéines pour identifier les espèces en fonction de marqueurs génétiques uniques.

Chacun des concepts cités a une certaine utilité, selon la situation abordée et les types de questions posées. Nous allons nous pencher à présent sur les processus conduisant à la spéciation.

LES MODES DE SPÉCIATION

Il existe deux grands modes de spéciation : la spéciation allopatrique et la spéciation sympatrique. Celles-ci diffèrent par la manière dont le flux génétique est interrompu entre deux ou plusieurs populations (FIGURE 24.6, p. 510). Dans le cas de la **spéciation allopatrique** (du grec *allos*, « autre », et du latin

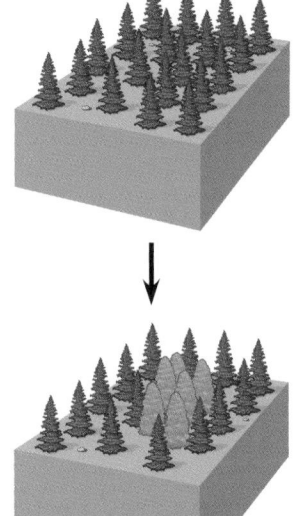

(a) **Spéciation allopatrique:**
une population forme une
nouvelle espèce à la suite d'un
isolement géographique qui l'a
séparée de la population mère.

(b) **Spéciation sympatrique:**
une petite population forme
une nouvelle espèce, bien
qu'elle ne soit pas isolée
géographiquement de
la population mère.

FIGURE 24.6 Deux modes de spéciation. Ces images donnent une idée
simplifiée du lien géographique qui existe entre une nouvelle espèce
et l'espèce parentale.

Spéciation allopatrique: les barrières géographiques peuvent donner lieu à de nouvelles espèces

Conditions favorisant la spéciation allopatrique

Divers phénomènes géologiques peuvent fractionner une population en deux ou plusieurs populations indépendantes. Ainsi, une chaîne de montagnes peut émerger, divisant graduellement une population d'organismes uniquement capables de vivre à une basse altitude. Un bras de terre peut se former (comme l'isthme de Panama) et isoler de part et d'autre des organismes aquatiques qui cohabitaient antérieurement. Enfin, un grand lac peut se fragmenter en plusieurs plans d'eau à cause de la sédimentation et de la vaporisation produites au fil des ans. Les populations initiales se retrouvent ainsi séparées les unes des autres. L'isolement géographique et la spéciation allopatrique peuvent survenir même sans remodelage géologique de ce type: par exemple, des individus qui colonisent une zone éloignée et nouvelle se retrouvent isolés de la population mère. On peut donner l'exemple du processus de spéciation qui s'est produit dans les îles Galápagos après la colonisation de celles-ci par des organismes venus du continent.

Quelle ampleur doit avoir une barrière géographique pour favoriser une spéciation allopatrique? Tout dépend de la capacité de déplacement des organismes. Les Oiseaux, les Couguars (*Felis concolor*) et les Coyotes (*Canis latrans*) peuvent traverser des chaînes de montagnes, des rivières et des canyons. De même, de telles barrières ne s'opposent nullement au transit de pollen transporté par le vent ou de graines accrochées au pelage d'animaux. En revanche, pour les petits rongeurs, un canyon profond ou un vaste fleuve constitue une barrière infranchissable (FIGURE 24.7).

Les probabilités qu'une spéciation allopatrique se réalise augmentent quand une population est à la fois isolée et réduite. En effet, le patrimoine génétique d'une petite population isolée a beaucoup plus de chances d'être considérablement modifié par la dérive génétique et par la sélection naturelle que celui

patria, «patrie»), la spéciation a lieu chez des populations qui se retrouvent séparées par des barrières géographiques. Cette séparation dans l'espace fait en sorte que le flux génétique est réduit ou interrompu entre les populations en question. La **spéciation sympatrique** (du grec *sun,* «avec»), elle, survient dans le cas de populations dont les aires se chevauchent. Ce ne sont donc pas des barrières géographiques, mais des facteurs biologiques (notamment les mutations et l'accouplement non aléatoire) qui réduisent le flux génétique entre elles.

A. harrisi

A. leucurus

**FIGURE 24.7 Spéciation allopatrique de
l'Écureuil-antilope dans le Grand Canyon.**
Deux espèces d'Écureuil-antilope habitent les rives
opposées du Grand Canyon. Sur le versant sud, on trouve l'Écureuil-antilope de Harris (*Ammospermophilus harrisi*). À quelques kilomètres de là, sur le versant nord, on trouve son proche parent, l'Écureuil-antilope à queue blanche (*Ammospermophilus leucurus*). Il n'y a pas eu formation d'espèces nouvelles de part et d'autre du fleuve chez les Oiseaux et les autres organismes capables de traverser le canyon sans difficulté.

d'une grande population. Par exemple, en moins de deux millions d'années, des plantes et des animaux égarés provenant du continent sud-américain ont réussi à coloniser les îles Galápagos. Ils sont à l'origine de toutes les espèces endémiques qui peuplent aujourd'hui l'archipel. Cependant, les populations qui se retrouvent dans un nouvel environnement ne formeront pas toutes de nouvelles espèces; la vie de pionnier est difficile, et la plupart d'entre elles disparaîtront.

Voici une question essentielle qu'il faut se poser au sujet des populations allopatriques: sont-elles suffisamment différentes pour ne plus pouvoir se reproduire entre elles et générer une descendance féconde dans le cas où elles se rencontrent de nouveau (FIGURE 24.8)? Parfois, les chercheurs évaluent si la spéciation a eu lieu en mettant artificiellement en contact, dans le cadre d'expériences de laboratoire, des individus issus de populations isolées. Il arrive aussi qu'ils mènent une enquête sur la spéciation allopatrique quand des populations antérieurement séparées se retrouvent réunies d'une façon naturelle.

L'anneau d'espèces: la spéciation allopatrique en voie de réalisation?

Certaines espèces ont une distribution géographique particulière qui fournit aux biologistes de l'évolution des exemples de populations ayant un ancêtre commun, mais se situant à diverses étapes d'une évolution divergente. On peut citer l'exemple de «l'anneau» d'espèces qui se déploie autour d'une barrière géographique (une chaîne de montagnes, une vallée, un désert ou une étendue d'eau). Les populations qui ont le plus divergé au cours de l'évolution finissent par se rencontrer quand l'anneau se ferme. La FIGURE 24.9 présente le cas des populations de la Salamandre variable (*Ensatina eschscholtzii*), une espèce qui vit en montagne, là où il y a

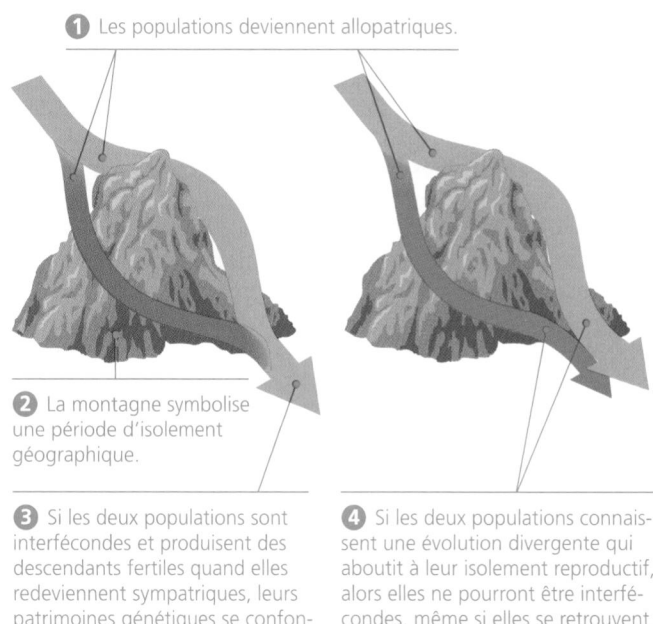

① Les populations deviennent allopatriques.

② La montagne symbolise une période d'isolement géographique.

③ Si les deux populations sont interfécondes et produisent des descendants fertiles quand elles redeviennent sympatriques, leurs patrimoines génétiques se confondent. Il n'y a pas eu spéciation.

④ Si les deux populations connaissent une évolution divergente qui aboutit à leur isolement reproductif, alors elles ne pourront être interfécondes, même si elles se retrouvent de nouveau en contact l'une avec l'autre. Il y a eu spéciation.

FIGURE 24.8 La spéciation a-t-elle eu lieu pendant l'isolement géographique?

des roches ou des forêts, à une altitude supérieure à 1 200 m. L'espèce a sans doute colonisé la Californie en partant des montagnes de l'Oregon (*Ensatina eschscholtzii oregonensis*) et en se dirigeant vers le sud. Dans l'Oregon, les chaînes de montagnes côtières et la chaîne des Cascades s'imbriquent. Dans la partie nord de la Californie, cet ensemble se divise et se prolonge en deux séries de massifs bien distinctes. Les chaînes côtières longent le Pacifique à l'ouest, et la chaîne des Cascades devient la

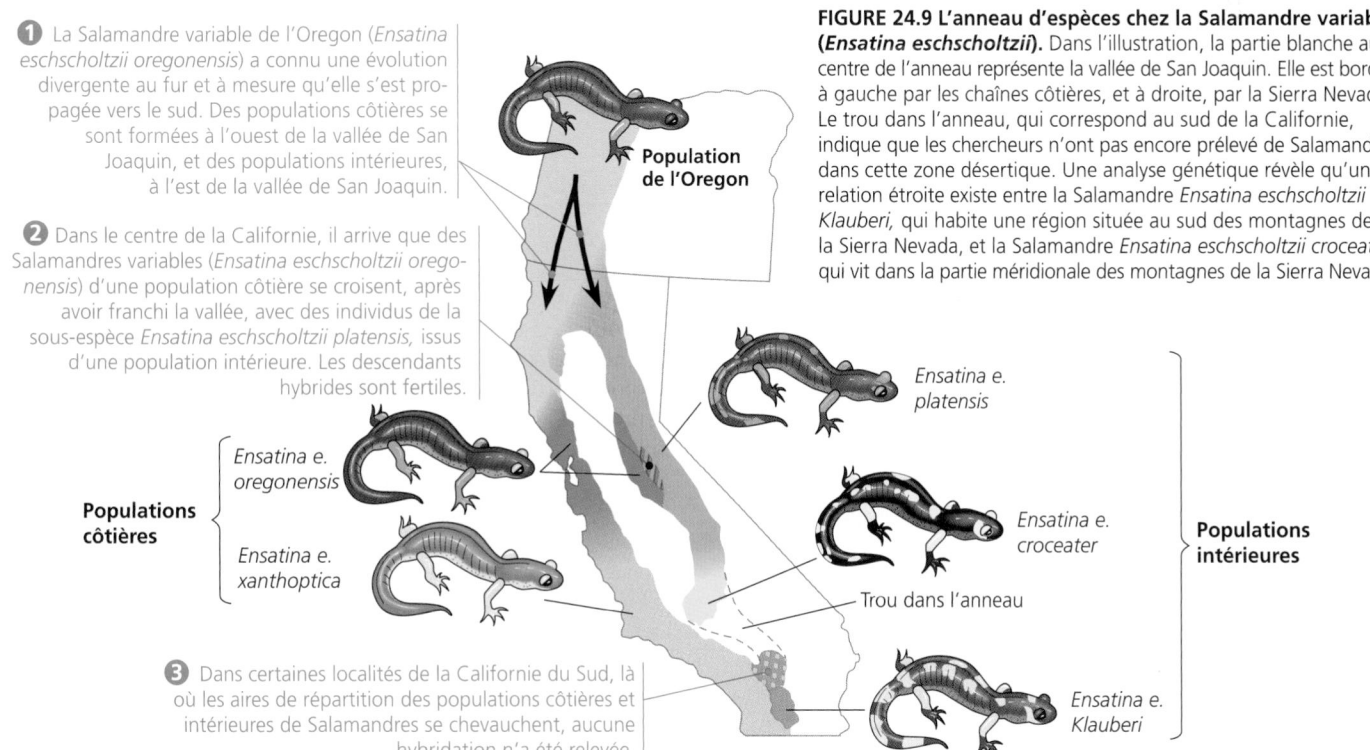

FIGURE 24.9 L'anneau d'espèces chez la Salamandre variable (*Ensatina eschscholtzii*). Dans l'illustration, la partie blanche au centre de l'anneau représente la vallée de San Joaquin. Elle est bordée à gauche par les chaînes côtières, et à droite, par la Sierra Nevada. Le trou dans l'anneau, qui correspond au sud de la Californie, indique que les chercheurs n'ont pas encore prélevé de Salamandres dans cette zone désertique. Une analyse génétique révèle qu'une relation étroite existe entre la Salamandre *Ensatina eschscholtzii Klauberi*, qui habite une région située au sud des montagnes de la Sierra Nevada, et la Salamandre *Ensatina eschscholtzii croceater*, qui vit dans la partie méridionale des montagnes de la Sierra Nevada.

① La Salamandre variable de l'Oregon (*Ensatina eschscholtzii oregonensis*) a connu une évolution divergente au fur et à mesure qu'elle s'est propagée vers le sud. Des populations côtières se sont formées à l'ouest de la vallée de San Joaquin, et des populations intérieures, à l'est de la vallée de San Joaquin.

② Dans le centre de la Californie, il arrive que des Salamandres variables (*Ensatina eschscholtzii oregonensis*) d'une population côtière se croisent, après avoir franchi la vallée, avec des individus de la sous-espèce *Ensatina eschscholtzii platensis,* issus d'une population intérieure. Les descendants hybrides sont fertiles.

③ Dans certaines localités de la Californie du Sud, là où les aires de répartition des populations côtières et intérieures de Salamandres se chevauchent, aucune hybridation n'a été relevée.

Population de l'Oregon

Populations côtières

Ensatina e. oregonensis

Ensatina e. xanthoptica

Ensatina e. platensis

Ensatina e. croceater

Trou dans l'anneau

Ensatina e. Klauberi

Populations intérieures

Sierra Nevada plus à l'est. Les deux séries de massifs entourent la vallée de San Joaquin – qui s'étend jusqu'au sud de la Californie –, constituant ainsi un anneau. La population californienne initiale de la Salamandre variable a fini par se diviser en deux populations distinctes mais interfécondes : l'une dans les chaînes côtières, et l'autre, dans la Sierra Nevada. Au fil de nombreuses générations, ces deux populations ont fini par former un anneau de sous-espèces autour de la vallée centrale de la Californie (vallée de San Joaquin). Toutes ces populations de Salamandres se distinguent par leurs couleurs. Des chercheurs ont prouvé que les populations des chaînes côtières et celles de la Sierra Nevada présentent des différences génétiques qui vont en augmentant à mesure que l'on se dirige vers le sud.

Dans les parties septentrionale et centrale de l'anneau, les populations sont interfécondes et se croisent comme si elles appartenaient à une espèce unique (selon le concept biologique de l'espèce). À mi-chemin le long de l'anneau, certains individus traversent la vallée de San Joaquin et rejoignent une autre population. Ils se croisent avec quelques-uns de ses membres et donnent naissance à des hybrides. Ceux-ci sont féconds. Ainsi, les patrimoines génétiques s'entremêlent. Cependant, vers l'extrémité sud de l'anneau, dans la région de San Diego, on ne constate aucune hybridation dans les zones où les aires de répartition des populations des chaînes côtières et de la Sierra Nevada se chevauchent. D'après le critère de l'isolement reproductif, il faudrait considérer les deux populations du sud comme des espèces distinctes.

Radiation adaptative dans les archipels

Les îles constituent de véritables laboratoires vivants facilitant l'étude de la spéciation. Des spéciations allopatriques se sont produites en rafales dans les archipels où des organismes égarés ou détachés des populations mères pour toute autre raison ont fondé de nouvelles populations évoluant dans l'isolement (FIGURE 24.10). Les nombreuses espèces indigènes des Galápagos descendent d'individus venus du continent sud-américain par la voie des eaux ou des airs. Prenons l'exemple des Géospizes. Il se peut qu'une petite population du Géospize ancestral se soit implantée par hasard sur une île et que cet isolat périphérique ait formé une nouvelle espèce. Plus tard, quelques individus de cette espèce insulaire ont pu atteindre des îles voisines, dont l'isolement géographique a permis d'autres épisodes de spéciation. De plus, il est possible que des individus de cette espèce nouvellement formée aient gagné l'île d'où leur population fondatrice avait émigré ; là, ils ont coexisté avec l'espèce mère ou formé une nouvelle espèce. Les invasions répétées par des espèces provenant d'îles voisines ont pu aboutir à la longue à la cohabitation de plusieurs espèces sur chacune des îles. Celles-ci sont suffisamment éloignées pour permettre aux populations d'évoluer dans l'isolement, et en même temps assez rapprochées pour laisser place à des événements de dispersion occasionnels. Une telle évolution de nombreuses espèces ayant des adaptations diverses mais issues d'un ancêtre commun porte le nom de **radiation adaptative** (FIGURE 24.11).

Les îles volcaniques Hawaii constituent peut-être la plus grande vitrine de l'évolution (voir la FIGURE 22.16). Elles sont situées à environ 3 500 km du continent le plus proche. À mesure qu'on se dirige du nord-ouest au sud-est de l'archipel, elles sont de plus en plus récentes ; la plus jeune et la plus grande, Hawaii, date de moins d'un million d'années, et on y trouve encore des

FIGURE 24.10 Dissémination d'une espèce très loin de la population mère. Des graines d'un arbre appelé Pisonia (*Pisonia lanceolata*) s'accrochent comme du velcro à ce Noddi noir (*Anous minutus*), un oiseau migrateur, alors qu'il se déplace sur cette île non loin de la côte de l'Australie. Il s'agit là de l'un des mécanismes par lesquels les organismes terrestres se dispersent dans des îles lointaines.

volcans actifs. À l'origine dénudées, toutes ces îles ont été progressivement colonisées par des espèces issues d'individus égarés, que les vents et les courants océaniques ont amenés d'îles ou de continents lointains, ou encore d'îles plus vieilles de l'archipel lui-même. La diversité physique de l'archipel, où l'altitude et la pluviosité varient considérablement, s'avère propice à l'évolution divergente par voie de sélection naturelle. Les invasions répétées et la spéciation allopatrique ont déclenché une radiation adaptative explosive ; sur les milliers d'espèces végétales et animales qui peuplent aujourd'hui les îles, la plupart ne se trouvent nulle part ailleurs dans le monde. À l'opposé, certaines îles, comme les Keys de Floride, ne comptent aucune espèce endémique. Il semble qu'elles soient si près du continent que les populations fondatrices ne restent pas claustrées assez longtemps pour que leur patrimoine génétique soit soustrait à l'afflux constant d'immigrants issus de populations parentales du continent.

Comment les mécanismes d'isolement reproductif évoluent-ils ?

Avant de continuer, nous souhaitons apporter deux précisions importantes sur la spéciation allopatrique. Premièrement, il faut comprendre que l'isolement géographique, même s'il empêche de toute évidence l'interfécondation de populations allopatriques, ne correspond pas à un isolement reproductif au sens biologique du terme. En effet, les mécanismes de l'isolement reproductif qui obéissent au concept biologique de l'espèce sont intrinsèques et relèvent des organismes eux-mêmes. Ils empêchent l'interfécondation, même en l'absence d'un isolement géographique (se reporter à la FIGURE 24.5 pour revoir les mécanismes de l'isolement reproductif). En second lieu, il faut comprendre que la spéciation ne résulte pas de mécanismes *visant* à isoler une population sur le plan reproductif. Dans la plupart des cas, les mécanismes de l'isolement reproductif coïncident sans doute avec des changements du patrimoine génétique imputables à la sélection naturelle et à la dérive génétique, à mesure que les populations allopatriques évoluent séparément. Prenons certains exemples.

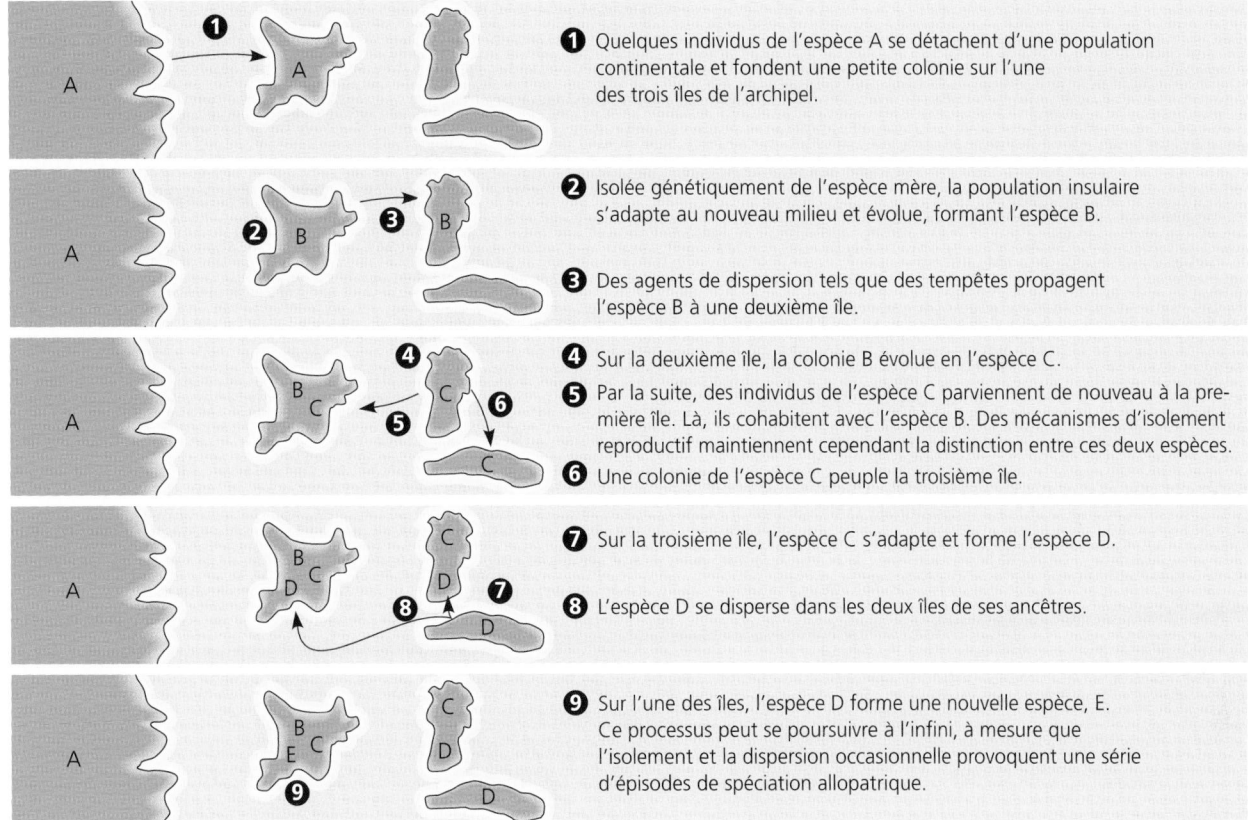

FIGURE 24.11
Modèle de la radiation adaptative dans les archipels.

❶ Quelques individus de l'espèce A se détachent d'une population continentale et fondent une petite colonie sur l'une des trois îles de l'archipel.

❷ Isolée génétiquement de l'espèce mère, la population insulaire s'adapte au nouveau milieu et évolue, formant l'espèce B.

❸ Des agents de dispersion tels que des tempêtes propagent l'espèce B à une deuxième île.

❹ Sur la deuxième île, la colonie B évolue en l'espèce C.

❺ Par la suite, des individus de l'espèce C parviennent de nouveau à la première île. Là, ils cohabitent avec l'espèce B. Des mécanismes d'isolement reproductif maintiennent cependant la distinction entre ces deux espèces.

❻ Une colonie de l'espèce C peuple la troisième île.

❼ Sur la troisième île, l'espèce C s'adapte et forme l'espèce D.

❽ L'espèce D se disperse dans les deux îles de ses ancêtres.

❾ Sur l'une des îles, l'espèce D forme une nouvelle espèce, E. Ce processus peut se poursuivre à l'infini, à mesure que l'isolement et la dispersion occasionnelle provoquent une série d'épisodes de spéciation allopatrique.

Exemple de l'évolution d'un mécanisme d'isolement reproductif prézygotique. Diane Dodd, de l'Université Yale, a conçu des expériences de laboratoire pour vérifier l'hypothèse selon laquelle les mécanismes de l'isolement reproductif observés entre des populations allopatriques peuvent résulter de l'évolution divergente de populations situées dans des milieux différents. En d'autres termes, ils constitueraient en quelque sorte des « effets secondaires ». Diane Dodd a divisé un échantillon de Drosophiles de l'espèce *Drosophila pseudoobscura* en quelques populations de laboratoire. Elle les a élevées pendant plusieurs générations indépendamment, en leur donnant des sources de nutriments différentes. Elle pourvoyait certaines populations d'amidon, et d'autres, de maltose (FIGURE 24.12, p. 514). Au fil des générations, la sélection naturelle a favorisé les individus les plus adaptés aux nutriments offerts. Les populations nourries à l'amidon se sont mises à digérer de plus en plus efficacement ce glucide, alors que les populations nourries au maltose ont montré de meilleures aptitudes à digérer le maltose.

Après avoir laissé les populations de Drosophiles évoluer et diverger pendant plusieurs générations, Diane Dodd les a mêlées dans le cadre d'expériences axées sur la sélection d'un partenaire. Les femelles élevées dans le milieu nutritif à base de maltose ont davantage eu tendance à s'accoupler avec des mâles issus du même milieu qu'elles, même s'ils provenaient d'une population différente. De même, les femelles issues du milieu nutritif à base d'amidon ont privilégié les partenaires ayant grandi dans le même milieu qu'elles, peu importe leur population d'origine. Voilà un exemple d'isolement reproductif prézygotique. Il s'agit clairement d'un cas d'isolement éthologique. Le mécanisme de

l'isolement reproductif n'était pas absolu, car certaines Drosophiles ayant été pourvues de maltose se sont accouplées avec d'autres provenant du milieu nutritif à base d'amidon. Toutefois, après plusieurs générations d'évolution divergente, il était clair qu'un isolement reproductif était en cours.

Pourquoi le mécanismes de l'isolement reproductif entre deux populations serait-il la conséquence d'adaptations à des milieux différents ? Plus particulièrement, comment l'adaptation à un certain régime alimentaire peut-elle se répercuter sur la sélection sexuelle ? D'après une hypothèse, un mécanisme de pléiotropie (cas où un seul allèle agit sur plusieurs caractères, c'est-à-dire exerce des effets multiples sur le phénotype) est impliqué. Autrement dit, un même allèle influerait à la fois sur la digestion et sur la sélection sexuelle (se reporter aux chapitres 14 et 23). Il faut savoir que l'accouplement de la Drosophile se fait selon une parade nuptiale complexe, qui comprend un bourdonnement produit par le frottement des ailes, une danse comportant des figures précises, ainsi que la détection d'odeurs spécifiques dégagées par l'exosquelette du partenaire éventuel. Il est possible que le ou les allèles avantageant la digestion d'un type de glucide influent aussi sur la composition chimique de l'exosquelette, de sorte à déterminer quel assortiment de molécules favorise la reconnaissance des partenaires. Mais comment vérifier une telle hypothèse ?

Exemple de l'évolution d'un mécanisme d'isolement reproductif postzygotique.  Le chercheur Robert Vickery, de l'Université de l'Utah, a analysé l'interfécondité de deux populations de Mimule glabre (*Mimulus glabratus*), une plante qu'on trouve aussi au Québec

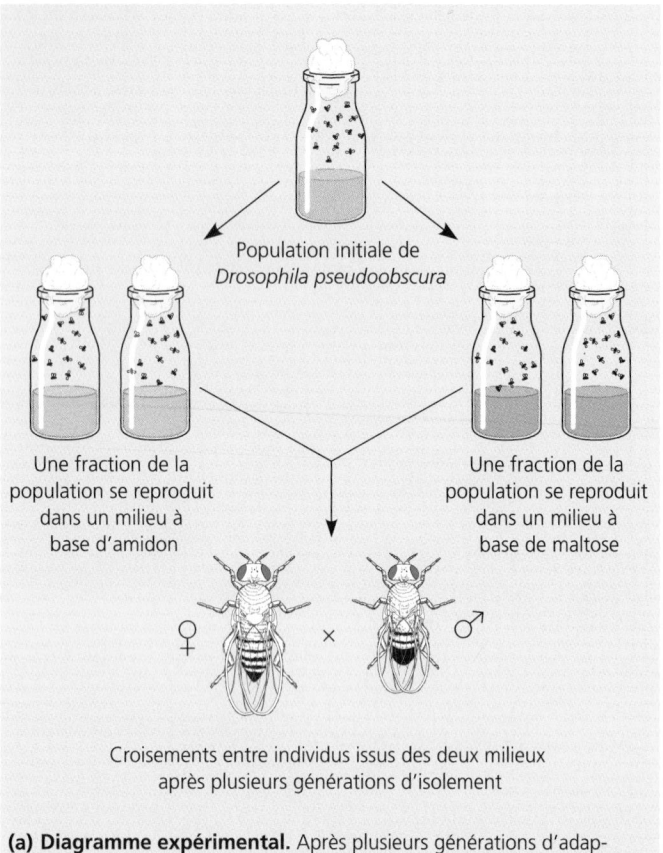

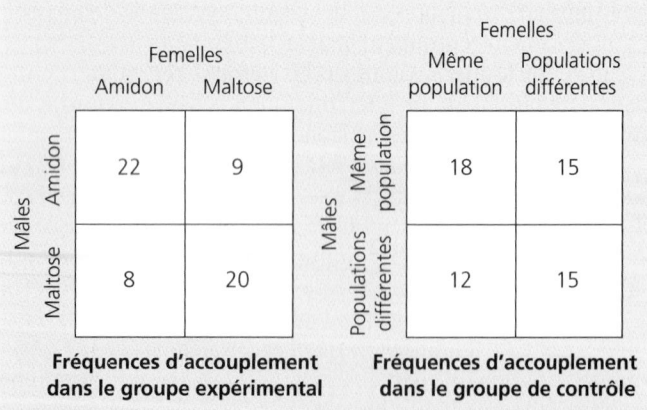

(a) Diagramme expérimental. Après plusieurs générations d'adaptation à des régimes alimentaires différents, la chercheuse a mesuré les fréquences d'accouplement entre les Drosophiles issues d'un même milieu nutritif et entre les Drosophiles issues des deux milieux nutritifs.

(b) Résultats. Dans le groupe expérimental, une population de Drosophiles élevées dans un milieu nutritif à base d'amidon a été mêlée à une population de Drosophiles élevées dans un milieu nutritif à base de maltose. Vous pouvez constater que les Drosophiles ont tendance à s'accoupler avec des partenaires issus du même milieu qu'elles. Le groupe de contrôle, lui, est constitué de Drosophiles adaptées à un même milieu nutritif, mais issues de populations différentes. Vous pouvez remarquer que, dans ce cas, les Drosophiles ne témoignent guère de préférences en matière d'accouplement : elles se croisent sans discriminer les membres de leur propre population et ceux qui proviennent d'autres populations.

FIGURE 24.12 Évolution de l'isolement reproductif chez des populations de *Drosophila pseudoobscura* élevées en laboratoire.

dans les régions du lac Berry et de Matagami. Cette espèce a une aire de distribution extrêmement importante, qui couvre l'ensemble du territoire des Amériques. Robert Vickery a importé des plants de Mimule glabre provenant de diverses régions et les a élevés en serre. Il a favorisé la pollinisation croisée et a ensuite planté des graines d'hybrides dans le but de voir si des plants féconds se développeraient. La plupart des descendants issus de croisements entre des plants provenant de populations voisines (par exemple, du Wisconsin et du Michigan) se sont révélés féconds. Vickery a obtenu des résultats forts différents lorsqu'il a croisé des plantes appartenant à des populations plus distantes : dans ce cas, la proportion de descendants féconds s'est avérée nettement inférieure. En fait, les descendants d'hybrides de plants du Wisconsin et du Mexique étaient presque toujours stériles. Il s'agit là d'un mécanisme d'isolement reproductif postzygotique (déchéance des hybrides ; voir la FIGURE 24.5).

Encore une fois, il faut rejeter l'idée selon laquelle le mécanisme de l'isolement reproductif résulte d'un processus visant la spéciation. En fait, la sélection naturelle maintient probablement l'interfécondité des populations voisines de *Mimulus glabratus* parce que leur hybridation survient assez souvent pour que les allèles nuisant au succès reproductif des hybrides soient éliminés du patrimoine génétique. Cependant, le Mimule glabre du Wisconsin ne peut pas se croiser d'une manière naturelle avec un spécimen du Mexique ; c'est pourquoi la sélection naturelle n'exerce aucune pression pour amener les génomes de populations aussi distantes à rester compatibles et interfécondes. Autrement dit, ce n'est pas que la sélection naturelle favorise les mécanismes d'isolement reproductif entre les populations allopatriques, mais plutôt que l'absence de telles barrières ne présente plus aucun avantage dans la nature.

Résumé de la spéciation allopatrique

Dans le cas de la spéciation allopatrique, une nouvelle espèce naît après qu'une population s'est retrouvée longtemps isolée sur le plan géographique de sa population ancestrale. À mesure que son patrimoine génétique évolue, par dérive génétique et par sélection naturelle, elle peut devenir incapable de se reproduire avec l'espèce ancestrale. Cet isolement reproductif résulte donc d'un changement génétique. Les mécanismes d'isolement reproductif préviennent l'hybridation de l'espèce ancestrale et de la nouvelle espèce, même si des individus appartenant aux deux espèces se trouvent un jour en contact. Nous nous sommes penchés sur quatre exemples pour mieux illustrer le processus de spéciation allopatrique : l'évolution divergente dans un « anneau » d'espèces (cas de la Salamandre *Ensatina eschscholtzii*), la radiation adaptative d'espèces insulaires, le mécanisme de l'isolement reproductif prézygotique empêchant l'interfécondation dans des populations élevées en laboratoire (cas de la *Drosophila pseudoobscura*) et le mécanisme d'isolement reproductif postzygotique existant entre des populations éloignées (cas de la plante *Mimulus glabratus*). Passons à présent aux mécanismes qui peuvent produire de nouvelles espèces *sans* qu'il y ait isolement géographique d'avec l'ancêtre.

Gamète n'ayant pas subi de réduction du nombre de chromosomes

Caryotype de l'espèce mère

Zygote (autopolyploïde)

Non-disjonction pendant la méiose

Auto-fécondation

Descendance polyploïde viable et autoféconde

$2n = 6$

$4n = 12$ Tétraploïde

Gamète n'ayant pas subi de réduction du nombre de chromosomes

Spéciation sympatrique : une nouvelle espèce peut surgir dans l'aire de distribution de l'espèce parentale

Dans le cas de la spéciation sympatrique, de nouvelles espèces émergent à l'intérieur de l'aire de distribution géographique de populations parentales (voir la FIGURE 24.6b). Comment naissent les mécanismes d'isolement reproductif entre des populations sympatriques? Penchons-nous sur quelques exemples tirés du règne végétal et du règne animal.

Spéciation polyploïde chez les Végétaux

Certaines espèces de plantes émergent à la suite d'anomalies de la division cellulaire qui résultent en un assortiment supplémentaire de chromosomes, un cas de mutation appelé **polyploïdie.** Un **autopolyploïde** (du grec *autos,* «soi-même») est un individu qui possède plus de deux ensembles de chromosomes provenant d'une même espèce. Par exemple, une perturbation de la méiose peut faire doubler le nombre de chromosomes des spores : celui-ci passe alors d'un nombre diploïde ($2n$) à un nombre tétraploïde ($4n$) (FIGURE 24.13). À sa maturité, le mutant tétraploïde peut se féconder lui-même (autopollinisation) ou se croiser avec d'autres tétraploïdes. Il ne peut se reproduire avec des individus diploïdes de la population d'origine. En effet, les hybrides seraient triploïdes ($3n$) et stériles, car les chromosomes qui ne s'apparient pas empêchent le déroulement normal de la méiose. En une seule génération, un mécanisme postzygotique établit l'isolement reproductif et interrompt le flux génétique entre une population minuscule de tétraploïdes (formée à l'origine d'un seul individu) et la population mère diploïde qui l'entoure. La spéciation sympatrique par autopolyploïdie a été découverte au début du XXe siècle par le généticien Hugo de Vries, alors qu'il étudiait des Onagres à grandes fleurs (*Œnothera grandiflora*). Ses expériences ont abouti à la formation d'une nouvelle espèce, qu'il a appelée *Œnothera gigas* (FIGURE 24.14).

Les **allopolyploïdes** sont beaucoup plus communs que les autopolyploïdes ; ce sont des hybrides polyploïdes, donc ils sont issus de *deux espèces différentes.* Ils apparaissent lorsque deux espèces se croisent et combinent leurs chromosomes. Les hybrides interspécifiques sont généralement stériles, car les chromosomes des deux jeux haploïdes dont ils ont hérité (un de chacun des parents) sont incapables de s'apparier pendant la méiose. Les hybrides stériles se révèlent parfois beaucoup plus vigoureux que leurs parents. S'ils ne peuvent se reproduire d'une manière sexuée, ils peuvent se multiplier d'une manière asexuée (ce que font nombre de Végétaux). Divers mécanismes transforment par la suite des hybrides stériles en des polyploïdes féconds (voir l'exemple de la FIGURE 24.15, à la page 516). Les hybrides polyploïdes sont interféconds, mais ils ne peuvent se reproduire avec les espèces parentales.

Œnothera gigas

Œnothera grandiflora

FIGURE 24.14 Le botaniste Hugo de Vries et sa nouvelle espèce d'Onagre. Le généticien Hugo de Vries a étudié les variations des Onagres au début des années 1900. Au cours d'expériences de croisement d'Onagres à grandes fleurs (*Œnothera grandiflora,* en bas à gauche), une espèce diploïde possédant 14 chromosomes, il a produit une nouvelle espèce comptant 28 chromosomes. Cette espèce tétraploïde ne pouvait se reproduire avec l'espèce parentale. De Vries l'a nommée Onagre géante (*Œnothera gigas*) en raison de sa grande taille (en haut à droite).

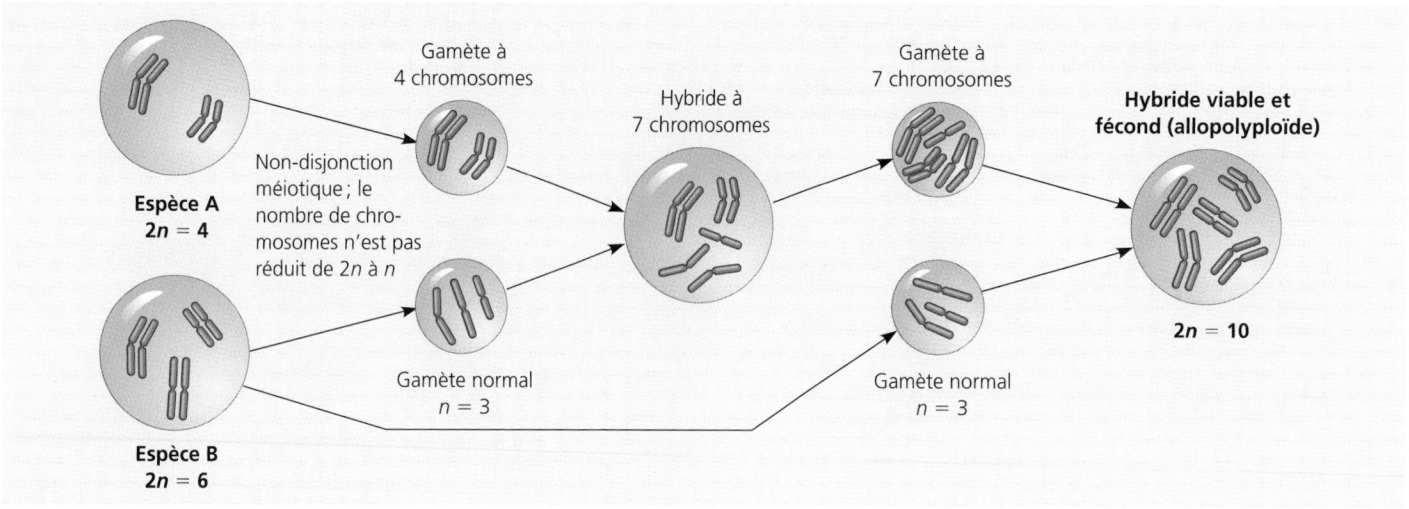

FIGURE 24.15 Un mécanisme de spéciation allopolyploïde chez certaines plantes. Les hybrides interspécifiques sont généralement stériles, car leurs chromosomes ne sont pas homologues et ne peuvent s'apparier pendant la méiose. Cependant, les hybrides sont capables de se reproduire de façon asexuée. Le schéma montre l'un des mécanismes susceptibles de produire des hybrides féconds constituant une nouvelle espèce polyploïde. Celle-ci compte un nombre de chromosomes égal à la somme des chromosomes des deux espèces parentales.

L'apparition d'une nouvelle espèce végétale polyploïde est assez courante et rapide pour que les scientifiques aient pu en observer le développement. Par exemple, de nouvelles espèces de plantes du genre *Tragopogon* sont nées sur la côte pacifique nord-ouest des États-Unis vers le milieu des années 1900. À l'origine, le genre *Tragopogon* est européen; cependant, au début des années 1900, trois espèces de *Tragopogon* ont été introduites en Amérique par l'être humain: il s'agit du Salsifis majeur (*Tragopogon dubius*), du Salsifis des prés (*Tragopogon pratensis*) et du Salsifis à feuilles de Poireaux (*Tragopogon porrifolius*). Ces mauvaises herbes sont devenues communes dans les zones urbaines désaffectées (notamment dans les terrains vagues). Dans les années 1950, les botanistes ont identifié deux nouvelles espèces de *Tragopogon* dans certaines régions de l'Idaho et de l'est de l'État de Washington (où les trois espèces européennes sont répandues). L'une d'elles, *Tragopogon miscellus*, est un hybride tétraploïde de *T. dubius* et de *T. pratensis*; l'autre, *Tragopogon mirus,* est aussi un allopolyploïde, mais ses ancêtres sont *T. dubius* et *T. porrifolius*. La population de *T. mirus* croît principalement grâce au croisement entre ses propres membres et, dans une moindre mesure, grâce à l'hybridation des espèces ancestrales. Il s'agit donc d'un processus de spéciation en cours, que nous pouvons encore observer aujourd'hui.

Bon nombre d'espèces végétales d'une grande importance commerciale sont polyploïdes: c'est le cas, notamment, de l'Avoine, du Coton, de la Pomme de terre, du Tabac et du Blé. Le Blé (*Triticum æstivum*), qui entre dans la composition du pain, est un allopolyploïde né spontanément voilà quelque 8 000 ans; il s'agit d'un hybride issu d'un blé cultivé et d'une graminée indigène. Les généticiens croisent aujourd'hui beaucoup de plantes différentes, en partie à l'aide de produits chimiques entraînant une non-disjonction méiotique. Ils agissent ainsi en vue de créer des polyploïdes possédant des particularités uniques. Par exemple, certains hybrides peuvent combiner le rendement supérieur du Blé et la résistance aux maladies du Seigle (*Secale cereale*).

Spéciation sympatrique chez les Animaux

La spéciation polyploïde est moins courante chez les Animaux. Ce sont des mécanismes différents de ceux qu'on observe chez le Végétaux qui sont à la source d'une spéciation sympatrique dans le règne animal. Par exemple, des organismes compris dans l'aire de distribution de la population mère peuvent se retrouver isolés sur le plan reproductif si certains facteurs de nature génétique les amènent à dépendre de ressources non employées par la population mère. Voyons l'exemple des Guêpes qui pollinisent les Figuiers. Chaque espèce de Figuier est pollinisée par une espèce particulière de Guêpes, qui l'utilise pour s'accoupler et aussi pour pondre. Imaginons que, à la suite d'une mutation, quelques Guêpes choisissent une nouvelle espèce de Figuier. Les individus aptes à se reproduire se séparent alors de la population mère, et leur évolution divergente se poursuit.

Le lac Victoria, en Afrique de l'Est, constitue une zone propice à l'étude de la spéciation animale. Ce plan d'eau compte moins d'un million d'années et abrite près de 200 espèces de Poissons étroitement apparentées, de la famille des Cichlidés. Parmi les processus ayant sans doute contribué à la radiation adaptative de ces poissons, on peut citer la division des populations en sous-populations spécialisées dans l'exploitation des différentes ressources du lac. Toutefois, le phénomène de l'accouplement non aléatoire (cas où des femelles choisissent des mâles en fonction de traits particuliers) a probablement aussi joué un rôle clé dans la spéciation sympatrique des Cichlidés. Prenons l'exemple de deux espèces de Cichlidés qui diffèrent principalement par leur coloration: *Pundamilia pundamilia* a un dos bleu, alors que celui de *Pundamilia nyererei* est rouge. On peut poser comme hypothèse qu'une préférence des femelles pour les mâles ayant une couleur précise constitue un obstacle comportemental au croisement des deux espèces en question. En 1998, des biologistes de l'Université de Leyde, aux Pays-Bas, ont publié les résultats d'expériences mettant à l'épreuve cette hypothèse (FIGURE 24.16). Lorsqu'elles étaient placées dans un aquarium éclairé par une lumière naturelle,

P. pundamilia

P. nyererei

(a) Éclairage normal

(b) Éclairage orange monochromatique

FIGURE 24.16 Choix du partenaire chez deux espèces de Cichlidés du lac Victoria. (a) Sous un éclairage normal, les mâles de deux espèces sympatriques de Cichlidés du genre *Pundamilia* possèdent des couleurs facilement distinguables. Les femelles de chaque espèce s'accouplent uniquement avec les mâles de leur propre espèce. **(b)** Sous un éclairage monochromatique, utilisé dans le cadre d'expériences menées en laboratoire, les femelles ne sont pas en mesure de distinguer les mâles selon leur espèce, et elles s'accouplent sans discrimination, produisant des hybrides fertiles.

les femelles des deux espèces choisissaient exclusivement des mâles de leur propre espèce. Par contre, les femelles qui se trouvaient dans un aquarium éclairé par une lumière orange monochromatique, rendant les deux espèces identiques sur le plan de la couleur, s'accouplaient sans discrimination avec les mâles. Les hybrides issus de croisements *P. pundamilia* × *P. nyererei* sont viables et féconds. On peut déduire de tout cela que le choix de partenaires en fonction de leur couleur constitue le principal mécanisme d'isolement reproductif empêchant normalement les patrimoines génétiques des deux espèces de Cichlidés de fusionner. On peut aussi conclure que la spéciation de ces dernières est survenue assez récemment, car les divergences génétiques sont encore suffisamment faibles pour que les espèces en question restent interfécondes quand la barrière prézygotique est franchie. Peut-être que la population ancestrale possédait des couleurs multiples et que la divergence est née quand deux sous-ensembles de femelles se sont mises à choisir leurs partenaires en fonction de leur couleur. La sélection sexuelle aurait alors renforcé les différences de coloris, les femelles s'accouplant de préférence avec des mâles portant des gènes codant pour la couleur la plus repérable (se référer au chapitre 23 pour passer en revue la sélection sexuelle).

Résumé de la spéciation sympatrique

Pour qu'une spéciation sympatrique se produise, il faut qu'un mécanisme d'isolement reproductif émerge et qu'il isole le patrimoine génétique d'une sous-population de celui de la population mère, et ce, sans pour autant qu'il y ait une barrière géographique entre les deux. Chez les Végétaux, le mécanisme le mieux compris est l'hybridation entre des espèces étroitement apparentées, assortie de non-disjonction pendant la méiose : il en résulte des polyploïdes féconds. Chez les Animaux, la spéciation sympatrique peut découler de l'isolement reproductif d'une sous-population qui s'est mise à recourir à des ressources alimentaires, à un habitat, etc., non utilisés par la population

mère (la spéciation chez les Guêpes consommant des figues en est un exemple). Le processus peut aussi résulter d'une stricte préférence en matière d'accouplement, les femelles privilégiant certains types de mâles issus d'une population polymorphe (c'est l'exemple de la spéciation des Cichlidés).

Le modèle de l'équilibre ponctué a servi de support à la recherche portant sur le rythme de la spéciation

Dans l'arbre généalogique traditionnel, qui indique l'évolution des espèces à partir des formes ancestrales, les branches se ramifient graduellement, chaque espèce évoluant de façon continue pendant de très longues périodes (FIGURE 24.17a, p. 518). Une telle représentation se fonde sur le principe selon lequel les grands changements résultent de l'accumulation de variations mineures mais nombreuses. Ce principe, qui sous-tend les processus de la microévolution, rend aussi compte de la divergence des espèces. Cependant, les paléontologues découvrent peu de fossiles de transition. La plupart du temps, une espèce apparaît subitement (à l'échelle géologique) dans une couche de roches ; elle reste essentiellement inchangée tout au long de son séjour sur la Terre, puis disparaît des archives géologiques aussi brusquement qu'elle y est apparue. Darwin était lui-même dérouté par la rareté des formes de transition : « Bien que chaque espèce ait dû passer par de multiples stades de transition, il est probable que les périodes de modification, malgré leur nombre et leur durée, ont été courtes par rapport aux périodes de stabilité. »

On peut expliquer l'apparition « soudaine » de nouvelles formes dans les archives géologiques en appliquant, entre autres choses, le modèle allopatrique de la spéciation. Dans celui-ci, une sous-population, qui se trouve loin de la zone dans laquelle la population mère vit, finit par constituer une nouvelle espèce. Cette dernière peut étendre par la suite son aire de distribution et même regagner la zone habitée par l'espèce mère. Dans un tel cas, les archives géologiques risquent d'être mal interprétées : elles peuvent laisser croire à l'apparition « géologique » soudaine d'une nouvelle espèce dans un lieu où habitaient des membres de l'espèce mère. En effet, des fossiles de celle-ci peuvent se retrouver dans la même strate que celle où apparaissent pour la première fois des fossiles de la nouvelle espèce, ou encore dans des strates antérieures. L'espèce mère peut s'être éteinte après que des individus de la nouvelle espèce eurent recolonisé le territoire ancestral et lui eurent fait concurrence, ou avant leur arrivée, pour une raison ou pour une autre. Il est aussi possible que la nouvelle espèce ait coexisté avec l'espèce ancestrale. Quoi qu'il en soit, dans tous les cas, la nouvelle espèce ne figurera pas dans les archives géologiques au site de l'ancêtre avant d'avoir divergé morphologiquement pendant la période de son isolement géographique. Il n'y aura pas de fossiles de transition.

Les tenants du modèle de l'**équilibre ponctué** intègrent des idées concernant le *rythme* de la spéciation dans leurs justifications des données observées dans les archives géologiques. Selon ce modèle, les espèces divergent par poussées, et leurs changements sont relativement rapides plutôt que lents et graduels (FIGURE 24.17b). Autrement dit, elles subissent l'essentiel de leurs modifications morphologiques peu de temps après

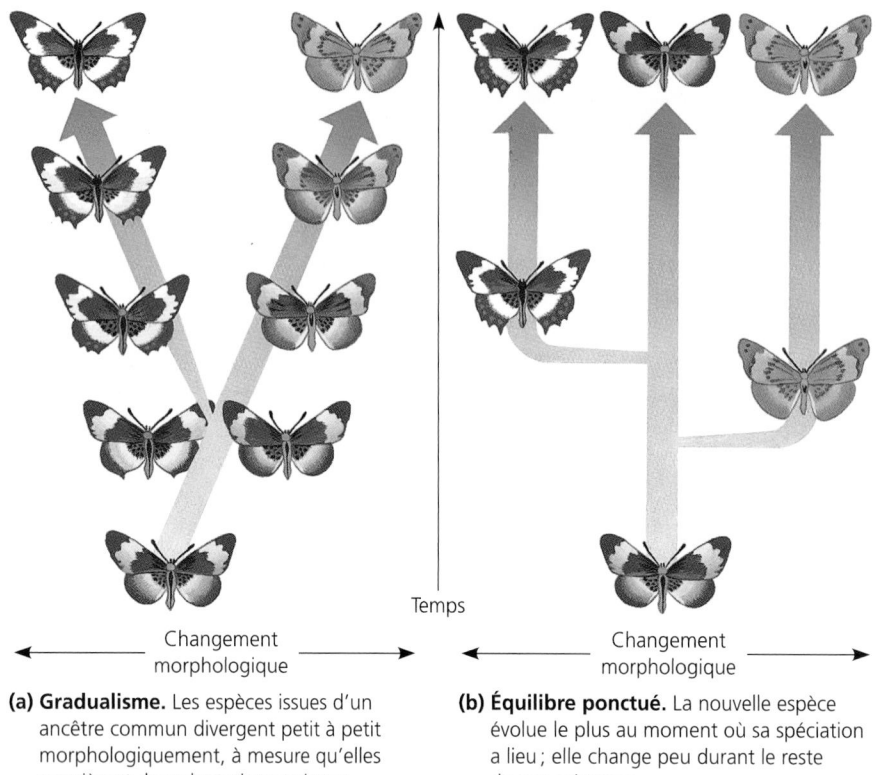

FIGURE 24.17 Deux modèles du rythme de la spéciation.

Temps

Changement morphologique

(a) Gradualisme. Les espèces issues d'un ancêtre commun divergent petit à petit morphologiquement, à mesure qu'elles acquièrent des adaptations uniques.

Changement morphologique

(b) Équilibre ponctué. La nouvelle espèce évolue le plus au moment où sa spéciation a lieu ; elle change peu durant le reste de son existence.

leur séparation d'avec l'espèce mère ; après quoi, elles changent peu, même pendant les périodes où elles produisent elles-mêmes d'autres espèces. L'expression *équilibre ponctué* désigne de longues périodes de stabilité (soit d'équilibre) marquées par de brefs épisodes de spéciation.

Comment peut-on qualifier de soudain un épisode de spéciation qui s'étend sur des milliers de générations, c'est-à-dire sur des milliers d'années ? Les archives géologiques indiquent que les espèces prospères subsistent en moyenne quelques millions d'années. Supposons qu'une espèce donnée vit cinq millions d'années et qu'elle subit la plupart de ses changements morphologiques au cours des 50 000 premières années de son existence. Dans ce cas, son épisode de spéciation occupe seulement 1 % de sa vie. À l'échelle du temps géologique, calculé d'après les strates fossilifères, l'espèce en question apparaît soudainement dans des roches d'un certain âge, puis elle subit peu de changements, voire aucun, jusqu'au moment où elle s'éteint. Au cours des millénaires que son évolution a duré, l'espèce a accumulé des changements graduellement mais, par rapport à son histoire entière, son apparition a été soudaine.

Si l'on admet qu'une phase d'évolution « soudaine » peut durer des milliers d'années (ce qui n'est pas grand-chose à l'échelle du temps géologique), le débat sur le rythme de la spéciation s'apaise. Mais le degré de changement que subit une espèce *après* son apparition représente un autre point de désaccord. Si l'espèce est adaptée à un environnement stable, alors la sélection naturelle s'opposera aux changements de son patrimoine génétique. Dans cette optique, la sélection stabilisante a tendance à maintenir la population dans le même état pendant un long moment (voir le chapitre 23).

Selon certains gradualistes, la stabilité est une illusion. De nombreuses espèces continuent de se modifier après leur émergence, mais leurs variations sont indétectables dans les fossiles. Par nécessité, les paléontologues fondent leur théorie de l'évolution presque exclusivement sur l'anatomie externe et le squelette de leurs objets d'étude. Les changements dans l'anatomie interne et dans la physiologie restent secrets, de même que les modifications comportementales.

DE LA SPÉCIATION À LA MACROÉVOLUTION

La spéciation se situe à la frontière de la microévolution et de la macroévolution. La microévolution correspond à un changement, au fil des générations, dans les fréquences alléliques d'une population. Elle est principalement imputable à la dérive génétique ainsi qu'à la sélection naturelle. La spéciation se produit quand une sous-population diverge de la population mère sur le plan génétique, ce qui aboutit à leur isolement reproductif. Les changements morphologiques qui se produisent pendant la phase de divergence peuvent être évidents quand on compare deux espèces très proches ; toutefois, en général, ils sont plus subtils, comme nous l'avons vu dans l'exemple des deux espèces de Cichlidés (voir la FIGURE 24.16). Les changements accumulés pendant de très nombreux épisodes de spéciation et échelonnés sur de longues périodes conduisent à la macroévolution, c'est-à-dire aux niveaux d'évolution dont témoignent les archives géologiques. Par exemple, comment se sont développées les plumes et autres structures nécessaires au vol des Oiseaux pendant que ceux-ci émergeaient des Reptiles? Plus généralement, qu'est-ce qui crée les innovations définissant les rangs taxinomiques supérieurs à celui de l'espèce (comme l'ordre, la classe et l'embranchement)? Dans la dernière section de ce chapitre, nous nous pencherons sur certains des mécanismes qui régissent la macroévolution.

La plupart des innovations apparues au cours de l'évolution correspondent à des versions modifiées de structures plus anciennes

On peut prolonger la notion darwinienne de « descendance modifiée » pour tenir compte des grandes transformations morphologiques de la macroévolution. Dans certains cas, des structures très complexes ont évolué en plusieurs phases successives à partir de versions beaucoup plus simples, accomplissant la même fonction fondamentale. Par exemple, l'œil de l'être humain est un organe optique complexe composé de structures multiples collaborant pour former une image et transmettre les informations visuelles au cerveau. La version la plus simple de l'œil correspond à un simple regroupement de cellules photoréceptrices, c'est-à-dire des cellules pigmentées sensibles à la lumière et formant une tache oculaire sur l'épiderme d'un animal. Les yeux des Vers plats (par exemple, des Planaires) sont à peine plus complexes que cela : ils consistent en des cellules photoréceptrices tapissant deux cupules situées sur leur tête. Ces cupules optiques ne comportent ni lentille ni mécanisme de mise au point des images, mais elles permettent à l'animal de distinguer l'ombre de la lumière. Les Planaires s'écartent de la lumière, une adaptation comportementale qui réduit sans doute leurs risques d'être dévorés par un prédateur.

Les différents types d'yeux complexes ont évolué indépendamment, à partir de versions plus simples. Par exemple, certains Mollusques, comme les Pieuvres et les Calmars, possèdent des yeux aussi complexes que ceux des Humains et des autres Vertébrés. On trouve chez les Mollusques contemporains toute la gamme des yeux, depuis la simple tache oculaire jusqu'aux yeux pourvus de lentilles (FIGURE 24.18). Compte tenu du succès à long terme de nombreux animaux dotés de simples cupules optiques, il semble évident que celles-ci donnent d'excellents résultats et répondent aux besoins de survie et de reproduction des animaux qui en sont dotés et qu'on qualifie à tort de « primitifs ». Chez les organismes qui possèdent des yeux complexes, les organes de la vue ont évolué à partir de versions précédentes plus simples : il ne s'est pas produit une seule transformation majeure ; il y a plutôt eu une adaptation graduelle d'organes fonctionnels assurant à leur propriétaire des avantages à chaque stade de la macroévolution.

L'évolution de l'œil a permis de perfectionner un organe qui a conservé sa fonction première, de base : la vision. Cependant, l'innovation peut aussi se traduire par un raffinement graduel de structures existantes, qui exercent alors de *nouvelles* fonctions. De telles structures portent le nom d'**exaptations.** Attention ! cela ne sous-entend pas qu'une structure évolue en fonction d'un usage futur. Bien évidemment, la sélection naturelle n'est pas en mesure de prédire l'avenir ; elle ne peut qu'améliorer une structure dans le cadre de son utilité présente.

Par exemple, les Oiseaux ont des os légers à structure lacunaire (voir la FIGURE 1.6b) qui sont homologues aux os de leurs ancêtres terrestres. Toutefois, ceux-ci n'ont pas vu leurs os évoluer à titre d'adaptation en vue d'un vol futur. Si les os légers sont apparus avant la fonction de vol, comme l'indiquent clairement les archives géologiques, alors cette structure avait une fonction utile au sol. Les ancêtres des Oiseaux étaient sans doute des Dinosaures bipèdes plutôt petits et agiles, qui bénéficiaient d'une légèreté de la masse osseuse. Il est aussi possible que la structure en forme d'aile des membres antérieurs, de même que les plumes (qui ont permis d'accroître la surface des membres antérieurs), ait acquis une fonction de vol après avoir été utile à un autre égard ; elle a peut-être servi à des activités d'ordre social (comme la parade nuptiale). Les premiers vols se résumaient possiblement à de longs sauts permettant de fuir un prédateur ou de rattraper une proie. Une fois que le vol est en lui-même devenu un avantage, la sélection naturelle a remodelé les plumes et les ailes pour mieux les adapter à leur fonction supplémentaire.

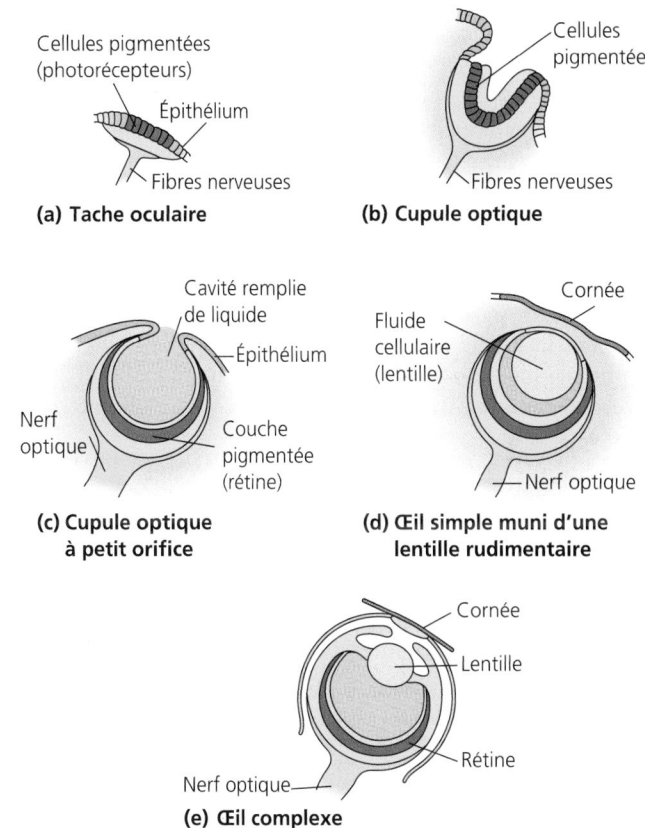

FIGURE 24.18 Aperçu de la complexité de l'œil chez les Mollusques.
(a) La Patelle (*Patella sp.*) possède une simple zone de cellules pigmentées (photorécepteurs) constituant une tache oculaire. **(b)** Le Mollusque *Pleurotomaria sp.* a une cupule optique. **(c)** La cupule optique à petit orifice du Nautile (*Nautilus sp.*) fonctionne comme un appareil photo rudimentaire (dit « à sténopé », c'est-à-dire qu'il est muni d'un petit trou servant d'objectif photographique). Un fluide épais contenu dans une cavité permet de focaliser la lumière sur la rétine, qui est faite d'une couche de photorécepteurs. **(d)** L'œil simple de l'Escargot de mer (*Murex sp.*) se compose d'une lentille rudimentaire constituée d'une masse de cellules translucides. La cornée correspond à une région transparente de l'épithélium (couche extérieure de la peau) ; celui-ci protège l'œil et facilite la focalisation de la lumière. **(e)** Le Calmar (*Loligo sp.*) possède un œil complexe comprenant une cornée, une lentille et une rétine.

Le processus d'exaptation permet d'expliquer comment des caractéristiques nouvelles surviennent graduellement et passent par une série d'étapes intermédiaires, dont chacune exerce une fonction dans le contexte contemporain de l'organisme. Comme l'indique Karel Liem, un zoologue de l'Université Harvard, « L'évolution consiste en quelque sorte à modifier une machine en cours de fonctionnement. »

Évolution et développement : les gènes régissant le développement jouent un rôle essentiel dans l'évolution

Les recherches interdisciplinaires dans les domaines propres à la biologie de l'évolution et à l'étude du développement des organismes commencent à expliquer de quelles manières de légères variations génétiques peuvent se transformer en écarts morphologiques importants entre les espèces. Les gènes qui programment le développement contrôlent la vitesse, le déclenchement et l'organisation spatiale des changements que subit un organisme, depuis la fécondation jusqu'au passage à l'âge adulte.

Ainsi, la morphologie d'un organisme dépend en partie du rythme de croissance relatif des différentes parties du corps pendant le développement. Ce développement proportionnel, qui donne au corps sa forme spécifique, porte le nom de **croissance allométrique** (du grec *allos*, « autre », et *metron*, « mesure »). La FIGURE 24.19a indique les effets de l'allométrie sur les proportions du corps humain pendant son développement. Il suffit de modifier légèrement les vitesses de croissance des différentes parties de l'organisme pour changer considérablement la forme de l'adulte. Par exemple, les différences morphologiques entre le crâne de l'Humain et celui du Chimpanzé résultent de différences dans la croissance allométrique (FIGURE 24.19b).

L'évolution des caractéristiques morphologiques issue d'une modification de la croissance allométrique constitue un exemple d'**hétérochronie** ; il s'agit, en d'autres termes, d'un changement touchant la vitesse ou le déroulement des étapes du développement. Considérons, par exemple, l'évolution des pieds des Salamandres fouisseuses et des Salamandres grimpeuses. Les pieds des Salamandres grimpeuses sont adaptés à l'ascension verticale et non aux déplacements à l'horizontale sur le sol ; ils ont des doigts plus courts que ceux des Salamandres fouisseuses et ils comportent une membrane interdigitale proportionnellement plus grande (FIGURE 24.20). Cette adaptation résulte sans doute de la sélection d'allèles mutants des gènes contrôlant le déroulement du développement des pieds. Selon cette hypothèse, les pieds de la Salamandre ancestrale grandissaient jusqu'à ce que les protéines commandées par certains gènes régulateurs interrompent leur croissance ; ils atteignaient ainsi une certaine taille. Une mutation touchant un ou plusieurs gènes régulateurs pourrait avoir interrompu plus tôt la croissance des pieds des Salamandres grimpeuses. Ainsi, quelques mutations peuvent avoir des résultats amplificateurs et mener à des changements morphologiques importants, qui témoignent de la macroévolution.

L'hétérochronie peut aussi modifier la vitesse du développement des organes reproducteurs. S'il est plus rapide que celui du développement des organes somatiques (destinés à

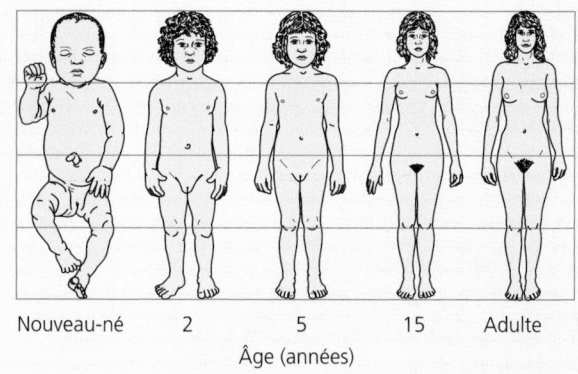

(a) Croissance différentielle chez l'Humain. Les bras et les jambes grandissent plus vite que la tête et le tronc, comme l'indique le diagramme. Celui-ci montre des individus d'âge différent, mais dessinés de façon à avoir la même taille.

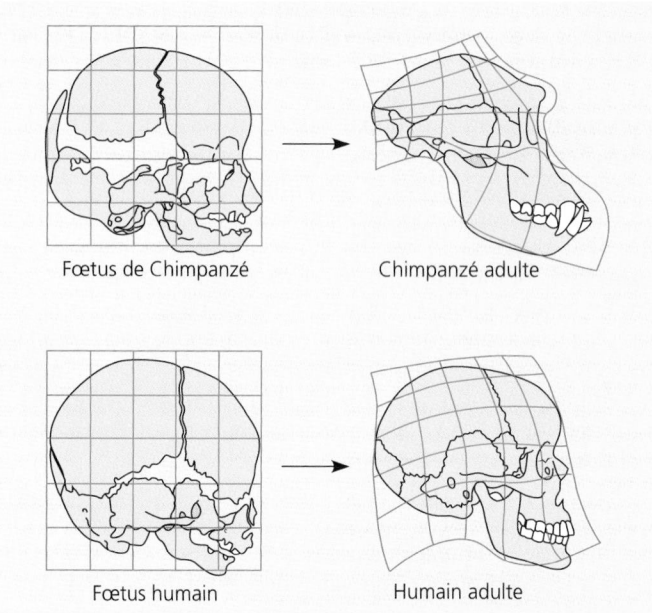

(b) Comparaison de la croissance du crâne du Chimpanzé et celle du crâne de l'Humain. Le crâne fœtal de l'Humain et celui du Chimpanzé ont une forme arrondie semblable. Chez le Chimpanzé, cependant, la croissance allométrique des os du crâne donne à celui-ci sa forme allongée, caractéristique des singes adultes, car la mâchoire grandit plus vite que les autres parties du crâne. Le même processus allométrique de base survient chez l'Humain ; mais l'allongement de la mâchoire de ce dernier est relativement moins prononcée.

FIGURE 24.19 Croissance allométrique. L'écart entre les vitesses de croissance des différentes parties du corps détermine les proportions corporelles.

toute autre fonction que la reproduction), la morphologie de l'espèce parvenue à la maturité sexuelle risque de conserver des caractéristiques juvéniles typiques d'une espèce ancestrale. C'est un processus appelé **pédomorphose** (du grec *pædos*, « enfant », et *morphosis*, « formation »). Par exemple, la plupart des espèces de Salamandres subissent une métamorphose, qui les fait passer du stade larvaire à la forme adulte. Or, certaines

(a) **Salamandre fouisseuse.** Le pied grandit plus longtemps ; il en résulte des doigts comparativement plus longs et une membrane interdigitale plus petite.

(b) **Salamandre grimpeuse.** La croissance du pied se termine plus tôt. Ce changement dans le déroulement du développement du pied explique pourquoi les doigts sont proportionnellement plus courts, et la membrane interdigitale, plus grande. Cela permet aux Salamandres grimpeuses de mieux s'agripper aux ramilles des arbres.

FIGURE 24.20 Hétérochronie et évolution du pied chez des espèces de Salamandres étroitement apparentées.

FIGURE 24.21 Pédomorphose. Certaines espèces conservent à l'âge adulte des caractéristiques propres au stade juvénile chez leurs ancêtres. Cette Salamandre, l'Axolotl (*Ambystoma mexicanum*), garde certaines caractéristiques larvaires (du têtard), notamment des branchies, même après qu'elle a atteint sa taille adulte et qu'elle est devenue apte à se reproduire.

espèces conservent des branchies et d'autres caractéristiques larvaires même après qu'elles ont atteint la taille adulte et la maturité sexuelle (FIGURE 24.21). À la limite, une telle modification de la chronologie du développement peut produire des individus dont l'apparence s'éloigne fortement de celle de leurs ancêtres, même si le changement génétique qui a eu lieu reste dans son ensemble peu important.

Bref, l'hétérochronie influe sur l'évolution morphologique en modifiant la vitesse du développement de divers organes, ou encore le moment du déclenchement ou de l'achèvement de la croissance d'un organe ou d'un membre en particulier.

La macroévolution peut aussi résulter de changements dans les gènes régissant l'emplacement et l'organisation spatiale des parties corporelles. Par exemple, les gènes **homéotiques** déterminent les caractéristiques fondamentales de l'emplacement d'une paire d'ailes et d'une paire de pattes sur le corps d'un oiseau, ou bien la disposition des parties florales d'une plante (voir le chapitre 21).

Les produits d'une catégorie particulière de gènes homéotiques appelés gènes *Hox* fournissent des renseignements sur la position des cellules de l'embryon animal. Cette information incite les cellules à se développer de façon à former les structures convenant à un emplacement particulier du corps. Les changements affectant les gènes *Hox* peuvent avoir des répercussions morphologiques importantes. Prenons, par exemple, l'évolution des Tétrapodes (c'est-à-dire des Vertébrés terrestres : Amphibiens, Reptiles, Oiseaux et Mammifères) à partir des Poissons (qui sont des Vertébrés aquatiques). L'une des transitions principales marquant cette partie de l'histoire des Vertébrés est l'apparition, chez les Tétrapodes, de membres ambulatoires à partir des nageoires des Poissons. Contrairement à la nageoire du Poisson, le membre ambulatoire du Tétrapode comporte des doigts (doigts et orteils chez l'Humain) contribuant à la fonction de soutien du squelette jusqu'à l'extrémité du membre. Pendant le développement d'un Tétrapode, un gène *Hox* s'exprime à l'extrémité distale du bourgeon du membre, c'est-à-dire de la structure embryonnaire qui se développe pour former la jambe. Le produit du gène en question fournit des renseignements positionnels sur la croissance des os vers l'extrémité distale (FIGURE 24.22, p. 522). Un gène *Hox* intervient également pendant la formation de la nageoire, mais dans une région plus petite, située à l'arrière de

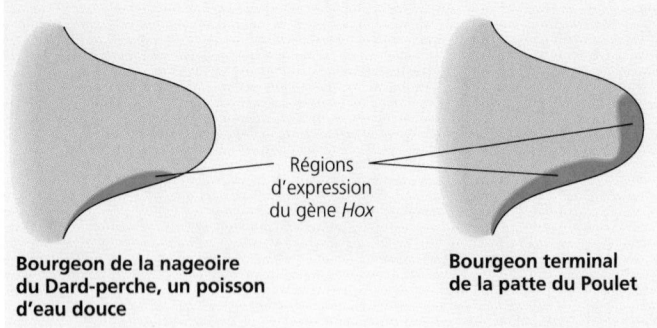

Régions
d'expression
du gène *Hox*

**Bourgeon de la nageoire
du Dard-perche, un poisson
d'eau douce**

**Bourgeon terminal
de la patte du Poulet**

FIGURE 24.22 Gènes *Hox* et évolution des membres des Tétrapodes.
Les zones rouges dans ces schémas d'appendices embryonnaires indiquent la région où un gène *Hox* (qui se répercute sur le développement du squelette) s'exprime.

l'extrémité du bourgeon de la nageoire. Une mutation de ce gène a permis à celui-ci d'étendre sa zone d'expression jusqu'à l'extrémité du bourgeon. Elle a sans doute contribué à l'évolution des prolongements du squelette. Ces derniers ont, à leur tour, permis aux membres de soutenir la masse des Vertébrés sur la terre ferme. L'évolution des Vertébrés à partir des Invertébrés constitue un événement encore plus important dans l'ordre de la macroévolution ; il a sans doute été associé lui aussi à des changements touchant les gènes *Hox* (FIGURE 24.23).

Les modifications de la dynamique du développement, qu'elles soient temporelles (hétérochronie) ou spatiales, sont la source d'innovations et, de ce fait, elles ont joué un rôle clé sur le plan de la macroévolution.

La tendance de l'évolution ne permet pas de conclure à une finalité intrinsèque

Les archives géologiques semblent révéler des tendances dans l'évolution de nombreuses espèces. Par exemple, dans certaines lignées, la taille du corps augmente ou diminue au fil du temps. On peut donner l'exemple de l'évolution du Cheval moderne (*Equus caballus*), qui descend d'un ancêtre beaucoup plus petit, nommé *Hyracotherium*. Cet animal avait la taille d'un grand chien et se nourrissait dans les boisés il y a quelque 40 millions d'années. Le cheval moderne, lui, est plus grand que son ancêtre. Il ne possède plus qu'un orteil fonctionnel au lieu de quatre sur chaque pied. Ses dents ont évolué et sont adaptées au broutage de l'herbe plutôt qu'au broutage de feuilles, de bourgeons et de ramilles poussant sur des arbustes et des arbres. Ces changements macroévolutifs correspondent-ils à des tendances ? Si c'est le cas, comment les expliquer ?

Il serait erroné de déduire de l'observation d'archives géologiques vraisemblablement incomplètes qu'une progression uniforme a eu lieu au cours de l'évolution. Cela reviendrait à affirmer qu'un buisson grandit en direction d'un point précis après qu'on a seulement tenu compte du système de ramifications qui mène de la base du buisson à une ramille en particulier. Par exemple, en se fondant sur les fossiles de certaines espèces découverts jusqu'à maintenant, on pourrait établir une succession d'animaux intermédiaires entre *Hyracotherium* et le Cheval moderne. On pourrait aussi noter une progression dans un sens précis : l'accroissement de la taille, la réduction du nombre de doigts et la modification des dents en faveur du broutage de l'herbe (voir la ligne jaune de la FIGURE 24.24). La

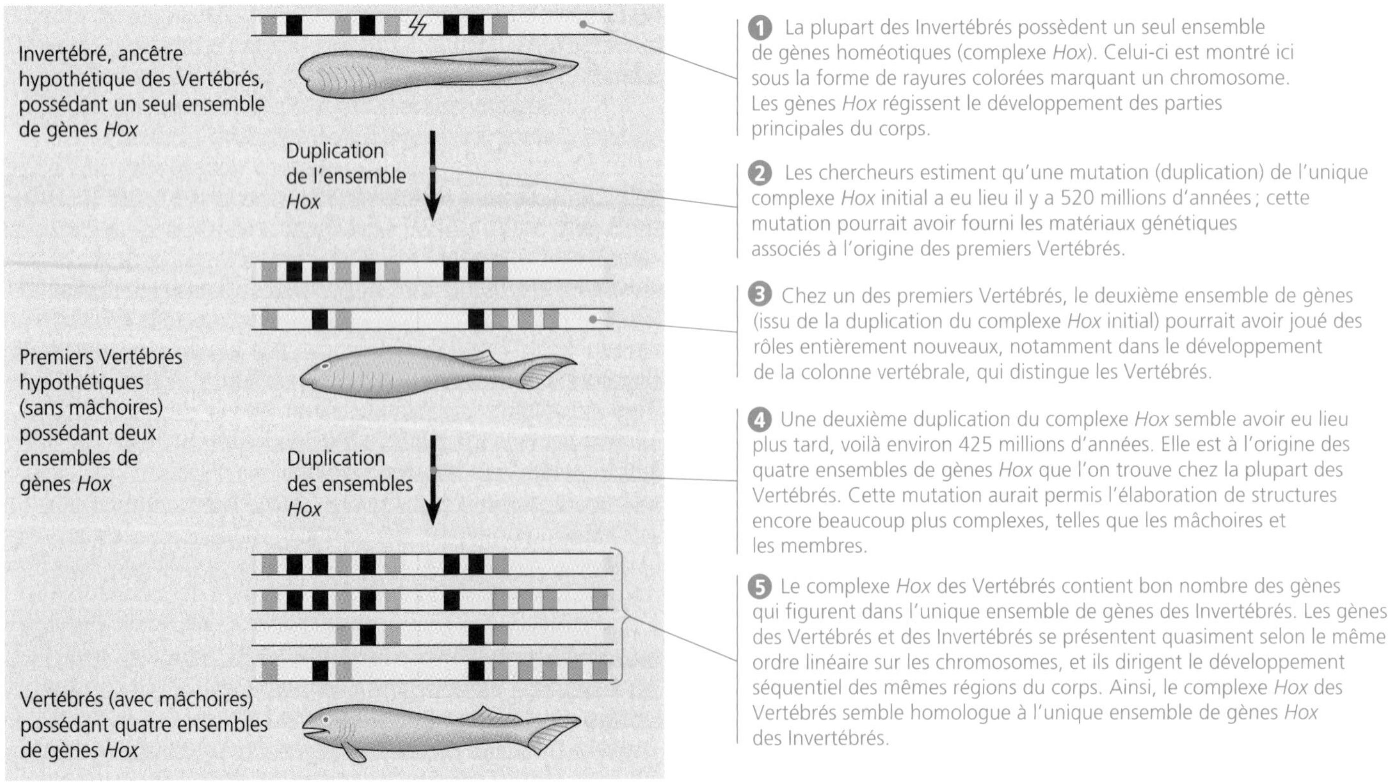

Invertébré, ancêtre hypothétique des Vertébrés, possédant un seul ensemble de gènes *Hox*

Duplication de l'ensemble *Hox*

Premiers Vertébrés hypothétiques (sans mâchoires) possédant deux ensembles de gènes *Hox*

Duplication des ensembles *Hox*

Vertébrés (avec mâchoires) possédant quatre ensembles de gènes *Hox*

❶ La plupart des Invertébrés possèdent un seul ensemble de gènes homéotiques (complexe *Hox*). Celui-ci est montré ici sous la forme de rayures colorées marquant un chromosome. Les gènes *Hox* régissent le développement des parties principales du corps.

❷ Les chercheurs estiment qu'une mutation (duplication) de l'unique complexe *Hox* initial a eu lieu il y a 520 millions d'années ; cette mutation pourrait avoir fourni les matériaux génétiques associés à l'origine des premiers Vertébrés.

❸ Chez un des premiers Vertébrés, le deuxième ensemble de gènes (issu de la duplication du complexe *Hox* initial) pourrait avoir joué des rôles entièrement nouveaux, notamment dans le développement de la colonne vertébrale, qui distingue les Vertébrés.

❹ Une deuxième duplication du complexe *Hox* semble avoir eu lieu plus tard, voilà environ 425 millions d'années. Elle est à l'origine des quatre ensembles de gènes *Hox* que l'on trouve chez la plupart des Vertébrés. Cette mutation aurait permis l'élaboration de structures encore beaucoup plus complexes, telles que les mâchoires et les membres.

❺ Le complexe *Hox* des Vertébrés contient bon nombre des gènes qui figurent dans l'unique ensemble de gènes des Invertébrés. Les gènes des Vertébrés et des Invertébrés se présentent quasiment selon le même ordre linéaire sur les chromosomes, et ils dirigent le développement séquentiel des mêmes régions du corps. Ainsi, le complexe *Hox* des Vertébrés semble homologue à l'unique ensemble de gènes *Hox* des Invertébrés.

FIGURE 24.23 Mutations *Hox* et origine des Vertébrés.

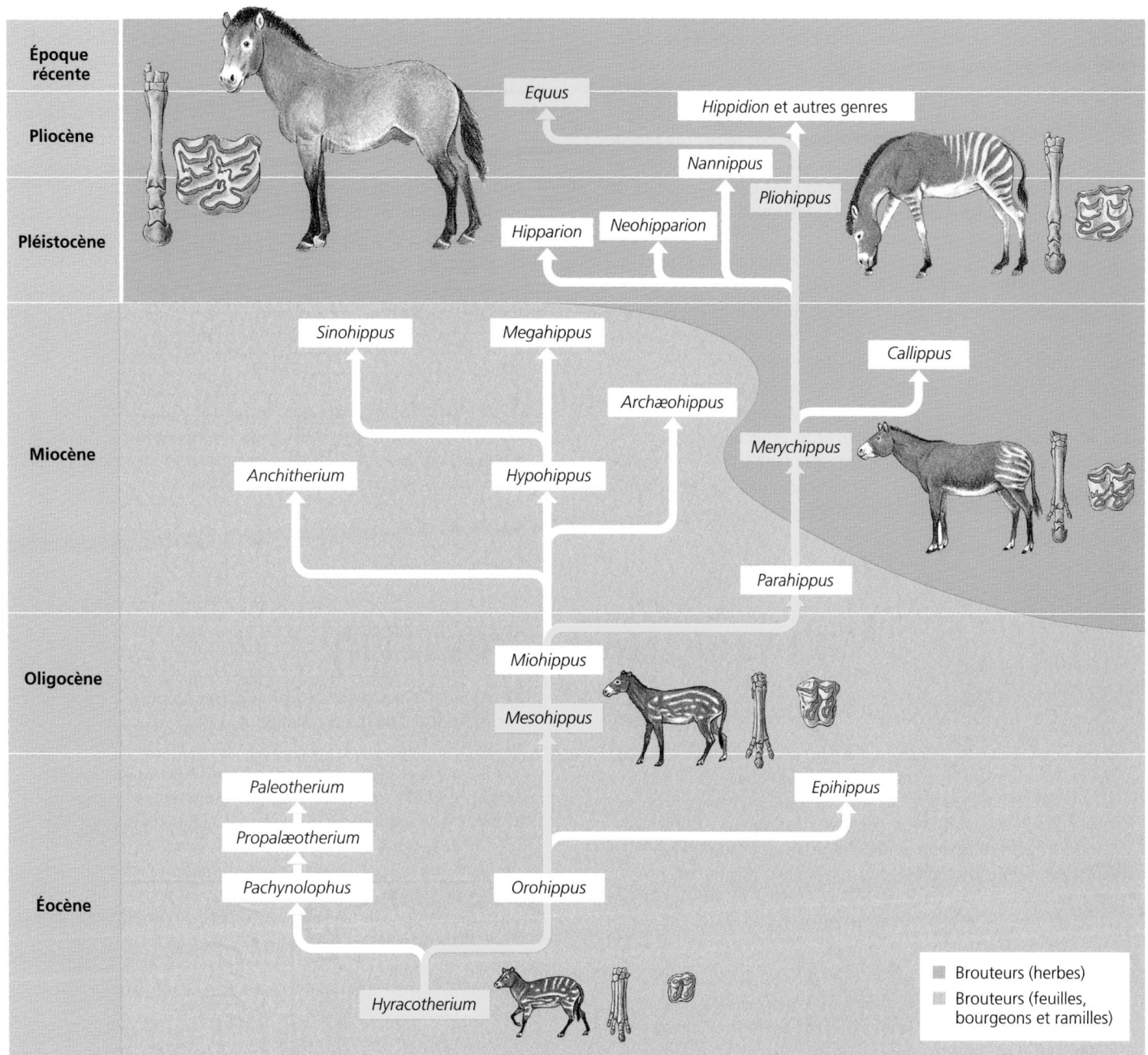

FIGURE 24.24 Évolution divergente du Cheval.
Si nous utilisons un surligneur jaune pour tracer l'ordre séquentiel des espèces de Chevaux fossiles constituant des formes intermédiaires entre le Cheval moderne et son ancêtre de l'Éocène *Hyracotherium,* nous créons l'illusion d'une progression vers l'augmentation de la taille, la diminution du nombre de doigts et l'apparition de dents adaptées au broutage de l'herbe. En réalité, le Cheval moderne ne constitue que la ramification survivante d'un véritable buisson évolutif comportant de nombreuses tendances divergentes.

série de fossiles étudiés pourrait être interprétée comme une lignée directe, sans embranchement, menant de *Hyracotherium* au Cheval moderne en passant par des formes transitionnelles. Cependant, si l'on tient compte de tous les chevaux fossiles connus aujourd'hui, on se rend compte qu'il est illusoire que croire que l'évolution du Cheval est cohérente et progressive, et qu'elle débouche directement sur le Cheval moderne. Le genre *Equus* est l'unique ramification survivante d'un arbre généalogique si touffu qu'il faudrait plutôt parler de buisson généalogique. *Equus* est né après une série d'événements de spéciation comprenant diverses radiations adaptatives, dont certaines n'ont pas débouché sur l'apparition de grands Équidés ongulés et brouteurs. Par exemple, en examinant la FIGURE 24.24, vous remarquerez que seules les lignées dérivées de *Parahippus* comprennent des animaux brouteurs d'herbes ; les lignées issues de *Miohippus* se composent d'animaux brouteurs de feuilles, de bourgeons et de ramilles.

L'évolution divergente peut prendre la forme d'une tendance macroévolutive, même si de nouvelles espèces contredisent celle-ci. Selon la conception de la macroévolution énoncée par

Steven Stanley, de l'Université Johns Hopkins, il existe une analogie entre les espèces et les individus : les espèces naissent (émergence par spéciation), se reproduisent (production de nouvelles espèces) et meurent (extinctions). D'après le modèle de Stanley, une tendance évolutive résulte d'une **sélection spécifique,** un peu comme une tendance apparaît dans une population par suite de la sélection naturelle. Les espèces qui survivent le plus longtemps et qui engendrent le plus grand nombre de nouvelles espèces déterminent l'orientation des grandes tendances évolutives. La spéciation différentielle joue un rôle dans la macroévolution qui s'apparente à celui que joue la reproduction différentielle dans la microévolution.

Dans la mesure où le taux de spéciation et la longévité des espèces constituent des indices de succès, l'analogie avec la sélection naturelle s'impose encore plus fortement. Mais il se peut que des caractéristiques étrangères au succès général des organismes dans des milieux particuliers aient autant d'importance dans la sélection spécifique. Ainsi, une espèce capable de se disperser a peut-être plus de chances que les autres de produire un grand nombre d'espèces filles. Toutefois, de nombreux détracteurs du modèle de la sélection spécifique affirment que les tendances évolutives résultent le plus souvent d'une modification graduelle des populations en réaction aux changements environnementaux. De tels débats ont le mérite de stimuler les chercheurs ; beaucoup de paléontologues et d'autres biologistes de l'évolution se penchent aujourd'hui sur la cause des tendances évolutives.

Quelle qu'en soit la cause, l'apparition d'une tendance évolutive ne signifie pas qu'il existe un élan intrinsèque vers un état prédéterminé. L'évolution constitue une réponse aux interactions entre les organismes et leur milieu. Si les circonstances générales changent, une tendance évolutive peut s'interrompre et même s'inverser.

■   ■   ■

Dans le prochain chapitre, nous poursuivrons notre étude de la macroévolution en regardant plus en détail les archives géologiques et certains des effets des changements environnementaux importants sur les espèces et la spéciation.

RÉVISION DU CHAPITRE

Résumé des concepts importants

- La macroévolution est à l'origine des nouvelles espèces et des autres groupes taxinomiques. On établit deux modalités de transformation des espèces dont font état les archives géologiques : l'anagenèse (évolution phylétique), c'est-à-dire l'accumulation de changements associés à la transformation d'une espèce en une autre ; et la cladogenèse, c'est-à-dire l'évolution par embranchement et divergence (FIGURE 24.1).

QU'EST-CE QU'UNE ESPÈCE ?

- Le concept biologique de l'espèce s'appuie sur l'isolement reproductif (p. 506 et 507, FIGURE 24.2). Selon le concept biologique de l'espèce, une espèce constitue un groupe de populations dont les individus sont en mesure de se reproduire entre eux et de donner naissance à des descendants interféconds, mais incapables de se croiser avec les individus d'autres espèces.

- Les barrières prézygotiques ou postzygotiques isolent le patrimoine génétique des espèces (p. 507 à 509, FIGURE 24.5). Les barrières prézygotiques préviennent l'accouplement ou la fécondation interspécifiques. Les espèces qui peuplent une même zone géographique occupent souvent des niches différentes (isolement écologique). Elles ont des comportements d'accouplement et de parade uniques et exclusifs (isolement éthologique). Elles s'accouplent à des périodes distinctes (isolement temporel), ou elles possèdent des organes reproducteurs incompatibles (isolement mécanique), ou encore elles ont des gamètes incompatibles (isolement gamétique). Même si deux espèces différentes parviennent à s'accoupler, des mécanismes d'isolement reproductif postzygotiques font généralement en sorte que les hybrides interspécifiques n'atteignent pas l'âge adulte, ne s'accouplent pas avec l'une ou l'autre des espèces parentales, ou ne produisent pas de descendants viables et féconds sur plusieurs générations.

- Le concept biologique de l'espèce présente certaines lacunes importantes (p. 508 et 509). Par exemple, il ne s'applique pas aux fossiles ni aux organismes qui se reproduisent uniquement de façon asexuée.

- Les biologistes de l'évolution ont proposé d'autres concepts de l'espèce (p. 509). Parmi ceux-ci figure le concept écologique de l'espèce, qui explique les similitudes existant entre les individus d'une même espèce par l'adaptation de ces derniers à un ensemble particulier de ressources écologiques (niche). Le concept morphologique de l'espèce, lui, définit une espèce par ses caractéristiques phénotypiques. Quant au concept pluraliste de l'espèce, il justifie la multiplicité des espèces par le fait que divers facteurs sont à l'œuvre chez les différentes formes de vie. Enfin, le concept généalogique de l'espèce détermine une espèce en fonction de la proximité génétique existant entre les individus.

LES MODES DE SPÉCIATION

- Spéciation allopatrique : les barrières géographiques peuvent donner lieu à de nouvelles espèces (p. 510 à 514, FIGURES 24.6 à 24.12). La spéciation allopatrique survient quand deux populations d'une même espèce sont isolées sur le plan géographique. L'une d'elles ou les deux peuvent subir des changements évolutifs et se retrouver isolées sur le plan reproductif.

- Spéciation sympatrique : une nouvelle espèce peut surgir dans l'aire de distribution de l'espèce parentale (p. 515 à 517, FIGURES 24.13 à 24.16). De nombreuses espèces végétales ont évolué par polyploïdie (multiplication du nombre de chromosomes). C'est par ce processus que les autopolyploïdes sont apparus à partir d'une seule espèce ancestrale. Les allopolyploïdes, eux, comptent des ensembles multiples de chromosomes issus de deux espèces parentales différentes. Chez les Animaux, nous pouvons donner comme exemples d'un processus capable de déboucher sur la spéciation sympatrique le choix d'un nouvel hôte par des parasites ou l'accouplement non aléatoire dans des populations polymorphes.

- Le modèle de l'équilibre ponctué a servi de support à la recherche portant sur le rythme de la spéciation (p. 517 et 518, FIGURE 24.17). Selon le modèle de l'équilibre ponctué, les espèces changent le plus au moment où elles émergent de l'espèce ancestrale ; durant le reste de leur existence, elles ne subiront que peu de variations.

DE LA SPÉCIATION À LA MACROÉVOLUTION

- **La plupart des innovations apparues au cours de l'évolution correspondent à des versions modifiées de structures plus anciennes (p. 519 et 520, FIGURE 24.18).** La majorité des nouvelles structures biologiques se sont formées en passant par de nombreuses phases et elles dérivent de structures existantes. Dans certains cas, comme dans celui de l'œil, la fonction de l'organe est sans doute restée constante à toutes les étapes de l'évolution. Dans d'autres cas, comme dans celui des plumes, la fonction de l'organe a changé.

- **Évolution et développement : les gènes régissant le développement jouent un rôle essentiel dans l'évolution (p. 520 à 522, FIGURES 24.19 à 24.23).** De nombreux changements macroévolutifs ont été associés à la mutation de gènes régulateurs du développement. Les mutations peuvent se répercuter sur le déroulement des étapes du développement (hétérochronie) ou sur l'organisation spatiale des parties corporelles, notamment dans les cas de mutation des gènes homéotiques.

- **La tendance de l'évolution ne permet pas de conclure à une finalité intrinsèque (p. 522 à 524, FIGURE 24.24).** Les tendances à long terme de l'évolution peuvent résulter d'une adaptation à un milieu en pleine évolution. Ou bien, selon l'hypothèse de la sélection spécifique, elles se produisent quand des espèces possédant certaines caractéristiques survivent plus longtemps et produisent davantage d'espèces que les espèces ayant d'autres caractéristiques moins avantageuses.

Autoévaluation

(Les questions dont les numéros sont en caractères gras font surtout appel à la compréhension.)

1. L'essentiel de la diversité biologique provient surtout de :
   a) l'anagenèse.
   b) la cladogenèse.
   c) l'évolution phylétique.
   d) l'hybridation.
   e) la spéciation sympatrique.

2. Quelle est l'unité la plus importante dans laquelle le flux génétique peut se produire ?
   a) La population.
   b) L'espèce.
   c) Le genre.
   d) La sous-espèce.
   e) L'embranchement.

3. Les manuels d'identification des Oiseaux indiquaient autrefois que la Paruline à croupion jaune et la Paruline d'Audubon constituaient deux espèces distinctes. Toutefois, des traités récents qui appliquent le concept biologique de l'espèce indiquent qu'il s'agit plutôt de deux formes (l'une, de l'Ouest, et l'autre, de l'Est) d'une seule et même espèce, la Paruline à croupion jaune. Les ornithologues ont donc dû découvrir que les deux Parulines :
   a) vivent dans les mêmes régions.
   b) sont interfécondes.
   c) sont assez semblables pour être considérées comme une seule et même espèce.
   d) sont isolées sur le plan reproductif.
   e) sont allopatriques.

4. Parmi les espèces allopatriques du Moustique *Anopheles,* certaines se reproduisent dans des eaux saumâtres, d'autres, dans des eaux courantes et douces, et d'autres encore, dans de l'eau stagnante. Quel type de mécanisme d'isolement reproductif sépare ces espèces allopatriques ?
   a) L'isolement écologique.
   b) L'isolement temporel.
   c) L'isolement éthologique.
   d) L'isolement gamétique.
   e) L'isolement reproductif postzygotique.

5. Un changement génétique a amené un certain gène *Hox* à s'exprimer à l'extrémité distale plutôt qu'à l'extrémité proximale du bourgeon des membres des Vertébrés. Cela a rendu possible l'évolution des membres chez les Tétrapodes. Ce type de changement illustre :
   a) l'hétérochronie.
   b) l'allopolyploïdie.
   c) la pédomorphose.
   d) la modification d'un ensemble de gènes homéotiques du développement.
   e) la spéciation allopatrique.

6. Selon les défenseurs du modèle de l'équilibre ponctué :
   a) la sélection naturelle n'est pas un mécanisme important de l'évolution.
   b) avec le temps, la plupart des espèces existantes pourront former des embranchements et donner naissance à de nouvelles espèces.
   c) une nouvelle espèce acquiert la plupart de ses caractères distinctifs peu de temps après son apparition ; par la suite, elle change très peu jusqu'à son extinction.
   d) l'évolution se réalise en grande partie sous forme d'anagenèse.
   e) la spéciation est généralement imputable à une mutation unique.

7. Parmi les concepts suivants de l'espèce, lequel définit une espèce en fonction d'une histoire génétique commune, et donc de marqueurs génétiques uniques ?
   a) Le concept biologique.
   b) Le concept écologique.
   c) Le concept généalogique.
   d) Le concept morphologique.
   e) Le concept pluraliste.

8. Parmi ces facteurs, lequel ne contribuerait pas à la spéciation allopatrique ?
   a) La population est isolée géographiquement de la population mère.
   b) La population séparée est de petite taille, et elle connaît une dérive génétique.
   c) La population isolée est exposée à des pressions de sélection naturelle différentes de celles que subit la population ancestrale.
   d) Le flux génétique entre les deux populations est inexistant ou très faible.
   e) Les différents milieux des deux populations favorisent des mutations différentes.

9. L'espèce végétale A possède un nombre diploïde de chromosomes qui est égal à 12. L'espèce végétale B possède un nombre diploïde de chromosomes qui est égal à 16. La nouvelle espèce allopolyploïde C provient de l'hybridation des espèces A et B. Son nombre diploïde de chromosomes est sans doute :
   a) 12.
   b) 14.
   c) 16.
   d) 28.
   e) 20.

10. L'épisode de spéciation décrit à la question 9 constitue fort probablement un cas de :
    a) spéciation allopatrique.
    b) spéciation sympatrique.
    c) spéciation par voie de sélection sexuelle.
    d) radiation adaptative.
    e) spéciation par voie d'anagenèse.

11. Comparez la microévolution et la macroévolution.

12. Expliquez pourquoi l'évolution phylétique (anagenèse) ne peut accroître le nombre d'espèces.

13. Pourquoi la spéciation allopatrique serait-elle moins fréquente sur une île proche d'un continent que sur une île isolée de la même taille ?

14. Comment le modèle de l'équilibre ponctué rend-il compte de la rareté relative des fossiles de transition, lesquels assureraient le lien entre les nouvelles espèces et les espèces plus anciennes ?

15. Expliquez pourquoi le concept de l'exaptation ne sous-entend pas qu'une structure évolue en prévision d'un changement environnemental futur.

16. Comment l'hétérochronie peut-elle causer l'évolution de la forme du corps en modifiant la croissance allométrique ?

Lien avec l'évolution

Dans la marge de ses cahiers, Darwin a griffonné une note pour se souvenir qu'il ne faut jamais appliquer les termes « inférieur » ou « supérieur » aux espèces. Il était courant à l'époque – et c'est encore le cas aujourd'hui – de considérer certaines espèces ou certains genres comme plus ou moins évolués que d'autres. Cette façon de voir les choses provient sans doute de la notion de « progrès » que l'on associe à l'évolution. Peut-on défendre l'idée d'un progrès de l'évolution ? Pourquoi ? Débattez de cette question.

Intégration

Vous êtes botaniste et vous aimez voyager au Québec. Lors d'un périple qui vous amène sur les deux rives du Saint-Laurent, dans la section estuarienne du fleuve, vous vous attardez à l'observation d'une espèce de plante de la famille des Cypéracées, le Carex noir (*Carex nigra*), communément appelé la *teigne*. Dans votre carnet d'observations, vous notez que les populations situées à une centaine de kilomètres environ ont une taille moyenne différente, que le nombre moyen d'épis varie, de même que leur longueur. À l'extrémité sud de l'estuaire, sur les deux rives, vous notez que les populations de Carex noirs sont identiques. S'agit-il d'un phénomène d'anneau d'espèces ? Y aurait-il manifestement spéciation ? Le cas échéant, à quel mode de spéciation aurions-nous affaire ? À quel(s) concept(s) de l'espèce feriez-vous appel dans cet exemple ? Comment procéderiez-vous expérimentalement pour vérifier s'il y a bel et bien spéciation ? Répondez à toutes ces questions avec le plus de précision possible.

Science, technologie et société

Quel est le fondement biologique de l'idée selon laquelle toutes les populations humaines appartiennent à la même espèce ? Expliquez pourquoi il est peu probable qu'une seconde espèce humaine survienne par cladogenèse à l'avenir.

Réponses à l'autoévaluation : 1. b ; 2. b ; **3.** b ; **4.** a ; 5. d ; 6. c ; 7. c ; 8. e ; **9.** d ; **10.** b ; **11.** La microévolution correspond aux changements du patrimoine génétique d'une population ; ceux-ci sont généralement associés à des adaptations. La macroévolution, elle, est le changement d'une forme de vie (par exemple, l'apparition d'une nouvelle espèce). Elle est suffisamment remarquable pour pouvoir être constatée dans les archives géologiques. 12. Dans l'évolution phylétique, une espèce ancestrale évolue graduellement, formant enfin une nouvelle espèce ; il n'y a donc aucun changement net dans le nombre des espèces. 13. Le flux génétique suivi entre les populations continentales et celles des îles proches réduit les probabilités qu'une divergence génétique se produise ; or, celle-ci est nécessaire à la spéciation. 14. Selon ce modèle, le temps exigé pour qu'il y ait spéciation est le plus souvent relativement court, compte tenu de la pérennité d'une espèce. Ainsi, à l'échelle très vaste des temps géologiques, la transition d'une espèce à l'autre semble abrupte. **15.** Même si l'exaptation sert à des fonctions nouvelles ou supplémentaires adaptées à un nouveau milieu, elle existe parce qu'elle remplissait une certaine fonction adaptative dans l'ancien environnement. **16.** Si l'hétérochronie modifie la croissance allométrique, alors un changement dans la vitesse de la croissance différentielle des parties corporelles modifie la morphologie.

CHAPITRE 25

PHYLOGENÈSE ET SYSTÉMATIQUE

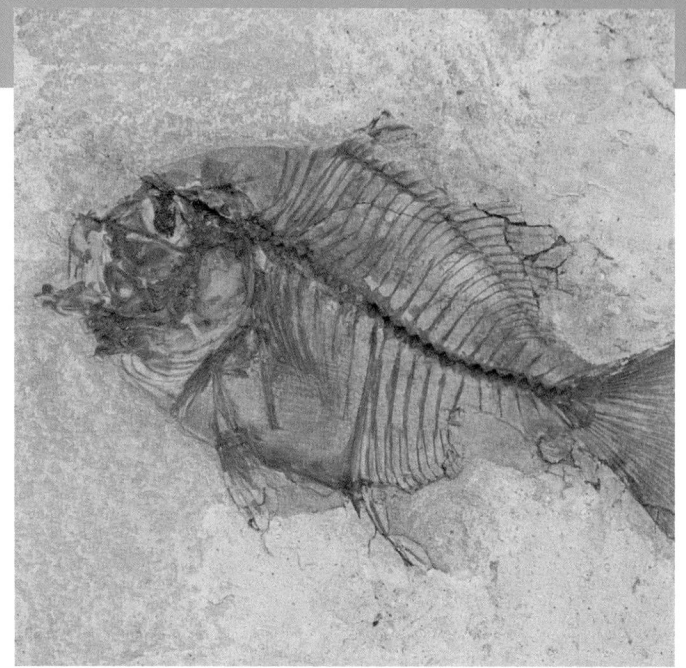

« Il n'existe pas de problèmes dans la nature, mais seulement des solutions, car l'état naturel est un état adaptatif donnant naissance à un système cohérent. »

RENÉ DUBOS
médecin et biologiste américain né en France (1901-1982)

ARCHIVES ET TEMPS GÉOLOGIQUES

- Les roches sédimentaires sont les sources de fossiles les plus riches
- Les paléontologues ont recours à diverses méthodes pour dater les fossiles
- Les archives géologiques constituent un dossier volumineux mais incomplet de l'histoire de l'évolution
- La phylogenèse s'appuie sur la biogéographie en lien avec la dérive des continents
- L'histoire de la vie est marquée par des extinctions massives

LA SYSTÉMATIQUE : LIENS ENTRE CLASSIFICATION ET PHYLOGENÈSE

- La taxinomie fait appel à un système de classification hiérarchique
- La systématique phylogénétique moderne se fonde sur l'analyse cladistique
- Les systématiciens déduisent la phylogenèse à partir de données moléculaires
- Le principe de parcimonie aide les systématiciens à reconstruire la phylogenèse
- Les arbres phylogénétiques constituent des hypothèses
- Les horloges moléculaires rendent compte du temps d'évolution
- La systématique moderne fait l'objet de vifs débats

a biologie de l'évolution *s'intéresse à la fois aux processus et à l'histoire. Nous avons déjà étudié la sélection naturelle et d'autres processus qui font évoluer les populations (chapitre 23);*

nous nous sommes aussi penchés sur les mécanismes qui sont à l'origine de nouvelles espèces (chapitre 24). La biologie de l'évolution s'efforce en outre de reconstruire l'histoire de la vie sur la Terre.

Dans ce chapitre, nous verrons comment les biologistes s'y prennent pour établir la **phylogenèse** *(du grec phulon, « race », et genesis, « origine »), c'est-à-dire l'histoire de l'évolution d'une espèce ou d'un groupe d'espèces apparentées. La reconstruction de la phylogenèse s'intègre dans la systématique, qui est l'étude de la diversité biologique dans le contexte de l'évolution. Les systématiciens se chargent aussi de nommer et de classer les espèces. Notre étude de la phylogenèse et de la systématique commence par les fossiles de formes de vie précédentes, comme le vestige du poisson qui figure dans la photo ci-dessus. Nous examinerons ensuite les techniques dont les systématiciens se servent pour mettre à l'épreuve et préciser leurs hypothèses touchant à la phylogenèse et à la classification. Ce faisant, nous verrons dans quelle mesure la biologie moléculaire fait évoluer la systématique, comme tous les autres domaines de la biologie, d'ailleurs.*

ARCHIVES ET TEMPS GÉOLOGIQUES

Les fossiles, soit les restes préservés ou les traces d'organismes qui ont existé par le passé, constituent les documents historiques de la biologie. Les **archives géologiques** correspondent à l'ordre d'apparition des fossiles dans les couches ou strates de roches sédimentaires. Cet ordre marque le passage du temps géologique. Les paléontologues recueillent et interprètent les fossiles (FIGURE 25.1, p. 528). Dans cette section, nous commencerons par étudier comment les fossiles se forment et la manière dont les paléontologues en déterminent l'âge. Nous passerons ensuite aux contributions et aux limites des archives géologiques dans l'étude de la phylogenèse.

(a) Ossements de dinosaure

(b) Crâne

(c) Arbres pétrifiés

(d) Feuille

(e) Moulages de brachiopodes

(f) Empreintes de dinosaure

(g) Scorpion conservé dans de l'ambre

(h) Défenses de mammouth

FIGURE 25.1 Fossiles variés.
(a) Les roches sédimentaires sont les plus riches en fossiles. Ce chercheur procède à l'excavation d'un squelette de dinosaure fossilisé dans le grès, au parc Dinosaur National Monument, dans l'Utah et le Colorado. **(b)** Les fossiles les plus abondants proviennent des parties dures des organismes, comme ce crâne d'*Homo erectus,* un ancêtre humain qui a vécu voilà quelque 1,5 million d'années. **(c)** Les fossiles peuvent durcir davantage si des minéraux remplacent leur matière organique. Ces arbres pétrifiés (aussi durs que la pierre) de

l'Arizona ont environ 190 millions d'années.
(d) Certains fossiles trouvés dans des roches sédimentaires, comme cette feuille âgée de 40 millions d'années, contiennent encore de la matière organique, notamment de l'ADN, que les scientifiques peuvent analyser. **(e)** Les organismes enfouis peuvent se décomposer et laisser des moules, qui se remplissent de minéraux dissous dans l'eau. Les moulages qui se forment quand les minéraux durcissent constituent des répliques des organismes en question, comme dans le cas de ces animaux appelés Brachiopodes.

(f) Les traces fossiles correspondent aux empreintes, aux tanières et aux autres vestiges qui font état du comportement ou de la présence d'organismes anciens. Ce garçon se tient dans une empreinte de dinosaure vieille de 150 millions d'années, au Colorado. **(g)** Ce scorpion emprisonné dans une goutte d'ambre (résine durcie) a 30 millions d'années. **(h)** Ces défenses appartiennent à un mammouth entier âgé de 23 000 ans, découvert par des chercheurs dans les glaces sibériennes en 1999.

Les roches sédimentaires sont les sources de fossiles les plus riches

Les roches sédimentaires sont formées par la sédimentation de minéraux dans l'eau (voir la FIGURE 22.3). Des particules de sable et de limon détachées des sols par l'érosion sont emportées par les cours d'eau jusque dans les marais et dans les

mers, où elles se déposent au fond. Les dépôts s'accumulent et compriment les sédiments sous-jacents, les transformant en roche : le sable devient du grès, et la boue, du schiste argileux. Les organismes aquatiques et terrestres entraînés dans les mers et les marais se déposent, après leur mort, parmi les sédiments. Une infime fraction d'entre eux est conservée sous forme de fossiles. La sédimentation n'est pas continue : elle se fait par intervalles, quand le niveau de la mer évolue ou que les plans d'eau s'assèchent, puis se remplissent de nouveau. Même quand une région est submergée, la vitesse de sédimentation ainsi que le type de particules sédimentaires varient au fil du temps. Par suite de ces diverses périodes de sédimentation, les roches finissent par former des strates (voir la FIGURE 22.4).

Les substances organiques enfouies dans les sédiments se dégradent en général rapidement. Toutefois, les parties dures des corps, comme les os et les dents des Vertébrés, ainsi que les coquilles de nombreux Invertébrés et Protistes, sont riches en minéraux et sont susceptibles de se fossiliser (voir la FIGURE 25.1a et b). Les paléontologues ont exhumé des squelettes presque complets de dinosaures et d'autres animaux. Cependant, la plupart du temps, ce ne sont que des fragments de crâne, d'os ou de dent qu'ils trouvent. La majorité de ces vestiges a subi un durcissement et a été préservée par des changements chimiques. Lorsque les conditions s'y prêtent, les minéraux dissous dans l'eau s'infiltrent dans les tissus d'un organisme végétal ou animal mort et se substituent à la matière organique : celui-ci se change en pierre (FIGURE 25.1c).

Les fossiles qui renferment encore de la matière organique sont moins nombreux que les fossiles minéralisés. On en découvre parfois sous forme de minces pellicules comprimées entre des couches de grès ou de schiste argileux. Ainsi, des paléontologues ont trouvé des feuilles comptant plusieurs millions d'années mais contenant encore de la chlorophylle. Leur état de conservation a permis l'analyse de leur composition organique et l'observation, au microscope électronique, de l'ultrastructure de leurs cellules (FIGURE 25.1d). La matière végétale trouvée le plus fréquemment à l'état fossile est le pollen, dont l'enveloppe organique rigide résiste à la dégradation.

Bon nombre de fossiles découverts par les paléontologues ne sont nullement des restes d'organismes. Ils se sont plutôt formés lorsque des roches ont épousé les contours d'organismes morts et en ont formé une réplique. En se décomposant dans la masse sédimentaire, ces derniers ont laissé des vides que des minéraux dissous dans l'eau ont remplis. Ces minéraux ont fini par cristalliser, constituant des moulages ayant la même forme que les organismes (FIGURE 25.1e).

Des moulages appelés **ichnofossiles** (ou traces fossiles) se forment dans des pistes, des terriers et d'autres empreintes laissées dans les sédiments par des animaux. Ils témoignent de comportements ; ils renseignent les paléontologues sur le mode de vie des animaux en question. Par exemple, les pistes de dinosaures fournissent des indices précieux sur le mode de locomotion de ces géants : leur démarche (soit la séquence de mouvements de leurs pattes), la longueur de leurs enjambées et la vitesse de leur locomotion (FIGURE 25.1f).

Quand un organisme meurt dans un endroit où des bactéries et des eumycètes ne peuvent le décomposer, son corps entier – parties molles y compris – peut se fossiliser. Par exemple, le scorpion présenté à la FIGURE 25.1g s'est retrouvé prisonnier d'une goutte de résine il y a environ 30 millions d'années. La résine a durci, se transformant en ambre ; elle a préservé l'animal. D'autres mécanismes peuvent aussi favoriser la conservation d'organismes entiers. Ainsi, des explorateurs ont découvert des mammouths, des bisons et même des corps humains datant de l'ère préhistorique congelés dans de la glace ou maintenus en bon état dans les tourbières grâce à l'acidité du milieu, qui retarde la décomposition (FIGURE 25.1h). Il reste que de telles découvertes sont rares et font la manchette des journaux. Les biologistes s'appuient surtout sur les fossiles sédimentaires, beaucoup plus courants, pour reconstituer l'histoire de la vie.

Les paléontologues ont recours à diverses méthodes pour dater les fossiles

Les fossiles ne constituent des données historiques fiables que dans la mesure où l'on peut les dater. Nous nous pencherons ici sur les méthodes qui permettent de le faire à l'échelle des temps géologiques.

Datation relative

Emprisonnés dans les sédiments, les organismes fossilisés restent figés dans le temps. Ils représentent un échantillonnage local des formes de vie qui existaient à l'époque où les particules ont sédimenté. Les sédiments récents se superposent à ceux qui sont plus anciens ; ensemble, ils forment en quelque sorte un livre dont les pages indiquent l'âge relatif des divers fossiles.

Il est souvent possible de mettre en rapport les strates d'un site et celles d'un autre site grâce à la présence de fossiles semblables, appelés **fossiles stratigraphiques.** Ce sont les coquilles d'animaux marins largement distribués, dans le passé, qui permettent le mieux d'établir une corrélation entre des strates distantes. Partout où une route ou un canyon révèle des couches de roches, leur succession est susceptible de présenter des lacunes. En effet, certaines couches sédimentaires formées pendant que la zone en question était submergée ont pu s'user au cours de périodes subséquentes d'érosion. Ou encore, il est probable qu'aucune sédimentation ne se soit produite durant les périodes où la région en question était émergente.

Après avoir étudié un grand nombre de sites, les géologues ont réussi à établir l'**échelle des temps géologiques,** marquant une succession cohérente de périodes (TABLEAU 25.1, p. 530). Celles-ci sont regroupées en quatre ères : le Précambrien, le Paléozoïque, le Mésozoïque et le Cénozoïque. Chaque ère représente un âge particulier dans l'histoire de la Terre et de la vie qu'elle a abritée. Par exemple, le Mésozoïque est parfois appelé « Ère des Dinosaures » en raison de l'abondance des fossiles de reptiles, notamment de dinosaures, qui ont été retrouvés et qui datent de ce temps-là. Les frontières entre les ères correspondent à des périodes d'extinctions massives, c'est-à-dire à des moments où de nombreuses formes de vie ont disparu rapidement, pour une raison ou pour une autre, et se sont vues remplacées par de nouvelles formes de vie, issues de la diversification des survivants. Des événements d'extinction moins frappants caractérisent aussi les frontières entre les périodes constituant chacune des ères. Enfin, les périodes au sein de chaque ère sont à leur tour subdivisées en époques (seules celles de l'ère actuelle, le Cénozoïque, sont mentionnées dans le TABLEAU 25.1). L'échelle du temps située à la gauche du TABLEAU 25.1 indique que les ères géologiques n'ont pas toutes la même durée. Il en est de même en ce qui a trait aux périodes. Par exemple, le Jurassique a duré presque deux fois plus longtemps que le Trias. Il faut comprendre que les scientifiques n'ont pas

TABLEAU 25.1 **Échelle des temps géologiques (géochronologie)**

Durée relative des ères	Ères	Périodes	Époques	Âge (millions d'années écoulées)	Jalons de l'histoire de la vie
Cénozoïque	Cénozoïque	Quaternaire	Holocène	0,01	Temps historique
Mésozoïque			Pléistocène	1,8	Époque glaciaire ; apparition des Humains
Paléozoïque		Tertiaire	Pliocène	5	Apparition des Homininés (ancêtres des Humains)
			Miocène	23	Poursuite de la radiation adaptative des Mammifères et des Angiospermes
			Oligocène	35	Origine de la plupart des groupes de Primates, dont les Hominoïdes
			Éocène	57	Suprématie accrue des Angiospermes ; poursuite de la radiation adaptative de la plupart des ordres de Mammifères modernes
			Paléocène	65	Importante radiation adaptative des Mammifères, des Oiseaux et des Insectes pollinisateurs
Précambrien	Mésozoïque	Crétacé		144	Apparition des Plantes à fleurs (Angiospermes) ; extinction de nombreux groupes d'organismes, notamment les Dinosaures, à la fin de la période (extinctions du Crétacé)
		Jurassique		206	Persistance de la suprématie des Gymnospermes ; abondance et diversité des Dinosaures
		Trias		245	Suprématie des Gymnospermes (plantes dont les graines ne sont pas protégées par un ovaire) ; radiation adaptative des Dinosaures
	Paléozoïque	Permien		290	Extinction de nombreux organismes marins et terrestres (extinctions massives du Permien) ; radiation adaptative des Reptiles ; origine des Reptiles prémammaliens et de la plupart des ordres d'Insectes modernes
		Carbonifère		363	Immenses forêts de Vasculaires ; premières Plantes à graines ; origine des Reptiles ; suprématie des Amphibiens
		Dévonien		409	Diversification des Poissons osseux ; apparition des Amphibiens et des Insectes
		Silurien		439	Diversité des Poissons agnathes ; premiers Poissons à mâchoires ; diversification des premières Plantes vasculaires
		Ordovicien		510	Abondance des Algues marines ; colonisation de la terre ferme par les Plantes et les Arthropodes
		Cambrien		543	Radiation adaptative de la plupart des embranchements des Animaux modernes (explosion du Cambrien)
	Précambrien			600	Apparition de divers Invertébrés à corps mou ; Algues diverses
				2 200	Fossiles d'eucaryotes les plus anciens
				2 700	Accumulation du dioxygène dans l'atmosphère
				3 500	Fossiles de procaryotes les plus anciens (premières cellules)
				3 800	Premières manifestations de la vie
				4 600	Origine approximative de la Terre

divisé les temps géologiques de manière arbitraire, mais en fonction des données figurant dans les roches (et indiquant des moments de changements d'envergure).

Les archives géologiques correspondent à une série de relevés qui révèlent l'âge *relatif* des fossiles, c'est-à-dire l'ordre dans lequel des groupes d'espèces apparaissent dans des strates successives. Cependant, la suite de couches de roches sédimentaires n'indique pas l'âge *absolu* des fossiles. Imaginez que vous déménagez dans une maison précédemment occupée par de nombreuses personnes et que vous désirez décoller les multiples couches de papier peint collées sur les murs. Vous pouvez sans difficulté déterminer l'ordre dans lequel elles ont été superposées, mais non la date à laquelle chacune a été appliquée.

Datation absolue

Dans l'expression « datation absolue », l'adjectif *absolue* ne signifie pas que la datation est parfaitement exacte : il indique plutôt que l'âge des fossiles est exprimé en années plutôt qu'à l'aide de termes relatifs (comme *avant* et *après* ; *premier* et *dernier*). La **datation radiométrique** est la technique la plus fréquemment utilisée pour déterminer l'âge des roches et des fossiles suivant une chronologie absolue. Elle consiste à mesurer les isotopes radioactifs accumulés dans les roches ou encore dans les organismes pendant qu'ils étaient vivants. Par exemple, un organisme vivant accumule deux isotopes du carbone dans la même proportion que dans l'atmosphère : le carbone 12, qui est la forme la plus courante, et le carbone 14, radioactif. Lorsque l'organisme meurt, ce processus cesse. Le carbone 14 commence alors à se dégrader lentement : il se transforme en un autre élément, l'azote 14. Au fil du temps, la proportion relative du carbone 14 contenu dans l'organisme diminue. Il faut savoir que les isotopes radioactifs ont chacun une vitesse fixe de désintégration. La **demi-vie** d'un isotope, soit le nombre d'années nécessaires à la désintégration de 50 % de sa masse initiale, ne subit aucunement les effets de la température, de la pression ni des autres variables du milieu (FIGURE 25.2). Le carbone 14, par exemple, a une demi-vie de 5 730 ans ; il s'agit d'une vitesse de dégradation fiable, qui permet de dater les fossiles relativement récents. On peut donc déterminer l'âge de certains fossiles en mesurant la quantité d'azote 14 qu'il contient ou la quantité de carbone 14 qui reste.

Les paléontologues font appel à des isotopes radioactifs ayant une demi-vie plus longue que celle du carbone pour dater les fossiles relativement anciens. Ainsi, l'uranium 238, dont la demi-vie s'établit à 4,5 milliards d'années, a été utilisé comme une véritable « horloge » radiométrique pour déterminer l'âge des fossiles contenus dans les roches cambriennes (voir le TABLEAU 25.1). Contrairement au carbone 14, l'uranium 238 n'est pas présent dans les organismes vivants. Il se retrouve, en revanche, dans les roches volcaniques issues du refroidissement de la lave. Une fois que celles-ci se sont formées, aucune quantité supplémentaire d'uranium 238 ne s'y intègre. Au contraire, la quantité de cet isotope diminue graduellement pour donner des atomes de plomb 206. Les chercheurs mesurent la concentration de ce dernier pour dater les roches volcaniques. Les

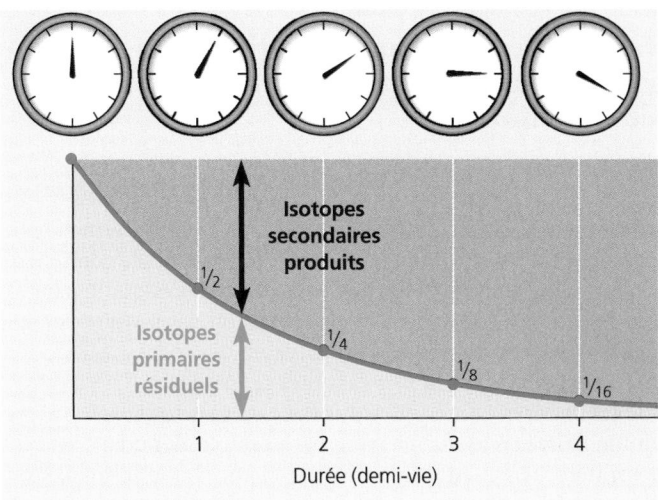

FIGURE 25.2 Datation radiométrique. Le graphique indique la vitesse de dégradation des isotopes primaires, généralement radioactifs, qui se transforment en des isotopes secondaires. On peut donner l'exemple de la dégradation régulière du carbone 14, qui aboutit à la formation d'azote 14. Chaque type d'isotope radioactif a une demi-vie fixe : il s'agit du temps nécessaire pour que 50 % de l'isotope se dégrade. La demi-vie du carbone 14 est de 5 730 ans ; celle de l'uranium 238 s'établit à 4,5 milliards d'années. Les paléontologues font appel à de telles « horloges » radiométriques pour dater les fossiles ou pour déduire leur âge en fonction des roches avoisinantes.

paléontologues, eux, se servent des chiffres obtenus pour dater des fossiles très anciens découverts non loin des roches volcaniques. Ainsi, si des fossiles sont trouvés dans une strate comprise entre deux couches de roches volcaniques âgées respectivement de 530 et de 520 millions d'années, on peut déduire que ce sont les fossiles d'animaux ayant vécu voilà quelque 525 millions d'années.

On peut également recourir à d'autres techniques pour dater certains fossiles. En effet, les acides aminés ont deux isomères, appelés forme L et forme D, dont la symétrie tend vers la gauche ou vers la droite respectivement ; la forme L est l'image de la forme D dans un miroir et vice-versa. Les organismes ne synthétisent que les acides aminés L, lesquels forment des protéines. Lorsqu'un organisme meurt, par contre, ses acides aminés L se transforment lentement en acides aminés D. Il est possible de mesurer le rapport des deux dans un fossile. En connaissant la vitesse de conversion chimique de ces acides aminés, soit la racémisation, on peut déterminer la date de la mort de l'organisme en question. Des archéologues ont ainsi pu dater des coquilles d'œufs d'autruches trouvées à proximité de fossiles d'Hominines. Ceux-ci avaient probablement mangé les œufs et utilisé les coquilles comme bols. Malheureusement, contrairement à la désintégration radioactive, la racémisation est influencée par la température : les changements climatiques l'accélèrent ou la ralentissent. Notons que la datation radiométrique et la datation selon la racémisation donnent des résultats très proches dans le cas de fossiles trouvés dans des sites où le climat n'a guère changé depuis leur formation.

Les archives géologiques constituent un dossier volumineux mais incomplet de l'histoire de l'évolution

La découverte d'un fossile est l'aboutissement d'une série de coïncidences. Tout d'abord, il faut que l'organisme meure à un endroit et à un moment où les conditions d'enfouissement sont propices à la fossilisation. Par la suite, la strate qui le contient ne doit pas être soumise aux processus géologiques qui détruisent ou déforment les roches, comme l'érosion, la pression exercée par les couches supérieures ou la fusion des roches. Même si le fossile échappe *effectivement* à toutes ces menaces, il n'y a que de faibles chances qu'un processus fasse en sorte qu'il soit exposé, qu'un fleuve creuse un canyon, par exemple, dénudant la roche fossilifère. Il y a encore moins de chances que le fossile soit découvert par quelqu'un (cette probabilité augmente cependant lorsque des chercheurs se mettent en quête de fossiles). Rien d'étonnant, donc, à ce que les archives géologiques soient incomplètes : une bonne partie des espèces n'a sans doute jamais laissé de traces ; la majorité des fossiles formés a été détruite ; et une fraction seulement du reste a été découverte.

C'est pourquoi, loin de représenter un échantillonnage complet des organismes du passé, les archives géologiques peuvent fausser les données en faveur des espèces qui ont existé pendant longtemps, qui sont abondantes et répandues, qui sont nanties de coquilles ou de squelettes durs. À l'instar des historiens, les paléontologues doivent reconstituer le passé au moyen de documents lacunaires. Toutefois, en dépit de leurs limites, les archives géologiques constituent un registre remarquablement détaillé de la phylogenèse à la vaste échelle des temps géologiques. L'ordre des strates sédimentaires témoigne de la séquence de changements biologiques, et les méthodes de datation indiquent l'époque approximative où ceux-ci sont survenus. Les roches révèlent aussi la chronologie de bouleversements environnementaux. Nous allons en présenter certains qui sont associés aux variations de la vie au cours de l'évolution.

La phylogenèse s'appuie sur la biogéographie en lien avec la dérive des continents

L'évolution s'inscrit dans l'espace aussi bien que dans le temps. De fait, c'est la biogéographie, bien plus que la paléontologie, qui a donné à Darwin et à Wallace l'intuition de l'évolution. Mais l'histoire de la Terre éclaire la distribution géographique actuelle des espèces. Par exemple, l'émergence d'îles volcaniques comme les Galápagos offre de nouveaux milieux à des espèces fondatrices ; ou encore, la radiation adaptative permet de combler un grand nombre de niches écologiques disponibles. À l'échelle planétaire, la dérive des continents est en corrélation avec la distribution spatiale de la vie ; elle est aussi associée aux extinctions massives, de même qu'à l'explosion de la diversité biologique.

Loin d'être immobiles, les continents bougent, car ils sont portés par d'immenses fragments de la croûte terrestre, les plaques tectoniques, qui flottent sur la roche en fusion du manteau (FIGURE 25.3a). Deux continents situés sur des plaques tectoniques différentes changent de position l'un par rapport à l'autre. Par exemple, l'Amérique du Nord et l'Europe s'éloignent d'environ deux centimètres par année. De nombreux phénomènes géologiques importants, dont la formation des montagnes, les éruptions volcaniques et les séismes, se produisent en bordure des plaques tectoniques (FIGURE 25.3b). La célèbre faille de San Andreas, en Californie, fait partie d'une zone de friction de deux plaques.

Les mouvements des plaques font et défont sans cesse la géographie, mais deux chapitres de cette saga sans fin ont eu sur le vivant une influence particulièrement déterminante. Le premier a été écrit voilà 250 millions d'années, vers la fin du Paléozoïque. À cette époque, les mouvements des plaques ont réuni tous les continents en un mégacontinent appelé **Pangée,** ce qui signifie « toute terre » (FIGURE 25.4, p. 534). Imaginez les effets possibles d'un tel événement sur les êtres vivants ! Des espèces qui avaient évolué dans l'isolement ont été mises en présence. Quand les masses terrestres ont été réunies, la longueur totale des littoraux a diminué. Certaines preuves indiquent que la profondeur des océans a augmenté, ce qui a abaissé le niveau des eaux et drainé les mers côtières peu profondes. À cette époque, comme aujourd'hui, la plupart des espèces marines vivaient dans des eaux peu profondes. La formation de la Pangée a détruit une partie considérable de leur habitat. Elle a sans doute aussi considérablement éprouvé les espèces terrestres. En effet, l'aire moyenne des régions intérieures, au climat plus sec et plus instable que celui des côtes, a énormément augmenté quand les continents ont été unis. Par ailleurs, les modifications des courants océaniques ont sûrement eu de grosses incidences sur les espèces marines et terrestres. Bref, la formation de la Pangée a eu un impact écologique colossal. Elle a provoqué des extinctions et a ménagé aux groupes taxinomiques survivants des occasions de prospérer. Elle a complètement remodelé la diversité biologique.

Le second chapitre crucial de l'histoire de la dérive des continents a été joué il y a environ 180 millions d'années, au milieu de l'ère mésozoïque. La Pangée a commencé à se fragmenter, et des masses géographiques colossales se sont écartées les unes des autres. Chacune a été le lieu d'évolutions distinctes, et la faune et la flore des différents secteurs biogéographiques se sont mises à diverger.

Les modalités de fragmentation et de fusion des continents fournissent des solutions à de nombreuses énigmes biogéographiques. Ainsi, les paléontologues ont découvert au Ghana (en Afrique occidentale) et au Brésil des fossiles de reptiles triasiques semblables. Ces deux zones, aujourd'hui séparées par 3 000 km d'océan, étaient contiguës au début du Mésozoïque. La dérive des continents justifie aussi les particularités de la distribution actuelle des organismes, comme le caractère unique de la faune et de la flore australiennes, qui s'opposent de façon marquée à la diversité du vivant dans le reste du monde. Par exemple, l'Australie est le seul continent où l'on trouve une grande variété de Marsupiaux (Mammifères possédant une poche ventrale). Ces animaux remplissent des niches écologiques homologues à celles qu'occupent les Mammifères placentaires sur les autres continents. Et ce n'est là qu'un exemple du caractère unique des espèces australiennes. Les Marsupiaux sont probablement apparus dans ce qui constitue aujourd'hui l'Amérique du Nord ; ils ont gagné l'Australie en passant par l'Amérique du Sud et par l'Antarctique à une époque où ces continents étaient réunis. Lorsque cette partie de la Terre située au sud du globe

FIGURE 25.3 Croûte terrestre et tectonique des plaques (processus géologiques résultant du déplacement des plaques).

(a) Les continents modernes reposent sur des plaques de la croûte terrestre qui flottent sur un manteau de roches en fusion et qui sont poussées par des courants de convection. Les pointes de flèches rouges indiquent les zones d'événements tectoniques violents ; la plupart sont des zones de subduction (soit des zones de glissement d'une plaque sous une plaque adjacente avançant en sens opposé).

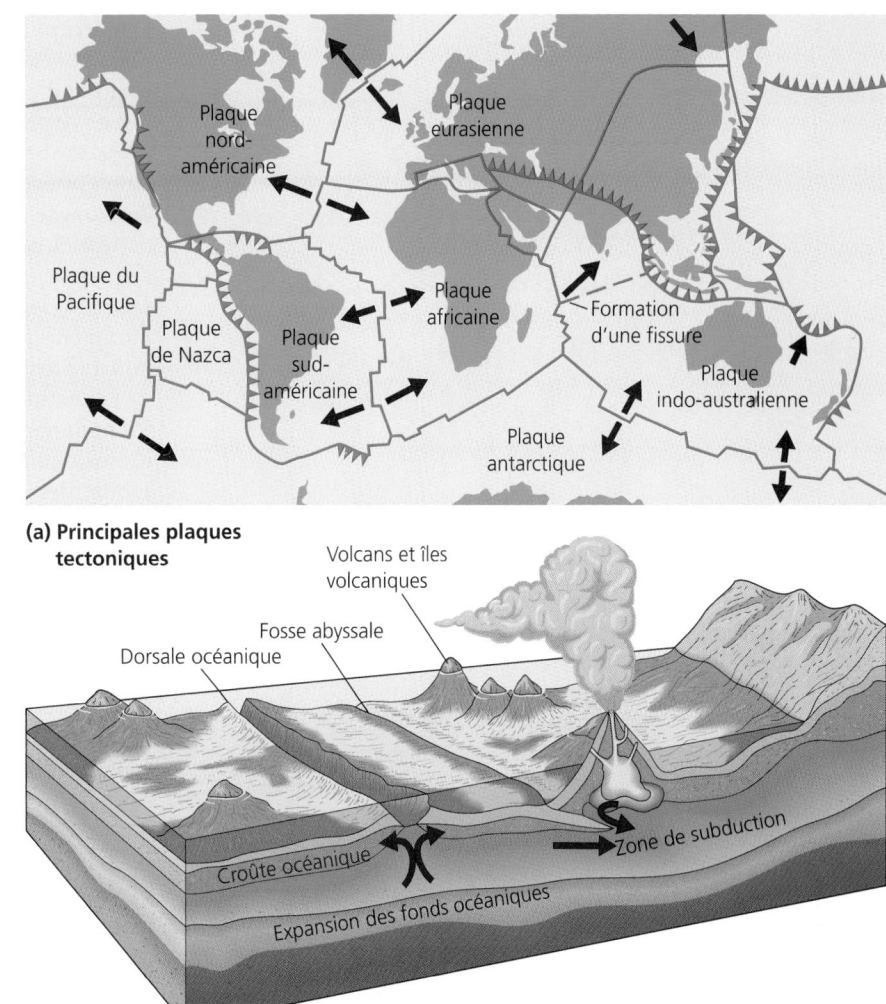

(a) Principales plaques tectoniques

(b) Événements aux frontières des plaques

(b) À la frontière entre deux plaques qui s'écartent, comme dans le cas des dorsales océaniques (indiquées par les paires de flèches noires opposées, dans la figure a), des roches en fusion remontent du manteau pour combler le vide. Elles se solidifient et s'intègrent symétriquement aux deux plaques, ce qui contribue à l'expansion des fonds océaniques. Dans les zones de subduction, quand les plaques entrent en collision, la plaque la plus dense s'enfonce sous la plaque la moins dense ; cela crée une fosse abyssale. Le phénomène d'abrasion qui a lieu dans les zones de subduction provoque des séismes et des éruptions volcaniques. Lorsque les continents qui chevauchent des plaques différentes s'affrontent, ils se superposent et donnent naissance à des chaînes de montagnes.

---

terrestre s'est divisée, l'Australie est devenue l'arche de Noé des Marsupiaux. Pendant ce temps, les Mammifères placentaires ont évolué et se sont diversifiés sur les autres continents. L'Australie est complètement isolée depuis 50 millions d'années. Les Chauves-souris, les Rats, les Souris et les Humains (ainsi que leurs animaux domestiques) sont les seuls Mammifères placentaires qui ont réussi à occuper le continent.

L'histoire de la vie est marquée par des extinctions massives

Les archives géologiques révèlent que de longues périodes de calme relatif ont été ponctuées par de brefs intervalles de bouleversements profonds dans la composition des espèces. Des extinctions massives se sont produites ; elles ont été suivies par la grande diversification de certains groupes taxinomiques relativement épargnés par le phénomène d'extinction. Nous nous pencherons plus en détail sur les événements de radiation adaptative conduisant à la diversité biologique dans la prochaine série de chapitres. Pour l'instant, considérons certains exemples d'extinctions massives.

La disparition d'une espèce peut être causée par la destruction de son habitat ou par une modification écologique qui lui est défavorable. Une baisse de quelques degrés de la température de l'océan peut anéantir de nombreuses espèces qui étaient pourtant fort bien adaptées à leur milieu. Même si les facteurs physiques de ce dernier sont stables, les facteurs biologiques, eux, peuvent varier. Les changements évolutifs qu'une espèce subit peuvent avoir des répercussions sur les autres espèces de la communauté. Par exemple, l'apparition de coquilles ou de mâchoires chez certains animaux du Cambrien a pu contribuer à l'extinction de certains organismes au corps mou, plus vulnérables aux attaques des prédateurs.

En fait, les extinctions sont inévitables dans un monde en constante évolution. L'histoire de la vie est marquée par des crises pendant lesquelles les changements écologiques planétaires ont été si rapides et si profonds que la majorité des espèces a été exterminée sans discrimination. La disparition subite des animaux à corps dur des mers peu profondes – organismes dont les archives géologiques sont les plus complètes – nous renseigne bien sur ce phénomène. Les archives géologiques font état d'un certain nombre d'extinctions massives, dont cinq à sept ont été particulièrement marquantes. Deux phases d'extinction

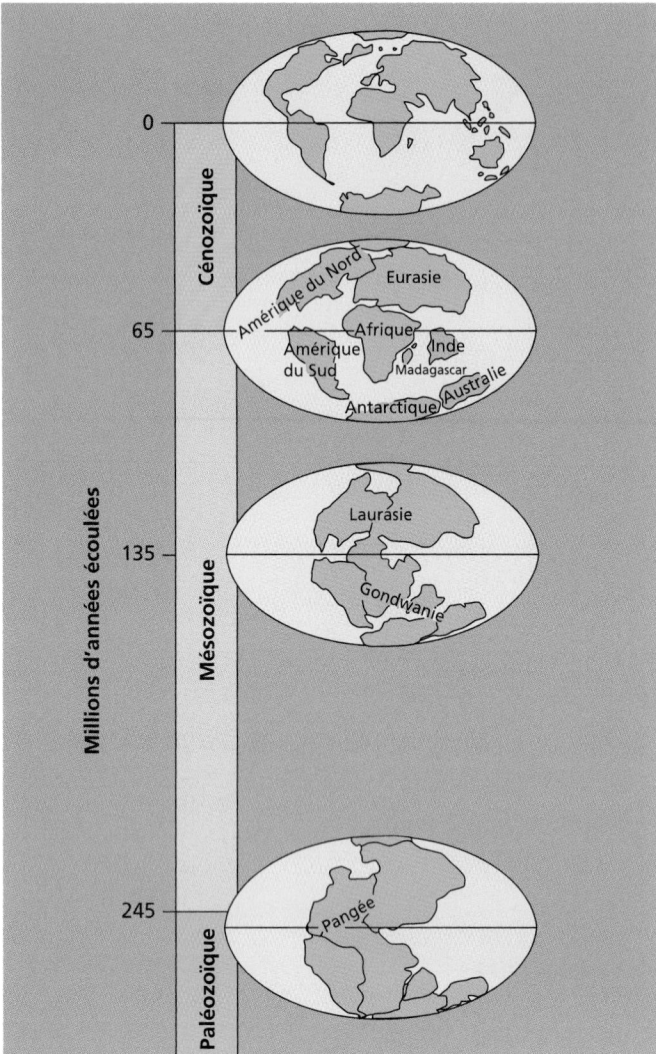

FIGURE 25.4 Histoire de la dérive des continents. Il y a quelque 250 millions d'années, tous les continents de la Terre étaient réunis en un mégacontinent appelé Pangée. Puis, il y a environ 180 millions d'années, la Pangée a commencé à se scinder en deux masses, l'une boréale (Laurasie), et l'autre, australe (Gondwanie). Ces masses se sont fragmentées à leur tour pour former les continents modernes. L'Inde est entrée en collision avec l'Eurasie voilà seulement 10 millions d'années. Le choc a donné naissance à l'Himalaya, la plus haute et la plus jeune chaîne de montagnes du monde. Les continents poursuivent leur dérive.

ont surtout été étudiées. La première concerne les extinctions du Permien, il y a environ 250 millions d'années, et la seconde, les extinctions du Crétacé, voilà quelque 65 millions d'années.

Les extinctions massives du Permien, qui déterminent la limite entre le Paléozoïque et le Mésozoïque, ont balayé plus de 90 % des espèces animales marines. Il semble aussi que les pertes aient été gigantesques chez les espèces terrestres : 8 des 27 ordres d'Insectes du Permien n'ont pas survécu au Trias, la période géologique suivante. Cette phase de disparitions massives a duré moins de 5 millions d'années (peut-être beaucoup moins), ce qui représente un très bref instant à l'échelle du temps géologique.

Divers facteurs ont sans doute concouru à bouleverser l'environnement à la fin du Permien. C'est à cette période que les continents ont fusionné pour former la Pangée. Cela a perturbé de nombreux habitats marins et terrestres, et a modifié le climat.

Des éruptions volcaniques énormes ont eu lieu dans la région où se trouve la Sibérie actuelle ; elles marquent en fait la période d'activité volcanique la plus intense qui a été enregistrée depuis un demi-milliard d'années. Les volcans sibériens ne se sont pas contentés de projeter de la lave et des cendres dans l'atmosphère ; ils ont probablement produit suffisamment de dioxyde de carbone pour réchauffer le climat de la planète entière. L'abaissement des différences de température entre l'équateur et les pôles aurait causé un ralentissement du brassage des eaux océaniques, réduisant de ce fait la quantité de dioxygène disponible pour les organismes marins. Ce déficit pourrait avoir joué un rôle clé dans les extinctions permiennes.

Les extinctions massives du Crétacé, survenues il y a 65 millions d'années, marquent la transition entre le Mésozoïque et le Cénozoïque (FIGURE 25.5). Plus de la moitié des espèces marines, ainsi que de nombreuses familles de Végétaux et d'Animaux terrestres (dont les Dinosaures), ont disparu. Le climat s'est refroidi à cette époque, et les mers peu profondes des basses terres continentales se sont asséchées. Il est possible que d'importantes éruptions volcaniques aient eu lieu dans la région occupée aujourd'hui par l'Inde ; elles auraient contribué au refroidissement climatique en projetant dans l'atmosphère des particules nuisant au passage de la lumière solaire. Cependant, de nombreux scientifiques privilégient aujourd'hui l'hypothèse de l'impact : d'après celle-ci, la cause principale des extinctions du Crétacé serait l'écrasement d'un astéroïde ou d'une grande comète sur la Terre. Les sédiments du Mésozoïque et du Cénozoïque sont en effet séparés par une mince couche d'argile enrichie d'iridium, un élément fort rare sur la Terre, mais abondant dans les météorites et les autres corps célestes qui s'abattent à l'occasion sur la planète. Walter et Luis Alvarez, de même que leurs collègues de l'Université de Californie à Berkeley, ont étudié l'argile en question et ont conclu qu'elle provient d'un immense nuage de poussière formé dans l'atmosphère après l'impact d'un astéroïde. Selon les chercheurs, le nuage aurait fait écran à la lumière solaire et perturbé le climat pendant plusieurs mois.

L'hypothèse de l'impact comporte deux grands éléments : ses défenseurs posent, d'une part, l'existence d'une collision gigantesque entre une grande comète ou un petit astéroïde et la Terre il y a 65 millions d'années ; ils estiment, d'autre part, que cela aurait indirectement causé les extinctions du Crétacé. De nombreuses preuves venues s'ajouter aux données associées à la couche d'iridium étayent le premier élément de l'hypothèse. La Terre est marquée par de nombreux cratères qui sont le signe que des objets énormes se sont abattus sur sa surface. De récentes recherches se sont portées sur le cratère Chicxulub, découvert sous les sédiments de la côte de la péninsule du Yucatán, au Mexique. Ce cratère, qui date de 65 millions d'années, compte 180 km de diamètre et aurait pu être creusé par un astéroïde d'environ 10 km de diamètre.

Les défenseurs de l'hypothèse de l'impact soutiennent aussi que celui-ci a été suffisamment important pour provoquer un obscurcissement de l'atmosphère pendant des années. La réduction massive de la photosynthèse aurait duré assez longtemps pour que les chaînes alimentaires se rompent. Par ailleurs, certains minéraux présents dans le nuage de poussière auraient provoqué des précipitations acides nocives (voir le chapitre 3). La forme en fer à cheval du cratère Chicxulub, de même que des

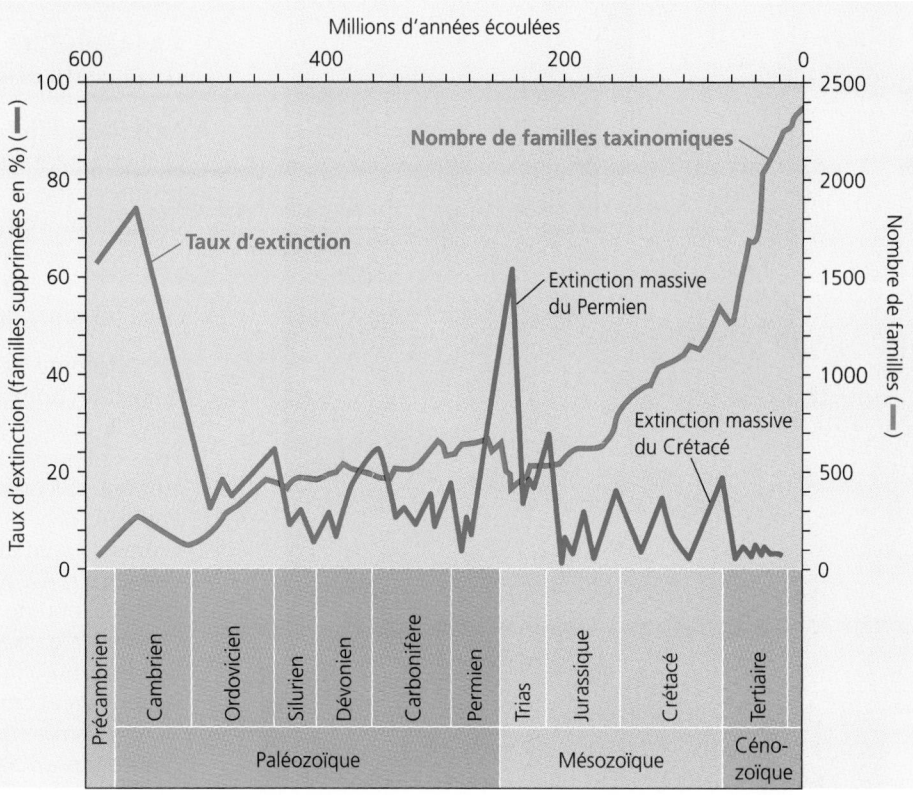

FIGURE 25.5 Diversité du vivant et périodes d'extinctions massives. Ce diagramme, qui s'appuie sur les archives géologiques des formes de vie terrestre et aquatique, met en évidence l'augmentation de la diversité des organismes au fil du temps (tracé rouge, selon l'ordonnée de droite). Les extinctions massives sur terre et dans les mers ont interrompu l'augmentation de la diversité pendant de nombreuses périodes géologiques (tracé bleu, selon l'ordonnée de gauche). Dans ce graphique, les épisodes d'extinction sont évalués en fonction du pourcentage de familles taxinomiques disparues par rapport au nombre total d'espèces vivantes. L'extinction permienne a supprimé plus de 90 % des espèces terrestres et aquatiques, tandis que les extinctions marquant la fin du Crétacé ont sans doute éliminé plus de 50 % de toutes les espèces, dont les Dinosaures.

preuves associées aux sédiments déposés pendant la fin du Crétacé, amènent certains scientifiques à conclure que l'astéroïde Chicxulub aurait frappé la Terre de biais, selon l'axe sud-est (FIGURE 25.6, p. 536). Un tel impact aurait projeté des débris incandescents vers le nord-est, déclenchant des incendies simultanés et tuant en quelques minutes la plupart des plantes et des animaux terrestres du continent nord-américain. Cette hypothèse pourrait justifier la présence de vestiges fossiles indiquant que les taux d'extinction des espèces nord-américaines ont été plus prononcés et plus rapides qu'ailleurs. Des effets moins importants se seraient fait sentir par la suite sur le reste de la planète. Cette hypothèse expliquerait pourquoi les taux d'extinction marquant la fin du Crétacé ne semblent pas uniformes à l'échelle du globe.

Aujourd'hui, les débats touchant l'hypothèse de l'impact sont moins passionnés ; en général, les chercheurs évitent d'établir des liens directs entre l'impact de Chicxulub et la période d'extinctions massives de la fin du Crétacé. Il reste que l'hypothèse des Alvarez, très contestée, a ouvert la voie à de multiples études. Ses opposants soutiennent que ce sont les changements climatiques, imputables à la dérive des continents, aux activités volcaniques accrues et à d'autres processus terrestres (et non extraterrestres), qui auraient causé les extinctions massives d'il y a 65 millions d'années. Comme l'indiquent certains chercheurs, les diverses hypothèses relatives aux disparitions du Crétacé ne sont pas toutes incompatibles. Il est fort possible qu'un astéroïde ait asséné un coup fatal aux organismes de la fin du Crétacé, déjà menacés par d'autres processus plus graduels. De telles collisions ont probablement joué un rôle dans les processus d'extinctions de masse. En 2001, une équipe de chercheurs a signalé que des preuves géologiques montrent que

les extinctions permiennes concordent avec la collision entre un astéroïde et la Terre ; or, les extinctions permiennes sont les plus importantes jamais enregistrées.

Quelles qu'en soient les causes, les disparitions massives ont des effets profonds sur la diversité biologique. Ces conséquences ne sont pas toujours négatives. Les espèces qui réussissent à survivre grâce à leur faculté d'adaptation ou, tout simplement, à leur bonne fortune, deviennent le point de départ de radiations adaptatives comblant de nombreuses niches libres ou récemment créées par les extinctions. Nous étudierons plus en détail des cas de radiations adaptatives dans la cinquième partie du manuel.

LA SYSTÉMATIQUE : LIENS ENTRE CLASSIFICATION ET PHYLOGENÈSE

Jusqu'ici, dans ce chapitre, nous nous sommes penchés sur la phylogenèse, c'est-à-dire sur l'histoire de l'évolution, à la lumière des archives géologiques et en fonction du temps géologique. Mais les biologistes recourent aussi aux données moléculaires, à l'anatomie comparée et à d'autres approches. La **systématique,** soit l'étude générale de la biodiversité à la lumière de l'évolution, a pour objectif principal de reconstituer la phylogenèse des espèces. Elle comprend notamment la taxinomie, c'est-à-dire la nomination et la classification des espèces et des groupes d'espèces. La taxinomie est née au XVIIᵉ siècle avec la publication de l'ouvrage de Linné *Systema naturæ,* c'est-à-dire le « système de la nature ». Ce naturaliste suédois souhaitait établir un classement général de toutes les formes de vie. Un siècle plus

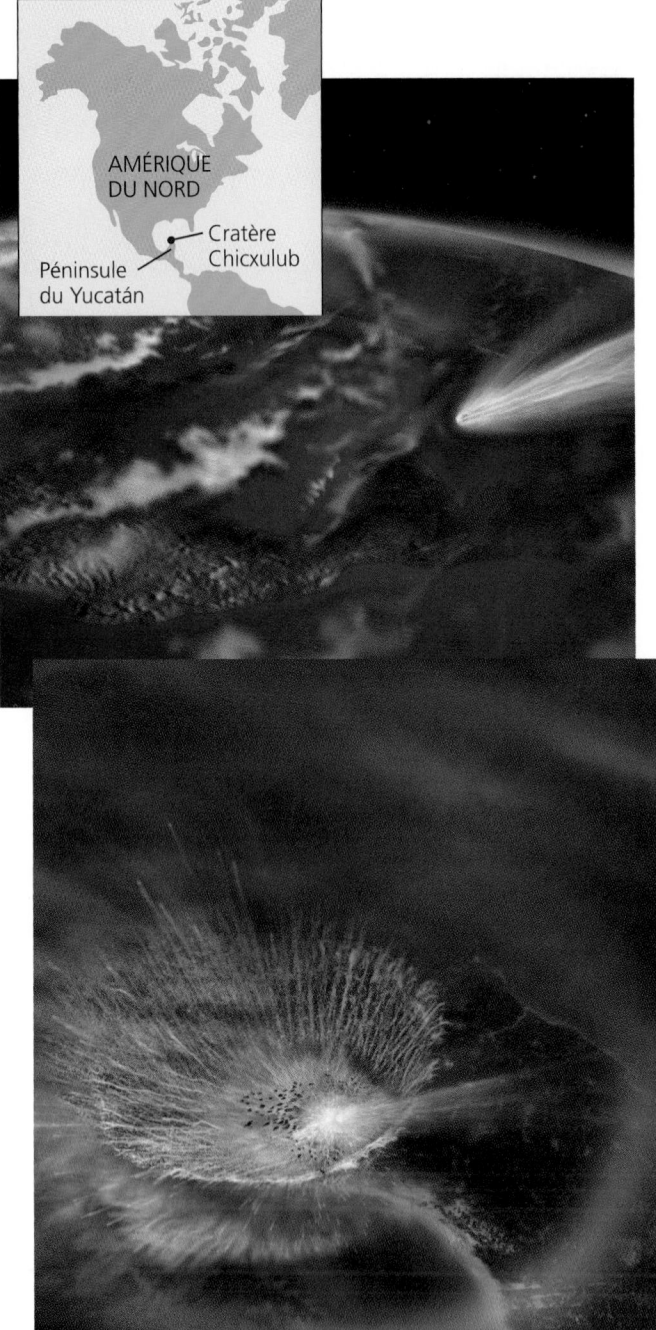

FIGURE 25.6 Choc pour la planète Terre et perturbation de la vie au Crétacé. Le cratère de Chicxulub, dans la mer des Caraïbes, près de la péninsule du Yucatán, au Mexique, compte 65 millions d'années. Sa forme en fer à cheval et la configuration des débris enfouis dans les roches sédimentaires indiquent qu'un astéroïde ou une comète a frappé la Terre de biais, selon l'axe sud-est. Cette image créée par un artiste représente l'impact et ses effets immédiats : la production d'un nuage de vapeur et de débris susceptibles de tuer la plupart des plantes et des animaux d'Amérique du Nord en quelques minutes.

tard, Darwin a à la fois deviné l'orientation qu'allait prendre la taxinomie et lancé une nouvelle science, la systématique, quand il a écrit, dans son ouvrage *De l'origine des espèces* : « Nos classifications deviendront, dans la mesure du possible, des arbres généalogiques. » Dans cette section, nous étudierons les rapports qui existent entre la phylogenèse et les systèmes de classement au cœur de la systématique moderne.

La taxinomie fait appel à un système de classification hiérarchique

Le système linnéen comporte deux grandes caractéristiques : à chaque espèce est attribué un nom formé de deux mots ; les différentes espèces sont classées hiérarchiquement en groupes d'organismes de plus en plus généraux.

Nomenclature binominale

Les taxinomistes utilisent la **nomenclature binominale** pour donner un nom à chaque espèce. Il s'agit d'une appellation formée de deux mots latins : le premier indique le **genre** auquel l'espèce appartient, alors que le deuxième désigne l'**espèce** en tant que telle. Par exemple, le nom scientifique du Léopard est *Panthera pardus*. Vous constaterez que la première lettre du genre s'écrit en majuscule, et que le genre et l'espèce sont en italique. Un genre peut comprendre plusieurs espèces, qui portent chacune un nom spécifique.

Dans la conversation courante, on peut se contenter d'utiliser les noms communs, comme chat, ours, merle et lilas. Dans les ouvrages scientifiques, par contre, les biologistes désignent les organismes étudiés par leur nom scientifique (selon la nomenclature binominale) afin d'éviter toute confusion. Une bonne partie des appellations scientifiques encore employées de nos jours a été créée par Linné, qui a attribué un nom scientifique à plus de 11 000 espèces végétales et animales. En fait, sans doute dans un élan d'optimisme, il a donné aux Humains le nom scientifique de *Homo sapiens*, ce qui signifie « homme sage ».

Classification hiérarchique

En plus d'identifier et de baptiser les espèces, la systématique s'efforce de les classer dans des catégories taxinomiques plus vastes. Ainsi, les espèces étroitement apparentées sont regroupées au sein d'un même genre. Par exemple, le Léopard (*Panthera pardus*), le Lion d'Afrique (*Panthera leo*) et le Tigre (*Panthera tigris*) appartiennent tous à un même genre. Le fait de rassembler des espèces nous semble naturel ; c'est pour nous une façon de structurer notre vision du monde. Nous groupons des arbres semblables et nous les appelons « Chênes », par exemple, pour les distinguer d'autres feuillus, comme les Érables. De fait, les Chênes et les Érables appartiennent à des genres distincts (*Quercus* et *Acer*, respectivement). Le système taxinomique formalise notre tendance à réunir les êtres semblables, qu'ils soient vivants ou fossilisés.

Au-delà du regroupement des espèces apparentées au sein d'un même genre, la taxinomie crée des catégories de classement de plus en plus vastes. Ainsi, les taxinomistes rassemblent les genres semblables en **familles,** les familles en **ordres,** les ordres en **classes,** les classes en **embranchements,** les embranchements en **règnes,** et les règnes en **domaines.** Au fur et à mesure qu'on monte dans la hiérarchie, les catégories taxinomiques deviennent plus générales. Ainsi, tous les membres de la famille des Félidés appartiennent à l'ordre des Carnivores et à la classe des Mammifères, mais tous les Carnivores et les Mammifères ne sont pas des Félidés. Un rang taxinomique, peu importe son niveau, est appelé **taxon.** Par exemple, *Pinus* est un taxon de genre regroupant les diverses espèces de Pins. Seuls les noms de genre et d'espèce sont en italique ; tous les taxons à partir du genre prennent la majuscule.

La FIGURE 25.7 situe le Léopard dans un schéma taxinomique de groupes divisés en sous-groupes. L'organisation des espèces en classes, en embranchements, en règnes et en domaines peut être comparée au tri du courrier d'après le code postal, la rue, le numéro et le nom de famille. Les **arbres phylogénétiques** construits par les systématiciens reflètent la classification hiérarchisée des groupes taxinomiques en fonction de ceux qui sont les plus inclusifs. La FIGURE 25.8, à la page 538, illustre les rapports entre la phylogénèse et la classification en établissant un arbre phylogénétique simplifié où figure le Léopard.

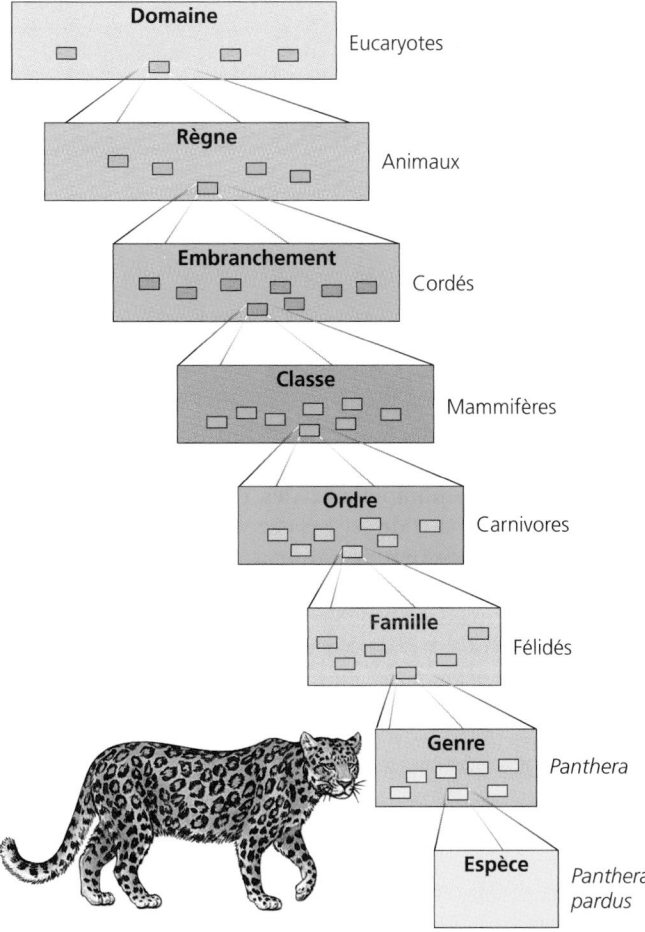

FIGURE 25.7 Classification hiérarchique. Le schéma taxinomique range les espèces en groupes relevant de catégories plus générales. Ainsi, le Léopard (*Panthera pardus*) appartient au genre *Panthera,* qui comprend aussi le Lion d'Afrique et le Tigre. Ces félins appartiennent à la famille des Félidés (*Felidæ,* la famille des Chats), à l'instar des membres du genre *Felis,* qui comprend le Chat domestique (*Felis silvestris*) et plusieurs espèces sauvages étroitement apparentées, comme le Lynx du Canada (*Felis lynx*). La famille des Félidés relève de l'ordre des Carnivores, qui comprend aussi la famille des Canidés (*Canidæ,* la famille des Chiens), et quelques autres familles. L'ordre des Carnivores est rassemblé avec de nombreux autres ordres dans la classe des Mammifères. Celle-ci est l'une des nombreuses classes qui relèvent de l'embranchement des Cordés dans le règne des Animaux. Le domaine correspond au groupe taxinomique le plus général. Celui des Eucaryotes comprend le règne des Animaux ainsi que les autres règnes englobant des organismes eucaryotes.

La systématique phylogénétique moderne se fonde sur l'analyse cladistique

La classification fondée sur l'histoire de l'évolution relève de la systématique phylogénétique. Jusqu'ici, nous avons tenu pour acquis que la phylogénèse d'un groupe d'espèces est déjà connue et nous avons appliqué ce savoir à une classification hiérarchique des espèces (voir la FIGURE 25.8). Mais comment faire pour reconstruire l'histoire de l'évolution en vue de tracer des arbres phylogénétiques ? Eh bien ! les archives géologiques nous sont d'un appui précieux. Et l'évaluation des relations entre les espèces vivantes grâce à l'anatomie comparée est aussi une riche source de données. Enfin, la comparaison de l'ADN (ou des protéines) de deux espèces nous permet de tracer les relations héréditaires à l'échelle moléculaire. Mais comment s'y prennent les systématiciens pour évaluer toutes ces informations et les appliquer à la construction des arbres phylogénétiques et à la classification ? Aujourd'hui, la plupart d'entre eux recourent à l'analyse cladistique (aussi appelée simplement cladistique). On peut faire remonter cette révolution dans la systématique à un ouvrage publié par l'entomologiste (le spécialiste des insectes) allemand Willi Hennig voilà 50 ans. Voyons certains des grands principes de ce type d'analyse.

Les clades, groupes monophylétiques

Un diagramme phylogénétique fondé sur la cladistique s'appelle **cladogramme.** Il s'agit d'un arbre phylogénétique construit selon un modèle dichotomique : il est constitué d'un ensemble de fourches à deux branches. Chaque bifurcation est définie par la divergence de deux espèces issues d'un ancêtre commun. Par exemple, on pourrait représenter une dichotomie dans la famille des Félidés de cette façon :

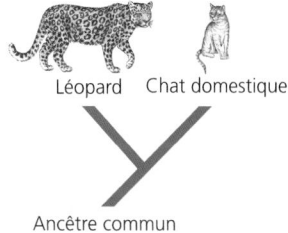

Il est aussi possible d'établir une clé dichotomique de taxons plus inclusifs que celui des espèces, comme les taxons des familles et des ordres :

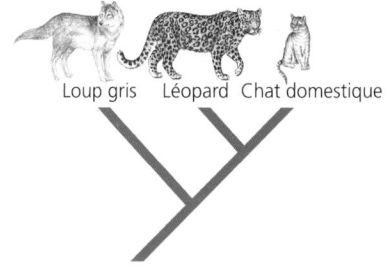

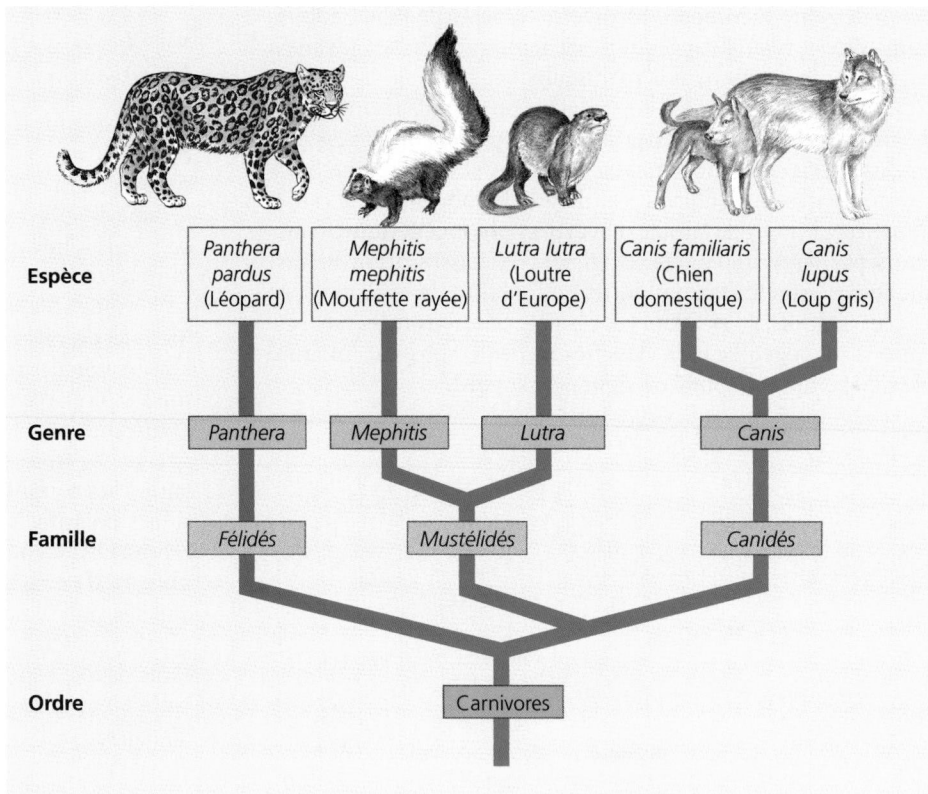

FIGURE 25.8 Lien entre la classification et la phylogenèse. La classification hiérarchique est indiquée par les ramifications de plus en plus précises des arbres phylogénétiques au cours de l'évolution. L'arbre phylogénétique illustré ici schématise les relations possibles entre certains taxons de l'ordre des Carnivores, qui relève de la classe des Mammifères.

La bifurcation qui se situe le plus près de la base de l'arbre phylogénétique, soit le plus près du début de la clé dichotomique, représente la divergence apparue à partir d'un ancêtre commun dans le cas de la famille des Félidés et de celle des Canidés. La séquence des ramifications symbolise la chronologie historique ; le dernier ancêtre commun à la famille des Félidés et à celle des Canidés a vécu il y a plus longtemps que le dernier ancêtre commun au Léopard et au Chat domestique.

Chaque branche évolutive du cladogramme porte le nom de **clade** (du grec *klados*, « rameau »). Vous constaterez que les clades, à l'instar des taxons, sont rassemblés dans des clades plus importants. Le clade de la famille des Félidés relève d'un clade plus important, lequel inclut aussi la famille des Canidés. Toutefois, certains regroupements d'organismes ne peuvent constituer un clade. En effet, ce dernier est défini par la présence d'une espèce ancestrale et de tous ses descendants. Un tel groupe d'espèces, qu'il s'agisse d'un genre, d'une famille ou d'un taxon de rang supérieur, est dit **monophylétique,** c'est-à-dire qu'il relève d'un seul groupe (le qualificatif signifie *race unique*). La FIGURE 25.9 oppose un groupe monophylétique (soit un clade) à des regroupements d'espèces qui ne sauraient être acceptables en vertu de la cladistique.

Établissement d'un cladogramme

Comment les systématiciens s'y prennent-ils pour déterminer l'ordre des ramifications dans un cladogramme ? Autrement dit, comment choisissent-ils les points communs entre les espèces qui sont pertinents pour le regroupement en clades ? Cela représente un grand défi, d'autant plus que, qui dit similitudes, ne dit pas toujours ancêtre commun.

Distinction entre homologie et analogie. Nous avons vu au chapitre 22 qu'une ressemblance attribuable à une ascendance commune est appelée **homologie.** Les membres antérieurs des Mammifères sont homologues : les ressemblances entre les squelettes des animaux de cette classe s'expliquent par une origine généalogique commune (voir la FIGURE 22.14).

Cependant, le fait d'établir des liens en se fondant sur des ressemblances apparues au cours de l'évolution se heurte à un écueil : il est impossible d'attribuer tous les points communs à une ascendance commune. Les espèces issues de lignées distinctes peuvent finir par se ressembler si elles occupent des niches écologiques semblables ou si la sélection naturelle fait en sorte qu'elles ont des adaptations analogues. De telles correspondances sont le fruit d'une **évolution convergente.** Une ressemblance imputable à la convergence est appelée **analogie** (FIGURE 25.10) et non homologie. Les ailes des Chauves-souris et celles des Oiseaux, par exemple, sont des organes analogues qui autorisent le vol. Les archives géologiques indiquent qu'elles sont apparues indépendamment, à partir de membres antérieurs déambulateurs d'ancêtres différents. (Vous constaterez que l'homologie, comme la taxinomie, peut prendre une forme hiérarchique ; même si les membres antérieurs des Chauves-souris et des Oiseaux sont analogues à titre d'ailes, ils sont homologues à titre de membres antérieurs issus du membre antérieur prototype des Vertébrés.)

En règle générale, plus on trouve de parties homologues entre deux espèces, plus le lien de parenté qui unit celles-ci est étroit, et cette proximité doit se traduire dans la classification. Malheureusement, il est plus facile d'énoncer cette règle que de l'appliquer. L'adaptation masque des homologies, et la convergence crée des analogies induisant en erreur. Comme nous l'avons vu au chapitre 22, en comparant le développement

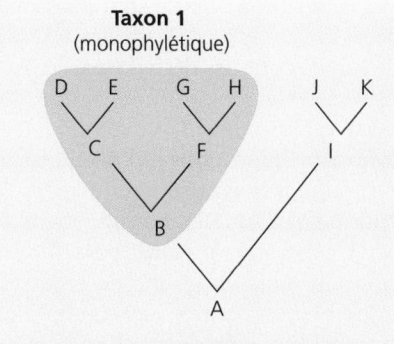

Taxon 1
(monophylétique)

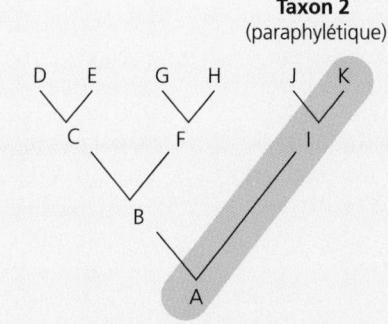

Taxon 2
(paraphylétique)

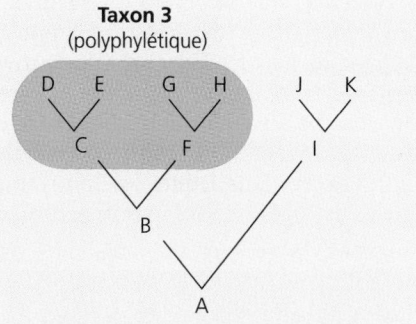

Taxon 3
(polyphylétique)

(a) Groupe monophylétique. Dans ce clado-gramme, le taxon 1, qui comprend les sept espèces de B à H, constitue un groupe mono-phylétique, c'est-à-dire un clade. Un groupe monophylétique est composé d'une espèce ancestrale (l'espèce B, dans ce cas) et de *toutes* ses espèces descendantes. Seuls les groupes monophylétiques peuvent constituer un clade.

(b) Groupe paraphylétique. Le taxon 2 ne respecte pas les critères cladistiques : il s'agit d'un groupe paraphylétique, c'est-à-dire qui comprend un ancêtre (désigné par la lettre A) et *certains,* mais non tous les descendants de cet ancêtre. (Le taxon 2 inclut les descen-dants I et K, mais exclut les descendants J et de B à H, qui sont pourtant issus de A.)

(c) Groupe polyphylétique. Le taxon 3 ne peut respecter les critères de l'épreuve cladistique. Il s'agit d'un regroupement polyphylétique, qui exclut l'ancêtre commun B ; or, c'est cet ancêtre qui pourrait unir les espèces à titre de groupe monophylétique.

FIGURE 25.9 Regroupement monophylétique, paraphylétique ou polyphylétique.

embryonnaire des structures, on peut souvent déceler une homologie devenue invisible chez les organismes adultes.

Un autre indice aide à distinguer l'homologie de l'analogie : plus deux structures semblables sont complexes, moins elles sont susceptibles d'être apparues indépendamment l'une de l'autre. Les crânes de l'Humain et du Chimpanzé (*Pan troglo-dytes*), par exemple, sont formés de plusieurs os fusionnés ; ils se correspondent presque parfaitement, os pour os. Il est fort improbable que des structures aussi complexes et aussi ressemblantes aient des origines distinctes. La multitude de gènes nécessaires à leur constitution est très probablement héritée d'un ancêtre commun.

Repérage des caractères dérivés partagés. Au-delà de la dis-tinction entre les similarités homologues ou analogues, les sys-tématiciens doivent faire un tri parmi les homologies pour mettre en évidence les caractères dérivés partagés. Le mot « caractère » désigne ici toute particularité d'un taxon précis. Les caractères pertinents pour la phylogenèse sont, bien entendu, les éléments homologues. Par exemple, tous les Mammifères ont un système pileux. Tous possèdent aussi une colonne vertébrale. Toutefois, la présence de la colonne vertébrale ne nous aide pas à distinguer les Mammifères des autres Vertébrés, comme les Poissons et les Reptiles. Autrement dit, cette structure constitue une caractéristique homologue qui précède dans le temps l'apparition du clade mammalien dans l'arbre généalogique des Vertébrés. Il s'agit d'un **caractère ancestral partagé,** c'est-à-dire une homologie reliée à un taxon plus inclusif que celui que nous essayons de définir. En revanche, la présence du poil est une homologie qui n'existe que chez les Vertébrés appelés Mammifères. En comparant les Mammifères aux autres Ver-tébrés, on peut affirmer que le poil est un **caractère dérivé partagé,** soit une innovation apparue au cours de l'évolution qui relève exclusivement d'un clade particulier. L'organigramme ci-dessous résume les types de similitudes entre les espèces :

(a) Ocotillo du sud-ouest de l'Amérique du Nord

(b) Ocotillo de Madagascar

FIGURE 25.10 Évolution convergente et structures analogues.
(a) L'Ocotillo (ou Ocotilla, *Fouquieria splendens*), qui croît dans le sud-ouest de l'Amérique du Nord, ressemble à s'y méprendre à **(b)** l'Ocotillo de Madagascar (*Alluaudia procera*). Ces plantes n'ont pas de liens de parenté étroits ; elles doivent leurs ressemblances à des adaptations analogues apparues indépendamment l'une de l'autre, en réaction à des pressions écologiques semblables.

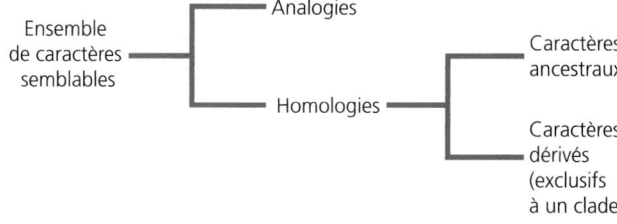

Précisons que la colonne vertébrale peut faire partie des caractères dérivés partagés, mais à une ramification antérieure distinguant *tous* les Vertébrés des autres Animaux. *Parmi* les Vertébrés, la colonne vertébrale est un caractère ancestral partagé, parce qu'elle a pris naissance chez l'ancêtre de tous les Vertébrés. Ainsi, la séquence des ramifications d'un cladogramme représente l'ordre dans lequel les innovations (ou les caractères dérivés partagés) se sont manifestées au cours de l'évolution.

Comparaison avec un groupe de référence. Les systématiciens respectent une étape clé dans l'analyse cladistique : ils recourent à la comparaison avec un groupe de référence pour distinguer les caractères partagés *dérivés* des caractères partagés *ancestraux*. Essayons d'établir un cladogramme simplifié en tenant seulement compte de cinq vertébrés : un léopard, une tortue, une salamandre, un thon et une lamproie. Ceux-ci composent le **groupe à l'étude.** Pour fonder notre comparaison et établir un cladogramme, il nous faut choisir en plus un **groupe de référence,** soit une espèce ou un groupe d'espèces extrêmement proche des espèces étudiées, mais ayant un lien de proximité moins serré que celui qui existe entre celles-ci (d'après les preuves de la paléontologie, de l'analyse du développement embryonnaire et de la biologie moléculaire, par exemple). Optons pour les organismes appelés Amphioxus à titre de groupe de référence.

La comparaison avec le groupe de référence se fonde sur une hypothèse : les homologies existant entre le groupe de référence et le groupe à l'étude doivent représenter des caractères ancestraux déjà présents chez l'ancêtre commun des deux groupes. C'est le cas, par exemple, d'une structure appelée corde dorsale, une tige rigide et élastique qui s'étend sur toute la longueur de l'organisme. (Chez les Vertébrés, la corde dorsale est présente au stade embryonnaire ; chez les adultes de la plupart des

Vertébrés, les seuls vestiges de la corde dorsale sont les disques intervertébraux.) Les espèces qui composent le groupe à l'étude partagent un ensemble de caractéristiques dérivées partagées et ancestrales. La comparaison avec le groupe de référence nous permet de nous concentrer exclusivement sur les caractères dérivés à l'occasion des diverses ramifications de l'évolution. La FIGURE 25.11a en montre certains. Vous constaterez que *tous* les animaux du groupe à l'étude possèdent une colonne vertébrale ; il s'agit donc d'un caractère ancestral partagé, présent chez l'ancêtre vertébré, mais absent dans le groupe de référence. Vous noterez également que la présence des mâchoires est un caractère absent chez la Lamproie, mais présent chez les autres membres du groupe à l'étude. Il permet de faire le point sur la bifurcation la plus ancienne dans le clade des Vertébrés. La FIGURE 25.11b indique comment les données du tableau des homologies sont converties en cladogramme.

Résumé de l'analyse cladistique

Un cladogramme représente la séquence chronologique des ramifications typiques de l'histoire de l'évolution d'un ensemble d'organismes. Les systématiciens déduisent les séquences des ramifications en analysant les homologies dans le but de repérer les caractéristiques dérivées propres à chaque clade. Par exemple, d'après la FIGURE 25.11b, l'analyse cladistique indique que le clade Tortue-Léopard comprend un ancêtre commun plus récent que l'ancêtre du clade Salamandre-Tortue-Léopard.

Il ne faut pas confondre cette chronologie des ramifications phylogénétiques avec les dates d'apparition des organismes comparés. Ainsi, le cladogramme de la FIGURE 25.11b *n'indique pas* que toutes les Tortues ont fait leur apparition plus récemment

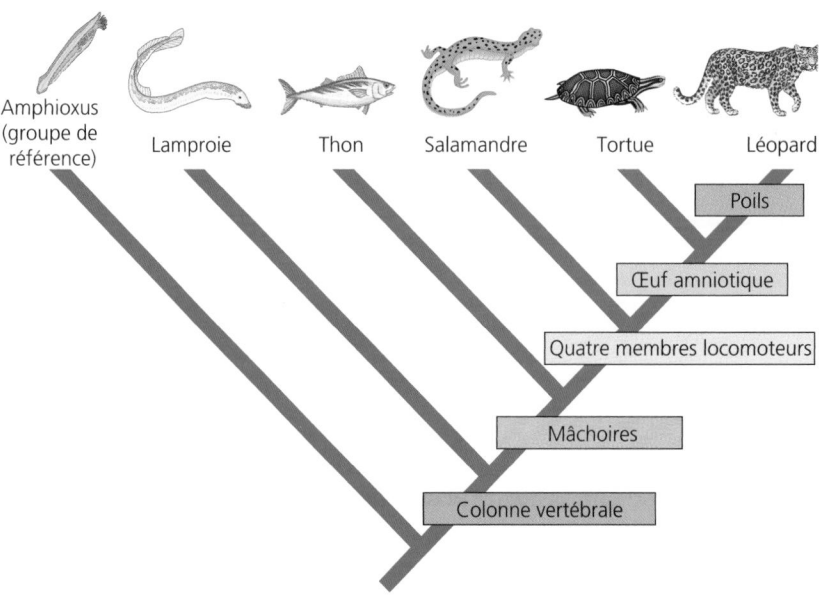

ANIMAUX COMPARÉS

CARACTÈRES	Amphioxus (groupe de référence)	Lamproie	Thon	Salamandre	Tortue	Léopard
Poils	0	0	0	0	0	1
Œuf amniotique (avec coquille)	0	0	0	0	1	1
Quatre membres locomoteurs	0	0	0	1	1	1
Mâchoires	0	0	1	1	1	1
Colonne vertébrale	0	1	1	1	1	1

(a) Tableau des caractères. La mention 0 indique l'absence d'un caractère, et la mention 1, sa présence. L'utilisation d'une telle méthode facilite l'entrée des données dans les logiciels, établis selon un mode de calcul binaire.

(b) Cladogramme. L'analyse de la distribution taxinomique de ces homologies nous donne les moyens de mettre en évidence la séquence d'apparition des caractères dérivés pendant la phylogenèse des Vertébrés.

 **FIGURE 25.11 Élaboration d'un cladogramme.**

que toutes les Salamandres ; il montre uniquement que leur ancêtre commun est né avant l'ancêtre du clade Tortue-Léopard. Une espèce particulière de Tortue pourrait figurer parmi les membres les plus âgés du clade, tandis qu'une espèce de Salamandre utilisée dans l'analyse cladistique pourrait être un membre relativement jeune d'un clade plus ancien. Soulignons aussi que la chronologie du cladogramme est relative (on parle d'*avant* comparativement à *après*). La plupart des arbres phylogénétiques présentés dans cette série de chapitres et ailleurs dans l'ouvrage sont fondés sur une combinaison d'analyses cladistiques et d'études de fossiles ou d'autres données en vue de situer les ramifications phylogénétiques dans le temps géologique (pour un exemple, voir la FIGURE 29.1).

Les systématiciens recourent aux cladogrammes pour situer les espèces dans des groupes inclus dans des groupes plus larges ; cela reflète le fait que les clades appartiennent à d'autres clades plus complets. La FIGURE 25.12 applique ce principe à un groupe de mammifères.

Selon certains systématiciens, le système hiérarchique de classification est vétuste parce qu'il est fort difficile de réarranger les taxons lorsqu'un cladogramme est revu en fonction de nouvelles preuves. Ils proposent donc de remplacer le système linnéen par une classification strictement cladistique, appelée **phylocode**. Les défenseurs de cette taxinomie de remplacement nomment tout simplement des clades, sans leur appliquer une étiquette hiérarchique comme la classe, l'ordre et la famille. Par exemple, deux clades tirés de la FIGURE 25.11b pourraient être nommés clade Vertébrés et clade Amniotes (Vertébrés avec des œufs amniotiques, ou à coquille). Jusqu'à maintenant, la plupart des biologistes préfèrent un système hiérarchique de niveaux taxinomiques ; cela leur paraît plus utile pour organiser la diversité de la vie.

Tous les diagrammes phylogénétiques, qu'il s'agisse de cladogrammes ou d'arbres généalogiques tenant compte de l'échelle du temps, représentent une hypothèse ou un ensemble d'hypothèses relatives aux liens de parenté entre les organismes présentés. De nouvelles données peuvent obliger les systématiciens à modifier leurs arbres hiérarchiques. De telles réévaluations ont connu un nouvel élan depuis l'intégration de techniques de la biologie moléculaire dans la comparaison des espèces et dans les enquêtes sur la phylogenèse.

Les systématiciens déduisent la phylogenèse à partir de données moléculaires

Pour établir la phylogenèse et classer les organismes, il est utile de comparer des macromolécules ainsi que des caractères anatomiques. Si l'homologie reflète une hérédité commune, alors la comparaison des gènes et  des protéines des organismes doit permettre de cerner les relations de ces derniers au cours de l'évolution. Les séquences des nucléotides de l'ADN sont héréditaires, et elles programment les séquences correspondantes des acides aminés composant les protéines. Au niveau moléculaire, l'évolution divergente des espèces reflète l'accumulation de différences dans les génomes. Plus deux espèces dérivant d'un même ancêtre ont divergé récemment, plus leur ADN et les séquences de leurs acides aminés seront semblables. Aujourd'hui, les séquences d'acides aminés de nombreuses protéines de même que les séquences de nucléotides servent à constituer des archives de plus en plus exhaustives sur l'ADN de diverses espèces. Elles sont présentées dans des bases de données accessibles grâce à Internet. Ces efforts ont relancé les démarches de la systématique, car les chercheurs

FIGURE 25.12 Cladistique et taxinomie.
Le regroupement de clades relevant d'autres clades sert à ordonner les espèces selon une hiérarchie de taxons de rang supérieur. Dans ce cladogramme de mammifères, un reptile (Tortue) sert de groupe de référence. Les barres horizontales précédant les embranchements montrent des exemples de caractères dérivés hérités de l'ancêtre de chacun des clades.

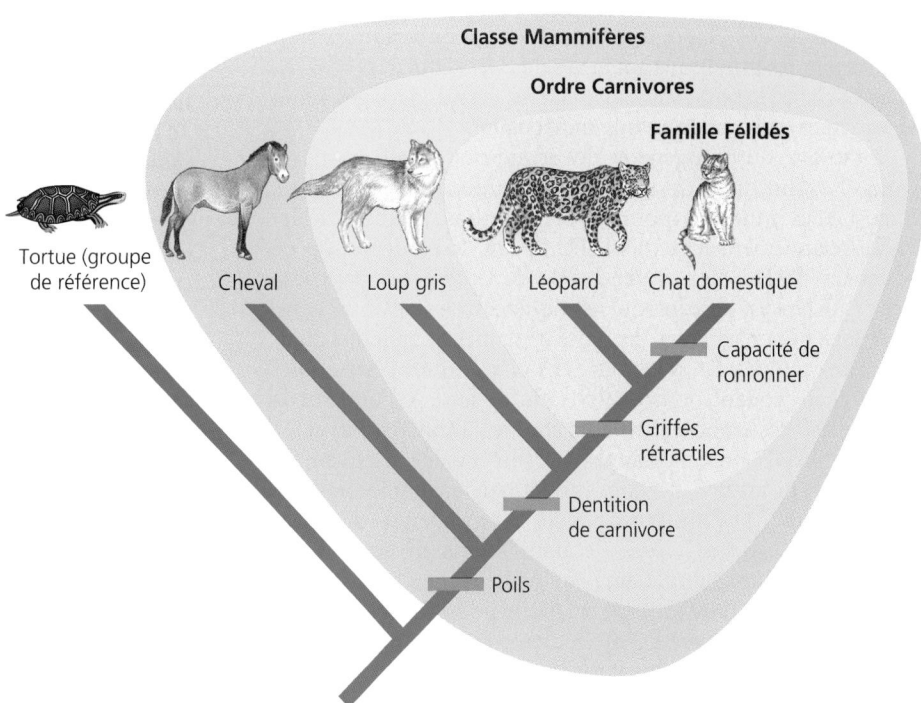

font appel aux bases de données disponibles pour comparer les renseignements héréditaires relatifs à diverses espèces, et ce, de manière à établir la phylogenèse.

La systématique moléculaire permet d'évaluer des relations phylogénétiques impossibles à mesurer grâce à l'anatomie comparée ou à d'autres méthodes non moléculaires. L'une de ses applications consiste à comparer des espèces trop étroitement apparentées pour présenter de grandes différences sur le plan morphologique. À l'autre extrême, la systématique moléculaire permet d'étudier les relations existant entre des espèces si différentes qu'il est presque impossible d'établir des homologies morphologiques entre elles. À titre d'exemple, en se fondant sur la morphologie, il serait impossible de conclure que les Eumycètes sont plus étroitement apparentés aux Animaux qu'aux Végétaux. La biologie moléculaire permet à la systématique de se pencher sur les cas extrêmes de relations phylogénétiques, et de faire le point sur les ramifications principales et sur les ramilles les plus ténues de l'arbre de la vie.

Données phylogénétiques provenant des séquences de l'ADN

Les systématiciens utilisent diverses méthodes pour comparer les protéines et les acides nucléiques des espèces. Cependant, la plupart des recherches se fondent aujourd'hui sur l'étude comparée de séquences nucléotidiques de l'ADN ou de l'ARN. La position des nucléotides sur une bande d'ADN représente un caractère héréditaire qui apparaît sous la forme de l'une des quatre bases de l'ADN : A (adénine), G (guanine), C (cytosine) ou T (thymine). Ainsi, les régions homologues de l'ADN de deux espèces qui comptent 1 000 nucléotides permettent d'établir 1 000 points de comparaisons. Le systématicien peut tenir compte de plusieurs régions de l'ADN pour évaluer la relation entre deux espèces. Les appareils de séquençage automatique de l'ADN permettent aux chercheurs de réunir une quantité énorme de données ; et le recours aux ordinateurs rend possible l'analyse d'une vaste quantité de renseignements génétiques. L'analyse de séquences d'ADN fournit un outil quantitatif servant à établir des cladogrammes, dont les bifurcations sont définies par des mutations apparues dans les séquences d'ADN. Il s'agit de faire le point sur les caractères dérivés partagés, selon les principes de la systématique moléculaire.

La rapidité du changement des séquences d'ADN au fil du temps d'évolution varie selon la partie du génome étudiée. Ainsi, l'ADN qui code pour de l'ARN ribosomique (ARNr) évolue relativement lentement. De ce fait, la comparaison de séquences d'ADN de ces gènes (ou de leurs produits, c'est-à-dire l'ARNr) est utile lorsqu'on enquête sur les relations entre des taxons qui ont divergé il y a des centaines de millions d'années. Par exemple, les systématiciens concentrent leurs efforts sur les gènes codant pour l'ARNr afin de faire le point sur la phylogenèse des embranchements chez les Animaux. Par comparaison, l'ADN mitochondrial (ADNmt) évolue relativement vite. C'est pourquoi certains systématiciens emploient le séquençage de l'ADNmt pour évaluer la phylogenèse d'espèces relativement proches, voire de populations diverses d'une même espèce. Par exemple, une équipe de recherche a recouru au séquençage de l'ADNmt pour faire le point sur les relations entre les divers groupes d'Amérindiens. Les résultats qu'elle a obtenus confirment certaines preuves indiquant que les Pimas de l'Arizona, les Mayas du Mexique et les Yanomamis du Venezuela sont étroitement apparentés. Ces populations humaines descendent sans doute de la première des trois vagues d'immigrants ayant traversé le Détroit de Béring, passant de l'Asie à l'Amérique pendant la glaciation de la fin du Pléistocène.

Alignement des séquences d'ADN

Les comparaisons de l'ADN posent certains défis techniques. La première étape dans l'analyse des données génétiques consiste à aligner les séquences homologues d'ADN issues de deux espèces comparées. Si ces dernières ont divergé d'un même ancêtre relativement récent, les séquences des régions homologues de l'ADN seront sans doute de longueur identique. Bien sûr, cela n'empêche pas qu'elles puissent contenir des bases différentes dans certains sites ou dans un seul site. Les espèces moins proches, elles, peuvent avoir des séquences d'ADN homologues différant non seulement sur le plan des bases de certains sites, mais aussi sur le plan de la longueur totale des séquences. C'est que l'accumulation des mutations (notamment les insertions et les délétions) risque fort de modifier la longueur des gènes (revoir le chapitre 17). Imaginons, par exemple, que deux séquences d'ADN issues de deux espèces soient très semblables, mais qu'une délétion ait supprimé la première base de la séquence provenant de l'une des espèces. Dans ce cas, toute la suite restante de nucléotides serait décalée, et une comparaison point par point des deux séquences étudiées aboutirait à une fausse conclusion : on pourrait croire à une différence marquée entre elles, alors qu'en fait il y aurait une grande concordance générale. La FIGURE 25.13 donne un exemple simplifié des techniques employées par les systématiciens pour traiter les données génétiques à l'aide de logiciels, en vue d'aligner les segments d'ADN homologues dont la longueur varie.

Le principe de parcimonie aide les systématiciens à reconstruire la phylogenèse

Il est possible d'utiliser les données du séquençage d'ADN pour en savoir davantage sur la théorie systématique générale. Une fois que les séquences de bases de l'ADN homologue d'une série d'espèces ont été alignées puis comparées point par point, les systématiciens peuvent convertir les données en arbres phylogénétiques. En ce qui a trait à la comparaison des séquences, chaque changement de base (par exemple, la mutation ponctuelle d'une base G en une base A) compte comme un événement de l'évolution. Quand les changements de bases sont extrêmement nombreux dans une série d'espèces, le systématicien se trouve aux prises avec un casse-tête phylogénétique insoluble. S'il ne compare que quelques espèces, le nombre d'arbres phylogénétiques possibles en fonction des données de séquençage n'est pas trop important (FIGURE 25.14). Mais imaginons que le systématicien s'efforce de construire un arbre phylogénétique comprenant 50 espèces. Il y aurait environ 3×10^{76} arbres phylogénétiques possibles ! Même les ordinateurs les plus performants n'arrivent pas à établir en un temps raisonnable l'arbre phylogénétique concordant le mieux avec les données de l'ADN. En revanche, pour obtenir des ensembles de données plus restreints, le systématicien peut faire un tri parmi les variations des arbres phylogénétiques en mettant en application le principe de parcimonie.

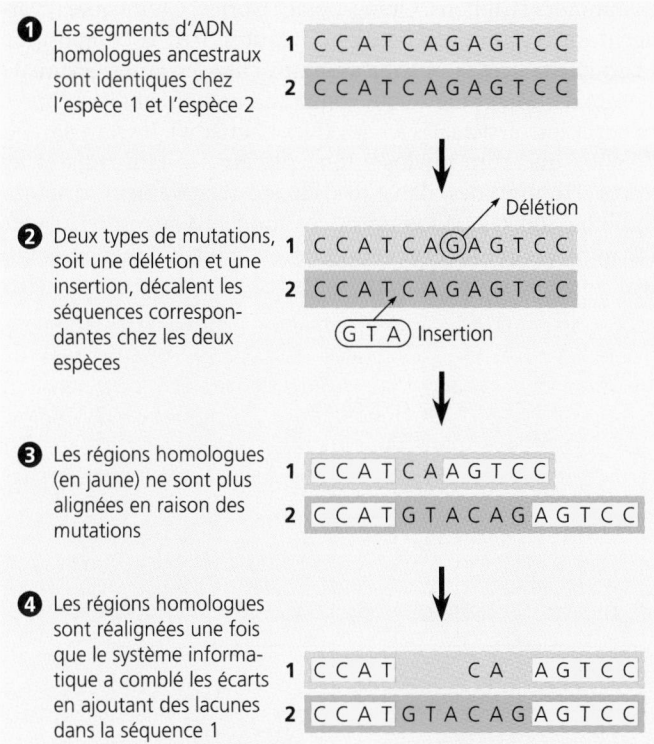

❶ Les segments d'ADN homologues ancestraux sont identiques chez l'espèce 1 et l'espèce 2

1 C C A T C A G A G T C C
2 C C A T C A G A G T C C

❷ Deux types de mutations, soit une délétion et une insertion, décalent les séquences correspondantes chez les deux espèces

Délétion

1 C C A T C A G̲ A G T C C
2 C C A T C A G A G T C C

G T A Insertion

❸ Les régions homologues (en jaune) ne sont plus alignées en raison des mutations

1 C C A T C A A G T C C
2 C C A T G T A C A G A G T C C

❹ Les régions homologues sont réalignées une fois que le système informatique a comblé les écarts en ajoutant des lacunes dans la séquence 1

1 C C A T   C A   A G T C C
2 C C A T G T A C A G A G T C C

FIGURE 25.13 Alignement des segments d'ADN. Cet exemple simplifié illustre l'impact des insertions et des délétions sur la longueur des segments d'ADN. Ces deux types de mutations rendent difficile la comparaison point par point entre deux espèces. Les systématiciens utilisent des logiciels qui repèrent les séquences semblables des segments d'ADN provenant des deux espèces étudiées, puis qui rétablissent leur alignement en insérant des lacunes dans les régions où les délétions ou les insertions ont eu lieu. Cela permet de pallier l'effet des mutations ayant modifié la longueur des séquences et de comparer les régions homologues des segments d'ADN. (Dans cet exemple, les séquences homologues sont identiques.)

Dans les sciences, le **principe de parcimonie** indique que toute théorie doit proposer l'explication la plus simple possible dans le respect des faits. Autremèse dit, il faut éliminer tous les éléments non essentiels. Le principe de parcimonie s'inspire des idées de Guillaume D'Occam, théologien et philosophe anglais du XIVᵉ siècle, qui préconisait cette approche minimaliste de la résolution des problèmes. Il jette les bases de l'empirisme, mode de connaissance fondé sur les faits. Pas moins de six siècles plus tard, le philosophe Bertrand Russell a renforcé ce principe de parcimonie en déclarant : « Il est vain de vouloir faire avec plus ce que l'on peut accomplir avec moins. »

Les systématiciens appliquent le principe de parcimonie au tracé d'arbres phylogénétiques qui représentent le plus petit nombre possible de changements apparus au cours de l'évolution. Pour les cladogrammes fondés sur les caractères morphologiques, l'arbre le plus simple est celui qui fait appel au plus petit nombre d'événements possible, sous la forme d'une analyse des caractères dérivés partagés. La FIGURE 25.15 (p. 544 et 545) présente le mode de construction de l'arbre phylogénétique le plus simple possible, en fonction des données de séquençage d'ADN, pour un cas relativement simple de quatre espèces, déjà présenté à la FIGURE 25.14. Pour les ensembles d'espèces beaucoup plus importants, il faudrait un ordinateur comme outil de simplification, afin de supprimer tous les arbres phylogénétiques inutiles, dans la recherche ultime de parcimonie.

Les arbres phylogénétiques constituent des hypothèses

Compte tenu de la difficulté à appréhender la complexité biologique, surtout ce qui touche à la biologie moléculaire, la voie de la parcimonie ne s'impose pas d'une manière intuitive. Si l'on est placé devant une série d'arbres phylogénétiques possibles, tracés en fonction des données relatives au séquençage d'ADN, pourquoi faut-il privilégier l'arbre qui compte le moins

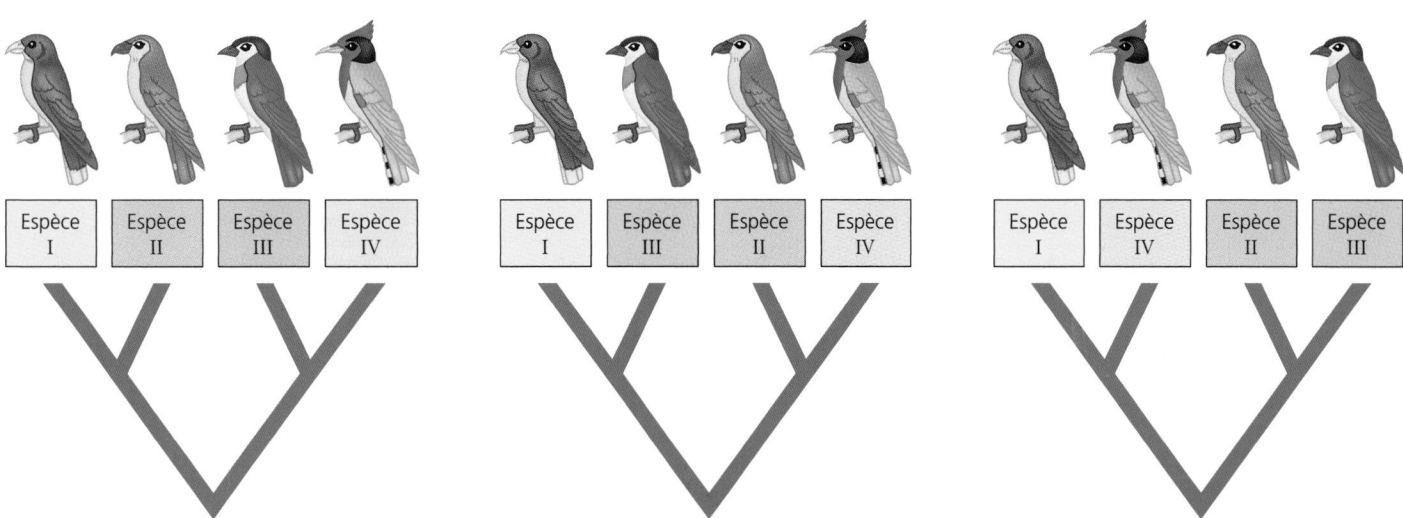

FIGURE 25.14 Version simplifiée d'une problématique phylogénétique comptant quatre espèces.
Voici trois possibilités parmi les nombreux arbres phylogénétiques que l'on peut tracer en tenant compte de quatre espèces étroitement apparentées d'Oiseaux.

de changements possible, à titre de meilleure hypothèse de travail concernant les relations parmi un ensemble d'espèces ? C'est que, quel que soit le caractère étudié d'une espèce, qu'il soit moléculaire ou morphologique, la fidélité héréditaire est plus courante que le changement. À l'échelon moléculaire, les mutations ponctuelles modifient occasionnellement une base au sein d'une séquence d'ADN. Toutefois, la transmission exacte des séquences d'une génération à l'autre est mille fois plus fréquente que le changement. La même justification s'applique à la morphologie. Par exemple, les Humains et les autres Hominoïdes (Gibbons, Orang-outan, Gorille, Chimpanzés) partagent un certain nombre de nouveautés dans la composition du squelette ; celles-ci sont absentes chez les autres Primates (l'ordre des Mammifères qui comprend notamment les Lémurs, les Loris, les Tarsiers, les Singes et les Humains). Il serait *possible* d'établir un arbre phylogénique plaçant les Humains et les autres Hominoïdes dans des clades relativement distants. Toutefois, un tel cladogramme se fonderait sur un ensemble d'hypothèses inutilement compliquées, voulant qu'un ensemble de changements du squelette soit survenu à deux reprises chez

❶ Nous établissons un tableau des données de séquençage de l'ADN pour les quatre espèces. Dans cet exemple simplifié, la séquence d'ADN ne compte que sept bases azotées.

Sites de la séquence d'ADN

Espèces

	1	2	3	4	5	6	7
I	A	G	G	G	G	G	T
II	G	G	G	A	G	G	G
III	G	A	G	G	A	A	T
IV	G	G	A	G	A	A	G

❷ Nous traçons tous les arbres phylogénétiques possibles (nous vous en présentons uniquement trois ici, ceux qui ont été tracés à la FIGURE 25.14). Il faut à présent appliquer le principe de parcimonie : parmi ces arbres, lequel exige le moins d'événements, au total (c'est-à-dire de changements de bases dans la séquence d'ADN) ? Autrement dit, laquelle de ces trois hypothèses constitue l'explication la plus simple, pour rendre compte des données de l'ADN ?

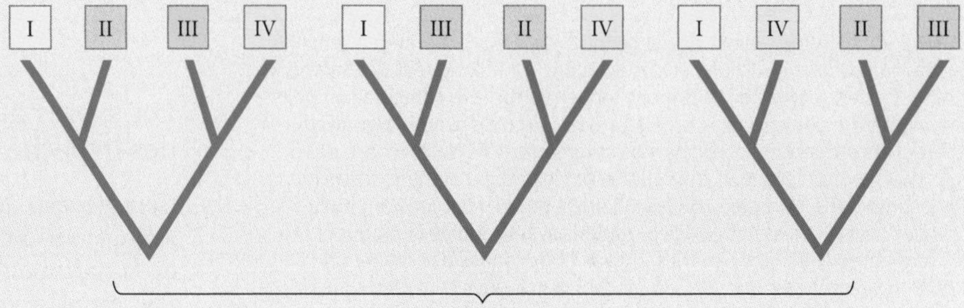

Trois hypothèses phylogénétiques

❸ Nous nous concentrerons d'abord sur le site 1 de la séquence. Un seul événement de changement de bases, marqué par la barre horizontale dans la ramification débouchant sur l'espèce I, peut rendre compte des données du site 1.

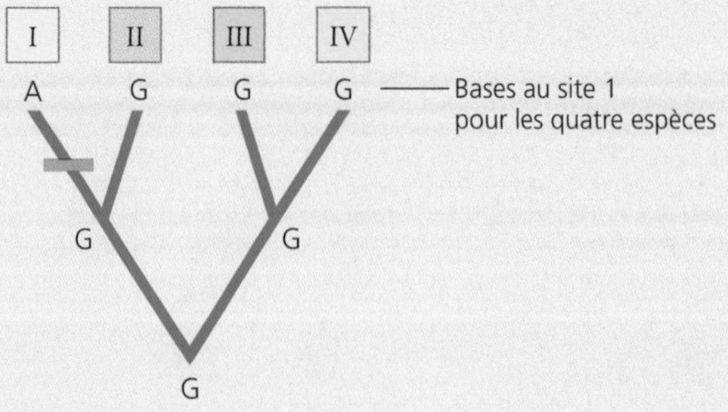

Bases au site 1 pour les quatre espèces

❹ En continuant l'analyse pour les sites 2 à 4, nous constatons que chacun des arbres possibles exige un total de quatre événements (signalés par les barres horizontales dans les branches), pour rendre compte des données touchant les quatre sites des bases. Par conséquent, les quatre premiers sites de la séquence d'ADN ne nous aideront pas à choisir l'arbre le plus simple.

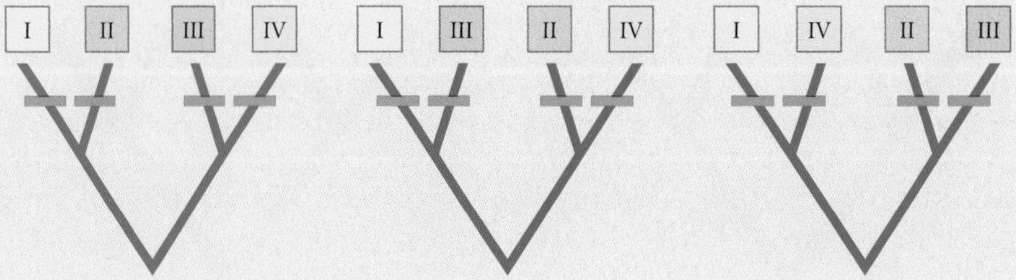

FIGURE 25.15 Principe de parcimonie et systématique moléculaire. Suivez les étapes d'élaboration de l'arbre phylogénétique le plus simple possible, en vue de rendre compte de la phylogenèse des quatre espèces présentées à la FIGURE 25.14. (Nous n'allons évaluer que trois arbres parmi toutes les possibilités.)

⑤ En passant aux sites 5 et 6, nous constatons que le premier arbre (sur la gauche) exige moins d'événements que les deux autres arbres (deux changements de bases comparativement à quatre changements). Dans ces diagrammes, nous commençons par un ancêtre éloigné qui possède la combinaison GG aux sites 5 et 6. Mais si nous commençons plutôt par un ancêtre lointain AA, nous constatons encore que la première tentative de phylogenèse n'exige que deux changements, tandis que quatre changements sont nécessaires pour que les deux autres arbres phylogénétiques hypothétiques soient vrais. La simplification dépend uniquement du nombre total d'événements, et non de la nature exacte des événements (c'est-à-dire les types de changements de bases).

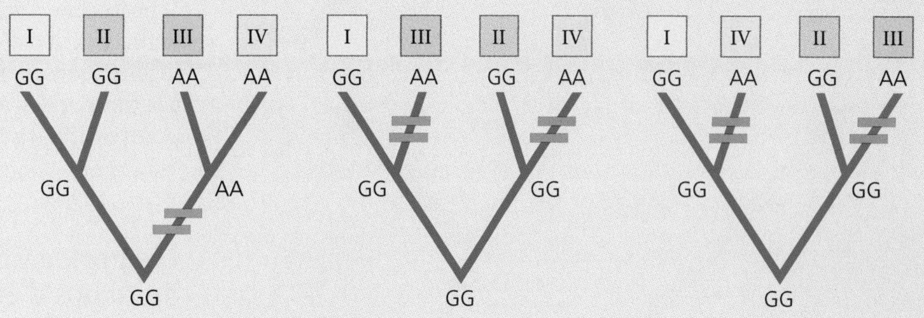

⑥ Pour le site 7, les trois arbres diffèrent aussi dans le nombre d'événements exigés pour expliquer les données de l'ADN.

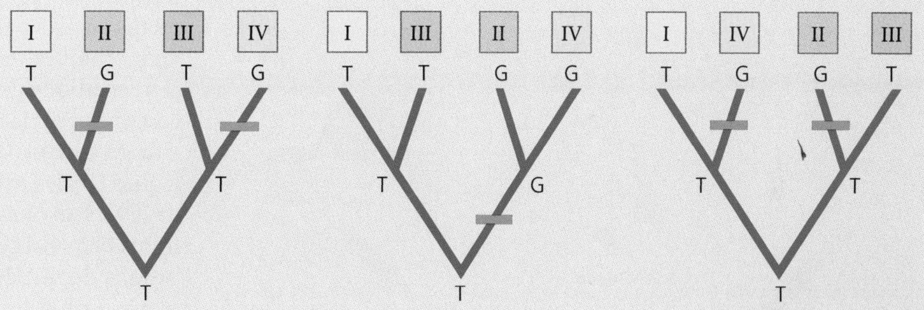

⑦ Nous faisons à présent le total des événements en nous reportant aux étapes 3 à 6. Il ne faut pas oublier de tenir compte des changements exigés pour les quatre premiers sites de la séquence d'ADN (étapes 3 et 4). En conclusion, l'arbre sur la gauche est le plus simple, pour l'évaluation de ces trois tentatives de phylogenèse.

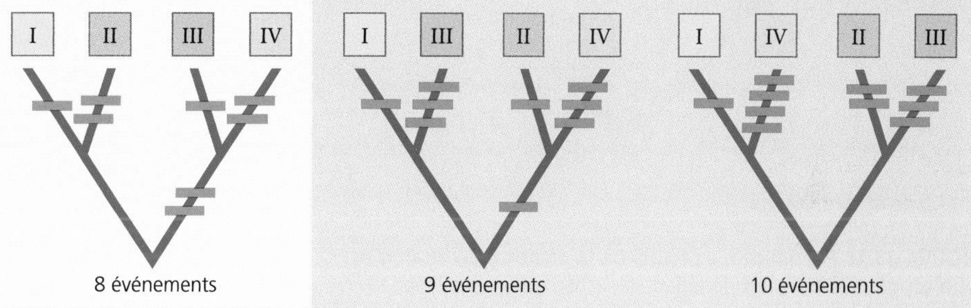

FIGURE 25.15 (*suite*)

des ancêtres indépendants, et non pas une seule fois, chez un ancêtre partagé par tous les Hominoïdes. Le cladogramme le plus simple pour faire état de la diversité des Primates, qu'il soit fondé sur des données morphologiques ou moléculaires, place les Humains et les autres Hominoïdes très près les uns des autres.

Il faut aussi rappeler que tout arbre phylogénétique constitue un ensemble d'hypothèses. Devant un choix d'arbres possibles relatifs à un ensemble d'espèces ou de taxons, la meilleure hypothèse sera celle qui rend le mieux compte de toutes les données disponibles. En l'absence d'informations conflictuelles, l'arbre le plus simple constitue un choix logique parmi plusieurs hypothèses opposées. Toutefois, dans certains cas, des preuves frappantes indiquent que la meilleure hypothèse correspond à un arbre phylogénétique *qui n'est pas* le plus simple. Il est possible que le caractère morphologique ou moléculaire utilisé pour trier les taxons soit *effectivement* issu de divers ancêtres et d'évolutions multiples. Par exemple, les Oiseaux et les Mammifères

ont un cœur qui comporte quatre compartiments (deux oreillettes et deux ventricules; voir le chapitre 42). Et les archives géologiques nous indiquent que les Oiseaux et les Mammifères proviennent tous deux des Reptiles. D'après l'hypothèse la plus simple, le cœur à quatre compartiments aurait évolué à une seule reprise et serait présent chez un ancêtre reptilien unique, qu'auraient en commun les Oiseaux et les Mammifères (FIGURE 25.16a, p. 546). Toutefois, des preuves abondantes indiquent que les Oiseaux et les Mammifères ont évolué à partir d'ancêtres reptiliens *différents*. C'est pourquoi le cœur à quatre compartiments a évolué au moins deux fois dans l'histoire des Vertébrés. Ce fait est supprimé dans l'arbre phylogénétique de la FIGURE 25.16a, mais il est présent dans l'arbre de la FIGURE 25.16b.

Dans cet exemple des cœurs de Vertébrés, le problème n'est pas posé par le principe de parcimonie, mais plutôt par la problématique analogie-homologie. Les cœurs à quatre compartiments des Oiseaux et des Mammifères sont des structures

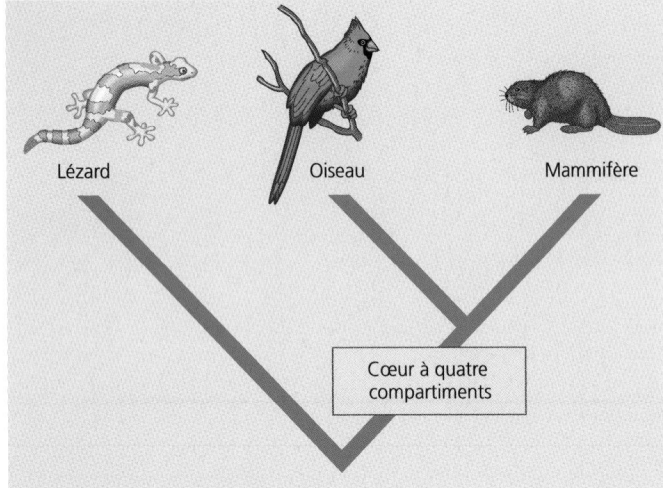

(a) Clade Mammifère-Oiseau

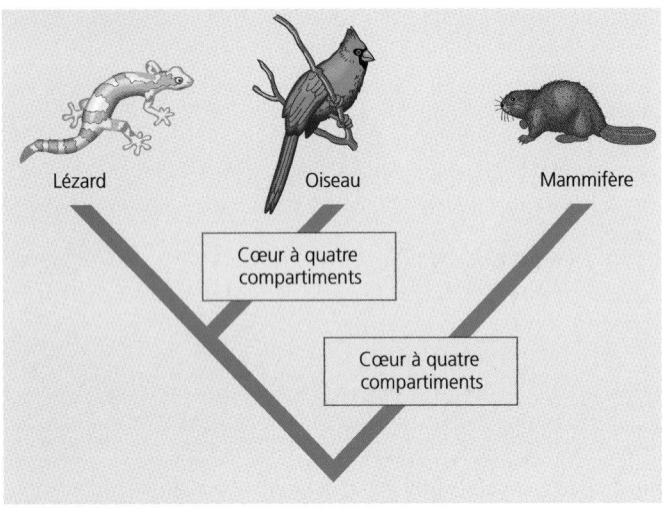

(b) Clade Lézard-Oiseau

FIGURE 25.16 Parcimonie et écueil de la dichotomie analogie-homologie. L'arbre phylogénétique du schéma **(a)** place l'Oiseau et le Mammifère dans un clade qui exclut le Lézard. L'arbre phylogénétique du schéma **(b)** établit un clade Lézard-Oiseau. En commettant une erreur d'interprétation et en établissant que les cœurs à quatre compartiments des Oiseaux et des Mammifères sont une structure homologue et non analogue, nous pourrions choisir l'arbre du schéma (a), car c'est l'hypothèse la plus simple. Pourtant, toute une gamme de données soutient l'hypothèse voulant que les Oiseaux et les Lézards soient de plus proches parents que les Oiseaux et les Mammifères.

analogues mais non homologues. Un changement correspondant des bases dans les séquences d'ADN peut survenir indépendamment chez deux espèces. Le principe de parcimonie indique simplement que de telles doubles variations, dans l'évolution moléculaire, sont moins probables que la transmission héréditaire d'un changement unique issu d'un ancêtre commun. La pratique de la parcimonie dans la systématique moléculaire est plus fiable quand l'arbre phylogénétique est fondé sur une importante base de données de comparaisons séquentielles d'ADN relatives à l'ensemble des espèces concernées. De même,

une erreur de jugement occasionnelle, qui nous amènerait à croire qu'une similarité analogue dans la morphologie constitue en fait une homologie dérivée partagée, a moins tendance à perturber l'arbre phylogénétique si chacun des clades est défini par plusieurs caractères dérivés. Et les hypothèses phylogénétiques les plus solides sont celles qu'appuient des preuves à la fois moléculaires et morphologiques et, éventuellement, des preuves apportées par la découverte de fossiles.

Les horloges moléculaires rendent compte du temps d'évolution

Le calendrier de l'histoire de l'évolution qui figure dans le TABLEAU 25.1 se fonde principalement sur les archives géologiques. Depuis quelques dizaines d'années, toutefois, la biologie moléculaire a offert une nouvelle méthode indépendante qui sert à situer l'origine des groupes taxinomiques dans le temps. Appelée **horloges moléculaires,** cette méthode de datation est fondée sur l'observation suivante : certaines régions du génome (à tout le moins) évoluent à des vitesses constantes. Ainsi, si certaines séquences d'ADN homologues (ou les protéines résultantes) sont comparées dans le cas de divers taxons dont on sait qu'ils ont divergé d'ancêtres communs pendant certaines périodes du passé, le nombre de substitutions de nucléotides et d'acides aminés est proportionnel au temps écoulé depuis la ramification des lignées. Par exemple, les protéines homologues des Chauves-souris et des Dauphins se ressemblent beaucoup plus que celles des Requins et des Thons. Cette proximité corrobore les données paléontologiques prouvant que les Requins et les Thons ont divergé bien avant les Chauves-souris et les Dauphins. Dans ce cas, la divergence moléculaire se révèle un meilleur chronomètre que les changements morphologiques, si spectaculaires soient-ils.

Recours aux horloges moléculaires pour mesurer le temps absolu

Nous avons vu qu'il est possible de faire appel aux horloges moléculaires pour évaluer la chronologie *relative* des ramifications phylogénétiques – pour déterminer, par exemple, que les Requins et les Thons ont divergé avant les Chauves-souris et les Dauphins. Mais quel est le taux de précision des horloges moléculaires en ce qui concerne le temps *absolu* ? Aucun gène ne peut marquer le déroulement du temps avec une précision totale, en fonction de la rapidité d'évolution des séquences de bases. En fait, certaines zones du génome évoluent par poussées subites, sans respecter un rythme précis. Même les gènes qui permettent de constituer une horloge moléculaire ne sont précis qu'au sens statistique d'une vitesse de changement *moyenne* plutôt uniforme. Au fil du temps, il pourra encore survenir des déviations aléatoires ne respectant pas la vitesse moyenne.

Dans le cas d'un gène avec une vitesse moyenne d'évolution fiable, il est possible d'étalonner l'horloge moléculaire en temps réel. On établit un graphique dans lequel le nombre de différences entre les acides aminés ou les nucléotides est mis en rapport avec les dates d'une série de ramifications révélées par les archives géologiques. Le graphique faisant état de la vitesse d'évolution de l'horloge moléculaire sert ensuite à estimer à quelle époque certains épisodes évolutifs sont survenus, quand il est impossible de le savoir d'après les archives géologiques. Il peut s'agir de l'origine d'une espèce ou d'un taxon de rang supérieur, par exemple.

Certains biologistes continuent à avoir des doutes quant à la précision des horloges moléculaires. Le fait de considérer la régularité de l'évolution de certains gènes utilisés comme des horloges moléculaires sous-entend que la majorité des changements dans les séquences d'ADN sont imputables à la dérive génétique. Les changements seraient donc surtout neutres, ni adaptatifs ni nuisibles. L'évolution moléculaire relevant de la sélection naturelle, qui privilégie certains changements de l'ADN, serait sans doute trop irrégulière pour permettre une mesure précise du temps. Le scepticisme de certains savants à l'égard des horloges moléculaires touche un débat bien plus général : dans quelle mesure les variations génétiques neutres peuvent-elles rendre compte de la diversité de l'ADN ? Les biologistes qui mettent en doute certaines des conclusions fondées sur les horloges moléculaires critiquent aussi les extrapolations des données visant des durées qui ne reflètent pas les périodes d'étalonnage des archives géologiques. Par exemple, certaines horloges moléculaires étalonnées en fonction des archives géologiques relevées sur quelques centaines de millions d'années ont été à l'occasion utilisées pour évaluer la durée de l'évolution divergente qui a eu lieu voilà plus de un milliard d'années. Cependant, une utilisation judicieuse des horloges moléculaires continuera à favoriser une reconstruction précise du passé par les biologistes de l'évolution.

Recours à l'horloge moléculaire pour dater l'origine du VIH

En l'an 2000, une équipe de chercheurs du laboratoire national de Los Alamos, au Nouveau-Mexique, a recouru à l'horloge moléculaire pour dater l'origine de l'infection de l'Humain par le VIH, le Virus qui provoque le sida. Il provient de virus apparentés qui ont infecté certains chimpanzés et un autre primate, le Mangabey à collier blanc (*Cercocebus torquatus atys*). (Ces premiers virus ne provoquent pas d'affections associées au sida chez les primates en question.) À quel moment ce virus a-t-il évolué, pour quitter ces singes et s'attaquer à l'être humain ? Il est difficile de trouver une réponse simple à cette question, parce que le VIH s'est attaqué aux Humains à plusieurs reprises. Ces origines multiples du VIH sont encore aujourd'hui présentes dans les divers grands types de souches génétiques du VIH qui provoquent le sida. La souche la plus répandue dans le monde s'appelle VIH-1 M. Étant donné que le VIH évolue très rapidement, les échantillons prélevés diffèrent, même quand ils proviennent de patients infectés par le VIH-1 M à quelques années d'intervalle. Pour faire le point sur le moment de la première infection au VIH-1 M, les chercheurs de Los Alamos ont étalonné une horloge moléculaire en comparant des séquences d'ADN d'un gène spécifique du VIH issu de patients avec des prélèvements faits à divers moments de l'évolution de l'épidémie. Ces données ont permis aux scientifiques de calculer que c'est sans doute dans les années 1930 que le VIH-1 M s'est attaqué aux Humains pour la première fois (FIGURE 25.17).

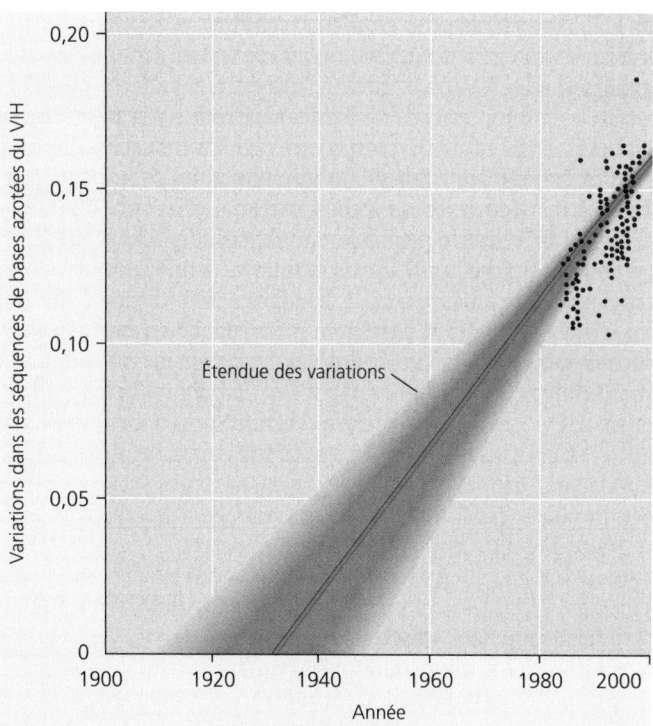

FIGURE 25.17 Datation de l'origine du VIH-1 M grâce à l'horloge moléculaire. Les nombreux points dans l'angle supérieur droit de ce graphique font état des séquences d'ADN d'un gène précis du VIH, dans des échantillons de sang prélevés sur des patients à différentes périodes. (Au chapitre 18, nous avons vu que le VIH, un virus à ARN, transforme son ARN en ADN grâce à la transcriptase inverse ; par la suite, cet ADN s'insère dans le génome de la cellule hôte sous forme de provirus ; voir la FIGURE 18.7.) L'échelle de l'ordonnée permet de mesurer le nombre de changements de bases azotées dans le gène, qui sert d'horloge moléculaire. Vous constaterez que, pendant la période de prélèvement des échantillons auprès des patients, notamment entre le début des années 1980 et la fin des années 1990, le gène a évolué à une vitesse relativement constante. Par une projection de la droite dans le temps, en considérant la même vitesse d'évolution, nous arrivons à une intersection avec l'abscisse vers les années 1930. Les chercheurs en ont conclu que la souche VIH-1 M s'est attaquée à l'Humain pour la première fois dans les années 1930.

La systématique moderne fait l'objet de vifs débats

La systématique est en pleine effervescence aujourd'hui ; elle est à la croisée de la biologie de l'évolution moderne et de la théorie taxinomique actuelle. Les biologistes accumulent depuis des siècles divers renseignements phénotypiques et principalement morphologiques, relatifs aux diverses espèces vivantes et éteintes. La naissance de la cladistique a permis de créer des méthodes plus objectives destinées à comparer les critères morphologiques et à intégrer les données sous forme d'hypothèses phylogénétiques, et ce, grâce à l'établissement de cladogrammes. La systématique moléculaire a ajouté un nouvel outil puissant à l'arsenal de la biologie comparée en approfondissant l'analyse des relations phylogénétiques jusqu'au niveau de l'ADN.

L'analyse cladistique et la systématique moléculaire, soutenues par un regain d'intérêt à l'égard de la paléontologie et de la biologie comparée depuis quelques dizaines d'années, débouchent sur une réévaluation de la phylogenèse. Tout cela nous amène à mieux comprendre l'évolution de la vie sur la Terre. Dans bien des cas, certaines approches indépendantes, telles que la paléontologie et le séquençage de l'ADN, convergent de sorte à soutenir une hypothèse phylogénétique en particulier. Ainsi, les archives géologiques, l'anatomie comparée et les comparaisons moléculaires offrent des preuves compatibles, indiquant que les Crocodiles sont plus étroitement apparentés aux Oiseaux qu'aux Lézards et qu'aux Serpents, une conclusion qui aurait sans doute beaucoup surpris Linné et Darwin (FIGURE 25.18).

Il arrive aussi que les données moléculaires contredisent d'autres preuves, notamment celles des archives géologiques. Un débat porte sur l'origine des grands groupes (les ordres) de Mammifères. Les fossiles de Mammifères les plus anciens remontent à 220 millions d'années et datent de la période du Trias (voir le TABLEAU 25.1). Toutefois, des fossiles montrant l'origine de la plupart des ordres des Mammifères modernes sont beaucoup plus jeunes et remontent au début du Tertiaire, il y a environ 60 millions d'années, après l'extinction des Dinosaures. Les horloges moléculaires, elles, contredisent les archives géologiques et font remonter l'origine des grands ordres de Mammifères à quelque 100 millions d'années (FIGURE 25.19). De nombreux chercheurs font davantage confiance aux fossiles

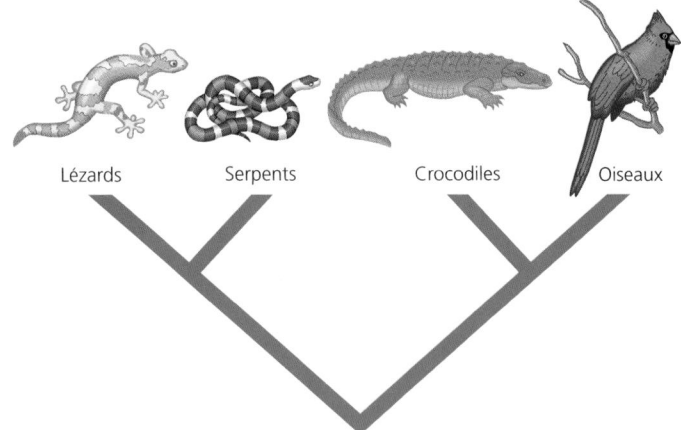

FIGURE 25.18 La systématique moderne remet en question certains arbres phylogénétiques. Dans la taxinomie classique des Vertébrés, les Crocodiles, les Serpents, les Lézards et les Rhynchocéphales relèvent de la classe des Reptiles, tandis que les Oiseaux composent une autre classe. Mais aujourd'hui, la plupart des systématiciens qui se penchent sur les Vertébrés estiment que les Crocodiles sont en fait plus étroitement apparentés aux Oiseaux qu'aux Lézards et aux Serpents. Ainsi, la classe des Reptiles, dans sa forme classique, est paraphylétique et non monophylétique (voir la FIGURE 25.9).

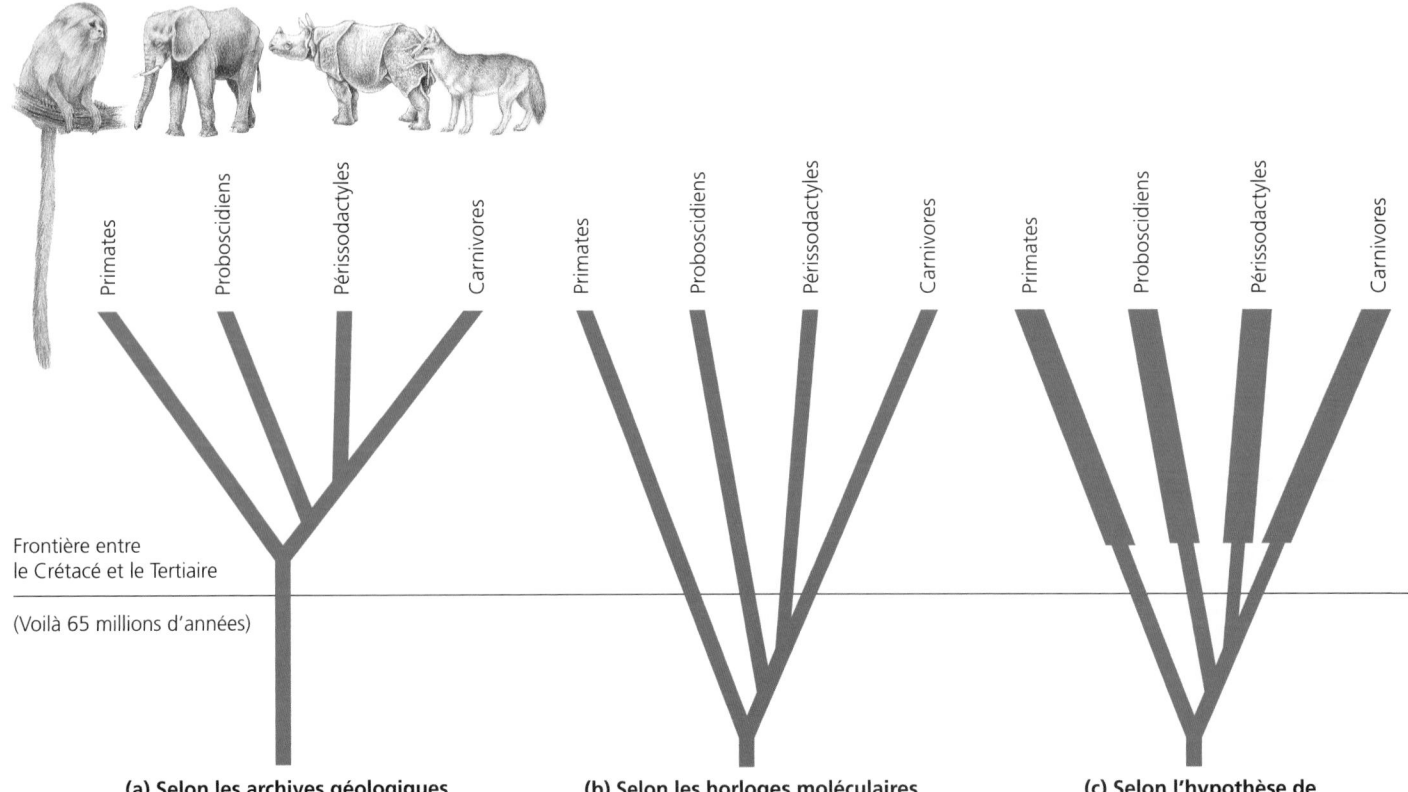

FIGURE 25.19 À quand remonte l'origine de la plupart des grands ordres de Mammifères ? Ces arbres phylogénétiques simplifiés ne portent que sur quatre ordres de Mammifères. **(a)** Selon les archives géologiques, les ordres auraient des dizaines de millions d'années de moins que les âges calculés d'après les **(b)** horloges moléculaires. **(c)** Il sera éventuellement possible de cumuler les deux types de données dans le cadre de l'hypothèse de la « fusion phylogénétique » : il y aurait eu une origine plus reculée, suivie par une diversification au sein des ordres. Selon cette idée, l'« explosion » symbolisée dans le schéma par les lignes plus épaisses aurait provoqué une répartition abondante des diverses formes animales tardivement ; c'est à partir de ce moment que les organismes auraient enfin pu laisser des traces dans les archives géologiques.

qu'aux horloges moléculaires et doutent de la fiabilité des calculs extrapolés de celles-ci. On peut aussi soutenir que, si les paléontologues n'ont pas encore réussi à attester de l'origine encore plus reculée de la plupart des ordres de Mammifères, c'est parce que les archives géologiques sont incomplètes. Entre ces deux extrêmes, on peut avancer l'hypothèse de la **fusion phylogénétique** : il est possible que les ordres modernes de Mammifères *soient nés* voilà 100 millions d'années, mais qu'ils n'aient pas proliféré suffisamment pour qu'on en retrouve dans les archives géologiques avant l'extinction des Dinosaures, près de 40 millions d'années plus tard. Des recherches plus poussées pourront aider à résoudre les grands débats relatifs à l'évolution des Mammifères.

Rappelons encore une fois que la cladistique se concentre uniquement sur la séquence ordonnée des ramifications phylogénétiques et non sur leur degré d'évolution divergente. Pour comprendre la valeur de cette distinction, il suffit de consulter la FIGURE 25.18. Une application stricte de la cladistique déboucherait sur l'argument suivant : la séparation taxinomique entre les Crocodiles et les Oiseaux et leur classification en tant que Reptiles et Oiseaux, est périmée. Mais d'autres biologistes de l'évolution répliquent qu'une taxinomie utile doit tenir compte *des deux*

caractéristiques des arbres phylogénétiques : la séquence des ramifications et l'ampleur des divergences entre elles. Dans le cas des Oiseaux, de nombreux biologistes préfèrent encore aujourd'hui leur attribuer une classe indépendante de celle des Reptiles, en raison de l'extraordinaire ampleur des adaptations qu'ils ont subi au cours de l'évolution et qui leur a permis de voler. Nous nous pencherons plus en détail sur de tels débats touchant le classement dans la prochaine série de chapitres, qui trace un portrait de la diversité du vivant dans le cadre de l'évolution.

■   ■   ■

Dans cette partie du manuel, nous avons vu que les idées darwiniennes touchant la descendance modifiée ont modelé l'ensemble de la biologie. Nous avons aussi constaté que la théorie de l'évolution a elle-même subi d'importantes modifications à mesure que de nouvelles techniques, données et idées nous ont amenés à préciser encore davantage notre aperçu de la vie. De vifs débats restent essentiels au progrès des idées et viennent témoigner de la grande vitalité de la biologie de l'évolution, une science toujours en questionnement.

RÉVISION DU CHAPITRE

Résumé des concepts importants

ARCHIVES ET TEMPS GÉOLOGIQUES

- **Les roches sédimentaires sont les sources de fossiles les plus riches** (p. 528 et 529, FIGURE 25.1). Les archives géologiques constituent les relevés historiques qu'utilisent les biologistes pour étudier l'évolution de la vie.

- **Les paléontologues ont recours à diverses méthodes pour dater les fossiles** (p. 529 à 531, TABLEAU 25.1 et FIGURE 25.2). Les strates sédimentaires attestent de l'âge relatif des fossiles, dans les périodes géologiques successives. L'âge absolu des fossiles en années peut être déterminé par la datation radiométrique ou d'autres techniques. Les ères géologiques et les périodes correspondent à de grandes transitions dans la composition des espèces fossiles. La chronologie des périodes et des ères géologiques constitue l'échelle des temps géologiques.

- **Les archives géologiques constituent un dossier volumineux mais incomplet de l'histoire de l'évolution** (p. 532). Les archives géologiques attestent des espèces qui ont existé pendant longtemps, caractérisées par des populations abondantes et répandues, munies de coquilles ou de squelettes durs.

- **La phylogenèse s'appuie sur la biogéographie en lien avec la dérive des continents** (p. 532 à 534, FIGURES 25.3 et 25.4). La dérive des continents a eu des répercussions importantes sur l'histoire de la vie en provoquant de vastes réarrangements géographiques se répercutant sur la biogéographie et sur l'évolution. La formation du supercontinent Pangée, à la fin de Palézoïque, puis sa fragmentation par la suite, au début du Mésozoïque, permet de résoudre de nombreuses énigmes biogéographiques.

- **L'histoire de la vie est marquée par des extinctions massives** (p. 533 à 536, FIGURES 25.5 et 25.6). L'histoire de l'évolution a été caractérisée par de longues périodes relativement stables ponctuées par des intervalles de bouleversements touchant les espèces, notamment des extinctions massives suivies par de spectaculaires épisodes de radiation adaptative.

LA SYSTÉMATIQUE : LIENS ENTRE CLASSIFICATION ET PHYLOGENÈSE

- **La taxinomie fait appel à un système de classification hiérarchique** (p. 536 et 537, FIGURE 25.7). La systématique, c'est-à-dire l'étude de la diversité biologique dans le cadre de l'évolution, fait notamment intervenir la taxinomie, c'est-à-dire le repérage et le classement des espèces. La hiérarchie des taxons doit refléter les ramifications associées à la phylogenèse.

- **La systématique phylogénétique moderne se fonde sur l'analyse cladistique** (p. 537 à 541, FIGURES 25.11 et 25.12). Le clade est un taxon monophylétique, qui comprend un ancêtre et tous ses descendants. Dans l'analyse cladistique, les clades sont définis par l'innovation, en fonction des caractères dérivés partagés, au cours de l'évolution.

- **Les systématiciens déduisent la phylogenèse à partir de données moléculaires** (p. 541 à 543, FIGURE 25.13). Les comparaisons des séquences d'acides aminés entre plusieurs espèces, pour les protéines et les séquences de bases des acides nucléiques, révèlent les relations phylogénétiques.

- **Le principe de parcimonie aide les systématiciens à reconstruire la phylogenèse** (p. 542 à 544, FIGURE 25.15). Parmi les hypothèses phylogénétiques, celle de l'arbre le plus simple sera celle qui exige le moins de changements au cours de l'évolution.

- Les arbres phylogénétiques constituent des hypothèses (p. 543 à 546, FIGURE 25.16). Les meilleures hypothèses phylogénétiques sont celles qui intègrent des données moléculaires et morphologiques complètes.

- Les horloges moléculaires rendent compte du temps d'évolution (p. 546 et 547, FIGURE 25.17). Les séquences de bases de certaines régions de l'ADN évoluent à une vitesse suffisamment constante pour constituer de véritables horloges servant à dater des événements évolutifs.

- La systématique moderne fait l'objet de vifs débats (p. 547 à 549, FIGURE 25.19). Les progrès dans la compréhension de la phylogenèse sont bâtis sur les recherches que viennent dynamiser les débats scientifiques.

Autoévaluation

(Les questions dont les numéros sont en caractères gras font surtout appel à la compréhension.)

1. Un paléontologue estime qu'au moment de la formation d'une roche particulière, elle contenait 12 mg de l'isotope radioactif potassium 40. La roche contient aujourd'hui 3 mg de potassium 40. La demi-vie du potassium 40 est de 1,3 milliard d'années. Quel est l'âge approximatif de la roche ?
   a) 0,3 milliard d'années.
   b) 0,4 milliard d'années.
   c) 1,3 milliard d'années.
   d) 2,6 milliards d'années.
   e) 3,9 milliards d'années.

2. Si les Humains et les Pandas appartiennent à la même classe, alors ils appartiennent aussi :
   a) au même ordre.
   b) au même embranchement.
   c) à la même famille.
   d) au même genre.
   e) à la même espèce.

3. Lorsque l'on compare les Oiseaux aux autres Vertébrés, la présence de quatre membres constitue :
   a) un caractère ancestral partagé.
   b) un caractère dérivé partagé.
   c) un caractère utile pour distinguer les Oiseaux des autres Vertébrés.
   d) un exemple d'analogie et non d'homologie.
   e) un caractère utile pour diviser la classe des Oiseaux en ordres.

4. Les animaux et les plantes de l'Inde sont presque complètement différents des espèces de l'Asie du sud-est, à proximité. Comment expliquer cette situation étonnante ?
   a) Les organismes ont été séparés par l'évolution convergente.
   b) Les climats des deux régions sont complètement différents.
   c) L'Inde est en train de s'écarter du reste de l'Asie.
   d) La vie en Inde a été supprimée par des activités volcaniques massives.
   e) L'Inde était un continent séparé il n'y a pas si longtemps.

5. Comment appliquer le principe de parcimonie à la construction d'un arbre phylogénétique ?
   a) Choisir un arbre dans lequel les ramifications sont fondées sur le minimum de caractères dérivés partagés.
   b) Choisir un arbre dans lequel les ramifications sont fondées sur le plus possible de caractères dérivés partagés.
   c) Fonder les arbres phylogénétiques uniquement sur les archives géologiques, en vue de fournir l'explication la plus simple de l'évolution.
   d) Choisir l'arbre qui représente le moins de changements au cours de l'évolution, grâce à la comparaison des séquences d'ADN ou des caractères morphologiques.
   e) Choisir l'arbre avec le moins de ramifications et donc le moins de taxons.

6. Quelles seraient les meilleures sources de données pour déterminer l'ordre de la divergence des diverses lignées de Protistes ?
   a) Fossiles du Précambrien.
   b) Caractères morphologiques partagés et dérivés.
   c) Séquences des acides aminés, pour les diverses molécules de chlorophylle.
   d) Séquences de l'ADN des gènes mitochondriaux.
   e) Séquences de l'ADN pour l'ARN ribosomique.

7. Si vous faisiez appel à l'analyse cladistique pour bâtir un arbre phylogénétique des Félidés, lequel des animaux suivants constituerait un choix valable, pour constituer le groupe de référence ?
   a) Lion.
   b) Chat domestique.
   c) Loup gris.
   d) Léopard.
   e) Tigre.

8. Parmi ces éléments, lequel serait le plus utile pour tracer un arbre phylogénétique soulignant les ramifications de plusieurs espèces de Poissons ?
   a) Plusieurs caractéristiques analogues partagées par tous les Poissons.
   b) Une seule caractéristique homologue partagée par tous les Poissons.
   c) Degré général de similarité morphologique entre les diverses espèces de Poissons.
   d) Plusieurs caractéristiques qui auraient évolué après divergence de plusieurs espèces de Poissons.
   e) Caractéristique unique différente chez tous les Poissons.

9. Les horloges moléculaires indiquent que la plupart des ordres de Mammifères modernes sont nés voilà quelque 100 millions d'années, tandis que les archives géologiques font plutôt remonter l'origine de ces ordres à environ 60 millions d'années. Comment expliquer cet écart, grâce à l'hypothèse de la fusion phylogénétique ?
   a) La fiabilité des horloges moléculaires n'a pas pu être démontrée, sauf pour donner l'ordre séquentiel des divergences.
   b) La technique radiométrique de datation des fossiles comporte une forte marge d'erreur ; ces évaluations temporelles sont donc relativement proches.
   c) Les Mammifères sont devenus suffisamment abondants et répandus pour figurer dans les archives géologiques uniquement après l'extinction des Dinosaures.
   d) Les gènes utilisés dans le cadre de la comparaison de l'horloge moléculaire n'ont pas une vitesse d'évolution uniforme, mais ont plutôt évolué plus rapidement pendant la période de première radiation adaptative des Mammifères.
   e) En cas de doute, il faut toujours faire confiance aux archives géologiques et non aux comparaisons moléculaires, parce que les comparaisons des séquences d'ADN ne peuvent rendre compte des segments homologues qui ne s'alignent pas.

10. Les chercheurs évaluent que la souche VIH-1 M a muté pour passer des Chimpanzés et d'un autre primate, le Mangabey à collier blanc, aux Humains dans les années 1930. Sur quoi se fondent les chercheurs pour arriver à cette conclusion ?
   a) Les premières preuves cliniques du sida, enregistrées dans les archives d'un village africain.

b) Une horloge moléculaire qui a tracé les changements dans les séquences d'un gène du VIH prélevé chez des patients pendant 20 ans, avec calcul rétroactif pour évaluer l'origine approximative.

c) Une comparaison des gènes homologues du VIH trouvés chez les Chimpanzés et le Mangabey à collier blanc, et chez les Humains.

d) Une explication simplifiée des relations phylogénétiques entre les diverses souches du VIH chez l'Humain.

e) La découverte récente du VIH dans un échantillon de sang datant de cette période.

11. Reportez-vous au tableau 25.1 pour évaluer pendant combien de centaines de millions d'années les cellules procaryotes ont habité la Terre, avant l'évolution des organismes eucaryotes.

12. D'après vos mesures, un crâne fossilisé que vous avez découvert a un ratio $^{14}C/^{12}C$ d'environ $^1/_{16}$, comparativement à celui de l'atmosphère. Quel est l'âge approximatif de ce crâne?

13. La cordillère des Andes résulte de l'activité de quelles plaques tectoniques? (Consultez la FIGURE 25.3.)

14. Combien de taxons dans la classification de la FIGURE 25.7 avons-nous en commun avec le Léopard?

15. Nos avant-bras et les ailes d'une chauve-souris proviennent d'un même prototype ancestral; il s'agit donc de structures _____. En revanche, les ailes d'une chauve-souris et les ailes d'une abeille ont évolué à partir de structures totalement indépendantes; il s'agit donc de structures _____.

16. Si les protéines ne sont pas des gènes, comment se fait-il que des comparaisons entre les protéines de deux espèces fournissent des données sur leur relation phylogénétique?

17. Si l'on souhaite distinguer un clade particulier de mammifères au sein du clade plus important qui correspond à la classe des Mammifères, pourquoi est-il inutile de choisir comme caractéristique les poils?

Lien avec l'évolution

Avec son intuition coutumière, Darwin a proposé d'étudier les proches parents d'une espèce intéressante pour mieux comprendre à quoi pouvaient ressembler les ancêtres du groupe à l'étude. Dans quelle mesure sa suggestion annonce-t-elle l'utilisation d'un groupe de référence dans le cadre de l'analyse cladistique moderne?

Intégration

Certains changements nucléotidiques pendant l'évolution moléculaire amènent des substitutions d'acides aminés dans les protéines encodées (mutations faux-sens) et d'autres ne causent pas ces substitutions (mutations silencieuses). Dans une comparaison de gènes entre les Rongeurs et les Humains, il a été constaté que les Rongeurs accumulent les mutations silencieuses deux fois plus vite que les Humains, et les mutations faux-sens 1,3 plus vite. Quels facteurs pourraient expliquer ces différences? Dans quelle mesure ces données compliquent-elles le recours aux horloges moléculaires pour la datation absolue?

Science, technologie et société

Selon certains spécialistes, les activités des Humains provoquent l'extinction de centaines d'espèces tous les ans. La vitesse normale de l'extinction serait de quelques espèces par an. À mesure que l'Humain continue de modifier l'environnement planétaire, surtout en abattant les forêts tropicales, les extinctions qu'il provoque vont sans doute rivaliser en importance avec celles de la fin du Crétacé. La plupart des biologistes s'en inquiètent. Quels sont certains des motifs de leurs préoccupations? N'oublions pas que les espèces ont subi de nombreuses extinctions massives et que la vie a toujours repris par la suite. Dans quelle mesure les extinctions massives d'aujourd'hui s'écartent-elles des mouvements d'extinction précédents? Pourquoi? Quelles seraient certaines des conséquences pour les espèces survivantes?

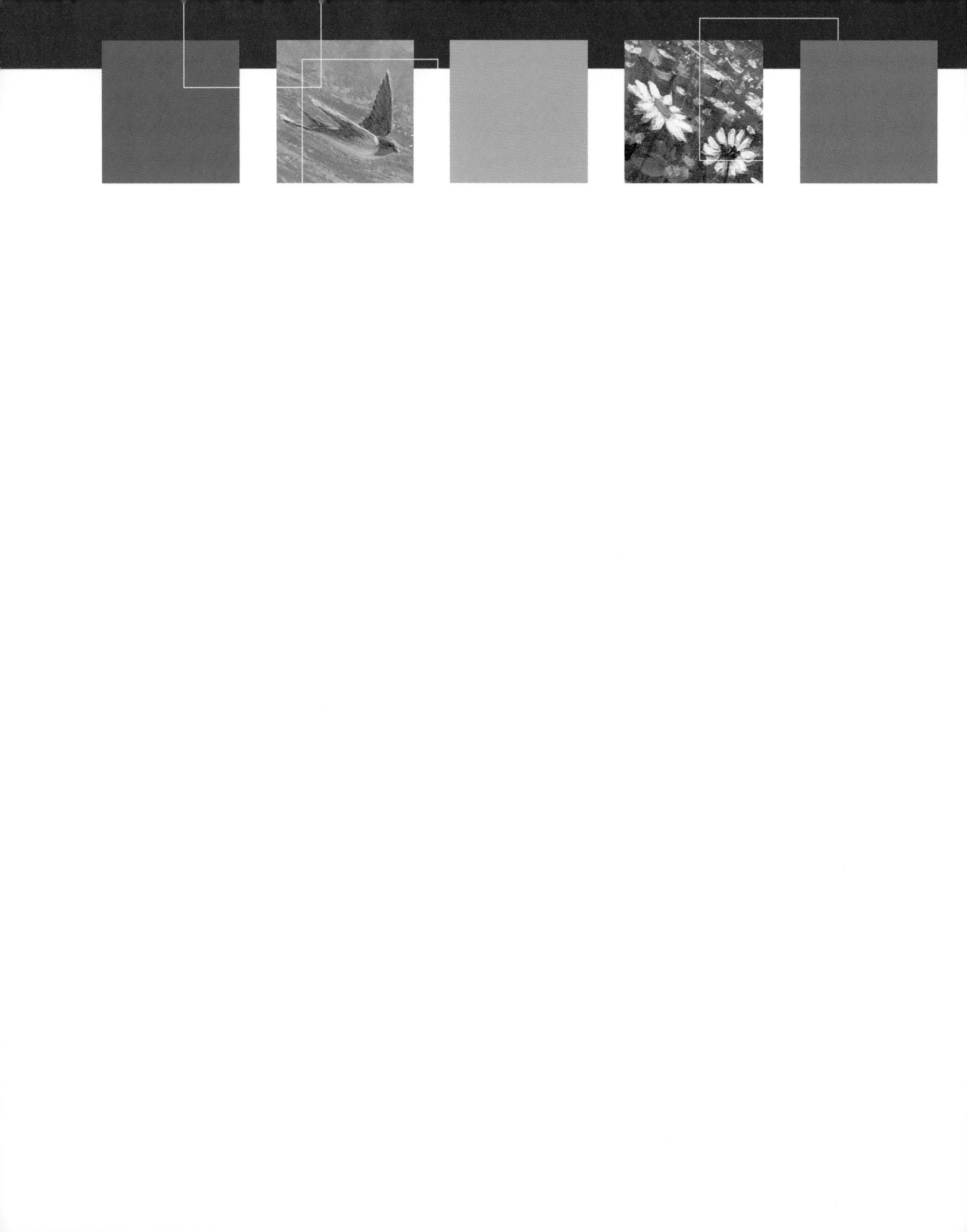

CHAPITRE 26

LA TERRE PRIMITIVE ET L'ORIGINE DE LA VIE

« Aucune chose ne reste figée car toutes les choses changent. Un fragment s'accroche à un autre fragment, et ainsi elles croissent jusqu'à ce que nous leur donnions un nom. Puis, petit à petit elles changent et ne sont plus les choses que nous connaissons. »

LUCRÈCE
(vers 98-55 avant J.C.)

APERÇU DE L'ANTIQUITÉ DE LA VIE

- L'apparition de la vie sur la Terre date d'il y a 3,5 milliards à 4,0 milliards d'années
- Les procaryotes sont apparus il y a 3,5 milliards d'années et ont dominé l'histoire de l'évolution pendant 1,5 milliard d'années
- Le dioxygène a commencé à s'accumuler dans l'atmosphère il y a environ 2,7 milliards d'années
- Les eucaryotes unicellulaires sont apparus il y a 2,1 milliards d'années
- Les eucaryotes pluricellulaires sont apparus il y a 1,2 milliard d'années
- La diversification des Animaux s'est accélérée au début du Cambrien
- Les Végétaux, les Eumycètes et les Animaux ont colonisé les milieux terrestres il y a environ 500 millions d'années

L'ORIGINE DE LA VIE

- Sur la Terre primitive, les premières cellules ont probablement vu le jour au terme de nombreuses et lentes réactions chimiques : *une vue d'ensemble*
- La synthèse abiotique de monomères organiques est une hypothèse vérifiable
- Des simulations, en laboratoire, des conditions propres à la Terre primitive ont produit des polymères organiques
- L'ARN a peut-être constitué le premier matériel génétique
- Les protobiontes peuvent se former spontanément
- Il se peut que les protobiontes contenant de l'information héréditaire se soient perfectionnés grâce à la sélection naturelle
- L'origine de la vie donne lieu à un débat animé

LES GRANDES RAMIFICATIONS DU VIVANT

- La classification fondée sur cinq règnes a évolué avec les connaissances concernant la diversité biologique
- Les taxons supérieurs font l'objet d'une remise en question

L'histoire de la vie *est un continuum qui commence avec l'apparition des premiers organismes et se poursuit tout au long des diverses ramifications phylogénétiques, pour arriver aux formes de vie très variées que nous connaissons aujourd'hui. Dans cette cinquième partie, nous ferons un tour d'horizon de la diversité des formes de vie contemporaines et nous retracerons son évolution sur plus de 3,8 milliards d'années.*

L'interaction entre les organismes et leur environnement est l'un des dix thèmes du présent ouvrage (voir le chapitre 1). Tout au long de cette partie, nous verrons des exemples qui illustrent les rapports entre la biologie et la géologie. Les événements géologiques qui modifient l'environnement influent également sur le cours de l'évolution biologique. Ainsi, la formation et la dislocation subséquente du supercontinent Pangée ont eu des conséquences considérables sur la diversité de la vie (voir le chapitre 25). De son côté, la vie a façonné la planète qui l'hébergeait. Par exemple, l'apparition des organismes photosynthétiques qui libéraient du dioxygène a radicalement transformé l'atmosphère terrestre. (Ces organismes primitifs comprenaient des procaryotes analogues à ceux qui formaient les amas représentés dans l'illustration ci-dessus.) Beaucoup plus récemment, Homo sapiens a modifié le sol, l'eau et l'air dans une mesure et à une vitesse sans précédent pour une seule espèce. L'histoire de la Terre et celle de la vie qu'elle porte sont indissociables.

Les chapitres de la présente partie font également ressortir d'importants tournants de l'évolution qui ont ponctué l'histoire de la diversité biologique. L'histoire de la Terre et celle de la vie se sont en effet déroulées par épisodes et portent la marque de véritables révolutions qui ont ouvert la voie à une multitude de formes de vie. Toute étude historique est vouée à l'inexactitude, car elle est tributaire de l'état de conservation et de la représentativité des vestiges du passé, de même que de l'interprétation que l'on en fait. En règle générale, plus nous remontons dans le passé, moins les archives géologiques sont complètes. Heureusement, tout organisme porte dans ses molécules, dans son métabolisme et dans son anatomie des traces de son évolution. Comme nous l'avons vu dans la quatrième partie, ces vestiges nous donnent sur le passé des indices qui viennent compléter ceux que nous offrent les fossiles. Il n'en reste pas moins que les plus anciens épisodes de l'évolution sont habituellement les plus obscurs.

Dans ce chapitre, nous présenterons d'abord une vue d'ensemble de l'histoire du vivant. Nous traiterons ensuite de l'origine de la vie. Cette section sera la plus spéculative de la présente partie, car il ne subsiste aucune trace fossile de cet épisode fondamental. Enfin, en guise de préparation aux chapitres 27 à 34, qui portent sur la diversité biologique, nous aborderons, dans la dernière section, les différents règnes du monde vivant.

APERÇU DE L'ANTIQUITÉ DE LA VIE

Dans cette cinquième partie, nous condensons l'histoire de la vie en quelques dizaines de pages, comme si nous déroulions la « bande vidéo » de la vie dans le mode d'avancement le plus rapide. Le résumé des grands épisodes de la vie est encore plus bref dans la présente section. La chronologie de ces grands épisodes est présentée sous la forme d'une horloge dans la FIGURE 26.1 et sous la forme d'un arbre phylogénétique dans la FIGURE 26.2.

L'apparition de la vie sur la Terre date d'il y a 3,5 milliards à 4,0 milliards d'années

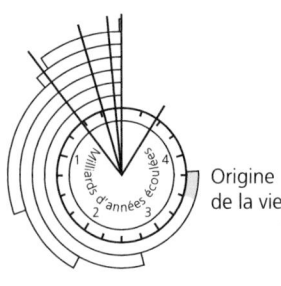

La vie est apparue remarquablement tôt dans l'histoire de la Terre, et les premiers organismes ont été à l'origine de la diversité actuelle du vivant. Les organismes qui nous sont les plus familiers sont macroscopiques et multicellulaires ; ce sont des végétaux et des animaux pour l'essentiel. Pourtant, la Terre n'a abrité que des organismes microscopiques et en majorité unicellulaires au cours des trois premiers quarts de son histoire.

La Terre s'est formée il y a environ 4,6 milliards d'années. Pendant les centaines de millions d'années qui ont suivi sa formation, la planète a été bombardée de débris issus de la formation du système solaire. C'est pourquoi la vie n'aurait sans

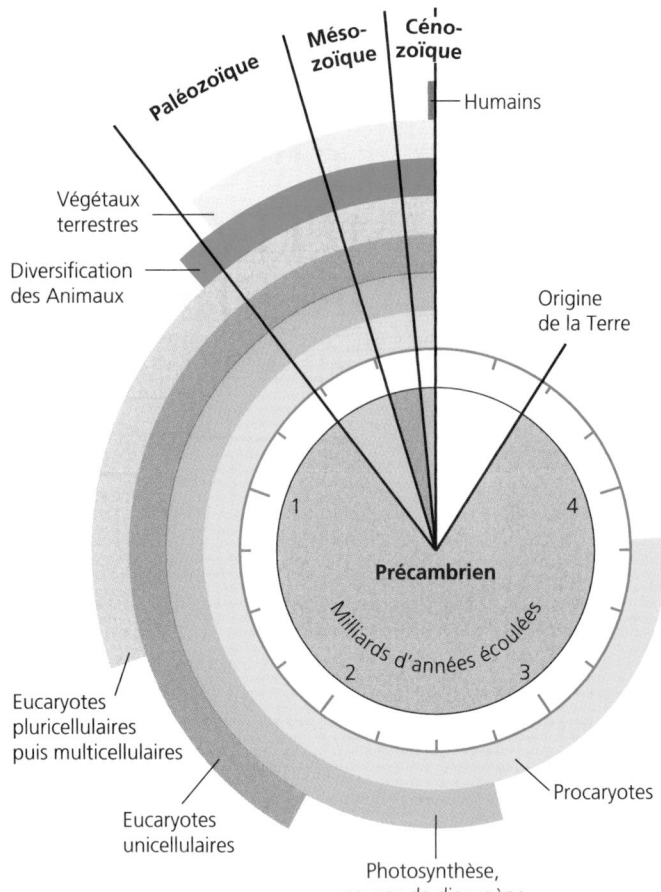

FIGURE 26.1 Représentation sous forme d'horloge de quelques événements clés de l'évolution. Les parties colorées représentent la période comprise entre l'origine de la Terre et le présent.

doute pu y subsister. Les impacts étaient colossaux ; l'un d'entre eux aurait peut-être même entraîné le détachement d'un morceau de la planète qui serait devenu la Lune. Les chocs engendraient suffisamment de chaleur pour vaporiser tous les plans d'eau et empêcher la formation des mers. La plupart des géologues s'entendent pour dire que cette phase de bombardements s'est terminée il y a environ 3,9 milliards d'années.

Les plus anciennes roches connues se trouvent à Isua, au Groenland, et ont 3,8 milliards d'années. Certaines de leurs propriétés chimiques laissent croire que la vie aurait pu être possible à l'époque, mais on n'a pas encore trouvé de micro-organismes fossiles dans des roches aussi vieilles. Les plus anciens fossiles d'organismes que les biologistes aient trouvés jusqu'à présent sont enchâssés dans des roches datant d'il y a 3,5 milliards d'années et situées en Australie-Occidentale. Ces microfossiles ressemblent à certaines bactéries toujours existantes (FIGURE 26.3, p. 556). Puisque des bactéries si complexes existaient il y a 3,5 milliards d'années, il est raisonnable de supposer que la vie est apparue beaucoup plus tôt, soit peut-être il y a 3,9 milliards d'années, à l'époque où la température de la Terre a baissé suffisamment pour permettre la liquéfaction de l'eau. Nous savons de façon certaine que les procaryotes étaient déjà bien établis au moment où la Terre était encore relativement jeune.

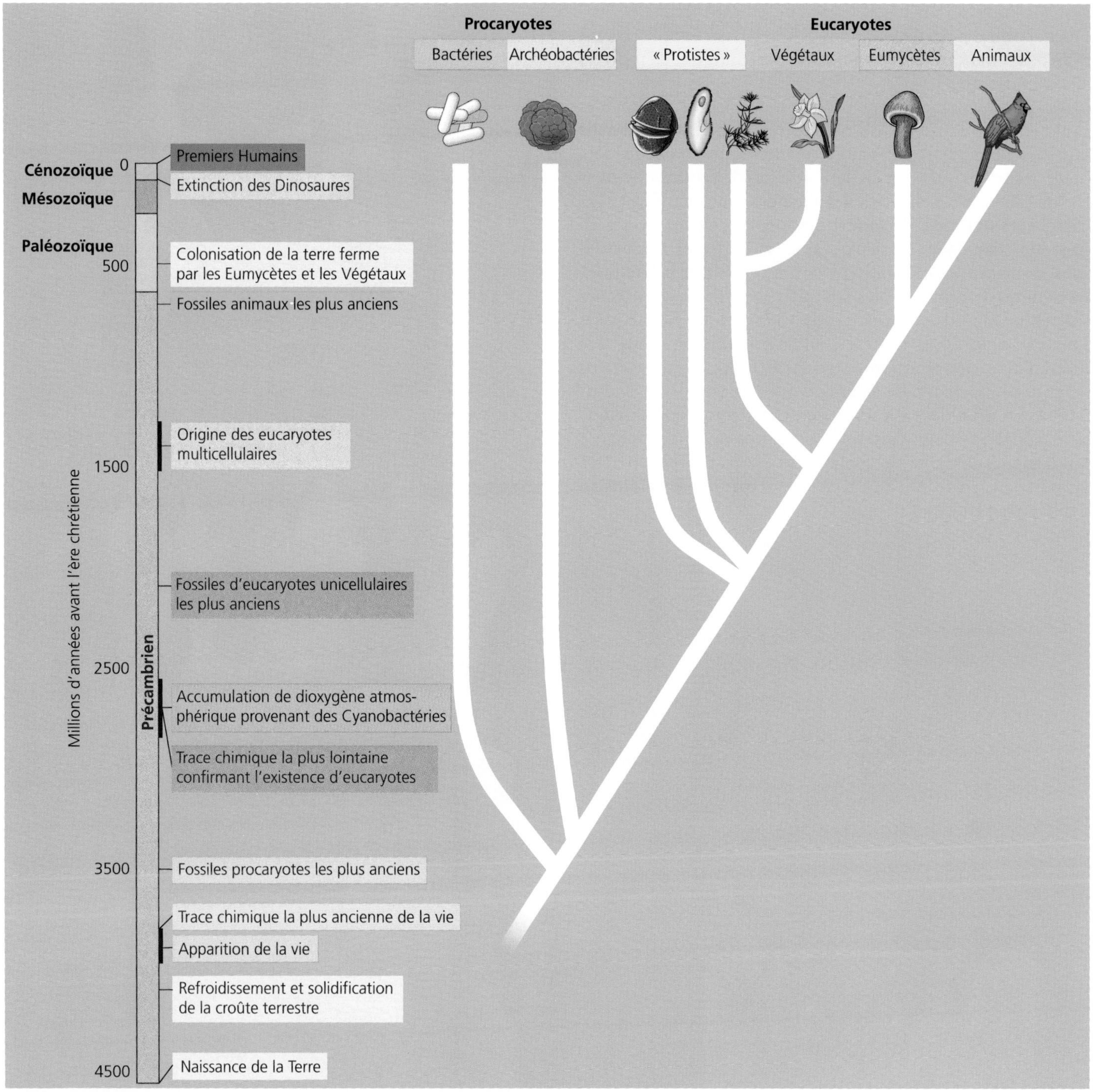

Procaryotes

Bactéries · Archéobactéries

Eucaryotes

« Protistes » · Végétaux · Eumycètes · Animaux

Cénozoïque 0 — Premiers Humains

Mésozoïque — Extinction des Dinosaures

Paléozoïque

500 — Colonisation de la terre ferme
par les Eumycètes et les Végétaux

— Fossiles animaux les plus anciens

Origine des eucaryotes
multicellulaires

1500

Fossiles d'eucaryotes unicellulaires
les plus anciens

2500

Accumulation de dioxygène atmosphérique provenant des Cyanobactéries

Trace chimique la plus lointaine
confirmant l'existence d'eucaryotes

3500 — Fossiles procaryotes les plus anciens

— Trace chimique la plus ancienne de la vie

— Apparition de la vie

— Refroidissement et solidification
de la croûte terrestre

4500 — Naissance de la Terre

Millions d'années avant l'ère chrétienne · Précambrien

FIGURE 26.2 Quelques-uns des grands épisodes de l'histoire du vivant. La datation repose
sur les traces fossiles dans certains cas et sur des données chimiques ou des horloges moléculaires
dans d'autres cas (voir le chapitre 25). Les systématiciens continuent d'étudier l'évolution des
principales ramifications du vivant, notamment la phylogénie de ces divers eucaryotes, que
l'on regroupe pour le moment en un seul règne, celui des Protistes.

Les procaryotes sont apparus il y a 3,5 milliards d'années et ont dominé l'histoire de l'évolution pendant 1,5 milliard d'années

La structure de la cellule procaryote est relativement simple, par rapport à celle de la cellule eucaryote. On pourrait en déduire que les premiers organismes étaient des procaryotes. Du reste, les archives géologiques étayent cette hypothèse. Nous possédons quantité de fossiles de procaryotes, mais n'avons aucune preuve convaincante de la présence d'eucaryotes pendant la période de 1,5 milliard d'années s'étalant d'il y a 2,0 milliards d'années à il y a 3,5 milliards d'années. Assez tôt dans l'histoire de ce monde procaryote, deux

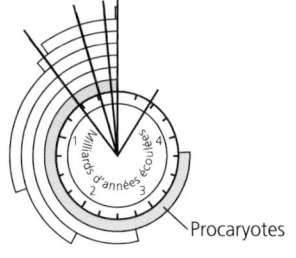

Procaryotes

grandes branches phylogénétiques ont émergé : celle des Bactéries et celle des Archéobactéries. Diverses espèces appartenant à ces deux branches prospèrent encore aujourd'hui dans divers environnements.

Un grand nombre des plus anciens fossiles de procaryotes sont enfermés dans des **stromatolithes,** des couches sédimentaires fossilisées semblables aux structures superposées que forment encore aujourd'hui certains groupes de procaryotes dans les marais salés et les lagunes chaudes (FIGURE 26.4). Les chercheurs ont aussi découvert des fossiles de procaryotes en Australie, dans des sédiments qui se sont formés autour des sources hydrothermales il y a environ 3,2 milliards d'années. Les sources hydrothermales sont des formations volcaniques situées au fond des océans. Les procaryotes qui habitent ces sources aujourd'hui sont très différents, au point de vue métabolique, des procaryotes qui forment les tapis bactériens comme ceux apparaissant dans la FIGURE 26.4b. Nous étudierons en détail les procaryotes et leur diversité métabolique au chapitre 27. Pour l'instant, contentons-nous de souligner que la grande diversité métabolique des procaryotes vivant dans les différents environnements était déjà apparue il y a plus de 3 milliards d'années.

(a) Les tapis bactériens de cette lagune de Basse-Californie sont constitués de structures sédimentaires produites par des colonies de bactéries et de cyanobactéries vivant à l'abri des prédateurs, dans des environnements inhospitaliers pour la plupart des autres formes de vie.

(b) Les couches minces que l'on voit dans cette coupe de tapis bactérien sont constituées de sédiments qui adhèrent aux procaryotes. Ces derniers laissent, en migrant vers le haut, une succession de couches.

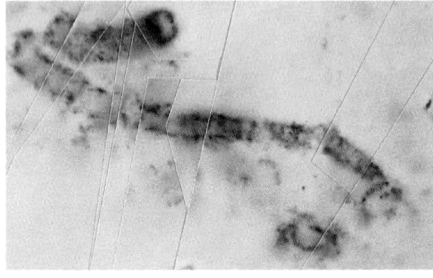

7 µm (650 ×)

(a) Bactérie ancienne fossilisée. Ce procaryote filamenteux fossilisé datant d'il y a 3,5 milliards d'années environ est un exemple de bactérie ancienne trouvée en Australie-Occidentale (MP).

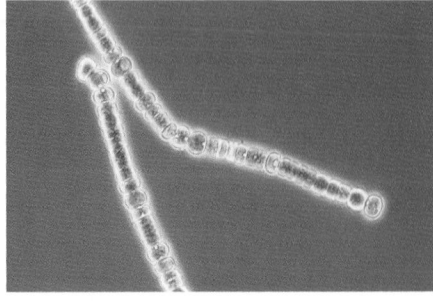

8 µm (1 300 ×)

(b) Bactérie vivante _Leptolyngbya._ Cette bactérie filamenteuse qui existe encore aujourd'hui est très semblable au procaryote fossilisé présenté en (a) (MP).

FIGURE 26.3 Un procaryote ancien et un procaryote moderne. Les fossiles contenus dans les roches datant de plus de 500 millions d'années sont passés inaperçus jusqu'en 1960 environ, en raison de leur taille microscopique.

(c) Les couches sédimentaires fossilisées, que l'on appelle stromatolithes, ressemblent aux structures superposées qui sont formées de nos jours par des colonies bactériennes comme celles apparaissant en (b). Ce stromatolithe est un spécimen datant d'il y a 3,5 milliards d'années environ et provenant d'Australie-Occidentale. Le procaryote apparaissant dans la FIGURE 26.3a a été trouvé dans un stromatolithe semblable.

FIGURE 26.4 Tapis bactériens et stromatolithes.

Le dioxygène a commencé à s'accumuler dans l'atmosphère il y a environ 2,7 milliards d'années

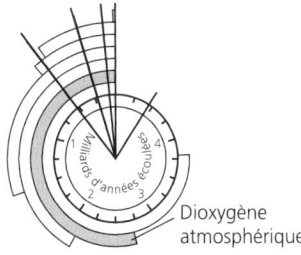

Dioxygène atmosphérique

La photosynthèse est probablement apparue très tôt dans l'histoire des procaryotes, mais sous des formes métaboliques qui ne divisaient pas la molécule d'eau et ne libéraient pas de dioxygène (voir le chapitre 10). Nous verrons au chapitre 27 des exemples de photosynthèses ne produisant pas de dioxygène (O_2), chez les procaryotes modernes. Les seuls procaryotes photosynthétiques produisant de l'O_2 sont appelés Cyanobactéries. Abondantes et diversifiées aujourd'hui, les Cyanobactéries sont probablement apparues il y a plus de 2,7 milliards d'années.

La majeure partie de l'O_2 atmosphérique est d'origine biologique et provient de la scission de la molécule d'eau pendant la photosynthèse. Lorsque la photosynthèse est apparue, l'O_2 libre provenant des Cyanobactéries s'est probablement dissous dans l'eau environnante, jusqu'à ce que les mers et les lacs en soient saturés. L'O_2 supplémentaire aurait ensuite réagi avec le fer dissous pour donner l'oxyde de fer sous forme de précipité. Les sédiments marins résultant de la réaction ont été à l'origine des formations ferrifères rubanées, les couches de roche rouge riches en oxyde de fer qui constituent aujourd'hui de précieuses sources de minerai de fer (FIGURE 26.5). Une fois que tout le fer dissous a précipité sous forme d'oxyde de fer, l'O_2 supplémentaire a enfin commencé à s'échapper des mers et des lacs et à s'accumuler dans l'atmosphère. L'oxydation des roches terrestres riches en fer, qui a commencé il y a environ 2,7 milliards d'années, est la trace laissée par ce phénomène. Selon cette chronologie, les Cyanobactéries seraient apparues il y a 3,5 milliards d'années, alors que les tapis bactériens à l'origine des stromatolithes commençaient à se former.

L'accumulation d'O_2 atmosphérique s'est faite graduellement au cours de la période comprise entre 2,7 et 2,2 milliards d'années avant notre ère. Elle s'est ensuite accélérée, et l'O_2 a alors atteint un niveau correspondant à plus de 10 % de la quantité actuelle. Cette « révolution du dioxygène » a eu des conséquences déterminantes pour la vie. L'O_2 corrosif, qui s'attaque aux liaisons chimiques, a causé la perte de nombreux groupes de procaryotes. Certaines espèces de procaryotes ont survécu dans des habitats qui étaient restés anaérobies, dans lesquels on trouve encore aujourd'hui leurs descendants, des anaérobies stricts (voir la page 579). Les autres survivants se sont adaptés de diverses manières à la modification de l'atmosphère, notamment avec la respiration cellulaire, qui fait intervenir le dioxygène et permet d'exploiter l'énergie emmagasinée dans les molécules organiques.

L'augmentation de l'O_2 atmosphérique a été associée à la photosynthèse chez les Cyanobactéries primitives. Qu'est-ce qui a causé la seconde accélération de production d'O_2 quelques centaines de millions d'années plus tard ? Certains chercheurs pensent qu'il s'agit de l'apparition des Algues eucaryotes contenant des chloroplastes.

Les eucaryotes unicellulaires sont apparus il y a 2,1 milliards d'années

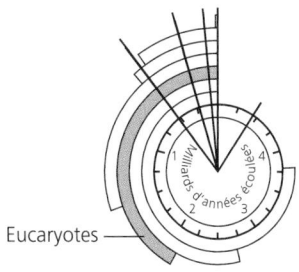

Eucaryotes

Les cellules eucaryotes sont généralement plus volumineuses et beaucoup plus complexes que les cellules procaryotes (voir le chapitre 7). Nous verrons au chapitre 28 que les cellules eucaryotes sont probablement nées d'une symbiose entre procaryotes de différentes grosseurs. Les mitochondries des cellules humaines et de tous les autres eucaryotes sont des descendantes de certains de ces endosymbiontes (cellules vivant en symbiose dans des cellules hôtes plus grosses). Il en va de même des chloroplastes des Végétaux et des Algues.

Les plus anciens fossiles présumés d'eucaryotes dateraient d'il y a 2,2 milliards d'années ; il s'agirait d'organismes en forme de tire-bouchon semblables à des algues unicellulaires relativement simples. Cependant, il est sûr que les fossiles qu'une majorité de chercheurs considèrent comme étant les plus anciens eucaryotes datent d'il y a 2,1 milliards d'années environ. Mais l'existence de traces chimiques remontant à 2,7 milliards d'années pousse certains chercheurs à penser que l'origine des Eucaryotes est encore plus lointaine. C'est au cours de l'intervalle que la « révolution du dioxygène » a modifié du tout au tout l'environnement. La corrélation temporelle est peut-être attribuable, en partie au moins, aux chloroplastes. Par ailleurs, un autre organite eucaryote, la mitochondrie, a tiré profit, au point de vue métabolique, de l'accumulation d'O_2, au moyen de la respiration cellulaire.

FIGURE 26.5 Formations ferrifères rubanées révélant la date d'apparition de la photosynthèse productrice de dioxygène. Ces rubans d'oxyde de fer situés à Jasper Knob, au Michigan, datent d'il y a 2 milliards d'années environ.

Les eucaryotes pluricellulaires sont apparus il y a 1,2 milliard d'années

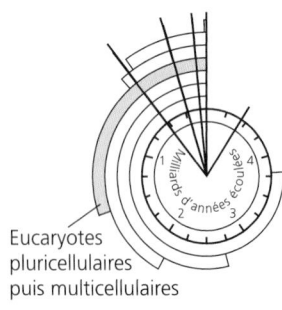

Eucaryotes pluricellulaires puis multicellulaires

L'apparition de cellules complexes a préparé le terrain pour une diversification des formes de vie eucaryotes. Une multitude d'organismes unicellulaires sont apparus et ont donné naissance aux Protistes ainsi qu'à leurs descendants unicellulaires qui subsistent encore aujourd'hui. De même, des formes de vie pluricellulaires ont fait leur apparition. Leur descendance comprend diverses Algues pluricellulaires, les Végétaux, les Eumycètes et les Animaux. Un organisme multicellulaire comme un animal se développe généralement à partir d'une seule cellule, c'est-à-dire d'un ovule fécondé (ou zygote) s'il a une reproduction sexuée (voir la FIGURE 13.4). La division et la différenciation cellulaires concourent à transformer la cellule unique en un adulte multicellulaire composé de divers types de cellules spécialisées.

Les horloges moléculaires font remonter l'ancêtre commun des eucaryotes pluricellulaires à 1,5 milliard d'années. Cependant, les plus anciens fossiles connus d'eucaryotes pluricellulaires proviennent d'algues relativement petites qui ont vécu il y a environ 1,2 milliard d'années (FIGURE 26.6). Les grands organismes, y compris les Animaux comme les Méduses et les Vers, n'apparaissent dans les archives géologiques que plusieurs centaines de millions d'années plus tard, soit à la fin de l'ère précambrienne, il y a environ 600 millions d'années (voir la FIGURE 26.2). Il y a quelques années, des paléontologues chinois ont découvert un site fossilifère particulièrement riche, datant d'il y a 570 millions d'années; ce site renfermait des algues et des animaux divers, dont quelques embryons magnifiquement conservés (FIGURE 26.7).

Les géologues ont récemment découvert les traces d'une ère glaciaire rigoureuse qui a commencé il y a 750 millions d'années et s'est terminée 180 millions d'années plus tard. L'hypothèse de la **Terre boule de neige** indique que c'est à cause de cette période de grand froid que la diversité et la répartition des eucaryotes multicellulaires sont restées relativement faibles jusqu'à la toute fin du Précambrien. Elle repose en partie sur des indices géologiques qui laissent croire que les terres émergées étaient couvertes de glaciers d'un pôle à l'autre et que les mers étaient également recouvertes de glace. Par conséquent, la majeure partie des formes de vie auraient été confinées aux régions situées près des sources hydrothermales et des volcans sous-marins, ainsi qu'aux rares endroits où la glace aurait fondu suffisamment pour laisser la lumière pénétrer dans l'eau. Selon cette hypothèse, les archives géologiques relatives au premier épisode de grande diversification des eucaryotes pluricellulaires datent du réchauffement de la Terre boule de neige. Un second épisode de diversification des formes de vie eucaryotes a produit la plupart des grands groupes d'Animaux au début du Cambrien, première période de l'ère paléozoïque.

La diversification des Animaux s'est accélérée au début du Cambrien

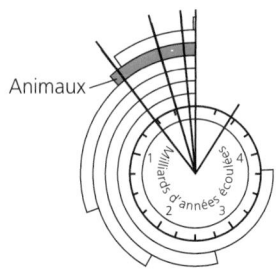

Animaux

L'histoire de la vie animale remonte à la fin de l'ère précambrienne. Mais les Animaux ne se sont véritablement diversifiés qu'au début de l'ère paléozoïque, il y a 543 millions d'années. Les Cnidaires (l'embranchement qui comprend les Méduses) et les Porifères (les Éponges) existaient déjà à la fin du Précambrien. La majorité des grands embranchements d'Animaux ne fait toutefois son apparition dans les archives géologiques qu'au cours des vingt premiers millions d'années du Cambrien, dans un laps de temps relativement court (FIGURE 26.8). Nous étudierons au chapitre 32 quelques hypothèses relatives à la fameuse explosion du Cambrien.

50 µm (400 ×)

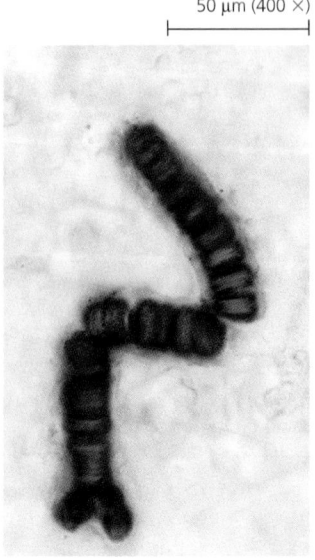

FIGURE 26.6 Algue fossilisée datant d'il y a 1,2 milliard d'années environ. Les fossiles comme celui-ci comptent parmi les plus anciennes traces d'organismes composés de plus d'un type de cellule. L'une des extrémités de cet eucaryote filamenteux porte un ancrage bilobé qui avait vraisemblablement pour fonction de rattacher l'algue à son substrat. Ce fossile est l'un des nombreux échantillons à avoir été recueillis sur l'île Somerset, dans l'Arctique Canadien.

150 µm (90 ×) 200 µm (60 ×)

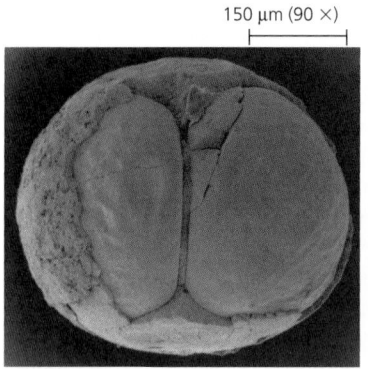 

(a) Stade bicellulaire du développement embryonnaire (MEB). **(b)** Stade ultérieur du développement embryonnaire (MEB).

FIGURE 26.7 Embryons animaux fossilisés provenant de sédiments trouvés en Chine et datant d'il y a 570 millions d'années.

Les Végétaux, les Eumycètes et les Animaux ont colonisé les milieux terrestres il y a environ 500 millions d'années

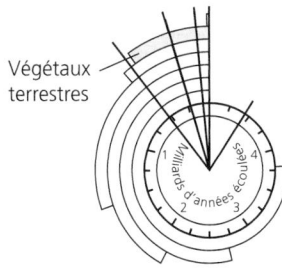

La colonisation des milieux terrestres marque un jalon crucial dans l'histoire du vivant. Des fossiles prouvent que les Cyanobactéries et d'autres procaryotes photosynthétiques recouvraient les surfaces humides il y a déjà plus de un milliard d'années. Cependant, les organismes macroscopiques comme les Végétaux, les Eumycètes et les Animaux ont commencé à coloniser les milieux terrestres il y a 500 millions d'années seulement, soit au début de l'ère paléozoïque. Cette avancée progressive hors des milieux aquatiques ancestraux a été associée à l'apparition d'adaptations prévenant la déshydratation et permettant la reproduction sur la terre ferme. Ainsi, les feuilles des Végétaux (lesquels descendent des Algues vertes) sont recouvertes d'une couche de cire imperméable qui ralentit la déperdition d'eau.

Les Végétaux ont colonisé les milieux terrestres en compagnie des Eumycètes. Encore aujourd'hui, les racines de la plupart des Végétaux sont associées en symbiose mutualiste à des Eumycètes microscopiques qui facilitent l'absorption de l'eau et des minéraux contenus dans le sol. Les Eumycètes, pour leur part, tirent des nutriments organiques des Végétaux. Ces associations symbiotiques entre Végétaux et Eumycètes sont manifestes dans quelques-unes des racines fossilisées les plus anciennes, ce qui fait remonter la relation aux débuts de la propagation de la vie dans les milieux terrestres. Nous procéderons à une étude plus détaillée de l'évolution des Végétaux et des Eumycètes aux chapitres 29 à 31.

Les Végétaux ont transformé le paysage et offert des possibilités à toutes les formes de vie, notamment aux Animaux herbivores et à leurs prédateurs. Bien que de nombreux groupes d'Animaux se retrouvent dans les environnements terrestres, les plus répandus et les plus diversifiés des Animaux terrestres sont des Arthropodes (les Insectes et les Araignées) et des Vertébrés (les Oiseaux, les Mammifères, les Amphibiens comme les Grenouilles et les Salamandres, ainsi que les Reptiles comme les Lézards et les Serpents). Les Vertébrés terrestres sont appelés Tétrapodes en raison de leurs quatre membres locomoteurs qui les distinguent des Vertébrés aquatiques que nous appelons Poissons. Les archives géologiques sont riches en vestiges prouvant que les Amphibiens descendent des Poissons. Les Reptiles, pour leur part, sont issus des Amphibiens, et les Oiseaux et les Mammifères, des Reptiles. La plupart des ordres de Mammifères modernes, y compris les Primates (l'ordre qui comprend les Singes et les Humains) étaient établis il y a de 50 à 60 millions d'années. La branche des Humains ne s'est détachée que tardivement de celle des autres Primates, soit il y a environ 5 millions d'années. Ce moment correspondrait à la dernière seconde si l'on ramenait à une heure l'histoire de la vie. Cependant, l'histoire des Humains, comme celle de toutes les autres espèces qui forment le kaléidoscope de la vie, s'amorce en réalité avec l'apparition des premiers organismes sur la Terre primitive, il y a environ 3,5 milliards d'années.

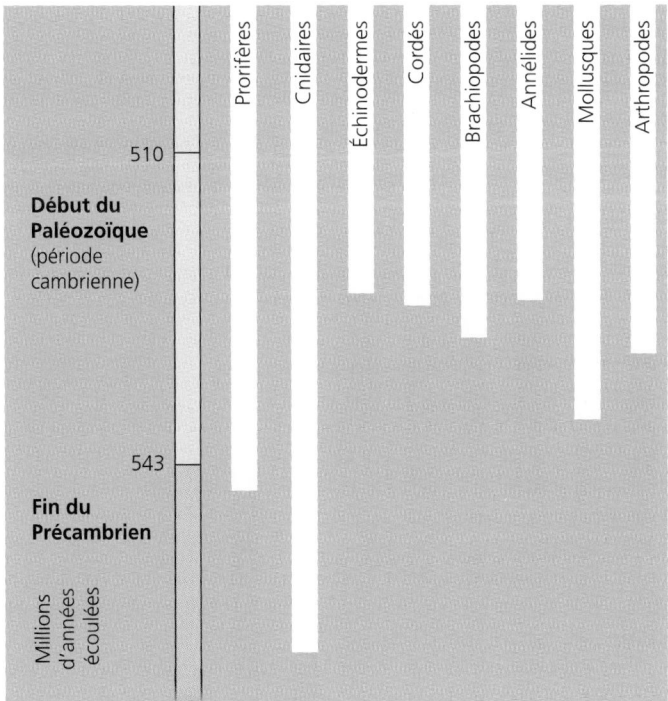

FIGURE 26.8 Radiation adaptative des Animaux au Cambrien. Les barres de ce diagramme s'étendent jusqu'à l'apparition d'un petit échantillon de groupes d'Animaux dans les archives géologiques. Nous reviendrons sur l'explosion du Cambrien et sur les principaux embranchements des Animaux aux chapitres 32 à 34.

L'ORIGINE DE LA VIE

Comment la vie est-elle apparue? Cette question se ramène en fait à la question de la genèse des cellules procaryotes. Les tout premiers organismes ont vu le jour entre le moment où la croûte terrestre a commencé à se solidifier, il y a 4,0 milliards d'années environ, et celui où la planète a abrité des bactéries suffisamment évoluées pour constituer des stromatolithes, il y a 3,5 milliards d'années. Mais d'où provenaient ces premiers organismes? Bien entendu, nous n'aurons jamais de réponse certaine à ces questions. Or, la science s'emploie à attribuer des causes naturelles aux phénomènes naturels. Telle est donc la ligne de pensée qui doit guider la recherche scientifique sur l'origine de la vie.

Sur la Terre primitive, les premières cellules ont probablement vu le jour au terme de nombreuses et lentes réactions chimiques : *une vue d'ensemble*

Une majorité de biologistes adhèrent à l'hypothèse selon laquelle la vie sur Terre a pris naissance à partir de matière inanimée ayant constitué des agrégats moléculaires finalement devenus capables d'autoréplication et de métabolisme.

Paradoxe de la biogenèse

De l'Antiquité grecque au XIXe siècle, les gens ont cru à la **génération spontanée**. Autrement dit, ils étaient persuadés que la vie pouvait naître de la matière inanimée. Les scientifiques ont rejeté ce concept pour les formes de vie macroscopiques, à la suite d'expériences réalisées sur des mouches et d'autres organismes à la fin de la Renaissance. Ils ont cependant conservé l'idée de la génération spontanée jusqu'au XIXe siècle pour expliquer la croissance rapide des microorganismes dans les aliments en décomposition. En 1862, les célèbres expériences que Louis Pasteur a effectuées avec du bouillon ont définitivement sonné le glas de la génération spontanée, même pour les microorganismes (FIGURE 26.9). Pour autant que nous le sachions aujourd'hui, tous les organismes sont issus de la reproduction d'organismes préexistants. Ce principe selon lequel la vie ne peut naître que de la vie est appelé **biogenèse.**

Mais qu'en est-il des *premiers* organismes? S'ils sont apparus par biogenèse, ils n'étaient pas les premiers organismes. Aucune donnée ne prouve que la génération spontanée se produit de nos jours. Mais la Terre n'est plus ce qu'elle était à ses débuts. À l'origine de la Terre, il y avait très peu de dioxygène atmosphérique pour dégrader les molécules complexes. En outre, les sources d'énergie comme la foudre, l'activité volcanique et la lumière ultraviolette étaient toutes beaucoup plus intenses qu'elles ne le sont aujourd'hui. La solution du paradoxe de la biogenèse réside dans les conditions qui régnaient sur la Terre primitive. La planète sur laquelle la vie a émergé n'est en rien comparable à la planète que nous connaissons aujourd'hui.

L'origine de la vie en quatre étapes hypothétiques

La plupart des biologistes jugent au moins crédible l'hypothèse selon laquelle des phénomènes chimiques et physiques s'étant déroulés dans l'environnement de la Terre primitive ont à la longue produit des cellules très simples, en une série d'étapes. Les particularités de ces étapes ne font toutefois pas l'unanimité.

L'un des scénarios hypothétiques veut que les premiers organismes aient été les produits d'une évolution chimique en quatre étapes: (1) la synthèse abiotique (sans vie) et l'accumulation de petites molécules organiques, ou monomères, tels des acides aminés et des nucléotides; (2) la fusion de ces monomères en polymères, notamment des protéines et des acides nucléiques; (3) l'apparition de molécules capables d'autoréplication qui ont rendu l'hérédité possible; (4) l'agrégation de toutes ces molécules en protobiontes, des gouttelettes dotées d'une membrane maintenant les différences chimiques entre l'intérieur et l'extérieur. Tout cela relève de la spéculation, bien entendu, mais n'en demeure pas moins de la science. En effet, l'hypothèse débouche sur des prévisions que l'on peut vérifier en laboratoire. Examinons de plus près quelques-uns des résultats qui appuient les quatre étapes hypothétiques.

La synthèse abiotique de monomères organiques est une hypothèse vérifiable

Dans les années 1920, le Russe A. I. Oparin et le Britannique J. B. S. Haldane ont postulé indépendamment l'un de l'autre que les conditions régnant sur la Terre primitive avaient favorisé certaines réactions chimiques. Ces réactions chimiques auraient synthétisé des composés organiques à partir de précurseurs inorganiques présents dans l'atmosphère et les mers de cette époque lointaine. Selon Oparin et Haldane, de telles réactions chimiques ne pourraient pas se produire de nos jours, car l'atmosphère est riche en dioxygène produit par les organismes photosynthétiques. Notre atmosphère oxydante n'est pas propice à la synthèse spontanée de molécules complexes, car le dioxygène, en raison de sa très forte électronégativité, rompt les liaisons chimiques en arrachant des électrons. Avant l'apparition de la photosynthèse, la Terre était entourée d'une atmosphère beaucoup moins oxydante, principalement composée de gaz volcaniques. Cette atmosphère réductrice (qui ajoute des électrons) aurait favorisé l'agencement de molécules simples en molécules plus complexes. Toutefois, la seule présence d'une atmosphère réductrice ne suffit pas; la création de molécules organiques nécessite également des quantités d'énergie considérables et, en l'absence d'enzymes, beaucoup de temps. Sur la Terre primitive, l'énergie provenait sans doute de la foudre, du volcanisme, des sources hydrothermales et de diverses radiations, dont l'intense rayonnement ultraviolet qui traversait l'atmosphère. Notre atmosphère actuelle comporte une couche d'ozone dérivée du dioxygène, écran qui filtre la majeure partie des rayons ultraviolets. On sait aussi que les jeunes soleils (étoiles) émettent plus de rayonnements ultraviolets que les soleils plus anciens. Selon Oparin et Haldane, le monde primitif présentait les conditions chimiques et énergétiques nécessaires à la synthèse abiotique de molécules organiques.

En 1953, Stanley Miller et Harold Urey ont vérifié l'hypothèse d'Oparin et de Haldane en créant en laboratoire des conditions comparables à celles qui auraient existé sur la Terre primitive. Leur expérience a permis de produire différents acides aminés et d'autres composés organiques présents dans les organismes contemporains (FIGURE 26.10, p. 562; voir aussi la FIGURE 4.1).

Dans le modèle de Miller et Urey, l'atmosphère se composait de H_2O, de H_2, de CH_4 (méthane) et de NH_3 (ammoniac), des gaz que les chercheurs des années 1950 croyaient abondants dans le monde primitif. L'atmosphère artificielle de Miller et Urey était sans doute plus réductrice que l'atmosphère réelle de la Terre primitive. Les vapeurs des volcans modernes contiennent du CO, du CO_2, du N_2 et de la vapeur d'eau, des gaz qui entraient vraisemblablement aussi dans la composition de l'atmosphère ancienne. En outre, l'atmosphère ancienne contenait probablement peu de H_2 et contenait des traces d'O_2 issues des réactions entre les autres gaz soumis à l'action du puissant rayonnement ultraviolet. De nombreux laboratoires ont repris l'expérience de Miller et Urey en modifiant la composition de l'atmosphère recréée. Bien que les rendements fussent généralement moindres que dans l'expérience initiale, les expériences qu'ils ont faites ont donné lieu à des synthèses abiotiques de composés organiques divers.

Les expériences de Miller et Urey alimentent encore de vifs débats sur l'origine des premières réserves de composants organiques. Aujourd'hui, des équipes de chercheurs se penchent sur la provenance des substances nécessaires aux synthèses organiques et sur les localisations des réactions. Certains scientifiques doutent à présent que l'atmosphère ait joué un rôle

❶ Au début de chaque expérience, Pasteur chauffait un milieu nutritif (du bouillon de bœuf) afin d'en éliminer tous les microorganismes. S'il laissait un flacon ouvert, le contenu se contaminait en quelques jours. Les microorganismes naissaient-ils spontanément du bouillon ou provenaient-ils de la reproduction de microorganismes qui venaient de l'environnement immédiat et avaient pénétré dans le flacon?

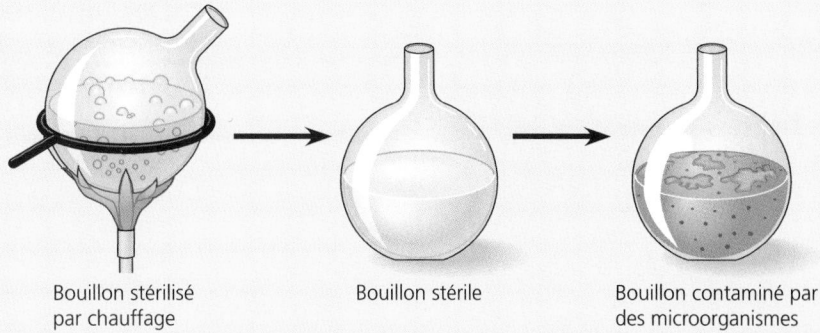

Bouillon stérilisé par chauffage

Bouillon stérile

Bouillon contaminé par des microorganismes

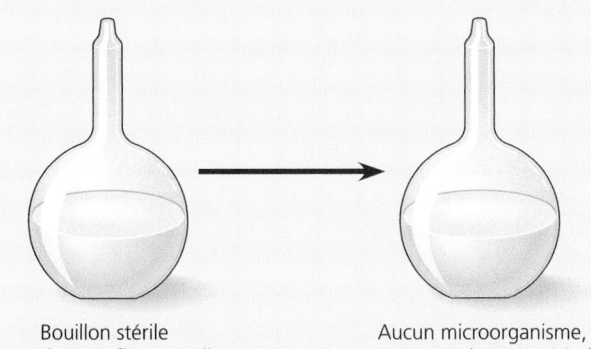

Bouillon stérile dans un flacon scellé

Aucun microorganisme, après une longue période

❷ Si Pasteur scellait le flacon après le chauffage, le bouillon demeurait stérile pendant des mois. Les détracteurs de Pasteur soutenaient cependant que le bouillon était isolé d'une « force vitale » contenue dans l'air, qu'ils croyaient nécessaire à la génération spontanée.

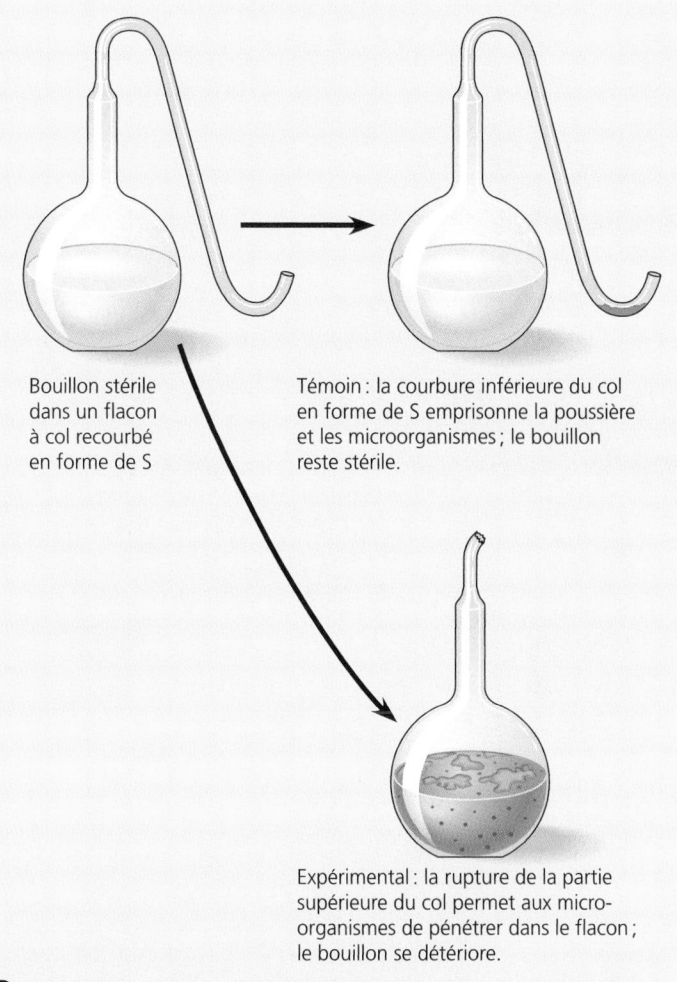

Bouillon stérile dans un flacon à col recourbé en forme de S

Témoin : la courbure inférieure du col en forme de S emprisonne la poussière et les microorganismes ; le bouillon reste stérile.

Expérimental : la rupture de la partie supérieure du col permet aux microorganismes de pénétrer dans le flacon ; le bouillon se détériore.

❸ Pasteur perfectionna son expérience : il utilisa des flacons munis d'un col recourbé en forme de S. La courbure du col emprisonnait les particules de poussière et les microorganismes, mais laissait l'air pénétrer jusque dans le bouillon.

FIGURE 26.9 Pasteur et la biogenèse des microorganismes. Au début des années 1860, Louis Pasteur (illustration ci-dessus) a réalisé une série d'expériences afin de déterminer si les microorganismes se formaient par génération spontanée ou par reproduction de microorganismes préexistants (biogenèse). Sa recherche fut au nombre de celles qui ont débouché sur la théorie microbienne des maladies, selon laquelle les infections sont dues à la propagation de microorganismes. Cette théorie a été à l'origine d'améliorations en matière d'hygiène dans la société en général et dans les hôpitaux en particulier. Par ailleurs, les célèbres expériences de Pasteur sont à l'origine de la pasteurisation. Dans l'industrie laitière, par exemple, la pasteurisation consiste à chauffer le lait pour détruire les microorganismes potentiellement nuisibles puis à sceller les récipients de manière à conserver la stérilité.

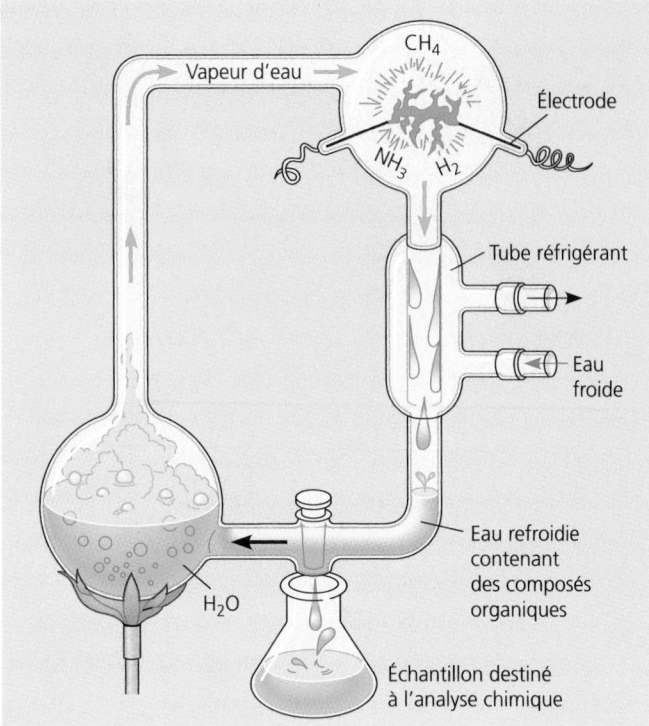

FIGURE 26.10 Expérience de Miller et Urey. Un flacon rempli d'eau chauffée représente l'océan primitif. L'«atmosphère» se compose de H_2O, de H_2, de CH_4 et de NH_3. On provoque des décharges électriques dans cette atmosphère synthétique pour simuler la foudre. Un tube réfrigérant produit la condensation d'une partie de l'atmosphère, créant de la pluie et ramenant tout composé dissous dans l'océan miniature. À mesure que les substances circulent dans l'appareil, la solution du flacon passe de la transparence à un brun trouble. Au bout d'une semaine, Miller et Urey ont analysé la solution et y ont trouvé différents composés organiques, dont certains des acides aminés qui constituent les protéines des organismes.

important dans les premières réactions chimiques. Ils pensent plutôt que les volcans submergés et les sources hydrothermales (des ouvertures de la croûte terrestre qui crachent de l'eau chaude et des minéraux dans les océans) auraient fourni les matières essentielles. De même, il semble de plus en plus probable que la vie soit née dans un environnement chimique beaucoup plus simple qu'on ne le croyait autrefois. Ainsi, il se peut que les premières cellules aient utilisé des composés inorganiques de soufre et de fer comme sources d'énergie pour synthétiser elles-mêmes l'ATP au lieu de le puiser dans leur environnement.

De même, il est plausible que certains composés organiques soient venus de l'espace. En 2000, des scientifiques de l'Inde ont publié des modèles informatisés montrant que des molécules comme l'adénine, l'un des composants de l'ADN, pouvaient se former à la suite de réactions du cyanure dans les nuages de gaz interstellaires. Ces simulations expliqueraient la présence de molécules organiques dans certains météorites qui se sont écrasés sur la Terre. Mais que la Terre primitive ait été pourvue de monomères organiques produits ici ou ailleurs, l'essentiel est que les ingrédients moléculaires de la vie étaient probablement présents dès les premiers temps.

Des simulations, en laboratoire, des conditions propres à la Terre primitive ont produit des polymères organiques

L'hypothèse abiotique de l'origine de la vie débouche sur une autre prédiction vérifiable en laboratoire. En effet, si cette hypothèse est exacte, il doit être possible de relier des monomères organiques pour produire des polymères comme les protéines et les acides nucléiques, et ce, sans l'aide d'enzymes et d'autres matériaux cellulaires. Les chercheurs ont provoqué une polymérisation en mettant des solutions de monomères organiques sur de l'argile, de la pierre ou du sable très chauds. La chaleur cause la vaporisation de l'eau des solutions et concentre les monomères sur le substrat. Ensuite, quelques-uns des monomères se lient spontanément et forment des polymères, notamment des polypeptides, les chaînes d'acides aminés qui composent les protéines. Il se peut que sur la Terre primitive des vagues ou de la pluie aient déposé des solutions diluées de monomères organiques sur de la lave ou sur d'autres roches chaudes, puis ramené dans l'eau les polypeptides et les autres polymères qui s'étaient formés. De même, on peut supposer que la synthèse abiotique de monomères et de polymères organiques se soit produite à proximité des cheminées volcaniques qui émettent des gaz et des sources hydrothermales qui éjectent de l'eau extrêmement chaude contenant des minéraux dissous.

L'ARN a peut-être constitué le premier matériel génétique

L'hérédité, qui repose sur l'autoréplication de molécules, est l'une des caractéristiques essentielles du vivant. De nos jours, l'information génétique est emmagasinée dans les cellules sous forme d'ADN. Les cellules la transcrivent en ARN, puis traduisent les messages de l'ARN en protéines (voir le chapitre 17). Ce processus s'est probablement établi graduellement, à mesure que se perfectionnaient des mécanismes qui étaient beaucoup plus rudimentaires. De fait, nombre de chercheurs adhèrent aujourd'hui à l'hypothèse selon laquelle le premier matériel héréditaire fut non pas l'ADN mais l'ARN, lequel aurait aussi tenu lieu de première enzyme. (Voilà qui permettrait de déterminer enfin lesquels, des gènes ou des enzymes, sont apparus les premiers.) Selon cette hypothèse, le «monde d'ADN» que nous connaissons aujourd'hui aurait été précédé par un «monde d'ARN».

Réplication moléculaire dans un monde d'ARN

Plusieurs scientifiques ont vérifié l'hypothèse de l'autoréplication de l'ARN. Ils ont provoqué, en laboratoire, la synthèse abiotique de courts polymères de ribonucléotides. Si l'on ajoute un court brin d'ARN à une solution contenant des nucléotides afin d'obtenir davantage d'ARN, on obtient des copies de séquences longues de cinq à dix nucléotides synthétisées à partir du brin matrice, selon les règles d'appariement des bases (FIGURE 26.11). Et si l'on ajoute en plus du zinc en guise de catalyseur, on obtient des copies de séquences comprenant jusqu'à quarante nucléotides, avec une marge d'erreur inférieure à 1%.

Dans les années 1980, Thomas Cech a révolutionné l'étude de l'apparition de la vie. Il a découvert que les molécules d'ARN ont une importante activité catalytique dans la cellule. Il a ainsi réfuté la thèse, bien ancrée en biologie, selon laquelle seules les protéines (enzymes) possèdent un pouvoir catalytique. Cech et d'autres chercheurs ont constaté que la cellule moderne utilise des ARN catalyseurs, appelés **ribozymes,** pour détacher des introns de l'ARN (voir le chapitre 17). De plus, les ribozymes catalysent la synthèse de nouveaux ARN, notamment de l'ARN ribosomique (ARNr), de l'ARN de transfert (ARNt) et de l'ARN messager (ARNm). L'ARN est donc autocatalytique. Il se peut que dans le monde prébiotique, bien avant l'apparition des enzymes (protéines) ou de l'ADN, des molécules d'ARN aient été capables d'une réplication catalysée par les ribozymes.

Sélection naturelle dans un monde d'ARN

En laboratoire, les chercheurs ont observé le fait que la sélection naturelle s'exerce au niveau moléculaire sur des populations de molécules d'ARN. Contrairement au double brin d'ADN, qui se présente sous la forme d'une double hélice régulière, le brin unique des molécules d'ARN adopte différentes conformations tridimensionnelles déterminées par la séquence nucléotidique. Ainsi, la molécule possède à la fois un génotype (sa séquence nucléotidique) et un phénotype (sa conformation, qui interagit de façon particulière avec les molécules environnantes). Dans un milieu donné, les molécules d'ARN possédant certaines séquences de bases azotées sont plus stables et se répliquent plus rapidement et plus fidèlement que les autres. En présence d'une multitude de molécules d'ARN qui se font concurrence pour l'obtention des monomères nécessaires à leur réplication, une seule séquence l'emporte : celle qui est la mieux adaptée à la température, à la salinité et aux autres caractéristiques de la solution environnante, et qui présente l'activité autocatalytique la plus intense. Étant donné les erreurs de transcription, cette séquence engendre une famille de séquences étroitement apparentées et non une seule espèce d'ARN. La sélection filtre les mutations de la séquence initiale, et parfois une erreur de transcription engendre une molécule qui adoptera une forme encore plus stable ou encore plus apte à l'autoréplication que la séquence ancestrale. Cette forme de sélection existait peut-être dans le monde d'ARN prébiotique.

Il se peut que la synthèse protéique orchestrée par l'ARN ait son origine dans les liaisons faibles reliant certains acides aminés aux bases azotées le long des molécules d'ARN. Ces dernières auraient servi de matrices simples retenant quelques acides aminés suffisamment longtemps pour qu'ils se lient. (De fait, c'est là une des fonctions de l'ARNr dans les ribosomes modernes.) Si de l'ARN a pu synthétiser un court polypeptide qui, à son tour, se comportait comme une enzyme et aidait la molécule d'ARN à se répliquer, alors la dynamique chimique primitive comprenait à la fois des processus de coopération et des processus de concurrence au niveau moléculaire. Ainsi, les premières étapes menant à la réplication et à la traduction de l'information génétique se sont peut-être déroulées au cours d'une évolution moléculaire, avant même que l'ARN et les polypeptides ne s'enveloppent de membranes.

Les protobiontes peuvent se former spontanément

Les caractéristiques de la vie résultent d'une interaction entre des molécules organisées en niveaux de plus en plus complexes. Il se peut que les cellules aient été précédées par des **protobiontes,** c'est-à-dire des agrégats de molécules produites par voie abiotique. Les protobiontes sont incapables de reproduction à proprement parler. Mais ils conservent un milieu chimique interne distinct du milieu externe. De plus, ils présentent certaines des caractéristiques associées au vivant, dont le métabolisme et l'excitabilité.

Certaines expériences menées en laboratoire démontrent que les protobiontes ont pu se former spontanément à partir de composés organiques produits par voie abiotique. Ainsi, des gouttelettes appelées *liposomes* se constituent lorsque certains lipides sont présents parmi les «ingrédients» organiques. Ces lipides forment à la surface de la gouttelette une bicouche moléculaire analogue à la bicouche lipidique des membranes plasmiques. Comme la membrane est dotée d'une perméabilité sélective, les liposomes se gonflent ou se contractent selon la salinité de la solution dans laquelle ils sont placés. Certains de ces protobiontes emmagasinent de l'énergie sous la forme d'un potentiel de membrane, c'est-à-dire d'un potentiel électrique (ou tension) existant à travers la membrane. Ces protobiontes

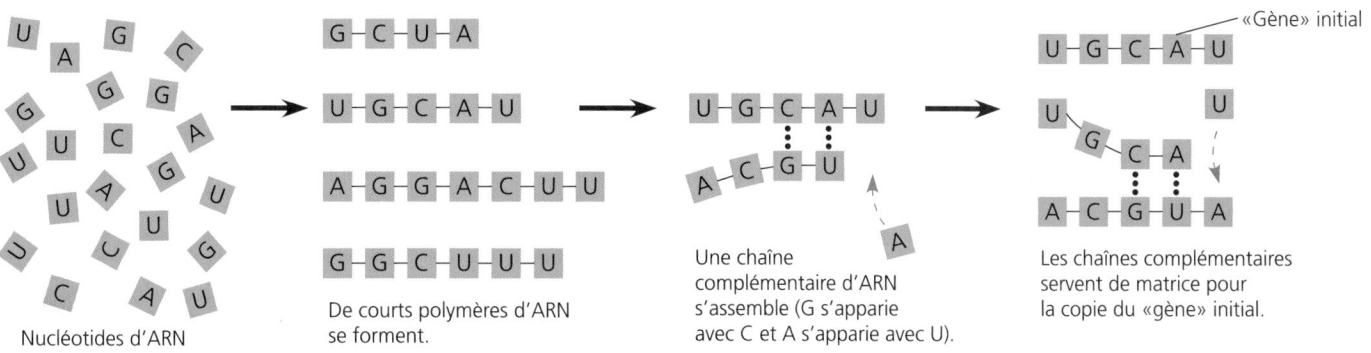

FIGURE 26.11 Réplication abiotique de l'ARN.

peuvent propager cette tension à la façon d'une cellule nerveuse. Or, cette forme d'excitabilité caractérise tous les êtres vivants (ce qui ne signifie pas que les protobiontes soient vivants, mais seulement qu'ils présentent *certaines* des caractéristiques de la vie). Les liposomes ont un comportement dynamique : il leur arrive d'englober de plus petits liposomes, puis de se diviser ou encore de «donner naissance» à de plus petits liposomes (FIGURE 26.12a). Si l'on ajoute des enzymes à ces ingrédients, elles s'intègrent aux gouttelettes. Les protobiontes sont donc capables d'absorber des substrats de leur milieu environnant et de libérer les produits des réactions catalysées par les enzymes (FIGURE 26.12b).

Contrairement aux protobiontes expérimentaux, les protobiontes qui se sont formés dans les mers primitives ne possédaient pas d'enzymes élaborées, lesquelles sont fabriquées conformément à l'information génétique se trouvant à l'intérieur des cellules vivantes. Certaines molécules produites par voie abiotique disposent toutefois d'un faible pouvoir catalytique. Il se peut fort bien que certains protobiontes possédant ces molécules aient modifié, grâce à un métabolisme rudimentaire, les substances absorbées à travers leur membrane.

Il se peut que les protobiontes contenant de l'information héréditaire se soient perfectionnés grâce à la sélection naturelle

Si tout s'est déroulé comme les chercheurs le supposent, la formation d'une membrane autour des gènes d'ARN primitifs et de leurs produits polypeptidiques a marqué un jalon crucial dans l'Antiquité de la vie. Par la suite, en effet, les protobiontes ont pu évoluer en tant qu'entités propres et la coopération moléculaire a pu se perfectionner, car les composants qui interagissaient d'une manière propice au succès du protobionte dans son ensemble étaient concentrés dans un volume microscopique et non disséminés dans le milieu environnant (FIGURE 26.13). Supposons, par exemple, qu'une molécule d'ARN ait réuni des acides aminés en une enzyme primitive qui extrayait l'énergie de composés de soufre inorganiques présents dans son milieu. Cette énergie pouvait alimenter d'autres réactions à l'intérieur du protobionte, notamment la réplication de l'ARN. La sélection naturelle ne pouvait favoriser le gène en question que si ses produits restaient à proximité et n'étaient pas partagés avec des séquences d'ARN concurrentes dans l'environnement. Les protobiontes les mieux nantis croissaient et se divisaient, distribuant des copies de leurs gènes à la génération suivante. Même si, au départ, un seul protobionte doté de ces propriétés est né des processus abiotiques que nous venons de décrire, ses descendants ont différé à cause des mutations, des erreurs de transcription de l'ARN.

L'évolution darwinienne, c'est-à-dire le succès de la reproduction différentielle d'individus sujets à des variations, a sans doute grandement perfectionné l'hérédité et le métabolisme primitifs. L'un de ces perfectionnements a vraisemblablement rendu l'ADN dépositaire de l'information génétique. L'ARN, lui, aurait constitué la matrice pour l'assemblage des nucléotides de l'ADN. En tant que dépositaire de l'information génétique, l'ADN est beaucoup plus stable que l'ARN. Après l'apparition de l'ADN, les molécules d'ARN auraient commencé à jouer leur rôle actuel, c'est-à-dire à servir d'intermédiaires dans la traduction des programmes génétiques. Le « monde de l'ARN » a cédé la place au « monde de l'ADN ».

20 µm (650 ×)

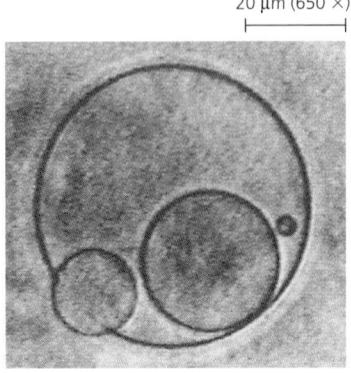

FIGURE 26.12 Production de protobiontes en laboratoire.

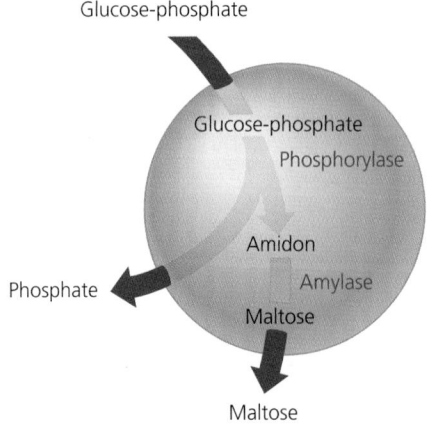

Glucose-phosphate

Glucose-phosphate
Phosphorylase

Amidon
Amylase

Phosphate

Maltose

Maltose

(a) Reproduction rudimentaire. Ce liposome «donne naissance» à des liposomes plus petits (MP).

(b) Métabolisme rudimentaire. Si la solution dans laquelle les gouttelettes se forment contient des enzymes (la phosphorylase et l'amylase dans ce cas-ci), certains protobiontes présentent un métabolisme rudimentaire.

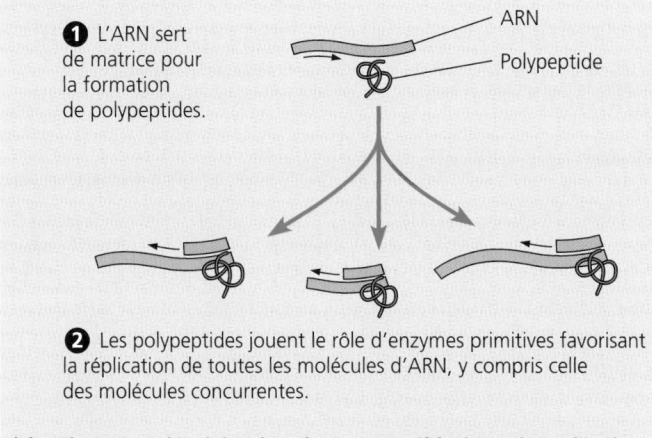

❶ L'ARN sert de matrice pour la formation de polypeptides.

ARN
Polypeptide

❷ Les polypeptides jouent le rôle d'enzymes primitives favorisant la réplication de toutes les molécules d'ARN, y compris celle des molécules concurrentes.

(a) « Chaos » moléculaire dans la soupe prébiotique de molécules organiques

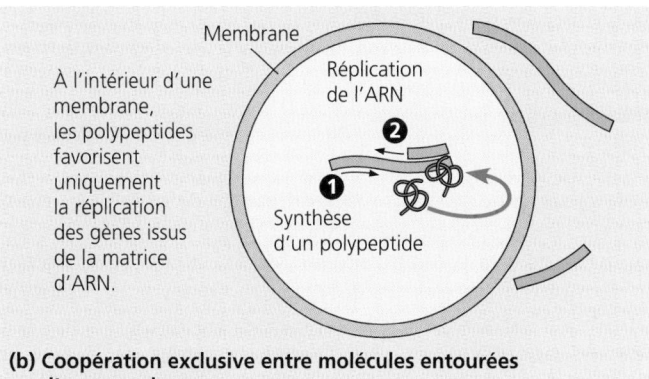

Membrane
Réplication de l'ARN
❷
❶
Synthèse d'un polypeptide

À l'intérieur d'une membrane, les polypeptides favorisent uniquement la réplication des gènes issus de la matrice d'ARN.

(b) Coopération exclusive entre molécules entourées d'une membrane

FIGURE 26.13 Hypothèses expliquant l'origine de la coopération moléculaire

L'origine de la vie donne lieu à un débat animé

Les simulations faites en laboratoire ne peuvent établir avec certitude le fait que la forme d'évolution chimique décrite ici a bel et bien donné naissance à la vie sur la Terre primitive. Elles indiquent uniquement que certaines des étapes clés de cette évolution ont *pu* se produire. Les scientifiques continuent de se perdre

en conjectures sur l'origine de la vie. Par conséquent, le déroulement de plusieurs processus essentiels fait l'objet de diverses thèses.

Certains chercheurs doutent que la synthèse abiotique de monomères organiques ait forcément été la première étape de l'émergence de la vie. Comme nous l'avons vu plus haut, il se peut que certains composés organiques, fussent-ils peu nombreux, soient venus de l'espace interstellaire et aient atteint la Terre primitive alors qu'ils étaient enfermés dans des météorites et des comètes.

L'*endroit* où la vie a émergé fait l'objet d'un autre débat. Jusqu'à tout récemment, la plupart des chercheurs pensaient que c'était dans des eaux peu profondes ou dans des sédiments humides. Or certains scientifiques, faisant remarquer que la surface de la Terre était très inhospitalière à l'époque présumée de l'apparition de la vie, remettent maintenant en cause cette hypothèse. Après la découverte des cheminées volcaniques et des sources hydrothermales sous-marines, à la fin des années 1970, il est devenu plausible que ces formations aient fourni l'énergie et les précurseurs chimiques nécessaires à la constitution des protobiontes (FIGURE 26.14). Les analyses moléculaires phylogénétiques indiquent que les ancêtres des cellules procaryotes modernes toléraient une chaleur extrême et auraient pu se nourrir des composés sulfurés inorganiques qui abondent aux alentours des sources hydrothermales. De fait, les études réalisées par Günter Wachtershäuser et ses collègues laissent à penser que les sources hydrothermales et les volcans sous-marins auraient pu constituer les sources abiotiques de quelques-uns des composés organiques, comme l'acétyl-CoA,

FIGURE 26.14 Une fenêtre ouverte sur l'origine de la vie ? À travers le hublot du sous-marin de recherche *Alvin,* on peut apercevoir un appareil d'analyse de l'eau attaché à un bras robotisé. Lors d'une expédition dans le golfe de Californie, en 2000, des chercheurs ont étudié les environnements des sources hydrothermales situées à plus de 1 600 m de profondeur. La colonne d'émissions chaudes qui s'élève de cette cheminée contient du sulfure d'hydrogène et du sulfure de fer. La réaction de ces composés produit de la pyrite (l'or du sot) et du H_2, lequel sert de source d'énergie aux cellules procaryotes vivant autour des cheminées. De nombreux chercheurs pensent que ces environnements, qui nous semblent aujourd'hui extrêmement hostiles, ont constitué le berceau de la vie.

la substance qui intervient dans le métabolisme cellulaire (voir la FIGURE 9.11). Des sulfures de fer et de nickel, abondants à proximité des sources hydrothermales et des volcans sous-marins, catalysent la formation d'acide acétique et de précurseurs de l'acétyl-CoA à partir de CO et de H_2S. Selon Wachtershäuser, il est possible que les premiers organismes soient apparus dans un environnement où ces réactions étaient courantes et qu'ils aient fait de ces réactions leur métabolisme rudimentaire.

Et si la Terre n'était pas la seule planète à abriter des formes de vie? Nous disposons de moyens de plus en plus nombreux pour vérifier cette hypothèse. Les photos que la sonde *Galilée* a prises d'Europa conduisent à penser que la surface gelée de cette lune de Jupiter recouvre de l'eau à l'état liquide pouvant contenir des organismes procaryotes. La planète Mars, par ailleurs, est un désert froid et sec. Mais, il y a de cela des milliards d'années, elle était probablement relativement chaude et aurait pu comporter de l'eau à l'état liquide et posséder une atmosphère riche en CO_2. Avant de devenir totalement inhospitalière, elle a peut-être été le siège de réactions chimiques prébiotiques analogues à celles qui se sont produites sur la Terre primitive. Les scientifiques s'attendent à ce que les explorations programmées pour la prochaine décennie leur indiquent si Mars a déjà abrité des microorganismes. La vie y serait-elle apparue, avant de disparaître? Les changements planétaires y auraient-ils empêché toute réaction chimique prébiotique avant l'apparition de quelconques formes de vie? Quoi qu'il en soit, de nombreux scientifiques considèrent la planète rouge comme le lieu idéal pour vérifier les hypothèses relatives à l'environnement chimique prébiotique de la Terre.

L'origine de la vie terrestre et extraterrestre donne lieu à un débat très animé. Nous n'avons présenté ici qu'un petit nombre des points de vue qui l'alimentent. Quels que soient les événements qui se sont déroulés dans le monde abiotique, la distance qui sépare un simple agrégat de molécules qui se multiplie et une cellule procaryote, même la plus simple, reste énorme. Pour franchir cette distance, l'évolution n'a pu se faire qu'en de nombreuses étapes intermédiaires. La description de la transition entre le protobionte et la cellule se révèle aussi imprécise que nos définitions de la vie. En revanche, nous savons que les procaryotes prospéraient déjà il y a au moins 3,5 milliards d'années et que toutes les ramifications du vivant en descendent.

LES GRANDES RAMIFICATIONS DU VIVANT

Au chapitre 25, nous avons vu que la systématique était l'étude de la diversité biologique dans le contexte de l'évolution. Maintenant que nous avons remonté jusqu'aux origines mêmes de la vie sur la Terre, la systématique va nous être utile encore une fois. En effet, nous allons tenter de reconstituer les liens qui existent entre les organismes très diversifiés issus des tout premiers êtres vivants.

La classification fondée sur cinq règnes a évolué avec les connaissances concernant la diversité biologique

Les systématiciens ont traditionnellement considéré le règne comme la catégorie taxinomique la plus élevée, la plus vaste. Nombre de gens, par ailleurs, pensent qu'il n'existe que deux règnes d'êtres vivants: les Végétaux et les Animaux. Nous vivons en effet dans un monde macroscopique et terrestre où nous rencontrons rarement des organismes qui n'entrent pas dans l'une ou l'autre de ces deux catégories. Du reste, ce système taxinomique à deux règnes s'appuie sur une longue tradition de la taxinomie classique. Linné, en effet, a classé tous les organismes connus dans les règnes végétal et animal.

La classification fondée sur deux règnes a persisté même après la découverte de l'univers microbien. On classait alors les Bactéries dans le règne végétal, en raison de la rigidité de leur paroi cellulaire. De même, on classait les organismes unicellulaires eucaryotes possédant des chloroplastes parmi les Végétaux. Enfin, on considérait les Eumycètes comme des Végétaux, en partie parce qu'ils étaient sédentaires. Pourtant, les Eumycètes ne possèdent aucun mécanisme de photosynthèse et ont une structure très différente de celle des plantes vertes. Dans le système taxinomique à deux règnes, on appelait Animaux les créatures unicellulaires qui se meuvent et ingèrent de la nourriture (les Protozoaires). Quant aux microorganismes tels que les Euglènes, qui se déplacent mais sont capables de photosynthèse, ils étaient réclamés tant par les botanistes que par les zoologistes et ont fini par figurer à la fois dans le règne végétal et dans le règne animal. On a bien proposé des classifications comprenant d'autres règnes, mais aucune n'a su rallier la majorité des biologistes. Ce n'est qu'en 1969 qu'un scientifique de l'Université Cornell, Robert H. Whittaker, a pu faire accepter une classification fondée sur cinq règnes: les Monères, les Protistes, les Végétaux, les Eumycètes et les Animaux (FIGURE 26.15).

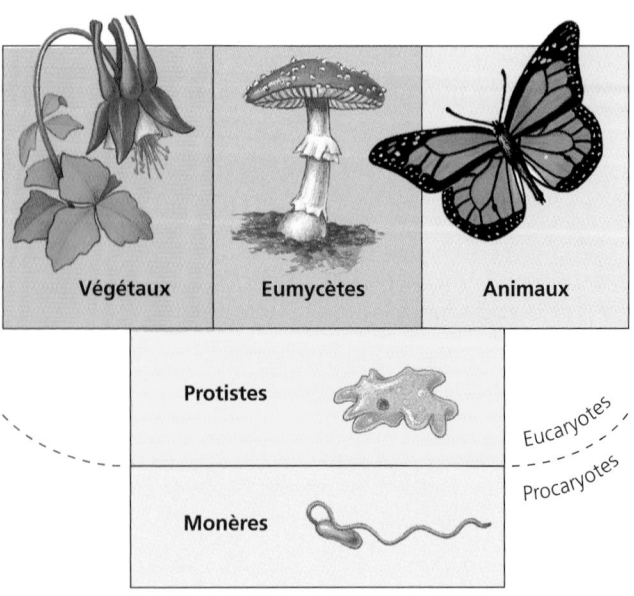

FIGURE 26.15 Classification fondée sur cinq règnes de Whittaker.

La classification fondée sur cinq règnes tient compte des deux types fondamentaux de cellules, procaryotes et eucaryotes, et distingue les cellules procaryotes de tous les Eucaryotes en les classant dans un règne à part: les Monères.

Whittaker distingue trois règnes d'eucaryotes pluricellulaires, les Végétaux, les Eumycètes et les Animaux, en s'appuyant notamment sur le critère de la consommation de matière organique. Les Végétaux sont autotrophes, c'est-à-dire qu'ils fabriquent leur matière organique par photosynthèse. Les Eumycètes, eux, sont hétérotrophes, c'est-à-dire qu'ils se nourrissent en absorbant la matière organique présente dans leur environnement immédiat. La plupart des Eumycètes sont des décomposeurs qui vivent enfouis dans leur source de nourriture, sécrétant des enzymes digestives et absorbant les petites molécules organiques produites par la digestion. Quant aux Animaux, ils sont aussi hétérotrophes; ils s'alimentent pour la plupart en ingérant la matière organique et en la digérant dans des cavités spécialisées.

Reste le règne des Protistes. Dans la classification fondée sur cinq règnes de Whittaker, il comprenait tous les eucaryotes qui ne répondaient pas à la définition de Végétal, d'Eumycète ou d'Animal. La majorité des Protistes sont des organismes unicellulaires. Les limites tracées par Whittaker ont cependant été repoussées de façon à ce que le règne des Protistes englobe certains organismes pluricellulaires, tels que les Algues, à cause de leurs liens avec certains protistes unicellulaires. Ainsi révisée, la classification fondée sur cinq règnes de Whittaker a prévalu en biologie pendant plus de vingt ans.

Les taxons supérieurs font l'objet d'une remise en question

Comme toute classification, la classification fondée sur cinq règnes n'est pas un fait de la nature, mais une construction humaine. Elle vise à ordonner la diversité des organismes de manière utile et, autant que possible, plausible sur le plan de la phylogénie. Depuis les trente dernières années, les systématiciens recourent à l'analyse cladistique et utilisent notamment des cladogrammes fondés sur des données moléculaires (voir le chapitre 25). C'est ainsi qu'ils ont décelé des failles dans la classification traditionnelle en cinq règnes.

Premièrement, la classification traditionnelle ne rend pas compte de l'existence de deux lignées de procaryotes. Aussi a-t-on proposé une **classification fondée sur trois domaines** (FIGURE 26.16a et b), comprenant les Bactéries, les Archéobactéries (ou Archées) et les Eucaryotes. Ces domaines constituent en quelque sorte des super-règnes, des catégories taxinomiques supérieures aux règnes. Notez qu'avec la classification fondée sur trois domaines, le règne des Monères n'existe plus, car ses membres sont répartis entre deux domaines. De fait, nombre de microbiologistes divisent aujourd'hui chacun des deux domaines d'organismes procaryotes en plusieurs règnes, s'appuyant pour cela sur l'analyse cladistique des données moléculaires (voir la FIGURE 26.16c).

Deuxièmement, la classification fondée sur cinq règnes résiste mal aux attaques des systématiciens qui étudient la phylogénie des divers organismes eucaryotes autrefois regroupés dans le règne des Protistes. En effet, la systématique et la cladistique moléculaires ont révélé que cette catégorie n'était pas monophylétique (consultez le chapitre 25 pour vous rafraîchir la mémoire sur la cladistique). Les spécialistes divisent à présent le règne des Protistes en au moins cinq nouveaux règnes. De plus, ils classent dans les règnes des Végétaux, des Eumycètes et des Animaux des groupes d'organismes qui faisaient autrefois partie des Protistes (voir la FIGURE 26.16c).

Manifestement, la détermination des taxons supérieurs n'a encore rien de définitif. Il peut sembler paradoxal que les systématiciens doutent moins des regroupements dans les taxons inférieurs comme le genre et la famille que des relations phylogénétiques unissant les membres des taxons supérieurs. Cela se comprend, cependant, quand on songe à la généalogie des familles. Pour qui remonte à ses lointains ancêtres, il est plus facile de déterminer ses relations avec ses frères et sœurs et avec ses cousins et cousines proches que d'identifier ses cousins du troisième ou du quatrième degré. De même, retracer la phylogénie au niveau du règne oblige à remonter à des ramifications qui se sont produites dans les océans du Précambrien, il y a un milliard d'années ou plus.

| Monères | Protistes | Végétaux | Eumycètes | Animaux |

(a) Classification fondée sur cinq règnes

| Bactéries | Archéo-bactéries | Eucaryotes |

(b) Classification fondée sur trois domaines

| Règnes bactériens | Règnes archéens | Règnes des Protistes | Végétaux | Eumycètes | Animaux |

(c) Combien de règnes y a-t-il vraiment?

FIGURE 26.16 Évolution de la façon de représenter la diversité biologique.

Les chercheurs ne sont pas près d'arriver à un consensus quant aux liens entre les trois domaines du vivant et quant au nombre de règnes permettant de rendre compte de l'évolution. Même s'ils y parvenaient, d'autres découvertes les obligeraient sans doute à modifier encore leur classification. Lorsque vous étudierez la diversité du vivant, dans les chapitres qui suivent, rappelez-vous que les arbres phylogénétiques et les catégories taxinomiques sont des hypothèses qui correspondent aux données les plus récentes. C'est l'étude incessante d'hypothèses vérifiables qui place la biologie de l'évolution au rang de science naturelle.

RÉVISION DU CHAPITRE

Résumé des concepts importants

APERÇU DE L'ANTIQUITÉ DE LA VIE

- L'apparition de la vie sur la Terre date d'il y a 3,5 milliards à 4,0 milliards d'années (p. 554 et 555, FIGURES 26.1 et 26.2). La Terre s'est formée il y a 4,6 milliards d'années. Les plus anciens fossiles procaryotes datent d'il y a 3,5 milliards d'années.

- Les procaryotes sont apparus il y a 3,5 milliards d'années et ont dominé l'histoire de l'évolution pendant 1,5 milliard d'années (p. 555 et 556, FIGURES 26.3 et 26.4). Les organismes procaryotes, divisés en deux domaines, les Bactéries et les Archéobactéries, se sont diversifiés en acquérant différents types de métabolisme. Ils vivaient près des sources hydrothermales et en eau peu profonde. Ils ont laissé des fossiles appelés stromatolithes.

- Le dioxygène a commencé à s'accumuler dans l'atmosphère il y a environ 2,7 milliards d'années (p. 557, FIGURE 26.5). La photosynthèse est apparue chez les Cyanobactéries. À mesure qu'il s'accumulait dans l'atmosphère, le dioxygène, une molécule oxydante notamment pour les molécules organiques, a compromis le maintien de la vie.

- Les eucaryotes unicellulaires sont apparus il y a 2,1 milliards d'années (p. 557). Les plus anciens fossiles de cellules eucaryotes datent de cette époque. Les cellules eucaryotes descendent d'un ancêtre procaryote qui a servi d'hôte à des organismes procaryotes plus petits.

- Les eucaryotes pluricellulaires sont apparus il y a 1,2 milliard d'années (p. 558, FIGURES 26.6 et 26.7). On a trouvé des fossiles d'Algues pluricellulaires datant de cette époque. Les plus anciens fossiles d'Animaux ont 600 millions d'années environ.

- La diversification des Animaux s'est accélérée au début du Cambrien (p. 558 et 559, FIGURE 26.8). La plupart des embranchements d'Animaux ont fait leur apparition dans les archives géologiques au cours d'une période relativement courte de 20 millions d'années qui a commencé il y a 540 millions d'années.

- Les Végétaux, les Eumycètes et les Animaux ont colonisé les milieux terrestres il y a environ 500 millions d'années (p. 559). Les Végétaux et les Eumycètes ont été les premiers à accomplir la migration sur la terre ferme, à la faveur d'une relation symbiotique. Les Animaux herbivores et leurs prédateurs ont suivi.

L'ORIGINE DE LA VIE

- Sur la Terre primitive, les premières cellules ont probablement vu le jour au terme de nombreuses et lentes réactions chimiques: *une vue d'ensemble* (p. 559 à 561, FIGURE 26.9). De nos jours, la vie résulte de la biogenèse. Mais les premières cellules sont peut-être issues d'une lente évolution chimique.

- La synthèse abiotique de monomères organiques est une hypothèse vérifiable (p. 560 à 562, FIGURE 26.10). En laboratoire, des expériences au cours desquelles on a tenté de créer des conditions semblables à celles de la Terre primitive ont produit diverses molécules organiques simples à partir de précurseurs inorganiques.

- Des simulations, en laboratoire, des conditions propres à la Terre primitive ont produit des polymères organiques (p. 562). De petites molécules organiques se polymérisent quand elles sont concentrées sur de la roche, de l'argile ou du sable chauds.

- L'ARN a peut-être constitué le premier matériel génétique (p. 562 et 563, FIGURE 26.11). Les premiers gènes ont peut-être été constitués d'ARN produit par voie abiotique. Les séquences de bases azotées de cet ARN auraient servi de matrices à l'enchaînement des acides aminés dans la synthèse de polypeptides, de même qu'à celui des bases azotées complémentaires dans une forme primitive d'autoréplication.

- Les protobiontes peuvent se former spontanément (p. 563 et 564, FIGURE 26.12). Des molécules organiques synthétisées en laboratoire se sont spontanément regroupées pour former des gouttelettes possédant quelques-unes des caractéristiques du vivant.

- Il se peut que les protobiontes contenant de l'information héréditaire se soient perfectionnés grâce à la sélection naturelle (p. 564 et 565, FIGURE 26.13). Les agrégats moléculaires les plus aptes à exploiter les ressources de l'environnement et à se reproduire se seraient multipliés au sein d'une population formée de divers protobiontes.

- L'origine de la vie donne lieu à un débat animé (p. 565 et 566). Les chercheurs proposent diverses hypothèses quant à la manière dont la vie est apparue et quant à l'endroit où le phénomène s'est produit.

LES GRANDES RAMIFICATIONS DU VIVANT

- La classification fondée sur cinq règnes a évolué avec les connaissances concernant la diversité biologique (p. 566 et 567, FIGURE 26.15). La classification traditionnelle comprend cinq règnes: les Monères (organismes procaryotes), les Protistes (organismes eucaryotes relativement simples), les Végétaux, les Eumycètes et les Animaux.

- Les taxons supérieurs font l'objet d'une remise en question (p. 567 et 568, FIGURE 26.16). Les chercheurs contemporains ont tendance à préférer à la classification fondée sur cinq règnes une classification fondée sur trois domaines (Bactéries, Archéobactéries et Eucaryotes). De plus, ils divisent les organismes procaryotes et les Protistes en plusieurs règnes.

Autoévaluation

(Les questions dont les numéros sont en caractères gras font surtout appel à la compréhension.)

1. Si, aujourd'hui, la vie ne peut plus émerger de mécanismes abiotiques, c'est *principalement* parce que :
   a) la foudre ne fournit pas suffisamment d'énergie.
   b) notre atmosphère oxydante n'est pas propice à la synthèse spontanée de molécules complexes.
   c) la lumière visible ne fournit pas suffisamment d'énergie.
   d) il n'existe plus de surfaces extrêmement chaudes sur lesquelles des solutions faibles de molécules organiques pourraient se polymériser.
   e) tous les habitats possibles sont occupés.

2. Lequel des énoncés suivants *n'appuie pas* l'hypothèse selon laquelle l'ARN a servi de matériel génétique pour les premiers protobiontes ?
   a) De courtes séquences d'ARN peuvent s'assembler spontanément en présence de nucléotides.
   b) Il a été démontré que l'ARN avait un pouvoir catalytique dans les cellules contemporaines.
   c) La variation des séquences de bases azotées produit des molécules de stabilité variable dans les différents environnements.
   d) L'ARN sert de matrice à la synthèse des protéines dans les cellules contemporaines.
   e) L'ARN sert de matrice à l'enchaînement des nucléotides de l'ADN dans les cellules contemporaines.

3. Les tapis fossilisés appelés stromatolithes :
   a) ont 3,5 milliards d'années et contiennent des fossiles semblables aux organismes procaryotes filamenteux contemporains.
   b) se sont formés autour des sources hydrothermales et constituent les premières traces de vie sur la Terre.
   c) contiennent des couches d'oxyde de fer prouvant que les Cyanobactéries étaient capables de photosynthèse il y a 2,7 milliards d'années.
   d) prouvent que les Végétaux ont colonisé les milieux terrestres en s'associant aux Eumycètes il y a environ 500 millions d'années.
   e) contiennent les premiers fossiles avérés d'organismes eucaryotes et datent d'il y a 2,1 milliards d'années.

4. La révolution du dioxygène a bouleversé l'environnement de la Terre. Laquelle des adaptations suivantes a tiré parti de ce changement ?
   a) L'apparition des chloroplastes au moment où les Protistes ont assimilé des Cyanobactéries photosynthétiques.
   b) La persistance de certains groupes d'Animaux dans les habitats anaérobies.
   c) L'apparition de pigments photosynthétiques qui protégeaient les premières algues des effets corrosifs du dioxygène.
   d) L'apparition de la respiration cellulaire, dans laquelle le dioxygène sert à dégager l'énergie des molécules combustibles.
   e) L'apparition de colonies d'organismes eucaryotes pluricellulaires à partir de communautés symbiotiques d'organismes procaryotes.

5. Quelle similitude peut-on établir entre un processus complexe comme la photosynthèse et l'ensemble des réactions simples qui pourraient avoir mené à l'apparition de la vie sur la Terre ?
   a) Les deux processus nécessitent une chaîne de transport d'électrons pour se réaliser.
   b) Les deux processus dépendent de l'énergie lumineuse pour s'effectuer.
   c) Dans les deux processus, des molécules simples subissent une réduction qui conduit à la formation de molécules organiques complexes.
   d) Le dioxygène est normalement produit dans les deux cas.
   e) Les deux processus se déroulent dans un environnement délimité par une membrane.

6. La concurrence entre les divers protobiontes n'a probablement conduit à des améliorations évolutives qu'au moment où :
   a) les protobiontes ont commencé à catalyser des réactions chimiques.
   b) un mécanisme de transmission héréditaire est apparu.
   c) les protobiontes ont commencé à croître et à se diviser.
   d) la photosynthèse est apparue.
   e) l'ADN est apparu.

7. Laquelle des chronologies suivantes est probable ?
   a) Le métabolisme suivi de la mitose.
   b) Une atmosphère oxydante suivie d'une atmosphère réductrice.
   c) Les organismes eucaryotes suivis des organismes procaryotes.
   d) Les gènes d'ADN suivis des gènes d'ARN.
   e) Les Animaux suivis des Algues.

8. Ordonnez, du plus ancien au plus récent, les événements qui ont marqué l'évolution de la vie sur la Terre.
   1. Apparition de la mitochondrie.
   2. Apparition des eucaryotes pluricellulaires.
   3. Apparition du chloroplaste.
   4. Apparition des Cyanobactéries.
   5. Apparition de la symbiose Végétaux/Eumycètes.
   a) 4, 3, 2, 1, 5
   b) 4, 3, 1, 2, 5
   c) 4, 1, 2, 3, 5
   d) 4, 3, 1, 5, 2
   e) 3, 4, 1, 2, 5

9. Lequel des résultats suivants *n'a pas* encore été obtenu par les scientifiques qui étudient l'origine de la vie ?
   a) La synthèse abiotique de petits polymères d'ARN.
   b) La synthèse abiotique de polypeptides.
   c) La formation d'agrégats moléculaires dotés de membranes à perméabilité sélective.
   d) La formation de protobiontes dans lesquels l'ADN dirige la polymérisation des acides aminés.
   e) La synthèse abiotique de monomères organiques.

10. Les controverses à propos du nombre de règnes du vivant et de leurs limites sont centrées *principalement* sur :
    a) les Végétaux et les Animaux.
    b) les Végétaux et les Eumycètes.
    c) les organismes procaryotes et les organismes eucaryotes unicellulaires.
    d) les Eumycètes et les Animaux.
    e) les Amphibiens et les Reptiles.

11. Quelle hypothèse Stanley Miller et Harold Urey tentaient-ils de vérifier avec leurs expériences ?

12. Qu'est-ce qu'un ribozyme ?

13. Pourquoi l'apparition de membranes enveloppant des protéines et des acides nucléiques associés constitue-t-elle une étape clé dans le déclenchement de l'évolution darwinienne (sélection naturelle)?

14. Ordonnez chronologiquement, du plus ancien au plus récent, les événements suivants : diversification des Animaux (explosion du Cambrien) ; apparition des organismes eucaryotes unicellulaires ; premiers Humains ; colonisation des milieux terrestres par les Végétaux et les Eumycètes ; apparition des organismes procaryotes ; apparition des Animaux terrestres ; apparition des organismes eucaryotes pluricellulaires.

15. Quel est le lien entre les stromatolithes et les tapis microbiens ?

16. Quels sont les deux domaines qui comprennent des organismes procaryotes ?

Lien avec l'évolution

Décrivez les caractéristiques structurales, métaboliques et génétiques minimales que devait posséder la cellule primitive issue du dernier stade de l'évolution des protobiontes.

Intégration

La découverte de formes de vie ailleurs que sur la Terre, dans le système solaire, constituerait un événement capital à bien des égards. Les biologistes se demanderaient aussitôt si ces formes de vie ont la même origine que les organismes terriens. Supposons qu'il soit possible d'étudier les caractéristiques physiques et chimiques d'organismes extraterrestres. Établissez un protocole permettant de comparer les diverses formes de vie et de déterminer leur origine.

Science, technologie et société

Les pays qui possèdent la technologie appropriée projettent d'explorer la planète Mars au cours des dix prochaines années, au moyen de laboratoires orbitaux et d'atterrisseurs. Leur principal objectif est de vérifier l'hypothèse selon laquelle les conditions chimiques de la planète Mars ont été semblables à celles de la Terre primitive et, par conséquent, propices à l'apparition d'organismes procaryotes. Selon vous, qu'est-ce qui changerait, dans nos attitudes, si jamais on trouvait des preuves de vie extraterrestre ?

Réponses à l'autoévaluation : 1. b ; **2.** e ; **3.** a ; **4.** d ; **5.** c ; **6.** b ; **7.** a ; **8.** b ; **9.** d ; **10.** c ; **11.** Les conditions qui régnaient sur la Terre primitive ont favorisé la synthèse de molécules organiques à partir de substances inorganiques. **12.** Une molécule d'ARN qui sert de catalyseur. **13.** Dans un milieu ouvert, les molécules se mélangent au hasard. Si, en revanche, il existe des associations moléculaires isolées par des membranes, elles ont de meilleures chances de rester intactes et la sélection naturelle favorise celles qui s'autorépliquent le plus efficacement. **14.** Apparition des organismes procaryotes, apparition des organismes eucaryotes unicellulaires, apparition des organismes eucaryotes pluricellulaires, diversification des Animaux (explosion du Cambrien), colonisation des milieux terrestres par les Végétaux et les Eumycètes, apparition des Animaux terrestres, premiers Humains. **15.** Les stromatolithes sont des fossiles de tapis microbiens. **16.** Les Archéobactéries et les Bactéries.

CHAPITRE 27

LES PROCARYOTES
ET L'ORIGINE
DE LA DIVERSITÉ
MÉTABOLIQUE

« L'époque où les scientifiques considéraient
les bactéries comme de petits sacs remplis d'enzymes
est révolue depuis longtemps. »

HOWARD J. ROGERS

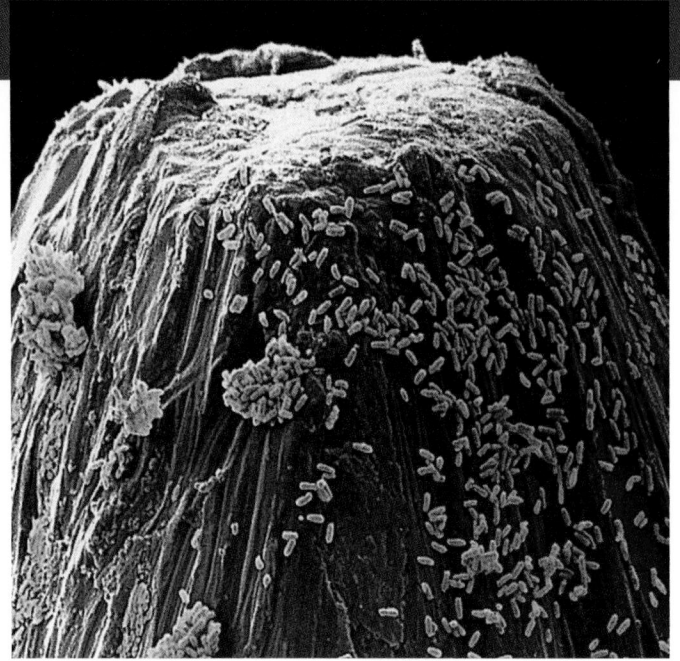

L'UNIVERS DES PROCARYOTES

- Les procaryotes sont partout... ou presque : *une vue d'ensemble des organismes procaryotes*
- Les deux grandes lignées de cellules procaryotes sont les Bactéries et les Archéobactéries

STRUCTURE, FONCTION ET REPRODUCTION DES PROCARYOTES

- Presque tous les organismes procaryotes ont une paroi cellulaire autour de leur membrane plasmique
- De nombreux procaryotes sont mobiles
- La cellule et le génome sont organisés de manière totalement différente chez les organismes procaryotes et chez les Eucaryotes
- Les populations de cellules procaryotes croissent et s'adaptent rapidement

LA DIVERSITÉ NUTRITIONNELLE ET MÉTABOLIQUE

- On peut classer les procaryotes en quatre catégories selon la manière dont ils se procurent l'énergie et le carbone
- La photosynthèse est apparue tôt dans l'évolution des procaryotes

LA DIVERSITÉ DES PROCARYOTES

- La systématique moléculaire permet une classification phylogénétique des procaryotes
- Les chercheurs découvrent des Archéobactéries très diversifiées dans des environnements extrêmes et dans les océans
- La plupart des organismes procaryotes connus sont des Bactéries

L'IMPORTANCE ÉCOLOGIQUE DES PROCARYOTES

- Les procaryotes sont des agents indispensables du recyclage des éléments chimiques dans les écosystèmes
- De nombreux procaryotes sont symbiotiques
- Les bactéries pathogènes causent de nombreuses maladies chez l'Humain
- L'Humain utilise des procaryotes pour la recherche et pour la technologie

L'évolution des procaryotes *est l'histoire d'une réussite qui s'étend sur plus de 3,5 milliards d'années. Les procaryotes furent les premiers organismes à apparaître sur la Terre et les seuls à y habiter et à y évoluer pendant 1,5 milliard d'années. La Terre a changé, mais ils se sont adaptés et ont prospéré pour, à leur tour, changer la face de la Terre. Dans ce chapitre, nous étudierons la structure et la fonction des procaryotes, leur origine et leur évolution, leur diversité et enfin leur importance écologique.*

L'UNIVERS DES PROCARYOTES

Les procaryotes sont partout... ou presque : *une vue d'ensemble des organismes procaryotes*

Aujourd'hui encore, les procaryotes dominent la biosphère. Leur biomasse (masse sèche de matière organique de tous les organismes procaryotes d'un écosystème) est au moins dix fois supérieure à celle de tous les Eucaryotes réunis. Le nombre d'organismes procaryotes contenus dans une poignée de sol

571

fertile ou dans la bouche et sur la peau d'un Humain dépasse le nombre d'Humains qui ont vu le jour depuis le début de l'humanité. Dans la photo de la page précédente, artificiellement colorée et prise avec un microscope électronique à balayage (550 ×), les minuscules bâtonnets orange sont des bactéries se trouvant sur la pointe d'une aiguille. (Vous voyez maintenant pourquoi une piqûre d'aiguille peut s'infecter. De même, vous comprenez pourquoi il est important de passer la pointe d'une aiguille dans une flamme avant de s'en servir pour retirer une écharde.)

Partout où il y a de la vie, il y a des procaryotes. Les procaryotes prospèrent dans les habitats trop froids, trop chauds, trop salés, trop acides ou trop alcalins pour n'importe quel eucaryote (FIGURE 27.1). En 1999, des biologistes ont même découvert des cellules procaryotes sur les parois d'une mine d'or située à plus de 3 200 m de profondeur.

Les procaryotes sont des organismes minuscules, mais tous ensemble, ils ont des incidences colossales sur la Terre et les organismes qu'elle abrite. Nous entendons en fait surtout parler de la minorité d'espèces procaryotes qui causent des maladies graves. Au XIVe siècle, par exemple, la peste bubonique, une maladie d'origine bactérienne, a vraisemblablement décimé 25 % de la population en Europe. De même, la tuberculose, le choléra, de nombreuses maladies transmissibles sexuellement et certaines intoxications alimentaires sont causés par des bactéries.

Cependant, les procaryotes ne sont pas nos ennemis jurés. Les bactéries inoffensives ou utiles sont beaucoup plus répandues que les bactéries pathogènes. Celles qui vivent dans notre intestin nous fournissent d'importantes vitamines, tandis que celles qui vivent dans notre bouche y empêchent la croissance de champignons nuisibles. Par ailleurs, les procaryotes assurent le recyclage du carbone et d'autres éléments chimiques essentiels, entre la matière organique, le sol et l'atmosphère. Il existe par exemple des procaryotes qui décomposent les organismes morts. Vivant dans le sol et au fond des lacs, des rivières et des océans, ces décomposeurs renvoient des éléments chimiques dans l'environnement sous la forme de composés inorganiques qu'utilisent les Végétaux, lesquels sont à leur tour dévorés par les Animaux. Si les procaryotes décomposeurs disparaissaient, les cycles biogéochimiques qui entretiennent la vie s'arrêteraient. Toutes les formes de vie eucaryotes s'éteindraient. Les procaryotes, eux, pourraient fort bien se passer des Eucaryotes, comme ils l'ont fait pendant 1,5 milliard d'années.

Souvent, les procaryotes vivent en étroite association, c'est-à-dire en symbiose, les uns avec les autres mais aussi avec des eucaryotes. Le cas de symbiose le plus déterminant pour l'évolution fut celui des mitochondries et des chloroplastes, qui sont issus de procaryotes intégrés dans des cellules hôtes plus grosses. Les Animaux, les Végétaux, les Eumycètes et les Protistes sont donc les descendants d'associations symbiotiques de cellules ancestrales. (Nous étudierons en détail la théorie de l'origine des Eucaryotes au chapitre 28.)

Les procaryotes modernes présentent une grande diversité structurale et métabolique. On en connaît environ 9 300 espèces, mais on estime que le nombre réel d'espèces se situe entre 400 000 et 4 000 000. Comme le dit E. O. Wilson, biologiste à l'Université Harvard, il faut regarder vers l'infiniment petit pour se faire une idée juste de la biodiversité.

FIGURE 27.1 Procaryotes thermophiles. Les rouges, les orangés et les jaunes qui colorent ces roches sont créés par des colonies de procaryotes prospérant dans l'eau extrêmement chaude (jusqu'à 104 °C) crachée par un geyser, au Nevada. C'est par hasard qu'en 1916 des éleveurs qui foraient le sol à la recherche d'eau ont fait surgir ce geyser.

Les deux grandes lignées de cellules procaryotes sont les Bactéries et les Archéobactéries

Dans la classification traditionnelle fondée sur cinq règnes, les procaryotes constituent le règne des Monères, tandis que les Eucaryotes sont répartis entre les Protistes, les Végétaux, les Eumycètes et les Animaux (voir la FIGURE 26.15). La classification fait ressortir les différences structurales entre les cellules procaryotes et les cellules eucaryotes. Cependant, au cours des vingt dernières années, les systématiciens ont établi que le regroupement de tous les procaryotes en un seul règne ne rendait pas compte de l'évolution. En comparant l'ARN ribosomique et les génomes complètement séquencés de plusieurs espèces contemporaines, les chercheurs ont découvert que deux grandes lignées de procaryotes avaient émergé au cours de l'évolution : les Bactéries et les Archéobactéries (ou Archées). L'élément « archéo » vient du mot grec *arkhaios,* qui veut dire « ancien », et dénote l'antiquité de ce groupe, issu des premières cellules. De nombreuses espèces d'Archéobactéries vivent dans des milieux extrêmes tels que les sources chaudes et les étangs salés. Rares, très rares sont les autres organismes modernes capables de subsister dans de tels environnements, qui ressemblent probablement aux habitats de la Terre primitive. Les Archéobactéries se distinguent des Bactéries par de nombreuses caractéristiques structurales, biochimiques et physiologiques. Nous reviendrons sur ces différences plus loin dans le chapitre.

Lorsque les chercheurs de l'Université de l'Illinois dirigés par Carl Woese ont découvert la distinction entre Bactéries et Archéobactéries, ils ont proposé un système à six règnes : deux règnes d'organismes procaryotes et quatre d'Eucaryotes. Mais les Bactéries et les Archéobactéries ont divergé si tôt dans l'évolution et présentent des différences si fondamentales que Woese et de nombreux autres systématiciens penchent à présent pour une **classification fondée sur trois domaines,** le domaine se situant au-dessus du règne (FIGURE 27.2). Dans cette classification, les procaryotes forment deux des domaines, celui des Bactéries et celui des Archéobactéries.

Abstraction faite des questions de taxinomie, les Bactéries et les Archéobactéries possèdent les caractéristiques propres aux procaryotes. C'est pour cette raison que nous les avons regroupées dans ce chapitre. La distinction entre les deux lignées deviendra plus évidente quand nous aurons étudié quelques-unes des adaptations structurales, génétiques et métaboliques qui ont favorisé la propagation des procaryotes.

STRUCTURE, FONCTION ET REPRODUCTION DES PROCARYOTES

Les organismes procaryotes sont unicellulaires. Toutefois, certaines espèces tendent à s'assembler, de façon provisoire, en groupes de deux cellules ou plus. D'autres vivent en véritables colonies, c'est-à-dire en agrégats permanents de cellules identiques. On trouve même chez certaines espèces un partage des tâches entre deux types ou plus de cellules spécialisées.

Les cellules procaryotes ont différentes formes, les trois plus fréquentes étant la sphère (cocci), le bâtonnet (bacilles) et la spirale (spirilles et spirochètes). L'une des principales étapes pour identifier un procaryote consiste à déterminer sa forme en l'examinant au microscope (FIGURE 27.3).

La plupart des cellules procaryotes ont un diamètre variant entre 1 μm et 5 μm, alors que la majorité des cellules eucaryotes ont un diamètre variant entre 10 μm et 100 μm. Il existe cependant des exceptions notables. Ainsi, la plus petite cellule procaryote, découverte récemment, une nanobactérie, mesure environ 50 nm de diamètre. Quant au plus gros procaryote identifié jusqu'à maintenant, il mesure environ 0,75 mm de diamètre, ce qui en fait un géant, même par rapport à la plupart des cellules eucaryotes (FIGURE 27.4).

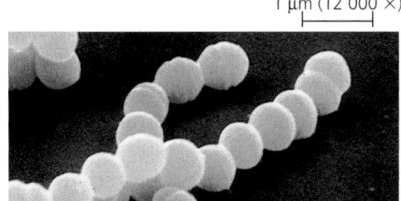
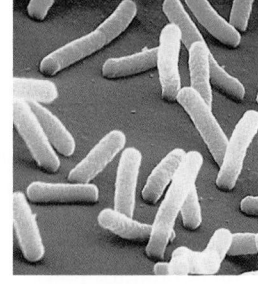

1 μm (12 000 ×) 2 μm (7 000 ×)

(a) Forme sphérique (cocci) **(b)** Forme de bâtonnet (bacilles)

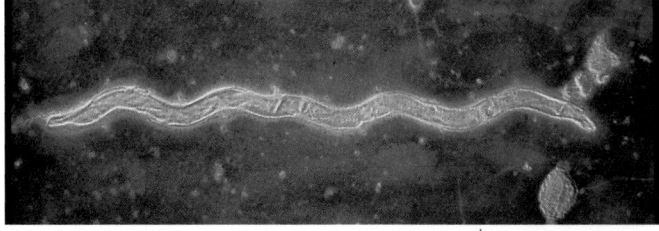

(c) Forme hélicoïdale 1 μm (19 000 ×)

FIGURE 27.3 Formes les plus courantes de procaryotes. (a) Les cocci (au singulier, coccus), ou procaryotes sphériques, vivent seuls, deux par deux (diplocoques), en chaînes de plusieurs cellules (streptocoques) ou en amas semblables à des grappes de raisin (staphylocoques). **(b)** Les bacilles, en forme de bâtonnets, vivent le plus souvent solitaires, mais peuvent aussi s'organiser en chaînes. **(c)** Les procaryotes de forme hélicoïdale comprennent les spirilles et les spirochètes en forme de tire-bouchon. (a, b et c : MEB, clichés artificiellement colorés.)

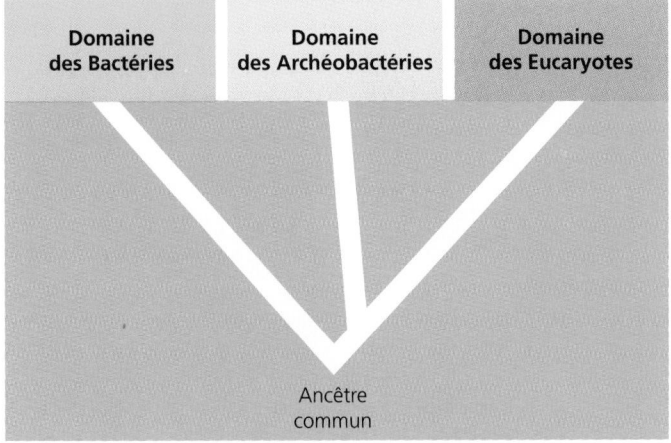

FIGURE 27.2 Les trois domaines du vivant. Cet arbre phylogénétique représente l'hypothèse selon laquelle, d'une part, les deux lignées de procaryotes ont divergé très tôt et, d'autre part, les Archéobactéries sont plus étroitement apparentées aux Eucaryotes qu'aux Bactéries. Nous verrons au chapitre 28 que des découvertes récentes suscitent une remise en question de cette hypothèse.

Domaine des Bactéries Domaine des Archéobactéries Domaine des Eucaryotes

Ancêtre commun

0,75 mm (15 ×)

FIGURE 27.4 Le plus gros procaryote connu. La sphère claire qui apparaît dans le coin supérieur gauche est une bactérie marine presque aussi volumineuse que la tête d'une drosophile (représentée à des fins de comparaison). Les deux cellules plus petites, au-dessus, sont mortes. Les chercheurs qui ont découvert ce procaryote géant en 1997 l'ont baptisé *Thiomargarita namibiensis*, ce qui signifie « perle de soufre de Namibie ». La bactérie utilise en effet des composés de soufre dans son métabolisme et habite des sédiments côtiers situés en Namibie.

Presque tous les organismes procaryotes ont une paroi cellulaire autour de leur membrane plasmique

Une paroi cellulaire présente chez presque tous les procaryotes maintient la forme de la cellule, lui assure une protection mécanique et l'empêche d'éclater si elle se retrouve dans un milieu hypotonique (voir le chapitre 8). Cependant, comme d'autres cellules dotées d'une paroi, les procaryotes subissent une plasmolyse (c'est-à-dire qu'ils se contractent à l'intérieur) et peuvent mourir dans un milieu hypertonique. C'est pour cette raison que la viande fortement salée échappe longtemps à la contamination par les procaryotes. La paroi cellulaire des procaryotes se distingue de celle des Végétaux, des Eumycètes et des Protistes par sa composition moléculaire et sa structure.

Dans l'ancienne taxinomie fondée sur deux règnes, on classait les procaryotes dans le règne végétal, parce qu'à l'instar des Végétaux ils possèdent une paroi cellulaire. Cependant, la plupart des parois bactériennes contiennent une substance particulière appelée **peptidoglycane,** au lieu de cellulose, matière de base de la paroi des cellules végétales. Le peptidoglycane se compose de polymères de monosaccharides modifiés qui sont reliés transversalement par de courts polypeptides variant d'une espèce à l'autre. (La paroi des Archéobactéries ne contient pas de peptidoglycane.) Cette structure crée un réseau moléculaire unique qui isole et protège la cellule. À l'extérieur de ce réseau se trouvent d'autres substances qui varient d'une espèce à l'autre.

L'un des outils les plus précieux pour l'identification des Bactéries est la **coloration de Gram,** qui permet de distinguer deux catégories de bactéries d'après l'une des caractéristiques de leur paroi cellulaire. Les bactéries à **Gram positif** possèdent une paroi simple qui contient une quantité relativement importante de peptidoglycane. Les bactéries à **Gram négatif** ont une paroi à structure plus complexe qui contient moins de peptidoglycane. Cette paroi comprend une membrane externe composée de lipopolysaccharides, c'est-à-dire des glucides liés à des lipides (FIGURE 27.5).

Parmi les bactéries pathogènes (causant des maladies), les espèces à Gram négatif sont habituellement plus dangereuses que les espèces à Gram positif. Tout d'abord, les bactéries à Gram négatif possèdent une paroi dont les lipopolysaccharides sont souvent toxiques. Elles ont également une membrane externe qui les protège des défenses de leur hôte. De plus, les bactéries à Gram négatif opposent souvent plus de résistance aux antibiotiques que les espèces à Gram positif, car leur membrane externe entrave la pénétration de ces médicaments.

(a) Bactéries à Gram positif. Les bactéries à Gram positif, dont la paroi contient beaucoup de peptidoglycane, retiennent la coloration violette (MP).

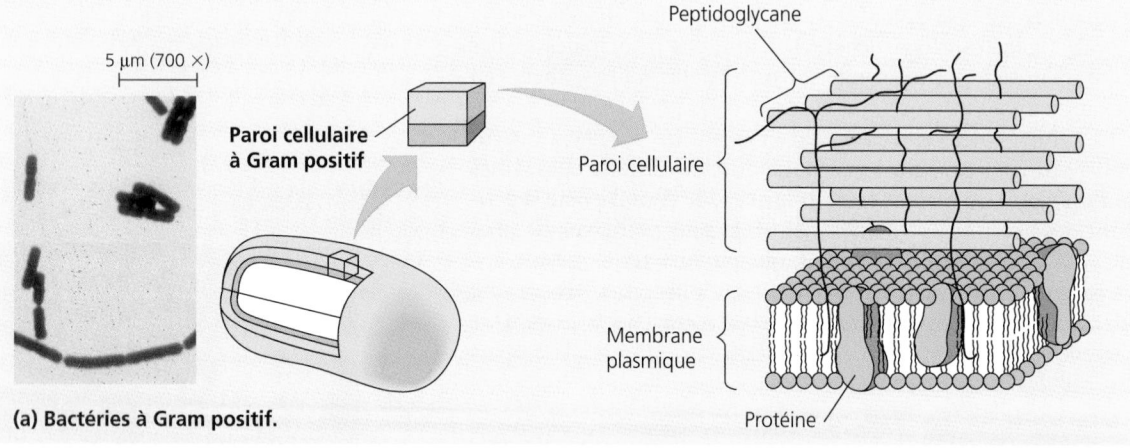

(a) Bactéries à Gram positif.

(b) Bactéries à Gram négatif. Les bactéries à Gram négatif possèdent moins de peptidoglycane, lequel se trouve dans un espace appelé périplasme, qui est rempli de gel et situé entre la membrane plasmique et la membrane externe. Ces bactéries ne retiennent pas le colorant violet utilisé dans la coloration de Gram, mais elles conservent le colorant rouge (MP).

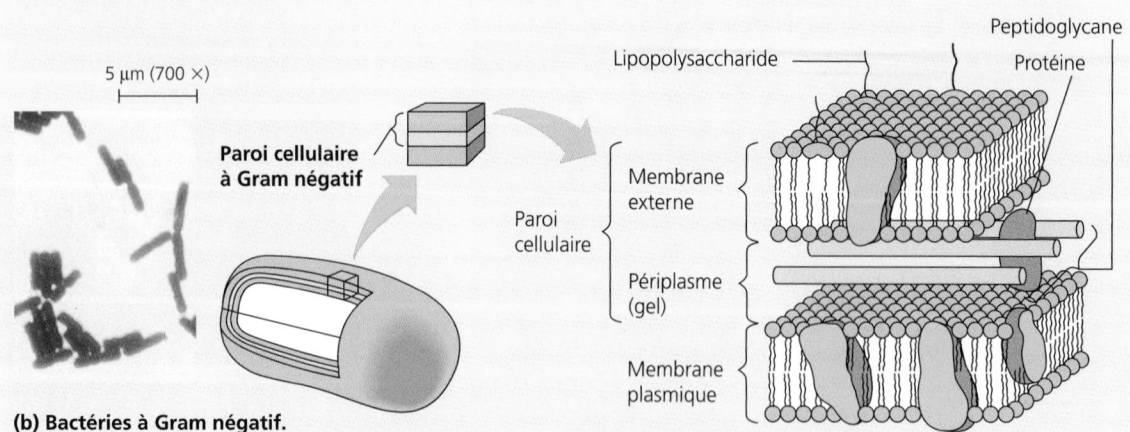

(b) Bactéries à Gram négatif.

FIGURE 27.5 Bactéries à Gram positif et bactéries à Gram négatif. La technique de la coloration de Gram, ainsi nommée en l'honneur de Hans Christian Gram, le médecin danois qui l'a mise au point à la fin du XIXᵉ siècle, permet de distinguer deux types de parois bactériennes. Elle consiste à colorer des bactéries avec un colorant violet et de l'iode, à les rincer dans de l'alcool, puis à les colorer encore, cette fois avec un colorant rouge. La réaction de la bactérie à la coloration dépend de la structure de sa paroi cellulaire. (Les couleurs utilisées dans les schémas ne correspondent pas aux colorants.)

Un grand nombre d'antibiotiques, dont la pénicilline, inhibent la synthèse des ponts transversaux entre les polymères de monosaccharides du peptidoglycane. Cela désorganise alors la paroi, en particulier chez les espèces à Gram positif. Les antibiotiques agissent comme des projectiles sélectifs qui neutralisent de nombreuses espèces de bactéries infectieuses sans produire d'effet indésirable chez l'Humain et les autres organismes eucaryotes, qui ne synthétisent pas de peptidoglycane.

Bon nombre de procaryotes sécrètent des substances adhésives qui forment une autre couche protectrice, appelée **capsule,** autour de la paroi cellulaire. La capsule permet aux procaryotes de se fixer à leur substrat et leur apporte une protection accrue, notamment une meilleure résistance aux défenses de l'hôte dans le cas des procaryotes pathogènes. Chez de nombreux procaryotes vivant en colonie, des capsules gélatineuses agglutinent les cellules.

Certains procaryotes possèdent encore un autre moyen d'adhérer les uns aux autres ou à un substrat, grâce à de courts et fins appendices appelés *fimbriæ* (FIGURE 27.6). Par exemple, *Neisseria gonorrhoeæ,* l'agent pathogène de la gonorrhée, utilise ses *fimbriæ* pour se fixer aux muqueuses de son hôte. Les *fimbriæ* apparaissent au microscope électronique comme de minces tubes d'un diamètre de 3 à 10 nm environ et constitués de sous-unités protéiques hélicoïdales. Parmi les *fimbriæ,* il y a des appendices spécialisés dont le diamètre se situe à 9 ou 10 nm et que l'on nomme **pili sexuels.** Il y en a de un à dix par cellule ; ils sont plus rigides que les *fimbriæ* et ils servent à réunir deux cellules procaryotes assez longtemps pour que s'effectue un transfert d'ADN au moment de la conjugaison bactérienne (voir le chapitre 18). Certains bactériophages pénètrent dans leur hôte en se fixant d'abord à des récepteurs situés sur les pili sexuels.

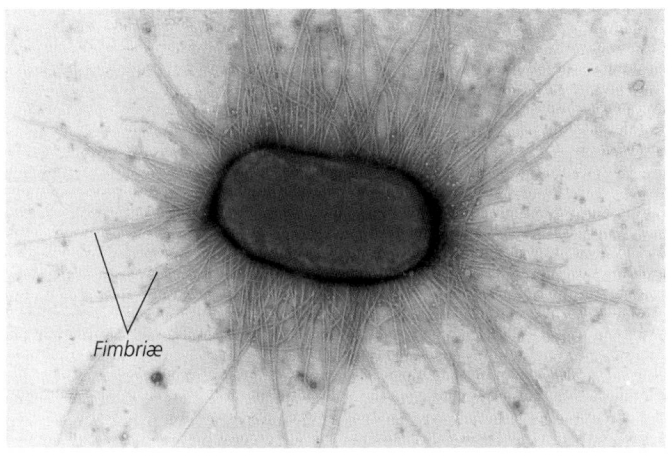

1,5 μm (16 000 ×)

FIGURE 27.6 *Fimbriæ.* Ces appendices permettent à certains organismes procaryotes de se fixer aux surfaces ou à d'autres procaryotes (MET, cliché artificiellement coloré). Parmi les *fimbriæ,* il y a des appendices spécialisés, les pili, qui interviennent dans la conjugaison bactérienne : ils réunissent les partenaires pendant le transfert de l'ADN (voir la FIGURE 18.14).

Fimbriæ

De nombreux procaryotes sont mobiles

La moitié des espèces de procaryotes environ sont capables de locomotion orientée. Certaines espèces dépassent la vitesse de 50 μm/s, soit environ cent fois leur longueur par seconde.

Le mode de locomotion le plus courant chez les procaryotes fait intervenir des flagelles. Ces structures sont soit dispersées sur toute la surface de la cellule, soit concentrées à l'un des deux pôles ou aux deux. Les flagelles des cellules procaryotes diffèrent de ceux des cellules eucaryotes par leur structure et leur fonction. (Revoir, au chapitre 7, la structure du flagelle eucaryote.) Ils sont dix fois plus fins et ne sont pas recouverts par un prolongement de la membrane plasmique (FIGURE 27.7, p. 576).

Les bactéries de forme hélicoïdale, appelées spirochètes, se distinguent par un autre mode de locomotion. Elles possèdent en effet deux filaments hélicoïdaux qui s'ancrent dans la paroi cellulaire et la membrane plasmique. Sur le plan de la structure, ces filaments rappellent beaucoup les flagelles. Leur corpuscule basal est fixé à l'un des pôles de la cellule. Leur rotation entraîne la cellule flexible vers l'avant, dans un mouvement de tire-bouchon.

Enfin, certains procaryotes formant des chaînes filamenteuses de cellules sécrètent des fils gluants qui les ancrent à leur substrat. À mesure qu'ils éjectent leur substance gélatineuse, ils glissent à l'extrémité croissante des fils.

Dans un milieu relativement homogène, les procaryotes flagellés errent au hasard. Dans un milieu hétérogène, cependant, de nombreux procaryotes sont capables de **taxie** (du grec *taxis,* « arrangement, ordre »). La taxie est une réaction de locomotion orientée par laquelle le procaryote se rapproche ou s'éloigne d'un stimulus quelconque. Par exemple, dans la chimiotaxie, le procaryote réagit à un stimulus de nature chimique : il se rapproche d'une source de nourriture ou de dioxygène (chimiotaxie positive) ou s'éloigne d'une substance toxique (chimiotaxie négative). Les procaryotes chimiotaxiques possèdent, à leur surface, plusieurs types de molécules réceptrices qui détectent des substances particulières. Les procaryotes mobiles capables de photosynthèse manifestent habituellement une phototaxie positive, c'est-à-dire un comportement de recherche de la lumière. On trouve même des procaryotes équipés d'une rangée de particules magnétiques qui leur permettent de s'orienter dans le champ magnétique de la Terre. Il se pourrait que ces particules aident les cellules à distinguer le haut du bas et les poussent à migrer vers les sédiments riches en nutriments situés au fond des étangs et des mers peu profondes.

La cellule et le génome sont organisés de manière totalement différente chez les organismes procaryotes et chez les Eucaryotes

Rappelez-vous que le mot « procaryote » dénote l'absence de noyau véritable entouré d'une enveloppe (voir la FIGURE 7.4). Les cellules procaryotes ne possèdent pas la compartimentation complexe des cellules eucaryotes. Cependant, certains procaryotes ont diverses membranes spécialisées qui accomplissent bon nombre de leurs fonctions métaboliques. Ces membranes correspondent habituellement à des régions invaginées de la membrane plasmique (FIGURE 27.8, p. 576).

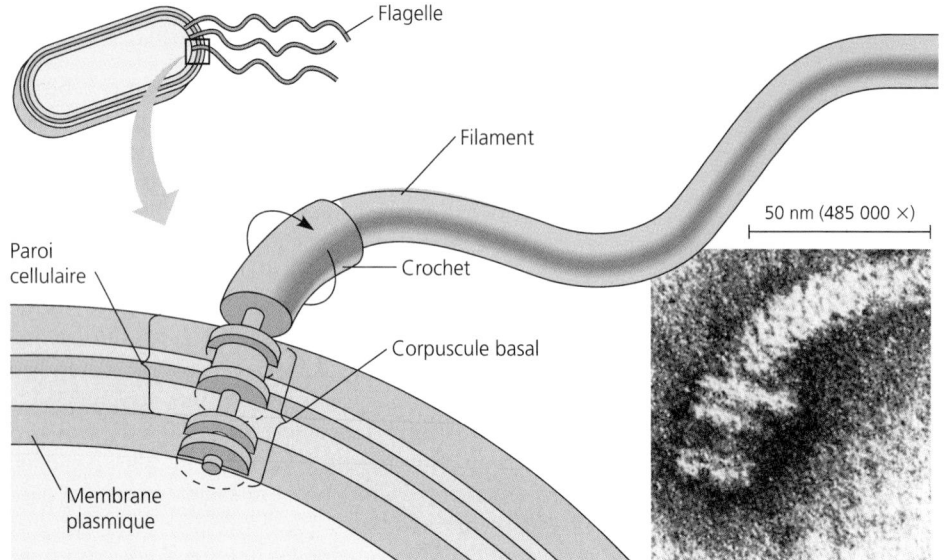

FIGURE 27.7 Structure et fonctionnement des flagelles procaryotes. Des chaînes de flagelline (une protéine globulaire) s'enroulent en une spirale serrée qui forme un filament hélicoïdal relativement rigide. Ce filament est fixé à une autre protéine formant un crochet incurvé qui, à son tour, s'insère dans un corpuscule basal composé d'environ trente-cinq protéines différentes. Cet appareil consiste en un système d'anneaux enchâssés dans les couches de la paroi bactérienne (MET). (Les structures représentées dans cette figure sont caractéristiques des bactéries à Gram négatif.) Agissant comme un moteur, il fait pivoter le filament, lequel propulse la cellule. Le moteur fonctionne grâce à la diffusion de protons (H⁺) dans la cellule. Ces protons ont été éjectés par des pompes à protons alimentées par l'ATP et enchâssées dans la membrane plasmique.

Le génome des cellules procaryotes est plus simple et plus petit que celui des cellules eucaryotes. En moyenne, les cellules procaryotes contiennent mille fois moins d'ADN que les cellules eucaryotes. Dans la majorité des cellules procaryotes, l'ADN est concentré en un enchevêtrement de fibres situé dans une région nommée **nucléoïde.** Au microscope électronique, le nucléoïde prend une coloration plus claire que celle du cytoplasme environnant. L'enchevêtrement de fibres correspond en réalité au chromosome de l'organisme procaryote, c'est-à-dire à un double brin d'ADN en forme d'anneau. Cet ADN est associé à une quantité relativement faible de protéines. Certains auteurs désignent le chromosome bactérien par le terme *génophore,* afin de le distinguer des chromosomes eucaryotes dont la structure est différente. Le génome eucaryote est formé de molécules d'ADN linéaires associées à des protéines en un nombre de chromosomes qui est propre à chaque espèce.

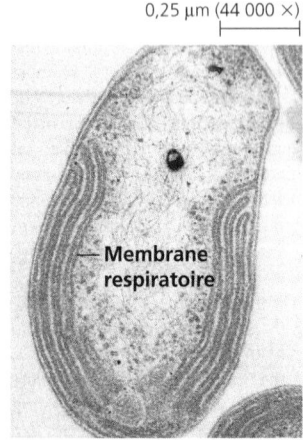

FIGURE 27.8 Membranes spécialisées des cellules procaryotes.
(a) Ces invaginations de la membrane plasmique, qui rappellent les crêtes des mitochondries, servent à la respiration cellulaire de certains procaryotes aérobies (MET). (b) Les procaryotes photosynthétiques appelés Cyanobactéries possèdent des membranes thylakoïdiennes, très semblables à celles des chloroplastes (MET).

En plus de son unique chromosome, la cellule procaryote peut comporter des **plasmides,** c'est-à-dire des anneaux d'ADN beaucoup plus petits, composés de quelques gènes seulement. Dans la plupart des milieux, les procaryotes peuvent survivre sans plasmides, car toutes leurs fonctions essentielles sont programmées par le chromosome. Toutefois, les plasmides dotent la cellule de gènes qui lui permettent de résister aux antibiotiques, de métaboliser des nutriments inhabituels et de faire face à d'autres situations imprévues. Les plasmides se répliquent indépendamment du chromosome principal, et bon nombre d'entre eux peuvent changer de cellule au moment de la conjugaison (voir la FIGURE 18.15).

La réplication de l'ADN et la traduction des messages génétiques en protéines se ressemblent, dans les grandes lignes, chez les Eucaryotes et les organismes procaryotes. Mais elles présentent tout de même quelques différences. Ainsi, le ribosome procaryote est légèrement plus petit que son homologue eucaryote et ne contient pas la même quantité de protéines et d'ARN. Cette différence suffit pour que les antibiotiques sélectifs, tels que la tétracycline et le chloramphénicol, se fixent aux ribosomes et bloquent la synthèse protéique des procaryotes, alors qu'ils n'entravent pas le fonctionnement des ribosomes eucaryotes.

Les populations de cellules procaryotes croissent et s'adaptent rapidement

Les cellules procaryotes se reproduisent de façon asexuée seulement, par un mode de division cellulaire appelé **scissiparité,** en synthétisant de l'ADN presque continuellement (voir la FIGURE 12.10). Dans un milieu favorable, une seule cellule procaryote donne naissance, par division répétée, à une colonie de cellules identiques (FIGURE 27.9). Notez que la mitose et la méiose n'existent pas chez les cellules procaryotes. Voilà un autre des traits qui les différencient des Eucaryotes.

Contrairement aux Eucaryotes, les organismes procaryotes n'ont pas de reproduction sexuée faisant intervenir un cycle méiose-fécondation. Ils sont toutefois dotés de mécanismes qui assurent le tranfert des gènes entre individus (voir le

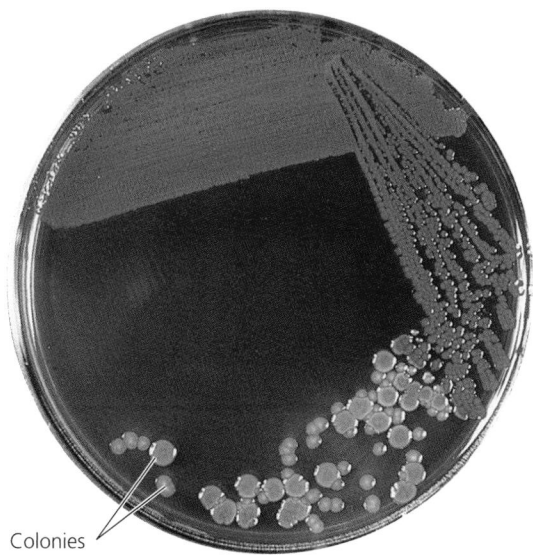

Colonies

FIGURE 27.9 Culture de colonies bactériennes. En laboratoire, on cultive les bactéries dans des boîtes de Pétri ou dans des éprouvettes contenant un milieu liquide ou solide de composition connue. On stérilise d'abord les milieux de culture, afin de s'assurer qu'aucun microorganisme indésirable ne s'y multiplie. Puis, on introduit dans le milieu un échantillon de bactéries, parfois une cellule unique. On fait incuber les récipients à la température appropriée. Quand on cultive des bactéries sur un milieu solide, les colonies sont habituellement suffisamment populeuses pour être visibles à l'œil nu après une journée ou deux. Plusieurs paramètres fournissent des indications sur l'identité des bactéries : la taille, la forme, la texture et la couleur de la colonie, ainsi que les conditions physicochimiques nécessaires à sa croissance.

chapitre 18). La **transformation** est le mécanisme par lequel la cellule procaryote puise des gènes dans le milieu environnant. Elle permet un transfert de gènes considérable entre procaryotes, même entre individus d'espèces ou de souches différentes. La **conjugaison** est, quant à elle, un échange direct de gènes entre deux cellules procaryotes, par l'intermédiaire d'un pilus sexuel. Enfin, la **transduction** est un transfert génétique par l'entremise de virus. Ces processus font intervenir le passage unilatéral d'une quantité variable d'ADN, ce qui est totalement différent de la méiose des cellules eucaryotes, où deux parents apportent chacun au zygote un génome homologue. Chez les procaryotes, c'est la mutation qui constitue le principal facteur de variation génétique. Comme le temps de génération des procaryotes se mesure en minutes et en heures, une mutation favorable se transmet rapidement à un grand nombre de descendants. Les populations de procaryotes peuvent ainsi s'adapter très rapidement aux changements de l'environnement, puisque la sélection naturelle filtre les nouvelles mutations et les nouveaux génomes produits par le transfert génétique.

Utilisé à propos des procaryotes, le terme « croissance » renvoie à la multiplication des cellules et à l'accroissement de la colonie plus qu'à l'augmentation volumique des cellules individuelles. Les conditions nécessaires à une croissance optimale (température, pH, salinité, nutriments, etc.) varient selon les espèces. Ainsi, la réfrigération retarde la détérioration des aliments, parce que la plupart des microorganismes croissent très lentement à basse température.

Dans un milieu qui offre des ressources illimitées, la croissance des procaryotes est exponentielle : une cellule se segmente pour en former deux, qui à leur tour se divisent pour en donner

quatre, puis huit, seize, et ainsi de suite, le nombre de cellules de la colonie doublant à chaque génération. De nombreux procaryotes ont un temps de génération de l'ordre de une à trois heures. Mais certaines espèces peuvent se diviser toutes les vingt minutes dans un milieu optimal. Si ce temps de génération se maintenait, une cellule unique pourrait engendrer, en trois jours seulement, une colonie dont la masse dépasserait celle de la Terre ! Toutefois, aussi bien en laboratoire que dans la nature, la croissance des procaryotes finit par ralentir, soit parce que les cellules épuisent les nutriments, soit parce que la colonie s'empoisonne elle-même avec ses déchets métaboliques. Il n'en reste pas moins que les procaryotes réussissent à atteindre des densités de population stupéfiantes : on en compte par exemple 100 milliards par millilitre de liquide dans le côlon humain.

La résistance de certains procaryotes aux agressions du milieu est également impressionnante. Certaines bactéries produisent des cellules résistantes appelées **endospores** (FIGURE 27.10). La cellule initiale réplique son chromosome, et l'une des copies s'entoure d'une paroi résistante. L'extérieur de la cellule se désintègre, tandis que l'endospore subsiste. L'eau bouillante n'est pas assez chaude pour éliminer toutes les endospores en un temps raisonnable. Les procédés artisanaux et industriels de mise en conserve doivent donc comprendre des précautions particulières pour éliminer les endospores des bactéries pathogènes. Pour stériliser les milieux de culture, les objets de verre et les instruments de laboratoire, les microbiologistes se servent d'un appareil appelé autoclave. Il s'agit d'une sorte d'autocuiseur qui tue les endospores en chauffant à une température de 120 °C, sous une pression d'environ 138 kPa. Dans des milieux moins hostiles, les endospores peuvent rester

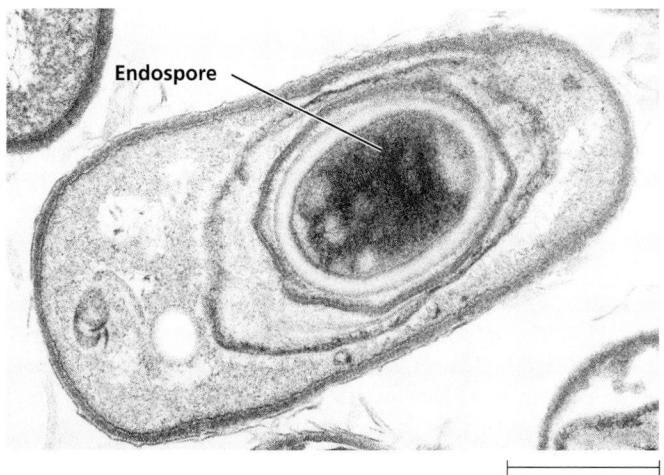

Endospore

0,6 µm (34 000 ×)

FIGURE 27.10 Endospore du Bacille du charbon. Cette cellule procaryote est *Bacillus anthracis,* la tristement célèbre bactérie qui cause le charbon, maladie mortelle pour les Bovins, les Moutons et les Humains (MET). La cellule externe a produit la cellule interne spécialisée appelée endospore, qui est entourée d'une épaisse enveloppe protectrice. Le cytoplasme de l'endospore est déshydraté et la cellule n'effectue aucun métabolisme. Dans des conditions difficiles, la cellule externe peut se désintégrer. L'endospore survit, quant à elle, à toutes sortes d'agressions, y compris l'absence de nutriments et d'eau, les températures extrêmes et la plupart des poisons. Quand le milieu redevient hospitalier, elle absorbe de l'eau et reprend sa croissance. À la fin de l'année 2001, un ou plusieurs terroristes ont disséminé des spores du Bacille du charbon par l'intermédiaire de la poste américaine.

inactives pendant des siècles. Elles ne se réhydratent et ne reprennent leur état végétatif (producteur de colonies) que dans des conditions plus hospitalières. En 2000, des chercheurs ont ainsi réactivé une endospore bactérienne qui était apparemment restée pendant 250 millions d'années dans une formation saline située dans les cavernes de Carlsbad, au Nouveau-Mexique.

Dans la plupart des milieux naturels, les procaryotes se font concurrence pour l'espace et la nourriture. De nombreux microorganismes (y compris certaines espèces de Bactéries, de Protistes et d'Eumycètes) produisent des **antibiotiques,** c'est-à-dire des substances chimiques qui inhibent la croissance d'autres microorganismes. L'Humain a d'ailleurs découvert certains de ces composés et s'en sert pour combattre les microorganismes pathogènes.

LA DIVERSITÉ NUTRITIONNELLE ET MÉTABOLIQUE

La diversité métabolique est plus grande chez les organismes procaryotes que chez tous les Eucaryotes réunis. Tous les modes de nutrition observés chez les Eucaryotes se retrouvent chez les organismes procaryotes, qui en ont même d'autres qui leur sont propres.

On peut classer les procaryotes en quatre catégories selon la manière dont ils se procurent l'énergie et le carbone

Le terme « nutrition » renvoie ici à la façon dont un organisme se procure deux ressources dans son environnement : l'énergie et le carbone nécessaires à la constitution de ses molécules organiques. Tout d'abord, on nomme *phototrophes* les espèces qui utilisent la lumière comme source d'énergie. On parle de *chimiotrophes* pour désigner les espèces qui, elles, puisent leur énergie dans les substances chimiques de leur milieu. Ensuite, les *autotrophes* sont des organismes qui n'ont besoin que de CO_2, composé inorganique, comme source de carbone. Les *hétérotrophes*, quant à eux, ont besoin d'au moins un nutriment organique, le glucose par exemple, comme source de carbone pour synthétiser d'autres composés organiques. On peut combiner les critères de la source d'énergie (phototrophes et chimiotrophes) et de la source de carbone (autotrophes et hétérotrophes) pour classer les organismes procaryotes en quatre grandes catégories :

1. Les **photoautotrophes** sont des organismes photosynthétiques qui exploitent l'énergie solaire pour alimenter la synthèse de composés organiques à partir de dioxyde de carbone. Parmi les différents groupes de procaryotes photoautotrophes figurent les Cyanobactéries. Tous les Eucaryotes photosynthétiques (Végétaux et Algues) entrent aussi dans la catégorie des photoautotrophes.
2. Les **chimioautotrophes** n'ont besoin que de CO_2 comme source de carbone. Toutefois, au lieu d'utiliser la lumière, ces organismes procaryotes obtiennent leur énergie en oxydant des substances inorganiques comme le sulfure d'hydrogène (H_2S), l'ammoniac (NH_3) et des ions ferreux (Fe^{2+}) ou

d'autres composés chimiques, selon les espèces. Ce mode de nutrition est propre à certaines cellules procaryotes. Certaines des espèces qui extraient l'énergie par oxydation des minéraux contenus dans la pierre « grugent » quelques-unes des plus belles sculptures du monde.
3. Les **photohétérotrophes** peuvent utiliser la lumière pour produire de l'ATP, mais doivent se procurer le carbone sous forme organique. Ce mode de nutrition ne se rencontre que chez certains organismes procaryotes.
4. Les **chimiohétérotrophes** doivent consommer des molécules organiques pour obtenir énergie et carbone. Ce type de nutrition est très répandu chez les organismes procaryotes, les Protistes, les Eumycètes, les Animaux et même certaines plantes parasites.

Le TABLEAU 27.1 présente un résumé des quatre principaux modes de nutrition.

Diversité nutritionnelle chez les chimiohétérotrophes

La majorité des procaryotes connus sont des chimiohétérotrophes. Cette catégorie englobe les **saprophytes,** des décomposeurs qui puisent leurs nutriments dans les débris organiques qu'ils dégradent, et les **parasites,** qui tirent leurs nutriments des liquides biologiques de leur hôte.

La nature exacte des nutriments organiques nécessaires à la croissance varie grandement d'un procaryote chimiohétérotrophe à l'autre. Certaines espèces ont des besoins très particuliers. Ainsi, les Bactéries du genre *Lactobacillus* ne croissent que dans un milieu contenant les 20 acides aminés, quelques vitamines et d'autres composés organiques. D'autres espèces se montrent moins exigeantes. Par exemple, *E. coli* peut croître dans un milieu dont le seul composé organique est le glucose ; et encore, cette bactérie a un métabolisme tellement polyvalent qu'elle peut utiliser, à la place de ce seul nutriment, plusieurs autres substances organiques.

TABLEAU 27.1 Principaux modes de nutrition

Mode de nutrition	Source d'énergie	Source de carbone	Types d'organismes
Autotrophe			
Photo-autotrophe	Lumière	CO_2	Procaryotes photosynthétiques, notamment les Cyanobactéries ; Végétaux ; certains Protistes (Algues)
Chimio-autotrophe	Substances chimiques inorganiques	CO_2	Certains procaryotes (*Sulfolobus*, par exemple)
Hétérotrophe			
Photo-hétérotrophe	Lumière	Composés organiques	Certains procaryotes
Chimio-hétérotrophe	Composés organiques	Composés organiques	De nombreux organismes procaryotes et plusieurs parmi les Protistes ; Eumycètes ; Animaux ; certaines plantes parasites

La diversité des chimiohétérotrophes est telle que presque toutes les molécules organiques peuvent servir de nourriture, du moins chez quelques espèces. Par exemple, il existe des bactéries capables de métaboliser le pétrole. On les utilise d'ailleurs pour nettoyer lorsqu'il y a des déversements de pétrole. Les rares groupes de composés organiques synthétiques qu'aucun chimiohétérotrophe ne peut dégrader (certains plastiques, par exemple) sont dits « non biodégradables ».

Métabolisme de l'azote

Le métabolisme de l'azote est un autre aspect de la diversité nutritionnelle des procaryotes. L'azote figure parmi les composants essentiels des protéines et des acides nucléiques. Alors que les Animaux, les Végétaux et d'autres organismes eucaryotes ne peuvent utiliser que certaines formes d'azote, plusieurs procaryotes peuvent métaboliser la plupart des composés azotés.

Certaines étapes clés du cycle de l'azote, dans les écosystèmes, s'accomplissent uniquement grâce aux procaryotes. (Voir la FIGURE 54.18 pour un aperçu du cycle de l'azote.) Certaines bactéries chimiohétérotrophes vivant dans le sol, comme *Nitrosomonas,* transforment l'ammonium (NH_4^+) en nitrite (NO_2^-). D'autres bactéries, comme certaines espèces de *Pseudomonas,* enlèvent l'azote aux molécules de NO_2^- et de NO_3^- et libèrent du N_2 dans l'atmosphère. Enfin, différentes espèces de procaryotes, notamment certaines Cyanobactéries, sont capables d'utiliser directement l'azote atmosphérique. Dans ce processus, appelé **fixation de l'azote,** des bactéries convertissent le diazote atmosphérique (N_2) en ammonium (NH_4^+). La fixation de l'azote est le seul mécanisme biologique qui met le diazote atmosphérique à la disposition d'organismes pour la fabrication de composés organiques. Sur le plan nutritionnel, les Cyanobactéries fixatrices d'azote sont les plus autonomes de tous les organismes. Elles n'ont besoin pour croître que d'énergie lumineuse, de CO_2, de N_2, d'eau et de quelques minéraux (FIGURE 27.11).

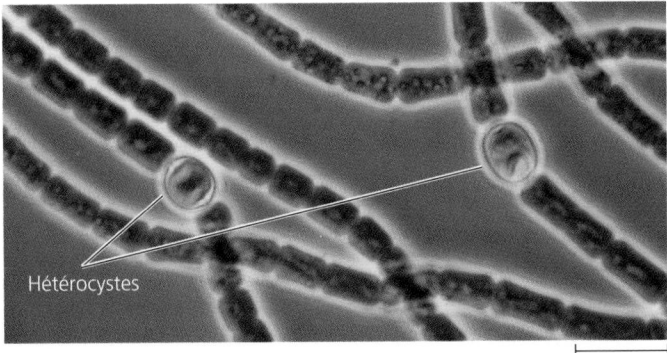

20 μm (600 ×)

FIGURE 27.11 L'un des organismes les plus autonomes sur la Terre.
Anabæna est un photoautotrophe qui peut tirer l'azote dont il a besoin du diazote atmosphérique (N_2). Cet organisme témoigne de la virtuosité métabolique des Cyanobactéries. Les cellules spécialisées dotées des enzymes nécessaires à la fixation de l'azote sont appelées hétérocystes (MP).

Métabolisme et dioxygène

L'effet du dioxygène sur la croissance constitue une autre variable métabolique chez les organismes procaryotes (voir le chapitre 9). Les **aérobies stricts** utilisent l'O_2 pour leur respiration cellulaire et ne peuvent croître sans lui. Les **anaérobies facultatifs,** eux, utilisent l'O_2 s'ils en trouvent, mais peuvent aussi se multiplier par fermentation dans un milieu anaérobie. Quant aux **anaérobies stricts,** ils ne survivent pas en présence d'O_2. Certains anaérobies stricts subsistent uniquement grâce à la fermentation. D'autres espèces extraient l'énergie chimique au moyen de la **respiration cellulaire anaérobie,** mécanisme dans lequel des molécules inorganiques autres que l'O_2 acceptent des électrons dans la phase « descendante » de la chaîne de transport d'électrons.

Maintenant que nous avons fait un survol de la diversité nutritionnelle et métabolique des procaryotes, étudions l'origine de cette diversité dans l'évolution.

La photosynthèse est apparue tôt dans l'évolution des procaryotes

Tous les modes de nutrition et presque toutes les voies métaboliques étaient présents chez les organismes procaryotes avant que n'apparaissent les Eucaryotes. Au début de leur évolution, les organismes procaryotes ont dû vivre dans des milieux physiques et biologiques en constante transformation. En réaction aux changements sont apparues de nouvelles aptitudes métaboliques qui, à leur tour, ont modifié le milieu de la communauté suivante de procaryotes. Toutes les aptitudes métaboliques importantes rencontrées chez les organismes procaryotes contemporains (et, par le fait même, chez les Eucaryotes) se sont sans doute développées au cours du premier milliard d'années de l'histoire de la vie. La photosynthèse est apparue relativement tôt au cours de cette expansion de la diversité métabolique. La systématique moléculaire, les comparaisons du métabolisme énergétique des procaryotes actuels et les données géologiques étayent cette hypothèse.

Le métabolisme énergétique des photoautotrophes, même les plus simples, est relativement complexe. Il semble donc raisonnable de postuler que les *tout* premiers organismes procaryotes étaient des hétérotrophes qui obtenaient leur énergie et construisaient leurs squelettes de carbone à partir des réserves de molécules organiques présentes dans la « soupe primordiale » de la Terre primitive (voir le chapitre 26). La glycolyse, mécanisme qui extrait l'énergie des combustibles organiques pour produire de l'ATP, dans les milieux anaérobies, fut probablement l'une des premières voies métaboliques. Ainsi s'expliquerait la présence de la glycolyse chez presque tous les organismes actuels. À mesure que les hétérotrophes épuisaient les réserves de nutriments organiques du milieu, la sélection naturelle aurait favorisé tous les procaryotes capables d'exploiter l'énergie solaire pour synthétiser de l'ATP et pour engendrer un pouvoir réducteur permettant de produire des composés organiques à partir du CO_2.

Quelles données nous permettent de penser que la photosynthèse est apparue très tôt dans l'évolution? Premièrement, les groupes photosynthétiques sont disséminés dans les différentes branches de la phylogénie des procaryotes. La photosynthèse serait-elle apparue indépendamment, à plusieurs reprises, dans diverses lignées de procaryotes (FIGURE 27.12a)? C'est peu probable, car la machinerie moléculaire nécessaire à la photosynthèse est très complexe. Compte tenu du principe de parcimonie, que nous avons présenté au chapitre 25, l'hypothèse la plus solide veut que la photosynthèse soit apparue une fois chez un ancêtre commun aux divers groupes procaryotes capables de photosynthèse aujourd'hui. Les groupes hétérotrophes, qui sont étroitement apparentés aux groupes photosynthétiques, témoignent peut-être d'une disparition de la capacité photosynthétique au cours de l'évolution (FIGURE 27.12b). Ainsi s'expliqueraient les données moléculaires qui suggèrent que dans les taxons de procaryotes aux modes de nutrition diversifiés, les espèces autotrophes remontent généralement plus loin que les espèces hétérotrophes. Les tout premiers organismes ont peut-être été des hétérotrophes, d'où sont issus les autotrophes. Mais la diversité des hétérotrophes actuels est probablement née d'une série d'ancêtres photosynthétiques.

Deuxièmement, l'ancienneté des Cyanobactéries fournit une preuve de plus à l'appui de l'apparition précoce de la photosynthèse. Les Cyanobactéries sont les seuls procaryotes autotrophes qui libèrent de l'O₂ en divisant la molécule d'eau au cours des réactions photochimiques. Les traces géologiques de l'accumulation du dioxygène atmosphérique remontent à 2,7 milliards d'années au moins. Nous pourrions en déduire que les Cyanobactéries étaient déjà bien installées dans la biosphère à cette époque. En outre, on a trouvé des fossiles d'organismes procaryotes fort semblables à des Cyanobactéries modernes dans des stromatolithes datant de 3,5 milliards d'années. La photosynthèse serait donc apparue extrêmement tôt.

La photosynthèse est particulièrement complexe, car elle suppose la coopération de deux photosystèmes (voir la FIGURE 10.12). Certains groupes de bactéries modernes sont capables d'une forme plus simple de photosynthèse: au lieu de diviser la molécule d'eau, elles utilisent un seul photosystème pour extraire les électrons de composés comme H₂S. Nous pourrions logiquement en déduire que les Cyanobactéries sont issues d'ancêtres capables d'une photosynthèse plus simple, ne produisant pas de dioxygène. À ce compte, l'origine de la photosynthèse serait presque contemporaine des plus anciens fossiles.

L'apparition des Cyanobactéries a radicalement transformé la Terre. De réductrice, l'atmosphère est devenue oxydante. Nous avons indiqué, au chapitre 26, que la révolution du dioxygène avait compromis le maintien des formes de vie, qui étaient apparues dans un monde anaérobie pour l'essentiel. La plus élégante des adaptations au changement de l'atmosphère fut l'apparition de la respiration cellulaire aérobie, qui met à profit le pouvoir oxydant de l'O₂ pour accroître l'efficacité de la consommation de combustible. La photosynthèse et la respiration cellulaire sont en réalité très proches, puisqu'elles utilisent toutes les deux des chaînes de transport d'électrons pour produire des gradients de protons qui alimentent l'ATP synthétase (voir la FIGURE 10.15). Étant donné l'origine lointaine de la photosynthèse, il est probable que la respiration cellulaire soit apparue à la suite d'une modification de l'équipement photosynthétique visant une nouvelle fonction.

Maintenant que nous avons étudié l'origine de la diversité métabolique chez les procaryotes, à la lumière de l'évolution, penchons-nous sur les divers groupes d'Archéobactéries et de Bactéries qui continuent d'influer énormément sur la Terre et sur les autres organismes.

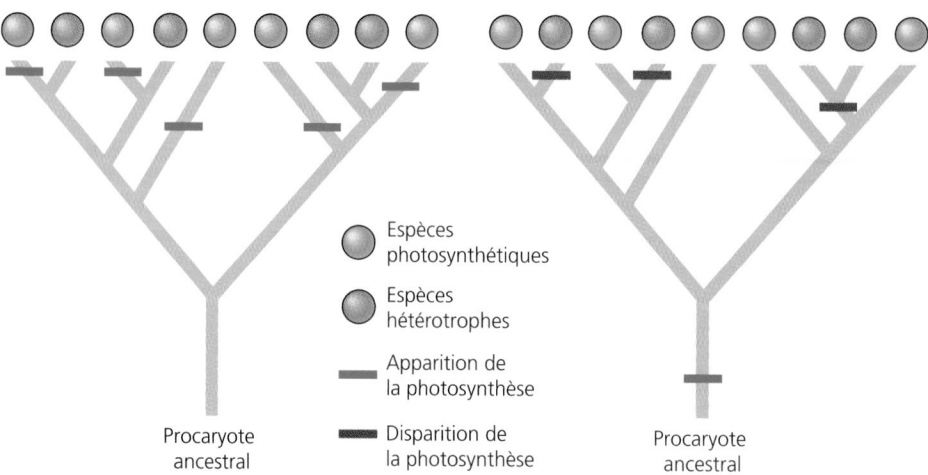

FIGURE 27.12 Deux hypothèses sur l'apparition de la photosynthèse chez les organismes procaryotes.

Espèces photosynthétiques
Espèces hétérotrophes
Apparition de la photosynthèse
Disparition de la photosynthèse

Procaryote ancestral

Hypothèse (a): la photosynthèse est apparue plusieurs fois. Cette hypothèse veut que la nutrition hétérotrophe constitue la condition primitive. Elle implique donc que le processus complexe de la photosynthèse est apparu indépendamment à différents moments.

Hypothèse (b): la photosynthèse est apparue une seule fois. Cette hypothèse plus parcimonieuse veut que la photosynthèse soit apparue une fois, et ce, très tôt dans l'évolution des procaryotes. Selon cette hypothèse, la disparition de la photosynthèse dans certaines lignées explique la dissémination des modes de nutrition dans l'arbre phylogénétique.

LA DIVERSITÉ DES PROCARYOTES

Dans cette section, nous allons préciser la distinction entre les Archéobactéries et les Bactéries. Puis nous étudierons quelques-uns des principaux groupes qui forment ces deux domaines de procaryotes.

La systématique moléculaire permet une classification phylogénétique des procaryotes

 Jusqu'à l'apparition de la systématique moléculaire, il était impossible d'établir une classification des organismes procaryotes qui rende compte de l'évolution. Ni les archives géologiques ni la morphologie comparée ne permettaient de discerner les détails de la phylogénie des procaryotes. Les grandes lignées ont en effet divergé au tout début de l'histoire du vivant et n'ont laissé que de rares fossiles. Par ailleurs, la structure des cellules procaryotes est si simple à côté de celle des organismes eucaryotes macroscopiques que la comparaison des espèces procaryotes modernes ne révèle pas grand-chose sur les caractères dérivés utiles en analyse cladistique (voir le chapitre 25).

C'est Carl Woese et ses collègues, dont nous avons parlé plus haut, qui ont sorti la systématique de l'impasse. Ces chercheurs ont en effet rassemblé des procaryotes actuels dans des groupes taxinomiques en comparant des séquences d'acides nucléiques. Ils se sont surtout appuyés sur l'ARN présent dans la plus petite des deux sous-unités ribosomiques. Sachant que toutes les cellules contiennent des ribosomes, Woese a supposé que le gène de l'ARN de la petite sous-unité ribosomique était apparu chez les tout premiers procaryotes et s'était propagé chez tous les organismes actuels. Chaque groupe d'organismes possède des **séquences signature,** des régions de la petite sous-unité ribosomique qui sont composées de séquences uniques de nucléotides, acquises au fur et à mesure de l'accumulation des mutations de l'ancêtre du groupe taxinomique. Woese a ainsi découvert un moyen de déterminer les ramifications les plus anciennes dans l'arbre du vivant. La FIGURE 27.13 représente la phylogénie de quelques-uns des principaux groupes de procaryotes selon la systématique moléculaire.

Domaine des Bactéries — Protéobactéries : Alpha, Bêta, Gamma, Delta, Epsilon — Chlamydiées — Spirochètes — Bactéries à Gram positif — Cyanobactéries

Domaine des Archéobactéries : Euryarchées — Crénarchées

Domaine des Eucaryotes : Eucaryotes

Ancêtre universel

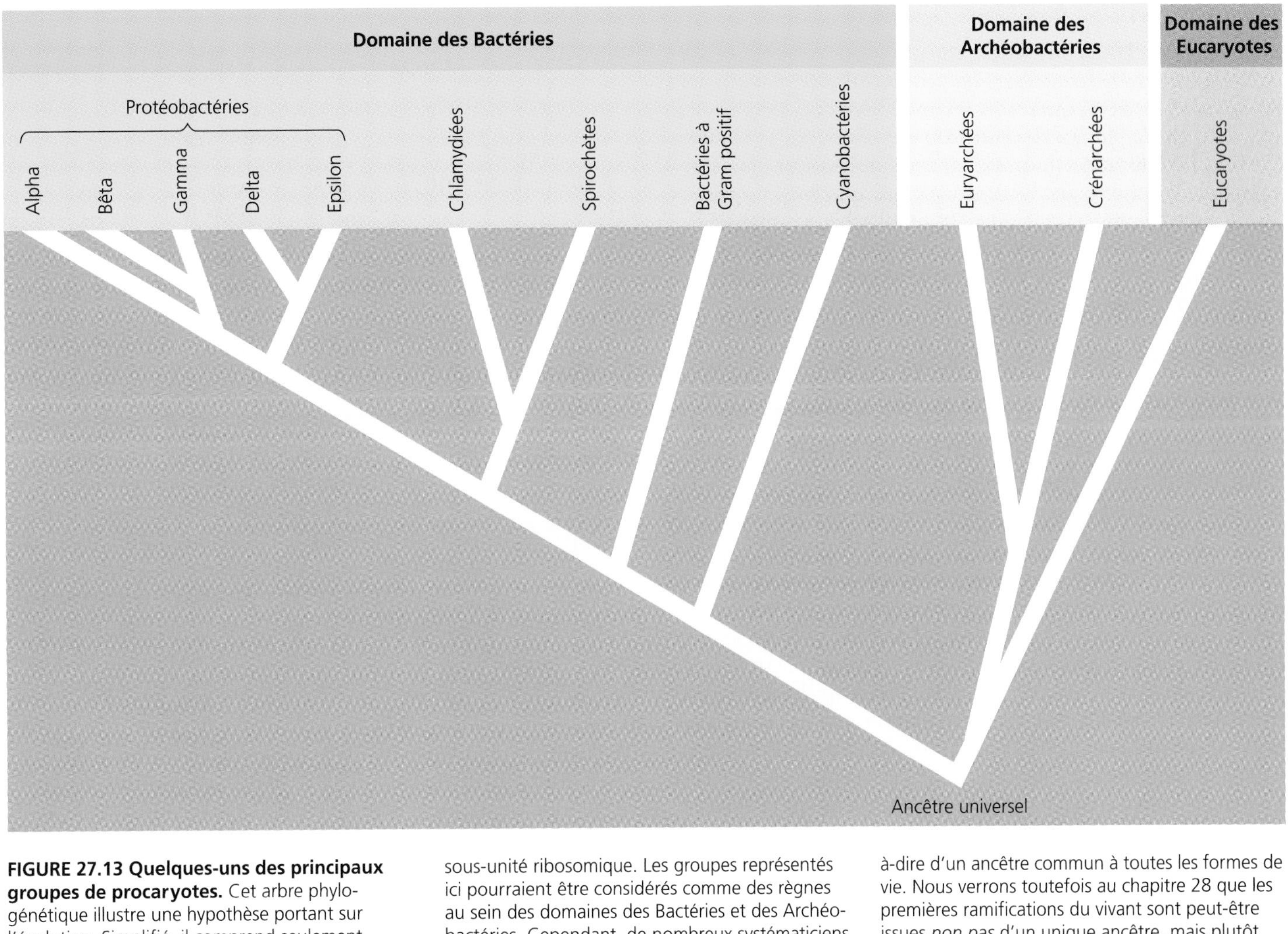

FIGURE 27.13 Quelques-uns des principaux groupes de procaryotes. Cet arbre phylogénétique illustre une hypothèse portant sur l'évolution. Simplifié, il comprend seulement les groupes de procaryotes que nous abordons dans ce chapitre. Il repose sur la systématique moléculaire, en particulier sur des comparaisons des séquences signature de l'ARNr de la petite sous-unité ribosomique. Les groupes représentés ici pourraient être considérés comme des règnes au sein des domaines des Bactéries et des Archéobactéries. Cependant, de nombreux systématiciens attendent d'avoir plus d'information pour classer les groupes dans des catégories taxinomiques hiérarchiques comme le règne et l'embranchement. L'arbre fait état d'un « ancêtre universel », c'est-à-dire d'un ancêtre commun à toutes les formes de vie. Nous verrons toutefois au chapitre 28 que les premières ramifications du vivant sont peut-être issues *non pas* d'un unique ancêtre, mais plutôt d'une communauté ancestrale de procaryotes qui s'échangeaient des gènes.

Avant l'avènement de la systématique moléculaire, la taxonomie des procaryotes reposait sur des caractères phénotypiques tels que le mode de nutrition et la réaction à la coloration de Gram (voir la FIGURE 27.5). Ces critères demeurent utiles pour l'identification des bactéries pathogènes dans les laboratoires cliniques des hôpitaux. Les caractères déterminants d'une espèce bactérienne particulière cultivée à partir de sang ou d'un autre liquide biologique peuvent être sa forme telle qu'on l'observe au microscope, sa réaction à la coloration de Gram, sa mobilité et les nutriments dont elle a besoin pour croître dans le milieu de culture. Bien qu'utiles dans le domaine clinique, ces phénotypes sont assez peu révélateurs de la phylogénie. Nous avons vu, par exemple, que les divers modes de nutrition sont disséminés dans l'arbre phylogénétique des procaryotes. Cependant, quelques-uns des groupes traditionnels constitués d'après les phénotypes subsistent dans la classification fondée sur la systématique moléculaire. Vous remarquerez ainsi dans la FIGURE 27.13 que les Cyanobactéries et les Spirochètes se retrouvent dans deux lignées distinctes de la phylogénie procaryote. De plus, bien que les Bactéries à Gram positif soient très diversifiées, elles sont toutes rassemblées dans la même ramification. Les Bactéries à Gram négatif sont, pour leur part, réparties entre plusieurs lignées. On trouve même quelques espèces à Gram négatif dans le taxon «Gram *positif*», ainsi nommé parce que *la plupart* de ses membres *sont* à Gram positif.

En effectuant le séquençage du génome de plusieurs procaryotes, les chercheurs ont créé une banque de données colossale qui confirme la plupart des conclusions taxinomiques fondées sur la comparaison des diverses séquences de l'ARNr de la petite sous-unité ribosomique. Mais il y a aussi quelques surprises. Nous verrons ainsi au chapitre 28 que l'échange intensif de gènes dans les premières communautés de procaryotes a laissé des traces dans le génome de tous les organismes modernes, Humains y compris.

Les chercheurs découvrent des Archéobactéries très diversifiées dans des environnements extrêmes et dans les océans

Vous noterez, en étudiant la FIGURE 27.13, que les deux principales lignées de procaryotes qui forment aujourd'hui les domaines des Archéobactéries et des Bactéries ont divergé très tôt. Le TABLEAU 27.2 présente un résumé des différences entre ces deux grands groupes de procaryotes. Nous y avons ajouté les caractéristiques des Eucaryotes, qui constituent le troisième domaine du vivant, afin de rappeler que les **Archéobactéries** ont autant, sinon plus, de points en commun avec les Eucaryotes qu'avec les Bactéries. Les Archéobactéries n'en possèdent pas moins de nombreuses caractéristiques exclusives, comme on pouvait s'y attendre d'un groupe d'organismes qui a suivi si longtemps une évolution distincte.

Les systématiciens ont classé la plupart des espèces connues d'Archéobactéries en deux grands taxons, les Euryarchées et les Crénarchées, mentionnés dans la FIGURE 27.13. Cependant, la majeure partie des recherches effectuées jusqu'à maintenant sur les Archéobactéries ont porté non pas sur leur phylogénie mais sur leur écologie, plus particulièrement sur leur aptitude à vivre là où aucun autre organisme ne peut subsister. Nous pourrions

considérer ces créatures comme des **extrêmophiles,** des «adeptes» des milieux extrêmes comme le geyser de la FIGURE 27.1. La taxinomie phylogénétique ne retire cependant pas toute utilité à une classification des extrêmophiles fondée sur des critères environnementaux et comprenant trois groupes : les méthanogènes, les halophiles extrêmes et les thermophiles extrêmes.

Les Archéobactéries **méthanogènes** sont ainsi nommées en raison du mécanisme très particulier par lequel elles obtiennent de l'énergie : elles utilisent le CO_2 pour oxyder le H_2, produisant ainsi du méthane (CH_4). Les Archéobactéries méthanogènes comptent parmi les anaérobies les plus stricts : le dioxygène les empoisonne. Elles vivent dans les marécages et les marais où d'autres microorganismes ont consommé tout le dioxygène ; le méthane formant des bulles à la surface de ces lieux était autrefois appelé « gaz des marais ». Les Archéobactéries méthanogènes sont par ailleurs des décomposeurs importants que l'on utilise dans le traitement des eaux usées. Certains agriculteurs ont fait des expériences avec ces microorganismes dans le but de convertir les détritus et le fumier en méthane, un précieux combustible. D'autres espèces d'Archéobactéries méthanogènes habitent l'intérieur anaérobie de l'intestin de certains animaux.

TABLEAU 27.2 Comparaison des trois domaines du vivant

CARACTÉRISTIQUES	DOMAINES		
	Bactéries	Archéo-bactéries	Eucaryotes
Enveloppe nucléaire	Absente	Absente	Présente
Organites membraneux	Absents	Absents	Présents
Peptidoglycane dans la paroi cellulaire	Présent	Absent	Absent
Lipides membranaires	Chaînes carbonées linéaires	Quelques chaînes carbonées ramifiées	Chaînes carbonées linéaires
ARN polymérase	Un type	Plusieurs types	Plusieurs types
Le premier acide aminé dans la synthèse des protéines	Formyl-méthionine	Méthionine	Méthionine
Introns (parties non codantes des gènes)	Absents	Présents dans certains gènes	Présents
Réaction à la streptomycine et au chloramphénicol (des antibiotiques)	Inhibition de la croissance	Aucune inhibition de la croissance	Aucune inhibition de la croissance
Histones associées à l'ADN	Absentes	Présentes	Présentes
Chromosome en forme d'anneau	Présent	Présent	Absent
Capacité de croître à des températures supérieures à 100 °C	Non	Oui, chez certaines espèces	Non

Elles jouent ainsi un rôle important dans la digestion de la cellulose chez le bétail, les termites et d'autres herbivores qui s'en nourrissent presque exclusivement. Normalement, la production de gaz ne cause pas de ballonnement chez les vaches, car celles-ci expulsent un important volume de méthane. À l'échelle planétaire, les Archéobactéries méthanogènes produisent tellement de gaz qu'elles comptent parmi les facteurs importants de l'effet de serre, phénomène atmosphérique que nous étudierons au chapitre 54.

Les Archéobactéries **halophiles extrêmes** (du grec *halos,* « sel », et *philos,* « ami ») vivent dans des milieux aussi salés que la mer Morte et le Grand Lac Salé, aux États-Unis. Certaines espèces ne font que tolérer la salinité, tandis que d'autres ont besoin, pour croître, d'un environnement dix fois plus salé que l'eau de mer (FIGURE 27.14). Les colonies d'Archéobactéries halophiles forment une mousse qui doit sa couleur rose à un pigment photosynthétique, la **bactériorhodopsine,** très semblable aux pigments visuels présents dans la rétine de l'Humain.

Comme leur nom l'indique, les Archéobactéries **thermophiles extrêmes** prospèrent dans des milieux chauds. Les conditions de vie optimales pour la plupart de ces Archéobactéries sont des températures allant de 60 °C à 80 °C. *Sulfolobus,* par exemple, habite les sources sulfureuses chaudes du Parc national de Yellowstone, aux États-Unis, et tire son énergie de l'oxydation du soufre. Une autre Archéobactérie thermophile qui métabolise le soufre vit dans les eaux entourant les sources hydrothermales, dont la température atteint 105 °C.

Certains chercheurs postulent que les tout premiers organismes procaryotes étaient des thermophiles extrêmes qui habitaient des milieux chauds semblables aux sources hydrothermales. À ce compte, il serait plus exact, sur le plan historique, de qualifier la plupart des formes de vie, les Humains y compris, d'« adaptées au froid » que de qualifier les Archéobactéries thermophiles, qui ont persisté dans les milieux chauds, d'« extrêmes ».

Les chercheurs ont longtemps pensé que les Archéobactéries étaient répandues principalement dans des milieux extrêmes d'où les autres formes de vie étaient absentes. Cependant, au cours des dix dernières années, les scientifiques ont découvert qu'une multitude d'Archéobactéries marines vivaient, parmi d'autres organismes, dans les habitats plus tempérés des océans.

Pour en revenir à la classification phylogénétique de la FIGURE 27.13, soulignons que toutes les Archéobactéries méthanogènes et toutes les Archéobactéries halophiles entrent dans la catégorie des **Euryarchées.** (L'élément *eury* signifie « large » et dénote la diversité et la multitude d'habitats de ces procaryotes.) Ce groupe comprend aussi quelques Archéobactéries thermophiles. Mais la plupart des espèces thermophiles appartiennent à la catégorie des **Crénarchées.** (L'élément *cren* signifie « source », en référence aux sources hydrothermales.) Chacun de ces deux groupes comprend également quelques-unes des Archéobactéries marines découvertes récemment.

De tous les organismes procaryotes, les Bactéries ont constitué le sujet de recherche de prédilection dans l'histoire de la microbiologie. Aussi en connaissons-nous beaucoup plus sur elles que sur les Archéobactéries. Maintenant que l'on reconnaît l'importance des Archéobactéries dans l'évolution et l'écologie, on peut s'attendre à ce que la recherche nous fasse encore bien des surprises quant à l'histoire du vivant et aux rôles des microorganismes dans les écosystèmes.

La plupart des organismes procaryotes connus sont des Bactéries

Le terme « bactérie » a longtemps été synonyme de « procaryote ». Mais ce n'est plus le cas, depuis que la systématique moléculaire a révélé que les organismes procaryotes se répartissaient en deux domaines. Certes, la plupart des procaryotes *connus* sont des **Bactéries.** Mais on connaît de mieux en mieux les Archéobactéries depuis que leur diversité éveille l'intérêt des scientifiques.

Les principaux modes de nutrition et de métabolisme sont représentés parmi les milliers d'espèces connues des Bactéries. Comme nous l'avons indiqué, plusieurs modes de nutrition peuvent se retrouver au sein d'un groupe taxinomique particulier de Bactéries. Si vous retournez à la FIGURE 27.13, vous constaterez que cinq grands groupes de Bactéries y sont représentés (plusieurs autres ont été omis). Comme les deux grands groupes d'Archéobactéries, les grands taxons de Bactéries sont maintenant élevés au rang de règnes par certains systématiciens spécialistes des procaryotes. Le TABLEAU 27.3 (pages 584 et 585) présente une description de ces groupes monophylétiques (clades).

FIGURE 27.14 Archéobactéries halophiles extrêmes. Les couleurs de ces marais salants, aux abords de la baie de San Francisco, proviennent d'une prolifération dense d'Archéobactéries halophiles extrêmes, qui prospèrent dans les marais lorsque la salinité de l'eau atteint un niveau de 15 % à 20 %. (Avant la vaporisation, la salinité de l'eau de mer est d'environ 3 %.) Ces marais servent à la production commerciale de sel, les Archéobactéries halophiles étant inoffensives.

Groupe/description	Exemple

Protéobactéries

Ce clade vaste et diversifié de bactéries à Gram négatif comprend des photoautotrophes, des chimioautotrophes et des hétérotrophes. Les Protéobactéries englobent tant des espèces anaérobies que des espèces aérobies. Les spécialistes de la systématique moléculaire distinguent cinq sous-groupes de Protéobactéries.

Protéobactéries alpha (α)

De nombreuses espèces de Protéobactéries α sont étroitement associées à des hôtes eucaryotes, soit en tant que symbiontes mutualistes, soit en tant que parasites. Ainsi, les espèces du genre *Rhizobium* vivent dans des nodules, à l'intérieur des racines des Légumineuses (famille du Haricot, du Trèfle, de la Luzerne, etc.). Là, elles convertissent le N₂ atmosphérique en composés que la plante hôte peut utiliser pour synthétiser des protéines. Les espèces du genre *Agrobacterium* sont des agents pathogènes qui provoquent la formation de tumeurs chez les Végétaux. En génie génétique, on utilise ces bactéries pour incorporer un ADN étranger dans le génome de plantes cultivées (voir la FIGURE 20.19). Les Rickettsies, minuscules même à l'échelle bactérienne, sont des agents pathogènes qui vivent dans les cellules des Animaux et causent des maladies comme la fièvre pourprée des montagnes Rocheuses chez les Humains. Les mitochondries, siège de la respiration cellulaire aérobie dans les cellules eucaryotes, sont issues de Protéobactéries α aérobies qui vivaient dans une cellule hôte (nous étudierons en détail ce phénomène, appelé endosymbiose, au chapitre 28).

2,5 μm (4 400 ×)

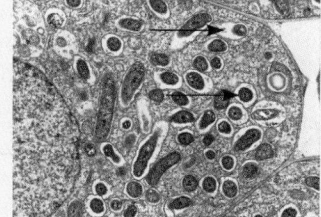

Rhizobium. Les flèches montrent la bactérie, à l'intérieur des cellules de la racine d'une légumineuse (MET).

Protéobactéries bêta (β)

Diversifié sur le plan nutritionnel, le groupe des Protéobactéries β comprend *Nitrosomonas,* une bactérie qui vit dans le sol et joue un rôle important dans le recyclage de l'azote au sein des écosystèmes. *Nitrosomonas* oxyde en effet l'ammonium (NH₄⁺) et libère du nitrite (NO₂⁻) comme sous-produit.

Protéobactéries gamma (γ)

Parmi les membres photosynthétiques du groupe des Protéobactéries γ, on trouve des bactéries sulfureuses comme *Chromatium.* Cette bactérie divise la molécule de H₂S pour obtenir les électrons nécessaires à la constitution de molécules organiques. Les granules jaunes que l'on aperçoit dans la photographie sont des résidus de soufre laissés par la photosynthèse. Les hétérotrophes γ comptent quelques agents pathogènes, notamment *Legionella,* ainsi baptisée parce qu'elle cause la maladie du légionnaire. D'autres Protéobactéries γ sont entériques, c'est-à-dire qu'elles vivent dans l'intestin des animaux. C'est le cas notamment de *Salmonella,* l'un des microorganismes qui causent les intoxications alimentaires; de *Vibrio choleræ,* qui cause le choléra; et d'*Escherichia coli,* qui vit dans l'intestin humain. La présence d'*E. coli* dans l'eau est un signe de contamination par des matières fécales. *E. coli* est l'un des organismes les plus étudiés en biologie moléculaire et en génie génétique (voir les chapitres 18 et 20).

20 μm (600 ×)

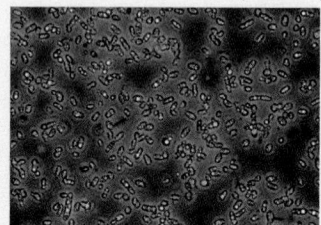

Chromatium. Les granules jaunes sont des résidus de soufre laissés par la voie photosynthétique qui divise la molécule de H₂S (MP).

Protéobactéries delta (δ)

Parmi les Protéobactéries δ se trouve le groupe des Myxobactéries, procaryotes qui forment les colonies les plus élaborées. Les cellules sécrètent dans le sol un substrat gluant sur lequel elles glissent (*muxa* signifie « mucus » en grec). Quand le sol s'assèche ou que la nourriture se fait rare, les cellules s'agglutinent et forment une « fructification » bulbeuse qui peut être vivement colorée et qui peut mesurer jusqu'à 1 mm de diamètre. Cette fructification libère des spores résistantes qui deviennent actives et fondent de nouvelles colonies dans des milieux favorables. Parmi les Protéobactéries δ se trouve aussi le groupe des Bdellovibrionacées, des prédateurs des autres bactéries. *Bdellovibrio* poursuit sa proie à la vitesse de 100 μm par seconde, ce qui équivaut à 600 km/h pour un Humain (la moitié de la vitesse du son)! Le prédateur se transforme ensuite en perceuse et pénètre dans sa proie en tournant à la vitesse de 100 tours par seconde.

10 μm (900 ×)

Myxobactéries: fructifications de *Chondromyces crocatus* (MEB).

5 μm (1 800 ×)

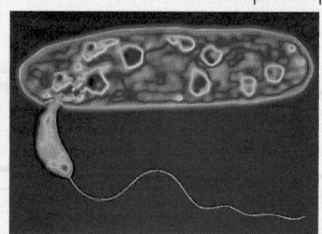

Bdellovibrio bacteriophorus attaquant une bactérie plus grosse (MET, cliché artificiellement coloré).

Protéobactéries epsilon (ε)

Étroitement apparentées aux Protéobactéries δ, les Protéobactéries ε comprennent *Helicobacter pylori,* la bactérie qui cause les ulcères gastriques.

2 μm (5 500 ×)

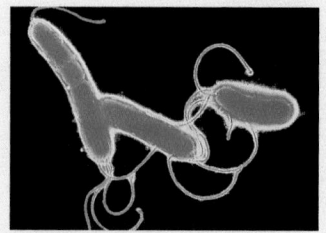

Helicobacter pylori, la bactérie qui cause les ulcères gastriques (MET, cliché artificiellement coloré).

Chlamydiées

Les Chlamydiées sont des parasites qui ne peuvent survivre qu'à l'intérieur de cellules animales et qui soutirent à leur hôte des ressources aussi fondamentales que l'ATP. La paroi à Gram négatif des Chlamydiées a ceci de particulier qu'elle ne contient pas de peptidoglycane. L'espèce *Chlamydia trachomatis* est la cause la plus répandue de cécité dans le monde. Elle cause aussi l'urétrite non gonococcique, la maladie transmissible sexuellement (MTS) qui est la plus fréquente aux États-Unis.

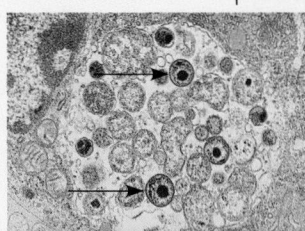

2,5 μm (4 400 ×)

Chlamydia trachomatis (désignée par les flèches) vivant dans une cellule animale (MET, cliché artificiellement coloré).

Spirochètes

Les Spirochètes sont des hétérotrophes de forme hélicoïdale. Certains mesurent 0,25 mm de long, mais sont trop minces pour être visibles à l'œil nu. La rotation de filaments internes semblables à des flagelles produit un mouvement de tire-bouchon. De nombreux Spirochètes sont autonomes, mais certains sont des agents pathogènes notoires. Ainsi, *Treponema pallidum* cause la syphilis et *Borrelia burgdorferi,* la maladie de Lyme.

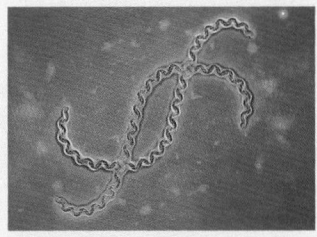

5 μm (2 000 ×)

Le spirochète *Leptospira* (MET, cliché artificiellement coloré).

Bactéries à Gram positif

Ce clade comprend toutes les Bactéries à Gram positif, mais aussi quelques espèces à Gram négatif étroitement apparentées. Cette branche des Bactéries rivalise avec les Protéobactéries pour ce qui est de la diversité. Un sous-groupe des Bactéries à Gram positif, les Actinobactéries (autrefois, Actinomycètes), forment des colonies ramifiées (l'élément *mycète* dénote que ces bactéries étaient autrefois confondues avec les Eumycètes). Deux Actinobactéries causent la tuberculose et la lèpre. Cependant, la plupart des Actinobactéries sont autonomes et concourent à la décomposition des débris organiques dans le sol. Leurs sécrétions sont en partie responsables de l'odeur « terreuse » des sols riches. Les sociétés pharmaceutiques cultivent les espèces vivant dans le sol du genre *Streptomyces* pour produire de nombreux antibiotiques, notamment la streptomycine. En plus des Actinobactéries vivant en colonies, les Bactéries à Gram positif comprennent diverses espèces solitaires. Certaines, telles *Bacillus* et *Clostridium,* produisent des spores. *Bacillus anthracis* cause la maladie du charbon (voir la FIGURE 27.10). *Clostridium botulinum* produit la toxine qui cause le botulisme, maladie potentiellement mortelle. Les diverses espèces de *Staphylococcus* et de *Streptococcus* font aussi partie des Bactéries à Gram positif. Les membres du clade des Bactéries à Gram positif qui possèdent la structure la plus inusitée sont les Mycoplasmes. Ce sont les seules bactéries dépourvues de paroi cellulaire. Ce sont aussi, après les Nanobactéries, les plus petites cellules connues. Avec un diamètre de 0,1 mm, elles sont seulement cinq fois plus grosses qu'un ribosome. De nombreux Mycoplasmes vivent dans le sol, mais certains sont pathogènes, notamment une espèce qui cause la pneumonie erratique chez l'Humain.

5 μm (2 400 ×)

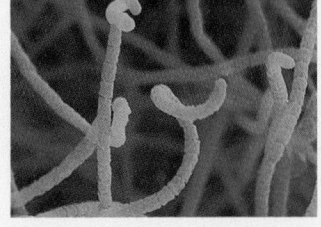

Streptomyces, source de nombreux antibiotiques (MEB, cliché artificiellement coloré).

1 μm (14 000 ×)

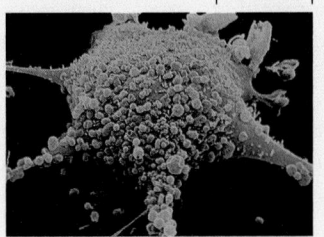

Des centaines de Mycoplasmes recouvrent ce fibroblaste humain (MEB, cliché artificiellement coloré).

Cyanobactéries

Photoautotrophes, les Cyanobactéries sont les seuls procaryotes capables de photosynthèse productrice de dioxygène. (De fait, les chloroplastes sont issus d'une Cyanobactérie qui vivait en endosymbiose dans une cellule hôte plus grosse ; voir le chapitre 28). Les Cyanobactéries solitaires et coloniales sont abondantes partout où l'on trouve de l'eau. Elles fournissent une énorme quantité de nourriture aux écosystèmes d'eau douce ou d'eau salée. Certaines colonies filamenteuses comprennent des cellules spécialisées dans la fixation du diazote, processus métabolique qui convertit le N_2 atmosphérique en composés pouvant s'incorporer dans des protéines et d'autres molécules organiques (voir la FIGURE 27.11).

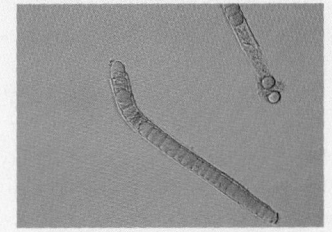

80 μm (175 ×)

La Cyanobactérie *Scytonema* (MP).

L'IMPORTANCE ÉCOLOGIQUE DES PROCARYOTES

Les transformations du vivant sur une planète elle-même en changement, ou les rapports entre la géologie et l'évolution, voilà qui constitue l'un des thèmes de cette partie du manuel. Des organismes aussi envahissants, abondants et diversifiés que les procaryotes ont une influence inimaginable sur la Terre et tous ses habitants.

Les procaryotes sont des agents indispensables du recyclage des éléments chimiques dans les écosystèmes

Il n'y a pas si longtemps (géologiquement parlant), les atomes des molécules organiques qui constituent notre corps faisaient partie de composés inorganiques du sol, de l'air et de l'eau. Ils en referont d'ailleurs partie un jour. Le maintien de la vie repose sur la circulation des éléments chimiques entre les composantes biologique et physique des écosystèmes. Les procaryotes jouent un rôle fondamental dans les cycles biogéochimiques (nous traiterons de la question en détail au chapitre 54). Si ces **décomposeurs** n'existaient pas, le carbone, l'azote et d'autres éléments essentiels à la vie resteraient prisonniers des molécules organiques des cadavres et des excréments.

Les procaryotes jouent également le rôle d'intermédiaires dans le retour des éléments des composants physicochimiques du milieu, comme l'air, le sol inorganique et l'eau, vers les réserves de composés organiques. Les procaryotes autotrophes produisent des composés organiques à partir du CO_2. Ils sont donc à la base des chaînes alimentaires qui font passer les nutriments organiques aux consommateurs primaires, puis aux consommateurs secondaires.

Grâce à leurs capacités métaboliques uniques, les procaryotes sont les seuls organismes capables de métaboliser des molécules inorganiques contenant des éléments comme le fer, le soufre, l'azote et l'hydrogène. Les Cyanobactéries non seulement synthétisent de la nourriture et renvoient le dioxygène dans l'atmosphère, mais fixent aussi le diazote. Elles enrichissent ainsi le sol et l'eau de composés azotés que les autres organismes peuvent utiliser pour élaborer des protéines. Puis, lorsque les Végétaux et les Animaux qui s'en nourrissent viennent à mourir, les procaryotes vivant dans le sol restituent l'azote des cadavres à l'atmosphère. Toute forme de vie sur la Terre dépend des procaryotes et de leur extraordinaire diversité métabolique.

De nombreux procaryotes sont symbiotiques

Les procaryotes vivent rarement isolément dans l'environnement. Généralement, ils interagissent au sein de groupes comprenant souvent d'autres espèces de procaryotes ou des organismes eucaryotes ayant des métabolismes complémentaires.

Le terme **symbiose** (qui vient du grec *sun*, « avec », et *bios*, « vie », et signifie « vie avec » ou « vie commune ») désigne les relations écologiques qu'entretiennent des organismes d'espèces différentes vivant en contact direct. Chacun des organismes associés en symbiose est appelé **symbionte** (ou symbiote). Si l'un des symbiontes est beaucoup plus gros que l'autre, il est

appelé **hôte**. Il existe trois types de relations symbiotiques : le mutualisme, le commensalisme et le parasitisme. Dans le **mutualisme**, les deux symbiontes (FIGURE 27.15) tirent profit de la relation. Dans le **commensalisme**, un seul des deux symbiontes tire profit de la relation, sans toutefois nuire à l'autre ou l'aider de manière significative. Dans le **parasitisme**, l'un des symbiontes, appelé **parasite**, vit aux dépens de l'hôte.

On trouve les trois types de symbioses entre les organismes procaryotes et les Eucaryotes. Ainsi, les racines des Légumineuses (Pois, Haricot, Luzerne et autres) portent des renflements appelés nodosités. Ces nodosités hébergent des bactéries mutualistes qui fixent le diazote et le transforment en ammonium et en nitrates (trioxonitrates) au bénéfice de l'hôte (voir *Rhizobium* dans le TABLEAU 27.3). L'hôte végétal, pour sa part, offre à ces bactéries un apport constant de glucides et d'autres nutriments organiques. Les bactéries qui vivent sur les surfaces internes et externes du corps humain sont principalement des espèces commensales, mais certaines sont mutualistes. Ainsi, les bactéries capables de fermentation qui vivent dans le vagin produisent des acides qui maintiennent le pH entre 4,0 et 4,5, ce qui inhibe la croissance de levures et d'autres microorganismes potentiellement nuisibles. Les Humains peuvent également héberger des bactéries parasites, que l'on qualifie de pathogènes parce qu'elles causent des maladies.

Les bactéries pathogènes causent de nombreuses maladies chez l'Humain

Nous nous portons bien la plupart du temps, car nos mécanismes de défense parviennent à tenir en échec la croissance des agents pathogènes auxquels nous sommes exposés. Il arrive cependant que l'équilibre bascule en faveur d'un agent pathogène et que nous tombions malades. Pour qu'un parasite soit qualifié de pathogène, il doit d'abord envahir un hôte. Ensuite, il doit résister assez longtemps aux mécanismes de défense internes pour pouvoir proliférer. Enfin, il doit causer des dommages à l'hôte d'une quelconque façon. On attribue aux bactéries pathogènes environ la moitié des maladies qui affligent l'Humain (FIGURE 27.16).

FIGURE 27.15 Un cas de mutualisme : des « phares » bactériens. L'ovale lumineux situé sous l'œil de ce poisson des grands fonds, *Photoblepharon palpebratus*, est un organe qui contient des bactéries symbiotiques bioluminescentes. C'est une réaction chimique alimentée par l'ATP qui produit la lumière. Le poisson se sert de ses « phares » pour attirer des proies et signaler sa présence à d'éventuels partenaires.

Il existe des agents pathogènes **opportunistes.** Ce sont des agents pathogènes qui font partie de la «flore» normale de l'organisme humain, mais qui peuvent provoquer des maladies lorsque les mécanismes de défense s'affaiblissent à cause de facteurs comme la malnutrition ou la grippe. Ainsi, *Streptococcus pneumoniæ* (Bactérie à Gram positif) vit dans la gorge de la plupart des gens bien portants. Cette bactérie opportuniste peut toutefois proliférer et causer une pneumonie lorsque les mécanismes de défense de l'hôte perdent de leur efficacité.

C'est à la fin du XIXe siècle que Louis Pasteur, Joseph Lister et d'autres scientifiques ont commencé à associer maladie et microorganismes pathogènes. Le premier à établir un lien entre des maladies et des bactéries fut Robert Koch, un médecin allemand qui a identifié les bactéries qui sont à l'origine du charbon et de la tuberculose. Ses méthodes ont permis de définir quatre critères, les **postulats de Koch,** qui servent encore aujourd'hui de lignes directrices en microbiologie médicale. Pour établir qu'un agent pathogène particulier cause une maladie, le chercheur doit: (1) trouver le même agent pathogène chez tous les individus malades examinés; (2) isoler l'agent pathogène d'un sujet atteint et faire une culture pure du microorganisme; (3) provoquer la maladie chez des animaux de laboratoire en leur inoculant le microorganisme cultivé; (4) isoler le même agent pathogène chez ces animaux une fois la maladie déclarée. Ces postulats valent pour la majorité des agents pathogènes. Mais on doit compter avec des exceptions. Ainsi, personne n'a encore réussi à cultiver le spirochète qui est à l'origine de la syphilis (*Treponema pallidum*) dans un milieu artificiel. Cependant, le volume de preuves circonstancielles permettant d'associer le microorganisme à la maladie ne laisse planer aucun doute.

Comment les bactéries pathogènes produisent-elles les symptômes de la maladie? Certaines espèces, dont l'Actinobactérie à Gram positif qui cause la tuberculose, *Mycobacterium tuberculosis,* menacent la santé de l'hôte en envahissant ses tissus.

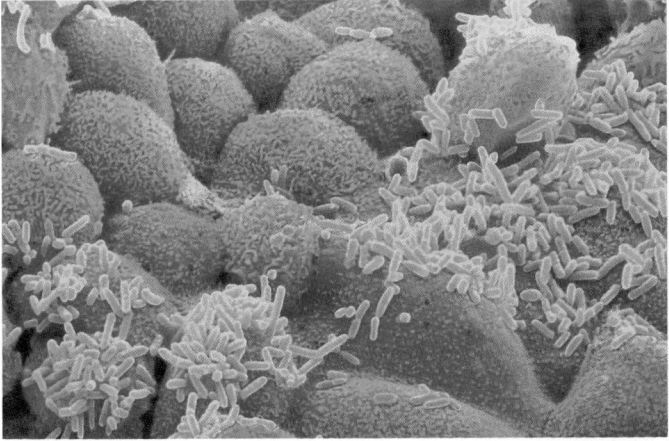

2,5 μm (4 000 ×)

FIGURE 27.16 Un «microbe» très nuisible. Les bâtonnets jaunes sont des bactéries *Hæmophilus influenzæ* situées sur des cellules cutanées tapissant l'intérieur du nez d'un être humain (MEB, cliché artificiellement coloré). Ces agents pathogènes se propagent dans l'air. *H. influenzæ,* qu'il ne faut pas confondre avec le Virus de l'influenza (grippe), cause la pneumonie et d'autres infections pulmonaires qui tuent chaque année 4 millions de personnes environ. La plupart des victimes sont des enfants des pays en voie de développement. Dans ces pays, en effet, la malnutrition affaiblit la résistance à tous les agents pathogènes.

Cependant, les bactéries pathogènes causent le plus souvent des maladies en produisant des poisons appelés exotoxines et endotoxines.

Les **exotoxines** sont des protéines sécrétées par des bactéries. Elles peuvent provoquer des symptômes même en l'absence des bactéries. Ainsi, lorsque la Bactérie à Gram positif *Clostridium botulinum* (voir le TABLEAU 27.3) croît dans le milieu anaérobie constitué par des aliments en conserve, l'un des sous-produits de sa fermentation est une exotoxine qui cause une maladie parfois mortelle: le botulisme. Les exotoxines comptent parmi les poisons les plus puissants que nous connaissions: 1 g de la toxine botulinique suffirait pour tuer un million d'Humains. La Protéobactérie entérique *Vibrio choleræ* produit également des exotoxines. Elle cause le choléra, affection dangereuse qui est caractérisée par une diarrhée violente. Consécutif à la consommation d'eau contaminée par des matières fécales, le choléra est souvent épidémique en temps de guerre et de famine. Même *E. coli* peut sécréter des exotoxines. Ainsi, la *turista* est due à des toxines libérées par des souches d'*E. coli* provenant d'une autre personne, par l'intermédiaire de l'eau ou des aliments.

Contrairement aux exotoxines, les **endotoxines** sont des lipopolysaccharides qui font partie de la membrane externe de la paroi de certaines Bactéries à Gram négatif. Parmi les bactéries produisant des endotoxines figurent presque toutes celles du genre *Salmonella,* qui sont normalement absentes chez les animaux sains. *Salmonella typhi* cause la fièvre typhoïde, et plusieurs autres espèces de *Salmonella,* dont certaines se trouvent fréquemment dans la volaille, causent des intoxications alimentaires.

Lorsque, au XIXe siècle, des scientifiques ont découvert que les «germes» causaient des maladies, les autorités responsables de la santé publique ont pris des mesures visant à améliorer l'hygiène. Les mesures sanitaires ont grandement contribué à réduire la mortalité infantile et à augmenter l'espérance de vie dans les pays industrialisés. De même, les antibiotiques ont sauvé un grand nombre de vies et réduit la fréquence des maladies. Plus de la moitié des antibiotiques utilisés actuellement proviennent de bactéries habitant le sol et appartenant au genre *Streptomyces* (une Actinobactérie; voir le TABLEAU 27.3). Mentionnons, par exemple, la streptomycine, la néomycine, l'érythromycine, l'auréomycine et la tétracycline. Dans la nature, ces bactéries libèrent ces composés pour empêcher d'autres microorganismes d'empiéter sur leur territoire.

Les maladies d'origine bactérienne n'en continuent pas moins de menacer la santé humaine. Leur diminution au cours du siècle dernier est vraisemblablement attribuable aux politiques de santé publique, plus qu'à des médicaments miracles. Aux États-Unis, par exemple, la maladie de Lyme est aujourd'hui la plus répandue des affections transmises par des animaux nuisibles. Elle est causée par le Spirochète *Borrelia burgdorferi* qui est transporté par la Tique *Ixodes dammini* vivant dans la fourrure des Mammifères (FIGURE 27.17, p. 588). Le premier symptôme est généralement une éruption cutanée de forme circulaire entourant une morsure de tique. Les antibiotiques peuvent venir à bout de la maladie s'ils sont administrés au cours du mois qui suit l'infection. Sans traitement, la maladie de Lyme peut causer une arthrite invalidante, des maladies cardiaques et des troubles nerveux. Le vaccin qui existe actuellement ne confère qu'une immunité partielle. Le meilleur remède est encore d'enseigner au public à éviter les morsures de tiques et à demander un traitement en cas d'éruption cutanée.

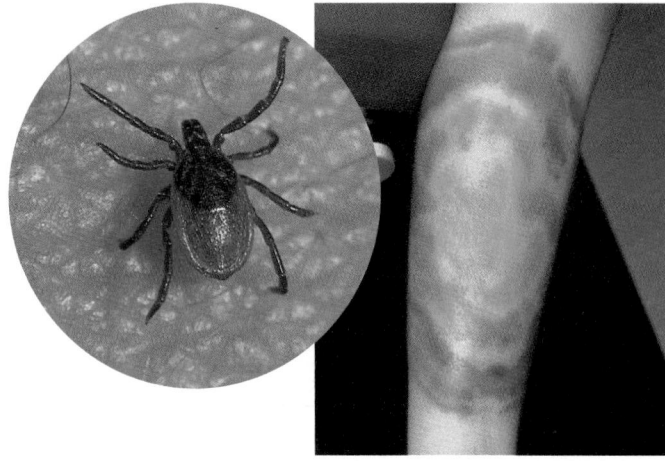

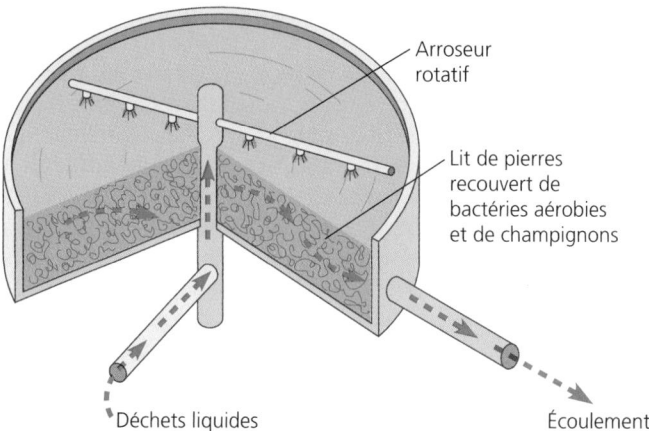

Arroseur
rotatif

Lit de pierres
recouvert de
bactéries aérobies
et de champignons

Déchets liquides

Écoulement

FIGURE 27.17 La maladie de Lyme est une maladie bactérienne qui est transmise par le Spirochète *Borrelia burgdorferi*, transporté par la Tique *Ixodes dammini*.

Aujourd'hui, la prolifératon rapide de souches antibiorésistantes de bactéries pathogènes constitue un problème inquiétant, aggravé du reste par l'usage imprudent et excessif des antibiotiques.

Bien qu'interdites par les Nations Unies, la culture sélective et la mise en réserve de bactéries pathogènes visant à créer des armes biologiques continuent de menacer la paix dans le monde.

L'Humain utilise des procaryotes pour la recherche et pour la technologie

L'Humain a découvert plusieurs manières d'exploiter les différentes capacités métaboliques des procaryotes, tant pour la recherche scientifique que pour des objectifs pratiques. Une bonne partie des connaissances que nous possédons sur le métabolisme et la biologie moléculaire ont été acquises dans des laboratoires où des procaryotes ont servi de modèles relativement simples. En fait, *E. coli*, la bactérie de prédilection d'une foule de laboratoires de recherche, est l'organisme le mieux connu. Et nous ne faisons que commencer à découvrir le potentiel des procaryotes en matière de dépollution.

Le fait d'utiliser des organismes pour éliminer les polluants de l'eau, de l'air et du sol s'appelle **biorestauration**. La plus connue des applications de cette technique est le traitement des eaux usées au moyen de procaryotes décomposeurs. Les eaux usées passent d'abord à travers une série de filtres et de déchiqueteurs. Les matières solides ainsi obtenues, appelées boues, se séparent des déchets liquides. On incorpore graduellement les boues à une culture de procaryotes anaérobies comprenant des Bactéries et des Archéobactéries. Ces microorganismes décomposent la matière organique contenue dans les boues et la convertissent en une substance qui, une fois stérilisée chimiquement, peut servir de matériau de remblai ou d'engrais. Les déchets liquides sont traités séparément des boues (FIGURE 27.18). D'autres applications de la biorestauration consistent à utiliser des bactéries du genre *Pseudomonas* vivant dans le sol (des Protéobactéries γ) pour nettoyer les plages après les déversements de pétrole et pour décomposer divers composés synthétiques tels que les pesticides (FIGURE 27.19). Les spécialistes du génie génétique s'emploient à améliorer les capacités de biorestauration de certains procaryotes.

FIGURE 27.18 Utilisation des bactéries dans le traitement des eaux usées. Cette installation, appelée « filtre biologique » ou « lit bactérien », permet de traiter les déchets liquides qui demeurent après l'élimination des boues. Les longs tuyaux horizontaux pivotent lentement et pulvérisent les déchets liquides sur un épais lit de pierres. Les bactéries et les champignons qui croissent sur ces pierres éliminent une grande partie de la matière organique dissoute dans le liquide. Le liquide qui s'écoule du lit de pierres est stérilisé puis déversé dans un plan d'eau.

FIGURE 27.19 Biorestauration après un déversement de pétrole. Un travailleur pulvérise des engrais sur une plage imbibée de pétrole, en Alaska. Les engrais stimulent la croissance de bactéries indigènes qui peuvent amorcer la dégradation du pétrole et, dans certains cas, quintupler la vitesse du processus naturel de dégradation. Cette technique constitue le moyen le plus rapide et le plus économique pour nettoyer les plages après un déversement de pétrole.

L'Humain exploite le métabolisme de certaines bactéries pour la fabrication de produits commerciaux. Ainsi, l'industrie chimique entretient d'immenses cultures bactériennes qui produisent de l'acétone, du butanol et plusieurs autres produits. L'industrie pharmaceutique cultive, quant à elle, des bactéries qui produisent des vitamines et des antibiotiques. L'industrie alimentaire utilise des bactéries pour convertir le lait en yogourt et en différentes sortes de fromages. Bientôt, peut-être, l'industrie de l'électronique utilisera des bactéries contenant des particules magnétiques pour fabriquer des rubans magnétiques et d'autres dispositifs d'enregistrement. Enfin, le génie génétique s'annonce prometteur pour l'avenir économique des procaryotes (voir le chapitre 20).

■　　　■　　　■

Dans ce chapitre, nous avons passé en revue les procaryotes et retracé leur histoire. Sur la Terre primitive, habitée exclusivement par des procaryotes, toutes les formes de nutrition et de métabolisme sont apparues. La plupart des innovations qui ont suivi au cours de l'évolution ont été de nature structurale plutôt que métabolique. Le jalon le plus important fut l'émergence de cellules eucaryotes à partir d'ancêtres procaryotes. Tel sera le sujet du chapitre suivant.

RÉVISION DU CHAPITRE

Résumé des concepts importants

L'UNIVERS DES PROCARYOTES

■ **Les procaryotes sont partout… ou presque : une vue d'ensemble des organismes procaryotes (p. 571 et 572).** Les procaryotes ont été les premières formes de vie à apparaître. Aujourd'hui, ce sont les organismes les plus nombreux et les plus répandus.

■ **Les deux grandes lignées de cellules procaryotes sont les Bactéries et les Archéobactéries (p. 572 et 573, FIGURE 27.2).** Les deux domaines de procaryotes ont divergé peu après l'apparition de la vie.

STRUCTURE, FONCTION ET REPRODUCTION DES PROCARYOTES

■ Les organismes procaryotes sont unicellulaires. Toutefois, certains forment des agrégats, des colonies ou des entités pluricellulaires simples. Les trois formes de procaryotes les plus courantes sont la sphère (cocci), le bâtonnet (bacilles) et la spirale (spirochètes) (p. 573, FIGURE 27.3).

■ **Presque tous les organismes procaryotes ont une paroi cellulaire autour de leur membrane plasmique (p. 574 et 575, FIGURE 27.5).** Les Bactéries à Gram positif et les Bactéries à Gram négatif diffèrent les unes des autres par la structure de leur paroi et des autres couches superficielles. De nombreuses espèces possèdent des *fimbriæ* et une capsule qui aident les cellules à adhérer les unes aux autres ou à un substrat. Les pili sexuels sont spécialisés dans la conjugaison bactérienne.

■ **De nombreux procaryotes sont mobiles (p. 575 et 576, FIGURE 27.7).** Certaines bactéries mobiles se propulsent grâce à des flagelles ou à des filaments semblables à des flagelles situés à l'intérieur de la paroi (Spirochètes). D'autres glissent sur des sécrétions gluantes.

■ **La cellule et le génome sont organisés de manière totalement différente chez les organismes procaryotes et chez les Eucaryotes (p. 575 et 576, FIGURE 27.8).** La cellule procaryote n'est pas compartimentée par des membranes internes. Toutefois, chez certaines espèces, des invaginations de la membrane plasmique créent des surfaces membranaires internes. Le génome des procaryotes consiste en une seule molécule circulaire d'ADN qui n'est pas entourée d'une membrane. Plusieurs espèces bactériennes possèdent également de petits anneaux d'ADN appelés plasmides qui programment des voies métaboliques spéciales et la résistance aux antibiotiques.

■ **Les populations de cellules procaryotes croissent et s'adaptent rapidement (p. 576 à 578, FIGURES 27.9 et 27.10).** Les procaryotes se reproduisent par un mode de division cellulaire appelé scissiparité. La variation génétique repose sur la mutation et le transfert de gènes résultant de la transformation bactérienne, de la conjugaison bactérienne ou de la transduction virale.

LA DIVERSITÉ NUTRITIONNELLE ET MÉTABOLIQUE

■ **On peut classer les procaryotes en quatre catégories selon la manière dont ils se procurent l'énergie et le carbone (p. 578 et 579, TABLEAU 27.1).** Les photoautotrophes exploitent l'énergie lumineuse, tandis que les chimioautotrophes utilisent les substances inorganiques pour synthétiser leurs composés organiques à partir du dioxyde de carbone. Les photohétérotrophes, quant à eux, utilisent l'énergie lumineuse et ont besoin de molécules organiques. La plupart des procaryotes connus sont des chimiohétérotrophes : ils ont besoin de molécules organiques comme source d'énergie et de carbone. Les aérobies stricts ont besoin d'O_2 ; les anaérobies stricts sont empoisonnés par l'O_2 ; et les anaérobies facultatifs survivent avec ou sans O_2.

■ **La photosynthèse est apparue tôt dans l'évolution des procaryotes (p. 579 et 580, FIGURE 27.12).** Les groupes photosynthétiques sont disséminés dans les différentes branches de procaryotes, car la photosynthèse est apparue tôt dans l'évolution de ces derniers. Les lignées hétérotrophes ont perdu leur capacité photosynthétique. Les premières Cyanobactéries, qui libéraient de l'O_2 comme sous-produit de la photosynthèse, ont modifié radicalement l'atmosphère primitive de la Terre.

LA DIVERSITÉ DES PROCARYOTES

■ **La systématique moléculaire permet une classification phylogénétique des procaryotes (p. 581 et 582, FIGURE 27.13).** Les séquences signature de la petite sous-unité de l'ARNr ont permis aux systématiciens de déterminer les principaux clades parmi les divers procaryotes.

■ **Les chercheurs découvrent des Archéobactéries très diversifiées dans les environnements extrêmes et dans les océans (p. 582 et 583, FIGURE 27.14).** Les extrêmophiles comprennent les halophiles, les thermophiles extrêmes et les méthanogènes.

■ **La plupart des organismes procaryotes connus sont des Bactéries (p. 583 à 585, TABLEAU 27.3).** On observe divers modes de nutrition dans les grands groupes de Bactéries. Les deux principaux groupes de Bactéries sont les Protéobactéries et les Bactéries à Gram positif.

L'IMPORTANCE ÉCOLOGIQUE DES PROCARYOTES

■ **Les procaryotes sont des agents indispensables du recyclage des éléments chimiques dans les écosystèmes (p. 586).** La fixation du diazote est un exemple parmi tant d'autres des fonctions que remplissent les procaryotes dans les écosystèmes.

■ **De nombreux procaryotes sont symbiotiques (p. 586, FIGURE 27.15).** De nombreux procaryotes vivent avec d'autres espèces, dans des relations symbiotiques de mutualisme, de commensalisme et de parasitisme.

■ **Les bactéries pathogènes causent de nombreuses maladies chez l'Humain (p. 586 à 588, FIGURES 27.16 et 27.17).** Les bactéries pathogènes causent des maladies chez l'Humain en envahissant ses tissus ou en l'empoisonnant avec des endotoxines ou des exotoxines.

■ **L'Humain utilise des procaryotes pour la recherche et pour la technologie (p. 588 et 589, FIGURES 27.18 et 27.19).** La biorestauration et la production d'antibiotiques comptent parmi les nombreuses applications de la microbiologie.

Autoévaluation

(Les questions dont les numéros sont en caractères gras font surtout appel à la compréhension.)

1. Les gens qui font leurs propres conserves passent les légumes à l'autocuiseur pour éliminer:
   a) les Mycoplasmes.
   b) les Bactéries produisant des endospores
   c) les Entérobactéries.
   d) les Cyanobactéries.
   e) les Actinobactéries.

2. Les photoautotrophes utilisent:
   a) la lumière comme source d'énergie et peuvent utiliser l'eau ou le sulfure de dihydrogène comme source d'électrons pour la production de composés organiques.
   b) la lumière comme source d'énergie et le dioxygène comme source d'électrons.
   c) des substances inorganiques comme source d'énergie et du CO_2 comme source de carbone.
   d) la lumière pour produire de l'ATP, mais ont besoin de molécules organiques comme source de carbone.
   e) la lumière comme source d'énergie et le CO_2 pour réduire les nutriments organiques.

3. Laquelle des affirmations suivantes sur les domaines des procaryotes est *fausse*?
   a) La composition lipidique de la membrane plasmique diffère chez les Archéobactéries et chez les Bactéries.

   b) Les Archéobactéries et les Bactéries ont probablement divergé très tôt dans l'évolution.
   c) Les Archéobactéries et les Bactéries possèdent une paroi cellulaire, mais celle des Archéobactéries est dépourvue de peptidoglycane.
   d) Les Bactéries sont plus proches des Eucaryotes que les Archéobactéries.
   e) Les Bactéries englobent les Cyanobactéries.

4. Plusieurs branches de procaryotes comprennent à la fois des espèces photosynthétiques et des espèces hétérotrophes. Selon l'interprétation de cette affirmation s'attachant le plus au principe de parcimonie:
   a) la photosynthèse est apparue plusieurs fois au cours de l'histoire des procaryotes.
   b) toutes les lignées sont issues d'un ancêtre hétérotrophe.
   c) toutes les lignées sont issues d'un ancêtre photosynthétique et certains groupes ont perdu leur aptitude à la photosynthèse.
   d) la photosynthèse est apparue en même temps que la respiration cellulaire aérobie.
   e) la glycolyse est la plus ancienne voie métabolique, car elle est présente chez tous les groupes de procaryotes.

5. Laquelle des affirmations suivantes sur le domaine des Archéobactéries est *fausse*?
   a) Ce domaine comprend le règne des Euryarchées et celui des Crénarchées.
   b) Ce domaine comprend les méthanogènes, les halophiles extrêmes, les thermophiles extrêmes et quelques groupes marins.
   c) Ce domaine aurait eu en son sein l'ancêtre de toutes les formes de vie.
   d) Ce domaine a des caractéristiques en commun avec celui des Bactéries (absence d'enveloppe nucléaire, par exemple) et celui des Eucaryotes (association d'histones à l'ADN, par exemple); il présente en outre des caractéristiques exclusives (capacité de croître dans des habitats hostiles, par exemple).
   e) Ce domaine se distingue de celui des Bactéries par des séquences signature et d'autres caractéristiques moléculaires prouvant que la divergence entre les deux groupes a eu lieu très tôt.

6. Laquelle des associations suivantes est erronée?
   a) Protéobactéries – Bactéries à Gram négatif diverses.
   b) Chlamydiées – parasites intracellulaires.
   c) Spirochètes – hétérotrophes en forme de spirale.
   d) Bactéries à Gram positif – divers agents pathogènes dont les endotoxines font partie intégrante de la membrane externe.
   e) Cyanobactéries – colonies solitaires et filamenteuses capables de photosynthèse libérant du dioxygène.

7. Laquelle des affirmations suivantes à propos de la détermination du caractère pathogène d'une bactérie est *fausse*?
   a) La bactérie doit provoquer la maladie chez les animaux de laboratoire auxquels elle a été inoculée.
   b) La bactérie isolée d'un sujet atteint doit croître dans une culture pure.
   c) La même bactérie doit se retrouver chez tous les individus malades examinés.
   d) La bactérie isolée de l'hôte expérimental doit provoquer de nouveau la maladie après inoculation à l'hôte initial.
   e) La bactérie doit être isolée chez l'hôte expérimental artificiellement infecté une fois la maladie déclarée.

8. L'action antibiotique de la pénicilline consiste principalement à empêcher une bactérie de :
   a) produire des spores.
   b) répliquer l'ADN.
   c) synthétiser une paroi normale.
   d) produire des ribosomes en état de fonctionner.
   e) synthétiser de l'ATP.

9. Quels procaryotes possèdent un mécanisme de photosynthèse ressemblant à celui des Végétaux ?
   a) Les Cyanobactéries.
   b) Les Chlamydiées.
   c) Les Archéobactéries.
   d) Les Actinobactéries.
   e) Les Bactéries chimioautotrophes.

10. La biorestauration consiste à :
    a) utiliser des bactéries pour traiter les eaux usées ou nettoyer les déversements de pétrole.
    b) utiliser des antibiotiques produits par la culture de bactéries.
    c) modifier génétiquement des bactéries pour produire des protéines humaines et des substances chimiques utiles.
    d) utiliser une bactérie parasite pour tuer d'autres bactéries.
    e) toutes ces réponses.

11. À l'examen microscopique, qu'est-ce qui vous permettrait de distinguer les cocci qui causent les infections staphylococciques de ceux qui causent les infections streptococciques de la gorge ?

12. Pourquoi certaines Archéobactéries sont-elles qualifiées d'extrêmophiles ?

13. Pourquoi les microbiologistes passent-ils leurs instruments de laboratoire à l'autoclave ?

14. Comparez les exotoxines et les endotoxines.

15. Comment les organismes procaryotes contribuent-ils à refaire les réserves de CO_2 atmosphérique dont les Végétaux ont besoin pour la photosynthèse ?

Lien avec l'évolution

Partout dans le monde, les responsables de la santé sont préoccupés par la résurgence de maladies causée par des bactéries résistantes aux antibiotiques usuels. En ce moment, par exemple, certaines bactéries antibiorésistantes sont à l'origine d'une épidémie de tuberculose, maladie pulmonaire qui se transmet par l'intermédiaire de gouttelettes projetées dans l'air. Les médicaments soulagent les symptômes de la tuberculose en quelques semaines. Mais l'infection proprement dite cède beaucoup plus lentement. Aussi les patients ont-ils tendance à cesser le traitement alors que leur organisme contient encore des bactéries. Pourquoi les procaryotes peuvent-ils causer rapidement une réinfection s'ils ne sont pas complètement éliminés ? Comment ce phénomène peut-il favoriser l'apparition d'agents pathogènes résistants aux médicaments ?

Intégration

À la lumière des informations données dans ce chapitre, construisez pour les organismes procaryotes la clé dichotomique la plus simple possible, en opposant les caractéristiques les plus importantes et les plus exclusives.

Science, technologie et société

De nombreux journaux publient chaque semaine la liste des restaurants que des inspecteurs ont mis à l'amende pour insalubrité. Procurez-vous une liste de ce genre et déterminez les cas possibles de contamination des aliments par des procaryotes pathogènes.

Réponses à l'autoévaluation : 1. b ; 2. a ; 3. d ; 4. c ; 5. c ; 6. d ; 7. d ; 8. c ; 9. a ; 10. a ; 11. La disposition des agrégats de cellules : en forme de grappes de raisin pour les staphylocoques et en forme de chaînes pour les streptocoques. 12. Parce qu'elles peuvent prospérer dans des milieux trop chauds, trop salés ou trop acides pour les autres organismes. 13. Pour tuer les endospores bactériennes, qui peuvent résister à l'ébullition. 14. Les exotoxines sont des poisons sécrétés par des bactéries pathogènes. Les endotoxines sont des composants toxiques de la membrane externe de certaines bactéries pathogènes à Gram négatif. 15. Les bactéries décomposent les molécules organiques des organismes morts et des débris organiques comme les feuilles mortes. Elles libèrent le carbone de ces molécules sous la forme de CO_2.

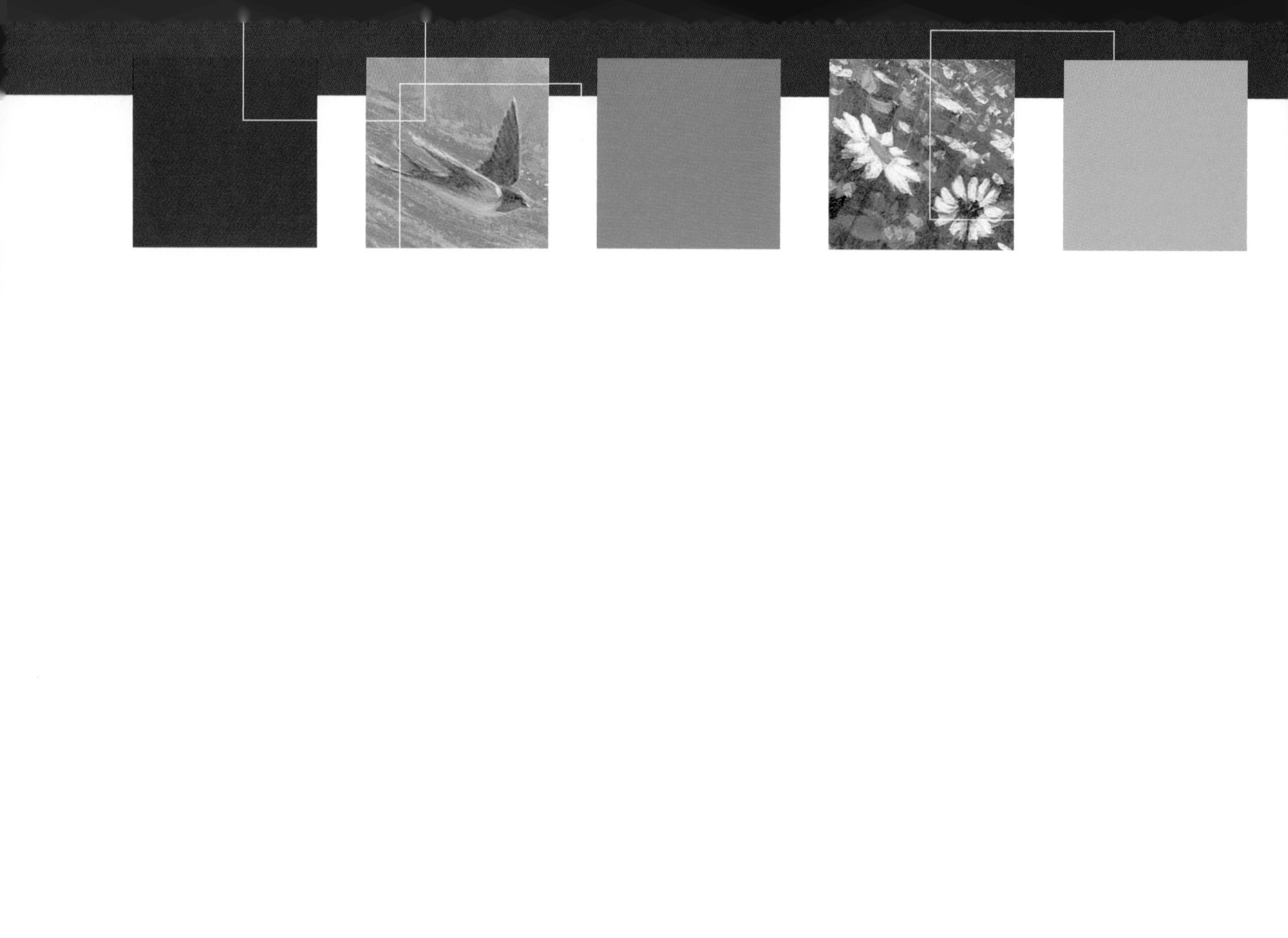

CHAPITRE 28

L'ORIGINE DE LA DIVERSITÉ DES EUCARYOTES

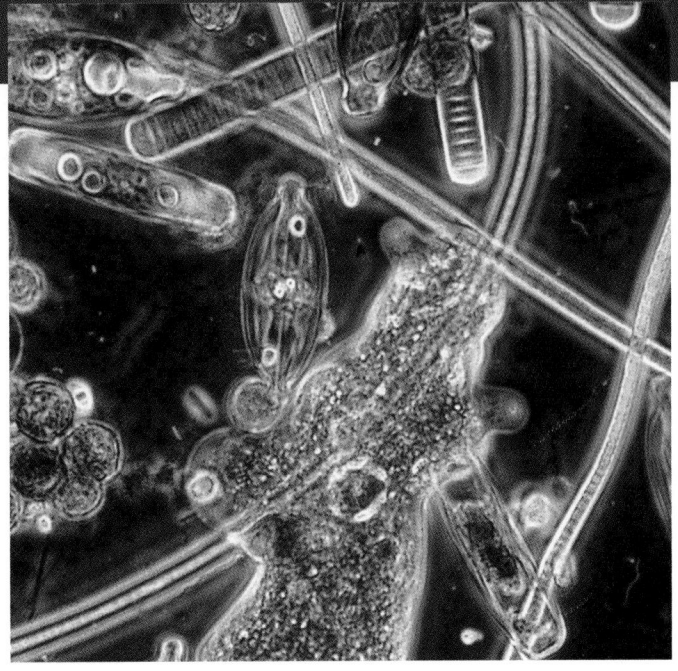

« Quel agréable spectacle ils [les Protistes]
offrent vraiment. Certains vivent dans des paniers
qui semblent avoir été délicatement ciselés
en filigrane d'ivoire. D'autres utilisent des fragments colorés
de silice pour construire des dômes brillants
en mosaïque. Certains fabriquent même
de gracieux récipients transparents en forme de vases
ou de verres à vin en cristal fin dans lesquels
ils élisent domicile. »

HELENA CURTIS
biologiste américaine et auteure de nombreux ouvrages en biologie

INTRODUCTION AU MONDE DES PROTISTES

- Les systématiciens ont classifié les Protistes en plusieurs règnes
- Les Protistes sont les organismes les plus diversifiés de tous les Eucaryotes

ORIGINE ET DIVERSIFICATION PRÉCOCE DES EUCARYOTES

- La formation de membranes internes a favorisé l'augmentation du volume et l'accroissement de la complexité des cellules
- Les mitochondries et les plastes proviennent de bactéries endosymbiotiques
- La cellule eucaryote est une chimère issue d'ancêtres procaryotes
- Une endosymbiose secondaire a accru la diversité des Algues
- La recherche sur les relations entre les trois domaines remet en question les premières ramifications de l'arbre phylogénétique du vivant
- L'apparition des Eucaryotes a catalysé une seconde vague de diversification

APERÇU DE LA DIVERSITÉ DES PROTISTES

- Métamonadines et Parabasaliens : des Protistes sans mitochondries
- Euglénobiontes : des flagellés photosynthétiques ou hétérotrophes
- Alvéolobiontes : des Protistes unicellulaires dotés d'alvéoles
- Straménopiles : les Oomycètes et les Algues hétérochontes
- Les algues marines survivent et se reproduisent grâce à des adaptations structurales et biochimiques
- Les générations haploïde et diploïde alternent dans le cycle de développement de certaines algues

- Rhodobiontes : des Algues rouges dépourvues de flagelle
- Ulvophytes et Charophytes : les Algues vertes et les Végétaux ont un même ancêtre photoautotrophe
- Divers protistes se meuvent et se nourrissent au moyen de pseudopodes
- Les Mycétozoaires présentent des adaptations structurales et des cycles de développement qui accroissent leur rôle écologique de décomposeurs
- La pluricellularité est apparue à plusieurs reprises

« **J**e n'ai jamais rien vu *d'aussi agréable que ces milliers d'êtres vivants réunis dans une seule petite goutte d'eau.* » *Voilà ce qu'écrivit Antonie Van Leeuwenhoek lorsqu'il découvrit le monde des microorganismes, il y a plus de trois cents ans. Ce monde, tous les élèves le découvrent à leur tour en observant au microscope une goutte d'eau prélevée dans un étang, où pullulent toutes sortes de créatures que nous appelons Protistes (voir la photo ci-dessus).*

Les Protistes sont des organismes eucaryotes. Par conséquent, même les Protistes les plus simples dépassent les organismes procaryotes en complexité. Descendants de cellules procaryotes, les premiers organismes eucaryotes étaient unicellulaires. Ils furent les ancêtres non seulement de la grande variété des Protistes modernes, mais aussi des Végétaux, des Eumycètes et des Animaux. Deux des chapitres les plus importants de l'histoire de la vie – l'apparition des cellules eucaryotes puis l'apparition des organismes eucaryotes pluricellulaires – se sont écrits pendant l'évolution des Protistes.

Dans ce chapitre, nous allons étudier l'origine des cellules eucaryotes. Nous examinerons ensuite la diversité, l'évolution et l'écologie des Protistes. Enfin, nous nous pencherons sur l'origine de l'organisation pluricellulaire.

INTRODUCTION AU MONDE DES PROTISTES

Au chapitre 26, il a été question de fossiles eucaryotes vieux de 2,1 milliards d'années et de « signatures chimiques » propres à des organismes eucaryotes ayant vécu il y a 2,7 milliards d'années. Deux milliards d'années environ avant que n'apparaissent les Animaux, les Eumycètes et les Végétaux, les Eucaryotes primitifs ont donné naissance à une foule d'organismes, microscopiques pour la plupart, que nous désignons communément par le terme « Protistes ».

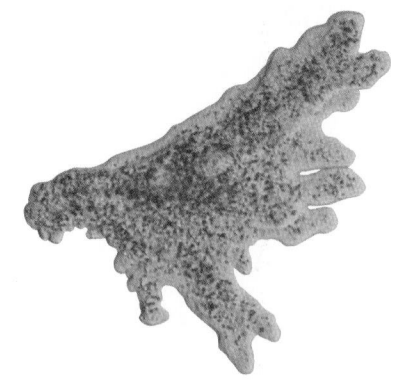

(a) *Amœba proteus*, « Protozoaire » unicellulaire (MP).

25 µm (400 ×)

Les systématiciens ont classifié les Protistes en plusieurs règnes

La systématique et la cladistique moléculaires se sont alliées pour ébranler la classification traditionnelle fondée sur cinq règnes (voir la FIGURE 26.15). Le règne des Monères, qui regroupait les procaryotes, n'existe plus depuis l'établissement de la nouvelle classification fondée sur trois domaines. Désormais, les procaryotes forment deux domaines : celui des Bactéries et celui des Archéobactéries (voir le chapitre 27). Le troisième domaine, celui des Eucaryotes, comprend tous les organismes eucaryotes qui étaient autrefois répartis entre les règnes des Protistes, des Végétaux, des Eumycètes et des Animaux. Ces trois derniers règnes ont survécu jusqu'à maintenant à la refonte de la taxinomie. Leurs limites ont cependant reculé, et ils englobent dorénavant certains groupes d'organismes qui étaient autrefois classés parmi les Protistes. Le règne des Protistes, lui, s'est effondré sous les assauts de la systématique moderne.

Le règne des **Protistes,** au demeurant, a toujours été quelque peu problématique, même pendant l'âge d'or de la classification fondée sur cinq règnes. Il regroupait des organismes semblables sur le plan structural (des eucaryotes unicellulaires pour la plupart), mais servait aussi de fourre-tout pour la multitude d'organismes eucaryotes qui ne correspondaient pas à la définition des Végétaux, des Eumycètes ou des Animaux. Le règne des Protistes comprenait certes une majorité d'organismes unicellulaires et microscopiques. Mais il contenait aussi des formes pluricellulaires relativement simples, et même des géants plutôt complexes, comme les Algues marines. C'est ainsi que des organismes aussi différents que l'Amibe et le Varech (Algue brune) se retrouvaient dans le même règne (FIGURE 28.1). Quel était leur principal point commun ? Ce n'étaient ni des Animaux, ni des Eumycètes, ni des Végétaux à proprement parler (selon la définition que nous donnerons au chapitre suivant). Le règne des Protistes était commode, mais il n'a pas résisté à l'épreuve des études phylogénétiques. Le lien de parenté qui unit certains Protistes entre eux est beaucoup plus ténu que celui qui relie les Végétaux aux Animaux. Quelques Protistes sont même plus proches des Végétaux, des Eumycètes et des Animaux qu'ils ne le sont d'autres Protistes. Pour employer la terminologie de la cladistique, on peut dire que le règne des Protistes était paraphylétique (FIGURE 28.2 ; voir aussi la FIGURE 25.9).

Plus les biologistes en apprenaient sur les divers groupes de Protistes, moins le regroupement en un seul règne de lignées aussi diverses était justifiable sur le plan de la phylogénie. Aussi les systématiciens ont-ils subdivisé les Protistes en plusieurs

(b) Diatomée, « Algue » unicellulaire (MEB).

4 µm (3 500 ×)

(c) *Physarum polycephalum*, Mycétozoaire.

4 cm

(d) *Durvillea potatorum*, Algue brune d'Australie.

FIGURE 28.1 Trop de diversité pour un seul règne : quelques exemples de Protistes. Les systématiciens ont divisé le règne des Protistes en plusieurs règnes. Le terme « Protiste » demeure cependant commode. En effet, dans le langage courant, il peut encore servir à désigner les divers organismes eucaryotes qui ne sont ni des Végétaux, ni des Eumycètes, ni des Animaux.

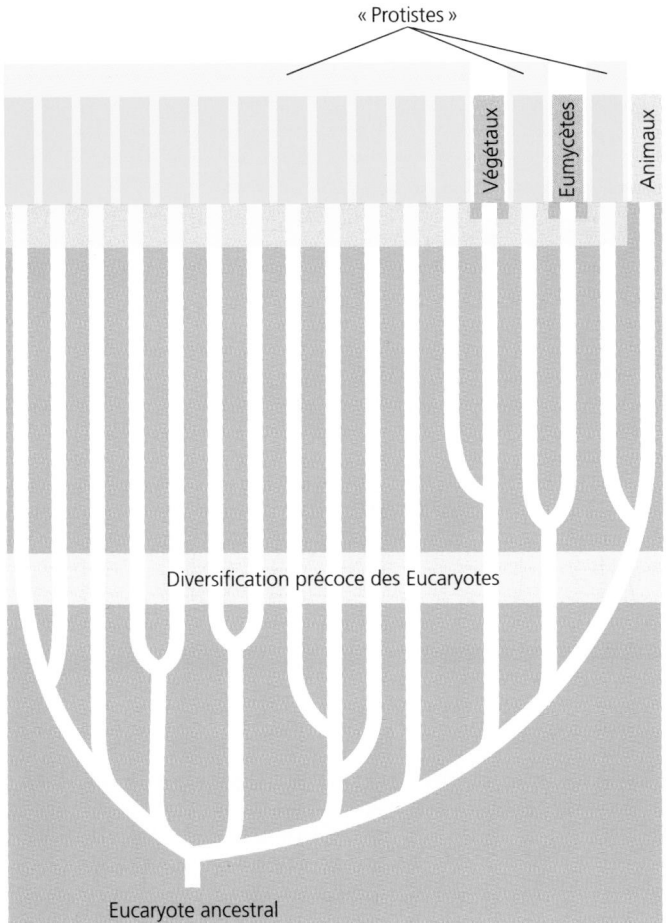

« Protistes »

Végétaux

Eumycètes

Animaux

Diversification précoce des Eucaryotes

Eucaryote ancestral

FIGURE 28.2 Le problème du règne des Protistes. Dans cet arbre phylogénétique simplifié représentant les Eucaryotes, les diverses lignées qui formaient autrefois le règne des Protistes apparaissent sur un fond jaune pâle. Le règne des Protistes constituait un taxon paraphylétique (voir la FIGURE 25.9).

règnes. Certains vont même jusqu'à reconnaître vingt règnes. Cependant, la plupart des biologistes ont conservé le terme « Protiste » dans leur langage courant pour désigner ce grand ensemble de règnes au sein des Eucaryotes.

Les Protistes sont les organismes les plus diversifiés de tous les Eucaryotes

Étant donné la subdivision des Protistes en de nombreux règnes, vous ne serez pas surpris d'apprendre qu'il est difficile de citer des caractéristiques générales pour tous ces organismes sans qu'il y ait des exceptions. En fait, l'anatomie et la physiologie des Protistes varient plus que celles de tout autre groupe d'organismes. La majorité des quelque 60 000 espèces connues de Protistes modernes sont unicellulaires, mais on trouve aussi des espèces vivant en colonies et des espèces multicellulaires (voir la FIGURE 28.1). Comme la plupart des Protistes sont unicellulaires, on les considère à juste titre comme les plus simples des organismes eucaryotes. Néanmoins, à l'échelle cellulaire, de nombreux Protistes présentent une extrême complexité et constituent de fait les cellules les plus élaborées qui soient. On ne pouvait en attendre moins, du reste, d'organismes qui doivent accomplir dans les limites d'une seule cellule toutes les fonctions de base qui échoient aux cellules spécialisées des Végétaux et des Animaux. Un protiste unicellulaire diffère de toute autre cellule eucaryote en ce sens qu'il constitue en lui-même un organisme aussi complet que n'importe quelle plante ou n'importe quel animal.

Nutrition

De tous les Eucaryotes, les Protistes sont ceux qui possèdent les modes de nutrition les plus diversifiés. La plupart d'entre eux ont un métabolisme aérobie ; leur respiration cellulaire est assurée par des mitochondries. (Quelques-uns sont dépourvus de mitochondries et évoluent dans un milieu anaérobie ou contiennent des bactéries mutualistes qui effectuent la respiration cellulaire.) Certains protistes sont photoautotrophes et renferment des chloroplastes. D'autres sont hétérotrophes et absorbent des molécules organiques ou ingèrent des particules alimentaires plus volumineuses. D'autres encore, dits **mixotrophes,** tirent leur énergie à la fois de la photosynthèse *et* de la nutrition hétérotrophe (c'est le cas de l'Euglène, représentée à la FIGURE 28.3, p. 596).

Les différents modes de nutrition se retrouvent dans les lignées de Protistes. Ainsi, de nombreux groupes de Protistes comptent des espèces photosynthétiques. En outre, un même groupe peut comprendre des espèces photosynthétiques, hétérotrophes et mixotrophes. La nutrition, par conséquent, ne constitue pas un critère taxinomique valable. Cependant, elle est utile dans le contexte écologique, car elle nous aide à comprendre les adaptations des Protistes et les rôles qu'ils jouent dans les communautés biologiques. C'est ainsi que, dans le contexte écologique, nous pouvons diviser les Protistes en trois catégories : les Protistes qui, comme les Animaux, ingèrent leur nourriture (**Protozoaires**) ; les Protistes qui, comme les Eumycètes, se nourrissent par absorption (**Mycétozoaires**) ; et les Protistes qui, comme les Végétaux, sont photosynthétiques (**Algues**). Le terme « Algue » désigne des organismes aquatiques photoautotrophes simples, parmi lesquels des organismes que certains biologistes classent dans le règne végétal.

Mobilité

La plupart des Protistes sont mobiles et possèdent des flagelles ou des cils vibratiles à un moment ou à un autre de leur cycle de développement. Il est important de se rappeler que le flagelle procaryote et le flagelle eucaryote ne sont pas des structures homologues. Le flagelle procaryote est fixé à la surface de la cellule (voir la FIGURE 27.7). Le flagelle et les cils eucaryotes sont, quant à eux, des prolongements cytoplasmiques contenant des faisceaux de microtubules recouverts par la membrane plasmique (voir la FIGURE 7.24). Les cils et le flagelle eucaryotes ont la même ultrastructure de base (disposition 9 + 2 des microtubules), mais les cils sont plus courts et plus nombreux.

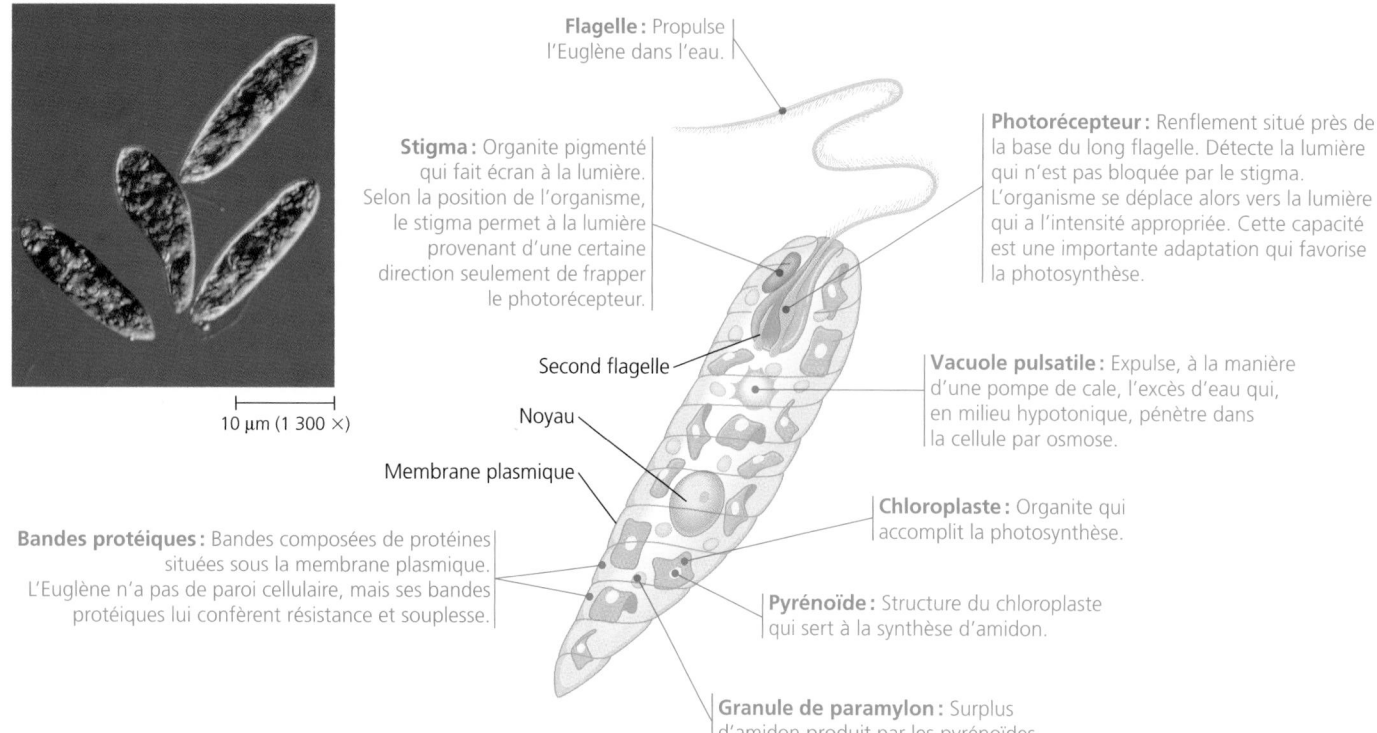

Flagelle : Propulse l'Euglène dans l'eau.

Photorécepteur : Renflement situé près de la base du long flagelle. Détecte la lumière qui n'est pas bloquée par le stigma. L'organisme se déplace alors vers la lumière qui a l'intensité appropriée. Cette capacité est une importante adaptation qui favorise la photosynthèse.

Stigma : Organite pigmenté qui fait écran à la lumière. Selon la position de l'organisme, le stigma permet à la lumière provenant d'une certaine direction seulement de frapper le photorécepteur.

Second flagelle

Noyau

Membrane plasmique

Vacuole pulsatile : Expulse, à la manière d'une pompe de cale, l'excès d'eau qui, en milieu hypotonique, pénètre dans la cellule par osmose.

Chloroplaste : Organite qui accomplit la photosynthèse.

Bandes protéiques : Bandes composées de protéines situées sous la membrane plasmique. L'Euglène n'a pas de paroi cellulaire, mais ses bandes protéiques lui confèrent résistance et souplesse.

Pyrénoïde : Structure du chloroplaste qui sert à la synthèse d'amidon.

Granule de paramylon : Surplus d'amidon produit par les pyrénoïdes.

10 μm (1 300 ×)

FIGURE 28.3 L'Euglène, Protiste unicellulaire.
L'Euglène, l'un des habitants les plus nombreux des eaux stagnantes, est mixotrophe. Quand il se trouve dans un lieu éclairé, ses chloroplastes s'activent et il se nourrit par photosynthèse. Dans l'obscurité, il est hétérotrophe, c'est-à-dire qu'il absorbe les nutriments organiques de son milieu. Certaines espèces apparentées sont dépourvues de chloroplastes et se nourrissent par phagocytose.

Cycles de développement

Le mode de reproduction et le cycle de développement varient considérablement d'un Protiste à l'autre. La mitose est présente chez presque tous les Protistes, mais comporte de nombreuses variantes inexistantes chez les autres Eucaryotes. Certains Protistes se reproduisent seulement par voie asexuée. D'autres peuvent aussi se reproduire par voie sexuée, ou du moins utiliser la méiose et la fécondation (union de deux gamètes) pour un échange de gènes entre deux individus qui se reproduiront ensuite par voie asexuée. Au chapitre 13, vous avez étudié trois types de cycles de développement qui diffèrent quant au moment de la méiose et de la fécondation (voir la FIGURE 13.5). On trouve ces trois types de cycles chez les Protistes, de même que des variantes qui ne correspondent à aucun. Toutefois, le stade haploïde constitue le principal stade végétatif (d'alimentation et de croissance) de la plupart des Protistes, la seule cellule diploïde étant le zygote.

À un moment ou à un autre de leur cycle de développement, de nombreux Protistes se transforment en cellules résistantes appelées **kystes** qui survivent à des conditions extrêmes. Parmi les traces les plus anciennes d'organismes eucaryotes, on trouve des microfossiles semblables à des kystes d'algues brisés et datant de l'ère précambrienne.

Habitats

La plupart des Protistes sont des organismes aquatiques. Ils habitent presque tous les milieux où il y a de l'eau, y compris le sol humide, les feuilles en décomposition et d'autres habitats terrestres suffisamment humides. De nombreux protistes vivent au fond des océans, des étangs et des lacs. Ils s'attachent aux pierres et aux autres aspérités ou rampent dans le sable et la vase. Certains protistes sont également un élément constitutif important du **plancton** (du grec *plagkton*, « errant »), regroupement d'organismes le plus souvent microscopiques qui dérivent passivement ou nagent faiblement près de la surface de l'eau. Le **phytoplancton** (formé d'algues eucaryotes et de cyanobactéries procaryotes) constitue la base de la plupart des réseaux alimentaires d'eau douce et d'eau salée. Assurant au moins la moitié de la production photosynthétique de matière organique, le phytoplancton permet à une multitude de protistes, de procaryotes et d'animaux hétérotrophes de vivre.

En plus des protistes qui vivent à l'état libre, il existe un grand nombre de protistes qui vivent comme symbiontes dans les liquides biologiques, les tissus ou les cellules de différents hôtes. Les relations symbiotiques que ces protistes entretiennent avec d'autres organismes vont du mutualisme au parasitisme. Certains protistes parasites sont d'importants agents pathogènes pour les animaux, et un grand nombre causent des maladies potentiellement mortelles, tel le paludisme, chez l'être humain.

Dans cette introduction, nous avons donné un aperçu de l'immense diversité des Protistes. Ces derniers ont malgré tout une caractéristique en commun : leurs cellules sont eucaryotes, comme celles des Végétaux, des Animaux et des Eumycètes. Avant de fournir plus de détails sur la diversité des Protistes, nous allons étudier l'origine du domaine des Eucaryotes et expliquer comment les Eucaryotes ont divergé de leurs ancêtres procaryotes.

ORIGINE ET DIVERSIFICATION PRÉCOCE DES EUCARYOTES

Un protiste aussi minuscule que l'Euglène (voir la FIGURE 28.3) est beaucoup plus complexe, sur le plan de la structure, que n'importe quel procaryote. Au cours de la genèse des Protistes sont apparus les structures et les processus cellulaires propres aux Eucaryotes : le noyau délimité par une double membrane ; le réseau intracellulaire de membranes ; les mitochondries ; les chloroplastes ; le cytosquelette ; les flagelles de type 9 + 2 ; les chromosomes multiples composés d'ADN associé à des protéines ; mais aussi les cycles de développement comprenant la mitose, la méiose et la reproduction sexuée. Comment les simples cellules procaryotes se sont-elles transformées pour donner naissance aux complexes cellules eucaryotes ? Cette question est l'une des questions les plus cruciales en biologie.

La formation de membranes internes a favorisé l'augmentation du volume et l'accroissement de la complexité des cellules

La petite taille et la structure relativement simple des cellules procaryotes offrent plusieurs avantages, mais elles limitent le nombre d'activités métaboliques qui peuvent se dérouler simultanément. La taille relativement petite du génome procaryote restreint le nombre de gènes qui codent pour les enzymes régissant ces activités. Cependant, il ne faut pas en conclure que les organismes procaryotes connaissent moins de succès que les Eucaryotes. Les cellules procaryotes, en effet, évoluent et s'adaptent depuis l'aube de la vie et sont encore aujourd'hui les organismes les plus répandus.

Chez certains groupes d'organismes procaryotes au moins, l'accroissement de la complexité (des niveaux d'organisation) a permis l'apparition de propriétés nouvelles. Ainsi, premièrement, certains procaryotes unicellulaires ont acquis une organisation pluricellulaire à l'intérieur de laquelle certaines cellules se sont spécialisées en vue d'accomplir différentes fonctions. Les Cyanobactéries filamenteuses (voir la FIGURE 27.8) donnent un exemple de cette transformation. Deuxièmement, certains organismes procaryotes ont constitué des communautés complexes dans lesquelles chaque espèce bénéficiait des spécialités métaboliques des autres espèces. Troisièmement, la compartimentation des différentes fonctions à l'intérieur de la cellule a favorisé l'apparition des Eucaryotes.

Comment la simplicité structurale de la cellule procaryote a-t-elle pu faire place à la compartimentation de la cellule eucaryote ? D'une part, il se pourrait que des invaginations spécialisées de la membrane plasmique procaryote (FIGURE 28.4) aient donné naissance au réseau intracellulaire de membranes des cellules eucaryotes (réseau formé de l'enveloppe nucléaire, du réticulum endoplasmique, de l'appareil de Golgi et des structures associées). D'autre part, un processus appelé endosymbiose a probablement engendré les mitochondries et les plastes et a peut-être été à l'origine de quelques autres caractéristiques des cellules eucaryotes.

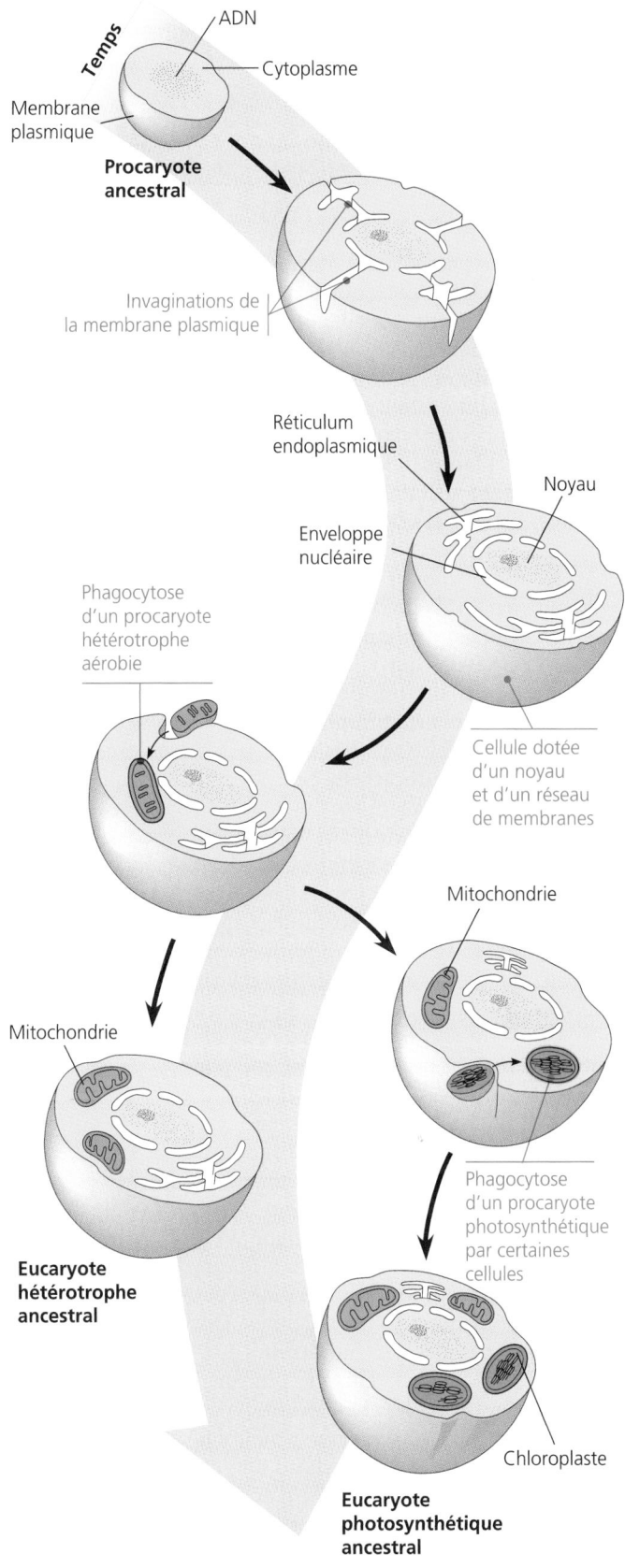

FIGURE 28.4 Un modèle de l'origine des Eucaryotes.

Les mitochondries et les plastes proviennent de bactéries endosymbiotiques

L'hypothèse que nous venons d'évoquer concernant l'origine du réseau intracellulaire de membranes des Eucaryotes concorde avec le concept darwinien traditionnel selon lequel la sélection naturelle entraîne un perfectionnement progressif de structures existantes. Il semble raisonnable de postuler que les Eucaryotes descendent d'un seul ancêtre procaryote dont la complexité structurale s'est accrue graduellement. Mais il apparaît à présent incontestable que la cellule eucaryote est issue non pas d'un ancêtre unique, mais de la symbiose de nombreux ancêtres procaryotes. Nous décrirons la manière dont cette fusion d'organismes a engendré certains organites eucaryotes : la mitochondrie et les plastes (par exemple, les chloroplastes, les chromoplastes, les leucoplastes).

Ébauchée au début du XXe siècle par le biologiste russe C. Mereschkovsky et élaborée par Lynn Margulis, de l'Université du Massachusetts, la théorie de l'**endosymbiose en série** veut que les mitochondries et les chloroplastes proviennent de la transformation de petits organismes procaryotes ayant vécu dans des cellules plus grandes. Le terme « endosymbionte » désigne une cellule qui vit à l'intérieur d'une autre cellule, appelée hôte. Les ancêtres des mitochondries auraient été des cellules procaryotes hétérotrophes aérobies qui seraient devenues des endosymbiontes. Quant aux ancêtres des chloroplastes, il s'agirait de cellules procaryotes photosynthétiques qui seraient devenues des endosymbiontes.

Les ancêtres procaryotes des mitochondries et des chloroplastes se sont probablement introduits dans la cellule hôte sous forme de proies non digérées ou de parasites (voir la FIGURE 28.4). Si tel est le cas, il fallait que soient déjà apparus le réseau intracellulaire de membranes et le cytosquelette, qui permettaient à la grosse cellule d'englober les petites cellules procaryotes et de les envelopper dans des vacuoles. Mais quelle que soit la façon dont la relation a commencé, on imagine facilement que la symbiose a fini par devenir avantageuse pour les deux cellules. L'hôte hétérotrophe pouvait utiliser les nutriments fournis par les endosymbiontes photosynthétiques. Et, dans un environnement qui contenait de plus en plus de dioxygène, une cellule anaérobie pouvait tirer profit des endosymbiontes aérobies. Les hôtes et les endosymbiontes seraient devenus de plus en plus interdépendants, formant à la longue un seul organisme aux composants indissociables. Tous les Eucaryotes, qu'ils soient hétérotrophes ou autotrophes, possèdent des mitochondries ou des traces génétiques de ces organites. Or, les Eucaryotes ne comprennent pas tous des chloroplastes. C'est pourquoi l'hypothèse de l'endosymbiose en série veut que les mitochondries soient apparues avant les chloroplastes.

L'hypothèse de l'origine endosymbiotique des chloroplastes et des mitochondries repose d'abord sur l'existence de relations endosymbiotiques dans le monde d'aujourd'hui, ensuite sur la ressemblance entre, d'une part, des bactéries et, d'autre part, les chloroplastes et les mitochondries des Eucaryotes. Les chloroplastes et les mitochondries ont juste la taille qu'il faut pour être des descendants de bactéries. Ensuite, les membranes internes des chloroplastes et des mitochondries, qui dériveraient des membranes de procaryotes endosymbiotiques, possèdent plusieurs enzymes et mécanismes de transport qui sont semblables à ceux qui se trouvent dans les membranes plasmiques des procaryotes actuels. Ajoutons que les mitochondries et les chloroplastes se répliquent par un processus de division qui fait penser à la scissiparité bactérienne. De plus, les chloroplastes et les mitochondries possèdent, comme la plupart des cellules procaryotes, une seule molécule d'ADN circulaire non associée à des histones ou à d'autres protéines. Ils contiennent l'ARN de transfert, les ribosomes et d'autres molécules nécessaires à la transcription de l'ADN et à la traduction de l'ARN en protéines. Sur le plan de la taille, des caractéristiques biochimiques et de la sensibilité à certains antibiotiques, les ribosomes des chloroplastes ressemblent plus aux ribosomes procaryotes qu'aux ribosomes du cytoplasme eucaryote. Les ribosomes des mitochondries varient considérablement d'un groupe d'eucaryotes à l'autre. Cependant, de façon générale, ils ressemblent plus aux ribosomes procaryotes qu'aux ribosomes du cytoplasme eucaryote.

Par ailleurs, une théorie complète et détaillée sur l'origine de la cellule eucaryote doit tenir compte de l'apparition du cytosquelette, notamment de l'arrangement de microtubules de type 9 + 2 qui caractérise les flagelles et les cils (voir le chapitre 7). Certains chercheurs ont postulé que les flagelles et les cils eucaryotes descendaient de bactéries symbiotiques (voir la description des Spirochètes dans le TABLEAU 27.3), mais leur théorie est mal étayée.

L'apparition du flagelle eucaryote est liée à celle de la mitose et de la méiose, deux mécanismes qui sont propres aux Eucaryotes et qui font intervenir des microtubules. La mitose a permis la reproduction du volumineux génome contenu dans le noyau eucaryote, tandis que la méiose, mécanisme étroitement apparenté, est devenue essentielle à la reproduction sexuée des Eucaryotes. La question de l'origine du cytosquelette met bien en évidence l'étendue du vide qui reste à combler dans nos connaissances sur la genèse des organismes eucaryotes.

La cellule eucaryote est une chimère issue d'ancêtres procaryotes

Dans la mythologie grecque, la Chimère était un monstre à tête et poitrail de lion, ventre de chèvre et queue de dragon. Dans un certains sens, la cellule eucaryote est une chimère, puisque ses éléments constitutifs lui viennent de divers organismes procaryotes. Ses mitochondries proviennent d'un type de bactéries, ses plastes d'un autre et son génome nucléaire d'au moins un autre procaryote encore, qui est la cellule hôte des ancêtres endosymbiontes des organites. Une fois que l'accumulation de preuves a conduit à un consensus concernant la théorie endosymbiotique, de nombreux scientifiques se sont mis à la recherche des plus proches parents procaryotes vivants de la cellule eucaryote chimérique.

Les ancêtres des mitochondries et des chloroplastes

Les systématiciens qui étudient les relations entre les organismes procaryotes et les Eucaryotes modernes n'ont d'autre choix que de comparer des molécules, car il n'existe pas d'équivalences morphologiques permettant de relier des organismes aussi différents (voir le chapitre 25). Pour lever le voile sur l'origine des Eucaryotes, les spécialistes de la systématique moléculaire ont commencé par étudier la séquence de nucléotides formant l'ARN de la plus petite des deux sous-unités ribosomiques. Le gène de cet ARN est présent chez tous les organismes, ce qui en fait une cible de choix pour l'étude des divergences les plus lointaines de l'évolution (voir le chapitre 27). En comparant des séquences de la petite sous-unité ribosomique de divers organismes procaryotes et de mitochondries, les chercheurs ont déterminé que les plus proches parents procaryotes des mitochondries sont les Protéobactéries alpha (voir le TABLEAU 27.3). Les séquences de la petite sous-unité ribosomique provenant des plastes de divers organismes eucaryotes photosynthétiques se rapprochent de celles des cellules procaryotes appelées Cyanobactéries. Voilà qui corrobore un autre indice de la relation entre les Cyanobactéries et les plastes : les Cyanobactéries sont les seuls organismes procaryotes autotrophes à accomplir la photosynthèse productrice de dioxygène et comportant une scission de la molécule d'eau, processus qui caractérise les chloroplastes et les autres plastes (voir le chapitre 27).

Certes, les Cyanobactéries et les Protéobactéries ont continué de suivre leurs évolutions respectives depuis l'apparition des Eucaryotes, il y a plus de deux milliards d'années. Il n'en reste pas moins qu'à une certaine époque de ce brumeux passé, les Cyanobactéries et les plastes des Végétaux et des Algues eucaryotes ont eu un ancêtre commun. De même, les Protéobactéries ont un ancêtre en commun avec les mitochondries de tous les Eucaryotes ; nos propres cellules obtiennent leur ATP des descendants de ces bactéries.

Transfert de gènes dans le noyau

Certes, les plastes et les mitochondries contiennent de l'ADN, ainsi que les molécules nécessaires à la fabrication de protéines. Mais ils ne sont pas autosuffisants sur le plan génétique. Bien que leur propre ADN code pour quelques-unes de leurs protéines, les gènes de leurs autres protéines sont situés dans le noyau de la cellule eucaryote. Les plastes et les mitochondries renferment en outre des protéines qui sont en quelque sorte des chimères moléculaires, en ce sens qu'elles sont formées de polypeptides élaborés dans les organites et de polypeptides importés du cytoplasme, où ils sont traduits à partir de l'ARN messager transcrit dans le noyau. L'ATP synthétase mitochondriale, complexe protéique qui engendre l'ATP pendant la respiration cellulaire, est au nombre de ces protéines (voir le chapitre 9).

Si les mitochondries et les plastes descendent de bactéries qui possédaient leur propre génome, comment expliquer la collaboration actuelle entre le génome des organites et celui du noyau ? Une hypothèse valable veut que les endosymbiontes aient transféré une partie de leur ADN au génome de la cellule hôte pendant la transition qui a mené d'une communauté symbiotique de procaryotes à un organisme eucaryote intégré. Cela concorde avec le fait que les espèces procaryotes modernes s'échangent souvent de l'ADN. Elles le font notamment lors de la transformation, c'est-à-dire quand un procaryote absorbe de l'ADN de son milieu et l'incorpore à son propre génome (voir le chapitre 18). Il est juste d'avancer que la cellule eucaryote, bien que d'origine chimérique, possède à présent *un* génome, nucléaire pour l'essentiel, mais complété par l'ADN qui est resté dans les mitochondries et les plastes.

Une endosymbiose secondaire a accru la diversité des Algues

Nous l'avons déjà dit, on trouve des organismes dotés de plastes (les Végétaux et différents types d'Algues) un peu partout dans l'arbre phylogénétique des Eucaryotes. Les Algues contiennent divers types de plastes qui se distinguent par leur ultrastructure, telle que la révèle le microscope électronique. Ainsi, les chloroplastes des Végétaux et d'un groupe de Protistes appelés Algues vertes sont entourés d'une enveloppe composée de deux membranes (voir la FIGURE 7.18). D'un autre côté, les plastes de certains groupes de Protistes ont une enveloppe comprenant trois ou quatre membranes. Par exemple, les plastes de l'Euglène (voir la FIGURE 28.3) sont entourés d'une enveloppe à trois membranes. Nous avons indiqué, par ailleurs, que certaines algues étaient étroitement apparentées à des espèces hétérotrophes. Les Euglènes, notamment, appartiennent à un groupe de Protistes qui comprend aussi des formes flagellées hétérotrophes dénuées de plastes.

Comment expliquer la diversité des plastes et la discontinuité de la photosynthèse dans la phylogénie des Protistes ? Les données soutenant l'hypothèse selon laquelle les plastes sont apparus à plusieurs reprises au début de l'évolution des Eucaryotes s'accumulent. Les plastes de certains groupes d'Algues (celles dont les plastes ont une enveloppe comprenant plus de deux membranes) sont apparus grâce à l'**endosymbiose secondaire**. L'endosymbiose *primaire*, plus précisément l'intégration de Cyanobactéries par phagocytose, a permis à certains organismes eucaryotes d'acquérir les ancêtres des plastes. L'endosymbiose secondaire a eu lieu quand un protiste hétérotrophe a phagocyté une algue contenant des plastes. Autrement dit, un organisme eucaryote a englobé un autre organisme eucaryote. La FIGURE 28.5, à la page 600, représente ces deux modes d'acquisition des plastes. En quoi l'endosymbiose secondaire explique-t-elle le fait que certaines algues renferment des plastes entourés de plus de deux membranes ? Chaque phénomène d'endosymbiose a ajouté une membrane dérivée de la vacuole de la cellule hôte qui a phagocyté l'endosymbionte.

Dans la plupart des cas d'acquisition secondaire de plastes, l'endosymbionte a graduellement perdu la majorité de ses composants, à l'exception de ses plastes, évidemment (qui sont devenus des plastes à l'intérieur de la cellule hôte). Chez certains protistes, cependant, les endosymbiontes secondaires ont conservé d'autres caractéristiques de leur passé autonome. Par exemple, les Cryptophytes sont des protistes flagellés dont le chloroplaste contient une structure appelée nucléomorphe. Cette structure est un vestige du noyau de l'ancêtre eucaryote du chloroplaste. On trouve aussi chez ces organismes une trace du cytoplasme de l'endosymbionte, avec des ribosomes. En fait, le chloroplaste des Cryptophytes contient deux populations distinctes de ribosomes : des ribosomes de type eucaryote dérivés des ribosomes du cytoplasme de l'endosymbionte ; et des ribosomes de type bactérien dérivés d'un endosymbionte cyanobactérien de l'endosymbionte secondaire. Les Cryptophytes sont donc semblables à des poupées gigognes. Le noyau et le cytoplasme principaux sont dérivés de la cellule hôte procaryote qui a phagocyté l'ancêtre procaryote de la mitochondrie. Le descendant eucaryote de cette cellule hôte était un hétérotrophe qui est devenu photosynthétique en englobant

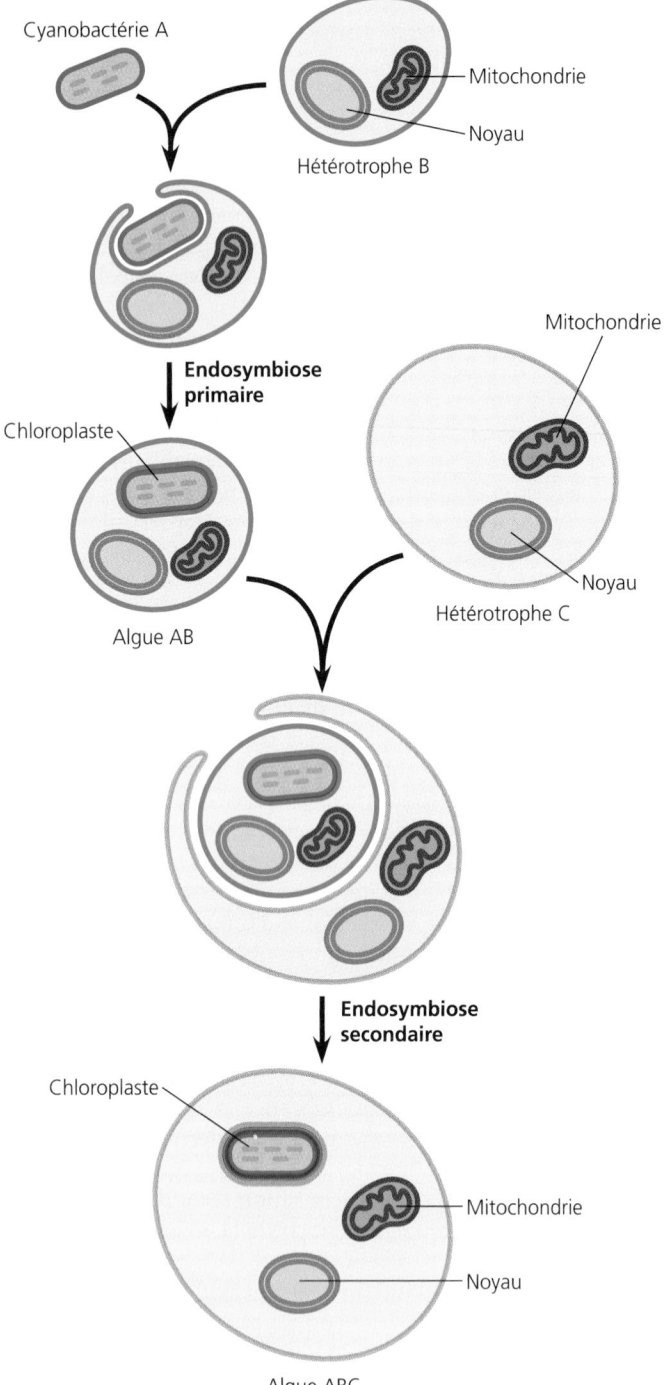

Cyanobactérie A

Hétérotrophe B

Mitochondrie

Noyau

Endosymbiose primaire

Chloroplaste

Algue AB

Mitochondrie

Noyau

Hétérotrophe C

Endosymbiose secondaire

Chloroplaste

Mitochondrie

Noyau

Algue ABC

FIGURE 28.5 Endosymbiose secondaire et origine de la diversité des Algues. L'algue hypothétique ABC contient un chloroplaste apporté par un endosymbionte eucaryote qui contenait lui-même un chloroplaste issu d'un endosymbionte cyanobactérien.

une algue eucaryote. Or, cet endosymbionte secondaire a lui-même acquis son chloroplaste antérieurement, en phagocytant une cyanobactérie. Aussi pouvons-nous faire remonter l'origine de tous les plastes aux Cyanobactéries, tout en précisant que certaines algues ont acquis leur matériel photosynthétique de seconde main (voire de troisième main dans le cas des algues contenant des endosymbiontes d'endosymbiontes d'endosymbiontes).

Tout au long de notre exposé sur l'origine chimérique des Eucaryotes, nous avons laissé de côté l'ascendance de la cellule hôte qui a tout déclenché en englobant l'ancêtre des mitochondries. Nous verrons dans section suivante que la recherche de cet ancêtre a conduit à des résultats étonnants et poussé les biologistes à redessiner l'arbre phylogénétique du vivant.

La recherche sur les relations entre les trois domaines remet en question les premières ramifications de l'arbre phylogénétique du vivant

L'origine chimérique de la cellule eucaryote contredit le concept darwinien classique de descendance verticale. En effet, la cellule eucaryote est apparue à la suite de fusions « horizontales » d'espèces appartenant à des lignées distinctes. Dans l'arbre phylogénétique représentant l'histoire de la vie, l'origine des Eucaryotes correspond à des rameaux transversaux reliant les branches principales. Encore utile pour schématiser la diversification au sein de lignées comme celles des Végétaux et des Animaux, le modèle arborescent perd de sa pertinence pour ce qui est de l'origine des Eucaryotes et d'autres ancêtres. L'arbre phylogénétique risque même de s'écrouler. En effet, les chercheurs qui analysent le génome nucléaire remettent en question le lien de parenté entre les Eucaryotes et les deux domaines de procaryotes, c'est-à-dire les Bactéries et les Archéobactéries. Quelle est la cellule hôte qui a englobé les ancêtres des mitochondries lors de l'émergence des Eucaryotes? C'est la grande question.

La FIGURE 28.6 indique les modifications apportées à la représentation traditionnelle des liens de parenté entre les trois domaines (voir aussi la FIGURE 27.2). L'arbre phylogénétique qu'elle présente rend compte des données moléculaires qui laissent à penser que les Archéobactéries sont apparentées plus étroitement aux Eucaryotes qu'aux Bactéries. Les Archéobactéries et les Eucaryotes, par exemple, sont dotés de protéines semblables pour la transcription et la traduction (voir le chapitre 27). À mesure que se sont accumulés les indices de ce genre, il est devenu de plus en plus probable que la cellule hôte étant à l'origine des Eucaryotes était une Archéobactérie ancestrale.

Selon l'hypothèse schématisée à la FIGURE 28.6, le seul ADN d'origine bactérienne à se trouver dans le noyau des Eucaryotes devrait correspondre à des gènes apportés par les endosymbiontes qui ont donné naissance aux mitochondries et aux plastes. Le reste du génome devrait être exclusivement eucaryote ou provenir de l'ADN archéobactérien par l'intermédiaire de la cellule hôte. Or, les systématiciens ont découvert, non sans surprise, que le génome nucléaire des Eucaryotes contenait de nombreuses séquences d'ADN d'origine bactérienne qui n'ont aucun rapport avec les fonctions des mitochondries et des plastes. La représentation traditionnelle des premières ramifications du vivant suppose par ailleurs que les gènes bactériens n'ont été transmis qu'à la lignée des Eucaryotes, et pas à la branche qui a donné naissance aux Archéobactéries modernes. Autre sujet d'étonnement: les Archéobactéries modernes possèdent de nombreux gènes d'origine bactérienne. Il semble donc que les génomes des Bactéries, des Archéobactéries et des Eucaryotes sont des mélanges d'ADN ayant traversé les limites des domaines.

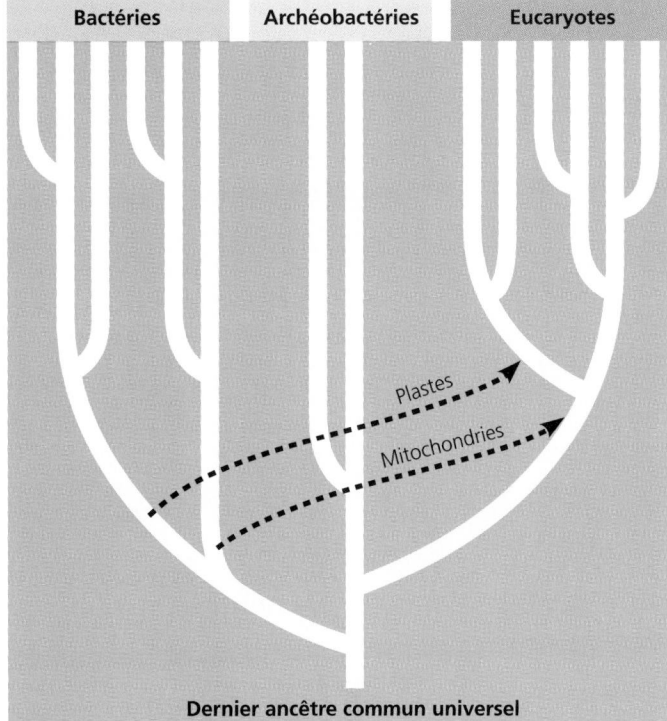

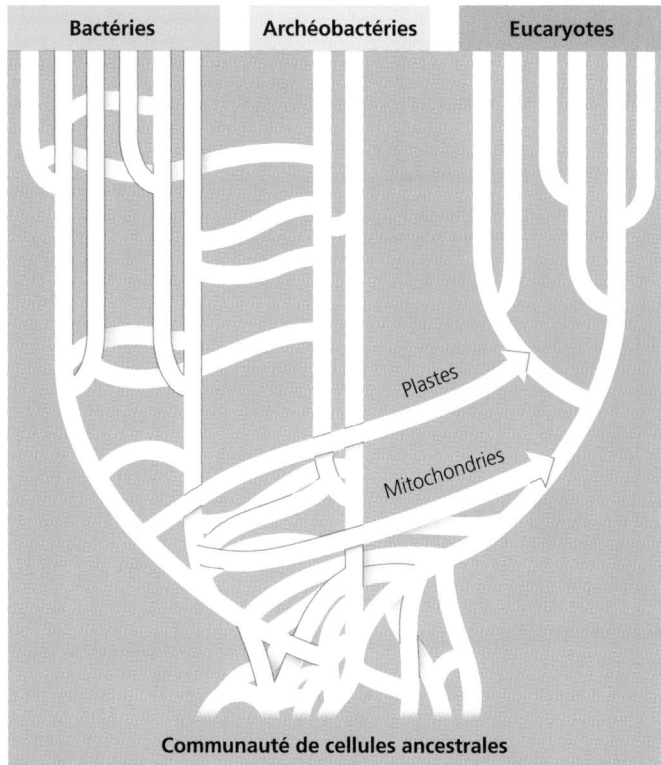

FIGURE 28.6 Hypothèse traditionnelle concernant les liens de parenté entre les organismes des trois domaines. Les deux domaines de procaryotes convergent en un point occupé par le dernier ancêtre commun universel. L'arbre phylogénétique rend également compte de l'apparition des Eucaryotes, issus d'une Archéobactérie hôte contenant des endosymbiontes bactériens.

De nombreux chercheurs qui découvrent ces étonnantes relations génomiques entre les domaines proposent de remplacer l'arbre phylogénétique classique de la FIGURE 28.6 par un réseau semblable à celui qui apparaît à la FIGURE 28.7. Contrairement à l'arbre phylogénétique traditionnel, ce réseau ne fait pas état d'un ancêtre unique pour les trois domaines (le « tronc de l'arbre »). Selon ce nouveau modèle, les trois domaines sont issus d'une *communauté* ancestrale de cellules primitives qui se sont livrées à des échanges intensifs d'ADN. Ainsi s'expliquerait le caractère chimérique des génomes chez les êtres modernes des trois domaines. Le transfert de gènes entre espèces différentes se produit encore chez les organismes procaryotes (voir le chapitre 18). Mais, selon toute apparence, il n'a plus cours chez les Eucaryotes. La composition chimérique de la cellule eucaryote est le résultat de transferts de gènes et de phénomènes endosymbiotiques qui ont eu lieu dans des communautés procaryotes il y a plus de deux milliards d'années.

L'apparition des Eucaryotes a catalysé une seconde vague de diversification

Le répertoire d'un orchestre peut comporter une plus grande variété de pièces que celui d'un musicien soliste. Autrement dit, plus la complexité est grande, plus les variations possibles sont nombreuses. La diversification structurale qui a fait suite à l'apparition de la cellule eucaryote n'aurait pas été possible à partir des cellules procaryotes simples. Cette diversification

FIGURE 28.7 Nouvelle hypothèse concernant les liens de parenté entre les organismes des trois domaines. Ce modèle repose sur des données montrant que les lignées de procaryotes ont procédé et procèdent encore à des échanges intensifs de gènes. Le dernier ancêtre commun universel de l'arbre phylogénétique traditionnel est ici remplacé par une communauté de cellules ancestrales qui ont échangé des gènes. Les divers organismes issus de cette communauté se sont regroupés pour former les trois grandes ramifications phylogénétiques, c'est-à-dire les domaines des Bactéries, des Archéobactéries et des Eucaryotes. Dans le cas de l'endosymbiose qui a engendré les mitochondries et les chloroplastes, ce sont des organismes entiers appartenant à des ramifications distinctes qui ont fusionné. Cependant, dans cet arbre, la plupart des liens horizontaux entre les ramifications verticales symbolisent des transferts de gènes et non d'organismes entiers.

s'inscrivait dans le prolongement de la première grande radiation adaptative, c'est-à-dire la diversification métabolique des organismes procaryotes. Une troisième vague a suivi l'apparition d'êtres pluricellulaires dans plusieurs lignées eucaryotes (nous reviendrons sur le sujet à la fin du chapitre).

La FIGURE 28.8 (à la page 602) représente la phylogénie hypothétique de quelques groupes importants d'organismes eucaryotes. Ces groupes comprennent des organismes très divers, qui sont soit unicellulaires, soit pluricellulaires ou multicellulaires (Algues brunes, Végétaux, Eumycètes et Animaux).

La constitution des clades représentés dans la FIGURE 28.8 repose sur les comparaisons des structures cellulaires, des cycles de développement et des molécules (acides nucléiques et protéines). Nous connaissons les séquences d'ARN des petites sous-unités ribosomiques et d'acides aminés pour quelques-unes des protéines du cytosquelette qui sont propres aux Eucaryotes. La comparaison des protéines a permis aux systématiciens de répondre à quelques questions laissées en suspens par l'analyse de l'ARN des petites sous-unités ribosomiques et des structures cellulaires.

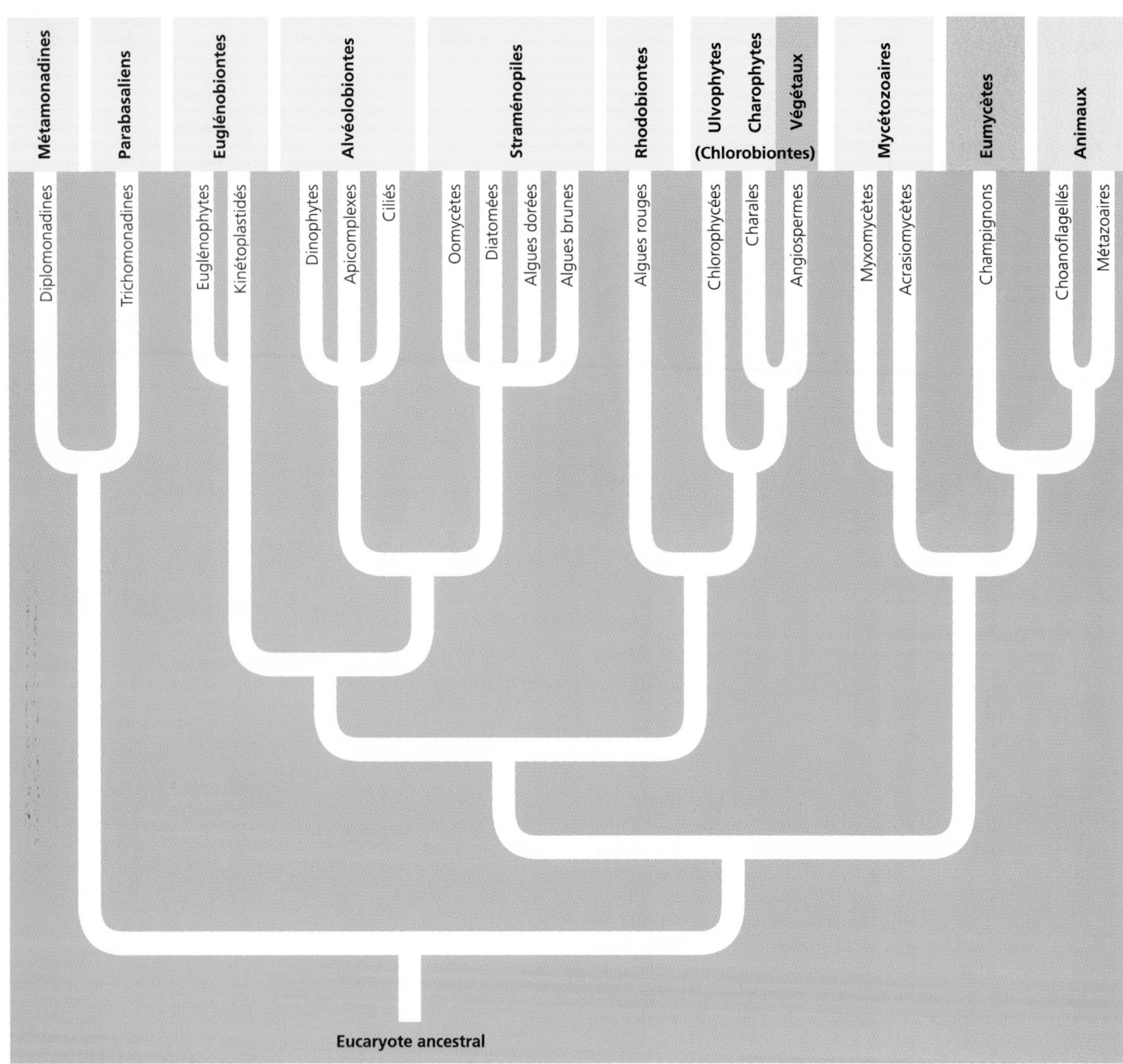

FIGURE 28.8 Phylogénie hypothétique des Eucaryotes. Les groupes d'Eucaryotes dont les noms sont indiqués, à titre d'exemple, sur les ramifications font partie de clades dont les noms figurent au sommet de l'arbre phylogénétique. Les règnes des Eumycètes, des Animaux et des Végétaux ont survécu à la refonte de la classification fondée sur cinq règnes, mais leurs limites ont été modifiées. La plupart des grands groupes qui faisaient autrefois partie du règne des Protistes sont signalés par la couleur jaune. La majorité des spécialistes de la systématique des Protistes considère à présent ces groupes comme des règnes. En fait, la tendance veut que l'on divise quelques-uns des groupes les plus diversifiés, les Alvéolobiontes et les Straménopiles, par exemple, en plusieurs règnes. Aussi ne présumerons-nous pas des résultats futurs de la recherche en élevant les clades de Protistes au rang de règnes ou d'embranchements. Dans les pages qui suivent, nous accompagnerons la description de chaque groupe de Protistes d'une version abrégée de ce diagramme, afin que vous puissiez situer les organismes étudiés dans la phylogénie globale des Eucaryotes. Nous avons omis, dans ce diagramme, quelques groupes de Protistes que nous ne décrivons pas dans ce chapitre. Nous avons même omis des Protistes que nous décrivons, notamment les Foraminifères, en raison de l'incertitude qui plane encore sur leur phylogénie.

La FIGURE 28.8 soulève encore une fois le « problème des règnes ». Si les Végétaux, les Eumycètes et les Animaux constituent des règnes dans cette classification phylogénétique des Eucaryotes, il devrait probablement en être de même pour les autres grands clades d'organismes eucaryotes. Nous avons parlé de cela quand nous avons abordé la subdivision du règne des Protistes. Compte tenu des zones grises que comporte encore la systématique des Protistes, nous avons simplement indiqué les principaux clades, sans tenter de les grouper en règnes ou en embranchements. Si nous avions osé préciser le nombre de règnes et les noms des règnes, avant même que ce manuel soit sorti de l'imprimerie, l'arbre phylogénétique n'aurait plus été valable ! En fait, quelques-uns des Protistes les mieux connus, dont les Amibes unicellulaires, n'apparaissent même pas dans cette phylogénie hypothétique, car la place qu'ils y occupent est encore trop incertaine.

Malgré son caractère spéculatif, cet arbre phylogénétique nous servira à structurer la description des Protistes que nous ferons dans les pages suivantes.

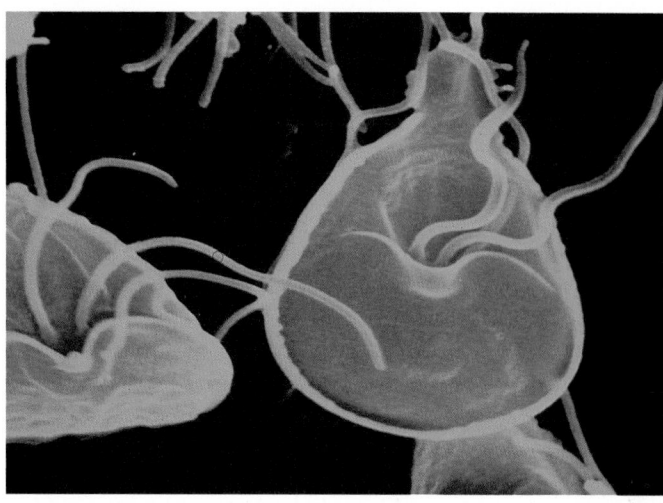

FIGURE 28.9 *Giardia lamblia*, du sous-groupe des Diplomonadines (MEB, cliché artificiellement coloré).   1,2 μm (15 000 ×)

APERÇU DE LA DIVERSITÉ DES PROTISTES

Métamonadines et Parabasaliens : des Protistes sans mitochondries

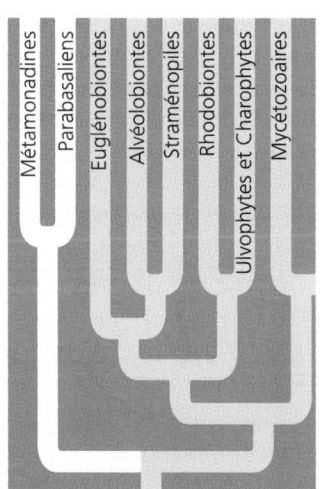

Quelques groupes de Protistes sont dépourvus de mitochondries. Les **Métamonadines** et les Parabasaliens sont du nombre. Ces Protistes constituent, selon l'« hypothèse des Archéozoaires », les formes modernes de lignées eucaryotes anciennes qui sont apparues avant qu'une bactérie endosymbiotique ne se transforme en mitochondrie. La plupart des spécialistes de la systématique des Protistes ont rejeté cette hypothèse depuis la découverte de gènes mitochondriaux dans le génome nucléaire des Métamonadines et des Parabasaliens. Autrement dit, il semble à présent que ces Protistes aient perdu leurs mitochondries en divergeant des ancêtres qui, eux, en possédaient. Cependant, d'autres détails de la structure cellulaire ainsi que des analyses moléculaires font penser que ces deux groupes ont encore leur place sur la ramification la plus ancienne des Eucaryotes (voir la FIGURE 28.8).

Les **Diplomonadines** (sous-groupe des Métamonadines) possèdent plusieurs flagelles, deux noyaux distincts et un cytosquelette simple (comparé à celui d'autres eucaryotes), mais ils sont dépourvus de plastes et de mitochondries. C'est à ce sous-groupe qu'appartient le tristement célèbre *Giardia lamblia,* un parasite de l'intestin humain qui cause des crampes abdominales et une diarrhée grave (FIGURE 28.9). Le plus souvent,

l'infection fait suite à la consommation d'eau contaminée par des matières fécales humaines contenant le parasite sous forme de kyste. Aussi faut-il s'abstenir de boire l'eau d'un ruisseau ou d'une rivière, même si elle paraît claire et pure. L'ébullition détruit les kystes.

Les **Parabasaliens,** dépourvus eux aussi de mitochondries, comprennent les Protistes appelés Trichomonadines. L'espèce la plus connue est *Trichomonas vaginalis,* qui vit dans le vagin des femmes. Si l'acidité normale du vagin est perturbée, ce microorganisme peut prendre le dessus sur les populations microbiennes utiles. Il prolifère alors et infecte la muqueuse vaginale. *Trichomonas* infecte également l'urètre masculin, mais souvent sans causer de symptômes. L'infection peut se propager lors des rapports sexuels. La FIGURE 28.10 révèle que *T. vaginalis* possède des flagelles et une membrane ondulante, des structures qui lui permettent de se déplacer sur la muqueuse des voies génitales et urinaires de l'Humain.

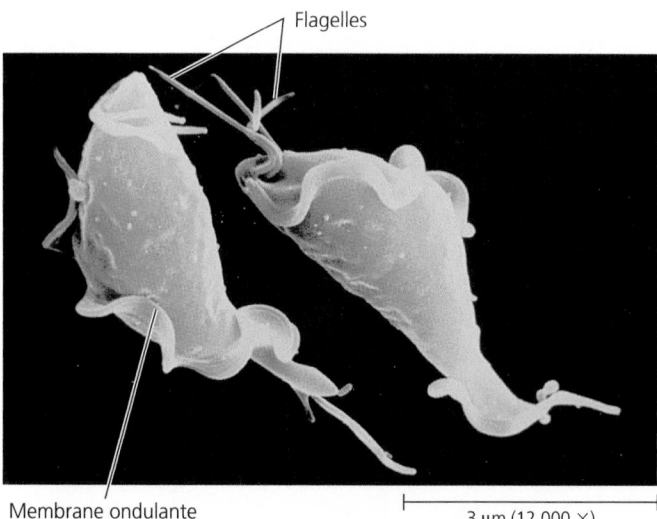

Flagelles

Membrane ondulante   3 μm (12 000 ×)

FIGURE 28.10 *Trichomonas vaginalis,* du sous-groupe des Trichomonadines (MEB, cliché artificiellement coloré).

Euglénobiontes : des flagellés photosynthétiques ou hétérotrophes

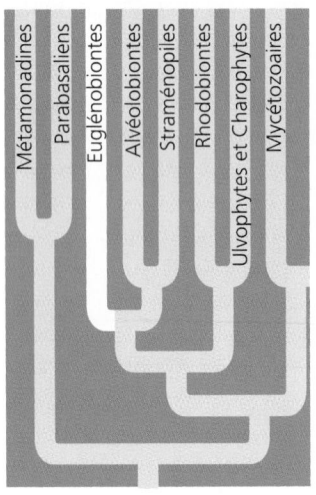

Plusieurs groupes de Protistes sont munis de flagelles locomoteurs. Deux de ces groupes de flagellés, les Euglénophytes et les Kinétoplastidés, forment le clade des **Euglénobiontes** (voir la FIGURE 28.8).

Les **Euglénophytes,** tels que l'Euglène et les espèces qui lui sont apparentées, se caractérisent par la présence d'une dépression antérieure, l'ampoule, d'où émergent un ou deux flagelles. De plus, ils renferment du paramylon, un polymère de glucose qui diffère légèrement de l'amidon et sert de substance de réserve. Les Euglènes (voir la FIGURE 28.3) sont principalement autotrophes. Cependant, de nombreux Euglénophytes sont mixotrophes ou hétérotrophes : ils absorbent des molécules organiques de leur milieu ou phagocytent des proies.

Les **Kinétoplastidés** possèdent une seule mitochondrie volumineuse associée à un seul organite, le kinétoplaste, qui contient l'ADN extranucléaire. Les Kinétoplastidés sont symbiotiques. Quelques-uns nuisent à leur hôte. Ainsi, certaines espèces de Trypanosomes (*Trypanosoma brucei gambiense* et *T. b. rhodesiense*) causent la maladie du sommeil par l'intermédiaire de la Mouche tsé-tsé (*Glossina sp.*)(FIGURE 28.11). Cette affection invalidante est répandue dans certaines régions d'Afrique. Les Trypanosomes échappent aux mécanismes de défense de leur victime en modifiant fréquemment la structure moléculaire de leur enveloppe, ce qui empêche le développement de l'immunité chez l'hôte.

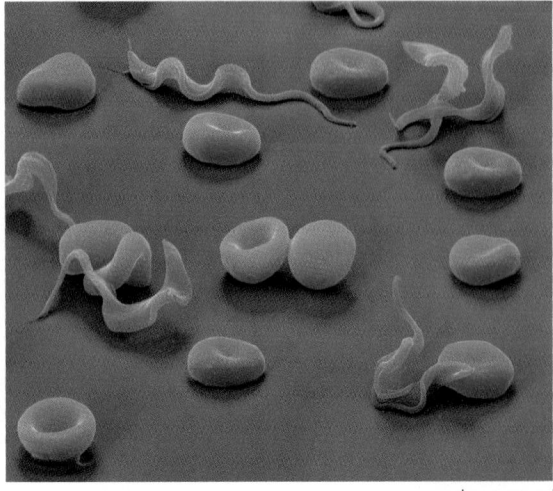

2 μm (6 400 ×)

FIGURE 28.11 *Trypanosoma sp.,* **Kinétoplastidé qui cause la maladie du sommeil.** Les structures qui ondulent entre les globules rouges sont des Trypanosomes (MEB, cliché artificiellement coloré).

Alvéolobiontes : des Protistes unicellulaires dotés d'alvéoles

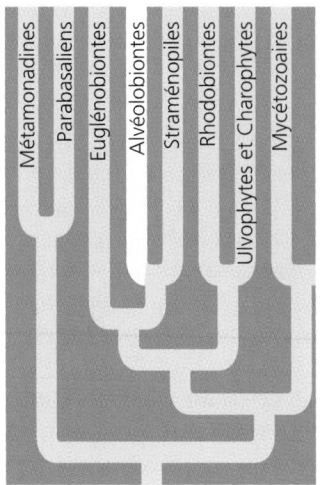

Le clade des **Alvéolobiontes,** établi grâce à la systématique moléculaire, réunit un groupe de flagellés (les Dinophytes), un groupe de parasites (les Apicomplexes) et un groupe distinctif d'eucaryotes qui se déplacent au moyen de cils (les Ciliés). Les Alvéolobiontes doivent leur nom à la présence, sous leur membrane plasmique, de petites vésicules aplaties, les alvéoles, qui servent notamment de réservoir calcique.

Dinophytes

Les **Dinophytes** sont abondants dans les vastes nappes de phytoplancton qui s'étendent près de la surface de l'eau et qui constituent la base de presque tous les réseaux alimentaires d'eau douce et d'eau salée. Il existe également des espèces hétérotrophes de Dinophytes.

Parmi les milliers d'espèces connues de Dinophytes, la plupart sont unicellulaires, mais certaines vivent en colonie. Chaque espèce a une forme caractéristique, renforcée dans certains cas par des plaques internes de cellulose (FIGURE 28.12). Le mouvement des deux flagelles, fixés perpendiculairement dans deux sillons de cette « armure » de cellulose, produit un tourbillon, d'où le nom de ces organismes (qui vient du grec *dinos,* « tourbillon »).

Quand les Dinophytes traversent des périodes d'explosion démographique, on observe des marées rouges dans les eaux côtières. La couleur brun-rouge ou rose orangé de ces marées vient de la xantophylle, le pigment qui prédomine dans les chloroplastes de ces organismes. Les toxines produites par certains Dinophytes peuvent nous empoisonner, nous les Humains, ainsi que des invertébrés et des poissons.

Pfiesteria piscicida est un Dinophyte carnivore particulièrement dangereux. Dans ses périodes de prolifération, il paralyse divers poissons avec sa toxine, puis se nourrit de leurs liquides biologiques. La fréquence des proliférations de *Pfiesteria* et des hécatombes de poissons a augmenté au cours des dix dernières

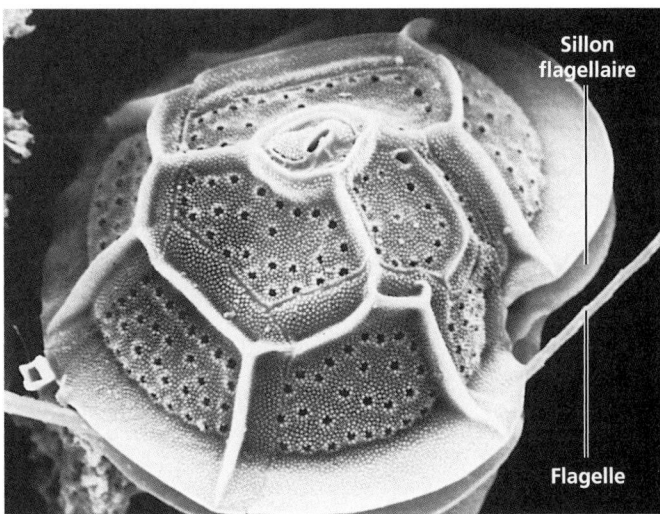

Sillon flagellaire

Flagelle

FIGURE 28.12 Un Dinophyte. Le mouvement des flagelles fait tourner l'organisme à la manière d'une toupie (MEB).

10 µm (1 500 ×)

années sur la côte est des États-Unis. Le phénomène est vraisemblablement attribuable à la pollution des eaux par les engrais (nitrates et phosphates).

Chez certains Dinophytes, une réaction chimique alimentée par l'ATP produit de la lumière. Cela crée une étrange lueur, la nuit, lorsque des vagues, des embarcations ou des animaux nageurs agitent l'eau contenant de denses populations de Dinophytes. Quelle est la fonction de la bioluminescence? On peut supposer que les petits herbivores qui se nourrissent de phytoplancton remuent l'eau de surface et font ainsi miroiter la lumière émise par les Dinophytes. La lumière attire alors des poissons carnivores en quête de petits herbivores, et ces poissons deviennent les proies des Dinophytes qui les paralysent avec leur toxine.

Certains Dinophytes vivent en symbiose mutualiste avec les Cnidaires, ces animaux qui érigent des récifs de corail. La production photosynthétique de ces Dinophytes constitue la principale source de nourriture pour les communautés vivant dans les récifs de coraux.

Apicomplexes

Tous les **Apicomplexes** sont des parasites d'animaux; certains causent de graves maladies chez l'Humain. Ces parasites disséminent de minuscules cellules infectieuses appelées **sporozoïtes.** Au microscope électronique, on observe un *complexe* d'organites à l'extrémité apicale de la cellule sporozoïte, d'où le nom d'Apicomplexe. La plupart des Apicomplexes ont un cycle de développement compliqué qui comporte des stades sexués et asexués et qui nécessite deux espèces d'hôtes ou plus. L'agent du paludisme, *Plasmodium,* est de ceux-là (FIGURE 28.13, p. 606). Des quatre espèces de *Plasmodium* qui parasitent l'Humain, *Plasmodium falciparum, Plasmodium vivax, Plasmodium ovale* et *Plasmodium malariæ,* la première est la plus virulente et peut mener à la mort. Dans les années 1960, deux facteurs ont grandement contribué à diminuer l'incidence du paludisme: la réduction, à l'aide d'insecticides, des populations du genre *Anopheles,* moustique dont la piqûre transmet la maladie; et la mise au point de médicaments qui tuent les parasites chez

l'Humain. Cependant, la multiplication de souches résistantes d'*Anopheles* et de *Plasmodium* a provoqué un nouvel essor de la maladie. Chaque année, environ 300 millions de personnes contractent le paludisme sous les tropiques, et au moins 2 millions en meurent.

Les scientifiques ont consacré beaucoup d'énergie à la mise au point de vaccins antipaludéens, sans réel succès. Les divers *Plasmodium* sont des parasites extrêmement fuyants, car ils vivent la plupart du temps à l'abri du système immunitaire de leur hôte, dans le foie et les globules rouges. En outre, les *Plasmodium* modifient continuellement leurs protéines membranaires et échappent ainsi au système immunitaire de la personne infectée. On vient cependant de découvrir chez les *Plasmodium* un gène qui semble conférer une résistance à la chloroquine, un important médicament antipaludéen. Cette découverte permettra peut-être de vaincre la résistance de ces microorganismes. Une autre découverte récente pourrait avoir des retombées extrêmement favorables en médecine et en biologie. Une équipe de spécialistes de la biologie moléculaire dirigée par Sabine Kohler, de l'Université de Pennsylvanie, a constaté que les *Plasmodium* et plusieurs autres Apicomplexes contenaient un plaste. Aujourd'hui incapable de photosynthèse, ce plaste provient probablement d'un Apicomplexe ancestral qui l'aurait lui-même acquis d'une Algue verte par endosymbiose secondaire. Lorsque les chercheurs auront découvert à quoi servent les plastes dans leurs cellules hôtes, ils pourront peut-être inventer des médicaments pour contrecarrer ces fonctions.

Ciliés

Les divers Protistes qui forment le groupe des **Ciliés** se déplacent et se nourrissent à l'aide de milliers de cils (FIGURE 28.14, p. 607). La majorité des Ciliés vivent isolés en eau douce. Contrairement à la plupart des flagelles, les cils sont relativement courts. Ils sont associés à un complexe sous-membranaire de microtubules qui coordonne vraisemblablement leurs mouvements.

Certains Ciliés sont complètement couverts de cils, tandis que d'autres sont hérissés de cils disposés en rangées ou en touffes. La disposition des cils permet aux Ciliés de s'adapter à leur environnement. Ainsi, certaines espèces se déplacent rapidement grâce à des faisceaux de cils semblables à des pattes. D'autres, comme celles du genre *Stentor,* possèdent des rangées de cils denses qui, collectivement, servent de membranelles locomotrices. Les Ciliés comptent parmi les cellules les plus complexes.

Les Ciliés possèdent une caractéristique génétique exclusive: ils ont deux types de noyaux, un macronoyau et, habituellement, plusieurs micronoyaux. Le macronoyau renferme de multiples copies d'un très petit nombre de gènes. Ces gènes ne sont pas assemblés en chromosomes ordinaires, mais apparaissent plutôt en un grand nombre de petites unités de chromatine. Le macronoyau régit les fonctions courantes de la cellule en synthétisant de l'ARN. Il intervient aussi dans la reproduction asexuée. Les Ciliés se reproduisent généralement par scissiparité, et non par mitose: le macronoyau s'allonge et se divise. Certaines espèces de *Paramecium* possèdent jusqu'à quatre-vingts micronoyaux, qui n'interviennent pas dans la croissance, le fonctionnement général ni la reproduction asexuée mais sont essentiels aux processus sexués engendrant des variations génétiques. Le transfert des gènes se produit durant le processus de **conjugaison** (FIGURE 28.15, p. 608).

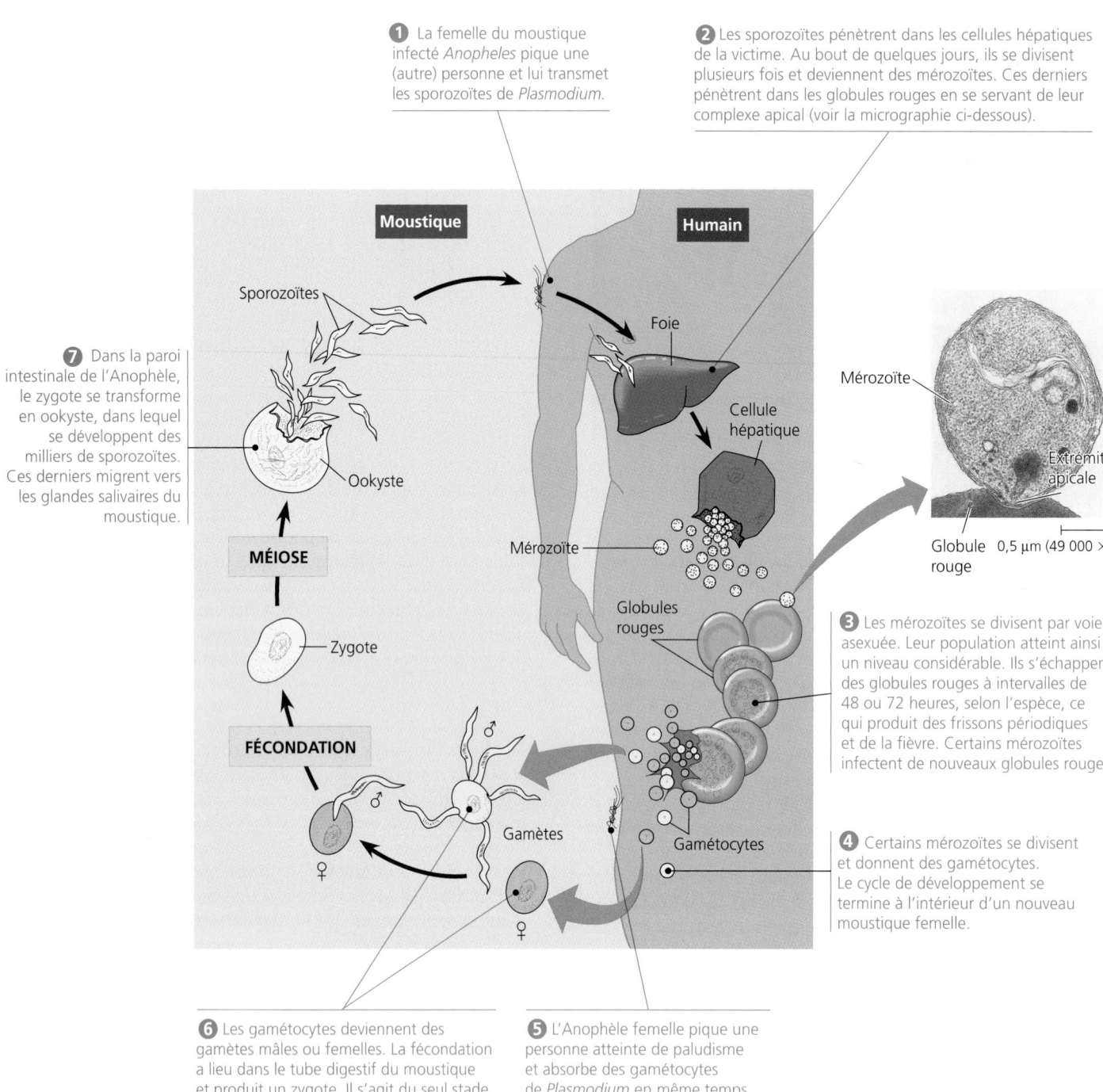

1 La femelle du moustique infecté *Anopheles* pique une (autre) personne et lui transmet les sporozoïtes de *Plasmodium*.

2 Les sporozoïtes pénètrent dans les cellules hépatiques de la victime. Au bout de quelques jours, ils se divisent plusieurs fois et deviennent des mérozoïtes. Ces derniers pénètrent dans les globules rouges en se servant de leur complexe apical (voir la micrographie ci-dessous).

Moustique

Humain

Sporozoïtes

Foie

7 Dans la paroi intestinale de l'Anophèle, le zygote se transforme en ookyste, dans lequel se développent des milliers de sporozoïtes. Ces derniers migrent vers les glandes salivaires du moustique.

Ookyste

Cellule hépatique

Mérozoïte

Mérozoïte

Extrémité apicale

Globule 0,5 µm (49 000 ×) rouge

MÉIOSE

Globules rouges

3 Les mérozoïtes se divisent par voie asexuée. Leur population atteint ainsi un niveau considérable. Ils s'échappent des globules rouges à intervalles de 48 ou 72 heures, selon l'espèce, ce qui produit des frissons périodiques et de la fièvre. Certains mérozoïtes infectent de nouveaux globules rouges.

Zygote

FÉCONDATION

Gamètes

Gamétocytes

4 Certains mérozoïtes se divisent et donnent des gamétocytes. Le cycle de développement se termine à l'intérieur d'un nouveau moustique femelle.

6 Les gamétocytes deviennent des gamètes mâles ou femelles. La fécondation a lieu dans le tube digestif du moustique et produit un zygote. Il s'agit du seul stade diploïde du cycle de développement.

5 L'Anophèle femelle pique une personne atteinte de paludisme et absorbe des gamétocytes de *Plasmodium* en même temps que du sang.

FIGURE 28.13 Cycle de développement des *Plasmodium*, les Apicomplexes qui causent le paludisme. (Les couleurs ne sont pas représentatives de la réalité.)

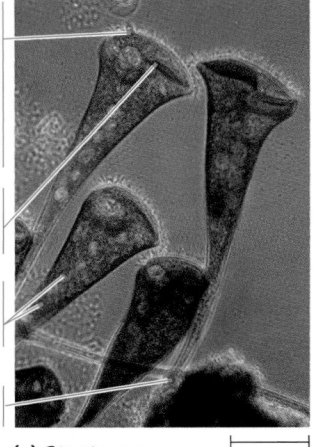

Stentor sp., gracieux Cilié d'eau douce, se déplace, d'une part, à l'aide de cils individuels répartis sur les côtés de la cellule et, d'autre part, à l'aide de rangées de membranelles en forme de nageoires qui tournent en spirale autour de l'extrémité élargie de la cellule.

Le mouvement des membranelles antérieures cause un tourbillon qui amène la nourriture à la cavité buccale.

Le macronoyau ressemble à un collier de perles (taches pâles) situé dans l'axe antéropostérieur de la cellule.

Stentor fixe souvent son extrémité étroite (postérieure) sur des débris.

(a) Stentor sp.   100 µm (60 ×)

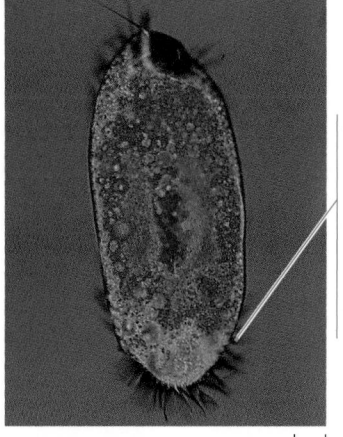

FIGURE 28.14 Ciliés (MP).

Stylonychia sp. appartient à un groupe de Ciliés qui ne possèdent souvent aucun cil individuel. Les cils sont en effet unis et forment des vrilles. Ces Ciliés vont et viennent autour des sédiments et se nourrissent de débris organiques.

(b) Stylonychia sp.   10 µm (400 ×)

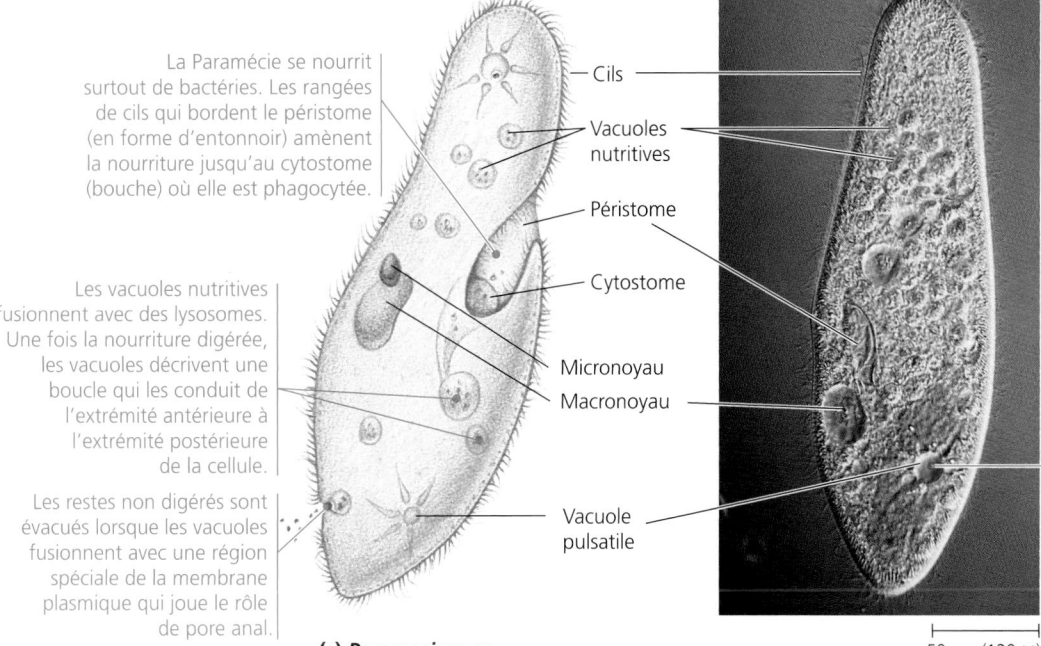

La Paramécie se nourrit surtout de bactéries. Les rangées de cils qui bordent le péristome (en forme d'entonnoir) amènent la nourriture jusqu'au cytostome (bouche) où elle est phagocytée.

Les vacuoles nutritives fusionnent avec des lysosomes. Une fois la nourriture digérée, les vacuoles décrivent une boucle qui les conduit de l'extrémité antérieure à l'extrémité postérieure de la cellule.

Les restes non digérés sont évacués lorsque les vacuoles fusionnent avec une région spéciale de la membrane plasmique qui joue le rôle de pore anal.

Cils
Vacuoles nutritives
Péristome
Cytostome
Micronoyau
Macronoyau
Vacuole pulsatile

La Paramécie est recouverte de milliers de cils individuels.

Comme d'autres Protistes d'eau douce, la Paramécie absorbe constamment l'eau de son environnement hypotonique par osmose. Les vacuoles pulsatiles, qui sont un peu comme des vessies, accumulent l'excès d'eau, qui arrive là par des canaux radiaires, et l'évacuent périodiquement à travers la membrane plasmique, grâce à des contractions du cytoplasme environnant (voir la FIGURE 8.13).

(c) Paramecium sp.   50 µm (120 ×)

Straménopiles : les Oomycètes et les Algues hétérochontes

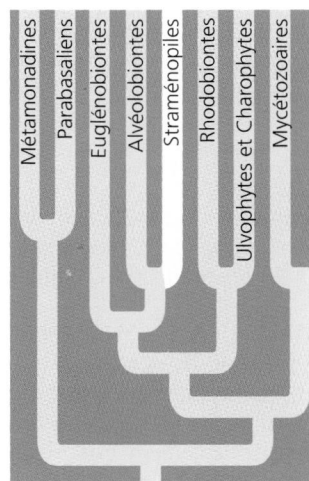

Le clade diversifié des **Straménopiles** comprend plusieurs groupes de protistes hétérotrophes ainsi qu'une variété de protistes photosynthétiques (Algues). Le terme « Straménopiles » dénote les nombreux prolongements filiformes des flagelles qui caractérisent ces organismes (le terme vient du latin *stramen*, « paille », « flagelle », et *pilos*, « cheveu »). Dans la plupart des cas, le flagelle « velu » est associé à un flagelle « glabre ». Lorsque deux flagelles appartenant à la même cellule diffèrent par leur forme, leur orientation ou leur fonctionnement, on les qualifie d'*hétérochontes*. Chez la plupart des Straménopiles, le seul stade flagellé du cycle de développement est celui de la cellule reproductrice mobile.

Oomycètes

Les **Oomycètes** comprennent les Saprolégniales, les Rouilles blanches et les agents du mildiou, qui sont tous des Straménopiles hétérotrophes dénués de chloroplastes. Certains de ces organismes sont unicellulaires. D'autres possèdent des hyphes (filaments ramifiés) plurinucléées (cénocytiques). Leurs hyphes sont analogues aux filaments ramifiés (aussi appelés hyphes) des Eumycètes. Cependant, la paroi cellulaire des Saprolégniales et des organismes qui leur sont apparentés est généralement composée de cellulose, tandis que celle des Eumycètes est constituée d'un autre polysaccharide, la chitine. De plus, le stade diploïde occupe la majeure partie du cycle de développement de la plupart des Oomycètes, alors qu'il est réduit chez les

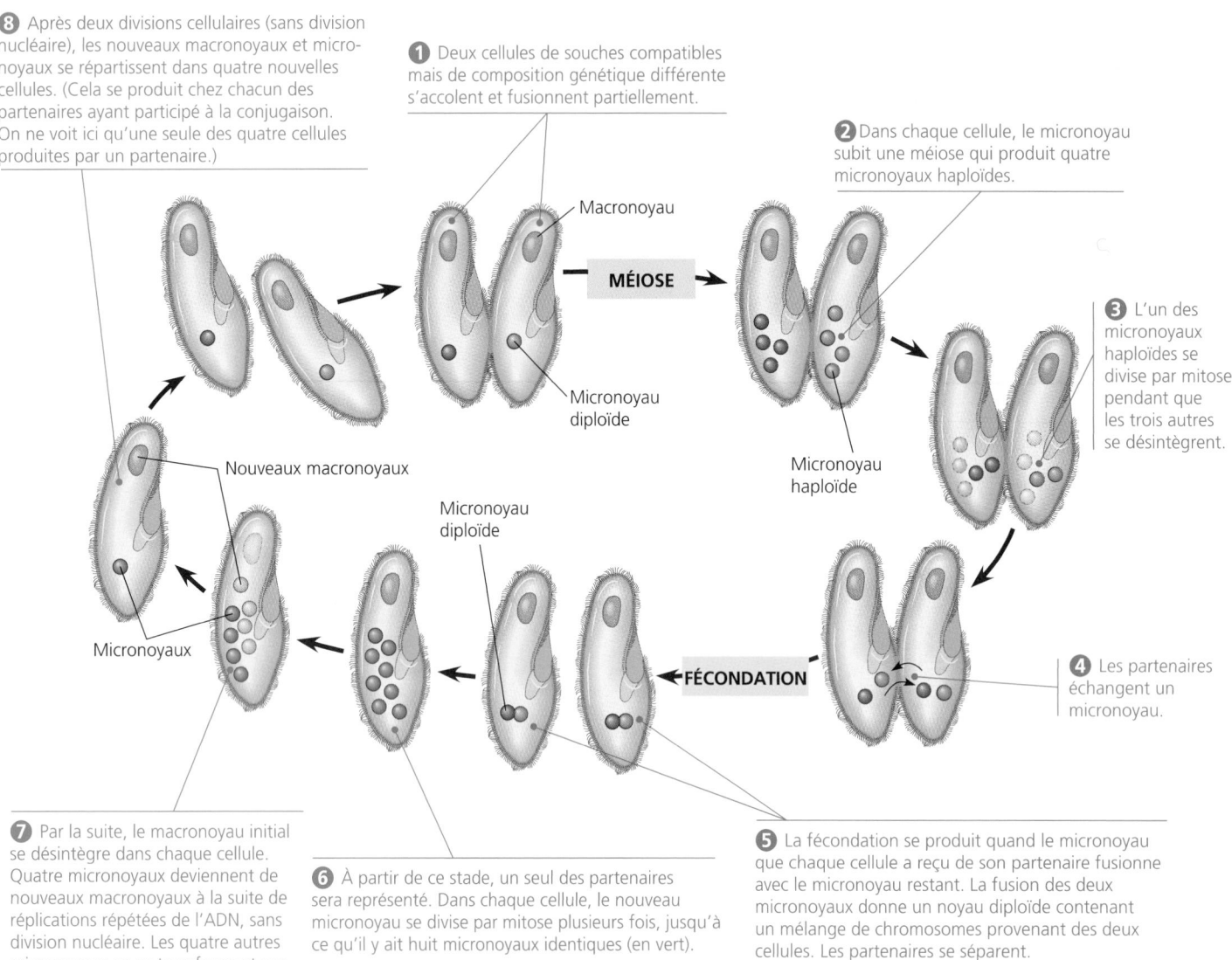

8 Après deux divisions cellulaires (sans division nucléaire), les nouveaux macronoyaux et micronoyaux se répartissent dans quatre nouvelles cellules. (Cela se produit chez chacun des partenaires ayant participé à la conjugaison. On ne voit ici qu'une seule des quatre cellules produites par un partenaire.)

1 Deux cellules de souches compatibles mais de composition génétique différente s'accolent et fusionnent partiellement.

Macronoyau

MÉIOSE

Micronoyau diploïde

2 Dans chaque cellule, le micronoyau subit une méiose qui produit quatre micronoyaux haploïdes.

3 L'un des micronoyaux haploïdes se divise par mitose pendant que les trois autres se désintègrent.

Micronoyau haploïde

Nouveaux macronoyaux

Micronoyau diploïde

Micronoyaux

FÉCONDATION

4 Les partenaires échangent un micronoyau.

7 Par la suite, le macronoyau initial se désintègre dans chaque cellule. Quatre micronoyaux deviennent de nouveaux macronoyaux à la suite de réplications répétées de l'ADN, sans division nucléaire. Les quatre autres micronoyaux ne se transforment pas.

6 À partir de ce stade, un seul des partenaires sera représenté. Dans chaque cellule, le nouveau micronoyau se divise par mitose plusieurs fois, jusqu'à ce qu'il y ait huit micronoyaux identiques (en vert).

5 La fécondation se produit quand le micronoyau que chaque cellule a reçu de son partenaire fusionne avec le micronoyau restant. La fusion des deux micronoyaux donne un noyau diploïde contenant un mélange de chromosomes provenant des deux cellules. Les partenaires se séparent.

FIGURE 28.15 Conjugaison et recombinaison génétique chez *Paramecium caudatum*.

Eumycètes. Enfin, les Oomycètes produisent des cellules à deux flagelles, tandis que presque tous les Eumycètes sont dépourvus de flagelle. La systématique moléculaire a confirmé que les Oomycètes n'étaient pas étroitement apparentés aux Eumycètes. L'analogie morphologique (la présence d'hyphes) est un exemple d'évolution convergente. Tant chez les Oomycètes que chez les Eumycètes, les structures filamenteuses ont une surface étendue qui favorise l'absorption des nutriments.

Oomycète signifie « champignon contenant des œufs », ce qui évoque le mode de reproduction sexué des Saprolégniales. Une oosphère relativement volumineuse est fécondée par un petit « noyau mâle ». Il en résulte un zygote résistant appelé oospore (FIGURE 28.16).

La plupart des **Saprolégniales** sont des saprophytes qui croissent en masses duveteuses sur des algues et des animaux morts, principalement en eau douce. Il existe aussi des Saprolégniales parasites qui vivent sur les écailles et les branchies des poissons des étangs ou des aquariums. Cependant, ces parasites ont plutôt tendance à attaquer les tissus lésés.

Les **Rouilles blanches** et les **agents du mildiou,** quant à eux, vivent habituellement en parasites de plantes terrestres. Ils se reproduisent grâce au vent qui disperse leurs spores, mais aussi grâce à la formation de zoospores flagellées durant l'un des stades de leur cycle de développement. Certains des pathogènes les plus dévastateurs pour les plantes terrestres sont des Oomycètes. Ainsi, *Plasmopara viticola* fut à l'origine du mildiou qui a ravagé les vignobles de France dans les années 1870. Et *Phytophthora infestans* a causé le mildiou de la Pomme de terre et provoqué la famine en Irlande, au XIXe siècle.

Aperçu des Algues hétérochontes

Les taxons de Straménopiles qui regroupent principalement des organismes photosynthétiques portent le nom collectif d'Algues hétérochontes, à cause de leurs cellules reproductrices mobiles biflagellées.

Les plastes des Algues hétérochontes sont le fruit d'une endosymbiose secondaire. C'est pourquoi, ils possèdent une enveloppe à trois membranes et renferment une petite quantité de cytoplasme eucaryote (voir la FIGURE 28.5). L'ancêtre des plastes des Algues hétérochontes fut probablement une Algue rouge qui avait elle-même acquis son plaste d'une Cyanobactérie,

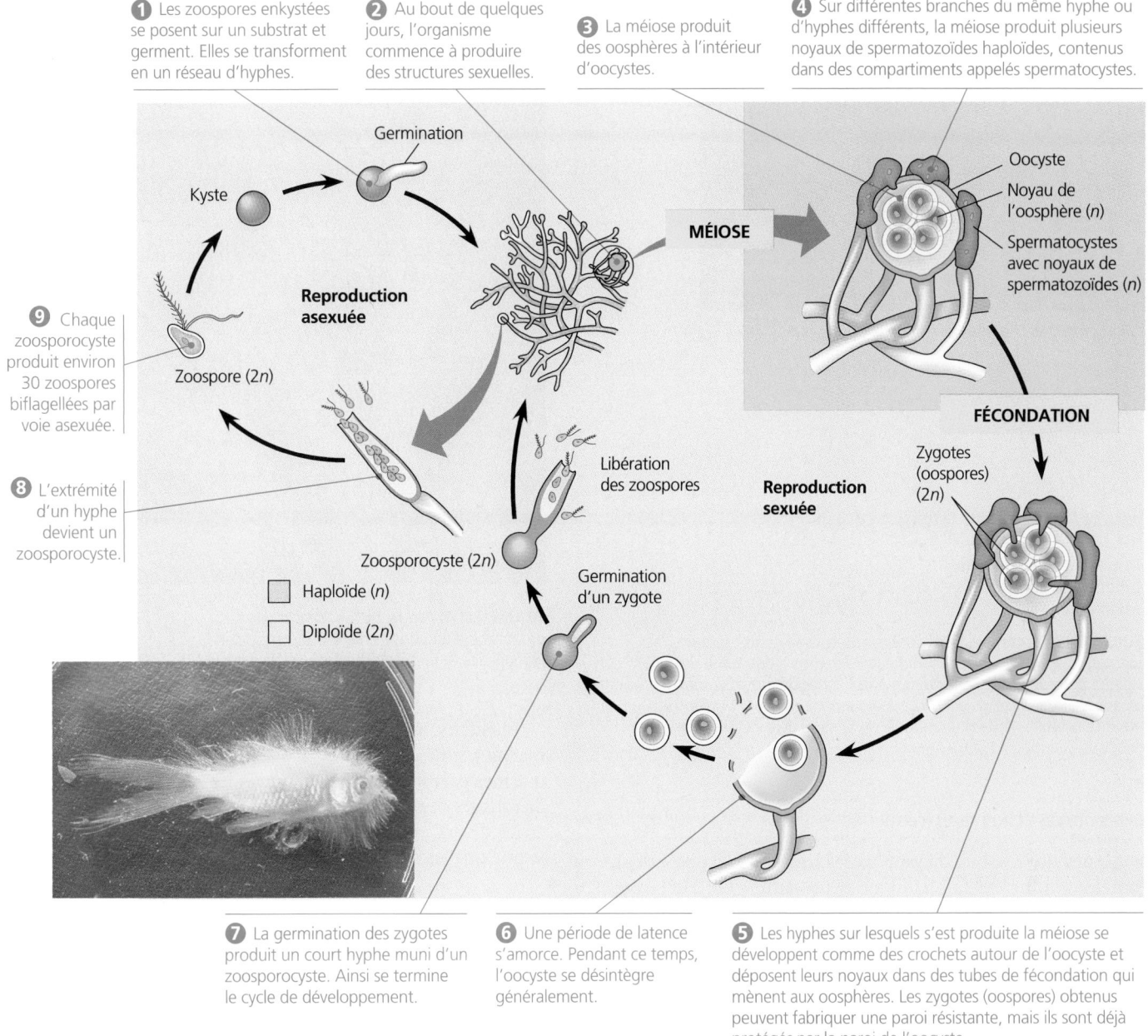

① Les zoospores enkystées se posent sur un substrat et germent. Elles se transforment en un réseau d'hyphes.

② Au bout de quelques jours, l'organisme commence à produire des structures sexuelles.

③ La méiose produit des oosphères à l'intérieur d'oocystes.

④ Sur différentes branches du même hyphe ou d'hyphes différents, la méiose produit plusieurs noyaux de spermatozoïdes haploïdes, contenus dans des compartiments appelés spermatocystes.

Germination

Kyste

MÉIOSE

Oocyste
Noyau de l'oosphère (*n*)
Spermatocystes avec noyaux de spermatozoïdes (*n*)

Reproduction asexuée

⑨ Chaque zoosporocyste produit environ 30 zoospores biflagellées par voie asexuée.

Zoospore (2*n*)

FÉCONDATION

Zygotes (oospores) (2*n*)

⑧ L'extrémité d'un hyphe devient un zoosporocyste.

Libération des zoospores

Reproduction sexuée

Zoosporocyste (2*n*)

Germination d'un zygote

☐ Haploïde (*n*)
☐ Diploïde (2*n*)

⑦ La germination des zygotes produit un court hyphe muni d'un zoosporocyste. Ainsi se termine le cycle de développement.

⑥ Une période de latence s'amorce. Pendant ce temps, l'oocyste se désintègre généralement.

⑤ Les hyphes sur lesquels s'est produite la méiose se développent comme des crochets autour de l'oocyste et déposent leurs noyaux dans des tubes de fécondation qui mènent aux oosphères. Les zygotes (oospores) obtenus peuvent fabriquer une paroi résistante, mais ils sont déjà protégés par la paroi de l'oocyste.

FIGURE 28.16 Cycle de développement des Saprolégniales. Les Saprolégniales contribuent à la décomposition d'insectes, de poissons et d'autres animaux morts immergés dans de l'eau douce. La toison d'hyphes que porte, sur la photo, le Poisson rouge (*Carassius auratus*), hôte de la Saprolègne des poissons (*Saprolegnia ferax*), en témoigne.

par endosymbiose primaire. Les Algues hétérochontes comprennent les Diatomées, les Algues dorées et les Algues brunes.

Diatomées (Bacillariophycées)

De couleur jaune ou brune, les **Diatomées** possèdent une paroi unique en son genre, semblable au verre et constituée de silice hydratée enchâssée dans une matrice organique. Cette paroi se compose de deux parties qui s'imbriquent l'une dans l'autre, comme les éléments d'une boîte de Pétri (FIGURE 28.17, p. 610).

Pendant presque toute l'année, les Diatomées se reproduisent de façon asexuée par mitose : chaque cellule fille reçoit la moitié de la paroi de la cellule mère et fabrique elle-même la section manquante. Certaines espèces passent par des stades de résistance au cours

desquels elles se transforment en kystes. La reproduction sexuée, plutôt rare, nécessite la formation de gamètes mâles et femelles. Les gamètes mâles sont amiboïdes ou flagellés, selon les espèces.

Les Diatomées abondent dans le plancton d'eau douce et d'eau salée. Ainsi, un seau rempli d'eau recueillie à la surface de la mer peut contenir des millions de ces algues microscopiques. Comme les Algues dorées et les Algues brunes, les Diatomées emmagasinent de la nourriture sous forme de laminarine, un polymère du glucose. Certaines Diatomées se constituent des réserves alimentaires sous forme d'huile.

La roche sédimentaire appelée diatomite est composée en grande partie de parois fossilisées de Diatomées. On extrait cette roche parce qu'elle constitue notamment un excellent produit de filtrage.

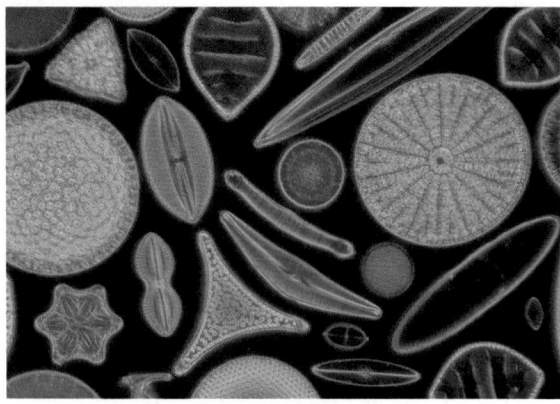

(a) Diversité des Diatomées (MP).

50 μm (400 ×)

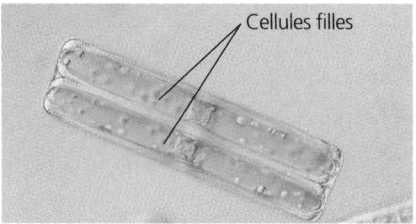

Cellules filles

(b) Une diatomée du genre *Pinnularia* **subissant une mitose** (MP).

5 μm (1 000 ×)

FIGURE 28.17 Diatomées. Ces coques vitreuses se composent de deux moitiés qui s'imbriquent comme les éléments d'une boîte de Pétri. Les petits pores des coques servent aux échanges de gaz et d'autres substances entre la cellule et son environnement. Pendant la mitose, chaque cellule fille hérite d'une moitié de la paroi de la cellule mère et fabrique elle-même l'autre moitié.

Algues dorées (Chrysophycées)

Les **Algues dorées,** ou Chrysophycées (du grec *khrusos,* « or »), tirent leur nom de leur couleur brun-jaune due aux caroténoïdes et aux xanthophylles, des pigments accessoires. Une Algue dorée type possède deux flagelles fixés près de l'une des extrémités de la cellule. De nombreuses Algues dorées vivent parmi le plancton d'eau douce et d'eau salée. Certaines espèces sont mixotrophes. Elles absorbent des composés organiques dissous ou ingèrent des particules et des bactéries par phagocytose (laquelle se produit près de la base des flagelles). La plupart des Algues dorées sont unicellulaires, mais certaines, telles les espèces d'eau douce du genre *Dinobryon,* constituent des colonies (FIGURE 28.18). Si la densité de population augmente trop, de nombreuses espèces se transforment en kystes résistants qui peuvent rester viables pendant des décennies.

Algues brunes (Phéophycées)

Les **Algues brunes,** ou Phéophycées (du grec *phaios,* « brun », et *phucos,* « algue »), sont les Algues les plus grandes et les plus complexes. Toutes sont multicellulaires et la plupart vivent en eau salée. Les Algues brunes sont particulièrement abondantes sur les côtes tempérées, en eau froide. Elles doivent leur couleur brune ou olive caractéristique aux pigments accessoires de leurs chloroplastes. La structure et la teneur en pigments de ces chloroplastes sont homologues à celles des dispositifs photosynthétiques des Algues dorées et des Diatomées.

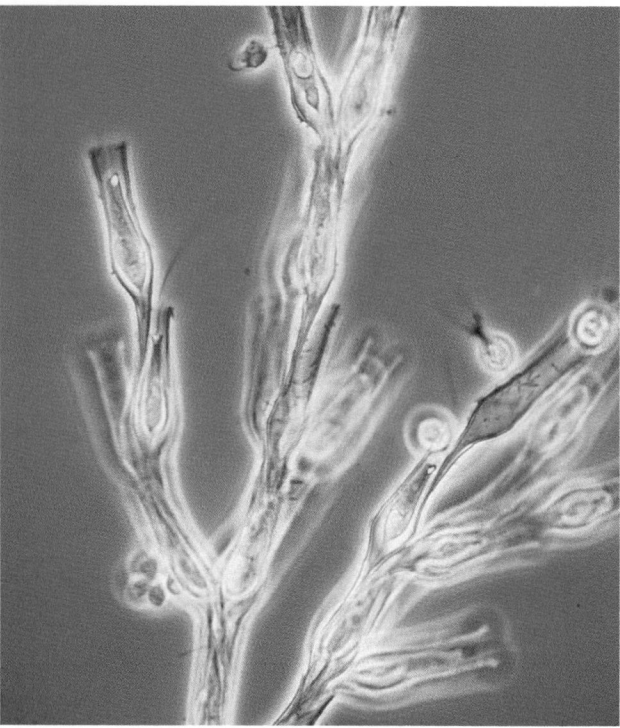

FIGURE 28.18 Algue dorée. *Dinobryon sp.,* organisme d'eau douce, vit en colonies. Mais la plupart des Algues dorées sont unicellulaires (MP).

25 μm (600 ×)

Plusieurs des Eucaryotes généralement appelés algues marines sont des Algues brunes. On trouve aussi des algues marines parmi les Algues rouges et les Algues vertes. Nous étudierons ces deux groupes quand nous aurons décrit les adaptations et les divers cycles de développement des algues marines, de même que les utilisations que font les Humains de ces Algues.

Les algues marines survivent et se reproduisent grâce à des adaptations structurales et biochimiques

Les algues marines vivent dans l'eau des zones côtières intertidales et infratidales, avec un grand nombre d'animaux et d'autres hétérotrophes auxquels elles servent de nourriture. Dans la zone intertidale, les organismes connaissent des difficultés particulières. Lorsque la nature se déchaîne, ils sont fouettés par les vagues et le vent. De plus, deux fois par jour, à marée basse, ils sont exposés à l'air desséchant et aux rayons du soleil. Et deux fois par jour, à marée haute cette fois, ils sont submergés. Toutefois, les algues marines possèdent des adaptations structurales et biochimiques qui leur permettent de survivre et de se développer dans cet environnement inhospitalier.

De toutes les Algues, les algues marines sont celles qui présentent l'anatomie multicellulaire la plus complexe. Certaines espèces possèdent même des tissus différenciés et des organes qui ressemblent à ceux des Végétaux. Cependant, les ressemblances sont apparues indépendamment dans les lignées d'Algues et de Végétaux. Il s'agit donc de structures analogues et non homologues. Le **thalle** (du grec *thallos,* « rameau », « pousse ») est l'appareil végétatif d'une algue marine qui ressemble à une plante. Mais il ne possède ni racines, ni tiges, ni feuilles véritables. Un thalle d'algue marine se compose d'un **crampon** semblable à une racine, d'un **stipe** semblable à une tige et de **frondes** semblables à des feuilles (FIGURE 28.19). La fronde constitue la plus grande partie de la surface de photosynthèse. Certaines Algues brunes possèdent des vésicules aérifères qui maintiennent les frondes près de la surface de l'eau. Au-delà de la zone intertidale, en eau profonde, on trouve l'algue marine géante appelée Varech (FIGURE 28.20). Son stipe peut mesurer jusqu'à 60 m.

En plus de ces adaptations d'ordre structural, certaines algues marines présentent des caractéristiques biochimiques qui leur permettent de faire face aux conditions intertidales et infratidales. Par exemple, leur paroi cellulaire contient de la cellulose et des polysaccharides gélifiants qui leur donnent une texture visqueuse et caoutchouteuse. Ces substances protègent le thalle contre l'agitation des vagues.

L'Humain exploite les algues marines de diverses manières. Ainsi, les habitants des régions côtières, surtout en Asie, récoltent les algues marines pour s'en nourrir. Au Japon et en Corée, l'Algue brune du genre *Laminaria* sert à faire des soupes (le « kombu » japonais) et l'Algue rouge du genre *Porphyra* (le « nori » japonais) sert à envelopper les sushis. Les algues marines sont riches en iode et en d'autres minéraux essentiels, mais une bonne partie de la matière organique qu'elles contiennent est constituée de polysaccharides que l'Humain ne peut digérer. Aussi les utilise-t-on surtout pour leurs riches saveurs et leurs textures inhabituelles. On extrait à des fins commerciales les substances gélifiantes contenues dans leur paroi cellulaire (l'algine dans le cas des Algues brunes, l'agar-agar et la carragénine dans le cas des Algues rouges). On utilise beaucoup ces substances comme épaississants dans les aliments préparés tels que les poudings et les vinaigrettes, et comme lubrifiants dans le domaine du forage pétrolier. En outre, l'agar-agar compose la gélose qui sert de milieu de culture en microbiologie.

Les générations haploïde et diploïde alternent dans le cycle de développement de certaines algues

Les Algues brunes, les Algues rouges et les Algues vertes multicellulaires présentent divers cycles de développement. Les plus complexes se caractérisent par l'**alternance de générations,** c'est-à-dire la succession des formes haploïdes unicellulaire et multicellulaire et des formes diploïdes unicellulaire et multicellulaire. Comme nous le verrons au chapitre 29, l'alternance de générations caractérise également le cycle de développement de tous les Végétaux.

L'Algue brune du genre *Laminaria* fournit un bon exemple d'organisme ayant un cycle de développement complexe caractérisé par l'alternance de générations. L'individu diploïde est appelé **sporophyte,** parce qu'il produit des cellules reproductrices appelées spores (zoospores). L'individu haploïde, quant à lui, est appelé **gamétophyte,** parce qu'il produit des gamètes. La FIGURE 28.21 (à la page 612) montre bien que ces deux générations alternent, c'est-à-dire qu'elles s'engendrent à tour

FIGURE 28.20 Une forêt de Varech. Les grands lits de Varech des eaux côtières tempérées fournissent habitat et nourriture à divers organismes, dont un grand nombre de poissons qui sont pêchés par l'Humain. Le Varech (*Macrocystis pyrifera*), une Algue brune (Phéophycée), est extrêmement productif. Il se trouve un peu partout sur la côte pacifique de l'Amérique du Nord. Il peut atteindre une longueur de plus de 60 m en une seule saison (c'est l'organisme qui connaît la croissance linéaire la plus rapide). Le Varech est une ressource renouvelable. On en récolte la partie supérieure à l'aide de bateaux spécialisés.

Fronde

Stipe

Crampon

FIGURE 28.19 Les algues marines, des organismes bien adaptés à la vie littorale. *Postelsia palmæformis* vit sur les rochers qui subissent un violent ressac, le long des côtes nord-ouest des États-Unis et du Canada. Bien adapté aux conditions extrêmes du milieu, le thalle de cette Algue brune (Phéophycée) se cramponne fermement aux rochers.

de rôle. Les spores libérées par le sporophyte deviennent des gamétophytes qui produisent à leur tour des gamètes. L'union des deux gamètes (fécondation) donne un zygote diploïde qui engendre un nouveau sporophyte. Dans le cas des *Laminaria*, les deux générations sont **hétéromorphes,** c'est-à-dire que le sporophyte et le gamétophyte ont une structure différente. D'autres Algues présentent une alternance de générations **isomorphes.** Autrement dit, le sporophyte et le gamétophyte semblent identiques, mais ne possèdent pas le même nombre de chromosomes.

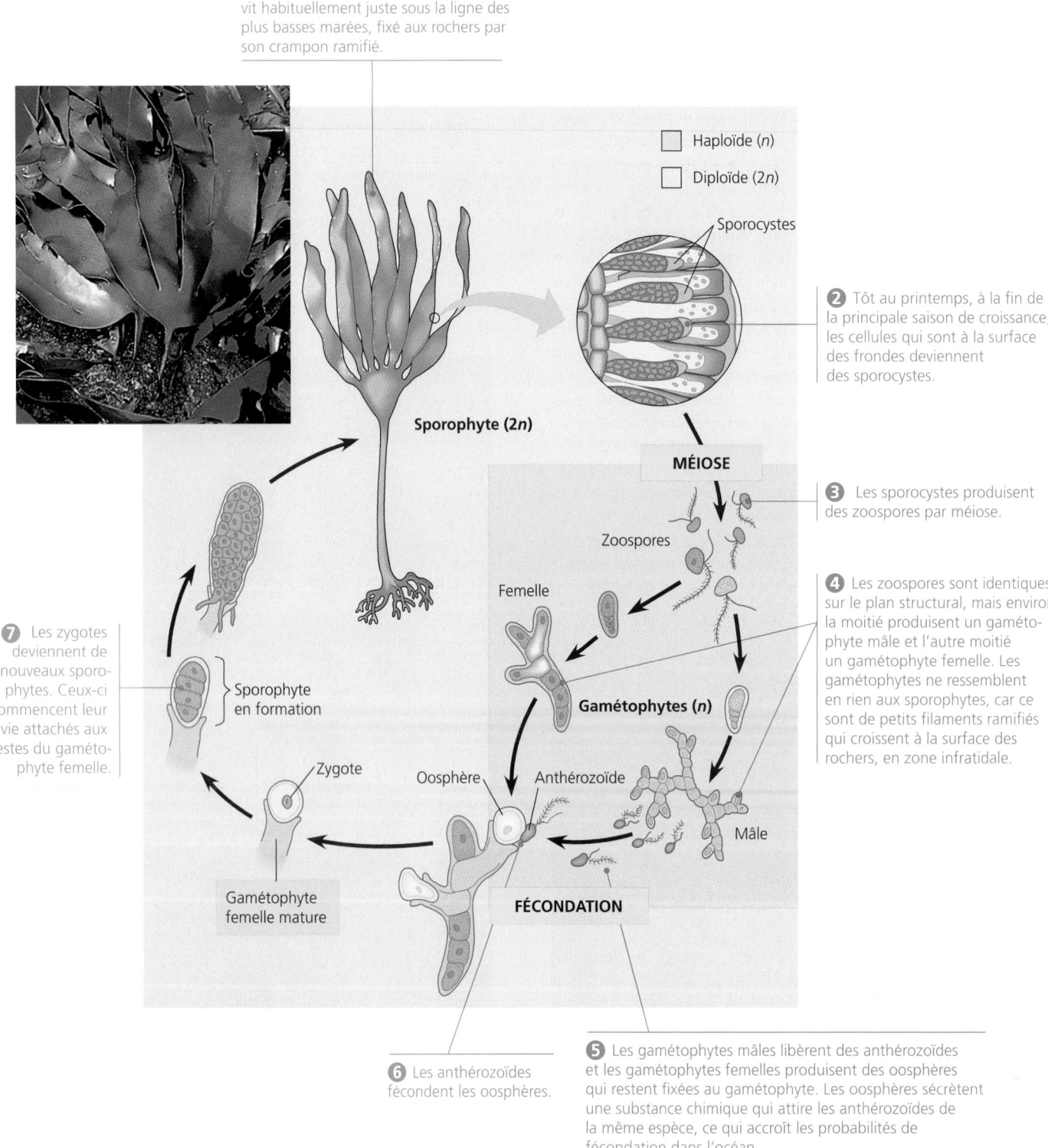

1 Le sporophyte de cette algue marine vit habituellement juste sous la ligne des plus basses marées, fixé aux rochers par son crampon ramifié.

Haploïde (*n*)

Diploïde (2*n*)

Sporocystes

Sporophyte (2*n*)

MÉIOSE

2 Tôt au printemps, à la fin de la principale saison de croissance, les cellules qui sont à la surface des frondes deviennent des sporocystes.

3 Les sporocystes produisent des zoospores par méiose.

Zoospores

Femelle

4 Les zoospores sont identiques sur le plan structural, mais environ la moitié produisent un gamétophyte mâle et l'autre moitié un gamétophyte femelle. Les gamétophytes ne ressemblent en rien aux sporophytes, car ce sont de petits filaments ramifiés qui croissent à la surface des rochers, en zone infratidale.

Gamétophytes (*n*)

7 Les zygotes deviennent de nouveaux sporophytes. Ceux-ci commencent leur vie attachés aux restes du gamétophyte femelle.

Sporophyte en formation

Zygote

Oosphère

Anthérozoïde

Mâle

Gamétophyte femelle mature

FÉCONDATION

6 Les anthérozoïdes fécondent les oosphères.

5 Les gamétophytes mâles libèrent des anthérozoïdes et les gamétophytes femelles produisent des oosphères qui restent fixées au gamétophyte. Les oosphères sécrètent une substance chimique qui attire les anthérozoïdes de la même espèce, ce qui accroît les probabilités de fécondation dans l'océan.

FIGURE 28.21 Alternance de générations dans le cycle de développement des *Laminaria*.

Rhodobiontes : des Algues rouges dépourvues de flagelle

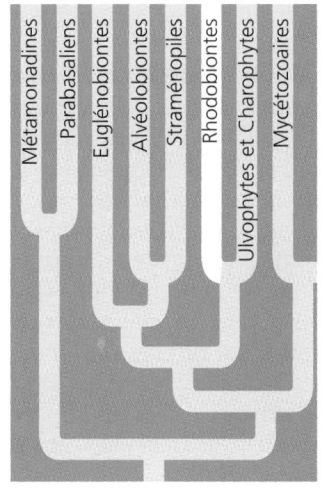

Contrairement aux autres algues eucaryotes, les **Algues rouges,** ou **Rhodobiontes** (du grec *rhodon*, «rose»), ne traversent pas de stade flagellé au cours de leur cycle de développement. Elles doivent leur couleur rougeâtre à un pigment accessoire appelé phycoérythrine. Ce pigment appartient à la famille des phycobilines, que l'on trouve aussi chez les Cyanobactéries. De fait, les Algues rouges ont acquis leurs chloroplastes de Cyanobactéries, par endosymbiose primaire.

Malgré leur nom, les Algues rouges ne sont pas toutes rouges. Leur teneur en pigments accessoires varie selon les profondeurs où elles vivent. Ainsi, les Algues rouges peuvent être presque noires en eau profonde, rouge vif à des profondeurs moyennes et verdâtres en eau peu profonde. Dans ce dernier cas, la phycoérythrine masquant le vert de la chlorophylle se fait moins abondante. Certaines espèces n'ont même aucune pigmentation et vivent en parasites hétérotrophes d'autres Algues rouges.

Les Algues rouges sont les plus abondantes des grandes algues dans les eaux côtières chaudes des tropiques. Mais il existe aussi quelques espèces qui vivent en eau douce et dans le sol. Chez certaines espèces, les phycobilines et d'autres pigments accessoires permettent de capter, en eau profonde, les longueurs d'onde de la lumière correspondant au bleu et au vert. On vient de découvrir, près des Bahamas, une espèce d'Algue rouge qui vit à une profondeur de plus de 260 m.

La plupart des Algues rouges sont multicellulaires. Les plus grandes d'entre elles font partie, tout comme les Algues brunes, du groupe des «algues marines». Mais aucune Algue rouge ne rivalise en taille avec les Algues brunes géantes (Laminaires). Chez un grand nombre d'Algues rouges, le thalle filamenteux se ramifie fortement et s'entrelace en de fins motifs de dentelles (FIGURE 28.22). La base du thalle se termine habituellement par un crampon simple.

Les Algues rouges présentent des cycles de développement variés. Dépourvus de flagelle, les gamètes se rencontrent à la faveur des courants. L'alternance de générations est fréquente chez les Algues rouges.

Ulvophytes et Charophytes : les Algues vertes et les Végétaux ont un même ancêtre photoautotrophe

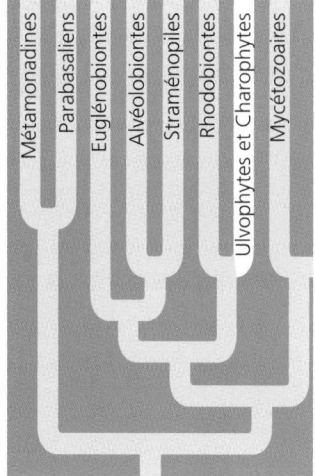

Les **Algues vertes** (Ulvophytes et Charophytes dans la FIGURE 28.8) doivent leur nom à la couleur de leurs chloroplastes. L'ultrastructure et les pigments de ces chloroplastes ressemblent beaucoup à ceux des chloroplastes végétaux. De fait, la systématique moléculaire et l'étude de la morphologie cellulaire confirment que les Algues vertes et les Végétaux terrestres sont étroitement apparentés. Certains systématiciens recommandent même de classer les Algues vertes avec les Végétaux dans un règne étendu, celui des **Chlorobiontes** (voir la FIGURE 28.8). L'ancêtre commun des Algues vertes et des Végétaux possédait probablement des

(a) La Dulse (*Rhodymenia palmata*) est une espèce comestible ayant la forme d'une feuille.

(b) *Bonnemaisonia hamifera,* une Algue rouge filamenteuse.

(c) Algue coralline. La paroi cellulaire de cette Algue (*Corallina gracilis*) doit sa rigidité au carbonate (ou trioxocarbonate) de calcium. On trouve cette espèce dans les grands récifs de corail.

FIGURE 28.22 Algues rouges.

chloroplastes acquis d'une Cyanobactérie par endosymbiose primaire. Les **Charophytes** sont un groupe d'Algues vertes ayant une forme générale qui leur donne l'allure d'une prêle, c'est-à-dire qu'elles comportent une structure modulaire présentant une alternance de nœuds et d'entrenœuds. Les charophytes ont un lien de parenté particulièrement étroit avec les Végétaux terrestres. Nous les décrirons d'ailleurs avec les Végétaux, au chapitre suivant. Pour l'instant, nous allons nous attarder sur les Chlorophycées (du grec *khlôros*, «vert»), un clade d'Algues vertes appartenant aux **Ulvophytes,** un groupe aux formes très variées.

On a identifié plus de 7 000 espèces d'Algues vertes appartenant aux Chlorophycées. La plupart vivent en eau douce, mais on trouve également un grand nombre d'espèces marines. Différentes espèces d'Algues vertes unicellulaires entrent dans la composition du plancton, prolifèrent dans les sols humides et la neige, ou vivent en symbiose avec d'autres eucaryotes, en contribuant, au moyen de la photosynthèse, à l'apport alimentaire de leur hôte. Certaines Chlorophycées vivent aussi en symbiose avec des Eumycètes. Elles forment une association fondée sur le mutualisme, le **Lichen** (voir la FIGURE 31.16).

Les Chlorophycées les plus simples sont unicellulaires et possèdent deux flagelles. Tel est ainsi le cas de *Chlamydomonas,* qui ressemble aux gamètes et aux zoospores des Algues vertes plus complexes. En plus des Algues vertes unicellulaires, il existe des espèces qui vivent en colonies ainsi que des formes filamenteuses multicellulaires que l'on trouve dans l'écume des étangs. Les Chlorophycées multicellulaires sont si grosses et si complexes que certains auteurs classent les espèces marines parmi les algues marines, en compagnie des Algues brunes et des Algues rouges volumineuses.

L'augmentation de la taille et de la complexité des Algues vertes au cours de l'évolution est attribuable à trois mécanismes : 1) la formation de colonies de cellules individuelles, comme chez *Volvox* (FIGURE 28.23a) ; 2) la division répétée des noyaux sans division cytoplasmique, comme dans les filaments plurinucléés de *Caulerpa sp.* (FIGURE 28.23b) ; 3) l'apparition de formes multicellulaires véritables, comme *Ulva sp.* (FIGURE 28.23c), par suite de la division et de la différenciation cellulaires.

La plupart des Algues vertes ont un cycle de développement complexe qui comprend des stades de reproduction sexuée et asexuée. Elles peuvent presque toutes se reproduire par voie sexuée, en produisant des gamètes à deux flagelles dotés de chloroplastes en forme de godet (FIGURE 28.24). Les Algues qui se reproduisent par conjugaison font exception. Ainsi, *Spirogyra* produit des gamètes amiboïdes. L'alternance de générations est apparue dans le cycle de développement de quelques Algues vertes, y compris *Ulva* (voir la FIGURE 28.23c).

Jusqu'ici, dans notre étude des Protistes, nous avons vu que les Algues (des Protistes photosynthétiques) se répartissaient en divers clades comprenant aussi des organismes hétérotrophes. Rappelez-vous la FIGURE 28.5 : la diversité des Protistes munis de plastes est attribuable à différents épisodes d'endosymbiose secondaire. Aussi la FIGURE 28.25 (à la page 616) situe-t-elle les groupes d'Algues dont nous avons parlé dans le contexte de l'origine de leurs chloroplastes.

FIGURE 28.23 Algues vertes multicellulaires vivant en colonies.

(a) *Volvox sp.* Cette Algue verte vit en colonies, en eau douce. La colonie forme une sphère creuse dont la paroi se compose de centaines ou de milliers de cellules à deux flagelles enchâssées dans une matrice gélatineuse. Les cellules sont habituellement reliées par des filets de cytoplasme (isolées, elles ne peuvent se reproduire). Les grosses colonies que l'on voit ici finiront par libérer les petites « colonies filles » qu'elles contiennent (MP).

50 µm (260 ×)

(c) *Ulva lactuca,* ou Laitue de mer. Cette algue marine comestible possède un thalle multicellulaire qui produit des frondes ressemblant à des feuilles. Son crampon semblable à une racine l'ancre assez solidement pour empêcher les vagues normales et les marées de la détacher de son substrat.

(b) *Caulerpa sp.* Cette Algue verte vit dans les zones marines intertidales. Ses filaments ramifiés ne possèdent pas de paroi intercellulaire et sont plurinucléés. De fait, le thalle constitue une énorme « supercellule ».

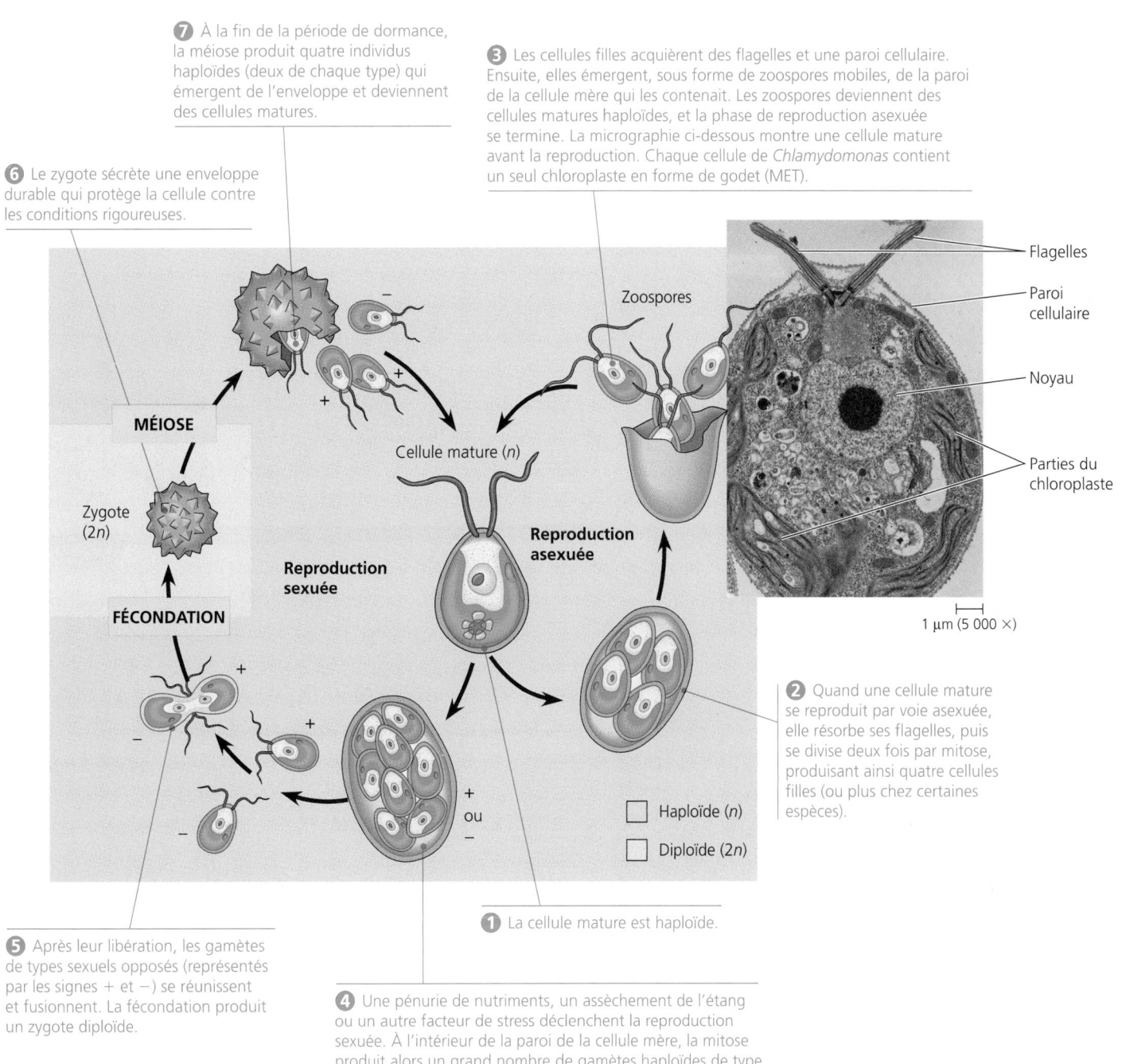

⑦ À la fin de la période de dormance, la méiose produit quatre individus haploïdes (deux de chaque type) qui émergent de l'enveloppe et deviennent des cellules matures.

③ Les cellules filles acquièrent des flagelles et une paroi cellulaire. Ensuite, elles émergent, sous forme de zoospores mobiles, de la paroi de la cellule mère qui les contenait. Les zoospores deviennent des cellules matures haploïdes, et la phase de reproduction asexuée se termine. La micrographie ci-dessous montre une cellule mature avant la reproduction. Chaque cellule de *Chlamydomonas* contient un seul chloroplaste en forme de godet (MET).

⑥ Le zygote sécrète une enveloppe durable qui protège la cellule contre les conditions rigoureuses.

Flagelles

Paroi cellulaire

Noyau

Parties du chloroplaste

Zoospores

MÉIOSE

Cellule mature (*n*)

Reproduction asexuée

Zygote (2*n*)

Reproduction sexuée

FÉCONDATION

1 µm (5 000 ×)

② Quand une cellule mature se reproduit par voie asexuée, elle résorbe ses flagelles, puis se divise deux fois par mitose, produisant ainsi quatre cellules filles (ou plus chez certaines espèces).

+ ou −

☐ Haploïde (*n*)

☐ Diploïde (2*n*)

① La cellule mature est haploïde.

⑤ Après leur libération, les gamètes de types sexuels opposés (représentés par les signes + et −) se réunissent et fusionnent. La fécondation produit un zygote diploïde.

④ Une pénurie de nutriments, un assèchement de l'étang ou un autre facteur de stress déclenchent la reproduction sexuée. À l'intérieur de la paroi de la cellule mère, la mitose produit alors un grand nombre de gamètes haploïdes de type sexuel + ou de type sexuel −.

FIGURE 28.24 Cycle de développement de *Chlamydomonas sp.* La Chlorophycée unicellulaire *Chlamydomonas* se reproduit autant par voie sexuée que par voie asexuée.

Divers protistes se meuvent et se nourrissent au moyen de pseudopodes

Les trois groupes d'organismes que nous allons décrire dans cette section témoignent de l'immense diversité des eucaryotes qui se meuvent et, souvent, se nourrissent au moyen de prolongements cytoplasmiques appelés **pseudopodes.** La plupart de ces organismes sont hétérotrophes et recherchent activement les bactéries, les autres protistes et la matière organique morte dont ils se nourrissent. Il existe aussi parmi eux des espèces symbiotiques, notamment des parasites nuisibles pour l'Humain. Nous n'avons regroupé ces organismes dans cette section que pour des raisons de commodité. Leur phylogénie est mal connue, bien que, de toute évidence, ils correspondent à des lignées eucaryotes distinctes. À cause de ces incertitudes taxinomiques, nous n'avons pas représenté ces protistes dans l'arbre phylogénétique de la FIGURE 28.8.

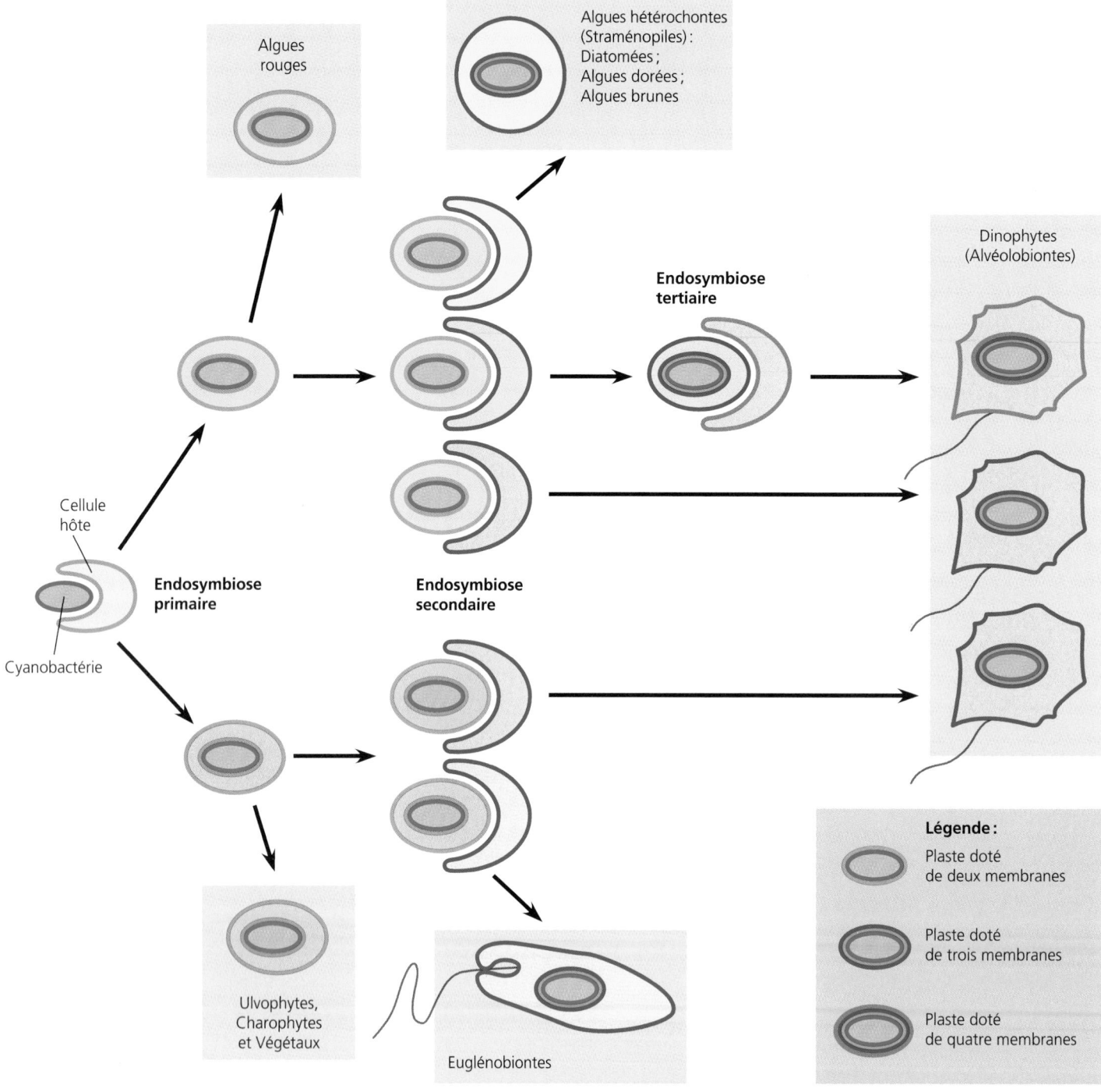

FIGURE 28.25 Origine hypothétique des plastes chez les Eucaryotes photosynthétiques. Comme nous nous attardons sur l'origine des plastes dans divers groupes d'Eucaryotes, nous représentons les cellules hôtes sans noyau ni mitochondries dans ce modèle simplifié. Notez que la « phylogénie des plastes » n'équivaut pas à la phylogénie des organismes eux-mêmes. Par exemple, les Algues hétérochontes ne descendent pas des Algues rouges, mais de protistes hétérotrophes qui ont phagocyté une algue rouge. Notez également que les plastes ont diverses origines chez les Dinophytes. Ils proviennent notamment d'une algue par endosymbiose *tertiaire*. Cependant, les cellules hôtes des divers endosymbiontes qui sont à l'origine des plastes des Dinophytes étaient probablement membres du groupe des Alvéolobiontes, et étaient donc étroitement apparentées les unes aux autres.

Amibes (Rhizopodes)

Les **Amibes,** souvent appelées Rhizopodes, sont toutes unicellulaires. Elles se meuvent et se nourrissent au moyen de pseudopodes. Vous avez probablement observé, en laboratoire, ce mode de locomotion chez *Amœba proteus* (voir la FIGURE 28.1a).

Les pseudopodes peuvent surgir de n'importe quel point de la surface cellulaire. Pour se déplacer, l'Amibe étire un pseudopode et en ancre l'extrémité, ce qui crée un mouvement du cytoplasme vers le pseudopode (*Rhizopoda* signifie « pied en forme de racine »). Le mouvement amiboïde (voir la FIGURE 7.27b) fait intervenir principalement les microfilaments du cytosquelette.

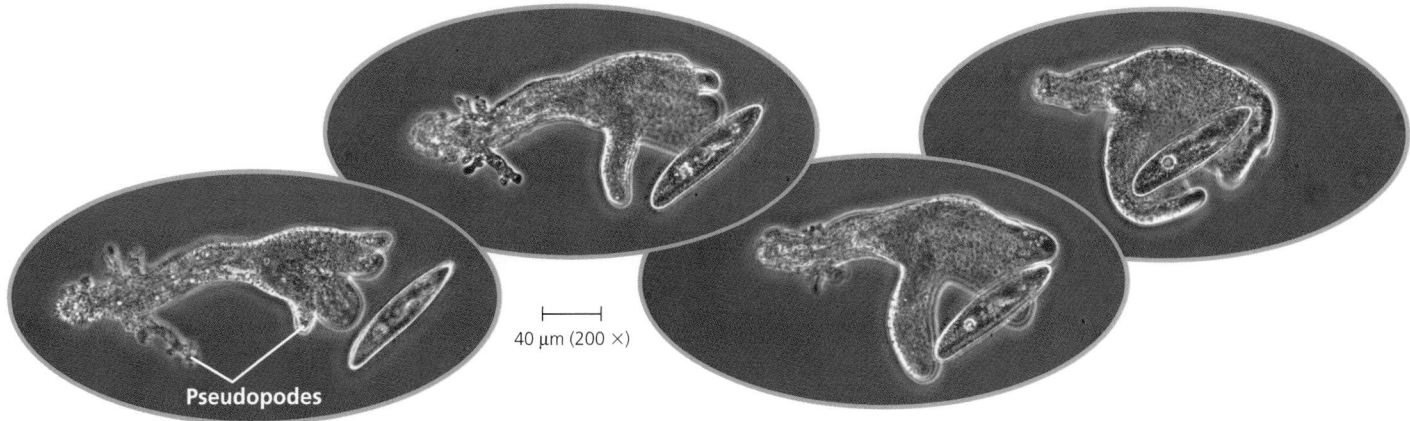

FIGURE 28.26 Mouvements des pseudopodes pendant l'alimentation. Cette série d'images tirée d'une vidéo montre une Amibe qui s'approche de sa proie, un Cilié, et la phagocyte à l'aide de ses pseudopodes. La phagocytose permet à l'Amibe d'engloutir le Cilié et de l'enfermer dans une vacuole nutritive qui fusionnera avec des lysosomes contenant des enzymes digestives.

40 μm (200 ×)

Pseudopodes

L'activité des pseudopodes semble désordonnée, mais l'Amibe manifeste une taxie en présence de nourriture (FIGURE 28.26). Certaines Amibes vivent à l'intérieur d'une coque protéique qu'elles sécrètent. Leurs pseudopodes émergent d'une ouverture de cette coque qui, chez certaines espèces, est recouverte de grains de sable fins.

Les Amibes vivent en eau douce, en eau salée et dans le sol. La plupart évoluent à l'état libre. Mais certaines sont d'importants parasites. C'est le cas d'*Entamœba histolytica,* qui cause la dysenterie amibienne chez l'Humain. Cet organisme se propage par l'intermédiaire de l'eau potable, des aliments et des ustensiles contaminés.

Actinopodes (Héliozoaires et Radiolaires)

Planctoniques pour la plupart, les **Actinopodes** (*Actinopoda* signifie «pieds en forme de rayon») doivent leur nom aux fins pseudopodes rayonnants qui font leur exceptionnelle beauté (FIGURE 28.27). Un faisceau de microtubules recouvert d'une mince couche de cytoplasme renforce chaque axopode. Les axopodes augmentent la surface cellulaire en contact avec l'eau qui l'entoure, favorisent la flottaison et permettent à la cellule de se nourrir. De petits protistes et d'autres microorganismes adhèrent aux axopodes et sont phagocytés par la mince couche de cytoplasme. La cyclose (courant cytoplasmique) transporte ensuite la proie à l'intérieur de la cellule.

La plupart des **Héliozoaires** («Animaux en forme de soleil») vivent en eau douce. Leur squelette est composé de plaques non fusionnées composées de silice ou de chitine. Le terme **Radiolaires** désigne plusieurs groupes d'Actinopodes, marins pour la plupart, dont le squelette est formé d'une seule pièce délicate composée le plus souvent de silice. Lorsque les Actinopodes meurent, leurs squelettes siliceux s'accumulent au fond de la mer et y forment une boue dont l'épaisseur peut atteindre plusieurs centaines de mètres par endroits.

Foraminifères

Les **Foraminifères** sont presque tous marins. La plupart des espèces vivent dans le sable ou se fixent aux rochers et aux algues. Certaines abondent dans le plancton. Les Foraminifères doivent leur nom à leur coque poreuse (du latin *foramen,*

(a) Héliozoaire. Les Héliozoaires sont pour la plupart des protistes d'eau douce. Ils se nourrissent à l'aide de leurs axopodes rigides (MP).

(b) Radiolaire. Les Radiolaires vivent pour la plupart en milieu marin. La forme de leur coque vitreuse varie selon les espèces (MP).

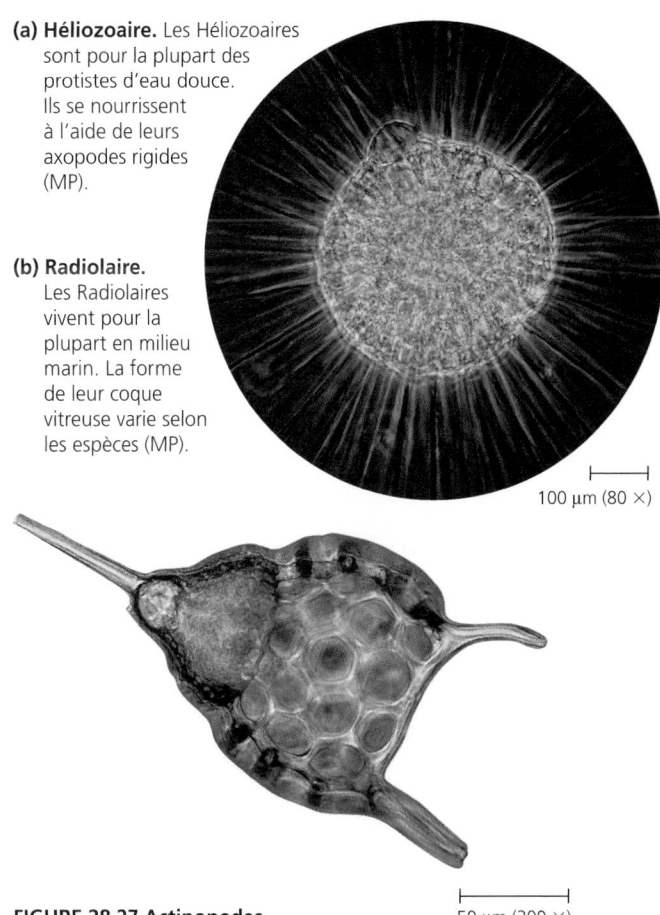

100 μm (80 ×)

50 μm (300 ×)

FIGURE 28.27 Actinopodes.

«petit trou», et *ferre,* «porter»). La coque d'un Foraminifère renferme habituellement plusieurs compartiments et se compose de matériaux organiques renforcés avec du carbonate de calcium. Des fibres du cytoplasme (pseudopodes) émergent des pores et permettent à l'organisme de nager, de constituer sa coque et de se nourrir (FIGURE 28.28). Un grand nombre de Foraminifères se nourrissent des produits issus de la photosynthèse des algues qui vivent en symbiose sous leur coque.

Quatre-vingt-dix pour cent des espèces connues de Foraminifères sont fossiles. Avec les restes calcaires d'autres Protistes, leurs coques entrent dans la composition des sédiments marins et même des roches sédimentaires qui ont émergé. Ces fossiles sont d'excellents marqueurs pour la datation comparative de roches sédimentaires de différentes régions du monde.

Les Mycétozoaires présentent des adaptations structurales et des cycles de développement qui accroissent leur rôle écologique de décomposeurs

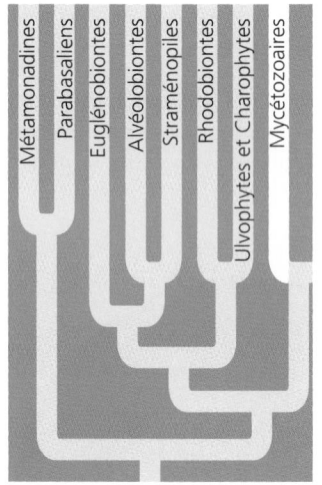

Le terme **Mycétozoaires** signifie littéralement «Animaux semblables à des champignons», mais il désigne en réalité des organismes qui ne sont ni des Animaux ni des Eumycètes. Les ressemblances entre les Mycétozoaires et les Eumycètes sont attribuables non à l'homologie mais à l'analogie. Autrement dit, elles sont attribuables à une convergence évolutive d'adaptations propices à la décomposition des feuilles mortes et d'autres débris organiques. Du reste, si le classement des Protistes reposait uniquement sur le mode de locomotion, les Mycétozoaires seraient vraisemblablement groupés avec les Amibes, car ils se meuvent et se nourrissent à l'aide de pseudopodes. De plus, il se pourrait bien que les Mycétozoaires soient apparentés de près à certains autres Protistes amiboïdes, aux Amibes en particulier. Or, les systématiciens sont presque unanimes : les Mycétozoaires constituent un règne eucaryote distinct. On sait en outre, grâce à la comparaison des séquences protéiques, que les Mycétozoaires sont relativement proches des Eumycètes et des Animaux dans l'arbre des Eucaryotes (voir la FIGURE 28.8).

Nous allons voir que les Mycétozoaires présentent une structure qui maximise leur récolte de nutriments. Ils possèdent également des cycles de développement complexes qui favorisent leur survie dans des habitats instables et facilitent leur dispersion vers de nouvelles sources de nourriture. Les Mycétozoaires comprennent deux grands groupes : les Myxomycètes et les Acrasiomycètes.

FIGURE 28.28 Foraminifères. *Globigerina sp.* possède une coque qui ressemble à celle de l'Escargot. Les plus grands Foraminifères, bien qu'unicellulaires, atteignent plusieurs centimètres de diamètre. Leurs coques de carbonate de calcium ont laissé de nombreux fossiles dans les sédiments calcaires (MP).

35 µm (400 ×)

Myxomycètes

Les **Myxomycètes** sont hétérotrophes. De nombreuses espèces possèdent une pigmentation brillante, habituellement jaune ou orange. Durant le stade de croissance de leur cycle de développement, ils se présentent sous la forme d'une masse amiboïde appelée **plasmode.** Le plasmode peut atteindre un diamètre de plusieurs centimètres (FIGURE 28.29). Aussi gros soit-il, il n'est pas multicellulaire. Il s'agit plutôt d'une masse de cytoplasme qui n'est pas séparée par des membranes et qui renferme plusieurs noyaux. Cette «supercellule» provient de divisions mitotiques des noyaux qui n'ont pas été suivies de cytocinèse, c'est-à-dire de division du cytoplasme. Chez la plupart des espèces, les noyaux du plasmode sont diploïdes et les divisions se font de façon synchronisée. Ainsi, les milliers de noyaux exécutent chaque phase de la mitose au même moment. C'est pourquoi on recourt aux Myxomycètes pour étudier les détails moléculaires du cycle cellulaire.

À l'intérieur des fins canaux du plasmode, le cytoplasme circule dans un sens puis dans l'autre, en un mouvement pulsatile fascinant à observer au microscope. Il semble que ce courant cytoplasmique favorise la distribution des nutriments et du dioxygène. Pour assurer sa croissance, le plasmode étend ses pseudopodes dans le sol humide, le paillis de feuilles ou le bois pourri, puis phagocyte les particules alimentaires. Lorsqu'il y a une sécheresse ou une pénurie de nourriture, le plasmode cesse de croître et se différencie. Il entre alors dans un stade de reproduction sexuée.

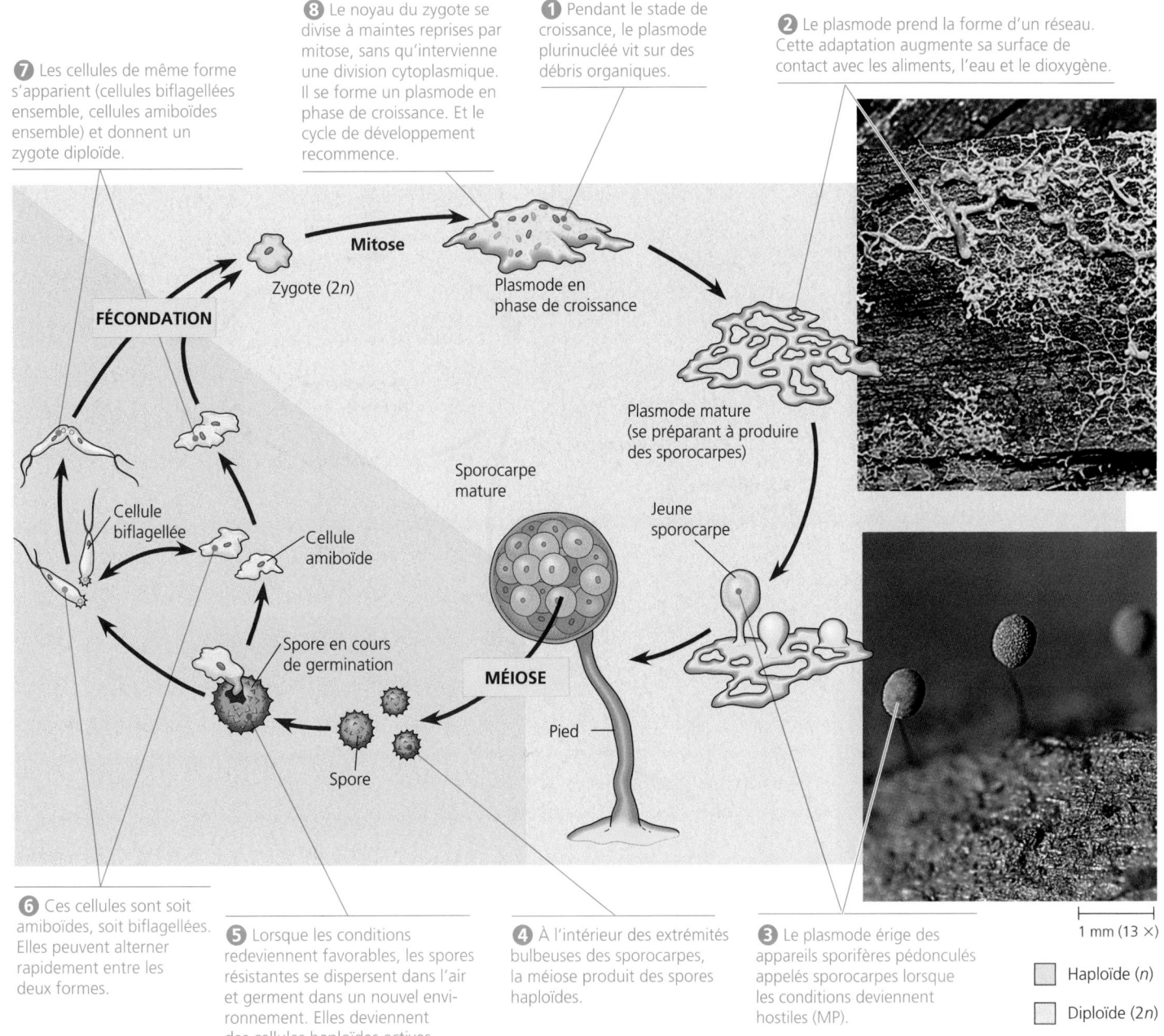

7 Les cellules de même forme s'apparient (cellules biflagellées ensemble, cellules amiboïdes ensemble) et donnent un zygote diploïde.

8 Le noyau du zygote se divise à maintes reprises par mitose, sans qu'intervienne une division cytoplasmique. Il se forme un plasmode en phase de croissance. Et le cycle de développement recommence.

1 Pendant le stade de croissance, le plasmode plurinuclée vit sur des débris organiques.

2 Le plasmode prend la forme d'un réseau. Cette adaptation augmente sa surface de contact avec les aliments, l'eau et le dioxygène.

FÉCONDATION

Zygote (2n)

Mitose

Plasmode en phase de croissance

Cellule biflagellée

Cellule amiboïde

Spore en cours de germination

Sporocarpe mature

Spore

Pied

MÉIOSE

Plasmode mature (se préparant à produire des sporocarpes)

Jeune sporocarpe

1 mm (13 ×)

☐ Haploïde (n)

☐ Diploïde (2n)

6 Ces cellules sont soit amiboïdes, soit biflagellées. Elles peuvent alterner rapidement entre les deux formes.

5 Lorsque les conditions redeviennent favorables, les spores résistantes se dispersent dans l'air et germent dans un nouvel environnement. Elles deviennent des cellules haploïdes actives.

4 À l'intérieur des extrémités bulbeuses des sporocarpes, la méiose produit des spores haploïdes.

3 Le plasmode érige des appareils sporifères pédonculés appelés sporocarpes lorsque les conditions deviennent hostiles (MP).

FIGURE 28.29 Cycle de développement d'un Myxomycète du genre *Physarum*.

Acrasiomycètes

Les **Acrasiomycètes** nous obligent à remettre en question la définition même du mot « organisme ». Pendant le stade de croissance de leur cycle de développement, les Acrasiomycètes sont des cellules individuelles. En l'absence de nourriture, cependant, les cellules se groupent en un amas (pseudoplasmode) qui fonctionne comme un individu (FIGURE 28.30, p. 620). Bien que cette masse cellulaire ressemble au plasmode des Myxomycètes, elle s'en distingue par une caractéristique importante : les cellules des Acrasiomycètes conservent leur identité et demeurent séparées par leur membrane plasmique.

Les Acrasiomycètes diffèrent des Myxomycètes par d'autres aspects. Tout d'abord, les Acrasiomycètes sont des organismes haploïdes (seul le zygote est diploïde), tandis que la plupart des Myxomycètes présentent surtout la forme diploïde durant leur cycle de développement (comparez les FIGURES 28.29 et 28.30). En outre, les Acrasiomycètes produisent un appareil sporifère (sporocarpe) qui intervient dans la reproduction asexuée. Enfin, la plupart des Acrasiomycètes n'ont pas de stade flagellé.

Nous avons maintenant terminé notre étude de la diversité et des relations phylogénétiques chez les Protistes. Dans la dernière section de ce chapitre, nous allons donner un aperçu de l'origine de la pluricellularité.

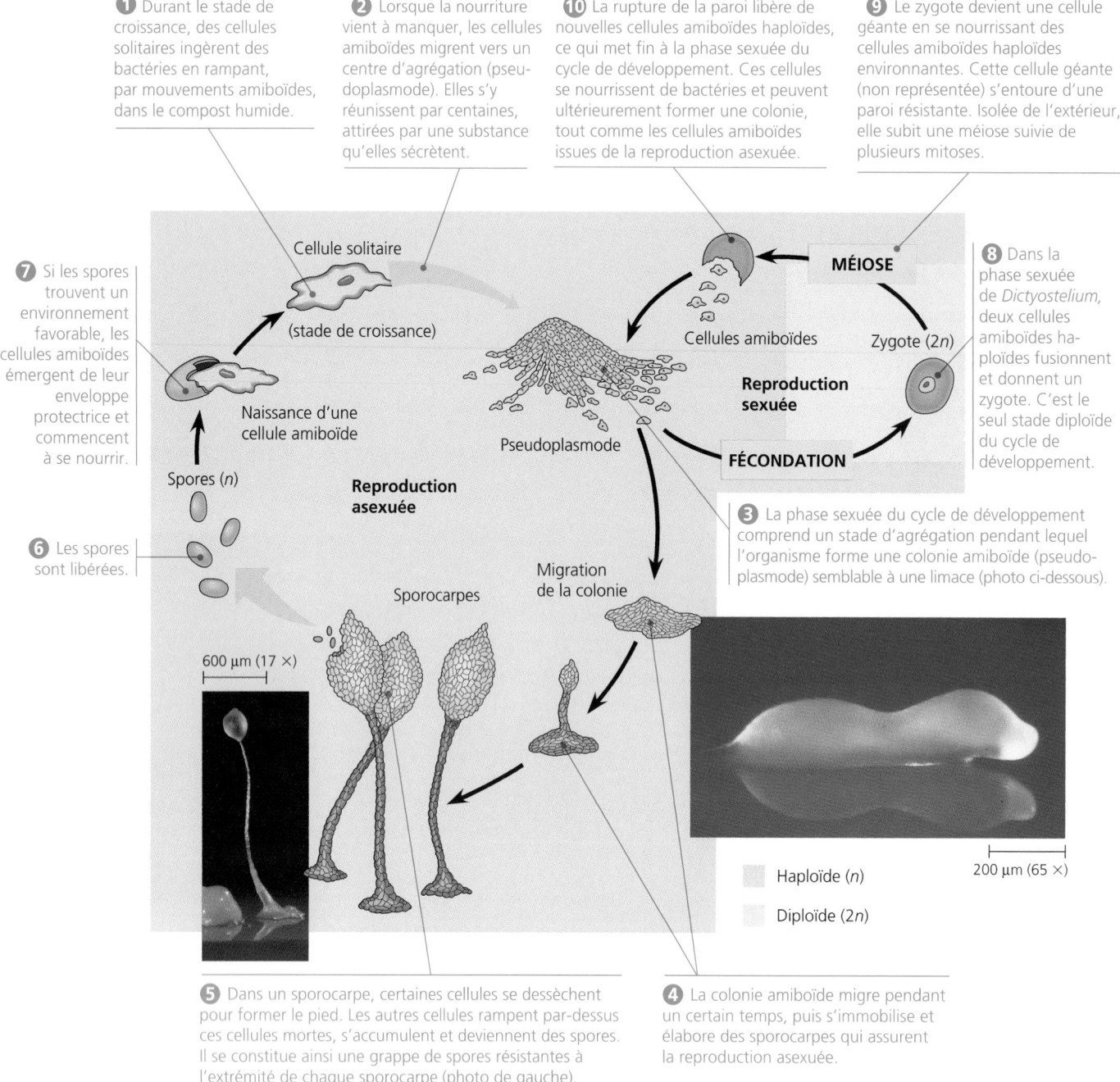

① Durant le stade de croissance, des cellules solitaires ingèrent des bactéries en rampant, par mouvements amiboïdes, dans le compost humide.

② Lorsque la nourriture vient à manquer, les cellules amiboïdes migrent vers un centre d'agrégation (pseudoplasmode). Elles s'y réunissent par centaines, attirées par une substance qu'elles sécrètent.

⑩ La rupture de la paroi libère de nouvelles cellules amiboïdes haploïdes, ce qui met fin à la phase sexuée du cycle de développement. Ces cellules se nourrissent de bactéries et peuvent ultérieurement former une colonie, tout comme les cellules amiboïdes issues de la reproduction asexuée.

⑨ Le zygote devient une cellule géante en se nourrissant des cellules amiboïdes haploïdes environnantes. Cette cellule géante (non représentée) s'entoure d'une paroi résistante. Isolée de l'extérieur, elle subit une méiose suivie de plusieurs mitoses.

⑦ Si les spores trouvent un environnement favorable, les cellules amiboïdes émergent de leur enveloppe protectrice et commencent à se nourrir.

⑥ Les spores sont libérées.

Cellule solitaire

(stade de croissance)

Naissance d'une cellule amiboïde

Spores (*n*)

Reproduction asexuée

MÉIOSE

Cellules amiboïdes

Zygote (2*n*)

Reproduction sexuée

Pseudoplasmode

FÉCONDATION

⑧ Dans la phase sexuée de *Dictyostelium*, deux cellules amiboïdes haploïdes fusionnent et donnent un zygote. C'est le seul stade diploïde du cycle de développement.

③ La phase sexuée du cycle de développement comprend un stade d'agrégation pendant lequel l'organisme forme une colonie amiboïde (pseudoplasmode) semblable à une limace (photo ci-dessous).

Migration de la colonie

Sporocarpes

600 μm (17 ×)

200 μm (65 ×)

Haploïde (*n*)

Diploïde (2*n*)

⑤ Dans un sporocarpe, certaines cellules se dessèchent pour former le pied. Les autres cellules rampent par-dessus ces cellules mortes, s'accumulent et deviennent des spores. Il se constitue ainsi une grappe de spores résistantes à l'extrémité de chaque sporocarpe (photo de gauche).

④ La colonie amiboïde migre pendant un certain temps, puis s'immobilise et élabore des sporocarpes qui assurent la reproduction asexuée.

FIGURE 28.30 Cycle de développement d'un Acrasiomycète (*Dictyostelium sp.*).

La pluricellularité est apparue à plusieurs reprises

Nous avons vu que l'émergence des Eucaryotes avait entraîné un accroissement explosif de la diversité. De fait, la structure des eucaryotes unicellulaires est beaucoup plus diversifiée que celle des procaryotes. L'apparition de corps pluricellulaires a marqué une autre étape dans l'organisation structurale et fourni la matière première pour d'autres vagues de diversification au cours de l'évolution. La pluricellularité est apparue à plusieurs reprises chez les premiers organismes eucaryotes. C'est ainsi que sont nées, par exemple, diverses algues pluricellulaires. De même, l'apparition de la pluricellularité a permis l'émergence des Végétaux, des Eumycètes et des Animaux. L'origine de ces trois règnes fera d'ailleurs l'objet du chapitre suivant.

RÉVISION DU CHAPITRE

Résumé des concepts importants

INTRODUCTION AU MONDE DES PROTISTES

- Les systématiciens ont classifié les Protistes en plusieurs règnes (p. 594 et 595, FIGURES 28.1 et 28.2). Les systématiciens commencent à distinguer plusieurs clades monophylétiques chez les Protistes.

- Les Protistes sont les organismes les plus diversifiés de tous les Eucaryotes (p. 595 et 596). Tous les Protistes sont des eucaryotes. La diversité des Protistes est attribuable aux aléas de l'évolution de l'organisation chez les Eucaryotes. La plupart des Protistes sont unicellulaires, mais il existe aussi des formes qui vivent en colonies et des formes multicellulaires simples. On trouve des Protistes partout où il y a de l'eau, notamment dans le plancton, au fond des océans, dans le sol humide et dans les liquides biologiques d'autres organismes. Les Protistes sont les eucaryotes les plus diversifiés sur le plan de la nutrition. Ils comprennent des photoautotrophes, des hétérotrophes et des mixotrophes.

ORIGINE ET DIVERSIFICATION PRÉCOCE DES EUCARYOTES

- La formation de membranes internes a favorisé l'augmentation du volume et l'accroissement de la complexité des cellules (p. 597, FIGURE 28.4). Le réseau intracellulaire de membranes des Eucaryotes provient peut-être d'invaginations spécialisées de la membrane plasmique chez des procaryotes ancestraux.

- Les mitochondries et les plastes proviennent de bactéries endosymbiotiques (p. 597 et 598, FIGURE 28.4). Les chloroplastes et les mitochondries descendent respectivement de Cyanobactéries et de procaryotes hétérotrophes aérobies devenus endosymbiontes de cellules eucaryotes en évolution.

- La cellule eucaryote est une chimère issue d'ancêtres procaryotes (p. 598 et 599). Dans le génome eucaryote, certains gènes des ancêtres endosymbiotiques ont migré des organites vers le noyau.

- Une endosymbiose secondaire a accru la diversité des Algues (p. 599 et 600, FIGURE 28.5). Les plastes de certains groupes d'Algues proviennent d'endosymbiontes qui étaient eux-mêmes des algues eucaryotes.

- La recherche sur les relations entre les trois domaines remet en question les premières ramifications de l'arbre phylogénétique du vivant (p. 600 et 601, FIGURES 28.6 et 28.7). La base de l'arbre phylogénétique du vivant ne devrait vraisemblablement pas être un « tronc » (un unique ancêtre commun), mais plutôt une communauté de procaryotes ayant procédé à des échanges intensifs de gènes.

- L'apparition des Eucaryotes a catalysé une seconde vague de diversification (p. 601 à 603, FIGURE 28.8). Divers nouveaux règnes sont apparus au début de l'évolution des Eucaryotes. Leur nombre et les noms qui leur conviennent font encore l'objet de controverses.

APERÇU DE LA DIVERSITÉ DES PROTISTES

- Les algues marines survivent et se reproduisent grâce à des adaptations structurales et biochimiques (p. 610 et 611, FIGURES 28.19 et 28.20). Caractérisées par la présence d'un thalle, les algues marines comprennent des Algues brunes, des Algues rouges et des Algues vertes.

- Les générations haploïde et diploïde alternent dans le cycle de développement de certaines algues (p. 611 et 612, FIGURE 28.21). Les gamétophytes haploïdes et les sporophytes diploïdes s'engendrent les uns les autres.

- La pluricellularité est apparue à plusieurs reprises (p. 620). La pluricellularité est apparue chez les algues marines et chez d'autres Protistes, puis chez les ancêtres des Végétaux, des Eumycètes et des Animaux.

- Révisez les groupes de Protistes abordés dans ce chapitre à l'aide du TABLEAU 28.1, p. 622. Chacun des clades numérotés pourrait devenir un règne dans la nouvelle taxinomie des Protistes. Plusieurs des sous-groupes de ces clades sont des embranchements dans la taxinomie traditionnelle et pourraient le demeurer si l'analyse cladistique justifie la subdivision du règne des Protistes en plusieurs règnes.

Autoévaluation

(Les questions dont les numéros sont en caractères gras font surtout appel à la compréhension.)

1. Les scientifiques postulent que les trois domaines du vivant sont issus d'une communauté de procaryotes ayant procédé à des échanges intensifs de gènes. Cette hypothèse repose principalement sur:
   a) les comparaisons des séquences de nucléotides de l'ARN des petites sous-unités ribosomiques.
   b) des indices montrant que les gènes ont migré des plastes vers les mitochondries.
   c) l'apparition d'organismes photosynthétiques dans diverses lignées d'organismes procaryotes et de Protistes.
   d) la présence de gènes bactériens dans les génomes des Eucaryotes et des Archéobactéries modernes.
   e) la découverte de nouveaux fossiles.

2. Quel groupe d'organismes n'est pas bien décrit?
   a) Rhizopodes: Amibes nues ou munies d'une coque protéique.
   b) Actinopodes: organismes planctoniques possédant de fins axopodes radiaires.
   c) Foraminifères: Algues flagellées, vivant à l'état libre ou en symbiose.
   d) Apicomplexes: parasites présentant un cycle de développement complexe.
   e) Diplomonadines: Protistes dépourvus de mitochondries.

TABLEAU 28.1 Aperçu de la diversité des Protistes

Principaux clades	Caractéristiques essentielles	Exemples
❶ Métamonadines et Parabasaliens	Disparition secondaire des mitochondries	
A. Métamonadines (Diplomonadines)	Deux noyaux distincts	*Giardia*
B. Parabasaliens (Trichomonadines et autres)	Membrane ondulatoire	*Trichomonas*
❷ Euglénobiontes	Flagellés photosynthétiques, hétérotrophes ou mixotrophes	
A. Euglénophytes	Réserve de polysaccharide sous forme de paramylon	*Euglena*
B. Kinétoplastidés	Présence d'un organite particulier, le kinétoplaste	*Trypanosoma*
❸ Alvéolobiontes	Présence d'alvéoles (cavités entourées d'une membrane) sous la surface	
A. Dinophytes	Armure composée de plaques de cellulose	*Pfiesteria*
B. Apicomplexes	Complexe apical intervenant dans la pénétration des cellules hôtes	*Plasmodium*
C. Ciliés	Intervention des cils dans la locomotion et la nutrition	*Paramecium*
❹ Straménopiles	Flagelles « velus »	
A. Oomycètes	Hyphes absorbant les nutriments	Saprolégniales, Rouilles, agents du mildiou
B. Diatomées (Bacillariophycées)	Coque siliceuse en deux parties	*Pinnularia*
C. Algues dorées (Chrysophycées)	Cellules à deux flagelles ; présence de xanthophylles	*Dinobryon*
D. Algues brunes (Phéophycées)	Couleur brune due aux pigments accessoires	*Laminaria*
❺ Algues rouges (Rhodobiontes)	Aucun stade flagellé ; présence d'un pigment appelé phycoérythrine	*Porphyra*
❻ Chlorobiontes (comprend les Ulvophytes et les Charophytes)	Chloroplastes semblables à ceux des Végétaux	*Chlamydomonas*
❼ Mycétozoaires	Décomposeurs ; cycle de développement complexe comprenant un stade amiboïde	
A. Myxomycètes	Sous forme de plasmode réticulé, au stade de croissance	*Physarum*
B. Acrasiomycètes	Cellules amiboïdes se regroupant pour former des colonies reproductives	*Dictyostelium*
Protistes de phylogénie incertaine et munis de pseudopodes	Pseudopodes servant à la locomotion et à la nutrition	
A. Amibes (Rhizopodes)	Pseudopodes en forme de lobes	*Amœba*
B. Actinopodes	Pseudopodes en forme de rayons (axopodes)	Héliozoaires et Radiolaires
C. Foraminifères	Coques de calcaire poreuses	*Globigerina*

3. Laquelle des descriptions suivantes est *fausse* ?
   a) Dinophytes : coque siliceuse en deux parties.
   b) Algues vertes : organismes les plus étroitement apparentés aux Végétaux.
   c) Algues rouges : aucun stade flagellé dans le cycle de développement.
   d) Algues brunes : groupe comprenant les plus grandes algues marines.
   e) Diatomées : membres du groupe des Straménopiles.

4. La présence de plus de deux membranes autour de certains plastes prouve que :
   a) ces plastes sont issus de mitochondries.
   b) des algues autotrophes ont phagocyté d'autres algues, après quoi leurs plastes ont fusionné.
   c) ces plastes sont issus d'Archéobactéries.
   d) un protiste hétérotrophe a englobé une algue par endosymbiose secondaire, et cette algue est restée entourée par la membrane d'une vacuole.
   e) ces plastes ont bourgeonné à partir de l'enveloppe nucléaire.

5. Les biologistes postulent que l'endosymbiose a donné naissance aux mitochondries, et ce, avant les plastes, parce que :
   a) les produits de la photosynthèse n'auraient pas pu être métabolisés sans enzymes mitochondriales.
   b) presque tous les eucaryotes possèdent des mitochondries, tandis que seuls les eucaryotes autotrophes possèdent des plastes.
   c) l'ADN mitochondrial ressemble moins à l'ADN procaryote que l'ADN des plastes.
   d) sans production de dioxygène dans les mitochondries, la photosynthèse était impossible.
   e) les plastes utilisent leurs propres ribosomes, tandis que les protéines mitochondriales sont synthétisées dans le cytosol.

6. Parmi les caractéristiques suivantes, laquelle confirme les indices moléculaires qui permettent de classer les Dinophytes, les Apicomplexes et les Ciliés dans le clade monophylétique des Alvéolobiontes ?
   a) Leurs flagelles ou leurs cils ont une ultrastructure microtubulaire de type 9 + 2.
   b) Tous sont pathogènes.
   c) Tous se trouvent uniquement dans des habitats aquatiques.

d) Tous possèdent des mitochondries.

e) Tous présentent, sous leur surface cellulaire, des alvéoles entourées d'une membrane.

7. Parmi les affirmations suivantes, laquelle décrit *incorrectement* l'origine endosymbiotique possible des plastes et des mitochondries?

a) Les plastes et les mitochondries ont la taille qu'il faut pour être les descendants de bactéries.

b) Les plastes et les mitochondries possèdent leur propre génome et fabriquent toutes leurs protéines.

c) Les plastes et les mitochondries contiennent des molécules d'ADN circulaire.

d) Les membranes des plastes et des mitochondries renferment des enzymes et des transporteurs semblables à ceux que l'on trouve dans les membranes plasmiques des procaryotes.

e) Les ribosomes des plastes et des mitochondries ressemblent plus à ceux des Bactéries qu'à ceux des Eucaryotes.

8. L'organisme responsable du mildiou de la Pomme de terre qui a causé une famine en Irlande fait partie:

a) des Actinopodes.

b) des Ciliés.

c) des Oomycètes.

d) des Myxomycètes.

e) des Acrasiomycètes.

9. Vous trouvez une masse amiboïde colorée et de forme réticulaire sur une bûche en décomposition. Après une période de sécheresse, vous remarquez que des appareils sporifères pédonculés émergent de cette masse plurinucléée. L'organisme fait probablement partie:

a) des Euglénophytes.

b) des Myxomycètes.

c) des Acrasiomycètes.

d) des Foraminifères.

e) des Saprolégniales.

10. Lequel des groupes suivants appartient probablement à la plus ancienne ramification de l'évolution des Eucaryotes?

a) Les Archéobactéries.

b) Les Métamonadines.

c) Les Eumycètes.

d) Les Amibes.

e) Les Diatomées.

11. Pourquoi les Protistes sont-ils précieux pour les biologistes qui étudient l'évolution des Eucaryotes?

12. Quels sont les trois moyens de locomotion chez les Protistes?

13. Qu'est-ce que le Varech?

14. L'Humain a une reproduction sexuée comprenant une phase haploïde et une phase diploïde. Pourquoi ne peut-on parler d'alternance de générations dans son cas?

Lien avec l'évolution

En vous appuyant sur des données de la systématique et de la cladistique moléculaires, expliquez pourquoi le règne des Protistes n'est vraisemblablement plus un taxon valable.

Intégration

Élaborez une clé d'identification pour les Protistes et leur évolution en la représentant, dans un schéma, sous la forme d'un réseau de concepts.

Science, technologie et société

S'il est si difficile de mettre au point un vaccin antipaludéen, c'est notamment parce que le parasite du paludisme, *Plasmodium*, est capable de se mettre à l'abri du système immunitaire. Mais c'est aussi parce que la recherche sur le paludisme occupe moins de scientifiques et reçoit moins de financement que la recherche sur des maladies qui, comme la fibrose kystique, touchent pourtant beaucoup moins de gens. Quelles sont les raisons possibles de ce déséquilibre?

Réponses à l'autoévaluation: 1. d; 2. c; 3. a; 4. d; 5. b; 6. e; 7. b; 8. c; 9. b. 10. b. 11. Parce que les premiers Eucaryotes étaient des Protistes et que les Protistes sont les ancêtres de tous les autres Eucaryotes, y compris les Végétaux, les Eumycètes, les Animaux et les Protistes modernes. 12. Les flagelles, les cils et les pseudopodes. 13. Une Algue brune marine de grandes dimensions. 14. Parce que la forme haploïde (gamètes) est unicellulaire. Dans l'alternance de générations, on trouve des formes haploïdes et diploïdes multicellulaires au cours du cycle de développement.

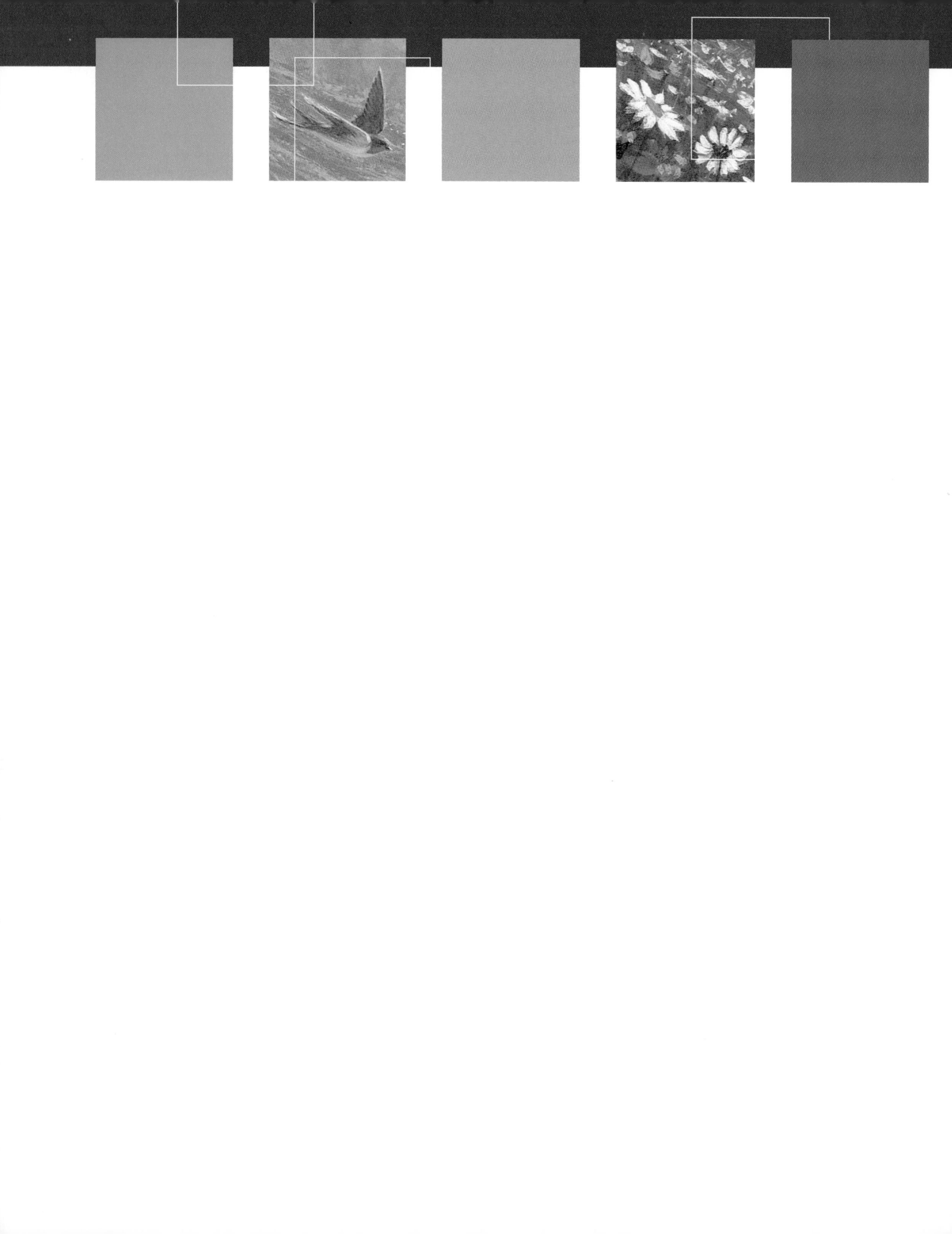

CHAPITRE 29

LA DIVERSITÉ DES VÉGÉTAUX I : LA COLONISATION DES MILIEUX TERRESTRES

« Je dédie ce livre à la jeunesse nouvelle de mon pays,
et particulièrement aux dix mille jeunes gens
et jeunes filles qui forment la pacifique armée
des *Cercles des Jeunes Naturalistes*.
Ce sera mon humble contribution à une œuvre pressante :
le retour des intelligences aux bienfaisantes réalités
de la Nature, au Livre admirable et trop souvent fermé,
à cette Bible qui parle le même langage que l'autre,
mais où si peu d'hommes savent lire les rythmes
de beauté et les paroles de vie. »

Extrait du texte figurant au début de la *Flore laurentienne*.

FRÈRE MARIE-VICTORIN
botaniste québécois et fondateur du Jardin botanique de Montréal
(1885-1944)

APERÇU DE L'ÉVOLUTION DES VÉGÉTAUX TERRESTRES

- Il y a quatre grands groupes de Végétaux qui se caractérisent par des adaptations aux milieux terrestres
- Les Charophytes sont les Algues vertes les plus étroitement apparentées aux Végétaux terrestres
- Diverses adaptations à la terre ferme distinguent les Végétaux terrestres des Charophytes

L'ORIGINE DES VÉGÉTAUX TERRESTRES

- Les Végétaux terrestres ont divergé des Charophytes il y a plus de 500 millions d'années
- L'alternance de générations chez les Végétaux résulte peut-être d'une méiose tardive
- Des adaptations à la vie en eau peu profonde ont préparé l'accession des Végétaux aux milieux terrestres
- Les spécialistes de la taxinomie des Végétaux remettent en question les limites du règne des Végétaux
- Le règne des Végétaux est monophylétique

LES BRYOPHYTES

- Les trois embranchements de Bryophytes sont les Mousses, les Hépatiques et les Anthocérotes
- Le gamétophyte est la génération dominante dans le cycle de développement des Bryophytes
- Les sporophytes des Bryophytes dispersent un très grand nombre de spores
- Les Bryophytes offrent de nombreux avantages écologiques et économiques

L'ORIGINE DES VASCULAIRES

- Des adaptations supplémentaires aux milieux terrestres sont apparues à mesure que les Vasculaires divergeaient de leurs ancêtres semblables à des Mousses
- Diverses Vasculaires sont apparues il y a plus de 400 millions d'années

LES PTÉRIDOPHYTES : VASCULAIRES SANS GRAINES

- Les Ptéridophytes nous fournissent des indices sur l'apparition des racines et des feuilles
- Le sporophyte est graduellement devenu la forme dominante dans le cycle de développement des Vasculaires sans graines
- Les deux embranchements modernes de Vasculaires sans graines sont les Lycophytes et les Ptérophytes
- Les Vasculaires sans graines formaient les vastes forêts du Carbonifère

Quand on admire *un paysage luxuriant comme la forêt tasmanienne, qui apparaît dans la photo ci-dessus, on a du mal à imaginer la terre ferme sans organismes macroscopiques. Pourtant, c'est ce qui a caractérisé la Terre pendant presque 90 % du temps écoulé depuis l'apparition de la vie. La vie a éclos dans les mers et les étangs et y est demeurée enfermée durant trois milliards d'années. Les paléobiologistes ont découvert des fossiles de*

Cyanobactéries qui recouvraient le sol humide il y a environ 1,2 milliard d'années. Cependant, le long chemin de l'évolution qui a mené des organismes complexes sur la terre ferme n'a commencé qu'il y a 500 millions d'années environ. Les communautés terrestres que les Végétaux ont établies ont transformé la biosphère. Ainsi, les Humains n'existeraient pas aujourd'hui sans la série d'événements qui a débuté lorsque certains descendants des Algues vertes ont pris pied en milieu terrestre.

L'évolution du règne végétal est une longue suite d'adaptations à des conditions terrestres changeantes. C'est dans ce cadre historique que nous allons étudier la diversité et l'origine des Végétaux, dans ce chapitre-ci et dans le suivant.

APERÇU DE L'ÉVOLUTION DES VÉGÉTAUX TERRESTRES

On compte aujourd'hui plus de 280 000 espèces de Végétaux. Certaines, telles les graminées marines, sont retournées aux habitats aquatiques au cours de leur évolution. Mais la plupart vivent dans des milieux terrestres comme les déserts, les prairies et les forêts. Pour l'instant, nous allons désigner tous ces organismes, même ceux qui sont à présent aquatiques, par l'expression « Végétaux *terrestres* », afin de les distinguer des Algues que nous avons décrites, au chapitre 28, comme des protistes photosynthétiques. De fait, les Végétaux terrestres sont issus d'Algues vertes appelées Charophytes. Nous reviendrons plus loin, dans le chapitre, sur ce lien phylogénétique. Dans la présente section, nous allons aborder la diversité des Végétaux terrestres modernes sous l'angle de leurs adaptations à la terre ferme.

Il y a quatre grands groupes de Végétaux qui se caractérisent par des adaptations aux milieux terrestres

Il existe quatre grands groupes de Végétaux terrestres : les Bryophytes, les Ptéridophytes, les Gymnospermes et les Angiospermes*. Les Bryophytes les plus répandues sont les Mousses. Quant aux Ptéridophytes, ils comprennent les Fougères. Les Gymnospermes les plus familières sont les Conifères. Enfin, les Angiospermes correspondent aux Plantes à fleurs. L'étude de ces quatre groupes nous aide à comprendre l'évolution de la vie en général, car ces groupes sont apparus à des moments distincts.

Les **Bryophytes** se distinguent des Algues par plusieurs caractéristiques qui, au cours de l'évolution, ont favorisé leur adaptation aux milieux terrestres. Un bon nombre de leurs

---

* La nouvelle phylogénie fondée sur l'ADN révolutionne la taxinomie classique, de sorte qu'il est maintenant très difficile de définir avec certitude les catégories taxinomiques supérieures, depuis l'embranchement jusqu'au domaine. Par exemple, certains systématiciens avancent que les Végétaux comportent plusieurs règnes sans pour autant les intégrer dans un taxon du niveau du domaine. Dans les chapitres traitant de systématique, nous utilisons des catégories taxinomiques sous toutes réserves, dans le seul but de structurer le mieux possible les concepts présentés.

adaptations sont liées à la reproduction. Ainsi, le résultat de la reproduction des Bryophytes et de tous les autres Végétaux terrestres est un embryon multicellulaire qui reste attaché à la plante « mère » dont il tire protection et nourriture.

Par ailleurs, les autres grands groupes de Végétaux terrestres possèdent des adaptations qui les différencient des Bryophytes. Les organismes qui constituent ces groupes possèdent notamment un tissu conducteur qui est apparu chez un ancêtre commun. La présence de ce caractère dérivé et de quelques autres place les Ptéridophytes, les Gymnospermes et les Angiospermes dans un clade appelé **Végétaux vasculaires** ou, plus simplement, **Vasculaires** (revoir, au chapitre 25, les concepts de caractère homologue dérivé et de cladistique). Les cellules du **tissu conducteur** forment des tubes qui transportent l'eau et les nutriments dans la plante. Comme la plupart des Bryophytes ne possèdent pas de tissu conducteur, elles sont parfois appelées Invasculaires. Ce terme n'est pas tout à fait exact, cependant, car on trouve chez certaines Bryophytes des tubes servant à transporter l'eau. (Nous présenterons plus loin quelques caractères dérivés qui permettent de distinguer de façon plus juste les Vasculaires des Invasculaires.)

Parmi les Vasculaires, les **Ptéridophytes** sont des *Plantes sans graines,* car ils ne produisent pas de graines au cours de leur cycle de développement. Les Gymnospermes et les Angiospermes, en revanche, sont des *Plantes à graines*. L'apparition de la graine chez un ancêtre commun aux Gymnospermes et aux Angiospermes a facilité la reproduction sur la terre ferme.

Une **graine** est composée d'un embryon végétal et d'une réserve de nourriture qui se trouvent à l'intérieur d'une enveloppe protectrice. Les Vasculaires à graines sont apparues il y a environ 360 millions d'années, vers la fin du Dévonien. Leurs graines n'étaient pas enfermées dans une cavité spéciale. Ces premières Plantes à graines sont à l'origine de la diversité actuelle des **Gymnospermes** (du grec *gumnos*, « nu », et *spermos*, « graine »), qui comprennent les Conifères.

L'apparition de la fleur, structure reproductrice complexe, a permis aux Végétaux de se diversifier davantage encore, et ce, à compter du début du Crétacé, il y a environ 130 millions d'années. Chez les Angiospermes, les graines sont enfermées dans une cavité protectrice de la fleur, l'ovaire. Chez les Gymnospermes, au contraire, les graines sont nues. La vaste majorité des espèces végétales actuelles appartiennent au groupe des **Angiospermes** (du grec *aggeion*, « capsule », et *spermos*, « graine »).

On peut ainsi associer les Bryophytes, les Ptéridophytes, les Gymnospermes et les Angiospermes d'aujourd'hui à quatre grands épisodes de l'évolution des Végétaux terrestres : l'apparition des Bryophytes issues d'Algues ; l'apparition et la diversification des Vasculaires ; l'apparition des graines ; puis l'apparition des fleurs. La phylogénie hypothétique que présente la FIGURE 29.1 situe les embranchements de Végétaux terrestres dans ce contexte de l'évolution. La classification que nous utilisons dans ce chapitre et dans le suivant comprend dix embranchements de Végétaux au total (TABLEAU 29.1, p. 628). Avant de les étudier en détail, nous allons préciser ce qui distingue les Végétaux terrestres des autres organismes photosynthétiques. Puis, nous poursuivrons notre description des adaptations qui ont permis aux Végétaux de coloniser les milieux terrestres.

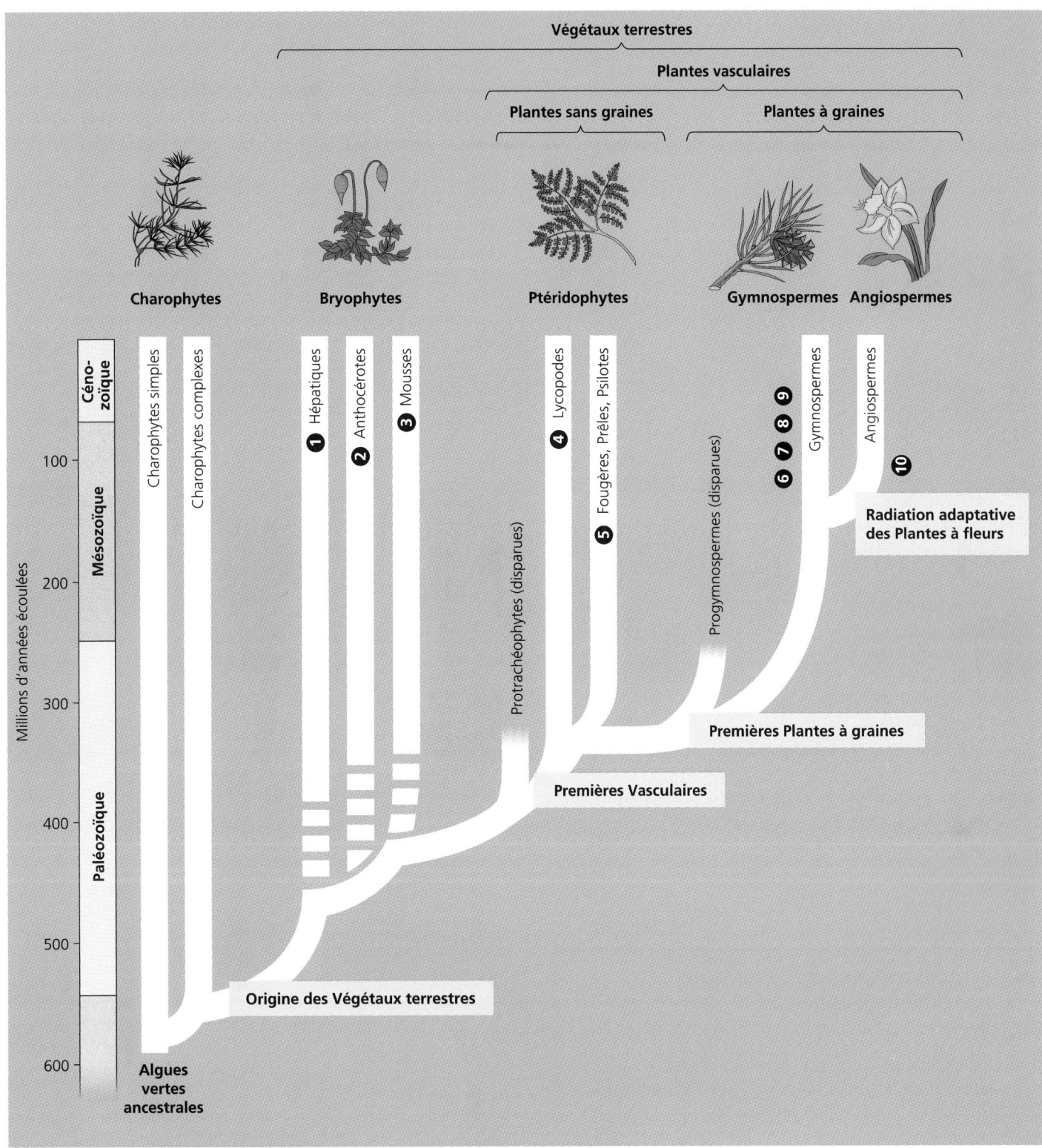

FIGURE 29.1 Quelques grands épisodes de l'évolution des Végétaux. Dans cette phylogénie hypothétique, quatre des illustrations chapeautent les grands groupes de Végétaux. Le groupe des Gymnospermes comprend en réalité quelques embranchements, mais comme la lignée est monophylétique, nous avons réuni ici tous les Gymnospermes en une seule branche. (Les divers embranchements des Gymnospermes sont énumérés dans le TABLEAU 29.1.) Les Bryophytes et les Ptéridophytes, quant à eux, ne sont pas monophylétiques. Nous avons donc représenté leurs embranchements par diverses ramifications. La base des ramifications des Bryophytes est en pointillé car la chronologie de l'origine de ces organismes est incertaine. Nous avons indiqué les noms vernaculaires sur les ramifications. Le TABLEAU 29.1 présente les noms des dix embranchements de Végétaux que nous allons étudier dans ce chapitre et dans le suivant. Les numéros encerclés vous permettent d'associer le tableau à l'arbre phylogénétique.

TABLEAU 29.1 **Les dix embranchements de Végétaux actuels**

	Nom vernaculaire	Nombre approximatif d'espèces actuelles
Bryophytes		
❶ Embranchement des Hépatophytes	Hépatiques	6 500
❷ Embranchement des Anthocérophytes	Anthocérotes	100
❸ Embranchement des Muscinées	Mousses	12 000
Vasculaires		
Plantes vasculaires sans graines (Ptéridophytes)		
❹ Embranchement des Lycophytes	Lycopodes	1 000
❺ Embranchement des Ptérophytes	Fougères, Prêles et Psilotes	12 000
Plantes vasculaires à graines		
Gymnospermes		
❻ Embranchement des Ginkgophytes	Ginkgo	1
❼ Embranchement des Cycadophytes	Cycas	100
❽ Embranchement des Gnétophytes	Gnètes	70
❾ Embranchement des Pinophytes	Conifères	550
Angiospermes		
❿ Embranchement des Anthophytes	Plantes à fleurs	250 000

Les Charophytes sont les Algues vertes les plus étroitement apparentées aux Végétaux terrestres

Comment définir les Végétaux terrestres ? Quelles caractéristiques sont communes aux Bryophytes, aux Ptéridophytes, aux Gymnospermes et aux Angiospermes, et les distinguent des autres organismes ? Les Végétaux sont des organismes multicellulaires, eucaryotes et photosynthétiques (autotrophes). Cependant, les algues marines rouges et brunes correspondent également à cette description (voir le chapitre 28). On dit souvent que la présence de cellulose dans la paroi cellulaire et la présence de chlorophylles *a* et *b* dans les chloroplastes sont les caractéristiques distinctives des Végétaux. Or, plusieurs groupes d'Algues, notamment les Dinophytes et les Algues brunes, ont une paroi de cellulose. Et même les Algues vertes qui ne sont pas étroitement apparentées aux Végétaux terrestres possèdent des chloroplastes contenant des chlorophylles *a* et *b*. C'est le cas

aussi des Euglénophytes et de certains Dinophytes. Il faut donc chercher ailleurs ce qui différencie les Végétaux terrestres des Algues.

La microscopie électronique révèle deux éléments de l'ultrastructure des Végétaux terrestres que seuls leurs plus proches parents, les **Charophytes** (FIGURE 29.2), ont aussi. Premièrement, la membrane plasmique des Végétaux terrestres et des Charophytes comporte des complexes protéiques, les **rosettes productrices de cellulose,** qui synthétisent les microfibrilles de cellulose pour la paroi cellulaire. Chez les Algues qui ne sont pas des Charophytes, les protéines productrices de cellulose présentent une disposition plutôt linéaire, et non en rosette. Cette différence laisse supposer que la paroi de cellulose de l'ancêtre commun aux Charophytes et aux Végétaux terrestres est apparue indépendamment de la paroi de cellulose des autres Algues, y compris la plupart des Algues vertes.

Deuxièmement, les Charophytes et les Végétaux terrestres ont en commun des enzymes semblables dans les **peroxysomes,**

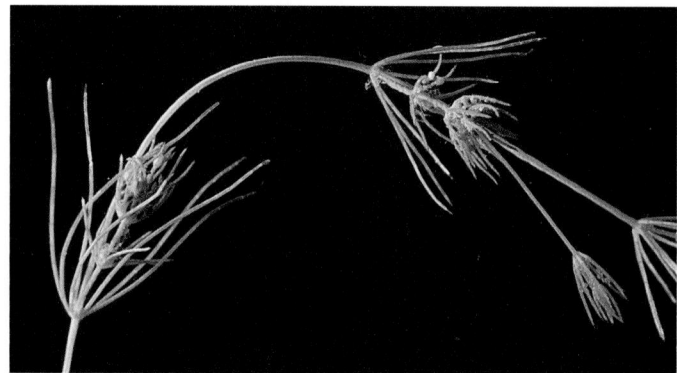

(a) *Chara vulgaris,* Charophyte d'eau stagnante (MP). Cet organisme a la faveur des chercheurs à cause de ses cellules géantes (le cylindre compris entre les verticilles est formé d'une seule cellule). Ainsi, les physiologistes qui étudient le rôle de l'électricité dans le transport membranaire fixent des électrodes dans ces grosses cellules afin de mesurer les variations de tension.

⊢————⊣ 10 mm

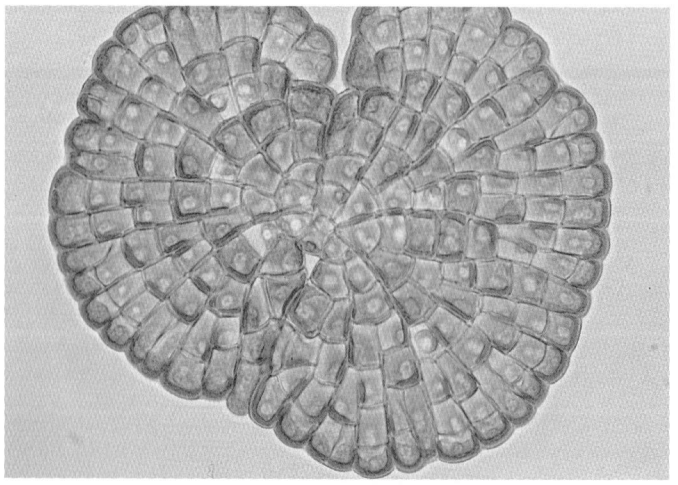

(b) *Coleochæte orbicularis,* Charophyte en forme de disque (MP).

⊢————⊣ 25 μm (450 ×)

FIGURE 29.2 Les Charophytes, les Algues les plus étroitement apparentées aux Végétaux.

ces organites qui travaillent de concert avec les chloroplastes (voir la FIGURE 7.19). Ces enzymes des peroxysomes concourent à réduire les pertes de molécules organiques dues à la photorespiration (voir le chapitre 10). On ne les trouve pas dans les peroxysomes des autres Algues.

Deux autres caractères ancestraux lient les Charophytes et les Végétaux terrestres. Les spermatozoïdes flagellés que possèdent certains Végétaux terrestres sont très semblables à ceux des Charophytes. De plus, certains détails de la division cellulaire ne se retrouvent que chez les Végétaux terrestres et chez les Charophytes les plus complexes, comme *Chara sp.* et *Coleochæte sp.* (voir la FIGURE 29.2). Ainsi, la synthèse des parois transversales pendant la division cellulaire passe par la formation d'un **phragmoplaste.** Cette structure est constituée d'éléments du cytosquelette et de vésicules dérivées de l'appareil de Golgi qui s'alignent le long de l'axe médian de la cellule en division (voir la FIGURE 12.9 et plus précisément la plaque cellulaire).

Si vous doutez encore du lien de parenté qui unit les Charophytes et les Végétaux terrestres, vous aurez d'autres occasions de vous en convaincre lorsque nous étudierons l'origine des Végétaux terrestres, plus loin dans ce chapitre. Pour l'instant, nous recherchons les caractéristiques propres aux Végétaux terrestres (caractéristiques qui les distinguent de leurs plus proches parents). Ces caractéristiques, en effet, constituent le plus probablement des adaptations aux milieux terrestres.

Diverses adaptations à la terre ferme distinguent les Végétaux terrestres des Charophytes

Plusieurs caractéristiques se retrouvent dans les quatre groupes de Végétaux terrestres (les Bryophytes, les Ptéridophytes, les Gymnospermes et les Angiospermes), mais sont absentes chez les Algues qui leur sont le plus étroitement apparentées, les Charophytes. Nous en décrirons cinq dans les pages qui suivent.

Méristèmes apicaux produisant les différents tissus

Dans les habitats terrestres, les ressources dont un organisme photosynthétique a besoin sont situées en deux endroits fort différents. La lumière et le dioxyde de carbone se trouvent au-dessus du sol. Quant à l'eau et aux nutriments minéraux, ils se trouvent dans le sol. Les organismes complexes que sont les Végétaux possèdent donc des organes souterrains et des organes aériens qui présentent divers degrés de spécialisation structurale. Ces organes sont respectivement les racines et les pousses porteuses de feuilles.

Les Végétaux ne peuvent pas se déplacer, mais l'allongement et la ramification de leur tige et de leurs racines accroissent leurs contacts avec les ressources du milieu. L'augmentation de la longueur repose, tout au long de la vie d'une plante, sur l'activité des **méristèmes apicaux,** des zones de division cellulaire situées aux extrémités des pousses et des racines (FIGURE 29.3). Les cellules produites par les méristèmes se différencient pour donner les différents tissus de la plante, notamment un épiderme protecteur et divers tissus internes. Ce sont en outre les méristèmes des pousses qui engendrent les feuilles chez la plupart des Végétaux.

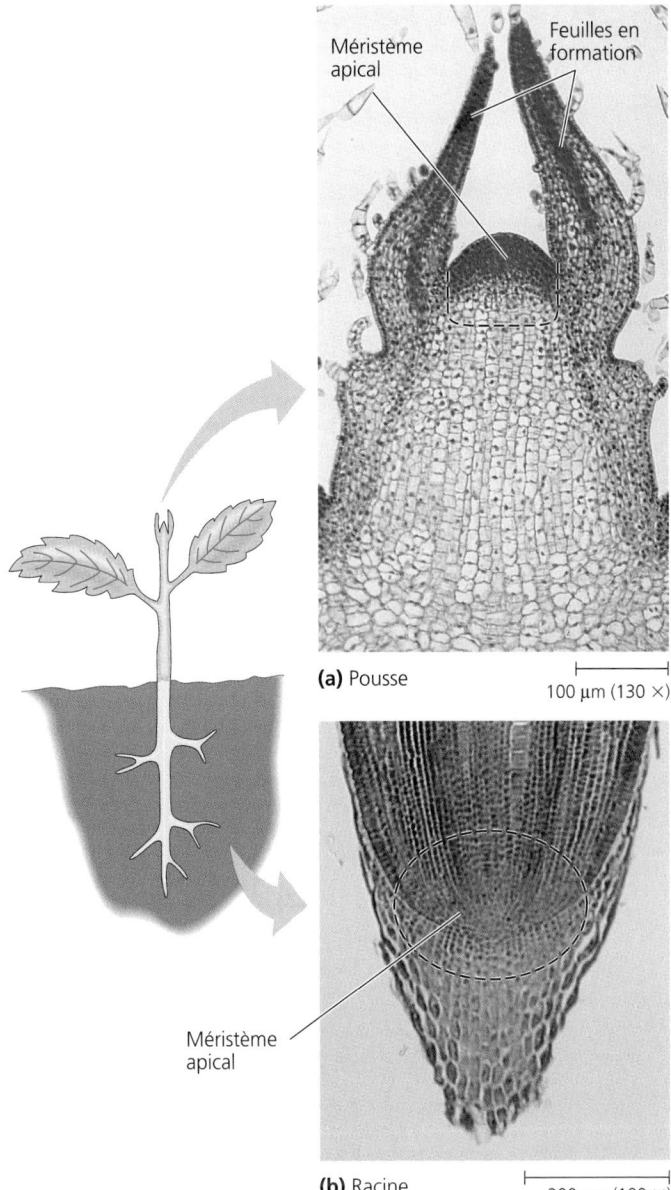

(a) Pousse ⊢———⊣ 100 µm (130 ×)

(b) Racine ⊢———⊣ 200 µm (100 ×)

FIGURE 29.3 Méristèmes apicaux de pousses et de racines. Ces micrographies photoniques montrent des coupes frontales des extrémités d'une pousse et d'une racine.

Embryons multicellulaires dépendants

Un embryon végétal multicellulaire se développe à partir d'un zygote qui reste à l'intérieur des tissus de la plante mère (FIGURE 29.4, p. 630). Les tissus maternels fournissent à l'embryon des nutriments tels que des monosaccharides et des acides aminés. L'embryon possède des cellules spécialisées appelées **cellules de transfert,** que l'on trouve aussi parfois dans le tissu maternel adjacent. Ces cellules favorisent le transfert des nutriments du parent à l'embryon (FIGURE 29.5, p. 630). Cette interface est analogue à celle que présentent les Mammifères. Le terme **Embryophytes,** synonyme de «Végétaux terrestres», indique que l'existence d'embryons multicellulaires dépendants est un caractère dérivé commun aux organismes de ce clade.

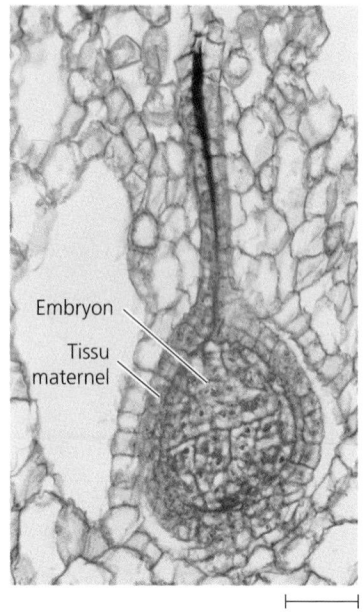
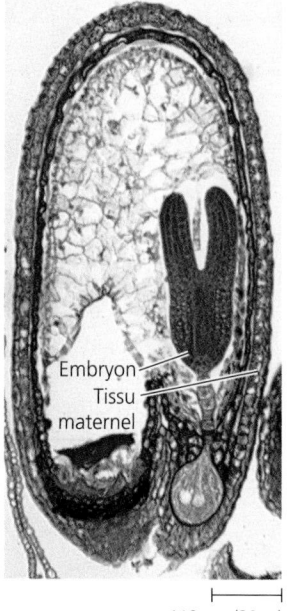

(a) Embryon de *Marchantia sp.*, une Hépatique (groupe des Bryophytes dans la FIGURE 29.1) (MP).

(b) Embryon de la Capselle bourse-à-pasteur (*Capsella Bursa-pastoris*), une Angiosperme (MP).

10 μm (1 000 ×)

110 μm (80 ×)

FIGURE 29.4 Embryons de Végétaux terrestres.

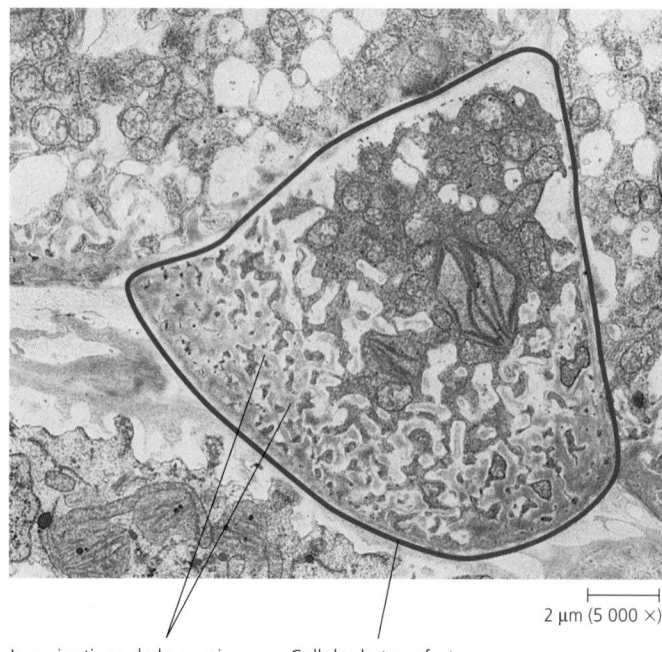

Invaginations de la paroi   Cellule de transfert

2 μm (5 000 ×)

FIGURE 29.5 Cellules de transfert chez une Hépatique (Bryophytes). Les cellules de transfert sont des cellules spécialisées situées à la jonction des tissus embryonnaire et maternel. Leur surface (constituée de la membrane plasmique et de la paroi cellulaire) est parsemée d'invaginations qui accroissent la zone consacrée au transfert des nutriments (MET).

Alternance de générations

Deux formes multicellulaires se succèdent en s'engendrant tour à tour au cours du cycle de développement de tous les Végétaux terrestres. Ce mode de reproduction, appelé **alternance de générations,** se retrouve aussi chez divers groupes d'Algues (voir la FIGURE 28.24). Cependant, il n'y a *pas* d'alternance de générations chez les Charophytes, les Algues qui sont le plus étroitement apparentées aux Végétaux. On peut en déduire que l'alternance de générations est un caractère dérivé qui est apparu indépendamment chez les Végétaux terrestres, et qu'elle n'existait pas chez l'ancêtre commun aux Végétaux terrestres et aux Charophytes.

Les deux formes multicellulaires qui alternent dans le cycle de développement des Végétaux terrestres sont le gamétophyte et le sporophyte. Les cellules du **gamétophyte** sont haploïdes, c'est-à-dire qu'elles possèdent un seul ensemble de chromosomes (voir le chapitre 13). Comme son nom l'indique, le gamétophyte produit les gamètes : les oosphères et les spermatozoïdes. La fusion des gamètes lors de la fécondation donne un zygote diploïde. La mitose du zygote produit un sporophyte multicellulaire. Par conséquent, les cellules du **sporophyte** sont diploïdes : l'un de leurs ensembles de chromosomes provient de l'oosphère et l'autre, du spermatozoïde. Dans un sporophyte mature, la méiose produit des cellules reproductrices haploïdes appelées spores (d'où le terme « sporophyte »). La **spore** peut donner naissance à un nouvel organisme sans fusionner avec une autre cellule. (Les gamètes, au contraire, ne peuvent donner naissance individuellement à des organismes multicellulaires ; ils doivent s'unir pour former un zygote.) La mitose d'une spore végétale produit un nouveau gamétophyte multicellulaire. L'alternance de générations constitue donc un cycle : les sporophytes produisent des spores ; les spores produisent des gamétophytes ; les gamétophytes produisent des gamètes ; les gamètes fusionnent et produisent un zygote ; le zygote produit un sporophyte (FIGURE 29.6).

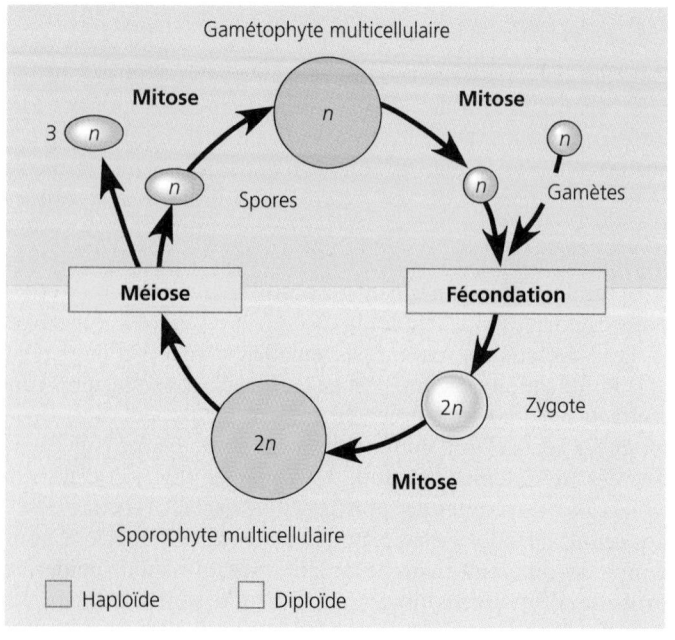

FIGURE 29.6 Cycle de développement de l'alternance de générations.

Il ne faut pas confondre l'alternance de générations avec la présence de formes haploïdes et diploïdes dans le cycle de développement de *tous* les organismes à reproduction sexuée, Animaux compris (voir la FIGURE 13.4). Ainsi, chez l'Humain, la méiose dans les gonades (ovaires et testicules) produit des gamètes haploïdes dont l'union donne des zygotes diploïdes. La seule forme haploïde dans le cycle de développement de l'Humain est le gamète unicellulaire. L'alternance de générations a ceci de particulier que la forme haploïde et la forme diploïde sont *toutes les deux* multicellulaires.

Chez certaines Algues présentant une alternance de générations, le sporophyte et le gamétophyte multicellulaires paraissent identiques à l'œil nu, mais l'examen microscopique révèle qu'ils ne possèdent pas le même nombre de chromosomes. Chez d'autres Algues et chez *tous* les Végétaux terrestres, cependant, le sporophyte et le gamétophyte ont des morphologies bien distinctes.

La taille relative et la complexité du sporophyte et du gamétophyte varient selon les groupes de Végétaux. Chez les Bryophytes, le gamétophyte constitue la génération « dominante », c'est-à-dire l'organisme le plus volumineux et le plus apparent. Chez les Ptéridophytes, les Gymnospermes et les Angiospermes, au contraire, c'est le sporophyte qui domine. Ainsi, la Fougère que tout le monde connaît (la plante dont les « feuilles » sont appelées frondes) est un sporophyte diploïde. Le gamétophyte prend la forme d'une plante minuscule qui vit sur le sol de la forêt.

Production de spores entourées d'une paroi dans les sporanges

Les spores végétales sont des cellules reproductrices haploïdes qui sont capables de produire, par mitose, des gamétophytes multicellulaires haploïdes (voir la FIGURE 29.6). La paroi des spores végétales est composée d'un polymère appelé **sporopollénine,** la plus résistante des matières organiques connues (FIGURE 29.7). Grâce à cette caractéristique chimique, les spores transportées par le vent peuvent se disperser dans l'air sec et rester intactes. Les Végétaux des quatre grands groupes produisent des spores.

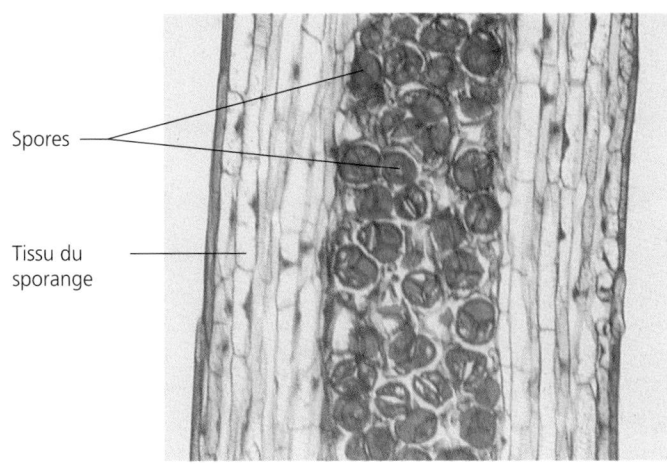

Spores

Tissu du sporange

FIGURE 29.8 Sporange d'un sporophyte d'Anthocérote (Bryophytes) (MP).

50 µm (200×)

Les spores sont élaborées par des organes multicellulaires du **sporophyte,** les **sporanges** (FIGURE 29.8). Dans le sporange, les **cellules mères des spores** se divisent par mitose et engendrent les spores haploïdes. Les tissus externes du sporange protègent les spores en formation jusqu'au moment de leur libération.

Les sporanges et les spores résistantes, avec leur paroi de sporopollénine, constituent des adaptations clés chez les Végétaux terrestres. Les Charophytes produisent des spores, certes, mais ces Algues sont dénuées de sporanges multicellulaires. De plus, leurs spores flagellées se dispersent dans l'eau et ne contiennent pas de sporopollénine.

Gamétanges multicellulaires

Chez les Bryophytes, les Ptéridophytes et les Gymnospermes, les gamétophytes produisent les gamètes dans des organes multicellulaires appelés **gamétanges** (FIGURE 29.9, p. 632). Le gamétange femelle est appelé **archégone.** En forme de vase, il donne une seule oosphère, qui reste à sa base. Le gamétange mâle, appelé **anthéridie,** produit un grand nombre de spermatozoïdes qui, arrivés à maturité, sont libérés dans l'environnement. Les spermatozoïdes des Bryophytes, des Ptéridophytes et de certaines Gymnospermes portent des flagelles et nagent dans les gouttes ou dans les fines couches d'eau pour rejoindre les oosphères. Celles-ci sont fécondées à l'intérieur des archégones. C'est là que le zygote commence son développement et se transforme en embryon.

Autres adaptations des Végétaux aux milieux terrestres

Les caractéristiques que nous avons décrites jusqu'ici distinguent les Végétaux terrestres des Charophytes. Mais la plupart des Plantes possèdent d'autres adaptations aux milieux terrestres. Ces adaptations leur permettent notamment d'obtenir, de transporter et de conserver l'eau, d'atténuer les effets nocifs des rayons ultraviolets (beaucoup plus intenses sur la terre ferme que dans les habitats aquatiques), de repousser les herbivores terrestres et de résister aux agents pathogènes.

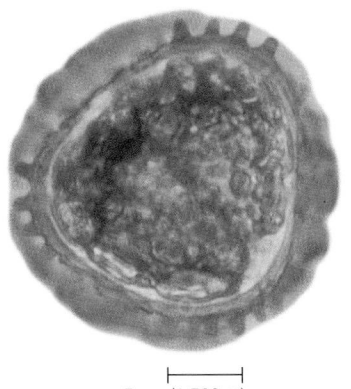

5 µm (1 500 ×)

FIGURE 29.7 Spore de Fougère (MP).

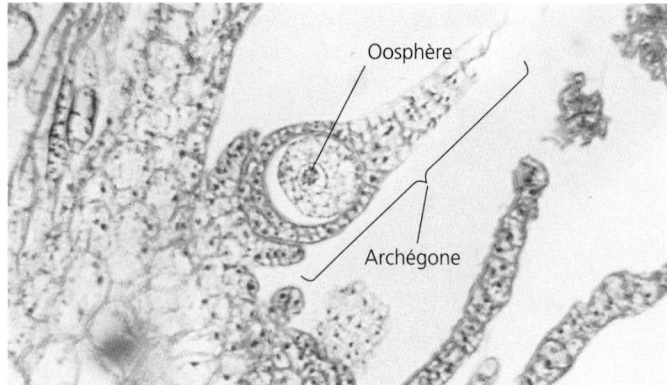

(a) Archégone de *Marchantia sp.*, une Hépatique (MP).

25 μm (560 ×)

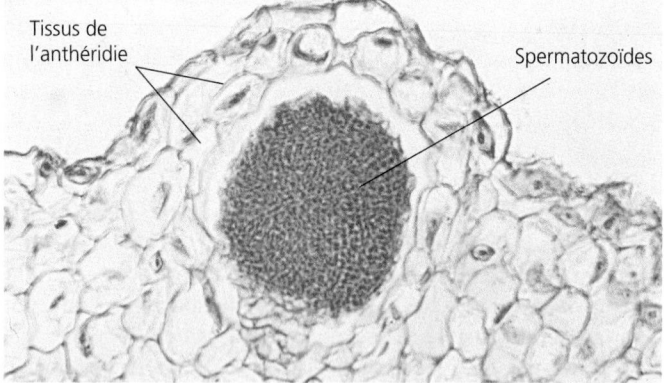

Tissus de l'anthéridie

Spermatozoïdes

(b) Anthéridie d'une Anthocérote (MP).

50 μm (200 ×)

FIGURE 29.9 Gamétanges.

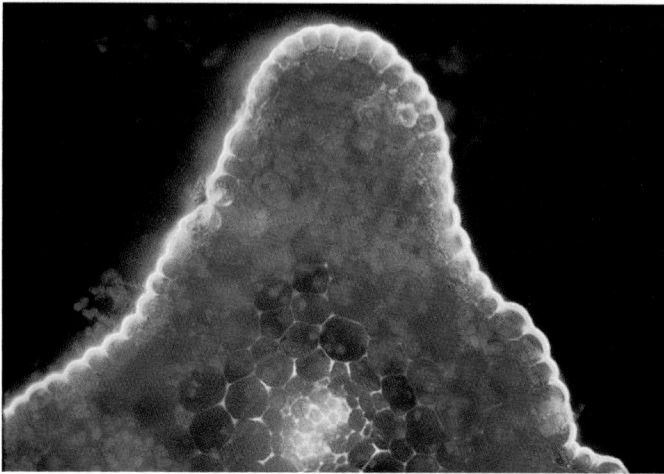

FIGURE 29.10 Cuticule d'une tige de Psilote 100 μm (100 ×)
(*Psilotum sp.*, **Ptéridophytes**). La « lueur » jaune est
due à la fluorescence des substances cireuses contenues dans la cuticule.
Le phénomène est causé par l'exposition des substances à la lumière
ultraviolette dans un certain type de microscope photonique.

est composé d'une succession de cellules formant des tubes. Ces cellules distribuent surtout des monosaccharides et des disaccharides, des acides aminés et d'autres molécules organiques à travers la plante.

Synthèse de composés secondaires comme adaptations au milieu terrestre. Les Végétaux terrestres produisent un grand nombre de molécules très particulières appelées « composés secondaires ». Ces composés sont qualifiés de secondaires parce qu'ils proviennent de voies métaboliques secondaires, c'est-à-dire de ramifications des voies principales qui produisent les lipides, les glucides et les autres composés communs à tous les organismes.

Adaptations permettant la conservation de l'eau. L'épiderme (la couche de cellules superficielle) des feuilles et des autres parties aériennes de la plupart des Végétaux terrestres est recouvert d'une **cuticule** composée de polymères appelés polyesters et cires (FIGURE 29.10). La cuticule protège la plante contre les microorganismes. De texture cireuse, elle prévient l'assèchement des organes aériens.

L'épiderme des feuilles et des autres organes photosynthétiques est parsemé de pores appelés **stomates.** Les stomates contribuent à la photosynthèse en permettant l'échange de dioxyde de carbone et de dioxygène entre l'air ambiant et l'intérieur de la feuille (voir la FIGURE 10.2). De plus, c'est par les stomates que la majeure partie de l'eau s'échappe des feuilles pendant la vaporisation. Les cellules qui bordent les stomates peuvent changer de forme et fermer les pores de manière à réduire les déperditions d'eau par temps chaud et sec.

Adaptations permettant le transport de l'eau. Tous les Végétaux terrestres sauf les Bryophytes possèdent des racines, des tiges et des feuilles véritables caractérisées par la présence de tissus conducteurs. Les tissus conducteurs des Végétaux sont le **xylème** et le **phloème** (FIGURE 29.11). Le xylème contient des cellules en forme de tubes qui transportent l'eau et les minéraux depuis les racines jusque vers le haut. Ces tubes sont en fait des cellules mortes dont seule la paroi reste pour former un conduit microscopique. Le phloème, quant à lui, est un tissu vivant qui

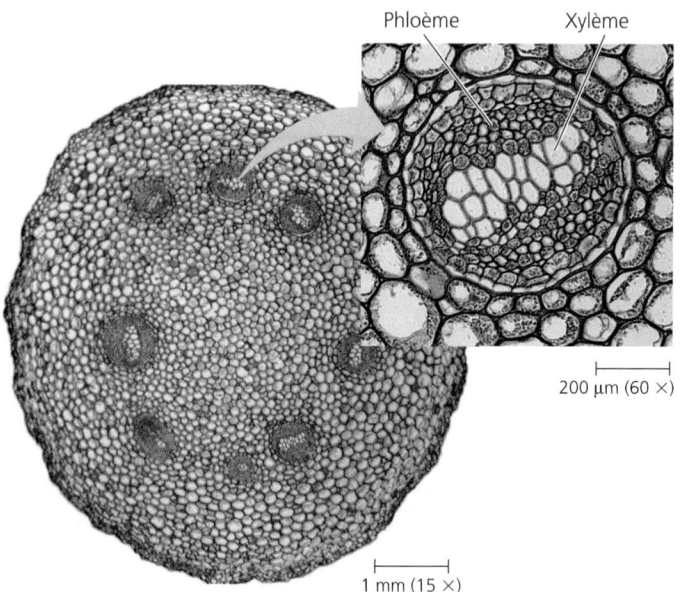

Phloème   Xylème

200 μm (60 ×)

1 mm (15 ×)

FIGURE 29.11 Le xylème et le phloème dans la tige de la Fougère
***Polypodium* (Ptéridophytes)** (MP).

Parmi les composés secondaires que produisent les Végétaux, on compte les alcaloïdes, les terpènes, les tanins et les phénols tels que les flavonoïdes. Les alcaloïdes, les terpènes et les tanins ont souvent un goût amer, une odeur prononcée ou des effets toxiques qui repoussent les animaux herbivores. Les flavonoïdes absorbent les rayons ultraviolets nocifs. De plus, quelques-uns servent de stimulus chimiques dans la relation symbiotique entre la plante et des microorganismes utiles du sol (voir la FIGURE 37.13). Certains phénols protègent la plante contre les microorganismes pathogènes. D'autres remplissent une fonction structurale. Ainsi, chez les Vasculaires, la lignine renforce la paroi cellulaire des tissus libéroligneux et permet aux plus grands arbres de rester droits.

L'Humain a trouvé de nombreux usages, médicinaux et autres, aux composés secondaires extraits de plantes. La quinine, par exemple, est un alcaloïde qui prévient le paludisme.

Maintenant que nous avons examiné quelques-unes des adaptations qui caractérisent les Végétaux terrestres, voyons comment ces descendants des Algues ont colonisé la terre ferme.

L'ORIGINE DES VÉGÉTAUX TERRESTRES

Les Végétaux terrestres ont divergé des Charophytes il y a plus de 500 millions d'années

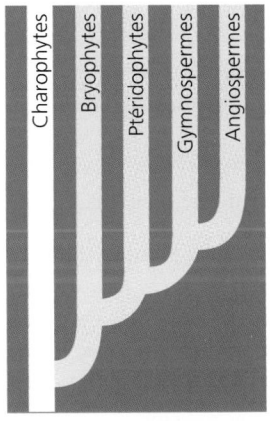

Passons en revue les caractéristiques qui prouvent l'existence d'un lien phylogénétique entre les Végétaux terrestres et les Algues vertes, les Charophytes en particulier.

- *Chloroplastes homologues.* Les plastes qui ressemblent le plus aux chloroplastes des Végétaux sont ceux des Algues vertes et des organismes qui, comme les Euglénophytes, ont englobé des Algues vertes par endosymbiose secondaire (voir la FIGURE 28.25). Parmi les points communs, on trouve la présence de chlorophylle *b* et de bêta-carotène comme pigments accessoires, de même que la présence de thylakoïdes formant des grana. La comparaison de l'ADN des chloroplastes permet de déterminer que les Charophytes sont les Algues vertes les plus étroitement apparentées aux Végétaux terrestres.

- *Parois de cellulose homologues.* On trouve une paroi de cellulose chez diverses Algues, mais celle des Charophytes est celle qui ressemble le plus à la paroi cellulaire des Végétaux. En effet, la paroi cellulaire des Charophytes contient de 20 % à 26 % de cellulose, comme celle des Végétaux. Cette homologie est d'autant plus probable que seules les membranes plasmiques des Charophytes et des Végétaux renferment des rosettes productrices de cellulose.

- *Peroxysomes homologues.* Les Charophytes sont les seules Algues dont les enzymes antiphotorespiration sont enfermées dans des peroxysomes, comme c'est le cas chez les Végétaux.

- *Phragmoplastes.* Les Végétaux et les Charophytes sont les seuls organismes chez lesquels des phragmoplastes s'assemblent pendant la division cellulaire.

- *Spermatozoïdes homologues.* De nombreux Végétaux ont des spermatozoïdes flagellés très semblables à ceux des Charophytes par leur ultrastructure.

- *Systématique moléculaire.* Les spécialistes de la systématique moléculaire ne se sont pas contentés de comparer l'ADN des chloroplastes des Végétaux et celui des Charophytes. Ils ont aussi comparé d'importants gènes nucléaires, tels ceux qui codent pour l'ARN ribosomique et les protéines du cytosquelette. Les résultats que ces scientifiques ont obtenus confirment toutes les autres données qui lient les Charophytes et les Végétaux à un ancêtre commun. En outre, ils donnent à penser que les Charophytes les plus complexes, entre autres les genres *Chara* et *Coleochæte* (voir la FIGURE 29.2), sont les Algues les plus étroitement apparentées aux Végétaux. Il faut cependant noter que ces Algues *modernes* ne sont pas les ancêtres des Végétaux.

Les archives fossiles font remonter à plus de 500 millions d'années l'accession des Végétaux aux milieux terrestres. Les plus anciens vestiges connus de Végétaux terrestres sont enchâssés dans des roches datant du milieu du Cambrien, c'est-à-dire d'il y a 550 millions d'années environ. Il s'agit de fossiles microscopiques qui, selon les paléobotanistes, proviennent de spores végétales. Partout dans le monde, on trouve une grande quantité de spores végétales fossilisées dans les sédiments du milieu de l'Ordovicien (il y a 460 millions d'années), ce qui fait penser que les Végétaux étaient abondants et répandus à cette époque. Certaines des spores fossilisées sont groupées quatre par quatre, comme les spores de certaines Bryophytes modernes au moment de leur libération. Si les spores sont les structures végétales qui peuvent le mieux se fossiliser, c'est à cause de leur paroi résistante composée de sporopollénine. Il arrive toutefois que les spores fossilisées soient associées à des parcelles de tissu qui sont peut-être les vestiges des sporophytes qui les ont produites (FIGURE 29.12, p. 634).

L'alternance de générations chez les Végétaux résulte peut-être d'une méiose tardive

Les Charophytes des genres *Chara* et *Coleochæte* sont des organismes haploïdes. Ils ne produisent pas de sporophyte, mais ils renferment et, semble-t-il, nourrissent des zygotes, comme le font les gamétophytes des Végétaux terrestres. La principale différence entre les Charophytes et les Végétaux terrestres réside dans le fait que le zygote d'un Charophyte se divise par *méiose* pour produire des spores haploïdes, tandis que le zygote d'une Plante se divise par *mitose* pour produire un sporophyte multicellulaire qui donne ensuite des spores haploïdes par méiose. Il semble donc justifié de supposer que les sporophytes des

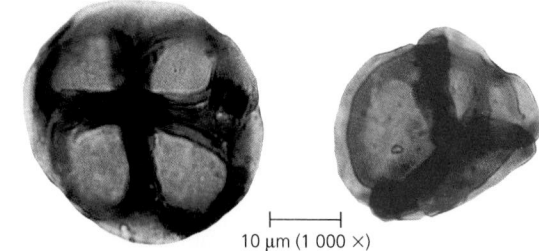

(a) Spores fossilisées en tétrades (agrégats de quatre spores) (MP).

10 µm (1 000 ×)

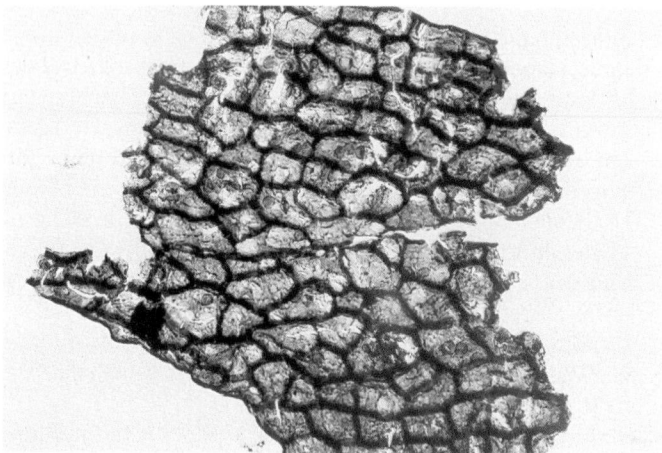

(b) Fossile de ce qui serait un tissu de sporophyte (MP).

50 µm (200 ×)

FIGURE 29.12 Spores fossilisées et tissu de sporophyte.

Végétaux sont apparus à la suite d'un changement génétique (mutation) qui serait intervenu chez un Charophyte ancestral. Ce changement aurait retardé la méiose pour la reporter après une ou plusieurs divisions mitotiques du zygote (FIGURE 29.13) ; ce qui aurait produit un sporophyte multicellulaire diploïde. Cela aurait conduit à une augmentation du nombre de cellules subissant une méiose et, par voie de conséquence, du nombre de spores produites par zygote. Certains botanistes postulent que cette avancée évolutive a permis de maximiser le rendement de la reproduction sexuée chez tous les zygotes terrestres lorsque la sécheresse diminuait les probabilités d'union entre les spermatozoïdes nageurs et les oosphères.

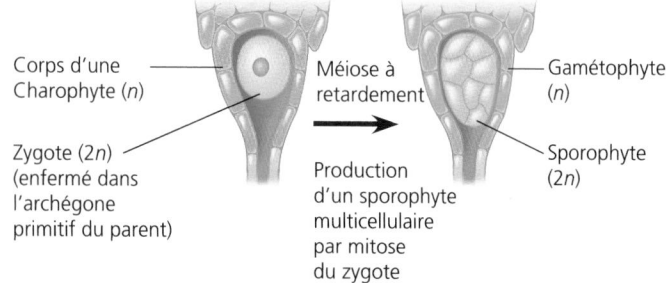

Corps d'une Charophyte (n)

Zygote (2n) (enfermé dans l'archégone primitif du parent)

Méiose à retardement

Production d'un sporophyte multicellulaire par mitose du zygote

Gamétophyte (n)

Sporophyte (2n)

FIGURE 29.13 Origine hypothétique de l'alternance de générations chez les ancêtres des Végétaux. Par rapport à une méiose directe dans le zygote, une méiose dans un sporophyte multicellulaire maximise le nombre de rejetons haploïdes (gamétophytes) produits lors d'une fécondation.

Des adaptations à la vie en eau peu profonde ont préparé l'accession des Végétaux aux milieux terrestres

Un grand nombre d'espèces de Charophytes vivent en eau peu profonde, au bord des étangs et des lacs. Dans ce milieu sujet à l'assèchement, la sélection naturelle favorise les individus capables de survivre à des périodes où l'immersion n'est que partielle. De fait, les zygotes des Charophytes sont entourés d'une couche de sporopollénine qui prévient la déshydratation jusqu'à ce qu'ils se retrouvent dans l'eau. Il se peut que cette adaptation chimique ait préparé le terrain pour la constitution de la paroi résistante des spores, si importante pour la survie des plantes en milieu terrestre. L'acquisition de cette adaptation par au moins une population de Charophytes a permis aux descendants (les premiers Végétaux) de vivre au-dessus de la ligne des eaux de manière permanente. Ces innovations produites par l'évolution ont ouvert aux premières plantes terrestres de vastes habitats qui n'étaient auparavant occupés que par de fines couches de bactéries. Là, la lumière n'était plus filtrée par l'eau et les Algues, l'atmosphère était riche en dioxyde de carbone, le sol regorgeait de nutriments minéraux et, au début du moins, les herbivores et les agents pathogènes se faisaient assez rares. Mais les Végétaux n'ont pu profiter de ces avantages qu'au moment où ils ont acquis les adaptations qui leur ont permis de survivre et de se reproduire sur la terre ferme, milieu fort différent des habitats aquatiques peuplés par les Algues ancestrales.

Les spécialistes de la taxinomie des Végétaux remettent en question les limites du règne des Végétaux

Nous avons vu, aux chapitres 27 et 28, qu'une véritable révolution agite en ce moment le domaine de la taxinomie. Le règne des Végétaux n'est pas épargné par ce vent de renouveau. En effet, à la lumière de la systématique moléculaire, de l'analyse cladistique des données moléculaires mais aussi de la comparaison de la morphologie, du cycle de développement et de l'ultrastructure cellulaire des organismes, les taxinomistes remettent en question la classification des Végétaux. Ainsi, un projet de recherche d'envergure internationale baptisé **Deep green** a pour objectif de déterminer et de nommer les principaux clades de Végétaux (les groupes monophylétiques). Les chercheurs étudient pour ce faire les premières ramifications de l'arbre phylogénétique des Végétaux. Pour l'essentiel, ces principaux clades de Végétaux correspondent aux dix embranchements que nous allons décrire dans les chapitres portant sur la diversité des Végétaux.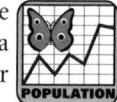

Si l'on remonte plus encore dans l'arbre phylogénétique des Végétaux, dans l'histoire des Végétaux, on parvient au point où les Végétaux terrestres ont divergé d'un bloc d'Algues auxquelles ils sont apparentés. Comme un arbre phylogénétique est constitué de clades faisant partie d'autres clades, la question suivante se pose : Où tracer les limites d'une taxinomie hiérarchique ? Plus concrètement, quels clades faut-il inclure dans le règne des Végétaux ?

La FIGURE 29.14 présente trois versions possibles du règne des Végétaux. La version traditionnelle fait coïncider le règne des Végétaux avec le clade des Embryophytes (plantes produisant des embryons), c'est-à-dire, dans notre terminologie, avec les Végétaux terrestres (Bryophytes, Ptéridophytes, Gymnospermes et Angiospermes). Or, certains botanistes soutiennent à présent qu'il faut repousser les limites du règne des Végétaux de manière à inclure les Algues vertes les plus étroitement apparentées aux Plantes (les Charophytes et quelques autres groupes). Ils ont même trouvé un nom pour cette nouvelle version : le **règne des Streptophytes.** D'autres scientifiques vont encore plus loin et proposent d'intégrer les Ulvophytes (Algues vertes qui ne sont pas des Charophytes) pour former le **règne des Chlorobiontes** (voir le chapitre 28). Le débat se poursuit encore. Nous avons donc opté pour la prudence et conservé le modèle traditionnel. Nous emploierons ainsi l'expression **règne des Végétaux.**

Le règne des Végétaux est monophylétique

Dans la section suivante, nous amorcerons notre survol des Plantes modernes par la description des Bryophytes. Rappelez-vous alors que le passé explique le présent. Continuez à réfléchir aux avantages et aux inconvénients qu'ont trouvés les organismes

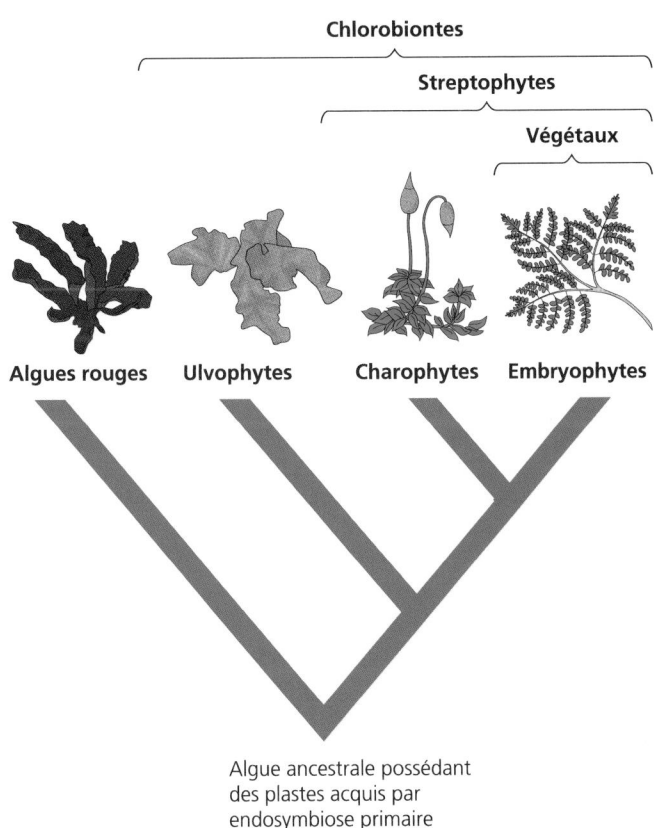

FIGURE 29.14 Trois versions du règne des Végétaux. Dans cet ouvrage, nous faisons correspondre le règne des Végétaux (ou règne végétal) aux Embryophytes.

quand ils ont accédé aux milieux terrestres. Fidèles à notre thème, l'évolution, nous comparerons différents cycles de développement. Il n'est *pas* important que vous en mémorisiez les détails. Rappelez-vous en revanche que ces cycles représentent autant de variantes du cycle ancestral commun, l'alternance de générations. Le règne des Végétaux est monophylétique, c'est-à-dire que tous ses membres descendent d'un même ancêtre (voir le chapitre 25). Nous pouvons donc considérer les variations du cycle de développement comme des adaptations particulières qu'ont acquises les membres des divers embranchements de Végétaux en divergeant des premières plantes. Dans l'étude des Végétaux comme dans celle de tous les organismes, la perspective de l'évolution sert de fil conducteur. Sans elle, on risque de se perdre dans le dédale des faits.

LES BRYOPHYTES

Les trois embranchements de Bryophytes sont les Mousses, les Hépatiques et les Anthocérotes

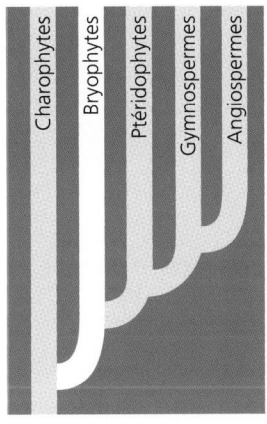

Les Bryophytes se divisent aujourd'hui en trois embranchements : les **Hépatophytes** (Marchantiophytes ou **Hépatiques**), les **Anthocérophytes** (**Anthocérotes**) et les **Muscinées** (**Mousses**) (FIGURE 29.15, p. 636). Les Hépatiques et les Anthocérotes sont de petites plantes herbacées (non ligneuses) qui doivent leur nom au fait que leurs formes évoquent respectivement un foie (*hêpatos*) et une corne (*keratos*). Les Mousses sont les Bryophytes les plus familières. Cependant, il faut préciser que certains organismes communément appelés « Mousses » ne sont pas véritablement des Mousses ni même des Bryophytes. C'est ainsi le cas de la Mousse d'Irlande (*Chondrus crispus,* une Algue rouge marine), de la Mousse à caribous (*Cladina rangiferina,* un Lichen) et de la Mousse d'Espagne (*Tillandsia usneoides,* une Plante à fleurs).

Les Bryophytes ne forment pas un groupe monophylétique. L'étude des séquences de gènes et des structures cellulaires a démontré que les Hépatiques, les Anthocérotes et les Mousses avaient divergé indépendamment au début de l'évolution des Végétaux, avant l'apparition des Vasculaires (voir la FIGURE 29.1). De plus, les archives fossiles étayent l'hypothèse selon laquelle les Bryophytes ont été les premiers Végétaux. On ne sait pas encore avec certitude quel groupe de Bryophytes modernes ressemble le plus aux premières plantes, mais on peut supposer qu'il s'agit des Hépatiques et des Anthocérotes. La plupart des spécialistes de la botanique systématique considèrent à présent les Mousses comme le groupe de Bryophytes le plus étroitement apparenté aux Vasculaires (les Ptéridophytes, les Gymnospermes et les Angiospermes).

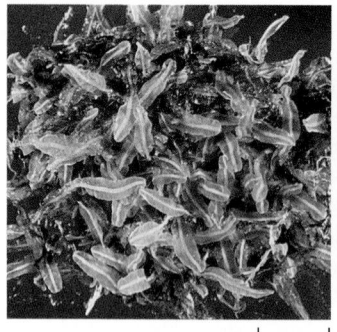

(a) Hépatiques : embranchement des Hépatophytes. Les gamétophytes de ces deux genres d'Hépatiques ont des apparences très différentes. *Pallavicinia lyellii* (à gauche) est une Hépatique « thalloïde », tandis que *Porella sp.* (à droite) est une Hépatique « feuillue ».

(b) Anthocérotes : embranchement des Anthocérophytes. Les Anthocérotes doivent leur nom à leurs sporophytes en forme de cornes. Ceux qui apparaissent ici émergent des gamétophytes.

(c) Mousses : embranchement des Muscinées. Les gamétophytes de cette Mousse, *Polytrichum commune*, ont produit des sporophytes pédonculés qui portent à leur extrémité des sporanges en forme de bulbes.

FIGURE 29.15 Bryophytes.

Le gamétophyte est la génération dominante dans le cycle de développement des Bryophytes

Le gamétophyte constitue la génération la plus visible et la forme dominante dans les trois embranchements de Bryophytes. Le sporophyte est généralement plus petit que le gamétophyte et n'apparaît qu'à certains moments.

Si les spores des Bryophytes aboutissent dans un milieu favorable, sur un sol humide ou l'écorce d'un arbre par exemple, elles peuvent germer et donner des gamétophytes par mitose (FIGURE 29.16). Chez les Mousses, la germination de la spore produit la plupart du temps un filament qui n'a qu'une cellule d'épaisseur, le **protonéma** (du grec *prôtos*, « premier », et *nêma*, « fil »). Le protonéma est vert et ramifié, et on le confond parfois avec une algue. Il a une surface étendue qui favorise l'absorption de l'eau et des minéraux. Quand les ressources sont suffisantes, il produit des bourgeons qui possèdent un méristème.

Le méristème engendre la structure qui porte les gamètes, le **gamétophore** (du grec *phoros*, « porteur »). Le protonéma et les gamétophores constituent le gamétophyte.

Les gamétophytes des Bryophytes n'ont généralement qu'une ou deux cellules d'épaisseur qui ont chacune un accès direct à l'eau et aux minéraux dissous. La plupart des Bryophytes sont dépourvues de tissus conducteurs capables de distribuer l'eau et les composés organiques à l'intérieur de tissus épais. Certaines Bryophytes possèdent des tissus spécialisés qui participent au transport de l'eau et des solutés. Mais la paroi des cellules qui composent ces tissus ne contient pas la couche de lignine qui caractérise le xylème des Vasculaires. L'absence de tissus conducteurs lignifiés limite la hauteur des Bryophytes à quelques centimètres. Par conséquent, la plupart des Bryophytes croissent à proximité du sol et s'y ancrent à l'aide de délicats **rhizoïdes** incolores. Ces derniers sont de longues cellules tubulaires (chez les Hépatiques et les Anthocérotes) ou des filaments de cellules (chez les Mousses). Ils ne sont pas formés de tissus, ne possèdent pas de cellules conductrices spécialisées et ne jouent pas un rôle important dans l'absorption de l'eau et des minéraux. En tout cela, ils diffèrent des racines des Vasculaires.

Les gamétophytes des Anthocérotes et de quelques Hépatiques sont aplatis (voir la FIGURE 29.15, a et b) et certains croissent au ras du sol. Les gamétophytes des Mousses et de certaines Hépatiques sont qualifiés de « feuillus », car ils possèdent des structures en forme de tiges qui portent de nombreux appendices semblables à des feuilles (voir la FIGURE 29.15, a et c). Cependant, il ne s'agit ni de tiges ni de feuilles au sens propre, car ces structures ne sont pas formées de cellules conductrices recouvertes de lignine. Les « feuilles » des Mousses n'ont habituellement qu'une cellule d'épaisseur et sont dépourvues de cuticule, ce qui facilite l'absorption de l'eau et des minéraux. Mais la Mousse du genre *Polytrichum* (voir la FIGURE 29.15c) et ses proches parents possèdent des « feuilles » plus complexes munies de crêtes qui favorisent l'absorption de la lumière. Ces crêtes sont recouvertes d'une cuticule. *Polytrichum* et quelques autres Mousses possèdent également des tissus conducteurs situés au centre de leur « tige ». Certaines Mousses peuvent ainsi atteindre une hauteur de 2 m. Les botanistes n'ont pas encore déterminé si les tissus conducteurs des Mousses, d'une part, et le xylème et le phloème des Vasculaires, d'autre part, constituaient des structures homologues ou analogues.

Parvenus à maturité, les gamétophores des Bryophytes produisent des gamètes dans des gamétanges. Les oosphères sont élaborées une à une dans les archégones en forme de vases. Les spermatozoïdes sont quant à eux produits en grands nombres dans les anthéridies allongées (voir la FIGURE 29.16). Des tuniques de tissu protecteur recouvrent les deux types de gamétanges. Les gamétophytes des Bryophytes peuvent produire un grand nombre d'archégones et d'anthéridies. Chez les Mousses, ces structures se forment sur des plantes mâles et femelles distinctes. Les spermatozoïdes flagellés sont libérés dans de minces filets d'eau et nagent vers les oosphères. Attirés par des substances chimiques, ils s'introduisent dans les ouvertures des archégones. Les oosphères, quant à elles, restent à la base des archégones. La fusion des gamètes engendre un zygote qui reste à l'intérieur de l'archégone jusqu'à ce qu'il devienne un jeune sporophyte. Les matières nutritives parviennent à l'embryon par l'intermédiaire d'une couche de cellules de transfert.

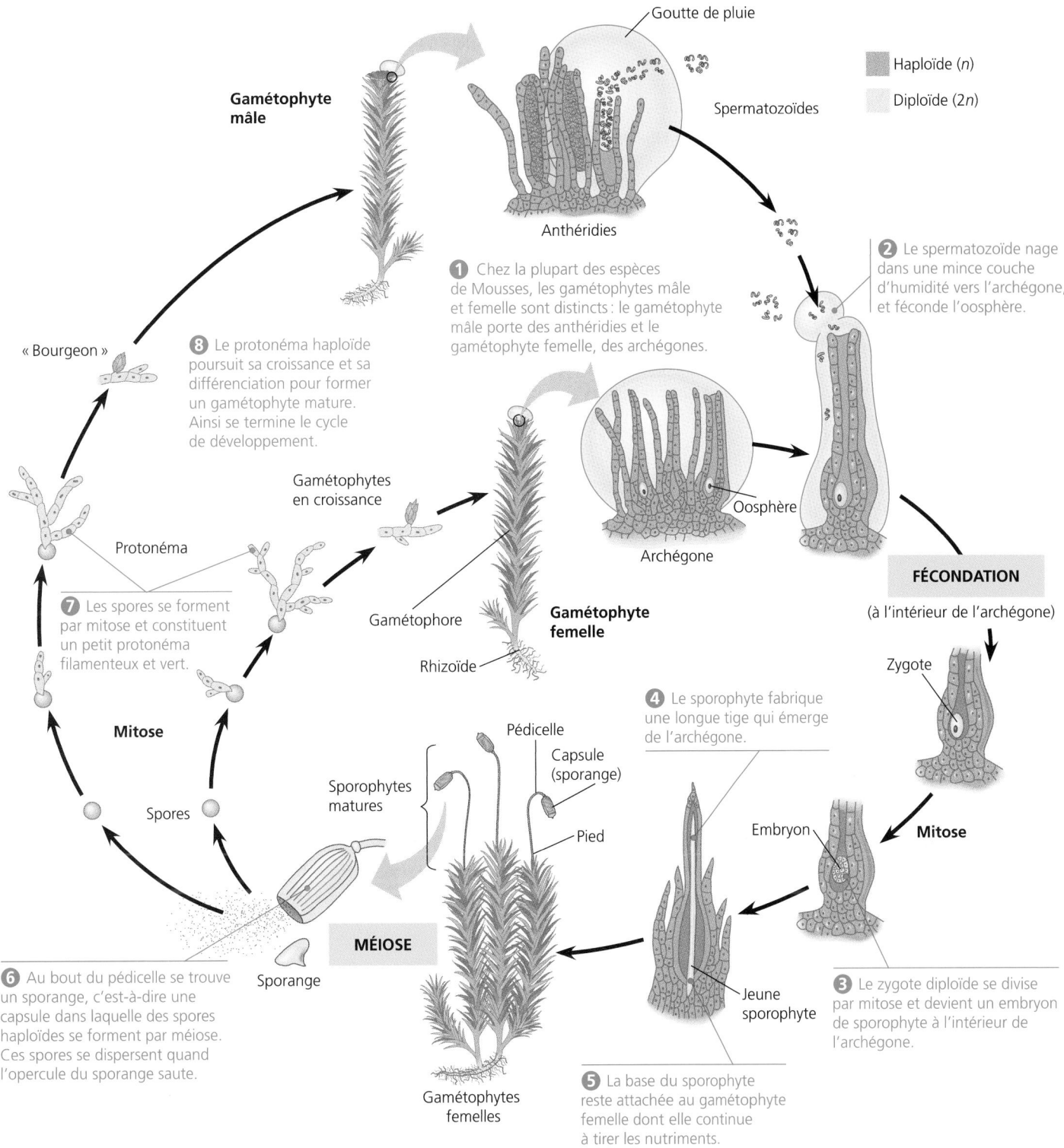

Gamétophyte mâle

Goutte de pluie

Spermatozoïdes

Anthéridies

☐ Haploïde (*n*)
☐ Diploïde (2*n*)

1 Chez la plupart des espèces de Mousses, les gamétophytes mâle et femelle sont distincts : le gamétophyte mâle porte des anthéridies et le gamétophyte femelle, des archégones.

2 Le spermatozoïde nage dans une mince couche d'humidité vers l'archégone, et féconde l'oosphère.

« Bourgeon »

8 Le protonéma haploïde poursuit sa croissance et sa différenciation pour former un gamétophyte mature. Ainsi se termine le cycle de développement.

Gamétophytes en croissance

Oosphère

Archégone

Gamétophyte femelle

FÉCONDATION
(à l'intérieur de l'archégone)

Protonéma

Gamétophore

7 Les spores se forment par mitose et constituent un petit protonéma filamenteux et vert.

Rhizoïde

Zygote

Mitose

Spores

Pédicelle

Capsule (sporange)

Pied

4 Le sporophyte fabrique une longue tige qui émerge de l'archégone.

Embryon

Mitose

Sporophytes matures

MÉIOSE

Sporange

6 Au bout du pédicelle se trouve un sporange, c'est-à-dire une capsule dans laquelle des spores haploïdes se forment par méiose. Ces spores se dispersent quand l'opercule du sporange saute.

Jeune sporophyte

3 Le zygote diploïde se divise par mitose et devient un embryon de sporophyte à l'intérieur de l'archégone.

Gamétophytes femelles

5 La base du sporophyte reste attachée au gamétophyte femelle dont elle continue à tirer les nutriments.

FIGURE 29.16 Cycle de développement d'une Mousse *Polytrichum sp.* Le gamétophyte est la génération dominante chez toutes les Bryophytes, ce qui n'est pas le cas chez les autres Plantes.

Les sporophytes des Bryophytes dispersent un très grand nombre de spores

Chez les Bryophytes, les cellules des sporophytes contiennent des plastes qui sont habituellement verts et photosynthétiques durant la jeunesse des sporophytes. Néanmoins, les sporophytes n'ont aucune autonomie. Ils restent attachés toute leur vie à leur gamétophyte maternel, qui leur procure glucides, acides aminés, minéraux et eau.

De toutes les Plantes modernes, les Bryophytes sont celles qui possèdent les sporophytes les plus petits et les plus simples. Cette observation va dans le sens de l'hypothèse selon laquelle les sporophytes, petits et simples à l'origine, ont gagné en taille et en complexité chez les Vasculaires. Les sporophytes des Hépatiques sont les plus simples de tous. Il faut une loupe pour apercevoir leur court pédicelle surmonté d'un sporange rond dont l'épiderme protecteur abrite les spores en croissance. À l'autre extrémité du pédicelle, un pied nutritif est enchâssé dans les tissus du gamétophyte (FIGURE 29.17). Les sporophytes des Anthocérotes et des Mousses sont plus gros et plus complexes. Ainsi, les sporophytes des Anthocérotes ressemblent de loin à des brins d'herbe (voir la FIGURE 29.15b) et possèdent une cuticule. Les sporophytes des Hépatiques et des Mousses sont parsemés de stomates semblables à ceux des Vasculaires.

Les sporophytes des Mousses sont bien visibles et la plupart des gens les connaissent. Verts et photosynthétiques au début, la plupart prennent une couleur orangée ou brunâtre au moment de la libération de leurs spores, puis restent visibles pendant des mois (voir la FIGURE 29.15c). Les sporophytes des Mousses sont composés d'un **pied,** d'une tige allongée appelée **pédicelle** et d'un organe producteur de spores, le **sporange** ou la **capsule** (voir la FIGURE 29.16). Le pied obtient les glucides, les acides aminés, l'eau et les minéraux du gamétophyte maternel, par l'intermédiaire de cellules de transfert. Le pédicelle achemine toutes ces matières jusqu'au sporange, qui les met au service de la production de spores. Le pédicelle s'allonge chez la plupart des Mousses, ce qui élève le sporange et favorise la dispersion des spores.

Le sporange est le siège de la méiose et de la production des spores. Un seul sporange peut produire jusqu'à 50 millions de spores. Quand il est immature, le sporange porte un capuchon protecteur composé de tissus du gamétophyte : la **coiffe.** Quand le sporange s'apprête à libérer les spores, cette coiffe disparaît. La partie supérieure du sporange, appelée **péristome,** est recouverte d'un opercule. Quand celui-ci tombe, le péristome libère progressivement les spores (FIGURE 29.18) : il les saupoudre au lieu de les libérer d'un seul coup. Les Mousses peuvent ainsi profiter des rafales périodiques qui vont transporter les spores sur de longues distances.

Les Bryophytes offrent de nombreux avantages écologiques et économiques

Grâce au vent et à la légèreté de leurs spores, les Bryophytes se sont disséminées sur toute la planète. Ces plantes sont particulièrement abondantes et diversifiées dans les forêts humides, comme les forêts alpines, boréales, tempérées et tropicales, ainsi que dans les milieux humides où elles constituent l'habitat d'une multitude de petits animaux. On trouve même des Mousses dans des milieux aussi hostiles que les sommets des montagnes, la toundra arctique et antarctique et les déserts, des habitats semblables à ceux qui ont vu naître les premiers Végétaux. Les Mousses croissent dans des habitats très froids ou très secs, car elles peuvent tolérer une déshydratation presque complète puis se réhydrater et réactiver leurs cellules lorsque revient l'humidité. Rares sont les Vasculaires qui sont capables de survivre au même degré de dessèchement. En outre, les composés phénoliques contenus dans la paroi cellulaire des Mousses absorbent les rayons ultraviolets et les autres rayonnements de courte longueur d'onde présents dans les déserts, en altitude et aux latitudes froides.

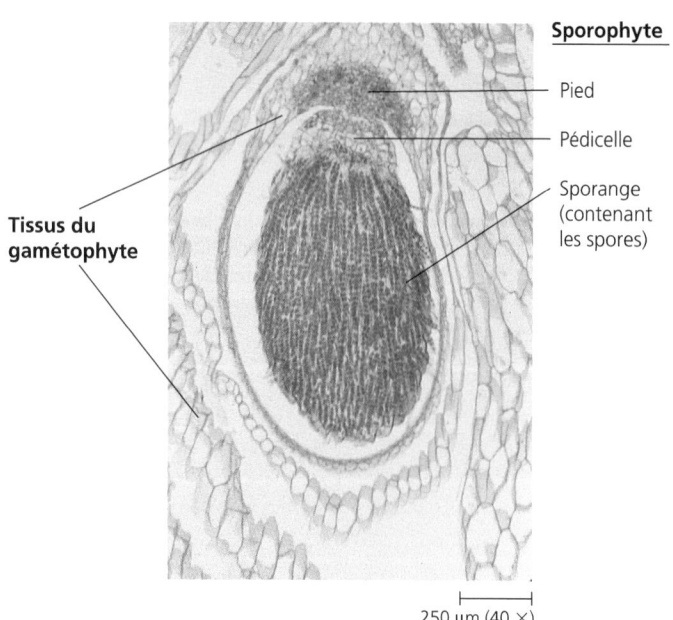

Sporophyte

— Pied

— Pédicelle

— Sporange (contenant les spores)

Tissus du gamétophyte

250 μm (40 ×)

FIGURE 29.17 Sporophyte de l'Hépatique *Marchantia sp.* Le minuscule sporophyte reste attaché aux tissus du gamétophyte maternel qui le nourrit (MP).

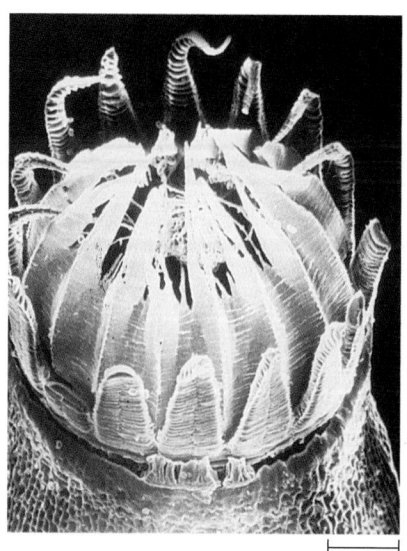

400 μm (30 ×)

FIGURE 29.18 Péristome dentelé d'un sporange de Mousse. À l'extrémité du sporange de la Mousse *Brachythecium sp.*, deux anneaux de « dents » composent le péristome et régissent la libération progressive des spores. L'humidité fait s'engager les deux anneaux l'un dans l'autre, afin que les spores restent à l'intérieur du sporange. La sécheresse entraîne, quant à elle, la séparation des dents et la dispersion des spores (MEB).

Les Mousses du genre *Sphagnum* (Sphaignes) sont particulièrement abondantes et répandues. Vivant dans les milieux humides, elles forment d'immenses dépôts de matière organique non décomposée, la **tourbe**. Aussi sont-elles communément appelées « mousses de tourbe ». Les milieux humides où ces Mousses prédominent sont appelés tourbières (FIGURE 29.19). Les Sphaignes et la tourbe qu'elles produisent résistent à la dégradation pour plusieurs raisons. Premièrement, leur paroi cellulaire contient des composés phénoliques résistants. Deuxièmement, les Sphaignes sécrètent des composés acides et phénoliques qui inhiberaient l'activité bactérienne. Enfin, troisièmement, le froid et la faible teneur en nutriments des tourbières ralentissent la dégradation par les microorganismes.

On estime à 400 milliards de tonnes la masse de carbone organique contenue dans les tourbières de la planète. En tant que réservoirs de carbone, les tourbières concourent à stabiliser la concentration atmosphérique de dioxyde de carbone et, par voie de conséquence, le climat. (Nous traitons du rôle que joue le CO_2 atmosphérique dans le climat au chapitre 54.)

Autrefois, les autochtones utilisaient les sphaignes pour en faire des couches et des pansements antiseptiques. Aujourd'hui, on récolte les Sphaignes pour préparer les sols et protéger les racines des plantes pendant le transport. Ces Mousses doivent leur utilité à de grosses cellules mortes absorbantes et à des cellules photosynthétiques vertes (voir la FIGURE 29.19c). L'association de ces deux types de cellules permet aux mousses de tourbe sèches d'absorber vingt fois leur masse en eau. Certains écologistes pensent que la surexploitation des Sphaignes compromet leur rôle écologique.

Les Bryophytes furent probablement les seules plantes à croître pendant les cent premiers millions d'années d'existence des communautés terrestres. Par la suite, l'apparition des Vasculaires a entraîné l'essor de la végétation.

(a) Une tourbière typique de l'hémisphère nord. Les Sphaignes sont les plantes basses qui croissent au bord de l'eau.

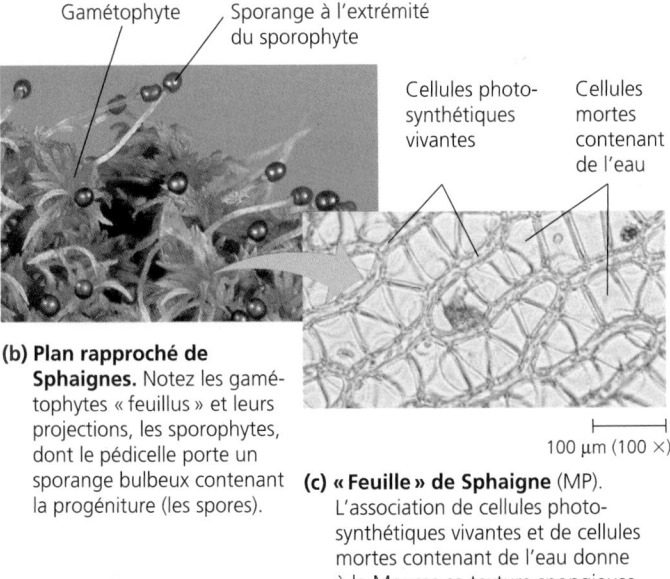

(b) Plan rapproché de Sphaignes. Notez les gamétophytes « feuillus » et leurs projections, les sporophytes, dont le pédicelle porte un sporange bulbeux contenant la progéniture (les spores).

(c) « Feuille » de Sphaigne (MP). L'association de cellules photosynthétiques vivantes et de cellules mortes contenant de l'eau donne à la Mousse sa texture spongieuse.

100 µm (100 ×)

FIGURE 29.19 Les Sphaignes (*Sphagnum sp.*, Mousses de tourbe).

L'ORIGINE DES VASCULAIRES

Nous avons vu plus haut que les Vasculaires modernes comprennent les Fougères et les plantes apparentées (Ptéridophytes), les Gymnospermes et les Angiospermes (Plantes à fleurs). Nous avons également indiqué que les Vasculaires possèdent un phloème qui transporte les molécules organiques et un xylème qui transporte l'eau et les minéraux grâce à des cellules lignifiées. Les Vasculaires se distinguent en outre des Bryophytes par la prédominance du sporophyte pendant le cycle de développement. De plus, les sporophytes ramifiés des Vasculaires deviennent indépendants des gamétophytes parentaux. Les Ptéridophytes sont aussi appelés **Vasculaires sans graines** car, contrairement aux Gymnospermes et aux Angiospermes, ils ne produisent pas de graines. Les premières Vasculaires étaient des Ptéridophytes (voir la FIGURE 29.1).

Des adaptations supplémentaires aux milieux terrestres sont apparues à mesure que les Vasculaires divergeaient de leurs ancêtres semblables à des Mousses

Les Vasculaires modernes ont hérité de leurs ancêtres semblables à des Mousses leurs méristèmes producteurs de tissus, leurs gamétanges, leurs embryons et les sporophytes qui en émergent, leurs stomates, leur cuticule et leurs spores entourées d'une paroi de sporopollénine. Les sporophytes autonomes et ramifiés sont probablement apparus par la suite. Tout cela est attesté par un groupe de fossiles du Silurien appelés Polysporangiophytes (« Plantes produisant de nombreux sporanges ») protrachéophytes (« prédécesseurs des Vasculaires »). Pour des raisons de concision, nous désignerons ces organismes par le terme « Protrachéophytes ».

Les Protrachéophytes, comme les Bryophytes, ne possédaient pas de tissu conducteur lignifié. Mais, contrairement aux Bryophytes, ils produisaient des sporophytes ramifiés qui croissaient indépendamment des gamétophytes. Grâce aux sporophytes ramifiés, les Protrachéophytes ont pu gagner en complexité et produire un nombre accru de spores. En outre, les formes complexes dotées de multiples sporanges avaient plus de chances de survivre aux attaques des herbivores et de se reproduire. Les fossiles d'espèces primitives révèlent que les gamétophytes et les sporophytes avaient une taille semblable, alors que les gamétophytes des Vasculaires modernes sont beaucoup plus petits que les sporophytes.

Diverses Vasculaires sont apparues il y a plus de 400 millions d'années

Les *Cooksonia*, ainsi nommées en l'honneur de la paléobotaniste Isabel Cookson, sont des plantes qui ont disparu mais dont on trouve des fossiles datant de plus de 408 millions d'années dans les roches siluriennes d'Europe et d'Amérique du Nord. Il s'agit des plus anciennes Vasculaires connues (FIGURE 29.20). Leurs sporophytes ramifiés ne dépassaient pas 50 cm, mais elles possédaient de petites cellules lignifiées semblables aux cellules conductrices qui forment le xylème des Ptéridophytes modernes (Vasculaires sans graines). Certains de leurs sporophytes ramifiés portaient à leur extrémité des sporanges bulbeux.

Les archives fossiles révèlent que diverses Vasculaires sont apparues au Dévonien, il y a de 362 millions à 408 millions d'années. Ces plantes sont les ancêtres des sept embranchements de Vasculaires actuelles (voir le TABLEAU 29.1), y compris les deux embranchements de Vasculaires sans graines.

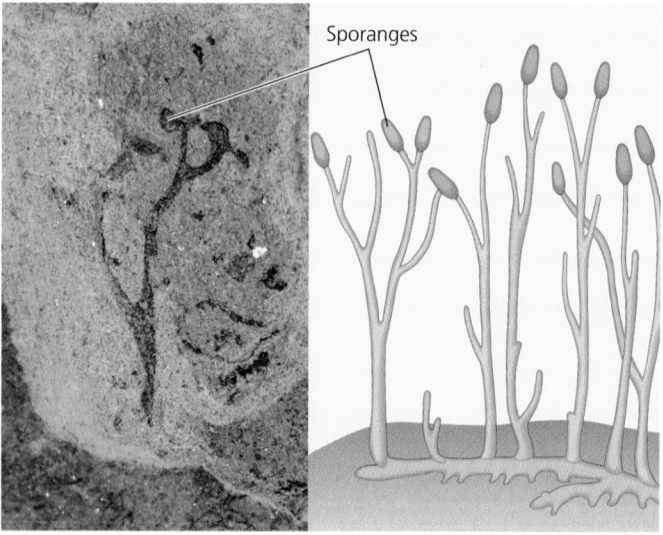

Sporanges

FIGURE 29.20 *Cooksonia* sp., Vasculaire du Silurien. Les ramifications dichotomiques (en forme de Y) et les sporanges terminaux caractéristiques du genre *Cooksonia* apparaissent clairement dans le fossile. Cette plante possédait des tiges véritables formées de cellules conductrices. Mais elle était dépourvue de racines et de feuilles proprement dites. Une tige horizontale, le rhizome, lui permettait de s'ancrer dans le sol. Les *Cooksonia* poussaient en touffes denses autour des marais. L'espèce la plus grande atteignait 50 cm environ.

LES PTÉRIDOPHYTES : VASCULAIRES SANS GRAINES

Les Ptéridophytes sont les Vasculaires sans graines. Les deux embranchements de Ptéridophytes représentés dans la flore actuelle sont les **Lycophytes** (Lycopodes) et les **Ptérophytes** (Fougères, Psilotes et Prêles). Ces deux groupes ont probablement des ancêtres vasculaires différents. La FIGURE 29.21 présente quelques exemples de Ptéridophytes.

Les Ptéridophytes nous fournissent des indices sur l'apparition des racines et des feuilles

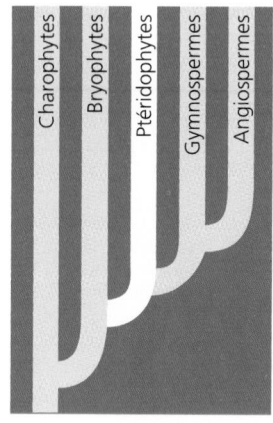

Les botanistes s'intéressent beaucoup à la morphologie des Fougères et des autres plantes sans graines. Ils étudient notamment les adaptations qui, telles les racines et les feuilles, ont permis aux Vasculaires de coloniser les milieux terrestres.

La plupart des Ptéridophytes possèdent de vraies racines formées de tissu conducteur lignifié. Ce tissu est semblable à celui qui composait les tiges des premières Vasculaires, dont certaines ont laissé des fossiles si bien conservés que l'on peut en étudier l'intérieur. On peut donc supposer que les racines des Ptéridophytes ont évolué à partir de la portion souterraine des tiges de Vasculaires anciennes. On ne sait pas encore si les racines des Plantes à graines (les Gymnospermes et les Angiospermes) sont apparues indépendamment ou sont homologues à celles des Ptéridophytes.

Les Lycophytes, les premières Vasculaires modernes à avoir divergé dans la phylogénie des Végétaux, possèdent de petites feuilles qui sont parcourues d'une seule nervure non ramifiée. Ces feuilles sont probablement apparues lorsqu'un filet de tissu conducteur a pénétré dans une excroissance de tissu à la surface des tiges. Les feuilles de ce type sont appelées **microphylles** (« petites feuilles » ; FIGURE 29.22a). Les feuilles des autres Vasculaires modernes sont, quant à elles, appelées **mégaphylles** (« grandes feuilles » ; FIGURE 29.22b). Elles doivent probablement l'accroissement de leur taille à la présence d'un réseau vasculaire très ramifié. En effet, un réseau de ce type peut fournir de l'eau et des minéraux à la feuille et acheminer au reste de la plante les glucides produits par le tissu photosynthétique. Par conséquent, le rendement de la photosynthèse est plus élevé dans les mégaphylles que dans les microphylles.

L'étude des fossiles permet de penser que les mégaphylles proviennent de ramifications d'une tige qui étaient rapprochées. Les ramifications se seraient aplaties et le tissu aurait proliféré pour les réunir (voir la FIGURE 29.22b). D'après cette hypothèse, les mégaphylles n'auraient pas pu apparaître chez les plantes dépourvues de sporophytes ramifiées et de tissu conducteur lignifié. Il semble donc que l'apparition des vraies tiges ramifiées ait précédé celle des grandes feuilles et des racines (qui seraient issues de la base des tiges).

Strobiles (amas de sporophylles)

(a) Embranchement des Lycophytes : *Lycopodium complanatum,* ou **Lycopode aplati.** Les Lycopodes vivent en grand nombre dans les forêts du Canada et du nord-est des États-Unis. Ces petites plantes possèdent un rhizome horizontal d'où émergent des racines et des pousses verticales. Elles portent de vraies feuilles contenant des filets de tissus conducteurs. Les sporanges des Lycophytes occupent des feuilles spécialisées appelées sporophylles. Les sporophylles de l'espèce montrée ici se groupent à l'extrémité des pousses. Elles y forment des amas que l'on appelle strobiles.

(b) Embranchement des Ptérophytes : *Psilotum sp.* **(Psilote).** Les épis que portent ces tiges ramifiées en forme de Y (dichotomiques) ne sont pas de vraies feuilles, car elles ne renferment pas de tissus conducteurs. Ces épis sont constitués d'un ensemble de sacs minuscules, les sporanges.

(c) Embranchement des Ptérophytes : *Equisetum sp.* **(Prêles).** Le genre *Equisetum* possède un rhizome souterrain d'où surgissent des tiges verticales. Droites et creuses, les tiges présentent des « articulations » d'où jaillissent de petites feuilles verticillées. Certaines tiges sont surmontées d'une structure conique (strobile) qui porte les sporanges. La plante, très rude au toucher, possède un épiderme (couche externe de cellules) incrusté de silice. Les Prêles portent aussi le nom de « joncs à récurer », car avant l'invention des accessoires modernes, on utilisait souvent leurs tiges pour récurer les marmites et les casseroles.

(d) Embranchement des Ptérophytes : *Polypodium vulgare* **(Fougère).** Parmi les Vasculaires sans graines, les Fougères sont de loin les plus diversifiées et les plus répandues.

FIGURE 29.21 Exemples de Ptéridophytes (Vasculaires sans graines). Les Lycophytes et les Ptérophytes descendent probablement d'ancêtres vasculaires différents. Sachant que les Psilotes, les Prêles et les Fougères forment un groupe monophylétique de Ptéridophytes, de nombreux systématiciens classent tous ces organismes dans un même embranchement, celui des Ptérophytes. Les photos ci-dessus montrent des sporophytes de différents embranchements. Les sporophytes représentent la forme dominante dans le cycle de développement des Vasculaires.

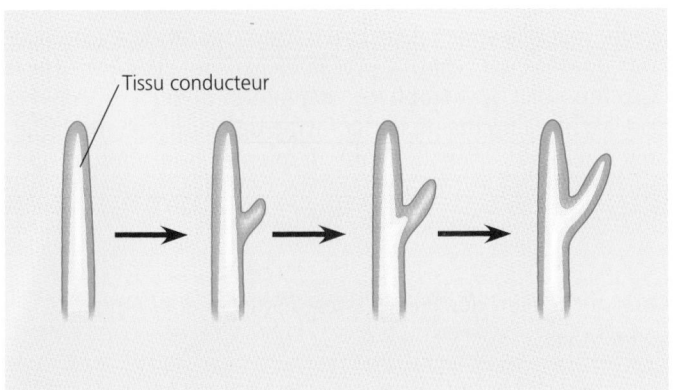
Tissu conducteur

(a) Les **microphylles,** telles celles des Lycophytes, sont probablement apparues sous forme de petites excroissances de la tige contenant un filet non ramifié de tissu conducteur.

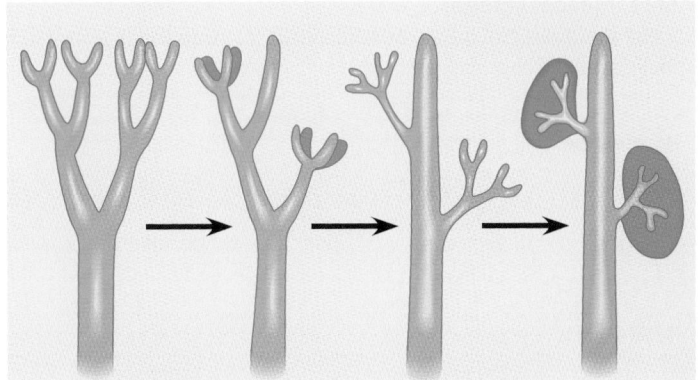

(b) Les **mégaphylles** renferment un réseau vasculaire ramifié. Elles sont apparues à la suite de la fusion de tiges ramifiées.

FIGURE 29.22 Hypothèses sur l'origine des feuilles.

Le sporophyte est graduellement devenu la forme dominante dans le cycle de développement des Vasculaires sans graines

Si les Ptéridophytes ne produisent pas de graines, ils nous fournissent des indices sur l'apparition d'adaptations qui ont favorisé la reproduction des Vasculaires sur la terre ferme.

Chez les *Cooksonia* et les autres Vasculaires primitives comme chez toutes les Vasculaires actuelles, le sporophyte (diploïde) est la forme la plus volumineuse et la plus complexe dans l'alternance de générations. Ainsi, les Fougères feuillues que nous connaissons bien sont des sporophytes. Il faut s'agenouiller, ouvrir grands les yeux et fouiller le sol avec beaucoup de délicatesse pour trouver des gamétophytes de Fougères. En attendant de pouvoir le faire, étudiez la FIGURE 29.23, qui représente le cycle de développement des Vasculaires sans graines à partir de l'exemple de la Fougère. Ensuite, afin de vous rafraîchir la mémoire, comparez cette figure à la FIGURE 29.16, qui représente le cycle de développement des Bryophytes (où domine le gamétophyte). Au chapitre 30, nous verrons que le gamétophyte a encore perdu de l'importance durant l'évolution des Plantes à graines et qu'il s'agit là d'une adaptation aux milieux terrestres.

L'étude des Fougères nous permet d'aborder un facteur de variation capital chez les Vasculaires : la distinction entre homosporie et hétérosporie. Le sporophyte d'une plante **homosporée,** telle la Fougère qui apparaît à la FIGURE 29.23, produit un seul type de spores. Chaque spore devient un gamétophyte qui possède à la fois les organes sexuels femelles et les organes sexuels mâles, c'est-à-dire respectivement les archégones et les anthéridies. Au contraire, le sporophyte d'une plante **hétérosporée** produit deux types de spores : les **mégaspores,** qui deviennent des gamétophytes femelles portant des archégones, et les **microspores,** qui deviennent des gamétophytes mâles dotés d'anthéridies. Parmi les Fougères, les seules espèces hétérosporées sont celles qui ont fait un retour aux habitats aquatiques au cours de leur évolution. Nous verrons cependant au chapitre 30 que l'hétérosporie a joué un rôle très important dans l'apparition des graines.

Les schémas suivants vous aideront à comparer l'homosporie et l'hétérosporie.

Homosporie

Sporophyte → Un seul type de spores → Gamétophyte bisexué ⟨ Oosphères / Spermatozoïdes

Hétérosporie

Sporophyte ⟨ Mégaspore → Gamétophyte femelle → Oosphères / Microspore → Gamétophyte mâle → Spermatozoïdes

La FIGURE 29.23 fait état d'un élément d'information supplémentaire : le fait que les spermatozoïdes des Fougères et de toutes les autres Vasculaires sans graines (voire ceux de certaines Plantes à graines) sont flagellés ; ils doivent donc nager dans une mince couche d'eau pour atteindre les oosphères. Cette caractéristique se retrouve aussi chez les Bryophytes. Étant donné leurs spermatozoïdes nageurs et leurs gamétophytes fragiles, les Vasculaires sans graines croissent surtout dans les habitats relativement humides.

Les deux embranchements modernes de Vasculaires sans graines sont les Lycophytes et les Ptérophytes

Embranchement des Lycophytes (Lycopodes)

Les **Lycophytes** sont les vestiges d'un passé brillant. Il en existait deux lignées au Carbonifère. Les individus de la première lignée étaient de petites plantes herbacées et ceux de la seconde lignée, des arbres pouvant mesurer plus de 2 m de diamètre et 40 m de hauteur. Les Lycophytes géantes ont évolué pendant des millions d'années dans les marais du Carbonifère, période chaude et humide. Mais elles ont disparu quand le climat s'est refroidi et asséché, à la fin de la période. Les petites Lycophytes ont, quant à elles, survécu. On en trouve aujourd'hui un millier d'espèces (voir la FIGURE 29.21a).

Nombre d'espèces de Lycophytes sont des plantes tropicales épiphytes (plantes non parasites utilisant un autre organisme comme substrat) qui croissent sur des arbres. D'autres espèces croissent sur le sol des forêts des régions tempérées, au Canada et dans le nord-est des États-Unis, par exemple. Les sporophytes des Lycophytes possèdent des tiges verticales qui portent de petites feuilles vertes (des microphylles), de même que des tiges horizontales qui courent sur le sol. Les racines émergent de ces dernières. Des feuilles spécialisées appelées **sporophylles** portent des sporanges et se regroupent pour former des strobiles en forme de cônes. Les spores, riches en huile et inflammables, se dispersent en nuages lorsqu'elles parviennent à maturité. (Jadis, les photographes mettaient le feu à des spores de Lycophytes pour produire un éclair.) Après la dispersion, elles deviennent de minuscules gamétophytes haploïdes. Selon l'espèce, ces gamétophytes prennent soit la forme de plantes photosynthétiques aériennes, soit la forme de plantes non photosynthétiques souterraines. Ces dernières peuvent vivre jusqu'à dix ans, nourries par des champignons symbiotiques.

Embranchement des Ptérophytes (Fougères et plantes apparentées)

Psilophytes. Les botanistes considéraient autrefois les plantes du genre *Psilotum* comme des « fossiles vivants » (voir la FIGURE 29.21b). Les ramifications en forme de Y (dichotomiques) de ces plantes évoquent les Vasculaires anciennes telles que les *Cooksonia* (voir la FIGURE 29.20). Les Psilotes ne possèdent ni feuilles ni racines véritables, ce qui peut

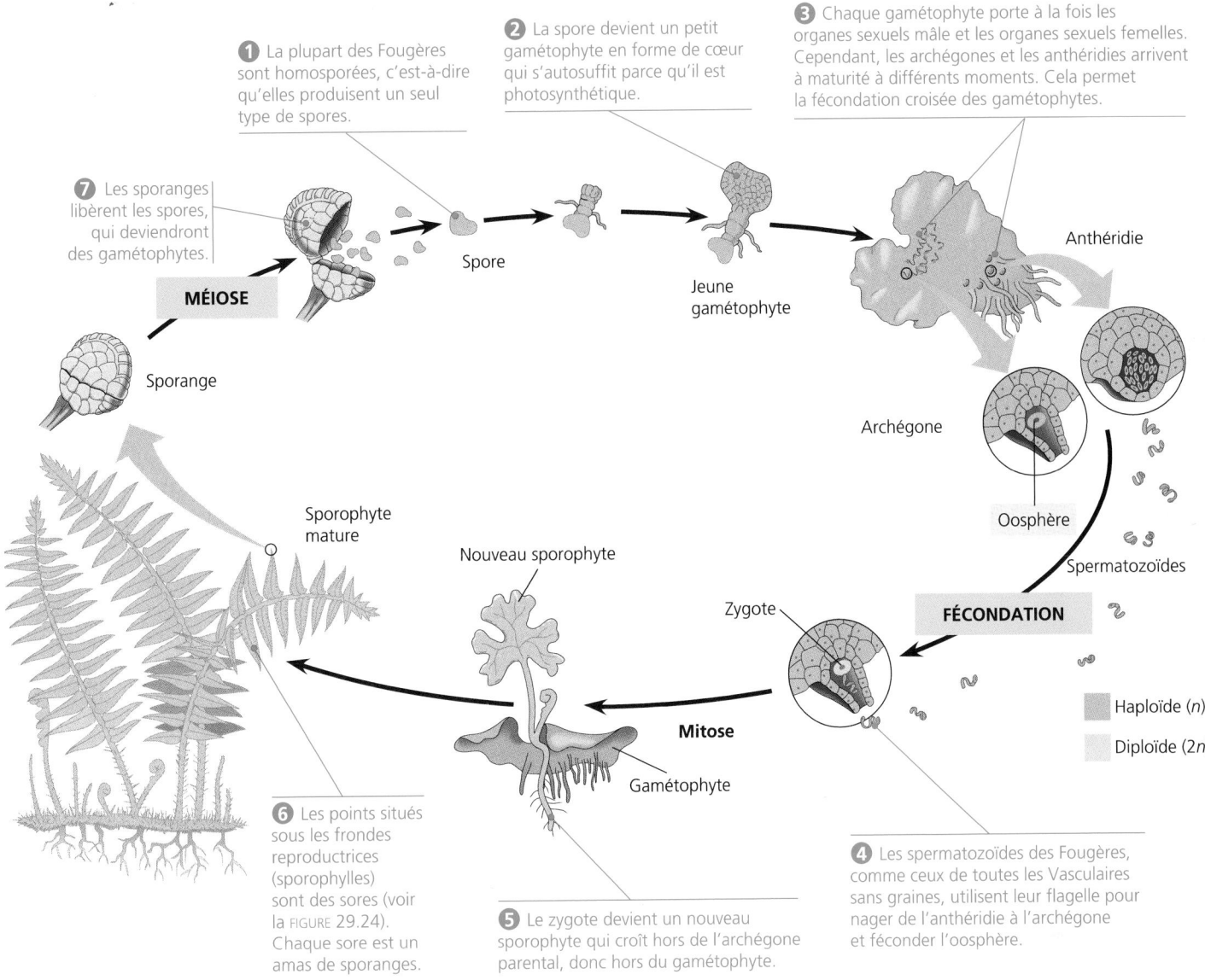

1 La plupart des Fougères sont homosporées, c'est-à-dire qu'elles produisent un seul type de spores.

2 La spore devient un petit gamétophyte en forme de cœur qui s'autosuffit parce qu'il est photosynthétique.

3 Chaque gamétophyte porte à la fois les organes sexuels mâle et les organes sexuels femelles. Cependant, les archégones et les anthéridies arrivent à maturité à différents moments. Cela permet la fécondation croisée des gamétophytes.

7 Les sporanges libèrent les spores, qui deviendront des gamétophytes.

MÉIOSE

Spore

Jeune gamétophyte

Anthéridie

Sporange

Archégone

Oosphère

Spermatozoïdes

Sporophyte mature

Nouveau sporophyte

Zygote

FÉCONDATION

Mitose

Gamétophyte

Haploïde (*n*)

Diploïde (*2n*)

6 Les points situés sous les frondes reproductrices (sporophylles) sont des sores (voir la FIGURE 29.24). Chaque sore est un amas de sporanges.

5 Le zygote devient un nouveau sporophyte qui croît hors de l'archégone parental, donc hors du gamétophyte.

4 Les spermatozoïdes des Fougères, comme ceux de toutes les Vasculaires sans graines, utilisent leur flagelle pour nager de l'anthéridie à l'archégone et féconder l'oosphère.

FIGURE 29.23 Cycle de développement de la Fougère.

en effet donner à penser que ce sont les derniers survivants d'une ancienne lignée de Vasculaires. Jusqu'à tout récemment, les botanistes ont donc classé les *Psilotum* et les plantes d'un genre étroitement apparenté dans un embranchement distinct. Cependant, l'analyse des séquences d'ADN et de certains éléments de l'ultrastructure (celle des spermatozoïdes notamment) a convaincu la plupart des systématiciens que les Psilophytes étaient étroitement apparentées aux plantes communément appelées Fougères. Il semblerait donc que l'absence de racines et de feuilles véritables soit le résultat d'une évolution secondaire qui se serait produite au moment où les Psilophytes ont divergé de la lignée des Fougères.

Sphénophytes (Prêles). Comme les Psilophytes, les Sphénophytes (voir la FIGURE 29.21c) ont déjà constitué un embranchement à elles seules. Mais l'analyse moléculaire donne à penser qu'elles sont étroitement apparentées aux Fougères et devraient appartenir au même embranchement que ces dernières. Les Sphénophytes étaient très diversifiées au Carbonifère. Elles pouvaient alors atteindre une hauteur de 15 m. Aujourd'hui, cependant, il n'en existe plus qu'une quinzaine d'espèces qui font partie d'un genre unique mais très répandu, *Equisetum*.

Les Prêles croissent souvent dans les lieux marécageux, le long des ruisseaux et sur les bords sablonneux des routes. Elles ont une tige verte verticale et des tiges horizontales (rhizomes) avec des racines qui courent sur le sol. La tige verticale semble avoir des articulations d'où émergent de petites feuilles verticillées. Elle constitue en réalité le principal organe photosynthétique de ces plantes. Elle est parcourue à l'intérieur par de grands canaux aérifères qui permettent au dioxygène d'atteindre les rhizomes et les racines, souvent enfouis dans un sol détrempé, pauvre en dioxygène. Cette adaptation est probablement apparue au Carbonifère. Elle est encore utile aujourd'hui, même si les marais sont plus rares. À l'extrémité des tiges se trouvent des cônes (strobiles) qui, comme ceux de certaines Lycophytes, sont composés d'amas de sporophylles (feuilles portant des sporanges).

(a) Fougère du genre *Polypodium*.

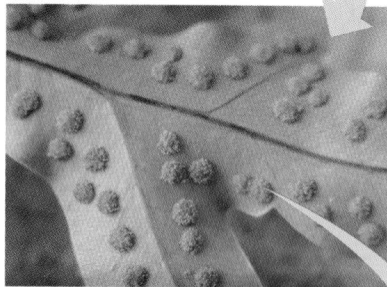

(b) La face inférieure de cette sporophylle porte des sores, c'est-à-dire des amas de sporanges.

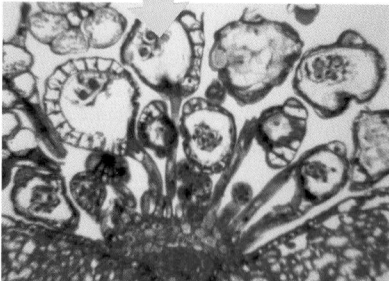

(c) Un sore (MP).

100 µm (100 ×)

FIGURE 29.24 La sporophylle de la Fougère, une feuille spécialisée dans la production de spores.

Fougères. Depuis leur apparition durant le Dévonien, les Fougères se sont considérablement diversifiées, si bien qu'il en existe plus de 12 000 espèces aujourd'hui. Les Fougères ont côtoyé les Lycophytes géantes et les Prêles dans les grandes forêts marécageuses du Carbonifère. Mais ce sont aujourd'hui les plus répandues et les plus diversifiées des Ptéridophytes. Leur diversité culmine dans les régions tropicales. On en trouve aussi un grand nombre dans les forêts tempérées et quelques-unes dans les habitats arides. Les Fougères possèdent souvent des rhizomes horizontaux d'où émergent de grandes feuilles parcourues d'un réseau vasculaire très ramifié. Les feuilles des Fougères, communément appelées frondes, sont souvent composées, c'est-à-dire qu'elles sont divisées en plusieurs folioles ou pennes (voir la FIGURE 29.21d). À mesure que la fronde croît, son bout enroulé, appelé crosse, se déroule. Les Fougères arborescentes portent de longues tiges droites coiffées d'une couronne de frondes.

Les Fougères produisent des amas de sporanges appelés **sores.** Ces amas se trouvent sous les feuilles vertes ou sur des feuilles particulières qui ne sont pas vertes (sporophylles). La disposition des sores, en lignes parallèles ou en points, facilite l'identification de la Fougère (FIGURE 29.24). La plupart des sporanges de Fougères possèdent un mécanisme qui catapulte les spores à plusieurs mètres. Les spores peuvent alors parcourir de longues distances au gré du vent. Protégées par la sporopollénine, les spores constituent le principal moyen de dispersion des Végétaux sans graines.

Les Vasculaires sans graines formaient les vastes forêts du Carbonifère

Les embranchements des Lycophytes et des Ptérophytes représentent les lignées modernes des Vasculaires sans graines qui formaient les forêts du Carbonifère, il y a de 290 millions à 360 millions d'années (FIGURE 29.25). Les Vasculaires sans graines des forêts du Carbonifère ont laissé non seulement des fossiles et des descendants, mais également un combustible fossile : le charbon.

La formation du charbon s'est étendue sur plusieurs périodes géologiques. Mais on trouve les gisements les plus importants dans les strates du Carbonifère, période où des marais peu profonds inondaient la plupart des continents. L'Europe et l'Amérique du Nord, situées près de l'équateur à cette époque, étaient couvertes de forêts tropicales marécageuses. La végétation morte ne se décomposait pas complètement dans les eaux stagnantes, et d'épaisses couches de tourbe, c'est-à-dire de débris organiques, se sont accumulées en un processus semblable à celui qui se produit aujourd'hui dans les tourbières. Plus tard, la mer a envahi les marais, recouvrant la tourbe de sédiments. La chaleur et la pression ont transformé progressivement la tourbe en charbon. Ce combustible « fossile » a alimenté la révolution industrielle, au XIXᵉ siècle. Aujourd'hui, devant la diminution des réserves de pétrole et de gaz, certains politiciens prônent un retour au charbon. Cependant, la combustion du charbon entraînerait une augmentation des

FIGURE 29.25 Forêt du Carbonifère peinte par un artiste à partir de fossiles. La plupart des grands arbres au tronc droit sont des Lycophytes. À gauche, l'arbre qui porte des branches en forme de plumes est une Prêle. Les Fougères arborescentes, bien qu'absentes de cette toile, abondaient elles aussi dans les forêts du Carbonifère. Ces milieux abritaient également un grand nombre d'Animaux, notamment des Libellules géantes comme celle que l'on aperçoit ici.

émissions industrielles de CO_2 et d'autres gaz à effet de serre, facteurs du réchauffement de la planète (voir le chapitre 55). Aussi semble-t-il plus prudent de s'en tenir à l'économie d'énergie et aux combustibles non fossiles.

■ ■ ■

Durant le Carbonifère, les Plantes sans graines ont poussé aux côtés des Plantes à graines primitives, dans les marais. Ces Gymnospermes ne dominaient pas le paysage. Mais, après l'assèchement des marais, à la fin de la période, elles ont fini par prendre une place prépondérante. Au chapitre suivant, nous en examinerons l'origine et la diversification à la lumière de notre thème, l'adaptation aux milieux terrestres.

RÉVISION DU CHAPITRE

Résumé des concepts importants

APERÇU DE L'ÉVOLUTION DES VÉGÉTAUX TERRESTRES

■ Il y a quatre grands groupes de Végétaux qui se caractérisent par des adaptations aux milieux terrestres (p. 626 à 628, FIGURE 29.1, TABLEAU 29.1). Les quatre principaux groupes de Végétaux sont les Bryophytes (comprenant les Mousses), les Ptéridophytes (Vasculaires sans graines comprenant les Fougères), les Gymnospermes (comprenant les Conifères) et les Angiospermes (Plantes à fleurs).

■ Les Charophytes sont les Algues vertes les plus étroitement apparentées aux Végétaux terrestres (p. 628 et 629, FIGURE 29.2). Les Végétaux et les Charophytes ont en commun des structures homologues dérivées, comme les rosettes productrices de cellulose, les peroxysomes et les phragmoplastes qui se forment pendant la division cellulaire.

■ Diverses adaptations à la terre ferme distinguent les Végétaux terrestres des Charophytes (p. 629 à 633, FIGURES 29.3 à 29.11). Les Végétaux possèdent cinq caractéristiques distinctives : des méristèmes apicaux producteurs de tissus ; des embryons multicellulaires dépendant de la plante mère ; une alternance de générations qui est apparue indépendamment, par rapport aux Algues, dans le cycle de développement, lequel est par ailleurs semblable chez les Végétaux terrestres et chez les Algues ; des sporanges produisant des spores entourées d'une paroi ; des gamétanges multicellulaires. D'autres adaptations aux milieux terrestres, tels les tissus conducteurs et les composés secondaires, sont apparues en outre chez un grand nombre de Plantes.

L'ORIGINE DES VÉGÉTAUX TERRESTRES

- Les Végétaux terrestres ont divergé des Charophytes il y a plus de 500 millions d'années (p. 633 et 634, FIGURE 29.12). Les plus anciennes spores fossilisées dateraient d'il y a 550 millions d'années.

- L'alternance de générations chez les Végétaux résulte peut-être d'une méiose tardive (p. 633 et 634, FIGURE 29.13). Il se peut que le sporophyte provienne d'une division mitotique du zygote qui se serait produite avant la production de spores par méiose. L'événement aurait entraîné une augmentation de la production de rejetons à chaque fécondation.

- Des adaptations à la vie en eau peu profonde ont préparé l'accession des Végétaux aux milieux terrestres (p. 634). Des baisses périodiques du niveau de l'eau auraient favorisé le maintien de caractéristiques qui, telles les spores protégées par de la sporopollénine, ont contribué au succès des Végétaux sur la terre ferme.

- Les spécialistes de la taxinomie des Végétaux remettent en question les limites du règne des Végétaux (p. 634 et 635, FIGURE 29.14). Dans ce manuel, nous faisons correspondre le règne des Végétaux aux Embryophytes. Mais d'autres auteurs l'étendent jusqu'aux Charophytes, voire jusqu'aux Algues vertes.

- Le règne des Végétaux est monophylétique (p. 635). Le cycle de développement ancestral a connu de nombreuses adaptations.

LES BRYOPHYTES

- Les trois embranchements de Bryophytes sont les Mousses, les Hépatiques et les Anthocérotes (p. 635 et 636, FIGURE 29.15). Les Mousses (Muscinées) sont les plus diversifiées et les plus répandues des Bryophytes. Les Hépatiques (Hépatophytes) doivent leur nom à leur forme. Les Anthocérotes doivent leur nom à leurs sporophytes en forme de cornes.

- Le gamétophyte est la génération dominante dans le cycle de développement des Bryophytes (p. 636 et 637, FIGURE 29.16). Un tapis de mousse se compose de gamétophytes haploïdes. Les sporophytes diploïdes émergent des archégones et tirent leur nourriture du gamétophyte. Les spermatozoïdes flagellés doivent nager dans une mince couche d'eau pour atteindre les oosphères.

- Les sporophytes des Bryophytes dispersent un très grand nombre de spores (p. 637 et 638, FIGURES 29.17 et 29.18). Les spores marquent le principal stade de dispersion dans le cycle de développement des Bryophytes.

- Les Bryophytes offrent de nombreux avantages écologiques et économiques (p. 638 et 639, FIGURE 29.19). Les Sphaignes couvrent de vastes étendues appelées tourbières et jouent un rôle important dans le cycle du carbone.

L'ORIGINE DES VASCULAIRES

- Des adaptations supplémentaires aux milieux terrestres sont apparues à mesure que les Vasculaires divergeaient de leurs ancêtres semblables à des Mousses (p. 639 et 640). L'étude des fossiles appelés Protrachéophytes donne à penser que les sporophytes ramifiés sont apparus avant les tissus conducteurs, au cours de l'adaptation aux milieux terrestres.

- Diverses Vasculaires sont apparues il y a plus de 400 millions d'années (p. 640, FIGURE 29.20). Les *Cooksonia*, les plus anciens fossiles connus de Vasculaires, remontent au Silurien.

LES PTÉRIDOPHYTES : VASCULAIRES SANS GRAINES

- Les Ptéridophytes nous fournissent des indices sur l'apparition des racines et des feuilles (p. 640 et 641, FIGURE 29.22). Les premières vraies racines sont probablement apparues à la base des tiges. Les microphylles sont de petites feuilles aux nervures non ramifiées. Les mégaphylles possèdent, quant à elles, un tissu conducteur ramifié. Elles se sont probablement formées à partir de bouquets de branches voisines.

- Le sporophyte est graduellement devenu la forme dominante dans le cycle de développement des Vasculaires sans graines (p. 642 et 643, FIGURE 29.23). On distingue les plantes homosporées des plantes hétérosporées chez les Vasculaires sans graines. Tous ces Végétaux ont encore aujourd'hui des spermatozoïdes flagellés.

- Les deux embranchements modernes de Vasculaires sans graines sont les Lycophytes et les Ptérophytes (p. 642 à 644, FIGURE 29.24). Les Lycophytes comprennent les Lycopodes, dont certaines pousses portent des amas de sporophylles. Les Psilophytes (Psilotes) et les Sphénophytes (Prêles) sont à présent classées dans l'embranchement des Ptérophytes, avec les Fougères.

- Les Vasculaires sans graines formaient les vastes forêts du Carbonifère (p. 644 et 645, FIGURE 29.25). Le charbon s'est formé à partir de la tourbe, elle-même composée de plantes marécageuses décomposées.

Autoévaluation

(Les questions dont les numéros sont en caractères gras font surtout appel à la compréhension.)

1. Laquelle des caractéristiques suivantes est absente chez les Charophytes, les organismes les plus étroitement apparentés aux Végétaux ?
   a) La chlorophylle *b*.
   b) La cellulose dans la paroi cellulaire.
   c) L'alternance de générations multicellulaires.
   d) La reproduction sexuée.
   e) La formation d'une paroi transversale pendant la cytocinèse.

2. Les caractéristiques communes à toutes les Bryophytes (Mousses, Hépatiques et Anthocérotes) sont :
   a) des cellules reproductrices enfermées dans des gamétanges ; des embryons.
   b) des sporophytes ramifiés.
   c) des tissus conducteurs, de vraies feuilles et une cuticule cireuse.
   d) des graines.
   e) une paroi cellulaire lignifiée.

3. Laquelle des caractéristiques suivantes *n'est pas* propre à tous les embranchements de Vasculaires ?
   a) La production de graines.
   b) L'alternance de générations.
   c) La prédominance de la génération diploïde.
   d) Le xylème et le phloème.
   e) La présence de lignine dans la paroi cellulaire.

4. Une plante hétérosporée :
   a) produit un gamétophyte qui porte à la fois des anthéridies et des archégones.
   b) produit des microspores et des mégaspores qui deviennent respectivement des gamétophytes mâles et des gamétophytes femelles.
   c) produit des spores tout au long de l'année, pas seulement au cours d'une saison.
   d) produit deux sortes de spores, l'une par voie asexuée au cours de la mitose et l'autre par voie sexuée au cours de la méiose.
   e) ne se reproduit que par voie sexuée.

5. Au Carbonifère, les Végétaux dominants qui ont formé de grands gisements de charbon étaient :
   a) les Lycophytes géantes, les Prêles et les Fougères.
   b) les Conifères.
   c) les Angiospermes.
   d) les Charophytes.
   e) les premières Plantes à graines.

6. Une Plante terrestre qui produit des spermatozoïdes flagellés et dont la génération diploïde domine est vraisemblablement :
   a) une Fougère.
   b) une Mousse.
   c) une Hépatique.
   d) une Charophyte.
   e) une Anthocérote.

Questions 7 à 10

Pour chacune des structures suivantes ou chacun des stades de cycle de développement suivants, indiquez si les cellules sont haploïdes ou diploïdes.

7. Le corps d'une Charophyte.

8. Cellules non reproductrices qui tapissent les gamétanges d'une Mousse.

9. Cellules qui composent le pied d'un sporophyte de Mousse.

10. Spores produites par le sporophyte d'une Fougère.

11. Nommez trois adaptations des Végétaux aux milieux terrestres.

12. Pourquoi dit-on que le charbon, le pétrole et le gaz naturel sont des combustibles « fossiles » ?

13. Pourquoi le cycle de développement de l'Humain ne correspond-il pas à une alternance de générations ?

14. Pour ce qui est de l'alternance de générations, quelle est la principale différence entre le cycle de développement d'une Mousse et celui d'une Fougère ?

15. Qu'est-ce qui prouve que la paroi de cellulose des Végétaux et celle des Charophytes ont une même origine dans l'évolution ?

Lien avec l'évolution

Dessinez un cladogramme comprenant une Mousse, une Fougère et une Gymnosperme. Ajoutez une Charophyte à titre de groupe apparenté. (Consultez le chapitre 25 si vous avez besoin de vous rafraîchir la mémoire au sujet de la cladistique.) Sur chaque branche du cladogramme, indiquez au moins une caractéristique dérivée propre au clade.

Intégration

En avril 1986, un accident s'est produit à la centrale nucléaire de Tchernobyl, en Ukraine. Les retombées radioactives qui en ont résulté se sont étendues sur des centaines de kilomètres. Les radiations nuisent aux organismes en provoquant des mutations. Or, les chercheurs ont découvert que les Mousses donnaient de précieuses indications sur les effets biologiques des radiations. Pourquoi les effets génétiques des radiations apparaissent-ils plus rapidement chez les Bryophytes que chez les Plantes des autres groupes ? Imaginez que vous procédez à des essais peu de temps après un accident nucléaire. Vos organismes expérimentaux sont des Mousses cultivées en laboratoire. Concevez une expérience qui permettra de vérifier l'hypothèse selon laquelle la fréquence des mutations diminue à mesure qu'augmente la distance par rapport à la source des radiations.

Science, technologie et société

Les Invasculaires et les Vasculaires sans graines sont extrêmement répandues. Plusieurs d'entre elles jouent un rôle économique et écologique important. Pourtant, aucune n'est cultivée. Pourquoi en est-il ainsi ? Quels attributs leur manque-t-il pour faire l'objet, comme les Plantes à graines, d'une culture intensive ? Et parmi leurs attributs, lesquels limitent leur utilité en agriculture ?

Réponses à l'autoévaluation : 1. c ; 2. a ; 3. a ; 4. b ; 5. a ; 6. a ; 7. Haploïde ; 8. Haploïde ; 9. Diploïde ; 10. Haploïde ; 11. Trois adaptations parmi les suivantes : cuticule ; stomate ; tissu conducteur ; gamétanges protégeant les gamètes ; embryons protégés ; sporanges produisant des spores protégées par de la sporopollénine ; méristèmes ; différenciation en un système racinaire souterrain et en des tiges et des feuilles aériennes. 12. Parce qu'ils proviennent d'anciens organismes qui ne sont pas complètement décomposés. 13. Parce que le cycle de développement de l'Humain ne comprend pas de stade haploïde multicellulaire. 14. Le gamétophyte prédomine dans le cycle de développement d'une Mousse ; le sporophyte prédomine dans celui d'une Fougère. 15. La membrane plasmique des Végétaux et celle des Charophytes comprennent des rosettes productrices de cellulose, ce qui n'est pas le cas de celle des autres Algues qui possèdent une paroi de cellulose.

CHAPITRE 30

LA DIVERSITÉ DES VÉGÉTAUX II : L'ÉVOLUTION DES PLANTES À GRAINES

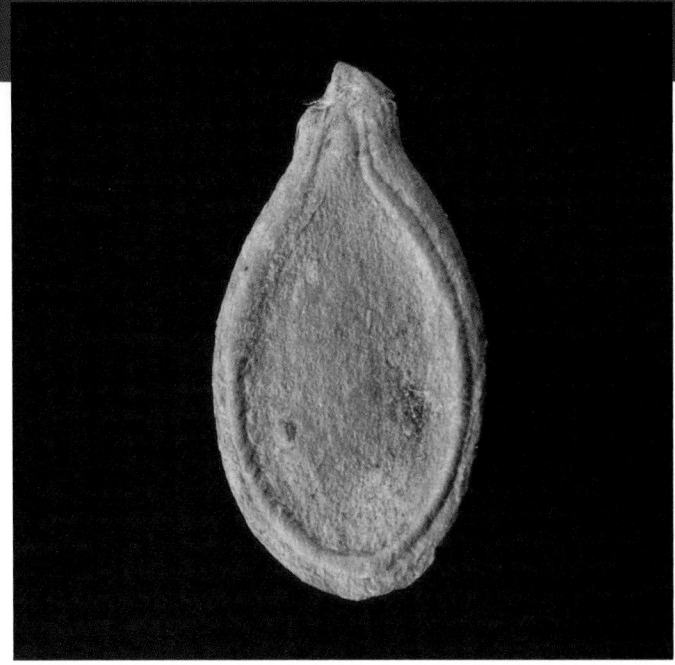

« Personne ne sait comment sont exactement les choses quand on ne les regarde pas. »

HUBERT REEVES
astrophysicien québécois (1932-)

LES VÉGÉTAUX : UNE RESSOURCE VITALE POUR L'ESPÈCE HUMAINE

- Les plantes que nous cultivons sont presque toutes des Angiospermes
- La diversité des Végétaux est une ressource non renouvelable

APERÇU DE L'ÉVOLUTION DES PLANTES À GRAINES

- La réduction de la taille du gamétophyte s'est poursuivie chez les Plantes à graines
- Les graines sont devenues un important moyen de dispersion de la progéniture
- Grâce à l'apparition du pollen, la fécondation peut se faire sans eau
- Les deux clades de Plantes à graines sont les Gymnospermes et les Angiospermes

LES GYMNOSPERMES

- Le Mésozoïque fut l'ère des Gymnospermes
- Les quatre embranchements de Gymnospermes actuels sont les Ginkgophytes, les Cycadophytes, les Gnétophytes et les Pinophytes
- Le cycle de développement du Pin comprend les trois principales adaptations qui permettent la reproduction des Plantes à graines en milieu terrestre

LES ANGIOSPERMES (PLANTES À FLEURS)

- Les systématiciens sont en train d'établir des clades d'Angiospermes
- La fleur est l'adaptation la plus déterminante pour la reproduction des Angiospermes
- Les fruits concourent à la dispersion des graines chez les Angiospermes
- Le cycle de développement d'une Angiosperme est une variante hautement perfectionnée de l'alternance de générations propre à tous les Végétaux
- La radiation adaptative des Angiospermes marque la transition entre le Mésozoïque et le Cénozoïque
- Les Angiospermes et les Animaux se sont influencés mutuellement durant leur évolution

Dans ce chapitre, *nous reprenons là où nous l'avons laissée la saga de l'adaptation des Végétaux aux milieux terrestres. Nous voyons aussi à quel point les Végétaux ont modifié la Terre au cours de leur évolution. La graine de Courge qui apparaît dans la photo ci-dessus a été découverte en 1997, dans une caverne située à Oaxaca, au Mexique. Ce vestige merveilleusement conservé rappelle deux étapes importantes de l'évolution des Végétaux : (1) l'apparition des Plantes à graines, puis des Gymnospermes et des Angiospermes, les Végétaux qui dominent aujourd'hui la plupart des paysages ; (2) l'importance grandissante qu'ont prise les Plantes à graines pour les Animaux et en particulier pour les Humains.*

Pourquoi la découverte de cette graine de Courge a-t-elle fait la une d'un grand nombre de journaux et de publications scientifiques ? Premièrement, la caverne où elle a été trouvée était occupée par des Humains il y a de 8 000 à 10 000 ans. Deuxièmement, elle diffère suffisamment des graines des variétés sauvages de la même espèce pour donner à penser que les Humains avaient déjà commencé à cultiver la Courge, encore que ce fût probablement pour son écorce et non pour sa chair. L'agriculture serait donc née en Amérique à cette époque, c'est-à-dire en même temps qu'en Asie et en Europe. (Avant cette découverte, les scientifiques ne faisaient remonter qu'à environ 5 000 ans l'apparition de l'agriculture en Amérique.) L'invention de l'agriculture, c'est-à-dire principalement de la culture et de la récolte de Plantes à graines, constitue la principale avancée culturelle dans l'histoire de l'humanité. Elle a en effet permis le passage des sociétés de chasseurs-cueilleurs à la sédentarité.

Du point de vue biologique, les graines et les autres adaptations ont favorisé la survie et la reproduction des Gymnospermes et des Angiospermes dans divers milieux terrestres. Ces Végétaux sont ainsi devenus les principaux producteurs dans les réseaux alimentaires de la plupart des écosystèmes terrestres. Notre étude commencera par une description de quelques-unes des adaptations aux milieux terrestres que les Plantes à graines ont acquises en plus de celles que les Bryophytes et les Vasculaires sans graines possédaient déjà (voir le chapitre 29).

APERÇU DE L'ÉVOLUTION DES PLANTES À GRAINES

Les **Plantes à graines** sont des Végétaux vasculaires qui produisent des graines. Leur succès en tant qu'organismes terrestres repose sur certaines modifications du cycle de développement. Nous allons ici étudier les trois adaptations qui contribuent le plus à la reproduction : la réduction de la taille du gamétophyte, la graine et le pollen.

La réduction de la taille du gamétophyte s'est poursuivie chez les Plantes à graines

Au chapitre 29, nous avons présenté une différence importante entre le cycle de développement des Mousses et des autres Bryophytes, d'une part, et celui des Fougères et des autres Vasculaires sans graines, d'autre part. Il s'agit du fait que le gamétophyte domine dans le premier et que c'est le sporophyte qui domine dans le second. La tendance à la réduction de taille du gamétophyte s'est maintenue avec l'apparition des Plantes à graines, les Gymnospermes et les Angiospermes. En effet, les gamétophytes des Plantes à graines sont encore plus petits que ceux des Vasculaires sans graines comme les Fougères. De plus, les minuscules et délicats gamétophytes femelles des Plantes à graines se forment à partir de spores qui restent dans les sporanges du sporophyte parent. Ils sont ainsi protégés d'un grand nombre de facteurs de stress environnementaux. Nourris et logés dans les tissus reproducteurs humides du sporophyte parent, les gamétophytes femelles et les embryons qu'ils produisent après la fécondation restent à l'abri de la sécheresse et des rayons ultraviolets nocifs. Les gamétophytes autonomes des Vasculaires sans graines doivent, quant à eux, assurer eux-mêmes leur subsistance (voir la FIGURE 29.23).

Afin d'être en mesure de vivre dans les tissus du sporophyte, les gamétophytes femelles devaient subir une miniaturisation extrême. Les gamétophytes autonomes des Vasculaires sans graines (Ptéridophytes), bien que petits comparativement aux sporophytes, sont visibles à l'œil nu. Mais les gamétophytes des Plantes à graines, eux, sont microscopiques. La FIGURE 30.1 donne un aperçu de cette adaptation aux milieux terrestres au moyen d'une comparaison des relations entre le sporophyte et le gamétophyte chez différents groupes de Végétaux.

FIGURE 30.1 Trois variantes de la relation entre le gamétophyte et le sporophyte.

Gamétophyte (*n*)

Sporophyte (2*n*)

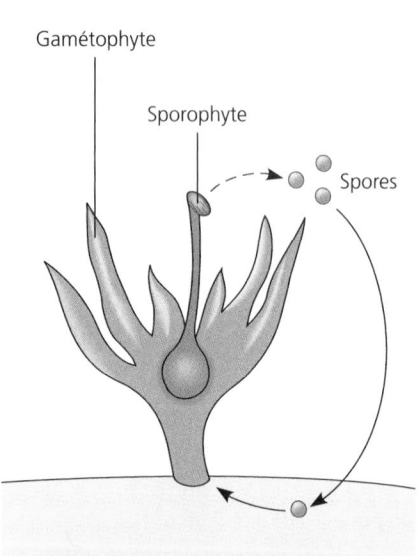

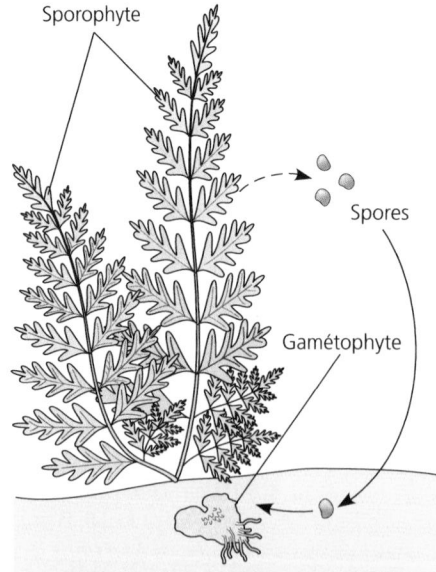

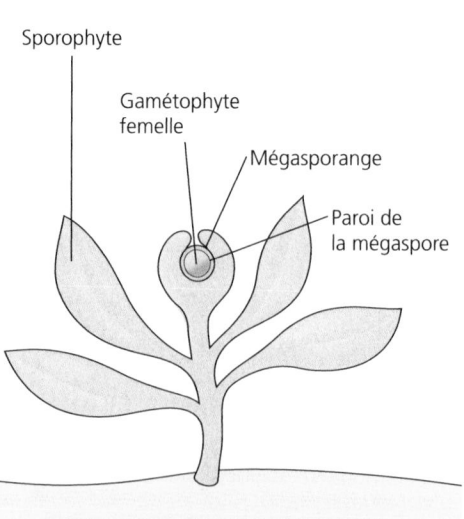

(a) Sporophyte dépendant du gamétophyte (comme chez les Mousses). Le gamétophyte domine dans le cycle de développement des Bryophytes. Il nourrit le sporophyte pendant que celui-ci émerge de l'archégone.

(b) Grand sporophyte et petit gamétophyte indépendant (comme chez les Fougères). Le sporophyte domine dans le cycle de développement de toutes les Vasculaires. Le gamétophyte de la plupart des Fougères est petit, mais photosynthétique et autonome (il n'obtient pas sa nourriture du sporophyte).

(c) Gamétophyte de taille réduite et dépendant du sporophyte (Plantes à graines). Le gamétophyte des Plantes à graines est entouré des tissus du sporophyte, dont il tire sa nourriture. Notez qu'il se forme à l'intérieur d'une spore.

Pourquoi la génération du gamétophyte n'a-t-elle pas complètement disparu du cycle de développement des Végétaux ? Certains auteurs pensent que c'est parce que le gamétophyte haploïde permet de « trier » les allèles et d'éliminer ceux qui contiennent de nouvelles mutations. Les gamétophytes porteurs de mutations délétères (touchant le métabolisme de base et la division cellulaire) ne survivent pas suffisamment longtemps pour produire des gamètes susceptibles d'engendrer de nouveaux sporophytes.

D'autres experts supposent que le gamétophyte a subsisté chez les Plantes à graines parce que tous les embryons de sporophytes dépendent, dans une certaine mesure au moins, des tissus du gamétophyte maternel. Vous savez que, chez les Bryophytes, le sporophyte embryonnaire est nourri par le gamétophyte pendant qu'il émerge de l'archégone. Vous verrez bientôt que chez les Plantes à graines, le gamétophyte continue de participer à l'alimentation de l'embryon, au début de son développement du moins.

Les graines sont devenues un important moyen de dispersion de la progéniture

Chez les Bryophytes et les Vasculaires sans graines comme les Fougères, les spores produites par les sporophytes constituent le stade résistant du cycle de développement, c'est-à-dire la forme capable de tolérer les rigueurs du milieu. (Nous avons indiqué au chapitre 29 que la spore est une cellule résistante capable de produire un nouvel organisme.) Ainsi, les spores des Mousses peuvent survivre à des conditions de froid, de chaleur ou de sécheresse qui seraient fatales à la plante elle-même. De plus, grâce à leur taille minuscule, les spores en état de dormance peuvent se disperser et aboutir dans un nouvel endroit. Là, elles pourront germer et donner naissance à de nouveaux gamétophytes si les conditions sont propices à l'interruption de la dormance. La spore fut le principal moyen de propagation des Végétaux au cours des deux cents premiers millions d'années de leur existence.

La graine constitue, quant à elle, une solution différente aux problèmes des rigueurs environnementales et de la dispersion de la progéniture. Contrairement à la spore, c'est une structure multicellulaire, résistante et complexe. Une **graine** est composée d'un embryon de sporophyte et d'une réserve de nourriture qui sont enfermés dans une enveloppe protectrice. Pour ce qui est de l'évolution et du développement, il existe des liens entre les spores et les graines. Rappelez-vous que le gamétophyte de taille réduite des Plantes à graines se forme dans les tissus du sporophyte parent. En effet, celui-ci ne libère pas ses spores, mais les conserve dans ses mégasporanges. De plus, le gamétophyte croît à l'intérieur de la mégaspore dont il dérive (voir la FIGURE 30.1c).

Toutes les Plantes à graines sont hétérosporées, c'est-à-dire qu'elles possèdent deux types de sporanges produisant des spores différentes. Les mégasporanges produisent des mégaspores, qui donnent naissance à des gamétophytes femelles (contenant une ou plusieurs oosphères). Les microsporanges produisent des microspores, qui donnent naissance à des gamétophytes mâles (contenant des spermatozoïdes). Nous avons indiqué au chapitre 29 que certaines Vasculaires sans graines, notamment quelques Fougères, sont elles aussi hétérosporées. Leurs gamétophytes se forment à l'intérieur de la spore, comme ceux des Plantes à graines. Les Plantes à graines ont ceci de particulier que les mégaspores, et par conséquent les gamétophytes femelles, restent dans le sporophyte parent.

Chez les Plantes à graines, des couches de tissu du sporophyte forment un **tégument** autour du mégasporange. La mégaspore qui se forme à l'intérieur du mégasporange est donc très bien protégée. L'ensemble constitué par le tégument, le mégasporange et la mégaspore est appelé **ovule** (FIGURE 30.2a) Un gamétophyte femelle se forme à l'intérieur d'une mégaspore et produit une ou plusieurs oosphères (gamètes femelles). On note ici une différence entre les Végétaux et les Animaux. Chez les Animaux, l'ovule est le gamète femelle. Chez les Végétaux, l'ovule contient le gamète femelle et d'autres structures. Si une oosphère est fécondée par un spermatozoïde (FIGURE 30.2b), le zygote devient un embryon de sporophyte. L'ovule dans son ensemble se transforme en graine (FIGURE 30.2c).

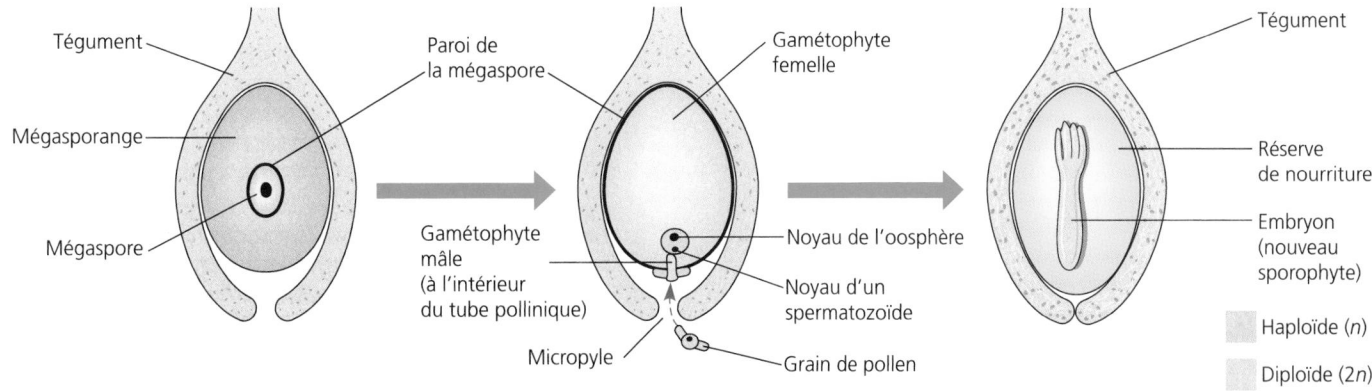

(a) Ovule non fécondé. Dans ce schéma général d'un ovule de Gymnosperme, un mégasporange charnu est entouré de couches de tissu protecteur qui forment le tégument (coupe frontale).

(b) Ovule fécondé. Une mégaspore devient un gamétophyte femelle multicellulaire. Le micropyle, l'unique ouverture du tégument, permet à un grain de pollen d'entrer. Ce dernier contient un gamétophyte mâle qui émet ses spermatozoïdes à travers un tube pollinique.

(c) Graine de Gymnosperme. La fécondation déclenche la transformation de l'ovule en graine. Celle-ci est composée d'un embryon de sporophyte, d'une réserve de nourriture et d'un tégument protecteur.

FIGURE 30.2 De l'ovule à la graine.

FIGURE 30.3 La graine ailée du Pin blanc (*Pinus strobus*).

Le tégument protecteur de la graine provient des tissus de l'ovule. Une fois détachée de la plante parente, la graine peut rester en état de dormance pendant des jours, des mois, voire des années. Elle germe quand les conditions sont favorables. L'embryon de sporophyte émerge alors du tégument sous forme de plantule. Certaines graines se posent à proximité de leurs parents, tandis que d'autres sont transportées au loin par le vent ou des animaux (FIGURE 30.3).

Grâce à l'apparition du pollen, la fécondation peut se faire sans eau

Nous avons décrit la relation qui existe entre le mégasporange, l'ovule et la graine. Mais nous n'avons pas encore précisé ce qui se déroule à l'intérieur du microsporange d'une plante à graines. Les microspores se transforment en grains de pollen. Ces derniers deviennent des gamétophytes mâles. Protégés par une enveloppe résistante contenant de la sporopollénine (voir la page 631), ils sont transportés par le vent et des animaux après avoir été libérés par le microsporange.

Le transfert du pollen aux ovules est appelé **pollinisation.** Si un grain de pollen atterrit à proximité d'un ovule, il fabrique un tube qui expulse un ou plusieurs spermatozoïdes dans le gamétophyte femelle situé dans l'ovule (voir la FIGURE 30.2b). Les spermatozoïdes de certaines Gymnospermes ont conservé le flagelle que possédaient leurs ancêtres. Ceux des Gymnospermes les plus répandues (Conifères) et de toutes les Angiospermes (Plantes à fleurs) sont dénués de flagelle.

Le mécanisme de transport des spermatozoïdes est tout autre chez les Plantes sans graines. Rappelez-vous que chez les Bryophytes et les Ptéridophytes comme les Fougères, les spermatozoïdes flagellés libérés par les anthéridies doivent nager dans une mince couche d'eau pour atteindre l'oosphère, dans les archégones. La longueur de leur trajet dépasse rarement quelques centimètres. Chez les Plantes à graines, en revanche, le pollen favorise l'union des gamètes grâce à sa résistance, à sa légèreté et à la capacité qu'il a de franchir de longues distances au gré du vent. Il s'agit là d'une adaptation qui a grandement contribué à la survie et à la diversification des Végétaux sur la terre ferme.

Les deux clades de Plantes à graines sont les Gymnospermes et les Angiospermes

Si la biologie est une discipline si fascinante, c'est à cause des progrès qui sont réalisés grâce aux techniques, aux données et aux idées nouvelles qui ne cessent de surgir. Pour chaque nouvelle édition de cet ouvrage, il faut réviser la plupart des arbres phylogénétiques afin de rendre compte de l'évolution constante de la systématique. Rappelez-vous que les arbres phylogénétiques et les classifications qu'ils sous-tendent constituent des hypothèses sur l'évolution du vivant. Pour ce qui est des Plantes à graines, le dernier arbre phylogénétique en date comprend deux grandes branches monophylétiques, celle des Gymnospermes et celle des Angiospermes (FIGURE 30.4). Ces deux lignées sont probablement issues d'ancêtres différents qui appartenaient à un même groupe aujourd'hui disparu, les **Progymnospermes,** dont certains membres produisaient des graines.

Vous comprendrez mieux pourquoi les graines et le pollen constituent les deux principales adaptations des Plantes à graines lorsque nous aurons étudié la diversité des Gymnospermes et des Angiospermes.

LES GYMNOSPERMES

Les Gymnospermes qui nous sont les plus familières sont les Conifères, c'est-à-dire les Végétaux qui, comme le Pin, portent des cônes. Les Gymnospermes (du grec *gumnos,* « nu » et *sperma,* « graine ») ne possèdent pas d'ovaires. Leurs ovules et leurs graines se forment à la surface de feuilles spécialisées qui sont appelées **sporophylles.** Les Gymnospermes sont apparues beaucoup plus tôt que les Angiospermes d'après les archives géologiques.

Le Mésozoïque fut l'ère des Gymnospermes

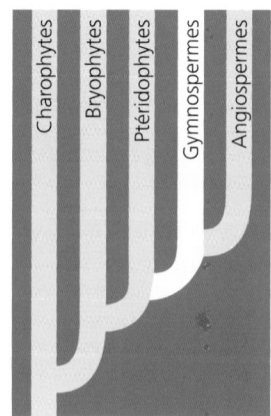

Les Gymnospermes descendent vraisemblablement des Progymnospermes, un groupe de Végétaux du Dévonien (voir la FIGURE 30.4). Les premières Progymnospermes étaient des Plantes sans graines. Mais, dès la fin du Dévonien, certaines espèces avaient acquis la capacité de produire des graines. La radiation adaptative du Carbonifère et du début du Permien a engendré les divers embranchements de Gymnospermes.

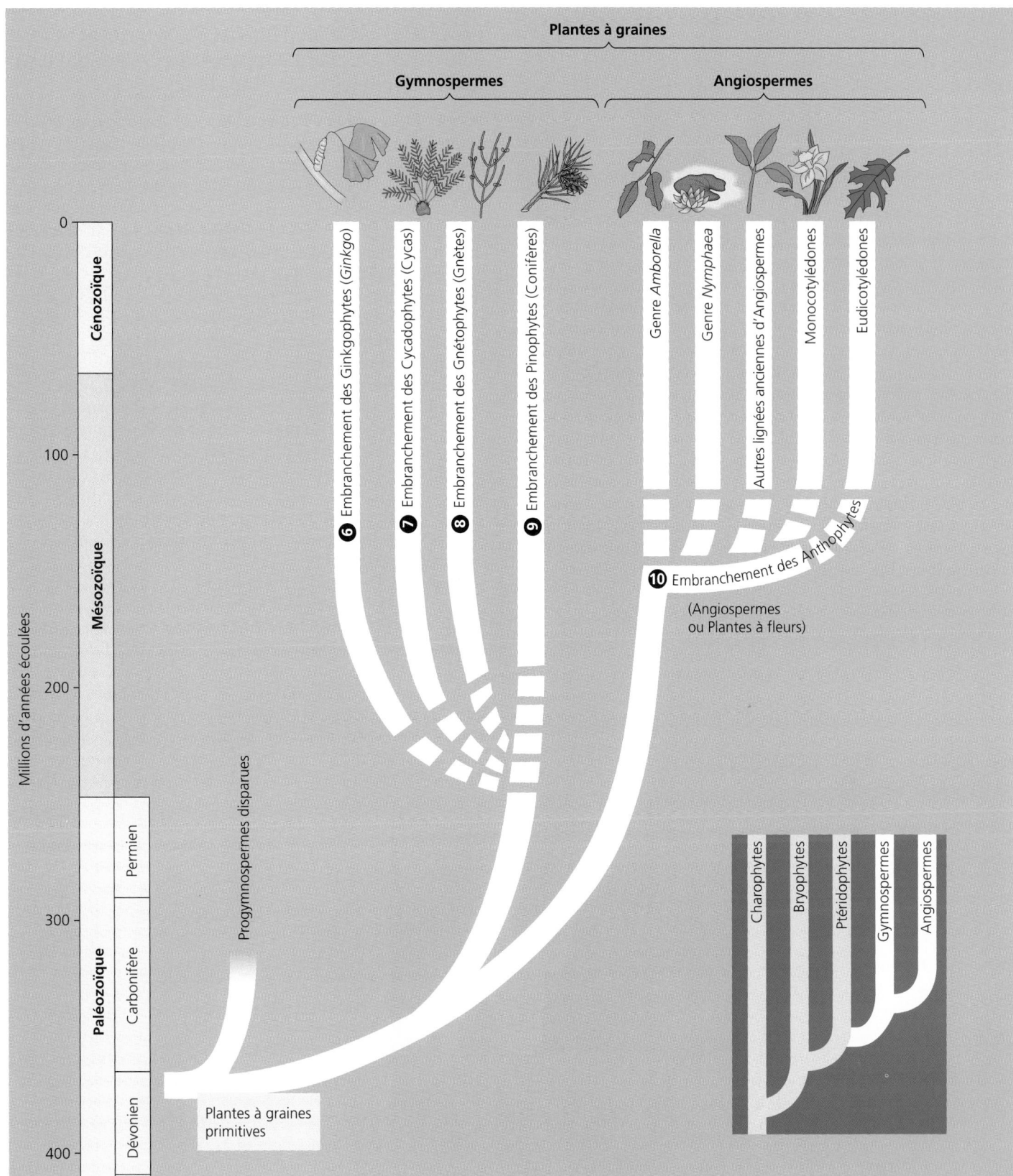

FIGURE 30.4 Phylogenèse hypothétique des Plantes à graines. D'après les dernières découvertes, les Plantes à graines se divisent en deux clades (branches monophylétiques) : les Gymnospermes et les Angiospermes. Les relations, pour ce qui est de l'évolution, entre les principaux groupes compris dans ces clades sont encore obscures. C'est pourquoi la base de ces groupes est représentée en pointillés. Les numéros associés aux embranchements correspondent à ceux du TABLEAU 29.1 et de la FIGURE 29.1 (reproduite en partie ici dans le coin droit). Notez que la taxinomie que nous avons adoptée dans cet ouvrage comprend quatre embranchements de Gymnospermes, mais regroupe toutes les Angiospermes dans un seul embranchement, celui des Anthophytes. Cependant, à la suite d'analyses d'ADN, certains systématiciens regroupent dans cet embranchement les Gnétophytes et les Angiospermes.

Dans l'histoire du vivant, le Permien fut une période de grands bouleversements. L'intérieur des continents s'est réchauffé et asséché, en raison peut-être de la formation du supercontinent appelé Pangée (voir le chapitre 25). La flore et la faune se sont radicalement transformées au fil de la disparition et de l'apparition de nombreux groupes d'organismes. C'est dans les mers que le changement fut le plus marqué, mais les milieux terrestres n'ont pas été épargnés. Dans le règne animal, les Amphibiens ont perdu de leur diversité et cédé la place aux Reptiles, particulièrement bien adaptés à l'aridité. De même, dans le règne des Végétaux, les Lycopodes, les Prêles et les Fougères qui dominaient les marais du Carbonifère furent supplantés par les Gymnospermes, mieux adaptées à la sécheresse du climat. L'ampleur du changement fut telle que les géologues situent maintenant à la fin du Permien, il y a environ 245 millions d'années, la limite entre l'ère paléozoïque et l'ère mésozoïque. (La limite correspondait autrefois à la transformation des fossiles marins.) Les Animaux terrestres du Mésozoïque, dont les Dinosaures, se nourrissaient d'une végétation composée principalement de Conifères et de grands Cycadophytes (deux embranchements de Gymnospermes). À la fin du Mésozoïque, l'impact colossal d'une météorite ou d'une comète de même qu'une intense activité volcanique ont entraîné un refroidissement du climat. Les Dinosaures ont alors disparu. Mais un grand nombre de Gymnospermes ont subsisté et constituent encore aujourd'hui une importante composante de la flore.

Les quatre embranchements de Gymnospermes actuels sont les Ginkgophytes, les Cycadophytes, les Gnétophytes et les Pinophytes

Parmi les dix embranchements de Végétaux que comprend la taxinomie que nous avons adoptée (voir le TABLEAU 29.1), quatre appartiennent au groupe des Gymnospermes (voir la FIGURE 30.4). Trois de ces quatre embranchements comportent peu d'espèces. Il s'agit des Ginkgophytes, des Cycadophytes et des Gnétophytes. Ainsi, *Ginkgo biloba* est la seule espèce actuelle de l'embranchement des **Ginkgophytes.** Il possède des feuilles en forme d'éventails qui prennent une couleur dorée et tombent à l'automne (FIGURE 30.5). *Ginkgo biloba* est la source d'une préparation médicinale populaire qui est en vente libre et qui, selon certaines personnes, améliore la mémoire. Les Végétaux de l'embranchement des **Cycadophytes** présentent une certaine ressemblance avec les Palmiers. Mais il s'agit d'une ressemblance superficielle, car les Palmiers sont des Plantes à fleurs (FIGURE 30.6). L'embranchement des **Gnétophytes** réunit trois genres très différents d'apparence (FIGURE 30.7). Les espèces du genre *Welwitschia* possèdent des feuilles géantes en forme de lanières. Les plantes du genre *Gnetum* sont des arbres ou des plantes grimpantes qui croissent sous les tropiques. Enfin, les espèces du genre *Ephedra* sont des arbustes qui vivent dans les déserts d'Amérique.

L'embranchement des **Pinophytes,** ou Conifères, est de loin le plus vaste des quatre embranchements de Gymnospermes. Le terme **Conifère** (du latin *conus,* «cône» et *ferre,* «porter») évoque l'appareil reproducteur de ces Végétaux, le cône, qui est composé d'un amas de sporophylles en forme d'écailles. Cet embranchement de Gymnospermes réunit de nombreux arbres

FIGURE 30.5 Embranchement des Ginkgophytes: *Ginkgo biloba.* Communément appelé «arbre aux quarante écus», *Ginkgo biloba* apparaît souvent dans les aménagements urbains, car il résiste bien à la pollution atmosphérique et aux autres agressions environnementales. La photo de gauche montre l'arbre avec son feuillage d'été. La photo située en haut à droite montre l'arbre avec son feuillage d'automne. Les arbres femelles produisent des graines charnues (en bas à droite) dont le tégument en décomposition émet une odeur nauséabonde (pour les Humains, du moins). Cette odeur provient d'acides organiques que contiennent aussi le beurre rance, les sécrétions de la Mouffette et la sueur humaine. C'est pourquoi les architectes paysagistes ont l'habitude de planter des arbres mâles seulement (producteurs de pollen).

(a) Cycas.

— Graine

— Sporophylle

(b) Cône de Cycas.

FIGURE 30.6 Embranchement des Cycadophytes : *Cycas sp.*
(a) Les plantes semblables à des palmiers qui ornent ce jardin sont en réalité des Cycas et appartiennent à l'embranchement des Gymnospermes. (Les Palmiers sont des Angiospermes.) **(b)** Les graines des Cycas se forment à la surface de feuilles reproductrices spécialisées qui sont appelées « sporophylles ». Tassées les unes contre les autres, les sporophylles forment des cônes. On voit ici l'intérieur d'un cône femelle.

et comprend les Pins, les Sapins, les Épinettes, les Mélèzes, les Ifs, les Genévriers, les Thuyas, les Cyprès et les Séquoias (FIGURE 30.8, p. 656). Les Conifères ne comptent que 550 espèces environ. Mais quelques-unes de ces espèces dominent les vastes forêts de l'hémisphère nord, où la saison de croissance est relativement courte à cause de la latitude ou de l'altitude. Ainsi, l'Épinette noire (*Picea mariana*) domine le paysage de la taïga québécoise. Se fondant sur des données récentes découlant de la comparaison des ADN, certains systématiciens optent pour le regroupement des Pinophytes et des Ginkgophytes dans le clade des Coniférophytes.

(a) *Welwitschia sp.* Les individus du genre *Welwitschia* vivent uniquement dans les déserts du sud-ouest de l'Afrique. Leurs feuilles, qui sont parmi les plus grandes que l'on connaisse, ressemblent à des lanières.

(b) *Gnetum sp.* Le genre *Gnetum* regroupe des plantes grimpantes et des arbres tropicaux.

(c) *Ephedra sp.* Les espèces du genre *Ephedra* croissent dans les régions arides, un peu partout dans le monde.

FIGURE 30.7 Embranchement des Gnétophytes.

La majorité des Conifères gardent leurs feuilles toute l'année. L'hiver, ils présentent une certaine activité photosynthétique quand le temps est ensoleillé. Quand revient le printemps, ils

(a) Douglas taxifolié. Les Douglas taxifoliés (*Pseudotsuga menziesii*) dominent dans cette forêt de l'Oregon. Le Douglas taxifolié est l'arbre qui fournit le plus de bois de construction en Amérique du Nord. Son bois sert à fabriquer des charpentes, du contreplaqué, de la pâte à papier, des traverses de chemin de fer, des boîtes et des caisses.

(b) Séquoia. Ce Séquoia géant (*Sequoiadendron giganteum*), situé dans le Sequoia National Park, en Californie, domine de toute sa hauteur les visiteurs qui viennent l'admirer.

(c) Cyprès. Cet arbre baptisé Lone Cypress est un Cyprès à gros fruits (*Cupressus macrocarpa*). Situé à Monterey, en Californie, il est l'un des arbres les plus photographiés du monde.

(e) Genévrier commun. Les « baies » du Genévrier commun (*Juniperus communis*) sont en réalité des cônes femelles formés de sporophylles charnues. L'extrait que l'on en tire donne au gin sa saveur particulière.

(d) If occidental. L'écorce de l'If occidental (*Taxa brevifolia*) est une source de taxol, composé qui sert à traiter le cancer de l'ovaire. Les feuilles d'une espèce européenne d'If produisent un composé semblable, qu'on peut récolter sans détruire l'arbre. Les sociétés pharmaceutiques s'attachent à perfectionner les techniques qui permettent de synthétiser des substances ayant les mêmes propriétés que le taxol.

(g) Pin Wollemi. Le Pin Wollemi (*Wollemia nobilis*) est un survivant d'un groupe de Conifères dont on ne connaissait autrefois que des fossiles. On a découvert un individu de cette espèce, bien vivant, en 1994, dans un parc national situé à 150 km à peine de Sydney, en Australie. Pour autant qu'on le sache, l'espèce ne compte aujourd'hui que quarante individus répartis en deux bosquets. La photo en médaillon permet de comparer les feuilles de ce « fossile vivant » à celles d'un véritable fossile.

(f) Pinède. Les Pins à encens (*Pinus tæda*) cultivés dans cette pinède de la Caroline-du-Sud sont des clones d'arbres à croissance rapide produits à partir de cultures cellulaires (en médaillon).

FIGURE 30.8 Embranchement des Pinophytes : échantillon de la diversité des Conifères.

ont déjà des feuilles matures prêtes pour la photosynthèse. Quelques Conifères perdent leurs feuilles à l'automne. C'est le cas du Métaséquoia (*Metasequoia glyptostroboides*) et du Mélèze laricin (*Larix laricina*).

Recouvertes d'une épaisse cuticule, les aiguilles des Pins et des Sapins sont adaptées aux conditions arides. Les stomates se logent au fond de petits puits, à la surface de l'aiguille, ce qui réduit encore davantage les pertes d'eau.

La majeure partie du bois de charpente et du bois entrant dans la fabrication de la pâte à papier provient de Conifères. Ce que nous appelons bois est en réalité l'accumulation de xylème, le tissu de soutien des arbres.

Certains Conifères comptent parmi les plus imposants et les plus vieux organismes vivant sur la Terre. Ainsi, les Séquoias, qui ne poussent que sur la côte, dans la partie nord de la Californie, atteignent jusqu'à 110 m de haut. Seuls certains Eucalyptus (*Eucalyptus sp.*) d'Australie dépassent cette hauteur. Certains Pins appartenant à l'espèce *Pinus longæva,* également originaire de Californie, figurent parmi les plus vieux organismes du monde. L'un de ces arbres, baptisé Mathusalem, a plus de 4 600 ans. Sa jeunesse remonte à l'époque où l'Humain inventait l'écriture.

Le cycle de développement du Pin comprend les trois principales adaptations qui permettent la reproduction des Plantes à graines en milieu terrestre

Nous avons indiqué plus haut que trois adaptations à la reproduction en milieu terrestre sont apparues avec les Plantes à graines. Il s'agit de la prédominance du sporophyte, de la graine résistante et apte à la dispersion et enfin du pollen en tant qu'agent de la fécondation. Pour mieux décrire ces adaptations, nous allons examiner le cycle de développement du Pin (*Pinus sp.*), un Conifère typique (FIGURE 30.9, p. 658).

Le Pin est un sporophyte. Ses mégasporanges sont situés dans des sporophylles en forme d'écailles qui forment des structures appelées «cônes». La génération du gamétophyte femelle provient des mégaspores haploïdes contenues dans les mégasporanges. Les Conifères, comme toutes les Plantes à graines, sont hétérosporés: les gamétophytes mâle et femelle se forment à partir de différents types de spores produites dans des cônes distincts (FIGURE 30.10, p. 659). Un Pin possède habituellement les deux types de cônes. Les petits cônes mâles produisent des microspores qui deviennent des gamétophytes mâles, ou grains de pollen. Les cônes femelles, plus gros que les cônes mâles, produisent des mégaspores qui deviennent des gamétophytes femelles. À partir du moment où les jeunes cônes apparaissent, il s'écoule presque trois ans avant que les gamétophytes mâles et femelles se forment, que la pollinisation en provoque l'union et que des graines matures s'élaborent à partir des ovules fécondés. Les écailles des cônes femelles s'écartent alors, et le vent emporte les graines. Les graines qui se posent dans un habitat propice germent et produisent des embryons de Pin qui sortent de terre.

LES ANGIOSPERMES (PLANTES À FLEURS)

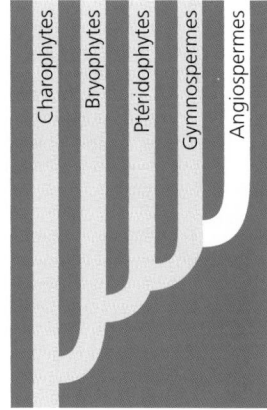

Les Angiospermes, plus connues sous le nom de Plantes à fleurs, sont des Vasculaires à graines qui fabriquent des structures reproductrices appelées «fleurs» et «fruits». De nos jours, les Angiospermes sont de loin les Végétaux les plus variés et les plus répandus. On en connaît environ 250 000 espèces, contre seulement 720 espèces pour les Gymnospermes.

Les systématiciens sont en train d'établir des clades d'Angiospermes

Toutes les Angiospermes appartiennent à l'embranchement des **Anthophytes** (du grec *anthos*, «fleur»). Si vous retournez à la FIGURE 30.4, vous constaterez que l'on reconnaît à présent plusieurs lignées d'Angiospermes. Cependant, jusqu'à la fin des années 1990, les taxinomistes s'accordaient généralement pour diviser les Angiospermes en deux classes, les **Monocotylédones** et les **Dicotylédones,** s'appuyant pour cela sur des détails anatomiques et morphologiques. Par exemple, la plupart des Monocotylédones (pensez à un brin d'herbe) portent des feuilles parallélinerves, c'est-à-dire que leurs nervures sont disposées dans le sens de la longueur et qu'elles convergent à la base et au sommet du limbe, elles sont grossièrement parallèles. Au contraire, la plupart des Dicotylédones (pensez à une feuille de Chêne) ont des feuilles dont les nervures ont un aspect ramifié. Mais la systématique moléculaire et l'analyse cladistique ont prouvé que les Monocotylédones ne formaient pas un groupe monophylétique (un clade). Les Monocotylédones comprennent notamment les Lys, les Orchidées, les Yuccas, les Palmiers et les Graminées comme l'Herbe à pelouse, la Canne à sucre et les céréales (Maïs, Blé, Riz, etc.). De plus, les comparaisons d'ADN ont révélé que les plantes ayant une anatomie de Dicotylédone n'appartenaient pas toutes au même groupe monophylétique. En revanche, le clade des **Eudicotylédones** regroupe la majorité des Dicotylédones. Il comprend notamment les Roses, les Pois, les Renoncules, les Tournesols, les Chênes et les Érables. Quelques-unes des autres Dicotylédones appartiennent en réalité à des lignées d'Angiospermes qui ont divergé avant l'apparition des Monocotylédones et des Eudicotylédones. Ainsi, la branche portant le titre «Autres lignées anciennes d'Angiospermes» dans la FIGURE 30.4 comprend une Dicotylédone appelée Anis étoilé (*Illicium floridanum*). Et les Nymphéas appartiennent à une lignée d'Angiospermes encore plus ancienne. Mais la plus ancienne branche d'Angiospermes est représentée par une seule espèce, *Amborella trichopoda* (FIGURE 30.11b, p. 660).

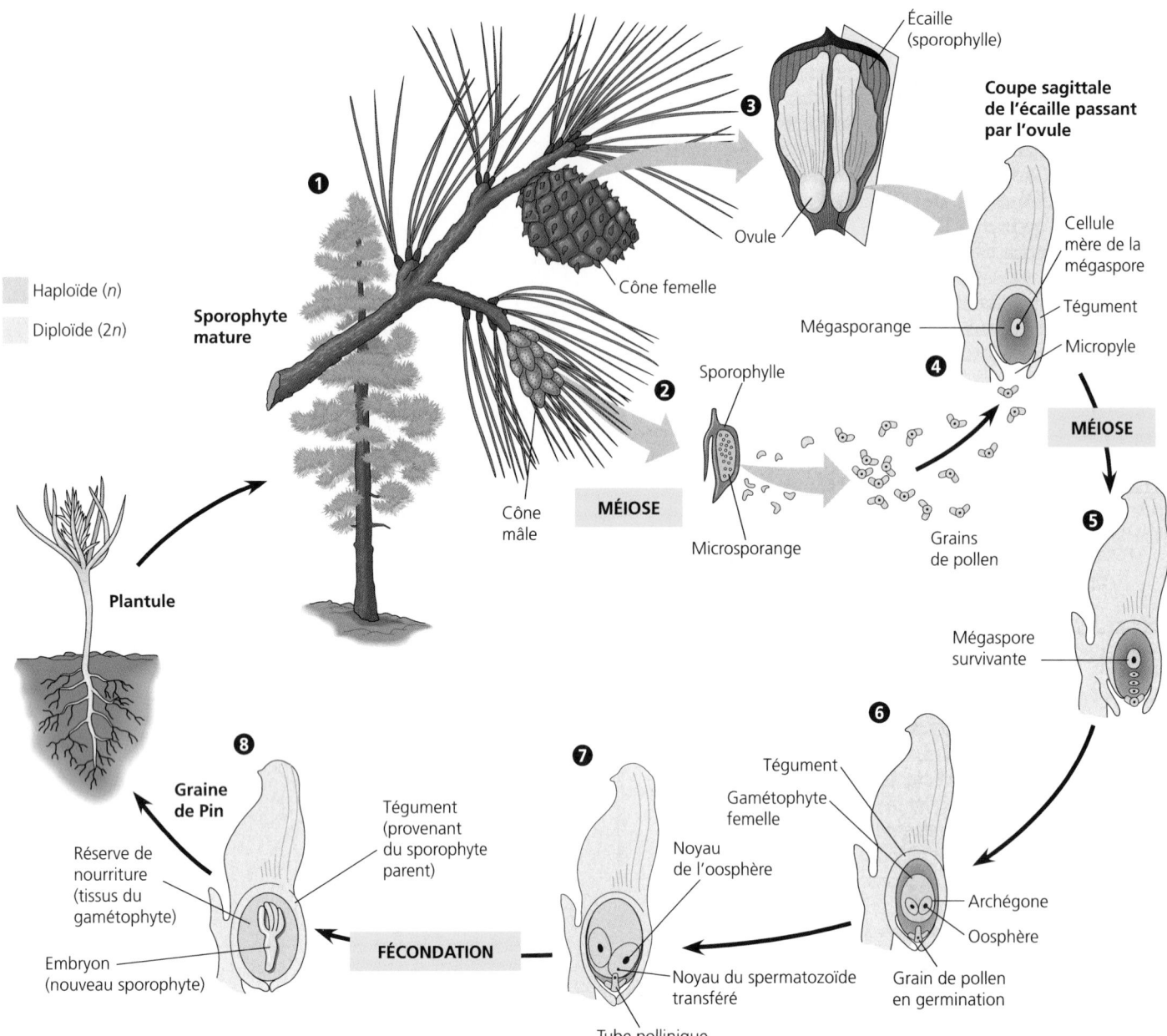

Haploïde (n)

Diploïde (2n)

Sporophyte mature

Écaille (sporophylle)

❸

Coupe sagittale de l'écaille passant par l'ovule

Ovule

Cône femelle

Cellule mère de la mégaspore

Mégasporange

Tégument

❹

Micropyle

MÉIOSE

Sporophylle

❷

❺

Cône mâle

MÉIOSE

Microsporange

Grains de pollen

Mégaspore survivante

Plantule

❻

❽

❼

Tégument

Graine de Pin

Tégument (provenant du sporophyte parent)

Gamétophyte femelle

Noyau de l'oosphère

Réserve de nourriture (tissus du gamétophyte)

Archégone

Oosphère

FÉCONDATION

Embryon (nouveau sporophyte)

Noyau du spermatozoïde transféré

Grain de pollen en germination

Tube pollinique

FIGURE 30.9 Cycle de développement du Pin.
❶ Les arbres (sporophytes) de la plupart des espèces portent des cônes mâles et des cônes femelles. ❷ Un cône mâle porte des centaines de microsporanges contenus dans de minuscules sporophylles (feuilles reproductrices). Les cellules des microsporanges se divisent par méiose et donnent naissance à des microspores haploïdes qui deviennent des grains de pollen (gamétophytes mâles immatures). ❸ Le cône femelle comprend un grand nombre d'écailles portant chacune deux ovules. Chaque ovule contient un mégasporange. ❹ Lors de la pollinisation, le pollen emporté par le vent se dépose sur le cône femelle et pénètre dans l'ovule par le micropyle. Le grain de pollen germe dans l'ovule, en formant un tube pollinique qui trace son chemin à travers le mégasporange.

La fécondation se produit habituellement plus d'un an après la pollinisation. Pendant cette année, ❺ la cellule mère de la mégaspore se divise par méiose en quatre cellules haploïdes. L'une de ces quatre cellules survit et devient la mégaspore qui, après plusieurs divisions, donne naissance à un gamétophyte femelle immature. Notez que le gamétophyte se forme à l'intérieur de la mégaspore. ❻ Deux ou trois archégones, contenant chacun une oosphère, se forment à l'intérieur du gamétophyte. ❼ Le temps que les oosphères soient prêtes pour la fécondation, deux spermatozoïdes ont terminé leur développement dans le gamétophyte mâle (grain de pollen), et le tube pollinique s'est allongé jusque dans le gamétophyte femelle. La fécondation a lieu lorsque le noyau d'un spermatozoïde, injecté dans

une oosphère par le tube pollinique, s'unit au noyau de l'oosphère. Toutes les oosphères d'un ovule peuvent être fécondées. Mais habituellement un seul zygote devient un embryon. ❽ L'embryon de Pin, le nouveau sporophyte, possède une racine rudimentaire et quelques feuilles embryonnaires. Une réserve de nourriture constituée du gamétophyte femelle entoure et nourrit l'embryon. Ainsi, l'ovule est devenu une graine de Pin qui comporte à la fois un embryon (nouveau sporophyte), une réserve de nourriture (dérivée des tissus du gamétophyte) et une enveloppe protectrice provenant de l'arbre parent (sporophyte). Notez que trois générations (un gamétophyte et deux sporophytes) sont représentées dans une graine de Gymnosperme.

FIGURE 30.10 Cônes de Pin (*Pinus sp.*) en plan rapproché.

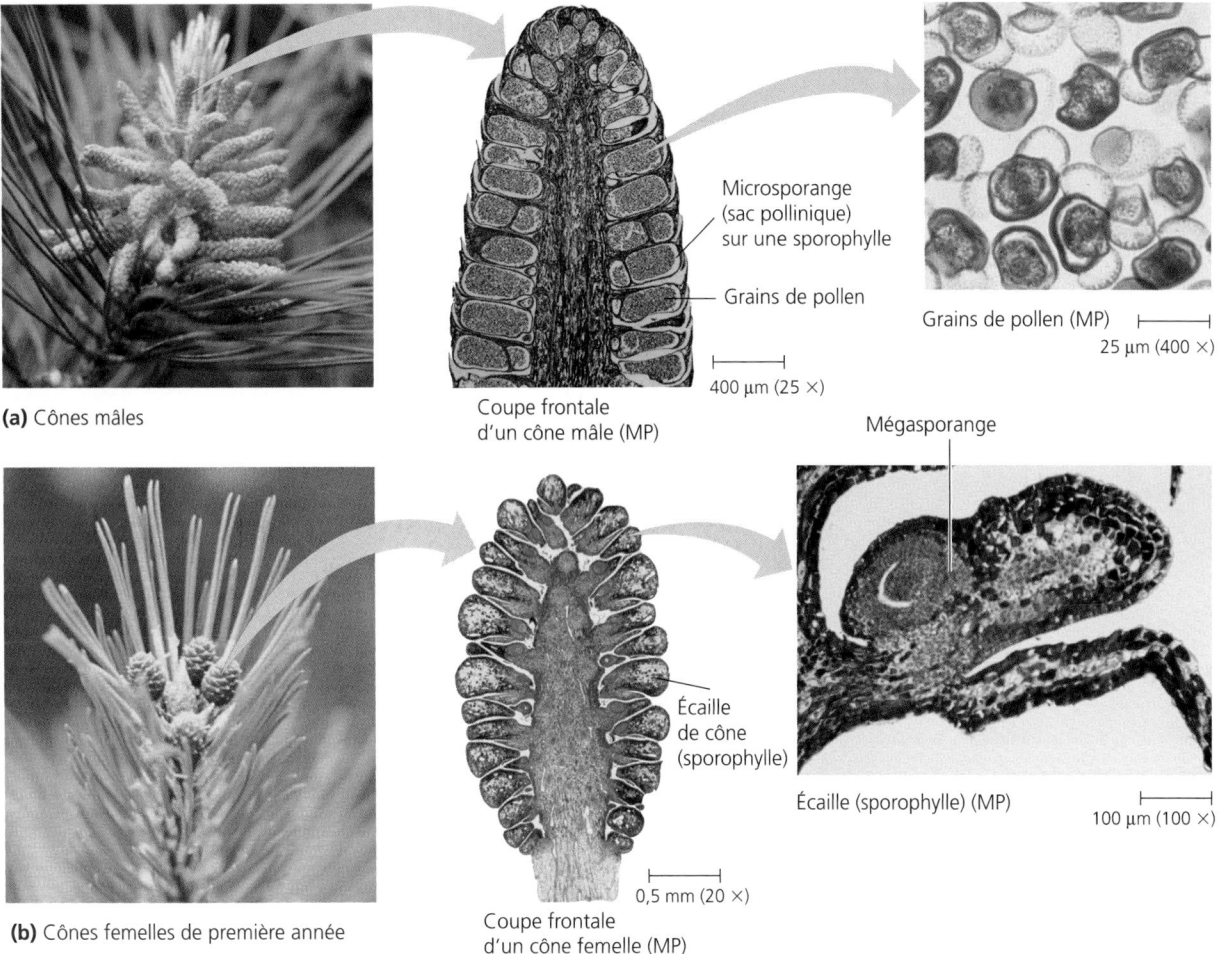

(a) Cônes mâles

Coupe frontale
d'un cône mâle (MP)

Microsporange
(sac pollinique)
sur une sporophylle

Grains de pollen

400 μm (25 ×)

Grains de pollen (MP)

25 μm (400 ×)

Mégasporange

Écaille
de cône
(sporophylle)

Écaille (sporophylle) (MP)

100 μm (100 ×)

(b) Cônes femelles de première année

Coupe frontale
d'un cône femelle (MP)

0,5 mm (20 ×)

Amborella ne possédait pas grand-chose, au départ, pour attirer l'attention des biologistes férus de phylogenèse végétale. Ce petit arbuste aux fleurs et aux fruits minuscules croît seulement en Nouvelle-Calédonie, une île du Pacifique sud. Pourtant, en 1999, quatre équipes de recherche indépendantes les unes des autres publièrent des données qui prouvaient qu'*Amborella* était la plus « primitive » Angiosperme connue. Les études moléculaires la situaient en effet sur la plus vieille branche de l'arbre phylogénétique. Ainsi, une plante dont la plupart des botanistes ignoraient l'existence devenait un pivot de la recherche sur l'évolution des Plantes à fleurs.

Quelles « innovations » liées à l'évolution ont le plus contribué à l'immense succès des Angiospermes ? Les perfectionnements du tissu conducteur, du xylème en particulier, ont probablement favorisé la propagation des Angiospermes dans divers habitats terrestres. Comme celui des Gymnospermes, le xylème des Angiospermes comprend des cellules appelées « trachéides ». Ces longues cellules effilées participent à la fois au support mécanique et au transport de l'eau (FIGURE 30.12, p. 660). En plus des trachéides, le xylème des Angiospermes comprend des cellules fibreuses spécialisées dans le soutien de la plante. Enfin, le xylème de la plupart des Angiospermes contient des cellules appelées « éléments de vaisseau », plus courtes et plus larges que

les trachéides. Placés bout à bout, les éléments de vaisseau forment des tubes plus efficaces que les trachéides pour le transport de l'eau. *Amborella* possède des trachéides, mais aucun élément de vaisseau. Cela laisse supposer que les véritables éléments de vaisseau sont apparus chez les Angiospermes après qu'Amborella a divergé pour donner une lignée distincte.

Les perfectionnements du tissu conducteur et les autres caractéristiques structurales ont sûrement contribué dans une large mesure à l'adaptation des Angiospermes. Cependant, il semble que les fleurs et les fruits constituent les principaux facteurs du succès des Angiospermes.

La fleur est l'adaptation la plus déterminante pour la reproduction des Angiospermes

La **fleur** est la structure qui sert à la reproduction d'une Angiosperme. Chez de nombreuses Angiospermes, ce sont des insectes et d'autres animaux qui acheminent le pollen d'une fleur jusqu'aux organes sexuels femelles d'une autre fleur. Ainsi, la pollinisation des Angiospermes dépend moins du hasard que celle de la plupart des Gymnospermes, qui est tributaire du

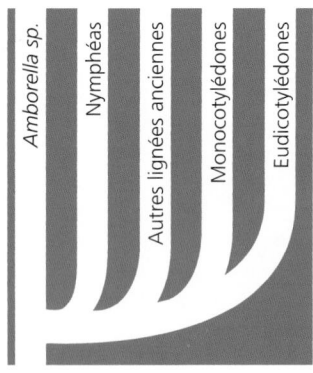

(a) Plantes à fleurs

(b) *Amborella trichopoda*

(c) Lotus d'Égypte (Nymphéa)

(d) Anis étoilé

(e) Orchidée (Monocotylédones)

**(f) Pavot de Californie
(Eudicotylédones)**

FIGURE 30.11 Représentantes des principaux clades d'Angiospermes.
(a) Arbre phylogénétique hypothétique pour les Plantes à fleurs.
(b) *Amborella trichopoda* est la seule survivante d'une branche qui remonte à la base de l'arbre des Angiospermes. **(c)** Les Nymphéas comme le Lotus d'Égypte (*Nymphæa cærulea*) sont les membres actuels d'un clade qui vient juste après la lignée d'*Amborella* pour ce qui est de l'ancienneté. **(d)** Les autres lignées anciennes d'Angiospermes comprennent des espèces comme *Illicium floridanum,* ou Anis étoilé. **(e)** Il existe environ 65 000 espèces de Monocotylédones, dont cette Orchidée (*Paphiopedilum furheyo*). **(f)** Le Pavot de Californie (*Eschscholzia californica*) compte parmi les quelque 165 000 espèces d'Eudicotylédones.

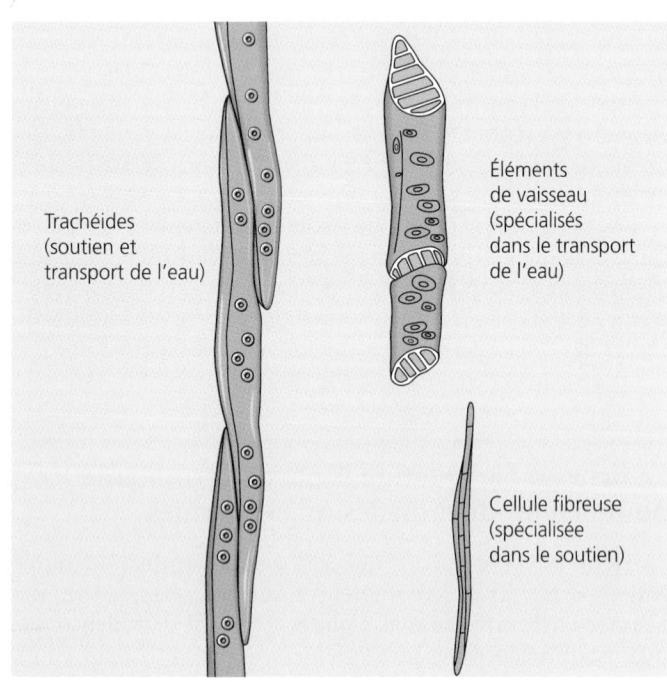

FIGURE 30.12 Cellules du xylème chez les Angiospermes.

vent. On observe néanmoins une pollinisation anémophile (par le vent) chez certaines Plantes à fleurs, surtout chez celles qui forment des populations denses, telles les graminées et les arbres des forêts tempérées.

Une fleur est une pousse spéciale qui se compose de quatre verticilles de feuilles modifiées : les sépales, les pétales, les étamines et au moins un carpelle (FIGURE 30.13). À la base de la fleur se trouvent les **sépales,** qui sont généralement verts. Ils enveloppent la fleur avant l'éclosion (pensez à un bouton de Rose). Viennent ensuite les **pétales,** qui sont la plupart du temps vivement colorés. Ils contribuent à attirer les insectes et les autres pollinisateurs. Les plantes à pollinisation anémophile ont souvent une fleur terne. Les sépales et les pétales sont des parties stériles de la fleur, c'est-à-dire qu'ils n'interviennent pas directement dans la reproduction. À l'intérieur de l'anneau que forment les pétales se trouvent les sporophylles fertiles, ces feuilles modifiées qui produisent les spores. Les **étamines** sont les organes reproducteurs mâles. Ces sporophylles qui produisent les microscopores donneront naissance aux gamétophytes mâles. Les **carpelles** sont, quant à eux, les sporophylles femelles. Ils produisent les mégaspores qui donneront naissance aux gamétophytes femelles. Une étamine se compose d'une tige appelée **filet** qui est coiffée d'un sac, l'**anthère,** qui produit le pollen. À l'extrémité supérieure du carpelle se trouve le **stigmate** gluant qui reçoit le pollen. Le **style** relie le stigmate à l'ovaire,

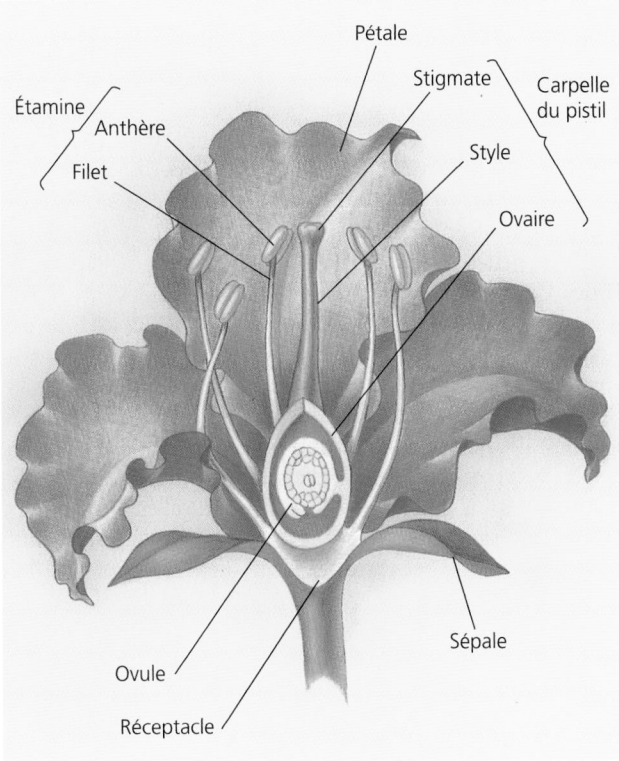

(a) Parties d'une fleur type.

FIGURE 30.13 Structure d'une fleur.

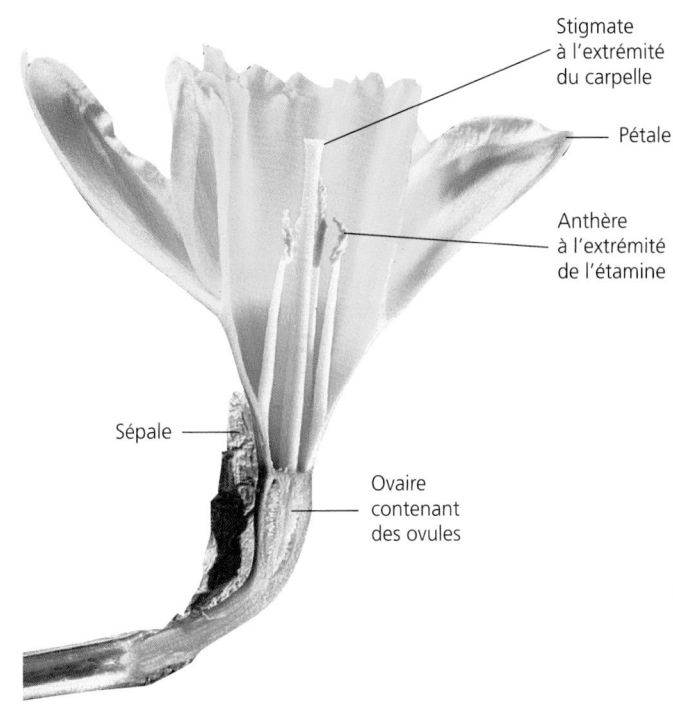

(b) Coupe frontale d'une fleur de Narcisse.

qui se trouve à la base du carpelle. Le **pistil** se compose d'un ou plusieurs carpelles. Les ovules, protégés à l'intérieur de l'ovaire, deviennent des graines après la fécondation.

Rappelons ici que l'une des caractéristiques qui distinguent les Angiospermes des Gymnospermes réside dans cette capacité qu'ont les Angiospermes à enfermer les graines dans l'ovaire. L'origine du carpelle remonte sans doute à l'époque où des feuilles portant des graines (sporophylles) se sont enroulées pour former un tube (FIGURE 30.14). Les fleurs de certaines Angiospermes, comme les Pois, possèdent un seul carpelle. Celles d'autres espèces, comme les Magnolias, portent plusieurs carpelles distincts. Enfin, les fleurs comme les Lys comprennent deux carpelles fusionnés ou plus qui forment habituellement un ovaire divisé en plusieurs cavités contenant chacune un ovule.

Les fruits concourent à la dispersion des graines chez les Angiospermes

Un **fruit** est un ovaire mature. La paroi de l'ovaire s'épaissit après la fécondation, à mesure que les graines se forment. La gousse du Pois (*Pisum sativum*) constitue un exemple de fruit dont les graines (les ovules matures, c'est-à-dire les pois) sont enfermées dans un ovaire mûr (la gousse) (FIGURE 30.15, p. 662). Les fruits protègent les graines en dormance et contribuent à leur dispersion.

Diverses modifications qu'ont subies les fruits favorisent la dispersion des graines (FIGURE 30.16, p. 662). Ainsi, des Angiospermes comme les Pissenlits (*Taraxacum sp.*) et les Érables (*Acer sp.*) possèdent des fruits qui se déplacent au gré du vent comme des cerfs-volants et des hélices. Cependant, de nombreuses Angiospermes ont besoin des animaux pour disperser leurs graines. Certaines ont des fruits dont l'enveloppe piquante s'accroche à la fourrure des animaux (ou à nos vêtements).

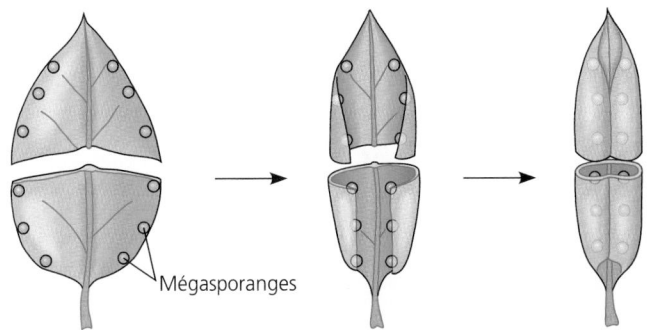

FIGURE 30.14 Origine hypothétique du carpelle. Une hypothèse veut que le carpelle provienne d'une feuille reproductrice (sporophylle). Une feuille dont les bords portaient des mégasporanges se serait enroulée, de sorte que les ovules (et les graines) se seraient retrouvés à l'intérieur d'un ovaire. Il se peut que des sporophylles portant des microsporanges se soient transformées en anthères au cours d'un processus semblable.

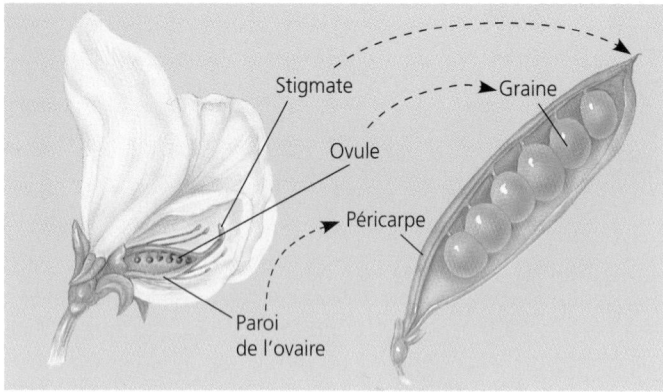

FIGURE 30.15 Relation entre la fleur et le fruit (gousse) du Pois.
Pendant que les ovules se transforment en graines, l'ovaire et les autres parties de la fleur produisent un fruit appelé « gousse ».

D'autres produisent des fruits comestibles. Ces derniers ont souvent une valeur nutritive, une saveur agréable et des couleurs vives qui signalent leur maturité à certains animaux. L'animal qui les avale en digère la chair. Mais son système digestif n'altère pas les graines, qui sont très résistantes. Les Mammifères et les Oiseaux peuvent ainsi expulser les graines, auxquelles ils fournissent un engrais naturel, à des kilomètres de l'endroit où ils ont cueilli les fruits.

La pollinisation déclenche des changements hormonaux qui entraînent le grossissement de l'ovaire puis la formation du fruit (voir la FIGURE 30.15). La paroi de l'ovaire devient le **péricarpe,** la paroi épaissie du fruit. Chez de nombreuses espèces,

à mesure que l'ovaire croît, les autres parties de la fleur se fanent. Une fleur qui n'a pas été pollinisée ne produit pas de fruit ; elle fane et tombe.

On classe les fruits en plusieurs catégories, selon les types d'ovaires qui leur ont donné naissance (TABLEAU 30.1). Un **fruit simple** se forme à partir d'un seul ovaire. Il peut être charnu, comme une cerise, ou sec, comme une gousse de Soja. Un **fruit composé,** comme la mûre, provient d'une fleur unique qui possédait plusieurs carpelles, donc plusieurs ovaires. Quant aux **fruits multiples,** comme l'ananas, ils se forment à partir d'une inflorescence, c'est-à-dire d'un groupe de fleurs entassées les unes sur les autres. Les ovaires de ces fleurs fusionnent quand leur paroi commence à s'épaissir. Elles donnent ensuite un seul fruit.

Les Humains cherchent depuis longtemps à améliorer les fruits comestibles au moyen de la culture sélective. Les pommes, les oranges et les autres fruits vendus dans les marchés d'alimentation sont beaucoup plus gros que les variétés naturelles. Par ailleurs, les fruits des Graminées constituent la base de l'alimentation humaine. Ces fruits secs que le vent disperse sont récoltés lorsqu'ils sont encore rattachés à la plante parente. Nombreux sont ceux qui pensent que les grains du Blé, du Riz, du Maïs et d'autres céréales sont des graines. Or il s'agit en réalité de fruits dont le péricarpe sec adhère fermement au tégument de l'unique graine qu'ils contiennent.

Grâce à leurs interactions avec les animaux qui transportent le pollen et les graines, les Angiospermes sont devenues les plantes les plus répandues. Nous verrons cependant que le cycle de développement des Angiospermes n'est pas apparu d'un seul coup. Il est plutôt le résultat d'une série d'adaptations, que nous avons étudiées au cours de notre tour d'horizon de la diversité végétale.

(a) Le fruit du Pissenlit est dispersé par le vent.

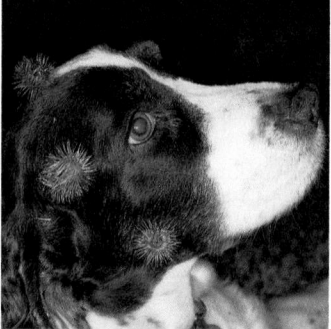

(b) Les fruits des Lampourdes (*Xanthium sp.*) s'accrochent à la fourrure des animaux.

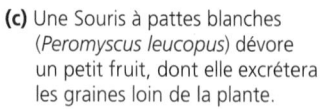

(c) Une Souris à pattes blanches (*Peromyscus leucopus*) dévore un petit fruit, dont elle excrétera les graines loin de la plante.

FIGURE 30.16 Adaptations des fruits favorisant la dispersion des graines.

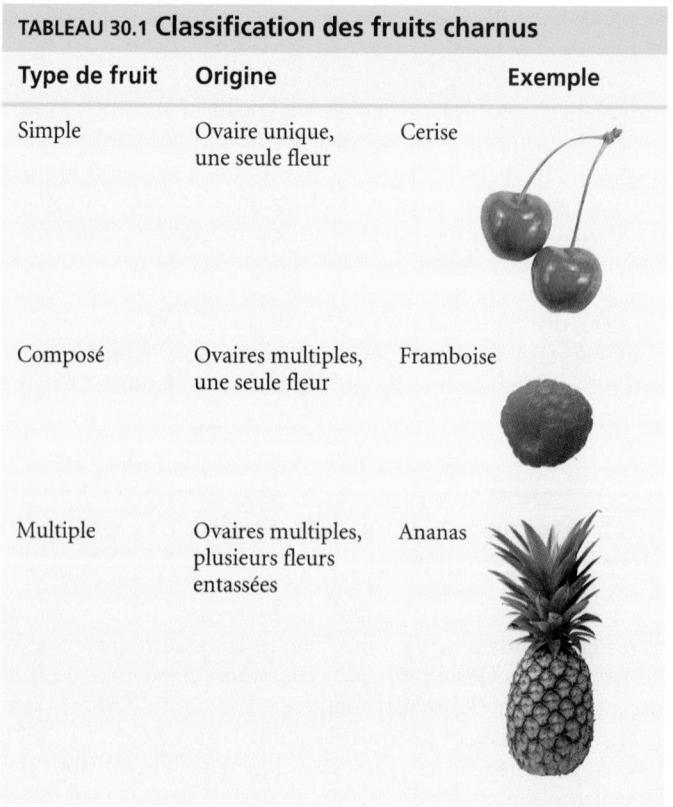

TABLEAU 30.1 Classification des fruits charnus

Type de fruit	Origine	Exemple	
Simple	Ovaire unique, une seule fleur	Cerise	
Composé	Ovaires multiples, une seule fleur	Framboise	
Multiple	Ovaires multiples, plusieurs fleurs entassées	Ananas	

Le cycle de développement d'une Angiosperme est une variante hautement perfectionnée de l'alternance de générations propre à tous les Végétaux

Les Angiospermes sont hétérosporées, comme toutes les Plantes à graines. La fleur du sporophyte produit à la fois des microspores qui deviennent des gamétophytes mâles et des mégaspores qui deviennent des gamétophytes femelles (FIGURE 30.17). Les gamétophytes mâles immatures sont contenus dans les **grains de pollen,** lesquels se forment dans les anthères, à l'extrémité des étamines. Chaque grain de pollen possède deux cellules haploïdes. Les **ovules,** qui croissent dans l'ovaire, contiennent chacun un gamétophyte femelle, aussi appelé **sac embryonnaire.** Celui-ci est composé de quelques cellules seulement, dont l'une est l'oosphère. (Nous décrirons en détail la formation du pollen et du sac embryonnaire au chapitre 38.) Notez que la tendance du gamétophyte à réduire en taille chez les Vasculaires s'est poursuivie avec les Angiospermes.

Une fois libéré par l'anthère, le pollen est transporté jusqu'à un stigmate gluant situé à l'extrémité d'un carpelle. Bien que certaines fleurs se reproduisent par autopollinisation, la plupart possèdent un mécanisme qui assure la **pollinisation croisée,** c'est-à-dire le transfert du pollen de la fleur d'une plante à la fleur d'une autre plante de la même espèce. Chez certaines espèces, les étamines et les carpelles d'une même fleur n'atteignent pas leur maturité en même temps. Chez d'autres espèces, la disposition des différents organes de la fleur fait obstacle à l'autopollinisation.

Une fois collé au stigmate du carpelle, le grain de pollen germe. Contenant à présent un gamétophyte mâle mature, il fabrique un tube pollinique qui s'insinue dans le style du carpelle jusqu'à l'ovaire. Lorsqu'il a atteint l'ovaire, le tube pollinique pénètre un ovule par le micropyle (pore du tégument de l'ovule) et dépose deux spermatozoïdes dans le gamétophyte femelle (sac embryonnaire). L'un des noyaux de spermatozoïde s'unit à l'oosphère pour donner un zygote diploïde. L'autre noyau de spermatozoïde s'unit aux deux noyaux de la grosse

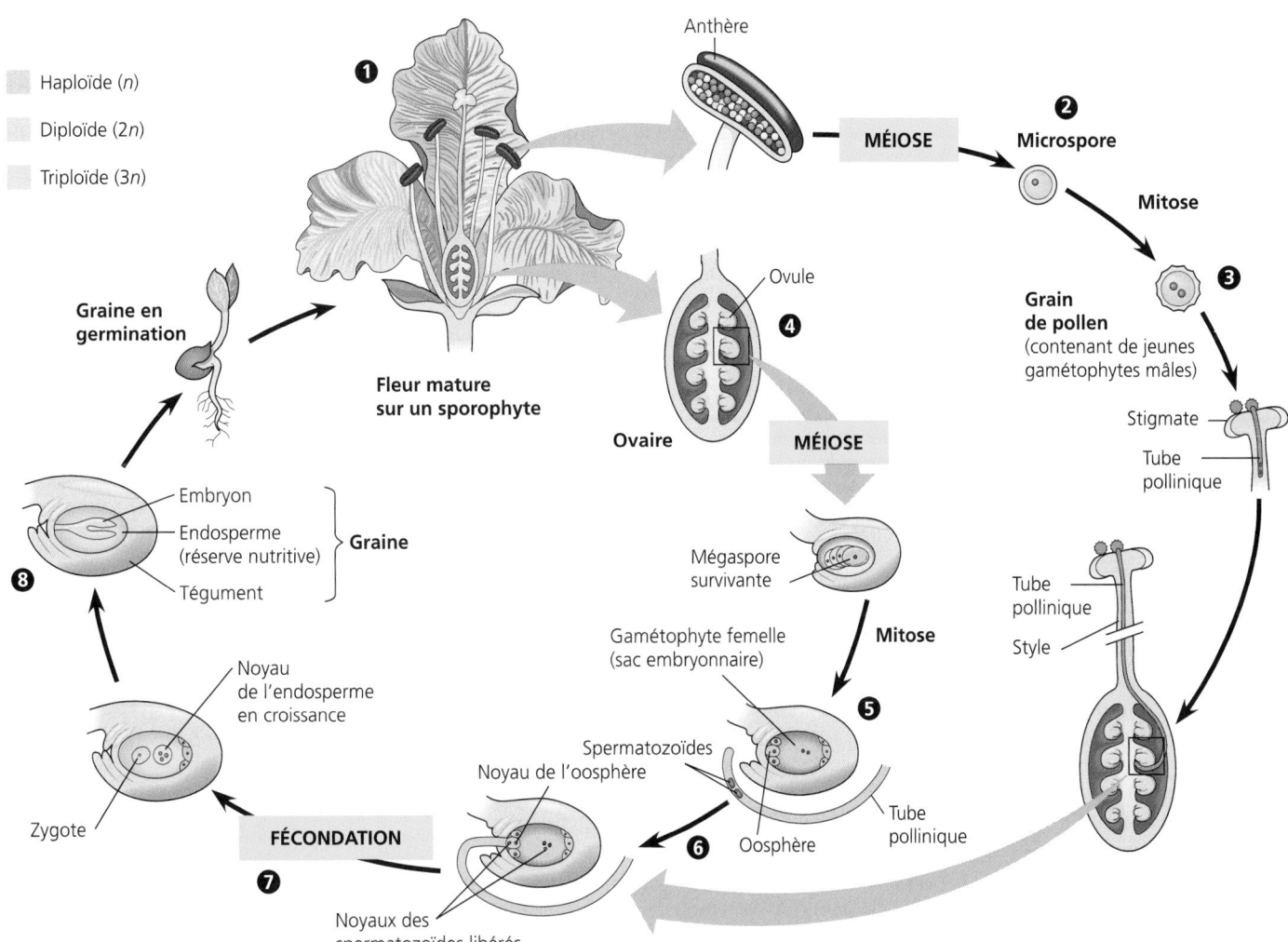

FIGURE 30.17 Cycle de développement d'une Angiosperme. ❶ Les anthères de la fleur produisent ❷ des microspores qui deviennent ❸ des gamétophytes mâles (grains de pollen). ❹ Les ovules produisent des mégaspores qui deviennent ❺ des gamétophytes femelles (sacs embryonnaires). ❻ La pollinisation réunit les gamétophytes dans l'ovaire. ❼ La double fécondation a lieu, et ❽ les zygotes deviennent des embryons de sporophytes enveloppés dans des graines renfermant également une réserve nutritive. (Les tissus du fruit qui entourent la graine ne sont pas représentés dans ce schéma.) Lorsque la graine germe, l'embryon se développe et devient un sporophyte.

cellule centrale du gamétophyte femelle. Cette cellule contient dès lors un noyau triploïde (3*n*). Ce phénomène, caractéristique des Angiospermes, porte le nom de **double fécondation.** (La double fécondation est apparue indépendamment chez des Gymnospermes de l'embranchement des Gnétophytes.)

Après la double fécondation, l'ovule se transforme en graine. Le zygote, lui, devient un embryon de sporophyte portant une racine rudimentaire et une ou deux feuilles embryonnaires, les **cotylédons** (les Monocotylédones possèdent une seule feuille embryonnaire, alors que les Dicotylédones en possèdent deux). Le noyau triploïde situé au centre du sac embryonnaire se divise plusieurs fois pour devenir un tissu triploïde, l'**endosperme.** Il s'agit d'une réserve nutritive riche en amidon. Les graines de Monocotylédones comme le Maïs emmagasinent la majeure partie de leurs réserves dans l'endosperme. Les Haricots et beaucoup d'autres Dicotylédones transfèrent l'essentiel de leurs réserves de l'endosperme aux cotylédons en croissance.

Quelle est la fonction de la double fécondation ? Certains experts pensent qu'elle synchronise l'élaboration, dans la graine, de la réserve nutritive avec le développement de l'embryon. Si une fleur n'est pas pollinisée ou que les spermatozoïdes ne sont pas libérés dans les sacs embryonnaires, la fécondation n'a pas lieu. Et l'embryon et l'endosperme ne se forment pas. La double fécondation constitue peut-être une adaptation qui évite aux Plantes à fleurs de consacrer de précieux nutriments à des ovules infertiles.

La graine est composée de l'embryon, de l'endosperme, du mégasporange et d'un tégument issu des couches externes de l'ovule. Au fur et à mesure que les ovules se transforment en graines, l'ovaire devient un fruit. Après avoir été dispersées par le vent ou par des animaux, les graines germent si elles trouvent un environnement favorable. Leur enveloppe se brise alors. L'embryon émerge, puis devient un jeune plant qui consomme les réserves entreposées dans l'endosperme et dans les cotylédons.

La radiation adaptative des Angiospermes marque la transition entre le Mésozoïque et le Cénozoïque

L'apparition et la diversification des Angiospermes ont radicalement transformé les paysages. L'ascendance des Angiospermes est encore incertaine. Mais, comme nous l'avons indiqué plus haut, l'analyse cladistique des séquences de gènes laisse supposer qu'*Amborella trichopoda* et les Nymphéas (*Nymphæa sp.*) sont les organismes actuels les plus étroitement apparentés aux premières Angiospermes (voir la FIGURE 30.11). Les plus anciens fossiles reconnus comme des vestiges d'Angiospermes se trouvent dans des roches du début du Crétacé. Dans ces strates datant d'il y a 130 millions d'années environ, de rares Angiospermes sont disséminées au milieu d'une multitude de Fougères et de Gymnospermes. Le Crétacé s'est terminé il y a 65 millions d'années, après une période de bouleversements environnementaux. Les Angiospermes s'étaient alors diversifiées et répandues. Elles dominaient déjà les paysages, comme encore aujourd'hui. Les archives géologiques ont subi une telle transformation à la fin du Crétacé que les géologues situent à cette période la limite entre le Mésozoïque et le Cénozoïque.

Les Angiospermes et les Animaux se sont influencés mutuellement durant leur évolution

Depuis qu'ils ont colonisé la terre ferme, les Animaux n'ont jamais cessé d'influer sur l'évolution des Végétaux terrestres, et vice versa. Comme ils doivent se nourrir, ils ont contribué au processus de sélection naturelle des représentants à la fois des Végétaux et des Animaux. Par exemple, dans les forêts où des animaux fouillent le sol pour se nourrir, la sélection a dû favoriser les plantes qui portaient bien haut leurs spores et leurs gamétophytes, au détriment de celles qui les laissaient à la portée des bouches affamées. À son tour, la hauteur des structures reproductrices a peut-être constitué un facteur de sélection dans l'évolution des insectes volants. Par ailleurs, certains herbivores ont rendu service aux plantes à fleurs et à fruits en transportant le pollen et les graines dont ils se nourrissaient. Certains animaux sont même devenus des spécialistes du transport en se nourrissant de certaines plantes en particulier. Ainsi, les plantes assuraient leur pollinisation et les animaux, leur alimentation. La sélection naturelle a renforcé cette interaction propice à la reproduction des uns et des autres. L'influence réciproque qui s'exerce entre deux espèces durant leur évolution est appelée **coévolution** (nous préciserons cette définition au chapitre 53).

Les relations entre les Plantes et leurs pollinisateurs sont au nombre des facteurs de la diversité des fleurs (FIGURE 30.18). Dans la plupart des cas, ces relations ne sont pas absolument spécifiques. Ainsi, certaines fleurs attirent des insectes plutôt que des oiseaux, mais peuvent être pollinisées par plusieurs espèces d'insectes. Inversement, une même espèce animale, l'Abeille par exemple, peut polliniser différentes espèces végétales. Cependant, même dans ces relations peu spécifiques, la couleur, l'odeur et la structure de la fleur sont souvent adaptées à un *groupe* particulier de pollinisateurs, comme diverses espèces d'Abeilles ou de Colibris.

Les relations entre les Animaux et les Angiospermes profitent également aux fruits comestibles de ces dernières, comme nous l'avons indiqué plus haut. Il est clair, encore une fois, que le succès des Angiospermes est en partie attribuable à leur interaction avec les Animaux.

LES VÉGÉTAUX : UNE RESSOURCE VITALE POUR L'ESPÈCE HUMAINE

L'Humain ne pourrait se passer des Plantes. Cette absolue dépendance constitue une manifestation spécifique du lien général qui unit les Animaux et les Végétaux. Comme la plupart des autres espèces, nous avons besoin des organismes photosynthétiques à des fins écologiques, par exemple pour la production de nourriture et de dioxygène. Notre relation avec les Plantes a ceci de particulier, cependant, que nous avons mis au point des techniques qui nous permettent de maximiser les récoltes. Ces techniques, nous les avons mises à profit dans l'industrie du bois, par exemple, mais surtout en agriculture.

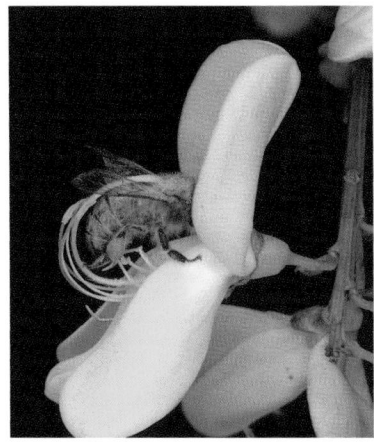  

(a) Le Genêt à balai et l'Abeille.
Cette Abeille commune (*Apis mellifera*) butine une fleur de Genêt à balai (*Cytisus scoparius*), dont elle récolte le pollen et le nectar (solution sucrée sécrétée par les glandes de la fleur). La fleur du Genêt à balai possède un mécanisme qui recourbe les étamines par-dessus l'abeille pour enduire celle-ci de pollen. L'abeille saupoudrera ensuite un peu de pollen sur le stigmate de la prochaine fleur qu'elle butinera.

(b) Les tubes floraux et le Colibri. Grâce à sa langue et à son bec longs et minces, ce Colibri roux (*Selaphorus rufus*) peut recueillir le nectar au fond des tubes floraux. Quand il reprendra son vol, son bec et les plumes de sa tête seront saupoudrés de pollen. Les fleurs pollinisées par des oiseaux sont souvent roses ou rouges, des couleurs auxquelles les yeux des oiseaux sont particulièrement sensibles.

(c) Le parfum et les pollinisateurs nocturnes. Certaines Angiospermes, tel ce Baobab, sont pollinisées par des animaux nocturnes, comme cette Chauve-souris. Ces plantes portent habituellement de grosses fleurs pâles et très odorantes, faciles à repérer.

FIGURE 30.18 Relations entre les fleurs et leurs pollinisateurs.

Les plantes que nous cultivons sont presque toutes des Angiospermes

Une visite au rayon des fruits et légumes d'un supermarché rappelle à tous, même aux citadins invétérés, que notre alimentation repose presque entièrement sur l'agriculture, sur la culture des Plantes à fleurs en particulier. Tous nos fruits et légumes proviennent d'Angiospermes. Le maïs, le riz, le blé et les autres céréales sont les fruits de Graminées. L'endosperme de leurs graines constitue la principale source de nourriture de l'humanité et des animaux qu'elle a domestiqués. Nous cultivons aussi les Angiospermes pour en tirer des fibres, des médicaments et des parfums, de même que pour jouir de leur beauté.

Comme d'autres animaux, nos ancêtres se livraient probablement à la cueillette des fruits et des céréales sauvages. L'Humain a inventé l'agriculture lorsqu'il a commencé à semer des graines et à cultiver des plantes pour avoir une source de nourriture plus fiable. Pour améliorer la quantité et la qualité des récoltes, il est intervenu dans l'évolution de certaines plantes en pratiquant la culture sélective. Il a ainsi « domestiqué » des plantes, comme la Courge dont on voit une graine sur la photo de la page 649, au début du chapitre. L'agriculture représente une relation évolutive unique entre les Végétaux et les Animaux.

La diversité des Végétaux est une ressource non renouvelable

L'explosion démographique s'accompagne d'une telle augmentation des besoins d'espace et de ressources naturelles qu'elle provoque l'extinction d'espèces végétales à un rythme sans précédent. Le problème est particulièrement grave sous les tropiques, où vit plus de la moitié de la population humaine et où la croissance démographique est la plus rapide. On détruit les forêts tropicales humides à un rythme effréné. On les coupe et on les brûle pour les remplacer par des terres cultivables. Chaque année, on défriche 50 millions d'hectares, soit à peu près les trois dixièmes de la superficie du Québec. À cette cadence, on aura complètement éliminé les forêts tropicales de la surface de la Terre dans vingt-cinq ans. La disparition de la forêt va de pair avec celle de milliers d'espèces de Plantes, d'Insectes et d'autres Animaux. Le phénomène est irrévocable ; la diversité des Végétaux est une ressource non renouvelable. Les chercheurs estiment que la destruction d'habitats dans les forêts humides et les autres écosystèmes emporte des centaines d'espèces chaque année. Les conséquences sont plus graves sous les tropiques, où la majorité des espèces vivent. Il semble malheureusement que la destruction de l'environnement constitue une tendance chez l'Humain. Les Européens, par exemple, ont éliminé la majeure partie de leurs forêts il y a déjà quelques siècles, tandis que les Nord-Américains ont mis de nombreuses espèces en péril en détruisant leurs habitats (FIGURE 30.19, p. 666).

(a) Coupe à blanc d'une forêt ancienne de l'Oregon.
Objectif : récolter du bois de construction.

FIGURE 30.19 La déforestation est un fléau mondial.

(b) Abattage d'une forêt tropicale humide dans le bassin de l'Amazone. Objectif : créer des terres arables. Cependant, les terres deviendront improductives dans quelques années en raison de l'épuisement des nutriments du sol.

Nombreuses sont les personnes qui sont préoccupées moralement à l'idée de participer à l'extinction d'espèces. Mais la réduction de la diversité végétale a aussi de quoi nous inquiéter sur le plan pratique. En effet, nous avons besoin des Végétaux pour fabriquer des milliers de produits, qui vont des denrées alimentaires aux matériaux de construction, en passant par les médicaments. Le TABLEAU 30.2 présente quelques exemples d'utilisations des composés secondaires propres à certaines plantes (sujet que nous avons abordé à la page 632). Jusqu'à présent, nous avons étudié les usages possibles d'une minuscule fraction des 250 000 espèces végétales connues. Ainsi, presque toute notre nourriture provient de la culture d'une vingtaine d'espèces. Plus de 25 % des médicaments qui font l'objet d'une prescription sont extraits de plantes. Un grand nombre d'autres composés médicinaux ont été découverts chez les Plantes avant d'être synthétisés en laboratoire. Malgré tout, les chercheurs n'ont encore étudié le potentiel médicinal que d'environ 5 000 espèces végétales. Les sociétés pharmaceutiques ont découvert la plupart de ces espèces grâce aux populations locales qui en tiraient leurs médicaments traditionnels.

TABLEAU 30.2 Quelques exemples de médicaments extraits de Plantes

	Composé	Source végétale	Exemple d'utilisation
Atropine	Belladone (*Atropa belladona*)	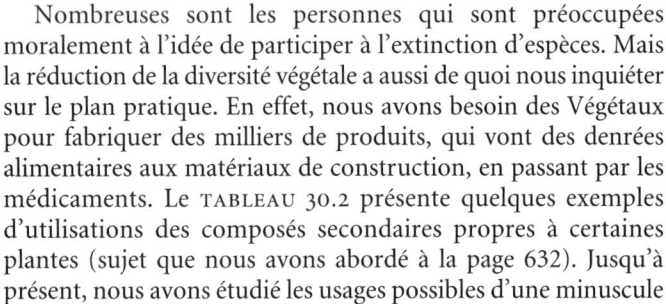	Dilatation des pupilles pendant les examens de la vue
Digitaline	Digitale pourpre (*Digitalia purpurea*)		Traitement des troubles cardiaques
Menthol	Eucalyptus (*Eucalyptus dives*)		Traitement de la toux
Morphine	Pavot somnifère (*Papaver somniferum*)		Analgésie
Quinine	Quinquina rouge (*Cinchona succirubra*)		Prévention du paludisme
Taxol	If occidental (*Taxa brevifolia*)		Traitement du cancer de l'ovaire
Tubocurarine	Plantes diverses : *Strychnos toxifera*, *Chondrodendron tomentosum*		Relâchement musculaire pendant les interventions chirurgicales
Vinblastine	Pervenche (*Vinca Rosea*)		Traitement de la leucémie

Source : adapté de Randy Moore *et al.*, *Botany*, 2ᵉ éd., Dubuque (Iowa), Wm. C. Brown Publhers, 1998, tableau 2.2, p. 37.

La forêt tropicale humide constitue une réserve de plantes médicinales, plantes qui risquent de disparaître avant même qu'on ne les ait connues. Ce n'est là qu'une des nombreuses raisons pour lesquelles il faut valoriser ce qu'il reste de la diversité végétale et trouver des moyens pour la conserver. Les propositions de solutions doivent toutefois être réalistes sur le plan économique. Si nous ne recherchons que les bénéfices à court terme, nous continuerons à raser les forêts. Mais si nous commençons à considérer les forêts tropicales et les autres écosystèmes comme des trésors vivants qui ne se régénèrent que lentement, nous apprendrons peut-être à récolter leurs ressources à un rythme raisonnable. Que pouvons-nous faire d'autre pour préserver la diversité des Végétaux? Peu de questions revêtent autant d'importance.

RÉVISION DU CHAPITRE

Résumé des concepts importants

APERÇU DE L'ÉVOLUTION DES PLANTES À GRAINES

- La réduction de la taille du gamétophyte s'est poursuivie chez les Plantes à graines (p. 650 et 651, FIGURE 30.1). Les gamétophytes des Plantes à graines se forment dans la paroi de spores qui sont dans les tissus du sporophyte parent.

- Les graines sont devenues un important moyen de dispersion de la progéniture (p. 651 et 652, FIGURES 30.2 et 30.3). La graine provient de l'ovule fécondé. Elle se compose d'un embryon de sporophyte et d'une réserve de nourriture qui se trouvent enfermés dans un tégument.

- Grâce à l'apparition du pollen, la fécondation peut se faire sans eau (p. 652). Les grains de pollen contiennent chacun un gamétophyte mâle. Ils sont dispersés par le vent ou des animaux.

- Les deux clades de Plantes à graines sont les Gymnospermes et les Angiospermes (p. 652 et 653, FIGURE 30.4). Les Gymnospermes et les Angiospermes sont des groupes monophylétiques dont les ancêtres furent les Progymnospermes.

LES GYMNOSPERMES

- Le Mésozoïque fut l'ère des Gymnospermes (p. 652 à 654). Les Gymnospermes produisent des graines « dénudées » qui se forment à la surface des sporophylles.

- Les quatre embranchements de Gymnospermes actuels sont les Ginkgophytes, les Cycadophytes, les Gnétophytes et les Pinophytes (p. 654 à 657, FIGURES 30.5 à 30.8). Les Conifères comme les Pins, les Sapins et les Épinettes sont de loin les plus diversifiées des Gymnospermes.

- Le cycle de développement du Pin comprend les trois principales adaptations qui contribuent à la reproduction des Plantes à graines en milieu terrestre (p. 657 à 659, FIGURES 30.9 et 30.10). Les principales caractéristiques du cycle de développement des Conifères sont la prédominance de la génération du sporophyte, la production de graines à partir d'ovules fécondés et la production de pollen pour le transport des spermatozoïdes jusqu'aux ovules.

LES ANGIOSPERMES (PLANTES À FLEURS)

- Les systématiciens sont en train d'établir des clades d'Angiospermes (p. 657 à 660, FIGURE 30.11). La grande majorité des Plantes appartiennent à deux clades, les Monocotylédones et les Eudicotylédones.

- La fleur est l'adaptation la plus déterminante pour la reproduction des Angiospermes (p. 659 à 661, FIGURES 30.13 et 30.14). Les fleurs sont composées de quatre verticilles de feuilles modifiées: les sépales, les pétales, les étamines (qui produisent le pollen) et au moins un carpelle (qui produit les ovules.)

- Les fruits concourent à la dispersion des graines chez les Angiospermes (p. 661 et 662, FIGURES 30.15 et 30.16, TABLEAU 30.1). Les fruits sont des ovaires matures. Le vent ou des animaux les transportent souvent loin de la plante qui les a produits.

- Le cycle de développement d'une Angiosperme est une variante hautement perfectionnée de l'alternance de générations propre à tous les Végétaux (p. 663 et 664, FIGURE 30.17). La double fécondation a lieu quand un tube pollinique libère deux spermatozoïdes dans le gamétophyte femelle (sac embryonnaire), à l'intérieur d'un ovule. L'un des spermatozoïdes féconde l'oosphère. L'autre s'unit aux deux noyaux situés dans la cellule centrale du gamétophyte femelle. Une réserve de nourriture se constitue alors pour l'embryon. Il s'agit de l'endosperme.

- La radiation adaptative des Angiospermes marque la transition entre le Mésozoïque et le Cénozoïque (p. 664). Une radiation adaptative des Angiospermes a eu lieu pendant le Crétacé.

- Les Angiospermes et les Animaux se sont influencés mutuellement durant leur évolution (p. 664 et 665, FIGURE 30.18). Les Animaux et les Végétaux entretiennent d'importantes relations dans les écosystèmes. Ainsi, les Animaux contribuent à la pollinisation des fleurs et à la dispersion des graines.

LES VÉGÉTAUX : UNE RESSOURCE VITALE POUR L'ESPÈCE HUMAINE

- Les plantes que nous cultivons sont presque toutes des Angiospermes (p. 665). L'agriculture consiste pour l'essentiel à cultiver et à récolter des Angiospermes, plus particulièrement les fruits des céréales.

- La diversité des Végétaux est une ressource non renouvelable (p. 665 à 667, FIGURE 30.19, TABLEAU 30.2). La destruction des habitats provoque l'extinction de nombreuses espèces végétales et des animaux qui s'en nourrissent.

Autoévaluation

(Les questions dont les numéros sont en caractères gras font surtout appel à la compréhension.)

1. Chez une Angiosperme, le mégasporange se trouve:
   a) à la base d'une sporophylle dans un cône femelle.
   b) à l'intérieur de l'archégone du gamétophyte femelle, où elle produit une mégaspore.

c) à l'intérieur du stigmate d'une fleur.

d) à l'intérieur d'un ovule situé dans l'ovaire d'une fleur.

e) à l'intérieur des sacs polliniques, dans les anthères situées à l'extrémité d'une étamine.

2. Un fruit est :

a) un ovaire mature.

b) un style épaissi.

c) un ovule hypertrophié.

d) une racine modifiée.

e) un gamétophyte femelle mature.

3. Parmi les cellules d'Angiosperme suivantes, laquelle *n'est pas* associée au nombre correct de chromosomes (n ou $2n$) ?

a) Oosphère – n

b) Mégaspore – $2n$

c) Microsopore – n

d) Zygote – $2n$

e) Spermatozoïde – n

4. La diversité des Végétaux culmine dans :

a) les forêts tropicales.

b) les déserts.

c) les marais salés.

d) les forêts tempérées.

e) les terres arables.

5. *Amborella trichopoda* serait la dernière survivante de la plus ancienne lignée d'Angiospermes, si l'on se fie :

a) aux archives géologiques.

b) à l'absence de fleurs chez cette plante primitive.

c) à l'absence de vaisseaux dans le xylème.

d) à la systématique moléculaire.

e) à c et à d.

6. Les Gymnospermes et les Angiospermes ont en commun toutes les caractéristiques suivantes *sauf* une, laquelle ?

a) Les graines.

b) Le pollen.

c) Le tissu conducteur.

d) Les ovaires.

e) Les ovules.

Questions **7** à **10**

Dans le cladogramme suivant, associez les caractères dérivés suivants (voir le chapitre 25) aux ramifications numérotées :

a) Les fleurs.

b) Les embryons.

c) Les graines.

d) Le tissu conducteur.

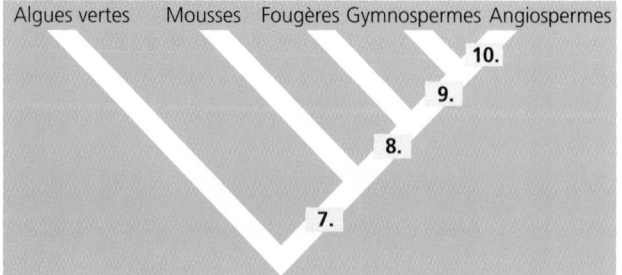

11. La plupart des Conifères gardent leurs feuilles toute l'année. En quoi cette adaptation permet-elle leur survie dans les régions où la saison de croissance est très courte ?

12. Comparez le transport des spermatozoïdes chez les Fougères (voir le chapitre 29) au transport des spermatozoïdes chez les Conifères.

13. Qu'est-ce qu'un fruit ?

14. Du point de vue de l'origine, dans l'évolution, qu'est-ce que l'écaille d'un cône de Pin et le carpelle d'une fleur d'Angiosperme ont en commun ?

15. Pourquoi serait-il erroné de dire qu'*Amborella trichopoda* est l'ancêtre des Plantes à fleurs ?

16. Qu'est-ce que la double fécondation ?

Lien avec l'évolution

Plusieurs extinctions massives ont ponctué l'histoire de la vie. La chute d'un météorite sur la Terre a peut-être causé la disparition des Dinosaures et d'un grand nombre d'espèces marines, à la fin du Crétacé. Les fossiles indiquent que les Végétaux ont été beaucoup moins gravement touchés par cet événement et par les autres extinctions de masse. Quelles adaptations ont permis la survie des Végétaux dans ce contexte ?

Intégration

1. Proposez quelques façons de vérifier l'hypothèse selon laquelle une espèce d'Angiospermes particulière n'est pollinisée que par des Coléoptères.

2. Faites un schéma présentant un réseau de concepts afin d'illustrer et de comparer le cycle de développement d'un Conifère et celui d'une Angiosperme.

Science, technologie et société

Pourquoi détruit-on les forêts tropicales humides à un rythme aussi effréné ? Quels facteurs sociaux, technologiques et économiques entrent en jeu ? La majeure partie des forêts des pays industrialisés de l'hémisphère Nord ont déjà été rasées. Les pays industrialisés ont-ils le droit d'exiger des pays en voie de développement de l'hémisphère Sud qu'ils freinent ou arrêtent la déforestation ? Quelles sortes d'avantages, de mesures incitatives ou de programmes permettraient de ralentir la destruction des forêts tropicales ?

Réponses à l'autoévaluation : 1. d ; 2. a ; 3. b ; 4. a ; 5. e ; 6. d ; 7. b ; **8.** d ; **9.** c ; **10.** a ; **11.** Au printemps, lorsque la courte saison de croissance commence, les feuilles sont déjà tout à fait développées et prêtes à amorcer leur activité photosynthétique, ce qui représente une économie d'énergie. **12.** Les spermatozoïdes flagellés des Fougères doivent nager dans une mince couche d'eau pour atteindre les oosphères. En revanche, chez les Conifères, la fécondation ne nécessite pas d'eau, car c'est le vent qui transporte le pollen. De plus, le pollen libère les spermatozoïdes à proximité de l'oosphère, après la pollinisation. **13.** Un fruit est l'ovaire mature d'une fleur. **14.** Les deux proviennent de sporophylles, des feuilles qui sont spécialisées dans la production de spores. **15.** *Amborella trichopoda* est contemporaine des Plantes à fleurs actuelles, mais elle appartient à la plus ancienne de leurs lignées. **16.** La double fécondation se produit chez les Angiospermes quand le tube pollinique libère deux spermatozoïdes dans le gamétophyte femelle. L'un des deux spermatozoïdes féconde l'ovule. L'autre féconde une grosse cellule, pour donner l'endosperme nutritif.

CHAPITRE 31

LES EUMYCÈTES

« Que dire aussi de la valeur esthétique de ces formes étranges
aux couleurs vives et parfois saisissantes,
qui se rencontrent un peu partout mais plus fréquemment
sous le couvert de la forêt dense. Ceux qui recherchent
dans la nature ce qu'elle peut offrir de beauté
pourront facilement satisfaire leur goût en examinant
de près le monde des champignons. »

RENÉ POMERLEAU
phytopathologiste et mycologue québécois (1903-1993)

INTRODUCTION AU RÈGNE DES EUMYCÈTES

- L'absorption permet aux Eumycètes de vivre en saprophytes
  et en symbiontes
- La grande surface d'absorption et la croissance rapide des Eumycètes
  sont particulièrement adaptées à leur mode de nutrition
- Les Eumycètes se dispersent et se reproduisent en libérant des spores
  produites de manière sexuée ou asexuée
- Le cycle de développement de nombreux Eumycètes comprend
  un stade hétérocaryote

LA DIVERSITÉ DES EUMYCÈTES

- Embranchement des Chytridiomycètes : les Chytridiomycètes
  nous renseignent sur l'origine des Eumycètes
- Embranchement des Zygomycètes : les Zygomycètes produisent
  des structures résistantes au cours de la reproduction sexuée
- Embranchement des Ascomycètes : les Ascomycètes produisent
  des spores sexuées dans des asques, structures en forme de sacs
- Embranchement des Basidiomycètes : le mycélium dicaryote
  des Basidiomycètes a une longue durée de vie
- Les Moisissures, les Levures, les Lichens et les mycorhizes
  ont des modes de vie spéciaux qui ont évolué indépendamment
  dans divers embranchements des Eumycètes

L'IMPORTANCE ÉCOLOGIQUE DES EUMYCÈTES

- Les écosystèmes dépendent des Eumycètes saprophytes
  et symbiotiques
- Certains Eumycètes sont pathogènes
- Les Eumycètes ont une valeur commerciale

L'ÉVOLUTION DES EUMYCÈTES

- Les Eumycètes ont colonisé la terre ferme en même temps
  que les Végétaux
- Les Eumycètes et les Animaux ont évolué à partir d'un Protiste
  ancestral commun

Les termes « champignons », « fongus » et « moisissures » évoquent quelques images désagréables. Les Eumycètes font pourrir le bois, attaquent les Végétaux, gâtent les aliments et causent de nombreuses maladies chez l'Humain (allant du simple pied d'athlète à la pneumonie mortelle). Cependant, les écosystèmes s'effondreraient si les Eumycètes ne décomposaient pas les débris d'organismes, les excréments et les autres matières organiques : les Eumycètes transforment les éléments chimiques vitaux de ces matières en composants assimilables par d'autres organismes. Presque tous les Végétaux ont besoin de vivre en mutualisme avec des Eumycètes. Ces derniers aident leurs racines à absorber l'eau et les minéraux. Outre qu'ils remplissent un rôle écologique, les Eumycètes sont utilisés par l'Humain de bien d'autres façons depuis des siècles. Ainsi, nous en consommons certains (les Champignons). Nous en cultivons aussi pour la fabrication d'antibiotiques et d'autres médicaments. Nous en ajoutons à la pâte pour faire lever le pain et nous en utilisons pour assurer la fermentation de la bière et du vin. De nombreux Eumycètes sont par ailleurs colorés et esthétiques, comme le montre cette aquarelle de Mary Elizabeth Banning qui représente le Lactaire indigo (Lactarium indigo). Quel qu'en soit le point de départ, l'étude des Eumycètes est toujours passionnante. Les Eumycètes sont tellement particuliers qu'ils ont leur propre règne au sein de la taxinomie actuelle.

669

Dans ce chapitre, nous allons étudier les caractéristiques et la diversité des Eumycètes. Nous discuterons aussi de leur importance écologique et commerciale, et nous nous pencherons sur quelques hypothèses relatives à leur phylogenèse. Comme nous l'avons fait pour les Végétaux, nous examinerons certains détails de leur cycle de développement pour en savoir plus sur leur évolution et leurs adaptations.

INTRODUCTION AU RÈGNE DES EUMYCÈTES

Les **Eumycètes** sont des organismes eucaryotes. Ils sont presque tous multicellulaires. Bien qu'ils aient autrefois été classés parmi les Végétaux, ce sont des organismes uniques en leur genre qui diffèrent des autres Eucaryotes sur les plans de la structure, du mode de nutrition, de la croissance et de la reproduction. La phylogenèse moléculaire nous apprend qu'ils sont plus étroitement apparentés aux Animaux qu'aux Végétaux (voir la FIGURE 28.8).

L'absorption permet aux Eumycètes de vivre en saprophytes et en symbiontes

Tous les Eumycètes sont des organismes hétérotrophes qui se nourrissent par **absorption.** Ce mode de nutrition consiste à absorber les petites molécules organiques du milieu. Les Eumycètes digèrent leur nourriture à l'extérieur de leur corps, en l'hydrolysant au moyen de puissantes enzymes. Ces enzymes, appelées **exoenzymes,** décomposent les molécules complexes en composés simples que les Eumycètes peuvent absorber et utiliser.

En raison de leur mode de nutrition, les Eumycètes vivent en saprophytes, en parasites ou en symbiontes mutualistes. Les Eumycètes saprophytes absorbent leurs nutriments en décomposant la matière organique non vivante, comme les arbres morts, les cadavres d'animaux et les déchets organiques. Pour leur part, les Eumycètes parasites absorbent leurs nutriments aux dépens des cellules de leur hôte vivant. Certains d'entre eux, comme ceux qui infectent les poumons de l'Humain, sont pathogènes. Ils sont à l'origine de 80 % des maladies végétales. Enfin, les Eumycètes mutualistes tirent eux aussi leurs nutriments d'un autre organisme. Mais ce dernier bénéficie de la relation. Ainsi, les Eumycètes mutualistes permettent à certains Végétaux d'absorber des minéraux que ceux-ci ne peuvent extraire eux-mêmes du sol.

La grande surface d'absorption et la croissance rapide des Eumycètes sont particulièrement adaptées à leur mode de nutrition

Chez la plupart des Eumycètes, l'appareil végétatif (de nutrition) est dissimulé. Il s'étend autour et à l'intérieur des tissus de la source de nourriture. Sauf chez les Levures, qui sont unicellulaires, l'appareil végétatif se compose d'éléments de base appelés **hyphes,** lesquels forment un réseau de filaments ramifiés, le **mycélium** (FIGURE 31.1). Un hyphe est un minuscule filament constitué de plusieurs cellules qui ont une paroi cylindrique autour de leur membrane plasmique.

FIGURE 31.1 Mycélium d'Eumycètes.

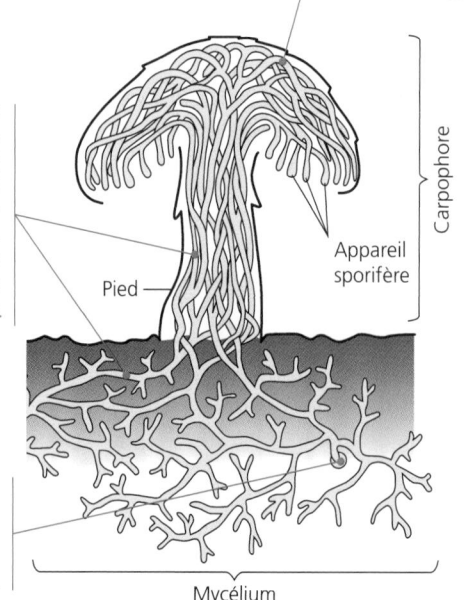

Chapeau. Le chapeau produit de minuscules cellules, les spores, qui servent à la reproduction.

Hyphes. Ce diagramme illustre la relation entre, d'une part, les hyphes microscopiques qui composent le mycélium et, d'autre part, la structure visible que nous appelons champignon.

Pied

Appareil sporifère

Carpophore

La formation du mycélium débute avec la germination d'une spore dans un endroit propice.

Mycélium

Les carpophores de la Mycène pure (*Mycena pura*) émergent chaque automne du mycélium.

La partie végétative (filaments blancs) d'un mycélium décompose des aiguilles (brunes) de Conifères.

Le mycélium peut être énorme, bien qu'il passe généralement inaperçu à cause de sa localisation souterraine notamment. En l'an 2000, en Oregon, des scientifiques ont découvert le mycélium d'un champignon géant, *Armillaria ostoyæ,* mesurant 5,5 km de diamètre et s'étendant sur une superficie de 890 hectares de forêt, l'équivalent de plus de 1 600 terrains de football. Ce champignon vieux d'au moins 2 400 ans pèse des centaines de tonnes, ce qui en fait l'un des plus anciens et des plus volumineux sur Terre.

Les hyphes sont divisés en cellules par des **cloisons.** Ces cloisons possèdent généralement des pores assez grands pour permettre aux ribosomes, aux mitochondries et même aux noyaux de circuler d'une cellule à l'autre (FIGURE 31.2a). La paroi cellulaire des Eumycètes diffère de celle des Végétaux. En effet, chez la plupart des Eumycètes, le principal constituant de la paroi cellulaire est la **chitine,** polysaccharide aminé qui est à la fois résistant et flexible. On trouve également de la chitine dans l'exosquelette des Insectes et des autres Arthropodes (voir la FIGURE 5.9). Certains Eumycètes ont des hyphes sans cloisons appelés **cénocytes** (ou siphons). Un cénocyte est une masse cytoplasmique continue qui possède des centaines ou des milliers de noyaux (FIGURE 31.2b). Le cénocyte résulte de divisions répétées du noyau, sans division cytoplasmique (cytocinèse). Les Eumycètes parasites possèdent généralement des hyphes

modifiés, appelés **suçoirs** ou haustoria. Les suçoirs absorbent les éléments nutritifs en pénétrant dans les tissus de leur hôte (FIGURE 31.2c). Certains d'entre eux possèdent même des hyphes adaptés qui en font de véritables prédateurs (FIGURE 31.2d).

La corrélation entre la structure et la fonction est un thème fondamental et récurrent en biologie. La structure des Eumycètes en est un exemple. La structure filamenteuse du mycélium lui procure une très grande surface d'absorption, ce qui convient bien au mode de nutrition des Eumycètes. Ainsi, 10 cm³ d'un sol riche en matière organique contiennent jusqu'à 1 km d'hyphes offrant une surface de contact de 300 cm² avec le sol.

Le mycélium croît tellement rapidement qu'il peut s'allonger de un kilomètre par jour lorsqu'il se ramifie à l'intérieur d'une source de nourriture. Ce qui rend possible une telle croissance, c'est le fait que les protéines et les autres molécules synthétisées par le mycélium sont acheminées grâce au mouvement de cyclose (voir la FIGURE 7.27) jusqu'aux extrémités des hyphes en expansion. Les Eumycètes consacrent leur énergie et leurs ressources à faire croître leurs hyphes en longueur plutôt qu'en épaisseur, ce qui améliore leur capacité d'absorption. Tous les mycéliums sont immobiles. Afin de compenser ce handicap, ils font croître rapidement leurs hyphes dans de nouveaux territoires pour atteindre leur nourriture ou pour s'accoupler.

FIGURE 31.2 Caractéristiques des hyphes des Eumycètes.

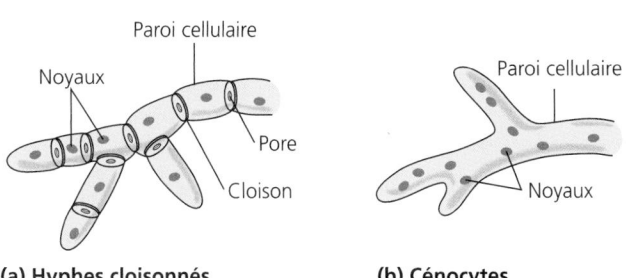

(a) Hyphes cloisonnés

(b) Cénocytes

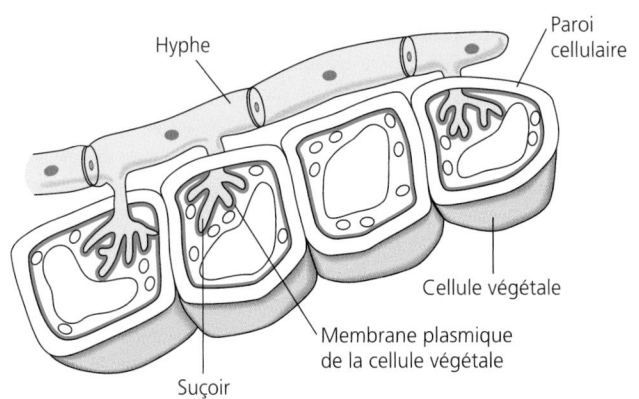

(c) Suçoirs. Les hyphes spécialisés que l'on appelle « suçoirs » parasitent les cellules végétales en les pénétrant sans traverser leur membrane plasmique (en bleu). On peut comparer les suçoirs à une main qui s'enfonce dans un ballon à moitié dégonflé.

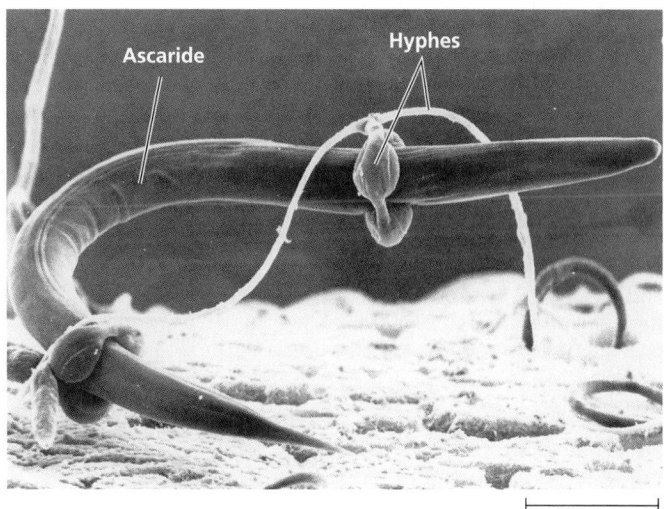

25 µm (700 ×)

(d) Hyphes adaptés à la prédation. Chez *Arthrobotrys dactyloides,* Eumycète vivant dans le sol, des segments d'hyphes forment des boucles qui se resserrent en moins d'une seconde autour d'un Ascaride (Ver faisant partie des Nématodes) qui a commis l'imprudence de s'y glisser. Avec ses hyphes, le champignon pénètre alors sa proie, dont il digère les tissus internes (MEB).

Les Eumycètes se dispersent et se reproduisent en libérant des spores produites de manière sexuée ou asexuée

La libération de spores produites de manière sexuée ou asexuée constitue le mode de reproduction des Eumycètes. La quantité de spores libérées est énorme. Ainsi, les Vesses-de-Loup ont des structures reproductrices qui peuvent répandre des nuages de billions de spores (voir la FIGURE 22.8). Emportées par le vent ou par l'eau, les spores qui aboutissent sur un substrat adéquat, en terrain humide, vont germer. Les spores servent donc à la dispersion et sont à l'origine de la vaste distribution géographique d'un grand nombre d'espèces d'Eumycètes. D'ailleurs, on a trouvé des spores d'Eumycètes à plus de 160 km au-dessus de la surface terrestre. Pour prendre un exemple plus proche du quotidien, si vous laissez une tranche de pain sur la table pendant une ou deux semaines, vous observerez un mycélium chevelu apparaître là où des spores invisibles se seront déposées.

Le cycle de développement de nombreux Eumycètes comprend un stade hétérocaryote

Chez la plupart des espèces, les noyaux des hyphes et des spores sont haploïdes, sauf durant les stades diploïdes transitoires du cycle de développement. Cependant, certains Eumycètes présentent un mycélium génétiquement hétérogène qui provient d'une fusion d'hyphes comportant des noyaux différents. Ce type de mycélium est un **hétérocaryon** (ce qui signifie « noyaux différents »). Parfois, ces noyaux différents restent à des endroits éloignés du même mycélium, dont le phénotype et le génotype deviennent alors des mosaïques. D'autres fois, ils se mêlent les uns aux autres et peuvent même échanger des chromosomes et des gènes au cours d'un processus semblable à l'enjambement. Cet état offre certains des avantages de l'état diploïde : l'un des deux génomes haploïdes peut compenser les mutations nuisibles subies par l'autre.

Chez de nombreux Eumycètes qui ont un cycle de développement sexué, les cellules des deux organismes s'unissent au cours de deux stades distincts : la plasmogamie et la caryogamie (FIGURE 31.3). Le premier stade est la **plasmogamie**, c'est-à-dire la fusion des cytoplasmes à la suite de la rencontre des deux mycéliums. Le deuxième stade est la **caryogamie**, c'est-à-dire la fusion des noyaux haploïdes appartenant aux deux organismes. Des heures, des jours, des années, voire des siècles peuvent s'écouler entre la plasmogamie et la caryogamie. Pendant cette période, le mycélium hybride existe à l'état d'hétérocaryon. Les noyaux haploïdes sont toujours distincts. Chez certains Eumycètes, les différents noyaux haploïdes provenant des parents s'apparient sans toutefois fusionner. Le mycélium constitue alors un cas particulier d'hétérocaryon. C'est un **dicaryon** (ce qui signifie « deux noyaux »). Les paires de noyaux se divisent en tandem à mesure que le mycélium croît, jusqu'à ce que survienne la caryogamie. Chez la majorité des Eumycètes, les zygotes ou structures transitoires formées par caryogamie sont les seules étapes diploïdes du cycle de développement. Par la suite, la méiose restitue l'état haploïde. Puis, les structures reproductrices spécialisées du mycélium produisent des spores et les dispersent. Bien sûr, la caryogamie et la méiose engendrent une variation génétique, sans quoi l'évolution adaptative n'aurait pas lieu (voir les chapitres 13 et 23 pour une révision de la diversité génétique, issue de la reproduction sexuée, au sein d'une population).

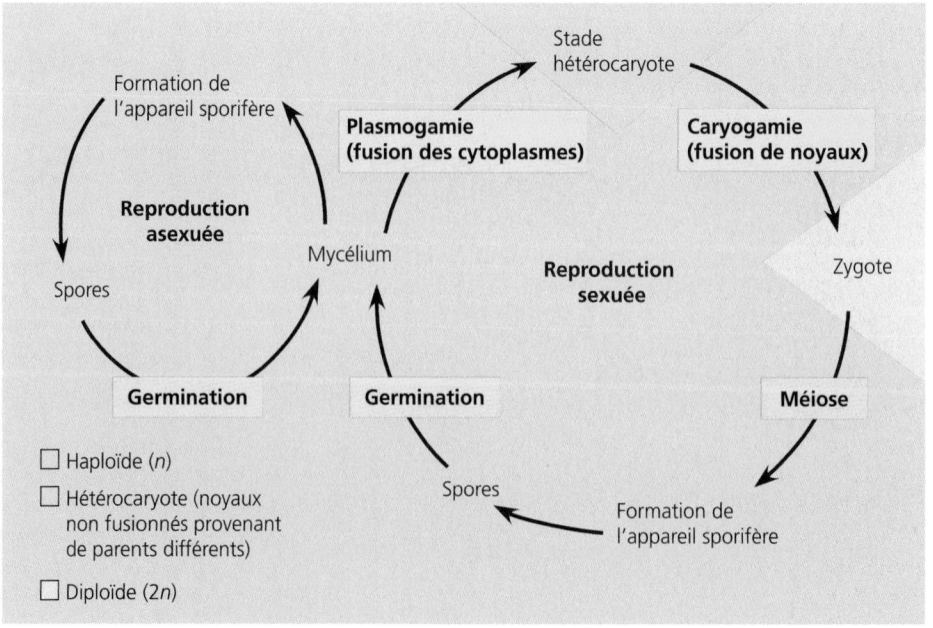

FIGURE 31.3 Cycle de développement type des Eumycètes. Tous les Eumycètes ne se reproduisent pas nécessairement au moyen des deux modes de reproduction, sexué et asexué. Certains se reproduisent uniquement de manière asexuée ; d'autres, uniquement de manière sexuée.

LA DIVERSITÉ DES EUMYCÈTES

Plus de 100 000 espèces d'Eumycètes ont été répertoriées à ce jour et les mycologues estiment leur nombre à plus de 1,5 million. La taxinomie utilisée dans ce chapitre répartit les espèces en quatre embranchements (FIGURE 31.4).

Embranchement des Chytridiomycètes: les Chytridiomycètes nous renseignent sur l'origine des Eumycètes

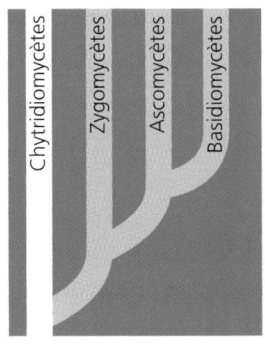

Les **Chytridiomycètes** sont surtout aquatiques. Certains sont saprophytes. D'autres parasitent des protistes, des végétaux et des animaux. Il semble que les Chytridiomycètes parasites soient responsables du déclin de la population d'Amphibiens.

Jusqu'à récemment, certains taxinomistes insistaient sur le fait que les individus appartenant au règne des Eumycètes ne devaient pas comporter de cellules flagellées. À cause de cela, les Chytridiomycètes furent exclus de ce règne et classés dans celui des Protistes (dans la classification fondée sur cinq règnes), car ils produisent des spores flagellées, les zoospores (FIGURE 31.5). Cependant, au cours des dix dernières années, les spécialistes de la systématique moléculaire ont comparé les séquences d'acides nucléiques et les protéines des Chytridiomycètes à celles des Eumycètes. Ils ont découvert des indices qui semblent montrer que les Chytridiomycètes font partie du même groupe monophylétique que les Eumycètes dans l'arbre phylogénétique des Eucaryotes (voir la FIGURE 31.4). Le mode de nutrition (l'absorption) des Chytridiomycètes et leur paroi cellulaire constituée de chitine constituent d'autres caractéristiques convaincantes. En outre, bien que certains Chytridiomycètes soient unicellulaires, la majorité élaborent des cénocytes. Ils ont également des enzymes et des voies métaboliques en commun avec les Eumycètes, enzymes et voies métaboliques qui sont absentes chez les Protistes apparentés aux Eumycètes (Myxomycètes et Oomycètes aquatiques; voir le chapitre 28).

La biologie moléculaire a aussi fourni des preuves soutenant l'hypothèse selon laquelle les Chytridiomycètes sont les Eumycètes les plus primitifs. Par conséquent, dans la phylogénèse des Eumycètes, les Chytridiomycètes appartiendraient à la lignée qui a divergé le plus tôt. En se fondant sur cette hypothèse, on peut également supposer que les Eumycètes auraient évolué à partir de protistes munis d'un flagelle, caractéristique que seuls les Chytridiomycètes ont conservée.

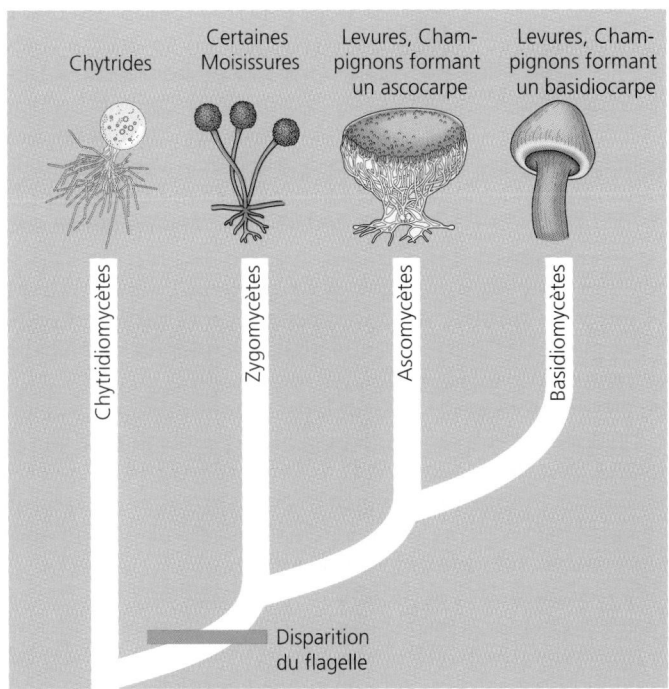

FIGURE 31.4 **Phylogenèse des Eumycètes.** Cet arbre phylogénétique, fondé principalement sur des preuves de nature moléculaire, indique les relations possibles, du point de vue de l'évolution, entre les quatre embranchements du règne des Eumycètes. Les Chytrides, organismes appartenant à l'embranchement le plus ancien, celui des Chytridiomycètes, sont généralement aquatiques et possèdent des cellules flagellées. Les Eumycètes des trois autres embranchements ne possèdent pas de stade flagellé.

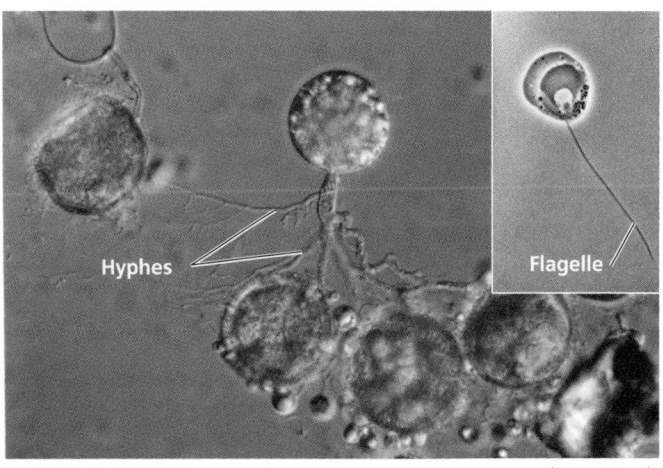

FIGURE 31.5 **Chytridiomycètes.** Les ramifications des hyphes de *Chytridium sp.* augmentent la surface d'absorption des nutriments. Les Chytridiomycètes sont les seuls Eumycètes à posséder un flagelle durant l'un des stades de leur développement, comme le montre la zoospore en médaillon (MET).

Embranchement des Zygomycètes : les Zygomycètes produisent des structures résistantes au cours de la reproduction sexuée

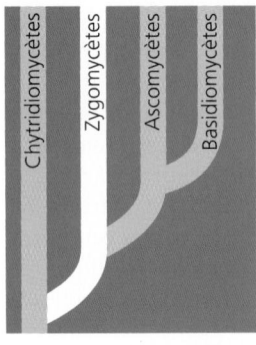

Les mycologues ont décrit environ 600 espèces de **Zygomycètes.** La plupart vivent en milieu terrestre, dans le sol ou sur des matières végétales et animales en décomposition. Un groupe important de Zygomycètes s'associent par mutualisme aux racines de certaines plantes, formant ainsi des mycorhizes (voir la FIGURE 31.18). Les hyphes des Zygomycètes sont des cénocytes qui présentent des cloisons aux seuls endroits où les cellules reproductrices se forment.

Parmi les Zygomycètes communs figure *Rhizopus stolonifer,* Moisissure chevelue de couleur variable qui décompose le pain et certains fruits (FIGURE 31.6). Cette Moisissure apparaît parfois dans nos maisons, malgré l'addition d'agents de conservation à la plupart des aliments transformés. Elle possède des hyphes horizontaux qui s'étendent sur l'aliment, le pénètrent et absorbent les nutriments nécessaires au développement du mycélium. En phase asexuée, des sporanges bulbeux et noirs se forment aux extrémités d'hyphes verticaux. Des centaines de spores haploïdes se forment ensuite à l'intérieur de chaque sporange. Certaines des spores dispersées dans l'air atterrissent sur des aliments humides, germent et constituent chacune un nouveau mycélium. Si les conditions du milieu se détériorent (si, par exemple, les nutriments viennent à manquer), *Rhizopus stolonifer* se reproduit de façon sexuée. Les mycéliums qui s'unissent sont de types sexuels opposés, identiques en apparence mais différents du point de vue des marqueurs chimiques,

FIGURE 31.6 Décomposition de fraises par la Moisissure chevelue (*Rhizopus stolonifer*).

propres à chaque type sexuel. La plasmogamie donne naissance à une structure résistante appelée **zygosporange,** qui est tour à tour le siège de la caryogamie et celui de la méiose (FIGURE 31.7). Le nom de l'embranchement renvoie à cette structure. Remarquez qu'un zygosporange, qui est le zygote (*2n*) du cycle de développement, n'est pas un zygote au sens habituel, c'est-à-dire une cellule munie d'un noyau diploïde. Il s'agit plutôt d'une structure aux noyaux multiples. En effet, l'union des deux mycéliums parentaux produit une structure hétérocaryote. Puis, la caryogamie engendre de nombreux noyaux diploïdes.

Les zygosporanges ainsi formés offrent une très grande résistance au froid et au dessèchement. Leur métabolisme reste inactif jusqu'à ce que les conditions s'améliorent. Les zygosporanges libèrent alors des spores haploïdes qui vont coloniser le nouveau substrat. Certains Zygomycètes, *Pilobolus,* par exemple, peuvent diriger leurs spores avec précision (FIGURE 31.8, p. 676).

Embranchement des Ascomycètes : les Ascomycètes produisent des spores sexuées dans des asques, structures en forme de sacs

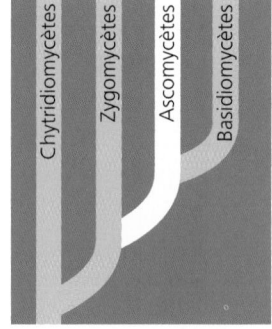

Il existe plus de 60 000 espèces d'**Ascomycètes,** qui vivent dans l'eau de mer, l'eau douce et les milieux terrestres. Leur taille et leur complexité varient grandement, depuis la Levure unicellulaire et les minuscules Eumycètes responsables de la tavelure des feuilles jusqu'aux Eumycètes complexes comme les Discomycètes et les Morilles (FIGURE 31.9, p. 676). L'embranchement des Ascomycètes comprend les agents pathogènes les plus dévastateurs pour les Végétaux (nous y reviendrons plus loin), mais aussi un grand nombre de saprophytes, qui absorbent surtout des débris de matières végétales. Par ailleurs, près de la moitié des espèces d'Ascomycètes s'associent par symbiose à des algues pour former le Lichen. Certains Ascomycètes forment des mycorhizes avec les racines de certaines plantes. D'autres vivent entre les cellules du mésophylle de certaines plantes, et libèrent des produits toxiques qui, semble-t-il, protègent les tissus de la plante contre certains insectes.

Les Ascomycètes se caractérisent par la production de spores sexuées dans des **asques,** structures en forme de sacs. Contrairement aux Zygomycètes, la plupart des Ascomycètes effectuent leur stade sexué dans un appareil sporifère macroscopique, appelé **ascocarpe,** qui renferme les asques.

Les Ascomycètes se reproduisent en libérant d'énormes quantités de spores asexuées, souvent dispersées par le vent. Ces spores apparaissent aux extrémités d'hyphes spécialisés, les conidiophores, et forment fréquemment de longues chaînes ou des grappes. Ces spores ne se forment pas à l'intérieur de sporanges, comme chez les Zygomycètes. On les appelle **conidies** (du grec *konis,* « poussière »).

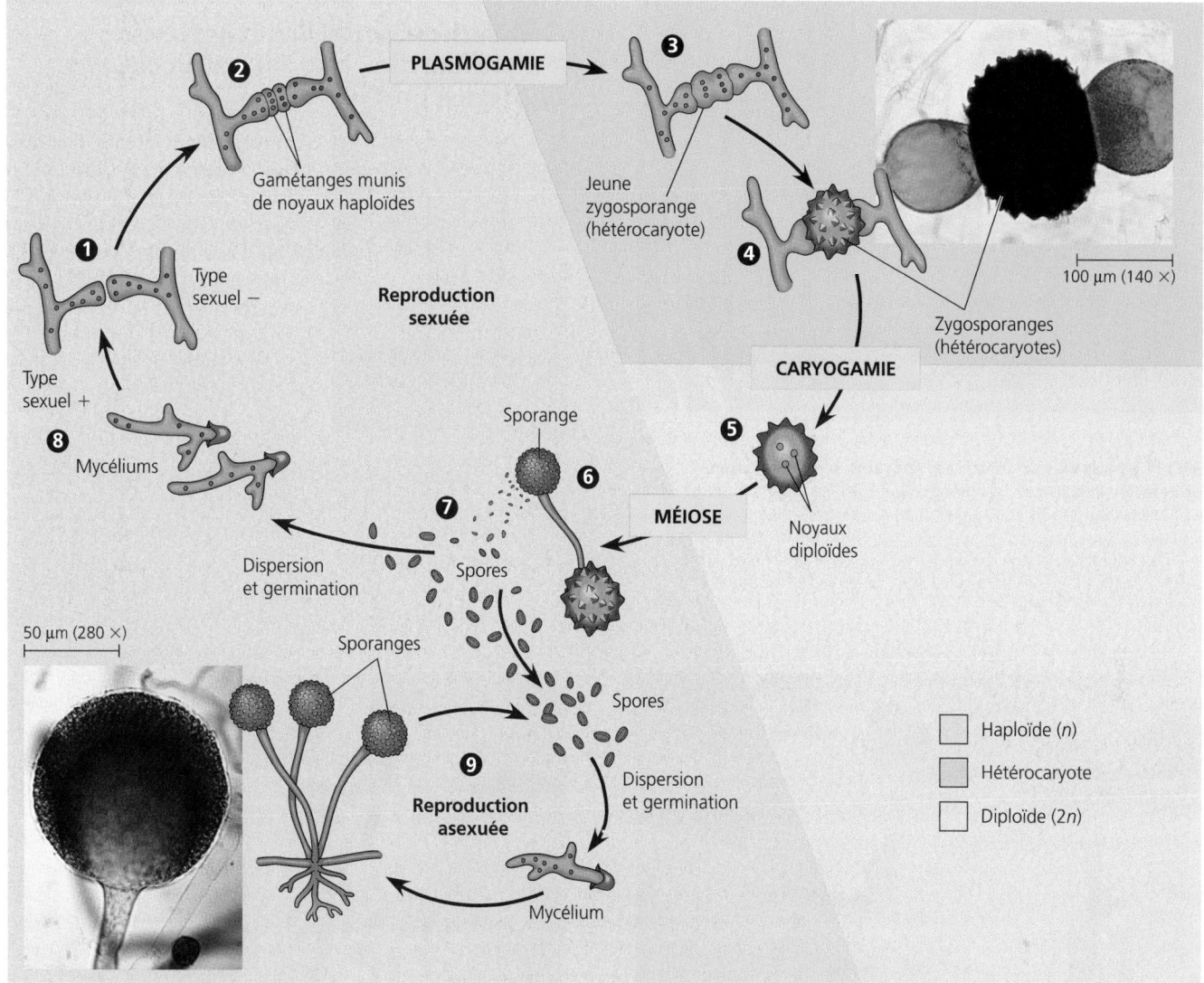

FIGURE 31.7 Cycle de développement du zygomycète *Rhizopus stolonifer.* ❶ Des mycéliums voisins de types sexuels opposés (désignés par + et −) ❷ produisent à l'extrémité de leurs hyphes des prolongements appelés gamétanges, qui sont cloisonnés et contiennent plusieurs noyaux haploïdes. ❸ Les gamétanges fusionnent leurs cytoplasmes (plasmogamie), donnant ainsi un zygosporange hétérocaryote contenant plusieurs noyaux haploïdes issus des deux parents. ❹ Le zygosporange se couvre d'un revêtement épais et rugueux (à droite ; MP) qui peut résister pendant des mois à la sécheresse et aux rigueurs du climat. ❺ Lorsque les conditions s'améliorent, la caryogamie s'effectue entre les noyaux appariés et issus de parents de types sexuels opposés. Elle est suivie de la méiose. ❻ Le zygosporange cesse alors sa période de dormance. Il germe et produit un petit sporange. ❼ Le sporange disperse ensuite les spores haploïdes aux génotypes différents. ❽ Ces spores germent et deviennent de nouveaux mycéliums. ❾ Les mycéliums de *Rhizopus* peuvent aussi se reproduire de manière asexuée en produisant des sporanges qui eux-mêmes produisent des spores haploïdes ayant le même génotype (à gauche ; MP).

Si on les compare aux Zygomycètes, les Ascomycètes se caractérisent par un stade hétérocaryote plus long menant à la formation d'ascocarpes (FIGURE 31.10, p. 677). L'union, par plasmogamie, de régions spécialisées des deux hyphes parentaux produit un renflement appelé « ascogone ». L'ascogone cénocytique produit des hyphes dicaryotes cloisonnés qui contiennent chacun deux noyaux haploïdes issus de parents distincts. Les extrémités de ces hyphes dicaryotes deviendront les asques. À l'intérieur des asques, la caryogamie combine les deux génomes parentaux. Par la suite, la méiose engendre quatre **ascospores** génétiquement différentes. Puis une mitose double le nombre d'ascopores. Dans de nombreux asques, les huit ascospores se trouvent alignées dans l'ordre où elles ont été conçues à partir du noyau diploïde d'un zygote. Cet arrangement donne aux généticiens la possibilité d'étudier la recombinaison génétique. Ainsi, on sait que les différences génétiques qui existent entre des mycéliums cultivés à partir des ascospores du même asque proviennent de l'enjambement et de l'assortiment indépendant des chromosomes pendant la méiose.

FIGURE 31.8 *Pilobolus* orientant ses sporanges vers les zones de lumière. Ce Zygomycète décompose le fumier. Le mycélium dirige les hyphes portant un sporange vers la lumière, là où l'herbe a des chances de pousser. Le Zygomycète libère ensuite ses sporanges en les éjectant comme des boulets de canon. Les sporanges peuvent atterrir, et coller à l'herbe, 2 m plus loin. Les herbivores comme les vaches dispersent les spores par leurs excréments.

0,5 mm (25 ×)

Embranchement des Basidiomycètes : le mycélium dicaryote des Basidiomycètes a une longue durée de vie

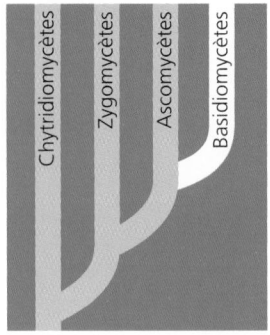

L'embranchement des **Basidiomycètes** comprend environ 25 000 espèces, dont les Polypores, les Vesses-de-Loup, certaines Rouilles et les Champignons à carpophore volumineux (FIGURE 31.11, p. 678). Leur nom vient de la structure en forme de massue qui apparaît pendant le stade diploïde transitoire de leur cycle de développement : la **baside** (du grec *basis*, « base »).

Les Basidiomycètes sont d'importants décomposeurs du bois et d'autres matières végétales. On compte également dans cet embranchement des organismes mutualistes formant des mycorhizes, de même que des parasites de plantes. Parmi tous les Eumycètes, les Basidiomycètes sont les décomposeurs les plus efficaces de la lignine, polymère complexe qui abonde dans le bois. Un grand nombre de Polypores

(a) Ascocarpes de la Pézize coccinée (*Sarcoscypha coccinea*).

(b) Les Truffes sont des ascocarpes qui croissent sous terre et dégagent une odeur forte. Celle-ci attire les animaux qui les mangent et en dispersent les ascospores. La Truffe noire (*Tuber melanosporum*) est très recherchée par les grands chefs pour sa saveur.

FIGURE 31.9 Ascomycètes. Les ascocarpes sont les appareils sporifères sexués des Ascomycètes.

(c) Ascocarpe comestible de la Morille commune (*Morchella esculenta*), ce champignon succulent que l'on trouve souvent au pied des arbres, dans les vergers.

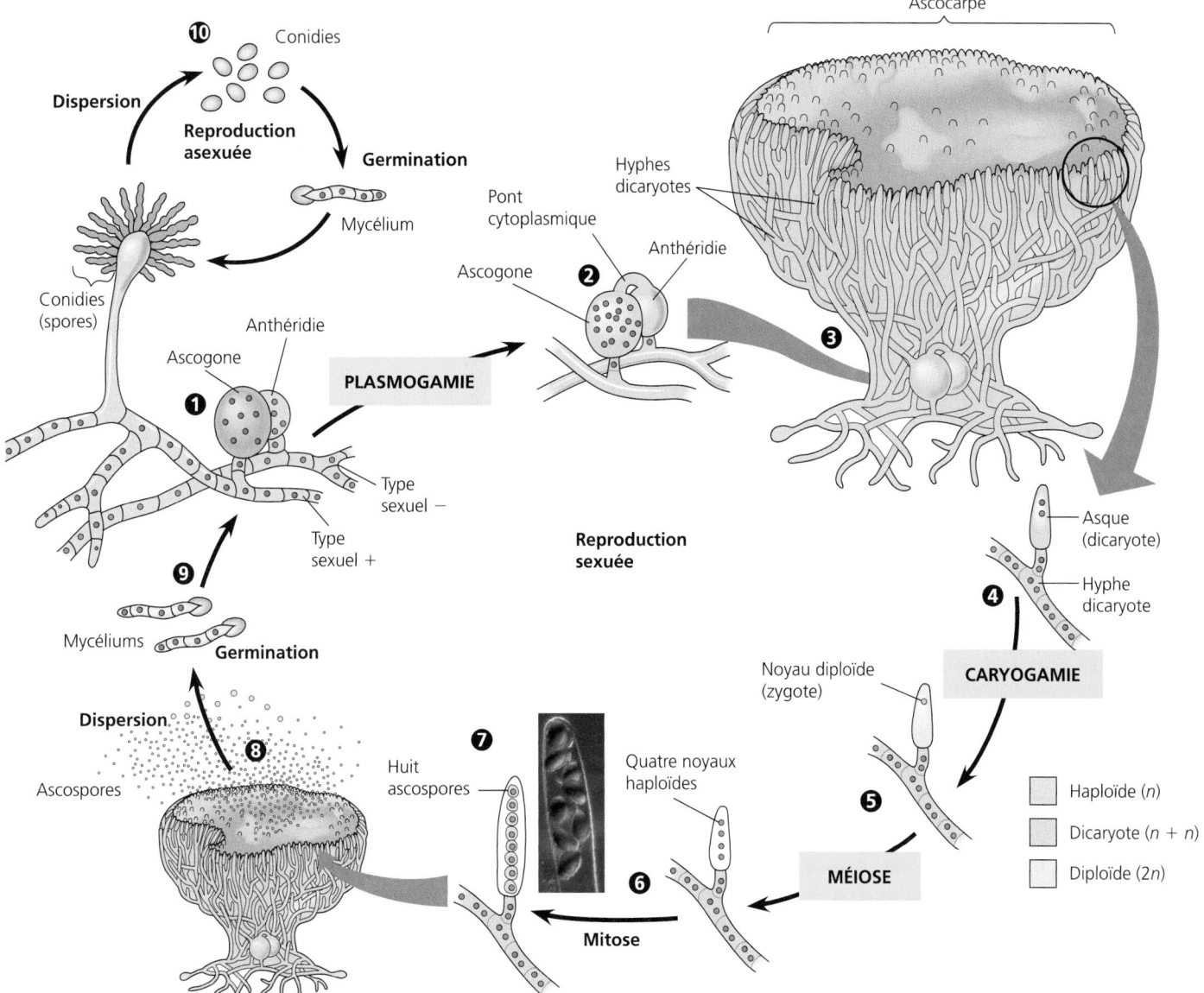

FIGURE 31.10 Cycle de développement des Ascomycètes. (Dans ce schéma, les couleurs mettent en évidence des structures et non des stades du cycle.) ❶ Des mycéliums haploïdes de types sexuels opposés s'entrelacent et produisent un ascogone et une anthéridie. ❷ Un pont cytoplasmique se forme entre les deux structures, pour permettre la plasmogamie (fusion des cytoplasmes). L'ascogone (de type sexuel +) reçoit les noyaux haploïdes de l'anthéridie (de type sexuel −). Il possède ainsi un échantillon de noyaux des deux parents. ❸ L'ascogone produit des hyphes dicaryotes qui contribuent à la formation d'un ascocarpe (ayant la forme caractéristique d'une coupe qui nous aide à identifier les Discomycètes). ❹ Les extrémités des hyphes dicaryotes deviennent chacune un asque. ❺ La caryogamie se produit à l'intérieur de chaque asque. Elle est suivie de la méiose, qui transforme les noyaux diploïdes ❻ en quatre noyaux haploïdes. ❼ Chacun des noyaux haploïdes se divise une fois par mitose. Cela donne huit noyaux par asque. Une paroi cellulaire se crée autour de chaque noyau pour former une ascospore. (La micrographie photonique illustre un asque mature contenant huit ascospores.) ❽ Arrivées à maturité, toutes les ascospores sortent par l'extrémité de l'asque. L'asque vide s'écroule et secoue les asques voisins, lesquels expulsent à leur tour leurs spores. La réaction en chaîne produit un nuage visible de spores qui s'accompagne d'un sifflement audible. ❾ La germination des ascospores donne naissance à de nouveaux mycéliums haploïdes. ❿ Les Ascomycètes peuvent aussi se reproduire de manière asexuée en produisant des spores aériennes appelées « conidies ».

(FIGURE 31.11b) vivent en parasites sur le bois des arbres qui sont en mauvaise santé ou qui sont endommagés. Ils y vivent ensuite en saprophytes lorsque les arbres en question meurent. Deux groupes de Basidiomycètes, les Rouilles et les Charbons, sont des parasites particulièrement destructeurs.

Le mycélium dicaryote qui se développe au cours du cycle de développement des Basidiomycètes a habituellement une longue durée de vie (FIGURE 31.12, p. 679). Périodiquement, en réponse à des stimulus environnementaux, il se reproduit par voie sexuée en produisant des appareils sporifères complexes, à savoir des carpophores appelés **basidiocarpes** (voir la FIGURE 31.11). Les nombreuses basides d'un basidiocarpe produisent les spores sexuées. Les Basidiomycètes recourent beaucoup moins souvent que les Ascomycètes à la reproduction asexuée.

L'Agaric (*Agaricus hortensis*), le champignon le plus vendu dans le commerce, est un exemple de basidiocarpe. Son chapeau

(a) **Hygrophore vermillon (*Hygrocybe miniata*).** Cette espèce produit des mycorhizes en association avec un chêne.

(b) **Polypores parasitant un tronc.** Ces Basidiomycètes sont d'importants décomposeurs du bois.

(c) **Satyre voilé (*Dictyophora duplicata*).** Ce champignon émet une odeur nauséabonde qui attire les insectes charognards, comme les Mouches. Vous pouvez d'ailleurs en voir une à la base du carpophore gluant et malodorant du champignon. Pour se disperser, les spores adhèrent aux soies des pattes des mouches. Cette adaptation s'apparente à celle des insectes qui transportent le pollen des plantes à fleurs.

FIGURE 31.11 Basidiomycètes. Ces photos montrent divers basidiocarpes, appareils sporifères qui produisent les spores sexuées.

abrite sur une grande surface (environ 200 cm²) des basides alignées sur des lamelles. Ce champignon peut libérer des milliards de spores, qui tombent du chapeau et sont transportées par le vent.

En concentrant son énergie sur la croissance des hyphes, le mycélium d'un Basidiomycète peut produire un appareil sporifère en quelques heures. Ainsi, l'anneau de basidiocarpes, que l'on appelle « rond de sorcière », apparaît sur la pelouse durant la nuit (FIGURE 31.13, p. 680). L'herbe du centre de l'anneau est normale alors. Mais au bout de quelques jours, l'herbe située près de la face intérieure de l'anneau jaunit. Par contre, celle qui se trouve juste à l'extérieur de la couronne de basidiocarpes est particulièrement luxuriante. C'est que, au fur et à mesure que le mycélium souterrain rayonne depuis son point de départ, sa portion centrale de même que les basidiocarpes qui y poussent meurent, parce qu'il a épuisé tous les nutriments. L'herbe jaunit parce qu'elle ne peut faire concurrence au mycélium pour obtenir les minéraux dont elle a besoin. À l'extérieur du cercle, là où le mycélium croît, les enzymes fongiques (de *fungus,* « champignon ») rendent les minéraux plus facilement disponibles pour l'herbe, qui en profite et devient luxuriante. Le diamètre du rond de sorcière augmente au même rythme que le mycélium souterrain, qui progresse de 30 cm par année. Certains ronds de sorcière ont plusieurs centaines d'années.

Le TABLEAU 31.1, à la page 680, passe en revue les quatre embranchements du règne des Eumycètes. Examinons maintenant un autre type de classification appliquée à certains Eumycètes.

Les Moisissures, les Levures, les Lichens et les mycorhizes ont des modes de vie spéciaux qui ont évolué indépendamment dans divers embranchements des Eumycètes

Au cours de leur évolution, les Zygomycètes, les Ascomycètes et les Basidiomycètes ont adopté des modes de vie indépendants qui ont nécessité une spécialisation à la fois morphologique et écologique. Dans cette section, nous allons examiner quatre formes d'Eumycètes qui ont des modes de vie uniques : les Moisissures, les Levures, les Lichens et les mycorhizes.

Moisissures

Les **Moisissures** sont des Eumycètes à croissance rapide qui se reproduisent de manière asexuée et dont le mycélium vit en saprophyte ou en parasite sur une grande variété de substrats. La Moisissure chevelue de la fraise, présentée précédemment, en constitue un bon exemple (*Rhizopus stolonifer*; voir la FIGURE 31.6). Les Moisissures peuvent passer par différents stades reproducteurs. Au début de leur vie, elles produisent des spores asexuées. Le terme « moisissure » ne s'applique d'ailleurs qu'à ce stade asexué (FIGURE 31.14, p. 680). Plus tard, elles se reproduisent *parfois* de manière sexuée, en produisant des zygosporanges, des ascocarpes ou des basidiocarpes.

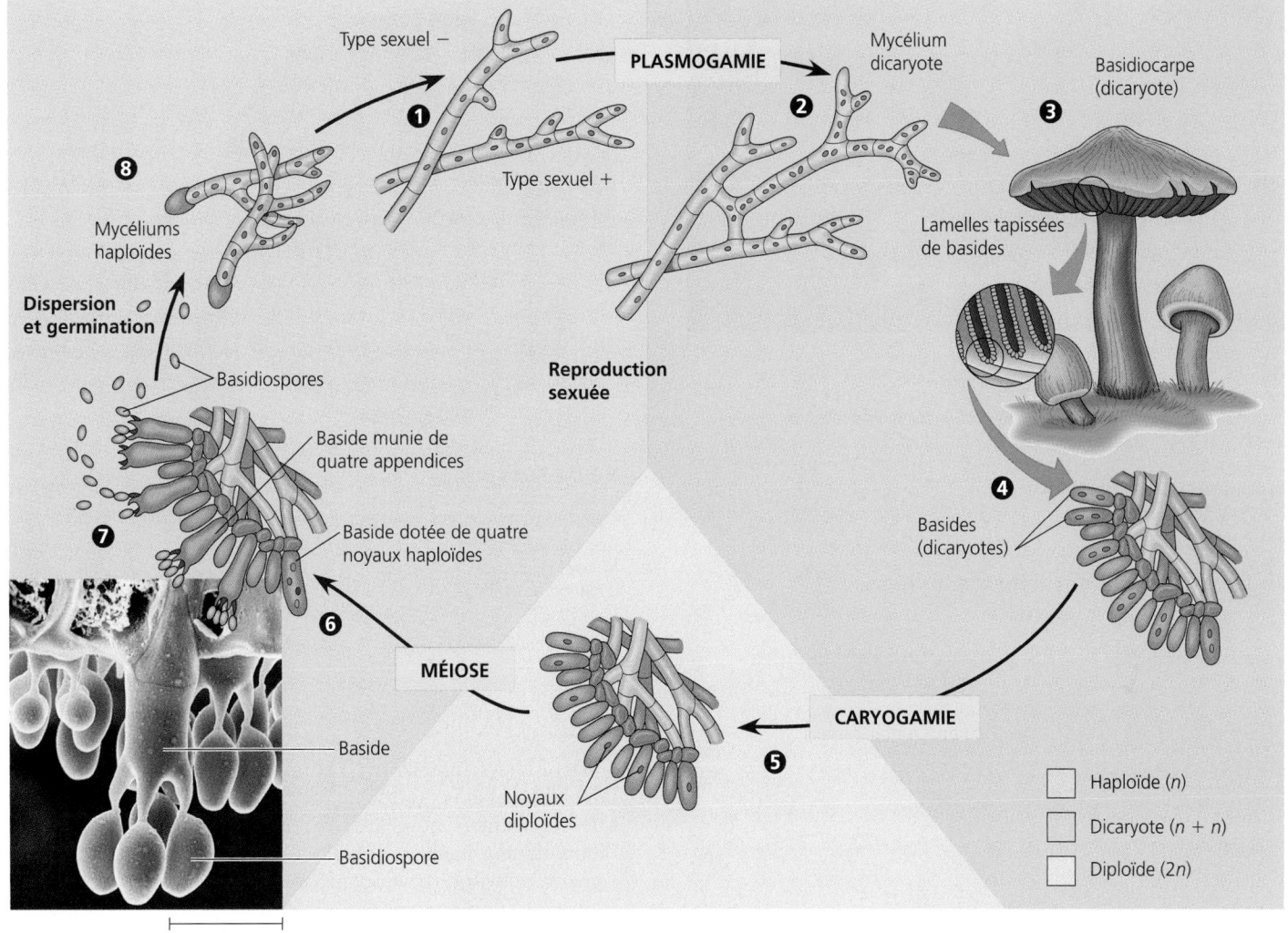

FIGURE 31.12 Cycle de développement des Basidiomycètes. ❶ Les hyphes haploïdes provenant de mycéliums de types sexuels différents subissent la plasmogamie. ❷ Il en résulte un mycélium dicaryote qui croît très vite et qui refoule les mycéliums parentaux. ❸ Certains facteurs environnementaux, comme la pluie ou les changements de température, conduisent le mycélium dicaryote à former des masses compactes qui deviennent des basidiocarpes (ce que l'on appelle communément « champignons »). La cyclose provenant du mycélium gonfle les hyphes des basidiocarpes, qui surgissent durant la nuit. Les dicaryons des Basidiomycètes vivent longtemps et produisent habituellement, chaque année, une nouvelle récolte de basidiocarpes. ❹ La surface des lamelles du basidiocarpe est tapissée de cellules dicaryotes terminales, les basides. ❺ La caryogamie donne naissance à des noyaux diploïdes qui subissent rapidement la méiose et ❻ donnent chacun quatre noyaux haploïdes. La baside produit ensuite quatre appendices qui laissent chacun pénétrer un noyau haploïde. Chaque appendice devient une basidiospore (MEB, dans le coin gauche). ❼ À maturité, les basidiospores sont propulsées petit à petit (à l'aide des forces électrostatiques) dans les espaces entre les lamelles. Lorsqu'elles tombent du chapeau, elles sont dispersées par le vent. ❽ Les basidiospores haploïdes germent dans un environnement adéquat et deviennent des mycéliums haploïdes éphémères.

Il existe cependant des Moisissures que l'on ne peut pas classer parmi les Zygomycètes, les Ascomycètes ou les Basidiomycètes, car on ne leur connaît aucun stade sexué. On les appelle Deutéromycètes ou plus communément **Eumycètes imparfaits** (en botanique, le terme « parfait » fait référence aux stades sexués des cycles de développement). Les Eumycètes imparfaits se reproduisent donc de manière asexuée par le biais de spores. Remarquez que cette classification non officielle ne tient pas compte de la phylogenèse. Si un mycologue découvre un stade sexué chez l'un de ces Eumycètes, alors l'espèce se déplace des Eumycètes imparfaits vers l'embranchement auquel correspondent ses structures reproductrices.

Levures

Les **Levures** sont des Eumycètes unicellulaires qui vivent en milieu humide, y compris dans la sève de Végétaux et les tissus d'Animaux. Elles se reproduisent par voie asexuée, par simple division cellulaire ou par un bourgeonnement des cellules parentales (FIGURE 31.15, p. 680). Certaines se reproduisent aussi de façon sexuée, en produisant des asques ou des basides. Elles font alors partie des Ascomycètes ou des Basidiomycètes. D'autres appartiennent aux Deutéromycètes, parce qu'elles semblent ne se reproduire que par voie asexuée. Certains Eumycètes peuvent devenir soit un mycélium, soit une levure, selon la quantité de liquide présent dans leur environnement.

FIGURE 31.13 Rond de sorcière. D'après la légende, les champignons forment un cercle à l'endroit où les fées ont dansé, les nuits de pleine lune. Certains sont choisis par les fées fatiguées qui s'y reposent après leur danse. Les autres sont réservés aux crapauds. Les premiers seraient comestibles, tandis que les seconds seraient toxiques. Voir la page 678 pour une explication scientifique.

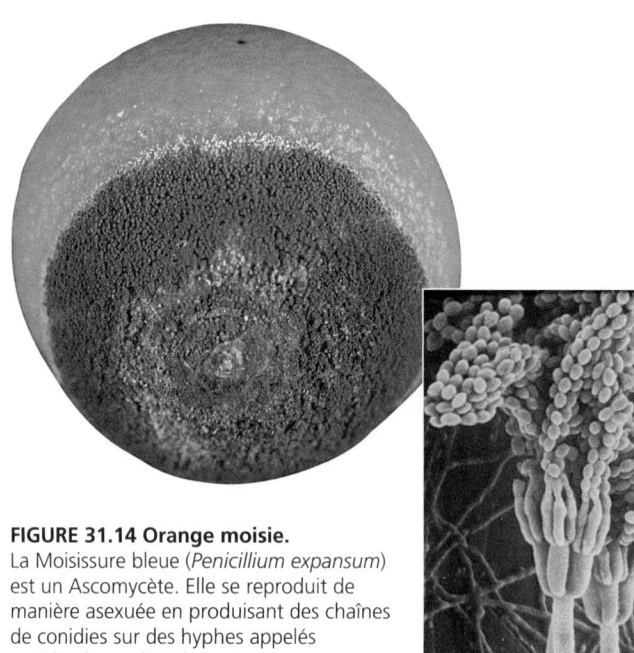

FIGURE 31.14 Orange moisie.
La Moisissure bleue (*Penicillium expansum*) est un Ascomycète. Elle se reproduit de manière asexuée en produisant des chaînes de conidies sur des hyphes appelés conidiophores (MEB).

2,5 µm (3 400 ×)

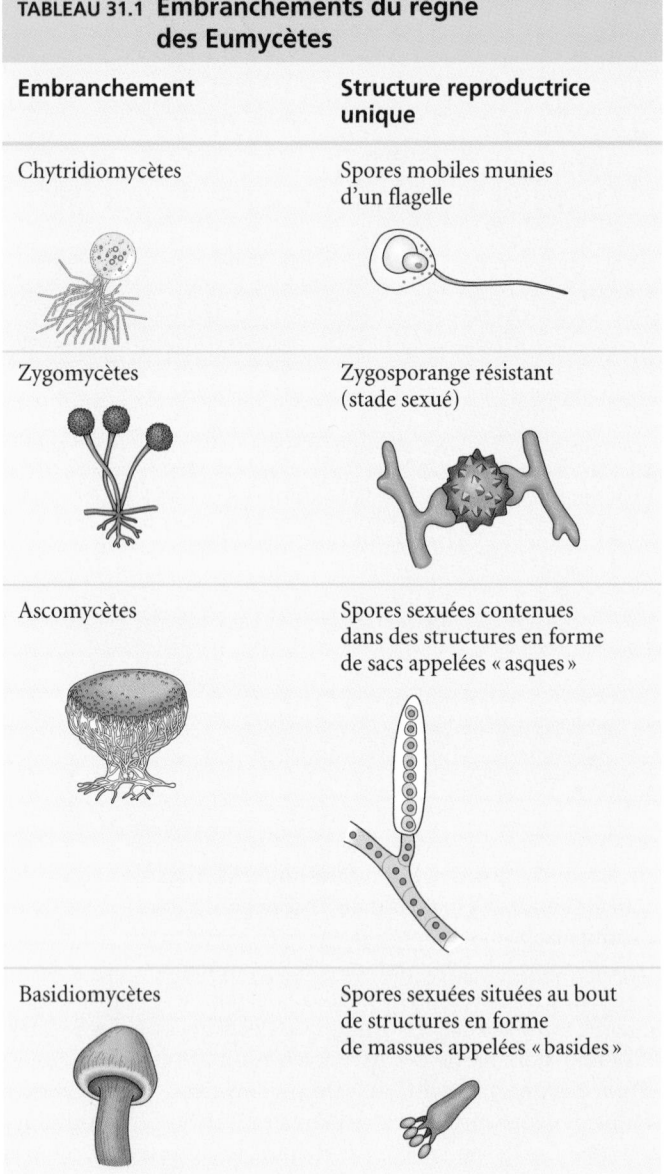

TABLEAU 31.1	**Embranchements du règne des Eumycètes**
Embranchement	**Structure reproductrice unique**
Chytridiomycètes	Spores mobiles munies d'un flagelle
Zygomycètes	Zygosporange résistant (stade sexué)
Ascomycètes	Spores sexuées contenues dans des structures en forme de sacs appelées « asques »
Basidiomycètes	Spores sexuées situées au bout de structures en forme de massues appelées « basides »

Depuis des millénaires, l'Humain utilise les Levures pour faire lever le pain et fermenter des boissons alcoolisées. Ce n'est que récemment qu'il a réussi à purifier les cultures afin d'obtenir une meilleure qualité de levures. La Levure *Saccharomyces cerevisiæ* (un Ascomycète) est le plus important des Eumycètes domestiques (voir la FIGURE 31.15). Ses minuscules cellules, dont plusieurs souches existent tant pour la levure de pain que pour la levure de bière, ont un métabolisme très actif. En présence de dioxygène, la levure de pain respire et libère de petites bulles de CO_2 qui font lever la pâte. Dans les brasseries et les établissements vinicoles, la fermentation de *Saccharomyces cerevisiæ* transforme les glucides en alcool. Les chercheurs utilisent *Saccharomyces cerevisiæ* pour étudier la génétique moléculaire des Eucaryotes, car ce microorganisme est facile à cultiver et à manipuler (voir le chapitre 19).

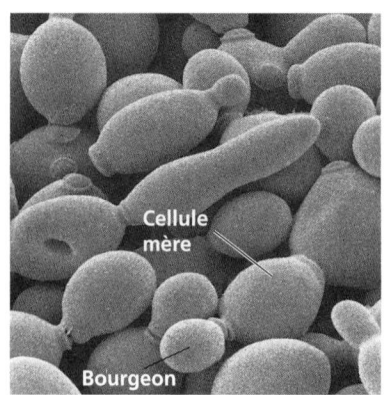

Cellule mère

Bourgeon

10 µm (1 500 ×)

FIGURE 31.15 Levures en bourgeonnement. Cette micrographie de la Levure du boulanger (*Saccharomyces cerevisiæ*) montre différents stades de bourgeonnement (MEB).

Certaines levures causent toutefois des problèmes à l'Humain. Ainsi, la Levure rose du genre *Rhodotorula* se développe sur les rideaux de douche et autres surfaces humides de nos maisons. *Candida albicans,* autre levure bien connue, vit de façon inoffensive sur les tissus humains humides, comme la muqueuse vaginale. Cependant, dans certaines conditions, *Candida albicans* devient pathogène, parce qu'elle se multiplie trop rapidement et libère des substances nocives. Cela peut se produire lors d'une modification du milieu ambiant (un changement de pH, par exemple) ou lors d'un affaiblissement du système immunitaire (causé par le sida, par exemple).

Lichens

Lorsque l'on voit des Lichens de loin, on peut les confondre avec des Mousses ou d'autres plantes rudimentaires qui vivent sur les rochers, le bois en décomposition, les arbres et le toit des maisons (FIGURE 31.16). En fait, le **Lichen** n'est *ni* une Mousse, *ni* une Plante, *ni* même un organisme individuel. C'est plutôt une association symbiotique réunissant des millions de micro-organismes photosynthétiques qui sont enchevêtrés dans un treillis d'hyphes. La partie fongique est le plus souvent un Ascomycète, bien qu'il s'agisse parfois d'un Basidiomycète. Le partenaire photosynthétique est une Algue verte unicellulaire ou filamenteuse, ou une Cyanobactérie. Cette fusion d'une Algue et d'un Eumycète est tellement complète que les Lichens qui se forment ainsi portent des noms de genre et d'espèce, comme s'ils étaient des organismes individuels. On en connaît plus de 25 000 espèces.

C'est habituellement l'Eumycète qui donne au Lichen sa structure et sa forme. De même, les tissus fabriqués par les hyphes représentent la plus grande partie de la masse du Lichen. L'Algue en constitue généralement la couche interne (FIGURE 31.17). Dans la plupart des cas, chaque associé fournit à l'autre des éléments que celui-ci ne pourrait obtenir seul. Ainsi, l'Algue fournit toujours la nourriture à l'Eumycète. Les Cyanobactéries faisant partie d'un Lichen fixent le diazote et le transforment en azote organique (voir le chapitre 27). Quant à

FIGURE 31.16 Lichens. Les Lichens qui vivent sur l'écorce d'un Érable montrent trois formes de croissances. Le genre *Parmelia* (en bas, à gauche) a une forme foliacée (semblable à une feuille aplatie). Le genre *Ramalina* (en haut, à droite) a une forme fruticuleuse (semblable à un arbuste). Enfin, plusieurs espèces dites crustacées (constituées d'une croûte difficile à arracher) et appartenant aux genres *Lecanora* et *Bacidia* produisent des ascocarpes en forme de disques. Le minuscule individu orange est *Xanthoria sp.,* un Lichen foliacé.

l'Eumycète, il procure à l'Algue un environnement physique idéal pour sa croissance. En effet, le Lichen tire de la poussière contenue dans l'air et de la pluie la plupart des minéraux dont il a besoin. La disposition physique des hyphes permet de retenir l'eau et les minéraux, assure les échanges gazeux et protège l'Algue. L'Eumycète produit des composés organiques uniques remplissant plusieurs fonctions. Les pigments de l'Eumycète protègent l'Algue de l'intensité de la lumière du Soleil. De même, certains composés toxiques produits par l'Eumycète empêchent les herbivores de se nourrir du Lichen. L'Eumycète sécrète aussi des acides qui favorisent l'absorption des minéraux.

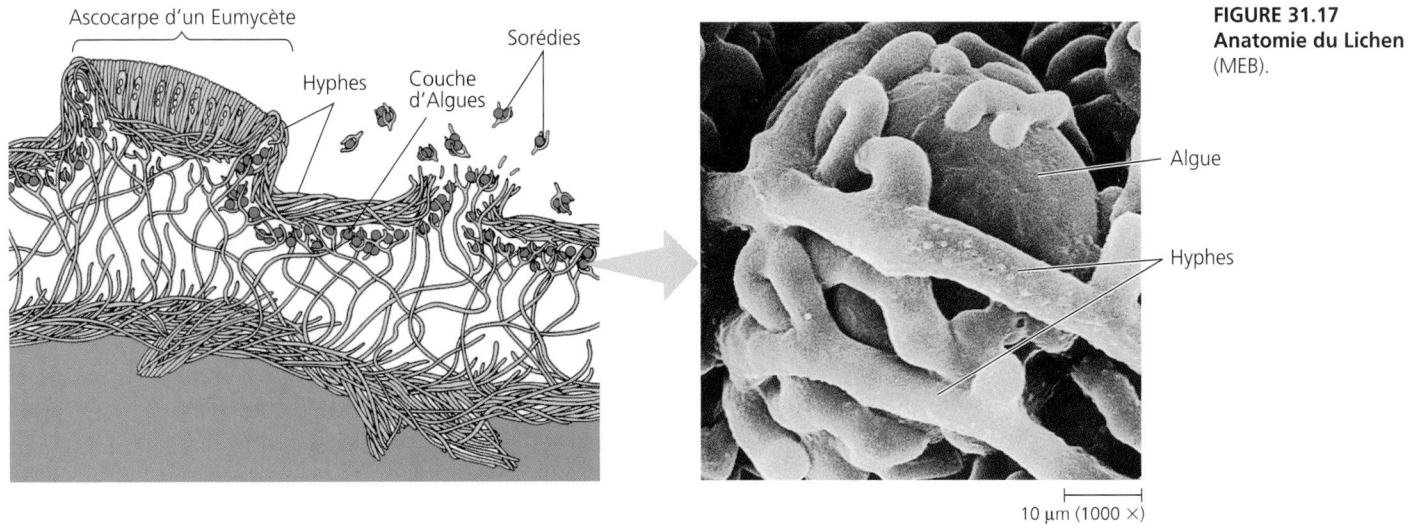

Ascocarpe d'un Eumycète

Hyphes

Couche d'Algues

Sorédies

FIGURE 31.17 Anatomie du Lichen (MEB).

Algue

Hyphes

10 μm (1000 ×)

Les Eumycètes d'un grand nombre de Lichens se reproduisent de façon sexuée en produisant des ascocarpes ou des basidiocarpes. Les Algues des Lichens se reproduisent indépendamment de l'Eumycète, par division cellulaire asexuée. Comme on peut s'y attendre de ce type d'« organisme mixte », la reproduction de la partie symbiotique de l'organisme a lieu de façon asexuée, soit par fragmentation du Lichen parent, soit par formation de structures spécialisées appelées **sorédies** (voir la FIGURE 31.17). Les sorédies sont de petits amas d'hyphes incrustés d'algues.

La nature de la symbiose du Lichen est complexe et relève probablement plus du parasitisme que du mutualisme. Les Lichens peuvent se développer dans un environnement où ni les Eumycètes ni les Algues ne peuvent vivre seuls. Les Eumycètes qui forment les Lichens n'existent pas seuls dans la nature. En revanche, certaines Algues de Lichens vivent aussi à l'état libre. Lors d'expériences, on a séparé puis cultivé l'Eumycète et l'Algue de certains Lichens. Ces cultures ressemblent à des Moisissures et à des Algues vivant à l'état libre et ayant perdu certaines des caractéristiques physiologiques propres aux Lichens. Ainsi, les Eumycètes cultivés ne fabriquent pas les substances organiques produites par les Lichens. Les Algues cultivées, elles, ne laissent pas suinter de glucides de leurs cellules, comme elles le font en présence de l'Eumycète avec lequel elles forment un Lichen. Chez certains Lichens, les suçoirs de l'Eumycète envahissent l'Algue et tuent des cellules. Ce processus se fait toutefois à un rythme qui permet à l'Algue de combler ces pertes par la reproduction.

Les Lichens sont souvent les premiers à croître sur des rochers et des sols nouvellement mis à nu par des feux de forêts ou des éruptions volcaniques. Les acides du Lichen pénètrent la couche externe de cristaux des rochers, ce qui permet au Lichen de s'y fixer. Ce processus de fixation constitue le point de départ de l'établissement d'une succession végétale. Les Lichens qui fixent le diazote contribuent également à procurer de l'azote organique à leur écosystème.

Certains Lichens tolèrent des froids extrêmes. Dans la toundra arctique, de grands troupeaux de Caribous ou Rennes (*Rangifer tarandus caribou*) broutent les tapis de Lichens durant les périodes de l'année où ils n'ont rien d'autre à se mettre sous la dent. Les Lichens peuvent aussi survivre à la dessiccation. Par temps brumeux ou pluvieux, ils peuvent absorber jusqu'à dix fois leur masse en eau. La photosynthèse commence presque aussitôt que le Lichen contient de 65 % à 75 % d'eau. En période de sécheresse, le Lichen se déshydrate rapidement, et la photosynthèse cesse. En climat aride, les Lichens ont donc une croissance très lente qui se limite souvent à moins de un millimètre par an. Certains Lichens vivent depuis des milliers d'années. Ils rivalisent avec les plus vieilles Plantes pour le titre de plus vieux organismes de la Terre.

Malgré leur grande résistance, de nombreux Lichens sont particulièrement sensibles à la pollution de l'air. Leur mode passif d'absorption des minéraux contenus dans la pluie et l'humidité les rend vulnérables au dioxyde de soufre et aux autres poisons de l'air. La mort, dans une région donnée, des Lichens les plus sensibles et la multiplication des espèces plus résistantes constituent l'un des premiers signes de détérioration de la qualité de l'air.

Mycorhizes

Les **mycorhizes** sont issues d'une association mutualiste entre un Eumycète et les racines de certains Végétaux. Le terme « mycorhize » vient des mots grecs *mukès* et *ridza* qui signifient respectivement « champignon » et « racine ». Il fait référence aux structures formées par les cellules des racines végétales et les hyphes de l'Eumycète associé (FIGURE 31.18). L'anatomie de cet organisme symbiotique varie selon le type d'Eumycète associé. Les ramifications du mycélium qui composent les mycorhizes augmentent grandement la surface d'absorption des racines de la plante associée. Les associés profitent tous les deux de leur alliance. En effet, le champignon fournit les minéraux qu'il tire du sol. Quant à la plante, elle apporte les éléments organiques qu'elle synthétise.

Les mycorhizes jouent un rôle crucial dans l'équilibre des écosystèmes et dans l'agriculture (FIGURE 31.19). Presque tous les Végétaux vasculaires possèdent des mycorhizes. Les Eumycètes forment une association permanente avec leurs hôtes et produisent périodiquement des appareils sporifères. Les mycorhizes proviennent autant des Basidiomycètes et des Ascomycètes que des Zygomycètes. En fait, la moitié de toutes les espèces de Basidiomycètes forment des mycorhizes avec les Chênes, les Bouleaux et les Pins. Les carpophores qui poussent au pied de ces arbres témoignent en surface de la symbiose qui existe sous terre. (Le chapitre 36 décrit en détail la structure et la physiologie des mycorhizes.)

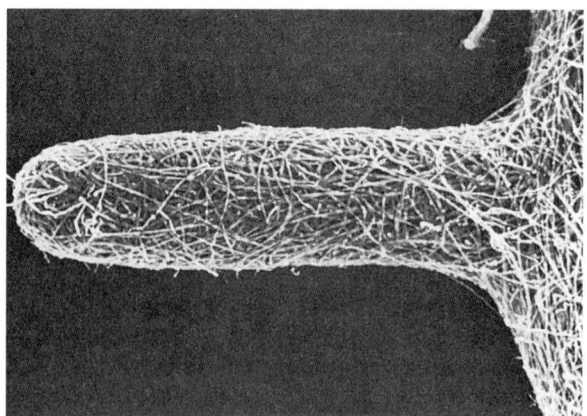

100 µm (250 ×)

FIGURE 31.18 Des mycorhizes. L'association mutualiste entre un champignon et des racines qu'est la mycorhize favorise l'absorption de minéraux. Cette micrographie électronique à balayage montre des hyphes (petits filaments blancs enchevêtrés) situés à l'extrémité du poil absorbant d'une racine d'Eucalyptus. Elle met en évidence l'étroite relation qui existe entre les partenaires symbiotiques. Certaines mycorhizes entourent les cellules de la racine ; d'autres les pénètrent.

FIGURE 31.19 Expérience prouvant les bienfaits des mycorhizes. Le plant de Soja de gauche n'a pas bénéficié de l'effet des mycorhizes. C'est un échantillon du groupe de plantes dans le sol desquelles on a ajouté un fongicide. Sa croissance a été retardée, probablement en raison d'un manque de phosphore. La plante de droite provient, quant à elle, du groupe témoin de plantes qui ont été ensemencées avec des mycorhizes. Elle profite d'un apport plus élevé en phosphate et en minéraux.

L'IMPORTANCE ÉCOLOGIQUE DES EUMYCÈTES

Bien qu'ils passent souvent inaperçus, les Eumycètes sont omniprésents et jouent un rôle majeur dans le fonctionnement des écosystèmes.

Les écosystèmes dépendent des Eumycètes saprophytes et symbiotiques

Les Eumycètes, les Archéobactéries et les Bactéries sont les principaux décomposeurs (saprophytes) qui maintiennent, dans les écosystèmes, les réserves de nutriments inorganiques essentiels à la croissance des Végétaux. Sans les saprophytes, le carbone, l'azote et les autres éléments s'accumuleraient dans les déchets organiques et ne seraient plus disponibles pour la nutrition des Végétaux et des Animaux. La disparition des saprophytes mettrait un terme aux cycles biogéochimiques, et par conséquent à l'existence même des Végétaux et des Animaux (voir le chapitre 54).

Les Eumycètes sont bien adaptés à leur rôle de décomposeurs de matières végétales. D'abord, leurs hyphes envahissent les tissus et les cellules de la matière organique morte. Ensuite, leurs enzymes hydrolysent les polymères, y compris la cellulose et la lignine composant la paroi des cellules végétales. Une succession d'eumycètes agissent de concert avec des bactéries et, dans certains environnements, avec des invertébrés pour achever la décomposition des débris végétaux. L'air transporte tellement de spores fongiques que dès qu'une feuille tombe ou qu'un insecte meurt, les spores les recouvrent et produisent des hyphes saprophytes qui s'y infiltrent.

On approuve facilement le travail utile des Eumycètes qui décomposent les débris et les excréments dans la forêt. Cependant, on réagit tout autrement quand des moisissures s'attaquent à nos fruits ou aux matériaux de nos maisons. Les Eumycètes détruisent chaque année de 10 % à 50 % des récoltes fruitières. En effet, l'éthylène, hormone végétale de la maturation des fruits, stimule également la germination des spores fongiques qui se déposent à la surface des fruits. Cette synchronisation favorise un envahissement des fruits au moment où ils sont le plus vulnérables et le plus nutritifs. Un saprophyte qui décompose le bois ne fait pas de distinction entre une branche de chêne tombée au sol et des planches de chêne. Ainsi, durant la Révolution américaine, les Anglais ont perdu plus de bateaux à cause de la pourriture qu'à cause des attaques ennemies. Les soldats postés sous les tropiques pendant la Deuxième Guerre mondiale ont témoigné de la destruction de leurs tentes, de leurs vêtements, de leurs bottes et de leurs jumelles par des moisissures. Certains Eumycètes peuvent même décomposer des matières plastiques.

Certains Eumycètes sont pathogènes

Des 100 000 espèces connues d'Eumycètes, 30 % environ sont des parasites infestant les plantes par l'extérieur ou par l'intérieur. Ainsi, l'Ascomycète *Ophiostoma* (ou *Ceratocystis*) *ulmi,* qui cause la maladie hollandaise de l'Orme, a radicalement transformé le paysage du nord-est des États-Unis et du sud du Québec (FIGURE 31.20a, p. 684). Ce champignon a envahi l'Amérique du Nord après être arrivé aux États-Unis sur des billots qui venaient d'Europe et constituaient le paiement de dettes accumulées durant la Première Guerre mondiale. Transporté d'un arbre à l'autre par un insecte vivant sous l'écorce (le Coléoptère *Scolytus multistriatus*), il aura bientôt complètement éliminé l'Orme d'Amérique (*Ulmus americana*). Un autre Ascomycète (*Cryphonectria parasitica*) a presque réussi à éliminer le Châtaignier d'Amérique (*Castanea dentata*). Certaines espèces fongiques contaminent les récoltes céréalières et causent chaque année des pertes économiques considérables. Par exemple, le Basidiomycète *Puccinia graminis* est responsable de la Rouille noire du Blé (FIGURE 31.20b).

Certains des Eumycètes qui s'attaquent aux cultures vivrières sont toxiques pour l'Humain. Ainsi, certaines espèces de la Moisissure *Aspergillus* contaminent le grain et les arachides mal entreposés en sécrétant des aflatoxines, substances cancérogènes. L'Ascomycète qui a pour nom *Claviceps purpurea* produit des structures pourpres appelées « ergots du Seigle » (FIGURE 31.20c). Si, par mégarde, on consomme le Seigle malade, le poison contenu dans les ergots cause la gangrène, des spasmes nerveux, des sensations de brûlure, des hallucinations et une démence temporaire. En 944 ap. J.-C., une épidémie due à l'ergot du Seigle a tué plus de 40 000 personnes en France. L'une des substances hallucinogènes extraite de l'ergot est l'acide lysergique, principal composant du LSD (*lysergic acid diethylamide*). Les toxines extraites des Eumycètes possèdent souvent des vertus médicinales lorsque l'on en utilise de faibles doses. Par exemple, une substance extraite de l'ergot s'avère efficace pour traiter l'hypertension artérielle et pour faire cesser les hémorragies chez la femme qui vient d'accoucher.

 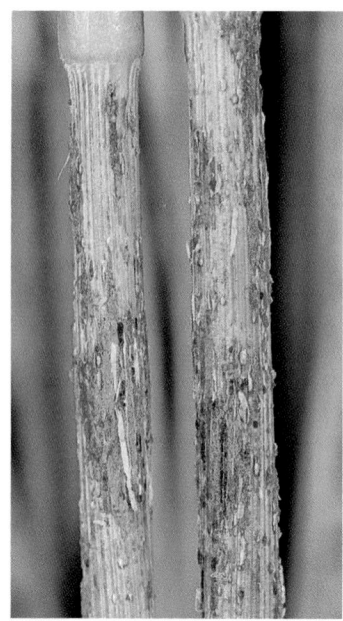 

(a) Ormes d'Amérique ayant succombé à l'Ascomycète *Ophiostoma ulmi.*

(b) Rouille noire du Blé (*Puccinia graminis*).

(c) Ergots du seigle (*Claviceps purpurea*).

FIGURE 31.20 Exemples de maladies fongiques touchant les Végétaux.

Les Animaux sont beaucoup moins affectés par les Eumycètes parasites que les Végétaux. Environ cinquante espèces d'Eumycètes parasitent les Animaux, Humains y compris. En dépit de leur pauvre diversité taxinomique, ils causent un dommage considérable à leurs hôtes. Chez l'Humain, les infections fongiques varient du simple pied d'athlète (dermatomycose interdigitoplantaire attribuable à *Epidermophyton sp.* ou à *Trichophyton sp.*) aux infections pulmonaires parfois mortelles.

Le terme général sous lequel on regroupe les infections fongiques est **mycose.** Les dermatomycoses comprennent notamment la teigne, qui se caractérise par l'apparition de lésions circulaires sur la peau. Les Ascomycètes responsables de la teigne peuvent infecter n'importe quelle partie de l'épiderme. Mais ils s'attaquent le plus souvent aux pieds, où ils provoquent des démangeaisons intenses et des vésicules. On parle alors du « pied d'athlète ». En dépit de leur très haut risque de transmission, la teigne et le pied d'athlète se traitent avec diverses lotions et poudres fongicides. Les mycoses systémiques sont très dangereuses et s'étendent à tout l'organisme. La contamination débute habituellement par l'inhalation de spores. Parmi ces mycoses très graves figurent l'histoplasmose, attribuable à *Histoplasma capsulatum,* et la coccidioïdomycose, causée par *Coccidioides immitis.* Leurs symptômes sont apparentés à la tuberculose. *Candida albicans* est une Levure pathogène opportuniste. Elle fait partie de la flore normale. Mais elle cause des infections telles que les vaginites quand l'équilibre microbiologique, chimique ou immunitaire de l'organisme est rompu. À la suite de ce dérèglement, elle peut croître librement. Le nombre d'infections opportunistes, de mycoses notamment, s'est accru au cours des dernières décennies, en partie à cause du sida, qui affaiblit le système immunitaire.

Les Eumycètes ont une valeur commerciale

Nous ne rendrions pas justice aux Eumycètes si nous achevions notre exposé sur les maladies fongiques. En effet, les avantages qu'ils offrent sont beaucoup plus importants que leurs effets nuisibles. Ainsi, nous dépendons d'eux pour la décomposition et le recyclage de la matière organique.

De plus, les utilisations que nous faisons des Eumycètes sont nombreuses en alimentation. La plupart d'entre nous mangeons des champignons, bien que nous ne nous soyons sans doute jamais rendu compte qu'il s'agissait là des appareils sporifères (basidiocarpes) d'Eumycètes souterrains. Les champignons ne sont pas les seuls Eumycètes que nous consommons. Ainsi, le goût particulier de certains fromages tels que le Roquefort et les fromages bleus provient des Eumycètes qui ont participé à leur processus de maturation. L'industrie des boissons gazeuses fait, quant à elle, appel à une espèce d'Ascomycète, *Aspergillus,* pour produire l'acide citrique qui entre dans la composition des colas. Les champignons les plus prisés demeurent les truffes, ascocarpes souterrains d'un Ascomycète vivant en symbiose avec des racines d'arbre (voir la FIGURE 31.9b). On dit que les truffes ont une saveur de noisette, de musc ou de fromage. Les appareils sporifères (ascocarpes) des truffes dégagent une odeur forte qui attire certains animaux et insectes. Ces derniers déterrent alors les truffes et en dispersent les spores. Parfois, l'odeur imite celle des substances attractives sexuelles de certains mammifères. Auparavant, les cueilleurs de truffes utilisaient des porcs pour trouver ces précieux champignons. De nos jours, on se sert plus souvent de chiens.

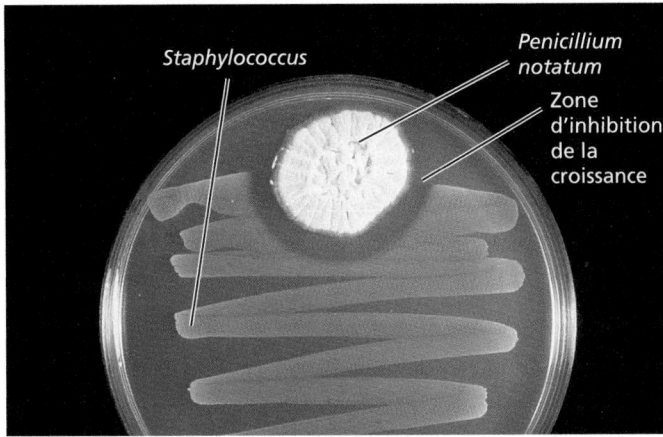

FIGURE 31.21 Production d'un antibiotique par la Moisissure *Penicillium notatum*. Dans cette boîte de Pétri, la région transparente située entre la moisissure et les colonies bactériennes (*Staphylococcus sp.*) montre l'inhibition de croissance due à l'antibiotique produit par *Penicillium notatum*.

Dans l'industrie alimentaire, les Levures sont les Eumycètes les plus importants. Comme on l'a dit à la page 680, les Levures sont associées à la boulangerie et à la fabrication de la bière et du vin. Les Eumycètes ont également une valeur pharmaceutique. Certains d'entre eux produisent en effet des antibiotiques qui servent à traiter les maladies bactériennes. D'ailleurs, le premier antibiotique qui a été découvert, la pénicilline, était fabriqué par une moisissure commune nommée *Penicillium notatum* (FIGURE 31.21).

L'ÉVOLUTION DES EUMYCÈTES

Les Eumycètes ont colonisé la terre ferme en même temps que les Végétaux

Des fossiles révèlent que, depuis leur origine, les communautés terrestres dépendent des Eumycètes en tant que décomposeurs et symbiontes. La majeure partie de la diversité observée aujourd'hui remonte probablement à la radiation adaptative occasionnée par la colonisation de la terre ferme. Les fossiles incontestés des plus anciens Eumycètes datent d'il y a 460 millions d'années, ce qui correspond à la période de l'apparition des Végétaux sur la terre ferme. Les fossiles des premières Plantes vasculaires terrestres (période silurienne) portent des mycorhizes pétrifiées. Les Végétaux et les Eumycètes sont probablement passés en même temps des milieux aquatiques aux milieux terrestres.

Par ailleurs, des données de biologie moléculaire appuient l'hypothèse généralement acceptée selon laquelle les quatre embranchements du règne des Eumycètes sont monophylétiques (voir la FIGURE 31.4). La présence de flagelle chez les Chytridiomycètes, la plus ancienne lignée d'Eumycètes, indique que les ancêtres des Eumycètes étaient probablement des organismes flagellés aquatiques. Les cellules flagellées appartenant aux Chytridiomycètes primitifs auraient vraisemblablement disparu de la lignée au cours de l'évolution pour donner naissance aux Zygomycètes, organismes qui se sont graduellement adaptés à la vie sur la terre ferme. Les disparités entre les Zygomycètes, les Ascomycètes et les Basidiomycètes constituent souvent des solutions au problème posé par la reproduction et la dispersion sur la terre ferme. Il est donc possible que ces Eumycètes aient divergé pendant la transition entre le milieu aquatique et le milieu terrestre.

Les Eumycètes et les Animaux ont évolué à partir d'un Protiste ancestral commun

Les Animaux semblent eux aussi avoir évolué à partir d'organismes flagellés aquatiques. En effet, des preuves solides montrent que les Animaux et les Eumycètes sont issus d'un même ancêtre protiste. De plus, une comparaison des protéines et de l'ARN ribosomique montre que les Eumycètes sont plus proches des Animaux que des Végétaux (voir la FIGURE 28.8). Au chapitre 32, nous discuterons plus en détail de la phylogenèse animale.

RÉVISION DU CHAPITRE

Résumé des concepts importants

INTRODUCTION AU RÈGNE DES EUMYCÈTES

- **L'absorption permet aux Eumycètes de vivre en saprophytes et en symbiontes (p. 670).** Tous les Eumycètes sont hétérotrophes et se nourrissent par absorption.
- **La grande surface d'absorption et la croissance rapide des Eumycètes sont particulièrement adaptées à leur mode de nutrition (p. 670 et 671, FIGURES 31.1 et 31.2).** L'appareil végétatif des Eumy-

cètes est le mycélium, réseau d'hyphes ramifiés qui convient parfaitement à la nutrition par absorption. La paroi de la plupart des Eumycètes se compose de chitine. Bien que certains Eumycètes aient des hyphes non cloisonnés (cénocytes), la plupart possèdent des hyphes séparés en cellules par des cloisons. Les cloisons sont percées de pores qui permettent les échanges entre les cellules.

- **Les Eumycètes se dispersent et se reproduisent en libérant des spores produites de manière sexuée ou asexuée (p. 672).** Les structures reproductrices des Eumycètes, les spores, sont produites par voie sexuée et asexuée.

- Le cycle de développement de nombreux Eumycètes comprend un stade hétérocaryote (p. 672, FIGURE 31.3). Le cycle de développement comporte une fusion cytoplasmique (plasmogamie), puis une fusion nucléaire (caryogamie) au cours de laquelle intervient une phase hétérocaryote (noyaux haploïdes reçus des deux parents). La phase diploïde est courte et laisse rapidement place à la méiose, qui produit des spores haploïdes.

LA DIVERSITÉ DES EUMYCÈTES

- Embranchement des Chytridiomycètes : les Chytridiomycètes nous renseignent sur l'origine des Eumycètes (p. 673, FIGURE 31.5). Les Chytridiomycètes, avec leurs spores flagellées, pourraient être les organismes qui lient le règne des Eumycètes à celui des Protistes.

- Embranchement des Zygomycètes : les Zygomycètes produisent des structures résistantes au cours de la reproduction sexuée (p. 674 à 676, FIGURES 31.6 à 31.8). Cet embranchement compte parmi ses membres la Moisissure chevelue. Son nom vient des zygosporanges sexués, structures hétérocayotes capables de survivre dans des conditions défavorables.

- Embranchement des Ascomycètes : les Ascomycètes produisent des spores sexuées dans des asques, structures en forme de sacs (p. 674 à 677, FIGURES 31.9 et 31.10). Pendant la reproduction sexuée, des spores se forment dans des sacs, les asques, qui se trouvent aux extrémités des hyphes hétérocaryotes, habituellement dans des ascocarpes.

- Embranchement des Basidiomycètes : le mycélium dicaryote des Basidiomycètes a une longue durée de vie (p. 676 à 680, FIGURES 31.11 à 31.13). Le mycélium des Basidiomycètes peut rester des années dans la phase hétérocaryote. Lors de la reproduction sexuée, il fabrique un appareil sporifère (carpophore des champignons). Les hyphes dicaryotes de cet appareil sporifère produisent à leur extrémité libre une baside qui contient des spores.

- Les Moisissures, les Levures, les Lichens et les mycorhizes ont des modes de vie spéciaux qui ont évolué indépendamment dans divers embranchements des Eumycètes (p. 678 à 683, FIGURES 31.14 à 31.19). Les Moisissures se développent rapidement et se reproduisent de façon asexuée. Les Levures sont des Eumycètes unicellulaires qui sont faits pour vivre dans des milieux liquides comme la sève de certains Végétaux. Les Lichens résultent d'une association symbiotique entre une algue et un champignon, association tellement bien intégrée que l'on considère l'ensemble comme un seul organisme. Les mycorhizes constituent des associations mutualistes entre un Eumycète et les racines de Vasculaires.

L'IMPORTANCE ÉCOLOGIQUE DES EUMYCÈTES

- Les écosystèmes dépendent des Eumycètes saprophytes et symbiotiques (p. 683). Sans la décomposition réalisée par les Eumycètes, les Archéobactéries et les Bactéries, les communautés biologiques seraient privées du recyclage d'éléments chimiques entre le vivant et la matière inerte.

- Certains Eumycètes sont pathogènes (p. 683 et 684, FIGURE 31.20). Les Humains sont sensibles à une variété de maladies causées par les Eumycètes pathogènes. Les Plantes sont particulièrement vulnérables aux infections fongiques.

- Les Eumycètes ont une valeur commerciale (p. 684 et 685, FIGURE 31.21). L'industrie alimentaire et l'industrie pharmaceutique utilisent les Eumycètes à grande échelle.

L'ÉVOLUTION DES EUMYCÈTES

- Les Eumycètes ont colonisé la terre ferme en même temps que les Végétaux (p. 685). Le règne des Eumycètes est un taxon monophylétique. Des fossiles de Végétaux terrestres portent des mycorhizes.

- Les Eumycètes et les Animaux ont évolué à partir d'un Protiste ancestral commun (p. 685). Des preuves dérivées de la phylogenèse moléculaire appuient l'hypothèse selon laquelle les Eumycètes et les Animaux divergent d'un ancêtre commun, probablement un Protiste aquatique flagellé.

Autoévaluation

(Les questions dont les numéros sont en caractères gras font surtout appel à la compréhension.)

1. *Tous* les Eumycètes sont :
   a) symbiotiques.
   b) hétérotrophes.
   c) flagellés.
   d) pathogènes.
   e) saprophytes.

2. Quelle caractérisque appuie l'hypothèse selon laquelle les Chytridiomycètes seraient les Eumycètes les plus primitifs ?
   a) L'absence de chitine dans leur paroi cellulaire.
   b) Les cénocytes.
   c) Les spores flagellées.
   d) La formation de zygosporanges résistants.
   e) Tous sont parasites.

3. Quelles cellules ou structures sont associées à la reproduction *asexuée* chez certains Eumycètes ?
   a) Les ascospores.
   b) Les basidiospores.
   c) Les conidies.
   d) Les zygosporanges.
   e) Les ascogones.

4. Lequel des énoncés suivants décrit un organisme pathogène opportuniste qui cause une mycose ?
   a) *Claviceps purpurea* produit des ergots sur le seigle, dont la consommation rend malade.
   b) *Ophiostoma ulmi* cause la maladie hollandaise de l'orme.
   c) Des Ascomycètes sont responsables de la teigne.
   d) *Candida albicans* cause des infections vaginales à levures.
   e) La Moisissure *Penicillium notatum* est un Ascomycète qui croît en culture liquide et produit des antibiotiques.

5. La nature filamenteuse du mycélium est une adaptation bénéfique qui sert principalement à :
   a) produire des suçoirs en vue de parasiter d'autres organismes.
   b) empêcher la reproduction sexuée jusqu'à ce que le milieu soit favorable.
   c) coloniser n'importe quel milieu terrestre.
   d) augmenter les chances de contact entre les types sexuels différents.
   e) augmenter la surface d'absorption de nourriture.

6. Chez quel type d'Eumycète trouve-t-on des sporanges qui émergent d'hyphes verticaux et qui produisent des spores asexuées ?
   a) Chez les Ascomycètes.
   b) Chez les Basidiomycètes.
   c) Chez les Chytridiomycètes.
   d) Chez les Zygomycètes.
   e) Chez les Lichens.

7. Quelle caractéristique distingue les Basidiomycètes des autres Eumycètes?
   a) Ils ne possèdent aucun stade sexué connu.
   b) Leur mycélium dicaryote a une longue durée de vie.
   c) Ils produisent des sporanges qui ne sont plus hétérocaryotes après la caryogamie et la méiose.
   d) Ils forment une symbiose mutualiste avec des algues et des lichens.
   e) Pendant la méiose, leurs spores s'alignent dans un asque suivant leur ordre de formation, ce qui permet aux généticiens d'étudier la recombinaison.

8. Quel énoncé décrit le mieux les Moisissures?
   a) Ce sont des Deutéromycètes (Eumycètes imparfaits) qui n'ont aucun stade sexué connu.
   b) Ce sont des mycéliums qui se développent rapidement et qui sont composés de cénocytes.
   c) Ce sont des mycorhizes qui entourent les racines des Végétaux et se reproduisent sans fabriquer de spores.
   d) Ce sont des Eumycètes unicellulaires qui se multiplient rapidement dans un milieu humide.
   e) Ce sont les mycéliums de n'importe quels Eumycètes dont le mode de reproduction est asexué. Ils prolifèrent rapidement.

9. Dans un Lichen, quel est généralement le symbionte photosynthétique?
   a) Une Mousse.
   b) Une Algue verte.
   c) Une Algue rouge.
   d) Un Ascomycète.
   e) Une petite Plante vasculaire.

10. Les plus proches parents des Eumycètes sont vraisemblablement:
   a) Les Animaux.
   b) Les Plantes vasculaires.
   c) Les Mousses.
   d) Les Algues brunes.
   e) Les Myxomycètes.

11. Que sont les mycorhizes?

12. Comparez le mode de nutrition hétérotrophe d'un Eumycète et votre mode de nutrition, qui est également hétérotrophe.

13. Employez les termes «plasmogamie», «caryogamie» et «hétérocaryote» dans une phrase qui décrit le cycle de développement des Eumycètes.

14. Expliquez en quoi la santé des Lichens est une indication de la qualité de l'air.

15. Qu'est-ce que le pied d'athlète?

16. Selon vous, quelle est la fonction des antibiotiques que les Eumycètes produisent naturellement?

Lien avec l'évolution

On croit que les différents embranchements du règne des Eumycètes ont subi indépendamment plusieurs transformations qui ont abouti à la symbiose mutualiste Eumycète-Algue des Lichens. Toutefois, il est possible de diviser les Lichens en trois formes de croissances bien définies. Quelles recherches entreprendriez-vous pour vérifier ces deux hypothèses:
1) Les Lichens de forme crustacée, foliacée et fruticuleuse constituent trois groupes monophylétiques.
2) L'évolution d'Eumycètes distincts sur le plan taxinomique a convergé vers ces trois formes de croissances.

Intégration

Les Lichens colonisent les pierres tombales, comme sur la photo ci-contre, peu de temps après que la pierre est mise en place. Puis ils continuent à croître pendant des décennies, voire des siècles. Comment procéderiez-vous pour calculer la vitesse de croissance d'une espèce de Lichen provenant d'un vieux cimetière? Construisez une clé d'identification pour les principaux groupes d'Eumycètes.

Science, technologie et société

Les Châtaigniers d'Amérique (*Castanea dentata*) ont déjà représenté plus de 25% des forêts feuillues de l'est des États-Unis. Ces arbres ont été détruits par une maladie, le chancre du Châtaignier, qui est causée par un Ascomycète (*Cryphonectria parasitica* ou *Endothia parasitica*). On a introduit accidentellement ce dernier en Amérique en important des Châtaigniers d'Asie qui étaient contaminés par lui, mais lui étaient résistants. Plus récemment, un autre champignon a détruit un grand nombre de Cornouillers à feuilles alternes (*Cornus alternifolia*) dans la région s'étendant de New York à la Géorgie. Certains experts pensent que l'on a importé ce parasite accidentellement. Pourquoi les Végétaux sont-ils particulièrement vulnérables aux Eumycètes provenant d'autres régions? Quels types d'activités humaines contribuent à la dispersion des maladies végétales? L'introduction d'organismes pathogènes pour les Végétaux risque-t-elle de devenir plus fréquente à l'avenir? Pourquoi?

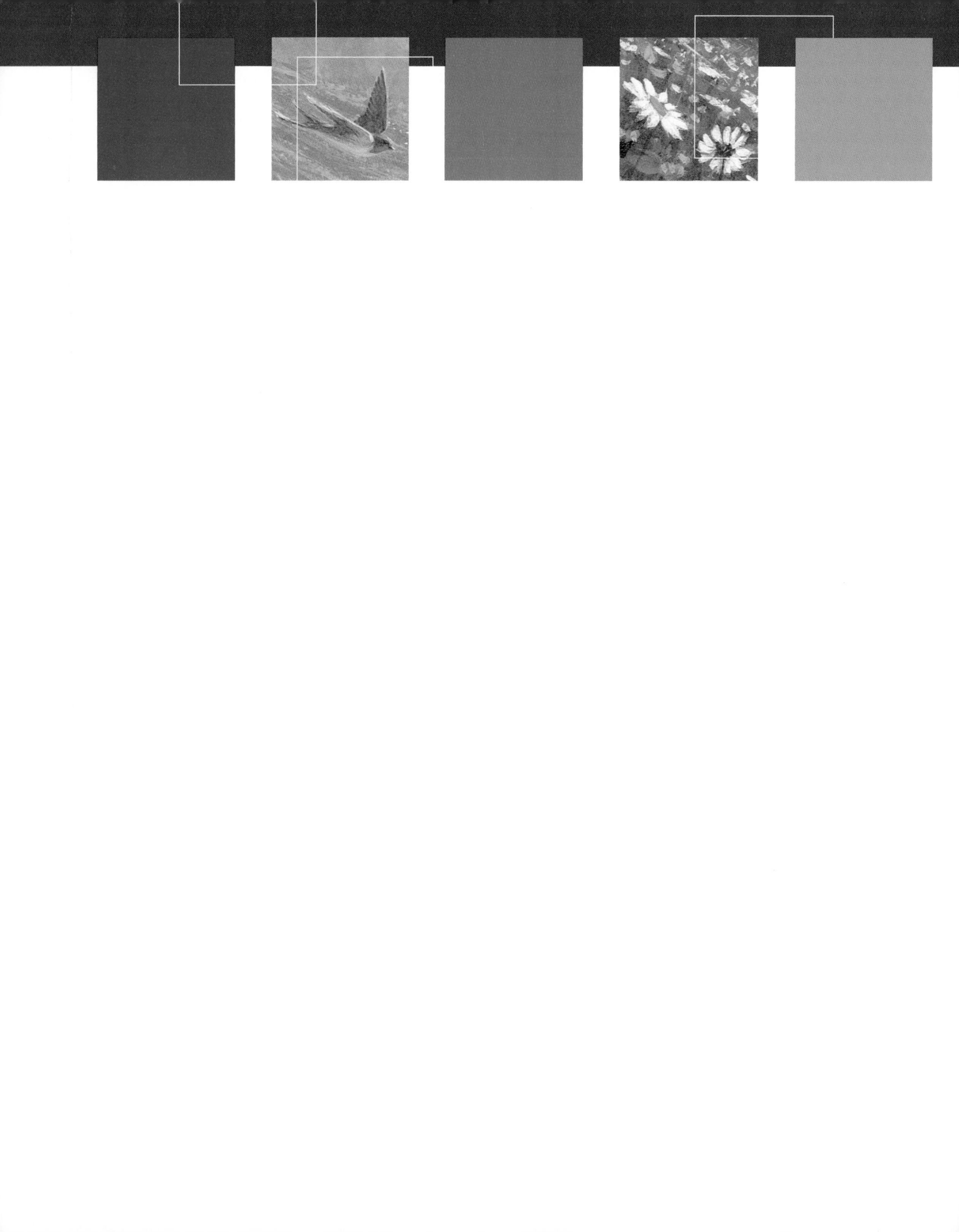

CHAPITRE 32

L'ÉVOLUTION DES ANIMAUX

« On est obligé, à présent, de regarder
l'imposant spectacle de l'évolution de la vie
comme un ensemble d'événements extraordinairement
improbables, impossibles à prédire
et tout à fait non reproductibles. »

STEPHEN JAY GOULD
paléontologue et vulgarisateur scientifique américain (1941-2002)

QU'EST-CE QU'UN ANIMAL ?

- Les Animaux se définissent par leur structure, leur mode de nutrition et leur développement
- L'origine du règne animal remonte probablement à un Protiste flagellé qui vivait en colonies

DEUX VERSIONS DE LA PHYLOGENÈSE ANIMALE

- La restructuration des arbres phylogénétiques illustre la démarche scientifique
- L'arbre phylogénétique traditionnel des Animaux est fondé principalement sur les plans d'organisation corporelle
- Les spécialistes de la systématique moléculaire déplacent certaines ramifications de l'arbre phylogénétique des Animaux

L'ORIGINE DE LA DIVERSITÉ ANIMALE

- La majorité des embranchements des Animaux sont apparus au cours d'une période relativement courte du temps géologique
- L'axe de recherche « évo-dévo » pourrait nous aider à comprendre l'explosion du Cambrien

La vie animale est apparue *dans les océans précambriens, quand des organismes pluricellulaires ont commencé à se nourrir d'autres organismes. Ce nouveau mode de vie a bénéficié de ressources et d'habitats jusque-là inexploités. Diverses formes* animales se sont ainsi développées au cours de l'évolution. Les premiers Animaux ont peuplé les mers, les lacs et les rivières et, plus tard, la terre ferme. Dans la photo ci-dessus montrant un récif de corail, la plongeuse, le poisson et les invertébrés (animaux sans colonne vertébrale) sont quelques exemples illustrant la diversité des formes de vie qui ont évolué durant un demi-milliard d'années.

Ce chapitre débute par une description des principales caractéristiques attribuées aux Animaux. Nous discuterons ensuite des liens possibles entre les divers embranchements de ce règne et nous examinerons les hypothèses existantes sur la diversité des Animaux et son origine. Ce survol fournit les bases nécessaires à l'étude détaillée du règne animal que nous entreprendrons dans les deux prochains chapitres.

QU'EST-CE QU'UN ANIMAL ?

Les Animaux se définissent par leur structure, leur mode de nutrition et leur développement

Définir correctement le terme « Animal » semble facile à première vue. Pourtant, il n'en est rien. On rencontre en effet des exceptions à presque tous les critères qui permettent de distinguer les Animaux des autres organismes. Cependant, l'ensemble des caractéristiques suivantes permettra d'établir une définition acceptable.

1. Les Animaux sont des Eucaryotes hétérotrophes multicellulaires. Contrairement aux Végétaux et aux Algues, qui ont un mode de nutrition autotrophe, les Animaux doivent se nourrir de molécules organiques déjà formées, car ils ne peuvent les

fabriquer à partir d'éléments inorganiques. La plupart des Animaux utilisent l'**ingestion** comme mode de nutrition, c'est-à-dire qu'ils introduisent par la bouche dans leur système digestif d'autres organismes, entiers ou en morceaux, et des matières organiques en décomposition.

2. Contrairement aux cellules végétales et aux cellules des Eumycètes, les cellules animales ne s'entourent pas d'une paroi cellulaire renforçant la structure de l'organisme. Les multiples cellules des Animaux sont retenues par des protéines structurales, dont la plus abondante est le collagène (voir les FI-GURES 7.29 et 40.2). Outre le collagène, que l'on trouve principalement dans la matrice extracellulaire, les tissus animaux comportent des jonctions intercellulaires (jonctions serrées, desmosomes et jonctions ouvertes) se composant d'autres protéines structurales (voir la FIGURE 7.30).

3. Seuls les Animaux possèdent du tissu nerveux, spécialisé dans la conduction des influx nerveux, et du tissu musculaire, spécialisé dans le mouvement.

4. Les Animaux se distinguent également par certaines caractéristiques liées à leur développement. Ainsi, la plupart des Animaux se reproduisent de façon sexuée, et c'est habituellement le stade diploïde qui prédomine au cours de leur cycle de développement. Chez la majorité des espèces, un petit spermatozoïde flagellé féconde un ovule plus gros qui ne se déplace pas par lui-même; cela donne un zygote diploïde. Le zygote subit ensuite une série de divisions cellulaires mitotiques appelée **segmentation.** Au cours du développement de la plupart des Animaux, la segmentation aboutit à la formation d'un stade multicellulaire appelé **blastula,** qui prend souvent la forme d'une sphère creuse. Vient ensuite la **gastrulation,** pendant laquelle se développent les tissus embryonnaires destinés à former les diverses parties de l'organisme adulte. Le stade de développement qui lui est associé est appelé **gastrula** (FIGURE 32.1). Certains Animaux passent directement au stade adulte après avoir franchi différentes étapes de maturation. Mais un grand nombre doivent d'abord passer par des stades larvaires. La **larve** est une forme sexuellement immature. Sa morphologie, ses besoins nutritifs et parfois même son habitat diffèrent de ceux de l'adulte, comme on peut l'observer chez le têtard (stade larvaire des Amphibiens). La larve subit finalement une **métamorphose,** changement radical qui permet à l'Animal d'acquérir sa forme adulte.

5. L'expression des gènes *Hox,* gènes qui régissent le développement embryonnaire, commande le développement du zygote en un animal ayant une morphologie donnée. Tous les Eucaryotes possèdent des gènes qui en régulent d'autres. Nombre de ces gènes régulateurs ont en commun des unités d'ADN de même séquence appelées «boîtes homéotiques». Chez les Eucaryotes qui n'appartiennent pas au règne des Animaux, les gènes homéotiques, c'est-à-dire les gènes régulateurs qui régissent la morphogenèse d'un organisme, ne renferment pas de boîtes homéotiques. (Vous pouvez réviser les notions concernant les boîtes homéotiques, les gènes

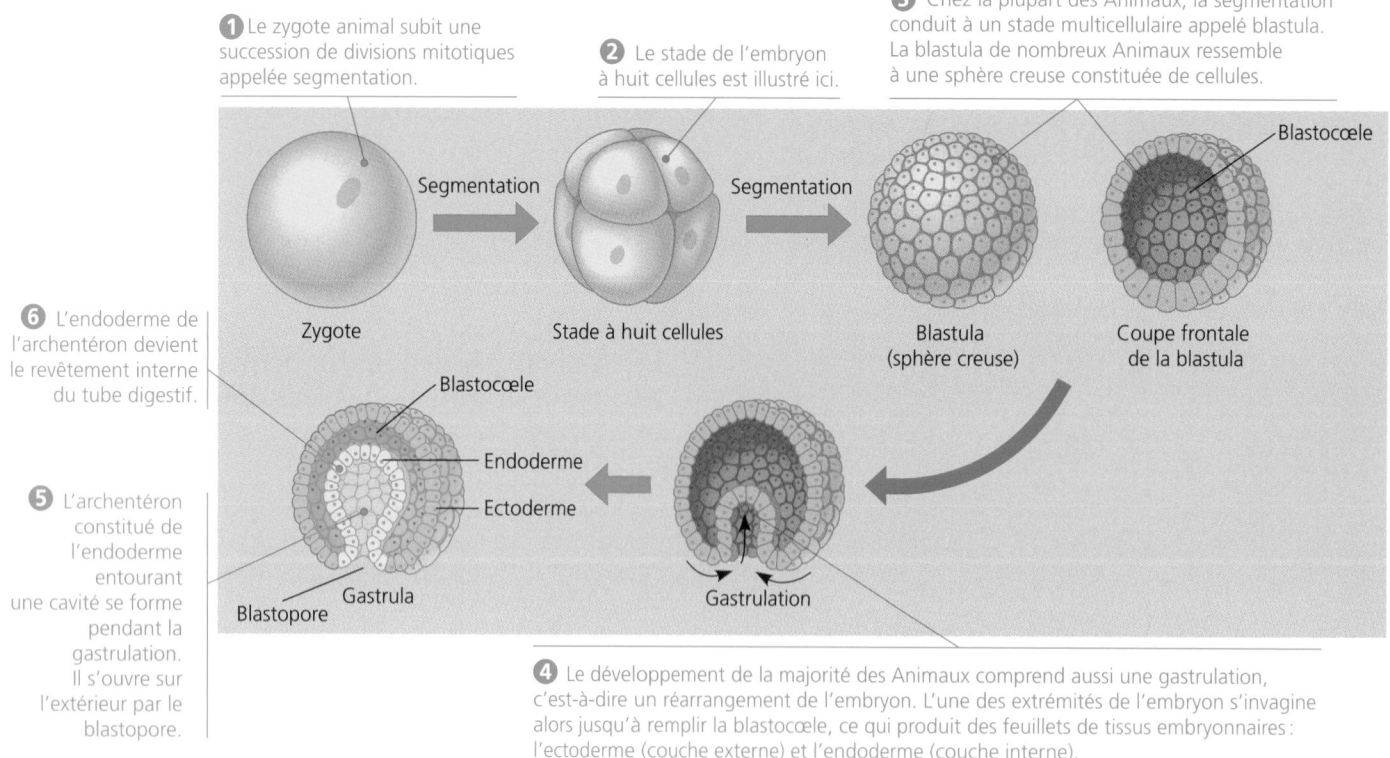

FIGURE 32.1 Premiers stades du développement embryonnaire.

homéotiques et les plans d'organisation en vous reportant au chapitre 21.) Jusqu'à maintenant, les gènes qui *à la fois* sont homéotiques et contiennent une boîte homéotique, les gènes *Hox*, n'ont été trouvés que chez les Animaux. Tous les Animaux, de l'Éponge la plus élémentaire aux Insectes et aux Vertébrés les plus complexes, possèdent des gènes *Hox* dont les boîtes homéotiques sont clairement apparentées (voir la FIGURE 21.15). En général, il existe une corrélation entre le nombre de gènes *Hox* et la complexité anatomique de l'animal. Plus spécifiquement, le moment et le lieu d'expression de ces gènes au cours du développement embryonnaire expliquent, du point de vue génétique, la grande diversité des formes animales engendrées à partir d'un ancêtre commun.

L'origine du règne animal remonte probablement à un Protiste flagellé qui vivait en colonies

La majorité des systématiciens admettent aujourd'hui que le règne animal est monophylétique, c'est-à-dire que toutes ses lignées sont issues d'un seul ancêtre. Cet ancêtre serait un Protiste flagellé qui vivait en colonies à l'ère précambrienne, il y a plus de 700 millions d'années. Il semble être apparenté aux Choanoflagellés, groupe d'organismes datant d'environ un milliard d'années. Les Choanoflagellés actuels sont minuscules et montés sur un pédoncule. On les trouve dans les étangs profonds, les lacs et les milieux marins (FIGURE 32.2). La FIGURE 32.3 illustre une hypothèse expliquant le développement de ce genre d'organisme primitif en un animal simple aux cellules spécialisées disposées sur deux ou trois épaisseurs.

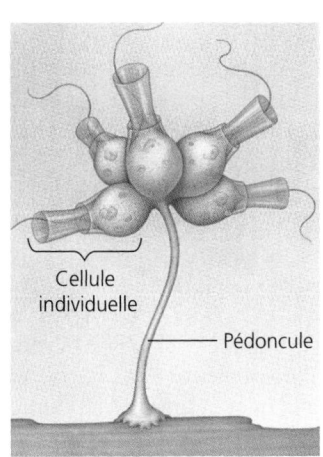

FIGURE 32.2 Colonie de Choanoflagellés (environ 0,02 mm de hauteur).

Les zoologistes reconnaissent l'existence, dans le règne animal, d'environ trente-cinq embranchements, parmi lesquels nous en étudierons quinze. Au cours des cent dernières années, les systématiciens se sont accordés à tout le moins sur les principales ramifications de l'arbre phylogénétique des Animaux. Cet arbre traditionnel reposait essentiellement sur les caractéristiques anatomiques des Animaux et sur certains détails de leur développement embryonnaire. Toutefois, au cours des dix dernières années, la systématique moléculaire a révélé des données qui remettent en question certaines relations phylogénétiques établies depuis longtemps.

Dans cette partie du manuel portant sur la diversité, nous avons eu maintes fois l'occasion de constater que les données moléculaires avaient permis aux systématiciens d'affiner les hypothèses portant sur la phylogenèse. Citons, entre autres exemples, la division des procaryotes en deux lignées, les Archéobactéries et les Bactéries (chapitre 27); une réévaluation des relations phylogénétiques entre Protistes (chapitre 28); la consolidation de l'hypothèse selon laquelle les Plantes descendent des Algues vertes appelées Charophytes (chapitre 29); une meilleure identification des principaux clades (branches) des Angiospermes (chapitre 30); et le lien de parenté étroit entre les Eumycètes et les Animaux (chapitre 31). Il n'est donc pas étonnant que les spécialistes de la systématique moléculaire remanient aussi nos théories sur la phylogenèse animale.

La restructuration des arbres phylogénétiques illustre la démarche scientifique

De nombreux étudiants sont frustrés de ne pouvoir apprendre par cœur, comme des vérités immuables, les arbres phylogénétiques des manuels de biologie. Pourtant, les bouleversements qui touchent actuellement la systématique ont du bon. Ils nous rappellent que la recherche scientifique fait évoluer tous les

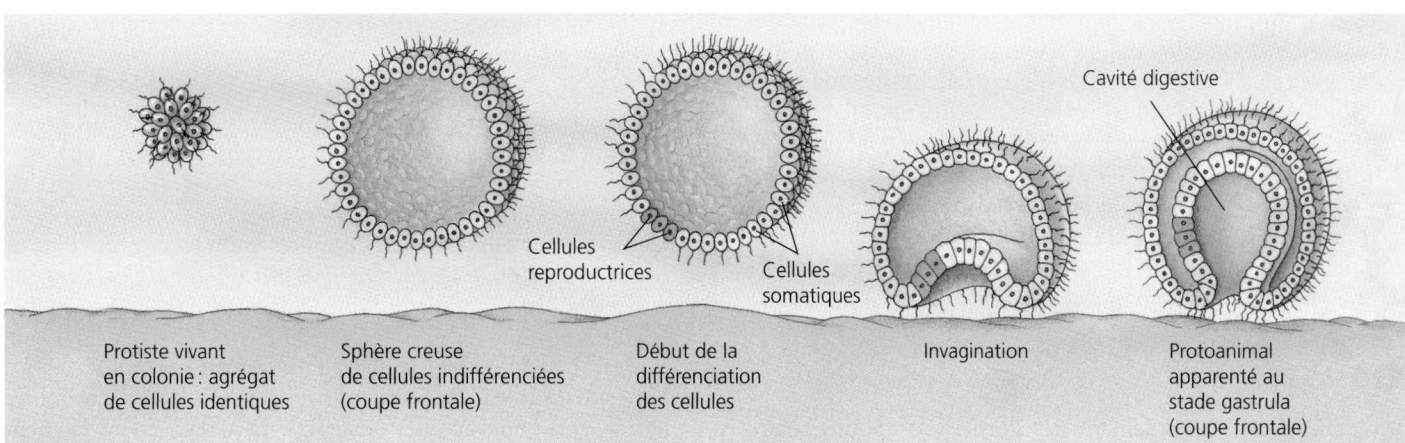

FIGURE 32.3 Hypothèse sur l'évolution des Animaux à partir d'un Protiste flagellé.

champs, même ceux que l'on qualifie de « classiques », comme la systématique et la taxinomie. Les nouvelles technologies, telles que la biologie moléculaire, et les approches innovatrices, telles que la cladistique, sont à l'origine de nouvelles données ou poussent les scientifiques à réévaluer les anciennes données. Ainsi, les hypothèses peuvent être modifiées ou ne résistent tout simplement pas à la réévaluation. Les nouvelles hypothèses et les hypothèses améliorées représentent en quelque sorte la dernière version de notre compréhension de la nature et s'appuient sur les preuves les plus solides. Malgré ces « preuves » qui semblent irréfutables à un moment donné, même les théories scientifiques les plus appréciées peuvent être remises en question, à cause de la découverte de preuves encore plus convaincantes. De fait, la science se distingue des autres formes de connaissances en partie par le fait que ses théories *peuvent* être rejetées sur la base de l'expérimentation et de l'observation. Plus une hypothèse résiste, plus elle est crédible.

En comparant l'arbre phylogénétique traditionnel des Animaux fondé sur l'anatomie et l'embryologie à l'arbre phylogénétique restructuré par la biologie moléculaire, nous allons voir que certains liens de parenté phylogénétiques sont identiques, alors que d'autres divergent. Mais si les nouvelles données issues de la systématique moléculaire sont incontournables, l'arbre traditionnel servira toujours à comprendre la diversité de l'organisation corporelle des Animaux. C'est la raison pour laquelle notre survol de l'évolution des Animaux comprend non seulement une étude détaillée du « nouvel » arbre phylogénétique mais aussi une étude détaillée de « l'ancien ».

L'arbre phylogénétique traditionnel des Animaux est fondé principalement sur les plans d'organisation corporelle

La taille, la morphologie et la symétrie d'un animal constituent des caractéristiques fondamentales de la structure et de la fonction qui déterminent le mode d'interaction de l'animal avec son milieu. Les biologistes parlent de plans d'organisation corporelle. La FIGURE 32.4 présente un arbre phylogénétique dans lequel les liens de parenté entre les divers embranchements reposent surtout sur les plans d'organisation corporelle et sur le développement embryonnaire, qui sont des caractères clés. Chaque grande ramification représente ce que les systématiciens nomment un **grade.** Chaque grade regroupe les Animaux qui ont les mêmes caractéristiques d'organisation corporelle. Les chiffres encerclés désignent quatre points de bifurcation où se divisent les grades les plus fondamentaux. Ainsi, le premier point de bifurcation sépare le grade des Animaux en deux : les Animaux sans tissus vrais (les Parazoaires) et les Animaux munis de tissus vrais (les Eumétazoaires). Concentrons-nous sur chacun des quatre points de bifurcation et examinons comment les divers plans d'organisation corporelle ont servi à définir les différents grades.

❶ La dichotomie Parazoaires-Eumétazoaires

Les Éponges (embranchement des Porifères ou Spongiaires), qui constituent l'un des embranchements qui existent encore de nos jours, ont divergé très tôt. Elles ont un développement tellement unique et une anatomie tellement simple qu'elles forment un embranchement distinct. On leur donne le nom de **Parazoaires** (qui signifie « à côté des Animaux »), car elles ne possèdent pas de vrais tissus. En effet, il n'y a pas, chez elles, d'interdépendance cellulaire ; les cellules individuelles peuvent survivre en dehors de l'organisme et n'agissent pas ensemble pour assurer une fonction de l'organisme. Tous les autres embranchements sont regroupés sous le nom d'**Eumétazoaires** et se caractérisent par la présence de vrais tissus.

❷ La dichotomie Radiaires-Bilatériens

Les Eumétazoaires se divisent en deux grandes ramifications, selon le type de symétrie corporelle notamment. L'embranchement des Cnidaires (Hydres, Méduses, Anémones de mer et leurs semblables) et celui des Cténophores (Cydippes) appartiennent aux **Radiaires,** parce qu'ils présentent une **symétrie radiaire** (FIGURE 32.5a, p. 694). Un Radiaire possède un dessus et un dessous, un pôle oral et un pôle aboral (éloigné de la bouche), mais pas de devant ni de derrière, et pas de côté droit ni de côté gauche. Les membres de l'autre ramification des Eumétazoaires ont développé, au cours de l'évolution, une **symétrie bilatérale,** c'est-à-dire à deux côtés (FIGURE 32.5b), et portent le nom de **Bilatériens.** Un animal bilatérien présente non seulement une face **dorsale** (dessus) et une face **ventrale** (dessous), mais aussi une région **antérieure** (tête), une région **postérieure** (queue), un côté gauche et un côté droit.

Les animaux à symétrie bilatérale ont évolué vers la **céphalisation.** Cela signifie que les organes sensoriels se sont concentrés dans la région antérieure, celle qui, chez un animal mobile, est la première à rencontrer la nourriture, le danger et les autres stimulus. Chez la majorité des animaux à symétrie bilatérale, la céphalisation comprend aussi le développement, chez l'embryon, d'un système nerveux central qui se concentre dans la tête et dont le tube neural s'étend jusqu'à la queue. La tête représente une adaptation nécessaire au mouvement (ramper, creuser, nager). La symétrie d'un animal s'accorde généralement avec son mode de vie. Ainsi, de nombreux Radiaires sont sessiles (fixés à un substrat) ou planctoniques (dérivant ou nageant faiblement) et ont une symétrie qui leur permet d'entrer en contact avec leur environnement par toutes les parties de leur corps. Les animaux plus actifs, au contraire, sont généralement bilatéraux. Les deux types de symétries, fondamentalement différents, sont probablement apparus au tout début de l'évolution des Animaux.

La symétrie bilatérale se distingue également de la symétrie radiaire par un autre aspect du plan d'organisation corporelle. Pendant la gastrulation, l'un des premiers stades du développement chez tous les Animaux sauf les Éponges, les cellules de l'embryon s'organisent en feuillets (voir la FIGURE 32.1). Au cours du développement, ces **feuillets embryonnaires** concentriques forment les différents tissus et organes. L'**ectoderme,** feuillet qui recouvre l'embryon, devient la couche externe de l'Animal et, dans certains embranchements, le système nerveux central. L'**endoderme,** feuillet embryonnaire profond, tapisse l'intestin primitif, ou **archentéron.** Il donne naissance, entre autres, aux poumons des Vertébrés mais aussi au revêtement intérieur du tube digestif et à ses glandes annexes, comme le foie et le pancréas. Tous les Eumétazoaires, Cnidaires et Cténophores

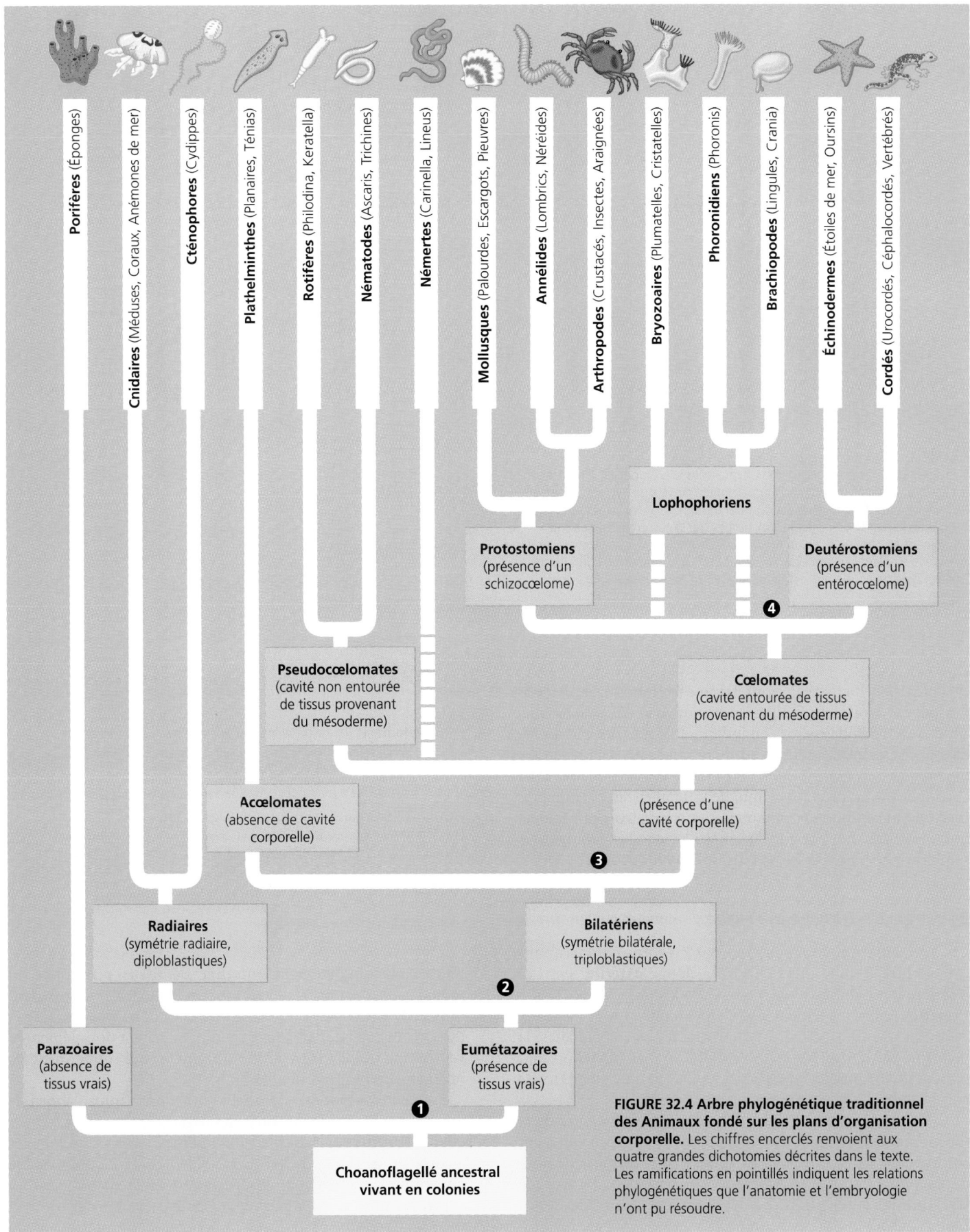

FIGURE 32.4 Arbre phylogénétique traditionnel des Animaux fondé sur les plans d'organisation corporelle. Les chiffres encerclés renvoient aux quatre grandes dichotomies décrites dans le texte. Les ramifications en pointillés indiquent les relations phylogénétiques que l'anatomie et l'embryologie n'ont pu résoudre.

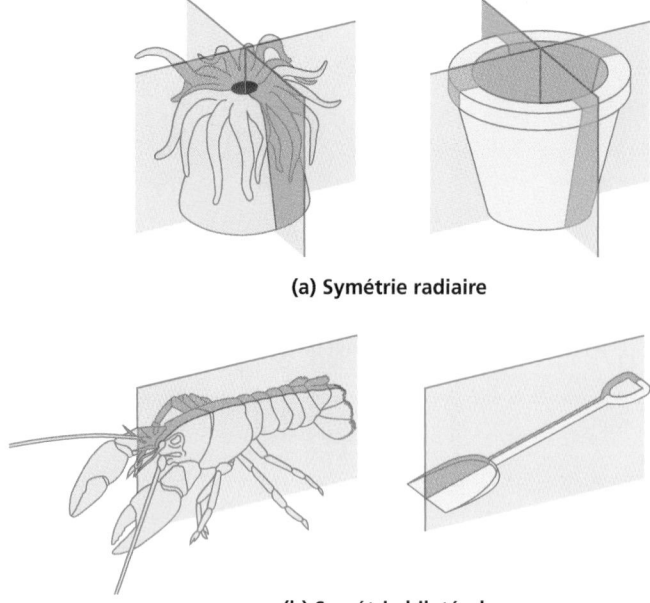

(a) Symétrie radiaire

(b) Symétrie bilatérale

FIGURE 32.5 Symétrie corporelle. Le pot de fleur et la pelle sont des analogies qui vous permettent de distinguer les deux types de symétries. **(a)** Les parties des Animaux radiaires comme l'Anémone de mer (Cnidaire) rayonnent à partir du centre. Si l'on effectue une coupe passant par l'axe central de l'animal, on obtient deux parties qui se ressemblent comme un objet et son image dans un miroir. **(b)** Les Animaux à symétrie bilatérale comme le Homard (Arthropode) possèdent un côté droit et un côté gauche. Un seul type de coupe permet de les diviser en deux images identiques.

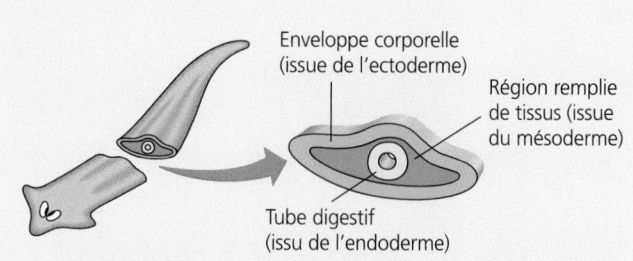

(a) Acœlomates (un ver plat, par exemple). Les Acœlomates n'ont pas de cavité corporelle entre le tube digestif et l'enveloppe corporelle externe.

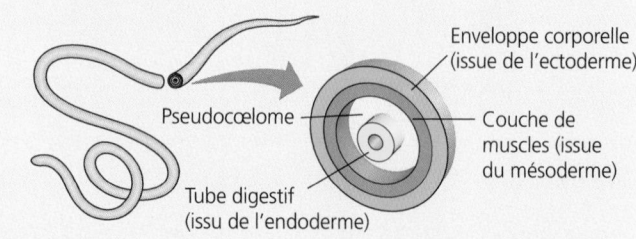

(b) Pseudocœlomates (un ver rond, par exemple). Les Pseudocœlomates ont une cavité corporelle partiellement couverte de tissu provenant du mésoderme.

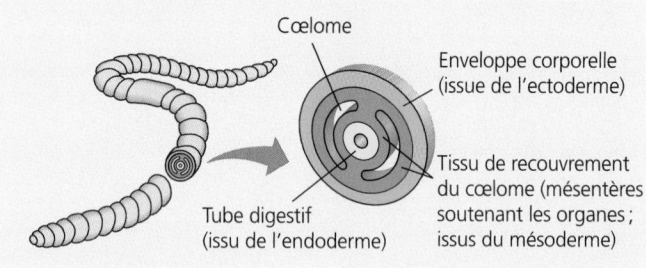

(c) Cœlomates (un ver annelé, par exemple). Les Cœlomates ont un vrai cœlome, c'est-à-dire une cavité corporelle entièrement tapissée de tissu provenant du mésoderme.

FIGURE 32.6 Organisation corporelle des Bilatériens. Les différents organes des Animaux se développent à partir des trois feuillets embryonnaires. Par convention, les feuillets embryonnaires portent des couleurs spécifiques : l'ectoderme est en bleu, le mésoderme en rouge et l'endoderme en jaune.

exceptés (les Radiaires), sont **triploblastiques,** car ils produisent un troisième feuillet embryonnaire, le **mésoderme,** situé entre l'ectoderme et l'endoderme. Le mésoderme donne naissance aux muscles et aux autres organes situés entre le tube digestif et le revêtement externe de l'Animal. Les Cnidaires et les Cténophores ne produisent que deux feuillets embryonnaires (l'ectoderme et l'endoderme) ou possèdent un troisième feuillet qui n'est pas homologue au mésoderme des Animaux à symétrie bilatérale. On les qualifie de **diploblastiques.**

❸ Les grades Acœlomates, Peudocœlomates et Cœlomates

Les Animaux triploblastiques qui ont un corps compact, sans cavité entre le tube digestif et l'enveloppe externe, sont les **Acœlomates** (du grec *a,* «sans» et *koilos,* «creux»). Les Planaires (embranchement des Plathelminthes) font partie de ce groupe (FIGURE 32.6a). Contrairement aux Acœlomates, la majorité des autres Animaux triploblastiques bilatéraux ont une **cavité corporelle,** un espace rempli de liquide qui se trouve entre le tube digestif et l'enveloppe corporelle.

Cette cavité corporelle ne se développe pas toujours de la même manière selon l'animal. Si elle n'est pas complètement entourée de tissus provenant du mésoderme, elle porte le nom de **pseudocœlome.** Les Animaux qui possèdent ce type de structure corporelle, tels que les Rotifères et les Vers ronds (embranchement des Nématodes), s'appellent **Pseudocœlomates** (FIGURE 32.6b). Si la cavité corporelle est remplie de

liquide et complètement entourée de tissus provenant du mésoderme, c'est un vrai **cœlome.** Les Animaux qui possèdent ce type de structure sont les **Cœlomates.** Les couches interne et externe du tissu qui tapisse le cœlome se relient dorsalement et ventralement. Elles forment les mésentères qui soutiennent les organes internes (FIGURE 32.6c).

La cavité corporelle a plusieurs fonctions. Tout d'abord, le liquide qu'elle contient protège les organes et amortit les chocs qui pourraient causer des blessures internes. Chez les Cœlomates à corps mou comme le Ver de terre, le liquide incompressible qui emplit la cavité fait office de squelette hydrostatique contre lequel les muscles prennent appui pour exécuter des mouvements. Le cœlome permet aussi aux organes internes de croître et de bouger indépendamment de l'enveloppe corporelle externe. Si, par exemple, vous ne possédiez pas de cœlome, chaque battement de votre cœur ou chaque mouvement de votre intestin créeraient une déformation à la surface de votre corps. Et l'exercice physique pourrait déformer vos organes internes.

❹ *La dichotomie Protostomiens-Deutérostomiens au sein des Cœlomates*

Au cours de l'évolution, deux grades de Cœlomates se sont formés. L'un d'eux comprend les Mollusques, les Annélides, les Arthropodes et plusieurs autres embranchements. Ses membres portent le nom de **Protostomiens.** L'autre comprend les Échinodermes, les Cordés et quelques autres embranchements. Ses membres sont les **Deutérostomiens.** (Certains zoologistes classent les Accœlomates et les Pseudocœlomates avec les Protostomiens dans l'arbre phylogénétique traditionnel. Cependant, dans ce manuel, les Protostomiens sont un sous-groupe des Cœlomates.) Le développement des Animaux de ces deux groupes diffère sur plusieurs points fondamentaux.

Segmentation. Bien qu'il existe de nombreuses exceptions à cette règle, les deux grades de Cœlomates montrent des différences dès la segmentation, au début de leur développement.

Un grand nombre de Protostomiens se développent par **segmentation spirale,** c'est-à-dire que la division cellulaire se fait en diagonale par rapport à l'axe vertical de l'embryon. Au stade à huit cellules de la segmentation spirale, on peut voir que les petites cellules se trouvent dans les sillons séparant les plus grandes cellules (FIGURE 32.7a). Par ailleurs, chez certains Protostomiens, ce type de division appelée aussi **segmentation déterminée** définit très tôt le sort de chaque cellule embryonnaire. Ainsi, si l'on prélève une cellule d'un Protostomien, d'un Escargot par exemple, pendant le stade à quatre cellules, cette cellule donnera naissance à un embryon non viable auquel il manquera des parties.

Chez les Deutérostomiens, le mode de division est différent. Chez un grand nombre d'entre eux, le zygote subit une **segmentation radiaire.** Dans ce type de segmentation, la division cellulaire se fait parallèlement ou perpendiculairement à l'axe vertical de l'embryon. Comme on peut l'observer au stade à huit cellules, les cellules sont bien alignées les unes au-dessus des autres. La plupart des Deutérostomiens se caractérisent également par une **segmentation indéterminée,** ce qui signifie que chaque cellule produite au début de la segmentation a la capacité de devenir un embryon complet. Ainsi, si l'on sépare les cellules de l'embryon de l'Étoile de mer au stade où l'embryon

(a) Segmentation. La majorité des Protostomiens subissent une segmentation spirale et déterminée, tandis que la plupart des Deutérostomiens subissent une segmentation radiaire et indéterminée.

(b) Formation du cœlome. La formation du cœlome se produit pendant le stade gastrula. Les Protostomiens obtiennent leur cœlome par schizocœlie, c'est-à-dire que le cœlome se forme à partir de fentes situées dans le mésoderme. Les Deutérostomiens l'obtiennent quant à eux par entérocœlie, car leur cœlome se forme par évagination du mésoderme depuis la paroi de l'archentéron (bleu : ectoderme ; rouge : mésoderme ; jaune: endoderme).

(c) Destinée du blastopore. Le blastopore devient la bouche chez les Protostomiens, tandis que c'est l'ouverture du côté opposé qui devient la bouche chez les Deutérostomiens.

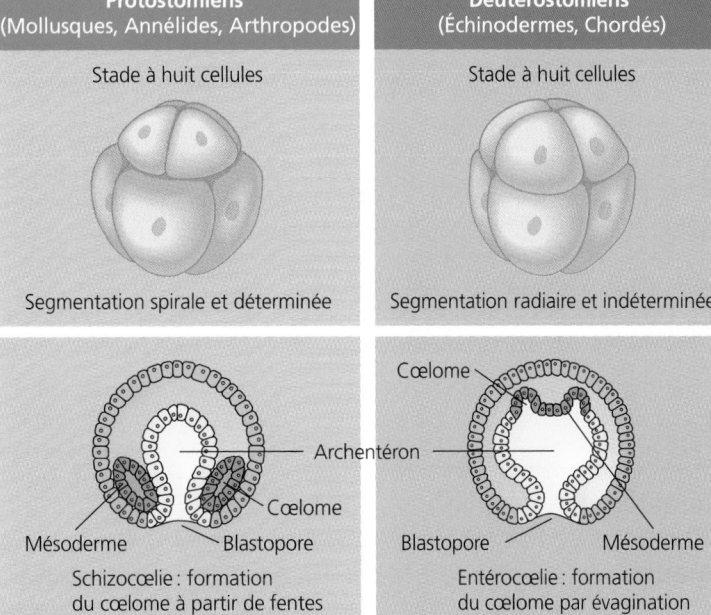
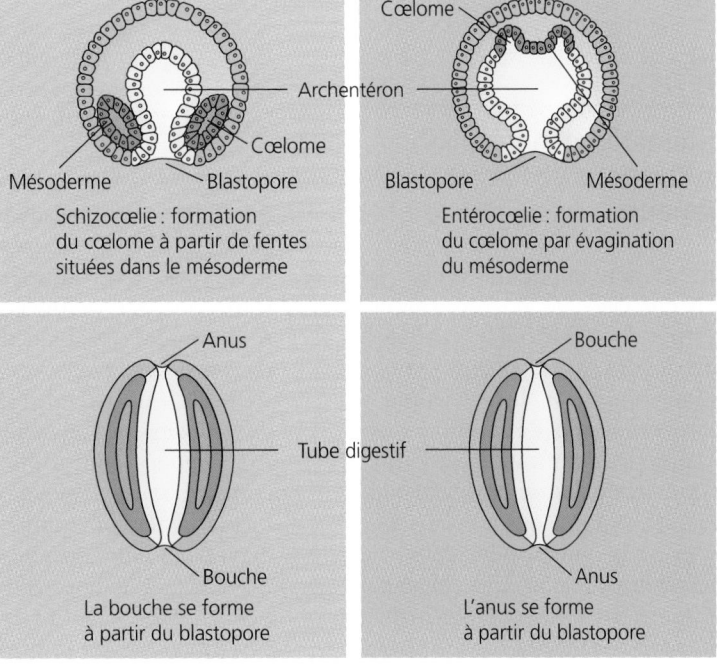

FIGURE 32.7 Comparaison des premiers stades de développement de l'embryon des Protostomiens et de l'embryon des Deutérostomiens. Bien qu'il existe des variations et des exceptions à ces modèles de développement, les différences indiquées ici constituent des distinctions générales utiles.

Protostomiens (Mollusques, Annélides, Arthropodes)
Stade à huit cellules
Segmentation spirale et déterminée
Mésoderme — Blastopore
Cœlome
Schizocœlie : formation du cœlome à partir de fentes situées dans le mésoderme
Anus
Bouche
La bouche se forme à partir du blastopore

Deutérostomiens (Échinodermes, Chordés)
Stade à huit cellules
Segmentation radiaire et indéterminée
Cœlome
Archentéron
Blastopore — Mésoderme
Entérocœlie : formation du cœlome par évagination du mésoderme
Bouche
Tube digestif
Anus
L'anus se forme à partir du blastopore

possède quatre cellules, chacune pourra donner une larve normale. C'est la segmentation indéterminée du zygote humain qui explique la formation des jumeaux identiques. Cette caractéristique rend également compte de la polyvalence du développement des cellules souches embryonnaires. Ces cellules pourraient un jour servir à traiter des maladies comme le diabète juvénile, la maladie de Parkinson et la maladie d'Alzheimer (voir le chapitre 21).

Formation du cœlome. Une autre différence entre les Protostomiens et les Deutérostomiens apparaît plus tard dans le développement embryonnaire. Pendant la gastrulation, il se crée une structure en cul-de-sac, une sorte de poche interne (l'archentéron) qui deviendra le tube digestif de l'embryon. À mesure que le Protostomien se constitue et que l'archentéron se développe, le cœlome se forme à partir de fentes situées dans les masses de mésoderme. On appelle ce mode de formation la **schizocœlie** (du grec *schizo*, «fendre»). Chez les Deutérostomiens, le mésoderme émerge de la paroi de l'archentéron et forme des enclaves qui deviendront les cœlomes. On appelle ce mode de formation l'**entérocœlie.**

Destinée du blastopore. La troisième différence fondamentale entre les Protostomiens et les Deutérostomiens a trait au sort du **blastopore,** première ouverture de l'archentéron qui se forme à l'un des pôles de l'embryon. Après le développement de l'archentéron, une seconde ouverture se forme à l'extrémité opposée à celle du blastopore. On a alors un tube digestif pourvu d'une bouche et d'un anus. Chez les Protostomiens, la bouche se forme à partir de la première ouverture, le blastopore. D'où le nom de Protostomiens (du grec *prôtos*, «premier» et *stoma*, «bouche»). Par contre, la bouche des Deutérostomiens (du grec *deuteros*, «deuxième») se forme à partir de la deuxième ouverture, et le blastopore devient habituellement l'anus (FIGURE 32.7c).

Comparons maintenant l'arbre phylogénétique traditionnel des Animaux fondé sur les plans d'organisation corporelle (voir la FIGURE 32.4) au nouvel arbre fondé sur la systématique moléculaire.

Les spécialistes de la systématique moléculaire déplacent certaines ramifications de l'arbre phylogénétique des Animaux

La systématique phylogénétique contemporaine repose sur l'identification des clades. Chaque clade est un taxon monophylétique dont l'espèce ancestrale et ses descendants partagent un caractère qui les différencie des autres taxons (voir le chapitre 25). Selon la cladistique, un arbre phylogénétique se constitue de clades (les branches principales de l'arbre) à partir desquelles dérivent d'autres clades (les ramifications de l'arbre) de façon hiérarchique. Pour construire l'arbre phylogénétique traditionnel de la FIGURE 32.4, on a supposé que les plans d'organisation corporelle étaient de bons critères pour définir les clades. En effet, les homologies anatomiques et embryologiques qui définissent chaque taxon sont propres à l'embranchement classé dans la lignée évolutive.

Grâce à la systématique moléculaire, de nouveaux caractères dérivés ont vu le jour : les séquences de monomères propres à certains gènes et à leurs produits. Ces données moléculaires servent à identifier les groupes de taxons monophylétiques qui forment les clades. Si la systématique moléculaire étayait simplement l'arbre phylogénétique traditionnel qui se fonde sur l'anatomie et l'embryologie comparées, on en ferait peu de cas. Mais ce n'est pas ce qu'elle fait.

L'arbre phylogénétique de la FIGURE 32.8 se fonde sur les séquences de l'ARN de la petite sous-unité ribosomique, qui est le produit d'un gène fréquemment analysé par les spécialistes de la systématique moléculaire (voir, par exemple, les chapitres 27 et 28). Les chercheurs ont aussi séquencé certains gènes *Hox* de divers animaux ; jusqu'à présent, leurs résultats vont dans le sens de l'arbre phylogénétique fondé sur l'ARN ribosomique. Comparons ce dernier avec l'arbre traditionnel.

En quoi les deux arbres phylogénétiques sont-ils semblables ?

Premières ramifications identiques. Il y a un consensus quant aux premières ramifications de la phylogenèse animale. Les spécialistes de la systématique moléculaire appuient les dichotomies Parazoaires-Eumétazoaires et Radiaires-Bilatériens de l'arbre traditionnel (voir les points de bifurcation 1 et 2 dans la FIGURE 32.4).

Clade des Deutérostomiens identique. Des données moléculaires confirment l'hypothèse selon laquelle les Deutérostomiens, c'est-à-dire les Échinodermes (par exemple, les Étoiles de mer) et les Cordés (par exemple, les Vertébrés), forment un clade. Les Deutérostomiens constituent un sous-embranchement monophylétique des Cœlomates (voir le point de bifurcation 4 dans la FIGURE 32.4).

En quoi les deux arbres phylogénétiques diffèrent-ils ?

En vous concentrant sur l'embranchement des Protostomiens, dans la FIGURE 32.8, vous remarquerez un point de divergence entre l'arbre phylogénétique traditionnel et l'arbre phylogénétique fondé sur les données moléculaires.

Deux clades dans celui des Protostomiens. D'abord, notez que la biologie moléculaire a divisé les Protostomiens en deux clades distincts : les **Lophotrochozoaires,** qui comprennent les Annélides (Vers annelés) et les Mollusques (Palourdes et Escargots, par exemple), et les **Ecdysozoaires,** tels que les Arthropodes. (Nous définirons ces termes de nomenclature dans le prochain chapitre.)

Sur la seule base de l'anatomie et de l'embryologie, les relations phylogénétiques entre les Annélides, les Mollusques et les Arthropodes sont difficiles à établir. Certains zoologistes croient que les Annélides et les Arthropodes sont issus d'une même lignée, notamment à cause de la segmentation de ces deux types d'organismes (comparez le Ver de terre, qui est un Annélide, et le dessous de la queue du Homard, lequel est un Arthropode). D'autres avancent que certaines caractéristiques des Annélides les rapprochent plus des Mollusques que des

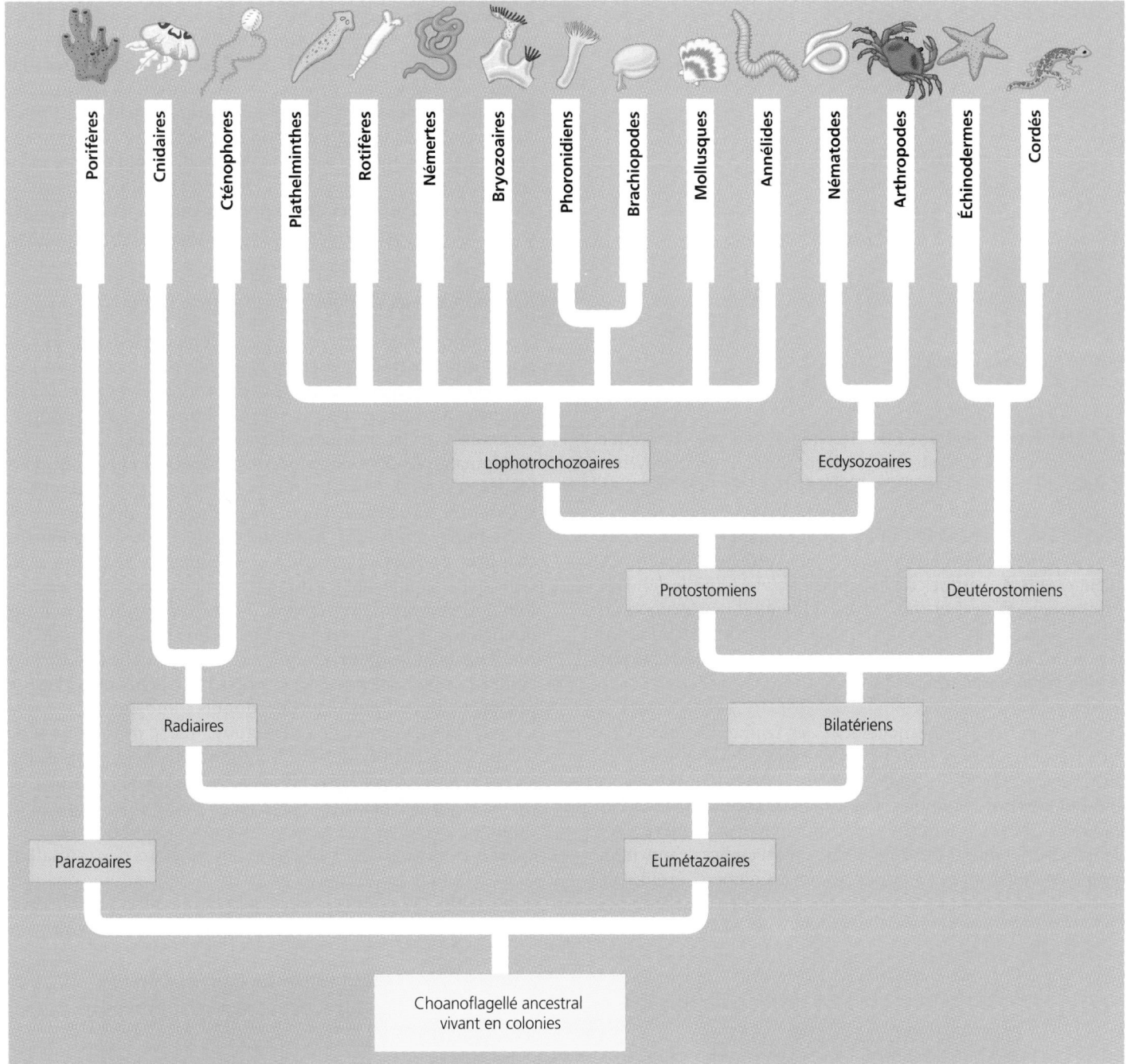

FIGURE 32.8 Arbre phylogénétique des Animaux fondé sur l'ARN de la petite sous-unité ribosomique. Remarquez la division des Protostomiens en deux clades distincts : les Lophotrochozoaires et les Ecdysozoaires. Ces deux clades comprennent les Acœlomates (Plathelminthes), les Pseudocœlomates (Nématodes et Rotifères) et les Lophophoriens (Bryozoaires, Phoronidiens et Brachiopodes).

Arthropodes. Cette hypothèse repose en partie sur l'observation suivante : de nombreux Annélides et Mollusques passent par un stade larvaire similaire, la **larve trochophore** (FIGURE 32.9, p. 698). Des données moléculaires appuient cette hypothèse.

Reclassification des Acœlomates et des Pseudocoelomates.
Dans l'arbre phylogénétique traditionnel (voir la FIGURE 32.4), l'embranchement des Plathelminthes (Vers plats) diverge avant l'émergence des cœlomes. Cependant, les données moléculaires indiquent que les Vers plats devraient être classés parmi les

Protostomiens, dans le clade des Lophotrochozoaires. Si cette nouvelle classification s'avère correcte, cela signifie que les Vers plats ne sont pas des Cœlomates primitifs, comme le laisse entendre l'arbre phylogénétique traditionnel. Ils seraient plutôt des Protostomiens dont le plan d'organisation corporelle se serait simplifié au cours de l'évolution, après la perte du cœlome. Dans le même ordre d'idées, la phylogénétique moléculaire classe aussi les Rotifères et les Nématodes (Vers ronds) dans le clade des Protostomiens ; les Rotifères dans l'embranchement des Lophotrochozoaires et les Nématodes dans celui des Ecdysozoaires.

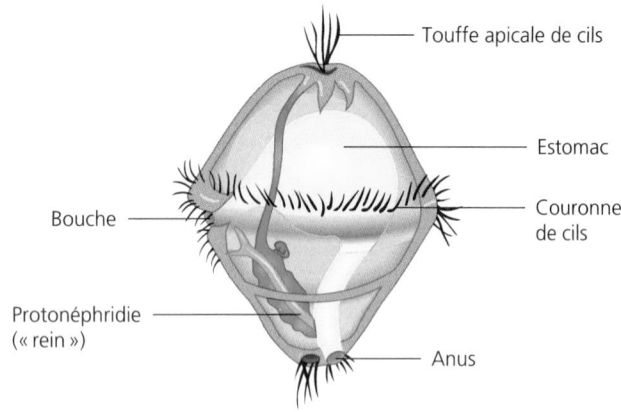

Touffe apicale de cils

Estomac

Bouche

Couronne
de cils

Protonéphridie
(« rein »)

Anus

FIGURE 32.9 Larve trochophore.

Le terme « Ecdysozoaires » renvoie à une caractéristique commune aux Nématodes, aux Arthropodes et à certains autres Ecdysozoaires que nous n'étudions pas ici. Tous ces animaux sécrètent un squelette externe (exosquelette), comme la carapace du Homard. Quand l'animal grandit, il mue, se débarrasse de son exosquelette et en sécrète un autre plus grand. Ce changement d'exosquelette est appelé *ecdysis,* d'où le nom de l'embranchement (FIGURE 32.10). Quoiqu'il porte un nom associé à une caractéristique, ce clade existe principalement en raison de l'ancêtre commun à tous ses membres qu'a découvert la biologie moléculaire.

Déplacement de l'embranchement des Lophophoriens. Observez encore une fois l'arbre phylogénétique traditionnel de la FIGURE 32.4. Dans le grade des Cœlomates figurent trois embranchements regroupés sous le nom de Lophophoriens. Les Animaux qui appartiennent à ces trois embranchements possèdent tous un **lophophore,** c'est-à-dire un appendice de nutrition en forme de fer à cheval qui est recouvert d'une couronne de tentacules ciliés (FIGURE 32.11). Les Lophophoriens ont certaines

caractéristiques en commun avec les Protostomiens, et d'autres avec les Deutérostomiens. Ces liens de parenté hypothétiques sont indiqués par les pointillés. Si les données moléculaires sont exactes, elles devraient susciter un débat, à cause de la classification des Lophophoriens avec les Lophotrochozoaires parmi les Protostomiens. Le clade des Lophotrochozoaires est ainsi nommé parce qu'il regroupe les Animaux munis d'un lophophore et les larves trochophores. Malgré l'origine de son nom, liée à des caractéristiques d'anatomie et de développement, ce clade comprend essentiellement des animaux aux séquences d'ADN communes.

Résumé des deux versions de la phylogenèse animale

Nous pouvons résumer ainsi les différences entre la phylogenèse animale traditionnelle et la phylogenèse moléculaire : les données moléculaires reconnaissent l'existence de deux clades distincts dans le groupe des Protostomiens, les Lophotrochozoaires et les Ecdysozoaires. De plus, elles classent les Acœlomates, les Pseudocœlomates et les Lophophoriens dans les deux clades des Protostomiens. La FIGURE 32.12 vous aidera à comparer les deux versions de la phylogenèse animale.

Si notre étude des Animaux, dans les deux prochains chapitres, se fonde sur l'arbre phylogénétique le plus récent, celui qui s'appuie sur les données moléculaires, nous devons toutefois émettre deux réserves. Premièrement, nous n'abandonnerons pas le concept de plans d'organisation corporelle, car il reste utile pour comprendre la diversité des formes animales engendrées par l'évolution. Deuxièmement, l'arbre phylogénétique fondé sur les données moléculaires n'est, comme tous les arbres de cette nature, que le fruit d'une série d'hypothèses sur l'évolution. Il est par conséquent provisoire. De plus, la phylogenèse moléculaire n'étudie que très peu de gènes, et principalement le gène de la petite sous-unité ribosomique. De nombreux zoologistes continueront donc de faire appel à la phylogenèse s'appuyant sur les plans d'organisation corporelle tant qu'un nouvel arbre se fondant sur une quantité importante de données moléculaires ne sera pas élaboré.

FIGURE 32.10 Ecdysis (mue). Ce Grillon en mue s'extirpe de son exosquelette, avant d'en sécréter un plus grand. Le terme « ecdysis » provient du mot grec *ekdusis,* qui signifie « action de se dépouiller ». L'ecdysis ou mue est l'une des caractéristiques des Ecdysozoaires.

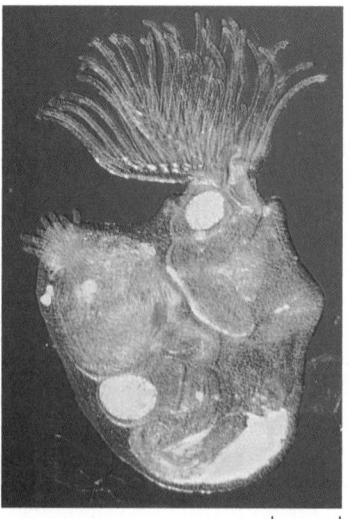

100 µm (100 ×)

FIGURE 32.11 Lophophorien. Ce Bryozoaire se nourrit grâce à une couronne de tentacules ciliés appelée lophophore.

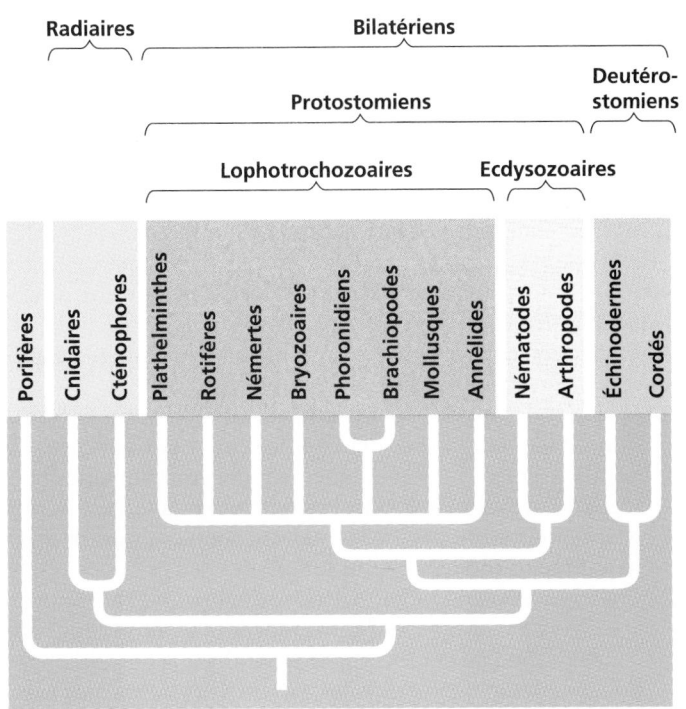

(a) Arbre phylogénétique fondé sur les données moléculaires.
(Voir la FIGURE 32.8 pour les détails.)

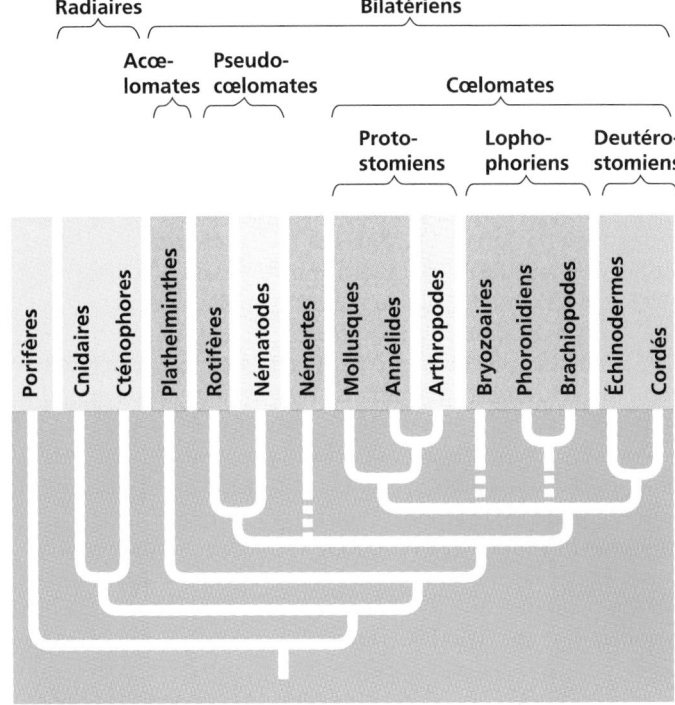

(b) Arbre phylogénétique fondé sur les plans d'organisation corporelle. (Voir la FIGURE 32.4 pour les détails.)

FIGURE 32.12 Étude comparative de l'arbre phylogénétique des Animaux fondé sur les données moléculaires et de l'arbre phylogénétique des Animaux fondé sur les plans d'organisation corporelle. Le code de couleurs vous aidera à comparer les embranchements dans les deux arbres.

Entre-temps, l'arbre construit à partir des séquences d'ARN ribosomique continuera de servir à la recherche dans les champs de l'anatomie, de l'embryologie, de la cytologie et dans les champs d'étude autres que moléculaires. Idéalement, la recherche complètera les données moléculaires. De leur côté, les archives géologiques permettront aussi de retracer l'évolution du règne animal. Cependant, comme nous le verrons dans la prochaine section, il existe une raison qui explique pourquoi les paléontologues n'ont pas réussi à établir les relations phylogénétiques existant entre les divers embranchements des Animaux.

L'ORIGINE DE LA DIVERSITÉ ANIMALE

La majorité des embranchements des Animaux sont apparus au cours d'une période relativement courte du temps géologique

Les archives géologiques et les études moléculaires se rejoignent pour dire que la diversification qui a donné naissance aux nombreux embranchements chez les Animaux s'est déroulée rapidement dans le temps géologique. Cet épisode relativement bref de l'évolution a probablement débuté il y a environ 565 millions

à 525 millions d'années. Il aurait duré environ 40 millions d'années et se serait produit au cours de l'ère précambrienne et au début de l'ère cambrienne (il y a environ 543 millions d'années).

Les paléontologues ont appelé la dernière période de l'ère précambrienne **période édiacarienne.** Ils se sont pour cela inspirés d'Ediacara Hills, en Australie, l'endroit où les premiers fossiles d'animaux précambriens ont été découverts. L'âge de ces fossiles varie de 565 millions à 543 millions d'années. Des animaux ayant vécu à la même période ont été retrouvés sur d'autres continents également. Selon certains indices, la vie animale serait apparue plus tôt, peut-être même très longtemps avant cette période. En l'an 2000, des chercheurs ont rapporté la découverte, dans des sédiments chinois, d'embryons animaux fossilisés datant de 570 millions d'années (voir la FIGURE 26.7). En 1998, une équipe de paléontologues a trouvé, dans de la roche datant de plus de 1,1 milliard d'années, ce qui pourrait être des terriers d'animaux fossilisés. Ces traces seules de fossiles animaux ne suffisent pas à convaincre les biologistes de reculer la date à laquelle les Animaux seraient apparus. Toutefois, la systématique moléculaire donne également à penser que l'origine des Animaux remonte à environ 1 milliard d'années. Cela signifierait que les Animaux sont issus d'une diversification qui aurait eu lieu précocement chez les Eucaryotes multicellulaires, dont les plus vieux fossiles connus sont des Algues (voir la FIGURE 26.6). Tant que l'on n'aura pas d'autres preuves étayant solidement l'existence de tels animaux primitifs, on ne pourra que supposer que les Animaux sont apparus avant la période édiacarienne. La majorité des fossiles de cette période semblent être des Cnidaires (Animaux semblables aux Hydres). Mais on a également trouvé des Mollusques au corps mou (comme les Chitons actuels) et nombre de terriers et d'empreintes fossilisés témoignant de l'activité de diverses formes de Vers.

Si l'on a trouvé qu'une petite variété d'animaux édiacariens, on a par contre découvert presque tous les principaux plans d'organisation corporelle, dans des roches cambriennes datant de 543 millions à 525 millions d'années. Pendant cette période relativement courte, l'augmentation extraordinaire de la diversité animale, phénomène désigné par l'expression « **explosion du Cambrien** », a laissé une collection de fossiles parmi lesquels figurent les premiers Animaux munis d'un squelette dur minéralisé (voir la FIGURE 26.8). Les schistes de Burgess, en Colombie-Britannique, sont l'un des gisements les plus riches et les plus connus pour le Cambrien. Cependant, il existe deux autres gisements, l'un au Groënland et l'autre dans la province chinoise de Yunnan, qui devancent de plus de 10 millions d'années l'âge de la faune de Burgess. En comparaison des animaux marins d'aujourd'hui, les fossiles de Burgess pourraient sembler insolites (FIGURE 32.13). Certaines formes de vie cambriennes correspondant en quelque sorte à des « essais » de diversification se sont éteintes. Cependant, si étrange que soit leur apparence, la plupart des fossiles du Cambrien sont des variations primitives des Animaux actuels et restent dans les limites taxinomiques des embranchements connus. De fait, le nombre d'embranchements exclusivement cambriens semble diminuer à mesure que les fossiles sont étudiés en détail et classés dans les embranchements existants.

À l'échelle du temps géologique, les Animaux se sont diversifiés si rapidement qu'il est difficile d'établir leur ordre d'apparition à partir des archives géologiques. C'est la raison pour laquelle les systématiciens continuent de dépendre des données que l'anatomie comparée, l'embryologie, la génétique du développement et la systématique moléculaire leur apportent pour retracer l'évolution des Animaux.

FIGURE 32.13 Aperçu des Animaux apparus lors de l'explosion du Cambrien. Cette illustration s'inspire des fossiles trouvés à Burgess, en Colombie-Britannique.

L'axe de recherche « évo-dévo » pourrait nous aider à comprendre l'explosion du Cambrien

Le concept évo-dévo a vu le jour à la fin des années 1980 et constitue maintenant le fondement de la recherche sur l'évolution. Le terme « évo-dévo » est un néologisme issu de la fusion des termes « évolution » et « développement ». Le concept sous-entend l'interaction permanente entre l'évolution de l'espèce à laquelle un individu appartient, les étapes du développement de cet individu et le milieu dans lequel l'individu vit.

En relation avec ce concept, trois hypothèses tentent d'expliquer la diversification animale du Cambrien :

1. *Causes écologiques.* Cette hypothèse met l'accent sur l'apparition de la relation prédateur-proie durant le Cambrien. Le bouleversement du fonctionnement des communautés biologiques provoqué par cette relation aurait favorisé diverses adaptations évolutives, telles que les coquilles protectrices et les différents modes de locomotion.

2. *Causes géologiques.* Durant la période cambrienne, par exemple, le dioxygène atmosphérique pourrait avoir atteint une concentration assez élevée pour répondre aux besoins métaboliques des animaux mobiles. Les activités de ces animaux, l'ingestion de nourriture notamment, nécessitent en effet beaucoup d'énergie.

3. *Causes génétiques.* Les divers loci et moments d'expression des gènes *Hox* au cours du développement embryonnaire commandent la majorité des plans d'organisation corporelle observés aujourd'hui chez les quelque trente-cinq embranchements d'Animaux (voir la FIGURE 21.15). Par conséquent, on peut raisonnablement supposer que la diversification animale pourrait être liée à l'évolution des gènes *Hox*. Ce complexe de gènes régulateurs serait alors responsable des variations morphologiques chez les embryons des diverses espèces.

Ces trois causes hypothétiques de l'explosion du Cambrien ne s'excluent pas l'une l'autre. L'évolution relativement rapide des Animaux au cours du dernier demi-milliard d'années peut avoir été causée par plusieurs facteurs, tant externes (modifications géologiques, écologiques) qu'internes (modifications génétiques).

Se fondant sur les données moléculaires, certains systématiciens spécialistes de la phylogenèse animale avancent que *trois* explosions et non une seule auraient engendré la diversité cambrienne. Au sein de chacun des trois principaux embranchements des Bilatériens (les Lophotrochozoaires, les Ecdysozoaires et les Deutérostomiens), il est difficile d'établir les liens de parenté qui existent entre les espèces en s'appuyant uniquement sur la séquence de l'ARN de la petite sous-unité ribosomique. Ainsi, les données moléculaires n'indiquent pas si, chez les Lophotrochozoaires, les Plathelminthes sont plus proches des Mollusques ou des Annélides. La diversification rapide des embranchements *au sein* même de chacun des trois grands clades des Bilatériens pourrait expliquer l'existence de séquences nucléotidiques très homologues. Cependant, les différences moléculaires *entre* les trois clades sont relativement majeures et suggèrent qu'ils ont divergé très tôt, probablement au cours du Précambrien. Si cette ramification précoce des

Bilatériens était liée à l'évolution du complexe *Hox,* alors les modifications écologiques ou géologiques qui ont eu lieu au début du Cambrien pourraient avoir engendré la diversité observée à l'intérieur de chacun des clades (FIGURE 32.14).

Vers la fin de la radiation cambrienne, il semble que tous les embranchements animaux aient été assujettis à des mécanismes de développement qui auraient empêché l'évolution d'ajouter des embranchements après cette période. Il est entendu que l'évolution des Animaux ne s'est pas arrêtée là. Les mécanismes du développement continuent en effet de se transformer, mais plus subtilement. Les modifications de la structure et des fonctions des organismes ont permis le développement de nouvelles espèces et de nouveaux taxons au sein même de l'embranchement.

La recherche continue de confirmer ou d'infirmer les hypothèses. Si l'explosion du Cambrien livre peu à peu ses secrets, elle n'en demeure pas moins étonnante : au cours du dernier demi-milliard d'années, seules de nouvelles variantes des anciens plans d'organisation corporelle ont vu le jour. Aux chapitres 33 et 34, nous approfondirons les embranchements animaux actuels et leur évolution.

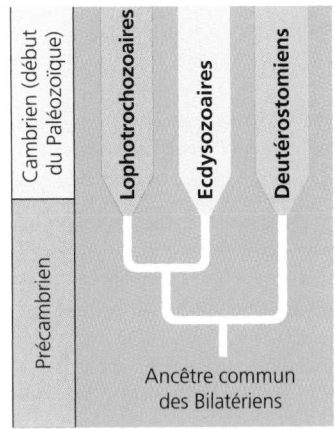

FIGURE 32.14 Une explosion du Cambrien, ou trois explosions ? L'explosion du Cambrien pourrait en fait être une diversification secondaire de chacun des trois plans d'organisation corporelle apparus à l'ère précambrienne.

RÉVISION DU CHAPITRE

Résumé des concepts importants

QU'EST-CE QU'UN ANIMAL ?

■ **Les Animaux se définissent par leur structure, leur mode de nutrition et leur développement** (p. 689 à 691, FIGURE 32.1). Les Animaux sont des Eucaryotes multicellulaires hétérotrophes qui se nourrissent par ingestion. Leurs cellules ne possèdent pas de paroi. Ce sont les seuls organismes à posséder des tissus nerveux et musculaires. Leur développement embryonnaire comprend habituellement un stade appelé blastula. Après la blastula vient la gastrulation, stade pendant lequel se forment les feuillets de tissu embryonnaire. Seuls les Animaux possèdent les gènes *Hox,* séquences qui régissent le développement de la morphologie corporelle.

■ **L'origine du règne animal remonte probablement à un Protiste flagellé qui vivait en colonies** (p. 691, FIGURES 32.2 et 32.3). L'ancêtre probable de tous les Animaux est un Choanoflagellé qui vivait en colonies.

DEUX VERSIONS DE LA PHYLOGENÈSE ANIMALE

■ **La restructuration des arbres phylogénétiques illustre la démarche scientifique** (p. 691 et 692). Les arbres phylogénétiques représentent des hypothèses qui s'affinent pour s'adapter aux nouvelles données.

■ **L'arbre phylogénétique traditionnel des Animaux est fondé principalement sur les plans d'organisation corporelle** (p. 692 à 696, FIGURES 32.4 à 32.7). Les plans d'organisation corporelle permettent de diviser le règne animal en quatre grandes ramifications, à partir de quatre dichotomies : (1) la dichotomie Parazoaires-Eumétazoaires ; (2) la dichotomie Radiaires-Bilatériens ; (3) la dichotomie présence-absence d'une cavité corporelle ; et (4), au sein des Animaux munis d'un vrai cœlome, la dichotomie Protostomiens-Deutérostomiens.

■ Les spécialistes de la systématique moléculaire déplacent certaines ramifications de l'arbre phylogénétique des Animaux (p. 696 à 699, FIGURES 32.8 à 32.12). À la lumière des données moléculaires, de nombreux systématiciens séparent maintenant les Protostomiens en deux clades : les Lophotrochozoaires et les Ecdysozoaires.

L'ORIGINE DE LA DIVERSITÉ ANIMALE

■ **La majorité des embranchements des Animaux sont apparus au cours d'une période relativement courte du temps géologique** (p. 699 et 700, FIGURE 32.13). L'explosion du Cambrien serait due à un ou plusieurs des facteurs suivants : des modifications écologiques ; des modifications géologiques ; des modifications génétiques liées à l'évolution des gènes *Hox.*

■ **L'axe de recherche « évo-dévo » pourrait nous aider à comprendre l'explosion du Cambrien** (p. 700 et 701, FIGURE 32.14). La diversité des plans d'organisation corporelle engendrée par l'évolution des gènes *Hox* rend probablement compte de la ramification précoce des Bilatériens en Deutérostomiens et en deux clades de Protostomiens.

Autoévaluation

(Les questions dont les numéros sont en caractères gras font surtout appel à la compréhension.)

1. On distingue les Parazoaires et les Eumétazoaires en se fondant sur l'absence ou la présence :
   a) d'une cavité corporelle.
   b) d'un tube digestif complet.
   c) de tissus vrais.
   d) d'un système cardiovasculaire.
   e) d'un mésoderme.

2. Qu'est-ce qui caractérise les Acœlomates?
   a) L'absence de cerveau.
   b) L'absence de mésoderme.
   c) Le développement des Deutérostomiens.
   d) Un cœlome qui n'est pas complètement tapissé de mésoderme.
   e) Un corps compact sans cavité pour entourer les organes internes.

3. Quelle est la principale raison pour laquelle les Arthropodes et les Nématodes sont classés parmi les Ecdysozoaires?
   a) Les Animaux des deux embranchements sont segmentés.
   b) Les Animaux des deux embranchements subissent l'ecdysis (la mue).
   c) Les Animaux des deux embranchements subissent une segmentation radiaire et déterminée, et leur développement embryonnaire est semblable.
   d) Les archives géologiques ont mis au jour un ancêtre commun aux deux embranchements.
   e) Les séquences d'ARN de la petite sous-unité ribosomique sont relativement similaires et diffèrent de celles des Lophotrochozoaires et des Deutérostomiens.

4. En quoi l'arbre phylogénétique fondé sur les données moléculaires se distingue-t-il de l'arbre phylogénétique fondé sur les plans d'organisation corporelle?
   a) L'emplacement des Acœlomates et des Pseudocœlomates au sein des Protostomiens.
   b) La division des Protostomiens en deux clades: les Lophotrochozoaires et les Ecdysozoaires.
   c) Le classement des Arthropodes et des Annélides (Animaux segmentés) parmi les Ecdysozoaires et celui des Mollusques au sein des Lophotrochozoaires.
   d) a et b sont vrais.
   e) a, b et c sont vrais.

5. Dans le règne animal, la symétrie bilatérale est principalement associée à:
   a) la capacité de percevoir son milieu dans toutes les directions.
   b) la présence d'un squelette.
   c) la mobilité, la prédation active et la fuite.
   d) le développement d'un vrai cœlome.
   e) l'adaptation aux milieux terrestres.

6. La segmentation indéterminée se caractérise par:
   a) la formation d'un archentéron.
   b) la capacité qu'ont les cellules prélevées lors des premiers stades de l'embryon de se développer en individus viables.
   c) des plans de segmentation perpendiculaires à l'axe vertical de l'embryon.
   d) la formation non prévisible d'une cavité corporelle par schizocœlie ou entérocœlie.
   e) une bouche qui se forme à partir du blastopore.

7. Quel facteur aurait le *moins* contribué à l'explosion du Cambrien?
   a) L'émergence de la relation prédateur-proie chez les Animaux.
   b) Le cumul de plusieurs adaptations comme la formation d'une coquille et les différents modes de locomotion.
   c) La colonisation de la terre ferme par les Animaux.
   d) L'évolution des gènes *Hox* qui régissent le développement.
   e) Une concentration suffisante de dioxygène atmosphérique pour subvenir aux grands besoins métaboliques des animaux mobiles.

8. Laquelle de ces caractéristiques est propre aux Animaux?
   a) La gastrulation.
   b) La multicellularité.
   c) La reproduction sexuée.
   d) Les spermatozoïdes flagellés.
   e) Le mode de nutrition hétérotrophe.

9. Laquelle de ces associations entre un embranchement et ses caractéristiques est *inexacte*?
   a) Échinodermes - symétrie bilatérale, cœlome issu de l'archentéron.
   b) Nématodes – Vers ronds, pseudocœlome.
   c) Cnidaires – symétrie radiaire, diploblastiques.
   d) Plathelminthes – Vers plats, cavité gastrovasculaire, pas de cavité corporelle.
   e) Porifères – cavité gastrovasculaire, bouche issue du blastopore.

10. Laquelle de ces subdivisions du règne animal englobe toutes les autres?
    a) Les Protostomiens.   d) Les Cœlomates.
    b) Les Bilatériens.   e) Les Deutérostomiens.
    c) Les Pseudocœlomates.

11. Quelle la fonction des gènes *Hox* chez les Animaux?

12. Comparez l'emplacement des Acœlomates (Vers plats) dans l'arbre phylogénétique fondé sur les plans d'organisation corporelle et l'emplacement des Acœlomates dans l'arbre phylogénétique fondé sur les données moléculaires.

13. Pourquoi les paléontologues n'ont-ils pas réussi à déduire la succession des ramifications phylogénétiques des embranchements chez les Animaux à partir des archives géologiques?

Lien avec l'évolution

Vous appliquez l'analyse cladistique à la construction d'un arbre phylogénétique des Animaux. Pourquoi la présence d'un flagelle constitue-t-elle un mauvais critère pour regrouper les embranchements en clades?

Intégration

Vous découvrez un organisme totalement inconnu dans la taxinomie moderne. Énumérez, par ordre de priorité, les critères qui vont vous permettre de le classer. Justifiez votre réponse.

Science, technologie et société

L'étude de la phylogenèse animale est parfois considérée comme « de la science pour le plaisir de la science ». Certains organismes qui subventionnent la recherche scientifique ont tendance à favoriser des projets dont les applications ont un côté visiblement plus pratique. Mais, d'un autre côté, les articles de périodiques qui portent sur les récentes découvertes paléontologiques montrent que l'intérêt général pour l'évolution est vif. Supposons que vous ayez l'occasion de vous joindre à une équipe de recherche travaillant sur certains aspects de l'explosion du Cambrien. Rédigez quelques paragraphes pour convaincre les non-initiés de la validité de votre recherche.

Réponses à l'autoévaluation: 1. c; 2. e; 3. e; 4. d; **5.** c; 6. b; **7.** c; **8.** a; **9.** e; 10. b; 11. Ils régissent le plan d'organisation corporelle de l'embryon. **12.** Dans la phylogenèse fondée sur les plans d'organisation corporelle, les Acœlomates sont considérés comme des animaux primitifs. Dans l'arbre correspondant, les Plathelminthes divergent avant l'apparition des Cœlomates. Dans l'arbre fondé sur les données moléculaires, les Acœlomates se retrouvent dans le clade des Protostomiens, ce qui semble indiquer qu'ils ont évolué à partir d'un ancêtre muni d'un cœlome. **13.** Sur la vaste échelle du temps géologiques, les embranchements d'animaux sont apparus au cours d'une période très courte appelée « explosion du Cambrien ». C'est la raison pour laquelle on ignore leur ordre d'apparition.

CHAPITRE 33

LES
INVERTÉBRÉS

« Si les animaux n'existaient pas,
ne serions-nous pas encore plus incompréhensibles
à nous-mêmes ? »

GEORGES LOUIS LECLERC, COMTE DE BUFFON
naturaliste français (1707-1788)

LES PARAZOAIRES

- Embranchement des Porifères : les Éponges sont des animaux sessiles au corps poreux tapissé de choanocytes

LES RADIAIRES

- Embranchement des Cnidaires : les Cnidaires possèdent une symétrie radiaire, une cavité gastrovasculaire et des cnidocytes
- Embranchement des Cténophores : les Cydippes sont munies de palettes natatoires ciliées et de colloblastes adhésifs

LES PROTOSTOMIENS : LOPHOTROCHOZOAIRES

- Embranchement des Plathelminthes : les Vers plats sont des accœlomates munis d'une cavité gastrovasculaire
- Embranchement des Rotifères : les Rotifères sont des pseudocœlomates pourvus d'un appareil masticateur, d'une couronne de cils entourant la bouche et d'un système digestif complet
- Embranchements du clade des Lophophoriens : les Bryozoaires, les Phoronidiens et les Brachiopodes sont des cœlomates dont la bouche s'entoure de tentacules ciliés
- Embranchement des Némertes : les Némertes possèdent un proboscis, trompe qui sert à capturer les proies
- Embranchement des Mollusques : les Mollusques sont constitués d'un pied musculeux, d'une masse viscérale et d'un manteau
- Embranchement des Annélides : les Annélides sont des Vers annelés

LES PROTOSTOMIENS : ECDYSOZOAIRES

- Embranchement des Nématodes : les Vers ronds sont des pseudocœlomates non segmentés recouverts d'une cuticule résistante
- Les Arthropodes sont des cœlomates segmentés qui se protègent au moyen d'un exosquelette et se meuvent grâce à des appendices articulés

LES DEUTÉROSTOMIENS

- Embranchement des Échinodermes : les Échinodermes sont des animaux à symétrie radiaire secondaire qui possèdent un système ambulacraire
- Embranchement des Cordés : les Cordés comprennent deux sous-embranchements d'Invertébrés et tous les Vertébrés

On connaît actuellement *plus de 1,2 million d'espèces animales, et les prochaines générations de zoologistes en recenseront probablement autant. Le règne animal comprend environ trente-cinq embranchements (le nombre exact dépend du point de vue de chaque taxinomiste). Notre étude de la diversité animale ne couvrira que quinze de ces embranchements.*

Les Animaux habitent presque tous les milieux, mais la majorité d'entre eux sont aquatiques. La mer, lieu d'origine du premier Animal, est en effet l'habitat du plus grand nombre d'embranchements animaux. Bien qu'elle soit vaste, la faune dulcicole n'est toutefois pas aussi diversifiée que celle des mers.

Les habitats terrestres posent des problèmes particuliers aux Animaux comme aux Plantes (voir le chapitre 29). Peu d'embranchements animaux ont colonisé la terre ferme avec succès. Les Vers de terre (embranchement des Annélides) et les Escargots (embranchement des Mollusques) sont généralement confinés aux sols et à la végétation humides. Seuls les Vertébrés et les Arthropodes, notamment les Insectes et les Araignées, comptent de nombreuses espèces qui se sont adaptées à divers milieux terrestres.

Vivre sur la terre ferme biaise notre vision de la diversité animale. Nous pensons en effet que les Vertébrés, c'est-à-dire les animaux ayant une colonne vertébrale, sont les animaux les plus nombreux, parce qu'ils sont bien représentés dans les milieux terrestres. Pourtant, les Vertébrés ne constituent qu'un sous-embranchement des Cordés et représentent moins de 5 % de toutes les espèces animales. Si nous nous intéressons aux Animaux qui vivent dans un étang à marées (comme celui de la page précédente), dans un récif de Corail ou sur les roches situées au pied des ruisseaux, nous verrions s'ouvrir à nous le monde des **Invertébrés**, c'est-à-dire des Animaux n'ayant pas de colonne vertébrale. Dans ce chapitre, nous allons aborder principalement la diversité des Invertébrés.

Notre étude de l'embranchement des Invertébrés suivra les ramifications de l'arbre phylogénétique de la FIGURE 33.1. Cet arbre a surtout été élaboré à partir de données moléculaires, comme nous en avons parlé au chapitre 32 (voir la FIGURE 32.8, p. 697). Dans la majeure partie de notre exposé, nous mettrons l'accent sur ce qui différencie les Animaux sur le plan de leur organisation corporelle. Ces distinctions correspondent aux grades de la FIGURE 32.4 (p. 693).

LES PARAZOAIRES

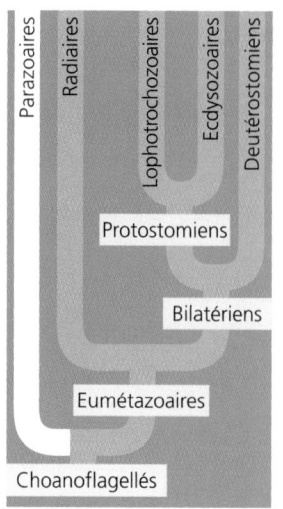

Parmi tous les Animaux que nous allons décrire, les Éponges (dans l'embranchement des Parazoaires de l'arbre phylogénétique) sont ceux qui s'apparentent le plus aux Choanoflagellés vivant en colonies, la lignée dont le règne animal tire son origine (voir la FIGURE 32.4). Les couches de cellules des Éponges ne sont pas de vrais tissus, car les cellules sont relativement peu spécialisées.

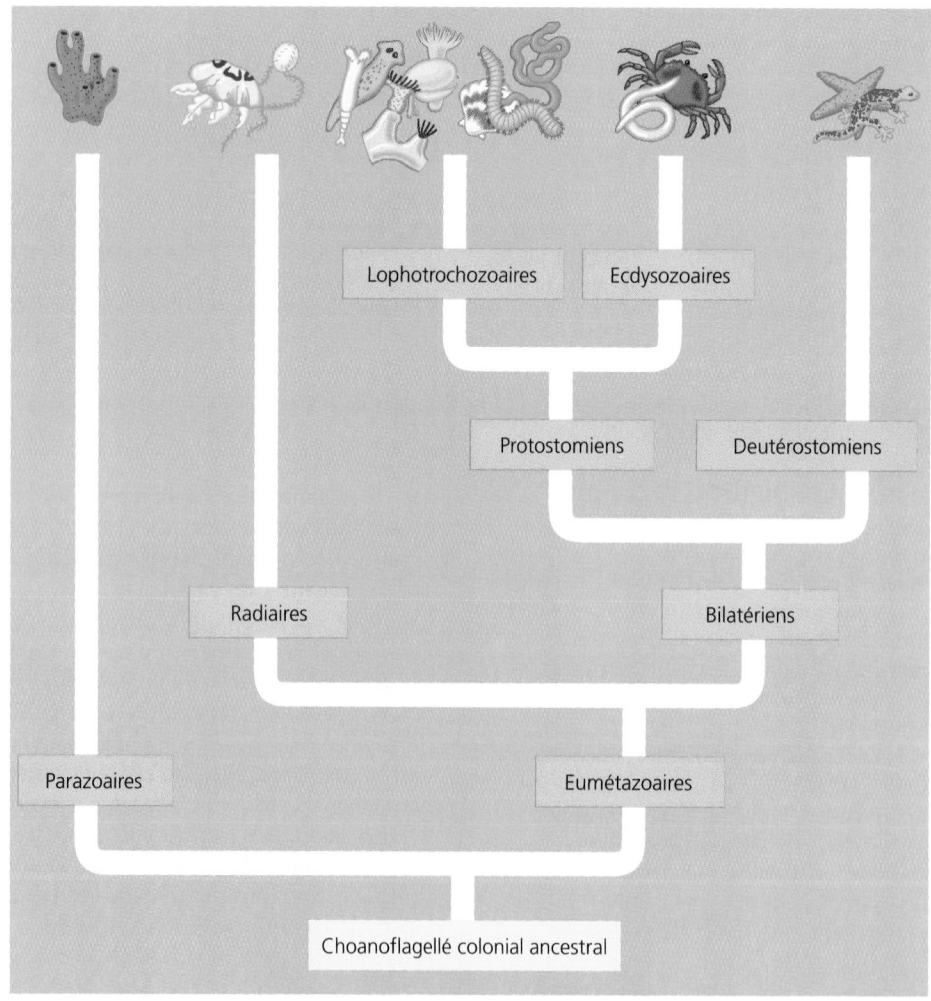

FIGURE 33.1 Phylogenèse animale : une révision. Cet arbre, fondé sur des données moléculaires, est une version abrégée de la FIGURE 32.8 (p. 697). Tout au long de ce chapitre, nous utiliserons un arbre encore plus simple, dans lequel les ramifications mises en relief indiqueront l'emplacement de chacun des clades dans la phylogenèse animale. Votre professeur préférera peut-être vous renvoyer à la FIGURE 32.4 (p. 693), où l'arbre phylogénétique est fondé sur les plans d'organisation corporelle.

Embranchement des Porifères : les Éponges sont des animaux sessiles au corps poreux tapissé de choanocytes

Les Éponges (embranchement des **Porifères** ou Spongiaires) sont des animaux sessiles qui semblent tellement inertes que les Grecs de l'Antiquité les prenaient pour des plantes. Elles ne possèdent pas de nerfs ni de muscles. Cependant, chaque cellule perçoit les changements de l'environnement et y réagit.

Il existe à peu près 10 000 espèces d'Éponges, dont la taille varie de 1 cm à 2 m. Ce sont pour la plupart des animaux marins ; une centaine d'espèces seulement vivent en eau douce. Le corps d'une Éponge simple ressemble à un sac percé de pores (*Porifera* signifie « qui porte des pores » ; FIGURE 33.2). Ces pores inhalants permettent à l'eau de pénétrer à l'intérieur d'une cavité gastrique centrale, le **spongocœle.** L'eau ressort ensuite par une ouverture plus grande appelée **oscule.** Les Éponges complexes possèdent une paroi repliée, un spongocœle ramifié et plusieurs oscules. Dans certaines conditions, les cellules situées à l'embouchure des pores inhalants et de l'oscule se contractent pour refermer les ouvertures.

Presque toutes les Éponges se nourrissent de particules en suspension (on dit que ce sont des animaux filtreurs). Elles recueillent les particules en dirigeant l'eau à travers leur corps poreux qui sert de filtre. On estime qu'une Éponge doit filtrer près de 1 000 L d'eau avant d'augmenter sa masse de 100 g. Des cellules flagellées tapissent l'intérieur du spongocœle. Ce sont les **choanocytes,** que l'on appelle aussi « cellules à collerette » à cause du cylindre membraneux qui entoure la base de leur flagelle. Le mouvement des flagelles génère un courant d'eau qui permet aux collerettes d'attraper les particules alimentaires

et de les ingérer par phagocytose (FIGURE 33.3, p. 706). La ressemblance entre les choanocytes et les Choanoflagellés s'ajoute aux données moléculaires pour appuyer l'hypothèse d'un Choanoflagellé ancestral commun à tous les Animaux.

Le corps d'une Éponge est formé de deux feuillets de cellules qui sont séparés par une couche gélatineuse appelée **mésoglée.** Dans la couche gélatineuse errent les **amibocytes,** une sorte de cellules qui utilisent des pseudopodes. Les amibocytes remplissent plusieurs fonctions. Ils absorbent les aliments qui viennent des choanocytes, les digèrent et acheminent les nutriments vers les autres cellules. Ils produisent aussi des fibres squelettiques résistantes à l'intérieur de la mésoglée. Chez certaines classes d'Éponges, ces fibres sont des spicules pointus composés de calcaire ou de silice. Chez d'autres, les amibocytes forment des fibres plus flexibles qui sont composées d'une protéine apparentée au collagène que l'on appelle spongine. Ce sont ces squelettes souples et alvéolés qui servent d'éponges de bain.

La plupart des Éponges sont **hermaphrodites** (terme issu de la fusion du nom du dieu grec Hermès et de celui de la déesse Aphrodite) : elles portent à la fois les gonades mâles et les gonades femelles et peuvent donc produire des spermatozoïdes *et* des ovules. Les gamètes proviennent des choanocytes ou des amibocytes. Les ovules restent dans la mésoglée, mais les spermatozoïdes sont entraînés par le courant à l'extérieur de l'Éponge. La fécondation croisée a lieu lorsque certains des spermatozoïdes expulsés se retrouvent à l'intérieur d'une autre Éponge. La fécondation se produit dans la mésoglée. Elle donne naissance à un zygote qui devient une larve flagellée. La larve sort par l'oscule en nageant. Après s'être établie sur un substrat adéquat, elle commence son existence sessile, propre aux Éponges, et se développe.

Les Éponges possèdent une bonne capacité de régénération, c'est-à-dire qu'elles peuvent remplacer les parties qu'elles ont perdues. Elles se servent aussi de cette caractéristique pour se reproduire de façon asexuée, à partir de fragments.

FIGURE 33.2 Éponges. Les Éponges ne possèdent ni organes spécialisés ni tissus vrais. Ces animaux sessiles se nourrissent en filtrant l'eau qui traverse leur corps poreux. Leur taille, leur couleur et la complexité de leur structure varient d'une espèce à l'autre. La pigmentation brillante de certaines éponges provient de leur association symbiotique avec des algues. La photo ci-dessus montre l'Éponge vase azurée (*Callyspongia plicifera*).

LES RADIAIRES

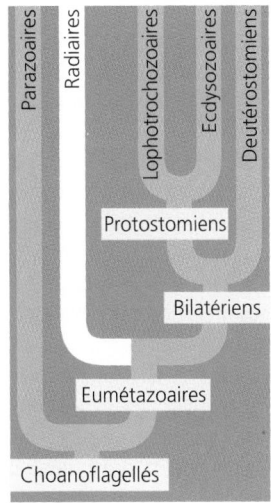

Les Éponges exceptées, tous les Animaux appartiennent au clade des Eumétazoaires, clade des organismes munis de tissus vrais (voir le chapitre 32). Parmi les Eumétazoaires, les Radiaires constituent le clade le plus ancien. Ce sont des Animaux à symétrie radiaire dont les embryons sont diploblastiques (c'est-à-dire qu'ils ont un ectoderme et un endoderme, mais pas de mésoderme). On croit que les deux embranchements des Radiaires, les Cnidaires et les Cténophores, dériveraient de deux Parazoaires ancestraux différents.

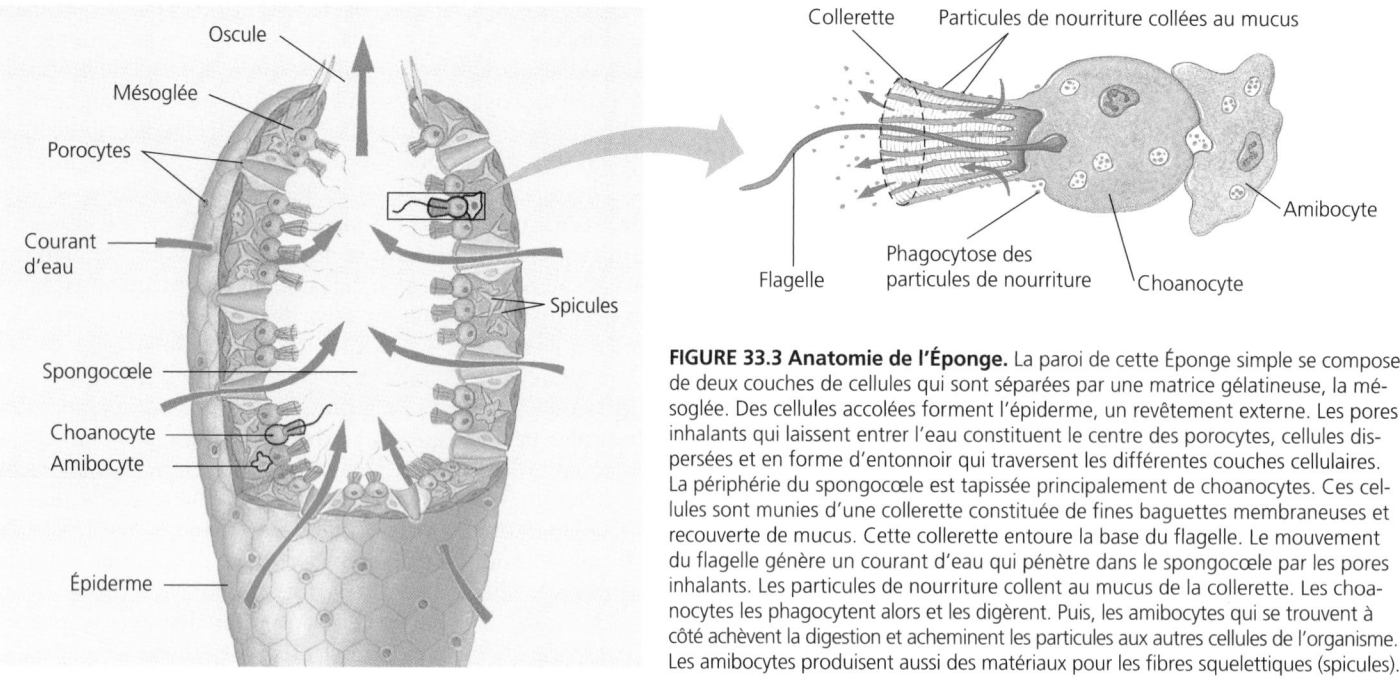

FIGURE 33.3 Anatomie de l'Éponge. La paroi de cette Éponge simple se compose de deux couches de cellules qui sont séparées par une matrice gélatineuse, la mésoglée. Des cellules accolées forment l'épiderme, un revêtement externe. Les pores inhalants qui laissent entrer l'eau constituent le centre des porocytes, cellules dispersées et en forme d'entonnoir qui traversent les différentes couches cellulaires. La périphérie du spongocœle est tapissée principalement de choanocytes. Ces cellules sont munies d'une collerette constituée de fines baguettes membraneuses et recouverte de mucus. Cette collerette entoure la base du flagelle. Le mouvement du flagelle génère un courant d'eau qui pénètre dans le spongocœle par les pores inhalants. Les particules de nourriture collent au mucus de la collerette. Les choanocytes les phagocytent alors et les digèrent. Puis, les amibocytes qui se trouvent à côté achèvent la digestion et acheminent les particules aux autres cellules de l'organisme. Les amibocytes produisent aussi des matériaux pour les fibres squelettiques (spicules).

Embranchement des Cnidaires : les Cnidaires possèdent une symétrie radiaire, une cavité gastrovasculaire et des cnidocytes

Les **Cnidaires** tels que les Hydres, les Méduses, les Anémones de mer et les Coraux possèdent une structure corporelle relativement simple et sont des animaux sans mésoderme. Il en existe plus de 10 000 espèces, dont la plupart vivent en eau salée.

Le plan d'organisation corporelle des Cnidaires a l'aspect d'un sac renfermant un compartiment digestif central, la **cavité gastrovasculaire,** qui communique avec le milieu extérieur par une seule ouverture servant à la fois de bouche et d'anus. Cette structure corporelle de base existe sous deux formes : la **forme polype** sessile et la **forme méduse** flottante (FIGURE 33.4). Les Hydres et les Anémones de mer sont des exemples de la forme polype, qui est cylindrique. Elles adhèrent au substrat par l'extrémité aborale de leur corps et déploient leurs tentacules en attendant une proie. La forme méduse est une version aplatie et renversée du polype ayant l'aspect d'une cloche. La Méduse se déplace librement dans l'eau grâce à de faibles contractions et à sa flottaison. Ses tentacules pendent de sa bouche, qui pointe vers le bas. Certains Cnidaires existent seulement sous la forme polype ; d'autres seulement sous la forme méduse ; d'autres encore passent du stade polype au stade méduse.

Les Cnidaires sont carnivores. Leurs tentacules, disposés en anneau autour de la bouche, servent à capturer des proies et à les pousser à l'intérieur de la cavité gastrovasculaire, où s'amorce la digestion. Les résidus de la digestion sont évacués par l'ouverture, qui fait office de bouche et d'anus. Les tentacules possèdent une batterie de cellules, les **cnidocytes** (ou cnidoblastes), qui assurent la défense de l'organisme et la capture des proies (FIGURE 33.5). Les cnidocytes contiennent des

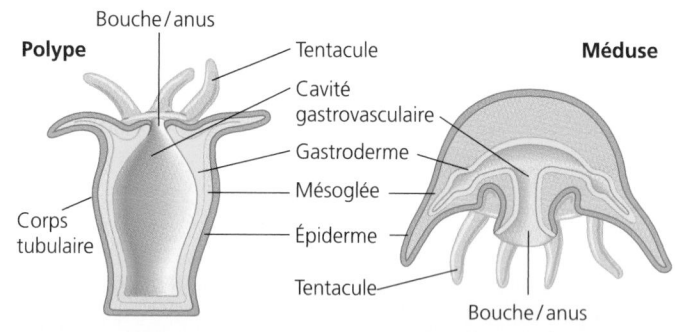

(a) Anémone de mer : polype   **(b) Méduse**

FIGURE 33.4 Polype et méduse : les deux formes des Cnidaires. L'enveloppe corporelle du polype, en **(a),** ou de la méduse, en **(b),** se compose de deux couches de cellules : l'épiderme (provenant de l'ectoderme), couche externe qui se spécialise dans la protection ; et le gastroderme (provenant de l'endoderme), couche interne qui se spécialise dans la digestion. Après l'ingestion de nourriture, le gastroderme sécrète les enzymes nécessaires à la digestion dans la cavité gastrovasculaire. Les cellules gastrodermiques phagocytent alors les petits morceaux partiellement digérés puis forment des vacuoles nutritives qui terminent la digestion. Le flagelle se trouvant sur les cellules gastrodermiques sert à maintenir en mouvement le contenu de la cavité, afin d'assurer la distribution des nutriments. Une couche gélatineuse et parfois épaisse, la mésoglée, se trouve entre l'épiderme et le gastroderme.

vésicules appelées **nématocystes** (ou cnidocystes) qui peuvent libérer une substance urticante. L'appellation «Cnidaire» vient d'ailleurs de cette caractéristique (du grec *knidê*, «Ortie, plante urticante»).

Les tissus musculaires et nerveux des Cnidaires sont des plus simples. Les cellules de l'épiderme (feuillet externe) et du gastroderme (feuillet interne) possèdent des faisceaux de microfilaments disposés en fibres contractiles (voir le chapitre 7). Les animaux diploblastiques ne possèdent pas de tissu musculaire, puisque celui-ci provient du mésoderme. C'est la cavité gastrovasculaire qui en joue le rôle. Elle sert en effet de squelette hydraulique contre lequel s'appuient les cellules contractiles pour exécuter un mouvement. Quand l'animal ferme la bouche, la cavité a un volume fixe. La contraction de certaines cellules amène alors l'animal à changer de forme. Le mouvement lent provoqué par les contractions est coordonné par un réseau de cellules nerveuses. Les Cnidaires ne possèdent pas de cerveau. Leur réseau nerveux décentralisé se compose de récepteurs sensoriels simples qui sont répartis en rayons dans tout le corps. Ainsi, l'animal détecte les stimulus provenant de toutes les directions, et y répond.

L'embranchement des Cnidaires comporte trois classes principales : les Hydrozoaires, les Scyphozoaires et les Anthozoaires (TABLEAU 33.1; FIGURE 33.6, p. 708).

Classe des Hydrozoaires

Chez la plupart des Hydrozoaires alternent le stade polype et le stade méduse, comme le montre le cycle de développement d'*Obelia* (FIGURE 33.7, p. 709). Le stade polype est le plus visible.

TABLEAU 33.1	**Classes de l'embranchement des Cnidaires**
Classe et exemples	**Caractéristiques principales**
Hydrozoaires (Physalie, Hydres, *Obelia*, certains Coraux) (voir les FIGURES 33.6a et 33.7)	Marins pour la plupart, dulcicoles pour certains. La majorité des espèces existent à la fois sous la forme polype et sous la forme méduse. La forme polype est surtout présente chez les espèces qui vivent en colonies.
Scyphozoaires (Méduses, Cuboméduses, Chrysaores) (voir la FIGURE 33.6b)	Tous marins. Stade polype réduit. Nagent librement. Certaines méduses mesurent jusqu'à 2 m de diamètre.
Anthozoaires (Anémones de mer, la majorité des Coraux, Gorgones) (voir LA FIGURE 33.6, c et d)	Tous marins. Stade méduse absent. Sessiles. Beaucoup d'espèces forment des colonies.

Dans le cas d'*Obelia*, il se présente sous la forme d'une colonie de polypes qui sont reliés. L'Hydre, l'un des rares Cnidaires à vivre en eau douce, est un Hydrozoaire assez particulier : il n'existe que sous la forme polype. Dans des conditions favorables, l'Hydre se reproduit de façon asexuée, par bourgeonnement, c'est-à-dire en formant des excroissances qui se détachent ensuite du parent (voir la FIGURE 13.1). Lorsque les conditions se détériorent, elle se reproduit de façon sexuée : elle produit des zygotes résistants qui restent enkystés jusqu'à l'amélioration des conditions environnementales.

Classe des Scyphozoaires

Dans cette classe, le stade méduse domine le cycle de développement. Ces animaux que l'on appelle Méduses vivent surtout parmi le plancton. La plupart des Scyphozoaires côtiers passent une courte période de leur cycle de développement sous la forme polype. Cependant, les Méduses qui vivent en haute mer ont pour la plupart éliminé le stade polype sessile.

Classe des Anthozoaires

Les Anémones de mer et les Coraux appartiennent à la classe des Anthozoaires. Ils n'existent que sous la forme polype. Les Coraux sont des animaux qui vivent seuls ou en colonies. Ils sécrètent un squelette externe rigide qui est composé de calcaire. Chaque nouvelle génération s'établit sur les débris squelettiques des générations précédentes. Les Coraux construisent ainsi des récifs dont les formes caractérisent l'espèce. Ce sont ces squelettes que nous baptisons Corail.

Dans les mers tropicales, les récifs coralliens abritent une grande variété d'invertébrés et de poissons. Dans de nombreuses régions du monde, ces récifs subissent des dommages causés par des modifications du milieu. Le réchauffement de la planète semble être un facteur déterminant. Nous examinerons ce problème au chapitre 54.

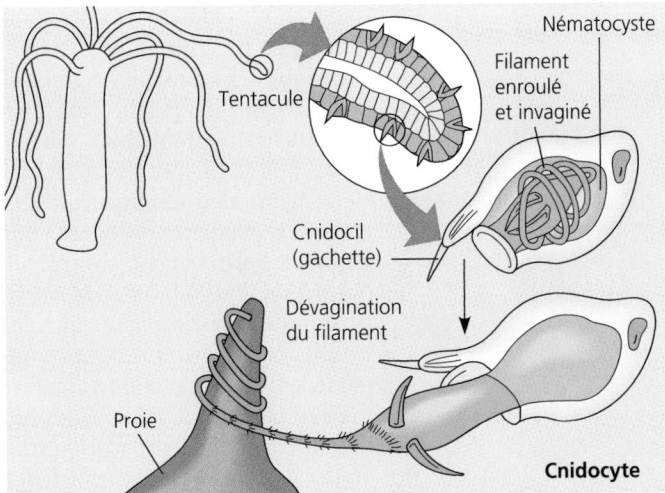

FIGURE 33.5 Cnidocyte d'une Hydre. Ce type de cnidocyte contient une capsule urticante, le nématocyste, dans laquelle se trouve un filament invaginé. Lorsqu'un appendice sensoriel, appelé cnidocil, reçoit une stimulation tactile ou chimique, il agit comme une gachette et provoque la dévagination du filament. Le filament s'enfonce alors dans la proie et lui injecte un poison. Les longs filaments d'autres types de cnidocytes collent aux petites proies ou s'enroulent autour d'elles. Celles-ci sont alors prisonnières des tentacules.

(a) Hydrozoaires

(b) Scyphozoaires (Méduses)

**(c) Anthozoaires
(Anémones de mer)**

(d) Anthozoaires (Coraux)

FIGURE 33.6 Représentants des classes des Cnidaires. (a) Ces polypes appartiennent à une espèce de la classe des Hydrozoaires qui vit en colonies. **(b)** Ces Méduses appartiennent à la classe des Scyphozoaires. La forme méduse correspond au stade visible du cycle de développement des membres de cette classe. De nombreuses espèces, dont celle-ci, émettent une fluorescence (biolumi-nescence). Les espèces les plus volumineuses possèdent des tentacules de plus de 100 m qui pendent d'une ombrelle mesurant jusqu'à 2 m de diamètre. **(c)** Les Anémones de mer et les autres membres de la classe des Anthozoaires n'existent que sous la forme polype. **(d)** Cette colonie de Coraux ayant la forme polype appartient à la classe des Anthozoaires. Un grand nombre de Coraux vivent en symbiose avec des algues qui contribuent à leur alimentation. Les récifs de Coraux fournissent un habitat à une immense variété d'invertébrés et de poissons. On ne les trouve que dans les mers chaudes et peu profondes. Il s'agit ici de Coraux étoilés.

Embranchement des Cténophores : les Cydippes sont munies de palettes natatoires ciliées et de colloblastes adhésifs

Bien que les Cydippes, qui appartiennent à l'embranchement des **Cténophores,** ressemblent un peu aux Méduses, le lien qui pourrait exister entre les membres des deux embranchements est incertain. Il n'existe qu'une centaine d'espèces de Cydippes, toutes marines. Le diamètre de cet animal de forme sphérique ou ovoïde varie de 1 cm à 10 cm. Il existe également des Cydippes de forme rubanée pouvant mesurer jusqu'à 1 m. Les Cténophores (du grec *ktenos*, «peigne») possèdent huit rangées de palettes natatoires d'où sortent des cils vibratiles. Chaque palette a l'aspect d'un peigne, d'où le nom de cet embranchement. Les Cténophores sont les plus gros animaux à se mouvoir grâce à des cils. Un organe sensoriel situé au pôle aboral assure l'orientation. Un réseau de cellules nerveuses s'étendant de cet organe sensoriel jusqu'aux palettes natatoires coordonne le mouvement. La plupart des Cydippes ont deux longs tentacules rétractables (FIGURE 33.8). Sur ces tentacules se trouvent des structures adhésives appelées **colloblastes.** Au contact de la proie (habituellement du petit plancton), les colloblastes s'ouvrent et libèrent un filament adhésif qui sert à capturer la nourriture. Puis, les tentacules acheminent celle-ci vers la bouche.

LES PROTOSTOMIENS : LOPHOTROCHOZOAIRES

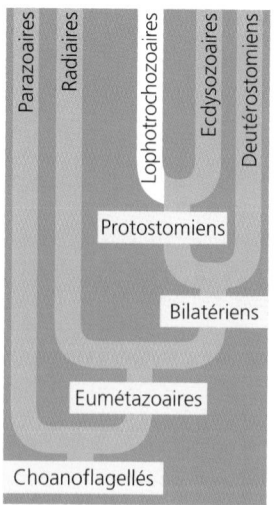

L'arbre phylogénétique de la FIGURE 33.1 fondé sur les données moléculaires s'appuie sur l'hypothèse que les animaux à symétrie bilatérale ont un ancêtre commun et forment un groupe monophylétique (le clade des Bilatériens). Cette hypothèse implique que les premiers Bilatériens étaient des animaux relativement complexes dotés d'un vrai cœlome. Dans cette version de la phylogenèse animale, les Bilatériens les plus simples ne possèdent pas de cœlome (acœlomates) et ceux qui sont munis d'un pseudocœlome (partiellement tapissé de mésoderme) dérivent des cœlomates. Les données moléculaires situent l'origine des Bilatériens à la période précambrienne, c'est-à-dire avant l'explosion du Cambrien. Des pistes qui auraient été laissées par des animaux fouisseurs dans des sédiments précambriens étayent l'hypothèse selon laquelle le cœlome est apparu très tôt. Le squelette hydraulique de ces animaux leur aurait permis de s'enfouir sous terre (voir le chapitre 32).

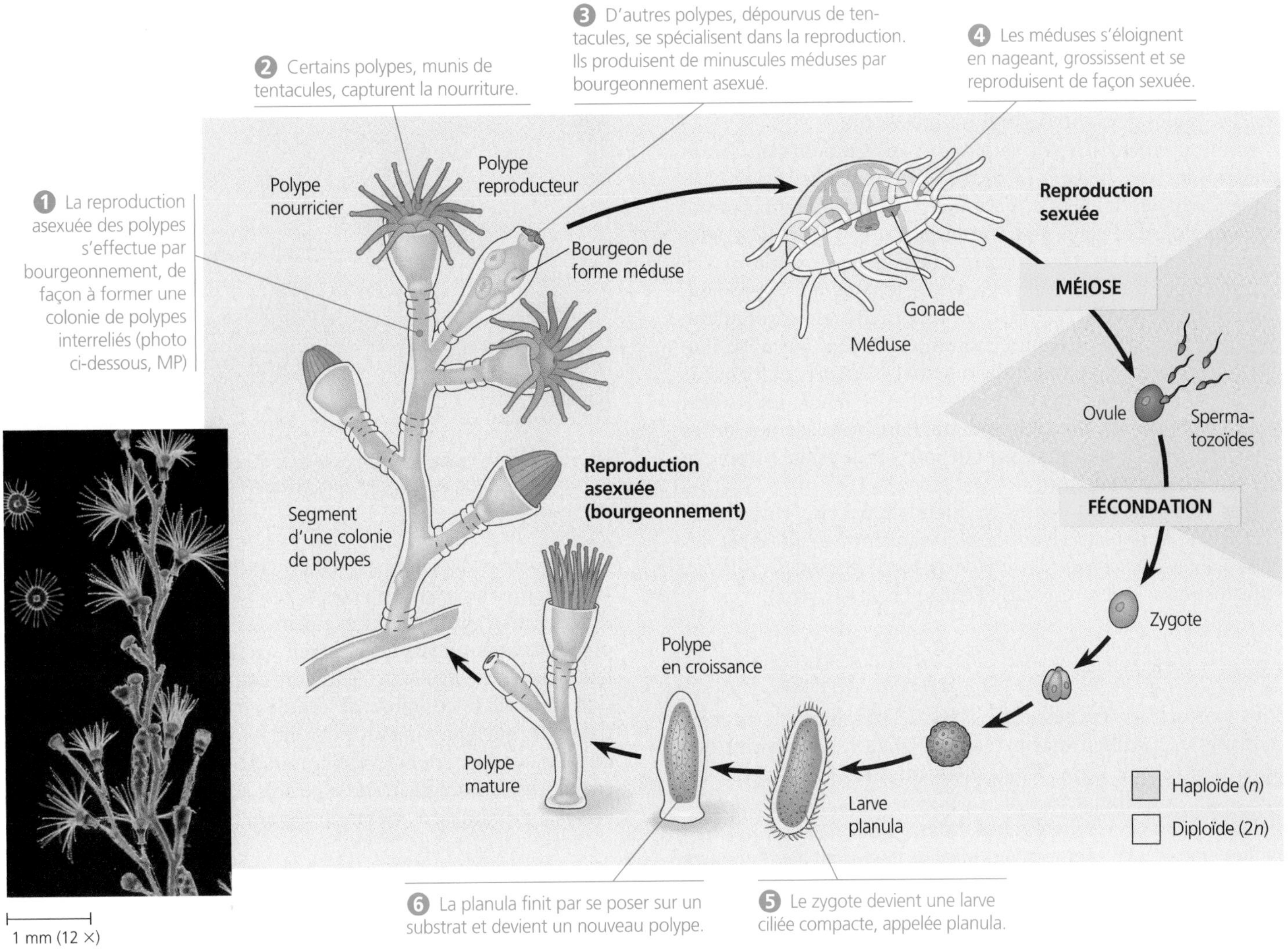

② Certains polypes, munis de tentacules, capturent la nourriture.

③ D'autres polypes, dépourvus de tentacules, se spécialisent dans la reproduction. Ils produisent de minuscules méduses par bourgeonnement asexué.

④ Les méduses s'éloignent en nageant, grossissent et se reproduisent de façon sexuée.

① La reproduction asexuée des polypes s'effectue par bourgeonnement, de façon à former une colonie de polypes interreliés (photo ci-dessous, MP).

Polype nourricier

Polype reproducteur

Bourgeon de forme méduse

Reproduction sexuée

MÉIOSE

Gonade

Méduse

Ovule

Spermatozoïdes

FÉCONDATION

Reproduction asexuée (bourgeonnement)

Segment d'une colonie de polypes

Zygote

Polype en croissance

Polype mature

Haploïde (*n*)

Diploïde (2*n*)

Larve planula

1 mm (12 ×)

⑥ La planula finit par se poser sur un substrat et devient un nouveau polype.

⑤ Le zygote devient une larve ciliée compacte, appelée planula.

FIGURE 33.7 Cycle de développement de l'Hydrozoaire *Obelia*. Le stade polype est asexué, tandis que le stade méduse est sexué. Les deux stades alternent et s'engendrent l'un l'autre. Il ne faut cependant pas confondre ce processus avec l'alternance de générations que l'on rencontre chez les Végétaux. Les formes méduse et polype correspondent toutes les deux à des organismes diploïdes. (L'état diploïde est caractéristique des Animaux ; seuls les gamètes d'*Obelia* sont haploïdes.) Chez les Plantes, les générations sont successivement haploïdes puis diploïdes.

Des données de la systématique moléculaire confirment la subdivision des Bilatériens en deux clades : les Protostomiens et les Deutérostomiens, comme dans la phylogenèse fondée sur le développement embryonnaire (comparer les FIGURES 32.4 et 32.8 ; voir la FIGURE 32.7). Dans la phylogenèse fondée sur les données moléculaires, le clade des Protostomiens se divise en deux autres clades : les Lophotrochozoaires et les Ecdysozoaires (termes qui sont expliqués au chapitre 32). Dans cette section, nous allons nous pencher sur le clade des Lophotrochozoaires.

Embranchement des Plathelminthes : les Vers plats sont des acœlomates munis d'une cavité gastrovasculaire

Il existe à peu près 14 000 espèces de **Plathelminthes**, ou Vers plats, qui vivent en eau douce, en eau salée ou en terrain humide. Bien que certaines espèces, comme les Douves et les Ténias (Ver

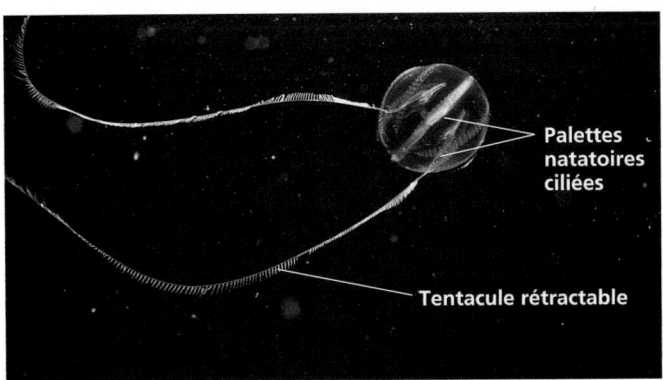

Palettes natatoires ciliées

Tentacule rétractable

FIGURE 33.8 Cténophore (Cydippe). La Groseille de mer ronde (*Pleurobrachia pileus*) vit parmi le plancton. Pour se déplacer, elle utilise ses huit palettes natatoires ciliées qui ressemblent à des peignes. Ses tentacules rétractables servent à capturer la nourriture. Les Cténophores et les Cnidaires sont des animaux radiaires et diploblastiques. Mais on croit qu'ils n'ont pas le même ancêtre parazoaire.

solitaire), parasitent certains animaux, un grand nombre d'espèces vivent à l'état libre. Leur corps est généralement aplati (plus large qu'épais), d'où leur nom (du grec *platus*, « large » et *helmins*, « ver »). Certaines espèces sont microscopiques, tandis que les Ténias peuvent mesurer jusqu'à 20 m.

Contrairement aux animaux radiaires (Cnidaires et Cténophores), les Vers plats et les autres Bilatériens sont triploblastiques. L'un des feuillets embryonnaires, le mésoderme, permet la formation d'organes plus complexes, de systèmes d'organes et de vrais muscles. La structure des Vers plats est donc plus complexe que celle des Cnidaires et des Cténophores. Cependant, le tube digestif d'un Ver plat est une cavité gastrovasculaire munie d'une seule ouverture, comme chez les Cnidaires. (Les Ténias ne possèdent pas de tube digestif ; ils absorbent les nutriments par la couche externe de leur corps.) Par ailleurs, les Vers plats ont une structure plus rudimentaire que celle des autres Bilatériens, en ce sens qu'ils sont dépourvus de cavité corporelle (ce sont des acœlomates).

Les Vers plats sont divisés en quatre classes : les Turbellariés (Planaires, Vers plats vivant le plus souvent à l'état libre), les Monogènes (*Benedenia, Encotyllabe*), les Trématodes (Douves, Schistosomes) et les Cestodes (Ténias) (TABLEAU 33.2).

Classe des Turbellariés

Presque tous les Turbellariés vivent à l'état libre (et non en parasites), en milieu marin (FIGURE 33.9). Les individus qui appartiennent au genre *Planaria* vivent dans les étangs et les ruisseaux. Les **Planaires** sont carnivores et se nourrissent de petits animaux et de charogne (FIGURE 33.10).

Les Planaires et les autres Vers plats ne possèdent pas d'organes qui se spécialisent dans les échanges gazeux et la circulation. Comme ils ont un corps aplati, toutes leurs cellules se trouvent tout près de l'eau environnante. De plus, les ramifications de la

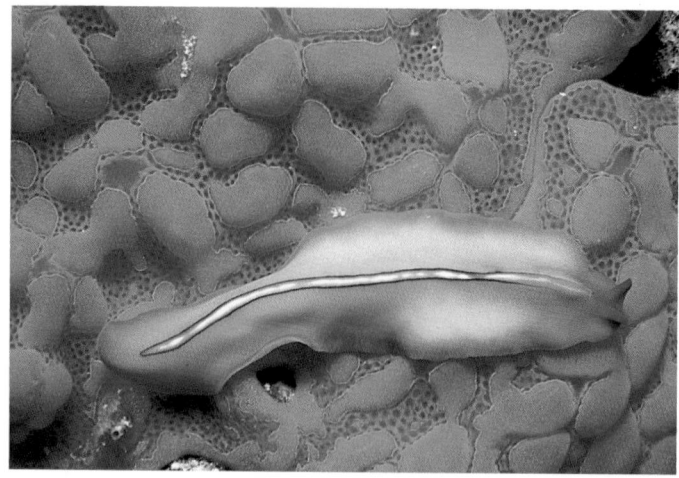

FIGURE 33.9 Ver plat. Les membres de la classe des Turbellariés sont des Vers plats presque tous marins qui vivent à l'état libre.

cavité gastrovasculaire permettent la distribution de la nourriture à toutes les parties du corps. Les déchets azotés, sous forme d'ammoniac, diffusent directement des cellules à l'eau. Les Vers plats possèdent aussi un appareil excréteur plutôt simple qui leur permet de maintenir l'équilibre osmotique avec leur milieu. Cet appareil se compose de cellules ciliées, appelées cellules-flammes, qui acheminent les liquides vers des canaux ramifiés ouverts sur l'extérieur (voir la FIGURE 44.18). L'évolution des structures osmorégulatrices a permis à certains Turbellariés de vivre en eau douce et même en terrain humide.

TABLEAU 33.2 **Classes des Plathelminthes**	
Classe et exemples	**Caractéristiques principales**
Turbellariés (Vers plats vivant pour la plupart à l'état libre ; par exemple les Planaires) (voir les FIGURES 33.9 et 33.10)	Marins pour la plupart. Certains sont dulcicoles ou terrestres. Prédateurs et charognards. Surface du corps ciliée.
Monogènes (*Benedenia, Encotyllabe*)	Parasites marins ou d'eau douce. La majorité infectent les organes externes de certains poissons. Cycle de développement simple. C'est une larve ciliée qui infecte l'hôte.
Trématodes (Douves et Schistosomes) (voir la FIGURE 33.11)	Parasites de Vertébrés généralement. Deux ventouses se fixent à l'hôte. Le cycle de développement comprend un hôte intermédiaire.
Cestodes (Ténias) (voir la FIGURE 33.12)	Parasites de Vertébrés. Le scolex se fixe à l'hôte. Les proglottis contiennent les œufs et se détachent après la fécondation. Sans tête ni système digestif. Le cycle de développement comprend un ou plusieurs hôtes intermédiaires.

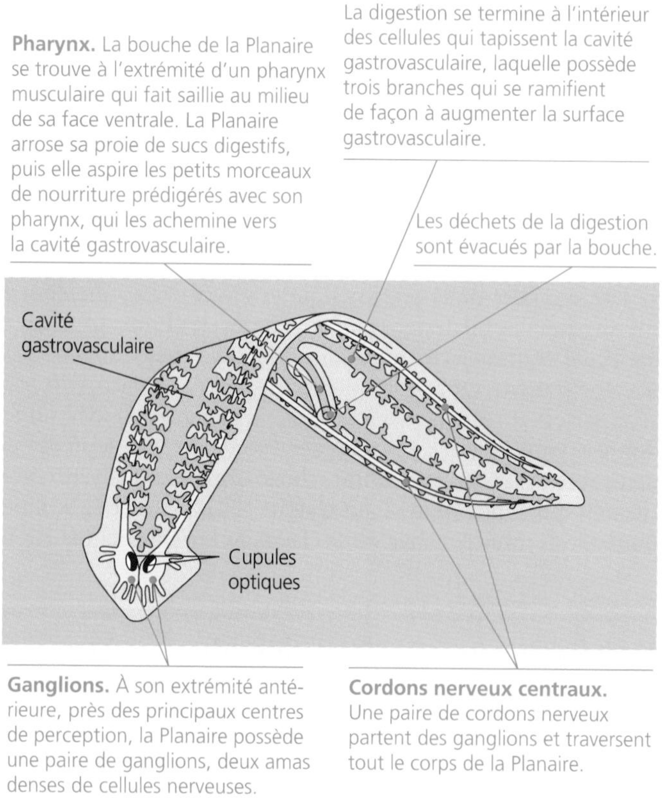

Pharynx. La bouche de la Planaire se trouve à l'extrémité d'un pharynx musculaire qui fait saillie au milieu de sa face ventrale. La Planaire arrose sa proie de sucs digestifs, puis elle aspire les petits morceaux de nourriture prédigérés avec son pharynx, qui les achemine vers la cavité gastrovasculaire.

La digestion se termine à l'intérieur des cellules qui tapissent la cavité gastrovasculaire, laquelle possède trois branches qui se ramifient de façon à augmenter la surface gastrovasculaire.

Les déchets de la digestion sont évacués par la bouche.

Cavité gastrovasculaire

Cupules optiques

Ganglions. À son extrémité antérieure, près des principaux centres de perception, la Planaire possède une paire de ganglions, deux amas denses de cellules nerveuses.

Cordons nerveux centraux. Une paire de cordons nerveux partent des ganglions et traversent tout le corps de la Planaire.

FIGURE 33.10 Anatomie de la Planaire.

Les Planaires se déplacent au moyen des cils qui tapissent leur épiderme ventral, glissant sur la pellicule de mucus qu'elles sécrètent. Certains Turbellariés utilisent aussi leurs muscles pour exécuter des mouvements ondulatoires qui leur permettent de nager.

Les Planaires ont une tête (c'est le début de la céphalisation chez les Animaux). Sur cette tête se trouve une paire de cupules optiques (yeux primitifs) pouvant détecter la lumière, mais aussi deux prolongements latéraux, appelés auricules, qui contiennent des cellules chimioréceptrices procurant le sens de l'odorat. Le système nerveux des Planaires est plus complexe et centralisé que le réseau nerveux des Cnidaires. Les Planaires peuvent en effet apprendre à modifier leurs réactions à des stimulus.

Les Planaires se reproduisent de façon asexuée par régénération. Après un étranglement au milieu du ver adulte, les deux moitiés régénèrent la portion manquante. Les Planaires peuvent aussi se reproduire par voie sexuée. Bien que ce soient des hermaphrodites, leur accouplement permet la fécondation croisée.

Classe des Monogènes et classe des Trématodes

Les Monogènes (*Benedenia, Encotyllabe*) et les Trématodes (Douves et Schistosomes ou Bilharzies) vivent en parasites internes ou externes de certains animaux. Nombre d'entre eux possèdent des ventouses qui leur permettent de se fixer aux organes internes ou à la surface de leur hôte. Une enveloppe résistante les protège. Les organes reproducteurs occupent la quasi-totalité de leur corps.

Le cycle de développement de presque tous les Trématodes comprend une alternance des stades sexué et asexué. Les Trématodes parasitent une variété d'hôtes. Plusieurs d'entre eux ont besoin d'un hôte intermédiaire, dans lequel la larve se développe, pour devenir adulte et infecter l'hôte définitif (souvent un vertébré). Ainsi, les Schistosomes qui parasitent l'Humain passent leur stade larvaire dans l'Escargot (FIGURE 33.11). Près de 200 millions de personnes dans le monde sont infectées par un Schistosome (*Schistosoma mansoni*) qui provoque des lésions au foie et à la rate, des douleurs abdominales, de l'anémie et le syndrome dysentérique. Un médicament appelé praziquantel (Biltricide) paralyse les Trématodes et les tue au moyen d'une lyse cellulaire attribuable à une modification de la perméabilité membranaire au calcium.

La plupart des Monogènes infectent les organes externes de certains poissons, tels que la peau et les branchies. Leur cycle de développement est relativement simple et comprend une forme larvaire ciliée parasite et mobile vivant à l'état libre. Si les Monogènes ont toujours été associés aux Trématodes, certains indices liés à leur structure et à leur composition chimique donnent à penser qu'ils seraient plus proches des Ténias.

Classe des Cestodes

Les Ténias sont des Cestodes qui, une fois adultes, parasitent surtout les Vertébrés, notamment l'Humain. Ils ne possèdent pas de système digestif, leurs aliments étant prédigérés par l'hôte. La tête d'un Cestode, appelée scolex, porte des ventouses et souvent des crochets qui lui permettent de se fixer à la muqueuse intestinale de son hôte (FIGURE 33.12, p. 712). Derrière le scolex se trouve un long ruban d'anneaux, appelés proglottis, qui sont essentiellement des sacs contenant les organes reproducteurs.

Lorsqu'ils sont arrivés à maturité, les proglottis contiennent des milliers d'œufs. Le Cestode les libère alors de son extrémité postérieure dans les excréments de son hôte. Dans l'un des cycles de développement, ces excréments contaminent la nourriture ou l'eau d'hôtes intermédiaires comme les Porcs ou les Bovins, et les œufs du Cestode deviennent des larves qui s'enkystent dans les muscles de ces derniers. L'Humain est infecté s'il mange une viande contaminée qui n'est pas assez cuite. Une fois dans l'Humain, les larves deviennent des adultes qui parasitent l'intestin. Le Ténia adulte, qui peut atteindre plus de 20 m, peut causer une occlusion intestinale et détourner suffisamment de nutriments pour que son hôte souffre de carences nutritionnelles. Un médicament appelé niclosamide (Trédémine), administré par voie orale, élimine les vers adultes en perturbant leur métabolisme des glucides et en causant leur désinsertion de la paroi intestinale.

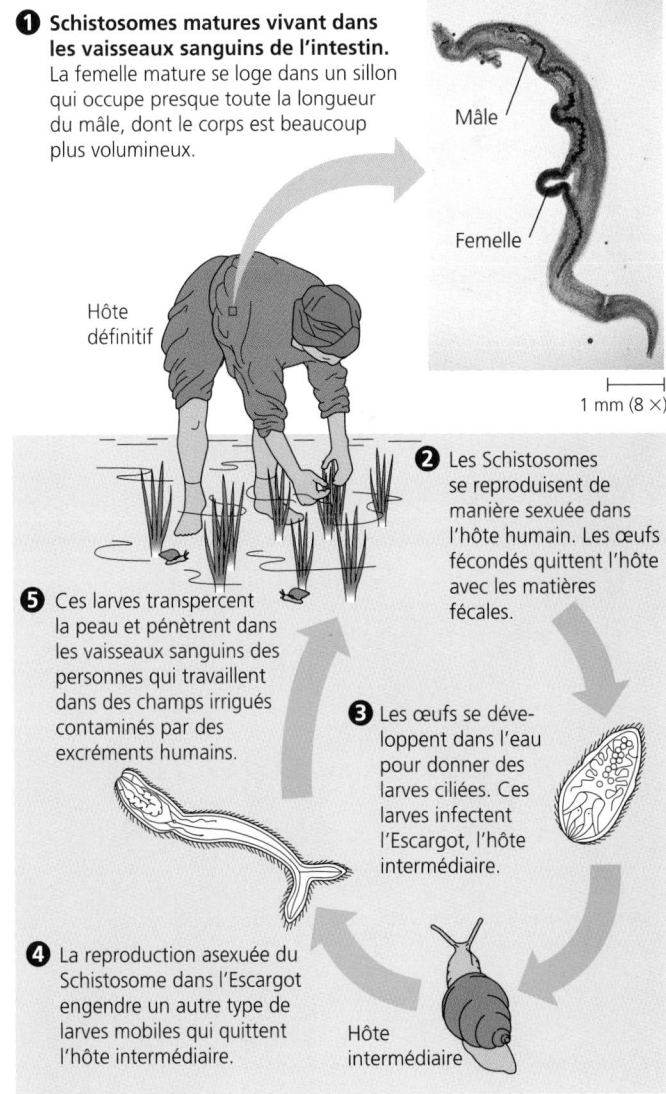

❶ **Schistosomes matures vivant dans les vaisseaux sanguins de l'intestin.** La femelle mature se loge dans un sillon qui occupe presque toute la longueur du mâle, dont le corps est beaucoup plus volumineux.

Mâle

Femelle

Hôte définitif

1 mm (8 ×)

❷ Les Schistosomes se reproduisent de manière sexuée dans l'hôte humain. Les œufs fécondés quittent l'hôte avec les matières fécales.

❸ Les œufs se développent dans l'eau pour donner des larves ciliées. Ces larves infectent l'Escargot, l'hôte intermédiaire.

❺ Ces larves transpercent la peau et pénètrent dans les vaisseaux sanguins des personnes qui travaillent dans des champs irrigués contaminés par des excréments humains.

❹ La reproduction asexuée du Schistosome dans l'Escargot engendre un autre type de larves mobiles qui quittent l'hôte intermédiaire.

Hôte intermédiaire

FIGURE 33.11 Cycle de développement d'un Schistosome (*Schistosoma mansoni*).

Embranchement des Rotifères : les Rotifères sont des pseudocœlomates pourvus d'un appareil masticateur, d'une couronne de cils entourant la bouche et d'un système digestif complet

On dénombre près de 1 800 espèces de Rotifères. Les **Rotifères** sont de minuscules animaux d'eau douce principalement, bien que certains vivent dans la mer ou dans les sols humides. Ils mesurent entre 0,05 mm et 2,0 mm et sont donc plus petits que bon nombre de Protozoaires. Malgré leur taille, ils présentent une organisation multicellulaire véritable ainsi que d'autres systèmes spécialisés (FIGURE 33.13). Contrairement aux Cnidaires et aux Vers plats, qui possèdent une cavité gastrovasculaire, les Rotifères sont munis d'un **système digestif complet** comprenant une bouche et un anus. Les organes internes se trouvent à l'intérieur du pseudocœlome, cavité corporelle partiellement tapissée de mésoderme (voir la FIGURE 32.6b). Le liquide du pseudocœlome sert de squelette hydraulique et de milieu de diffusion des nutriments et des déchets. Le liquide et le pseudocœlome tiennent lieu de système circulatoire, car les mouvements de l'organisme répartissent le liquide à l'intérieur de la cavité.

Le terme *Rotifère* (du latin *rota*, « roue ») fait référence à la couronne de cils qui entoure la bouche et y fait entrer l'eau dans

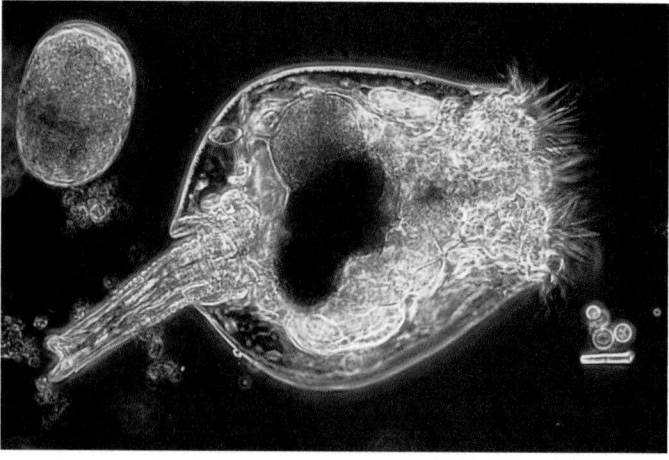

FIGURE 33.13 Rotifère. L'anatomie de ce pseudo-cœlomate, beaucoup plus petit que de nombreux Protistes, est beaucoup plus complexe que celle des Vers plats (MP).

0,1 mm (120 ×)

un mouvement de tourbillon. À l'intérieur de la bouche, dans le pharynx, se trouve un appareil masticateur constitué de sept pièces dures et mobiles qui servent à broyer la nourriture, des microorganismes en suspension dans l'eau essentiellement.

Les Rotifères ont un mode de reproduction plutôt étrange. En effet, certaines espèces ne comptent que des femelles qui donnent naissance à d'autres femelles à partir d'œufs non fécondés. Ce type de reproduction porte le nom de **parthénogenèse.** D'autres espèces produisent deux sortes d'œufs qui se développent par parthénogenèse : la première sorte d'œufs donne des femelles, tandis que la seconde produit des mâles dégénérés qui sont incapables de se nourrir. Cependant, ces mâles produisent des spermatozoïdes qui fécondent les ovules des femelles. Les zygotes qui en résultent peuvent survivre même en cas d'assèchement de l'étang. Lorsque les conditions s'améliorent, les zygotes sortent de leur léthargie. Ils deviennent alors de nouvelles femelles qui se reproduisent par parthénogenèse.

Embranchements du clade des Lophophoriens : les Bryozoaires, les Phoronidiens et les Brachiopodes sont des cœlomates dont la bouche s'entoure de tentacules ciliés

Lorsque l'on a subdivisé les Bilatériens en Protostomiens et en Deutérostomiens sur la base de caractéristiques embryologiques, on a eu du mal à classer les embranchements du clade des Lophophoriens, qui comprend les Bryozoaires, les Phoronidiens et les Brachiopodes. Toutefois, les données moléculaires indiquent clairement que les Lophophoriens font partie des Protostomiens. Les Bryozoaires, les Phoronidiens et les Brachiopodes sont regroupés sous l'appellation de **Lophophoriens** car ils possèdent tous une structure nommée **lophophore** (FIGURE 33.14). Cette structure est un repli de l'enveloppe corporelle, en forme d'anneau ou de fer à cheval, qui porte des tentacules ciliés entourant la bouche de l'animal (voir la FIGURE 32.11). L'anus se trouve à l'extérieur de la couronne de tentacules. Les cils de ces animaux filtreurs créent un mouvement

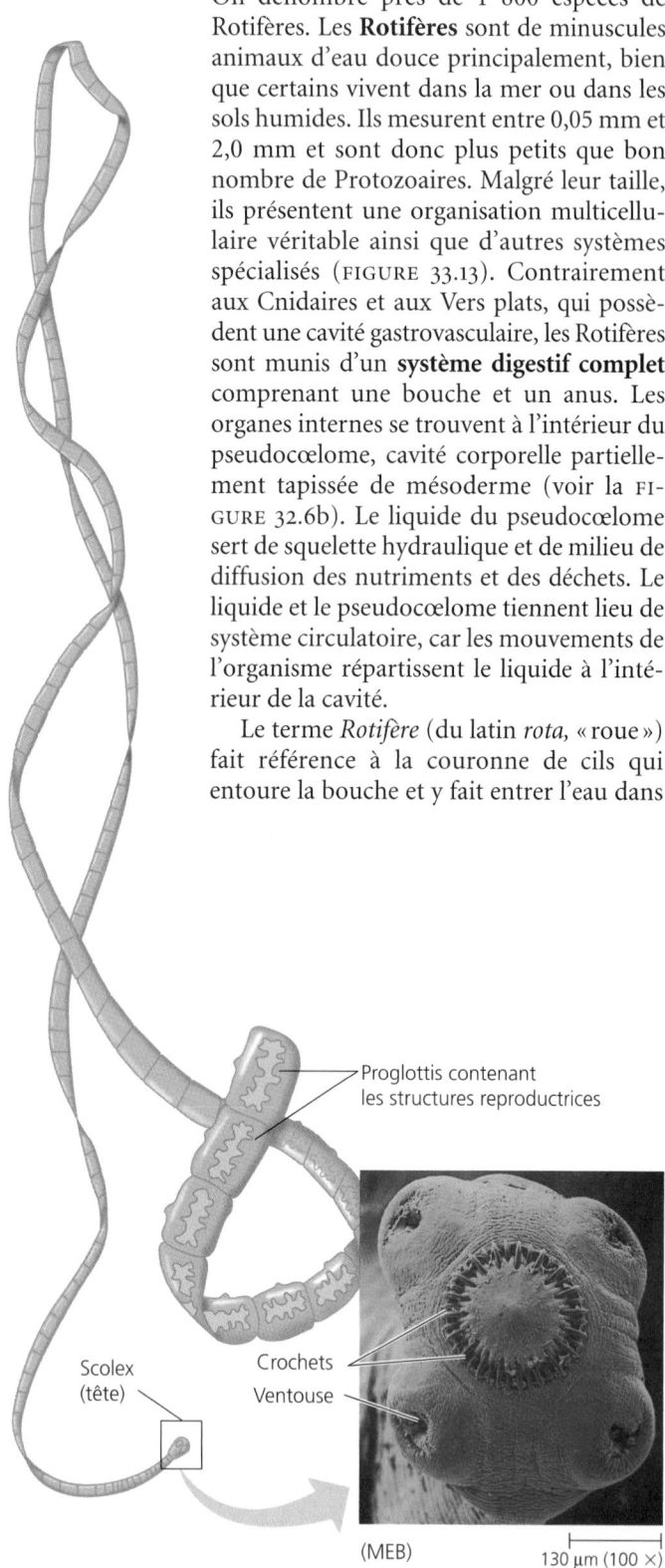

Proglottis contenant les structures reproductrices

Scolex (tête)

Crochets

Ventouse

(MEB)

130 µm (100 ×)

FIGURE 33.12 Anatomie du Cestode. Il s'agit du Ver solitaire (*Tænia solium*) qui parasite les Humains.

(a) Bryozoaires

(b) Brachiopodes

FIGURE 33.14 Lophophoriens. La structure la plus caractéristique du groupe des Lophophoriens est le lophophore, organe qui permet à l'animal de se nourrir des particules en suspension. **(a)** Les Bryozoaires, comme cette Croûte de dentelle (*Membranipora membranacea*), sont des Lophophoriens vivant en colonie ; beaucoup possèdent un exosquelette rigide. **(b)** Les Brachiopodes sont des Lophophoriens pourvus d'une coquille à charnières. Leurs valves sont en position dorsale et ventrale, contrairement à celles des coquilles de Mollusques (les Palourdes, par exemple) qui sont latérales.

qui entraîne l'eau vers la bouche. Les tentacules contribuent alors à retenir les particules de nourriture. La présence de cet organe complexe chez les Lophophoriens laisse supposer que les trois embranchements sont apparentés. Cependant, d'autres caractéristiques communes, comme la forme en U du tube digestif et l'absence d'une tête distincte, constituent des adaptations à un mode de vie sessile. Contrairement aux Vers plats, qui sont dépourvus de cavité corporelle, et aux Rotifères, qui possèdent un pseudocœlome, les Lophophoriens sont pourvus d'un vrai cœlome entièrement tapissé de mésoderme (voir la FIGURE 32.6c).

Les **Bryozoaires** (du grec *bruon*, « mousse » et *zôon*, « animal ») sont des animaux qui vivent en colonies et ressemblent à des mousses. Chez la plupart des espèces, la colonie est enfermée dans un exosquelette dur dont les pores permettent aux animaux de faire sortir leur lophophore (FIGURE 33.14a). La majeure partie des 5 000 espèces de Bryozoaires vivent dans la mer, où ils constituent l'un des groupes d'animaux sessiles les plus répandus. Plusieurs espèces sont d'importants constructeurs de récifs de Corail.

Les **Phoronidiens** sont des animaux marins au corps vermiforme qui habitent dans des tubes et dont la taille varie entre 1 mm et 50 cm. Certains d'entre eux vivent ensevelis sous le sable dans un tube de chitine. Ils sortent leur lophophore par l'ouverture du tube et le ramènent dans le tube lorsqu'ils se sentent menacés. Il existe à peine quinze espèces de Phoronidiens répartis en deux genres.

Les **Brachiopodes** sont des animaux marins qui ressemblent un peu aux Palourdes et aux Bivalves, sauf que la position des valves diffère : chez les Brachiopodes, une valve est dorsale et l'autre est ventrale, tandis que chez les Palourdes les deux valves sont latérales (FIGURE 33.14b). Les Brachiopodes vivent attachés à leur substrat par un pédoncule. Ils entrouvrent leur coquille pour faire circuler l'eau entre les deux valves et dans le lophophore. Les Brachiopodes sont les derniers représentants d'un embranchement autrefois très important. On a recueilli 30 000 espèces fossiles datant du Paléozoïque et du Mésozoïque, mais seules 330 espèces connues existent encore de nos jours. Le genre *Lingula*, qui a peu changé en 400 millions d'années, témoigne de ce lointain passé.

Embranchement des Némertes : les Némertes possèdent un proboscis, trompe qui sert à capturer les proies

Les **Némertes,** appelés parfois Vers rubanés, ont un corps aplati et allongé et possèdent une trompe (un proboscis) (FIGURE 33.15). Leur corps est acœlomate, comme celui des Vers plats, mais il contient un petit sac rempli de liquide que certains zoologistes considèrent comme la version réduite d'un vrai cœlome. Le contenu de ce sac sert à dévaginer le proboscis extensible avec lequel les Némertes capturent leurs proies.

La longueur des Némertes varie de moins de 1 mm à plus de 30 m. Parmi les quelque 900 espèces, presque toutes sont marines, les autres vivant en eau douce et dans les sols humides. Certains Némertes nagent activement, alors que d'autres se creusent des trous dans le sable.

Les Plathelminthes et les Némertes possèdent un système excréteur et un système nerveux similaires. Cependant, outre leur proboscis unique, les Némertes possèdent deux autres

FIGURE 33.15 Némerte, ou Ver rubané, au corps allongé et aplati.

structures que les Plathelminthes n'ont pas : un tube digestif complet comprenant une bouche et un anus ; et un **système cardiovasculaire clos.** En effet, le sang circulant dans les vaisseaux diffère du fluide de la cavité corporelle. Les Némertes n'ont pas de cœur ; la circulation du sang s'effectue grâce à des muscles qui compriment les vaisseaux.

Embranchement des Mollusques : les Mollusques sont constitués d'un pied musculeux, d'une masse viscérale et d'un manteau

Escargots, Limaces, Huîtres, Palourdes, Pieuvres et Calmars font tous partie de l'embranchement des **Mollusques,** qui compte d'ailleurs plus de 150 000 espèces connues. Bien que certains Mollusques vivent en eau douce et que d'autres, comme les Escargots et les Limaces, vivent sur la terre ferme, la plupart se trouvent dans la mer. Les Mollusques ont un corps mou (du latin *molluscus,* « écorce molle »), mais la plupart sont protégés par une coquille de calcaire. Cependant, au cours de l'évolution, certains Mollusques ont perdu une partie (Calmars) ou la totalité (Pieuvres) de leur coquille.

En dépit de leur apparente diversité, les Mollusques possèdent tous la même structure (FIGURE 33.16). Leur corps se compose de trois parties principales : un **pied** musculeux servant habituellement aux mouvements, une **masse viscérale** contenant la plupart des organes internes et un **manteau** constitué d'une épaisse tunique de tissu recouvrant la masse viscérale et pouvant sécréter une coquille. Chez de nombreux Mollusques, le prolongement du manteau forme un compartiment rempli d'eau, appelé **cavité palléale,** dans lequel se trouvent les branchies, l'anus et les pores excréteurs. À l'opposé de cette cavité se trouve un organe rugueux en forme de râpe, la **radula,** qu'un grand nombre de Mollusques utilisent pour ramasser leur nourriture.

La plupart des Mollusques sont unisexués, sauf les Escargots, qui sont hermaphrodites. Les gonades (les ovaires et les testicules)

sont situées dans la masse viscérale. Le cycle de développement d'un grand nombre de Mollusques marins comporte un stade de larve ciliée appelée **trocophore,** caractéristique qu'ont en commun les Annélides marins (Vers annelés) et certains autres Lophotrochozoaires (voir la FIGURE 32.9).

Les Mollusques ont subi plusieurs modifications de leur structure au cours de l'évolution. Nous allons étudier quatre classes parmi les huit qui permettent de mettre en évidence les grandes différences entre les Mollusques : les Polyplacophores (Chitons), les Gastéropodes (Escargots et Limaces), les Bivalves (Palourdes, Huîtres et autres) et les Céphalopodes (Calmars, Pieuvres et Nautiles) (TABLEAU 33.3).

TABLEAU 33.3 **Principales classes de Mollusques**

Classe et exemples	Caractéristiques principales
Polyplacophores (Chitons) (voir la FIGURE 33.17)	Marins. Coquille dorsale munie de huit plaques. Pied musculeux pour la locomotion. Tête réduite.
Gastéropodes (Escargots, Limaces) (voir les FIGURES 33.18 et 33.19)	Marins, dulcicoles ou terrestres. Corps asymétrique ; coquille habituellement en spirale. Coquille réduite ou absente chez certaines espèces. Pied musculeux pour la locomotion. Présence d'une radula.
Bivalves (Palourdes, Moules, Pétoncles, Huîtres) (voir les FIGURES 33.20 et 33.21)	Marins ou dulcicoles. Coquille aplatie formée de deux valves. Tête réduite. Une paire de branchies ciliées. La plupart filtrent leur nourriture. Le manteau comporte deux siphons.
Céphalopodes (Calmars, Pieuvres, Nautilus) (voir la FIGURE 33.22)	Marins. Tête entourée de tentacules souvent munis de ventouses. Coquille externe, interne ou absente. Bouche avec ou sans radula. Locomotion par propulsion grâce au siphon créé par le manteau.

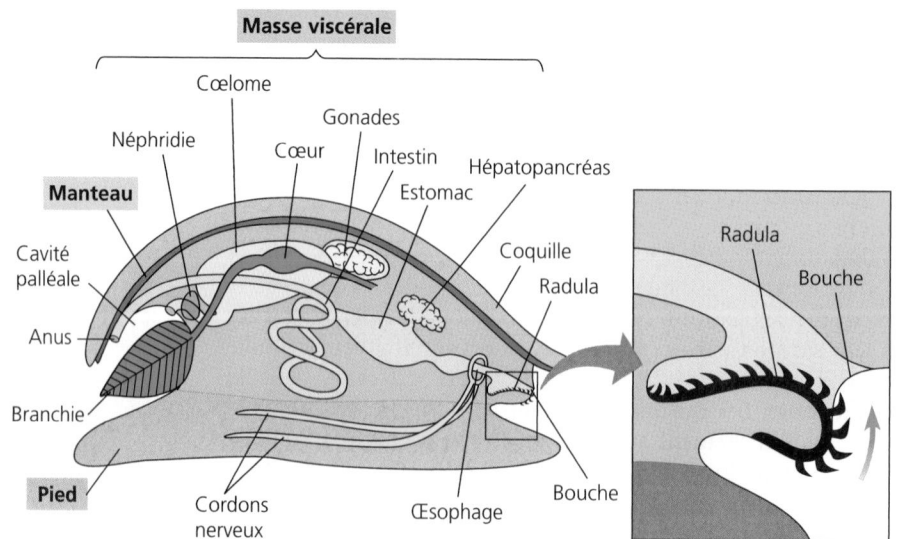

FIGURE 33.16 Plan d'organisation corporelle typique des Mollusques. Les trois structures distinctives de cet embranchement sont le manteau, la masse viscérale et le pied. Chez de nombreuses espèces, les branchies se trouvent dans la cavité palléale. Le long tube digestif est enroulé dans la masse viscérale. La plupart des Mollusques ont un système cardiovasculaire ouvert comprenant, en position dorsale, un cœur qui pompe le liquide (hémolymphe) circulant des artères vers les sinus (espaces corporels) ; les sinus se remplissent de l'hémolymphe qui baigne les organes. Des organes excréteurs appelés néphridies débarrassent l'hémolymphe des déchets métaboliques. Le système nerveux consiste en un anneau nerveux entourant l'œsophage d'où partent des cordons nerveux. L'agrandissement de la région buccale en médaillon montre la radula, organe rugueux présent chez de nombreux Mollusques. La radula ressemble à une ceinture de dents recourbées vers l'arrière qui sort de la bouche et effectue des mouvements de va-et-vient permettant à l'animal de gratter et de ramener sa nourriture.

Classe des Polyplacophores

La classe des Polyplacophores ou Chitons comprend environ 900 espèces. Ce sont des animaux marins ovales recouverts d'une coquille formée de huit plaques dorsales (mais leur corps lui-même n'est pas segmenté). On les trouve accrochés aux rochers des rivages à marée basse (FIGURE 33.17). Ils y sont si bien agrippés, grâce à leur pied qui sert de ventouse, qu'il est toujours surprenant de constater à quel point il est difficile de les déloger. Les Chitons utilisent leur pied musculeux pour ramper lentement à la surface des rochers. À l'aide de leur radula, ils râpent la surface du rocher à la recherche de morceaux d'algues, dont ils se nourrissent.

Classe des Gastéropodes

Les Gastéropodes comptent plus de 100 000 espèces, ce qui en fait la classe la plus importante parmi les Mollusques. La plupart d'entre eux vivent dans la mer, mais beaucoup vivent en eau douce et d'autres encore, comme les Escargots et les Limaces, se sont adaptés à la vie sur la terre ferme.

La caractéristique la plus marquante des Gastéropodes est la **torsion** qu'ils subissent au cours de leur développement embryonnaire. Durant ce processus, une moitié de la masse viscérale croît plus vite que l'autre et se contracte, ce qui provoque une rotation de 180° qui amène l'anus et la cavité palléale en position antérodorsale, près de la tête (FIGURE 33.18). Certains zoologistes prétendent que cette torsion déplace avantageusement la masse viscérale et la lourde coquille vers le centre du corps de l'Escargot.

Une coquille en forme de spirale protège la plupart des Gastéropodes et leur sert de refuge en présence de prédateurs (FIGURE 33.19). Cette coquille est souvent conique, sauf chez les Ormeaux (par exemple, *Haliotis tuberculata*) et les Patelles (par exemple, *Patella vulgata*), chez qui elle est plate. Chez un grand nombre de Gastéropodes, les yeux se trouvent au bout de tentacules situés sur une tête qui se distingue du reste du corps. Les Gastéropodes avancent grâce au mouvement ondulatoire de leur pied allongé. La plupart d'entre eux se servent de leur

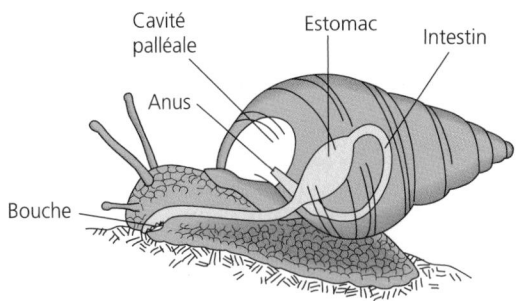

FIGURE 33.18 Résultat de la torsion chez un Gastéropode. La torsion (rotation de la masse viscérale) que subissent les Gastéropodes durant leur développement embryonnaire enroule le tube digestif et déplace l'anus à l'arrière de la tête, vers le pôle antérieur de l'animal. Après la torsion, certains organes qui étaient bilatéraux s'atrophient sur l'un des côtés du corps. Il ne faut pas confondre la torsion avec la formation en hélice de la coquille, qui constitue un processus distinct.

radula pour gratter la surface de matières végétales ou d'algues. Toutefois, les Gastéropodes prédateurs ont une radula modifiée qui leur permet de percer des trous dans les coquilles des autres Mollusques ou de déchirer les tissus animaux résistants. Chez les Escargots, les individus appartenant aux Cônes (par exemple, *Conus genuanus*) possèdent sur leur radula des dents creuses qui se terminent par un barbillon empoisonné pénétrant la proie.

Les Gastéropodes font partie des rares Invertébrés à avoir réussi à s'implanter sur la terre ferme. Les Escargots terrestres ont remplacé les branchies des Gastéropodes aquatiques par un système dans lequel la cavité palléale vascularisée sert de poumon et assure les échanges de gaz respiratoires avec l'air ambiant.

Classe des Bivalves

La classe des Bivalves, ou des Lamellibranches, comprend de nombreuses espèces de Palourdes, d'Huîtres, de Moules et de Pétoncles. Elle compte environ 12 000 espèces. La coquille des Bivalves se divise en deux parties (FIGURE 33.20, p. 716) reliées

FIGURE 33.17 Chiton. Se cramponnant aux rochers en zone intertidale, ce Chiton (classe des Polyplacophores) a une coquille dorsale composée de huit plaques, caractéristique de cette classe de Mollusques.

(a) Coquilles des Gastéropodes. La classe des Gastéropodes est l'une des classes animales les plus diversifiées, ce qui fait la joie des collectionneurs de coquillages.

FIGURE 33.19 Gastéropodes.

(b) Limaces de mer. Les Nudibranches, ou Limaces de mer, ont perdu leur coquille au cours de l'évolution.

FIGURE 33.20 Bivalve. Ce Pétoncle possède un grand nombre d'yeux situés le long des deux moitiés de sa coquille à charnière.

par une charnière au milieu du dos. Lorsque survient un danger, de puissants muscles adducteurs referment solidement les deux parties et protègent le corps mou de l'animal. Une fois le danger écarté, la coquille s'ouvre, ce qui permet au Bivalve d'étirer son pied en forme de hachette pour creuser ou s'ancrer.

La cavité palléale des Bivalves renferme des branchies ciliées qui servent autant à l'alimentation qu'aux échanges gazeux (FIGURE 33.21). La plupart des Bivalves sont des organismes filtreurs. Ils captent de fines particules alimentaires grâce au mucus qui tapisse leurs branchies et ils utilisent leurs cils pour

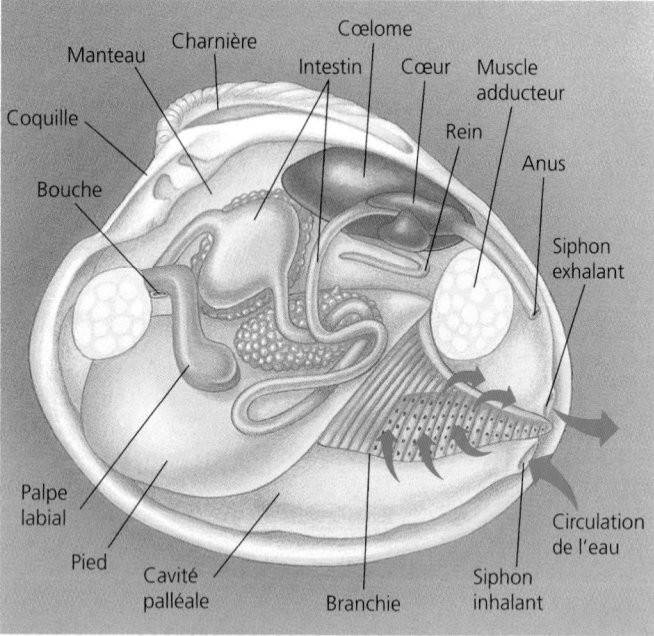

FIGURE 33.21 Anatomie de la Palourde. (La valve gauche de ce Bivalve a été retirée.) Une fois aspirées par le siphon inhalant, les particules de nourriture en suspension dans l'eau sont recueillies par les branchies ciliées et amenées à la bouche par quatre lobes ciliés et allongés appelés « palpes labiaux ».

amener ces particules vers la bouche. Un siphon inhalant amène l'eau dans la cavité palléale et lui fait traverser les branchies. Un siphon exhalant propulse ensuite l'eau hors de la cavité palléale. Les Bivalves ne possèdent pas de tête et ont perdu leur radula au cours de l'évolution.

À cause de leur mode de nutrition, les Bivalves mènent une vie plutôt sédentaire. Les Moules sessiles sécrètent des fils solides qui les attachent aux rochers, aux quais, aux bateaux et aux coquilles d'autres animaux. Les Palourdes, quant à elles, se déplacent dans le sable ou la vase en creusant à l'aide de leur pied musculeux. Outre qu'ils creusent le sol, les Pétoncles se déplacent en faisant claquer brusquement les valves de leur coquille à la manière de castagnettes.

Classe des Céphalopodes

Les Céphalopodes ont évolué dans le but de se déplacer rapidement, adaptation qui concorde avec leur régime carnivore. Les Calmars et les Pieuvres possèdent de puissantes mâchoires avec lesquelles ils mordent leur proie, qu'ils immobilisent ensuite avec un venin. La bouche se trouve au centre de plusieurs longs tentacules. Un manteau recouvre la masse viscérale. Mais, en général, la coquille est réduite et interne (Calmars), ou complètement absente (majorité des Pieuvres) (FIGURE 33.22a et b). Seuls les Nautiles ont conservé leur coquille externe jusqu'à nos jours (FIGURE 33.22c).

Le Calmar se déplace de façon saccadée, habituellement vers l'arrière. Pour ce faire, il remplit sa cavité palléale d'eau, qu'il expulse ensuite avec force à l'avant par un siphon exhalant. Il se dirige en pointant ce dernier dans la direction contraire au déplacement. Le pied des Céphalopodes, qui a subi des modifications au cours de l'évolution, forme un ensemble comprenant le siphon exhalant et une partie des tentacules et de la tête (« Céphalopodes » vient de *cephalo,* « tête » et *podos,* « pied »). La plupart des Calmars mesurent moins de 75 cm, sauf le Calmar géant (*Architeuthis sp.*) qui est d'ailleurs le plus grand Invertébré. Le plus gros Calmar connu mesurait 17 m (avec les tentacules) et pesait près de deux tonnes.

Au lieu de nager comme les Calmars, les Pieuvres restent au fond de la mer, où elles rasent le sol rapidement à la recherche de crabes et d'autres proies.

Les Céphalopodes sont les seuls Mollusques à posséder un système cardiovasculaire clos. Ils possèdent aussi un système nerveux bien développé comprenant un cerveau complexe. Comme ces prédateurs doivent se déplacer rapidement, ils ont une plus grande faculté d'apprentissage et un comportement plus élaboré que des animaux sédentaires comme les Palourdes. Les Pieuvres et les Calmars ont également des organes sensoriels évolués.

Les ancêtres des Pieuvres et des Calmars étaient probablement des Mollusques munis d'une coquille qui ont adopté le mode de vie des prédateurs. Au fil de l'évolution, la coquille aurait disparu. Les Céphalopodes à coquille appelés **Ammonites,** dont plusieurs étaient très grands, étaient des prédateurs invertébrés qui ont dominé les mers durant des centaines de millions d'années. Ils ont disparu lors des extinctions massives de la fin du Crétacé (voir le chapitre 25). De nos jours, on compte environ 730 espèces de Céphalopodes.

FIGURE 33.22 Céphalopodes.

(a) Cette espèce de Calmar (*Loligo opalescens*) est carnivore et nage rapidement. Les Calmars possèdent des mâchoires en forme de bec, ainsi que des yeux bien développés.

(b) On croit que les Pieuvres figurent parmi les Invertébrés les plus intelligents.

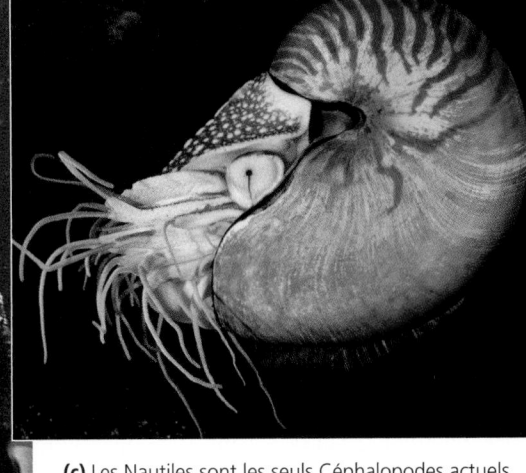

(c) Les Nautiles sont les seuls Céphalopodes actuels à posséder une coquille.

Embranchement des Annélides : les Annélides sont des Vers annelés

Les **Annélides** sont des Vers annelés qui se caractérisent par leur apparence segmentée (« Annélide » vient du mot latin *anellus* qui signifie « petit anneau »). Cet embranchement compte près de 15 000 espèces dont la taille varie de moins de 1 mm à 3 m, le plus grand Annélide étant le Lombric géant d'Australie (*Megascolides australis*). Les Annélides vivent dans la mer, en eau douce et dans les sols humides. Étudions l'anatomie du Ver de terre ou Lombric, membre bien connu de l'embranchement (FIGURE 33.23, p. 718).

Le cœlome d'un Lombric est segmenté par des cloisons intersegmentaires (dissépiments ou septa) que traversent toutefois le tube digestif, les nerfs et les vaisseaux sanguins longitudinaux avec leurs ramifications segmentaires. Le système digestif comprend plusieurs parties : le pharynx, l'œsophage, le jabot, le gésier et l'intestin. Le système cardiovasculaire clos est complexe. Il se compose d'un réseau de vaisseaux dans lequel circule l'hémoglobine, pigment qui transporte le dioxygène. Dans chaque segment, les vaisseaux ventral et dorsal sont reliés par une paire de vaisseaux latéraux. Le vaisseau dorsal et cinq paires de vaisseaux (cœurs latéraux) encerclant l'œsophage contiennent du tissu musculaire qui pompe le sang dans le système cardiovasculaire. Les minuscules vaisseaux sanguins qui abondent à la surface de la peau font office d'organe respiratoire.

Chaque anneau d'un Ver de terre contient une paire d'organes tubulaires excréteurs, appelés **métanéphridies,** qui sont reliés à des entonnoirs ciliés, les néphrostomes. Ces derniers filtrent les déchets des liquides cœlomiques. Les métanéphridies se terminent par des pores qui déversent les déchets métaboliques à l'extérieur.

Devant le pharynx, en haut, se trouve une paire de ganglions cérébraux ressemblant à un cerveau. De là partent des nerfs qui contournent le pharynx et s'unissent à un ganglion sous-pharyngien. Deux cordons nerveux jumelés partent de ce ganglion et longent la face ventrale du Lombric jusqu'à l'extrémité postérieure. Dans chaque segment, les cordons nerveux se lient à deux ganglions également jumelés.

Les Vers de terre sont des hermaphrodites qui pratiquent la fécondation croisée. Deux vers s'accouplent en se plaçant de telle sorte qu'ils puissent échanger leur sperme. Puis ils se séparent. Le sperme reçu est emmagasiné temporairement, le temps qu'un organe appelé clitellum sécrète un manchon de mucus autour de chaque ver. Le manchon de mucus glisse le long du ver et ramasse au passage les ovules et le sperme gardé en réserve. Puis, il se détache de la tête du ver et s'enfouit dans le sol, où l'embryon se développera. Certains vers de terre se reproduisent aussi de façon asexuée, par fragmentation et régénération.

Certains Annélides aquatiques peuvent nager à la poursuite de leur nourriture. Mais la plupart restent au fond de l'eau et creusent le sable et la vase. Le Lombric creuse le sol.

Étudions maintenant les trois classes principales de l'embranchement des Annélides (TABLEAU 33.4, p. 719) : les Oligochètes (par exemple, les Vers de terre), les Polychètes (par exemple, les Néréides) et les Hirudinées (par exemple, les Sangsues).

Classe des Oligochètes

Cette classe de Vers annelés comprend les Vers de terre et une variété d'espèces aquatiques (FIGURE 33.24a, p. 719). Le Ver de terre ingère de la terre, dont il extrait les nutriments au fur et à mesure qu'elle passe dans son système digestif. Les matières indigestes, mélangées au mucus sécrété par le tube digestif, sortent par l'anus sous forme de déjections. Les agriculteurs apprécient les Vers de terre parce qu'ils labourent la terre et en améliorent la texture avec leurs déjections. Charles Darwin a estimé qu'en Angleterre, dans chaque hectare de terre cultivée, on trouvait 125 000 vers de terre pouvant produire 45 t de déjections par année.

Classe des Polychètes

Chaque anneau d'un Polychète (des mots grecs *polus*, « plusieurs » et *khaité*, « soies ») possède une paire de structures de locomotion ressemblant à des rames ou à des crêtes et appelées parapodes (mot qui signifie « presque un pied »). Chaque parapode comporte plusieurs soies de chitine. Chez un grand nombre de Polychètes, ces parapodes sont très vascularisés et servent de branchies (FIGURE 33.24b).

La plupart des Polychètes sont marins. Certaines formes adultes dérivent et nagent parmi le plancton. D'autres rampent ou creusent les sédiments au fond de la mer. D'autres encore vivent dans des tubes qu'ils fabriquent eux-mêmes en mélangeant du mucus avec un peu de sable et des morceaux de coquilles brisées. Parmi ceux qui se fabriquent un tube, on trouve les Sabelles : elles attrapent des particules de nourriture microscopiques à l'aide de leurs tentacules plumeux qui sortent de l'ouverture du tube (FIGURE 33.24c).

Classe des Hirudinées

La majorité des Hirudinées ou Sangsues vivent en eau douce, mais il existe des espèces qui vivent dans la végétation terrestre humide. Plusieurs d'entre elles se nourrissent de petits invertébrés, tandis que d'autres parasitent temporairement des animaux, dont l'Humain, et se nourrissent de leur sang. Leur taille varie de 1 cm à 30 cm. Certaines possèdent des mâchoires très coupantes dont elles se servent pour entailler la peau de leur hôte. D'autres sécrètent des enzymes qui digèrent et perforent la peau. L'hôte ne se rend habituellement compte de rien, car les Sangsues sécrètent en même temps un anesthésique. Après l'incision, les Sangsues sécrètent un autre composé, l'hirudine, qui empêche la coagulation du sang. Les parasites peuvent alors sucer autant de sang qu'ils peuvent en contenir, c'est-à-dire plus de dix fois leur propre masse. Lorsqu'elles sont rassasiées, les Sangsues peuvent vivre plusieurs mois sans nourriture.

Jusqu'au XXᵉ siècle, les médecins utilisaient souvent les Sangsues pour faire des saignées. On se sert encore de ces animaux pour traiter des ecchymoses ou des hématomes et pour stimuler la circulation sanguine des doigts et des orteils qui viennent d'être réimplantés après un accident (FIGURE 33.24d)

■   ■   ■

L'étude de l'embranchement des Annélides nous a permis de connaître deux innovations qui sont apparues au cours de l'évolution : le cœlome et la segmentation. On ne doit pas négliger l'importance du cœlome. Outre qu'il sert de squelette hydraulique et qu'il permet différents mouvements, il fournit l'espace nécessaire aux réserves et au développement d'organes complexes. Il sert aussi d'amortisseur aux structures internes et fournit l'espace nécessaire pour que les muscles des organes internes, comme ceux de l'intestin, puissent fonctionner sans subir la pression des muscles constituant l'enveloppe de l'animal.

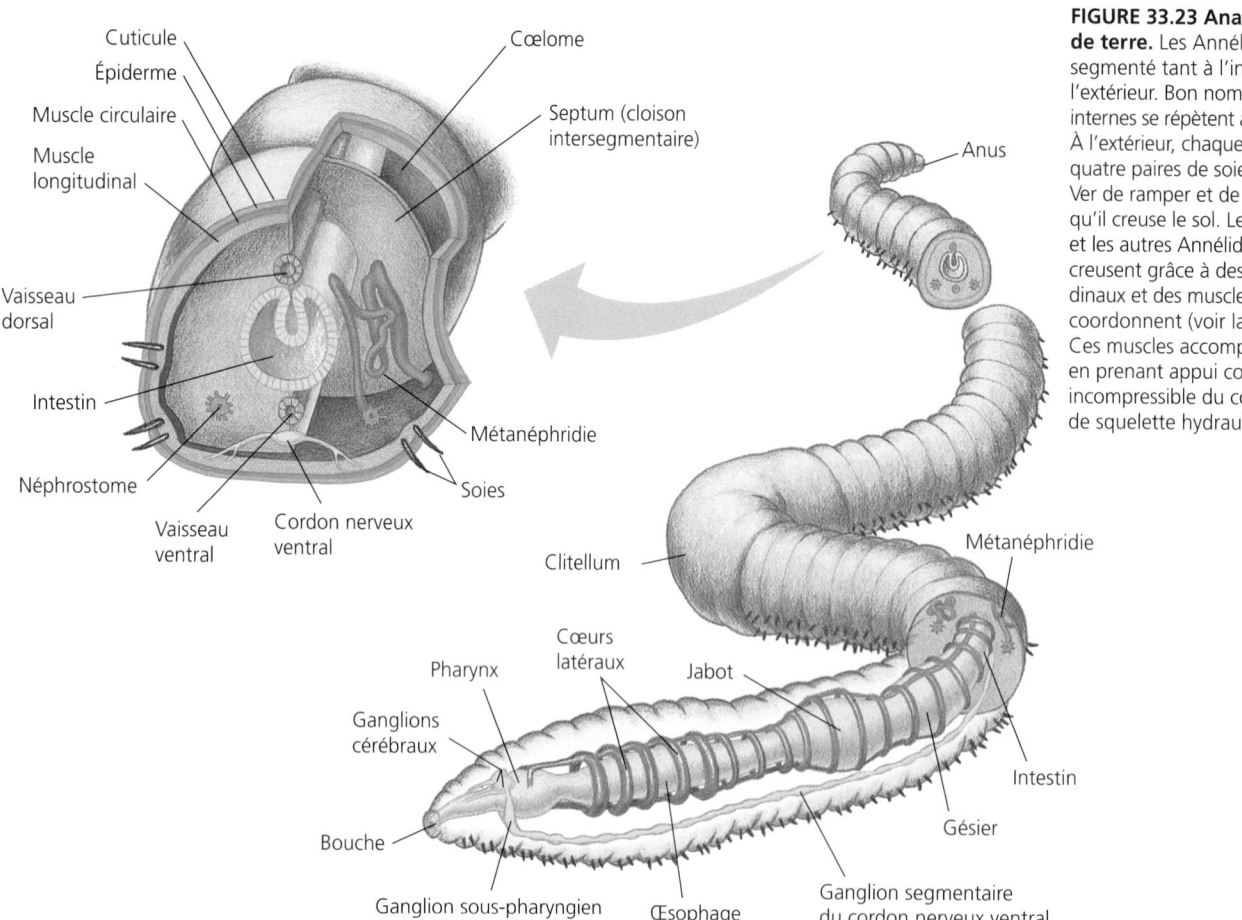

FIGURE 33.23 Anatomie du Ver de terre. Les Annélides ont un corps segmenté tant à l'intérieur qu'à l'extérieur. Bon nombre des structures internes se répètent à chaque anneau. À l'extérieur, chaque anneau possède quatre paires de soies permettant au Ver de ramper et de s'ancrer pendant qu'il creuse le sol. Les Vers de terre et les autres Annélides rampent et creusent grâce à des muscles longitudinaux et des muscles circulaires, qu'ils coordonnent (voir la FIGURE 49.27). Ces muscles accomplissent leur travail en prenant appui contre le liquide incompressible du cœlome qui sert de squelette hydraulique.

TABLEAU 33.4 Classes des Annélides

Classe et exemples	Caractéristiques principales
Oligochètes (Vers annelés, terrestres et dulcicoles) (voir les FIGURES 33.23 et 33.24a)	Tête réduite. Absence de parapodes, mais présence de soies.
Polychètes (Vers annelés, marins pour la plupart) (voir la FIGURE 33.24, b et c)	Tête bien développée. Chaque anneau comporte habituellement des parapodes munis de soies. Vivent dans un tube et à l'état libre.
Hirudinées (Sangsues) (voir la FIGURE 33.24d)	Corps peu segmenté, généralement aplati, pourvu d'un cœlome réduit. Absence de soies. Ventouses aux extrémités antérieure et postérieure. Parasites, prédateurs et charognards.

La segmentation, quant à elle, a préparé le terrain à la spécialisation des parties du corps : des groupes de segments se sont peu à peu modifiés pour remplir des fonctions différentes. Les Annélides présentent une certaine spécialisation de leurs parties, mais la spécialisation atteint son apogée chez les Arthropodes.

LES PROTOSTOMIENS : ECDYSOZOAIRES

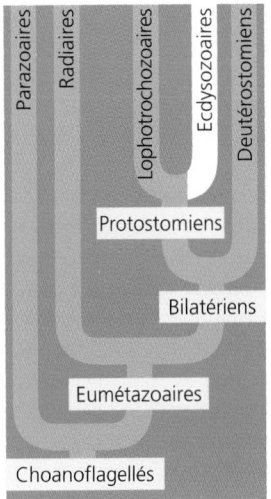

Selon la systématique moléculaire, les Ecdysozoaires forment un clade. Le nom donné à cette lignée de Protostomiens dérive d'une caractéristique de leur cycle de développement. En effet, les Ecdysozoaires subissent l'ecdysis (la mue), c'est-à-dire qu'à un certain moment de leur cycle de développement ils se débarrassent de leur exosquelette devenu trop petit. De tous les embranchements des Ecdysozoaires, nous n'étudierons que les Nématodes et les Arthropodes.

FIGURE 33.24 Annélides ou Vers annelés. (a) Certains Lombrics géants d'Australie (*Megascolides australis,* classe des Oligochètes) sont plus gros que des serpents. **(b)** La plupart des Annélides de la classe des Polychètes, comme cette Néréide, sont des vers marins. Chaque anneau possède une paire d'appendices latéraux servant à la locomotion et assurant l'échange des gaz respiratoires avec l'eau. **(c)** Les Sabelles, Polychètes vivant dans un tube, utilisent leurs tentacules plumeux pour effectuer l'échange de gaz respiratoires et pour capter les particules de nourriture en suspension dans l'eau de mer. Ce ver est un *Spirobranchus corniculatus.* **(d)** Cette Sangsue médicinale (classe des Hirudinées) appelée *Hirudo medicinalis* élimine le sang d'un hématome (accumulation anormale de sang autour d'une blessure interne) situé au pouce.

(a) Lombric d'Australie (*Megascolides australis*)

(b) Néréide (*Nereis diversicolor*)

(c) Ver arbre de Noël (*Spirobranchus corniculatus,* une Sabelle)

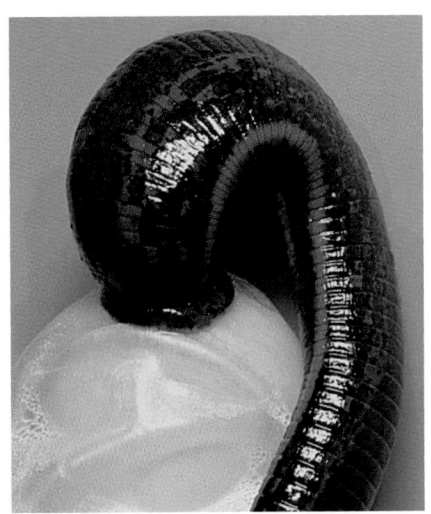

(d) Sangsue médicinale (*Hirudo medicinalis*)

Embranchement des Nématodes : les Vers ronds sont des pseudocœlomates non segmentés recouverts d'une cuticule résistante

Les **Nématodes** ou Vers ronds font partie des embranchements qui comptent le plus grand nombre d'individus et d'espèces. On en trouve dans la plupart des habitats aquatiques, dans les sols humides, dans les tissus humides des Végétaux et dans les liquides corporels et les tissus des Animaux. On connaît près de 90 000 espèces de Nématodes, mais on pense qu'il en existe dix fois plus. Contrairement au corps des Annélides, le corps cylindrique des Nématodes n'est pas segmenté. Il a une extrémité postérieure en pointe effilée et une extrémité antérieure ronde (tête) (FIGURE 33.25a). La taille des Nématodes varie de moins de 1 mm à plus de 1 m. Les Vers ronds sont revêtus d'un exosquelette résistant appelé cuticule. Au cours de leur développement, les Vers ronds s'extirpent régulièrement de leur vieille cuticule (mue ou ecdysis) et en sécrètent une autre, plus grande. Les Nématodes possèdent un tube digestif complet, mais pas de système cardiovasculaire. Le liquide qui circule dans leur pseudocœlome (cavité corporelle partiellement tapissée de mésoderme ; voir la FIGURE 32.6b) apporte des nutriments à toutes les cellules du corps. Les Nématodes ne possèdent que des muscles longitudinaux dont la contraction produit des mouvements saccadés.

Les Vers ronds se reproduisent généralement par voie sexuée. Les sexes sont séparés dans la plupart des espèces, et la femelle est habituellement plus grande que le mâle. La fécondation s'effectue à l'intérieur de l'animal. Une femelle peut pondre plus de 100 000 œufs fécondés par jour. Les zygotes de la majorité des espèces peuvent survivre dans des conditions difficiles.

Un grand nombre de Vers ronds vivent dans les sols humides et dans les matières organiques en décomposition au fond des lacs et des océans. Ces vers qui vivent à l'état libre jouent un rôle très important dans la décomposition et le recyclage des nutriments. Pourtant, on en sait très peu sur eux. *Cænorhabditis elegans,* qui vit dans le sol, fait exception : cet organisme est l'un des animaux les plus étudiés en biologie du développement (voir le chapitre 21).

Les Nématodes représentent aussi un fléau pour les agriculteurs. En effet, nombreux sont ceux qui s'attaquent aux racines de certaines plantes. D'autres parasitent des animaux. Ainsi, le Ver du cœur (*Dirofilaria immitis*) se rencontre principalement chez les Chiens, mais aussi chez les Chats et les Chevaux. Il existe au moins cinquante espèces de Nématodes qui parasitent l'Humain, dont les Oxyures (par exemple, l'Oxyure vermiculaire, *Enterobius vermicularis*) et les Ankylostomes (par exemple, l'Ankylostome duodénal, *Ancylostoma duodenale*). Le plus connu des Nématodes parasites est la Trichine (*Trichinella spiralis*), agent de la trichinose (FIGURE 33.25b). L'Humain contracte cette maladie en consommant de la viande (des tissus musculaires), de porc ou d'un autre animal, contenant des larves enkystées. Une fois dans l'intestin de l'Humain, les larves deviennent des adultes sexuellement matures. Les femelles s'enfoncent dans les muscles de l'intestin et donnent naissance à d'autres larves qui se dispersent par l'intermédiaire du système lymphatique et vont s'enkyster dans d'autres organes ainsi que dans les muscles squelettiques. On traite les maladies causées par les Nématodes notamment à l'aide de médicaments de la classe des benzimidazoles qui bloquent la formation du cytosquelette et le métabolisme énergétique de ces parasites. D'autres vermifuges paralysent les Nématodes.

65 µm (200 ×)

(a) Nématode vivant à l'état libre. Ce Nématode possède la forme typique des Vers ronds : cylindrique avec une extrémité en pointe effilée (anus) et une extrémité ronde (bouche). Le tube digestif des Nématodes est complet. Sur cette micrographie, la cuticule résistante apparaît comme du velours côtelé (MEB colorée).

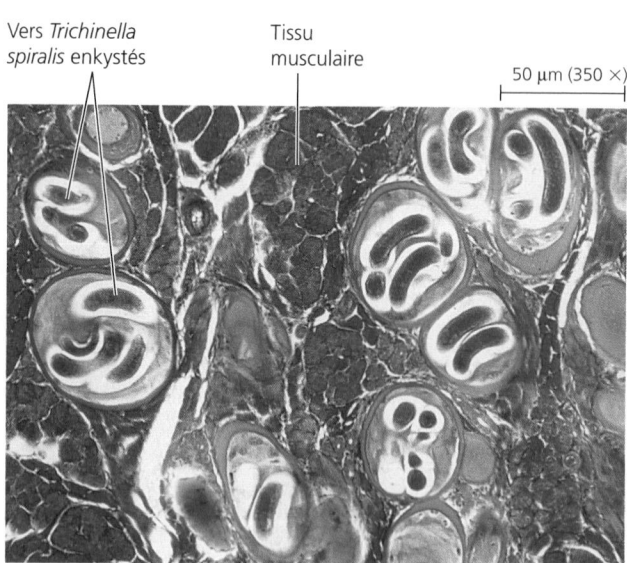

Vers *Trichinella spiralis* enkystés

Tissu musculaire

50 µm (350 ×)

(b) Nématode parasite. Ces larves de Trichine (*Trichinella spiralis*) sont enkystées dans des tissus musculaires humains (MP). La Trichine cause la trichinose, laquelle se manifeste par des nausées intenses et entraîne parfois la mort lorsqu'un grand nombre de parasites pénètrent le tissu musculaire du cœur.

FIGURE 33.25 Nématodes.

Les Arthropodes sont des cœlomates segmentés qui se protègent au moyen d'un exosquelette et se meuvent grâce à des appendices articulés

On croit que la population mondiale d'Arthropodes (Crustacés, Araignées et Insectes, entre autres) s'élève à environ un milliard de milliards (10^{18}) d'individus. On a décrit jusqu'à ce jour près d'un million d'espèces d'Arthropodes, la plupart étant des Insectes. En fait, les deux tiers des organismes connus appartiennent aux Arthropodes, dont on rencontre les membres dans presque tous les habitats de la biosphère. Les Arthropodes sont les plus diversifiés, les plus répandus et les plus nombreux des Animaux.

Caractéristiques générales des Arthropodes

C'est grâce à leur segmentation, à leur exosquelette rigide et à leurs appendices articulés que les **Arthropodes** sont si diversifiés et si abondants. Le terme *Arthropoda* signifie « pied articulé ». Chez les Arthropodes, des groupes de segments et leurs appendices se sont spécialisés. Cette flexibilité acquise au cours de l'évolution a donné lieu non seulement à une grande diversification, mais aussi à une structure corporelle efficace qui permet la répartition des tâches entre les différentes régions du corps. Ainsi, les divers appendices servent à la marche, à la quête de nourriture, à la perception sensorielle, à la copulation et à la défense. La FIGURE 33.26 illustre les différentes parties du Homard d'Amérique (*Homarus americanus*), notamment ses appendices.

Le corps des Arthropodes est complètement recouvert d'une **cuticule, exosquelette** (squelette externe) composé de couches de protéines et de chitine. La cuticule peut être solide et épaisse comme une armure à certains endroits sensibles du corps ou flexible et mince comme du papier à d'autres endroits, comme les articulations. L'exosquelette protège l'animal et fournit des points d'attache aux muscles qui permettent de bouger les appendices. Il est à la fois solide et relativement imperméable. Ces deux propriétés, comme nous le verrons, ont permis à différents groupes d'Arthropodes d'envahir la Terre. Cependant, la rigidité de l'exosquelette a aussi été une source de problèmes. Ainsi, la croissance des Arthropodes exige qu'ils se débarrassent de leur exosquelette et en sécrètent un nouveau, plus grand. Ce phénomène, qui porte le nom de **mue** (ecdysis), nécessite une grande dépense d'énergie et expose l'animal aux prédateurs et à d'autres dangers pendant un certain temps.

Les Arthropodes captent les stimulus émis par leur environnement grâce à des organes sensoriels développés, entre autres les yeux, les récepteurs olfactifs et les antennes pour toucher et sentir. De plus, la céphalisation est importante, les organes sensoriels se trouvant à l'extrémité antérieure de l'animal.

Les Arthropodes possèdent un **système cardiovasculaire ouvert** dans lequel un cœur propulse un liquide appelé hémolymphe (le terme *sang* ne s'emploie que pour désigner un liquide contenu dans un système cardiovasculaire clos). L'hémolymphe quitte le cœur par de petites artères qui l'amènent jusqu'à des espaces, appelés sinus, qui entourent les tissus et les organes. Elle retourne ensuite dans le cœur par des pores habituellement munis de valves. L'ensemble des sinus s'appelle hémocœle et ne fait pas partie du cœlome. Chez la plupart des Arthropodes, le cœlome de l'embryon régresse graduellement au profit de l'hémocœle, qui devient la cavité corporelle principale de l'animal adulte. Bien que ce système cardiovasculaire ouvert ressemble à celui des Mollusques, on pense que les deux systèmes ont fait leur apparition indépendamment au cours de l'évolution.

Les Arthropodes possèdent une grande variété d'organes spécialisés dans les échanges gazeux. Ces organes doivent

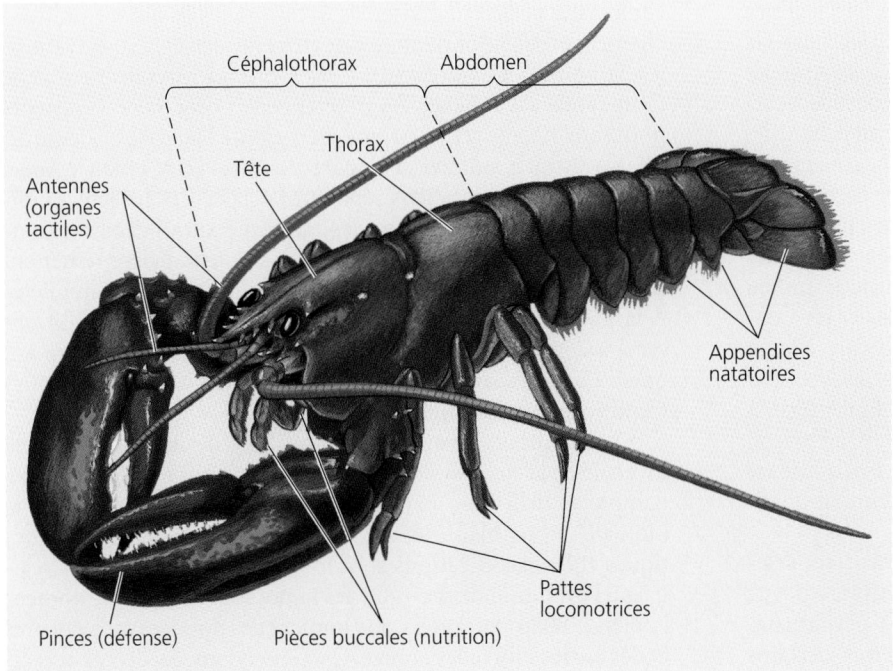

Céphalothorax — Abdomen

Thorax

Tête

Antennes (organes tactiles)

Appendices natatoires

Pattes locomotrices

Pinces (défense)   Pièces buccales (nutrition)

FIGURE 33.26 Anatomie externe du Homard (Arthropode). Cette vue dorsale d'un Homard d'Amérique (*Homarus americanus*) montre plusieurs traits distinctifs des Arthropodes et certaines caractéristiques des Crustacés. Le corps, avec les appendices, est recouvert d'un exosquelette. La tête et le thorax (céphalothorax) ainsi que l'abdomen sont des parties qui différencient les Arthropodes des autres Animaux. Les Arthropodes ont un corps segmenté, mais cette caractéristique n'est évidente que sur la partie abdominale du Homard. Toutes les parties portent des appendices articulés (pinces, pièces buccales, pattes locomotrices et appendices natatoires). Les deux paires d'antennes sensorielles sont aussi des appendices articulés. La tête comprend une paire d'yeux situés chacun à l'extrémité d'un pédoncule mobile.

permettre la diffusion des gaz respiratoires, malgré la présence de l'exosquelette. La plupart des espèces aquatiques possèdent des branchies pourvues d'extensions duveteuses qui maximisent la surface en contact avec l'eau. Les Arthropodes terrestres, quant à eux, disposent habituellement de structures internes spécialisées dans les échanges gazeux. Ainsi, la majorité des Insectes possèdent un système de trachées, c'est-à-dire des conduits qui amènent l'air à l'intérieur, grâce aux pores que contient la cuticule.

Phylogenèse et classification des Arthropodes

La systématique moléculaire s'ajoute à l'étude des fossiles et à l'anatomie comparée pour appuyer l'hypothèse selon laquelle les Arthropodes ont divergé tôt dans leur histoire en quatre grandes lignées : les **Trilobites** (animaux disparus), les **Chélicérates** (Limules, Scorpions, Tiques, Araignées et Euryptérides, un groupe disparu), les **Uniramiens** (Centipèdes, Millipèdes, Insectes) et les **Crustacés** (Crabes, Homards, Crevettes, Balanes, etc.).

Les Crustacés sont des animaux aquatiques qui ont probablement évolué dans l'océan, tandis que les Insectes, les Millipèdes, les Centipèdes et la majorité des Chélicérates d'aujourd'hui auraient évolué sur la terre ferme.

Les Chélicérates (du grec *khêlê,* « pince » et *keras,* « corne ») possèdent des **chélicères,** les appendices en forme de pinces qui permettent à l'animal de s'alimenter. Les Uniramiens et les Crustacés, eux, sont pourvus de mâchoires appelées **mandibules.** Ils se distinguent également des Chélicérates par une ou deux paires d'**antennes** sensorielles et, habituellement, par une paire d'**yeux composés** (yeux à facettes multiples comprenant un grand nombre de lentilles convergentes). Les Uniramiens portent une paire d'antennes et des appendices uniramés (non ramifiés), tandis que les Crustacés ont deux paires d'antennes et des appendices biramés (ramifiés) (remarquez les pattes locomotrices ramifiées du Homard d'Amérique à la FIGURE 33.26). Pour leur part, les Chélicérates n'ont pas d'antennes et la plupart d'entre eux possèdent des yeux simples (pourvus d'une seule lentille).

L'accession des Arthropodes à la terre ferme a été facilitée notamment par leur exosquelette. Lors de son évolution dans la mer, l'exosquelette servait probablement à protéger les muscles et à leur assurer un point d'ancrage. Plus tard, il a permis à certains Arthropodes de vivre sur la terre ferme en empêchant les pertes d'eau et en fournissant un soutien physique. La cuticule des Arthropodes est en effet relativement imperméable et contribue à réduire la déshydratation. La solidité de l'exosquelette a également permis de résoudre le problème de soutien auquel les Arthropodes ont dû faire face lorsqu'ils ont quitté le milieu marin. Les Chélicérates, les Insectes, les Millipèdes et les Centipèdes sont arrivés sur la terre ferme après les Végétaux, à la fin du Silurien et au début du Dévonien. Des traces laissées par des Chélicérates disparus (probablement des Euryptérides qui vivaient en partie sur la terre ferme) et datant d'environ 450 millions d'années seraient la plus ancienne preuve d'une vie animale terrestre. On a également trouvé des Arachnides fossilisés datant de la même période à peu près.

Les taxinomistes regroupent traditionnellement tous les Arthropodes dans un seul embranchement. Le TABLEAU 33.5 énumère quelques-unes des principales classes de l'embranchement dans cette perspective traditionnelle. Toutefois, certains

TABLEAU 33.5 Principales classes d'Arthropodes (fondées sur la taxinomie traditionnelle qui regroupe tous les Arthropodes dans le même embranchement)

Classe et exemples	Caractéristiques principales
Arachnides (Araignées, Scorpions, Tiques, Mites)	Tronc constitué d'une ou deux parties. Six paires d'appendices (chélicères, pédipalpes et quatre paires de pattes locomotrices). Surtout terrestres.
Diplopodes (Millipèdes)	Tête distincte des autres parties du corps, munie d'antennes et d'un appareil buccal masticateur. Corps segmenté avec deux paires de pattes locomotrices par segment. Terrestres. Herbivores.
Chilopodes (Centipèdes)	Tête distincte des autres parties du corps et possédant de grandes antennes ainsi que trois paires de pièces buccales. Les appendices du premier segment sont des crochets à venin (les forcipules). Une paire de pattes locomotrices par segment. Terrestres. Carnivores.
Insectes (Coléoptères, Papillons, Fourmis)	Corps divisé en trois parties : tête, thorax et abdomen. Présence d'antennes. Pièces buccales conçues pour mâcher, sucer et lécher. Généralement, deux paires d'ailes et trois paires de pattes. Surtout terrestres.
Crustacés (Crabes, Homards, Écrevisses, Crevettes)	Corps divisé en deux ou trois parties. Présence d'antennes. Pièces buccales conçues pour la mastication. Plus de trois paires de pattes. Principalement marins.

zoologistes préfèrent diviser les Arthropodes en quatre embranchements correspondant aux quatre grandes lignées suivantes : les Tribolites, les Chélicérates, les Uniramiens et les Crustacés. Cette tendance à diviser l'embranchement original en plusieurs nouveaux taxons relève principalement de l'analyse cladistique. Elle va jusqu'à subdiviser encore ces nouveaux taxons. Ainsi, nombre de systématiciens séparent la classe des Insectes (Uniramiens) en plusieurs autres classes. Bien d'autres débats taxinomiques ont cours. Par exemple, certains systématiciens remettent en question le caractère monophylétique du clade des Uniramiens. À la lumière de données moléculaires et anatomiques qui ont servi à construire des cladogrammes, ces scientifiques croient que les Insectes sont en fait plus proches des Crustacés que des Centipèdes ou des Millipèdes.

Comme nous l'avons vu tout au long de notre étude de la diversité de la vie, la systématique, et la taxinomie qui en découle, compte actuellement parmi les champs les plus excitants de la biologie. Nous insistons sur le fait que les arbres phylogénétiques et les classifications sont fondés sur des hypothèses relatives à l'évolution de la vie. Or ces hypothèses font en ce moment l'objet de restructurations, à la lumière des données moléculaires et des autres nouvelles approches. Cependant, les débats actuels ne doivent pas diminuer votre appréciation des diverses formes de vie. Dans les sections à venir, nous allons aborder certains des plus importants groupes d'Arthropodes. Il s'agit d'embranchements, de sous-embranchements ou de classes selon le point de vue taxinomique.

Tribolites

Les Trilobites figurent parmi les premiers Arthropodes (FIGURE 33.27). Ils ont habité les mers peu profondes durant toute l'ère paléozoïque, mais ont disparu à la fin de cette ère, pendant les grandes extinctions du Permien, il y a environ 250 millions d'années. S'ils présentaient une segmentation marquée, leurs appendices se ressemblaient beaucoup d'un segment à l'autre. Au cours de l'évolution, les segments des Arthropodes ont fusionné et sont devenus moins nombreux. Les appendices, eux, se sont spécialisés dans diverses fonctions. (Comparez le Trilobite de la FIGURE 33.27 et le Homard d'Amérique de la FIGURE 33.26 pour vous rendre compte de ces différences.)

Araignées et autres Chélicérates

Les Trilobites n'ont pas survécu aux **Euryptérides,** ou Scorpions de mer. Ces prédateurs majoritairement marins et pouvant atteindre 3 m de long étaient des Chélicérates. Le corps d'un Chélicérate se compose d'un céphalothorax antérieur et d'un abdomen postérieur. Ses appendices sont plus spécialisés que ceux des Trilobites. Les appendices antérieurs sont devenus des chélicères (pinces ou crochets). La plupart des Chélicérates marins, dont les Euryptérides, ont disparu. Quatre espèces marines, notamment la Limule (FIGURE 33.28), ont survécu jusqu'aujourd'hui.

La majeure partie des Chélicérates qui vivent sur la terre ferme sont classés parmi les **Arachnides,** auxquels appartiennent les Scorpions, les Araignées, les Tiques et les Mites (FIGURE 33.29, p. 724). Parmi les Arthropodes figurent de nombreux parasites, notamment les Tiques et les Mites. Presque toutes les Tiques

FIGURE 33.28 Limules (*Limulus polyphemus*). Ces « fossiles vivants » n'ont guère changé depuis des centaines de millions d'années. Ils ont survécu au grand nombre de Chélicérates qui peuplaient autrefois les mers. Ils abondent sur les côtes de l'Atlantique et de la partie américaine du golfe du Mexique.

sont des parasites qui se nourrissent du sang des Reptiles, des Oiseaux et des Mammifères. Elles vivent à la surface du corps de ces animaux. Les Mites parasites vivent à l'intérieur ou à l'extérieur d'une grande variété de Vertébrés et d'Invertébrés, dont certains autres Arthropodes (FIGURE 33.29C).

Les Arachnides possèdent un céphalothorax pourvu de six paires d'appendices : une paire de chélicères ; une paire d'appendices appelés pédipalpes et servant à la perception sensorielle et à la préhension de la nourriture ; et quatre paires de pattes locomotrices (FIGURE 33.30, p. 724). Les Araignées utilisent leurs chélicères, en forme de crochets et munies de glandes à venin, pour attaquer leur proie. Pendant qu'elles débitent leur proie en menus fragments avec leurs chélicères, elles déversent des sucs digestifs sur les tissus déchirés pour les ramollir. Puis elles aspirent l'aliment liquéfié.

Chez la plupart des Araignées, les échanges gazeux se font dans des **poumons lamellaires** qui sont constitués d'un ensemble de lamelles empilées contenues dans une chambre interne (FIGURE 33.30b). L'étendue de ces organes respiratoires découle d'une adaptation structurale visant à augmenter les échanges O_2-CO_2 entre l'hémolymphe et l'air.

Un grand nombre d'Araignées ont acquis la faculté unique d'attraper des insectes volants au moyen d'une toile tressée de fils de soie. Cette soie se compose de fibroïne, protéine liquide sécrétée par des glandes abdominales spéciales, les glandes séricigènes. D'autres organes, les filières, transforment la fibroïne en fibres qui durcissent et deviennent de la soie. Chaque araignée construit un modèle de toile qui est propre à son espèce et qu'elle réussit d'ailleurs du premier coup. Ce comportement complexe est sans doute héréditaire. Les Araignées utilisent également la soie à d'autres fins que leurs toiles. Ainsi, la soie peut devenir une voie pour descendre rapidement d'un endroit, une enveloppe pour protéger des œufs et même un emballage-cadeau pour certains mâles qui l'utilisent pour offrir de la nourriture aux femelles qu'ils courtisent.

FIGURE 33.27 Trilobite fossilisé. Les Trilobites étaient des Arthropodes répandus tout au long de l'ère paléozoïque. Les paléontologues ont décrit environ 4 000 espèces de Trilobites.

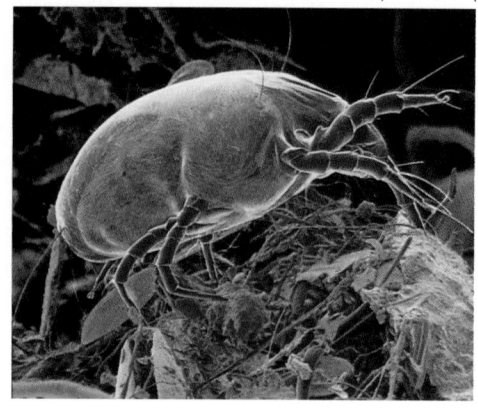

100 µm (135 ×)

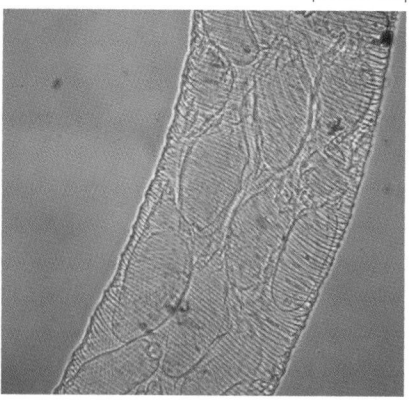

50 µm (260 ×)

(a) Les Scorpions, qui chassent la nuit, ont figuré parmi les tout premiers carnivores terrestres. Ils se nourrissaient d'Arthropodes végétariens qui, eux, se nourrissaient des premières Plantes terrestres. Les pédipalpes sont des pinces spéciales qui permettent aux Scorpions de se défendre et d'attraper leurs proies. Le bout de la queue porte un dard venimeux.

(b) Cette micrographie montre une image grossie et artificiellement colorée d'un Acarien de la poussière, charognard omniprésent dans les maisons (MEB). Bien que certains Acariens soient des vecteurs de bactéries pathogènes, les Acariens de la poussière ne nuisent qu'aux personnes qui y sont allergiques.

(c) De nombreux Arthropodes parasitent d'autres Arthropodes. Cette micrographie photonique montre une trachée d'Abeille (Insecte) remplie de Mites parasites.

FIGURE 33.29 Arachnides.

Millipèdes et Centipèdes

Les Millipèdes (classe des **Diplopodes**) ressemblent à des vers. Ils possèdent un grand nombre de pattes locomotrices (deux paires par segment), mais tout de même beaucoup moins que mille (FIGURE 33.31a)! Ils se nourrissent de feuilles en décomposition et d'autres débris végétaux. Ils comptent probablement parmi les premiers Animaux terrestres: ils vivaient sur les Mousses et les premières Vasculaires.

Les Centipèdes (classe des **Chilopodes**) sont des carnivores terrestres. Leur tête porte une paire d'antennes et trois paires de pièces buccales, dont les mandibules. Chaque segment du tronc possède une paire de pattes locomotrices (FIGURE 33.31b). Les Centipèdes utilisent des crochets à venin (les forcipules) situés sur le premier segment du tronc, juste derrière la tête, pour paralyser leur proie et pour se défendre.

(a) Les Araignées sont habituellement plus actives le jour, période où elles chassent leurs proies ou attrapent des insectes dans leur toile.

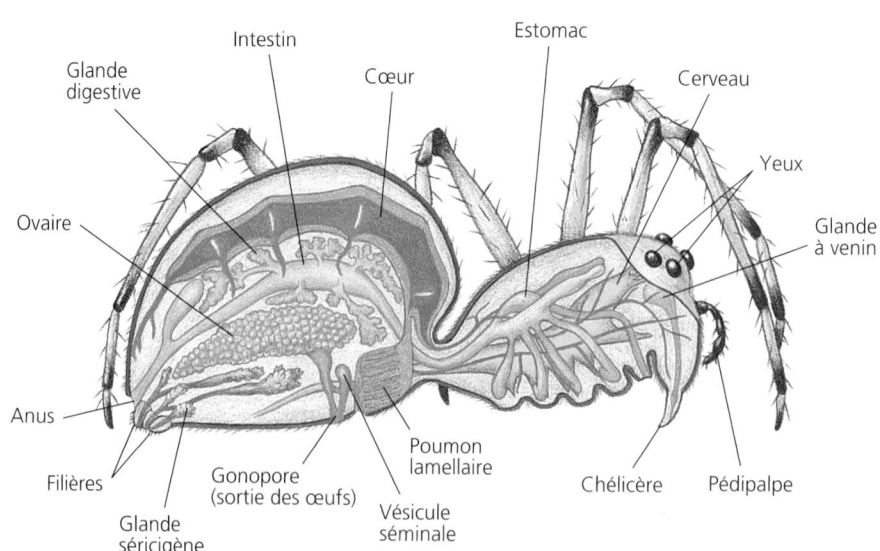

(b) Anatomie de l'Araignée

FIGURE 33.30 Araignées (classe des Arachnides).

FIGURE 33.31 Diplopodes (Millipèdes) et Chilopodes (Centipèdes).

(a) Les Millipèdes se nourrissent de matières végétales en décomposition.

(b) Cette Scutigère (*Scutigera coleoptrata*) fait partie des Centipèdes qui se déplacent rapidement. Certains de ces carnivores se nourrissent d'insectes tels que les Cafards et d'autres petits invertébrés.

Insectes

La classe des **Insectes** présente une diversité d'espèces plus grande que celle de toutes les autres classes combinées. Les Insectes vivent dans presque tous les habitats terrestres, en eau douce ou dans les airs. Mais ils sont rares dans les mers, où les Arthropodes les plus nombreux sont les Crustacés. La classe des Insectes se divise en vingt-six ordres, dont quelques-uns sont décrits au TABLEAU 33.6 (p. 726 et 727). L'**entomologie,** science qui étudie les Insectes, s'appuie sur plusieurs domaines de connaissances, dont la physiologie, l'écologie et la taxinomie.

Les plus vieux fossiles d'Insectes remontent à la période dévonienne, qui a débuté il y a environ 400 millions d'années. Cependant, l'évolution du vol durant le Carbonifère et le Permien a provoqué une explosion de la diversité des Insectes. Les Insectes ont connu une autre période de radiation adaptative lors de l'apparition des Angiospermes et d'autres Plantes du Carbonifère, dont ils ont pu se nourrir, comme l'indiquent les pièces buccales fossiles. Une hypothèse à laquelle souscrivent largement les paléontologues avance que la plus importante diversification des Insectes s'est faite parallèlement à la radiation adaptative des Angiospermes, pendant le Crétacé et le début du Tertiaire, il y a environ 60 millions à 65 millions d'années. Cette supposition est mise en doute par de nouvelles recherches qui indiquent que la diversification des Insectes est antérieure à la radiation des Plantes à fleurs. Si les Plantes à fleurs ont coévolué avec les Insectes herbivores qui les pollinisaient, la diversité des Insectes serait plutôt une cause de la radiation des Angiospermes, non un effet.

Le vol est sans contredit un facteur important du succès des Insectes. L'animal qui vole peut échapper à ses prédateurs, s'accoupler et trouver de la nourriture et un nouvel habitat plus rapidement que celui qui rampe. Chez de nombreux Insectes, une ou deux paires d'ailes sont reliées à la partie dorsale du thorax (FIGURE 33.32). Comme leurs ailes constituent des prolongements de la cuticule et non des appendices, les Insectes ont pu voler sans perdre de pattes. (Par contre, les Vertébrés volants, comme les Oiseaux et les Chauves-souris, ont transformé l'une leurs deux paires de pattes en ailes, ce qui les rend moins habiles au sol.)

Les ailes des Insectes ont peut-être d'abord été, avant de devenir des organes pour le vol, des prolongements de la cuticule qui aidaient le corps à absorber la chaleur. Selon d'autres hypothèses, les ailes permettaient aux Animaux de planer d'une plante jusqu'au sol, servaient de branchies aux Insectes aquatiques ou encore tenaient lieu de nageoires.

Les Libellules, pourvues de deux paires d'ailes similaires, font partie des tout premiers Insectes volants (voir la FIGURE 33.32). Plusieurs ordres d'Insectes qui sont apparus après les Libellules ont des ailes modifiées. Ainsi, les Abeilles et les Guêpes ont deux paires d'ailes reliées qu'elles font battre comme une seule paire. Les Papillons obtiennent le même résultat en faisant se chevaucher leurs ailes antérieures et postérieures. Chez les Coléoptères, les ailes postérieures servent à voler, tandis que les ailes antérieures se sont spécialisées de façon à couvrir et à protéger les vraies ailes lorsque l'animal est au sol ou qu'il creuse.

FIGURE 33.32 Insecte volant. Les ailes des Insectes tels que cette Libellule ne sont pas des appendices modifiés, mais des excroissances de la cuticule. Les ailes de certains insectes battent à des vitesses de plusieurs centaines de cycles par seconde, grâce à des muscles qui font ployer la cuticule du thorax. À chaque battement, les muscles permettent aux ailes de changer d'angle afin de soulever l'insecte, que le battement se fasse vers le haut ou vers le bas.

TABLEAU 33.6 Quelques-uns des principaux ordres d'Insectes

Ordre	Nombre approximatif d'espèces	Caractéristiques principales	Exemples	
Anoploures	2 400	Ectoparasites sans ailes. Appareil buccal de type suceur. Petits, corps aplati, yeux réduits. Pattes avec crochet pouvant se fixer à la peau. Métamorphose incomplète. Spécifiques à un hôte.	Poux	Pou de l'Humain
Coléoptères	500 000	Deux paires d'ailes : les antérieures épaisses et cornées, les postérieures membraneuses. Exosquelette dur et coriace. Appareil buccal de type broyeur. Métamorphose complète.	Coccinelles, Doryphores, Hannetons	Scarabée japonais
Dermaptères	1 000	Absence d'ailes ou deux paires d'ailes : les antérieures cornées, les postérieures membraneuses. Appareil buccal de type broyeur. Grosses pinces postérieures. Métamorphose incomplète.	Perce-oreilles ou Forficules	Perce-oreille
Diptères	120 000	Une paire d'ailes et une paire de balanciers. Appareil buccal de type suceur, piqueur ou lécheur. Métamorphose complète.	Mouches, Moustiques	Taon du cheval
Hémiptères	55 000	Deux paires d'ailes : les antérieures partiellement cornées, les postérieures membraneuses. Appareil buccal de type piqueur-suceur. Métamorphose incomplète.	Punaises, Notonectes, Patineurs	Punaise à pied feuillu
Hyménoptères	100 000	Deux paires d'ailes membraneuses. Tête mobile. Appareil buccal de type broyeur-suceur. Femelle pourvue d'un aiguillon postérieur. Métamorphose complète. Un grand nombre d'espèces sociales.	Fourmis, Abeilles, Guêpes	Guêpe (*Sphecius speciosus*)

TABLEAU 33.6 **Quelques-uns des principaux ordres d'Insectes**

Ordre	Nombre approximatif d'espèces	Caractéristiques principales	Exemples	
Isoptères	2 000	Deux paires d'ailes égales et membraneuses, absentes durant certains stades. Appareil buccal de type broyeur. Insectes sociaux. Métamorphose incomplète.	Termites	Termite ouvrier
Lépidoptères	140 000	Deux paires d'ailes recouvertes d'écailles minuscules. Longue trompe recourbée de type suceur-lécheur. Métamorphose complète.	Papillons, Phalènes	Papillon tigré du Canada
Odonates	5 000	Deux paires d'ailes membraneuses. Appareil buccal de type broyeur. Métamorphose incomplète.	Demoiselles, Libellules	Libellule
Orthoptères	30 000	Deux paires d'ailes : les antérieures cornées, les postérieures membraneuses. Appareil buccal de type broyeur chez l'adulte. Métamorphose incomplète.	Grillons, Cafards, Sauterelles, Mantes	Sauterelle d'Amérique
Aphaniptères	2 000	Dépourvus d'ailes, comprimés latéralement. Adultes se nourrissant du sang d'oiseaux et de mammifères. Appareil buccal de type piqueur-suceur. Pattes postérieures sauteuses. Métamorphose complète.	Puces	Puce
Trichoptères	7 000	Deux paires d'ailes velues. Appareil buccal de type broyeur-lécheur. Métamorphose complète. Des larves aquatiques érigent des fourreaux de sable, de gravier ou de bois maintenus ensemble par la soie qu'elles sécrètent.	Phryganes	Phrygane

L'intérieur du corps d'un insecte contient plusieurs organes complexes (FIGURE 33.33, p. 728). Le système digestif régionalisé possède des compartiments jouant chacun un rôle précis dans la digestion et l'absorption des aliments. Comme les autres Arthropodes, les Insectes possèdent un système cardiovasculaire ouvert, où le cœur pompe l'hémolymphe dans les sinus de l'hémocœle. Les déchets métaboliques sont éliminés de l'hémolymphe par des organes excréteurs uniques en leur genre, les **tubes de Malpighi,** dont le contenu se déverse dans le tube digestif. Les échanges gazeux sont assurés par un **système trachéen** composé de tubes ramifiés tapissés de chitine. Ces tubes s'infiltrent dans tout le corps et amènent directement le dioxygène aux cellules. Le système trachéen s'ouvre sur l'extérieur par des stigmates, des pores qui peuvent s'ouvrir ou se refermer de façon à régler le débit d'air et à limiter la déshydratation.

Le système nerveux des Insectes consiste en une paire de cordons nerveux ventraux entrecoupés à chaque segment d'une paire de ganglions nerveux. Les deux cordons se rejoignent dans la partie ventrale de la tête. Là, les ganglions de plusieurs segments antérieurs fusionnent et forment un cerveau à proximité des antennes, des yeux et des autres organes des sens concentrés sur la tête.

Un grand nombre d'Insectes se métamorphosent au cours de leur développement. Les Sauterelles et certains individus appartenant à d'autres ordres subissent des **métamorphoses incomplètes**. Le corps de l'insecte juvénile, bien que plus petit et proportionné différemment, ressemble alors à celui d'un adulte. Une succession de mues amènent le jeune à ressembler de plus en plus à l'adulte, à mesure qu'il se rapproche de sa taille définitive. Les autres Insectes subissent des **métamorphoses complètes.**

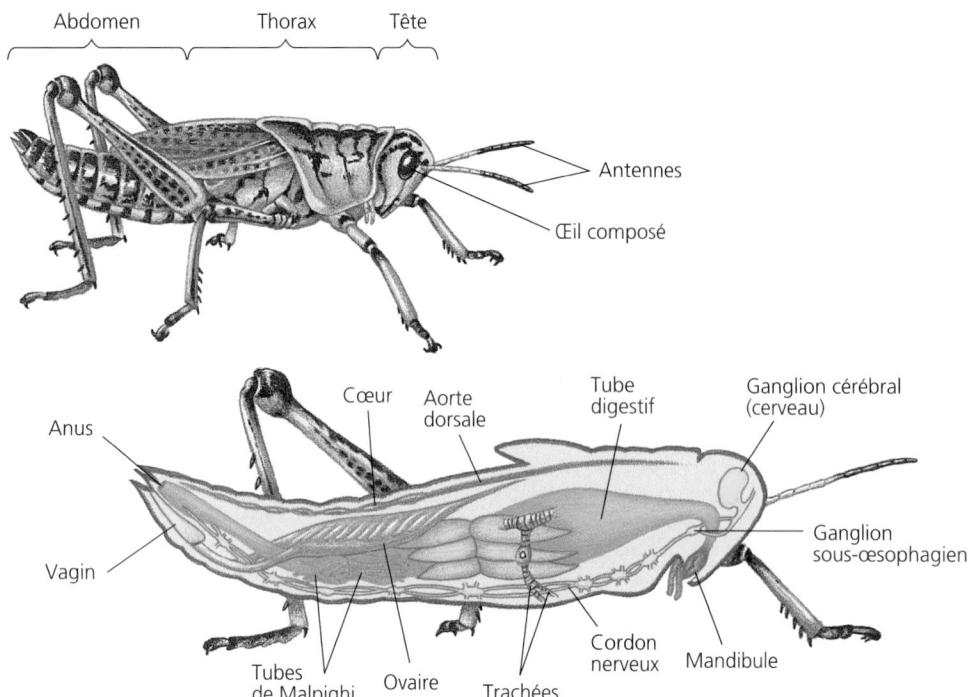

Abdomen Thorax Tête

Antennes

Œil composé

Anus

Cœur Aorte dorsale

Tube digestif

Ganglion cérébral (cerveau)

Vagin

Ganglion sous-œsophagien

Tubes de Malpighi Ovaire Trachées

Cordon nerveux Mandibule

FIGURE 33.33 Anatomie de la Sauterelle (Insecte). Le corps des Insectes se compose de trois parties : la tête, le thorax et l'abdomen (en haut). La segmentation est apparente sur le thorax et l'abdomen, mais les segments de la tête ont fusionné. Une paire d'antennes et une paire d'yeux composés ornent la tête. Plusieurs paires d'appendices forment la bouche. Ces appendices se sont spécialisés pour permettre, par exemple, aux Sauterelles de mastiquer et à certains autres Insectes de lécher, de percer et de sucer. Enfin, trois paires de pattes sont fixées au thorax. Les principaux organes internes sont identifiés dans le schéma du bas.

Ils passent quant à eux par un stade larvaire, que l'on appelle notamment asticot ou chenille, au cours duquel le corps de l'insecte juvénile diffère complètement de celui de l'adulte. Le rôle principal de la larve est de manger et de croître, tandis que celui de l'adulte est de trouver un adulte de sexe opposé et de se reproduire. La métamorphose qui se déroule entre le stade larvaire et le stade adulte correspond au stade nymphal, de chrysalide ou de pupe (FIGURE 33.34).

La reproduction des Insectes est habituellement sexuée et a lieu entre un mâle et une femelle dictincts (les Insectes ne sont pas des hermaphrodites). Les adultes se rencontrent et reconnaissent les membres de leur espèce grâce à des couleurs brillantes

(a) Larve (chenille)

(b) Chrysalide

(c) Chrysalide

(d) Adulte sur le point de sortir du cocon

(e) Adulte

FIGURE 33.34 Métamorphose d'un papillon. (a) La larve (chenille) passe son temps à manger et à croître, muant au fur et à mesure qu'elle grossit. **(b)** Après plusieurs mues, elle s'enferme dans un cocon et devient une chrysalide. **(c)** Dans la chrysalide, les tissus larvaires sont détruits. L'adulte se forme par des divisions et des différenciations cellulaires inhibées durant le stade larvaire. **(d)** Finalement, l'adulte sort du cocon. **(e)** Un liquide poussé dans les nervures fait déployer les ailes, puis est évacué. Les nervures durcissent ensuite à l'air pour servir d'armature aux ailes. L'insecte peut maintenant s'envoler et se reproduire. Il puise une grande partie de son énergie dans les réserves qu'il a emmagasinées durant le stade larvaire.

(Papillons), des sons (Grillons) ou des odeurs (Phalènes). La fécondation est en général interne. Chez la plupart des espèces, le mâle dépose le sperme directement dans le vagin de la femelle pendant la copulation. Mais chez certaines espèces, le mâle dépose le sperme à côté de la femelle, qui le ramasse ensuite. La femelle emmagasine le sperme dans un réceptacle interne, la spermathèque, de façon à posséder suffisamment de sperme pour féconder plus d'une ponte. Bon nombre d'insectes ne s'accouplent qu'une fois dans leur vie. Après l'accouplement, la femelle pond ses œufs à même une source d'aliments dont les larves pourront se nourrir dès l'éclosion.

Les Insectes sont tellement nombreux, divers et répandus qu'ils ont une influence sur tous les organismes terrestres, l'Humain compris. D'une part, nous dépendons de certains insectes comme les Abeilles et les Mouches pour la pollinisation d'une grande partie de nos cultures et de nos vergers. D'autre part, certains insectes transportent des maladies, comme la malaria (transmise par des Anophèles vecteurs de *Plasmodium* ; voir la FIGURE 28.13) et la maladie du sommeil (transmise par la Mouche tsé-tsé qui transporte *Trypanosoma* ; voir la FIGURE 28.11). De plus, les Insectes et les Humains se font concurrence pour la nourriture. Ainsi, dans certaines régions d'Afrique, des insectes consomment près de 75 % des récoltes. Aux États-Unis, les agriculteurs dépensent chaque année des milliards de dollars en pesticides pour réduire leurs pertes. Ils pulvérisent ainsi des doses massives de certains des poisons les plus mortels jamais inventés. Malgré toutes ses tentatives, l'Humain ne peut ébranler la suprématie des Insectes et des Arthropodes en général. Thomas Eisner, de l'Université Cornell, présente le problème de cette façon : « Les Insectes n'hériteront pas de la Terre. Ils la possèdent déjà. Il vaudrait donc mieux faire la paix avec les propriétaires. »

Crustacés

Pendant que les Arachnides et les Insectes prospéraient sur la terre, la plupart des Crustacés restaient dans les mers et les étangs. On y retrouve aujourd'hui environ 40 000 espèces. Les Crabes, les Homards, les Écrevisses et les Crevettes figurent parmi les Crustacés les plus connus (FIGURE 33.35).

Les nombreux appendices des Crustacés sont très spécialisés. Ainsi, les Homards et les Écrevisses possèdent un ensemble de dix-neuf paires d'appendices (voir la FIGURE 33.26). Les Crustacés sont les seuls Arthropodes à posséder deux paires d'antennes. Trois paires d'appendices ou plus sont des pièces buccales, notamment des mandibules rigides. Les pattes émergent du thorax. De plus, contrairement aux Insectes, les Crustacés possèdent des appendices sur l'abdomen. Ils peuvent d'ailleurs régénérer un appendice perdu.

Les petits Crustacés effectuent les échanges gazeux par diffusion à travers les régions minces de leur cuticule. Les plus grands possèdent quant à eux des branchies. Le système cardiovasculaire ouvert comprend un cœur qui pompe l'hémolymphe dans des artères, vers des sinus situés à l'intérieur des organes. Les Crustacés excrètent les déchets azotés par diffusion à travers les régions minces de leur cuticule. Une paire de glandes maintient l'équilibre salin de l'hémolymphe.

Les individus sont unisexués chez la plupart des Crustacés. Pendant la copulation, le Homard et l'Écrevisse mâles utilisent

(a)

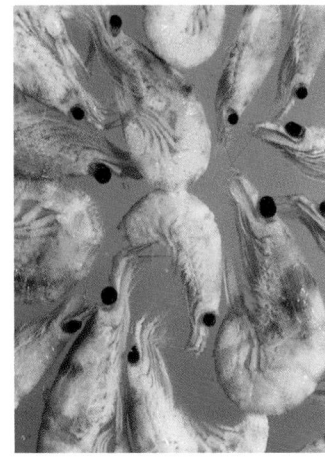

(b)

(c)

FIGURE 33.35 Crustacés. (a) Crabe rouge (*Graspus graspus*) des Galapagos. (b) Le krill est constitué de minuscules Crustacés planctoniques (*Euphausa superba*) que les Baleines et les autres gros organismes filtreurs consomment en quantité phénoménale. (c) L'Anatife (*Lepas anatifera*) est un Crustacé sessile pourvu d'une coquille dure (exosquelette) constituée de calcaire. Remarquez les appendices articulés (cirres) qui sortent de la coquille : ils servent à capturer du petit plancton et des particules de matières organiques en suspension dans l'eau.

une paire d'appendices spécialisés pour transférer le sperme dans le pore reproducteur (gonopore) de la femelle. La plupart des Crustacés aquatiques passent par un ou plusieurs stades larvaires avant de devenir adultes.

Les **Isopodes** sont pour la plupart de petits Crustacés marins. Ils constituent l'un des groupes les plus nombreux, car ils comptent près de 10 000 espèces. Beaucoup d'entre eux vivent dans le fond des océans. Mais les Cloportes, qui font partie de ce groupe, se trouvent souvent dans les endroits humides, par exemple sous les bûches et dans les feuilles.

Un autre groupe de petits Crustacés, les **Copépodes,** est l'un des groupes animaux les plus nombreux. On trouve les Copépodes dans le plancton, tant en eau douce qu'en eau salée. Ils se nourrissent de protozoaires et de bactéries et servent de source alimentaire à beaucoup d'espèces de poissons.

Les Homards, les Écrevisses, les Crabes et les Crevettes sont tous des Crustacés relativement gros appartenant à l'ordre des **Décapodes** (FIGURE 33.35a). Leur exosquelette, ou cuticule, est durci par du calcaire ($CaCO_3$). La section qui couvre la partie dorsale du céphalothorax forme un bouclier portant le nom de carapace. La majorité des Décapodes vivent en milieu marin. Mais les Écrevisses vivent en eau douce et certains Crabes des tropiques, sur la terre ferme.

On trouve aussi dans le plancton les larves d'un grand nombre de Crustacés. Un autre groupe de Crustacés ressemblant à des crevettes de 3 cm de longueur mais appartenant à un autre ordre est le **krill** (FIGURE 33.35b). Principale source alimentaire de nombreuses espèces de Baleines (le mot *krill* est d'origine norvégienne et signifie « nourriture de baleines »), le krill est aujourd'hui recueilli pour servir de nourriture et de fertilisant.

Les Anatifes (FIGURE 33.35c) et les Balanes (voir la FIGURE 53.2) sont des Crustacés sessiles dont certaines parties de la cuticule sont durcies par le calcaire. Ils se nourrissent en filtrant leur nourriture à l'aide de leurs appendices.

Combien de fois la segmentation serait-elle apparue dans le règne animal ?

Avant de passer à un autre sujet que celui des Arthropodes, examinons l'évolution de l'une des caractéristiques les plus importantes de l'anatomie de ces Animaux : la segmentation du corps. (Vous avez plusieurs exemples de cette segmentation dans les illustrations d'Arthropodes précédentes, par exemple dans la FIGURE 33.29a représentant le Scorpion et dans la FIGURE 33.31a représentant le Millipède.) Jusqu'à récemment, la majorité des biologistes soutenaient l'hypothèse selon laquelle les Arthropodes ont comme ancêtre un Annélide ou un ancêtre segmenté qui serait aussi l'ancêtre des Annélides. Ces suppositions reposaient notamment sur la structure segmentée du corps des Arthropodes. En plaçant les Annélides et les Arthropodes dans deux différents clades des Protostomiens, les Lophotrochozoaires pour les Annélides et les Ecdysozoaires pour les Arthropodes, les systématiciens moléculaires ont remis en question la croyance bien enracinée selon laquelle il existe un lien de parenté étroit entre les Vers annelés et les Arthropodes. Mais les données moléculaires ne réussissent pas à convaincre les biologistes de rejeter l'hypothèse d'un lien étroit, du point de vue de l'évolution, entre les Annélides et les Arthropodes. L'origine de la segmentation a d'ailleurs suscité de nombreux débats.

Le corps segmenté des Arthropodes, des Annélides et de certains autres Animaux représente un cas particulier d'un phénomène plus général : la détermination des territoires présomptifs (voir les chapitres 21 et 47) dans lesquels les différents tissus et organes de l'embryon vont se former. L'anatomie de chaque animal symétrique et bilatéral présente un arrangement linéaire particulier le long de l'axe antéropostérieur. Ainsi, les yeux sont situés à l'extrémité antérieure. L'expression différencielle des gènes de régulation codant pour des facteurs de transcription joue un rôle clé dans la distribution, le long de cet axe, des parties anatomiques de l'embryon en développement. Chez les Animaux au corps segmenté, certains gènes déterminent d'abord la segmentation. Puis, les gènes du complexe *Hox* déterminent quels organes vont se former dans tel et tel segment (voir la FIGURE 21.15). Par exemple, l'expression différencielle de certains gènes *Hox* chez un embryon de Homard provoque l'apparition des antennes dans certains segments et des pattes locomotrices dans d'autres. Même chez les Animaux non segmentés, tels que les Vers plats, les gènes *Hox* déterminent le lieu d'expression d'organes tels que les yeux. D'ailleurs, les Éponges possèdent au moins un gène *Hox* et les Cnidaires comme les Méduses, plusieurs. Ainsi, chez les Cnidaires, l'expression d'un gène *Hox* commande la position des tentacules.

Par conséquent, en tant que déterminants de la morphologie, les gènes *Hox* dateraient d'une époque antérieure à l'apparition des Bilatériens. Chez certains embranchements animaux, le mécanisme régissant la segmentation du corps serait une variation d'un modèle de régulation fondamental qui remonterait aux premiers Animaux. À la suite de duplications et de mutations des gènes, et d'une spécialisation de ces gènes pour la segmentation, le nombre de gènes *Hox* aurait augmenté. Cette augmentation aurait permis une grande diversification des Animaux.

Plusieurs membres des trente-cinq embranchements animaux exhibent un corps segmenté. Parmi eux, on retrouve les Annélides, les Arthropodes et les Cordés, embranchement qui inclut les Vertébrés, donc les Humains. (Les vertèbres de la colonne vertébrale sont un exemple de segmentation.) Par conséquent, les trois principaux clades de Bilatériens comprennent des Animaux segmentés : les Annélides sont des Lophotrochozoaires ; les Arthropodes sont des Ecdysozoaires ; et les Cordés sont des Deutérostomiens. Chaque clade contient aussi des embranchements d'Animaux non segmentés.

Trois hypothèses expliquent la dispersion des Animaux segmentés au sein de l'arbre phylogénétique des Animaux. La première avance que la segmentation serait apparue indépendamment dans les différents clades des Bilatériens (FIGURE 33.36a). La deuxième affirme que la segmentation aurait deux origines : l'une pour les Protostomiens (Lophotrochozoaires et Ecdysozoaires), l'autre pour les Deutérostomiens (FIGURE 33.36b). Enfin, la troisième hypothèse soutient que la segmentation serait apparue une seule fois, chez un ancêtre commun aux trois lignées de Bilatériens (FIGURE 33.36c). Remarquez que la deuxième et la troisième hypothèse impliquent une disparition de la segmentation chez la plupart des Animaux, au fil de l'évolution. Le principe de parcimonie, en cladistique, semble favoriser la première hypothèse, qui n'entraîne que peu de modifications évolutives (voir le chapitre 25 pour une révision de la cladistique et du principe de parcimonie). Cependant, ce principe est purement indicatif ; ce n'est pas une loi du vivant. Par conséquent, nous ne pouvons éliminer la deuxième et la troisième hypothèse, qui pourraient rendre compte de la distribution de la segmentation au sein du règne animal.

L'évo-dévo, l'axe de recherche qui associe la biologie de l'évolution et la biologie du développement embryonnaire, pourrait faire la lumière sur l'origine de la segmentation. En effet, plusieurs laboratoires étudient le rôle des gènes *Hox* dans le développement des organismes segmentés, dans divers embranchements. En comparant les informations relatives à la façon dont ces gènes régulateurs déterminent les segments des embryons d'Annélides, d'Arthropodes et de Cordés, ils pourraient nous amener à comprendre si la segmentation est apparue une, deux ou trois fois dans le règne animal. Leurs études sur le développement de la segmentation dans un organisme contribueront à vérifier les hypothèses expliquant la phylogenèse animale.

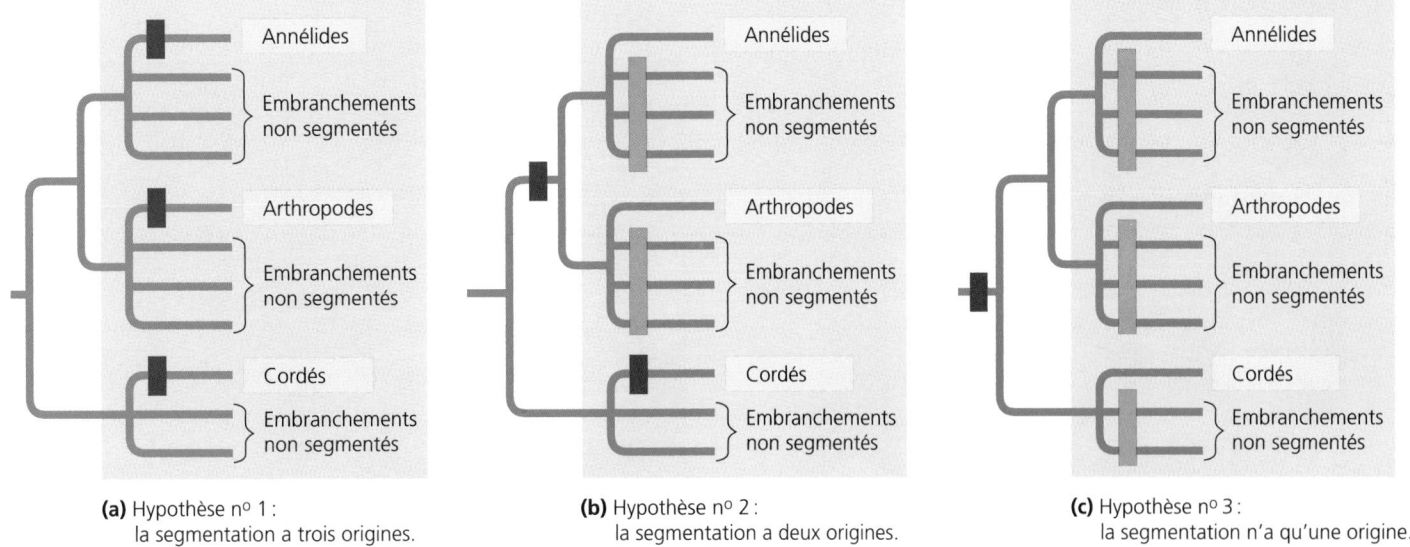

(a) Hypothèse nᵒ 1 :
la segmentation a trois origines.

(b) Hypothèse nᵒ 2 :
la segmentation a deux origines.

(c) Hypothèse nᵒ 3 :
la segmentation n'a qu'une origine.

FIGURE 33.36 Hypothèses sur l'origine de la segmentation.
Les rectangles violets indiquent l'apparition de la segmentation ; les orangés, sa disparition.

LES DEUTÉROSTOMIENS

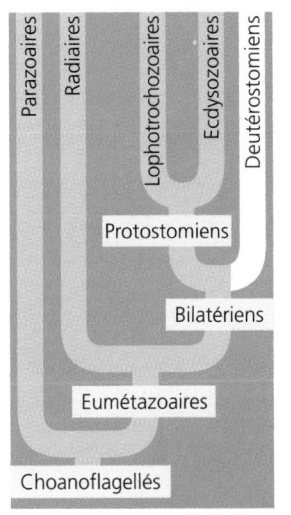

À première vue, les Étoiles de mer et les autres Échinodermes semblent avoir très peu de choses en commun avec l'embranchement des Cordés, qui comprend les Vertébrés tels que les Poissons, les Amphibiens, les Reptiles, les Oiseaux et les Mammifères. Ces Animaux possèdent toutefois des caractéristiques importantes des Deutérostomiens : la segmentation radiaire, la formation d'un cœlome à partir de l'archentéron et la formation de la bouche à l'extrémité opposée au blastopore chez l'embryon (voir la FIGURE 32.7). La systématique moléculaire a confirmé le caractère monophylétique des Deutérostomiens chez les Bilatériens.

Embranchement des Échinodermes : les Échinodermes sont des animaux à symétrie radiaire secondaire qui possèdent un système ambulacraire

Les Étoiles de mer et la plupart des autres **Échinodermes** (du grec *ekhinos,* « hérisson » et *derma,* « peau ») sont des animaux sessiles ou qui se déplacent lentement. Leurs parties internes et externes partent du centre, souvent en cinq rayons. Un tégument mince couvre leur squelette constitué de dures plaques calcaires. La majorité des Échinodermes portent des épines et des bosses destinées à plusieurs usages. Ils possèdent un **système ambulacraire** (ou aquifère) unique en son genre. Ce système se compose d'un réseau de canaux hydrauliques ramifiés en prolongements érectiles appelés **pieds ambulacraires.** Ces derniers servent à la locomotion, à la capture des proies et aux échanges gazeux.

Chez les Échinodermes, les mâles et les femelles libèrent leurs gamètes dans l'eau de la mer. Les larves, à symétrie bilatérale, subissent une métamorphose qui les transforme en adultes à symétrie radiaire.

Puisque les Eumétazoaires sont divisés en Radiaires et en Bilatériens dans notre système de classification, nous devons fournir une explication sur la symétrie radiaire secondaire de la plupart des Échinodermes. Les Échinodermes sont bel et bien des Bilatériens, et non des Animaux à symétrie radiaire apparentés aux Cnidaires. Leurs larves présentent une symétrie bilatérale. L'anatomie radiaire de l'adulte résulterait de son mode de vie plus ou moins sessile, ce qui constitue une adaptation. Même à maturité, les Échinodermes adultes ne sont pas parfaitement radiaires. Par exemple, l'ouverture (la plaque madréporique) du système ambulacraire de l'Étoile de mer n'est pas située au centre, mais sur un côté de l'animal (voir la FIGURE 33.38).

Les quelque 7 000 Échinodermes, tous marins, se divisent en cinq classes (FIGURE 33.37, p. 732) : les Astérides (Étoiles de mer), les Ophiurides (Ophiures), les Échinides (Oursins et Dollars des sables), les Crinoïdes (Lis de mer), les Holothurides (Concombres de mer). En 1986, des océanographes ont découvert une population particulière d'Échinodermes discoïdes et sans rayons, que l'on a considérée jusqu'à tout récemment comme une sixième classe, les Concentricycloïdes. Cependant, de plus en plus de biologistes pensent que cette population est constituée d'Astérides aberrants.

Classe des Astérides

Les Étoiles de mer possèdent un disque central d'où rayonnent au moins cinq bras (FIGURE 33.37a). La face inférieure des bras porte des pieds ambulacraires. Chacun de ces pieds se termine par une ventouse. Un système hydraulique et musculaire complexe

FIGURE 33.37 Échinodermes.

(a) Étoile de mer (classe des Astérides) sur du Corail.

(b) Étoile de mer s'attaquant à une Palourde.

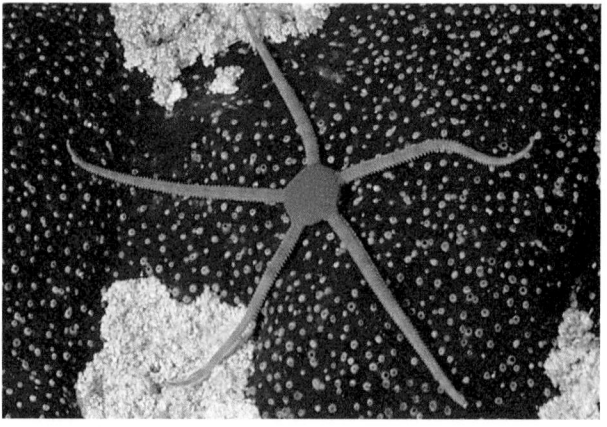

(c) Ophiure (classe des Ophiurides).

(d) Oursin (classe des Échinides).

(e) Lis de mer (classe des Crinoïdes).

(f) Concombre de mer (classe des Holothurides).

permet de créer ou de relâcher la succion (FIGURE 33.38). L'Étoile de mer coordonne les mouvements de ses pieds ambulacraires pour adhérer aux rochers ou pour ramper lentement. Ses pieds s'étendent, s'agrippent, se contractent et se relâchent, pour ensuite recommencer. L'Étoile de mer utilise aussi ses pieds ambulacraires pour capturer ses proies, par exemple une Palourde ou une Huître (FIGURE 33.37b). Elle enlace d'abord avec ses bras le Bivalve fermé, puis s'y accroche fermement avec les ventouses de ses pieds ambulacraires. Ses systèmes musculaire et ambulacraire font contracter ses pieds, ce qui crée une

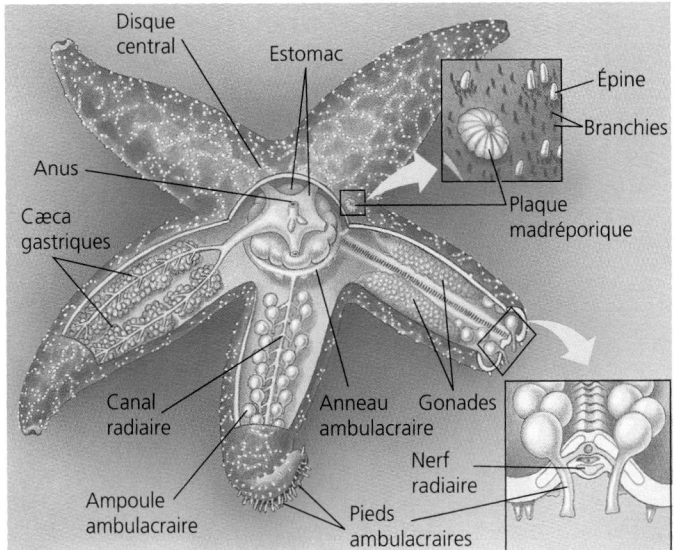

FIGURE 33.38 Anatomie de l'Étoile de mer. La surface de l'Étoile de mer est recouverte d'épines qui lui permettent de se défendre contre les prédateurs. Elle est aussi recouverte de branchies qui serviraient plus à l'osmorégulation qu'aux échanges gazeux. Les organes internes sont suspendus par des mésentères dans un cœlome bien développé. Un court tube digestif part de la bouche, au fond du disque central, et va jusqu'à l'anus, au-dessus du disque. Les cæca gastriques sécrètent des sucs digestifs et contribuent à l'absorption et à l'entreposage des nutriments. Le disque central possède un anneau nerveux, d'où rayonnent des cordons nerveux vers les bras. Le système ambulacraire consiste en un anneau rempli de liquide d'où rayonnent cinq canaux radiaires dans des sillons situés le long des bras. Le système est relié à l'extérieur par la plaque madréporique. Chaque canal radiaire se ramifie en centaines de pieds ambulacraires, tubes creux et musculaires à l'intérieur desquels se trouve du liquide qui circule dans tout le système. Chaque pied ambulacraire porte une vésicule appelée « ampoule ambulacraire » qui contribue à son fonctionnement. Le pied s'allonge et se contracte pour s'attacher au substrat lorsque l'ampoule expulse le liquide qu'elle contient. Il raccourcit et se plie quand les muscles de sa paroi se contractent. L'eau retourne alors dans l'ampoule.

traction suffisante pour entrouvrir la coquille de sa proie. Elle dévagine alors son estomac par la bouche et l'introduit entre les valves du mollusque. Son tube digestif sécrète des sucs qui amorcent la digestion du corps mou du Bivalve, qui est toujours à l'intérieur de sa coquille.

Les Étoiles de mer et certains autres Échinodermes possèdent une grande capacité de régénération. Les Étoiles de mer peuvent régénérer des bras perdus, mais le processus est très lent. Il existe même un genre (*Linckia*) qui peut régénérer un corps entier à partir d'un seul bras.

Classe des Ophiures

Les Ophiures ont un disque central distinct des bras, qui sont longs et flexibles (FIGURE 33.37c). Leurs pieds ambulacraires ne possèdent pas de ventouses. Elles se déplacent donc en exécutant des mouvements ondulatoires avec leurs bras. Certaines espèces filtrent leur nourriture, alors que d'autres sont des prédateurs ou des charognards.

Classe des Échinides

Les Oursins et les Dollars des sables ne possèdent pas de bras, mais ils ont cinq rangées de pieds ambulacraires qui leur permettent de se déplacer lentement (FIGURE 33.37d). Afin de faciliter leur déplacement, ces Échinodermes utilisent aussi leurs muscles pour faire pivoter leurs longues épines. Chez les Oursins, la bouche comporte un anneau de structures complexes ressemblant à des mâchoires. Les Oursins peuvent ainsi manger des algues marines et d'autres aliments. Les Oursins sont sphériques, tandis que les Dollars des sables sont discoïdes.

Classe des Crinoïdes

Certains Lis de mer (Crinoïdes) vivent attachés à un substrat par des pédoncules. D'autres rampent grâce à leurs longs bras

flexibles. Les Lis de mer sont des organismes filtreurs (FIGURE 33.37e). Les bras encerclent la bouche qui pointe vers le haut, à l'opposé du substrat. La classe des Crinoïdes est ancienne et a peu évolué. D'ailleurs, les Lis de mer fossilisés datant de 500 millions d'années pourraient passer pour des membres actuels de cette classe.

Classe des Holothurides

À première vue, les Concombres de mer ne ressemblent pas beaucoup aux autres Échinodermes (FIGURE 33.37f). Leur endosquelette intradermique est réduit à de minuscules spicules (bâtonnets) épars. De plus, ils ont une forme allongée dans l'axe oral-aboral, d'où leur nom de Concombres. Cette caractéristique contribue à camoufler leur parenté avec les Étoiles de mer et les Oursins. Toutefois, un examen attentif révèle cinq rangées de pieds ambulacraires, structures du système ambulacraire propre aux Échinodermes. Certains des pieds ambulacraires qui ceinturent la bouche sont des tentacules conçus pour nourrir l'animal.

Embranchement des Cordés : les Cordés comprennent deux sous-embranchements d'Invertébrés et tous les Vertébrés

L'embranchement des Cordés, auquel nous appartenons, contient deux sous-embranchements d'Invertébrés en plus du sous-embranchement des Vertébrés, les Animaux pourvus d'une colonne vertébrale. Bien que les Cordés et les Échinodermes soient regroupés dans le clade des Deutérostomiens sur la base des similitudes de leur développement embryonnaire, on ne doit pas en déduire qu'un embranchement est l'ancêtre de l'autre. Les Cordés et les Échinodermes ont en effet évolué en tant qu'embranchements distincts durant un demi-milliard d'années. Si les similitudes de leur développement sont dues à des ancêtres communs, alors la séparation des deux embranchements doit avoir eu lieu très tôt. Nous étudierons au chapitre 34 la phylogenèse des Cordés, plus particulièrement l'évolution des Vertébrés.

Le TABLEAU 33.7 récapitule les embranchements des Animaux que nous avons abordés dans ce chapitre.

TABLEAU 33.7 **Embranchements des Animaux**		
Catégorie	**Embranchements et exemples**	**Description des embranchements**
Règne animal Parazoaires	Porifères (Éponges)	Choanocytes (cellules à collerette flagellées ingérant des bactéries et de petites particules de nourriture). Les cellules ont tendance à être totipotentes (gardent la capacité de régénérer l'animal entier, comme un zygote).
Eumétazoaires Radiaires	Cnidaires (Hydres, Méduses, Anémones de mer, Coraux)	Des cellules spécialisées (cnidocytes) contiennent des structures urticantes uniques (nématocystes). Cavité gastrovasculaire (système digestif incomplet muni d'une bouche, mais pas d'un anus).
	Cténophores (Cydippes)	Colloblastes (structures adhésives) pour la capture des proies. Huit rangées de palettes natatoires ciliées. Cavité gastrovasculaire.
Bilatériens Protostomiens Lophotrochozoaires	Plathelminthes (Planaires, Ténias)	Forme aplatie dorsoventralement, acœlomates non segmentés. Cavité gastrovasculaire ou absence de structures liées à la digestion.
	Rotifères (Philodina, Kératella)	Pseudocœlomates pourvus d'un système digestif complet. Mâchoire située dans le pharynx. Tête pourvue d'une couronne de cils. Absence de système cardiovasculaire.
	Lophophoriens : Bryozoaires, Brachiopodes, Phoronidiens	Cœlomates munis d'un lophophore (structure de nutrition bordée de tentacules ciliés).
	Némertes (Carinella, Lineus)	Cavité remplie de liquide qui contient un proboscis unique sur sa partie antérieure. Système digestif complet (bouche et anus). Système cardiovasculaire clos.
	Mollusques (Palourdes, Escargots, Pieuvres)	Cœlomates composés de trois parties : pied musculeux, masse viscérale et manteau. Cœlome réduit. Cavité corporelle (hémocœle).
	Annélides (Lombrics, Néréides)	Cœlomates segmentés munis de cloisons et d'organes internes dont certains se trouvent dans chaque segment.
Protostomiens : Ecdysozoaires	Nématodes (Ascaris, Trichines)	Pseudocœlomates cylindriques et non segmentés, aux extrémités fuselées. Absence de système cardiovasculaire.
	Arthropodes (Crustacés, Insectes, Araignées)	Cœlomates segmentés aux appendices articulés. Exosquelette issu de l'ectoderme.
Deutérostomiens	Échinodermes (Étoiles de mer, Oursins)	Cœlomates à symétrie radiaire secondaire (larves à symétrie bilatérale et adultes à symétrie radiaire). Système ambulacraire unique. Endosquelette.
	Cordés (Urocordés, Céphalocordés, Vertébrés)	Cœlomates pourvus d'une corde dorsale, d'un tube neural dorsal creux, de fentes branchiales et d'une queue postanale.

RÉVISION DU CHAPITRE

Résumé des concepts importants

LES PARAZOAIRES

- Embranchement des Porifères : les Éponges sont des animaux sessiles au corps poreux tapissé de choanocytes (p. 705 et 706, FIGURES 33.2 et 33.3). Les Éponges ne possèdent ni tissus vrais ni organes. Elles se nourrissent par filtration en faisant entrer l'eau à travers des pores. Les choanocytes (cellules à collerette flagellées) ingèrent les bactéries et les particules de nourriture en suspension dans l'eau.

LES RADIAIRES

- Embranchement des Cnidaires : les Cnidaires possèdent une symétrie radiaire, une cavité gastrovasculaire et des cnidocytes (p. 706 à 709, FIGURES 33.4 à 33.7, TABLEAU 33.1). Les Cnidaires sont principalement des carnivores marins qui possèdent des tentacules armés de cnidocytes urticants dont le rôle est de défendre l'animal et de capturer des proies. On les trouve sous les formes de polypes sessiles ou de méduses flottantes. Leur tube digestif est incomplet ; il comprend une cavité gastrovasculaire pourvue d'une seule ouverture servant à la fois d'anus et de bouche. Les membres de la classe des Hydrozoaires alternent entre la forme polype, plus visible, et la forme méduse. Les Méduses appartiennent à la classe des Scyphozoaires, où la forme méduse domine. Les Anémones de mer et les Coraux appartiennent à la classe des Anthozoaires et n'existent que sous la forme polype.

- Embranchement des Cténophores : les Cydippes sont munies de palettes natatoires ciliées et de colloblastes adhésifs (p. 708 et 709, FIGURE 33.8). Les Cydippes capturent leurs proies à l'aide de tentacules rétractables.

LES PROTOSTOMIENS : LOPHOTROCHOZOAIRES

- Embranchement des Plathelminthes : les Vers plats sont des acœlomates munis d'une cavité gastrovasculaire (p. 709 à 712, FIGURES 33.9 à 33.12, TABLEAU 33.2). La plupart des Vers plats sont des animaux de forme aplatie qui possèdent une cavité gastrovasculaire. La classe des Turbellariés se compose d'espèces surtout marines qui vivent à l'état libre. Les membres de la classe des Trématodes et des Monogènes parasitent l'intérieur ou l'extérieur de certains animaux. Enfin, les membres de la classe des Cestodes (Ténias), tous parasites, ne possèdent pas de tube digestif.

- Embranchement des Rotifères : les Rotifères sont des pseudocœlomates pourvus d'un appareil masticateur, d'une couronne de cils entourant la bouche et d'un système digestif complet (p. 712, FIGURE 33.13). Nombre d'espèces de Rotifères se trouvent en eau douce. Certaines se reproduisent par parthénogenèse.

- Embranchements du clade des Lophophoriens : les Bryozoaires, les Phoronidiens et les Brachiopodes sont des cœlomates dont la bouche s'entoure de tentacules ciliés (p. 712 et 713, FIGURE 33.14). Les Lophophoriens sont tous dotés d'un lophophore, organe en forme de fer à cheval qui porte des tentacules ciliés et qui filtre la nourriture.

- Embranchement des Némertes : les Némertes possèdent un proboscis, trompe qui sert à capturer les proies (p. 713 et 714, FIGURE 33.15). Les membres de l'embranchement des Némertes possèdent une trompe, appelée proboscis, qu'ils utilisent pour se défendre et pour capturer leurs proies. Une cavité remplie de liquide entoure le proboscis.

- Embranchement des Mollusques : les Mollusques sont constitués d'un pied musculeux, d'une masse viscérale et d'un manteau (p. 714 à 717, FIGURES 33.16 à 33.22, TABLEAU 33.3). La classe des Polyplacophores comprend les Chitons, des animaux marins ovales qui sont recouverts d'une coquille formée de plaques dorsales. Bon nombre de Gastéropodes, par exemple les Escargots, sont protégés par une coquille en spirale. Les Nudibranches n'en possèdent pas. La torsion que le corps des Gastéropodes subit au cours du développement embryonnaire est la caractéristique la plus marquante de ces animaux. Les Palourdes et les organismes apparentés font partie de la classe des Bivalves. Ceux-ci possèdent une coquille formée de deux moitiés reliées par une charnière. Enfin, les Calmars et les Pieuvres font partie de la classe des Céphalopodes. Ces carnivores ont une puissante mâchoire chitineuse qui est située au centre de tentacules provenant d'un pied musculeux modifié.

- Embranchement des Annélides : les Annélides sont des Vers annelés (p. 717 à 719, FIGURES 33.23 et 33.24, TABLEAU 33.4). La classe des Oligochètes comprend les Vers de terre et diverses espèces aquatiques. Les Polychètes, eux, ont des parapodes vascularisés qui servent de branchies et contribuent à la locomotion. Enfin, la classe des Hirudinées comprend les Sangsues.

LES PROTOSTOMIENS : ECDYSOZOAIRES

- Embranchement des Nématodes : les Vers ronds sont des pseudocœlomates non segmentés recouverts d'une cuticule résistante (p. 720, FIGURE 33.25). L'embranchement des Nématodes (Vers ronds) fait partie des embranchements animaux qui comptent le plus grand nombre d'individus et d'espèces. Ces Vers vivent pour la plupart dans des habitats aquatiques. Certaines espèces parasitent les Végétaux et les Animaux.

- Les Arthropodes sont des cœlomates segmentés qui se protègent au moyen d'un exosquelette et se meuvent grâce à des appendices articulés (p. 721 à 731, FIGURES 33.26 à 33.36, TABLEAUX 33.5 et 33.6). L'embranchement des Arthropodes comprend plus d'espèces connues que tous les autres embranchements réunis. Les Chélicérates ont des appendices munis de pinces ou de crochets et comprennent les Arachnides (Araignées, Tiques, Scorpions et Mites). Le système de classification traditionnel regroupe les Insectes (classe des Insectes), les Centipèdes (classe des Chilopodes) et les Millipèdes (classe des Diplopodes) en tant qu'Uniramiens. Tous ces animaux possèdent une paire d'antennes et des appendices non ramifiés (uniramés). Les Crustacés (Homards, Écrevisses, Crabes, Crevettes et Anatifes) sont des organismes surtout aquatiques possédant deux paires d'antennes et des appendices ramifiés. La recherche menée sur l'origine de la segmentation chez les Arthropodes et d'autres embranchements d'Animaux segmentés a permis aux systématiciens de vérifier certaines hypothèses relatives à la phylogenèse.

LES DEUTÉROSTOMIENS

■ **Embranchement des Échinodermes : les Échinodermes sont des animaux à symétrie radiaire secondaire qui possèdent un système ambulacraire (p. 731 à 733, FIGURES 33.37 et 33.38).** Les Étoiles de mer et les organismes apparentés font partie des cinq classes de l'embranchement des Échinodermes. La symétrie radiaire de nombre d'espèces de cet embranchement est issue de l'évolution de la symétrie bilatérale qui caractérisait leurs ancêtres. Les Échinodermes sont dotés d'un système ambulacraire (ou aquifère) se terminant par des pieds ambulacraires qu'ils utilisent pour se mouvoir et se nourrir. Un mince tégument bosselé ou épineux recouvre leur squelette calcaire intradermique.

■ **Embranchement des Cordés : les Cordés comprennent deux sous-embranchements d'Invertébrés et tous les Vertébrés (p. 733 et 734).** Les Cordés ont en commun avec les Échinodermes de nombreuses caractéristiques relatives à leur développement embryonnaire.

Autoévaluation

(Les questions dont les numéros sont en caractères gras font surtout appel à la compréhension.)

1. Quels clades sont directement issus d'un ancêtre eumétazoaire commun ?
   a) Les Parazoaires et les Bilatériens.
   b) Les Parazoaires et les Radiaires.
   c) Les Radiaires et les Bilatériens.
   d) Les Protostomiens et les Deutérostomiens.
   e) Les Lophotrochozoaires et les Ecdysozoaires.

2. Quel embranchement se caractérise par des Animaux au corps segmenté ?
   a) Les Cnidaires.
   b) Les Plathelminthes.
   c) Les Porifères.
   d) Les Arthropodes.
   e) Les Mollusques.

3. Le système ambulacraire des Échinodermes :
   a) fonctionne comme un système cardiovasculaire qui distribue les nutriments aux cellules.
   b) sert à la locomotion, à la capture des proies et aux échanges gazeux.
   c) possède une symétrie bilatérale, même si l'animal adulte présente une symétrie radiaire.
   d) déplace l'eau à travers le corps de l'animal dans le but de la filtrer.
   e) est semblable au squelette hydraulique des Annélides.

4. Dans une Éponge, l'eau suivrait le parcours suivant :
   a) Porocyte → spongocœle → oscule
   b) Blastopore → cavité gastrovasculaire → protostome
   c) Choanocyte → mésoglée → spongocœle
   d) Porocyte → choanocyte → mésoglée
   e) Colloblaste → cœlome → porocyte

5. Bien que le groupe des Cnidaires présente une grande diversité, tous ses membres se caractérisent par :
   a) une cavité gastrovasculaire.
   b) une modification de structure entre le stade méduse et le stade polype.
   c) un certain degré de céphalisation.
   d) un tissu musculaire issu du mésoderme.
   e) l'absence de mode de reproduction asexué.

6. Qu'est-ce que l'Escargot terrestre, la Palourde et la Pieuvre ont en commun ?
   a) Un manteau.
   b) Une radula.
   c) Des branchies.
   d) Une torsion de l'embryon.
   e) Une céphalisation distincte.

7. Laquelle de ces caractéristiques *ne s'applique pas* à la plupart des Annélides ?
   a) Un squelette hydraulique.
   b) La segmentation.
   c) Des métanéphridies.
   d) Un pseudocœlome.
   e) Un système cardiovasculaire clos.

8. Quel énoncé *ne concerne pas* les Chélicérates ?
   a) Ils possèdent des antennes.
   b) Leur corps se divise en un céphalothorax et un abdomen.
   c) La Limule est le seul organisme marin survivant de ce groupe.
   d) Les Tiques, les Scorpions et les Araignées en font partie.
   e) Leurs appendices antérieurs sont modifiés en pinces ou en crochets.

9. Laquelle de ces associations entre un embranchement et ses caractéristiques est *inexacte* ?
   a) Échinodermes – symétrie radiaire et bilatérale, cœlome issu de l'archentéron.
   b) Nématodes – Vers ronds, pseudocœlomates.
   c) Cnidaires – symétrie radiaire, formes méduse et polype.
   d) Plathelminthes – Vers plats, cavité gastrovasculaire, acœlomates.
   e) Porifères – cavité gastrovasculaire, présence d'un cœlome.

10. Quelle caractéristique expliquerait l'incroyable diversité des Insectes ?
    a) La segmentation.
    b) Leur exosquelette.
    c) Leur système trachéen.
    d) La métamorphose.
    e) Le vol.

11. Notre système cardiovasculaire distribue les nutriments et le dioxygène aux différentes parties du corps dont il recueille les déchets. Chez les Éponges, comment cela fonctionne-t-il ?

12. Les Plathelminthes possèdent une symétrie _____, alors que les Cnidaires ont une symétrie _____. Cependant, les animaux des deux embranchements sont pourvus d'une cavité _____.

13. Quel risque court une personne qui commande des côtelettes de porc saignantes au restaurant ?

14. Dans l'embranchement des Mollusques, l'Escargot est un exemple de la classe des _____ ; la Palourde est un exemple de la classe des _____ ; et la Pieuvre est un exemple de la classe des _____.

15. Quelle est la principale différence entre le système digestif d'un Ver de terre et la cavité gastrovasculaire d'une Anémone de mer ?

16. Comparez le squelette d'un Échinoderme avec celui d'un Arthropode.

Lien avec l'évolution

Les Limules sont appelés «fossiles vivants» parce que les archives géologiques ont démontré la constance de leur morphologie depuis des millions d'années. Pourquoi ces organismes ont-ils conservé la même morphologie aussi longtemps? Selon vous, quelles autres caractéristiques biologiques, moins évidentes que la structure, se sont modifiées?

Intégration

Dans un tableau, comparez les fonctions de digestion, d'excrétion, de circulation, de régulation nerveuse et de soutien (squelette) qui caractérisent les embranchements suivants: Plathelminthes, Mollusques, Annélides, Arthropodes, Échinodermes.

Science, technologie et société

Dans certaines régions d'Afrique, la construction de réservoirs et de canaux d'irrigation a permis aux fermiers d'augmenter leurs récoltes. Auparavant, les semis n'étaient mis en terre qu'après les pluies du printemps, parce que le reste de l'année la terre était trop asséchée. Maintenant, les champs peuvent être irrigués toute l'année. Toutefois, ce bienfait a eu un effet inattendu: une augmentation phénoménale des cas de schistosomiase (bilharziose). Observez le cycle de vie des Schistosomes, à la FIGURE 33.11. En tant que coopérant, vous êtes appelé à seconder les autorités sanitaires dans le contrôle de la propagation de la maladie. Expliquez pourquoi une meilleure irrigation a une incidence sur le nombre de cas. La maladie se traite difficilement et les médicaments sont onéreux. Suggérez trois autres moyens pour prévenir la maladie.

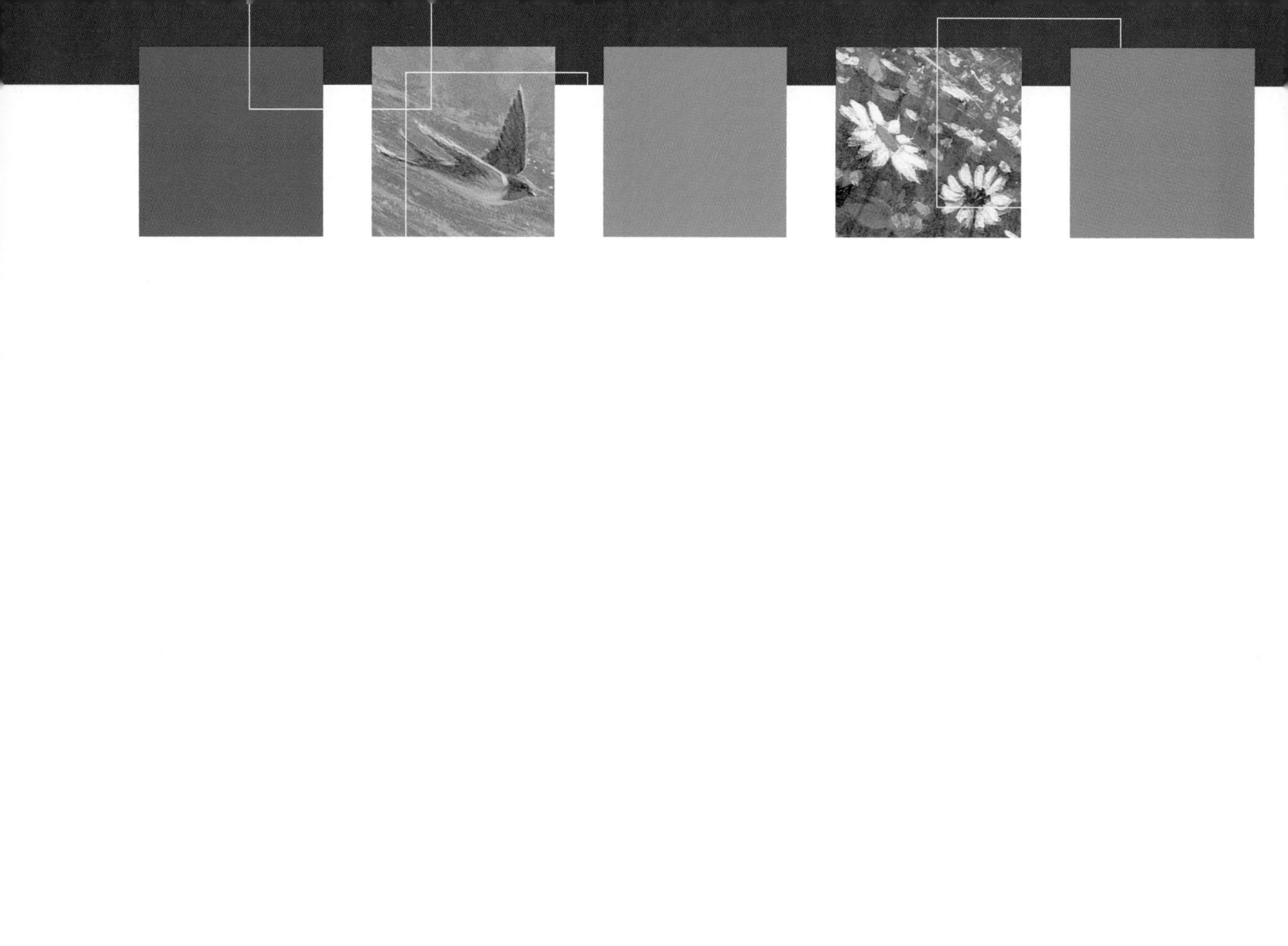

CHAPITRE 34

ÉVOLUTION ET DIVERSITÉ DES VERTÉBRÉS

« J'ai trouvé le chaînon manquant
entre le Singe et l'Homme : c'est nous ! »

KONRAD LORENZ
éthologiste autrichien (1903-1989)

CORDÉS INVERTÉBRÉS ET PHYLOGENÈSE DES VERTÉBRÉS

■ Quatre structures anatomiques caractérisent l'embranchement des Cordés

■ Les Cordés invertébrés nous renseignent sur la phylogenèse des Vertébrés

INTRODUCTION AUX VERTÉBRÉS

■ Une crête neurale, une céphalisation marquée, une colonne vertébrale et un système cardiovasculaire clos caractérisent le sous-embranchement des Vertébrés

■ Aperçu de la diversité des Vertébrés

LES VERTÉBRÉS SANS MÂCHOIRES

■ Classe des Myxinoïdes : les Myxines sont les Vertébrés actuels les plus primitifs

■ Classe des Pétromyzonoïdes : les Lamproies nous renseignent sur l'évolution de la colonne vertébrale

■ Certains fossiles de Vertébrés sans mâchoires possèdent des dents minéralisées et une armure de plaques osseuses

POISSONS ET AMPHIBIENS

■ Les mâchoires des Vertébrés résultent d'une transformation du squelette supportant les fentes branchiales

■ Classe des Chondrichthyens : les Requins et les Raies ont un squelette cartilagineux

■ Les Ostéichthyens : les Poissons osseux actuels sont répartis en trois classes, celle des Actinoptérygiens, celle des Actinistiens et celle des Dipneustes

■ Les Tétrapodes sont issus de poissons qui se sont adaptés aux eaux peu profondes

■ Classe des Amphibiens : les Salamandres, les Grenouilles et les Cécilies sont les trois ordres d'Amphibiens actuels

LES AMNIOTES

■ L'œuf amniotique est une adaptation qui a favorisé la colonisation de la terre ferme par les Vertébrés

■ Les systématiciens qui étudient les Vertébrés réévaluent la classification des Amniotes

■ Tous les Amniotes sont manifestement issus d'un ancêtre reptilien

■ Les Oiseaux sont issus d'un ancêtre reptilien à plumes

■ Les Mammifères se sont considérablement diversifiés au début des extinctions du Crétacé

PRIMATES ET PHYLOGENÈSE DE *HOMO SAPIENS*

■ L'étude de l'évolution des Primates permet de comprendre l'origine de l'Humain

■ L'Humanité est représentée par une branche très récente dans l'arbre phylogénétique des Vertébrés

La majorité d'entre nous *nous intéressons à la généalogie. Nous aimerions tous en savoir un peu plus sur nos ancêtres. Quand on étudie la biologie, on veut aller encore plus loin ; on cherche la trace des ancêtres de l'Humain dans le contexte plus large de l'évolution du règne animal. On doit alors se poser certaines questions. À quoi nos ancêtres ressemblaient-ils ? Quel lien nous unit aux autres Animaux ? Quels sont nos plus proches parents ? Dans ce chapitre, nous allons étudier la phylogenèse des Vertébrés, groupe qui comprend les Mammifères, dont les Humains, les Oiseaux, les Reptiles, les Amphibiens et les Poissons. On les appelle tous des* **Vertébrés** *parce que parmi leurs diverses caractéristiques communes figure une colonne vertébrale. La photo ci-dessus, qui représente un squelette de serpent, illustre ce trait distinctif des Vertébrés. Pour bien établir la phylogenèse des Vertébrés, nous allons tout d'abord déterminer la place que ces derniers occupent au sein du règne animal.*

CORDÉS INVERTÉBRÉS ET PHYLOGENÈSE DES VERTÉBRÉS

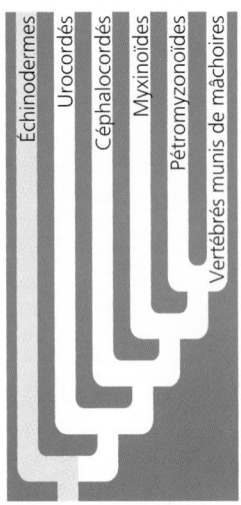

Dans l'arbre phylogénétique des Animaux, les Vertébrés sont rattachés à la lignée des Deutérostomiens (voir la FIGURE 32.4). Actuellement, les Deutérostomiens se divisent en deux embranchements fondamentaux : les Cordés (dont font partie les Vertébrés) et les Échinodermes. Parmi les Invertébrés qui nous sont les plus familiers, les Échinodermes tels que les Étoiles de mer sont les organismes qui se rapprochent le plus des Humains. L'embranchement des Cordés comprend également deux groupes d'Invertébrés moins connus : les Urocordés et les Céphalocordés. Ces deux groupes d'Animaux sont plus proches des Humains que les Étoiles de mer. La FIGURE 34.1 montre un cladogramme avec certains groupes animaux que nous allons étudier dans la première partie de ce chapitre.

Quatre structures anatomiques caractérisent l'embranchement des Cordés

Bien que leur aspect varie beaucoup, tous les **Cordés** présentent, à une étape ou à une autre de leur vie – au stade embryonnaire bien souvent –, quatre structures anatomiques qui les distinguent des membres des autres embranchements. Ces quatre caractéristiques sont la corde dorsale, le tube neural dorsal creux, les fentes branchiales et la queue musculaire postanale (FIGURE 34.2).

1. La corde dorsale

Les embryons de tous les Cordés possèdent une **corde dorsale,** c'est-à-dire une tige flexible longitudinale qui est située entre le tube digestif et le tube neural. La corde dorsale se compose de cellules volumineuses qui sont remplies de liquide et recouvertes d'un tissu fibreux assez rigide. Elle constitue un squelette relativement simple qui s'étend sur presque toute la longueur de l'animal. Cette structure est en fait à l'origine du nom des Cordés. Chez certains Cordés invertébrés et chez certains Vertébrés primitifs, la corde dorsale demeure la structure de soutien de l'adulte. Mais, chez la plupart des Vertébrés, elle cède la place à un squelette articulé plus complexe, l'adulte ne conservant que des résidus de la corde dorsale embryonnaire (la matière gélatineuse des disques intervertébraux chez l'Humain, par exemple).

2. Le tube neural dorsal creux

Le tube neural de l'embryon d'un Cordé se forme à partir d'un feuillet de l'ectoderme qui s'enroule à l'arrière de la corde dorsale. Ce tube neural dorsal creux est propre aux Cordés. Les Invertébrés, eux, ont des cordons nerveux pleins, situés habituellement dans la partie ventrale. Le tube neural des Cordés donne naissance au système nerveux central, qui comprend l'encéphale et la moelle épinière.

3. Les fentes branchiales

Chez les Cordés, le tube digestif s'étend de la bouche à l'anus. Le pharynx, région située à l'arrière de la bouche, s'ouvre sur l'extérieur grâce à plusieurs paires de fentes branchiales. Ces fentes permettent à l'eau qui entre dans la bouche de ressortir sans avoir à parcourir tout le tube digestif. Chez un grand nombre de Cordés invertébrés, elles servent à filtrer les aliments. Au cours de l'évolution des Vertébrés, les fentes branchiales et les structures qui les soutiennent se sont modifiées de façon à permettre notamment les échanges gazeux (chez les Vertébrés aquatiques), l'apparition d'une mâchoire et l'audition.

4. La queue musculaire postanale

La plupart des Cordés possèdent une queue qui s'étend au-delà de l'anus. Le tube digestif de la majorité des Cordés invertébrés s'étend sur presque toute la longueur de l'organisme. La queue des Cordés comprend des éléments squelettiques et musculaires, et fournit une bonne partie de la force propulsive chez un grand nombre d'espèces aquatiques.

Les Cordés invertébrés nous renseignent sur la phylogenèse des Vertébrés

Les organismes qui font partie des Urocordés ou des Céphalocordés, deux sous-embranchements de Cordés invertébrés, illustrent l'anatomie des Cordés dans sa plus simple expression. Ils ne possèdent pas, en effet, les éléments qui sont apparus plus tard chez les Vertébrés. L'étude de ces deux sous-embranchements fournit ainsi des indices sur la phylogenèse des Vertébrés.

Sous-embranchement des Urocordés

Les **Urocordés,** appelés communément **Tuniciers,** sont pour la plupart des animaux sessiles marins qui vivent fixés aux rochers, aux quais et aux bateaux (FIGURE 34.3a, p. 742). Cependant, certaines espèces vivent parmi le plancton et d'autres vivent en colonies. L'eau de mer pénètre à l'intérieur de l'animal par un siphon buccal inhalant, puis passe par les fentes du pharynx dilaté pour arriver dans un compartiment appelé « cavité péribranchiale », d'où elle sort par un siphon cloacal exhalant (FIGURE 34.3b). Les particules de nourriture qui se trouvent dans l'eau sont filtrées par un filet de mucus, puis acheminées par des cils dans l'intestin. Le contenu de l'anus se déverse ensuite dans le siphon cloacal. L'animal est entièrement revêtu d'une tunique (d'où le nom de Tuniciers) constituée de tunicine, un polysaccharide semblable à la cellulose. Si l'on touche l'animal, le siphon cloacal projette du liquide. Les Ascidies, aussi appelées Outres de mer, font partie des Urocordés. Nous connaissons environ 1 300 espèces d'Urocordés.

Un Urocordé adulte ressemble très peu à un Cordé. Il ne présente en effet aucune trace de corde dorsale, de tube neural

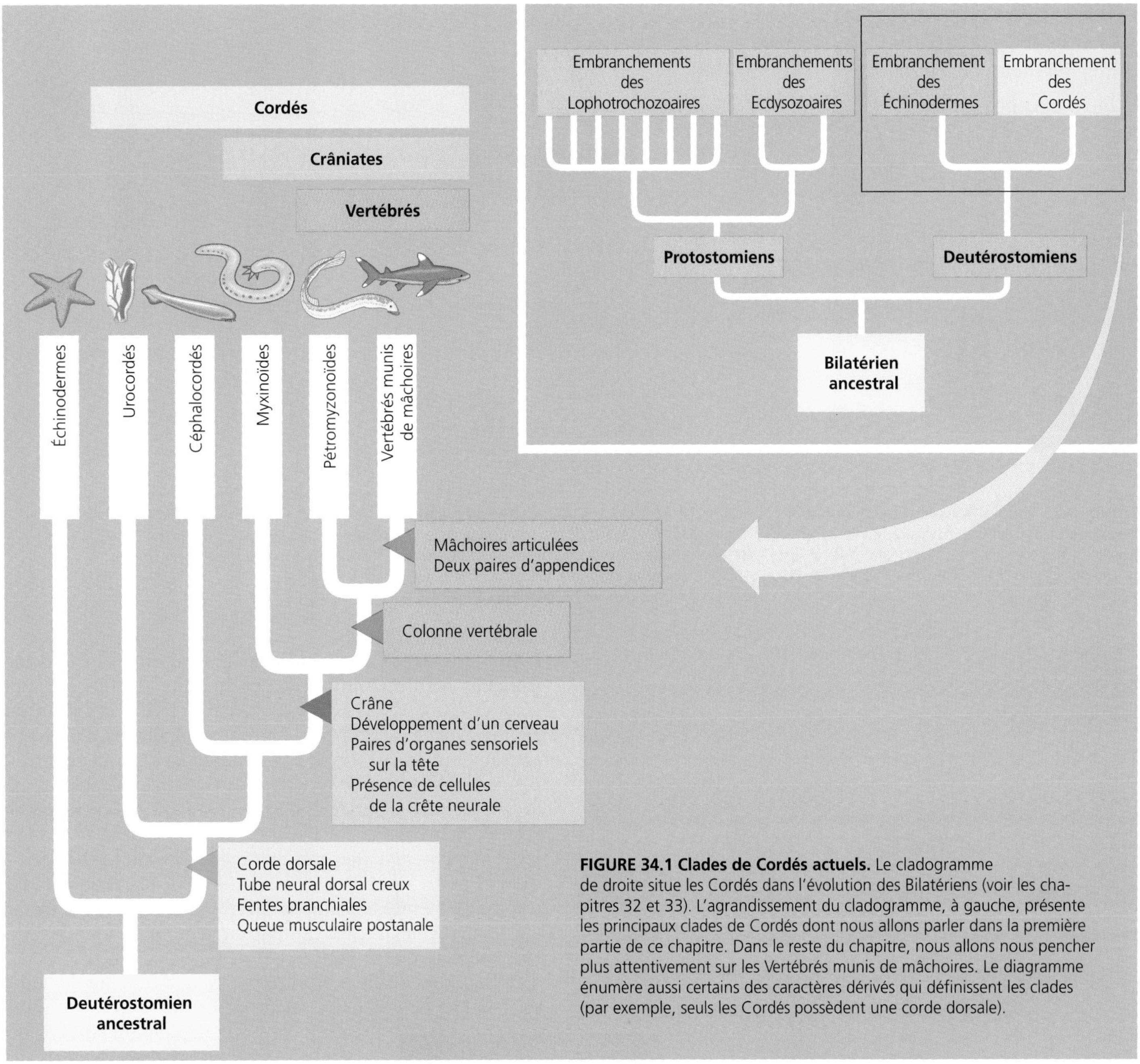

Figure 34.1

Cordés

Crâniates

Vertébrés

Échinodermes

Urocordés

Céphalocordés

Myxinoïdes

Pétromyzonoïdes

Vertébrés munis de mâchoires

Mâchoires articulées
Deux paires d'appendices

Colonne vertébrale

Crâne
Développement d'un cerveau
Paires d'organes sensoriels
sur la tête
Présence de cellules
de la crête neurale

Corde dorsale
Tube neural dorsal creux
Fentes branchiales
Queue musculaire postanale

Deutérostomien ancestral

Embranchements des Lophotrochozoaires

Embranchements des Ecdysozoaires

Embranchement des Échinodermes

Embranchement des Cordés

Protostomiens

Deutérostomiens

Bilatérien ancestral

FIGURE 34.1 Clades de Cordés actuels. Le cladogramme de droite situe les Cordés dans l'évolution des Bilatériens (voir les chapitres 32 et 33). L'agrandissement du cladogramme, à gauche, présente les principaux clades de Cordés dont nous allons parler dans la première partie de ce chapitre. Dans le reste du chapitre, nous allons nous pencher plus attentivement sur les Vertébrés munis de mâchoires. Le diagramme énumère aussi certains des caractères dérivés qui définissent les clades (par exemple, seuls les Cordés possèdent une corde dorsale).

ou encore de queue. Seules ses fentes branchiales permettent de supposer qu'il s'apparente aux autres Cordés. Cependant, chez certains groupes d'Urocordés, les quatre caractéristiques des Cordés sont toutes manifestes pendant le stade larvaire (FIGURE 34.3c). À sa naissance, la larve nage jusqu'à ce que sa tête se fixe à un substrat. Puis elle se métamorphose et perd la plupart des caractéristiques des Cordés.

Sous-embranchement des Céphalocordés

Les **Céphalocordés,** dont on connaît treize espèces, ressemblent beaucoup au Cordé type représenté à la FIGURE 34.2. Chez ces animaux, par exemple chez l'Amphioxus (ou Lancelet, *Branchiostoma lanceolatum*), la corde dorsale, le tube neural dorsal creux, de nombreuses fentes branchiales et la queue musculaire postanale sont encore présents au stade adulte (FIGURE 34.4, p. 742).

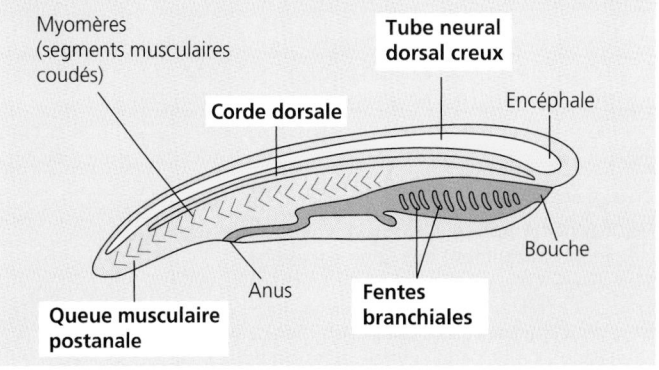

Myomères
(segments musculaires coudés)

Tube neural dorsal creux

Corde dorsale

Encéphale

Bouche

Anus

Fentes branchiales

Queue musculaire postanale

FIGURE 34.2 Caractéristiques des Cordés. Tous les Cordés possèdent, à un stade ou à un autre de leur développement, les quatre caractéristiques propres à leur embranchement : une corde dorsale, un tube neural dorsal creux, des fentes branchiales et une queue musculaire postanale.

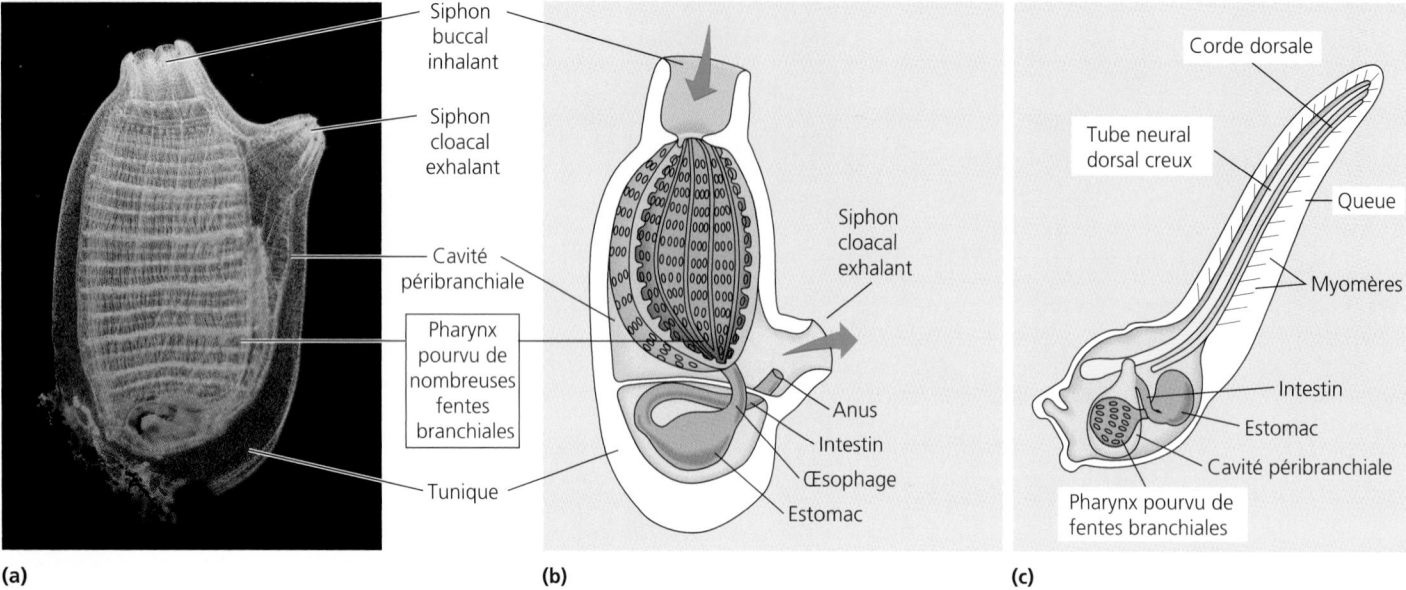

(a)   **(b)**   **(c)**

FIGURE 34.3 Ascidie (sous-embranchement des Urocordés). (a) Cette Ascidie, souvent appelée Outre de mer, est un animal sessile en forme de U (taille réelle). **(b)** Chez l'Ascidie adulte, les fentes branchiales permettent à l'animal de se nourrir par filtration. Les autres caractéristiques des Cordés ont disparu. **(c)** La larve nageuse en forme de « têtard » des Urocordés ne se nourrit qu'après sa métamorphose. Les caractéristiques des Cordés sont bien visibles dans la forme larvaire, qui possède une corde dorsale, un tube neural dorsal creux, une queue constituée de myomères et des fentes branchiales.

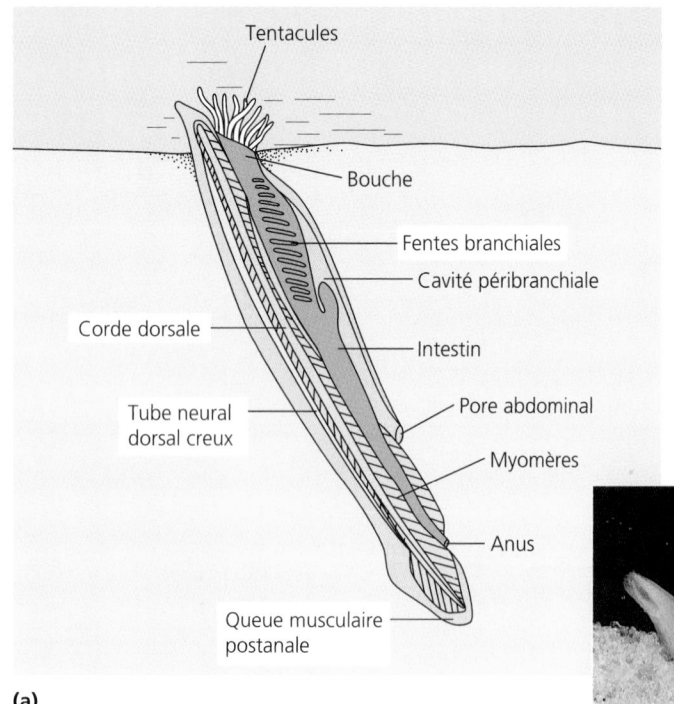

(a)

FIGURE 34.4 Amphioxus *Branchiostoma lanceolatum* (sous-embranchement des Céphalocordés). (a) Ce petit animal invertébré possède les quatre caractéristiques des Cordés. Il utilise ses fentes branchiales pour se nourrir par filtration. L'eau passe dans le pharynx, traverse des fentes, entre dans la cavité péribranchiale et ressort par le pore abdominal. Les particules de nourriture restent prises dans un filet de mucus et sont acheminées par des cils dans le tube digestif. **(b)** Grâce à ses myomères (muscles segmentés visibles sur cette photo), cet Amphioxus se déplace en faisant des mouvements sinusoïdaux.

(b)   ⊢————⊣ 2 cm

L'Amphioxus est un minuscule animal marin d'à peine quelques centimètres de long qui vit dans le sable, près des côtes. Les Amphioxus se font généralement rares, mais quand on en découvre, on se trouve en face d'une population d'une densité toujours élevée (plus de 5 000 Amphioxus par mètre carré). L'Amphioxus se tortille à reculons dans le sable, ne laissant sortir que sa partie antérieure. Il se nourrit en faisant pénétrer de l'eau de mer dans sa bouche grâce au mouvement de succion provoqué par les battements de ses cils. Les minuscules particules de nourriture sont alors retenues par le filet muqueux qui recouvre les fentes branchiales. L'eau sort par les fentes, tandis que les particules de nourriture se dirigent vers le tube digestif. Les Animaux qui se nourrissent de particules en suspension dans l'eau sont qualifiés de filtreurs. Avant de devenir des Poissons munis de mâchoires et de dents, les Cordés primitifs étaient tous des animaux filtreurs. Chez l'Amphioxus, le pharynx et les fentes branchiales sont des structures qui servent à l'alimentation et, jusqu'à un certain degré, à la respiration ; les échanges gazeux s'effectuent principalement dans certaines parties de l'enveloppe externe.

L'Amphioxus quitte fréquemment son terrier pour nager vers un nouveau site. Bien que piètre nageur, il utilise, de façon rudimentaire, la même technique de nage que les Poissons. Il contracte de manière coordonnée ses muscles disposés en chevrons successifs (<<<<) le long de sa corde dorsale, qui peut alors se fléchir en un mouvement sinusoïdal (~) latéral. Cette musculature constituée d'une série de myomères témoigne de la segmentation de l'Amphioxus. Les myomères se forment à partir de blocs de mésoderme appelés **somites** qui se trouvent de chaque côté de la corde dorsale chez l'embryon des Cordés. Les Cordés sont des animaux segmentés.

Lien, du point de vue de l'évolution, entre les Cordés invertébrés et les Cordés vertébrés

Des données de la systématique moléculaire indiquent que les Céphalocordés sont, juste avant les Urocordés, les plus proches parents des Vertébrés (voir la FIGURE 34.1). Selon une hypothèse, l'évolution des Invertébrés en Vertébrés s'est faite en deux étapes : les premières formes larvaires semblables aux Urocordés actuels ont donné naissance à un ancêtre Céphalocordé qui, par la suite, est devenu un Vertébré. La première étape a vraisemblablement été précédée d'une maturation sexuelle précoce de la larve, phénomène appelé **pédomorphose** (voir le chapitre 24). Notez la ressemblance entre le Céphalocordé de la FIGURE 34.4 et l'Urocordé larvaire de la FIGURE 34.3c. Une mutation des gènes régissant le développement peut entraîner une modification du moment auquel surviennent certains événements tels que la maturation des gonades. Cela s'est peut-être produit chez l'ancêtre des Céphalocordés et des Vertébrés, ce qui aurait occasionné une maturation sexuelle précoce, avant même la métamorphose en Urocordé adulte sessile. Si les larves capables de se reproduire sont parvenues à se perpétuer, la sélection naturelle a peut-être favorisé ce type de reproduction au détriment de la métamorphose.

Il n'existe aucun fossile pour confirmer ou infirmer cette hypothèse. On a déduit la probabilité d'une pédomorphose à partir d'une étude comparative de diverses formes actuelles. Toutefois, certains fossiles nous donnent des informations sur l'évolution des Céphalocordés en Vertébrés. En 1999, en Chine, des paléontologues ont rapporté la découverte de fossiles qui appuient l'hypothèse selon laquelle les Céphalocordés sont les animaux les plus proches des Vertébrés. Ces fossiles datant de 530 millions d'années sont en quelque sorte les chaînons manquants de l'évolution entre les Céphalocordés et les Vertébrés, car ils présentent certaines caractéristiques squelettiques des Vertébrés (FIGURE 34.5). Comme nous le verrons plus loin, les Vertébrés se distinguent des Céphalocordés par la présence d'un cerveau plus élaboré – un élargissement du tube neural à l'extrémité antérieure – et d'un crâne. L'un des fossiles chinois, *Haikouella,* semble posséder un encéphale, mais n'a pas de boîte crânienne. Contrairement à l'Amphioxus, il est muni d'yeux et, dans le pharynx, de structures calcifiées semblables à des dents, les denticules. Ces caractéristiques mises à part, il ressemble à l'Amphioxus. Sa bouche s'entoure de tentacules. C'est probablement un animal filtreur. Il a certaines caractéristiques des Vertébrés (cerveau), mais pas toutes (crâne). Un autre fossile chinois mis au jour dans la même région, *Haikouichthys,* est pourvu d'un crâne et pourrait être le plus ancien animal présentant toutes les caractéristiques des Vertébrés. La découverte de ces fossiles recule donc l'origine des Vertébrés à une période antérieure à l'explosion du Cambrien (voir le chapitre 32).

(b) *Haikouichthys*

5 mm

(a) *Haikouella*

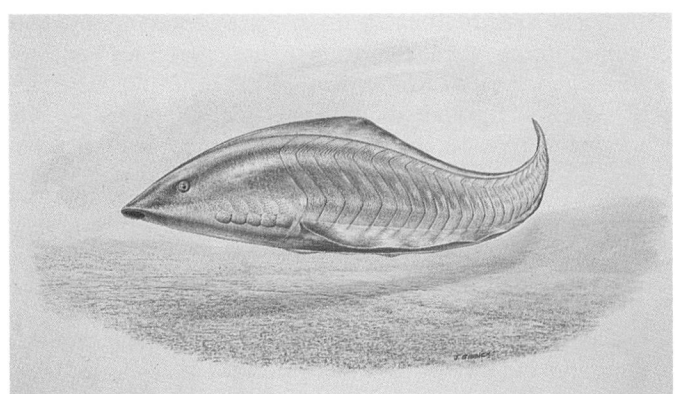

(c) *Myllokunmingia*

FIGURE 34.5 Fossiles des premiers Vertébrés. Ces fossiles ont été découverts en 1999 près de la ville de Haikou, dans le sud de la Chine. Ils datent du début du Cambrien, il y a environ 530 millions d'années. **(a)** Les fossiles d'*Haikouella* mesurent de 2 cm à 3 cm environ. Après avoir étudié plus de 300 animaux fossilisés dans différentes positions, les scientifiques ont décrit plusieurs des caractéristiques morphologiques de cette espèce. Bien qu'il ressemble à un Céphalocordé actuel, *Haikouella* possède certaines caractéristiques des Vertébrés, telles que des yeux, des structures minéralisées semblables à des dents et un présumé cerveau. Cependant, il ne semble pas avoir de crâne, trait distinctif de tous les Vertébrés actuels. *Haikouella* serait vraisemblablement un animal intermédiaire se situant, dans l'évolution, entre les Cordés invertébrés et les Vertébrés. **(b)** *Haikouichthys,* qui est à peu près de la même taille qu'*Haikouella,* était probablement doté d'un crâne, ce qui en ferait un Vertébré à part entière. **(c)** D'après les fossiles provenant des mêmes sédiments chinois que les fossiles précédents, on a reconstitué *Myllokunmingia,* animal très similaire à *Haikouichthys.* Contrairement aux Céphalocordés, ces premiers Vertébrés connus se déplaçaient relativement facilement et étaient probablement des prédateurs plutôt que des animaux filtreurs.

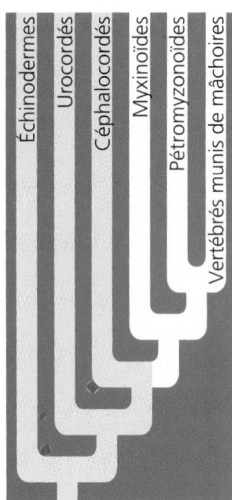

Échinodermes
Urocordés
Céphalocordés
Myxinoïdes
Pétromyzonoïdes
Vertébrés munis de mâchoires

INTRODUCTION AUX VERTÉBRÉS

Le sous-embranchement des Vertébrés a conservé les caractéristiques propres aux premiers Cordés, mais se distingue des Cordés invertébrés par certaines spécificités. Nombre des structures distinctives sont liées à la taille plus imposante et au mode de vie plus actif.

Une crête neurale, une céphalisation marquée, une colonne vertébrale et un système cardiovasculaire clos caractérisent le sous-embranchement des Vertébrés

Le tube neural dorsal creux des Cordés résulte d'un enroulement des extrémités du feuillet ectodermique, à la surface de l'embryon. Chez les Vertébrés, un ensemble de cellules embryonnaires situées près des replis dorsaux du tube neural en formation constitue ce que l'on appelle la **crête neurale** (FIGURE 34.6). La crête neurale, signe distinctif des Vertébrés, concourt à la formation de certains éléments du squelette, tels que les os et les cartilages du crâne et de nombreuses autres structures propres aux Vertébrés.

Les Vertébrés présentent une céphalisation marquée, c'est-à-dire une concentration des organes sensoriels et des centres nerveux dans la tête (voir le chapitre 32). Le crâne et le cerveau,

renflement situé à l'extrémité antérieure du tube neural dorsal creux, de même que les yeux, les oreilles et le nez témoignent de cette caractéristique importante des Vertébrés acquise lors de l'évolution.

À la FIGURE 34.1, remarquez que les Myxinoïdes possèdent la plupart de ces caractéristiques, mais n'ont pas de colonne vertébrale. C'est pourquoi le clade des **Crâniates** (Animaux munis d'un crâne) englobe à la fois le clade des Vertébrés et celui des Myxinoïdes dans le cladogramme de la FIGURE 34.1. Cependant, notez que les Myxinoïdes représentent une lignée ancienne de Crâniates, qui a précédé l'apparition de la colonne vertébrale.

Le squelette axial des Vertébrés est constitué du crâne et de la colonne vertébrale, structures qui protègent le tube neural. Cette charpente qui fournit un axe à l'organisme lui permet d'augmenter sa taille et de se déplacer rapidement. Le squelette axial de la majorité des Vertébrés comprend également les côtes, qui protègent les organes et constituent un point d'appui pour les muscles. La plupart des Vertébrés sont aussi pourvus d'un squelette appendiculaire, qui soutient deux paires d'appendices : les nageoires ou les membres, selon le cas.

L'endosquelette des Vertébrés peut être constitué d'une substance osseuse dure, d'une substance cartilagineuse flexible ou d'une combinaison des deux. Bien qu'il se compose principalement d'une matrice inerte, il renferme des cellules vivantes qui sécrètent la matrice et l'entretiennent. L'endosquelette des Vertébrés peut donc croître avec l'animal, contrairement à l'exosquelette des Arthropodes. Ces derniers doivent muer régulièrement et se reconstruire un nouveau squelette.

Lorsqu'ils se déplacent pour trouver leur nourriture ou échapper aux prédateurs, les Vertébrés renouvellent leurs réserves d'ATP principalement par le biais de la respiration cellulaire et du dioxygène qu'ils consomment. Les mitochondries des cellules musculaires et d'autres tissus au métabolisme élevé produisent de l'énergie grâce à des adaptations des systèmes respiratoire et cardiovasculaire. Les Vertébrés possèdent un système cardiovasculaire clos. Dans ce système, un cœur ventral compartimenté fait circuler le sang dans les artères jusqu'aux capillaires microscopiques qui nourrissent presque toutes les cellules du corps. Le sang est oxygéné lorsqu'il parvient aux capillaires qui tapissent les branchies ou les poumons.

Un mode de vie actif nécessite une grande quantité de combustible organique. Les adaptations touchant à l'ingestion de nourriture, à la digestion et à l'absorption des nutriments ont permis aux Vertébrés d'être des animaux actifs. Ainsi, les muscles de la paroi du tube digestif assurent le passage du bol alimentaire d'un organe à l'autre. Toutes les caractéristiques que nous venons de voir montrent que la transition qu'ont connue les Vertébrés entre un mode de vie relativement sédentaire et un autre plus actif s'est accompagnée d'un changement de morphologie et d'une modification de certaines fonctions au cours de l'évolution.

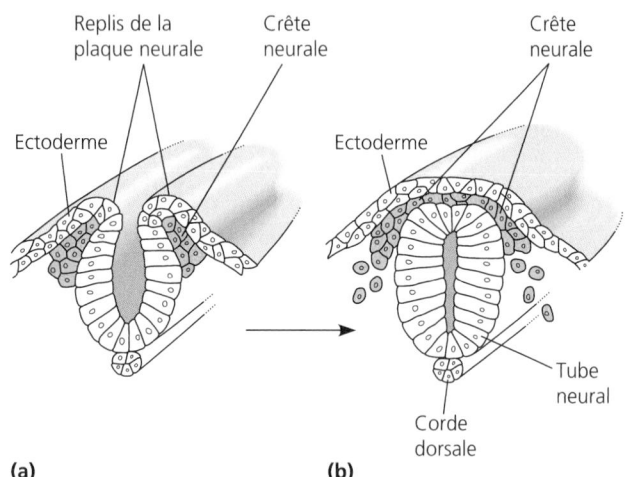

(a) **(b)**

FIGURE 34.6 La crête neurale de l'embryon est à l'origine de plusieurs caractéristiques des Vertébrés. (a) La crête neurale est constituée de plusieurs couches de cellules situées près des replis de la plaque neurale. En se rejoignant, ces replis forment le tube neural dorsal creux. **(b)** Les cellules de la crête neurale migrent ailleurs dans l'embryon. Là, elles donnent naissance à certaines des structures anatomiques types des Vertébrés, notamment les os et les cartilages (chez l'embryon) qui constituent le crâne.

Aperçu de la diversité des Vertébrés

La FIGURE 34.7 représente un cladogramme des Vertébrés actuels. Ce schéma hypothétique a été élaboré à partir de données anatomiques, moléculaires et paléontologiques. Deux groupes, les Myxinoïdes (dont les Myxines) et les Pétromyzonoïdes

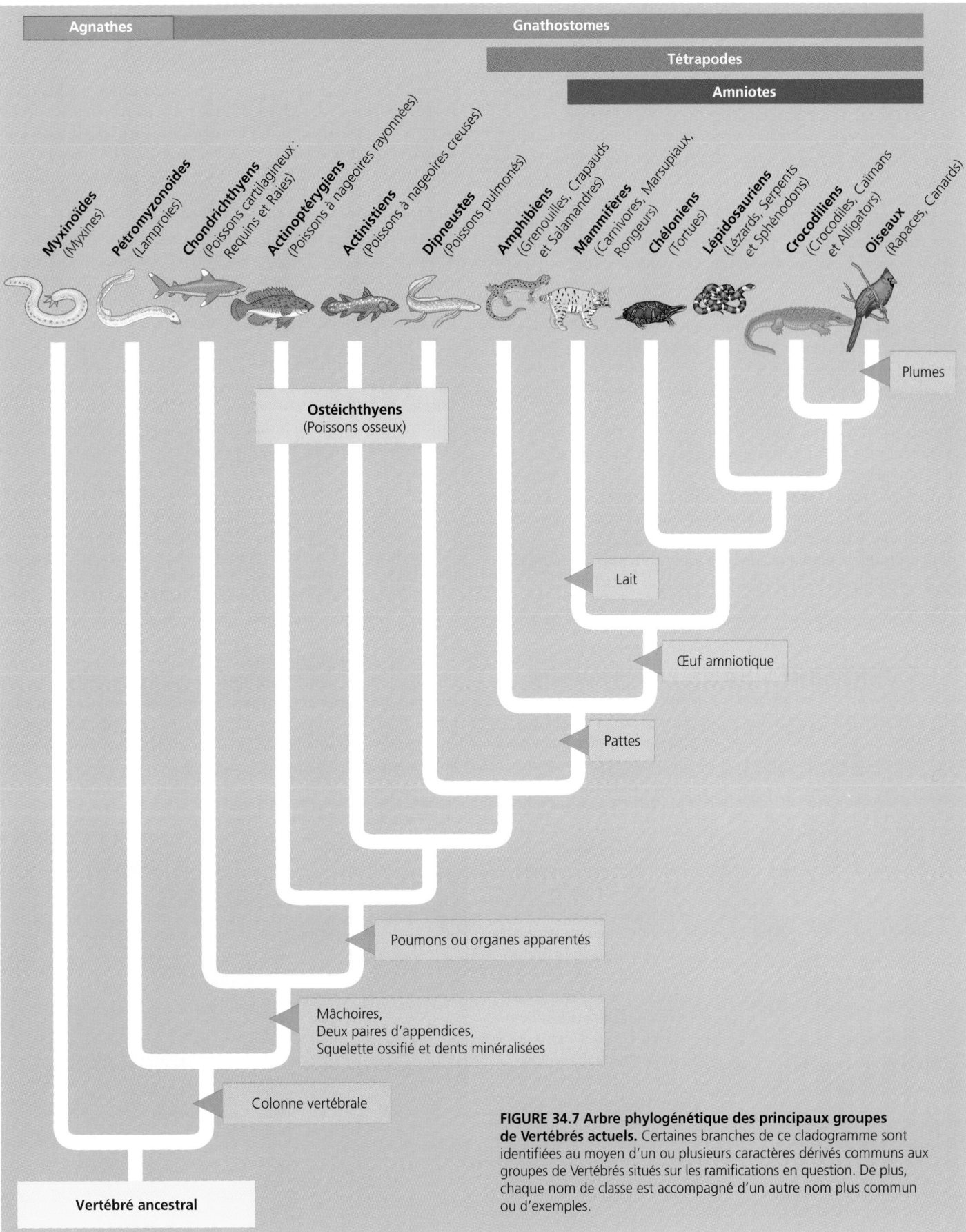

FIGURE 34.7 Arbre phylogénétique des principaux groupes de Vertébrés actuels. Certaines branches de ce cladogramme sont identifiées au moyen d'un ou plusieurs caractères dérivés communs aux groupes de Vertébrés situés sur les ramifications en question. De plus, chaque nom de classe est accompagné d'un autre nom plus commun ou d'exemples.

(dont les Lamproies), ne possèdent pas de mâchoires articulées. Tous les autres Vertébrés forment le clade des **Gnathostomes** (ce qui signifie «bouche munie de mâchoires»). Outre les mâchoires, la plupart des Gnathostomes possèdent deux paires d'appendices. Parmi les Vertébrés à mâchoires, on trouve plusieurs classes d'animaux aquatiques que l'on nomme communément « Poissons » : les Poissons cartilagineux (Requins et Raies) et trois classes de Poissons osseux (les Actinoptérygiens, les Dipneustes et les Crossoptérygiens). Les deux paires d'appendices des Poissons sont des nageoires. Les autres Gnathostomes sont des **Tétrapodes** («qui possèdent quatre pieds»). Ils possèdent deux paires d'appendices qui prennent la forme de pattes supportant l'animal sur la terre ferme. On compte parmi eux les Amphibiens (Grenouilles, Crapauds et Salamandres) et le clade des **Amniotes** (voir la FIGURE 34.7). L'œuf amniotique est la structure qui est à l'origine du nom des Amniotes. Il est recouvert d'une coquille et retient l'eau. L'œuf des Oiseaux en est un exemple. On pourrait qualifier l'œuf amniotique de « milieu autosuffisant » grâce auquel les Amniotes terminent leur développement sur la terre ferme. Si la majorité des Mammifères actuels ne pondent pas d'œufs, ils ont toutefois conservé de nombreuses caractéristiques du mode de reproduction avec les œufs. Remarquez que les Amniotes communément appelés «Reptiles» (Tortues, Serpents, Lézards, Crocodiles, Caïmans et Alligators) forment un clade (groupe monophylétique) si et seulement si l'on inclut les Oiseaux dans le groupe.

En utilisant le cladogramme de la FIGURE 34.7 pour nous repérer, examinons les principaux groupes de Vertébrés.

LES VERTÉBRÉS SANS MÂCHOIRES

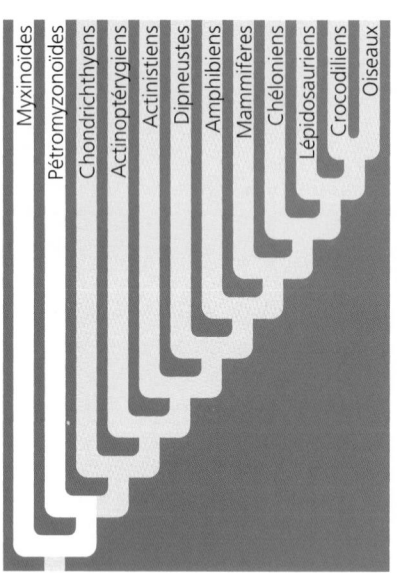

Les Myxines et les Lamproies actuelles forment deux classes de Vertébrés sans mâchoires que l'on appelle **Agnathes** (du grec *a,* «sans» et *gnathos,* «mâchoire»). Leur morphologie rappelle celle des Anguilles, qui font quant à elles partie des Poissons osseux. En fait, les Agnathes tirent leur origine de lignées de Vertébrés qui ont précédé l'apparition des nageoires, des dents et des os minéralisés (ossification). C'est pourquoi leur étude pourrait permettre d'obtenir des indices sur les premières étapes de la phylogenèse des Vertébrés.

Classe des Myxinoïdes : les Myxines sont les Vertébrés actuels les plus primitifs

Il existe environ trente espèces de **Myxinoïdes** ou Myxines, toutes marines. Ces charognards qui vivent dans les fonds marins se nourrissent notamment de vers et de poissons malades ou morts. À la surface de leur peau, les Myxines possèdent des rangées de glandes qui sécrètent une substance visqueuse (FIGURE 34.8). Les glandes produisent de petites quantités de matière gluante quand l'animal se nourrit, ce qui repousse les autres charognards. Quand un prédateur les attaquent, les Myxines sécrètent du mucus visqueux qui se gonfle d'eau de mer. Elles obtiennent ainsi, en moins d'une minute, plusieurs litres de matière gluante, qui enrobent les branchies des poissons prédateurs, lesquels s'enfuient ou meurent étouffés.

Le squelette des Myxines est composé entièrement de cartilage, tissu conjonctif flexible (voir la FIGURE 40.2). Les Myxines ont ainsi, outre un crâne cartilagineux, une tige résistante mais souple de cartilage qui s'étend tout le long de leur corps. Comme celle des Amphioxus (Céphalocordés), cette tige tient lieu de corde dorsale. La corde dorsale des Myxines apporte un soutien et fournit un point d'attache sur lequel les muscles peuvent exercer une force pour exécuter le mouvement ondulé de la nage.

Les Myxines n'ont pas de vertèbres. Par conséquent, comme nous l'avons vu plus tôt, ces Cordés ne sont associés aux Vertébrés que si ces derniers font partie du clade des Crâniates (voir la FIGURE 34.1). Jusqu'à récemment, une hypothèse populaire affirmait que l'ancêtre des Myxines était doté d'une colonne vertébrale véritable qui aurait disparu au cours de l'évolution. Cependant, des études approfondies ont été faites, et la plupart des zoologistes sont maintenant convaincus du caractère véritablement primitif du squelette des Myxines. De fait, on considère les Myxines comme les Vertébrés (ou plus précisément les Crâniates) actuels les plus primitifs. Les Myxines auraient divergé de la lignée des Vertébrés il y a environ 530 millions d'années, au début du Cambrien.

FIGURE 34.8 Myxine.

Glandes à mucus

Classe des Pétromyzonoïdes : les Lamproies nous renseignent sur l'évolution de la colonne vertébrale

Environ trente-cinq espèces de **Pétromyzonoïdes** ou Lamproies peuplent les milieux marins et les milieux d'eau douce. La Lamproie marine (FIGURE 34.9) se nourrit en se cramponnant au flanc d'un poisson vivant avec sa bouche circulaire, et en utilisant sa langue râpeuse pour pénétrer l'épiderme de sa proie dont elle suce le sang. Elle passe plusieurs années à l'état larvaire, en eau douce. Lorsqu'elle devient adulte, elle migre vers la mer ou dans un lac. La larve se nourrit, par filtration, d'organismes en suspension et ressemble beaucoup à un Amphioxus (Céphalocordé). Certaines espèces de Lamproies ne se nourrissent qu'à l'état larvaire. Après avoir passé plusieurs années dans des ruisseaux, elles atteignent leur maturité sexuelle, se reproduisent et meurent quelques jours plus tard.

La corde dorsale des Lamproies subsiste chez l'adulte. Comme chez les Myxines, elle tient lieu de squelette axial. Un tube cartilagineux entoure la corde dorsale en forme de tige. Le long de ce tube, des paires de fibres cartilagineuses remontent dorsalement et recouvrent partiellement le tube neural. Le tube cartilagineux pourrait être le vestige d'une colonne vertébrale primitive.

Encore une fois, remarquez que les Myxines et les Lamproies n'ont ni éléments squelettiques constituant des mâchoires, ni paires d'appendices. En outre, leur squelette est entièrement constitué de cartilage. À l'opposé, celui de la majorité des Vertébrés munis de mâchoires (Gnathostomes) s'est ossifié (durci par minéralisation). Au cours du développement des Gnathostomes, les vertèbres remplacent la corde dorsale de la larve et deviennent les segments de la colonne vertébrale.

L'anatomie comparée des Agnathes et des Gnathostomes indique que le cerveau et le crâne seraient apparus les premiers, suivis de la colonne vertébrale, des mâchoires, du squelette ossifié et des paires d'appendices chez les Vertébrés. L'étude de fossiles trouvés en Chine et datant du début du Cambrien (voir la FIGURE 34.5) arrive à la même conclusion.

FIGURE 34.9 Lamproie marine (*Petromyzon marinus*). Cet animal, qui vit autant en prédateur qu'en parasite, utilise sa bouche râpeuse (en médaillon) pour percer un trou dans le flanc d'un poisson afin de se nourrir de son sang et de ses tissus.

Certains fossiles de Vertébrés sans mâchoires possèdent des dents minéralisées et une armure de plaques osseuses

Comme en témoignent les archives géologiques, les Vertébrés sans mâchoires étaient beaucoup plus diversifiés et communs qu'ils ne le sont aujourd'hui. De la fin de la période ordovicienne à la fin du Dévonien, c'est-à-dire il y a de 450 millions à 375 millions d'années environ, une grande diversité d'organismes sans mâchoires, nommés de façon officieuse **Ostracodermes,** se sont développés. Ces petits animaux mesuraient moins de 50 cm. Il semble que la plupart d'entre eux ne possédaient pas de nageoires et habitaient les fonds marins ou se laissaient porter par les courants. Il en existait d'autres plus actifs qui, grâce à leur paire de nageoires, vivaient à des profondeurs moins grandes. Ils possédaient tous une ouverture circulaire ou une fente dépourvue de mâchoires qui leur servait de bouche. La majorité se nourrissaient probablement par succion ou par filtration, les fentes de leurs branchies retenant la nourriture contenue dans les sédiments vaseux ou dans les matières organiques en suspension dans l'eau. L'appareil branchial continuait donc de jouer un rôle dans la nutrition, rôle qu'il avait primitivement. Mais les branchies des Agnathes avaient sans doute également pour fonction d'effectuer la majeure partie des échanges gazeux. Le déclin et l'extinction des Ostracodermes et de la plupart des groupes d'Agnathes ont eu lieu durant le Dévonien.

Les fossiles d'Agnathes disparus fournissent des indices qui donnent à penser que la minéralisation de certaines structures s'est produite tôt dans l'histoire des Vertébrés. Le terme *Ostracoderme* (du grec *derma,* «peau» et *ostrakon,* «écailles») fait référence à l'armure de plaques osseuses qui recouvrait ces animaux. Ces plaques pourraient correspondre à un début d'ossification. Le processus d'ossification est un durcissement du tissu conjonctif qui se produit lorsque des cellules spécialisées sécrètent du calcium et du phosphate, lesquels précipitent pour donner du phosphate de calcium, un sel minéral dur. L'ossification a aussi été mise en évidence chez des fossiles de Vertébrés primitifs qui remontent à aussi loin que 510 millions d'années, les **Conodontes.** Le nom de ces Vertébrés vient d'ailleurs de leurs structures minéralisées semblables à des dents. En revanche, les structures apparentées aux dents des Myxines sont composées de kératine, une protéine de structure.

Se fondant sur l'analyse cladistique, la plupart des systématiciens qui étudient les Vertébrés s'accordent pour dire que les Myxines et les Lamproies, bien qu'ils nous soient contemporains, sont en fait des Vertébrés plus primitifs que les Conodontes et les Ostracodermes. Ils pensent que les Vertébrés munis de mâchoires descendraient de l'une des nombreuses lignées d'Ostracodermes.

POISSONS ET AMPHIBIENS

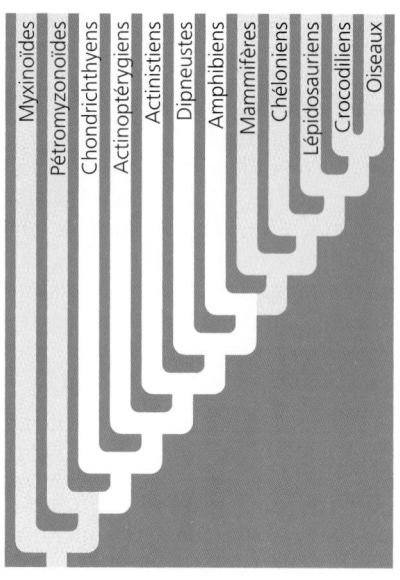

À la fin du Silurien et au début du Dévonien, les Agnathes ont cédé la place aux Gnathostomes. Au cours de cette période sont apparus deux groupes de Poissons qui existent encore : les Chondrichthyens (Poissons cartilagineux : Requins et Raies) et les Ostéichthyens (Poissons osseux : Actinoptérygiens, Actinistiens, Dipneustes). Les archives géologiques indiquent que les **Placodermes** (du grec *plakos*, «plaque» et *derma*, «peau»), des poissons fossiles munis de mâchoires et portant une armure, remontent également à cette période. Les plus longs Placodermes mesuraient plus de 10 m, mais la plupart de ces animaux mesuraient moins de 1 m.

Outre qu'ils ont des mâchoires, les Poissons sont pourvus de deux paires de nageoires, alors que les Agnathes ne possédaient aucune paire d'appendices. En étudiant la génétique du développement des Vertébrés actuels, les biologistes de l'évo-dévo ont découvert que l'expression différenciatrice de certains gènes *Hox* pourrait déterminer le nombre de paires de nageoires chez l'embryon (voir les chapitres 21 et 25).

L'apparition des mâchoires et des paires de nageoires a constitué un tournant dans l'évolution des Vertébrés. Les mâchoires sont des structures articulées qui, avec les dents, permettent à l'animal de saisir et de déchiqueter la nourriture. Un poisson muni de mâchoires peut donc tirer parti d'aliments inaccessibles aux Agnathes primitifs, qui se nourrissaient surtout par filtration de l'eau de mer ou aspiration des fonds marins. Avec leurs paires de nageoires et leur queue, les Poissons peuvent se déplacer facilement, plonger, remonter à la surface et se laisser porter par le courant. C'est grâce à leurs paires de nageoires et à leurs mâchoires qu'un grand nombre de Poissons ont été des prédateurs actifs, pouvant poursuivre leurs proies et leur arracher de gros morceaux de chair. Ces modifications de structure des premiers Vertébrés ont ainsi engendré une diversification des modes de vie et des sources de nourriture. Ces adaptations pourraient expliquer la disparition massive, durant le Dévonien, des Agnathes au profit des Poissons pourvus de mâchoires.

Les mâchoires des Vertébrés résultent d'une transformation du squelette supportant les fentes branchiales

Certaines modifications du squelette de la bouche des Vertébrés ont donné naissance aux mâchoires articulées. Ce sont les arcs branchiaux soutenant les fentes branchiales antérieures qui se sont transformés en mâchoires (FIGURE 34.10). Les autres fentes branchiales, dès lors inutiles pour la filtration de la nourriture, sont devenues des organes spécialisés dans les échanges gazeux avec le milieu environnant. La transformation de certains éléments squelettiques en mâchoires illustre l'une des caractéristiques générales du changement au cours de l'évolution : les nouvelles adaptations proviennent habituellement d'une modification des structures existantes. Le mécanisme d'adaptation qu'est l'évolution est par conséquent limité par la matière première dont il dispose. L'évolution est plus un remodelage qu'un processus de création.

Il y a environ 360 millions à 400 millions d'années, durant le Dévonien, également appelé «Âge des Poissons», les Placodermes et un autre groupe de Poissons pourvus de mâchoires (les **Acanthodiens**) se sont diversifiés. Un grand nombre de nouvelles espèces sont apparues tant en eau douce qu'en eau salée. Cependant, au début du Carbonifère, il y a 360 millions d'années, les Placodermes et les Acanthodiens avaient presque complètement disparu. Les ancêtres des Placodermes et des Acanthodiens auraient donné naissance aux Requins et aux Poissons osseux, il y a 425 millions à 450 millions d'années. Les Requins et les Poissons osseux sont les Vertébrés qui règnent actuellement dans les océans couvrant les deux tiers de la surface de la Terre.

Classe des Chondrichthyens : les Requins et les Raies ont un squelette cartilagineux

Les Requins et les Raies sont des Vertébrés de la classe des **Chondrichthyens.** Le squelette relativement flexible de ces Poissons cartilagineux se compose de cartilages plutôt que d'os. Cependant, chez bon nombre d'espèces, certaines parties du squelette sont renforcées par des agrégats de minéraux. Les dents sont minéralisées. Cette classe comprend près de 750 espèces actuelles. Les mâchoires et les paires de nageoires sont bien développées chez les Poissons cartilagineux. Les Requins et les Raies constituent la sous-classe la plus diversifiée et la plus répandue des Chondrichthyens. L'autre sous-classe comprend quelques douzaines d'espèces inusitées que l'on appelle Chimères.

FIGURE 34.10 Hypothèse relative à l'évolution des mâchoires des Vertébrés. Deux paires d'arcs branchiaux situés entre les fentes branchiales, près de la bouche, se sont transformées pour donner les mâchoires et leurs soutiens. Les paires d'arcs branchiaux situées à l'avant de celles qui sont devenues des mâchoires ont disparu ou se sont intégrées aux mâchoires.

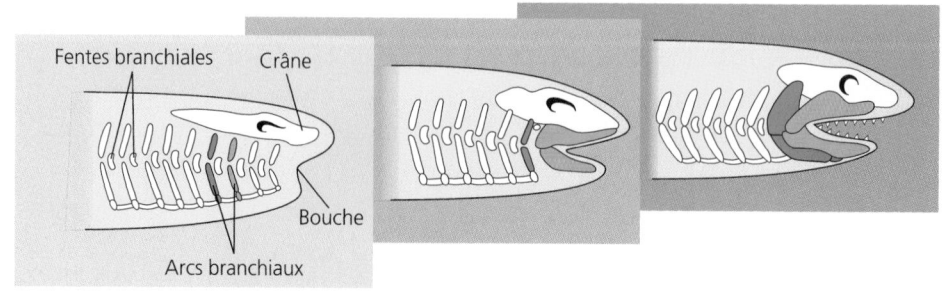

Le squelette cartilagineux de ces poissons est un caractère dérivé et non primitif. Les ancêtres des Chondrichthyens avaient en effet un squelette osseux. Le squelette cartilagineux est apparu plus tard. Chez la plupart des Vertébrés, le squelette, d'abord cartilagineux, devient osseux (s'ossifie) au cours du développement, au fur et à mesure que le phosphate de calcium remplace la matrice élastique du cartilage. Chez les Chondrichthyens, certains événements survenant au cours du développement semblent empêcher ce processus.

La plupart des Requins ont un corps hydrodynamique (FIGURE 34.11a). Ils nagent ainsi rapidement, certes, mais leurs manœuvres sont un peu gauches. Des muscles puissants, particulièrement ceux de la nageoire caudale (nageoire de la queue), permettent la propulsion. Les nageoires dorsales assurent la stabilité de l'animal, tandis que les paires de nageoires pectorales (à l'avant) et pelviennes (à l'arrière) assurent la portance. Le Requin peut augmenter sa flottabilité en emmagasinant une grande quantité d'huile dans son foie volumineux. Mais il possède une masse volumique supérieure à celle de l'eau, ce qui fait qu'il coule dès qu'il cesse de nager. En nageant continuellement, il s'assure que l'eau pénètre dans sa bouche et sort par ses branchies, où les échanges gazeux ont lieu. Cependant, certains Requins ainsi qu'un grand nombre de Raies et de Torpilles passent beaucoup de temps à se reposer au fond de l'eau. Ils doivent alors, à l'aide des muscles de leurs mâchoires et de leur pharynx, aspirer l'eau activement pour l'amener jusqu'à leurs branchies ; deux évents, situés de chaque côté de la tête derrière les yeux, contribuent aussi à l'aspiration de l'eau.

Les Requins et les Raies les plus volumineux se nourrissent en filtrant le plancton. La plupart des Requins sont toutefois carnivores. Ils avalent leur proie entière ou se servent de leurs puissantes mâchoires et de leurs dents tranchantes pour déchirer la chair des animaux qu'ils ne peuvent avaler d'un seul morceau (FIGURE 34.11b). Les dents des Requins sont probablement issues de la transformation, au cours de l'évolution, des écailles dentelées qui couvrent leur peau abrasive. Chez un grand nombre de Requins, le tube digestif est proportionnellement plus petit que le tube digestif de beaucoup d'autres Vertébrés. Cependant, l'intestin possède une **valvule spirale,** c'est-à-dire un repli en forme de tire-bouchon qui accroît la surface d'absorption et ralentit le passage des aliments.

Le mode de vie actif des Requins carnivores résulte de certaines adaptations qui se traduisent par une grande acuité sensorielle. Les Requins carnivores ont une bonne vision, mais ne peuvent discerner les couleurs. Leurs narines ne servent pas à la respiration, car elles se terminent par une impasse et ne peuvent donc conduire l'eau vers les branchies. Elles constituent plutôt des organes olfactifs, comme chez la plupart des Poissons. Sous la peau de la tête et du rostre, des récepteurs détectent le potentiel électrique engendré par les contractions musculaires des poissons et autres animaux qui se trouvent autour. Le long de chaque flanc se trouve l'**organe sensoriel de la ligne latérale,** qui consiste en une rangée de récepteurs microscopiques sensibles aux variations de la pression ambiante. Cette caractéristique primitive présente chez de nombreuses espèces de Vertébrés aquatiques permet aux Requins de détecter les moindres vibrations. Ils peuvent aussi entendre en percevant les chocs, grâce à des organes auditifs. Les Requins et autres Poissons ne possèdent pas de tympans, ces structures qui, chez les Vertébrés terrestres, transmettent aux organes auditifs les ondes sonores voyageant

(a) Requin à pointes noires (*Carcharhinus melanopterus*). Les Requins sont des nageurs rapides dotés d'une grande acuité sensorielle. Ils sont munis de nageoires pectorales et pelviennes.

(b) Grand Requin blanc (*Carcharodon carcharias*). Les mâchoires articulées et les dents de ce Requin, qui s'ajoutent à sa mobilité et à son acuité sensorielle, conviennent bien à son mode de vie de prédateur.

(c) Pastenague mouchetée (*Tæniura lymma*). La plupart des Raies sont aplaties et se nourrissent de mollusques et de crustacés qu'elles broient avec leurs mâchoires. La majorité des Raies vivent au fond de l'eau, mais certaines espèces se déplacent en eau libre et se nourrissent par filtration.

FIGURE 34.11 Poissons cartilagineux (classe des Chondrichthyens).

dans l'air. Chez les Requins, les sons parviennent à l'oreille interne par l'intermédiaire de tout le corps, qui sert de récepteur.

Les Requins sont des animaux à fécondation interne. Grâce à une paire d'appendices copulateurs (les ptérygopodes) placés sur le bord interne des nageoires pelviennes, le mâle peut transférer son sperme dans le système reproducteur de la femelle. Certaines espèces de Requins sont **ovipares,** c'est-à-dire que les femelles pondent des œufs qui vont éclore en dehors de leur corps. Avant de libérer leurs œufs, les femelles les enveloppent d'une couche protectrice. D'autres espèces sont **ovovivipares,** c'est-à-dire que les femelles gardent les œufs fécondés dans l'oviducte. L'embryon se nourrit du vitellus de l'œuf et éclot à l'intérieur de l'utérus. Enfin, quelques espèces sont **vivipares,** c'est-à-dire que l'embryon se développe dans l'utérus et se nourrit, jusqu'à la naissance, des nutriments qui lui parviennent par le placenta le reliant au sang de sa mère. Les conduits du système reproducteur aboutissent à une chambre appelée **cloaque,** où se terminent également le système urinaire et le système digestif. Le cloaque s'ouvre sur l'extérieur par un seul orifice.

Le mode de vie des Raies diffère grandement de celui des Requins, même si les deux types d'Animaux ont des liens de parenté très étroits. La plupart des Raies vivent au fond de l'eau. De forme aplatie, elles se nourrissent de mollusques et de crustacés qu'elles broient avec leurs mâchoires (FIGURE 34.11c). Leurs nageoires pectorales sont très allongées et servent à la propulsion. Leur queue ressemble souvent à un fouet et porte, chez un grand nombre d'espèces, un dard venimeux qui aide l'animal à se défendre.

Les Ostéichthyens : les Poissons osseux actuels sont répartis en trois classes, celle des Actinoptérygiens, celle des Actinistiens et celle des Dipneustes

De tous les groupes de Vertébrés, celui des Poissons osseux compte le plus grand nombre d'individus et d'espèces (près de 30 000). Ces Poissons pullulent dans les mers et dans presque tous les plans d'eau douce (FIGURE 34.12). Leur taille varie de 1 cm à plus de 6 m.

Jusqu'à récemment, les zoologistes regroupaient tous les Poissons osseux en une seule classe, celle des **Ostéichthyens.** Pour désigner les Poissons osseux, nous continuerons d'utiliser ce terme général, qui n'est cependant pas officiel. Se fondant sur l'analyse cladistique, de nombreux systématiciens des Vertébrés reconnaissent l'existence de trois classes de Poissons osseux actuels : les Actinoptérygiens, les Actinistiens et les Dipneustes (voir la FIGURE 34.7).

Presque tous les Poissons osseux possèdent un squelette dont la structure est renforcée par une matrice contenant du phosphore et du calcium. Leur peau est souvent recouverte d'écailles osseuses plates, tandis que la peau des Requins est recouverte d'écailles dont la composition ressemble à celle de leurs dents. La viscosité de la peau des Poissons osseux est due à des glandes cutanées qui sécrètent un mucus. Cette adaptation réduit la friction pendant les déplacements. Les Poissons osseux ont en commun avec les Requins l'organe sensoriel de la ligne latérale, composé d'une rangée de minuscules dépressions bien visibles de chaque côté du corps (FIGURE 34.13).

(a) Perchaude (*Perca flavescens*)

Nageoire dorsale soutenue par des rayons
Opercule
Ligne latérale
Nageoires pectorales
Nageoires pelviennes

(b) Hippocampe moucheté (*Hippocampus ramulosus* ou *H. guttulatus*)

FIGURE 34.12 Actinoptérygiens.

La respiration des Poissons osseux est assurée par quatre ou cinq paires de branchies situées dans des cavités recouvertes d'une plaque osseuse protectrice appelée **opercule.** L'eau entre par la bouche, passe par le pharynx et traverse les branchies, d'où elle est expulsée par le mouvement de l'opercule et les contractions des muscles qui se trouvent dans les cavités branchiales. De cette façon, les Poissons osseux peuvent respirer même lorsqu'ils sont immobiles.

Autre adaptation importante dont les Requins ne bénéficient pas et qui est venue améliorer le sort de la plupart des Poissons osseux, la **vessie natatoire** est une poche de gaz qui permet aux animaux de modifier à leur guise leur flottabilité. Grâce à un mécanisme d'échanges gazeux entre le sang et la vessie natatoire, les Poissons osseux peuvent régler leur masse volumique. Ainsi, contrairement aux Requins, de nombreux Poissons osseux peuvent rester en position quasi stationnaire et réduire au minimum leurs dépenses énergétiques. La vessie natatoire est issue de la transformation graduelle de poumons qui, avec les branchies, assuraient les échanges gazeux des premiers Poissons osseux en eaux peu profondes.

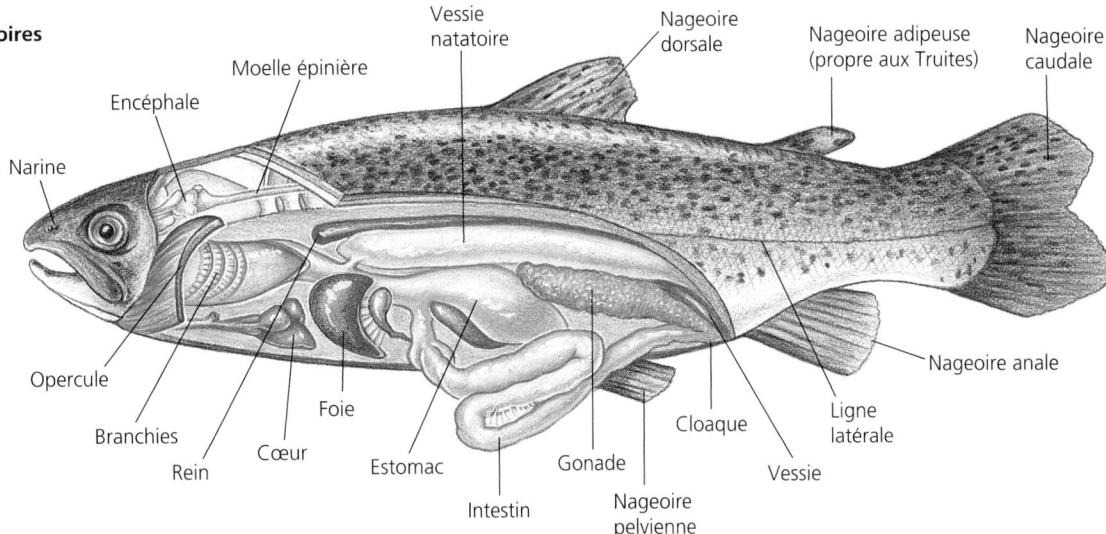

FIGURE 34.13 Anatomie d'un Poisson osseux à nageoires rayonnées, la Truite.

Narine · Encéphale · Moelle épinière · Vessie natatoire · Nageoire dorsale · Nageoire adipeuse (propre aux Truites) · Nageoire caudale · Opercule · Branchies · Rein · Cœur · Foie · Estomac · Intestin · Gonade · Nageoire pelvienne · Cloaque · Vessie · Ligne latérale · Nageoire anale

Les Poissons osseux nagent habituellement avec une grande souplesse. Leurs nageoires flexibles permettent en effet des déplacements mieux dirigés et une meilleure propulsion que les nageoires rigides des Requins. Les Poissons osseux les plus rapides sont capables d'atteindre 80 km/h sur de courtes distances.

Le mode de reproduction des Poissons osseux varie d'une espèce à l'autre. La plupart des espèces sont ovipares, c'est-à-dire qu'il y a fécondation externe après la ponte d'une grande quantité de petits œufs par la femelle. Cependant, la fécondation et le développement embryonnaire internes existent chez certaines espèces.

Les Poissons osseux et les Poissons cartilagineux se sont grandement diversifiés au cours du Dévonien et du Carbonifère. Les Requins sont apparus dans la mer, alors que les Poissons osseux ont probablement vu le jour en eau douce. La vessie natatoire provient d'une évolution des poumons, qui servaient à augmenter le volume des branchies; cette adaptation qui améliorait les échanges gazeux est probablement due au fait que les Poissons osseux vivaient dans des eaux stagnantes pauvres en dioxygène. La fin du Dévonien a vu l'émergence des trois classes distinctes de Poissons osseux qui existent aujourd'hui.

La presque totalité des Poissons que nous connaissons font partie des **Actinoptérygiens** (du grec *aktis*, « rayon » et *pterugion*, « nageoire »), comme les différentes espèces d'Achigans, de Truites, de Perches, de Thons et de Harengs. Leurs nageoires, soutenues par de longs rayons flexibles, se sont modifiées pour accroître la souplesse du corps, assurer la défense et remplir d'autres fonctions (voir la FIGURE 34.12a). Au cours de leur longue histoire, ces poissons sont passés de l'eau douce à l'eau salée. Les adaptations qui leur ont permis de résoudre les problèmes osmotiques rencontrés en eau salée sont abordées au chapitre 44. Au cours de leur évolution, de nombreuses espèces d'Actinoptérygiens sont retournées vivre en eau douce. Certaines d'entre elles, comme les Saumons et les Truites de mer, revivent d'ailleurs ce passage de l'eau douce à la mer et ce retour à l'eau douce au cours de leur cycle de développement.

Contrairement aux Actinoptérygiens, les **Actinistiens** possèdent des nageoires pectorales et pelviennes musculeuses et charnues qui prennent appui sur leur squelette osseux. D'après les archives géologiques, de nombreux Actinistiens étaient de gros poissons qui habitaient vraisemblablement les fonds marins et dont les nageoires permettaient d'effectuer des déplacements proches de la marche. Un seul genre, *Latimeria* (les Cœlacanthes), représente de nos jours la classe des Actinistiens (FIGURE 34.14). La population de Cœlacanthes du littoral de l'Indonésie constitue une espèce distincte (*Latimeria menadœnsis*, découverte en 1990) de celle qui vit dans les eaux profondes des côtes de Madagascar et de l'Afrique du Sud (*Latimeria chalumnæ*, découverte en 1938). Si, pendant la période dévonienne, la majorité de ces poissons possédaient probablement des poumons et vivaient en eau douce, les Cœlacanthes, au cours de leur évolution, sont allés habiter en mer.

Il existe de nos jours trois genres de **Dipneustes** dans l'hémisphère sud. On les trouve généralement en eau stagnante, dans les étangs et les marais. Ils remontent à la surface pour remplir d'air leur poumon connecté au pharynx du système digestif. Ils possèdent aussi des branchies. Chez les Dipneustes australiens, les branchies sont les principaux organes des échanges gazeux. Pendant la saison sèche, certains Dipneustes s'enfouissent dans la vase et entrent en estivation, c'est-à-dire qu'ils vivent dans un état d'engourdissement comparable à l'état d'hibernation.

À l'époque du Dévonien, les Dipneustes étaient de redoutables prédateurs dulcicoles dans les plans d'eaux peu profonds. Aujourd'hui, la plupart de leurs lignées ont disparu. Cependant, ils

FIGURE 34.14 Le Cœlacanthe d'Afrique du Sud (*Latimeria chalumnæ*), l'une des espèces du seul genre des Actinistiens actuels.

ont une grande importance dans la phylogenèse des Vertébrés, car ils sont les ancêtres des Amphibiens et de tous les autres Tétrapodes.

Les Tétrapodes sont issus de poissons qui se sont adaptés aux eaux peu profondes

Les Amphibiens ont été les premiers Tétrapodes à passer un temps relativement long sur la terre ferme. Mais si l'on définit les Tétrapodes comme des Vertébrés pourvus d'un squelette assez rigide soutenu par des pattes à la place des paires de nageoires, alors les premiers animaux à classer dans cette catégorie sont les poissons très spécialisés qui ont acquis la capacité de vivre dans des plans d'eau peu profonds (FIGURE 34.15). Ces poissons ancestraux font partie des Tétrapodes si ce taxon monophylétique repose sur l'attribut des pattes.

Durant le Dévonien, une grande diversité de Plantes et d'Arthropodes peuplaient déjà la terre ferme. L'apparition des arbres et d'autres plantes de grande taille a transformé le paysage des écosystèmes. Les Plantes prenaient racine aux abords des étangs et des marais. La matière organique qui tombait dans l'eau créait de nouveaux milieux et apportait de nouveaux aliments aux poissons des alentours. De nombreux poissons apparentés aux Actinistiens et aux Dipneustes actuels étaient déjà présents. Les Dipneustes et les Grenouilles respirent l'air par un pompage buccal, mécanisme différent de la respiration thoracique de l'Humain. En fait, ils abaissent le plancher de leur cavité buccale, ce qui crée une aspiration de l'air. Puis ils ferment la bouche et relèvent le plancher, ce qui pousse l'air dans les poumons. Outre les poumons qui augmentaient les échanges gazeux assurés par les branchies, les appendices en forme de pattes étaient probablement plus efficaces que les nageoires pour barboter et se traîner dans la végétation plus dense des eaux peu profondes. Les poumons et les appendices des Tétrapodes sont donc apparus chez certains poissons spécialisés il y a 10 millions d'années. Par la suite, les premiers Amphibiens s'en sont servis pour envahir la terre ferme.

Les archives géologiques relatent ce passage de l'eau à la terre ferme qui s'est effectué sur une période de cinquante millions d'années, d'il y a 400 millions d'années à il y a 350 millions d'années. Les fossiles en question vont des poissons aux nageoires

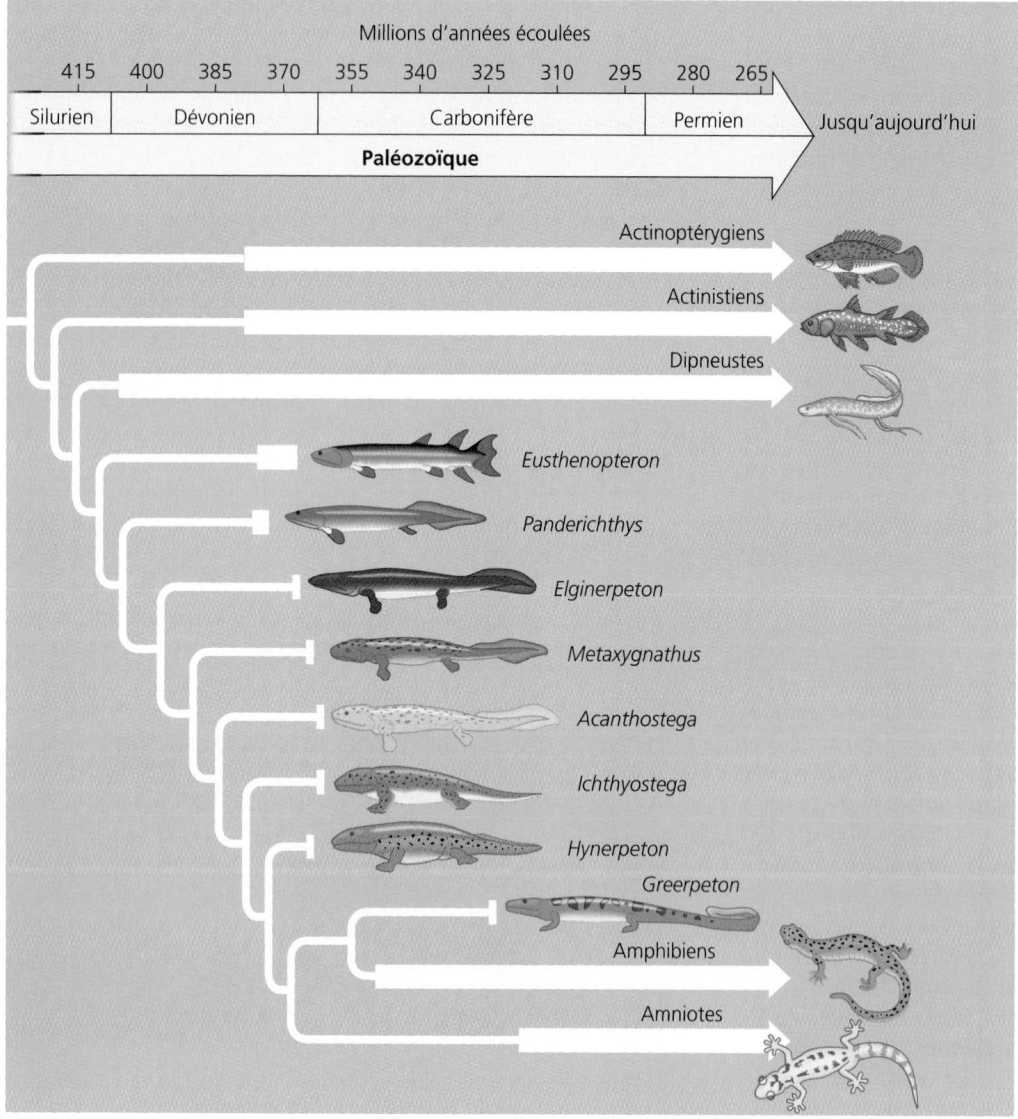

FIGURE 34.15 Phylogenèse des Tétrapodes. *Plusieurs fossiles intermédiaires, dans ce cladogramme, ont été découverts récemment. La section élargie de chacune des branches représente la période durant laquelle le fossile a existé (la flèche indique une persistance de la lignée jusqu'aujourd'hui). Les silhouettes des animaux disparus ont été reconstituées à partir de fossiles. Les couleurs sont dues à la fantaisie de l'artiste.*

robustes tels que *Eusthenopteron* jusqu'aux Tétrapodes et aux Amphibiens (voir la FIGURE 34.15). À titre d'exemple, citons les fossiles d'*Acanthostega*. Non seulement cet animal possédait un squelette capable de soutenir des branchies, mais il était pourvu de quatre appendices dont les principaux os sont identiques à ceux des Amphibiens, des Reptiles et des Mammifères, l'Humain y compris (FIGURE 34.16). Bien qu'étant un animal aquatique, en l'occurrence un poisson, *Acanthostega* témoigne d'une période de l'évolution des Vertébrés au cours de laquelle des adaptations ont favorisé l'acclimatation de certains poissons en eaux peu profondes. L'évolution de ces adaptations a permis à une lignée de ces poissons de coloniser la terre ferme. Ils auraient respiré et marché sur les berges pendant des périodes de plus en plus longues.

Étant les premiers Tétrapodes terrestres, les Amphibiens ont bénéficié d'une abondance de nourriture et n'ont eu que peu de concurrence. Leur radiation adaptative a engendré une grande diversification au début du Carbonifère. D'ailleurs, on parle souvent du Carbonifère comme de «l'Âge des Amphibiens». À la fin de cette période, la population d'Amphibiens a décliné tant en nombre qu'en diversité. À l'aube de l'ère mésozoïque, durant la période du Trias, il y a environ 245 millions d'années, les Amphibiens survivants ressemblaient déjà aux espèces actuelles.

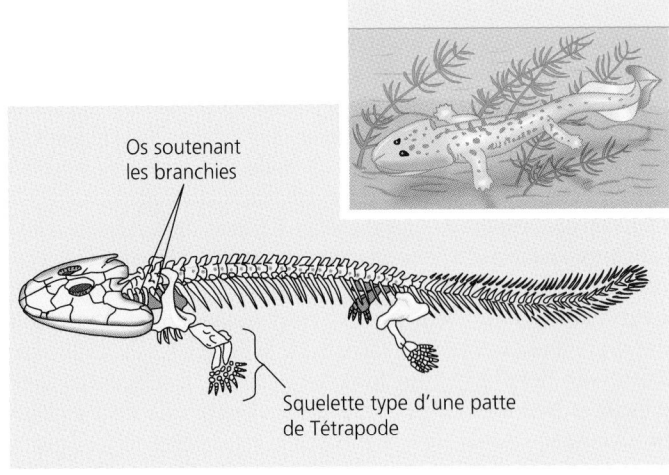

FIGURE 34.16 Squelette d'*Acanthostega*, Tétrapode du Dévonien. Ce vertébré était un poisson, un animal aquatique pourvu de branchies, même au stade adulte. Cependant, la structure osseuse de ses appendices s'apparente à celle des Tétrapodes. Les squelettes des premiers Amphibiens étaient très similaires.

Classe des Amphibiens : les Salamandres, les Grenouilles et les Cécilies sont les trois ordres d'Amphibiens actuels

De nos jours, il existe environ 4 800 espèces d'**Amphibiens** réparties en trois ordres : les Urodèles («présence d'une queue»; Salamandres), les Anoures («absence de queue»; Grenouilles, Crapauds et Rainettes) et les Apodes («absence de pattes»; Cécilies ou Gymnophiones).

Il n'existe que 500 espèces environ d'**Urodèles**. Certaines d'entre elles vivent uniquement dans l'eau, tandis que d'autres vivent en milieu terrestre toute leur vie ou seulement à l'âge adulte (FIGURE 34.17a). La plupart des Salamandres terrestres marchent en se dandinant d'un côté et de l'autre, comme le faisaient les premiers Amphibiens.

Les **Anoures** comptent près de 4 200 espèces. Ils sont mieux adaptés que les Urodèles aux déplacements sur la terre ferme (FIGURE 34.17b). Les Grenouilles adultes utilisent leurs puissantes pattes postérieures pour sauter et déploient leur langue gluante, fixée à l'avant de la bouche, pour attraper des insectes. Elles ont acquis une grande variété de caractéristiques qui les protègent des prédateurs plus gros qu'elles. Ainsi, comme d'autres Amphibiens, certaines Grenouilles affichent des couleurs qui leur permettent de se camoufler ou qui alertent les prédateurs. Ceux-ci associeraient les couleurs voyantes (d'avertissement ou aposématiques) des espèces venimeuses à un danger potentiel. De plus, à l'aide de glandes sous-cutanées, elles peuvent sécréter un mucus désagréable, parfois même toxique.

FIGURE 34.17 Ordres d'Amphibiens.

(a) Ordre des Urodèles. Les Urodèles (Salamandres) conservent leur queue même à l'âge adulte. Certains d'entre eux vivent exclusivement dans l'eau, tandis que d'autres vivent sur la terre ferme. L'animal de la photo est la Salamandre maculée (*Ambystoma maculatum*).

(b) Ordre des Anoures. Les Anoures perdent leur queue à l'âge adulte. Les Grenouilles comme ce Dendrobate fraise (*Dendrobates pumilio*) habitent les forêts tropicales. Leurs glandes cutanées sécrètent des toxines mortelles qui attaquent les nerfs et que les autochtones d'Amérique centrale et d'Amérique du Sud utilisent pour enduire le bout de leurs flèches.

(c) Ordre des Apodes. Les Apodes, que l'on appelle aussi Cécilies ou Gymnophiones, ne possèdent pas de pattes. Ils vivent dans des terriers. L'animal de la photo est la Cécilie pourpre (*Gymnopis multiplicata*).

On dénombre environ 150 espèces d'**Apodes**. Ces Amphibiens ne possèdent pas de pattes, sont presque aveugles et ressemblent à des vers de terre (FIGURE 34.17c). Ils sont issus d'un ancêtre muni de pattes et auraient perdu les leurs au cours d'une évolution plus récente. La plupart des espèces d'Apodes creusent le sol humide des forêts tropicales, mais quelques-unes vivent dans les étangs et les ruisseaux d'Amérique du Sud.

Le terme *amphibien* signifie « deux vies » et fait référence à la métamorphose qui a lieu chez de nombreuses Grenouilles (FIGURE 34.18). Le stade larvaire de la Grenouille est le têtard. Celui-ci est habituellement un herbivore aquatique possédant des branchies, un organe sensoriel de la ligne latérale semblable à celui des Poissons et une longue queue organisée comme une nageoire. Dépourvu de pattes, le têtard nage en effectuant un mouvement ondulatoire semblable à celui des ancêtres pisciformes des Amphibiens. Pendant la métamorphose qui conduit l'animal à sa « seconde vie », les pattes se forment tandis que les branchies et la ligne latérale disparaissent. Finalement, grâce à des poumons, à une paire de tympans externes et à un système digestif capable d'assimiler des protéines animales, le jeune tétrapode monte sur la rive et entreprend sa vie de prédateur terrestre. Malgré leur nom, un grand nombre d'Amphibiens, dont certaines Grenouilles, ne connaissent pas le stade aquatique de têtard, et beaucoup ne vivent pas de « double vie ». On trouve, parmi les trois ordres d'Amphibiens, des espèces exclusivement aquatiques et des espèces exclusivement terrestres. De plus, chez les Urodèles et les Apodes, les larves ont presque la même forme que les adultes et sont carnivores comme eux. Le phénomène de pédomorphose est répandu chez certains groupes d'Urodèles. Ainsi, l'Axolotl (*Ambystoma mexicanum*) et les individus appartenant au genre *Necturus* en Amérique du Nord conservent leurs branchies et d'autres caractéristiques de leur stade larvaire lorsqu'ils atteignent la maturité sexuelle (voir la FIGURE 24.21).

La plupart des Amphibiens vivent près de l'eau. Ils abondent dans les habitats humides tels que les marais et les forêts tropicales.

Même les Grenouilles qui se sont adaptées à des habitats plus secs passent une bonne partie de leur temps dans des terriers ou sous des feuilles mouillées, où le taux d'humidité est élevé. La plupart des espèces dépendent, pour leur respiration, de leur peau, par où se font de 25 % à 50 % des échanges gazeux. Certaines espèces terrestres n'ont pas de poumons et respirent uniquement par la peau et la bouche.

N'étant pas protégés par une coquille, les œufs des Amphibiens se déshydratent rapidement à l'air libre. La fécondation a lieu à l'extérieur du corps : le mâle agrippe la femelle et répand son sperme sur les œufs à mesure que la femelle les pond (voir la FIGURE 34.18a). Les Amphibiens déposent habituellement leurs œufs dans des étangs et des marais ou, à tout le moins, dans des milieux humides. Certaines espèces pondent une très grande quantité d'œufs dans des étangs temporaires ; le taux de mortalité est élevé. Mais on trouve des espèces qui pondent une quantité restreinte d'œufs auxquels elles dispensent divers soins parentaux. Les mâles ou les femelles, selon l'espèce, incubent leurs œufs sur leur dos, dans leur bouche ou même dans leur estomac. Certaines Grenouilles vivant sur les arbres tropicaux déposent leurs œufs dans des nids mousseux, dont le taux d'humidité assure une protection contre le dessèchement. Il existe aussi des espèces ovovivipares et même des espèces vivipares chez lesquelles la femelle porte les œufs dans son système reproducteur, où les embryons se développent sans risquer de se dessécher.

Les Amphibiens manifestent des comportements sociaux complexes et diversifiés, particulièrement pendant la saison des amours. Les Grenouilles sont habituellement des animaux calmes. Toutefois, durant la période de reproduction, elles deviennent très bruyantes. Les mâles émettent des sons pour défendre leur territoire d'accouplement ou pour attirer des femelles. Certaines espèces terrestres migrent vers des sites d'accouplement spécifiques en utilisant la communication de type vocal ou en s'orientant d'après les étoiles ou des stimulus chimiques.

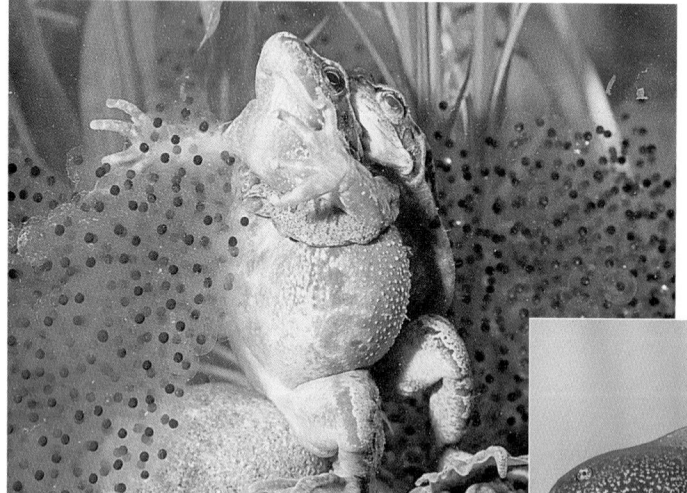

(a)

(c)

FIGURE 34.18 Cycle de développement de la Grenouille rousse (*Rana temporaria*). (a) En agrippant la femelle, le mâle stimule la ponte des œufs. La ponte et la fécondation ont lieu sous l'eau, car les œufs, dépourvus de coquille, se dessécheraient à l'air libre. Les œufs sont toutefois recouverts de gelée. **(b)** Le têtard est un herbivore aquatique possédant des branchies internes et une queue en forme de nageoire. **(c)** Pendant la métamorphose, les branchies et la queue se résorbent, tandis que les pattes se forment.

(b)

Depuis les vingt-cinq dernières années, les zoologistes s'alarment du déclin rapide de la population d'Amphibiens dans le monde. Les causes sont multiples. Le phénomène serait dû notamment à la dégradation de l'environnement de ces animaux et à la propagation d'un Chytridiomycète pathogène. Parmi les facteurs environnementaux nuisibles, on compte les précipitations acides qui sont particulièrement dommageables, car les Amphibiens ont besoin d'un milieu humide pour effectuer leur cycle de développement.

LES AMNIOTES

L'œuf amniotique est une adaptation qui a favorisé la colonisation de la terre ferme par les Vertébrés

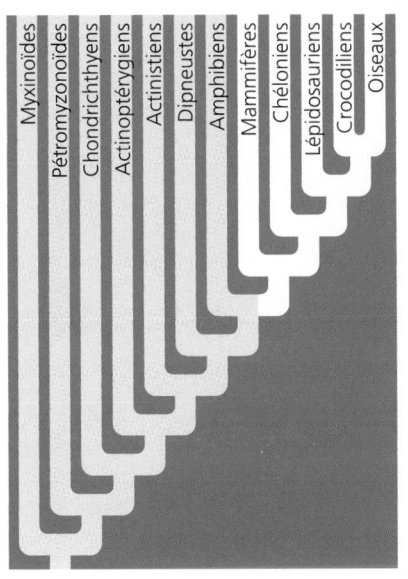

Les Mammifères, les Oiseaux et les Vertébrés que l'on appelle communément Reptiles forment le clade des Amniotes. Les Reptiles comprennent les Tortues, les Lézards, les Serpents et les Crocodiliens.

L'évolution des Amniotes à partir d'un ancêtre amphibien a donné lieu à de nombreuses adaptations leur permettant de vivre sur la terre ferme. L'une de ces adaptations, l'œuf amniotique, a joué un rôle particulièrement important : l'œuf amniotique a permis aux Vertébrés terrestres de réaliser toutes les étapes de leur cycle de développement sur la terre ferme et de couper le dernier lien qui les reliait au monde aquatique. (Comme on l'a vu au chapitre 29, les graines ont joué un rôle similaire dans l'évolution des Plantes terrestres.) Contrairement aux œufs sans coquille des Amphibiens, l'œuf amniotique des Oiseaux, de la majorité des Reptiles et de certains Mammifères est entouré d'une coquille qui retient l'humidité. Il peut donc être pondu dans un environnement sec. La coquille des œufs d'Oiseaux est calcaire (composée de carbonate de calcium) et donc rigide, tandis que celle de nombreux Reptiles est caoutchouteuse et flexible. La plupart des Mammifères ne pondent pas d'œufs. Leur embryon s'implante dans la paroi de l'utérus et reçoit ses nutriments de la mère.

L'œuf amniotique des Reptiles, des Oiseaux et des Mammifères contient des enveloppes spécialisées (FIGURE 34.19) appelées **membranes extra-embryonnaires.** Comme leur nom l'indique, ces membranes ne font pas partie de l'animal en développement. Elles permettent les échanges gazeux, l'entreposage des déchets et le transfert à l'embryon des nutriments mis en réserve. Elles se développent à partir de couches tissulaires produites par l'embryon. L'œuf amniotique tire son nom de l'une de ces membranes : l'amnios. Celle-ci entoure une cavité remplie de liquide amniotique qui amortit les chocs et

Membranes extra-embryonnaires

Allantoïde. L'allantoïde est un genre de sac où sont entreposés les déchets métaboliques produits par l'embryon. Avec le chorion, elle est l'organe respiratoire de l'embryon.

Amnios. L'amnios protège l'embryon contre le dessèchement et les chocs. Il constitue la paroi d'une cavité remplie de liquide.

Chorion. Le chorion et l'allantoïde sont responsables des échanges gazeux entre l'embryon et l'environnement. Le dioxygène et le dioxyde de carbone diffusent librement à travers la coquille de l'œuf.

Sac vitellin. Le sac vitellin s'étend tout autour du vitellus, une réserve de nutriments. Les vaisseaux sanguins du sac vitellin acheminent les nutriments du vitellus jusqu'à l'embryon. L'albumine (blanc de l'œuf) constitue l'autre réserve de nutriments.

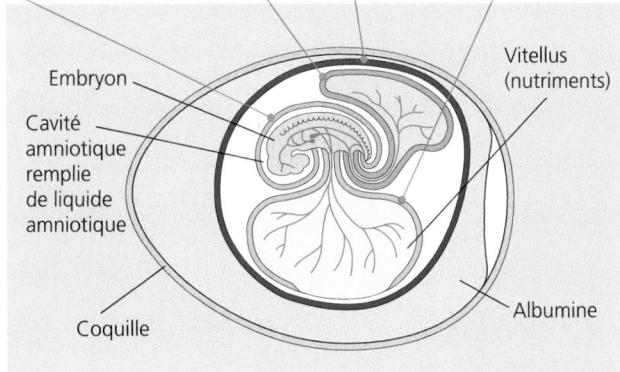

FIGURE 34.19 L'œuf amniotique. Les embryons des Reptiles, des Oiseaux et des Mammifères produisent quatre membranes extra-embryonnaires : l'amnios, le sac vitellin, l'allantoïde et le chorion. La coquille, qui est imperméable, protège l'embryon et les compartiments liquidiens contre le dessèchement. Cette adaptation a permis à ces animaux d'effectuer leur développement sur la terre ferme. Ce schéma représente les membranes extra-embryonnaires d'un œuf de Reptile ou d'Oiseau. Les Mammifères possèdent aussi quatre membranes extra-embryonnaires, mais chez la plupart des espèces, l'embryon se développe dans l'appareil reproducteur de la femelle, sans la protection d'une coquille.

dans laquelle baigne l'embryon. Les Amniotes présentent d'autres caractéristiques permettant la vie terrestre, notamment une peau imperméable et une utilisation accrue de la cage thoracique pour ventiler les poumons.

Les systématiciens qui étudient les Vertébrés réévaluent la classification des Amniotes

La FIGURE 34.20 illustre la phylogenèse des Amniotes. Certains clades sont identifiés par des noms figurant dans des cases colorées situées sur les ramifications. Remarquez que les Amniotes forment un groupe monophylétique (clade). Par conséquent, les Reptiles, les Oiseaux et les Mammifères actuels ont un ancêtre commun.

Au début de l'ère mésozoïque, la radiation adaptative des Amniotes a engendré trois grands groupes : les Synapsides, les Anapsides et les Diapsides. Les noms de ces groupes renvoient à l'anatomie crânienne des animaux en question. Les **Synapsides** comprennent les Reptiles apparentés aux Mammifères, ou Reptiles mammaliens, que l'on appelle Thérapsides. Ces derniers sont les ancêtres des Mammifères. La lignée des **Anapsides** est vraisemblablement éteinte. Jusqu'à récemment, se fondant sur l'anatomie crânienne, les systématiciens considéraient les Tortues comme les derniers Anapsides. Cependant, des comparaisons moléculaires indiquent que les Tortues appartiennent aux **Diapsides** (les pointillés de la ramification des Tortues, dans la FIGURE 34.20, illustrent ce doute). La majorité des Reptiles actuels (selon la façon dont on classe les Tortues) et de nombreuses espèces éteintes de Reptiles terrestres, aériens et aquatiques font partie des Diapsides.

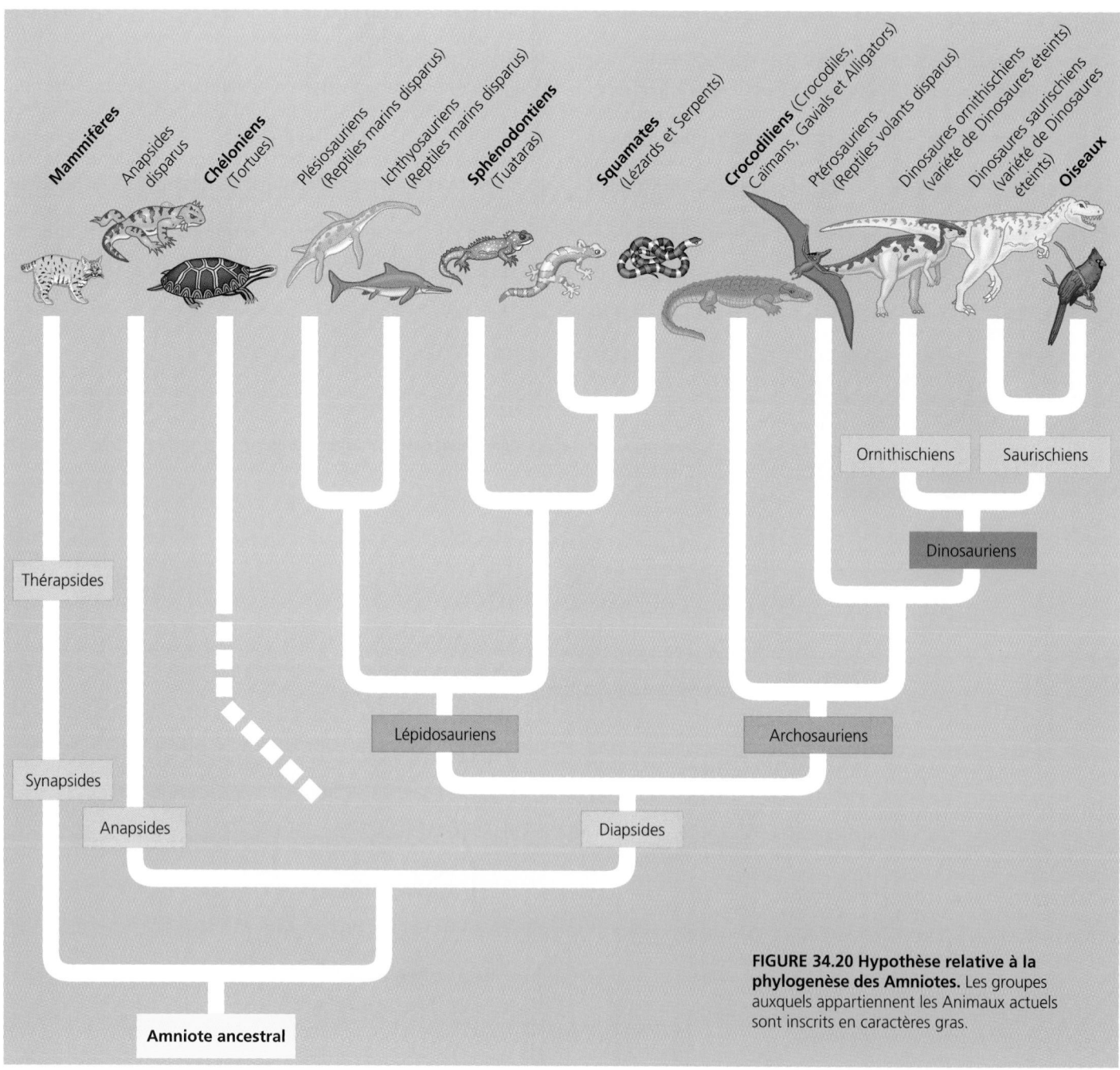

FIGURE 34.20 Hypothèse relative à la phylogenèse des Amniotes. Les groupes auxquels appartiennent les Animaux actuels sont inscrits en caractères gras.

Au début de l'ère mésozoïque, lors de la radiation des Amniotes, la lignée des Diapsides s'est séparée en deux branches : celle des **Lépidosauriens,** qui comprend les Lézards, les Serpents et deux espèces animales néo-zélandaises appelées Tuataras ; et celle des **Archosauriens,** qui comprend les Crocodiliens et les Dinosauriens. De ces derniers, il ne reste plus que les Oiseaux. Examinez attentivement la position des Oiseaux dans la phylogenèse des Amniotes. Les Oiseaux sont des Diapsides, plus spécifiquement des membres du clade des Archosauriens. Leurs plus proches parents actuels sont les Crocodiliens. Mais leur lien de parenté avec les Reptiles disparus que sont les Dinosaures est plus étroit. De fait, les Dinosaures et les Reptiles forment des taxons monophylétiques si l'on inclut les Oiseaux.

La FIGURE 34.21 compare la classification traditionnelle des Amniotes avec trois autres possibilités de classifications. Ces dernières découlent d'une analyse cladistique où les conventions sont appliquées de manière stricte. Chaque taxon doit représenter un groupe monophylétique. La taxinomie traditionnelle (FIGURE 34.21a) sépare les Amniotes en trois classes : les Mammifères, les Reptiles et les Oiseaux. Elle met en évidence les adaptations qui distinguent les Oiseaux des autres classes. Cependant, le cladogramme de la FIGURE 34.20 confirme ce qui a été dit précédemment : la classe des Reptiles est paraphylétique, puisqu'elle ne comprend pas les Oiseaux. C'est pourquoi, les scientifiques ont proposé plusieurs cladogrammes dans lesquels les Oiseaux sont classés parmi les Amniotes. Ces cladogrammes illustrent deux points de vue opposés. Ainsi, certains taxinomistes sont partisans de la fusion et préfèrent réduire au minimum le nombre de taxons par niveau. D'autres sont partisans de la fragmentation et favorisent une taxinomie pointue où les taxons sont nombreux. Dans la classification des Amniotes où les taxons sont fusionnés, on a résolu le problème des Oiseaux en les intégrant dans la classe des Reptiles (FIGURE 34.21b). Dans la classification fragmentée, on a conservé la classe des Oiseaux, les autres clades de Reptiles formant d'autres classes (FIGURE 34.21c). Enfin, dans la dernière possibilité de classification, les deux principales lignées de Diapsides forment deux classes, celle des Lépidosauriens et celle des Archosauriens (FIGURE 34.21d).

Quelle que soit la classification choisie par votre professeur, la catégorie « Reptiles » demeure officieuse. Elle est cependant utile, car elle renvoie aux Amniotes qui ne sont ni des Oiseaux ni des Mammifères. Nous avons par ailleurs pris la liberté d'étendre cette catégorie aux Animaux fossilisés datant du début de la radiation des Amniotes et provenant d'un ancêtre amphibien. En d'autres termes, *tous* les Amniotes actuels, Mammifères et Oiseaux compris, tirent leur origine d'Animaux que la plupart d'entre nous qualifierions de « Reptiles » s'ils existaient encore.

Tous les Amniotes sont manifestement issus d'un ancêtre reptilien

Caractéristiques des Reptiles

Les **Reptiles** ont connu plusieurs adaptations à la vie terrestre dont la plupart des Amphibiens n'ont pas profité. Ils possèdent des écailles contenant de la kératine, protéine qui imperméabilise la peau et protège de la déshydratation. La peau kératinisée des Reptiles est l'équivalent de la cuticule chitineuse des Insectes et de la cuticule cireuse des Végétaux terrestres. Comme leur peau sèche ne permet pas les échanges gazeux, la plupart des Reptiles respirent à l'aide de poumons. Chez beaucoup de Tortues, les surfaces humides de leur cloaque servent aussi aux échanges gazeux.

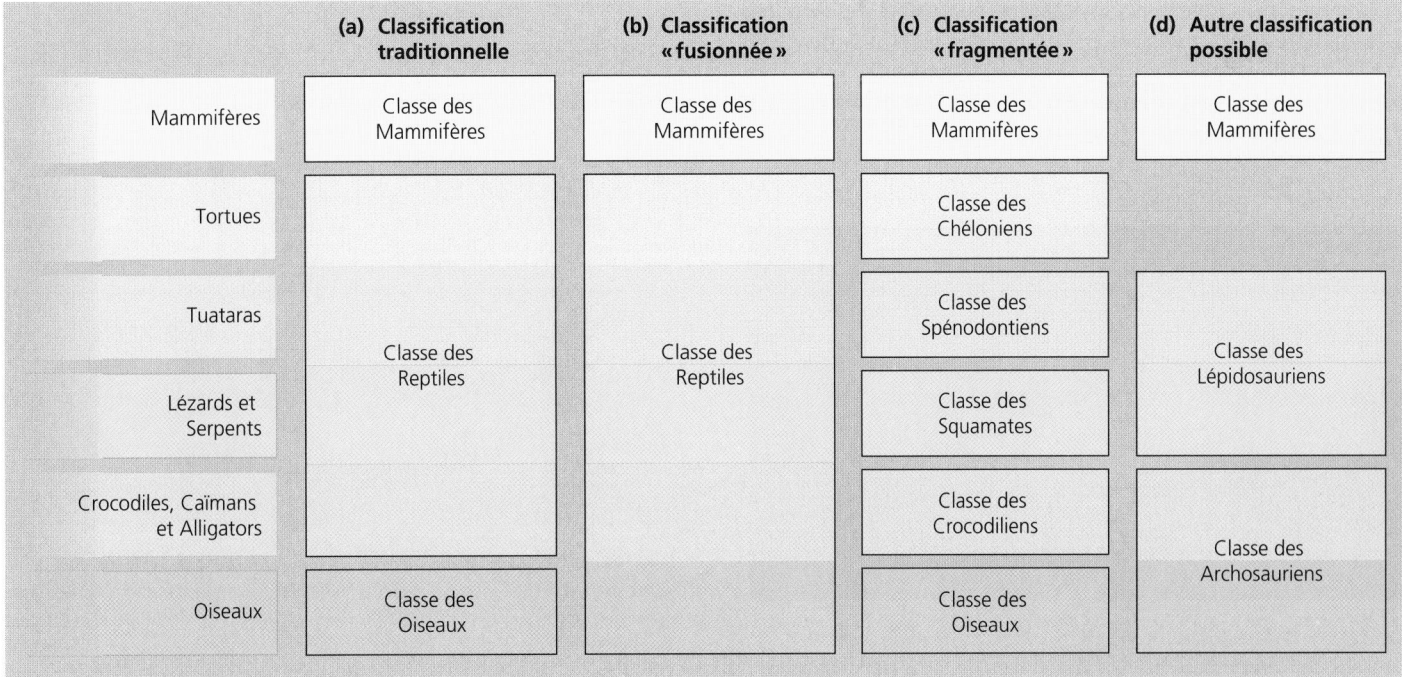

FIGURE 34.21 Possibilités de classifications des Amniotes. De nombreux zoologistes préfèrent la taxinomie traditionnelle, qu'ils trouvent plus pratique. Toutefois, cette taxinomie ne respecte pas toujours la condition selon laquelle un taxon doit toujours correspondre à un groupe monophylétique. Les Tortues ne figurent pas dans la dernière possibilité de classification, (d), car leur origine est incertaine.

La majorité des Reptiles pondent, sur le sol, des œufs amniotiques protégés par une coquille (FIGURE 34.22). La fécondation de ces œufs est interne. Elle doit se produire avant la sécrétion de la substance qui forme la coquille pendant le passage de l'œuf dans les oviductes de la femelle. Certaines espèces de Serpents et de Lézards sont vivipares. Leur embryon s'entoure de plusieurs membranes extra-embryonnaires qui forment le placenta. Ce dernier permet à l'embryon de recevoir les nutriments fournis par sa mère.

On dit des Reptiles qu'ils sont des « animaux à sang froid », car ils utilisent peu leur métabolisme pour produire leur chaleur corporelle. Cependant, les Reptiles adoptent certains comportements qui leur permettent d'adapter leur température corporelle. Ainsi, un grand nombre de Lézards se font chauffer sous les rayons du Soleil lorsque l'air est frais, mais cherchent l'ombre si l'air devient trop chaud. Les Reptiles sont donc des **ectothermes,** c'est-à-dire qu'ils absorbent la chaleur externe plutôt que de générer entièrement leur propre chaleur. (La régulation de la température corporelle est traitée au chapitre 44.) En se servant de l'énergie solaire comme source de chaleur, les Reptiles peuvent survivre avec moins de 10 % de l'apport énergétique dont ont besoin les Mammifères de même taille.

Origine et radiation adaptative des Reptiles

Les Reptiles étaient beaucoup plus répandus, nombreux et diversifiés durant l'ère mésozoïque. Les plus anciens fossiles reptiliens datent de la fin du Carbonifère et ont environ 300 millions d'années. Ils ont été retrouvés dans des roches sédimentaires du Kansas. Leurs ancêtres faisaient partie des Amphibiens du Dévonien. Pendant plus de 200 millions d'années, au cours desquelles ont eu lieu deux grands mouvements de radiation adaptative, les Reptiles ont dominé tous les autres Vertébrés terrestres.

Le premier mouvement de radiation adaptative des Reptiles a eu lieu au début du Permien, c'est-à-dire durant la dernière période de l'ère paléozoïque. Il a donné naissance aux trois principales branches évolutives présentées à la FIGURE 34.20 : les Synapsides, les Anapsides et les Diapsides.

Le deuxième grand mouvement de radiation adaptative des Reptiles s'est produit à la fin du Trias, il y a un peu plus de 200 millions d'années. Il se caractérise par l'apparition et la diversification de deux groupes de Reptiles : les **Dinosauriens** ou Dinosaures, qui vivaient sur la terre ferme, et les **Ptérosauriens,** qui volaient. Ces Vertébrés terrestres ont dominé pendant des millions d'années. Les ailes des Ptérosauriens étaient constituées d'une enveloppe de peau qui s'étirait depuis le corps, le long des membres antérieurs, jusqu'au bout d'un doigt allongé. La peau des ailes se composait de fibres rigides qui la rendaient solide. Les Dinosaures étaient un groupe extrêmement divers, la taille, la forme du corps et l'habitat variant considérablement. Ils comprenaient les plus grands animaux ayant jamais habité sur la terre ferme. Au Nouveau-Mexique et en Utah, on a récemment découvert des fossiles de Dinosaures géants mesurant 45 m. Ces dinosaures géants vivaient sur des portions de terre situées aujourd'hui dans l'hémisphère sud. Il existait deux grandes lignées de Dinosaures : les Ornithischiens, herbivores pour la plupart, et les Saurischiens, herbivores et carnivores, dont certains furent les ancêtres des Oiseaux.

On a longtemps cru que les Dinosaures étaient des animaux lents et apathiques. Mais les recherches montrent maintenant que beaucoup d'entre eux étaient probablement agiles, rapides et, dans le cas de certaines espèces, sociables. Les paléontologues ont découvert que certains d'entre eux prodiguaient des soins à leurs petits (FIGURE 34.23). Que les Dinosaures soient **endothermes,** c'est-à-dire capables de maintenir leur température

FIGURE 34.23 Soins parentaux et comportement social de Dinosaures. Cette reconstitution d'Hadrosaures a été réalisée d'après des fossiles datant de 80 millions d'années et retrouvés au Montana. L'espèce était relativement grande, mesurant environ 7 m de long. Ces Dinosaures se nourrissaient de plantes à l'aide de leur « bec de canard ». Des empreintes de pattes fossilisées indiquent qu'ils se déplaçaient en bande. Les nids fossilisés contenaient à la fois des œufs et des petits âgés de quelques mois, ce qui montre que ces Dinosaures prenaient soin de leurs petits. D'ailleurs, le nom de genre de cette espèce, Maiasaura, signifie « bonne mère lézard ».

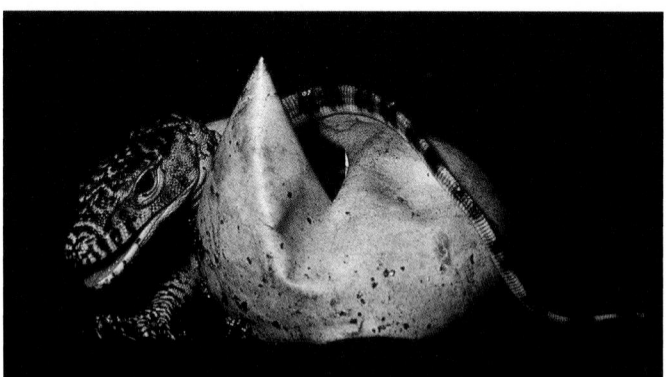

FIGURE 34.22 Éclosion d'un reptile. Ce Varan de Komodo (*Varanus komodœnsis*) brise la coquille molle de son œuf. La plupart des Reptiles pondent ce type d'œuf, dont la coquille a une texture semblable à celle d'un papier-parchemin. La coquille des œufs de certains autres Reptiles est plus dure, car elle contient plus de carbonate de calcium, comme celle des œufs d'Oiseaux.

corporelle par leur métabolisme, est encore sujet à controverse. En effet, malgré les nombreuses données anatomiques qui soutiennent cette hypothèse, certains experts demeurent sceptiques. Pendant l'ère mésozoïque, le climat était relativement chaud et constant, et il suffisait peut-être aux Dinosaures terrestres de se laisser chauffer au soleil pour maintenir leur température corporelle. De plus, les grands Dinosaures possédaient un faible rapport surface/volume, ce qui réduisait les effets des fluctuations quotidiennes de la température ambiante sur leur température interne. Toutefois, compte tenu de sa grande diversité, le clade des Dinosaures a pu comprendre certaines espèces endothermes, particulièrement chez les petits Dinosaures des climats relativement froids. Le Dinosaure dont sont issus les Oiseaux était *certainement* endotherme, comme le sont tous les Oiseaux.

À la fin du Crétacé, dernière période du Mésozoïque, les Dinosaures disparurent. Des paléontologues affirment que certaines espèces ont survécu jusqu'au début de l'ère cénozoïque. Les archives géologiques nous donnent très peu d'informations sur les Vertébrés terrestres du Crétacé. Ainsi, on ignore encore si l'extinction des Dinosaures a débuté avant que l'astéroïde qui aurait causé leur disparition heurte la Terre (voir le chapitre 25). D'une manière ou d'une autre, ce fut la fin de l'Âge des Reptiles.

Reptiles actuels

Le groupe des Reptiles compte aujourd'hui près de 6 500 espèces, que les taxinomistes divisent en quatre classes : les **Chéloniens** (Tortues), les **Sphénodontiens** (Tuataras), les **Squamates** (Lézards et Serpents) et les **Crocodiliens** (Alligators, Caïmans, Gavials et Crocodiles). Dans la classification traditionnelle (voir la FIGURE 34.21a), ces quatre taxons sont des ordres de la classe des Reptiles, tandis que dans la classification fragmentée (voir la FIGURE 34.21c), chacun des quatre taxons est une classe.

Les Tortues sont apparues pendant l'ère mésozoïque et ont peu changé depuis (FIGURE 34.24a). Leur carapace qui est le plus souvent rigide est une adaptation destinée à les protéger des prédateurs. Elle a d'ailleurs certainement contribué à leur survie, depuis si longtemps qu'elles existent. Les Tortues sont retournées vivre dans l'eau au cours de l'évolution, mais elles pondent leurs œufs sur la terre ferme.

Aujourd'hui, les Lézards forment le groupe de Reptiles le plus important et le plus diversifié (FIGURE 34.24b). Relativement petits pour la plupart, ils ont peut-être réussi à survivre aux difficultés du Crétacé en se cachant dans les crevasses et en réduisant leurs activités pendant les périodes froides. De nos jours, un grand nombre de Lézards adoptent ces comportements.

(a) Tortue-boîte du Golfe

(b) Lézard à collerette

(c) Crotale diamantin de l'Ouest

(d) Alligator américain

FIGURE 34.24 Reptiles actuels.
(a) Les Tortues ont peu changé depuis leur apparition, au début de l'ère mésozoïque. Cette espèce est la Tortue-boîte du Golfe (*Terrapene carolina major*). **(b)** Les Lézards, comme ce Lézard à collerette (*Chlamydosaurus kingii*), forment le groupe de Reptiles le plus nombreux et le plus diversifié. En situation de danger, l'animal déploie sa collerette pour intimider les prédateurs. **(c)** Les Serpents descendent peut-être de Lézards qui s'étaient adaptés au fouissement. Ce Serpent est un Crotale diamantin de l'Ouest (*Crotalus atrox*) photographié pendant une attaque. Remarquez ses mâchoires souples, qui peuvent se désarticuler. **(d)** Les Crocodiles, les Caïmans et les Alligators sont les Reptiles les plus proches des Dinosaures et des Oiseaux. Ce Reptile est un Alligator américain (*Alligator mississippiensis*).

Les Serpents descendent apparemment de Lézards qui se sont adaptés au fouissement (FIGURE 34.24c). Bien qu'ils vivent sur la terre ferme pour la grande majorité, ils ne possèdent pas de membres. Les vestiges d'os de bassin et de membres chez des Serpents primitifs comme les Boas montrent que les Serpents descendent de Reptiles pourvus de pattes.

Les Serpents sont carnivores et présentent des adaptations qui favorisent la prédation. Ils possèdent des chimiorécepteurs très sensibles et, s'ils n'ont pas de tympans, ils peuvent sentir les vibrations du sol et ainsi détecter les mouvements de leurs proies. Les Vipéridés, par exemple les Crotales, possèdent entre leurs yeux et leurs narines des détecteurs de chaleur (thermorécepteurs) grâce auxquels ils perçoivent d'infimes variations de température. Cette adaptation permet à ces chasseurs nocturnes de localiser leurs proies. Les Serpents venimeux, eux, injectent leurs neurotoxines au moyen d'une paire de dents ou de crochets creux et pointus. Leur langue n'administre pas le venin, mais contribue à acheminer les odeurs vers les organes olfactifs situés dans la paroi supérieure de la cavité buccale. La majorité des Serpents possèdent des mâchoires lâchement fixées au crâne qui leur permettent d'avaler des proies plus grandes que le diamètre de leur corps.

Les Crocodiles, les Caïmans et les Alligators (Crocodiliens) font partie des plus grands Reptiles actuels (certaines Tortues sont par ailleurs plus lourdes) (FIGURE 34.24d). Ils passent le plus clair de leur temps dans l'eau, mais respirent l'air par le biais de narines situées au sommet du crâne. On trouve des Crocodiliens dans les régions chaudes de l'Afrique, de la Chine, de l'Indonésie, de l'Inde, de l'Australie et de l'Amérique du Sud, et dans le sud-ouest des États-Unis. Dans cette dernière région, la population d'Alligators croît aujourd'hui à un rythme soutenu, après avoir été menacée d'extinction pendant plusieurs années. Parmi les animaux actuels que l'on classe traditionnellement comme Reptiles, les Crocodiliens sont les plus proches des Dinosaures (voir la FIGURE 34.20). Cependant, les seuls animaux actuels qui semblent descendre d'un groupe de Dinosaures ne sont pas les Reptiles, mais bien les Oiseaux.

Le climat du Québec n'est pas très favorable aux Reptiles. Y vivent à peine une quinzaine d'espèces de Reptiles, parmi lesquelles on trouve des tortues et des serpents inoffensifs pour l'Humain.

Les Oiseaux sont issus d'un ancêtre reptilien à plumes

C'est pendant la grande radiation adaptative de l'ère mésozoïque qu'un ancêtre reptilien a donné naissance aux Oiseaux (voir la FIGURE 34.20). Les œufs amniotiques et les pattes écaillées sont deux des vestiges reptiliens que nous pouvons observer chez les Oiseaux. Cependant, avec leur structure faite pour le vol, les Oiseaux ressemblent peu aux Lézards et aux autres Reptiles.

Caractéristiques des Oiseaux

Les **Oiseaux** présentent en général une anatomie adaptée au vol. Tout d'abord, les os ont une structure lacunaire qui les rend solides mais légers (FIGURE 34.25). Par exemple, le squelette de la Frégate superbe (*Fregata magnificens*) a une envergure de

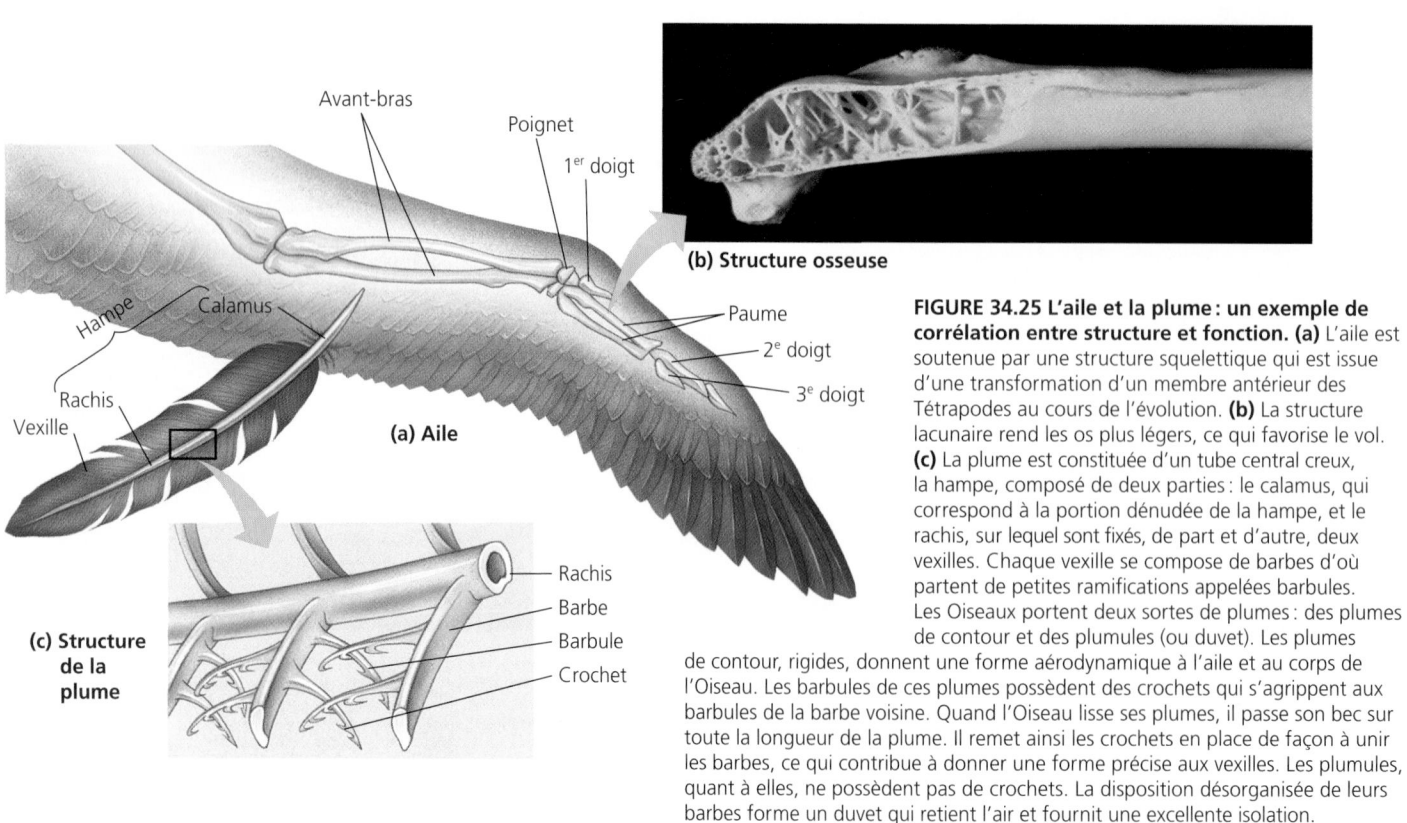

FIGURE 34.25 L'aile et la plume : un exemple de corrélation entre structure et fonction. (a) L'aile est soutenue par une structure squelettique qui est issue d'une transformation d'un membre antérieur des Tétrapodes au cours de l'évolution. **(b)** La structure lacunaire rend les os plus légers, ce qui favorise le vol. **(c)** La plume est constituée d'un tube central creux, la hampe, composé de deux parties : le calamus, qui correspond à la portion dénudée de la hampe, et le rachis, sur lequel sont fixés, de part et d'autre, deux vexilles. Chaque vexille se compose de barbes d'où partent de petites ramifications appelées barbules. Les Oiseaux portent deux sortes de plumes : des plumes de contour et des plumules (ou duvet). Les plumes de contour, rigides, donnent une forme aérodynamique à l'aile et au corps de l'Oiseau. Les barbules de ces plumes possèdent des crochets qui s'agrippent aux barbules de la barbe voisine. Quand l'Oiseau lisse ses plumes, il passe son bec sur toute la longueur de la plume. Il remet ainsi les crochets en place de façon à unir les barbes, ce qui contribue à donner une forme précise aux vexilles. Les plumules, quant à elles, ne possèdent pas de crochets. La disposition désorganisée de leurs barbes forme un duvet qui retient l'air et fournit une excellente isolation.

Labels in figure: Avant-bras, Poignet, 1ᵉʳ doigt, Hampe, Calamus, Rachis, Vexille, Paume, 2ᵉ doigt, 3ᵉ doigt, **(a) Aile**, **(b) Structure osseuse**, **(c) Structure de la plume**, Rachis, Barbe, Barbule, Crochet

plus de 2 m, mais ne pèse que 113 g environ. Ensuite, l'absence de certains organes est une adaptation qui réduit la masse des Oiseaux. Les femelles n'ont ainsi qu'un seul ovaire. De plus, les Oiseaux n'ont pas de dents, ce qui diminue la masse de leur tête. Ils ne peuvent donc pas mâcher les aliments dans leur bouche, mais ils les broient dans le gésier, organe digestif situé près de l'estomac. (Les Crocodiliens possèdent également un gésier et certains Dinosaures en avaient un.) Au cours de l'évolution, le bec des Oiseaux, constitué de kératine, a pris de nombreuses formes en fonction du régime alimentaire.

Le vol nécessite un métabolisme actif qui permet de grandes dépenses d'énergie. Les Oiseaux étant endothermes, ils utilisent l'énergie produite par leur métabolisme pour maintenir une température corporelle élevée. Les plumes et la couche de gras qui enveloppent le corps de certaines espèces contribuent également à la thermorégulation. Les systèmes respiratoire et cardio-vasculaire fournissent efficacement dioxygène et nutriments aux tissus, contribuant ainsi à maintenir un métabolisme élevé. Le cœur est pourvu de quatre cavités. Les poumons sont reliés à de minuscules tubes conduisant à des sacs élastiques (les sacs aériens) qui permettent la déperdition de chaleur et contribuent à réduire la masse volumique de l'Oiseau.

Pour bien voler, les Oiseaux doivent avoir des sens très développés, notamment une bonne acuité visuelle. De fait, ils possèdent d'excellents yeux, peut-être les meilleurs de tous les Vertébrés. L'aire visuelle et l'aire motrice bien développées de leur cerveau assurent en outre une coordination précise des mouvements.

Dotés d'un cerveau proportionnellement plus gros que ceux des Reptiles et des Amphibiens, la plupart des Oiseaux manifestent des comportements très complexes, surtout pendant la saison de reproduction. Comme les œufs sont déjà enveloppés dans une coquille quand la femelle les pond, la fécondation doit être interne. Pour féconder la femelle, le mâle doit monter sur son dos et lui relever la queue de façon que leurs cloaques s'abouchent l'un avec l'autre. Une fois l'œuf pondu, l'embryon doit rester au chaud. C'est pourquoi, la femelle, le mâle ou les deux, selon l'espèce, couvent les œufs.

Les ailes constituent la structure d'adaptation au vol la plus manifeste. Leur allure profilée rappelle les ailes des avions, qui obéissent aux mêmes principes d'aérodynamique (FIGURE 34.26). Les Oiseaux battent des ailes en contractant leurs grands muscles pectoraux (de la poitrine), qui sont reliés au sternum par un bréchet et qui produisent la force nécessaire au décollage et au vol par la suite. Certains Oiseaux, comme les Buses et les Pygargues, ont des ailes adaptées au vol plané. Ils se laissent porter par les courants d'air et ne battent des ailes qu'occasionnellement. D'autres, comme le Colibri, doivent battre des ailes continuellement pour rester dans les airs. Dans tous les cas, c'est la forme et la disposition des plumes qui donnent à l'aile son profil. Les Martinets sont les plus rapides ; ils peuvent voler sur de longs trajets à une vitesse de 170 km/h. Certains Faucons peuvent quant à eux atteindre 300 km/h en vol piqué.

Avec leur extrême légèreté et leur très grande résistance, les plumes constituent l'une des adaptations les plus remarquables des Vertébrés. La protéine qu'est la kératine est la matière première des plumes, de nos cheveux, de nos ongles et des écailles des Reptiles. Au cours de l'évolution, les plumes ont peut-être servi dans un premier temps d'isolant favorisant l'endothermie. Ce n'est que plus tard qu'elles ont servi au vol.

FIGURE 34.26 Vol d'un Pygargue à tête blanche (*Haliæetus leucocephalus*). Le profil des ailes modifie les courants d'air et crée ainsi une portance. La partie avant du profil est plus épaisse que la partie arrière. La partie supérieure est plutôt convexe et la partie inférieure, aplatie ou concave. Ainsi, l'air qui circule au-dessus de l'aile se déplace plus rapidement que l'air qui passe au-dessous. Résultat : les molécules d'air sont plus éloignées les unes des autres (dilatation) au-dessus de l'aile, par rapport à celles qui sont situées au-dessous de l'aile. La pression que l'air exerce sur l'aile est donc moins grande au-dessus qu'au-dessous, ce qui crée la portance.

Le vol, qui a nécessité une modification radicale de la forme du corps, procure de nombreux avantages. Tout d'abord, il permet la reconnaissance aérienne, qui favorise la chasse et la découverte de charognes. Ensuite, il donne accès à cette abondante source d'aliments hautement nutritifs que constituent les insectes volants. Il permet aussi de fuir rapidement devant des prédateurs terrestres et, dans certains cas, de voyager sur de grandes distances afin d'exploiter d'autres sources de nourriture et des zones de reproduction saisonnières. La Sterne arctique (*Sterna paradisæa*) est l'Oiseau migrateur qui parcourt les plus grandes distances. Deux fois par an, elle effectue un voyage de 16 000 km entre le Pôle nord et le Pôle sud.

Origine des Oiseaux

L'analyse cladistique de squelettes fossilisés confirme l'hypothèse selon laquelle les ancêtres reptiliens les plus proches des Oiseaux seraient les **Théropodes**. Ces Dinosaures carnivores bipèdes étaient relativement petits. (Les Vélociraptors du film *Parc jurassique* étaient des Théropodes.) La plupart des chercheurs s'accordent pour affirmer que l'ancêtre des Oiseaux était un Théropode porteur de plumes. Cependant, certains soutiennent que les Oiseaux sont apparus beaucoup plus tôt et qu'ils ont, avec les Dinosaures, un ancêtre commun.

L'oiseau le plus connu du Mésozoïque est l'Archéoptéryx. Il a été découvert en Allemagne, plus précisément en Bavière, dans des sédiments calcaires. Cet oiseau primitif vivait à la fin du Jurassique, il y a environ 150 millions d'années. Contrairement aux Oiseaux actuels, il possédait des membres supérieurs munis de griffes, des dents et une longue queue contenant des vertèbres, comme les Reptiles (FIGURE 34.27, p. 762). Ainsi, du point de vue de l'anatomie, il ressemblait plus aux Dinosaures qu'aux Oiseaux actuels. En fait, n'eussent été ses plumes, on l'aurait classé avec les Théropodes. L'anatomie de son squelette

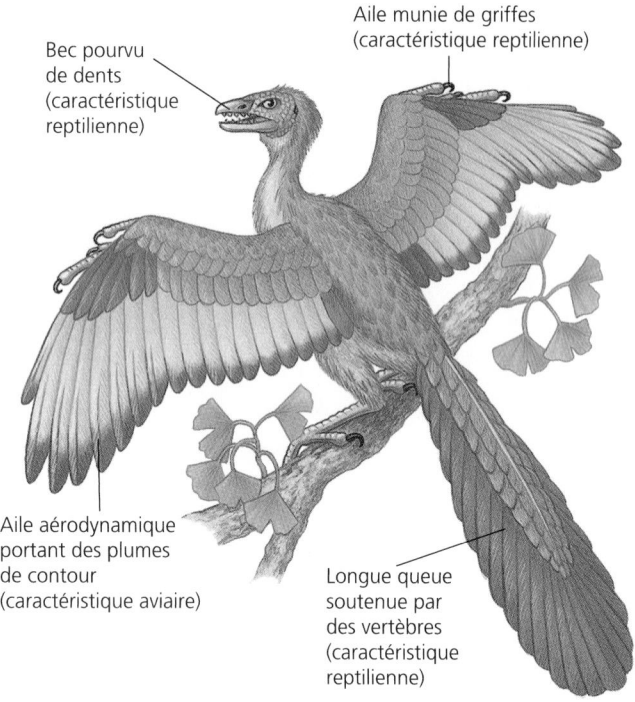

Bec pourvu
de dents
(caractéristique
reptilienne)

Aile munie de griffes
(caractéristique reptilienne)

Aile aérodynamique
portant des plumes
de contour
(caractéristique aviaire)

Longue queue
soutenue par
des vertèbres
(caractéristique
reptilienne)

FIGURE 34.27 *Archæopteryx,* **Oiseau reptilien du Jurassique.**

montre qu'il volait difficilement, ou plutôt qu'il planait de branche en branche, ce qui a pu être le premier type de vol. Les paléontologues ne considèrent pas l'Archéoptéryx comme l'ancêtre des Oiseaux, mais ils le placent plutôt sur une ramification parallèle à celle des Oiseaux. Néanmoins, l'Archéoptéryx a probablement le même ancêtre que les Oiseaux actuels.

En 1998, les paléontologues ont caractérisé divers fossiles découverts dans des sédiments, en Chine. Ces fossiles pourraient constituer des « chaînons manquants » entre les Dinosaures et les premiers Oiseaux tels que l'Archéoptéryx, car ils représentent des Dinosaures à plumes incapables de voler (FIGURE 34.28). L'anatomie de ces Dinosaures concorde avec la supposition selon laquelle les plumes ont servi à d'autres fonctions que le vol, comme la thermorégulation ou la parade nuptiale. Or, les fossiles chinois datent d'environ 20 millions d'années après l'Archéoptéryx. Correspondent-ils donc à des descendants de Dinosaures à plumes incapables de voler qui auraient vécu pendant plusieurs dizaines de millions d'années? Ces Dinosaures sont-ils les ancêtres de l'Archéoptéryx et des autres Oiseaux? Si oui, on peut prédire que les paléontologues découvriront peut-être un jour des Dinosaures à plumes inaptes au vol qui sont antérieurs à l'Archéoptéryx. D'un autre côté, est-il possible que ces animaux à plumes incapables de voler descendent d'oiseaux primitifs volants et aient, comme les Autruches actuelles, perdu la capacité de voler? Oui, selon certaines caractéristiques anatomiques.

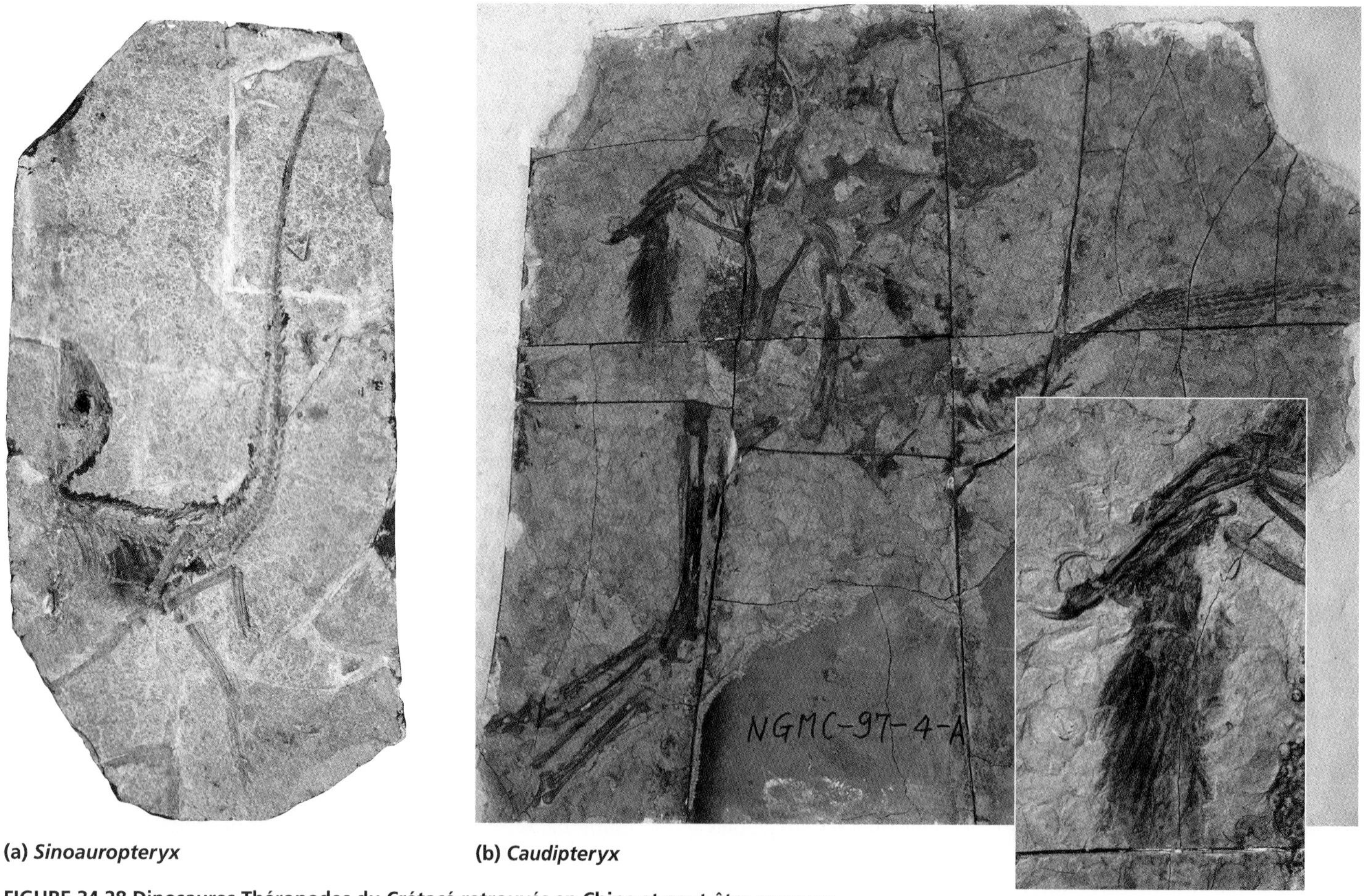

NGMC-97-4-A

(a) *Sinoauropteryx*

(b) *Caudipteryx*

FIGURE 34.28 Dinosaures Théropodes du Crétacé retrouvés en Chine et peut-être pourvus de plumes. (a) *Sinoauropteryx* était un Dinosaure incapable de voler dont le dos portait une rangée de filaments qui pourraient être des plumes primitives. **(b)** *Caudipteryx,* inapte au vol, possédait de vraies plumes (en médaillon).

Les sédiments chinois renfermaient aussi des fossiles plus récents munis d'ailes. Le *Confuciusornis*, un Oiseau du Crétacé présent en grand nombre, en est un exemple. Il possède plusieurs caractéristiques qui permettent de supposer qu'il a un lien de parenté plus étroit avec les Oiseaux actuels que l'Archéoptéryx. Ainsi, *Confuciusornis* présente des adaptations qui allègent sa masse : l'absence de dents, le remplacement de certaines parties du crâne par un bec corné et une queue réduite.

Étant donné le vif intérêt que suscite l'origine des Oiseaux, nul doute que le mystère de la transformation de ces maîtres du ciel à partir de Reptiles non volants sera éclaircie.

Oiseaux actuels

Il existe environ 9 600 espèces d'Oiseaux classées dans environ 28 ordres. La plupart des espèces volent, mais quelques-unes, comme les Autruches, les Kiwis et les Émeus, sont incapables de voler (FIGURE 34.29a). Ces oiseaux inaptes au vol portent le nom collectif de **Ratites** (du latin *ratis*, «radeau», par allusion

au sternum plat de ces oiseaux), parce que leur sternum est dépourvu de bréchet. Les Ratites n'ont pas non plus les grands muscles pectoraux qui se fixent au bréchet du sternum et assurent la puissance de vol des Oiseaux.

Par opposition aux Ratites, les autres oiseaux sont appelés **Carinates** parce qu'ils possèdent un bréchet sternal, ou carène, sur lequel les grands muscles pectoraux prennent appui. Ces muscles fournissent la puissance nécessaire au vol. Les exigences du vol ont uniformisé les Carinates, encore qu'un observateur expérimenté peut distinguer un grand nombre d'espèces d'après la silhouette. Les Carinates montrent une grande variété dans leurs caractéristiques : couleur du plumage, forme du bec et des pieds, comportement et style du vol (FIGURE 34.29b-d). L'un des Carinates les plus surprenants est le Pingouin, qui ne vole pas mais utilise ses puissants pectoraux pour nager. Près de 60 % des espèces d'Oiseaux actuelles appartiennent à un groupe de Carinates appelé **Passériformes**, ou Oiseaux percheurs, parmi lesquels on compte les Geais, les Hirondelles, les Bruants, les Parulines et beaucoup d'autres Oiseaux (FIGURE 34.29d).

(a) Émeu d'Australie (*Dromaius novæhollandiæ*). Cet oiseau est incapable de voler (Ratites).

(b) Arlequin plongeur (*Histrionicus histrionicus*). Ce canard, qui niche dans le nord-est du Québec, sur la Côte-Nord et en Gaspésie, a une caractéristique commune à un grand nombre d'espèces : une différence de couleur entre les sexes.

(c) Albatros de Laysan (*Diomedea immutabilis*). Comme ce couple d'Albatros, la majorité des Oiseaux se font la cour et exécutent des rituels d'accouplement spécifiques pendant la saison de reproduction.

FIGURE 34.29 Exemples d'Oiseaux.

(d) Hirondelle rustique (*Hirundo rustica*). L'Hirondelle rustique est un membre de l'ordre des Passériformes. Les Passériformes portent aussi le nom d'Oiseaux percheurs, parce que leurs doigts peuvent s'agripper autour d'une branche d'arbre, ce qui leur permet de rester longtemps immobiles.

Les Mammifères se sont considérablement diversifiés au début des extinctions du Crétacé

Avec la disparition des Dinosaures et la dérive des continents, les Mammifères ont connu un mouvement massif de radiation adaptative à la fin de l'ère mésozoïque. Il existe environ 4 500 espèces de Mammifères sur la Terre. Cette classe de Vertébrés nous concerne plus que les autres, puisque nous en faisons partie. Examinons certaines des caractéristiques que nous avons en commun avec les autres Mammifères.

Caractéristiques des Mammifères

Linné a défini les Vertébrés de la classe des **Mammifères** comme des animaux pourvus de glandes mammaires. Les glandes mammaires qui produisent du lait sont donc une caractéristique distinctive. Toutes les femelles mammifères nourrissent leurs petits de leur lait, lequel constitue un régime équilibré et riche en lipides, en glucides, en protéines, en minéraux et en vitamines. La présence de poils est un autre trait distinctif des Mammifères. À l'instar des plumes, les poils sont faits de kératine, mais les zoologistes ne sont pas certains de leur origine. Les Mammifères sont endothermes. Les poils et la couche de lipides située sous la peau leur permettent de conserver leur température corporelle. De plus, la plupart des Mammifères bénéficient d'un métabolisme actif qui est entretenu par des systèmes respiratoire et cardiovasculaire efficaces. Dans le système respiratoire, un muscle aplati appelé **diaphragme** facilite la ventilation des poumons. Dans le système cardiovasculaire, le cœur est divisé en quatre cavités.

Au lieu de pondre des œufs, la plupart des Mammifères accouchent de petits. La fécondation est interne et l'œuf devient un embryon à l'intérieur de l'utérus de la femelle. Chez les **Euthériens** (Mammifères placentaires) et les Marsupiaux, une partie de la muqueuse utérine maternelle et une partie des membranes extra-embryonnaires donnent le **placenta,** à travers lequel les nutriments diffusent dans le sang de l'embryon. Chez les Marsupiaux, le placenta est peu développé et est issu d'une partie de la muqueuse utérine et du sac vitellin (voir le chapitre 47), l'une des membranes extra-embryonnaires. Le contenu nutritif du sac vitellin seul n'est pas suffisant pour permettre le complet développement du fœtus. C'est pourquoi ce dernier doit quitter l'utérus et migrer dans une poche ventrale abritant les mamelles nourricières. Chez les Mammifères placentaires, le placenta est plus élaboré et est issu notamment de l'allantoïde, une autre membrane extra-embryonnaire. Il assure les échanges entre la mère et son petit pendant tout le développement de ce dernier.

Les Mammifères ont un cerveau plus gros que les autres Vertébrés de même taille. Ils semblent aussi être les plus doués pour l'apprentissage. Les parents doivent passer un temps relativement long à dispenser des soins à leur progéniture, qui a ainsi amplement l'occasion d'apprendre, par l'observation, d'importantes techniques de survie.

Les Mammifères se caractérisent également par la différenciation de leurs dents. Alors que les dents des Reptiles sont généralement coniques et de taille uniforme, les dents des Mammifères sont adaptées, par leur taille et leur forme, à la mastication de différents types d'aliments. Notre dentition comprend, par exemple, des incisives qui servent à trancher, des canines qui servent à déchirer, et des prémolaires et des molaires qui servent à broyer. La mâchoire, une autre partie de l'appareil masticateur, a aussi subi des transformations au cours de l'évolution. Ainsi, les deux os formant l'articulation de la mâchoire chez les Reptiles ont été intégrés à l'oreille interne des Mammifères (FIGURE 34.30).

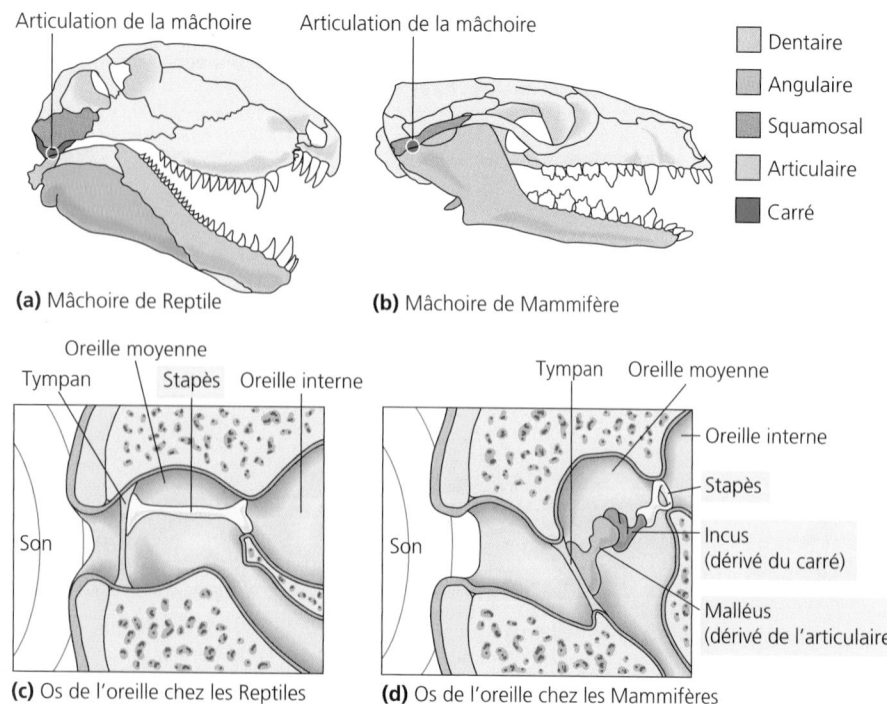

Dentaire
Angulaire
Squamosal
Articulaire
Carré

Articulation de la mâchoire   Articulation de la mâchoire

(a) Mâchoire de Reptile   **(b)** Mâchoire de Mammifère

Oreille moyenne
Tympan   Stapès   Oreille interne
Son

(c) Os de l'oreille chez les Reptiles

Dimetrodon (Reptile)

Tympan   Oreille moyenne
Oreille interne
Stapès
Incus (dérivé du carré)
Malléus (dérivé de l'articulaire)
Son

(d) Os de l'oreille chez les Mammifères

Morganucodon (Mammifère)

FIGURE 34.30 Évolution des os de la mâchoire et de l'oreille chez les Mammifères. Le Reptile *Dimetrodon* (à gauche) était un Synapside. Il faisait partie de la lignée qui a plus tard donné naissance aux Mammifères. *Morganucodon* (à droite) était l'un des premiers Mammifères. **(a)** Remarquez que la mâchoire inférieure du Reptile se compose de plusieurs os soudés ensemble. Deux petits os, le carré et l'articulaire, forment une partie de l'articulation de la mâchoire. **(b)** La mâchoire inférieure des Mammifères se résume à un seul os, le dentaire. L'articulation est déplacée par rapport à celle des Reptiles. La mandibule (mâchoire inférieure) des Mammifères est plus solide que celle des Reptiles, constituée de plusieurs os. **(c)** et **(d)** Au cours de l'évolution du crâne des Mammifères, le carré et l'articulaire se sont intégrés à l'oreille moyenne, constituant deux des trois os qui acheminent les sons du tympan à l'oreille interne. Les étapes de cette transformation sont visibles chez plusieurs fossiles de Reptiles mammaliens.

Évolution des Mammifères

Les Mammifères viennent d'une souche reptilienne plus ancienne que celle des premiers Oiseaux. Les plus anciens fossiles d'Animaux qui pourraient avoir été des Mammifères datent du Trias, c'est-à-dire d'environ 220 millions d'années. Les ancêtres des Mammifères étaient des Reptiles semblables aux Mammifères, les **Thérapsides.** Ces derniers forment la branche des Synapsides dans la phylogenèse des Amniotes (voir la FIGURE 34.20). Un grand nombre de fossiles datant du Permien et du Trias témoignent du lien qui unit les Mammifères à leurs ancêtres reptiliens. Ces fossiles présentent des caractéristiques distinctives des Mammifères, comme les pattes, le crâne, les mâchoires et les dents, à divers stades d'évolution. Les Thérapsides ont disparu au cours du règne des Dinosaures, mais leurs descendants mammifères ont coexisté avec les Dinosaures pendant tout le Mésozoïque. Les Mammifères du Mésozoïque étaient très petits, de la taille d'une souris environ, et se nourrissaient probablement d'insectes. Certains indices, comme la taille de l'orbite oculaire, permettent de croire que ces petits animaux étaient nocturnes.

Au début de l'ère cénozoïque et à la suite des extinctions du Crétacé, les Mammifères ont connu une grande radiation adaptative (mais les principales lignées seraient peut-être apparues plus tôt; voir la FIGURE 25.19). Leur diversité se manifeste aujourd'hui dans trois groupes importants: les Monotrèmes (Mammifères qui pondent des œufs), les Marsupiaux (Mammifères munis d'une poche ventrale) et les Placentaires (Mammifères dotés d'un placenta élaboré).

Monotrèmes

Les **Monotrèmes,** dont l'Ornithorynque (*Ornithorhyncus anatinus*), l'Échidné d'Australie (*Tachyglossus aculeatus*) et l'Échidné à long bec (*Zaglossus bartoni*), sont les seuls Mammifères qui pondent des œufs (FIGURE 34.31a). Leurs œufs ressemblent à ceux des Reptiles sur les plans de la structure et du développement. Ils contiennent suffisamment de vitellus pour assurer le développement de l'embryon. Les Monotrèmes possèdent des poils et fabriquent du lait pour leurs petits, deux traits distinctifs des Mammifères. La mère porte sur son ventre des glandes spécialisées qui sécrètent le lait. Lorsque le bébé sort de l'œuf, il suce le lait qui coule sur la fourrure de sa mère. La femelle ne possède pas de mamelons. Ce mélange de caractéristiques propres aux anciens Reptiles et de caractéristiques propres aux Mammifères laisse supposer que les Monotrèmes viennent d'une très ancienne lignée dans la phylogenèse des Mammifères. De nos jours, on ne trouve des Monotrèmes qu'en Australie et en Nouvelle-Guinée.

Marsupiaux

Les Opossums, les Kangourous, les Bandicoots et les Koalas sont des **Marsupiaux.** Les Marsupiaux naissent très prématurément et se développent en se nourrissant du lait de leur mère (FIGURE 34.31b et c). Chez la plupart des espèces, le petit termine son développement fœtal dans une poche ventrale maternelle appelée marsupium. Ainsi, le Kangourou roux a la taille d'une abeille à sa naissance, trente-trois jours seulement après la fécondation. Ses pattes postérieures sont alors à peine formées, mais

FIGURE 34.31 Monotrèmes et Marsupiaux australiens.

(a) Échidné (Monotrème). Les Monotrèmes, comme cet Échidné d'Australie (*Tachyglossus aculeatus*), sont les seuls Mammifères à pondre des œufs (en médaillon). Ils portent des poils et sécrètent du lait, mais ne possèdent pas de mamelons.

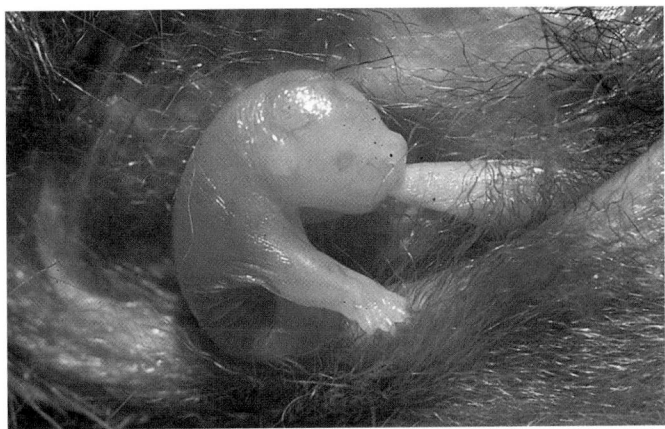

(b) Fœtus marsupial. Chez les Marsupiaux, comme ce petit Kangourou roux (*Macropus rufus*), le fœtus naît prématurément et termine sa croissance en tétant une mamelle située, le plus souvent, à l'intérieur de la poche ventrale de sa mère. Il migre par lui-même de l'utérus à la poche ventrale.

(c) Bandicoot à long museau (*Perameles gunnii*). Les Bandicoots possèdent une poche qui s'ouvre vers l'arrière. Chez d'autres Marsupiaux, les Kangourous par exemple, la poche s'ouvre vers l'avant. La majorité des Bandicoots creusent le sol et s'enfouissent sous terre. Ils mangent surtout des insectes, certains petits vertébrés et des végétaux. Placé dans une poche qui s'ouvre vers l'arrière, le petit est protégé de la poussière et de la terre lorsque sa mère creuse.

ses pattes antérieures sont suffisamment fortes pour lui permettre de ramper de la sortie du système reproducteur jusqu'à la poche de sa mère. Ce périple ne dure que quelques minutes.

En Australie, les Marsupiaux se sont répandus et ont occupé les niches écologiques équivalentes à celles des Placentaires dans d'autres parties du monde. Il fallait s'y attendre, l'évolution convergente a donné naissance à une diversité de Marsupiaux qui ressemblent à certains Mammifères placentaires et qui jouent le même rôle écologique (FIGURE 34.32).

L'Opossum d'Amérique du Nord (*Didelphis virginiana*) est le seul Marsupial en Amérique du Nord. Au Québec, on le trouve dans le Sud-Ouest, près de la frontière avec les États-Unis. Ses cousins de l'Amérique du Sud et lui sont les seuls Marsupiaux

vivant ailleurs qu'en Australie et en Nouvelle-Guinée. (Il existait toutefois une faune marsupiale diverse en Amérique du Sud pendant la période tertiaire.) Après la dislocation de la Pangée en plusieurs continents, l'Amérique du Sud et l'Australie sont devenues des îles. Les Marsupiaux s'y sont alors diversifiés indépendamment des Placentaires, qui ont vécu une radiation adaptative sur les continents nordiques. L'Australie n'a été en contact avec aucun autre continent depuis le début de l'ère cénozoïque, c'est-à-dire depuis environ 65 millions d'années. Mais ce n'est pas le cas de l'Amérique du Sud, dont la faune n'a ainsi pas subi d'isolement. Tout au long du Cénozoïque, les Mammifères placentaires ont pu migrer en Amérique du Sud. Les migrations les plus importantes ont eu lieu en une première

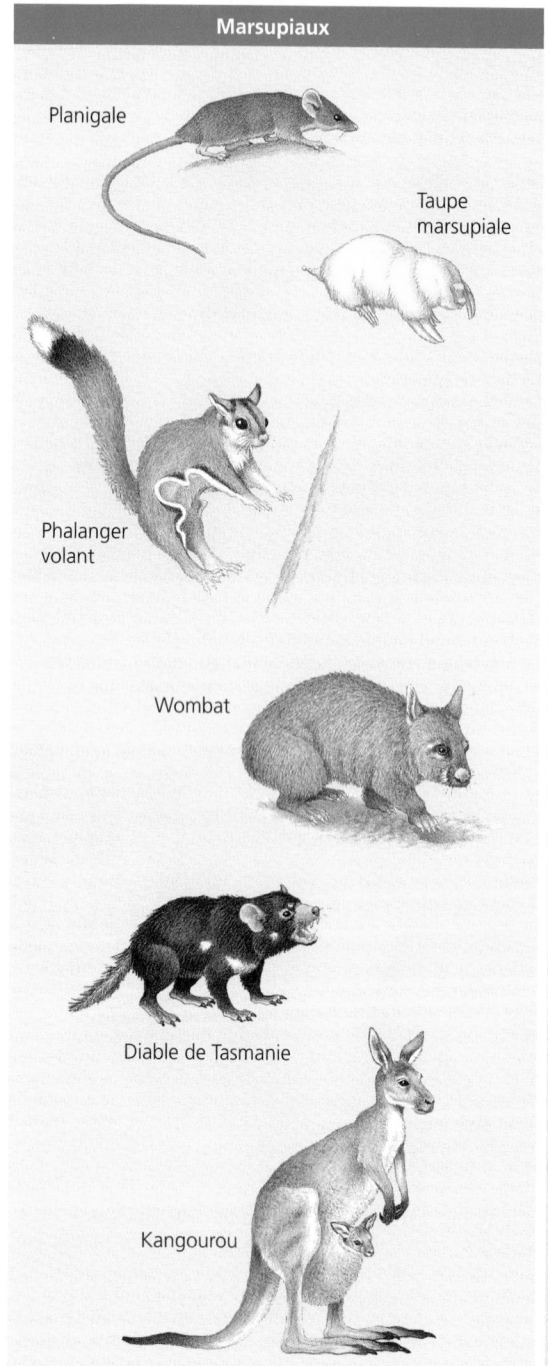

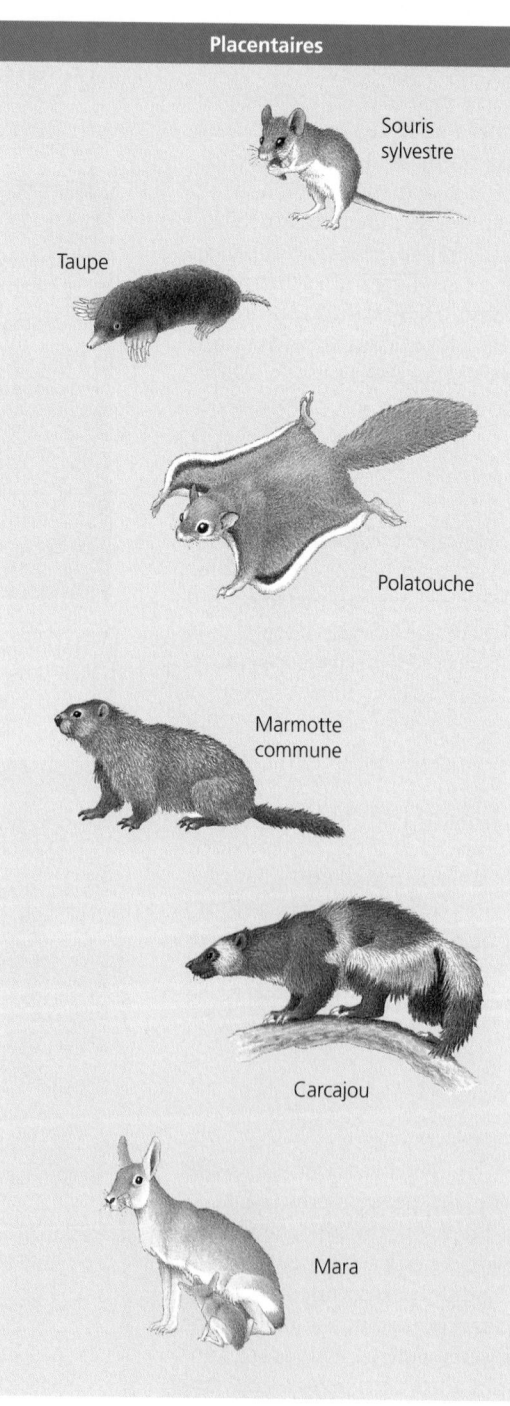

FIGURE 34.32 Évolution convergente des Marsupiaux et des Placentaires. La radiation adaptative a conduit les Marsupiaux d'Australie aux mêmes rôles écologiques que jouent les Placentaires sur d'autres continents. L'évolution convergente a produit beaucoup d'animaux très semblables (les dessins ne sont pas à l'échelle).

vague il y a 12 millions d'années, puis en une deuxième vague il y a 3 millions d'années, lorsque l'isthme de Panama a joint les deux Amériques. Ce pont naturel qu'est l'isthme de Panama a permis la circulation des animaux dans les deux sens. La répartition des Mammifères constitue un autre exemple de l'interdépendance de l'évolution biologique et de l'évolution géologique.

Euthériens (Mammifères placentaires)

Par rapport à celle des Marsupiaux, la durée de la gestation des Euthériens est plus longue. L'embryon se développe complètement dans l'utérus, où un placenta bien développé le relie à sa mère.

La radiation adaptative de la fin du Crétacé et du début du Tertiaire a produit les ordres d'Euthériens que nous connaissons actuellement (TABLEAU 34.1, p. 768). Le lien phylogénétique qui existe entre les Marsupiaux et les Euthériens est plus étroit que celui qui relie chacun d'eux aux Monotrèmes. Les archives géologiques montrent que les Euthériens et les Marsupiaux ont peut-être même eu un ancêtre commun, il y a de 80 millions à 100 millions d'années. Cependant, des données de la systématique moléculaire indiquent que cet ancêtre serait âgé d'au moins 125 millions d'années. L'ancêtre des Monotrèmes, des Euthériens et des Marsupiaux aurait vraisemblablement vécu il y a 200 millions d'années.

Les spécialistes de la systématique moléculaire ont clarifié certains liens existant, sur le plan de l'évolution, entre les différents ordres de Mammifères placentaires. Mais il n'y a encore aucun consensus à propos d'un arbre phylogénétique. La principale hypothèse, actuellement, divise l'ordre des Euthériens en quatre clades (FIGURE 34.33, p. 769).

Le premier clade regroupe les Éléphants avec des Mammifères africains moins connus, comme l'Oryctérope, les Damans et les Lamantins. On parle du clade des **Afrothériens.**

Le deuxième clade a connu une radiation en Amérique du Sud. Il est constitué des Paresseux, des Fourmiliers et des Tatous. C'est l'ordre des **Xénarthres** dans le TABLEAU 34.1.

Le troisième clade comprend les Chauves-souris (Chiroptères), certains mammifères insectivores (les Insectivores « stricts » comme les animaux appelés communément Musaraignes et Taupes), les Carnivores, deux ordres d'Ongulés (Animaux à sabots) – les Artiodactyles (Porcs, Bœufs, Chameaux et Hippopotames) et les Périssodactyles (Chevaux et Rhinocéros) – et les Cétacés (Dauphins et Baleines). Récemment, la recherche phylogénétique sur les Mammifères a abouti à un résultat pour le moins étonnant : les Cétacés forment probablement une lignée au sein des Artiodactyles. Cela signifie que les Hippopotames seraient plus proches des Baleines et des Dauphins que des autres Artiodactyles tels que les Moutons et les Chameaux. À la fin de l'année 2001, les scientifiques ont rapporté la découverte, au Pakistan, d'un fossile de Baleine (*Rodhocetus*) de l'Éocène. Les pattes du squelette en question sont très similaires à celles des Hippopotames et des Porcs. La systématique moléculaire avait évoqué l'existence, parmi les ancêtres des Mammifères, de Baleines ayant des nageoires onglées. Les archives géologiques ont confirmé cette hypothèse. Par conséquent, l'ordre des Artiodactyles tel qu'on le connaît n'est pas monophylétique. C'est pourquoi les chercheurs suggèrent que l'on regroupe les Cétacés et les Artiodactyles dans l'ordre des Cétartiodactyles (voir le TABLEAU 34.1). L'ordre des Carnivores inclut

les Chats, les Chiens, le Raton-laveur, les Mouffettes et les Pinnipèdes (Phoques, Lions de mer et Morses). Les Phoques et les Animaux apparentés semblent être issus de Carnivores ayant existé au milieu du Cénozoïque. Ils se seraient adaptés à la nage.

Enfin, le quatrième clade d'Euthériens est, de loin, le plus important, car il renferme beaucoup d'espèces actuelles. Il comprend les Lagomorphes (Lapins et autres), les Rongeurs et les Primates. L'ordre des Rongeurs est constitué des Rats, des Souris, des Écureuils et des Castors. Avec ses quelque 1 770 espèces, il est l'ordre le plus imposant. Le mot Rongeur (ou *Rodentia*, du latin *rodere*, « ronger ») renvoie à l'un des traits distinctifs du groupe : les mâchoires supérieure et inférieure portent une paire de grosses incisives poussant continuellement et qui obligent ces animaux à ronger des matières dures presque constamment. L'ordre des Primates, qui fera l'objet de la prochaine section, comprend les Prosimiens et les Simiens, dont font partie les Humains.

PRIMATES ET PHYLOGENÈSE DE *HOMO SAPIENS*

L'étude de l'évolution des Primates permet de comprendre l'origine de l'Humain

Nous venons d'établir la phylogenèse des Vertébrés jusqu'à l'ordre des Mammifères. Maintenant, nous pouvons nous pencher sur notre propre ascendance. L'ordre des **Primates,** dont nous faisons partie, regroupe *Homo sapiens* et ses plus proches parents.

Caractéristiques principales des Primates

Il est difficile de définir sans ambiguïté les Primates sur la base d'attributs morphologiques. Cependant, on peut affirmer que la plupart des Primates possèdent des mains et des pieds pour s'agripper. Comme celui des autres Mammifères, leur cerveau atteint un volume important par rapport au reste du corps et leurs mâchoires sont courtes, ce qui fait qu'ils ont un visage aplati. Leurs yeux, rapprochés sur le devant du visage, leur permettent de regarder vers l'avant. À la place des griffes effilées des autres Mammifères, ils ont des ongles plats à l'extrémité de leurs mains. Les mains et les pieds ont subi d'autres transformations au cours de l'évolution, pour donner par exemple les reliefs de la peau à l'extrémité des doigts (responsables des empreintes digitales). Les Primates dépensent beaucoup d'énergie à soigner leurs petits et ont un comportement social complexe. Tous ces comportements sont peut-être attribuables à l'importance de leur cerveau.

Les premiers Primates étaient probablement arboricoles, ce qui est dû à la sélection naturelle. Ceux, parmi leurs ancêtres, qui ont opté pour un mode de vie dans les arbres ont sans doute eu accès à une nourriture plus abondante et ont trouvé là un meilleur refuge que les autres qui vivaient au sol. Ces conditions de vie leur ont probablement donné de meilleures chances de survie. Ainsi, leurs mains et leurs pieds sont des adaptations permettant la saisie des branches d'arbres. Tous les Primates actuels, *Homo* excepté, ont, aux pieds, un gros orteil bien

Ordre	Caractéristiques principales	Exemple	Ordre	Caractéristiques principales	Exemple
Monotrèmes Ornithorynque, Échidnés	Ovipares. Ne possèdent pas de mamelon. Les petits sucent le lait qui coule sur la fourrure de la mère.	Échidné	**Carnivores** Chiens, Loups, Ours, Chats, Belettes, Loutres, Phoques, Morse	Carnivores. Possèdent des canines pointues et tranchantes et des molaires pour déchiqueter.	Coyote
Marsupiaux Kangourous, Opossums, Koala	Le développement fœtal se termine dans la poche marsupiale.	Koala	**Cétartiodactyles** **Artiodactyles** Moutons, Porcs, Bovins, Cerfs, Girafes	Possèdent des sabots avec un nombre pair de doigts à chaque pied. Herbivores.	Mouflon d'Amérique
Proboscidiens Éléphants	Possèdent une longue trompe musculeuse. Peau épaisse et lâche. Incisives supérieures allongées en défenses.	Éléphant d'Afrique ou de savane	**Cétacés** Baleines, Dauphins, Marsouins	Animaux marins pisciformes. Possèdent des membres antérieurs en forme de nageoires. Ne possèdent pas de membres postérieurs. Épaisse couche de graisse isolante.	Dauphin à flancs blancs du Pacifique
Siréniens Lamantins, Dugong	Herbivores aquatiques. Possèdent des membres antérieurs en forme de nageoires, mais pas de membres postérieurs.	Lamantin	**Périssodactyles** Chevaux, Zèbres, Tapirs, Rhinocéros	Possèdent des sabots avec un nombre impair de doigts à chaque pied. Herbivores.	Rhinocéros unicorne de l'Inde
Xénarthres Paresseux, Fourmiliers, Tatous	Absence de dents ou dents de taille réduite.	Tamandua	**Chiroptères** Chauves-souris	Adaptés au vol. Possèdent un grand repli de peau qui s'attache aux doigts allongés et s'étend au corps et aux pattes.	Trachops
Rongeurs Écureuils, Castor, Rats, Porc-épic, Souris	Possèdent des incisives tranchantes qui poussent constamment.	Écureuil roux	**Insectivores** Animaux essentiellement insectivores : certaines Taupes, certaines Musaraignes et les Hérissons	Mammifères se nourrissant d'insectes.	Condylure étoilé
Lagomorphes Lapins, Lièvres, Pikas	Possèdent des incisives tranchantes. Pattes postérieures adaptées au saut et à la course, plus longues que les pattes antérieures.	Lièvre de Californie			
Primates Lémurs, Singes, Humain	Pouce opposable aux autres doigts. Yeux dirigés vers l'avant. Cortex cérébral bien développé. Omnivores.	Tamarin-lion			

FIGURE 34.33 Cladogramme hypothétique de la phylogenèse des Mammifères.

Carnivores
Artiodactyles
Cétacés
Périssodactyles
Chauves-souris
Insectivores stricts
(par exemple
les Musaraignes)

Rongeurs
Lapins
Tupaïas
Primates

Éléphants
Lamantins
Damans
Oryctérope

Paresseux
Fourmiliers
Tatous

Monotrèmes

Marsupiaux

Euthériens

Mammifère ancestral

séparé des autres orteils. Ils peuvent ainsi s'agripper aux branches avec leurs pieds. De même, aux mains, ils ont un pouce dissocié des autres doigts. Les Humains et les autres Primates anthropoïdés possèdent un **pouce opposable** complètement, c'est-à-dire qu'ils peuvent toucher avec le pouce l'extrémité intérieure des doigts de la même main. Tous les Primates exhibent un pouce relativement mobile séparé des autres doigts. Ce pouce opposable leur sert à s'agripper fermement. Chez les Humains, il permet une manipulation fine des objets. La dextérité des Humains repose sur la structure osseuse située à la base du pouce. Elle résulte d'une transformation des mains de nos ancêtres adaptées à la vie dans les arbres. D'autres caractéristiques des Primates sont aussi liées à ce mode de vie arboricole. Ainsi, les yeux, qui, comme nous l'avons dit plus haut, sont rapprochés sur le devant du visage, procurent un avantage lors de la brachiation : le chevauchement des champs de vision accroît la vision stéréoscopique (vision du relief). De plus, les Primates jouissent d'une excellente coordination entre les mouvements des yeux et ceux des mains, ce qui améliore le déplacement dans les arbres. Si nous ne vivons pas dans les arbres, nous avons conservé, sous une forme modifiée, un grand nombre des caractéristiques des Primates.

Primates actuels

Les deux sous-ordres de Primates sont les Prosimiens (ou Strepsirrhiniens) et les Anthropoïdés (ou Haplorrhiniens, ou Simiens). Les **Prosimiens** («avant les Singes») ressemblent probablement aux premiers Primates arboricoles (FIGURE 34.34) et on les trouve en Afrique tropicale et dans le sud de l'Asie. Les Lémurs de Madagascar ainsi que les Loris, les Toupayes et les Galagos sont des Prosimiens. Les **Anthropoïdés** comprennent quant à eux les Tarsiers, les Singes et les Humains (FIGURE 34.35, p. 770). Les plus anciens fossiles d'Anthropoïdés ont été découverts en Chine et datent du milieu de l'époque Éocène, il y a

environ 45 millions d'années. Ils laissent supposer que les Tarsiers sont plus proches des Anthropoïdés que des Prosimiens.

Les archives géologiques indiquent qu'il y a 40 millions d'années les Singes peuplaient à la fois l'Ancien Monde (Afrique et Asie) et le Nouveau Monde (Amérique du Sud). À cette époque, l'Afrique et l'Amérique du Sud s'étaient déjà séparées, en raison

FIGURE 34.34 Prosimiens : Lémurs couronnés (*Eulemur coronatus*).

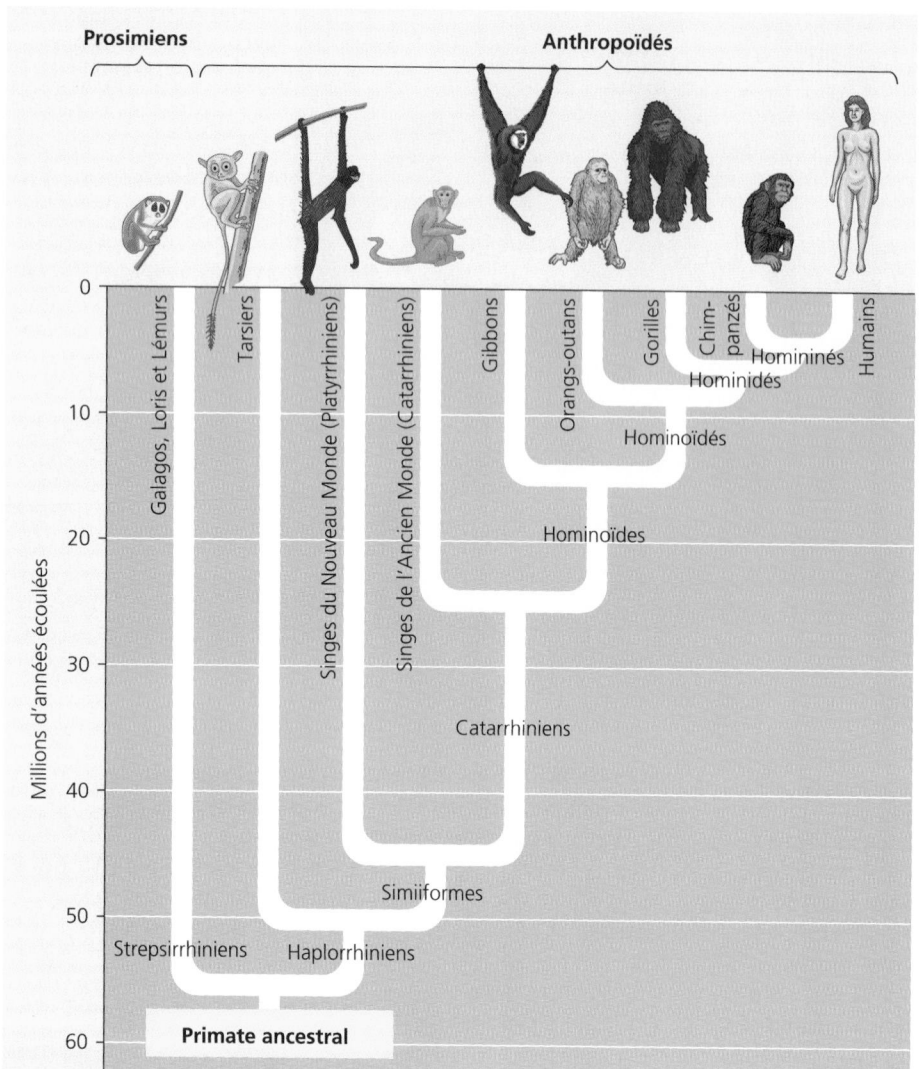

Prosimiens | Anthropoïdés

0
10
20
30
40
50
60

Millions d'années écoulées

Galagos, Loris et Lémurs
Tarsiers
Singes du Nouveau Monde (Platyrrhiniens)
Singes de l'Ancien Monde (Catarrhiniens)
Gibbons
Orangs-outans
Gorilles
Chimpanzés
Humains

Homininés
Hominidés
Hominoïdés

Hominoïdes
Catarrhiniens
Simiiformes
Strepsirrhiniens
Haplorrhiniens

Primate ancestral

FIGURE 34.35 Arbre phylogénétique des Primates. Les archives géologiques indiquent que le point de divergence entre les Prosimiens et les Anthropoïdés date d'environ 50 millions d'années. Parmi les Anthropoïdés, les Tarsiers, les Singes du Nouveau Monde, les Singes de l'Ancien Monde, les Singes anthropoïdes (dont font aujourd'hui partie plusieurs espèces de Gibbons, les Orangs-outans, les Gorilles et les Chimpanzés) et les Humains constituent cinq lignées qui ont évolué séparément pendant plus de 40 millions d'années. Des données de la systématique moléculaire montrent que plus que toute autre espèce de Singes anthropoïdes, les Chimpanzés sont apparentés aux Humains. On situe, dans l'arbre phylogénétique, le point de divergence de la lignée des Homininés dont sont issus les Chimpanzés (Panines) et les Humains (Homines) quelque part dans la période s'étendant d'il y a 5 millions d'années à il y a 7 millions d'années.

de la dérive des continents. Selon une hypothèse, les ancêtres des Singes du Nouveau Monde, qui étaient des Singes de l'Ancien Monde, auraient traversé l'océan de l'Afrique à l'Amérique du Sud, sur des troncs d'arbres ou d'autres débris. Mais une chose est certaine, les Singes du Nouveau Monde et les Singes de l'Ancien Monde ont suivi des voies différentes pendant des mil-

lions d'années (FIGURE 34.36). Tous les Singes du Nouveau Monde sont arboricoles, tandis que les Singes de l'Ancien Monde comprennent des espèces arboricoles et des espèces terrestres. La plupart des Singes des deux groupes sont diurnes (actifs durant le jour), vivent en bandes et mènent une existence régie par des comportements sociaux.

(a) Singe du Nouveau Monde (Sapajou capucin, *Cebus capucinus*)

(b) Singe de l'Ancien Monde (Macaque à queue de cochon, *Macaca nemestrina*)

FIGURE 34.36 Comparaison entre les Singes du Nouveau Monde et les Singes de l'Ancien Monde.
(a) Les Singes du Nouveau Monde, comme les Singes-araignées, les Ouistitis et les Capucins, possèdent une queue préhensile et des narines qui s'ouvrent sur les côtés du nez. **(b)** Les Singes de l'Ancien Monde, comme les Macaques, les Mandrills et les Babouins, n'ont pas de queue préhensile et leurs narines s'ouvrent vers l'avant et vers le bas. Ils sont les seuls à posséder des callosités fessières, c'est-à-dire de larges épaississements cornés de la peau des fesses.

Le sous-ordre des Anthropoïdés comprend, outre les Humains, les Tarsiers, les Singes du Nouveau Monde, les Singes de l'Ancien Monde et quatre genres de Singes anthropoïdes, que l'on voit à la FIGURE 34.37 : *Hylobates* (Gibbons), *Pongo* (Orangs-outans), *Gorilla* (Gorilles) et *Pan* (Chimpanzés). Apparus il y a environ de 25 millions à 30 millions d'années, les Singes anthropoïdes actuels ne vivent que dans les régions tropicales de l'Ancien Monde. Exception faite des Gibbons, ils sont plus gros que les autres Singes. Ils possèdent des membres antérieurs plus longs que les membres postérieurs et n'ont pas de queue. Bien qu'ils soient tous capables de se déplacer par brachiation, seuls les Gibbons et les Orangs-outans ont conservé une existence principalement arboricole. L'organisation sociale varie d'un genre à l'autre. Ainsi, les Gorilles et les Chimpanzés ont une organisation sociale très évoluée. Les Singes anthropoïdes sont dotés d'un cerveau plus gros, par rapport au reste du corps, que celui des autres Singes, ce qui explique leur plus grande adaptabilité.

L'Humanité est représentée par une branche très récente dans l'arbre phylogénétique des Vertébrés

Les Humains et les Singes anthropoïdes ont suivi des voies divergentes il y a seulement quelques millions d'années. La **paléo-anthropologie**, étude de l'origine et de l'évolution de l'Humain, se penche sur cette petite portion du temps géologique qu'est la période durant laquelle les Humains et les Chimpanzés ont divergé de leur ancêtre commun.

Pour désigner les différents Anthropoïdés, les paléoanthropologues utilisent des termes qu'il ne faut pas confondre. Tout d'abord, **Hominoïdes** est un terme très englobant qui renvoie aux grands Singes anthropoïdes et aux Humains. (Notez que « anthropoïdé » est encore plus large, puisqu'il comprend également les Singes du Nouveau Monde, les Singes de l'Ancien Monde et les Tarsiers.) Un fossile est dit hominoïde si l'espèce à

(a) Gibbon lar

(b) Orang-outan

(c) Gorille femelle et son petit

(d) Chimpanzé

(e) Bonobo femelle et son petit

FIGURE 34.37 Singes anthropoïdes. (a) Les Gibbons possèdent de longs bras et figurent parmi les Primates qui font le plus d'acrobaties. Ils vivent en Asie. Ce Gibbon lar (*Hylobates lar*), qui se déplace par brachiation, fait partie du seul genre monogame parmi les Singes anthropoïdes. **(b)** L'Orang-outan (*Pongo pygmæus*) est un animal solitaire et timide qui vit dans les forêts tropicales de Sumatra et de Bornéo. Il passe le plus clair de son temps dans les arbres, mais s'aventure à l'occasion au sol. Remarquez son membre antérieur adapté à la préhension et son pouce opposable. **(c)** Le Gorille (*Gorilla gorilla*) est le plus grand Singe anthropoïde : certains mâles atteignent près de 2 m et pèsent environ 200 kg. Ces herbivores vivent en Afrique seulement, en petits groupes de dix à vingt individus. **(d)** Le Chimpanzé (*Pan troglodytes*) vit en Afrique tropicale. Il se nourrit et dort dans les arbres, mais passe beaucoup de temps au sol. Le Chimpanzé est intelligent, communicatif et sociable. **(e)** Le Bonobo (*Pan paniscus*) est le plus petit des Chimpanzés. On le trouve uniquement dans le centre de l'Afrique.

laquelle il appartient est proche des Gibbons, des Chimpanzés, des Gorilles ou des Orangs-outans mais reste apparentée aux Humains. Ensuite, **Hominoïdés** désigne les membres d'un groupe qui comprend les Orangs-outans et les **Hominidés.** Ces derniers regroupent les Gorilles et les Homininés. **Homininés** désigne quant à lui un groupe qui comprend les Chimpanzés (Panines) et les Humains (Hominines). Enfin, **Hominines** est un terme dont la signification est plus restreinte. Il fait référence aux espèces qui sont plus proches des Humains que des Chimpanzés ou des Gorilles. Il y a deux principaux groupes dans les Hominines : les Australopithèques, apparus les premiers et aujourd'hui disparus ; et les individus du genre *Homo* dont toutes les espèces sont éteintes, sauf une : *Homo sapiens*.

Les mythes les plus courants

Des nombreux rebondissements marquent l'histoire de la paléoanthropologie. Jusqu'à il y a environ vingt-cinq ans, les chercheurs donnaient souvent de nouveaux noms à des fossiles qui appartenaient pourtant sans contredit aux mêmes espèces que des fossiles découverts par d'autres chercheurs. On a souvent élaboré des théories à partir de quelques dents seulement

ou d'un fragment de mâchoire. Au début du XXe siècle, des suppositions sans fondement ont donné naissance à de fausses idées concernant l'évolution de l'Humain. Si ces mythes ont été balayés depuis longtemps par la découverte de nouveaux fossiles, ils persistent dans l'esprit d'une grande partie de la population.

Tout d'abord, débarrassons-nous de ce mythe qui dit que nous descendons du Chimpanzé ou d'un autre Singe anthropoïde actuel. Les Chimpanzés et les Humains font partie de deux branches divergentes dans l'arbre de l'évolution des Homininés. Leur ancêtre commun n'était ni un Chimpanzé ni un Humain.

Un autre mythe veut que l'évolution de l'Humain se compare à une route unique qu'aurait suivie un ancêtre Anthropoïdé pour se transformer lentement en *Homo sapiens*. Vous avez sûrement déjà vu ces illustrations qui montrent des Hominines (individus faisant partie des Humains) défilant l'un derrière l'autre, du plus primitif au plus actuel. Si l'on veut comparer l'évolution de l'Humain à une sorte de défilé, on doit préciser que ce défilé est plutôt désordonné, puisque plusieurs groupes ont bifurqué et disparu. À certaines époques de l'histoire de l'Humain, d'ailleurs, plusieurs espèces ont coexisté (FIGURE 34.38). Il est plus exact de comparer la phylogenèse de l'Humain à un arbre ramifié, notre espèce figurant en haut de la seule branche dont les membres vivent encore.

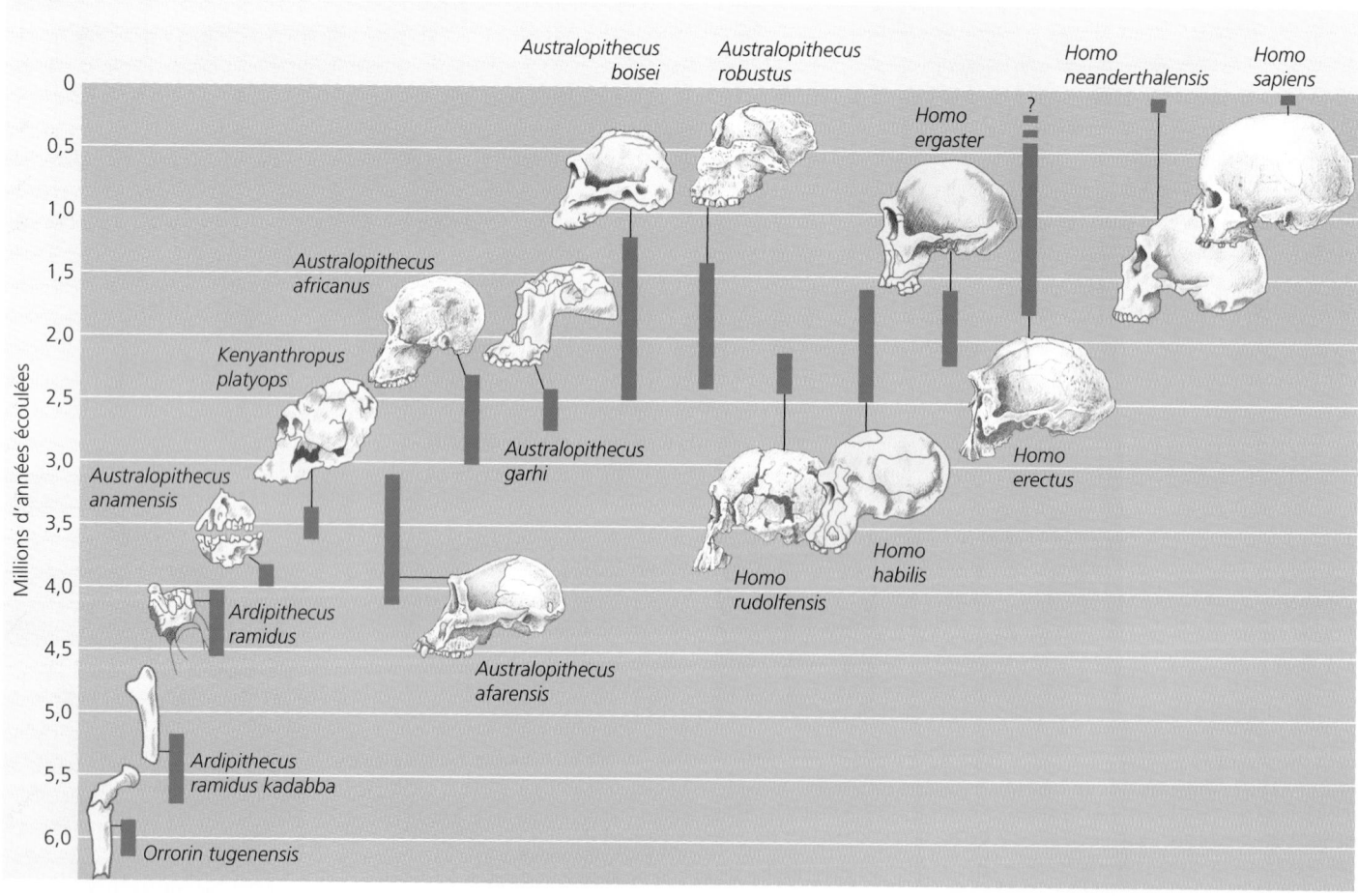

FIGURE 34.38 Chronologie de quelques espèces d'Hominines. La plupart de ces fossiles proviennent de sites archéologiques situés dans l'est ou dans le sud de l'Afrique. Ce graphique nous permet de constater que deux Hominines ou plus ont coexisté à certaines époques de l'évolution de l'Humain. Le nom de certaines espèces est encore sujet à controverse. Ils témoignent des débats dont font l'objet les structures squelettiques et la biogéographie à prendre en compte pour déterminer les relations phylogénétiques entre les différents Hominines. Par exemple, ce graphique présente les Hominines préhistoriques que sont les Néanderthaliens comme une espèce séparée de *Homo sapiens*. Or certains paléoanthropologues classent les Néanderthaliens comme une sous-espèce de *H. sapiens*.

Un dernier mythe qu'il faut détruire est l'idée selon laquelle différentes caractéristiques propres aux Humains, comme la station verticale et le développement du cerveau, ont évolué parallèlement. L'image qui nous vient à l'esprit est celle de l'Homme des cavernes, voûté et peu intelligent. En réalité, l'évolution des différentes caractéristiques ne s'est pas faite au même rythme, mais plutôt selon un processus appelé **évolution en mosaïque**. Ainsi, la station verticale a précédé bien d'autres caractéristiques. Certains de nos ancêtres étaient déjà bipèdes, mais possédaient un cerveau beaucoup moins développé que le nôtre.

Maintenant que nous avons écarté ces mythes sur l'évolution de l'Humain, nous devons tout de même admettre que nous sommes loin de tout savoir sur nos origines.

Premiers Anthropoïdes : une modification de l'environnement

Nos ancêtres anthropoïdés qui vivaient il y a plus de 20 millions d'années étaient arboricoles. Il y a environ 20 millions d'années, la fraction de l'écorce terrestre que l'on appelle plaque indo-australienne est entrée en collision avec la fraction de l'écorce terrestre que l'on appelle plaque eurasienne (voir les FIGURES 25.3 et 25.4 traitant de la dérive des continents). Ce phénomène géologique a donné la chaîne de montagnes himalayenne. Le climat s'est alors asséché et la superficie des forêts d'Afrique et d'Asie a diminué. Les arbres se sont mis à mourir et la savane (prairie herbeuse parsemée d'arbres) s'est étendue. On croit que certaines des transformations importantes qui sont à l'origine de notre espèce pourraient s'être produites au moment où nos ancêtres ont abandonné leur existence arboricole. Le mode de vie arboricole a fait place à une existence au sol, dans des habitats plus ouverts. Se fondant sur les archives géologiques et sur les comparaisons de l'ADN des Humains et des Chimpanzés, la plupart des anthropologues s'accordent aujourd'hui pour dire que ces deux genres (*Homo* et *Pan* respectivement) n'ont divergé d'un ancêtre commun hominiré qu'il y a 5 millions à 7 millions d'années.

Certaines caractéristiques importantes de l'évolution de l'Humain

Taille du cerveau. À partir de mesures faites sur des crânes, les scientifiques ont évalué la taille du cerveau des Hominines vivant il y a 6 millions d'années à un volume d'environ 400 cm³ à 450 cm³. Cette capacité crânienne se rapproche de celle des Chimpanzés actuels. Mais celle des Humains d'aujourd'hui est d'environ 1 300 cm³, ce qui correspond au triple. Cette différence importante est liée à l'évolution culturelle de l'Humain, à l'élaboration d'un langage complexe notamment.

Morphologie de la mâchoire. Les mâchoires de nos ancêtres hominines étaient plus proéminentes que celles des Humains actuels ; les anthropologues appellent ce phénomène **prognathisme**. Les Chimpanzés ont d'ailleurs conservé cet attribut. Au cours de l'évolution, le raccourcissement des mâchoires a entraîné un aplatissement du visage. Le menton est ainsi devenu moins saillant (comparez votre visage avec la face du Chimpanzé ou du Bonobo de la FIGURE 34.37). Cette restructuration des mâchoires a aussi engendré une modification de la dentition.

Bipédie. D'après les squelettes fossilisés, il semble évident que nos ancêtres hominines marchaient à quatre pattes, au sol, comme les Singes anthropoïdes actuels. Le squelette des premiers Hominines (Humains) a subi des modifications fondamentales qui sont à l'origine de la station verticale et de la démarche bipède adoptée plus tard. Des fossiles montrent clairement ces modifications.

Diminution de la différence de taille et de masse entre les sexes. Chez les Hominoïdés, le dimorphisme sexuel se traduit par une différence de taille entre les deux sexes (voir le chapitre 23). Par exemple, les Gorilles femelles mesurent en moyenne 1,50 m environ, alors que les mâles mesurent 1,80 m environ. La masse d'un Gorille ou d'un Orang-Outan mâle est, en moyenne, le double de celle d'une femelle de la même espèce. Chez les Chimpanzés et les Bonobos, la différence de masse est moins grande. Les mâles pèsent environ 0,35 fois plus que les femelles. Ce dimorphisme sexuel relatif à la taille et à la masse est moins marqué chez les Humains, où les hommes pèsent *en moyenne* 0,2 fois plus que les femmes.

Modifications importantes de la structure familiale. L'étude des fossiles nous renseigne sur les transformations concernant la capacité crânienne, la morphologie des mâchoires, la bipédie et, quand les fossiles sont assez nombreux, la différence de taille et de masse entre les deux sexes. Cependant, pour ce qui est du comportement social, par exemple de la structure familiale, les chercheurs doivent comparer les Humains avec les autres Hominoïdes actuels. Contrairement à ce qui se passe dans l'organisation sociale de la plupart des espèces de Singes anthropoïdes, les relations monogames à long terme dominent dans la plupart des cultures chez l'Humain. Les bébés dépendent complètement de leur mère à leur naissance. Les Humains doivent prendre soin de leur progéniture beaucoup plus longtemps que les autres Hominoïdes (Singes anthropoïdes). Ce soin parental prolongé, associé à un cerveau plus volumineux, résulte de comportements complexes et favorise l'apprentissage des jeunes humains.

Le genre Australopithecus : premiers Hominines et origine de la bipédie

Voyons comment les archives géologiques nous renseignent sur des phénomènes comme le raccourcissement des mâchoires, l'augmentation de la taille du cerveau, la bipédie et la diminution de la différence de taille et de masse entre les sexes. Tous les fossiles connus d'Hominines (d'Humains) datant de plus de 1,5 million d'années proviennent de l'est et du sud de l'Afrique. Il s'agit, pour la plupart, de dents, de fragments de mâchoires, de crânes et d'autres éléments du squelette. Mais des paléoanthropologues ont aussi mis au jour des squelettes d'Hominines relativement récents dont l'état de conservation impressionne. À partir de ces données incomplètes, les scientifiques essaient de reconstruire la phylogenèse de l'Humain et de restructurer les hypothèses en tenant compte des dernières découvertes de fossiles et des données issues d'approches nouvelles comme la systématique moléculaire. Dans les prochains paragraphes, nous allons traiter principalement des Hominines appelés Australopithèques (*Australopithecus sp.*) ; il s'agit d'un genre qui est apparu avant le genre *Homo* (voir la FIGURE 34.38).

En 1924, l'anthropologue britannique Raymond Dart annonça qu'un crâne fossilisé découvert dans une carrière en Afrique du Sud provenait de l'un des premiers Humains. Il nomma son « homme-singe » *Australopithecus africanus* (« Hominoïde du sud de l'Afrique »). La découverte d'autres fossiles a permis de préciser que l'Australopithèque était un Hominine qui marchait en station verticale et qui possédait des mains et des dents semblables à celles des Humains. Cependant, le cerveau de l'Australopithèque avait le tiers du volume de celui de l'Humain actuel. Les différentes espèces d'*Australopithecus* sont apparues il y a environ 4 millions d'années et ont vécu pendant environ 3 millions d'années (voir la FIGURE 34.38).

En 1974, dans la région d'Afar, en Éthiopie, des paléoanthropologues découvrirent le squelette (40 % des os) d'une Australopithèque. « Lucy » — c'est le nom que l'on donna au fossile — était menue : elle ne mesurait qu'un mètre. Le squelette datait de 3,24 millions d'années. Lucy et les fossiles qui lui ressemblaient étaient suffisamment différents d'*Australopithecus africanus* pour faire partie d'une autre espèce, que l'on appela *Australopithecus afarensis* (du nom de la région d'Afar). Sa tête était grosse comme un pamplemousse, ce qui indique que le volume de son cerveau devait être environ celui d'un Chimpanzé de sa taille. Le crâne des *A. afarensis* présentait aussi le prognathisme des Singes anthropoïdes, tout comme le dimorphisme sexuel associé à leur taille et à leur masse. Les mâles pesaient environ 0,5 fois plus que les femelles. Des fragments du bassin et du crâne indiquent que cette espèce était bipède (FIGURE 34.39a). D'après les fossiles découverts au début des années 1990, l'espèce *A. afarensis* aurait vécu pendant au moins un million d'années.

En simplifiant à l'extrême, on pourrait affirmer que la partie située *au-dessus* du cou d'*A. afarensis* s'apparente plus aux Singes, mais que celle située *au-dessous* ressemble plus aux Humains. Des empreintes de pieds fossilisées découvertes à Laetoli, en Tanzanie, confirment ce que les squelettes fossiles ont révélé : les Hominines du temps d'*A. afarensis* étaient bipèdes (FIGURE 34.39b). Cependant, les squelettes laissent aussi supposer un mode de locomotion arboricole : par rapport au corps, les bras sont relativement longs si on les compare à ceux des Humains d'aujourd'hui. Il est possible qu'*A. afarensis* était capable de se déplacer tant dans les arbres que sur le sol. Il habitait probablement un milieu composé de forêt mixte et de savane.

Au cours des dernières années, les paléoanthropologues ont trouvé des espèces d'Hominines antérieures à *A. afarensis*. Le plus ancien fossile incontestablement humain — c'est-à-dire plus apparenté aux Humains qu'aux Singes anthropoïdes sur le plan anatomique — est celui d'*Australopithecus anamensis*. Il date de 4 millions d'années environ. Remarquez que la FIGURE 34.38 montre des fossiles présumés humains qui sont encore plus anciens, puisqu'ils remontent à 6 millions d'années. Les fossiles d'Australopithèques indiquent donc que la station verticale des Hominines remonte à au moins 4 millions d'années, peut-être même à plusieurs centaines de milliers d'années auparavant. Les fossiles découverts par les scientifiques se rapprochent de plus en plus du point de divergence entre les Singes anthropoïdes et les Humains, qui se situe, d'après les spécialistes de la systématique moléculaire, à il y a 5 millions à 7 millions d'années environ.

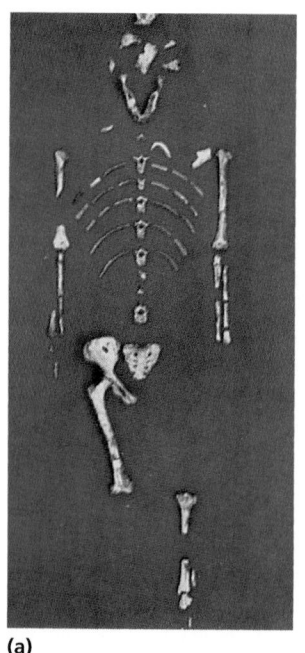 

(a)   **(b)**

FIGURE 34.39 La bipédie a précédé l'augmentation de volume du cerveau dans l'évolution des Humains. (a) « Lucy », dont le squelette date de 3,24 millions d'années, était un Hominine de l'espèce *Australopithecus afarensis*. Les fragments de son bassin et de son crâne révèlent qu'*A. afarensis* était bipède, bien que la morphologie de ses bras indique également un mode de vie arboricole. **(b)** Les empreintes de pieds de Laetoli, qui datent de plus de 3,5 millions d'années, confirment que la bipédie est apparue relativement tôt dans l'évolution des Hominines.

En paléoanthropologie, on se pose toujours les questions fondamentales : quels Australopithèques représentent des culs-de-sac du point de vue de l'évolution et lesquels font partie de la lignée d'où est issu *Homo*, ou y sont apparentés ? *A. afarensis* a très peu changé au cours du million d'années de son existence, comme en témoignent les fossiles. Puis, il y a environ 3 millions d'années, plusieurs nouvelles espèces d'Hominines sont apparues, sans doute à la suite d'une radiation adaptative. Parmi ces espèces figurait *A. africanus*, le premier Humain découvert par Dart, il y a quatre-vingts ans. *A. africanus* ou une espèce apparentée a probablement donné naissance aux deux lignées d'Hominines dont les fossiles ont plus tard été mis au jour. L'une de ces deux lignées comprend les Australopithèques « robustes » (*A. robustus*). Cette espèce avait un crâne solide muni de mâchoires puissantes et de grandes dents faites pour la mastication et le broyage d'aliments coriaces. De forte constitution, elle se distingue des autres espèces d'Australopithèques, notamment d'*A. afarensis* et d'*A. africanus* dont il a été question précédemment. Ces dernières, de l'autre lignée, sont dites « graciles ». Les espèces graciles présentent un appareil masticateur moins puissant, fait pour des aliments plus mous. La majorité des scientifiques s'accordent pour dire que les Australopithèques robustes ont évolué vers un cul-de-sac et que, par conséquent, l'ancêtre de *Homo* figure nécessairement parmi les espèces graciles.

Le genre Homo : *l'évolution de cerveaux plus volumineux et la dispersion des Humains*

Les premiers fossiles qui ont été classés dans le genre auquel nous appartenons, c'est-à-dire *Homo,* font partie de l'espèce *Homo habilis.* Ils datent de 1,6 million à 2,5 millions d'années et montrent clairement des caractères attribués aux Hominines modernes dans l'anatomie située au-dessus du cou. Par rapport aux Australopithèques, les mâchoires de *H. habilis* présentent un degré moindre de prognathisme. De plus, le cerveau de *H. habilis* est plus gros, environ 600 cm³ à 750 cm³, alors que celui d'*Australopithecus africanus* fait 500 cm³. À quelques reprises, les anthropologues ont trouvé des outils de pierre tranchants près des fossiles de *H. habilis,* qui signifie d'ailleurs « homme bien adapté ». Après avoir adopté la position verticale pendant au moins 2 millions d'années, les Hominines ont enfin utilisé leur cerveau et leurs mains pour façonner des outils.

La découverte d'un fossile étonnamment complet représentant un jeune Hominine, « l'adolescent de Turkana », indique que les cerveaux plus volumineux sont apparus il y a plus de 1,6 million d'années (FIGURE 34.40). La capacité crânienne d'un adulte de la même espèce que le jeune Hominine dépasserait vraisemblablement 900 cm³. La taille du cerveau correspondant est à mi-chemin entre celle de *H. habilis* et celle de *Homo erectus,* une autre espèce d'Hominines. On peut donc raisonnablement émettre l'hypothèse que l'adolescent de Turkana représente la forme d'Hominine située entre *H. habilis* et *H. erectus* dans notre phylogenèse.

Le premier Hominine à quitter l'Afrique fut *Homo erectus.* Il y a plus de 1,5 million d'années, il peuplait sans doute déjà l'Asie, notamment l'archipel qu'est l'Indonésie, comme en témoignent les fossiles connus sous le nom de « Homme de Beijing » et « Homme de Java ». *H. erectus* a vécu durant une période s'échelonnant d'il y a environ 1,8 million d'années à il y a 500 000 ans. Il était de plus grande taille que *H. habilis.* De plus, il avait une capacité crânienne plus volumineuse, puisqu'elle avoisinait 1 100 cm³. Les hommes avaient 0,2 fois plus de masse que les femmes, dimorphisme sexuel qui correspond à celui des Humains actuels. De cette donnée, certains anthropologues déduisent que *H. erectus* vivait en couple dans les sociétés qu'il formait. La monogamie aurait remplacé un système polygame où les hommes les plus grands et les plus forts triomphaient souvent des plus petits et laissaient plus de descendance.

Outre qu'il a colonisé l'Asie, *H. erectus* a occupé l'Europe. Toutefois, le moment de sa migration vers cette région est moins bien connu que celui de sa migration vers l'Asie. En Europe, cet Hominine a donné naissance aux Néanderthaliens.

Le Néanderthalien doit son nom à la vallée dans laquelle des fossiles de cette espèce ont été découverts pour la première fois, c'est-à-dire Neander, en Allemagne. Les anthropologues utilisent maintenant ce terme pour désigner les Humains qui vivaient dans toute l'Europe entre il y a 200 000 et il y a 40 000 ans environ. Les fossiles de crânes indiquent que le Néanderthalien avait un cerveau aussi gros que le nôtre, bien que d'une forme quelque peu différente. La constitution d'un Néanderthalien était plus robuste que celle de l'Humain actuel. Malgré cela, un Néanderthalien convenablement habillé qui serait placé dans une foule du XXIᵉ siècle ne se détacherait pas au milieu des Humains actuels.

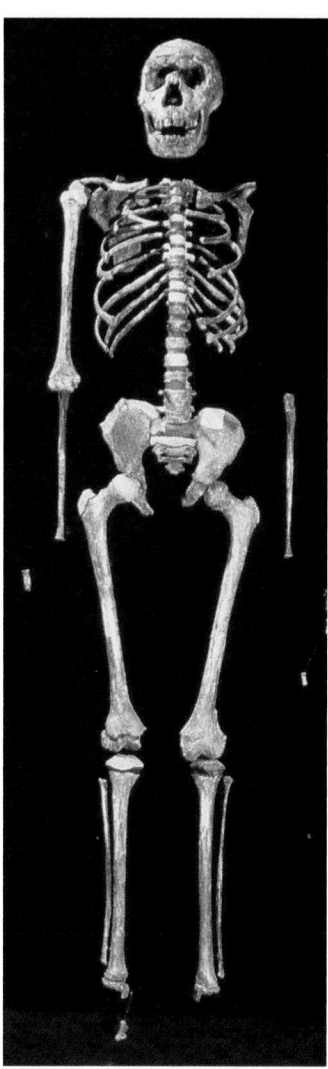

FIGURE 34.40 L'adolescent de Turkana. Ce fossile de 1,7 million d'années est une forme intermédiaire entre *H. habilis* et *H. erectus.* Certains anthropologues classent ce squelette avec l'espèce *H. erectus,* alors que d'autres le considèrent comme une espèce à part entière : *H. ergaster,* qui serait l'ancêtre présumé de *H. erectus* et de *H. sapiens.*

La classification des fossiles humains européens, asiatiques et africains ayant entre 100 000 et 500 000 ans fait l'objet de controverses. Ces fossiles représentent des descendants de *H. erectus* provenant de diverses régions, notamment des Néanderthaliens. Certains scientifiques considèrent qu'ils appartiennent tous à la même espèce, les nomment «*Homo sapiens* primitifs » et attribuent des noms de sous-espèces aux formes régionales. Ainsi, le nom scientifique des Néanderthaliens serait *Homo sapiens neanderthalensis.* D'autres scientifiques réservent le nom *Homo sapiens* aux fossiles plus récents et attribuent un nom d'espèce distinct aux formes régionales antérieures. Ainsi, les fossiles européens sont appelés *Homo neanderthalensis.* Loin d'être une banale guerre de sémantique, cette controverse constitue un vrai débat entre les partisans des différentes hypothèses expliquant l'origine des Humains actuels.

Origine des Humains à la morphologie moderne

Quand et où les Humains modernes – ce que les paléoanthropologues appellent les **Humains à la morphologie moderne** – sont-ils apparus ?

L'une des hypothèses expliquant l'origine des Humains modernes indique que les *Homo sapiens* des diverses régions du monde dérivent d'une population locale de *H. erectus*. Ce modèle d'évolution parallèle est appelé **modèle multirégional** (FIGURE 34.41a). Ce sont les partisans de cette hypothèse qui qualifient de «*Homo sapiens* primitifs» les formes régionales de *H. erectus* et qui leur attribuent des noms de sous-espèces, tels que *H. sapiens neanderthalensis* pour la forme européenne. Selon ce point de vue, la très grande ressemblance génétique existant de nos jours entre tous les Humains résulte d'accouplements occasionnels entre membres de populations voisines qui auraient donné lieu à une circulation des gènes à travers tout le territoire peuplé par les Humains.

Dans ce débat animé sur l'origine des Humains interviennent d'un autre côté les partisans du **modèle monogénétique.** Selon ce modèle, tous les *Homo sapiens* du monde proviennent d'Humains morphologiquement modernes qui ont quitté l'Afrique lors d'une deuxième vague d'émigration, il y a 100 000 ans. Ces Humains ont alors remplacé, dans le monde entier, toutes les populations de *Homo* issues de la première vague d'émigration de *H. erectus* hors de l'Afrique, il y a environ 1,5 million d'années (FIGURE 34.41b). C'est la raison pour laquelle les partisans du modèle monogénétique préfèrent attribuer des noms d'espèces distincts aux Hominines régionaux qui ne sont pas modernes sur le plan anatomique. Par exemple, *Homo neanderthalensis* pour les Néanderthaliens européens.

Remarquez que les deux modèles reconnaissent une origine africaine à l'humanité moderne. En fait, le débat se concentre sur l'âge du dernier ancêtre Hominine venant d'Afrique et commun à toutes les populations actuelles du monde. Le modèle multirégional fait remonter cet ancêtre à plus de 1,5 million d'années, c'est-à-dire à l'époque où *H. erectus* commença sa migration vers d'autres coins du monde. Cependant, le modèle monogénétique affirme que les différentes populations du monde sont beaucoup plus apparentées que ça, car elles sont toutes issues de *Homo sapiens*. *Homo sapiens* descendrait d'une population africaine de *Homo erectus* qui se serait dispersée il y a seulement 100 000 ans. Il aurait remplacé tous les descendants régionaux de *H. erectus*, les Néanderthaliens y compris. D'après ce modèle, tous les descendants régionaux de *Homo erectus* ont, par conséquent, évolué vers un cul-de-sac.

Un troisième modèle soutient que les *Homo sapiens* partis d'Afrique il y a 100 000 ans se sont accouplés avec les descendants de la première vague d'émigration de *H. erectus*. D'après ce modèle, le génome des peuples indigènes actuels devrait refléter une ascendance complexe. De façon plus globale, l'une des façons de connaître notre passé et de vérifier les prédictions des différents modèles serait d'analyser la diversité génétique de notre espèce.

Jusqu'à maintenant, les données génétiques ont presque toujours appuyé le modèle monogénétique. L'une des approches a consisté à comparer les ADN mitochondriaux des peuples répartis à travers le monde. Utilisant les modifications de séquence d'ADN mitochondrial comme horloge moléculaire (voir le chapitre 25), les chercheurs situent le début de la divergence à il y a 100 000 ans environ, ce qui correspond à la date

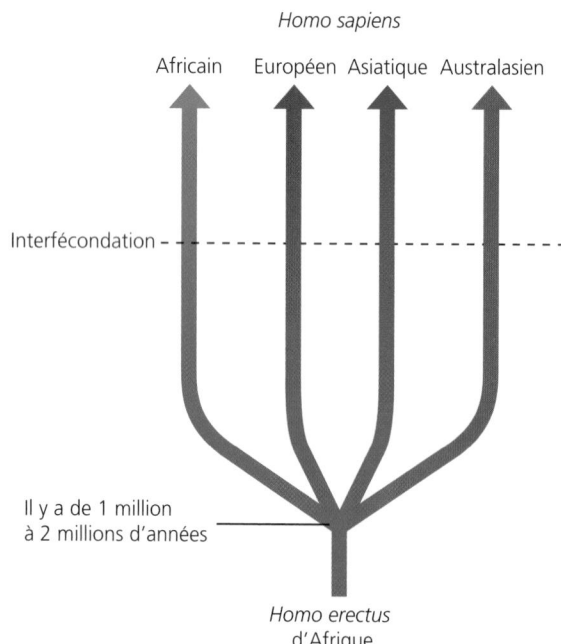

(a) Modèle multirégional. D'après ce modèle, les Humains à la morphologie moderne descendent de *Homo erectus* régionaux qui se sont dispersés hors de l'Afrique il y a près de 1 million à 2 millions d'années; ils seraient ainsi apparus dans de nombreuses parties du monde. Les lignes pointillées symbolisent l'interfécondation et la circulation des gènes entre les différentes populations.

FIGURE 34.41 Deux modèles expliquant l'origine des Humains à la morphologie moderne.

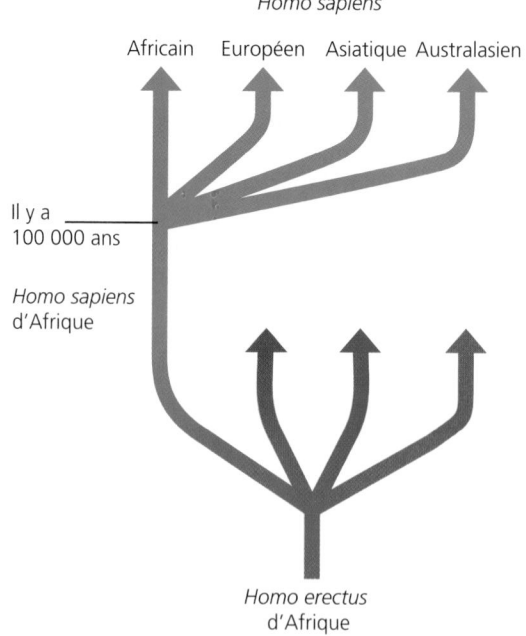

(b) Modèle monogénétique. D'après ce modèle, seuls les descendants africains de *Homo erectus* ont donné naissance aux Humains à la morphologie moderne. Tous les autres descendants régionaux de *H. erectus*, parmi lesquels les Néanderthaliens, se seraient éteints sans avoir contribué de manière significative au patrimoine génétique de l'Humain actuel. Les défenseurs du modèle monogénétique affirment que les Humains à la morphologie moderne ont commencé à quitter l'Afrique il y a 100 000 ans seulement, puis ont donné naissance aux différentes populations actuelles.

donnée par le modèle monogénétique. Bien que la validité de cette approche soit contestée par certains, les conclusions tirées de comparaisons d'ADN mitochondriaux ont été corroborées par des analyses de marqueurs génétiques : la dispersion géographique de *Homo sapiens* remonte à environ 100 000 ans. Par ailleurs, à la fin des années 1990, un séquençage de l'ADN mitochondrial extrait d'os néanderthaliens est venu appuyer le modèle monogénétique. En effet, d'après le modèle multirégional, l'ADN mitochondrial des Européens actuels devrait plus ressembler à l'ADN de ce Néanderthalien qu'à celui des peuples indigènes du monde. Or, l'analyse de l'ADN mitochondrial de quatre Néanderthaliens n'a révélé que très peu de ressemblance avec l'ADN des Européens actuels. Cela laisse supposer que les Néanderthaliens ne font pas partie de la lignée conduisant aux Humains actuels d'Europe. Cependant, on n'a pas encore réalisé de comparaisons moléculaires entre l'ADN de peuples non européens et l'ADN de leurs fossiles locaux.

Pour ce qui est de la vérification des prédictions liées aux différents modèles, il semble que les données génétiques les plus importantes résultent de comparaisons entre chromosomes Y. Les résultats de ces comparaisons ont été publiées en 2001. Contrairement aux autres chromosomes humains, les exemplaires du chromosome Y que les hommes d'une même famille se transmettent de génération en génération conservent leur identité génétique. La raison en est que le chromosome ne subit pas de recombinaison durant la méiose (sauf une très petite portion qui se recombine avec le chromosome X). Par conséquent, la diversité des chromosomes Y est uniquement due aux mutations. Ces mutations peuvent alors servir de marqueurs pour retracer la phylogenèse des hommes modernes. En comparant les chromosomes Y d'hommes provenant de diverses régions du monde, les chercheurs ont estimé le moment de divergence par rapport à l'ancêtre africain commun à il y a moins de 100 000 ans. Prenant connaissance de ces résultats, un partisan du modèle multirégional affirma : « Ces données m'ont converti ; une volte-face en quelque sorte. Les Humains actuels n'ont pas d'ascendance liée au chromosome Y. Ils n'ont pas d'ascendance liée à l'ADN mitochondrial. Point. Ils ont tous été complètement remplacés à un moment donné. » Les données génétiques n'ont toutefois pas convaincu tous les défenseurs du modèle multirégional.

Jusqu'à maintenant, concernant l'origine des Humains actuels, les archives géologiques n'ont pas vraiment appuyé un modèle en particulier, contrairement aux données génétiques. Les fossiles trouvés en Europe de l'Ouest confirment un remplacement complet, il y a environ 40 000 ans, des Néanderthaliens par des Humains à la morphologie moderne connus sous le nom de Cro-Magnons. Pour l'instant, il n'existe pas de trace de fossile laissant supposer un accouplement entre les Néanderthaliens et les nouveaux arrivants. Par conséquent, dans le cas de l'Europe de l'Ouest, les fossiles et les données génétiques appuient le modèle monogénétique. Toutefois, en dehors de l'Europe, les fossiles retrouvés sont plus ambigus. Par exemple, certains paléoanthropologues interprètent certains fossiles asiatiques comme étant à mi-chemin entre les fossiles plus anciens de *H. erectus* provenant d'Asie et certaines caractéristiques morphologiques des Asiatiques actuels. Ce résultat avait été prédit par le modèle multirégional. (Il peut aussi être expliqué par un accouplement entre les Humains modernes et les *H. erectus* qui aurait eu lieu après l'arrivée des Humains modernes en Asie).

Les débats scientifiques portant sur notre évolution, notamment sur l'origine des Humains à la morphologie moderne, continueront certainement de faire de la paléoanthropologie l'un des domaines de recherche les plus excitants.

■   ■   ■

Cette partie du manuel portant sur l'évolution de la diversité biologique touche à sa fin. Si nous avons terminé notre étude de la biodiversité par l'origine des Humains actuels, nous ne voulons pas renforcer le mythe répandu selon lequel la vie a gravi les échelons d'une hiérarchie ayant à sa base les micro-organismes et à son sommet les Humains. Quelle que soit la façon dont on l'étudie, la biodiversité est le fruit des différentes ramifications de l'arbre phylogénétique, non d'une progression hiérarchique. Le fait que le nombre d'espèces de Poissons osseux est aujourd'hui plus élevé que le nombre d'espèces de tous les autres Vertébrés réunis indique clairement une chose : nos cousins à nageoires ne sont pas des animaux incompétents et dépassés qui ont échoué dans leur tentative de coloniser la terre ferme. D'ailleurs, les Tétrapodes, c'est-à-dire les Amphibiens, les Reptiles, les Oiseaux et les Mammifères, sont tous issus d'une population de Poissons. Tandis qu'eux se sont diversifiés sur la terre ferme, les Poissons ont poursuivi leur évolution divergente dans la portion de la biosphère la plus volumineuse. De même, l'omniprésence des procaryotes dans la biosphère est une preuve de la capacité de ces organismes relativement simples à se perpétuer en s'adaptant à leur milieu. L'étude du vivant célèbre toute la diversité, tant passée que présente.

RÉVISION DU CHAPITRE

Résumé des concepts importants

CORDÉS INVERTÉBRÉS ET PHYLOGENÈSE DES VERTÉBRÉS

- Quatre structures anatomiques caractérisent l'embranchement des Cordés (p. 740 et 741, FIGURE 34.2). La présence d'une corde dorsale, d'un tube neural dorsal creux, de fentes branchiales et d'une queue musculaire postanale caractérisent les Cordés.

- Les Cordés invertébrés nous renseignent sur la phylogenèse des Vertébrés (p. 740 à 743, FIGURES 34.3 à 34.5). Le sous-embranchement des Urocordés comprend les Tuniciers, des animaux marins qui filtrent leur nourriture. Les organismes faisant partie du sous-embranchement des Céphalocordés (Amphioxus) sont des Cordés typiques. Les formes intermédiaires fossilisées témoignent de la transformation des Cordés invertébrés en Vertébrés.

INTRODUCTION AUX VERTÉBRÉS

- Une crête neurale, une céphalisation marquée, une colonne vertébrale et un système cardiovasculaire clos caractérisent le sous-embranchement des Vertébrés (p. 744, FIGURE 34.6). La crête neurale, constituée d'un ensemble de cellules embryonnaires, concourt à la formation de nombreuses structures propres aux Vertébrés. Les Vertébrés possèdent une tête bien développée qui est dotée d'un cerveau et d'un crâne. La colonne vertébrale segmentée en vertèbres protège le tube neural dorsal creux (moelle épinière). Les différents systèmes anatomiques, dont le système cardiovasculaire clos, assurent un métabolisme actif.

- Aperçu de la diversité des Vertébrés (p. 744 à 746, FIGURE 34.7). À l'exception de quelques espèces sans mâchoires, tous les Vertébrés contemporains possèdent des mâchoires articulées. Les Vertébrés munis de mâchoires regroupent aujourd'hui les différentes classes de Poissons et de Tétrapodes.

LES VERTÉBRÉS SANS MÂCHOIRES

- Classe des Myxinoïdes : les Myxines sont les Vertébrés actuels les plus primitifs (p. 746, FIGURE 34.8). Les Myxines sont des Vertébrés marins sans mâchoires. Leur crâne est cartilagineux et leur squelette axial repose sur une corde dorsale. Ils ne possèdent pas de colonne vertébrale.

- Classe des Pétromyzonoïdes : les Lamproies nous renseignent sur l'évolution de la colonne vertébrale (p. 747, FIGURE 34.9). Chez ces Vertébrés sans mâchoires que sont les Lamproies, un tube cartilagineux entoure la corde dorsale et des fibres de cartilage recouvrent partiellement le tube neural.

- Certains fossiles de Vertébrés sans mâchoires possèdent des dents minéralisées et une armure de plaques osseuses (p. 747). La diversité que présentent les fossiles de Poissons appelés Ostracodermes donne à penser que le squelette osseux est apparu dans certaines lignées de Vertébrés sans mâchoires au début du Paléozoïque.

POISSONS ET AMPHIBIENS

- Les mâchoires des Vertébrés résultent d'une transformation du squelette supportant les fentes branchiales (p. 748, FIGURE 34.10). Grâce à leurs mâchoires et à leurs dents, les Gnathostomes ont eu accès à de nouvelles sources de nourriture.

- Classe des Chondrichthyens : les Requins et les Raies ont un squelette cartilagineux (p. 748 à 750, FIGURE 34.11). Le squelette cartilagineux des Requins et des Raies n'est pas une structure primitive, mais est issu de l'évolution ultérieure d'ancêtres dotés d'un squelette osseux.

- Les Ostéichthyens : les Poissons osseux actuels sont répartis en trois classes, celle des Actinoptérygiens, celle des Actinistiens et celle des Dipneustes (p. 750 à 752, FIGURES 34.12 à 34.14). Le squelette des Poissons osseux est renforcé par le phosphate de calcium. Contrairement aux Poissons cartilagineux, les Poissons osseux sont pourvus d'un opercule (plaque osseuse mobile recouvrant les branchies). Grâce à une structure appelée vessie natatoire, ils peuvent modifier leur masse volumique et régler ainsi leur flottabilité.

- Les Tétrapodes sont issus de poissons qui se sont adaptés aux eaux peu profondes (p. 752 et 753, FIGURES 34.15 et 34.16). Des archives géologiques donnent à penser que les pattes des Tétrapodes ont d'abord été utilisées pour patauger dans l'eau, avant de servir à la locomotion sur la terre ferme.

- Classe des Amphibiens : les Salamandres, les Grenouilles et les Céciliens sont les trois ordres d'Amphibiens actuels (p. 753 à 755, FIGURES 34.17 et 34.18). La majorité des Amphibiens actuels sont recouverts d'une peau humide, vestige de leur passé aquatique. Cette peau participe, avec les poumons, aux échanges gazeux. La plupart des espèces pondent des œufs sans coquille dans des milieux humides. La majorité des Grenouilles et leurs semblables subissent une métamorphose : ils commencent leur vie sous la forme d'une larve aquatique et se transforment en un adulte terrestre. Les Amphibiens actuels comprennent les Urodèles (Salamandres), les Anoures (Grenouilles, Crapauds et Rainettes) et les Apodes (Céciliens).

LES AMNIOTES

- L'œuf amniotique est une adaptation qui a favorisé la colonisation de la terre ferme par les Vertébrés (p. 755 et 756, FIGURE 34.19). L'œuf amniotique renferme des membranes extra-embryonnaires et des liquides qui protègent et hydratent l'embryon.

- Les systématiciens qui étudient les Vertébrés réévaluent la classification des Amniotes (p. 756 et 757, FIGURES 34.20 et 34.21). La classification paraphylétique fait traditionnellement des Oiseaux et des Reptiles deux classes distinctes. Plusieurs possibilités ont été envisagées pour classifier les Amniotes en clades (groupes monophylétiques).

- Tous les Amniotes sont manifestement issus d'un ancêtre reptilien (p. 757 à 760, FIGURES 34.22 à 34.24). Les Reptiles forment un groupe diversifié qui comprend aujourd'hui les Lézards, les Serpents, les Tortues, les Crocodiliens. Les poumons, les écailles imperméables et les œufs amniotiques enveloppés d'une coquille figurent parmi les nombreuses adaptations de ces animaux à la vie sur la terre ferme.

- **Les Oiseaux sont issus d'un ancêtre reptilien à plumes** (p. 760 à 763, FIGURES 34.25 À 34.29). Les Oiseaux se distinguent des autres Animaux par la présence de plumes conçues pour le vol. Leurs œufs amniotiques et leurs pattes écailleuses attestent de leur héritage reptilien. Ces animaux descendent probablement d'un groupe de petits Dinosaures carnivores.

- **Les Mammifères se sont considérablement diversifiés au début des extinctions du Crétacé** (p. 764 à 769, FIGURES 34.30 À 34.33; TABLEAU 34.1). Les poils et les glandes mammaires sont des structures caractéristiques des Mammifères. Les Monotrèmes constituent un petit groupe de Mammifères qui pondent des œufs. Les Marsupiaux comprennent les Opossums, les Kangourous et le Koala. L'embryon marsupial termine son développement à l'intérieur d'une poche ventrale maternelle, appelée marsupium. Les Euthériens (Mammifères placentaires) sont les plus répandus et les plus diversifiés de tous les Mammifères. L'embryon d'un Mammifère placentaire se développe à l'intérieur de l'utérus de la mère, à laquelle il est relié par un placenta très développé.

PRIMATES ET PHYLOGENÈSE DE *HOMO SAPIENS*

- **L'étude de l'évolution des Primates permet de comprendre l'origine de l'Humain** (p. 767 à 771, FIGURES 34.34 À 34.37). Les premiers Primates étaient probablement de petits Animaux arboricoles. Tous les Primates possèdent des mains adaptées à la préhension; les Humains exceptés, ils possèdent aussi des pieds adaptés à la préhension. Les Prosimiens, qui comprennent les Lémurs et leurs semblables, et les Anthropoïdés forment deux sous-ordres de Primates actuels. Les Anthropoïdés se sont séparés rapidement en trois lignées distinctes sur le plan de l'évolution: les Tarsiers, les Singes du Nouveau Monde et les Singes de l'Ancien Monde. Les Singes anthropoïdes actuels, c'est-à-dire les Gibbons, les Orangs-outans, les Gorilles et les Chimpanzés, sont issus de Singes de l'Ancien Monde.

- **L'Humanité est représentée par une branche très récente dans l'arbre phylogénétique des Vertébrés** (p. 771 à 777, FIGURES 34.38 À 34.41). Les Humains sont apparus pour la première fois en Afrique. Trois transformations importantes marquent l'évolution de la morphologie humaine: la bipédie, la réduction de la mâchoire et l'accroissement du volume du cerveau. La station verticale a existé avant le raccourcissement de la mâchoire et le développement du cerveau, comme en témoignent les fossiles d'*Australopithecus afarensis*. Il y a environ 2 millions à 2,5 millions d'années, le genre *Homo* est apparu, formant une lignée d'Hominines pourvus d'un petit cerveau et de petites mâchoires. Des outils de pierre ont été retrouvés près des fossiles de l'espèce *Homo* la plus primitive, *H. habilis. H. habilis* a probablement donné naissance à *H. erectus* il y a environ 1,8 million d'années. Ce dernier a colonisé l'Asie et l'Europe. Deux hypothèses expliquent la généalogie et la distribution géographique des Humains à la morphologie moderne: le modèle multirégional et le modèle monogénétique. Des preuves génétiques, notamment des séquences d'ADN appartenant à des fossiles néanderthaliens et l'analyse de chromosomes Y, soutiennent le modèle monogénétique. Néanmoins, le modèle multirégional compte des partisans qui se fondent surtout sur les archives géologiques.

Autoévaluation

(Les questions dont les numéros sont en caractères gras font surtout appel à la compréhension.)

1. Les Vertébrés et les Tuniciers semblent aussi différents que deux classes d'Animaux peuvent l'être. Pourtant, ils ont en commun:
   a) des mâchoires adaptées à l'ingestion de nourriture.
   b) un degré élevé de céphalisation.
   c) des structures qui se forment à partir de la crête neurale.
   d) un endosquelette qui comprend un crâne.
   e) une corde dorsale, un tube neural dorsal creux et des fentes branchiales.

2. Des fossiles trouvés en Chine et datant de 530 millions d'années ressemblent à des Amphioxus, mais possèdent un crâne pourvu d'un cerveau plus développé. Ils pourraient représenter:
   a) le premier Cordé.
   b) le «chaînon manquant» entre les Urocordés et les Céphalocordés.
   c) un Vertébré primitif.
   d) un Poisson osseux primitif.
   e) un Gnathostome autre qu'un Tétrapode.

3. Mis à part le squelette, les Poissons cartilagineux et les Poissons osseux se distinguent les uns des autres par:
   a) la présence d'un crâne chez les Poissons osseux.
   b) la présence d'une ligne latérale chez les Poissons osseux.
   c) la présence de nageoires non appariées chez les Poissons cartilagineux.
   d) l'absence de vessie natatoire chez les Poissons cartilagineux.
   e) l'absence d'organes sensoriels appariés chez les Poissons cartilagineux.

4. Laquelle de ces caractéristiques n'est *pas* commune aux Oiseaux et aux Mammifères?
   a) L'endothermie.
   b) Un ancêtre reptilien.
   c) Un tube neural dorsal creux.
   d) Des dents adaptées à différents régimes.
   e) La possibilité qu'ont certaines espèces de voler.

5. Quelle caractéristique vous permettrait de savoir si une espèce de Singe aperçue dans un zoo provient du Nouveau Monde?
   a) La présence de callosités fessières.
   b) Des yeux rapprochés sur le devant du visage.
   c) Une queue préhensile.
   d) La marche bipède occasionnelle.
   e) L'orientation des narines vers le bas.

6. Lesquels de ces Animaux pourraient être considérés comme des Tétrapodes primitifs?
   a) Des Poissons pourvus de nageoires solides et de poumons, vivant dans des eaux peu profondes et ayant des appendices qui prennent appui sur le squelette comme chez les Vertébrés terrestres.
   b) Des Placodermes munis de mâchoires, d'une armure de plaques osseuses et de deux paires d'appendices.
   c) Des Actinoptérygiens primitifs dont les paires de nageoires prennent appui sur le squelette.
   d) Des Salamandres de l'ordre des Urodèles qui nagent en se dandinant d'un côté et de l'autre et dont les pattes prennent appui sur un squelette osseux.
   e) Une lignée de Cécilies terrestres primitives dont les pattes ont disparu au cours de l'évolution.

7. Qu'est-ce qui caractérise à la fois les Monotrèmes et les Marsupiaux, mais pas les Euthériens?
   a) L'absence de mamelons.
   b) Une partie du développement embryonnaire se fait hors de l'utérus de la mère.
   c) Ils pondent des œufs.
   d) Ils vivent uniquement en Afrique et en Australie.
   e) Ils sont exclusivement insectivores et herbivores.

8. Lequel de ces animaux n'est *pas* considéré comme un ancêtre des Humains ?

   a) un reptile.
   b) un poisson osseux.
   c) un primate.
   d) un amphibien.
   e) un oiseau.

9. Lorsque l'Humain a divergé des autres Primates, par quel caractère s'en est-il distingué en premier lieu ?

   a) La socialisation.
   d) La fabrication d'outils.
   b) Le langage.
   e) L'accroissement du volume du cerveau.
   c) La bipédie.

10. Les modèles multirégional et monogénétique, qui expliquent la phylogenèse des Humains, s'accordent sur le point suivant :

   a) *Homo erectus* est né en Afrique.
   b) *Homo sapiens* moderne vient uniquement de l'Afrique.
   c) Les Néanderthaliens sont les ancêtres des Européens actuels.
   d) Les Australopithèques ont émigré de l'Afrique.
   e) La première population d'Humains modernes s'est installée en Amérique du Nord.

11. Nommez quatre caractéristiques que nous avons en commun avec les Cordés invertébrés comme l'Amphoxius.

12. Qu'est-ce qu'un œuf amniotique ?

13. Sur le plan de la chaleur corporelle, les Reptiles diffèrent des Oiseaux. Les Oiseaux sont _____ et les Reptiles sont _____.

14. Nommez deux traits caractéristiques des Mammifères.

15. À quel ordre de Mammifères appartenons-nous ? Quels sont les deux sous-ordres de cet ordre ?

16. Classez ces clades en commençant par le plus étendu : les Primates, les Hominoïdes, les Cordés, les Mammifères, les Hominines, les Vertébrés, les Deutérostomiens, les Anthropoïdes, les Amniotes et les Gnathostomes.

Lien avec l'évolution

Pour chacun des taxons suivants, nommez une caractéristique qui permet d'y classer l'Humain : Eucaryotes, règne animal, clade des Deutérostomiens, embranchement des Cordés, sous-embranchement des Vertébrés, clade des Gnathostomes, clade des Amniotes, classe des Mammifères, ordre des Primates.

Intégration

La démarche scientifique consiste souvent à essayer d'expliquer les observations intéressantes. Il s'agit en particulier de se pencher sur l'opposition, chez certains groupes de Vertébrés, entre l'aspect génétique et l'aspect morphologique. Par exemple, les espèces d'Amphibiens sont très similaires sur le plan anatomique, mais sont très différents sur le plan génétique. Chez les Oiseaux, dont l'anatomie est très diversifiée, c'est l'inverse. On observe un phénomène similaire avec les Humains et les Chimpanzés : ces deux genres sont assez divergents sur le plan morphologique, mais sont presque identiques sur le plan génétique. Proposez une ou plusieurs hypothèses pour expliquer ces phénomènes curieux.

Science, technologie et société

Si notre évolution biologique est darwinienne, notre évolution culturelle pourrait être qualifiée de Lamarckienne. Expliquez cette différence après avoir révisé l'exposé sur Darwin et Lamarck qui figure au chapitre 22.

Réponses à l'autoévaluation : 1. e ; **2.** c ; 3. d ; 4. d ; 5. c ; **6.** a ; 7. b ; **8.** e ; 9. c ; **10.** a ; 11. Le tube neural dorsal creux ; la corde dorsale ; les branchies à certains stades du développement ; la queue musculaire postanale à certains stades du développement. 12. Un œuf entouré d'une coquille et contenant un embryon qui est lui-même dans un sac rempli de liquide ammiotique. 13. endothermes, ectothermes. 14. Les poils et les glandes mammaires. 15. Les Primates ; les Prosimiens et les Anthropoïdes ou Simiens. **16.** Deutérostomiens > Cordés > Vertébrés > Gnathostomes > Amniotes > Mammifères > Primates > Anthropoïdes > Hominoïdes > Hominines.

CHAPITRE 35

ANATOMIE ET CROISSANCE DES VÉGÉTAUX

« Voyez la plante, sa forme exprime
les souvenirs vivants de toute l'évolution. »

RUDOLF STEINER
scientifique et penseur autrichien (1861-1925)

L'ANATOMIE DES VÉGÉTAUX

- Les gènes et l'environnement déterminent l'anatomie des Végétaux
- Les Végétaux ont trois composantes anatomiques fondamentales : les racines, les tiges et les feuilles
- Les organes végétaux comportent trois catégories de tissus : les tissus de revêtement, les tissus conducteurs et les tissus fondamentaux
- Les tissus des organes végétaux comportent trois types de cellules : les cellules parenchymateuses, les cellules collenchymateuses et les cellules sclérenchymateuses

LA CROISSANCE ET LE DÉVELOPPEMENT DES VÉGÉTAUX

- Les méristèmes engendrent les cellules des nouveaux organes tout au long de la vie des Plantes : *une vue d'ensemble de la croissance des Végétaux*
- Croissance primaire : les méristèmes apicaux, qui génèrent la structure primaire des Plantes, font s'allonger les racines et les pousses
- Croissance secondaire : les méristèmes latéraux ajoutent du volume aux Plantes en produisant des tissus conducteurs secondaires et du périderme

LES MÉCANISMES DE LA CROISSANCE ET DU DÉVELOPPEMENT DES VÉGÉTAUX

- La biologie moléculaire révolutionne l'étude des Végétaux
- La croissance, la morphogenèse et la différenciation façonnent la structure des Plantes
- La croissance met en jeu la division et l'expansion cellulaires
- La morphogenèse découle du plan d'organisation
- La différenciation cellulaire dépend de la régulation de l'expression génique

- Les analyses clonales de l'extrémité des pousses soulignent l'importance de l'emplacement dans le développement d'une cellule
- Le passage d'une phase de développement à l'autre entraîne des changements importants dans la morphologie
- Les gènes régulateurs de la transcription jouent un rôle clé dans le passage du méristème d'une phase végétative à une phase florale

Cette partie étudie *la biologie des Angiospermes ou Plantes à fleurs. (Dans la cinquième partie du manuel, nous avons vu l'anatomie des Algues, des Mousses, des Fougères et des Gymnospermes lorsque nous avons étudié la relation, du point de vue de l'évolution, entre ces groupes d'organismes photosynthétiques et les Angiospermes.) Regroupant environ 250 000 espèces connues, les Angiospermes représentent de loin le groupe de Végétaux terrestres le plus diversifié et le plus répandu. Producteurs primaires, les Angiospermes sont à la base de la chaîne alimentaire de presque tous les écosystèmes terrestres. La plupart des Animaux terrestres, y compris l'Humain, dépendent directement ou indirectement des Végétaux pour leur subsistance. La science moderne a permis d'accroître la productivité agricole à un point tel que la plupart d'entre nous ne participons plus à la culture des aliments. Mais ce phénomène est plutôt récent. Ainsi, la plupart d'entre nous n'avons pas à remonter très loin dans notre arbre généalogique pour trouver un ancêtre cultivateur. Établissant les bases de notre étude de la biologie végétale, ce chapitre constitue une introduction à l'organisation structurale des Angiospermes et au développement de cette organisation à partir d'une cellule unique, le zygote.*

L'ANATOMIE DES VÉGÉTAUX

Les gènes et l'environnement déterminent l'anatomie des Végétaux

Au cours du long processus d'évolution qui les a menés de la vie marine à la vie terrestre, les Végétaux se sont adaptés, par le biais de la sélection naturelle, aux problèmes spécifiques posés par les milieux terrestres (voir les chapitres 29 et 30). L'anatomie végétale reflète les interactions avec le milieu sur deux échelles de temps. Sur une longue période, les espèces végétales ont accumulé, par le biais de la sélection naturelle, des adaptations morphologiques qui assurent leur survie et leur reproduction dans le milieu où elles croissent. Par exemple, certaines plantes qui poussent dans le désert, comme les Cactus, ont des feuilles si réduites que la tige constitue le principal organe photosynthétique. Cette réduction de la taille et donc de la surface des feuilles est une adaptation morphologique qui permet de diminuer la perte d'eau. D'un autre côté, sur une courte période, les Plantes fournissent beaucoup plus facilement que les Animaux des réponses structurales adaptées à leur environnement particulier. Observez, par exemple, comment l'immersion influe sur la formation des feuilles chez le *Cabomba*, la plante aquatique représentée au début de ce chapitre. Les feuilles qui se sont développées dans l'eau ont l'apparence de plumes. Il s'agit d'une adaptation morphologique qui maximise la photosynthèse en augmentant la surface des feuilles, afin de faciliter l'absorption des carbonates (ou trioxocarbonates; par exemple, $NaHCO_3$, HCO_3^-), formes sous lesquelles le CO_2 est présent dans l'eau. Mais les feuilles qui croissent à la surface de l'eau sont des structures ovales qui facilitent la flottaison (ce sont les feuilles situées à droite de la fleur). La structure des Plantes résulte d'un processus dynamique qui dépend continuellement du plan d'organisation inscrit dans leurs gènes et qui tient compte des facteurs environnementaux tels que la lumière, l'eau et la température. Au contraire, la structure des Animaux change généralement peu sur de courts intervalles de temps.

Les réponses physiologiques des Plantes aux variations environnementales sont plus rapides que leurs modifications structurales. Contrairement aux Cactus, la plupart des Végétaux sont rarement exposés à des sécheresses extrêmes et dépendent principalement des adaptations physiologiques pour survivre quand la pluie se fait rare. Le plus souvent, la plante produit une hormone (l'acide abscissique, que nous étudierons au chapitre 39) qui provoque la fermeture des stomates. Les stomates sont des pores se trouvant à la surface des feuilles et servant aux échanges gazeux. C'est par ces pores que s'échappe la plus grande partie de l'eau (voir les FIGURES 10.2 et 35.19). Quand nous étudierons ce genre de réponses, souvenez-vous qu'il existe une relation étroite entre la structure et la fonction. Par exemple, on ne peut pas comprendre la fonction des stomates si l'on ne se penche pas sur la structure des cellules stomatiques qui bordent ces pores.

Les Végétaux ont trois composantes anatomiques fondamentales : les racines, les tiges et les feuilles

La morphologie des Plantes résulte d'une hiérarchie de niveaux structuraux. Comme les Animaux multicellulaires, les Plantes sont constituées de systèmes d'organes composés de différents tissus, qui sont eux-mêmes différents ensembles de cellules spécialisées. Nous allons surtout étudier les structures communes à toutes les Angiospermes. Cependant, nous noterons également certaines variations importantes parmi les Végétaux, notamment entre les deux classes appelées Monocotylédones et Dicotylédones (FIGURE 35.1). Les Dicotylédones comprennent la plus grande classe d'Angiospermes, les Eudicotylédones, ainsi que certaines classes de moindre importance (en termes de diversité) chez lesquelles l'anatomie du type dicotylédone a évolué de manière indépendante (voir la FIGURE 30.4).

Les Végétaux ont une morphologie fondamentale qui reflète leur évolution sur la terre ferme, où ils doivent puiser leurs ressources dans deux milieux très différents : le sol et l'air. Ils tirent l'eau et les minéraux du sol, et captent le CO_2 dans l'air. Par ailleurs, la lumière pénètre peu dans le sol. Pour pallier cette dispersion de ressources, les Plantes terrestres ont privilégié deux grands systèmes au cours de leur évolution : le **système racinaire,** généralement souterrain, et le **système caulinaire,** généralement aérien et comprenant les tiges et les feuilles (FIGURE 35.2). (Les fleurs sont des organes qui se forment à partir de feuilles et de tiges ayant subi une modification majeure afin de servir à la reproduction sexuée.) Aucun de ces deux systèmes ne peut fonctionner seul très longtemps. En effet, sans la contribution des chloroplastes du système caulinaire qui absorbent la lumière, les racines ne pourraient se former et se développer, car elles ont besoin des glucides et d'autres nutriments organiques fabriqués dans les tissus photosynthétiques. Quant aux tissus du système caulinaire, ils ont besoin de l'eau et des minéraux absorbés par le système racinaire. Nous allons maintenant examiner plus précisément la morphologie des racines et des pousses. Au cours de cette étude, essayez de considérer les systèmes caulinaire et racinaire du point de vue de l'évolution, c'est-à-dire de l'adaptation à la vie terrestre.

Système racinaire

Les racines fixent solidement les Plantes au sol, absorbent les minéraux et l'eau, et emmagasinent des réserves nutritives. Les Monocotylédones, dont font partie les Graminées, ont généralement un **système racinaire fasciculé.** Celui-ci se compose d'un ensemble de fines racines qui se répandent sous la surface du sol. (Les grandes Monocotylédones, comme les Palmiers et les Bambous, ont des racines exceptionnellement épaisses.) Le système racinaire fasciculé offre une grande surface de contact avec l'eau et les minéraux, et permet un ancrage solide dans le sol (voir la FIGURE 35.1). Ayant un système racinaire qui se concentre à quelques centimètres de la surface du sol, les Graminées maintiennent la terre en place et constituent une excellente protection contre l'érosion.

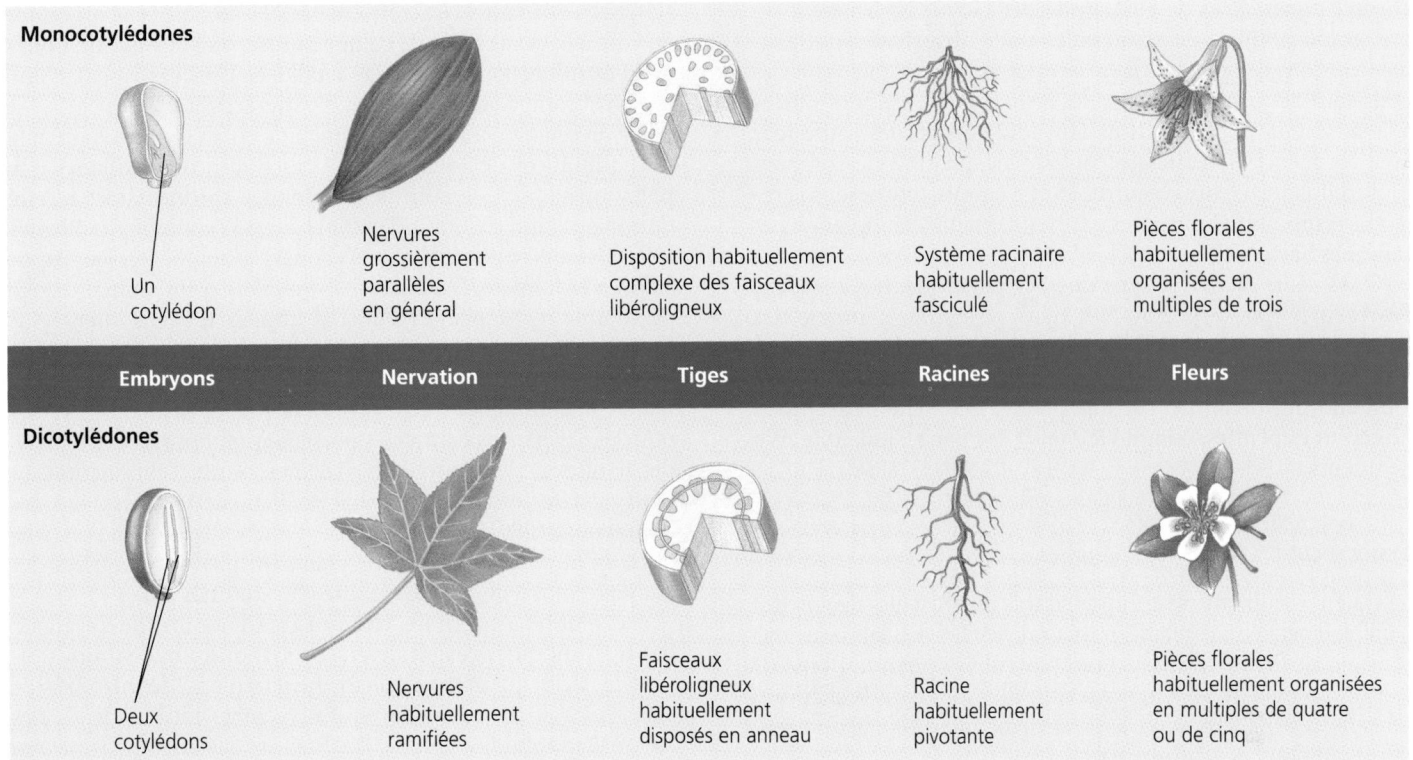

Embryons	Nervation	Tiges	Racines	Fleurs

Un cotylédon

Nervures grossièrement parallèles en général

Disposition habituellement complexe des faisceaux libéroligneux

Système racinaire habituellement fasciculé

Pièces florales habituellement organisées en multiples de trois

Deux cotylédons

Nervures habituellement ramifiées

Faisceaux libéroligneux habituellement disposés en anneau

Racine habituellement pivotante

Pièces florales habituellement organisées en multiples de quatre ou de cinq

FIGURE 35.1 Comparaison entre les Monocotylédones et les Dicotylédones. On nomme ces deux classes d'Angiospermes que sont les Monocotylédones et les Dicotylédones en fonction du nombre de cotylédons (feuilles embryonnaires) présents dans les graines des Végétaux en question. Les Orchidées, les Bambous, les Palmiers, les Lis, les Yuccas et les Graminées, comme le Blé, le Maïs et le Riz, sont des Monocotylédones. Les Roses, les Haricots, les Tournesols et les Chênes sont des Dicotylédones (ces Végétaux sont tous des Eudicotylédones, c'est-à-dire qu'ils font partie de la plus grande classe d'Angiospermes de type dicotylédone).

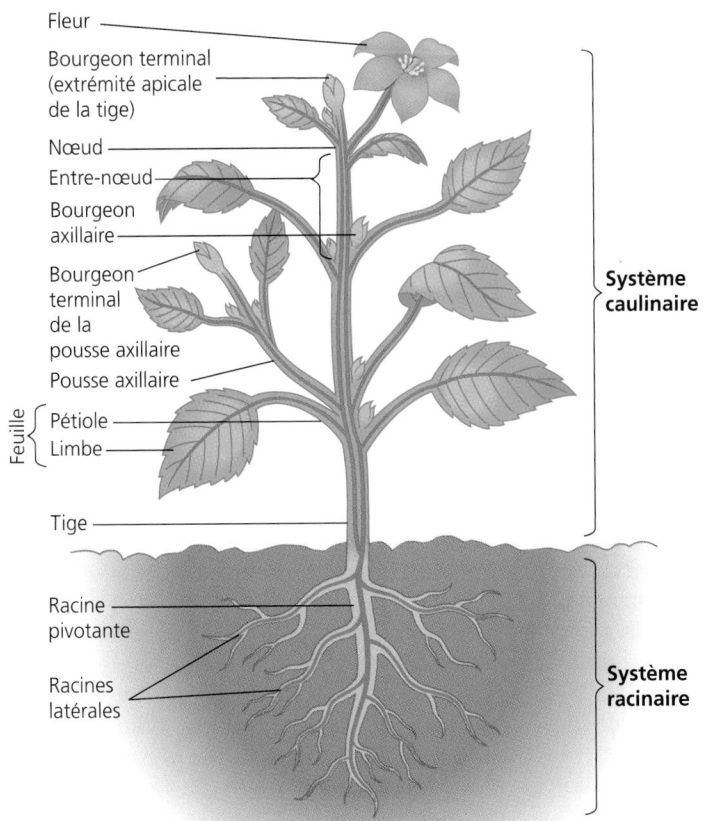

Fleur

Bourgeon terminal (extrémité apicale de la tige)

Nœud

Entre-nœud

Bourgeon axillaire

Bourgeon terminal de la pousse axillaire

Pousse axillaire

Feuille
Pétiole
Limbe

Tige

Racine pivotante

Racines latérales

Système caulinaire

Système racinaire

Un grand nombre de Dicotylédones possèdent un **système racinaire pivotant.** Ce dernier est une large racine verticale (la racine pivotante) qui donne naissance à de nombreuses petites racines latérales secondaires (voir les FIGURES 35.1 et 35.2). Si vous avez déjà essayé d'arracher un plant de Pissenlit, vous avez probablement constaté qu'une des principales fonctions de la racine pivotante est d'ancrer solidement la plante dans le sol. De plus, la racine pivotante emmagasine souvent les matières nutritives. Les Plantes utilisent ces réserves lorsqu'elles fleurissent et produisent des fruits. C'est pourquoi on récolte les plantes racines, comme la Carotte (*Daucus carotta*), le Rutabaga (*Brassica napus*) et la Betterave à sucre (*Beta vulgaris*), avant la floraison. Chez certaines plantes du désert, la racine pivotante est particulièrement longue, car elle doit puiser l'eau profondément dans le sol.

Bien que le système racinaire au complet permette aux Plantes de bien s'ancrer dans le sol, une partie seulement, située près de l'extrémité des racines, effectue des échanges avec le sol et réalise la majeure partie de l'absorption de l'eau et des minéraux, aussi bien chez les Monocotylédones que chez les

FIGURE 35.2 Morphologie de base des Angiospermes. Les Angiospermes possèdent un système racinaire et un système caulinaire qui sont reliés par des tissus conducteurs (en violet dans l'illustration). Cette illustration représente une Dicotylédone.

Dicotylédones. Près de l'extrémité des racines se trouvent un très grand nombre de minuscules **poils absorbants** qui augmentent considérablement la surface des racines (FIGURE 35.3). Ces poils sont des prolongements des cellules épidermiques situées à la surface de la racine. Il ne faut toutefois pas les confondre avec les racines latérales (secondaires), qui sont des organes multicellulaires. (Aux chapitres 36 et 37, nous aborderons la relation symbiotique entre les racines, certains champignons et certaines bactéries.)

Outre leurs racines souterraines, certaines plantes possèdent des racines qui surgissent des tiges aériennes et même des feuilles. Ces racines sont dites **adventives** (du latin *adventicius*, « qui vient du dehors »), terme qui décrit toute partie poussant à un endroit inhabituel sur une plante. Les racines adventives de certaines plantes, comme le Maïs (*Zea mays*), jouent le rôle de tuteurs.

Système caulinaire : tiges et feuilles

Le système caulinaire se compose d'une ou plusieurs tiges et des feuilles. Il peut être végétatif (porteur de feuilles) ou reproducteur (porteur de fleurs). Dans cette section, nous nous attardons sur la morphologie du système végétatif. Plus loin dans le chapitre, nous nous pencherons sur la transformation des pousses végétatives en pousses reproductrices.

Tiges. Une tige est un organe sur lequel alternent des **nœuds,** qui sont les points d'attache des feuilles ou des branches, et des **entre-nœuds,** qui sont les segments de tige compris entre deux nœuds (voir la FIGURE 35.2). À l'intersection (aisselle) d'une feuille et de la tige se trouve un **bourgeon axillaire.** Le bourgeon axillaire est une structure qui est capable de donner un rameau végétatif. Cependant, la plupart des bourgeons axillaires d'un jeune plant

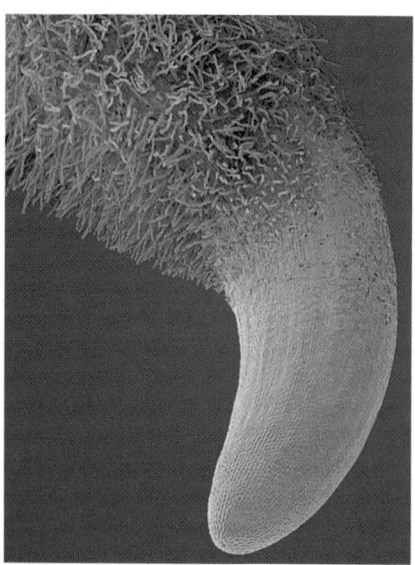

FIGURE 35.3 Poils absorbants d'un plant de Radis (*Raphanus sativus*).
Poussant par milliers juste avant l'extrémité de chaque racine, les poils absorbants augmentent la surface d'absorption de l'eau et des minéraux (MEB colorée).

restent en dormance (ne croissent pas). La croissance se concentre en effet à l'apex (extrémité) d'une pousse, où se trouve un **bourgeon terminal** comprenant des feuilles en développement et une série très compacte de nœuds et d'entre-nœuds.

La présence de bourgeons terminaux est en partie responsable de l'inhibition de la croissance des bourgeons axillaires. Ce phénomène porte le nom de **dominance apicale.** Grâce à cette dominance, qui est une adaptation due à l'évolution, les Plantes utilisent leurs ressources pour s'allonger et augmenter leur exposition à la lumière. Qu'arrive-t-il toutefois si un animal mange l'extrémité d'une plante ? Ou si la lumière est plus intense sur le côté de la plante que sur la partie terminale ? Eh bien, dans de telles conditions, les bourgeons axillaires sortent de leur dormance et commencent leur croissance. Ils deviennent alors des pousses végétatives complètes possédant un bourgeon terminal, des feuilles et des bourgeons axillaires. Ainsi, l'élimination du bourgeon terminal stimule habituellement la croissance des bourgeons axillaires. On joue avec ce phénomène quand on taille des arbres et des arbustes et quand on pince les pousses des plantes d'intérieur pour les rendre plus touffues.

L'évolution a engendré, chez un grand nombre de Végétaux, des tiges modifiées ayant diverses fonctions. On confond souvent ces tiges, qui prennent la forme de stolons, de rhizomes, de tubercules et de bulbes, avec des racines (FIGURE 35.4). Les stolons, comme les « filets » du Fraisier des champs (*Fragaria virginiana*), croissent à la surface du sol. Ils permettent au Fraisier des champs, pour continuer notre exemple, de coloniser une grande surface de terre par reproduction asexuée. La plante mère produit ainsi plusieurs petits plants. Les rhizomes, comme ceux du Gingembre (*Zingiber officinale*), sont des tiges horizontales semblables aux stolons, sauf qu'elles sont souterraines. Certains rhizomes se terminent par des tubercules qui emmagasinent des matières nutritives, comme chez la Pomme de terre (*Solanum tuberosum*). Enfin, les bulbes, comme les Oignons (*Allium cepa*), sont des pousses verticales souterraines principalement composées de feuilles charnues qui emmagasinent des nutriments.

Feuilles. Si les tiges vertes effectuent aussi la photosynthèse, la feuille est le principal organe photosynthétique chez la plupart des Végétaux. Les feuilles ont des formes qui varient considérablement, mais se composent généralement d'un **limbe** plat et d'une queue, le **pétiole,** qui relie la feuille au nœud de la tige (voir la FIGURE 35.2). Les Graminées et la plupart des autres Monocotylédones ne possèdent pas de pétioles. La base de la feuille possède à la place une gaine qui enveloppe la tige. Certaines Monocotylédones, comme les Palmiers, possèdent des pétioles.

La disposition des nervures principales des feuilles de Monocotylédones diffère de celle des feuilles de Dicotylédones (voir la FIGURE 35.1). Les feuilles de la plupart des Monocotylédones possèdent des nervures principales grossièrement parallèles qui traversent le limbe dans sa longueur. Les feuilles des Dicotylédones disposent quant à elles d'un réseau ramifié de nervures principales.

La morphologie des feuilles variant beaucoup d'une espèce végétale à l'autre, les taxinomistes observent, entres autres caractéristiques externes, la forme des feuilles, leur distribution spatiale sur la tige et la disposition des nervures pour identifier ou classer les Végétaux. La FIGURE 35.5 illustre une variation de la morphologie foliaire : une feuille simple par rapport à deux

FIGURE 35.4 Tiges et pousses modifiées.

(a) Les stolons de ce Fraisier (*Fragaria sp.*) croissent à la surface du sol. Ces« filets » permettent à la plante mère de coloniser une grande surface de terre et de se reproduire de manière asexuée en produisant plusieurs petits plants en périphérie.

(b) Les rhizomes, comme la base comestible de ce plant de Gingembre (*Zingiber officinale*), sont des tiges horizontales qui croissent sous terre.

(c) Les tubercules, comme ceux de la Pomme de terre (*Solanum tuberosum*), sont des extrémités renflées de rhizomes et sont spécialisés dans l'accumulation de réserves nutritives. Les « yeux » distribués en spirale à la surface d'une Pomme de terre sont des grappes de bourgeons axillaires indiquant des nœuds.

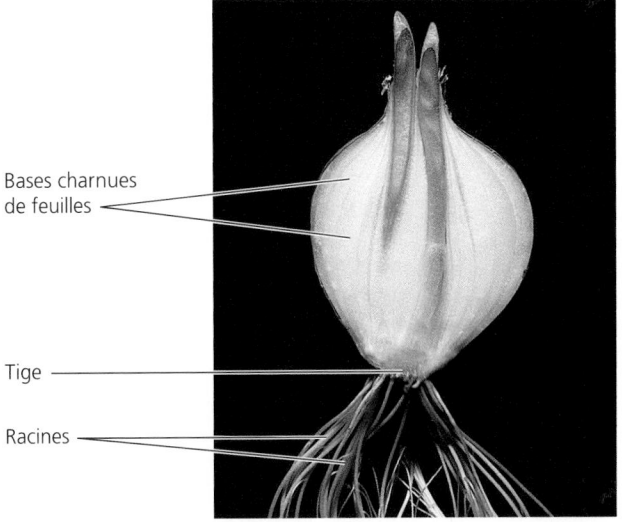

(d) Les bulbes sont des pousses verticales souterraines qui sont composées surtout de la base charnue des feuilles et qui emmagasinent de la matière nutritive. Cette coupe frontale d'un bulbe d'Oignon (*Allium cepa*) montre le grand nombre de feuilles modifiées fixées à une courte tige.

types de feuilles composées. La plupart des très grandes feuilles sont composées ou composées bipennées. Cette adaptation structurale permet aux feuilles de supporter les grands vents sans se déchirer et limite également certaines maladies à une seule foliole, au lieu de les laisser s'étendre à toute la feuille.

Bien que la plupart des feuilles soient spécialisées dans la photosynthèse, les feuilles de certains Végétaux se sont adaptées, au cours de l'évolution, pour remplir d'autres fonctions (FIGURE 35.6, p. 786).

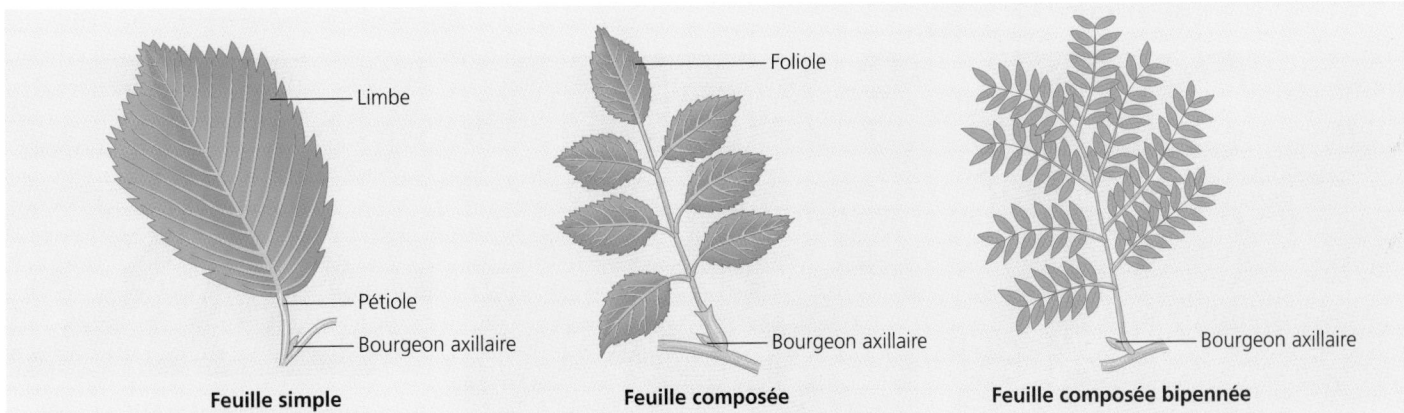

Feuille simple

Feuille composée

Feuille composée bipennée

FIGURE 35.5 Feuille simple et feuilles composées. Une feuille simple possède un limbe unique et continu. Une feuille composée est divisée en plusieurs folioles qui peuvent elles-mêmes se subdiviser, comme c'est le cas dans une feuille composée bipennée. Comment distinguer une feuille composée d'une tige portant plusieurs feuilles simples rapprochées ? Il suffit de chercher les bourgeons axillaires : il n'y en a qu'un par feuille. Ainsi, une feuille composée possède un bourgeon là où son pétiole s'attache à la tige, et non à la base de chaque foliole.

Les organes végétaux comportent trois catégories de tissus : les tissus de revêtement, les tissus conducteurs et les tissus fondamentaux

Chacun des organes (feuille, tige et racine) des Plantes est fait de trois catégories de tissus : les tissus de revêtement, les tissus conducteurs et les tissus fondamentaux. Ces trois types de tissus se retrouvent dans toutes les parties d'une plante, mais leurs caractéristiques spécifiques et leurs positions relatives varient d'un organe à l'autre (FIGURE 35.7). Nous allons maintenant décrire brièvement les trois catégories tissulaires telles qu'elles se présentent dans une jeune plante non ligneuse.

Les **tissus de revêtement,** ou **épidermes,** se composent normalement d'une seule couche de cellules étroitement serrées qui recouvrent et protègent toutes les jeunes parties d'une plante. Ils constituent l'enveloppe externe de la plante. En plus de ses principales fonctions de protection, un épiderme possède certaines caractéristiques qui sont liées à la fonction de l'organe qu'il recouvre. Par exemple, les poils absorbants qui participent à l'absorption de l'eau et des minéraux sont des prolongements des cellules de l'épiderme situées près des extrémités des racines. L'épiderme des feuilles et de la plupart des tiges sécrète une couche de substance cireuse appelée **cuticule.** Cette substance permet aux parties aériennes de la plante de retenir l'eau, adaptation importante à la vie terrestre (voir la page 632).

FIGURE 35.6 Feuilles modifiées.

(a) Ce plant de Pois (*Pisum sativum*) utilise une vrille, qui est une foliole modifiée, pour s'accrocher à un support.

Les **tissus conducteurs,** répartis dans toute la plante, assurent le transport des substances des racines jusqu'aux pousses et inversement. Le **xylème** et le **phloème** sont les deux types de tissus conducteurs. Le premier fait monter dans les pousses la sève brute et les minéraux dissous absorbés par les racines. Le second transporte la matière nutritive, élaborée principalement dans les feuilles matures, jusqu'aux racines et aux parties non photosynthétiques du système caulinaire, comme les feuilles immatures, les fleurs et les fruits. Le xylème et le phloème se composent tous deux de différents types de cellules. Les cellules qui assurent le transport sur une grande distance diffèrent beaucoup des autres cellules. Nous y consacrons les prochains paragraphes.

Les éléments conducteurs du xylème, à savoir les **trachéides** et les **éléments de vaisseau,** sont des cellules allongées qui sont mortes à maturité. Par *maturité,* on entend l'étape du développement où la cellule acquiert sa pleine fonction spécialisée. Quand la partie interne vivante d'une trachéide ou d'un élément de vaisseau se désintègre, la paroi secondaire épaisse subsiste (voir la FIGURE 7.28 pour une révision sur les parois primaire et secondaire), formant un conduit inerte dans lequel l'eau peut circuler (FIGURE 35.8). Les trachéides et les éléments de vaisseau se forment dans des parties de la plante qui ont cessé de croître. Leur paroi secondaire n'est interrompue que par des **ponctuations,** régions moins épaisses où seule la paroi primaire est présente. Les trachéides sont de longues cellules minces aux extrémités en pointe. L'eau circule d'une cellule à l'autre en passant par les ponctuations, où elle n'a pas à traverser l'épaisse paroi secondaire. Comme elles possèdent une paroi secondaire durcie par la lignine, les trachéides assurent tant le soutien de la plante que la circulation de l'eau. Quant aux éléments de vaisseau, ils sont généralement plus larges et plus courts que les trachéides. Ils ont par ailleurs une paroi plus mince et des extrémités moins effilées. Alignés bout à bout, ils forment de longs tubes microscopiques, les **vaisseaux du xylème.** Les extrémités des éléments de vaisseau sont ouvertes. Ainsi, l'eau peut circuler librement dans les vaisseaux du xylème.

Le phloème est composé de tubes eux-mêmes constitués de chaînes de cellules appelées **cellules criblées** (FIGURE 35.9, p. 788). Il assure le transport du saccharose, d'autres composés organiques et de certains minéraux ionisés. Les cellules criblées sont

(b) Les épines des Cactus, comme celles de ce Figuier de Barbarie (*Opuntia ficus-indica*), sont en fait des feuilles. La photosynthèse s'effectue principalement dans les tiges vertes charnues.

(c) La plupart des plantes grasses, comme ce Ficoïde glacial (*Lampranthus multiseriatus*), possèdent des feuilles modifiées qui emmagasinent l'eau.

(d) Les feuilles aux couleurs vives d'un grand nombre de plantes attirent les pollinisateurs vers la fleur. Les « pétales » rouges de ce Poinsettia (*Euphorbia pulcherrima*) sont en réalité des feuilles qui entourent un groupe de fleurs.

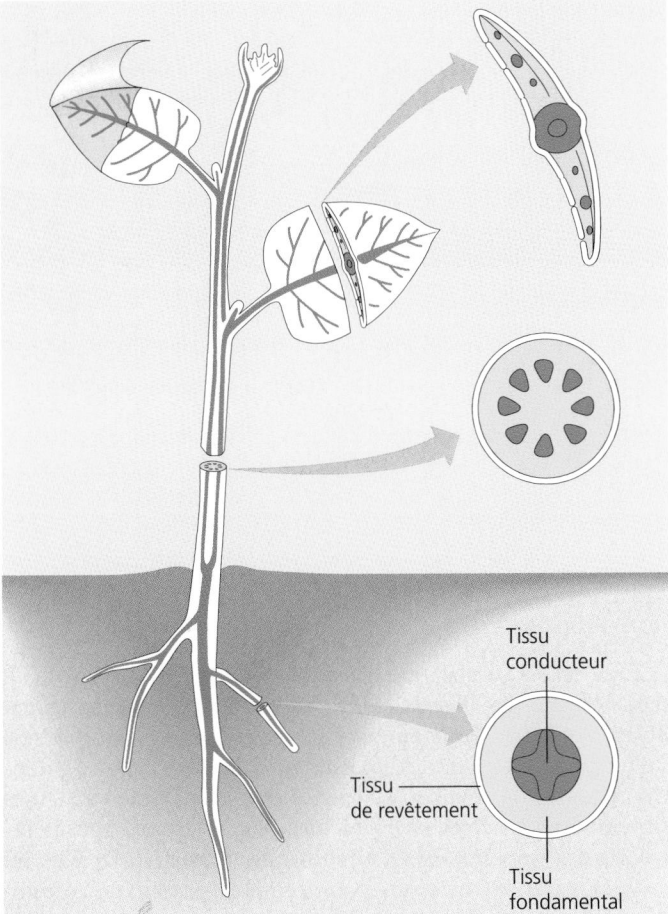

FIGURE 35.7 Les trois catégories de tissus des organes végétaux. Les tissus de revêtement, ou épidermes (en blanc) dans le cas d'un jeune organe non ligneux, se composent d'une couche unique de cellules qui recouvre la surface entière d'un jeune plant. Les tissus conducteurs (en violet) parcourent toute la plante, mais s'organisent différemment dans les divers organes. Les tissus fondamentaux (en jaune), responsables de la plupart des fonctions métaboliques, sont situés entre les deux autres types de tissus dans chaque organe.

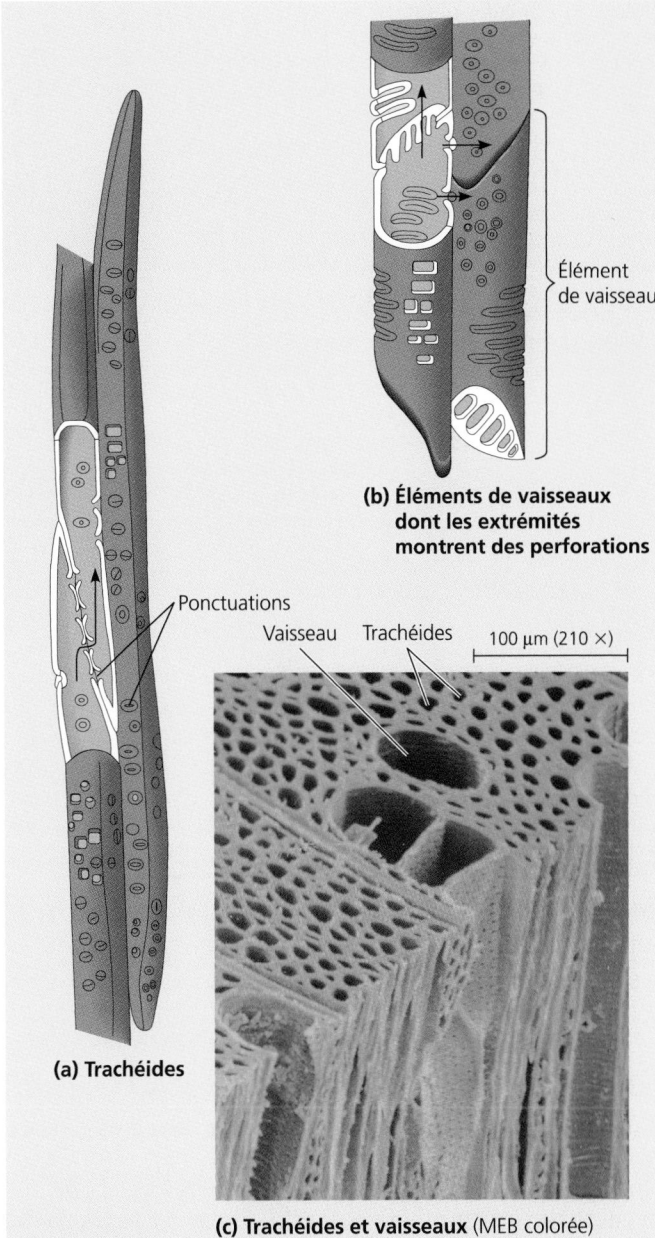

(b) Éléments de vaisseaux dont les extrémités montrent des perforations

(a) Trachéides

(c) Trachéides et vaisseaux (MEB colorée)

FIGURE 35.8 Cellules du xylème spécialisées dans le transport de la sève. Les flèches indiquent le sens de circulation de la sève brute. **(a)** Les trachéides sont des cellules fusiformes pourvues de ponctuations qui permettent à l'eau de circuler d'une cellule à l'autre. **(b)** Les vaisseaux sont constitués d'éléments mis bout à bout qui forment de longs tubes. La sève brute circule d'une cellule à l'autre grâce aux perforations de la paroi, aux extrémités. Elle peut aussi circuler latéralement vers des vaisseaux voisins en passant par les ponctuations. **(c)** Le bois est principalement composé de trachéides et de vaisseaux (MEB).

vivantes à maturité, bien qu'elles soient dépourvues de certains organites comme le noyau, les ribosomes et la vacuole centrale. Chez les Angiospermes, les **cribles,** parois poreuses qui joignent les extrémités de deux cellules d'un tube criblé, facilitent la circulation du liquide d'une cellule à l'autre. Le long de chaque cellule criblée se trouve une **cellule compagne.** Il s'agit d'une cellule non conductrice de sève qui est reliée à la cellule criblée par de nombreux canaux appelés plasmodesmes (voir la FIGURE 7.8). La cellule compagne possède un noyau et des ribosomes qui peuvent également servir à la cellule criblée adjacente, laquelle n'en a pas. Chez certains Végétaux, les cellules compagnes contribuent également au transfert, vers la cellule criblée, du saccharose produit dans la feuille. Le phloème transporte ensuite le saccharose vers les autres parties de la plante.

Les **tissus fondamentaux** ne sont ni des tissus de revêtement ni des tissus conducteurs (voir la FIGURE 35.7). Dans les tiges des Dicotylédones, les tissus fondamentaux composent la **moelle,** à l'intérieur du cylindre formé par le tissu conducteur, et l'**écorce,**

à l'extérieur de ce même cylindre. Les tissus fondamentaux ne sont pas que des tissus de remplissage. Parmi leurs diverses fonctions, on compte la photosynthèse, l'entreposage de glucides et le soutien. En fait, ce type de tissu illustre bien le fait que chaque catégorie de tissu végétal est composée de différents types de cellules. L'écorce d'une tige de Dicotylédone, par

FIGURE 35.9 Cellules conductrices de sève du phloème. Les cellules criblées transportent une sève riche en saccharose des zones de production (comme les feuilles) jusqu'aux zones de consommation (comme les racines et les extrémités des pousses en croissance). **(a)** Cette coupe frontale montre la disposition bout à bout des cellules criblées séparées par des parois poreuses (cribles). Le long de chaque cellule criblée se trouve une cellule compagne nucléée. **(b)** Coupe transversale au niveau du crible de deux cellules criblées voisines.

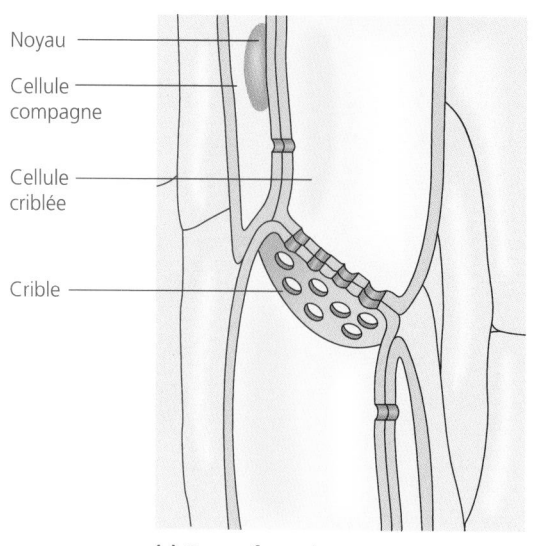

Noyau
Cellule compagne
Cellule criblée
Crible

(a) Coupe frontale

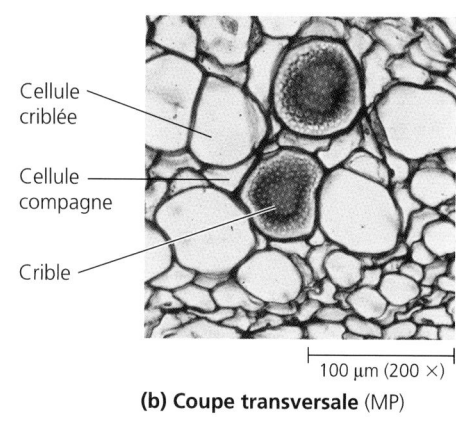

Cellule criblée
Cellule compagne
Crible

100 μm (200 ×)

(b) Coupe transversale (MP)

exemple, est généralement constituée de cellules charnues qui permettent l'entreposage et de cellules à paroi épaisse qui assurent le soutien de la plante. Tous les tissus des Végétaux sont constitués de trois types de cellules végétales, comme nous allons le voir dans la prochaine section.

Les tissus des organes végétaux comportent trois types de cellules : les cellules parenchymateuses, les cellules collenchymateuses et les cellules sclérenchymateuses

Ce qui fait la particularité d'un organisme multicellulaire, c'est la répartition du travail entre des cellules ayant différentes fonctions spécialisées. En observant chaque type de cellule végétale, remarquez les adaptations structurales qui lui permettent de remplir des fonctions spécifiques. Les cellules végétales se distinguent par leur **protoplaste**, c'est-à-dire par l'ensemble des structures à l'exception de la paroi. Par exemple, seul le protoplaste des cellules photosynthétiques contient des chloroplastes. Mais les modifications de la paroi cellulaire déterminent également le fonctionnement des cellules végétales spécialisées. La FIGURE 35.10 vous permettra de revoir la structure générale des cellules végétales avant de commencer l'étude des différents types de cellules.

Cellules parenchymateuses

Les **cellules parenchymateuses** (ou cellules du parenchyme) matures ont une paroi primaire relativement mince et flexible. La plupart d'entre elles n'ont aucune paroi secondaire. Une grande vacuole occupe généralement le centre du protoplaste. On décrit souvent ces cellules comme les cellules végétales « types », parce qu'elles sont les moins spécialisées (FIGURE 35.11a, p. 790). Il y a toutefois une exception : les cellules criblées. Celles-ci sont bel et bien des cellules parenchymateuses vivantes à paroi mince. Mais elles sont très spécialisées, puisqu'elles assurent le transport de la sève élaborée dans le phloème.

Les cellules parenchymateuses assurent la majeure partie du métabolisme des Plantes. Elles synthétisent et emmagasinent diverses substances organiques. Par exemple, la photosynthèse s'effectue à l'intérieur des chloroplastes, dans les cellules parenchymateuses des feuilles. Certaines cellules parenchymateuses situées dans les tiges et les racines possèdent des plastes incolores qui emmagasinent l'amidon (amyloplastes). De plus, les cellules parenchymateuses constituent la principale composante de la pulpe de la plupart des fruits.

Toutes les cellules végétales en croissance sont d'abord des cellules parenchymateuses, avant de se différencier sur les plans de la structure et de la fonction. Les cellules qui acquièrent peu de spécialisation et qui deviennent des cellules parenchymateuses matures ne subissent généralement pas de division cellulaire. Toutefois, elles ont la capacité de se diviser et de se différencier en d'autres types de cellules végétales dans des conditions particulières (après une blessure, par exemple, elles peuvent contribuer à la réparation et au remplacement des organes). Il est même possible de procéder, en laboratoire, à la régénération d'une plante complète à partir d'une seule cellule parenchymateuse.

Cellules collenchymateuses

Les **cellules collenchymateuses** (ou cellules du collenchyme) ont une paroi primaire qui est plus épaisse que celle des cellules parenchymateuses (FIGURE 35.11b). Regroupées en chaînes ou en cylindres, elles soutiennent les parties jeunes des pousses. Les tiges et les pétioles qui sont en début de croissance sont donc souvent constitués d'un cylindre de cellules collenchymateuses (les longues fibres d'une branche de Céleri, par exemple). Comme les cellules collenchymateuses ne possèdent ni paroi secondaire ni agent durcisseur (comme la lignine), elles assurent un soutien à la plante tout en permettant sa croissance. Contrairement aux cellules sclérenchymateuses, que nous allons décrire juste après, les cellules collenchymateuses matures sont vivantes et flexibles. Elles s'allongent en même temps que les tiges et les feuilles qu'elles soutiennent.

FIGURE 35.10 Révision de l'anatomie d'une cellule végétale.

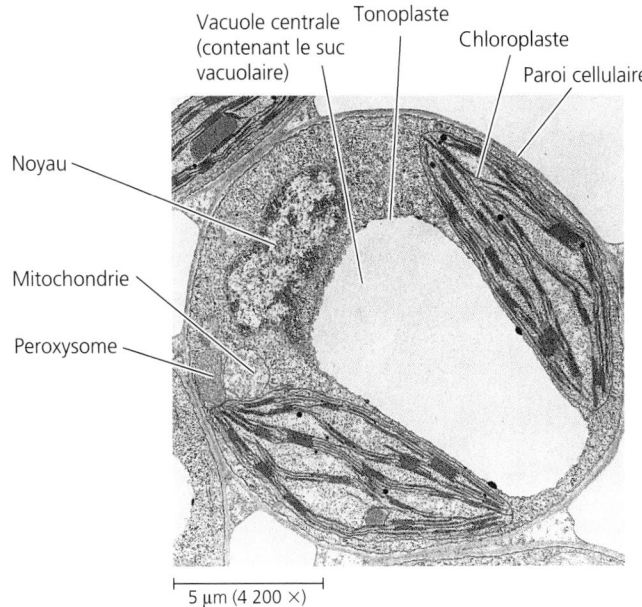

5 μm (4 200 ×)

(a) Cellule végétale. En plus des éléments généralement présents dans les cellules eucaryotes, on peut remarquer, dans les cellules végétales, trois structures que l'on ne retrouve pas dans les cellules animales: les chloroplastes, sites de la photosynthèse; une vacuole centrale contenant un liquide appelé suc vacuolaire et entourée du tonoplaste, membrane spécialisée qui régule la circulation des molécules entre le suc vacuolaire et le cytosol; et une paroi cellulaire extérieure à la membrane plasmique. Les composantes de la cellule (la membrane plasmique, le cytoplasme et le noyau) qui sont entourées par la paroi forment le protoplaste. Ainsi, une cellule végétale est constituée d'un protoplaste et d'une paroi. (MET)

Cellules sclérenchymateuses

Ayant comme elles une fonction de soutien mais possédant une paroi secondaire épaisse habituellement renforcée par la lignine, les **cellules sclérenchymateuses** (ou cellules du sclérenchyme) sont beaucoup plus rigides que les cellules collenchymateuses. Elles apparaissent dans les régions de la plante où la croissance en longueur a cessé, car elles ne peuvent s'allonger après leur maturité. Leur spécialisation dans le soutien de la plante est telle qu'un grand nombre d'entre elles meurent quand elles arrivent à maturité. Toutefois, avant de perdre leur protoplaste, elles produisent une paroi secondaire. Cette paroi rigide fait office de «squelette» soutenant la plante. Dans les parties en croissance, la paroi secondaire des cellules sclérenchymateuses se forme de manière inégale en spirale ou en anneau, à la manière de l'hélice qui renforce la paroi d'un tuyau d'aspirateur. Cela permet à la paroi cellulaire de s'étirer, à la manière d'un ressort, quand la cellule croît.

Les éléments de vaisseaux et les trachéides qui transportent la sève brute dans le xylème sont des cellules sclérenchymateuses ayant deux fonctions: le soutien et le transport de nutriments. Il y a en fait deux types de cellules sclérenchymateuses: les **cellules fibreuses** et les **sclérites**, qui se spécialisent uniquement dans le soutien (FIGURE 35.11c). Organisées en faisceaux, les cellules fibreuses sont longues, minces et fusiformes. On utilise les fibres végétales du chanvre dans la fabrication de la

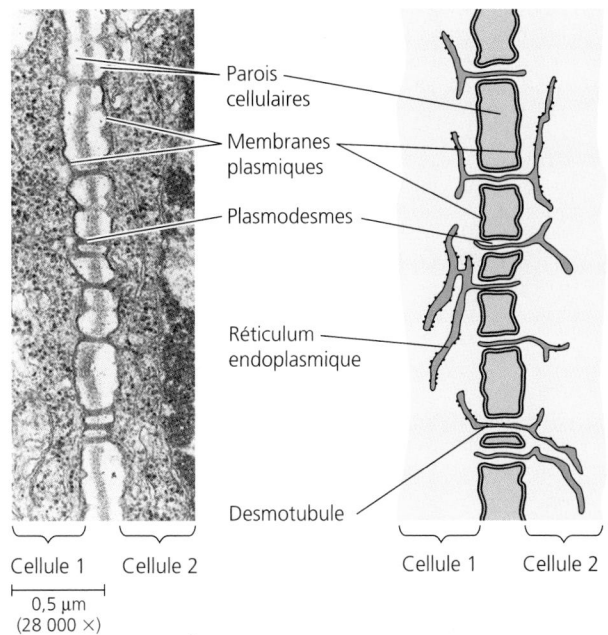

0,5 μm
(28 000 ×)

(b) Plasmodesmes. Des plasmodesmes, canaux cytoplasmiques intercellulaires qui traversent les parois adjacentes, relient les protoplastes de cellules voisines. De plus, le réticulum endoplasmique se prolonge dans les plasmodesmes. On appelle ces prolongements des desmotubules (MET).

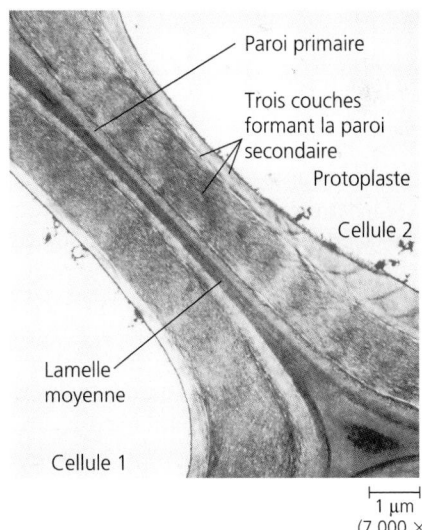

1 μm
(7 000 ×)

(c) Parois cellulaires. Une couche adhésive appelée «lamelle moyenne» colle l'une à l'autre les parois cellulaires des cellules adjacentes. Toutes les cellules végétales en croissance et en développement sécrètent une paroi primaire. De nombreuses cellules végétales spécialisées produisent également une paroi secondaire. Cette dernière se trouve plus près du protoplaste que la paroi primaire, parce qu'elle se forme plus tard, une fois la croissance cellulaire terminée habituellement. La plupart des parois cellulaires sont relativement poreuses au niveau moléculaire. L'eau et de nombreux petits solutés peuvent facilement les traverser en passant entre les microfibrilles de cellulose (MET).

(a) Les **cellules parenchymateuses** composent le tissu que l'on appelle parenchyme et sont relativement peu spécialisées. Elles ne possèdent ainsi qu'une mince paroi primaire flexible. Ces cellules remplissent la plupart des fonctions métaboliques des Plantes. Ces cellules parenchymateuses proviennent de la racine d'un Bouton d'or (*Ranunculus acris*). Les granules violets sont les plastes qui emmagasinent l'amidon.

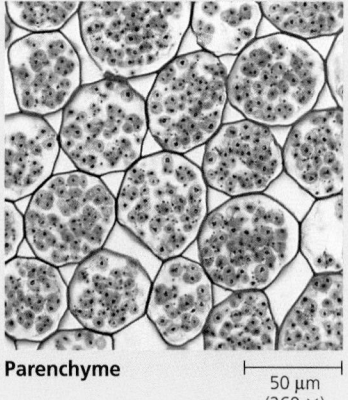

Parenchyme

50 µm
(260 ×)

(b) Les **cellules collenchymateuses** composent le tissu que l'on appelle collenchyme. Elles ont une paroi primaire irrégulière et plus épaisse que celle des cellules parenchymateuses. Elles contribuent au soutien des parties d'une plante en croissance. Cette coupe transversale d'une tige de Luzerne (*Medicago sativa*) montre des cellules collenchymateuses.

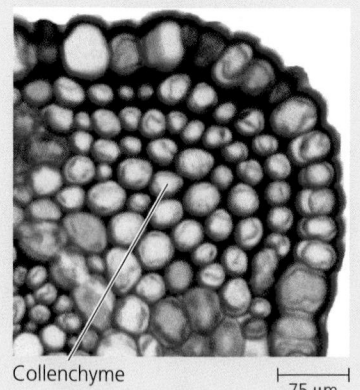

Collenchyme

75 µm
(130 ×)

(c) Les **cellules sclérenchymateuses** composent le tissu que l'on appelle sclérenchyme et se spécialisent dans le soutien. Elles ont une paroi secondaire rigide composée de lignine et peuvent mourir (en cas de perte du protoplaste) lorsqu'elles atteignent la maturité. Les **cellules fibreuses** qui apparaissent dans la micrographie de gauche sont des cellules sclérenchymateuses allongées, bien que ce ne soit pas apparent dans cette coupe transversale. Les **sclérites** qui apparaissent dans la micrographie de droite sont des cellules sclérenchymateuses de forme irrégulière qui possèdent une paroi secondaire lignifiée très épaisse. Elles proviennent d'une poire. Les trachéides et les éléments de vaisseaux du xylème sont également des cellules sclérenchymateuses.

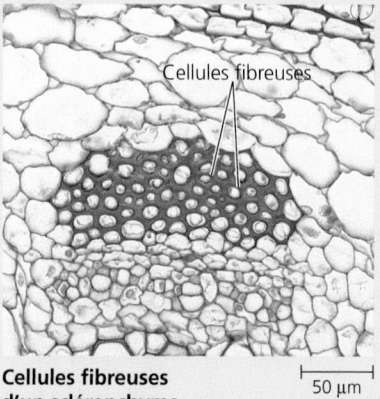

Cellules fibreuses

Cellules fibreuses d'un sclérenchyme

50 µm
(210 ×)

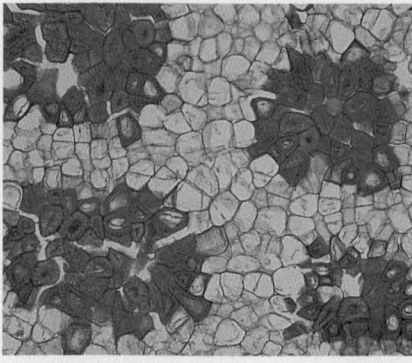

Sclérites (cellules rouges) **d'un sclérenchyme**

50 µm
(190 ×)

FIGURE 35.11 Les trois principales catégories de cellules végétales.

corde et celles du lin dans le tissage de la toile. Les sclérites, quant à elles, sont plus courtes que les cellules fibreuses et de forme irrégulière. Elles donnent une certaine dureté à la coquille d'une noix et à l'enveloppe d'une graine, et une texture graveleuse à la chair d'une poire.

Jusqu'ici, nous avons décrit les cellules et les tissus végétaux en nous concentrant sur leur structure et leur disposition dans les organes matures. Nous pouvons maintenant nous demander comment tout cela s'organise. Contrairement à la plupart des Animaux, les Plantes ont en effet une croissance qui ne se limite pas aux périodes embryonnaire et juvénile, mais qui peut durer toute la vie. À tout moment de leur vie, les Plantes possèdent des organes embryonnaires, des organes en croissance et des organes matures.

LA CROISSANCE ET LE DÉVELOPPEMENT DES VÉGÉTAUX

La croissance et le développement illimités des Plantes dépendent des processus qui contribuent à la formation des organes et qui génèrent, dans ces organes, les plans d'organisation spécifiques de cellules et de tissus spécialisés. La **croissance** est l'augmentation irréversible de la masse qui résulte de la division et de l'expansion cellulaires. Le **développement** est la somme de toutes les modifications qui élaborent graduellement le corps d'un organisme. Les premières étapes de la croissance et du développement (germination des graines et des semences) seront étudiées au chapitre 38. Nous allons voir ici ce qui fait que la croissance des Végétaux continue même après l'établissement complet des systèmes caulinaire et racinaire.

Les méristèmes engendrent les cellules des nouveaux organes tout au long de la vie des Plantes : *une vue d'ensemble de la croissance des Végétaux*

Chez la plupart des Végétaux, la croissance se poursuit toute la vie. Pour désigner ce phénomène, on parle de croissance indéfinie. Cependant, certains organes des Plantes, comme les fleurs et les feuilles, connaissent une croissance définie, c'est-à-dire qu'ils cessent de croître lorsqu'ils atteignent une certaine taille. Croissance indéfinie n'est pas synonyme d'immortalité. Bien que les Plantes croissent durant toute leur vie, elles meurent comme tous les organismes. Les **plantes annuelles** ont un cycle de développement – de la germination à la production de graines, en passant par la floraison – qui dure un an ou moins. Un grand nombre de plantes indigènes et de plantes alimentaires, comme celles qui nous donnent les céréales et les légumes, sont des plantes annuelles. Les **plantes bisannuelles** ont généralement une durée de vie de deux ans. Dans de nombreux cas, la plante passe par une période de températures froides (hiver), entre une période de croissance végétative (printemps et été de la première année) et une période de floraison (printemps et été de la deuxième année). La Betterave et la Carotte sont des plantes bisannuelles dont nous voyons rarement la floraison, puisque nous les récoltons avant la deuxième année. Les **plantes vivaces,** comme les arbres, les arbustes et certaines graminées, peuvent vivre de nombreuses années. Certaines plantes herbacées des Prairies canadiennes vivraient depuis 10 000 ans. Elles auraient germé à la fin de la dernière glaciation. La mort d'une plante vivace n'est habituellement pas causée par le vieillissement, mais par une infection ou un traumatisme environnemental, comme un incendie ou une sécheresse importante.

Durant leur vie, les Plantes croissent de façon illimitée parce qu'elles produisent constamment des tissus embryonnaires appelés **méristèmes.** Les cellules des méristèmes se divisent pour produire de nouvelles cellules. Certaines des cellules filles, dites initiales, restent dans les méristèmes afin de les régénérer. Les autres cellules, dites dérivées, se spécialisent et s'intègrent aux tissus et aux organes de la plante en croissance. Elles continuent de se diviser durant un certain temps, jusqu'à ce que les cellules qu'elles engendrent commencent à se spécialiser dans les tissus en développement.

Le modèle de croissance d'une plante dépend de l'emplacement de ses méristèmes (FIGURE 35.12). Les **méristèmes apicaux,** situés à l'extrémité des racines et dans les bourgeons du système caulinaire, fournissent les cellules nécessaires à la croissance en longueur. Ce type d'allongement porte le nom de **croissance primaire.** Il permet aux racines d'étendre leurs ramifications dans le sol et aux pousses d'accroître leur exposition à la lumière et au dioxyde de carbone. Les plantes herbacées (non ligneuses) n'ont qu'une croissance primaire. Les plantes ligneuses, quant à elles, ont en plus une **croissance secondaire.** Leurs racines et leurs pousses résultant de la croissance primaire s'élargissent progressivement. La croissance secondaire s'effectue grâce aux **méristèmes latéraux,** formations cylindriques creuses, ressemblant à des tuyaux, constituées de cellules en division qui s'étendent le long des racines et des pousses. L'un des méristèmes latéraux remplace l'épiderme par un tissu de revêtement secondaire plus épais et plus solide, comme l'écorce. Un autre méristème latéral produit des couches de tissus conducteurs supplémentaires. Le bois est du xylème secondaire qui s'accumule au fil des ans.

Les plantes ligneuses ont une croissance primaire et une croissance secondaire qui se font simultanément, mais dans des parties différentes. La croissance primaire s'effectue dans les parties les plus jeunes, c'est-à-dire à l'extrémité des racines et des pousses, là où se trouvent les méristèmes apicaux. La croissance secondaire s'effectue dans les parties légèrement plus vieilles, à une certaine distance de l'extrémité des racines et des

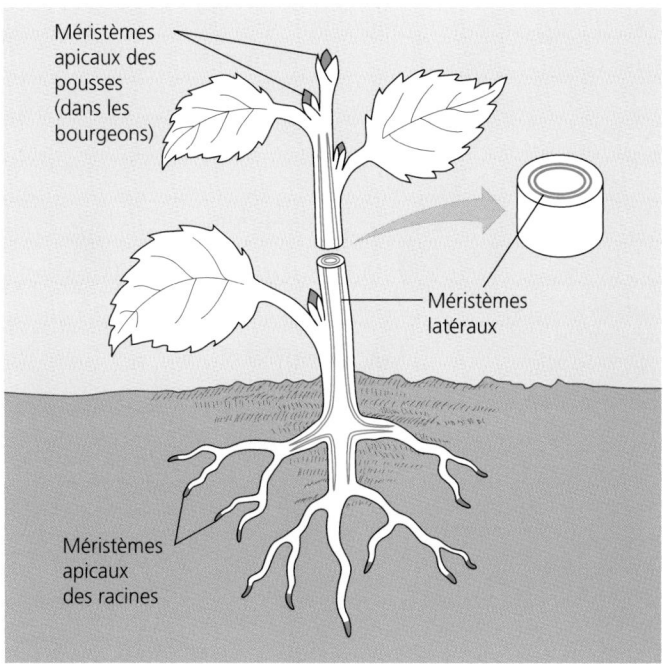

FIGURE 35.12 Emplacement des principaux méristèmes : vue d'ensemble de la croissance d'une plante. Les méristèmes sont des populations de cellules qui s'autorenouvellent. Leurs cellules se divisent et fournissent de nouvelles cellules à la plante en croissance. Les méristèmes apicaux (en bleu), situés près des extrémités des pousses et des racines, assurent la croissance primaire (croissance en longueur). En plus des méristèmes apicaux, les plantes ligneuses possèdent des méristèmes latéraux (en rouge) qui assurent la croissance secondaire, responsable de l'augmentation de la circonférence des racines et des pousses.

pousses, là où se trouvent les méristèmes latéraux. La croissance secondaire augmente la circonférence des organes. Ainsi, c'est dans la partie la plus vieille d'une racine ou d'une pousse (par exemple, la base d'une branche d'arbre) que l'on observe l'accumulation la plus importante de tissus secondaires formés par les méristèmes latéraux. Chaque année, la croissance primaire produit un allongement des racines et des pousses, tandis que la croissance secondaire épaissit et renforce les vieilles parties des plantes ligneuses.

L'examen, en hiver, d'une branche d'arbre à feuilles caduques permet de constater la relation qu'il y a entre les croissances primaire et secondaire. À l'extrémité de ce type de branche se trouve un bourgeon terminal en dormance dont les écailles protègent le méristème apical (FIGURE 35.13, p. 792). Au printemps, le bourgeon perdra ses écailles et commencera sa croissance primaire en formant des nœuds et des entre-nœuds. Plus bas, sur chacun des segments de branche, les nœuds sont marqués par des cicatrices laissées par les feuilles après leur chute, à l'automne. Au-dessus de chaque cicatrice foliaire se trouve un bourgeon axillaire ou un segment de branche formé à partir d'un bourgeon axillaire. Plus bas sur la branche se trouvent des verticilles de cicatrices laissées par les écailles qui recouvraient le bourgeon terminal de l'hiver précédent. Chaque printemps et chaque été, à mesure que la croissance primaire fait s'allonger les pousses, la croissance secondaire épaissit les parties de la branche qui se sont formées les années précédentes.

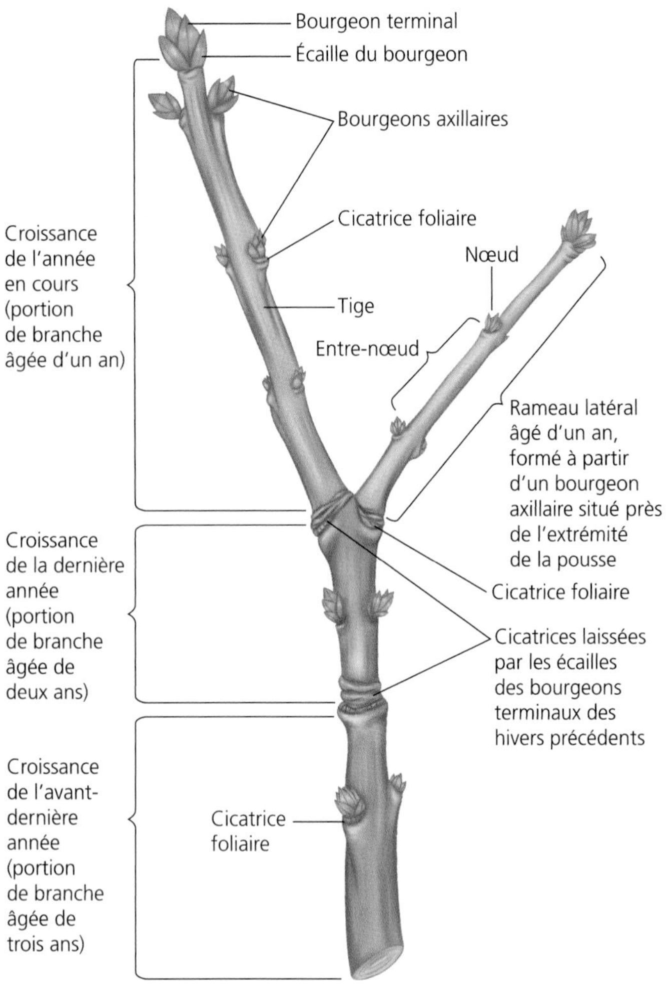

FIGURE 35.13

Bourgeon terminal

Écaille du bourgeon

Bourgeons axillaires

Cicatrice foliaire

Nœud

Tige

Entre-nœud

Croissance de l'année en cours (portion de branche âgée d'un an)

Rameau latéral âgé d'un an, formé à partir d'un bourgeon axillaire situé près de l'extrémité de la pousse

Cicatrice foliaire

Cicatrices laissées par les écailles des bourgeons terminaux des hivers précédents

Croissance de la dernière année (portion de branche âgée de deux ans)

Croissance de l'avant-dernière année (portion de branche âgée de trois ans)

Cicatrice foliaire

FIGURE 35.13 Morphologie de l'extrémité d'une branche en hiver.

Croissance primaire : les méristèmes apicaux, qui génèrent la structure primaire des Plantes, font s'allonger les racines et les pousses

La croissance primaire donne naissance à la **structure primaire des Plantes,** à savoir les parties des racines et des pousses qui produisent les méristèmes apicaux. On peut observer la structure primaire dans les plantes herbacées et dans les nouvelles parties des plantes ligneuses. Si les méristèmes apicaux sont responsables de l'allongement à la fois des racines et des pousses, la croissance primaire des premières est très différente de celle des secondes.

Croissance primaire des racines

L'extrémité d'une racine est recouverte d'une **coiffe** semblable à un dé à coudre. Cette coiffe protège le méristème fragile contre la rugosité du sol dans lequel la racine s'enfonce. De plus, elle sécrète un polysaccharide visqueux qui lubrifie le sol autour de l'extrémité de la racine en croissance. La croissance en longueur s'effectue près de l'extrémité de la racine, c'est-à-dire dans la partie qui précède la coiffe, où l'on identifie trois zones de cellules qui se trouvent à des stades successifs de la croissance primaire. À partir de la coiffe, on compte ainsi successivement la zone de division cellulaire, la zone d'élongation cellulaire et la zone de différenciation cellulaire. Cependant, la frontière entre les zones n'est pas claire (FIGURE 35.14).

FIGURE 35.14 Croissance primaire d'une racine. L'illustration et la micrographie nous montrent l'extrémité d'une racine d'Oignon (*Allium cepa*). La mitose se concentre dans la zone de division cellulaire, là où se trouvent le méristème apical et les trois méristèmes primaires qu'il a produits. Le méristème apical compense les pertes cellulaires de la coiffe en produisant de nouvelles cellules. S'il subit des dommages, la zone quiescente s'active et le régénère grâce à la division cellulaire. L'essentiel de l'allongement de la racine se fait dans la zone d'élongation cellulaire. Les cellules deviennent matures dans la zone de différenciation cellulaire. Toutefois, ces zones ne sont pas clairement délimitées.

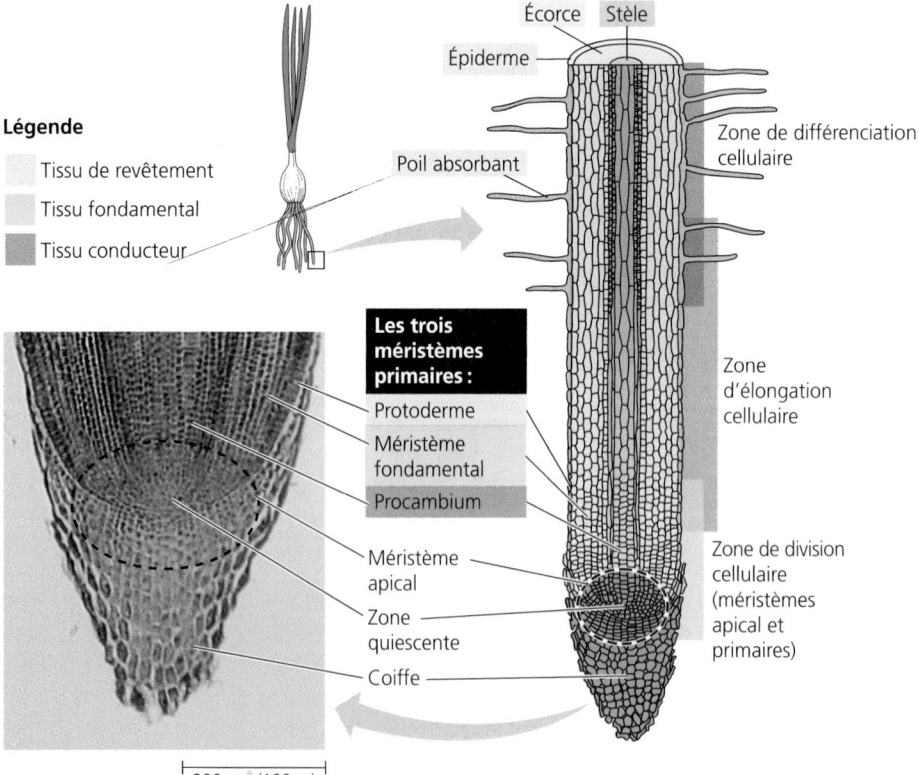

Légende

- Tissu de revêtement
- Tissu fondamental
- Tissu conducteur

Poil absorbant

Écorce **Stèle**

Épiderme

Zone de différenciation cellulaire

Les trois méristèmes primaires :

- Protoderme
- Méristème fondamental
- Procambium

Méristème apical

Zone quiescente

Coiffe

Zone d'élongation cellulaire

Zone de division cellulaire (méristèmes apical et primaires)

200 µm (100 ×)

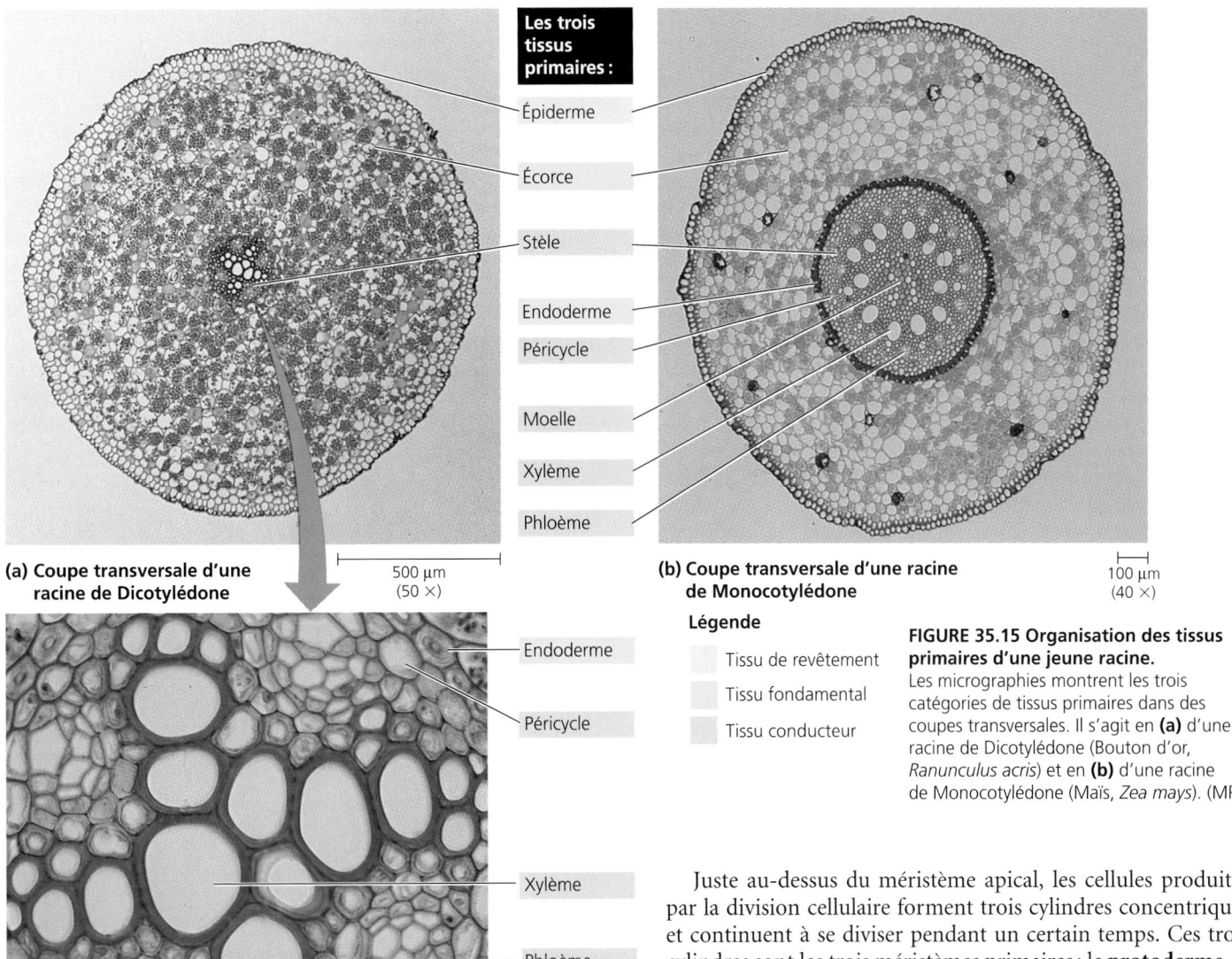

Les trois tissus primaires :
- Épiderme
- Écorce
- Stèle
- Endoderme
- Péricycle
- Moelle
- Xylème
- Phloème

(a) Coupe transversale d'une racine de Dicotylédone

500 μm (50 ×)

- Endoderme
- Péricycle
- Xylème
- Phloème

50 μm (460 ×)

(b) Coupe transversale d'une racine de Monocotylédone

100 μm (40 ×)

Légende

Tissu de revêtement

Tissu fondamental

Tissu conducteur

FIGURE 35.15 Organisation des tissus primaires d'une jeune racine. Les micrographies montrent les trois catégories de tissus primaires dans des coupes transversales. Il s'agit en **(a)** d'une racine de Dicotylédone (Bouton d'or, *Ranunculus acris*) et en **(b)** d'une racine de Monocotylédone (Maïs, *Zea mays*). (MP)

Juste au-dessus du méristème apical, les cellules produites par la division cellulaire forment trois cylindres concentriques et continuent à se diviser pendant un certain temps. Ces trois cylindres sont les trois méristèmes primaires : le **protoderme**, le **procambium** et le **méristème fondamental.** Ils produiront les trois catégories de tissus primaires de la racine : les tissus de revêtement, les tissus conducteurs et les tissus fondamentaux.

La zone de division cellulaire recouvre en partie la **zone d'élongation cellulaire,** où les cellules deviennent parfois jusqu'à dix fois plus longues et même davantage. Le méristème apical fournit de nouvelles cellules pour l'allongement de la racine, mais c'est surtout grâce à l'élongation des cellules que l'extrémité de la racine, méristème compris, s'enfonce dans le sol. Le méristème maintient la croissance en générant continuellement des cellules à l'extrémité la plus jeune de la zone d'élongation.

Avant même de terminer leur élongation, les cellules commencent à se différencier du point de vue de la structure et de la fonction en pénétrant dans la **zone de différenciation cellulaire.** Les trois catégories tissulaires issues de la croissance primaire effectuent leur différenciation dans cette zone, où leurs cellules arrivent à maturité.

Tissus primaires des racines. Les trois méristèmes primaires donnent naissance aux trois catégories de tissus primaires des racines. Les micrographies photoniques de la FIGURE 35.15 montrent, dans des coupes transversales, les trois catégories de tissus primaires d'une racine de Dicotylédone (Bouton d'or,

La **zone de division cellulaire** comprend le méristème apical et les méristèmes primaires qui en dérivent. Le méristème apical se trouve au cœur de la zone de division cellulaire. Il produit les cellules des méristèmes primaires et remplace les cellules qui se détachent de la coiffe. La **zone quiescente,** qui se trouve près du centre du méristème apical, contient des cellules qui se divisent beaucoup plus lentement que les autres cellules du méristème. Les cellules de la zone quiescente résistent relativement bien aux dommages causés par les radiations et les produits chimiques toxiques. Elles représentent ainsi une réserve pouvant servir à reconstituer le méristème en cas de lésions. Si, au cours d'une expérience, on enlève une partie du méristème apical, les cellules de la zone quiescente se divisent plus rapidement et fabriquent un nouveau méristème.

Ranunculus acris) et d'une racine de Monocotylédone (Maïs, *Zea mays*). Le protoderme, méristème primaire externe, se transforme en épiderme, couche unique de cellules qui recouvre la racine. L'eau et les minéraux du sol doivent donc traverser l'épiderme pour pénétrer dans la plante. Les poils absorbants situés à la surface des cellules épidermiques augmentent considérablement la capacité d'absorption.

Le procambium est à l'origine de la **stèle,** cylindre central de la racine dans lequel se forment le xylème et le phloème. La principale différence entre les racines des Dicotylédones et celles des Monocotylédones réside dans l'organisation des tissus dans la stèle. En effet, tout d'abord, dans les racines des Dicotylédones, la stèle est un cylindre composé presque entièrement de cellules différenciées de phloème et de xylème. Mais dans les racines des Monocotylédones, les cellules situées le plus au centre de la stèle ne sont pas différenciées ; ce sont des cellules parenchymateuses non spécialisées qui restent telles quelles. On appelle souvent « moelle » cette zone centrale de la stèle. Cependant, il ne faut pas la confondre avec la moelle de la tige, qui est faite de tissus fondamentaux et non de tissus conducteurs. Ensuite, chez les Dicotylédones, les cellules du xylème proviennent du centre de la stèle en suivant deux ou plusieurs rayons (voir la FIGURE 35.15a), tandis que les cellules du phloème se développent dans les zones situées entre ces rayons. Chez les Monocotylédones, la moelle de la stèle est entourée d'un anneau de tissus conducteurs dans lequel alternent le xylème et le phloème.

Enfin, le méristème fondamental, situé entre le protoderme et le procambium, fournit les tissus fondamentaux. Les tissus fondamentaux, constitués principalement de cellules parenchymateuses, remplissent l'écorce (que l'on appelle aussi « cortex » ou « cylindre cortical »), région de la racine située entre la stèle et l'épiderme. Les cellules des tissus fondamentaux racinaires emmagasinent les nutriments. Leur membrane plasmique absorbe activement les minéraux, qui pénètrent dans les cellules sous forme de solution. La couche la plus centrale de l'écorce est

l'**endoderme,** unique couche de cellules entre l'écorce et la stèle, chez les Monocotylédones comme chez les Dicotylédones. Au chapitre 36, nous étudierons le rôle de barrière que joue l'endoderme dans la régulation sélective du passage, dans le tissu conducteur (xylème) de la stèle, des substances provenant du sol.

D'une racine primaire peuvent surgir des **racines latérales,** qui prennent naissance dans la couche périphérique de la stèle, le **péricycle** (voir la FIGURE 35.15). Adjacent à la face interne de l'endoderme, le péricycle est une couche de cellules pouvant se transformer en méristème et recommencer à se diviser. Les divisions mitotiques des cellules du péricycle produisent des grappes de cellules qui s'allongent et traversent l'écorce pour former une racine latérale émergeant de la racine primaire (FIGURE 35.16). La stèle de la racine latérale reste reliée à la stèle de la racine primaire, ce qui assure la continuité des tissus conducteurs dans tout le système racinaire.

Croissance primaire des pousses

Le méristème apical d'une pousse est une masse bombée de cellules en division à l'extrémité du bourgeon terminal (FIGURE 35.17). Comme le méristème apical de la racine, il produit les trois méristèmes primaires : le protoderme, le procambium et le méristème fondamental, dont les cellules se différencient pour donner les trois catégories de tissus. Lorsqu'elles surgissent, les

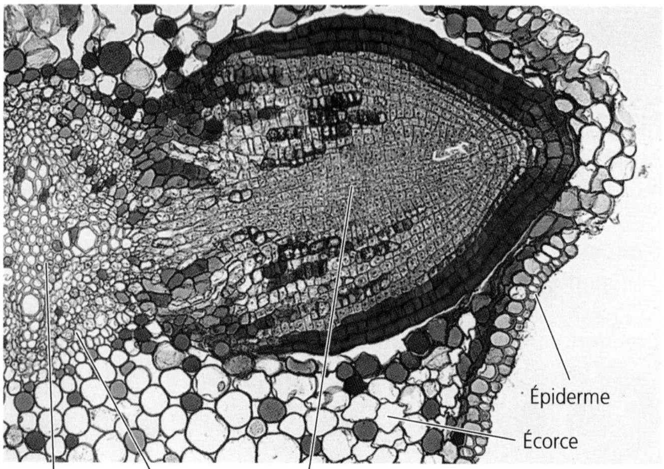

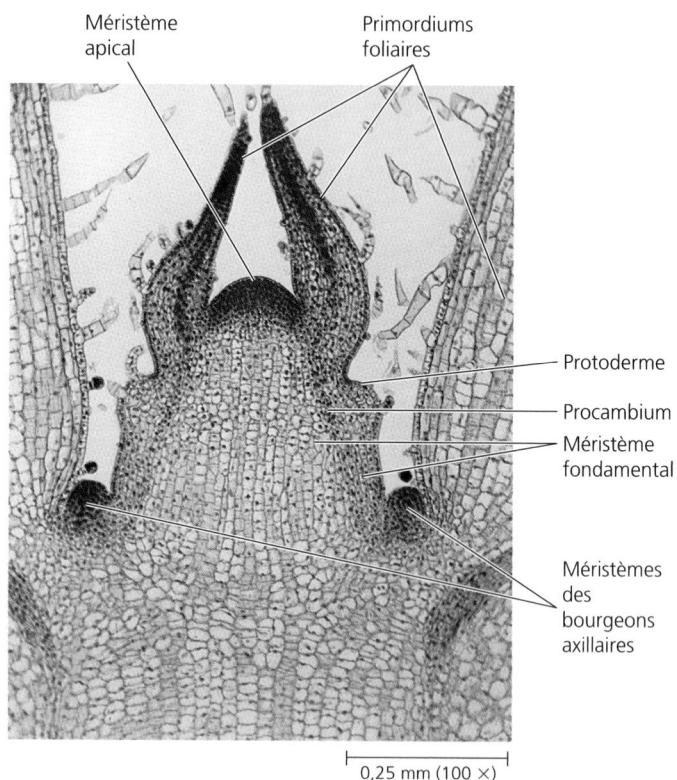

Méristème apical

Primordiums foliaires

Protoderme

Procambium

Méristème fondamental

Méristèmes des bourgeons axillaires

0,25 mm (100 ×)

FIGURE 35.17 Bourgeon terminal et croissance primaire d'une pousse. Les primordiums foliaires proviennent des flancs du méristème apical bombé. Ce dernier donne naissance au protoderme, au procambium et au méristème fondamental, qui sont eux-mêmes à l'origine des trois catégories de tissus. Cette micrographie montre une coupe frontale de l'extrémité d'une pousse de *Coleus* (MP).

Épiderme

Écorce

Stèle   Péricycle   Racine latérale

50 μm (200 ×)

FIGURE 35.16 Formation des racines latérales. Cette coupe transversale d'une racine de Saule (*Salix sp.*) montre la formation d'une racine latérale à partir du péricycle, couche périphérique de la stèle (MP).

feuilles forment de minuscules renflements, appelés primordiums foliaires, à côté du méristème apical bombé. Le bourgeon axillaire se forme à partir d'un îlot de cellules déposées par le méristème apical à la base du primordium foliaire.

Dans un bourgeon, les primordiums foliaires s'entassent les uns sur les autres, parce que les entre-nœuds sont très courts. Une grande partie de l'allongement d'une pousse est le résultat de la croissance en longueur des premiers entre-nœuds formés dans le bourgeon. Cette croissance résulte tant de la division que de l'élongation des cellules situées à l'intérieur de l'entre-nœud. Chez certaines plantes, telles les Graminées, tous les entre-nœuds croissent, pas seulement les premiers, et ce, sur une longue période. Ce phénomène est possible grâce aux méristèmes intercalaires présents, chez ces plantes, à la base de chaque entre-nœud.

Les bourgeons axillaires peuvent devenir des rameaux du système caulinaire (voir la FIGURE 35.2). Une racine et une tige ne donnent pas du tout naissance à leurs ramifications latérales de la même façon. Les racines latérales proviennent du péricycle, qui se trouve profondément enfoui dans une racine principale (voir la FIGURE 35.16). Comme elles se forment à partir de la stèle, elles peuvent se lier aux tissus conducteurs de la plante. En revanche, les rameaux du système caulinaire proviennent des bourgeons axillaires situés à la surface de la tige. Comme les tissus conducteurs de la tige se trouvent près de la surface (voir la FIGURE 35.7), le rameau peut s'y relier facilement, sans devoir prendre naissance au cœur de la tige principale.

Tissus primaires de la tige. Les tissus conducteurs parcourent toute la tige en formant plusieurs groupes de conduits appelés **faisceaux libéroligneux** (FIGURE 35.18). Cette disposition est différente de celle que l'on trouve dans la racine, au cœur de laquelle les tissus conducteurs forment la stèle (voir la FIGURE 35.15). Au point de jonction de la tige et de la racine, les faisceaux libéroligneux convergent au centre pour former la stèle de la racine.

Chaque faisceau libéroligneux d'une tige est entouré de tissus fondamentaux. Chez la plupart des Dicotylédones, les faisceaux libéroligneux forment un anneau entre la moelle et l'écorce (voir la FIGURE 35.18a). La moelle et l'écorce font partie des tissus fondamentaux. Le xylème des faisceaux libéroligneux se trouve du côté de la moelle ; le phloème, du côté de l'écorce. De minces rayons de tissu fondamental séparant les faisceaux relient la moelle et l'écorce. Dans la tige de la plupart des Monocotylédones, les faisceaux libéroligneux sont dispersés dans les tissus fondamentaux au lieu de former un anneau (voir la FIGURE 35.18b). Chez les Monocotylédones comme chez les Dicotylédones, le parenchyme est le principal constituant des tissus fondamentaux. Mais le collenchyme, situé juste sous l'épiderme, renforce de nombreuses tiges. Le sclérenchyme participe également au soutien sous la forme de cellules fibreuses situées dans les faisceaux libéroligneux.

Le protoderme du bourgeon terminal donne naissance à l'épiderme, tissu de revêtement qui recouvre la tige, les pousses et les feuilles.

Légende

Tissus de revêtement

Tissus fondamentaux

Tissus conducteurs

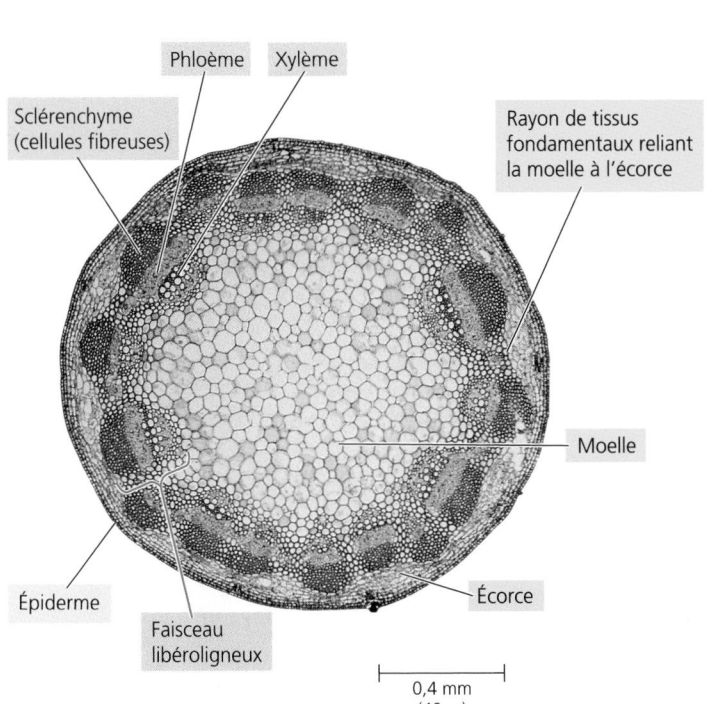

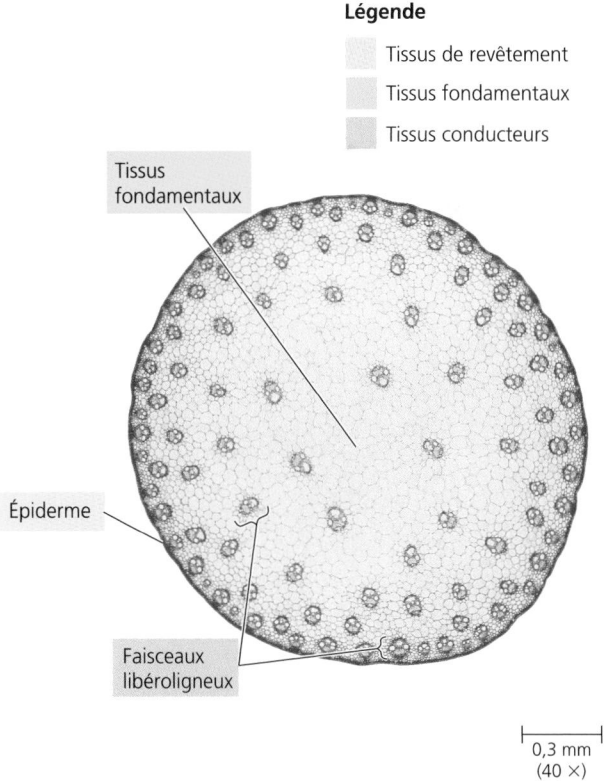

0,4 mm
(40 ×)

0,3 mm
(40 ×)

(a) Dicotylédone. Faisceaux libéroligneux disposés en anneau dans la tige d'une Dicotylédone (Tournesol, *Helianthus annuus*). Les tissus fondamentaux se composent de l'écorce (à l'extérieur) et de la moelle (à l'intérieur), qui est entourée des faisceaux libéroligneux (MP d'une coupe transversale).

(b) Monocotylédone. Faisceaux libéroligneux répartis inégalement dans les tissus fondamentaux de la tige d'une Monocotylédone (Maïs, *Zea mays*) (MP d'une coupe transversale).

FIGURE 35.18 Organisation des tissus primaires des jeunes tiges.

Organisation des tissus de la feuille. L'épiderme de la feuille se compose de cellules imbriquées les unes dans les autres à la façon des pièces d'un casse-tête (FIGURE 35.19). L'épiderme de la feuille, comme celui de notre peau, constitue la première ligne de défense contre les lésions et les agents pathogènes. De plus, sa cuticule cireuse réduit les pertes d'eau. Les seules ouvertures dans cette barrière sont les **stomates**, minuscules pores entourés de cellules épidermiques spécialisées que l'on appelle **cellules stomatiques.** Chaque ostiole est en fait une ouverture située entre deux cellules stomatiques. Les stomates permettent les échanges gazeux entre l'air ambiant et les cellules photosynthétiques de la feuille. Ils ouvrent aussi un passage pour la vaporisation de l'eau de la plante, phénomène nommé transpiration.

Les tissus fondamentaux de la feuille prennent place entre l'épiderme supérieur et l'épiderme inférieur, dans une zone appelée **mésophylle** (du grec *mesos*, « au milieu » et *phullon*, « feuille »). Le mésophylle se compose principalement de cellules parenchymateuses contenant des chloroplastes qui effectuent la photosynthèse. Chez un grand nombre de Dicotylédones, le mésophylle possède deux régions distinctes. Dans la partie supérieure de la feuille se trouvent une ou plusieurs couches de parenchyme palissadique constituées de cellules prismatiques. Dans la partie inférieure de la feuille, sous le parenchyme palissadique, se trouve le parenchyme lacuneux, qui doit son nom aux espaces d'air (lacunes) qui forment un labyrinthe dans les tissus. Les lacunes permettent au dioxyde de carbone et au dioxygène de circuler autour des cellules photosynthétiques de forme irrégulière, et de monter dans la région palissadique. Les lacunes sont particulièrement volumineuses à proximité des stomates, là où se font les échanges gazeux avec l'air ambiant.

Les tissus conducteurs d'une feuille sont reliés au xylème et au phloème de la tige. Les traces foliaires, ramifications provenant des faisceaux libéroligneux de la tige, traversent le pétiole pour se rendre dans la feuille. À l'intérieur de la feuille, les nervures se subdivisent de manière répétée et se ramifient dans tout le mésophylle. Le xylème et le phloème se trouvent ainsi en contact direct avec les tissus photosynthétiques. Le xylème amène l'eau et les minéraux aux tissus photosynthétiques, tandis que le phloème achemine le saccharose et les substances organiques de la feuille vers les autres parties de la plante. Les tissus conducteurs jouent aussi le rôle de squelette en offrant un soutien à la structure de la feuille.

FIGURE 35.19 Anatomie d'une feuille. (a) Ce schéma d'une feuille en coupe à la fois frontale et sagittale montre l'organisation des trois catégories de tissus : tissus de revêtement (épidermes), tissus conducteurs (xylème et phloème) et tissus fondamentaux (le mésophylle, constitué de parenchymes palissadique et lacuneux). **(b)** Cette vue superficielle d'une feuille d'Éphémère (*Tradescantia sp.*) montre des cellules épidermiques et des stomates formés de deux cellules épidermiques spécialisées, les cellules stomatiques (MP). **(c)** On peut observer les parenchymes palissadique et lacuneux du mésophylle d'une feuille de Lilas (*Syringa sp.*), une Dicotylédone (MP).

Légende

Tissus de revêtement

Tissus fondamentaux

Tissus conducteurs

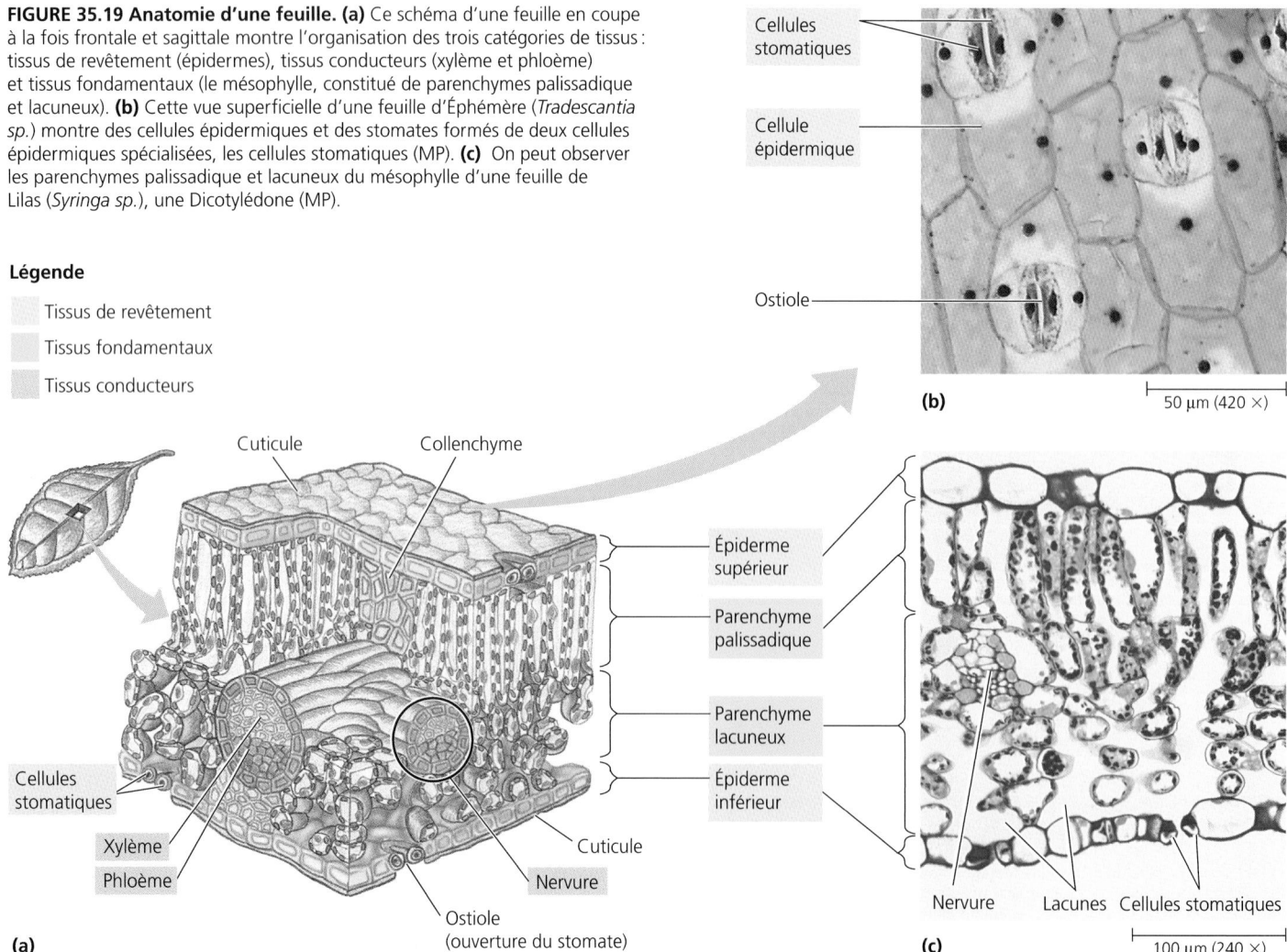

Croissance secondaire : les méristèmes latéraux ajoutent du volume aux Plantes en produisant des tissus conducteurs secondaires et du périderme

Chez la plupart des Dicotylédones, les tiges et les racines, mais pas les feuilles, ont une croissance secondaire, c'est-à-dire que leur diamètre augmente. Les tissus fabriqués au cours de cette croissance constituent la **structure secondaire des Plantes.** Deux méristèmes latéraux interviennent au cours de cette croissance : le **cambium libéroligneux,** qui donne le xylème secondaire (bois) et le phloème secondaire ; et le **cambium subérophello-dermique** (ou phellogène), qui produit une épaisse couche résistante destinée à remplacer l'épiderme des tiges et des racines. Chez toutes les Gymnospermes, on observe une croissance secondaire. Parmi les Angiospermes, la plupart des Dicotylédones ont une croissance secondaire ; mais les Monocotylédones, rarement.

Croissance secondaire des tiges

Cambium libéroligneux et production des tissus conducteurs secondaires. Le cambium libéroligneux est un cylindre de cellules méristématiques qui forment les tissus conducteurs secondaires (voir la FIGURE 35.12). L'accumulation, au fil des ans, de ces tissus conducteurs secondaires explique en majeure partie l'augmentation du diamètre des plantes ligneuses. À l'intérieur du cylindre qu'il forme, le cambium libéroligneux produit le xylème secondaire. À l'extérieur, il produit le phloème secondaire (FIGURE 35.20). En augmentant le diamètre de son cylindre, le cambium libéroligneux fait augmenter le diamètre de l'arbre. Il laisse des couches successives de tissus secondaires ayant chacune une épaisseur supérieure à celle de la précédente.

Il est important de bien comprendre que les croissances primaire et secondaire de la tige ont lieu simultanément, mais à des endroits différents. La croissance primaire se fait au bout de la tige, grâce au méristème apical qui permet l'allongement. La croissance secondaire, quant à elle, a lieu plus bas. Comment la structure primaire d'une jeune pousse passe-t-elle de la croissance primaire à la croissance secondaire ? En fait, le cambium libéroligneux provient des cellules parenchymateuses qui retrouvent la capacité de se diviser et forment un méristème. Ce dernier constitue une couche située entre le xylème et le phloème primaires de chaque faisceau libéroligneux et dans les

rayons de tissus fondamentaux situés entre ces faisceaux. Les bandes méristématiques qui se trouvent dans les faisceaux libéroligneux et dans les rayons s'unissent pour former le cambium libéroligneux, qui a la forme d'un cylindre continu de cellules en division entourant le xylème primaire et la moelle de la tige (FIGURE 35.21, p. 798).

En coupe transversale, le cylindre de cambium libéroligneux ressemble à un anneau. Dans cet anneau alternent des zones comportant les cellules du cambium appelées cellules initiales des rayons et des zones comportant les cellules du cambium appelées cellules initiales fusiformes. Les **cellules initiales des rayons** sont des cellules du cambium qui produisent des bandes de cellules parenchymateuses appelées rayons ligneux (de xylème) et rayons libériens (de phloème). Ces rayons séparent les sections cunéiformes de tissus conducteurs secondaires. Composés principalement de parenchyme, ils permettent le transport latéral de l'eau et des matières nutritives dans une tige ligneuse, ainsi que la mise en réserve de l'amidon et d'autres substances. Les **cellules initiales fusiformes** sont quant à elles les cellules du cambium qui sont situées à l'intérieur des faisceaux libéroligneux. Leur nom vient de leur forme allongée sur l'axe de la tige et de la forme effilée (fusiforme) de leurs extrémités. Les cellules initiales fusiformes produisent de nouveaux tissus conducteurs : le xylème secondaire à l'intérieur du cambium libéroligneux et le phloème secondaire à l'extérieur (voir la FIGURE 35.20).

Au fil des ans, la croissance secondaire continue. Les couches de xylème secondaire s'accumulent et deviennent ce que nous appelons du bois. Le bois se compose principalement de trachéides, d'éléments de vaisseaux (chez les Angiospermes) et de fibres. Ces cellules, mortes à maturité, possèdent une épaisse paroi lignifiée qui donne au bois sa dureté et sa résistance. Dans les régions tempérées, la croissance secondaire des plantes vivaces s'interrompt au cours de l'hiver, lorsque le cambium libéroligneux entre en dormance. Quand la croissance secondaire reprend, au printemps, les premières trachéides et les premiers vaisseaux qui apparaissent ont habituellement un grand diamètre et une paroi mince par rapport au xylème secondaire produit plus tard au cours de l'été. Il est ainsi possible de distinguer un bois produit au printemps d'un bois fabriqué en été (voir la FIGURE 35.21).

La structure du bois de printemps maximise l'apport d'eau aux nouvelles feuilles, au début de la saison de croissance. Les cellules à paroi épaisse du bois d'été ne transportent pas aussi

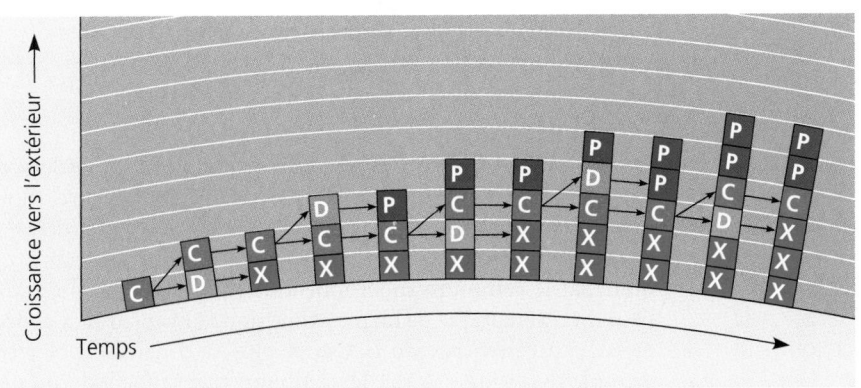

FIGURE 35.20 Production du xylème et du phloème secondaires par le cambium libéroligneux.
Ce diagramme montre les bandes radiales de cellules qui se forment à partir de l'activité méristématique d'une seule cellule du cambium libéroligneux. La cellule du cambium (C) produit, à l'intérieur, le xylème secondaire (X) et, à l'extérieur, le phloème secondaire (P). À chaque division d'une cellule initiale fusiforme, l'une des cellules filles conserve le potentiel initial de la cellule mère, tandis que l'autre, la cellule dérivée (D), se différencie pour devenir soit une cellule du xylème, soit une cellule du phloème. Au fur et à mesure que les couches de xylème s'accumulent, la circonférence du cambium libéroligneux augmente puisqu'il s'éloigne graduellement de l'axe central de la plante.

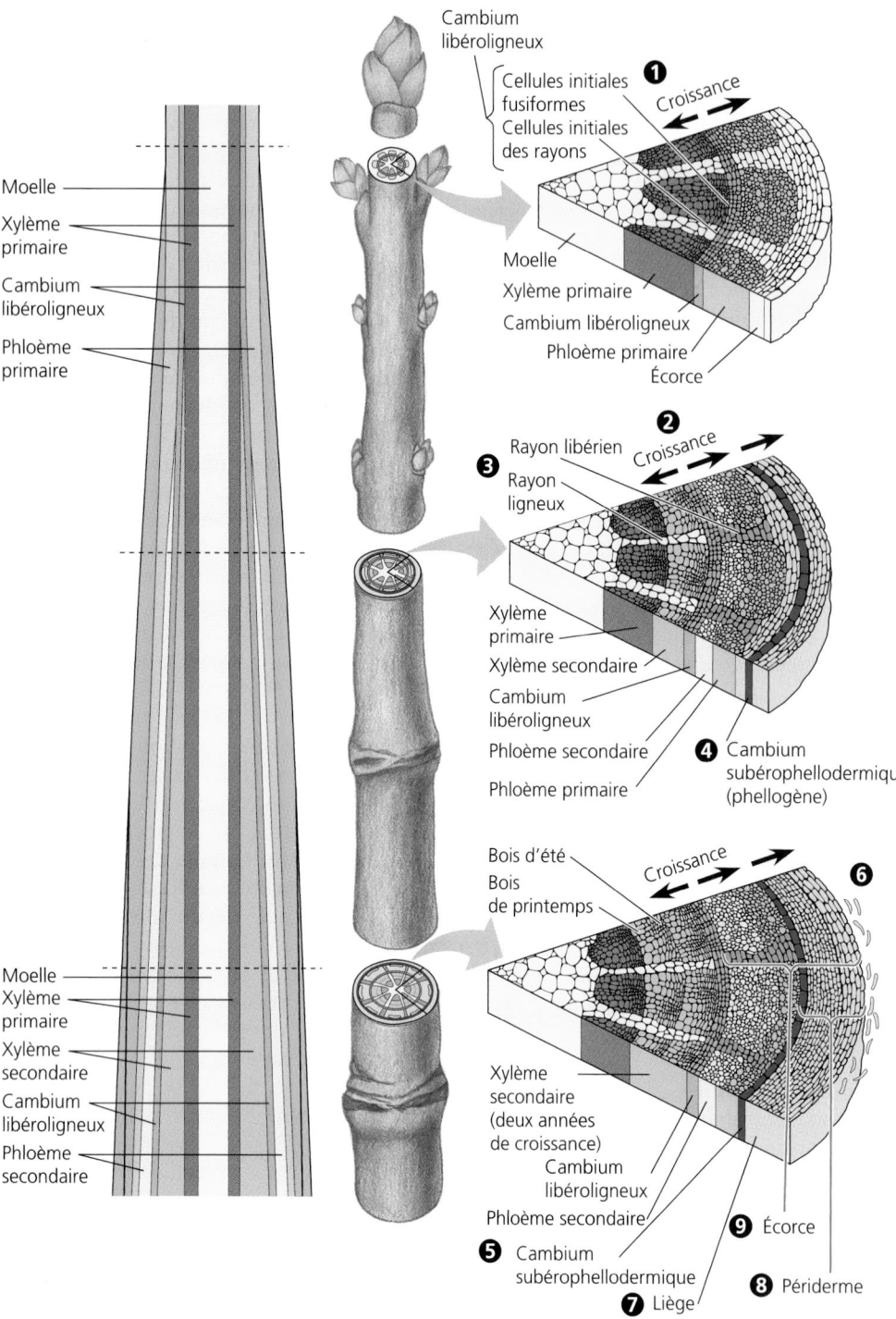

Moelle
Xylème primaire
Cambium libéroligneux
Phloème primaire

Cambium libéroligneux
Cellules initiales fusiformes
Cellules initiales des rayons

❶ Croissance

❶ Dans la plus jeune partie de la tige, on peut voir la structure primaire de la plante produite par le méristème apical au cours de la croissance primaire. Le cambium libéroligneux commence à s'y former.

Moelle
Xylème primaire
Cambium libéroligneux
Phloème primaire
Écorce

❷ Tandis que la tige s'allonge grâce à la croissance primaire qui se poursuit, sa portion formée plus tôt dans la même année a déjà commencé sa croissance secondaire. Le diamètre de cette portion augmente au fur et à mesure que les cellules initiales fusiformes du cambium libéroligneux forment le xylème secondaire à l'intérieur et le phloème secondaire à l'extérieur.

❷ Croissance

❸ Rayon libérien
Rayon ligneux

Xylème primaire
Xylème secondaire
Cambium libéroligneux
Phloème secondaire
Phloème primaire

❹ Cambium subérophellodermique (phellogène)

❸ Les cellules initiales des rayons du cambium donnent naissance aux rayons ligneux et libériens.

❹ Le phloème secondaire et les autres tissus extérieurs au cambium ne peuvent suivre l'expansion du cambium libéroligneux, parce que leurs cellules ne se divisent plus. Ainsi, un deuxième méristème latéral, le cambium subérophellodermique, se forme à partir des cellules parenchymateuses de l'écorce. Il produit les cellules du liège qui remplacent les cellules de l'épiderme pour protéger la surface de la tige.

❺ Durant la deuxième année de croissance secondaire, le cambium libéroligneux s'ajoute au xylème et au phloème secondaires, et le cambium subérophellodermique produit le liège.

Moelle
Xylème primaire
Xylème secondaire
Cambium libéroligneux
Phloème secondaire

Bois d'été
Bois de printemps

Croissance **❻**

Xylème secondaire (deux années de croissance)
Cambium libéroligneux
Phloème secondaire

❺ Cambium subérophellodermique
❼ Liège
❾ Écorce
❽ Périderme

❻ Tandis que le diamètre de la tige continue d'augmenter, les tissus externes du cambium subérophellodermique se fendillent et se détachent.

❼ Le cambium subérophellodermique se reforme en produisant des couches de plus en plus profondes dans l'écorce. Lorsqu'il ne reste plus d'écorce originale, le cambium subérophellodermique se forme à partir des cellules parenchymateuses du phloème secondaire.

❽ L'épiderme de la structure primaire de la plante a été remplacé par un ensemble de tissus protecteurs de la structure secondaire, que l'on appelle périderme. Le périderme comprend le cambium subérophellodermique et le liège.

❾ L'écorce comprend tous les tissus extérieurs au cambium libéroligneux.

FIGURE 35.21 Croissance secondaire d'une tige. On peut retracer la croissance secondaire d'une tige en examinant les sections dans lesquelles apparaissent en succession ses parties vieillissantes. (On observerait les mêmes changements si l'on pouvait suivre la formation et le développement de la partie la plus jeune, près de l'extrémité, pendant les trois prochaines années.)

bien l'eau que celles du bois de printemps. Mais elles assurent un meilleur soutien physique à l'arbre. Si l'on observe la coupe transversale du tronc d'un arbre des régions tempérées, on peut voir des anneaux de croissance résultant du cycle annuel du cambium libéroligneux: cambium en dormance; production de bois de printemps; production de bois d'été. Grâce à la démarcation visible entre deux années de croissance, on peut évaluer l'âge d'un arbre en comptant ses anneaux.

Cambium subérophellodermique et production du périderme.
Au cours des premières étapes de la croissance secondaire, l'épiderme issu de la croissance primaire se fendille, sèche et se détache de la tige. Il est remplacé par de nouveaux tissus protecteurs produits par le cambium subérophellodermique (ou phellogène), tissu méristématique de forme cylindrique qui apparaît d'abord dans l'écorce externe de la tige et plus tard dans le phloème secondaire (FIGURE 35.22). Le cambium subérophellodermique

produit les cellules du liège (ou suber) qui s'accumulent à l'extérieur. À maturité, avant de mourir, les cellules du liège sécrètent une substance cireuse, la subérine, qui se dépose sur le côté interne de la paroi cellulaire. Le liège devient alors une barrière protectrice contre les agressions du milieu et les agents pathogènes. Sa composition cireuse réduit les pertes d'eau des tiges. Les couches de liège et de cambium subérophellodermique constituent le **périderme,** couche protectrice de la structure secondaire de la plante qui remplace l'épiderme de la structure primaire. À certains endroits, là où le cambium subérophellodermique est le plus actif, le périderme peut se fendre. Les ouvertures ainsi créées, que l'on appelle **lenticelles,** permettent aux cellules vivantes situées à l'intérieur du tronc d'effectuer des échanges respiratoires avec l'air ambiant

Le terme **écorce,** plus large que le terme *périderme,* désigne l'ensemble des tissus situés à l'extérieur du cambium libéroligneux. L'écorce comprend donc, de l'intérieur vers l'extérieur, le phloème secondaire, le cambium subérophellodermique et le liège. Autrement dit, elle est composée du phloème et du périderme (voir les FIGURES 35.21 et 35.22).

Contrairement au cambium libéroligneux, qui forme une couche concentrique dont l'épaisseur croît, le cambium subérophellodermique original est un cylindre dont la taille reste stable. Au bout de quelques semaines de production de liège, le cambium subérophellodermique cesse son activité méristématique. Les cellules qui le composent deviennent ensuite à leur tour du liège. L'expansion des tiges provoque le fendillement du périderme original. On peut alors se demander comment le périderme peut poursuivre sa croissance secondaire. En fait, un nouveau cambium subérophellodermique se forme de plus en plus profondément dans l'écorce, jusqu'à ce qu'il n'y ait plus d'écorce. Ensuite, il se forme à partir des cellules parenchymateuses du phloème secondaire.

Le transport de la sève élaborée ne se fait que dans le phloème secondaire le plus récent, qui est situé du côté interne du cambium subérophellodermique. Le phloème secondaire le plus ancien, situé du côté externe du cambium subérophellodermique, meurt et protège la tige jusqu'à ce qu'elle se détache

de l'écorce au fil des saisons de croissance secondaire. C'est pourquoi le phloème secondaire ne s'accumule pas autant que le xylème secondaire au fil des ans.

L'examen de la coupe transversale d'un vieux tronc d'arbre permet d'observer le résultat de nombreuses années de croissance secondaire. On peut ainsi distinguer plusieurs couches du centre vers l'extérieur (FIGURE 35.23). L'aubier (bois imparfait) et le duramen (bois parfait, appelé improprement « bois de cœur ») se composent tous les deux de xylème secondaire. Le duramen, plus vieux que l'aubier, n'assure plus le transport de l'eau. Les parois lignifiées de ses cellules mortes forment une colonne centrale qui soutient l'arbre. Ce bois doit sa riche couleur aux résines et aux autres substances qui obstruent les cavités cellulaires et qui contribuent à protéger le noyau de l'arbre des champignons et des insectes. L'aubier se compose de cellules du xylème secondaire qui assurent encore le transport de l'eau et des minéraux (sève brute). C'est un bois généralement plus clair que le duramen et situé juste sous l'écorce. Comme chaque nouvelle couche de xylème secondaire a une circonférence plus grande que la précédente, la croissance secondaire permet au xylème de transporter une plus grande quantité de sève brute d'année en année, afin de fournir aux feuilles plus nombreuses l'eau et les minéraux dont elles ont besoin.

La FIGURE 35.24, à la page 800, présente un résumé des relations entre les tissus primaires et les tissus secondaires d'une pousse ligneuse.

Croissance secondaire des racines

Les deux méristèmes latéraux, c'est-à-dire le cambium libéroligneux et le cambium subérophellodermique, jouent également un rôle dans la croissance secondaire des racines. Le cambium libéroligneux se forme à l'intérieur de la stèle. Il produit le xylème secondaire du côté interne et le phloème secondaire du côté externe. Au fur et à mesure que le diamètre de la stèle augmente, l'écorce et l'épiderme se fendent et se détachent de la racine. Le péricycle de la stèle donne naissance à un

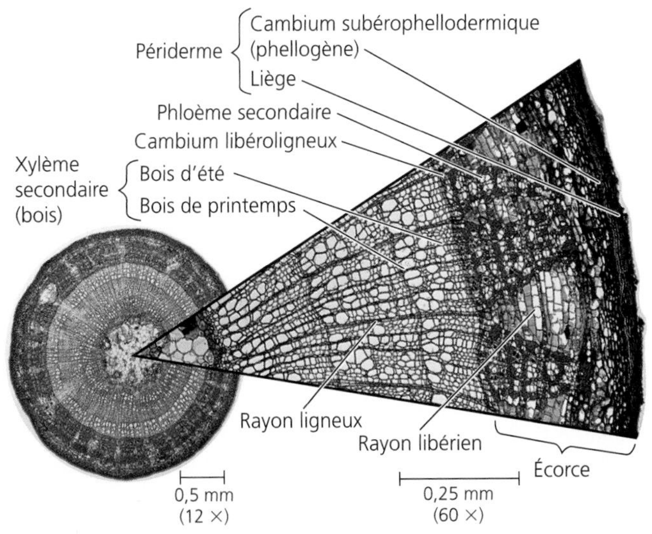

FIGURE 35.22 Anatomie d'une tige ligneuse de Dicotylédone âgée de trois ans (MP).

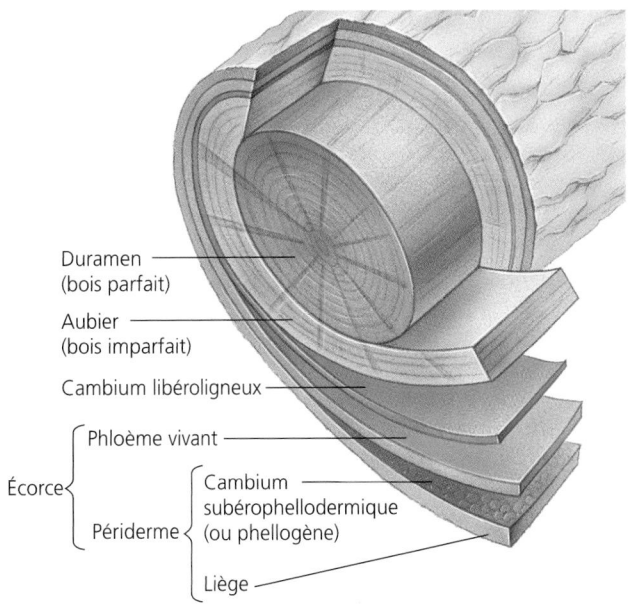

FIGURE 35.23 Anatomie d'un tronc d'arbre.

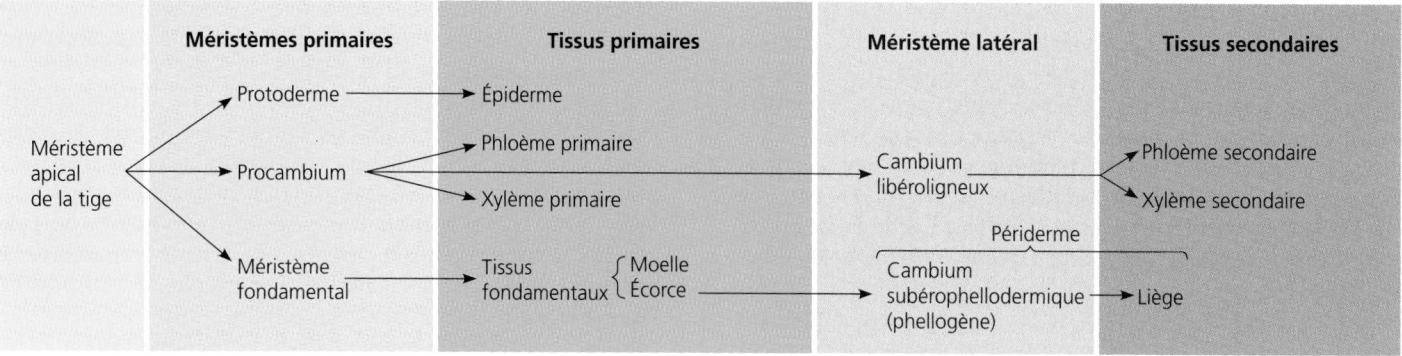

FIGURE 35.24 Résumé de la croissance primaire et de la croissance secondaire d'une tige ligneuse.

cambium subérophellodermique qui produit à son tour le périderme. Ce dernier devient le tissu de revêtement secondaire. Contrairement à l'épiderme primaire d'une jeune racine, le périderme est imperméable. En conséquence, seules les plus jeunes racines, qui constituent la structure primaire de la plante, absorbent l'eau et les minéraux du sol. Les plus vieilles, qui composent la structure secondaire, ne servent qu'à ancrer la plante dans le sol et à assurer le transport des liquides des jeunes racines vers le système caulinaire.

Au fil des ans, les racines deviennent plus ligneuses. Là aussi, on peut voir les anneaux qui se forment dans le xylème secondaire. Les tissus situés à l'extérieur du cambium libéroligneux constituent une écorce épaisse et solide. Après une croissance secondaire prolongée, les vieilles tiges et les vieilles racines présentent une structure semblable.

Jusqu'ici, nous avons décrit la formation de la structure à partir des méristèmes. Après avoir fait cette *description* de la croissance et du développement des Plantes, passons à l'étude des *mécanismes* qui en sont à la base.

LES MÉCANISMES DE LA CROISSANCE ET DU DÉVELOPPEMENT DES VÉGÉTAUX

La vie des Plantes commence par une cellule unique, le zygote issu de l'union d'un gamète mâle et d'un gamète femelle. (Le chapitre 38 aborde en détail la fécondation et le développement embryonnaire chez les Végétaux.) L'étude du développement des Végétaux nous amène à comprendre comment cette cellule unique donne naissance à une plante multicellulaire d'une forme particulière comportant des cellules, des tissus et des organes fonctionnels intégrés. Puisque toutes les cellules méristématiques possèdent le même matériel génétique, pourquoi l'une d'entre elles devient-elle une cellule criblée du phloème alors qu'une autre produit un élément de vaisseau du xylème? Pourquoi une région donnée de l'extrémité d'une pousse donne-t-elle naissance à des feuilles à un certain moment et à des fleurs à un autre? En essayant de répondre à ces questions, nous devons garder en tête le fait que les Plantes sont d'une souplesse incroyable pour ce qui concerne leur développement. Les facteurs environnementaux ont une grande influence sur la

structure des plantes, notamment sur leur hauteur, leurs ramifications et la formation de leurs organes reproducteurs. C'est ainsi qu'un grand nombre de morphologies peuvent résulter d'un même génotype. (Le chapitre 39 aborde les réponses des Végétaux aux facteurs environnementaux.)

Trois processus de développement travaillent de concert pour transformer le zygote en plante : la croissance, la morphogenèse et la différenciation. Les techniques modernes de la biologie moléculaire permettent aux botanistes d'étudier la manière dont ces processus donnent naissance aux structures de la plante.

La biologie moléculaire révolutionne l'étude des Végétaux

La biologie végétale connaît une véritable renaissance. Les nouvelles techniques de laboratoire et de travail sur le terrain associées aux choix astucieux des organismes expérimentaux ont catalysé un foisonnement de la recherche. Ainsi, de nombreux scientifiques qui s'intéressent à la régulation génétique du développement des Plantes concentrent leurs recherches sur *Arabidopsis thaliana* (Arabette des Dames), plante délicate de la famille des Crucifères (FIGURE 35.25). La petite taille d'*Arabidopsis thaliana* permet aux chercheurs de cultiver de nombreux individus dans quelques mètres carrés, en laboratoire. Cette plante produit une nouvelle génération en six semaines environ, ce qui en fait un excellent modèle pour l'étude génétique. Elle intéresse également les botanistes en raison de la petitesse de son génome. Ses cellules possèdent en effet moins d'ADN que celles de la plupart des Plantes connues. Toutes ces caractéristiques ont fait en sorte qu'*Arabidopsis thaliana* fut la première plante dont on a complètement séquencé le génome. Cela a demandé un effort multinational de six années.

Arabidopsis thaliana possède 26 000 gènes environ, dont un grand nombre sont dupliqués. Il y a donc probablement moins de 15 000 gènes de types différents. Ce niveau de complexité est semblable à celui que l'on rencontre chez la Drosophile (*Drosophila melanogaster*). La connaissance du fonctionnement de certains des gènes d'*Arabidopsis thaliana* a déjà permis d'accroître notre compréhension du développement des Plantes. Cependant, les fonctions d'environ 45 % des gènes de cette espèce sont encore inconnues (voir la FIGURE 35.25).

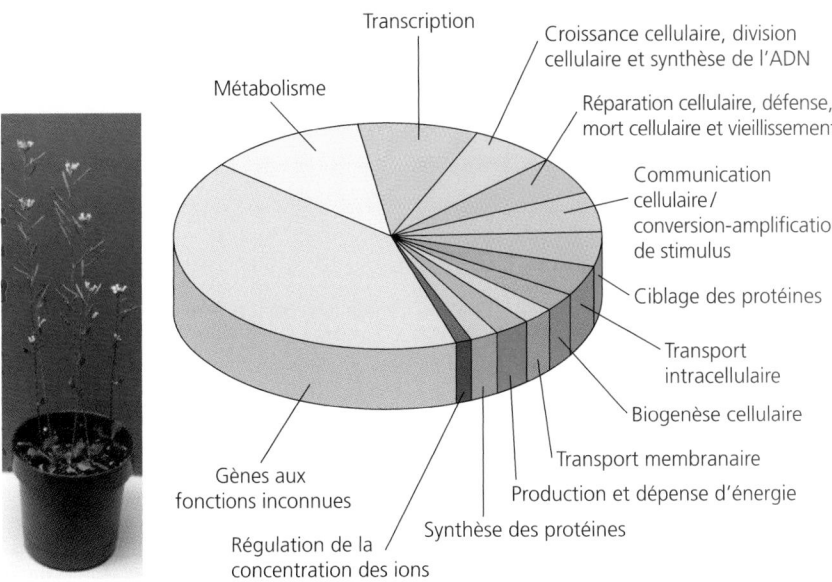

Transcription

Métabolisme

Croissance cellulaire, division cellulaire et synthèse de l'ADN

Réparation cellulaire, défense, mort cellulaire et vieillissement

Communication cellulaire / conversion-amplification de stimulus

Ciblage des protéines

Transport intracellulaire

Biogenèse cellulaire

Transport membranaire

Production et dépense d'énergie

Synthèse des protéines

Régulation de la concentration des ions

Gènes aux fonctions inconnues

FIGURE 35.25 *Arabidopsis thaliana.* L'Arabette des dames (*Arabidopsis thaliana,* en médaillon) fut la première plante dont on a complètement séquencé le génome. Les chercheurs l'ont choisie en raison de sa petite taille, de son cycle de développement rapide et de son petit génome (environ 26 000 gènes). Ce diagramme en forme de disque représente l'ensemble des gènes d'*Arabidopsis thaliana.* Chaque portion de couleur correspond à la proportion de gènes qui participent à une fonction donnée.

Maintenant qu'ils connaissent la séquence complète de l'ADN d'*Arabidopsis thaliana,* les botanistes ont l'ambitieux projet de déterminer la fonction de chacun de ses gènes avant 2010. En déterminant la fonction de chaque gène et en retraçant chaque voie métabolique, les chercheurs espèrent établir le plan de développement des Végétaux. L'une des principales tâches consistera à déterminer quelles cellules précisément fabriquent les produits de gènes donnés, et à quelles étapes de la vie de la plante. Les chercheurs veulent également créer des gènes mutants pour chaque gène du génome. Certains prévoient la création prochaine d'une « plante virtuelle » à l'aide de l'informatique. Cela leur permettrait de visualiser les gènes qui sont activés dans les différentes parties de la plante tout au long de son développement.

La croissance, la morphogenèse et la différenciation façonnent la structure des Plantes

Prenons une herbe quelconque, qui peut compter des milliards de cellules. Certaines cellules sont grosses, d'autres petites ; certaines sont spécialisées, d'autres non. Mais toutes sont issues d'un seul zygote. L'augmentation de la masse et de la taille qui se produit durant la vie de la plante résulte de la division et de l'expansion cellulaires. Qu'est-ce qui contrôle ces processus ? Pourquoi les feuilles cessent-elles de croître quand elles atteignent une certaine taille, alors que les méristèmes apicaux se divisent sans arrêt ? Notons par ailleurs que les milliards de cellules qui composent une herbe ne constituent pas un amas de cellules indifférenciées. Toutes ces cellules sont en effet organisées en tissus et en organes reconnaissables. Les feuilles naissent des nœuds ; les racines (non adventives), non. L'épiderme se forme sur les faces supérieure et inférieure de la feuille, le tissu conducteur dans le mésophylle ; jamais le contraire. Le développement de la forme et de l'organisation de la structure se nomme **morphogenèse.** Toutes les cellules d'une plante contiennent le même ensemble de gènes, réplique exacte du génome présent dans le zygote (œuf fécondé). Comment ce

même ensemble d'instructions génétiques peut-il produire une telle diversité de cellules – cellules stomatiques, cellules du mésophylle, cellules criblées, cellules épidermiques, etc.? Le processus qui mène à la diversité cellulaire se nomme **différenciation** (voir la page 438).

Observons maintenant de plus près les mécanismes moléculaires qui permettent la croissance, la morphogenèse et la différenciation cellulaire chez les Végétaux.

La croissance met en jeu la division et l'expansion cellulaires

En augmentant le nombre de cellules, la division cellulaire qui a lieu dans les méristèmes augmente également le potentiel de croissance. Mais c'est l'expansion cellulaire qui est responsable de l'augmentation réelle de la masse de la plante. Nous avons décrit en détail la division cellulaire au chapitre 12 (voir la FIGURE 12.9) et nous verrons l'allongement cellulaire au chapitre 39 (voir la FIGURE 39.7). Nous nous attardons donc ici sur la façon dont ces processus contribuent à donner une forme à la plante.

Plan et symétrie de la division cellulaire

Le plan (direction) de la division cellulaire détermine grandement la forme de la plante (FIGURE 35.26a, p. 802). Imaginez une cellule unique prête à subir une mitose. Si les plans de la division des cellules filles sont parallèles au plan de la première division cellulaire, il y aura production d'une chaîne linéaire de cellules (FIGURE 35.26). Par contre, si les plans de la division des cellules filles ont une orientation due au hasard, il en résultera un amas de cellules désorganisées. Le plan de la division cellulaire est donc très important dans l'élaboration de la forme d'un organe, et la symétrie l'est également. Dans les chapitres précédents, nous avons vu l'importance de la symétrie dans la redistribution des chromosomes pendant la mitose. Cette symétrie n'a pas un caractère aussi important pour ce qui est du cytoplasme. La **division cellulaire asymétrique,** qui fait en sorte

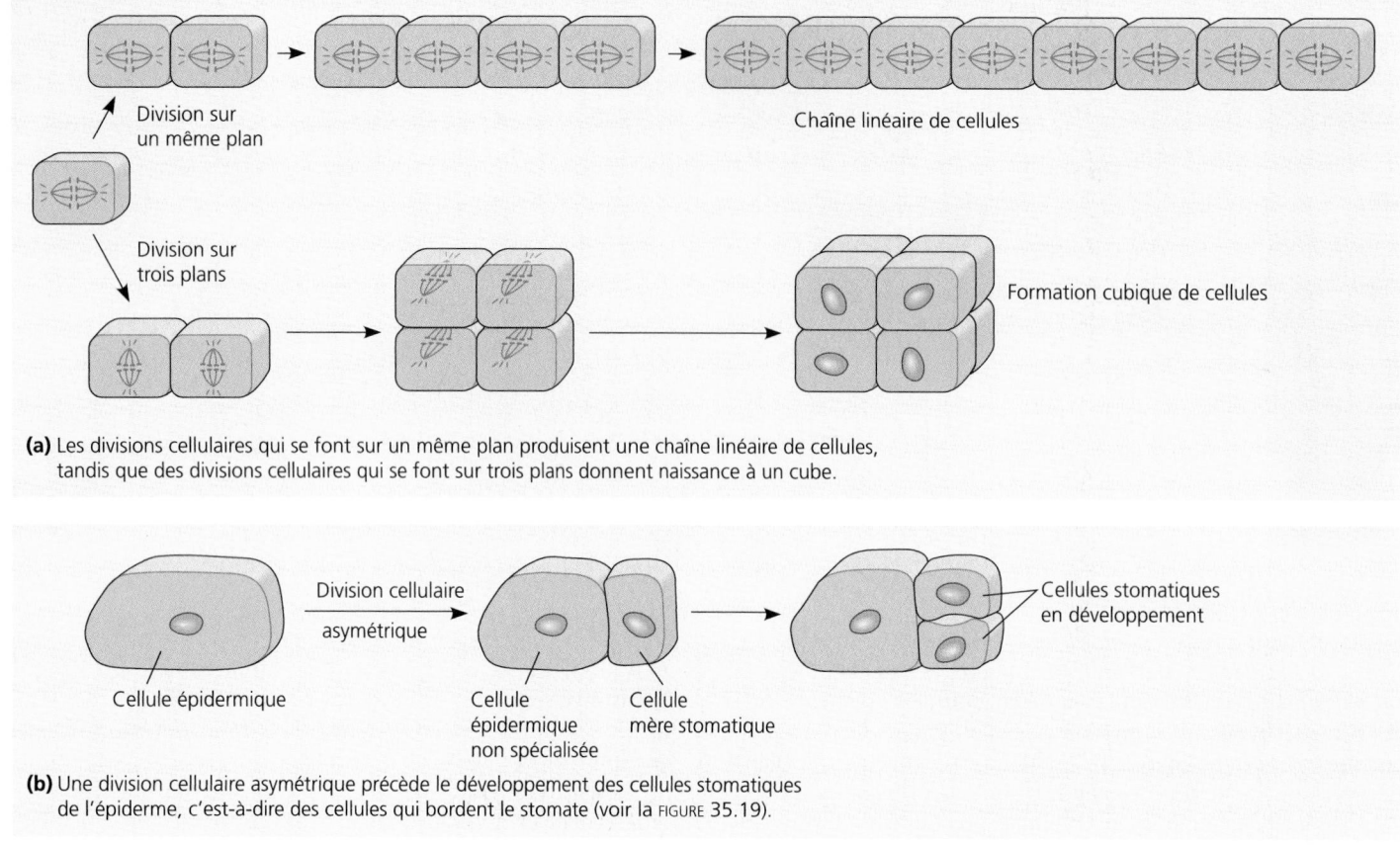

(a) Les divisions cellulaires qui se font sur un même plan produisent une chaîne linéaire de cellules, tandis que des divisions cellulaires qui se font sur trois plans donnent naissance à un cube.

(b) Une division cellulaire asymétrique précède le développement des cellules stomatiques de l'épiderme, c'est-à-dire des cellules qui bordent le stomate (voir la FIGURE 35.19).

FIGURE 35.26 Influence du plan et de la symétrie de la division cellulaire sur le développement de la forme.

que l'une des cellules filles reçoive plus de cytoplasme que l'autre au cours de la mitose, est relativement courante chez les cellules végétales. Elle est habituellement le signe d'un événement clé dans le développement. Par exemple, la formation des cellules stomatiques nécessite généralement une division asymétrique et une modification du plan de la division. Une cellule épidermique se divise de manière asymétrique pour donner une cellule volumineuse qui restera une cellule épidermique non spécialisée et une petite cellule qui deviendra une cellule mère stomatique. Cette petite cellule mère subira une autre division, perpendiculaire à la première, pour donner naissance aux cellules stomatiques (FIGURE 35.26b).

Le plan sur lequel une cellule se divise est déterminé à la fin de l'interphase. La redisposition du cytosquelette constitue le premier signe de cette orientation spatiale. Les microtubules de la partie périphérique du cytoplasme forment un anneau appelé **bande préprophasique** (FIGURE 35.27). Cette bande disparaît avant la métaphase. Mais elle a le temps de déterminer le plan de la division cellulaire. En effet, elle laisse derrière elle un réseau ordonné de microfilaments d'actine qui maintiennent le noyau dans son orientation jusqu'à la formation du fuseau, puis qui dirigent les mouvements des vésicules issues de l'appareil de Golgi et produisant la plaque cellulaire (voir la FIGURE 12.8b). Lorsque la cellule se divise enfin, les parois qui séparent les cellules filles se forment suivant le plan défini plus tôt par la bande préprophasique.

Orientation de l'expansion cellulaire

Avant d'aborder la contribution de l'expansion cellulaire à la formation de la plante, soulignons une différence entre les Végétaux et les Animaux. La croissance des cellules animales repose principalement sur la synthèse de cytoplasme riche en protéines, processus coûteux du point de vue métabolique. La croissance des cellules végétales nécessite aussi la fabrication de matière organique dans le cytoplasme. Mais l'absorption d'eau représente ici généralement 90 % de l'expansion cellulaire. La majeure partie de cette eau se trouve dans une grande vacuole centrale formée par la fusion, au cours de la croissance de la cellule, de nombreuses petites vacuoles. Une plante croît donc rapidement et à peu de frais, car une petite quantité de cytoplasme suffit. Par exemple, les pousses de Bambou s'allongent de plus de 2 m par semaine. L'allongement rapide des racines et des pousses favorise l'exposition à la lumière et augmente la surface d'absorption en contact avec le sol, ce qui représente une importante adaptation des Végétaux, au cours de l'évolution, à leur vie immobile.

Les cellules végétales croissent rarement de façon uniforme dans toutes les directions. Leur grande expansion est habituellement orientée selon l'axe principal de la plante. Ainsi, les cellules situées près de l'extrémité de la racine peuvent multiplier par vingt leur longueur initiale, mais s'élargissent relativement peu. On attribue cela à l'orientation des microfibrilles de

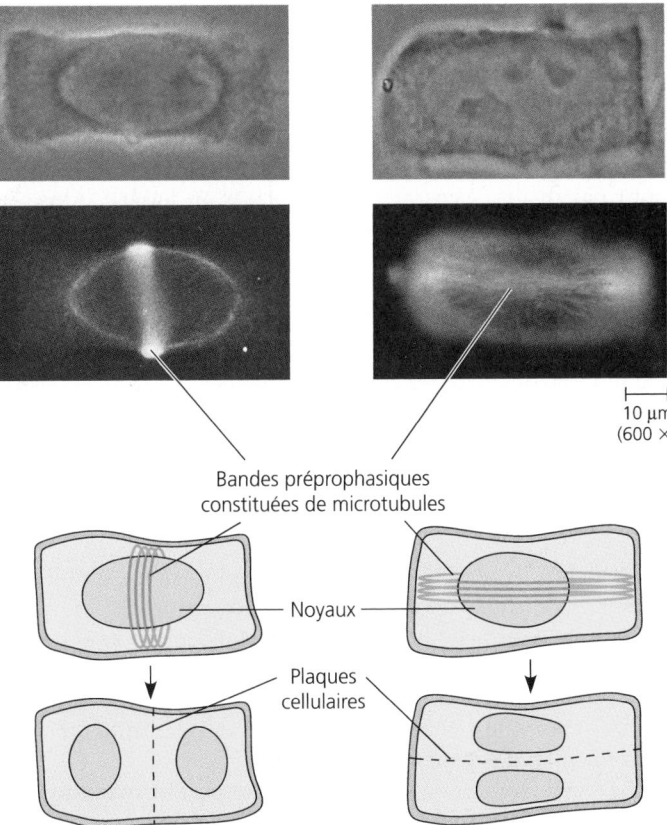

cellulose dans les couches profondes de la paroi cellulaire. Les microfibrilles ont une faible élasticité ; la croissance cellulaire se fait donc perpendiculairement à elles (FIGURE 35.28). Elles sont synthétisées par des complexes enzymatiques enchâssés dans la membrane plasmique (FIGURE 35.29, p. 804). Leur disposition dans la paroi rappelle celle des microtubules situés dans le cortex cellulaire (portion du cytoplasme qui se trouve dans le voisinage de la membrane) et s'insérant dans la membrane plasmique. Certains biologistes pensent que ces microtubules dirigent le déplacement des enzymes productrices de cellulose le long de la membrane. En effet, chaque complexe enzymatique se déplace sur l'un de ces canaux à mesure que la microfibrille qu'il fabrique se met en place en se fixant à d'autres fibrilles par des ponts transversaux. Cela déterminerait l'alignement des micro-fibrilles dans la paroi, qui lui-même déterminerait la direction de l'expansion cellulaire.

Importance des microtubules du cortex cellulaire dans la croissance des Végétaux

Les études effectuées sur des mutants d'*Arabidopsis thaliana* ont confirmé l'importance des microtubules du cortex cellulaire dans la division et l'expansion cellu-laires. Prenons, par exemple, les mutants d'*Arabidopsis thaliana* appelés *fass*. Leurs cellules sont anormalement ramassées et se divisent suivant des plans dont l'orientation est aléatoire. Dans les racines et la tige de ces mutants, il n'y a pas de chaînes linéaires et de formations cubiques de cellules telles que celles que l'on observe dans une plante normale. Malgré ces anomalies, les mutants *fass* adultes, bien que minuscules, possè-dent tous leurs organes, y compris les fleurs. Mais ces derniers sont comprimés en longueur (FIGURE 35.30, p. 804).

FIGURE 35.27 Bande préprophasique et plan de la division cellulaire. L'emplacement de la bande préprophasique indique le plan que suivra la division cellulaire. Bien que de forme semblable, les deux cellules de gauche et de droite se diviseront selon des plans différents. Les deux micrographies du haut montrent les cellules au naturel. Celles du bas montrent les cellules après qu'elles ont été traitées avec un colorant fluorescent qui se lie spéci-fiquement aux microtubules. Les microtubules colorés forment un « halo » (bande préprophasique) dans le cytoplasme, autour du noyau.

FIGURE 35.28 Orientation de l'expansion des cellules végétales. C'est principalement l'absorption d'eau qui permet l'expansion des cellules végétales. Dans une cellule en croissance, les enzymes affaiblissent les ponts transversaux de la paroi, qui peut ainsi prendre de l'expansion à mesure que l'eau y pénètre par osmose. La croissance de la cellule se fait surtout perpendiculairement aux microfibrilles de cellulose présentes dans la paroi. Ces microfibrilles sont enchâssées dans une matrice comportant d'autres polysaccharides (non cellulosiques), dont quelques-uns forment les ponts transversaux visibles sur cette micrographie (MET). Le relâchement de la paroi se produit lorsque les protons sécrétés par la cellule activent les enzymes de la paroi. Ces enzymes, à leur tour, rompent les ponts transversaux qui relient les polymères dans la paroi. Les limitations concernant la turgescence étant alors réduites, la cellule peut absorber un surplus d'eau et se dilater. Les petites vacuoles, qui renferment la majeure partie de l'eau, fusionnent et forment la vacuole centrale de la cellule.

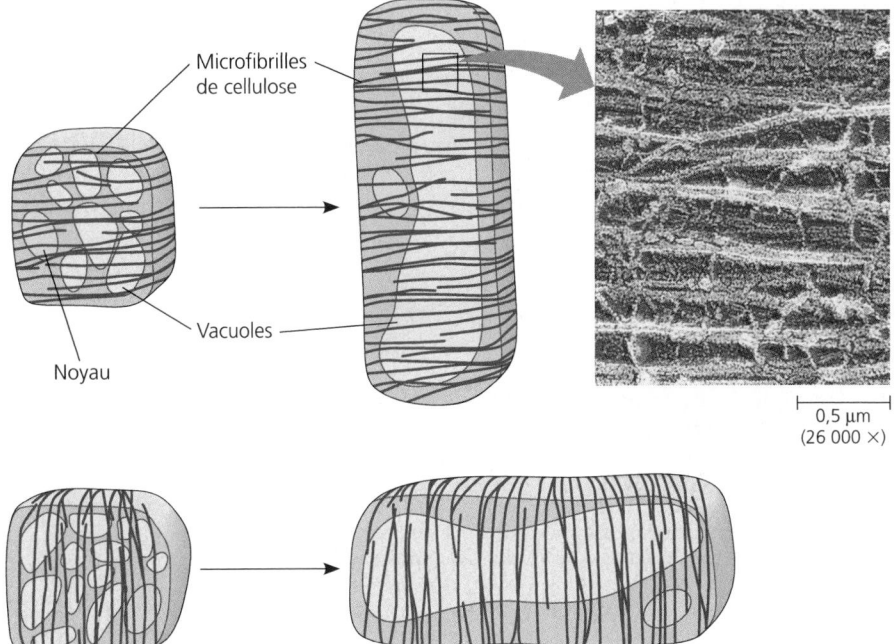

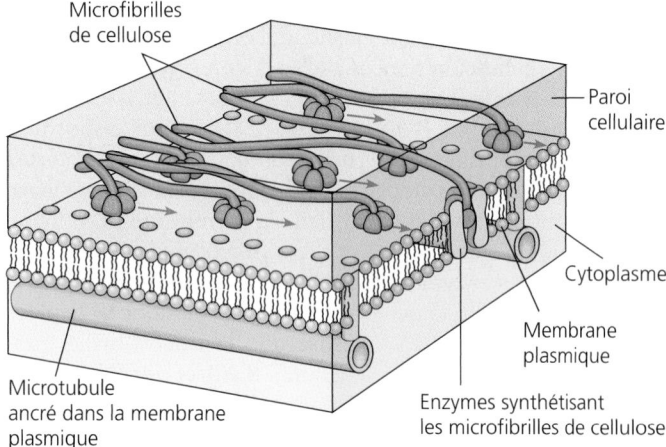

Microfibrilles
de cellulose

Paroi
cellulaire

Cytoplasme

Membrane
plasmique

Microtubule
ancré dans la membrane
plasmique

Enzymes synthétisant
les microfibrilles de cellulose

FIGURE 35.29 Mécanisme hypothétique selon lequel les microtubules orienteraient les microfibrilles de cellulose. Les microfibrilles de cellulose sont synthétisées à la surface de la cellule par des complexes enzymatiques qui peuvent se déplacer sur le plan de la membrane plasmique. Une hypothèse indique que les microtubules forment des « talus » qui obligent les enzymes à se déplacer dans une direction précise. Chaque complexe enzymatique avance ainsi le long d'une rangée de talus, à mesure que la microfibrille qu'il fabrique se met en place en se fixant à d'autres microfibrilles au moyen de ponts transversaux.

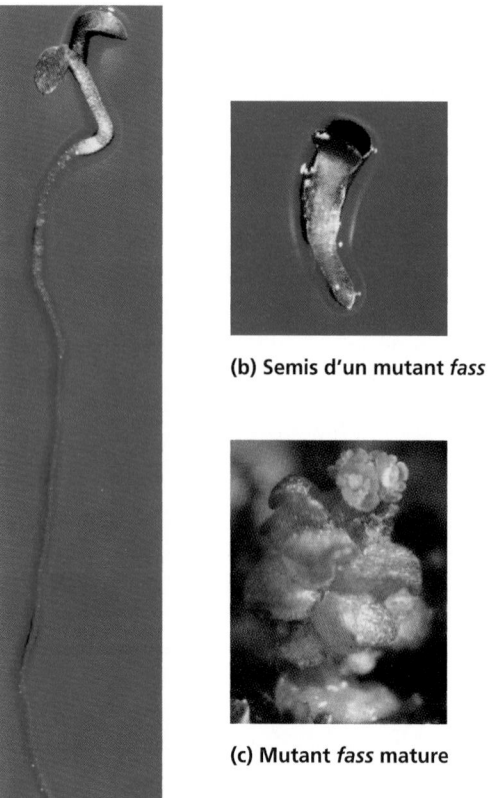

(b) Semis d'un mutant *fass*

(c) Mutant *fass* mature

(a) Semis de type sauvage (normal)

FIGURE 35.30 Le mutant *fass* d'*Arabidopsis thaliana* confirme l'importance des microtubules dans la croissance des Végétaux. La forme ramassée du mutant *fass* est le résultat de la division et de l'expansion cellulaires qui s'orientent de façon désordonnée au lieu de suivre l'axe normal de la plante de type sauvage.

L'organisation des microtubules du cortex cellulaire est anormale chez les mutants *fass*. Bien que les microtubules qui participent aux mouvements des chromosomes et à la formation de la plaque cellulaire soient normaux, aucune bande préprophasique ne se forme avant la mitose (voir la FIGURE 35.27). Dans les cellules en interphase, les microtubules corticaux ne sont pas disposés en rangs, mais placés au hasard. Ainsi, la disposition des microfibrilles de cellulose dans la paroi cellulaire n'oriente pas l'élongation cellulaire (voir les FIGURES 35.28 et 35.29). À cause de ce manque d'organisation des microtubules corticaux, les cellules se dilatent uniformément dans toutes les directions et se divisent de façon anarchique. Cela explique la forme trapue et l'arrangement désorganisé des tissus de ces mutants.

La morphogenèse découle du plan d'organisation

La structure corporelle des Plantes est plus qu'un simple ensemble de cellules en division et en expansion. La morphogenèse est essentielle pour que le développement se produise adéquatement ; c'est-à-dire que les cellules doivent s'organiser en structures multicellulaires telles que des tissus et des organes. La formation de structures précises en des endroits précis se nomme **plan d'organisation.**

Le plan d'organisation tient compte de l'**information de positionnement.** Celle-ci prend la forme de différents types de stimulus qui précisent la position de chaque cellule dans une structure embryonnaire, comme un méristème apical. Dans un organe en développement, chaque cellule reçoit l'information de positionnement et réagit, s'il y a lieu, en se différenciant. Les embryologistes accumulent des indices qui montrent que ce sont des gradients de molécules spécifiques, généralement des protéines, qui fournissent l'information de positionnement. Par exemple, une substance émise par le méristème apical d'une pousse peut « informer » les cellules situées plus bas de la distance qui les sépare de l'apex. On peut imaginer que les cellules évaluent leur position radiale à l'intérieur d'un organe en développement en détectant un second stimulus chimique émanant des cellules périphériques. Le gradient des deux substances permettrait à chaque cellule de connaître sa position par rapport aux axes longitudinal et radial de l'organe rudimentaire. L'hypothèse des stimulus chimiques fait partie des diverses hypothèses que les embryologistes étudient pour découvrir comment une cellule embryonnaire détecte sa position.

Un type d'information de positionnement est associé à la **polarité.** Chez les Plantes, il existe habituellement un axe bien développé dont les deux extrémités sont différentes : l'une est une racine ; l'autre, une pousse. Cette polarité apparaît surtout dans les différences morphologiques. Mais elle se manifeste également dans plusieurs propriétés physiologiques, comme le mouvement unidirectionnel de certaines hormones (voir le chapitre 39) et l'apparition de racines et de pousses adventives aux extrémités appropriées des « boutures ». Des racines adventives se forment à l'extrémité inférieure de la tige ou de la racine d'une bouture ; des pousses se forment à l'extrémité supérieure.

La première division d'un zygote végétal est normalement asymétrique, et polarise la structure de la plante en une extrémité pousse et une extrémité racine. Cette polarité établie est

FIGURE 35.31 Importance de la polarité axiale. Le semis normal d'*Arabidopsis thaliana* (à gauche) possède une racine et une tige. Chez le mutant *gnom* (à droite), la première division du zygote n'a pas été asymétrique ; le semis qui en résulte est en forme de boule et ne possède ni cotylédons (feuilles embryonnaires) ni racines.

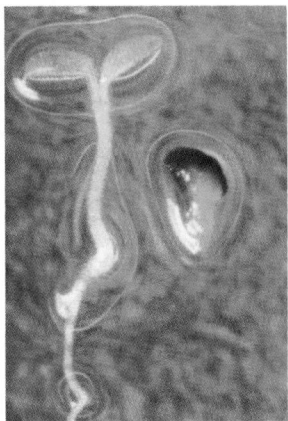

La différenciation cellulaire dépend de la régulation de l'expression génique

Il est remarquable que des cellules aussi différentes que celles des stomates, des tubes criblés (dans le phloème) et des vaisseaux (dans le xylème) aient toutes le même ADN et descendent toutes d'une même cellule, le zygote. La différenciation cellulaire a lieu tout au long de la vie des Plantes, les méristèmes maintenant une croissance indéfinie. La différenciation reflète la synthèse de différentes protéines dans divers types de cellules (voir le chapitre 19). Par exemple, il se forme deux types de cellules dans l'épiderme de la racine d'*Arabidopsis thaliana* : les cellules qui produisent un poil absorbant (appelées *trichoblastes*) et les cellules qui n'en produisent pas. Le sort des cellules est lié à leur position dans l'épiderme. Les cellules épidermiques immatures qui sont en contact avec deux cellules de l'écorce sous-jacente deviennent un poil absorbant, tandis que celles qui sont en contact avec une seule cellule de l'écorce deviennent des cellules matures sans poil absorbant. C'est un gène homéotique appelé *GLABRA*-2 qui est responsable de la distribution adéquate des poils absorbants. Ce gène ne s'exprime normalement que dans les cellules épidermiques qui ne porteront pas de poil absorbant. Si une mutation en inhibe l'expression, *toutes* les cellules épidermiques formeront un poil absorbant. Les chercheurs ont démontré ce phénomène en couplant le gène *GLABRA*-2 à un « gène indicateur » provoquant la coloration bleue de chaque cellule de la racine où le gène *GLABRA*-2 s'exprime après un traitement particulier (FIGURE 35.33, p. 806).

Ce qui rend l'étude de la différenciation cellulaire si fascinante, c'est que les cellules d'un organisme en développement synthétisent différentes protéines et ont différentes structures et fonctions, alors qu'elles ont le même génome. Le clonage de plantes entières à partir de cellules somatiques prouve que le génome d'une cellule différenciée n'a pas changé (voir la FIGURE 21.5). Si, dans un milieu de culture, une cellule mature provenant d'une racine ou d'une feuille se « dédifférencie » et donne naissance aux divers types de cellules d'une plante, c'est qu'elle possède tous les gènes nécessaires à leur élaboration. Il s'ensuit que la différenciation cellulaire dépend dans une large mesure de la régulation de l'expression génique, autrement dit de la régulation de la transcription et de la traduction qui donne des protéines particulières. Des cellules contenant le même génome ont des destinées différentes parce que certains gènes s'expriment à des moments précis de leur différenciation. Une cellule stomatique contient les gènes qui programment l'autodestruction du protoplaste d'une cellule de xylème, mais ces gènes ne s'expriment pas. Dans une cellule de xylème, ces gènes s'expriment, mais seulement à un moment précis de la différenciation, après que la cellule se soit allongée et ait produit sa paroi secondaire. Les chercheurs commencent à lever le voile sur les mécanismes moléculaires qui activent et désactivent les gènes à des moments cruciaux du développement d'une cellule (voir les chapitres 19 et 21).

excessivement difficile à renverser. Ainsi, la détermination adéquate de la polarité axiale est une étape clé de la morphogenèse d'un plant. Chez le mutant *gnom* d'*Arabidopsis thaliana,* la polarité ne s'installe pas. La première division du zygote est en effet anormalement symétrique, et le semis en forme de boule qui en résulte ne possède ni racines ni cotylédons (feuilles embryonnaires) (FIGURE 35.31).

Prenons un autre exemple illustrant la façon dont les gènes régulent le plan d'organisation et la morphogenèse des Plantes. Tout comme les autres organismes multicellulaires, les Plantes possèdent des gènes régulateurs, dits homéotiques (voir le chapitre 21), qui déterminent plusieurs événements majeurs du développement d'un individu, comme l'apparition d'un organe. Par exemple, la protéine produite par le gène homéotique *KNOTTED-1*, présent chez de nombreuses espèces végétales, joue un rôle important dans la morphogenèse des feuilles, y compris des feuilles composées. Si l'expression du gène *KNOTTED-1* est exagérée chez la Tomate (*Lycopersicum esculentum*), les feuilles normalement composées deviennent « supercomposées » (FIGURE 35.32).

FIGURE 35.32 Expression exagérée d'un gène homéotique. *KNOTTED*-1 est un gène homéotique qui participe à la formation des feuilles et des folioles. Son expression exagérée chez la Tomate (*Lycopersicum esculentum*) donne des feuilles « supercomposées » (à droite) par rapport aux feuilles normales (à gauche).

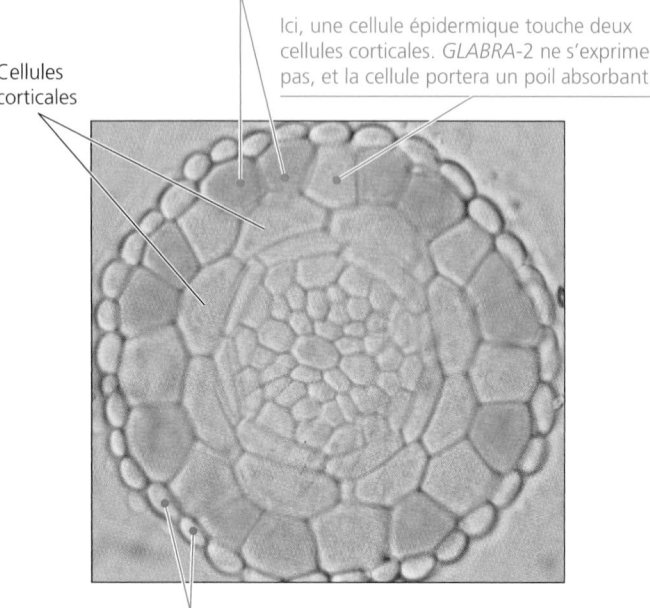

Quand une cellule épidermique est en contact avec une seule cellule de l'écorce sous-jacente (cellule corticale), le gène homéotique *GLABRA-2* s'exprime de manière sélective. Ainsi, cette cellule ne portera pas de poil absorbant. (Dans la micrographie, la couleur bleu sarcelle indique les cellules dans laquelle *GLABRA-2* s'exprime.)

Ici, une cellule épidermique touche deux cellules corticales. *GLABRA-2* ne s'exprime pas, et la cellule portera un poil absorbant.

Cellules corticales

L'anneau de cellules périphériques qui recouvrent l'épiderme se compose de cellules de la coiffe qui se détacheront quand les poils absorbants apparaîtront.

FIGURE 35.33 Exemple de différenciation cellulaire. Deux types de cellules se forment dans l'épiderme de la racine d'*Arabidopsis thaliana* : les cellules qui ont un poil absorbant (trichoblastes) et celles qui n'en ont pas.

Les analyses clonales de l'extrémité des pousses soulignent l'importance de l'emplacement dans le développement d'une cellule

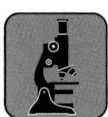

Dans la formation d'un organe rudimentaire, les plans d'organisation de la division et de l'expansion cellulaires influent sur la différenciation des cellules en faisant en sorte que celles-ci occupent des positions précises les unes par rapport aux autres. L'information de positionnement est ainsi à la base de tous les processus du développement : la croissance, la morphogenèse et la différenciation. L'analyse clonale permet d'étudier les relations entre ces processus. Il s'agit d'une méthode qui consiste à suivre les lignages (clones) de chaque cellule d'un méristème apical au fur et à mesure que les organes se forment et se développent. Pour ce faire, les chercheurs peuvent faire appel aux radiations ou aux substances chimiques pour déclencher des mutations somatiques qui modifient le nombre de chromosomes. Ils peuvent aussi marquer une cellule de l'apex de manière à la distinguer de ses voisines. Les cellules qui descendent par mitose de la cellule méristématique mutante seront également « marquées ». Par exemple, une seule cellule du méristème apical d'une pousse peut subir une mutation somatique qui l'empêche de produire de la chlorophylle. Cette cellule et toutes ses descendantes

seront « albinos », c'est-à-dire qu'elles apparaîtront comme une chaîne de cellules incolores sur la longueur de la pousse, qui sera verte ailleurs. L'analyse clonale peut soulever l'importante question suivante : À quel moment une cellule voit-elle sa destinée déterminée par sa position dans la structure embryonnaire ? Dans une certaine mesure, les destinées des cellules de l'apex d'une pousse sont prévisibles. En effet, presque toutes les cellules issues de la division des cellules méristématiques périphériques, par exemple, forment les tissus de revêtement des feuilles et des tiges. Mais il est impossible de déterminer quelles cellules précisément du méristème donneront naissance à tels tissus ou à tels organes. Apparemment, des modifications aléatoires de vitesse et de plan dans la division cellulaire peuvent réorganiser le méristème. Par exemple, les cellules périphériques se divisent *habituellement* sur un plan perpendiculaire à la surface de l'apex, ce qui ajoute des cellules à la couche de surface. Cependant, il arrive qu'une cellule de surface se divise en suivant un plan parallèle à cette couche de cellules périphériques du méristème, plaçant ainsi une cellule fille sous la surface, parmi des cellules de lignages différents. Ainsi, la destinée des cellules du méristème ne s'établit pas très tôt. Autrement dit, l'appartenance à un lignage issu d'une cellule méristématique particulière n'établit pas le destin de la cellule. C'est plutôt la position *finale* dans un organe en formation qui détermine quel type de cellule deviendra la cellule en question. Et cette position finale dépend probablement de l'information de positionnement.

Le passage d'une phase de développement à l'autre entraîne des changements importants dans la morphologie

Notre étude des pousses apicales et de la croissance primaire pourrait nous faire penser que le méristème produit une succession de modules identiques de tiges et de feuilles. En réalité, le méristème apical peut passer d'une phase de développement à l'autre au cours de sa vie. On parle alors de **changement de phase.** L'un de ces changements consiste en une transition progressive d'un état végétatif juvénile (formation de feuilles) à un état végétatif mature. Il se manifeste généralement par la modification de la morphologie des feuilles. Par exemple, les feuilles qui se trouvent dans les régions juvéniles sont différentes de celles qui se trouvent dans les régions matures (FIGURE 35.34). Les nœuds et entre-nœuds juvéniles auxquels le méristème a donné naissance conservent leur statut juvénile même si la pousse continue de s'allonger et même si, plus tard, le méristème passe à la phase mature. Un rameau issu d'un bourgeon axillaire adopte la phase de développement de la pousse dont il provient. Ainsi, bien que la pousse apicale principale puisse être passée de la phase juvénile à la phase mature, une vieille région située plus bas continuera de donner naissance à des rameaux portant des feuilles juvéniles si elle s'est formée quand la pousse principale était encore dans sa phase juvénile. Ironiquement, cela signifie qu'un rameau portant des feuilles juvéniles peut être *plus vieux* en fait qu'un autre rameau portant des feuilles matures.

Ce phénomène de transition de l'état juvénile à l'état mature montre encore une fois qu'il est dangereux de comparer le développement végétal et le développement animal. Chez les

(a)

(b)

FIGURE 35.34 Changement de phase dans le système caulinaire de l'Eucalyptus (*Eucalyptus polyanthemos*). Cet Eucalyptus porte **(a)** des feuilles juvéniles plutôt ovales et **(b)** des feuilles matures lancéolées. Cette différence dans le feuillage reflète un changement de phase dans le développement du méristème apical de chaque pousse. Dans sa phase végétative juvénile, un méristème produit des modules donnant des feuilles ovales. Au fur et à mesure que le méristème entre dans la phase végétative mature, les feuilles deviennent de plus en plus lancéolées. Une fois le module formé, la phase de développement reste la même, qu'elle soit juvénile ou mature. En d'autres termes, les feuilles ovales ne peuvent pas devenir lancéolées.

Animaux, en effet, la transition s'effectue dans l'organisme tout entier, et une larve d'insecte, par exemple, devient un insecte adulte. Chez les Végétaux, les changements de phase des méristèmes apicaux conduisent à une coexistence des régions juvéniles et des régions matures le long de l'axe de chaque pousse.

Les gènes régulateurs de la transcription jouent un rôle clé dans le passage du méristème d'une phase végétative à une phase florale

Parfois, une pousse apicale fait un autre changement de phase étonnant, passant de l'état végétatif à l'état floral. Cette transition est provoquée par une combinaison de stimulus environnementaux, comme la longueur du jour, et de stimulus internes, comme les hormones. (Le chapitre 39 aborde plus en détail la floraison.) Contrairement à la croissance végétative, qui est en perpétuel renouvellement, la production d'une fleur par un méristème apical met un terme à la croissance primaire de l'extrémité de la pousse. Le méristème apical se consume dans la production des organes floraux. Le passage de l'état végétatif à l'état floral est associé à l'activation des **gènes responsables de la formation du méristème floral.** Les protéines produites par ces gènes sont des facteurs de transcription qui, à leur tour, participent à l'activation des gènes nécessaires à la formation du méristème floral.

Une fois qu'un méristème apical s'est engagé dans la phase de floraison, l'information de positionnement contraint chacun des primordiums (de minuscules renflements) situés sur les flancs de l'apex à devenir un organe ayant une structure et une fonction spécifiques. Un primordium

peut ainsi devenir une étamine portant une anthère (revoir la structure de la fleur à la FIGURE 30.13). Les botanistes ont identifié certains des gènes régulés par l'information de positionnement et fonctionnant dans ce développement floral. Les mutations de ces gènes d'identité des organes (gènes homéotiques) font en sorte qu'un type d'organe floral en remplace un autre (FIGURE 35.35). Ainsi, une mutation particulière peut provoquer la formation d'un verticille supplémentaire de sépales à l'endroit où devraient normalement se trouver les pétales de la fleur. On en déduit que les allèles de type sauvage de ces gènes sont responsables de la floraison normale.

Les gènes de l'identité des organes codent pour des facteurs de transcription (voir la FIGURE 21.20). C'est l'information de positionnement qui détermine les gènes qui s'expriment dans un primordium floral particulier. Les facteurs de transcription qui en résultent déclenchent probablement l'expression des gènes responsables de la construction d'un organe ayant une structure et une fonction spécifiques. La FIGURE 35.36, à la page 808, illustre une hypothèse expliquant comment trois régulateurs géniques de l'identité des organes sont responsables du développement normal des fleurs. (Le chapitre 21 aborde

(a)

FIGURE 35.35 Gènes de l'identité des organes et plan d'organisation de la fleur. (a) Chaque fleur normale d'*Arabidopsis thaliana* possède quatre verticilles : les quatre sépales (S) les quatre pétales (P), les six étamines (É) et les deux carpelles (C). **(b)** Les chercheurs ont identifié plusieurs mutations des gènes d'identité des organes qui sont à l'origine de la formation de fleurs anormales. Ainsi, cette fleur possède un ensemble de pétales supplémentaire à la place des étamines et une fleur interne à la place des carpelles.

(b)

FIGURE 35.36 Hypothèse ABC concernant le fonctionnement des gènes d'identité des organes dans le développement floral.
En se fondant sur les études portant sur des mutations qui touchent la morphologie florale d'*Arabidopsis thaliana* et d'autres plantes (l'illustration présente une fleur type), les chercheurs ont déterminé trois classes de gènes d'identité des organes (gènes homéotiques) qui sont responsables de l'organisation spatiale des organes floraux. (Le chapitre 21 présente l'expérience qui appuie cette hypothèse.) Dans l'illustration du haut, le schéma en coupe transversale d'un méristème floral désigne par les lettres A, B et C les trois classes de gènes d'identité des organes. Les produits de ces gènes sont des facteurs de transcription qui régulent l'expression des autres gènes responsables de la formation d'organes floraux spécifiques : les sépales, les pétales, les étamines et les carpelles. Les sépales se forment dans la région où seuls les gènes A sont actifs. Les pétales se forment dans la région où les gènes A *et* B sont actifs. Les étamines naissent dans le méristème où les gènes B *et* C sont actifs. Enfin, les carpelles dérivent des régions où seuls les gènes C sont actifs.

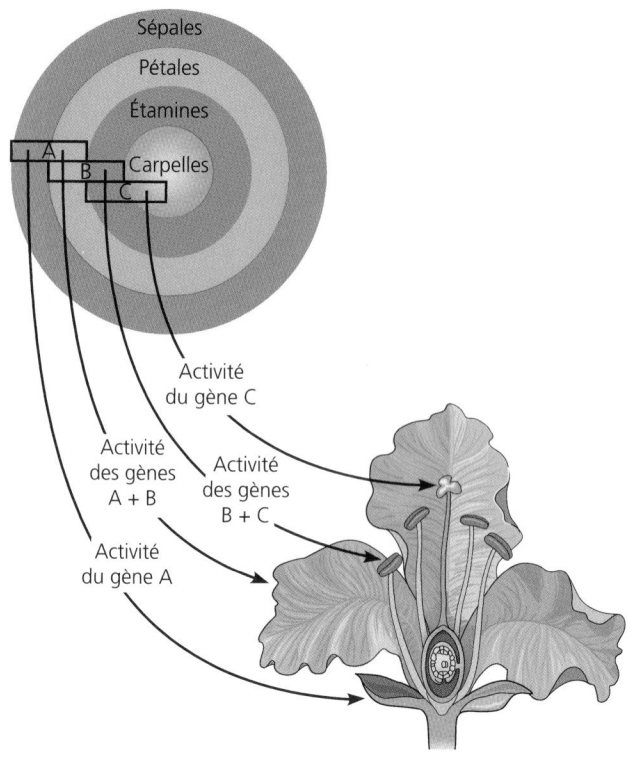

plus en détail cette hypothèse du développement floral ; voir la FIGURE 21.19). En élaborant ce genre d'hypothèses et en les expérimentant, les chercheurs établissent les bases génétiques du développement des Végétaux.

■ ■ ■

Lorsque l'on dissèque une plante pour en examiner les différentes parties, comme on vient de le faire dans ce chapitre, on doit bien se rappeler que la plante est un organisme dont les parties forment un tout. Les chapitres suivants expliqueront mieux la façon dont s'effectuent le transport des substances (chapitre 36), l'absorption des nutriments (chapitre 37), la reproduction (chapitre 38) et la coordination des diverses fonctions (chapitre 39) chez les Végétaux. Pour bien comprendre le fonctionnement d'une plante, rappelez-vous que les structures et les fonctions sont reliées et que l'anatomie et la physiologie reflètent les adaptations à la vie terrestre.

RÉVISION DU CHAPITRE

Résumé des concepts importants

L'ANATOMIE DES VÉGÉTAUX

■ **Les gènes et l'environnement déterminent l'anatomie des Végétaux** (p. 782). La corrélation entre la structure, la fonction et le contexte d'adaptation au milieu, au fil de l'évolution, éclaire notre étude des Végétaux.

■ **Les Végétaux ont trois composantes anatomiques fondamentales : les racines, les tiges et les feuilles** (p. 782 à 786, FIGURES 35.1 à 35.6). Les racines ancrent la plante dans le sol, absorbent l'eau et les minéraux, qu'elles transportent, et emmagasinent les matières nutritives. Le système caulinaire se compose d'une ou plusieurs tiges, de feuilles et de fleurs. Les pétioles attachent les feuilles aux nœuds de la tige, qui sont séparés par des entre-nœuds. Les bourgeons axillaires, situés aux aisselles des pétioles et des tiges, peuvent devenir des rameaux végétatifs et floraux. Les deux classes d'Angiospermes, les Monocotylédones et les Dicotylédones, présentent certaines différences anatomiques.

■ **Les organes végétaux comportent trois catégories de tissus : les tissus de revêtement, les tissus conducteurs et les tissus fondamentaux** (p. 786 à 788, FIGURES 35.7 à 35.9). Les tissus de revêtement (épidermes), les tissus conducteurs (xylème et phloème) et les tissus fondamentaux se retrouvent dans toute la plante, mais leur arrangement et leurs fonctions varient dans les différents organes. Les tissus conducteurs relient les différentes parties de la plante. L'eau et les minéraux montent des racines dans le xylème. Les glucides quittent les feuilles ou les organes de stockage par le phloème. Les trachéides et les éléments de vaisseaux, cellules de transport du xylème, ont une paroi épaisse et sont morts à maturité. Les cellules criblées sont les cellules de transport des glucides dans le phloème. Bien que vivantes à maturité, elles dépendent des cellules compagnes voisines.

- Les tissus des organes végétaux comportent trois types de cellules : les cellules parenchymateuses, les cellules collenchymateuses et les cellules sclérenchymateuses (p. 788 à 790, FIGURES 35.10 et 35.11). Les cellules parenchymateuses, cellules relativement peu spécialisées qui ont toujours la capacité de se diviser, remplissent la plupart des fonctions métaboliques de synthèse et d'entreposage. Les cellules collenchymateuses, qui ont une paroi d'épaisseur variable, supportent les jeunes parties de la plante en développement. Enfin, les cellules sclérenchymateuses (fibres, sclérites et cellules du transport de l'eau dans le xylème) ont une paroi épaisse et lignifiée qui fournit un support aux parties matures de la plante.

LA CROISSANCE ET LE DÉVELOPPEMENT DES VÉGÉTAUX

- Les méristèmes engendrent les cellules des nouveaux organes tout au long de la vie des Plantes : *une vue d'ensemble de la croissance des Végétaux* (p. 790 à 792, FIGURES 35.12 et 35.13). Les méristèmes apicaux allongent les pousses et les racines ; c'est ce que l'on appelle la croissance primaire. Les méristèmes latéraux font augmenter le diamètre des plantes ligneuses ; c'est ce que l'on appelle la croissance secondaire.

- Croissance primaire : les méristèmes apicaux, qui génèrent la structure primaire des Plantes, font s'allonger les racines et les pousses (p. 792 à 796, FIGURES 35.14 à 35.19). Les méristèmes apicaux produisent des cellules qui continuent de se diviser en cellules méristématiques du protoderme, du procambium et du méristème fondamental. Ces trois méristèmes primaires donnent naissance aux tissus de revêtement, aux tissus conducteurs et aux tissus fondamentaux de la structure primaire de la plante. Dans les racines, le méristème apical se trouve près de l'extrémité, où il régénère la coiffe et produit les méristèmes primaires. Dans les pousses, le méristème apical se trouve dans le bourgeon terminal, où il produit plusieurs entre-nœuds et nœuds porteurs de feuilles.

- Croissance secondaire : les méristèmes latéraux ajoutent du volume aux Plantes en produisant des tissus conducteurs secondaires et du périderme (p. 797 à 800, FIGURES 35.20 à 35.24). Le cambium libéroligneux se forme à partir des cellules parenchymateuses. C'est un cylindre méristématique qui produit le xylème secondaire et le phloème secondaire. Le cambium subérophellodermique donne naissance aux tissus de revêtement secondaire, ou périderme, qui protègent la structure de la plante. Ces tissus comprennent le cambium subérophellodermique et les couches de cellules de liège qu'il produit. L'écorce comprend le périderme et le phloème secondaire, c'est-à-dire tous les tissus extérieurs au cambium libéroligneux.

LES MÉCANISMES DE LA CROISSANCE ET DU DÉVELOPPEMENT DES VÉGÉTAUX

- La biologie moléculaire révolutionne l'étude des Végétaux (p. 800 et 801, FIGURE 35.25). Les nouvelles techniques et les plantes servant de modèles, dont *Arabidopsis thaliana*, permettent un progrès exponentiel dans la compréhension des Végétaux. *Arabidopsis thaliana* est la première plante dont on a entièrement séquencé le génome.

- La croissance, la morphogenèse et la différenciation façonnent la structure des Plantes (p. 801). La morphogenèse a lieu tout au long de la vie des Plantes, à cause de la division perpétuelle des méristèmes apicaux qui produisent de nouveaux organes.

- La croissance met en jeu la division et l'expansion cellulaires (p. 801 à 804, FIGURES 35.26 à 35.30). La division et l'expansion cellulaires sont les principaux processus qui déterminent la croissance et la morphologie. Une bande préprophasique détermine l'endroit

où se formera la plaque cellulaire dans la cellule en division. L'orientation des microtubules du cortex cellulaire détermine la direction de l'expansion cellulaire en contrôlant l'orientation des microfibrilles de cellulose qui se trouvent dans la paroi.

- La morphogenèse découle du plan d'organisation (p. 804 et 805, FIGURES 35.31 et 35.32). La formation des tissus et des organes à des endroits précis s'amorce lorsque les cellules reçoivent l'information de positionnement et y répondent.

- La différenciation cellulaire dépend de la régulation de l'expression génique (p. 805 et 806, FIGURE 35.33). Expliquer comment des cellules ayant le même génome donnent naissance à différentes structures ayant différentes fonctions représente un défi.

- Les analyses clonales de l'extrémité des pousses soulignent l'importance de l'emplacement dans le développement d'une cellule (p. 806). La position qu'a une cellule dans un organe en développement détermine sa voie de différenciation.

- Le passage d'une phase de développement à l'autre entraîne des changements importants dans la morphologie (p. 806 et 807, FIGURE 35.34). Des stimulus internes ou environnementaux peuvent provoquer le passage d'une plante d'une phase de développement à l'autre – par exemple, de la production de feuilles juvéniles à la production de feuilles matures.

- Les gènes régulateurs de la transcription jouent un rôle clé dans le passage du méristème d'une phase végétative à une phase florale (p. 807 et 808, FIGURES 35.35 et 35.36). La recherche effectuée sur les gènes de l'identité des organes des fleurs en développement fournit un important modèle pour l'étude des plans d'organisation.

Autoévaluation

(Les questions dont les numéros sont en caractères gras font surtout appel à la compréhension.)

1. Trouvez, parmi les associations structure-tissu suivantes, celle qui est incorrecte.
   a) Poil absorbant – tissu de revêtement.
   b) Parenchyme palissadique – tissu fondamental.
   c) Cellule stomatique – tissu de revêtement.
   d) Cellule compagne – tissu fondamental.
   e) Trachéide – tissu conducteur.

2. Dans quelle zone de croissance de la racine les cellules d'un vaisseau perdent-elles leur protoplaste ?
   a) Dans la zone de division cellulaire.
   b) Dans la zone d'élongation cellulaire.
   c) Dans la zone de différenciation cellulaire.
   d) Dans la coiffe.
   e) Dans la zone quiescente.

3. Le bois est constitué :
   a) d'écorce.
   b) de périderme.
   c) de xylème secondaire.
   d) de phloème secondaire.
   e) de liège.

4. Laquelle des structures suivantes *ne fait pas* partie de l'écorce d'un vieil arbre ?
   a) Liège.
   b) Cambium subérophellodermique.
   c) Lenticelles.
   d) Xylème secondaire.
   e) Phloème secondaire.

5. Le passage d'un méristème apical de la phase juvénile à la phase végétative mature se manifeste souvent par :
   a) une modification dans la morphologie des feuilles produites.
   b) le déclenchement de la croissance secondaire.
   c) la transcription de différents gènes d'identité des organes dans les primordiums situés sur les flancs de la pousse apicale.
   d) un changement d'orientation des bandes préprophasiques et des microtubules à l'intérieur des cellules en division des méristèmes latéraux.
   e) l'activation des gènes d'identité des organes du méristème floral.

6. Un arbre mourra s'il est ceinturé, c'est-à-dire si l'on a pratiqué une incision tout autour du tronc à une profondeur qui atteint les tissus situés juste sous l'écorce. La cause de la mort est principalement :
   a) la destruction du procambium.
   b) la destruction des bourgeons axillaires.
   c) la mort des cellules de l'écorce.
   d) la destruction du cambium subérophellodermique, du phloème et du cambium libéroligneux.
   e) l'incapacité de l'arbre à poursuivre sa croissance primaire.

7. Laquelle des cellules suivantes a le moins de chances d'avoir une paroi secondaire ?
   a) Cellule sclérenchymateuse.
   b) Cellule parenchymateuse.
   c) Cellule fibreuse.
   d) Trachéide.
   e) Sclérite.

8. _____ est au xylème primaire ce que le cambium libéroligneux est _____.
   a) Le phloème primaire ; au xylème secondaire.
   b) La trachéide ; à l'élément de vaisseau.
   c) Le procambium ; au xylème secondaire.
   d) Le méristème apical ; au méristème latéral.
   e) La stèle ; au phloème primaire.

9. Le type de cellule mature que deviendra une cellule végétale embryonnaire est principalement déterminé par :
   a) la perte sélective de gènes.
   b) la position finale de la cellule dans un organe en développement.
   c) le plan de migration de la cellule.
   d) l'âge de la cellule.
   e) le lignage méristématique particulier de la cellule.

10. En vous appuyant sur l'hypothèse présentée aux FIGURES 21.20 et 35.26, prédisez la morphologie de la fleur d'un plant mutant dont les gènes B sont inactifs.
    a) Carpelle – pétale – pétale – carpelle.
    b) Pétale – pétale – pétale – pétale.
    c) Sépale – sépale – carpelle – carpelle.
    d) Sépale – carpelle – carpelle – sépale.
    e) Carpelle – carpelle – carpelle – carpelle.

11. Expliquez pourquoi l'émondage de certains arbres fruitiers provoque l'augmentation de la production de fruits.

12. Les « yeux » d'une pomme de terre blanche marquent les nœuds et les bourgeons. Si ces bourgeons s'éveillent et que la pomme de terre « germe », les appendices qui apparaissent sont-ils des racines ou des pousses ? Expliquez votre réponse.

13. Les biologistes définissent généralement un « tissu animal » comme un « groupe de cellules ayant la même structure et remplissant la même fonction ». En quoi un « tissu animal » diffère-t-il de ce que les biologistes appellent une « catégorie de tissu » chez les Végétaux ?

14. Les cellules des couches inférieures de votre peau ne cessent de se diviser, remplaçant ainsi les cellules mortes qui se détachent de la surface. Pourquoi est-il inadéquat de comparer de telles régions de division cellulaire active, dans votre corps, à un méristème végétal ?

15. Expliquez pourquoi une mutation du type *fass* chez *Arabidopsis thaliana*, qui empêche l'alignement ordonné des microtubules, donne un plant rabougri au lieu d'un plant en hauteur.

Lien avec l'évolution

On peut étudier l'évolution des structures végétales en observant les différentes stratégies de croissance adoptées par des plantes apparentées qui poussent dans des environnements différents. À cet égard, Darwin fut l'un des premiers à noter que de nombreuses espèces végétales de type herbacé sur les continents ont des espèces apparentées de type ligneux sur les îles océaniques éloignées. Par exemple, dans les îles hawaïennes, on peut trouver des Lobélies ligneuses et de grandes Violettes ligneuses, genres de plantes qui poussent sous forme de petites herbacées en Amérique du Nord. Émettez une hypothèse portant sur l'évolution pour expliquer cette tendance : Pourquoi est-il courant, dans les îles isolées, que des formes ligneuses descendent d'ancêtres herbacés ?

Intégration

1. Dans un tableau, comparez une racine, une tige et une feuille en regard des cinq fonctions suivantes : l'entreposage, le soutien, la protection, le transport et les échanges avec le milieu.

2. À l'aide d'arguments d'ordre anatomique, confirmez ou infirmez l'énoncé suivant : « La croissance qui fait augmenter le diamètre se déroule au cœur d'un arbre. »

3. Construisez un schéma (ou un réseau) pour illustrer les relations entre les méristèmes et les tissus qu'ils produisent au cours de la croissance primaire et de la croissance secondaire, dans une tige ligneuse.

Science, technologie et société

Dressez une liste des produits végétaux alimentaires ou autres que vous utilisez dans une journée normale. De quelle manière utilisez-vous ces différents produits ? Croyez-vous que le nombre de produits végétaux utilisés quotidiennement a augmenté ou diminué au cours du siècle dernier ? Croyez-vous que ce nombre augmentera ou diminuera dans l'avenir ? Pourquoi ?

Réponses à l'autoévaluation : 1. d ; 2. c ; 3. c ; 4. d ; 5. a ; **6.** d ; 7. b ; **8.** c ; 9. b ; **10.** c ; **11.** L'élimination des bourgeons terminaux des branches principales conduit à une augmentation de la ramification, parce que les bourgeons axillaires sont moins inhibés. Un nombre accru de branches donne plus de fleurs et donc plus de fruits. **12.** Des pousses. Le tubercule de la Pomme de terre est une tige modifiée, et fait partie du système caulinaire. **13.** Une catégorie de tissus végétaux peut se composer de plusieurs types de cellules spécialisées, comme c'est le cas dans les tissus conducteurs. **14.** Les cellules en division dans votre corps donnent normalement un type particulier de cellules. Par contre, les produits de la division cellulaire dans le méristème d'une plante se différencient pour donner tous les types de cellules présentes dans l'organe végétal. **15.** Un arrangement ordonné des microtubules détermine le plan de la division cellulaire (en formant la bande préprophasique) et la direction principale de l'expansion cellulaire (en contrôlant l'orientation des microfibrilles de cellulose).

CHAPITRE 36

LE TRANSPORT DES NUTRIMENTS CHEZ LES VÉGÉTAUX

> « La plupart des hommes ont,
> comme les plantes, des propriétés cachées
> que le hasard fait découvrir. »
>
> FRANÇOIS DE LA ROCHEFOUCAULD
> écrivain moraliste français (1613-1680)

VUE D'ENSEMBLE DES MÉCANISMES DE TRANSPORT DES NUTRIMENTS CHEZ LES VÉGÉTAUX

- Au niveau cellulaire, le transport des substances dépend de la perméabilité sélective des membranes
- Les pompes à protons jouent un rôle de premier plan dans le transport transmembranaire
- Les différences de potentiel hydrique permettent le transport de l'eau dans les cellules végétales
- Les aquaporines influent sur la vitesse du transport transmembranaire
- Les cellules végétales vacuolisées possèdent trois compartiments majeurs
- Le symplaste et l'apoplaste participent tous les deux au transport des nutriments à l'intérieur des tissus et des organes
- Le courant de masse assure le transport sur de longues distances

L'ABSORPTION DE L'EAU ET DES MINÉRAUX PAR LES RACINES

- Les poils absorbants, les mycorhizes et la surface importante des cellules corticales augmentent l'absorption de l'eau et des minéraux
- L'endoderme fonctionne comme une barrière sélective entre l'écorce de la racine et les tissus conducteurs

LE TRANSPORT DE LA SÈVE BRUTE DANS LE XYLÈME

- La montée de la sève brute dans le xylème dépend principalement de la transpiration et des propriétés physicochimiques de l'eau
- La sève brute monte dans le xylème grâce au courant de masse engendré par l'énergie solaire : *une révision*

LA RÉGULATION DE LA TRANSPIRATION

- Les cellules stomatiques maintiennent l'équilibre entre la photo-synthèse et la transpiration
- L'évolution adaptative a permis aux xérophytes de réduire la transpiration

LE TRANSPORT DE LA SÈVE ÉLABORÉE DANS LE PHLOÈME

- Le phloème transporte la sève élaborée des organes sources aux organes cibles
- Le courant de masse est le mécanisme de transport de la sève élaborée chez les Angiospermes

Les ancêtres des Végétaux, *des algues, baignaient dans l'eau et les minéraux dissous ; toutes leurs cellules se trouvaient donc en contact direct avec ces substances nutritives. Lorsque les Végétaux se sont répandus sur la terre ferme, ils ont dû élaborer un système racinaire, absorbant l'eau et les minéraux du sol, et un système caulinaire, captant les rayons du Soleil et le CO_2 de l'air. C'est ainsi qu'ils ont pu survivre dans un environnement où les substances chimiques proviennent de deux milieux, le sol et l'air. Cependant, les changements morphologiques qu'ils ont subis pour s'adapter à ce double environnement ont été à l'origine d'une difficulté majeure : le transport des substances entre les racines et l'extrémité des pousses, c'est-à-dire sur de longues distances parfois. Par exemple, les feuilles des Eucalyptus de la photo ci-dessus se trouvent à plus de 100 m des racines. Ces organes éloignés de l'arbre sont reliés par des tissus conducteurs qui assurent le transport de la sève. Ce chapitre étudie les mécanismes de ce transport interne chez les Végétaux.*

VUE D'ENSEMBLE DES MÉCANISMES DE TRANSPORT DES NUTRIMENTS CHEZ LES VÉGÉTAUX

Chez les Végétaux, le transport de substances s'effectue à trois niveaux : (1) au niveau cellulaire, c'est l'absorption et l'évacuation de l'eau et des solutés, par exemple l'absorption de l'eau et des minéraux du sol par les cellules des racines ; (2) au niveau des tissus ou des organes, c'est le transport de nutriments d'une cellule à l'autre, par exemple le transport de glucides des cellules photosynthétiques d'une feuille mature jusqu'aux tubes criblés du phloème ; et (3) au niveau de la plante entière, c'est le transport à grande distance, d'une extrémité à l'autre de la plante, de la sève dans le xylème et le phloème. La FIGURE 36.1 illustre les niveaux de transport des substances dans une plante.

Au niveau cellulaire, le transport des substances dépend de la perméabilité sélective des membranes

Au chapitre 8, nous avons vu en détail le transport des solutés et de l'eau à travers les membranes biologiques. Nous allons revoir ici quelques-uns de ces processus dans un contexte végétal.

La perméabilité sélective de la membrane plasmique des cellules végétales exerce une régulation sur le transport des solutés à travers cette membrane. Nous avons vu, au chapitre 8, que les solutés tendaient à diffuser à travers la membrane plasmique selon un gradient de concentration ou un gradient électrique. Ils se dirigent vers la solution la moins concentrée en solutés. Ce mode de transport est dit *passif*, parce qu'il s'effectue sans apport énergétique direct de la cellule, par exemple en ATP. La

plupart des solutés diffusent très lentement à travers les membranes, à moins qu'ils ne soient aidés par des **protéines de transport** intégrées à ces dernières. Certaines de ces protéines, les perméases, facilitent la diffusion en se liant de manière sélective à un soluté qui se trouve d'un côté de la membrane et duquel elles se détachent de l'autre côté. La protéine de transport doit toutefois modifier sa conformation pour permettre le passage des solutés. D'autres protéines de transport forment des **canaux sélectifs,** qui permettent le passage de substances précises (voir la FIGURE 8.14). Ainsi, les membranes (plasmique et intracellulaires) de la plupart des cellules végétales possèdent des canaux sélectifs pour le potassium. Ces canaux permettent le passage des ions potassium (K^+), mais pas celui d'autres ions semblables, tels que les ions sodium (Na^+). Certains des canaux sélectifs s'ouvrent et se ferment en réponse à un stimulus de nature physique ou chimique de l'environnement ou de la cellule même. Nous verrons plus loin de quelle façon la régulation des canaux sélectifs à potassium (K^+) présents dans les membranes des cellules stomatiques permet l'ouverture ou la fermeture des stomates.

Nous avons vu au chapitre 8 que le transport actif acheminait des solutés à travers la membrane en s'opposant à leur gradient électrochimique. Rappelons que ce dernier résulte de l'action combinée du gradient de concentration et du gradient électrique (différence de charge électrique) à travers la membrane. Ce type de transport est dit *actif* parce que la cellule utilise de l'énergie fournie par son métabolisme, habituellement

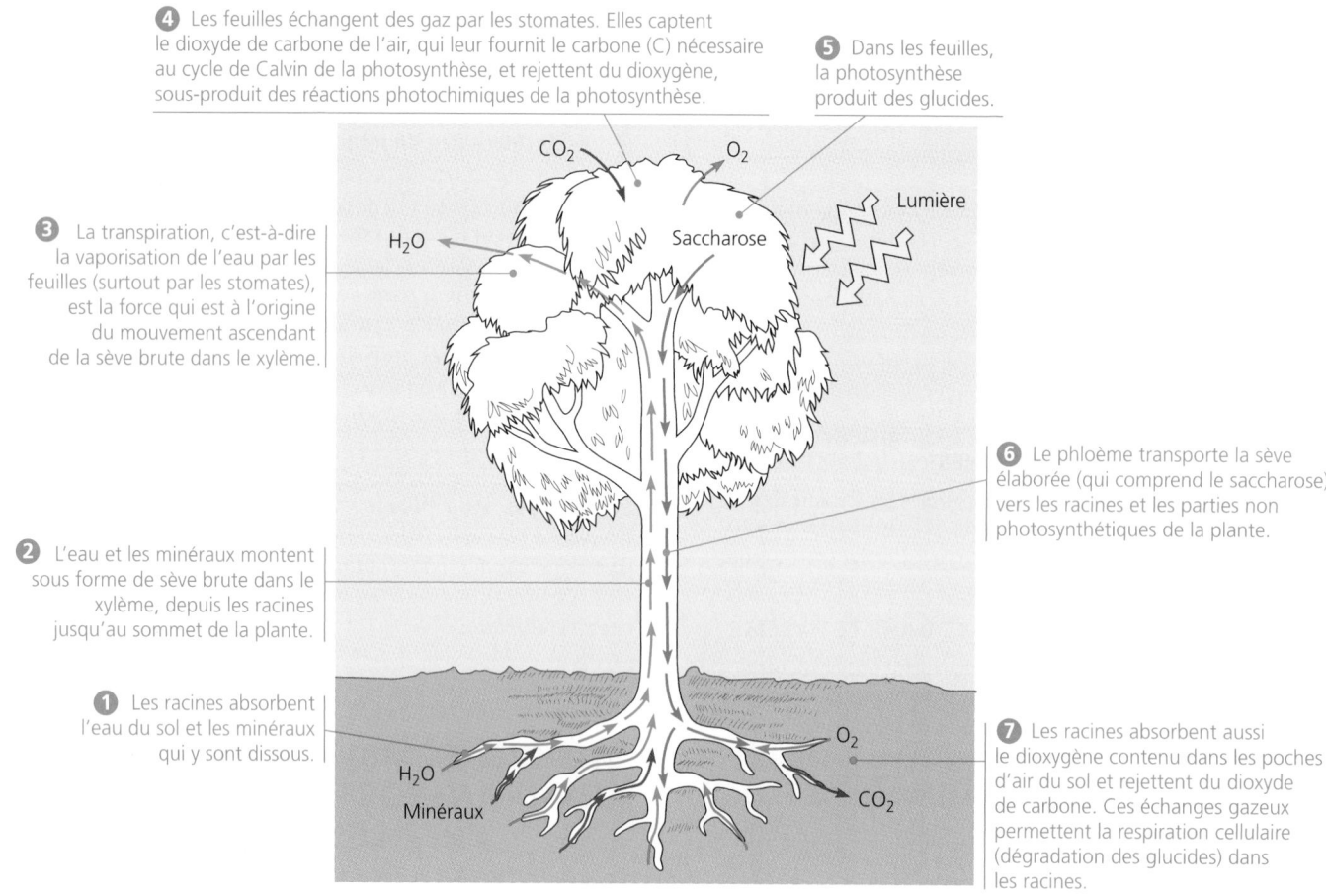

4 Les feuilles échangent des gaz par les stomates. Elles captent le dioxyde de carbone de l'air, qui leur fournit le carbone (C) nécessaire au cycle de Calvin de la photosynthèse, et rejettent du dioxygène, sous-produit des réactions photochimiques de la photosynthèse.

5 Dans les feuilles, la photosynthèse produit des glucides.

3 La transpiration, c'est-à-dire la vaporisation de l'eau par les feuilles (surtout par les stomates), est la force qui est à l'origine du mouvement ascendant de la sève brute dans le xylème.

6 Le phloème transporte la sève élaborée (qui comprend le saccharose) vers les racines et les parties non photosynthétiques de la plante.

2 L'eau et les minéraux montent sous forme de sève brute dans le xylème, depuis les racines jusqu'au sommet de la plante.

1 Les racines absorbent l'eau du sol et les minéraux qui y sont dissous.

7 Les racines absorbent aussi le dioxygène contenu dans les poches d'air du sol et rejettent du dioxyde de carbone. Ces échanges gazeux permettent la respiration cellulaire (dégradation des glucides) dans les racines.

FIGURE 36.1 Transport des substances dans une plante : vue d'ensemble.

sous forme d'ATP, pour transporter un soluté dans la direction opposée à celle de sa diffusion normale. Les protéines de transport qui ont pour seule fonction de faciliter la diffusion, comme les canaux sélectifs, ne peuvent assurer un transport actif. Les transporteurs membranaires du transport actif constituent une classe particulière de protéines, et chacune de ces protéines pompe un soluté spécifique.

Les pompes à protons jouent un rôle de premier plan dans le transport transmembranaire

La **pompe à protons** est le plus important des mécanismes de transport actif présents dans les membranes plasmiques des cellules végétales. Elle utilise l'énergie dégagée par l'hydrolyse de l'ATP pour expulser les protons (H^+) de la cellule. Il résulte de cette expulsion de protons une concentration en H^+ plus élevée à l'extérieur de la cellule qu'à l'intérieur, ce qui donne un gradient de protons (FIGURE 36.2a). Ce gradient de protons est une forme d'énergie emmagasinée, puisque les protons tendent à diffuser suivant le gradient de concentration, vers l'intérieur de la cellule. En expulsant des charges positives (H^+) vers l'extérieur, la pompe à protons génère un potentiel de membrane, c'est-à-dire une tension due à la séparation de charges opposées qui se trouvent de part et d'autre de la membrane. Les pompes à protons rendent l'intérieur de la cellule négatif, du point de vue des charges, par rapport à l'extérieur. Cette tension constitue une réserve d'énergie que la cellule végétale utilisera pour exécuter certaines tâches.

Les cellules végétales utilisent l'énergie contenue dans le gradient de protons et le potentiel de membrane pour transporter un grand nombre de solutés. Ainsi, le potentiel de membrane permet aux cellules des racines d'absorber les ions potassium (K^+) en solution dans le sol (FIGURE 36.2b). De plus, par un mécanisme appelé **cotransport,** une pompe alimentée par l'ATP et transportant activement un soluté donné peut amorcer indirectement le transport passif d'un autre soluté, à l'aide d'une perméase (une protéine de transport, voir la FIGURE 8.18). La perméase couple le passage transmembranaire d'un soluté (H^+ accumulé par transport actif) « selon » son gradient électrochimique et le passage d'un autre soluté (NO_3^-, dans le cas illustré à la FIGURE 36.2c) « contre » son gradient. Ce type de cotransport permet aussi l'absorption du saccharose par les cellules végétales (FIGURE 36.2d). C'est grâce à une protéine intramembranaire spécifique que peut avoir lieu le cotransport du saccharose et d'un proton qui se déplace selon son gradient électrochimique.

Le rôle des pompes à protons dans le transport transmembranaire, chez les cellules végétales, s'inscrit dans un mécanisme général appelé **chimiosmose** (voir la FIGURE 9.15). Le principe clé de la chimiosmose est le gradient transmembranaire des protons ; celui-ci associe des processus qui dégagent de l'énergie à d'autres processus qui en consomment. Par exemple, nous avons vu aux chapitres 9 et 10 que les mitochondries et les chloroplastes utilisaient les gradients de protons créés par les chaînes de transport d'électrons (qui dégagent de l'énergie) pour effectuer la synthèse de l'ATP (qui consomme de l'énergie). L'ATP synthétase, c'est-à-dire l'enzyme qui couple la diffusion de protons et la synthèse d'ATP pendant la respiration cellulaire

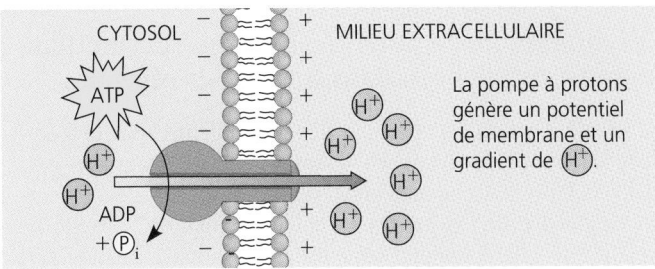

(a) Pompe à protons

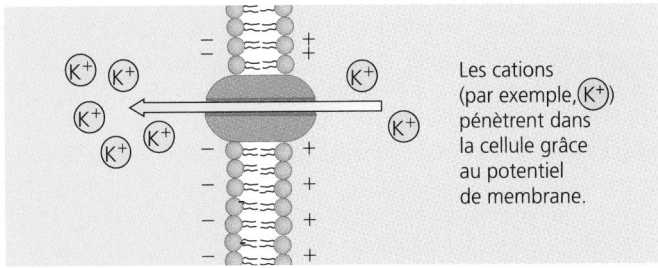

(b) Absorption de cations ; par exemple, absorption de cations provenant du sol par les cellules de l'épiderme de la racine

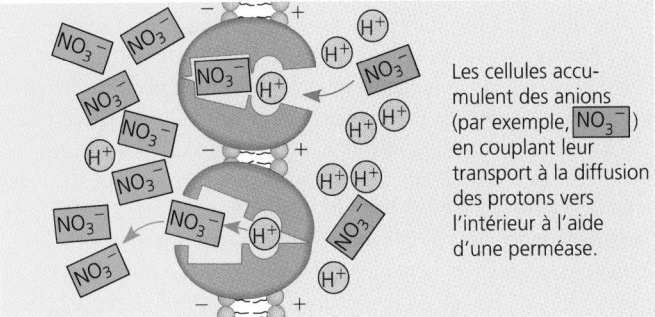

(c) Absorption d'anions (nécessite un cotransport)

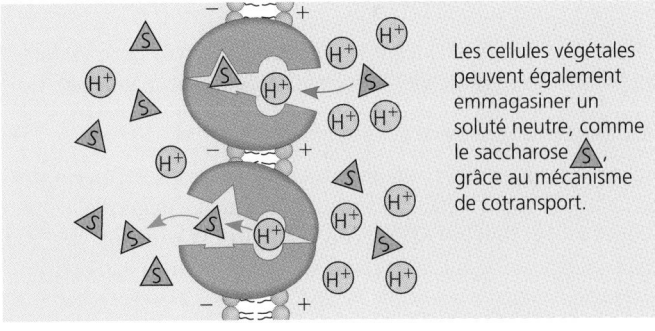

(d) Transport d'un soluté neutre (nécessite un cotransport)

FIGURE 36.2 Modèle chimiosmotique du transport des solutés dans les cellules végétales.

et la photosynthèse, fonctionne un peu comme une pompe à protons située dans la membrane plasmique de la cellule végétale. Cependant, contrairement aux ATP synthétases, les pompes à protons utilisent l'énergie fournie par l'ATP pour transporter un proton contre son gradient. Dans les deux cas, les gradients de protons sont les engrenages métaboliques qui permettent à un mécanisme d'en engendrer un autre. La chimiosmose est le processus qui régit les dépenses énergétiques cellulaires.

Les différences de potentiel hydrique permettent le transport de l'eau dans les cellules végétales

La survie des cellules végétales dépend de leur capacité à équilibrer l'absorption et la perte d'eau. L'**osmose,** transport passif de l'eau à travers une membrane, permet à une cellule d'absorber ou de perdre de l'eau. Dans quel sens l'osmose a-t-elle lieu lorsqu'une cellule baigne dans une solution particulière? Dans le cas d'une cellule animale, il suffit de savoir si la solution extracellulaire est hypotonique (faible concentration de solutés) ou hypertonique (forte concentration de solutés) par rapport au cytosol de la cellule: l'eau se déplace par osmose de la solution hypotonique à la solution hypertonique, sur laquelle elle exerce une pression (dite osmotique). Cependant, dans une cellule végétale, la paroi cellulaire place l'osmose sous la dépendance d'un second facteur: la pression physique exercée par la paroi sur le protoplaste de la cellule. La mesure de l'action combinée de ces deux facteurs que sont la concentration des solutés (qui engendre une pression osmotique) et la pression exercée par la paroi cellulaire détermine le **potentiel hydrique,** dont l'abréviation est la lettre grecque *psi* (ψ).

Au sujet du potentiel hydrique, il faut avant tout savoir que l'eau provenant de la solution où le potentiel hydrique est le plus élevé traverse la membrane pour rejoindre la solution où le potentiel hydrique est le plus bas. Par exemple, une cellule végétale immergée dans une solution dont le potentiel hydrique est plus élevé que le sien gonfle par osmose. En se déplaçant, l'eau peut effectuer un travail (par exemple, faire gonfler la cellule). L'expression *potentiel hydrique* signifie «énergie potentielle de l'eau», c'est-à-dire capacité de l'eau à effectuer un travail lorsqu'elle se déplace d'un endroit où le ψ est élevé vers un endroit où le ψ est bas. Il s'agit d'un cas particulier de la tendance générale des systèmes à adopter spontanément un niveau d'énergie libre minimal (voir la FIGURE 6.5).

Les biologistes mesurent le ψ en unités de pression appelées **mégapascals (MPa).** Un mégapascal équivaut à une pression approximative de 10 atmosphères (1 atmosphère = 101,3 kPa ou anciennement 760 mm de mercure [Hg]). Les deux exemples suivants vous donneront une meilleure idée de ce que représente un mégapascal: la pression avec laquelle on gonfle le pneu d'une automobile est d'environ 0,2 MPa; la pression de l'eau dans la tuyauterie d'une maison se situe à environ 0,25 MPa.

Influence de la concentration des solutés et de la pression sur le potentiel hydrique

Voyons maintenant de quelle façon la concentration de solutés et la pression influent sur le potentiel hydrique. À titre de comparaison, le potentiel hydrique de l'eau distillée dans un récipient ouvert équivaut à zéro mégapascal (ψ = 0 MPa), valeur établie par convention. L'ajout de solutés diminue le potentiel hydrique. Cela s'explique par le fait que les molécules d'eau qui forment des enveloppes autour des molécules des solutés ont alors moins de liberté de mouvement que lorsque l'eau est pure. Comme le ψ de l'eau distillée est étalonné à 0 MPa, toute solution conservée à la pression atmosphérique possède un potentiel hydrique négatif, en raison de la présence de solutés. Par exemple, une solution à 0,1 mol/L de n'importe quel soluté possède un

potentiel hydrique de −0,23 MPa. Si cette solution est séparée de l'eau distillée par une membrane à perméabilité sélective, l'eau pénétrera par osmose dans la solution, se déplaçant de l'endroit où le ψ est le plus élevé (0 MPa) vers celui où le ψ est le moins élevé (−0,23 MPa). Cependant, pour prédire la direction du déplacement de l'eau, il faut aussi quantifier l'influence de la pression, exercée par la paroi, sur le potentiel hydrique*.

Contrairement à la relation inverse qui existe entre le ψ et la concentration de soluté, le potentiel hydrique est directement proportionnel à la pression exercée par la paroi. Ainsi, lorsque l'on augmente cette pression, la valeur de ψ augmente aussi. Cette équation s'explique par le fait que ψ mesure la tendance relative qu'a l'eau à quitter un endroit en faveur d'un autre. Si l'on exerce une pression externe, par exemple sur le piston d'une seringue pleine d'eau, l'eau fuit par toutes les sorties possibles. Si une membrane à perméabilité sélective sépare une solution et de l'eau distillée, une pression externe exercée sur la solution peut contrer sa tendance naturelle à attirer l'eau par osmose. Ainsi, à la limite, une forte pression forcera l'eau de la solution à traverser la membrane pour aller dans le compartiment contenant l'eau distillée. Il est aussi possible d'exercer une **tension** sur l'eau ou sur une solution. Par exemple, si vous tirez le piston d'une seringue dont l'aiguille est immergée dans une solution, la tension à l'intérieur de la seringue permet de diminuer la pression exercée sur la solution et d'aspirer celle-ci par l'aiguille.

Analyse quantitative du potentiel hydrique

Les actions combinées de la pression exercée par la paroi et de la concentration du soluté sur le potentiel hydrique s'expriment par l'équation suivante:

$$\psi = \psi_P + \psi_O$$

où ψ_P est le potentiel de pression (pression physique exercée sur une solution; dans le cas d'une cellule végétale, il s'agit de la pression exercée par la paroi) et ψ_O est le potentiel osmotique, qui est directement proportionnel à la concentration de soluté dans une solution.

Étudions maintenant le principe de cette équation à l'aide de la FIGURE 36.3. Dans une solution de 0,1 mol/L, ψ_O vaut −0,23 MPa. Ainsi, en l'absence de pression externe (ψ_P = 0), le potentiel hydrique d'une solution de 0,1 mol/L, comme nous l'avons dit, est de −0,23 MPa:

$$\psi = \psi_P + \psi_O = 0,00 + (-0,23) = -0,23 \text{ MPa}$$

L'eau contenue dans un compartiment d'eau distillée passerait dans un compartiment contenant une solution en traversant une membrane à perméabilité sélective (FIGURE 36.3a). Cependant, si l'on exerce sur la solution une pression externe équivalant à +0,23 MPa, on fait passer son potentiel hydrique

---

* La contrainte de la convention qui fixe ψ à 0 MPa conduit à une aberration pour les physiciens. En effet, des valeurs négatives de pression apparaissent dans les mesures et les calculs. Or, selon les physiciens, la pression négative n'existe pas, et par conséquent on ne peut pas la mesurer. On aurait pu éviter ce problème si l'on avait donné au ψ de référence une valeur conventionnelle supérieure à zéro et prenant en compte la pression atmosphérique et la pression exercée par la paroi du récipient. Comme aucun auteur ne propose une valeur de ce genre, nous devons pour le moment respecter la convention, malgré ses écueils.

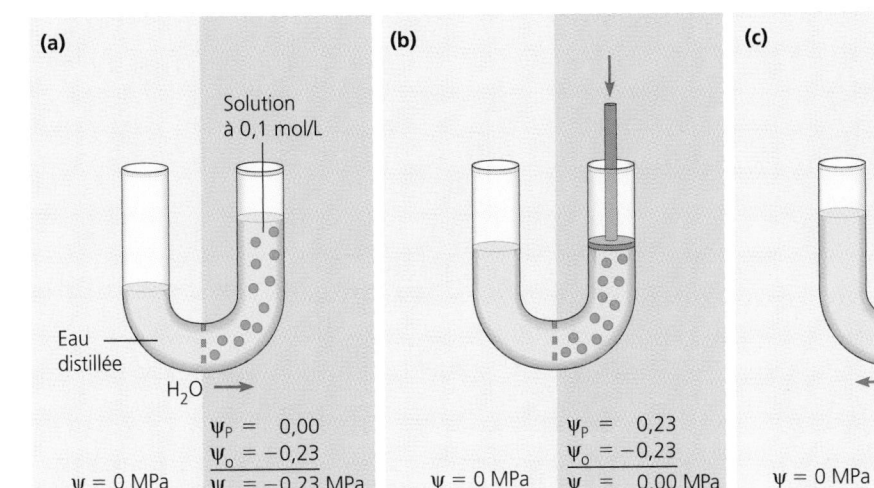

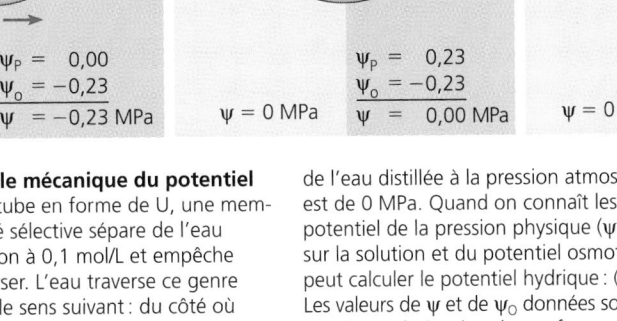

$\psi_P = 0,00$	$\psi_P = 0,23$	$\psi_P = 0,30$	$\psi_P = -0,30$	$\psi_P = 0,00$
$\psi_O = -0,23$	$\psi_O = -0,23$	$\psi_O = -0,23$	$\psi_O = 0,00$	$\psi_O = -0,23$
$\psi = 0$ MPa $\psi = -0,23$ MPa	$\psi = 0$ MPa $\psi = 0,00$ MPa	$\psi = 0$ MPa $\psi = 0,07$ MPa	$\psi = -0,30$ MPa $\psi = -0,23$ MPa

FIGURE 36.3 Modèle mécanique du potentiel hydrique. Dans ce tube en forme de U, une membrane à perméabilité sélective sépare de l'eau distillée d'une solution à 0,1 mol/L et empêche le soluté de la traverser. L'eau traverse ce genre de membrane dans le sens suivant : du côté où le potentiel hydrique est le plus élevé jusqu'au côté où il est le plus faible. Le potentiel hydrique (ψ) de l'eau distillée à la pression atmosphérique est de 0 MPa. Quand on connaît les valeurs du potentiel de la pression physique (ψ_P) appliquée sur la solution et du potentiel osmotique (ψ_O), on peut calculer le potentiel hydrique : ($\psi = \psi_P + \psi_O$). Les valeurs de ψ et de ψ_O données sous les branches gauche et droite du tube en forme de U équivalent aux conditions *initiales,* c'est-à-dire *avant* tout mouvement net de l'eau. **(a)** L'ajout de soluté réduit le potentiel hydrique (qui prend une valeur négative). **(b, c)** L'application d'une pression physique augmente le potentiel hydrique. **(d)** Une tension (baisse de la pression physique appliquée sur la solution) diminue le potentiel hydrique.

d'une valeur négative à 0 ($\psi = 0,23 - 0,23$). Il en résulte une absence de déplacement net de l'eau entre ce compartiment sous pression et le compartiment contenant de l'eau distillée (FIGURE 36.3b). En fait, si l'on augmente ψ_P à +0,30 MPa, le potentiel hydrique de la solution atteindra +0,07 MPa ($\psi = 0,30 - 0,23$). Cela provoquera le passage d'eau de la solution jusque dans le compartiment contenant l'eau distillée (FIGURE 36.3c). Enfin, imaginons que l'on tire sur le piston au lieu de pousser sur la solution. Une tension (baisse de pression) de −0,30 MPa sur le compartiment contenant l'eau distillée suffirait à faire passer l'eau de la solution, dont le potentiel hydrique est de −0,23 MPa, vers l'eau distillée (FIGURE 36.3d). En évaluant les effets opposés de la pression et du gradient de concentration des solutions sur le potentiel hydrique, il faut garder à l'esprit cette règle importante : l'eau traverse une membrane pour aller vers le côté où le potentiel hydrique est le moins élevé.

Appliquons maintenant le concept du potentiel hydrique aux mouvements d'entrée et de sortie d'eau dans les cellules végétales. Dans un premier temps, imaginons une cellule **flasque,** dont ψ_P vaut 0 et qui n'est pas turgescente, baignant dans une solution dont la concentration en solutés est plus élevée que celle de la cellule (FIGURE 36.4a, p. 816). Comme la solution externe a le potentiel hydrique le plus faible, l'eau sortira de la cellule par osmose. Il se produira ainsi une **plasmolyse,** c'est-à-dire que la cellule rétrécira et que sa membrane plasmique s'éloignera de sa paroi. Plaçons maintenant cette cellule flasque dans de l'eau distillée ($\psi = 0$; FIGURE 36.4b). La présence de solutés dans la cellule rend le potentiel hydrique de cette dernière plus faible que celui du milieu environnant. L'eau entre alors dans la cellule par osmose. La cellule va gonfler et le cytosol commencer à pousser contre la paroi cellulaire, de façon à produire une **pression de turgescence.** La paroi cellulaire étant partiellement élastique, elle va finalement résister et comprimer le contenu de la cellule. Lorsque la pression de cette paroi sera suffisamment grande pour s'opposer à l'entrée d'eau dans la cellule due à la présence des solutés, alors ψ_P et ψ_O auront la même valeur, et ψ sera égal à 0. Le potentiel hydrique du contenu de la cellule égalera celui du milieu extracellulaire (0 MPa dans cet exemple). Un équilibre dynamique sera atteint, qui fera cesser tout mouvement net de l'eau. Mais il existera toujours un échange rapide de molécules d'eau à travers la membrane.

Contrairement à la cellule flasque, la cellule à paroi dont la concentration en solutés est supérieure à celle de son environnement sera **turgescente,** en raison de la pression de turgescence qui assure sa fermeté. Les cellules végétales saines sont turgescentes la plupart du temps. Cette turgescence contribue au support des parties non ligneuses des Végétaux. Vous pouvez voir les conséquences d'une perte de turgescence dans un plant de Tomate dont les feuilles sont flétries et qui contient des cellules flasques (FIGURE 36.5, p. 816).

Les aquaporines influent sur la vitesse du transport transmembranaire

Comme nous l'avons vu, le potentiel hydrique est la force qui fait passer l'eau à travers les membranes des cellules végétales. Mais comment les molécules d'eau traversent-elles ces membranes ? En fait, les molécules 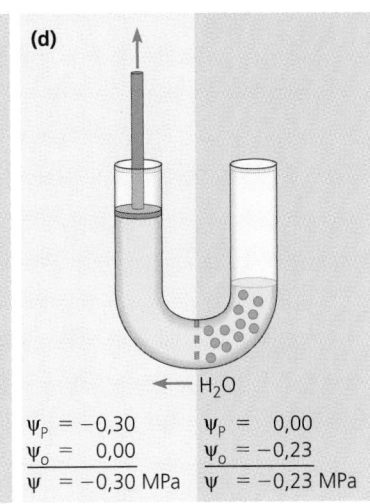 d'eau sont si petites qu'elles peuvent se déplacer assez librement dans la bicouche de phosphoglycérolipides des membranes, bien que la zone intermédiaire de cette bicouche soit hydrophobe (voir la FIGURE 8.1). Jusqu'à tout récemment, la plupart des biologistes acceptaient l'hypothèse selon laquelle la fuite d'eau à travers cette bicouche lipidique suffisait à expliquer la circulation de l'eau à travers les membranes. Mais ils ont remis cette hypothèse en question au début des années 1990.

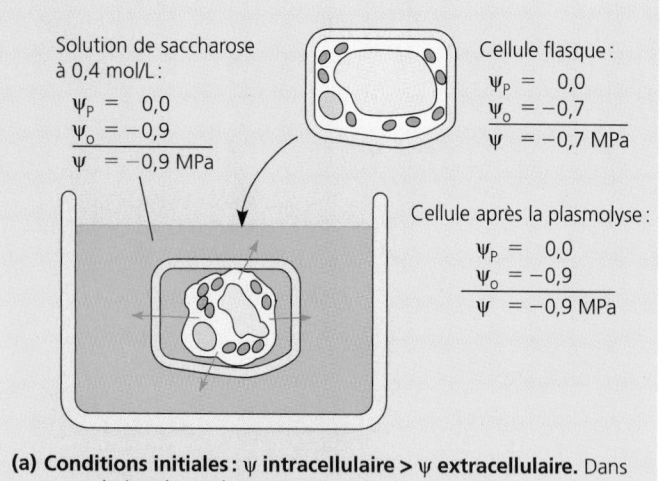

(a) Conditions initiales : ψ intracellulaire > ψ extracellulaire. Dans une solution de saccharose concentrée, le potentiel hydrique initial de la cellule est supérieur à celui de l'environnement. La cellule perd donc de l'eau et subit une plasmolyse. Quand la plasmolyse est terminée, le potentiel hydrique de la cellule est identique à celui de l'environnement. La plasmolyse tue la plupart des cellules végétales.

Solution de saccharose à 0,4 mol/L :
$$\psi_P = 0,0$$
$$\underline{\psi_o = -0,9}$$
$$\psi = -0,9 \text{ MPa}$$

Cellule flasque :
$$\psi_P = 0,0$$
$$\underline{\psi_o = -0,7}$$
$$\psi = -0,7 \text{ MPa}$$

Cellule après la plasmolyse :
$$\psi_P = 0,0$$
$$\underline{\psi_o = -0,9}$$
$$\psi = -0,9 \text{ MPa}$$

(b) Conditions initiales : ψ intracellulaire < ψ extracellulaire. Dans l'eau distillée, le potentiel hydrique initial de la cellule est inférieur à celui de l'environnement. Grâce à l'osmose, l'eau pénètre dans la cellule, et la rend turgescente. Lorsque cette tendance qu'a l'eau de pénétrer dans la cellule est compensée par la pression exercée par la paroi cellulaire élastique vers l'intérieur de la cellule, le potentiel hydrique de la cellule devient identique à celui de l'environnement. (La variation du volume de la cellule est exagérée dans cette illustration. L'absorption par osmose d'une quantité d'eau relativement petite ne fait pas augmenter autant le volume de la cellule. Cela explique pourquoi la valeur de ψ_O ne varie pas beaucoup quand une cellule devient turgescente.)

Eau distillée :
$$\psi_P = 0$$
$$\underline{\psi_o = 0}$$
$$\psi = 0 \text{ MPa}$$

Cellule flasque :
$$\psi_P = 0,0$$
$$\underline{\psi_o = -0,7}$$
$$\psi = -0,7 \text{ MPa}$$

Cellule turgescente en équilibre osmotique avec son milieu extracellulaire :
$$\psi_P = 0,7$$
$$\underline{\psi_o = -0,7}$$
$$\psi = 0,0 \text{ MPa}$$

FIGURE 36.4 Cellules végétales et diffusion de l'eau. Dans ces deux expériences, des cellules flasques identiques sont placées dans deux milieux différents. (Les protoplastes sont en contact avec la paroi des cellules, mais n'exercent pas de pression de turgescence.) Les flèches bleues indiquent la direction du déplacement de l'eau dans les conditions initiales.

Des mesures précises ont alors révélé que le transport de l'eau à travers les membranes biologiques était trop spécifique et trop rapide pour s'expliquer uniquement par la diffusion à travers la bicouche de lipides. L'analyse de ces mesures a mené à la conclusion qu'il existait des canaux sélectifs permettant le passage de l'eau. Les biologistes ont ensuite découvert ces canaux dans les membranes des cellules végétales et animales.

Ces canaux spécifiques qui permettent la circulation passive de l'eau sont des protéines de transport appelées **aquaporines.** Les aquaporines ne modifient pas le gradient de potentiel hydrique ni la direction du déplacement de l'eau, mais elles modifient la *vitesse* à laquelle l'eau diffuse dans la direction du gradient de potentiel hydrique. Elles aident la cellule à réguler la vitesse d'absorption ou de perte d'eau quand son potentiel hydrique est différent de celui de son environnement. Les aquaporines réagissent en se fermant ou en s'ouvrant à certains facteurs, comme la pression de turgescence de la cellule. De nombreux laboratoires étudient actuellement le fonctionnement de ces protéines de transport. Leurs recherches nous permettront de mieux comprendre les mécanismes de régulation de l'équilibre hydrique des cellules végétales et des cellules des autres organismes.

FIGURE 36.5 Plant de Tomate (*Lycopersicum esculentum*) flétri, puis hydraté, retrouvant sa turgescence.

Les cellules végétales vacuolisées possèdent trois compartiments majeurs

À l'extérieur du protoplaste d'une cellule végétale, une épaisse paroi maintient la forme de la cellule (voir les FIGURES 7.8 et 35.10). Mais cette paroi ne participe pas directement à la régulation du passage des molécules vers l'intérieur ou vers l'extérieur du protoplaste. C'est plutôt la membrane plasmique à perméabilité sélective qui s'occupe de cela. Elle fait office de barrière entre deux grands compartiments : la paroi cellulaire et le cytosol (partie du cytoplasme située du côté interne de la membrane plasmique, mais à l'extérieur des organites). La plupart des cellules végétales matures possèdent un troisième compartiment : la vacuole centrale. Il s'agit d'un organite volumineux qui peut occuper jusqu'à 90 % du volume du protoplaste (FIGURE 36.6a). La membrane qui entoure la vacuole centrale est le **tonoplaste.** Le tonoplaste régule la circulation des molécules entre le cytosol et le contenu de la vacuole centrale, appelé suc vacuolaire. Il possède ainsi des pompes à protons qui font passer les protons du cytosol à l'intérieur de la vacuole centrale. Ce transport augmente la capacité des pompes à protons de la membrane plasmique à maintenir une faible concentration en H$^+$ dans le cytosol.

Dans la plupart des tissus végétaux, deux ou trois compartiments cellulaires sont continus d'une cellule à l'autre. Tout d'abord, les plasmodesmes relient les cytosols de deux cellules voisines, et forment une voie continue pour le transport de certaines molécules entre les cellules. Ce réseau cytosolique se nomme **symplaste** (voir la FIGURE 36.6b). Ensuite, les parois des cellules végétales adjacentes sont également en contact, et forment un deuxième compartiment au niveau tissulaire. Ce compartiment, c'est-à-dire l'ensemble continu des parois cellulaires, et des interstices entre les parois, se nomme **apoplaste.** Enfin, la vacuole centrale constitue un troisième compartiment cellulaire, qui n'est pas relié aux cellules voisines.

Le symplaste et l'apoplaste participent tous les deux au transport des nutriments à l'intérieur des tissus et des organes

Comment l'eau et les solutés se déplacent-ils d'un endroit à l'autre dans les tissus et les organes des Végétaux ? Par quel mécanisme, par exemple, l'eau et les minéraux absorbés par les cellules épidermiques d'une racine se rendent-ils jusque dans les cellules situées au cœur même de cette racine ? Ce type de transport à courte distance porte le nom de transport radial, car le chemin habituellement emprunté suit la direction de l'axe radial des organes végétaux, plutôt que de l'axe vertical.

Le transport radial emprunte trois voies différentes (voir la FIGURE 36.7). La première voie permet aux substances de sortir d'une cellule en traversant la membrane plasmique et la paroi cellulaire, et de pénétrer dans la cellule voisine. Le mécanisme en question se poursuit d'une cellule à l'autre sur toute la voie. Dans cette voie transmembranaire, les solutés doivent traverser à répétition les membranes plasmiques et les parois, sortant d'une cellule pour pénétrer dans la suivante.

La deuxième voie, qui suit le symplaste (réseau de cytosols dans un tissu végétal), ne nécessite la traversée que d'une seule membrane plasmique. Une fois qu'ils ont pénétré dans une cellule, les solutés et l'eau peuvent en effet passer d'une cellule à l'autre en utilisant les plasmodesmes.

(a) Compartiments cellulaires

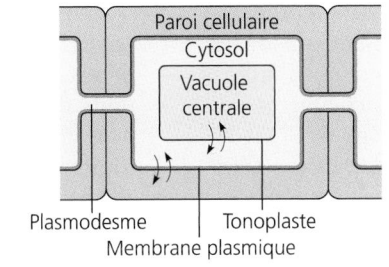

(b) Compartiments tissulaires

Le symplaste est le réseau continu des cytosols, que relient les plasmodesmes. Les plasmodesmes sont les canaux des parois qui relient les protoplastes.

☐ Symplaste   ▨ Apoplaste

L'apoplaste est l'ensemble continu des parois cellulaires et des interstices situés entre elles.

Voies du transport radial

Voie transmembranaire. Dans cette voie, les solutés et l'eau se déplacent dans un organe en traversant plusieurs fois les membranes plasmiques et les parois cellulaires.

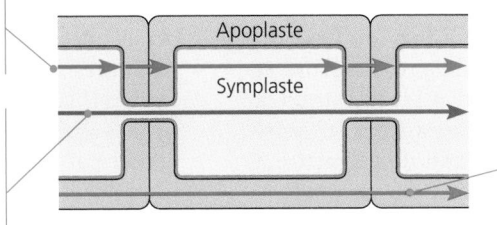

Voie du symplaste. Dans cette voie, les substances qui ont pénétré dans une cellule traversent un organe en voyageant dans le réseau de cytosols. La structure complexe des plasmodesmes régule probablement le transport dans cette voie, permettant même le passage de certaines protéines et d'autres grosses molécules d'une cellule à l'autre.

Voie de l'apoplaste. Dans cette voie, l'eau et les solutés traversent un tissu ou un organe en voyageant dans les parois cellulaires et dans les interstices.

FIGURE 36.6 Compartiments des cellules végétales et des tissus, et voies du transport radial.
(a) La paroi cellulaire, le cytosol et la vacuole centrale sont les principaux compartiments de la plupart des cellules végétales matures. Des protéines de transport spécifiques encastrées dans la membrane plasmique et dans le tonoplaste régulent la circulation des molécules entre ces trois compartiments. **(b)** Le symplaste et l'apoplaste sont quant à eux les deux compartiments des tissus. Cette organisation structurale fournit trois voies pour le transport radial dans un tissu ou un organe végétal. Dans cette illustration, les substances semblent limitées à l'une des trois voies. Dans les faits, cependant, elles peuvent passer d'une voie à l'autre au cours de leur passage dans un organe.

La troisième voie de transport radial dans les tissus ou les organes végétaux suit l'apoplaste, chemin extracellulaire constitué de l'ensemble des parois cellulaires, de la cavité des éléments de vaisseau du xylème et des interstices entre les parois. Avant même de pénétrer dans une cellule, l'eau et les solutés peuvent passer dans les interstices entre les parois cellulaires et aller d'un endroit à l'autre d'une racine ou d'un autre organe.

Le courant de masse assure le transport sur de longues distances

Si la diffusion d'une solution suffit au transport radial sur des distances de moins de 100 μm, elle s'effectue trop lentement pour permettre le transport de substances sur de longues distances – par exemple, le transport de la sève brute des racines jusqu'aux feuilles. L'eau et les solutés se déplacent dans le xylème et le phloème grâce au **courant de masse,** mouvement d'un fluide dû à une pression. Par exemple, dans le phloème, une pression hydrostatique s'exerce à une extrémité d'un tube criblé et force la sève à se déplacer vers l'autre extrémité. Dans le xylème, c'est la tension (diminution de pression) qui permet le transport sur de longues distances. La transpiration, vaporisation de l'eau au niveau des feuilles, réduit la pression dans le xylème foliaire et crée une tension qui fait monter la sève brute depuis les racines et dans tout le xylème.

Si le drain de votre évier a déjà été partiellement bouché, vous avez pu constater que la vitesse d'écoulement de l'eau dépendait du diamètre interne du conduit. Les déchets de nourriture ralentissent l'écoulement parce qu'ils réduisent le diamètre efficace du tuyau. Cette expérience domestique nous aide à comprendre la raison d'être des structures particulières des cellules végétales spécialisées dans le courant de masse, à savoir les cellules criblées du phloème et les éléments de vaisseau et les trachéides du xylème. Au chapitre 35, nous avons vu que les cellules criblées étaient presque complètement dépourvues d'organites internes et que les éléments de vaisseau et les trachéides étaient morts à maturité. La perte du cytoplasme chez les cellules qui acheminent la sève dans la plante permet le passage du courant de masse. Les parois poreuses (cribles) qui joignent les cellules criblées contiguës (voir la FIGURE 35.9) et les extrémités perforées de la paroi des éléments de vaisseau du xylème (voir la FIGURE 35.8) facilitent également le courant de masse.

Après cette vue d'ensemble des mécanismes de base du transport des nutriments aux niveaux cellulaire, tissulaire et général chez les Végétaux, nous allons étudier plus en détail la façon dont ces mécanismes collaborent pour assurer le transport des nutriments dans toute la plante afin de permettre à cette dernière de survivre sur la terre ferme. Par exemple, le courant de masse créé par une différence de pression est le mécanisme qui assure le transport de la sève élaborée dans le phloème sur une longue distance. Mais c'est le mécanisme de cotransport du saccharose nécessitant une dépense d'énergie au niveau cellulaire qui maintient cette différence de pression. Les quatre fonctions associées au transport des nutriments que nous allons examiner en détail sont l'absorption de l'eau et des minéraux par les racines, l'ascension de la sève brute dans le xylème, la régulation de la transpiration et le transport de la sève élaborée dans le phloème.

L'ABSORPTION DE L'EAU ET DES MINÉRAUX PAR LES RACINES

L'eau et les minéraux du sol traversent l'épiderme des racines, franchissent l'écorce, entrent dans la stèle et empruntent finalement les vaisseaux du xylème pour se rendre dans le système caulinaire. Dans cette section, nous allons voir de quelle façon les substances provenant du sol traversent l'épiderme, l'écorce et la stèle des racines. En lisant cette section, consultez la FIGURE 36.7 pour bien comprendre les notions clés.

Les poils absorbants, les mycorhizes et la surface importante des cellules corticales augmentent l'absorption de l'eau et des minéraux

La majeure partie de l'absorption de l'eau et des minéraux s'effectue près de l'extrémité des racines, à l'endroit où l'épiderme est perméable à l'eau et où se trouvent les poils absorbants. Les poils absorbants, qui sont en fait des prolongements de cellules épidermiques, constituent la plus grande partie de la surface des racines (voir la FIGURE 35.14). Les particules du sol, normalement recouvertes d'eau et de minéraux dissous, adhèrent fermement à ces poils. Les solutions traversent alors la paroi hydrophile des cellules épidermiques et circulent librement dans l'apoplaste de l'écorce. Ainsi, toutes les cellules parenchymateuses de l'écorce entrent en contact avec les solutions. Cela représente une bien plus grande surface membranaire que la surface de l'épiderme seule.

Tandis que les solutions du sol circulent dans l'apoplaste des racines, les cellules de l'épiderme et de l'écorce absorbent l'eau et certains solutés pour les diriger vers le symplaste. Les solutions du sol sont habituellement très diluées, et les racines peuvent accumuler certains minéraux essentiels à des concentrations des centaines de fois plus élevées. Par exemple, grâce aux perméases sélectives de la membrane plasmique et du tonoplaste, les cellules des racines peuvent extraire les ions K^+, minéral essentiel, et rejeter la plupart des ions Na^+, dont la concentration est beaucoup plus élevée que celle des ions K^+ dans les solutions provenant du sol.

Pour effectuer la tâche essentielle qu'est l'absorption de l'eau et des minéraux du sol, la plupart des Plantes ne travaillent pas seules. Elles sont en effet aidées par des Eumycètes, avec lesquels elles sont en relation mutualiste. Cette association mutualiste des Plantes et des Eumycètes prend la forme de **mycorhizes,** structures souterraines formées des racines de la plante et des hyphes (filaments) de certains champignons (FIGURE 36.8). Les hyphes absorbent l'eau et les minéraux, dont ils transfèrent une grande partie à la plante hôte. Le chapitre 37 aborde le rôle des mycorhizes dans la nutrition minérale des Plantes ; le chapitre 31 a traité des Eumycètes qui participent à ces relations symbiotiques. Il est important ici de comprendre que le mycélium (réseau d'hyphes) des champignons fournit aux mycorhizes une énorme surface d'absorption pour l'eau et les minéraux. Le réseau d'hyphes couvrant un centimètre de racine peut atteindre jusqu'à 3 m, occupant un plus grand volume de sol que ne pourrait le faire la racine seule. Les mycorhizes permettent aux vieilles zones des racines (situées loin des extrémités, où les poils absorbants abondent) de fournir de l'eau et des minéraux à la plante hôte.

FIGURE 36.7 Transport radial des minéraux et de l'eau dans les racines. Les minéraux dissous sont absorbés par la surface des racines, en particulier par les poils absorbants et les mycorhizes (association mutualiste de racines et de champignons, non illustrée dans cette figure). L'eau et les minéraux traversent ensuite l'écorce, en empruntant à la fois des voies de l'apoplaste et des voies du symplaste, pour se rendre jusqu'à la stèle (voir la FIGURE 36.6).

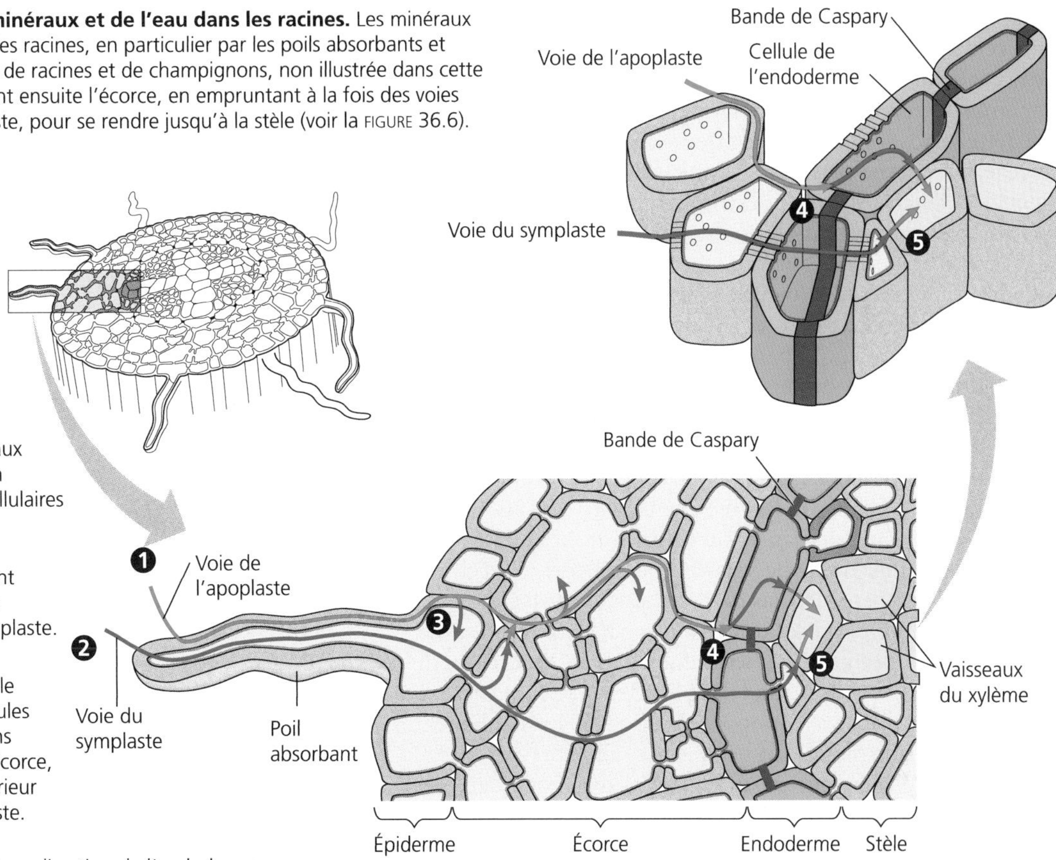

Voie de l'apoplaste

Bande de Caspary

Cellule de l'endoderme

Voie du symplaste

Voie de l'apoplaste

Bande de Caspary

Voie du symplaste

Poil absorbant

Vaisseaux du xylème

Épiderme Écorce Endoderme Stèle

❶ La paroi hydrophile des cellules de l'épiderme permet l'entrée de la solution du sol et ouvre la voie de l'apoplaste. L'eau et les minéraux peuvent pénétrer dans l'écorce en suivant cet ensemble de parois cellulaires reliées les unes aux autres.

❷ L'eau et les minéraux qui traversent la membrane plasmique des poils absorbants pénètrent dans le symplaste.

❸ Tandis que la solution du sol circule dans l'apoplaste, certaines molécules d'eau et de minéraux passent dans les cellules de l'épiderme et de l'écorce, et se déplacent ensuite vers l'intérieur en empruntant la voie du symplaste.

❹ L'eau et les minéraux qui circulent en direction de l'endoderme dans les parois cellulaires de l'apoplaste ne peuvent pénétrer dans la stèle par la même voie. Il y a, dans la paroi de chaque cellule endodermique, une ceinture constituée d'une substance cireuse, la bande de Caspary (représentée ici par la bande de couleur bourgogne). Cette ceinture bloque le passage de l'eau et des minéraux dissous. Seuls les minéraux dissous qui se trouvent déjà dans le symplaste ou qui empruntent cette voie en traversant la membrane plasmique d'une cellule endodermique peuvent éviter la bande de Caspary et aller dans la stèle.

❺ Les cellules endodermiques et les cellules parenchymateuses de la stèle font passer l'eau et les minéraux dans leur paroi (apoplaste). Comme les éléments de vaisseau du xylème sont des cellules mortes, leur paroi et leur cavité interne font partie de l'apoplaste. Les vaisseaux du xylème transportent ainsi l'eau et les minéraux jusque dans le système caulinaire.

L'endoderme fonctionne comme une barrière sélective entre l'écorce de la racine et les tissus conducteurs

L'eau et les minéraux qui se trouvent dans l'écorce de la racine ne peuvent passer dans le reste de la plante tant qu'ils n'ont pas pénétré dans le xylème de la stèle. L'**endoderme,** couche cellulaire interne de l'écorce des racines, entoure la stèle. Il effectue une dernière sélection des minéraux avant l'arrivée dans les tissus du xylème (voir la FIGURE 36.7). Les minéraux qui se trouvent déjà dans le symplaste lorsqu'ils atteignent l'endoderme traversent les plasmodesmes des cellules endodermiques et pénètrent dans la stèle. Ces minéraux ont déjà fait l'objet d'une sélection, lorsqu'ils ont traversé la membrane plasmique pour pénétrer dans le symplaste de l'épiderme ou de l'écorce. Les minéraux qui atteignent l'endoderme par la voie de l'apoplaste butent quant à eux contre une barrière qui les empêche de pénétrer dans la stèle. En effet, dans la paroi de chaque

2,5 mm (4 ×)

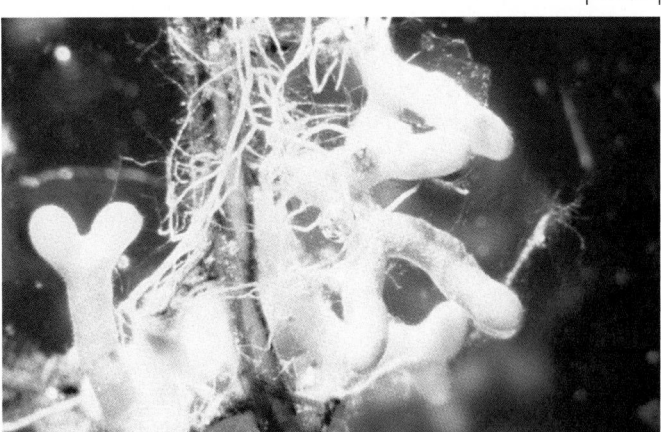

FIGURE 36.8 Mycorhize, association mutualiste d'un champignon et d'une racine. Le mycélium blanc de ce champignon (qui fait partie des Eumycètes) enveloppe les racines d'un Pin rouge (*Pinus resinosa*). L'hyphe du champignon fournit une surface accrue pour l'absorption de l'eau et des minéraux.

cellule endodermique se trouve la **bande de Caspary.** Il s'agit d'une ceinture faite d'une cire, la subérine, qui est imperméable à l'eau et aux minéraux dissous. L'eau et les minéraux ne peuvent donc emprunter la voie de l'apoplaste pour traverser l'endoderme et pénétrer dans les tissus conducteurs. Ils sont obligés de traverser la membrane plasmique d'une cellule endodermique et de pénétrer dans la stèle par le symplaste. La bande de Caspary joue un rôle important dans l'endoderme : elle oblige les minéraux à traverser la membrane plasmique sélective pour atteindre le xylème de la racine. Si les minéraux ne pénètrent pas dans les cellules de l'écorce, ils doivent entrer dans les cellules endodermiques pour pénétrer dans les tissus conducteurs. La structure de l'endoderme et sa position stratégique dans la racine confirment son rôle de sentinelle à la frontière entre l'écorce et la stèle. Ce rôle permet aux racines de transporter jusqu'au xylème certains minéraux du sol plutôt que d'autres.

Le dernier segment de la voie menant du sol au xylème est celui qui permet à l'eau et aux minéraux d'atteindre les trachéides et les éléments de vaisseau du xylème. Ces cellules conductrices ne possèdent pas de protoplaste. Par conséquent, la lumière et la paroi de ces cellules font partie de l'apoplaste. Les cellules endodermiques et les cellules parenchymateuses de la stèle font passer les minéraux dans leur paroi. Ce transfert de solutés du symplaste à l'apoplaste s'effectue probablement grâce à des mécanismes de diffusion et de transport actif. L'eau et les minéraux peuvent ensuite entrer librement dans les trachéides et les vaisseaux du xylème. Cette eau et ces minéraux dont nous avons suivi le parcours depuis le sol jusqu'au xylème de la racine peuvent alors monter dans le système caulinaire sous la forme de sève brute du xylème.

LE TRANSPORT DE LA SÈVE BRUTE DANS LE XYLÈME

La sève brute qui circule dans le xylème contient surtout de l'eau (environ 99 %), mais également des petites molécules chargées, des cytokinines (hormones synthétisées dans les racines) et des ions tels que les ions NO_3^-, NH_4^+, PO_4^{3-}, K^+ et Ca^{2+}. Elle peut aussi contenir des acides aminés produits par la réduction des nitrates dans les racines et d'autres substances organiques puisées dans les réserves au cours de l'ascension. La sève brute monte jusque dans les nervures des feuilles, qui se subdivisent de telle sorte que les vaisseaux du xylème se trouvent à proximité de chaque cellule. La survie des feuilles dépend de l'efficacité de ce système d'approvisionnement en eau. En effet, les Plantes perdent une quantité étonnante d'eau par **transpiration,** c'est-à-dire par vaporisation de l'eau par leurs feuilles et leurs autres parties aériennes. Par exemple, un érable de taille moyenne perd plus de 200 L d'eau par heure durant l'été. Ainsi, si l'eau perdue par transpiration n'est pas remplacée par de l'eau provenant des racines et amenée par le xylème, les feuilles se dessèchent progressivement et finissent par mourir. Par ailleurs, la circulation ascendante de la sève brute dans le xylème apporte les minéraux qui servent à nourrir le système caulinaire.

La montée de la sève brute dans le xylème dépend principalement de la transpiration et des propriétés physicochimiques de l'eau

La sève brute doit combattre la gravitation pour monter dans le xylème. Elle réussit tout de même à atteindre le sommet des plus grands arbres, lesquels mesurent parfois plus de 100 m. Est-elle *poussée* par les racines ou *aspirée* par les feuilles ? Évaluons la contribution relative de chacun de ces deux mécanismes.

Poussée exercée sur la sève brute dans le xylème : pression racinaire

Durant la nuit, lorsque la transpiration est très faible ou inexistante, les cellules de la racine dépensent encore de l'énergie pour acheminer les minéraux dans le xylème au moyen du transport actif seul ou du cotransport. L'endoderme qui entoure la stèle empêche les minéraux qu'elle contient de ressortir. Les minéraux s'accumulent donc dans la stèle, dont le potentiel hydrique diminue. Résultat : l'eau de l'écorce y pénètre par osmose, créant une pression qui provoque l'ascension de la sève brute dans le xylème. Cette poussée ascendante qui s'exerce sur la sève brute dans le xylème porte le nom de **pression racinaire.**

La pression racinaire provoque la **guttation,** c'est-à-dire l'écoulement de gouttelettes d'eau. On peut observer ces gouttelettes, le matin, à l'extrémité des brins d'herbe ou sur la bordure des feuilles de certaines Dicotylédones herbacées. Durant la nuit, alors que la plante transpire peu, ses racines continuent d'accumuler des minéraux, et la pression racinaire pousse la sève brute du xylème vers le système caulinaire. Les feuilles absorbent alors plus d'eau qu'elles n'en perdent par transpiration. L'excès d'eau s'échappe par guttation, par les stomates (FIGURE 36.9).

Chez la plupart des Végétaux, la pression racinaire ne constitue pas le principal mécanisme de la montée de la sève brute dans le xylème. Cette pression peut pousser l'eau sur quelques mètres seulement, au mieux. D'ailleurs, un grand nombre de Végétaux ne créent aucune pression racinaire. Mais même chez

FIGURE 36.9 Guttation. La pression racinaire expulse l'excès d'eau de cette feuille de Fraisier des champs (*Fragaria virginiana*).

les Plantes qui manifestent une guttation, la pression racinaire ne peut suffire à compenser la transpiration après le lever du jour. La poussée vers le haut de la sève brute par la pression racinaire est un phénomène moins important que l'effet d'aspiration créé par les feuilles.

Aspiration de la sève brute du xylème : mécanisme de transpiration-cohésion-tension

Pour déplacer un objet vers le haut, on peut soit le pousser d'en bas, soit le tirer d'en haut. Il est un peu difficile de concevoir que l'on puisse tirer un liquide vers le haut dans un tuyau. C'est pourtant ce qui se produit dans les vaisseaux du xylème. En étudiant ce mécanisme de transport, nous allons voir que la transpiration crée un effet d'aspiration et que la cohésion que les liaisons hydrogène assurent entre les molécules d'eau transmet le mouvement ascendant sur toute la longueur du xylème, jusqu'aux racines.

Effet d'aspiration créé par la transpiration. Les stomates, ouvertures microscopiques situées à la surface d'une feuille, donnent accès à un réseau de lacunes qui permet aux cellules du mésophylle d'entrer en contact avec le dioxyde de carbone de l'air nécessaire à la photosynthèse. L'air contenu dans les lacunes est saturé en vapeur d'eau, parce qu'il se trouve en contact avec les parois humides des cellules. La plupart du temps, l'air est plus sec à l'extérieur de la feuille, c'est-à-dire que la concentration en eau est plus faible à l'extérieur de la feuille qu'à l'intérieur. Le potentiel hydrique de la feuille est donc supérieur à celui de l'environnement. Par conséquent, la vapeur d'eau, qui diffuse selon son gradient de concentration, quitte la feuille par les stomates. C'est cette perte de vapeur d'eau par les feuilles que nous appelons transpiration.

Comment la transpiration se transforme-t-elle en force d'aspiration qui fait circuler l'eau dans la plante? Cela dépend de la création, dans la feuille, d'une tension (diminution de pression dans les lacunes) due aux propriétés physicochimiques propres à l'eau. La vaporisation de la mince pellicule d'eau qui tapisse les lacunes du mésophylle remplace la vapeur d'eau perdue par transpiration. À mesure que l'eau se vaporise, le reste de la pellicule d'eau est attiré par la paroi poreuse et hydrophile des cellules qui bordent les lacunes (FIGURE 36.10). Cependant, l'eau ne pénètre pas dans la paroi, car une autre force agit en sens contraire. Cette force est la force de cohésion des molécules d'eau qui résiste à une augmentation de la surface de la pellicule (l'un des effets de la tension superficielle; voir le chapitre 3). L'effet combiné des deux forces (l'adhérence à la

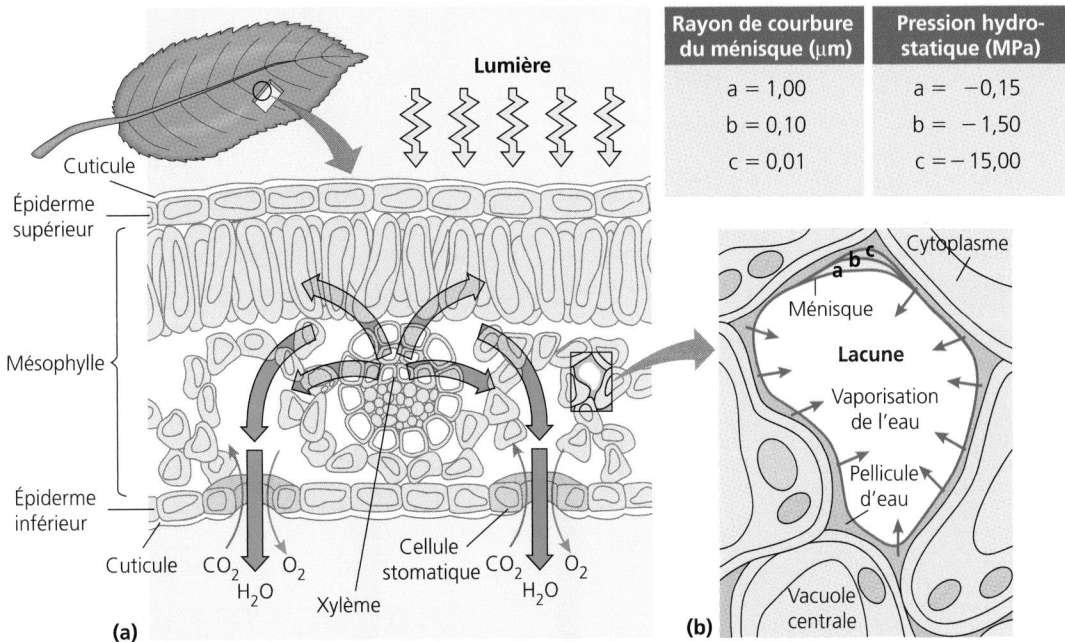

Rayon de courbure du ménisque (μm)	Pression hydrostatique (MPa)
a = 1,00	a = −0,15
b = 0,10	b = −1,50
c = 0,01	c = −15,00

FIGURE 36.10 Tension créée dans une feuille par la transpiration et produisant une aspiration. (a) La vapeur d'eau qui se trouve dans les lacunes remplies d'air humide diffuse vers l'extérieur, lequel est plus sec, en passant par les stomates de la feuille. **(b)** La vaporisation de la pellicule d'eau tapissant les cellules du mésophylle maintient un haut degré d'humidité dans les lacunes. Cette perte d'eau modifie la courbure de la pellicule d'eau. Celle-ci forme un ménisque qui devient de plus en plus concave au fur et à mesure que la transpiration augmente. Cela crée une tension superficielle (chapitre 3) inversement proportionnelle au rayon de courbure du ménisque. Ainsi, lorsque la pellicule d'eau s'amincit et que son ménisque devient de plus en plus concave, sa tension superficielle augmente et la force qui en découle s'applique sur une lacune du mésophylle de la feuille. La tension est la baisse de pression qui se produit en périphérie d'une cellule ou à la sortie d'un vaisseau. Elle est à l'origine d'une force d'aspiration qui tire l'eau de l'endroit ayant le plus grand potentiel hydrique pour l'envoyer vers la lacune, c'est-à-dire vers l'endroit où la pression et le potentiel hydrique sont moindres. Lorsque les cellules bordant une lacune perdent de l'eau, les cellules voisines perdent à leur tour de l'eau au profit des premières, leur potentiel hydrique étant supérieur. Cette différence de pression et de potentiel hydrique se propage ainsi jusqu'au xylème situé à la base de la plante. La tension superficielle de l'eau qui tapisse les lacunes de la feuille constitue la manifestation physique de la transpiration qui tire l'eau du xylème comme le ferait une pompe. Le petit tableau intitulé *Pression hydrostatique* indique la pression qu'exerce la pellicule d'eau sur la paroi des cellules qui bordent la lacune. Les signes négatifs devant les nombres relèvent de la convention (dont nous avons parlé plus tôt dans ce chapitre) et signifient que la pression dans la pellicule d'eau est inférieure à la pression dans les cellules qui l'entourent.

paroi et la cohésion des molécules d'eau) provoque la formation d'un ménisque dans la pellicule d'eau, c'est-à-dire que la surface de la pellicule d'eau prend une forme concave. Ainsi, la pellicule d'eau présente à la surface des cellules bordant les lacunes de la feuille constitue une zone où la pression est inférieure à celle des protoplastes se trouvant autour. Ceux-ci ont un potentiel hydrique supérieur à celui de la pellicule d'eau. Plus les ménisques sont concaves, plus la différence de potentiel hydrique est grande. La tension qui en découle est la force d'aspiration qui tire l'eau des cellules bordant les lacunes, puis celle des cellules suivantes, jusqu'aux éléments de vaisseau et aux trachéides du xylème de la feuille. La tension s'exerce ensuite dans les nervures, dans le pétiole et dans le xylème de la tige.

Cette circulation d'eau correspond à ce que nous avons déjà vu à propos du potentiel hydrique. Selon l'équation du potentiel hydrique, une tension (baisse de pression) *diminue* le potentiel hydrique de la zone qui la subit. Comme l'eau se déplace du compartiment où le potentiel hydrique est le plus élevé vers celui où il est le plus faible, les cellules du mésophylle perdent de l'eau au profit de la pellicule qui tapisse les lacunes, lesquelles perdent à leur tour de l'eau par transpiration. L'eau perdue par les stomates est remplacée par l'eau provenant du xylème de la feuille. Ainsi, la transpiration produit un effet d'aspiration, un effet de pompe, à cause des variations du potentiel hydrique dans les feuilles.

Cohésion et adhérence de l'eau dans le xylème. L'effet d'aspiration de la sève brute dû à la transpiration se propage dans tout le xylème depuis les feuilles jusqu'à l'extrémité des racines, et même jusqu'à la solution contenue dans le sol (FIGURE 36.11). La cohésion des molécules d'eau assurée par les liaisons hydrogène (revoir le chapitre 3) permet l'aspiration par le haut d'une colonne de sève brute sans séparation des molécules d'eau. Les molécules d'eau qui quittent le xylème pour entrer dans la feuille tirent sur les molécules adjacentes. Cette attraction est relayée d'une molécule à l'autre jusqu'au bas de la colonne d'eau qui s'est formée dans le xylème. De plus, la forte adhérence des molécules d'eau à la paroi hydrophile des cellules du xylème (due elle aussi aux liaisons hydrogène) aide également à contrer la gravitation. Le tout petit diamètre des trachéides et des éléments de vaisseau facilite le contact de l'eau avec la paroi hydrophile, et favorise l'adhérence dans la lutte contre la gravitation.

FIGURE 36.11 Ascension de l'eau dans un arbre. Les liaisons hydrogène permettent la formation d'une chaîne continue de molécules d'eau qui s'étend des feuilles jusqu'au sol. La force qui fait monter la sève brute dans le xylème est créée par un gradient de potentiel hydrique (ψ). Dans le cas du courant de masse sur longue distance, le gradient de ψ est principalement dû au gradient de potentiel de pression (ψ_P). La transpiration provoque une diminution du ψ_P de l'extrémité du xylème qui se trouve dans la feuille. Ce ψ_P est alors inférieur au ψ_P de l'extrémité située dans la racine.

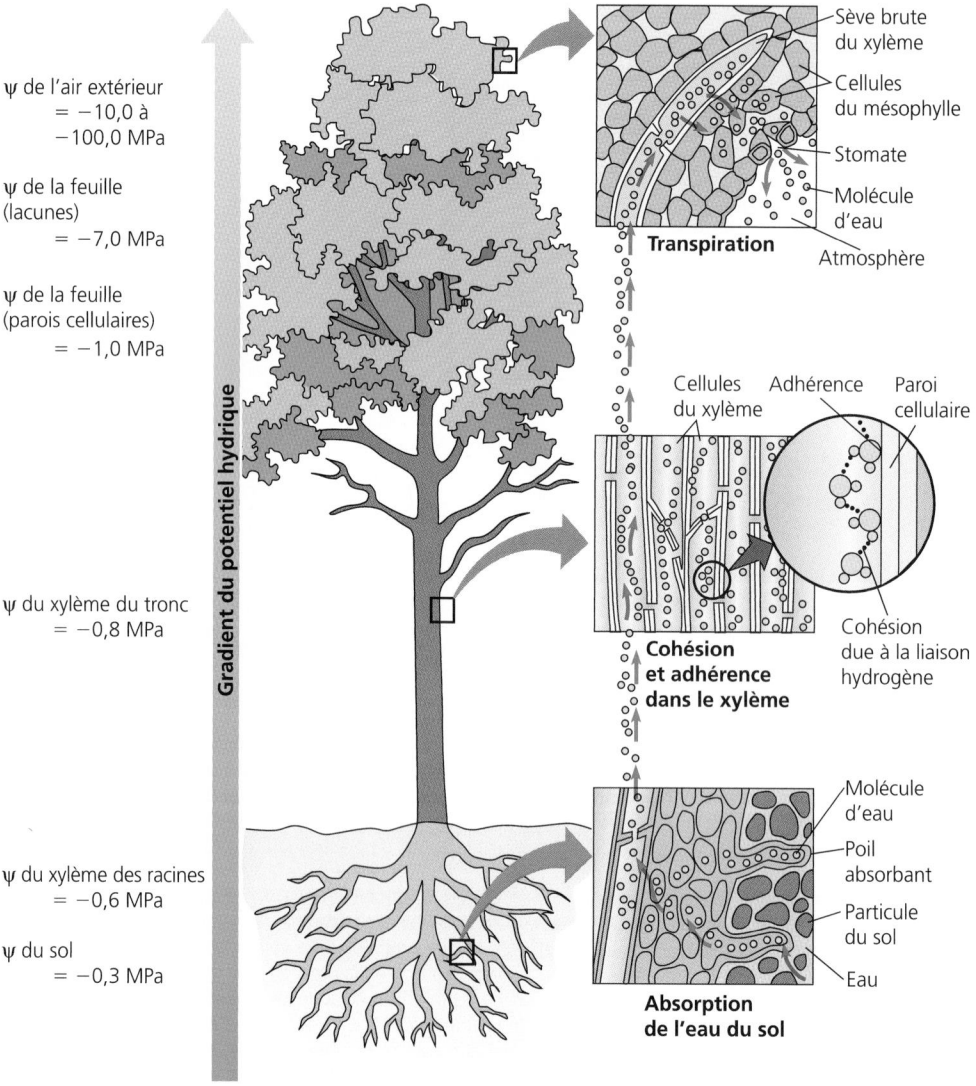

ψ de l'air extérieur
= −10,0 à
−100,0 MPa

ψ de la feuille
(lacunes)
= −7,0 MPa

ψ de la feuille
(parois cellulaires)
= −1,0 MPa

ψ du xylème du tronc
= −0,8 MPa

ψ du xylème des racines
= −0,6 MPa

ψ du sol
= −0,3 MPa

Gradient du potentiel hydrique

Sève brute
du xylème

Cellules
du mésophylle

Stomate

Molécule
d'eau

Atmosphère

Transpiration

Cellules
du xylème

Adhérence

Paroi
cellulaire

**Cohésion
et adhérence
dans le xylème**

Cohésion
due à la liaison
hydrogène

Molécule
d'eau

Poil
absorbant

Particule
du sol

Eau

**Absorption
de l'eau du sol**

La transpiration crée une tension dans le xylème et aspire la sève brute. Quand on souffle dans un petit sac, il se dilate sous l'effet de la pression interne, qui augmente. Au contraire, quand on aspire l'air du sac, ses parois se rapprochent. Comme on crée une tension à l'entrée, l'air quitte en effet le sac. Cela diminue la pression qui s'exerce sur les parois, lesquelles finissent par s'accoler. On observe un phénomène similaire dans une plante. Par temps chaud, la transpiration créant une tension maximale dans le xylème, il est possible de mesurer la diminution du diamètre d'un tronc d'arbre. Cependant, les parois secondaires, qui forment des anneaux peu élastiques empêchant les vaisseaux du xylème de s'affaisser, limitent cette réduction de diamètre. L'effet d'aspiration dû à la transpiration crée une tension dans tout le xylème, jusqu'à l'extrémité des racines, même chez les plus grands arbres. Cette tension réduit suffisamment le potentiel hydrique du xylème des racines pour entraîner un mouvement passif de l'eau du sol, laquelle traverse l'écorce des racines pour aller jusqu'à la stèle.

L'effet d'aspiration dû à la transpiration ne peut se transmettre aux racines que si la chaîne de molécules d'eau reste intacte. Or celle-ci peut se rompre. C'est le cas lorsque, par exemple, la sève brute gèle l'hiver et qu'une poche de vapeur d'eau se forme dans un vaisseau du xylème, phénomène que l'on appelle cavitation. Au printemps, les petites plantes peuvent utiliser la pression racinaire pour remplir les vaisseaux du xylème. Mais la pression racinaire ne peut pousser l'eau jusqu'au sommet des arbres. Un vaisseau entravé par une cavitation ne peut donc plus jamais remplir son rôle de conduite d'eau. Cependant, la circulation engendrée par la transpiration peut alors favoriser l'utilisation d'une voie de contournement par les ponctuations de vaisseaux adjacents du xylème. De plus, la croissance secondaire ajoute chaque année une couche de nouveaux vaisseaux dans le xylème. Chez certains arbres, chez les Chênes et les Ormes par exemple, les plus jeunes anneaux de croissance, situés à la périphérie du xylème, transportent la majeure partie de l'eau. Les plus vieilles zones du xylème ne servent plus alors qu'à soutenir l'arbre (voir le chapitre 35).

La sève brute monte dans le xylème grâce au courant de masse engendré par l'énergie solaire : *une révision*

Le mécanisme de transpiration-cohésion-tension qui assure le transport de la sève brute du xylème contre la gravitation est un exemple qui illustre bien la façon dont les principes physiques s'appliquent aux situations biologiques. Le transport de l'eau sur longue distance, des racines jusqu'aux feuilles, est assuré par le courant de masse. Le courant de masse est le déplacement d'un liquide provoqué par une différence de pression aux deux extrémités d'un conduit. Dans une plante, les conduits sont les éléments de vaisseau du xylème et les trachéides. La différence de pression est créée, à l'extrémité où se trouve la feuille, par l'effet d'aspiration de la transpiration, qui diminue la pression (et augmente donc la tension) à l'extrémité supérieure du xylème.

À plus petite échelle, les gradients de potentiel hydrique régissent le déplacement osmotique de l'eau d'une cellule à l'autre, dans les tissus des racines et des feuilles (voir la FIGURE 36.11). La

différence de concentration de solutés et la différence de pression des deux côtés d'une paroi permettent ce transport à l'échelle microscopique. Mais le courant de masse, mécanisme qui assure le transport sur longue distance dans les vaisseaux du xylème, ne dépend que de la pression. De plus, contrairement à l'osmose, qui permet le déplacement d'eau seulement, le courant de masse déplace toute la solution, l'eau et les minéraux, ainsi que tout autre soluté dissous.

Grâce au courant de masse, la plante n'utilise aucunement l'énergie de son métabolisme pour faire monter l'eau vers les feuilles. L'absorption de la lumière solaire fait transpirer la plante en vaporisant l'eau de la paroi humide des cellules du mésophylle et en maintenant un taux d'humidité élevé dans les lacunes des feuilles. C'est donc l'énergie solaire qui est à l'origine de l'ascension de la sève brute dans le xylème.

LA RÉGULATION DE LA TRANSPIRATION

Les cellules stomatiques maintiennent l'équilibre entre la photosynthèse et la transpiration

Par la transpiration, une feuille peut perdre chaque jour une quantité d'eau supérieure à sa propre masse. Le courant de masse engendré par la transpiration dans les vaisseaux du xylème empêche la sécheresse des feuilles. Il peut atteindre une vitesse de 75 cm/min, ce qui correspond à peu près à la vitesse de la trotteuse d'une horloge. L'énorme besoin en eau de la plante est également lié au coût de production de la nourriture par photosynthèse. La plante doit conserver une certaine quantité d'eau pour la photosynthèse ; elle le fait grâce aux cellules stomatiques, qui contrôlent l'ouverture et la fermeture des stomates (FIGURE 36.12).

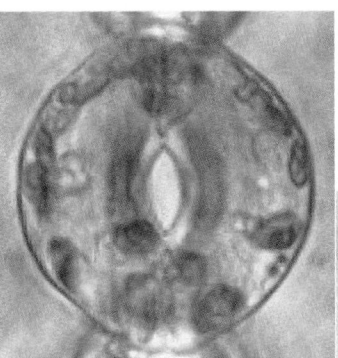
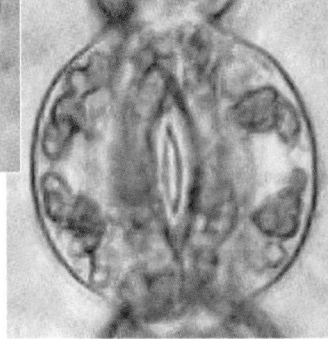

FIGURE 36.12 Stomate ouvert (à gauche) et stomate fermé (à droite) d'une feuille de Plante araignée (ou Phalangère, *Chlorophytum comosum*).

10 µm (700 ×)

Équilibre entre la photosynthèse et la transpiration

Pour produire de la nourriture, une plante doit déployer ses feuilles en direction du soleil et capter le CO_2 de l'air. Les stomates permettent au dioxyde de carbone de diffuser dans la feuille, et au dioxygène résultant de la photosynthèse d'en sortir (voir la FIGURE 36.10). Passant par les stomates, le CO_2 arrive au réseau de lacunes situées entre les cellules du parenchyme lacuneux (voir la FIGURE 35.19). En raison de la forme irrégulière de ces cellules, l'aire d'échanges de la partie inférieure de la feuille peut être de dix à trente fois plus grande que celle de la partie supérieure. Cette particularité structurale des feuilles favorise la photosynthèse en exposant une grande surface au CO_2. Cette grande surface favorise aussi la vaporisation de l'eau, qui s'effectue librement lorsque les stomates de la plante sont ouverts. Environ 90 % de l'eau perdue par une plante s'échappe par les stomates, bien que ces derniers ne représentent que 1 % à 2 % de la surface externe des feuilles. Une cuticule cireuse limite les pertes d'eau aux endroits de la feuille qui sont dépourvus de stomates.

Le **quotient de transpiration,** c'est-à-dire la masse d'eau (en grammes) perdue par gramme de CO_2 assimilé dans des substances organiques au cours de la photosynthèse, permet d'évaluer la capacité d'une plante à utiliser l'eau. Pour de nombreuses espèces, le rapport normal est de 600/1, ce qui signifie que la plante évacue par transpiration 600 g d'eau pour chaque gramme de CO_2 transformé en glucide. Cependant, le Maïs et d'autres Végétaux qui assimilent le CO_2 de l'air par la voie photosynthétique de type C_4 ont un quotient de transpiration égal ou inférieur à 300/1. Ainsi, avec les mêmes concentrations de CO_2 dans les lacunes de la feuille, les plantes de type C_4 peuvent assimiler le CO_2 plus rapidement que les plantes de type C_3 (voir le chapitre 10). Comme la perte d'eau est en quelque sorte la monnaie d'échange qui permet au CO_2 de diffuser dans la feuille, le gain photosynthétique pour chaque gramme d'eau sacrifié est plus élevé chez les plantes de type C_4, qui assimilent le CO_2 plus rapidement que les plantes de type C_3 même quand leur stomates sont partiellement fermés.

Outre le transport de l'eau vers les feuilles, la transpiration permet l'acheminement des minéraux et d'autres substances des racines jusqu'aux pousses et aux feuilles. De plus, la transpiration a un effet de refroidissement par vaporisation sur la plante, et diminue la température d'une feuille de 10 °C à 15 °C par rapport à la température ambiante. Ainsi, la feuille n'atteint pas une température susceptible de dénaturer les différentes enzymes qui y catalysent les réactions photosynthétiques ou d'autres réactions métaboliques. Les feuilles des plantes grasses du désert, qui transpirent peu, permettent aux plantes de supporter des températures élevées. Pour les plantes grasses du désert, la perte d'eau provoquée par la transpiration constitue une menace plus importante qu'une température très élevée.

Lorsque la quantité d'eau perdue par transpiration est supérieure à la quantité d'eau apportée par le xylème, en période de sécheresse par exemple, les feuilles se flétrissent au fur et à mesure que la turgescence diminue dans les cellules (voir la FIGURE 36.5). Le quotient de transpiration est plus élevé pendant les jours ensoleillés, chauds, secs et venteux, parce que ces facteurs climatiques augmentent la vaporisation de l'eau. Les Plantes disposent cependant de certaines ressources pour contrer ces éléments, car elles peuvent s'adapter à leur milieu. Parmi les adaptations qui concernent la photosynthèse et la transpiration, citons le mécanisme qui règle la dimension de l'ouverture des stomates et permet le maintien de l'équilibre hydrique.

Ouverture et fermeture des stomates

Chaque stomate est constitué de deux cellules stomatiques ayant chacune la forme d'un rein chez les Dicotylédones et la forme d'un haltère chez la plupart des Monocotylédones. Les cellules stomatiques délimitent l'ostiole, ouverture centrale du stomate qui donne sur un réseau de lacunes. Elles sont accolées aux cellules épidermiques voisines qui leur servent de réservoir d'eau et d'ions.

La modification de la forme des cellules stomatiques fait varier le diamètre de l'ostiole, c'est-à-dire le diamètre de l'ouverture du stomate (FIGURE 36.13a). Lorsque les cellules stomatiques absorbent par osmose de l'eau provenant des cellules épidermiques, elles deviennent turgescentes et gonflent. Chez la plupart des Dicotylédones, les cellules stomatiques possèdent une paroi dont l'épaisseur n'est pas uniforme. Cette paroi contient des microfibrilles de cellulose dont l'orientation permet aux cellules stomatiques de se déformer vers l'extérieur quand elles sont turgescentes, ce qui augmente la taille de l'ostiole. Quand les cellules stomatiques perdent de l'eau et deviennent flasques, leur courbure s'affaisse, ce qui ferme l'ostiole. On retrouve également ce mécanisme de base dans les stomates des Monocotylédones.

Les variations de turgescence des cellules stomatiques, qui entraînent l'ouverture et la fermeture des stomates, dépendent de l'absorption et de la perte réversibles d'ions potassium (K^+). Les stomates s'ouvrent lorsque les cellules stomatiques accumulent des ions K^+ provenant des cellules épidermiques voisines (FIGURE 36.13b). L'apport de soluté diminue le potentiel hydrique à l'intérieur des cellules stomatiques. L'eau entre donc dans ces cellules par osmose, et augmente la turgescence. La majeure partie des ions K^+ et de l'eau est emmagasinée dans la vacuole centrale ; le tonoplaste joue donc également un rôle. Inversement, les stomates se ferment lorsque les ions K^+ sortent des cellules stomatiques, causant une perte osmotique d'eau. La régulation assurée par les aquaporines peut également jouer un rôle dans le gonflement et le rétrécissement des cellules stomatiques en faisant varier la perméabilité des membranes à l'eau.

Le flux d'ions K^+ à travers la membrane des cellules stomatiques est probablement passif, car il est associé à la création, par les pompes à protons, d'un potentiel de membrane. L'ouverture des stomates correspond à la sortie de protons, par transport actif, des cellules stomatiques. Le potentiel de membrane ainsi obtenu transporte les ions K^+ provenant des cellules épidermiques dans la cellule stomatique par l'intermédiaire des canaux spécifiques (perméases) de la membrane plasmique (voir la FIGURE 36.2). Les botanistes utilisent une technique particulière appelée *patch-clamping* pour étudier la régulation des pompes à protons et des perméases à K^+ des cellules stomatiques. Cette technique consiste à fixer à l'aide d'une micropipette (« clamping ») une infime portion (« patch ») de membrane pouvant contenir tout au plus quelques canaux protéiques (FIGURE 36.14, p. 826).

Normalement, les stomates sont ouverts le jour et fermés la nuit. De cette façon, la plante ne perd pas d'eau lorsqu'il fait trop sombre pour effectuer la photosynthèse. À l'aube, trois facteurs au moins provoquent l'ouverture des stomates. Premièrement, la lumière favorise l'accumulation de potassium dans les cellules stomatiques, qui deviennent turgescentes. Cette réaction est déclenchée par la lumière bleue du spectre visible qui excite des récepteurs situés dans le tonoplaste et probablement dans la membrane plasmique. L'activation de ces récepteurs stimule (grâce à l'énergie fournie par l'ATP) les pompes à protons présentes dans la membrane plasmique. Le côté interne des membranes devient alors plus négatif qu'auparavant, ce qui favorise l'entrée des ions K⁺ (voir la FIGURE 36.14). La lumière peut aussi provoquer l'ouverture des stomates en déclenchant la photosynthèse dans les chloroplastes des cellules stomatiques, ce qui libère de l'ATP pour assurer le transport actif des protons. (Les cellules stomatiques sont les seules cellules épidermiques pourvues de chloroplastes.)

Deuxièmement, le manque de CO_2 dans les lacunes de la feuille provoque aussi l'ouverture des stomates. Cette carence survient lorsque la photosynthèse commence dans le mésophylle. On peut en fait forcer l'ouverture des stomates la nuit en plaçant la plante dans une pièce dépourvue de CO_2. Mais on ne sait pas, pour le moment, par quel mécanisme la concentration de CO_2 intervient dans l'ouverture et la fermeture des stomates.

Troisièmement, l'horloge interne présente dans les cellules stomatiques est un autre facteur qui cause l'ouverture des stomates. Une plante placée dans une pièce obscure continue de connaître le cycle quotidien d'ouverture et de fermeture des stomates. Tous les Eucaryotes possèdent des horloges internes qui gardent la notion du temps et régissent les processus cycliques. On appelle **rythmes circadiens** les cycles dont la période est d'environ 24 heures. Nous étudierons les rythmes circadiens et les horloges biologiques qui les règlent au chapitre 39.

Des facteurs environnementaux de toutes sortes peuvent provoquer la fermeture des stomates pendant la journée. Ainsi, lorsqu'une plante manque d'eau, la turgescence des cellules stomatiques diminue. De plus, l'acide abscissique, hormone produite dans les cellules du mésophylle en réponse à une carence en eau, commande aux cellules stomatiques de fermer les stomates. Cette réponse des stomates réduit la déshydratation, mais ralentit également la photosynthèse, ce qui explique la baisse de rendement des cultures en période de sécheresse. Les températures élevées entraînent aussi la fermeture des stomates, en stimulant probablement la respiration cellulaire et en augmentant la concentration de CO_2 dans les lacunes de la feuille. Une température élevée et une transpiration excessive peuvent concourir à fermer les stomates pendant une courte période, en milieu de journée. Ainsi, en analysant divers stimulus internes et externes, les cellules stomatiques régissent à chaque instant les processus complémentaires de la photosynthèse et de la transpiration.

Cellules stomatiques turgescentes /stomate ouvert

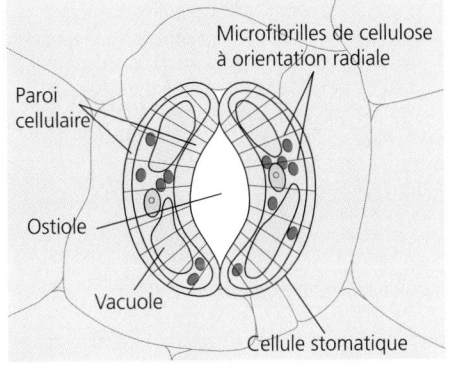

Cellules stomatiques flasques /stomate fermé

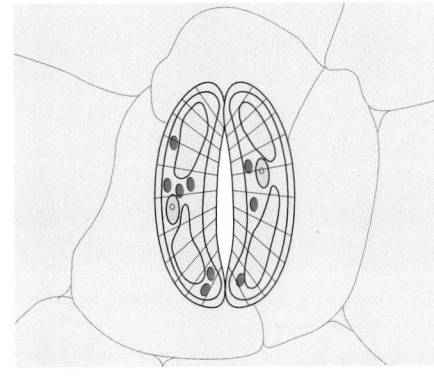

(a) Variations de forme des cellules stomatiques qui permettent l'ouverture et la fermeture du stomate (vue superficielle). Cette illustration montre les cellules stomatiques turgescentes (stomate ouvert) et flasques (stomate fermé) d'une Dicotylédone. Les cellules stomatiques se déforment vers les cellules épidermiques lorsqu'elles sont turgescentes. Des microfibrilles de cellulose situées dans leur paroi limitent l'étirement et la compression dans le même plan qu'elles. Ainsi, leur orientation radiale fait en sorte que les cellules se dilatent plus en longueur qu'en largeur quand il y a turgescence. Les cellules stomatiques étant reliées à leurs extrémités, la pression de turgescence rencontre là une résistance accrue et agit davantage sur le côté épidermique de la paroi, plus mince et plus déformable. En exerçant une poussée sur la paroi mince, la pression de turgescence entraîne un déplacement des microfibrilles radiales vers les cellules épidermiques. En même temps, les microfibrilles tirent sur la paroi épaisse qui borde l'ostiole. Les cellules stomatiques prennent alors la forme d'un croissant.

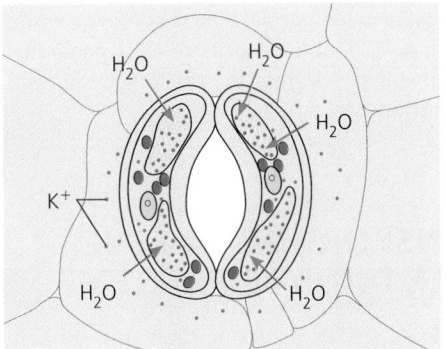

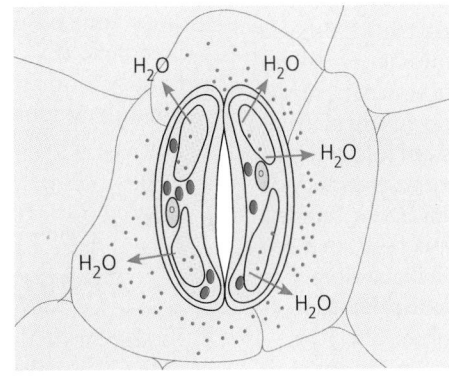

(b) Rôle du potassium dans l'ouverture et la fermeture du stomate. Le transport des ions K⁺ (potassium), lesquels proviennent des cellules épidermiques et traversent la membrane plasmique et le tonoplaste, modifie la turgescence des cellules stomatiques. Les stomates s'ouvrent lorsque les cellules stomatiques accumulent du potassium (points rouges), ce qui diminue leur potentiel hydrique et favorise l'entrée d'eau par osmose. Les cellules stomatiques deviennent alors turgescentes. Les stomates se ferment lorsque les ions K⁺ sortent des cellules stomatiques.

FIGURE 36.13 Mécanisme d'ouverture et de fermeture d'un stomate.

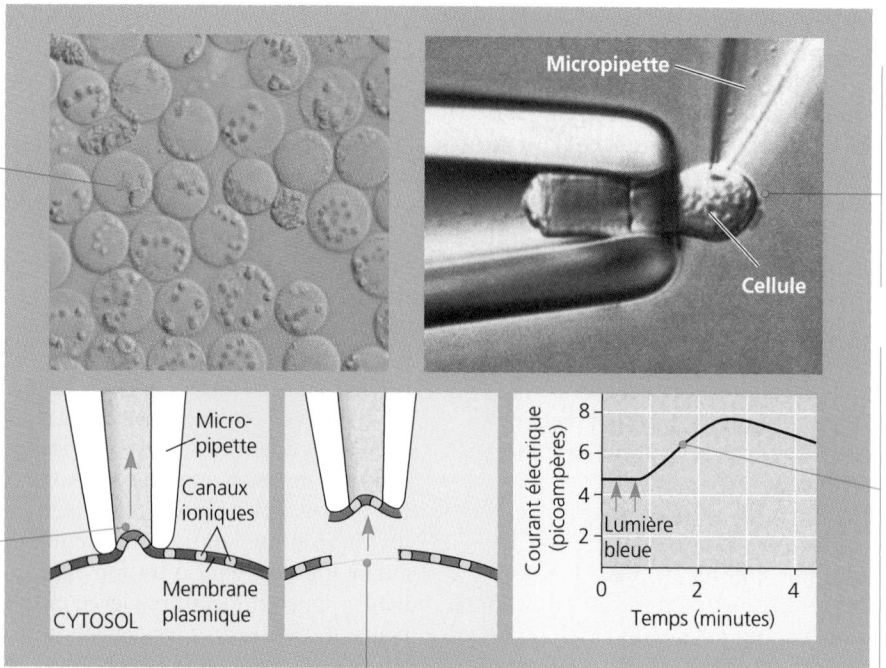

① Cette micrographie photonique montre des protoplastes (cellules végétales sans paroi) extraits des cellules stomatiques d'une feuille de Tabac (*Nicotiana tabacum*).

② L'instrument qui permet d'isoler un morceau de membrane est une micropipette dont l'extrémité mesure environ 1 µm de diamètre. Une pipette plus grosse permet de maintenir la cellule en place par succion.

③ Une légère succion provoque la formation d'une cloque dans l'ouverture de la micro-pipette, dont le bord adhère hermétiquement à la membrane.

⑤ Ce graphique montre l'enregistrement du transport de protons à travers un morceau de membrane d'une cellule stomatique. Le passage de protons à travers la membrane génère un courant électrique mesurable. Ce graphique représente le courant généré par la circulation de protons pendant plusieurs minutes.

④ La succion permet de prélever un petit morceau de la membrane plasmique. La micropipette, reliée à un appareillage approprié, agit comme une électrode pour enregistrer la circulation d'ions à travers le petit morceau de membrane. Le morceau étant tout petit et les ions présents dans les solutions de trempage étant connus, il est possible d'enregistrer la circulation d'un seul type d'ions dans les canaux sélectifs ou dans les pompes de la membrane.

FIGURE 36.14 Technique du *patch-clamping* permettant d'étudier la membrane plasmique des cellules stomatiques. La technique du *patch-clamping* permet d'isoler un très petit morceau de membrane et d'étudier le déplacement des ions dans un seul type de canaux – par exemple, les canaux à K⁺ ou à H⁺. L'expérience permet de mesurer l'effet de la lumière bleue, laquelle entraîne une modification du potentiel de membrane plasmique en influant sur le transport actif des protons à travers la membrane plasmique. Avec d'autres preuves, cette expérience appuie l'hypothèse selon laquelle la lumière bleue et d'autres stimulus assurent la régulation des cellules stomatiques en agissant sur les pompes à protons (H^+) de la membrane plasmique.

L'évolution adaptative a permis aux xérophytes de réduire la transpiration

Les **xérophytes** sont des plantes qui se sont adaptées à des climats arides. Leurs feuilles ont subi diverses modifications qui ont eu pour résultat de réduire leur vitesse de transpiration. Ainsi, un grand nombre de xérophytes possèdent de petites feuilles épaisses. Il s'agit là d'une adaptation qui limite les pertes d'eau en réduisant la surface exposée par rapport au volume de la feuille. Une cuticule épaisse donne à certaines de ces feuilles l'aspect du cuir. Les stomates de ces plantes se concentrent sur la face inférieure des feuilles (à l'ombre) ; ils se trouvent souvent dans des dépressions semblables à des cryptes qui les protègent des vents secs (FIGURE 36.15). Durant les mois les plus secs de l'année, certaines plantes du désert perdent leurs feuilles. D'autres, tels les Cactus, les conservent grâce aux réserves d'eau que la plante a emmagasinées dans sa tige charnue durant la saison des pluies. (Cette tige modifiée est l'organe photosynthétique des Cactus ; les épines sont des feuilles modifiées.)

Les adaptations les plus sophistiquées aux habitats arides se trouvent chez les Ficoïdes et chez d'autres plantes grasses de la famille des Crassulacées. Ces plantes assimilent le CO_2 grâce à un processus photosynthétique particulier appelé « métabolisme acide crassulacéen » (CAM, *crassulacean acid metabolism*) (voir la FIGURE 10.19). Les cellules du mésophylle d'une plante qui effectue ce type de photosynthèse (CAM) possèdent des enzymes qui incorporent le CO_2 sous forme d'acides organiques, au cours de la nuit. Le jour, ces acides organiques se dégradent pour libérer le CO_2 dans ces mêmes cellules. Les glucides sont ensuite synthétisés par la voie photosynthétique habituelle (C_3). Comme la feuille absorbe le CO_2 pendant la nuit, les stomates peuvent se refermer le jour, lorsque la transpiration est plus importante.

LE TRANSPORT DE LA SÈVE ÉLABORÉE DANS LE PHLOÈME

La sève brute du xylème circule dans une direction qui l'empêche habituellement de transporter les glucides produits par photosynthèse dans les feuilles vers les autres parties de la

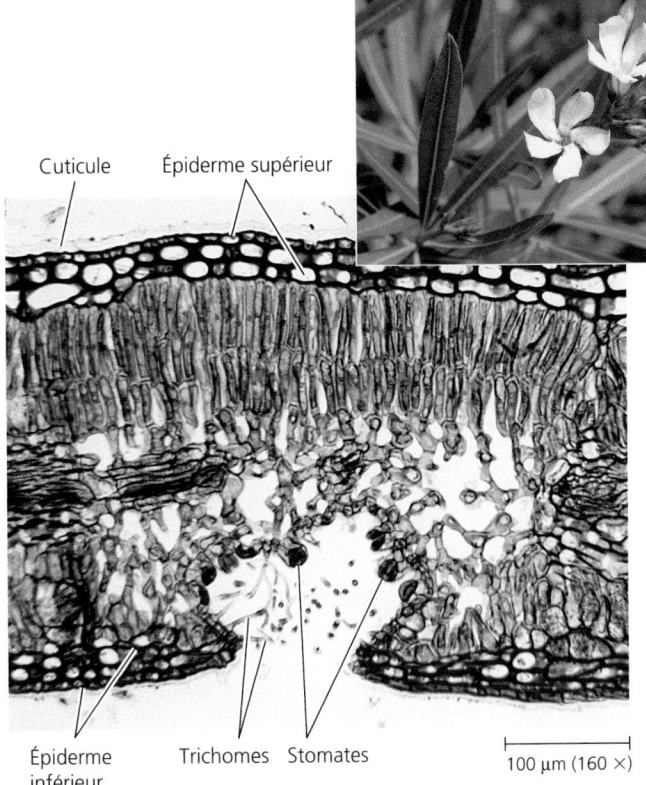

Cuticule   Épiderme supérieur

Épiderme inférieur   Trichomes   Stomates

100 µm (160 ×)

FIGURE 36.15 Adaptations structurales d'une feuille de xérophyte.
On trouve couramment le Laurier-rose (*Nerium oleander*, en haut à droite) le long des autoroutes, dans le désert. Ses feuilles possèdent une cuticule épaisse et un épiderme constitué de plusieurs couches qui réduisent la perte d'eau. Les stomates sont enfoncés dans des cryptes, adaptation structurale qui les protège des vents chauds et secs. Les trichomes, excroissances épidermiques qui ressemblent à des poils, contribuent également à réduire la transpiration en gênant la circulation d'air, ce qui permet de conserver un taux d'humidité plus élevé à l'intérieur de la crypte que dans l'environnement. (MP)

plante. C'est la sève élaborée qui transporte ces glucides. Elle se compose en effet principalement de saccharose (les autres glucides sont en faible concentration), d'où sa consistance sirupeuse. Elle comprend également des acides aminés, des hormones, certains ions et un peu d'eau. La sève élaborée circule dans le phloème, l'autre tissu conducteur qui relie toutes les parties de la plante, généralement dans la direction opposée à celle de la sève brute dans le xylème. Chez les Angiospermes, les cellules spécialisées du phloème qui assurent le transport sont les cellules criblées. Elles sont disposées bout à bout pour former les tubes criblés. De plus, elles sont séparées par des parois poreuses, les cribles, qui permettent une circulation lente de la sève élaborée (voir la FIGURE 35.9).

Le phloème transporte la sève élaborée des organes sources aux organes cibles

Contrairement au transport de la sève brute, qui est unidirectionnel (des racines aux feuilles), le transport de la sève élaborée se fait dans plusieurs directions. On peut toutefois dire que les tubes criblés transportent toujours la nourriture d'un organe source à un organe cible. Un **organe source** produit des glucides, par photosynthèse ou par hydrolyse de l'amidon. Les feuilles matures sont les principaux organes sources. Un **organe cible** consomme ou emmagasine les glucides. Les racines en croissance, l'extrémité des pousses axillaires et de la tige, et les fruits constituent des organes cibles que le phloème alimente en glucides. Un organe d'entreposage, un tubercule ou un bulbe par exemple, est, selon la saison, un organe source ou un organe cible. L'été, lorsque l'organe d'entreposage assure le stockage des glucides, il est un organe cible. Au début du printemps, après la dormance, l'organe d'entreposage devient un organe source, car l'amidon qu'il contient est dégradé en saccharose, qui est ensuite acheminé dans le phloème vers les bourgeons en croissance.

Les autres solutés peuvent être transportés vers les organes cibles avec les glucides. Ainsi, les minéraux qui empruntent le xylème pour atteindre les feuilles peuvent ensuite passer dans le phloème et atteindre un fruit en formation.

Un organe cible est habituellement alimenté par les organes sources les plus proches. Les feuilles supérieures d'une branche peuvent envoyer les glucides à l'extrémité de la pousse en croissance, tandis que les feuilles les plus basses envoient les glucides aux racines. Les besoins nutritifs d'un fruit en croissance sont tels qu'ils monopolisent tous les organes sources qui se trouvent autour. Dans un même faisceau libéroligneux, un tube criblé peut transporter la sève élaborée dans une direction, tandis qu'un autre la transporte dans la direction opposée. La direction du transport dans chaque tube criblé ne dépend que des endroits où se trouvent l'organe source et l'organe cible qu'il relie. La direction peut d'ailleurs changer selon les saisons ou le stade de développement de la plante.

Remplissage et vidange du phloème

Les glucides produits dans les cellules du mésophylle d'une feuille et ailleurs doivent se rendre dans les tubes criblés avant de cheminer vers les organes cibles. Chez certaines espèces, les glucides peuvent circuler tels quels du mésophylle aux cellules criblées en empruntant le symplaste, c'est-à-dire en passant d'une cellule à l'autre par les plasmodesmes. Chez d'autres espèces, ils atteignent les cellules criblées en empruntant un itinéraire passant par le symplaste et l'apoplaste (FIGURE 36.16a, p. 828). Par exemple, dans les feuilles du Maïs, le saccharose diffuse à travers le symplaste des cellules du mésophylle jusqu'aux nervures. De nombreuses molécules de glucides sortent des cellules pour emprunter la voie de l'apoplaste (parois) lorsqu'elles se rapprochent des cellules criblées et des cellules compagnes. Là, le saccharose provenant de l'apoplaste s'accumule directement dans les cellules criblées ou les cellules compagnes. Les cellules compagnes le transportent dans les cellules criblées par l'intermédiaire des plasmodesmes. Chez certains Végétaux, les cellules compagnes ont une paroi qui comporte de nombreuses invaginations. Il s'agit d'une adaptation qui augmente la surface de contact et favorise le transfert de solutés entre l'apoplaste et le symplaste. Ces cellules modifiées portent le nom de **cellules de transfert** (voir la FIGURE 29.5).

Chez le Maïs et de nombreux autres Végétaux, les cellules criblées emmagasinent le saccharose jusqu'à ce qu'il atteigne des concentrations deux ou trois fois plus élevées que dans

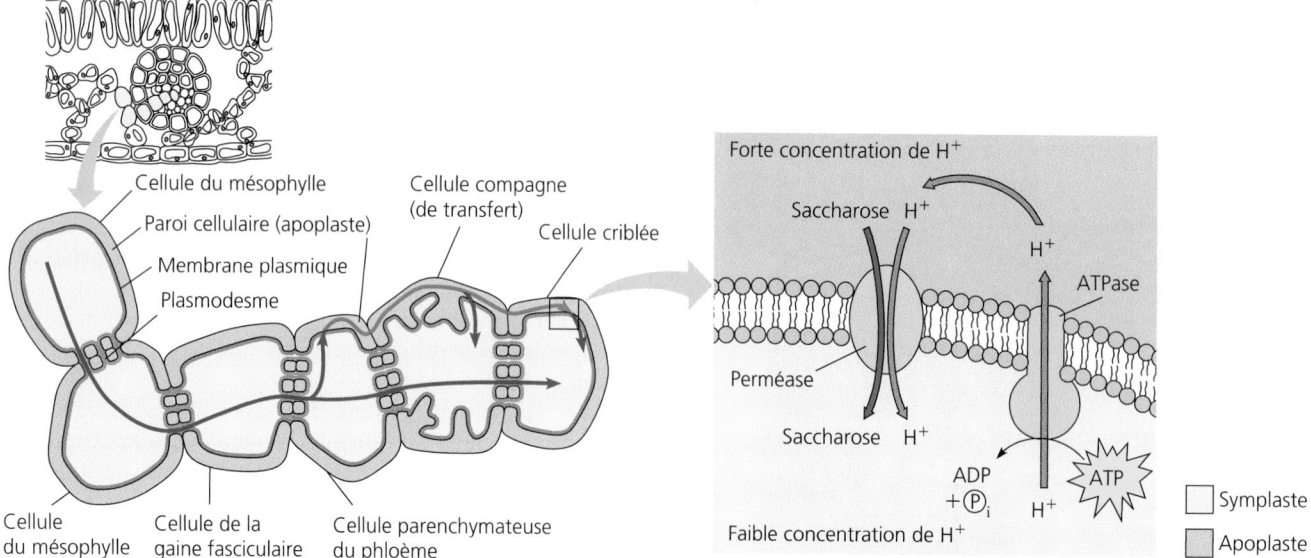

(a) Le saccharose produit dans les cellules du mésophylle peut emprunter la voie du symplaste (flèches bleues) pour se rendre dans les cellules criblées. Chez certaines espèces, il sort du symplaste (flèche magenta) près des tubes criblés et s'accumule par cotransport dans les cellules criblées et leurs cellules compagnes en passant par l'apoplaste.

FIGURE 36.16 Remplissage du phloème en saccharose.

(b) Un mécanisme chimiosmotique est responsable du cotransport du saccharose dans les cellules compagnes et les cellules criblées. Les pompes à protons (ATPase) génèrent un gradient électrochimique de H+ de part et d'autre de la membrane. Les ions H+ ne peuvent regagner le cytosol que s'ils se lient à une protéine intramembranaire (une perméase) qui transporte également du saccharose. La perméase utilise l'énergie des protons pour acheminer ceux-ci, ainsi que le saccharose, vers le cytosol.

le mésophylle. Le remplissage du phloème nécessite donc un transport actif (cotransport). Ce sont les pompes à protons qui exécutent ce travail (FIGURE 36.16b).

Le phloème se décharge de son saccharose lorsque celui-ci atteint l'extrémité du tube criblé, près de l'organe cible. La vidange du phloème est un processus très variable. Son mécanisme dépend de l'espèce de la plante et du type d'organe. Mais quel qu'il soit, la concentration de glucides libres dans l'organe cible est inférieure à la concentration interne du tube criblé parce que le glucide déchargé est soit consommé pour assurer la croissance et le métabolisme des cellules cibles, soit converti en polymères insolubles comme l'amidon. Résultat de ce gradient de concentration de glucides : les molécules de glucides diffusent du phloème vers les tissus cibles ; l'eau suit par osmose.

Le courant de masse est le mécanisme de transport de la sève élaborée chez les Angiospermes

La sève élaborée du phloème circule de l'organe source à l'organe cible à une vitesse qui peut atteindre 1 m par heure. On estime que cette vitesse est trop élevée pour n'être causée que par la diffusion. La sève élaborée se déplace grâce au courant de masse, qui est créé par une pression. Le remplissage du phloème aboutit à une forte concentration de solutés à l'extrémité du tube criblé, près de l'organe source. Cela diminue le potentiel hydrique et provoque une entrée d'eau dans le tube (FIGURE 36.17, p. 829). La pression hydrostatique qui se crée dans le tube criblé est plus grande près de l'organe source que près de l'organe cible. À l'extrémité où se trouve l'organe cible, la pression diminue du fait de la perte d'eau. L'eau quitte le tube criblé en raison de la diminution du potentiel hydrique externe qui suit la sortie du saccharose. L'accumulation de pression à une extrémité du tube (source) et la diminution de pression à l'autre extrémité (cible) amènent l'eau chargée de glucides à circuler de l'organe source vers l'organe cible. L'eau retourne ensuite à l'organe source en passant par les vaisseaux du xylème.

Ce modèle de gradient de pression qui crée un courant permet d'expliquer pourquoi la sève élaborée du phloème circule toujours de l'organe source à l'organe cible, quels que soient les endroits où ceux-ci se trouvent dans la plante. Des biologistes ont imaginé plusieurs expériences dans le but de l'évaluer. La FIGURE 36.18, à la page 829, illustre une expérience innovatrice qui utilise des sondes naturelles, à savoir des Pucerons se nourrissant de la sève élaborée du phloème. Ce modèle de gradient de pression s'applique particulièrement bien aux Angiospermes, mais on ignore s'il est valable pour les autres Plantes vasculaires.

Notre étude de la circulation de la sève élaborée chez les Végétaux nous a permis de mettre en évidence des exemples de transport à trois niveaux : le transport à travers la membrane plasmique au niveau cellulaire (l'accumulation de saccharose par cotransport dans les cellules criblées) ; le transport radial dans les organes sur de courtes distances (le déplacement du saccharose qui emprunte le symplaste et l'apoplaste pour passer du mésophylle au phloème) ; le transport entre les organes sur de longues distances (le courant de masse dans les tubes criblés). Une meilleure compréhension de ces mécanismes de transport est essentielle à l'avancement de l'agriculture.

FIGURE 36.17 Courant de masse dans un tube criblé. Dans cet exemple, l'organe source est une feuille et l'organe cible est une racine.

❶ L'apport de glucides (principalement du saccharose) dans le tube criblé situé à proximité de l'organe source réduit le potentiel hydrique dans les cellules criblées, ce qui provoque l'entrée par osmose de l'eau provenant des tissus environnants.

❷ L'absorption d'eau génère une pression hydrostatique qui pousse la sève élaborée dans le tube criblé.

❸ Le gradient de pression dans le tube criblé augmente avec la sortie des glucides (saccharose surtout) qui vont vers l'organe cible et de l'eau qui les suit par osmose.

❹ Dans le cas d'un transport des feuilles aux racines, l'eau revient à l'organe source en passant par le xylème.

Rappelez-vous que ce n'est pas la photosynthèse qui détermine le rendement d'une plante en croissance dans des conditions idéales, mais la capacité de la plante à transporter les glucides loin des feuilles. Par conséquent, le génie génétique qui cherche à obtenir des rendements élevés dans les cultures pourrait tirer parti d'une meilleure compréhension des facteurs qui limitent le courant de masse des glucides dans le phloème.

■   ■   ■

Les phytophysiologistes ont encore beaucoup à apprendre sur les mécanismes de transport liés au xylème et au phloème. William Harvey, éminent physiologiste du XVIIᵉ siècle, pensait que les Végétaux et les Animaux possédaient des systèmes circulatoires semblables. On abandonna l'idée quand on découvrit, par la dissection, que les plantes ne possédaient pas de cœur. On commence à peine à comprendre comment la sève circule dans les tissus conducteurs de la plante sans l'aide d'un organe servant de pompe.

FIGURE 36.18 Ponction de sève élaborée à l'aide d'un Puceron. (a) Cette gouttelette de miellat qui sort de l'anus de ce Puceron est constituée de sève élaborée débarrassée de certains éléments nutritifs absorbés par l'insecte. **(b)** Le Puceron insère une pièce buccale modifiée, appelée stylet, dans la plante et explore l'intérieur jusqu'à ce que l'appendice pénètre dans une cellule criblée (MP). La pression interne du tube criblé pousse la sève élaborée dans le stylet. Le Puceron gonfle alors jusqu'à atteindre plusieurs fois sa taille normale. **(c)** Le chercheur peut anesthésier le Puceron qui se nourrit et le séparer de son stylet, qu'il laisse dans la plante afin qu'il serve de minuscule robinet par lequel s'écoule la sève élaborée pendant des heures. Plus le stylet se trouve près d'un organe source, plus la sève élaborée coulera rapidement et plus sa concentration en glucides sera élevée. C'est ce que prédit l'hypothèse du courant de masse.

(a) Le Puceron se nourrit.

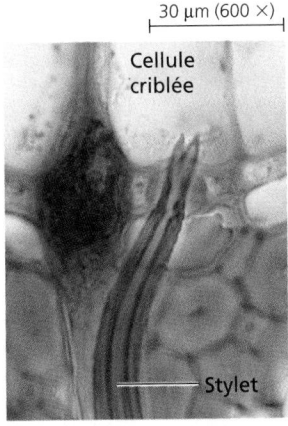

30 μm (600 ×)

(b) Le stylet du Puceron pénètre dans une cellule criblée.

(c) Le stylet amputé du Puceron exsude la sève élaborée.

RÉVISION DU CHAPITRE

Résumé des concepts importants

VUE D'ENSEMBLE DES MÉCANISMES DE TRANSPORT DES NUTRIMENTS CHEZ LES VÉGÉTAUX

■ Au niveau cellulaire, le transport des substances dépend de la perméabilité sélective des membranes (p. 812 et 813). Des protéines de transport spécifiques permettent aux cellules végétales de conserver un milieu interne différent de leur environnement.

■ Les pompes à protons jouent un rôle de premier plan dans le transport transmembranaire (p. 813, FIGURE 36.2). Le potentiel de membrane et le gradient de protons générés par les pompes à protons servent au transport de différents solutés.

■ Les différences de potentiel hydrique permettent le transport de l'eau dans les cellules végétales (p. 814 à 816, FIGURES 36.3 à 36.5). Les solutés diminuent le potentiel hydrique, tandis que la pression l'augmente. Par osmose, l'eau passe d'un compartiment dont le potentiel hydrique est élevé à un compartiment dont le potentiel hydrique est bas.

■ Les aquaporines influent sur la vitesse du transport transmembranaire (p. 815 et 816). Les aquaporines sont des canaux spécifiques situés dans les membranes et permettant le passage de l'eau seulement. Elles peuvent aider à réguler la vitesse de l'osmose.

■ Les cellules végétales vacuolisées possèdent trois compartiments majeurs (p. 816 et 817, FIGURE 36.6). Les trois compartiments majeurs des cellules végétales vacuolisées sont la paroi cellulaire, le cytosol et la vacuole centrale. La membrane plasmique régule le transport entre le cytosol et la solution de la paroi cellulaire. Le tonoplaste régule le transport entre le cytosol et le suc vacuolaire.

■ Le symplaste et l'apoplaste participent tous les deux au transport des nutriments à l'intérieur des tissus et des organes (p. 817 à 819, FIGURE 36.7). Le symplaste est le réseau de plasmodesmes qui assure une continuité entre les cytosols. L'apoplaste est l'ensemble des parois cellulaires, des interstices entre ces parois et des éléments de vaisseau du xylème.

■ Le courant de masse assure le transport sur de longues distances (p. 818). Les différences de pression aux extrémités des conduits – les vaisseaux du xylème et les tubes criblés – permettent le transport de la sève brute et de la sève élaborée.

L'ABSORPTION DE L'EAU ET DES MINÉRAUX PAR LES RACINES

■ Les poils absorbants, les mycorhizes et la surface importante des cellules corticales augmentent l'absorption de l'eau et des minéraux (p. 818 et 819, FIGURE 36.8). Les poils absorbants représentent la voie d'absorption la plus importante près des extrémités des racines. Mais les mycorhizes, association mutualiste de champignons et de racines, sont responsables de la majeure partie de l'absorption pour tout le système racinaire. Quand la solution du sol pénètre dans la racine, la grande surface des cellules corticales augmente l'absorption de l'eau et des minéraux sélectionnés.

■ L'endoderme fonctionne comme une barrière sélective entre l'écorce de la racine et les tissus conducteurs (p. 819 et 820). L'eau peut traverser l'écorce en empruntant le symplaste ou l'apoplaste.

Mais les minéraux qui atteignent l'endoderme par l'apoplaste doivent obligatoirement traverser la membrane plasmique sélective des cellules de l'endoderme. La bande de Caspary, bande cireuse de l'endoderme, empêche le transfert, par l'apoplaste, des minéraux de l'écorce à la stèle.

LE TRANSPORT DE LA SÈVE BRUTE DANS LE XYLÈME

■ La montée de la sève brute dans le xylème dépend principalement de la transpiration et des propriétés physicochimiques de l'eau (p. 820 à 823, FIGURE 36.10). La perte de vapeur d'eau (transpiration) diminue le potentiel hydrique dans la feuille en provoquant une tension (baisse de pression). Ce potentiel hydrique faible provoque un effet d'aspiration de l'eau du xylème. La cohésion et l'adhérence de l'eau transmettent cette force d'aspiration dans tout le xylème, jusqu'aux racines.

■ La sève brute monte dans le xylème grâce au courant de masse engendré par l'énergie solaire : *une révision* (p. 822 et 823, FIGURE 36.11). La transpiration permet le déplacement de la sève brute contre la gravitation.

LA RÉGULATION DE LA TRANSPIRATION

■ Les cellules stomatiques maintiennent l'équilibre entre la photosynthèse et la transpiration (p. 823 à 826, FIGURES 36.12 à 36.14). Les stomates permettent la photosynthèse en autorisant les échanges de CO_2 et d'O_2 entre la feuille et l'atmosphère. Mais ces pores représentent également la principale voie de transpiration de la plante. Les variations de forme des cellules stomatiques provoquées par la turgescence, qui dépend de l'entrée et de la sortie des ions K^+ et de l'eau, régulent la taille de l'ostiole.

■ L'évolution adaptative a permis aux xérophytes de réduire la transpiration (p. 826 et 827, FIGURE 36.15). La protection des stomates dans des invaginations de la feuille et certaines autres adaptations structurales permettent à certaines plantes de survivre en milieu aride.

LE TRANSPORT DE LA SÈVE ÉLABORÉE DANS LE PHLOÈME

■ Le phloème transporte la sève élaborée des organes sources aux organes cibles (p. 827 et 828, FIGURE 36.16). Les feuilles matures sont les principaux organes sources. Les organes d'entreposage, comme les bulbes, peuvent être des organes sources à certaines saisons. Les racines et les extrémités des pousses en croissance sont des organes cibles. Le remplissage et la vidange du phloème dépendent du cotransport du saccharose. Le saccharose est transporté avec les protons, qui diffusent dans le sens du gradient engendré par les pompes à protons.

■ Le courant de masse est le mécanisme de transport de la sève élaborée chez les Angiospermes (p. 828 et 829, FIGURES 36.17 et 36.18). Le remplissage du tube criblé en glucides à l'extrémité située près d'un organe source et sa vidange à l'extrémité située près d'un organe cible maintiennent une différence de pression qui permet la circulation de la sève dans tout le tube criblé.

Autoévaluation

(Les questions dont les numéros sont en caractères gras font surtout appel à la compréhension.)

1. Lequel des facteurs suivants *ne contribue pas* à faire entrer l'eau dans une cellule végétale ?
   a) Une augmentation du potentiel hydrique (ψ) de la solution environnante.
   b) Une diminution de la pression exercée sur la cellule par la paroi.
   c) L'absorption de solutés par la cellule.
   d) Une diminution du ψ cytosolique.
   e) Une augmentation de la tension dans la solution environnante.

2. Les stomates s'ouvrent quand les cellules stomatiques :
   a) détectent une augmentation de CO_2 dans les lacunes de la feuille.
   b) perdent leur turgescence.
   c) deviennent plus turgescentes à cause d'une entrée de K^+, suivie d'une entrée d'eau par osmose.
   d) désactivent leurs aquaporines, empêchant ainsi toute absorption d'eau.
   e) accumulent de l'eau par transport actif.

3. Laquelle des modalités suivantes *ne fait pas partie* du mécanisme de transpiration-cohésion-tension responsable de l'ascension de la sève brute dans le xylème ?
   a) La perte d'eau des cellules du mésophylle qui entraîne l'aspiration de l'eau située dans les cellules voisines.
   b) La transmission de l'effet d'aspiration d'une molécule d'eau à l'autre grâce à la cohésion créée par les liaisons hydrogène.
   c) La paroi hydrophile des trachéides et des vaisseaux du xylème qui aide à maintenir la colonne d'eau malgré la force de gravitation.
   d) Le pompage actif de l'eau dans le xylème des racines.
   e) La diminution, à cause de la transpiration, du potentiel hydrique dans la pellicule d'eau située à la surface des cellules du mésophylle.

4. Lequel des transports suivants s'effectue sans ATP dans un organe d'une plante ?
   a) Le transport de minéraux de l'apoplaste au symplaste.
   b) Le transport de saccharose des cellules du mésophylle aux cellules criblées chez le Maïs.
   c) Le transport de saccharose d'une cellule criblée à l'autre.
   d) L'absorption des ions K^+ par les cellules stomatiques pendant l'ouverture des stomates.
   e) Le transport de minéraux dans les cellules de l'écorce des racines.

5. Le transport de la sève élaborée d'un organe source à un organe cible :
   a) s'effectue dans l'apoplaste des cellules criblées.
   b) déplace les glucides obtenus par hydrolyse de l'amidon depuis les racines, où ce dernier est emmagasiné, jusqu'aux pousses en croissance.
   c) est semblable à la circulation de la sève brute dans le xylème, laquelle dépend de la tension ou d'un gradient de pression.
   d) dépend du pompage actif de l'eau dans les tubes criblés à l'extrémité où se trouve l'organe source.
   e) est principalement engendré par la diffusion.

6. La productivité d'une culture décroît lorsque les feuilles commencent à se flétrir, surtout parce que :
   a) la chlorophylle des feuilles qui se flétrissent se décompose.
   b) les cellules flasques du mésophylle ne peuvent plus effectuer de photosynthèse.
   c) les stomates se referment, empêchant le CO_2 de pénétrer dans la feuille.

   d) la photolyse, étape où la molécule d'eau est scindée, ne peut avoir lieu quand l'eau manque.
   e) l'accumulation de CO_2 dans la feuille inhibe les enzymes de la photosynthèse.

7. Vous coupez une branche vivante d'un arbre et en examinez la surface de coupe au moyen d'une loupe. Après avoir localisé les tissus conducteurs, vous observez une gouttelette de liquide qui grossit. Ce liquide est probablement :
   a) de la sève élaborée.
   b) de la sève brute.
   c) de l'eau qui s'écoule à cause du phénomène de guttation.
   d) issu du courant de transpiration.
   e) du suc vacuolaire provenant de la lyse de la vacuole centrale des cellules atteintes par la coupe.

8. Quelle structure ou quel compartiment *ne fait pas partie* de l'apoplaste dans une plante ?
   a) La lumière d'un vaisseau du xylème.
   b) La lumière d'un tube criblé.
   c) La paroi cellulaire d'une cellule du mésophylle.
   d) La paroi cellulaire d'une cellule de transfert.
   e) La paroi cellulaire d'un poil absorbant.

9. Parmi les structures ou processus suivants, laquelle ou lequel *n'est pas* une adaptation qui augmente l'absorption de l'eau et des minéraux par les racines ?
   a) Les mycorhizes, association mutualiste de racines et de champignons.
   b) Les poils absorbants, qui augmentent la surface des racines près des extrémités.
   c) L'absorption sélective de minéraux par les vaisseaux du xylème.
   d) L'absorption sélective de minéraux par les cellules corticales.
   e) Les plasmodesmes, qui facilitent le transport de l'écorce à la stèle par le symplaste.

10. Une cellule végétale dont le potentiel osmotique est de $-0,65$ MPa garde un volume constant quand elle baigne dans une solution dont le potentiel osmotique est de $-0,30$ MPa et qui se trouve dans un récipient ouvert. Que savons-nous à propos de la cellule ?
    a) Le potentiel de pression de cette cellule est de $+0,65$ MPa.
    b) Le potentiel hydrique de cette cellule est de $-0,65$ MPa.
    c) Le potentiel de pression de cette cellule est de $+0,35$ MPa.
    d) Le potentiel de pression de cette cellule est de $+0,30$ MPa.
    e) Le potentiel hydrique de cette cellule est de 0 MPa.

11. Quelle est la principale fonction de la bande de Caspary ?

12. Sur certaines feuilles, on trouve des moisissures qui sont en fait des champignons microscopiques parasites. Ces moisissures sécrètent une substance chimique qui provoque l'accumulation d'ions potassium dans les cellules stomatiques. Comment cette adaptation permet-elle à la moisissure d'infecter la plante ?

13. Comparez les forces qui permettent le transport de la sève élaborée aux forces qui permettent le transport de la sève brute sur de longues distances.

14. Décrivez les conditions environnementales qui réduiraient le quotient de transpiration chez une plante du type C_3, comme le Chêne.

15. Voici un truc pour faire durer les fleurs coupées : couper les extrémités des tiges sous l'eau et mettre les fleurs dans un vase pendant qu'il reste encore des gouttes d'eau sur la surface de coupe. Expliquez pourquoi cela fonctionne.

Lien avec l'évolution

L'analyse de feuilles prélevées sur des plantes herborisées depuis long-temps montre que le nombre de stomates par unité d'aire a diminué durant les deux cents dernières années. Émettez une hypothèse faisant le lien entre cette tendance au cours de l'évolution et les changements environnementaux.

Intégration

1. En vous aidant des FIGURES 36.10 et 36.11, représentez deux cellules végétales bordant une lacune avec les trois niveaux de courbure du ménisque. Pour chacun des rayons de courbure, représentez, à l'aide de vecteurs, les forces qui s'exercent : la pression hydrostatique, la tension superficielle et le potentiel hydrique.

2. Vous suspendez des jardinières autour de votre maison, de telle sorte qu'elles soient exposées au soleil de l'été tout au long de la journée. Vous avez suffisamment enrichi la terre des pots. Pour maximiser le rendement de vos plantes, devriez-vous les arroser tôt le matin, à midi ou au crépuscule? Donnez des arguments d'ordre anatomique, physiologique ou physicochimique pour appuyer votre réponse.

Science, technologie et société

L'utilisation de l'eau est un problème social et environnemental important dans le Sud-Ouest américain. Ces dernières années, les aménagements consommant beaucoup d'eau, comme les pelouses et les terrains de golf, se sont multipliés. Ces surfaces sont entretenues par dérivation artificielle des rivières et des cours d'eau ou par pompage de l'eau des anciennes nappes phréatiques. Devrait-on limiter ou empêcher ce type d'utilisation de l'eau dans ces régions? Les propriétaires devraient-ils avoir le droit d'aménager leurs terrains comme ils l'entendent? Exposez votre point de vue.

Réponses à l'autoévaluation : 1. e; 2. c; **3.** d; 4. c; 5. b; **6.** c; **7.** a; 8. b; 9. c; **10.** c; 11. Elle régule le passage des minéraux dans le xylème en les obligeant à traverser la membrane à perméabilité sélective du symplaste. **12.** L'accumulation de potassium dans les cellules stomatiques entraîne une absorption osmotique de l'eau. La turgescence des cellules maintient le stomate ouvert. Les moisissures peuvent alors y pénétrer pour croître à l'intérieur de la feuille. **13.** Dans les deux cas, le transport sur une longue distance est assuré par le courant de masse, qui est lui-même créé par une différence de pression aux extrémités opposées du tissu conducteur. Dans le phloème, à l'extrémité située près de l'organe source, la pression est engendrée par le remplissage en saccharose et l'entrée d'eau qui s'ensuit par osmose. Cette pression *pousse* la sève élaborée vers l'extrémité des tubes criblés située près de l'organe cible. Dans le xylème, la circulation est engendrée par la transpiration, qui est à l'origine d'une tension (baisse de pression) au sommet qui *aspire* la sève brute vers le haut. 14. Une journée ensoleillée avec une température agréable, mais pas chaude. Une humidité élevée. Un vent léger. **15.** La transpiration des feuilles et des pétales (qui sont des feuilles modifiées) d'une fleur coupée continue de provoquer l'aspiration de la sève dans le xylème. Si l'on coupe la tige à l'air libre pour la mettre directement dans un vase, les poches d'air présentes dans le xylème empêchent l'eau du vase d'atteindre la fleur. Si, par contre, on coupe la tige à quelques centimètres de la base en la plaçant sous l'eau, on sectionne le xylème au-dessus de la poche d'air qui a pu s'y former pendant le transport ou l'emballage. De plus, les gouttes d'eau empêchent l'air de pénétrer dans le xylème et de former de nouvelles poches avant que l'on mette la fleur dans le vase.

CHAPITRE 37

LA NUTRITION CHEZ LES VÉGÉTAUX

« Étant donné que les plantes ne mangent pas, comment peuvent-elle pousser ? »

Jan Baptist Van Helmont
médecin et chimiste flamand qui a découvert
le dioxyde de carbone dans l'air
(1577-1644)

LES BESOINS NUTRITIFS DES VÉGÉTAUX

- La composition chimique des Végétaux fournit des indices sur leurs besoins nutritifs
- Les Végétaux ont besoin de neuf éléments majeurs et d'au moins huit éléments mineurs
- Les symptômes d'une carence minérale dépendent de la fonction et de la mobilité de l'élément

LE RÔLE DU SOL DANS LA NUTRITION DES VÉGÉTAUX

- Les caractéristiques du sol constituent des facteurs environnementaux importants dans les écosystèmes terrestres
- La conservation du sol constitue un pas vers une agriculture durable

LE CAS PARTICULIER DE L'AZOTE COMME NUTRIMENT

- Par leur métabolisme, les Bactéries du sol fournissent de l'azote aux Végétaux
- L'augmentation du rendement protéique des cultures est un objectif majeur de la recherche agricole

LES ADAPTATIONS NUTRITIVES : LA SYMBIOSE DES VÉGÉTAUX ET DES MICROORGANISMES DU SOL

- La fixation symbiotique de l'azote est le résultat d'interactions complexes entre des racines et certaines bactéries
- Les mycorhizes résultent d'une association symbiotique de racines et de champignons qui améliore la nutrition des Végétaux
- Les mycorhizes et les nodosités des racines peuvent être apparentées du point de vue de l'évolution

LES ADAPTATIONS NUTRITIVES : LE PARASITISME ET LA PRÉDATION CHEZ LES VÉGÉTAUX

- Les plantes parasites extraient des nutriments des autres plantes
- Les plantes carnivores complètent leur nutrition minérale en digérant des animaux

Tout organisme *est un système ouvert qui est relié à son environnement par un échange continu d'énergie et de matière (voir le chapitre 6). Dans la circulation d'énergie et les cycles biogéochimiques qui entretiennent la vie d'un écosystème, les Végétaux et les autres autotrophes photosynthétiques effectuent le travail clé que constitue la transformation des composés inorganiques en composés organiques. Cependant, « autotrophes » ne signifie pas que les organismes en question sont autonomes. En effet, les Végétaux ont besoin de la lumière du soleil comme source d'énergie pour la photosynthèse. De plus, ils ont également besoin, pour synthétiser de la matière organique, de matière brute sous forme de substances inorganiques : dioxyde de carbone, eau et différents minéraux présents sous forme d'ions inorganiques dans le sol. Grâce aux systèmes racinaire et caulinaire ramifiés (voir la photo d'une Jacinthe ci-dessus), les plantes ont une grande surface de contact avec leur environnement constitué du sol et de l'air, réservoirs de nutriments inorganiques. Dans ce chapitre, nous allons étudier les besoins nutritifs des Végétaux et examiner certaines des adaptations structurales et physiologiques que les Végétaux ont dû acquérir pour se nourrir.*

LES BESOINS NUTRITIFS DES VÉGÉTAUX

La composition chimique des Végétaux fournit des indices sur leurs besoins nutritifs

 Quand on suit la transformation d'une minuscule graine en une grande plante, on ne peut s'empêcher de se demander d'où vient toute cette masse. Aristote croyait que c'était le sol qui fournissait à la plante la substance nécessaire à sa croissance, car elle semblait en émerger. Il pensait aussi que le rôle des feuilles consistait à donner de l'ombre aux fruits en développement. Au XVIIᵉ siècle, le médecin et chimiste belge (flamand) Jan Baptist Van Helmont mit au point une expérience visant à vérifier si la croissance végétale s'effectuait grâce à l'absorption des constituants du sol. Il planta un semis de Saule (*Salix sp.*) dans un pot contenant 90,9 kg de sol. Cinq ans plus tard, le saule était devenu un arbre pesant 76,8 kg, mais il ne manquait que 0,06 kg de sol dans le pot. Van Helmont en conclut que la croissance du saule était principalement due à l'eau qu'il avait ajoutée régulièrement. Un siècle plus tard, le physiologiste britannique Stephen Hales émettait l'hypothèse que les Végétaux se nourrissent principalement d'air.

Il s'avère qu'aucun de ces concepts concernant la nutrition des Végétaux n'est complètement faux. Il est vrai que les Végétaux extraient leurs minéraux du sol. Les **minéraux** sont les éléments chimiques essentiels que les Végétaux absorbent dans le sol sous forme d'ions inorganiques. Par exemple, les Végétaux ont besoin d'azote, qu'ils obtiennent principalement sous forme d'ions nitrate (ou trioxonitrates, NO_3^-). Cependant, comme on peut le conclure de la découverte de Van Helmont, les minéraux du sol n'apportent qu'une petite contribution à la masse totale d'une plante. Une plante herbacée (non ligneuse) se compose d'environ 80 % à 85 % d'eau. En réalité, la croissance des Végétaux résulte principalement de l'accumulation d'eau dans la vacuole centrale de leurs cellules. En outre, on peut attribuer à l'eau le rôle de nutriment, puisqu'elle fournit la plus grande partie de l'hydrogène et une partie de l'oxygène nécessaires à la fabrication de substances organiques par photosynthèse (voir la FIGURE 10.3). Cependant, seule une petite partie des atomes de l'eau qui pénètre dans la plante entrent dans la composition de substances organiques. En général, en effet, les Végétaux perdent par transpiration plus de 90 % de l'eau qu'ils ont absorbée. Pour l'essentiel, l'eau retenue sert de solvant, fournit la majeure partie de la masse pour l'allongement cellulaire et permet aux tissus mous de conserver leur forme en favorisant leur turgescence. La masse de substances organiques d'une plante ne provient donc pas de l'eau ni des minéraux du sol, mais du CO_2 atmosphérique (FIGURE 37.1).

Il est possible de mesurer la quantité d'eau contenue dans une plante. Il suffit pour cela de comparer la masse initiale de la plante avec la masse après déshydratation complète. On peut aussi analyser la composition chimique des résidus secs. Les substances organiques représentent environ 95 % de la masse sèche, tandis que les minéraux inorganiques comblent les 5 % restants. Les glucides, dont la cellulose qui compose la paroi d'une cellule végétale, constituent la plupart des substances organiques. Ainsi, les éléments constitutifs des glucides, c'est-à-dire le carbone, l'hydrogène et l'oxygène, sont les éléments

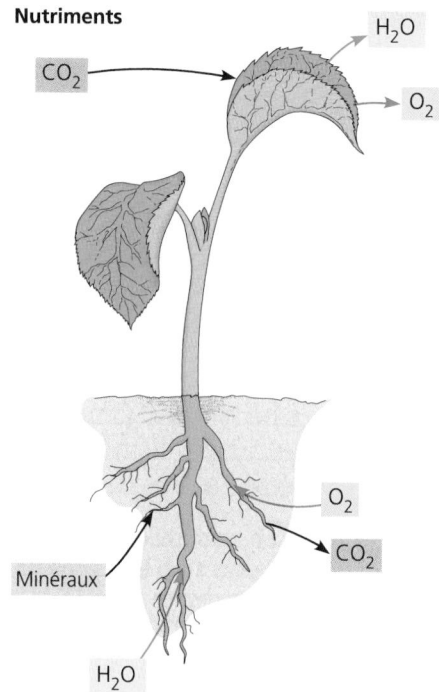

FIGURE 37.1 Absorption des nutriments par une plante : vue d'ensemble. Les racines absorbent l'eau et les minéraux du sol grâce aux poils absorbants et aux mycorhizes qui augmentent considérablement la surface d'absorption. Le dioxyde de carbone de l'air, qui fournit le carbone nécessaire à la photosynthèse, diffuse dans les feuilles par les stomates. (Une plante a aussi besoin de dioxygène pour la respiration cellulaire, même si elle en libère.) À partir de ces éléments inorganiques, la plante peut produire toutes les substances organiques dont elle a besoin.

les plus abondants dans la masse sèche d'une plante. L'azote, le soufre et le phosphore, présents dans certaines molécules organiques, y sont aussi relativement abondants.

On a identifié plus de 50 éléments constituant les substances inorganiques présentes chez les Végétaux. Cependant, il est improbable qu'ils soient tous essentiels. Grâce à l'absorption sélective des minéraux par les racines, une plante peut accumuler des éléments essentiels qui ne sont présents dans le sol qu'en très faible quantité. De plus, les minéraux contenus dans une plante reflètent jusqu'à un certain point la composition du sol dans lequel pousse la plante. Par exemple, une plante poussant sur des résidus miniers peut contenir de l'or ou de l'argent. Ainsi, si l'on obtient des indications sur les besoins nutritifs des Végétaux en étudiant leur composition chimique, on doit bien faire la distinction entre les éléments essentiels et ceux qui sont tout simplement présents dans la plante.

Les Végétaux ont besoin de neuf éléments majeurs et d'au moins huit éléments mineurs

Un **élément essentiel** est un élément chimique dont une plante a besoin durant son cycle de développement, lequel consiste à passer de l'état de graine à l'état de plante adulte produisant une autre génération de graines. La culture hydroponique permet de déterminer les minéraux qui sont essentiels (FIGURE 37.2). Cette technique a permis d'identifier 17 éléments essentiels à toute plante et quelques autres essentiels à certains groupes

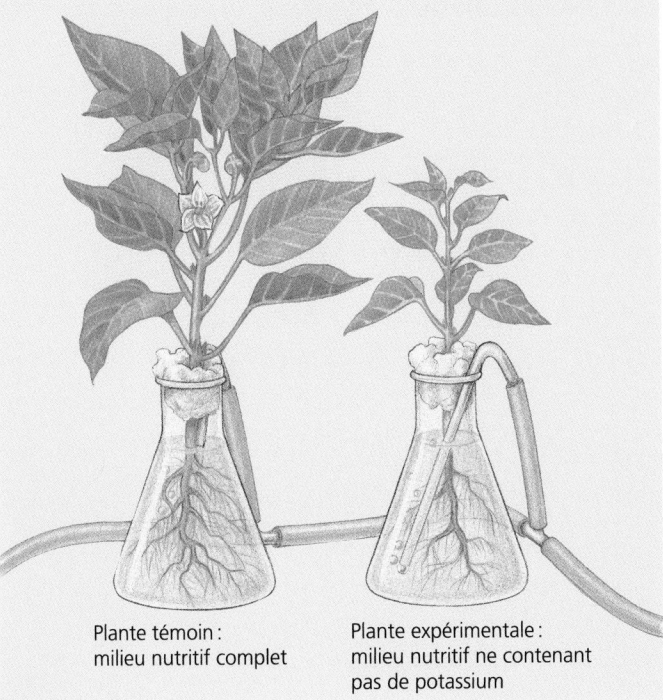

FIGURE 37.2 Identification des nutriments essentiels à l'aide de la culture hydroponique. Les racines des plantes baignent dans des solutions contenant divers minéraux dissous à des concentrations connues. Un système d'aération de l'eau fournit aux racines le dioxygène indispensable à la respiration cellulaire. On peut évaluer si un élément particulier, comme le potassium, est essentiel en omettant de l'ajouter au milieu nutritif. Si l'élément que l'on a enlevé de la solution est un élément nutritif essentiel, la plante expérimentale aura un aspect anormal, par rapport à la plante témoin qui croît dans un milieu nutritif complet. Les symptômes de carence minérale les plus courants sont le ralentissement de la croissance et la décoloration des feuilles.

Plante témoin : milieu nutritif complet

Plante expérimentale : milieu nutritif ne contenant pas de potassium

pour 16 millions d'atomes d'hydrogène. Malgré tout, une carence en molybdène ou en un autre élément mineur peut affaiblir, voire tuer, une plante.

Les symptômes d'une carence minérale dépendent de la fonction et de la mobilité de l'élément

Les symptômes d'une carence en un élément dépendent en partie de la fonction nutritive de cet élément dans la plante. Par exemple, une carence en magnésium, constituant central de la chlorophylle (voir la FIGURE 10.9), provoque un jaunissement des feuilles appelé chlorose (FIGURE 37.3, p. 836). Dans certains cas, la relation entre la carence et le symptôme est moins directe. Ainsi, bien que la chlorophylle ne contienne pas de fer, une carence en fer peut également causer la chlorose. Cela s'explique par le fait que le fer est un cofacteur dans l'une des étapes de la synthèse de la chlorophylle.

Les symptômes d'une carence en un élément dépendent non seulement du rôle nutritif de l'élément, mais aussi de sa mobilité dans la plante. Si un élément se déplace quasi librement d'une partie à l'autre de la plante, les symptômes causés par la carence apparaîtront d'abord dans les plus vieux organes. Les jeunes tissus en croissance ont en effet une plus grande capacité à attirer les éléments peu disponibles que les tissus arrivés à maturité. (Le mécanisme qui explique ce phénomène est le transport de l'organe source à l'organe cible que nous avons vu au chapitre 36.) Par exemple, une plante privée de magnésium présentera, dans un premier temps, des signes de chlorose sur ses plus vieilles feuilles. Le magnésium, qui se déplace assez bien dans la plante, s'achemine de préférence vers les jeunes feuilles. Par contre, une carence en un élément relativement immobile se manifestera en premier lieu dans les nouvelles parties de la plante. Les plus vieux tissus peuvent en effet déjà posséder une quantité suffisante de cet élément, qu'ils ont la capacité de retenir lorsqu'il se fait rare. Une carence en fer, élément qui voyage difficilement dans la plante, provoquera le jaunissement des jeunes feuilles avant que cet effet ne soit visible sur les vieilles feuilles.

Les symptômes d'une carence en un élément sont souvent suffisamment distincts pour qu'un botaniste ou un agriculteur en diagnostiquent la cause. En analysant le contenu en minéraux d'une plante et du sol où celle-ci pousse, on peut confirmer le diagnostic d'une carence en un élément particulier. Les carences en azote, en potassium et en phosphore sont les plus fréquentes. Les pénuries en éléments mineurs sont les plus rares. Elles sont habituellement localisées géographiquement, en raison des différences de composition du sol. Généralement, il suffit d'une faible quantité d'éléments mineurs pour pallier une carence. Ainsi, on peut corriger une carence en zinc chez des arbres fruitiers en enfonçant tout simplement quelques clous de zinc dans les troncs. Il faut cependant procéder avec modération, car des doses excessives peuvent s'avérer toxiques.

On peut s'assurer que des plantes ont un apport optimal en minéraux grâce à la culture hydroponique, en utilisant des solutions ayant une concentration précise de chaque nutriment (FIGURE 37.4, p. 837). La culture hydroponique est une pratique commerciale courante. Mais elle ne fonctionne qu'à petite échelle, parce qu'elle nécessite un équipement et une main-d'œuvre qui la rendent plus coûteuse que la culture en sol.

végétaux seulement. Comme la plupart des recherches portent sur les espèces que l'on utilise en agriculture, on connaît peu les besoins nutritifs des espèces indigènes, pas même ceux des Conifères, dont l'intérêt commercial est pourtant grand (bois d'œuvre).

Les **éléments majeurs** sont les éléments essentiels dont une plante a besoin en quantité relativement importante. On en dénombre neuf, parmi lesquels figurent les six constituants majeurs des substances organiques : le carbone, l'oxygène, l'hydrogène, l'azote, le soufre et le phosphore. Les trois autres éléments majeurs sont le calcium, le potassium et le magnésium. (Le TABLEAU 37.1, p. 836, énumère certaines de leurs fonctions.)

Les **éléments mineurs** sont les éléments essentiels dont une plante a besoin en très petite quantité. Les huit éléments mineurs sont le fer, le chlore, le cuivre, le manganèse, le zinc, le molybdène, le bore et le nickel. Ils n'ont d'utilité qu'à titre de cofacteurs des réactions enzymatiques (voir le chapitre 6). Ainsi, le fer, par exemple, est le constituant métallique des cytochromes, protéines qui interviennent dans les chaînes de transport d'électrons des chloroplastes et des mitochondries. Comme ces éléments ne jouent que des rôles catalytiques dans une plante, ils ne sont nécessaires qu'en de très faibles quantités. Ainsi, le besoin en molybdène s'avère tellement faible qu'on ne trouve dans une plante séchée qu'un seul atome de cet élément

TABLEAU 37.1 Éléments essentiels aux Végétaux

Éléments	Forme(s) disponible(s) pour les plantes	Fonction(s) principale(s)
Éléments majeurs		
Carbone	CO_2	Constituant essentiel des molécules organiques des Végétaux.
Oxygène	CO_2	Constituant essentiel des molécules organiques des Végétaux.
Hydrogène	H_2O	Constituant essentiel des molécules organiques des Végétaux.
Azote	NO_3^-, NH_4^+	Constituant des acides nucléiques, des protéines, des hormones et des coenzymes.
Soufre	SO_4^{2-}	Constituant des protéines et des coenzymes.
Phosphore	$H_2PO_4^-$, HPO_4^{2-}	Constituant des acides nucléiques, des phosphoglycérolipides, de l'ATP et de plusieurs coenzymes.
Potassium	K^+	Cofacteur nécessaire à la synthèse des protéines ; soluté essentiel à l'équilibre hydrique ; ouverture et fermeture des stomates.
Calcium	Ca^{2+}	Élément important pour la formation et la stabilité de la paroi cellulaire ; maintien de la structure et de la perméabilité des membranes ; activation de certaines enzymes ; régulation de nombreuses réponses cellulaires aux stimulus.
Magnésium	Mg^{2+}	Constituant de la chlorophylle ; activation de nombreuses enzymes.
Éléments mineurs		
Chlore	Cl^-	Élément nécessaire à l'étape de la photolyse de l'eau dans la photosynthèse ; rôle dans l'équilibre hydrique.
Fer	Fe^{3+}, Fe^{2+}	Constituant des cytochromes ; activation de certaines enzymes.
Bore	$H_2BO_3^-$	Cofacteur dans la synthèse de la chlorophylle ; peut jouer un rôle dans le transport des glucides et dans la synthèse des acides nucléiques.
Manganèse	Mn^{2+}	Participation à la synthèse des acides aminés ; activation de certaines enzymes ; nécessaire à l'étape de la photolyse de l'eau dans la photosynthèse.
Zinc	Zn^{2+}	Participation à la synthèse de la chlorophylle ; activation de certaines enzymes.
Cuivre	Cu^+, Cu^{2+}	Constituant de nombreuses enzymes d'oxydoréduction et d'enzymes assurant la synthèse de la lignine.
Molybdène	MoO_4^{2-}	Élément essentiel à la fixation de l'azote ; cofacteur nécessaire à la réduction des nitrates.
Nickel	Ni^{2+}	Cofacteur d'une enzyme participant au métabolisme de l'azote.

FIGURE 37.3 Carence en magnésium dans un plant de Tomate (*Lycopersicum esculentum*). Le jaunissement des feuilles (chlorose) résulte de l'incapacité à synthétiser la chlorophylle, qui contient du magnésium.

Les carences en minéraux ne se limitent pas aux écosystèmes terrestres et ne sont pas non plus propres aux Plantes, parmi les organismes photosynthétiques. Les vastes « champs » d'algues des mers du Sud peuvent proliférer de manière explosive. Cette prolifération n'est limitée que par les carences en fer de l'eau de mer. Grâce à une expérience effectuée dans les mers relativement non productives situées entre la Tasmanie et l'Antarctique, des chercheurs ont montré qu'en dispersant de petites quantités de fer, ils pouvaient provoquer une prolifération importante d'algues qui absorbaient le dioxyde de carbone de l'air. Semer du fer dans les océans pourrait ralentir l'accumulation de dioxyde de carbone sur la planète, accumulation résultant de l'utilisation des combustibles fossiles (qui contribue à l'effet de serre ; voir le chapitre 54). Malgré ces bienfaits possibles, il faut envisager cette solution avec prudence, car on ne connaît pas ses conséquences écologiques et climatologiques.

FIGURE 37.4 Culture hydroponique. Une solution contenant des nutriments circule dans cet appareil, de façon à baigner les racines des plants de Laitue qui poussent sur un treillis. Un jour, les astronautes séjournant dans une station spatiale pourront faire pousser leurs légumes grâce à la culture hydroponique. Cependant, cette technique est dispendieuse. Il est donc peu probable qu'elle permette bientôt de remédier à la faim dans le monde.

LE RÔLE DU SOL DANS LA NUTRITION DES VÉGÉTAUX

Les caractéristiques du sol constituent des facteurs environnementaux importants dans les écosystèmes terrestres

La texture et la composition chimique du sol constituent les principaux facteurs déterminant les espèces végétales qui peuvent croître dans un endroit donné, qu'il s'agisse d'un écosystème naturel ou d'une région agricole. (Le climat est évidemment un autre facteur important.) Les Plantes qui vivent dans un certain type de sol se sont adaptées à sa composition et à sa texture ; elles peuvent en absorber l'eau et en extraire les nutriments essentiels. En interaction constante avec le sol qui permet leur croissance, les Plantes modifient ce sol, comme nous allons bientôt le voir. Cette interaction entre les Plantes et le sol est à l'origine des cycles biogéochimiques qui entretiennent les écosystèmes terrestres.

Texture et composition des sols

Le sol provient de l'altération de la roche mère. Cette dernière s'effrite à cause de l'eau qui, s'infiltrant, gèle dans les fissures durant l'hiver et la fracture. Les acides dissous dans l'eau contribuent aussi à la désagrégation de la roche mère. Les organismes qui réussissent à envahir cette dernière en accélèrent en effet la décomposition. Les Lichens, les Eumycètes, les Bactéries, les Mousses et les racines végétales, qui sécrètent tous des acides, et les racines qui s'étendent et se faufilent dans les fissures brisent la roche mère et les blocs de pierre. Le résultat de cette activité est la formation d'un **sol** qui est en fait un mélange de fragments de roches de granulométries variées, d'organismes, d'**humus** (résidu de matière organique partiellement décomposée) et d'argile. Les différentes couches ou **horizons** d'un sol en forment le profil, que l'on peut observer le long des routes encaissées ou dans les trous profonds (FIGURE 37.5).

La texture d'un sol dépend de la taille des particules qui s'y trouvent. On classe ces particules selon une échelle allant du sable grossier aux particules microscopiques de l'argile. Les sols les plus fertiles sont les **limons argilosableux** (aussi appelés « terre franche » au Québec). Ils se composent de sable, de limon (particules de taille intermédiaire) et d'argile en quantités à peu près égales. Les sols riches en limon argilosableux contiennent suffisamment de particules fines auxquelles adhèrent les minéraux et l'eau pour assurer une grande surface de rétention.

L'horizon A (ou horizon de surface) est un mélange de fragments de roches de granulométries variées, d'organismes vivants et de matières organiques en décomposition.

L'horizon B (ou horizon d'altération) contient beaucoup moins de matières organiques que l'horizon A. Les particules d'argile et les minéraux lessivés provenant de celui-ci peuvent s'y accumuler. L'horizon B est différent de l'horizon C par son degré d'altération plus élevé et de l'horizon A par sa structure distincte.

L'horizon C (ou horizon des roches mères), composé principalement de cailloux grossiers partiellement altérés, constitue la matière première des couches supérieures du sol.

FIGURE 37.5 Horizons du sol. Ce chercheur photographie le profil de trois couches, ou horizons, du sol d'un champ de Coton, au Tennessee.

L'entassement des plus grosses particules laisse des interstices contenant le dioxygène utilisé par les racines pour la respiration cellulaire. Si le drainage du sol est insuffisant, les interstices se remplissent d'eau, ce qui entraîne la suffocation des racines. Un sol détrempé peut également favoriser l'attaque des racines par des moisissures. Ces problèmes surviennent fréquemment chez les plantes d'intérieur cultivées dans des pots sans drainage et trop arrosées. Cependant, certaines plantes sont adaptées à des sols détrempés. Ainsi, le Palétuvier (*Rhizophora sp.*) qui pousse dans les marécages possède des racines modifiées en forme de tubes creux. Ces racines montent à la surface et, tels des tubas, conduisent le dioxygène de l'air vers le bas.

Le sol abrite une quantité et une diversité étonnantes d'organismes. Une cuillère à café de sol contient environ 5 milliards de bactéries qui partagent cet habitat avec des champignons, des algues et d'autres protistes, des insectes, des vers de terre, des nématodes et des racines de plantes. L'activité de tous ces organismes influe sur les propriétés physiques et chimiques du sol. Ainsi, les Vers de terre aèrent le sol en le creusant et sécrètent un mucus qui maintient les fines particules du sol ensemble. Les Bactéries, par leur métabolisme, modifient la composition minérale du sol. Les racines des Végétaux extraient l'eau et les minéraux du sol, mais agissent aussi sur le pH et assurent une protection contre l'érosion.

L'humus, composante importante du sol, est constitué de matière organique décomposée par l'action de bactéries et de champignons sur les organismes morts, les fèces, les feuilles mortes et d'autres déchets organiques. Il empêche la glaise de se tasser et donne un sol friable qui retient l'eau, mais est suffisamment poreux pour permettre une bonne aération des racines. Il constitue aussi une réserve nutritive d'éléments minéraux, lesquels vont dans le sol au fur et à mesure de la décomposition de la matière organique par les microorganismes.

Disponibilité de l'eau et des minéraux du sol

Après une pluie abondante, l'eau s'infiltre dans le sol. Elle est retenue là par les colloïdes (particules au diamètre inférieur à 2 µm qui sont en suspension dans le sol), dont la surface est chargée électriquement. Certaines des molécules d'eau adhèrent si fermement à ces particules hydrophiles du sol que les Plantes ne peuvent les extraire. Cependant, dans les petits interstices du sol se trouve de l'eau qui se lie moins fermement aux colloïdes. Il s'agit de l'eau dont les Plantes peuvent généralement disposer (FIGURE 37.6a). Cette eau qu'absorbent les Plantes n'est pas pure. C'est en fait une solution qui contient des minéraux.

De nombreux minéraux du sol, en particulier ceux qui portent au moins une charge positive, comme le potassium (K^+), le calcium (Ca^{2+}) et le magnésium (Mg^{2+}), adhèrent aux surfaces chargées négativement des particules argileuses. En retenant ces minéraux avec la grande surface offerte par ses particules si fines, l'argile contribue à prévenir le lessivage (l'écoulement) des nutriments lors des pluies abondantes ou sous l'effet de

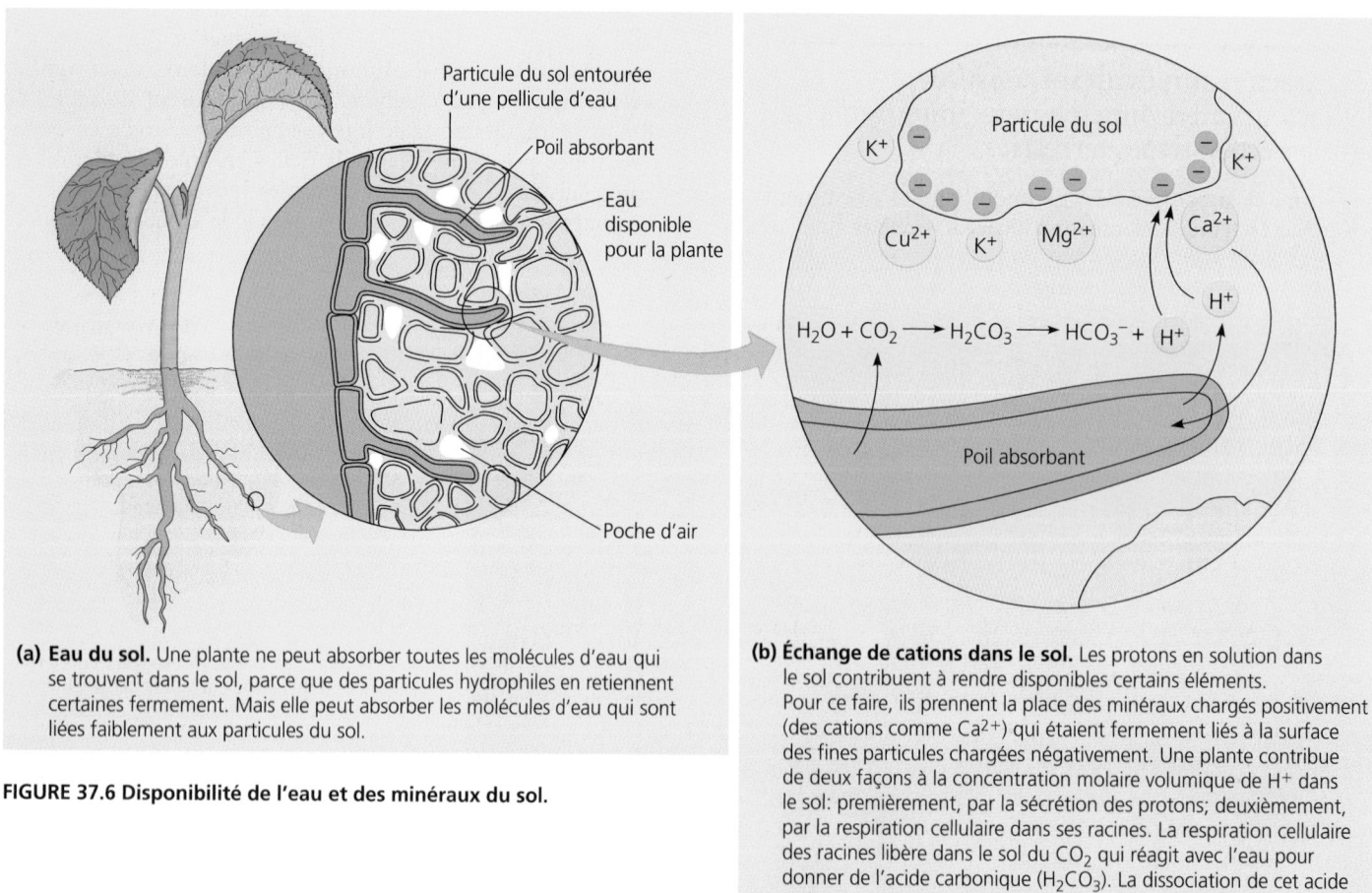

(a) **Eau du sol.** Une plante ne peut absorber toutes les molécules d'eau qui se trouvent dans le sol, parce que des particules hydrophiles en retiennent certaines fermement. Mais elle peut absorber les molécules d'eau qui sont liées faiblement aux particules du sol.

(b) **Échange de cations dans le sol.** Les protons en solution dans le sol contribuent à rendre disponibles certains éléments. Pour ce faire, ils prennent la place des minéraux chargés positivement (des cations comme Ca^{2+}) qui étaient fermement liés à la surface des fines particules chargées négativement. Une plante contribue de deux façons à la concentration molaire volumique de H^+ dans le sol: premièrement, par la sécrétion des protons; deuxièmement, par la respiration cellulaire dans ses racines. La respiration cellulaire des racines libère dans le sol du CO_2 qui réagit avec l'eau pour donner de l'acide carbonique (H_2CO_3). La dissociation de cet acide carbonique augmente le nombre de protons dans le sol.

FIGURE 37.6 Disponibilité de l'eau et des minéraux du sol.

l'irrigation. Mais ces particules doivent relâcher les minéraux qui leur sont liés au profit de la solution du sol qui alimente les racines. Les minéraux chargés négativement, comme le nitrate (ou trioxonitrate, NO_3^-), le phosphate (ou tétraoxophosphate, PO_4^{3-}) et le sulfate (ou tétraoxosulfate, SO_4^{2-}), ne sont habituellement pas liés fermement aux particules et sont lessivés plus rapidement. Mais il en va différemment des minéraux chargés positivement, et la plante ne peut les absorber que lorsque les protons du sol viennent les remplacer à la surface des particules. Ce processus, appelé **échange de cations,** est stimulé par les racines, qui sécrètent des protons et des composés formant des acides dans la solution du sol (FIGURE 37.6b).

La conservation du sol constitue un pas vers une agriculture durable

Il faut parfois plusieurs centaines d'années pour qu'un sol, par altération de la roche et accumulation de matières organiques, devienne fertile. Or une mauvaise exploitation par les Humains peut détruire cette fertilité en quelques années. La mauvaise exploitation du sol est un problème récurrent dans l'histoire de l'humanité. Ainsi, le Dust Bowl, région des plaines du Sud-Ouest américain, tient son nom d'un désastre écologique et humain qui s'est produit dans les années 1930. Avant l'arrivée des fermiers, cette région était couverte d'herbes robustes qui maintenaient le sol en place, malgré la fréquence des sécheresses et des pluies diluviennes caractéristiques de la région. Mais dans les trente années qui ont précédé la Première Guerre mondiale, un grand nombre de colons se sont installés là pour cultiver du blé et élever du bétail. Le sol a alors été exposé à l'érosion des vents qui balaient continuellement la région (FIGURE 37.7). Quelques années de sécheresse ont aggravé la situation. À de nombreux

FIGURE 37.7 Une mauvaise gestion du sol a contribué aux désastres écologiques de régions comme le Dust Bowl. La culture de Blé à grande échelle et l'élevage de bétail par les colons des plaines du Sud-Ouest américain, au début du XXe siècle, combinés aux sécheresses récurrentes, ont exposé les terres à l'érosion. Les vents ont alors transporté la matière organique, l'argile et le limon sur de longues distances, assombrissant parfois le ciel jusque sur la côte atlantique. Le sable et des substances plus lourdes se sont amoncelés sur les maisons, les clôtures et les granges. Dans les années 1930, des centaines de milliers de gens ont abandonné leur ferme. Nombre d'entre eux sont devenus des travailleurs saisonniers en Californie. John Steinbeck a immortalisé leur misère comme symbole de la grande dépression dans son roman intitulé *Les Raisins de la colère.*

endroits, le vent a enlevé de 8 à 10 cm de sol. Des millions d'hectares de terre arable devinrent incultivables ; des centaines de milliers de gens durent abandonner leurs foyers et leurs terres. Pourtant, avec une exploitation appropriée, on aurait pu préserver la fertilité du sol et maintenir une productivité agricole élevée.

Afin de comprendre le concept de conservation du sol, nous devons établir la prémisse selon laquelle l'agriculture n'est pas un phénomène naturel. Dans les forêts, les prairies et les autres écosystèmes naturels, les nutriments minéraux sont habituellement recyclés par la décomposition des matières organiques. Mais quand un agriculteur récolte les fruits de son labeur, les éléments essentiels sont détournés de leur cycle biogéochimique. Ainsi, en général, l'agriculture appauvrit le sol. Pour faire pousser une tonne métrique de grains de Blé, le sol doit se départir de 18,2 kg d'azote, de 3,6 kg de phosphore et de 4,1 kg de potassium. Sa fertilité diminue donc chaque année, à moins que l'on répande des fertilisants pour remplacer les minéraux perdus. De plus, de nombreuses cultures ont besoin de beaucoup plus d'eau que la végétation indigène de l'endroit, et les agriculteurs doivent irriguer leurs terres. Une fertilisation faite avec prudence, une irrigation effectuée avec sérieux et la prévention de l'érosion sont les trois principaux objectifs d'une bonne gestion du sol.

Fertilisants

Dans la préhistoire, les agriculteurs ont peut-être commencé à fertiliser leurs champs après avoir constaté que les herbes poussaient plus rapidement et devenaient plus luxuriantes là où des animaux avaient déféqué. Les Romains utilisaient du fumier pour fertiliser leurs cultures, tandis que les Amérindiens enterraient des déchets de poissons avec les graines de maïs qu'ils semaient. De nos jours, la plupart des agriculteurs des pays développés emploient des fertilisants industriels contenant des minéraux qui sont soit le fruit d'une extraction, soit conçus par des procédés industriels. Ces fertilisants sont habituellement enrichis en azote, en phosphore et en potassium, les trois éléments pour lesquels on rencontre le plus souvent une carence dans les terres cultivées. Sur les emballages des fertilisants industriels tels que ceux que l'on peut se procurer dans les centres d'horticulture, un code de trois nombres indique la teneur en minéraux. Par exemple, un fertilisant portant le code « 10-12-8 » contient 10 % d'azote (sous forme d'ammonium ou de nitrate), 12 % de phosphore (sous forme d'acide phosphorique) et 8 % de potassium (sous forme de sel de potasse).

Le fumier, la farine de poisson et le compost constituent des fertilisants dits « organiques », parce qu'ils ont une origine biologique et qu'ils contiennent des matières organiques en décomposition. Cependant, avant que les éléments présents dans le compost puissent être de quelque utilité aux Végétaux, la matière organique doit se décomposer en nutriments inorganiques que les racines pourront absorber. En fin de compte, les minéraux que les Végétaux absorbent se présentent sous la même forme, qu'ils proviennent d'une source organique ou qu'ils aient été produits en usine. Cependant, les minéraux présents dans le compost sont libérés progressivement, alors que ceux des fertilisants industriels sont immédiatement disponibles. Mais le sol ne peut retenir ces derniers longtemps.

Les fertilisants industriels non absorbés sont rapidement perdus par le lessivage de la pluie ou de l'irrigation. Dans le pire des cas, ils rejoignent la nappe phréatique ou atteignent les cours d'eau, qu'ils polluent. Les chercheurs en agriculture tentent de mettre au point des méthodes permettant de réduire l'utilisation de fertilisants industriels sans nuire au rendement des cultures.

Pour effectuer une fertilisation judicieuse, l'agriculteur doit surveiller attentivement le pH du sol. Ce dernier influe non seulement sur l'échange de cations, mais aussi sur la forme chimique des minéraux. Un élément essentiel peut être abondant dans le sol et inutilisable pour une plante s'il est trop fortement lié à l'argile ou s'il se trouve sous une forme que la plante ne peut absorber. Maintenir le pH du sol est une opération délicate. Ainsi, une modification de la concentration de protons peut améliorer la disponibilité d'un élément et en rendre un autre moins disponible. Si le pH du sol est à 8, par exemple, la plante peut absorber le calcium, mais il lui est presque impossible d'assimiler le fer. Il faut donc ajuster le pH du sol aux besoins spécifiques de la culture en minéraux. Si le sol est trop alcalin, on ajoutera du sulfate pour diminuer le pH. S'il est trop acide, on ajoutera du carbonate de calcium ou de l'hydroxyde de calcium (chaulage) pour élever le pH.

Un problème important des sols acides, notamment dans les régions tropicales, est que l'aluminium se dissout dans un sol à pH faible et devient toxique pour les racines. Cependant, certaines plantes peuvent contrer la concentration élevée d'aluminium dans le sol en sécrétant certains anions organiques qui se lient à l'aluminium pour le rendre inoffensif.

Irrigation

La rareté de l'eau, plus que les carences en minéraux, limite souvent la croissance végétale. L'irrigation peut transformer un désert en jardin. Mais l'agriculture dans une région aride agit comme un énorme drain sur les réserves d'eau. Ainsi, dans le Sud-Ouest des États-Unis, on a réduit un grand nombre de rivières à des filets d'eau en les détournant pour irriguer des terres. (L'approvisionnement en eau potable des populations croissantes des villes complique encore la situation.) Par ailleurs, l'irrigation dans une région aride peut progressivement augmenter la salinité du sol au point de le rendre infertile. Les sels dissous dans l'eau d'irrigation s'accumulent dans le sol à mesure que l'eau s'évapore. Or le sel abaisse le potentiel hydrique de la solution du sol, ce qui fait sortir l'eau des cellules des racines au lieu de l'y faire entrer (voir le chapitre 36).

Plus la population mondiale croît, plus il faudra cultiver les sols arides. De nouvelles méthodes d'irrigation permettent de réduire la consommation d'eau et d'éviter l'accumulation de sel. Ainsi, l'irrigation goutte à goutte a remplacé l'inondation des champs dans un grand nombre de cultures et de vergers, en Israël et dans l'Ouest des États-Unis. Les scientifiques proposent, pour résoudre certains problèmes propres aux terres cultivées en climat aride, de créer des espèces végétales ayant moins besoin d'eau.

Érosion

Chaque année, aux États-Unis, l'érosion due à l'eau et au vent fait perdre des milliers d'hectares de sol cultivable. Mais on peut réduire ces pertes en prenant certaines précautions. Ainsi, des rangées d'arbres au bord des champs constituent des brise-vent efficaces. De plus, l'aménagement de terrasses sur le flanc des collines permet d'éviter le lessivage du sol lors de pluies abondantes. Une couverture végétale très dense, qu'elle soit d'origine naturelle ou culturale, agit de même sur les pentes fortes des collines ou des montagnes (FIGURE 37.8). Enfin, certaines cultures comme la Luzerne et le Blé fournissent une bonne couverture au sol et le protègent mieux que le Maïs et les cultures normalement semées en rangs.

Si le sol est bien exploité, il renouvellera ses ressources, et les agriculteurs pourront en retirer de la nourriture pour les générations à venir. L'objectif prôné est de favoriser une **agriculture intégrée** comprenant diverses méthodes de culture fondées sur la conservation des ressources, le respect de l'environnement et la rentabilité.

FIGURE 37.8 La végétation, une protection contre l'érosion. Le vent et le ruissellement sont de très forts agents de l'érosion, particulièrement en terrain montagneux. Comme en témoigne cette photographie, une couverture végétale très dense protège le sol.

Phytoremédiation

En contaminant le sol ou l'eau avec des métaux lourds toxiques ou des polluants organiques, certaines activités humaines ont rendu des régions impropres à l'agriculture ou à la vie sauvage. Les méthodes d'assainissement comme l'enlèvement et l'entreposage des sols contaminés sont coûteuses et détruisent le paysage. La **phytoremédiation** est une nouvelle technique qui respecte le paysage et permet d'assainir à peu de frais certaines régions contaminées. Elle fait appel aux capacités remarquables qu'ont certaines espèces végétales pour absorber des métaux lourds et des polluants organiques du sol et les concentrer dans leur système caulinaire, facile à récolter. Ainsi, le Tabouret bleuâtre (*Thlaspi cærulescens*) peut accumuler le zinc dans ses pousses à des concentrations trois cents fois plus élevées que la plupart des autres Plantes. L'utilisation de telles plantes est prometteuse pour l'assainissement des régions contaminées par les fonderies, les opérations minières ou les essais nucléaires. La phytoremédiation s'inscrit dans une technique générale de biorestauration qui comprend l'utilisation de certains organismes eucaryotes pour assainir les sites pollués (voir les chapitres 27 et 55).

LE CAS PARTICULIER DE L'AZOTE COMME NUTRIMENT

De tous les minéraux, l'azote est celui dont la carence restreint le plus la croissance des Végétaux et le rendement des cultures.

C'est un élément essentiel des protéines, des acides nucléiques et d'autres molécules organiques importantes pour les Végétaux.

Par leur métabolisme, les Bactéries du sol fournissent de l'azote aux Végétaux

Il peut paraître curieux que des plantes puissent souffrir d'une carence en azote, alors même que l'atmosphère se compose d'environ 80 % de diazote. C'est que le diazote atmosphérique (N_2) se trouve sous une forme gazeuse que les Végétaux ne peuvent utiliser. Il ne devient assimilable qu'après avoir été transformé en ammonium (NH_4^+) ou en nitrate (NO_3^-). Contrairement aux autres minéraux, NH_4^+ et NO_3^- ne proviennent pas de la désagrégation de la roche mère. La décomposition de l'humus par les microorganismes (y compris les Bactéries ammonifiantes) constitue, à court terme, la source principale de minéraux azotés (FIGURE 37.9). C'est ainsi que l'azote présent dans les substances organiques, telles les protéines, est dégradé en substances inorganiques qui sont recyclées lorsqu'elles sont absorbées par les racines sous forme de minéraux. Cependant, une partie de cet azote quitte ce cycle local en retournant à l'atmosphère. En effet, certaines Bactéries dites *dénitrifiantes* transforment NO_3^- en N_2. Mais d'autres bactéries, les **Bactéries fixatrices d'azote**, emmagasinent l'azote dans le sol en transformant N_2 en NH_3 (ammoniac). Ce processus métabolique porte le nom de **fixation de l'azote**. Au chapitre 54, nous étudierons en détail le cycle biogéochimique complexe de l'azote dans les écosystèmes. Pour le moment, nous allons nous pencher sur la

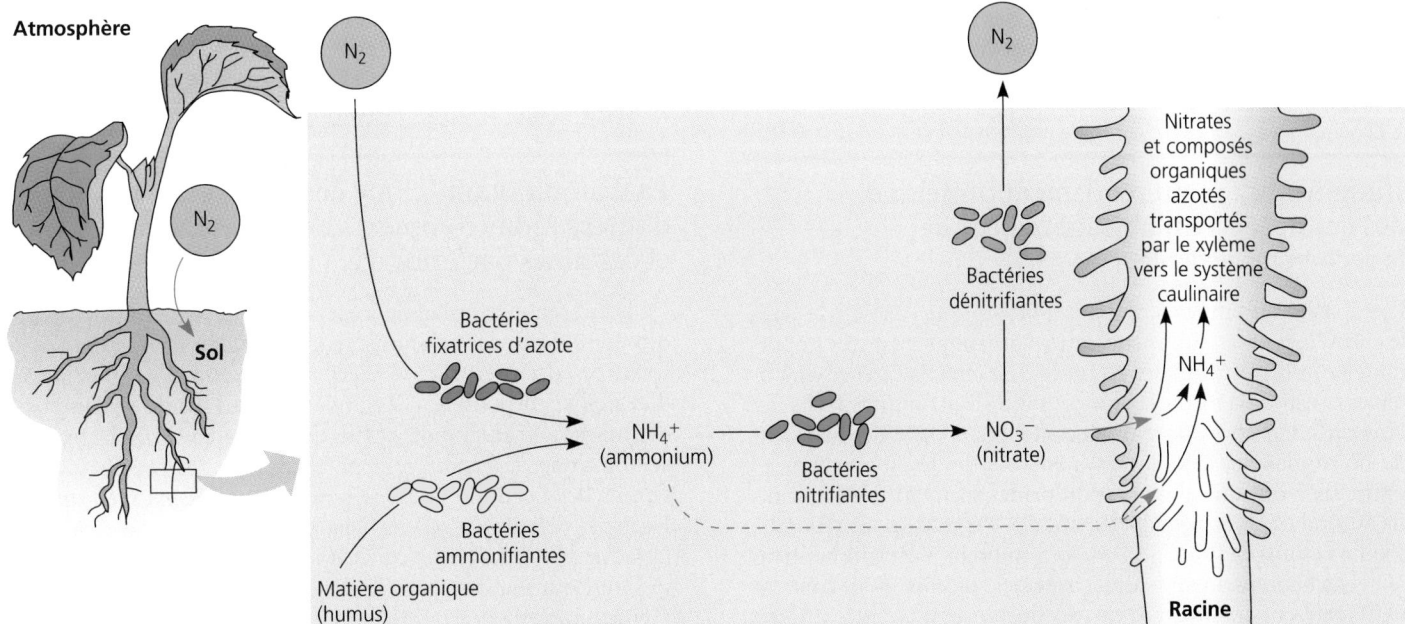

FIGURE 37.9 Rôle des Bactéries du sol dans la nutrition azotée des Végétaux. Deux types de Bactéries du sol fournissent de l'ammonium aux Végétaux : celles qui fixent le N_2 atmosphérique (Bactéries fixatrices d'azote) et celles qui décomposent les matières organiques (Bactéries ammonifiantes). Bien que les Végétaux absorbent certaines molécules d'ammonium, ils absorbent principalement des nitrates, produits par les Bactéries nitrifiantes à partir de l'ammonium. Ils réduisent ensuite les nitrates en ammonium avant d'incorporer l'azote dans les composés organiques. Le xylème transporte l'azote vers le système caulinaire sous forme de nitrates, d'acides aminés et de différents composés organiques, selon les espèces.

fixation de l'azote et les autres étapes qui permettent l'assimilation de l'azote par les Végétaux.

L'ensemble de la vie sur Terre dépend de la fixation de l'azote, fonction qui est assumée exclusivement par certains procaryotes. Le sol abrite plusieurs espèces de Bactéries libres qui font partie des procaryotes fixateurs d'azote. (D'autres espèces de Bactéries fixatrices d'azote vivent en symbiose dans les racines des Plantes, comme nous le verrons en détail dans la prochaine section.) La transformation du diazote de l'atmosphère (N_2) en ammoniac (NH_3) est un processus complexe qui comprend plusieurs étapes. On peut toutefois simplifier ce processus en n'indiquant que les réactifs et les produits :

$$N_2 + 8\,e^- + 8\,H^+ + 16\,ATP \rightarrow 2\,NH_3 + H_2 + 16\,ADP + 16\,\textcircled{P}_i$$

Le complexe enzymatique qu'est la **nitrogénase** catalyse la séquence complète des réactions, au cours de laquelle la réduction de N_2 par ajout d'électrons et de protons conduit à la formation de NH_3. La fixation de l'azote s'accompagne d'une dépense très élevée d'énergie métabolique pour la bactérie, qui doit utiliser huit molécules d'ATP pour synthétiser chaque molécule d'ammoniac. C'est d'ailleurs dans les sols riches en substances organiques (qui fournissent l'énergie de la respiration cellulaire) que l'on trouve la plus grande quantité de Bactéries fixatrices d'azote.

L'ammoniac libéré dans le sol s'approprie un autre proton pour donner de l'ammonium (NH_4^+), que les Végétaux peuvent absorber. Cependant, les Végétaux obtiennent leur azote principalement sous forme de nitrate (ou trioxonitrate, NO_3^-), produit dans le sol par une Bactérie nitrifiante qui oxyde l'ammonium (voir la FIGURE 37.9). Une fois que le nitrate a été absorbé par les racines, une enzyme de la plante le réduit en ammonium, que d'autres enzymes peuvent incorporer dans les acides aminés et d'autres substances organiques. La plupart des espèces végétales acheminent l'azote, des racines jusqu'à l'extrémité des pousses, par le xylème, sous forme de nitrate ou de composés organiques synthétisés dans les racines.

L'augmentation du rendement protéique des cultures est un objectif majeur de la recherche agricole

La capacité qu'ont les Végétaux d'incorporer l'azote fixé dans les protéines et les autres substances organiques est très importante pour la nutrition des Humains. En effet, la carence en protéines constitue la forme la plus courante de malnutrition chez les Humains. Par choix ou par nécessité, la majorité des habitants de notre planète, dans les pays en voie de développement en particulier, ont une alimentation principalement végétarienne. Ils dépendent donc principalement des Végétaux pour répondre à leurs besoins en protéines. Or, de nombreux Végétaux contiennent malheureusement peu de protéines, et celles qu'ils contiennent peuvent manquer d'un ou de plusieurs acides aminés essentiels à l'alimentation des Humains. L'augmentation de la qualité et de la quantité des protéines dans les plantes cultivées constitue donc l'un des principaux objectifs de la recherche en agriculture.

L'hybridation a produit de nouvelles variétés de Maïs, de Blé et de Riz enrichies en protéines. Cependant, bon nombre de ces « super » variétés requièrent une très grande quantité d'azote, normalement fournie par des fertilisants industriels. Or, la production industrielle d'ammoniac et de nitrate à partir du diazote atmosphérique nécessite beaucoup d'énergie, comme la fixation biologique d'azote. Une usine fabriquant des fertilisants consomme donc beaucoup de combustibles fossiles. Ce sont généralement les pays qui ont le plus besoin de cultures à rendement élevé en protéines qui ont des difficultés à payer la facture des combustibles. Heureusement, l'utilisation de nouveaux catalyseurs se fondant sur le mécanisme de fixation de l'azote par la nitrogénase pourrait rendre la production de fertilisants commerciaux moins coûteuse dans le futur. Il y a plusieurs années, les biochimistes ont identifié la structure de certaines bactéries du genre *Rhizobium*, fournissant ainsi aux spécialistes du génie chimique un modèle imitant la nature, pour la conception de catalyseurs. Une autre stratégie visant à améliorer le rendement protéique des cultures pourrait comprendre une augmentation de la fixation symbiotique de l'azote, processus que nous étudierons dans la prochaine section.

LES ADAPTATIONS NUTRITIVES : LA SYMBIOSE DES VÉGÉTAUX ET DES MICROORGANISMES DU SOL

Les racines des Végétaux appartiennent à un monde souterrain dans lequel vivent différents organismes. Parmi ces organismes se trouvent certaines espèces de Bactéries et d'Eumycètes qui ont évolué en même temps que certains Végétaux. Des relations symbiotiques (mutualisme) se sont alors établies entre les racines et ces deux types de microorganismes dans le but de maximiser la nutrition de chacun. Voici les deux processus les plus importants qui permettent ce type de relation : la fixation symbiotique de l'azote (racines et bactéries) et la formation de mycorhizes (racines et champignons).

La fixation symbiotique de l'azote est le résultat d'interactions complexes entre des racines et certaines bactéries

De nombreuses familles de Végétaux comprennent des espèces qui établissent des relations symbiotiques avec des Bactéries fixatrices d'azote. Ces dernières sont pour elles une source d'azote fixé disponible à l'assimilation sous forme de composés organiques. Une grande partie des recherches sur la fixation symbiotique de l'azote se concentrent sur les membres de la famille des Légumineuses, comme le Pois (*Pisum sativum*), les Haricots (*Phaseolus sp.*), le Soja (*Glycine max*), les Arachides (*Arachis sp.*), la Luzerne (*Medicago sativa*) et le Trèfle (*Trifolium sp.*), qui ont une très grande importance en agriculture. Leurs racines portent des renflements appelés **nodosités,** qui sont formés de cellules végétales renfermant des Bactéries fixatrices d'azote du genre *Rhizobium* (du grec *rhiza*, « racine » et *bios*, « vie »). Dans une nodosité, la bactérie *Rhizobium* prend une forme appelée **bactéroïde,** laquelle se trouve dans des vésicules qui se forment à l'intérieur de certaines cellules racinaires (FIGURE 37.10). Chaque espèce de Légumineuse s'associe avec

(a) Racines de Pois (*Pisum sativum*). Les renflements que l'on voit sur ces racines de Pois sont des nodosités qui contiennent des bactéries symbiotiques. Ces bactéries fixent l'azote et se nourrissent des molécules organiques que fabrique la plante pendant la photosynthèse.

Nodosités

Bactéroïdes à l'intérieur d'une vésicule

Racines latérales

(b) Bactéroïdes d'une nodosité de racine de Soja (*Glycine max*). Dans cette micrographie électronique, on peut observer de nombreux bactéroïdes dans une cellule d'une nodosité racinaire du Soja (MET). La cellule de gauche n'est pas infectée.

4,5 µm (5 850 ×)

FIGURE 37.10 Nodosités sur les racine d'une Légumineuse.

une espèce particulière de *Rhizobium*. La FIGURE 37.11 décrit les étapes du développement des nodosités une fois que les bactéries y sont entrées par ce que l'on appelle un filament infectieux.

La relation symbiotique existant entre les espèces de Légumineuses et les Bactéries fixatrices d'azote est une relation mutualiste, c'est-à-dire que les deux partenaires en bénéficient.

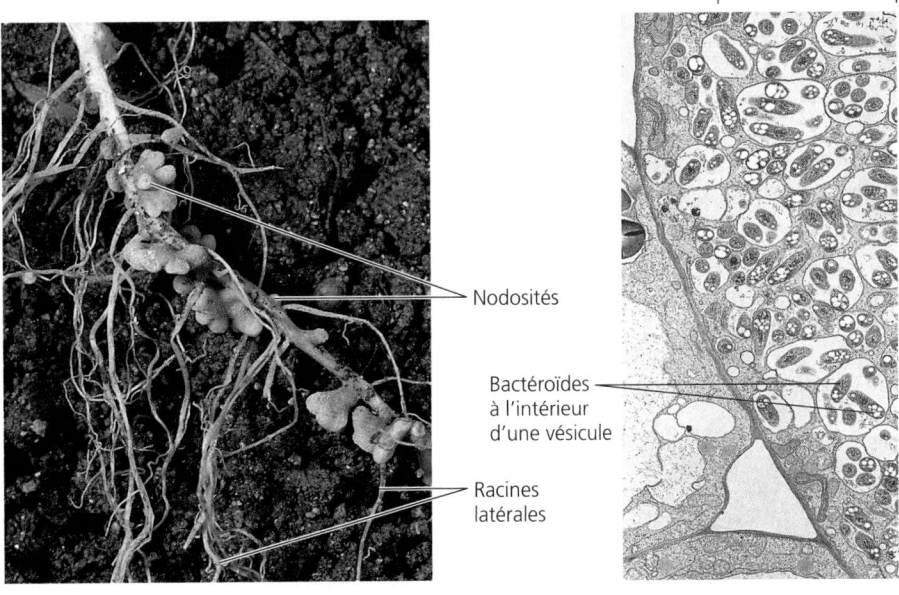

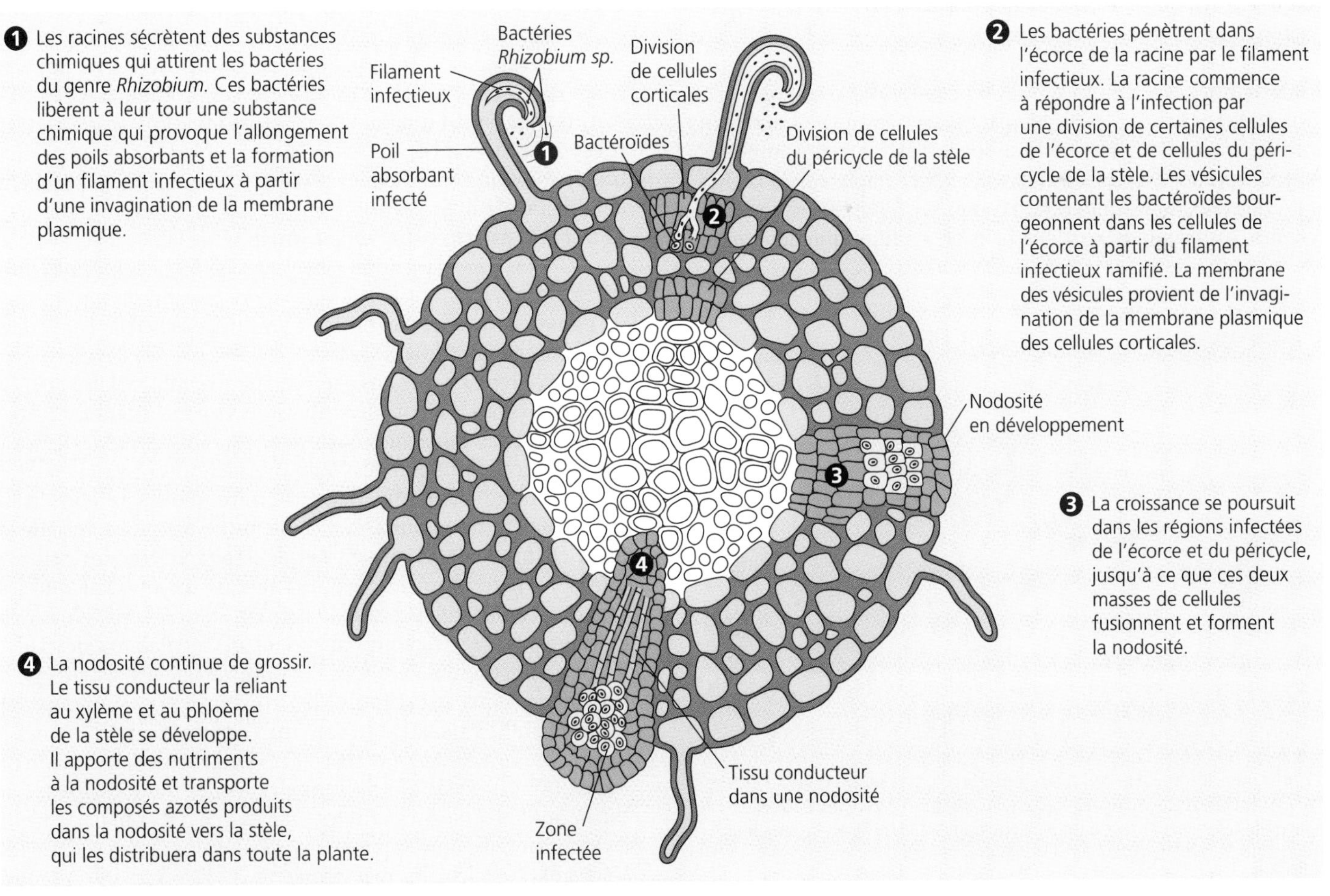

❶ Les racines sécrètent des substances chimiques qui attirent les bactéries du genre *Rhizobium*. Ces bactéries libèrent à leur tour une substance chimique qui provoque l'allongement des poils absorbants et la formation d'un filament infectieux à partir d'une invagination de la membrane plasmique.

Bactéries *Rhizobium sp.*

Filament infectieux

Poil absorbant infecté

Bactéroïdes

Division de cellules corticales

Division de cellules du péricycle de la stèle

❷ Les bactéries pénètrent dans l'écorce de la racine par le filament infectieux. La racine commence à répondre à l'infection par une division de certaines cellules de l'écorce et de cellules du péricycle de la stèle. Les vésicules contenant les bactéroïdes bourgeonnent dans les cellules de l'écorce à partir du filament infectieux ramifié. La membrane des vésicules provient de l'invagination de la membrane plasmique des cellules corticales.

Nodosité en développement

❸ La croissance se poursuit dans les régions infectées de l'écorce et du péricycle, jusqu'à ce que ces deux masses de cellules fusionnent et forment la nodosité.

❹ La nodosité continue de grossir. Le tissu conducteur la reliant au xylème et au phloème de la stèle se développe. Il apporte des nutriments à la nodosité et transporte les composés azotés produits dans la nodosité vers la stèle, qui les distribuera dans toute la plante.

Tissu conducteur dans une nodosité

Zone infectée

FIGURE 37.11 Formation d'une nodosité dans une racine de Soja (*Glycine max*).

Les Bactéries fixatrices d'azote fournissent l'azote fixé aux Légumineuses, qui leur procurent quant à elles les glucides et les autres substances organiques. Les nodosités utilisent la majeure partie de l'ammonium produit par fixation symbiotique de l'azote pour synthétiser des acides aminés, qui passent ensuite dans le xylème pour se rendre dans le système caulinaire.

Certaines nodosités des racines ont une couleur rouge qu'elles doivent à une molécule appelée leghémoglobine. La leghémoglobine (le préfixe « leg » vient de « Légumineuses ») est une protéine renfermant du fer qui, comme l'hémoglobine des globules rouges humains, lie le dioxygène de façon réversible. Elle agit comme un « tampon » de dioxygène et régule l'apport d'O$_2$ dans l'intense processus de respiration cellulaire qui est requis pour produire tout l'ATP nécessaire à la fixation de l'azote.

Fixation symbiotique de l'azote et agriculture

Ayant étudié la fixation symbiotique de l'azote, vous pouvez maintenant comprendre le principe de la rotation des cultures. Si une année, on sème une espèce qui ne fait pas partie des Légumineuses, comme le Maïs (*Zea mays*), on sèmera l'année suivante de la Luzerne (ou d'autres Légumineuses) afin d'augmenter la concentration d'azote fixé dans le sol. Au lieu de récolter les Légumineuses, on peut les enfouir durant le labour afin que leur décomposition produise de l'« engrais vert » (FIGURE 37.12). Pour s'assurer que les Légumineuses entrent en contact avec le *Rhizobium* spécifique, on trempe les graines dans une culture bactérienne ou on les saupoudre de spores bactériennes avant de les semer.

Certaines familles de Plantes autres que les Légumineuses comptent des espèces qui tirent un bénéfice de la fixation symbiotique de l'azote. Ainsi, les Aulnes et certaines Graminées tropicales sont les hôtes d'Actinobactéries (autrefois appelées Actinomycètes) fixatrices d'azote (voir le chapitre 27). Le Riz (*Oryza sativa*), dont l'importance commerciale s'avère primordiale, tire un avantage indirect de la fixation symbiotique de l'azote. Les agriculteurs cultivent dans les rizières une fougère aqua-

tique et flottante appelée *Azolla sp*. Cette fougère établit une relation mutualiste avec certaines cyanobactéries qui fixent l'azote et augmentent la productivité de la rizière. En grandissant, le plant de Riz fait de l'ombre à *Azolla*, qui en meurt. La décomposition de la matière organique laissée par la fougère fournit encore des minéraux azotés à la rizière.

Biologie moléculaire de la formation d'une nodosité racinaire chez les Légumineuses

Comment une espèce de Légumineuses reconnaît-elle une certaine espèce de *Rhizobium* parmi les nombreuses espèces de Bactéries qui habitent le sol autour de ses racines ? Comment la rencontre spécifique entre Légumineuses et Bactéries conduit-elle à la formation de nodosités ? Se penchant sur ces deux questions, les chercheurs en sont arrivés à penser qu'il existait un dialogue chimique entre une bactérie et une racine. Chaque partenaire répond aux stimulus chimiques émis par l'autre en exprimant certains gènes dont les produits contribuent à la formation d'une nodosité (FIGURE 37.13). La plante entame la communication. Ses racines sécrètent des molécules appelées flavonoïdes, pigments de nature lipidique qui pénètrent dans les bactéries *Rhizobium* du voisinage. La spécificité de ce stimulus provient des variations de structure de la molécule de flavonoïde. En effet, chaque espèce de Légumineuse sécrète un type particulier de flavonoïde que seule une espèce donnée de *Rhizobium* reconnaît et absorbe. Le stimulus émis par la plante déclenche, chez la bactérie, la production d'une molécule. En fait, la molécule émise par la plante active une protéine de régulation génique qui elle-même active un groupe de gènes bactériens appelés gènes *nod*, pour « gènes de nodosité ». Les produits de ces gènes sont des enzymes qui catalysent la production de molécules spécifiques à l'espèce appelées facteurs *Nod*. Sécrétés par les bactéries, les facteurs *Nod* « répondent à l'appel » et déclenchent dans la racine la formation du filament infectieux dans lequel *Rhizobium* pourra entrer et la formation de la nodosité (voir la FIGURE 37.11). La plante doit activer des gènes de nodulines précoces, probablement par des voies de régulation du mécanisme de conversion-amplification du stimulus semblables à celles que nous avons étudiées au chapitre 11.

Des chercheurs ont analysé la structure moléculaire des facteurs *Nod* pour trouver des indices concernant la capacité de ces molécules bactériennes à influencer les gènes des cellules végétales. Une première découverte, déconcertante à l'époque, laissait croire que les facteurs *Nod* ressemblaient beaucoup à la chitine, principale substance de la paroi cellulaire des Eumycètes et de l'exosquelette des Arthropodes (voir le chapitre 5). Nous savons maintenant que les Plantes produisent elles-mêmes des substances semblables à la chitine et qui servent probablement de régulateurs de croissance. Cela conduit à émettre l'hypothèse que les facteurs *Nod* imitent certains régulateurs de croissance des Végétaux en déclenchant la croissance de nouveaux organes dans les racines – dans le présent cas, des nodosités. Les chercheurs ont également appris que les gènes qui doivent s'exprimer pour permettre la formation de nodosités sont les mêmes que ceux qui participent à de nombreux autres processus de développement chez les Végétaux. Cela leur permet de penser qu'ils pourront, un jour, provoquer l'absorption de *Rhizobium* et la formation de nodo-

FIGURE 37.12 Rotation des cultures et « engrais vert ». L'« engrais vert » enfoui dans le sol de cette prairie est le Trèfle d'odeur (*Melilotus sp.*), Légumineuse dont les nodosités des racines abritent des Bactéries fixatrices d'azote. Tous les trois ans, on sème du Trèfle d'odeur qu'on enfouit ensuite sous le labour. Cette pratique améliore la structure physique du sol et enrichit le sol en azote. Pendant les deux autres années du cycle, on peut cultiver du Blé (*Triticum æstivum*) et d'autres céréales. La rotation des cultures réduit la nécessité d'utiliser des fertilisants industriels, en particulier si l'on enfouit les Légumineuses au lieu de les récolter.

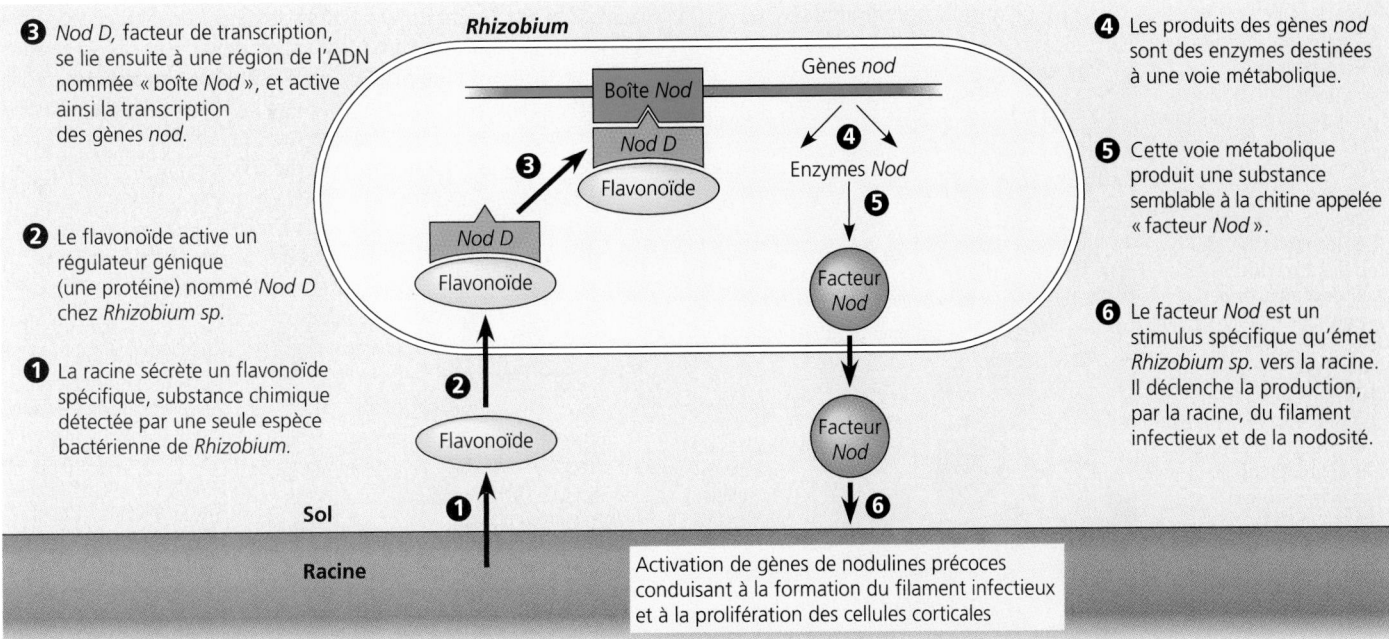

❸ Nod D, facteur de transcription, se lie ensuite à une région de l'ADN nommée « boîte Nod », et active ainsi la transcription des gènes nod.

❷ Le flavonoïde active un régulateur génique (une protéine) nommé Nod D chez *Rhizobium sp.*

❶ La racine sécrète un flavonoïde spécifique, substance chimique détectée par une seule espèce bactérienne de *Rhizobium.*

❹ Les produits des gènes nod sont des enzymes destinées à une voie métabolique.

❺ Cette voie métabolique produit une substance semblable à la chitine appelée « facteur Nod ».

❻ Le facteur Nod est un stimulus spécifique qu'émet *Rhizobium sp.* vers la racine. Il déclenche la production, par la racine, du filament infectieux et de la nodosité.

Rhizobium

Gènes nod

Boîte Nod

Nod D

Flavonoïde

Enzymes Nod

Nod D

Flavonoïde

Facteur Nod

Flavonoïde

Facteur Nod

Sol

Racine

Activation de gènes de nodulines précoces conduisant à la formation du filament infectieux et à la prolifération des cellules corticales

FIGURE 37.13 Biologie moléculaire de la formation d'une nodosité racinaire.

sités dans les cultures qui ne connaissent habituellement pas ce genre de relation symbiotique permettant la fixation de l'azote. On pourrait ainsi augmenter le rendement protéique des cultures.

Les mycorhizes résultent d'une association symbiotique de racines et de champignons qui améliore la nutrition des Végétaux

Les **mycorhizes** (du grec *mukês*, « champignon » et *rhiza*, « racine ») résultent d'associations mutualistes entre les racines et le mycélium des champignons (masse des hyphes ramifiés ; voir le chapitre 31 et les FIGURES 31.18 et 36.8). Le champignon bénéficie d'un environnement hospitalier et d'une réserve directe de glucides fournis par la plante hôte. En retour, il augmente la surface d'absorption des racines pour l'eau. De plus, il absorbe de manière sélective les phosphates et d'autres minéraux du sol, qu'il transfère à la plante. Le mycélium des mycorhizes sécrète des facteurs de croissance qui stimulent le développement et la ramification des racines. Il produit également des antibiotiques qui protègent la plante hôte des agents pathogènes présents dans le sol.

Les mycorhizes ne sont pas des aberrations. On en trouve chez presque toutes les espèces végétales. En fait, il est probable qu'il s'agisse d'une des adaptations évolutives qui ont permis aux Végétaux de coloniser la terre ferme. Des fossiles montrent que les mycorhizes existaient déjà sur les plus anciens Végétaux (voir le chapitre 31). Quand les écosystèmes terrestres étaient encore jeunes, le sol était probablement pauvre en nutriments. Le mycélium des mycorhizes, qui absorbe mieux les minéraux que les racines, a sans doute facilité la nutrition des premiers Végétaux. Même aujourd'hui, les plantes qui s'installent sur des sols pauvres, comme des terres en friche ou des collines érodées, présentent habituellement beaucoup de mycorhizes.

Deux principaux types de mycorhizes

Les racines modifiées formées par la symbiose d'Eumycètes et de Plantes prennent deux formes : les ectomycorhizes et les endomycorhizes. Les **ectomycorhizes** ont un mycélium qui forme une enveloppe, ou manteau, dense à la surface de la racine (FIGURE 37.14a, p. 846). De là, les hyphes se prolongent dans le sol, augmentant grandement la surface d'absorption pour l'eau et les minéraux. Ils croissent également dans l'écorce de la racine. Ils ne pénètrent pas dans les cellules corticales, mais forment un réseau dans les interstices pour faciliter les échanges de nutriments entre le champignon et la plante. Les ectomycorhizes sont généralement plus épais, plus courts et plus ramifiés que les racines « non infectées ». Ils ne produisent pas de poils absorbants, ce qui serait superflu étant donné l'importance de la surface d'absorption fournie par le mycélium. Ils sont particulièrement courants chez les plantes ligneuses, comme les Pins (*Pinus sp.*), les Épinettes (*Picea sp.*), les Chênes (*Quercus sp.*), les Noyers (*Juglans sp.*), les Bouleaux (*Betula sp.*), les Saules (*Salix sp.*) et les Eucalyptus (*Eucalyptus sp.*).

Contrairement aux ectomycorhizes, les **endomycorhizes** ne forment pas de dense manteau autour de la racine (FIGURE 37.14b). Il faut un microscope pour voir les minces hyphes du mycélium qui partent de la racine pour s'étendre dans le sol. Les hyphes pénètrent et s'étendent également à l'intérieur de la racine (d'où le nom « endomycorhizes ») en digérant de petits morceaux de parois cellulaires. En fait, l'hyphe ne transperce pas la membrane plasmique pour envahir le cytoplasme de la cellule hôte. Mais il croît dans un tube formé par une invagination de cette membrane, un peu comme quand on enfonce un doigt dans un ballon. Une fois cette pénétration de la paroi cellulaire réalisée, certains des hyphes se ramifient fortement pour donner des structures que l'on appelle arbuscules. Parfois, les ramifications sont tellement nombreuses qu'elles forment une zone opaque qui voile la majeure partie du cytoplasme des cellules corticales

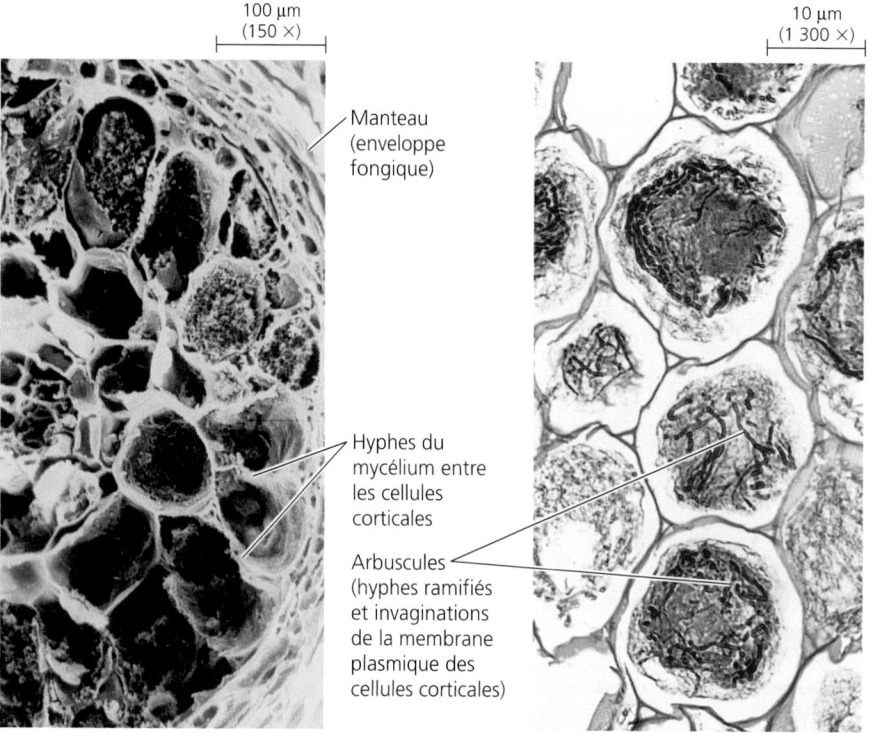

(a) Ectomycorhizes.
Le mycélium forme un manteau qui enveloppe cette racine de Tremble (*Populus tremuloides*). Ses hyphes s'étendent dans le sol pour en absorber l'eau et les minéraux, surtout les phosphates. Ils pénètrent également dans les interstices de l'écorce de la racine, offrant ainsi une grande surface pour l'échange de nutriments entre le champignon et la plante hôte (MEB colorée).

100 µm
(150 ×)

Manteau (enveloppe fongique)

Hyphes du mycélium entre les cellules corticales

Arbuscules (hyphes ramifiés et invaginations de la membrane plasmique des cellules corticales)

10 µm
(1 300 ×)

(b) Endomycorhizes.
Aucun manteau n'enveloppe la racine, bien que les hyphes microscopiques du champignon s'étendent dans le sol. Dans l'écorce de la racine, le champignon a une grande surface de contact avec la plante, grâce aux ramifications de ses hyphes qui forment des arbuscules. Les ramifications peuvent être très nombreuses et former une zone opaque voilant la majeure partie du cytoplasme des cellules corticales. Les arbuscules, visibles dans ces cellules corticales sectionnées, fournissent une énorme surface de contact pour l'échange de nutriments entre les partenaires (MP).

FIGURE 37.14 Mycorhizes.

lorsqu'on les observe au microscope. Les arbuscules sont d'importants sites de transfert de nutriments entre le champignon et la plante hôte. À l'œil nu, les endomycorhizes ressemblent à des racines « normales » munies de poils absorbants. Mais, au microscope, on observe une relation symbiotique d'une énorme importance pour la nutrition des Végétaux. Les endomycorhizes, qui sont beaucoup plus courants que les ectomycorhizes, se retrouvent chez plus de 90 % des espèces végétales, y compris chez les importantes espèces cultivées telles que le Maïs, le Blé et les Légumineuses.

Importance des mycorhizes en agriculture

Les racines peuvent se transformer en mycorhizes seulement si elles sont en présence de l'espèce appropriée d'Eumycète. Dans la plupart des écosystèmes naturels, ces champignons sont dans le sol, et l'association s'effectue dès l'apparition des jeunes plants. Mais, quand on sème des graines provenant d'un certain environnement dans des sols étrangers, on peut remarquer des signes de malnutrition chez les plantes, en raison de l'absence de partenaire fongique. Des chercheurs ont observé des résultats similaires au cours d'expériences où le sol contenait des champignons toxiques. Les agriculteurs et les forestiers mettent déjà en application les leçons tirées de ces recherches. Ainsi, ils inoculent des graines de Pin avec des spores d'Eumycètes pour provoquer la formation de mycorhizes sur les jeunes plants. Ces derniers ont une croissance plus vigoureuse que ceux qui n'ont pu bénéficier d'une telle association.

Les mycorhizes et les nodosités des racines peuvent être apparentées du point de vue de l'évolution

De plus en plus d'indices donnent à penser que le processus moléculaire qui a conduit à la formation des nodosités est apparenté aux mécanismes qui ont permis l'apparition des mycorhizes. En 1997, les chercheurs ont rapporté que les gènes de nodulines activés dans une plante au début de la formation des nodosités racinaires sont les mêmes que ceux qui sont activés pendant les premières étapes de la formation et du développement des mycorhizes. En fait, des mutations de ces gènes de nodulines précoces inhibent la formation des nodosités et des mycorhizes chez les Légumineuses qui présentent normalement ces deux structures. De plus, les voies de conversion-amplification des stimulus qui transmettent l'information des microorganismes au matériel de régulation génique de la plante ont en commun au moins quelques composantes. Ainsi, l'application expérimentale d'hormones végétales appelées cytokinines dans les cellules racinaires des Légumineuses active l'expression des gènes de nodulines précoces, même en l'absence des symbiontes bactériens ou fongiques. (Le chapitre 39 traite plus en détail de la cytokinine et des autres hormones végétales.) L'« infection » d'une racine par une bactérie ou un champignon provoque une augmentation naturelle de la concentration des cytokinines. Les expériences semblent indiquer que l'hormone est l'un des liens entre le stimulus des microorganismes et les changements d'expression génique qui mènent à la modification structurale des racines de la plante. Même les stimulus chimiques émis par les deux types de microorganismes peuvent être similaires. Rappelons que les facteurs *Nod* sécrétés par la Bactérie *Rhizobium* sont apparentés à la chitine, polysaccharide constituant la paroi cellulaire des Eumycètes. Une hypothèse vraisemblable énonce que les cellules des racines possèdent une famille de récepteurs étroitement apparentés qui détectent leurs symbiontes bactériens et fongiques particuliers.

Comme nous l'avons vu, les mycorhizes sont apparus très tôt, il y a probablement plus de 400 millions d'années, chez les premières Plantes vasculaires. Les nodosités, quant à elles, ne sont apparues sur les racines des Légumineuses qu'il y a 65 millions à 150 millions d'années, au début de l'évolution des Angiospermes. Les récentes expériences indiquent que la formation des nodosités sur les racines est au moins une adaptation partielle d'une voie de conversion-amplification qui était déjà en place dans les mycorhizes. Voilà un autre exemple de la manière dont l'évolution donne de nouvelles fonctions à une structure.

LES ADAPTATIONS NUTRITIVES : LE PARASITISME ET LA PRÉDATION CHEZ LES VÉGÉTAUX

La fixation symbiotique de l'azote met en relief la relation existant entre les Végétaux et leur environnement, à laquelle participent les autres organismes qui sont en interaction avec les Végétaux. Nous terminons ce chapitre en explorant le parasitisme et la prédation, deux autres types d'adaptations qui permettent à certaines plantes d'améliorer leur nutrition grâce à des interactions avec d'autres organismes.

Les plantes parasites extraient des nutriments des autres plantes

Dans la nature, le Gui (*Viscum album*), que l'on place au-dessus des portes pendant les fêtes de fin d'année, parasite les Chênes et d'autres arbres. Il est photosynthétique, mais complète sa nutrition en se servant de digitations, appelées suçoirs (ou haustoria), qui lui permettent d'aspirer la sève brute du xylème de l'hôte. Certaines plantes parasites, telle la Cuscute (*Cuscuta sp.*, FIGURE 37.15a), ne sont pas photosynthétiques et doivent obtenir tous leurs nutriments de leur hôte, dont elles envahissent les tissus conducteurs. Une autre forme de parasitisme, que l'on trouve chez la Monotrope uniflore (*Monotropa uniflora*), consiste à obtenir les nutriments des arbres de manière indirecte. La plante s'associe aux hyphes fongiques des mycorhizes de l'arbre hôte (FIGURE 37.15b). Au Québec, la plante parasite la plus commune, l'Épifage de Virginie (*Epifagus virginiana*), se nourrit de la sève circulant dans les racines du Hêtre à grandes feuilles (*Fagus grandifolia*). La flore laurentienne comprend deux autres espèces parasites plus rares, dans l'ouest de la province. Il s'agit de l'Orobanche uniflore (*Orobanche uniflora*), qui parasite les racines de diverses plantes, dont la Verge

(a) **Cuscute (*Cuscuta salina*) poussant sur une Cactée de Californie.** La micrographie en médaillon montre une coupe transversale de la tige d'un hôte parasité par la Cuscute (filaments orange). On peut voir un suçoir (racine modifiée) du parasite qui perce le tissu conducteur de la plante hôte pour en soutirer l'eau et les nutriments (MP).

— Cuscute
— Suçoir
— Phloème de l'hôte

0,5 mm
(20 ×)

(b) **Monotrope uniflore (*Monotropa uniflora*).** La Monotrope absorbe les matières nutritives par l'intermédiaire des hyphes fongiques qui vont des mycorhizes à l'arbre hôte.

FIGURE 37.15 Plantes parasites.

d'or (*Solidago sp.*), et de la Conopholis d'Amérique (*Conopholis americana*), qui semble parasiter uniquement les racines du Chêne rouge (*Quercus rubra*).

On confond souvent certaines plantes qualifiées d'épiphytes (du grec *epi* « sur », et *phuton,* « plante ») avec les parasites. Une plante épiphyte a la capacité de se nourrir elle-même, mais croît sur une autre plante, habituellement sur les branches ou le tronc d'un arbre. Elle se sert du substrat vivant pour s'ancrer, mais absorbe l'eau et les minéraux contenus dans la pluie qui se dépose sur ses feuilles. Certaines Fougères, certaines Mousses et de nombreuses espèces de Bromélies et d'Orchidées sont des épiphytes.

Les plantes carnivores complètent leur nutrition minérale en digérant des animaux

Les plantes qui complètent leur alimentation en se nourrissant occasionnellement d'animaux vivent dans les tourbières acides et d'autres habitats où le sol est pauvre, en azote en particulier. Les plantes carnivores fabriquent des glucides grâce à la photosynthèse, mais obtiennent une partie de l'azote et des minéraux dont elles ont besoin en tuant et en digérant des insectes et d'autres petits animaux. Elles attrapent les insectes grâce à différents types de pièges résultant de modifications des feuilles

(FIGURE 37.16). Ces pièges sont habituellement munis de glandes qui sécrètent des enzymes digestives. Heureusement pour le règne animal, ce revirement de situation ironique constitue une exception relativement rare dans la dynamique normale des écosystèmes selon laquelle les Animaux mangent les Plantes!

(a)

(b)

FIGURE 37.16 Plantes carnivores.
(a) La Dionée attrape-mouches (*Dionæa muscipula*) porte des feuilles modifiées constituées de deux lobes qui se replient assez rapidement pour capturer un insecte. L'insecte qui pénètre dans le piège touche les soies tactiles, lesquelles donnent une impulsion électrique qui déclenche la fermeture du piège. Les glandes situées à l'intérieur du piège sécrètent ensuite des enzymes digestives. Celles-ci dégradent les nutriments qui sont absorbés par la feuille modifiée. Malgré son nom, la Dionée attrape-mouches capture plutôt des fourmis et des sauterelles que des mouches. **(b)** La Sarracénie pourpre (*Sarracenia purpurea*) capture les insectes dans ses feuilles en forme de vases. Les insectes qui s'aventurent dans la feuille se trouvent emprisonnés, car des poils dirigés vers le fond les empêchent de remonter. Ils se noient alors dans le liquide qui remplit en partie la feuille, puis sont digérés par des enzymes.

RÉVISION DU CHAPITRE

Résumé des concepts importants

LES BESOINS NUTRITIFS DES VÉGÉTAUX

- La composition chimique des Végétaux fournit des indices sur leurs besoins nutritifs (p. 834, FIGURE 37.1). Les Plantes acquièrent la majeure partie de leur masse en matière organique du CO_2 de l'air. Mais elles dépendent également des nutriments présents dans le sol sous forme d'eau et de minéraux.

- Les Végétaux ont besoin de neuf éléments majeurs et d'au moins huit éléments mineurs (p. 834 à 836, TABLEAU 37.1, FIGURE 37.2). Les éléments majeurs sont le carbone, l'hydrogène, l'oxygène, l'azote et d'autres ingrédients importants des composés organiques. De nombreux éléments mineurs sont des cofacteurs d'enzymes et ont une fonction catalytique.

- Les symptômes d'une carence minérale dépendent de la fonction et de la mobilité de l'élément (p. 835 et 836, FIGURE 37.3). Une carence en un élément mobile dans une plante touche habituellement plus les vieux organes que les jeunes. C'est l'inverse pour les nutriments peu mobiles.

LE RÔLE DU SOL DANS LA NUTRITION DES VÉGÉTAUX

- Les caractéristiques du sol constituent des facteurs environnementaux importants dans les écosystèmes terrestres (p. 837 à 839, FIGURES 37.5 ET 37.6). On trouve dans le sol des particules de roches de différentes tailles et des substances organiques (humus) à différents stades de décomposition. Les racines des Plantes sécrètent des acides qui facilitent l'absorption des minéraux quand les protons remplacent les cations minéraux sur les particules d'argile.

- La conservation du sol constitue un pas vers une agriculture durable (p. 839 à 841, FIGURES 37.7 ET 37.8). Contrairement aux écosystèmes naturels, l'agriculture appauvrit le sol, hypothèque les réserves d'eau et accentue l'érosion. L'objectif de la conservation du sol est de réduire ces dommages au minimum.

LE CAS PARTICULIER DE L'AZOTE COMME NUTRIMENT

- Par leur métabolisme, les Bactéries du sol fournissent de l'azote aux Végétaux (p. 841 et 842, FIGURE 37.9) Les Bactéries fixatrices d'azote transforment le N_2 atmosphérique en minéraux azotés, source d'azote pour la synthèse de matière organique, que les Plantes peuvent absorber.

■ L'augmentation du rendement protéique des cultures est un objectif majeur de la recherche agricole (p. 842). La recherche agricole veut résoudre le problème du type de malnutrition le plus répandu chez l'Humain : la carence en protéines.

LES ADAPTATIONS NUTRITIVES : LA SYMBIOSE DES VÉGÉTAUX ET DES MICROORGANISMES DU SOL

■ La fixation symbiotique de l'azote est le résultat d'interactions complexes entre des racines et certaines bactéries (p. 842 à 845, FIGURES 37.10 à 37.13). La formation de nodosités fixatrices d'azote sur les racines de certaines plantes dépend de la communication qui s'établit au moyen de substances chimiques entre les bactéries du genre *Rhizobium* et les cellules des racines d'un hôte spécifique. Les bactéries d'une nodosité obtiennent les glucides d'une plante, à laquelle elles fournissent l'azote fixé.

■ Les mycorhizes résultent d'une association symbiotique de racines et de champignons qui améliore la nutrition des Végétaux (p. 845 et 846, FIGURE 37.14). Les hyphes fongiques des ectomycorhizes et des endomycorhizes absorbent l'eau et les minéraux, et les transfèrent à leur hôte.

■ Les mycorhizes et les nodosités des racines peuvent être apparentées du point de vue de l'évolution (p. 846 et 847). Divers indices permettent de croire que le processus moléculaire qui a conduit à la formation des nodosités est apparenté aux mécanismes de conversion-amplification de stimulus qui ont permis l'apparition des mycorhizes.

LES ADAPTATIONS NUTRITIVES : LE PARASITISME ET LA PRÉDATION CHEZ LES VÉGÉTAUX

■ Les plantes parasites extraient des nutriments des autres plantes (p. 847, FIGURE 37.15). Les plantes parasites extraient des nutriments des autres plantes soit directement en envahissant les tissus conducteurs de l'hôte, soit indirectement par l'intermédiaire des mycorhizes.

■ Les plantes carnivores complètent leur nutrition minérale en digérant des animaux (p. 848, FIGURE 37.16). Ce type de prédation se retrouve souvent dans les écosystèmes dont le sol est pauvre en nutriments.

Autoévaluation

(Les questions dont les numéros sont en caractères gras font surtout appel à la compréhension.)

1. La majeure partie de la matière organique d'une plante provient :
   a) de l'eau.
   b) du dioxyde de carbone.
   c) des minéraux du sol.
   d) du dioxygène atmosphérique.
   e) de l'azote fixé.

2. Les éléments mineurs ne sont nécessaires qu'en très petites quantités, parce que :
   a) la plupart d'entre eux sont mobiles dans la plante.
   b) la plupart d'entre eux servent de cofacteurs enzymatiques.
   c) la plupart d'entre eux existent en quantités suffisamment importantes dans les graines.
   d) ils jouent un rôle mineur dans la santé des Végétaux.
   e) ils ne sont nécessaires qu'aux parties végétales en croissance.

3. On fait pousser deux groupes de plants de Tomate en laboratoire, l'un dans un sol enrichi d'humus, l'autre, groupe témoin, dans un sol sans humus. Les feuilles des plants qui poussent sans humus sont plus jaunes (moins vertes) que celles des plants qui poussent dans l'humus. La meilleure explication de cette disparité est la suivante :
   a) Les plants sains utilisent la nourriture présente dans les feuilles en décomposition de l'humus pour obtenir l'énergie nécessaire à la synthèse de la chlorophylle.
   b) L'humus rend le sol moins compact ; la croissance des racines y rencontre moins de résistance.
   c) L'humus contient des minéraux comme le magnésium et le fer qui sont nécessaires à la synthèse de la chlorophylle.
   d) La chaleur dégagée par la décomposition des feuilles dans l'humus permet une croissance rapide et une synthèse rapide de la chlorophylle.
   e) Les plants absorbent la chlorophylle de l'humus.

4. Nous observerions la plus grande différence de taille et d'aspect général entre deux groupes de plantes de la même espèce, l'un caractérisé par la présence de mycorhizes et l'autre par l'absence de mycorhizes, dans un environnement :
   a) où les Bactéries fixatrices d'azote sont abondantes.
   b) dont le sol est mal drainé.
   c) où les étés sont chauds et les hivers, froids.
   d) dont le sol est relativement pauvre en minéraux.
   e) situé près d'une étendue d'eau, comme un étang ou une rivière.

5. Une carence en un minéral donné touche plus les vieilles feuilles que les jeunes feuilles si :
   a) le minéral est un élément mineur.
   b) le minéral est très mobile dans la plante.
   c) le minéral est nécessaire à la synthèse de la chlorophylle.
   d) la carence dure longtemps.
   e) les plus vieilles feuilles sont directement éclairées par le soleil.

6. Les adaptations carnivores de certaines plantes compensent la carence de quel nutriment ?
   a) Le potassium.
   b) L'azote.
   c) Le calcium.
   d) L'eau.
   e) Le phosphate.

7. D'après vous, qu'a démontré la célèbre expérience de Van Helmont sur la croissance d'un saule ?
   a) L'arbre croît en masse principalement en produisant sa propre matière organique.
   b) L'augmentation de la masse de l'arbre ne peut être attribuée à la consommation des nutriments du sol.
   c) La plus grande partie de l'augmentation de la masse de l'arbre provient de l'absorption d'O_2.
   d) Le sol procure simplement un support physique à l'arbre sans lui fournir de nutriments.
   e) Les arbres n'ont pas besoin d'eau pour croître.

8. On peut considérer l'eau comme un nutriment parce que :
   a) les Végétaux meurent s'ils n'ont pas d'eau.
   b) l'élongation cellulaire dépend principalement de l'absorption osmotique de l'eau par les cellules.
   c) les atomes d'hydrogène des molécules d'eau sont intégrés dans les molécules organiques.
   d) la transpiration dépend d'un apport continu d'eau aux feuilles.
   e) la majeure partie de la masse des composés organiques des Végétaux est dérivée de l'eau.

9. La relation particulière entre une Légumineuse et l'espèce partenaire de *Rhizobium* dépend probablement:
   a) du fait que chaque Légumineuse a un ensemble spécifique de gènes de nodulines précoces.
   b) du fait que chaque espèce de *Rhizobium* a une forme de nitrogénase qui ne fonctionne que dans la Légumineuse hôte appropriée.
   c) du fait que chaque Légumineuse se trouve dans le sol abritant seulement le *Rhizobium* qui lui est spécifique.
   d) de la reconnaissance spécifique entre les stimulus chimiques et les récepteurs des espèces de *Rhizobium* et de Légumineuses.
   e) de la destruction, par les enzymes sécrétées par la Légumineuse, de toutes les espèces de *Rhizobium* incompatibles.

10. Les mycorhizes améliorent la nutrition des Végétaux principalement en:
    a) absorbant l'eau et les minéraux par les hyphes fongiques.
    b) fournissant les glucides aux cellules des racines, qui ne possèdent pas de chloroplastes.
    c) convertissant l'azote atmosphérique en ammoniac.
    d) permettant aux racines de parasiter des plantes voisines.
    e) provoquant la formation de poils absorbants.

11. Vous faites une expérience semblable à celle que décrit la FIGURE 37.2 pour vérifier si un élément chimique donné constitue un élément mineur nécessaire à une certaine espèce végétale. Pourquoi même la plus légère contamination des bocaux de verre par de la saleté pourrait-elle mener à la conclusion erronée que l'élément n'est pas nécessaire à la plante?

12. Comment les racines font-elles pour tellement augmenter la disponibilité des nutriments minéraux qui sont des cations?

13. Pourquoi le sol des champs inondés de façon répétée devient-il trop salé?

14. Pourquoi les fertilisants organiques contaminent-ils généralement moins les réserves d'eau que les fertilisants inorganiques industriels?

15. Que retirent les Bactéries fixatrices d'azote de leur relation symbiotique avec les Végétaux?

16. Pourquoi est-il si important, pour la santé humaine à l'échelle planétaire, de comprendre le métabolisme de l'azote dans les cultures et d'en appliquer les leçons en agriculture?

Lien avec l'évolution

Rédigez un texte d'un paragraphe pour expliquer comment les Bactéries du sol ont permis le cycle biogéochimique de l'azote *avant* que les Végétaux arrivent sur la terre ferme.

Intégration

Les pluies acides contiennent des concentrations anormalement élevées de protons (H^+). Elles sont à l'origine de l'appauvrissement du sol pour ce qui est des minéraux comme le calcium (Ca^{2+}), le potassium (K^+) et le magnésium (Mg^{2+}). Émettez une hypothèse expliquant pourquoi les pluies acides lessivent ces nutriments du sol. Comment pourriez-vous vérifier votre hypothèse?

Science, technologie et société

Environ 10 % des terres agricoles de États-Unis sont irriguées. L'industrie agricole est de loin le plus grand utilisateur d'eau dans les États arides de l'Ouest, dont font partie le Colorado, l'Arizona et la Californie. Les populations de ces États sont en croissance, et il y a un éternel conflit entre les villes et les régions agricoles quant à l'utilisation de l'eau. Pour répondre à la nécessité croissante d'eau, les villes achètent aux cultivateurs les droits d'exploitation de l'eau. C'est souvent pour elles la méthode la moins chère pour obtenir davantage d'eau. De plus, les agriculteurs gagnent parfois plus d'argent en vendant leurs droits qu'en cultivant. Discutez des conséquences possibles de cette tendance. Est-ce la meilleure façon de distribuer l'eau?

Réponses: 1. b; 2. b; 3. c; **4.** d; 5. b; 6. b; 7. b; **8.** c; **9.** d; 10. a; **11.** La saleté peut comprendre une quantité suffisante de l'élément dont il est question dans l'expérience. Par conséquent, vous n'observeriez aucune différence entre la croissance, dans la solution complète, des plants témoins et celle des plants expérimentaux. **12.** Elles sécrètent un acide, qui extrait les cations des particules du sol par un échange de cations. 13. Le sel présent dans l'eau reste dans le sol et s'y accumule quand l'eau se vaporise. 14. Les fertilisants organiques libèrent les nutriments minéraux progressivement, au fur et à mesure de la décomposition. Par conséquent, les minéraux ont plus de chances d'être absorbés par les racines avant de partir dans l'eau souterraine ou d'atteindre les plans d'eau. 15. Les bactéries non photosynthétiques dépendent de la plante hôte pour obtenir certains composés organiques produits par photosynthèse. 16. C'est parce que la forme la plus courante de malnutrition est la carence en protéines. Or la majeure partie des habitants de la planète tirent leurs protéines des Végétaux.

CHAPITRE 38

REPRODUCTION ET BIOTECHNOLOGIE VÉGÉTALES

« Qu'est-ce donc qu'une mauvaise herbe,
sinon une plante dont on n'a pas encore découvert
les vertus ? »

RALPH WALDO EMERSON
philosophe et poète américain (1803-1882)

LA REPRODUCTION SEXUÉE

- Les générations sporophyte et gamétophyte alternent dans le cycle de développement des Végétaux : *une révision*
- Les fleurs, pousses spécialisées, portent les organes reproducteurs du sporophyte chez les Angiospermes
- Les gamétophytes mâle et femelle se forment respectivement dans les anthères et dans l'ovaire : la pollinisation les met en contact
- Les Végétaux empêchent l'autofécondation par différents mécanismes
- La double fécondation produit le zygote et l'endosperme
- L'ovule devient une graine contenant un embryon et une réserve de nutriments
- L'ovaire devient un fruit servant à la dispersion des graines
- Les adaptations relatives à la germination des graines contribuent à la survie des plantules

LA REPRODUCTION ASEXUÉE

- De nombreux Végétaux engendrent des clones d'eux-mêmes par reproduction asexuée
- La reproduction sexuée et la reproduction asexuée sont complémentaires chez de nombreuses Plantes, au cours de leur existence
- La multiplication végétative est courante en agriculture

LA BIOTECHNOLOGIE VÉGÉTALE

- Les Humains du Néolithique ont fait appel à la sélection artificielle pour créer de nouvelles variétés de plantes
- La biotechnologie transforme l'agriculture
- La biotechnologie végétale est à l'origine de nombreux débats publics

Quelqu'un a dit *qu'un Chêne* (Quercus sp.) *était pour un gland le moyen de produire d'autres glands. Effectivement, dans l'optique darwinienne, l'adaptabilité d'un organisme se mesure uniquement à sa capacité d'engendrer une descendance saine et féconde, semblable à lui. Prenez l'Agave* (Agave shawii), *présenté dans la photo ci-dessus. Pendant des décennies, cette plante ne fleurit pas. Puis, un printemps pousse une hampe aussi haute qu'un poteau de téléphone. Cette saison-là, l'Agave produit des graines, flétrit et meurt, ayant consacré toutes ses réserves de nutriments et d'eau à la floraison. Bien que toutes les Angiospermes ne sacrifient pas leur existence à la reproduction, on peut considérer la majorité de leurs autres fonctions (par exemple, la photosynthèse et la croissance), au sens darwinien le plus large, comme des mécanismes contribuant à la propagation. Cependant, la reproduction sexuée, que connaissent le Chêne et l'Agave, n'est pas le seul mode de reproduction des Angiospermes. De nombreuses espèces, en effet, peuvent également se reproduire de manière asexuée, créant des descendants génétiquement identiques à elles-mêmes.*

Aux chapitres 29 et 30, nous avons abordé la reproduction sous l'angle de l'évolution, en suivant la lignée des Angiospermes depuis leurs ancêtres aquatiques, les Algues. Dans ce chapitre, nous allons explorer la biologie de la reproduction des Angiospermes en détail, parce qu'il s'agit du groupe de Végétaux le plus important dans la plupart des écosystèmes terrestres et en agriculture. En plus des modes de reproduction sexués et asexués des Angiospermes, nous étudierons la biotechnologie végétale, c'est-à-dire l'intervention humaine dans la propagation et la génétique des variétés d'Angiospermes cultivées depuis des millénaires.

LA REPRODUCTION SEXUÉE

Les générations sporophyte et gamétophyte alternent dans le cycle de développement des Végétaux : *une révision*

Au chapitre 30, nous avons abordé le cycle de développement des Angiospermes sous l'angle de l'évolution. Le cycle de développement des Angiospermes et des autres Végétaux se caractérise par l'**alternance de générations** : une génération haploïde (*n*) alterne avec une génération diploïde (2*n*) (voir la FIGURE 29.6). La plante diploïde, appelée **sporophyte**, fabrique des spores haploïdes par méiose. Chacune des spores se divise par mitose et donne naissance à une plante pluricellulaire mâle ou femelle, le **gamétophyte**, qui correspond à la génération haploïde. La mitose et la différenciation des gamétophytes produisent des gamètes (des spermatozoïdes et des oosphères). La fécondation des gamètes engendre des zygotes diploïdes. Ceux-ci se divisent par mitose et donnent de nouveaux sporophytes. La FIGURE 38.1 illustre les principales étapes du cycle de développement d'une Angiosperme.

Chez les Angiospermes, la génération du sporophyte domine, car c'est elle que l'on remarque le plus. Au cours de leur évolution, les gamétophytes ont rapetissé et sont devenus dépendants de leurs parents sporophytes : les gamétophytes des Angiospermes, constitués de quelques cellules seulement, sont les plus petits dans le règne végétal. Le sporophyte produit également une structure reproductrice propre aux Angiospermes : la fleur. Les gamétophytes mâle et femelle se forment respectivement dans les anthères et dans l'ovaire d'une fleur sporophyte (voir la FIGURE 38.1). La pollinisation par le vent ou par des animaux amène un gamétophyte mâle (grain de pollen) à un gamétophyte femelle. L'union des gamètes (fécondation) a lieu dans l'ovaire, tout comme la formation et le développement des graines qui contiennent un embryon sporophyte. L'ovaire lui-même se transforme en fruit (autre structure propre aux Angiospermes).

Les fleurs, pousses spécialisées, portent les organes reproducteurs du sporophyte chez les Angiospermes

Les fleurs, c'est-à-dire les pousses contenant les organes reproducteurs du sporophyte chez les Angiospermes, sont généralement composées de quatre verticilles de feuilles hautement modifiées que l'on appelle « pièces florales » et qui sont séparés par de très courts entre-nœuds. Contrairement aux pousses végétatives,

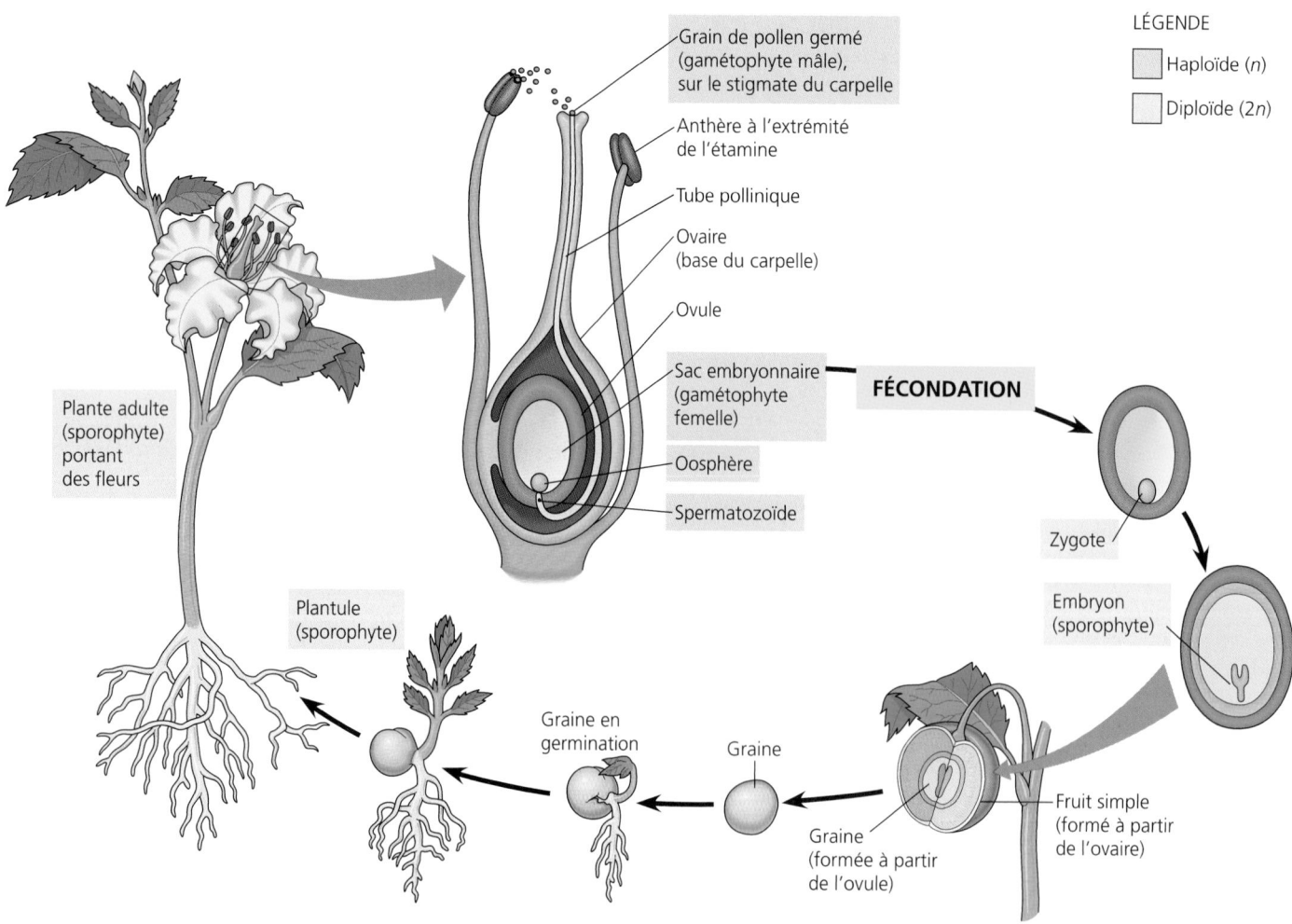

FIGURE 38.1 Vue d'ensemble du cycle de développement d'une Angiosperme.
Voir la FIGURE 30.17 pour une version plus détaillée du cycle de développement.

qui croissent de manière indéfinie, les pousses florales ont une croissance définie, ce qui signifie qu'elles cessent de croître après la formation de la fleur et du fruit (voir le chapitre 35).

Les quatre types de pièces florales sont, de l'extérieur vers l'intérieur de la fleur, les **sépales**, les **pétales**, les **étamines** et le **pistil**. Chez bon nombre d'Angiospermes, le pistil (ou gynécée) comporte un seul carpelle; chez les autres, il se compose de plusieurs carpelles. Les pièces florales s'attachent à la tige par le **réceptacle** (FIGURE 38.2). Les étamines et le pistil sont les pièces florales reproductrices mâles et femelles respectivement. Les sépales et les pétales sont des pièces florales vivement colorées (surtout les pétales) qui ne participent pas directement à la reproduction, comme le font les étamines et le pistil, mais interviennent indirectement en attirant les pollinisateurs vers la fleur. Les sépales, qui entourent et protègent le bouton floral avant son ouverture, sont généralement verts. Ce sont les pièces florales qui ressemblent le plus aux feuilles.

L'étamine se compose d'une partie tubulaire appelée filet et d'une structure terminale appelée **anthère**. L'anthère contient quatre cavités, appelées sacs polliniques, où se forme le pollen. Un carpelle comporte un **ovaire** formant un renflement à sa base et un tube étroit, le style, qui se dresse au-dessus. Le sommet du style porte un stigmate gluant qui sert de plate-forme d'atterrissage au pollen. L'ovaire renferme un ou plusieurs **ovules** (selon l'espèce). Chez certaines espèces dont le pistil se compose de plusieurs carpelles, les carpelles fusionnent en une seule structure, ce qui donne un ovaire à deux ou plusieurs cavités contenant chacune un ou plusieurs ovules.

Les étamines et le pistil des fleurs contiennent les sporanges, structures dans lesquelles se forment d'abord les spores, puis les gamétophytes. Le gamétophyte mâle est une structure appelée **grain de pollen** qui produit les spermatozoïdes. Les grains de pollen se forment dans les sporanges des anthères. Le gamétophyte

femelle, appelé **sac embryonnaire,** produit les oosphères. Les sacs embryonnaires se forment à l'intérieur des ovules, qui sont eux-mêmes enfermés dans les ovaires.

Pour que l'oosphère présente dans le sac embryonnaire soit fécondée, les gamétophytes mâle et femelle doivent se rencontrer, et leurs gamètes doivent s'unir. La pollinisation a lieu lorsqu'un grain de pollen libéré par une anthère et transporté par le vent ou par un animal se pose sur un stigmate (de la même fleur, d'une autre fleur de la même plante ou d'une fleur d'une autre plante). Ce grain de pollen produit alors un tube pollinique qui s'enfonce dans le style jusqu'à l'ovaire. Là, il déverse ses spermatozoïdes dans le sac embryonnaire. Puis il y a fécondation de l'oosphère (voir la FIGURE 38.1). Le zygote produit un embryon, et à mesure que celui-ci se développe, l'ovule qui l'entoure se transforme en graine. Pendant ce temps, l'ovaire devient un fruit contenant une ou plusieurs graines, selon l'espèce. Les fruits, qui sont transportés par le vent ou par des animaux, servent de véhicules de dissémination aux graines. Si les graines tombent sur un sol humide, elles germent, c'est-à-dire que l'embryon qu'elles contiennent commence à engendrer une nouvelle génération de sporophyte à fleurs.

Les fleurs ont connu d'innombrables variations au cours des 130 millions d'années d'existence des Angiospermes (FIGURE 38.3, p. 854). Certaines ont perdu une ou plusieurs de leurs pièces florales (les sépales, les pétales, les étamines ou le pistil). Les botanistes distinguent les **fleurs complètes,** qui possèdent les quatre ensembles de pièces florales, des **fleurs incomplètes,** à qui il manque au moins un ensemble de pièces florales. Par exemple, les fleurs de la plupart des Graminées n'ont pas de pétales.

La présence ou l'absence de pièces florales reproductrices nous permet aussi de distinguer les types de fleurs. Une **fleur bisexuée** (autrefois qualifiée de « parfaite ») possède à la fois des étamines et un pistil. Les fleurs complètes, comme le Trille présenté à la FIGURE 38.3a, sont toujours bisexuées. Cependant, les fleurs incomplètes auxquelles il ne manque que des pétales ou des sépales sont aussi bisexuées.

Une **fleur unisexuée** (autrefois qualifiée d'« imparfaite ») est dépourvue d'étamines ou de pistil. Les fleurs unisexuées qui ont des étamines sont dites staminées. Celles qui ont un pistil sont dites pistillées. Si l'on trouve des fleurs staminées et des fleurs pistillées sur un même individu, l'espèce est dite **monoïque** (du grec *monos,* « un seul » et *oïkos,* « maison »). Le Maïs est une plante monoïque : les épis dérivent de grappes de fleurs pistillées et la panicule située au sommet de la plante se compose de fleurs staminées (FIGURE 38.3e). Par contre, si l'on trouve des fleurs staminées et des fleurs pistillées sur des individus distincts, l'espèce est dite **dioïque** (« deux maisons »). La Sagittaire est une espèce dioïque : ses fleurs staminées et pistillées se retrouvent sur des plants distincts (FIGURE 38.3f). Le Palmier dattier (*Phœnix dactylifera*) est également dioïque. D'ailleurs, les producteurs cultivent principalement les arbres pistillés (femelles) de cette espèce, car eux seuls produisent les dattes. C'est que quelques arbres staminés (mâles) produisent suffisamment de pollen pour féconder des centaines d'arbres femelles.

Outre qu'elles se distinguent les unes des autres par la présence de leurs pièces florales, les fleurs varient beaucoup en taille, en forme et en couleur (voir la FIGURE 38.3). Leurs différences découlent en grande partie des adaptations aux pollinisateurs. De fait, la présence d'animaux dans l'environnement des

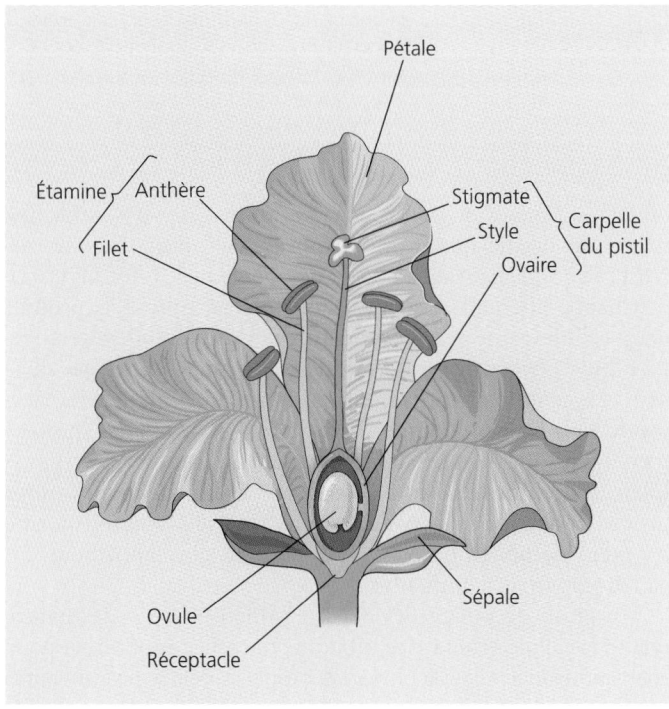

FIGURE 38.2 Anatomie d'une fleur.

(a) Trille (*Trillium sp.*). La fleur d'un Trille est complète, c'est-à-dire qu'elle comprend des sépales, des pétales, des étamines et un pistil.

(b) Lupin (*Lupinus polyphyllus*). L'inflorescence en grappe caractérise le Lupin.

(c) Tournesol (*Helianthus annuus*). Ce qui apparaît comme une fleur unique dans un Tournesol est en réalité formé de centaines de fleurs. Le disque central se compose de minuscules fleurs complètes ; il est entouré non pas de pétales, mais de fleurs imparfaites appelées « fleurs ligulées ».

(d) Hibiscus (*Hibiscus rosa-sinensis*). Les formes, les couleurs et les odeurs des fleurs constituent des adaptations aux différents modes de pollinisation. L'Hibiscus se fait polliniser par les Colibris, qui sont attirés par sa couleur rouge.

(e) Maïs (*Zea mays*). Le Maïs est une plante monoïque : chaque individu porte à la fois des fleurs staminées (mâles) et pistillées (femelles). L'épi est une grappe de grains (de fruits à une graine) provenant de fleurs pistillées fécondées. La « barbe » du Maïs est composée de nombreux longs styles (à gauche). Les fleurs staminées forment la panicule (à droite).

(f) Sagittaire (*Sagittaria sp.*). La Sagittaire est une plante dioïque : ses fleurs staminées (à gauche) et pistillées (à droite) se trouvent sur des individus distincts.

FIGURE 38.3 Quelques exemples illustrant la diversité des fleurs.

Angiospermes a été un facteur déterminant de l'évolution (voir le chapitre 30).

Dans les sections qui suivent, nous allons décrire la formation des gamétophytes chez les Angiospermes. Nous expliquerons également le processus qui conduit de la pollinisation à la fécondation et à la formation des embryons, des graines et des fruits. Notez cependant que ces processus connaissent de nombreuses petites variantes d'une espèce à l'autre.

Les gamétophytes mâle et femelle se forment respectivement dans les anthères et dans l'ovaire : la pollinisation les met en contact

Formation du gamétophyte mâle (grain de pollen)

À l'intérieur des sporanges (sacs polliniques) d'une anthère se trouvent de nombreuses cellules diploïdes appelées microsporocytes, ou cellules mères de pollen. Chaque microsporocyte subit une méiose et donne quatre **microspores** haploïdes. Chaque microspore donne naissance à un gamétophyte mâle (FIGURE 38.4a).

Chaque microspore se divise une fois par mitose, et produit deux cellules : une cellule génératrice et une cellule végétative. La cellule génératrice produira deux spermatozoïdes par division. La cellule végétative, qui entoure la cellule génératrice, produira le tube pollinique, essentiel à la livraison des spermatozoïdes jusque dans le sac embryonnaire. Cette structure bicellulaire est entourée d'une épaisse paroi dont les motifs sont propres à chaque espèce végétale (FIGURE 38.5). Le tout forme un grain de pollen qui est, à ce stade du développement, un gamétophyte mâle immature.

Un grain de pollen devient un gamétophyte mâle mature quand la cellule génératrice subit une mitose, pour donner deux spermatozoïdes. Chez la plupart des espèces, cela se produit après que le grain de pollen s'est posé sur le stigmate d'un carpelle et que le tube pollinique est apparu (voir la FIGURE 38.1).

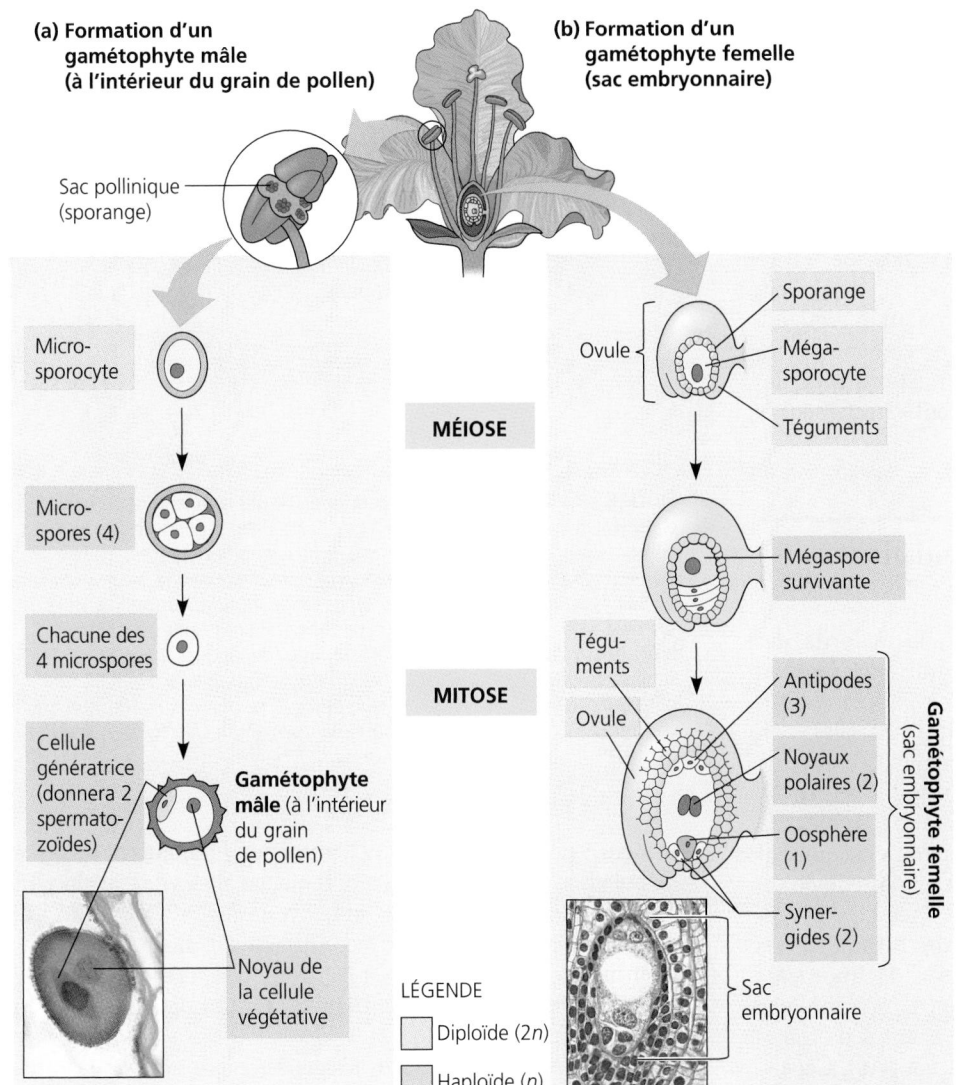

(a) Formation d'un gamétophyte mâle (à l'intérieur du grain de pollen)

Sac pollinique (sporange)

Micro-sporocyte

MÉIOSE

Micro-spores (4)

Chacune des 4 microspores

MITOSE

Cellule génératrice (donnera 2 spermato-zoïdes)

Gamétophyte mâle (à l'intérieur du grain de pollen)

Noyau de la cellule végétative

(b) Formation d'un gamétophyte femelle (sac embryonnaire)

Sporange

Ovule

Méga-sporocyte

Téguments

Mégaspore survivante

Tégu-ments

Ovule

Antipodes (3)

Noyaux polaires (2)

Oosphère (1)

Synergides (2)

Gamétophyte femelle (sac embryonnaire)

Sac embryonnaire

LÉGENDE

☐ Diploïde (2*n*)

☐ Haploïde (*n*)

6 μm (1 800 ×)

FIGURE 38.4 Formation des gamétophytes (grain de pollen et sac embryonnaire) chez les Angiospermes. (a) Les grains de pollen (gamétophytes mâles immatures) se forment dans les sporanges (sacs polliniques) de l'anthère, à l'extrémité de l'étamine. Un grain de pollen devient un gamétophyte mâle *mature* quand sa cellule génératrice se divise pour donner deux spermatozoïdes. Cela se produit habituellement après que le grain de pollen s'est posé sur le stigmate d'un carpelle et que le tube pollinique a commencé à croître (voir la FIGURE 38.1). **(b)** Le sac embryonnaire (gamétophyte femelle) se forme dans l'ovule, qui est lui-même enfermé dans l'ovaire situé à la base d'un carpelle. Dans le sporange de l'ovule se trouve une cellule diploïde, la mégasporocyte. La mégasporocyte de cette espèce se divise par méiose et produit quatre cellules haploïdes, dont une seule survit et devient la mégaspore. (Dans la formation du pollen, au contraire, les quatre microspores issues de la méiose donnent des gamétophytes.) La mégaspore subit trois mitoses et devient le sac embryonnaire, le gamétophyte multicellulaire femelle. L'ovule est alors composé du sac embryonnaire et de ses téguments (tissus protecteurs).

Formation du gamétophyte femelle (sac embryonnaire)

L'ovule, qui contient un seul sporange, se forme dans la cavité de l'ovaire. Une cellule, appelée mégasporocyte (ou cellule mère du sac embryonnaire), croît dans le sporange de l'ovule. Elle produit ensuite par méiose quatre **mégaspores** haploïdes (FIGURE 38.4b).

Les détails des prochaines étapes varient beaucoup selon l'espèce. Chez de nombreuses Angiospermes (comme dans le cas illustré à la FIGURE 38.4), une seule des mégaspores survit. Cette mégaspore continue sa croissance. Son noyau se divise trois fois par mitose, et donne une grosse cellule dotée de huit noyaux haploïdes. Puis, des membranes divisent cette masse, qui devient une structure multicellulaire appelée sac embryonnaire: c'est le gamétophyte femelle. À l'une des extrémités du sac embryonnaire se trouvent trois cellules: l'oosphère (ou gamète femelle) et, de part et d'autre, deux cellules appelées synergides. Les synergides attirent et guident le tube pollinique. À l'autre extrémité du sac embryonnaire se trouvent trois autres cellules, les antipodes, dont la fonction est inconnue. Les deux noyaux qui restent, les noyaux polaires, ne sont pas séparés par des membranes. Ils partagent le cytoplasme de la grosse cellule centrale du sac embryonnaire. L'ovule, qui deviendra une graine, est alors composé du sac embryonnaire et de ses téguments (couches protégeant le tissu du sporophyte).

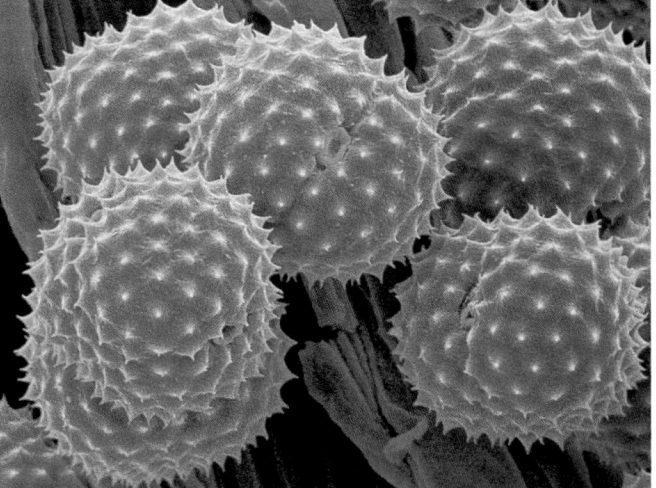

FIGURE 38.5 Paroi résistante des grains de pollen, ornés de motifs spécifiques. La paroi résistante d'un grain de pollen protège le gamétophyte mâle. Cette micrographie montre le pollen d'une variété d'Herbe à poux (*Ambrosia sp.*, MEB colorée). En raison de leur paroi résistante, les grains de pollen sont bien conservés dans les archives géologiques. Les espèces de pollen fossilisées donnent des indices sur les climats anciens de la région où on les trouve.

Pollinisation

La pollinisation, qui met en contact les gamétophytes mâle et femelle, constitue la première étape d'une série d'événements qui conduiront à la fécondation. Elle s'effectue de différentes façons. Certaines Angiospermes, dont les Graminées et de nombreux arbres, utilisent le vent comme agent pollinisateur. Elles compensent le côté aléatoire de ce mode de dissémination en libérant d'énormes quantités de minuscules grains de pollen. À certaines périodes de l'année, l'air est rempli de pollen, comme le savent si bien les personnes qui y sont allergiques. Cependant, de nombreuses Angiospermes ne se fient pas au vent. Elles entretiennent quant à elles des relations avec des insectes ou d'autres animaux, qui transportent directement le pollen d'une fleur à l'autre.

Les Végétaux empêchent l'autofécondation par différents mécanismes

Bien que certaines fleurs s'autofécondent, la majorité des Angiospermes possèdent des mécanismes qui entravent ou empêchent cela. Les diverses barrières qui empêchent l'auto-fécondation contribuent à la diversité génétique en faisant en sorte que le spermatozoïde et l'oosphère viennent de parents différents. (Nous abordons l'importance, du point de vue de l'écologie et de l'évolution, de la reproduction sexuée au chapitre 23.) Les Végétaux dioïques ne peuvent évidemment pas s'autoféconder, puisque chaque individu ne possède qu'un sexe : la fleur est soit staminée, soit pistillée. Quant aux Végétaux possédant les deux sexes, certains ont des fleurs dont les étamines et le pistil atteignent la maturité à des moments différents. Certains autres ont des fleurs dont la morphologie est telle que l'animal pollinisateur a peu de chances de transférer le pollen des anthères au stigmate (FIGURE 38.6). Cependant, le mécanisme qui empêche le plus souvent l'autofécondation est l'**auto-incompatibilité** (ou autostérilité). Il s'agit de la capacité qu'ont les Végétaux de rejeter leur propre pollen ou celui d'un proche parent. Ainsi, quand un grain de pollen produit par les anthères se pose sur le stigmate du même individu, un processus biochimique l'empêche de terminer son développement et de féconder l'oosphère.

Les chercheurs essaient de comprendre les mécanismes de l'auto-incompatibilité. Cette réaction que l'on observe chez les Végétaux est analogue à la réponse immunitaire présente chez les Animaux, dans la mesure où les organismes peuvent distinguer les cellules du « soi » des cellules du « non-soi ». Les cellules du « soi » ont une membrane plasmique possédant une combinaison d'antigènes propre à un individu. Les cellules du « non-soi » ont une membrane plasmique possédant des antigènes étrangers à l'individu, qui cherche généralement à les détruire. Notons cependant une différence importante : le système immunitaire animal rejette le non-soi, comme c'est le cas lorsqu'il se mobilise pour défendre l'organisme contre un agent pathogène ou essaie de rejeter un organe greffé. Inversement, chez les Végétaux, l'auto-incompatibilité rejette le soi.

La reconnaissance du pollen du « soi » se fonde sur les gènes responsables de l'auto-incompatibilité, appelés gènes S (pour « soi », FIGURE 38.7). Dans une population végétale particulière,

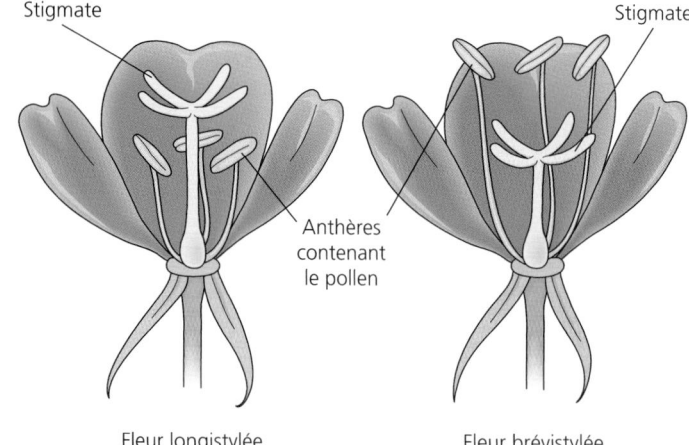

FIGURE 38.6 L'hétérostylie de certaines fleurs réduit l'autofécondation. On appelle « hétérostylie » l'inégalité de longueur de style entre les fleurs des individus d'une même espèce. Certaines espèces, comme l'Onagre de Victorin (*Œnothera victorinii*), plante commune dans la vallée du Saint-Laurent, produisent deux types de fleurs : les fleurs longistylées, qui possèdent de longs styles et de courtes étamines ; et les fleurs brévistylées, qui possèdent de courts styles et de longues étamines. Un insecte qui cherche du nectar verra le pollen se coller sur des parties différentes de son corps selon le type de fleur. Le pollen qu'il récoltera sur un premier type de fleur sera déposé sur les stigmates du second type de fleur.

le locus S peut présenter jusqu'à 50 allèles différents. Si un grain de pollen se pose sur un stigmate et que les allèles de leurs locus S sont identiques, le grain de pollen reste inactif ou ne produit aucun tube pollinique. La fécondation est alors impossible. Comme un grain de pollen est haploïde, il sera reconnu comme « soi » si son allèle S est identique à l'un des deux allèles S du stigmate diploïde.

Bien que l'on associe tous les gènes responsables de l'auto-incompatibilité aux loci S, ces gènes ont évolué de manière indépendante dans différentes familles végétales. Ainsi, la reconnaissance du soi inhibe la croissance du tube pollinique au moyen de différents mécanismes moléculaires. Dans certains cas, l'inhibition a lieu dans le grain de pollen lui-même. On parle alors d'auto-incompatibilité gamétophytique. Par exemple, chez certaines variétés de Tabacs, de Roses et de Haricots, l'auto-incompatibilité provoque la destruction enzymatique de l'ARN à l'intérieur d'un tube pollinique rudimentaire. Les ribonucléases, ou ARNases, sont des enzymes qui se trouvent dans le style du carpelle. Il semble cependant qu'elles peuvent pénétrer dans un tube pollinique et en attaquer l'ARN seulement si le pollen est du type « soi ».

Dans d'autres cas, l'inhibition est une réponse des cellules du stigmate. On parle alors d'auto-incompatibilité sporophytique (parce que le carpelle fait partie du sporophyte). Chez les membres de la famille des Moutardes, par exemple, la reconnaissance du soi active une voie de conversion-amplification d'un stimulus dans les cellules épidermiques du stigmate, et cela empêche la germination du grain de pollen (FIGURE 38.8). Les résultats de recherches récentes semblent indiquer que le stigmate réagit au pollen provenant du même individu en ouvrant ses aquaporines, protéines membranaires (perméases) spécialisées dans le transport de l'eau (voir les chapitres 8 et 36). Le stigmate absorbe alors une quantité accrue d'eau. Cela empêche

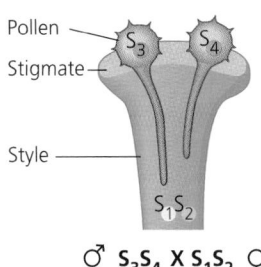

Pollen — S₃ S₄
Stigmate
Style
S₁S₂

♂ S₃S₄ X S₁S₂ ♀

(a) Dans ce croisement, le grain de pollen vient d'une plante dont le génotype est S_3S_4. (À la suite de la ségrégation qui a lieu pendant la méiose, une moitié du pollen haploïde possède l'allèle S_3 et l'autre moitié possède l'allèle S_4.) Comme les allèles du pollen ne correspondent pas à ceux du stigmate, les grains de pollen « germent » (ils produisent un tube pollinique, qui peut apporter les spermatozoïdes aux ovules contenus dans les ovaires situés à la base d'un pistil).

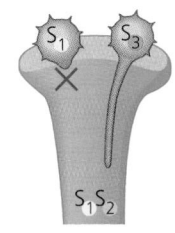

♂ S₁S₃ X S₁S₂ ♀

(b) Dans ce croisement, la moitié des grains de pollen ont un allèle S_1 identique à un allèle du stigmate. Ces grains de pollen ne germent pas.

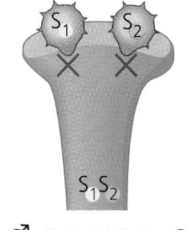

♂ S₁S₂ X S₁S₂ ♀

(c) Dans un croisement entre deux plantes possédant les mêmes génotypes S, aucun des grains de pollen ne peut germer.

FIGURE 38.7 Fondement génétique de l'auto-incompatibilité. Dans le patrimoine génétique d'une population végétale, il peut y avoir des douzaines d'allèles du gène S (S pour « soi »). Si un grain de pollen possède un allèle identique à celui des cellules du stigmate sur lequel il se pose, aucun tube pollinique ne sera produit.

l'hydratation du pollen, qui est relativement sec. Or l'hydratation est nécessaire à la croissance d'un tube pollinique. Ce modèle d'auto-incompatibilité évoluera sans doute au fur et à mesure des connaissances qu'acquerront les chercheurs sur les mécanismes de rejet de certains Végétaux par rapport à leur propre pollen.

Les recherches fondamentales sur ces mécanismes pourraient avoir des applications en agriculture. Les phytogénéticiens croisent parfois différentes variétés de plantes cultivées afin de combiner leurs meilleures qualités et de contrer la perte de vigueur pouvant résulter d'une autofécondation excessive (voir le chapitre 14). De nombreuses plantes cultivées sont *autocompatibles*. Pour maximiser le nombre de graines hybrides, les phytogénéticiens doivent alors empêcher l'autofécondation en extrayant de manière laborieuse les anthères des plantes mères qui fournissent les graines. Un jour, il sera possible de rendre auto-incompatibles les cultures qui sont normalement auto-compatibles.

La double fécondation produit le zygote et l'endosperme

Après avoir adhéré à un stigmate, le grain de pollen en absorbe l'humidité et germe : il produit un tube qui s'enfonce dans le style, entre les cellules, jusqu'à l'ovaire (FIGURE 38.9, p. 858). La cellule génératrice se divise par mitose et donne deux spermatozoïdes. Le grain de pollen germé constitue le gamétophyte mâle mature. Dirigée par une affinité chimique faisant probablement intervenir le calcium, l'extrémité du tube pollinique pénètre dans l'ovaire, s'introduit par le micropyle (orifice qui se trouve dans les téguments de l'ovule) et déverse ses deux spermatozoïdes dans le sac embryonnaire.

Les événements suivants constituent un processus caractéristique du cycle de développement des Angiospermes (quelques Gymnospermes seulement connaissent le même processus, qui

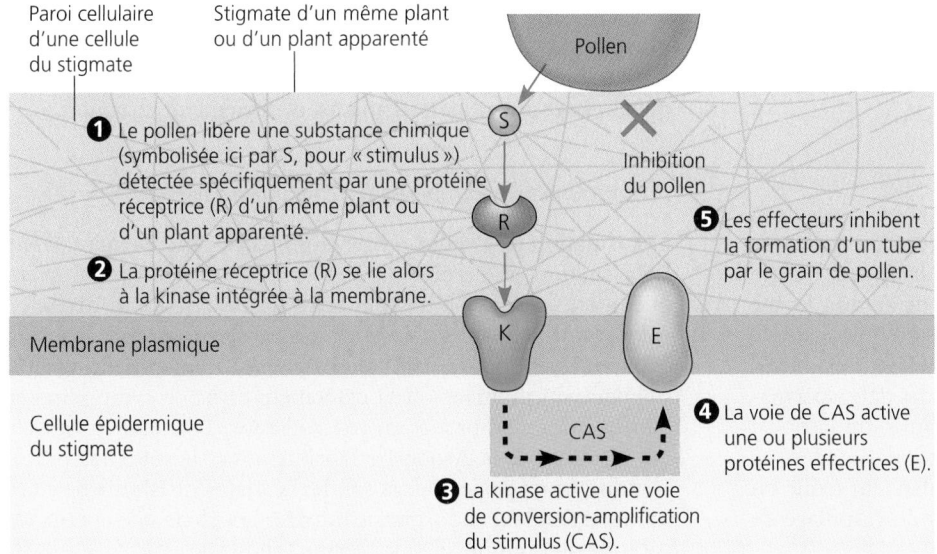

FIGURE 38.8 Mécanisme possible d'auto-incompatibilité sporophytique. Chez les Moutardes (*Brassica sp.*), il existe au moins deux protéines qui sont codées par le locus S. (Les gènes qui codent pour ces protéines sont tellement liés qu'ils sont transmis comme s'il s'agissait d'un seul gène.) La première, nommée R dans l'illustration, est un récepteur situé dans la matrice extracellulaire (la paroi en l'occurrence) de la cellule épidermique du stigmate. La seconde, nommée K dans l'illustration, est une protéine kinase encastrée dans la membrane plasmique des cellules du stigmate. (Nous avons vu, au chapitre 11, qu'une protéine kinase est une enzyme qui active d'autres protéines en les phosphorylant.) Ces deux protéines interagissent en suivant les étapes illustrées dans ce diagramme.

Paroi cellulaire d'une cellule du stigmate

Stigmate d'un même plant ou d'un plant apparenté

Pollen

❶ Le pollen libère une substance chimique (symbolisée ici par S, pour « stimulus ») détectée spécifiquement par une protéine réceptrice (R) d'un même plant ou d'un plant apparenté.

Inhibition du pollen

❺ Les effecteurs inhibent la formation d'un tube par le grain de pollen.

❷ La protéine réceptrice (R) se lie alors à la kinase intégrée à la membrane.

Membrane plasmique

Cellule épidermique du stigmate

CAS

❹ La voie de CAS active une ou plusieurs protéines effectrices (E).

❸ La kinase active une voie de conversion-amplification du stimulus (CAS).

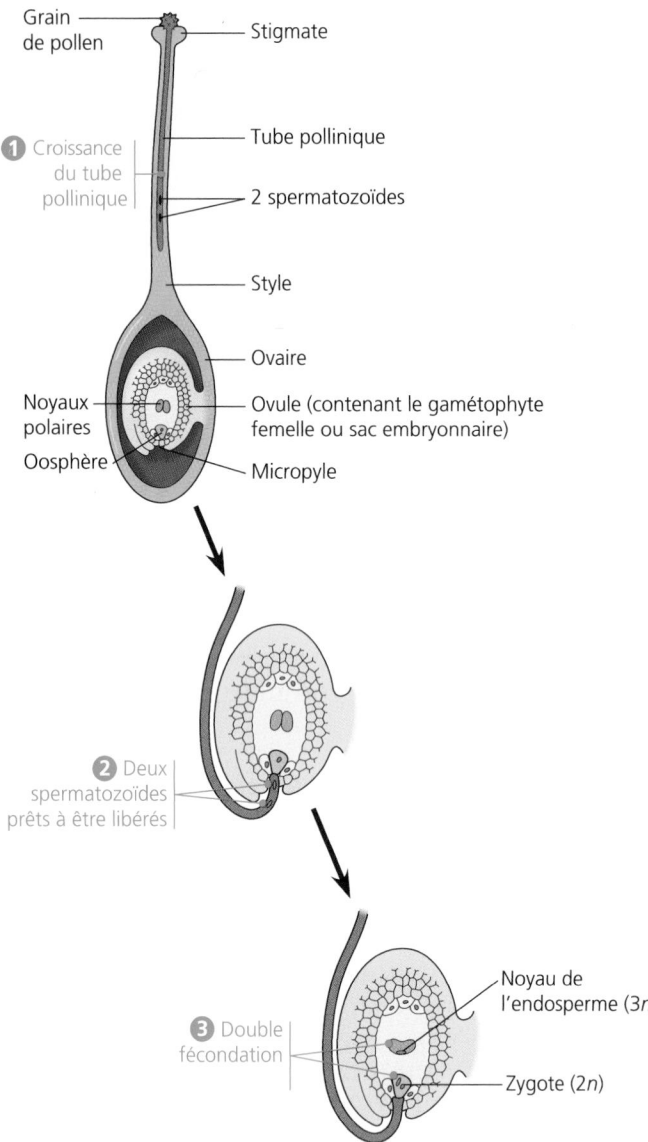

Grain de pollen — **Stigmate**

1 Croissance du tube pollinique

Tube pollinique

2 spermatozoïdes

Style

Ovaire

Noyaux polaires — **Ovule (contenant le gamétophyte femelle ou sac embryonnaire)**

Oosphère — **Micropyle**

2 Deux spermatozoïdes prêts à être libérés

3 Double fécondation

Noyau de l'endosperme (3n)

Zygote (2n)

FIGURE 38.9 Croissance du tube pollinique et double fécondation.
Après que le vent ou un animal a déposé un grain de pollen sur le stigmate, un long tube pollinique commence à pousser et s'enfonce dans le style, jusqu'à l'ovaire. Ce tube déverse deux spermatozoïdes dans le sac embryonnaire d'un ovule. L'un des spermatozoïdes féconde l'oosphère, pour donner le zygote. L'autre s'unit aux deux noyaux polaires de la grosse cellule centrale du sac embryonnaire, pour donner une cellule triploïde qui produira un tissu nutritif appelé endosperme.

Les tissus non reproducteurs qui entourent le sac embryonnaire ont toujours empêché les chercheurs d'observer directement la fécondation chez les Végétaux. Cependant, les scientifiques ont récemment isolé des spermatozoïdes de grains de pollen et des oosphères de sacs embryonnaires, et ont ainsi pu observer *in vitro* la fusion des gamètes. Le premier événement cellulaire qui se produit après la fusion des gamètes est une augmentation de la concentration cytosolique de Ca^{2+} dans l'oosphère, comme dans la fusion des gamètes chez les Animaux (voir le chapitre 47). L'existence d'une barrière empêchant la polyspermie, c'est-à-dire la fécondation d'une oosphère par plus d'un spermatozoïde, est une autre similitude entre le règne végétal et le règne animal. Ainsi, chez le Maïs (*Zea mays*), un spermatozoïde ne peut fusionner avec un zygote *in vitro*. Ce blocage apparaît 45 secondes seulement après la fécondation de l'oosphère. Chez les Animaux, ce blocage qui empêche la polyspermie se fait en deux étapes. Un premier blocage apparaît rapidement, en trois secondes, tout au plus. Il est renforcé par un deuxième, qui s'établit plus lentement, en une minute environ, et prend la forme d'une membrane. Une hypothèse avance qu'un blocage lent de la polyspermie existerait aussi chez les Végétaux. Il consisterait en un dépôt de substance qui formerait une paroi empêchant mécaniquement l'entrée du spermatozoïde suivant. Ce mécanisme serait un peu comme la membrane de fécondation qui constitue un blocage lent empêchant la polyspermie chez plusieurs espèces animales. L'ouverture de canaux ioniques dans la membrane plasmique de l'oosphère peut également constituer un blocage rapide empêchant la polyspermie, comme c'est le cas chez plusieurs espèces animales (voir le chapitre 47).

L'ovule devient une graine contenant un embryon et une réserve de nutriments

Après la double fécondation, l'ovule devient une graine. L'ovaire devient quant à lui un fruit contenant la ou les graines (selon que l'ovaire contient un ou plusieurs ovules). À mesure que le zygote devient un embryon, la graine accumule des protéines, des huiles et de l'amidon. Voilà pourquoi les graines constituent des réserves de nutriments si importantes (voir le chapitre 36). C'est l'endosperme qui, au départ, stocke les nutriments. Mais chez de nombreuses espèces, quand la graine se développe, ce sont les feuilles embryonnaires (cotylédons) qui emmagasinent les nutriments, et deviennent charnues.

Formation et développement de l'endosperme

La formation de l'endosperme commence généralement avant la formation de l'embryon. Après la double fécondation, le noyau triploïde de la cellule centrale de l'ovule se divise et devient une « supercellule » plurinucléée de consistance laiteuse. Cette masse liquide est l'endosperme. Elle devient multicellulaire au moment où la cytocinèse divise le cytoplasme et fabrique des membranes entre les noyaux. Les cellules « nues » qui résultent de la cytocinèse fabriquent par la suite une paroi. L'endosperme devient alors solide. Le « lait » de la noix de coco est un exemple d'endosperme liquide ; la « chair » de la noix de coco est un exemple d'endosperme solide.

d'ailleurs résulte probablement, chez elles, d'une évolution indépendante). L'un des deux spermatozoïdes du grain de pollen féconde l'oosphère ; cette union donne le zygote. L'autre spermatozoïde s'unit aux deux noyaux polaires ; le tout forme un noyau triploïde (3*n*) au milieu de la grosse cellule centrale du sac embryonnaire. Cette grosse cellule donnera naissance à un tissu nutritif appelé **endosperme**. L'union des deux spermatozoïdes à deux noyaux différents du sac embryonnaire est appelée **double fécondation.** La double fécondation fait en sorte que l'endosperme se forme seulement dans un ovule où l'oosphère a été fécondée. Ainsi, il n'y a pas de gaspillage de nutriments.

L'endosperme est riche en nutriments, lesquels sont destinés à l'embryon. Chez la plupart des Monocotylédones et chez certaines Dicotylédones, l'endosperme contient aussi des réserves de nutriments destinés à la plantule issue de la germination. Chez de nombreuses Dicotylédones, les réserves de nourriture de l'endosperme sont complètement transférées aux cotylédons (feuilles embryonnaires), qui sont encore à l'intérieur de la graine et y restent tant que celle-ci n'a pas terminé son développement. Par conséquent, la graine mature (prête à germer) est dépourvue d'endosperme.

Formation et développement de l'embryon

La première division mitotique du zygote s'effectue transversalement. Elle divise l'oosphère fécondée en deux cellules : l'une basale, l'autre terminale (FIGURE 38.10). La cellule terminale donne naissance à la plus grande partie de l'embryon. La cellule basale continue de se diviser transversalement et produit une chaîne de cellules appelée suspenseur, qui ancre l'embryon à la graine. Le suspenseur agit aussi comme un intermédiaire nourricier auprès de l'embryon ou du proembryon incapable de se nourrir par lui-même. Il fournit à ce dernier des nutriments provenant de l'ovaire. Chez certaines espèces, il puise les nutriments dans l'endosperme, lequel alimentera directement l'embryon à un autre stade du développement. Pendant ce temps, la cellule terminale se divise à plusieurs reprises et donne naissance à un proembryon sphérique attaché au suspenseur. Les cotylédons apparaissent sous la forme de protubérances situés sur le proembryon. À ce stade, les Dicotylédones possèdent deux cotylédons et ont un peu la forme d'un cœur. Les Monocotylédones possèdent quant à elles un seul cotylédon.

Peu de temps après l'apparition des ébauches de cotylédons, l'embryon s'allonge. Le méristème apical de la tige embryonnaire est pris entre les cotylédons. À l'autre extrémité de l'axe embryonnaire, c'est-à-dire au point d'ancrage du suspenseur, se trouve l'apex de la racine embryonnaire, également porteur d'un méristème. Après la germination, et tout au long de la vie de la plante, les méristèmes apicaux situés aux extrémités de la tige et de la racine serviront à la croissance primaire (voir le chapitre 35). Les trois méristèmes primaires (le protoderme, le procambium et le méristème fondamental) sont déjà présents, également, dans l'embryon. Par conséquent, le développement de l'embryon détermine deux aspects de la morphologie de la plante : l'axe racine-tige, dont les extrémités opposées portent des méristèmes ; et un modèle radial de protoderme, de procambium et de méristème fondamental, destiné à produire les trois catégories de tissus (tissus de revêtement, tissus fondamentaux et tissus conducteurs).

Structure de la graine mature

Au cours des derniers stades de sa maturation, la graine se déshydrate jusqu'à ce que l'eau ne représente plus que 5 % à 15 % de sa masse. L'embryon, entouré de ses cotylédons ou de l'endosperme (ou des deux), a alors cessé de croître. Il restera ainsi quiescent jusqu'à ce que la graine germe. Un **tégument,** provenant des téguments de l'ovule, l'enveloppe avec sa réserve de nourriture.

Examinons de près l'anatomie interne d'une graine de Haricot (*Phaseolus sp.*), une Dicotylédone. À ce stade, l'embryon est une structure allongée, l'axe embryonnaire, qui est attachée aux

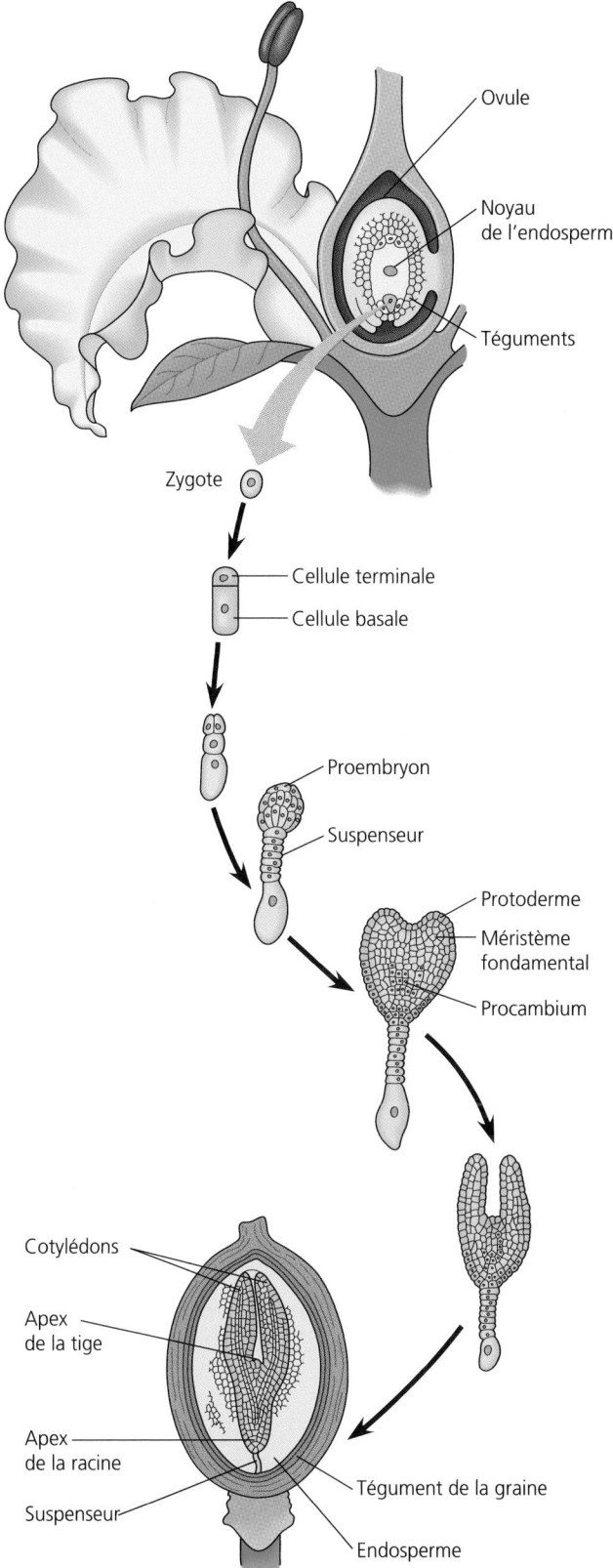

FIGURE 38.10 Développement de l'embryon d'une Dicotylédone. Pendant que la graine devient mature et que les téguments durcissent pour l'envelopper, le zygote donne naissance à un embryon formé d'organes rudimentaires.

cotylédons charnus (FIGURE 38.11a). Au-dessous du point d'attache des cotylédons, l'axe embryonnaire porte le nom d'**hypocotyle** (du grec *upo*, « au-dessous »). L'hypocotyle se termine par la **radicule,** ou racine embryonnaire. Au-dessus des cotylédons, l'axe embryonnaire est appelé **épicotyle** (du grec *epi*, « au-dessus »). L'extrémité de l'épicotyle porte la plumule, composée de l'extrémité de la tige et d'une paire de feuilles miniatures.

Les cotylédons du Haricot sont charnus avant la germination, car ils ont absorbé la nourriture de l'endosperme pendant le développement de la graine. Cependant, dans les graines de certaines Dicotylédones, comme le Ricin (*Ricinus communis*), la réserve de nourriture reste dans l'endosperme. Les cotylédons sont alors très minces (FIGURE 38.11b). Ils absorberont les nutriments de l'endosperme et les transféreront à l'embryon au cours de la germination.

Les graines des Monocotylédones comprennent un seul cotylédon (FIGURE 38.11c). Les Graminées, le Maïs et le Blé notamment, possèdent un cotylédon spécialisé appelé **scutellum** (du latin *scutella*, « plateau », « soucoupe », qui fait référence à la forme du scutellum). Le scutellum est très mince et a une grande surface en contact avec l'endosperme, dont il absorbe les nutriments

pendant la germination. L'embryon d'une plante herbacée est entouré de deux gaines : le **coléorhize,** qui recouvre la racine, et le **coléoptile,** qui enserre la tige embryonnaire.

L'ovaire devient un fruit servant à la dispersion des graines

Pendant que les ovules deviennent des graines, l'ovaire de la fleur produit un **fruit** qui protège les graines et facilite leur dissémination par le vent ou les animaux. La pollinisation déclenche des changements hormonaux qui provoquent la transformation de l'ovaire en fruit (FIGURE 38.12). En l'absence de pollinisation, la fleur ne devient habituellement pas un fruit ; elle flétrit et tombe.

Pendant la formation du fruit, la paroi de l'ovaire devient le péricarpe, paroi dure du fruit. Les autres parties de la fleur flétrissent et tombent au fur et à mesure que l'ovaire croît. (Le bout en pointe du Pois mange-tout (*Pisum sativum saccheratum*), à la FIGURE 38.12, est en fait le reste du stigmate de la fleur du Pois mange-tout.) Cependant, chez certaines Angiospermes, d'autres parties de la fleur donnent ce que nous appelons un fruit à l'épicerie. Ainsi, dans la fleur de Pommier (*Malus sp.*), l'ovaire se trouve dans le réceptacle (voir la FIGURE 38.2). La partie charnue de la pomme provient principalement du réceptacle enflé ; seul le cœur de la pomme vient de l'ovaire. On classe les fruits en plusieurs catégories, selon leur origine florale (voir le TABLEAU 30.1).

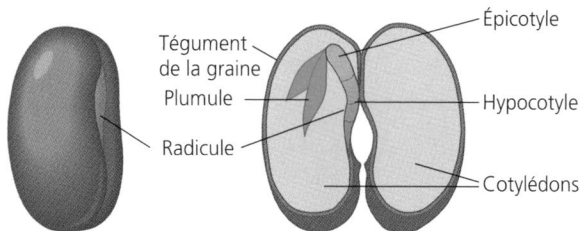

(a) Haricot (*Phaseolus sp.*). Les cotylédons charnus du Haricot (une Dicotylédone) emmagasinent la nourriture issue de l'endosperme, qu'ils ont absorbée pendant le développement de la graine.

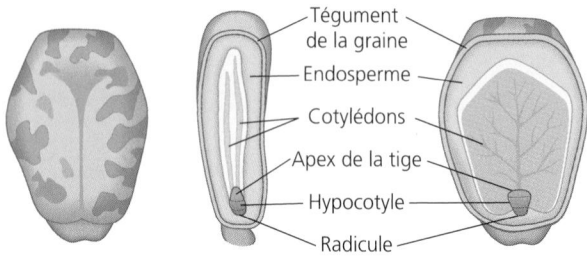

(b) Ricin (*Ricinus communis*). La graine du Ricin a des cotylédons membraneux qui absorbent la nourriture de l'endosperme au moment de la germination.

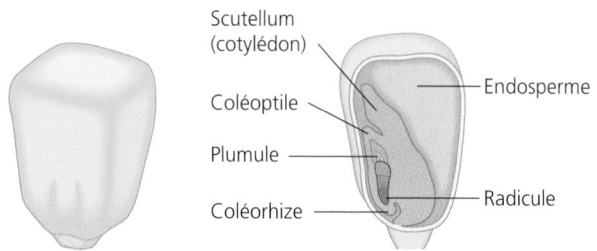

(c) Maïs (*Zea mays*). Comme toutes les graines de Monocotylédones, la graine du Maïs a un seul cotylédon (scutellum). La tige embryonnaire est enveloppée dans une structure appelée coléoptile.

FIGURE 38.11 Structure de différentes graines.

(a)

(b)

(c)

FIGURE 38.12 Formation du fruit (gousse) du Pois mange-tout (*Pisum sativum saccheratum*). (Voir également la FIGURE 30.15.) Ces photographies montrent les étapes qui conduisent à la formation d'une gousse. **(a)** Peu après la pollinisation, **(b)** la fleur laisse tomber ses pétales, et les changements hormonaux provoquent la croissance de l'ovaire. L'ovaire gonfle ; sa paroi épaissit. **(c)** Cela donne la gousse, c'est-à-dire le fruit.

Habituellement, le fruit mûrit au moment où les graines qu'il contient terminent leur développement. Dans le cas d'un fruit sec comme la gousse de Soja (*Glycine max*), le mûrissement équivaut à un peu plus que la sénescence (vieillissement) des tissus, qui provoque l'ouverture du fruit et la libération des graines. Le mûrissement d'un fruit charnu est un processus plus élaboré, dont les étapes sont dictées par des interactions hormonales complexes. Le fruit comestible attire certains animaux, qui disséminent les graines. La « pulpe » du fruit ramollit sous l'action d'enzymes qui dégradent les composantes de la paroi cellulaire. Généralement, la couleur passe du vert au rouge, à l'orangé ou au jaune. Le fruit devient de plus en plus sucré à mesure que les acides organiques ou l'amidon se transforment en glucose, dont la concentration peut atteindre 20 %.

En sélectionnant les espèces végétales, les Humains ont fait de la production de fruits comestibles une activité commerciale. Les pommes, les oranges et de nombreux autres fruits que nous achetons à l'épicerie sont bien plus gros que les fruits charnus naturels. Néanmoins, l'alimentation de base des Humains est constituée de fruits secs de Graminées, que l'on récolte lorsqu'ils se trouvent encore sur les plantes. Contrairement à ce que beaucoup de gens croient, les grains du Blé, du Riz, du Maïs et d'autres Graminées ne sont pas des graines, mais bien des fruits dont le péricarpe sec adhère fermement au tégument de l'unique graine qu'ils contiennent.

Les adaptations relatives à la germination des graines contribuent à la survie des plantules

Quand une graine arrive à maturité, elle se déshydrate et entre dans une phase que l'on appelle **dormance.** Il s'agit d'un état métabolique extrêmement lent dans lequel la croissance et le développement sont interrompus. La germination marque la reprise de la croissance et du développement de la graine et de l'embryon. Les conditions qui rompent la dormance varient selon les espèces. Certaines graines germent dès qu'elles se trouvent dans un milieu approprié. D'autres, même semées dans un milieu favorable, ne sortent de leur dormance que sous l'action d'un facteur extérieur particulier.

Dormance des graines

La dormance augmente les chances que la germination se produise à un moment et dans un endroit favorables au jeune plant. Il faut habituellement certaines conditions environnementales pour que la graine sorte de sa dormance. Ainsi, les graines de nombreuses espèces du désert germent seulement après d'abondantes précipitations. Si elles germaient après une petite averse, le sol serait déjà trop sec lors de l'émergence des jeunes plants. Dans les régions où les incendies naturels sont fréquents, de nombreuses graines ont besoin d'une chaleur intense pour sortir de leur dormance. Les jeunes plants apparaissent alors après qu'un feu a éliminé leurs concurrents. Dans les régions où l'hiver est rigoureux, les graines doivent subir une longue exposition au froid avant de germer. Les graines semées pendant l'été ou l'automne ne germent qu'au printemps suivant. Les plants bénéficient ainsi d'une longue saison de croissance avant l'hiver. Les très petites graines, comme celles de quelques variétés de Laitue, ont besoin de lumière pour germer. Elles ne sortent de leur dormance que si on les sème assez près de la surface. Certaines graines sont recouvertes d'un tégument qui ne peut être rompu que par les sucs digestifs des animaux. Par conséquent, elles germent souvent loin de la plante mère.

Le laps de temps pendant lequel une graine en dormance reste viable et apte à la germination varie de quelques jours à quelques dizaines d'années ou plus, suivant l'espèce et les conditions extérieures. La plupart des graines sont assez résistantes et peuvent durer un an ou deux, jusqu'à l'apparition de conditions favorables à leur germination. Le sol contient ainsi une réserve de graines non germées qui peuvent s'être accumulées depuis des années. C'est l'une des raisons qui expliquent la reprise si rapide de la végétation après un incendie, une sécheresse, une inondation ou une autre perturbation environnementale.

De la graine à la plantule

La germination dépend d'un processus physique appelé imbibition, qui est l'absorption d'eau causée par le faible potentiel hydrique de la graine sèche. L'eau qui entre dans la graine en provoque la dilatation et l'ouverture. L'embryon subit alors des changements métaboliques qui réactivent sa croissance. Des enzymes commencent à dégrader les réserves contenues dans l'endosperme ou dans les cotylédons, et les nutriments parviennent aux régions en croissance de l'embryon (FIGURE 38.13).

FIGURE 38.13 Mobilisation des nutriments pendant la germination d'une graine d'Orge (*Hordeum vulgare*). Après l'imbibition, l'embryon sécrète des hormones appelées gibbérellines (G). Ces dernières commandent à l'aleurone, mince couche externe de l'endosperme, de synthétiser et de sécréter des enzymes qui hydrolysent la nourriture emmagasinée dans l'endosperme sous la forme de petites molécules solubles. L'amylase α, qui hydrolyse l'amidon, est un exemple de ce type d'enzymes. (Notre salive contient une enzyme semblable qui nous aide à digérer le pain et d'autres aliments fabriqués à partir de l'endosperme riche en amidon des graines non germées.) Les glucides et les autres nutriments que le scutellum a tirés de l'endosperme servent à la transformation de l'embryon en plantule.

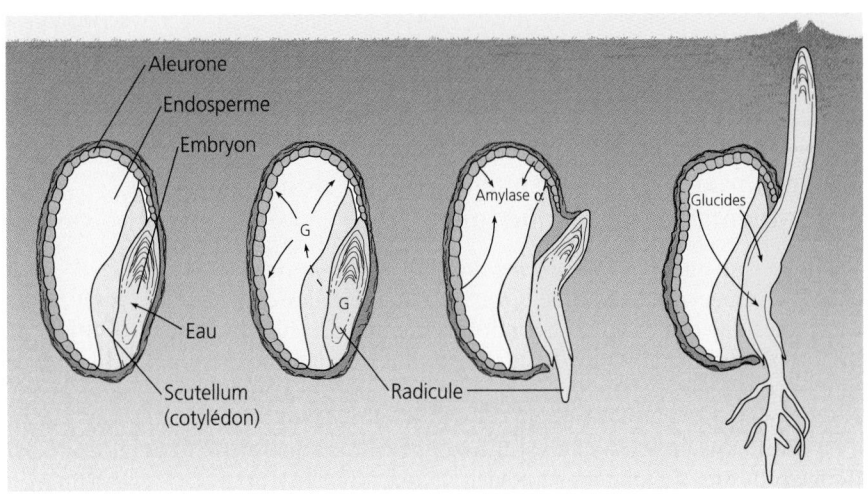

Le premier organe qui émerge de la graine est la radicule, ou racine embryonnaire. Puis, l'apex de la tige doit sortir à la surface du sol. Chez le Haricot et de nombreuses autres Dicotylédones, l'hypocotyle s'incurve, et la croissance le pousse hors du sol (FIGURE 38.14a). Sous l'effet de la lumière, l'hypocotyle se redresse, ce qui relève les cotylédons et l'épicotyle. La pousse délicate et les cotylédons massifs sont donc tirés, plutôt que poussés, hors du sol. Ensuite, l'épicotyle étend ses premières feuilles (de vraies feuilles en comparaison des cotylédons, qui sont des « feuilles embryonnaires »). Celles-ci grandissent, verdissent et commencent à fabriquer des molécules organiques par photosynthèse. Les cotylédons flétrissent et tombent du jeune plant, car l'embryon a consommé leur réserve de nourriture.

Il semble que ce soit principalement la lumière qui indique à la plantule qu'elle a percé le sol. On peut ainsi amener une plantule de Haricot à se comporter comme si elle était toujours ensevelie en faisant germer la graine dans l'obscurité. L'hypocotyle incurvé s'allonge alors exagérément et les premières feuilles ne verdissent pas. Après avoir épuisé ses réserves de nourriture, la plantule chétive cesse de croître et meurt.

Bien que le Pois appartienne à la même famille que le Haricot, il germe différemment de lui (FIGURE 38.14b). L'incurvation se forme en effet dans l'épicotyle plutôt que dans l'hypocotyle. Ensuite, l'allongement et le redressement de l'épicotyle tirent délicatement l'extrémité de la pousse hors du sol. Les cotylédons du Pois, contrairement à ceux du Haricot, restent dans le sol.

Le Maïs et les autres Graminées, qui sont des Monocotylédones, percent le sol d'une autre façon (FIGURE 38.14c). Le coléoptile, gaine qui enveloppe et protège la tige embryonnaire, perce le sol et atteint l'air libre. Puis, l'extrémité de la plantule pousse dans le conduit formé par le coléoptile tubulaire.

La germination d'une graine représente une phase critique du cycle de développement. En effet, la graine résistante donne naissance à une plantule fragile qui se trouve exposée aux prédateurs, aux parasites, au vent et à de nombreux autres dangers. Dans la nature, seule une petite proportion de plantules subsistent assez longtemps pour se reproduire à leur tour. La production d'un très grand nombre de graines compense les aléas de la survie individuelle et permet à la sélection naturelle de favoriser les meilleures combinaisons génétiques. Néanmoins, la floraison et la fructification consomment énormément de ressources. La reproduction asexuée, généralement plus simple et moins risquée pour la descendance que la reproduction sexuée, constitue un autre mode de reproduction.

LA REPRODUCTION ASEXUÉE

De nombreux Végétaux engendrent des clones d'eux-mêmes par reproduction asexuée

Imaginez que quelques-uns de vos doigts se séparent de votre corps, commencent à vivre de façon autonome et deviennent des copies de vous-même. Ce serait un exemple de reproduction asexuée: un seul individu aurait produit des descendants sans recourir à la recombinaison génétique (ce qui n'arrive évidemment pas chez l'Humain). Il en résulterait un clone, c'est-à-dire une population d'organismes génétiquement identiques produits de manière asexuée. De nombreuses espèces

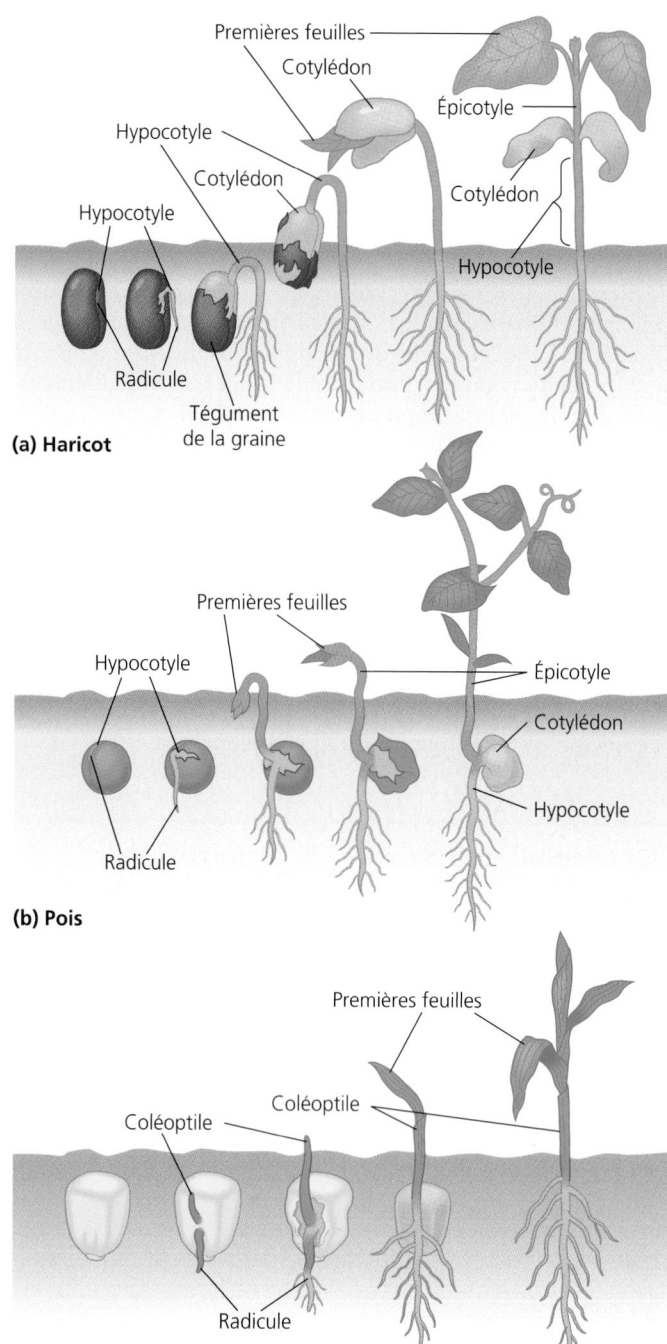

(a) Haricot

(b) Pois

(c) Maïs

FIGURE 38.14 Germination d'une graine. La radicule, ou racine embryonnaire, émerge la première de la graine. Puis, la pousse perce la surface du sol par l'un des mécanismes suivants : **(a)** chez le Haricot, le redressement de l'hypocotyle tire les cotylédons hors du sol ; **(b)** chez le Pois, la courbure de l'épicotyle se trouve au-dessus des cotylédons, qui restent dans le sol ; **(c)** chez le Maïs et d'autres Graminées, la pousse croît à la verticale, à l'intérieur du coléoptile en forme de tube.

végétales engendrent des clones par reproduction asexuée, ou **multiplication végétative.**

La reproduction asexuée est un corollaire de l'aptitude à la croissance indéfinie des Végétaux. Rappelez-vous que les Végétaux possèdent des méristèmes composés de cellules indifférenciées en division qui sont capables de soutenir et de réenclencher indéfiniment la croissance. De plus, les cellules parenchymateuses réparties dans la plante peuvent se diviser et se différencier en divers types de cellules spécialisées. Cela permet à la plante de régénérer des parties perdues. Ainsi, des fragments détachés de certaines plantes ont la capacité de reconstituer des individus entiers. Sur une tige coupée, par exemple, peuvent pousser des racines adventives qui régénèrent la plante. Le **bouturage**, séparation d'une plante mère en parties qui donnent des plantes entières, est l'un des modes les plus répandus de multiplication végétative (FIGURE 38.15a). Une variante de ce processus de régénération s'observe chez certaines espèces de Dicotylédones : le système racinaire d'une seule plante mère produit de nombreuses pousses adventives qui deviennent des systèmes caulinaires distincts. Il en résulte un clone issu de la reproduction asexuée d'un seul individu (FIGURE 38.15b). Cette forme de propagation asexuée a produit, dans le désert Mojave, en Californie, le plus ancien des clones végétaux connus : un anneau de buisson de l'espèce *Larrea tridentata* (ou *divaricata*) âgé d'au moins 12 000 ans.

Le Pissenlit (*Taraxacum officinale*) et quelques autres Végétaux ont un mode de reproduction asexuée complètement différent : l'**apomixie.** Ils produisent des graines sans que les fleurs soient fécondées. Une cellule diploïde de l'ovule donne naissance à l'embryon ; les ovules deviennent des graines ; et, dans le cas du Pissenlit, le vent dissémine les fruits. La reproduction asexuée s'accompagne donc, chez ces Végétaux, d'une adaptation qui est généralement associée à la reproduction sexuée, la dissémination des graines.

La reproduction sexuée et la reproduction asexuée sont complémentaires chez de nombreuses Plantes, au cours de leur existence

De nombreuses Plantes sont capables des deux modes de reproduction, chacun présentant des avantages selon les situations. La reproduction sexuée favorise les variations dans une population, ce qui représente un atout dans un milieu où les agents pathogènes et d'autres variables peuvent menacer la survie et la reproduction. En outre, elle a l'avantage de produire des graines, lesquelles peuvent se disséminer et attendre, pour germer, que les conditions soient favorables.

La reproduction asexuée, quant à elle, présente l'avantage, pour une plante bien adaptée à un milieu, de lui permettre de produire rapidement de nombreuses copies d'elle-même. De plus, les descendants issus de la multiplication végétative, habituellement des fragments matures de la plante mère, sont moins fragiles que les plantules issues de la reproduction sexuée. Un clone de Graminée des prairies peut si densément occuper un territoire que les plantules de la même espèce ou des autres espèces ont peu de chances de survivre. Cependant, le sol renferme une réserve de graines qui n'attendent que l'occasion de germer. Quand un incendie, une sécheresse ou une autre perturbation ont dénudé des parcelles de terrain, les jeunes plants ont enfin leur chance. Ils ne possèdent pas tous les mêmes caractères, car leurs génomes viennent de la recombinaison effectuée pendant la méiose. Une compétition s'amorcera entre eux. Certaines espèces végétales prospéreront et se propageront de manière asexuée. Ainsi, au cours de l'évolution, la reproduction sexuée et la reproduction asexuée ont toutes les deux joué un rôle capital dans l'adaptation des populations végétales aux divers milieux terrestres.

La multiplication végétative est courante en agriculture

En cherchant à améliorer les plantes potagères, les arbres fruitiers et les plantes ornementales, l'Humain a mis au point diverses méthodes de multiplication végétative. La plupart de ces méthodes se fondent sur la capacité qu'ont les Plantes à faire croître des racines ou des pousses adventives.

Bouturages

Le bouturage est un procédé de reproduction asexuée que l'on utilise pour la plupart des plantes d'intérieur, des plantes ornementales ligneuses et des arbres fruitiers. Il consiste à couper un fragment, ou bouture, de pousse ou de tige. Sur la cicatrice se forme alors une masse de cellules indifférenciées appelée **cal,**

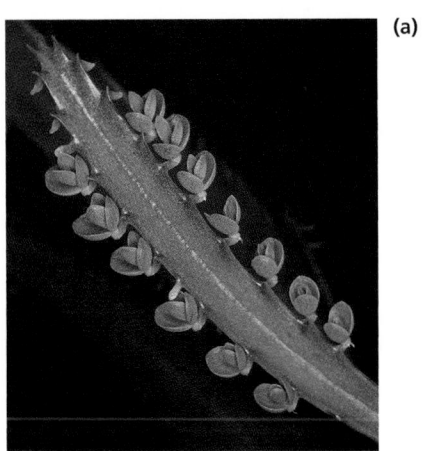

(a)

(b)

FIGURE 38.15 Mécanismes naturels de multiplication végétative. **(a)** De nombreuses plantules croissent sur le bord des feuilles de ce *Kalanchoe.* Produites de manière asexuée, elles se détachent de la plante mère et deviennent des individus autonomes. **(b)** Certains bosquets de Peupliers, comme ceux-ci, se forment par reproduction asexuée à partir du système racinaire d'un seul parent. Des différences génétiques entre les bosquets se traduisent par le fait que les arbres prennent leurs couleurs automnales et perdent leurs feuilles à des moments différents.

à partir de laquelle poussent ensuite des racines adventives. Si le fragment de tige comprend un nœud, les racines adventives poussent sans qu'un cal se soit formé. Pour certaines plantes, dont les Violettes africaines, on peut utiliser des feuilles comme boutures. Pour d'autres, on prélève les boutures dans les pousses spécialisées dans l'entreposage. Par exemple, on sème un morceau de pomme de terre portant un bourgeon axillaire, communément appelé «œil», afin d'obtenir une plante entière.

Une variante du bouturage consiste à greffer une ramille ou un bourgeon de plante sur un individu d'une espèce étroitement apparentée ou d'une autre variété de la même espèce. Cela permet de réunir chez un seul individu les caractéristiques recherchées d'espèces ou de variétés différentes. La greffe s'effectue généralement sur un jeune sujet. On appelle **porte-greffe** la plante qui fournit le système racinaire, et **greffon** la ramille ou le bourgeon implanté. Par exemple, les viticulteurs greffent sur des variétés de Vignes américaines résistantes à certaines maladies des ramilles de Vignes françaises qui produisent des raisins de qualité supérieure. La composition génétique du porte-greffe ne diminue pas la qualité du fruit, qui est déterminée uniquement par les gènes du greffon. Cependant, dans certains cas, le porte-greffe peut modifier les caractéristiques du système caulinaire issu du greffon. Par exemple, on produit des arbres fruitiers nains en greffant des ramilles normales sur des porte-greffes nains qui retardent la croissance végétative du système caulinaire. Comme les graines sont produites par les parties de l'arbre issues du greffon, elles donneraient naissance à des individus de l'espèce du greffon si elles étaient plantées.

Clonage *in vitro et techniques analogues*

Les biotechnologues ont recours à des techniques *in vitro* pour créer et cloner des variétés de plantes. On peut obtenir des individus entiers à partir de petits explants (morceaux de tissu prélevés sur la plante mère) ou même de cellules parenchymateuses cultivées dans un milieu artificiel contenant des nutriments et des hormones (FIGURE 38.16). Les cellules cultivées se divisent et forment un cal indifférencié. Grâce à une induction hormonale, le cal produit les systèmes racinaire et caulinaire composés de cellules complètement différenciées. On repique alors les plantules obtenues *in vitro* dans le sol, où leur croissance se poursuit. On peut obtenir des milliers

(a) **(b)**

FIGURE 38.16 Clonage de Carottes *in vitro*. (a) Un petit nombre de cellules parenchymateuses issues d'une racine de Carotte (*Daucus carotta*) donnent naissance à ce cal, masse de cellules indifférenciées. **(b)** Après une phase de différenciation, le cal produit une plante entière possédant des feuilles, des tiges et des racines. (Voir la FIGURE 21.5)

de copies d'une plante en subdivisant les cals. Cette technique s'emploie pour le clonage des Pins (afin d'obtenir des arbres dont les tissus croissent à une vitesse exceptionnelle) et celui des Orchidées (voir la FIGURE 30.8f).

La culture de tissu végétal facilite aussi l'étude des Végétaux en génie génétique. C'est que la plupart des techniques d'introduction de gènes étrangers dans des plantes nécessitent tout d'abord des cellules végétales ou de petits morceaux de tissu végétal. La culture *in vitro* permet aux chercheurs d'obtenir des plantes modifiées génétiquement (transgéniques) à partir d'une seule cellule contenant de l'ADN étranger. Ainsi, les chercheurs ont eu recours à la technique de l'ADN recombiné pour transférer le gène d'une protéine du Haricot dans des cellules de Tournesol cultivées. Le procédé a amélioré la qualité protéique des graines de Tournesol récoltées sur les individus transgéniques. L'une des techniques utilisées par les chercheurs pour introduire l'ADN étranger dans des cellules végétales est le pistolet à ADN (FIGURE 38.17). Au chapitre 20, nous traitons en détail des techniques utilisées en génie génétique.

Certains chercheurs combinent une technique appelée **fusion de protoplastes** et des méthodes de culture de tissus, en

 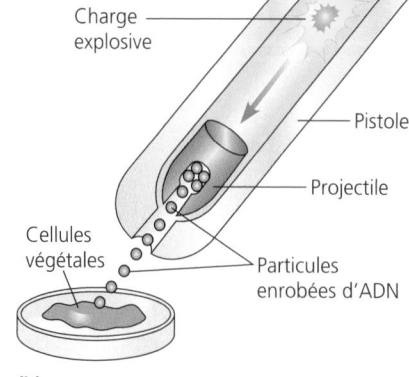

Charge explosive

Pistolet

Projectile

Cellules végétales

Particules enrobées d'ADN

(a) **(b)**

FIGURE 38.17 Pistolet à ADN. (a) Cette chercheuse se prépare à utiliser un pistolet de calibre .22 pour injecter de l'ADN étranger dans des cellules végétales cultivées. **(b)** Le pistolet envoie un projectile de plastique rempli de fines particules métalliques enrobées d'ADN. (Un autre type de pistolet à ADN utilise un gaz pressurisé au lieu d'une explosion pour propulser les particules.) Le projectile est bloqué par un étranglement à la sortie du canon. Mais les particules continuent leur chemin jusqu'aux cellules cibles. (L'illustration représente les particules beaucoup plus grosses qu'elles ne le sont en réalité, par rapport au pistolet et à la boîte de Pétri.) Les particules percent la paroi et la membrane plasmique des cellules et introduisent l'ADN étranger dans le noyau de certaines cellules. On met en culture les cellules qui incorporent cet ADN dans leur génome afin qu'elles produisent des plantules transgéniques que l'on pourra alors cloner.

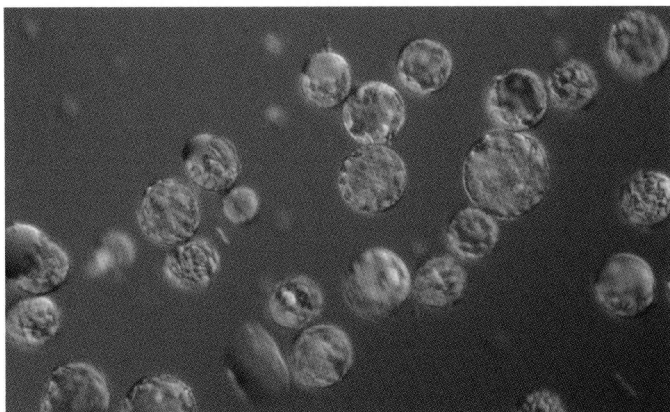

FIGURE 38.18 Protoplastes. Pour obtenir ces cellules végétales dépourvues de paroi, on traite des cellules ou des tissus végétaux avec des enzymes (cellulases et pectinases) que l'on a isolées chez certains types de champignons ; ces enzymes dégradent la paroi cellulaire. Les chercheurs peuvent fusionner les protoplastes de différentes espèces pour créer des hybrides qu'ils peuvent cultiver pour obtenir une nouvelle plante.

50 μm
(200 ×)

vue de créer des variétés de plantes capables de clonage. Les protoplastes sont des cellules végétales dont on a détruit la paroi au moyen d'enzymes (cellulases et pectinases) provenant de champignons (FIGURE 38.18). Avant de les cultiver, on peut les analyser pour déterminer quelles mutations permettraient d'améliorer la valeur agricole d'une culture. Dans certains cas, on peut fusionner deux protoplastes issus d'espèces différentes et incompatibles sur le plan de la reproduction, pour ensuite cultiver les protoplastes hybrides. Chacun des nombreux protoplastes a la capacité de régénérer sa paroi puis de donner naissance à une plantule hybride. Cette technique a permis de produire un hybride de la Pomme de terre (*Solanum tuberosum*) et d'une plante sauvage apparentée appelée Morelle noire (*Solanum nigrum*). La Morelle noire résiste à un herbicide fréquemment utilisé. La plante hybride a aussi cette résistance, de sorte que les agriculteurs peuvent utiliser l'herbicide dans leurs champs de Pommes de terre sans aucun danger pour leur culture.

La culture *in vitro* de cellules et de tissus végétaux est fondamentale pour la majorité des types de biotechnologie végétale. L'autre procédé fondamental de la biotechnologie végétale actuelle est la capacité de produire des plantes transgéniques grâce à différentes techniques de génie génétique. Dans la dernière section de ce chapitre, nous allons examiner plus en détail la biotechnologie végétale.

LA BIOTECHNOLOGIE VÉGÉTALE

L'expression « biotechnologie végétale » a deux significations. Au sens général, elle désigne les innovations liées à l'utilisation des Végétaux ou de leurs dérivés et visant à fabriquer des produits destinés aux Humains. Dans un sens plus précis, l'expression désigne l'utilisation d'organismes génétiquement modifiés (OGM) dans l'agriculture et dans l'industrie. En fait, dans les deux dernières décennies, le génie génétique est devenu si important – certains diront trop impor-

tant – dans la biotechnologie que les médias confondent *génie génétique* et *biotechnologie*. Dans cette dernière section, nous allons voir comment, de la naissance de l'agriculture à aujourd'hui, les Humains ont modifié des plantes pour leurs besoins.

Les Humains du Néolithique ont fait appel à la sélection artificielle pour créer de nouvelles variétés de plantes

Les Humains manipulent la reproduction et le patrimoine génétique des Végétaux depuis des milliers d'années. Ainsi, il n'est pas exagéré de dire que le Maïs est un monstre artificiel créé par les Humains. Si on le laissait pousser seul dans la nature, le Maïs disparaîtrait rapidement, car il ne peut disséminer ses graines. En effet, les grains de Maïs sont non seulement attachés de manière permanente à l'épi, mais également protégés de manière permanente par des couches de feuilles qui enveloppent l'épi. Évidemment, ces attributs si utiles aux Humains ne sont pas issus de la sélection naturelle, mais d'une sélection artificielle dirigée par les Humains (FIGURE 38.19). (Voir le chapitre 22 pour une révision des bases de la sélection artificielle.) En effet, il y a environ 10 000 ans, les Humains du Néolithique (à la fin de l'âge de la pierre) ont domestiqué relativement rapidement presque toutes les espèces végétales que nous cultivons aujourd'hui. Cependant, les modifications génétiques ont débuté longtemps avant que les Humains commencent à modifier les cultures par la sélection artificielle. Par exemple, le Blé (*Triticum æstivum*) que nous utilisons dans la fabrication d'une grande partie de nos aliments est le résultat d'une hybridation naturelle entre différentes espèces de Graminées. Cette hybridation est fréquente chez les Végétaux. Les agriculteurs l'ont d'ailleurs longtemps exploitée pour introduire de nouvelles variantes génétiques dans la sélection artificielle et pour améliorer les cultures. Prenons un exemple actuel : la culture sélective du Maïs.

FIGURE 38.19 Le Maïs : un produit de la sélection artificielle. Le Maïs actuel (*Zea mays mays*, photo du bas) dérive de la Téosinte (*Zea mays parviglumis* ou *mexicana*, photo du haut). Les grains de Téosinte sont petits, et chacun d'eux est dans une enveloppe. L'épi se brise quand les graines se dispersent. Cela rendait probablement la récolte difficile aux premiers agriculteurs. Les agriculteurs du Néolithique ont donc sélectionné les plus gros épis, contenant les plus gros grains, ainsi que les épis recouverts d'une enveloppe de feuilles résistantes dont les grains restaient fermement attachés.

Le Maïs est un aliment de base important dans de nombreux pays en voie de développement. Cependant, ses variétés les plus courantes sont relativement pauvres en protéines. Cela oblige donc à puiser ailleurs les protéines, par exemple dans les Haricots. Les protéines entreposées dans les variétés populaires de Maïs ont une très faible teneur en lysine et en tryptophane, deux des huit acides aminés essentiels que les Humains ne peuvent synthétiser et doivent donc ingérer (voir la FIGURE 41.4). Il y a quarante ans, les chercheurs ont découvert un Maïs mutant, appelé *opaque-2*, riche en lysine et en tryptophane. Malheureusement, comme c'est souvent le cas avec l'hybridation végétale, un caractère très souhaitable se révèle étroitement associé à de nombreuses autres caractéristiques indésirables. Ainsi, les grains du Maïs *opaque-2* possédaient un endosperme mou qui rendait leur récolte difficile et qui les rendait plus vulnérables aux parasites. Mais cette variété de Maïs était bien sûr très nutritive. Les Porcs qui en étaient nourris grossissaient trois fois plus rapidement que ceux qui étaient nourris avec le Maïs traditionnel. Par des techniques traditionnelles d'hybridation et de sélection artificielle, les phytogénéticiens ont réussi à transformer l'endosperme mou du Maïs *opaque-2* en un endosperme dur plus utile. Ce travail s'est échelonné sur près de vingt années. Si les techniques modernes du génie génétique avaient existé à cette époque, on aurait directement transféré les gènes responsables de la teneur élevée en lysine et en tryptophane dans les variétés de Maïs à endosperme dur.

Contrairement aux phytogénéticiens traditionnels, les biotechnologues actuels, qui utilisent les techniques du génie génétique, ne sont pas limités au seul transfert de gènes entre espèces étroitement apparentées ou entre variétés d'une même espèce. Ainsi, les techniques de croisement traditionnelles ne permettent pas d'introduire un gène donné de Narcisse (*Narcissus sp.*) dans le Riz (*Oryza sativa*). Or le génie génétique rend possible cette opération. On emploie l'adjectif **transgénique** pour décrire un organisme qui a reçu un ou plusieurs gènes d'un autre organisme. Les croisements traditionnels ne permettent pas d'introduire des gènes de Narcisse dans le Riz parce que les nombreuses espèces intermédiaires entre les deux plantes et l'ancêtre commun de ces deux plantes ont disparu. En théorie, si les phytogénéticiens avaient à leur disposition les espèces intermédiaires, ils pourraient, probablement en plusieurs siècles, introduire un gène de Narcisse dans le Riz, en utilisant des techniques traditionnelles d'hybridation et de croisement. Mais le génie génétique permet d'accomplir ce transfert de gène en l'absence des espèces intermédiaires.

La biotechnologie transforme l'agriculture

Huit cent millions de personnes souffrent de malnutrition sur la Terre. Quarante mille d'entre elles, dont la moitié sont des enfants, meurent chaque jour de malnutrition. Les causes d'une telle catastrophe ne font pas l'unanimité. Certaines personnes affirment que ce manque de nourriture est dû non pas à une production insuffisante, mais à une distribution inégale des aliments : les gens très pauvres ne peuvent tout simplement pas se procurer leur nourriture. D'autres personnes considèrent que le manque de nourriture constitue une preuve de la surpopulation mondiale, c'est-à-dire que la planète ne peut nourrir autant de

gens (voir le chapitre 52). Que les causes de cette famine soient sociales ou démographiques, il semble que les Humains doivent avoir pour objectif d'augmenter la production alimentaire. Étant donné que la terre et l'eau sont les ressources qui limitent le plus la production alimentaire, il faut augmenter le rendement des terres disponibles. En effet, il reste très peu de terres supplémentaires disponibles, surtout si l'on veut préserver les derniers espaces sauvages. Selon certaines estimations conservatrices portant sur la croissance démographique, les agriculteurs du monde devront produire, par hectare, 40 % de grains en plus pour nourrir la population mondiale en 2020. La biotechnologie végétale pourrait les aider à atteindre ce rendement.

Déjà, l'adoption commerciale des cultures transgéniques est l'un des cas les plus rapides de transfert technologique dans l'histoire de l'agriculture. De 1996 à 1999, la surface de terres cultivées où poussent des espèces transgéniques est passée de 1,7 million à 39,9 millions d'hectares. Les cultures en question comprennent des variétés transgéniques de Coton, de Maïs et de Pommes de terre qui contiennent un gène de la bactérie *Bacillus thuringiensis*. Ce « transgène » code pour une protéine (toxine Bt) qui élimine efficacement un certain nombre d'insectes parasites. La culture de telles variétés végétales réduit grandement l'utilisation d'insecticides chimiques. On a également réalisé des progrès considérables dans la production de plants transgéniques de Coton, de Maïs, de Soja, de Betterave à sucre et de Blé qui tolèrent un certain nombre d'herbicides. La culture de ces Végétaux réduirait les coûts d'exploitation et permettrait aux agriculteurs de « désherber » leurs champs à l'aide d'herbicides (qui n'endommageraient pas la culture) au lieu de labourer, ce qui favorise l'érosion. Les chercheurs travaillent également sur des plantes transgéniques qui résisteraient bien aux maladies. Par exemple, dans l'archipel hawaïen, on a introduit un Papayer transgénique résistant à l'un des virus de la tache annulaire. Cela a permis de sauver l'industrie de la papaye (FIGURE 38.20). On peut également améliorer la valeur nutritive des Végétaux. Ainsi, le Riz doré est une variété transgénique

FIGURE 38.20 Papayer génétiquement modifié. Un virus responsable de la tache annulaire a décimé les cultures mondiales de papayes. C'est un Papayer (*Carica papaya*) transgénique qui a permis de sauver cette industrie. Les Papayers génétiquement modifiés de droite sont plus résistants au virus de la tache annulaire que les Papayers indigènes de gauche.

contenant quelques gènes de Narcisse et d'une Bactérie qui augmentent la teneur en vitamine A. Ce riz est spécialement conçu pour prévenir la cécité, dont l'incidence est élevée dans les pays pauvres où le régime alimentaire affiche une carence en vitamine A (voir la FIGURE 20.20).

La biotechnologie végétale est à l'origine de nombreux débats publics

Les risques inconnus liés à l'introduction d'OGM dans l'environnement inquiètent de nombreuses personnes, dont certains scientifiques. Les arguments que certains avancent contre l'utilisation des OGM en agriculture sont en grande partie de nature politique, économique ou éthique. Ces débats sortent du cadre de ce manuel. Cependant, nous *devons* tenir compte des répercussions biologiques de l'utilisation d'OGM dans les cultures. Le principal débat porte sur l'importance des risques inconnus que représentent les OGM pour la santé humaine ou l'environnement. Ceux qui veulent modérer ou empêcher complètement le recours à cette technologie en agriculture s'inquiètent du fait que ce type d'« expérience » ne peut être stoppé une fois lancé. Si un médicament qui est à l'essai a des effets dangereux non attendus, on interrompt l'expérimentation. Mais dans le cas des nouveaux organismes introduits dans la biosphère, on ne peut tout simplement pas « mettre fin à l'expérience ». Le chapitre 20 présente ces inquiétudes. Ici, nous abordons quelques sujets de controverse concernant l'utilisation de la biotechnologie en agriculture.

L'un des sujets d'inquiétude est que le génie génétique pourrait transférer des agents allergènes (molécules qui provoquent une réaction allergique chez certains Humains) d'une source génétique à une plante comestible. Jusqu'à maintenant, il n'existe aucune preuve formelle qu'une plante génétiquement modifiée et spécifiquement destinée à la consommation humaine ait eu un effet indésirable sur la santé des Humains. Néanmoins, les militants anti-OGM continuent de faire pression pour que l'on étiquette clairement tous les aliments qui contiennent des OGM. Certains demandent également l'établissement d'une réglementation stricte contre le mélange d'aliments génétiquement modifiés et d'aliments naturels pendant le transport, l'entreposage et la transformation. Cependant, certains défenseurs de la biotechnologie soulignent qu'il n'y a eu aucune demande de la sorte lorsque sont apparues les cultures « transgéniques » produites par des techniques traditionnelles. Prenons l'exemple de la Triticale, plante complètement nouvelle qui a été créée artificiellement il y a quelques décennies par la combinaison de génomes du Blé (*Triticum æstivum*) et du Seigle (*Secale cereale*), deux espèces qui ne se reproduisent pas ensemble dans la nature. Aujourd'hui, on cultive la Triticale (son nom vient de la fusion de *Triticum* et de *Secale*) sur plus de 3 millions d'hectares de terres dans le monde.

De nombreux écologistes s'inquiètent des conséquences imprévues que les cultures d'OGM pourraient avoir sur des organismes de la chaîne alimentaire. Une étude récente indique que la larve (chenille) du Grand Monarque (*Danaus plexippus*) réagit mal à la consommation de feuilles d'Asclépiades (*Asclepias sp.*, leur nourriture préférée) fortement recouverte de pollen du Maïs transgénique qui produit la toxine Bt, et peut même en mourir. Ce phénomène n'est pas surprenant si l'on considère que l'utilisation de la toxine Bt vise justement à éliminer les parasites étroitement apparentés aux Grands Monarques. Le débat relatif à ce problème particulier porte sur l'ampleur de la répercussion du pollen du Maïs Bt sur les Grands Monarques dans la nature. Les partisans de la culture du Maïs Bt remettent en question les résultats obtenus lors d'expérimentations en laboratoire. Ils prétendent que les chercheurs ont surexposé les insectes à la toxine, par rapport à ce qui se passe en réalité dans la nature. On produit le pollen du Maïs sur une courte période, pendant la saison de croissance. De plus, le vent en disperse la majeure partie dans les limites du champ, pas au-delà. Une étude récente révèle que seuls les Asclépiades situées en bordure d'un champ de Maïs pourraient être suffisamment recouvertes de pollen Bt pour affecter les larves non ciblées. De plus, pour tenir compte des effets négatifs du pollen Bt sur les Grands Monarques, il faut aussi soupeser les effets de la solution de remplacement la plus probable au Maïs Bt, à savoir l'épandage de pesticides chimiques sur le Maïs normal. Or, ce type d'arrosage s'avère plus dangereux pour la population locale de Grands Monarques que la présence de pollen Bt.

La plus grande inquiétude que font naître les cultures d'OGM chez certains scientifiques est la possibilité qu'une hybridation entre plantes cultivées et plantes sauvages introduise chez les secondes des caractères transgéniques. Par exemple, une hybridation spontanée entre une culture modifiée pour résister aux herbicides et une plante sauvage apparentée pourrait donner naissance à une « super mauvaise herbe » qu'il serait très difficile de contrôler. Ces évasions transgéniques entre espèces cultivées et espèces sauvages se produisent bel et bien. Leurs incidences dépendent de la capacité qu'ont l'espèce cultivée et l'espèce sauvage de s'hybrider et de la manière dont les transgènes influent sur la santé générale des plants hybrides. Dans certains cas, un caractère désirable pour une culture est un inconvénient pour une plante indigène qui pousse dans la nature. Ainsi, un phénotype de nanisme aide à contrer la verse des plantes dans le champ lors d'une intempérie, mais peut priver de lumière une plante qui, dans la nature, est en compétition avec d'autres plantes pour cette ressource. Dans d'autres cas, l'environnement n'abrite aucune herbe apparentée susceptible d'hybridation. Par exemple, il n'existe aucune plante indigène apparentée au Soja (*Glycine max*) en Amérique du Nord. Cependant, de nombreuses cultures, comme le Chou (*Brassica oleracea*) et le Brocoli (*Brassica oleracea ssp.*), sont des membres de la famille des Moutardes et s'hybrident facilement avec la Moutarde sauvage (*Brassica sp.*) (généralement considérée comme une mauvaise herbe). Dans de tels cas, on plante des individus non transgéniques en bordure des champs des cultures transgéniques pour qu'ils enlèvent et « retiennent » le pollen collé sur les insectes pollinisateurs, cela, afin de réduire le transfert de gènes entre les cultures et les mauvaises herbes. On fait également des efforts pour trouver des façons de causer la stérilité des mâles dans les cultures transgéniques. Ces plantes continueront de produire des graines et des fruits si elles sont pollinisées par des individus voisins bisexués, mais ne produiront pas elles-mêmes de pollen viable. Une autre méthode consiste à insérer les transgènes dans l'ADN des chloroplastes de la culture. Comme l'ADN des chloroplastes vient uniquement de la plante mère, les transgènes qui sont dans les chloroplastes ne peuvent être transmis par le pollen.

Le débat incessant sur l'utilisation des OGM en agriculture illustre l'un des thèmes de ce manuel : les relations entre la science, la technologie et la société. Les progrès technologiques impliquent presque toujours le risque d'obtenir des résultats inattendus. Or, dans le cas de la biotechnologie végétale, le niveau zéro de risque est irréaliste et probablement inaccessible.

Les scientifiques et le public doivent donc évaluer, dans chacun des cas, les bienfaits possibles des produits transgéniques par rapport aux risques que la société est prête à prendre. Mais l'idéal est que les discussions et les prises de décisions se fondent sur de l'information scientifique et des expérimentations, non sur la peur ou l'optimisme aveugles.

RÉVISION DU CHAPITRE

Résumé des concepts importants

LA REPRODUCTION SEXUÉE

- Les générations sporophyte et gamétophyte alternent dans le cycle de développement des Végétaux : *une révision* (p. 852, FIGURE 38.1). La génération sporophyte, dominante, produit les spores, qui donnent les gamétophytes mâles (grains de pollen), et les gamétophytes femelles (sacs embryonnaires) dans la fleur.

- Les fleurs, pousses spécialisées, portent les organes reproducteurs du sporophyte chez les Angiospermes (p. 852 à 854, FIGURES 38.2 et 38.3). Les quatre types de pièces florales sont les sépales, les pétales, les étamines et le pistil, qui comporte un ou plusieurs carpelles.

- Les gamétophytes mâle et femelle se forment respectivement dans les anthères et dans l'ovaire : la pollinisation les met en contact (p. 854 à 856, FIGURES 38.4 et 38.5). Le pollen se forme à partir de microspores présentes dans les sporanges des anthères. Le sac embryonnaire se forme à partir d'une mégaspore, à l'intérieur de l'ovule. La pollinisation, qui précède la fécondation, est le dépôt du pollen sur le stigmate d'un carpelle.

- Les Végétaux empêchent l'autofécondation par différents mécanismes (p. 856 et 857, FIGURES 38.6 à 38.8). Certains Végétaux rejettent le pollen qui possède un allèle S identique à un allèle du stigmate. La reconnaissance du pollen génétiquement identique déclenche un mécanisme de conversion-amplification d'un stimulus qui inhibe la croissance d'un tube pollinique.

- La double fécondation produit le zygote et l'endosperme (p. 857 et 858, FIGURE 38.9). Le tube pollinique déverse deux spermatozoïdes dans le sac embryonnaire. Le premier spermatozoïde féconde l'oosphère. Le second féconde la cellule polaire, ce qui donne naissance à l'endosperme qui entrepose la nourriture.

- L'ovule devient une graine contenant un embryon et une réserve de nutriments (p. 858 à 860, FIGURES 38.10 et 38.11). Le tégument de la graine enveloppe l'embryon ainsi qu'une réserve de nourriture emmagasinée dans les cotylédons ou dans l'endosperme.

- L'ovaire devient un fruit servant à la dispersion des graines (p. 860 et 861, FIGURE 38.12). Le fruit protège les graines qu'il renferme et en favorise la dispersion par le vent ou par les animaux qu'il attire.

- Les adaptations relatives à la germination des graines contribuent à la survie des plantules (p. 861 et 862, FIGURES 38.13 et 38.14). La dormance fait en sorte que les graines germent seulement dans des conditions favorables. L'interruption de la dormance nécessite souvent des stimulus extérieurs, comme des variations de température ou de luminosité.

LA REPRODUCTION ASEXUÉE

- De nombreux Végétaux engendrent des clones d'eux-mêmes par reproduction asexuée (p. 862 et 863, FIGURE 38.15). La fragmentation d'une plante mère en parties qui reconstituent des individus entiers est un mode important de reproduction asexuée.

- La reproduction sexuée et la reproduction asexuée sont complémentaires chez de nombreuses Plantes, au cours de leur existence (p. 863). La reproduction asexuée permet aux clones de se répandre. La reproduction sexuée engendre des variations génétiques qui permettent les adaptations au cours de l'évolution.

- La multiplication végétative est courante en agriculture (p. 863 à 865, FIGURES 38.16 à 38.18). Le bouturage est une ancienne technique qui permet de créer des clones. On peut maintenant cloner des Végétaux à partir de cellules uniques, dont on manipule d'abord les gènes.

LA BIOTECHNOLOGIE VÉGÉTALE

- Les Humains du Néolithique ont fait appel à la sélection artificielle pour créer de nouvelles variétés de plantes (p. 865 et 866, FIGURE 38.19). L'hybridation entre espèces est courante chez les Végétaux. Les producteurs agricoles, anciens et modernes, l'ont exploitée pour introduire de nouveaux gènes dans les cultures.

- La biotechnologie transforme l'agriculture (p. 866 et 867, FIGURE 38.20). Les plantes génétiquement modifiées peuvent améliorer la qualité et augmenter la quantité de la nourriture dans le monde.

- La biotechnologie végétale est à l'origine de nombreux débats publics (p. 867 et 868). De nombreuses personnes s'inquiètent des risques inconnus liés à la dispersion d'OGM dans l'environnement. Mais il faut aussi tenir compte des bienfaits que les cultures transgéniques peuvent avoir.

Autoévaluation

(Les questions dont les numéros sont en caractères gras font surtout appel à la compréhension.)

1. Laquelle des définitions suivantes décrit une fleur imparfaite ? Une fleur qui :
   a) est incomplète.
   b) est dépourvue de pétales.
   c) est autocompatible.
   d) est staminée.
   e) ne peut s'autopolliniser.

2. Le grain de pollen germé est _____ ce que _____ est au gamétophyte femelle.
   a) au gamétophyte mâle ; le sac embryonnaire.
   b) au sac embryonnaire ; l'ovule.

c) à l'ovule; le sporophyte.

d) à l'anthère; la graine.

e) au pétale; le sépale.

3. Une graine se forme à partir:
   a) d'une oosphère.
   b) d'un grain de pollen.
   c) d'un ovule.
   d) d'un ovaire.
   e) d'un embryon.

4. Un fruit est:
   a) un ovaire mature.
   b) un ovule mature.
   c) formé par une graine et son tégument.
   d) formé par les carpelles fusionnés.
   e) un sac embryonnaire hypertrophié.

5. Lequel des facteurs suivants est nécessaire à la germination de presque toutes les graines?
   a) L'exposition à la lumière.
   b) L'imbibition.
   c) L'abrasion du tégument.
   d) L'exposition au froid.
   e) Un sol fertile.

6. Une plante auto-incompatible possède un génotype S_5S_9 au locus S. Elle reçoit un pollen provenant d'une plante S_3S_9. Qu'est-ce qui va le plus probablement se passer?
   a) Tous les grains de pollen vont germer et des tubes polliniques apparaîtront.
   b) Aucun des grains de pollen ne va germer.
   c) La moitié des grains de pollen environ vont germer.
   d) La fécondation se produira chez la moitié environ des fleurs du plant pollinisé.
   e) Le pollen du plant S_3S_9 va sécréter une ribonucléase qui détruira les cellules épidermiques du stigmate du plant S_5S_9.

7. Les biotechnologues utilisent la fusion des protoplastes principalement pour:
   a) la culture de cellules végétales *in vitro*.
   b) propager de manière asexuée certaines variétés végétales.
   c) insérer des gènes bactériens dans le génome d'une plante.
   d) étudier les premiers événements qui suivent la fécondation.
   e) produire de nouvelles espèces hybrides.

8. La cellule basale issue de la première division d'un zygote végétal deviendra:
   a) le suspenseur, qui ancre l'embryon et permet le transfert de nutriments.
   b) le proembryon, dans lequel se forment le procambium, le protoderme et le méristème fondamental.
   c) l'endosperme, qui nourrit l'embryon en développement.
   d) l'extrémité de la racine de l'embryon.
   e) les deux cotylédons chez les Dicotylédones, l'unique cotylédon chez les Monocotylédones.

9. L'introduction des gènes de *Bacillus thuringiensis,* qui codent pour la toxine Bt dans le Coton, le Maïs et les Pommes de terre, suscite certaines inquiétudes:
   a) parce que l'on a démontré que ces cultures étaient toxiques pour les Humains.
   b) parce que le pollen des cultures en question affaiblit les larves des Grands Monarques en laboratoire.

c) parce que si ces gènes «s'évadent» chez des mauvaises herbes apparentées, les herbicides ne permettront plus de limiter la croissance de ces mauvaises herbes.

d) parce que la bactérie *Bacillus thuringiensis* est un agent pathogène pour l'Humain.

e) parce que la toxine réduit la valeur nutritive des cultures.

10. Le Riz doré est une variété transgénique qui:
    a) résiste aux divers herbicides, ce qui permet de désherber les rizières à l'aide d'herbicides.
    b) résiste à un virus qui attaque fréquemment les rizières.
    c) contient des gènes bactériens produisant une toxine qui réduit les dommages dus aux insectes parasites.
    d) produit des grains plus gros, ce qui augmente le rendement des cultures.
    e) contient des gènes de Narcisse et d'une Bactérie qui augmentent sa teneur en vitamine A.

11. Quelle est la fonction de l'endosperme d'une graine en développement?

12. Dites pourquoi il ne peut y avoir autofécondation chez un individu d'une espèce dioïque.

13. Dites pourquoi il n'est pas exact de décrire le Maïs et l'Avoine comme des «cultures de semences».

14. Un plant de Pois qui germe dans un placard sombre croîtra de plusieurs centimètres avant de mourir. Quelle réserve de nutriments entretient cette croissance?

15. Nommez deux avantages de la reproduction asexuée, par rapport à la reproduction sexuée, chez les Végétaux.

16. Qu'est-ce que le Maïs Bt?

Lien avec l'évolution

En gardant à l'esprit le phénomène génétique d'auto-incompatibilité, revoyez les méthodes utilisées par la nature pour préserver une certaine diversité dans une population. Quelles forces de sélection naturelle agissent dans le phénomène d'auto-incompatibilité? Les allèles S constituent l'un des mécanismes génétiques les plus polymorphes et les plus rapides pour l'évolution chez les Végétaux. Imaginez une hypothèse portant sur l'évolution pour expliquer ce fait.

Dans le cadre de la reproduction sexuée, certaines espèces végétales sont complètement autocompatibles; d'autres sont complètement auto-incompatibles; d'autres encore ont adopté une stratégie mixte d'auto-incompatibilité partielle. Ces stratégies de reproduction diffèrent par leur potentiel d'évolution. Comment, par exemple, une espèce auto-incompatible pourrait-elle survivre s'il s'agit d'une petite population fondatrice ou si sa population connaît une baisse importante, par rapport à une espèce autocompatible?

Intégration

En septembre 2001, les scientifiques du gouvernement mexicain ont annoncé avec inquiétude que les populations de Maïs indigènes qui poussent dans les régions éloignées ont été contaminées par des gènes provenant des plants de Maïs génétiquement modifiés. Pourtant, la culture commerciale du Maïs génétiquement modifié est illégale au Mexique. Cette découverte a suscité de nouvelles questions sur la rapidité de pénétration des transgènes dans les populations naturelles. Le gouvernement vous engage pour concevoir un mode d'utilisation des OGM qui n'aurait pas d'effets nuisibles sur l'environnement. Exposez votre démarche.

Science, technologie et société

Les Humains font des manipulations génétiques depuis des millénaires. Ils ont produit de nombreuses espèces végétales et animales en recourant à des méthodes de reproduction et d'hybridation qui peuvent grandement modifier le génome des organismes. Selon vous, pourquoi le génie génétique moderne, qui comporte souvent l'introduction ou la modification de un ou quelques gènes seulement, rencontre-t-il une telle opposition du public? Certaines applications du génie génétique seraient-elles plus inquiétantes que d'autres? Si oui, quelles sont-elles, et pourquoi?

CHAPITRE 39

LES RÉPONSES DES VÉGÉTAUX AUX STIMULUS INTERNES ET EXTERNES

« Qui serait assez téméraire pour affirmer
que nous connaissons et percevons toutes les forces,
toutes les ondes et tous les moyens de communication ? »

HUBERT REEVES
astrophysicien québécois (1932-)

LA CONVERSION-AMPLIFICATION DE STIMULUS ET LES RÉPONSES DES VÉGÉTAUX

■ Les voies de conversion-amplification des stimulus font le lien entre les stimulus internes et externes et les réponses des cellules

LES RÉACTIONS DES VÉGÉTAUX AUX HORMONES

■ La recherche sur l'attirance qu'exerce la lumière sur les Végétaux a mené à la découverte des hormones végétales

■ Les hormones végétales coordonnent la croissance, le développement et les réponses aux stimulus externes

LES RÉACTIONS DES VÉGÉTAUX À LA LUMIÈRE

■ Les photorécepteurs sensibles à la lumière bleue forment un groupe hétérogène de pigments

■ Les phytochromes fonctionnent comme des photorécepteurs dans de nombreuses réactions des Végétaux à la lumière

■ L'horloge biologique régule les rythmes circadiens chez les Végétaux et les autres Eucaryotes

■ La lumière règle l'horloge biologique

■ Le photopériodisme synchronise de nombreuses réactions des Végétaux avec les changements de saison

LES RÉACTIONS DES VÉGÉTAUX AUX STIMULUS EXTERNES AUTRES QUE LA LUMIÈRE

■ Les Végétaux réagissent aux stimulus externes par une combinaison de mécanismes de développement et de mécanismes physiologiques

LES DÉFENSES DES VÉGÉTAUX : LES RÉACTIONS À LA PRÉSENCE D'HERBIVORES ET D'AGENTS PATHOGÈNES

■ Les Végétaux dissuadent les herbivores par des moyens de défense physiques et chimiques

■ Les Végétaux ont plusieurs lignes de défense pour se protéger contre les agents pathogènes

Tout au long *de sa vie, une plante perçoit son milieu et y réagit de manière organisée. Ses diverses parties communiquent entre elles. Ainsi, le bourgeon terminal d'une pousse peut inhiber la croissance de bourgeons axillaires situés à plusieurs mètres. Les Plantes ont la notion du temps ; elles se situent dans la journée ou dans l'année. Elles détectent la force gravitationnelle et la provenance de la lumière. Par exemple, le brin d'herbe de la photo ci-dessus pousse vers la lumière. La morphologie et la physiologie d'une plante s'ajustent constamment aux facteurs environnementaux grâce à des interactions complexes entre les stimulus externes et les réponses internes.*

Dans ce chapitre, nous allons nous pencher sur la façon dont les Végétaux réagissent aux stimulus externes et internes. Au niveau de l'organisme, les réactions des Plantes aux stimulus du milieu diffèrent de celles des Animaux. Les Animaux, qui sont mobiles, réagissent surtout par leurs comportements : ils s'approchent des stimulus favorables et s'éloignent des stimulus nuisibles. Les Plantes, quant à elles, passent toute leur vie au même endroit. Elles réagissent aux stimulus en modifiant le cours de leur croissance et de leur développement. C'est pourquoi il existe beaucoup plus de variantes morphologiques entre les individus d'une espèce végétale qu'entre ceux d'une espèce animale. Tous les Lions ont quatre pattes et approximativement les mêmes proportions. Mais les Chênes ont un nombre de branches et des formes qui varient considérablement d'un individu à l'autre. Au niveau cellulaire, les Végétaux, les Animaux et tous les autres Eucaryotes ont des mécanismes de communication étonnamment similaires. Nous commençons notre étude des réponses des Végétaux par le rôle que jouent les mécanismes de conversion-amplification des stimulus dans les cellules végétales.

LA CONVERSION-AMPLIFICATION DE STIMULUS ET LES RÉPONSES DES VÉGÉTAUX

Tous les organismes, dont les Végétaux, peuvent détecter certains stimulus externes et internes, puis y répondre pour assurer leur survie et leur reproduction. Les Abeilles, dont les yeux possèdent des photorécepteurs sensibles aux rayons ultraviolets, peuvent voir les motifs des pétales de fleurs qui les guident vers le nectar. Ces motifs sont complètement invisibles pour les Humains. Les Chiens qui reniflent un poteau ou une borne-fontaine sentent des odeurs que notre odorat ne nous permet pas de percevoir. Les Végétaux possèdent eux aussi des récepteurs qui leur permettent de détecter d'importants changements dans leur organisme ou dans leur milieu, qu'il s'agisse de l'augmentation d'une hormone de croissance, d'une blessure infligée par une chenille qui mange leurs feuilles ou du raccourcissement du jour à l'approche de l'hiver.

Pour qu'un stimulus interne ou externe provoque une réponse physiologique, il faut que certaines cellules de l'organisme possèdent un récepteur approprié, c'est-à-dire une molécule sensible à ce stimulus. Par exemple, il nous est impossible de voir les motifs ultraviolets réfléchis par les fleurs parce que nos yeux ne possèdent pas de photorécepteurs sensibles aux rayons ultraviolets. Quand un récepteur reçoit un stimulus, il amorce une série particulière d'étapes biochimiques, une voie de conversion-amplification de stimulus qui fait le lien entre la réception du stimulus et la réponse de l'organisme. Les Végétaux sont sensibles à un large éventail de stimulus internes et externes qui sont chacun à l'origine d'une voie spécifique de conversion-amplification. Au chapitre 11, nous avons étudié les concepts généraux de la conversion-amplification des stimulus dans les cellules. Nous allons ici appliquer ces concepts à certains exemples chez les Végétaux.

Les voies de conversion-amplification des stimulus font le lien entre les stimulus internes et externes et les réponses des cellules

Au fond d'un placard, les « yeux » (bourgeons axillaires) d'une pomme de terre oubliée depuis longtemps donnent naissance à des pousses. Mais ces pousses ressemblent peu aux pousses normales d'une plante. Ce ne sont pas, en effet, des tiges robustes portant de larges feuilles vertes et soutenues par de fortes racines. Ayant émergé dans l'obscurité, elles sont d'une blancheur spectrale et sont de longues tiges minces portant de petites feuilles et donnant naissance à de petites racines (FIGURE 39.1a). On retrouve les mêmes caractéristiques chez les plantules qui germent dans l'obscurité. Ces adaptations morphologiques prennent tout leur sens quand on considère qu'une pomme de terre et une plantule germent sous terre et croissent continuellement dans l'obscurité. Dans de telles conditions, la plante qui n'a pas encore percé la surface de la terre puise ses nutriments dans le sol environnant. Elle ne tirerait aucun bénéfice d'une tige épaisse. De plus, des feuilles déployées constitueraient un obstacle à sa progression dans le sol et seraient endommagées par la poussée de la tige. Au contraire, avec des feuilles pliées, il y a peu de vaporisation d'eau, et la plante n'a pas besoin d'un système racinaire élaboré pour remplacer la perte d'eau. L'énergie dépensée pour essayer de produire de la chlorophylle serait un pur gaspillage, puisqu'il n'y a pas du tout de lumière pour la photosynthèse. Ainsi, une plante qui croît dans l'obscurité emploie toute son énergie à l'allongement de ses tiges. Cette « stratégie » permet aux pousses de percer la surface de la terre avant que leurs réserves de nourriture situées dans les tubercules ou dans les graines soient épuisées.

Dès qu'une pousse reçoit la lumière du soleil, elle voit sa morphologie et sa biochimie subir d'importants changements appelés, dans leur ensemble, **verdissement** : l'allongement des pousses ralentit ; les feuilles grandissent ; les racines commencent à s'allonger ; et toute la pousse commence à produire de la chlorophylle. Bref, la pousse commence à ressembler à une plante normale (FIGURE 39.1b). À partir de l'exemple du verdissement, nous allons maintenant expliquer comment une cellule végétale reçoit un stimulus – dans le cas présent, la lumière – et comment elle convertit l'information reçue en réponse (verdissement). Nous allons en même temps voir les nombreux indices que l'étude des mutants a révélés à propos des rôles joués par les diverses molécules dans les trois étapes de la communication cellulaire : la réception du stimulus, la conversion-amplification du stimulus et la réponse (FIGURE 39.2).

Réception du stimulus

Ce sont d'abord des récepteurs qui reçoivent les stimulus. Il s'agit de protéines dont la conformation varie en réponse à un stimulus particulier. Le récepteur qui entre en jeu dans le

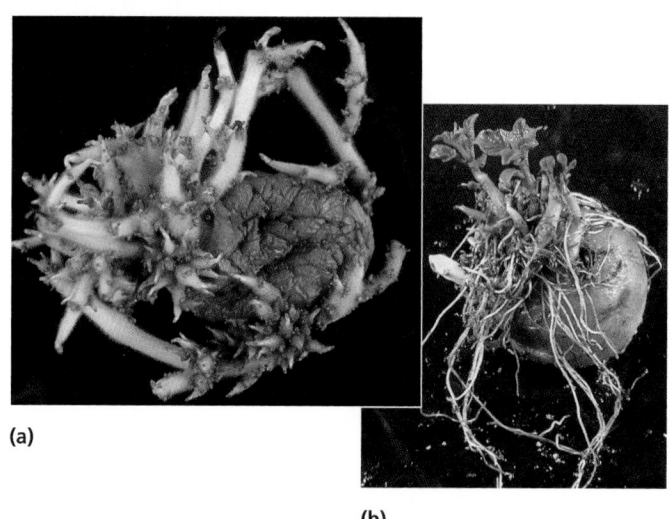

(a)

(b)

FIGURE 39.1 Verdissement, causé par la lumière, d'un tubercule de Pomme de terre qui a germé dans l'obscurité. (a) Un tubercule de Pomme de terre qui germe dans l'obscurité a de longues tiges chétives et des traces foliaires, adaptations morphologiques qui permettent aux pousses de progresser dans le sol. Les racines sont courtes parce que la perte d'eau est minimale. **(b)** Après une semaine d'exposition à la lumière du jour, le plant de Pomme de terre commence à ressembler à une plante normale possédant de grandes feuilles vertes, de courtes tiges robustes et de longues racines. Cette transformation commence quand un pigment spécifique capte la lumière.

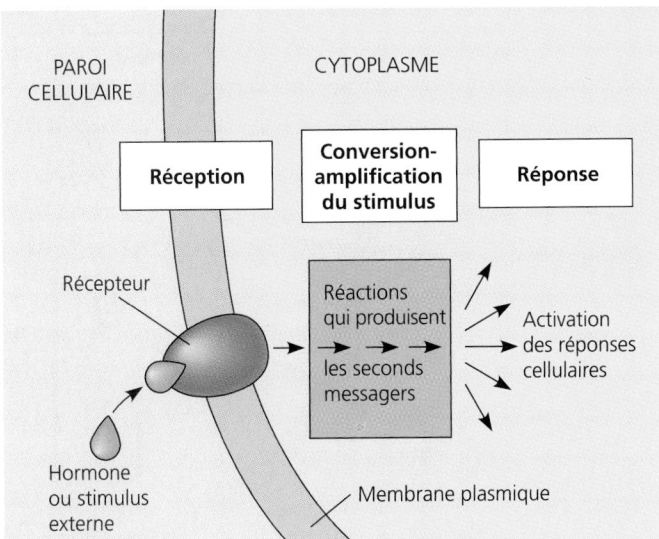

FIGURE 39.2 Révision d'un modèle général des voies de conversion-amplification des stimulus. Une hormone ou toute autre substance chimique (message) qui se lie à un récepteur donné (premier messager) pousse la cellule à produire des seconds messagers. Ces derniers provoquent les diverses réactions de la cellule au stimulus original. Dans ce diagramme, le récepteur se trouve à la surface de la cellule cible. Mais dans d'autres cas, l'hormone pénètre dans la cellule et se lie à des récepteurs spécifiques situés dans le cytoplasme ou le noyau.

verdissement des Végétaux est le phytochrome. Il est composé d'un pigment qui absorbe la lumière et d'une protéine particulière à laquelle le pigment est lié. Contrairement à de nombreux récepteurs qui se trouvent dans la membrane plasmique, le phytochrome qui participe au verdissement se trouve dans le cytoplasme. Des études effectuées sur un plant de Tomate mutant appelé *aurea* ont permis aux chercheurs de mettre en évidence le caractère essentiel du phytochrome dans le verdissement. En effet, le plant mutant, qui a une concentration de phytochrome inférieure à la normale, verdit moins que les plants de type sauvage en présence de lumière. (Le nom *aurea* vient du mot latin signifiant «or», car en l'absence de chlorophylle, les pigments jaunes appelés carotènes sont plus apparents.) De plus, les chercheurs ont pu arriver à un verdissement normal en injectant du phytochrome extrait d'autres plants dans les cellules des feuilles du plant *aurea* et en exposant ce dernier à la lumière. Ces expériences confirment l'hypothèse selon laquelle le phytochrome est un récepteur de lumière dans le processus de verdissement.

Conversion-amplification du stimulus

Une lumière extrêmement faible peut déclencher le verdissement. Par exemple, un éclairage équivalent à quelques secondes de lumière provenant de la lune suffit à ralentir l'allongement des plantules d'Avoine (*Avena sativa*) qui croissent dans l'obscurité. En effet, les récepteurs comme le phytochrome sont sensibles à de très faibles stimulus environnementaux et chimiques. Comment l'information de ces stimulus extrêmement faibles est-elle amplifiée? Comment leur réception est-elle convertie

en une réponse particulière de la plante? Ce sont les **seconds messagers** qui déclenchent la réponse appropriée. Ces petites molécules de substances chimiques sont produites par la plante et sont capables d'amplifier le stimulus perçu par le récepteur et de le transférer aux protéines. Dans le verdissement, par exemple, chaque phytochrome activé peut produire des centaines de molécules d'un second messager. Chacune de ces molécules peut à son tour activer des centaines de molécules d'une enzyme donnée. Cela permet aux seconds messagers d'une voie de conversion-amplification d'amplifier rapidement le stimulus. Au chapitre 11, nous avons vu de manière générale le rôle que jouent les seconds messagers (voir les FIGURES 11.12 et 11.13). Examinons maintenant en détail la production des seconds messagers et leur participation au processus du verdissement (FIGURE 39.3, p. 874). Reportez-vous fréquemment à la FIGURE 39.3 pour bien suivre la description de ce processus complexe.

Au chapitre 11, nous avons vu que de nombreux récepteurs interagissent avec les protéines qui se lient à la guanine (protéines G). Le phytochrome fait partie de ces récepteurs. La lumière entraîne un changement de conformation du phytochrome, lequel interagit ensuite avec une protéine G particulière. Pendant l'activation, la guanosine triphosphate (GTP) remplace la guanosine diphosphate (GDP) liée à la protéine G inactive. Une fois activée, la protéine G active à son tour d'autres enzymes de la voie de conversion-amplification du stimulus qui mène au verdissement. Ainsi, les protéines G activées par le phytochrome activent la guanylate cyclase, une enzyme qui produit la guanosine monophosphate cyclique (GMPc), un second messager. Dans les cellules du plant de Tomate (*Lycopersicum esculentum aurea*), les inhibiteurs de la protéine G, comme la toxine du choléra, stoppent le verdissement après une micro-injection de phytochrome. Au contraire, les activateurs de la protéine G, comme la toxine de la coqueluche, déclenchent la réponse.

Les nucléotides cycliques, dont font partie l'adénosine monophosphate cyclique (AMPc) et la guanosine monophosphate cyclique (GMPc), sont des seconds messagers. Dans certains cas, les nucléotides cycliques activent des protéines kinases spécifiques (enzymes qui phosphorylent et activent d'autres protéines; voir la FIGURE 11.11). Les expériences ont montré que la GMPc participe au verdissement. En effet, une micro-injection de GMPc dans les cellules du plant de Tomate *L. e. aurea* conduit à un verdissement partiel, même sans ajout de phytochrome.

Les variations de la concentration cytosolique de Ca^{2+} jouent un rôle important dans la conversion-amplification du stimulus reçu par le phytochrome. La concentration molaire volumique de Ca^{2+} est généralement très faible dans le cytosol (10^{-7} mol/L environ). Mais de nombreux stimulus hormonaux et environnementaux peuvent provoquer de brèves augmentations de la concentration cytosolique de Ca^{2+}. Dans de nombreux cas, le Ca^{2+} se lie alors directement à une petite protéine appelée calmoduline. Le complexe calmoduline-Ca^{2+} se lie ensuite à plusieurs enzymes pour les activer. La plupart de ces enzymes sont des protéines kinases. La FIGURE 39.3 montre que l'activation du phytochrome dans le mécanisme de verdissement produit la GMPc et le complexe calmoduline-Ca^{2+} comme seconds messagers.

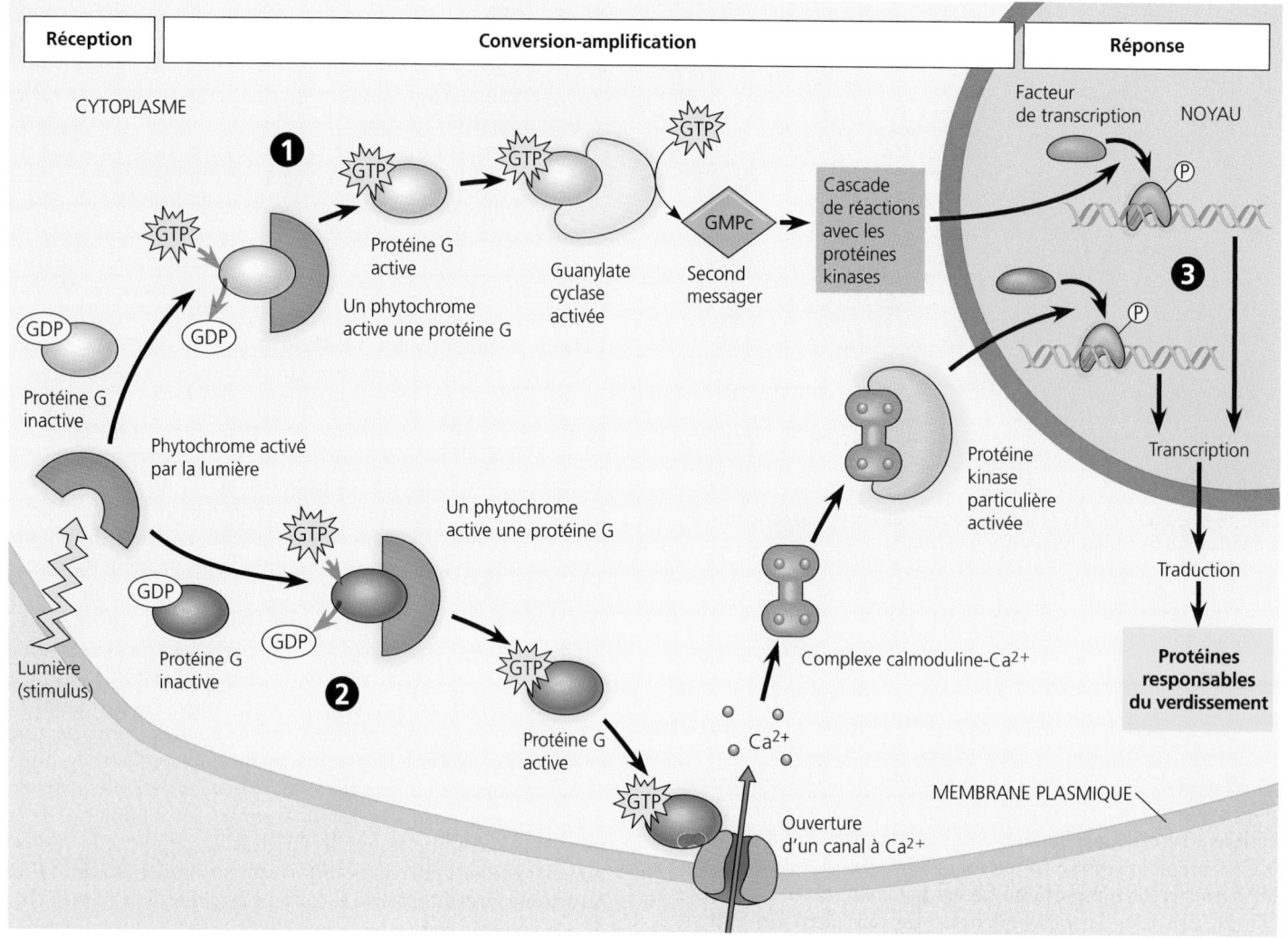

FIGURE 39.3 Exemple de conversion-amplification d'un stimulus chez les Végétaux : le rôle du phytochrome dans le verdissement. Le phytochrome détecte d'abord le stimulus (la lumière). Puis il active au moins deux voies de conversion-amplification mettant en jeu des protéines G. ❶ La première voie produit la GMPc, second messager qui active une cascade de réactions qui font appel aux protéines kinases (voir la FIGURE 11.11). ❷ La deuxième voie produit le complexe calmoduline-Ca²⁺ qui active une protéine kinase particulière. ❸ Les deux voies conduisent à l'expression des gènes qui codent pour les protéines responsables du verdissement. (Il n'est pas nécessaire de retenir tous les détails de ce diagramme complexe. Ce qu'il faut surtout retenir, c'est que les voies de conversion-amplification du stimulus chez les Végétaux sont des variantes des schémas que vous avez étudiés au chapitre 11, dans lesquels figurent notamment certaines protéines G, des seconds messagers et des protéines kinases.)

Réponse

Finalement, une voie de conversion-amplification du stimulus conduit à la régulation d'une ou plusieurs activités cellulaires. Le plus souvent, notamment quand il y a des changements dans le développement, les réponses aux stimulus impliquent une activité accrue de certaines enzymes. Les deux principaux mécanismes qui permettent à une voie de conversion-amplification d'activer une enzyme sont le déclenchement de la transcription de l'ARNm correspondant à l'enzyme et l'activation d'enzymes existantes (modification post-traductionnelle).

Régulation de la transcription. Les facteurs de transcription se fixent directement sur des régions précises de l'ADN et régulent la transcription de gènes donnés (voir la FIGURE 19.9). Dans le cas du verdissement causé par le phytochrome, la phosphorylation active plusieurs facteurs de transcription dans les conditions lumineuses appropriées. L'activation de certains de ces facteurs dépend de la GMP cyclique ; l'activation des autres nécessite la présence du complexe calmoduline-Ca²⁺.

Le mécanisme qui fait qu'un stimulus est à l'origine d'une nouvelle voie de développement peut dépendre de l'activation des facteurs de transcription positifs (protéines qui *augmentent* la transcription de gènes précis) ou de la désactivation de facteurs de transcription négatifs (protéines qui réduisent la transcription), ou des deux. Prenons l'exemple de mutants de l'Arabette des dames (*Arabidopsis thaliana*). Bien qu'on les fasse croître dans l'obscurité, ils présentent la morphologie de plants exposés à la lumière : feuilles déployées, tiges courtes et robustes. La seule chose qui les distingue de plants exposés à la lumière, c'est leur pâleur. Ils ne sont pas verts parce que l'étape finale de la production de chlorophylle nécessite la présence de lumière directe. En fait, chez ces mutants, le facteur de transcription négatif qui inhibe l'expression des gènes normalement activés par la lumière est absent. Lorsqu'une mutation élimine le facteur négatif, la voie normalement inhibée s'active. Cela explique le fait que, exception faite de leur pâleur, ces mutants ont l'aspect de plants croissant à la lumière.

Modification post-traductionnelle des protéines. Bien que les synthèses de nouvelles protéines effectuées par les mécanismes de conversion-amplification et de traduction soient d'importants événements moléculaires associés au verdissement, les modifications post-traductionnelles des protéines existantes sont également importantes. La phosphorylation (ajout d'un groupement phosphate à la protéine) modifie la plupart des protéines existantes. La phosphorylation des protéines cibles est catalysée par les diverses protéines kinases (voir la FIGURE 11.11). De nombreux seconds messagers, comme le GMPc, et certains récepteurs, notamment certaines formes de phytochrome, activent directement les protéines kinases. Environ 2 % à 3 % de tous les gènes végétaux peuvent coder pour les protéines kinases. Il arrive souvent qu'une protéine kinase en phosphoryle une autre, qui elle-même en phosphoryle une autre, et ainsi de suite. Cette cascade de phosphorylation, qui fait habituellement intervenir les facteurs de transcription, peut finalement faire le lien entre le stimulus initial et la réponse au niveau de l'expression génique. Grâce à ce genre de mécanismes, de nombreuses voies de communication régulent la synthèse de nouvelles protéines, généralement en activant ou en désactivant certains gènes (voir la FIGURE 39.3).

Les voies de communication doivent également se désactiver lorsqu'il n'y a plus de stimulus. Qu'arrive-t-il en effet si l'on remet la pomme de terre dans le placard ? Les protéines phosphatases, des enzymes qui déphosphorylent certaines protéines, participent à ce processus de « désactivation ». À tout moment, les activités d'une cellule dépendent de l'équilibre entre les différentes actions des protéines kinases et des protéines phosphatases.

Protéines du verdissement. Quels types de protéines la phosphorylation transcrit-elle indirectement ou active-t-elle directement pendant le verdissement ? Ce sont, pour beaucoup, des enzymes qui participent directement à la photosynthèse. D'autres sont des enzymes qui fournissent des précurseurs chimiques nécessaires à la production de la chlorophylle. D'autres encore influent sur la concentration des hormones qui régulent la croissance. Par exemple, la concentration de deux hormones qui augmentent l'allongement de la tige diminuera l'activation du phytochrome qui s'ensuit – d'où la réduction de l'allongement de la tige qui accompagne le verdissement.

■   ■   ■

Nous avons examiné certains détails de la conversion-amplification du stimulus qui entre en jeu dans le verdissement de la Pomme de terre pour vous donner un aperçu de la complexité des modifications biochimiques que comprend ce seul processus. Mais gardez bien à l'esprit que chaque hormone végétale, chaque stimulus externe active une ou plusieurs voies de conversion-amplification d'une complexité comparable. Comme nous l'avons vu dans le cas du plant de Tomate mutant *L. e. aurea*, les techniques de la biologie moléculaire combinées aux études portant sur les mutants aident les chercheurs à

démêler ces différentes voies. Cependant, la biologie moléculaire se fonde sur une longue histoire d'études physiologiques et biochimiques rigoureuses portant sur le fonctionnement des Végétaux. Dans la prochaine section, vous allez voir que ce sont les observations et les expériences classiques qui ont fourni les premiers indices de l'existence de stimulus chimiques – les hormones – qui servent de régulateurs internes de la croissance et du développement des Végétaux.

LES RÉACTIONS DES VÉGÉTAUX AUX HORMONES

Le mot *hormone* vient du verbe grec *hormôn* qui signifie « exciter ». Les **hormones** sont des substances chimiques qui participent à la coordination des activités qui ont lieu dans les diverses parties de tous les organismes multicellulaires. Par définition, une hormone est un composé chimique qui est produit dans une partie du corps et qui, après avoir été transporté dans d'autres parties, déclenche des réactions dans les cellules et les tissus cibles en se fixant à un récepteur donné. Les hormones ont ceci de particulier qu'une concentration infime suffit à déclencher des changements importants dans un organisme. Leur concentration et la vitesse avec laquelle elles sont transportées peuvent varier en fonction des stimulus externes. De plus, il arrive souvent que la réponse d'une plante soit déterminée par l'interaction de deux ou plusieurs hormones.

La recherche sur l'attirance qu'exerce la lumière sur les Végétaux a mené à la découverte des hormones végétales

Une série d'expériences classiques portant sur les réactions des tiges à la lumière a mis les scientifiques sur la piste des hormones végétales. Une plante d'intérieur posée sur le rebord d'une fenêtre pousse en direction de la lumière. Si on la tourne, elle a tôt fait de réorienter sa croissance jusqu'à ce que ses feuilles se trouvent à nouveau face à la fenêtre. Toute réaction de croissance qui oriente la plante vers le stimulus ou en direction opposée est appelée **tropisme** (du grec *tropos*, « tour », « direction »). Lorsqu'une pousse croît en direction de la lumière, on parle de **phototropisme** positif (le phénomène par lequel une plante s'écarte de la lumière est nommé phototropisme négatif).

Dans un écosystème naturel comme une forêt dense, le phototropisme oriente les plantules vers la lumière dont elles ont besoin pour la photosynthèse. Quel mécanisme conduit à cette réaction adaptative ? La majeure partie de nos connaissances sur le phototropisme nous vient de recherches sur des plantules de Graminées, des plantules d'Avoine en particulier. Une gaine appelée coléoptile enveloppe la tige d'une plantule de Graminée. Le coléoptile croît à la verticale dans l'obscurité ou sous un éclairage uniforme. Un coléoptile en croissance que l'on éclaire d'un seul côté se courbe vers la lumière (voir la photo au début du chapitre). Cette réponse est le résultat d'une différence de croissance entre les cellules situées sur les côtés opposés du coléoptile. Les cellules situées du côté sombre s'allongent plus rapidement que celles qui sont situées du côté éclairé.

À la fin du XIXᵉ siècle, Charles Darwin et son fils Francis furent parmi les premiers à faire des expériences sur le phototropisme. Ils observèrent ainsi qu'une plantule de Graminée ne se courbait vers la lumière que si l'apex de son coléoptile était bien présent (FIGURE 39.4). S'ils enlevaient l'apex ou le recouvraient d'un capuchon opaque, le coléoptile ne se courbait pas. En revanche, s'ils plaçaient un capuchon transparent sur l'apex du coléoptile ou s'ils entouraient une autre partie du coléoptile d'une gaine opaque, la réaction de phototropisme se produisait bien. Les Darwin en conclurent que l'apex du coléoptile était le lieu de détection de la lumière. Toutefois, la réaction de croissance à proprement parler, c'est-à-dire la courbure du coléoptile, se produisait à une certaine distance sous l'apex. Charles et Francis Darwin supposèrent donc que l'apex transmettait un message à la région du coléoptile qui s'allongeait. Quelques dizaines d'années plus tard, le Danois Peter Boysen-Jensen vérifia cette hypothèse et démontra que le message était une substance mobile. Il isola l'apex du reste du coléoptile avec un cube de gélatine qui empêchait le contact cellulaire entre les deux parties, mais pas la diffusion des substances chimiques. Ses plantules se plièrent normalement vers la lumière. Il isola ensuite l'apex du reste du coléoptile avec une barrière imperméable. Là, aucun phototropisme ne se produisit.

En 1926, le Hollandais F. W. Went, étudiant au troisième cycle, réussit à mettre en évidence la substance chimique du phototropisme en modifiant l'expérience de Boysen-Jensen (FIGURE 39.5). Il coupa l'apex du coléoptile et le plaça sur un cube d'agar, une matière gélatineuse. Il se disait que la substance chimique provenant de l'apex diffuserait dans l'agar, qui devrait ensuite pouvoir se substituer à l'apex du coléoptile. Puis il plaça des cubes d'agar ayant absorbé la substance chimique sur des coléoptiles décapités qu'il garda dans l'obscurité. Si le cube était centré, au sommet du coléoptile, la tige poussait à la verticale. Mais s'il était décentré, le coléoptile se courbait du côté où n'était pas le cube, comme s'il se tournait vers la lumière. Went tira plusieurs conclusions de ces expériences. Tout d'abord, le cube d'agar contenait une substance chimique produite dans l'apex du coléoptile. Ensuite, cette substance déclenchait la croissance en descendant dans le coléoptile. Enfin, le coléoptile se courbait vers la lumière parce que la substance en question se trouvait en plus forte concentration du côté sombre que du côté éclairé. Went donna à la substance chimique, ou hormone, le nom d'auxine (du grec *auxein,* « accroître »). Plus tard, Kenneth Thimann et ses collègues du California Institute of Technology isolèrent l'auxine et déterminèrent sa structure.

Se fondant sur le travail des Darwin et de Went, l'hypothèse classique expliquant la courbure des coléoptiles des Graminées vers la source lumineuse repose sur une distribution asymétrique de l'auxine. L'auxine descendrait de l'apex pour provoquer une élongation cellulaire plus rapide du côté sombre que du côté éclairé. Mais les études sur le phototropisme effectuées sur d'autres organes que les coléoptiles de Graminées ne confirment pas cette explication. Ainsi, il n'y a aucune preuve que la lumière provenant d'un seul côté provoque une distribution asymétrique de l'auxine dans les tiges du Tournesol (*Helianthus annuus*), du Radis (*Raphanus sativus*) et d'autres Dicotylédones. Mais il y *a* bien distribution asymétrique de certaines substances pouvant agir comme *inhibiteurs* de croissance, leur concentration étant plus élevée du côté éclairé que du côté sombre de la tige. Néanmoins, l'étude spécifique du rôle de l'auxine dans le phototropisme des Graminées a donné naissance à un domaine complet de recherches sur les hormones végétales.

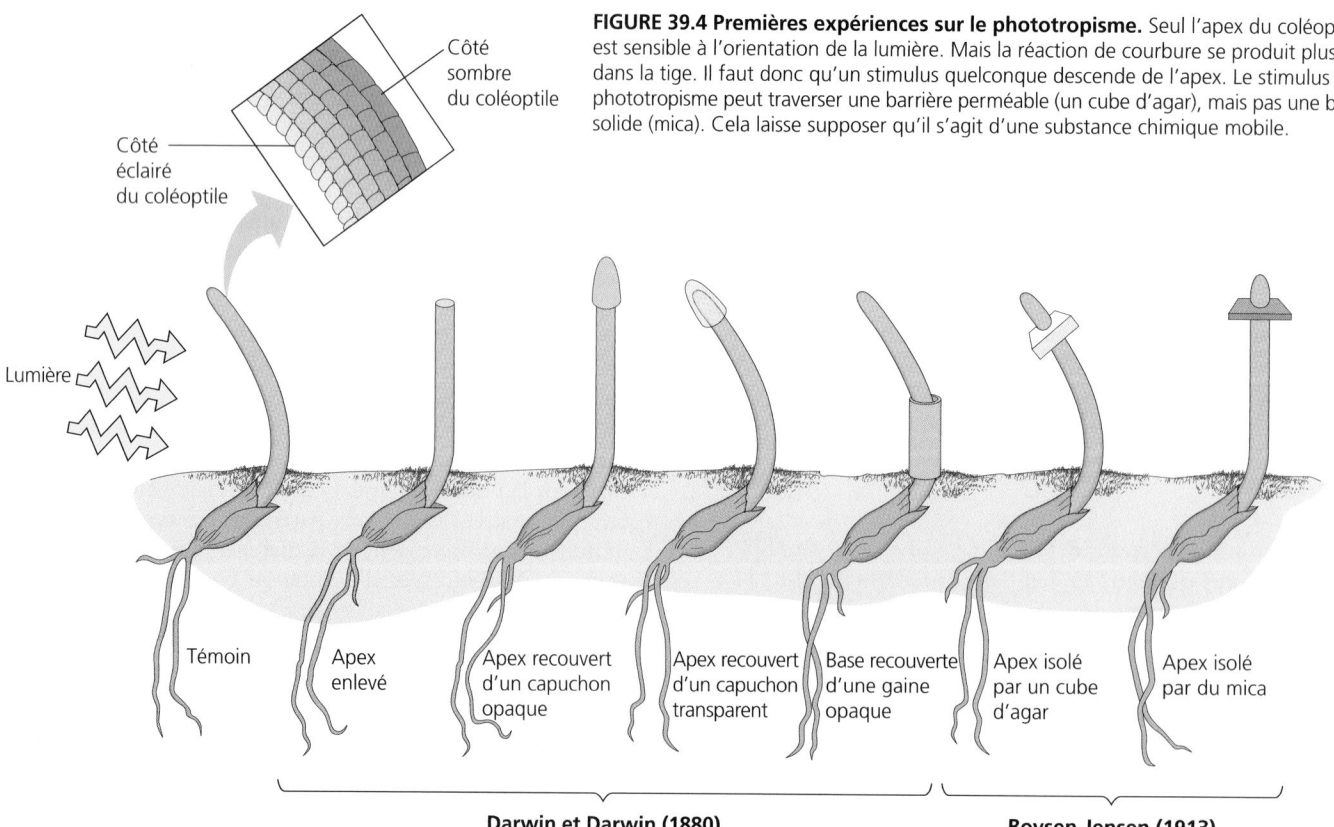

FIGURE 39.4 Premières expériences sur le phototropisme. Seul l'apex du coléoptile est sensible à l'orientation de la lumière. Mais la réaction de courbure se produit plus bas dans la tige. Il faut donc qu'un stimulus quelconque descende de l'apex. Le stimulus du phototropisme peut traverser une barrière perméable (un cube d'agar), mais pas une barrière solide (mica). Cela laisse supposer qu'il s'agit d'une substance chimique mobile.

Côté sombre du coléoptile

Côté éclairé du coléoptile

Lumière

Témoin

Apex enlevé

Apex recouvert d'un capuchon opaque

Apex recouvert d'un capuchon transparent

Base recouverte d'une gaine opaque

Apex isolé par un cube d'agar

Apex isolé par du mica

Darwin et Darwin (1880)

Boysen-Jensen (1913)

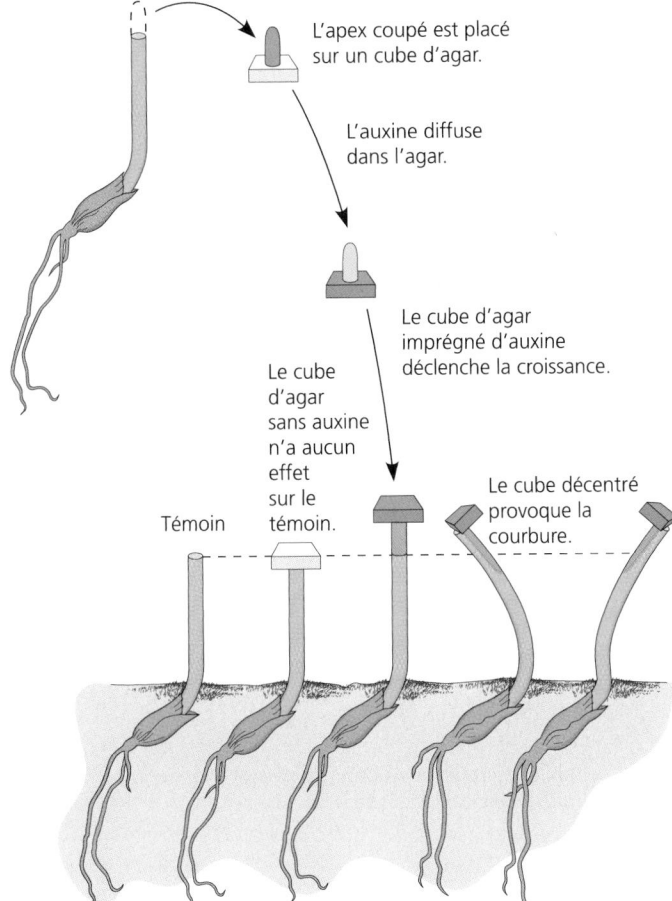

L'apex coupé est placé sur un cube d'agar.

L'auxine diffuse dans l'agar.

Le cube d'agar imprégné d'auxine déclenche la croissance.

Le cube d'agar sans auxine n'a aucun effet sur le témoin.

Le cube décentré provoque la courbure.

Témoin

FIGURE 39.5 Expériences de Went. Une substance chimique (représentée en rose) capable de passer dans un cube d'agar provoque l'allongement du coléoptile lorsque l'on remplace l'apex par le cube. Si le cube est décentré sur le coléoptile décapité et gardé dans l'obscurité, le coléoptile se courbe comme s'il réagissait à un éclairage latéral. La substance est une hormone appelée auxine. Elle provoque l'allongement des cellules de la pousse.

Les hormones végétales coordonnent la croissance, le développement et les réponses aux stimulus externes

Le TABLEAU 39.1, à la page 878, présente quelques-unes des principales catégories d'hormones végétales : les auxines, les cytokinines, les gibbérellines, l'acide abscissique, l'éthylène et les brassinostéroïdes. D'autres molécules, telles que l'acide salicylique, les jasmonates et la systémine, qui participent à la défense des Plantes contre les agents pathogènes, sont probablement aussi des hormones végétales. (Nous étudierons certaines de ces molécules plus loin dans le chapitre.) Notez que toutes les hormones présentées dans le TABLEAU 39.1 sont des molécules relativement petites. C'est que leur transport de cellule en cellule implique souvent le passage à travers les parois cellulaires, voie que les grosses molécules ne peuvent emprunter.

En général, les hormones régissent la croissance et le développement des Végétaux en influant sur la division, l'allongement et la différenciation des cellules. À court terme, certaines hormones interviennent également dans les réponses physiologiques aux stimulus externes. Chaque hormone provoque une multitude d'effets, selon sa concentration, son site d'action et le stade de développement de la plante.

Les hormones végétales sont produites en très faibles concentrations. Mais une quantité infime peut avoir un effet considérable sur la croissance et le développement d'un organe végétal. Cela signifie que le stimulus hormonal est amplifié d'une façon ou d'une autre. Les hormones influent sur l'expression des gènes, sur l'activité d'enzymes existantes et sur les propriétés des membranes. En agissant ainsi, quelques molécules seulement d'une hormone peuvent modifier le métabolisme et le développement d'une cellule. Les voies de conversion-amplification augmentent l'intensité du stimulus hormonal et conduisent aux réponses particulières de la cellule.

Habituellement, l'effet d'une hormone dépend non pas tant de la quantité absolue de l'hormone que du rapport entre sa concentration et celles d'autres hormones. C'est l'équilibre des différentes hormones plus que l'action isolée de chaque hormone qui régit la croissance et le développement d'une plante. Les paragraphes qui suivent présentent les diverses catégories d'hormones végétales et leurs fonctions, et mettent en évidence les interactions.

Auxines

Le terme **auxine** désigne toute substance chimique qui favorise l'allongement des coléoptiles. Les auxines ont toutefois plusieurs fonctions chez les Monocotylédones et les Dicotylédones. L'auxine naturelle que l'on trouve chez les Végétaux est l'acide indolacétique. Mais il existe plusieurs autres composés, dont certains sont synthétiques, qui ont le même effet. Néanmoins, tout au long de ce chapitre, nous utiliserons le terme *auxine* pour désigner l'acide indolacétique. Bien que l'auxine ait été la première hormone végétale découverte, il nous reste beaucoup à apprendre sur la conversion-amplification de son stimulus et sur la régulation de sa biosynthèse. Les dernières découvertes semblent indiquer que l'auxine est produite à partir du tryptophane, un acide aminé présent dans les extrémités des pousses.

L'auxine descend dans la tige à une vitesse d'environ 10 mm par heure. Cette vitesse est trop rapide pour qu'il s'agisse de diffusion. Cependant, elle est inférieure à celle de la sève élaborée dans le phloème. Il semble que l'auxine circule directement dans le parenchyme, d'une cellule à l'autre. Elle ne circule que de l'extrémité d'une pousse à la base, jamais dans le sens inverse. Ce type de transport unidirectionnel est qualifié de polaire. Il n'a rien à voir avec la gravitation, car l'auxine monte lorsque l'on place une pousse ou un coléoptile à l'envers. Par contre, il consomme de l'énergie. La FIGURE 39.6, à la page 879, montre comment des pompes à protons, situées dans la membrane plasmique et activées par l'ATP, couplent l'énergie métabolique au transport de l'auxine. Le mécanisme du transport polaire de l'auxine est un autre exemple de travail cellulaire qui se fait par la chimiosmose, c'est-à-dire par l'exploitation du gradient de H^+ produit par les pompes à protons (voir le chapitre 9).

L'auxine remplit plusieurs fonctions dans le développement des Végétaux. L'une des principales est l'activation de l'allongement cellulaire dans les jeunes pousses.

TABLEAU 39.1 Vue d'ensemble des hormones végétales

Catégories d'hormones	Sites de synthèse ou d'action	Principales fonctions
Auxines (comme l'acide indolacétique)	Embryon, méristèmes des bourgeons apicaux, jeunes feuilles	Provoquent l'allongement de la tige (en faible concentration seulement), la croissance des racines, la différenciation cellulaire et la ramification. Régulent le développement des fruits. Augmentent la dominance apicale. Jouent un rôle dans le phototropisme et le géotropisme.
Cytokinines (comme la zéatine)	Synthétisées dans les racines et transportées jusque dans les divers organes	Influent sur la croissance des racines et la différenciation. Provoquent la division et la croissance cellulaires, ainsi que la germination. Retardent la sénescence.
Gibbérellines (comme l'acide gibbérellique)	Méristèmes des bourgeons apicaux des pousses et des racines, jeunes feuilles, embryon	Favorisent la germination, le bourgeonnement, l'allongement de la tige et la croissance des feuilles. Provoquent la floraison et la fructification. Influent sur la croissance des racines et sur la différenciation.
Acide abscissique	Feuilles, tiges, racines, fruits verts	Inhibe la croissance. Ferme les stomates en période de sécheresse. Déclenche la dormance.
Éthylène	Tissus des fruits en cours de maturation, nœuds des tiges, feuilles et fleurs sénescentes	Favorise la maturation des fruits. S'oppose à certaines actions des auxines. Favorise ou inhibe, selon les espèces, la croissance et le développement des racines, des feuilles et des fleurs.
Brassinostéroïdes (comme le brassinolide)	Graines, fruits, pousses, feuilles, bourgeons floraux	Inhibent la croissance des racines. Retardent la chute des feuilles. Favorisent la différenciation du xylème.

Rôle de l'auxine dans l'allongement cellulaire. C'est principalement dans le méristème apical des pousses que l'auxine est synthétisée. En migrant vers la zone d'élongation cellulaire (voir le chapitre 35), elle provoque la croissance des cellules, probablement en se fixant à un récepteur situé dans la membrane plasmique. L'auxine n'a d'effet sur la croissance que si sa concentration se situe entre 10^{-8} et 10^{-4} mol/L environ. À plus forte concentration, elle inhibe l'allongement cellulaire. On croit qu'une forte concentration d'auxine entraîne la synthèse d'une autre hormone, l'éthylène, qui a généralement un effet inhibiteur sur l'allongement cellulaire. Nous aborderons cette interaction hormonale dans la section sur l'éthylène.

Selon une hypothèse dite de la croissance acidodépendante, les pompes à protons jouent un rôle important dans la croissance cellulaire provoquée par l'auxine. Dans la zone d'allongement d'une pousse, l'auxine active les pompes à protons situées dans la membrane plasmique, action qui, en quelques minutes, fait augmenter la tension entre les deux côtés de la membrane (potentiel de membrane) et diminuer le pH dans la paroi (FIGURE 39.7). L'acidification de la paroi active les **expansines,** des enzymes qui rompent les ponts transversaux (liaisons hydrogène) entre les microfibrilles de cellulose et affaiblissent la trame de la paroi. (Les expansines peuvent même affaiblir l'intégrité du papier filtre fait de cellulose pure.) L'augmentation du potentiel de

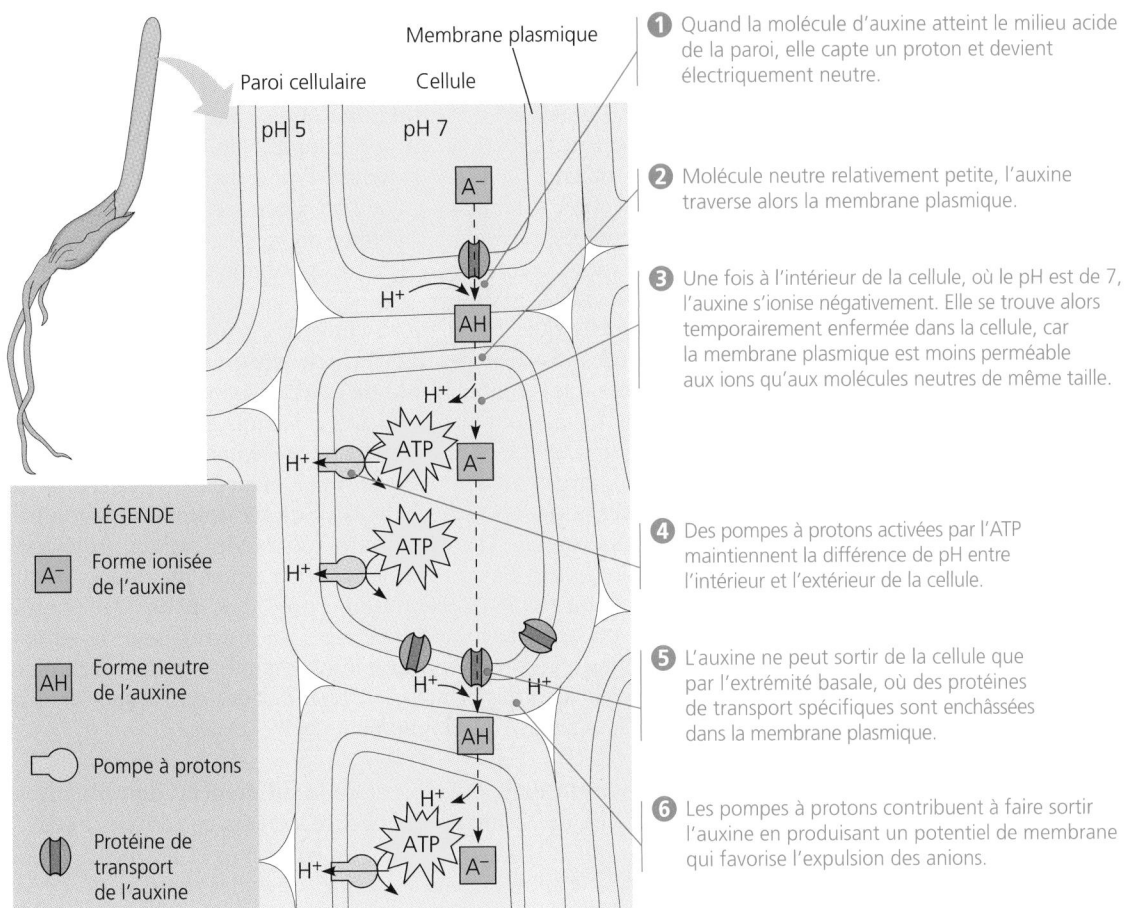

FIGURE 39.6 Le transport polaire de l'auxine : un modèle chimiosmotique. Dans les pousses en croissance, le transport unidirectionnel de l'auxine s'effectue de l'apex vers la tige. Suivant cette voie, l'hormone entre dans une cellule par son extrémité apicale, en sort par son extrémité basale, diffuse à travers la paroi et pénètre dans la cellule voisine par son extrémité apicale.

❶ Quand la molécule d'auxine atteint le milieu acide de la paroi, elle capte un proton et devient électriquement neutre.

❷ Molécule neutre relativement petite, l'auxine traverse alors la membrane plasmique.

❸ Une fois à l'intérieur de la cellule, où le pH est de 7, l'auxine s'ionise négativement. Elle se trouve alors temporairement enfermée dans la cellule, car la membrane plasmique est moins perméable aux ions qu'aux molécules neutres de même taille.

❹ Des pompes à protons activées par l'ATP maintiennent la différence de pH entre l'intérieur et l'extérieur de la cellule.

❺ L'auxine ne peut sortir de la cellule que par l'extrémité basale, où des protéines de transport spécifiques sont enchâssées dans la membrane plasmique.

❻ Les pompes à protons contribuent à faire sortir l'auxine en produisant un potentiel de membrane qui favorise l'expulsion des anions.

LÉGENDE

A^- Forme ionisée de l'auxine

AH Forme neutre de l'auxine

Pompe à protons

Protéine de transport de l'auxine

membrane accroît l'absorption d'ions par la cellule, ce qui provoque une absorption osmotique d'eau. Le surplus d'eau et la grande plasticité de la paroi permettent l'allongement de la cellule.

De plus, l'auxine modifie rapidement l'expression génique. Ainsi, en quelques minutes, les cellules qui se trouvent dans la zone d'élongation produisent de nouvelles protéines. Certaines de ces protéines sont des facteurs de transcription de courte vie qui inhibent ou déclenchent l'expression d'autres gènes. Pour maintenir leur croissance après l'allongement initial, les cellules doivent absorber davantage de matériel cytoplasmique et membranaire. L'auxine stimule également cette croissance soutenue.

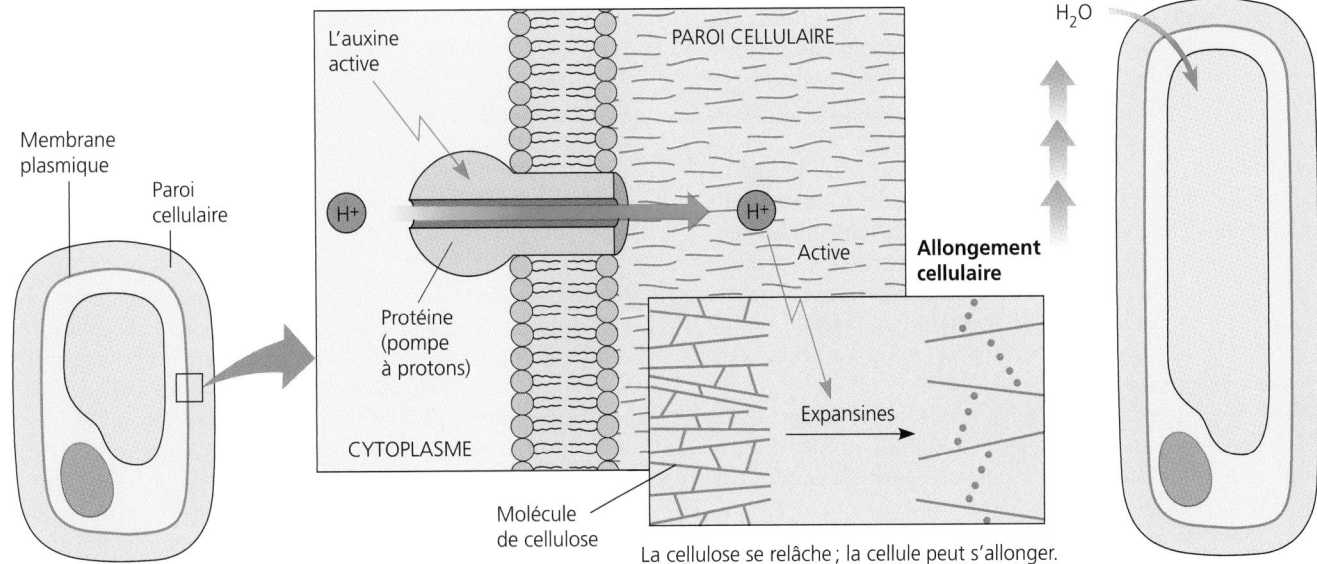

La cellulose se relâche ; la cellule peut s'allonger.

FIGURE 39.7 Allongement cellulaire provoqué par l'auxine : hypothèse de la croissance acidodépendante.

Formation des racines latérales et adventives. Les horticulteurs utilisent les auxines dans la multiplication végétative des boutures. Ils traitent une feuille ou une tige coupées avec une poudre contenant de l'auxine. Cette dernière provoque la formation de racines adventives près de la base. Elle participe également à la ramification des racines. Les chercheurs ont en effet observé qu'un plant mutant d'*Arabidopsis thaliana* présentant une prolifération extrême de racines latérales avait une concentration d'auxine dix-sept fois plus élevée que la normale.

Les auxines comme herbicides. Les auxines synthétiques, comme le 2,4-dinitrophénol (2,4-D), servent couramment d'herbicides. Les Monocotylédones, comme les Graminées que l'on trouve dans une pelouse (Pâturin, Agrostide, Fétuque, etc.) et le Maïs, peuvent rapidement désactiver ces auxines synthétiques. Par contre, les Dicotylédones ne le peuvent pas et meurent d'une surdose d'hormones. Arroser les champs de céréales ou les gazons de 2,4-dinitrophénol élimine les Dicotylédones feuillues comme le Pissenlit (*Taraxacum officinale*).

Autres effets de l'auxine. Outre qu'elle déclenche l'allongement cellulaire pour permettre la croissance primaire, l'auxine contribue à la croissance secondaire en provoquant la division cellulaire dans le cambium libéroligneux et en influant sur la différenciation du xylème secondaire (voir le chapitre 35). De plus, l'auxine synthétisée par les graines en formation favorise la fructification. Les plants de Tomate sur lesquels on a pulvérisé des auxines synthétiques fructifient sans pollinisation. On peut donc produire des tomates sans graines en substituant une auxine synthétique à l'auxine que les graines produisent normalement.

Cytokinines

 Les chercheurs ont découvert les **cytokinines** en faisant des essais pour trouver des additifs chimiques qui favoriseraient la croissance et le développement des cellules végétales dans les cultures tissulaires. Dans les années 1940, Johannes van Overbeek, qui travaillait au Cold Spring Harbor Laboratory, à New York, s'aperçut qu'il pouvait stimuler la croissance d'embryons végétaux en ajoutant dans son milieu de culture du lait de coco, endosperme liquide de la gigantesque graine du Cocotier. Dix ans plus tard, Folke Skoog et Carlos O. Miller, de l'Université du Wisconsin, provoquèrent la division de cellules de Tabac en ajoutant dans leurs cultures des échantillons d'ADN altérés. Il apparut que les ingrédients actifs des deux additifs expérimentaux étaient des formes modifiées d'adénine, l'une des composantes des acides nucléiques. Ces régulateurs de croissance furent nommés cytokinines, parce qu'ils provoquaient la cytocinèse à la fin de la division cellulaire. La plus répandue des nombreuses cytokinines végétales naturelles est la zéatine, ainsi nommée parce qu'on l'a découverte dans le Maïs (*Zea mays*).

Malgré de nombreux efforts, les scientifiques n'ont jamais pu isoler l'enzyme qui produit les cytokinines ni identifier le gène qui code pour ces hormones. Selon Mark Holland, de la Salisbury State University, les Végétaux pourraient ne pas produire leurs propres cytokinines: les cytokinines seraient synthétisées par un procaryote du genre *Methylobacterium* qui vit en symbiose dans les tissus en croissance active des Végétaux,

même dans les cultures *in vitro*. En fait, les processus du développement normal s'interrompent quand on élimine *Methylobacterium*. Ils redémarrent quand on remet ce procaryote ou quand on ajoute des cytokinines. Que cette hypothèse surprenante trouve ou non un appui auprès des autres chercheurs, le problème met en évidence l'importance du séquençage du génome. Maintenant que l'on a complété le séquençage du génome d'*Arabidopsis thaliana,* on va pouvoir identifier plus facilement, s'il existe, le gène responsable d'une enzyme productrice de cytokinines.

Quelle que soit la provenance des cytokinines, les cellules végétales possèdent des récepteurs de cytokinines. D'après certains indices, ces récepteurs sont de deux types complètement différents: les uns sont intracellulaires et les autres sont situés à la surface de la cellule. Les premiers, les récepteurs cytoplasmiques, fixent directement les cytokinines et peuvent déclencher la transcription des gènes dans des noyaux isolés. Dans certaines cellules végétales, les cytokinines ouvrent les canaux protéiques (perméases) à Ca^{2+} situés dans la membrane plasmique, ce qui fait augmenter la concentration cytosolique de Ca^{2+}. Bien qu'il reste encore beaucoup à apprendre sur la synthèse de la cytokinine et sur la conversion-amplification des stimulus, on connaît bien certaines des principales fonctions des cytokinines dans la physiologie et le développement des Végétaux.

Régulation de la division et de la différenciation cellulaires. Les cytokinines sont produites dans les tissus en croissance active, notamment dans les racines, les embryons et les fruits. Celles qui sont élaborées dans les racines atteignent leurs tissus cibles en montant dans la plante avec la sève brute du xylème. Agissant de concert avec l'auxine, les cytokinines provoquent la division cellulaire et influent sur la différenciation. L'observation de leurs effets sur des cellules en culture permet de comprendre leurs fonctions dans une plante intacte. Ainsi, si l'on cultive, sans y ajouter de cytokinines, un morceau de parenchyme prélevé sur une tige, les cellules deviennent très grosses mais ne se divisent pas. Si l'on ajoute uniquement des cytokinines dans la culture, elles n'ont aucun effet. Mais, si l'on ajoute des cytokinines et de l'auxine, les cellules se divisent. En outre, le rapport des concentrations des cytokinines et de l'auxine régule la différenciation des cellules. Si les concentrations des deux hormones s'équivalent, la masse de cellules continue de croître, tout en demeurant un amas indifférencié que l'on appelle cal. Si la concentration des cytokinines est supérieure à celle de l'auxine, des pousses émergent du cal. Si la concentration de l'auxine est supérieure à celle des cytokinines, ce sont des racines qui se forment.

Régulation de la dominance apicale. Les cytokinines, l'auxine et d'autres facteurs interagissent aussi dans la régulation de la dominance apicale, c'est-à-dire la capacité du bourgeon terminal à inhiber le développement des bourgeons axillaires. Jusqu'à tout récemment, l'hypothèse dominante avançait qu'il y avait inhibition directe de la croissance et que l'auxine et les cytokinines avaient des actions opposées dans la régulation de la croissance des bourgeons axillaires. Selon cette hypothèse, l'auxine transportée depuis le bourgeon terminal jusque vers le bas de la tige empêchait directement la croissance des bourgeons axillaires, ce qui provoquait l'allongement de la tige aux dépens de la ramification latérale. De leur côté, les cytokinines migrant des racines jusqu'au système caulinaire bloquaient l'action de l'auxine en déclenchant la croissance des bourgeons axillaires. Ainsi, on considérait le rapport entre les concentrations d'auxine et de cytokinines comme le principal facteur de régulation de la croissance des bourgeons axillaires. De nombreuses observations confirment l'hypothèse de l'inhibition directe. En effet, si l'on enlève le bourgeon terminal, principale source d'auxine, les bourgeons axillaires poussent et la plante se ramifie (FIGURE 39.8). De plus, si l'on applique de l'auxine sur la blessure de la plantule décapitée, les bourgeons latéraux cessent de croître. Les mutants qui présentent une surproduction de cytokinines et les plants traités aux cytokinines ont également tendance à être plus ramifiés que la normale. Cependant, l'expérience n'a pas confirmé la prédiction suivante émise par l'hypothèse de l'inhibition directe : la décapitation, c'est-à-dire l'élimination de la principale source d'auxine, doit provoquer une diminution de la concentration d'auxine dans les bourgeons axillaires. En effet, les études biochimiques ont révélé le contraire : la concentration d'auxine *augmente* dans les bourgeons axillaires des plants décapités. Ainsi, l'hypothèse de l'inhibition directe n'explique pas toutes les découvertes expérimentales. C'est comme si les botanistes n'avaient pas découvert tous les morceaux du casse-tête.

Retard de la sénescence. Les cytokinines retardent le vieillissement de certains organes végétaux en inhibant la dégradation des protéines, en stimulant la synthèse de l'ARN et des protéines et en mobilisant les nutriments des tissus environnants. Des feuilles détachées que l'on trempe dans une solution de cytokinines restent vertes beaucoup plus longtemps que si on ne les avait pas trempées dans la solution. Les cytokinines ralentissent aussi la détérioration des feuilles sur les plantes mêmes. Les fleuristes en tirent profit : ils pulvérisent des cytokinines sur les fleurs coupées pour en conserver la fraîcheur.

Gibbérellines

Il y a un siècle, les agriculteurs d'Asie trouvèrent dans leurs rizières des plants si hauts et si grêles qu'ils ployaient avant même d'avoir fleuri. En 1926, un phytopathologiste japonais nommé E. Kurosawa découvrit qu'il s'agissait d'une maladie (la « maladie des jeunes plants fous ») causée par un champignon du genre *Gibberella* (FIGURE 39.9, p. 882). Dans les années 1930, les scientifiques japonais constatèrent que le champignon sécrétait une substance, à laquelle on donna le nom de **gibbérelline,** qui provoquait un allongement excessif des tiges du Riz. Puis dans les années 1950, les chercheurs découvrirent que les Végétaux fabriquaient également de la gibbérelline. Au cours des quarante dernières années, les scientifiques ont répertorié plus de 100 gibbérellines naturelles. Mais chaque espèce végétale en compte un nombre beaucoup plus petit. Il semble que les « jeunes plants fous » souffrent d'une surdose de régulateurs de croissance, lesquels sont normalement présents en faibles concentrations dans les Végétaux. Les gibbérellines ont différents effets sur les Végétaux.

Allongement des tiges. Les racines et les jeunes feuilles sont les principaux sites de production des gibbérellines. Celles-ci provoquent la croissance des feuilles et de la tige, mais ont peu d'effet sur la croissance des racines. Dans une tige, les gibbérellines provoquent l'allongement et la division cellulaires. À l'instar de l'auxine, elles produisent un relâchement de la paroi cellulaire, mais pas en l'acidifiant. Il semble qu'elles activent des enzymes de relâchement de la paroi qui facilitent la pénétration des expansines dans la paroi cellulaire. Ainsi, dans une tige en croissance, l'auxine et les gibbérellines agissent de concert pour favoriser l'allongement : la première en acidifiant la paroi cellulaire et en activant les expansines ; la seconde en facilitant la pénétration des expansines.

(a)

(b)

FIGURE 39.8 La dominance apicale. (a) L'auxine produite dans le bourgeon terminal inhibe la croissance des bourgeons axillaires. Elle favorise ainsi l'allongement de la tige principale. Au contraire, les cytokinines, qui sont transportées depuis les racines jusque vers le haut, provoquent la croissance des bourgeons axillaires. C'est pourquoi, chez la plupart des Végétaux, les bourgeons axillaires situés près de l'extrémité de la tige ont moins de chances d'éclore que les bourgeons situés près des racines. **(b)** L'excision du bourgeon terminal donne libre cours à la croissance des pousses latérales.

FIGURE 39.9 « Maladie des jeunes plants fous » chez le Riz (*Oryza sativa*). Les plants de Riz chétifs de droite sont infectés par *Gibberella*. Ce champignon sécrète des gibbérellines, hormones qui stimulent la croissance et que les plants non infectés (à gauche) produisent également, mais en petite quantité.

Pour constater l'effet d'allongement qu'ont les gibbérellines sur la tige, on peut donner de ces hormones à certaines variétés naines (mutantes). Ainsi, les plants de Pois nains (dont ceux que Mendel a étudiés ; voir le chapitre 14) atteignent une hauteur normale après un traitement aux gibbérellines (FIGURE 39.10). Si l'on donne des gibbérellines à des plantes de taille normale, on n'obtient souvent aucune réaction. Apparemment, ces plantes produisent déjà une dose optimale de cette hormone.

La montée en graines, c'est-à-dire la croissance rapide d'une tige florale, est l'exemple le plus évident de l'effet d'allongement que causent les gibbérellines. Avant de fleurir, certaines plantes, comme le Chou (*Brassica oleracea*), prennent la forme d'une rosette : elles restent basses et ont des entre-nœuds très courts.

FIGURE 39.10 Traitement du nanisme chez le Pois (*Pisum sativum*) à l'aide d'une hormone de croissance. Comparez le jeune plant nain non traité de gauche (témoin) au jeune plant nain de droite que l'on a traité cinq jours plus tôt avec 5 μg de gibbérellines.

Ces plantes entrent en croissance reproductive en sécrétant massivement des gibbérellines. Les tiges florales s'allongent alors rapidement, ce qui fait monter les bourgeons floraux qui se développent aux extrémités des tiges.

Fructification. Chez de nombreux Végétaux, l'auxine et les gibbérellines sont toutes les deux nécessaires à la fructification. La production de raisins Thompson sans pépins est la principale application commerciale de l'effet des gibbérellines (FIGURE 39.11). Ces hormones favorisent le grossissement des fruits. Or le consommateur recherche de gros fruits. De plus, les gibbérellines allongent les entre-nœuds sur la grappe. Les raisins sont ainsi plus espacés. Cela permet une bonne circulation de l'air entre les fruits et prévient par là même l'infection par des levures et d'autres microorganismes.

Germination. L'embryon contenu dans les graines est une importante source de gibbérellines. Après l'imbibition d'eau, l'embryon libère des gibbérellines qui font sortir la graine de sa dormance et provoquent la germination. Certaines graines qui ont besoin pour germer de conditions spéciales, telles que l'exposition à la lumière ou au froid, quittent leur dormance si on les traite aux gibbérellines. Les gibbérellines assurent la croissance des plantules des céréales en déclenchant la synthèse d'enzymes digestives comme l'amylase α, qui mobilise les nutriments emmagasinés (voir la FIGURE 38.13).

Acide abscissique

Dans les années 1960, un groupe de recherche qui étudiait les variations chimiques précédant la dormance des bourgeons et une autre équipe qui étudiait les variations chimiques précédant l'abscission des feuilles (la chute des feuilles à l'automne) ont isolé le même composé : l'**acide abscissique**. Ironiquement, on ne considère plus, maintenant, que l'acide abscissique joue un rôle important dans la dormance des bourgeons ou dans l'abscission des feuilles. Cette hormone

FIGURE 39.11 Effet d'un traitement aux gibbérellines des raisins sans pépins. La grappe située à gauche est le témoin non traité. Celle de droite se développe sur une vigne traitée aux gibbérellines au cours de la fructification.

végétale d'une grande importance a d'autres fonctions. Contrairement aux hormones que nous avons étudiées jusqu'à maintenant (l'auxine, les cytokinines et les gibbérellines), qui provoquent la croissance végétale, l'acide abscissique ralentit la croissance. Souvent, il contre les effets des hormones de croissance. C'est le rapport entre la concentration d'acide abscissique et la concentration d'une ou plusieurs hormones de croissance qui détermine la manifestation physiologique finale. Bien que l'acide abscissique ait de nombreux effets sur les Végétaux, nous n'en examinerons que deux : la dormance de la graine et la résistance à la sécheresse.

Dormance de la graine. La dormance de la graine est d'une grande importance pour la survie de certains Végétaux, car elle ne permet la germination que dans des conditions optimales de luminosité, de température et d'humidité (voir le chapitre 38). Qu'est-ce qui empêche une graine tombée à l'automne de germer immédiatement pour ensuite ne pas survivre à l'hiver ? Quels mécanismes font en sorte que cette graine ne germe qu'au printemps ? Qu'est-ce qui empêche une graine de germer dans l'intérieur obscur et humide du fruit ? La réponse à ces questions est l'acide abscissique. La concentration d'acide abscissique peut augmenter de cent fois durant la maturation des graines. Cette concentration élevée dans les graines en développement inhibe la germination et entraîne la production de protéines qui aident les graines à supporter l'extrême déshydratation qui accompagne la maturation.

De nombreux types de graines en dormance germeront si on en retire l'acide abscissique ou qu'on le désactive d'une manière ou d'une autre. Les graines de certaines plantes du désert sortent de leur dormance uniquement quand des pluies abondantes en lessivent l'acide abscissique. D'autres graines ont beoin d'une exposition à la lumière ou d'une longue exposition au froid pour désactiver l'acide abscissique. Le rapport entre la concentration de cet acide et celle des gibbérellines détermine souvent si la graine restera dans l'état de dormance ou germera. L'ajout d'acide abscissique dans des graines qui ont commencé à germer les fait reprendre leur dormance. Un plant de Maïs mutant dont les graines germent quand elles sont encore sur l'épi se caractérise par l'absence d'un facteur de transcription fonctionnel nécessaire au déclenchement, par l'acide abscissique, de l'expression de certains gènes (FIGURE 39.12).

Stress provoqué par la sécheresse. L'acide abscissique est le principal stimulus interne qui aide les Végétaux à résister à la sécheresse. Quand une plante commence à flétrir, il s'accumule dans les feuilles et provoque la fermeture des stomates, ce qui réduit la transpiration et les pertes d'eau. Par son action sur les seconds messagers tels que le calcium, il provoque en effet l'ouverture des canaux membranaires qui dirigent le potassium vers l'extérieur des cellules stomatiques, qui se vident ainsi de leur potassium. La perte osmotique d'eau qui accompagne ce phénomène diminue la turgescence des cellules stomatiques et ferme le stomate (voir la FIGURE 36.13). Dans certains cas, le manque d'eau peut affaiblir le système racinaire avant le système caulinaire. L'acide abscissique transporté des racines aux feuilles peut alors agir comme un « système d'alarme précoce ». De nombreux mutants particulièrement prédisposés au flétrissement ne produisent pas d'acide abscissique.

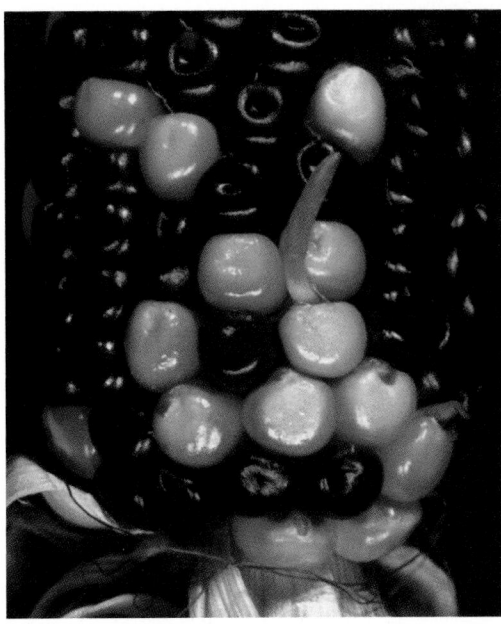

FIGURE 39.12 Germination précoce des graines sur un plant de Maïs mutant. L'acide abscissique provoque la dormance chez les graines. Quand son action est inhibée – dans le cas présent, en raison d'une mutation touchant un facteur de transcription régulé par l'acide abscissique –, il y a germination précoce.

Éthylène

Au XIXe siècle, quand on éclairait les rues au gaz de houille ou gaz d'éclairage, les fuites provoquaient la chute précoce des feuilles des arbres situés près des conduites. En 1901, le scientifique russe Dimitry Neljubow démontra que l'**éthylène** était le principal facteur actif du gaz d'éclairage. Mais on n'accepta l'idée que l'éthylène était une hormone produite par les Végétaux eux-mêmes qu'après qu'une technique appelée chromatographie eut permis de mesurer la quantité d'éthylène présent. Les Végétaux produisent de l'éthylène en réaction à des perturbations comme les sécheresses, les inondations, les pressions externes exercées par un liquide ou un solide, les blessures et les infections. Ils en produisent également durant le mûrissement des fruits et la mort programmée des cellules. De plus, ils en produisent lorsqu'on leur procure des concentrations élevées d'auxines. En fait, de nombreuses actions physiologiques que l'on attribuait jadis à l'auxine, par exemple l'inhibition de l'allongement des racines, sont aujourd'hui attribuées à la production d'éthylène déclenchée par l'auxine. L'éthylène a de nombreuses actions sur les Végétaux, examinons-en quatre : la triple réponse aux contraintes physiques ; l'apoptose ; l'abscission des feuilles ; et la maturation des fruits.

La triple réponse aux contraintes physiques : utilisation de mutants pour comprendre une voie de conversion-amplification du stimulus. Imaginez un semis de Pois poussant vers le haut dans le sol et butant contre un objet immobile, comme une pierre. Lorsque l'apex délicat de la tige touche l'obstacle, la contrainte physique qu'exerce ce dernier entraîne une production d'éthylène dans la plantule. L'éthylène conduit la plantule à effectuer une manœuvre de croissance appelée **triple réponse** qui lui permet de contourner l'obstacle.

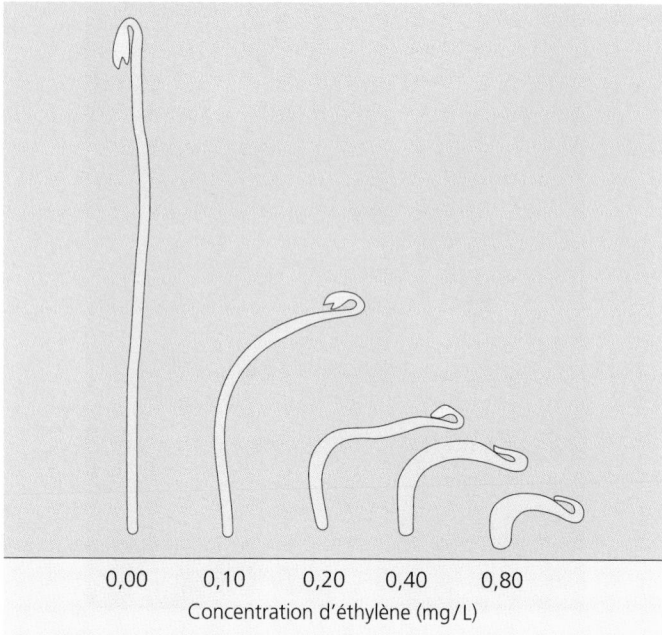

0,00   0,10   0,20   0,40   0,80
Concentration d'éthylène (mg/L)

FIGURE 39.13 Triple réponse provoquée par l'éthylène dans une plantule de Pois. Qu'il soit procuré artificiellement ou qu'il soit produit naturellement à la suite d'une contrainte physique, l'éthylène provoque dans les plantules de Pois (*Pisum sativum*) en germination un ralentissement de l'allongement, un épaississement de la tige et une croissance horizontale, c'est-à-dire une triple réponse. Cette réaction de croissance est une adaptation qui permet aux plantules de contourner les obstacles qu'elles rencontrent dans le sol. Cette expérience montre les résultats de la triple réponse dans des plantules de Pois exposées à différentes concentrations d'éthylène.

Vous pouvez voir à la FIGURE 39.13 que les trois parties de cette réaction sont le ralentissement de l'allongement de la tige, son épaississement (qui la rend plus forte) et sa courbure qui la fait croître horizontalement. Tout au long de la croissance,

l'extrémité de la tige se tourne régulièrement vers le haut. Si elle détecte un objet solide, il y a une autre émission d'éthylène et la tige continue sa progression horizontale. Mais si elle ne touche aucun objet solide, la production d'éthylène diminue, et la tige, qui ne rencontre plus aucun obstacle, peut reprendre sa croissance verticale.

C'est l'éthylène, plutôt que la contrainte physique elle-même, qui est à l'origine de la croissance horizontale de la tige. En effet, des plantules poussant normalement et ne rencontrant aucun obstacle physique réagissent par une triple réponse quand on leur vaporise de l'éthylène (voir la FIGURE 39.13).

Les chercheurs ont examiné des mutants d'*Arabidopsis thaliana* affichant une triple réponse anormale dans le but d'étudier les voies de conversion-amplification du stimulus qui mènent à la réponse. Les mutants *ein* (pour *ethylene-insensitive*, « insensibles à l'éthylène ») ne manifestent aucune triple réponse après une exposition à l'éthylène (FIGURE 39.14a). Certains d'entre eux sont insensibles à la présence d'éthylène en raison de l'absence de récepteurs d'éthylène fonctionnels. D'autres mutants présentent une triple réponse même hors du sol, où il n'y a aucun obstacle physique. Certains d'entre eux ont un défaut de régulation qui les fait produire de l'éthylène à une concentration vingt fois plus élevée que la normale. On peut restaurer le phénotype de ces mutants *eto* (pour *ethylene-overproducing*, « produisant de l'éthylène en excès ») et leur faire retrouver le caractère de type sauvage en traitant les plantules avec des substances qui inhibent la synthèse de l'éthylène. D'autres mutants encore, appelés *ctr* (pour *constitutive triple-response*, « triple réponse constitutive »), présentent une triple réponse dans la partie aérienne du plant, mais ne réagissent pas aux substances qui inhibent la synthèse de l'éthylène (FIGURE 39.14b). Dans ce cas, la conversion-amplification du stimulus éthylénique est continuellement active, même en l'absence d'éthylène. La FIGURE 39.15 résume les réponses des mutants *ein*, *eto* et *ctr* à la présence d'éthylène ou à la présence des substances qui en inhibent la synthèse.

FIGURE 39.14 La triple réponse à l'éthylène chez les mutants.

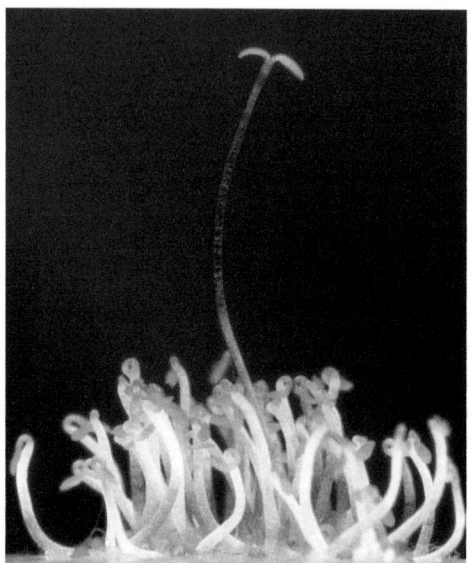

(a) Mutation *ein.* Un mutant *ein* (pour *ethylene-insensitive*) n'affiche aucune triple réponse à la présence d'éthylène.

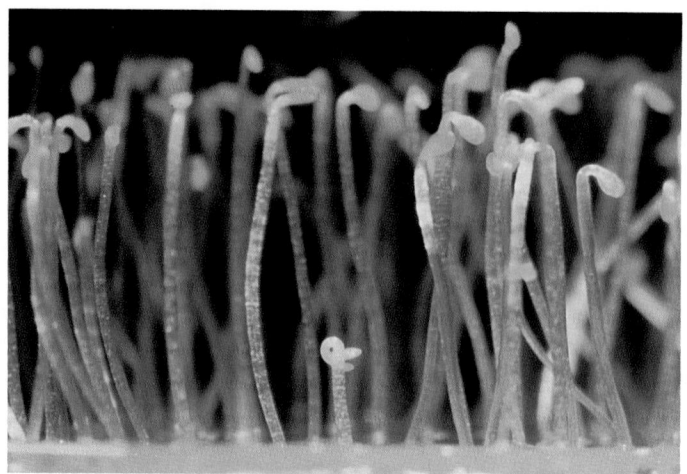

(b) Mutation *ctr.* Un mutant *ctr* (pour *constitutive triple-response*) affiche une triple réponse même en l'absence d'éthylène.

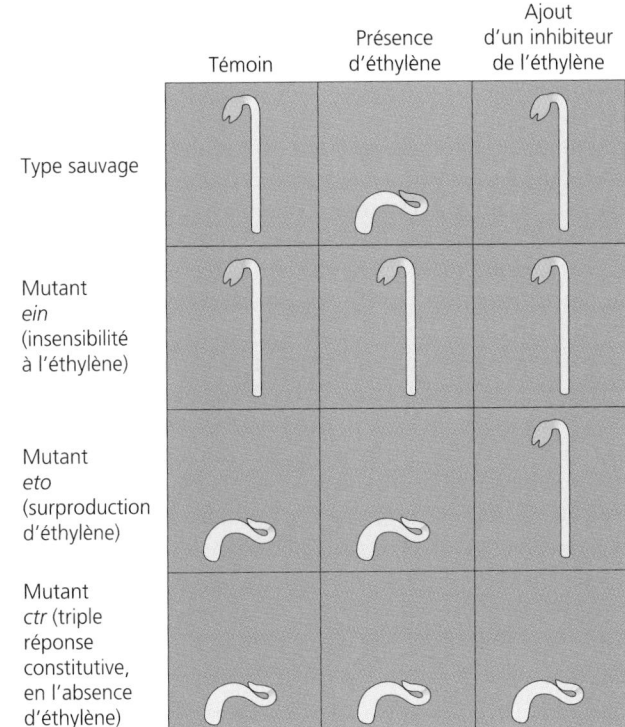

	Témoin	Présence d'éthylène	Ajout d'un inhibiteur de l'éthylène
Type sauvage			
Mutant *ein* (insensibilité à l'éthylène)			
Mutant *eto* (surproduction d'éthylène)			
Mutant *ctr* (triple réponse constitutive, en l'absence d'éthylène)			

FIGURE 39.15 On peut distinguer les types de mutants, pour ce qui est de la conversion-amplification du stimulus éthylénique, en observant leurs réponses aux conditions expérimentales.

Il s'avère que le gène altéré chez les mutants *ctr* code pour une protéine kinase. Le fait que cette mutation *déclenche* la réponse à l'éthylène permet de penser que la kinase normale produite par l'allèle sauvage est un régulateur *négatif* de la conversion-amplification du stimulus éthylénique. Voici une hypothèse qui explique le fonctionnement de cette voie dans des plantes de type sauvage : la fixation de l'éthylène sur le récepteur provoque une désactivation de la kinase ; la désactivation de ce régulateur négatif permet la synthèse des protéines nécessaires à la triple réponse.

Apoptose : mort cellulaire programmée. Observez la chute d'une feuille à l'automne ou la mort d'une plante annuelle après sa floraison. Pensez à la dernière étape de la différenciation d'un élément de vaisseau du xylème, dont le contenu vivant est alors détruit et qui devient un tube creux. Tous ces événements résultent de la mort programmée de certaines cellules ou de certains organes, ou même de la plante entière. Les cellules, les organes et les plantes génétiquement programmés pour mourir à un moment donné ne font pas qu'arrêter leur métabolisme cellulaire et attendre la mort. Au contraire, ils vivent l'un des moments les plus intenses de leur vie : l'**apoptose**, c'est à dire le déclenchement de la mort cellulaire qui nécessite l'expression de nouveaux gènes. Pendant l'apoptose, des enzymes nouvellement produites dégradent de nombreuses substances chimiques, notamment la chlorophylle, l'ADN, l'ARN, les protéines et les lipides membranaires. La plante peut alors récupérer les produits de cette dégradation. Une production massive d'éthylène est presque toujours associée à cette destruction programmée des cellules, des organes ou de la plante entière.

Abscission des feuilles. La chute des feuilles à l'automne est une adaptation qui prévient la dessiccation des arbres feuillus au cours de l'hiver, saison pendant laquelle les racines ne peuvent absorber d'eau dans le sol gelé. Avant l'abscission des feuilles, plusieurs de leurs nutriments essentiels se dirigent vers les cellules parenchymateuses de la tige pour y être entreposés. Ils retourneront dans les jeunes feuilles au printemps. Les couleurs automnales des feuilles résultent d'un mélange de pigments rouges fabriqués à l'automne et de carotènes jaunes et orange déjà existants (voir le chapitre 10) que la chlorophylle masquait pendant l'été.

Quand une feuille tombe, à l'automne, une surface d'abscission se forme d'abord près de la base de son pétiole. La paroi des petites cellules parenchymateuses de cette zone devient très mince et aucune cellule fibreuse n'entoure le tissu conducteur. En outre, des enzymes hydrolysent les polysaccharides de la paroi cellulaire, ce qui affaiblit encore la zone d'abscission. Enfin, la masse de la feuille et l'action du vent provoquent une rupture dans la zone d'abscission. Avant même la chute de la feuille, une couche de liège cicatrise la ramille pour empêcher les agents pathogènes d'envahir la plante (FIGURE 39.16, p. 886).

L'abscission résulte d'une modification de l'équilibre entre l'éthylène et l'auxine. Une feuille vieillissante produit de moins en moins d'auxine, ce qui rend les cellules de la zone d'abscission plus sensibles à l'éthylène. Quand l'éthylène domine dans la zone d'abscission, les cellules produisent des enzymes qui dégradent la cellulose et d'autres composantes de la paroi cellulaire.

Maturation des fruits. Chez les Angiospermes, les fruits favorisent la dispersion des graines (voir le chapitre 30). Les fruits immatures, qui sont aigres, durs et verts, deviennent comestibles quand leurs graines arrivent à maturité. Une production massive d'éthylène dans le fruit déclenche ce mûrissement. La dégradation enzymatique des composantes des parois cellulaires ramollit le fruit, et la transformation de l'amidon et des acides en glucose, saccharose et fructose rend le fruit plus doux au goût. Grâce à la production d'un nouvel arôme et à l'apparition d'une nouvelle couleur, le fruit attire des animaux, qui le mangent et en dispersent les graines.

Une cascade de réactions a lieu durant le mûrissement du fruit. Tout d'abord, l'éthylène déclenche le mûrissement, qui, en retour, active la production d'éthylène (c'est l'un des rares exemples de rétroactivation en physiologie ; voir la FIGURE 1.8). Il en résulte une surproduction d'éthylène. L'éthylène étant un gaz, le stimulus de maturation se propage même de fruit en fruit. Il est vrai, en effet, qu'une pomme pourrie gâte tout le panier. Si vous cueillez ou achetez un fruit vert, vous pouvez en accélérer la maturation en l'enveloppant dans un sac de plastique, où l'éthylène s'accumulera. Dans le domaine commercial, les producteurs font mûrir de nombreux types de fruits dans d'énormes conteneurs dans lesquels ils introduisent de l'éthylène. À l'inverse, il leur arrive aussi de retarder la maturation causée par l'éthylène naturel. Par exemple, ils entreposent les pommes dans des caissons où ils introduisent du dioxyde de carbone. La circulation de l'air empêche l'accumulation de l'éthylène, et le dioxyde de carbone inhibe la synthèse de nouvelles molécules d'éthylène. Grâce à cette méthode, les pomiculteurs vendent pendant l'été les pommes qu'ils ont cueillies l'automne précédent.

Ramille   Couche   Zone   Pétiole   0,5 mm (28 ×)
protectrice   d'abscission
de liège

FIGURE 39.16 Abscission d'une feuille d'Érable (*Acer sp.*). L'abscission résulte d'une modification de l'équilibre entre l'éthylène et l'auxine. La zone d'abscission apparaît ici sous la forme d'une bande verticale, à la base du pétiole (MP). Après la chute de la feuille, une couche protectrice de liège ferme la cicatrice foliaire, ce qui empêche les agents pathogènes d'envahir l'arbre.

Étant donné l'importance que revêt l'éthylène pour les fruits déjà cueillis, la manipulation génétique du mécanisme de conversion-amplification du stimulus éthylénique pourrait avoir des applications commerciales très intéressantes. Par exemple, en ajoutant un ARN antisens qui inhibe la transcription de l'un des gènes nécessaires à la synthèse de l'éthylène, les biologistes moléculaires ont créé des tomates qui mûrissent à la demande. On cueille ces fruits quand ils sont encore verts, et ils ne mûrissent pas tant qu'on ne les expose pas à l'éthylène. L'amélioration de ce genre de méthode permettra de réduire le gaspillage de fruits et de légumes, problème qui conduit à la perte de près de la moitié des récoltes aux États-Unis et au Canada.

Brassinostéroïdes

D'abord isolés du pollen de plantes du genre *Brassica* en 1979, les **brassinostéroïdes** sont des stéroïdes chimiquement semblables au cholestérol et aux hormones sexuelles des Animaux. Ils provoquent l'allongement et la division cellulaires dans les tiges et dans les plantules à des concentrations de 10^{-12} mol/L seulement. De plus, ils retardent l'abscission des feuilles et favorisent la différenciation du xylème. Ces actions ressemblent tellement à celles de l'auxine du point de vue qualitatif qu'il fallut plusieurs années aux phytophysiologistes pour distinguer les brassinostéroïdes des auxines.

La biologie moléculaire a permis d'établir que les brassinostéroïdes étaient des hormones végétales. Certains chercheurs s'intéressaient aux mutants d'*Arabidopsis thaliana* qui possédaient des caractères morphologiques semblables à ceux des plants croissant à la lumière, et cela, même s'ils poussaient dans l'obscurité. Ils ont découvert que la mutation touchait un gène codant normalement pour une enzyme semblable à celle qui participe à la synthèse de stéroïdes dans les cellules des Mammifères. Ils ont également montré que l'on pouvait faire apparaître un phénotype normal sur des plants mutants en leur donnant des brassinostéroïdes en laboratoire. Les mutants étudiés manquaient de brassinostéroïdes.

■   ■   ■

Pour terminer notre étude, rappelons que ces substances chimiques que sont les hormones végétales participent à la régulation de la croissance, du développement, de la reproduction et de la physiologie d'une plante en fonction du milieu. Ainsi, l'auxine permet aux Plantes de se courber vers une source lumineuse. L'acide abscissique, quant à lui, maintient la dormance de certaines graines jusqu'à ce que les conditions soient favorables à la germination. Enfin, l'éthylène fait tomber les feuilles à l'automne, quand les jours raccourcissent et que le temps se refroidit. Il est important de tenir compte de ce genre de relations entre les stimulus externes et les stimulus hormonaux quand on étudie la façon dont les Végétaux détectent les changements dans leur environnement et y réagissent.

LES RÉACTIONS DES VÉGÉTAUX À LA LUMIÈRE

La lumière est un facteur environnemental particulièrement important dans le développement des Plantes. Outre qu'elle est essentielle à la photosynthèse, elle est à l'origine de nombreux événements clés de la croissance et du développement des Végétaux. Son action sur la morphologie des Végétaux est appelée **photomorphogenèse**. La lumière est également pour les Plantes une indication du temps qui passe, des jours et des saisons.

Les Végétaux détectent non seulement la présence de la lumière, mais aussi sa direction, son intensité et ses longueurs d'onde (couleurs). Nous avons vu au chapitre 10 qu'un **spectre d'action** est un graphique qui met en relation la longueur de l'onde lumineuse et la réaction physiologique qu'elle provoque. Ainsi, le spectre d'action pour la photosynthèse possède deux pics, l'un dans le rouge et l'autre dans le bleu (voir la FIGURE 10.8). Cela s'explique par le fait que les chlorophylles, les pigments les plus abondants dans les parties vertes d'une plante, absorbent la lumière dans les bandes rouge et bleue du spectre visible principalement. Les spectres d'action sont utiles dans l'étude de *tout* processus qui dépend de la lumière. En comparant les spectres d'action correspondant aux réponses de différentes plantes, les chercheurs peuvent déterminer les réponses qui mettent en jeu les mêmes photorécepteurs (pigments). Les scientifiques peuvent également comparer les spectres d'action aux spectres d'absorption des molécules de photorécepteurs présumés. Un spectre d'absorption est un graphique qui représente les longueurs d'ondes lumineuses qu'un pigment donné peut absorber. Une corrélation étroite entre le spectre d'action de la réponse d'une plante et le spectre d'absorption d'un pigment purifié permet de supposer que le pigment est le photorécepteur qui amorce la réponse.

Les spectres d'action révèlent que la lumière rouge et la lumière bleue sont les couleurs les plus importantes dans la régulation de la photomorphogenèse d'une plante. Ils ont permis aux chercheurs de distinguer deux grands groupes de photorécepteurs : un groupe hétérogène de photorécepteurs recevant la lumière bleue et une famille de photorécepteurs appelés phytochromes absorbant la plus grande partie de la lumière rouge.

Les photorécepteurs sensibles à la lumière bleue forment un groupe hétérogène de pigments

Les chercheurs ont fait des spectres d'action pour de nombreux processus végétaux, notamment : le phototropisme (courbure en direction de la source lumineuse ou dans le sens opposé) ; le ralentissement de l'allongement de l'hypocotyle provoqué par la lumière quand la plantule émerge du sol (voir la FIGURE 38.14) ; et l'ouverture des stomates provoquée par la lumière (voir la FIGURE 36.13). Les résultats obtenus montrent que la lumière bleue est le facteur de déclenchement le plus déterminant pour ces diverses réponses. (La FIGURE 39.17 donne l'exemple du phototropisme.) Dans les années 1970, les physiologistes avaient tellement de mal à définir l'identité biochimique du photorécepteur de la lumière bleue qu'ils parlaient du cryptochrome (du grec *kruptos*, «caché», et *khrôma*, «couleur») pour faire référence à ce récepteur présumé. Dans les années 1990, les biologistes moléculaires qui analysaient les plants mutants d'*Arabidopsis thaliana* ont constaté que les Plantes utilisaient au moins trois types de pigments complètement différents pour détecter la lumière bleue : les **cryptochromes** (pour l'inhibition de l'allongement de l'hypocotyle), la **phototropine** (pour le phototropisme) et un photorécepteur à base de carotène appelé **zéaxanthine** (pour l'ouverture des stomates).

FIGURE 39.17 Spectre d'action révélant le rôle de la lumière bleue dans le phototropisme. (a) La courbure d'une plante vers la source lumineuse est régie par un photorécepteur de la lumière bleue appelé phototropine. Dans ce spectre d'action correspondant au phototropisme du coléoptile du Maïs (*Zea mays*), on peut constater que seules des longueurs d'onde inférieures à 500 nm (bleu et ultraviolet) réussissent à provoquer une courbure de la pousse. **(b)** Les photographies du haut ont été prises au début de l'expérience ; celles du bas, après une exposition de 90 minutes à une lumière latérale de la couleur indiquée.

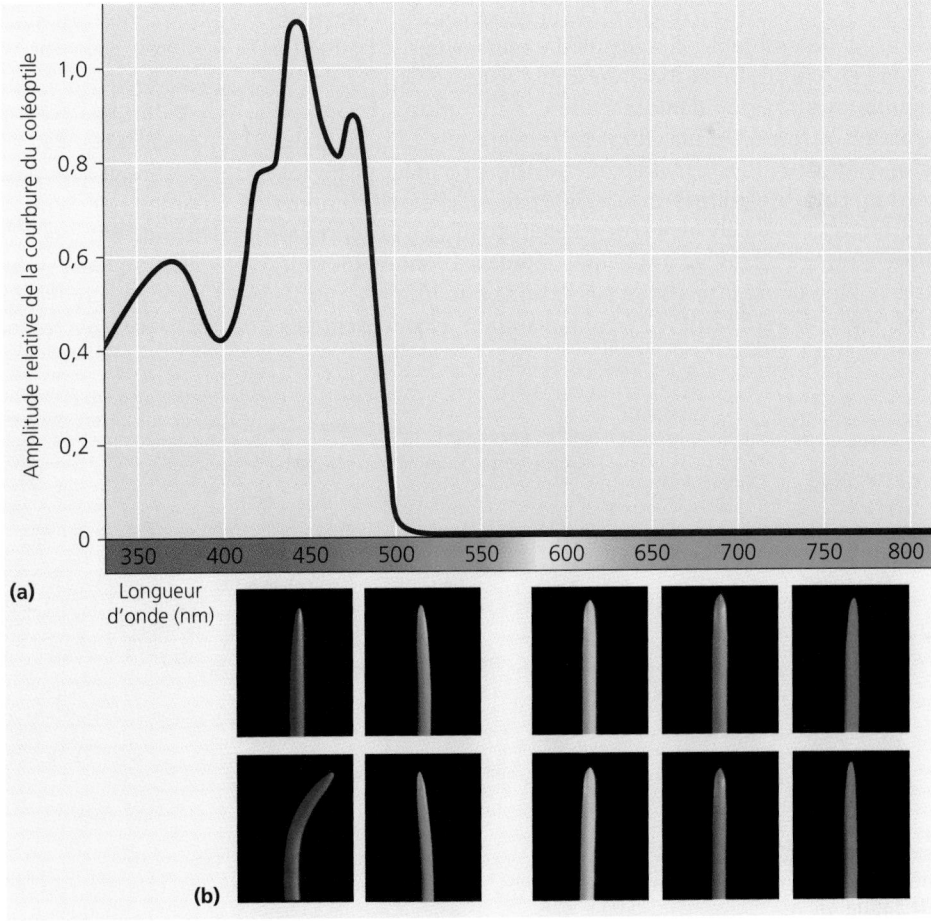

Les phytochromes fonctionnent comme des photorécepteurs dans de nombreuses réactions des Végétaux à la lumière

Quand, au début de ce chapitre, nous avons présenté le mécanisme de conversion-amplification des stimulus chez les Plantes, nous avons parlé du rôle que joue, dans le verdissement, une famille de pigments végétaux appelés phytochromes. Les phytochromes régulent de nombreuses réponses d'une plante à la lumière, durant tout le développement, de la germination à la floraison. Voyons quelques exemples.

Interconversion des phytochromes et germination des graines

 Ce sont les études sur la germination des graines qui ont conduit à la découverte des phytochromes. En raison de leur réserve de nourriture limitée, de nombreuses sortes de petites graines, comme les graines de la Laitue (*Lactuca sativa*), ne doivent germer que dans des conditions optimales, notamment de luminosité, pour survivre. Il n'est pas rare que de ces graines restent en dormance durant des années, attendant la luminosité appropriée. Par exemple, la mort d'un arbre qui fait de l'ombre ou le labourage d'un champ peuvent créer un environnement lumineux favorable à la germination.

Dans les années 1930, les scientifiques du ministère de l'Agriculture des États-Unis ont déterminé le spectre d'action pour la germination des graines de Laitue, processus déclenché par la lumière. Pendant quelques minutes, ils ont exposé des graines gorgées d'eau à des lumières monochromes (d'une seule couleur) de différentes longueurs d'ondes, avant de les mettre dans l'obscurité. Deux jours après, ils ont noté le nombre de graines ayant germé dans chacune des conditions. Le spectre d'action a révélé qu'une lumière rouge ayant une longueur d'onde de 660 nm a le plus augmenté le pourcentage de germination chez les graines de Laitue, par rapport aux graines témoins qui n'ont été exposées à aucune lumière. Au contraire, une lumière infrarouge ayant une longueur d'onde (730 nm) très proche du spectre visible par l'Humain *inhibe* la germination des graines de Laitue, par comparaison avec les témoins.

Que se passe-t-il si l'on expose les graines de Laitue à un éclair de lumière rouge (R) puis à un éclair de lumière infrarouge (IR), ou l'inverse, à un éclair de lumière IR puis à un éclair de lumière R ? C'est le *dernier* éclair qui détermine la réponse de la graine (FIGURE 39.18). En d'autres termes, les effets des lumières rouge et infrarouge sont réversibles.

Le photorécepteur qui est à l'origine des effets réversibles de la lumière rouge et de la lumière infrarouge est un phytochrome. C'est une protéine liée par covalence à un chromophore, partie non protéique de la molécule qui absorbe la lumière (FIGURE 39.19). Jusqu'à présent, les chercheurs ont identifié, chez *Arabidopsis thaliana*, cinq phytochromes affichant chacun une légère différence dans la structure de son chromophore.

Le chromophore d'un phytochrome prend, par alternance, deux formes isomères (voir le chapitre 4). Sous une forme, il absorbe la lumière rouge ; sous l'autre, il absorbe la lumière infrarouge. Les deux formes de phytochrome, P_r (celle qui absorbe le rouge) et P_{ir} (celle qui absorbe l'infrarouge), sont dites photoréversibles.

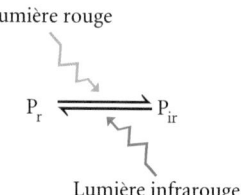

L'interconversion $P_r \rightleftharpoons P_{ir}$ sert de commutateur pour les divers événements du développement des Végétaux qui sont déclenchés par la lumière (FIGURE 39.20). La forme P_{ir} du phytochrome déclenche de nombreuses réponses à la lumière chez les Plantes. Par exemple, dans les expériences de germination que nous venons de décrire, le phytochrome P_r présent dans les graines de Laitue exposées à la lumière rouge s'est converti en P_{ir}, ce qui a déclenché les réponses cellulaires conduisant à la germination. Quand on a exposé à la lumière infrarouge les graines qui avaient déjà été exposées à la lumière rouge, le P_{ir} s'est reconverti en P_r, ce qui a inhibé la germination.

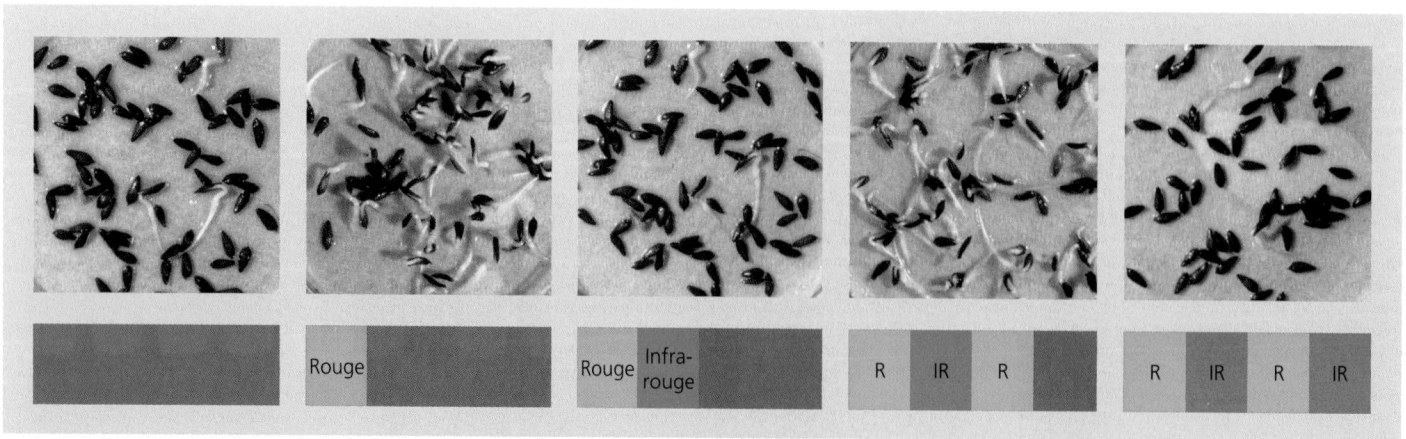

FIGURE 39.18 Régulation, par les phytochromes, de la germination des graines de Laitue. On a conservé les graines témoins, à gauche, dans l'obscurité. On a exposé les différents échantillons de graines expérimentales à des éclairs de lumière. Sous les photos figurent les séquences d'exposition aux éclairs de lumières rouge et infrarouge.

Un phytochrome est constitué de deux protéines identiques qui se combinent pour donner la molécule fonctionnelle. Chacune de ces protéines possède deux domaines.

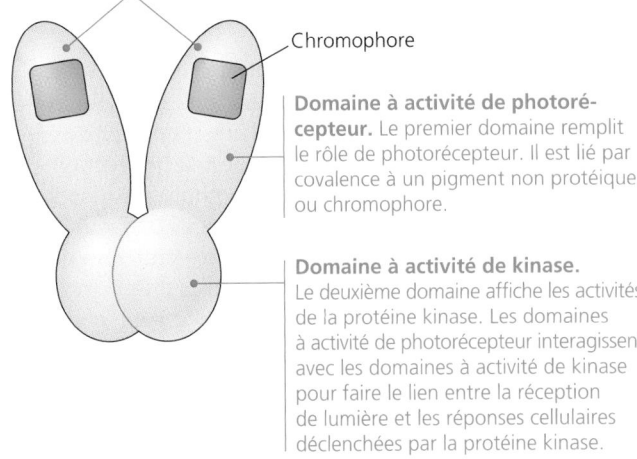

Chromophore

Domaine à activité de photoré-cepteur. Le premier domaine remplit le rôle de photorécepteur. Il est lié par covalence à un pigment non protéique, ou chromophore.

Domaine à activité de kinase. Le deuxième domaine affiche les activités de la protéine kinase. Les domaines à activité de photorécepteur interagissent avec les domaines à activité de kinase pour faire le lien entre la réception de lumière et les réponses cellulaires déclenchées par la protéine kinase.

FIGURE 39.19 Structure d'un phytochrome.

Comment l'interconversion des phytochromes explique-t-elle le déclenchement de la germination par la lumière dans la nature? Les Végétaux synthétisent la forme P_r du phytochrome. Si leurs graines sont dans l'obscurité, le pigment reste pratiquement sous cette forme (voir la FIGURE 39.20). Mais, si elles reçoivent la lumière du soleil, le phytochrome est exposé à la lumière rouge (ainsi qu'aux autres longueurs d'onde de la lumière). La majeure partie de P_r se convertit alors en P_{ir}. Cette conversion en P_{ir} est l'un des moyens que les Végétaux utilisent pour détecter la lumière du soleil. Quand la lumière solaire qui convient éclaire pour la première fois les graines, c'est la conversion en P_{ir} qui déclenche la germination.

Interconversion des phytochromes et héliophilie

Le phytochrome renseigne aussi la plante sur la *qualité* de la lumière. Les rayonnements de la lumière solaire se situent à la fois dans le rouge et dans l'infrarouge. Par conséquent, dans la journée, la transformation $P_r \rightleftharpoons P_{ir}$ atteint un équilibre dynamique où le rapport entre les deux formes du phyto-chrome traduit les quantités respectives de lumière rouge et de lumière infrarouge. Ce mécanisme de détection permet aux Végétaux de s'adapter aux variations de luminosité. Prenons l'exemple d'un arbre héliophile, c'est-à-dire qui a besoin d'une intensité lumineuse relativement forte. Si d'autres arbres lui font de l'ombre, le rapport entre les deux formes du phyto-chrome penche en faveur de P_r, car le couvert de la forêt laisse passer plus de lumière rouge que de lumière infrarouge. (La chlorophylle des feuilles du couvert absorbe la lumière rouge et laisse passer la lumière infrarouge.) Ce rapport favorisant la lumière infrarouge pousse l'arbre à consacrer la majeure partie de ses ressources à la croissance en hauteur. Au contraire, la lumière solaire directe augmente la proportion de P_{ir}, ce qui provoque la ramification et inhibe la croissance verticale.

Outre qu'ils leur permettent de détecter la lumière et d'en déterminer la qualité, les phytochromes permettent aux Végétaux de suivre la succession des jours et des saisons. Pour comprendre le rôle qu'ils jouent dans ce rapport au temps, il faut d'abord examiner l'horloge elle-même.

L'horloge biologique régule les rythmes circadiens chez les Végétaux et les autres Eucaryotes

Chez les Végétaux, de nombreux processus, comme la transpi-ration et la synthèse de certaines enzymes, varient au cours d'une journée. Certaines de ces variations cycliques sont des réactions aux changements de luminosité, de température et d'humidité relative qui accompagnent le cycle de 24 heures du jour et de la nuit. Cependant, on peut éliminer ces facteurs exogènes (externes) en faisant pousser des plantes dans des chambres d'environnement où l'on maintient certaines condi-tions de lumière, de température et d'humidité. Même dans ces conditions artificielles constantes, de nombreux processus physiologiques des Végétaux, comme l'ouverture et la ferme-ture des stomates et la production des enzymes photosynthé-tiques, continuent d'osciller selon une période approximative de 24 heures (une période est la durée d'un cycle). Ainsi, chez de nombreuses Légumineuses, les feuilles s'abaissent durant la nuit pour se redresser au petit matin (FIGURE 39.21, p. 890). Un plant de Haricot (*Phaseolus sp.*), par exemple, présente des mouvements nyctinastiques («au rythme de l'alternance des jours et des nuits»), même si on l'expose à une clarté ou à une obscurité constante. Par conséquent, ce ne sont pas que le coucher et le lever du soleil qui le font réagir au niveau des feuilles. On appelle **rythmes circadiens** (du latin *circa*, «autour», et *dies*, «jour») les cycles physiologiques dont la période est d'environ 24 heures et qui ne sont pas directement réglés par une variable environnementale. Les rythmes circadiens sont omniprésents chez tous les Eucaryotes. Ainsi, votre pouls, votre pression artérielle, votre température, la vitesse de la division cellulaire dans votre corps, votre formule sanguine, votre état de vigilance, la composition de votre urine, la vitesse de votre métabolisme, votre libido et votre réceptivité aux médicaments connaissent tous des variations circadiennes.

Les rythmes circadiens sont-ils entièrement régis par une horloge interne ou correspondent-ils plus ou moins à des réponses à certains cycles environnementaux subtils, mais envahissants, comme le géomagnétisme ou les radiations cos-miques? Les différents organismes, notamment les Végétaux et les Humains, gardent une activité rythmique, qu'on les place au fond d'une mine ou en orbite autour de la Terre. Toutes les

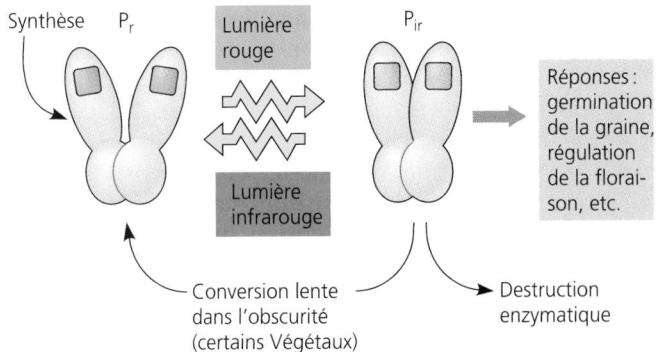

Synthèse P_r — Lumière rouge — P_{ir} — Réponses: germination de la graine, régulation de la florai-son, etc.

Lumière infrarouge

Conversion lente dans l'obscurité (certains Végétaux)

Destruction enzymatique

FIGURE 39.20 Le phytochrome : un mécanisme de conversion molé-culaire. L'absorption de la lumière rouge pousse le P_r bleuâtre à se transformer en P_{ir} bleu-verdâtre. La lumière infrarouge inverse cette conversion. Dans la plupart des cas, c'est la forme P_{ir} du pigment qui déclenche les réponses physiologiques et le développement chez les Végétaux.

FIGURE 39.21 Mouvements nyctinastiques du Haricot (*Phaseolus sp.*). Observez la position des feuilles à midi (en haut) et à minuit (en bas). Ces mouvements des feuilles résultent de changements réversibles de la pression de turgescence dans les cellules situées des deux côtés des pulvini, régions renflées situées à la base du pétiole.

recherches effectuées jusqu'à maintenant indiquent que l'horloge des rythmes circadiens est endogène (interne). Toutefois, cette horloge se règle précisément sur une période de 24 heures grâce aux stimulus extérieurs quotidiens.

Quand un organisme est maintenu dans un milieu stable, la période de ses rythmes circadiens ne reste pas à 24 heures, mais varie. Cette période dite endogène (qui se détermine à l'intérieur d'un organisme) varie en effet entre 21 et 27 heures, selon la réaction étudiée. Ainsi, les mouvements nyctinastiques d'un plant de Haricot ont une période de 26 heures dans l'obscurité continue. L'allongement et le raccourcissement des périodes ne traduisent pas une défaillance de l'horloge biologique. Celle-ci marque encore parfaitement le temps, mais elle n'est plus synchrone avec le monde extérieur.

Comment l'horloge biologique fonctionne-t-elle? Pour essayer de répondre à cette question, il faut d'abord faire la différence entre l'horloge et le processus cyclique qu'elle régit. Les feuilles qui ont des mouvements nyctinastiques représentent les « aiguilles » de l'horloge biologique, mais ces mouvements *ne sont pas* l'horloge elle-même. Si l'on attache des feuilles de Haricot pendant plusieurs heures, aussitôt déliées elles prennent la position appropriée au moment de la journée. On peut entraver une manifestation du rythme biologique, mais pas le rythme lui-même.

Les chercheurs associent l'horloge biologique à un mécanisme moléculaire qui pourrait être commun à tous les Eucaryotes. Selon une hypothèse largement acceptée, le rythme biologique dépend de la synthèse d'une protéine qui régulerait sa propre production par rétroaction. Cette protéine pourrait être un facteur de transcription qui inhiberait la transcription du gène codant pour ce même facteur de transcription. La concentration de ce facteur de transcription augmenterait au cours de la première moitié du cycle circadien, puis diminuerait au cours de la seconde moitié, en raison de la rétro-inhibition provoquée par sa propre production.

Les chercheurs ont récemment utilisé une nouvelle technique pour identifier les mutants dits du rythme circadien chez *Arabidopsis thaliana*. L'un des principaux rythmes circadiens chez les Végétaux est la production quotidienne de protéines associées à la photosynthèse. Les biologistes moléculaires connaissent le promoteur qui régule la transcription des gènes responsables de ces protéines de photosynthèse. Pour identifier les mutants du rythme circadien, les scientifiques ont abouté à ce promoteur le gène codant pour une enzyme appelée luciférase. La luciférase est responsable de la bioluminescence des Lucioles. Lorsque l'horloge biologique active le promoteur dans le génome d'*Arabidopsis thaliana*, elle active également la production de luciférase. La plante commence alors à luire en suivant un rythme circadien. On a ainsi pu isoler les mutants du rythme circadien en sélectionnant les individus qui luisaient plus longtemps ou moins longtemps que la normale. Les gènes défectueux de certains de ces mutants modifient les protéines qui se lient normalement aux photorécepteurs. Il est possible que les mutations en question perturbent un mécanisme qui règle l'horloge biologique selon la luminosité.

La lumière règle l'horloge biologique

Comme nous l'avons vu chez le Haricot, le rythme circadien endogène des mouvements des feuilles a une période de 26 heures. Supposons que, à l'aube, nous placions un plant de Haricot dans un placard sombre pendant 72 heures. Les feuilles ne se redresseraient, la deuxième journée, que deux heures après l'aube réelle, et la troisième, que quatre heures après, etc. Coupée des stimulus externes, une plante se désynchronise de son environnement naturel. On observe également ce phénomène de désynchronisation quand on traverse plusieurs fuseaux horaires en avion. À destination, les horloges fixées aux murs ne sont pas synchrones avec notre horloge interne. Tous les Eucaryotes sont probablement sensibles au décalage horaire.

Qu'est-ce qui règle l'horloge biologique sur une période quotidienne précise de 24 heures? C'est la lumière. Les phytochromes et les photorécepteurs de la lumière bleue peuvent tous régler les rythmes circadiens chez les Végétaux. Mais on connaît mieux le fonctionnement des phytochromes que celui des autres photorécepteurs. Vous vous en doutez sûrement, ce mécanisme implique le déclenchement et l'arrêt de réponses cellulaires au moyen de l'interconversion $P_r \rightleftharpoons P_{ir}$.

Réexaminons la réaction photoréversible illustrée à la FIGURE 39.20. Dans l'obscurité, le rapport des phytochromes penche progressivement en faveur de la forme P_r. C'est en partie dû au cycle des phytochromes en général. En effet, ces pigments sont synthétisés sous la forme P_r et les enzymes de dégradation détruisent plus la forme P_{ir} que la forme P_r. De plus, chez certaines espèces végétales, un mécanisme biochimique convertit progressivement la forme P_{ir} en P_r au coucher du soleil. Dans l'obscurité, le P_r accumulé ne peut se transformer en P_{ir}. Mais au lever du soleil, la conversion photochimique du P$_r$ se fait rapidement et provoque l'augmentation de la concentration de P$_{ir}$. C'est cette soudaine augmentation quotidienne du P$_{ir}$ à l'aube qui règle l'horloge biologique : les feuilles de Haricot atteignent toujours leur position nocturne maximale 16 heures après l'aube.

Les interactions entre les phytochromes et l'horloge biologique permettent aux Végétaux d'évaluer la durée de la nuit et celle du jour dans la nature. Cependant, les durées relatives de la nuit et du jour changent dans l'année (sauf à l'équateur). Ce changement permet aux Végétaux de suivre le cours des saisons.

Le photopériodisme synchronise de nombreuses réactions des Végétaux avec les changements de saison

Imaginez ce qui se passerait si une plante produisait des fleurs au moment où les insectes pollinisateurs sont absents, ou si un arbre produisait des feuilles caduques au milieu de l'hiver. L'alternance des saisons revêt une grande importance dans le cycle de développement de la plupart des Végétaux. La germination, la floraison, ainsi que le début et la fin de la dormance des bourgeons représentent des stades de développement qui se situent généralement à des moments précis de l'année. La photopériode, c'est-à-dire la répartition, dans la journée, entre la durée de la phase diurne et celle de la phase nocturne, est le stimulus externe qui permet à la majorité des Végétaux de « se repérer » dans l'année. Une réaction physiologique à la photopériode, la floraison par exemple, est un **photopériodisme.**

Photopériodisme et régulation de la floraison

 En 1920, W. W. Garner et H. A. Allard levèrent le voile sur le mécanisme qui permet aux Végétaux de détecter la succession des saisons. Les deux scientifiques étudiaient une variété mutante du Tabac (*Nicotiana tabacum*) appelée *Maryland Mammoth*. Les plants atteignaient une hauteur exceptionnelle, par rapport aux plants normaux, et ne fleurissait pas pendant l'été. Ils finirent par fleurir en serre au mois de décembre. Après avoir tenté de déclencher la floraison en faisant varier la température, l'humidité et l'apport de nutriments minéraux, Garner et Allard s'aperçurent que c'était le raccourcissement des jours qui faisait apparaître les fleurs. Lorsqu'ils laissaient les plants dans des boîtes noires et simulaient le jour à l'aide de lampes, ils n'obtenaient une floraison que si la durée du jour était de moins de 14 heures. Les plants de *Maryland Mammoth* ne fleurissaient pas en été parce que, à la latitude du Maryland, les jours y sont trop longs.

Garner et Allard qualifièrent la variété *Maryland Mammoth* de **plante de jour court,** parce qu'elle semblait avoir besoin, pour fleurir, d'une période de clarté inférieure à une durée critique. Parmi les plantes de jour court, on trouve les Chrysanthèmes (*Chrysanthemum sp.*), les Poinsettias (*Euphorbia pulcherrima*) et certaines variétés de Soja (*Glycine max*). Ces plantes fleurissent à la fin de l'été, en automne ou en hiver. Un autre groupe de plantes dont la floraison dépend de la photopériode ne fleuriront que si la période de clarté dépasse une

durée critique. Ces plantes sont dites **plantes de jour long** et fleurissent généralement à la fin du printemps ou au début de l'été. L'Épinard (*Spinacia oleracea*), par exemple, fleurit lorsque les jours durent plus de 14 heures. Le Radis (*Raphanus sativus*), la Laitue (*Lactuca sativa*), les Iris (*Iris sp.*) et de nombreuses variétés de Graminées sont également des plantes de jour long. Enfin, un troisième groupe, les **plantes indifférentes,** ont une floraison qui ne subit pas l'influence de la photopériode. Les espèces Tomate (*Lycopersicum esculentum*), Riz (*Oryza sativa*) et Pissenlit (*Taraxacum officinale*) en sont des exemples. Ces plantes fleurissent quand elles arrivent à maturité, quelle que soit la durée de la phase diurne à ce moment-là.

Durée critique de la nuit. Dans les années 1940, les chercheurs découvrirent que c'était la durée de la nuit, et non celle du jour, qui régissait la floraison et d'autres réactions photopériodiques. Plusieurs d'entre eux étudiaient la Lampourde (*Xanthium pennsylvanicum*), plante de jour court qui fleurit uniquement quand les jours durent moins de 16 heures (et les nuits plus de 8 heures). S'ils interrompaient la période de clarté par une brève exposition à l'obscurité, les plantes fleurissaient quand même. En revanche, s'ils interrompaient la période d'obscurité ne serait-ce que par quelques minutes d'exposition à une faible lumière, les plantes ne fleurissaient pas. On observa le même phénomène chez d'autres plantes à jour court (FIGURE 39.22a, p. 892). En fait, les Lampourdes sont insensibles à la durée de la *clarté*, mais ont besoin d'au moins huit heures d'obscurité *continue* pour fleurir. Il serait ainsi plus exact de parler de « plantes de nuit longue » plutôt que de plantes de jour court, mais le jargon de la botanique a consacré l'expression « plantes de jour court ». De même, les plantes de jour long sont en réalité des plantes de nuit courte. En effet, une plante de jour long qui ne fleurit pas dans des photopériodes de longues nuits fleurit si l'on interrompt les longues périodes d'obscurité par quelques minutes de clarté (FIGURE 39.22b). Notez que la distinction entre plantes de jour long et plantes de jour court repose *non pas* sur la durée absolue de la nuit, mais sur le fait que la floraison exige un nombre d'heures d'obscurité maximal (plantes de jour court) ou minimal (plantes de jour long). Dans les deux cas, la durée critique réelle de la nuit est propre à chaque espèce végétale.

La lumière rouge est celle qui interrompt le plus efficacement la partie nocturne de la photopériode. Le spectre d'action et les expériences de photoréversibilité montrent que les phytochromes absorbent la lumière rouge (FIGURE 39.23, p. 892). Par exemple, si un éclair de lumière rouge (R) est immédiatement suivi d'un éclair de lumière infrarouge pendant la phase nocturne, la plante ne perçoit aucune interruption dans la longueur de la nuit. Comme dans le cas de la germination des graines régie par les phytochromes, on peut démontrer la photoréversibilité.

Les Végétaux évaluent avec précision la durée de l'obscurité. Ainsi, certaines plantes de jour court ne fleurissent pas si la nuit dure ne serait-ce qu'une minute de moins que le temps critique. Certaines espèces fleurissent exactement le même jour tous les ans. Les Végétaux évaluent la durée de la nuit grâce à leur horloge biologique, qui se règle apparemment avec l'aide des phytochromes, ce qui leur permet de connaître la saison. L'industrie floricole (production de fleurs) utilise ce concept pour produire des fleurs hors saison. Par exemple, les Chrysanthèmes sont des plantes de jour court qui fleurissent normalement

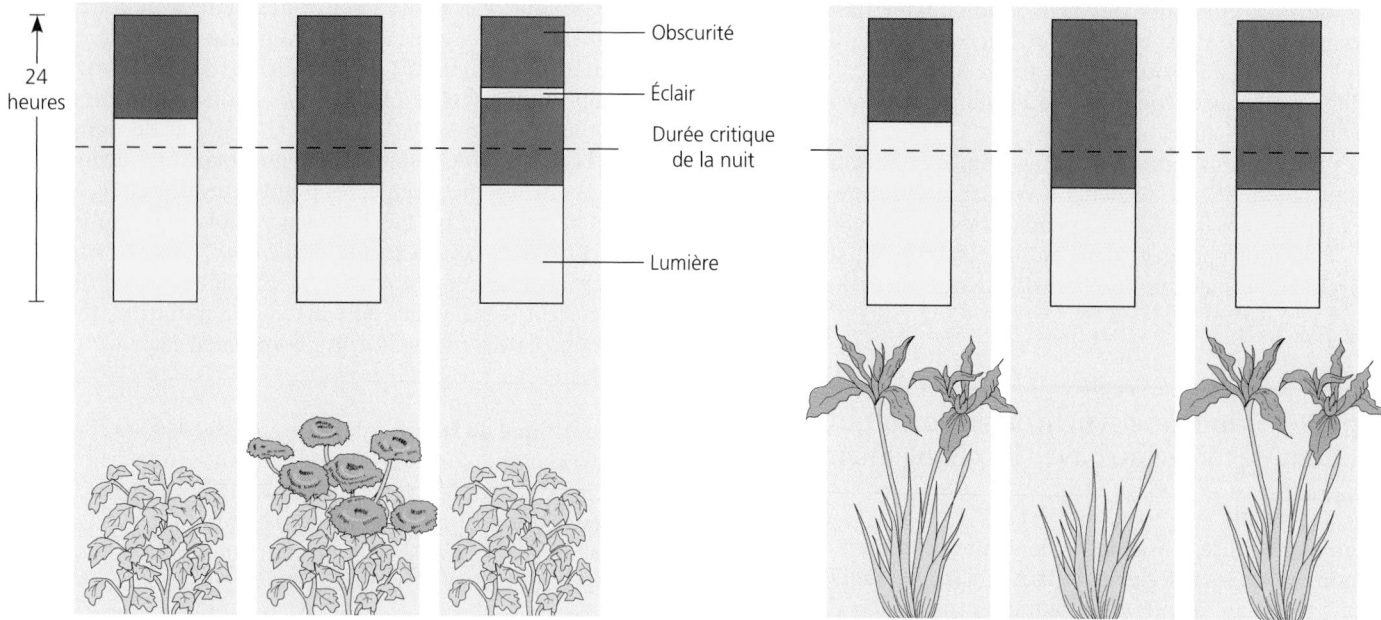

(a) Plante de jour court (ou de nuit longue).
La floraison se produit quand la période d'obscurité dépasse
une durée critique. Si l'on interrompt la période d'obscurité
par un éclair, on empêche la floraison.

(b) Plante de jour long (ou de nuit courte).
La floraison ne se produit que quand la période d'obscurité
est inférieure à une durée critique. On peut raccourcir
artificiellement la période d'obscurité par un éclair.

FIGURE 39.22 Régulation photopériodique de la floraison.

en automne. Pour retarder leur floraison jusqu'à la fête des
Mères, en mai, les floriculteurs ponctuent chaque longue nuit
d'un éclair pour en faire deux courtes nuits.

Certaines plantes fleurissent après avoir été éclairées une
seule journée correspondant à la photopériode qui convient à
leur floraison. D'autres ont besoin de plusieurs jours de la durée
appropriée. D'autres encore ne réagissent à la photopériode

qu'après avoir été exposées à un premier stimulus externe, telle
une période de froid. Ainsi, le Blé d'hiver ne fleurit qu'après une
exposition de plusieurs semaines à des températures inférieures
à 10 °C. On appelle vernalisation l'exposition au froid nécessaire à la floraison. Quelques semaines après la vernalisation du
Blé d'hiver, les jours longs (les nuits courtes) entraînent la
floraison.

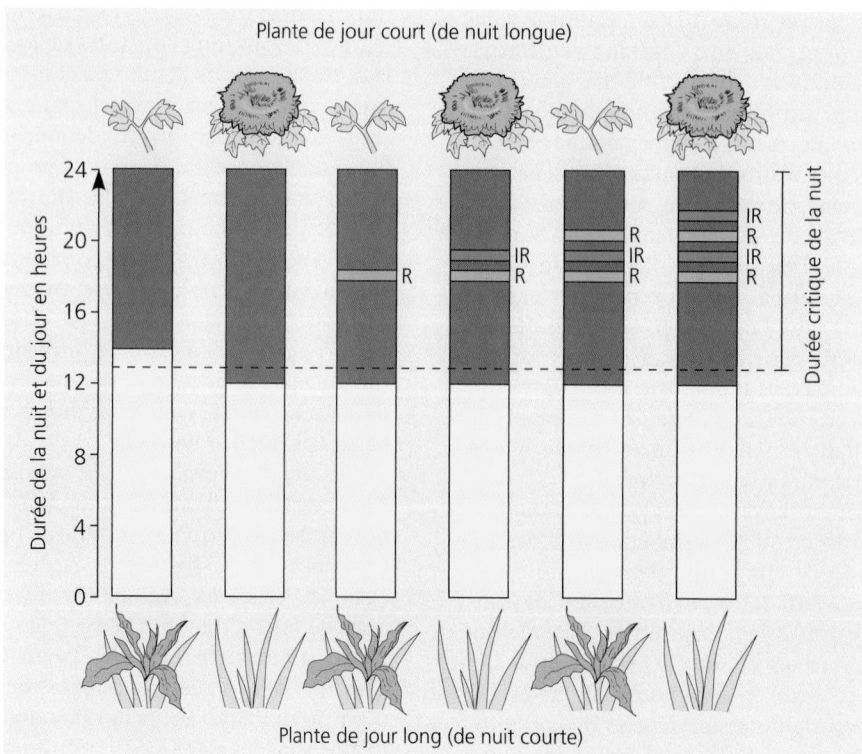

**FIGURE 39.23 Effets
réversibles de la lumière
rouge et de la lumière
infrarouge sur la réaction
photopériodique.** Un
éclair de lumière rouge
raccourcit la période
d'obscurité. L'éclair
de lumière infrarouge
qui suit annule l'effet
de la lumière rouge.

Existe-t-il une hormone de la floraison?

Les bourgeons produisent les fleurs, mais ce sont les feuilles qui détectent la photopériode. Par conséquent, quand la photopériode est celle qui convient, les feuilles doivent envoyer un stimulus aux bourgeons pour qu'ils fleurissent. Pour déclencher la floraison d'une plante de jour court ou d'une plante de jour long, il suffit dans bien des cas d'exposer une seule feuille aux conditions correspondant à la photopériode appropriée. De fait, s'il ne reste même qu'une feuille sur la plante, cette feuille détecte la photopériode et les boutons floraux se développent. Cependant, une plante qui a perdu toutes ses feuilles ne détecte pas la photopériode. La plupart des botanistes pensent que cette perception de la photopériode se traduit par une hormone ou une variation des concentrations relatives de deux ou plusieurs hormones (FIGURE 39.24). Le stimulus de la floraison est de même nature chez les plantes de jour court que chez les plantes de jour long, bien que des conditions photopériodiques différentes la déclenchent. Les chercheurs ont établi la preuve d'une régulation hormonale de la floraison. Mais ils n'ont pas encore identifié la ou les hormones en cause.

Transition du méristème de la croissance végétative à la floraison

Quelle que soit la combinaison des stimulus externes (comme la photopériode ou la vernalisation) et des stimulus internes (comme les hormones) nécessaire à la floraison, le résultat est que le méristème d'un bourgeon passe d'un état végétatif à un état de floraison. Cette transition nécessite des modifications dans l'expression des gènes qui régulent le plan d'organisation. Tout d'abord, les gènes d'identité des méristèmes qui commandent au bourgeon de produire une fleur au lieu d'une pousse végétative doivent être activés. Les gènes d'identité des organes qui déterminent l'organisation spatiale des pièces florales (sépales, pétales, étamines et carpelles) sont activés dans les régions appropriées du méristème (voir les FIGURES 21.19, 21.20 et 35.12). Les recherches sur le développement des fleurs progressent rapidement. L'un de leurs objectifs est de déterminer les voies de conversion-amplification qui font le lien entre les stimulus comme la photopériode, les changements hormonaux et l'expression génique nécessaire à la floraison.

Plante exposée à des conditions photopériodiques propices à la floraison

FIGURE 39.24 Démonstration de l'existence d'une ou plusieurs hormones de la floraison. Si l'on prend une plante dont la floraison a été déclenchée par la photopériode et qu'on la greffe à une plante dont la floraison n'a pas débuté, les deux plantes fleurissent. Cela suppose le transfert d'une substance chimique qui entraîne la floraison. Dans certains cas, le phénomène se produit même si l'une des plantes est de jour court et l'autre, de jour long.

LES RÉACTIONS DES VÉGÉTAUX AUX STIMULUS EXTERNES AUTRES QUE LA LUMIÈRE

Les Végétaux ne peuvent se déplacer pour aller jusqu'à une source d'eau quand la pluie se fait rare ou chercher un abri quand il vente trop. Une graine qui atterrit à l'envers ne peut se mettre toute seule dans la bonne position. En raison de cette immobilité, les Plantes doivent s'adapter à tout un éventail de conditions environnementales par des mécanismes de développement et des mécanismes physiologiques. La sélection naturelle a raffiné leurs réponses. La lumière est si importante pour le développement d'une plante que nous lui avons consacré toute la section précédente. Dans cette section, nous allons étudier les réponses des Végétaux à certains autres stimulus externes courants qui font partie de leur «lutte pour la survie».

Les Végétaux réagissent aux stimulus externes par une combinaison de mécanismes de développement et de mécanismes physiologiques

Réactions à la gravitation

Comme les Végétaux sont des organismes qui puisent leur énergie dans la lumière du soleil, il n'est pas surprenant qu'au cours de leur évolution soient apparus des mécanismes qui leur permettent de croître en direction du soleil. Mais qu'est-ce qui pousse la plantule à croître vers le haut quand elle est sous terre et ne peut détecter de lumière? De même, quel facteur externe pousse la racine à croître vers le bas? La réponse à ces deux questions est la gravitation.

Si vous couchez une plantule sur le côté, sa tige se courbera vers le haut et sa racine, vers le bas. La réaction des racines à la gravitation est appelée **géotropisme** positif, tandis que celle des tiges est un géotropisme négatif. Le géotropisme se manifeste dès la germination, de sorte que la racine s'enfonce dans le sol et que la pousse recherche la lumière, quelle que soit la position de la graine. L'auxine joue un rôle important dans le géotropisme.

Les Végétaux distinguent le haut du bas parce que des **statolithes,** qui sont des plastes spécialisés contenant des grains d'amidon lourds, se déposent dans la partie inférieure des cellules (FIGURE 39.25). Les statolithes se trouvent à l'intérieur de certaines cellules de la coiffe d'une racine. Une hypothèse avance que l'agrégation des statolithes dans la partie inférieure de ces cellules déclenche la redistribution du calcium, qui elle-même provoque le transport latéral de l'auxine dans la racine. Le calcium et l'auxine s'accumulent du côté inférieur de la zone d'allongement. (Comme ces substances sont dissoutes, elles ne réagissent pas à la gravitation et se déplacent par transport actif.) À forte concentration, l'auxine inhibe l'allongement cellulaire, ce qui ralentit la croissance du côté inférieur de la racine. L'allongement des cellules supérieures étant plus rapide que celui des cellules inférieures, la racine se courbe en croissant. Ce tropisme agit jusqu'à ce que la racine descende verticalement.

Grâce à leurs nouvelles expériences, les phytophysiologistes étoffent l'hypothèse de la «chute des statolithes» dans l'explication du géotropisme des racines. Par exemple, les mutants d'*Arabidopsis thaliana* et de *Nicotiana tabacum* qui ne possèdent pas de statolithes présentent quand même un géotropisme, mais plus lent que celui des plantes de type sauvage. Il se pourrait ici que toute la cellule aide la racine à détecter la gravitation par une attirance mécanique des protéines qui attachent le protoplasme à la paroi cellulaire. Cette attirance étirerait les protéines du côté supérieur des cellules et les comprimerait du côté inférieur. Les organites lourds (en plus des granules d'amidon) peuvent également contribuer au géotropisme en tordant le cytosquelette au fur et à mesure qu'ils sont attirés par la gravitation. À cause de leur masse volumique, les statolithes amplifieraient le mécanisme de perception de la gravitation, qui fonctionne plus lentement en leur absence.

Réactions aux stimulus mécaniques

Un arbre qui pousse sur le flanc d'une montagne exposé au vent aura habituellement un tronc plus court et plus trapu qu'un arbre de la même espèce qui pousse dans un endroit abrité. Cet arrêt de croissance lui permet de résister aux fortes bourrasques de vent. Le terme **thigmomorphogenèse** (du grec *thigma*, «toucher») désigne les variations de forme qui résultent d'une perturbation mécanique. Certains chercheurs ont découvert que le fait même de mesurer une feuille avec une règle influe sur sa croissance.

Si l'on touche plusieurs fois les tiges d'un jeune plant, la plante sera plus courte à maturité qu'une plante témoin (FIGURE 39.26). La stimulation mécanique déclenche une voie de conversion-amplification d'un stimulus qui met en jeu l'augmentation de la concentration cytoplasmique de calcium. Cette augmentation active ensuite des gènes donnés dont certains codent pour des protéines qui influent sur les propriétés de la paroi cellulaire.

Au cours de leur évolution, certaines espèces végétales sont devenues des «spécialistes du toucher». La capacité de ces plantes à réagir de manière précise aux stimulus mécaniques fait partie intégrante de leurs «stratégies» de développement. Ainsi, la plupart des vignes et des plantes grimpantes portent des vrilles qui s'enroulent autour des objets (voir la FIGURE 35.6a). Ces structures préhensiles ont une forme rectiligne, jusqu'à ce

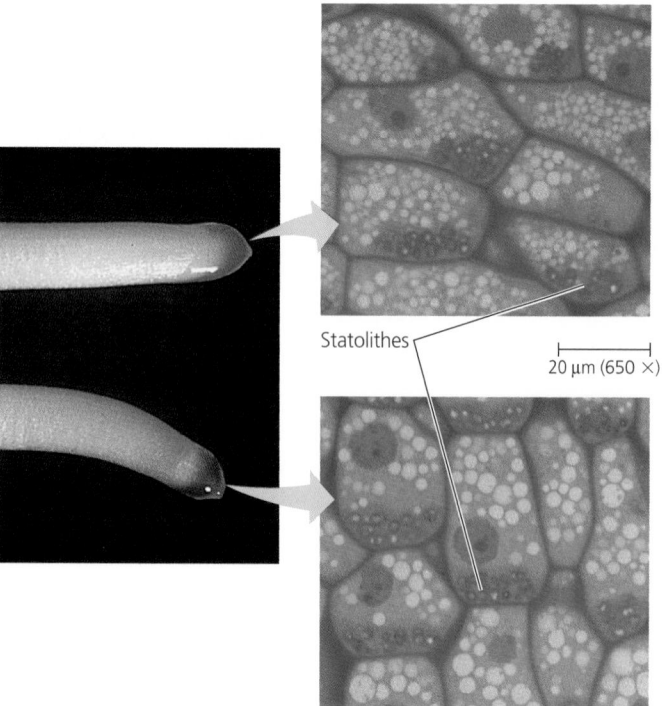

Statolithes

20 μm (650 ×)

FIGURE 39.25 Hypothèse des statolithes expliquant le géotropisme des racines. On a placé des racines de Maïs sur le côté et on les a photographiées avant (en haut) et 90 minutes après la réaction géotropique. La micrographie photonique montre les statolithes, qui sont des plastes modifiés, dans les cellules de la coiffe. L'accumulation des statolithes dans la partie inférieure des cellules constitue peut-être le mécanisme de détection de la gravitation qui entraîne la redistribution de l'auxine et une différence de vitesse d'allongement cellulaire entre les deux côtés de la racine.

FIGURE 39.26 Modification de l'expression génique par le toucher chez *Arabidopsis thaliana*. On a touché, deux fois par jour, la plante trapue, à gauche. Par contre, on n'a pas touché la plante de droite, qui a poussé beaucoup plus haut.

qu'elles touchent un objet. Leurs cellules se mettent alors à croître à des vitesses différentes selon le côté où elles se trouvent. On appelle **thigmotropisme** la réaction d'orientation consécutive au contact. Cette réaction permet aux Vignes de profiter de supports pour grimper aux arbres et aux arbustes.

Il existe également des plantes spécialistes du toucher qui réagissent à un stimulus mécanique par des mouvements rapides des feuilles. Ainsi, lorsque l'on touche la feuille composée de la Sensitive (*Mimosa pudica*), ses folioles se replient (FIGURE 39.27). Cette réaction, qui se produit une ou deux secondes seulement après le contact, résulte d'une diminution rapide de la turgescence dans les cellules des pulvini, organes moteurs spécialisés qui sont situés dans les articulations de la feuille. Les cellules motrices perdent leur potassium, se vident de leur eau par osmose et deviennent brusquement flasques. Au bout d'une dizaine de minutes, les cellules retrouvent leur turgescence, et la feuille reprend sa forme habituelle. La fonction de cette réaction reste encore obscure. On pense que le repliement des feuilles et la diminution de leur surface permettent à la plante de prévenir la déshydratation par vents forts. On présume aussi que cette réaction décourage les herbivores, car le repliement des feuilles découvre les épines de la tige.

Les mouvements rapides des feuilles ont ceci de remarquable que le stimulus se propage dans toute la plante. Si l'on touche une foliole de Sensitive, elle se replie. Puis la foliole voisine en fait autant, et ainsi de suite jusqu'à ce que toutes les folioles se soient repliées. À partir du point de contact, le stimulus se propage dans toute la plante à la vitesse d'environ 1 cm par seconde. De plus, si l'on fixe des électrodes à la feuille, on peut détecter une impulsion électrique voyageant à la même vitesse. Cette impulsion, appelée **potentiel d'action,** ressemble aux influx nerveux détectés chez les Animaux, mais elle est des milliers de fois plus lente. Le potentiel d'action est présent chez un grand nombre d'Algues et de Végétaux. Il constitue peut-être une forme de communication interne très répandue. Par exemple, chez la Dionée attrape-mouches (*Dionæa muscipula*), les potentiels d'action se propagent des poils sensitifs du piège aux cellules qui le ferment (voir la FIGURE 37.16a). Dans le cas de la Sensitive, un stimulus violent tel que le fait de toucher une feuille avec une aiguille chaude provoque la chute de *toutes* les feuilles et folioles de la plante. Cette réaction générale implique la conversion-amplification de stimulus chimiques venant de la région lésée jusque vers les autres parties de la pousse.

Réactions aux facteurs de stress environnementaux

Il arrive que des facteurs environnementaux changent au point de menacer la survie, la croissance et la reproduction d'une plante. Les agressions environnementales telles que les inondations, la sécheresse ou des températures extrêmes peuvent avoir un effet dévastateur sur le rendement des cultures. Dans les écosystèmes naturels, les plantes qui ne peuvent supporter une

(a) Position des folioles avant le contact   **(b) Position des folioles après le contact**

FIGURE 39.27 Changement rapide de la turgescence dans le mouvement des folioles de la Sensitive (*Mimosa pudica*). (a) En l'absence de stimulation, les folioles sont déployées. **(b)** Une ou deux secondes après un contact, les folioles se replient les unes sur les autres. **(c)** Ces micrographies photoniques montrent une paire de folioles repliées (stimulées). On peut voir les cellules motrices dans les pulvini sectionnés (organes moteurs). La courbure d'un pulvinus est provoquée par le fait que d'un côté les cellules motrices perdent de l'eau et deviennent flasques, alors que du côté opposé les cellules conservent leur turgescence.

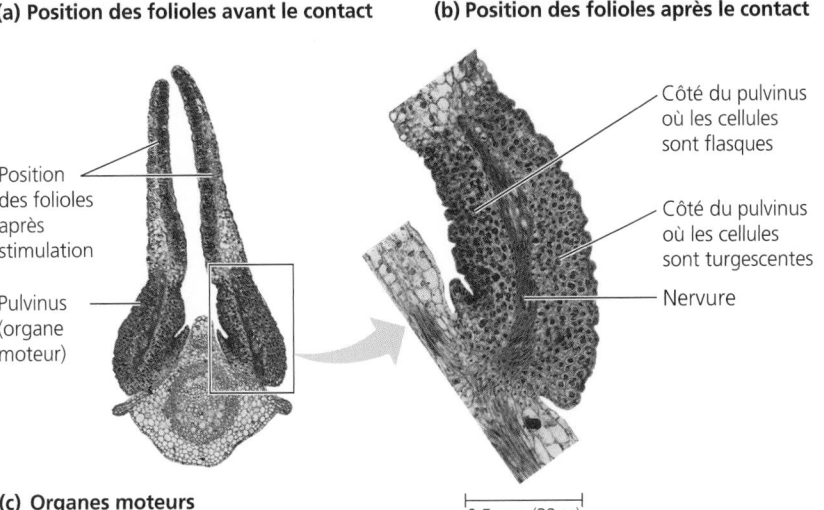

Position des folioles après stimulation

Pulvinus (organe moteur)

Côté du pulvinus où les cellules sont flasques

Côté du pulvinus où les cellules sont turgescentes

Nervure

(c) Organes moteurs

0,5 mm (32 ×)

agression environnementale meurent ou sont délogées par d'autres plantes, ce qui conduit à leur extinction locale. Par conséquent, les facteurs d'agression environnementaux sont importants dans la répartition géographique des Végétaux. Voyons maintenant quelques agressions abiotiques (facteurs non vivants) que les Plantes subissent couramment. Dans la prochaine section, nous aborderons les réactions de défense des Plantes aux agressions biotiques (facteurs vivants) courantes, telles que les agents pathogènes et les herbivores.

Sécheresse. Lors d'une journée ensoleillée, chaude et sèche, une plante peut souffrir d'une carence en eau, parce qu'elle en perd par transpiration plus rapidement qu'elle peut en absorber par les racines. Une sécheresse prolongée peut éprouver les cultures et les plantes qui se trouvent en milieu naturel pendant des semaines, voire des mois. Il est certain qu'une grave pénurie d'eau tue une plante, comme tout un chacun l'a sans doute constaté après avoir négligé une plante d'intérieur. Heureusement, les Végétaux possèdent des systèmes de régulation qui leur permettent de résister à de petits manques d'eau.

Plusieurs des réponses d'une plante à la sécheresse lui permettent de conserver son eau en réduisant sa transpiration. Tout d'abord, le manque d'eau dans une feuille provoque une perte de turgescence des cellules stomatiques, mécanisme de régulation simple qui ralentit la transpiration en fermant les stomates (voir le chapitre 36). Ensuite, le manque d'eau entraîne également l'augmentation de la synthèse de l'acide abscissique et de sa sécrétion dans la feuille. Cette hormone contribue au maintien en position fermée des stomates en agissant sur la membrane plasmique des cellules stomatiques. Enfin, les feuilles réagissent au manque d'eau de plusieurs autres façons. Comme l'expansion cellulaire dépend de la turgescence, un manque d'eau inhibe la croissance (expansion) des jeunes feuilles. Cette réponse réduit la perte d'eau par transpiration en ralentissant la croissance de la surface de la feuille. Lorsque les feuilles de nombreuses Graminées et d'autres plantes flétrissent par manque d'eau, elles s'enroulent pour réduire la surface exposée à l'air et au vent secs, et ralentir ainsi la transpiration. Toutes ces réponses aident les Plantes à conserver leur eau. Mais elles

réduisent également la photosynthèse. C'est l'une des raisons pour lesquelles la sécheresse diminue le rendement des cultures.

La croissance des racines réagit également au manque d'eau. Quand il y a sécheresse, ce sont les couches supérieures du sol qui commencent habituellement par sécher. Cela inhibe la croissance des racines de surface, en partie parce que les cellules ne peuvent pas maintenir la turgescence nécessaire à leur allongement. Cependant, les racines profondes entourées d'un sol toujours humide continuent de croître. Ainsi, le système racinaire prolifère de façon à maximiser son exposition à l'eau du sol.

Inondation. Une plante d'intérieur trop arrosée peut suffoquer en raison du manque d'espaces aérés fournissant le dioxygène nécessaire à la respiration cellulaire dans les racines. Toutefois, certaines plantes ont une structure adaptée aux habitats très humides. Par exemple, les Palétuviers (*Rhizophora sp.*), ces arbres qui poussent dans les marais côtiers, ont des racines submergées qui communiquent avec des racines aériennes. Ces dernières leur fournissent un accès au dioxygène. Mais comment les plantes moins adaptées aux milieux aquatiques font-elles dans les sols gorgés d'eau, lorsque le dioxygène manque? En fait, la carence en dioxygène entraîne la production d'éthylène, hormone qui provoque l'apoptose (mort cellulaire programmée) de certaines des cellules dans l'écorce de la racine. La destruction enzymatique de ces cellules crée des tubes aériens qui font office de « tubas » et amènent le dioxygène aux racines submergées (FIGURE 39.28).

Salinité. Un excès de chlorure de sodium ou d'autres sels dans le sol menace les Plantes pour deux raisons. Premièrement, en abaissant le potentiel hydrique de la solution du sol, le sel peut provoquer une carence en eau dans les Végétaux, même si le sol contient beaucoup d'eau. En effet, si des racines se trouvent dans un milieu dont le potentiel hydrique est plus faible que celui de leurs tissus, elles perdent de l'eau au lieu d'en absorber (voir le chapitre 36). Deuxièmement, le sodium et certains autres ions présents dans un sol salin sont toxiques pour les Plantes quand leur concentration est relativement élevée.

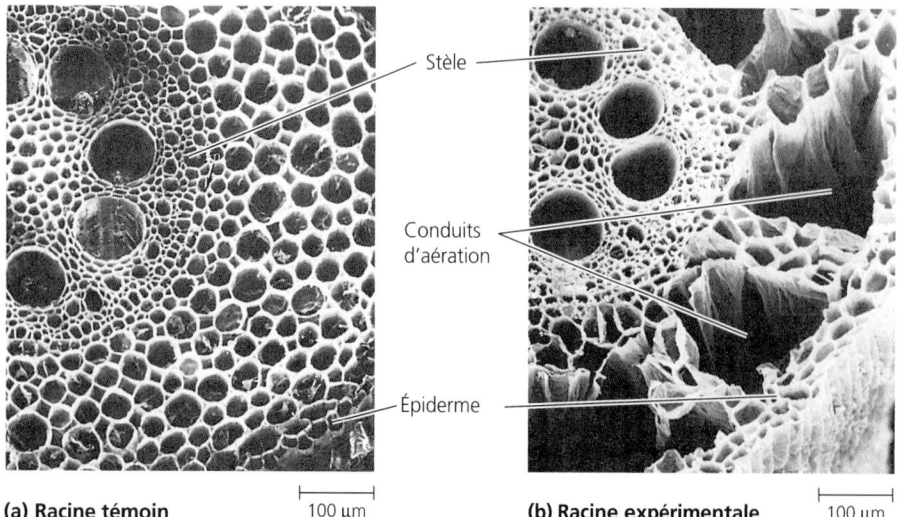

(a) Racine témoin (milieu aéré)

100 μm (100 ×)

(b) Racine expérimentale (milieu privé d'aération)

100 μm (100 ×)

Stèle

Conduits d'aération

Épiderme

FIGURE 39.28 Changement de structure des racines du Maïs en réaction à l'inondation et au manque de dioxygène. (a) Coupe transversale d'une racine témoin qui a poussé dans un milieu hydroponique aéré. **(b)** Racine expérimentale qui a poussé dans un milieu hydroponique privé d'aération. L'apoptose (mort cellulaire programmée) déclenchée par l'éthylène a créé les conduits d'aération.

La membrane plasmique des cellules des racines empêche l'absorption de la plupart des ions dangereux, mais cela ne fait qu'aggraver le problème de l'approvisionnement en eau dans un sol riche en solutés. De nombreux Végétaux peuvent réagir à une salinité modérée du sol en produisant des solutés compatibles, des composés organiques qui maintiennent le potentiel hydrique des cellules à un niveau inférieur à celui de la solution du sol sans toutefois permettre l'absorption de quantités toxiques de sel. Cependant, la plupart des Plantes ne peuvent survivre longtemps à une salinité élevée. Les halophytes sont l'exception. Ces plantes sont munies de glandes spécialisées qui expulsent les sels de l'épiderme des feuilles.

Chaleur. Une température excessive peut affaiblir et tuer une plante en dénaturant ses enzymes et en nuisant à son métabolisme de différentes façons. Une plante peut supporter une certaine chaleur grâce à la transpiration qui permet le refroidissement par vaporisation. Ainsi, lors d'une journée chaude, la température d'une feuille peut être de 3 à 10 °C inférieure à celle de l'air ambiant. Bien sûr, un temps chaud et sec tend également à provoquer une carence en eau chez de nombreux Végétaux. La fermeture des stomates en réaction à cette agression permet à la plante de conserver son eau, mais au détriment du refroidissement par vaporisation. Ce dilemme est l'une des raisons pour lesquelles les journées très chaudes et très sèches font autant de victimes chez les Végétaux.

La plupart des Végétaux déclenchent une rétroaction qui leur permet de survivre à un choc thermique. Au-dessus d'une certaine température, soit environ 40 °C chez la plupart des Végétaux vivant dans les régions tempérées, les cellules commencent à synthétiser des quantités relativement élevées de **protéines de choc thermique.** Les chercheurs ont découvert l'existence de ce type de réponse chez les Animaux et les microorganismes également. Certaines des protéines de choc thermique sont identiques aux chaperonines, protéines qui, en temps normal, servent d'échafaudage et aident les autres protéines à acquérir leur conformation (voir le chapitre 5). Lors d'un choc thermique, ces molécules envelopperaient les enzymes et les autres protéines pour prévenir leur dénaturation.

Froid. Le problème que rencontrent les Végétaux quand la température extérieure chute est le changement de fluidité dans les membranes cellulaires. Nous avons vu au chapitre 8 qu'une membrane biologique est une mosaïque fluide dans laquelle les protéines et les phosphoglycérolipides se déplacent latéralement. Lorsque la température d'une membrane descend sous une valeur critique, les phosphoglycérolipides se figent dans des structures cristallines, et la fluidité de la membrane diminue. Ce phénomène altère le transport des solutés à travers la membrane et a un effet négatif sur les fonctions des protéines membranaires. Les Végétaux réagissent au froid en modifiant la composition lipidique de leurs membranes. Ainsi, la proportion d'acides gras insaturés augmente dans les membranes. Ces lipides favorisent la fluidité à basse température en prévenant la formation de cristaux (voir la FIGURE 8.4b). Une telle modification moléculaire prend de quelques heures à quelques jours. C'est pourquoi un refroidissement rapide est généralement plus dommageable pour les Végétaux que la diminution progressive de la température de l'air à l'automne.

À des températures se situant sous le point de congélation, de la glace se forme dans la paroi des cellules et dans les espaces intercellulaires, chez la plupart des Végétaux. (Généralement, le cytosol ne gèle pas aussi rapidement que l'environnement, parce qu'il contient plus de solutés que la solution très diluée présente dans la paroi cellulaire. La présence de solutés abaisse le point de congélation d'une solution.) La diminution de la quantité d'eau liquide dans la paroi cellulaire provoquée par la formation de glace abaisse le potentiel hydrique extracellulaire, ce qui fait sortir l'eau du cytosol. La cellule peut même mourir à cause de l'augmentation de la concentration de sels dans le cytosol. La survie de la cellule dépend grandement de sa capacité à résister à la déshydratation. Les plantes indigènes des régions où les hivers sont rigoureux sont spécialement adaptées au froid. Ainsi, avant l'arrivée de l'hiver, les cellules de nombreuses espèces qui résistent au froid augmentent la concentration cytosolique de certains de leurs solutés, comme les glucides, dont ils supportent bien les concentrations élevées et qui les aident à limiter la perte d'eau causée par le gel extracellulaire.

LES DÉFENSES DES VÉGÉTAUX : LES RÉACTIONS À LA PRÉSENCE D'HERBIVORES ET D'AGENTS PATHOGÈNES

Les Végétaux ne vivent pas dans l'isolement. Ils interagissent avec de nombreuses autres espèces. Certaines de ces interactions interspécifiques – par exemple, l'association des Végétaux et des Eumycètes qui donne les mycorhizes (voir le chapitre 37), ainsi que la pollinisation par les insectes (voir le chapitre 38) – sont bénéfiques aux deux parties. Cependant, la plupart n'apportent aucun bienfait aux Végétaux. En tant que producteurs, les Végétaux se trouvent à la base de la plupart des chaînes alimentaires et peuvent se faire manger par un grand nombre d'herbivores (animaux qui se nourrissent de plantes). Les Plantes sont également sujettes aux infections par différents Virus, Bactéries et Eumycètes pathogènes qui peuvent léser leurs tissus et même les faire mourir. Afin de contrer ces menaces, les Végétaux recourent à différents moyens de défense pour dissuader les herbivores, prévenir les infections et combattre les agents pathogènes qui les infectent.

Les Végétaux dissuadent les herbivores par des moyens de défense physiques et chimiques

Les herbivores représentent un danger pour les Végétaux dans tous les écosystèmes. Les Plantes se défendent contre les herbivores en utilisant des moyens physiques, comme des épines, et chimiques, comme la production de composés désagréables au goût ou toxiques. Ainsi, certaines plantes produisent un acide aminé inhabituel, la **canavanine,** qui doit son nom à l'une de ses sources de production, le Pois-sabre (*Canavalia ensiformis*). La canavanine ressemble à l'arginine, l'un des 20 acides aminés que les organismes incorporent dans leurs protéines. Quand un insecte mange une plante qui contient de la canavanine, la canavanine prend la place de l'arginine dans ses protéines. Comme la canavanine diffère suffisamment de l'arginine pour avoir un effet négatif sur la conformation et, par conséquent, sur la fonction des protéines, l'insecte meurt.

Certaines plantes attirent même des animaux prédateurs afin qu'ils les aident à se défendre contre certains herbivores. Par exemple, les Guêpes parasitoïdes pondent leurs œufs dans leur proie, notamment dans les chenilles herbivores. Ces œufs éclosent à l'intérieur des chenilles, puis les larves dévorent leur hôte de l'intérieur. La plante, qui bénéficie de la destruction de ces chenilles, participe activement à ce drame écologique. En effet, une plante endommagée par des chenilles libère des composés volatils qui attirent les Guêpes parasitoïdes. Cette réponse est provoquée par la combinaison des lésions physiques de la feuille causées par la mastication et d'un composé présent dans la salive de la chenille (FIGURE 39.29).

Les molécules volatiles que certaines plantes libèrent en réaction aux lésions causées par les herbivores peuvent également avertir du danger les plantes voisines de la même espèce. Les plants de Haricot de Lima (*Phaseolus lunatus*) infestés d'Araignées rouges (Acariens) libèrent des substances chimiques qui avertissent de l'attaque les plants de Haricot voisins épargnés. Les feuilles de ces derniers activent alors des gènes de défense. L'expression génique déclenchée par les substances volatiles dégagées à la suite d'une infestation est semblable à celle qui suit une exposition à l'**acide jasmonique,** molécule importante dans la défense des Végétaux. Grâce à cette expression génique, les plants non infestés deviennent moins vulnérables aux Araignées rouges et attirent une autre espèce d'Acarien qui en est le prédateur.

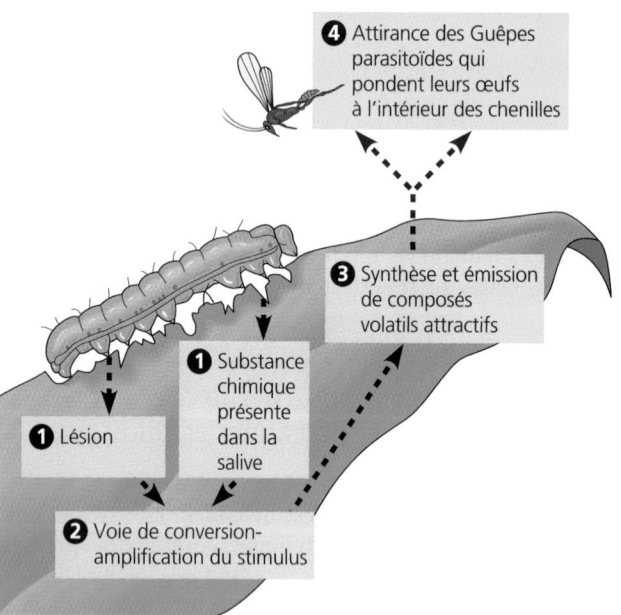

Figure 39.29 Une feuille de Maïs attire une Guêpe parasitoïde pour se défendre contre un herbivore comme la chenille de la Légionnaire uniponctuée (*Pseudaletia unipunctata*).

Les Végétaux ont plusieurs lignes de défense pour se protéger contre les agents pathogènes

Le revêtement externe des Plantes est une barrière physique qui représente la première ligne de défense contre les infections. Dans la structure primaire, il s'agit de l'épiderme. Dans la structure secondaire, il s'agit du périderme (voir le chapitre 35). Mais cette première ligne de défense n'est pas impénétrable. Les Virus, les Bactéries, ainsi que les spores et les hyphes des Eumycètes peuvent pénétrer dans les Plantes par des lésions ou par des ouvertures naturelles telles que les stomates. Aussi, dès qu'un agent pathogène envahit une plante, celle-ci réagit par une riposte chimique visant à le tuer et à le contenir dans le site d'infection. Il s'agit d'une deuxième ligne de défense, que la capacité héréditaire de la plante à reconnaître certains agents pathogènes améliore.

Relation de gène à gène

Les Végétaux résistent généralement à la plupart des agents pathogènes. C'est qu'ils ont la capacité innée de reconnaître les envahisseurs pathogènes et d'élaborer des défenses efficaces. Mais, certains agents pathogènes réussissent à provoquer des maladies parce qu'ils peuvent échapper à ce mécanisme de reconnaissance ou supprimer les mécanismes de défense de leur hôte. Ces agents pathogènes contre lesquels une plante n'a que peu de moyens de défense sont dits virulents. Ils constituent toutefois l'exception, car autrement les hôtes et les agents pathogènes périraient rapidement ensemble. Ainsi, il s'est établi un certain « compromis » entre les Végétaux et la plupart des agents pathogènes. Ces derniers s'infiltrent suffisamment dans leur hôte pour proliférer, mais sans l'endommager ni le tuer. Ils sont dits **avirulents.**

La résistance spécifique d'une plante à une maladie végétale se fonde sur la **relation de gène à gène,** parce qu'elle dépend d'une association précise entre un allèle de la plante et un allèle de l'agent pathogène. Quand une plante possédant des allèles dominants de résistance donnés (*R*) reconnaît l'agent pathogène possédant les allèles dominants avirulents (*Avr*) complémentaires (FIGURE 39.30), l'expression de certains gènes se déclenche. Les produits qui en résultent élaborent alors une défense contre l'agent pathogène. Si la plante hôte ne possède pas le gène *R* approprié, l'agent pathogène peut l'envahir et la tuer. Il existe de nombreux agents pathogènes, mais les Plantes possèdent de nombreux gènes *R* (*Arabidopsis thaliana* en possède au moins plusieurs centaines).

Bien sûr, ce ne sont pas les gènes *R* et *Avr* eux-mêmes qui interagissent, mais leurs produits. Le produit d'un gène *R* est probablement un récepteur protéique qui est situé à l'intérieur ou à la surface d'une cellule végétale. Le gène *Avr* déclenche probablement, chez l'agent pathogène, la production d'une molécule, un ligand qui peut se lier à un récepteur protéique donné de la cellule végétale. Le produit du gène *Avr* a sans aucun doute une fonction essentielle pour l'agent pathogène. Mais le fait que cette molécule se lie à un récepteur protéique donné de la plante permet à celle-ci de découvrir la présence de l'agent pathogène. La liaison du ligand au récepteur déclenche

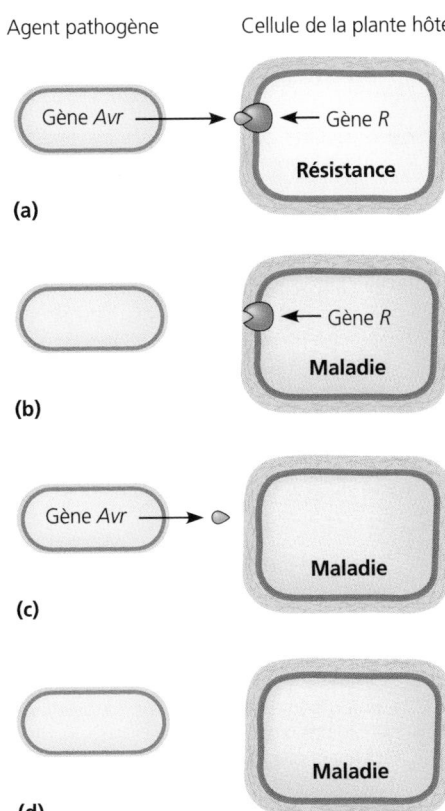

FIGURE 39.30 Résistance de gène à gène des Plantes aux agents pathogènes. (a) Il y a résistance quand la plante possède un allèle *R* dominant qui correspond à un allèle *Avr* dominant de l'agent pathogène. Les gènes *R* codent probablement pour des récepteurs protéiques donnés. Les gènes *Avr* produisent des composés qui servent à l'agent pathogène, mais agissent également comme des ligands qui se lient spécifiquement aux récepteurs protéiques des cellules de la plante hôte. La maladie se manifeste s'il n'y a aucune relation de gène à gène, parce que **(b)** l'agent pathogène n'a aucun allèle *Avr* dominant correspondant à un allèle *R* dominant de la plante, **(c)** la plante n'a aucun allèle *R* dominant correspondant à un allèle *Avr* dominant de l'agent pathogène ou **(d)** ni l'agent pathogène ni la plante n'ont d'allèles dominants pouvant permettre la relation de gène à gène.

une voie de conversion-amplification du stimulus qui est à l'origine d'une défense dans les tissus de la plante infectée. Cette défense comprend à la fois une augmentation de la réponse au site d'infection et une réponse généralisée de la plante.

Réaction d'hypersensibilité

Même infectée par un agent pathogène virulent (contre lequel elle ne possède aucune résistance génétique), une plante peut élaborer une attaque chimique localisée en réponse aux stimulus moléculaires émis par les cellules endommagées. Des molécules appelées **éliciteurs** (souvent des fragments de cellulose, appelés **oligosaccharines,** qui sont libérés par une paroi cellulaire endommagée) déclenchent la production de composés antimicrobiens appelés **phytoalexines.** L'infection active également les gènes qui produisent les **protéines RP** (reliées à la

pathogenèse). Certaines de ces molécules sont antimicrobiennes. Elles attaquent par exemple les molécules de la paroi cellulaire des bactéries. D'autres peuvent alerter les cellules voisines de l'infection. L'infection déclenche également la formation de ponts transversaux et le dépôt de lignine dans la paroi cellulaire. Cette réaction permet la construction d'une barricade localisée qui ralentit la progression de l'agent pathogène dans la plante.

Si l'agent pathogène est un agent avirulent reconnu par la relation *R-Avr*, la réaction de défense localisée est plus vigoureuse que l'agression. On parle de **réaction d'hypersensibilité.** Il y a production accrue de phytoalexines et de protéines RP. De plus, la réaction qui consiste à isoler et à limiter l'infection est plus efficace. Après avoir élaboré leur défense chimique et isolé la zone attaquée, les cellules du site d'infection s'autodétruisent. Une réaction d'hypersensibilité se manifeste par des lésions à la surface d'une feuille ou d'un autre organe infecté. Bien qu'elle semble « malade », la feuille survivra. De plus, sa réaction de défense aidera à protéger le reste de la plante (FIGURE 39.31, p. 900).

Résistance systémique acquise

Comme nous venons de le voir, la réaction d'hypersensibilité est localisée et spécifique. Il s'agit d'une réponse de confinement fondée sur la relation de gène à gène (*R-Avr*) entre l'hôte et l'agent pathogène. Cependant, cette défense comprend également la production de substances chimiques qui « sonnent l'alarme » dans toute la plante. Libérées depuis le site d'infection, ces hormones se répandent dans toute la plante et déclenchent la production de phytoalexines et de protéines RP. Cette réponse, appelée **résistance systémique acquise,** est non spécifique et fournit une protection de plusieurs jours à la plante contre divers agents pathogènes (FIGURE 39.31).

L'**acide salicylique** pourrait être l'une des hormones qui activent la résistance systémique acquise. Une forme modifiée de ce composé, l'acide acétylsalicylique, est l'ingrédient actif de l'aspirine. Plusieurs siècles avant la mise au point de l'aspirine comme analgésique, certains peuples avaient constaté qu'il était possible d'atténuer la douleur d'un mal de dent ou d'un mal de tête en mâchant l'écorce d'un Saule (*Salix sp.*). Avec la découverte de la résistance systémique acquise, les biologistes connaissent enfin une fonction de l'acide salicylique chez les Végétaux. L'« aspirine » est un médicament naturel pour les plantes qui la produisent. Mais son action est complètement différente chez les Humains.

■　　■　　■

Les botanistes qui étudient la résistance aux maladies et d'autres adaptations chez les Végétaux sont en train de démystifier la façon par laquelle une plante répond aux stimulus externes et internes. Avec des milliers d'autres botanistes qui étudient d'autres sujets et des millions d'étudiants qui font des expériences sur des plantes dans leurs cours de biologie, ils perpétuent la tradition séculaire de curiosité qui pousse à enrichir nos connaissances sur ces producteurs qui nourrissent la biosphère.

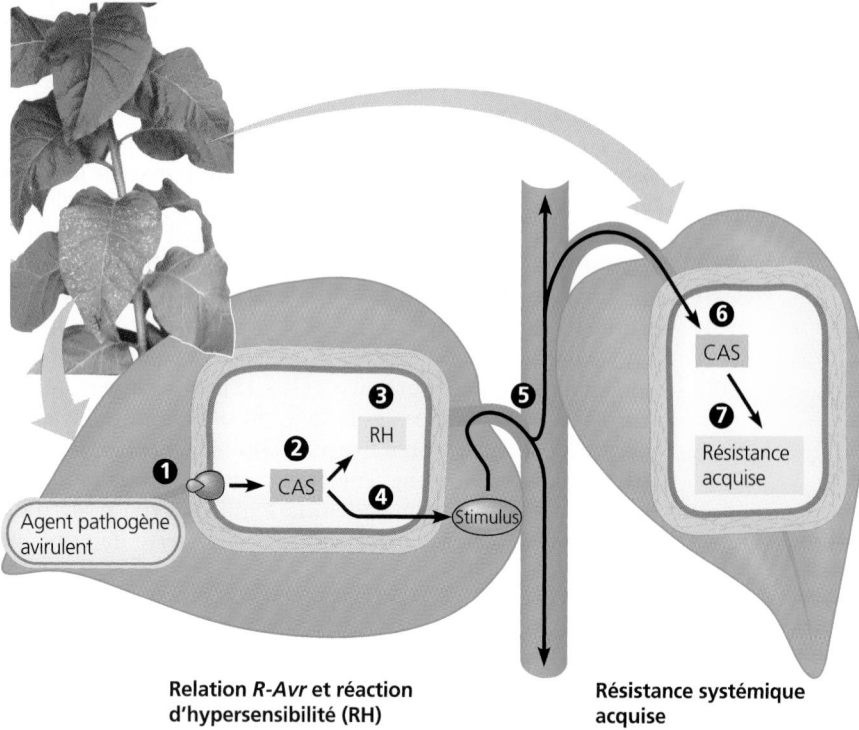

① La résistance spécifique est fondée sur la liaison d'un ligand de l'agent pathogène et d'un récepteur donné des cellules du tissu infecté.

② L'identification de l'agent pathogène déclenche une voie de conversion-amplification du stimulus (CAS).

③ La voie de conversion-amplification du stimulus conduit à une réaction d'hypersensibilité (RH) : les cellules de la plante hôte produisent des molécules antimicrobiennes, isolent la zone infectée en modifiant leur paroi et s'autodétruisent. Cette réponse localisée produit les lésions qui sont visibles dans la photographie de gauche.

④ Avant de mourir, les cellules infectées libèrent une substance chimique, probablement de l'acide salicylique.

⑤ Le stimulus chimique se répand dans toute la plante.

⑥ Dans les cellules des feuilles et des parties de la plante éloignées du site d'infection, le stimulus chimique amorce une voie de conversion-amplification du stimulus (CAS).

⑦ La voie de conversion-amplification du stimulus active la résistance systémique acquise, qui comprend la production de molécules antimicrobiennes aidant à protéger les cellules contre divers agents pathogènes pendant plusieurs jours.

Relation *R-Avr* et réaction d'hypersensibilité (RH)

Résistance systémique acquise

FIGURE 39.31 Réactions de défense contre un agent pathogène avirulent.

RÉVISION DU CHAPITRE

Résumé des concepts importants

LA CONVERSION-AMPLIFICATION DE STIMULUS ET LES RÉPONSES DES VÉGÉTAUX

■ Les voies de conversion-amplification des stimulus font le lien entre les stimulus internes et externes et les réponses des cellules (p. 872 à 875, FIGURES 39.1 à 39.3). Les hormones et les stimulus externes interagissent avec des récepteurs spécifiques, ce qui active des voies de conversion-amplification de stimulus et provoque des réactions cellulaires.

LES RÉACTIONS DES VÉGÉTAUX AUX HORMONES

■ La recherche sur l'attirance qu'exerce la lumière sur les Végétaux a mené à la découverte des hormones végétales (p. 875 à 877, FIGURES 39.4 et 39.5). Les chercheurs ont découvert que l'auxine était responsable de la transmission d'un stimulus de l'apex vers la zone d'allongement du coléoptile, durant le phototropisme.

■ Les hormones végétales coordonnent la croissance, le développement et les réponses aux stimulus externes (p. 877 à 886, TABLEAU 39.1, FIGURES 39.6 à 39.16). Nous mentionnons ici la principale fonction de chacune des catégories d'hormones. L'auxine, produite essentiellement dans le méristème apical de la tige, provoque l'allongement cellulaire dans différents tissus cibles. Les cytokinines, produites dans les tissus en croissance active comme les racines, les embryons et les fruits, déclenchent la division cellulaire. Les gibbérellines, produites dans les racines et les jeunes feuilles,

provoquent la croissance des feuilles et des tiges. L'acide abscissique maintient les graines en état de dormance. L'éthylène régule la maturation des fruits. Les brassinostéroïdes, chimiquement semblables aux hormones sexuelles des Animaux, provoquent l'allongement et la division cellulaires.

LES RÉACTIONS DES VÉGÉTAUX À LA LUMIÈRE

■ Les photorécepteurs sensibles à la lumière bleue forment un groupe hétérogène de pigments (p. 887, FIGURE 39.17). Les différents photorécepteurs sensibles à la lumière bleue régulent l'allongement de l'hypocotyle, l'ouverture des stomates et le phototropisme.

■ Les phytochromes fonctionnent comme des photorécepteurs dans de nombreuses réactions des Végétaux à la lumière (p. 888 et 889, FIGURES 39.18 à 39.20). Les phytochromes existent sous deux formes photoréversibles, P_r et P_{ir}, et sont à l'origine de plusieurs réactions au cours du développement.

■ L'horloge biologique régule les rythmes circadiens chez les Végétaux et les autres Eucaryotes (p. 889 et 890, FIGURE 39.21). Les rythmes circadiens endogènes ont une durée approximative de 24 heures. Mais, influencés par l'alternance cyclique du jour et de la nuit, ils finissent par se dérouler sur une période exacte de 24 heures.

■ La lumière règle l'horloge biologique (p. 890 et 891). L'interconversion des phytochromes marque le lever et le coucher du soleil et fournit à l'horloge des repères temporels.

■ Le photopériodisme synchronise de nombreuses réactions des Végétaux avec les changements de saison (p. 891 à 893, FIGURES 39.22 à 39.24). Certains processus du développement, notamment la floraison chez de nombreuses espèces, nécessitent une certaine photopériode. Ainsi, une durée critique de la nuit correspond à un nombre minimal (chez les plantes de jour court) ou maximal (chez les plantes de jour long) d'heures d'obscurité pour la floraison.

LES RÉACTIONS DES VÉGÉTAUX AUX STIMULUS EXTERNES AUTRES QUE LA LUMIÈRE

■ Les Végétaux réagissent aux stimulus externes par une combinaison de mécanismes de développement et de mécanismes physiologiques (p. 893 à 897, FIGURES 39.25 à 39.28). En plus de la lumière, une plante est exposée à divers stimulus et facteurs d'agression externes : la gravitation, la stimulation mécanique, le manque d'eau, la salinité du sol, les inondations, le manque de dioxygène, la chaleur et le froid.

LES DÉFENSES DES VÉGÉTAUX : LES RÉACTIONS À LA PRÉSENCE D'HERBIVORES ET D'AGENTS PATHOGÈNES

■ Les Végétaux dissuadent les herbivores par des moyens de défense physiques et chimiques (p. 897 et 898, FIGURE 39.29). Les défenses physiques des Végétaux sont des adaptations morphologiques telles que les épines. Les défenses chimiques prennent la forme de composés toxiques ou au goût désagréable et de substances volatiles qui attirent les animaux carnivores pour qu'ils détruisent les herbivores.

■ Les Végétaux ont plusieurs lignes de défense pour se protéger contre les agents pathogènes (p. 898 à 900, FIGURES 39.30 et 39.31). Un agent pathogène est dit avirulent s'il possède un gène *Avr* dominant qui correspond à un allèle dominant *R* donné chez la plante hôte. Une réaction d'hypersensibilité contre un agent pathogène avirulent isole l'infection. De plus, elle tue l'agent pathogène et les cellules hôtes situées dans la zone d'infection. L'acide salicylique est une molécule de communication qui déclenche une réaction de défense généralisée dans les organes éloignés du site d'infection (résistance systémique acquise).

Autoévaluation

(Les questions dont les numéros sont en caractères gras font surtout appel à la compréhension.)

1. Laquelle des associations suivantes est incorrecte ?
   a) Auxine – favorise la croissance des tiges par l'allongement cellulaire.
   b) Cytokinines – provoquent l'apoptose.
   c) Gibbérellines – provoquent la germination des graines.
   d) Acide abscissique – favorise la dormance des graines.
   e) Éthylène – inhibe l'allongement cellulaire.

2. Laquelle des composantes suivantes *ne* fait *pas* normalement partie d'une voie de conversion-amplification d'un stimulus telle que celle qui participe au verdissement ?
   a) Les protéines G qui agissent comme facteurs de transcription activant des gènes donnés.
   b) L'activation d'enzymes qui produisent des seconds messagers tels que la GMPc.
   c) L'activation d'une protéine G par un récepteur activé.
   d) Les réactions en cascade des protéines kinases.
   e) La phosphorylation des facteurs de transcription.

3. Il arrive souvent que des bourgeons et des pousses se forment sur les souches. Laquelle des hormones suivantes est à l'origine de ce phénomène ?
   a) L'auxine.
   b) Les cytokinines.
   c) L'acide abscissique.
   d) L'éthylène.
   e) Les gibbérellines.

4. Lequel des énoncés suivants n'est *pas* conforme à l'hypothèse de la croissance acidodépendante ?
   a) L'auxine active les pompes à protons dans les membranes cellulaires.
   b) La diminution du pH rompt les ponts transversaux entre les microfibrilles de cellulose.
   c) La trame de la paroi se relâche (devient plus souple).
   d) Les pompes à protons activées par l'auxine déclenchent la division cellulaire dans les méristèmes.
   e) La pression de turgescence de la cellule vainc la résistance de la paroi relâchée ; la cellule absorbe de l'eau et s'allonge.

5. Une plante de jour long peut émettre un stimulus de floraison prématurément si on l'expose à un éclair de :
   a) lumière infrarouge pendant la nuit.
   b) lumière rouge pendant la nuit.
   c) lumière rouge puis à un éclair de lumière infrarouge pendant la nuit.
   d) lumière infrarouge pendant le jour.
   e) lumière rouge pendant le jour.

6. Comment une plante peut-elle réagir à une chaleur *excessive* ?
   a) Elle peut orienter ses feuilles en direction du soleil pour augmenter le refroidissement par vaporisation.
   b) Elle peut produire de l'éthylène pour tuer certaines cellules de l'écorce, afin de créer des conduits d'aération pour la ventilation.
   c) Elle peut produire de l'acide salicylique, lequel provoque une résistance systémique acquise.
   d) Elle peut augmenter la proportion d'acides gras insaturés dans ses membranes cellulaires pour en réduire la fluidité.
   e) Elle peut produire des protéines de choc thermique, lesquelles empêchent ses propres protéines de se dénaturer.

7. Si la durée critique de la nuit est de 9 heures pour une plante de jour long, lequel des cycles suivants empêche sa floraison ?
   a) 16 heures de clarté et 8 heures d'obscurité.
   b) 14 heures de clarté et 10 heures d'obscurité.
   c) 15,5 heures de clarté et 8,5 heures d'obscurité.
   d) 4 heures de clarté, 8 heures d'obscurité, 4 heures de clarté et 8 heures d'obscurité.
   e) 8 heures de clarté, 8 heures d'obscurité, un éclair lumineux et 8 heures d'obscurité.

8. Le rôle probable de l'acide salicylique dans la résistance systémique acquise chez les Plantes est :
   a) de détruire directement les agents pathogènes.
   b) d'activer les défenses dans toute la plante avant que l'infection se répande.
   c) de fermer les stomates, afin de prévenir l'entrée d'agents pathogènes.
   d) d'activer les protéines de choc thermique.
   e) de sacrifier les tissus infectés en hydrolysant leurs cellules.

9. L'auxine provoque l'acidification de la paroi cellulaire, acidification qui entraîne une croissance rapide et un allongement cellulaire continu. Lequel des énoncés suivants explique le mieux la double action de l'auxine?

   a) L'auxine se lie à différents récepteurs dans les diverses cellules.
   b) Sous diverses concentrations, l'auxine a différentes actions.
   c) L'auxine amène les seconds messagers à activer les pompes à protons et certains gènes.
   d) Les deux actions sont assurées par deux auxines différentes.
   e) Des hormones antagonistes modifient les actions de l'auxine.

10. Les indices inscrits dans les choix suivants donnent l'identité des gènes *Avr* et *R* chez les agents pathogènes et les cellules d'une plante respectivement. Les indices majuscules indiquent des allèles dominants; les indices minuscules, des allèles récessifs. Dans laquelle des situations suivantes l'agent pathogène est-il avirulent?

   a) Avr_D-R_d
   b) Avr_E-R_G
   c) Avr_M-R_M
   d) Avr_g-R_g
   e) Avr_e-R_E

11. Comment les expériences illustrées aux FIGURES 39.4 et 39.5 prouvent-elles que le phototropisme dépend d'une hormone?

12. Imaginez que votre laboratoire possède une minuscule électrode qui vous permet de mesurer le pH de la paroi d'une cellule végétale. Comment utiliseriez-vous cet outil pour valider l'hypothèse présentée à la FIGURE 39.7 sur la manière dont l'auxine provoque l'allongement cellulaire?

13. Pourquoi peut-on considérer les tropismes, notamment le phototropisme et le géotropisme, comme des « réactions de croissance »?

14. Chez le Haricot, la période endogène des mouvements nyctinastiques des feuilles est de 26 heures. On garde un plant de Haricot dans une obscurité continue. Combien de jours faudra-t-il pour que ses feuilles soient en « position midi » quand l'horloge au mur indiquera minuit?

15. Une plante de jour court donnée ne fleurit pas au printemps. Un horticulteur essaie de la faire fleurir en divisant la longue période de clarté du printemps en deux courtes périodes de clarté séparées par quelques minutes d'obscurité. Selon le mécanisme de régulation photopériodique de la floraison, quels seront les résultats de cette expérience? Comment expliqueriez-vous ces résultats à l'horticulteur?

16. Dans quelle mesure la fonction de l'acide salicylique dans la résistance systémique acquise correspond-elle à notre définition d'une hormone?

Lien avec l'évolution

La coévolution est l'ensemble des adaptations réciproques de deux espèces, chacune des espèces s'adaptant selon son interaction avec l'autre. Dans ce contexte, rédigez un paragraphe expliquant la relation entre une plante et un agent pathogène avirulent.

Intégration

1. Un botaniste qui observait des chenilles se nourrissant d'un buisson tropical remarqua un phénomène particulier. Il constata que lorsqu'une chenille avait fini de manger une feuille, elle ignorait les feuilles voisines pour manger les feuilles situées à une certaine distance de la première. Il constata aussi que lorsqu'une feuille était mangée, les feuilles voisines produisaient une substance chimique qui dégoûtait les chenilles. Il faut noter que le simple fait d'arracher une feuille n'empêchait pas les chenilles de manger les feuilles voisines. Le biologiste émit l'hypothèse que la feuille endommagée répandait une substance chimique qui avertissait les autres feuilles du danger. Comment le chercheur peut-il tester son hypothèse?

2. Expliquez les interactions possibles de la photopériode, des phytochromes, de l'horloge biologique, des gibbérellines et de l'acide abscissique dans la germination d'une graine plantée juste sous la surface du sol.

Science, technologie et société

En vous inspirant de ce vous avez appris dans ce chapitre, rédigez un court essai donnant et expliquant au moins trois exemples de la façon dont les agriculteurs et les horticulteurs ont utilisé les mécanismes de régulation des Végétaux.

CHAPITRE 40

STRUCTURE ET FONCTION CHEZ LES ANIMAUX : INTRODUCTION

« Un homme qui n'est plus capable de s'émerveiller a pratiquement cessé de vivre. »

ALBERT EINSTEIN
physicien allemand (1879-1955)

VUE D'ENSEMBLE DE L'ANATOMIE FONCTIONNELLE

- La structure et la fonction animales reflètent les thèmes intégrateurs de la biologie
- Il y a une corrélation entre la structure et la fonction dans les tissus des Animaux
- Les systèmes des Animaux sont interdépendants

PLANS D'ORGANISATION CORPORELLE ET MILIEU EXTERNE

- Les lois de la physique régissent la morphologie des Animaux
- La taille et la forme du corps se répercutent sur les interactions avec l'environnement

LA RÉGULATION DU MILIEU INTERNE

- Les mécanismes de l'homéostasie tempèrent les changements du milieu interne
- L'homéostasie dépend des mécanismes de rétroaction

INTRODUCTION À LA BIOÉNERGÉTIQUE CHEZ LES ANIMAUX

- Les Animaux sont des hétérotrophes qui tirent de l'énergie chimique des aliments consommés
- La vitesse du métabolisme permet de comprendre la « stratégie » bioénergétique d'un animal
- La vitesse du métabolisme par kilogramme de masse corporelle est inversement proportionnelle à la taille du corps
- Les Animaux font varier la vitesse de leur métabolisme en fonction des conditions du moment
- Les allocations énergétiques indiquent comment les Animaux utilisent la matière et l'énergie

I n'y a rien *de plus naturel que de s'interroger sur le fonctionnement de notre corps. Les chapitres qui suivent traitent donc de la structure et de la fonction animales. Nous vous y présenterons un grand nombre d'informations sur l'anatomie et la physiologie humaines. Mais cette partie du manuel ne se limite pas aux seuls Humains ni même aux Vertébrés. En effet, l'étude de la structure et de la fonction chez les Animaux relève d'un ensemble commun de problèmes que tous les Animaux doivent régler. Par exemple, comment des Animaux aussi différents que les Hydres, les Flétans et les Humains font-ils pour se procurer du dioxygène? Pour se nourrir et pour éliminer les déchets? Pour se déplacer? Nous tenterons surtout de voir comment les Animaux qui ont évolué différemment et dont la complexité est variable arrivent à régler ces grands défis de la vie. Ce chapitre commence par présenter certains fils conducteurs applicables à l'ensemble du règne animal.*

VUE D'ENSEMBLE DE L'ANATOMIE FONCTIONNELLE

La structure et la fonction animales reflètent les thèmes intégrateurs de la biologie

Les Animaux fournissent des exemples frappants du thème biologique prédominant qu'est l'évolution. Les adaptations que nous relèverons au cours de notre étude comparée des Animaux ont pris naissance grâce à la sélection naturelle. La longue trompe du Sphinx du tabac (*Manduca sexta*) qui fait l'objet de la photographie ci-dessus est une adaptation structurale destinée à l'alimentation. La trompe reste enroulée lorsqu'elle n'est pas utilisée; elle se déroule comme une longue paille au besoin, ce qui permet au Sphinx du tabac et aux autres Noctuelles (papillons de nuit) d'aspirer du nectar gisant au fond de fleurs tubulaires.

Le Sphinx du tabac qui vole en quête de nourriture au milieu de la nuit illustre aussi un autre thème intégrateur présenté au chapitre 1: la régulation. La sélection naturelle établit un mécanisme d'adaptation à long terme, mais les organismes sont aussi en mesure de s'adapter aux changements environnementaux à court terme, et ce, grâce à des réponses physiologiques. (Ces réactions à court terme sont en elles-mêmes des adaptations évolutives.) Ainsi, de nombreux insectes restent inactifs quand il fait froid. Mais le Sphinx du tabac, lui, peut évoluer et rechercher le nectar même par temps froid, jusqu'à un seuil de 5 °C. Pour réchauffer ses muscles avant de s'envoler, ce papillon utilise un mécanisme similaire à celui qui cause les frissons. Une fois qu'il a pris son envol, l'activité métabolique de ses muscles génère de la chaleur et diverses adaptations de régulation, qui permettent à ses muscles de maintenir une température d'environ 30 °C, même si la température de l'air est proche du point de congélation. (Nous vous en dirons davantage sur ce mode de régulation au chapitre 44.)

La recherche de nourriture, la production de chaleur corporelle, la régulation de la température interne, la perception sensorielle et la réaction à l'environnement, à l'instar de toutes les autres activités animales, exigent la consommation d'énergie chimique. Nous appliquerons donc certaines notions issues de la bioénergétique à notre étude comparée des Animaux, c'est-à-dire que nous expliquerons comment ceux-ci obtiennent, traitent et utilisent leurs ressources énergétiques.

Un thème intégrateur supplémentaire orientera notre étude des Animaux: la corrélation entre la structure et la fonction. Il faut garder à l'esprit que la structure concorde avec la fonction. Un même principe s'applique à plusieurs niveaux d'organisation de la hiérarchie biologique, des molécules jusqu'aux organismes. L'analyse d'une structure biologique comme la trompe du Sphinx du tabac nous offre certains indices sur la fonction et le fonctionnement de l'organe en question. Inversement, connaître la fonction d'une structure nous fournit des renseignements anatomiques. L'**anatomie** est l'étude de la *structure* d'un organisme; la **physiologie,** elle, est l'étude des *fonctions* exécutées par un organisme. La distinction s'estompe lorsque l'on applique le thème intégrateur de la corrélation structure-fonction; l'anatomie et la physiologie se confondent alors, comme s'il ne s'agissait que d'un seul et même élément. C'est pourquoi on peut employer l'expression *anatomie fonctionnelle*. Sans but préalable, la sélection naturelle peut adapter la structure à la fonction en privilégiant, au cours de nombreuses générations, les éléments qui donnent les meilleurs résultats parmi les possibilités offertes dans une population variable. Ainsi, on peut considérer la corrélation structure-fonction comme une résultante de l'évolution, la thématique centrale de la biologie.

Il y a une corrélation entre la structure et la fonction dans les tissus des Animaux

La vie se définit par des niveaux hiérarchiques d'organisation, desquels émergent de nouvelles propriétés (voir l'émergence au chapitre 1). Les Animaux sont des organismes multicellulaires, dont les cellules spécialisées sont regroupées en tissus. Chez la plupart des Animaux, les différents tissus se combinent pour former des unités fonctionnelles appelées organes. Les groupes d'organes qui travaillent en synergie forment des systèmes.

Ainsi, le système digestif de l'Humain comprend l'estomac, l'intestin grêle, le gros intestin et divers autres organes, chacun étant composé de plusieurs types de tissus.

Un **tissu** se compose d'un ensemble de cellules dotées d'une structure et d'une fonction communes. Les divers types de tissus comportent des structures différentes particulièrement adaptées à leurs fonctions. Pour former un tissu, les cellules adhèrent les unes aux autres grâce à une matrice extracellulaire adhésive, qui les recouvre (voir la FIGURE 7.29) ou qui les entrelace comme une fibre textile. En fait, le terme *tissu* provient du mot latin *texere*, qui signifie « tisser ».

Les tissus sont classés en quatre grandes catégories: le tissu épithélial, le tissu conjonctif, le tissu nerveux et le tissu musculaire. On trouve tous ceux-ci en quantité variable chez l'ensemble des Animaux, à l'exception des plus simples. Notre étude portera surtout sur les tissus des Vertébrés.

Tissu épithélial

Le **tissu épithélial** est constitué d'une ou de plusieurs couches de cellules accolées les unes aux autres. Il tapisse la surface externe du corps et des organes, ainsi que les cavités internes (FIGURE 40.1). Les cellules d'un épithélium sont étroitement rapprochées les unes des autres, de sorte que peu de matériau interstitiel les sépare. Dans de nombreux épithéliums, les cellules sont réunies par des jonctions serrées (voir la FIGURE 7.30). Cet assemblage très adhésif permet à l'épithélium de servir de barrière protectrice contre les lésions mécaniques, l'entrée de micro-organismes intrusifs dans l'organisme et la perte de liquides. La face libre de l'épithélium est exposée à l'air ou à des liquides, tandis que la face opposée, située à la base de la barrière, repose sur une **membrane basale,** une couche compacte de la matrice extracellulaire.

On classe un épithélium selon deux critères et dans cet ordre: le nombre de couches cellulaires et la forme des cellules superficielles. Un **épithélium simple** possède une seule couche de cellules, tandis qu'un **épithélium stratifié** en compte plusieurs. Un épithélium pseudostratifié n'a qu'une seule couche de cellules, mais il a l'aspect d'un épithélium stratifié, parce que ses cellules sont de différentes longueurs. La forme des cellules situées à la surface d'un épithélium peut être **cubique** (comme un dé), **prismatique** (comme une brique debout) ou **squameuse** (aplatie comme une tuile). En combinant les caractéristiques relatives au nombre de couches et à la forme des cellules, on peut former des expressions comme *épithélium simple cubique* et *épithélium stratifié squameux* (voir la FIGURE 40.1).

Tout en protégeant les organes qu'ils tapissent, certains épithéliums, appelés **épithéliums glandulaires,** absorbent ou sécrètent des solutions chimiques. Par exemple, l'épithélium glandulaire revêtant les follicules de la thyroïde sécrète une hormone qui régule la vitesse du métabolisme d'un organisme. L'épithélium glandulaire recouvrant la paroi intérieure (cavité ou lumière) du tube digestif et des voies respiratoires forme une tunique appelée **muqueuse**; les cellules de celle-ci sécrètent une solution visqueuse nommée mucus, qui lubrifie la surface et la garde humidifiée. De plus, les cellules superficielles de certaines muqueuses possèdent des cils vibratiles qui font glisser la pellicule de mucus le long de la surface. Par exemple, l'épithélium cilié de nos voies respiratoires contribue à nettoyer nos poumons: il capte la poussière et les autres particules, et les propulse vers le haut, le long de la trachée.

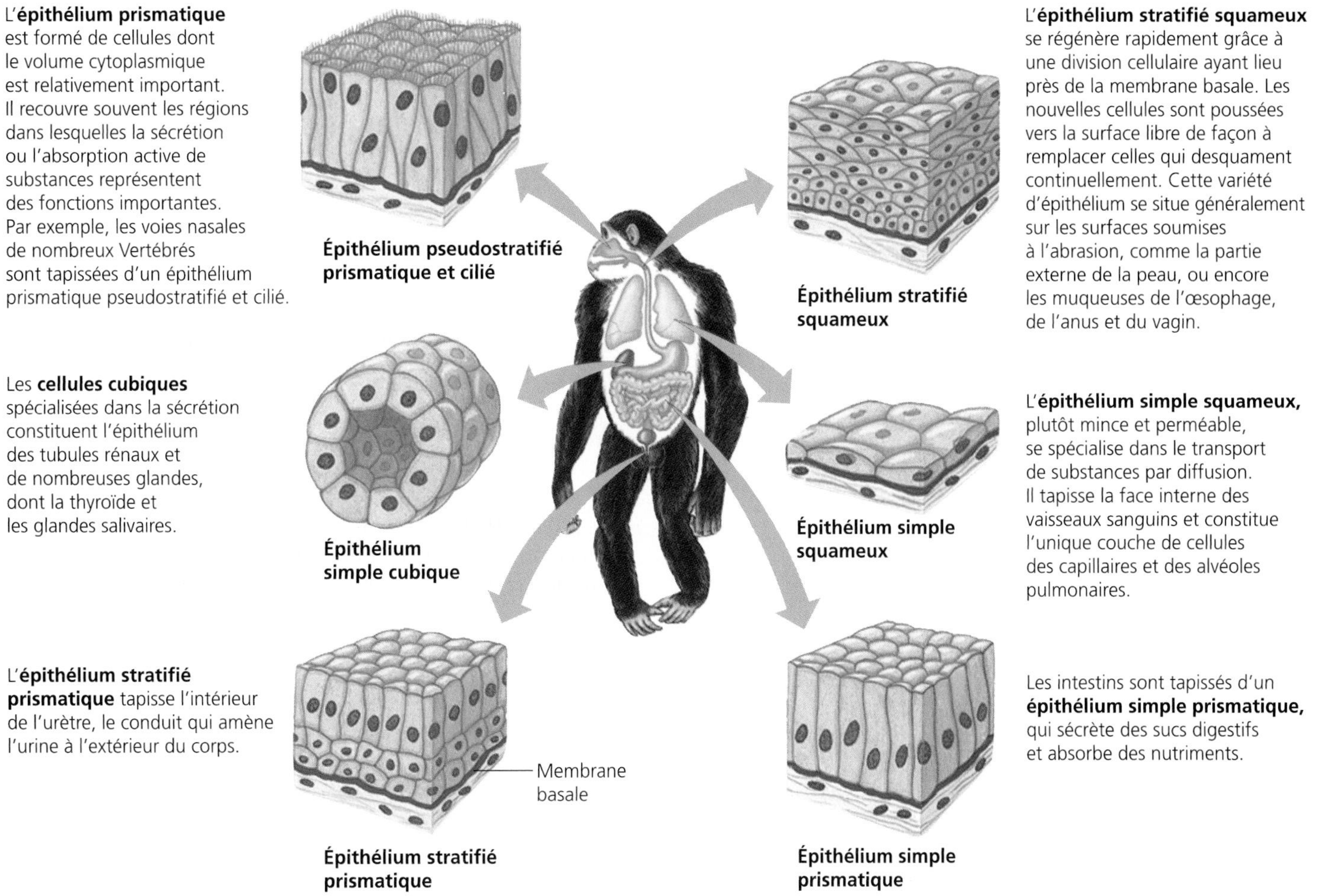

L'**épithélium prismatique** est formé de cellules dont le volume cytoplasmique est relativement important. Il recouvre souvent les régions dans lesquelles la sécrétion ou l'absorption active de substances représentent des fonctions importantes. Par exemple, les voies nasales de nombreux Vertébrés sont tapissées d'un épithélium prismatique pseudostratifié et cilié.

Épithélium pseudostratifié prismatique et cilié

Les **cellules cubiques** spécialisées dans la sécrétion constituent l'épithélium des tubules rénaux et de nombreuses glandes, dont la thyroïde et les glandes salivaires.

Épithélium simple cubique

L'**épithélium stratifié prismatique** tapisse l'intérieur de l'urètre, le conduit qui amène l'urine à l'extérieur du corps.

Membrane basale

Épithélium stratifié prismatique

L'**épithélium stratifié squameux** se régénère rapidement grâce à une division cellulaire ayant lieu près de la membrane basale. Les nouvelles cellules sont poussées vers la surface libre de façon à remplacer celles qui desquament continuellement. Cette variété d'épithélium se situe généralement sur les surfaces soumises à l'abrasion, comme la partie externe de la peau, ou encore les muqueuses de l'œsophage, de l'anus et du vagin.

Épithélium stratifié squameux

L'**épithélium simple squameux,** plutôt mince et perméable, se spécialise dans le transport de substances par diffusion. Il tapisse la face interne des vaisseaux sanguins et constitue l'unique couche de cellules des capillaires et des alvéoles pulmonaires.

Épithélium simple squameux

Les intestins sont tapissés d'un **épithélium simple prismatique,** qui sécrète des sucs digestifs et absorbe des nutriments.

Épithélium simple prismatique

FIGURE 40.1 Structure et fonction des tissus épithéliaux. La structure d'un épithélium concorde avec sa fonction. On qualifie chaque épithélium par une expression constituée de deux termes : le premier précise le nombre de couches de cellules, alors que le second décrit la forme des cellules superficielles.

Tissu conjonctif

La fonction du **tissu conjonctif** consiste surtout à fixer et à soutenir les autres tissus. Contrairement aux épithéliums, dont les cellules sont très rapprochées, les tissus conjonctifs comprennent un nombre peu abondant de cellules. Celles-ci sont dispersées dans une matrice extracellulaire, généralement composée d'un réseau de fibres enchâssé dans une substance fondamentale homogène, qui est liquide, gélatineuse ou solide. Dans la plupart des cas, les substances de la matrice sont sécrétées par les cellules du tissu conjonctif.

Les fibres des tissus conjonctifs se composent de protéines et sont classées en trois catégories : les fibres collagènes, les fibres élastiques et les fibres réticulaires. Les **fibres collagènes** sont constituées de collagène (il s'agit probablement de la protéine la plus abondante du règne animal). Elles ne sont pas élastiques et ne se déchirent pas facilement lorsqu'elles sont tirées dans le sens de la longueur. Ainsi, si vous pincez et tirez la peau située au dos de votre main, ce sont principalement les fibres collagènes qui vous empêchent d'arracher la peau des muscles sous-jacents. Les **fibres élastiques,** elles, sont de longs fils composés d'une protéine appelée élastine. Elles assurent au tissu conjonctif une souplesse caoutchouteuse complétant la force

non élastique des fibres collagènes. Lorsque vous vous pincez le dos de la main et que vous relâchez la pression, les fibres élastiques redonnent rapidement à votre peau sa forme originale. Enfin, les **fibres réticulaires** sont très minces et forment un réseau. Elles sont faites de collagène et sont reliées aux fibres collagènes ; elles constituent un tissu aux mailles serrées, qui joint les tissus conjonctifs aux tissus adjacents.

Les variétés principales du tissu conjonctif des Vertébrés sont le tissu conjonctif lâche (le tissu adipeux, le tissu conjonctif aréolaire, le tissu conjonctif réticulaire), le tissu conjonctif dense (régulier ou irrégulier), le tissu cartilagineux (hyalin, élastique ou fibreux), le tissu osseux et le tissu sanguin (la FIGURE 40.2, à la page 906, illustre la plupart de ces tissus). Chacune de ces variétés possède une structure adaptée à sa spécialisation.

Le tissu conjonctif le plus répandu chez les Vertébrés est le **tissu conjonctif aréolaire.** Il fait partie du **tissu conjonctif lâche** servant à fixer un épithélium aux tissus sous-jacents et aussi à envelopper les organes pour les maintenir en place et les protéger. On le qualifie de « lâche » parce que ses fibres s'entrelacent de manière espacée. Il se compose des trois sortes de fibres : les fibres collagènes, les fibres élastiques et les fibres réticulaires.

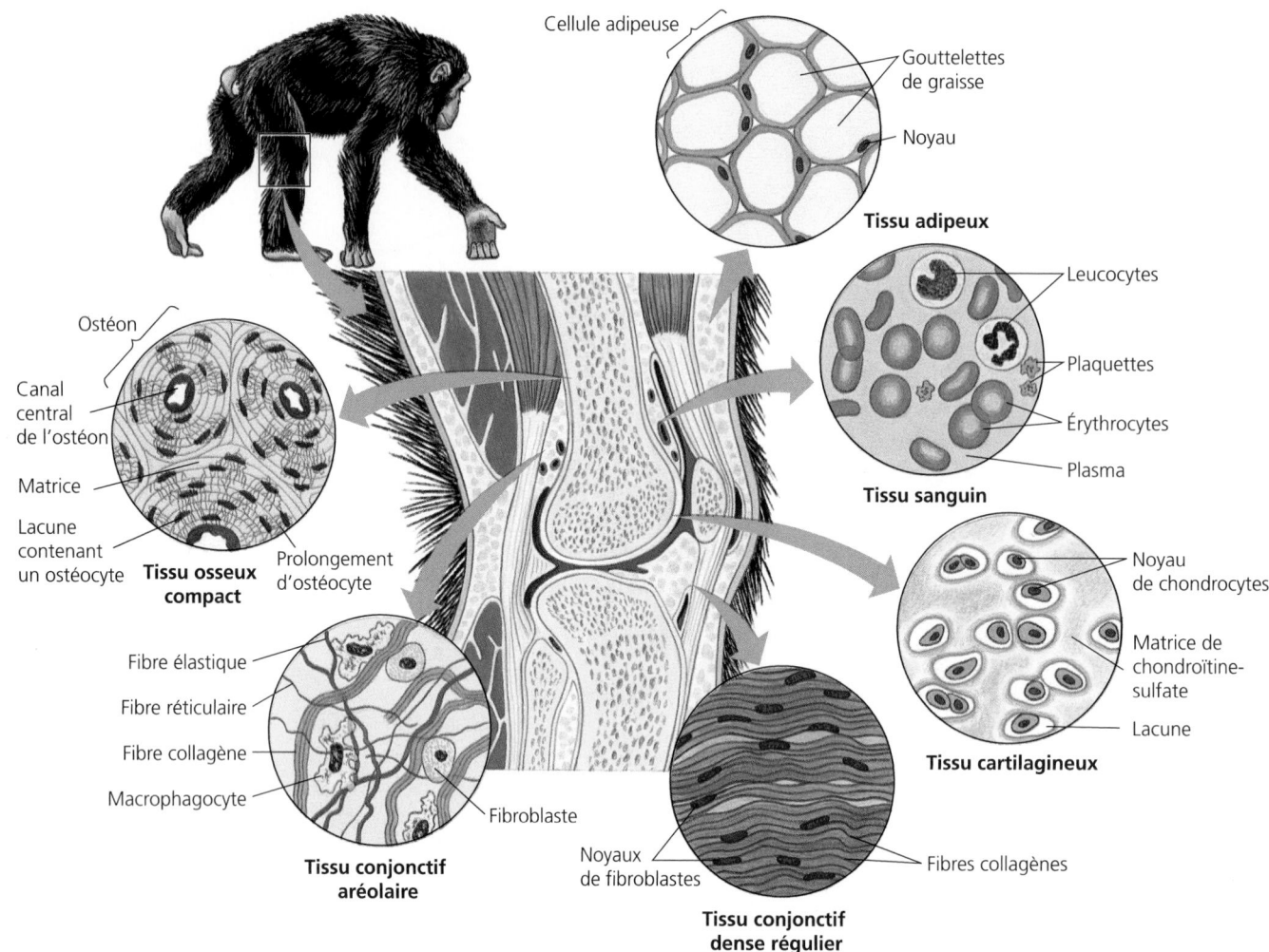

FIGURE 40.2 Quelques variétés de tissu conjonctif. L'illustration présente la région de l'articulation du genou.

On trouve deux types prédominants de cellules dispersées dans la trame fibreuse du tissu conjonctif aréolaire : les fibroblastes et les macrophagocytes. Les **fibroblastes** sécrètent les substances protéiques des fibres extracellulaires. Quant aux **macrophagocytes,** ce sont des cellules amiboïdes parcourant le dédale de fibres dans le but de détruire par phagocytose les agents pathogènes et les débris de cellules mortes (voir le chapitre 8). Ils font partie d'un système de défense complexe, que vous étudierez plus en détail au chapitre 43.

Le **tissu adipeux** est une forme spécialisée de tissu conjonctif lâche, qui emmagasine les graisses dans les cellules adipeuses (ou adipocytes) disséminées dans sa matrice. Il sert à isoler le corps, à amortir les chocs et à emmagasiner de l'énergie sous forme de molécules de gras (voir la FIGURE 4.5). Une cellule adipeuse renferme une grosse gouttelette de graisse qui gonfle lorsque l'organisme emmagasine des lipides et qui rétrécit lorsqu'il en utilise comme source d'énergie.

Le **tissu conjonctif dense** est compact, car il contient beaucoup de fibres collagènes. Lorsque ces dernières sont disposées en faisceaux parallèles, on parle de **tissu conjonctif dense régulier** ; cet arrangement optimise la force non élastique (force de tension). Lorsque les faisceaux de fibres sont plus épais et

disposés en tous sens, on parle de **tissu conjonctif dense irrégulier.** On trouve le tissu conjonctif dense régulier principalement dans les **tendons,** qui relient les muscles aux os, et dans les **ligaments,** qui unissent les os à la hauteur des articulations. Le tissu conjonctif dense irrégulier se trouve plutôt dans le derme de la peau, dans la sous-muqueuse du tube digestif et dans l'enveloppe fibreuse de certains organes ainsi que des capsules articulaires.

Le **tissu cartilagineux** comporte une abondance de fibres collagènes, enchâssées dans une substance fondamentale (ou matrice) appelée chondroïtine-sulfate (il s'agit de polysaccharides de la catégorie glycosaminoglycane). Le chondroïtine-sulfate et le collagène sont sécrétés par des cellules appelées **chondroblastes** (voir la FIGURE 40.2). Lorsque ceux-ci sont matures, ils sont appelés **chondrocytes.** L'association des fibres collagènes et du chondroïtine-sulfate fait du cartilage un matériau de soutien à la fois résistant et flexible. Le tissu cartilagineux est plus rigide que le tissu conjonctif dense mais moins dur que le tissu osseux. Le squelette du Requin se compose de cartilage. D'autres Vertébrés, dont les Humains, possèdent un squelette cartilagineux au cours de leur stade embryonnaire, mais cette structure durcit pour former du tissu osseux à mesure que l'embryon se développe. Nous conservons néanmoins du cartilage, qui sert de matériau de soutien flexible à certains endroits, notamment le nez (cartilage hyalin), les oreilles (cartilage élastique), les anneaux renforçant la trachée (cartilage hyalin), les disques servant d'amortisseurs entre nos vertèbres (cartilage fibreux), ainsi que les extrémités de certains os (cartilage hyalin). Le **cartilage hyalin** est le cartilage le plus abondant du corps humain. Il possède une matrice amorphe mais ferme, et ses nombreuses fibres collagènes sont imperceptibles. Le **cartilage élastique,** lui, ressemble au cartilage hyalin, mais sa matrice contient davantage de fibres élastiques. Quant au **cartilage fibreux,** il possède une matrice moins ferme que celle du cartilage hyalin, et ses fibres collagènes épaisses sont prédominantes.

Chez la plupart des Vertébrés, le squelette qui soutient le corps se compose de **tissu osseux,** c'est-à-dire d'un tissu conjonctif minéralisé. Des cellules appelées **ostéoblastes** sécrètent une matrice de collagène. Des ions calcium, magnésium et phosphate se combinent et durcissent pour former un sel appelé hydroxyapatite [$3\,Ca_3(PO_4)_2 \cdot Ca(OH)_2$], le plus abondant de la matrice. La combinaison des minéraux durs et du collagène souple rend les os plus durs que le cartilage sans qu'ils deviennent pour autant cassants. Chez les Mammifères, la structure microscopique du tissu osseux compact présente une succession d'unités appelées **ostéons** (voir la FIGURE 40.2). Chaque ostéon possède des couches concentriques (lamelles) de matrice minéralisée, déposées autour d'un canal central contenant des vaisseaux sanguins nourriciers et des neurofibres régulatrices. Après avoir sécrété la matrice, les ostéoblastes restent emmurés dans des lacunes, puis mûrissent en ostéocytes. Dans les os longs, comme le fémur (l'os de la cuisse), seule la région externe dure se compose de tissu osseux compact formé d'ostéons. L'intérieur de ces os renferme du tissu osseux spongieux, aussi appelé moelle osseuse. Les cellules sanguines sont élaborées dans la moelle rouge située près des extrémités des os longs et dans les os plats du tronc. (Nous nous pencherons davantage sur les os et les squelettes au chapitre 49.)

Bien que le **tissu sanguin** (c'est-à-dire le **sang**) fonctionne différemment des autres tissus conjonctifs, il satisfait au critère qui consiste à posséder une matrice extracellulaire étendue. Dans le cas du tissu sanguin, la matrice est un liquide appelé plasma, composé d'eau, de sels et de diverses protéines solubles. Deux catégories de cellules sanguines baignent dans le plasma : les érythrocytes (globules rouges) et les leucocytes (globules blancs). À ces deux catégories s'ajoutent des fragments de cellules appelés plaquettes. Les érythrocytes transportent le dioxygène; les leucocytes, eux, assurent la défense contre les Virus, les Bactéries et d'autres envahisseurs; enfin, les plaquettes jouent un rôle dans la coagulation du sang. Les chapitres 42 et 43 traitent en détail de la composition et des fonctions du sang.

Tissu nerveux

Le **tissu nerveux** perçoit les stimulus et transmet des messages (les influx nerveux) d'une partie de l'organisme à une autre. L'unité fonctionnelle du tissu nerveux est le **neurone** (ou la cellule nerveuse). Ce dernier est spécialisé dans la production et la conduction d'influx (FIGURE 40.3). Il comporte un corps d'où partent deux ou plusieurs prolongements, les dendrites et l'axone. Chez l'Humain, certains axones atteignent 1 m de longueur. Il transmet les influx issus du corps du neurone vers un autre neurone ou vers un effecteur, c'est-à-dire une structure

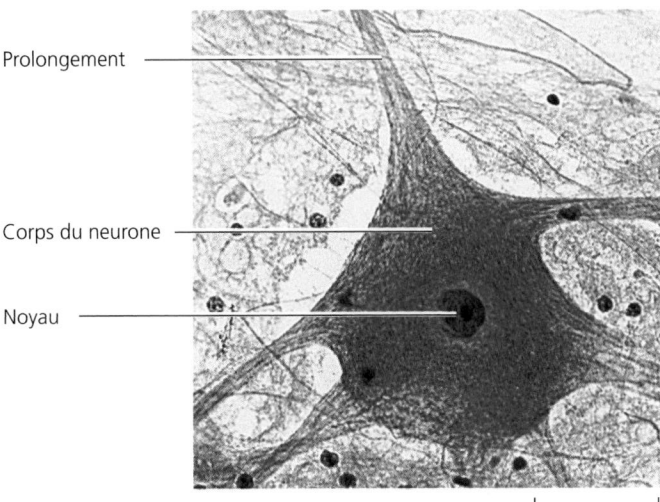

Prolongement

Corps du neurone

Noyau

50 µm (340 ×)

FIGURE 40.3 Structure fondamentale du neurone. Cette cellule nerveuse de la moelle épinière possède un corps volumineux et de multiples prolongements transmettant les influx nerveux (MP).

comme un muscle ou une glande devant exécuter la commande. Les dendrites, eux, acheminent les influx de leurs extrémités jusqu'au corps du neurone. Nous nous pencherons plus en détail sur la structure et la fonction des neurones au chapitre 48.

Tissu musculaire

Le **tissu musculaire** se compose de cellules allongées, les fibres musculaires, capables de se contracter après avoir été stimulées par un influx nerveux. Le cytoplasme des cellules musculaires abrite un grand nombre de microfilaments d'actine et de filaments de myosine disposés en parallèle. L'actine et la myosine sont des protéines contractiles. Chez la majorité des Animaux, le tissu musculaire est le tissu le plus abondant, ce qui n'est pas étonnant, étant donné l'importance que le mouvement revêt dans leur cas. Chez un animal actif, la contraction des muscles représente la plus grande partie du travail cellulaire consommateur d'énergie.

Il existe trois variétés de tissus musculaires dans le corps des Vertébrés: le tissu musculaire squelettique, le tissu musculaire cardiaque et le tissu musculaire lisse (FIGURE 40.4, p. 908). Le **tissu musculaire squelettique** est fixé aux os par des tendons. Il intervient généralement dans les mouvements volontaires du corps, et aussi dans les mouvements réflexes associés à l'équilibre statique et dynamique. Les adultes possèdent un nombre fixe de cellules musculaires. Ainsi, l'haltérophilie et les autres exercices de musculation n'augmentent pas le nombre de cellules musculaires, seulement leur volume. L'arrangement juxtaposé des microfilaments d'actine et des filaments de myosine dans le tissu musculaire squelettique donne aux cellules leur apparence rayée (striée) visible au microscope.

Le **tissu musculaire cardiaque** forme la paroi contractile (myocarde) du cœur. Il est strié, à l'instar du tissu musculaire squelettique, mais ses cellules se ramifient. Leurs extrémités sont réunies par des structures appelées disques intercalaires. Il s'agit de jonctions ouvertes qui transmettent d'une cellule cardiaque à l'autre l'influx nerveux qui provoque la contraction musculaire.

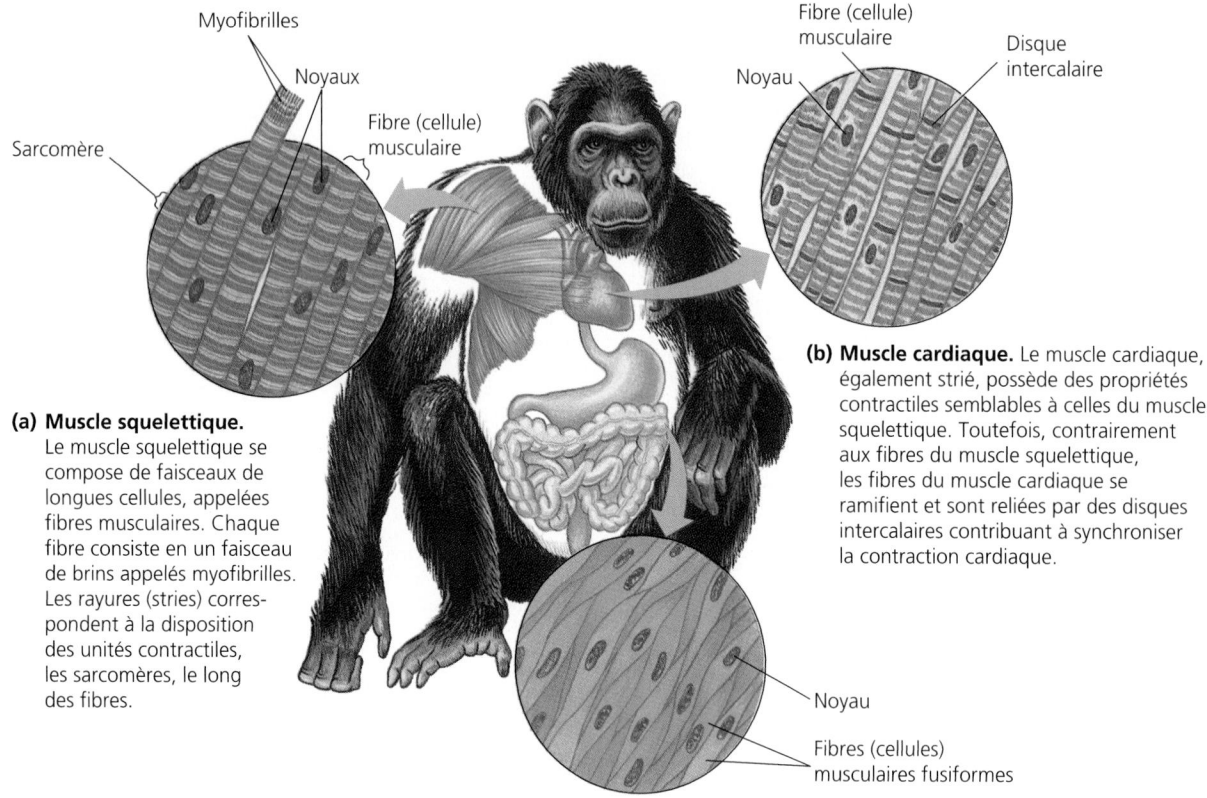

(a) Muscle squelettique.
Le muscle squelettique se
compose de faisceaux de
longues cellules, appelées
fibres musculaires. Chaque
fibre consiste en un faisceau
de brins appelés myofibrilles.
Les rayures (stries) correspondent à la disposition
des unités contractiles,
les sarcomères, le long
des fibres.

(b) Muscle cardiaque. Le muscle cardiaque,
également strié, possède des propriétés
contractiles semblables à celles du muscle
squelettique. Toutefois, contrairement
aux fibres du muscle squelettique,
les fibres du muscle cardiaque se
ramifient et sont reliées par des disques
intercalaires contribuant à synchroniser
la contraction cardiaque.

(c) Muscle lisse. Le muscle lisse se compose
de cellules fusiformes dépourvues de stries.

FIGURE 40.4 Trois types de muscles chez les Vertébrés.

Le **tissu musculaire lisse,** ainsi appelé parce qu'il est
dépourvu de stries, se trouve dans la paroi du tube digestif, de la
vessie, des artères et d'autres organes internes. Ses cellules sont
fusiformes. Elles se contractent plus lentement que celles des
muscles squelettiques, et leur contraction dure plus longtemps.
Les muscles squelettiques et les muscles lisses sont commandés
par des types de nerfs différents. Les muscles lisses sont associés
aux activités corporelles involontaires, notamment le péristaltisme du tube digestif ou la constriction des artères. Vous en
apprendrez davantage sur la régulation et la contraction des
muscles au chapitre 49.

Les systèmes des Animaux sont interdépendants

Chez tous les Animaux, à l'exception des plus simples (les
Éponges et quelques Cnidaires), les différents tissus sont organisés de façon précise et constituent des centres fonctionnels
spécialisés appelés **organes.** Dans divers organes, les tissus sont
disposés en étages. Par exemple, l'estomac des Vertébrés comporte cinq couches tissulaires (FIGURE 40.5). La cavité est tapissée
d'un épithélium épais sécrétant du mucus et des sucs digestifs.
À l'extérieur de cette couche se trouve une zone de tissu

conjonctif supportant des vaisseaux sanguins et des nerfs, et
recouverte d'une couche épaisse constituée essentiellement
de muscles lisses. L'estomac est complètement enveloppé par
une autre couche de tissu conjonctif. Enfin, un épithélium
enrobe le tout.

Chez les Vertébrés, de nombreux organes sont suspendus au
moyen de feuillets de tissu conjonctif, appelés **mésentères,** dans
des cavités remplies de liquide. Beaucoup de Vertébrés possèdent
une **cavité thoracique** supérieure séparée d'une **cavité abdominale** inférieure par une couche musculaire appelée diaphragme.

À un niveau d'organisation supérieur à celui des organes se
trouvent les **systèmes** de l'organisme. Ils se composent chacun
de plusieurs organes servant à l'exécution des fonctions corporelles principales de la plupart des Animaux (TABLEAU 40.1). À titre
d'exemples, mentionnons les systèmes digestif, cardiovasculaire,
respiratoire et urinaire. Tous les systèmes doivent fonctionner
de concert pour qu'un animal puisse survivre. Par exemple, les
nutriments absorbés par le tube digestif sont distribués dans
tout l'organisme grâce au système cardiovasculaire. Mais le
cœur, qui fait circuler le sang dans le système respiratoire, a
besoin des nutriments absorbés par le tube digestif et de dioxygène acheminé par le système respiratoire. Tout organisme, qu'il
comporte une seule cellule ou plusieurs systèmes d'organes,
constitue une entité plus grande que la somme de ses parties.

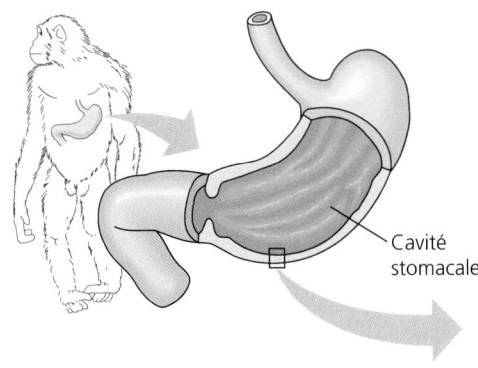

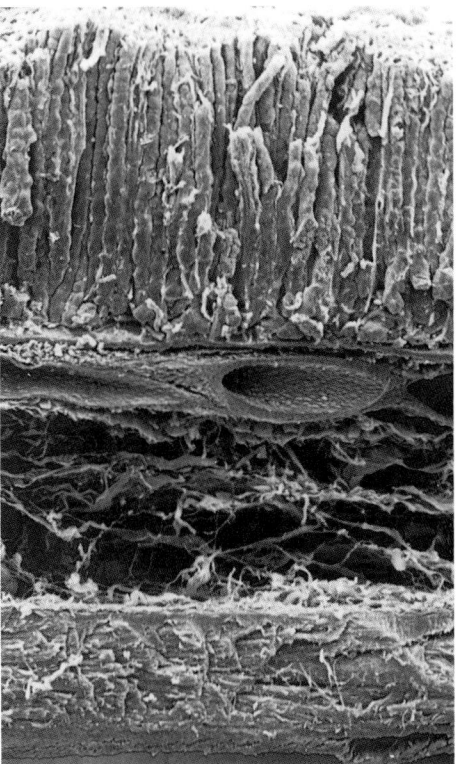

Muqueuse. La muqueuse est un épithélium tapissant la cavité stomacale.

Sous-muqueuse. La sous-muqueuse est constituée de tissu conjonctif contenant des vaisseaux sanguins et des nerfs.

Musculeuse. La musculeuse se compose surtout de tissu musculaire lisse.

Séreuse. À l'extérieur de la musculeuse se trouve la séreuse, une couche mince de tissu conjonctif à laquelle adhère un tissu épithélial (non illustré).

Cavité stomacale

0,1 mm
(70 ×)

FIGURE 40.5 Couches tissulaires de l'estomac, un organe du système digestif. La paroi de l'estomac, de même que celle d'autres organes tubulaires du système digestif, comporte plusieurs couches de tissus (MEB).

Tissues and Organs : A Text-Atlas of Scanning Electron Microscopy. Richard G. Kessel et Randy H. Kardon, W.H. Freeman, ©1979. Tous droits réservés.

TABLEAU 40.1 Composantes et fonctions principales des systèmes chez les Mammifères

Systèmes	Composantes principales	Fonctions principales
Digestif	Bouche, pharynx, œsophage, estomac, intestins, foie, pancréas et anus	Transformation des aliments (ingestion, digestion, absorption et élimination)
Cardiovasculaire	Cœur, vaisseaux sanguins et sang	Collecte, transport et distribution interne de substances
Respiratoire	Poumons, trachée et autres conduits respiratoires	Échanges gazeux (absorption de dioxygène et rejet de dioxyde de carbone)
Immunitaire et lymphatique	Moelle osseuse, nœuds lymphatiques, thymus, rate, vaisseaux lymphatiques et globules blancs	Défense de l'organisme (lutte contre les infections et le cancer)
Urinaire	Reins, uretères, vessie et urètre	Excrétion de déchets métaboliques ; régulation de l'équilibre osmotique du sang
Endocrinien	Hypothalamus, hypophyse, thyroïde, pancréas et autres glandes productrices d'hormones	Régulation des activités corporelles (par exemple, digestion et métabolisme)
Reproducteur	Ovaires, testicules et autres organes connexes	Conception d'une descendance et transmission des caractères héréditaires
Nerveux	Encéphale, moelle épinière, nerfs et organes sensoriels	Régulation des activités corporelles ; perception de stimulus, intégration et réponse aux stimulus
Tégumentaire	Peau et annexes cutanées (notamment poils, ongles, griffes et glandes)	Protection contre les blessures, l'infection et la déshydratation
Osseux (ou squelettique)	Squelette (os, articulations et cartilages)	Soutien corporel et protection des organes internes
Musculaire	Muscles squelettiques	Mouvement et posture

PLANS D'ORGANISATION CORPORELLE ET MILIEU EXTERNE

La taille, la morphologie et la symétrie d'un animal sont des caractéristiques fondamentales de la structure et de la fonction déterminant le mode d'interaction d'un animal avec son milieu. Pour les biologistes, il y a lieu de parler de plans d'organisation corporelle. Le plan d'organisation corporelle d'un animal résulte de modalités de développement programmées par le génome, qui est lui-même le produit de millions d'années d'évolution imputable à la sélection naturelle.

Les lois de la physique régissent la morphologie des Animaux

Certaines contraintes physiques limitent la taille des organismes unicellulaires. Une amibe de taille humaine ne pourrait jamais transférer des nutriments à travers sa membrane assez rapidement pour subvenir aux besoins d'un si grand volume de cytoplasme. C'est un exemple de l'importance des lois de la physique (dans ce cas, le rapport entre la surface et le volume) dans l'évolution de la forme des organismes.

Prenons un autre exemple : les lois de l'hydrodynamique restreignent les formes possibles des animaux aquatiques capables de nager très vite. Les Thons et les autres Poissons osseux rapides peuvent atteindre des pointes de 80 km/h. Les Requins, les Pingouins (des Oiseaux) et les Mammifères aquatiques, comme les Dauphins, les Phoques et les Baleines, sont aussi des nageurs rapides. Tous ces animaux ont à peu près la même forme : leur morphologie est fusiforme, c'est-à-dire qu'elle est effilée aux deux extrémités (FIGURE 40.6). Il faut savoir que la masse volumique de l'eau est environ mille fois plus grande que celle de l'air ; c'est pourquoi la plus petite irrégularité accentuant la friction nuit beaucoup plus à un animal nageur qu'à un animal qui court ou qui vole. Il n'est donc pas surprenant que les Mammifères aquatiques et les Poissons rapides possèdent une forme semblable, les lois de l'hydrodynamique étant universelles. C'est un exemple d'évolution convergente (voir le chapitre 25). Rappelez-vous que la convergence survient du fait que la sélection naturelle modèle des adaptations semblables quand divers organismes doivent affronter les mêmes défis environnementaux, tels que la résistance de l'eau en cas de déplacement rapide.

La taille et la forme du corps se répercutent sur les interactions avec l'environnement

La taille et la forme d'un animal ont des effets directs sur les échanges d'énergie et de matière avec le milieu. Pour maintenir

(a) Thons

(b) Requin

(c) Pingouins

(d) Dauphins

(e) Phoque

(f) Sous-marin

Figure 40.6 Évolution convergente : morphologie fusiforme d'organismes se déplaçant rapidement dans l'eau. Comparaison avec celle d'un submersible.

l'intégrité de la membrane plasmique de ses cellules, le corps d'un animal doit être structuré de manière que chaque cellule baigne dans un milieu aqueux. Les échanges avec l'environnement se font par le transport actif ou passif de substances à travers la membrane plasmique, entre les cellules et leur milieu aqueux. Comme l'indique la FIGURE 40.7a, un protiste unicellulaire qui vit dans l'eau possède, en raison de sa très petite taille, une surface membranaire suffisante pour desservir l'ensemble de son cytoplasme. Une grande cellule possède une surface moindre par rapport à son volume, comparativement à une petite cellule de forme identique (voir la FIGURE 7.5). Nous l'avons déjà vu, c'est l'une des contraintes physiques régulant la taille de protistes comme les Amibes.

Les organismes multicellulaires se composent de cellules microscopiques. Chacune de celles-ci est dotée de sa propre membrane plasmique, qui sert de plateforme de chargement et de déchargement pour un petit volume de cytoplasme. Toutefois, ces échanges ne peuvent avoir lieu que si toutes les cellules de l'animal ont accès à un milieu aqueux approprié. L'Hydre, un invertébré sacciforme (en forme de sac), possède une enveloppe corporelle qui n'a que deux couches cellulaires d'épaisseur (FIGURE 40.7b). Comme sa cavité corporelle s'ouvre sur l'extérieur, les couches cellulaires externe et interne baignent dans l'eau. La forme corporelle plane de certains organismes constitue une autre façon d'optimiser le contact avec le milieu externe. Ainsi, les Ténias (Vers plats) peuvent mesurer plusieurs mètres de long, mais ils sont très minces, de sorte que la majorité de leurs cellules baignent dans le liquide intestinal de leur hôte vertébré (qui leur procure les éléments nutritifs).

Les organismes plats et les organismes sacciformes à deux couches cellulaires ont une morphologie qui leur assure une grande surface de contact avec le milieu externe. Cependant, ces formes simples ne laissent pas beaucoup de place à la complexité de l'organisation interne. La plupart des Animaux sont plus complexes. Ils sont formés de masses compactes de cellules. Leur surface externe est relativement petite, comparativement à leur volume. Par exemple, le rapport surface/volume d'une baleine est des millions de fois plus petit que celui d'un protozoaire. Pourtant, chaque cellule de la baleine doit baigner dans un liquide, et être approvisionné en dioxygène, en nutriments

et en d'autres ressources. Les Baleines et la plupart des autres Animaux possèdent des surfaces internes formant de nombreux replis ou des ramifications étendues; ceux-ci permettent l'échange, au niveau cellulaire, de substances avec le milieu (FIGURE 40.8, p. 912). Le système cardiovasculaire transporte les substances vers toutes les surfaces d'échange de l'animal.

Bien que les échanges avec le milieu soient plus complexes dans le cas d'un animal dont les cellules sont surtout internes, les plans d'organisation corporelle complexes présentent des avantages particuliers. Tout d'abord, un tel animal peut vivre sur la terre ferme, puisque sa surface externe n'a pas besoin de baigner dans l'eau. En outre, comme le milieu immédiat des cellules est le liquide interne, les systèmes de l'organisme peuvent régir la composition de la solution baignant les cellules.

LA RÉGULATION DU MILIEU INTERNE

Les mécanismes de l'homéostasie tempèrent les changements du milieu interne

Voilà plus d'un siècle, le physiologiste français Claude Bernard a fait la distinction entre le milieu externe dans lequel un animal vit et le milieu interne dans lequel ses cellules baignent. Le milieu interne des Vertébrés s'appelle **liquide interstitiel** (voir la FIGURE 40.8). Ce dernier remplit les espaces entre nos cellules, et il facilite les échanges de nutriments et de déchets avec le sang contenu dans les vaisseaux microscopiques nommés capillaires. Claude Bernard a également souligné que de nombreux animaux ont tendance à maintenir des conditions internes relativement constantes, même lorsque le milieu externe change. L'Hydre (*Hydra sp.*) qui habite les étangs est incapable de modifier la température du liquide dans lequel ses cellules baignent; l'Humain, lui, peut maintenir son milieu interne à une température de 37 °C environ. Il est également capable de maintenir avec précision le pH de son sang et de son liquide interstitiel à 7,4, à un dixième près. En outre, il peut régler la quantité de son glucose sanguin de sorte qu'elle ne s'écarte jamais longtemps de

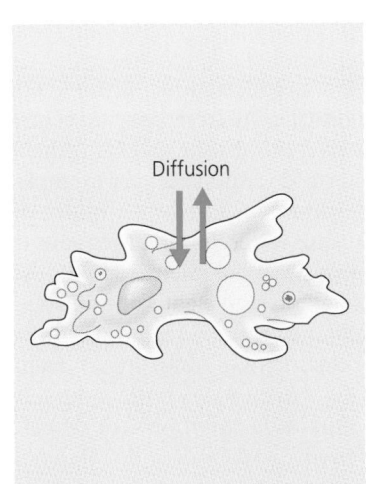

(a) Organisme unicellulaire

(b) Organisme multicellulaire constitué de deux couches de cellules

Bouche

Diffusion

Diffusion

Diffusion

Cavité gastrovasculaire

FIGURE 40.7 Contact avec le milieu. (a) Toute la surface des organismes unicellulaires, tels que cette Amibe, est en contact avec le milieu environnant. Grâce à sa petite taille, la cellule possède, par rapport à son volume, une grande surface à travers laquelle elle échange des substances avec le monde extérieur. **(b)** L'Hydre comporte deux couches de cellules. Le milieu aqueux peut circuler dans cet organisme multicellulaire en entrant et en sortant par sa bouche. Presque toutes les cellules de l'Hydre sont donc en contact direct avec le milieu environnant et échangent des substances avec ce dernier.

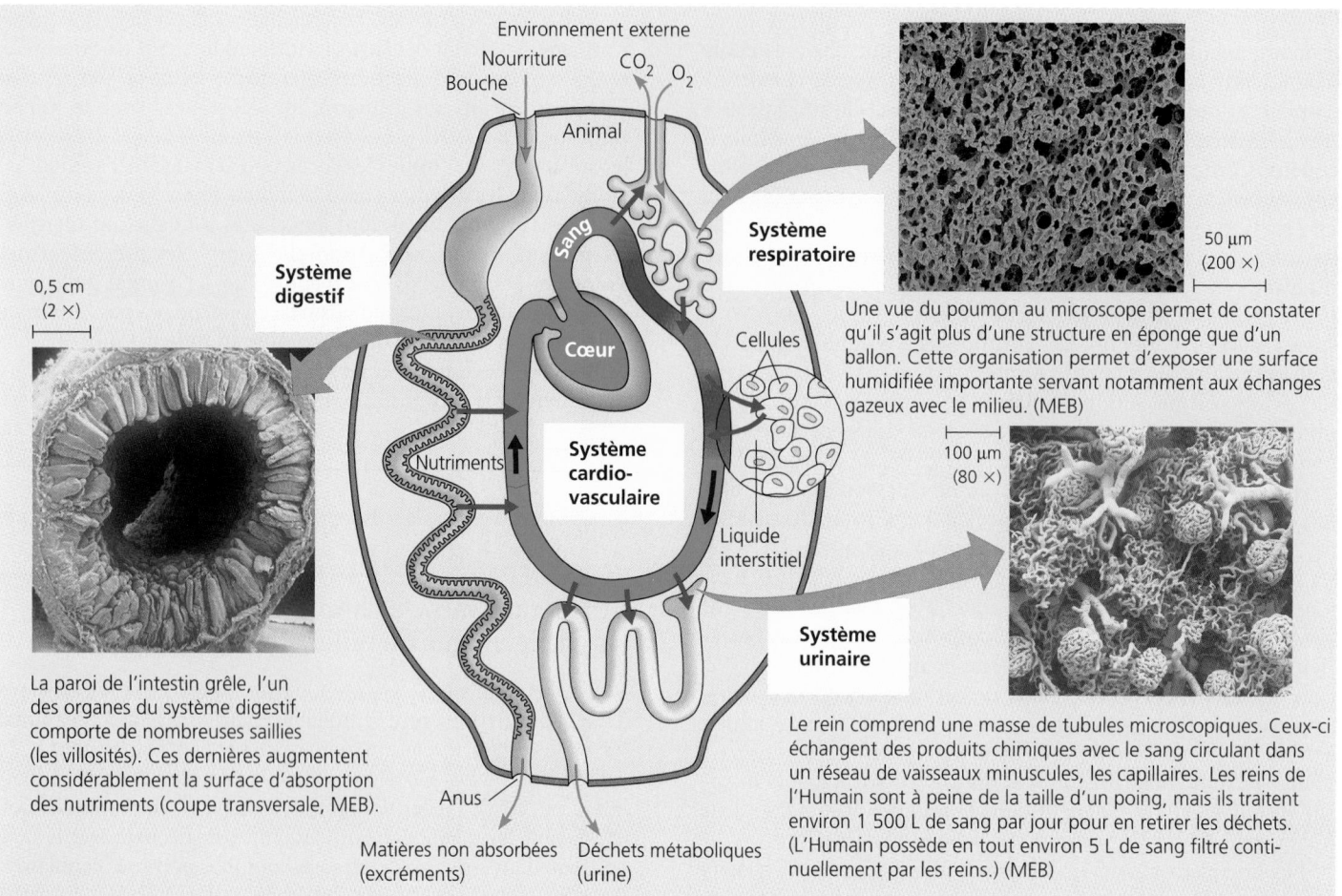

Système digestif

0,5 cm
(2 ×)

La paroi de l'intestin grêle, l'un des organes du système digestif, comporte de nombreuses saillies (les villosités). Ces dernières augmentent considérablement la surface d'absorption des nutriments (coupe transversale, MEB).

Environnement externe
Nourriture
Bouche
Animal
CO_2 O_2

Sang

Système respiratoire

50 μm
(200 ×)

Une vue du poumon au microscope permet de constater qu'il s'agit plus d'une structure en éponge que d'un ballon. Cette organisation permet d'exposer une surface humidifiée importante servant notamment aux échanges gazeux avec le milieu. (MEB)

Cœur

Cellules

Système cardio-vasculaire

Nutriments

Liquide interstitiel

100 μm
(80 ×)

Système urinaire

Anus

Matières non absorbées (excréments)

Déchets métaboliques (urine)

Le rein comprend une masse de tubules microscopiques. Ceux-ci échangent des produits chimiques avec le sang circulant dans un réseau de vaisseaux minuscules, les capillaires. Les reins de l'Humain sont à peine de la taille d'un poing, mais ils traitent environ 1 500 L de sang par jour pour en retirer les déchets. (L'Humain possède en tout environ 5 L de sang filtré continuellement par les reins.) (MEB)

FIGURE 40.8 Surfaces d'échanges internes des Animaux complexes. Ce schéma illustre la logistique des échanges chimiques avec l'environnement dans le cas des Mammifères. La plupart des Animaux possèdent des surfaces étendues spécialisées dans les échanges de certains éléments chimiques avec le milieu. Les surfaces d'échanges sont généralement internes, mais elles sont reliées au milieu externe par des ouvertures du corps (comme la bouche). Elles sont caractérisées par de fines ramifications ou de multiples replis, ce qui en fait des zones extrêmement étendues. Les systèmes digestif, respiratoire et urinaire sont tous munis de telles surfaces spécialisées. Les éléments chimiques transportés à travers celles-ci sont ensuite répartis dans le corps grâce au système cardiovasculaire.

la valeur normale (5 mmol/L). Parfois, évidemment, des changements majeurs dans le milieu interne se produisent au cours de la croissance d'un animal. Par exemple, chez l'Humain, la concentration de certaines hormones dans le sang change radicalement pendant la puberté et la grossesse. En dépit de cela, la stabilité du milieu interne de l'Humain demeure remarquable.

De nos jours, la notion de «milieu interne constant» formulée par Claude Bernard est intégrée dans le concept d'**homéostasie.** Les racines grecques de ce terme sont *homoios,* «semblable», et *stasis,* qui signifie «position». Ce mot réfère donc à un état stable ou, si l'on préfère, à un équilibre interne qui se maintient en dépit des changements du milieu externe. L'un des objectifs principaux de la physiologie moderne (et l'un des thèmes de cette série de chapitres) porte sur le maintien de l'homéostasie chez les Animaux. En fait, l'environnement interne de l'animal fluctue toujours légèrement. L'homéostasie est un état dynamique, un échange entre les forces extérieures influant sur le milieu externe et les mécanismes de contrôle interne s'opposant à de telles variations.

L'homéostasie dépend des mécanismes de rétroaction

Tout mécanisme de régulation homéostatique possède au moins trois composantes fonctionnelles : un récepteur, un centre de régulation et un effecteur. Le *récepteur* détecte un changement qui se produit dans le milieu interne des Animaux : par exemple, une modification de la température corporelle. Le *centre de régulation* traite l'information que le récepteur lui envoie et dicte à l'effecteur la réponse appropriée. Pour mieux comprendre les interactions de ces composantes, on peut établir une analogie avec un système mécanique, comme celui qui régule la température d'une pièce chauffée à l'électricité (FIGURE 40.9a). Dans ce cas, le centre de régulation (le thermostat) contient aussi le récepteur (le thermomètre). Quand le thermomètre détecte une température ambiante inférieure à une valeur de référence fixée par l'utilisateur (20 °C, par exemple), le thermostat met en fonction l'élément chauffant (l'effecteur). À l'inverse, quand le thermomètre détecte une température ambiante supérieure à la

FIGURE 40.9 Exemples de rétro-inhibition : la régulation de la température. La régulation de la température ambiante d'une pièce **(a)** ou de la température corporelle **(b)** dépend d'un centre de régulation. Celui-ci décèle les variations de température et active des mécanismes pour ramener cette dernière à une valeur de référence.

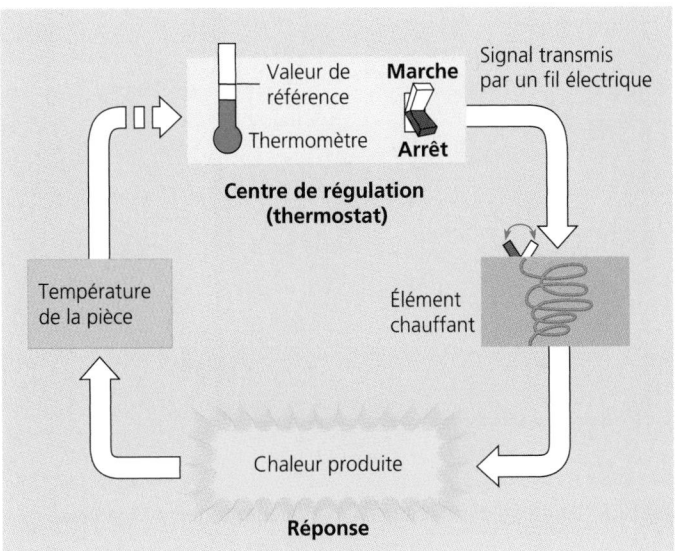

(a) Régulation de la température dans une pièce

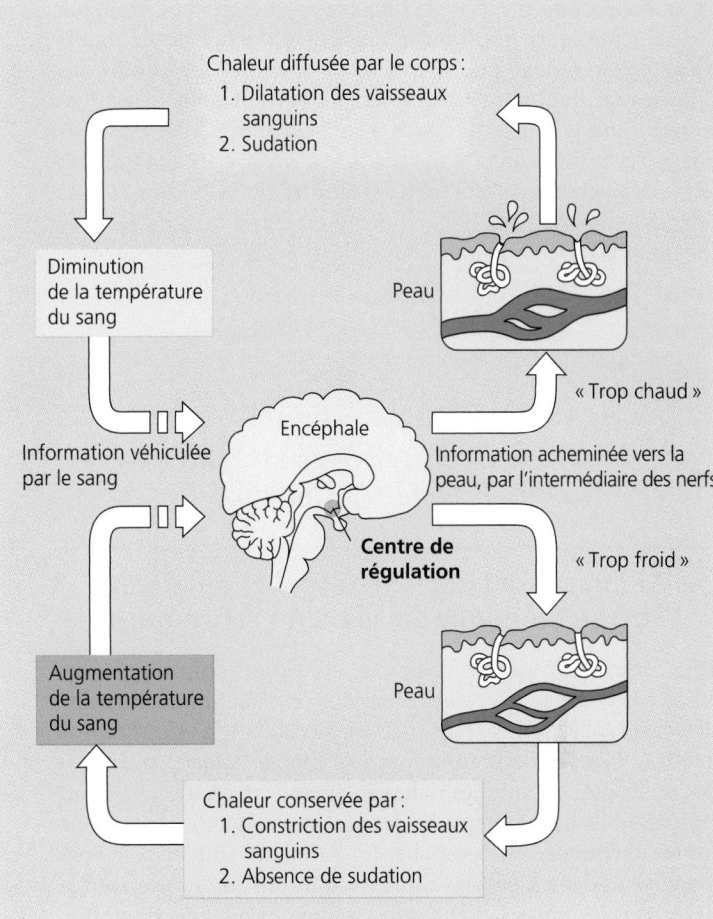

(b) Régulation de la température corporelle

valeur de référence, le thermostat met hors de fonction l'élément chauffant. Ce type de mécanisme de régulation constitue une **rétro-inhibition.** Grâce à la réponse qu'il génère, il met fin au stimulus initial ou en diminue l'intensité. En raison du décalage entre la perception du changement et la réaction, la variable contrôlée s'écarte légèrement de la valeur de référence ; cependant, les variations restent mineures. Les mécanismes de rétro-inhibition empêchent les petits écarts de devenir trop importants. La plupart des mécanismes homéostatiques connus chez les Animaux fonctionnent selon le principe de la rétro-inhibition.

Notre température corporelle se maintient près d'une valeur de référence de 37 °C grâce à l'intervention de plusieurs mécanismes de rétro-inhibition régulant l'échange d'énergie avec le milieu (FIGURE 40.9b). L'un d'eux fait intervenir la transpiration comme moyen d'évacuer la chaleur métabolique, donc de rafraîchir le corps. Un « thermostat » situé dans l'encéphale mesure la température du sang. S'il détecte une augmentation de la température corporelle dépassant la valeur de référence, il envoie par un réseau nerveux des influx ordonnant aux glandes sudorifères d'accroître leur production de sueur afin de diminuer la température corporelle par vaporisation (voir la FIGURE 3.4). En revanche, quand la température corporelle chute sous la valeur de référence, le thermostat de l'encéphale cesse d'envoyer des influx aux glandes sudorifères, et le corps conserve davantage de la chaleur produite par le métabolisme. Dans les chapitres

qui suivent, nous verrons divers exemples de mécanismes de rétro-inhibition.

Contrairement à la rétro-inhibition, la **rétroactivation** est un mécanisme qui amplifie le stimulus initial, ce qui entraîne un accroissement de la réponse. Au cours d'un accouchement, par exemple, la pression que la tête du bébé exerce sur des récepteurs situés dans le col utérin stimule les contractions utérines. Celles-ci entraînent une pression plus grande sur le bébé, donc sur le col utérin. Les contractions amplifiées causent une pression encore plus grande. La rétroactivation amène ainsi l'accouchement à son terme. Ce processus s'écarte considérablement de celui qui maintient un état stable.

Il importe de ne pas exagérer la notion de milieu interne constant. En fait, les *changements régulés* sont essentiels à l'exécution des fonctions corporelles normales. Parfois, ils ont lieu de façon cyclique ; c'est le cas notamment de la fluctuation des concentrations hormonales déterminant le cycle menstruel (voir le chapitre 46). D'autres fois, ils répondent à une situation imprévue. Par exemple, le corps humain réagit à certaines infections en augmentant légèrement la valeur de référence de sa température. La fièvre qui apparaît alors aide à combattre l'infection. À court terme, les mécanismes homéostatiques continuent de maintenir la température corporelle près de la valeur de référence, selon son niveau à un moment particulier. À plus long terme, l'homéostasie autorise certains changements régulés dans le milieu interne du corps.

La régulation interne est coûteuse en énergie. Les Animaux utilisent une part importante de l'énergie issue des aliments qu'ils consomment pour favoriser le maintien de conditions internes qui leur sont favorables. Ils doivent gérer leurs ressources énergétiques de sorte à assurer non seulement leur homéostasie, mais aussi toutes leurs autres activités, notamment leurs déplacements, leur défense contre les maladies et leur reproduction. Voyons plus en détail certaines notions de base touchant la bioénergétique chez les Animaux.

INTRODUCTION À LA BIOÉNERGÉTIQUE CHEZ LES ANIMAUX

Les Animaux sont des hétérotrophes qui tirent de l'énergie chimique des aliments consommés

Tous les organismes ont besoin d'énergie chimique pour assurer leur croissance, leurs processus physiologiques, le maintien et la réparation de leurs tissus, leur régulation et leur reproduction. Les Végétaux font appel à l'énergie solaire pour bâtir des molécules organiques riches en énergie, et ce, à partir d'eau et de CO_2. Ils utilisent ensuite ces molécules organiques comme source d'énergie. En revanche, les Animaux sont des hétérotrophes : ils dépendent des aliments, qui constituent leur source d'énergie chimique. Les aliments contiennent en effet des molécules organiques déjà synthétisées par d'autres organismes. Ils sont digérés par une hydrolyse enzymatique (voir la FIGURE 5.2). Les molécules riches en énergie sont absorbées par les cellules du corps. Après leur absorption, elles peuvent subir plusieurs transformations. La plupart servent à générer de l'ATP (adénosine triphosphate) grâce aux processus cataboliques que sont la respiration cellulaire et la fermentation (voir le chapitre 9). L'énergie chimique de l'ATP alimente le travail cellulaire en permettant aux cellules, aux organes et aux systèmes d'exécuter les nombreuses fonctions assurant la vie de l'organisme. Étant donné que la production et l'utilisation d'ATP génèrent de la chaleur, les Animaux doivent sans cesse perdre de la chaleur ; celle-ci doit se diffuser dans le milieu ambiant (l'équilibre thermique fait l'objet d'une analyse détaillée au chapitre 44).

Une fois que les besoins énergétiques nécessaires au maintien de la vie ont été comblés, les molécules alimentaires restantes peuvent servir à la biosynthèse, notamment à la croissance et à la réparation de tissus, à la synthèse de substances de stockage (comme le gras) et à la production de structures destinées à la reproduction, comme les gamètes (FIGURE 40.10). La biosynthèse exige la présence de squelettes carbonés pour la construction de nouvelles structures, et aussi d'ATP pour alimenter en énergie les processus d'assemblage. Dans certains cas, les substances biosynthétiques (comme le gras corporel) peuvent être dégradées en des molécules riches en énergie, qui serviront à la production d'ATP supplémentaire, selon les besoins de l'animal (voir la FIGURE 9.19).

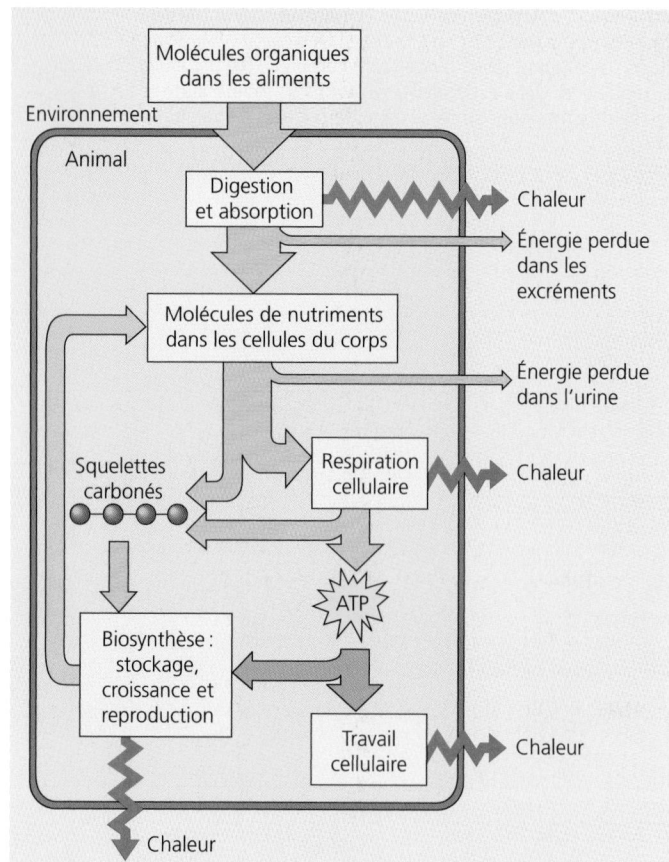

FIGURE 40.10 Vue d'ensemble de la bioénergétique d'un animal.

La vitesse du métabolisme permet de comprendre la « stratégie » bioénergétique d'un animal

Le flux de l'énergie ayant lieu dans un animal, c'est-à-dire ses processus bioénergétiques, fixe les limites qui régissent son comportement, sa croissance et sa reproduction, et détermine ses besoins alimentaires. La compréhension des processus bioénergétiques nous renseigne considérablement sur les adaptations d'un animal et sur sa place dans un milieu en tant que consommateur d'énergie. Combien d'énergie (sur le total de l'énergie obtenue à partir des aliments) lui faut-il simplement pour rester vivant ? Combien d'énergie sera consommée pour les déplacements, la marche, la course, la nage ou le vol ? Quelle part de l'apport d'énergie sera utilisée pour la reproduction ? Les physiologistes obtiennent des réponses à de telles questions en mesurant la vitesse à laquelle les Animaux utilisent l'énergie chimique et en voyant comment la vitesse du métabolisme varie selon les circonstances.

La **vitesse du métabolisme** correspond à la quantité d'énergie utilisée par un animal pendant un intervalle donné ; c'est la somme de toutes les réactions biochimiques associées à une dépense d'énergie qui surviennent pendant cette période. L'énergie est mesurée en kilojoules (kJ), et la vitesse du métabolisme peut être exprimée en kilojoules par heure par kilogramme de masse corporelle ou, plus généralement, en kilojoules par unité de temps.

La vitesse du métabolisme peut être déterminée de plusieurs façons. Étant donné que presque toute l'énergie chimique utilisée au cours de la respiration cellulaire se transforme éventuellement en chaleur, la vitesse du métabolisme peut être évaluée en mesurant la déperdition de chaleur d'un animal. Ce dernier est placé dans un calorimètre. Il s'agit d'une chambre fermée et isolée munie d'un dispositif de mesure de la perte de chaleur de l'animal. Les calorimètres ne sont guère pratiques pour les organismes de grande taille et sont surtout utilisés pour l'étude de petites bêtes. On peut également se servir d'une méthode indirecte de mesure du métabolisme en déterminant la quantité de dioxygène consommé ou celle du dioxyde de carbone produit par la respiration cellulaire de l'animal (FIGURE 40.11). En outre, sur de longues périodes, la quantité d'aliments consommés, de même que le contenu en énergie de ces derniers (de 19 à 21 kJ environ par gramme de protéines ou de glucides, et à peu près 38 kJ par gramme de lipides), peut permettre d'évaluer la vitesse du métabolisme. Cependant, cette méthode doit aussi tenir compte de la valeur énergétique des aliments non assimilés par l'animal (l'énergie perdue dans les excréments et dans l'urine).

On compte deux grandes « stratégies » bioénergétiques employées par les Animaux. Les Oiseaux et les Mammifères sont principalement des **endothermes,** c'est-à-dire que leur corps est réchauffé par la chaleur produite grâce à leur métabolisme. Leur température corporelle doit fluctuer très peu ; il faut qu'elle se maintienne près d'une valeur de référence pour qu'ils puissent rester en vie (voir le chapitre 34). L'endothermie est une stratégie à haute dépense d'énergie (les coûts pour réchauffer ou refroidir le corps sont élevés). Mais elle permet d'exercer des activités intenses et de longue durée dans une grande gamme de températures extérieures. En revanche, la plupart des Poissons, des Amphibiens, des Reptiles et des Invertébrés sont des **ectothermes** : ils ne produisent pas suffisamment de chaleur métabolique pour maintenir leur température corporelle autour d'une valeur de référence. La stratégie ectothermique exige beaucoup moins d'énergie que celle des endothermes. Cependant, les ectothermes sont généralement incapables d'exercer des activités intenses pendant des périodes prolongées.

La vitesse du métabolisme par kilogramme de masse corporelle est inversement proportionnelle à la taille du corps

Comment s'établit la relation entre la taille d'un corps et la vitesse du métabolisme ? En mesurant la vitesse du métabolisme de nombreuses espèces d'Invertébrés et de Vertébrés, les physiologistes ont montré que la quantité d'énergie exigée pour maintenir chaque kilogramme de masse corporelle est inversement proportionnelle à la taille du corps. Par exemple, chaque kilogramme de masse corporelle de la Souris commune (*Mus musculus*) consomme environ 20 fois plus de kilojoules qu'un kilogramme de l'Éléphant d'Afrique (*Loxodonta africana*). Si l'on considère la masse totale de chacun de ces animaux, il va sans dire que l'Éléphant d'Afrique dépense beaucoup plus de kilojoules que la Souris commune. Mais la vitesse du métabolisme des tissus d'un petit animal étant relativement élevée, sa vitesse d'approvisionnement en dioxygène est proportionnellement plus grande. Pour soutenir son métabolisme supérieur, il doit aussi avoir une fréquence respiratoire plus rapide, un volume sanguin plus élevé (comparativement à sa taille) et une fréquence cardiaque (pouls) accélérée. Il doit donc consommer beaucoup plus d'aliments par unité de masse corporelle.

Comment expliquer cette relation inverse entre la vitesse du métabolisme et la taille du corps ? Selon une hypothèse, plus un endotherme est petit, plus le coût énergétique de la stabilisation de sa température corporelle est élevé. Cette idée naît de la relation entre la surface et le volume : plus un animal est petit, plus le rapport entre sa surface et son volume est élevé, et plus il perd de la chaleur dans son milieu (ou plus il en gagne). Toutefois, même si cette hypothèse paraît logique, elle ne suffit pas à expliquer la relation inverse existant entre la vitesse du métabolisme et la taille du corps dans le cas des ectothermes (ceux-ci ne produisent pas de chaleur métabolique dans le but de maintenir une température corporelle relativement stable, comme c'est le cas des endothermes). Les chercheurs continuent donc à se pencher sur les causes possibles de la relation inverse entre la taille du corps et la vitesse du métabolisme.

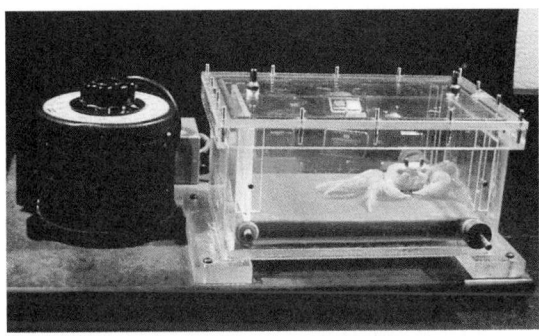

(a) Ce Crabe fantôme (*Ocypode ceratophthalma*) se déplace sur un tapis roulant dans un respiromètre.

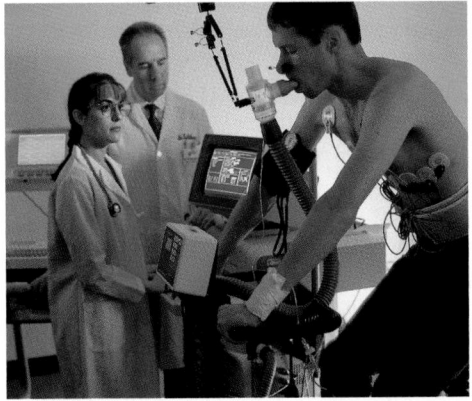

(b) Cet homme assis sur une bicyclette stationnaire pédale pendant qu'un appareil recueille des données sur sa respiration.

FIGURE 40.11 Mesure de la vitesse du métabolisme.

Les Animaux font varier la vitesse de leur métabolisme en fonction des conditions du moment

Chaque Animal réagit en fonction d'un intervalle de vitesses du métabolisme qui lui est propre. Les vitesses les plus lentes alimentent les fonctions de base de la vie, c'est-à-dire le maintien cellulaire, la respiration et la fréquence cardiaque. La vitesse du métabolisme d'un endotherme qui est au repos, qui a terminé sa croissance, qui a l'estomac vide et qui ne subit aucun stress correspond au **métabolisme basal** (**MB**). Ce dernier s'établit entre 6 700 et 7 500 kJ par jour chez un homme adulte, et entre 5 400 et 6 300 kJ par jour chez une femme adulte. Ces dépenses d'énergie équivalent approximativement à celle d'une ampoule électrique de 75 watts en 24 heures.

La température corporelle des ectothermes, de même que la vitesse de leur métabolisme, change en fonction de la température du milieu. Contrairement au métabolisme basal des endothermes, que l'on peut déterminer selon une certaine gamme de températures environnementales, la vitesse minimale du métabolisme des ectothermes doit être déterminée à une température externe précise. La vitesse du métabolisme d'un ectotherme qui est au repos, qui est à jeun et qui ne subit aucun stress s'appelle **métabolisme standard** (**MS**).

L'activité des ectothermes et des endothermes influe grandement sur la vitesse de leur métabolisme. Tout comportement se traduit par une dépense d'énergie dépassant le métabolisme standard ou le métabolisme basal. (C'est le cas lorsqu'un être humain travaille tranquillement à son bureau ou qu'un insecte déplie ses ailes). Les vitesses maximales du métabolisme (les vitesses les plus élevées d'utilisation d'ATP) sont observées pendant une activité de pointe, comme le soulèvement de masses lourdes, la course ou la nage rapide.

En général, la vitesse maximale du métabolisme d'un animal est inversement proportionnelle à la durée de l'activité amorcée. La FIGURE 40.12 établit un parallèle entre les « stratégies » ectothermique et endothermique visant à maintenir une activité pendant des durées variables. Un ectotherme, tel que l'Alligator, et un endotherme, comme l'Humain, peuvent exercer une activité très intense pendant de brèves pointes d'une minute ou moins. Pendant qu'ils fournissent un tel effort, l'ATP présent dans leurs cellules musculaires et l'ATP généré par la glycolyse anaérobie alimentent leur activité. Ni l'ectotherme ni l'endotherme ne peuvent garder longtemps leur vitesse maximale du métabolisme et leur pointe d'activité. L'endotherme a toutefois un avantage dans de tels tests d'endurance. Il faut savoir que l'exercice d'une activité soutenue dépend du processus aérobie de la respiration cellulaire pour l'approvisionnement en ATP ; or, la fréquence respiratoire (la vitesse des échanges entre le O_2 et le CO_2) d'un endotherme est environ 10 fois plus grande que celle d'un ectotherme. Ainsi, seuls les endothermes sont capables de mener à terme des activités de longue durée, comme la course de fond.

Plusieurs facteurs influent sur les besoins en énergie et poussent les métabolismes basal ou standard à atteindre des maximums. Ces facteurs sont l'âge, le sexe, la taille, les températures du milieu ambiant et du corps, la qualité et la quantité de sang de l'individu, le niveau et la durée de l'activité entreprise, le dioxygène disponible, l'équilibre hormonal et le moment

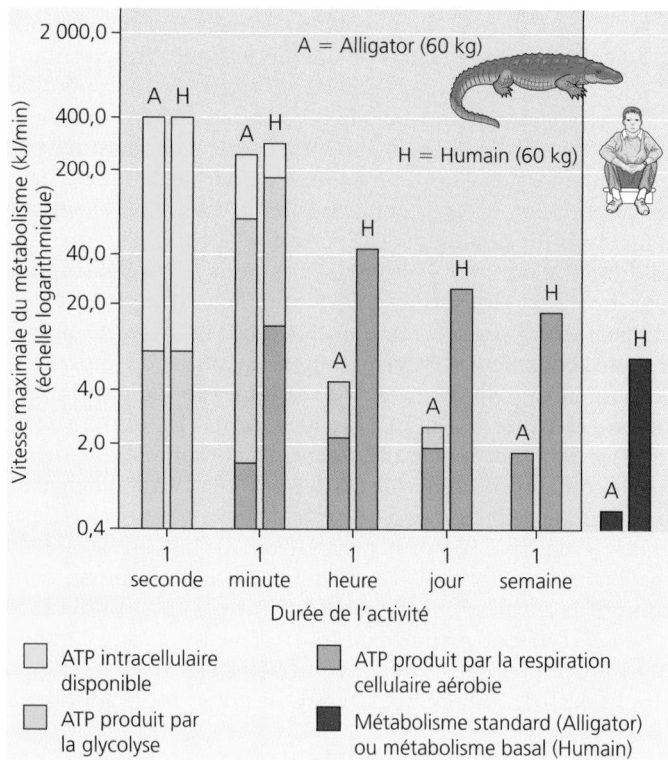

FIGURE 40.12 Vitesses maximales du métabolisme en fonction d'une variation de la durée de l'activité. Les deux barres à l'extrême droite de l'histogramme comparent la vitesse du métabolisme au repos d'un ectotherme (Alligator) avec celle d'un endotherme (Humain) de masse équivalente. Vous remarquerez que la stratégie endothermique exige une dépense énergétique beaucoup plus grande. Les autres barres de l'histogramme comparent la vitesse *maximale* du métabolisme des deux animaux, en considérant les sources d'ATP et la durée de l'activité.

de la journée. Les Oiseaux et les Humains, ainsi que de nombreux Insectes, sont généralement actifs pendant le jour (c'est à ce moment que leur métabolisme est le plus rapide). En revanche, les Chauves-souris, les Souris et de nombreux autres Mammifères sont le plus souvent actifs (la vitesse de leur métabolisme est plus élevée) la nuit, ou encore à la tombée et au lever du jour. La mesure de la vitesse du métabolisme d'Animaux exécutant diverses activités permet de mieux comprendre les coûts énergétiques de la vie quotidienne. La vitesse moyenne de la consommation d'énergie quotidienne de la plupart des Animaux terrestres (ectothermes et endothermes) est de deux à quatre fois le métabolisme basal ou standard. Les Humains de la plupart des pays développés ont une vitesse du métabolisme moyenne pour 24 heures d'environ 1,5 fois le métabolisme basal ; cela correspond à un mode de vie relativement sédentaire.

Vous pouvez calculer votre métabolisme basal (MB) en résolvant l'une des équations suivantes de Black *et al.**. Elles prennent en compte le sexe de l'individu, sa masse corporelle (M_c, en kilogrammes), sa taille (T, en mètres) et son âge (A, en années). Quand vous transposerez dans l'équation pertinente la valeur correspondant à chacune des variables, omettez les unités. Le résultat de l'opération vous révélera votre métabolisme basal en kilojoules (kJ) par jour (j). Notez cependant que ces équations

* Black, A.E., Coward, W.A., Cole, Y.J. et A.M. Prentice. « Human Energy Expenditure in Affluent Societies : An Analysis of 574 Doubly-Labelled Water Measurements », *American Journal of Clinical Nutrition*, vol. 50, 1996, p. 72 à 82.

surestiment de 3 % à 6 % le MB des personnes obèses et sous-estiment de 3 % à 5 % celui des personnes actives ayant entre 60 et 70 ans.

$$MB_{femme} \; (kJ/j) = 0{,}963 \; M_c^{\,0{,}48} \cdot T^{0{,}50} \cdot A^{-0{,}13} \cdot 1000$$

$$MB_{homme} \; (kJ/j) = 1{,}083 \; M_c^{\,0{,}48} \cdot T^{0{,}50} \cdot A^{-0{,}13} \cdot 1000$$

Les allocations énergétiques indiquent comment les Animaux utilisent la matière et l'énergie

Chaque organisme possède une quantité limitée d'énergie qu'il peut dépenser pour se nourrir, échapper à ses prédateurs, réagir aux fluctuations de son milieu (homéostasie), croître et se repro-duire. C'est ce que l'on appelle l'**allocation énergétique.** Les différentes espèces d'Animaux utilisent l'énergie et les nutri-ments d'une façon particulière, selon leur environnement, leur comportement, leur taille et leur stratégie énergétique fonda-mentale (l'endothermie ou l'ectothermie). La majorité des ali-ments consommés par la plupart des Animaux adultes sont utilisés pour la production d'ATP ; très peu d'énergie et de nutriments sont dévolus à la croissance ou à la reproduction. Toutefois, la quantité d'énergie dépensée pour générer le méta-bolisme basal ou standard, pour exécuter des activités diverses et pour assurer la régulation de la température corporelle varie considérablement d'une espèce à l'autre. On peut, comme dans la FIGURE 40.13, prendre l'exemple de l'allocation énergétique

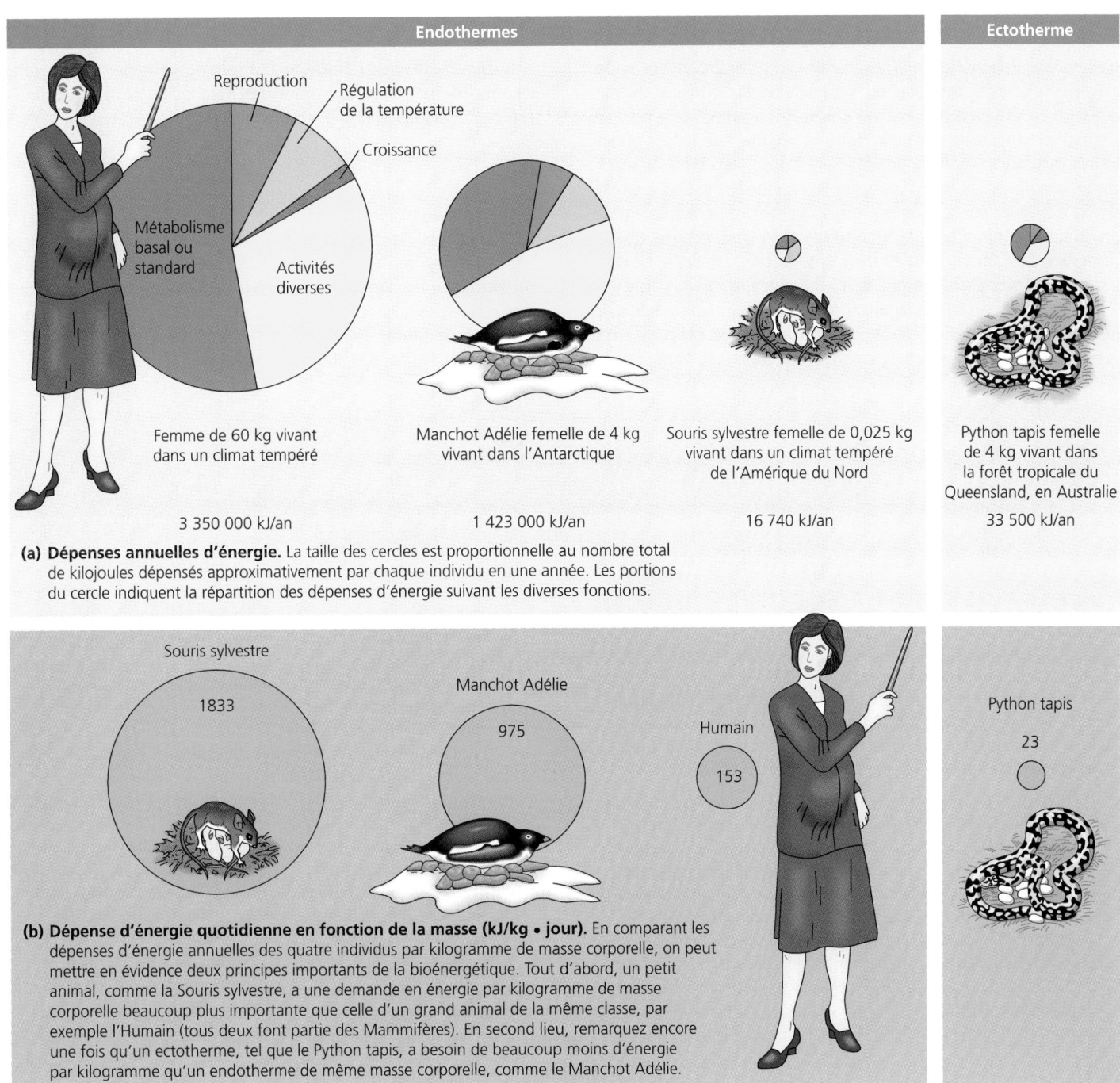

(a) **Dépenses annuelles d'énergie.** La taille des cercles est proportionnelle au nombre total de kilojoules dépensés approximativement par chaque individu en une année. Les portions du cercle indiquent la répartition des dépenses d'énergie suivant les diverses fonctions.

(b) **Dépense d'énergie quotidienne en fonction de la masse (kJ/kg • jour).** En comparant les dépenses d'énergie annuelles des quatre individus par kilogramme de masse corporelle, on peut mettre en évidence deux principes importants de la bioénergétique. Tout d'abord, un petit animal, comme la Souris sylvestre, a une demande en énergie par kilogramme de masse corporelle beaucoup plus importante que celle d'un grand animal de la même classe, par exemple l'Humain (tous deux font partie des Mammifères). En second lieu, remarquez encore une fois qu'un ectotherme, tel que le Python tapis, a besoin de beaucoup moins d'énergie par kilogramme qu'un endotherme de même masse corporelle, comme le Manchot Adélie.

FIGURE 40.13 Comparaison des allocations énergétiques annuelles de quatre animaux.

typique de quatre Vertébrés terrestres : une Souris sylvestre femelle (*Peromyscus maniculatus*) de 25 g, un Python tapis femelle (*Morelia spilota cheynei*) de 4 kg, un Manchot Adélie femelle (*Pygoscelis adeliæ*) de 4 kg et un Humain (*Homo sapiens*), plus précisément une femme enceinte, de 60 kg. Nous tenons pour acquis que tous ces animaux se reproduiront pendant l'année en question.

L'Humain consacre une partie importante de son allocation énergétique à son métabolisme basal, et une autre plus petite à ses activités, ainsi qu'à sa régulation thermique. La faible quantité d'énergie destinée à sa croissance (environ 1 % de l'allocation énergétique annuelle) équivaut à l'ajout de 1 kg de graisse corporelle ou de 5 à 6 kg de tissus autres qu'adipeux. Les coûts énergétiques de neuf mois de grossesse et de plusieurs mois d'allaitement représentent uniquement de 5 % à 8 % des besoins énergétiques annuels de la mère.

Le Manchot Adélie consacre une part beaucoup plus importante de ses dépenses d'énergie à l'activité, car il doit nager pour attraper des poissons et s'en nourrir. Sa couche de graisse isolante est efficace et il est assez dodu ; il a donc des coûts de régulation thermique plutôt faibles, même s'il habite dans l'environnement glacial de l'Antarctique. Les coûts énergétiques associés à sa reproduction correspondent à environ 6 % de ses dépenses énergétiques annuelles ; ils sont principalement attribuables à l'incubation de ses œufs et à l'alimentation de ses poussins. Le Manchot Adélie, comme la plupart des Oiseaux, cesse de grandir une fois qu'il a atteint l'âge adulte.

La Souris sylvestre, elle, consacre une part importante de son allocation énergétique à sa régulation thermique. Étant donné son rapport surface/volume élevé, qui découle de sa petite taille,

elle perd sa chaleur corporelle rapidement (la chaleur est dissipée dans l'environnement). Elle doit donc constamment générer de la chaleur métabolique pour maintenir sa température corporelle. La Souris sylvestre femelle consacre quelque 12 % de son allocation énergétique annuelle à la reproduction.

Comparativement à ces trois endothermes, le Python tapis, un ectotherme, ne dépense pas d'énergie pour sa régulation thermique. Comme la plupart des Reptiles, le Python tapis femelle continue de grandir toute sa vie. Dans l'exemple de la FIGURE 40.13, elle a gagné environ 750 g répartis en de nouveaux tissus. Elle a aussi pondu environ 650 g d'œufs. Sa stratégie ectothermique économique est mise en évidence par sa très faible dépense énergétique annuelle : celle-ci équivaut à uniquement 1/40 de l'énergie dépensée par le Manchot Adélie, un endotherme d'une masse pourtant comparable (voir la FIGURE 40.13b).

Dans le cadre de l'étude de la biologie animale, vous verrez de nombreux autres exemples des liens existant chez des animaux variés entre la bioénergétique, la structure et la fonction.

■   ■   ■

Ayant étudié certains principes généraux de la biologie animale, vous êtes à présent prêts à comparer les méthodes employées par divers animaux pour accomplir des fonctions comme la nutrition, la circulation, la respiration, la défense immunitaire, l'excrétion des déchets, la régulation hormonale, la reproduction, le développement embryonnaire et la régulation nerveuse. Tels sont les sujets des chapitres qui suivent.

RÉVISION DU CHAPITRE

Résumé des concepts importants

VUE D'ENSEMBLE DE L'ANATOMIE FONCTIONNELLE

■ **La structure et la fonction animales reflètent les thèmes intégrateurs de la biologie (p. 903 et 904).** L'évolution, la corrélation entre la structure et la fonction, la régulation et la bioénergétique sont les grands principes qui régissent notre étude des Animaux.

■ **Il y a une corrélation entre la structure et la fonction dans les tissus des Animaux (p. 904 à 908, FIGURES 40.1 à 40.4).** Un épithélium recouvre l'extérieur du corps et des organes, et il tapisse les cavités internes. Certains épithéliums se spécialisent dans l'absorption et la sécrétion. Le mucus que sécrètent les muqueuses tapissant les voies digestives et respiratoires lubrifie et humidifie ces surfaces.

Les tissus conjonctifs servent à fixer et à soutenir les autres tissus. Les tissus conjonctifs lâches permettent de fixer et d'envelopper différents tissus et organes du corps. Le tissu conjonctif aréolaire est fait de fibroblastes et de macrophagocytes dispersés parmi des fibres collagènes, élastiques et réticulaires. Le tissu adipeux (gras) constitue un

type spécialisé de tissu conjonctif lâche. Le tissu conjonctif dense régulier, que l'on trouve dans les tendons et les ligaments, se compose de faisceaux parallèles denses de fibres collagènes. Le cartilage est un matériau de soutien résistant mais souple, constitué de fibres collagènes baignant dans une substance fondamentale caoutchouteuse sécrétée par les chondrocytes. La substance dure des os est sécrétée par des cellules appelées ostéoblastes. Le sang est aussi un tissu conjonctif.

Le neurone est l'unité structurale et fonctionnelle du tissu nerveux : il se compose d'un corps cellulaire entouré de dendrites, qui reçoivent l'information, et d'un axone, qui transmet les influx nerveux.

Le tissu musculaire est fait de longues cellules (des fibres musculaires) qui renferment des microfilaments et des filaments parallèles de protéines contractiles. Les Vertébrés ont trois types de tissu musculaire : squelettique, cardiaque et lisse. Ces variétés se distinguent par leur forme, leur striation et les modalités de leur régulation nerveuse.

■ **Les systèmes des Animaux sont interdépendants (p. 908 et 909, TABLEAU 40.1 et FIGURE 40.5).** Le corps fonctionne comme un ensemble supérieur à la somme de ses parties, parce que toutes les activités des tissus, des organes et des systèmes sont coordonnées.

PLANS D'ORGANISATION CORPORELLE ET MILIEU EXTERNE

■ **Les lois de la physique régissent la morphologie des Animaux** (p. 910, FIGURE 40.6). L'évolution convergente reflète des adaptations indépendantes les unes des autres à des conditions environnementales semblables.

■ **La taille et la forme du corps se répercutent sur les interactions avec l'environnement** (p. 910 à 912, FIGURES 40.7 et 40.8). Chacune des cellules d'un animal multicellulaire doit avoir accès à un environnement aqueux. Les organismes sacciformes ou plats constitués de deux couches de cellules optimisent les échanges avec le milieu environnant. Les structures corporelles plus complexes font appel à des surfaces intérieures aux replis multiples, spécialisées dans l'échange des substances avec l'environnement.

LA RÉGULATION DU MILIEU INTERNE

■ **Les mécanismes de l'homéostasie tempèrent les changements du milieu interne** (p. 911 et 912). En raison des mécanismes de régulation corporels, le milieu interne entourant les cellules du corps d'un animal est généralement très différent de l'environnement externe entourant l'animal tout entier.

■ **L'homéostasie dépend des mécanismes de rétroaction** (p. 912 à 914, FIGURE 40.9). Les mécanismes de l'homéostasie font généralement intervenir la rétro-inhibition et la rétroactivation. Celles-ci régulent les changements lorsque les valeurs de référence limites qui sont relatives à diverses variables, comme la température, et qui sont fixées par le corps sont dépassées.

INTRODUCTION À LA BIOÉNERGÉTIQUE CHEZ LES ANIMAUX

■ **Les Animaux sont des hétérotrophes qui tirent de l'énergie chimique des aliments consommés** (p. 914, FIGURE 40.10). Les Animaux se procurent de l'énergie chimique en consommant et en digérant des aliments produits par d'autres organismes. Les fonctions d'un animal dépendent du travail cellulaire alimenté en énergie chimique par l'ATP.

■ **La vitesse du métabolisme permet de comprendre la « stratégie » bioénergétique d'un animal** (p. 914 et 915, FIGURE 40.11). La vitesse du métabolisme d'un animal représente la quantité totale d'énergie utilisée par unité de temps. La vitesse du métabolisme des Oiseaux et des Mammifères, qui maintiennent une température corporelle relativement constante grâce à la chaleur métabolique (il s'agit d'une stratégie endothermique), est généralement plus élevée que la vitesse du métabolisme de la plupart des Poissons, des Reptiles, des Amphibiens et des Invertébrés. La température corporelle de ces derniers évolue en fonction de celle de leur environnement (c'est une stratégie ectothermique).

■ **La vitesse du métabolisme par kilogramme de masse corporelle est inversement proportionnelle à la taille du corps** (p. 915). Cette relation est vraie pour toutes les catégories taxinomiques des Animaux.

■ **Les Animaux font varier la vitesse de leur métabolisme en fonction des conditions du moment** (p. 916, FIGURE 40.12). Leur activité accroît la vitesse de leur métabolisme. Celle-ci dépasse alors le métabolisme basal (chez les endothermes) ou le métabolisme standard (chez les ectothermes).

■ **Les allocations énergétiques indiquent comment les Animaux utilisent la matière et l'énergie** (p. 917 et 918, FIGURE 40.13). Un animal dépense de l'énergie en fonction de son métabolisme basal ou de son métabolisme standard, de ses activités, de son homéostasie (par exemple, la régulation thermique), de sa croissance et de sa reproduction.

Autoévaluation

(Les questions dont les numéros sont en caractères gras font surtout appel à la compréhension.)

1. Réfléchissez à l'allocation énergétique d'un Humain, d'un Éléphant d'Afrique, d'un Manchot Adélie, d'une Souris sylvestre et d'un Python tapis. _____ aura la dépense d'énergie annuelle totale la plus élevée, alors que _____ aura la plus grande dépense d'énergie par unité de masse.
   a) L'Éléphant d'Afrique ; la Souris sylvestre.
   b) L'Éléphant d'Afrique ; l'Humain.
   c) L'Humain ; le Manchot Adélie.
   d) La Souris sylvestre ; le Python tapis.
   e) Le Manchot Adélie ; la Souris sylvestre.

2. Voici une liste de structures ou de substances associées à un tissu. Il y a une *erreur* dans l'une de ces associations. Quelle est-elle ?
   a) Ostéon/os.
   b) Plaquettes/sang.
   c) Fibroblastes/muscle squelettique.
   d. Chondroïtine-sulfate/cartilage.
   e) Membrane basale/épithélium.

3. Parmi ces animaux, lequel consacre le pourcentage le plus important de son allocation énergétique à sa régulation homéostatique ?
   a) Une amibe dans une mare.
   b) Une méduse dans la mer.
   c) Un serpent dans une forêt tempérée.
   d) Un insecte dans le désert.
   e) Un oiseau de l'Arctique.

4. Les muscles involontaires qui génèrent le péristaltisme faisant avancer le bol alimentaire dans le tube digestif sont :
   a) des muscles striés.
   b) des muscles cardiaques.
   c) des muscles squelettiques.
   d) des muscles lisses.
   e) des muscles intercalaires.

5. Parmi ces éléments, lequel *n'est pas* un tissu ?
   a) Le cartilage.
   b) La muqueuse tapissant l'estomac.
   c) Le sang.
   d) Le cerveau.
   e) Le muscle cardiaque.

6. Parmi ces énoncés sur la bioénergétique, lequel est vrai ?
   a) Tous les Animaux ont une vitesse du métabolisme spécifique qui n'évolue pas.
   b) Le métabolisme basal ne peut être déterminé qu'à une température précise.
   c) Les endothermes se réchauffent grâce à la chaleur métabolique.
   d) Le métabolisme standard doit être mesuré une fois que l'ectotherme s'est alimenté.
   e) Les ectothermes et les endothermes font appel à la même stratégie énergétique de base.

7. Comparativement à une cellule plus petite, une grande cellule de même forme :
   a) a moins de surface.
   b) a moins de surface par unité de volume.
   c) a le même rapport surface/volume.
   d) a une distance moyenne plus petite entre les mitochondries et la source externe de dioxygène.
   e) a un plus petit rapport cytoplasme/noyau.

8. Chez les Vertébrés, lequel de ces systèmes *ne communique pas* directement avec l'environnement externe ?
   a) Le système digestif.
   b) Le système cardiovasculaire.
   c) Le système urinaire.
   d) Le système respiratoire.
   e) Le système reproducteur.

9. La plupart de nos cellules sont entourées :
   a) de sang.
   b) de membranes fondamentales.
   c) de liquide interstitiel.
   d) d'eau pure.
   e) d'air.

10. Parmi ces réactions physiologiques, laquelle constitue un exemple de *rétroactivation* ?
    a) L'augmentation de la concentration de glucose dans le sang dans le but d'amener le pancréas à sécréter de l'insuline, une hormone qui abaisse la concentration de glucose.
    b) La forte concentration de dioxyde de carbone dans le sang, qui provoque une respiration plus profonde et plus rapide en vue de rejeter le dioxyde de carbone.
    c) La stimulation d'une cellule nerveuse amenant des ions sodium à pénétrer dans la cellule ; l'influx de sodium entraîne la pénétration d'encore plus de sodium.
    d) La production de globules rouges par le corps – lesquels transportent le dioxygène des poumons aux autres organes – stimulée par une faible concentration de dioxygène.
    e) Les sécrétions par l'adénohypophyse d'une hormone appelée TSH, qui amène la thyroïde à sécréter une autre hormone, la thyroxine ; une forte concentration de thyroxine supprime la sécrétion de TSH par l'adénohypophyse.

11. Pourquoi le sang relève-t-il de la catégorie des tissus conjonctifs ?

12. Expliquez pourquoi une maladie qui s'attaque aux tissus conjonctifs peut nuire à la majorité des organes du corps.

13. Quand le niveau d'une hormone sexuelle du corps atteint une valeur de référence, elle interrompt sa propre production en agissant sur un centre de régulation, l'hypothalamus. Celui-ci régule alors la production des hormones sexuelles par les testicules ou les ovaires. Ce mécanisme de régulation constitue un exemple de _____.

14. Dans quelle mesure l'anatomie et la physiologie sont-elles complémentaires ?

15. Expliquez pourquoi un Colibri au repos doit consacrer une part plus importante de son allocation énergétique à sa régulation thermique lors d'une journée fraîche qu'un Corbeau au repos.

Lien avec l'évolution

Le biologiste C. Bergmann a constaté que les Mammifères et les Oiseaux qui vivent à des latitudes plutôt élevées sont en moyenne plus grands et plus lourds que les espèces apparentées trouvées à des latitudes plus faibles. Cette observation, que certains appellent la règle de Bergmann, n'est pas sans exception, mais elle est généralement vraie. Fondez-vous sur l'évolution pour proposer une hypothèse justifiant ce principe. Appuyez vos arguments sur les lois de la physique, sur la vitesse du métabolisme et sur l'allocation énergétique.

Intégration

1. Proposez votre propre hypothèse pour expliquer la relation inverse qui existe entre la taille du corps et la vitesse du métabolisme par kilogramme de masse corporelle. Que feriez-vous pour valider votre hypothèse ?

2. Les érythrocytes captent le dioxygène en passant dans les capillaires (des vaisseaux sanguins microscopiques) des poumons, et ils le libèrent en passant dans les capillaires des autres organes. En tenant compte de cette fonction, expliquez pourquoi il est préférable que notre sang contienne d'énormes quantités de très petits érythrocytes plutôt qu'une petite quantité de gros érythrocytes. (Supposez que le volume total d'érythrocytes est le même dans les deux cas.)

Science, technologie et société

Des chercheurs en médecine mènent une enquête sur les possibilités de créer des substituts artificiels à divers tissus humains. Ils pensent, par exemple, à un liquide qui pourrait jouer le rôle de sang artificiel et à une étoffe qui pourrait servir de peau artificielle aux victimes de brûlures graves. Dans quelles autres situations la peau et le sang artificiels pourraient-ils être utiles ? Quelles caractéristiques doivent-ils posséder pour fonctionner efficacement dans le corps ? Pourquoi les véritables tissus sont-ils plus efficaces que les substituts ? Pourquoi ne pas utiliser des tissus véritables s'ils fonctionnent mieux ? Avez-vous d'autres idées de tissus artificiels qui pourraient être utiles ? Quels seront les problèmes relatifs à l'élaboration de ces nouveautés et à leur mise en application ?

Réponses à l'autoévaluation : 1. a ; 2. c ; 3. e ; 4. d ; 5. d ; 6. c ; 7. b ; 8. b ; 9. c ; 10. c ; 11. Le sang se compose d'une population relativement éparse de cellules entourées d'une matrice non cellulaire, le plasma. 12. Le tissu conjonctif est un constituant de la plupart des organes. 13. Rétro-inhibition. 14. Il y a une corrélation constante entre la structure et la fonction ; l'étude de l'anatomie (structure d'un organisme) et l'étude de la physiologie (fonctions d'un organisme) vont de pair. 15. Les Oiseaux sont des endothermes. Un petit oiseau comme le Colibri a un rapport surface/volume plus élevé qu'un grand oiseau, comme le Corbeau. Ainsi, le petit oiseau perd sa chaleur corporelle plus rapidement et doit activer son métabolisme pour compenser cette déperdition thermique.

CHAPITRE 41

LA NUTRITION CHEZ LES ANIMAUX

« Dis-moi ce que tu manges,
je te dirai ce que tu es. »

Anthelme Brillat-Savarin
gastronome et écrivain français (1755-1826)

LES BESOINS NUTRITIONNELS

- Les Animaux sont des hétérotrophes qui ont besoin d'aliments comme source d'énergie, de squelettes carbonés et de nutriments essentiels : *une vue d'ensemble*
- Les mécanismes homéostatiques gèrent l'approvisionnement en énergie des Animaux
- Un animal doit avoir un régime alimentaire qui lui apporte les éléments nutritifs essentiels, ainsi que des squelettes carbonés pour la biosynthèse

RÉGIMES ALIMENTAIRES ET TYPES D'INGESTION

- La plupart des Animaux sont des consommateurs opportunistes
- Au cours de l'évolution, divers types d'ingestion sont apparus chez les Animaux

VUE D'ENSEMBLE DU TRAITEMENT DE LA NOURRITURE

- Les quatre étapes principales du traitement de la nourriture sont l'ingestion, la digestion, l'absorption et l'élimination
- La digestion se déroule dans des compartiments spécialisés

LE SYSTÈME DIGESTIF DES MAMMIFÈRES

- C'est dans la cavité buccale que la transformation des aliments commence ; ceux-ci sont ensuite acheminés vers l'estomac par le pharynx et l'œsophage
- Les aliments séjournent dans l'estomac, site d'une digestion préliminaire et de l'absorption de certaines substances
- L'intestin grêle joue un rôle majeur dans la digestion et l'absorption
- La régulation de la digestion s'effectue par les voies nerveuse et hormonale
- L'absorption d'eau et d'électrolytes constitue une des fonctions essentielles du gros intestin

LES ADAPTATIONS DU SYSTÈME DIGESTIF DES VERTÉBRÉS AU COURS DE L'ÉVOLUTION

- Les adaptations structurales du système digestif sont souvent associées au régime alimentaire
- Des microorganismes symbiotiques contribuent à la nutrition de nombreux Vertébrés

Chaque repas *que nous prenons nous rappelle que nous sommes des animaux hétérotrophes, tributaires d'un apport régulier d'aliments provenant d'autres organismes. En tant que groupe, les Animaux présentent une grande variété d'adaptations nutritionnelles. Le Lièvre d'Amérique (*Lepus americanus*) *qui figure sur la photographie ci-dessus s'est adapté à la vie dans les forêts nordiques. Les Lièvres et les Lapins sont capables de se procurer tous les éléments nutritifs nécessaires à partir de certaines plantes. Ils possèdent une grande cavité intestinale abritant des procaryotes et des protistes qui digèrent la cellulose. Lorsqu'une épaisse couche de neige recouvre le sol, le Lièvre d'Amérique peut s'alimenter de branches de conifères – ce sont souvent les seules plantes à sa disposition.*

Tout Animal a besoin d'un régime alimentaire adéquat sur le plan nutritionnel pour pouvoir maintenir l'homéostasie, c'est-à-dire l'état d'équilibre interne, en dépit des changements du milieu externe. Un régime alimentaire équilibré fournit l'énergie nécessaire au travail cellulaire, ainsi que tous les matériaux dont le corps a besoin pour bâtir ses propres molécules organiques. Dans ce chapitre, nous nous pencherons sur les besoins nutritionnels des Animaux, et nous évaluerons certaines des adaptations qu'ils utilisent pour obtenir et traiter des aliments.

LES BESOINS NUTRITIONNELS

Les Animaux sont des hétérotrophes qui ont besoin d'aliments comme source d'énergie, de squelettes carbonés et de nutriments essentiels : *une vue d'ensemble*

Un régime alimentaire adéquat sur le plan nutritionnel répond à trois types de besoins : les besoins en énergie (chimique) pour effectuer tout le travail cellulaire ; les besoins en molécules organiques destinées à la biosynthèse (soit de squelettes carbonés pour la fabrication de molécules spécifiques à l'organisme) ; et les besoins en nutriments essentiels, c'est-à-dire des substances que les Animaux ne sont pas en mesure de fabriquer eux-mêmes à partir de la matière ingérée et qu'ils doivent obtenir directement des aliments.

Les mécanismes homéostatiques gèrent l'approvisionnement en énergie des Animaux

Le thème de la bioénergétique fait partie intégrante de notre étude de la nutrition. Tel que nous l'avons vu au chapitre 40, le flux énergétique qui part des aliments et qui sort d'un animal sous forme de chaleur peut être considéré comme une allocation. La production d'ATP (adénosine triphosphate) représente la part la plus importante – et de loin – de l'allocation énergétique de la plupart des Animaux. L'ATP alimente le métabolisme basal ainsi que toutes les activités, y compris la régulation thermique dans le cas des endothermes. La plus grande partie de l'ATP dérive de l'oxydation de molécules organiques (glucides, protéines et lipides) pendant la respiration cellulaire aérobie. Les monomères de toutes ces substances peuvent servir de source d'énergie, quoique la priorité soit généralement accordée aux glucides et aux graisses. Les graisses sont particulièrement riches en énergie ; leur oxydation libère environ deux fois plus d'énergie que la transformation d'une quantité équivalente de glucides ou de protéines.

La régulation du glucose comme exemple d'homéostasie dans la nutrition

Quand un animal absorbe davantage de joules qu'il ne peut en dépenser pour produire de l'ATP, la quantité excédentaire peut être utilisée pour la biosynthèse. S'il n'est pas en croissance ou en phase de reproduction, son corps a tendance à garder l'excédent sous forme de réserves d'énergie. Chez l'Humain, le foie et les cellules musculaires emmagasinent l'énergie sous forme de glycogène, un polymère composé de nombreuses unités de glucose (voir la FIGURE 5.6b). Le glucose constitue une molécule énergétique essentielle pour les cellules. Le métabolisme du glucose, régi par certaines hormones, constitue un aspect important de l'homéostasie (FIGURE 41.1). Si les réserves de glycogène sont pleines et si l'apport énergétique continue à dépasser la dépense d'énergie, l'excédent est généralement conservé sous forme de graisses (triacylglycérols).

Quand la quantité de joules absorbés est inférieure à la quantité de joules dépensés, peut-être en raison d'une période d'exercice physique intense ou d'un manque de nourriture, les réserves d'énergie sont oxydées. Ce processus peut entraîner une perte de masse corporelle. Le corps humain commence généralement par consommer le glycogène du foie ; ensuite, il fait appel au glycogène musculaire, puis aux graisses. La plupart des personnes en bonne santé, y compris celles qui ne sont pas obèses, disposent de suffisamment de graisses emmagasinées pour supporter plusieurs semaines de jeûne (les besoins énergétiques de l'Humain moyen peuvent être satisfaits par l'oxydation de 300 g seulement de graisses par jour).

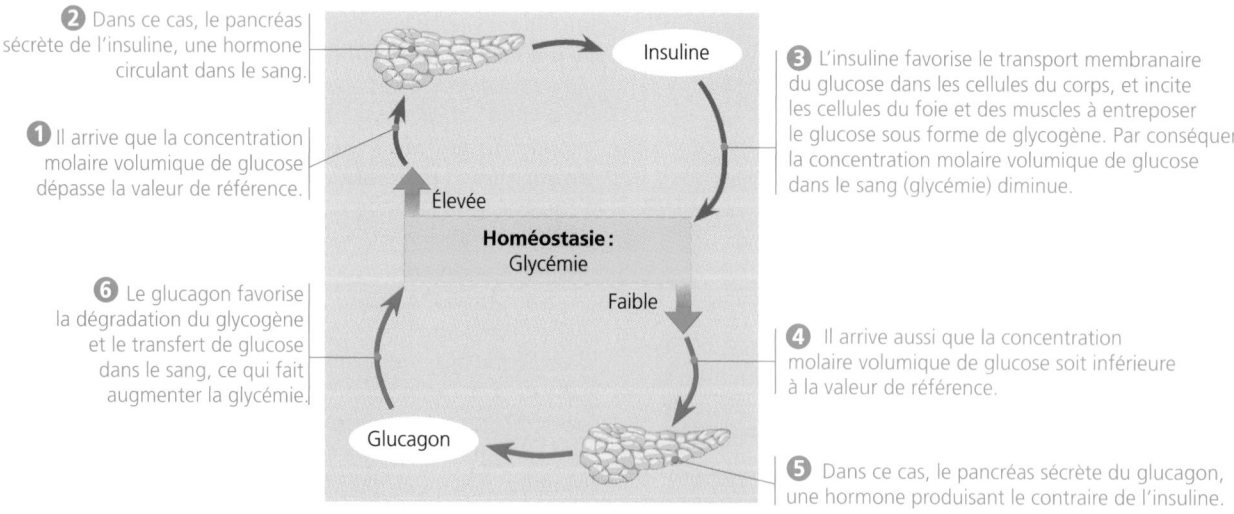

❷ Dans ce cas, le pancréas sécrète de l'insuline, une hormone circulant dans le sang.

❶ Il arrive que la concentration molaire volumique de glucose dépasse la valeur de référence.

❻ Le glucagon favorise la dégradation du glycogène et le transfert de glucose dans le sang, ce qui fait augmenter la glycémie.

Insuline

Élevée

Homéostasie :
Glycémie

Faible

Glucagon

❸ L'insuline favorise le transport membranaire du glucose dans les cellules du corps, et incite les cellules du foie et des muscles à entreposer le glucose sous forme de glycogène. Par conséquent, la concentration molaire volumique de glucose dans le sang (glycémie) diminue.

❹ Il arrive aussi que la concentration molaire volumique de glucose soit inférieure à la valeur de référence.

❺ Dans ce cas, le pancréas sécrète du glucagon, une hormone produisant le contraire de l'insuline.

FIGURE 41.1 Régulation homéostatique du glucose, une des sources d'énergie cellulaire.
Le corps humain régule l'utilisation et l'entreposage du glucose, une source importante d'énergie cellulaire. Après la digestion d'un repas, le glucose et les autres monomères sont absorbés par les tissus du tube digestif et vont dans le sang. La glycémie représente la concentration molaire volumique de glucose dans le sang ; elle doit se situer autour de la valeur de référence fixée à 5 mmol/L.

Déséquilibre énergétique

Des problèmes graves surviennent si l'allocation énergétique est déséquilibrée pendant une période prolongée. Ainsi, lorsqu'un animal ne consomme pas assez de joules pendant une période prolongée, une **sous-alimentation** s'ensuit. Dans une telle situation, l'organisme utilise ses réserves de glycogène et de graisses, puis commence à dégrader ses propres protéines comme source principale d'énergie. Les muscles s'atrophient, et le cerveau peut se retrouver en déficit protéique. Si l'absorption d'énergie reste pendant un certain temps inférieure à la dépense d'énergie, la mort finit par survenir. Même dans le cas où une personne qui a souffert d'une grave sous-alimentation survit, certains dommages qu'elle a subis risquent d'être irréversibles. Un régime constitué d'un seul aliment de base, tel que le riz ou le maïs, suffit à fournir généralement de l'énergie ; c'est pourquoi la sous-alimentation existe surtout quand une sécheresse, une guerre ou une autre crise ont gravement perturbé l'approvisionnement d'une population en nourriture. On observe une autre cause alarmante de sous-alimentation, surtout chez les adolescentes. Il s'agit de l'anorexie mentale, un syndrome psychiatrique qui se caractérise notamment par le refus souvent inavoué de nourriture, une obsession de la minceur et un amaigrissement important. L'évolution du syndrome varie et dépend en grande partie des rapports familiaux.

La **suralimentation,** ou obésité, a aussi des effets nuisibles. Dans les pays industrialisés, elle constitue un problème beaucoup plus courant que la sous-alimentation. Il faut savoir que le corps humain est capable d'emmagasiner des graisses. L'organisme a tendance à constituer des réserves de toutes les molécules de graisses excédentaires issues du régime alimentaire, au lieu de les utiliser comme source d'énergie. En revanche, quand nous consommons trop de glucides, notre corps a tendance à augmenter la vitesse de leur oxydation. C'est pourquoi la quantité de graisses d'un régime alimentaire peut avoir des effets plus directs sur le gain pondéral que la quantité de glucides alimentaires. L'accumulation de graisses peut constituer un désavantage aujourd'hui ; au contraire, du temps de nos lointains ancêtres, qui vivaient de la chasse et de la cueillette, elle figurait sans doute parmi les atouts conduisant à de meilleures chances de survie. Les individus dotés de gènes favorisant la mise en réserve de molécules à haute énergie lors des périodes d'abondance avaient sans doute plus de chances de s'en sortir en cas de famine que les autres.

Obésité

 Malgré sa tendance à emmagasiner les graisses, le corps humain impose certaines limites quant à la perte ou au gain pondéral. On constate que certains sujets restent toujours minces et maintiennent une masse à peu près constante, indépendamment, semble-t-il, des quantités d'aliments qu'ils consomment. Même les personnes obèses atteignent généralement une masse relativement stable, qui ne semble guère évoluer en fonction des quantités d'aliments qu'elles absorbent. Par ailleurs, la plupart des sujets qui suivent un régime alimentaire amaigrissant retrouvent leur masse précédente assez rapidement après l'interruption du régime restrictif. Ces observations, de même que diverses découvertes récentes, permettent de conclure que certains mécanismes de rétroaction

complexes stimulent la mise en réserve et l'utilisation des graisses. Chez les Mammifères, une hormone appelée leptine, qui est produite par les cellules adipeuses, joue un rôle clé dans la régulation de la masse corporelle. Ainsi, une augmentation des tissus adipeux fait remonter la concentration de leptine dans le sang. Cela amène l'encéphale (plus précisément l'hypothalamus ; voir la FIGURE 48.20) à diminuer la sensation de faim et à accroître les activités musculaires consommatrices d'énergie, ainsi que la production de chaleur corporelle. À l'inverse, une perte de graisses corporelles fait baisser la concentration de leptine dans le sang. Cela pousse l'hypothalamus à augmenter l'appétit et à favoriser un gain pondéral. Il semble que ces mécanismes de rétroaction régulent la masse corporelle, conformément à une valeur de référence relativement fixe chez certains individus, mais beaucoup plus élastique chez d'autres sujets. Les chercheurs ont aussi mis en évidence certains gènes régulant l'homéostasie des graisses, ainsi que diverses substances chimiques de régulation produites par l'encéphale (FIGURE 41.2). Quelques-unes de ces substances chimiques et leurs antagonistes font l'objet de recherches visant à développer un jour des médicaments contre l'obésité.

L'obésité peut avoir des incidences favorables chez certaines espèces. Par exemple, l'Océanite de Wilson (*Oceanites oceanicus*), un oiseau palmipède que l'on observe régulièrement dans le golfe du Saint-Laurent en été, doit parcourir de grandes distances pour trouver de la nourriture (il migre en Antarctique pendant notre saison hivernale). La plupart des aliments que les parents de cette espèce amènent à leurs jeunes sont très riches en lipides. C'est une façon de réduire au minimum la masse des aliments qu'ils transporteront pendant leurs longues quêtes de nourriture (n'oublions pas que les graisses contiennent deux fois plus de joules par gramme que les glucides et les protéines). Toutefois, les jeunes Océanites de Wilson ont aussi besoin de beaucoup de protéines pour former de nouveaux tissus. Or, les régimes riches en graisses en contiennent relativement peu. Pour combler leurs besoins en protéines, les oisillons doivent donc consommer beaucoup plus de nourriture que leurs besoins en énergie. Ils finissent par devenir obèses, à un point tel qu'à la fin de la période de leur croissance ils pèsent beaucoup plus que leurs parents. Ils sont alors beaucoup trop lourds pour prendre

FIGURE 41.2 Un rongeur vorace. Chez la souris obèse à gauche, un gène mutant ne produit plus normalement une protéine de régulation de l'appétit. (La souris de droite possède le gène normal.) Divers autres gènes régissent la gestion de la masse corporelle des Mammifères, notamment des Humains.

leur vol et ils doivent se soumettre à une période de jeûne durant plusieurs jours. Bref, les dépôts de graisses des jeunes Océanites de Wilson répondent à une fonction importante ; ces réserves d'énergie les aident à survivre pendant les périodes où leurs parents sont incapables de trouver suffisamment de nourriture.

Un animal doit avoir un régime alimentaire qui lui apporte les éléments nutritifs essentiels, ainsi que des squelettes carbonés pour la biosynthèse

Le régime alimentaire d'un animal doit fournir à celui-ci l'énergie destinée à la production d'ATP et les matériaux nécessaires à la biosynthèse. Pour bâtir les molécules complexes essentielles à la croissance et au maintien des tissus, un animal doit trouver des précurseurs organiques (squelettes carbonés) dans les aliments. Lorsqu'il dispose d'une source de carbone organique (comme les monosaccharides et les disaccharides) et d'une source d'azote organique (généralement, les acides aminés provenant de la digestion des protéines), il peut fabriquer une grande variété de molécules organiques, notamment des glucides, des protéines et des lipides.

Outre les sources d'énergie et les squelettes carbonés, le régime alimentaire doit apporter les **nutriments essentiels.** Il s'agit de matériaux devant être obtenus sous une forme préassemblée, parce que les cellules des Animaux ne sont pas en mesure de les fabriquer à partir de matières brutes *quelles qu'elles soient* (FIGURE 41.3). Certains de ces nutriments sont indispensables à tous les Animaux ; d'autres ne sont utiles qu'à certaines espèces. Par exemple, l'acide ascorbique (vitamine C) est un élément nutritif nécessaire aux Humains et aux autres Primates, aux Cobayes, à certains Oiseaux et Serpents, mais non à la plupart des autres Animaux.

FIGURE 41.3 Obtention des nutriments essentiels. Sur cette photo, la Girafe (*Giraffa camelopardalis*), un grand herbivore d'Afrique, mâche la carcasse d'un mammifère. Les os contiennent du phosphate de calcium, et l'ostéophagie (la consommation d'os) est courante chez les herbivores vivant dans des lieux où les sols et les plantes souffrent d'une carence en phosphore. Les Animaux ont besoin d'absorber du phosphore pour élaborer de l'ATP, des acides nucléiques, des phosphoglycérolipides et des os.

Quand un ou plusieurs nutriments essentiels ne sont pas assurés par le régime alimentaire d'un animal, celui-ci souffre de **malnutrition** (la *sous-alimentation*, elle, renvoie à une carence énergétique). Par exemple, les Bovins et autres herbivores peuvent souffrir de carences en minéraux s'ils se nourrissent de plantes poussant dans un sol dépourvu de certains minéraux essentiels (voir la FIGURE 41.3). La malnutrition est beaucoup plus courante que la sous-alimentation chez l'Humain ; il est possible qu'un sujet suralimenté soit mal nourri.

On regroupe les nutriments essentiels en quatre catégories : les acides aminés essentiels, les acides gras essentiels, les vitamines et les minéraux.

Acides aminés essentiels

Les Animaux ont besoin de 20 acides aminés pour fabriquer leurs protéines ; la plupart des espèces animales peuvent en synthétiser environ la moitié, du moment que leur régime alimentaire comporte de l'azote organique. Les autres acides aminés, c'est-à-dire les **acides aminés essentiels,** doivent se trouver préassemblés dans les aliments : il y en a huit qui sont indispensables à un Humain adulte (un neuvième acide aminé, l'histidine, est nécessaire au nourrisson). Ces mêmes acides aminés sont primordiaux pour la plupart des Animaux.

Un régime auquel il manque un ou plusieurs acides aminés essentiels entraîne une forme de malnutrition appelée carence protéique. Il s'agit de la déficience nutritionnelle la plus courante chez l'Humain. Les victimes sont généralement des enfants qui, s'ils survivent, souffriront sans doute d'un retard dans le développement physique et peut-être dans le développement mental.

Les sources les plus fiables d'acides aminés essentiels sont les viandes, les œufs, les fromages et les autres produits animaux. Les protéines des produits animaux sont dites « complètes », c'est-à-dire qu'elles contiennent tous les acides aminés essentiels, et ce, dans des proportions adéquates. En revanche, la plupart des protéines végétales sont dites « incomplètes », car il leur manque un ou plusieurs acides aminés essentiels. Ainsi, le maïs ne contient pas de lysine. Une personne forcée (par la pauvreté ou pour toute autre raison) de tirer presque tout son apport énergétique du maïs présentera après un certain temps les symptômes d'une carence protéique. Le même problème s'appliquera à une personne qui s'alimente exclusivement ou presque de riz, de blé ou de pommes de terre. Il est toutefois possible de consommer une combinaison d'aliments végétaux qui se complètent en vue d'absorber tous les acides aminés essentiels. Par exemple, une diète de haricots et de maïs assure tous les acides aminés essentiels, du moment que ces aliments végétaux sont consommés la même journée (FIGURE 41.4). En effet, les haricots fournissent la lysine qui manque dans le maïs ; ils ne contiennent pas de méthionine, mais cet acide aminé essentiel est présent dans le maïs. Étant donné que l'organisme peut difficilement garder en réserve les acides aminés, une carence en un seul acide aminé (même durant une période relativement brève) retarde la synthèse des protéines et limite l'utilisation des autres acides aminés. La plupart des populations humaines ont développé, par expérience, des régimes alimentaires équilibrés prévenant l'insuffisance protéique.

Certains animaux bénéficient d'adaptations particulières leur permettant de traverser des périodes où leur corps aura besoin d'une quantité extraordinaire de protéines. Par exemple,

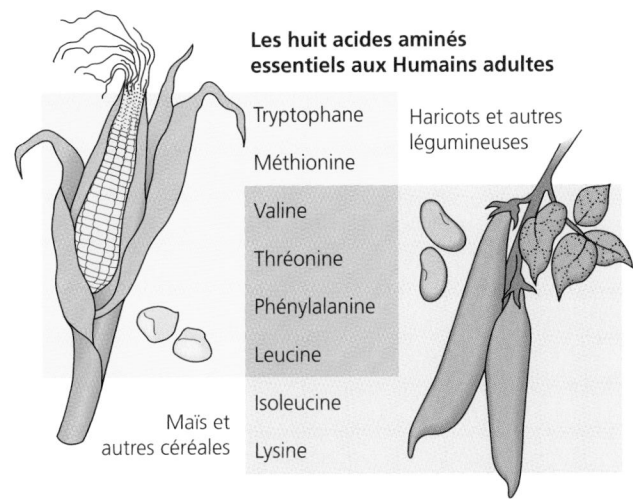

Les huit acides aminés essentiels aux Humains adultes

Tryptophane

Méthionine

Valine

Thréonine

Phénylalanine

Leucine

Isoleucine

Lysine

Haricots et autres légumineuses

Maïs et autres céréales

FIGURE 41.4 Acides aminés essentiels issus d'un régime végétarien.
L'Humain adulte peut se procurer les huit acides aminés essentiels en consommant un repas constitué de maïs et de haricots.

les Manchots peuvent utiliser les protéines de leurs muscles comme source d'acides aminés pour synthétiser de nouvelles protéines lorsqu'ils remplacent leurs plumes perdues pendant la mue (FIGURE 41.5).

Acides gras essentiels

Les Animaux peuvent synthétiser la plupart des acides gras dont ils ont besoin. Les **acides gras essentiels,** c'est-à-dire ceux que les Animaux ne peuvent fabriquer eux-mêmes, sont des acides gras insaturés (comportant une ou plusieurs liaisons doubles; voir la FIGURE 5.11). Par exemple, l'acide linoléique doit faire partie du régime alimentaire des Humains. Cet acide gras essentiel sert à fabriquer certains phosphoglycérolipides membranaires. La plupart des régimes alimentaires fournissent des quantités importantes d'acides gras essentiels. Les carences sont donc rares.

Vitamines

Les **vitamines** sont des molécules organiques nécessaires en très faible quantité, alors que les acides aminés et les acides gras sont indispensables en grande quantité aux Animaux. Des doses infimes de vitamines (entre 0,01 et 100 mg par jour, selon la vitamine) peuvent suffire. Il reste que les carences vitaminiques peuvent causer des problèmes importants.

Jusqu'ici, les chercheurs ont isolé 13 vitamines essentielles aux Humains. Elles ont des fonctions très diverses. Les vitamines sont divisées en deux catégories: il y a celles qui sont hydrosolubles et celles qui sont liposolubles (TABLEAU 41.1, p. 926). Les vitamines hydrosolubles comprennent les vitamines du complexe B; celles-ci consistent en plusieurs composés servant généralement de coenzymes dans des processus métaboliques importants. La vitamine C est également hydrosoluble; elle est nécessaire à la production de tissus conjonctifs. Les excès de vitamines hydrosolubles sont excrétés dans l'urine. Un léger apport supplémentaire de ces vitamines est donc probablement inoffensif.

Les vitamines liposolubles comprennent les vitamines A, D, E et K. Elles exercent une gamme variée de fonctions. La vitamine A est incorporée aux pigments visuels. La vitamine D, elle,

contribue à l'absorption du calcium et à la formation des os. On ne connaît pas encore avec précision les fonctions exactes de la vitamine E; on sait toutefois que, comme la vitamine C, elle semble protéger les phosphoglycérolipides membranaires de l'oxydation (vous avez sans doute déjà lu des annonces publicitaires vantant des suppléments alimentaires contenant de la vitamine E comme «antioxydant»). Quant à la vitamine K, elle intervient dans la coagulation du sang. Les excès de vitamines liposolubles ne sont pas éliminés; ils sont plutôt déposés dans les graisses corporelles, de sorte que leur surconsommation peut entraîner une accumulation toxique.

La question de l'apport vitaminique soulève des débats enflammés, tant chez les chercheurs que chez le public. Certains estiment que, pour maintenir un état de santé normal, il suffit de respecter les apports nutritionnels recommandés (ANR), c'est-à-dire les quantités conseillées par les nutritionnistes. D'autres observateurs considèrent que les ANR ont été fixés à des seuils trop bas en ce qui a trait à certaines vitamines. Enfin, une minorité d'intervenants croient (sans doute à tort) que des doses *massives* de vitamines ont des effets favorables sur la santé. Les recherches sont en cours et le débat se poursuit, surtout en ce qui concerne le dosage optimal des vitamines C et E. Pour l'instant, on peut affirmer avec certitude que les sujets qui ont un régime alimentaire varié et équilibré risquent fort peu de souffrir d'une carence vitaminique.

Minéraux

Les **minéraux** sont des nutriments inorganiques simples. Ils sont habituellement requis en très petites quantités, allant de moins de 1 mg à environ 2 500 mg par jour (TABLEAU 41.2, p. 927).

FIGURE 41.5 Mise en réserve de protéines destinées à la croissance.
Les Manchots, tels que ce spécimen de Manchot Adélie (*Pygoscelis adeliæ*) de l'Antarctique, doivent constituer beaucoup de nouvelles protéines au moment de la mue (soit la croissance d'un nouveau plumage). Il leur faut remplacer toutes leurs plumes rapidement, en deux ou trois semaines. Comme ils perdent temporairement leur revêtement de plumes isolantes, ils ne sont pas en mesure de nager ni de s'alimenter pendant la mue. D'où tirent-ils alors les acides aminés indispensables à la production des protéines constitutives des plumes? Aucun tissu particulier n'autorise la mise en réserve des acides aminés libres. Il est toutefois possible d'emmagasiner des acides aminés dans certaines protéines. Avant de muer, les Manchots augmentent considérablement leur masse musculaire. Puis, leur organisme dégrade les protéines supplémentaires des muscles, de sorte à disposer des acides aminés nécessaires à la croissance des nouvelles plumes.

TABLEAU 41.1 Les besoins en vitamines des Humains

Vitamines	Principales sources alimentaires et ANR (apport nutritionnel recommandé)	Fonctions principales	Symptômes possibles d'une carence ou d'une surdose
Vitamines hydrosolubles			
Vitamine B$_1$ (thiamine)	Porc, légumineuses, arachides et céréales à grains entiers ANR: 1,5 mg	Coenzyme utilisée pour l'extraction du CO_2 des composés organiques	Béribéri (troubles nerveux, maigreur et anémie)
Vitamine B$_2$ (riboflavine)	Produits laitiers, viandes, céréales enrichies et légumes ANR: 1,7 mg	Constituant des coenzymes FAD et FMN	Lésions cutanées, notamment fissures aux commissures des lèvres; troubles oculaires (sensibilité à la lumière, vision embrouillée)
Niacine	Noix, viandes et céréales ANR: 20 mg	Constituant des coenzymes NAD$^+$ et NADP$^+$ participant au métabolisme énergétique	Lésions cutanées et gastro-intestinales, troubles nerveux. Rougeur du visage et des mains ainsi que lésions au foie
Vitamine B$_6$ (pyridoxine)	Viandes, légumes et céréales à grains entiers ANR: 2 mg	Coenzyme utilisée dans le métabolisme des acides aminés, dans la glycogénolyse, dans la formation d'anticorps et d'hémoglobine	Irritabilité, convulsions, secousses musculaires et anémie Démarche instable, pieds engourdis et troubles de la coordination
Acide pantothénique	La plupart des aliments: viandes, produits laitiers, . céréales à grains entiers, etc. ANR: 10 mg	Constituant de la coenzyme A impliquée dans le catabolisme de molécules organiques et dans la biosynthèse	Fatigue, perte de sensibilité, picotements dans les mains et les pieds, douleurs abdominales, dépression
Acide folique (folacine)	Légumes verts, oranges, noix, légumineuses et céréales à grains entiers (l'acide folique est aussi élaboré par les bactéries du gros intestin) ANR: 0,4 mg	Coenzyme participant au métabolisme des acides aminés et des acides nucléiques; est essentiel à la formation des globules rouges	Anémie et troubles gastro-intestinaux Peut dissimuler une carence en vitamine B$_{12}$
Vitamine B$_{12}$	Viandes, œufs et produits laitiers ANR: 3 à 6 µg	Coenzyme participant au métabolisme de l'ADN; est nécessaire à la maturation des globules rouges	Anémie et troubles du système nerveux
Biotine	Légumineuses, autres végétaux et viandes ANR: probablement 0,3 mg (amplement suppléé par les bactéries intestinales)	Coenzyme dans la synthèse des lipides, du glycogène et des acides aminés, et aussi dans divers catabolismes	Inflammation et desquamation cutanées, troubles neuromusculaires, anorexie, nausées et fatigue
Vitamine C (acide ascorbique)	Fruits et légumes, surtout agrumes, brocoli, choux, tomates et poivrons verts ANR: 60 mg	Est utilisée pour la synthèse du collagène (notamment dans les tissus osseux et cartilagineux, et dans les gencives); antioxydant; agent de la détoxication; améliore l'absorption du fer	Scorbut (dégénérescence de la peau, des dents et des vaisseaux sanguins), faiblesse, retard dans la cicatrisation, perturbation du système immunitaire Troubles gastro-intestinaux
Vitamines liposolubles			
Vitamine A (rétinol)	Provitamine A (bêta-carotène) dans les fruits et légumes vert foncé et orange; rétinol dans les produits laitiers ANR: femme, 1,2 mg homme, 1,5 mg	Constituant des pigments visuels; entretien des tissus épithéliaux; antioxydant; protection des lipides membranaires	Cécité nocturne; peau sèche qui se desquame, modification des épithéliums. Maux de tête, irritabilité, vomissements, perte des cheveux, vision trouble, lésions au foie et aux os
Vitamine D	Produits laitiers et jaune d'œuf (est aussi élaborée dans la peau humaine en présence de soleil) ANR: 5 µg	Facilite l'absorption et l'utilisation du calcium et du phosphore; favorise la croissance osseuse	Rachitisme (difformités osseuses) chez les enfants, ostéomalacie chez les adultes. Lésions encéphaliques, cardiovasculaires et rénales
Vitamine E (tocophérol)	Huiles végétales, noix et graines ANR: 10 mg	Antioxydant; protège les lipides membranaires	Aucun effet attesté chez l'Humain; possiblement anémie
Vitamine K (phylloquinone)	Légumes verts et thé (est aussi élaborée par les bactéries du gros intestin) ANR: femme, 55 µg homme, 70 µg	Facilite la coagulation du sang; contribue à la phosphorylation oxydative	Troubles de la coagulation du sang Lésions au foie et anémie

TABLEAU 41.2 Les besoins en minéraux des Humains

Minéraux	Principales sources alimentaires et ANR (apport nutritionnel recommandé)	Fonctions principales	Symptômes possibles d'une carence*
Calcium (Ca)	Produits laitiers, légumes vert foncé et légumineuses ANR : 1200 mg pour les 0 – 25 ans ; 800 mg après 25 ans	Formation des os et des dents ; coagulation sanguine ; fonctions musculaire et nerveuse	Retard de croissance, perte de masse osseuse, tétanie musculaire
Phosphore (P)	Produits laitiers, viandes et céréales ANR : 800 mg	Formation des os et des dents ; équilibre acidobasique ; synthèse des nucléotides	Faiblesse, déminéralisation des os, perte de calcium
Soufre (S)	Protéines de nombreuses sources ANR : non établi	Constituant de certains acides aminés	Symptômes des carences protéiques
Potassium (K)	Viandes, produits laitiers, nombreux fruits et légumes, céréales ANR : non établi	Équilibre acidobasique ; équilibre hydrique ; transmission de l'influx nerveux, synthèse protéique	Faiblesse musculaire, paralysie, nausées, insuffisance cardiaque
Chlore (Cl)	Sel de table ANR : non établi	Équilibre acidobasique ; formation du suc gastrique ; équilibre osmotique	Crampes musculaires, diminution de l'appétit
Sodium (Na)	Sel de table ANR : non établi	Équilibre acidobasique ; équilibre hydrique ; transmission de l'influx nerveux	Crampes musculaires, diminution de l'appétit
Magnésium (Mg)	Céréales à grains entiers et légumes verts feuillus ANR : 350 mg	Cofacteur ; bioénergétique de l'ATP	Troubles neuromusculaires
Fer (Fe)	Viandes, œufs, légumineuses, céréales à grains entiers et légumes verts feuillus ANR : femme 15 mg, homme 10 mg	Constituant de l'hémoglobine et des transporteurs d'électrons dans le métabolisme énergétique ; cofacteur enzymatique	Anémie ferriprive, faiblesse, affaiblissement du système immunitaire, troubles de la thermorégulation
Fluor (F)	Eau fluorée, thé et fruits de mer ANR : 1,5 à 4 mg	Entretien de la structure des dents (et sans doute des os)	Fréquence accrue des caries dentaires
Zinc (Zn)	Viandes, fruits de mer et céréales ANR : 15 mg	Constituant de certaines enzymes de la digestion et d'autres protéines	Retard de la croissance, inflammation et desquamation cutanées, infertilité, affaiblissement du système immunitaire
Cuivre (Cu)	Fruits de mer, noix, légumineuses et abats ANR : 2 à 3 mg	Cofacteur enzymatique du métabolisme du fer, de la synthèse de la mélanine et du transport des électrons	Anémie, perturbation des systèmes osseux et cardiovasculaire
Manganèse (Mn)	Noix, céréales, légumes, fruits et thé ANR : 2,5 à 5 mg	Cofacteur enzymatique	Anomalie des os et des cartilages
Iode (I)	Fruits de mer, produits laitiers et sel iodé ANR : 0,15 mg	Constituant des hormones thyroïdiennes	Goitre (hypertrophie thyroïdienne), hypothyroïdie, myxœdème
Cobalt (Co)	Viandes et produits laitiers ANR : non établi	Constituant de la vitamine B_{12}	Aucun, sauf les symptômes constatés en cas de carence de vitamine B_{12}
Sélénium (Se)	Fruits de mer, viandes et céréales à grains entiers ANR : 0,05 à 2 mg	Cofacteur enzymatique ; antioxydant en association étroite avec la vitamine E	Douleurs musculaires, lésions éventuelles du muscle cardiaque
Chrome (Cr)	Levure de bière, foie, fruits de mer, viandes et certains légumes ANR : 0,05 à 2 mg	Participe au métabolisme du glucose et de l'énergie en général	Perturbe le métabolisme du glucose en nuisant à l'action de l'insuline
Molybdène (Mo)	Légumineuses, céréales et certains légumes ANR : 0,15 à 0,5 mg	Cofacteur enzymatique	Troubles de l'excrétion des composés azotés

* Tous ces minéraux sont également nocifs en excès.

Les besoins en minéraux, comme les besoins en vitamines, varient d'une espèce animale à l'autre. Les Humains et d'autres Vertébrés requièrent des quantités relativement importantes de calcium et de phosphore pour la formation et l'entretien des os. Le calcium est également nécessaire au fonctionnement normal des nerfs et des muscles. Quant au phosphore, il entre aussi dans la composition de l'ATP et des acides nucléiques. Le fer, lui, est un composant des cytochromes – qui interviennent dans la respiration cellulaire (voir la FIGURE 9.13) – et de l'hémoglobine – la protéine fixatrice de dioxygène des globules rouges. Le magnésium, le fer, le zinc, le cuivre, le manganèse, le sélénium et le molybdène sont des cofacteurs insérés dans la structure de certaines enzymes. Le magnésium, par exemple, s'insère dans les enzymes hydrolysant l'ATP. Par ailleurs, les Vertébrés ont aussi besoin d'iode pour fabriquer les hormones thyroïdiennes régulant la vitesse du métabolisme. Enfin, le sodium, le potassium et le chlore jouent un rôle important dans le fonctionnement du système nerveux, et ils influent considérablement sur l'équilibre osmotique entre les cellules et le liquide interstitiel.

La plupart des Humains ingèrent beaucoup trop de sel (chlorure de sodium), compte tenu des besoins réels de leur organisme. En Amérique du Nord, le citoyen moyen consomme assez de sel pour subvenir environ 20 fois aux besoins réels de l'organisme. L'absorption d'une quantité excédentaire de sel ou d'autres minéraux peut nuire à l'équilibre homéostatique et provoquer des effets secondaires toxiques. Par exemple, l'excès de sel est associé à l'hypertension artérielle ; quant à la surabondance de fer, elle peut provoquer des lésions hépatiques.

Nous allons nous pencher à présent sur les types d'aliments consommés par les Animaux, puis nous verrons comment la nourriture est traitée pour combler les besoins nutritionnels.

RÉGIMES ALIMENTAIRES ET TYPES D'INGESTION

La plupart des Animaux sont des consommateurs opportunistes

Tous les Animaux consomment d'autres organismes, que ceux-ci soient morts ou vivants, entiers ou fragmentés. (Il faut élargir la définition de « fragmentés » de sorte à tenir compte de parasites, comme certains vers plats, qui absorbent directement de l'hôte animal des molécules organiques issues de la digestion.) En général, les Animaux se classent en trois catégories selon leur régime alimentaire : les herbivores, les carnivores et les omnivores. Les **herbivores,** tels que le Gorille, les Ruminants, les Lièvres et de nombreux Escargots, consomment principalement des autotrophes (des plantes ou des algues). Les **carnivores,** notamment les Requins, les Buses, les Araignées et les Serpents, mangent d'autres animaux. Enfin, les **omnivores** consomment régulièrement des animaux, des plantes ou des algues. Les omnivores comprennent les Cafards, les Corbeaux, les Ours, le Raton laveur et l'Humain, qui ont évolué en chasseurs, en cueilleurs et en détritivores.

Les termes *herbivore, carnivore* et *omnivore* correspondent aux types d'aliments généralement consommés, ainsi qu'aux adaptations permettant aux Animaux de se procurer de la nourriture et de la digérer. En réalité, la plupart des Animaux se nourrissent de manière opportuniste ; ils consomment des aliments qui ne relèvent pas de leur catégorie alimentaire principale quand ces derniers sont disponibles. Par exemple, les Bovidés et les Cervidés, des herbivores, consomment à l'occasion de petits animaux ou des œufs d'oiseaux, en plus d'herbes et d'autres plantes. La plupart des carnivores se procurent certains éléments nutritifs à partir de matières végétales restant dans le tube digestif des proies absorbées. Et tous les Animaux consomment des bactéries quand ils ingèrent des aliments.

Au cours de l'évolution, divers types d'ingestion sont apparus chez les Animaux

Les différentes modalités d'ingestion des aliments relèvent de quatre grands types : l'ingestion par filtration, l'ingestion du substrat, l'ingestion par aspiration et l'ingestion en vrac. De nombreux animaux aquatiques se nourrissent de matières en suspension, c'est-à-dire qu'ils filtrent les particules d'aliments contenues dans l'eau. Ils font appel à un mécanisme d'**ingestion par filtration.** Les Palourdes et les Huîtres, par exemple, se servent de leurs branchies pour retenir des particules nutritives, que des cils vibratiles propulsent ensuite, en même temps qu'une pellicule de mucus, vers leur bouche. Les Cétacés à fanons, les plus gros animaux du monde, se nourrissent aussi de particules en suspension. Ces baleines nagent la bouche ouverte, ingérant des millions de petits animaux filtrés à partir de l'énorme quantité d'eau poussée à travers leurs fanons (des lames cornées fixées à leur mâchoire supérieure) (FIGURE 41.6).

FIGURE 41.6 Ingestion par filtration d'eau : Cétacé à fanons (Mysticète). Le Rorqual à bosse (*Megaptera novæangliæ*) et les autres Mysticètes utilisent leurs fanons – deux rangées de lames cornées en forme de peigne suspendues à leur mâchoire supérieure – pour filtrer de petits invertébrés à partir d'énormes quantités d'eau. Cette baleine ouvre la bouche et remplit sa cavité buccale expansible. Elle ferme ensuite la bouche et contracte les muscles entourant sa cavité. L'eau est alors expulsée de sa bouche à travers les fanons ; ceux-ci empêchent la sortie des organismes nutritifs. On peut observer le Rorqual à bosse dans le golfe du Saint-Laurent et sur la côte nord-est du Québec de juin à novembre ; durant cette période, il se nourrit de certains petits poissons, comme le Lançon, le Hareng et le Capelan.

D'autres animaux se nourrissent par **ingestion du substrat**; ils vivent sur leur source de nourriture ou à l'intérieur de celle-ci, se frayant un chemin en mangeant. Les asticots, qui se nourrissent de cadavres d'animaux, les Tordeuses de bourgeons et les Mineuses de feuilles en sont des exemples. Les larves de ces insectes creusent des galeries dans le mésophylle mou situé entre les deux épidermes des feuilles (FIGURE 41.7). Les Vers de terre (*Lumbricus sp.*) font également partie de cette catégorie, à la différence qu'ils se frayent un chemin en mangeant de la terre. Ils récupèrent ainsi des détritus, c'est-à-dire des matières organiques partiellement décomposées, qu'ils ingèrent en même temps que la terre. Pour cette raison, on les qualifie de **saprophages.**

D'autres espèces ont recours à un mécanisme d'**ingestion par aspiration** de liquides riches en nutriments, tirés d'un hôte vivant (FIGURE 41.8). Ainsi, les Moustiques et les Sangsues s'alimentent en absorbant le sang d'autres animaux. Les Pucerons puisent la sève élaborée du phloème de Végétaux (voir la FIGURE 36.18). Ces organismes nuisent à leurs hôtes, si bien qu'on les considère comme des parasites. En revanche, les Colibris et les Abeilles rendent service à leurs hôtes, car ils transportent du pollen quand ils visitent les fleurs en recherchant du nectar.

La plupart des animaux, notamment les Humains, se nourrissent par **ingestion en vrac**. Ils consomment des morceaux relativement gros de nourriture, voire des proies entières (FIGURE 41.9, p. 930). Différentes parties anatomiques sont utilisées pour tuer les proies, déchirer la chair ou arracher des matières végétales: des tentacules, des pinces, des griffes, des crochets venimeux, des mâchoires et des dents.

VUE D'ENSEMBLE DU TRAITEMENT DE LA NOURRITURE

Les quatre étapes principales du traitement de la nourriture sont l'ingestion, la digestion, l'absorption et l'élimination

L'**ingestion,** c'est-à-dire le mécanisme par lequel la nourriture pénètre dans un organisme, ne constitue que la première étape

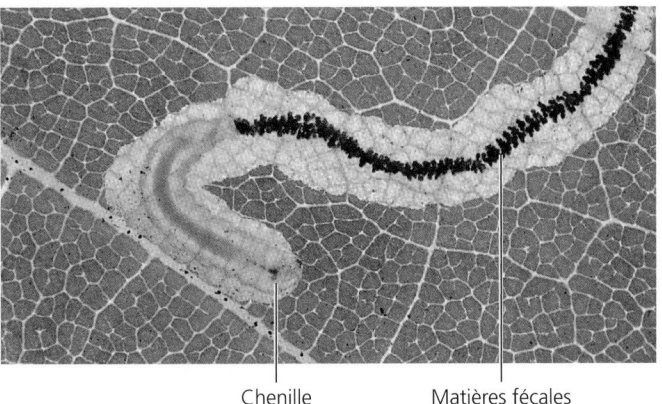

Chenille   Matières fécales

FIGURE 41.7 Ingestion du substrat: une Mineuse de feuilles. Cette chenille, la larve d'un Papillon de nuit, se fraye un chemin en mangeant le mésophylle mou d'une feuille de Chêne et en laissant une traînée de matières fécales noirâtres sur son passage.

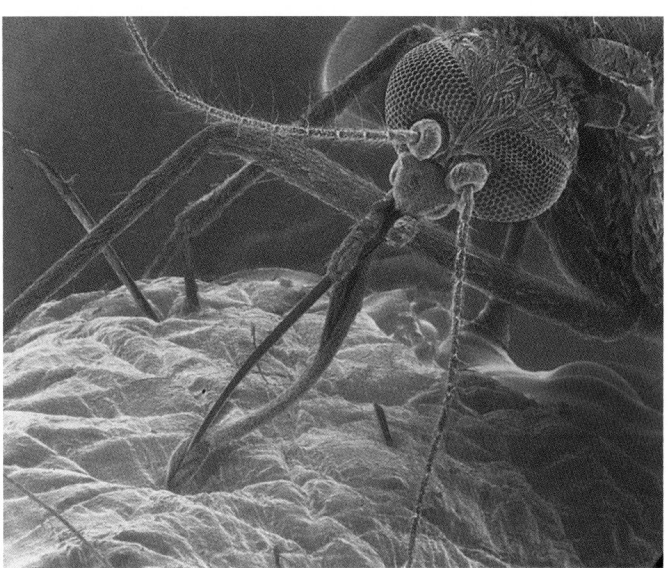

FIGURE 41.8 Ingestion par aspiration: Moustique. Ce parasite a perforé l'épiderme de son hôte humain au moyen d'une pièce buccale semblable à une aiguille hypodermique. Il remplit son tube digestif de sang. (MEB colorée).

du traitement des aliments. Presque tous les Animaux, y compris de nombreux consommateurs de nourriture liquide, doivent s'accommoder d'aliments présentés en vrac, sous forme d'ensembles extrêmement complexes de molécules (notamment de grands polymères et de substances difficiles à traiter, parfois même toxiques). La majeure partie de la matière organique des aliments se compose de protéines, de lipides et de glucides. Les Animaux ne peuvent utiliser ces macromolécules directement, et ce, pour deux raisons. Premièrement, les polymères sont trop gros pour passer à travers les membranes et pénétrer dans les cellules des Animaux. Deuxièmement, les macromolécules qui constituent un animal ne sont pas semblables à celles qui composent les aliments. Cependant, tous les organismes utilisent des monomères communs pour fabriquer des macromolécules. Par exemple, le Soja, les Drosophiles et l'Humain assemblent leurs protéines à partir des mêmes 20 acides aminés.

La **digestion** constitue la deuxième étape du traitement de la nourriture. Elle consiste à décomposer les aliments en des molécules suffisamment petites pour être absorbées par le corps. Elle comporte deux volets: la digestion mécanique, qui est la fragmentation de la nourriture, et la digestion chimique, qui est la transformation des macromolécules contenues dans les fragments de nourriture en des monomères. Les Animaux sont alors capables d'utiliser ceux-ci pour assembler leurs propres molécules ou de s'en servir comme source d'énergie pour la production d'ATP. Ainsi, les polysaccharides et les disaccharides sont décomposés en monosaccharides; les lipides, eux, sont transformés, entre autres choses, en glycérol et en acides gras; quant aux protéines, elles sont décomposées en acides aminés; enfin, les acides nucléiques sont réduits en nucléotides.

Vous avez vu au chapitre 5 que, lorsqu'une cellule fabrique une macromolécule en liant des monomères, elle élimine une molécule d'eau pour chaque nouvelle liaison covalente formée. La digestion inverse ce processus: elle rompt chaque liaison en ajoutant une molécule d'eau à l'aide d'enzymes spécifiques (voir la FIGURE 5.2). Ce processus de décomposition des macromolécules s'appelle **hydrolyse enzymatique.** Certaines variétés

FIGURE 41.9 Ingestion en vrac chez le Python. De nombreux animaux ingèrent des morceaux de nourriture relativement gros. C'est le cas des Serpents, qui sont incapables d'arracher des parties de leur proie et de les mâcher pour les diviser en morceaux. Ils doivent avaler la proie en entier, même si elle excède leur propre diamètre. Dans cette scène étonnante, un Python de Séba (*Python sebæ*) commence à ingérer une gazelle qu'il a capturée et tuée. Il lui faudra plus d'une heure pour l'avaler. Il passera ensuite au moins deux semaines dans un lieu calme situé à proximité pour digérer son repas.

d'enzymes hydrolytiques catalysent la digestion de chacune des catégories de macromolécules trouvées dans les aliments. Cette décomposition chimique est généralement précédée d'une fragmentation mécanique des aliments, au moyen de la mastication par exemple. Un aliment fragmenté en des morceaux plus petits a une plus grande surface exposée aux sucs digestifs contenant les enzymes hydrolytiques.

Les deux dernières étapes du traitement de la nourriture surviennent après la digestion. Au cours de la troisième étape, l'**absorption,** les cellules constituant la paroi de la cavité digestive d'un animal permettent aux petites molécules et aux monomères présents dans cette cavité de traverser leur membrane plasmique. Lors de la dernière étape, l'**élimination,** les matières qui n'ont pas subi de digestion ni d'absorption quittent l'organisme d'une des façons décrites dans la section suivante.

La digestion se déroule dans des compartiments spécialisés

Comment les Animaux appliquent-ils les processus de digestion sans se digérer eux-mêmes? Après tout, leurs enzymes digestives hydrolysent des matériaux biologiques étrangers (notamment des protéines, des lipides et des glucides) qui sont de même nature que ceux qui les composent. La plupart des Animaux réduisent les risques d'autodigestion en traitant les aliments dans des compartiments spécialisés.

Digestion intracellulaire

Les vacuoles digestives sont des organites servant à décomposer les aliments sans que les enzymes hydrolytiques qu'elles contiennent dégradent le cytoplasme de la cellule. Il s'agit de la sorte de cavité digestive la plus simple. Les Protistes hétérotrophes (lesquels, rappelons-le, ne sont pas des Animaux) digèrent leur nourriture dans des vacuoles digestives, habituellement après avoir incorporé les aliments par phagocytose ou par pinocytose (voir la FIGURE 8.19a et b). Les vacuoles digestives nouvellement formées fusionnent avec des lysosomes, des organites contenant des enzymes hydrolytiques. Les aliments sont donc en contact avec les enzymes. La digestion peut se dérouler en toute sécurité

dans une cavité délimitée par une membrane protectrice. Ce phénomène est appelé **digestion intracellulaire** (FIGURE 41.10). Les Éponges se distinguent des autres Animaux parce que, à l'instar des Protistes hétérotrophes, elles digèrent entièrement leur nourriture grâce à ce mécanisme intracellulaire (voir la FIGURE 33.3).

Digestion extracellulaire

Chez la plupart des Animaux, au moins une partie de l'hydrolyse s'effectue au cours d'une **digestion extracellulaire,** c'est-à-dire au cours d'un processus de dégradation des aliments à l'extérieur des cellules. La digestion extracellulaire a lieu dans des compartiments communiquant avec l'extérieur du corps des Animaux. Le fait de disposer d'une cavité extracellulaire servant à la digestion permet à un animal de dévorer des proies beaucoup plus grosses que celles qui sont phagocytées et digérées à l'intérieur d'une cellule.

De nombreux Animaux caractérisés par un plan d'organisation corporelle simple possèdent une cavité digestive à une seule ouverture. Cette structure en forme de sac, appelée **cavité gastrovasculaire,** sert à la fois à la digestion des nutriments et à leur circulation dans tout l'organisme (d'où le qualificatif *vasculaire*). L'Hydre (*Hydra sp.*), un Cnidaire, illustre bien le fonctionnement de la cavité gastrovasculaire (FIGURE 41.11). Cet animal carnivore pique sa proie à l'aide de cellules spécialisées, appelées *cnidocytes* et faisant partie des tentacules. Puis, il utilise ces derniers pour porter la nourriture à sa bouche et l'introduire dans sa cavité gastrovasculaire (voir la FIGURE 33.5). Ensuite, des cellules spécialisées du gastroderme (le tissu tapissant la cavité) sécrètent des enzymes digestives, qui fragmentent les tissus mous de la proie en de petits morceaux. Les cellules gastrodermiques ingèrent ensuite par phagocytose les particules d'aliments, et la plus grande partie de l'hydrolyse des macromolécules se fait à l'intérieur des cellules, comme chez les Paramécies et les Éponges. Une fois que l'Hydre a digéré son repas, elle élimine les matières indigestibles restant dans sa cavité gastrovasculaire (les exosquelettes de petits crustacés, par exemple) par son unique orifice, qui lui sert à la fois de bouche et d'anus. De nombreux vers plats possèdent aussi une cavité gastrovasculaire munie d'un seul orifice (voir la FIGURE 33.10).

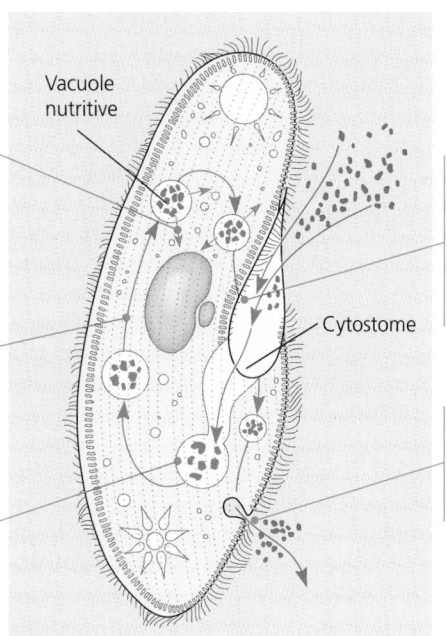

④ **Digestion.** À mesure que les molécules d'aliments sont digérées, les éléments nutritifs (des monomères et diverses petites molécules) traversent la membrane de la vacuole et pénètrent dans le cytoplasme (flèches bleues).

③ **Transport.** La cyclose fait circuler la vacuole nutritive dans la cellule. La vacuole fusionne avec un lysosome (contenant des hydrolases), formant une vacuole digestive. Celle-ci joue le rôle de cavité digestive miniature.

② **Formation d'une vacuole nutritive.** Les particules alimentaires sont réunies dans une vacuole nutritive formée par endocytose.

Vacuole nutritive

Cytostome

① **Ingestion des aliments.** La Paramécie possède une structure spécialisée préparant à l'ingestion, le péristome. Celui-ci a une forme d'entonnoir. Les cils qui le bordent amènent l'eau et les particules de nourriture en suspension (surtout des bactéries) vers la « bouche » de la cellule (cytostome).

⑤ **Élimination.** Par la suite, la vacuole digestive contourne le péristome et le cytostome. Puis, elle fusionne avec une région spécialisée de la membrane plasmique, où les matières non digérées sont éliminées par exocytose.

FIGURE 41.10 Digestion intracellulaire chez la Paramécie.

Contrairement aux Cnidaires et aux Plathelminthes (Vers plats), la plupart des Animaux (y compris les Nématodes, les Annélides, les Mollusques, les Arthropodes, les Échinodermes et les Cordés) possèdent une succession de compartiments reliant deux ouvertures : la bouche et l'anus. Cet ensemble s'appelle **tube digestif, tractus digestif** ou **canal alimentaire.** Comme la nourriture s'y déplace dans une seule direction, le tube digestif peut comprendre plusieurs compartiments spécialisés effectuant la digestion et l'absorption des nutriments par étapes (FIGURE 41.12, p. 932). Les aliments ingérés par la bouche et le pharynx passent par l'œsophage, qui conduit au jabot, au gésier ou à l'estomac, selon l'espèce. Le jabot et l'estomac servent généralement à emmagasiner temporairement les aliments (même si une partie de la digestion peut s'y dérouler) ; le gésier, lui, broie et fragmente ces derniers. La nourriture entre ensuite dans un intestin (plus ou moins compartimenté, suivant les espèces) ; là, les molécules de nourriture sont hydrolysées par des enzymes digestives. Les nutriments sont absorbés par la paroi du tube digestif et se rendent jusqu'au sang. Les résidus indigestibles sont éliminés par l'anus. Un tube digestif complet présente un autre avantage : il rend possible l'ingestion de nourriture avant que les repas précédents aient été entièrement digérés. Cela est difficile ou inefficace dans le cas des animaux munis d'une simple cavité gastrovasculaire.

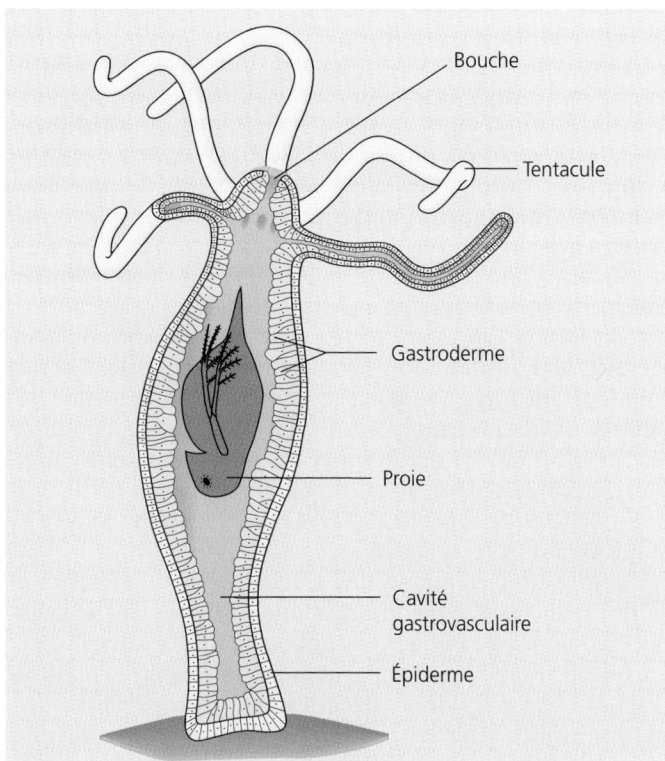

Bouche

Tentacule

Gastroderme

Proie

Cavité gastrovasculaire

Épiderme

FIGURE 41.11 Digestion extracellulaire dans une cavité gastrovasculaire. L'épiderme (la couche externe de cellules) de l'Hydre (Cnidaire) remplit des fonctions protectrices et sensorielles, tandis que le gastroderme (la couche interne) se spécialise dans la digestion. Cette dernière commence dans la cavité gastrovasculaire. Elle se poursuit dans les cellules gastrodermiques une fois que les petites particules d'aliments y entrent par phagocytose.

LE SYSTÈME DIGESTIF DES MAMMIFÈRES

Les principes généraux du traitement de la nourriture sont semblables chez toute une gamme d'animaux. Nous pouvons donc nous pencher, à titre d'exemple représentatif, sur le système digestif des Mammifères. Celui-ci comprend un tube digestif et divers organes annexes, dont certaines glandes sécrétant des sucs digestifs dans le tube par l'intermédiaire de conduits. Le **péristaltisme,** c'est-à-dire les ondes rythmiques produites par

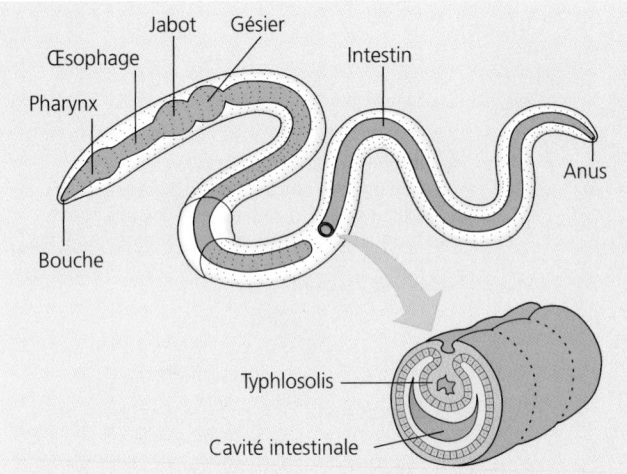

(a) Ver de terre. Le tube digestif du Ver de terre commence par la bouche. Les aliments entrent dans celle-ci en étant aspirés par un pharynx musculeux. Ils passent ensuite dans un œsophage; puis, ils sont emmagasinés et humidifiés dans le jabot. Le gésier musculeux, qui contient de petits morceaux de sable et de gravier, les broie. La digestion et l'absorption s'effectuent dans l'intestin, dont le repli dorsal, appelé typhlosolis, augmente la surface de contact destinée à l'absorption des nutriments.

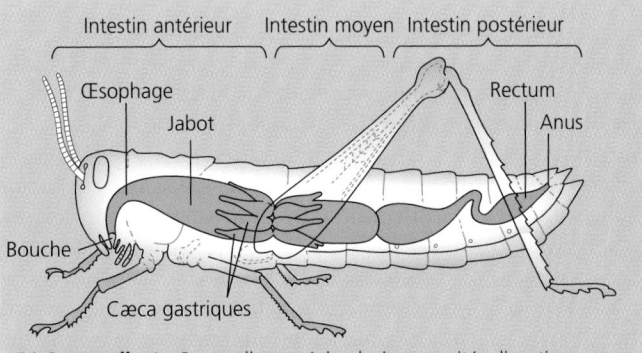

(b) Sauterelle. La Sauterelle possède plusieurs cavités digestives, regroupées en trois régions principales : l'intestin antérieur (comportant l'œsophage et le jabot), l'intestin moyen et l'intestin postérieur. Les aliments sont humidifiés et emmagasinés dans le jabot, mais la majeure partie de la digestion s'effectue dans l'intestin moyen. Des cæca gastriques, soit des structures en forme de sac émergeant de l'intestin moyen, servent à absorber les nutriments.

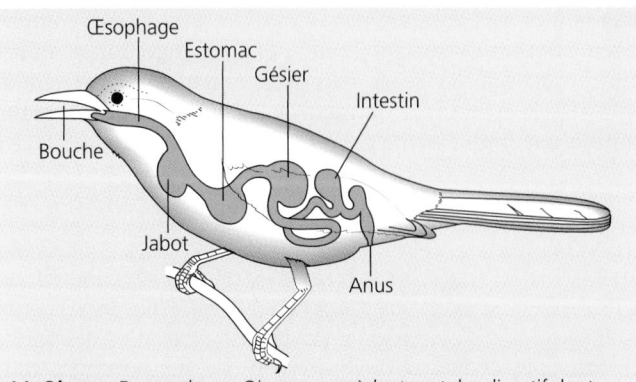

(c) Oiseau. De nombreux Oiseaux possèdent un tube digestif dont la partie antérieure est constituée de trois cavités séparées : le jabot, l'estomac et le gésier. Les aliments y sont broyés et brassés avant de passer dans l'intestin. Certaines espèces sont dépourvues de jabot ou de gésier, ou encore des deux. Chez la plupart des Oiseaux, la digestion chimique et l'absorption des nutriments se déroulent dans l'intestin.

FIGURE 41.12 Compartimentation du tube digestif.

la contraction des muscles lisses de la paroi du tube digestif, force les aliments à avancer. À certains points de jonction des segments spécialisés du tube digestif, la couche musculaire forme un anneau appelé **sphincter** (ou muscle sphincter). Celui-ci ferme le tube à la manière d'un nœud coulant et régule le passage des aliments d'une cavité du tube à l'autre. Outre le tube digestif lui-même, le système digestif des Mammifères comprend divers organes annexes, tels que les **dents** (sauf de rares exceptions), la **langue,** les trois paires de **glandes salivaires,** le **pancréas,** le **foie** et la **vésicule biliaire.**

En nous appuyant sur l'exemple de l'Humain, nous allons maintenant suivre le trajet des aliments dans le tube digestif et examiner en détail ce qu'ils deviennent à chaque étape de leur traitement (FIGURE 41.13).

C'est dans la cavité buccale que la transformation des aliments commence ; ceux-ci sont ensuite acheminés vers l'estomac par le pharynx et l'œsophage

Cavité buccale

La digestion mécanique et la digestion chimique débutent toutes les deux dans la bouche. Pendant la mastication, qui est une étape de la digestion mécanique, les dents de diverses formes coupent, écrasent et broient les aliments. Elles facilitent ainsi leur déglutition et augmente leur surface de contact, facilitant l'action des enzymes. La présence d'aliments dans la **cavité buccale** déclenche un réflexe nerveux, qui incite les glandes salivaires à sécréter de la salive. Celle-ci parvient dans la cavité par l'intermédiaire de conduits. La salivation peut se produire par anticipation, avant même que les aliments aient pénétré dans la bouche, en raison d'associations entre l'action de manger et le moment de la journée, les odeurs de cuisson ou n'importe quel autre stimulus adéquat. Chez l'Humain, les glandes salivaires sécrètent chaque jour plus de 1 L de salive.

La salive contient une glycoprotéine lubrifiante appelée mucine. Cette dernière protège les muqueuses délicates de la bouche contre l'abrasion ; elle lubrifie aussi les aliments pour faciliter leur déglutition. La salive contient également des solutions tampons, qui aident à prévenir la carie dentaire en neutralisant l'acide dans la bouche. En outre, les agents antibactériens salivaires, tels que le lysozyme et des immunoglobulines (anticorps) de type A, tuent de nombreux virus et bactéries ayant pénétré dans la bouche avec les aliments, ou encore les empêchent de se fixer aux muqueuses.

La digestion chimique des glucides, qui représentent la source principale d'énergie chimique, débute dans la cavité buccale. La salive contient en effet de l'**amylase salivaire,** une enzyme digestive hydrolysant l'amidon (un polymère de glucose issu des Végétaux) et le glycogène (un polymère de glucose issu des Animaux). L'amylase salivaire donne des polysaccharides plus petits et du maltose, un disaccharide. Habituellement, les aliments ne séjournent pas assez longtemps dans la bouche pour permettre à cette enzyme d'effectuer une digestion efficace. Sa fonction principale consiste peut-être à prévenir l'accumulation d'amidon collant entre les dents. La salive contient aussi de la lipase linguale, une enzyme produite par la glande linguale

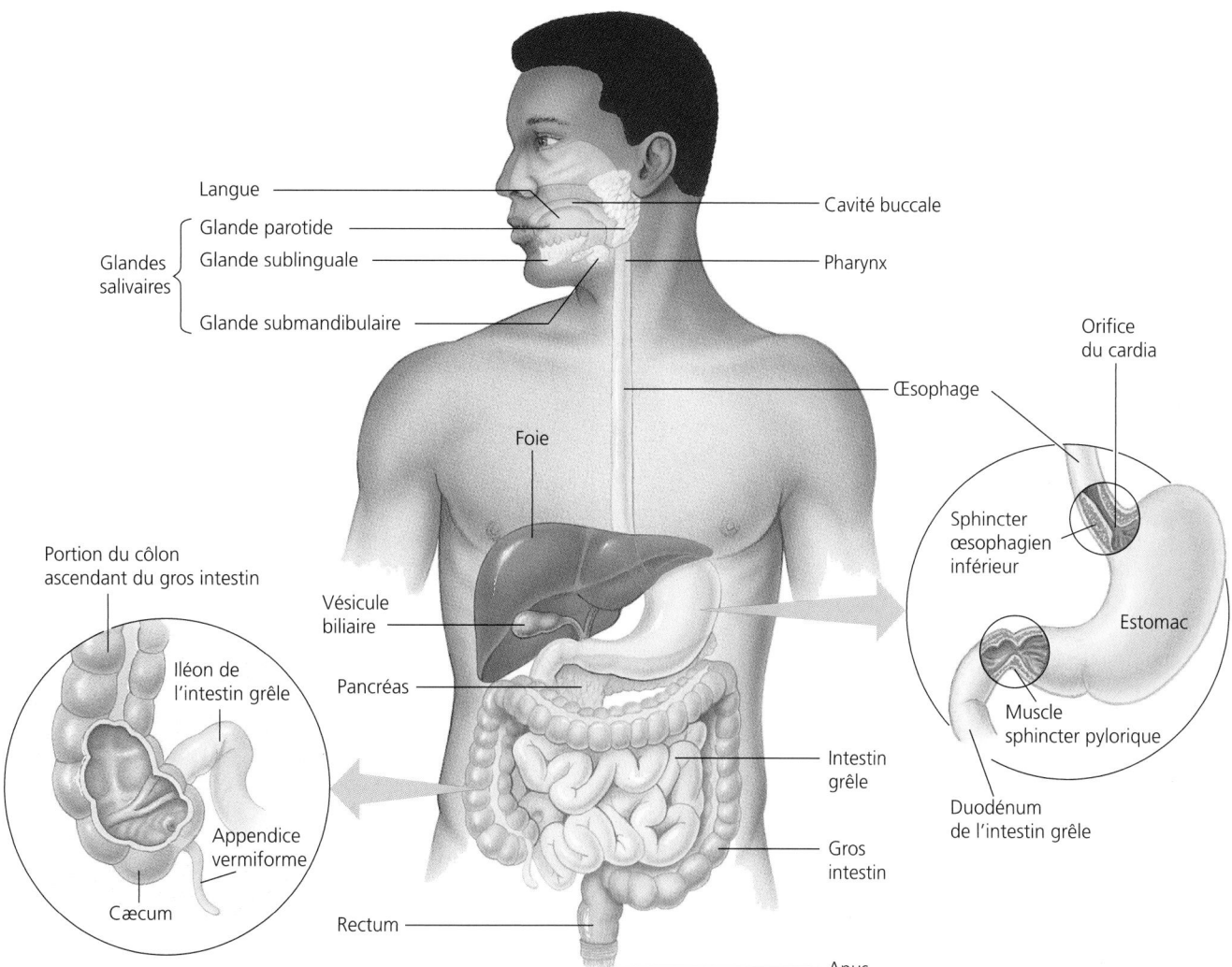

FIGURE 41.13 Le système digestif de l'Humain. Après la mastication et la déglutition, il faut à peine de 5 à 10 secondes pour que les aliments descendent le long de l'œsophage et entrent dans l'estomac. Ils restent là de 2 à 6 heures et sont partiellement digérés. La majeure partie de la digestion et de l'absorption des nutriments se produit dans l'intestin grêle ; elle dure de 5 à 6 heures. En 12 à 24 heures, tous les résidus de la digestion passent par le gros intestin, et les matières fécales sont expulsées par l'anus.

supérieure (anciennement appelée glande de von Ebner), qui déverse ses sécrétions entre les papilles circumvallées (ou caliciformes). Étant donné que les aliments ne séjournent pas longtemps dans la cavité buccale, la lipase linguale exerce surtout son action dans l'estomac. Elle scinde les triacylglycérols en diacylglycérols et en acides gras. Les acides gras libérés sont constitués de 7 à 12 carbones ; ces chaînes courtes ou moyennes occupaient une position précise sur la molécule de glycérol. En général, on considère que la contribution de la lipase linguale est moins importante que celle de la lipase pancréatique dans le processus de la digestion des lipides chez l'Humain, sauf dans le cas du nourrisson. Chez ce dernier et de nombreux autres mammifères, la lipase linguale accentue la dégradation des matières grasses contenues dans le lait maternel. Cette enzyme supporte bien l'acidité stomacale ; cependant, sa vitesse de réaction augmente proportionnellement au pH. Selon ce dernier, elle peut scinder de 10 % à 30 % des triacylglycérols pendant la phase gastrique de la digestion.

La cavité buccale absorbe certaines substances en de faibles quantités. Par exemple, les solutions glucosées et certaines substances à base de glycérol ou solubles dans un alcool traversent la muqueuse buccale en direction du sang des capillaires. L'un des traitements de l'hypoglycémie consiste d'ailleurs à introduire dans la bouche du glucose liquide ou en gel (Insta-glucose, dextrose), puis à l'y retenir une minute avant de l'avaler. L'absorption de ce glucose par la muqueuse de la cavité buccale commence immédiatement et est plus rapide que son absorption stomacale. Ainsi, l'effet désiré prend moins de temps à se faire sentir. Vous avez probablement déjà entendu parler des médicaments homéopathiques dissous dans de l'alcool ou présentés en granules, et de la nitroglycérine en comprimés utilisée pour le traitement de l'angine de poitrine. On demande aux patients de mettre ces substances sous la langue jusqu'à ce que leur absorption soit complète. Présentement, l'industrie pharmaceutique mène beaucoup de recherches sur l'absorption de substances macromoléculaires, comme l'insuline, par la muqueuse buccale.

La langue sert à goûter les aliments, à les diriger pendant la mastication et à les façonner en une boule appelée **bol alimentaire.** Pendant la déglutition, elle pousse celui-ci vers l'arrière de la cavité buccale, dans le pharynx.

Pharynx

La région que nous appelons gorge correspond au **pharynx.** Il s'agit d'un carrefour qui communique aussi bien avec l'œsophage qu'avec les voies respiratoires (trachée). Lorsque nous avalons, l'extrémité supérieure de la trachée bouge vers le haut, de sorte que son ouverture, la glotte, est bloquée par un rabat cartilagineux appelé **épiglotte.** On peut observer ce mouvement quand la pomme d'Adam (la proéminence laryngée) monte et descend au cours de la déglutition. Ce mécanisme précis assure en temps normal l'entrée du bol alimentaire dans l'œsophage (FIGURE 41.14, étapes 1 et 2). Il arrive parfois que les liquides ou les aliments soient mal orientés, lorsque l'on essaie de respirer par la bouche ou de parler en mangeant, par exemple ; c'est ce qui est communément appelé « avaler de travers ». Le réflexe de déglutition n'a alors pas fermé l'ouverture de la trachée à temps. Dans de rares cas, cette situation peut obstruer le passage de l'air vers les poumons et causer la mort de la personne. Précisons ici qu'il n'y a pas de transformations chimiques nouvelles ni d'absorption dans le pharynx, d'autant plus que la nourriture n'y séjourne pas.

Œsophage

L'**œsophage** fait passer les aliments, sans qu'ils subissent d'autres transformations, du pharynx à l'estomac, et ce, grâce au péristaltisme (FIGURE 41.14, étape 6). Seuls les muscles de l'extrémité supérieure de l'œsophage sont des muscles squelettiques (volontaires). La déglutition commence donc par un acte volontaire, mais ce sont les ondes de contraction involontaires des muscles lisses qui prennent ensuite la relève.

Les aliments séjournent dans l'estomac, site d'une digestion préliminaire et de l'absorption de certaines substances

L'**estomac** est situé dans la cavité abdominale supérieure, sous le diaphragme. Grâce à ses replis en accordéon et à sa paroi extrêmement élastique, il peut s'étirer de façon à contenir environ 2 L d'aliments et de liquide. Comme il peut renfermer un repas entier, nous n'avons pas à nous nourrir constamment. Par ailleurs, cet organe volumineux ne sert pas uniquement à entreposer la nourriture pendant un certain temps ; il s'acquitte aussi de fonctions digestives importantes. Il sécrète le **suc gastrique,** une solution digestive qui se mélange aux aliments grâce aux contractions des muscles lisses de la paroi stomacale.

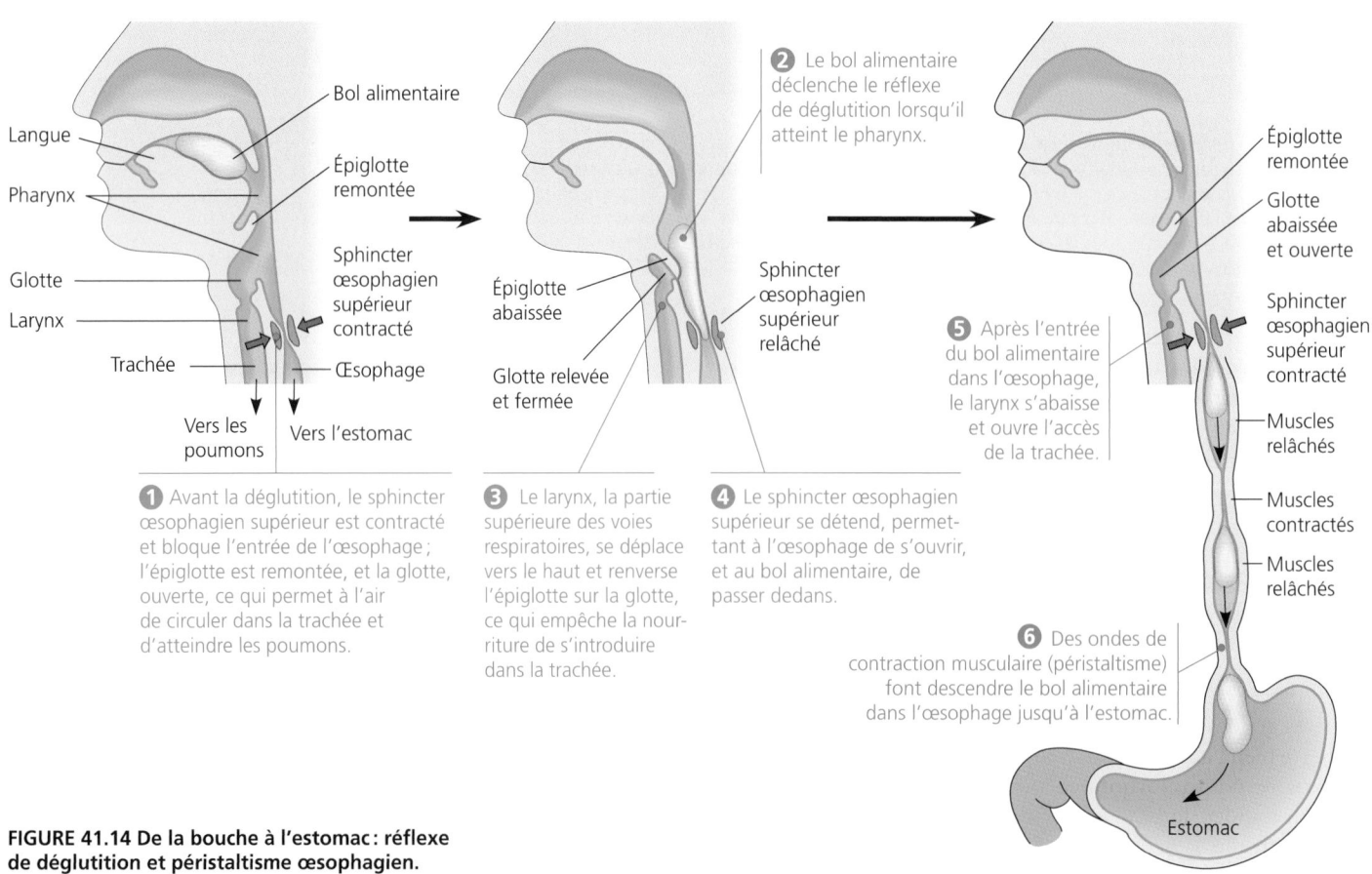

FIGURE 41.14 De la bouche à l'estomac : réflexe de déglutition et péristaltisme œsophagien.

L'épithélium qui tapisse les nombreux replis profonds de la paroi stomacale sécrète le suc gastrique. Sa concentration élevée en chlorure d'hydrogène (acide chlorhydrique) confère généralement au suc gastrique un pH situé entre 1,5 et 3,5 (mais pouvant atteindre 4,5 après un repas riche en protéines). C'est suffisamment acide pour dissoudre du fer. Chez le nourrisson, la valeur du pH stomacal tend vers la neutralité. L'une des fonctions de l'acide consiste à démanteler la matrice extracellulaire assemblant les cellules des matières végétales et animales, et aussi à tuer la plupart des bactéries et des virus avalés avec les aliments. On trouve également dans le suc gastrique de la **pepsine**, une enzyme entamant l'hydrolyse des protéines. La pepsine brise les liaisons peptidiques associant des acides aminés spécifiques, ce qui dégrade les protéines en des polypeptides plus petits. Avec les lipases linguale et gastrique, elle fait partie des rares enzymes efficaces dans un milieu fortement acide. En effet, le faible pH du suc gastrique dénature les protéines alimentaires, augmentant ainsi l'exposition de leurs liaisons peptidiques à la pepsine.

Qu'est-ce qui empêche la pepsine de détruire les cellules de la muqueuse gastrique qui la produisent? Tout d'abord, elle est sécrétée sous une forme *inactive*, appelée **pepsinogène**, par des cellules spécialisées, les cellules principales. Celles-ci sont situées dans les cryptes de la muqueuse de l'estomac (FIGURE 41.15).

Outre le pepsinogène, les cellules principales synthétisent la lipase gastrique. Cette enzyme agit, à l'instar de la lipase linguale, sur les triacylglycérols à courtes chaînes d'acides gras contenus dans les produits laitiers. Elle scinde les triacylglycérols en diacylglycérols et en acides gras. Sa contribution à tout le processus de digestion s'avère toutefois peu importante chez l'adulte. Les cellules principales entreposent la lipase gastrique et le pepsinogène sous forme de *granules de zymogènes*. D'autres cellules, les cellules pariétales, elles aussi situées dans les cryptes, sécrètent du chlorure d'hydrogène. Cet acide convertit le pepsinogène en pepsine (active) en retirant un fragment de la molécule et en exposant son site actif. Étant donné que ce sont deux sortes de cellules différentes qui sécrètent le chlorure d'hydrogène et le pepsinogène, ces deux ingrédients ne se mélangent pas (et le pepsinogène n'est pas activé) tant qu'ils ne se retrouvent pas ensemble dans une crypte ou dans la cavité gastrique. L'activation du pepsinogène constitue un exemple de rétroactivation. Une fois que du pepsinogène est activé par de l'acide, cette réaction se répète à une vitesse de plus en plus rapide, parce que la pepsine peut elle-même activer des molécules de pepsinogène. Notons que plusieurs autres enzymes digestives sont également produites et sécrétées sous une forme inactive, et ne deviennent fonctionnelles que dans la cavité du tube digestif.

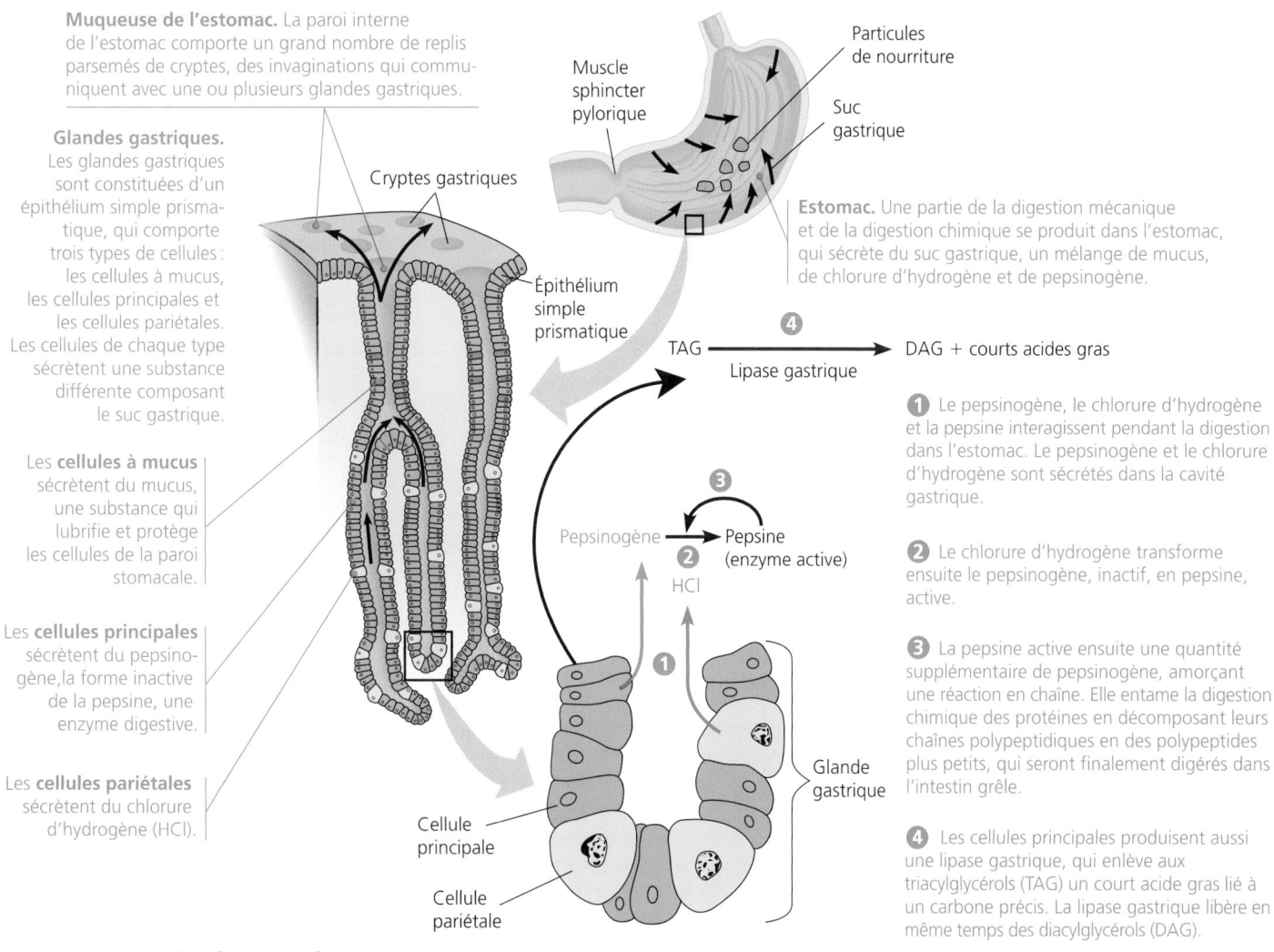

Muqueuse de l'estomac. La paroi interne de l'estomac comporte un grand nombre de replis parsemés de cryptes, des invaginations qui communiquent avec une ou plusieurs glandes gastriques.

Glandes gastriques. Les glandes gastriques sont constituées d'un épithélium simple prismatique, qui comporte trois types de cellules : les cellules à mucus, les cellules principales et les cellules pariétales. Les cellules de chaque type sécrètent une substance différente composant le suc gastrique.

Les **cellules à mucus** sécrètent du mucus, une substance qui lubrifie et protège les cellules de la paroi stomacale.

Les **cellules principales** sécrètent du pepsinogène, la forme inactive de la pepsine, une enzyme digestive.

Les **cellules pariétales** sécrètent du chlorure d'hydrogène (HCl).

Cryptes gastriques

Épithélium simple prismatique

Muscle sphincter pylorique

Particules de nourriture

Suc gastrique

Estomac. Une partie de la digestion mécanique et de la digestion chimique se produit dans l'estomac, qui sécrète du suc gastrique, un mélange de mucus, de chlorure d'hydrogène et de pepsinogène.

TAG ──❹ Lipase gastrique→ DAG + courts acides gras

Pepsinogène ──❷──→ ❸ Pepsine (enzyme active)
HCl

Cellule principale

Cellule pariétale

Glande gastrique

❶ Le pepsinogène, le chlorure d'hydrogène et la pepsine interagissent pendant la digestion dans l'estomac. Le pepsinogène et le chlorure d'hydrogène sont sécrétés dans la cavité gastrique.

❷ Le chlorure d'hydrogène transforme ensuite le pepsinogène, inactif, en pepsine, active.

❸ La pepsine active ensuite une quantité supplémentaire de pepsinogène, amorçant une réaction en chaîne. Elle entame la digestion chimique des protéines en décomposant leurs chaînes polypeptidiques en des polypeptides plus petits, qui seront finalement digérés dans l'intestin grêle.

❹ Les cellules principales produisent aussi une lipase gastrique, qui enlève aux triacylglycérols (TAG) un court acide gras lié à un carbone précis. La lipase gastrique libère en même temps des diacylglycérols (DAG).

FIGURE 41.15 Sécrétion de suc gastrique.

L'estomac possède une deuxième défense contre l'autodi-gestion : une couche de mucus sécrété par les cellules épithéliales aide en effet à protéger la muqueuse gastrique. Malgré tout, l'épithélium se désagrège constamment, et la mitose doit générer suffisamment de cellules pour remplacer complètement la muqueuse gastrique tous les trois jours. Les ulcères gastriques, des lésions de la muqueuse de l'estomac, sont principalement causés par *Helicobacter pylori,* une bactérie tolérante à l'acide. Ils sont aujourd'hui traités à l'aide d'antibiotiques. Toutefois, ils peuvent s'aggraver si la pepsine et le chlorure d'hydrogène détruisent la muqueuse à une vitesse plus rapide que sa régénération.

Toutes les 20 secondes environ, les muscles lisses de l'estomac brassent et pétrissent son contenu. Lorsqu'un estomac vide subit cette action, la faim se fait sentir par des tiraillements. La sensation de la faim est aussi déclenchée par l'hypothalamus (voir la FIGURE 48.20), un des centres nerveux de l'encéphale qui surveille la quantité de nutriments dans le sang. Le bol alimentaire qui se mélange au suc gastrique devient rapidement une bouillie riche en éléments nutritifs, appelée **chyme acide.**

La plupart du temps, l'estomac est fermé à ses deux extré-mités (voir la FIGURE 41.13). L'orifice du cardia, la partie de l'estomac qui communique avec l'œsophage, ne se dilate habi-tuellement qu'à l'arrivée d'un bol alimentaire poussé par péristaltisme. Parfois, cependant, le reflux de chyme acide dans la partie inférieure de l'œsophage cause des aigreurs (les « brûlures d'estomac »). (Si le reflux se produit trop souvent, un ulcère peut se former dans l'œsophage.) Dans la partie infé-rieure de l'estomac, qui débouche sur l'intestin grêle, se trouve le **muscle sphincter pylorique,** qui règle le passage du chyme dans l'intestin. Après un repas, l'estomac met entre 2 et 6 heures à se vider, et cela se fait un jet à la fois. Entre-temps, de faibles quantités de certaines substances sont absorbées par la muqueuse gastrique : certaines molécules neutres (le glucose et jusqu'à 30 % de la quantité d'alcool ingérée), certains acides faibles non ionisés et liposolubles (par exemple, des acides gras à courte chaîne), des électrolytes, de l'eau et certains médicaments, comme l'acide acétylsalicylique (aspirine) et la levodopa (L-Dopa, utilisée dans le traitement de la maladie de Parkinson).

L'intestin grêle joue un rôle majeur dans la digestion et l'absorption

D'une longueur de plus de six mètres chez l'Humain, l'**intestin grêle** forme le segment le plus long du tube digestif (son nom est dû à son petit diamètre, en comparaison avec celui du gros intestin). La majeure partie de l'hydrolyse enzymatique des macromolécules alimentaires, et aussi de l'absorption des élé-ments nutritifs dans le sang, se produit dans l'intestin grêle.

Le premier segment de 25 cm environ s'appelle **duodénum.** C'est là que le chyme acide en provenance de l'estomac se mélange aux sucs digestifs issus du pancréas et des cellules glan-dulaires de la muqueuse intestinale, et à la bile sécrétée par le foie et la vésicule biliaire (FIGURE 41.16). Le pancréas produit différentes hydrolases, ainsi qu'une solution alcaline riche en ions hydrogénocarbonate (HCO_3^-). Ceux-ci composent une solution tampon qui neutralise l'acidité du chyme de l'estomac.

Le foie remplit une grande variété de fonctions importantes dans l'organisme, notamment la production de **bile** qui peut

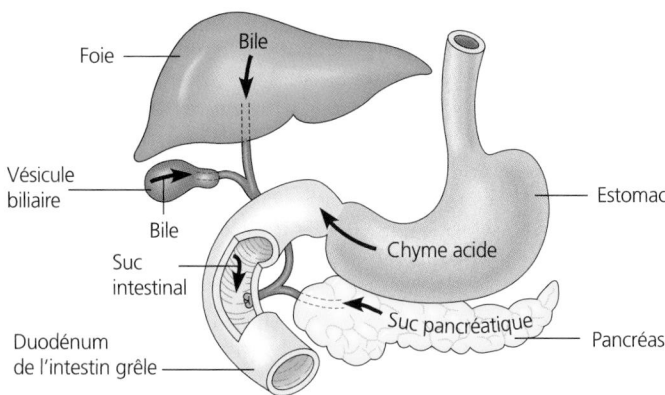

FIGURE 41.16 Le duodénum, un carrefour des conduits digestifs. Pendant que le péristaltisme comprime le mélange de sucs digestifs et de nourriture partiellement digérée dans l'intestin grêle, les hydrolases décomposent les macromolécules alimentaires en leurs monomères.

atteindre jusqu'à 1 L par jour. Il s'agit d'un mélange alcalin des substances suivantes : de l'eau en grande quantité, des ions, cer-tains lipides (cholestérol et lécithine), des pigments, des sels et des acides biliaires. La vésicule biliaire emmagasine la bile qui ne sert pas immédiatement à la digestion. En outre, elle augmente la concentration molaire volumique de la bile en absorbant une partie de l'eau et des ions qu'elle contient. La bile ne contient aucune enzyme digestive, mais plutôt des substances détergentes facilitant la digestion et l'absorption ultérieure des graisses (tria-cylglycérols) par l'intestin grêle. Les pigments biliaires, la bilirubine par exemple, résultent de la dégradation des globules rouges par les macrophagocytes stellaires du foie. Ils sont expulsés de l'organisme dans les matières fécales. Le foie a aussi d'autres fonctions : il synthétise de la vitamine D active ; il entrepose des vitamines liposolubles et la plupart des vitamines hydroso-lubles ; enfin, il stocke des minéraux (comme le fer et le cuivre) ainsi que des sources d'énergie sous forme de glycogène et de triacylglycérols. De plus, il dégrade l'alcool ainsi que certains médicaments et drogues ; il modifie chimiquement certaines hormones et il en produit, tels les facteurs de croissance insuli-nomimétiques qui accentuent le développement des os et des cartilages. Finalement, mentionnons la contribution importante des hépatocytes, ou cellules hépatiques (FIGURE 41.17) au méta-bolisme des glucides, des lipides et des protéines.

Activité enzymatique dans l'intestin grêle

Nous allons à présent examiner la façon dont les enzymes du pancréas et de la muqueuse intestinale s'associent pour digérer les macromolécules*.

---

* Nous identifierons les enzymes de la manière classique, c'est-à-dire en utilisant généralement le singulier. Toutefois, il y a de l'ambiguïté dans la littérature scientifique en ce qui a trait à la digestion humaine. Par exemple, certains auteurs nomment une enzyme intestinale l'*aminopeptidase,* alors que d'autres disent les *aminopeptidases,* sans fournir plus de détails. La digestion animale d'autres mammifères est plus documentée, et des chercheurs ont identifié plusieurs sortes d'aminopeptidases. L'ambiguïté se répète relativement à la chymotrypsine, à l'élastase et à la phospholipase (des enzymes pancréatiques). Par ailleurs, quelques auteurs se contentent de mentionner l'existence d'une carboxypeptidase et d'une phospholipase d'origine intestinale.

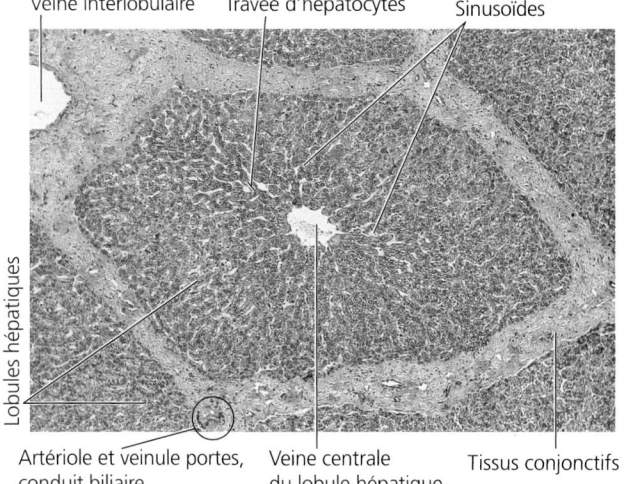

Veine interlobulaire   **Travée d'hépatocytes**   **Sinusoïdes**

Lobules hépatiques

Artériole et veinule portes,   **Veine centrale**   **Tissus conjonctifs**
conduit biliaire   **du lobule hépatique**

FIGURE 41.17 La structure unitaire du foie. Le lobule hépatique constitue la structure unitaire du foie. De forme grossièrement hexagonale, il contient principalement des hépatocytes disposés en travées, des macrophagocytes stellaires et des vaisseaux ou conduits divers. Il est entouré d'une bande de tissus conjonctifs et possède en son centre un vaisseau principal, la veine centrale du lobule hépatique. Celle-ci recueille les sécrétions libérées par les hépatocytes et transportées par les sinusoïdes (capillaires). Les sinusoïdes reçoivent le contenu des artérioles et des veinules portes situées dans les tissus conjonctifs extralobulaires, et ils l'acheminent aux hépatocytes. La bile est produite par ces derniers et recueillie par des canalicules biliaires localisés entre les travées d'hépatocytes. Elle s'écoule par la suite dans des conduits biliaires longeant les artérioles et les veinules portes.

Digestion des glucides. La digestion des glucides débute dans la cavité buccale par l'intermédiaire d'une amylase salivaire de type alpha, une enzyme hydrolysant les liaisons glycosidiques α (1-4). Cette enzyme fragmente grossièrement les longs polysaccharides, tels que l'amidon, le glycogène et certains autres glycanes (divers polymères de monosaccharides et de disaccharides), en de plus petits polysaccharides. Elle libère aussi des molécules de maltose, un disaccharide. La digestion des glucides amorcée dans la cavité buccale se poursuit très brièvement pendant le transit de la nourriture dans le pharynx et l'œsophage. Cependant, elle se réalise en majeure partie dans l'intestin grêle grâce à l'intervention de plusieurs enzymes (FIGURE 41.18a, p. 938). Une amylase pancréatique de type alpha hydrolyse l'amidon, le glycogène et de plus petits polysaccharides en dextrines, qui sont de courtes chaînes de glucose attachées par des liaisons glycosidiques α (1-6), en maltose et en d'autres disaccharides.

Les enzymes citées ci-dessous sont intégrées à la membrane plasmique et à la matrice extracellulaire des cellules de la muqueuse intestinale (les épithéliocytes des villosités). Celle-ci constitue le revêtement externe de ce que l'on appelle la *bordure en brosse* de l'intestin, un site important d'absorption, notamment de monosaccharides riches en énergie. La dextrinase alpha (α) coupe les liaisons glycosidiques α (1-6) des dextrines, ce qui réduit les chaînes de glucose ramifiées en des chaînes simples (oligosaccharides). Ces dernières subissent l'hydrolyse d'une glucosidase α, qui extrait les molécules de glucose une à une, jusqu'à l'obtention de maltose. Les disaccharidases suivantes interviennent à leur tour, chacune étant spécifique à l'hydrolyse d'un disaccharide particulier. La maltase achève la digestion du maltose : elle le scinde en deux molécules de glucose (un mono-

saccharide). La saccharase, elle, hydrolyse le saccharose contenu dans les fruits, les légumes, la sève et le miel (en moindre quantité) ; cette réaction produit du glucose et du fructose. Quant à la lactase, elle effectue la digestion du lactose, un disaccharide qui est composé de glucose et de galactose, et que l'on trouve dans le lait. (Les adultes possèdent généralement beaucoup moins de lactase que les enfants et sont moins capables que ceux-ci de digérer le lactose du lait.)

Digestion des protéines. La digestion des protéines dans l'intestin grêle continue le processus entamé par la pepsine dans l'estomac (FIGURE 41.18b), qui est de fragmenter les protéines en des polypeptides de longueur variable. Diverses enzymes du duodénum démantèlent les longs polypeptides en des polypeptides plus courts, puis en leurs monomères, les acides aminés. Quant aux enzymes pancréatiques, la **trypsine,** l'**élastase** et la **chymotrypsine,** elles s'attaquent spécifiquement aux liaisons peptidiques entre certains acides aminés à l'intérieur des polypeptides. À l'instar de la pepsine, elles divisent les longs polypeptides en des chaînes plus courtes. La trypsine coupe un polypeptide aux endroits occupés par la lysine et l'arginine ; l'élastase, elle, agit là où se trouvent la glycine, l'alanine, la valine ou l'isoleucine ; enfin, la chymotrypsine cible la tyrosine, le tryptophane, la phénylalanine et la leucine. Les **carboxypeptidases** (A et B) enlèvent un acide aminé à la fois, en commençant à l'extrémité du polypeptide qui possède un groupement carboxyle libre (extrémité C-terminale ; voir la FIGURE 5.16).

Les enzymes suivantes appartiennent à la bordure en brosse de la paroi intestinale. Elles sont synthétisées par les épithéliocytes des villosités, puis intégrées à leur membrane plasmique et à leur matrice extracellulaire. L'**aminopeptidase** travaille à l'extrémité N-terminale du polypeptide, là où se trouve un groupement amine libre ; elle retire un acide aminé à la fois. Les **dipeptidases,** une famille d'enzymes fixées à la muqueuse intestinale, fractionnent les petits peptides constitués d'une association de deux acides aminés particuliers. Le travail conjoint de ces diverses enzymes accélère considérablement l'hydrolyse.

Une autre enzyme de la bordure en brosse de la muqueuse intestinale, l'**entéropeptidase,** active directement ou indirectement les enzymes protéolytiques que le pancréas envoie sous une forme inactive dans la cavité intestinale (FIGURE 41.19, p. 939).

Digestion des acides nucléiques. La digestion des acides nucléiques passe par une hydrolyse semblable à celle que les protéines subissent. Une famille d'enzymes pancréatiques appelées **nucléases** hydrolyse l'ADN et l'ARN qui se trouvent dans les aliments pour former des nucléotides (FIGURE 41.18c). Puis, d'autres hydrolases, les **nucléotidases,** retirent le groupement phosphate des nucléotides, qui deviennent alors des nucléosides. Finalement, les **nucléosidases** scindent ces derniers en leurs composantes (base azotée, ribose ou désoxyribose).

Digestion des lipides. La majeure partie des lipides ingérés arrive dans l'intestin grêle sans avoir subi de processus de digestion. L'hydrolyse des graisses (triacylglycérols) constitue un problème particulier, parce que celles-ci sont insolubles dans l'eau. Toutefois, les sels biliaires sécrétés par le foie et la vésicule biliaire dans le duodénum enrobent les minuscules gouttelettes de graisse pour les empêcher de fusionner ; il s'agit d'un processus d'**émulsion.** Comme les gouttelettes sont très petites, elles exposent une grande partie de leur surface de contact aux

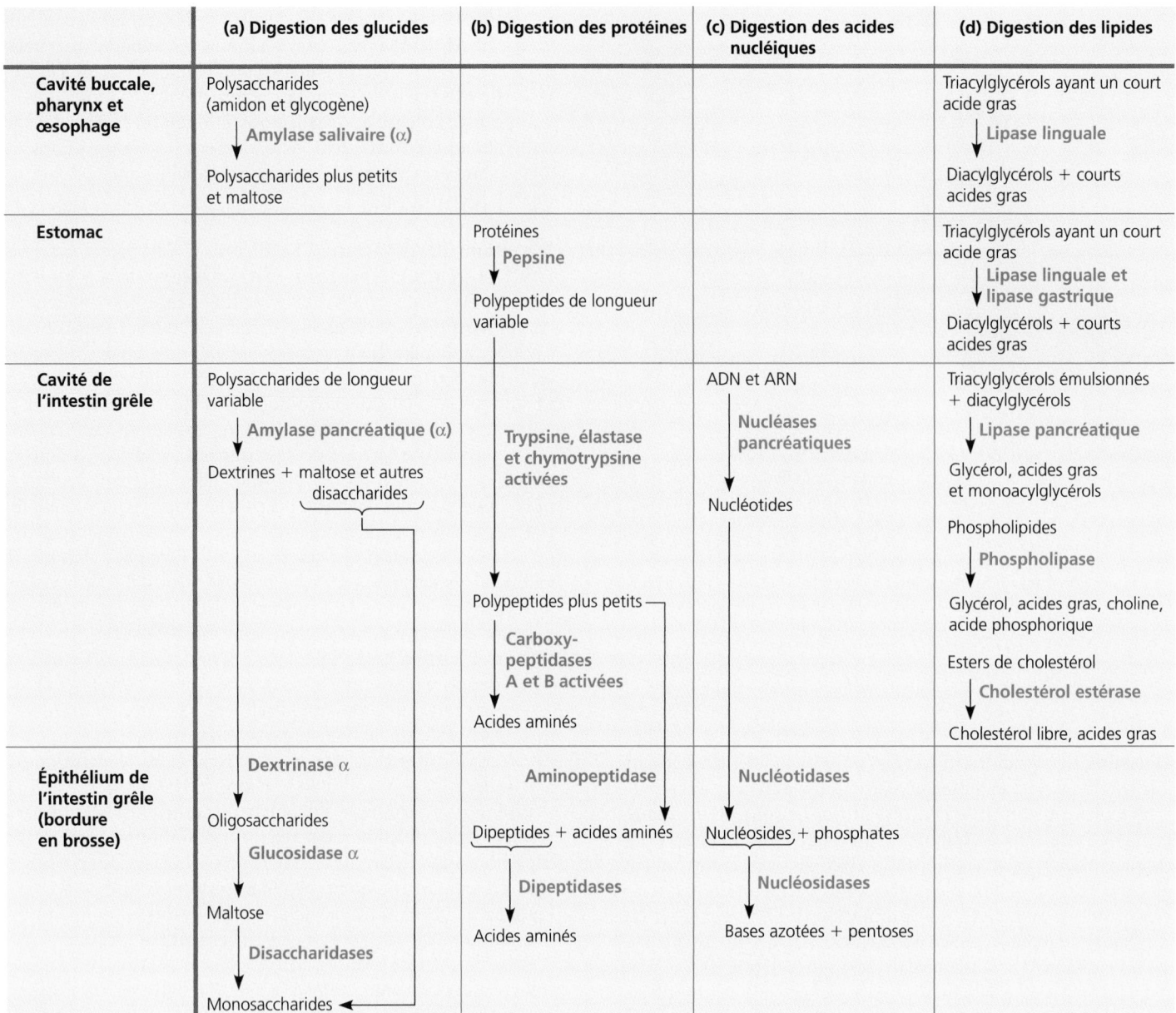

	(a) Digestion des glucides	(b) Digestion des protéines	(c) Digestion des acides nucléiques	(d) Digestion des lipides
Cavité buccale, pharynx et œsophage	Polysaccharides (amidon et glycogène) ↓ **Amylase salivaire (α)** Polysaccharides plus petits et maltose			Triacylglycérols ayant un court acide gras ↓ **Lipase linguale** Diacylglycérols + courts acides gras
Estomac		Protéines ↓ **Pepsine** Polypeptides de longueur variable		Triacylglycérols ayant un court acide gras ↓ **Lipase linguale et lipase gastrique** Diacylglycérols + courts acides gras
Cavité de l'intestin grêle	Polysaccharides de longueur variable ↓ **Amylase pancréatique (α)** Dextrines + maltose et autres disaccharides	**Trypsine, élastase et chymotrypsine activées** ↓ Polypeptides plus petits **Carboxypeptidases A et B activées** ↓ Acides aminés	ADN et ARN **Nucléases pancréatiques** ↓ Nucléotides	Triacylglycérols émulsionnés + diacylglycérols ↓ **Lipase pancréatique** Glycérol, acides gras et monoacylglycérols Phospholipides ↓ **Phospholipase** Glycérol, acides gras, choline, acide phosphorique Esters de cholestérol ↓ **Cholestérol estérase** Cholestérol libre, acides gras
Épithélium de l'intestin grêle (bordure en brosse)	**Dextrinase α** ↓ Oligosaccharides **Glucosidase α** ↓ Maltose **Disaccharidases** ↓ Monosaccharides	**Aminopeptidase** ↓ Dipeptides + acides aminés **Dipeptidases** ↓ Acides aminés	**Nucléotidases** ↓ Nucléosides + phosphates **Nucléosidases** ↓ Bases azotées + pentoses	

FIGURE 41.18 Digestion enzymatique dans le système digestif humain.

lipases linguale et gastrique, toujours actives, et surtout à la **lipase pancréatique,** l'enzyme hydrolysant la majorité des molécules de graisse (FIGURE 41.18d). Les phospholipides dont font partie les phosphoglycérolipides subissent une digestion par une phospholipase pancréatique ; il en résulte de la choline, de l'acide phosphorique, du glycérol et des acides gras. Les esters de cholestérol (un acide gras attaché au cholestérol par une liaison ester) sont dégradés par une cholestérol estérase qui sépare les deux constituants.

Ainsi, à mesure que le péristaltisme déplace le mélange de chyme et de sucs digestifs dans l'intestin grêle, les macromolécules des aliments sont complètement hydrolysées en leurs monomères. La majeure partie de la digestion est déjà terminée au début du voyage des aliments, au moment où le chyme est encore dans le duodénum. Les deux derniers segments spécialisés de l'intestin grêle, le **jéjunum** et l'**iléon,** prennent en charge l'absorption des nutriments et de l'eau.

Absorption des nutriments

Pour se disséminer dans l'organisme, les nutriments qui s'accumulent dans la cavité digestive doivent traverser la muqueuse du tube digestif. Quelques-uns sont absorbés dans la cavité buccale, l'estomac et le gros intestin, mais la majeure partie de l'absorption se produit dans l'intestin grêle. Cet organe possède une aire immense, de plusieurs centaines de mètres carrés. Les plis circulaires de sa muqueuse permettent au chyme de culbuter, ce qui facilite son mélange avec le suc intestinal et les enzymes ; de plus, ils ralentissent sa progression afin de maximiser l'absorption des nutriments. Chaque pli circulaire porte des prolongements digitiformes, appelés **villosités intestinales.** Chaque cellule épithéliale d'une villosité possède de nombreux appendices microscopiques, les **microvillosités.** Ces dernières sont exposées au contenu de l'intestin et forment collectivement la bordure en brosse dont nous avons parlé plus tôt. Cette énorme surface de microvillosités constitue une adaptation augmentant

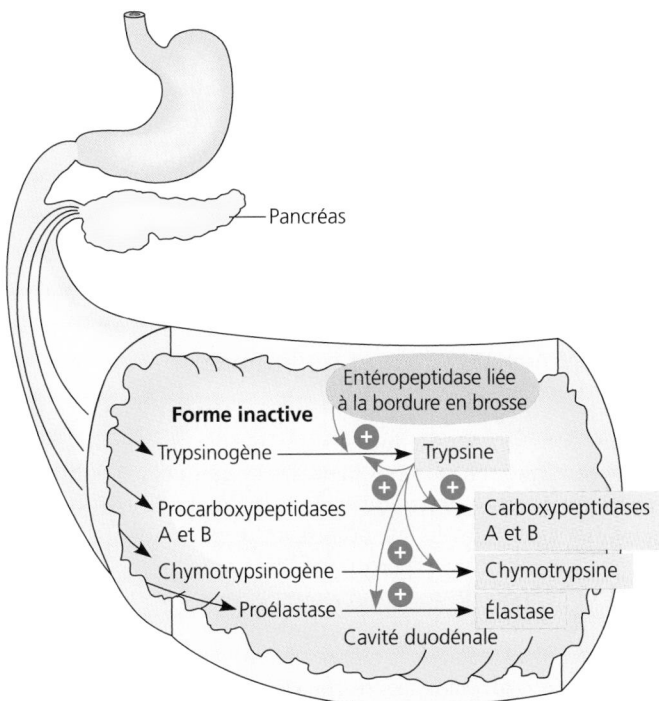

FIGURE 41.19 Activation dans l'intestin grêle des enzymes protéo-lytiques provenant du pancréas. Le pancréas sécrète une forme inactive d'enzymes protéolytiques dans la cavité duodénale. L'enzyme entéropeptidase, qui est liée aux cellules de la muqueuse intestinale, transforme le trypsino-gène en trypsine. La trypsine active alors les procarboxypeptidases A et B, la proélastase et le chymotrypsinogène. (Le symbole + indique l'activation.)

considérablement l'absorption des nutriments. Certains épithéliocytes d'une villosité (les cellules caliciformes) sécrètent du mucus ; d'autres (les cellules entéro-endocrines) produisent des substances régulatrices destinées à certains organes du système digestif ; d'autres encore (les cellules à granules acidophiles) sécrètent le lysozyme et contrôlent peut-être la population bactérienne de l'intestin grêle (FIGURE 41.20).

Au centre de chaque villosité se trouve un réseau de vaisseaux sanguins microscopiques, les capillaires, et un petit vaisseau lymphatique, le **vaisseau chylifère.** (En plus du système cardiovasculaire, les Vertébrés ont un système lymphatique constitué de deux parties : un réseau de vaisseaux lymphatiques transportant le liquide interstitiel clair – la lymphe –, ainsi que divers organes et tissus lymphatiques (voir le chapitre 43). La lymphe se déverse dans le système cardiovasculaire à l'endroit où les deux systèmes se raccordent, à la hauteur des épaules.) Les nutriments sont absorbés à travers l'épithélium intestinal simple prismatique, puis ils traversent la paroi constituée d'une seule couche de cellules des capillaires ou des vaisseaux chylifères. Entre ces deux épaisseurs de cellules épithéliales se trouve une mince couche de tissu conjonctif (la lame propre de la muqueuse). Les nutriments présents dans la cavité intestinale doivent donc franchir trois tissus avant d'entrer dans la circulation sanguine ou lymphatique. Par ailleurs, en plus des villosités, la muqueuse intestinale comporte de nombreuses dépressions constituant les glandes intestinales, qui sécrètent le **suc intestinal.** Il s'agit d'un liquide alcalin jaune clair, composé d'eau et de mucus, qui aide à l'absorption des nutriments par les microvillosités.

Dans certains cas, le transport des nutriments est effectué de façon passive. Par exemple, 85 % de l'eau contenue dans le chyme traverse la muqueuse de l'intestin grêle, surtout par les aquaporines (voir le chapitre 8) ; il s'agit donc d'une diffusion

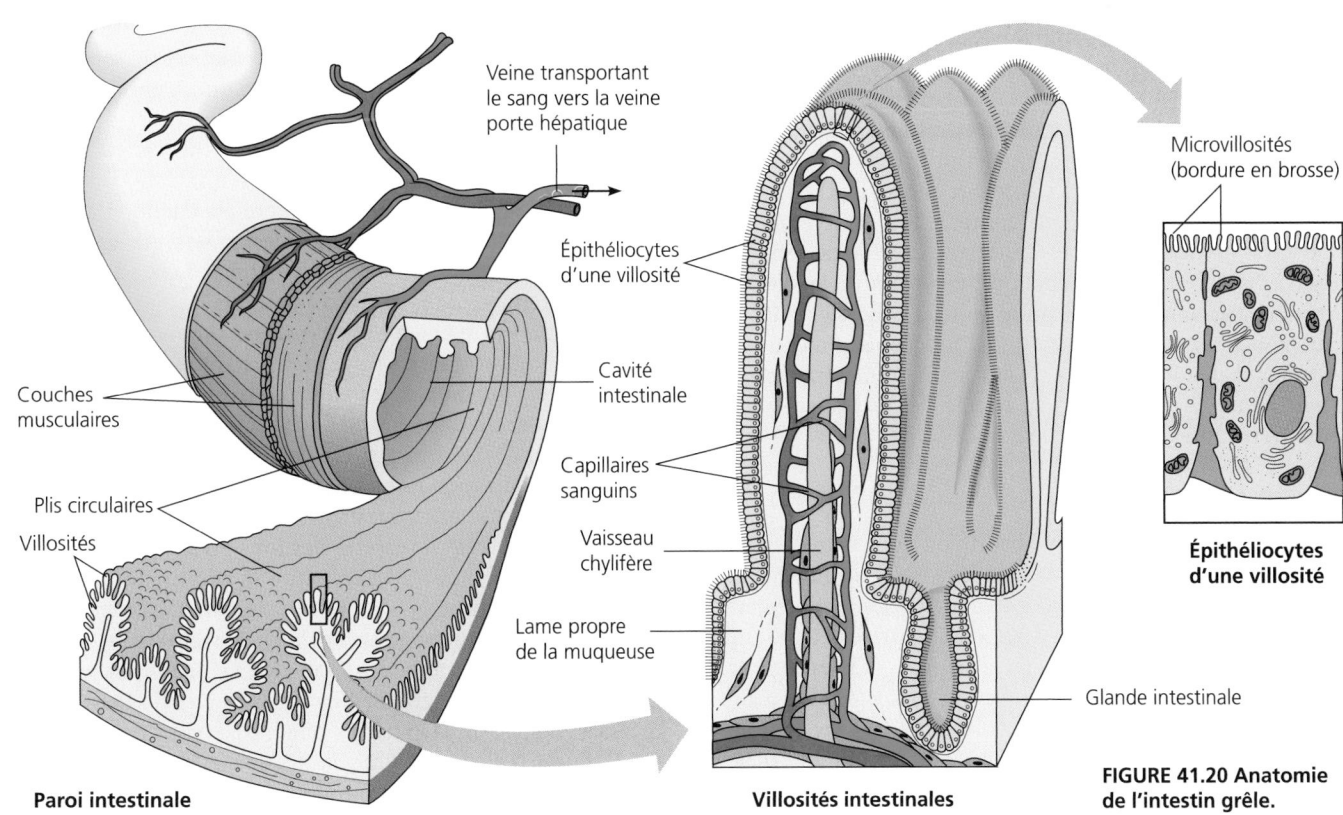

FIGURE 41.20 Anatomie de l'intestin grêle.

facilitée. Le fructose, un monosaccharide, est aussi absorbé par diffusion facilitée (à l'aide d'une perméase), suivant son gradient de concentration, de la cavité intestinale jusque dans les épithéliocytes, puis de ceux-ci jusqu'aux capillaires. Le glucose et divers autres monosaccharides, par contre, traversent la membrane plasmique des épithéliocytes contre leur gradient de concentration. Ils y parviennent au moyen du cotransport (jumelage d'un transport actif de Na^+ et d'un transport passif subséquent et simultané de deux ions Na^+ ainsi que d'un monosaccharide par une même perméase). D'autres nutriments, dont certains acides aminés, les petits peptides constitués de deux ou trois acides aminés, les bases azotées, certains nucléosides et les vitamines hydrosolubles (sauf la vitamine B_{12}, absorbée par endocytose) utilisent aussi le cotransport. Il faut savoir qu'ils ont une concentration plus grande dans les épithéliocytes que dans la cavité intestinale. Par ailleurs, selon certains auteurs, d'autres acides aminés passent dans les épithéliocytes par un transport actif indépendant d'un cotransport. Tous ces nutriments traversent à nouveau la membrane plasmique des épithéliocytes par diffusion facilitée vers la circulation sanguine. Quant aux électrolytes, ils entrent généralement dans la muqueuse intestinale par cotransport ou par transport actif ; toutefois, certains ions passent par diffusion facilitée.

Les lipides, eux, traversent les membranes par diffusion simple. Une fois que le glycérol, les monoacylglycérols et les acides gras sont absorbés par les épithéliocytes des villosités, ils sont recombinés sous forme de graisses (triacylglycérols) au sein des cellules. Les graisses et le cholestérol sont alors associés, puis recouverts de protéines spéciales, de façon à former de petits globules, les **chylomicrons.** La plupart de ceux-ci quittent les cellules épithéliales par exocytose et s'introduisent dans les chylifères. Les chylifères convergent vers les plus grands vaisseaux du système lymphatique. La lymphe, qui contient des chylomicrons, finit par passer du système lymphatique aux grandes veines retournant le sang au cœur.

Les capillaires et les veines qui reçoivent les éléments nutritifs des villosités acheminent ceux-ci vers la **veine porte hépatique,** laquelle mène directement au foie. C'est ainsi que cet organe, qui possède la polyvalence métabolique nécessaire pour convertir diverses molécules organiques, a une priorité d'accès aux acides aminés et aux monosaccharides absorbés après l'ingestion d'un repas. Voilà pourquoi le sang qui quitte le foie peut avoir une composition en nutriments très différente de celle du sang qui le pénètre par la veine porte hépatique. Par exemple, le foie aide à réguler la glycémie ; le sang qui le quitte a généralement une teneur en glucose très proche de 0,1 %, indépendamment de la teneur en glucides du repas (voir la FIGURE 41.1). À partir du foie, le sang se rend au cœur, qui fera circuler les nutriments qu'il contient vers toutes les parties du corps.

Efficacité et coûts digestifs

Les processus de digestion et d'absorption sont extrêmement efficaces en ce qui a trait à l'obtention d'énergie et de nutriments. Dans les pays développés, les individus dont le régime alimentaire est typique absorbent de 80 % à 90 % des matières organiques consommées. La cellulose composant la paroi des cellules végétales constitue l'essentiel des matières indigestes et rejetées. Les diètes constituées d'une grande quantité de légumes frais ne font pas l'objet d'une absorption aussi complète que celles qui sont riches en viande, en matières grasses ou en glucides simples.

Parce que la digestion et l'absorption dépendent de mécanismes actifs, comme le péristaltisme, la sécrétion enzymatique et le transport actif, le traitement des aliments entraîne des dépenses énergétiques considérables. Selon l'espèce animale et le régime alimentaire, la digestion et l'absorption d'un repas peuvent exiger une dépense d'énergie qui représente de 3 % à 30 % de l'énergie chimique contenue dans les aliments consommés.

La régulation de la digestion s'effectue par les voies nerveuse et hormonale

De nombreux animaux s'alimentent à des intervalles irréguliers et n'ont donc pas besoin que leur système digestif fonctionne de façon continue. Le système nerveux et les hormones libérées par les muqueuses gastrique et duodénale permettent de produire les sucs digestifs au besoin, tout en régulant le péristaltisme. Quand nos sens perçoivent de la nourriture (par stimulus visuel, olfactif ou gustatif), que nous pensons à un bon repas ou que notre paroi stomacale subit de la distension, notre système nerveux central réagit de la façon suivante : il envoie, par l'intermédiaire de la division parasympathique du système nerveux autonome (voir les FIGURES 48.16, 48.17 et 48.18), certains messages à plusieurs organes du système digestif. Cela amorce la sécrétion de sucs digestifs et le péristaltisme. Ainsi, les glandes salivaires augmentent leur production de salive, et l'estomac, celle de suc gastrique et d'ondes péristaltiques ; le foie, lui, accroît sa production de bile, alors que la vésicule biliaire expulse celle qui est emmagasinée ; quant au pancréas, il accentue sa sécrétion d'enzymes et d'ions hydrogénocarbonate (HCO_3^-). À l'opposé, une distension de la paroi duodénale déclenche le réflexe entérogastrique : celui-ci se traduit, au niveau de l'estomac, par une diminution de la sécrétion de suc gastrique et par un arrêt du péristaltisme (FIGURE 41.21a).

Sur le plan hormonal, certaines substances présentes dans les aliments stimulent la muqueuse de l'estomac pour qu'elle libère de la **gastrine,** une hormone, dans le système cardiovasculaire. À mesure que la gastrine circule dans le flux sanguin et revient vers la paroi stomacale, elle accentue la sécrétion de sucs gastriques. C'est pourquoi une première production de sécrétions gastriques au moment des repas est suivie par une sécrétion soutenue de sucs gastriques, qui s'ajoutent aux aliments pendant quelque temps. Si le pH du contenu de l'estomac est trop bas, l'acide inhibera la libération de gastrine, diminuant ainsi la sécrétion de suc gastrique. Il s'agit là d'un exemple de rétro-inhibition.

D'autres hormones, les **entérogastrones,** sont sécrétées par la muqueuse du duodénum. Le pH acide, les polypeptides et les graisses du chyme qui pénètre dans le duodénum stimulent les cellules de la muqueuse et les poussent à produire l'hormone **sécrétine.** Cette entérogastrone exerce une triple action : elle amène le pancréas à sécréter des ions HCO_3^- qui neutralisent l'acidité du chyme ; elle accentue la production de bile par le foie ; elle inhibe la sécrétion et le péristaltisme gastriques. Une deuxième entérogastrone, la **cholécystokinine (CCK),** est sécrétée par la muqueuse duodénale en réaction à la présence de polypeptides ou de graisses. La CCK exerce elle aussi une triple action : elle pousse la vésicule biliaire à se contracter et à libérer de la bile dans le duodénum ; elle déclenche la libération d'enzymes pancréatiques ; elle cause un ralentissement de l'évacuation

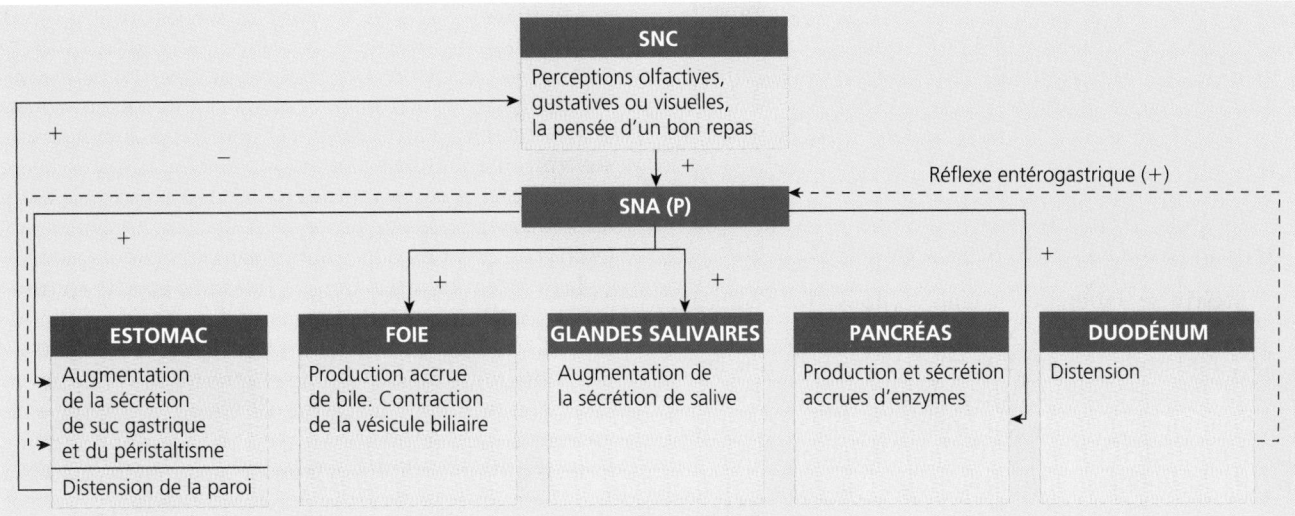

(a) Régulation nerveuse de la digestion. Le système nerveux central (SNC) intervient dans l'activité de certains organes du système digestif. La division parasympathique (P) du système nerveux autonome (SNA) sert d'intermédiaire et achemine les commandes du SNC destinées à l'estomac, au foie, aux glandes salivaires et au pancréas.

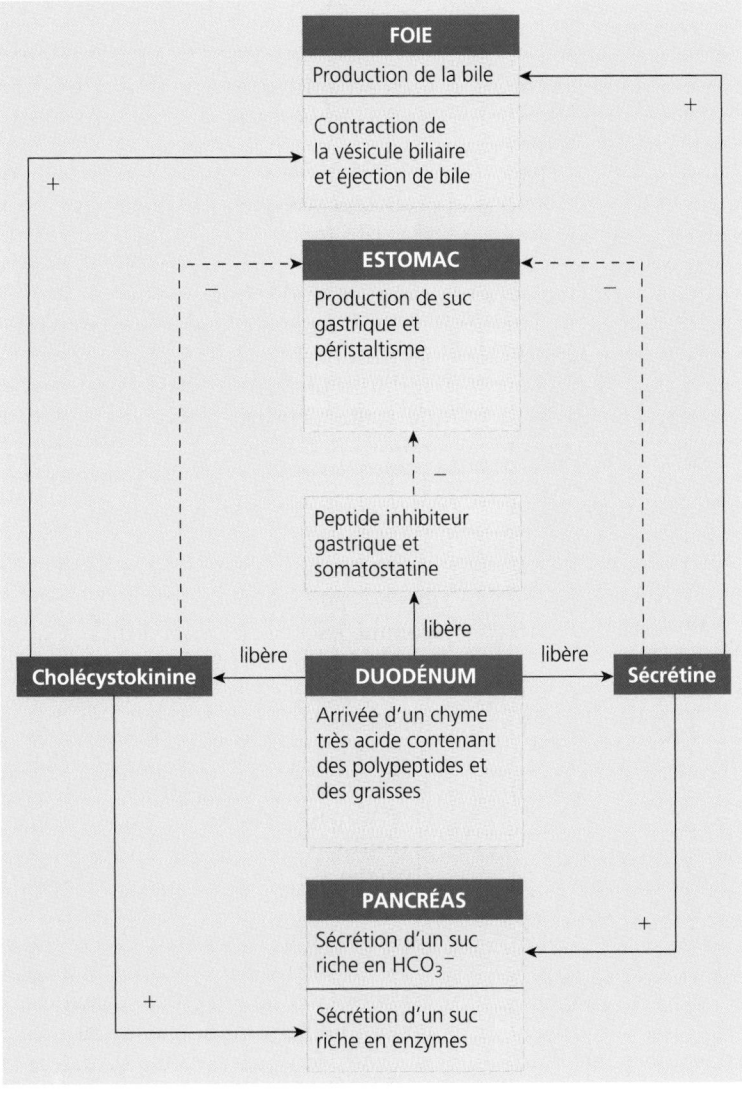

(b) Régulation hormonale de la digestion par la muqueuse duodénale. Un chyme très acide contenant des polypeptides et des graisses stimule certaines cellules de la muqueuse duodénale, les amenant à produire des entérogastrones (la cholécystokinine, la sécrétine, le peptide inhibiteur gastrique, la somatostatine). Ces hormones influent de diverses manières sur l'activité du foie, de l'estomac et du pancréas.

Légende : stimulation (+), inhibition (−)

FIGURE 41.21 Régulation de la digestion.

gastrique. D'autres entérogastrones interviennent (notamment la somatostatine et le peptide inhibiteur gastrique) en réponse à un chyme riche en graisses et en polypeptides ; ces hormones inhibent la sécrétion et le péristaltisme de l'estomac, ralentissant l'entrée des aliments dans l'intestin grêle (FIGURE 41.21b).

L'absorption d'eau et d'électrolytes constitue une des fonctions essentielles du gros intestin

Le **gros intestin** se subdivise en cinq sections : l'appendice vermiforme, le cæcum, le côlon, le rectum et le canal anal. Il s'abouche à l'intestin grêle par une jonction, où se trouve un sphincter (la valve iléo-cæcale) réglant le passage des matières. À la jonction, un segment du gros intestin forme une poche appelée **cæcum** (voir la FIGURE 41.13). En comparaison de nombreux autres Mammifères, l'Humain possède un cæcum relativement petit, portant un prolongement digitiforme, l'**appendice vermiforme,** qui ne joue pas un rôle essentiel dans la digestion. (Les tissus lymphoïdes de l'appendice vermiforme apportent une contribution mineure au système de défense de l'organisme.) À la jonction de l'intestin grêle et du gros intestin commence le côlon, qui a la forme d'un U renversé d'environ 1,5 m de long ; c'est le segment principal du gros intestin.

L'une des fonctions du côlon consiste à absorber l'eau entrée dans le tube digestif en tant que solvant des divers sucs digestifs. En tout, environ 7 L de liquide sont sécrétés dans le tube digestif chaque jour ; c'est une quantité bien supérieure à celle de l'eau absorbée par la majorité des sujets quotidiennement. La majeure partie de ces liquides sont réabsorbés avec les nutriments dans l'intestin grêle. Le côlon récupère une partie de l'eau (environ 5 %) et des électrolytes (surtout les ions sodium et chlorure) restant dans la cavité. À eux deux, l'intestin grêle et le côlon absorbent environ 90 % de l'eau entrée dans le tube digestif. Les résidus de la digestion, qui formeront les **matières fécales,** deviennent plus solides à mesure qu'ils avancent dans le côlon grâce au péristaltisme. Leur mouvement est lent ; il faut de 12 à 24 heures aux résidus pour traverser l'organe d'un bout à l'autre. Lorsque la muqueuse du côlon est irritée à la suite d'une infection virale ou bactérienne, par exemple, la réabsorption d'eau est inférieure à la normale, ce qui cause la diarrhée. Le problème contraire, la constipation, se présente lorsque le péristaltisme déplace les matières fécales trop lentement. Il en résulte une trop grande absorption d'eau, et les matières fécales deviennent trop compactes.

Le gros intestin héberge une riche flore de bactéries, presque toutes inoffensives. *Escherichia coli* est l'un des habitants communs du gros intestin de l'Humain. Ce microorganisme a fait l'objet de nombreuses recherches de la part de spécialistes en biologie moléculaire (voir le chapitre 18). Sa présence dans les lacs et les rivières indique qu'il y a eu contamination par des eaux usées non traitées. Les bactéries intestinales vivent de matières organiques non absorbées. De nombreuses bactéries du côlon émettent des gaz – dont du méthane, du dioxyde de carbone, du sulfure de diméthyle et du sulfure de dihydrogène – comme sous-produits de leur métabolisme. Certaines bactéries intestinales produisent des vitamines, notamment de la biotine, de l'acide folique, de la vitamine K et plusieurs vitamines du complexe B. Ces substances sont absorbées dans le sang et viennent compléter notre apport alimentaire en vitamines.

Les matières fécales contiennent des quantités importantes de bactéries, ainsi que de la cellulose et d'autres composants non digérés. Si les fibres de cellulose ne possèdent aucune valeur énergétique pour l'Humain, elles aident le bol alimentaire à se déplacer dans le tube digestif. Les matières fécales peuvent aussi contenir une abondance de sels. Par exemple, quand la concentration de fer et de calcium sanguins est trop élevée, la muqueuse du côlon sécrète des sels de ces éléments dans la cavité du gros intestin ; l'excédent est donc éliminé dans les matières fécales.

Le segment terminal du gros intestin s'appelle **rectum** ; c'est là que les matières fécales demeurent jusqu'à leur élimination. Entre le rectum et l'anus se trouvent deux sphincters : l'un est involontaire (le muscle sphincter interne de l'anus, un muscle lisse), l'autre, volontaire (le muscle sphincter externe de l'anus, un muscle squelettique). Une ou plusieurs fois par jour, de fortes contractions du côlon provoquent le besoin d'aller à la selle.

LES ADAPTATIONS DU SYSTÈME DIGESTIF DES VERTÉBRÉS AU COURS DE L'ÉVOLUTION

Les adaptations structurales du système digestif sont souvent associées au régime alimentaire

Les différents systèmes digestifs des Mammifères et d'autres Vertébrés sont des variations d'un même plan d'organisation ; il existe toutefois de nombreuses adaptations remarquables, souvent associées au régime alimentaire de l'animal. Nous allons en étudier quelques-unes.

La dentition, c'est-à-dire l'ensemble des dents d'un animal, constitue un exemple de variation structurale reflétant le régime alimentaire. L'adaptation de la dentition des Mammifères au traitement de divers types d'aliments constitue l'une des raisons principales qui justifient le succès de cette catégorie de Vertébrés au cours de l'évolution. Comparez la dentition des carnivores, des herbivores et des omnivores à la FIGURE 41.22. Les Mammifères possèdent généralement une dentition plus spécialisée que celle des autres Vertébrés, mais on peut relever des exceptions intéressantes. Par exemple, les serpents venimeux, comme les Crotales, sont armés de crochets : il s'agit de dents modifiées qui injectent du venin dans les proies. Certains crochets sont creux comme des seringues, tandis que d'autres laissent tomber le venin goutte à goutte le long de rainures à la surface des dents. Tous les Serpents possèdent une autre adaptation anatomique importante associée à leur alimentation : ils avalent leurs proies en entier, sans les mâcher. Leur mâchoire inférieure se trouve fixée de manière lâche à leur crâne grâce à un ligament élastique. Celui-ci permet à leur bouche et à leur gorge de s'ouvrir, parfois de manière démesurée, pour avaler de très grosses proies (il suffit de consulter la FIGURE 41.9 pour s'en convaincre). Par ailleurs, les carnivores sont souvent munis d'un grand estomac extensible. Comme il peut leur arriver d'être privés de nourriture pendant longtemps, ils doivent consommer autant de nourriture que possible quand ils arrivent à attraper une proie. Ainsi, un Lion d'Afrique (*Panthera leo*) de 200 kg peut consommer jusqu'à 40 kg de viande en un seul repas.

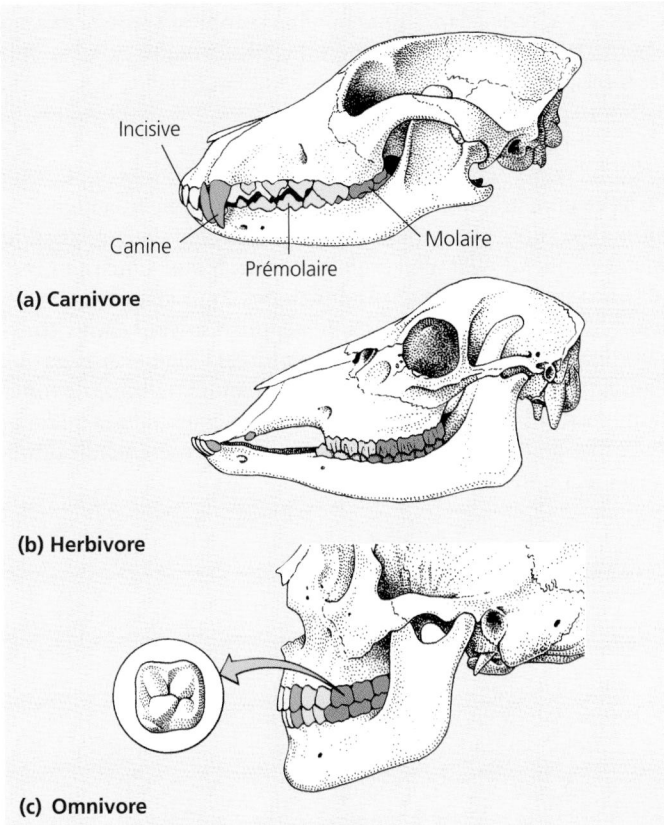

FIGURE 41.22 Dentition et régime alimentaire. (a) Les animaux carnivores, tels que les Chiens et les Chats, possèdent généralement des incisives et des canines pointues, qui leur servent à tuer une proie et à déchirer des morceaux de chair. Les prémolaires et les molaires irrégulières écrasent et déchiquettent la nourriture. **(b)** En revanche, les herbivores, comme les Bovins, possèdent habituellement des dents à surface large et crénelée, qui broient la matière végétale résistante. Leurs incisives et leurs canines sont généralement modifiées pour couper des fragments de végétation. **(c)** Les Humains, des omnivores équipés pour manger des matières végétales et de la viande, possèdent une dentition relativement peu spécialisée. Le nombre de dents permanentes d'un adulte s'élève à 32. À partir du milieu des mâchoires supérieure et inférieure, on trouve deux incisives tranchantes servant à couper les aliments, une canine pointue permettant de les déchirer, deux prémolaires destinées à les broyer, et enfin trois molaires aidant à les écraser.

La longueur du système digestif des Vertébrés est aussi en corrélation avec le régime alimentaire. En général, les herbivores et les omnivores ont des tubes digestifs relativement plus longs que ceux des carnivores (FIGURE 41.23). Les produits végétaux sont en effet plus difficiles à digérer que la viande, car ils contiennent des parois cellulaires. Un tube digestif plus long est utile dans la mesure où il permet de prolonger la digestion et d'augmenter la zone de surface essentielle à l'absorption des nutriments.

Des microorganismes symbiotiques contribuent à la nutrition de nombreux Vertébrés

Les herbivores doivent affronter un défi particulier : la majorité de l'énergie chimique contenue dans leur régime alimentaire

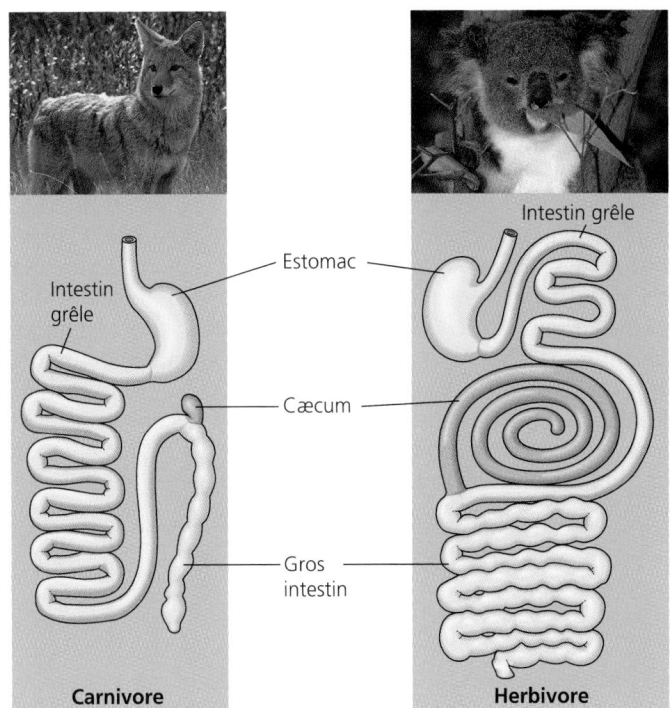

FIGURE 41.23 Comparaison du tube digestif d'un carnivore (Coyote) et d'un herbivore (Koala). Ces deux mammifères ont environ la même taille, mais le tube digestif du Koala (*Phascolarctos cinereus*) est beaucoup plus long que celui du Coyote (*Canis latrans*). Cette adaptation favorise le traitement des feuilles d'Eucalyptus – qui sont fibreuses et pauvres en protéines –, desquelles ce marsupial tire la totalité ou presque de son apport énergétique et hydrique. La mastication prolongée permet de découper les feuilles ingérées en de très petits fragments, ce qui augmente leur surface exposée aux sucs digestifs. Le cæcum du Koala mesure 2 m, un record parmi les animaux de taille équivalente. Il sert de chambre de fermentation ; les bactéries symbiotiques qui y vivent convertissent les feuilles déchiquetées en des substances plus nutritives.

doit être extraite de la cellulose de la paroi des cellules végétales. Toutefois, ils ne produisent pas eux-mêmes les enzymes nécessaires à l'hydrolyse de la cellulose. De nombreux Vertébrés (ainsi que les Termites, qui s'alimentent en consommant du bois composé de cellulose) règlent le problème en abritant de grandes populations de bactéries et de protistes symbiotiques dans des chambres de fermentation spéciales situées le long de leur tube digestif. Ces microorganismes mutualistes possèdent des enzymes capables de digérer la cellulose et de la convertir en des monosaccharides et en d'autres composés absorbables par l'animal qui les abrite. Dans bien des cas, les microorganismes peuvent également utiliser les monosaccharides issus de la digestion de la cellulose et les minéraux présents dans le tube digestif pour fabriquer une variété de nutriments essentiels à l'animal hôte, notamment des vitamines et des acides aminés.

La localisation des microorganismes mutualistes varie en fonction de l'hôte. L'Hoazin (*Opisthocomus hoazin*), un oiseau herbivore des forêts tropicales d'Amérique du Sud, possède un grand jabot musculeux (une poche œsophagienne) où vivent des microorganismes symbiotiques. Des rainures rigides situées dans la paroi du jabot broient les feuilles en fragments, et les microorganismes se chargent de décomposer la cellulose. De nombreux mammifères herbivores, notamment les Chevaux (*Equus caballus*), abritent des microorganismes symbiotiques dans un grand cæcum, une sorte de poche à la jonction du gros intestin et de l'intestin grêle. Les bactéries mutualistes des Lapins (*Sylvilagus sp.*) et d'autres Rongeurs vivent dans le gros intestin ainsi que dans le cæcum. Étant donné que la plupart des nutriments sont absorbés dans l'intestin grêle, ceux qui résultent de la fermentation bactérienne dans le gros intestin quittent l'organisme en même temps que les matières fécales. Pour se procurer ces nutriments, les Lapins et certains Rongeurs ingèrent une partie de leurs matières fécales. (Les « boulettes » des Lapins qui ne sont pas réingérées contiennent les excréments éliminés après le deuxième passage des aliments dans le tube digestif.) Le Koala, un marsupial australien, possède un cæcum élargi dans lequel des bactéries symbiotiques procèdent à la fermentation de feuilles d'Eucalyptus finement déchiquetées (voir la FI-GURE 41.23). Les adaptations les plus complexes associées à un régime herbivore ont évolué chez les **Ruminants,** c'est-à-dire les Cerfs, les Bovins et les Ovins (FIGURE 41.24).

■   ■   ■

Dans ce chapitre, nous avons étudié la nutrition et la digestion animales, qui ont pour but de soutenir la production métabolique d'ATP et la biosynthèse. Nous nous sommes penchés sur les besoins nutritionnels des Animaux ainsi que sur leurs modes d'ingestion. Dans le chapitre suivant, nous constaterons que l'obtention de la nourriture, la digestion ainsi que l'absorption des nutriments s'intègrent à un ensemble de fonctions. La distribution des aliments dans toutes les cellules du corps et l'échange de gaz respiratoires avec l'environnement contribuent à la nutrition.

① Panse (ou rumen). Lorsqu'une vache mâche une bouchée d'herbe pour la première fois et qu'elle la déglutit, le bol alimentaire (flèches vertes) pénètre dans sa panse.

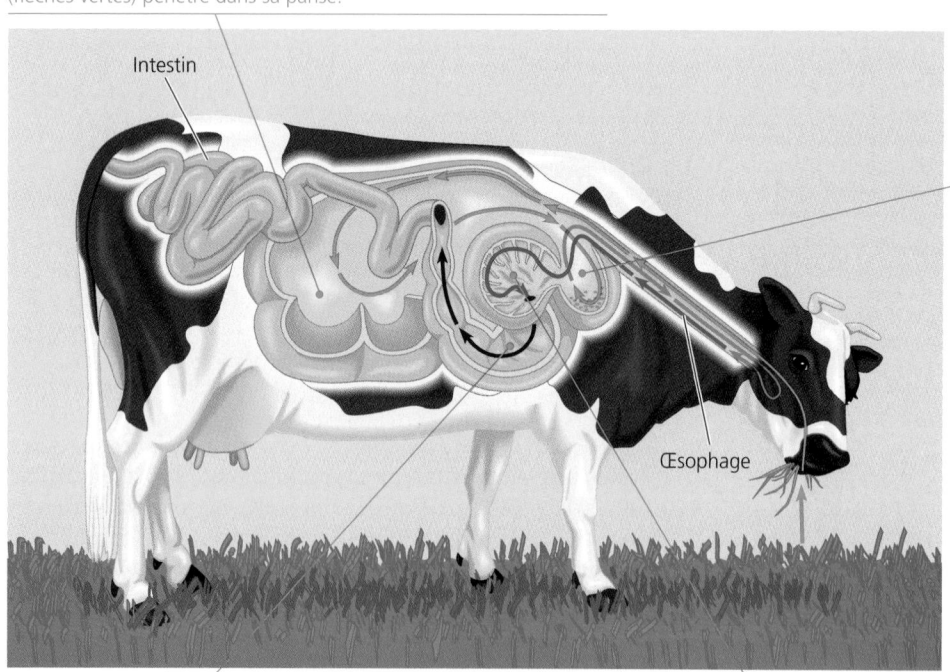

Intestin

Œsophage

② Bonnet (ou réticulum). Une partie du bol alimentaire pénètre aussi dans le bonnet. La panse et le bonnet renferment des procaryotes et des protistes mutualistes (principalement des microorganismes ciliés) qui s'attaquent au repas, riche en cellulose. Ces microorganismes libèrent comme sous-produits métaboliques des acides gras dans le chyme. La vache régurgite régulièrement et rumine, c'est-à-dire qu'elle mâche de nouveau les aliments (flèches rouges). Cela décompose davantage les fibres et les prépare à une action bactérienne encore plus poussée.

④ Caillette (ou abomasum). Les matières ruminées, qui contiennent une énorme quantité de microorganismes, passent ensuite dans la caillette pour y être digérées par les propres enzymes de la vache (flèches noires).

③ Feuillet (ou omasum). La vache déglutit à nouveau les matières ruminées (flèches bleues), qui passent dans le feuillet, où leur eau est extraite.

FIGURE 41.24 La digestion chez les Ruminants. Les Ruminants ont un estomac qui comporte quatre cavités où logent des microorganismes mutualistes. La diète à partir de laquelle ils absorbent leurs nutriments est donc beaucoup plus riche que l'herbe consommée initialement. En fait, les Ruminants qui consomment de l'herbe ou du foin se procurent bon nombre de leurs nutriments en digérant les microorganismes mutualistes qui se reproduisent assez rapidement dans leur panse pour maintenir une population stable.

RÉVISION DU CHAPITRE

Résumé des concepts importants

LES BESOINS NUTRITIONNELS

- Les Animaux sont des hétérotrophes qui ont besoin d'aliments comme source d'énergie, de squelettes carbonés et de nutriments essentiels : *une vue d'ensemble* (p. 922).

- Les mécanismes homéostatiques gèrent l'approvisionnement en énergie des Animaux (p. 922 à 924, FIGURES 41.1 et 41.2). Les Animaux emmagasinent les joules excédentaires sous forme de glycogène dans le foie et dans les muscles, ainsi que sous forme de graisses. Les Animaux sous-alimentés ont un apport énergétique insuffisant.

- Un animal doit avoir un régime alimentaire qui lui apporte les éléments nutritifs essentiels, ainsi que des squelettes carbonés pour la biosynthèse (p. 924 à 928, FIGURES 41.3 et 41.5, TABLEAUX 41.1 et 41.2). Les squelettes carbonés sont nécessaires à la biosynthèse. Les nutriments essentiels doivent être fournis sous une forme préassemblée. Les acides aminés essentiels sont ceux qu'un animal ne peut fabriquer. Les acides gras essentiels sont insaturés. Les vitamines sont des molécules organiques exigées en petites quantités. Les minéraux sont des nutriments inorganiques.

RÉGIMES ALIMENTAIRES ET TYPES D'INGESTION

- La plupart des Animaux sont des consommateurs opportunistes (p. 928). Les herbivores consomment surtout des plantes, et les carnivores, principalement d'autres animaux. Les omnivores ingèrent régulièrement des matières animales et végétales.

- Au cours de l'évolution, divers types d'ingestion sont apparus chez les Animaux (p. 928 à 930, FIGURES 41.6 à 41.9). De nombreux animaux aquatiques ont recours à l'ingestion par filtration : ils filtrent de petites particules en suspension dans l'eau. D'autres animaux pratiquent l'ingestion du substrat en creusant des galeries dans leur nourriture et en s'alimentant au fur et à mesure. D'autres organismes encore ont recours à l'ingestion par aspiration : ils sucent des liquides riches en nutriments d'un hôte vivant. Enfin, la plupart des Animaux ont recours à l'ingestion en vrac et consomment des morceaux d'aliments relativement gros.

VUE D'ENSEMBLE DU TRAITEMENT DE LA NOURRITURE

- Les quatre étapes principales du traitement de la nourriture sont l'ingestion, la digestion, l'absorption et l'élimination (p. 929 et 930). Chez les Animaux, le traitement des aliments passe par l'ingestion (l'acte de manger), la digestion (la décomposition enzymatique des macromolécules alimentaires en des monomères), l'absorption (l'assimilation des nutriments par les cellules) et l'élimination (le rejet des substances indigestibles sous forme de matières fécales).

- La digestion se déroule dans des compartiments spécialisés (p. 930 à 932, FIGURES 41.10 à 41.12). Dans la digestion intracellulaire, les particules alimentaires pénètrent dans les cellules par phagocytose ou endocytose, puis elles sont digérées au sein de vacuoles nutritives. La plupart des Animaux font appel à la digestion extracellulaire, l'hydrolyse enzymatique survenant à l'extérieur des cellules, dans une cavité gastrovasculaire ou dans un tube digestif.

LE SYSTÈME DIGESTIF DES MAMMIFÈRES

- C'est dans la cavité buccale que la transformation des aliments commence ; ceux-ci sont ensuite acheminés vers l'estomac par le pharynx et l'œsophage (p. 932 à 934, FIGURES 41.13 et 41.14). Les aliments sont lubrifiés et leur digestion commence dans la cavité buccale, où ils sont mâchés par les dents et fragmentés en des particules exposées à de l'amylase salivaire. Cette enzyme entame la décomposition des polysaccharides. De plus, la muqueuse buccale ajoute aux aliments une lipase linguale qui s'attaque aux lipides. Cependant, cela survient surtout dans l'estomac. Le pharynx se situe entre la cavité buccale et les ouvertures de la trachée et de l'œsophage. L'œsophage amène les aliments du pharynx à l'estomac grâce au mouvement de muscles involontaires produisant des ondes péristaltiques.

- Les aliments séjournent dans l'estomac, site d'une digestion préliminaire et de l'absorption de certaines substances (p. 934 à 936, FIGURE 41.15). L'estomac emmagasine les aliments et sécrète du suc gastrique, qui convertit le repas en un chyme acide. Le suc gastrique comprend du chlorure d'hydrogène ainsi que les enzymes pepsine et lipase gastrique. L'estomac absorbe certaines quantités de molécules neutres, de courts acides gras, d'alcool, d'électrolytes et d'eau.

- L'intestin grêle joue un rôle majeur dans la digestion et l'absorption (p. 936 à 940, FIGURES 41.16 à 41.20). Le chyme acide de l'estomac atteint le duodénum et se mélange avec le suc intestinal, la bile et le suc pancréatique. Diverses enzymes complètent l'hydrolyse des molécules alimentaires et les transforment en des monomères. Ces derniers sont ensuite absorbés dans le sang en passant à travers la muqueuse de l'intestin grêle. Le foie est un organe important, aux fonctions multiples. Entre autres choses, il produit la bile, qui intervient mécaniquement dans la digestion des graisses.

- La régulation de la digestion s'effectue par les voies nerveuse et hormonale (p. 940 à 942, FIGURE 41.21). Le système nerveux contrôle le péristaltisme et les sécrétions de l'estomac, du foie, des glandes salivaires et du pancréas. L'hormone gastrine stimule la motilité gastrique et la sécrétion des sucs gastriques. Une catégorie d'hormones duodénales, les entérogastrones, régule les activités du pancréas, de l'estomac, du foie et de la vésicule biliaire.

- L'absorption d'eau et d'électrolytes constitue une des fonctions essentielles du gros intestin (p. 942). Le gros intestin (principalement le côlon) aide l'intestin grêle à réabsorber de l'eau et des électrolytes. Il abrite des bactéries dont certaines synthétisent des vitamines. Les matières fécales traversent le rectum et sont éliminées par l'anus.

LES ADAPTATIONS DU SYSTÈME DIGESTIF DES VERTÉBRÉS AU COURS DE L'ÉVOLUTION

- Les adaptations structurales du système digestif sont souvent associées au régime alimentaire (p. 942 et 943, FIGURES 41.22 et 41.23). Les Mammifères ont une dentition qui correspond généralement à leur régime alimentaire. Les herbivores ont habituellement un tube digestif plus long que les autres Mammifères, car il faut plus de temps pour digérer les matières végétales que les matières animales.

- Des microorganismes symbiotiques contribuent à la nutrition de nombreux Vertébrés (p. 943 et 944, FIGURE 41.24). Beaucoup d'herbivores possèdent des chambres de fermentation spéciales, dans lesquelles des microorganismes mutualistes digèrent la cellulose.

(Les questions dont les numéros sont en caractères gras font surtout appel à la compréhension.)

1. Laquelle des associations suivantes comporte une erreur?
   a) Lion – ingestion du substrat.
   b) Baleine à fanons – ingestion par filtration.
   c) Puce – ingestion par aspiration.
   d) Ver de terre – ingestion du substrat.
   e) Serpent – ingestion en vrac.

2. Chez les Humains, la digestion des protéines s'effectue grâce à des enzymes sécrétées par:
   a) le pancréas, les glandes salivaires et l'estomac.
   b) le foie, l'intestin grêle et le pancréas.
   c) l'intestin grêle, le pancréas et l'estomac.
   d) la vésicule biliaire, le pancréas et l'estomac.
   e) le gros intestin, l'œsophage et le pancréas.

3. La cavité buccale de l'Humain, avec sa dentition, peut être considérée comme analogue, sur le plan fonctionnel, à l'un des éléments suivants de l'anatomie du Ver de terre. Duquel s'agit-il?
   a) De l'intestin.
   b) Du pharynx.
   c) Du gésier.
   d) De l'estomac.
   e) De l'anus.

4. Supposons que l'on vous expose à une dose importante de radiations et que celles-ci vous rendent inapte à synthétiser les enzymes suivantes, sauf une. Laquelle devriez-vous conserver pour absorber le plus grand nombre possible d'acides aminés?
   a) La trypsine.
   b) La pepsine.
   c) La carboxypeptidase.
   d) La dipeptidase.
   e) L'entéropeptidase.

5. Une fois qu'il subit l'ablation de sa vésicule biliaire en cas d'inflammation, l'Humain doit faire particulièrement attention et restreindre sa consommation:
   a) d'amidon.
   b) de protéines.
   c) de glucides.
   d) de lipides.
   e) d'eau.

6. L'entéropeptidase, une hormone sécrétée par l'intestin grêle, exerce l'une des actions suivantes. Laquelle?
   a) Elle inhibe la sécrétion biliaire.
   b) Elle inhibe la sécrétion duodénale.
   c) Elle active les enzymes pancréatiques.
   d) Elle inhibe le péristaltisme dans l'estomac.
   e) Elle augmente le pH du chyme.

7. Les personnes dont le régime alimentaire se compose surtout de maïs risquent de devenir:
   a) obèses.
   b) anorexiques.
   c) suralimentées.
   d) sous-alimentées.
   e) mal nourries.

8. Voici une liste d'organes associés chacun à une fonction. Quelle association est erronée?
   a) Estomac – digestion des protéines.
   b) Cavité buccale – digestion de l'amidon.
   c) Gros intestin – digestion des graisses.
   d) Intestin grêle – absorption des nutriments.
   e) Pancréas – production d'enzymes.

9. Si vous allez courir 2 km quelques heures après avoir dîné, à quelle source d'énergie votre organisme fera-t-il d'abord appel?
   a) Aux protéines des muscles.
   b) Au glycogène des muscles et du foie.
   c) Aux graisses emmagasinées dans le foie.
   d) Aux graisses des tissus adipeux.
   e) Aux protéines du sang.

10. Dans lequel de ces vaisseaux la glycémie est-elle plus susceptible de fluctuer de manière importante? (Voir au besoin la FIGURE 42.4.)
    a) La veine cave supérieure.
    b) L'artère pulmonaire.
    c) L'aorte.
    d) Le vaisseau chylifère.
    e) La veine porte hépatique.

11. Qu'est-ce que le péristaltisme et quelle est sa fonction dans le système digestif?

12. Quand nous nous mettons à tousser parce que nous avons « avalé de travers », les éléments ingérés ont pénétré dans _____ et non dans _____.

13. Si l'on met du pepsinogène dans une éprouvette contenant des protéines dissoutes dans de l'eau distillée, une très petite quantité de ces dernières sera digérée. Quelle substance inorganique faut-il ajouter dans l'éprouvette pour accélérer la digestion protéique?

14. Le traitement d'une infection chronique à l'aide d'antibiotiques pendant une période prolongée peut provoquer une carence en vitamine K. Pourquoi?

15. Qu'est-ce qu'un « nutriment essentiel »?

16. Pourquoi les vitamines sont-elles utiles en dose infime, comparativement à d'autres nutriments organiques essentiels, tels que les acides aminés essentiels?

Lien avec l'évolution

L'œsophage et la trachée de l'Humain partagent un passage issu de la bouche et des voies nasales. Cette structure provoque à l'occasion la mort par étouffement. Expliquez comment l'évolution a pu mener à cette anatomie « imparfaite ».

Intégration

1. Dressez un réseau (schéma) de concepts expliquant les besoins nutritionnels de l'Humain.

2. Suivez le trajet d'une pointe de pizza toute garnie dans le tube digestif humain. Décrivez ce qui arrive aux aliments dans chaque segment du tube.

3. Dressez un tableau des nutriments. Précisez le lieu et le mode d'absorption de chacune des catégories citées.

Science, technologie et société

Les médias présentent de nombreuses allégations et réfutations concernant les avantages et les dangers de certains aliments. On peut donner comme exemple les débats sur les doses de vitamines, la recommandation de régimes enrichis en certaines molécules alimentaires (notamment en glucides ou en protéines) et la publicité vantant de nouveaux produits, comme une margarine susceptible d'abaisser la concentration du cholestérol sanguin. Avez-vous déjà modifié vos habitudes alimentaires en fonction des informations nutritionnelles présentées par les médias? Pourquoi? Comment faire pour évaluer la validité de telles informations?

Réponses à l'autoévaluation: 1. a; **2.** c; 3. c; **4.** c; 5. d; 6. c; **7.** e; 8. c; **9.** b; **10.** e; 11. Le péristaltisme désigne la contraction des muscles lisses, qui produit des ondes rythmiques déplaçant les aliments le long du tube digestif. 12. La trachée; l'œsophage. 13. Le chlorure d'hydrogène ou tout autre acide qui convertit le pepsinogène inactif en pepsine active. **14.** Le traitement risque de tuer les bactéries symbiotiques qui synthétisent la vitamine K dans le côlon. 15. Une substance dont l'organisme a besoin, mais qu'il est incapable de fabriquer par son propre métabolisme. **16.** C'est parce que les vitamines ont généralement des fonctions catalytiques, à titre de coenzymes; les molécules de vitamines peuvent donc répéter cette fonction à diverses reprises.

CHAPITRE 42

CIRCULATION ET ÉCHANGES GAZEUX

« L'infarctus est une infraction...
L'infarctus est une violation...
La violation d'une loi...
D'une loi de la circulation... »

PAUL ROUSSEL

LA CIRCULATION CHEZ LES ANIMAUX

- Les systèmes de transport établissent une connexion fonctionnelle entre les organes d'échanges et les cellules : *une vue d'ensemble*
- La plupart des Invertébrés disposent d'une cavité gastrovasculaire ou d'un système cardiovasculaire assurant le transport interne des substances
- La phylogenèse des Vertébrés se reflète dans les adaptations de leur système cardiovasculaire
- Les Mammifères ont une circulation double qui dépend de leur anatomie et de leur révolution cardiaque
- Les différences structurales entre les artères, les veines et les capillaires sont en corrélation avec les fonctions de ces vaisseaux
- Les lois de la physique relatives aux mouvements des fluides dans les conduits s'appliquent à la circulation et à la pression sanguine
- Le transfert des substances entre le sang et le liquide interstitiel se fait à travers la paroi mince des capillaires
- Le système lymphatique renvoie les liquides dans le sang et facilite la défense de l'organisme
- Le sang est un tissu conjonctif composé de cellules en suspension dans le plasma
- Les maladies cardiovasculaires sont la cause principale de décès en Amérique du Nord et dans la plupart des pays industrialisés

LES ÉCHANGES GAZEUX CHEZ LES ANIMAUX

- Les échanges gazeux fournissent le dioxygène nécessaire à la respiration cellulaire et éliminent le dioxyde de carbone : *une vue d'ensemble*
- Les branchies résultent d'adaptations du système respiratoire de la plupart des animaux aquatiques
- Les trachées et les poumons sont les adaptations du système respiratoire des animaux terrestres
- Les centres de régulation de l'encéphale contrôlent la fréquence et l'amplitude de la respiration

- Les gaz diffusent dans les poumons et les autres organes en réponse à des gradients de pression
- Les pigments respiratoires transportent les gaz et aident à stabiliser le pH du sang
- Les animaux qui plongent en eau profonde accumulent des réserves de dioxygène et les utilisent lentement

Tout organisme *doit échanger des substances et de l'énergie avec son environnement ; en fait, tous ces échanges se produisent au niveau cellulaire. Les cellules vivent dans un milieu aqueux. Les ressources dont elles ont besoin, notamment les nutriments et le dioxygène, traversent leur membrane plasmique pour pénétrer dans le cytoplasme ; quant aux déchets métaboliques, notamment le dioxyde de carbone, ils quittent la cellule.*

Les branchies externes plumeuses du saumon ci-dessus offrent une aire de contact étendue avec le milieu extérieur. Un réseau de vaisseaux sanguins minuscules (les capillaires) se déploie à proximité de leur face externe. Le dioxygène dissous dans l'eau environnante diffuse à travers le mince épithélium recouvrant les branchies pour pénétrer dans le sang, tandis que le dioxyde de carbone diffuse vers l'eau.

Le Saumon et les autres Animaux ont des systèmes spécialisés permettant l'échange de substances avec l'environnement. De nombreux Animaux disposent d'un système de transport interne qui fait circuler des liquides (du sang ou du liquide interstitiel) dans tout le corps.

Dans ce chapitre, vous apprendrez à mieux connaître les mécanismes du transport interne des Animaux. Vous vous familiariserez aussi avec l'un des mécanismes les plus importants de transfert chimique entre les Animaux et leur environnement : l'échange de dioxygène (O_2) et de dioxyde de carbone (CO_2), essentiel à la respiration cellulaire, un processus de production d'énergie.

LA CIRCULATION CHEZ LES ANIMAUX

Les systèmes de transport établissent une connexion fonctionnelle entre les organes d'échanges et les cellules : *une vue d'ensemble*

Chez les Animaux, la diffusion à elle seule ne pourvoit pas au transport de substances sur de grandes distances ; un mammifère doit, par exemple, faire parvenir à son cerveau le glucose de son tube digestif et le dioxygène de ses poumons. La diffusion ne suffit pas quand les distances dépassent quelques millimètres, car le temps de diffusion d'une substance d'un endroit à l'autre est proportionnel au *carré* de la distance. Ainsi, s'il faut une seconde à une certaine quantité de glucose pour diffuser sur 10 µm, il faut 100 secondes pour que la même quantité diffuse sur 1 µm, et près de trois heures pour une diffusion de 1 cm. Le système cardiovasculaire règle ce problème en transportant rapidement les liquides en vrac dans le corps. Il établit une connexion fonctionnelle entre le milieu aqueux des cellules et les organes qui échangent les gaz, absorbent les nutriments et éliminent les déchets. Dans les poumons d'un mammifère, par exemple, le dioxygène de l'air inhalé traverse un mince épithélium par diffusion simple pour parvenir dans le sang, tandis que le dioxyde de carbone diffuse de la même manière mais dans la direction opposée. Grâce au cœur, les liquides se déplacent en vrac dans le système cardiovasculaire pour apporter rapidement à toutes les parties du corps du sang riche en dioxygène. À mesure que le sang irrigue les tissus par des vaisseaux microscopiques appelés capillaires, des substances chimiques sont échangées entre le sang et le liquide interstitiel baignant directement les cellules.

Les échanges gazeux et le transport interne font l'objet d'un lien fonctionnel chez la plupart des Animaux ; c'est pourquoi nous nous concentrerons ici à la fois sur le système cardiovasculaire et sur le système respiratoire. Nous mettrons aussi en évidence le rôle de ces deux systèmes dans l'homéostasie (voir le chapitre 40). Il s'agit, par exemple, de la régulation de la concentration des nutriments et des déchets du liquide interstitiel. Pour commencer, voyons comment les liquides circulent chez les Animaux.

La plupart des Invertébrés disposent d'une cavité gastrovasculaire ou d'un système cardiovasculaire assurant le transport interne des substances

Cavités gastrovasculaires

En raison de leur organisation corporelle, les Hydres et d'autres Cnidaires n'ont pas besoin d'un système cardiovasculaire. Ils possèdent une enveloppe corporelle composée de deux couches cellulaires seulement, qui renferme une cavité gastrovasculaire centrale, utilisée tant pour la digestion que pour la distribution des substances dans le corps (voir la FIGURE 41.11). Le liquide présent dans la cavité communique avec l'eau du milieu externe par un seul orifice ; ainsi, les couches cellulaires interne et externe sont en contact avec le milieu liquide. Chez l'Hydre, de minces prolongements de la cavité gastrovasculaire constituent les tentacules. Quant à certains Cnidaires, ils sont dotés de cavités gastrovasculaires encore plus complexes (FIGURE 42.1). Comme la digestion débute dans la cavité, seules les cellules de la couche interne ont un accès direct aux nutriments ; cependant, ces derniers n'ont pas à diffuser sur une grande distance pour atteindre les cellules de la couche externe.

Les Planaires et les autres Vers plats possèdent également une cavité gastrovasculaire, qui échange des substances avec le milieu externe par une seule ouverture (voir la FIGURE 33.10). La forme aplatie de leur corps et les ramifications de leur cavité gastrovasculaire permettent à toutes les cellules de baigner dans un milieu approprié ; en outre, les distances de diffusion restent petites.

Systèmes cardiovasculaires ouvert et clos

Chez les animaux constitués de plusieurs couches de cellules, la présence d'une cavité gastrovasculaire ne suffit pas au transport interne, car les distances de diffusion sont trop importantes pour l'échange de nutriments et de déchets. Chez ces animaux complexes, deux types de système cardiovasculaire ont permis de dépasser les limites de la diffusion : le système cardiovasculaire ouvert et le système cardiovasculaire clos. Les deux ont trois composantes structurales : un liquide circulatoire (**sang**) ; un ensemble de conduits (**vaisseaux sanguins**) acheminant le sang dans le corps ; et une pompe musculaire (**cœur**). Le cœur

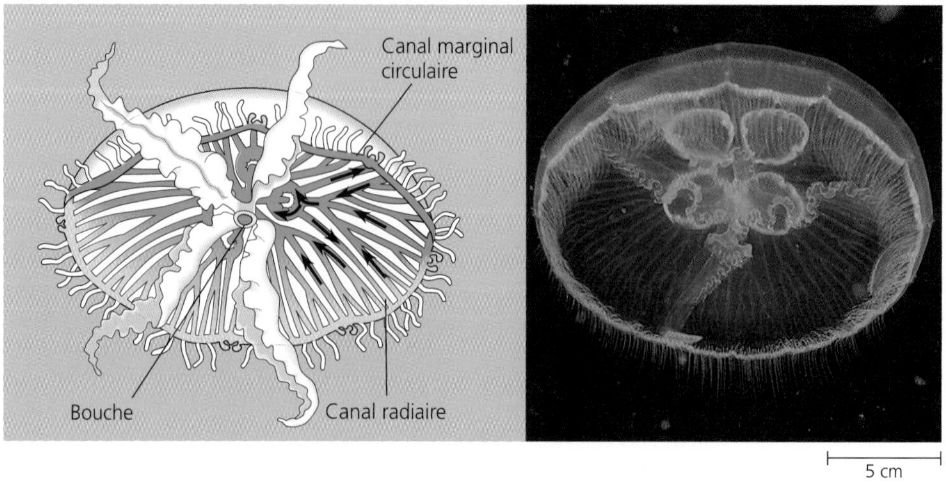

FIGURE 42.1 Transport interne chez la Méduse *Aurelia sp.* La bouche conduit à une cavité gastrovasculaire complexe (indiquée en bleu), dont les ramifications communiquent avec un canal circulaire. Des cellules ciliées tapissent les canaux et font circuler les liquides dans les directions indiquées par les flèches. On voit ici la face inférieure de cet animal (pôle oral).

Canal marginal circulaire

Bouche

Canal radiaire

5 cm

fait circuler le sang en utilisant de l'énergie métabolique pour élever sa pression hydrostatique; rappelons que cette dernière représente la force qui déplace un fluide dans un conduit. Le sang circule dans l'organisme en réponse à un gradient de pression, puis revient au cœur. La **pression artérielle** (c'est-à-dire la pression à laquelle le sang circule à l'intérieur des vaisseaux) est la force hydrostatique que le sang exerce contre l'aire représentée par la paroi d'un vaisseau.

Chez les Arthropodes et la plupart des Mollusques, le sang baigne directement les organes, ce qui constitue un **système cardiovasculaire ouvert** (FIGURE 42.2a). Rien ne distinguant le sang du liquide interstitiel, on désigne le liquide organique par l'expression **hémolymphe**. Un ou plusieurs cœurs pompent l'hémolymphe dans le réseau de cavités entourant les organes, c'est-à-dire les **sinus**. Dans ce cas, les échanges chimiques se produisent entre l'hémolymphe et les cellules. Le cœur des Arthropodes est un tube allongé situé dans la partie dorsale du corps. Quand il se contracte, il pompe l'hémolymphe dans les vaisseaux conduisant aux sinus. Quand il se relâche, il aspire l'hémolymphe des sinus vers le système cardiovasculaire par des pores appelés ostioles. Les mouvements du corps qui compriment les sinus facilitent la circulation de l'hémolymphe.

Dans un **système cardiovasculaire clos,** le sang circule uniquement dans les vaisseaux et constitue un liquide distinct du liquide interstitiel (FIGURE 42.2b). Un ou plusieurs cœurs pompent le sang dans de grands vaisseaux, qui se divisent en de plus petits vaisseaux parcourant les organes. Dans ces derniers, un échange de substances s'effectue entre le sang et le liquide interstitiel baignant les cellules. Les Vers de terre, les Calmars, les Pieuvres et les Vertébrés ont un système cardiovasculaire clos.

La phylogenèse des Vertébrés se reflète dans les adaptations de leur système cardiovasculaire

Les Humains et les autres Vertébrés ont un système cardiovasculaire clos, généralement appelé **système cardiovasculaire** tout court. Le cœur des Vertébrés comporte une ou deux **oreillettes** (les cavités qui reçoivent le sang revenant au cœur), ainsi qu'un ou deux **ventricules** (les cavités qui pompent le sang hors du cœur). Les **artères,** les **veines** et les **capillaires** sont les trois types principaux de vaisseaux sanguins. Dans le corps humain, ces vaisseaux s'étendent sur une distance d'environ 100 000 km. Les artères acheminent le sang vers les organes du corps. Au

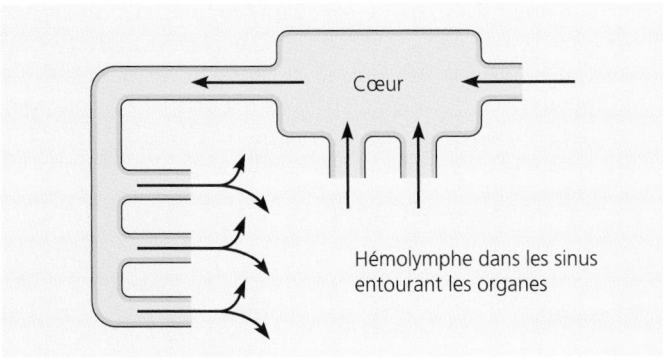

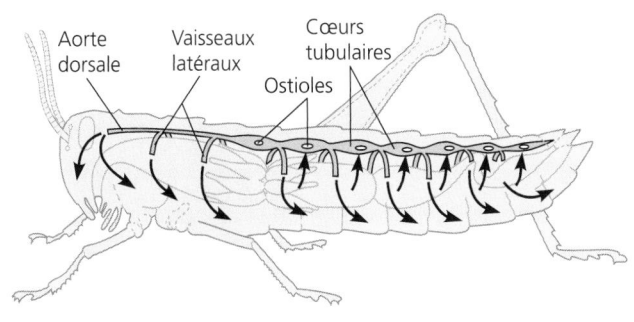

(a) **Système cardiovasculaire ouvert.** Dans un système cardiovasculaire ouvert, comme celui des Sauterelles, le sang et le liquide interstitiel se confondent. Le liquide obtenu s'appelle hémolymphe. Les cœurs tubulaires pompent celle-ci dans les vaisseaux et vers les sinus, des cavités où des substances sont échangées entre l'hémolymphe et les cellules. Puis, l'hémolymphe revient aux cœurs par l'intermédiaire des ostioles, des pores munis de valvules qui se ferment quand les cœurs se contractent.

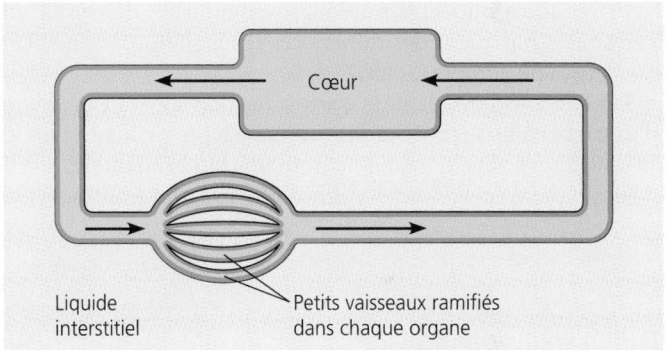

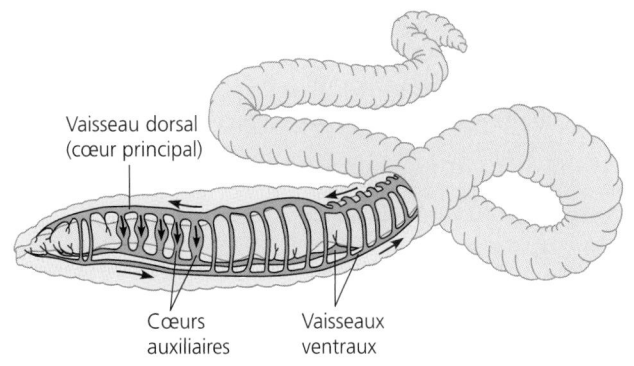

(b) **Système cardiovasculaire clos.** Dans un système cardiovasculaire clos, le sang circule exclusivement dans des vaisseaux, et il se distingue du liquide interstitiel. À mesure qu'il traverse les petits vaisseaux des organes, des échanges chimiques ont lieu entre le liquide interstitiel et lui, puis entre le liquide interstitiel et les cellules du corps. Chez les Vers de terre, trois vaisseaux principaux, soit le vaisseau dorsal et les deux vaisseaux ventraux, se divisent en de plus petits vaisseaux. Ces derniers approvisionnent en sang les divers organes. Le vaisseau dorsal sert de cœur principal et pompe le sang vers l'avant par péristaltisme. Près de l'extrémité antérieure d'un Ver de terre, cinq paires de vaisseaux s'enroulent autour du tube digestif, reliant le vaisseau dorsal et le vaisseau ventral. Ces vaisseaux appariés fonctionnent comme des cœurs auxiliaires et propulsent le sang dans les vaisseaux ventraux.

FIGURE 42.2 Systèmes cardiovasculaires ouvert et clos.

sein des organes, les artères se divisent en **artérioles** : il s'agit de plus petits vaisseaux transportant le sang vers les capillaires. Les capillaires sont des vaisseaux microscopiques ayant une paroi poreuse et très mince (elle est constituée d'une seule couche de cellules). Des réseaux de ces vaisseaux, les **lits capillaires,** infiltrent tous les tissus. Certaines substances chimiques (notamment les gaz dissous) sont échangées par diffusion à travers la mince paroi qui sépare le sang et le liquide interstitiel entourant les cellules. Des capillaires convergent à leur extrémité aval pour former des **veinules.** Ces dernières convergent à leur tour, formant les veines, qui ramènent le sang au cœur. Vous constaterez que les artères et les veines se distinguent par la *direction* dans laquelle elles transportent le sang, et non par les caractéristiques du sang qu'elles contiennent. Toutes les artères transportent le sang du cœur *vers* les capillaires ; toutes les veines retournent le sang au cœur *en provenance* des capillaires.

La vitesse du métabolisme a joué un rôle important dans l'évolution des systèmes cardiovasculaires. En général, les animaux ayant une vitesse du métabolisme élevée ont un système cardiovasculaire plus complexe et un cœur plus puissant que les animaux ayant une vitesse du métabolisme plus faible. De même, la complexité et le nombre des vaisseaux sanguins d'un organe particulier sont en corrélation avec les besoins métaboliques de l'organe en question. La respiration branchiale des vertébrés aquatiques et la respiration pulmonaire des vertébrés terrestres témoignent des différences d'adaptations cardiovasculaires les plus importantes.

Les Poissons possèdent un cœur à deux cavités : une oreillette et un ventricule (FIGURE 42.3a). Le sang chassé du ventricule se dirige d'abord vers les branchies (**circulation branchiale**), où il capte du dioxygène et perd du dioxyde de carbone à travers la

paroi des capillaires (voir la photographie de la page 949). Les capillaires branchiaux se rassemblent pour former un vaisseau acheminant le sang riche en dioxygène aux lits capillaires situés dans toutes les autres parties de l'organisme (**circulation systémique**). Le sang retourne ensuite dans les veines vers l'oreillette du cœur. Remarquez que, chez les Poissons, il doit passer par *deux* lits capillaires dans chaque circuit de circulation. Lorsqu'il circule dans un lit capillaire, la force motrice qui le propulse, soit la pression artérielle, chute de façon importante (nous verrons plus loin pourquoi). C'est la raison pour laquelle le sang riche en dioxygène qui sort des branchies avance assez lentement vers le circuit de circulation systémique (même si les mouvements corporels pendant la nage aident le processus). Cette particularité anatomique des Poissons limite la quantité de dioxygène qui diffuse vers leurs tissus et, par conséquent, la vitesse de leur métabolisme.

Les Amphibiens possèdent un cœur à trois cavités : deux oreillettes et un ventricule (FIGURE 42.3b). Le ventricule chasse le sang dans une artère ramifiée qui divise celui-ci en deux circuits : il y a la circulation pulmocutanée et la circulation systémique. La **circulation pulmocutanée** conduit le sang aux capillaires situés dans les organes d'échanges gazeux (les poumons et la peau, chez les Grenouilles). Là, le sang capte du dioxygène et rejette du CO_2, avant de revenir à l'oreillette gauche du cœur. La majeure partie du sang riche en dioxygène qui revient vers le cœur est pompée dans la circulation systémique, qui approvisionne tous les organes du corps. Ensuite, le sang appauvri en dioxygène revient à l'oreillette droite par l'intermédiaire des veines. Ce système de **circulation double** assure un apport vigoureux de sang à l'encéphale, aux muscles et aux autres organes, parce que le sang est pompé une seconde

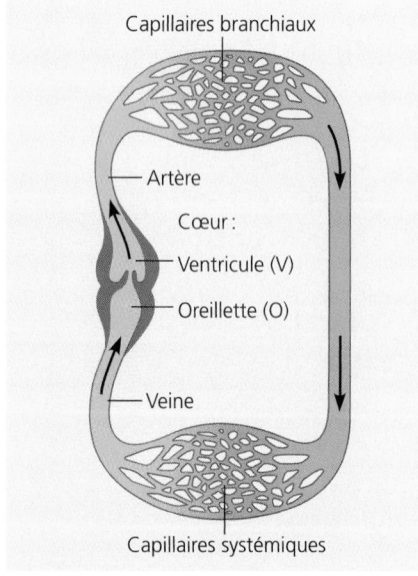

(a) Poissons

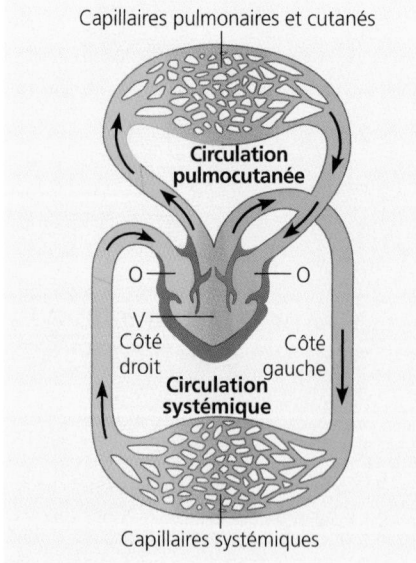

(b) Amphibiens

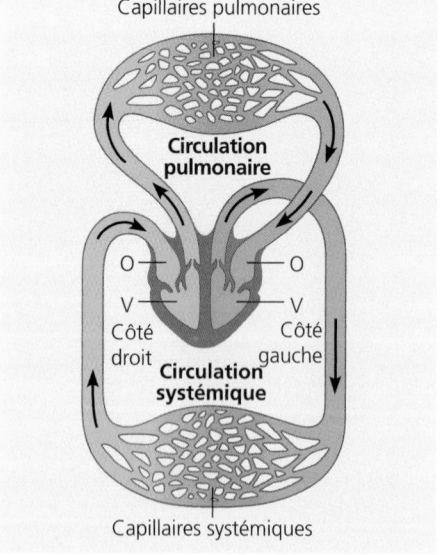

(c) Mammifères

FIGURE 42.3 Schématisation du système cardiovasculaire de différentes classes de Vertébrés. Le rouge symbolise le sang riche en dioxygène, et le bleu représente le sang pauvre en dioxygène. **(a)** Les Poissons possèdent un cœur à deux cavités et une circulation simple du sang. **(b)** Les Amphibiens ont un cœur à trois cavités

et une circulation double : la circulation pulmocutanée et la circulation systémique. Cette circulation double apporte le sang aux organes sous une pression élevée. Dans l'unique ventricule, le sang riche en dioxygène et le sang appauvri en dioxygène se mélangent quelque peu. (On représente généralement les systèmes cardiovasculaires

en mettant le côté droit du cœur sur la gauche et le côté gauche du cœur sur la droite, comme si le corps faisait face à l'observateur sur la page.) **(c)** Les Mammifères sont dotés d'un cœur à quatre cavités et d'une circulation double. Dans leur cœur, le sang riche en dioxygène reste complètement séparé du sang appauvri en dioxygène.

fois après que sa pression chute dans les lits capillaires des poumons ou de la peau. Le système de la circulation double s'oppose à la circulation simple des Poissons : chez ceux-ci, le sang passe directement des organes respiratoires (branchies) aux autres organes, mais la pression est plus faible que dans le cas d'une circulation double.

Dans l'unique ventricule du cœur des Grenouilles, du sang riche en dioxygène en provenance des poumons se mélange avec du sang appauvri en dioxygène en provenance du reste du corps. Toutefois, le ventricule est muni d'une crête qui dévie la majeure partie du sang riche en dioxygène de l'oreillette gauche vers la circulation systémique, et qui dévie la majeure partie du sang appauvri en dioxygène de l'oreillette droite vers la circulation pulmocutanée. Les Reptiles possèdent aussi un système de circulation double comportant une **circulation pulmonaire** (poumons) et une circulation systémique. Dans leur cas, le sang appauvri en dioxygène et le sang riche en dioxygène se mélangent moins que dans le cas des Amphibiens. Même si le cœur des Reptiles possède trois cavités, le ventricule est partiellement cloisonné.

Chez les Crocodiliens (Crocodiles, Alligators, Caïmans, Gavials), ainsi que chez tous les Oiseaux et les Mammifères, le ventricule est complètement séparé en deux cavités indépendantes : celle de droite et celle de gauche (FIGURE 42.3c). Grâce à cette particularité anatomique, la partie gauche du cœur ne reçoit et ne pompe que du sang riche en dioxygène, tandis que la partie droite ne traite que du sang appauvri en dioxygène. La distribution de celui-ci est meilleure, parce que le sang appauvri en dioxygène et le sang riche en dioxygène ne se mélangent pas. La circulation double rétablit la pression dans le circuit systémique après le passage du sang dans les capillaires des poumons.

L'évolution du cœur vers un organe puissant à quatre cavités est une adaptation essentielle permettant de soutenir le mode de vie endotherme qui distingue les Oiseaux et les Mammifères des autres Vertébrés. Les endothermes utilisent environ 10 fois plus d'énergie que les ectothermes de taille équivalente ; par conséquent, leur système cardiovasculaire doit fournir environ 10 fois plus d'énergie et de dioxygène aux tissus (et retirer 10 fois plus de CO_2 et d'autres déchets). Ces échanges importants de substances sont rendus possibles grâce aux modalités de circulation systémique et pulmonaire indépendantes ; il faut aussi un cœur gros et puissant, capable de pomper le volume nécessaire de sang. Les Oiseaux et les Mammifères descendent d'ancêtres reptiliens différents. Leur cœur puissant à quatre cavités a donc évolué indépendamment. C'est un exemple d'évolution convergente.

Les Mammifères ont une circulation double qui dépend de leur anatomie et de leur révolution cardiaque

Vous trouverez un schéma plus détaillé de la circulation sanguine dans le système cardiovasculaire des Mammifères à la FIGURE 42.4, dont les chiffres renvoient aux numéros encerclés figurant ci-dessous. Nous allons commencer par la circulation pulmonaire (poumons). Le ventricule droit ❶ pompe le sang vers les poumons par l'intermédiaire du tronc pulmonaire, qui se subdivise en artères pulmonaires droite et gauche ❷. À

mesure que le sang s'écoule dans les lits capillaires ❸ des poumons droit et gauche, il capte du dioxygène et perd du dioxyde de carbone. Le sang enrichi en dioxygène revient des poumons par l'intermédiaire des veines pulmonaires droites et gauches pour rejoindre l'oreillette gauche du cœur. ❹ Ensuite, le sang riche en dioxygène s'écoule dans le ventricule gauche, ❺ à mesure que le ventricule s'ouvre et que l'oreillette gauche se contracte. Le ventricule gauche expulse le sang riche en dioxygène vers les tissus du corps par l'intermédiaire de la circulation systémique. Le sang quitte le ventricule gauche par l'aorte, ❻ qui transporte le sang aux autres artères parcourant le corps. Les premières branches de l'aorte sont les artères coronaires (elles ne figurent pas sur le schéma), lesquelles approvisionnent le muscle cardiaque lui-même en sang. Puis viennent les branches débouchant sur les lits capillaires ❼ de la tête et des bras (ou des membres antérieurs). L'aorte se prolonge en direction du pôle postérieur ; il fournit du sang riche en dioxygène aux artères débouchant sur les artérioles ❽ et les lits capillaires dans les organes abdominaux et dans les jambes (ou dans les membres postérieurs). Dans les capillaires, le sang cède

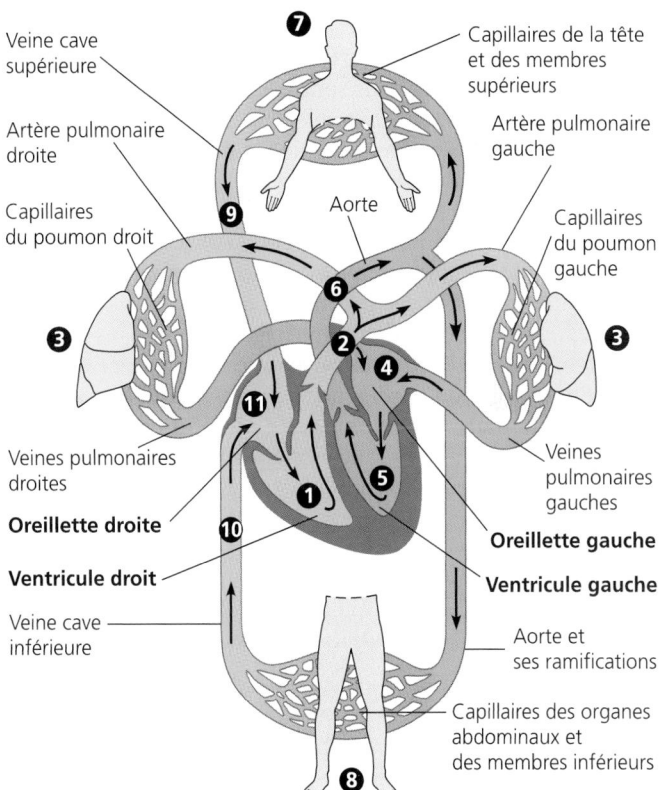

FIGURE 42.4 Système cardiovasculaire des Mammifères : une vue d'ensemble. Les numéros encerclés figurent dans le paragraphe explicatif du texte de la section correspondante. Nous suivons ici la trajectoire d'une cellule sanguine qui commence par franchir la circulation pulmonaire, avant de passer par la circulation systémique. Notons cependant qu'il faut envisager le système cardiovasculaire comme un tout : nous nous concentrons ici sur la trajectoire d'une cellule individuelle, mais il faut comprendre que les deux circulations travaillent simultanément et non en série, comme la numérotation du schéma pourrait le faire croire. Les deux ventricules pompent le liquide en même temps ou presque ; une partie du sang voyage dans la circulation pulmonaire, tandis que le reste se trouve dans la circulation systémique.

la majeure partie du dioxygène aux cellules et au liquide interstitiel des tissus; en retour, il reçoit le dioxyde de carbone produit par la respiration cellulaire. Les capillaires se rejoignent pour former des veinules, qui transmettent le sang aux veines. Le sang appauvri en dioxygène de la tête, du cou et des membres antérieurs est canalisé dans une grande veine appelée veine cave antérieure (ou supérieure chez l'Humain) ❾. Une autre grande veine, la veine cave postérieure (ou inférieure chez l'Humain) ❿ recueille le sang du tronc et des membres postérieurs. Les deux veines caves déversent leur sang dans l'oreillette droite ⓫, à partir de laquelle le sang appauvri en dioxygène se déverse dans le ventricule droit avant de retourner aux poumons.

Le cœur des Mammifères : une étude détaillée

Un examen plus détaillé du cœur des Mammifères (comme celui des Humains) nous permettra de mieux comprendre le processus de la circulation double (FIGURE 42.5). Le cœur humain est situé sous le sternum; il a environ la taille d'un poing fermé et il se compose surtout de tissu musculaire cardiaque (voir la FIGURE 40.4). Les deux oreillettes ont une paroi relativement mince et servent de réservoir au sang qui retourne au cœur. Elles ne chassent le sang que sur la courte distance qui les sépare des ventricules. Ces derniers ont une paroi plus épaisse, et leurs contractions sont beaucoup plus puissantes – surtout le ventricule gauche, qui doit envoyer le sang à tous les organes du corps par la circulation systémique.

Le cœur se contracte et se relâche de façon rythmique. Lorsqu'il se contracte, il agit telle une pompe foulante et expulse le sang dans le tronc pulmonaire et dans l'aorte. Lorsqu'il se relâche, il agit telle une pompe aspirante, et ses cavités se remplissent de sang. Un cycle complet comportant une phase d'éjection, et une autre, de remplissage de sang dans le cœur, correspond à une **révolution cardiaque.** La phase de contraction de la révolution cardiaque s'appelle **systole,** et la phase de relaxation, **diastole** (FIGURE 42.6). Le **débit cardiaque (D_c)** correspond au volume de sang éjecté par minute dans la circulation systémique par le ventricule gauche. Il dépend de deux facteurs: le nombre de contractions par unité de temps, c'est-à-dire la **fréquence cardiaque** (f_c, nombre de battements cardiaques par minute), et le **volume systolique** (V_s), c'est-à-dire la quantité de sang expulsé par le ventricule gauche à chaque contraction. Le volume systolique moyen de l'Humain s'élève à environ 75 mL/battement (0,75 L/batt.). Le sujet ayant ce volume systolique et une fréquence cardiaque au repos de 70 battements par minute a un débit cardiaque de 5,25 L/min. C'est à peu près l'équivalent du volume sanguin total du corps humain. Le débit cardiaque peut augmenter par un facteur de cinq pendant un exercice intense. Une personne de taille moyenne peut ainsi pomper en sang l'équivalent de sa masse toutes les deux ou trois minutes.

Le cœur comporte quatre valves (des replis de tissu conjonctif), qui empêchent le sang de refluer et qui contribuent à l'orienter dans la bonne direction (voir la FIGURE 42.5). Entre chaque oreillette et ventricule se trouve une **valve auriculo-ventriculaire (valve AV).** Les valves AV sont ancrées par de fins cordons de collagène (les cordages tendineux) qui les empêchent de remonter dans les oreillettes. La pression produite par la contraction puissante des ventricules ferme les valves AV, empêchant le sang de retourner dans les oreillettes. La **valve de l'aorte** ferme l'artère à la sortie du ventricule gauche, et la **valve du tronc pulmonaire** sépare ce dernier du ventricule droit. Ces valves sont ouvertes de force par la pression des contractions ventriculaires. Quand les ventricules se relâchent, le sang commence à revenir vers le cœur, fermant les valves au passage. Cela l'empêche de refluer dans les ventricules. Lorsque les artères reçoivent le sang éjecté des ventricules, leur paroi élastique se dilate. Puis, comme un élastique tend à reprendre sa forme initiale après avoir été étiré, elles se relâchent en exerçant une pression sur le sang qu'elles contiennent. En prenant votre **pouls** (dilatation rythmique des artères causée par la pression du sang générée par les contractions puissantes des ventricules), vous pouvez mesurer votre fréquence cardiaque.

Les bruits du cœur, que l'on peut entendre clairement à l'aide d'un stéthoscope, proviennent du claquement produit par la fermeture des valves. Ils comprennent deux temps, répétés à l'infini: «toc-tac». Le premier (soit le «toc»)

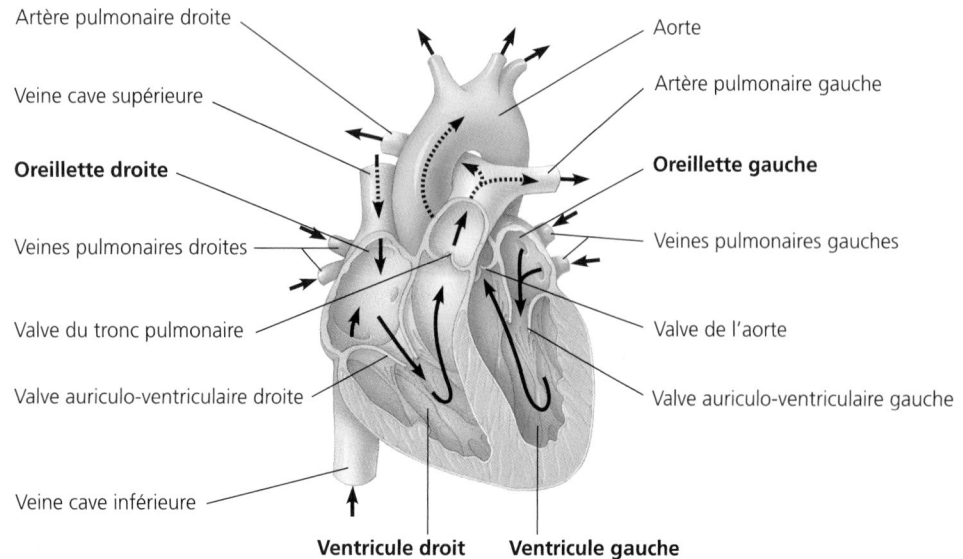

FIGURE 42.5 Le cœur des Mammifères : une étude détaillée. Dans ce schéma plus détaillé de la structure du cœur, remarquez la présence des valves, qui évitent un reflux du sang dans le cœur, ainsi que l'épaisseur relative de la paroi des cavités. Les oreillettes, qui ne pompent le sang que dans les ventricules, ont une paroi plus mince que celle des ventricules, qui pompent le sang dans les circulations pulmonaire et systémique.

Artère pulmonaire droite
Veine cave supérieure
Oreillette droite
Veines pulmonaires droites
Valve du tronc pulmonaire
Valve auriculo-ventriculaire droite
Veine cave inférieure
Ventricule droit

Aorte
Artère pulmonaire gauche
Oreillette gauche
Veines pulmonaires gauches
Valve de l'aorte
Valve auriculo-ventriculaire gauche
Ventricule gauche

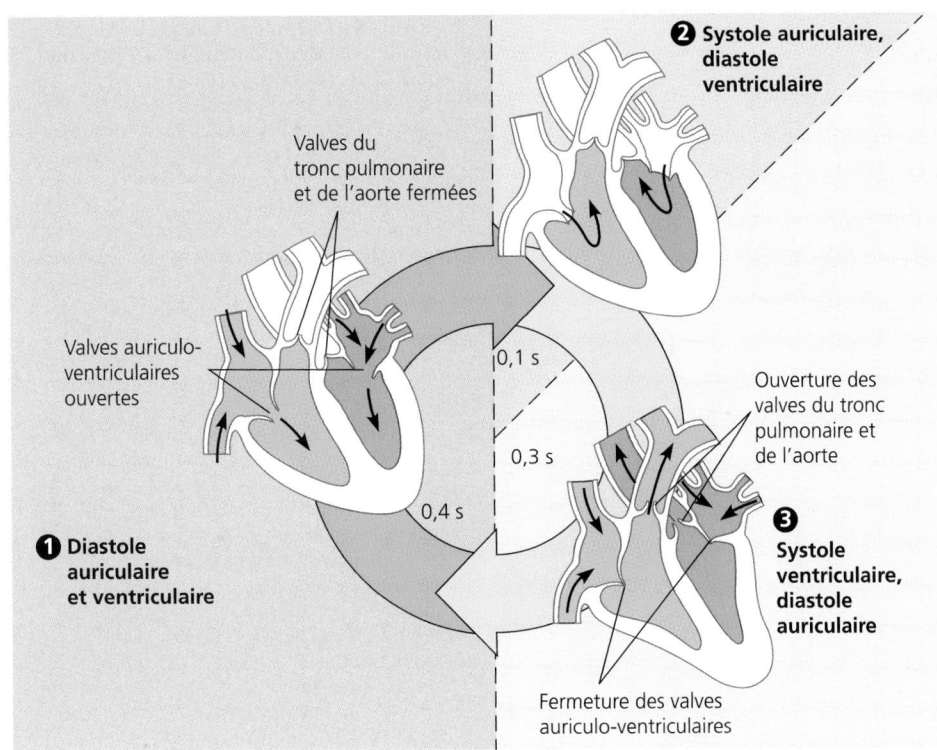

FIGURE 42.6 La révolution cardiaque.
Le cœur se contracte (systole) et se relâche (diastole) de façon cyclique. Chez un Humain adulte au repos dont la fréquence cardiaque est d'environ 75 battements/minute, une révolution cardiaque prend environ 0,8 seconde. ❶ Pendant la phase de relaxation (oreillettes et ventricules en diastole), qui dure environ 0,4 seconde, le sang revenant des veines caves supérieure et inférieure afflue dans les oreillettes, puis dans les ventricules. ❷ Une brève période de systole auriculaire (environ 0,1 seconde) force tout le sang restant à sortir des oreillettes pour gagner les ventricules. ❸ Pendant la période suivante de 0,3 seconde du cycle, la systole ventriculaire éjecte le sang dans le tronc pulmonaire et l'aorte. Remarquez que, durant la majeure partie de la révolution cardiaque, soit 0,7 seconde, les oreillettes sont relâchées et se remplissent du sang issu des veines caves supérieure et inférieure.

Les étiquettes de la figure:

❷ Systole auriculaire, diastole ventriculaire

Valves du tronc pulmonaire et de l'aorte fermées

Valves auriculo-ventriculaires ouvertes

❶ Diastole auriculaire et ventriculaire

0,1 s

0,3 s

0,4 s

Ouverture des valves du tronc pulmonaire et de l'aorte

❸ Systole ventriculaire, diastole auriculaire

Fermeture des valves auriculo-ventriculaires

correspond au reflux du sang contre les valves AV. Le second (le « tac »), plus clair, correspond au reflux du sang contre les valves du tronc pulmonaire et de l'aorte.

L'anomalie d'une ou de plusieurs valves provoque un trouble appelé **souffle cardiaque.** Celui-ci peut se manifester par un sifflement, qui se produit lorsque le sang reflue par une valve. Certains sujets naissent avec un souffle au cœur, tandis que d'autres subissent des dommages à leurs valves à la suite d'une infection (causée par un rhumatisme articulaire aigu, par exemple). La plupart des souffles cardiaques ne réduisent pas l'efficacité du débit sanguin au point de justifier une intervention chirurgicale.

Régulation de la fréquence cardiaque de base

L'approvisionnement adéquat de tous les organes du corps en dioxygène joue un rôle essentiel. Par exemple, les neurones meurent en quelques minutes si l'approvisionnement en dioxygène s'interrompt. Le maintien de la fonction cardiaque est donc indispensable à la survie. Divers mécanismes assurant la continuité et le contrôle de la fréquence cardiaque ont évolué.

Certaines cellules du muscle cardiaque sont autoexcitables, c'est-à-dire qu'elles peuvent se contracter sans aucun influx du système nerveux, même si on les prélève et si on les met en culture. Chacune possède sa propre fréquence de contraction. Mais comment leurs contractions sont-elles coordonnées dans un cœur intact ? Une région précise du cœur, appelée **nœud sinusal** ou **centre rythmogène,** fixe la fréquence et la synchronisation des contractions de toutes les cellules du muscle cardiaque. Le nœud sinusal est composé d'un tissu musculaire spécialisé et est situé dans la paroi de l'oreillette droite, près de l'endroit où la veine cave supérieure pénètre dans le cœur (FIGURE 42.7a, p. 956).

Le nœud sinusal génère des impulsions électriques (influx) semblables à celles que les neurones produisent. Étant donné que les cellules du muscle cardiaque sont couplées sur le plan électrique (par des disques intercalaires entre les cellules adjacentes ; voir la FIGURE 40.4), les influx du nœud sinusal se propagent rapidement dans la paroi des oreillettes. Cela amène celles-ci à se contracter simultanément. Les influx arrivent aussi à une autre région de tissus musculaires spécialisés, un point de relais appelé **nœud auriculo-ventriculaire.** Celui-ci est situé dans la paroi qui sépare l'oreillette droite du ventricule droit. Ici, les influx sont retardés d'environ 0,1 seconde avant de se propager dans la paroi des ventricules, ce qui permet aux oreillettes de se vider complètement avant que les ventricules se contractent.

Les influx qui se déplacent dans le cœur pendant la révolution cardiaque produisent des courants électriques transmis jusqu'à la peau par l'intermédiaire des liquides corporels. On peut en détecter les variations à l'aide d'électrodes collées sur la peau à différents endroits ; puis, un appareil enregistreur convertit les variations d'amplitude des impulsions électriques en un tracé que l'on peut interpréter : c'est ce que l'on appelle **électrocardiogramme** (ECG). L'ECG se compose d'ondes variées et de segments (voir la FIGURE 42.7a). L'onde P correspond à la propagation des influx dans les oreillettes ; le complexe QRS, à la propagation des influx dans les ventricules ; l'onde T, à une phase pendant laquelle les cellules musculaires des ventricules rétablissent leur potentiel de membrane au repos (voir le chapitre 8).

Le nœud sinusal fixe la fréquence des battements du cœur tout entier, sous l'influence de données physiologiques diverses (voir la FIGURE 42.7b). Deux ensembles de nerfs régulent la fréquence cardiaque : le premier fait partie du système nerveux sympathique (voir le chapitre 48) et accélère la fréquence cardiaque ; le deuxième fait partie du système nerveux parasympathique et ralentit la fréquence cardiaque. La fréquence cardiaque est un compromis contrôlé par les actions opposées de ces deux ensembles de nerfs. Le nœud sinusal subit aussi l'influence

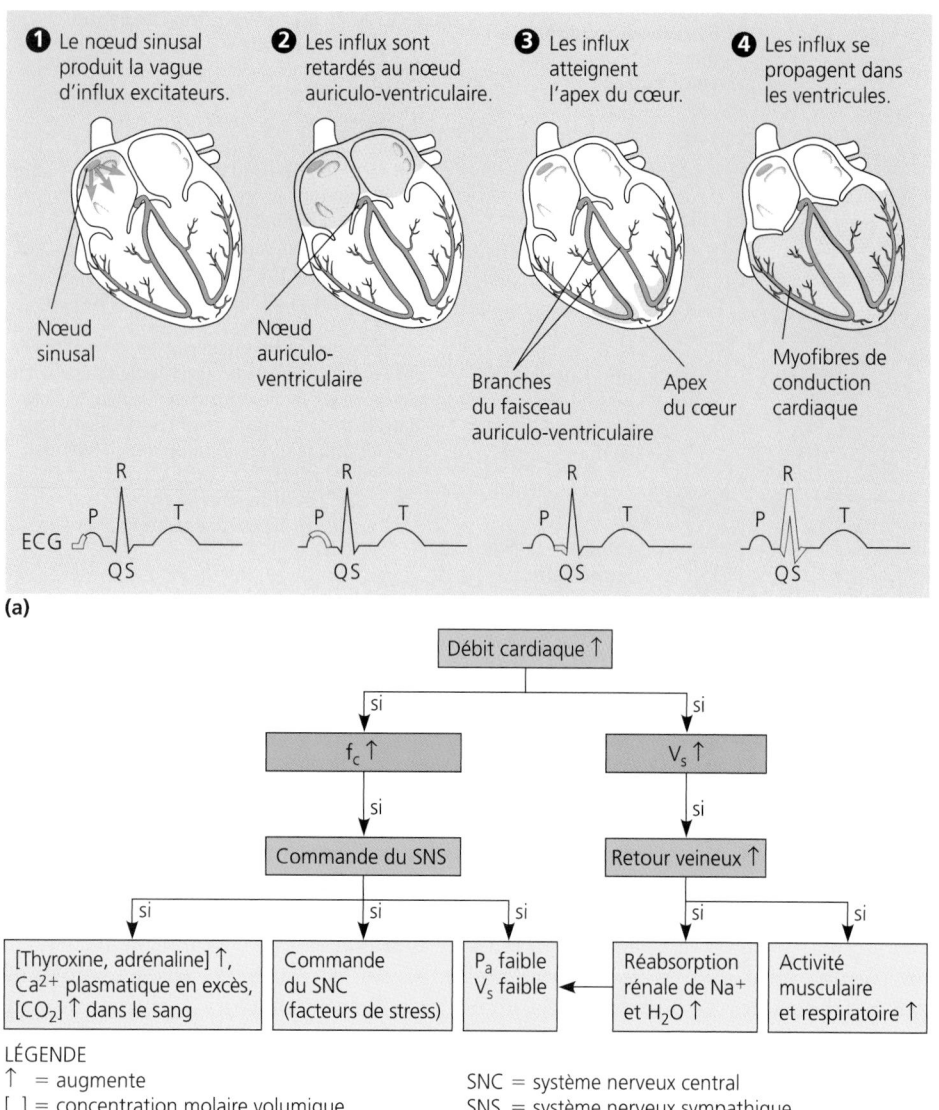

❶ Le nœud sinusal produit la vague d'influx excitateurs.

❷ Les influx sont retardés au nœud auriculo-ventriculaire.

❸ Les influx atteignent l'apex du cœur.

❹ Les influx se propagent dans les ventricules.

Nœud sinusal

Nœud auriculo-ventriculaire

Branches du faisceau auriculo-ventriculaire

Apex du cœur

Myofibres de conduction cardiaque

ECG

(a)

Débit cardiaque ↑

si → f_c ↑

si → V_s ↑

si → Commande du SNS

si → Retour veineux ↑

[Thyroxine, adrénaline] ↑, Ca^{2+} plasmatique en excès, [CO_2] ↑ dans le sang

Commande du SNC (facteurs de stress)

P_a faible V_s faible

Réabsorption rénale de Na^+ et H_2O ↑

Activité musculaire et respiratoire ↑

LÉGENDE
↑ = augmente
[ ] = concentration molaire volumique
f_c = fréquence cardiaque
P_a = pression artérielle

SNC = système nerveux central
SNS = système nerveux sympathique
V_s = volume sanguin

(b)

FIGURE 42.7 Régulation de la fonction cardiaque. (a) Régulation de la fréquence cardiaque de base. ❶ Le nœud sinusal ou centre rythmogène fixe la fréquence du battement cardiaque en produisant des influx, c'est-à-dire des variations de potentiel électrique (en jaune, onde P), qui ❷ se propagent dans les deux oreillettes, les amenant à se contracter simultanément. Ces influx excitateurs (qui stimulent la contraction) sont retardés au nœud AV d'environ 0,1 seconde. Cela permet au sang des oreillettes d'être éjecté dans les ventricules. ❸ Des fibres musculaires spécialisées, appelées branches du faisceau auriculo-ventriculaire et myofibres de conduction cardiaque, conduisent ensuite les influx à l'apex du cœur et ❹ à travers les parois ventriculaires (complexe QRS). Les influx déclenchent de puissantes contractions des deux ventricules, de l'apex vers les oreillettes. Cela conduit le sang dans l'aorte et dans le tronc pulmonaire. La couleur jaune figurant dans les graphiques au bas du schéma indique les éléments de l'électrocardiogramme (ECG) correspondant à la séquence d'événements électriques du cœur. À l'étape 4, la partie noire de l'ECG (onde T), à la droite du complexe QRS (en jaune), représente l'activité électrique après la contraction des ventricules. Pendant cette phase de l'ECG, les cellules musculaires des ventricules rétablissent leur potentiel de membrane et sont donc en mesure de répondre à la prochaine série d'influx excitateurs. **(b) Régulation du débit cardiaque.** La régulation du débit cardiaque fait intervenir plusieurs systèmes, notamment les systèmes respiratoire (voir la seconde section de ce chapitre), urinaire (chapitre 44), endocrinien (chapitre 45) et nerveux (chapitres 48 et 49).

---

d'hormones sécrétées dans le sang par diverses glandes. Par exemple, l'adrénaline, une hormone associée au stress et produite par les surrénales, fait augmenter la fréquence cardiaque (voir le chapitre 45). La température corporelle est un autre facteur influant sur l'activité du nœud sinusal. Il suffit d'une augmentation de 1 °C de la température corporelle pour que la fréquence cardiaque augmente d'environ 10 battements/minute. C'est pourquoi le pouls d'une personne fiévreuse est beaucoup plus rapide que la normale. La fréquence cardiaque s'accélère aussi pendant l'exercice physique : il s'agit d'une adaptation qui permet au système cardiovasculaire de fournir aux muscles qui travaillent le dioxygène supplémentaire dont ils ont besoin.

Les différences structurales entre les artères, les veines et les capillaires sont en corrélation avec les fonctions de ces vaisseaux

À l'exception des capillaires, tous les vaisseaux sanguins sont formés de tissus semblables. La paroi des artères et celle des

veines, par exemple, comportent trois couches de tissus (FIGURE 42.8). La tunique externe est composée de tissu conjonctif et contient des fibres collagène permettant aux vaisseaux de se dilater, puis de reprendre leur forme. La tunique moyenne, elle, est constituée de tissu musculaire lisse, de fibres élastiques et de fibres collagène. Enfin, la tunique interne est faite d'un **endothélium,** une couche simple de cellules aplaties assurant une surface lisse réduisant au minimum la résistance à la circulation sanguine.

Les différences structurales s'établissent en corrélation avec les différentes fonctions des artères, des veines et des capillaires. En effet, les capillaires sont dépourvus de tuniques moyenne et externe ; leur paroi très mince se compose uniquement d'un endothélium et d'une lame basale (un feuillet adhésif constitué de glycoprotéines et sécrété par les cellules de l'endothélium). La structure des capillaires facilite les échanges de substances entre le sang et le liquide interstitiel baignant les cellules. Les artères, elles, ont des tuniques moyenne et externe, qui sont plus épaisses que celles des veines. Le sang circule dans les vaisseaux du système cardiovasculaire à des vitesses et à des pressions

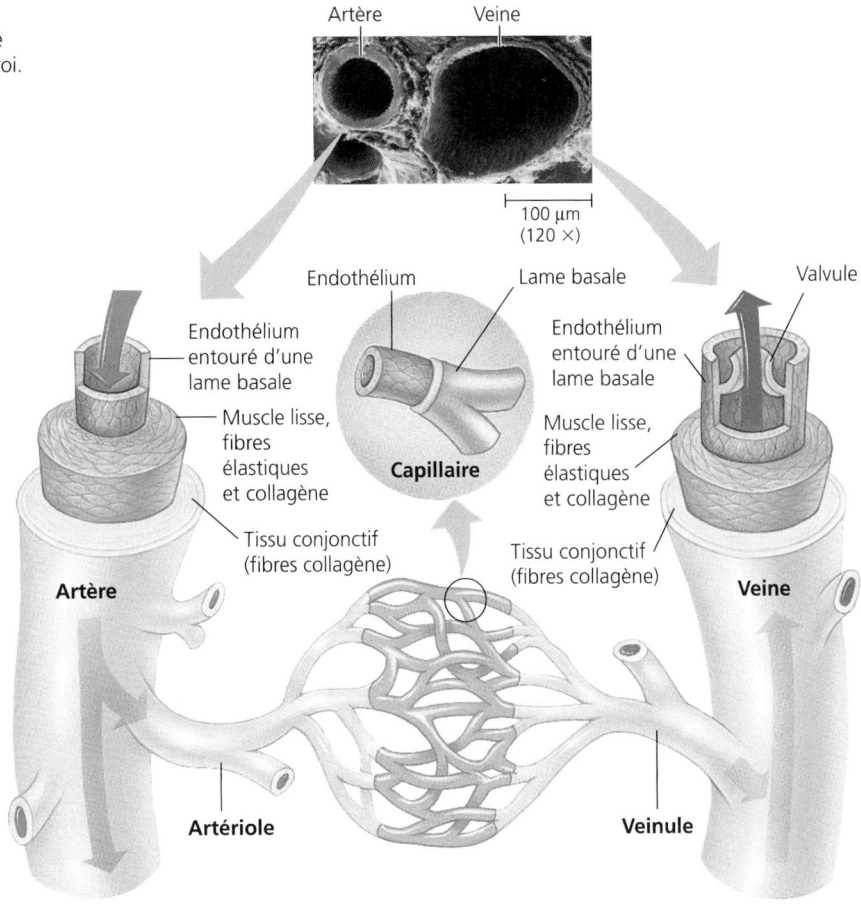

inégales. Les artères ont une paroi épaisse qui les renforce et qui leur sert à transporter un sang pompé à grande vitesse et à forte pression par le cœur. Quant à leur élasticité, elle leur permet de maintenir la pression artérielle, même quand le cœur se relâche entre les contractions. Les veines, elles, ont une paroi plus mince que celle des artères ; elles ramènent le sang au cœur sous une pression plus faible et à une moins grande vitesse. Le sang circule dans les veines principalement grâce à l'action des muscles. Chaque fois que nous effectuons un mouvement, les muscles squelettiques que nous sollicitons se contractent, ce qui a pour effet de comprimer nos veines et de faire circuler notre sang. Dans les grosses veines, des replis de tissu endothélial agissent comme des valvules et permettent au sang de se diriger exclusivement vers le cœur (FIGURE 42.9).

Les lois de la physique relatives aux mouvements des fluides dans les conduits s'appliquent à la circulation et à la pression sanguine

Vitesse de la circulation sanguine

Le sang voyage 1 000 fois plus vite dans l'aorte (environ 30 cm/seconde, en moyenne) que dans les capillaires (environ 0,026 cm/seconde). Cette variation suit la *loi de la continuité*, qui décrit le mouvement des fluides dans des conduits. Si un tuyau n'a pas un diamètre toujours égal, le fluide qui y circule s'écoulera plus rapidement dans les segments étroits que dans les sections larges. En effet, le *volume* d'écoulement par seconde

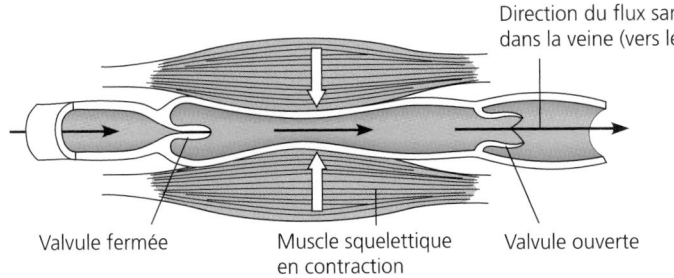

Valvule fermée   Muscle squelettique   Valvule ouverte
en contraction

FIGURE 42.9 Flux sanguin dans les veines. La contraction des muscles squelettiques comprime les veines. Les replis du tissu endothélial des veines agissent comme des valvules bloquant le reflux du sang, de sorte que celui-ci ne peut se déplacer qu'en direction du cœur. Les personnes qui restent assises ou debout trop longtemps risquent de constater que leurs pieds enflent : cela est dû au fait que le manque d'activité musculaire maintient un trop grand volume de sang dans les extrémités ; ce sang ne parvient pas à retourner au cœur.

doit rester constant dans tout le conduit. Le liquide doit donc circuler plus rapidement à mesure que le calibre du tuyau diminue. Comparez, par exemple, la vitesse de l'eau qui jaillit d'un tuyau d'arrosage avec et sans ajutage.

D'après la loi de la continuité, on pourrait penser que le sang circule plus rapidement dans les capillaires que dans les artères, étant donné que les premiers sont bien plus étroits que les seconds. Ce n'est pas ce que l'on observe. C'est l'aire de la section transversale *totale* des conduits de même catégorie qui détermine le débit. Chaque artériole conduit le sang à un nombre considérable de capillaires, de sorte que, cumulativement, le calibre total des conduits est en fait bien supérieur dans les lits capillaires que dans toute autre partie du système cardiovasculaire. C'est pourquoi le sang ralentit considérablement quand il pénètre dans les artérioles à partir des artères ; il ralentit encore davantage dans les lits capillaires. Les capillaires sont les seuls vaisseaux dont la paroi est suffisamment mince pour permettre le transfert des substances entre le sang et le liquide interstitiel. L'écoulement plus lent du sang dans ces petits vaisseaux favorise les échanges. Quand le sang quitte les lits capillaires pour gagner les veinules et les veines, il accélère de nouveau par suite de la réduction de l'aire de la section transversale totale (FIGURE 42.10).

Pression sanguine

Les fluides exercent une force, appelée pression hydrostatique, contre les surfaces de contact ; c'est cette pression qui déplace les fluides dans les conduits. Les fluides vont toujours des zones de forte pression vers les zones de plus faible pression. La force hydrostatique qui est exercée par le sang contre la paroi d'un vaisseau et qui déplace le sang s'appelle pression sanguine. Celle-ci est beaucoup plus élevée dans les artères que dans les veines, et elle atteint un maximum dans les artères (**pression systolique**) au moment où les ventricules se contractent, un événement appelé systole ventriculaire (voir la FIGURE 42.10).

Quand vous prenez votre pouls en plaçant les doigts sur la face interne du poignet, au point de rencontre entre l'artère radiale et la surface de la peau, vous sentez en fait le gonflement de cette artère à chaque battement du cœur. Cette onde pulsatile est en partie causée par le diamètre réduit des artérioles, qui entrave la sortie du sang des artères. Par conséquent, lorsque le cœur se contracte, le sang entre dans les artères plus vite qu'il ne peut en sortir, et les vaisseaux se dilatent sous la pression. La paroi élastique des artères revient en place pendant la diastole, mais le cœur se contracte de nouveau avant qu'une quantité suffisante de sang ait circulé dans les artérioles de façon à dissiper complètement la pression artérielle (ou tension artérielle). Cette force opposée par les artérioles s'appelle **résistance périphérique** (**R**). Étant donné que le travail des artères élastiques s'exerce contre la résistance périphérique, la pression artérielle est importante même au cours de la diastole (**pression diastolique**) ; elle contribue à refouler le sang continuellement dans les artérioles et dans les capillaires (voir la FIGURE 42.10). Comme l'indique la FIGURE 42.11, à la page 960, la pression artérielle d'une personne adulte en bonne santé se situe généralement autour de 16 kPa (120 mm Hg) à la systole, et entre 9,3 et 10,6 kPa (70 à 80 mm Hg) à la diastole.

La pression sanguine est déterminée en partie par le débit cardiaque et en partie par la résistance périphérique. La

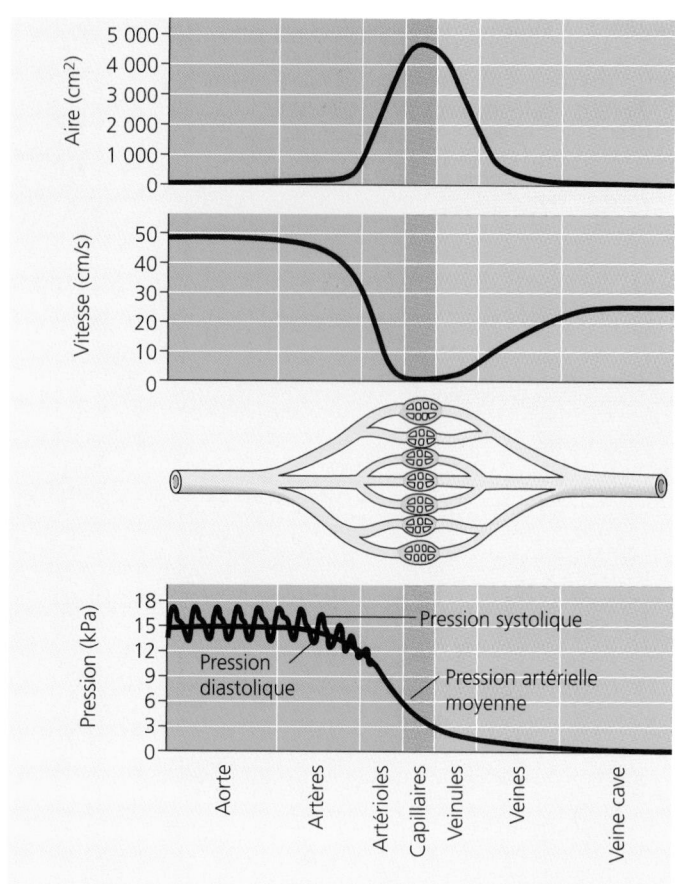

FIGURE 42.10 Interrelation de la vitesse de la circulation sanguine, de la section transversale totale des vaisseaux et de la pression sanguine. Le sang ralentit considérablement dans les artérioles et se déplace le plus lentement dans les capillaires, en raison de l'augmentation de la section transversale totale. La pression artérielle, qui est la force principale conduisant le sang du cœur aux capillaires, atteint son niveau le plus haut dans l'aorte. Les crêtes de la courbe de la pression sanguine correspondent à une systole ventriculaire ; les creux alternant dans cette courbe correspondent à une diastole (l'élasticité de la paroi artérielle empêche la pression diastolique de devenir nulle). Dans les artérioles et les capillaires, la résistance à l'écoulement sanguin est imputable au contact du sang avec une plus grande surface, soit l'aire totale de la paroi endothéliale du réseau de capillaires. Cette résistance réduit la pression sanguine et élimine les ondes périodiques de la courbe de pression.

contraction des muscles lisses dans la paroi des artérioles comprime ces dernières, augmentant ainsi la résistance périphérique, donc la pression artérielle en amont dans les artères. Quand les muscles lisses des artérioles se relâchent, celles-ci se dilatent ; le flux sanguin dans les artérioles augmente, et la pression artérielle diminue. Les influx nerveux, les hormones et d'autres facteurs influent sur l'activité du tissu musculaire lisse de la paroi artériolaire. Les stress physiques et émotifs peuvent augmenter la pression artérielle en déclenchant des réactions nerveuses et hormonales, qui produisent une diminution du diamètre des vaisseaux sanguins (FIGURE 42.11b).

Le débit cardiaque varie en fonction des changements dans la résistance périphérique. Cette coordination des mécanismes de contrôle assure une circulation sanguine suffisante selon les contraintes imposées au système cardiovasculaire. Par exemple, pendant une activité physique intense, les artérioles des muscles sollicités se dilatent. Cette réaction amène un plus grand apport de sang riche en dioxygène aux muscles et diminue la résistance périphérique. À lui seul, ce processus ferait chuter la pression sanguine (et donc la circulation du sang) dans le corps. Toutefois, le débit cardiaque augmente en conséquence de façon à maintenir la pression artérielle et à soutenir l'augmentation nécessaire du flux sanguin.

Chez les grands animaux terrestres, un autre facteur influe sur la pression sanguine : la gravitation. Outre la force exigée pour surmonter la résistance périphérique, la circulation doit bénéficier d'une pression supplémentaire si le sang doit atteindre des régions du corps situées au-dessus du cœur. Chez un Humain qui est debout, le sang doit monter d'environ 35 cm pour passer du cœur au cerveau. Il faut donc 3,6 kPa de pression supplémentaire ; cela amène le cœur à dépenser plus d'énergie pendant ses contractions. Le défi à relever est beaucoup plus grand dans le cas des animaux au long cou. Les Girafes qui sont debout doivent pomper le sang beaucoup plus haut que le cœur, soit à une distance de 2,5 m. Il faut, pour y arriver, environ 25 kPa de pression sanguine supplémentaire dans le ventricule gauche. La pression systolique normale des Girafes est supérieure à 33 kPa près du cœur. (Une pression systolique aussi élevée serait extrêmement dangereuse pour l'Humain.) Des valvules faisant office de clapet antiretour, ainsi que des sinus spéciaux et des mécanismes de rétro-inhibition réduisant le débit cardiaque, empêchent cette forte pression d'endommager les tissus de l'encéphale de la Girafe. Quand celle-ci baisse la tête pour boire, sa position corporelle amène le sang à affluer vers le bas, à près de 2 m du cœur, ce qui ajoute 20 kPa de pression sanguine dans les artères conduisant à l'encéphale. Certains physiologistes s'interrogent sur la pression artérielle et sur les adaptations cardiovasculaires des Dinosaures : quelques-uns possédaient un cou de près de 10 m de long, ce qui exigeait une pression systolique de 101,3 kPa simplement pour pomper le sang jusqu'au cerveau, quand la tête était levée au maximum.

Au moment où le sang atteint les veines, sa pression ne relève plus tellement de l'action du cœur. En effet, il rencontre beaucoup de résistance en passant à travers la multitude d'artérioles et de capillaires minuscules, de sorte que la pression produite par le cœur est dissipée et qu'elle ne peut plus le propulser dans les veines. Comment revient-il au cœur, surtout quand il doit refluer des extrémités inférieures et lutter contre la gravitation ? Les contractions rythmiques des muscles lisses de la paroi des veinules et des veines sont en partie responsables de la circulation veineuse. Mais c'est surtout l'activité des muscles squelettiques pendant un exercice qui facilite la circulation en comprimant le sang dans les veines (voir la FIGURE 42.9). De plus, lorsque nous inspirons, le changement de pression dans la cavité thoracique provoque la dilatation et le remplissage de la veine cave, ainsi que d'autres grosses veines voisines du cœur.

Le transfert des substances entre le sang et le liquide interstitiel se fait à travers la paroi mince des capillaires

Circulation sanguine dans les lits capillaires

À tout moment, le sang n'irrigue que 5 à 10 % des capillaires du corps. Cependant, tous les tissus sont irrigués par de nombreux capillaires, de sorte que les parties du corps sont en permanence approvisionnées en sang. Les capillaires de l'encéphale, du cœur, des reins et du foie sont généralement remplis à pleine capacité. Dans de nombreux autres organes, l'approvisionnement en sang varie en fonction des besoins à mesure que la circulation passe d'une destination à l'autre. Après le repas, par exemple, l'apport sanguin au tube digestif augmente. Pendant un exercice physique intense, le sang est détourné du tube digestif, et il va irriguer plus généreusement les muscles squelettiques et la peau. C'est l'une des raisons pour lesquelles il est déconseillé de faire des activités physiques soutenues immédiatement après un repas copieux.

Deux mécanismes impliquant la régulation nerveuse et hormonale de l'activité des muscles lisses contrôlent la distribution du sang dans les lits capillaires. Dans le premier mécanisme, la contraction de la couche de muscle lisse située dans la paroi d'une artériole comprime le vaisseau, ce qui diminue le flux sanguin vers un lit capillaire. Quand la couche musculaire se relâche, l'artériole se dilate, laissant le sang pénétrer davantage dans les capillaires. Dans l'autre mécanisme, des anneaux de muscle lisse, les sphincters précapillaires (situés à l'entrée des lits capillaires), régissent la circulation sanguine entre les artérioles et les veinules (FIGURE 42.12, p. 961).

Échange capillaire

L'échange de substances entre le sang et le liquide interstitiel baignant les cellules revêt une importance primordiale. Il se fait à travers la mince paroi endothéliale des capillaires. Certaines substances sont transportées à travers la paroi d'une cellule endothéliale dans des vésicules formées par endocytose sur un côté de la cellule (voir la FIGURE 8.19). Le contenu des vésicules est exporté par exocytose du côté opposé. D'autres substances diffusent simplement du sang vers le liquide interstitiel, et vice-versa. Les petites molécules neutres, notamment le dioxygène et le dioxyde de carbone, diffusent en suivant leur gradient de concentration à travers les cellules endothéliales. La diffusion peut aussi s'effectuer par des fentes intercellulaires. Toutefois, le transport à travers celles-ci se fait principalement à l'aide d'un courant de masse, c'est-à-dire d'un mouvement des liquides imputable à leur pression. La pression sanguine au sein des capillaires pousse les liquides (l'eau et les petits solutés, notamment les monosaccharides, les sels, le dioxygène et l'urée) à travers les fentes intercellulaires des capillaires. Ce processus provoque une perte nette de liquide à l'extrémité amont des capillaires (près d'une artériole). Les cellules en suspension et la plupart des protéines dissoutes dans le sang sont trop grosses pour traverser facilement l'endothélium. Elles restent donc dans les capillaires. Cela provoque une augmentation de l'osmolarité (la concentration des solutés) à mesure que le sang perd du liquide pendant son passage à travers les capillaires. Le gradient osmotique résultant aspire de l'eau dans les capillaires par osmose, près de l'extrémité aval (à proximité d'une veinule) (FIGURE 42.13, page 962). Environ 85 % du liquide qui quitte le sang à l'extrémité artérielle d'un lit capillaire pénètre de nouveau dans l'extrémité veineuse du lit capillaire à partir du liquide interstitiel. Les 15 % restants reviennent éventuellement dans le sang par l'entremise des vaisseaux du système lymphatique.

FIGURE 42.11 La pression artérielle.

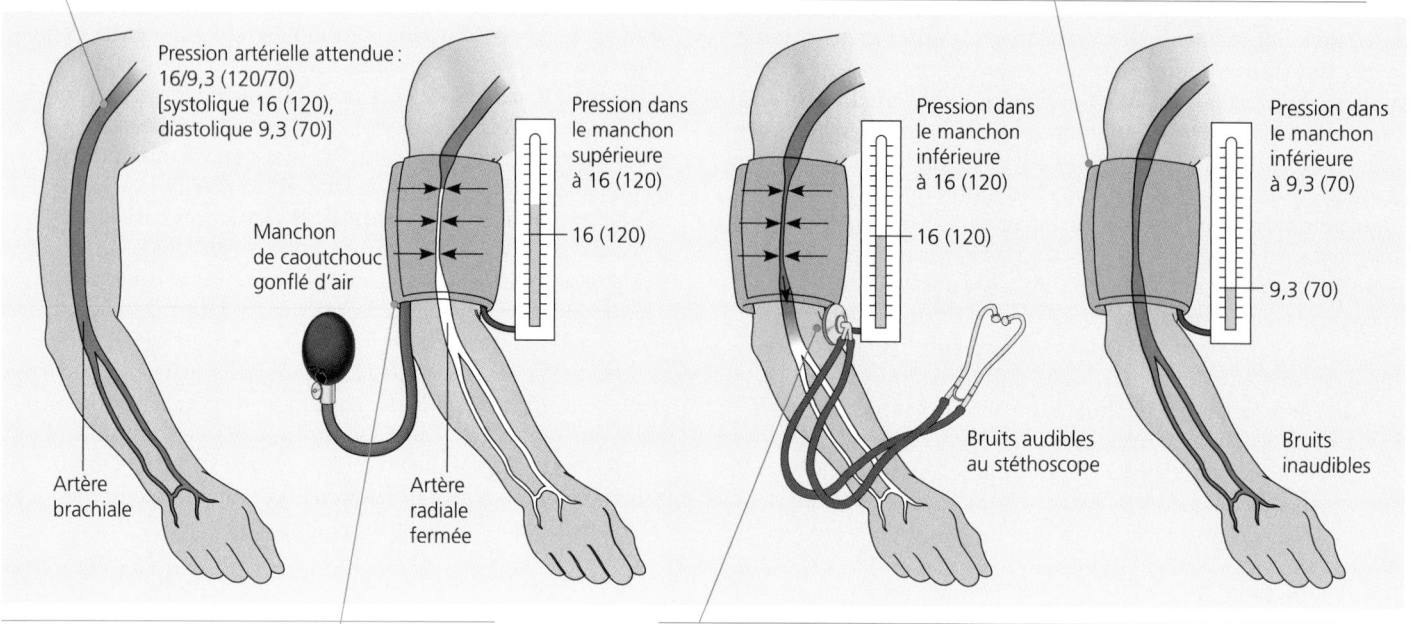

❶ La pression artérielle d'un sujet de 20 ans s'établit généralement à 16/9,3 kPa (120/70 mm Hg).

❹ On continue à dégonfler le manchon jusqu'à ce que le sang puisse s'écouler librement dans l'artère et que les bruits en aval du manchon disparaissent. La pression observée à ce moment correspond à la pression diastolique, c'est-à-dire à la pression la plus faible mesurable entre les contractions du cœur.

Pression artérielle attendue : 16/9,3 (120/70) [systolique 16 (120), diastolique 9,3 (70)]

Manchon de caoutchouc gonflé d'air

Pression dans le manchon supérieure à 16 (120)

16 (120)

Artère brachiale

Artère radiale fermée

Pression dans le manchon inférieure à 16 (120)

16 (120)

Bruits audibles au stéthoscope

Pression dans le manchon inférieure à 9,3 (70)

9,3 (70)

Bruits inaudibles

❷ Le sphygmomanomètre, un manchon gonflable relié à un manomètre, sert à mesurer la pression artérielle. Le manchon est enroulé autour de la partie supérieure du bras ; il est gonflé jusqu'à ce que la pression ferme l'artère brachiale et arrête complètement la circulation sanguine en aval du manchon. La pression exercée par ce dernier dépasse alors la pression exercée par l'artère.

❸ Au moyen d'un stéthoscope, on écoute alors les bruits de la circulation sous le manchon, près du point central du pli du coude. Si l'artère est fermée, on n'entend aucune pulsation en aval du manchon. Ensuite, on dégonfle progressivement le manchon jusqu'à ce que le sang recommence à circuler dans l'avant-bras et que l'on puisse entendre les bruits causés par la pulsation du sang dans l'artère brachiale. À ce moment-là, la pression sanguine est plus grande que la pression exercée par le manchon. La pression observée alors correspond à la pression systolique.

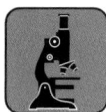

(a) Mesure de la pression artérielle. La pression artérielle est exprimée à l'aide de deux nombres séparés par une barre oblique ; la première valeur représente la pression systolique, et la seconde, la pression diastolique. Les valeurs sont exprimées en kPa et, entre parenthèses, en mm Hg.

Le système lymphatique renvoie les liquides dans le sang et facilite la défense de l'organisme

Les capillaires transportent tellement de sang que la perte cumulative de liquide s'élève à 4 L environ par jour. Les capillaires perdent également une certaine quantité de protéines sanguines, même si leur paroi n'est pas très perméable à ces grosses molécules. Les protéines et les liquides perdus reviennent dans le sang par l'intermédiaire du **système lymphatique.** Les liquides pénètrent dans ce système en diffusant dans de minuscules capillaires lymphatiques entremêlés aux capillaires du système cardiovasculaire. Une fois qu'ils pénètrent dans le système lymphatique, ils prennent le nom de **lymphe.** La composition de la lymphe est à peu près la même que celle du liquide interstitiel. Le système lymphatique déverse ses liquides à deux endroits dans le système cardiovasculaire : dans les veines subclavières droite et gauche, près des épaules (voir la FIGURE 43.4). Si du liquide interstitiel s'accumule au lieu de retourner dans le sang par le système lymphatique, les tissus et les cavités

corporelles gonflent (c'est une affection appelée œdème). L'éléphantiasis est une forme grave d'œdème localisé, dû au blocage des vaisseaux lymphatiques par un Ver rond parasite, la Filaire de Bancroft (*Wuchereria bancrofti*). Une carence grave en protéines alimentaires peut également causer un œdème. En effet, lorsqu'un organisme manque d'acides aminés, il consomme ses propres protéines sanguines. Cela entraîne une réduction de la pression osmotique du sang. Le liquide interstitiel a alors tendance à s'accumuler dans les tissus corporels au lieu de retourner dans les capillaires. Un enfant qui souffre d'une carence en protéines peut avoir le ventre très gonflé à cause de tout le liquide accumulé dans la cavité abdominale.

À l'instar des vaisseaux sanguins, les vaisseaux lymphatiques sont constitués de trois tuniques (exception faite des capillaires lymphatiques). Comme les veines, ils possèdent des valvules prévenant le reflux des liquides vers les capillaires. Des contractions rythmiques de leur paroi facilitent le drainage des liquides récupérés par les capillaires lymphatiques. Enfin, comme les veines, ils ont besoin des contractions des muscles squelettiques pour forcer les liquides à se déplacer vers le cœur.

FIGURE 42.11 *Suite*

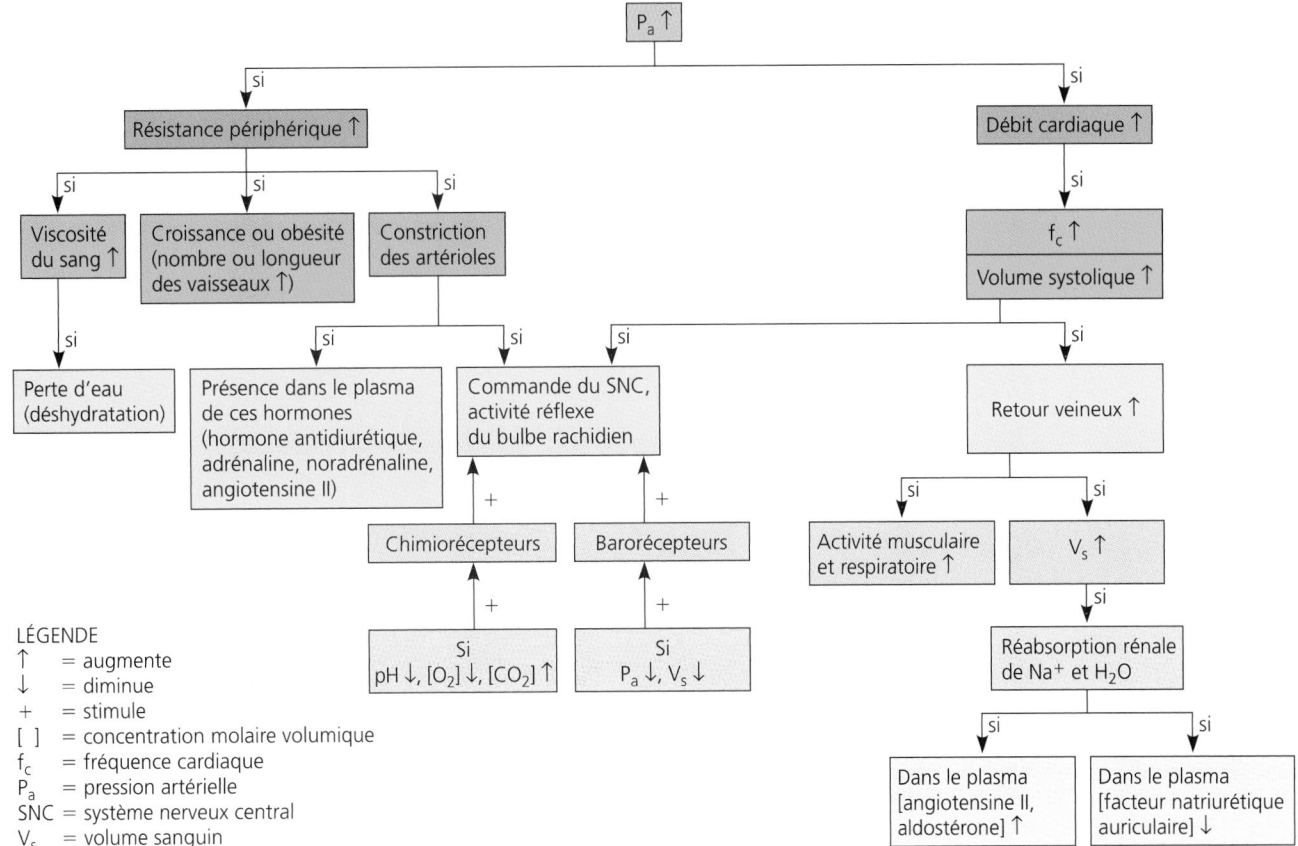

(b) Facteurs à l'origine d'une augmentation de la pression artérielle. La régulation de la pression artérielle nécessite la contribution de plusieurs systèmes notamment les systèmes cardiovasculaire, respiratoire (voir la seconde partie de ce chapitre), urinaire (chapitre 44), endocrinien (chapitre 45) et nerveux (chapitres 48 et 49).

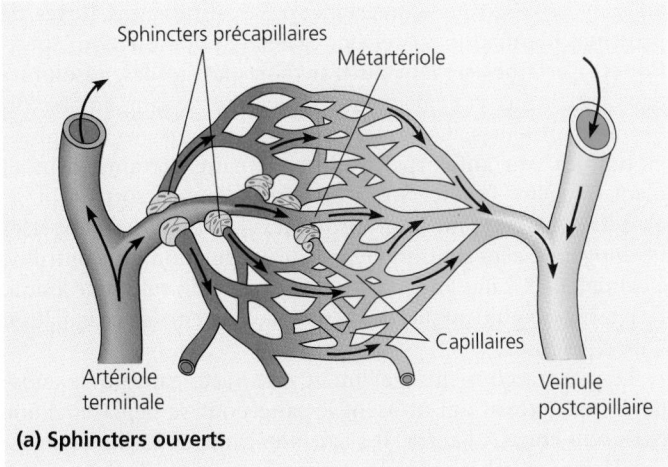

(a) Sphincters ouverts

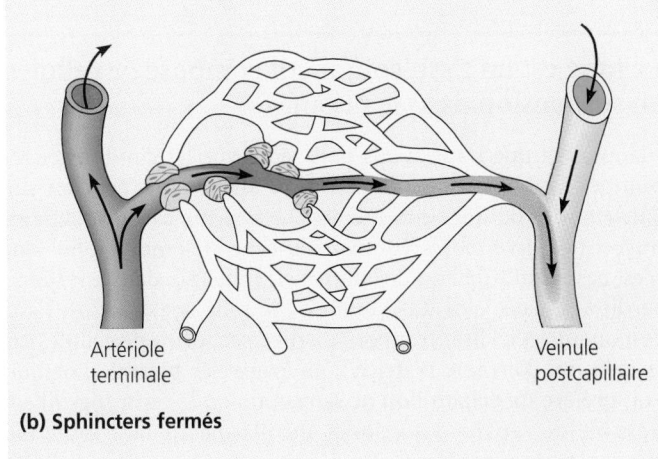

(b) Sphincters fermés

FIGURE 42.12 Circulation sanguine dans les lits capillaires. Les sphincters précapillaires régulent le passage du sang dans les lits capillaires. Une certaine quantité de sang passe directement des artérioles aux veinules par l'intermédiaire de capillaires appelés métartérioles. Celles-ci sont toujours ouvertes.

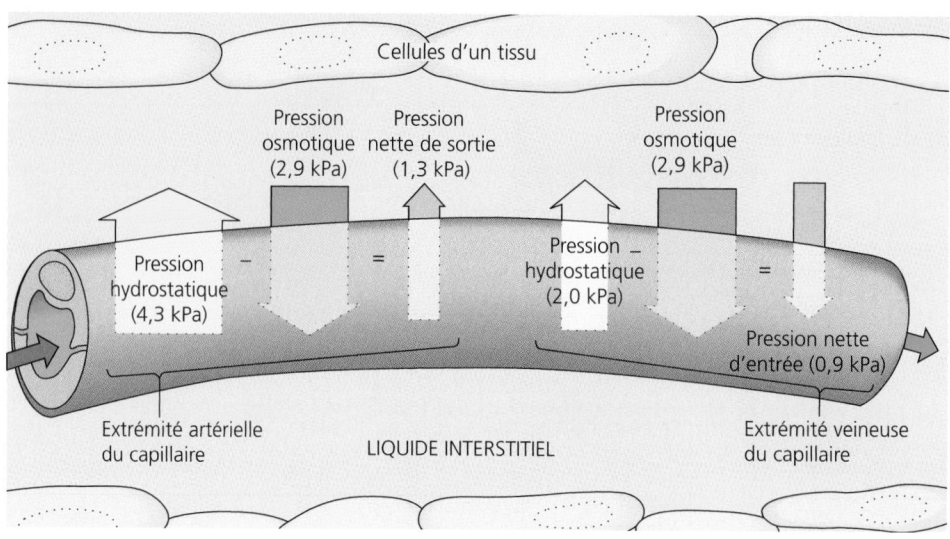

FIGURE 42.13 Mouvement des liquides entre les capillaires et le liquide interstitiel. Les liquides sortent d'un capillaire en amont, près d'une artériole. Ils pénètrent de nouveau dans un capillaire en aval, près d'une veinule. La direction de l'écoulement des liquides à travers la paroi capillaire dépend toujours de la différence entre deux forces opposées : la pression hydrostatique (soit la pression exercée contre la paroi) et la pression osmotique.

Le long des vaisseaux lymphatiques se trouvent des organes appelés **nœuds lymphatiques** (ou ganglions lymphatiques). Ceux-ci filtrent la lymphe, et ils attaquent les bactéries et les virus envahisseurs ; ils jouent donc un rôle clé dans l'immunité. On trouve dans les nœuds un réseau réticulé de tissu conjonctif, dont les espaces sont occupés par des globules blancs (leucocytes) spécialisés dans la défense de l'organisme. Lorsque le corps lutte contre une infection, ces cellules se multiplient rapidement. Les nœuds enflent alors et deviennent sensibles. (Le médecin palpe les nœuds lymphatiques du cou pour voir s'ils sont gonflés et douloureux.)

Bref, le système lymphatique contribue à la défense du corps contre l'infection, tout en équilibrant le volume et la concentration protéique du sang. Nous avons vu dans le chapitre 41 qu'il transporte aussi les chylomicrons – des graisses liées à du cholestérol et enrobées de protéines – du tube digestif au système cardiovasculaire.

Le sang est un tissu conjonctif composé de cellules en suspension dans le plasma

Maintenant que nous avons passé en revue les conduits et les pompes assurant la circulation, nous allons nous pencher sur l'analyse des liquides eux-mêmes. Le système cardiovasculaire ouvert des Invertébrés contient du sang (l'hémolymphe) qui n'est pas distinct du liquide interstitiel. Toutefois, dans le système cardiovasculaire clos des Vertébrés, le sang constitue un tissu conjonctif spécialisé, composé de diverses sortes de cellules en suspension dans une matrice liquide appelée **plasma**. Lorsque l'on prélève un échantillon de sang et qu'on le centrifuge, il est possible de séparer les cellules du plasma (il faut toutefois ajouter un anticoagulant). Les éléments figurés (soit les cellules et les fragments cellulaires), qui occupent environ 45 % du volume sanguin, se déposent au fond de l'éprouvette, formant un culot rouge et dense. Au-dessus de celui-ci se trouve le surnageant, constitué du plasma, transparent-jaunâtre (FIGURE 42.14).

Plasma

Le plasma est composé à 90 % d'eau ; il contient une grande variété de solutés, notamment des sels inorganiques sous forme d'ions dissous, que l'on peut appeler électrolytes. La concentration totale de ces ions joue un rôle important dans le maintien de l'équilibre osmotique du sang. Certains ions ont également un effet tampon, qui contribue à maintenir un pH sanguin normal de 7,4 (valeur de référence chez l'Humain). Le fonctionnement normal des muscles et des nerfs dépend aussi de la concentration d'ions clés dans le liquide interstitiel, laquelle reflète celle du plasma. Les reins maintiennent les électrolytes du plasma à des concentrations précises, contribuant à l'homéostasie.

Les protéines plasmatiques constituent une autre catégorie importante de solutés accomplissant de nombreuses fonctions. Elles ont un effet tampon qui contribue à maintenir le pH autour de la valeur de référence, elles équilibrent la pression osmotique entre le sang et le liquide interstitiel, et elles confèrent au sang sa viscosité (consistance). Les différentes sortes de protéines plasmatiques exercent également des fonctions spécifiques. Certaines servent au transport des lipides, insolubles dans l'eau : ceux-ci ne peuvent circuler dans le sang qu'une fois liés aux protéines. Un autre type de protéine, les immunoglobulines (ou anticorps), aide à détruire certains virus et d'autres agents étrangers qui pénètrent dans le corps (voir le chapitre 43). Quant aux protéines plasmatiques appelées fibrinogènes, elles sont un facteur de coagulation qui contribue à colmater les fuites lorsqu'un vaisseau sanguin subit une lésion. Le plasma sanguin auquel on a enlevé les facteurs de coagulation s'appelle sérum.

Le plasma contient également une vaste gamme de substances en transit, qui utilisent le sang pour se déplacer d'une partie du corps à l'autre. Il s'agit notamment des nutriments, des déchets métaboliques, des gaz respiratoires et des hormones. Le plasma sanguin et le liquide interstitiel ont une composition semblable, sauf que le plasma contient une concentration beaucoup plus élevée de protéines (rappelez-vous que la paroi des capillaires n'est pas très perméable aux protéines).

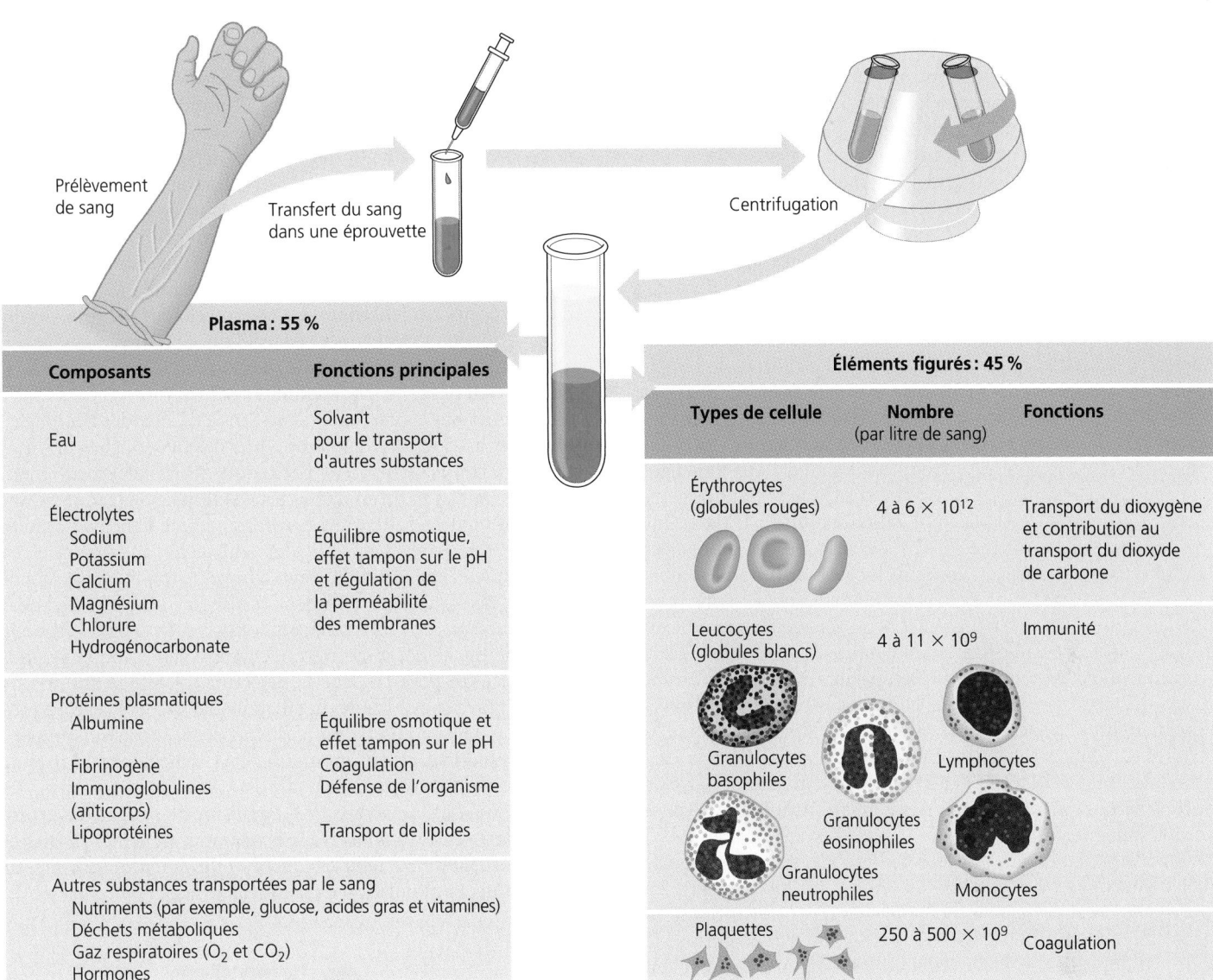

FIGURE 42.14 Composition du sang des Mammifères.

Éléments figurés

Deux types de cellules sont en suspension dans le plasma sanguin : les **globules rouges,** qui transportent le dioxygène et une partie du dioxyde de carbone ; et les **globules blancs,** qui sont une des composantes du système immunitaire. Un troisième élément est aussi contenu dans le plasma sanguin : les **plaquettes,** soit des fragments de cellules contribuant à la coagulation.

Les globules rouges, ou **érythrocytes,** sont de loin les cellules sanguines les plus nombreuses. Chaque litre de sang humain en contient de 4 à 6 × 10^{12} (le volume sanguin du corps est d'environ 5 L).

La structure des érythrocytes offre un excellent exemple de la corrélation entre la structure et la fonction. Leur fonction principale, qui est le transport du dioxygène, dépend d'une diffusion rapide de ce dernier à travers la membrane plasmique. Les érythrocytes de l'Humain sont de petits disques biconcaves (d'environ 7 à 8,5 μm de diamètre), plus minces au centre qu'au bord. Leur population totale, leur petite taille et leur biconcavité leur confèrent une grande aire de contact. Plus la viscosité du sang augmente, donc plus le nombre d'érythrocytes par volume augmente, plus il y a de dioxygène diffusant des poumons vers le sang et du sang vers les tissus. Les érythrocytes des Mammifères sont dépourvus de noyau. Cette caractéristique cellulaire inhabituelle leur permet de contenir plus de molécules d'**hémoglobine,** une protéine contenant quatre ions ferreux (Fe^{2+}) transportant chacun une molécule de dioxygène (voir la FIGURE 5.23b). Les globules rouges sont également dépourvus de mitochondries et produisent leur ATP exclusivement par métabolisme anaérobie. Leur transport de dioxygène serait moins efficace si leur métabolisme nécessitait une respiration aérobie, car ils consommeraient une partie du dioxygène transporté.

Malgré sa petite taille, un érythrocyte contient environ 250 millions de molécules d'hémoglobine. Les chercheurs ont constaté récemment que l'hémoglobine fixe non seulement le dioxygène, mais aussi le monoxyde d'azote (NO). Quand les globules rouges passent dans les lits capillaires des poumons, des branchies ou des autres organes respiratoires, l'O_2 et le NO diffusent vers les érythrocytes et se fixent à l'hémoglobine. Dans les capillaires irriguant les tissus, l'hémoglobine libère le dioxygène et le monoxyde d'azote, qui diffusent vers les cellules du corps. Le NO provoque la dilatation des capillaires, ce qui facilite sans doute l'approvisionnement des cellules en O_2.

On dénombre cinq grands types de globules blancs, aussi appelés **leucocytes**: les monocytes, les granulocytes neutrophiles, les granulocytes basophiles, les granulocytes éosinophiles et les lymphocytes (voir la FIGURE 42.14). Leur fonction est de combattre les infections. Ainsi, les monocytes et les granulocytes neutrophiles sont des phagocytes absorbant et digérant des bactéries, des virus et les débris des cellules mortes de l'organisme. Les lymphocytes participent à la défense de celui-ci par l'intermédiaire des anticorps ou en attaquant directement les agents envahisseurs (nous y reviendrons au chapitre 43). Les granulocytes basophiles portent de grosses granulations contenant de l'héparine (un anticoagulant) et de l'histamine (une substance sécrétée au cours de la réaction inflammatoire). L'histamine produit une dilatation des vaisseaux et attire des leucocytes dans la région affectée. Les granulocytes éosinophiles, eux, détruisent les vers parasites et les complexes antigène-anticorps; ils phagocytent aussi les protéines étrangères et les complexes antigène-anticorps à l'origine des allergies. Les globules blancs passent la majeure partie de leur temps hors du système cardiovasculaire. Ils patrouillent dans le liquide interstitiel et dans le système lymphatique, là où se livrent la plupart des batailles contre les agents pathogènes. En temps normal, un litre de sang humain contient de 4 à 11×10^9 leucocytes, mais le nombre de ces derniers augmente temporairement chaque fois que le corps combat une infection.

Enfin, les plaquettes, qui représentent la troisième catégorie d'éléments figurés du sang, sont des fragments de cellules de 2 à 4 µm de diamètre. Elles sont dépourvues de noyau et résultent de la fragmentation du cytoplasme de grandes cellules dans la moelle osseuse. Les plaquettes circulent dans le sang et participent au processus essentiel de coagulation.

Cellules souches et remplacement des éléments figurés du sang

Les éléments figurés du sang (les érythrocytes, les leucocytes et les plaquettes) ont une durée de vie limitée et font l'objet d'un remplacement constant. Par exemple, les érythrocytes ne restent généralement en circulation que durant trois à quatre mois; ils sont ensuite détruits par des phagocytes dans le foie et dans la rate. Des enzymes contenues dans ces organes digèrent les macromolécules issues des vieux globules rouges phagocytés. Des processus de biosynthèse permettent de construire de nouvelles macromolécules intégrant des monomères récupérés (notamment des acides aminés). Par exemple, bon nombre des atomes de fer extraits de l'hémoglobine des globules rouges phagocytés sont intégrés dans de nouvelles molécules d'hémoglobine.

Les érythrocytes, les leucocytes et les plaquettes se développent à partir d'une source commune, une population unique de cellules appelées **cellules souches pluripotentes,** ou **hémocytoblastes** (du grec *haima,* qui veut dire « sang », *kutos,* « cellule », et *blastos,* qui signifie « germe »), qui se trouvent dans la moelle rouge des os, particulièrement dans les côtes, les vertèbres, le sternum et le bassin (FIGURE 42.15). Le terme « pluripotentes » signifie que ces cellules sont en mesure de se différencier pour

former n'importe quel élément figuré du sang. Les hémocytoblastes naissent au début du développement de l'embryon; leur population se renouvelle tout en réapprovisionnant le sang en éléments figurés. (Voir le chapitre 21 pour une discussion plus générale à propos des cellules souches.)

La production de globules rouges dépend d'un mécanisme de rétro-inhibition sensible à la concentration molaire volumique du dioxygène qui atteint les tissus par l'intermédiaire du sang. Si les tissus ne reçoivent pas suffisamment de dioxygène, le rein convertit une glycoprotéine plasmatique (une cytokine) en une hormone appelée **érythropoïétine,** qui stimule la production d'érythrocytes par les cellules souches myéloïdes. Cette hormone a donc un effet direct sur la viscosité du sang. Inversement, un apport excessif de dioxygène réduit la sécrétion d'érythropoïétine et ralentit la production d'érythrocytes.

Récemment, les chercheurs ont réussi à isoler des hémocytoblastes et à les mettre en culture. Des cellules souches pluripotentes purifiées pourraient permettre de traiter efficacement diverses maladies humaines, notamment la leucémie. Dans l'organisme d'une personne leucémique, une lignée de cellules souches cancéreuses produit des leucocytes anormaux et en surnombre. Ceux-ci envahissent la presque totalité de la moelle osseuse, de sorte qu'ils prennent la place de cellules souches et de précurseurs des autres éléments figurés du sang. Lorsque la leucémie est aiguë, le nombre d'érythrocytes et de plaquettes diminue à un point tel que la personne atteinte souffre d'une anémie grave et de troubles hémorragiques. Malgré la croissance explosive de leur population, les leucocytes anormaux ne peuvent remplir leur rôle immunitaire. Une stratégie expérimentale de traitement de la leucémie consiste aujourd'hui à retirer les hémocytoblastes cancéreux de l'organisme du patient, à détruire la moelle osseuse, puis à la réapprovisionner en hémocytoblastes sains. Il suffit de 30 cellules souches pluripotentes saines pour reconstituer la population de la moelle osseuse.

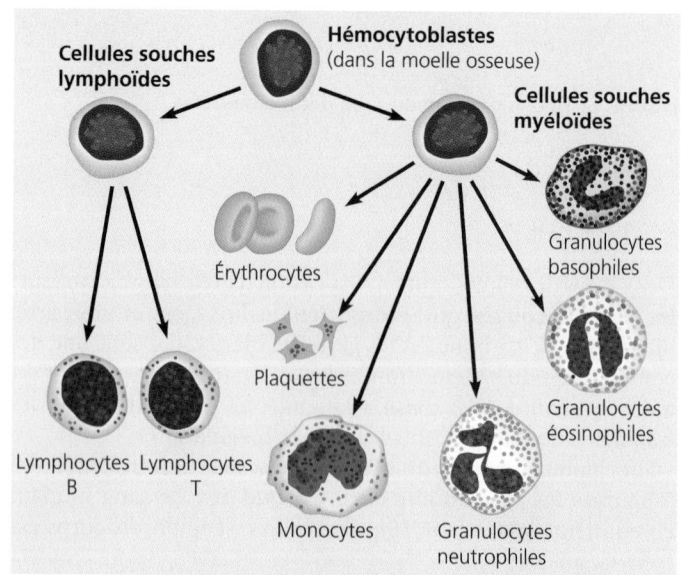

FIGURE 42.15 Différenciation des cellules sanguines. Certaines cellules souches pluripotentes (les hémocytoblastes) se différencient pour former des cellules souches lymphoïdes. Celles-ci constituent ensuite des lymphocytes B et des lymphocytes T, deux catégories de cellules associées à la réaction immunitaire (voir le chapitre 43). Toutes les autres cellules sanguines se différencient à partir des cellules souches myéloïdes.

Coagulation du sang

De temps à autre, il nous arrive de nous couper ou de nous égratigner. Nous ne perdons pas alors tout notre sang, car ce dernier contient un matériau adhésif qui colmate les vaisseaux lésés. Ce matériau scellant est toujours présent dans notre sang sous une forme inactive appelée **fibrinogène**. Un caillot ne se forme que quand cette protéine plasmatique est transformée en sa forme active, la **fibrine**. Celle-ci s'agglutine en des filaments composant le caillot. Le mécanisme de la coagulation commence habituellement quand les plaquettes libèrent des facteurs de coagulation. Il se déroule en une chaîne de réactions complexes qui transforment le fibrinogène en fibrine (FIGURE 42.16). Les chercheurs ont isolé jusqu'ici plus d'une douzaine de facteurs de coagulation. Toutefois, le mécanisme exact de la coagulation n'est pas encore totalement compris. L'hémophilie, une maladie héréditaire caractérisée par un saignement excessif à la moindre coupure ou meurtrissure, est causée par l'absence d'un facteur de coagulation régissant une étape du processus.

En temps normal, les facteurs anticoagulants du sang (par exemple, la protéine C produite par les hépatocytes, ainsi que l'héparine libérée par les granulocytes basophiles) empêchent la coagulation spontanée en l'absence de lésion. Quelquefois, cependant, des amas de plaquettes et de fibrine coagulent dans un vaisseau sanguin et bloquent la circulation du sang. De tels caillots sont appelés **thrombus.** Ils peuvent être extrêmement dangereux, et ils ont une incidence accrue chez les sujets atteints d'une maladie cardiovasculaire.

Les maladies cardiovasculaires sont la cause principale de décès en Amérique du Nord et dans la plupart des pays industrialisés

En Amérique du Nord, plus de la moitié des décès sont provoqués par les **maladies cardiovasculaires,** c'est-à-dire les maladies touchant le cœur et les vaisseaux sanguins. Le plus souvent, c'est une crise cardiaque ou un accident vasculaire cérébral qui provoque la mort. L'**infarctus du myocarde** (communément appelé crise cardiaque) provoque la destruction du tissu musculaire cardiaque. Il résulte de l'obstruction prolongée d'une ou des deux artères coronaires, les vaisseaux approvisionnant le cœur en sang riche en dioxygène (le muscle cardiaque bat

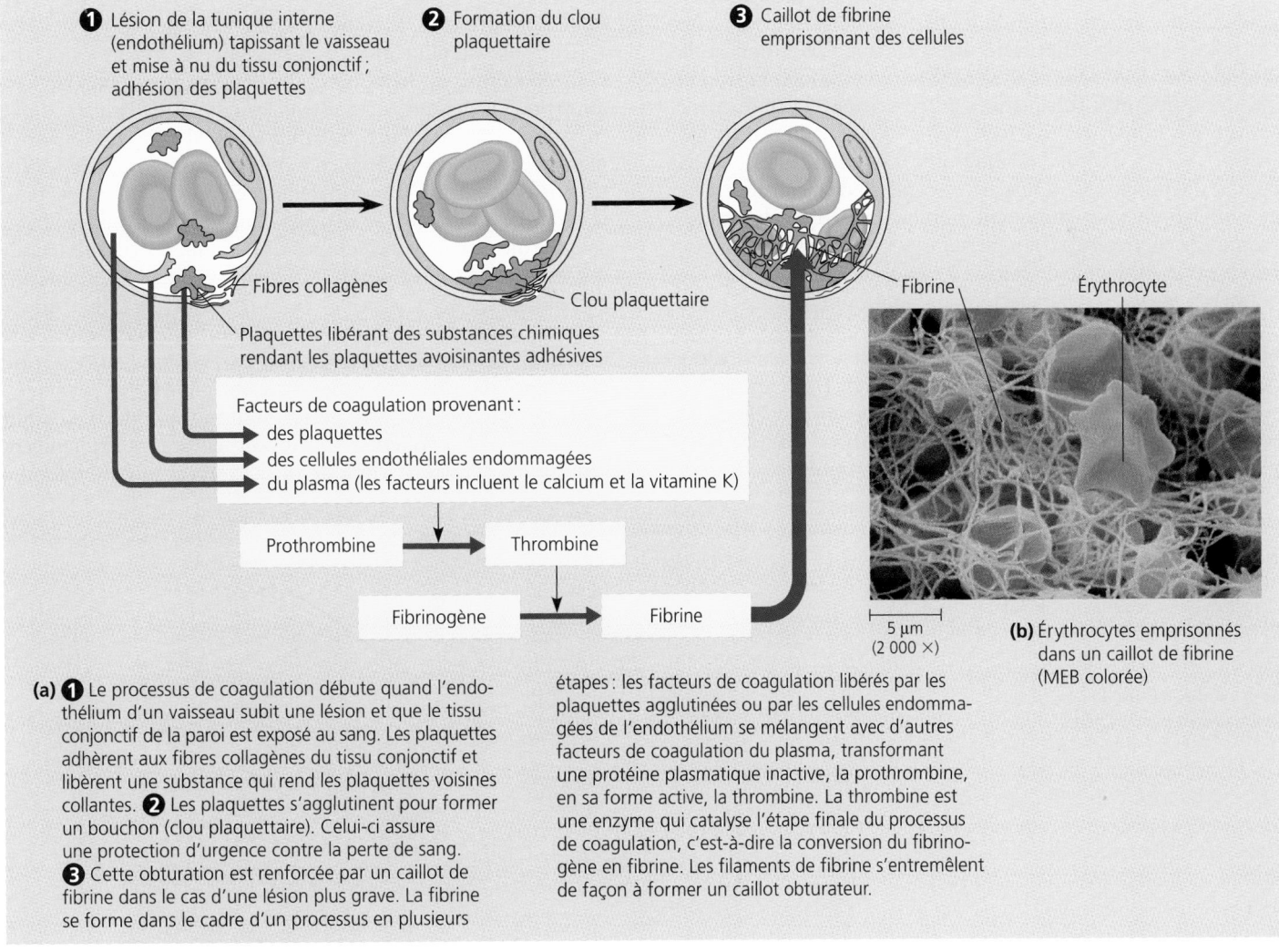

(a) ❶ Le processus de coagulation débute quand l'endothélium d'un vaisseau subit une lésion et que le tissu conjonctif de la paroi est exposé au sang. Les plaquettes adhèrent aux fibres collagènes du tissu conjonctif et libèrent une substance qui rend les plaquettes voisines collantes. **❷** Les plaquettes s'agglutinent pour former un bouchon (clou plaquettaire). Celui-ci assure une protection d'urgence contre la perte de sang. **❸** Cette obturation est renforcée par un caillot de fibrine dans le cas d'une lésion plus grave. La fibrine se forme dans le cadre d'un processus en plusieurs étapes : les facteurs de coagulation libérés par les plaquettes agglutinées ou par les cellules endommagées de l'endothélium se mélangent avec d'autres facteurs de coagulation du plasma, transformant une protéine plasmatique inactive, la prothrombine, en sa forme active, la thrombine. La thrombine est une enzyme qui catalyse l'étape finale du processus de coagulation, c'est-à-dire la conversion du fibrinogène en fibrine. Les filaments de fibrine s'entremêlent de façon à former un caillot obturateur.

(b) Érythrocytes emprisonnés dans un caillot de fibrine (MEB colorée)

FIGURE 42.16 Coagulation du sang.

constamment et ne peut survivre longtemps sans dioxygène). Quant à l'**accident vasculaire cérébral** (**AVC**), il entraîne la mort des tissus de l'encéphale, généralement à la suite de la rupture ou de l'obstruction d'une artère dans la tête. L'infarctus et l'AVC résultent souvent d'une obstruction artérielle par un thrombus. Ce dernier peut se former dans une artère coronaire ou dans une artère encéphalique, ou encore ailleurs dans le système cardiovasculaire. Il peut atteindre ensuite le cœur ou le cerveau par la circulation du sang. Un tel caillot mobile, appelé **embole,** parcourt l'organisme jusqu'à ce qu'il se retrouve bloqué dans une artère dont le diamètre est trop faible pour permettre son passage. L'embole obstrue le vaisseau et interrompt la circulation du sang ; les tissus du cœur ou de l'encéphale situés en aval risquent de mourir en raison d'un manque d'oxygénation. Si des lésions tissulaires interrompent la conduction des impulsions électriques dans le muscle cardiaque, la fréquence cardiaque peut changer brutalement, ou bien le cœur peut cesser de battre. Toutefois, la victime a des chances de survivre si l'on rétablit sa fréquence cardiaque grâce à une réanimation cardiorespiratoire (RCR) ou à toute autre intervention d'urgence survenant dans les quatre minutes suivant la crise. Les effets d'un AVC et les probabilités de s'en sortir dépendent de la localisation et de l'ampleur de la lésion dans l'encéphale.

L'infarctus ou l'AVC se produisent subitement, mais la plupart de leurs victimes souffraient déjà d'une détérioration graduelle des artères par suite d'une maladie cardiovasculaire chronique appelée **athérosclérose.** Pendant l'évolution de la maladie, des dépôts lipidiques contenant des cellules mortes et appelés **athéromes** (ou plaques athéroscléreuses) se forment sur la tunique interne des artères, rétrécissant le calibre des vaisseaux (FIGURE 42.17). Les athéromes apparaissent là où la couche de muscle lisse d'une artère s'épaissit de façon anormale et s'infiltre de tissu conjonctif fibreux, ainsi que de lipides (comme le cholestérol). Dans certains cas, les athéromes durcissent à cause de dépôts de calcium, ce qui provoque une forme d'athérosclérose, l'**artériosclérose** (communément appelée durcissement des artères). Un embole risque davantage de rester bloqué dans un vaisseau rétréci par des athéromes. En outre, ces derniers favorisent la formation de thrombus. Dans une artère saine, la tunique est lisse ; une artère athérosclérosée, elle, possède une tunique rugueuse qui semble favoriser l'adhésion des plaquettes, ce qui déclenche le processus de coagulation.

À mesure que l'athérosclérose évolue, les artères sont de plus en plus obstruées, et la menace d'un infarctus ou d'un AVC s'accroît. Certains signes avant-coureurs se présentent parfois. Par exemple, si une artère coronaire est partiellement bloquée, le sujet atteint peut ressentir des douleurs thoraciques occasionnelles, une affection appelée angine de poitrine. Ces douleurs indiquent que son cœur ne reçoit pas suffisamment de dioxygène ; elles apparaissent généralement quand cet organe travaille de manière plus intense que d'habitude, en période de stress physique ou émotif. Malheureusement, de nombreux sujets sont touchés par l'athérosclérose sans le savoir, jusqu'au jour de la catastrophe.

L'**hypertension** (pression artérielle élevée) favorise l'athérosclérose et augmente le risque de souffrir d'un infarctus ou d'un AVC. L'athérosclérose tend à augmenter la pression artérielle en rétrécissant le calibre des vaisseaux et en réduisant leur élasticité. Selon une hypothèse, l'hypertension provoque des dommages chroniques à l'endothélium tapissant les artères et favorise la formation d'athéromes. Heureusement, il est relativement facile de diagnostiquer l'hypertension, et l'on peut généralement la maîtriser en changeant de régime alimentaire, en faisant de l'exercice ou en prenant des antihypertenseurs. Une pression diastolique qui se maintient à un niveau supérieur ou égal à 12 kPa (90 mm Hg) est jugée inquiétante ; l'hypertension extrême, c'est-à-dire une pression artérielle d'environ 27/16 (200/120), présente de grands risques.

Dans une certaine mesure, la tendance à l'hypertension et à l'athérosclérose est héréditaire. Évidemment, certains facteurs autres que génétiques accroissent les risques de souffrir d'une maladie cardiovasculaire, notamment le tabagisme, le manque d'exercice, un régime riche en matières grasses animales et enfin une concentration anormalement élevée de cholestérol dans le sang. Le cholestérol se déplace dans le sang principalement sous forme de particules composées de milliers de molécules de cholestérol et d'autres lipides liés à une protéine. Certaines de ces particules sont appelées **lipoprotéines de faible masse volumique,** ou LDL (pour *low-density lipoproteins*), ou encore « mauvais cholestérol ». Les LDL sont associées au dépôt du cholestérol dans les athéromes. Une autre forme de particules, les **lipoprotéines de forte masse volumique,** ou HDL (pour *high-density lipoproteins*), ou « bon cholestérol », peuvent réduire les dépôts de cholestérol. L'exercice physique tend à

FIGURE 42.17 Athérosclérose. Ces micrographies photoniques permettent de comparer la section d'une artère normale **(a)** avec celle d'une artère partiellement bloquée par un athérome **(b).** Les athéromes se composent principalement de tissu conjonctif dense et de cellules mortes de muscle lisse, le tout imprégné de lipides.

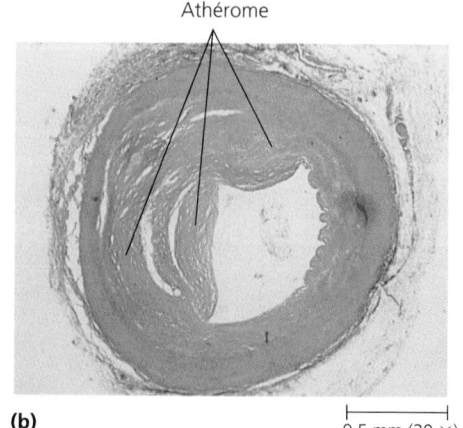

Tissu conjonctif   Muscle lisse   Endothélium

Athérome

(a)

0,1 mm (170 ×)

(b)

0,5 mm (30 ×)

augmenter la concentration molaire volumique des HDL à des valeurs supérieures à 0,9 mmol/L, la limite en dessous de laquelle il y a un risque pour la santé. L'usage du tabac, lui, a l'effet contraire sur le ratio LDL/HDL. De nombreux chercheurs sont maintenant d'avis que le rapport entre les LDL et les HDL constitue un indicateur plus fiable du risque de souffrir d'une maladie cardiovasculaire que le cholestérol plasmatique total. Un rapport LDL/HDL > 5,0 marque un facteur de risque.

LES ÉCHANGES GAZEUX CHEZ LES ANIMAUX

Les échanges gazeux fournissent le dioxygène nécessaire à la respiration cellulaire et éliminent le dioxyde de carbone : *une vue d'ensemble*

Dans le reste du chapitre, nous nous concentrerons sur les **échanges gazeux.** Ce processus, souvent appelé *respiration*, ne doit toutefois pas être confondu avec les transformations énergétiques relevant de la respiration cellulaire proprement dite. Les échanges gazeux assistent la respiration cellulaire en lui fournissant les molécules de dioxygène (O_2) puisées dans l'environnement et en recueillant le dioxyde de carbone (CO_2) pour le rejeter dans l'environnement (FIGURE 42.18). Ces échanges sont indispensables à la production de l'ATP issue de la respiration cellulaire ; ils font généralement intervenir le système respiratoire et le système cardiovasculaire.

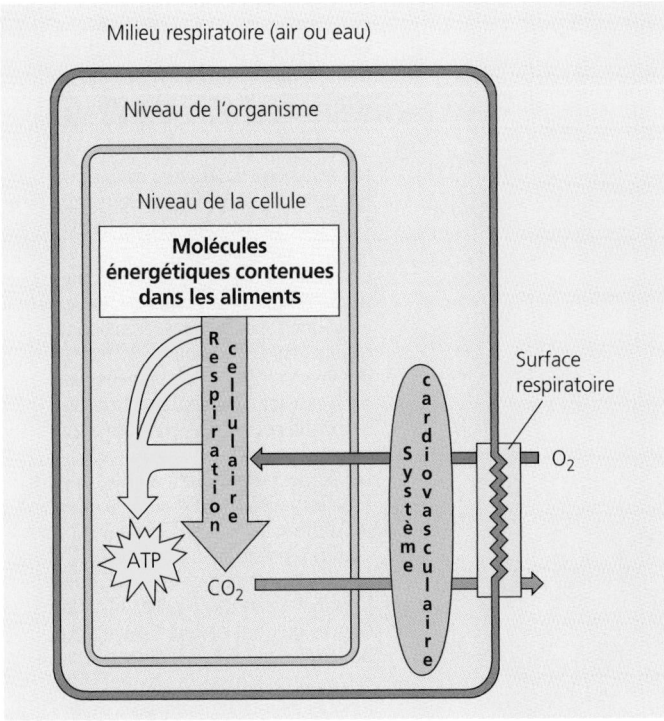

FIGURE 42.18 Rôle des échanges gazeux dans la bioénergétique des Animaux.

La source de dioxygène, appelée **milieu respiratoire,** est l'air dans le cas d'un animal terrestre et l'eau dans celui d'un animal aquatique. L'atmosphère est le réservoir principal de dioxygène de la Terre : elle est formée à 21 % environ de molécules de dioxygène. Les océans, les lacs et les autres plans d'eau contiennent aussi du dioxygène. La quantité de dioxygène dans un volume d'eau donné varie considérablement, mais elle reste très inférieure à celle du dioxygène présent dans un volume d'air équivalent.

La **surface respiratoire** est la surface corporelle de l'animal où se produisent les échanges gazeux avec le milieu. Le transport membranaire des molécules d'O_2 et de CO_2 s'effectue entièrement par diffusion simple à travers la bicouche de phosphoglycérolipides. La vitesse de diffusion est directement proportionnelle à l'aire de la surface repiratoire, et inversement proportionnelle au *carré* de la distance que les molécules doivent couvrir pour traverser les membranes. C'est pourquoi les surfaces respiratoires sont généralement minces et étendues ; ces adaptations structurales optimisent la vitesse des échanges gazeux. De plus, toutes les cellules doivent baigner dans un milieu aqueux pour que leur membrane plasmique conserve ses propriétés. Les surfaces respiratoires des Animaux terrestres et aquatiques sont donc humides ; l'O_2 et le CO_2 diffusent à travers ces membranes après leur solubilisation dans l'eau.

La surface respiratoire doit approvisionner l'organisme entier en O_2 et en expulser le CO_2. Diverses solutions sont apparues au cours de l'évolution, pour résoudre le problème de la vaste superficie nécessaire à ce processus. La structure de la surface respiratoire dépend surtout de la taille de l'organisme et de sa source de dioxygène (l'eau ou l'air). Elle dépend aussi des besoins métaboliques en échanges gazeux. Ainsi, un endotherme a une surface respiratoire plus grande qu'un ectotherme de taille équivalente.

La surface entière des Protistes et des autres organismes unicellulaires sert aux échanges gazeux. De même, chez certains Animaux relativement simples, notamment les Éponges, les Cnidaires et les Vers plats, la membrane plasmique de chacune des cellules corporelles est suffisamment proche de l'environnement externe pour que les gaz puissent diffuser vers l'extérieur et vers l'intérieur. Cependant, toutes les parties du corps de nombreux Animaux n'ont pas un accès direct au milieu respiratoire. Dans leur cas, la surface respiratoire est constituée de deux couches de cellules tout au plus. L'une d'elles est un épithélium simple et humide, qui adhère grâce à une lame basale à l'autre couche, qui forme l'endothélium des capillaires. Ces derniers assurent le transport des gaz dans toutes les parties du corps (voir la FIGURE 42.18).

La surface cutanée externe de certains Animaux sert d'organe respiratoire. Le Ver de terre, par exemple, possède une peau humidifiée, et il échange les gaz par diffusion à travers toute sa surface corporelle. Immédiatement sous l'épiderme se trouve un réseau compact de capillaires. Comme la surface respiratoire doit être humide, les Vers de terre et les autres Animaux à respiration cutanée (à l'instar de certains Amphibiens) doivent vivre dans de l'eau ou des milieux humides.

La plupart des Animaux qui utilisent uniquement leur peau humidifiée en tant qu'organe respiratoire sont relativement petits, vermiformes ou plats, et ils présentent un rapport surface/volume élevé. Presque tous les autres Animaux ont une surface cutanée incapable d'assurer les échanges gazeux de la totalité de l'organisme. Ils possèdent un organe respiratoire aux multiples replis ou ramifications, ce qui augmente la surface respiratoire dévolue aux échanges gazeux. Les branchies, les trachées et les poumons sont les trois types d'organes respiratoires les plus courants.

Les branchies résultent d'adaptations du système respiratoire de la plupart des animaux aquatiques

Les **branchies** sont des évaginations de la surface corporelle suspendues dans l'eau. Chez certains Invertébrés, comme les Étoiles de mer, elles ont une forme simple et sont distribuées sur la majeure partie de la surface corporelle (FIGURE 42.19a). De nombreux Vers marins annelés ont des branchies en forme de replis qui s'étendent sur les côtés de chaque segment du corps, ou encore de longues branchies plumiformes regroupées sur la tête ou sur la queue (FIGURE 42.19b). Les branchies des Palourdes, des Écrevisses et de nombreux autres Animaux sont présentes dans une région spécialisée du corps (FIGURES 42.19c et d). L'aire totale des branchies est souvent beaucoup plus importante que celle du reste du corps.

En tant que milieu respiratoire, l'eau présente à la fois des avantages et des inconvénients. Les membranes cellulaires de la surface respiratoire des organismes vivant dans l'eau sont constamment humidifiées, les branchies étant plongées en milieu aqueux. Toutefois, les concentrations d'O_2 dans l'eau sont faibles ; en outre, plus l'eau se réchauffe, plus sa salinité augmente, et moins elle peut contenir de dioxygène (dans de nombreux habitats d'eau douce et d'eau salée, on ne trouve que de 4 à 8 mL de dioxygène dissous par litre). C'est pourquoi les branchies doivent puiser de manière extrêmement efficace le dioxygène qui se trouve dans l'eau. Un processus contribue à les exposer à davantage d'O_2 : il s'agit de la **ventilation,** qui augmente la circulation du milieu respiratoire sur la surface respiratoire. S'il n'y avait pas de ventilation, une zone pauvre en O_2 et riche en CO_2 risquerait de se former autour des branchies à mesure que les échanges gazeux se poursuivaient. Les Écrevisses et les Homards possèdent des appendices en pagaies qui font circuler un courant d'eau sur les branchies. Les branchies des Poissons sont ventilées par un courant d'eau qui pénètre par la bouche, traverse des fentes dans le pharynx, passe à travers les branchies, puis sort du corps (FIGURE 42.20). La plupart des Poissons dépensent une énergie considérable pour ventiler leurs branchies, car l'eau a une grande masse volumique et contient peu de dioxygène par unité de volume.

La disposition des capillaires dans les branchies des Poissons favorise également les échanges gazeux et réduit le coût énergétique de la ventilation. Le sang s'écoule dans la direction opposée au mouvement de l'eau dans les branchies. Cela rend possible le

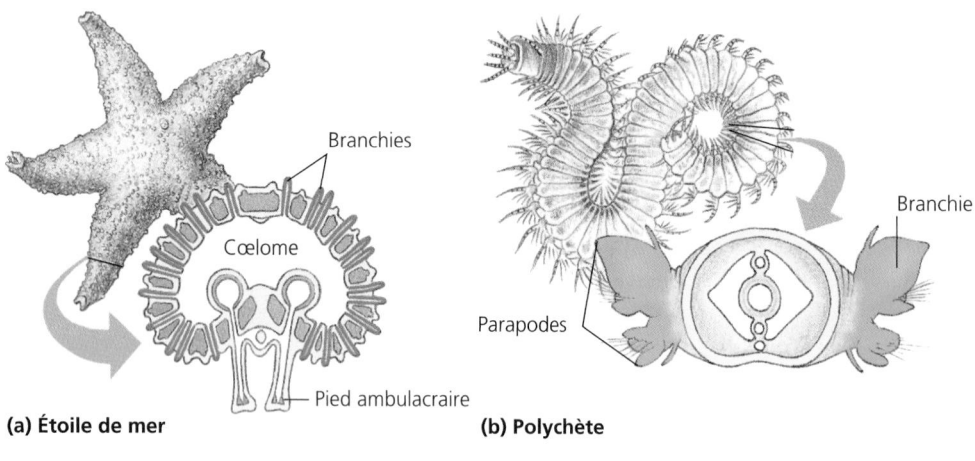

(a) Étoile de mer

(b) Polychète

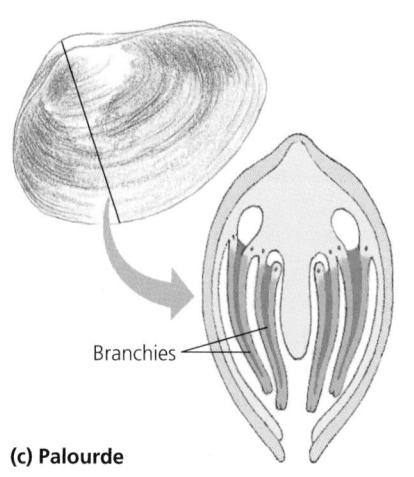

(c) Palourde

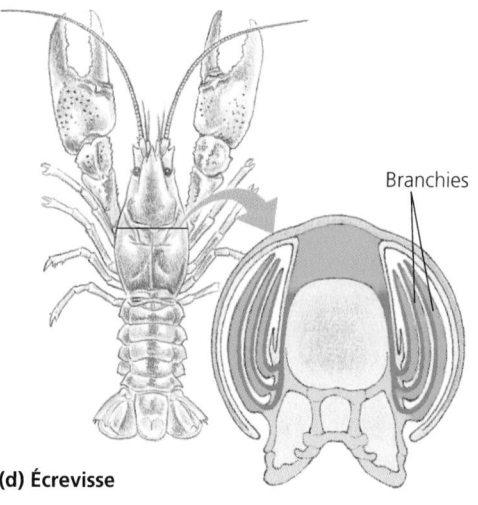

(d) Écrevisse

FIGURE 42.19 Diversité dans la structure des branchies, des surfaces corporelles externes spécialisées en échanges gazeux. (a) Les branchies d'une Étoile de mer sont de simples projections tubulaires de la peau. Elles sont creuses et communiquent directement avec le cœlome (cavité interne). Les échanges gazeux se produisent par diffusion simple à travers leur surface. Le liquide du cœlome circule dans les branchies et facilite le transport des gaz. Les surfaces des pieds ambulacraires en forme de tube des Étoiles de mer exercent aussi une fonction dans les échanges gazeux. **(b)** De nombreux Polychètes, des vers marins de l'embranchement des Annélides, possèdent une paire d'appendices aplatis, appelés parapodes, sur chacun des segments du corps. Les parapodes servent de branchies ; ils facilitent aussi la natation et la reptation. **(c)** Les branchies des Palourdes sont de grands feuillets aplatis qui s'étendent vers la partie ventrale de la masse corporelle principale, dans la coquille. Ils portent des cils qui font circuler l'eau autour des surfaces d'échange. **(d)** Les Écrevisses et les autres Crustacés possèdent de longues branchies plumeuses situées sous l'exosquelette. Des appendices spécialisés font circuler l'eau sur la surface des branchies.

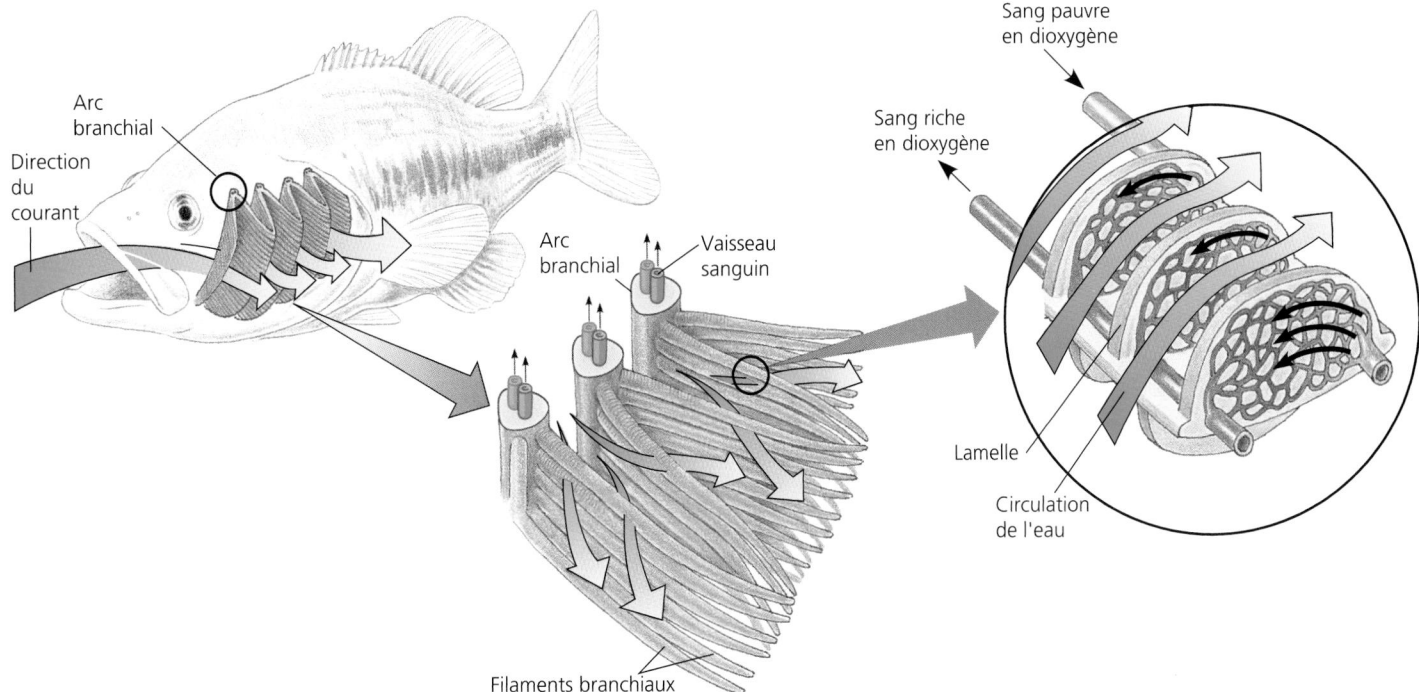

FIGURE 40.20 Structure et fonction des branchies chez les Poissons. Les Poissons aspirent continuellement de l'eau par la bouche et à travers les arcs branchiaux. Cela se fait à l'aide de mouvements synchronisés des mâchoires et de l'opercule (un rabat osseux protégeant les branchies) en vue d'assurer la ventilation des branchies. (Les Poissons en mouvement peuvent aussi ouvrir la bouche, tout simplement, et laisser l'eau s'écouler le long des branchies.) Chacun des arcs branchiaux comporte deux rangées de filaments branchiaux, sur lesquels de minuscules lamelles font saillie. Le sang irriguant les capillaires des lamelles capte le dioxygène de l'eau. Remarquez que cette dernière passe sur les lamelles dans la direction opposée à celle de la circulation sanguine. Ce processus est appelé échange à contre-courant. Il maximise le transfert de dioxygène (voir la FIGURE 42.21).

transfert de dioxygène au sang grâce à un processus extrêmement efficace, appelé **échange à contre-courant** (FIGURES 42.20 et 42.21). Pendant son passage dans le capillaire branchial, le sang se charge de plus en plus de dioxygène; parallèlement à cela, il côtoie une eau dont la concentration en dioxygène augmente, parce qu'elle ne fait que commencer son passage dans les branchies. Ainsi, tout au long du capillaire, on constate un gradient de diffusion favorisant le transfert de dioxygène de l'eau au sang. Le mécanisme d'échange à contre-courant est tellement efficace que les branchies peuvent capter plus de 80 % du dioxygène de l'eau circulant sur la surface respiratoire. Il joue aussi un rôle important dans la régulation thermique et dans plusieurs processus physiologiques, comme nous le verrons au chapitre 44.

Les branchies ne sont généralement pas utiles aux Animaux terrestres. En effet, une surface membranaire étendue et humidifiée qui serait exposée à l'air perdrait trop d'eau par vaporisation. De plus, les branchies s'affaisseraient, car leurs filaments fins ne flotteraient plus dans l'eau et se regrouperaient. La plupart des Animaux terrestres ont établi une surface respiratoire à l'intérieur du corps. Celle-ci s'ouvre sur l'atmosphère par l'intermédiaire de tubes étroits.

Les trachées et les poumons sont les adaptations du système respiratoire des animaux terrestres

L'air possède de nombreux avantages à titre de milieu respiratoire. Sa concentration de dioxygène, notamment, est beaucoup plus élevée que celle de l'eau (il y a environ 210 mL d'O_2 par litre d'air). En outre, comme l'O_2 et le CO_2 diffusent beaucoup plus rapidement dans l'air que dans l'eau, les surfaces respiratoires exposées à l'air n'ont pas besoin de bénéficier d'une ventilation aussi complète que celles des branchies. Quand un animal terrestre se ventile, sa dépense énergétique est moindre, parce que l'air est beaucoup plus léger et beaucoup plus facile à déplacer que l'eau. De plus, il faut un volume beaucoup moins important d'air pour obtenir une quantité équivalente d'O_2. Toutefois, ces

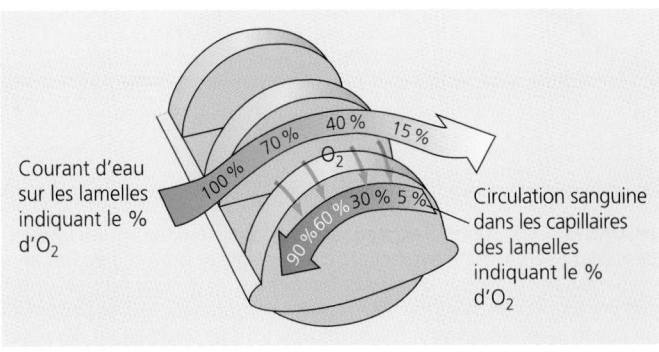

FIGURE 42.21 Échange à contre-courant. La disposition des vaisseaux sanguins dans les branchies des Poissons est une adaptation qui maximise le transfert de dioxygène de l'eau au sang. La circulation à contre-courant de l'eau et du sang maintient un gradient de concentration favorable, qui amène l'O_2 à passer de l'eau au sang sur toute la longueur du capillaire. À mesure que le sang circule dans les capillaires d'une lamelle, il se charge d'une quantité de plus en plus grande de dioxygène, parce qu'il rencontre de l'eau ayant une concentration croissante d'O_2.

avantages s'accompagnent d'un problème : la surface respiratoire, qui doit être étendue et humide, perd continuellement de l'eau par vaporisation. La solution ? Une surface respiratoire invaginée (c'est-à-dire repliée vers l'intérieur du corps) plutôt qu'évaginée, comme dans le cas des branchies.

Système trachéen

Le **système trachéen** des Insectes se compose de tubes aériens qui se ramifient dans tout le corps ; c'est l'une des variations possibles d'une surface respiratoire interne repliée. Les tubes les plus grands, les trachées, débouchent sur l'extérieur. Les plus petites ramifications atteignent la surface de presque toutes les cellules, où les gaz sont échangés par diffusion simple à travers l'épithélium humide recouvrant les extrémités terminales du système trachéen (FIGURE 42.22). Comme presque toutes les cellules du corps sont situées à une très courte distance du milieu respiratoire, le système cardiovasculaire ouvert des Insectes n'intervient pas dans le transport du dioxygène et du dioxyde de carbone.

La diffusion par les trachées suffit à faire entrer assez d'O_2 dans le corps d'un insecte de petite taille et à retirer de celui-ci suffisamment de CO_2, le tout en vue d'assurer le soutien de la respiration cellulaire. Les insectes plus gros ont des besoins énergétiques plus importants et ventilent leur système trachéen par des mouvements rythmiques du corps. Ceux-ci compriment et dilatent les tubes aériens comme un soufflet. Un insecte en plein vol a un métabolisme standard extrêmement rapide ; il consomme alors de 10 à 200 fois plus d'O_2 que lorsqu'il est au repos. Chez de nombreux insectes volants, la contraction et la détente successives des muscles contribuant au vol produisent une compression et une expansion corporelles servant à pomper rapidement de l'air dans le système trachéen. Les cellules des muscles du vol sont dotées de nombreuses mitochondries soutenant la grande vitesse du métabolisme ; quant aux tubes trachéens, ils fournissent à chacun de ces organites producteurs d'ATP la quantité de dioxygène nécessaire (voir la FIGURE 42.22b). Il existe ainsi une corrélation entre la structure, c'est-à-dire les nombreuses ramifications du système trachéen et le grand nombre de mitochondries des muscles du vol, et la fonction de production d'énergie de ces dernières à la suite de l'apport de dioxygène par le système trachéen.

Poumons

Contrairement aux trachées, qui se ramifient dans tout le corps des Insectes, les **poumons** sont des organes localisés. Étant donné que leur surface respiratoire n'est pas en contact direct avec toutes les parties du corps, l'organisme doit assurer le transport des gaz entre eux et le reste du corps, et ce, grâce au système cardiovasculaire. Les poumons possèdent un réseau dense de capillaires situé sous l'épithélium constituant la surface respiratoire. Les Araignées, les Escargots terrestres et les Vertébrés sont dotés de poumons.

Parmi les Vertébrés, les Amphibiens adultes possèdent des poumons relativement petits, qui n'assurent pas une grande surface de diffusion. Les échanges gazeux de ces animaux dépendent pour une large part de la diffusion qui a lieu à travers d'autres surfaces corporelles. La peau des Grenouilles, par exemple, assure des échanges gazeux qui s'ajoutent à ceux des poumons. En revanche, la plupart des Reptiles, et tous les Oiseaux et les Mammifères, comptent exclusivement sur leurs

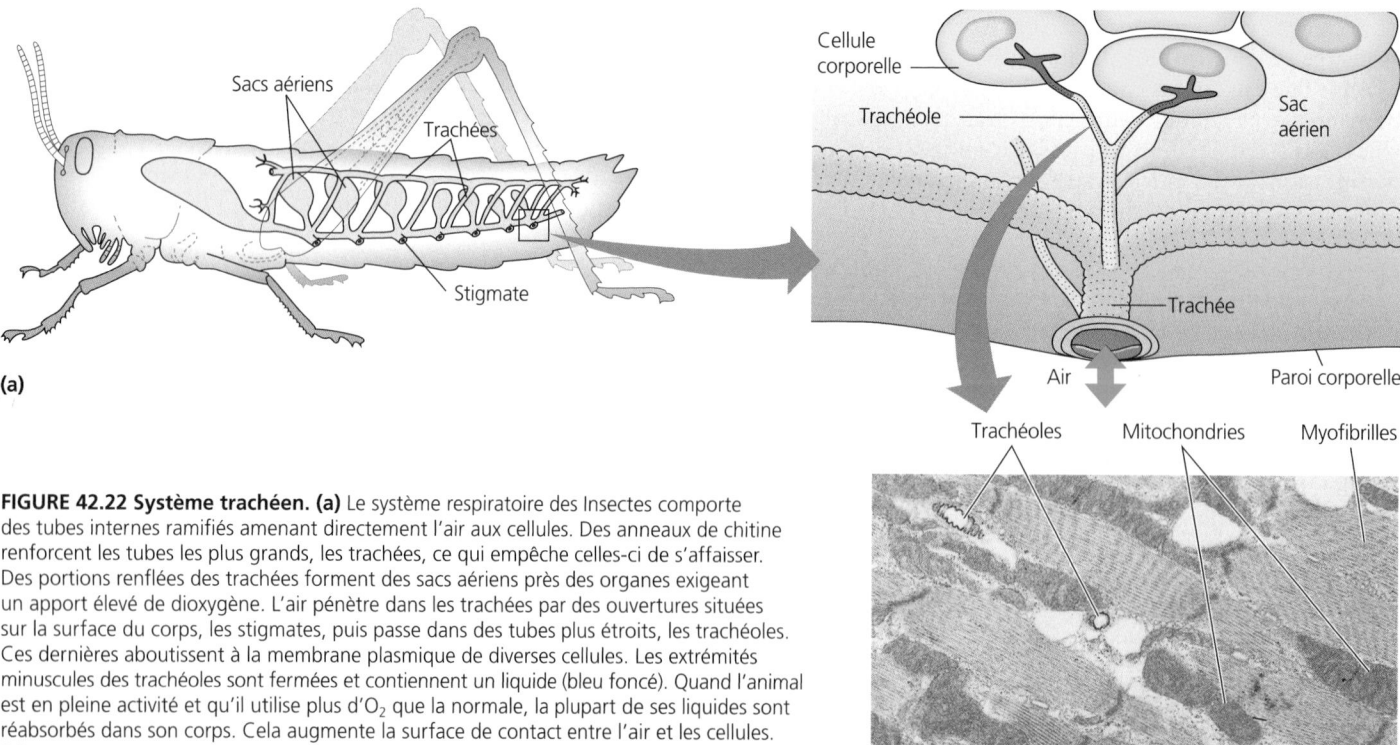

FIGURE 42.22 Système trachéen. (a) Le système respiratoire des Insectes comporte des tubes internes ramifiés amenant directement l'air aux cellules. Des anneaux de chitine renforcent les tubes les plus grands, les trachées, ce qui empêche celles-ci de s'affaisser. Des portions renflées des trachées forment des sacs aériens près des organes exigeant un apport élevé de dioxygène. L'air pénètre dans les trachées par des ouvertures situées sur la surface du corps, les stigmates, puis passe dans des tubes plus étroits, les trachéoles. Ces dernières aboutissent à la membrane plasmique de diverses cellules. Les extrémités minuscules des trachéoles sont fermées et contiennent un liquide (bleu foncé). Quand l'animal est en pleine activité et qu'il utilise plus d'O_2 que la normale, la plupart de ses liquides sont réabsorbés dans son corps. Cela augmente la surface de contact entre l'air et les cellules. **(b)** Cette micrographie montre une coupe transversale des trachéoles contenues dans un fragment de tissu musculaire participant au vol (MET). Chacune des nombreuses mitochondries des cellules musculaires se situe à environ 5 μm de l'une ou l'autre des trachéoles.

2,5 μm
(6 000 ×)

poumons pour effectuer les échanges gazeux. Les Tortues constituent une exception : leur respiration pulmonaire s'accompagne d'échanges gazeux qui ont lieu à travers les surfaces épithéliales humides de leur bouche et de leur anus. Par ailleurs, quelques espèces de Poissons possèdent des poumons et respirent donc directement l'air (on les appelle Poissons pulmonés) ; il s'agit d'une adaptation à la vie dans une eau pauvre en dioxygène ou à des séjours prolongés hors de l'eau (par exemple, quand le niveau de l'eau d'une mare s'abaisse).

En général, la taille et la complexité des poumons dépendent du métabolisme basal d'un animal (et donc de la vitesse de ses échanges gazeux). Par exemple, les poumons des endothermes possèdent une plus grande aire d'échange que les poumons d'un ectotherme de taille semblable.

Le système respiratoire des Mammifères : une étude détaillée

Les poumons des Mammifères sont situés dans la cavité thoracique (la poitrine). Ils possèdent une texture spongieuse et comportent des alvéoles, ainsi qu'un épithélium humide servant de surface respiratoire. Un système de conduits ramifiés transmet l'air aux poumons (FIGURE 42.23). L'air pénètre par les narines et est filtré par des poils, réchauffé, humidifié et analysé (les odeurs sont déterminées) à mesure qu'il circule dans le dédale des espaces de la cavité nasale. Celle-ci conduit au pharynx, le carrefour des conduits aérien et digestif. Lorsque nous avalons des aliments, le **larynx** (la partie supérieure du système respiratoire) se déplace vers l'avant et fait basculer l'épiglotte sur la glotte (l'ouverture de la trachée). La nourriture déviée peut

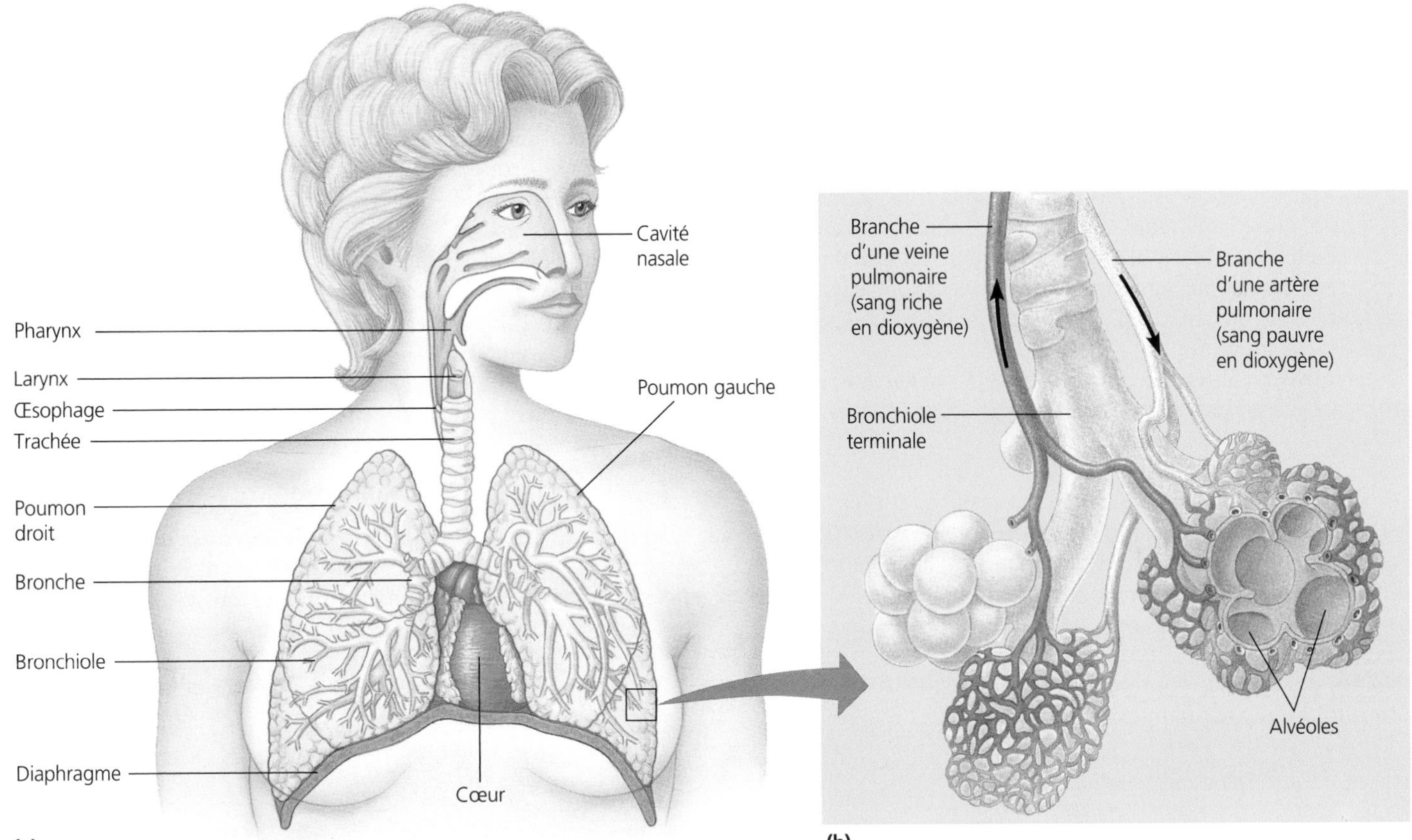

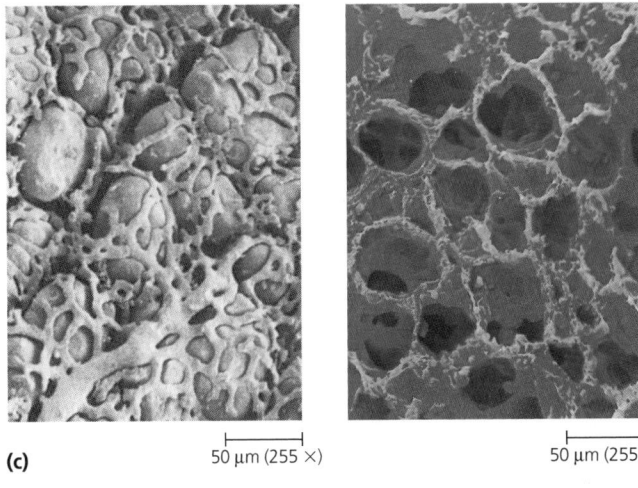

FIGURE 42.23 Le système respiratoire des Mammifères.
(a) L'air inhalé va de la cavité nasale au pharynx ; il traverse, en passant, le larynx et se dirige le long de la trachée et des bronches, avant de se disperser dans les plus petites bronchioles. Celles-ci se terminent par des sacs alvéolaires multilobés et microscopiques, les alvéoles.
(b) Un épithélium mince et humide recouvre les cavités alvéolaires : il s'agit de la surface respiratoire. Les ramifications d'une artère pulmonaire (voir la FIGURE 42.4) apportent du sang pauvre en dioxygène aux alvéoles, tandis que les embranchements d'une veine pulmonaire transportent du sang riche en dioxygène des alvéoles au cœur. **(c)** La micrographie à gauche (MEB) montre le réseau dense de capillaires qui enveloppe les alvéoles. La micrographie de droite (MEB colorée) présente une coupe des alvéoles qui montre les cavités alvéolaires recevant l'air.

MEB de gauche : © R. G. Kessel et R. H. Kardon, *Tissues and Organs : A Text-Atlas of Scanning Electron Microscopy*. W. H. Freeman, 1979, tous droits réservés.

ainsi emprunter l'œsophage pour descendre dans l'estomac (voir la FIGURE 41.14). Le reste du temps, la glotte demeure ouverte, ce qui nous permet de respirer.

La paroi du larynx est renforcée de cartilage. Chez la plupart des Mammifères, le larynx sert d'organe de phonation. Lorsque l'air est expulsé des poumons au moment de l'expiration, il heurte au passage une paire de **cordes vocales,** qui sont deux replis muqueux du larynx. Les sons surviennent lorsque des muscles volontaires du larynx sont mis sous tension, ce qui provoque l'allongement des cordes vocales et leur vibration. Les sons aigus sont produits lorsque les cordes vocales sont très tendues et qu'elles vibrent rapidement ; les sons graves, eux, sont émis par la vibration lente de cordes vocales moins tendues.

En quittant le larynx pour se diriger vers les poumons, l'air passe dans la **trachée.** Celle-ci a des anneaux de cartilage (en forme de fer à cheval) qui maintiennent sa forme tubulaire. Elle se divise en deux **bronches,** conduisant chacune à un poumon. Dans les poumons, les bronches se ramifient en des conduits de plus en plus étroits appelés **bronchioles.** Tout le réseau de conduits aériens ressemble à un arbre à l'envers, dont la trachée fait figure de tronc. L'épithélium tapissant les principales ramifications de cet arbre respiratoire est recouvert de cils vibratiles et d'une mince pellicule de mucus. Celui-ci emprisonne la poussière, le pollen et d'autres particules contaminantes ; le battement des cils fait remonter le mucus vers le pharynx, où il peut être avalé ou expectoré. Ce processus contribue à nettoyer le système respiratoire.

À leurs extrémités, les plus petites bronchioles forment un amas de sacs aériens appelés **alvéoles** (FIGURE 42.23b). L'épithélium mince qui recouvre les 300 millions d'alvéoles pulmonaires sert de surface d'échange gazeux, laquelle peut s'étendre sur 100 m² environ chez l'Humain ; c'est suffisant pour assurer les besoins en échanges gazeux du corps entier. Le dioxygène de l'air apporté aux alvéoles se dissout dans la pellicule humide et diffuse rapidement à travers l'épithélium vers un réseau de capillaires entourant chaque alvéole. Le dioxyde de carbone diffuse des capillaires dans la direction inverse et traverse l'épithélium des alvéoles pour passer dans la cavité qui contient de l'air (FIGURE 42.23c). Rappelons que les capillaires sont constitués

d'un endothélium simple ; les gaz traversent donc uniquement deux couches de cellules pour passer du milieu aérien au sang.

Ventilation des poumons

Comme les Poissons, les Vertébrés terrestres ont recours à la ventilation pour maintenir une forte concentration de dioxygène et une faible concentration de dioxyde de carbone au niveau de la surface respiratoire. Le processus de ventilation des poumons s'appelle **respiration** : celle-ci consiste en une inspiration et en une expiration alternées d'air.

Les Mammifères assurent la ventilation de leurs poumons par un mécanisme de **respiration à tension.** Cette dernière fonctionne sur le principe d'une pompe aspirante, l'air étant tiré vers les poumons (FIGURE 42.24). Elle s'effectue grâce à la variation du volume de la cavité thoracique logeant les poumons. La contraction des muscles intercostaux soulève les côtes. En se contractant, le diaphragme s'abaisse, ce qui augmente le volume de la cage thoracique. Le mouvement des poumons suit celui de la cage thoracique. Les poumons sont enveloppés d'un sac constitué de deux feuillets appelés plèvres. La plèvre viscérale, soit le feuillet interne du sac, adhère à la face externe des poumons ; quant à la plèvre pariétale, soit le feuillet externe du sac, elle adhère à la cage thoracique. Un mince espace rempli de liquide sépare les deux plèvres. En raison de la tension superficielle (voir le chapitre 3), les plèvres se déplacent simultanément comme deux plaques de verre collées ensemble au moyen d'une pellicule d'eau. Elles glissent sans difficulté l'une sur l'autre et sont difficiles à séparer. La tension superficielle jumelle le mouvement des poumons au mouvement de la cage thoracique.

Le volume des poumons augmente par suite de la contraction des muscles intercostaux et du **diaphragme,** un muscle squelettique large et en forme de dôme constituant le plancher de la cavité thoracique. La contraction des muscles intercostaux soulève les côtes ainsi que le sternum vers le haut et vers l'extérieur, provoquant une expansion de la cage thoracique. En même temps, celle-ci exerce une tension sur la plèvre pariétale, qui tire elle-même sur la plèvre viscérale sous l'effet de la tension

FIGURE 42.24 Respiration à tension.
Les Mammifères respirent en faisant varier la pression de l'air dans leurs poumons par rapport à la pression atmosphérique. Pendant l'inspiration, les muscles intercostaux et le diaphragme se contractent. Le volume de la cavité thoracique et des poumons augmente à mesure que le diaphragme descend et que la cage thoracique prend de l'expansion. La pression de l'air dans les poumons devient inférieure à la pression atmosphérique, et l'air s'engouffre dans les poumons. L'expiration se produit lorsque les muscles intercostaux et le diaphragme se relâchent, ramenant la cavité thoracique à son volume minimal. La pression de l'air dans les poumons devient supérieure à la pression atmosphérique, et l'air est expulsé.

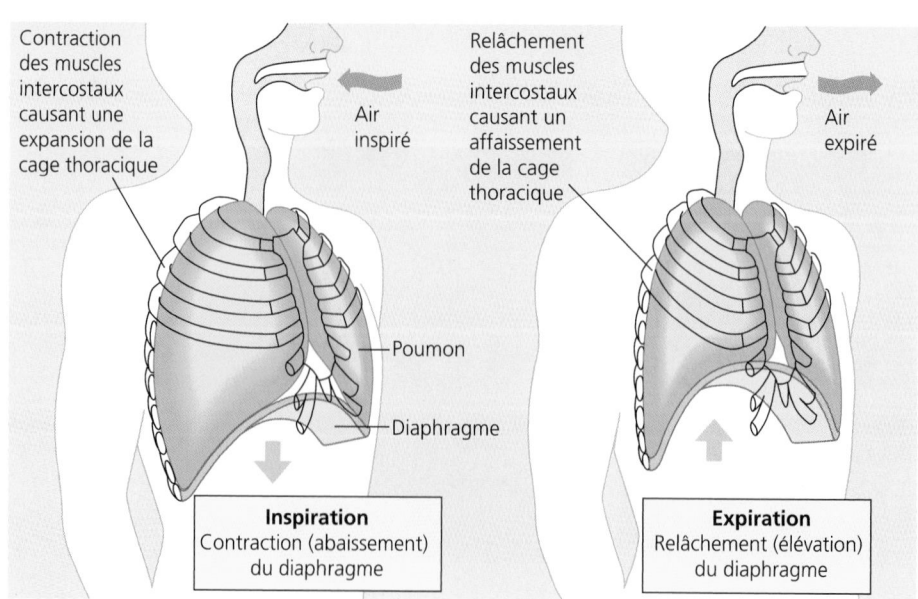

Contraction des muscles intercostaux causant une expansion de la cage thoracique

Air inspiré

Relâchement des muscles intercostaux causant un affaissement de la cage thoracique

Air expiré

Poumon

Diaphragme

Inspiration
Contraction (abaissement) du diaphragme

Expiration
Relâchement (élévation) du diaphragme

superficielle. Ces changements causent une augmentation du volume pulmonaire ; par conséquent, la pression de l'air dans les alvéoles s'abaisse et atteint une valeur inférieure à celle de la pression atmosphérique. Comme les gaz circulent toujours d'une zone à pression élevée vers une zone à plus faible pression, l'air s'engouffre dans les narines et descend dans les conduits respiratoires vers les alvéoles. Pendant l'expiration, les muscles intercostaux et le diaphragme se relâchent, le volume pulmonaire est réduit, et l'augmentation de la pression de l'air dans les alvéoles expulse l'air, qui traverse les conduits respiratoires et quitte le corps par les narines (voir la FIGURE 42.24).

Pendant une période d'exercice intense, d'autres muscles, tels que ceux du cou, du dos et du thorax, interviennent aussi de façon à accroître la ventilation en provoquant une dilatation plus importante de la cage thoracique. Chez certaines espèces, les mouvements rythmiques subis pendant la course amènent quelques organes (notamment l'estomac et le foie) à glisser à chaque foulée vers l'avant puis vers l'arrière dans la cavité corporelle. Ce mécanisme de pompage interne augmente davantage le volume de la ventilation en accentuant l'abaissement du diaphragme.

Le volume d'air qu'un animal inspire et expire à chaque respiration s'appelle **volume courant** (**VC**). Chez l'Humain au repos, il s'élève en moyenne à 500 mL. Toutefois, une portion ne participe pas aux échanges gazeux et reste dans les conduits en dehors des alvéoles. On nomme ce volume d'air **espace mort anatomique** (**EMA**) ; il équivaut à 0,15 L. Lors d'une inspiration forcée, la quantité d'air supplémentaire correspond au **volume de réserve inspiratoire** (**VRI**) ; celui-ci est de 2,1 L chez la femme et de 3,1 L chez l'homme. À l'opposé, le **volume de réserve expiratoire** (**VRE**) est la quantité d'air expiré avec effort après une inspiration normale ; ce volume est de 0,8 L chez la femme et de 1,2 L chez l'homme. On appelle **capacité vitale** (**CV**) le volume maximal d'air inspiré et expiré au cours d'une respiration forcée ; il est d'environ 3,4 L chez la femme et de 4,8 L chez l'homme : CV = VC + VRI + VRE. Les poumons retiennent en fait plus d'air que la capacité vitale ; cependant, comme les alvéoles ne peuvent pas s'affaisser complètement, un **volume résiduel** (**VR**) d'air (de 1 L chez la femme, et de 1,2 L chez l'homme) demeure dans les poumons, même après l'expiration forcée d'un maximum d'air. On définit la **capacité inspiratoire** (**CI**) comme la quantité maximale d'air qu'un individu inspire après avoir expiré normalement : CI = VC + VRI.

On appelle **capacité résiduelle fonctionnelle** (**CRF**) le volume d'air qui séjourne dans les poumons après une expiration normale : CRF = VRE + VR. Finalement, on obtient la **capacité pulmonaire totale** (**CPT**) en mesurant le volume d'air maximal contenu dans les poumons après une inspiration forcée : CPT = VC + VRI + VRE + VR. Normalement, un adulte au repos a une **fréquence respiratoire** (il s'agit du nombre de respirations par minute, f_r) de 12 en moyenne. Cette donnée nous permet de calculer la **ventilation alvéolaire** (**VA**) dans les mêmes conditions, c'est-à-dire la portion du volume d'air inspiré qui participe aux échanges gazeux. On la calcule en appliquant cette formule : VA = f_r × (VC − EMA).

Comme les poumons ne se vident jamais complètement, dans des conditions normales, et qu'ils ne se remplissent pas totalement d'air nouveau à chaque cycle respiratoire, l'air qui est inhalé est mélangé à un volume d'air résiduel pauvre en dioxygène ; par conséquent, la concentration maximale de dioxygène dans les alvéoles est inférieure à celle de l'atmosphère. C'est ce qui vient limiter l'efficacité des échanges gazeux. Cette limite s'accentue lorsque les poumons perdent leur élasticité en raison du vieillissement ou d'une maladie (comme l'emphysème) ; dans ce cas, le volume résiduel augmente aux dépens de la capacité vitale.

La ventilation est plus complexe chez les Oiseaux que chez les Mammifères. Outre les poumons, les Oiseaux possèdent huit ou neuf sacs aériens qui se prolongent dans l'abdomen, le cou et même les ailes. Ces sacs n'ont pas une fonction directe dans les échanges gazeux, mais ils servent de soufflets maintenant le flux de l'air dans les poumons (FIGURE 42.25). Ils diminuent aussi la masse volumique des Oiseaux, une adaptation importante pour le vol (voir le chapitre 34). Le système respiratoire entier des Oiseaux – les poumons et les sacs aériens – est ventilé à l'inspiration. L'air y circule grâce aux mouvements du sternum, des côtes et du diaphragme. Il suit un parcours qui traverse les poumons dans une seule direction, que les Oiseaux inspirent ou expirent. Au lieu de comporter des alvéoles, qui sont des culs-de-sac, les poumons des Oiseaux comportent de fins conduits appelés **parabronches,** qui permettent les échanges gazeux ; l'air y circule dans une seule direction.

À chaque expiration, ce système respiratoire permet le renouvellement complet de la masse d'air contenue dans les poumons, de sorte que les concentrations maximales de dioxygène dans les poumons sont plus élevées chez les Oiseaux que chez les

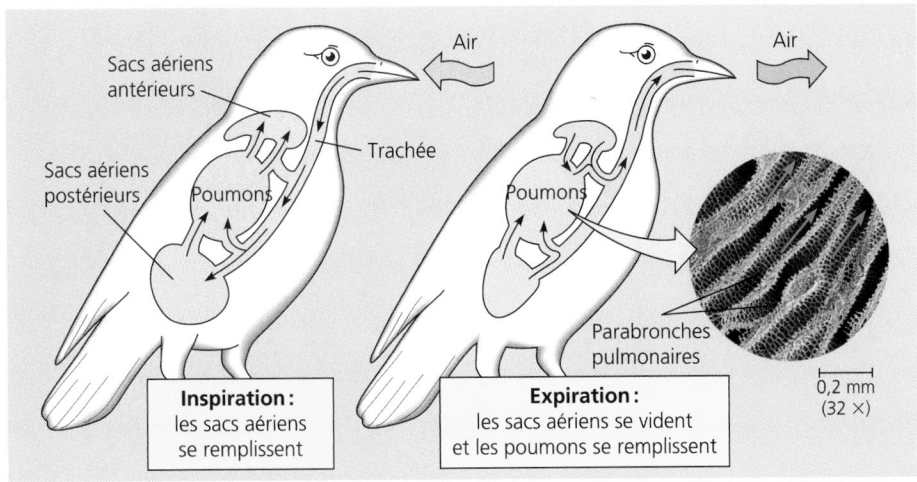

Inspiration : les sacs aériens se remplissent

Expiration : les sacs aériens se vident et les poumons se remplissent

Parabronches pulmonaires

0,2 mm (32 ×)

FIGURE 42.25 Système respiratoire des Oiseaux. Le gonflement et le rétrécissement passifs des sacs aériens ventilent les poumons en amenant l'air à se déplacer dans une seule direction (flèches magenta) dans de minuscules tubes parallèles situés dans les poumons et appelés parabronches (en médaillon, MEB). Les échanges gazeux se font à travers la paroi des parabronches. Pendant l'inspiration, les deux ensembles de sacs aériens se dilatent. Les sacs aériens postérieurs se remplissent d'air nouveau (en bleu) venu de l'extérieur, tandis que les sacs aériens antérieurs se remplissent d'air vicié (en gris) issu des poumons. Pendant l'expiration, les deux ensembles de sacs se dégonflent. Cela pousse l'air des sacs aériens postérieurs vers les poumons, et l'air des sacs aériens antérieurs vers l'atmosphère, par l'intermédiaire de la trachée. Il faut deux cycles respiratoires d'une inspiration et d'une expiration pour que l'air traverse tout le système et quitte l'organisme.

Mammifères. Grâce à cela, entre autres choses, les Oiseaux réagissent mieux que les Mammifères en haute altitude. Par exemple, les alpinistes ont de la difficulté à approvisionner leur organisme en dioxygène lorsqu'ils gravissent les sommets les plus élevés de la Terre, notamment le mont Everest, dans l'Himalaya (8 848 m). Par comparaison, diverses espèces d'Oiseaux (notamment l'Oie à tête barrée, *Anser indicus*) survolent sans problèmes respiratoires la même chaîne de montagnes à une altitude de 9 000 m ou plus pendant leur migration.

Les centres de régulation de l'encéphale contrôlent la fréquence et l'amplitude de la respiration

Nous sommes capables de retenir notre respiration pendant quelque temps ou de faire un effort pour respirer plus vite et plus profondément. Cependant, la plupart du temps, la respiration est régie par des automatismes. La fonction du système respiratoire doit se faire en coordination avec celle du système cardiovasculaire, compte tenu des exigences métaboliques du corps en matière d'échanges gazeux.

Les **centres de régulation de la respiration** sont situés dans deux régions de l'encéphale, le bulbe rachidien et le pont (FIGURE 42.26). Assisté d'un centre de régulation du pont (le centre pneumotaxique), le centre inspiratoire du bulbe rachidien fixe la fréquence respiratoire de base ; le centre pneumotaxique limite la phase d'inspiration, et il facilite la transition entre l'inspiration et l'expiration. Lorsque nous inspirons profondément, un mécanisme de rétro-inhibition empêche nos poumons de trop se gonfler ; des récepteurs de tension situés dans les tissus pulmonaires transmettent des influx nerveux inhibiteurs au centre inspiratoire du bulbe rachidien. Celui-ci comporte aussi un centre de régulation appelé groupe respiratoire ventral, dont les neurones activent les muscles de l'expiration forcée lorsque la situation s'y prête.

Les centres respiratoires du bulbe rachidien assurent le suivi de la concentration de CO_2 dans le sang et régulent l'activité respiratoire en conséquence. Les chimiorécepteurs centraux du bulbe rachidien détectent les variations de $[CO_2]$, de $[O_2]$ et de pH du sang et du liquide cérébrospinal (aussi appelé liquide céphalorachidien) qui irriguent l'encéphale. Des chimiorécepteurs périphériques, situés dans la paroi de l'aorte et des carotides, exercent parallèlement la même fonction. Le dioxyde de carbone réagit avec l'eau pour former de l'acide carbonique (H_2CO_3) ; celui-ci abaisse le pH. Quand les centres de régulation bulbaires reçoivent l'information d'une légère diminution de pH (lorsque $[CO_2]$ augmente) du liquide cérébrospinal ou du sang, ils augmentent la fréquence et l'amplitude des respirations ; le CO_2 en excès est éliminé dans l'air expiré. C'est ce qui se produit lorsque nous faisons du sport.

La concentration en dioxygène du sang a généralement peu d'effet sur les centres de contrôle de la respiration. Toutefois,

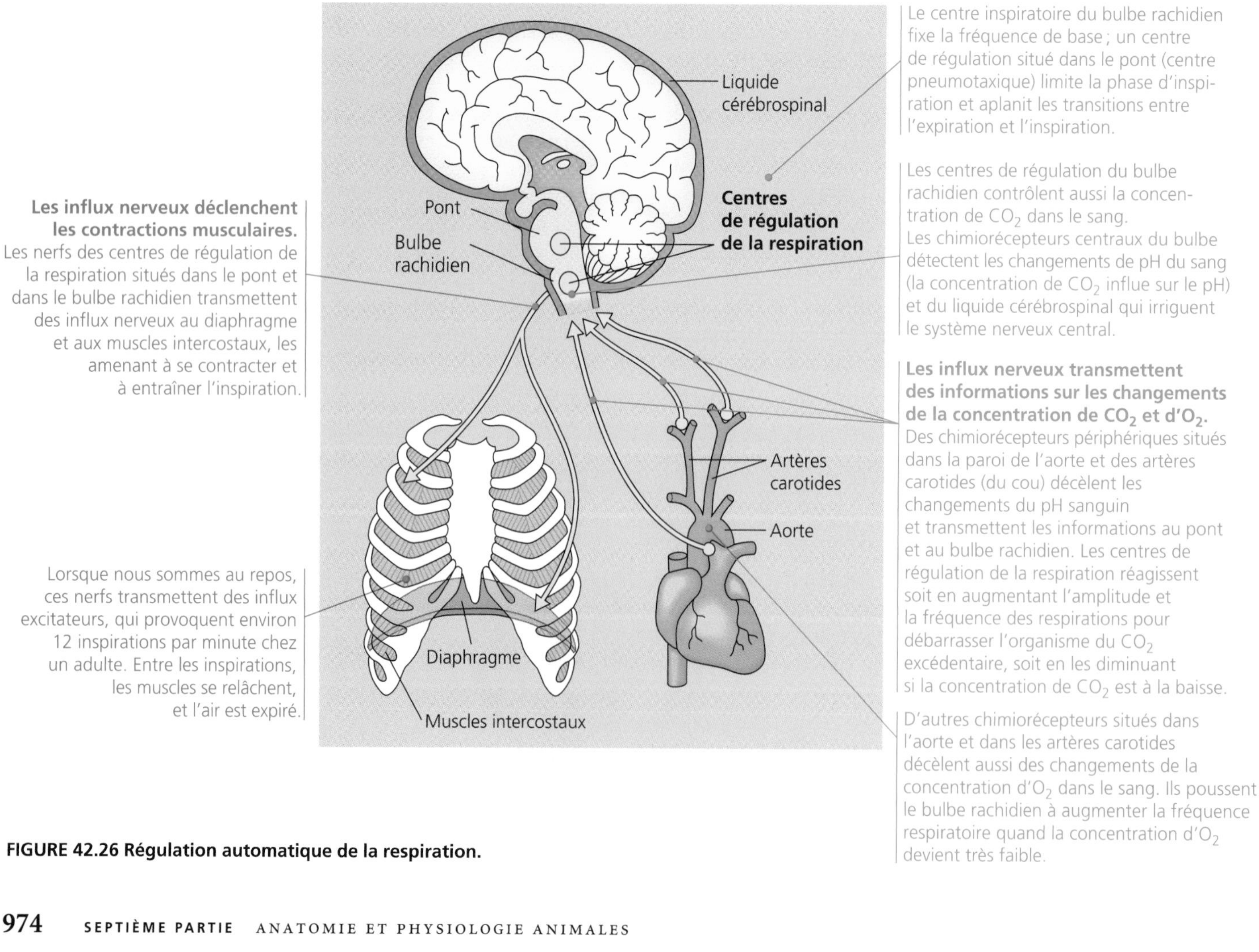

Les influx nerveux déclenchent les contractions musculaires. Les nerfs des centres de régulation de la respiration situés dans le pont et dans le bulbe rachidien transmettent des influx nerveux au diaphragme et aux muscles intercostaux, les amenant à se contracter et à entraîner l'inspiration.

Lorsque nous sommes au repos, ces nerfs transmettent des influx excitateurs, qui provoquent environ 12 inspirations par minute chez un adulte. Entre les inspirations, les muscles se relâchent, et l'air est expiré.

Liquide cérébrospinal

Pont
Bulbe rachidien

Centres de régulation de la respiration

Diaphragme

Muscles intercostaux

Artères carotides

Aorte

Le centre inspiratoire du bulbe rachidien fixe la fréquence de base ; un centre de régulation situé dans le pont (centre pneumotaxique) limite la phase d'inspiration et aplanit les transitions entre l'expiration et l'inspiration.

Les centres de régulation du bulbe rachidien contrôlent aussi la concentration de CO_2 dans le sang. Les chimiorécepteurs centraux du bulbe détectent les changements de pH du sang (la concentration de CO_2 influe sur le pH) et du liquide cérébrospinal qui irriguent le système nerveux central.

Les influx nerveux transmettent des informations sur les changements de la concentration de CO_2 et d'O_2. Des chimiorécepteurs périphériques situés dans la paroi de l'aorte et des artères carotides (du cou) décèlent les changements du pH sanguin et transmettent les informations au pont et au bulbe rachidien. Les centres de régulation de la respiration réagissent soit en augmentant l'amplitude et la fréquence des respirations pour débarrasser l'organisme du CO_2 excédentaire, soit en les diminuant si la concentration de CO_2 est à la baisse.

D'autres chimiorécepteurs situés dans l'aorte et dans les artères carotides décèlent aussi des changements de la concentration d'O_2 dans le sang. Ils poussent le bulbe rachidien à augmenter la fréquence respiratoire quand la concentration d'O_2 devient très faible.

FIGURE 42.26 Régulation automatique de la respiration.

quand la concentration d'O$_2$ est très faible (en haute altitude, par exemple), des chimiorécepteurs de dioxygène situés dans l'aorte et les artères du cou (carotides) stimulent le centre inspiratoire, qui réagit en faisant augmenter la fréquence respiratoire. En temps normal, une hausse de la concentration de CO$_2$ correspond à un indice fiable d'une baisse de la concentration d'O$_2$, car le CO$_2$ est produit par la respiration cellulaire aérobie dans la même proportion que l'O$_2$ est consommé. Il est cependant possible de tromper les centres respiratoires par de l'hyperventilation. Une respiration très profonde et rapide élimine tellement de CO$_2$ du sang que le centre inspiratoire cesse temporairement d'envoyer des influx aux muscles intercostaux et au diaphragme. La respiration cesse alors jusqu'à ce que la concentration de CO$_2$ augmente (ou jusqu'à ce que la concentration d'O$_2$ diminue) assez pour réactiver le centre inspiratoire du bulbe rachidien.

Les centres respiratoires obéissent donc à divers stimulus nerveux et chimiques, qui règlent la fréquence et l'amplitude respiratoires au gré des demandes de l'organisme. Toutefois, la régulation de la respiration n'est efficace que si elle s'harmonise avec celle du système cardiovasculaire, pour que la concordance se fasse entre la ventilation des poumons et la quantité de sang en circulation dans les capillaires des alvéoles. Lorsqu'une activité physique est exercée, par exemple, le débit cardiaque augmente en fonction de la hausse de la fréquence respiratoire; cela maximise l'absorption d'O$_2$ et l'élimination de CO$_2$ à mesure que le sang circule dans les poumons.

Les gaz diffusent dans les poumons et les autres organes en réponse à des gradients de pression

La diffusion d'un gaz, qu'il soit présent dans l'air ou dissous dans l'eau, dépend des variations de sa **pression partielle.** Ce concept découle de la loi de Dalton, qui stipule que *la pression totale exercée par un mélange de gaz est égale à la somme des pressions* (partielles) *exercées par chacun des constituants.* Au niveau de la mer, l'atmosphère exerce une pression totale de 101,3 kPa. Étant donné que l'atmosphère se compose de 21 % de dioxygène (en volume), la pression partielle d'O$_2$ (l'abréviation est P$_{O_2}$) est de 0,21 × 101,3 kPa, soit environ 21,3 kPa. Il s'agit de la partie de la pression atmosphérique attribuable à la présence de dioxygène; c'est de là que vient l'expression *pression partielle.* La pression partielle du dioxyde de carbone (P$_{CO_2}$) au niveau de la mer n'est que de 0,04 kPa. Quand l'air entre en contact avec l'eau, chaque gaz se dissout dans cette dernière en proportion de sa pression partielle dans l'air et de sa solubilité dans l'eau. Cet énoncé renvoie à deux concepts. Le premier est la loi de Henry: « *Quand un mélange de gaz est en contact avec un liquide, chaque gaz se dissout dans le liquide en proportion de sa pression partielle.* » Cela nous aide à comprendre le phénomène des échanges alvéolocapillaires; il faut se rappeler que la surface des alvéoles est humide, une adaptation nécessaire aux animaux terrestres. Le second concept est le suivant: *La dissolution d'un gaz respiratoire est fonction de sa solubilité dans le liquide* (l'eau ou le plasma). En vertu de cela, le CO$_2$ étant 20 fois plus soluble dans l'eau ou dans le plasma que l'O$_2$, il se dissout plus rapidement. Cette propriété du CO$_2$ nous permet de comprendre pourquoi il diffuse efficacement malgré une faible variation de sa pression partielle, comparativement à celle du dioxygène. Par ailleurs, l'air atmosphérique contient environ 78 % de diazote

(N$_2$), qui, pourtant, n'entre pas dans le sang. En effet, le N$_2$ est insoluble dans l'eau ou le plasma à la pression atmosphérique. Au point d'équilibre, les molécules de gaz quittent la solution et la réintègrent à la même vitesse. À ce moment, le gaz a la même pression partielle dans la solution et dans l'air. En conséquence, la P$_{O_2}$ dans un verre d'eau exposé à l'air est de 21,3 kPa, et la P$_{CO_2}$ est de 0,04 kPa.

Un gaz diffuse toujours du milieu où sa pression partielle est la plus élevée vers le milieu où elle est la plus faible. Le sang qui parvient aux poumons par les artères pulmonaires possède une P$_{O_2}$ plus faible et une P$_{CO_2}$ plus élevée que celles de l'air des alvéoles (FIGURE 42.27). Quand il pénètre dans le réseau des capillaires alvéolaires, le dioxyde de carbone qu'il contient

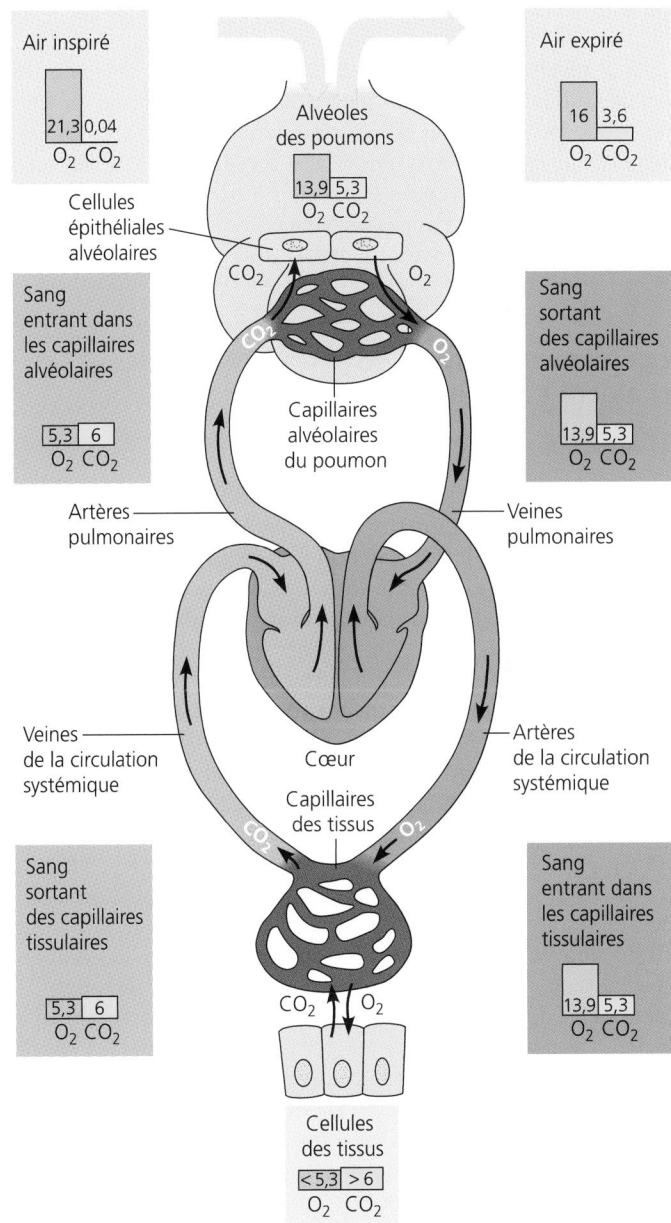

FIGURE 42.27 Absorption et libération des gaz respiratoires.
Les rectangles colorés en orange et en jaune indiquent la pression partielle d'O$_2$ (P$_{O_2}$) et celle de CO$_2$ (P$_{CO_2}$), exprimées en kPa, à différents sites du parcours de ces gaz. Dans chacun des sites, les gaz respiratoires diffusent de l'endroit où leur pression partielle est la plus élevée vers l'endroit où elle est la plus faible.

diffuse jusqu'à l'air contenu dans les alvéoles. Ce CO_2, de même que la vapeur d'eau (humidité), possède une pression partielle plus élevée dans le mélange de gaz alvéolaire que dans l'environnement. C'est pourquoi, en conformité avec la loi de Dalton, la pression partielle du dioxygène puisé dans l'environnement diminue une fois que le gaz est rendu dans les alvéoles des poumons. Entre-temps, le dioxygène de l'air se dissout dans le liquide recouvrant l'épithélium et diffuse à travers la surface jusque dans le sang. Au moment où celui-ci quitte les poumons par les veines pulmonaires, sa P_{O_2} a augmenté, et sa P_{CO_2} a diminué. Après son retour au cœur, il est chassé dans la circulation systémique. Dans les capillaires des tissus, les gradients de pression partielle favorisent la diffusion du dioxygène du sang vers le liquide interstitiel et les cellules, et celle du dioxyde de carbone des cellules et du liquide interstitiel vers le sang. Si les gradients de pression partielle agissent en ce sens, c'est parce que la respiration cellulaire aérobie utilise le dioxygène du liquide interstitiel et lui ajoute du dioxyde de carbone (encore une fois, par diffusion simple, à partir des mitochondries). Après avoir rejeté le dioxygène et absorbé le dioxyde de carbone, le sang retourne au cœur et est de nouveau expulsé vers les poumons. Là, les échanges gazeux entre l'air des alvéoles et le sang s'effectuent suivant un gradient de pressions partielles.

Les pigments respiratoires transportent les gaz et aident à stabiliser le pH du sang

Transport du dioxygène

La faible solubilité du dioxygène dans l'eau pose un problème important pour les animaux qui dépendent d'un système cardiovasculaire pour le transport du dioxygène. Imaginons qu'un Humain soit obligé de répondre à tous ses besoins en dioxygène par le dioxygène dissous dans son sang. Pendant une période d'exercice intense, il peut consommer près de 2 L de dioxygène à la minute, et tout celui-ci doit être transporté par le sang en circulation des poumons jusqu'aux tissus actifs. À la température corporelle et à la pression atmosphérique normales, seulement 4,5 mL d'O_2 peuvent se dissoudre dans un litre de sang par minute dans les poumons. Ce rendement ne peut satisfaire les besoins de la personne. Heureusement, la plupart des Animaux transportent la plus grande partie du dioxygène de leur sang en le fixant à des protéines spéciales, les **pigments respiratoires,** au lieu de le dissoudre dans le plasma. Les pigments respiratoires circulent avec le sang et sont souvent contenus dans des cellules spécialisées. Leur présence augmente considérablement la quantité de dioxygène susceptible d'être transportée dans le sang (celle-ci atteint environ 200 mL par litre de sang chez les Mammifères). Les pigments respiratoires permettent ainsi de réduire considérablement le travail cardiaque nécessaire au transport du dioxygène, pour en arriver à un débit de 20 à 25 L de sang par minute dans le cas d'une personne pratiquant un exercice.

La plupart des Animaux seraient incapables de répondre à leurs besoins énergétiques sans pigments respiratoires. Toute une gamme de ces protéines ont donc évolué chez les diverses espèces d'Animaux. On peut donner l'exemple de l'**hémocyanine** présente dans l'hémolymphe des Arthropodes et de nombreux Mollusques. Ce pigment contient du cuivre (Cu^{2+}) comme substance fixatrice de dioxygène. Cela confère au sang une couleur bleuâtre. Chez presque tous les Vertébrés, le pigment respiratoire est l'**hémoglobine (Hb),** qui réside dans les globules rouges. L'hémoglobine comporte quatre sous-unités, dont chacune possède un cofacteur appelé groupement hème, portant en son centre un ion ferreux (Fe^{2+}). C'est ce dernier qui assure la fixation de l'O_2 ; ainsi, chaque molécule d'hémoglobine peut transporter quatre molécules d'O_2 (voir la FIGURE 5.23b). Comme tous les pigments respiratoires, l'hémoglobine doit pouvoir fixer le dioxygène puis le libérer ; elle doit se charger en dioxygène dans les poumons ou dans les branchies et s'en libérer pour approvisionner les tissus des autres parties du corps. Le captage et la libération du dioxygène dépendent du processus de coopération entre les sous-unités de la molécule d'hémoglobine. (Voir le chapitre 6 pour passer en revue la notion de coopération dans le cas des protéines allostériques.) La fixation du dioxygène à l'une des chaînes polypeptidiques amène les autres chaînes à changer légèrement de forme, de sorte que leur affinité avec le dioxygène augmente. Et quand une chaîne polypeptidique libère son dioxygène, les trois autres l'imitent rapidement, car le changement de conformation de la première chaîne diminue l'affinité des autres chaînes à l'égard du dioxygène.

La **courbe de dissociation** de l'oxyhémoglobine (HbO_2) représente clairement le mécanisme de coopérativité qui a lieu lors de la fixation et de la libération de dioxygène (FIGURE 42.28). Dans l'intervalle de P_{O_2} compris entre 1,5 et 5,3 kPa, là où la courbe de dissociation présente une pente abrupte, même une légère variation de la P_{O_2} amène l'hémoglobine à fixer ou à libérer une quantité importante de dioxygène. Vous constaterez que la partie abrupte de la courbe correspond à l'intervalle des P_{O_2} trouvées dans les tissus corporels. Quand les cellules d'un tissu particulier travaillent plus fort – lors d'un exercice physique, par exemple –, la P_{O_2} diminue dans la région avoisinante, car l'O_2 est consommé par la respiration cellulaire. En raison des effets de la coopérativité entre les sous-unités de l'hémoglobine, une légère baisse de la P_{O_2} suffit à provoquer une augmentation relativement importante de la quantité de dioxygène libéré par le sang.

La conformation de l'hémoglobine, à l'instar de celle de toutes les protéines, dépend de divers facteurs environnementaux. Par exemple, une chute de pH diminue l'affinité de l'hémoglobine à l'égard du dioxygène, un phénomène appelé **effet Bohr** (FIGURE 42.28b). Étant donné que le CO_2 réagit avec l'eau pour former de l'acide carbonique (H_2CO_3), un tissu en activité diminuera le pH des tissus environnants et incitera l'hémoglobine à libérer plus de dioxygène pour répondre aux besoins de la respiration cellulaire.

Transport du dioxyde de carbone

Outre son rôle dans le transport du dioxygène, l'hémoglobine favorise le transport du dioxyde de carbone (FIGURE 42.29, p. 978) et exerce un effet tampon dans le sang (elle permet d'éviter les changements nocifs de pH). Seulement 7 % environ du CO_2 libéré par la respiration cellulaire est transporté sous forme de CO_2 dissous dans le plasma sanguin. Près de 23 % du CO_2 se lie aux multiples groupements amine de l'hémoglobine, qui devient de la carbhémoglobine ($HbCO_2$). Et environ 70 % du CO_2 circule dans le sang sous forme d'ions hydrogénocarbonate (HCO_3^-). Le CO_2 produit par la respiration cellulaire diffuse simplement dans le plasma sanguin, puis dans les

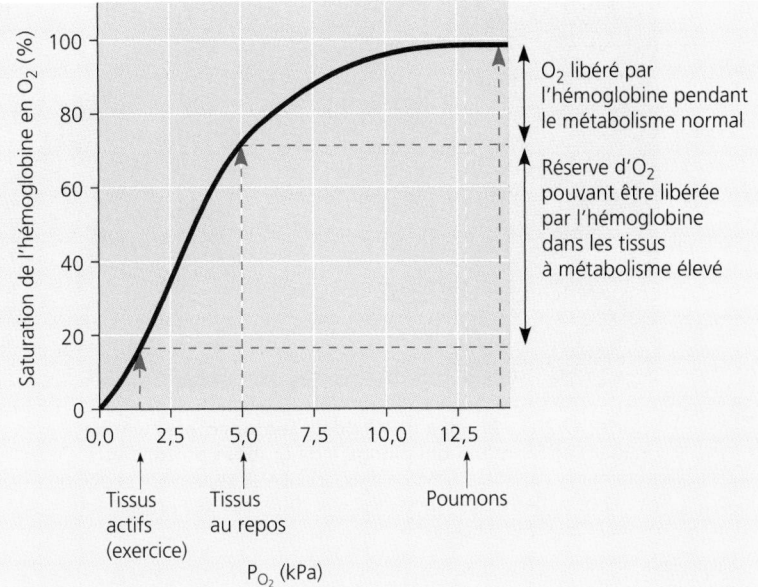

(a) Voici la courbe de dissociation de l'oxyhémoglobine à une température de 37 °C et à un pH de 7,4. Elle montre les quantités relatives de dioxygène lié à l'hémo-globine lorsque le pigment est exposé à des solutions dont la pression partielle de dioxygène dissous varie. À une P_{O_2} de 13,9 kPa, caractéristique des poumons, l'hémoglobine montre un taux de saturation en dioxygène d'environ 98 %. À une P_{O_2} de 5,3 kPa, fréquente autour des tissus, l'hémoglobine n'est saturée qu'à environ 70 % ; c'est-à-dire qu'elle libère environ 28 % de son dioxygène. Elle peut libérer sa réserve d'O_2 dans des tissus extrêmement actifs sur le plan métabolique, comme les tissus musculaires pendant un exercice physique.

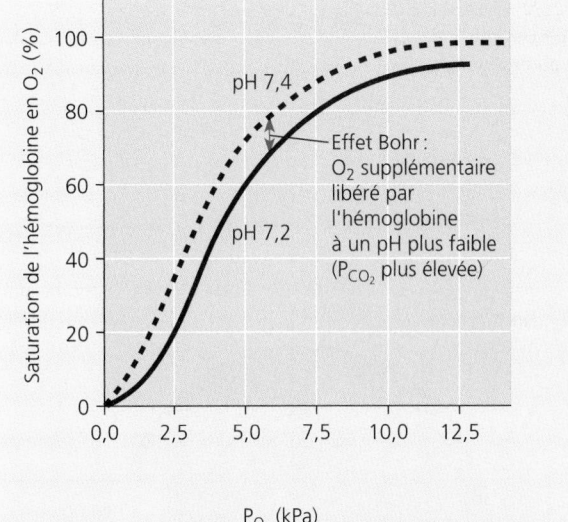

(b) Les protons influent sur la conformation de l'hémoglobine ; une chute de pH déphase la courbe de dissociation de l'oxyhémoglobine vers la droite. Vous remarquez qu'à une P_{O_2} équivalant, par exemple, à 5,3 kPa, l'oxyhémoglobine libère plus de dioxygène lorsque le pH est de 7,2 que lorsqu'il est de 7,4 (le pH normal du sang humain). Le pH diminue (donc l'acidité croît) dans les tissus très actifs, parce que le CO_2 produit par la respiration cellulaire réagit avec l'eau, produisant de l'acide carbonique. L'hémoglobine libère alors plus de dioxygène, ce qui alimente une respiration cellulaire plus active lors d'un exercice physique.

FIGURE 42.28 Courbes de dissociation de l'oxyhémoglobine.

érythrocytes, où il se transforme en ion hydrogénocarbonate. Une mole de dioxyde de carbone réagit d'abord avec une mole d'eau (avec l'aide d'une enzyme, l'anhydrase carbonique), formant une mole d'acide carbonique, qui se dissocie par la suite en une mole de protons et en une mole d'ions hydrogéno-carbonate. La plupart des protons se fixent sur divers sites de l'hémoglobine et d'autres protéines. Ils ne modifient donc pas le pH du sang. Les ions hydrogénocarbonate, eux, diffusent dans le plasma. Pour compenser cette perte de charge négative, les érythrocytes récupèrent chacun un ion chlorure du plasma. Lorsque le sang circule dans les poumons, le processus s'inverse, car la diffusion de CO_2 hors du sang déplace l'équilibre chimique dans les érythrocytes en faveur de la conversion de l'hydro-génocarbonate en CO_2.

Les animaux qui plongent en eau profonde accumulent des réserves de dioxygène et les utilisent lentement

La majorité des Animaux sont en mesure de procéder aux échanges gazeux de façon continue ; parfois, cependant, ils n'ont pas accès à un milieu respiratoire normal. C'est le cas, par exemple, des animaux qui respirent de l'air, mais qui plongent sous l'eau. La plupart des Humains, même les plongeurs expéri-mentés, ne peuvent retenir leur respiration pendant plus de deux ou trois minutes, et ils n'arrivent à nager qu'à des pro-fondeurs maximales de 20 m environ. En revanche, le Phoque

de Weddell (*Leptonychotes weddelli*) de la FIGURE 42.30, à la page 978, plonge couramment à des profondeurs allant de 200 à 500 m. En outre, il reste immergé pendant 20 minutes environ (parfois, pendant plus d'une heure !). Les grands Pingouins peu-vent plonger à des profondeurs semblables, et certaines espèces de Phoques, de Tortues marines et de Baleines font des plongées en-core plus étonnantes. L'Éléphant de mer septentrional (*Mirounga angustirostris*), que l'on peut observer sur la côte de la Colombie-Britannique, peut atteindre une profondeur de 1 500 m et rester immergé pendant un maximum de deux heures. Un Éléphant de mer septentrional portant un émetteur a passé 40 jours en mer sans jamais faire surface pendant plus de six minutes. Quelles sont les adaptations physiologiques qui permettent à ces animaux, qui respirent de l'air, de réussir si bien sous l'eau ?

L'une des adaptations du Phoque de Weddell et d'autres animaux plongeurs réside dans leur capacité à stocker des quan-tités importantes de dioxygène. Le Phoque de Weddell peut retenir environ deux fois plus de dioxygène par kilogramme de masse corporelle que l'Humain ; il le fait principalement dans son sang et dans ses muscles. Environ 36 % du dioxygène total d'un Humain se trouve dans ses poumons, et 51 %, dans son sang. En revanche, le Phoque de Weddell ne garde que 5 % environ de son dioxygène dans ses poumons, relativement petits (il expire parfois avant de plonger pour réduire sa flotta-bilité). Il stocke 70 % du dioxygène dans son sang. Il possède à peu près deux fois plus de sang par kilogramme de masse corporelle que l'Humain. Son énorme rate constitue une autre adaptation. Elle peut représenter jusqu'à 1 % de sa masse. Elle

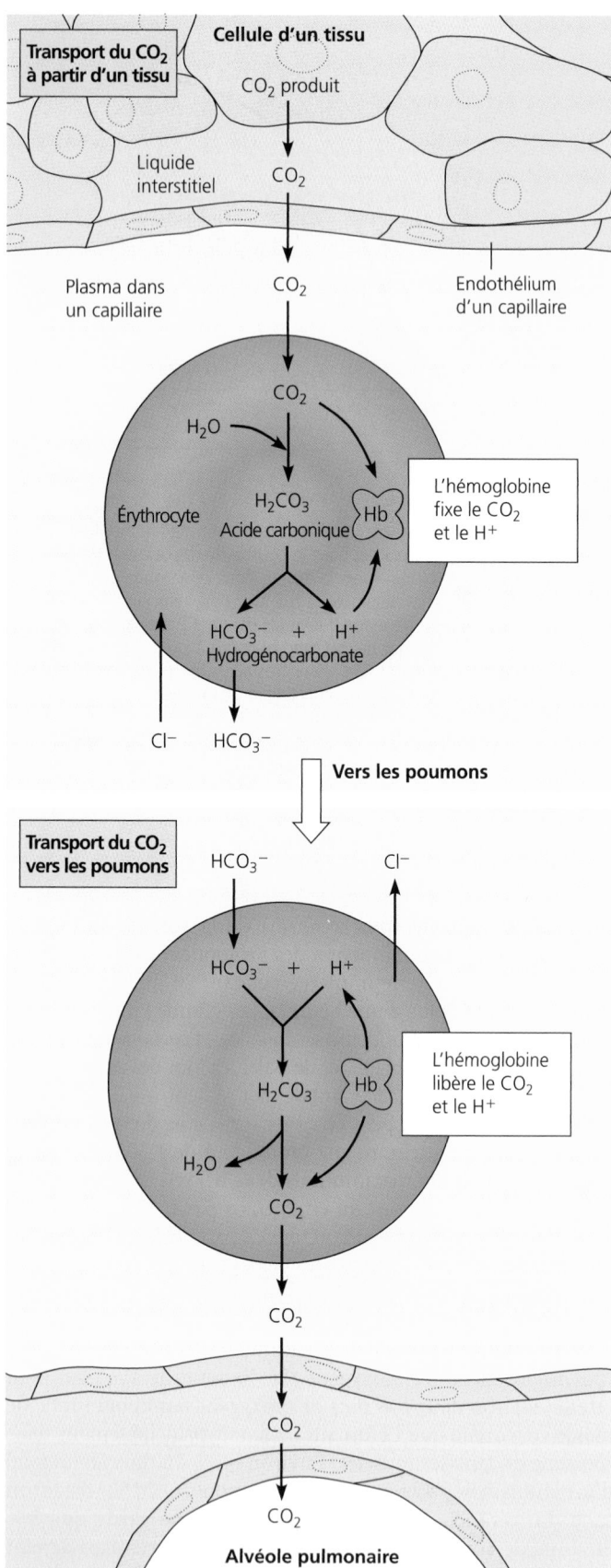

Transport du CO_2
à partir d'un tissu

Cellule d'un tissu

CO_2 produit

Liquide
interstitiel

CO_2

Plasma dans
un capillaire

CO_2

Endothélium
d'un capillaire

CO_2

H_2O

Érythrocyte

H_2CO_3
Acide carbonique

Hb

L'hémoglobine
fixe le CO_2
et le H^+

$HCO_3^- + H^+$
Hydrogénocarbonate

Cl^- HCO_3^-

Vers les poumons

Transport du CO_2
vers les poumons

HCO_3^- Cl^-

$HCO_3^- + H^+$

H_2CO_3 Hb

L'hémoglobine
libère le CO_2
et le H^+

H_2O

CO_2

CO_2

CO_2

CO_2

Alvéole pulmonaire

FIGURE 42.29 Transport du dioxyde de carbone dans le sang.

FIGURE 42.30 Le Phoque de Weddell, *Leptonychotes weddelli*, un mammifère marin qui plonge à de grandes profondeurs. Certaines adaptations de ses systèmes cardiovasculaire et respiratoire permettent à ce Phoque de Weddell de se déplacer sous l'eau de l'Antarctique pendant plus d'une heure.

emmagasine une quantité d'érythrocytes saturés en dioxygène qui correspond aux deux tiers de tous les érythrocytes de l'animal. La rate se contracte probablement une fois la plongée commencée, fortifiant ainsi le sang à l'aide d'érythrocytes supplémentaires. Les Mammifères plongeurs possèdent également une forte concentration de **myoglobine** (une protéine de mise en réserve du dioxygène) dans leurs muscles. Ainsi, le Phoque de Weddell peut entreposer environ 25 % de son dioxygène dans ses muscles, comparativement à 13 % seulement dans le cas de l'Humain.

Les Vertébrés plongeurs entreprennent leur voyage sous-marin en ayant constitué une réserve relativement importante de dioxygène. Ils bénéficient en outre d'adaptations leur permettant de conserver le dioxygène. Ils nagent en faisant un minimum d'efforts musculaires, et ils font souvent appel à des changements de flottabilité pour glisser passivement vers le haut ou vers le bas. Leur fréquence cardiaque et leur consommation d'O_2 diminuent pendant la plongée, et des mécanismes de régulation agissant sur leur résistance périphérique dirigent la majeure partie de leur sang vers leur encéphale, leur moelle épinière, leurs yeux, leurs glandes surrénales et leur placenta (dans le cas des femelles gravides). L'apport sanguin aux muscles est restreint pendant les plongées les plus longues. Lorsque les plongées durent plus de 20 minutes, les muscles du Phoque de Weddell épuisent le dioxygène stocké dans leur myoglobine, puis ils tirent leur ATP de la fermentation plutôt que de la respiration cellulaire aérobie (voir le chapitre 9).

Le Phoque de Weddell (comme d'autres animaux marins respirant de l'air) fait preuve d'une capacité étonnante lorsqu'il s'agit d'alimenter en énergie les parties les plus sollicitées de son corps pendant de longues plongées. Cette caractéristique met en évidence un des fils conducteurs de notre étude des organismes : l'interaction avec l'environnement. Celle-ci conduit à une adaptation physiologique à court terme, qui s'est développée à long terme grâce à la sélection naturelle.

■   ■   ■

Nous avons vu tout au long de ce chapitre que les systèmes respiratoire et cardiovasculaire fonctionnent en étroite collaboration. La fonction principale du système respiratoire – qui est d'approvisionner l'organisme en dioxygène et de le débarrasser du CO_2 pour soutenir la bioénergétique cellulaire – dépend du travail de transport exécuté par le système cardiovasculaire. Une autre activité corporelle tributaire du système cardiovasculaire est la défense contre la maladie; c'est sur ce sujet que nous nous pencherons au chapitre suivant.

RÉVISION DU CHAPITRE

Résumé des concepts importants

LA CIRCULATION CHEZ LES ANIMAUX

■ Les systèmes de transport établissent une connexion fonctionnelle entre les organes d'échanges et les cellules: *une vue d'ensemble* (p. 950). La plupart des Animaux complexes disposent d'un système de transport interne faisant circuler les liquides. Celui-ci établit un lien vital entre l'environnement aqueux des cellules et les organes (comme les poumons) qui procèdent à l'échange de substances chimiques avec l'environnement externe.

■ La plupart des Invertébrés disposent d'une cavité gastrovasculaire ou d'un système cardiovasculaire assurant le transport interne des substances (p. 950 et 951, FIGURES 42.1 et 42.2). Les Cnidaires et les Vers plats ont une cavité gastrovasculaire servant à la circulation ainsi qu'à la digestion. Les Arthropodes et la plupart des Mollusques ont un système cardiovasculaire ouvert, dans lequel les tissus baignent directement dans de l'hémolymphe pompée par un cœur dans des sinus. Les Annélides, certains Mollusques et les Vertébrés disposent d'un système cardiovasculaire clos; le sang reste confiné dans des vaisseaux et est pompé par un cœur musculeux.

■ La phylogenèse des Vertébrés se reflète dans les adaptations de leur système cardiovasculaire (p. 951 à 953, FIGURE 42.3). Chez les Vertébrés, le sang s'écoule dans un système cardiovasculaire clos composé de vaisseaux sanguins et d'un cœur comportant de deux à quatre cavités. Le cœur comporte une ou deux oreillettes, qui reçoivent le sang des veines, et un ou deux ventricules, qui éjectent le sang dans les artères. Les artères acheminent le sang aux capillaires, qui constituent des sites d'échanges de substances chimiques entre le sang et le liquide interstitiel. Les veines ramènent le sang des capillaires au cœur. Le cœur des Poissons comporte une seule oreillette et un seul ventricule, qui pompent le sang jusqu'aux branchies pour l'oxygéner. Le sang passe ensuite aux autres lits capillaires du corps, avant de revenir au cœur. Les Amphibiens et la plupart des Reptiles possèdent un cœur à trois cavités, dans lequel l'unique ventricule envoie le sang dans deux réseaux de circulation. L'un conduit aux surfaces d'échanges gazeux, l'autre, aux autres parties du corps. Les deux circulations ramènent le sang à des oreillettes indépendantes. Cette circulation double pompe à nouveau le sang revenant des lits capillaires des organes respiratoires, maintenant ainsi un flux abondant de sang dans le reste du corps. Les Oiseaux et les Mammifères, des endothermes, ont un cœur à quatre cavités qui permet de séparer complètement le sang riche en dioxygène du sang pauvre en dioxygène.

■ Les Mammifères ont une circulation double qui dépend de leur anatomie et de leur révolution cardiaque (p. 953 à 956, FIGURES 42.4 à 42.7). Les valves cardiaques orientent le sang de manière unidirectionnelle. La fréquence cardiaque (le pouls) correspond au nombre de battements du cœur par minute. La révolution cardiaque est un cycle qui comporte une phase d'éjection du sang, pendant une contraction appelée systole, et une phase de remplissage du cœur, pendant une relaxation appelée diastole. Le débit cardiaque correspond au volume de sang éjecté dans la circulation systémique par minute. La fréquence des contractions du muscle cardiaque est coordonnée par un réseau de conduction électrique, qui trouve son origine dans le nœud sinusal (ou centre rythmogène) de l'oreillette droite. Ce nœud réagit en fonction de la stimulation produite par des nerfs ou des hormones, de la température corporelle et de l'exercice physique.

■ Les différences structurales entre les artères, les veines et les capillaires sont en corrélation avec les fonctions de ces vaisseaux (p. 956 et 957, FIGURES 42.8 et 42.9). Un endothélium constitue la tunique interne de tous les vaisseaux sanguins, et la seule couche de tissu des capillaires. Les artères et les veines ont deux autres tuniques: la tunique externe et la tunique moyenne. La première est faite de tissu conjonctif contenant des fibres collagènes; la deuxième se compose de tissu musculaire lisse, de fibres élastiques et de fibres collagènes. Les artères possèdent la paroi la plus épaisse, la plus résistante et la plus élastique. Il s'agit d'une adaptation à l'augmentation de la pression sanguine et au mouvement rapide du sang. Les mouvements corporels contribuent à ramener le sang vers le cœur par les veines; les grandes veines sont munies de valvules unidirectionnelles.

■ Les lois de la physique relatives aux mouvements des fluides dans les conduits s'appliquent à la circulation et à la pression sanguine (p. 957 à 960, FIGURES 42.10 et 42.11). La vitesse du flux sanguin varie dans le système cardiovasculaire. Elle est la plus lente dans les lits capillaires par suite de la résistance élevée et de l'importance de l'aire de coupe totale des artérioles ainsi que des capillaires. Cette circulation plus lente facilite l'échange de substances entre le sang et le liquide interstitiel. La pression sanguine, c'est-à-dire la force hydrostatique exercée par le sang contre la paroi d'un vaisseau, est déterminée par le débit cardiaque et par la résistance périphérique imputable à la constriction variable des artérioles.

■ Le transfert des substances entre le sang et le liquide interstitiel se fait à travers la paroi mince des capillaires (p. 959 à 962, FIGURES 42.12 et 42.13). L'approvisionnement en sang des différents organes est déterminé par la constriction variable des artérioles et des sphincters précapillaires. Les substances traversent l'endothélium des capillaires de diverses manières: par endocytose et par exocytose, par diffusion, ou encore par dissolution dans des liquides expulsés par des fentes intercellulaires sous l'effet de la pression sanguine à l'extrémité artérielle du capillaire.

■ Le système lymphatique renvoie les liquides dans le sang et facilite la défense de l'organisme (p. 960 à 962). Les liquides réintègrent la circulation par voie directe, à l'extrémité veineuse du capillaire, et par voie indirecte, grâce au système lymphatique. Les globules blancs se concentrent dans les nœuds lymphatiques et facilitent la lutte contre les infections.

- Le sang est un tissu conjonctif composé de cellules en suspension dans le plasma (p. 962 à 965, FIGURES 42.14 à 42.16). Le sang total se compose d'éléments figurés (soit de cellules et de fragments de cellules appelés plaquettes) en suspension dans une matrice liquide appelée plasma. Le plasma est une solution aqueuse composite, contenant des électrolytes, des protéines, des nutriments, des déchets métaboliques, des gaz respiratoires et des hormones. Les protéines plasmatiques influent sur le pH sanguin, sur la pression osmotique et sur la viscosité du sang ; elles contribuent au transport des lipides, à l'immunité (anticorps) et à la coagulation sanguine (fibrinogène). Les globules rouges, ou érythrocytes, transportent le dioxygène. Cinq types de globules blancs, ou leucocytes, jouent un rôle dans la défense immunitaire : ils phagocytent des virus, des bactéries et des débris, ou produisent des anticorps. Les cellules souches pluri-potentes (les hémocytoblastes) de la moelle osseuse rouge donnent naissance à tous les types de cellules du sang. Les plaquettes jouent un rôle dans la coagulation du sang. Celle-ci se compose d'une cascade de réactions complexes convertissant le fibrinogène plasmatique en fibrine.

- Les maladies cardiovasculaires sont la cause principale de décès en Amérique du Nord et dans la plupart des pays industrialisés (p. 965 à 967, FIGURE 42.17). Les maladies cardiovasculaires sont causées par une dégradation du fonctionnement du cœur et des vaisseaux sanguins. L'accumulation graduelle de dépôts dans le cas de l'athérosclérose ou de l'artériosclérose rétrécit le diamètre des vaisseaux sanguins et peut mener à une obstruction des vaisseaux, donc à un infarctus ou à un accident vasculaire cérébral.

LES ÉCHANGES GAZEUX CHEZ LES ANIMAUX

- Les échanges gazeux fournissent le dioxygène nécessaire à la respiration cellulaire et éliminent le dioxyde de carbone : une vue d'ensemble (p. 967 et 968, FIGURE 42.18). Les Animaux font appel à de grandes surfaces respiratoires humidifiées pour la diffusion adéquate des gaz respiratoires (O_2 et CO_2) entre les cellules et le milieu respiratoire, qu'il s'agisse de l'air ou de l'eau.

- Les branchies résultent d'adaptations du système respiratoire de la plupart des animaux aquatiques (p. 968 et 969, FIGURES 42.19 à 42.21). Les branchies sont des évaginations de la surface corporelle spécia-lisées dans les échanges gazeux. L'efficacité des échanges gazeux de certaines branchies, notamment celles des Poissons, est accrue grâce à la ventilation et à la circulation à contre-courant du sang et de l'eau.

- Les trachées et les poumons sont les adaptations du système respi-ratoire des animaux terrestres (p. 969 à 974, FIGURES 42.22 à 42.25). Les trachées des Insectes sont des tubes ramifiés minuscules qui pénètrent dans le corps, apportant l'O_2 directement aux cellules. La plupart des Vertébrés terrestres, des Escargots terrestres et des Araignées ont des poumons internes. Chez les Mammifères, l'air inhalé par les narines passe dans le pharynx pour se rendre dans la trachée, les bronches, les bronchioles et les alvéoles où ont lieu les échanges gazeux. Les poumons doivent être ventilés par la respiration. Les Mammifères ont une respiration à tension, obtenue par la contraction et le relâchement des muscles intercostaux et du diaphragme ; cela modifie le volume de la cavité thoracique et des poumons, donc leur pression (comparativement à celle de l'atmosphère). Les Oiseaux procèdent à une ventilation unidirec-tionnelle de leurs poumons, rendue possible par la présence d'un réseau de sacs aériens et de parabronches intrapulmonaires.

- Les centres de régulation de l'encéphale contrôlent la fréquence et l'amplitude de la respiration (p. 974 et 975, FIGURE 42.26). Des centres de régulation situés dans le pont et le bulbe rachidien établissent la fréquence respiratoire de base. Des chimiorécepteurs détectent les variations du pH sanguin (qui est en lien avec la concentration en CO_2), ainsi que celles du dioxygène dans le sang. Le bulbe rachidien modifie la fréquence et l'amplitude de la respi-ration en fonction des besoins métaboliques du corps.

- Les gaz diffusent dans les poumons et les autres organes en réponse à des gradients de pression (p. 975 et 976, FIGURE 42.27). L'O_2 et le CO_2 diffusent du milieu où leur pression partielle est élevée à celui où leur pression partielle est faible.

- Les pigments respiratoires transportent les gaz et aident à stabiliser le pH du sang (p. 976 à 978, FIGURES 42.28 et 42.29). Les pigments respiratoires augmentent considérablement la quantité de dioxygène que le sang peut transporter. Les Arthropodes et les Mollusques pos-sèdent un type de pigment qui comporte du cuivre (Cu^{2+}) et qui est appelé hémocyanine. Les Vertébrés ont un type de pigment qui comporte du fer (Fe^{2+}) et qui est appelé hémoglobine. Une molécule d'hémoglobine se compose de quatre sous-unités polypep-tidiques, ayant chacune un ion ferreux qui se lie à une molécule de dioxygène. La majeure partie du CO_2 généré pendant le méta-bolisme est transportée sous forme d'ions hydrogénocarbonate (HCO_3^-).

- Les animaux qui plongent en eau profonde accumulent des réserves de dioxygène et les utilisent lentement (p. 977 et 978, FIGURE 42.30). Les Mammifères plongeurs ont un volume sanguin extrêmement élevé, et ils emmagasinent du dioxygène supplémentaire dans leurs muscles ou dans les érythrocytes accumulés dans leur rate.

Autoévaluation

(Les questions dont les numéros sont en caractères gras font surtout appel à la compréhension.)

1. Quel système ou quels organes respiratoires suivants *ne sont pas* étroitement associés à un système cardiovasculaire ?
   a) Les poumons des Vertébrés.
   b) Les branchies des Poissons.
   c) Le système trachéen des Insectes.
   d) L'épiderme des Vers de terre.
   e) Les parapodes des Polychètes.

2. Chez les Mammifères, le sang qui revient au cœur par une veine pulmonaire se déverse d'abord dans :
   a) la veine cave.
   b) l'oreillette gauche.
   c) l'oreillette droite.
   d) le ventricule gauche.
   e) le ventricule droit.

3. Le pouls constitue une mesure directe :
   a) de la pression sanguine.
   b) du volume systolique.
   c) du débit cardiaque.
   d) de la fréquence cardiaque.
   e) de la fréquence respiratoire.

4. Lorsqu'une personne retient son souffle, lequel de ces changements dans la concentration des gaz sanguins provoque tout d'abord l'urgence de respirer ?
   a) Une hausse de la concentration en O_2.
   b) Une baisse de la concentration en O_2.
   c) Une hausse de la concentration en CO_2.
   d) Une baisse de la concentration en CO_2.
   e) Une hausse de la concentration en CO_2 et une baisse de la concentration en O_2.

5. Dans le mécanisme de la respiration à tension, l'inspiration se produit, entre autres choses, par :
   a) un déplacement forcé de l'air de la gorge vers les poumons.
   b) une contraction du diaphragme.
   c) un relâchement des muscles de la cage thoracique.
   d) une utilisation des muscles des poumons pour accroître le volume des alvéoles.
   e) une contraction des muscles abdominaux.

6. La conversion du fibrinogène en fibrine :
   a) survient quand le fibrinogène est diffusé à partir des plaquettes fragmentées.
   b) survient au sein des érythrocytes.
   c) est liée à l'hypertension et peut endommager la paroi des artères.
   d) a tendance à survenir très souvent chez les hémophiles.
   e) correspond à la dernière étape d'un processus de coagulation qui fait intervenir des facteurs de coagulation multiples.

7. Une diminution du pH du sang humain provoquée par l'exercice :
   a) diminue la fréquence respiratoire.
   b) augmente la fréquence cardiaque.
   c) diminue la quantité d'O_2 libérée par l'hémoglobine.
   d) diminue le débit cardiaque.
   e) diminue la concentration de carbhémoglobine.

8. Le sang qui atteint la portion artérielle des capillaires a :
   a) une P_{O_2} plus élevée que celle du liquide interstitiel baignant les cellules musculaires actives.
   b) une P_{CO_2} plus élevée que celle du liquide interstitiel baignant les cellules musculaires actives.
   c) une concentration d'ions hydrogénocarbonate plus élevée que celle du liquide interstitiel baignant les cellules musculaires actives.
   d) un pH plus faible que celui du liquide interstitiel baignant les cellules musculaires actives.
   e) une pression osmotique plus faible que celle du liquide interstitiel baignant les cellules musculaires actives.

9. Laquelle de ces réactions domine dans les érythrocytes traversant les capillaires pulmonaires (Hb = hémoglobine) ?
   a) $Hb + 4\,O_2 \longrightarrow Hb(O_2)_4$
   b) $Hb(O_2)_4 \longrightarrow Hb + 4\,O_2$
   c) $CO_2 + H_2O \longrightarrow H_2CO_3$
   d) $H_2CO_3 \longrightarrow H^+ + HCO_3^-$
   e) $Hb + 4\,CO_2 \longrightarrow Hb(CO_2)_4$

10. La relation entre la pression artérielle (P_a), le débit cardiaque (D_c) et la résistance périphérique (R) peut être exprimée dans la formule $P_a = D_c \times R$. Tous les changements suivants causeraient une augmentation de la pression artérielle, *sauf* :
    a) l'augmentation du volume systolique.
    b) l'augmentation de la fréquence cardiaque.
    c) l'augmentation de la durée de la diastole ventriculaire.
    d) la contraction des muscles lisses artériolaires.
    e) la réduction du diamètre artériolaire.

11. Le cœur de certains nouveau-nés présente un petit orifice dans la paroi qui sépare les ventricules droit et gauche. Expliquez les répercussions de cette malformation sur la teneur en dioxygène du sang expulsé du cœur dans la circulation systémique.

12. Une légère diminution du pH sanguin fait augmenter la fréquence d'émissions d'influx du nœud sinusal. Expliquez l'importance de cette réaction.

13. Expliquez pourquoi le fait de nager vigoureusement immédiatement après avoir pris un repas copieux risque de vous causer une indigestion plutôt que des crampes musculaires.

14. Expliquez comment un œdème (soit l'accumulation de liquide dans les tissus) peut résulter d'une diminution de la concentration des protéines du plasma sanguin à la suite d'une déficience protéique importante dans l'alimentation.

15. Calculez la ventilation alvéolaire d'une athlète dont le volume courant (VC) est de 0,85 L et qui respire 8 fois par minute.

16. Pourquoi est-il utile de disposer d'une réserve de fibrinogène dans le sang au lieu d'avoir à synthétiser la fibrine au moment d'une blessure ?

17. Quelle est la différence principale entre les branchies et les poumons (des organes respiratoires) sur le plan de leur relation spatiale avec le reste du corps des animaux qui en possèdent ?

18. Expliquez comment l'hyperventilation peut perturber la régulation de la respiration.

Lien avec l'évolution

Les Vertébrés terrestres consomment plus d'énergie en se déplaçant que ne le font les Poissons en nageant, parce qu'ils doivent supporter leur masse contre la gravitation. En d'autres termes, il faut plus d'énergie à un animal (par gramme) pour se déplacer de 1 m sur la terre ferme que pour se déplacer de 1 m dans l'eau (en supposant, évidemment, que l'animal est dans son habitat naturel, c'est-à-dire sur la terre ou dans l'eau). Comment cette disparité s'intègre-t-elle dans l'évolution du système cardiovasculaire des Vertébrés ?

Intégration

L'hémoglobine du fœtus humain diffère de celle de l'adulte. Comparez les courbes de dissociation des deux types d'oxyhémoglobine dans le graphique ci-dessous. Proposez une hypothèse pour déterminer la *fonction* de cette différence entre les deux types d'oxyhémoglobine.

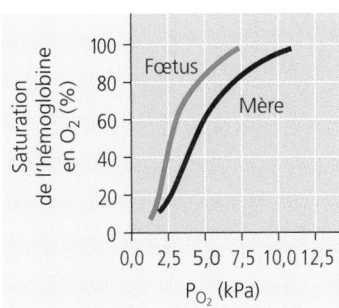

Science, technologie et société

Des centaines d'études ont associé l'usage de tabac aux maladies cardio-vasculaires et pulmonaires. D'après la plupart des autorités en matière de santé, l'usage de tabac est la cause principale des décès prématurés en Amérique du Nord. Les groupes de lutte contre le tabagisme et les associations de défense de la santé ont proposé d'interdire *complètement* les annonces publicitaires vantant les cigarettes, et ce, quel que soit le média. Êtes-vous pour ou contre une telle mesure ? Dites pourquoi.

Réponses à l'autoévaluation : 1. c ; 2. b ; 3. d ; 4. c ; 5. b ; 6. e ; **7.** b ; **8.** a ; **9.** a ; **10.** c ; **11.** La malformation réduit le contenu en dioxygène du sang en mélangeant du sang retourné au ventricule droit à partir de la circulation systémique, donc appauvri en dioxygène, et du sang riche en dioxygène du ventricule gauche. **12.** La baisse du pH résulte d'une augmentation de la concentration de CO_2 dans le sang et de la formation de l'acide carbonique. Elle est détectée par des chimiorécepteurs informant le bulbe rachidien ; celui-ci utilise la voie du système nerveux sympathique pour augmenter la fréquence d'émissions d'influx du nœud sinusal. Ce dernier entraîne une augmentation de la fréquence cardiaque, donc un apport sanguin plus grand aux poumons, dans le but d'éliminer le CO_2 excédentaire. **13.** Un exercice physique intense achemine une plus grande quantité de sang dans les lits capillaires des muscles squelettiques. Cela réduit le flux du sang acheminé aux capillaires du tissu musculaire lisse du tube digestif. Par conséquent, la baisse de la concentration de dioxygène dans ce tissu inhibe le péristaltisme, et le chyme acide finit par causer une irritation de l'estomac. **14.** La diminution de la concentration plasmatique des protéines réduit le gradient osmotique à travers la paroi des capillaires ; ainsi, un volume moindre de liquides retourne du liquide interstitiel aux capillaires. Le liquide excédentaire qui reste en dehors des systèmes cardiovasculaire et lymphatique crée un œdème. **15.** 5,6 L/min. **16.** Le fibrinogène peut être activé et transformé en fibrine beaucoup plus vite que la fibrine peut être synthétisée. **17.** La surface respiratoire étendue des branchies est dirigée vers l'extérieur du corps et plongée dans l'environnement (l'eau) ; en revanche, les poumons se déploient dans une cavité à l'intérieur du corps. **18.** Une légère baisse de pH, provoquée par une hausse de la concentration d'acide carbonique (et donc de la présence de CO_2), stimule l'inspiration en agissant sur les centres de régulation de la respiration situés dans le pont et le bulbe rachidien. En débarrassant le sang d'une fraction plus grande de CO_2 que la normale, l'hyperventilation mène à une suspension temporaire de la respiration.

CHAPITRE 43

LES DÉFENSES DE L'ORGANISME

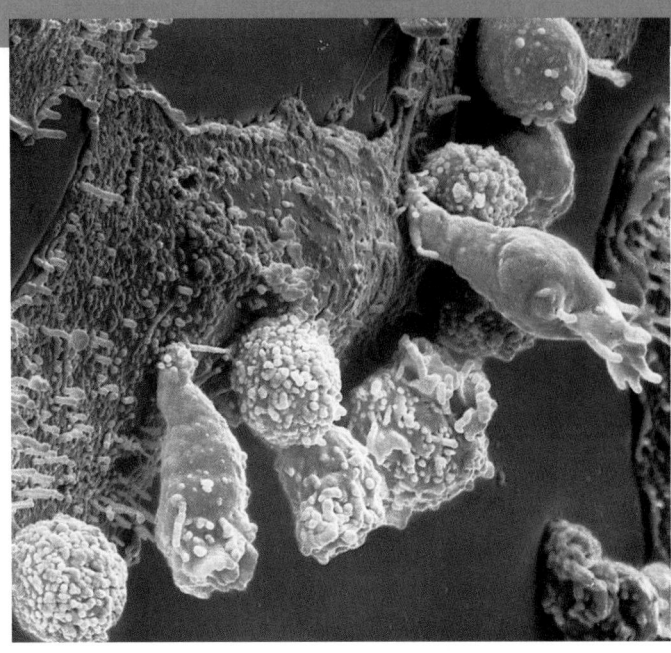

« L'agresseur est d'autant plus difficile à vaincre
qu'il se fait plus intime. »

JEAN BERNARD
médecin hématologue français (1907-)

■ Les troubles du système immunitaire peuvent causer des maladies
■ Le syndrome d'immunodéficience acquise (sida) est causé par
un virus, le VIH

LES DÉFENSES NON SPÉCIFIQUES
CONTRE L'INFECTION

■ La peau et les muqueuses constituent une première ligne de défense
contre l'infection
■ Les phagocytes, les cellules tueuses naturelles, la réaction inflammatoire et les protéines antimicrobiennes jouent un rôle dès le début
de l'infection

LES BASES DE L'IMMUNITÉ SPÉCIFIQUE

■ Les lymphocytes procurent au système immunitaire sa spécificité
et sa diversité
■ Les antigènes interagissent avec des lymphocytes spécifiques
produisant les réactions et la mémoire immunitaires
■ La différenciation des lymphocytes donne naissance à un système
immunitaire capable de distinguer le soi du non-soi

LES RÉACTIONS IMMUNITAIRES

■ Les lymphocytes T auxiliaires jouent un rôle dans l'immunité
humorale et dans l'immunité à médiation cellulaire : *une vue d'ensemble*
■ Dans la réaction immunitaire à médiation cellulaire, les lymphocytes T
cytotoxiques luttent contre les agents pathogènes intracellulaires
et les cellules tumorales : *une étude détaillée*
■ Dans la réaction immunitaire humorale, les lymphocytes B fabriquent
des anticorps pour lutter contre les agents pathogènes extracellulaires :
une étude détaillée
■ Les Invertébrés ont un système immunitaire rudimentaire

LE RÔLE DE L'IMMUNITÉ
DANS LA SANTÉ ET LA MALADIE

■ L'immunité peut être acquise naturellement ou artificiellement
■ La capacité du système immunitaire à reconnaître le soi du non-soi
limite les transfusions sanguines et les greffes de tissu

Tous les Animaux *doivent pouvoir se défendre contre les
envahisseurs, c'est-à-dire contre les nombreux Virus, Bactéries et autres agents pathogènes qui se trouvent dans l'air, la
nourriture et l'eau, et qui peuvent présenter des dangers. Ils doivent
également faire face à l'apparition de cellules anormales qui sont
produites par leur propre corps et qui sont susceptibles de donner
naissance à un cancer. L'organisme possède trois lignes de défense
qui agissent de concert contre ces menaces* (FIGURE 43.1, *p. 984).
Deux lignes de défense sont de nature non spécifique : elles ne
distinguent pas les agents infectieux les uns des autres. La première
ligne de défense non spécifique est externe : elle se compose des tissus
épithéliaux recouvrant et tapissant le corps (la peau et les
muqueuses), ainsi que des sécrétions produites par ces tissus. La
seconde ligne de défense non spécifique est interne : elle est déclenchée
par des médiateurs chimiques, et elle fait appel à des phagocytes
ainsi qu'à des protéines antimicrobiennes pour attaquer sans
discrimination tous les envahisseurs qui traversent les barrières
externes de l'organisme. L'apparition d'une inflammation indique
l'activation de cette seconde ligne de défense.*

*La troisième ligne de défense correspond au système immuni-
taire, qui intervient au moment de l'activation de la deuxième
ligne de défense et qui coopère avec cette dernière pour la soutenir
et la compléter. Le système immunitaire met en œuvre une défense
spécifique contre les microorganismes, les cellules anormales, les
toxines et toute autre substance portant des molécules étrangères.
La réaction immunitaire, qui comprend la production de protéines
défensives spécifiques, les anticorps, fait appel à un groupe varié de*

983

globules blancs appelés lymphocytes (voir les FIGURES 42.14 et 42.15). La micrographie de la page précédente (MEB colorée) présente des lymphocytes spécialisés (en gris et blanc) attaquant une cellule cancéreuse (en brun). Dans ce chapitre, nous verrons comment les lignes de défense spécifiques et non spécifiques des Animaux collaborent pour protéger le corps. Nous nous intéresserons surtout aux mécanismes de défense des Vertébrés, dont le système immunitaire est extrêmement développé.

LES DÉFENSES NON SPÉCIFIQUES CONTRE L'INFECTION

Un agent envahisseur doit franchir la barrière externe formée par la peau et les muqueuses, qui recouvrent le corps d'un animal et en tapissent les ouvertures. S'il réussit à s'introduire dans l'organisme, l'agent pathogène fait face à la seconde ligne de défense non spécifique, c'est-à-dire aux mécanismes interactifs qui comprennent la phagocytose, la réaction inflammatoire et l'action des protéines antimicrobiennes.

La peau et les muqueuses constituent une première ligne de défense contre l'infection

La peau intacte constitue une barrière normalement infranchissable par les Bactéries et les Virus. Ceux-ci peuvent toutefois passer par les plus petites écorchures. De même, les **muqueuses** qui tapissent les voies digestives, respiratoires et urogénitales protègent l'organisme contre les microorganismes potentiellement dangereux (voir la FIGURE 40.1). Outre leur rôle de barrière physique, la peau et les muqueuses combattent les agents pathogènes à l'aide de substances chimiques. Chez les Humains, par exemple, les sécrétions des glandes sébacées et sudorifères donnent à la peau un pH variant entre 3 et 5 : c'est suffisamment acide pour empêcher de nombreux microorganismes de s'y établir. (Les bactéries qui composent la flore normale de la peau sont adaptées à cet environnement acide et relativement sec.) La salive, les larmes et les sécrétions des muqueuses épurent la surface exposée des épithéliums et empêchent donc le développement des microorganismes. En outre, ces sécrétions contiennent diverses protéines antimicrobiennes. L'une d'entre elles, le **lysozyme** (voir les FIGURES 5.17 et 5.18), attaque la paroi cellulaire de nombreuses bactéries, détruisant ainsi de nombreux microorganismes qui s'introduisent dans les voies respiratoires supérieures et dans les ouvertures autour des yeux.

Le *mucus,* un liquide épais (visqueux) sécrété par les cellules des muqueuses, retient également les microorganismes et les autres particules qui entrent en contact avec lui. Dans la trachée, des cellules épithéliales ciliées balaient le mucus et les microorganismes qu'il emprisonne vers le pharynx, ce qui empêche leur introduction dans les poumons (FIGURE 43.2). Les microorganismes présents dans les aliments ou dans l'eau, ou ceux qui sont avalés avec le mucus, doivent affronter l'environnement extrêmement acide que constitue l'estomac. L'acide du suc gastrique, dont le pH se situe entre 1,5 et 3,5, détruit de nombreux microorganismes avant qu'ils ne pénètrent dans l'intestin grêle. Mais certains agents pathogènes résistent à un milieu acide, notamment le Virus de l'hépatite A ; c'est l'un des nombreux virus qui peut survivre à l'acidité gastrique et pénétrer dans le corps par l'intermédiaire du tube digestif.

Les phagocytes, les cellules tueuses naturelles, la réaction inflammatoire et les protéines antimicrobiennes jouent un rôle dès le début de l'infection

Les microorganismes qui traversent la première ligne de défense, notamment ceux qui entrent dans la peau par une petite coupure, doivent affronter la deuxième ligne de défense. Les mécanismes internes de défense non spécifique reposent principalement sur la **phagocytose,** c'est-à-dire l'ingestion, dans ce cas-ci, de particules étrangères par certains types de leucocytes appelés phagocytes (voir les FIGURES 8.19a et 42.15). Comme vous le constaterez, le rôle des phagocytes est étroitement associé à une réaction inflammatoire et à certaines protéines antimicrobiennes. Ces défenses non spécifiques aident à limiter la propagation des microorganismes avant le déclenchement des réactions immunitaires spécifiques.

Phagocytes et cellules NK

Les phagocytes appelés **granulocytes neutrophiles** représentent de 60 % à 70 % de tous les leucocytes (globules blancs). Les cellules endommagées par des microorganismes envahisseurs libèrent des substances chimiques qui attirent les granulocytes neutrophiles ; ces derniers quittent le sang et pénètrent dans le tissu infecté pour y absorber et détruire les microorganismes. (Cette migration vers la source d'un attractif chimique constitue un exemple de *chimiotaxie positive.*) Les granulocytes neutrophiles ont tendance à s'autodétruire après avoir attaqué les envahisseurs, et leur espérance de vie moyenne n'est que de quelques jours.

Les défenses non spécifiques		Les défenses spécifiques (système immunitaire)
Première ligne de défense	Deuxième ligne de défense	Troisième ligne de défense
• Peau • Muqueuses • Sécrétions de la peau et des muqueusess	• Phagocytes • Protéines antimicrobiennes • Réaction inflammatoire	• Lymphocytes • Anticorps

FIGURE 43.1 Vue d'ensemble des défenses de l'organisme. Nous associons le système immunitaire aux défenses spécifiques. Toutefois, selon certains auteurs, les défenses non spécifiques feraient aussi partie du système immunitaire. Ils les identifient par l'expression « immunité innée ou naturelle », par opposition à l'expression « immunité adaptative », qui renvoie aux défenses spécifiques.

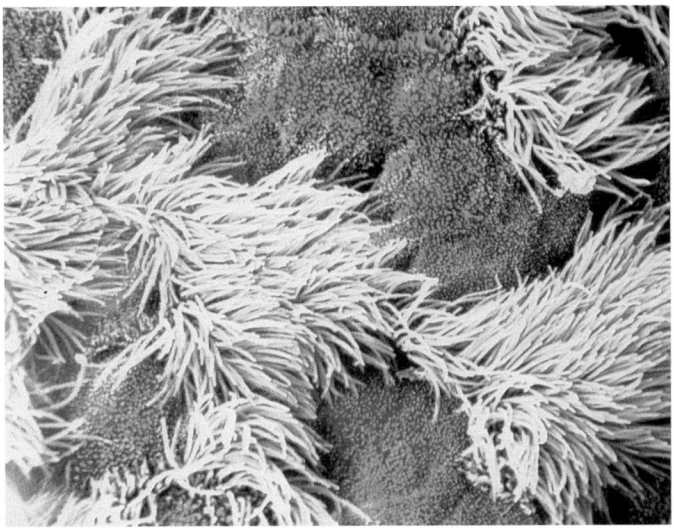

90 nm (221 000 ×)

FIGURE 43.2 Première ligne de défense des voies respiratoires. Dans la muqueuse de la trachée, on trouve des cellules caliciformes spécialisées (en orange) qui produisent du mucus. Celui-ci emprisonne les microorganismes avant qu'ils ne puissent pénétrer dans les poumons. La muqueuse est aussi équipée de cellules épithéliales prismatiques ciliées (en jaune). Les battements synchronisés des cils expulsent le mucus et les microorganismes qu'il emprisonne vers le haut, dans le pharynx (MEB colorée).

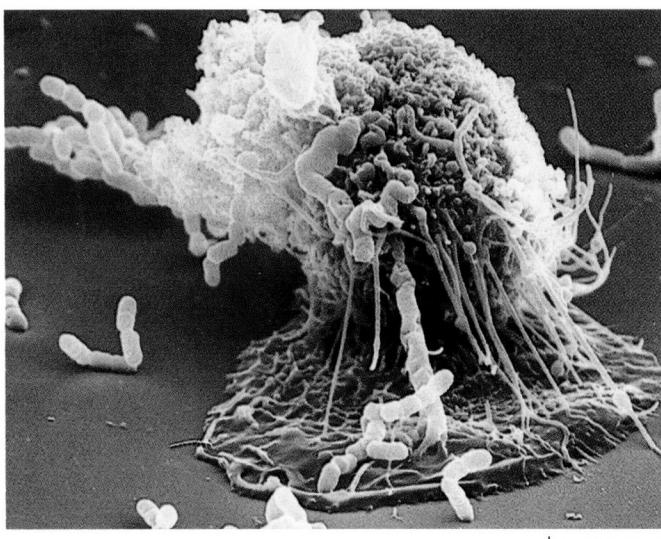

4 μm (3 800 ×)

FIGURE 43.3 Phagocytose par un macrophage. Cette micrographie montre les pseudopodes fibrillaires d'un macrophage (ou macrophagocyte) se fixant à des bactéries en bâtonnets. Celles-ci sont sur le point d'être englobées et détruites (MEB colorée).

Les **monocytes,** qui ne représentent que 5 % des leucocytes, fournissent une arme phagocytaire encore plus efficace. Après maturation, ils circulent dans le sang pendant quelques heures seulement, puis ils migrent dans les tissus pour y grossir et se transformer en **macrophages** («gros mangeurs»). Les macrophages (ou macrophagocytes), les plus gros phagocytes, sont particulièrement efficaces et vivent longtemps. Il s'agit de cellules amiboïdes qui se servent de leurs longs pseudopodes pour s'attacher aux polysaccharides de surface des microorganismes (FIGURE 43.3). Un macrophage englobe un microorganisme dans une vacuole nutritive, qui fusionne avec un lysosome (voir la FIGURE 7.14). Ce dernier peut tuer un microorganisme de deux manières après la phagocytose. En premier lieu, il peut générer des formes toxiques de l'oxygène. D'après les chercheurs, deux molécules toxiques, l'anion superoxyde (O_2^-) et le monoxyde d'azote (NO), seraient les principaux agents antimicrobiens au sein des phagocytes. En second lieu, certaines enzymes lysosomiques, notamment le lysozyme, digèrent les composants microbiens. Cependant, quelques microorganismes ont développé une protection contre la destruction par phagocytose. Ainsi, certaines bactéries possèdent une capsule à laquelle les macrophages ne peuvent se fixer (voir la FIGURE 16.1). D'autres microorganismes, comme le bacille de la tuberculose, *Mycobacterium tuberculosis,* se laissent englober mais résistent par la suite à la destruction lysosomique ; ils peuvent même se reproduire dans un macrophage. Ces microorganismes constituent des envahisseurs difficiles à combattre par les défenses spécifiques et non spécifiques.

Certains macrophages migrent dans le corps, tandis que d'autres résident en permanence dans certains tissus : dans les poumons (macrophagocytes alvéolaires), le foie (macrophagocytes stellaires), les reins (cellules mésangiales), le système nerveux central (microgliocytes), les tissus conjonctifs (histiocytes), et surtout les nœuds (ganglions) lymphatiques et la rate, organes

clés du système lymphatique (FIGURE 43.4, p. 986). Les macrophages résidant dans la rate, les nœuds lymphatiques et d'autres tissus lymphatiques sont particulièrement bien situés pour combattre les agents infectieux. Les microorganismes, les fragments microbiens et les molécules étrangères qui pénètrent dans le sang rencontrent des macrophages à mesure qu'ils se retrouvent bloqués dans l'architecture en réseau de la rate ; quant à ceux qui entrent dans le liquide interstitiel, ils passent dans la lymphe et sont filtrés dans les nœuds lymphatiques. Les organes lymphatiques et la peau abritent aussi des phagocytes d'un type particulier, qui jouent un rôle similaire à celui des macrophages. Ce sont les cellules dendritiques, ainsi nommées à cause de leurs prolongements cytoplasmiques, qui font penser aux dendrites des neurones. Les cellules dendritiques de la peau portent l'appellation plus spécifique de cellules de Langerhans. Les cellules dendritiques proviennent probablement de cellules souches de la moelle osseuse.

Environ 1,5 % des leucocytes sont des **granulocytes éosinophiles.** Leur contribution principale à la défense consiste à s'opposer à des envahisseurs parasites relativement très gros, comme le Schistosome *Schistosoma mansoni* (voir la FIGURE 33.11). Les granulocytes éosinophiles se placent contre la paroi externe du parasite et déchargent des enzymes destructrices contenues dans leurs granulations cytoplasmiques. Ils exercent une phagocytose plutôt limitée.

Les défenses non spécifiques de l'organisme incluent également les **cellules tueuses naturelles** (ou cellules NK, de l'anglais « natural killer cells »). Celles-ci n'attaquent pas les microorganismes directement ; elles détruisent plutôt les cellules de l'organisme qui sont infectées, notamment par des virus (elles attaquent aussi les cellules anormales qui pourraient devenir cancéreuses). Les cellules NK ne procèdent pas à la phagocytose ; elles attaquent la membrane de la cellule cible pour provoquer la cytolyse (l'éclatement).

FIGURE 43.4 Système lymphatique humain.

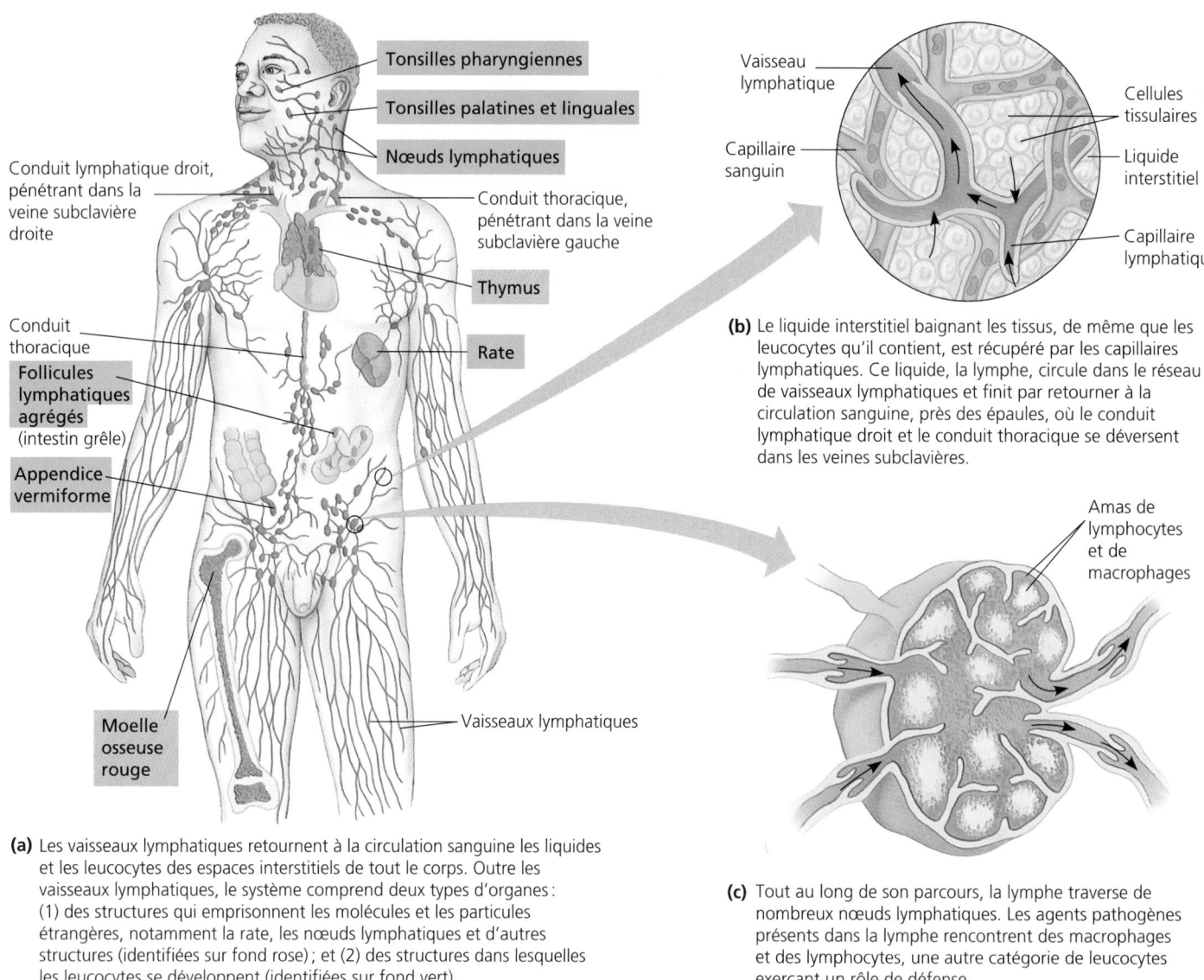

Tonsilles pharyngiennes

Tonsilles palatines et linguales

Nœuds lymphatiques

Conduit lymphatique droit, pénétrant dans la veine subclavière droite

Conduit thoracique, pénétrant dans la veine subclavière gauche

Thymus

Conduit thoracique

Rate

Follicules lymphatiques agrégés (intestin grêle)

Appendice vermiforme

Moelle osseuse rouge

Vaisseaux lymphatiques

(a) Les vaisseaux lymphatiques retournent à la circulation sanguine les liquides et les leucocytes des espaces interstitiels de tout le corps. Outre les vaisseaux lymphatiques, le système comprend deux types d'organes : (1) des structures qui emprisonnent les molécules et les particules étrangères, notamment la rate, les nœuds lymphatiques et d'autres structures (identifiées sur fond rose) ; et (2) des structures dans lesquelles les leucocytes se développent (identifiées sur fond vert).

Vaisseau lymphatique

Cellules tissulaires

Capillaire sanguin

Liquide interstitiel

Capillaire lymphatique

(b) Le liquide interstitiel baignant les tissus, de même que les leucocytes qu'il contient, est récupéré par les capillaires lymphatiques. Ce liquide, la lymphe, circule dans le réseau de vaisseaux lymphatiques et finit par retourner à la circulation sanguine, près des épaules, où le conduit lymphatique droit et le conduit thoracique se déversent dans les veines subclavières.

Amas de lymphocytes et de macrophages

(c) Tout au long de son parcours, la lymphe traverse de nombreux nœuds lymphatiques. Les agents pathogènes présents dans la lymphe rencontrent des macrophages et des lymphocytes, une autre catégorie de leucocytes exerçant un rôle de défense.

Réaction inflammatoire

Les lésions tissulaires causées par une blessure physique (comme une égratignure) ou par la pénétration de microorganismes déclenchent une **réaction inflammatoire** localisée (FIGURE 43.5). Dans la région blessée, les artérioles précapillaires se dilatent, et les veinules postcapillaires se contractent, augmentant ainsi l'apport sanguin dans la zone ayant subi une lésion (voir la FIGURE 42.8). Cette hausse du débit sanguin est à l'origine des quatre caractéristiques de la réaction inflammatoire : la rougeur, la sensation de chaleur (le terme inflammation vient du latin *inflammare*, « mettre le feu à »), l'œdème (enflure) et la douleur. La sensation de chaleur dérive d'une augmentation de la température du sang (d'environ 1 °C) au site de la lésion. L'œdème est issu du fait que les capillaires gorgés de sang transmettent davantage de liquides aux tissus avoisinants. Quant à la douleur, elle résulte d'une stimulation des neurones sensitifs attribuable à l'œdème et à une libération de prostaglandines (voir le chapitre 45), des hormones fabriquées par la plupart des types cellulaires.

La réaction inflammatoire dépend de médiateurs chimiques. Certains de ceux-ci sont produits par l'envahisseur lui-même. D'autres, comme l'**histamine,** sont libérés par les cellules touchées lors d'une lésion tissulaire. L'histamine, une amine biogène, est libérée par des leucocytes en circulation appelés **granulocytes basophiles** et par les **mastocytes,** des cellules présentes dans le tissu conjonctif. Une lésion qui modifie l'environnement immédiat de ces cellules ou qui perturbe leur membrane plasmique provoque la libération d'histamine. Cela déclenche une vasodilatation locale et rend les capillaires avoisinants plus perméables. Les leucocytes et les cellules du tissu endommagé sécrètent également des *prostaglandines* (voir la description des régulateurs locaux, au chapitre 45), ainsi que d'autres substances accroissant le débit sanguin vers la lésion. La vasodilatation et la perméabilité accrue des vaisseaux sanguins permettent aussi la libération de facteurs de coagulation dans la zone endommagée. La coagulation marque le début du processus de réparation et contribue à empêcher la propagation de microorganismes vers les autres parties du corps (voir la FIGURE 42.16).

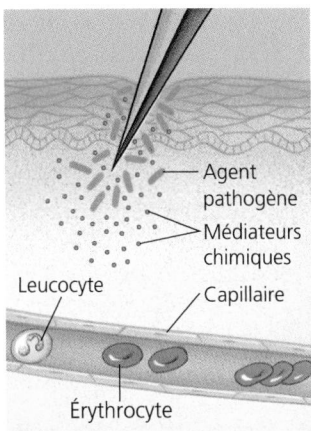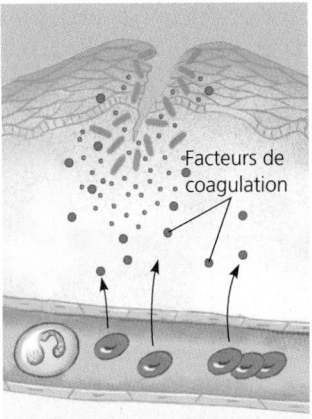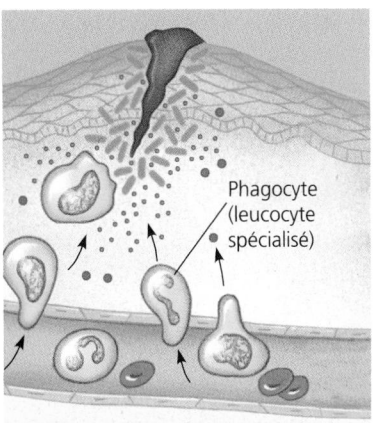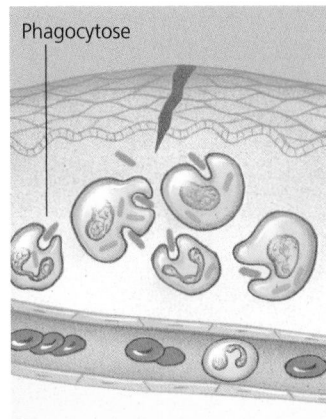

❶ Les cellules du tissu qui a subi une lésion à la suite d'une agression physique ou bactérienne libèrent des médiateurs chimiques, tels que l'histamine et les prostaglandines.

❷ En réaction aux médiateurs chimiques, les capillaires avoisinants se dilatent, et leur perméabilité augmente. Du liquide et des facteurs de coagulation passent du sang au siège de la lésion, et la coagulation commence.

❸ Les chimiokines et d'autres substances chimiotactiques libérées par diverses cellules des tissus attirent les phagocytes du sang.

❹ Quand les phagocytes arrivent au siège de la lésion, ils englobent les agents pathogènes et les débris cellulaires; le tissu cicatrise.

FIGURE 43.5 Représentation simplifiée de la réaction inflammatoire.

L'augmentation du débit sanguin et de la perméabilité des capillaires accroît la migration des phagocytes du sang vers les tissus endommagés. L'élément le plus important de l'inflammation, donc de la défense non spécifique, réside sans doute dans la phagocytose. La migration des phagocytes vers le siège de la lésion commence généralement dans l'heure qui suit la blessure. Les facteurs chimiotactiques libérés par l'envahisseur bactérien et par les tissus endommagés attirent les phagocytes. En outre, des molécules appelées **chimiokines,** sécrétées par les cellules endothéliales des vaisseaux sanguins et par les monocytes, attirent également les phagocytes vers le siège de la lésion. Les chimiokines constituent un groupe d'environ 30 protéines différentes; elles se fixent aux récepteurs de nombreux types de leucocytes et produisent une grande partie des changements essentiels au processus inflammatoire. Par exemple, elles stimulent la production de formes toxiques de l'oxygène dans les lysosomes des phagocytes, ainsi que la libération de l'histamine des granulocytes basophiles.

Moins d'une heure après l'agression, les granulocytes neutrophiles arrivent au siège de la lésion. Ils sont suivis par des macrophages environ 12 heures plus tard. Non seulement ces derniers éliminent par phagocytose les pathogènes eux-mêmes ainsi que leurs produits, mais ils absorbent également les débris de cellules et les restes des granulocytes neutrophiles détruits pendant le processus de phagocytose. Le pus qui s'accumule parfois dans une zone infectée contient principalement des cellules mortes, ainsi que des protéines et du liquide qui ont fui des capillaires au cours de la réaction inflammatoire. En général, le pus est absorbé par le corps en quelques jours.

Une inflammation localisée comme celle que nous venons de décrire peut être causée par une lésion mineure, telle que l'insertion d'une écharde. Toutefois, le corps peut aussi déclencher une réaction systémique (généralisée) non spécifique devant des lésions importantes ou une infection. Les cellules endommagées lancent un appel à l'aide: elles sécrètent des molécules stimulant la libération d'un surplus de granulocytes neutrophiles, issus de la moelle osseuse rouge. Dans le cas d'une infection grave, comme la méningite ou l'appendicite, le nombre de leucocytes dans le sang peut être multiplié en quelques heures après le début de la réaction inflammatoire. La fièvre constitue une autre réaction systémique à l'infection. Elle peut être déclenchée par les toxines produites par les agents pathogènes. Certains leucocytes peuvent aussi libérer des molécules appelées **pyrogènes** qui règlent le thermostat de l'organisme à une température plus élevée que la normale. Une fièvre très forte est dangereuse, mais une fièvre modérée contribue à la défense du corps en inhibant la croissance de certains microorganismes. De plus, la fièvre peut faciliter la phagocytose et aussi augmenter la vitesse de la réparation tissulaire en accélérant les réactions dans l'organisme.

Certaines infections bactériennes risquent de provoquer une réaction inflammatoire systémique massive, entraînant une *septicémie* (ou choc septique). Celle-ci se caractérise par une fièvre très élevée et par une pression artérielle très basse; c'est la cause principale de décès dans les unités de soins intensifs aux États-Unis. Bref, l'inflammation localisée constitue une étape essentielle de la guérison; par contre, une réaction inflammatoire généralisée peut avoir des effets dangereux.

Protéines antimicrobiennes

Diverses protéines jouent un rôle dans la défense non spécifique en attaquant les microorganismes directement ou en nuisant à leur reproduction. Nous avons déjà évoqué le lysozyme, une enzyme antimicrobienne présente dans les larmes, la salive et les sécrétions mucosales. Les autres agents antimicrobiens comprennent une série de quelque 20 protéines sériques, qui font partie du **complément.** Ces protéines agissent suivant une séquence d'activations qui se termine par la lyse des microorganismes. Certaines composantes du complément, de même que les chimiokines, font également en sorte d'attirer des phagocytes au siège de l'infection. Les protéines du complément jouent un rôle essentiel dans les défenses non spécifiques et spécifiques. Nous nous pencherons davantage sur ces processus par la suite.

Un autre ensemble de protéines participe à la défense non spécifique : les **interférons.** Il s'agit de substances que sécrètent les cellules infectées par un virus. Ces protéines antivirales n'ont pas d'effets bénéfiques sur une cellule infectée, mais elles diffusent vers les cellules avoisinantes, et elles les amènent à produire d'autres substances inhibant la réplication virale. C'est pourquoi les interférons limitent la transmission des virus de cellule à cellule dans le corps. Cela permet de mieux maîtriser les infections virales, notamment les rhumes et la grippe. Cette défense n'est pas spécifique ; les interférons produits en réaction à un virus peuvent conférer une résistance à court terme à d'autres virus indépendants. Outre leur rôle en tant qu'agents antiviraux, les interférons activent les phagocytes, ce qui augmente leur capacité à ingérer et à détruire les microorganismes. Aujourd'hui, ils peuvent être produits artificiellement grâce à la technique de l'ADN recombiné ; ils font l'objet d'essais cliniques reliés au traitement des infections virales et du cancer.

Passons rapidement en revue les défenses non spécifiques du système immunitaire : la première ligne de défense, constituée par la peau, les muqueuses et leurs sécrétions, empêche la plupart des microorganismes de pénétrer dans le corps ; la deuxième ligne de défense fait appel aux phagocytes, aux cellules tueuses naturelles, à l'inflammation et aux protéines antimicrobiennes, et vise à lutter contre les envahisseurs ayant réussi à pénétrer dans le corps. Ces deux lignes de défense ne sont pas spécifiques, car elles s'appliquent indifféremment à tous les agents pathogènes.

LES BASES DE L'IMMUNITÉ SPÉCIFIQUE

Pendant que les microorganismes subissent la riposte des phagocytes, de la réaction inflammatoire et des protéines antimicrobiennes, ils rencontrent inévitablement des lymphocytes, les cellules essentielles du système immunitaire. Les lymphocytes constituent la troisième ligne de défense de l'organisme. Ils réagissent au contact des microorganismes en produisant une réaction immunitaire efficace et sélective, qui s'exerce dans tout le corps et qui vise à éliminer des envahisseurs particuliers. Gardons à l'esprit que les cellules du système immunitaire réagissent aux cellules transplantées et aux cellules cancéreuses de la même manière, parce qu'elles les considèrent comme étrangères.

Les lymphocytes procurent au système immunitaire sa spécificité et sa diversité

Le corps des Vertébrés contient deux types principaux de lymphocytes : les **lymphocytes B** et les **lymphocytes T.** À l'instar des monocytes (les précurseurs des macrophages), ils circulent dans le sang et dans la lymphe. Leur concentration augmente particulièrement dans la rate, les nœuds lymphatiques et d'autres tissus lymphatiques (voir la FIGURE 43.4). Étant donné qu'ils reconnaissent les microorganismes et les molécules

étrangères selon leurs particularités, et qu'ils réagissent en conséquence, on dit que la réponse du corps est *spécifique.* Une molécule étrangère qui suscite la réponse spécifique de lymphocytes est un **antigène.** Les antigènes sont pour la plupart des protéines ou parfois des polysaccharides. Ce sont des molécules provenant de virus, de bactéries, de champignons, de protozoaires ou de vers parasites. Ils figurent aussi à la surface de substances étrangères, notamment le pollen et les tissus transplantés. Les lymphocytes B et T se spécialisent en fonction d'un antigène précis ; ils exécutent des actions défensives différentes mais complémentaires, comme nous le verrons plus loin. Un antigène peut déclencher la réponse immunitaire en amenant les lymphocytes B à sécréter des protéines appelées **anticorps,** ou immunoglobulines. Le terme *antigène* désigne une substance susceptible de déclencher la production d'anticorps (le mot antigène vient d'ailleurs de l'anglais *antigen,* une contraction de «*anti*body-*gen*erator », qui signifie « générant des anticorps »). Chaque antigène a une forme moléculaire particulière et amène certains lymphocytes B à sécréter des anticorps qui interagissent spécifiquement avec lui, parce qu'ils ont une conformation complémentaire. En fait, les lymphocytes B et T sont capables de distinguer des antigènes dont la conformation moléculaire diffère très légèrement. Ainsi, au contraire des défenses non spécifiques, le système immunitaire cible des envahisseurs précis.

Les lymphocytes B et T reconnaissent des antigènes spécifiques au moyen des **récepteurs antigéniques** de leur membrane plasmique. Les récepteurs antigéniques d'un lymphocyte B sont en fait des versions transmembranaires de molécules d'anticorps, et ils sont généralement désignés par l'expression *anticorps membranaires* (ou immunoglobulines membranaires). Les récepteurs antigéniques d'un lymphocyte T entretiennent un lien structural avec les anticorps membranaires des lymphocytes B et reconnaissent spécifiquement les fragments d'antigènes présentés par des molécules spécialisées, que nous préciserons dans la section traitant du complexe majeur d'histocompatibilité. Toutefois, contrairement aux anticorps, les molécules constituant les récepteurs des lymphocytes T ne sont jamais sécrétées dans le plasma. Un lymphocyte T ou un lymphocyte B porte environ 100 000 récepteurs antigéniques, qui ont exactement la même spécificité. La structure particulière des récepteurs d'un lymphocyte dépend du remaniement de l'ADN pendant le développement initial du lymphocyte (voir la FIGURE 19.6). Au moment où une cellule indifférenciée devient un lymphocyte B, des segments provenant de régions distinctes, et parfois éloignées, de son ADN se lient de façon aléatoire à la suite d'un processus de recombinaison génétique et constituent des gènes d'anticorps fonctionnels. Un gène fonctionnel codant pour chaque polypeptide composant la protéine d'un anticorps est ainsi formé. Le même phénomène s'applique aux gènes des récepteurs antigéniques des lymphocytes T. Ce processus, qui a lieu avant tout contact avec des antigènes étrangers, crée une immense variété de lymphocytes B et T dans le corps. Chacun porte des récepteurs antigéniques ayant une spécificité particulière. Grâce à cette diversité des lymphocytes, le système immunitaire est en mesure de réagir à des millions d'antigènes différents (même ceux qui n'existent pas encore), donc de lutter contre des millions d'agents pathogènes différents.

Les antigènes interagissent avec des lymphocytes spécifiques produisant les réactions et la mémoire immunitaires

Un microorganisme qui a pénétré dans le corps sera mis en contact avec toute une gamme de lymphocytes B et T, mais il n'interagira qu'avec les lymphocytes portant des récepteurs spécifiques compatibles avec ses propres antigènes. La « sélection » d'un lymphocyte par l'un des antigènes du microorganisme active le lymphocyte en question, l'amenant à se diviser et à se différencier : il formera deux clones de cellules. Un clone comprendra un grand nombre de **cellules effectrices,** soit des cellules ayant une courte durée de vie et combattant le même antigène. L'autre clone comprendra des **cellules-mémoire,** dotées d'une longue durée de vie et portant des récepteurs spécifiques, se liant au même antigène. Ce clonage de lymphocytes en fonction d'un antigène particulier s'appelle **sélection clonale** (FIGURE 43.6). En d'autres termes, lorsqu'un antigène se fixe à des récepteurs spécifiques, il active de façon sélective une petite fraction de la population de lymphocytes variés que le corps contient ; ce nombre relativement petit de cellules sélectionnées donne naissance à des clones de milliers de cellules propres à l'antigène en question et vouées à son élimination. Attention ! Il est fondamental de bien saisir le principe de la sélection clonale pour comprendre l'immunité.

La prolifération et la différenciation sélectives de lymphocytes qui a lieu la première fois qu'un organisme est exposé à un antigène constitue la **réaction immunitaire primaire.** Il faut alors de 10 à 17 jours pour que les lymphocytes sélectionnés génèrent un maximum de cellules effectrices. Pendant cette période, les lymphocytes B et les lymphocytes T sélectionnés créent respectivement des lymphocytes B effecteurs producteurs d'anticorps, soit des **plasmocytes,** et des lymphocytes T effecteurs. Pendant que les populations de ces cellules effectrices augmentent, la personne affectée peut tomber malade. Au bout d'un certain temps, à mesure que les anticorps et que les lymphocytes T effecteurs débarrassent son organisme de l'antigène, les symptômes de sa maladie diminuent, puis disparaissent. Si la personne en question est exposée au même antigène par la suite, sa réaction de défense sera beaucoup plus rapide (de deux à sept jours), plus longue et d'une ampleur plus grande. C'est ce que l'on appelle la **réaction immunitaire secondaire.** La mesure des concentrations d'anticorps dans le sérum sanguin au fil du temps indique clairement la différence entre la réaction immunitaire primaire et la réaction immunitaire secondaire (FIGURE 43.7, p. 990). Quand cette dernière a lieu, non seulement les anticorps sont plus nombreux, mais ils ont aussi plus d'affinités avec l'antigène que les anticorps sécrétés au cours de la réaction primaire. On appelle *mémoire immunitaire* la capacité du système immunitaire à générer des réactions secondaires.

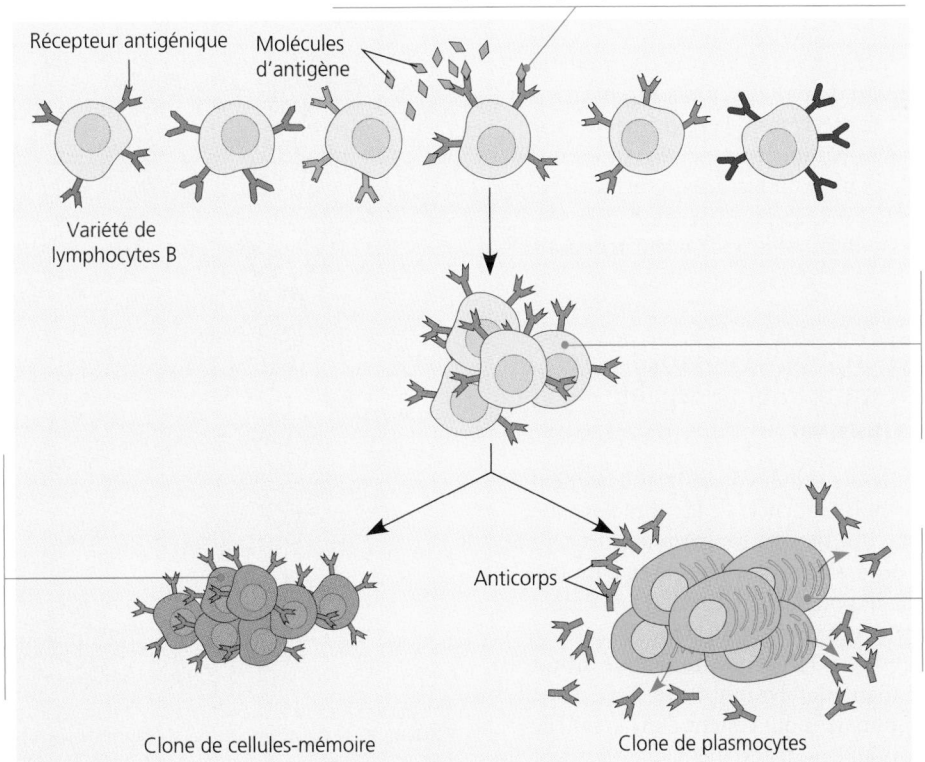

FIGURE 43.6 **Sélection clonale.** Si les lymphocytes B et les lymphocytes T des nœuds lymphatiques et d'autres organes du système lymphatique reconnaissent collectivement un nombre considérable d'antigènes, chacune de ces cellules est spécifique et ne se lie qu'à un seul type d'antigène. Dans ce schéma, un lymphocyte B reconnaît un antigène ; il prolifère alors, et il se différencie en cellules-mémoire et en cellules sécrétant des anticorps, les plasmocytes. À des fins de simplification, nous avons illustré les molécules d'antigène sous forme de molécules libres plutôt que comme des molécules fixées à un microorganisme.

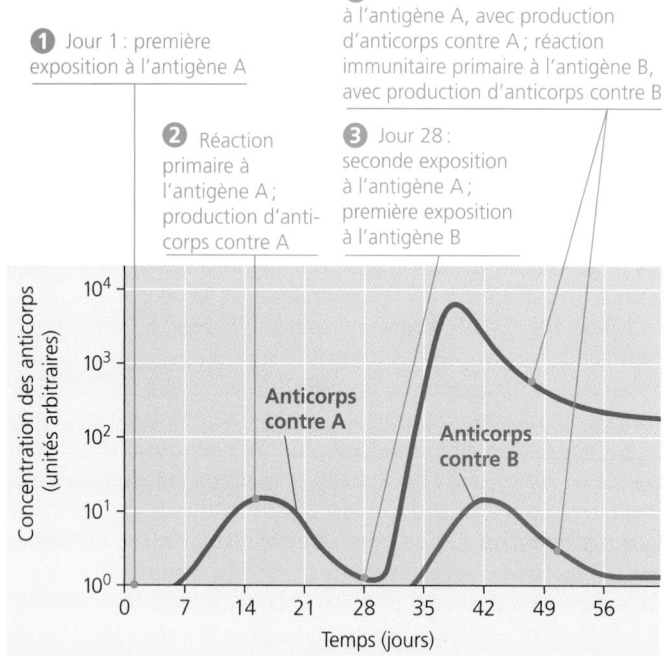

① Jour 1 : première exposition à l'antigène A

② Réaction primaire à l'antigène A ; production d'anti-corps contre A

③ Jour 28 : seconde exposition à l'antigène A ; première exposition à l'antigène B

④ Réaction immunitaire secondaire à l'antigène A, avec production d'anticorps contre A ; réaction immunitaire primaire à l'antigène B, avec production d'anticorps contre B

FIGURE 43.7 Mémoire immunitaire. Cette expérience prouve que la réaction immunitaire secondaire plus intense associée aux cellules-mémoire à longue durée de vie est propre à un antigène particulier ; il s'agit ici de l'antigène A.

Comme vous l'avez vu, une exposition initiale à un antigène aboutit à la production de lymphocytes effecteurs et aussi de clones de cellules-mémoire B et T à longue durée de vie (voir la FIGURE 43.6). Les cellules-mémoire sont en mesure de proliférer et de se différencier rapidement quand elles rencontrent par la suite le même antigène. La protection à long terme acquise après une exposition à un agent pathogène a été reconnue voilà 2 400 ans par Thucydide d'Athènes, un historien grec. Il relève que les pestiférés malades étaient soignés par ceux qui avaient sur-vécu à la maladie, « car nul ne souffrait de la peste à deux reprises ».

La différenciation des lymphocytes donne naissance à un système immunitaire capable de distinguer le soi du non-soi

Les lymphocytes, comme toutes les cellules du sang, proviennent d'hémocytoblastes (soit de cellules souches) de la moelle osseuse rouge ou du foie d'un fœtus. Au départ, les lymphocytes sont tous semblables, mais ils se différencient par la suite en lympho-cytes T ou B, selon l'organe où ils poursuivent leur développement (FIGURE 43.8). Les lymphocytes qui migrent de la moelle osseuse rouge au thymus, une glande de la cavité thoracique située au-dessus du cœur, deviennent des lymphocytes T (le « T » désigne le thymus). Les lymphocytes qui restent dans la moelle osseuse rouge et qui y poursuivent leur développement deviennent des lymphocytes B. La lettre « B » désigne en fait la bourse de Fabricius (un organe que l'on ne trouve que chez les Oiseaux), dans laquelle les lymphocytes B se développent ; c'est là que l'on a repéré les tout premiers lymphocytes B. Toutefois, ceux de tous les autres Vertébrés se développent dans la moelle osseuse rouge.

Tolérance aux antigènes du soi

Pendant que les lymphocytes B et T se développent dans la moelle osseuse rouge et dans le thymus, leurs récepteurs antigéniques sont évalués afin de déceler une autoréactivité éventuelle de leur part. La plupart des lymphocytes portant des récepteurs antigéniques spécifiques à des molécules déjà présentes dans le corps sont désactivés ou détruits par apoptose (mort cellulaire programmée ; voir la FIGURE 21.18). Seuls ceux qui réagissent aux molécules étrangères sont laissés en activité. À titre d'exemple, environ 95 % des lymphocytes T en cours de maturation sont détruits par apoptose dans le thymus. Cette *ca-pacité de distinguer le soi du non-soi* continue à se préciser, même quand les cellules migrent vers les tissus ou les organes lymphatiques. Ainsi, en temps normal, le corps ne comporte aucun lymphocyte mature qui réagit contre ses propres molécules : le système immunitaire a une caractéristique essen-tielle, l'*autotolérance*. Une déficience de l'autotolérance peut en-traîner des maladies auto-immunes, notamment la sclérose en plaques. Comme vous le constaterez dans la section suivante, certaines molécules situées à la surface des cellules jouent un rôle essentiel dans le développement de l'autotolérance des lympho-cytes T, ainsi que dans leur action.

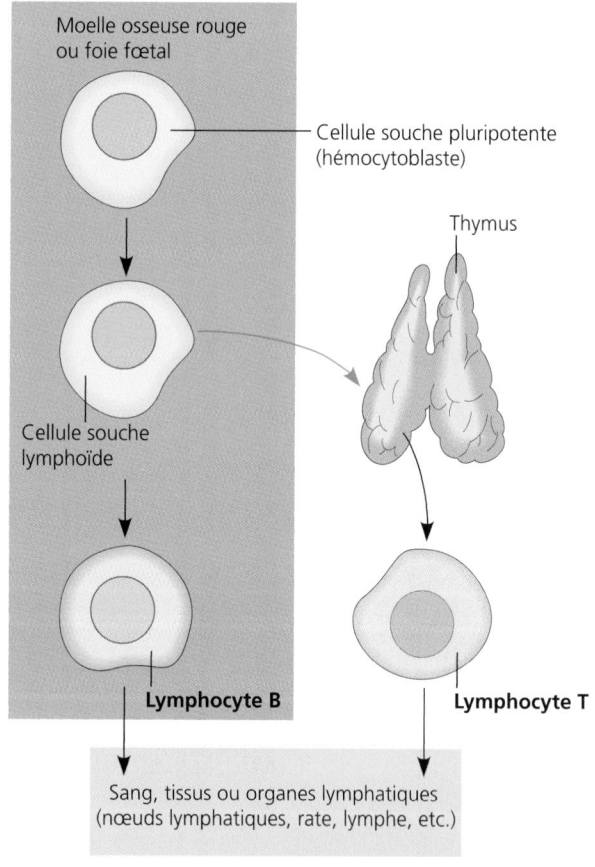

FIGURE 43.8 Différenciation des lymphocytes. Comme les autres cellules sanguines, les lymphocytes se différencient à partir de cellules souches pluripotentes de la moelle osseuse rouge (voir la FIGURE 42.15). Les lymphocytes qui poursuivent leur maturation dans la moelle osseuse rouge deviennent des lymphocytes B, et ceux qui migrent vers le thymus et y terminent leur maturation, des lymphocytes T. Arrivés à maturité, ces divers lymphocytes peuplent d'autres organes lymphatiques, où ils seront mis en contact avec des antigènes (FIGURE 43.4).

Rôle des marqueurs du soi à la surface des cellules dans le fonctionnement et la différenciation des lymphocytes T

Les lymphocytes ne réagissent pas à la plupart des antigènes du soi; cependant, les lymphocytes T ont des interactions essentielles avec un groupe important d'antigènes natifs. Il s'agit généralement d'un ensemble de glycoprotéines agissant comme marqueurs du soi à la surface des cellules et encodées par une famille de gènes appelés **complexe majeur d'histocompatibilité** (**CMH**). Chez l'Humain, les molécules du CMH sont aussi identifiées sous le sigle *HLA* (*Human Leukocyte Antigens*). Deux classes principales de molécules du CMH marquent nos cellules comme faisant partie du soi : les **molécules du CMH de classe I** et les **molécules du CMH de classe II**. Les premières se trouvent sur presque toutes les cellules nucléées, donc sur presque toutes les cellules de l'organisme. Les deuxièmes ne se trouvent que sur quelques types de cellules spécialisées, notamment les macrophages, les lymphocytes B, les lymphocytes T activés, les cellules dendritiques et les cellules composant l'intérieur du thymus.

Chaque espèce de Vertébrés a de nombreux allèles différents de chacun des gènes du CMH de classe I et II. Par exemple, nos cellules expriment simultanément les protéines des sous-classes A, B et C du CMH de classe I; chacune de ces sous-classes comporte de huit à plusieurs dizaines d'allèles différents. Chez l'Humain, il existe aussi trois sous-classes (DR, DQ et DP) de protéines du CMH de classe II; elles comportent chacune de 3 à 20 allèles différents environ. Ainsi, les protéines du CMH sont parmi les plus polymorphes; si l'on considère le nombre de combinaisons alléliques possible, on peut comprendre la très faible probabilité de trouver deux individus au CMH identique, exception faite des jumeaux monozygotes. Ce polymorphisme a un rôle d'adaptation, car il accroît la probabilité qu'au moins certains sujets d'une population survivent en cas d'épidémie. C'est ainsi que le CMH fournit une empreinte biochimique pratiquement typique de chaque personne. En fait, le CMH a été découvert par des chercheurs étudiant le phénomène du rejet des greffes de peau (le préfixe *histo* du mot «histocompatibilité» renvoie aux tissus).

Au départ, le CMH et son rôle dans le rejet des greffes de tissu ont laissé les scientifiques perplexes : pourquoi le corps des Vertébrés aurait-il mis au point des marqueurs évitant aux membres d'une même espèce de partager leurs tissus ? Nous savons à présent que les combinaisons moléculaires du CMH varient d'un sujet à l'autre en raison de leur rôle central dans la réaction immunitaire. Grâce à un processus appelé **présentation de l'antigène,** une molécule de CMH accueille dans son sillon récepteur le fragment d'un antigène protéique trouvé à l'intérieur d'une cellule; elle le transporte jusqu'à la surface de la cellule et le présente au récepteur antigénique d'un lymphocyte T situé à proximité. Les lymphocytes T sont donc mis au courant de la présence d'un agent infectieux après que ce dernier a été englobé par une cellule (par phagocytose ou par endocytose par récepteurs interposés) ou après qu'il a pénétré dans la cellule et qu'il s'est reproduit (infection virale). Il existe deux types principaux de lymphocytes T : Les lymphocytes T cytotoxiques (T_C) et les lymphocytes T auxiliaires (T_A). Chacun réagit à l'une des deux classes de molécules du CMH. Les **lymphocytes T cytotoxiques** (T_C) ont des récepteurs antigéniques qui se fixent à des fragments protéiques (peptides) présentés par les molécules du CMH de classe I d'un individu (FIGURE 43.9a). Quant aux **lymphocytes T auxiliaires** (T_A), ils ont des récepteurs qui se fixent aux peptides présentés par les molécules du CMH de classe II d'un individu (FIGURE 43.9b). La source des peptides présentés par les CMH de classe I et II diffère. Les CMH de classe I présentent des peptides d'origine endogène, c'est-à-dire issus de protéines synthétisées par la cellule même, qu'il s'agisse de peptides viraux produits par la cellule en question, qui a été préalablement infectée, ou de peptides anormaux de la cellule, qui est tumorale. Les CMH de classe II présentent des peptides d'origine exogène, c'est-à-dire provenant de l'extérieur de la cellule à la suite d'une phagocytose.

Voyons maintenant la distribution et le rôle dans l'organisme des molécules du CMH de classe I et du CMH de classe II sur le plan des moyens de défense contre l'infection. Les molécules du CMH de classe I, que l'on trouve dans presque toutes les cellules, sont en mesure de présenter aux lymphocytes T cytotoxiques des fragments de protéines fabriquées par une cellule tumorale ou provenant d'agents infectieux, généralement des virus. Comme nous le constaterons plus en détail, les lymphocytes T cytotoxiques réagissent en tuant les cellules infectées.

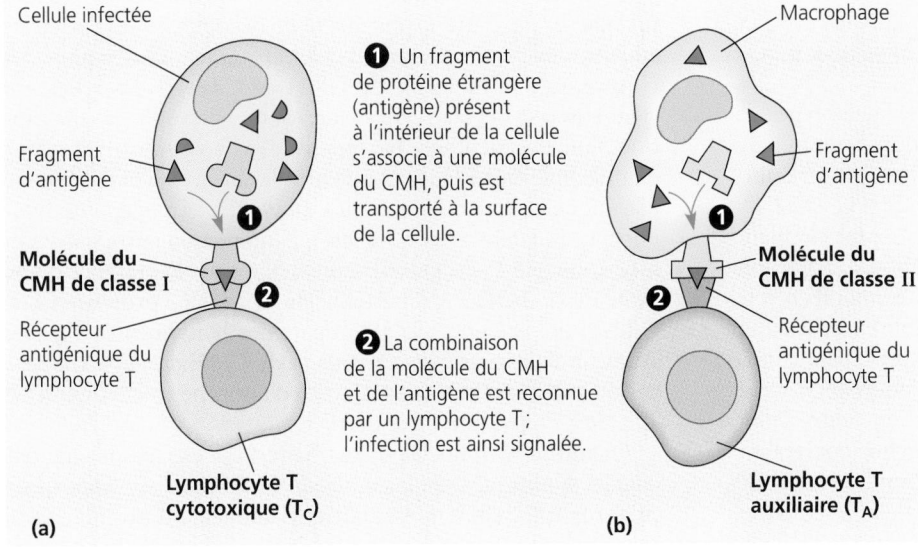

FIGURE 43.9 Interaction des lymphocytes T et des molécules du CMH. Les molécules du complexe majeur d'histocompatibilité (CMH) à la surface des cellules «présentent» des fragments d'antigènes aux lymphocytes T. (a) Les lymphocytes T cytotoxiques possèdent des récepteurs de molécules du CMH de classe I qui sont porteuses d'un antigène. (b) Les lymphocytes T auxiliaires possèdent des récepteurs de molécules du CMH de classe II qui sont porteuses d'un antigène.

Étant donné que toutes nos cellules sont vulnérables à l'infection virale, la grande distribution des molécules du CMH de classe I joue un rôle essentiel pour notre santé. Les molécules du CMH de classe II, en revanche, ne sont fabriquées que par quelques types de cellules – principalement les cellules dendritiques, les macrophages et les lymphocytes B –, que l'on qualifie de **cellules présentatrices d'antigènes (CPA)**. Les cellules dendritiques, les meilleures CPA, et les macrophages phagocytent des bactéries et des virus, puis les détruisent. Les molécules du CMH de classe II de ces phagocytes réunissent les fragments peptidiques issus de la dégradation et les présentent aux lymphocytes T auxiliaires. Ces derniers réagissent en sécrétant des substances chimiques qui stimulent d'autres types de cellules et les amènent à lutter contre l'agent pathogène.

Les protéines du CMH jouent aussi un rôle essentiel dans le développement de l'autotolérance des lymphocytes T. Pendant leur développement dans le thymus, ceux-ci interagissent avec des cellules thymiques comportant des concentrations élevées de molécules du CMH de classe I et de classe II. Seuls les lymphocytes T portant des récepteurs ayant une affinité avec les protéines composant les CMH du soi atteignent la maturité. Les lymphocytes T en développement qui portent des récepteurs ayant une affinité avec les molécules du CMH de classe I deviennent des lymphocytes T cytotoxiques; ceux qui comprennent des récepteurs ayant une affinité avec les molécules du CMH de classe II deviennent des lymphocytes T auxiliaires.

Passons en revue les notions relatives au système immunitaire qui ont été acquises jusqu'ici: les réactions immunitaires des lymphocytes B et T comportent quatre caractéristiques qui définissent le système immunitaire dans son ensemble: la spécificité, la diversité, la mémoire et la capacité de distinguer le soi du non-soi. Un élément essentiel de la réaction immunitaire est relié aux molécules du CMH: il s'agit de protéines qui sont encodées par ce complexe génique, et qui présentent une combinaison de soi (molécules du CMH) et de non-soi (fragments d'antigènes), reconnue par les lymphocytes T spécifiques. Dans la section suivante, vous verrez plus en détail comment les lymphocytes reconnaissent les substances étrangères et y réagissent, et comment ils produisent l'immunité.

LES RÉACTIONS IMMUNITAIRES

Le système immunitaire peut déclencher deux types de réactions face aux antigènes: la réaction immunitaire humorale et la réaction immunitaire à médiation cellulaire. La **réaction immunitaire humorale** nécessite l'activation des lymphocytes B, et elle dépend d'anticorps circulant dans le plasma sanguin et dans la lymphe, des liquides que l'on appelait autrefois humeurs (d'où le qualificatif « humoral »). Vers la fin du XIXe siècle, des chercheurs ont réalisé une expérience au cours de laquelle ils ont injecté de tels liquides provenant d'animaux ayant survécu à une infection à d'autres animaux n'ayant pas encore été exposés à l'infection en question. Ceux-ci ont bénéficié pendant une brève période d'une protection contre l'infection. Les chercheurs avaient transféré l'immunité humorale (anticorps) d'un animal à un autre. Ils ont également constaté

que l'immunité à certaines infections pouvait être donnée seulement si certaines cellules – plus tard désignées par l'appellation lymphocytes T – étaient elles aussi transférées. Ce deuxième type d'immunité, qui dépend de l'action des lymphocytes T, a été appelé par la suite **réaction immunitaire à médiation cellulaire.**

Les anticorps de la réaction immunitaire humorale circulent dans l'organisme et le défendent contre des bactéries, des toxines et des virus qui ont atteint les liquides corporels après avoir franchi les premières lignes de défense. En revanche, les lymphocytes T de la réaction immunitaire à médiation cellulaire luttent contre des cellules tumorales, des virus et des bactéries au sein des cellules infectées, ainsi que contre des champignons, des protozoaires et des vers parasites. L'immunité à médiation cellulaire joue un rôle essentiel dans la réaction du corps contre les tissus transplantés et les cellules cancéreuses, perçues comme du «non-soi». La FIGURE 43.10 présente une vue d'ensemble des réactions immunitaires humorale et à médiation cellulaire – les deux types d'intervention du système immunitaire –, sur lesquelles nous reviendrons bientôt. En outre, la figure présente les liens entre ces deux types de réaction. Au centre de ce réseau de communication intercellulaire se trouvent les lymphocytes T auxiliaires, qui sont activés par les cellules présentatrices d'antigènes et qui stimulent à leur tour les lymphocytes B et d'autres lymphocytes T différents ou de même nature.

Les lymphocytes T auxiliaires jouent un rôle dans l'immunité humorale et dans l'immunité à médiation cellulaire: *une vue d'ensemble*

Avant de passer à la fonction des lymphocytes T auxiliaires (T_A), rappelons que les molécules du CMH de classe II, que reconnaissent les lymphocytes T_A, se trouvent uniquement sur certaines sortes de cellules: surtout celles qui englobent les antigènes étrangers. Les cellules présentatrices d'antigènes (CPA), notamment les cellules dendritiques, les macrophages et certains lymphocytes B, indiquent au système immunitaire, par l'intermédiaire de lymphocytes T_A, qu'un antigène étranger est présent dans le corps. Par exemple, une cellule dendritique ou un macrophage qui a phagocyté et décomposé une bactérie contient de petits fragments de protéines bactériennes. À mesure qu'une molécule du CMH de classe II nouvellement synthétisée se déplace vers la surface du macrophage, elle capture l'un des peptides bactériens dans son sillon récepteur d'antigènes, puis elle le transporte à la surface de la membrane plasmique, signalant la présence du peptide étranger à un lymphocyte T_A (FIGURE 43.11, p. 994). L'interaction entre la CPA et le lymphocyte T_A est grandement facilitée par la présence d'une protéine de surface du lymphocyte T, appelée **protéine CD4.** Celle-ci est présente sur la plupart des lymphocytes T_A. Elle s'attache à une partie de la molécule du CMH de classe II. Cette liaison entre la cellule présentatrice d'antigène et le lymphocyte T_A aide à l'activation de ce dernier.

Quand le lymphocyte T auxiliaire (T_A) est sélectionné par contact spécifique avec le complexe CMH de classe II-antigène situé sur une cellule présentatrice d'antigène, il prolifère et se

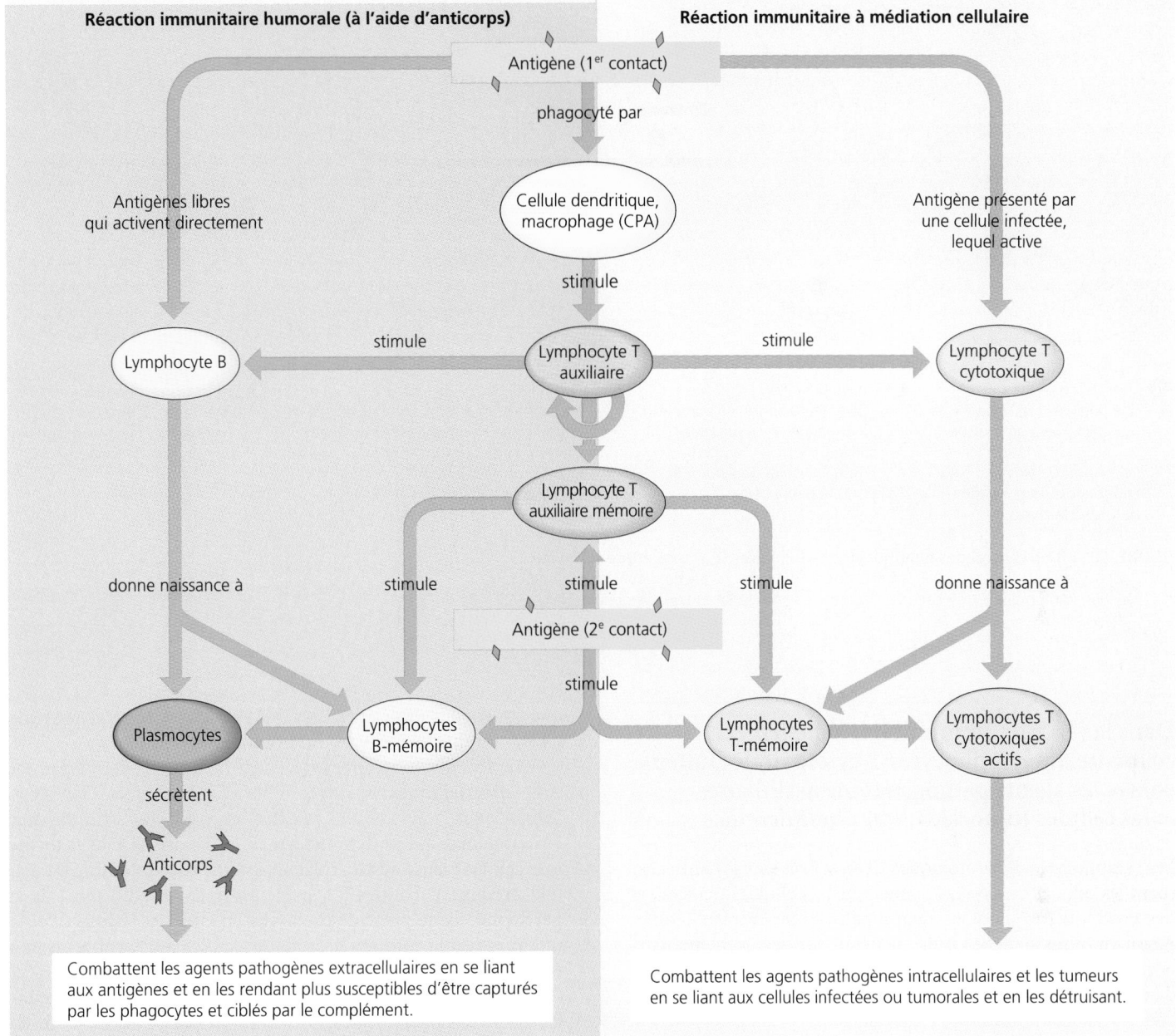

Réaction immunitaire humorale (à l'aide d'anticorps)

Réaction immunitaire à médiation cellulaire

Antigène (1er contact)

phagocyté par

Cellule dendritique, macrophage (CPA)

Antigènes libres qui activent directement

Antigène présenté par une cellule infectée, lequel active

stimule

stimule

stimule

Lymphocyte B

Lymphocyte T auxiliaire

Lymphocyte T cytotoxique

Lymphocyte T auxiliaire mémoire

donne naissance à

stimule

stimule

stimule

donne naissance à

Antigène (2e contact)

stimule

Plasmocytes

Lymphocytes B-mémoire

Lymphocytes T-mémoire

Lymphocytes T cytotoxiques actifs

sécrètent

Anticorps

Combattent les agents pathogènes extracellulaires en se liant aux antigènes et en les rendant plus susceptibles d'être capturés par les phagocytes et ciblés par le complément.

Combattent les agents pathogènes intracellulaires et les tumeurs en se liant aux cellules infectées ou tumorales et en les détruisant.

FIGURE 43.10 Vue d'ensemble des réactions immunitaires. Dans ce diagramme simplifié, les flèches vertes indiquent la réaction immunitaire primaire, et les flèches bleues, la réaction immunitaire secondaire. Remarquez les liens entre la réaction immunitaire humorale et la réaction immunitaire à médiation cellulaire, ainsi que le rôle essentiel des lymphocytes T auxiliaires. Rappelons que l'abréviation CPA désigne les cellules présentatrices d'antigènes.

différencie : il forme un clone de lymphocytes T_A activés et un autre de lymphocytes T_A-mémoire. Les lymphocytes T_A activés sécrètent divers types de **cytokines** (des glycoprotéines stimulant les autres lymphocytes). Par exemple, la cytokine appelée **interleukine-2** (**IL-2**) aide les lymphocytes B qui sont entrés en contact avec un antigène à se différencier en plasmocytes producteurs d'anticorps. L'IL-2 aide aussi les lymphocytes T cytotoxiques (T_C) à devenir des cellules tueuses actives.

Les lymphocytes T auxiliaires sont aussi régulés par les cytokines. Quand une cellule dendritique (ou un macrophage)

procède à la phagocytose et qu'elle présente un antigène, elle est amenée à sécréter une cytokine appelée **interleukine-1** (**IL-1**). L'IL-1, en collaboration avec l'antigène présenté, vient activer le lymphocyte T_A de sorte qu'il produise de l'IL-2 et d'autres cytokines. De plus (et c'est un exemple de rétroactivation), l'IL-2 sécrétée par le lymphocyte T_A stimule la même cellule et fait en sorte qu'elle prolifère plus rapidement et qu'elle devienne un producteur plus actif de cytokines. Ainsi, les lymphocytes T_A modulent à la fois les réactions immunitaires humorale (lymphocytes B) et à médiation cellulaire (lymphocytes T cytotoxiques).

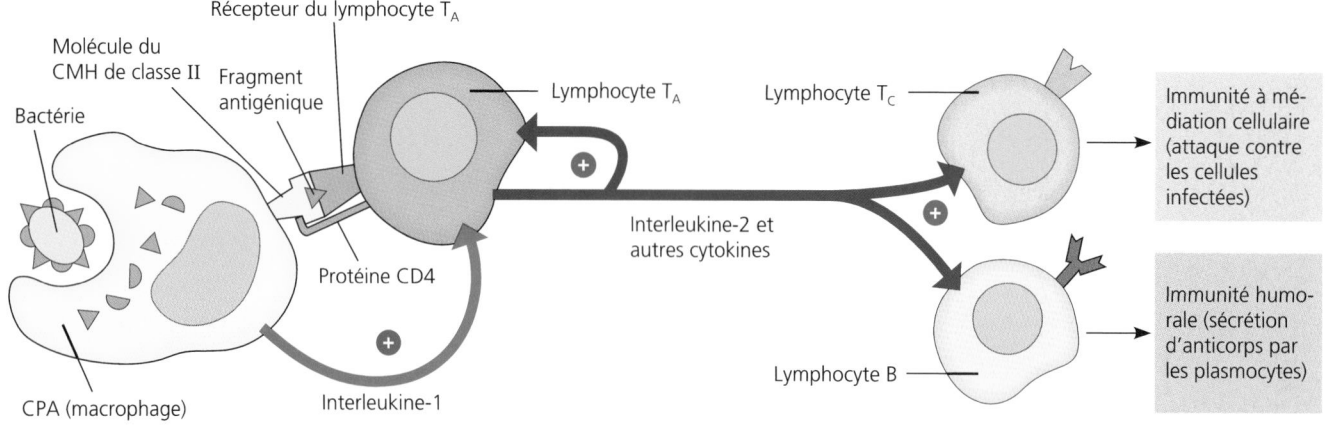

Récepteur du lymphocyte T$_A$

Molécule du CMH de classe II

Fragment antigénique

Bactérie

Lymphocyte T$_A$

Lymphocyte T$_C$

Immunité à médiation cellulaire (attaque contre les cellules infectées)

Interleukine-2 et autres cytokines

Protéine CD4

CPA (macrophage)

Interleukine-1

Lymphocyte B

Immunité humorale (sécrétion d'anticorps par les plasmocytes)

❶ Une cellule présentatrice d'antigènes (CPA) phagocyte une bactérie et en transporte un fragment à la surface de sa membrane plasmique par l'intermédiaire d'une molécule du CMH de classe II.

❷ Un lymphocyte T$_A$ spécifique est activé par sa liaison au complexe CMH-antigène. La protéine CD4 du lymphocyte T$_A$ facilite l'activation, à l'instar de l'interleukine-1 sécrétée par la CPA.

❸ Le lymphocyte T$_A$ activé prolifère : il donne naissance à un clone de cellules identiques (ne figurant pas sur le schéma), dont les récepteurs sont spécifiques de la combinaison CMH-antigène en question. Ces cellules sécrètent des cytokines.

❹ Les cytokines stimulent encore davantage les lymphocytes T$_A$ et aident à activer les lymphocytes B et les lymphocytes T$_C$.

FIGURE 43.11 Rôle central des lymphocytes T auxiliaires (T$_A$) : *une étude détaillée.*
Les lymphocytes T auxiliaires mobilisent une double défense : la réaction immunitaire humorale et la réaction immunitaire à médiation cellulaire. Le symbole ⊕ indique la stimulation.

Dans la réaction immunitaire à médiation cellulaire, les lymphocytes T cytotoxiques luttent contre les agents pathogènes intracellulaires et les cellules tumorales : *une étude détaillée*

Les lymphocytes T cytotoxiques (T$_C$) activés par les antigènes tuent les cellules cancéreuses, ainsi que les cellules infectées par des virus ou par d'autres agents pathogènes intracellulaires. Avant de nous pencher plus en détail sur ces événements, il nous faut revenir aux protéines du CMH de classe I et à leur rôle dans la présentation des antigènes aux lymphocytes T$_C$. Souvenez-vous que toutes les cellules nucléées du corps produisent continuellement des molécules du CMH de classe I. Pendant qu'une molécule du CMH de classe I nouvellement synthétisée progresse vers la surface de la cellule, elle capture un petit fragment de l'une des autres protéines synthétisées par la cellule. Si cette dernière contient un virus en réplication, des fragments peptidiques des protéines virales (peptides endogènes) seront captés et transportés à la surface de la cellule. C'est ainsi que les molécules du CMH de classe I exposent les protéines étrangères synthétisées dans les cellules infectées ou anormales (tumorales) pour les présenter aux lymphocytes T$_C$. L'interaction entre une cellule infectée présentant l'antigène et le lymphocyte T$_C$ est considérablement augmentée par la présence d'une protéine de surface du lymphocyte T$_C$ appelée **protéine CD8.** Celle-ci est présente sur la plupart des lymphocytes T$_C$. Elle s'attache à une partie de la molécule du CMH de classe I. La liaison protéine CD8-CMH de classe I aide à maintenir les deux cellules en contact pendant que l'activation du lymphocyte T$_C$ se déroule (FIGURE 43.12). Ainsi, les rôles des molécules du CMH de classe I et de la protéine CD8 sont semblables à ceux

que jouent les molécules du CMH de classe II et la protéine CD4, sauf que des cellules différentes interviennent.

Une fois qu'un lymphocyte T cytotoxique est activé par des contacts spécifiques avec un complexe CMH de classe I-antigène présent sur une cellule infectée et qu'il est stimulé par l'interleukine-2 d'un lymphocyte T$_A$, il se différencie et forme une cellule tueuse active. Celle-ci détruit la cellule cible (la cellule présentant l'antigène), principalement en diffusant de la **perforine.** Cette protéine provoque en effet des lésions dans la membrane plasmique de la cellule cible, qui gonfle jusqu'à éclater à mesure que des ions et de l'eau pénètrent à l'intérieur (voir la FIGURE 43.12a). Non seulement la mort de la cellule infectée prive l'agent pathogène d'un lieu de réplication ou de reproduction, mais elle l'expose aussi aux anticorps en circulation, qui se lient à ses antigènes et le rendent plus facile à éliminer. Après avoir détruit la cellule cible, un lymphocyte T$_C$ s'attaque à d'autres cellules infectées par le même agent pathogène.

Les lymphocytes T$_C$ s'attaquent aux tumeurs malignes de la même manière. Étant donné que les cellules tumorales portent des molécules distinctes qui n'existent pas sur les cellules normales, elles sont identifiées par le système immunitaire comme un corps étranger. Les molécules du CMH de classe I situées sur une cellule tumorale présentent des fragments de l'**antigène tumoral** aux lymphocytes T$_C$. Il faut souligner que certains cancers et virus (notamment le Virus d'Epstein-Barr) réduisent considérablement la quantité de glycoprotéines du CMH de classe I présentes sur les cellules touchées pour éviter d'être repérés par les lymphocytes T$_C$. Mais le corps a un second système de défense : les cellules tueuses naturelles (NK). Celles-ci s'intègrent à la gamme de défense non spécifique du corps ; elles s'attaquent aussi aux cellules infectées par un virus et aux cellules tumorales.

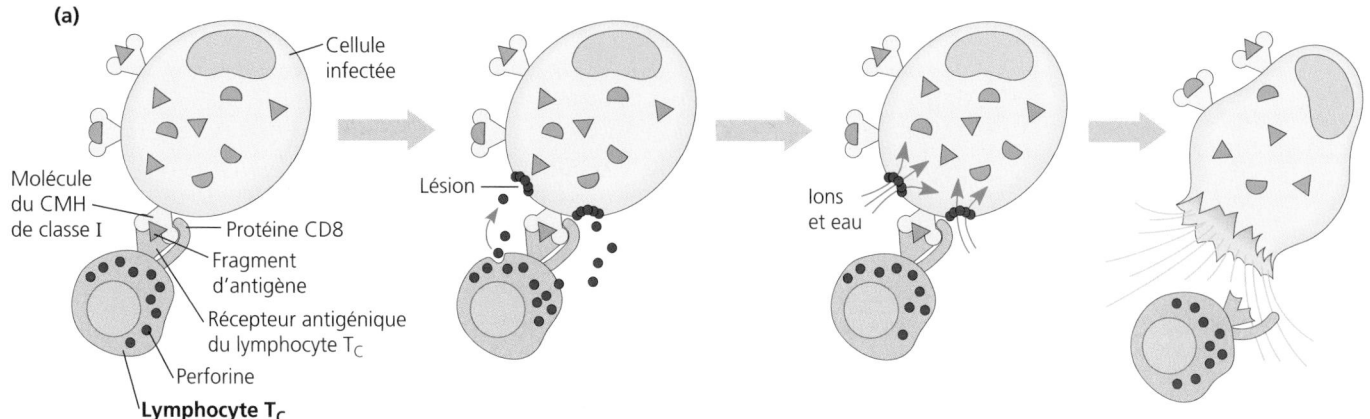

(a)

Cellule infectée

Molécule du CMH de classe I

Protéine CD8

Fragment d'antigène

Récepteur antigénique du lymphocyte T$_C$

Perforine

Lymphocyte T$_C$

Lésion

Ions et eau

❶ La cellule infectée ou la cellule tumorale présente un fragment d'antigène à sa surface en faisant appel à une molécule du CMH de classe I. Un lymphocyte T$_C$ spécifique est activé en se fixant au complexe CMH-antigène. La protéine CD8 du lymphocyte T$_C$ favorise cette activation, de même que l'interleukine-2 des lymphocytes T auxiliaires (qui ne figurent pas sur le schéma).

❷ Le lymphocyte T$_C$ activé libère des molécules de perforine, qui créent des lésions dans la membrane de la cellule infectée.

❸ De l'eau et des ions pénètrent dans la cellule infectée, qui se lyse et meurt.

FIGURE 43.12 Mécanisme d'action des lymphocytes T cytotoxiques.
(a) Un lymphocyte T cytotoxique (lymphocyte T$_C$) réagit à une cellule infectée ou tumorale : celle-ci présente un fragment d'antigène qui est reconnu par le récepteur antigénique du lymphocyte T$_C$. Une molécule du CMH de classe I présente le fragment d'antigène (peptide endogène). **(b)** Dans cette MEB, le lymphocyte T$_C$ vient de détruire une cellule cancéreuse.

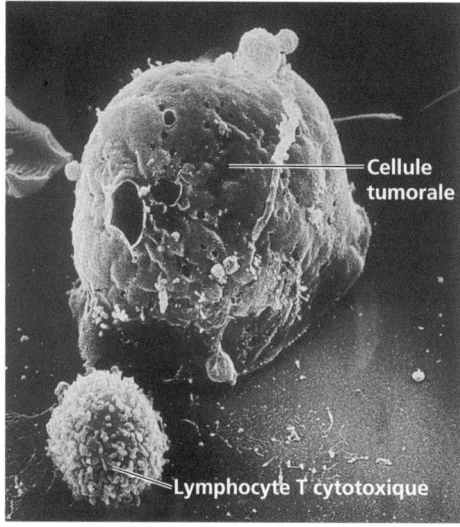

Cellule tumorale

Lymphocyte T cytotoxique

(b)

15 μm (1 250 ×)

Dans la réaction immunitaire humorale, les lymphocytes B fabriquent des anticorps pour lutter contre les agents pathogènes extracellulaires : *une étude détaillée*

Nous avons vu que la réaction immunitaire humorale est amorcée quand des lymphocytes B portant certains récepteurs antigéniques se fixent à des antigènes spécifiques. Ils sont ainsi sélectionnés. Vous savez aussi que l'activation des lymphocytes B est favorisée par l'IL-2 et par d'autres cytokines sécrétées par des lymphocytes T auxiliaires activés par le même antigène. Stimulé par l'antigène et les cytokines, le lymphocyte B prolifère et se différencie : il forme un clone de plasmocytes sécréteurs d'anticorps et un clone de lymphocytes B-mémoire. Les antigènes qui provoquent ce type de réaction de la part des lymphocytes B s'appellent **antigènes T-dépendants,** parce qu'ils ne stimulent la production d'anticorps qu'avec l'aide des lymphocytes T$_A$ (FIGURE 43.13, p. 996). La plupart des antigènes protéiques sont T-dépendants.

D'autres antigènes, notamment des polysaccharides et des protéines constituées de plusieurs polypeptides identiques, sont des **antigènes T-indépendants.** Ils comprennent les polysaccharides de nombreuses capsules bactériennes, ainsi que les protéines composant les flagelles bactériens. Les chercheurs estiment que les sous-unités répétées de ces antigènes se fixent simultanément à un certain nombre d'anticorps membranaires à la surface de lymphocytes B. Cette fixation multiple stimule suffisamment ces derniers pour les amener à générer des plasmocytes producteurs d'anticorps sans l'aide de l'IL-2, donc sans

la contribution de lymphocytes T$_A$. La réaction aux antigènes T-indépendants joue un rôle essentiel dans la défense contre de nombreuses bactéries ; toutefois, la réponse immunitaire est généralement plus faible que celle qui est suscitée par les antigènes T-dépendants ; de plus, aucune cellule-mémoire n'est produite.

Avant de clore notre discussion au sujet de la fonction des lymphocytes B, soulignons encore une fois que ceux-ci portent des molécules du CMH de classe II : il s'agit de cellules présentatrices d'antigènes. Quand les molécules d'un antigène se fixent pour la première fois aux anticorps membranaires, les lymphocytes B en absorbent quelques-uns grâce à une endocytose par récepteurs interposés (voir la FIGURE 8.19c). Selon un processus très semblable à celui de la présentation des antigènes par les macrophages et les cellules dendritiques, un lymphocyte B présente l'antigène à un lymphocyte T auxiliaire. Toutefois, même si un macrophage ou une cellule dendritique peut phagocyter une vaste gamme d'antigènes et présenter plusieurs fragments peptidiques différents, le lymphocyte B, lui, ne laisse entrer dans son cytoplasme que les antigènes auxquels il est en mesure de se fixer spécifiquement ; il en présente des fragments peptidiques par la suite. C'est pourquoi les immunologues estiment que les cellules dendritiques et les macrophages sont les CPA principales de la réaction immunitaire primaire (les lymphocytes B spécifiques, ne reconnaissant qu'un antigène particulier, sont

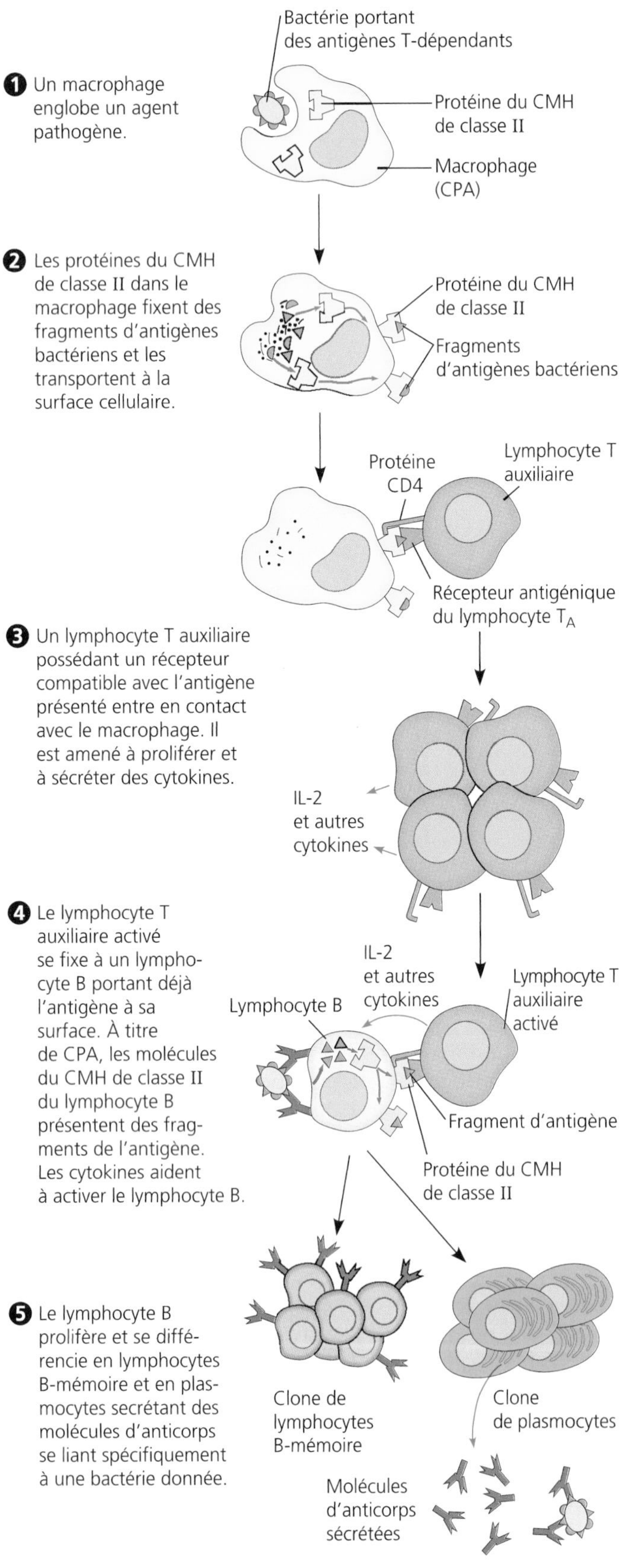

❶ Un macrophage englobe un agent pathogène.

Bactérie portant des antigènes T-dépendants

Protéine du CMH de classe II

Macrophage (CPA)

❷ Les protéines du CMH de classe II dans le macrophage fixent des fragments d'antigènes bactériens et les transportent à la surface cellulaire.

Protéine du CMH de classe II

Fragments d'antigènes bactériens

Protéine CD4

Lymphocyte T auxiliaire

Récepteur antigénique du lymphocyte T_A

❸ Un lymphocyte T auxiliaire possédant un récepteur compatible avec l'antigène présenté entre en contact avec le macrophage. Il est amené à proliférer et à sécréter des cytokines.

IL-2 et autres cytokines

❹ Le lymphocyte T auxiliaire activé se fixe à un lympho-cyte B portant déjà l'antigène à sa surface. À titre de CPA, les molécules du CMH de classe II du lymphocyte B présentent des frag-ments de l'antigène. Les cytokines aident à activer le lymphocyte B.

IL-2 et autres cytokines

Lymphocyte B

Lymphocyte T auxiliaire activé

Fragment d'antigène

Protéine du CMH de classe II

❺ Le lymphocyte B prolifère et se diffé-rencie en lymphocytes B-mémoire et en plas-mocytes secrétant des molécules d'anticorps se liant spécifiquement à une bactérie donnée.

Clone de lymphocytes B-mémoire

Clone de plasmocytes

Molécules d'anticorps sécrétées

FIGURE 43.13 Réaction immunitaire humorale à un antigène T-dépendant. De nombreux antigènes ne déclenchent une réaction immunitaire humorale (par l'entremise des anticorps) faisant intervenir des lymphocytes B qu'avec la participation de lymphocytes T auxiliaires. De tels antigènes sont appelés antigènes T-dépendants. La plupart des antigènes protéiques appartiennent à cette catégorie.

alors rares), tandis que les lymphocytes B, et plus particulière-ment les lymphocytes B-mémoire, sont les CPA les plus impor-tantes de la réaction immunitaire secondaire.

Au sein de toute réaction immunitaire humorale, les processus que nous venons d'aborder stimulent toute une gamme de lym-phocytes B différents, chacun donnant naissance à un clone de milliers de plasmocytes. Ceux-ci sécrètent environ 2 000 molé-cules d'anticorps par seconde pendant la durée de vie de la cellule (de quatre à cinq jours). Maintenant, examinons de plus près comment les anticorps se fixent aux antigènes et de quelle façon ils participent à leur destruction.

Structure et fonction des anticorps

Les antigènes qui provoquent une réaction immunitaire humorale sont généralement des protéines – ou parfois des polysaccha-rides – situées à la surface des agents pathogènes, des tissus transplantés ou des cellules sanguines transfusées incompatibles. En outre, dans le cas de certains d'entre nous, les protéines de substances étrangères, par exemple, le pollen ou le venin d'abeille, font office d'antigènes provoquant une réaction allergique ou une réaction d'hypersensibilité, de nature humorale (nous y reviendrons par la suite).

Ni la version membranaire de l'anticorps (c'est-à-dire le récepteur du lymphocyte B qui se lie spécifiquement à un antigène donné) ni l'anticorps sécrété ne peuvent se fixer à une molécule antigénique entière. L'anticorps interagit plutôt avec une petite portion accessible de l'antigène, appelée **épitope,** ou déterminant antigénique (FIGURE 43.14). Un seul antigène, par exemple une protéine de surface bactérienne, comporte généralement plusieurs épitopes effectifs. Chacun est capable d'entraîner la production d'anticorps spécifiques. Il est donc facile d'imaginer la surface d'une bactérie couverte de divers types d'anticorps, chacun correspondant à un antigène spéci-fique. On estime qu'environ 4 millions de molécules d'anticorps peuvent se fixer sur une seule bactérie.

Les anticorps constituent une catégorie de protéines globu-laires sériques appelées **immunoglobulines** (**Ig**). Une molécule d'anticorps courante comporte deux sites identiques de fixation à un antigène compatibles avec l'épitope qui a provoqué sa pro-duction. Chaque molécule comprend quatre chaînes polypepti-diques: deux **chaînes lourdes** identiques et deux **chaînes légères** identiques. Les chaînes sont reliées par des ponts disulfures de façon à former une molécule en forme de Y (FIGURE 43.15a).

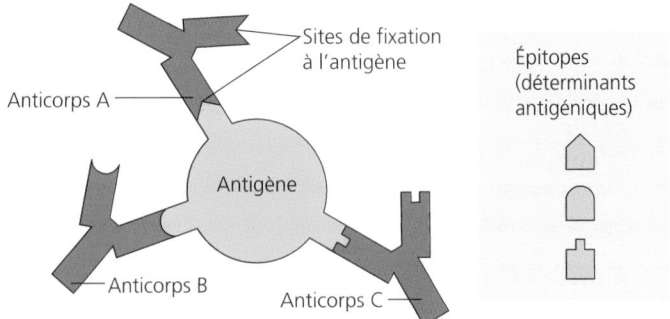

Sites de fixation à l'antigène

Anticorps A

Antigène

Anticorps B

Anticorps C

Épitopes (déterminants antigéniques)

FIGURE 43.14 Épitopes (déterminants antigéniques). Les anticorps se lient aux épitopes situés à la surface d'un antigène. Dans cet exemple, trois types de molécules d'anticorps se lient à des épitopes différents de la même molécule d'antigène.

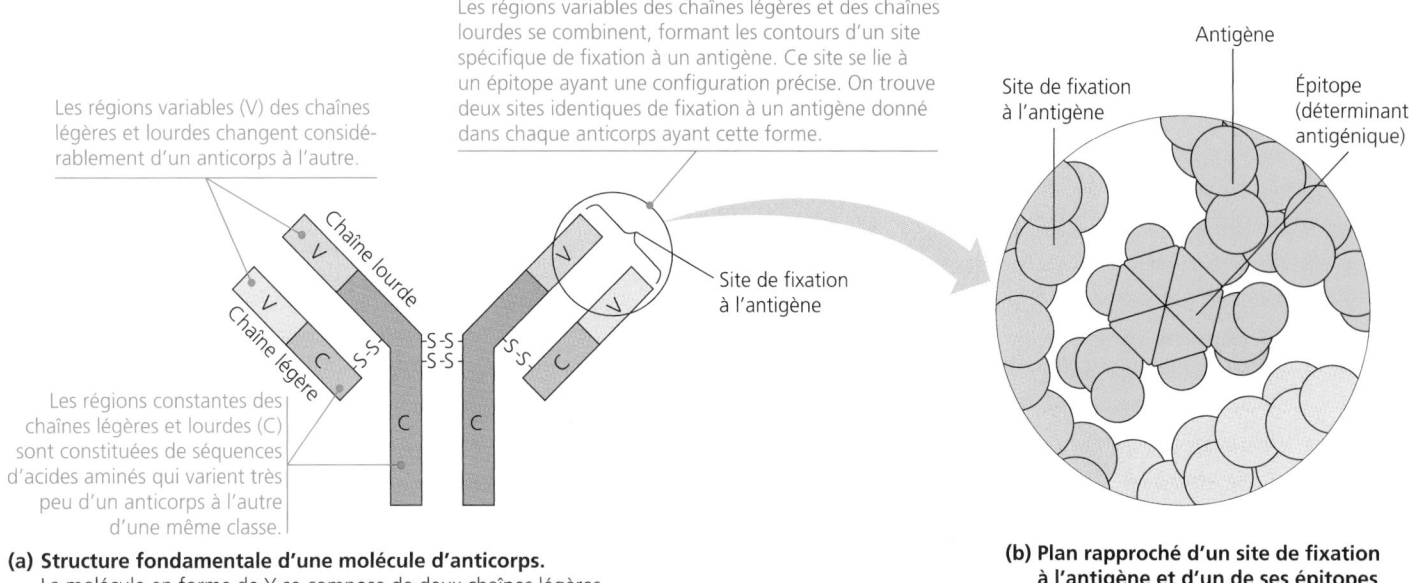

Les régions variables (V) des chaînes légères et lourdes changent considérablement d'un anticorps à l'autre.

Les régions variables des chaînes légères et des chaînes lourdes se combinent, formant les contours d'un site spécifique de fixation à un antigène. Ce site se lie à un épitope ayant une configuration précise. On trouve deux sites identiques de fixation à un antigène donné dans chaque anticorps ayant cette forme.

Les régions constantes des chaînes légères et lourdes (C) sont constituées de séquences d'acides aminés qui varient très peu d'un anticorps à l'autre d'une même classe.

Chaîne lourde

Chaîne légère

Site de fixation à l'antigène

Antigène

Site de fixation à l'antigène

Épitope (déterminant antigénique)

(a) Structure fondamentale d'une molécule d'anticorps.
La molécule en forme de Y se compose de deux chaînes légères et de deux chaînes lourdes reliées par des ponts disulfures (S—S).

(b) Plan rapproché d'un site de fixation à l'antigène et d'un de ses épitopes

(c) Modèle virtuel d'une molécule d'anticorps

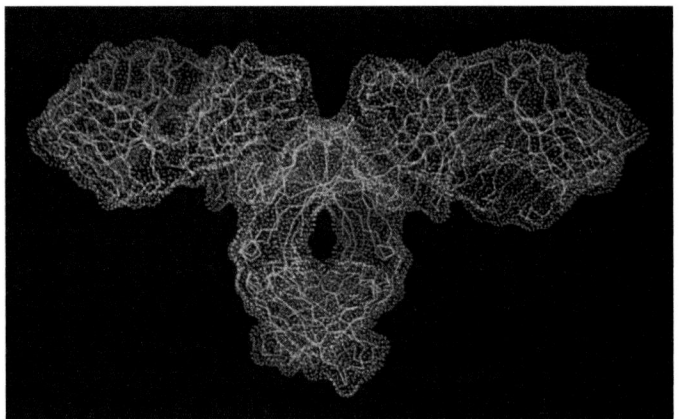

FIGURE 43.15 Structure d'une molécule d'anticorps typique.

Aux deux extrémités de la molécule en Y se trouvent les régions variables (V) des chaînes lourdes et légères. On désigne ainsi ces régions parce que la séquence de leurs acides aminés varie considérablement d'un anticorps à l'autre (voir la FIGURE 19.6). Comme l'indique la FIGURE 43.15b, la région variable de la chaîne lourde et celle de la chaîne légère forment les contours uniques du site de fixation de l'anticorps à l'antigène. L'interaction entre un site de fixation à l'antigène et son épitope ressemble à l'interaction entre une enzyme et son substrat : des liaisons multiples non covalentes s'établissent entre les groupements chimiques des deux molécules, ce qui forme un complexe très stable.

La puissance de la spécificité des anticorps et de la fixation antigène-anticorps a été mise au profit de recherches, de diagnostics et de traitements. Certains anticorps sont *polyclonaux* : ils sont les produits de nombreux clones différents de lymphocytes B, qui correspondent chacun spécifiquement à un épitope différent. D'autres sont *monoclonaux* : on les prépare à partir d'une seule lignée clonale de lymphocytes B mis en culture. Comme les **anticorps monoclonaux** produits dans une telle culture sont tous identiques, ils sont spécifiques et se lient au même type d'épitope d'un antigène. En recherche fondamentale comme en médecine,

les anticorps sont utiles pour marquer des molécules spécifiques. Par exemple, certains types de cancers ont pu être traités grâce à des anticorps fermement liés à des molécules de toxines et destinés spécifiquement à des cellules tumorales. Les anticorps véhiculant les toxines recherchent les épitopes antigéniques typiques des cellules tumorales, s'y fixent et entraînent leur destruction.

Un anticorps a des sites de fixation à un antigène qui lui confèrent sa capacité de repérer un antigène spécifique. Mais c'est sa base en forme de Y, qui est formée par les régions constantes (C) de ses chaînes lourdes (voir la FIGURE 43.15a), qui caractérise sa classe. Il s'agit d'un domaine effecteur déterminant le type de cellule et de molécule auquel un anticorps peut se lier. Le domaine effecteur régit également le mode de destruction de l'antigène fixé. On dénombre cinq types principaux de régions constantes, auxquels correspondent cinq grandes classes d'immunoglobulines (Ig) : les IgM, les IgG, les IgA, les IgD et les IgE. Les structures et les fonctions des cinq catégories d'immunoglobulines sont résumées dans le TABLEAU 43.1, à la page 998. Vous constaterez que les chaînes légères ont aussi une région constante. Mais elles ne font pas partie de la base de l'anticorps et ne contribuent pas aux fonctions de la classe des immunoglobulines.

TABLEAU 43.1 **Les cinq classes d'immunoglobulines (Ig)**

IgM
(pentamère)

Les IgM sont les premiers anticorps à apparaître dans le sang en réaction à une exposition initiale à un antigène. Leur concentration dans le sang diminue par la suite rapidement. Ainsi, la présence d'IgM indique généralement une infection en cours. Une IgM se compose de cinq monomères en forme de Y disposés en une structure pentamérique. Elle possède de nombreux sites de fixation à un antigène qui la rendent très efficace dans l'agglutination des antigènes et dans les réactions faisant intervenir le complément. Les IgM, qui sont trop grosses pour traverser le placenta, ne confèrent pas d'immunité maternelle.

IgG
(monomère)

Les IgG sont les anticorps les plus abondants dans le sang. Elles traversent facilement la paroi des vaisseaux sanguins et pénètrent dans les liquides tissulaires. Elles traversent également le placenta et confèrent au fœtus une immunité passive. Elles protègent contre des bactéries, des virus et des toxines circulant dans le sang ainsi que que dans la lymphe. Elles déclenchent l'action du complément.

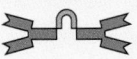

IgA
(dimère)

Les IgA sont produites par des cellules qui se trouvent dans les muqueuses. Leur fonction principale consiste à empêcher les virus et les bactéries de se fixer aux surfaces épithéliales. Les IgA se trouvent également dans de nombreuses sécrétions de l'organisme, notamment dans la salive, la sueur et les larmes. Leur présence dans le colostrum (premier lait de la femme) aide à protéger le nourrisson des infections gastro-intestinales.

IgD
(monomère)

Les IgD n'activent pas le complément et ne peuvent pas traverser le placenta. Elles se trouvent principalement sur la membrane plasmique des lymphocytes B et sont probablement les récepteurs d'antigènes nécessaires à la différenciation des lymphocytes B en plasmocytes et en lymphocytes B-mémoire.

IgE
(monomère)

Les IgE sont légèrement plus grosses que les IgG et ne représentent qu'une petite partie de tous les anticorps du sang. Leur base s'attache à des mastocytes et à des granulocytes basophiles. Lorsque le domaine effecteur d'une IgE est stimulé par un antigène, il pousse les mastocytes et les granulocytes basophiles à libérer de l'histamine et d'autres substances chimiques causant une réaction allergique.

Destruction des antigènes par l'intermédiaire des anticorps

La fixation d'anticorps à des antigènes, qui aboutit à la formation de complexes antigènes-anticorps, constitue le point de départ de divers mécanismes de destruction des antigènes (FIGURE 43.16). Le mécanisme le plus simple est la **neutralisation** : un anticorps bloque certains sites de liaison d'un antigène, le rendant inefficace. Par exemple, des anticorps neutralisent un virus en se fixant aux sites de liaison qu'il doit utiliser pour se fixer à la cellule hôte et l'infecter. De même, certains anticorps se fixent à la surface d'une bactérie pathogène. Les bactéries recouvertes d'anticorps sont facilement éliminées par les phagocytes. Dans le processus d'**opsonisation,** les anticorps liés aux agents étrangers favorisent la fixation de macrophages et de cellules dendritiques et, par conséquent, la phagocytose des intrus.

L'**agglutination** de bactéries ou de virus par l'intermédiaire d'anticorps correspondants neutralise et opsonise ces micro-

organismes. L'agglutination est possible parce que chaque molécule d'anticorps comporte au moins deux sites de fixation d'antigènes. L'IgG, par exemple, peut se fixer aux épitopes identiques de deux cellules bactériennes ou de deux particules virales en les liant. L'IgM, elle, peut associer cinq virus ou bactéries, voire davantage (voir la FIGURE 43.16). Ces complexes de grande taille sont plus facilement capturés par les macrophages et les cellules dendritiques. La **précipitation** constitue un mécanisme semblable : il s'agit de l'établissement de liens croisés entre des molécules solubles d'antigènes (des molécules dissoutes dans les liquides corporels) de sorte à former des complexes qui précipitent et qui sont capturés par les phagocytes.

Le mécanisme de **fixation et activation du complément,** avec l'aide des complexes antigène-anticorps, constitue l'un des moyens les plus importants de lutte contre les microorganismes. N'oublions pas que le complément comporte environ 20 protéines sériques différentes, qui restent inactives en l'absence d'une infection. En cas d'infection, toutefois, la première protéine de la série des protéines du complément est activée, ce qui déclenche une cascade d'étapes d'activation : chaque protéine qui s'ajoute active la suivante dans la série. L'achèvement de la cascade du complément provoque la destruction de nombreux microorganismes pathogènes. L'activité lytique du complément peut se faire de deux manières : par la voie classique et par la voie alterne. La *voie classique* (ainsi appelée parce qu'elle a été découverte en premier) est activée par les anticorps fixés à l'antigène ; elle joue donc un rôle important dans la réaction immunitaire humorale. La *voie alterne* est déclenchée par des substances présentes sur nombre de bactéries, de levures ou de virus et de protozoaires parasites ; elle ne fait pas appel aux anticorps et constitue donc une défense non spécifique importante.

La voie classique peut débuter lorsque des IgM ou des IgG se lient à un agent pathogène, par exemple une cellule bactérienne (FIGURE 43.17). La première protéine du complément joint deux anticorps adjacents fixés à un antigène ; cette liaison active la protéine enclenchant la cascade de réactions du complément. Après une série d'étapes, les protéines du complément produisent un **complexe d'attaque membranaire,** qui perfore la membrane bactérienne en y produisant une lésion de 7 à 10 nm de diamètre. Des ions et de l'eau pénètrent dans la cellule, ce qui provoque son gonflement et sa destruction. La lésion créée par le complexe d'attaque membranaire est très semblable à celle que les lymphocytes T cytotoxiques causent par l'intermédiaire de la perforine.

Dans les voies alterne et classique, de nombreuses protéines du complément activé contribuent à la réaction inflammatoire. En se fixant aux granulocytes basophiles et aux mastocytes, certaines déclenchent la dégranulation et la libération d'histamine. Cette molécule signale la présence d'une blessure, et elle joue un rôle dans la dilatation et la perméabilité accrues des vaisseaux sanguins. Plusieurs protéines du complément activé attirent aussi les phagocytes au site d'intervention. En outre, l'une des protéines du complément activé peut provoquer l'opsonisation : des copies d'elle enrobent la surface bactérienne et, comme les anticorps, stimulent la phagocytose. Citons un dernier exemple de coopération entre les défenses de l'organisme : les anticorps, le complément et les phagocytes collaborent pour donner lieu au mécanisme d'**immunoadhérence.** Les microorganismes enrobés d'anticorps et de protéines du complément adhèrent à la paroi des vaisseaux sanguins, ce qui en fait des proies faciles pour les phagocytes circulant dans le sang.

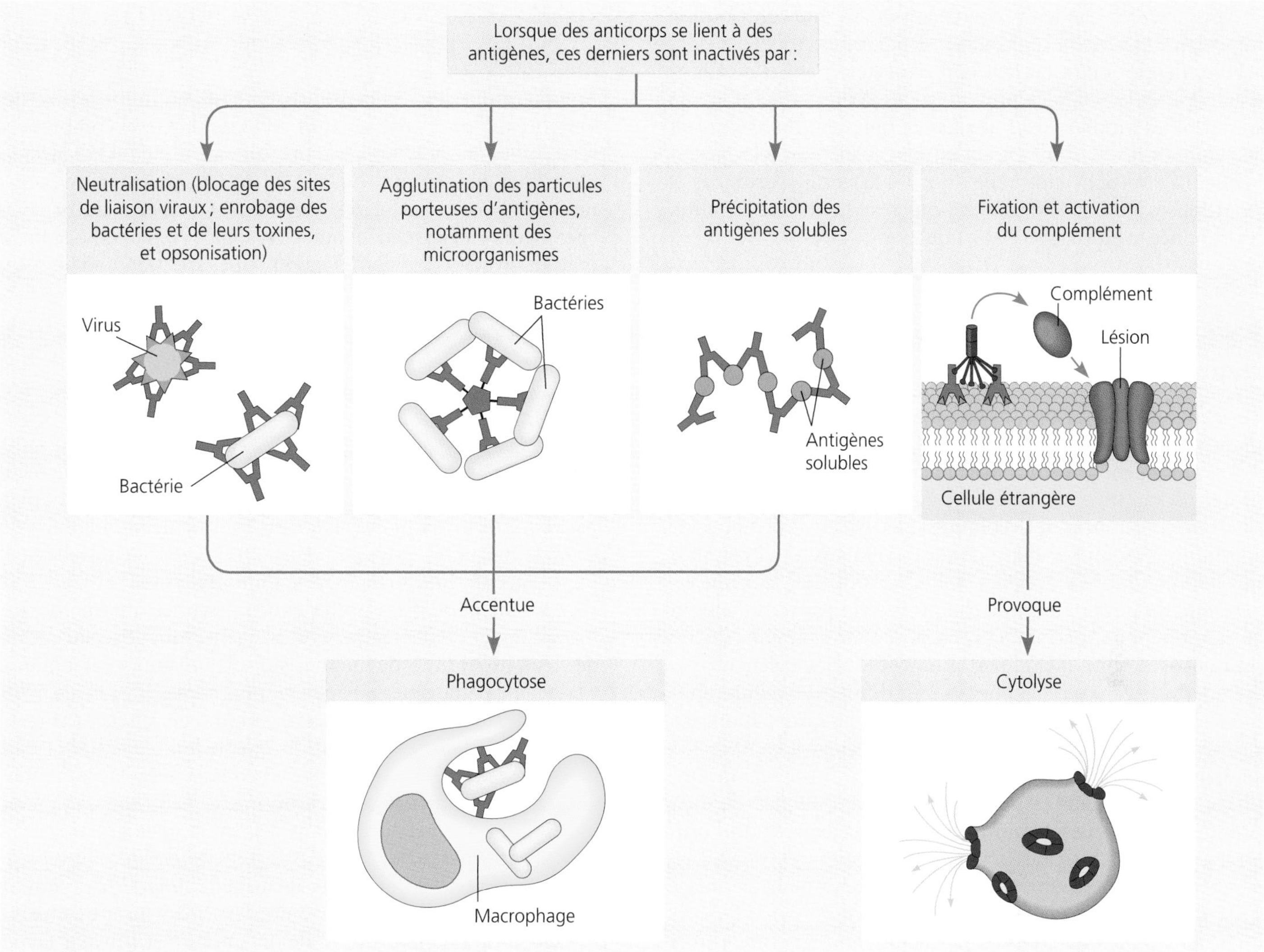

Lorsque des anticorps se lient à des antigènes, ces derniers sont inactivés par :

Neutralisation (blocage des sites de liaison viraux ; enrobage des bactéries et de leurs toxines, et opsonisation)	Agglutination des particules porteuses d'antigènes, notamment des microorganismes	Précipitation des antigènes solubles	Fixation et activation du complément

Virus
Bactérie

Bactéries

Antigènes solubles

Complément
Lésion
Cellule étrangère

Accentue

Provoque

Phagocytose

Macrophage

Cytolyse

FIGURE 43.16 Mécanismes effecteurs de l'immunité humorale. Quand des anticorps se lient à des antigènes, ils mettent en évidence les cellules et les molécules étrangères de sorte qu'elles soient détruites par les phagocytes et le complément.

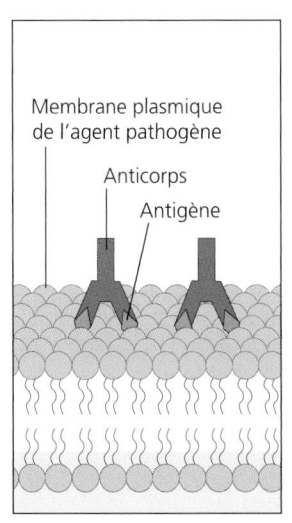
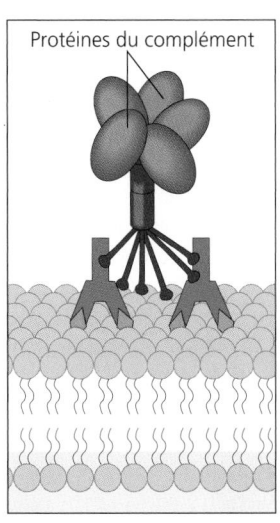
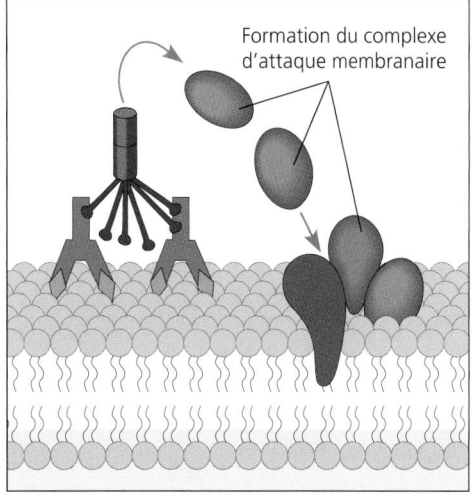
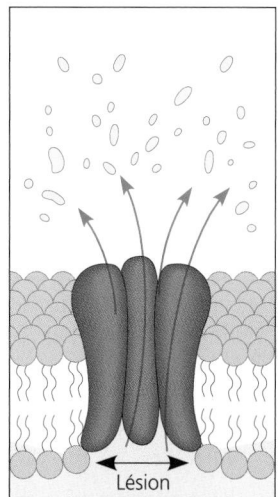

Membrane plasmique de l'agent pathogène
Anticorps
Antigène

Protéines du complément

Formation du complexe d'attaque membranaire

Lésion

❶ Les molécules d'anticorps se fixent aux antigènes situés sur la membrane plasmique de l'agent pathogène.

❷ Les protéines du complément se fixent à deux molécules d'anticorps adjacentes.

❸ Les protéines activées du complément se fixent à la membrane plasmique de l'agent pathogène dans une réaction en chaîne, formant un complexe d'attaque membranaire.

❹ Le complexe d'attaque membranaire crée une lésion dans la membrane plasmique et provoque la mort de la cellule.

FIGURE 43.17 Voie classique du complément aboutissant à la lyse de la cellule cible.

Vous avez vu que les anticorps apportent une contribution importante et variée à la phagocytose par les macrophages et les cellules dendritiques. En fait, la phagocytose permet à ceux-ci d'agir à titre de cellules présentatrices d'antigènes, et ce, en stimulant les lymphocytes T auxiliaires, qui à leur tour stimulent les lymphocytes B, dont les anticorps contribuent à la phagocytose. La rétroactivation relie donc les défenses spécifiques et les défenses non spécifiques, ce qui résulte en une réaction coordonnée et efficace face aux infections.

Les Invertébrés ont un système immunitaire rudimentaire

Ce chapitre porte surtout sur les mécanismes de défense immunitaire des Vertébrés ; il faut savoir, cependant, que les Invertébrés possèdent aussi des mécanismes extrêmement efficaces de défense contre les envahisseurs qui ont sans doute contribué à leur succès au cours de l'évolution. La capacité de distinguer le soi du non-soi est constatée chez des animaux aussi primitifs que les Éponges. Si les cellules de deux Éponges de la même espèce sont mélangées, celles de chaque individu se reconnaissent et s'agglomèrent, excluant les cellules de l'autre. Les Invertébrés sont aussi capables d'éliminer le non-soi, principalement par phagocytose. Par exemple, chez l'Étoile de mer, des cellules amiboïdes appelées *cœlomocytes* phagocytent les corps étrangers. En outre, les immunologues ont commencé à repérer des cytokines chez les Invertébrés. Par exemple, à l'instar des macrophages mammaliens, les cœlomocytes des Étoiles de mer produisent de l'interleukine-1 quand ils phagocytent des corps étrangers. L'Il-1 favorise la réaction défensive de l'animal en stimulant la prolifération des cœlomocytes et en attirant davantage de cœlomocytes dans la région de l'agression.

Il reste que les Invertébrés dépendent de mécanismes innés de défense non spécifique : ils ne disposent pas de mécanisme de défense spécifique. Certains possèdent, cependant, des cellules semblables à des lymphocytes qui produisent des molécules similaires aux anticorps. Les Insectes, par exemple, disposent d'une protéine dans l'hémolymphe, l'*hémoline,* qui se fixe aux microorganismes et qui contribue à leur élimination. L'hémoline fait partie de la grande famille des immunoglobulines, un groupe important de protéines associées aux anticorps sur le plan de la structure. Les molécules d'hémoline ne sont pas diverses, mais elles représentent sans doute les précurseurs des anticorps des Vertébrés dans l'évolution.

En général, les Invertébrés ne présentent pas d'immunité acquise, car ils n'ont pas de mémoire immunitaire. Les cœlomocytes de l'Étoile de mer, par exemple, réagissent à un microorganisme particulier à la même vitesse, qu'elles aient déjà rencontré le même envahisseur ou non. Les Vers de terre, eux, semblent disposer d'une certaine mémoire immunitaire. Quand une portion de la paroi corporelle d'un ver est greffée à un autre ver, les phagocytes du receveur mettent un certain temps à attaquer le tissu étranger. Le tissu greffé est rejeté en deux semaines environ. Cependant, une deuxième greffe du même donneur sera rejetée en quelques jours seulement. Des études comparées des systèmes immunitaires des Animaux aident les chercheurs à mieux comprendre le développement et l'évolution des mécanismes de défense de l'hôte.

LE RÔLE DE L'IMMUNITÉ DANS LA SANTÉ ET LA MALADIE

À mesure que les recherches sur le système immunitaire des Vertébrés se poursuivent, nous arrivons à mieux comprendre les batailles que le corps livre contre les infections et le cancer, la création d'une immunité à long terme, et la réaction de l'organisme en cas de transfusions sanguines et de greffes de tissu. Les chercheurs en apprennent aussi davantage sur la pathogénie, la prévention et le traitement de nombreuses affections, notamment les troubles du système immunitaire.

L'immunité peut être acquise naturellement ou artificiellement

On appelle **immunité active** celle qui s'obtient naturellement lors de la guérison d'une maladie infectieuse (comme la varicelle), parce qu'elle provient de la réaction du système immunitaire du sujet. L'immunité active peut aussi être acquise artificiellement par la **vaccination,** aussi appelée **immunisation.** Les vaccins se composent de toxines bactériennes inactives, de microorganismes morts ou de fragments d'un agent pathogène, ou encore de virus atténués ou de microorganismes vivants mais affaiblis. Ces agents pathogènes ne peuvent plus causer la maladie, mais ils conservent des propriétés antigéniques déclenchant la réaction immunitaire et, surtout, la mémoire immunitaire. Une personne vaccinée qui se trouve en contact avec l'agent pathogène contre lequel elle a été immunisée manifestera la même réaction qu'une personne ayant déjà eu la maladie. Les vaccinations courantes des nourrissons et des enfants ont considérablement réduit l'incidence de maladies infectieuses comme la rougeole et la coqueluche. En outre, la variole a pu être éliminée : il s'agissait d'une maladie virale défigurante et souvent fatale. Malheureusement, tous les agents infectieux ne sont pas faciles à contrer par la vaccination. Par exemple, même si les chercheurs travaillent d'arrache-pied à l'élaboration d'un vaccin contre le VIH, ils se heurtent à de nombreux problèmes, dont la variabilité antigénique du virus.

Les anticorps peuvent aussi être transférés d'un sujet à l'autre, ce qui entraîne une **immunité passive.** Ce phénomène survient naturellement lorsque le corps d'une femme enceinte transmet des anticorps IgG au fœtus par l'intermédiaire du placenta. En outre, les anticorps IgA sont transmis de la mère à l'enfant par l'intermédiaire du lait maternel, particulièrement du colostrum (premier lait, sécrété les jours suivants l'accouchement). L'immunité passive ne dure qu'aussi longtemps que les anticorps survivent (de quelques semaines à quelques mois), mais elle protège le bébé contre les infections jusqu'à ce que son propre système immunitaire se soit développé. L'immunité passive peut aussi être transférée artificiellement en injectant à un animal les anticorps d'un autre animal qui a déjà acquis l'immunité à une maladie donnée. Cette manœuvre confère une protection à court terme mais immédiate contre la maladie. Par exemple, une personne mordue par un animal enragé peut être protégée par des injections d'anticorps provenant d'autres sujets ayant déjà été vaccinés contre la rage. Cette mesure est importante, parce que la rage évolue rapidement et que la réaction à une vaccination active prendrait trop de temps pour sauver la vie de la victime. En fait, la plupart des Humains infectés par le Virus de la rage bénéficient d'un traitement d'immunisation passive et active. Les anticorps injectés combattent le Virus de la rage pendant quelques semaines, puis la propre réaction immunitaire du sujet, induite par l'immunisation et par l'infection elle-même, prend la relève.

La capacité du système immunitaire à reconnaître le soi du non-soi limite les transfusions sanguines et les greffes de tissu

En plus de faire la distinction entre les cellules de l'organisme et les agents pathogènes, tels que des bactéries ou des virus, le système immunitaire attaque, le cas échéant, les cellules provenant d'autres individus. Par exemple, un fragment de peau transplanté d'une personne à une autre (sauf dans le cas des jumeaux monozygotes) aura une apparence saine pendant un jour ou deux, mais il sera détruit ensuite par le système immunitaire. Il est toutefois étonnant de constater que la femme enceinte ne rejette pas son fœtus comme s'il s'agissait d'un corps étranger. Il semble que la structure du placenta joue un rôle essentiel dans cette acceptation (voir la FIGURE 46.17).

Dans cette section, nous allons aborder les problèmes possibles touchant les transfusions sanguines et les transplantations d'organes. N'oublions pas que la réaction de défense du corps contre la transfusion d'un sang incompatible ou contre des tissus greffés ne correspond pas à un trouble du système immunitaire, mais à une réaction normale : le système immunitaire sain réagit aux antigènes étrangers.

Groupes sanguins et transfusion sanguine

Nous avons étudié la génétique des **groupes sanguins du système ABO** au chapitre 14 (voir la FIGURE 14.10). Une personne du groupe sanguin A possède des antigènes A (des glycoprotéines très spécifiques) à la surface de ses érythrocytes. La glycoprotéine A est appelée ici antigène du fait qu'elle peut être considérée comme étrangère si elle se retrouve dans l'organisme d'un autre sujet (l'antigène du groupe A n'est pas antigénique pour le porteur). De même, des antigènes B sont trouvés sur les érythrocytes des sujets du groupe B ; des antigènes A et B sont repérés sur les érythrocytes d'une personne du groupe AB ; enfin, aucun de ces antigènes n'est trouvé sur les érythrocytes d'un individu du groupe O.

Une personne du groupe A ne produit évidemment pas d'anticorps contre les antigènes A. Toutefois, elle fabrique des anticorps contre les antigènes B, même si elle n'a jamais été exposée à du sang du groupe B. Il est étonnant de constater que des anticorps destinés à des antigènes d'érythrocytes étrangers puissent exister dans le sang même s'il n'y a jamais eu de transfusion sanguine incompatible précédente. C'est que ces anticorps sont produits en réaction aux bactéries de la flore normale, qui possèdent des épitopes très semblables aux antigènes des groupes sanguins. C'est ainsi qu'une personne du groupe sanguin A ne fabrique pas d'anticorps contre les épitopes bactériens semblables aux glycoprotéines A : le système immunitaire considère ces épitopes comme appartenant au soi. La même

personne fabriquera, par contre, des anticorps visant les épitopes bactériens semblables aux glycoprotéines B. Si cette personne du groupe A reçoit une transfusion de sang du groupe B, ses anticorps anti-B préexistants produiront donc une réaction immunitaire immédiate et catastrophique.

Étant donné que les épitopes antigéniques des groupes sanguins sont surtout constitués du polysaccharide des glycoprotéines, ils provoquent des réactions T-indépendantes, qui ne font pas appel aux cellules-mémoire. Par conséquent, chaque réaction immunitaire est de type primaire ; elle génère des anticorps IgM anti-groupe sanguin, et non des IgG. Cette conséquence a une valeur d'adaptation : comme les IgM ne traversent pas le placenta, le fœtus dont le groupe sanguin diffère de celui de la mère n'en souffre pas. Toutefois, un autre antigène des globules rouges, le **facteur Rhésus (Rh)**, peut provoquer des difficultés, parce que les anticorps produits lors de la réaction immunitaire en cause appartiennent à la catégorie des IgG. Une situation dangereuse peut se présenter quand une femme enceinte de type Rh négatif (dépourvue du facteur Rh) porte un fœtus de type Rh positif (il a hérité du facteur Rhésus de son père). Si de petites quantités de sang fœtal traversent le placenta, ce qui peut arriver vers la fin de la grossesse ou pendant l'accouchement, le système immunitaire de la mère déclenchera une réaction humorale T-dépendante contre le facteur Rh. Un danger se posera lors des grossesses futures chaque fois que le fœtus sera Rh positif : en effet, les lymphocytes B-mémoire de la mère propres au facteur Rh réagiront après une exposition au facteur Rh fœtal. Ces lymphocytes B produiront des anticorps IgG capables de traverser le placenta et de détruire les globules rouges du fœtus. Pour prévenir ce problème, on injecte à la mère des anticorps anti-Rh après la naissance de son premier bébé Rh positif. Elle bénéficie alors d'une immunisation passive (artificielle), qui élimine l'antigène Rh avant que son système immunitaire génère une mémoire immunitaire contre ce facteur, ce qui mettrait en danger les bébés Rh positifs qu'elle serait susceptible de porter à l'avenir.

Greffe de tissu et transplantation d'organe

Le complexe majeur d'histocompatibilité (CMH), qui code pour le profil protéique unique de chaque sujet, provoque le rejet des greffes de tissu et d'organe. Les molécules d'un CMH étranger sont antigéniques ; elles incitent le système immunitaire à réagir contre le tissu ou l'organe reçu. Pour atténuer ce risque, il faut qu'il y ait un maximum de compatibilité du CMH entre le donneur et le receveur. C'est le jumeau monozygote qui présente la compatibilité la plus proche, puis, habituellement, le frère ou la sœur. Cependant, même si un donneur et un receveur sont compatibles, ce dernier devra absorber divers médicaments pour supprimer la réaction immunitaire de rejet du greffon ou du transplant. Cela fragilise le receveur et le rend plus susceptible de souffrir d'une infection ou d'avoir le cancer pendant le traitement. La plupart des médicaments sélectifs, comme la cyclosporine A (un polypeptide cyclique d'origine fongique) et le FK506 (une substance polycyclique d'origine bactérienne), qui suppriment l'activation des lymphocytes T auxiliaires sans nuire aux défenses non spécifiques ou aux réactions humorales T-indépendantes, ont considérablement augmenté le succès des transplantations d'organes.

Dans le cas d'une transplantation de la moelle osseuse, c'est le greffon lui-même et non le receveur qui est à la source d'un rejet immunitaire éventuel. Les transplantations de moelle osseuse servent à traiter la leucémie et d'autres types de cancer, ainsi que diverses maladies hématologiques (touchant les cellules sanguines). Comme dans le cas de n'importe quelle transplantation, il importe d'établir la meilleure concordance possible entre le CMH du donneur et celui du receveur. Avant la transplantation, ce dernier est soumis généralement à un traitement par irradiation pour éliminer ses propres cellules de moelle osseuse, notamment celles qui sont anormales. Ce traitement détruit provisoirement son système immunitaire, ce qui diminue énormément les probabilités qu'il y ait rejet de la greffe. Toutefois, le danger principal de ce type d'opération est la possibilité que la moelle donnée, qui contient des lymphocytes, réagisse contre le receveur. Cette **réaction du greffon contre l'hôte** est limitée si les CMH du donneur et du receveur sont bien appariés. Les programmes de donneurs de moelle osseuse du monde entier sont toujours à la recherche de donneurs bénévoles. Étant donné l'immense variabilité du CMH, il est essentiel de disposer d'un vaste échantillon de donneurs éventuels.

Les troubles du système immunitaire peuvent causer des maladies

Les interactions des lymphocytes avec des substances étrangères et les interactions des lymphocytes entre eux ou avec les autres cellules du corps sont extrêmement complexes. Elles offrent une protection extraordinaire contre de nombreuses affections. Toutefois, quand un trouble du système immunitaire affecte l'homéostasie, les effets sont variables : ils peuvent aller des inconvénients mineurs associés à la plupart des allergies jusqu'aux conséquences sérieuses et souvent fatales de certaines maladies auto-immunes ou d'immunodéficience.

Allergies

Les allergies sont des réactions d'hypersensibilité (réactions exagérées) à certains antigènes présents dans le milieu, appelés allergènes. Selon une hypothèse, elles seraient des reliquats de la réaction immunitaire ancestrale contre les vers parasites. Ceux-ci subissent l'assaut des IgE, les mêmes anticorps que ceux qui entraînent la dégranulation des mastocytes, des granulocytes basophiles et des granulocytes éosinophiles, qui possèdent des récepteurs membranaires se liant aux régions constantes des chaînes lourdes d'IgE. Le mécanisme humoral qui lutte contre les vers est semblable à la réaction allergique qui provoque des troubles, comme le rhume des foins et l'asthme allergique.

Les allergies les plus courantes font intervenir des anticorps de la classe des IgE (voir le TABLEAU 43.1). Par exemple, le rhume des foins se présente lorsque les plasmocytes sécrètent des IgE qui se lient spécifiquement aux allergènes du pollen. Certains des anticorps IgE se fixent par leur domaine effecteur aux mastocytes présents dans les tissus conjonctifs avant même de se fixer au pollen. C'est ainsi qu'une personne prédisposée est sensibilisée à l'antigène spécifique du pollen. Chaque fois qu'un grain de pollen pénètre dans son corps et lie simultanément deux IgE adjacentes, le mastocyte réagit par une *dégranulation* : la cellule

libère dans son environnement de l'histamine et d'autres agents inflammatoires à partir de vésicules appelées granules (FIGURE 43.18). Rappelons que l'histamine provoque la dilatation et la perméabilité accrue des petits vaisseaux sanguins. Cette réaction inflammatoire cause les symptômes d'allergie typiques : les éternuements, l'écoulement nasal, les larmes et les contractions des muscles lisses, qui peuvent provoquer des difficultés respiratoires (bronchoconstriction). Les antihistaminiques sont des médicaments qui atténuent les symptômes d'allergie en bloquant les récepteurs de l'histamine.

Une réaction allergique aiguë peut causer un **choc anaphylactique,** soit une réaction à des allergènes injectés ou ingérés susceptible de provoquer la mort. Le choc anaphylactique se produit lorsque la dégranulation généralisée des mastocytes provoque une dilatation exagérée des vaisseaux sanguins périphériques, ce qui produit une chute subite de la pression sanguine. La mort peut survenir en quelques minutes. Des réactions allergiques au venin d'abeille ou à la pénicilline peuvent provoquer

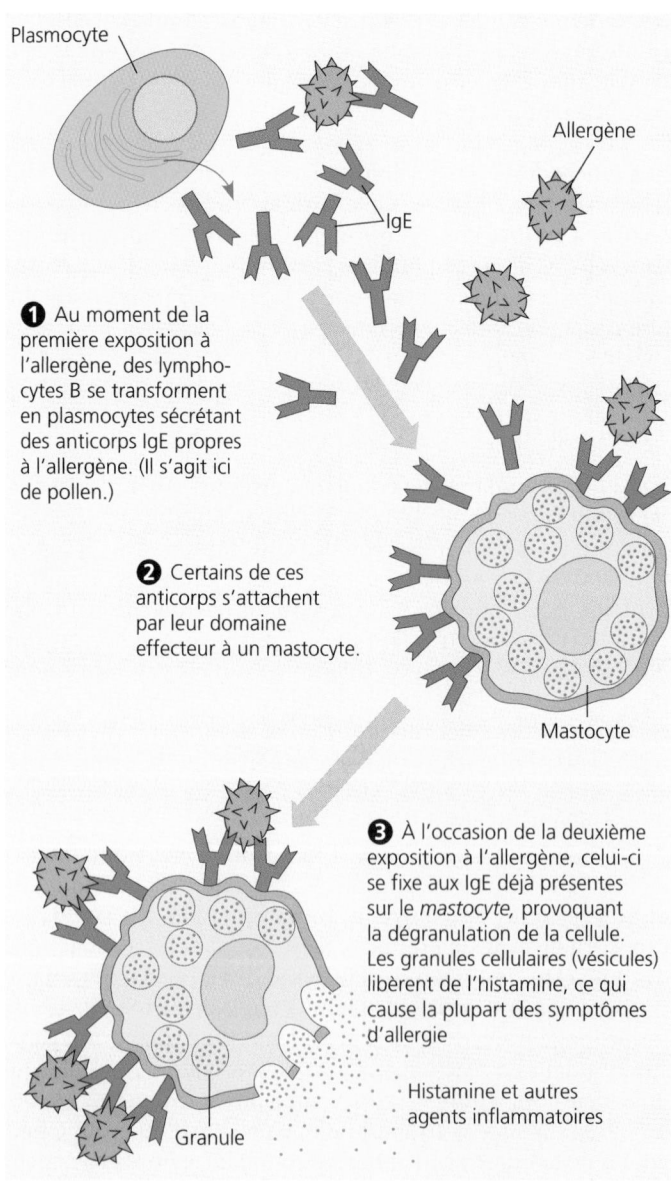

Plasmocyte

Allergène

IgE

❶ Au moment de la première exposition à l'allergène, des lymphocytes B se transforment en plasmocytes sécrétant des anticorps IgE propres à l'allergène. (Il s'agit ici de pollen.)

❷ Certains de ces anticorps s'attachent par leur domaine effecteur à un mastocyte.

Mastocyte

❸ À l'occasion de la deuxième exposition à l'allergène, celui-ci se fixe aux IgE déjà présentes sur le *mastocyte*, provoquant la dégranulation de la cellule. Les granules cellulaires (vésicules) libèrent de l'histamine, ce qui cause la plupart des symptômes d'allergie

Histamine et autres agents inflammatoires

Granule

FIGURE 43.18 Mastocytes, IgE et réaction allergique.

un choc anaphylactique chez les personnes qui sont extrêmement allergiques à ces substances. De même, certains individus très allergiques aux arachides, au poisson et à d'autres aliments peuvent mourir après avoir consommé de toutes petites quantités de ces allergènes. Ils doivent donc toujours porter sur eux une seringue avec une dose d'adrénaline (par exemple, l'EpiPen, un auto-injecteur par voie intramusculaire). En effet, l'adrénaline est une hormone qui neutralise la réaction allergique grâce à son effet vasoconstricteur et bronchodilatateur puissant (voir le chapitre 45).

Maladies auto-immunes

Il peut arriver que le système immunitaire cesse de tolérer certaines cellules de l'organisme et qu'il attaque des molécules du soi, provoquant une maladie auto-immune. Citons, par exemple, le cas du *lupus érythémateux systémique,* une maladie dans laquelle le système immunitaire génère des anticorps (autoanticorps) qui s'attaquent à toutes sortes de molécules du soi, et même aux histones et à l'ADN libérés par la dégradation normale des cellules du corps. Le lupus se présente sous forme d'éruption cutanée, de fièvre, d'arthrite et de troubles rénaux. Une autre maladie auto-immune attribuable aux anticorps, l'*arthrite rhumatoïde,* provoque la dégradation et l'inflammation douloureuse du cartilage et des os des articulations. Dans le cas du *diabète insulinodépendant* (diabète de type I), les cellules bêta du pancréas sont la cible de réactions auto-immunes à médiation cellulaire. Enfin, mentionnons la *sclérose en plaques,* la maladie neurologique chronique la plus courante dans les pays industrialisés : les lymphocytes T infiltrent le système nerveux central et détruisent la myéline des neurones (voir la FIGURE 48.2). Les patients touchés par cette affection souffrent d'un certain nombre d'anomalies neurologiques graves.

Les chercheurs ne comprennent pas encore tout à fait les mécanismes qui causent les maladies auto-immunes. Pendant longtemps, on a cru que les personnes touchées par une maladie auto-immune se distinguaient des sujets sains parce qu'elles portaient des lymphocytes autoréactifs ayant échappé à l'élimination pendant le développement. Nous savons à présent que les personnes saines portent aussi des lymphocytes ayant la capacité de réagir contre le soi. Toutefois, ces cellules sont régulées par divers mécanismes, qui les empêchent de déclencher des réactions auto-immunes. Les affections auto-immunes sont sans doute causées par une défaillance de la régulation immunitaire. Fait étonnant, la transmission héréditaire de certains allèles du CMH est associée à une susceptibilité à des maladies auto-immunes particulières, comme le diabète insulinodépendant.

Maladies de l'immunodéficience

Les maladies de l'immunodéficience sont presque aussi nombreuses que les composantes du système immunitaire. De nombreuses déficiences héréditaires se répercutent sur le fonctionnement des défenses immunitaires humorale ou à médiation cellulaire. Dans le cas d'un *déficit immunitaire combiné sévère,* les deux types de défense cessent de fonctionner. La survie à long terme des sujets atteints exige généralement une greffe de la moelle osseuse, qui leur procurera des lymphocytes fonctionnels. Des chercheurs qui se consacrent à l'étude d'un certain

type de déficit immunitaire combiné sévère, causé par la déficience de l'enzyme adénosine désaminase (ADA), travaillent à l'élaboration d'une thérapie génique : on prélève certaines cellules d'une personne atteinte, on leur ajoute un gène ADA fonctionnel, puis on les réimplante dans le corps. Cela pourrait éliminer le risque de réaction du greffon contre l'hôte. Toutefois, les résultats ne sont guère concluants jusqu'ici, parce que les malades soumis à cette sorte de traitement reçoivent aussi des quantités supplémentaires de l'enzyme manquante. Une thérapie génique proposée à divers patients souffrant d'un autre type de déficit immunitaire combiné sévère a aussi donné des résultats plus ou moins satisfaisants.

L'immunodéficience n'est pas toujours héréditaire. Il arrive qu'un sujet soit atteint d'un trouble immunitaire au cours de sa vie sans qu'il ait de prédisposition génétique. Par exemple, certains cancers suppriment le système immunitaire, surtout la maladie de Hodgkin, qui endommage le système lymphatique. Nous décrirons dans la prochaine section le cas bien connu du sida, le syndrome d'immunodéficience acquise, qui a des conséquences catastrophiques.

La fonction immunitaire normale semble dépendre à la fois du système endocrinien et du système nerveux. Il y a près de 2 000 ans, le médecin grec Galien avait remarqué que les patients atteints de dépression étaient plus susceptibles que d'autres de souffrir d'un cancer. En fait, des preuves de plus en plus nombreuses indiquent que les stress physique et émotionnel risquent de nuire à l'immunité. Les hormones sécrétées par les glandes surrénales en période de stress diminuent le nombre de leucocytes et peuvent affecter le système immunitaire à d'autres égards. Ces hormones immunosuppressives sont des glucocorticoïdes, tels que le cortisol, la cortisone et la corticostérone (voir le chapitre 45).

L'association entre le stress émotionnel et la fonction immunitaire fait aussi intervenir le système nerveux. En effet, certains neurotransmetteurs sont sécrétés quand nous sommes détendus et heureux ; ils favorisent probablement l'immunité. Des chercheurs ont examiné des étudiants peu après leurs vacances et aussi pendant la période de leurs examens finaux. Ils ont remarqué que leur système immunitaire était perturbé à divers égards pendant la semaine d'examens ; par exemple, leurs niveaux d'interféron étaient plus faibles. Ces observations et d'autres constatations indiquent que l'état de santé général et l'état d'esprit se répercutent sur l'immunité. Certaines preuves physiologiques montrent aussi que des liens sont établis entre le système nerveux et le système immunitaire. On a découvert des récepteurs associés à des neurotransmetteurs à la surface des lymphocytes ; en outre, un réseau de fibres nerveuses pénètre profondément dans le thymus.

Le syndrome d'immunodéficience acquise (sida) est causé par un virus, le VIH

En 1981, aux États-Unis, des professionnels de la santé ont été frappés par l'incidence accrue de deux affections rares parmi la population en général : le sarcome de Kaposi, un cancer de la peau et des vaisseaux sanguins, ainsi que la pneumonie à *Pneumocystis carinii,* une infection respiratoire causée par un protozoaire. Ils savaient que ces maladies surviennent principalement chez les sujets gravement immunodéprimés. Leurs observations ont débouché sur la reconnaissance d'un trouble du système immunitaire qui a été appelé <u>s</u>yndrome d'<u>i</u>mmuno<u>d</u>éficience <u>a</u>cquise, ou **sida.** Les sidéens sont extrêmement sujets aux *maladies opportunistes,* soit à des infections et à des cancers qui s'attaquent aux personnes dont le système immunitaire s'effondre. Par exemple, le protozoaire *Pneumocystis* est un organisme très répandu ; mais il ne cause pas de pneumonie chez une personne dont le système immunitaire fonctionne normalement. En revanche, chez les sidéens, il peut entraîner la mort, à l'instar d'autres maladies opportunistes, de troubles neurologiques et d'un affaiblissement généralisé.

En 1983, les chercheurs ont réussi à isoler un rétrovirus, aujourd'hui appelé **Virus de l'immunodéficience humaine** (**VIH**), qui cause le sida (FIGURE 43.19 ; voir aussi la FIGURE 18.7). Avec un taux de mortalité proche de 100 %, le VIH est l'un des virus les plus dangereux que l'on ait découvert. Son étude moléculaire permet de constater qu'il a sans doute évolué à partir d'un virus semblable au VIH affectant les Chimpanzés d'Afrique centrale. Il serait apparu chez l'Humain entre 1915 et 1940, provoquant de rares cas d'infection et de sida qui n'ont jamais été identifiés.

Il existe deux souches principales du virus : le VIH-1 et le VIH-2. Le VIH-1 est le plus répandu et le plus virulent. Les deux souches infectent les cellules portant des protéines de surface CD4. L'enveloppe du VIH contient des glycoprotéines

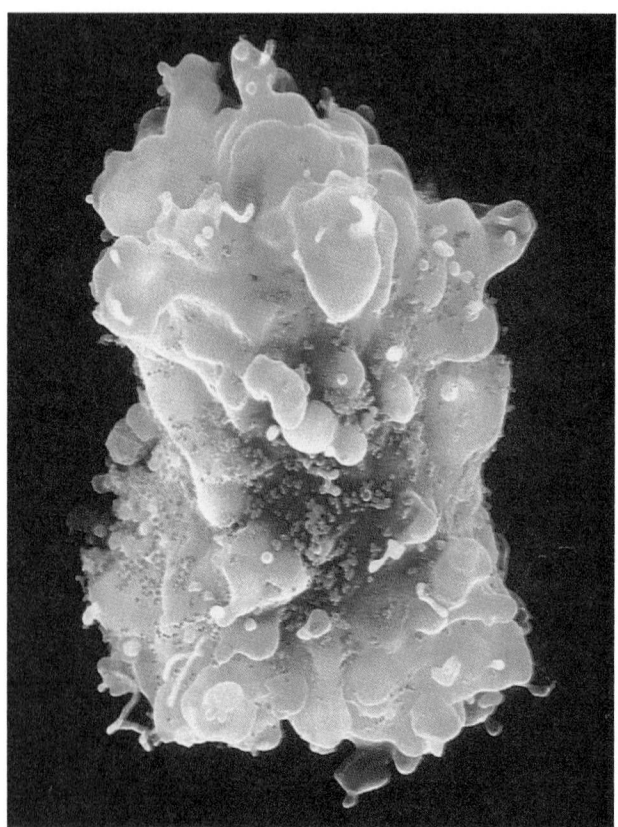

FIGURE 43.19 Lymphocyte T infecté par le VIH. Les virus (minuscules taches grises) bourgeonnent continuellement de la surface du lymphocyte T (en orangé ; MEB colorée). La cellule va mourir, mais après avoir produit de nombreuses copies de son agresseur.

associées, gp120 et gp41. La portion gp120 du complexe protéique possède une conformation complémentaire au récepteur protéique CD4 ; ces deux molécules peuvent donc se lier et permettre à un VIH de pénétrer dans une cellule. Comme vous le savez, les protéines CD4 sont situées sur les lymphocytes T auxiliaires et favorisent la fixation de ces derniers aux cellules présentatrices d'antigènes du CMH de classe II. Comme les protéines CD4 fonctionnent aussi à titre de récepteur majeur du virus, les lymphocytes T auxiliaires sont extrêmement susceptibles à l'infection. D'autres types de cellules portant moins de protéines CD4, notamment les macrophages, les cellules dendritiques, certains lymphocytes B et les microgliocytes du système nerveux central, figurent aussi parmi les cellules infectées par le VIH.

Pour pénétrer dans une cellule, le virus doit non seulement trouver les protéines CD4 à sa surface, mais aussi un deuxième type de molécule protéique, appelé *corécepteur.* Les corécepteurs isolés jusqu'ici comprennent la fusine (aussi appelée protéine CXCR4), trouvée sur les lymphocytes T auxiliaires, et la protéine CCR5, trouvée sur les macrophages. La fusine et la protéine CCR5 fonctionnent en temps normal en tant que récepteurs des chimiokines. En fait, les chercheurs se sont aperçus qu'elles jouaient le rôle de corécepteurs du VIH après qu'ils ont découvert que certaines chimiokines peuvent supprimer l'infection au VIH-1. Il semble que ces dernières s'attachent aux récepteurs en question et bloquent l'entrée du VIH-1. Certains sujets bénéficient d'une résistance innée au VIH-1, car leurs récepteurs de chimiokines sont mal conformés. Le virus ne peut les infecter, leurs corécepteurs du VIH ne fonctionnant pas normalement.

Au chapitre 18, nous avons décrit le VIH comme faisant partie des Rétrovirus. Son génome se compose donc d'ARN. Une fois que le VIH pénètre dans une cellule, son ARN fait l'objet d'une transcription inverse. L'ADN produit est intégré dans le génome de la cellule hôte et dirige la production de nouvelles particules de virus (voir la FIGURE 18.7). Comme un rétrovirus existe sous forme de provirus pendant toute la durée de vie de la cellule infectée, la réaction immunitaire n'est pas en mesure de le repérer ni de le détruire. Ce qui soulève encore plus de difficulté pour les réactions immunitaires humorale et à médiation cellulaire, ce sont les mutations fréquentes survenant à chaque période de réplication virale. En fait, la plupart des particules de VIH produites chez un sujet infecté diffèrent au moins légèrement du virus d'origine.

Malgré ces défis, le système immunitaire lance une bataille prolongée contre le VIH. Au début de l'infection, le nombre de virus dans le sang atteint une population maximale, puis il chute, alors que les anticorps anti-VIH augmentent (FIGURE 43.20). La diminution du nombre de virus dans le sang résulte d'une réponse immunitaire précoce au VIH. La détection des anticorps anti-VIH, qui apparaissent dans le sang de 1 à 12 mois après l'infection, constitue la méthode la plus courante de diagnostic de l'infection. Un patient *séropositif* est infecté, c'est-à-dire que ses analyses sanguines signalent la présence d'anticorps propres au VIH. En raison de la présence chronique du virus dans son sang, il présentera des anticorps anti-VIH jusqu'aux dernières étapes du sida, quand les deux composantes de son système immunitaire s'effondreront à la suite de la disparition des lymphocytes T auxiliaires.

Au début de la maladie, le nombre de virus dans le sang diminue, mais c'est une évolution trompeuse. En effet, si le nombre de virus en circulation est faible, les virus restent actifs

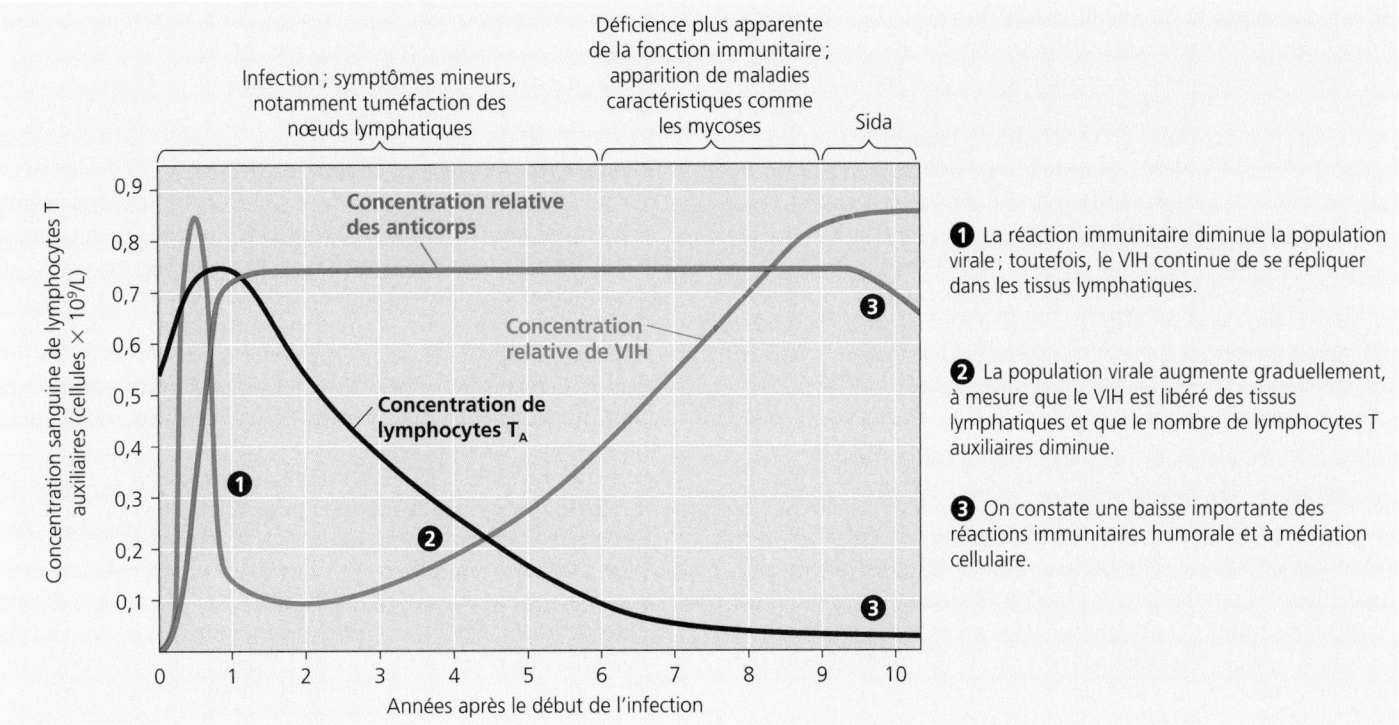

FIGURE 43.20 Stades de l'infection au VIH.

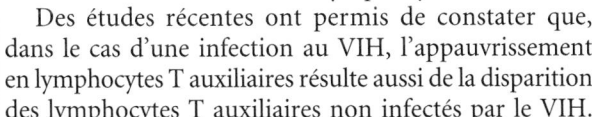

et sont produits dans les cellules des nœuds lymphatiques, où ils causent des dommages structuraux et fonctionnels. Au bout d'un certain temps, la concentration de VIH dans le sang augmente. Cette augmentation s'explique par la dégradation des fonctions des tissus lymphatiques, la libération des virus de ces tissus et la diminution de la réaction immunitaire à l'infection, en raison de la diminution du nombre de lymphocytes T auxiliaires (voir la FIGURE 43.20). Rappelons que ces derniers jouent un rôle essentiel dans l'activation des lymphocytes B et T.

Des études récentes ont permis de constater que, dans le cas d'une infection au VIH, l'appauvrissement en lymphocytes T auxiliaires résulte aussi de la disparition des lymphocytes T auxiliaires non infectés par le VIH. Selon une hypothèse vraisemblable, les cellules présentatrices d'antigène contaminées par le VIH produisent moins d'interleukine-1, ce qui restreint éventuellement la prolifération des lymphocytes T_A. De plus, une liaison entre le CMH d'une cellule présentatrice d'antigène infectée et celui d'un lymphocyte T_A sain incite les lymphocytes T_A à subir une apoptose précoce, alors que ce processus fait normalement l'objet d'une régulation stricte (voir la FIGURE 21.18). Malgré tout, on considère aujourd'hui que l'infection directe est la responsable principale de la diminution du nombre de lymphocytes T auxiliaires. En fait, la demi-vie d'un lymphocyte T_A infecté (qui produit de nouveaux exemplaires du VIH) est inférieure à 1,5 jour.

On estime qu'il faut environ 10 ans pour qu'une personne infectée par le VIH atteigne le stade du sida comme tel. Pendant la plupart de ces années, elle ne présente que des symptômes légers, notamment une tuméfaction des nœuds lymphatiques (ce qui indique l'activité virale) et une fièvre occasionnelle. Les personnes séropositives et leur médecin se fient aux variations du nombre de lymphocytes T_A pour suivre la progression de la maladie. Toutefois, il a été prouvé que les mesures de la concentration virale sont un meilleur indicateur du pronostic et de l'efficacité des traitements anti-VIH.

Pour l'instant, l'infection au VIH est incurable: il est impossible d'enrayer la progression de la maladie jusqu'au stade du sida. Heureusement, de nouvelles thérapies ralentissent efficacement cette progression. Il reste qu'elles sont extrêmement coûteuses et qu'elles ne sont pas à la portée de tous ceux et celles qui ont contracté le VIH. Parmi les différentes combinaisons de médicaments ralentissant la réplication, citons des inhibiteurs de la synthèse de l'ADN, des inhibiteurs de la transcriptase inverse (par exemple, l'AZT, ou azidothymidine, la ddC, ou didésoxycytidine, et la ddI, ou didésoxyinosine) et des inhibiteurs de protéases. Les inhibiteurs de protéases bloquent une étape clé de la synthèse des protéines du VIH. Lorsque tous ces types de médicaments sont utilisés simultanément, ils diminuent la charge virale et permettent au nombre de lymphocytes T auxiliaires d'augmenter. Les sidéens doivent aussi compter sur toute une gamme de médicaments utilisés pour traiter les nombreuses maladies opportunistes qu'ils contractent. Ces médicaments peuvent prolonger leur vie.

La transmission du VIH se fait par le transfert d'une personne à l'autre de liquides corporels (notamment le sperme ou le sang) contenant des cellules infectées. Les relations sexuelles non protégées (c'est-à-dire sans utilisation de préservatif) entre homosexuels et l'utilisation de seringues non stérilisées (généralement par des toxicomanes s'injectant des drogues intraveineuses) sont à la base de la plupart des cas de sida signalés jusqu'ici aux États-Unis, au Canada et en Europe. Toutefois, la transmission du VIH à des hétérosexuels est en augmentation rapide; elle découle de relations sexuelles non protégées avec un partenaire infecté. En Afrique et en Asie, la transmission se fait principalement lors de relations sexuelles entre hétérosexuels, surtout lorsque d'autres maladies transmissibles sexuellement ont une forte incidence. Il faut savoir que nombre de ces dernières provoquent des lésions génitales. Or, celles-ci facilitent la transmission du VIH, la barrière cutanée (la première ligne de défense) étant supprimée. Les cellules sensibles à la pénétration du VIH, soit les cellules dendritiques, les macrophages et les lymphocytes T auxiliaires, sont attirées vers la zone lésée en raison de la réaction inflammatoire.

Le sida ne s'attrape pas par simple contact. Jusqu'ici, un seul cas de transmission du VIH par baiser a été signalé; le transmetteur et le receveur avaient tous deux des lésions aux gencives. Il s'agit d'un cas isolé, mais il faut souligner que le VIH peut se donner chaque fois que le sang ou les sécrétions corporelles passent d'une personne à l'autre. La transmission du VIH d'une mère à son enfant peut se faire de deux façons: pendant le développement du fœtus (dans environ 25 % de cas de mères porteuses du VIH) et pendant l'allaitement. Le dépistage des anticorps anti-VIH a éliminé ou presque la transmission par transfusion sanguine dans les pays industrialisés. Ces tests ne peuvent toutefois garantir la sécurité totale de l'approvisionnement en sang, car le sujet peut être infecté par le VIH pendant quelques semaines ou quelques mois avant que des anticorps anti-VIH soient produits, donc décelables. Afin d'accroître la sécurité des receveurs, Héma-Québec recherche également la présence du génome du VIH en utilisant la technique de l'amplification en chaîne par polymérase (ACP).

Les spécialistes du Programme commun des Nations unies sur le VIH/sida (ONUSIDA) ont estimé que, en l'an 2000, de 30 à 40 millions de personnes dans le monde vivaient avec le VIH ou avec le VIH/sida. Environ 70 % d'entre elles résident en Afrique centrale. Le nombre de sidéens devrait croître de près de 20 % par an. La meilleure façon de ralentir la progression de la maladie dans un pays consiste à renseigner la population sur les pratiques favorisant la transmission du VIH, comme l'utilisation de seringues contaminées et les relations sexuelles non protégées. Les préservatifs ne peuvent, à eux seuls, complètement éliminer la probabilité d'attraper le VIH (ou d'autres virus à transmission semblable, tel que le Virus de l'hépatite B), mais ils réduisent considérablement les risques. Toute personne ayant des relations sexuelles (vaginales, orales ou anales) avec un partenaire qui a lui-même eu des relations non protégées pendant les 20 dernières années risque d'être exposée au VIH.

La réaction immunitaire est l'une des nombreuses adaptations permettant aux Animaux de faire face à l'adversité de leur environnement. Dans le chapitre suivant, nous décrirons d'autres processus qui aident à maintenir des conditions internes favorables chez les Animaux devant composer avec des milieux externes variables.

RÉVISION DU CHAPITRE

Résumé des concepts importants

LES DÉFENSES NON SPÉCIFIQUES CONTRE L'INFECTION

- **La peau et les muqueuses constituent une première ligne de défense contre l'infection** (p. 984, FIGURE 43.1). La première ligne de défense non spécifique comprend la peau intacte et les muqueuses, le mucus, les cellules ciliées tapissant les voies respiratoires supérieures, le lysozyme et le suc gastrique.

- **Les phagocytes, les cellules tueuses naturelles, la réaction inflammatoire et les protéines antimicrobiennes jouent un rôle dès le début de l'infection** (p. 984 à 988, FIGURE 43.5). La seconde ligne de défense non spécifique dépend principalement des granulocytes neutrophiles, des cellules dendritiques et des macrophages, ces leucocytes qui phagocytent les substances étrangères dans le sang et les tissus. Les cellules tueuses naturelles s'attaquent aux cellules infectées par un virus et aux cellules tumorales. Une lésion des tissus déclenche une réaction inflammatoire localisée. Les cellules lésées diffusent de l'histamine, une substance chimique causant une vasodilatation et un accroissement de la perméabilité des capillaires. Cela permet à des liquides et à d'importantes quantités de phagocytes de pénétrer dans les tissus. Les protéines antimicrobiennes les plus importantes dans le sang et les tissus sont celles du complément (elles participent à la défense non spécifique et à la défense spécifique) et les interférons (ils sont sécrétés par les cellules infectées par un virus, et ils inhibent la production de virus dans les cellules voisines).

LES BASES DE L'IMMUNITÉ SPÉCIFIQUE

- **Les lymphocytes procurent au système immunitaire sa spécificité et sa diversité** (p. 988). Toute substance qui provoque une réaction immunitaire s'appelle antigène. Le système immunitaire reconnaît des antigènes spécifiques (des molécules appartenant à des bactéries, à des virus, à des toxines, à des tissus greffés ou à des cellules tumorales) et déclenche une réaction immunitaire qui désactive ou détruit la substance. Les lymphocytes B et les lymphocytes T reconnaissent les antigènes grâce à leurs récepteurs antigéniques membranaires. Les lymphocytes circulent dans le sang et dans la lymphe, et ils se trouvent en forte concentration dans les tissus lymphatiques. La grande diversité des lymphocytes, qui portent chacun des récepteurs d'une grande spécificité, donne au système immunitaire la capacité de réagir à presque n'importe quel antigène.

- **Les antigènes interagissent avec des lymphocytes spécifiques produisant les réactions et la mémoire immunitaires** (p. 989 et 990, FIGURES 43.6 et 43.7). La sélection clonale survient lorsqu'un antigène active un lymphocyte en se fixant à un récepteur spécifique. Dans la réaction immunitaire primaire (lorsqu'un organisme est exposé pour la première fois à un antigène), le lymphocyte prolifère et se différencie: il forme un clone de lymphocytes effecteurs à courte durée de vie, spécialisés dans la lutte contre l'infection, ainsi qu'un clone de cellules-mémoire à longue durée de vie, propres à l'antigène particulier. La réaction immunitaire secondaire au même antigène, qui fait appel aux cellules-mémoire, est plus rapide, plus efficace et plus spécifique; elle protège généralement le sujet contre l'infection.

- La différenciation des lymphocytes donne naissance à un système immunitaire capable de distinguer le soi du non-soi (p. 990 à 992, FIGURES 43.8 et 43.9). Les lymphocytes se développent à partir de cellules souches pluripotentes de la moelle osseuse rouge. Les lymphocytes B arrivent à maturité dans la moelle osseuse rouge, tandis que les lymphocytes T terminent leur développement dans le thymus. L'autotolérance se développe à mesure que les lymphocytes portant des récepteurs capables de se lier spécifiquement aux molécules internes du corps (le soi) sont détruits ou inactivés. Les molécules du complexe majeur d'histocompatibilité (CMH) sont essentielles au fonctionnement des lymphocytes T. Les molécules du CMH de classe I, situées sur toutes les cellules nucléées du corps, présentent des fragments d'antigène (peptides endogènes) aux lymphocytes T cytotoxiques. Les molécules du CMH de classe II, trouvées principalement sur les macrophages, sur les cellules dendritiques et sur les lymphocytes B, présentent des fragments d'antigène (peptides exogènes) aux lymphocytes T auxiliaires. Les lymphocytes T en développement sont exposés aux molécules du CMH de classe I et II présentes sur les cellules du thymus. Seuls les lymphocytes T portant des récepteurs ayant une affinité avec les molécules du CMH du soi arrivent à maturité.

LES RÉACTIONS IMMUNITAIRES

- Les lymphocytes T auxiliaires jouent un rôle dans l'immunité humorale et dans l'immunité à médiation cellulaire : *une vue d'ensemble* (p. 992 à 994, FIGURES 43.10 et 43.11). L'immunité humorale relève des lymphocytes B et se réalise par la circulation d'anticorps dans le sang et dans la lymphe. La réaction immunitaire humorale défend l'organisme contre des virus, des bactéries et d'autres menaces extracellulaires. L'immunité à médiation cellulaire, qui fait appel aux lymphocytes T, défend l'organisme contre les agents pathogènes intracellulaires en détruisant les cellules infectées ; ce mécanisme lutte aussi contre les tissus transplantés et les cellules tumorales. Un lymphocyte T auxiliaire est activé quand un de ses récepteurs protéiques CD4 se fixe spécifiquement à un complexe CMH de classe II-antigène à la surface d'une cellule présentatrice d'antigènes. Le lymphocyte T sécrète alors de l'interleukine-2 et d'autres cytokines, qui l'aident à proliférer et à activer les lymphocytes B et les lymphocytes T cytotoxiques.

- Dans la réaction immunitaire à médiation cellulaire, les lymphocytes T cytotoxiques luttent contre les agents pathogènes intracellulaires et les cellules tumorales : *une étude détaillée* (p. 994 et 995, FIGURE 43.12). La plupart des lymphocytes T cytotoxiques sont activés par des cytokines et par une fixation spécifique aux complexes CMH de classe I-antigène présents sur une cellule cible (une cellule infectée, transplantée ou tumorale). Les lymphocytes T sécrètent alors des perforines, qui créent des lésions dans la membrane plasmique des cellules cibles, ce qui détruit celles-ci.

- Dans la réaction immunitaire humorale, les lymphocytes B fabriquent des anticorps pour lutter contre les agents pathogènes extracellulaires : *une étude détaillée* (p. 995 à 1000, FIGURES 43.13 à 43.16). Les lymphocytes B sont activés par des cytokines et par la fixation spécifique de leurs anticorps membranaires à des antigènes extracellulaires. La plupart de ceux-ci sont des protéines ou des polysaccharides, portant chacun des épitopes multiples. Les anticorps, aussi appelés molécules d'immunoglobuline (Ig), sont des protéines sériques. Les régions variables d'une Ig se fixent à un épitope spécifique ; quant aux régions constantes, elles déterminent la classe de l'anticorps. Les cinq grandes classes d'immunoglobulines sont les suivantes : les IgG, les IgM, les IgA, les IgD et les IgE. Un

anticorps ne détruit pas un antigène directement : il le neutralise ou le cible de sorte qu'il soit éliminé par opsonisation, agglutination, précipitation ou fixation au complément. L'opsonisation, l'agglutination et la précipitation favorisent la phagocytose du complexe anticorps-antigène ; la fixation du complément crée des lésions membranaires et la lyse de la cellule.

- Les Invertébrés ont un système immunitaire rudimentaire (p. 1000). Les Invertébrés sont en mesure de distinguer le soi du non-soi. Chez de nombreux Invertébrés, des cœlomocytes (des cellules amiboïdes) sont capables de repérer et de détruire les substances étrangères. Certaines expériences menées sur des vers de terre montrent que le système de défense de ces animaux garde en mémoire la greffe de tissus.

LE RÔLE DE L'IMMUNITÉ DANS LA SANTÉ ET LA MALADIE

- L'immunité peut être acquise naturellement ou artificiellement (p. 1000 et 1001). L'immunité active est présente lorsque le système immunitaire réagit à un antigène étranger à la suite d'une infection naturelle ou artificielle (comme dans le cas de la vaccination). Dans la vaccination, la forme non pathogène d'un microorganisme ou d'une partie d'un microorganisme génère une réaction immunitaire, donc une mémoire immunitaire du microorganisme visé. L'immunité passive survient quand des anticorps sont transférés d'un sujet à un autre. Ce processus se fait naturellement – quand des IgG passent d'une femme enceinte au fœtus ou quand des IgA passent d'une mère au nourrisson qu'elle allaite – ou artificiellement – quand les anticorps d'un animal immunisé contre une maladie sont injectés dans un autre animal pour lui conférer une protection à court terme.

- La capacité du système immunitaire à reconnaître le soi du non-soi limite les transfusions sanguines et les greffes de tissu (p. 1001 et 1002). Certains antigènes présents sur les érythrocytes déterminent le groupe sanguin : le type A, B, AB ou O. Les anticorps réagissant à un groupe sanguin étranger (il s'agit généralement des IgM) sont déjà présents dans le corps. En cas de transfusion d'un groupe sanguin incompatible, les cellules transfusées lysent et meurent à la suite de l'intervention des anticorps et du complément. Le facteur Rhésus (Rh), un autre antigène des érythrocytes, peut poser un danger quand une mère Rh négatif porte successivement plusieurs fœtus Rh positifs. Après la naissance du premier bébé Rh positif, le système immunitaire de la mère développe des IgG anti-Rh, qui peuvent traverser le placenta et attaquer les érythrocytes du fœtus Rh positif suivant. Les chances de succès de greffes d'organe ou de tissus sont améliorées si les CMH des tissus du donneur et du receveur sont très compatibles. En outre, certains médicaments immunosuppresseurs aident à prévenir les rejets. Les transplantations de moelle osseuse rouge posent le danger d'une réaction du greffon contre l'hôte.

- Les troubles du système immunitaire peuvent causer des maladies (p. 1002 et 1003, FIGURE 43.18). Dans le cas des allergies, comme le rhume des foins, un allergène tel que le pollen déclenche la diffusion de l'histamine des mastocytes. Cela provoque des changements vasculaires et des symptômes typiques. Parfois, le système immunitaire perd son autotolérance, ce qui risque de provoquer des maladies auto-immunes, comme l'arthrite rhumatoïde et le diabète insulinodépendant. Certains sujets ont une déficience naturelle des réactions immunitaires humorales ou des réactions immunitaires à médiation cellulaire ; des troubles fonctionnels peuvent aussi toucher les deux types de réaction.

■ Le syndrome d'immunodéficience acquise (sida) est causé par un virus, le VIH (p. 1003 à 1006, FIGURE 43.20). Le syndrome d'immunodéficience acquise résulte de la destruction directe et indirecte des lymphocytes T porteurs de récepteurs protéiques CD4 par le VIH (le Virus de l'immunodéficience humaine); cette destruction s'échelonne sur plusieurs années. Le sida représente l'étape finale du processus: le sujet n'a plus que très peu de lymphocytes T auxiliaires, et des maladies opportunistes, fréquentes dans le cas d'une réaction immunitaire à médiation cellulaire non fonctionnelle, attaquent son organisme.

Autoévaluation

(Les questions dont les numéros sont en caractères gras font surtout appel à la compréhension.)

1. Une mère Rh négatif donne naissance à un bébé Rh positif. On la traite par des anticorps spécifiques au facteur Rh pour:
   a) la protéger contre une réaction immunitaire anormale.
   b) l'empêcher de produire des lymphocytes B-mémoire propres au facteur Rh.
   c) protéger les bébés Rh positifs qu'elle pourrait avoir à l'avenir.
   d) provoquer une réaction immunitaire aux anticorps Rh.
   e) Les réponses b et c sont bonnes.

2. Parmi les situations suivantes, laquelle produit une immunité à long terme?
   a) Le passage des anticorps maternels au fœtus en développement.
   b) La réaction inflammatoire à une écharde.
   c) L'administration d'un sérum en provenance de sujets immunisés contre la rage.
   d) L'administration du vaccin contre la varicelle.
   e) Le passage des anticorps de la mère au nourrisson allaité.

3. Parmi les éléments suivants, lequel ne s'intègre pas aux défenses non spécifiques du corps?
   a) Les cellules tueuses naturelles.
   b) L'inflammation.
   c) La phagocytose par les granulocytes neutrophiles.
   d) La phagocytose par les macrophages.
   e) Les anticorps.

4. Trouvez l'association erronée.
   a) Lysozyme – larmes.
   b) Interférons – cellules infectées par un virus.
   c) Interleukine-1 – macrophages.
   d) Perforines – lymphocytes T cytotoxiques.
   e) Immunoglobulines – lymphocytes T auxiliaires.

5. Le VIH affecte toutes ces cellules, *sauf*:
   a) les macrophages.
   b) les lymphocytes T cytotoxiques.
   c) les lymphocytes T auxiliaires.
   d) les cellules portant la protéine CD4 et la fusine.
   e) les cellules portant la protéine CD4 et la protéine CCR5.

6. Parmi ces énoncés, lequel décrit le mieux la façon différente dont les lymphocytes B et les lymphocytes T cytotoxiques réagissent aux envahisseurs?
   a) Les lymphocytes B confèrent une immunité active; les lymphocytes T cytotoxiques confèrent une immunité passive.
   b) Les lymphocytes B tuent les virus directement; les lymphocytes T cytotoxiques tuent les cellules infectées par un virus.
   c) Les lymphocytes B sécrètent des anticorps contre un virus; les lymphocytes T cytotoxiques tuent les cellules infectées par un virus.

   d) Les lymphocytes B accomplissent l'immunité à médiation cellulaire; les lymphocytes T cytotoxiques accomplissent l'immunité humorale.
   e) Les lymphocytes B répondent la première fois que l'envahisseur est présent; les lymphocytes T cytotoxiques répondent par la suite.

7. Parmi ces éléments, lequel est caractéristique des premières étapes d'une inflammation localisée?
   a) La constriction de l'artériole précapillaire.
   b) La fièvre.
   c) L'attaque par les lymphocytes T cytotoxiques.
   d) La diffusion de l'histamine.
   e) La lyse des microorganismes par l'intermédiaire de l'association anticorps-complément.

8. À quelle partie d'un anticorps un épitope se lie-t-il?
   a) Au déterminant antigénique.
   b) Aux régions constantes de la chaîne lourde.
   c) Aux régions variables de la chaîne lourde et de la chaîne légère.
   d) Aux régions constantes de la chaîne légère.
   e) Au domaine effecteur de l'anticorps.

9. Voici des énoncés sur les lymphocytes T auxiliaires. Lequel est *faux*?
   a) Ces cellules fonctionnent dans les réactions immunitaires à médiation cellulaire et humorale.
   b) Ces cellules reconnaissent les fragments de polysaccharide présentés par les molécules du CMH de classe II.
   c) Ces cellules portent des protéines CD4 sur leur membrane plasmique.
   d) Ces cellules sont sujettes à l'infection par le VIH.
   e) Une fois activées, ces cellules sécrètent de l'IL-2 et d'autres cytokines.

10. En utilisant les lettres entre parenthèses, associez les cellules suivantes à chacun des énoncés ci-dessous: cellule dendritique (CD), lymphocyte B (B), lymphocyte T cytotoxique (T_C), lymphocyte T auxiliaire (T_A) et macrophage (M). Attention: un énoncé peut s'appliquer à plus d'un type de cellule.
    a) Cette cellule se développe en un plasmocyte sécréteur d'anticorps.
    b) Cette cellule est un phagocyte.
    c) Cette cellule porte des récepteurs d'antigènes appelés immunoglobulines.
    d) Cette cellule porte sur sa membrane plasmique des protéines CD4.
    e) Cette cellule porte sur sa membrane plasmique des protéines CD8.
    f) Cette cellule est un élément important des réactions de défense non spécifiques.
    g) Cette cellule produit des cytokines, comme l'interleukine-2, qui stimulent les réactions immunitaires humorale et à médiation cellulaire.
    h) Cette cellule reconnaît et réagit spécifiquement à un antigène.
    i) Cette cellule tue les cellules infectées par un virus.

11. Indiquez si ces déclarations sont compatibles (C) ou incompatibles (I) avec votre connaissance des réactions immunitaires.
    a) Quand des anticorps se fixent à une bactérie, ils la tuent directement, en quelques secondes.
    b) Les autoanticorps sont une réaction normale aux molécules biologiques du soi.
    c) L'activation du complément peut déboucher sur la lyse des cellules bactériennes.
    d) Le système immunitaire des Invertébrés peut distinguer le soi du non-soi.

e) La réaction immunitaire secondaire est plus lente et plus faible que la réaction immunitaire primaire.

f) Les anticorps participent à la destruction des bactéries en activant, entre autres choses, le complément.

12. Complétez chacun des énoncés ci-dessous à l'aide du ou des termes appropriés de cette liste (au besoin, ajoutez un article) : lymphocytes T_A ; lymphocytes T_C ; anticorps, lymphocytes B ; CMH de classe I ; CMH de classe II ; cytokines ; complément. Attention : certains termes apparaissent plus d'une fois, alors que d'autres n'apparaissent pas du tout.

a) Les interférons amènent les cellules infectées par un virus à produire plus de molécules du CMH de classe I que d'habitude sur leur membrane plasmique. Cette caractéristique permet _____ de mieux déceler les cellules infectées.

b) L'activation _____ dans une culture peut être mesurée en testant la quantité d'interleukine-2 produite.

c) L'activation des lymphocytes B en réponse à une vaccination peut être mesurée en testant l'accroissement de la concentration _____ dans le sang.

d) Quand les macrophages phagocytent des virus, ils présentent des antigènes viraux associés aux molécules _____ aux lymphocytes T auxiliaires.

e) Un déficit immunitaire combiné sévère résulte de l'absence de récepteurs fonctionnels de l'interleukine-2. La gravité de cette sorte de maladie n'est pas surprenante, car _____ doivent à la fois être lié(e)s à un antigène étranger et à l'interleukine-2 pour bénéficier d'une activation complète.

13. Associez correctement chacun des énoncés de a à g à une cellule de la liste suivante.

Granulocyte neutrophile
Lymphocyte T cytotoxique
Lymphocyte B
Lymphocyte
Lymphocyte B-mémoire
Lymphocyte T auxiliaire
Mastocyte

a) Exécute l'immunité humorale

b) Contient de l'histamine, qui déclenche les symptômes allergiques

c) Sorte de cellule le plus souvent infectée par le VIH

d) Tue les cellules du corps infectées par un virus

e) Leucocyte capable de phagocytose

f) Cellule à longue durée de vie, qui exécute la réaction immunitaire secondaire plus rapidement

g) Terme général désignant les leucocytes capables d'une reconnaissance spécifique des antigènes

14. Indiquez à quel type de défense chacun des termes ou des expressions ci-dessous réfère. Utilisez la lettre N pour la défense non spécifique, la lettre H pour la réaction immunitaire humorale, et la lettre C pour la réaction immunitaire à médiation cellulaire.

a) La production d'anticorps.

b) La reconnaissance spécifique et la destruction directe des cellules infectées par un virus.

c) La phagocytose par les granulocytes neutrophiles.

d) Les lymphocytes T en sont principalement responsables.

e) Les lymphocytes B en sont principalement responsables.

f) La fièvre.

g) L'inflammation.

h) La phagocytose par les macrophages et les cellules dendritiques.

15. Voici des énoncés sur le VIH et le sida. Indiquez s'ils sont vrais (V) ou faux (F).

a) La pénétration du VIH dans les lymphocytes T exige la présence de deux corécepteurs : la protéine CD4 et la fusine.

b) Seuls les lymphocytes T possédant des récepteurs protéiques CD4 sont infectés par le VIH.

c) Le VIH fait partie des Rétrovirus.

d) La protéine CCR4 et la fusine agissent, en temps normal, en tant que récepteurs des cytokines.

e) Une personne porteuse du VIH peut transmettre celui-ci à une autre personne en lui serrant la main.

f) Les inhibiteurs de protéases bloquent une étape dans la production du VIH.

g) Les infections opportunistes se présentent lorsque les réactions immunitaires sont diminuées, comme dans le cas du sida.

h) Le don de sang fait l'objet d'un dépistage systématique afin de détecter la présence d'anticorps du VIH.

Lien avec l'évolution

1. À l'heure actuelle, les Invertébrés représentent plus de 90 % des espèces animales de la planète. Leur succès dépend sans aucun doute de leur système de protection contre les invasions microbiennes. Décrivez l'un des mécanismes grâce auquel ils combattent les envahisseurs microscopiques ; expliquez dans quelle mesure ce mécanisme comprend une adaptation conservée par le système immunitaire des Vertébrés au cours de l'évolution.

2. Les Guépards étaient une espèce en voie de disparition jusqu'à ce que des programmes de reproduction en captivité aient fait augmenter leur nombre. Les populations actuelles de Guépards sont toutefois plus fragiles et plus sujettes aux maladies infectieuses que leurs cousins de la famille des Félidés. Expliquez dans quelle mesure le polymorphisme du CMH constitue une adaptation évolutive. La perte du polymorphisme du CMH des Guépards peut donc avoir des répercussions sur la santé et la survie de l'espèce. Expliquez comment et pourquoi.

Intégration

Vous savez que les interférons ont de nombreux effets sur les cellules ; l'un d'entre eux consiste à augmenter le nombre de molécules du CMH de classe I présentes sur la membrane plasmique d'une cellule. Vous avez préparé une quantité d'interférons en utilisant des biotechnologies, et vous désirez les mettre à l'épreuve sur des animaux de laboratoire qui ont (a) une infection virale ou (b) un cancer. En tenant compte des activités multiples des interférons, quelles prédictions pouvez-vous formuler en ce qui a trait à leurs effets sur la réaction immunitaire des animaux contre (a) les cellules infectées par un virus et (b) les cellules cancéreuses ?

Science, technologie et société

Jusqu'à ce qu'un vaccin soit mis au point, la poliomyélite (paralysie infantile ou polio) était l'une des maladies les plus redoutées ; elle se manifestait par une paralysie progressive à mesure que les poliovirus détruisaient les neurones moteurs de l'encéphale et de la moelle épinière. Aujourd'hui, le vaccin contre la poliomyélite peut être administré par voie orale, sous forme de poliovirus vivants, mais atténués, ou sous forme d'une injection de poliovirus inactivés. Grâce à sa facilité d'administration, le vaccin oral est le plus couramment utilisé. C'est grâce à lui que la maladie a pu être contrôlée à l'échelle mondiale. Toutefois, le poliovirus vivant peut muter et devenir plus agressif. Au cours d'une année, environ 10 personnes contracteront aux États-Unis la poliomyélite à la suite d'une vaccination. Il s'agit généralement de personnes qui étaient en bonne santé au moment de l'immunisation ou qui sont entrées en contact avec quelqu'un qui venait d'être vacciné. Sur le plan statistique, la probabilité de contracter la poliomyélite après une vaccination reste très faible : elle est de l'ordre de 1 sur 12 millions. D'après vous, s'agit-il d'un risque acceptable, compte tenu des avantages de la vaccination orale ? Comment doit-on prendre ce genre de décision dans le domaine de la santé publique ?

Réponses à l'autoévaluation : 1. e ; 2. d ; 3. e ; **4.** e ; 5. b ; **6.** c ; 7. d ; 8. c ; 9. b ; **10.** a) B ; b) CD, M ; c) B ; d) T_A ; e) T_C ; f) CD, M ; g) T_A ; h) B, T_C, T_A ; i) T_C ; **11.** a) I ; b) I ; c) C ; d) C ; e) I ; f) C ; **12.** a) aux lymphocytes T cytotoxiques ; b) des lymphocytes T auxiliaires ; c) d'anticorps ; d) du CMH de classe II ; e) les lymphocytes B, les lymphocytes T cytotoxiques et les lymphocytes T auxiliaires ; **13.** a) Lymphocyte B ; b) Mastocyte ; c) Lymphocyte T auxiliaire ; d) Lymphocyte T cytotoxique ; e) Granulocyte neutrophile ; f) Lymphocyte B-mémoire ; g) Lymphocyte ; **14.** a) H ; b) C ; c) N ; d) C ; e) H ; f) N ; g) N ; h) N ; **15.** a) V ; b) V ; c) V ; d) F ; e) F ; f) V ; g) V ; h) V.

CHAPITRE 44

LA RÉGULATION DU MILIEU INTERNE

> « La vérité scientifique sera toujours plus belle
> que les créations de notre imagination
> et que les illusions de notre ignorance. »
>
> CLAUDE BERNARD
> physiologiste français (1813-1878)

VUE D'ENSEMBLE DE L'HOMÉOSTASIE

- La régulation et la tolérance sont les deux réactions opposées des Animaux face aux fluctuations du milieu
- L'homéostasie équilibre les gains ainsi que les pertes d'énergie et de matière chez les Animaux

LA RÉGULATION DE LA TEMPÉRATURE CORPORELLE

- Quatre phénomènes physiques expliquent la perte ou le gain thermique
- Les ectothermes ont une température corporelle qui fluctue en fonction de la température de l'environnement ; les endothermes produisent de la chaleur métabolique pour stabiliser leur température corporelle malgré les fluctuations thermiques de l'environnement
- La thermorégulation fait intervenir des processus physiologiques et comportementaux en vue d'équilibrer la perte et le gain de chaleur
- La plupart des Animaux sont des ectothermes, mais l'endothermie reste répandue
- La torpeur sert à conserver l'énergie pendant les variations extrêmes de l'environnement

ÉQUILIBRE HYDRIQUE ET ÉLIMINATION DES DÉCHETS

- L'équilibre hydrique et l'élimination des déchets s'effectuent par l'intermédiaire des épithéliums de transport
- Les Animaux produisent des déchets azotés qui sont en corrélation avec leur phylogenèse et leur habitat
- Les cellules ont besoin d'un équilibre entre le gain et la perte d'eau par osmose
- Les osmorégulateurs dépensent de l'énergie pour contrôler leur osmolarité interne, tandis que les osmotolérants sont plutôt isoosmotiques par rapport à leur environnement

LES SYSTÈMES URINAIRES

- La plupart des systèmes urinaires produisent de l'urine en raffinant un filtrat dérivé des liquides corporels : *une vue d'ensemble*
- Les divers systèmes urinaires constituent des variations de tubules spécialisés
- Le néphron est l'unité structurale et fonctionnelle des reins des Mammifères
- La capacité du rein mammalien à conserver l'eau est une adaptation essentielle à la vie terrestre
- L'évolution a amené les reins des Vertébrés à s'adapter à des habitats différents
- L'interaction des systèmes de régulation maintient l'homéostasie

L'une des caractéristiques *remarquables des Animaux réside dans leur capacité à maintenir un milieu interne favorable sur le plan physiologique, même quand l'environnement externe subit des transformations majeures qui provoqueraient la mort de cellules individuelles. L'aptitude des Animaux à réguler leur milieu interne s'appelle* **homéostasie** *(voir les chapitres 1 et 40). On peut donner l'exemple de la régulation de la température corporelle. L'Humain peut être exposé à des variations importantes de la température extérieure, mais il meurt si sa température corporelle interne fluctue de plus de quelques degrés autour de sa valeur de référence, qui est de 37 °C. Un autre mammifère, qui habite l'Arctique canadien et que l'on voit sur la photo ci-dessus, le Loup gris (Canis lupus arctos), arrive tellement bien à réguler sa température corporelle qu'il peut survivre à des hivers où la température atteint parfois −50 °C.*

Dans ce chapitre, nous nous pencherons sur plusieurs éléments clés: la **thermorégulation,** *c'est-à-dire le maintien de la température interne des Animaux dans un intervalle compatible avec la vie; l'*osmorégulation, *soit la régulation de la concentration des solutés, et de l'acquisition et de la perte d'eau; enfin, l'*excrétion, *ou l'élimination des déchets métaboliques azotés comme l'urée. Tout d'abord, nous discuterons de certains principes généraux qui nous permettront de mieux situer l'étude de l'homéostasie.*

VUE D'ENSEMBLE DE L'HOMÉOSTASIE

La régulation et la tolérance sont les deux réactions opposées des Animaux face aux fluctuations du milieu

On qualifie un animal de **régulateur** en ce qui a trait à une variable environnementale particulière s'il utilise des mécanismes homéostatiques pour atténuer le changement de son milieu interne lorsque son environnement externe fluctue. Par exemple, les endothermes comme les Mammifères et les Oiseaux sont des thermorégulateurs: ils maintiennent leur température corporelle autour d'une valeur de référence, indépendamment des changements de la température du milieu environnant. Prenons un autre exemple. Les Saumons passent une partie de leur vie dans l'eau salée, et l'autre partie, dans l'eau douce. Ce changement de leur « environnement osmotique » les amène à utiliser des mécanismes d'osmorégulation pour maintenir des concentrations normales de solutés dans leur sang et dans leur liquide interstitiel.

Comparativement à ces régulateurs, de nombreux autres animaux, particulièrement ceux qui vivent dans des environnements relativement stables, sont qualifiés de **tolérants,** parce qu'ils supportent des variations de leur milieu interne reliées à certains changements de l'environnement externe (FIGURE 44.1a). De nombreux invertébrés marins, comme les Araignées de mer du genre *Libinia*, vivent dans des milieux où la salinité est relativement stable et ils ne possèdent pas de structures capables d'osmorégulation. Si on les place dans une eau dont la salinité est variable, leurs seules réactions possibles consistent à absorber ou à rejeter de l'eau pour s'adapter à l'environnement externe, même si cette réponse interne peut causer leur mort dans des situations extrêmes (FIGURE 44.1b).

Les animaux tolérants stricts ou régulateurs stricts représentent deux catégories limites d'un continuum. La plupart des animaux se situent entre ces deux extrêmes. Par exemple, les Saumons effectuent l'osmorégulation tout en étant tolérants face aux fluctuations de la température externe.

Une espèce peut faire preuve de tolérance dans une situation et de régulation dans une autre, en ce qui concerne une seule variable environnementale. Il faut garder à l'esprit que la régulation passe par une dépense d'énergie. Dans certains environnements, le coût de la régulation peut dépasser les avantages de l'homéostasie. Par exemple, la régulation thermique amènerait *Anolis cristatellus*, un lézard vivant dans des terriers en forêt, à parcourir de longues distances (et à risquer d'être capturé par un prédateur) pour trouver un lieu exposé au soleil. (Les Reptiles sont des ectothermes, mais ils peuvent contrôler leur température corporelle en se déplaçant pour choisir un endroit où la température leur est plus favorable.) Ce lézard a donc davantage de chances de vivre longtemps et de produire une descendance nombreuse s'il est capable de tolérer les fluctuations de la température de l'environnement forestier. Toutefois, il lui arrive aussi d'effectuer de la thermorégulation grâce à une adaptation comportementale; en effet, lorsqu'il se trouve dans des zones exposées au soleil, il en profite pour faire monter sa température corporelle.

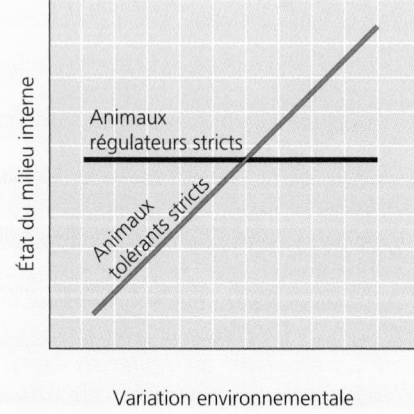

(a) En ce qui a trait à une variable environnementale donnée, certains animaux sont capables de régulation (leur milieu interne reste presque toujours constant, indépendamment des variations possibles de leur environnement), alors que d'autres sont capables de tolérance (leur milieu interne varie suivant les fluctuations de leur environnement). Les deux stratégies sont illustrées sous une forme idéalisée, la plupart des Animaux n'étant ni totalement tolérants ni complètement régulateurs.

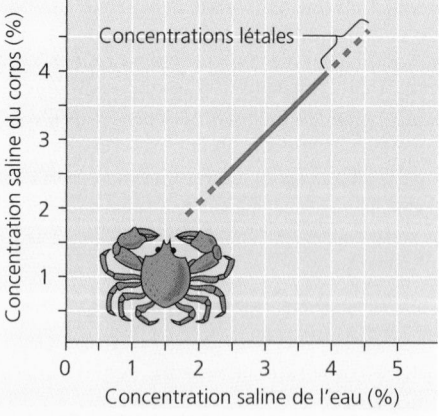

(b) Les Araignées de mer (*Libinia sp.*) sont des animaux osmotolérants; ils sont incapables ou presque de réguler leur concentration interne de sels, qui suit les variations limitées de la salinité de l'environnement dans lequel ils vivent habituellement. Si les Araignées de mer sont exposées dans un laboratoire à une salinité légèrement supérieure à 4 % ou inférieure à 2,3 %, elles absorbent et rejettent de l'eau jusqu'à ce que mort s'ensuive. Ces animaux tolérants ne possèdent pas les structures capables de rejeter ou d'absorber un excès de sel.

FIGURE 44.1 Comparaison de l'état du milieu interne des animaux régulateurs et des animaux tolérants.

L'homéostasie équilibre les gains ainsi que les pertes d'énergie et de matière chez les Animaux

Comme tous les organismes, les Animaux sont des systèmes ouverts qui échangent de l'énergie et de la matière avec l'environnement : des aliments doivent leur fournir les éléments nutritifs essentiels et de l'énergie chimique ; le dioxygène est essentiel à la respiration cellulaire ; le CO_2 et les autres déchets métaboliques doivent être éliminés ; la chaleur et l'eau doivent être échangées ; et ainsi de suite. Ces flux entrants et sortants d'énergie et de substances sont souvent rapides et variables, mais il faut que les Animaux maintiennent des conditions internes relativement constantes. C'est ainsi que les pertes et les gains doivent s'équilibrer, sinon des déséquilibres éventuellement mortels risquent de survenir. En temps normal, la quantité d'énergie et de matière qui entre dans un animal ne dépasse pas celle qui sort, sauf si l'animal est en période de croissance ou de reproduction.

Considérons certains changements qui surviennent dans la vie d'une jeune femme pesant 60 kg (voir la représentation symbolique de la FIGURE 44.2) au cours d'une période de 10 ans. Pendant cette décennie, la femme en question consommera environ 2 tonnes d'aliments solides ou liquides, boira de 6 à 10 tonnes d'eau, utilisera près de 2 tonnes de dioxygène et générera par son métabolisme plus de 29 millions de kilojoules de chaleur (suffisamment pour amener 90 tonnes d'eau de 22 °C à 100 °C). La même quantité de matière et de chaleur

devra être perdue pour que le corps de la jeune femme puisse conserver sa taille, sa température et sa composition chimique.

Si cette femme a deux enfants (et si elle allaite chacun pendant deux ans) au cours de cette décennie, elle devra absorber un supplément d'énergie et de matière de 4 % à 5 % seulement comparativement à ses besoins vitaux si elle n'avait pas d'enfant. Chez de nombreuses autres espèces, la reproduction exige une part plus importante du flux d'énergie et de matière ; par exemple, de 10 % à 15 % des besoins annuels en énergie d'une souris femelle qui a deux portées par année vont à la reproduction. Cependant, indépendamment des coûts de la reproduction, la survie de tous les Animaux dépend d'une régulation précise des échanges de matière et d'énergie.

Comme l'homéostasie exige un équilibre précis de la matière et de l'énergie, on peut la considérer comme un ensemble d'**allocations** comportant des gains et des pertes (allocations thermique, énergétique, hydrique, etc.). La plupart des allocations d'énergie et de matière sont interreliées : les changements dans le flux d'un élément se répercutent sur les échanges d'autres éléments. Par exemple, quand les animaux terrestres échangent des gaz avec l'environnement en respirant, ils perdent aussi de l'eau par une vaporisation qui a lieu à la surface humidifiée de leurs poumons. Ces pertes doivent être compensées par l'absorption d'une quantité équivalente d'eau (dans les aliments ou les liquides). En outre, la vaporisation fait perdre au corps de la chaleur (voir la FIGURE 3.4), et cette perte doit être compensée par la production d'une quantité équivalente de chaleur issue d'une autre source.

Voyons maintenant comment les mécanismes homéostatiques amènent les Animaux à équilibrer leurs allocations d'énergie et de matière. Commençons par la thermorégulation.

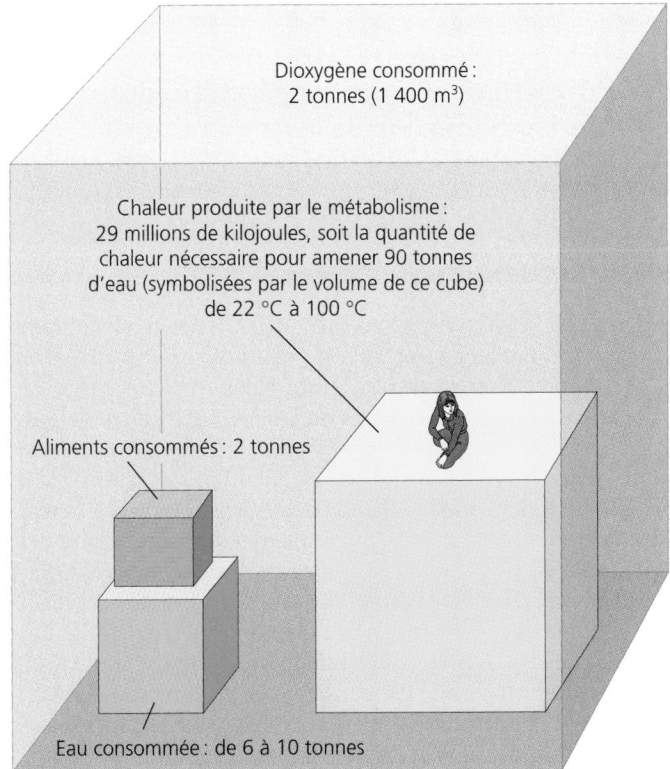

FIGURE 44.2 Comparaison des quantités d'énergie et de matière absorbées ou libérées par une jeune femme de 60 kg au cours d'une période de 10 ans. Le relevé ne tient pas compte de tous les éléments. Par exemple, l'absorption de matière sous forme d'aliments et d'O_2 doit être équilibrée par la perte de matière sous forme de déchets, notamment de CO_2 et de déchets organiques (selles et urine).

Dans l'image :
Dioxygène consommé : 2 tonnes (1 400 m³)

Chaleur produite par le métabolisme : 29 millions de kilojoules, soit la quantité de chaleur nécessaire pour amener 90 tonnes d'eau (symbolisées par le volume de ce cube) de 22 °C à 100 °C

Aliments consommés : 2 tonnes

Eau consommée : de 6 à 10 tonnes

LA RÉGULATION DE LA TEMPÉRATURE CORPORELLE

La plupart des processus biochimiques et physiologiques sont extrêmement sensibles aux changements de la température corporelle. La vitesse de la plupart des réactions enzymatiques augmente d'un facteur de 2 ou 3 pour chaque augmentation de température de 10 °C, jusqu'à ce que celle-ci devienne critique et que les protéines commencent à se dénaturer. C'est ce que l'on appelle l'**effet Q_{10},** où Q_{10} représente le facteur d'augmentation de la vitesse d'une réaction enzymatique particulière ou d'un processus métabolique dans son ensemble pour toute augmentation de 10 °C de la température corporelle. Par exemple, si chez la Grenouille l'hydrolyse du glycogène est 2,5 fois plus rapide à 30 °C qu'à 20 °C, alors le Q_{10} de cette réaction s'établit à 2,5. Les propriétés des membranes changent aussi avec la température. Ces effets thermiques influent grandement sur le fonctionnement et la vitalité d'un animal. Par exemple, étant donné que la puissance et la vitesse des contractions musculaires dépendent fortement de la température, il suffit d'un changement de quelques degrés de la température corporelle pour que les capacités de déplacement d'un animal (sa faculté de courir, de sauter ou de voler) varient considérablement.

Les différentes espèces se sont adaptées à des températures environnementales variées, et chaque animal a son propre intervalle optimal de températures. La plupart des Animaux maintiennent une température corporelle presque constante tant que celle de l'environnement fluctue dans les limites de leur intervalle optimal de températures. La thermorégulation permet de maintenir une température corporelle qui assure un fonctionnement optimal des cellules. Un animal qui effectue la thermorégulation équilibre son allocation thermique au fil du temps, de sorte que l'acquisition de chaleur correspond exactement à la perte de chaleur. Ainsi, pour comprendre la thermo-régulation, il nous faut d'abord comprendre la manière dont la chaleur est échangée entre les Animaux et leur environnement.

Quatre phénomènes physiques expliquent la perte ou le gain thermique

Un organisme, comme tout objet, échange de la chaleur par quatre processus physiques : la conduction, la convection, le rayonnement et la vaporisation (FIGURE 44.3). Ces processus expliquent la circulation de la chaleur dans l'organisme, et entre l'organisme et son environnement.

La **conduction** désigne le transfert direct de chaleur entre les molécules de deux corps en contact ; par exemple, quand un animal se baigne dans une mare d'eau froide, il perd de la chaleur par conduction ; quand il se tient sur une roche préalablement chauffée au soleil, il gagne de la chaleur par le même processus. La chaleur est toujours conduite d'un objet de température plus élevée vers un objet de température moins élevée ; mais la vitesse et la quantité du transfert thermique varient selon les matières. L'eau est de 50 à 100 fois plus efficace

que l'air en ce qui a trait à la conduction thermique. C'est pourquoi il est possible de refroidir rapidement notre corps par une journée chaude en nous baignant dans de l'eau fraîche.

La **convection** est le processus par lequel l'air ou un liquide qui se réchauffe à la surface d'un corps se dilate et tend à s'éloigner de ce corps, faisant place à l'air ou au liquide plus froid. Par exemple, le vent facilite la déperdition thermique par convection à la surface d'un animal ayant une peau sèche ; le sang en circulation déplace la chaleur de l'intérieur du corps pour la transférer par convection aux extrémités plus froides, comme les mains et les pieds. Le facteur de refroidissement éolien vient donner un exemple de l'importance de la convec-tion : celle-ci rend les basses températures encore plus difficiles à supporter en augmentant la vitesse du transfert thermique.

Le **rayonnement** désigne l'émission d'ondes électromagné-tiques par tous les objets dont la température est supérieure au zéro absolu, notamment le corps d'un animal, l'environnement et le Soleil. Le rayonnement peut transférer de la chaleur entre des objets qui ne sont pas en contact direct ; c'est le cas, par exemple, lorsqu'un animal absorbe de la chaleur irradiée par le Soleil.

La **vaporisation** désigne le retrait de chaleur à la surface d'un liquide, qui perd certaines de ses molécules du fait de leur pas-sage à l'état gazeux. La vaporisation de l'eau à la surface d'un animal a un effet de refroidissement important ; mais elle ne peut avoir lieu que si l'air environnant n'est pas saturé de molécules d'eau (il faut donc que l'humidité relative soit infé-rieure à 100 %). C'est ce qui explique que la sensation de chaleur dépend pour une large part du taux d'humidité.

La convection contribue à l'échange thermique lorsque l'air ou l'eau circule à la surface d'un animal.

Tous les objets dont la température est supérieure au zéro absolu émettent de l'énergie électromagnétique. Ici, le lézard absorbe certaines radiations solaires ; l'énergie qu'il accumule ainsi est supérieure à celle que son corps perd par le rayon-nement thermique dans l'environnement.

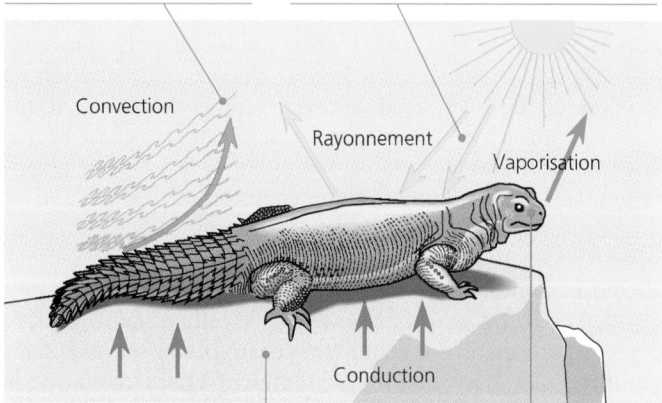

Un animal peut élever sa température corporelle par conduction, en utilisant la chaleur d'un rocher plus chaud que son corps ; c'est une pratique courante chez les Reptiles.

Un animal perd une certaine quantité de chaleur en raison du refroidissement par vaporisation des surfaces humides de son corps exposées à l'environnement.

FIGURE 44.3 Échanges thermiques entre un organisme et son environnement. La chaleur se propage d'un objet de température élevée à un objet de température plus basse.

Les ectothermes ont une température corporelle qui fluctue en fonction de la température de l'environnement ; les endothermes produisent de la chaleur métabolique pour stabiliser leur température corporelle malgré les fluctuations thermiques de l'environnement

Presque tous les Animaux échangent de la chaleur en combinant certains des processus suivants : la conduction, la convection, le rayonnement et la vaporisation. Cependant, il existe des différences importantes entre les méthodes de gestion de l'allocation thermique des diverses espèces. Pour classer les caractéris-tiques thermiques des Animaux, on peut tenir compte du rôle de la chaleur métabolique dans la détermination de la tempéra-ture corporelle. L'**ectotherme** a un métabolisme si lent que la quantité de chaleur qu'il génère est trop faible pour avoir une incidence marquante sur sa température corporelle et pour la garder constante. De plus, il a une forte conductance thermique (il s'agit de la puissance thermique échangée par conduction), parce qu'il est mal isolé. Par conséquent, la température de son corps dépend presque entièrement de la température de l'environnement. La plupart des Invertébrés, des Poissons, des Amphibiens et des Reptiles sont des ectothermes. En revanche, l'**endotherme** a un métabolisme rapide qui génère assez de chaleur pour garder, la plupart du temps, son corps à une tem-pérature passablement plus élevée que celle de l'environnement. Les Mammifères, les Oiseaux, certains Poissons, quelques Rep-tiles et de nombreuses espèces d'Insectes sont des endothermes.

De nombreux endothermes, notamment l'Humain, maintiennent une température interne élevée et très stable, même quand la température de l'environnement fluctue (FIGURE 44.4). Toutefois, ce n'est pas la constance de la température du corps qui distingue les endothermes des ectothermes. De nombreux Poissons marins ectothermes et des Invertébrés habitent des eaux dont les températures sont si stables que leur température corporelle varie encore moins que celle des Humains et d'autres endothermes. De plus, les ectothermes n'ont pas tous une température corporelle basse. Quand ils se chauffent au soleil, beaucoup de Reptiles ectothermes ont une température corporelle plus élevée que celle des Mammifères. Par ailleurs, nombre d'endothermes maintiennent une température corporelle élevée une partie du temps seulement (par exemple, tant qu'ils sont actifs). Par conséquent, la plupart des biologistes préfèrent ne pas utiliser les termes *à sang froid* et *à sang chaud,* qui peuvent induire en erreur.

L'endothermie présente quelques avantages importants. Une température corporelle élevée et stable ainsi que d'autres adaptations biochimiques et physiologiques associées à l'endothermie (notamment des systèmes cardiovasculaire et respiratoire complexes) permettent aux animaux endothermes d'avoir accès à un métabolisme aérobie très rapide (la respiration cellulaire s'effectue rapidement). Les endothermes peuvent donc exécuter des activités vigoureuses beaucoup plus longtemps que les ectothermes (voir la FIGURE 40.12). En général, seuls des endothermes sont capables de mener des activités intenses soutenues, comme la course ou le vol sur de longues distances. L'endothermie résout aussi certains problèmes de la vie sur la terre ferme : elle permet aux animaux terrestres de maintenir une température corporelle stable même en cas de fluctuations de la température environnante ; celles-ci sont généralement plus importantes que celles des habitats aquatiques. Par exemple, aucun ectotherme

ne peut être actif par le froid glacial qui prévaut quelques mois par année sur une grande partie de la surface de la Terre ; par contre, de nombreux endothermes vivent fort bien quand la température est inférieure au point de congélation. La plupart du temps, les Vertébrés endothermes (les Oiseaux et les Mammifères) ont une température interne plus élevée que celle de leur environnement ; ils possèdent différentes adaptations leur permettant de rafraîchir leur corps quand la température extérieure est trop élevée. Ils sont ainsi en mesure de faire face à des températures environnementales beaucoup plus élevées que celles que la plupart des ectothermes sont capables de tolérer.

Si les endothermes sont peut-être mieux adaptés aux fluctuations thermiques de l'environnement, ils doivent payer un prix élevé sur le plan énergétique, particulièrement dans un milieu froid. Par exemple, à 20 °C, une personne adulte au repos a un métabolisme basal situé entre 5 400 et 7 500 kJ par jour (voir le chapitre 40). En revanche, un ectotherme de masse équivalente et au repos, tel que l'Alligator américain (*Alligator mississippiensis*), a un métabolisme basal d'environ 250 kJ par jour à 20 °C. Voilà pourquoi les endothermes doivent généralement consommer beaucoup plus d'aliments que les ectothermes de taille équivalente ; il s'agit d'un désavantage important quand les réserves d'aliments sont limitées. C'est, entre autres choses, la raison pour laquelle l'ectothermie est une stratégie des plus efficaces dans de nombreux environnements terrestres, comme le confirment l'abondance et la diversité des Insectes, des Araignées, des Amphibiens et des Reptiles ectothermes.

La thermorégulation fait intervenir des processus physiologiques et comportementaux en vue d'équilibrer la perte et le gain de chaleur

Pour les endothermes et les ectothermes pratiquant la thermorégulation, il faut avant tout gérer l'allocation énergétique de sorte que la quantité de chaleur acquise équivale à la quantité de chaleur perdue. Si l'allocation thermique est déséquilibrée, un animal se réchauffera ou se refroidira. Quatre catégories générales d'adaptations aident les Animaux à réguler leur température corporelle :

1. *Ajustement de la vitesse d'échange thermique entre un animal et son environnement.* L'isolation (grâce aux poils, aux plumes, aux graisses situées sous la peau, etc.) ralentit les échanges thermiques entre un animal et son milieu. D'autres mécanismes régulant la vitesse des échanges thermiques font généralement intervenir des adaptations du système cardiovasculaire. Ainsi, de nombreux endothermes et certains ectothermes peuvent modifier la quantité de sang (et donc de chaleur) qui circule entre les parties internes de leur corps et leur peau. Un apport sanguin élevé dans la peau résulte normalement d'une **vasodilatation,** soit d'une augmentation du diamètre des vaisseaux sanguins superficiels (ceux qui sont situés près de la surface du corps). La vasodilatation est déclenchée par des influx nerveux produisant un relâchement des muscles de la paroi des vaisseaux. Chez les endothermes, elle réchauffe généralement la peau, ce qui augmente le transfert de la chaleur du corps à un environnement frais par rayonnement, conduction et convection (voir la FIGURE 44.3). Le processus inverse, la **vasoconstriction,** réduit l'apport sanguin et le transfert thermique en diminuant le diamètre des vaisseaux superficiels.

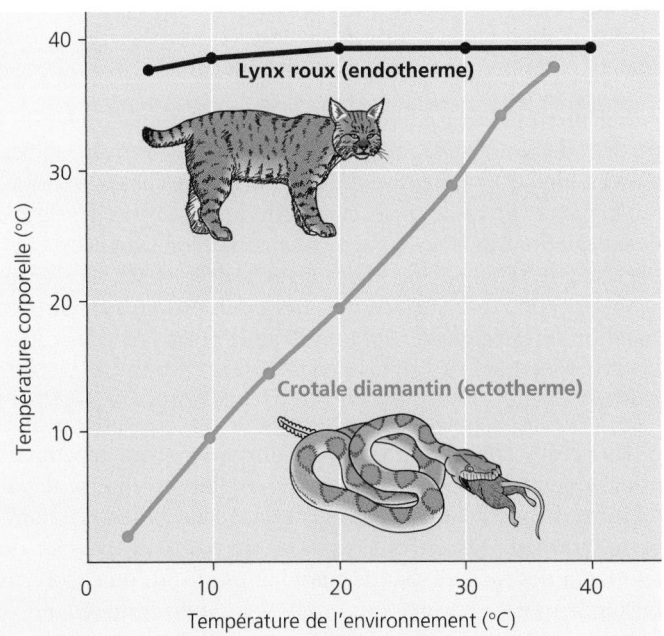

FIGURE 44.4 Relation entre les températures corporelles d'un ectotherme et d'un endotherme et la température de l'environnement.

D'après P. T. Marshall et G. M. Hughes, *Physiology of Mammals and Other Vertebrates,* 2ᵉ édition (Cambridge : Cambridge University Press, 1980). Reproduit avec la permission de Cambridge University Press.

Une autre adaptation du système cardiovasculaire est la disposition spéciale des vaisseaux sanguins, qui constituent un **échangeur thermique à contre-courant.** Ce mécanisme aide à retenir la chaleur au centre du corps et joue un rôle important dans la réduction de la déperdition thermique de nombreux endothermes (FIGURE 44.5). Par exemple, les Mammifères marins et de nombreux Oiseaux doivent affronter le problème d'une perte de chaleur importante par leurs extrémités, qui sont souvent immergées dans de l'eau froide, ou en contact avec de la glace ou de la neige. Les artères transportant le sang chaud le long des pattes des Oiseaux ou des nageoires des Dauphins sont en contact étroit avec les veines transportant le sang plus froid dans la direction inverse, vers le centre du corps. Cet arrangement à contre-courant facilite le transfert thermique des artères aux veines sur toute la longueur des vaisseaux sanguins. Près de l'extrémité d'une patte ou d'une nageoire, là où le sang artériel a été refroidi de sorte à atteindre une température bien inférieure à la température normale du corps de l'animal, l'artère peut encore transférer de la chaleur au sang plus froid d'une veine adjacente (n'oubliez pas que la chaleur passe d'un objet chaud à un objet plus froid). Le sang veineux

peut continuer à absorber de la chaleur, parce qu'il se déplace à proximité de sang artériel de plus en plus chaud, circulant dans la direction inverse. À mesure que le sang veineux se rapproche du centre du corps, sa température se réchauffe et atteint presque celle du sang du centre du corps. Cela réduit l'impact de la déperdition thermique associée au transfert de sang dans les parties du corps immergées dans de l'eau froide. En fait, la chaleur du sang artériel émergeant du centre du corps est directement transférée au sang veineux revenant vers cette partie du corps, au lieu d'être perdue en faveur de l'environnement. Chez certaines espèces, le sang peut passer par l'échangeur thermique ou être dérivé dans d'autres vaisseaux sanguins. La quantité relative de sang circulant dans les deux types de vaisseaux varie de manière à adapter la vitesse de la déperdition de chaleur aux variations de l'état physiologique de l'animal ou de la température de l'environnement.

Grâce à des adaptations circulatoires réduisant la déperdition thermique, certains endothermes survivent à des hivers extrêmement froids. On peut citer l'exemple du Loup gris, qui vit dans la région arctique (voir la page 1011). Les Loups gris restent actifs même quand le temps est très froid. Ils ont une fourrure épaisse qui les protège. Des échangeurs thermiques à contre-courant empêchent leurs pattes de geler. Mais quel mécanisme restreint la perte de chaleur des coussinets de leurs pieds et de leurs doigts, qui sont dépourvus de poils, sans isolation, et en contact avec la neige ou la glace ? Eh bien ! en ajustant la circulation du sang dans leurs pattes grâce à des échangeurs thermiques à contre-courant et aussi à d'autres vaisseaux, les Loups gris arrivent à maintenir la température de leurs pieds à un niveau tout juste supérieur à 0 °C quand il fait très froid. Ils réduisent ainsi la déperdition de chaleur tout en évitant les engelures. Ils sont capables de survivre dans un environnement où la température atteint parfois −50 °C. Inversement, ils peuvent faire en sorte que la température de leurs extrémités soit beaucoup plus élevée que celle de leur tronc, par exemple, quand il leur faut perdre des quantités importantes de la chaleur métabolique produite pendant la course.

2. Refroidissement par vaporisation. Les Animaux terrestres perdent de l'eau par vaporisation à la surface de la peau et aussi à l'occasion de la respiration. L'eau absorbe une chaleur considérable quand elle se vaporise, et certains animaux ont développé des adaptations capables d'augmenter considérablement cet effet. Par exemple, la plupart des Mammifères et des Oiseaux accroissent la vaporisation à la surface de leurs poumons en haletant. La sudation ou la baignade, qui mouillent la peau, favorisent aussi le refroidissement par vaporisation (voir la FIGURE 3.4).

3. Réactions comportementales appropriées. Les endothermes et les ectothermes adoptent des comportements appropriés pour réguler leur température corporelle : ils changent par exemple de posture ou se déplacent dans leur milieu. De nombreux animaux terrestres s'exposent au Soleil ou passent du temps sur des rochers chauds quand ils ont froid ; ou encore, ils recherchent des endroits frais, ombragés ou humides quand ils ont chaud. Beaucoup d'ectothermes maintiennent une température corporelle extrêmement constante grâce à des comportements simples. L'estivation, l'hibernation ou la migration vers un climat plus propice constituent des adaptations comportementales à des conditions de température extrêmes.

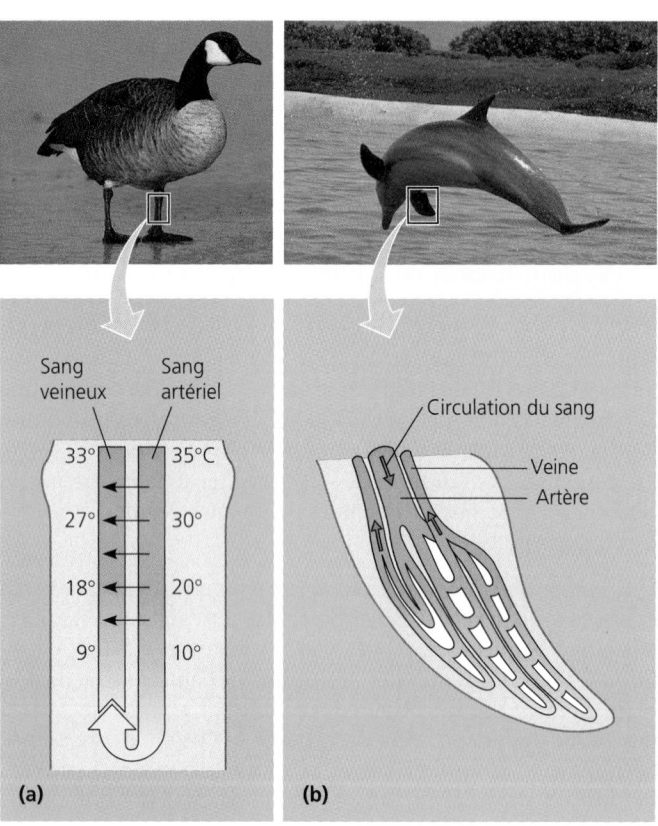

FIGURE 44.5 Échangeurs thermiques à contre-courant. (a) Certains oiseaux, comme cette Bernache du Canada (*Branta canadensis*), ont dans leurs pattes un échangeur thermique à contre-courant, qui contribue à maintenir dans ces membres un intervalle fonctionnel de températures. Les artères transportant le sang dans les pattes sont en contact avec les veines retournant le sang vers le centre du corps. Dans un environnement froid, la chaleur du sang artériel est transférée (flèches noires) au sang veineux revenant vers le milieu du corps, au lieu de se dissiper complètement dans l'environnement. **(b)** Dans les nageoires des Mammifères marins, comme ce Grand Dauphin de Gill (*Tursiops truncatus gilli*), chaque artère est entourée de plusieurs veines, formant un échangeur thermique à contre-courant. Celui-ci permet un transfert de chaleur efficace entre le sang artériel et le sang veineux.

4. *Variation de la production métabolique de chaleur.* Cette quatrième catégorie d'adaptation thermorégulatrice ne s'applique qu'aux endothermes, plus particulièrement aux Mammifères et aux Oiseaux. Grâce à des moyens dont nous discuterons dans la prochaine section, de nombreuses espèces de Mammifères et d'Oiseaux peuvent augmenter considérablement leur production métabolique de chaleur quand il fait froid.

La plupart des Animaux sont des ectothermes, mais l'endothermie reste répandue

Dans cette section, nous nous pencherons sur les mécanismes de thermorégulation des ectothermes et des endothermes en comparant les différents groupes d'Animaux.

Mammifères et Oiseaux

Les Mammifères et les Oiseaux maintiennent généralement leur température corporelle dans un intervalle étroit (de 36 °C à 38 °C dans le cas de la plupart des Mammifères, et de 39 °C à 42 °C dans celui des Oiseaux). Leur température tend à être plus élevée que celle de l'environnement. Comme la chaleur s'écoule toujours d'un corps chaud vers un corps ou un milieu plus froid, les Oiseaux et les Mammifères doivent compenser leur perte constante de chaleur. Le maintien d'une température corporelle élevée dépend de diverses adaptations clés. Le mécanisme de base correspond à la vitesse du métabolisme élevée liée à l'endothermie. Les endothermes peuvent produire des quantités importantes de chaleur métabolique pour remplacer l'énergie thermique dispersée dans l'environnement. En outre, leur production de chaleur peut varier en fonction de la vitesse de leur déperdition thermique. Elle augmente à la suite de certaines activités musculaires, comme les déplacements ou les frissons. Certains mammifères ont des hormones qui amènent les mitochondries à accroître leur activité métabolique et à produire de la chaleur au lieu d'ATP. Cette **thermogenèse sans frisson** peut avoir lieu dans tout le corps. Certains mammifères ont aussi des **tissus adipeux bruns** qui sont spécialisés dans la production rapide de chaleur et qui se situent dans le cou et entre les épaules. Grâce aux frissons et à la thermogenèse sans frisson, les Mammifères et les Oiseaux vivant dans des milieux froids peuvent produire de 5 à 10 fois plus de chaleur métabolique qu'ils ne le font quand la température extérieure est plus chaude.

L'isolation (grâce à des poils, des plumes et des couches de graisse) constitue une autre grande adaptation thermorégulatrice des Mammifères et des Oiseaux. Elle consiste à réduire le flux thermique et à abaisser le coût énergétique du maintien de la température. Le pouvoir isolant d'une couche de fourrure ou de plumes dépend principalement de la quantité d'air immobilisée par la matière. La plupart des Mammifères terrestres et des Oiseaux réagissent au froid en soulevant leurs poils ou leurs plumes en vue d'emmagasiner une couche d'air plus épaisse. Les Humains comptent plutôt sur une couche de graisse située sous la peau (FIGURE 44.6). Lorsque nous avons froid, nous avons la chair de poule : c'est un réflexe qui rappelle le gonflement de la fourrure de nos ancêtres plus velus.

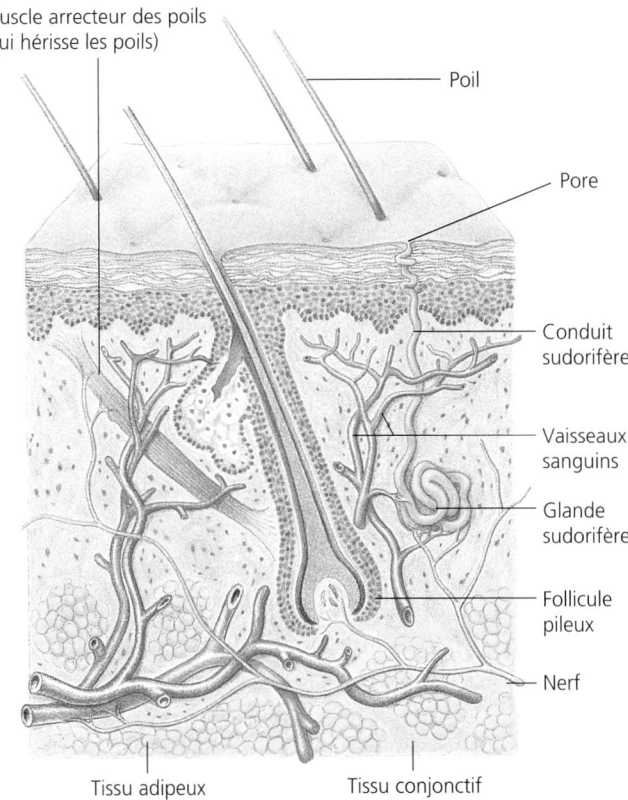

Muscle arrecteur des poils (qui hérisse les poils)
Poil
Pore
Conduit sudorifère
Vaisseaux sanguins
Glande sudorifère
Follicule pileux
Nerf
Tissu adipeux
Tissu conjonctif

FIGURE 44.6 La peau, organe de la thermorégulation. Les tissus adipeux et les poils contribuent à l'isolation des Mammifères. La perte de chaleur au profit du milieu peut être contrôlée par la constriction et la dilatation des vaisseaux sanguins superficiels, ainsi que par le hérissement et l'affaissement de la fourrure. Les glandes sudorifères, contrôlées par le système nerveux, jouent un rôle dans le refroidissement par vaporisation.

La vasodilatation et la vasoconstriction régulent aussi les échanges thermiques, et elles peuvent contribuer au maintien de températures différentes selon les régions du corps d'un animal. Par exemple, la température dans les bras et dans les jambes de l'Humain peut rester, par une journée fraîche, à plusieurs degrés au-dessous de celle du tronc, où se situent la plupart des organes vitaux.

Le poil perd la majeure partie de son pouvoir isolant quand il est mouillé. Les Mammifères marins, comme les Baleines et les Phoques, possèdent une couche très épaisse de gras isolant sous la peau. Ils nagent dans une eau plus froide que la température du centre de leur corps. De nombreuses espèces passent au moins une partie de l'année dans des mers polaires, où l'eau atteint presque le point de congélation. La perte de chaleur dans l'eau se fait de 50 à 100 fois plus vite que la perte de chaleur dans l'air. La température de la peau des Mammifères marins est proche de celle de l'eau. Mais leur couche de gras isolante est tellement efficace qu'ils maintiennent une température corporelle de 36 °C à 38 °C, et leur métabolisme est comparable à celui des Mammifères terrestres de taille équivalente. Les nageoires et la queue des Phoques ou des Baleines ne sont pas isolées ; cependant, comme nous l'avons déjà dit, des échangeurs thermiques à contre-courant permettent de réduire considérablement la perte de chaleur dans ces extrémités, comme dans les pattes de nombreux Oiseaux (voir la FIGURE 44.5).

Grâce à la production de chaleur métabolique, à l'isolation et à des adaptations vasculaires, les Oiseaux et les Mammifères réalisent de véritables prouesses sur le plan de la thermorégulation. Par exemple, la Mésange à tête noire (*Pœcile atricapillus*), qui ne pèse que 20 g, peut rester active et maintenir une température corporelle presque constante, de l'ordre de 40 °C, dans un milieu atteignant parfois −40 °C. Il est toutefois essentiel qu'elle consomme suffisamment d'aliments pour soutenir la production de chaleur nécessaire.

Beaucoup de Mammifères et d'Oiseaux habitent dans des milieux où la thermorégulation passe tantôt par le refroidissement, tantôt par le réchauffement. Par exemple, lorsque les Mammifères marins se déplacent dans des mers chaudes – ce que font de nombreuses Baleines quand elles se reproduisent –, leur chaleur métabolique excédentaire est dispersée grâce à la dilatation de vaisseaux sanguins situés dans la couche externe de leur peau. Des Mammifères terrestres et des Oiseaux vivant dans des climats chauds ou faisant un exercice physique intense, à la source d'une quantité importante de chaleur métabolique, supportent une hausse de quelques degrés de leur température corporelle. Cela favorise leur déperdition de chaleur en augmentant le gradient de température entre leur corps et le milieu chaud. Le refroidissement par vaporisation joue souvent un rôle clé dans la dissipation de la chaleur corporelle (FIGURE 44.7). Si la température du milieu est supérieure à celle de son corps, un animal s'échauffe, car l'environnement lui transmet de la chaleur alors même que son métabolisme continue à en produire. La vaporisation est alors l'unique façon pour lui d'éviter que sa température corporelle n'augmente rapidement. Le halètement joue un rôle important chez les Oiseaux et chez de nombreux Mammifères. Certains Oiseaux possèdent un sac spécialisé, très vascularisé, dans le plancher de leur cavité buccale ; le gonflement et le dégonflement rapide de ce sac favorisent la vaporisation. Du moment que les Pigeons disposent d'assez d'eau, ils peuvent faire appel au refroidissement par vaporisation pour conserver une température corporelle proche de 40 °C dans un milieu où la température de l'air atteint jusqu'à 60 °C. De nombreux Mammifères terrestres possèdent des glandes sudoripares contrôlées par le système nerveux (voir la FIGURE 44.6). Parmi les autres mécanismes favorisant le refroidissement par vaporisation, citons l'épandage de salive sur les surfaces corporelles, une adaptation à laquelle certains Kangourous et certains Rongeurs recourent pour combattre un stress thermique important. Quelques Chauves-souris utilisent de la salive et de l'urine pour favoriser le refroidissement par vaporisation.

FIGURE 44.7 Un mammifère terrestre s'asperge d'eau, une adaptation qui favorise le refroidissement par vaporisation.

Amphibiens et Reptiles

Tous les Amphibiens et la plupart des Reptiles sont des ectothermes ; la faible vitesse de leur métabolisme influe très peu sur la température normale de leur corps. L'intervalle des températures corporelles optimales des Amphibiens varie énormément selon les espèces. Par exemple, certaines espèces de Salamandres étroitement apparentées possèdent une température corporelle normale qui s'étend entre 7 °C et 25 °C. La plupart des Amphibiens perdent vite de la chaleur par vaporisation des surfaces corporelles humidifiées quand ils sont exposés à l'air. Ils ont donc de la difficulté à conserver une température corporelle assez élevée. Toutefois, la plupart du temps, ils pallient ce problème par des adaptations comportementales. Ils se déplacent par exemple vers un lieu exposé au soleil pour se réchauffer. Inversement, quand le milieu est trop chaud, ils cherchent des microenvironnements plus frais, comme des zones ombragées. Certaines espèces, telles que le Ouaouaron (*Rana catesbeiana*), peuvent faire varier la quantité de mucus sécrétée à la surface de leur corps ; cette réaction physiologique régule leur refroidissement par vaporisation.

Tout comme les Amphibiens, les Reptiles contrôlent surtout leur température corporelle par leur comportement. Quand ils ont froid, ils cherchent des endroits chauds ; en outre, pour augmenter leur apport thermique, ils prennent une position qui leur permet d'exposer la plus grande partie de leur surface corporelle à la source de chaleur. Au contraire, quand ils ont chaud, ils se retirent dans des zones plus fraîches ou ils réduisent leur surface exposée au Soleil. De nombreux Reptiles maintiennent une gamme très étroite de températures corporelles pendant la journée en se déplaçant des zones fraîches aux zones chaudes, et vice versa.

Certains Reptiles bénéficient d'adaptations physiologiques régulant leur perte de chaleur. Par exemple, l'Iguane marin (*Amblyrhynchus cristatus*), qui vit dans les îles Galápagos, conserve sa chaleur corporelle grâce à la constriction de ses vaisseaux sanguins superficiels. Cela achemine plus de sang vers sa masse corporelle quand il évolue dans l'eau froide de l'océan. Quelques grands Reptiles deviennent des endothermes dans des circonstances spéciales. Ainsi, un Python femelle qui couve ses œufs accroît la vitesse de son métabolisme en frissonnant ; cela génère suffisamment de chaleur pour que sa température (et celle de ses œufs) reste à 5 °C ou à 7 °C au-dessus de celle de l'air environnant, et ce, pendant plusieurs semaines. Ce comportement temporaire d'endotherme consomme une énergie considérable. Les chercheurs continuent de se demander si certains groupes de Dinosaures étaient des endothermes (voir le chapitre 34).

Poissons

En ce qui a trait à la température corporelle, la plupart des Poissons sont thermotolérants ; leur température interne se situe généralement à 1 °C ou à 2 °C autour de celle de la température de l'eau. Malgré la taille parfois importante de leurs muscles natatoires et leur grande activité, presque toute la chaleur métabolique qu'ils génèrent se dissipe dans l'eau environnante quand leur sang passe dans leurs branchies. Cependant, certains grands poissons endothermes spécialisés qui sont de puissants nageurs, notamment le Thon rouge (*Thunnus thynnus*), l'Espadon (*Xiphias gladius*) et le Grand Requin blanc (*Carcharodon carcharias*), ont développé des adaptations de leur système cardiovasculaire qui retiennent la chaleur métabolique dans le corps. Les grandes artères transportent la plus grande partie du sang froid en provenance des branchies vers des tissus sous-cutanés. Des ramifications de ces vaisseaux approvisionnent en sang les muscles profonds, dans lesquels de petits vaisseaux constituent un échangeur thermique à contre-courant. L'endothermie favorise l'activité vigoureuse et soutenue de ces grands poissons en gardant leurs principaux muscles natatoires à une température supérieure de quelques degrés à celle des tissus de la surface du corps; ces derniers ont environ la même température que l'eau environnante (FIGURE 44.8). Chez quelques espèces de Poissons, des organes spécialisés dans la production de chaleur et développés au fil de l'évolution réchauffent les yeux ou la région de l'encéphale; ils dérivent vraisemblablement des muscles oculaires. C'est une adaptation qui permet sans doute aux organes réchauffés d'offrir un meilleur rendement.

Invertébrés

Les Invertébrés aquatiques sont principalement thermo-tolérants, et ils régulent faiblement la température de leur corps. Toutefois, de nombreux Invertébrés terrestres peuvent modifier leur température interne en appliquant les mêmes mécanismes comportementaux que ceux auxquels recourent les Vertébrés ectothermes, tels que les Lézards. Le Criquet pèlerin (*Schistocerca gregaria*), par exemple, doit atteindre une certaine température afin de prendre son envol; les jours froids, il se positionne de manière à optimiser l'absorption des rayons solaires.

Beaucoup d'espèces d'insectes volants, notamment les Abeilles et les Noctuelles (papillons de nuit), sont en fait des endothermes. Ce sont les plus petits de tous les endothermes. Le Sphinx en constitue un exemple. La capacité de tels insectes à élever leur température corporelle dépend de muscles alaires puissants, qui produisent des quantités élevées de chaleur quand ils sont en action. De nombreux insectes endothermes font appel aux frissons pour se réchauffer avant de s'envoler: ils contractent les muscles alaires en synchronie, de sorte que de légers mouvements des ailes débouchent sur une production de chaleur considérable. Les réactions chimiques, dont celles de la respiration cellulaire, s'accélèrent dans les muscles alaires réchauffés (grâce à l'effet Q_{10}), ce qui permet aux insectes en question de voler même par temps froid, de jour comme de nuit (FIGURE 44.9a, p. 1020). De nombreux insectes endothermes (les Bourdons, les Abeilles domestiques et certaines Noctuelles) ont un mécanisme d'échange thermique à contre-courant, qui

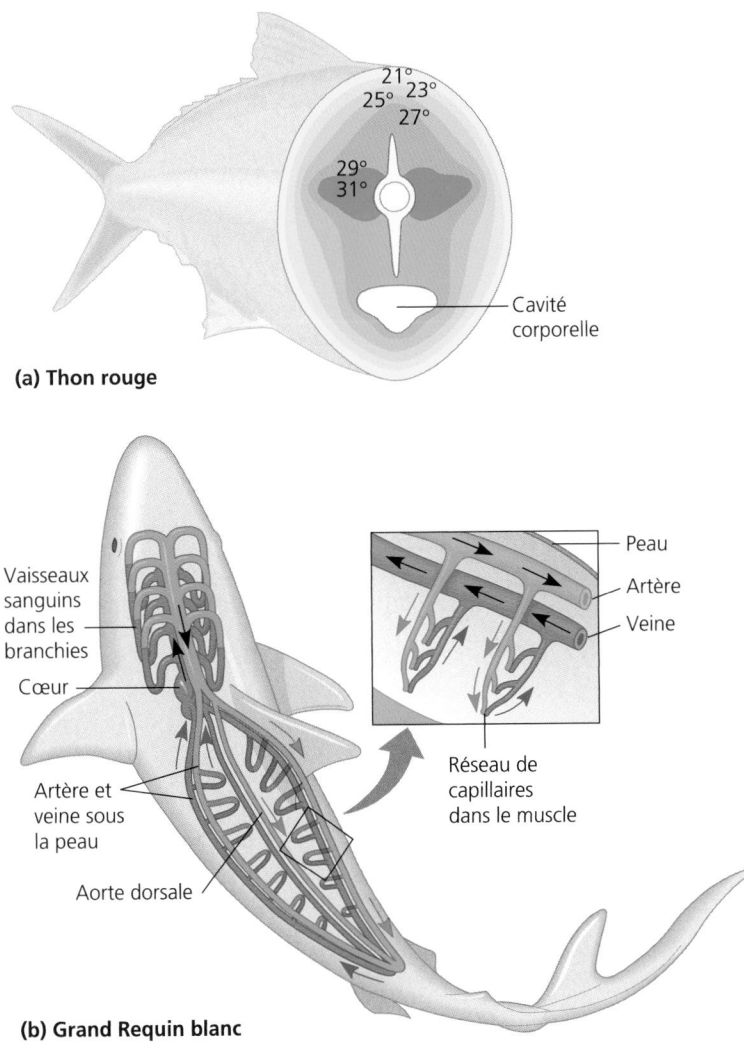

(a) Thon rouge

21° 23°
25°
27°
29°
31°

Cavité corporelle

(b) Grand Requin blanc

Vaisseaux sanguins dans les branchies

Cœur

Artère et veine sous la peau

Aorte dorsale

Peau
Artère
Veine

Réseau de capillaires dans le muscle

FIGURE 44.8 Thermorégulation de grands poissons actifs.
(a) Contrairement à la plupart des Poissons, le Thon rouge (*Thunnus thynnus*) maintient dans ses muscles natatoires principaux une température interne beaucoup plus élevée que celle de l'eau environnante (les couleurs indiquent les muscles de la natation en coupe transversale). Ces températures ont été enregistrées dans une eau à 19 °C.
(b) À l'instar du Thon rouge, le Grand Requin blanc (*Carcharodon carcharias*) possède un échangeur thermique à contre-courant dans ses muscles natatoires. Cela lui permet de réduire la perte de chaleur métabolique. (La photo présente un Grand Requin blanc qui vient de jaillir de l'eau pour tenter d'attraper un leurre imitant un phoque.) Tous les Poissons perdent de la chaleur au profit de l'eau environnante quand leur sang traverse leurs branchies. Toutefois, quelques poissons endothermes possèdent une petite aorte dorsale; relativement peu de sang froid revient donc directement au centre du corps. En fait, la majeure partie du sang qui quitte les branchies est transportée par de grandes artères situées tout juste sous la peau, ce qui éloigne le sang refroidi du centre du corps. Comme le montre l'agrandissement, des artérioles transportant le sang vers l'intérieur à partir des grandes artères situées sous la peau sont placées parallèlement à des veinules transportant le sang chaud du centre du corps vers l'extérieur. Ce modèle d'écoulement à contre-courant permet de conserver la chaleur dans les muscles.

maintient une température élevée dans leur thorax, où leurs muscles alaires sont situés. Par exemple, l'échangeur thermique conserve le thorax de certaines Noctuelles à une température d'environ 30 °C pendant le vol, même par des nuits froides et neigeuses (FIGURE 44.9b). En revanche, les insectes qui volent par temps chaud courent le risque de surchauffer en raison de la quantité importante de chaleur produite par les muscles alaires. Certaines espèces sont capables de désactiver le mécanisme d'échange thermique à contre-courant de façon que la chaleur dégagée par leurs muscles se dissipe : elle passe du thorax à l'abdomen, puis à l'environnement. Chez les Bourdons, les reines utilisent ce moyen pour incuber leurs œufs : elles génèrent de la chaleur en faisant frissonner leurs muscles alaires, puis elles transfèrent la chaleur à leur abdomen, qu'elles pressent contre les œufs.

Les Abeilles domestiques (*Apis mellifera*) font appel à un autre mécanisme de thermorégulation, qui dépend d'un comportement social. Quand il fait froid, elles augmentent leur production de chaleur et s'entassent les unes sur les autres pour mieux la conserver. Elles maintiennent une température relativement constante en changeant la densité du regroupement. Certaines d'entre elles se déplacent, allant des bords plus frais du regroupement au centre, plus chaud, ce qui permet de faire circuler et de distribuer la chaleur. Même quand elles s'entassent, les Abeilles doivent dépenser une énergie considérable pour maintenir une température vitale pendant de longues périodes de temps froid ; c'est la fonction principale du stockage, dans la ruche, de quantités importantes d'énergie sous forme de miel. Quand il fait chaud, les Abeilles régulent également la température de la ruche en y transportant de l'eau et en battant des ailes pour faciliter la vaporisation et la convection. Ainsi, une colonie d'Abeilles utilise de nombreux mécanismes de thermorégulation observés chez d'autres organismes vivant en solitaires.

Mécanismes de rétroaction dans la thermorégulation

La régulation de la température corporelle de l'Humain et d'autres Mammifères est une fonction complexe que facilitent divers mécanismes de rétroaction (voir la FIGURE 40.9). Les neurones qui régissent la thermorégulation, ainsi que ceux qui contrôlent beaucoup d'autres aspects de l'homéostasie, se concentrent dans une région de l'encéphale appelée hypothalamus (nous en discuterons plus en détail au chapitre 48). Ce dernier contient un groupe de neurones régulateurs qui fonctionnent comme un véritable thermostat : ils réagissent aux changements de la température corporelle situés au-dessus ou au-dessous d'un intervalle de référence. L'hypothalamus active des mécanismes favorisant la déperdition ou le gain thermique (FIGURE 44.10). Les thermorécepteurs qui détectent la température se trouvent dans la peau, dans l'hypothalamus et dans plusieurs autres régions du corps. Les thermorécepteurs de l'augmentation de la température corporelle transmettent des influx au centre de la thermolyse de l'hypothalamus lorsqu'ils sont activés. Quant aux thermorécepteurs activés par une diminution de la température corporelle, ils transmettent

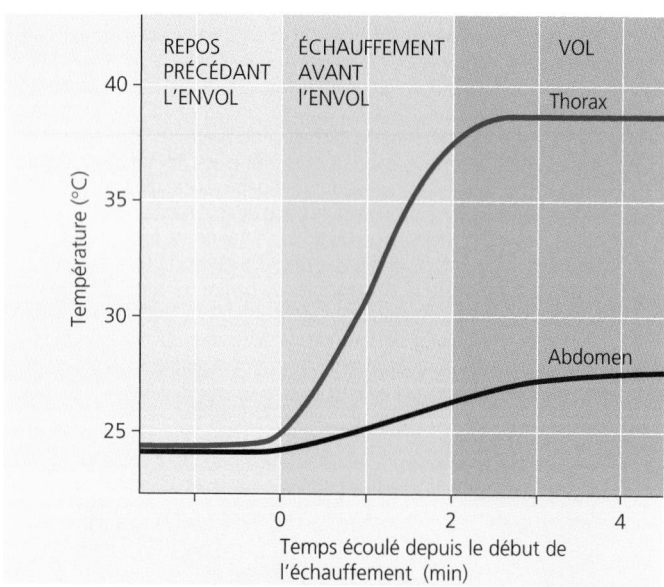

(a) L'échauffement avant l'envol du Sphinx. Le Sphinx du tabac (*Manduca sexta*) fait partie des nombreux insectes qui recourent aux frissons pour échauffer leurs muscles alaires thoraciques avant l'envol. Ces derniers produisent alors suffisamment d'énergie pour que l'animal soit capable de s'envoler. Une fois qu'il est en vol, le Sphinx du tabac maintient une température thoracique élevée grâce à l'activité de ses muscles alaires.

Reproduction avec l'autorisation de B. Henrich, *Science*, n° 185 (1974) : p. 747-756. © 1974 American Association for the Advancement of Science.

(b) Température interne de la Phalène hyémale (*Operophtera brumata*). Diverses adaptations endothermiques, notamment un échangeur thermique à contre-courant dans le thorax, permettent de garder les muscles alaires actifs de la Phalène hyémale à une température de 30 °C en hiver, même quand celle du milieu est inférieure à 0 °C. Cette thermographie à l'infrarouge de la Phalène hyémale montre la distribution de la chaleur immédiatement après le vol. La zone rouge située dans le thorax indique la température la plus élevée. Plus on s'éloigne du thorax, plus la température diminue, comme l'indiquent les diverses zones colorées en jaune.

FIGURE 44.9 Thermorégulation de Noctuelles (Papillons de nuit).

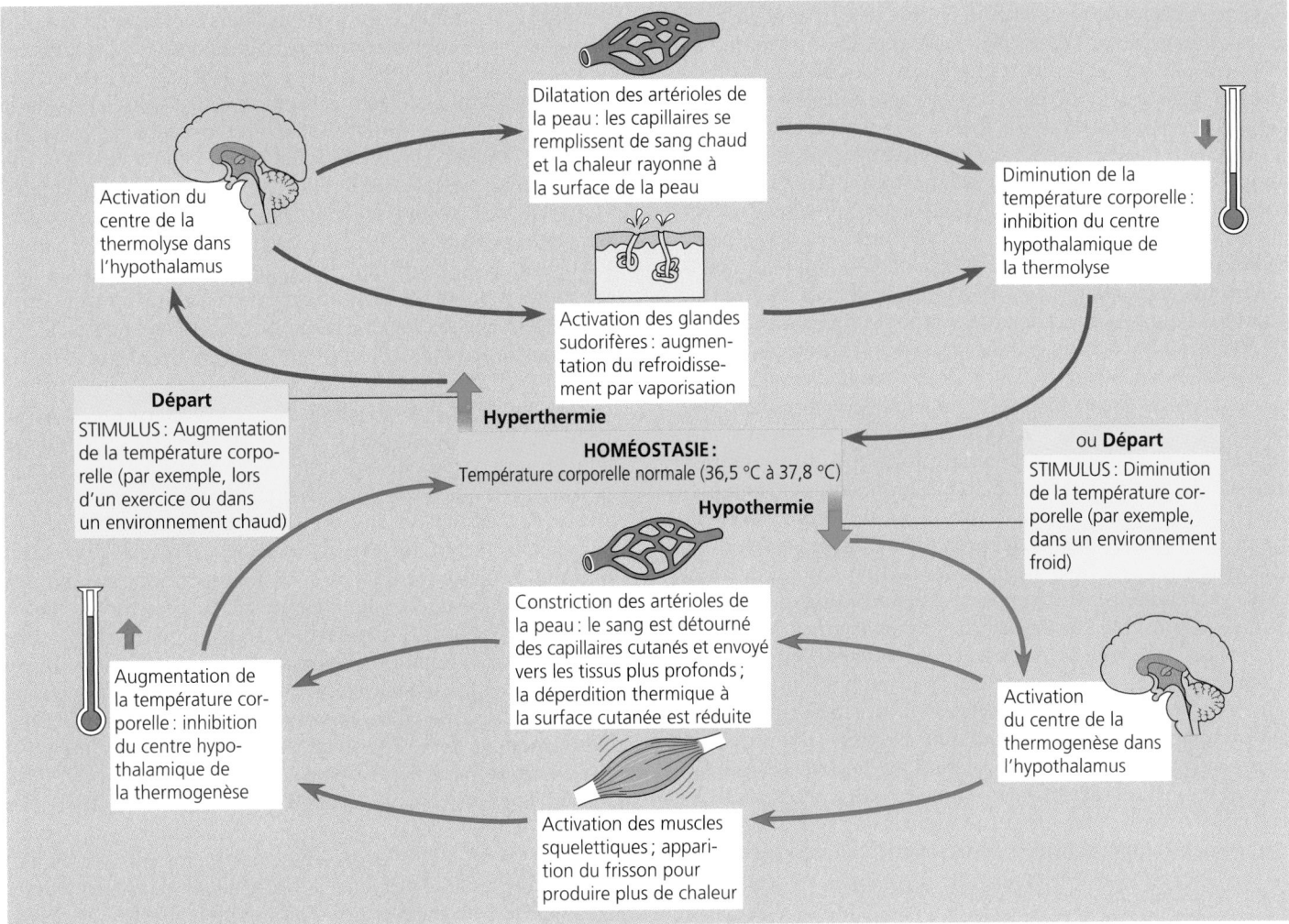

FIGURE 44.10 Rôle prépondérant de l'hypothalamus dans la thermorégulation humaine.

Within the figure:

Dilatation des artérioles de la peau : les capillaires se remplissent de sang chaud et la chaleur rayonne à la surface de la peau

Activation du centre de la thermolyse dans l'hypothalamus

Diminution de la température corporelle : inhibition du centre hypothalamique de la thermolyse

Activation des glandes sudorifères : augmentation du refroidissement par vaporisation

Départ
STIMULUS : Augmentation de la température corporelle (par exemple, lors d'un exercice ou dans un environnement chaud)

Hyperthermie

HOMÉOSTASIE :
Température corporelle normale (36,5 °C à 37,8 °C)

Hypothermie

ou **Départ**
STIMULUS : Diminution de la température corporelle (par exemple, dans un environnement froid)

Augmentation de la température corporelle : inhibition du centre hypothalamique de la thermogenèse

Constriction des artérioles de la peau : le sang est détourné des capillaires cutanés et envoyé vers les tissus plus profonds ; la déperdition thermique à la surface cutanée est réduite

Activation du centre de la thermogenèse dans l'hypothalamus

Activation des muscles squelettiques ; apparition du frisson pour produire plus de chaleur

---

des influx au centre de la thermogenèse de l'hypothalamus. Lorsque la température du corps est inférieure à l'intervalle des valeurs de référence, le centre de la thermogenèse inhibe les mécanismes de déperdition de chaleur et active ceux de la conservation de la chaleur – notamment la constriction des vaisseaux superficiels et l'érection des poils –, tout en stimulant les mécanismes de production de chaleur (la thermogenèse par les frissons ou sans frissons). Une fois que la température corporelle s'élève, le centre de la thermolyse désactive les mécanismes de conservation de la chaleur et favorise le refroidissement du corps par la vasodilatation, la sudation ou le halètement. L'hypothalamus peut aussi réagir aux températures externes (perçues par l'intermédiaire de la température de la peau) même quand il n'y a aucun changement de la température centrale.

Acclimatation aux changements de la température

De nombreux Animaux sont capables de s'adapter à une nouvelle gamme de températures environnementales quelques jours ou quelques semaines après qu'ils y soient exposés : il s'agit de la réaction physiologique d'**acclimatation.** Les ectothermes et les endothermes peuvent s'acclimater, mais de manière différente. Chez les Oiseaux et les Mammifères, l'acclimatation passe généralement par une modification de la quantité d'isolant cutané

(une fourrure plus épaisse pousse en vue de l'hiver ; elle est ensuite perdue en été lors de la mue, par exemple). Parfois, les Animaux endothermes sont en mesure de varier leur capacité de production de chaleur métabolique en fonction des saisons. Ces changements les aident à conserver une température corporelle à peu près constante, que la saison soit froide ou chaude. En revanche, l'acclimatation des ectothermes consiste à compenser les *changements* de la température corporelle. Ces ajustements peuvent modifier considérablement la physiologie et la tolérance thermique. Par exemple, une Barbotte noire (*Ictalurus melas*) acclimatée à l'été s'accommode d'une eau atteignant 36 °C, mais elle ne peut survivre dans de l'eau froide. Inversement, après l'acclimatation hivernale, ce poisson tolère facilement l'eau froide, mais il meurt s'il est plongé dans une eau de plus de 28 °C.

Les réactions d'acclimatation des ectothermes comprennent souvent des modifications au niveau cellulaire. Les cellules peuvent accroître la production de certaines enzymes, ce qui compense l'activité plus faible de chaque molécule enzymatique lorsque les températures ne sont pas optimales. Il peut aussi arriver que des cellules produisent des variantes d'enzymes ayant la même fonction, mais des températures optimales différentes. Les membranes peuvent aussi changer la proportion de lipides saturés et insaturés qu'elles contiennent, ce qui leur permet de garder leur fluidité à des températures différentes (voir la FIGURE 8.4).

Certains ectothermes, dont la température corporelle peut descendre au-dessous de zéro, se protègent en produisant des composés antigel (cryoprotecteurs) prévenant la formation de cristaux de glace dans les cellules. Les cryoprotecteurs des liquides corporels permettent aux ectothermes vivant dans les régions arctiques ou sur les sommets montagneux glacés (comme certaines Grenouilles et de nombreux Arthropodes), ainsi qu'à leurs œufs, de supporter une température corporelle considérablement inférieure au point de congélation. Certaines espèces de Poissons des océans Arctique et Antarctique, dont l'eau atteint parfois une température de −1,8 °C (un seuil bien inférieur au point de congélation des liquides corporels non protégés, qui est d'environ −0,7 °C), disposent aussi de cryoprotecteurs.

Les cellules peuvent souvent faire des modifications rapides en fonction des changements de température. Par exemple, des cellules de Mammifères cultivées en laboratoire réagissent à une augmentation marquée de la température et à d'autres stress intenses (la présence de toxines, un changement rapide du pH, une infection virale) en accumulant des molécules spéciales appelées **protéines synthétisées en situation de stress,** dont font partie les **protéines de choc thermique.** En cas de choc causé par un changement rapide de la température, qui passe de 37 °C à environ 43 °C, les cellules mammaliennes en culture commencent à synthétiser en quelques minutes des protéines de choc thermique. Celles-ci aident à maintenir l'intégrité des autres protéines, qui seraient dénaturées par la chaleur intense. Les protéines synthétisées en situation de stress sont présentes chez les Bactéries, les Archéobactéries, les Levures, les cellules végétales ainsi que les cellules animales; elles permettent de prévenir la mort cellulaire quand l'organisme se heurte à des changements importants de l'environnement des cellules.

La torpeur sert à conserver l'énergie pendant les variations extrêmes de l'environnement

En dépit de leurs nombreuses adaptations homéostatiques, les Animaux sont périodiquement obligés de faire face à des situations qui les poussent aux limites de leur capacité à équilibrer leurs allocations. Par exemple, pendant certaines saisons de l'année (ou certains moments de la journée), la température peut atteindre des extrêmes de chaleur ou de froid, ou encore les aliments ne sont pas disponibles. Pour économiser de l'énergie tout en évitant des circonstances difficiles et dangereuses, certains animaux entrent dans un état de **torpeur**: il s'agit d'un état physiologique caractérisé par une activité réduite au minimum et une diminution du métabolisme.

L'**hibernation** est un état de torpeur à long terme, qui a évolué à titre d'adaptation au froid hivernal et à la rareté des aliments durant cette saison. Quand les Vertébrés endothermes (les Oiseaux et les Mammifères) entrent en torpeur ou en hibernation, leur température corporelle diminue; en fait, le thermostat de leur corps est réglé à une température plus basse. La réduction de la température peut être considérable: certains mammifères en hibernation maintiennent une température de 1 °C à 2 °C; dans quelques cas, leur température peut même atteindre un peu moins de 0 °C, ce qui les laisse dans un état de surfusion (sans congélation). Les économies d'énergie résultant d'un ralentissement de la vitesse du métabolisme et d'une baisse de la production thermique sont énormes: le métabolisme

pendant l'hibernation peut être plusieurs centaines de fois plus lent que le métabolisme normal. Les Animaux qui hibernent sont donc en mesure de survivre pendant très longtemps sur des réserves limitées d'énergie, emmagasinées dans les tissus de leur corps ou sous forme de réserves cachées dans leur terrier. Par exemple, certains Mammifères hibernent 9 mois sur 12, ce qui ne leur laisse que trois mois pour mener des activités normales.

Certains Spermophiles sont les modèles de recherche préférés de biologistes s'intéressant à la physiologie de l'hibernation. Un Spermophile de Belding (*Spermophilus beldingi*) vivant dans les hautes montagnes de Californie n'est actif qu'au printemps et en été, quand sa température corporelle atteint environ 37 °C; la vitesse de son métabolisme est d'environ 355 kJ par jour (FIGURE 44.11). En septembre, ce Spermophile se retire dans un terrier sûr, où il passe les huit mois suivants en hibernation. Pendant la majeure partie de la saison d'hibernation, sa température corporelle n'est que légèrement supérieure à celle de son terrier (qui peut approcher du point de congélation); la vitesse de son métabolisme est extrêmement ralentie. Une fois par semaine (ou toutes les deux semaines), il se réveille pendant quelques heures et produit de la chaleur métabolique pour que sa température corporelle atteigne 37 °C (ces réveils périodiques sont peut-être nécessaires à des fonctions d'entretien exigeant une température corporelle élevée). Vers la fin du printemps, quand la température externe remonte, l'animal retrouve une vie d'endotherme normale. En hibernant, le Spermophile de Belding évite les périodes de froid intense et réduit considérablement la quantité d'énergie qu'il lui faut pour survivre pendant l'hiver, quand ses aliments habituels (les graines et les herbes) ne sont pas disponibles. Au lieu de dépenser environ 630 kJ par jour pour maintenir une température corporelle optimale, il ne dépense dans son terrier que 5 kJ environ par journée d'hibernation effective, et il peut vivre sans manger, en puisant dans ses réserves de graisses pendant toute la saison d'hibernation.

L'**estivation,** ou état de torpeur estivale, qui se caractérise aussi par un ralentissement métabolique et par l'inactivité, permet à certains animaux de survivre à de longues périodes où la température est élevée, et l'eau, rare. L'hibernation et l'estivation sont souvent déclenchées par les changements saisonniers de la durée du jour (photopériode). À mesure que les journées raccourcissent, certaines espèces hibernantes se préparent à l'hiver en emmagasinant des réserves de nourriture dans leur terrier; d'autres consomment d'énormes quantités d'aliments et grossissent considérablement. Le Spermophile de Belding, par exemple, peut doubler sa masse en un mois de suralimentation.

Beaucoup de petits Mammifères et d'Oiseaux présentent une **torpeur quotidienne** qui semble adaptée à leur mode d'alimentation. Ainsi, la plupart des Chauves-souris et des Musaraignes se nourrissent la nuit et tombent dans un état de torpeur le jour, quand elles sont inactives. Les Mésanges et les Colibris se nourrissent le jour et entrent généralement dans un état de torpeur pendant les nuits fraîches; la température corporelle de la Mésange atteint parfois 10 °C la nuit, alors que celle des Colibris se situe entre 25 °C et 30 °C. Tous les endothermes qui manifestent une torpeur quotidienne sont relativement petits. Quand ils sont actifs, la vitesse de leur métabolisme est accélérée et ils consomment beaucoup d'énergie. Pendant les heures où ils ne peuvent s'alimenter, ils entrent dans une torpeur qui leur permet de survivre en puisant dans leurs réserves.

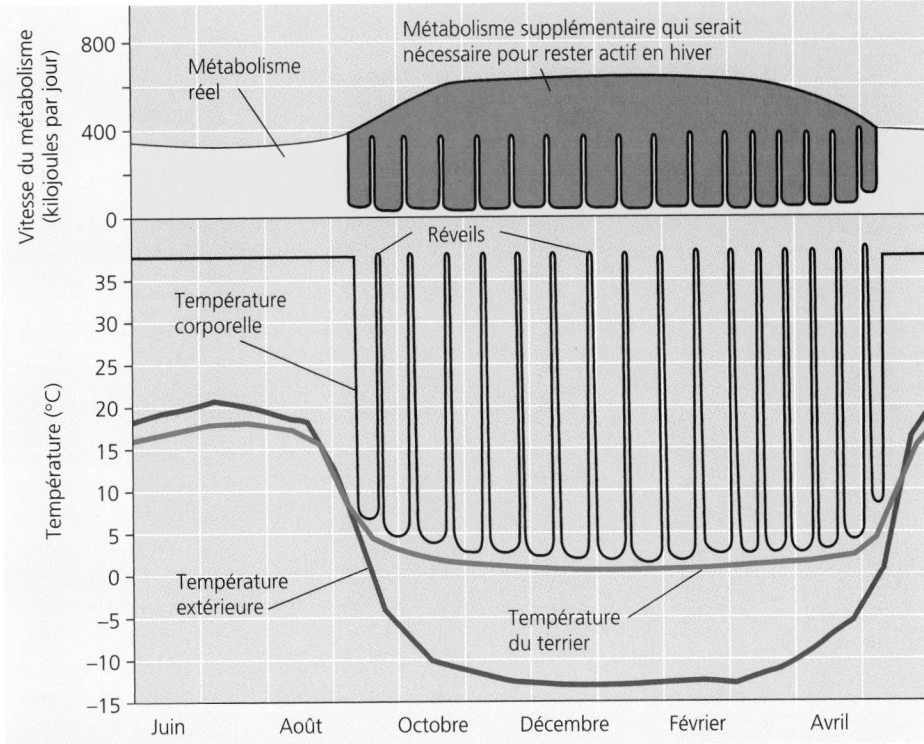

FIGURE 44.11 Température corporelle et vitesse du métabolisme pendant l'hibernation du Spermophile de Belding (*Spermophilus beldingi*).

Le cycle quotidien d'activité et de torpeur des animaux est sans doute contrôlé par une horloge biologique (voir le chapitre 48). Même si une Musaraigne a accès à des aliments toute la journée, elle entre quotidiennement en torpeur. Le besoin de dormir de l'Humain et la légère chute de sa température corporelle pendant le sommeil constituent peut-être le vestige – laissé par l'évolution – d'une torpeur quotidienne plus prononcée chez ses premiers ancêtres mammaliens.

ÉQUILIBRE HYDRIQUE ET ÉLIMINATION DES DÉCHETS

La thermorégulation dépend de l'équilibre entre l'acquisition et la perte de chaleur; de la même manière, la capacité à réguler la composition chimique des liquides corporels dépend de l'équilibre entre l'acquisition et la perte d'eau et de solutés. Ce processus d'osmorégulation (soit de gestion de la teneur en eau ainsi que de la composition des solutés du corps) se fonde principalement sur les mouvements contrôlés des solutés entre les liquides internes et le milieu externe, et aussi sur la régulation du mouvement de l'eau, qui suit les solutés par osmose. Par ailleurs, les Animaux doivent éliminer divers déchets métaboliques avant que leur accumulation n'atteigne des concentrations nuisibles.

En fait, la fonction ultime de l'osmorégulation est de maintenir la composition du cytosol des cellules. La plupart des Animaux accomplissent ce but indirectement, en gérant la composition du liquide interstitiel baignant leurs cellules. Chez les Insectes et d'autres Animaux dotés d'un système cardiovasculaire ouvert, ce liquide s'appelle hémolymphe (voir le chapitre 42). Chez les Vertébrés et d'autres Animaux ayant un système cardiovasculaire clos, les cellules baignent dans un liquide interstitiel, dont la composition dépend indirectement de celle du sang. Les

Animaux ont souvent des organes complexes (comme les reins, chez les Vertébrés) qui jouent un rôle spécialisé dans le maintien de la composition des liquides.

L'équilibre hydrique et l'élimination des déchets s'effectuent par l'intermédiaire des épithéliums de transport

Chez la plupart des Animaux, un ou plusieurs types d'**épithéliums de transport** (une ou plusieurs couches de cellules épithéliales spécialisées, régulant le mouvement des solutés) sont des composants essentiels de l'osmorégulation et de l'élimination des déchets métaboliques. La caractéristique la plus importante de tous les épithéliums de transport est leur capacité à déplacer des solutés précis en des quantités contrôlées et dans une direction particulière. Certains épithéliums de transport sont en communication avec l'environnement externe, tandis que d'autres tapissent des voies reliées à l'extérieur par une ouverture à la surface du corps. Les cellules de l'épithélium sont liées par des jonctions serrées et imperméables (voir la FIGURE 7.30), et elles forment une barrière à la frontière entre le tissu et l'environnement. À l'instar de la bande de Caspary dans les racines des plantes (voir la FIGURE 36.7), cet arrangement fait en sorte que tous les solutés circulant entre un animal et son environnement traverseront des membranes à perméabilité sélective.

Chez la plupart des Animaux, les épithéliums de transport sont disposés en des réseaux tubulaires complexes, offrant une surface d'échange étendue. Les glandes à sel des Oiseaux marins, qui passent des mois ou des années en mer et qui doivent se procurer des aliments et de l'eau à partir de l'océan, constituent l'un des meilleurs exemples de ce type de structures (FIGURE 44.12, p. 1024).

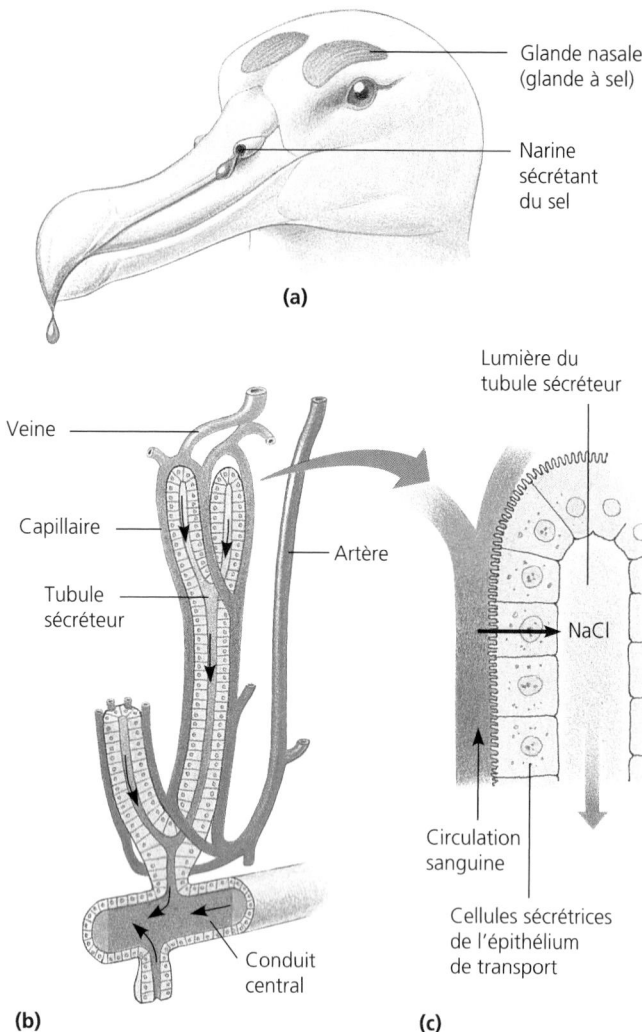

(a)

(b)

(c)

Glande nasale
(glande à sel)

Narine
sécrétant
du sel

Veine

Capillaire

Tubule
sécréteur

Artère

Lumière du
tubule sécréteur

NaCl

Circulation
sanguine

Cellules sécrétrices
de l'épithélium
de transport

Conduit
central

FIGURE 44.12 Glandes à sel de certains Oiseaux. (a) De nombreux Oiseaux marins, comme cet Albatros, peuvent vivre longtemps en pleine mer en buvant de l'eau salée, et ce, grâce à une paire de glandes nasales excrétant un liquide beaucoup plus salé que l'eau de mer. Ainsi, même si la consommation d'eau de mer lui apporte beaucoup de sel, l'Albatros est en mesure d'en arriver à un gain net d'eau (en revanche, l'Humain qui boit de l'eau de mer doit utiliser plus d'eau que celle qui a été consommée pour excréter la charge saline ; il ne s'hydrate donc pas). Les glandes à sel des Oiseaux marins se vident par un conduit qui mène aux narines ; la solution salée dégoutte le long du bec ou est exhalée en une fine buée. **(b)** Ce schéma montre l'un des milliers de tubules sécréteurs présents dans une glande à sel. Chaque tubule est tapissé d'un épithélium de transport entouré de capillaires et se vide dans un conduit central. **(c)** Les cellules sécrétrices de l'épithélium de transport procèdent au transport actif du sel du sang jusqu'aux tubules. Vous constaterez que le sang circule à contre-courant de la sécrétion saline. En maintenant dans les tubules un gradient de concentration du sel (couleur bleu pâle en dégradé), cet échangeur à contre-courant favorise le transfert du sel du sang jusqu'à la lumière des tubules (voir le chapitre 42).

La structure moléculaire de la membrane plasmique détermine les types et la direction des solutés qui traversent un épithélium de transport. Par exemple, les glandes à sel permettent de retirer le chlorure de sodium excédentaire du sang. En revanche,

les épithéliums de transport des branchies des Poissons d'eau douce retirent les sels dilués de l'eau environnante pour les faire pénétrer dans le sang (ce type de mouvement des solutés, qui va contre un gradient de concentration, exige une dépense d'ATP pour le transport actif). Les épithéliums de transport des organes excréteurs ont souvent une double fonction : le maintien de l'équilibre hydrique et l'élimination des déchets métaboliques.

Les Animaux produisent des déchets azotés qui sont en corrélation avec leur phylogenèse et leur habitat

Comme la plupart des déchets métaboliques doivent être dissous dans de l'eau quand ils sont retirés du corps, leur type et leur quantité ont une incidence importante sur l'équilibre hydrique. Pour ce qui est de leurs effets sur l'osmorégulation, les déchets les plus déterminants sont les produits azotés de la dégradation des acides nucléiques et des protéines. Quand ces macromolécules sont hydrolysées pour fournir de l'énergie aux cellules, ou encore quand elles sont converties en glucides ou en lipides, des enzymes retirent l'azote qu'elles renferment et forment avec celui-ci de l'**ammoniac,** une petite molécule extrêmement toxique. Certains animaux peuvent excréter l'ammoniac directement, mais de nombreuses espèces le convertissent d'abord en des composés organiques, comme l'urée ou l'acide urique, qui sont moins toxiques, mais dont la production exige de l'énergie sous forme d'ATP.

En général, les *types* de déchets azotés excrétés dépendent de la phylogenèse de l'animal et de son milieu, surtout en ce qui concerne la disponibilité de l'eau (FIGURE 44.13). La *quantité* de déchets azotés produits dépend de l'allocation énergétique, car tout est fonction de la quantité et des types d'aliments absorbés. Comme les endothermes utilisent de l'énergie à une vitesse élevée, ils consomment plus d'aliments que les ectothermes et produisent davantage de déchets azotés. Les prédateurs, qui tirent la majeure partie de leur énergie des protéines alimentaires, doivent excréter plus d'azote que les animaux qui obtiennent surtout leur énergie des lipides ou des glucides.

Ammoniac

Comme l'ammoniac est très soluble dans les liquides corporels, mais qu'il ne peut être toléré qu'à de très faibles concentrations, les Animaux excrétant des déchets azotés sous forme d'ammoniac ont besoin d'avoir accès à beaucoup d'eau. C'est pourquoi l'excrétion d'ammoniac est surtout courante chez les espèces aquatiques. Les molécules d'ammoniac traversent facilement la membrane plasmique et sont aisément éliminées par diffusion dans l'eau environnante. Chez de nombreux Invertébrés, la diffusion de l'ammoniac se fait sur toute la surface corporelle. Chez les Poissons, la majeure partie de l'ammoniac est éliminée sous forme d'ions ammonium (NH_4^+), à travers l'épithélium des branchies (les reins n'excrètent que de faibles quantités de déchets azotés). Chez les Poissons d'eau douce, l'épithélium des branchies absorbe le Na^+ de l'eau en échange de NH_4^+ ; cela aide à maintenir une concentration beaucoup plus élevée de Na^+ dans les liquides corporels que dans l'eau environnante.

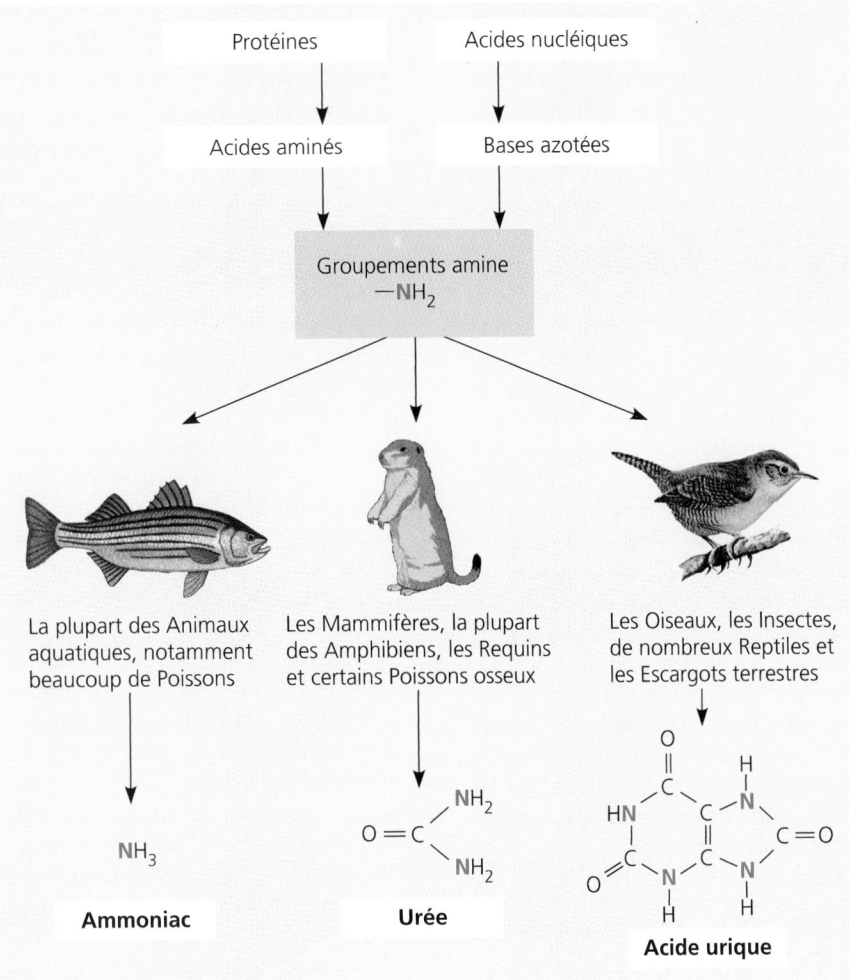

FIGURE 44.13
Déchets azotés.

Protéines

Acides nucléiques

Acides aminés

Bases azotées

Groupements amine
—NH₂

La plupart des Animaux aquatiques, notamment beaucoup de Poissons

Les Mammifères, la plupart des Amphibiens, les Requins et certains Poissons osseux

Les Oiseaux, les Insectes, de nombreux Reptiles et les Escargots terrestres

NH₃

Ammoniac

Urée

Acide urique

Urée

L'excrétion de l'ammoniac convient à de nombreuses espèces aquatiques, mais elle ne réussit pas aussi bien aux Animaux terrestres. En effet, l'ammoniac est si toxique qu'il ne peut être transporté et excrété que dans des volumes importants de solutions très diluées. Or, la plupart des Animaux terrestres et de nombreuses espèces marines (qui ont tendance à perdre de l'eau au profit de l'environnement, par osmose) n'ont pas accès à assez d'eau. Les Mammifères, la plupart des Amphibiens adultes, de nombreux Poissons et beaucoup de Tortues marines excrètent donc surtout de l'**urée,** une substance produite dans le foie des Vertébrés par un cycle métabolique combinant l'ammoniac au dioxyde de carbone. Le système cardiovasculaire transporte l'urée aux organes d'excrétion, c'est-à-dire les reins.

L'avantage principal de l'urée est sa faible toxicité : celle-ci est 100 000 fois inférieure environ à celle de l'ammoniac. Les Animaux peuvent transporter et stocker l'urée en toute sécurité à de fortes concentrations. De plus, la quantité d'eau exigée pour l'excrétion de l'azote est considérablement réduite : en effet, beaucoup moins d'eau est perdue quand une quantité donnée d'azote est excrétée sous forme de solution concentrée d'urée que sous forme de solution diluée d'ammoniac.

Le désavantage principal de l'urée réside dans le fait que les Animaux doivent dépenser de l'énergie pour la produire à partir de l'ammoniac. Sur le plan bioénergétique, on pourrait présumer que ceux qui consacrent une partie de leur vie dans l'eau, et une autre partie, sur terre, recourent tour à tour à l'excrétion d'ammoniac (pour économiser de l'énergie) et à l'excrétion d'urée (pour réduire la perte d'eau). De fait, de nombreux Amphibiens excrètent principalement de l'ammoniac quand ils sont au stade aquatique de têtard, puis produisent de l'urée une fois qu'ils sont adultes et qu'ils évoluent sur la terre ferme.

Acide urique

Les Escargots terrestres, les Insectes, les Oiseaux et de nombreux Reptiles excrètent de l'**acide urique** comme principal déchet azoté. Tout comme l'urée, l'acide urique est relativement peu toxique. Toutefois, contrairement à l'ammoniac ou à l'urée, il est presque insoluble dans l'eau, et il peut être excrété comme une pâte semi-solide, ce qui limite la perte d'eau. C'est un grand avantage pour les Animaux qui n'ont pas accès à beaucoup d'eau, mais il y a toutefois un désavantage : l'acide urique est encore plus coûteux à produire que l'urée sur le plan énergétique ; il exige une quantité considérable d'ATP pour sa synthèse à partir de l'ammoniac.

Sur le plan de l'adaptation, l'acide urique et l'urée permettent tous deux l'excrétion des déchets azotés avec une perte hydrique minimale. Le mode de reproduction de certains animaux semble être un facteur qui a déterminé l'excrétion d'acide urique ou d'urée. Il faut savoir que les déchets solubles peuvent diffuser vers l'extérieur des œufs sans coquille, comme ceux des

Amphibiens, ou bien être transportés par le sang de la mère de l'embryon des Mammifères. Toutefois, les œufs à coquille produits par les Reptiles et les Oiseaux sont perméables aux gaz, pas aux liquides : les déchets azotés solubles produits par l'embryon seraient donc emmagasinés dans l'œuf et s'accumuleraient, atteignant des concentrations toxiques (l'urée est beaucoup moins toxique que l'ammoniac, mais elle finit par devenir nuisible à de très fortes concentrations). Chez ces animaux, la sélection naturelle a donc, semble-t-il, favorisé la production d'acide urique. Celui-ci ne reste pas en solution : il précipite, et il peut être stocké dans l'œuf en tant que solide extra-embryonnaire inoffensif.

Le type de déchets azotés produits par les Vertébrés ne dépend pas seulement de leur phylogenèse : il est aussi lié à l'habitat. Par exemple, les Tortues terrestres (qui habitent souvent dans des zones sèches) excrètent surtout de l'acide urique, tandis que les Tortues aquatiques excrètent de l'urée et de l'ammoniac. Certaines espèces ont ceci de particulier qu'un individu peut modifier son mode de production de déchets azotés quand les conditions environnementales changent. Par exemple, des Tortues qui produisent généralement de l'urée passent à la production d'acide urique quand la température augmente et que l'eau se fait rare. Voilà un exemple de réaction d'un organisme face à l'environnement qui se fait selon deux échelles de temps : au fil des générations, l'évolution détermine les limites des réactions physiologiques d'une espèce mais, pendant leur vie, les individus de cette espèce procèdent à des ajustements modelés par les contraintes résultant de l'évolution.

Les cellules ont besoin d'un équilibre entre le gain et la perte d'eau par osmose

Tous les Animaux, quels que soient leur phylogenèse, leur habitat ou leur type de production de déchets azotés, doivent affronter le même problème d'osmorégulation : il faut que le gain et la perte d'eau s'équilibrent. N'ayant pas de paroi, les cellules animales gonflent et éclatent s'il y a un apport continu d'eau ou, au contraire, se dessèchent et meurent s'il y a une perte importante d'eau.

L'eau entre et pénètre dans la cellule par osmose. Nous avons vu au chapitre 8 que l'osmose est un mode de transport passif ; elle se réalise par le mouvement de l'eau à travers une membrane dont la perméabilité est sélective. Elle a lieu quand deux solutions séparées par une membrane diffèrent par leur pression osmotique, ou **osmolarité** (il s'agit de la concentration molaire volumique totale de solutés ; elle est exprimée en moles de solutés par litre de solution ; voir le chapitre 3). L'osmolarité du sang humain, par exemple, est d'environ 300 mmol/L, alors que l'eau de mer a une osmolarité d'environ 1 000 mmol/L. Deux solutions séparées par une membrane à perméabilité sélective sont isoosmotiques si elles ont la même osmolarité.

Il n'y a aucun mouvement *net* d'eau par osmose entre deux solutions isoosmotiques : même si des molécules d'eau traversent continuellement la membrane, elles le font à la même vitesse dans les deux directions. En revanche, quand deux solutions n'ont pas la même osmolarité, celle qui a la concentration la plus grande de solutés est dite *hyperosmotique,* tandis que la solution plus diluée est dite *hypoosmotique.* L'eau passe par osmose d'une solution hypoosmotique à une solution hyperosmotique*.

Les osmorégulateurs dépensent de l'énergie pour contrôler leur osmolarité interne, tandis que les osmotolérants sont plutôt isoosmotiques par rapport à leur environnement

Il existe deux façons générales de régler le problème de l'équilibre du gain et de la perte d'eau. La première solution, qui ne peut être utilisée que par des animaux marins, est d'être isoosmotique avec l'environnement. Les animaux qui le sont ne procèdent pas activement à un ajustement de leur osmolarité interne ; on les désigne par le terme **osmotolérants.** Comme les osmotolérants ont une osmolarité interne qui est la même que celle du milieu, ils n'ont pas tendance à acquérir ni à perdre de l'eau. Ils ne compensent pas les changements de l'osmolarité externe, mais ils vivent généralement dans une eau dont la composition est très stable. C'est pourquoi leur osmolarité interne reste très constante. La deuxième solution est de réguler l'osmolarité interne, ce que font les **osmorégulateurs,** parce que leurs liquides corporels ne sont pas isoosmotiques avec l'environnement externe. Les animaux osmorégulateurs doivent se débarrasser de l'eau excédentaire s'ils vivent dans un environnement hypoosmotique ou, au contraire, absorber de l'eau pour compenser les pertes osmotiques si leur environnement est hyperosmotique. Il reste que l'osmorégulation leur permet d'habiter dans des milieux où les osmotolérants ne peuvent survivre, notamment les habitats d'eau douce et les milieux terrestres. Elle permet aussi à de nombreux animaux marins de maintenir une osmolarité interne différente de celle de l'eau de mer.

Chaque fois que les Animaux maintiennent une différence d'osmolarité entre leur corps et le milieu externe, ils doivent dépenser de l'énergie. Le phénomène de la diffusion tendant à égaliser les concentrations, les osmorégulateurs doivent dépenser de l'énergie pour maintenir les gradients osmotiques qui permettent à l'eau d'entrer dans leur corps ou d'en sortir. Pour ce faire, ils font appel au transport actif et modifient au besoin les concentrations de solutés dans leurs liquides corporels.

Le coût énergétique de l'osmorégulation dépend principalement de plusieurs facteurs : l'écart entre l'osmolarité d'un animal et celle de l'environnement ; la facilité de transport de l'eau et des solutés à travers la surface de l'animal ; et la quantité de travail nécessaire pour pomper les solutés et effectuer le transport membranaire. En raison de la différence de concentration entre le cytoplasme, l'eau douce (de 1 à 50 mmol/L) et l'eau de mer, l'osmorégulation compte pour près de 5 % du métabolisme au repos de nombreux Poissons osseux marins et dulcicoles. En ce qui concerne les Artémies (*Artemia salina*), de petits crustacés vivant dans le Grand Lac Salé de l'Utah et dans d'autres environnements très salés, le gradient entre les osmolarités interne et externe est très grand. Le coût de l'osmorégulation est donc extrêmement élevé : il peut compter pour 30 % du métabolisme au repos.

La plupart des Animaux, qu'il s'agisse d'osmotolérants ou d'osmorégulateurs, ne peuvent supporter les changements importants de l'osmolarité externe. Ils sont donc dits **sténohalins**

---

* Dans ce chapitre, nous utilisons les termes *isoosmotique, hypoosmotique* et *hyperosmotique,* qui désignent particulièrement l'osmolarité, et non les termes plus connus *isotonique, hypotonique* et *hypertonique.* C'est que ces derniers termes sont plus limités : ils s'appliquent uniquement à la réaction des cellules (qui gonflent ou qui rétrécissent) dans des solutions dont les concentrations en solutés sont connues.

(du grec *stenos*, «étroit»; *halin* se rapporte au sel). En revanche, les animaux **euryhalins** (du grec *eurys*, «large») peuvent survivre à des fluctuations importantes de l'osmolarité externe (cette catégorie comprend des osmotolérants et des osmorégulateurs). Parmi les osmorégulateurs euryhalins, citons l'exemple bien connu des diverses espèces de Saumons, et celui du poisson osseux appelé Tilapia; ce poisson d'Afrique, qui est élevé en pisciculture pour la consommation humaine, est capable de s'ajuster à n'importe quelle concentration de sel et de vivre en eau douce ou en eau très salée (pouvant atteindre 2 000 mmol/L, une concentration deux fois plus élevée que celle de l'eau de mer).

Nous allons nous pencher maintenant de plus près sur certaines adaptations d'osmorégulation qui ont évolué chez les Animaux terrestres ainsi que chez les Animaux vivant dans de l'eau douce ou dans de l'eau de mer.

Maintien de l'équilibre hydrique dans la mer

Les Animaux ont évolué en premier lieu dans la mer, et c'est dans cet environnement que l'on trouve le plus d'embranchements. La plupart des Invertébrés marins sont osmotolérants. Leur osmolarité totale (la somme des concentrations de toutes les substances dissoutes dans l'organisme) est la même que celle de l'eau de mer. Toutefois, ils diffèrent considérablement de l'eau de mer quant à la concentration de chacun des solutés qu'ils contiennent. Ainsi, même un animal qui tolère l'osmolarité de son environnement régule sa composition interne de solutés.

À l'exception des Myxines (des Vertébrés sans mâchoires), les Vertébrés marins sont des osmorégulateurs. Pour la plupart de ces animaux, l'océan est un environnement très déshydratant, car il est beaucoup plus salé que les liquides internes et que l'eau qui quitte le corps par osmose. Les Poissons marins appartenant au clade des Ostéichthyens perdent constamment de l'eau par la peau et particulièrement par les branchies (FIGURE 44.14a). Pour compenser ces pertes, ils se procurent de l'eau dans les aliments et boivent de fortes quantités d'eau de mer. L'apport de sel qui en résulte (ainsi que le sel qui pénètre dans le corps par diffusion) est éliminé par transport actif grâce aux branchies. Très peu d'urine est produite, une adaptation qui permet de conserver l'eau.

Les Requins et la plupart des autres Poissons cartilagineux (Chondrichthyens) font appel à une stratégie d'osmorégulation différente. Comme c'est le cas des Poissons osseux, leur concentration interne de sel est bien inférieure à celle de l'eau de mer. Ils absorbent donc du sel dans les aliments et ils en acquièrent aussi par diffusion à travers les surfaces corporelles (particulièrement à travers les branchies). Les reins des Requins retirent une partie de cette charge de sel, et le reste est expulsé par la glande rectale ou disséminé dans les selles. Contrairement aux Poissons osseux, et malgré leur concentration interne de sel relativement faible, les Requins échappent à la perte importante et continue d'eau par osmose: c'est qu'ils maintiennent dans leurs liquides corporels une forte concentration d'urée et d'oxyde de triméthylamine, un autre soluté organique. Celui-ci protège les protéines des dommages que l'urée peut causer. (Pour préparer la chair de requin, il faut la faire tremper dans de l'eau douce afin d'en retirer l'urée avant de la faire cuire.) La concentration totale en solutés des liquides corporels (sels, urée, oxyde de triméthylamine et autres composés) est légèrement supérieure à 1 000 mmol/L, donc légèrement hyperosmotique comparativement à l'eau de mer. C'est pourquoi l'eau *pénètre* lentement dans le corps des Requins par osmose, ainsi que par les aliments (les Requins ne boivent pas); cette faible entrée d'eau est excrétée dans l'urine que les reins produisent.

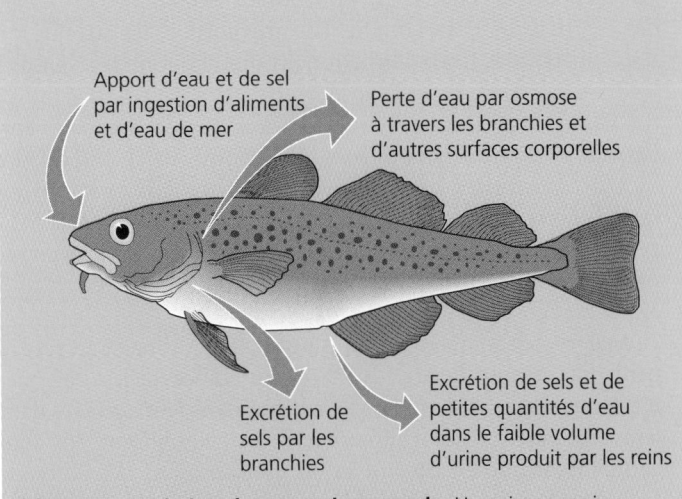

(a) L'osmorégulation chez un poisson marin. Un poisson marin, comme la Morue franche (*Gadus morhua*), est hypoosmotique par rapport à l'eau de mer et perd constamment de l'eau par osmose tout en gagnant des sels par diffusion. Le poisson compense la perte d'eau en buvant de grandes quantités d'eau de mer; ses branchies et sa peau éliminent le chlorure de sodium (des cellules spéciales, les cellules à chlorure, procèdent au transport actif du Cl^- vers l'extérieur, et le Na^+ suit passivement); ses reins éliminent d'autres ions excédentaires, dont le calcium (Ca^{2+}), le magnésium (Mg^{2+}) et les sulfates (SO_4^{2-}), tout en n'excrétant que de petites quantités d'eau.

Apport d'eau et de sel par ingestion d'aliments et d'eau de mer

Perte d'eau par osmose à travers les branchies et d'autres surfaces corporelles

Excrétion de sels par les branchies

Excrétion de sels et de petites quantités d'eau dans le faible volume d'urine produit par les reins

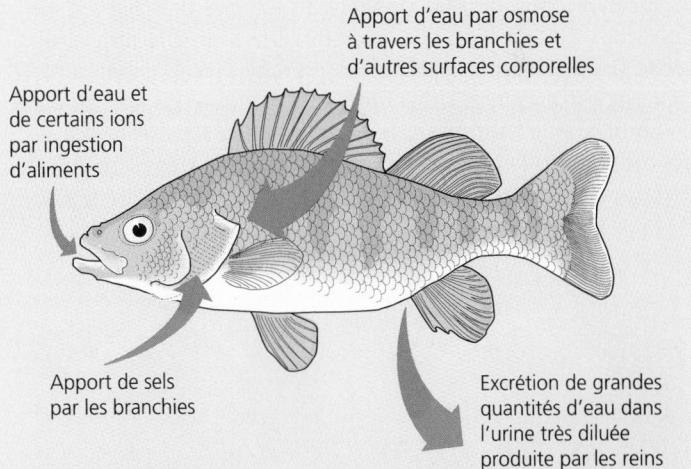

(b) L'osmorégulation chez un poisson dulcicole. Le poisson dulcicole, comme cette Perchaude (*Perca flavescens*), accumule continuellement de l'eau et perd des sels en raison de son hyperosmolarité par rapport à son environnement. Pour équilibrer l'apport d'eau, il produit de grandes quantités d'urine hypoosmotique par rapport à ses liquides corporels. Les sels perdus par diffusion et dans l'urine sont remplacés par ceux qui sont contenus dans les aliments et par ceux qui sont absorbés à travers les branchies; des cellules à chlorure dans les branchies procèdent au transport actif du Cl^- vers l'intérieur, et le Na^+ suit.

Apport d'eau par osmose à travers les branchies et d'autres surfaces corporelles

Apport d'eau et de certains ions par ingestion d'aliments

Apport de sels par les branchies

Excrétion de grandes quantités d'eau dans l'urine très diluée produite par les reins

FIGURE 44.14 Comparaison de l'osmorégulation chez les Poissons osseux marins et dulcicoles.

Maintien de l'équilibre osmotique dans l'eau douce

Les problèmes d'osmorégulation des Animaux dulcicoles sont tout à l'opposé de ceux auxquels les Animaux marins se heurtent. En effet, les Animaux dulcicoles acquièrent constamment de l'eau par osmose et perdent des sels par diffusion, parce que l'osmolarité de leurs liquides internes est beaucoup plus élevée que celle de leur milieu. Les Protistes dulcicoles, comme les Amibes et les Paramécies, ont des vacuoles pulsatiles qui pompent l'eau excédentaire vers l'extérieur (voir la FIGURE 28.14). De nombreux Animaux dulcicoles, dont les Poissons, maintiennent l'équilibre hydrique en excrétant des quantités importantes d'urine très diluée, et ils gèrent leur concentration de sel en ingérant des aliments qui en contiennent et en absorbant des sels de leur environnement par transport actif (FIGURE 44.14b).

Les Saumons et les autres poissons euryhalins qui migrent entre l'eau douce et l'eau salée vivent des changements rapides et importants sur le plan de l'osmorégulation. Dans l'océan, les Saumons procèdent à l'osmorégulation comme n'importe quel autre poisson osseux marin : en buvant de l'eau de mer et en excrétant le sel excédentaire par les branchies. Quand ils migrent dans l'eau douce, ils cessent de boire et commencent à produire une quantité importante d'urine diluée ; leurs branchies se mettent à absorber le sel du milieu dilué. Ils se comportent donc comme les poissons qui passent leur vie entière dans de l'eau douce.

Problèmes occasionnés par les habitats aquatiques précaires

La déshydratation condamnerait la plupart des Animaux à une mort certaine ; cependant, certains Invertébrés aquatiques vivant dans des étangs temporaires ou dans des pellicules d'eau entourant des particules de sol peuvent perdre presque toute leur eau et survivre dans un état d'inactivité lorsque leur habitat se dessèche. Cette adaptation remarquable s'appelle **anhydrobiose** (« vie sans eau »). Parmi les exemples les plus frappants figurent les Tardigrades, de minuscules Acariens qui font moins de 1 mm de long (FIGURE 44.15). Dans leur phase active et hydratée, ces animaux ont une masse qui se compose à environ 85 % d'eau, mais ils peuvent se déshydrater jusqu'à ce leur masse

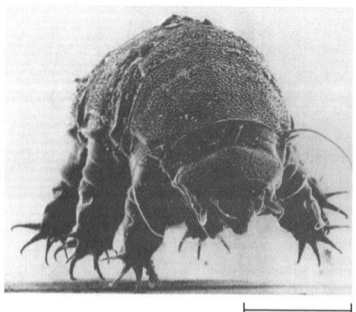 

100 µm (150 ×) 50 µm (300 ×)

(a) Tardigrade hydraté   **(b) Tardigrade déshydraté**

FIGURE 44.15 Anhydrobiose. Les Tardigrades (des Acariens minuscules) habitent dans des étangs temporaires et dans des gouttelettes d'eau présentes sur le sol ou sur des plantes (MEB).

contienne même moins que 2 % d'eau et survivre dans un état d'inactivité, secs comme de la poussière, pendant une décennie ou plus. Il suffit qu'il y ait de nouveau un peu d'eau pour que les Tardigrades réhydratés se déplacent et se nourrissent.

Les animaux capables d'anhydrobiose doivent posséder des adaptations qui protègent leurs membranes cellulaires. Les chercheurs commencent à peine à comprendre comment les Tardigrades font pour survivre une fois qu'ils sont desséchés. Les études de certains vers ronds (Nématodes) capables d'anhydrobiose indiquent que les sujets déshydratés contiennent des quantités importantes de glucides, et particulièrement d'un disaccharide appelé tréhalose. Celui-ci est composé de deux unités de glucose. Il semble protéger les cellules en remplaçant l'eau qui hydrate habituellement les membranes et les protéines. De nombreux Insectes qui survivent à la congélation en hiver utilisent aussi le tréhalose comme agent protecteur de leurs membranes.

Maintien de l'équilibre osmotique sur la terre ferme

La menace posée par le dessèchement est peut-être le problème de régulation le plus important que les Plantes et les Animaux terrestres doivent affronter. L'Humain meurt s'il perd environ 12 % de son contenu en eau (les Mammifères qui ont évolué dans des milieux secs, comme les Chameaux, peuvent supporter une déshydratation deux fois plus importante). L'importance de ce défi explique en partie pourquoi seuls les Arthropodes et les Vertébrés ont réussi à coloniser les habitats terrestres avec beaucoup de succès (d'autres embranchements possèdent des représentants terrestres, mais la plupart de leurs espèces sont aquatiques).

Les adaptations qui réduisent la perte d'eau sont essentielles à la survie sur la terre ferme. Tout comme les Plantes terrestres ont une cuticule cireuse qui contribue à leur succès, la plupart des Animaux terrestres ont des surfaces corporelles qui aident à prévenir la déshydratation. On peut donner comme exemples les couches cireuses de l'exosquelette des Insectes, la coquille des Escargots terrestres et les couches multiples de cellules épidermiques mortes kératinisées qui recouvrent la plupart des Vertébrés terrestres. De nombreux Animaux terrestres, surtout les habitants du désert, ont un mode de vie nocturne. Cela leur permet de réduire les pertes d'eau par vaporisation en tirant parti des températures plus basses et de l'humidité relative plus élevée de l'air pendant la nuit.

Malgré ces adaptations, la plupart des Animaux terrestres perdent beaucoup d'eau des surfaces humidifiées de leurs organes d'échanges gazeux, à travers leur peau, dans leur urine et dans leurs excréments. Les Animaux terrestres équilibrent leur allocation hydrique en buvant et en consommant des aliments hydratés, et aussi en utilisant l'eau métabolique (l'eau produite par les mitochondries pendant la respiration cellulaire). Certains sont si bien adaptés à la réduction des pertes d'eau qu'ils peuvent survivre dans le désert sans même boire. Ainsi, de nombreux oiseaux et reptiles du désert, qui consomment des insectes, ne boivent pas. Les Rats-kangourous (*Dipodomys sp.*) perdent si peu d'eau qu'il peuvent compenser 90 % des pertes en utilisant l'eau métabolique (FIGURE 44.16) ; il leur suffit de récupérer les 10 % manquants en absorbant la faible quantité d'eau qui se trouve dans les graines qu'ils consomment.

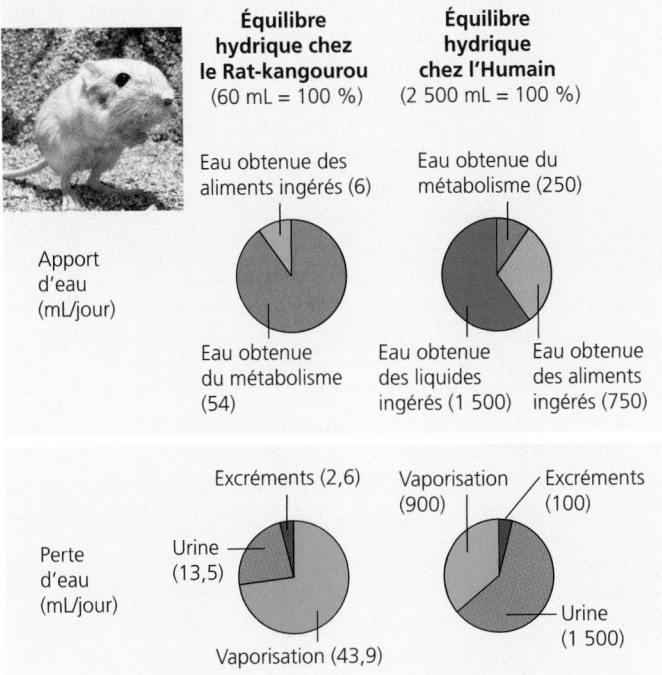

FIGURE 44.16 Équilibre hydrique chez deux mammifères terrestres. Le Rat-kangourou, qui vit dans le sud-ouest américain, consomme essentiellement des graines desséchées; il ne boit pas d'eau. Cet animal perd surtout de l'eau par vaporisation pendant les échanges gazeux, et il acquiert de l'eau principalement par le métabolisme cellulaire. En revanche, l'Humain perd une quantité importante d'eau dans l'urine et récupère en grande partie l'eau nécessaire dans les boissons et les aliments consommés.

LES SYSTÈMES URINAIRES

Même si les problèmes de l'équilibre hydrique sur la terre ferme, dans l'eau salée et dans l'eau douce sont très différents, leurs solutions dépendent toutes de la régulation du mouvement des solutés entre les liquides internes et le milieu externe. La majeure partie de ces fonctions sont exécutées par les systèmes urinaires: ceux-ci jouent un rôle essentiel dans l'homéostasie, parce qu'ils éliminent les déchets métaboliques et régulent la composition des liquides corporels en limitant les pertes de solutés particuliers.

La plupart des systèmes urinaires produisent de l'urine en raffinant un filtrat dérivé des liquides corporels : *une vue d'ensemble*

Comme nous le verrons dans cette section, les systèmes urinaires sont variés, mais ils produisent presque tous de l'urine grâce à un processus en deux étapes. Tout d'abord, le liquide corporel (sang, lymphe, liquide interstitiel, liquide cœlomique ou hémolymphe) est prélevé; ensuite, la composition du liquide total est ajustée par une **réabsorption sélective** ou par une **sécrétion** de solutés (FIGURE 44.17). La première collecte de liquides fait généralement intervenir la **filtration** par les membranes à perméabilité sélective des épithéliums de transport. Ces membranes laissent les cellules, les protéines et les

autres macromolécules dans le liquide corporel; la pression hydrostatique (pression sanguine chez de nombreux Animaux) expulse l'eau et de petits solutés (notamment les sels, les monosaccharides, les acides aminés et les déchets azotés) dans le système urinaire. Ce liquide s'appelle **filtrat**.

La collecte des liquides n'est pas sélective, même quand il y a filtration; il faut donc que les petites molécules essentielles soient récupérées du filtrat et retournées aux liquides corporels. Les systèmes urinaires utilisent au besoin les transports actif et passif pour réabsorber sélectivement les solutés précieux, notamment le glucose, certains ions et les acides aminés. Les solutés superflus et les déchets (par exemple, des ions excédentaires ou des toxines) sont laissés dans le filtrat ou lui sont ajoutés par une sécrétion sélective, laquelle fait appel aux modes de transport actif et passif. Le transport membranaire des divers solutés permet aussi de modifier le mouvement osmotique de l'eau qui pénètre dans le filtrat ou qui en sort.

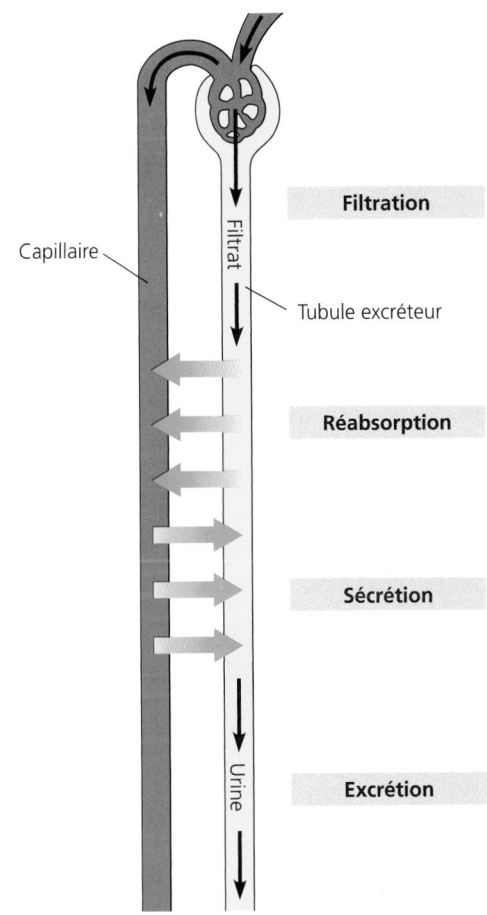

FIGURE 44.17 Fonctions importantes des systèmes urinaires : une vue d'ensemble. La plupart des systèmes urinaires produisent un filtrat par un processus de filtration sous pression des liquides organiques. Dans ce diagramme, qui représente schématiquement le système urinaire des Vertébrés, le tubule excréteur collecte un filtrat du sang. La pression sanguine force l'eau et les solutés à traverser les membranes à perméabilité sélective d'un regroupement de capillaires et à gagner le tubule excréteur (en jaune). Le filtrat est ensuite modifié par l'épithélium de transport tapissant le tubule. Pendant la réabsorption, l'épithélium récupère les substances importantes du filtrat, et il les retourne aux liquides corporels. Pendant la sécrétion, d'autres substances, notamment les toxines et les ions excédentaires, sont extraites des liquides corporels et ajoutées au contenu du tubule excréteur.

Les divers systèmes urinaires constituent des variations de tubules spécialisés

Protonéphridie : organe à cellule-flamme

Les Vers plats (embranchement des Plathelminthes) ont un système urinaire constitué d'organes appelés protonéphridies. Une **protonéphridie** est un réseau de tubules qui se terminent en cul-de-sac et qui sont dépourvus d'ouvertures à l'intérieur du corps (FIGURE 44.18). Les tubules se répartissent dans tout le corps, et les plus petites ramifications se terminent par une cellule bulbeuse appelée cellule-flamme. Cette dernière possède une touffe de cils vibratiles qui forment saillie dans le tubule. Le battement des cils attire l'eau et les solutés du liquide interstitiel et les fait circuler dans la cellule-flamme (filtration) jusqu'au réseau tubulaire. L'urine est ensuite propulsée dans les tubules jusqu'à ce que ceux-ci se vident dans l'environnement externe par des ouvertures appelées néphridiopores. L'urine excrétée est

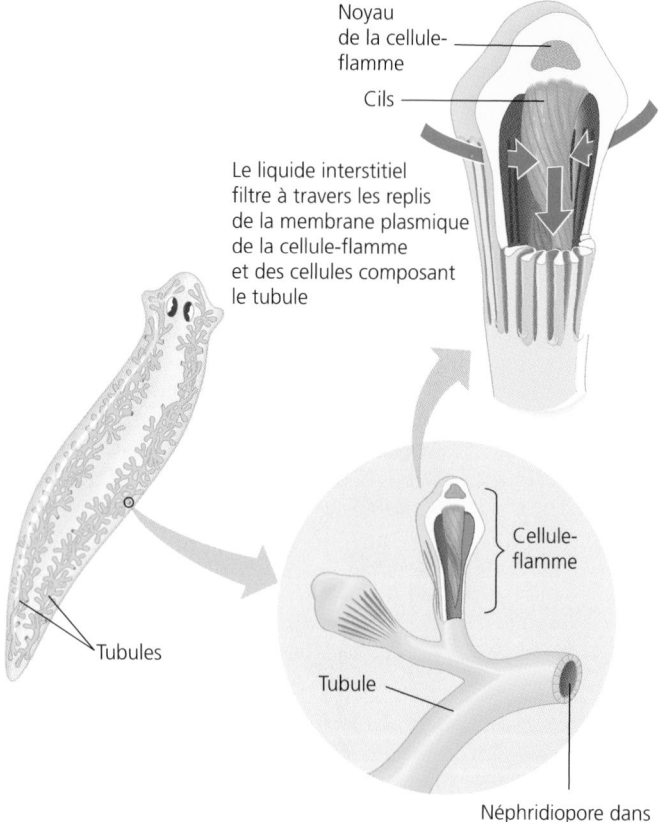

FIGURE 44.18 Protonéphridies : système urinaire à cellules-flammes de la Planaire (Ver plat). Les protonéphridies sont des tubules internes ramifiés, spécialisés dans l'osmorégulation. Une cellule-flamme coiffe chacune des ramifications des tubules ; elle constitue une structure en cul-de-sac baignant dans le liquide interstitiel de l'animal. La cellule-flamme s'ancre aux cellules qui composent un tubule grâce à une interpénétration des membranes plasmiques. Cette disposition des membranes forme une structure en accordéon qui augmente la surface de filtration des protonéphridies. L'eau et les solutés du liquide interstitiel pénètrent dans la lumière du tubule à travers les membranes entremêlées. Le battement des cils contenus dans les cellules-flammes crée un gradient de pression qui assure le transport du liquide des tissus internes de l'animal vers les tubules, et de ceux-ci vers les néphridiopores, des ouvertures qui permettent aux protonéphridies de déverser l'urine dans l'environnement. (Les cils vibratiles en action ressemblent à une flamme vacillante, d'où l'appellation cellule-flamme.)

Dans l'illustration, les légendes suivantes apparaissent :
- Noyau de la cellule-flamme
- Cils
- Le liquide interstitiel filtre à travers les replis de la membrane plasmique de la cellule-flamme et des cellules composant le tubule
- Tubules
- Cellule-flamme
- Tubule
- Néphridiopore dans la paroi corporelle

extrêmement diluée chez les Vers plats d'eau douce, ce qui équilibre l'entrée d'eau du milieu environnant par osmose. Il semble aussi que les tubules réabsorbent la plupart des solutés avant que l'urine ne quitte le corps.

Le système urinaire à cellules-flammes des Vers plats d'eau douce semble servir principalement à l'osmorégulation : la plupart des déchets métaboliques sont excrétés à travers la surface corporelle ou sont excrétés dans la cavité gastrovasculaire, puis éliminés par la bouche (voir le chapitre 33). Toutefois, certains vers plats parasites, isoosmotiques par rapport aux liquides environnants de leur hôte, utilisent surtout leurs protonéphridies pour excréter les déchets azotés. Cette différence de fonction illustre la façon dont certaines structures communes à un groupe d'organismes peuvent être adaptées de diverses façons, au fil de l'évolution dans des milieux différents. On trouve aussi des protonéphridies chez les Rotifères, certains Annélides, les larves des Mollusques et les Amphioxus, qui sont des Cordés invertébrés. (Voir les chapitres 33 et 34 pour revoir ces embranchements des Animaux.)

Métanéphridies

Un autre type de système urinaire constitué d'organes tubulaires appelés **métanéphridies** possède des ouvertures internes recueillant les liquides de l'organisme (FIGURE 44.19). Les métanéphridies existent chez la plupart des Annélides, notamment chez le Ver de terre (*Lumbricus terrestris*). Chaque segment du Ver de terre possède sa propre paire de métanéphridies. Celles-ci sont immergées dans le liquide cœlomique et enveloppées par un réseau de capillaires. L'ouverture interne d'une métanéphridie est entourée d'un entonnoir cilié, le néphrostome, qui collecte les liquides cœlomiques.

Les métanéphridies du Ver de terre ont des fonctions excrétrices et osmorégulatrices. À mesure que l'urine circule dans le tubule collecteur, l'épithélium de transport bordant la lumière réabsorbe la plupart des solutés et les ramène au sang par les capillaires. Les déchets azotés restent dans le tubule et sont évacués vers l'extérieur. Les Vers de terre vivent dans la terre humide et absorbent généralement de l'eau par osmose à travers la cuticule et l'épiderme. Les métanéphridies équilibrent l'apport hydrique en produisant de l'urine diluée (hypoosmotique par rapport aux liquides corporels).

Tubes de Malpighi

Les Insectes et les autres Arthropodes terrestres possèdent un système urinaire constitué d'organes appelés **tubes de Malpighi.** Ceux-ci retirent les déchets azotés et jouent un rôle dans l'osmorégulation (FIGURE 44.20). Ils débouchent dans le tube digestif, et leur extrémité en cul-de-sac est immergée dans l'hémolymphe (liquide circulatoire). L'épithélium de transport tapissant les tubes sécrète certains solutés, notamment des déchets azotés, qui passent de l'hémolymphe dans la cavité du tubule. L'eau suit les solutés par osmose. La solution passe ensuite dans le rectum, où la plupart des solutés sont réabsorbés et retournés à l'hémolymphe. L'eau suit encore une fois les solutés, et les déchets azotés (surtout de l'acide urique insoluble) sont éliminés sous forme de résidus presque secs avec les excréments. Le système urinaire des Insectes, qui est remarquablement efficace sur le plan de la conservation de l'eau, est l'une des adaptations clés qui a contribué à l'énorme succès de ces animaux sur la terre ferme.

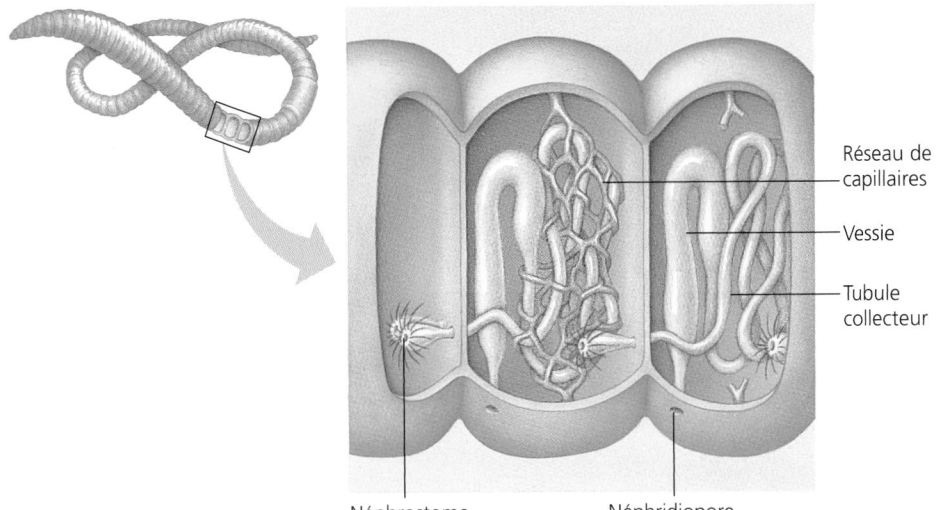

FIGURE 44.19 Métanéphridies du Ver de terre (*Lumbricus terrestris*). Chaque segment du Ver de terre contient une paire de métanéphridies (en vert et en bleu). Celles-ci drainent le liquide cœlomique du segment antérieur adjacent. Le liquide pénètre dans le néphrostome et passe dans le tubule collecteur spiralé, lequel comprend une vessie communiquant avec l'extérieur grâce au néphridiopore. Les déchets azotés restent dans le liquide et sont excrétés, mais certains ions sont récupérés et reviennent dans le sang. L'urine du Ver de terre est très diluée ; la perte d'eau équilibre l'apport osmotique d'eau par la peau.

Réseau de capillaires

Vessie

Tubule collecteur

Néphrostome

Néphridiopore

Reins des Vertébrés

Les reins des Vertébrés exercent généralement des fonctions d'osmorégulation et d'excrétion. À l'instar des organes excréteurs de la plupart des Animaux, ils se composent de tubules. Les Myxines (des poissons osmotolérants), qui figurent parmi les Vertébrés vivants les plus primitifs, ont des reins comportant des tubules excréteurs disposés en segments. Il est probable que les structures excrétrices des ancêtres des Vertébrés étaient aussi segmentées. Toutefois, les reins de la plupart des Vertébrés sont des organes compacts et non segmentés contenant de nombreux tubules disposés selon une structure précise. Un dense réseau de capillaires étroitement associé aux tubules, de même

que des conduits et d'autres structures de transport de l'urine hors des tubules et du rein (et aussi hors de l'organisme), fait également partie intégrante du système urinaire des Vertébrés.

Nous nous concentrerons tout d'abord sur les reins des Mammifères en prenant l'Humain comme exemple. Nous comparerons ensuite les organes d'excrétion des divers types de Vertébrés pour faire le point sur les modifications apportées par l'évolution face à différents environnements.

Le néphron est l'unité structurale et fonctionnelle des reins des Mammifères

Les Mammifères possèdent une paire de reins. Chez l'Humain, chacun de ceux-ci a une forme de haricot et mesure environ 10 cm. Ces organes sont irrigués par l'**artère rénale** et par la **veine rénale** (FIGURE 44.21, p. 1032). Le flux sanguin qui traverse les reins est important. Chez l'Humain, ces derniers comptent pour moins de 1 % de la masse corporelle, mais ils reçoivent environ 20 % du débit sanguin au repos. L'urine quitte les reins par deux conduits appelés **uretères** ; ceux-ci se déversent dans la **vessie.** Pendant la miction, l'urine est expulsée de la vessie par un conduit appelé **urètre.** L'urètre débouche près du vagin, chez la femme, et à l'extrémité du pénis, chez l'homme. Des muscles sphincters à proximité de la jonction de l'urètre et de la vessie empêchent l'écoulement d'urine entre les mictions.

Structure et fonction du néphron et des structures connexes

Le rein mammalien comporte deux régions distinctes : un **cortex rénal** externe et une **médulla rénale** interne (voir la FIGURE 44.21). Ces deux régions sont remplies de tubules excréteurs microscopiques associés à des vaisseaux sanguins. Chaque **néphron,** l'unité structurale et fonctionnelle du rein des Vertébrés, comprend un seul long tubule et une boule de capillaires appelée **glomérule.** L'extrémité fermée du tubule forme un réceptacle sphérique et creux, la **capsule glomérulaire rénale** (ou capsule de Bowman), qui entoure le glomérule. Chacun des reins humains contient environ un million de néphrons, avec une longueur totale de près de 80 km de tubules.

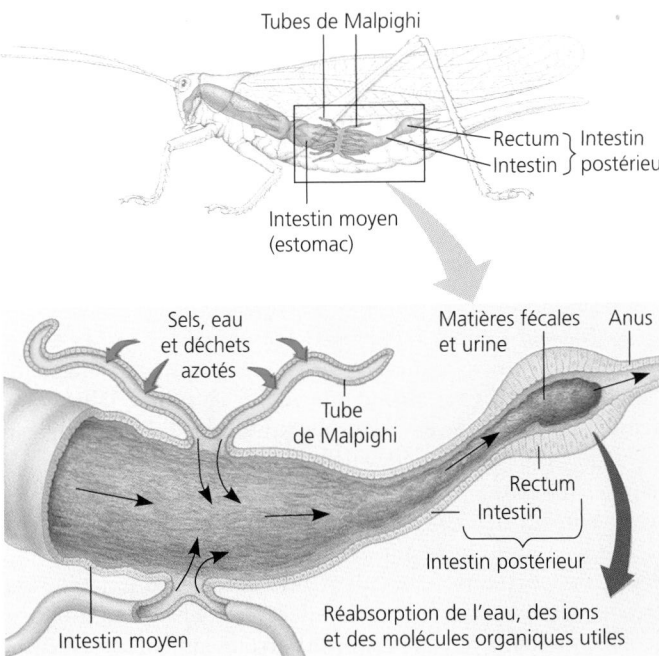

Tubes de Malpighi

Rectum ⎱ Intestin
Intestin ⎰ postérieur

Intestin moyen (estomac)

Sels, eau et déchets azotés

Tube de Malpighi

Matières fécales et urine

Anus

Rectum
Intestin

Intestin postérieur

Réabsorption de l'eau, des ions et des molécules organiques utiles

Intestin moyen

FIGURE 44.20 Tubes de Malpighi des Insectes. Les tubes de Malpighi sont des excroissances du tube digestif. Ils recueillent les déchets azotés et les sels en provenance de l'hémolymphe, et l'eau suit ces solutés par osmose. La majeure partie de ces sels et de l'eau est réabsorbée par l'épithélium du rectum, et les déchets azotés presque secs sont éliminés avec les matières fécales.

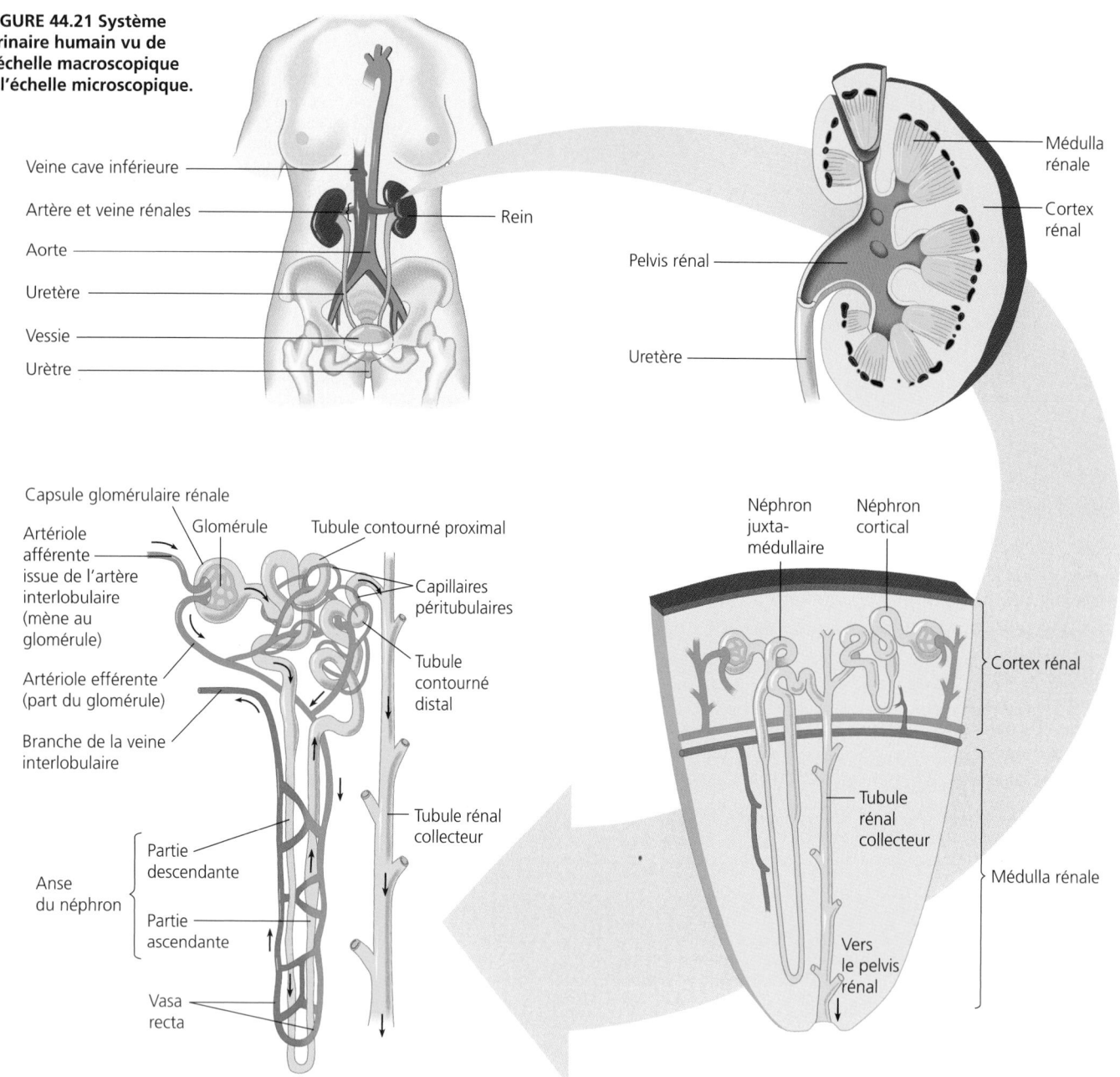

FIGURE 44.21 Système urinaire humain vu de l'échelle macroscopique à l'échelle microscopique.

Labels (upper left, human figure):
- Veine cave inférieure
- Artère et veine rénales
- Aorte
- Uretère
- Vessie
- Urètre
- Rein

Labels (upper right, kidney cross-section):
- Médulla rénale
- Cortex rénal
- Pelvis rénal
- Uretère

Labels (lower left, nephron):
- Capsule glomérulaire rénale
- Glomérule
- Tubule contourné proximal
- Artériole afférente issue de l'artère interlobulaire (mène au glomérule)
- Capillaires péritubulaires
- Artériole efférente (part du glomérule)
- Tubule contourné distal
- Branche de la veine interlobulaire
- Tubule rénal collecteur
- Anse du néphron
  - Partie descendante
  - Partie ascendante
- Vasa recta

Labels (lower right):
- Néphron juxta-médullaire
- Néphron cortical
- Cortex rénal
- Tubule rénal collecteur
- Médulla rénale
- Vers le pelvis rénal

Filtration du sang. La filtration se fait à mesure que la pression artérielle pousse le sang dans le glomérule, plus précisément dans la cavité de la capsule glomérulaire rénale. Les capillaires poreux, de même que les podocytes (des cellules spécialisées de la capsule), sont perméables à l'eau et aux petits solutés, mais pas aux éléments figurés du sang ni aux macromolécules (comme les protéines plasmatiques). La filtration des petites molécules n'est pas sélective ; le filtrat de la capsule glomérulaire rénale contient donc des ions, du glucose, des vitamines, des déchets azotés (comme l'urée) et d'autres petites molécules. Ce mélange reflète les concentrations de ces substances dans le plasma sanguin.

Parcours du filtrat. À partir de la capsule glomérulaire rénale, le filtrat traverse trois régions du néphron : le **tubule contourné proximal** ; l'**anse du néphron** (ou anse de Henle), une boucle

en forme d'épingle à cheveux constituée d'une partie descendante et d'une partie ascendante ; enfin, le **tubule contourné distal**. Celui-ci se déverse dans un **tubule rénal collecteur,** qui reçoit le filtrat de plusieurs néphrons. Les nombreux tubules rénaux collecteurs se déversent ensuite dans le pelvis rénal, un compartiment en forme d'entonnoir qui débouche dans l'uretère.

Dans le rein humain, environ 80 % des néphrons, les **néphrons corticaux,** possèdent une anse raccourcie et sont presque entièrement confinés au cortex rénal. Les 20 % de néphrons restants, appelés **néphrons juxtamédullaires,** possèdent une anse bien développée qui pénètre en profondeur dans la médulla rénale (voir la FIGURE 44.21). Seuls les Mammifères et les Oiseaux possèdent des néphrons juxtamédullaires : les néphrons des autres Vertébrés n'ont pas d'anses. Ce sont les néphrons juxtamédullaires qui permettent aux Mammifères de produire une urine hyperosmotique par rapport aux liquides corporels, une adaptation des plus importantes pour la conservation de l'eau.

Le néphron et le tubule rénal collecteur sont tapissés d'un épithélium de transport qui transforme le filtrat pour former l'urine. L'une des fonctions les plus importantes de cet épithélium réside dans la réabsorption des solutés et de l'eau. Entre 1 100 et 2 000 litres de sang passent chaque jour dans les reins : c'est un volume qui équivaut à environ 275 fois le volume total de sang dans le corps. En traitant ce volume énorme de sang, les néphrons et les tubules rénaux collecteurs produisent environ 180 litres de filtrat initial, ce qui correspond à deux ou trois fois la masse d'une personne de taille moyenne. Presque tous les monosaccharides, les vitamines et les autres nutriments organiques de ce filtrat, ainsi que près de 99 % de son eau, sont réabsorbés et passent dans le sang, ce qui ne laisse que 1,5 litre d'urine environ à excréter.

Vaisseaux sanguins associés aux néphrons. Le néphron est approvisionné en sang par une **artériole afférente,** une branche d'une artère interlobulaire elle-même issue d'une artère rénale, qui se ramifie pour former les capillaires du glomérule. À leur sortie de la capsule glomérulaire rénale, les capillaires convergent en une **artériole efférente.** Ce vaisseau se subdivise à son tour en un réseau secondaire de capillaires, les **capillaires péritubulaires.** Ceux-ci s'enchevêtrent avec les tubules contournés proximal et distal du néphron. D'autres capillaires s'allongent vers le bas pour former les **vasa recta,** un réseau de capillaires entourant l'anse du néphron. Les vasa recta produisent aussi une anse, dont les vaisseaux descendant et ascendant transportent le sang dans des directions inverses.

Les tubules excréteurs et les capillaires qui les entourent sont étroitement associés, mais ils n'échangent pas de substances directement à travers leur paroi. Ils baignent dans un liquide interstitiel, à travers lequel diverses substances diffusent entre le plasma des capillaires et le filtrat des tubules rénaux.

Du filtrat à l'urine : une étude détaillée

Dans cette section, nous allons examiner le processus de transformation du filtrat en urine à mesure qu'il circule à travers les néphrons et passe dans les tubules rénaux collecteurs des Mammifères. Les chiffres encerclés correspondent aux chiffres indiqués dans la FIGURE 44.22, à la page 1034.

❶ **Tubule contourné proximal.** Les processus de sécrétion et de réabsorption dans le tubule contourné proximal modifient considérablement le volume et la composition du filtrat. Par exemple, les cellules de l'épithélium de transport favorisent le maintien d'un pH constant dans les liquides corporels grâce à la sécrétion contrôlée de protons par cotransport (appelé transport actif secondaire par certains auteurs). Les cellules de l'épithélium de transport synthétisent et sécrètent aussi de l'ammoniac, qui neutralise l'acide et qui évite que le filtrat ne devienne trop acide. Plus le filtrat est acide, plus les cellules de l'épithélium de transport produisent de l'ammoniac, transporté passivement dans le tubule, de sorte que l'urine d'un mammifère contient toujours une certaine quantité d'ammoniac de cette source (même si la plupart des déchets azotés sont excrétés sous forme d'urée). En outre, le tubule contourné proximal réabsorbe par diffusion facilitée environ 90 % des ions hydrogénocarbonate (HCO_3^-), qui jouent un rôle important dans le sang en tant que substance tampon. Les médicaments et autres corps étrangers traités dans le foie passent des capillaires péritubulaires au liquide interstitiel, puis sont sécrétés à travers l'épithélium du tubule contourné proximal dans la lumière du néphron. À l'inverse, les nutriments précieux, notamment le glucose, le lactate, les acides aminés et le potassium (K^+), font l'objet d'un cotransport, d'un transport actif ou d'un transport passif du filtrat au liquide interstitiel, pour ensuite être acheminés aux capillaires péritubulaires.

La réabsorption de la majorité du NaCl (sel) et de l'eau à partir du volume énorme du filtrat initial constitue une des fonctions les plus importantes du tubule contourné proximal. Le sel du filtrat diffuse passivement dans les cellules de l'épithélium de transport, et les membranes des cellules procèdent au transport actif du Na^+ vers le liquide interstitiel. Ce transfert de charge positive est équilibré par le transport passif de Cl^- vers l'extérieur du tubule. À mesure que le sel passe du filtrat au liquide interstitiel, l'eau suit par osmose. L'extérieur de l'épithélium de transport offre une aire d'échanges bien moins importante que l'intérieur, qui fait face à la lumière et qui comporte de très nombreuses microvillosités. Cette caractéristique structurale réduit au minimum les pertes de sel et d'eau, qui pourraient retourner dans le tubule. En fait, le sel et l'eau diffusent par la suite du liquide interstitiel vers les capillaires péritubulaires.

❷ **Partie descendante de l'anse du néphron.** La réabsorption de l'eau se poursuit pendant que le filtrat se déplace dans le tubule vers la partie descendante de l'anse du néphron. À cet endroit, l'épithélium de transport est tout à fait perméable à l'eau, mais peu perméable au sel et aux autres petits solutés. Pour que l'eau sorte du tubule par osmose, le liquide interstitiel baignant le tubule doit être hyperosmotique par rapport au filtrat. L'osmolarité du liquide interstitiel augmente graduellement à mesure que l'on avance de la face externe du cortex rénal vers la médulla rénale interne (nous aborderons bientôt le mécanisme qui maintient ce gradient). C'est pourquoi le filtrat qui se déplace du cortex vers la médulla, dans la partie descendante de l'anse du néphron, continue de perdre de l'eau au profit du liquide interstitiel, dont l'osmolarité est croissante. À mesure que l'eau est réabsorbée par osmose, la concentration en solutés du filtrat augmente.

❸ **Partie ascendante de l'anse du néphron.** Le filtrat atteint le fond de l'anse, situé dans la partie profonde de la médulla rénale interne dans le cas des néphrons juxtamédullaires, puis il remonte vers le cortex rénal dans la partie ascendante de l'anse du néphron. Contrairement à l'épithélium de transport de la partie descendante, l'épithélium de transport de la partie ascendante est perméable aux ions, mais non à l'eau. En fait, la partie ascendante possède deux régions spécialisées : le segment grêle près du fond de l'anse et le segment large conduisant au tubule contourné distal. À mesure que le filtrat monte dans le segment grêle, le NaCl, devenu concentré dans la partie descendante, traverse le tubule par diffusion facilitée et se retrouve dans le liquide interstitiel. Cette perte de sel contribue à l'osmolarité

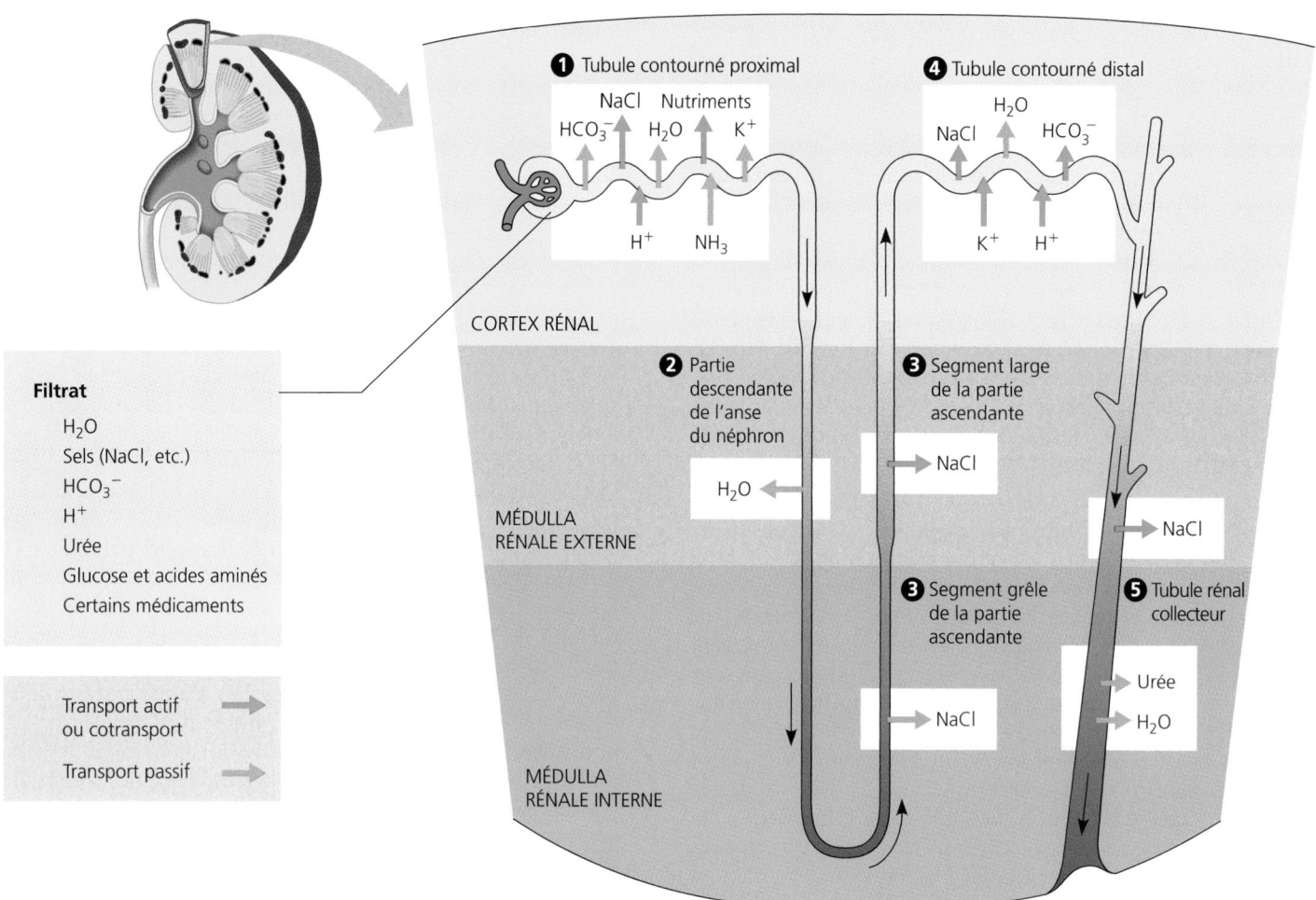

FIGURE 44.22 Le néphron et le tubule rénal collecteur : fonctions des différentes régions de l'épithélium de transport. Les éléments numérotés du schéma renvoient aux chiffres encerclés et mis en évidence dans le texte de la présente section.

Dans le schéma :

❶ Tubule contourné proximal

NaCl   Nutriments

HCO_3^- H_2O K^+

H^+ NH_3

❹ Tubule contourné distal

H_2O

NaCl HCO_3^-

K^+ H^+

Filtrat

H_2O

Sels (NaCl, etc.)

HCO_3^-

H^+

Urée

Glucose et acides aminés

Certains médicaments

Transport actif ou cotransport

Transport passif

CORTEX RÉNAL

❷ Partie descendante de l'anse du néphron

H_2O

❸ Segment large de la partie ascendante

NaCl

NaCl

MÉDULLA RÉNALE EXTERNE

❸ Segment grêle de la partie ascendante

❺ Tubule rénal collecteur

Urée

H_2O

NaCl

MÉDULLA RÉNALE INTERNE

élevée du liquide interstitiel présent dans la médulla rénale. L'exode de sel du filtrat se poursuit dans le segment large de la partie ascendante ; cependant, dans cette région, l'épithélium procède au transport actif de NaCl vers le liquide interstitiel. En perdant du sel sans perdre de l'eau, le filtrat se dilue progressivement, à mesure qu'il remonte vers le cortex rénal dans la partie ascendante de l'anse du néphron.

❹ Tubule contourné distal. Le tubule contourné distal constitue un autre site important de sécrétion et de réabsorption. Il joue un rôle clé dans la régulation de la concentration du K^+ et du NaCl dans les liquides corporels : il fait varier la quantité de K^+ sécrétée dans le filtrat et la quantité de NaCl réabsorbée du filtrat par cotransport ou transport actif. À l'instar du tubule contourné proximal, le tubule contourné distal participe à la régulation du pH, et ce, par la sécrétion contrôlée de H^+ à l'aide d'un transport actif et par la réabsorption des ions hydrogéno-carbonate (HCO_3^-) par cotransport.

❺ Tubule rénal collecteur. Le tubule rénal collecteur transporte le filtrat à travers la médulla rénale jusqu'au pelvis rénal. En réabsorbant activement le NaCl, l'épithélium de transport du tubule rénal collecteur joue un rôle important en ce qui a trait à la détermination de la quantité de sel excrétée dans l'urine. L'épithélium est perméable à l'eau, mais pas au sel ni à l'urée (dans le cortex rénal). Ainsi, à mesure que le tubule rénal collecteur traverse le gradient d'osmolarité dans le rein, le filtrat se concentre de plus en plus en perdant de l'eau par osmose au profit du liquide interstitiel hyperosmotique. Dans la médulla rénale interne, l'épithélium du tubule rénal collecteur devient perméable à l'urée. En raison de sa concentration élevée dans le filtrat à ce moment, une certaine partie de l'urée diffuse (par transport passif) hors du tubule vers le liquide interstitiel. Avec le NaCl, cette urée interstitielle contribue de manière importante à l'osmolarité élevée du liquide interstitiel présent dans la médulla rénale. Et c'est cette osmolarité élevée du liquide qui permet au rein de conserver de l'eau en excrétant une urine hyperosmotique par rapport aux liquides corporels en général.

La capacité du rein mammalien à conserver l'eau est une adaptation essentielle à la vie terrestre

L'osmolarité du sang humain s'élève à environ 300 mmol/L, mais le rein peut excréter une urine jusqu'à quatre fois plus concentrée (dont l'osmolarité atteint 1 200 mmol/L). Quelques mammifères peuvent faire encore mieux. Par exemple, certaines souris du désert australien, qui vivent dans un milieu très sec, produisent parfois de l'urine dont la concentration atteint 9 300 mmol/L. Cette urine est donc 9 fois plus concentrée que l'eau de mer et 25 fois plus concentrée que leurs liquides corporels.

Dans les reins des Mammifères, l'action concertée et la disposition précise des anses du néphron et des tubules rénaux collecteurs maintiennent le gradient osmotique nécessaire à la concentration de l'urine. Toutefois, le maintien des différences osmotiques et la production d'urine hyperosmotique ne sont possibles que parce qu'une énergie considérable est consacrée au transport actif ou au cotransport des solutés contre les gradients de concentration. En fait, le néphron, particulièrement l'anse du néphron, peut être décrit comme une machine minuscule consommatrice d'énergie, dont la fonction est de créer une zone de forte osmolarité dans le rein ; celle-ci sert ensuite à extraire de l'eau de l'urine contenue dans le tubule rénal collecteur. Les deux solutés primaires de ce gradient d'osmolarité sont le NaCl, déposé dans la médulla rénale par l'anse du néphron, et l'urée, qui passe à travers l'épithélium des tubules rénaux collecteurs dans la médulla rénale interne (voir la FIGURE 44.22).

Conservation de l'eau à l'aide de deux gradients de solutés

Afin de mieux comprendre comment la physiologie du rein mammalien permet de conserver l'eau, examinons à nouveau le trajet du filtrat dans le tubule excréteur, mais en insistant cette fois sur la façon dont les néphrons juxtamédullaires maintiennent un gradient d'osmolarité dans le rein et utilisent ce gradient pour excréter une urine hyperosmotique (FIGURE 44.23). Quand le filtrat sort de la capsule glomérulaire rénale pour aller vers le tubule contourné proximal, il possède une osmolarité d'environ 300 mmol/L, identique à celle du sang. À mesure que le filtrat s'écoule dans le tubule contourné proximal (à l'intérieur du cortex rénal), une grande quantité d'eau *et* de sels est réabsorbée ; ainsi, le volume de filtrat diminue substantiellement, mais son osmolarité reste à peu près la même.

À mesure que le filtrat s'écoule du cortex rénal à la médulla rénale par la partie descendante de l'anse du néphron, l'eau sort du tubule par osmose. L'osmolarité du filtrat augmente alors à mesure que les solutés, dont le NaCl, se concentrent. L'osmolarité la plus élevée est observée dans la courbure de l'anse du néphron. La diffusion des sels vers l'extérieur du tubule atteint un maximum lorsque le filtrat quitte la courbure et entre dans la partie ascendante de l'anse du néphron, qui, vous le savez, réabsorbe le sel mais pas l'eau. Ainsi, les deux parties de l'anse du néphron agissent de concert dans le maintien du gradient d'osmolarité dans le liquide interstitiel rénal. La partie descendante de l'anse du néphron produit un filtrat de plus en plus concentré en sels, et la partie ascendante met à profit la concentration de NaCl pour maintenir une osmolarité élevée dans le liquide interstitiel de la médulla rénale.

FIGURE 44.23 Concentration de l'urine par le rein humain : modèle à deux solutés. Du cortex rénal à la médulla rénale interne, l'osmolarité du liquide interstitiel augmente : elle passe de 300 à 1 200 mmol/L. Deux solutés contribuent à ce gradient : le NaCl et l'urée. L'anse du néphron fait en sorte qu'il y ait toujours un gradient de NaCl entre le filtrat et le liquide interstitiel. La concentration de ce sel dans le filtrat augmente en raison de la réabsorption d'eau dans la partie descendante de l'anse du néphron ; puis, la portion ascendante réabsorbe le sel et l'envoie dans le liquide interstitiel. Les sels supplémentaires sont transportés activement hors du segment large de la partie ascendante de l'anse du néphron. La disposition à contre-courant des parties ascendante et descendante (et des capillaires connexes ; voir la FIGURE 44.21) aide à maintenir la forte concentration de sels dans la médulla rénale. Le deuxième soluté, l'urée, s'ajoute au liquide interstitiel de la médulla rénale par diffusion hors du tubule rénal collecteur (la moitié de l'urée du filtrat reste dans le tubule rénal collecteur et est excrétée). Le filtrat traverse trois fois le cortex et la médulla du rein : d'abord vers le bas, jusqu'au fond de l'anse du néphron, puis vers le haut, jusqu'au tubule contourné distal, puis de nouveau vers le bas, dans le tubule rénal collecteur. À mesure que le filtrat s'écoule dans le tubule rénal collecteur, longeant un liquide interstitiel dont l'osmolarité est croissante, de plus en plus d'eau sort du tubule par osmose. Ce mécanisme concentre les solutés, notamment l'urée, qui restent dans le filtrat. Dans des circonstances où le rein conserve l'eau au maximum, l'urine peut atteindre une osmolarité d'environ 1 200 mmol/L, soit un niveau considérablement hyperosmotique par rapport au sang (environ 300 mmol/L). Cette capacité d'excréter les déchets azotés avec une perte minimale d'eau constitue une adaptation essentielle des Mammifères terrestres.

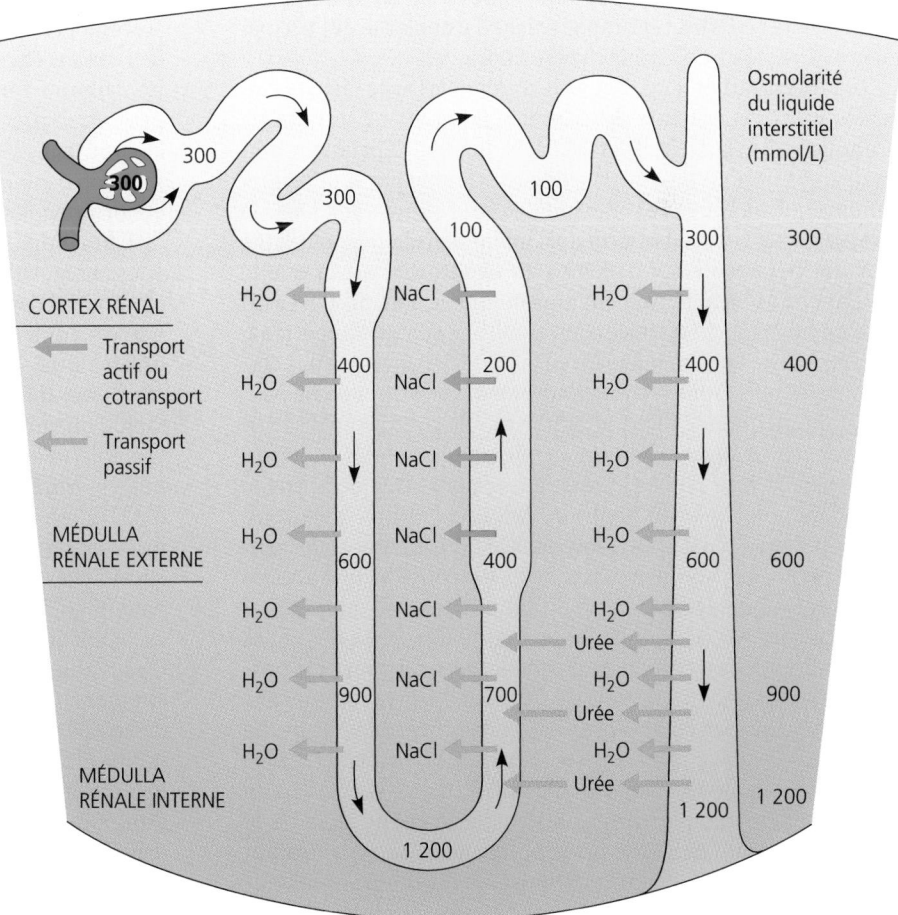

Vous constaterez que l'anse du néphron possède certaines des caractéristiques d'un échangeur à contre-courant, comparable en principe aux mécanismes à contre-courant qui optimisent l'absorption de dioxygène dans les branchies (voir les FIGURES 42.20 et 42.21). On peut aussi penser aux mécanismes de réduction de la perte thermique dans les pattes des endothermes (voir la FIGURE 44.5). Même si les deux parties de l'anse du néphron ne se touchent pas, elles sont suffisamment proches pour que chacune échange des substances avec l'autre par l'intermédiaire d'un liquide interstitiel commun. Le néphron peut concentrer des sels dans la médulla rénale interne en grande partie parce que l'échange entre les circulations opposées dans les parties ascendante et descendante compense la tendance de la diffusion à équilibrer les concentrations de sels de part et d'autre de l'épithélium de transport.

Qu'est-ce qui empêche les capillaires des vasa recta d'éliminer le gradient d'osmolarité en ramenant dans la circulation veineuse principale la forte concentration de NaCl présente dans le liquide interstitiel de la médulla rénale ? En examinant la FIGURE 44.21, vous constaterez que les vasa recta constituent aussi un échangeur à contre-courant : ils comportent des vaisseaux ascendant et descendant qui transportent le sang dans des directions opposées, au fil du gradient d'osmolarité du rein. À mesure que le vaisseau descendant transporte le sang vers la médulla rénale interne, l'eau quitte le sang vers le liquide interstitiel, et le NaCl contenu dans ce dernier diffuse vers le sang. Ces flux sont inversés quand le sang retourne au cortex rénal par le vaisseau ascendant : l'eau retourne dans le sang et le NaCl diffuse hors du sang. Les vasa recta peuvent donc fournir au rein des nutriments et d'autres substances importantes transportées par le sang, et ce, sans nuire au gradient d'osmolarité qui permet au rein d'excréter une urine hyperosmotique.

Le processus d'échange à contre-courant de l'anse du néphron et des vasa recta facilite le maintien du gradient osmotique prononcé entre la médulla et le cortex du rein. Cependant, tout gradient osmotique sera éventuellement éliminé par la diffusion, à moins que de l'énergie soit dépensée pour le protéger. Dans le rein, cette dépense se fait principalement dans le segment large de la partie ascendante de l'anse du néphron. C'est là que le NaCl est transporté activement hors du tubule. Le transport actif nécessaire à la fonction rénale consomme une quantité importante d'ATP. Considérant sa taille, le rein a l'une des vitesses du métabolisme les plus rapides, comparativement aux autres organes.

Au moment où le filtrat atteint le tubule contourné distal, il est hypoosmotique par rapport aux liquides corporels en raison du transport actif de NaCl hors du segment large de la partie ascendante de l'anse du néphron. Ensuite, le filtrat redescend vers la médulla rénale, cette fois dans le tubule rénal collecteur, qui est perméable à l'eau mais pas au sel. Par conséquent, l'osmose fait en sorte que de l'eau sorte du filtrat à mesure que celui-ci passe du cortex à la médulla du rein et qu'il traverse des zones dont le liquide interstitiel est d'osmolarité croissante. Ce processus permet de concentrer le sel, l'urée et d'autres solutés dans le filtrat. Une partie de l'urée est réabsorbée dans la partie inférieure du tubule rénal collecteur et vient participer à l'osmolarité interstitielle élevée de la médulla rénale interne. (Cette urée est récupérée par diffusion dans le segment grêle de la partie ascendante de l'anse du néphron, mais sa réabsorption continuelle par l'épithélium de transport du tubule rénal collecteur maintient une concentration interstitielle élevée d'urée.)

Avant de quitter le rein, l'urine a une osmolarité atteignant celle du liquide interstitiel de la médulla rénale interne, qui peut s'élever à 1 200 mmol/L. Même si l'urine est *isoosmotique* par rapport au liquide interstitiel de la médulla rénale interne, elle est en fait *hyperosmotique* par rapport au sang et au liquide interstitiel du reste du corps. Cette osmolarité élevée permet aux solutés qui restent dans l'urine d'être excrétés hors du corps avec une perte minimale d'eau.

Le néphron juxtamédullaire peut concentrer l'urine, et c'est une adaptation essentielle à la vie terrestre. Il permet aux Mammifères d'éliminer les sels et les déchets azotés sans gaspiller l'eau. Comme nous l'avons vu, la capacité remarquable du rein mammalien à produire une urine hyperosmotique dépend totalement de la disposition précise des tubules et des conduits collecteurs dans le cortex rénal et dans la médulla rénale. À cet égard, le rein illustre très bien la corrélation entre la structure et la fonction d'un organe.

Régulation de la fonction rénale par le système nerveux et par les hormones

L'une des caractéristiques les plus importantes du rein mammalien est sa capacité à adapter le volume ainsi que l'osmolarité de l'urine, et ce, en fonction de l'équilibre hydrique et électrolytique, et aussi de la vitesse de production de l'urée. Quand un mammifère absorbe beaucoup de sel et qu'il n'a pas accès à une grande quantité d'eau, il peut excréter de l'urée et du sel et perdre très peu d'eau en produisant un faible volume d'urine hyperosmotique. Mais si la situation contraire se pose, soit s'il absorbe peu de sel mais beaucoup d'eau, il peut se débarrasser de l'eau excédentaire et ne perdre que peu de sel en produisant un volume important d'urine hypoosmotique (la dilution peut atteindre 70 mmol/L, comparativement à 300 mmol/L environ dans le cas du sang humain). Cette polyvalence de la fonction osmorégulatrice est gérée par divers contrôles nerveux et hormonaux.

L'**hormone antidiurétique** (ADH) joue un rôle important dans la régulation de l'équilibre hydrique (FIGURE 44.24a). Elle est produite dans une région de l'encéphale appelée hypothalamus. Elle est emmagasinée puis libérée par la neurohypophyse, un organe situé juste en dessous de l'hypothalamus. Les osmorécepteurs de l'hypothalamus assurent le suivi de l'osmolarité du sang. Lorsque celle-ci dépasse 300 mmol/L chez l'Humain (par exemple, en raison d'une perte d'eau due à la transpiration dans un environnement chaud), une quantité supplémentaire d'ADH est libérée dans la circulation sanguine et se rend jusqu'aux reins. Les cibles principales de l'ADH sont les tubules contournés distaux ainsi que les tubules rénaux collecteurs, dans lesquels l'hormone vient augmenter la perméabilité à l'eau de l'épithélium de transport. Il s'agit d'augmenter la réabsorption d'eau afin de réduire le volume d'urine et d'éviter toute augmentation supplémentaire de l'osmolarité sanguine audessus de la valeur de référence. Par un mécanisme de rétroinhibition, l'osmolarité décroissante du sang réduit l'activité des osmorécepteurs dans l'hypothalamus, et la sécrétion d'ADH diminue. L'ingestion d'une grande quantité d'eau (contenue dans des aliments ou des boissons) peut aussi ramener l'osmolarité à 300 mmol/L. Lorsqu'une forte absorption d'eau réduit l'osmolarité à un seuil inférieur à la valeur de référence, très peu d'ADH

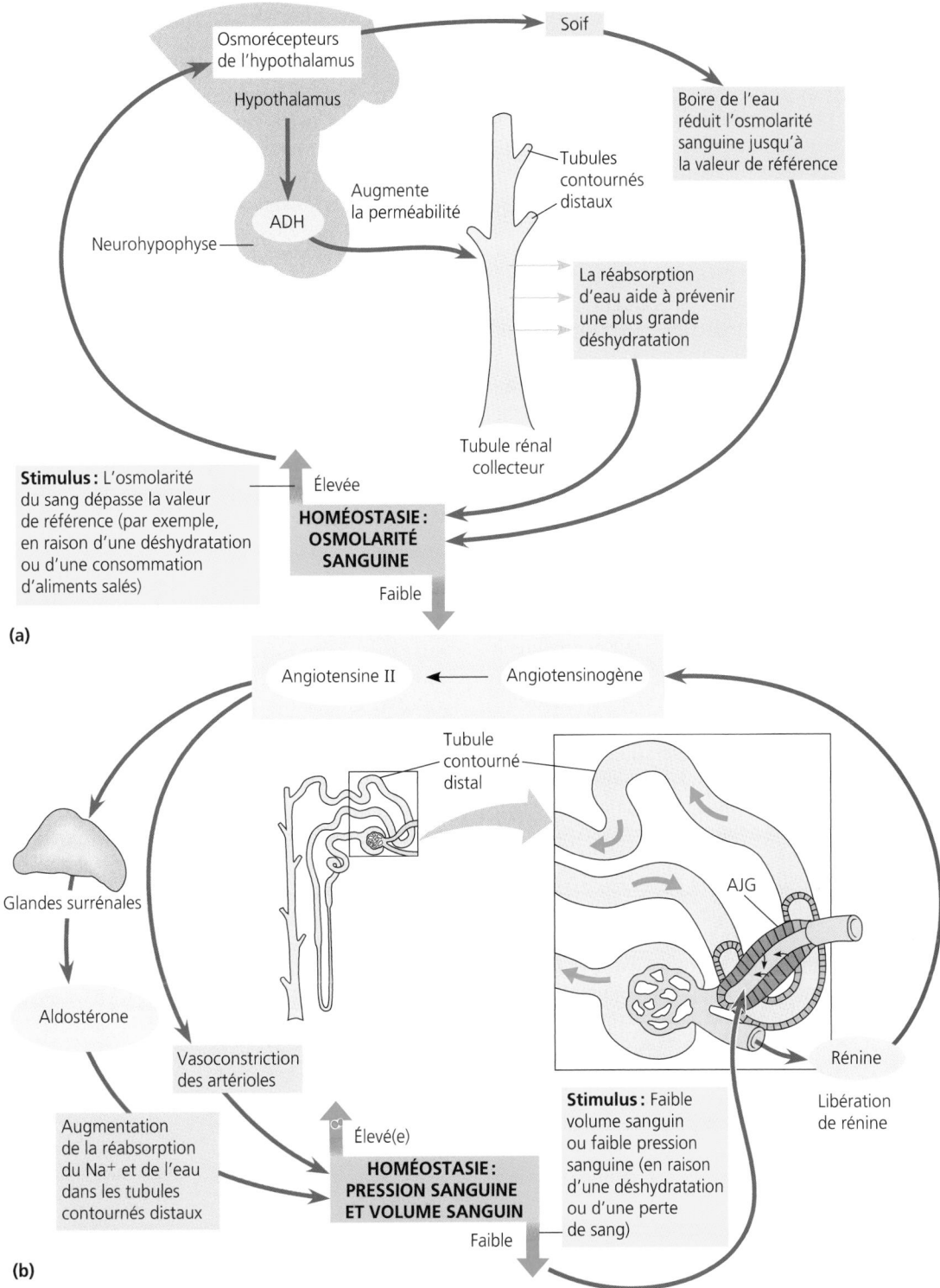

FIGURE 44.24 Régulation hormonale du rein par des mécanismes de rétro-inhibition.
(a) L'hormone antidiurétique (ADH) favorise la conservation des liquides en amenant les reins à récupérer plus d'eau que la normale, au niveau des tubules contournés distaux et des tubules rénaux collecteurs. La libération d'ADH est déclenchée lorsque les osmorécepteurs de l'hypothalamus détectent une augmentation de l'osmolarité du sang. Dans ce cas, les osmo-récepteurs déclenchent aussi une sensation de soif. Boire de l'eau réduit l'osmolarité du sang, ce qui inhibe la sécrétion d'ADH et complète la boucle de rétro-inhibition. **(b)** La régulation rénine-angiotensine-aldostérone a comme point de départ l'appareil juxtaglomérulaire (AJG). Celui-ci réagit à la diminution de la pression sanguine ou du volume sanguin en sécrétant dans le sang une enzyme appelée rénine (petites flèches noires). Dans le sang, la rénine met en œuvre la conversion de l'angiotensinogène en angiotensine II. L'angiotensine II augmente la pression sanguine en produisant une vasoconstriction artériolaire. Elle augmente aussi le volume sanguin de deux manières : premièrement, en stimulant le tubule contourné proximal des néphrons de sorte qu'il réabsorbe davantage de NaCl et d'eau (cette régulation n'est pas illustrée) ; deuxièmement, en stimulant les glandes surrénales de manière qu'elles sécrètent de l'aldostérone, une hormone qui force le tubule contourné distal des néphrons à réabsorber davantage de Na⁺ et d'eau. Ces réactions entraînent une augmentation du volume sanguin et de la pression sanguine. Cela vient compléter la boucle de rétroaction en supprimant la libération de rénine. Il s'agit donc d'une rétro-inhibition.

est libérée. La faible concentration d'ADH diminue la perméabilité des tubules contournés distaux et des tubules rénaux collecteurs, de sorte que la réabsorption de l'eau est réduite, ce qui amène l'organisme à produire davantage d'urine diluée. (La diurèse désigne la production abondante d'urine ; c'est parce que l'ADH diminue cette production qu'on l'appelle hormone *antidiurétique*.) L'alcool peut perturber l'équilibre hydrique en inhibant la libération d'ADH, ce qui cause une perte excessive d'eau dans l'urine et déshydrate l'organisme (certains symptômes de la « gueule de bois » sont probablement associés à cette déshydratation). En temps normal, l'osmolarité du sang, la libération d'ADH et la réabsorption d'eau dans le rein sont liées entre elles par un mécanisme de rétroaction qui contribue à l'homéostasie.

Il existe un deuxième mécanisme de régulation, qui met en jeu un tissu spécialisé appelé **appareil juxtaglomérulaire.** Celui-ci est situé près de l'artériole glomérulaire afférente qui apporte le sang au glomérule (FIGURE 44.24b). Lorsque la pression sanguine ou le volume sanguin dans l'artériole glomérulaire afférente chute (parfois, à la suite d'une diminution de l'apport en sel), l'appareil juxtaglomérulaire libère dans le sang une enzyme appelée rénine. Cette dernière active un ensemble de réactions chimiques, qui convertissent une protéine plasmatique appelée angiotensinogène en un peptide appelé **angiotensine II.** L'angiotensine II agit comme une hormone et fait augmenter la pression sanguine ainsi que le volume sanguin de plusieurs façons. Elle élève la pression en produisant une vasoconstriction des artérioles, ce qui diminue l'apport sanguin à de nombreux capillaires (notamment ceux des reins). Elle stimule aussi le tubule contourné proximal des néphrons, de sorte qu'il réabsorbe davantage de NaCl et d'eau. Ce processus réduit la quantité de sel et d'eau excrétés dans l'urine ; il augmente par conséquent le volume sanguin et la pression artérielle. L'angiotensine II stimule en outre les glandes surrénales, des organes situés au-dessus des reins, qui libèrent une hormone appelée **aldostérone.** Cette hormone agit sur le tubule contourné distal des néphrons, l'amenant à réabsorber davantage de sodium (Na^+) et d'eau. Cela augmente le volume sanguin et la pression sanguine. En bref, la **régulation rénine-angiotensine-aldostérone (RRAA)** s'effectue par un mécanisme de rétro-inhibition complexe qui assure l'homéostasie. Une chute de la pression artérielle et du volume sanguin déclenche la libération de rénine de l'appareil juxtaglomérulaire. L'augmentation de la pression sanguine et du volume sanguin résultant des diverses actions de l'angiotensine II et de l'aldostérone réduit la libération de rénine (voir la FIGURE 44.24b).

Les fonctions de l'ADH et de la RRAA peuvent sembler redondantes, mais ce n'est pas le cas. Les deux mécanismes de régulation servent à augmenter la réabsorption de l'eau, mais ils interviennent lors de problèmes d'osmorégulation différents. La libération de l'ADH se fait en réaction à une augmentation de l'osmolarité du sang ; elle se produit, par exemple, quand le corps est déshydraté par suite d'une perte trop importante ou d'une absorption insuffisante d'eau. Par contre, une situation qui provoque une perte trop grande de sels et de liquides corporels (une blessure ou une diarrhée sévère, par exemple) entraîne une réduction du volume sanguin *sans* augmenter l'osmolarité. Cette situation ne provoque pas de changement dans la libération de l'ADH ; cependant, la régulation rénine-angiotensine-aldostérone permet de détecter la diminution du volume sanguin

et de la pression sanguine, et elle intervient en augmentant la réabsorption d'eau et de Na^+. En temps normal, l'ADH et la RRAA agissent en partenariat dans l'homéostasie : l'ADH peut à elle seule abaisser la concentration sanguine du Na^+ en stimulant la réabsorption de l'eau dans les reins ; quant à la RRAA, elle favorise le maintien de l'équilibre électrolytique en stimulant la réabsorption de Na^+.

Une autre hormone, un peptide appelé **facteur natriurétique auriculaire,** s'oppose à l'action de la régulation rénine-angiotensine-aldostérone. La paroi des oreillettes libère le facteur natriurétique auriculaire en réaction à une augmentation de la pression et du volume sanguins. Le facteur natriurétique auriculaire inhibe la libération de rénine de l'appareil juxtaglomérulaire, ainsi que la réabsorption de NaCl par les tubules rénaux collecteurs, et il réduit la libération d'aldostérone par les glandes surrénales. Ces actions abaissent la pression et le volume sanguins. Ainsi, l'ADH, la RRAA et le facteur natriurétique auriculaire font partie d'un mécanisme complexe de vérification et d'équilibre, qui régule la capacité du rein à contrôler l'osmolarité, la concentration de sels, le volume et la pression artérielle du sang.

Grâce à sa souplesse, le rein mammalien s'adapte rapidement à des situations très différentes d'osmorégulation et d'excrétion. Le Vampire (*Desmodus rotundas*), une Chauve-souris occupant un territoire qui s'étend du Mexique jusqu'à la partie sud du Brésil (FIGURE 44.25), illustre cette polyvalence. Il se nourrit du sang de grands oiseaux et de mammifères. Grâce à un mécanisme d'alimentation perfectionné, il réussit à passer inaperçu et à utiliser ses dents acérées pour faire une petite incision dans la peau de sa victime. Puis, il lape le sang qui s'écoule de la plaie. Des agents anticoagulants contenus dans sa salive permettent au sang de rester liquide. Étant donné que le Vampire cherche souvent un animal pendant des heures et qu'il doit parcourir de grandes distances, il a avantage à consommer autant de sang que possible quand il trouve une proie. Mais, après s'être alimenté, il risque d'être trop lourd pour s'envoler. Eh bien ! il règle ce problème en excrétant une part importante de l'eau contenue dans le sang absorbé : ses reins excrètent de

FIGURE 44.25 Le Vampire (*Desmodus rotundas*), une Chauve-souris obligée de faire face à une situation d'excrétion particulière. Quand le Vampire s'alimente en sang, ses reins excrètent beaucoup d'urine diluée, ce qui lui permet de réduire sa masse et de prendre son envol. Quand il se retrouve dans son aire de repos, où il passe la journée, ses reins conservent l'eau en excrétant de petites quantités d'urine très concentrée en urée ; celle-ci est produite par le métabolisme des protéines du sang ingéré.

grandes quantités d'urine diluée pendant qu'il boit du sang, ce qui lui permet de perdre jusqu'à 24 % de sa masse corporelle par heure. Une fois qu'il a perdu suffisamment d'eau pour prendre son envol, le Vampire revient à son perchoir, dans une cave ou dans un arbre creux, et il y passe la journée. Dans son aire de repos, il doit affronter un problème de régulation très différent : sa nourriture contient surtout des protéines, et la digestion de celles-ci produit de grandes quantités d'urée. Or, les Chauves-souris n'ont généralement pas accès à de l'eau dans leur aire de repos. C'est pourquoi leurs reins, contrairement à la normale, produisent de petites quantités d'urine extrêmement concentrée (jusqu'à 4 600 mmol/L). Cette adaptation leur permet d'éliminer le surplus d'urée tout en conservant autant d'eau que possible. La capacité du Vampire à passer de la production de grandes quantités d'urine diluée à celle de petites quantités d'urine hyperosmotique, et vice versa, constitue un facteur essentiel de son adaptation à une source d'alimentation inhabituelle.

Après avoir étudié plus en détail le rein mammalien et sa régulation, nous allons comparer la structure et la fonction des reins d'autres types de Vertébrés.

L'évolution a amené les reins des Vertébrés à s'adapter à des habitats différents

Les variations de la structure et de la fonction des néphrons permettent aux reins des différents Vertébrés d'exercer une osmorégulation liée au type d'habitat. Nous avons vu, par exemple, que les néphrons du rein mammalien peuvent conserver l'eau en produisant une urine extrêmement concentrée. Les Mammifères qui excrètent l'urine la plus hyperosmotique, notamment certaines souris du désert et d'autres mammifères des milieux arides, ont des néphrons dont l'anse est exceptionnellement longue. Cette caractéristique structurale permet de maintenir un gradient osmotique important dans le rein ; cela amène l'urine à devenir très concentrée quand elle passe du cortex rénal à la médulla dans les tubules rénaux collecteurs. En revanche, les Castors, qui passent la plupart de leur temps dans l'eau douce et qui ont rarement à affronter des problèmes de déshydratation, possèdent des néphrons pourvus d'une anse très courte ; cela réduit considérablement leur capacité à concentrer l'urine.

Les Oiseaux, à l'instar des Mammifères, ont des reins dotés de néphrons juxtamédullaires spécialisés dans la conservation de l'eau. Toutefois, leurs néphrons possèdent une anse beaucoup plus courte que celle des néphrons mammaliens. Leurs reins ne peuvent donc concentrer l'urine autant que ceux des Mammifères (ils ont des valeurs d'osmolarité inférieures). Même si les Oiseaux peuvent produire une urine hyperosmotique afin de conserver de l'eau, ils font surtout appel à l'acide urique comme molécule d'excrétion de l'azote.

Les Reptiles, eux, ont des reins qui n'ont que des néphrons corticaux. Leur urine peut être isoosmotique par rapport aux liquides corporels, mais sans plus. Toutefois, l'épithélium de leur cloaque (voir le chapitre 34) les aide à conserver des liquides en réabsorbant une partie de l'eau présente dans l'urine et dans les excréments. En outre, comme les Oiseaux, la plupart des Reptiles terrestres excrètent les déchets azotés sous forme d'acide urique.

Contrairement aux Mammifères et aux Oiseaux, les Poissons d'eau douce doivent excréter l'eau excédentaire, parce qu'ils sont hyperosmotiques par rapport à leur milieu. Au lieu de conserver de l'eau, leurs néphrons produisent une quantité importante d'urine très diluée. Les Poissons d'eau douce gardent le sel en réabsorbant les ions du filtrat contenu dans les néphrons.

Les reins des Amphibiens fonctionnent à peu près comme ceux des Poissons d'eau douce. Quand les Grenouilles se tiennent dans l'eau douce, elles absorbent à travers la peau certains sels qui sont extraits de l'eau par transport actif, et leurs reins excrètent une urine diluée. Sur la terre ferme, quand elles font face à la déshydratation, elles conservent leurs liquides corporels en réabsorbant de l'eau à travers l'épithélium de leur vessie.

Les Poissons osseux qui vivent dans la mer sont hypo-osmotiques par rapport à leur milieu. Les néphrons de nombreuses espèces n'ont ni glomérule ni capsule glomérulaire rénale ; l'urine concentrée se forme par la sécrétion d'ions dans les tubules excréteurs. Comme nous l'avons déjà indiqué, les reins des Poissons marins excrètent très peu d'urine et servent surtout à débarrasser l'organisme des ions bivalents (Ca^{2+}, Mg^{2+} et SO_4^{2-}), que les Poissons absorbent en buvant constamment de l'eau de mer. Les branchies excrètent principalement des ions monovalents (Na^+ et Cl^-), et l'essentiel des déchets azotés est produit sous forme de NH_4^+ (ions ammonium).

L'interaction des systèmes de régulation maintient l'homéostasie

Plusieurs systèmes de régulation interviennent dans le maintien de l'homéostasie du milieu interne d'un animal. Comme nous l'avons vu, les mécanismes qui permettent au corps d'excréter les déchets azotés vont de pair avec ceux qui participent à l'osmorégulation ; en outre, ils sont souvent étroitement liés à la régulation de l'allocation énergétique et de la température. De même, la régulation de la température du corps se répercute directement sur la vitesse du métabolisme et la capacité de s'activer ; le tout est associé de près aux mécanismes régissant la pression sanguine, les échanges gazeux et l'équilibre énergétique. Dans certaines circonstances, généralement dans les cas limites, les exigences d'un système peuvent entrer en conflit avec celles d'autres systèmes. Par exemple, dans un milieu chaud et sec, la conservation de l'eau a souvent priorité sur la perte d'eau par vaporisation. De nombreux animaux du désert tolèrent de temps à autre une température corporelle anormalement élevée, ce qui les aide à économiser l'eau en réduisant la vaporisation. Toutefois, si la température corporelle d'un animal dépasse une limite supérieure critique, ce dernier procédera intensément à un refroidissement par vaporisation et risquera de se déshydrater. Heureusement, en général, les divers systèmes de régulation agissent de concert pour maintenir l'homéostasie du milieu interne.

Notre étude de l'homéostasie ne pourrait être complète si nous ne mentionnions l'importance du foie, l'organe qui exerce le plus de fonctions variées chez les Vertébrés. En effet, le foie interagit avec la plupart des systèmes du corps. Par exemple, ses cellules interagissent avec le système cardiovasculaire en ce qui a trait à la concentration du glucose dans le sang. Les cellules hépatiques (les hépatocytes) emmagasinent le glucose excédentaire sous forme de glycogène ; en réponse aux besoins du corps en carburant, elles reconvertissent le glycogène en glucose, qui retourne au sang. Le foie synthétise aussi des protéines plasmatiques importantes pour la coagulation du sang et le maintien de son équilibre osmotique. Les hépatocytes facilitent l'excrétion en neutralisent de nombreux poisons chimiques et en préparant les déchets métaboliques à l'excrétion. Les diverses fonctions du foie (voir le chapitre 41) et ses interactions avec les autres organes permettent de souligner que l'homéostasie exige l'intervention coordonnée de plusieurs systèmes.

■ ■ ■

Dans ce chapitre, nous avons vu comment le système nerveux et les hormones assurent la régulation de certains organes qui contribuent à l'homéostasie. Au chapitre suivant, nous nous concentrerons plus précisément sur la régulation hormonale de l'homéostasie.

RÉVISION DU CHAPITRE

Résumé des concepts importants

VUE D'ENSEMBLE DE L'HOMÉOSTASIE

■ **La régulation et la tolérance sont les deux réactions opposées des Animaux face aux fluctuations du milieu (p. 1012, FIGURE 44.1).** Selon la situation, la plupart des Animaux utilisent une forme combinée de ces deux stratégies.

■ **L'homéostasie équilibre les gains ainsi que les pertes d'énergie et de matière chez les Animaux (p. 1013, FIGURE 44.2).** L'homéostasie peut être considérée sur le plan des allocations énergétiques et chimiques.

LA RÉGULATION DE LA TEMPÉRATURE CORPORELLE

■ **Quatre phénomènes physiques expliquent la perte ou le gain thermique (p. 1014, FIGURE 44.3).** Il s'agit de la conduction, de la convection, du rayonnement et de la vaporisation.

■ **Les ectothermes ont une température corporelle qui fluctue en fonction de la température de l'environnement ; les endothermes produisent de la chaleur métabolique pour stabiliser leur température corporelle malgré les fluctuations thermiques de l'environnement (p. 1014 et 1015, FIGURE 44.4).** La plupart des Invertébrés, des Poissons, des Amphibiens et des Reptiles sont des ectothermes. L'endothermie permet aux Oiseaux et aux Mammifères de maintenir une température corporelle relativement uniforme ainsi qu'un niveau élevé de métabolisme aérobie.

■ **La thermorégulation fait intervenir des processus physiologiques et comportementaux en vue d'équilibrer la perte et le gain de chaleur (p. 1015 à 1017, FIGURE 44.5).** Les ectothermes et les endothermes modifient la vitesse des échanges thermiques avec le milieu grâce au refroidissement par vaporisation et à des réactions comportementales. Les Oiseaux et les Mammifères peuvent aussi modifier leur vitesse de production de chaleur métabolique. L'isolation, la vasodilatation, la vasoconstriction et la présence d'échangeurs thermiques à contre-courant modifient la vitesse d'échange thermique. Le halètement, la sudation et la baignade augmentent le refroidissement par vaporisation.

■ **La plupart des Animaux sont des ectothermes, mais l'endothermie reste répandue (p. 1017 à 1022, FIGURES 44.6 à 44.10).** Certains Insectes et certains Poissons actifs de grande taille génèrent de la chaleur métabolique par des contractions musculaires ; nombre de ces animaux conservent celle-ci grâce à des échangeurs thermiques à contre-courant. Certains Invertébrés, certains Amphibiens et certains Reptiles maintiennent une température interne tolérable grâce à des adaptations comportementales. Les mécanismes de thermorégulation des Mammifères et des Oiseaux comprennent : la thermogenèse par le frisson et sans frisson ; l'isolation à l'aide des graisses, des poils ou des plumes ; le halètement ; le recours aux échangeurs thermiques à contre-courant.

■ **La torpeur sert à conserver l'énergie pendant les variations extrêmes de l'environnement (p. 1022 et 1023, FIGURE 44.11).** La torpeur fait intervenir une diminution de la vitesse du métabolisme ainsi que des fréquences cardiaque et respiratoire. Elle permet à un animal de supporter temporairement des températures défavorables ou un manque d'aliments et d'eau.

ÉQUILIBRE HYDRIQUE ET ÉLIMINATION DES DÉCHETS

■ **L'équilibre hydrique et l'élimination des déchets s'effectuent par l'intermédiaire des épithéliums de transport (p. 1023 et 1024, FIGURE 44.12).** Des couches de cellules spécialisées régulent le mouvement des solutés nécessaire pour éliminer des déchets et pour stabiliser la composition des liquides corporels.

■ **Les Animaux produisent des déchets azotés qui sont en corrélation avec leur phylogenèse et leur habitat (p. 1024 à 1026, FIGURE 44.13).** Le métabolisme des protéines et des acides nucléiques génère de l'ammoniac, un déchet toxique excrété sous trois formes. La plupart des animaux aquatiques excrètent l'ammoniac à travers la surface corporelle ou l'épithélium de leurs branchies jusque dans l'eau avoisinante. Le foie des Mammifères et de la plupart des Amphibiens adultes convertit l'ammoniac en urée, une substance moins toxique. Celle-ci est transportée dans les reins, concentrée et excrétée avec une perte d'eau minimale. L'acide urique est un précipité insoluble excrété dans l'urine pâteuse des Escargots terrestres, des Insectes, des Oiseaux et de nombreux Reptiles.

- Les cellules ont besoin d'un équilibre entre le gain et la perte d'eau par osmose (p. 1026). L'absorption et la perte d'eau doivent être équilibrées par divers mécanismes d'osmorégulation, selon le milieu.

- Les osmorégulateurs dépensent de l'énergie pour contrôler leur osmolarité interne, tandis que les osmotolérants sont plutôt iso-osmotiques par rapport à leur environnement (p.1026 à 1029, FIGURES 44.14 à 44.16). Les osmotolérants, qui ne régulent pas leur osmolarité, comprennent la plupart des Invertébrés marins. Les osmorégulateurs contrôlent la perte et l'acquisition d'eau dans un milieu hyperosmotique ou hypoosmotique. Les Requins ont une osmolarité légèrement supérieure à celle de l'eau de mer, parce qu'ils conservent de l'urée. Les Poissons osseux marins perdent de l'eau au profit de leur milieu hyperosmotique et boivent de l'eau de mer. Les Vertébrés marins excrètent les sels excédentaires par leurs glandes rectales, leurs branchies, leurs glandes excrétrices de sel ou leurs reins. Les Animaux d'eau douce, qui absorbent constamment de l'eau en provenance du milieu hypoosmotique, excrètent une urine diluée. La perte de sels est remplacée par les sels absorbés dans les aliments, ou bien par le captage d'ions par l'intermédiaire des branchies. Les Animaux terrestres combattent la déshydratation par des adaptations comportementales et grâce à des organes d'excrétion conservant l'eau. Ils le font aussi en consommant des liquides et des solides contenant une forte proportion d'eau.

LES SYSTÈMES URINAIRES

- La plupart des systèmes urinaires produisent de l'urine en raffinant un filtrat dérivé des liquides corporels : *une vue d'ensemble* (p. 1029, FIGURE 44.17). Les fonctions clés de la plupart des systèmes urinaires sont la filtration (filtrage sous pression des liquides corporels pour produire un filtrat), ainsi que la production d'urine à partir du filtrat par réabsorption (récupération des solutés précieux à partir du filtrat) et par sécrétion (ajout de toxines et d'autres solutés des liquides corporels à destination du filtrat).

- Les divers systèmes urinaires constituent des variations de tubules spécialisés (p. 1030 et 1031, FIGURES 44.18 à 44.20). Les liquides extracellulaires sont filtrés dans les protonéphridies du système urinaire à cellule-flamme des Vers plats ; ces tubules excrètent un liquide dilué et interviennent aussi dans l'osmorégulation. Chacun des segments du Ver de terre possède une paire de métanéphridies ouvertes, des tubules qui collectent le liquide cœlomique et qui produisent une urine diluée en vue de l'excrétion. Chez les Insectes, l'osmorégulation et le retrait des déchets azotés de l'hémolymphe sont effectués par les tubes de Malpighi. Les Insectes produisent des déchets relativement secs, une adaptation importante à la vie terrestre. Les reins, organes excréteurs des Vertébrés, servent à la fois à l'excrétion et à l'osmorégulation.

- Le néphron est l'unité structurale et fonctionnelle des reins des Mammifères (p. 1031 à 1034, FIGURES 44.21 et 44.22). Les tubules excréteurs (qui se composent d'un néphron et d'un tubule rénal collecteur) ainsi que des vaisseaux sanguins connexes forment les reins. Les liquides de plusieurs néphrons sont réunis dans un tubule rénal collecteur. L'uretère transporte l'urine du pelvis rénal à la vessie. Les néphrons contrôlent la composition du sang par filtration, sécrétion et réabsorption. La partie descendante de l'anse du néphron est perméable à l'eau mais non au sel ; l'eau se déplace par osmose dans le liquide interstitiel hyperosmotique. Le sel diffuse hors du filtrat concentré à mesure qu'il se déplace dans la partie ascendante, perméable au sel, de l'anse du néphron.

- La capacité du rein mammalien à conserver l'eau est une adaptation essentielle à la vie terrestre (p. 1034 à 1039, FIGURES 44.23 et 44.24). Le tubule rénal collecteur, perméable à l'eau mais non au sel, trans- porte le filtrat à travers le gradient d'osmolarité du rein, et plus d'eau sort par osmose. L'urée diffuse aussi hors du tubule et, avec les sels, forme le gradient osmotique qui permet au rein de produire de l'urine hyperosmotique par rapport au sang. L'osmolarité de l'urine est régulée par le système nerveux, et par des hormones stimulant la réabsorption de l'eau et du sel dans les reins. Ce contrôle fait intervenir l'hormone antidiurétique (ADH), la régulation rénine-angiotensine-aldostérone (RRAA), ainsi que le facteur natriurétique auriculaire.

- L'évolution a amené les reins des Vertébrés à s'adapter à des habitats différents (p. 1039). La structure et la fonction des néphrons de divers types de Vertébrés sont principalement reliées aux critères de l'osmorégulation, liés à l'habitat.

- L'interaction des systèmes de régulation maintient l'homéostasie (p. 1039 et 1040). Le foie des Vertébrés s'acquitte de diverses fonctions essentielles à l'homéostasie. Des circuits de rétroaction faisant intervenir la communication du système nerveux et certaines hormones intègrent les mécanismes homéostatiques.

Autoévaluation

(Les questions dont les numéros sont en caractères gras font surtout appel à la compréhension.)

1. *Contrairement* aux métanéphridies des Vers de terre, les néphrons mammaliens :
   a) sont étroitement associés à un réseau de capillaires.
   b) forment l'urine en changeant la composition des liquides dans le tubule excréteur.
   c) jouent un rôle dans l'osmorégulation et dans l'excrétion des déchets azotés.
   d) assurent le traitement du sang, pas du liquide cœlomique.
   e) possèdent un épithélium de transport.

2. La majeure partie de l'eau et du sel filtrés dans la capsule glomérulaire rénale est réabsorbée par :
   a) l'épithélium de transport du tubule contourné proximal.
   b) diffusion dans la partie descendante de l'anse du néphron, et elle passe dans le liquide interstitiel hyperosmotique de la médulla rénale.
   c) transport actif à travers l'épithélium de transport du segment large de la partie ascendante de l'anse du néphron.
   d) sécrétion sélective et diffusion à travers le tubule contourné distal.
   e) diffusion à partir des tubules rénaux collecteurs dans le gradient osmotique croissant de la médulla rénale.

3. L'osmolarité élevée de la médulla rénale est maintenue par tous les éléments suivants, *sauf* :
   a) la diffusion du sel dans la partie ascendante de l'anse du néphron.
   b) le transport actif du sel dans le segment large de la partie ascendante de l'anse du néphron.
   c) l'arrangement spatial des néphrons juxtamédullaires.
   d) la diffusion de l'urée à partir du tubule rénal collecteur.
   e) la diffusion de sel quittant le filtrat dans la partie descendante de l'anse du néphron.

4. Trouvez l'association *inexacte* entre le déchet azoté et l'avantage de son excrétion.
   a) Urée – faible toxicité comparativement à l'ammoniac.
   b) Acide urique – peut être stocké sous forme de précipité.
   c) Ammoniac – extrêmement soluble dans l'eau.
   d) Acide urique – perte minimale d'eau au moment de l'excrétion.
   e) Urée – extrêmement insoluble dans l'eau.

5. Lequel des éléments suivants *ne constitue pas* un mécanisme visant à réduire les échanges thermiques entre un animal et son milieu ?
   a) Les plumes ou les poils.
   b) La vasoconstriction.
   c) La thermogenèse sans frisson.
   d) L'échangeur thermique à contre-courant.
   e) La couche de graisse.

6. Un animal a des gains d'énergie et de matière qui dépassent ses pertes d'énergie et de matière :
   a) si c'est un endotherme, car il doit toujours absorber davantage d'énergie en raison de son métabolisme élevé.
   b) s'il est à la recherche de nourriture.
   c) s'il est en hibernation.
   d) s'il est en période de croissance et qu'il augmente sa biomasse.
   e) Aucune de ces réponses : cela n'arrive jamais, car l'homéostasie équilibre toujours les allocations d'énergie et de matière.

7. Parmi ces réponses, laquelle décrit le mieux un cas d'osmo-régulation ?
   a) Des liquides corporels isoosmotiques avec l'environnement externe.
   b) La libération de l'eau excédentaire dans un environnement hypoosmotique.
   c) La dépense d'énergie pour convertir l'ammoniac en des déchets moins toxiques.
   d) L'excrétion de sel dans un environnement hypoosmotique.
   e) La sécrétion des médicaments et la réabsorption des nutriments par le tubule contourné proximal.

8. Quel est le processus *le moins sélectif* lié au néphron ?
   a) La sécrétion.
   b) La réabsorption.
   c) Le transport actif.
   d) La filtration.
   e) Le pompage du sel par l'anse du néphron.

9. Vous étudiez un grand reptile tropical, qui possède une température corporelle élevée et assez constante. Comment faire pour déterminer si c'est un endotherme ou un ectotherme ?
   a) Vous savez d'après sa température élevée et constante qu'il s'agit d'un endotherme.
   b) Vous savez qu'il s'agit d'un endotherme, parce que ce n'est ni un oiseau ni un mammifère.
   c) Vous le soumettez à diverses températures et vous constatez que sa température corporelle et son métabolisme changent selon la température ambiante. Vous en concluez que c'est un ectotherme.
   d) Vous remarquez que son environnement a une température élevée et constante. Étant donné que sa température corporelle correspond à la température du milieu, vous savez qu'il s'agit d'un ectotherme.
   e) Vous mesurez la vitesse de son métabolisme ; comme elle est plus élevée que celle d'une espèce apparentée qui vit dans des forêts tempérées, vous en arrivez à la conclusion que ce reptile est un endotherme et que son cousin est un ectotherme.

10. Le foie des Vertébrés participe à tous les processus de régulation suivants, sauf :
    a) l'osmorégulation par excrétion variable des sels.
    b) le maintien de la concentration de glucose dans le sang.
    c) la détoxication des substances nuisibles.
    d) la production de déchets azotés.
    e) le stockage de l'énergie sous forme de glycogène.

11. Pourquoi le sommeil de l'Humain ne peut-il être qualifié de période d'hibernation brève ?

12. Comparez l'osmotolérance et l'osmorégulation en tant que mécanismes d'homéostasie.

13. Pourquoi n'est-il pas dangereux pour la plupart des animaux aquatiques d'excréter de l'ammoniac comme principal déchet azoté ?

14. Certains des médicaments qui agissent comme diurétiques rendent l'épithélium du tubule rénal collecteur moins perméable à l'eau. Comment cette modification se répercute-t-elle sur la fonction rénale ?

15. Quel rôle le foie joue-t-il dans le traitement des déchets azotés ?

Lien avec l'évolution

Au fil de l'évolution, le succès des Arthropodes et des Vertébrés terrestres s'est révélé en grande partie attribuable à leurs capacités d'osmorégulation. Comparez les tubes de Malpighi avec les néphrons sur les plans de l'anatomie, de la relation avec la circulation et des mécanismes physiologiques de conservation de l'eau dans le corps.

Intégration

À une centaine de mètres d'un étang, vous effrayez une grenouille, qui se met à fuir. Vous la pourchassez. Après avoir effectué quelques bonds, elle s'arrête et se laisse attraper sans trop résister. Expliquez son comportement du point de vue biologique.

Science, technologie et société

Les reins ont été les premiers organes à être transplantés avec succès. Un donneur peut mener une vie normale avec un seul rein. Il est donc possible de donner un rein à un proche ou même à une personne non apparentée qui possède des tissus semblables. Dans certains pays, des individus sans ressources vendent un de leurs reins à des receveurs par l'intermédiaire de courtiers en organes. Quels sont les enjeux éthiques que cette pratique soulève ?

Réponses à l'autoévaluation : 1. d ; 2. a ; **3.** e ; 4. e ; **5.** c ; **6.** d ; 7. b ; 8. d ; 9. c ; 10.a ; **11.** Parce qu'il n'y a pas de diminution importante de la température corporelle ni du métabolisme basal. **12.** L'osmotolérance permet d'éviter des pertes ou des gains importants d'eau, car l'animal est isoosmotique par rapport à l'eau qui l'entoure ; l'osmorégulation exige une dépense d'énergie pour équilibrer l'absorption et la perte d'eau d'un animal qui n'est pas isoosmotique par rapport à son environnement. 13. Parce qu'ils peuvent se débarrasser de l'ammoniac, qui est extrêmement toxique, de façon continue : ils le sécrètent dans l'eau qui les entoure par des épithéliums. **14.** La médulla rénale réabsorbera moins d'eau, donc l'agent diurétique augmentera la perte d'eau dans l'urine. 15. Le foie est le site de la synthèse de l'urée.

CHAPITRE 45

LA RÉGULATION CHIMIQUE CHEZ LES ANIMAUX

« L'objectif de l'art n'est pas le déclenchement
d'une sécrétion momentanée d'adrénaline,
mais la construction, sur la durée d'une vie,
d'un état d'émerveillement et de sérénité. »

GLENN GOULD
pianiste canadien (1932-1982)

INTRODUCTION AUX SYSTÈMES DE RÉGULATION

- Le système endocrinien et le système nerveux sont liés par leur structure, leur fonction et les substances chimiques qu'ils produisent
- Les mécanismes de régulation des Invertébrés illustrent clairement les interactions entre le système endocrinien et le système nerveux

LES MÉDIATEURS CHIMIQUES ET LEURS MODES D'ACTION

- Divers régulateurs locaux agissent sur des cellules cibles voisines
- La plupart des médiateurs chimiques se fixent aux protéines de la membrane plasmique pour activer des voies de conversion-amplification des stimulus
- Les hormones stéroïdes, les hormones thyroïdiennes et certains régulateurs locaux pénètrent dans les cellules cibles pour se fixer à des récepteurs intracellulaires

LE SYSTÈME ENDOCRINIEN DES VERTÉBRÉS

- L'hypothalamus et l'hypophyse intègrent de nombreuses fonctions du système endocrinien chez les Vertébrés
- Le corps pinéal participe aux rythmes circadiens
- Les hormones thyroïdiennes agissent sur le développement, la bioénergétique et l'homéostasie
- La parathormone et la calcitonine régulent la calcémie
- Les tissus endocrines du pancréas sécrètent l'insuline et le glucagon, deux hormones antagonistes qui régulent la glycémie
- La médulla surrénale et le cortex surrénal aident l'organisme à faire face au stress
- Les stéroïdes gonadiques régulent la croissance, le développement, les cycles reproducteurs et le comportement sexuel

On attribue souvent *aux hormones les hurlements des chats de gouttière ou les sautes d'humeur des adolescents. Au Québec, environ 300 000 personnes atteintes du diabète s'administrent de l'insuline. Par ailleurs, on ajoute des hormones aux produits de beauté en vue d'adoucir la peau. On en ajoute aussi aux aliments destinés aux bovins, pour les faire engraisser. Le Grand Monarque (Danaus plexippus) de la photo ci-dessus vient tout juste de sortir de son cocon argenté suspendu à une branche. Pour atteindre le stade adulte, son corps a dû complètement changer de forme, métamorphose qui s'est faite sous l'action des hormones. Grâce aux hormones qui permettent la communication interne, les différentes parties du corps de l'insecte ont pu se développer en harmonie.*

Une **hormone** *(du grec* hormôn, *« exciter ») animale est une substance chimique qui est sécrétée dans les liquides corporels, le plus souvent dans le sang, et qui transmet des commandes régulatrices à tout l'organisme. Elle peut atteindre toutes les parties de l'organisme, mais seules les* **cellules cibles** *y répondent. Ainsi, une hormone donnée qui voyage dans le sang provoque certaines réponses des cellules cibles (par exemple, une modification du métabolisme), mais est ignorée des autres types de cellules.*

Dans ce chapitre, nous allons nous pencher sur les médiateurs chimiques internes, sur leur nature et leurs fonctions dans un organisme animal. Nous allons voir quel rôle ils jouent dans le maintien de l'homéostasie, état d'équilibre dynamique des fonctions corporelles.

INTRODUCTION AUX SYSTÈMES DE RÉGULATION

Les Animaux possèdent deux systèmes de communication et de régulation internes : le système nerveux et le système endocrinien. Le système nerveux, que nous étudierons aux chapitres 48 et 49, est constitué de cellules spécialisées, les neurones, qui transportent de l'information à haute vitesse. Il intervient dans certaines réactions à des modifications soudaines du milieu (par exemple, la main qui se retire vivement d'une flamme).

Des voies de régulation plus lentes interviennent dans d'autres processus biologiques, comme la maturation d'un papillon. Ainsi, les diverses parties de l'organisme doivent recevoir l'information déterminant la vitesse de leur croissance et le moment d'apparition des caractères qui, dans une espèce donnée, distinguent le mâle de la femelle ou le jeune de l'adulte. Ce type d'information leur est souvent transmis par les hormones.

Toutes les cellules qui participent à la sécrétion d'hormones chez les Animaux font partie du **système endocrinien.** Les **glandes endocrines** sont les organes qui sécrètent les hormones, lesquelles sont déversées directement dans les liquides corporels. Par opposition, les *glandes exocrines* sécrètent leurs substances chimiques, comme la sueur, le mucus et les enzymes digestives, dans des conduits qui les transportent, par exemple, à la surface de la peau et des muqueuses et dans les cavités de divers organes et systèmes.

Bien qu'il soit pratique de faire la distinction entre le système endocrinien et le système nerveux, les frontières qui les séparent sont floues. D'ailleurs, l'homéostasie dépend beaucoup de leur chevauchement.

Le système endocrinien et le système nerveux sont liés par leur structure, leur fonction et les substances chimiques qu'ils produisent

Dans ce chapitre, nous allons voir de nombreux exemples illustrant les relations étroites entre le système endocrinien et le système nerveux. Plusieurs organes et tissus endocrines contiennent des cellules nerveuses spécialisées qui produisent des hormones : ce sont les **neurones sécrétoires.** L'encéphale d'animaux aussi différents que les Insectes et les Vertébrés contient ce genre de neurones qui sécrètent des hormones dans le sang. Certaines substances chimiques servent à la fois d'hormones dans le système endocrinien et de neurotransmetteurs dans le système nerveux. Par exemple, l'adrénaline (produite par la médulla surrénale, une glande endocrine) est l'hormone qui prépare l'organisme à la fuite ou à la lutte. Mais elle est aussi un neurotransmetteur qui permet la transmission d'un influx entre les neurones du système nerveux.

La régulation de nombreux processus physiologiques met en jeu un chevauchement structural et fonctionnel du système endocrinien et du système nerveux. Chacun des deux systèmes influence l'activité de l'autre. Par exemple, la lactation, chez une femme, est le résultat d'une série de stimulus nerveux et hormonaux interdépendants. La succion du bébé stimule les cellules sensorielles du mamelon. Les influx nerveux envoyés à la partie de l'encéphale appelée hypothalamus déclenchent alors la libération d'ocytocine par la neurohypophyse. L'ocytocine provoque ensuite l'éjection du lait par les glandes mammaires.

La rétroaction est une autre caractéristique commune au système endocrinien et au système nerveux. Les processus chimiques et physiques qui entraînent la libération des sécrétions mammaires impliquent une rétroactivation. La production et la propagation des influx nerveux mettent également en jeu un mécanisme de rétroactivation. Nous aborderons ce phénomène au chapitre 48. La rétro-inhibition régule de nombreux mécanismes endocriniens et nerveux, en particulier ceux qui maintiennent l'homéostasie. La FIGURE 45.1 en illustre un exemple ; nous en verrons plusieurs autres dans ce chapitre.

Les mécanismes de régulation des Invertébrés illustrent clairement les interactions entre le système endocrinien et le système nerveux

Bien que diverses hormones, chez les Invertébrés, jouent un rôle dans l'homéostasie (en assurant la régulation de l'équilibre hydrique, par exemple), on étudie surtout celles qui interviennent dans la reproduction et le développement. Ainsi, chez l'Hydre, une même hormone provoque la croissance et le bourgeonnement (reproduction asexuée), mais empêche la reproduction sexuée. Chez les Invertébrés plus complexes, le système endocrinien et le système nerveux travaillent généralement de concert pour réguler la reproduction et le développement. Les chercheurs ont bien étudié leurs interactions dans la régulation de la physiologie et du comportement reproducteurs d'un mollusque nommé Aplysie ou Lièvre de mer (*Aplysia sp.*). Une hormone libérée par des neurones sécrétoires déclenche la ponte de milliers d'œufs. En même temps, elle inhibe la nutrition et la locomotion, activités qui nuisent à la reproduction de l'animal.

Le système endocrinien est très développé chez tous les Arthropodes. Ainsi, les Crustacés ont des hormones qui contribuent

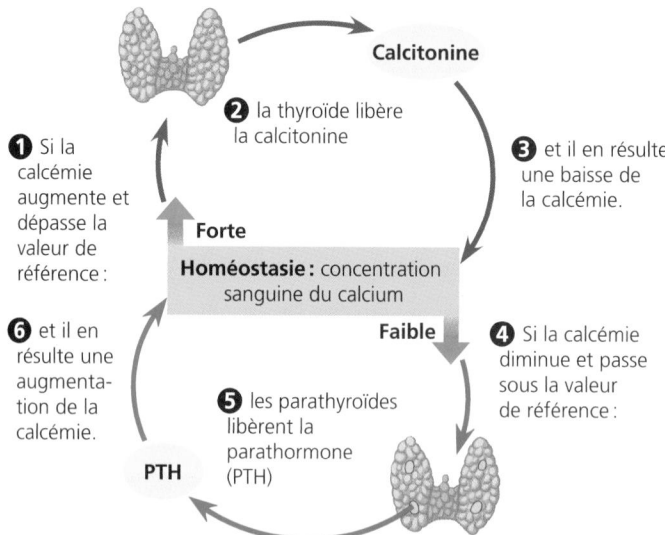

FIGURE 45.1 Exemple de régulation de l'homéostasie par rétroaction. Les actions antagonistes (opposées) de deux hormones, la calcitonine et la parathormone (PTH), maintiennent la concentration sanguine d'ions calcium (ou calcémie) près de sa valeur de référence. Un excès de calcium sanguin déclenche la sécrétion de calcitonine, laquelle diminue la concentration du calcium ; un manque de calcium sanguin déclenche la sécrétion de PTH, laquelle fait augmenter la concentration du calcium.

à la croissance et à la reproduction, à l'équilibre hydrique, au mouvement des pigments dans les téguments et dans les yeux, ainsi qu'à la régulation du métabolisme. Les Insectes et les Crustacés possèdent un exosquelette qui ne peut s'agrandir. Ils grandissent donc par à-coups, se débarrassant du vieil exosquelette pour en sécréter un nouveau à chaque mue. De plus, la plupart des Insectes acquièrent leurs caractères d'adulte lors d'une seule et dernière mue. Chez les Insectes et les Crustacés (et très probablement chez tous les Arthropodes munis d'un exosquelette), c'est une hormone stéroïde appelée **ecdysone** qui déclenche la mue. Chez les Insectes, cette hormone est sécrétée par une paire de glandes endocrines, les glandes prothoraciques, qui sont situées juste derrière la tête (FIGURE 45.2). Outre qu'elle provoque la mue, l'ecdysone favorise l'apparition des caractéristiques de l'adulte, notamment la transformation de la chenille en papillon. Chez les Insectes, la production d'ecdysone est elle-même régulée par une autre hormone, l'**hormone prothoracotrope** (un peptide). Produite par les neurones sécrétoires du cerveau, cette hormone assure le développement en provoquant la sécrétion d'ecdysone par les glandes prothoraciques.

L'action de l'hormone prothoracotrope et de l'ecdysone est contrebalancée par celle de l'**hormone juvénile** (**HJ**), troisième hormone jouant un rôle dans le développement. L'hormone juvénile est un lipide sécrété par une paire de petites glandes situées juste derrière le cerveau : les corps allates. Elle maintient les caractéristiques larvaires (juvéniles). Même quand la concentration d'hormone juvénile est relativement forte, l'ecdysone peut provoquer la mue. Mais il n'en résulte alors qu'une larve plus grosse. Ce n'est que lorsque la quantité d'hormone juvénile diminue que la mue déclenchée par l'ecdysone produit un stade de développement appelé pupe. La larve se métamorphose alors pour prendre la forme adulte de l'insecte. (Certains insecticides comportent des formes synthétiques de l'hormone juvénile qui empêchent les Insectes de devenir des adultes capables de se reproduire.)

Dans tous ces exemples portant sur les Invertébrés, nous constatons l'influence importante du système nerveux sur l'activité hormonale. Nous verrons de nombreux cas de ce type d'interactions au cours de notre étude du système endocrinien des Vertébrés.

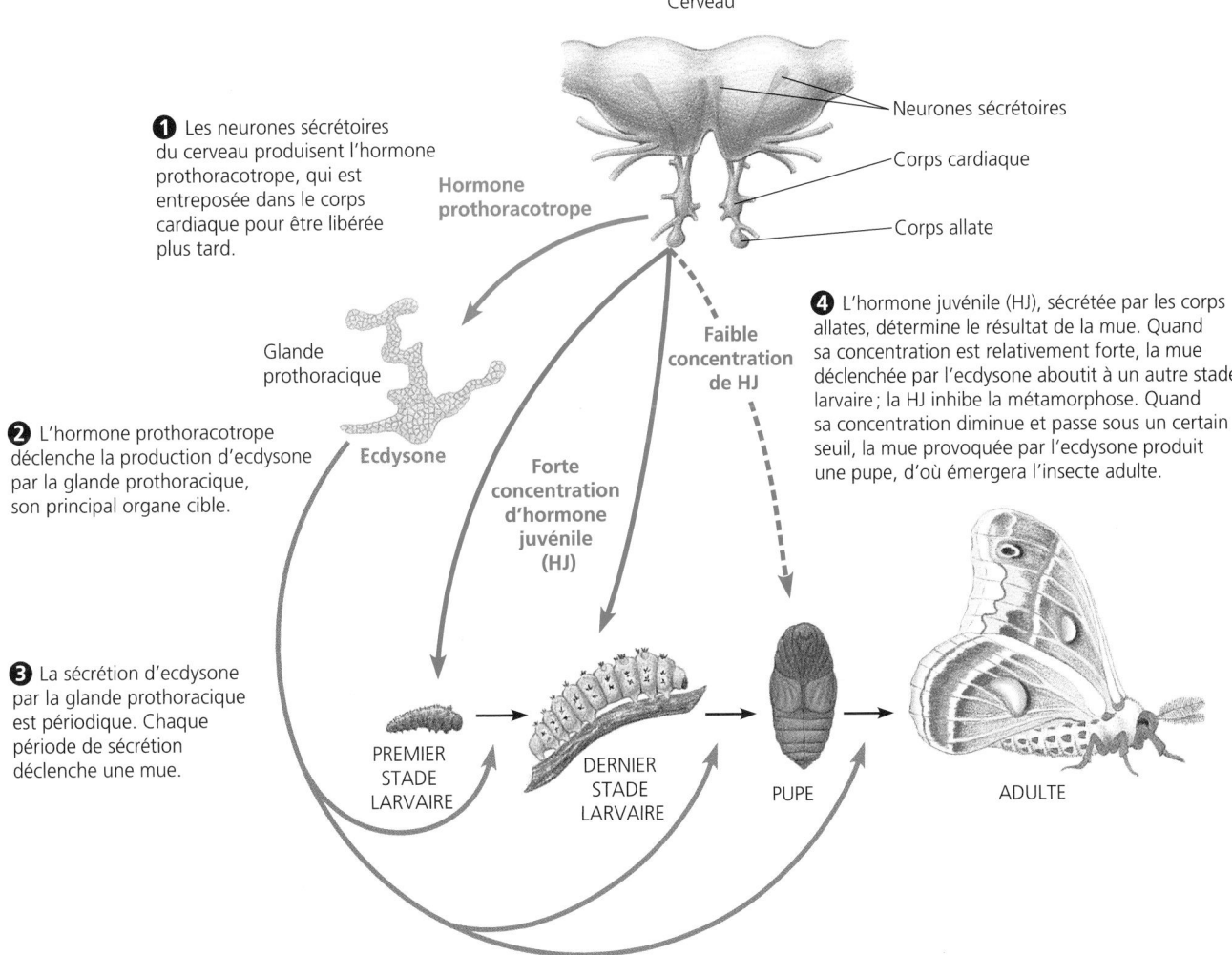

❶ Les neurones sécrétoires du cerveau produisent l'hormone prothoracotrope, qui est entreposée dans le corps cardiaque pour être libérée plus tard.

❷ L'hormone prothoracotrope déclenche la production d'ecdysone par la glande prothoracique, son principal organe cible.

❸ La sécrétion d'ecdysone par la glande prothoracique est périodique. Chaque période de sécrétion déclenche une mue.

❹ L'hormone juvénile (HJ), sécrétée par les corps allates, détermine le résultat de la mue. Quand sa concentration est relativement forte, la mue déclenchée par l'ecdysone aboutit à un autre stade larvaire ; la HJ inhibe la métamorphose. Quand sa concentration diminue et passe sous un certain seuil, la mue provoquée par l'ecdysone produit une pupe, d'où émergera l'insecte adulte.

Cerveau

Neurones sécrétoires

Corps cardiaque

Corps allate

Hormone prothoracotrope

Glande prothoracique

Ecdysone

Forte concentration d'hormone juvénile (HJ)

Faible concentration de HJ

PREMIER STADE LARVAIRE

DERNIER STADE LARVAIRE

PUPE

ADULTE

FIGURE 45.2 Régulation hormonale du développement d'un insecte. La plupart des Insectes passent par une série de stades larvaires, chaque mue (renouvellement de l'exosquelette) engendrant une larve plus grosse. La mue du dernier stade larvaire donne une pupe, dans laquelle l'insecte se métamorphose en adulte. Des hormones commandent les étapes du développement illustrées ici.

LES MÉDIATEURS CHIMIQUES ET LEURS MODES D'ACTION

Chez tous les Animaux, les médiateurs chimiques jouent un rôle important dans la coordination des activités physiologiques. Les hormones passent par le sang pour transmettre l'information aux cellules cibles de tout l'organisme. Certains autres types de médiateurs chimiques utilisent d'autres voies pour atteindre leurs cibles. Ainsi, comme nous l'avons vu au chapitre 11, les régulateurs locaux agissent sur les cellules voisines (voir la FI-GURE 11.3). Une fois sécrétées par les cellules qui les fabriquent, ces molécules régulatrices sont absorbées par des cellules cibles se trouvant à proximité, puis dégradées par des enzymes du voisinage ou fixées par une matrice extracellulaire, tout cela en quelques secondes ou même quelques millisecondes. Les régulateurs locaux n'ont donc d'effet que sur des cibles locales. Les phéromones, autres médiateurs chimiques, transmettent l'information entre individus d'une même espèce, jouant un rôle dans l'attraction sexuelle notamment. Le chapitre 46, qui porte sur la reproduction chez les Animaux, traitera plus en détail des phéromones. Avant d'aborder les hormones et leurs modes d'action, jetons un coup d'œil à certains régulateurs locaux et à leurs actions sur les cellules cibles.

Divers régulateurs locaux agissent sur des cellules cibles voisines

Plusieurs fois dans ce manuel, nous avons parlé de médiateurs chimiques qui ont une action sur des cellules cibles immédiatement voisines ou se trouvant à proximité. Ainsi, au chapitre 43, nous avons décrit le rôle des interleukines dans le système immunitaire. Aux chapitres 11, 12 et 19, nous avons présenté les facteurs de croissance qui jouent un rôle dans le cancer.

Les **facteurs de croissance** sont des peptides et des protéines qui sont à l'origine de la prolifération des cellules. Leur présence dans le milieu extracellulaire est nécessaire pour que certains types de cellules croissent, se divisent et se développent normalement. On nomme généralement ces facteurs d'après la première fonction qu'on leur a découverte. Mais leurs noms peuvent être trompeurs, car les facteurs de croissance peuvent avoir différents types de cellules cibles et différentes fonctions. Par exemple, le facteur de croissance des neurones est une protéine qui accélère le développement de certains neurones embryonnaires et régule également le développement des leucocytes et d'autres types de cellules.

On a beaucoup étudié les facteurs de croissance en cultures cellulaires. Un certain nombre d'expériences montrent que leurs actions sont similaires au sein d'un organisme animal et dans des milieux artificiels. Par exemple, le facteur de croissance épidermique injecté dans des fœtus de souris accélère le développement de l'épiderme. Un groupe de peptides connus sous le nom de facteurs de croissance insulinomimétiques et produits dans le foie sont essentiels au développement du squelette. Il est probable que l'interaction entre les nombreux facteurs de croissance régule le comportement des cellules dans les tissus et les organes en développement chez les Animaux. Les recherches actuelles semblent indiquer que les facteurs de croissance (en particulier les facteurs de croissance transformants) peuvent augmenter la puissance des synapses entre les neurones de l'encéphale d'un animal mature.

Le **monoxyde d'azote** (**NO**) est un autre régulateur local important. De nombreuses sortes de cellules produisent ce gaz aux multiples fonctions. Fortement réactif et potentiellement toxique, le monoxyde d'azote déclenche habituellement des modifications dans une cellule cible en quelques secondes seulement, puis se dégrade. Sécrété par les neurones, il joue le rôle de neurotransmetteur (voir le chapitre 48). Sécrété par les leucocytes, il tue certaines bactéries et cellules cancéreuses présentes dans les liquides corporels. Enfin, sécrété par les cellules endothéliales des vaisseaux sanguins, il produit une relaxation des muscles lisses adjacents en dilatant la paroi des vaisseaux.

Les régulateurs locaux appelés **prostaglandines** (**PG**) sont des acides gras modifiés, souvent dérivés de lipides de la membrane plasmique. On les a nommés ainsi parce qu'on les a d'abord découverts parmi les composantes du liquide séminal élaborées par la prostate, chez l'Humain. Les prostaglandines présentes dans le sperme provoquent la contraction des muscles lisses de la paroi utérine, ce qui facilite le transport des spermatozoïdes vers l'ovule. Libérées par la plupart des cellules du liquide interstitiel, elles jouent le rôle de régulateurs locaux et agissent de diverses façons sur les cellules voisines. Certaines de leurs actions les plus connues se portent sur le système reproducteur femelle. Par exemple, les prostaglandines sécrétées à répétition par les cellules du placenta provoquent des changements chimiques dans les muscles utérins du voisinage, qui sont de plus en plus excitables. C'est ainsi que se déclenche le travail à la fin de la gestation. Voilà un autre exemple de rétroactivation (voir la FIGURE 46.19).

Chez les Vertébrés, les prostaglandines jouent également le rôle de régulateurs locaux dans les mécanismes de défense. Plusieurs d'entre elles favorisent l'apparition de la fièvre et d'une inflammation et amplifient la sensation de douleur (sorte de système d'alarme qui contribue vraisemblablement à la défense de l'organisme lorsqu'il se produit un phénomène préjudiciable). L'action inhibitrice de l'aspirine et de l'ibuprofène sur la synthèse des prostaglandines explique leurs effets anti-inflammatoires.

Bien qu'elles aient des structures moléculaires très similaires, la prostaglandine E (PGE) et la prostaglandine F (PGF) agissent de façon opposée sur les cellules des muscles lisses qui composent la paroi des vaisseaux sanguins des poumons. La prostaglandine E détend ces muscles, ce qui dilate les vaisseaux sanguins et facilite l'oxygénation du sang. La prostaglandine F cause la contraction des muscles, ce qui resserre les vaisseaux et réduit l'afflux de sang dans les poumons. Ces deux médiateurs chimiques sont donc antagonistes. Les variations des concentrations relatives de ces prostaglandines permettent d'adapter l'équilibre homéostatique aux différentes situations. Voilà un autre exemple illustrant l'utilisation de médiateurs antagonistes qui se contrebalancent.

La plupart des médiateurs chimiques se fixent aux protéines de la membrane plasmique pour activer des voies de conversion-amplification des stimulus

Comme nous l'avons vu au chapitre 11, une substance régulatrice possède une forme particulière que sa cellule cible reconnaît. La *réception* du stimulus a lieu quand la substance régulatrice se fixe à un récepteur donné, c'est-à-dire à une protéine qui se trouve soit dans la membrane plasmique de la cellule cible, soit dans la cellule cible elle-même (FIGURE 45.3). La fixation d'une

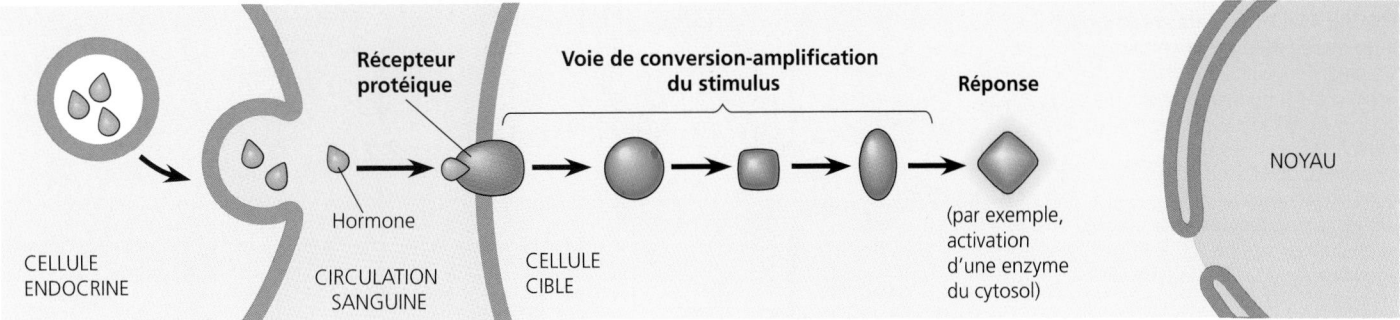

(a) Récepteur protéique situé dans la membrane plasmique

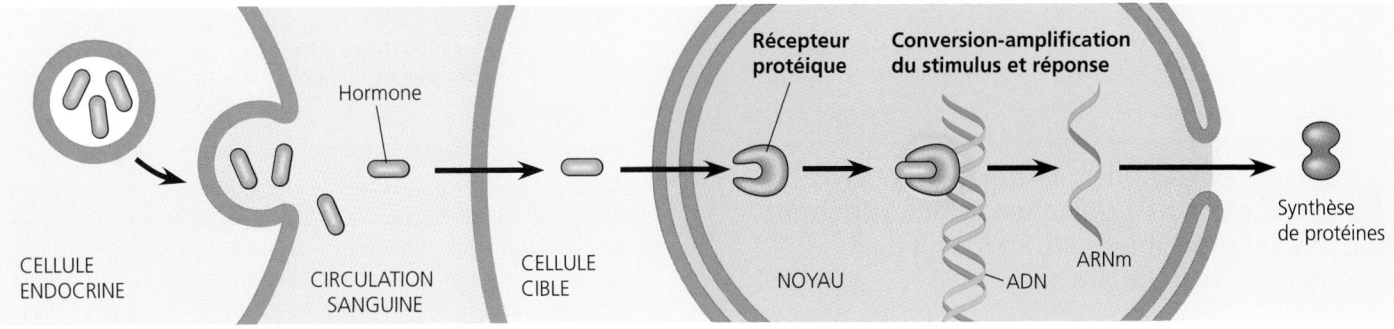

(b) Récepteur protéique situé dans le noyau

FIGURE 45.3 Mécanismes de conversion-amplification d'un stimulus chimique : révision. Une substance chimique sécrétée par une cellule **(a)** se fixe à un récepteur situé à la surface de la cellule cible, ce qui active une voie de conversion-amplification du stimulus, ou **(b)** traverse la membrane plasmique pour se fixer à un récepteur situé à l'intérieur de la cellule cible. Lié à un récepteur intracellulaire, le médiateur chimique agit comme un facteur de transcription, entraînant une modification dans l'expression génique. Lié à un récepteur de surface, il peut provoquer une modification de l'expression génique ou une modification de l'activité cytoplasmique.

substance régulatrice à un récepteur déclenche une suite d'événements à l'intérieur de la cellule : *une conversion et une amplification du stimulus.* Il en résulte une *réponse,* c'est-à-dire un changement de comportement de la cellule. Les cellules sont insensibles à la présence d'une substance régulatrice si elles ne possèdent pas les récepteurs appropriés. Le mécanisme par lequel une substance chimique provoque des changements dans la cellule cible dépend de l'emplacement du récepteur, à la surface ou à l'intérieur de la cellule.

Presque tous les régulateurs locaux et la majorité des hormones se fixent à des récepteurs membranaires (voir la FIGURE 45.3a). Au chapitre 11, nous avons parlé du fait que l'adrénaline agit grâce à des récepteurs membranaires. Le changement de couleur de la peau chez certaines grenouilles, adaptation qui permet le camouflage dans une luminosité variable, est un autre exemple du rôle que jouent les récepteurs membranaires. Le teint de la peau varie selon l'arrangement des organites à l'intérieur des mélanocytes. Les mélanocytes sont des cellules de la peau dont les organites, les mélanosomes, contiennent la mélanine, pigment brun foncé. La peau d'une grenouille est pâle quand les mélanosomes sont agglomérés autour du noyau, et foncée quand ils sont dispersés dans le cytosol. C'est une hormone peptidique, appelée hormone mélanotrope (MSH*, *melanocyte-stimulating*

hormone) et sécrétée par l'adénohypophyse, qui régule la disposition des mélanosomes. Lorsque l'on ajoute de la MSH au liquide interstitiel qui entoure les cellules contenant le pigment, les mélanosomes se dispersent. Mais si l'on injecte une petite quantité de MSH directement dans un mélanocyte, il n'y a pas de dispersion. C'est bien la preuve que l'interaction entre l'hormone et un récepteur *de surface* est nécessaire à l'action hormonale.

Le récepteur protéique situé dans la membrane plasmique est généralement le premier élément de la **voie de conversion-amplification du stimulus,** c'est-à-dire qu'il est à l'origine d'une série de modifications moléculaires qui convertissent un stimulus chimique extracellulaire en une réponse intracellulaire (voir le chapitre 11 pour une révision des molécules et des mécanismes de communication cellulaire). Selon le stimulus et les molécules présentes dans la cellule cible, la voie de conversion-amplification du stimulus provoque une réponse soit dans le cytoplasme (activation d'une enzyme, par exemple), soit dans le noyau (régulation de certains gènes, en général). Comme les divers types de cellules possèdent différents ensembles de molécules (notamment de protéines), le même stimulus peut provoquer différentes réponses dans diverses cellules cibles (FIGURE 45.4, p. 1048). Les hormones sont des régulateurs particulièrement puissants, efficaces en quantités infimes. De plus, les voies de conversion-amplification du stimulus peuvent déclencher des réactions enzymatiques en cascades qui amplifient le stimulus hormonal (voir la FIGURE 11.16).

---

* En français, l'abréviation de l'hormone mélanotrope devrait s'écrire HSM (hormone stimulant les mélanocytes), et non MSH. Mais la majorité des manuels écrits en langue française et des sites Internet francophones consultés utilisent les abréviations anglaises pour les hormones. Nous suivons donc cet usage.

FIGURE 45.4 Différentes réactions à un même médiateur chimique. Un médiateur chimique, dans le cas présent un neurotransmetteur appelé acétylcholine, peut entraîner différentes réponses selon les cellules cibles. Cette disparité dans les réponses peut venir des récepteurs [comparez a) avec b) et c)] ou des voies de conversion-amplification du stimulus (voir aussi la FIGURE 11.18), qui ne sont pas toujours les mêmes.

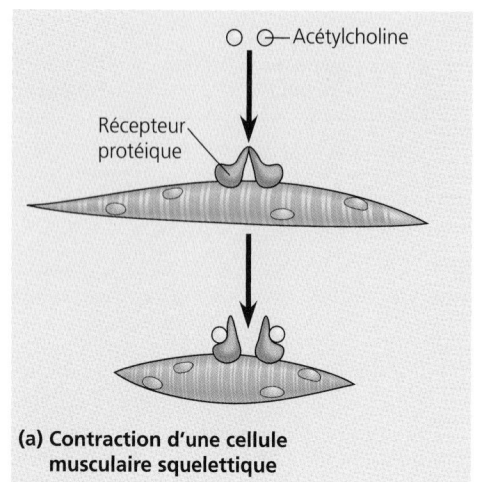

(a) Contraction d'une cellule musculaire squelettique

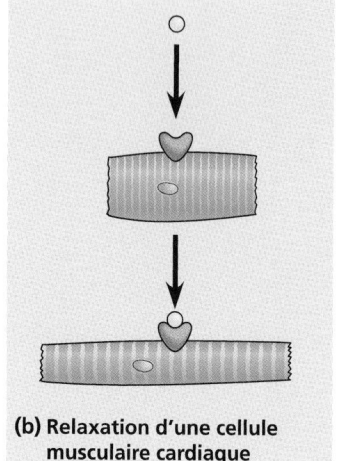

(b) Relaxation d'une cellule musculaire cardiaque

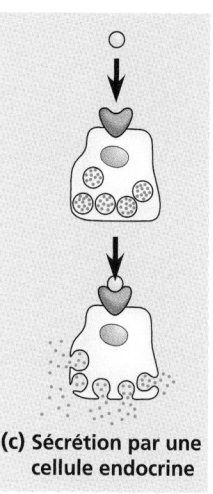

(c) Sécrétion par une cellule endocrine

Les hormones stéroïdes, les hormones thyroïdiennes et certains régulateurs locaux pénètrent dans les cellules cibles pour se fixer à des récepteurs intracellulaires

Les chercheurs ont découvert que certaines hormones pénétraient dans les cellules cibles au cours d'études sur deux catégories d'hormones chez les Vertébrés : les œstrogènes et les progestines (par exemple la progestérone). Chez la plupart des Mammifères, y compris les Humains, ces hormones stéroïdes sont nécessaires au développement et au fonctionnement du système reproducteur femelle. Au début des années 1960, des chercheurs ont démontré que les cellules du système reproducteur de rats femelles accumulaient des œstrogènes. Ils trouvaient ces hormones dans le noyau de ces cellules, mais pas dans les cellules de certains tissus, comme ceux de la rate, qui ne réagissent pas aux œstrogènes. La progestérone pénètre aussi dans le noyau des cellules cibles. Tout cela a mené à l'hypothèse selon laquelle les cellules sensibles à une hormone stéroïde contiennent des molécules réceptrices internes qui se lient spécifiquement à l'hormone en question. On sait aujourd'hui que ce sont des protéines spécialisées, localisées à l'intérieur des cellules, qui sont les récepteurs des hormones stéroïdes, des hormones thyroïdiennes, de la forme hormonale de la vitamine D (cholécalciférol ou provitamine D_3) et de certains régulateurs locaux tels que le NO. Tous ces médiateurs chimiques sont de petites molécules non polaires qui peuvent facilement traverser les membranes cellulaires. La plupart des récepteurs intracellulaires sont situés dans le noyau (voir la FIGURE 45.3b); d'autres se trouvent dans le cytoplasme, du moins au départ (voir la FIGURE 11.10).

Les récepteurs protéiques intracellulaires effectuent généralement la conversion-amplification complète du stimulus *dans la cellule*. Le médiateur chimique active le récepteur, qui déclenche ensuite directement la réponse de la cellule. Dans presque tous les cas, le récepteur protéique intracellulaire activé par une hormone est un facteur de transcription. La réponse est quant à elle une modification de l'expression génique. La forme active du facteur de transcription (le complexe hormone-récepteur) se fixe à des sites particuliers de l'ADN cellulaire, puis déclenche ou empêche la transcription de certains gènes (voir les FIGURES 17.7 et 19.9). L'ARNm nouvellement formé est ensuite traduit en nouvelle protéine dans le cytoplasme.

L'hormone de la mue des Arthropodes, l'ecdysone (voir la FIGURE 45.2), est un exemple de stéroïde qui provoque la synthèse de nouvelles protéines. L'ecdysone déclenche dans certaines cellules la synthèse d'enzymes, qui catalysent la production d'un nouvel exosquelette. Pour prendre un autre exemple, les œstrogènes provoquent la synthèse de grandes quantités d'ovalbumine, principale protéine du blanc d'œuf, par les cellules du système reproducteur femelle des Oiseaux.

À l'instar des hormones qui se fixent aux récepteurs de surface, les hormones qui se fixent aux récepteurs intracellulaires peuvent avoir différentes actions sur les diverses cellules cibles d'un même animal. Par exemple, les œstrogènes qui provoquent la synthèse d'ovalbumine par le système reproducteur des Oiseaux provoquent aussi la synthèse d'autres protéines par le foie. Cela montre bien qu'une hormone peut avoir différentes actions selon les espèces. En effet, chez l'Humain, la femme ne répond pas aux œstrogènes en fabriquant de l'ovalbumine! La thyroxine est un autre exemple de ce phénomène. Cette hormone thyroïdienne assure la régulation métabolique chez l'Humain et d'autres Vertébrés. Mais, chez la Grenouille, elle est également à l'origine de la métamorphose du têtard en adulte et provoque la disparition progressive de la queue ainsi que d'autres changements.

LE SYSTÈME ENDOCRINIEN DES VERTÉBRÉS

Parmi les nombreuses hormones qui régulent les fonctions de l'organisme chez les Vertébrés, certaines n'agissent que sur un seul ou quelques tissus. D'autres, comme les hormones sexuelles, qui déterminent les caractéristiques mâles et femelles, agissent sur la plupart des tissus de l'organisme. Certaines hormones ont pour cibles des glandes endocrines. Appelées **stimulines**, elles revêtent une importance particulière pour notre compréhension de la régulation chimique. Tout en étudiant la régulation hormonale des Vertébrés, consultez régulièrement la FIGURE 45.5, qui indique l'emplacement des principales glandes endocrines dans le corps humain, et le TABLEAU 45.1, aux pages 1050 et 1051, qui résume les fonctions des principales hormones des Vertébrés. Les petits croquis présentés au début de chaque section vous aideront aussi à situer chaque glande. Nous commençons notre étude du système endocrinien des Vertébrés par l'hypothalamus et l'hypophyse, qui en régulent la plus grande partie.

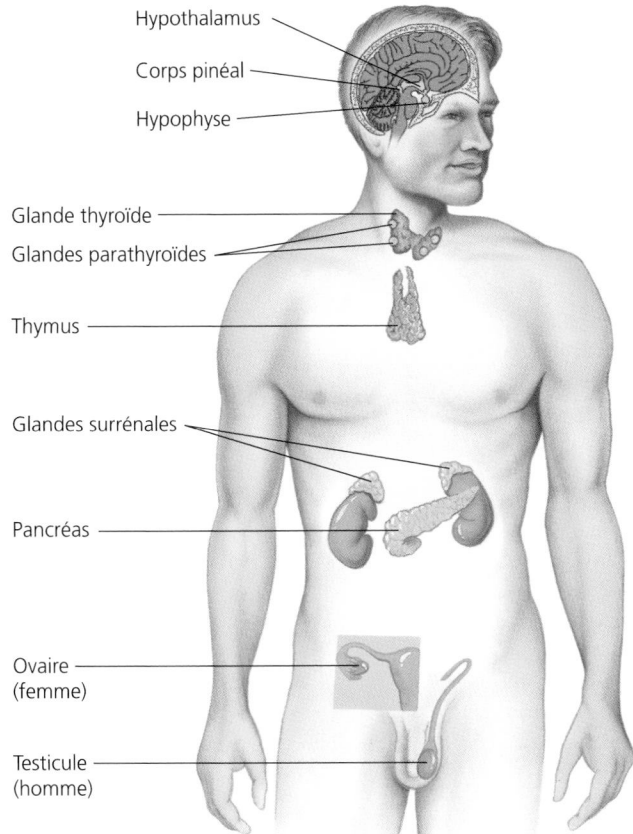

Hypothalamus
Corps pinéal
Hypophyse

Glande thyroïde
Glandes parathyroïdes

Thymus

Glandes surrénales

Pancréas

Ovaire
(femme)

Testicule
(homme)

FIGURE 45.5 Glandes endocrines de l'Humain étudiées dans ce chapitre. En plus des glandes illustrées ici, de nombreux organes dont les fonctions principales ne sont pas endocrines possèdent des cellules qui sécrètent des hormones. Il s'agit notamment du cœur, de l'estomac, de l'intestin grêle, du rein et du placenta, dont nous parlons dans d'autres chapitres. Le thymus, composante importante du système immunitaire, est également abordé ailleurs (chapitre 43). Volumineux durant l'enfance, il commence à se résorber à la puberté, quand le système immunitaire est bien développé. À l'âge adulte, il est en grande partie remplacé par des tissus adipeux et fibreux, mais continue de fonctionner toute la vie. Il sécrète plusieurs substances chimiques, notamment la thymosine et la thymopoïétine, qui provoquent la prolifération et la maturation des lymphocytes T ayant quitté le thymus. Dans ce chapitre, nous traitons des glandes endocrines illustrées dans cette figure.

L'hypothalamus et l'hypophyse intègrent de nombreuses fonctions du système endocrinien chez les Vertébrés

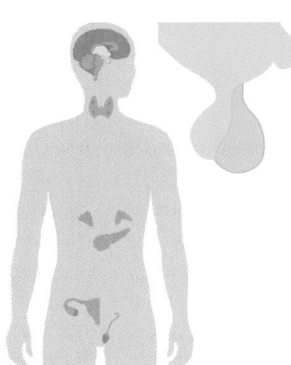

L'**hypothalamus** joue un rôle capital dans l'intégration du système endocrinien et du système nerveux. Cette région du diencéphale reçoit des informations en provenance des nerfs périphériques et des autres régions de l'encéphale, et amorce une régulation hormonale en fonction des conditions du milieu. Ainsi, chez de nombreux Vertébrés, certaines régions de l'encéphale transmettent à l'hypothalamus, par l'intermédiaire d'influx nerveux, des informations sensorielles concernant les changements saisonniers ou la disponibilité d'un partenaire sexuel. L'hypothalamus déclenche alors la libération des hormones sexuelles nécessaires à la reproduction.

Les cellules qui produisent les hormones hypothalamiques sont regroupées en deux ensembles de neurones sécrétoires dont les produits sont emmagasinés dans l'**hypophyse** ou régulent l'activité de cette glande. Ce petit organe a de nombreuses fonctions endocrines. On lui donnait avant le nom de « glande maîtresse », parce que plusieurs de ses hormones agissent sur le fonctionnement des autres glandes du système endocrinien. Cependant, c'est maintenant l'hypothalamus que l'on désigne ainsi, car il régit l'activité de l'hypophyse en lui envoyant plusieurs stimulus hormonaux de nature différente.

Aucun organe n'illustre mieux que l'hypophyse les relations étroites de structure, de fonction et de développement entre le système endocrinien et le système nerveux. Située à la base de l'hypothalamus, l'hypophyse comprend deux lobes distincts qui sont issus de deux régions différentes de l'embryon et qui ont leurs fonctions respectives (FIGURE 45.6, p. 1052). Le **lobe antérieur de l'hypophyse,** ou **adénohypophyse,** se forme à partir d'une évagination des tissus embryonnaires constituant le plafond de la cavité buccale qui croît en direction de l'encéphale pour finalement s'y rattacher complètement. L'adénohypophyse est composée de cellules endocrines diverses qui synthétisent plusieurs hormones qu'elle sécrète directement dans la circulation sanguine. L'hypothalamus assure la régulation de l'adénohypophyse à l'aide de deux ensembles de neurones sécrétoires. Le premier produit les **hormones de libération,** qui provoquent la sécrétion d'hormones par l'adénohypophyse. Le second produit les **hormones d'inhibition,** qui stoppent la sécrétion d'hormones par l'adénohypophyse.

L'hypothalamus sécrète ses hormones de libération et d'inhibition dans les capillaires de l'éminence médiane, région située à sa base, tout près de la tige qui le relie à l'hypophyse et que l'on appelle *infundibulum* (voir la FIGURE 45.6b). Ces capillaires rejoignent de courtes veines portes qui se ramifient pour donner un second lit de capillaires à l'intérieur de l'adénohypophyse. Ainsi, les hormones hypothalamiques ont un accès direct à la glande qu'elles commandent. Toutes les hormones adénohypophysaires sont régulées par au moins une hormone de libération. Certaines obéissent à une hormone de libération et à une hormone d'inhibition.

Contrairement à l'adénohypophyse, le **lobe postérieur de l'hypophyse,** ou **neurohypophyse,** est un prolongement de l'encéphale. Il se forme à partir d'un petit renflement de l'hypothalamus qui descend vers l'évagination de la cavité buccale donnant l'adénohypophyse. La neurohypophyse reste un prolongement de l'hypothalamus. Elle emmagasine deux hormones fabriquées par des neurones sécrétoires de l'hypothalamus, et les libère dans le réseau de capillaires qui la parcourt.

Hormones neurohypophysaires

Les deux hormones que libère la neurohypophyse, à savoir l'ocytocine et l'hormone antidiurétique (ADH), sont fabriquées par l'hypothalamus dans le noyau paraventriculaire et dans le noyau supraoptique respectivement. Elles ne régulent aucune glande endocrine. L'**ocytocine** déclenche la contraction des muscles utérins durant l'accouchement et provoque l'éjection du lait des glandes mammaires. L'ADH, quant à elle, commande aux reins d'augmenter la rétention d'eau et de diminuer le volume d'urine (diurèse).

Glandes	Hormones	Molécules	Principaux effets	Régulateurs
Hypothalamus	Hormones libérées par la neurohypophyse (voir ci-dessous) et hormones de libération ou d'inhibition qui régulent l'adénohypophyse (seront précisées ultérieurement)			
Hypophyse Neurohypophyse (libère les hormones produites par l'hypothalamus)	Ocytocine	Peptide	Déclenche la contraction des muscles utérins et des cellules des glandes mammaires.	Système nerveux
	Hormone antidiurétique (ADH)	Peptide	Stimule la réabsorption d'eau par les reins.	Équilibre hydrique et électrolytique
Adénohypophyse	Hormone de croissance (GH)	Protéine	Stimule la croissance (du squelette en particulier) et les fonctions métaboliques.	Hormones hypothalamiques
	Prolactine (PRL)	Protéine	Déclenche la production et la sécrétion de lait.	Hormones hypothalamiques
	Hormone folliculo-stimulante (FSH)	Glycoprotéine	Provoque la maturation du folli-cule ovarien et la spermatogenèse.	Hormones hypothalamiques
	Hormone lutéini-sante (LH)	Glycoprotéine	Stimule la production d'hormones sexuelles. Chez la femme, déclenche l'ovulation.	Hormones hypothalamiques
	Thyréotrophine (TSH)	Glycoprotéine	Régit les sécrétions et les autres activités de la glande thyroïde.	Thyroxine dans le sang; hormones hypothalamiques
	Corticotrophine (ACTH)	Polypeptide	Régit la production et la sécrétion de glucocorticoïdes et de gonadocorticoïdes par le cortex surrénal.	Glucocorticoïdes; hormones hypothalamiques
	Hormone mélanotrope (MSH)	Polypeptide	Active les cellules pigmentaires de la peau.	Système nerveux; hormones hypothalamiques
Glande thyroïde	Tri-iodothyronine (T_3) et thyroxine (T_4)	Amine	Stimulent et entretiennent les processus métaboliques.	TSH
	Calcitonine	Polypeptide	Diminue la calcémie.	Calcémie
Glandes parathyroïdes	Parathormone (PTH)	Polypeptide	Augmente la calcémie.	Calcémie

L'**hormone antidiurétique** (**ADH**, *antidiuretic hormone*) participe à un mécanisme de rétroaction complexe qui permet d'ajuster l'osmolarité du sang. Nous avons présenté ce mécanisme au chapitre 44, mais allons ici en retracer les grandes lignes afin d'illustrer la façon dont les hormones contribuent à l'homéostasie et dont la rétro-inhibition détermine la quantité d'hormones. Ce sont des cellules nerveuses, jouant le rôle d'osmorécepteurs dans l'hypothalamus, qui perçoivent l'osmolarité du sang. Lorsque celle-ci augmente, les osmorécepteurs rétrécissent légèrement (par osmose) et réagissent en transmettant des influx nerveux aux neurones sécrétoires du noyau supraoptique de l'hypothalamus. Ces neurones répondent par la libération d'ADH dans la circulation sanguine, à partir de leur extrémité neurohypophysaire. La neurohypophyse emmagasine l'ADH et la libère dans la circulation sanguine. Lorsqu'elle atteint les reins, l'ADH se lie à des récepteurs situés dans la membrane plasmique des cellules qui tapissent les tubules contournés distaux et les tubules rénaux collecteurs. Cette liaison déclenche une voie de conversion-amplification du stimulus qui augmente la perméabilité à l'eau de ces tubules. L'eau quitte alors les tubules rénaux collecteurs et pénètre dans les capillaires voisins, ce qui empêche l'osmolarité du sang d'augmenter davantage. Les osmorécepteurs de l'hypothalamus provoquent aussi la sensation de soif. L'ingestion d'eau ramène alors l'osmolarité à la valeur de référence. La réaction hormonale à une osmolarité sanguine élevée est donc complétée par une réponse comportementale déterminée par le système nerveux. Lorsque le sang dilué parvient à l'encéphale, l'hypothalamus réagit à la baisse d'osmolarité en réduisant la libération d'ADH et en diminuant la sensation de soif. Ces réactions hormonale et comportementale (respectivement l'augmentation de la réabsorption d'eau par les reins et l'action de boire) empêchent une consommation d'eau excessive en mettant fin à la sécrétion d'hormones et en faisant disparaître la soif. Cet exemple constitue un autre cas de régulation de l'homéostasie par rétro-inhibition. Il atteste également du rôle central de l'hypothalamus aussi bien dans le système endocrinien que dans le système nerveux.

Hormones adénohypophysaires

L'adénohypophyse produit un grand nombre d'hormones. Quatre d'entre elles sont des stimulines et déclenchent la synthèse et la libération d'hormones dans d'autres glandes endocrines. Tout d'abord, la thyréotrophine (TSH) provoque la libération d'hormones thyroïdiennes. Ensuite, la corticotrophine (ACTH)

TABLEAU 45.1 *Suite*

Glandes		Hormones	Molécules	Principaux effets	Régulateurs
Pancréas		Insuline	Protéine	Diminue la glycémie.	Glycémie
		Glucagon	Polypeptide	Augmente la glycémie.	Glycémie
Glandes surrénales Médulla surrénale		Adrénaline et noradrénaline	Amines	Augmentent la glycémie. Augmentent les activités métaboliques. Entraînent la constriction de certains vaisseaux sanguins.	Système nerveux
Cortex surrénal		Glucocorticoïdes (par ex. cortisol)	Stéroïdes	Augmentent la glycémie.	ACTH
		Minéralocorticoïdes (par ex. aldostérone)	Stéroïdes	Stimulent la réabsorption de Na^+ et la sécrétion de K^+ par les reins.	K^+ sanguin
		Gonadocorticoïdes (par ex. androgènes, œstrogènes)	Stéroïdes	Déclencheraient la puberté. Seraient associés à la libido féminine et à une source d'œstrogènes après la ménopause.	ACTH
Gonades Testicules		Androgènes	Stéroïdes	Maintiennent la spermatogenèse. Font apparaître et entretiennent les caractères sexuels secondaires masculins.	FSH et LH
Ovaires		Œstrogènes	Stéroïdes	Stimulent le développement de l'endomètre urérin. Font apparaître et entretiennent les caractères sexuels secondaires féminins.	FSH et LH
		Progestines (par exemple progestérone)	Stéroïdes	Stimule la croissance de l'endomètre utérin.	FSH et LH
Corps pinéal		Mélatonine	Amine	Intervient dans les rythmes circadiens.	Cycles jour/nuit
Thymus		Thymosine et thymopoïétine	Polypeptides	Provoquent la prolifération et la maturation des lymphocytes T.	Inconnu

commande les hormones du cortex surrénal. Enfin, l'hormone folliculostimulante (FSH) et l'hormone lutéinisante (LH) régissent la reproduction en agissant sur les gonades. L'adénohypophyse fabrique également l'hormone de croissance (GH), la prolactine (PRL), l'hormone mélanotrope (MSH) et les endorphines.

L'**hormone de croissance** (**GH,** *growth hormone*), protéine composée d'environ 200 acides aminés, agit, directement ou par stimulation, sur un large éventail de tissus cibles. Elle intervient directement dans la croissance et indirectement en stimulant la synthèse d'autres facteurs de croissance. Ainsi, elle peut faire croître les os et les cartilages, en partie parce qu'elle fait produire par le foie des **facteurs de croissance insulinomimétiques** qui circulent dans le plasma sanguin et provoquent la croissance osseuse et cartilagineuse. (Cette réponse endocrinienne que provoque l'hormone de croissance fait d'elle une stimuline. Par ailleurs, étant ici le siège d'une sécrétion hormonale, le foie remplit, en plus de ses nombreuses autres fonctions, la fonction de glande endocrine.) En l'absence de GH, la croissance squelettique d'un animal immature cesse. Si l'on injecte l'hormone à un animal qui ne la fabrique plus, la croissance reprend en partie.

Chez l'Humain, divers troubles de la croissance sont associés à une production anormale d'hormone de croissance. Une trop forte production de GH au cours du développement peut mener au gigantisme. Un excès de GH à l'âge adulte cause, quant à lui, un accroissement osseux anormal des mains, des pieds et de la tête, maladie qui porte le nom d'acromégalie. Une insuffisance de GH pendant l'enfance peut provoquer le nanisme hypophysaire. On a traité avec succès des enfants souffrant d'une insuffisance de GH en leur injectant des hormones de croissance humaines isolées à partir d'adénohypophyses que l'on avait prélevées sur des cadavres. Cependant, cette source d'hormones ne suffit pas à la demande et les hormones de croissance provenant de la plupart des autres animaux restent sans effet. L'une des plus grandes prouesses du génie génétique a été de réussir la synthèse de GH par l'intermédiaire de bactéries, dans le génome desquelles on a épissé des gènes humains de l'hormone de croissance (voir le chapitre 20). On se sert de cette GH synthétisée pour traiter des enfants atteints de nanisme hypophysaire. Certains sportifs utilisent également la GH (légalement ou non) pour accroître leur masse musculaire.

La **prolactine** (**PRL**) est une protéine tellement semblable à la GH que l'on a émis l'hypothèse que les gènes codant pour ces deux hormones descendaient d'un même gène ancestral. Toutefois, ces hormones ont des fonctions différentes. La prolactine se distingue surtout par la grande diversité d'effets qu'elle provoque chez les diverses espèces de Vertébrés. Ainsi, chez les

FIGURE 45.6 Hormones libérées par l'hypothalamus et par l'hypophyse. L'hypophyse est une glande située à la base de l'hypothalamus et entourée d'os (elle est située dans la selle turcique du sphénoïde). Elle comprend un lobe postérieur (la neurohypophyse) et un lobe antérieur (l'adénohypophyse). Le lobe postérieur de l'hypophyse est en fait un prolongement de l'hypothalamus.

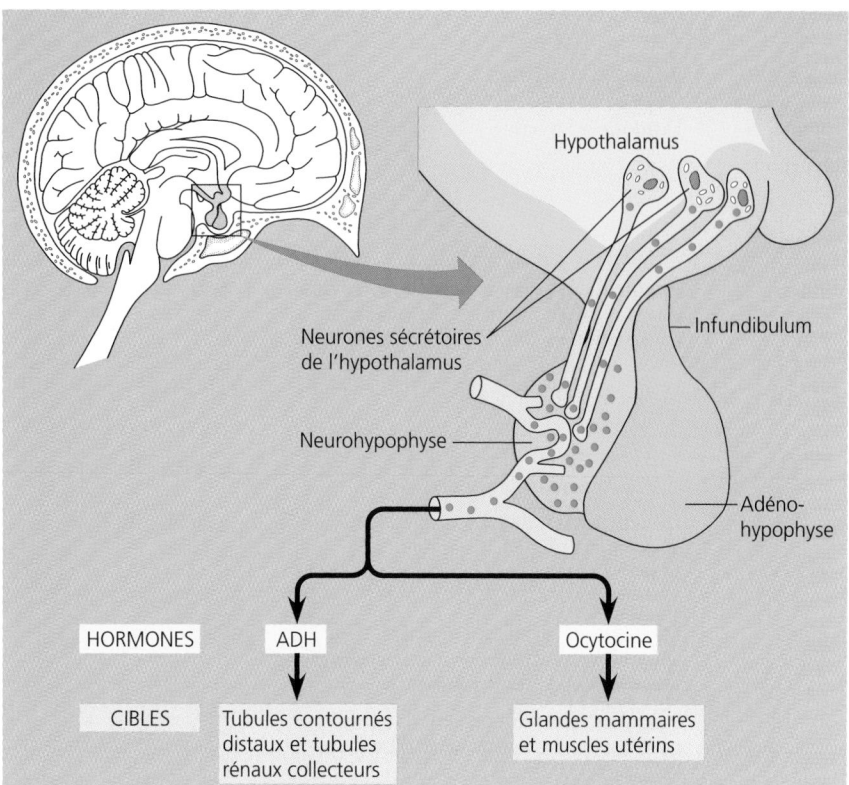

Hypothalamus

Neurones sécrétoires de l'hypothalamus

Infundibulum

Neurohypophyse

Adéno-hypophyse

HORMONES — ADH — Ocytocine

CIBLES — Tubules contournés distaux et tubules rénaux collecteurs — Glandes mammaires et muscles utérins

(a) Neurohypophyse. Les neurones sécrétoires de l'hypothalamus synthétisent l'hormone antidiurétique (ADH) et l'ocytocine, qui descendent les axones jusqu'à la neurohypophyse, où elles sont entreposées. La neurohypophyse les libère dans le sang. L'ADH se fixe aux cellules cibles des reins; l'ocytocine, aux cellules cibles des glandes mammaires et de l'utérus.

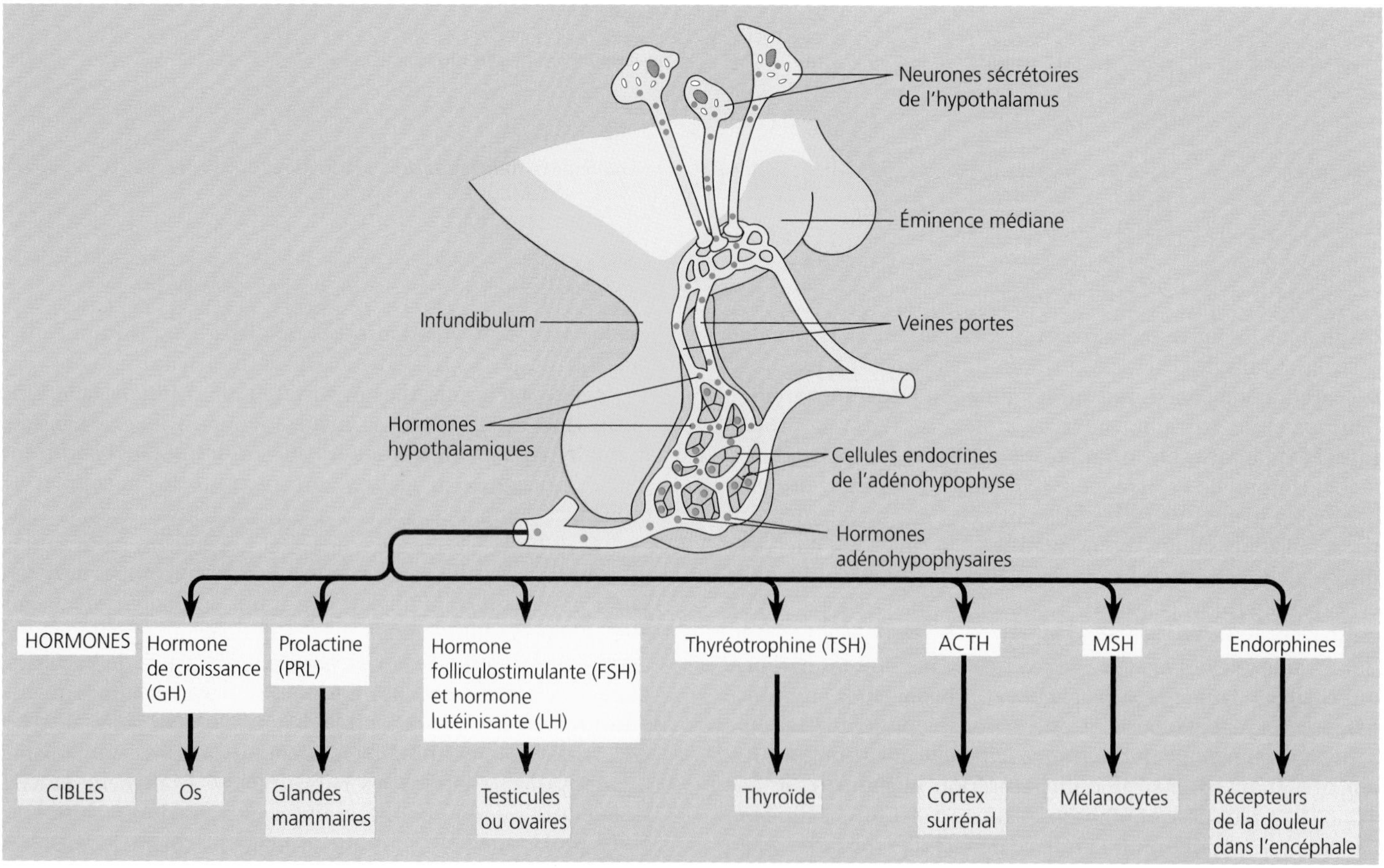

Neurones sécrétoires de l'hypothalamus

Éminence médiane

Infundibulum

Veines portes

Hormones hypothalamiques

Cellules endocrines de l'adénohypophyse

Hormones adénohypophysaires

HORMONES — Hormone de croissance (GH) — Prolactine (PRL) — Hormone folliculostimulante (FSH) et hormone lutéinisante (LH) — Thyréotrophine (TSH) — ACTH — MSH — Endorphines

CIBLES — Os — Glandes mammaires — Testicules ou ovaires — Thyroïde — Cortex surrénal — Mélanocytes — Récepteurs de la douleur dans l'encéphale

(b) Adénohypophyse. La sécrétion des hormones adénohypophysaires est régulée par l'hypothalamus. Les neurones sécrétoires de l'hypothalamus sécrètent des hormones de libération ou d'inhibition dans un réseau de capillaires de l'éminence médiane, au-dessus de l'infundibulum de l'hypothalamus. Ces hormones voyagent dans de courtes veines portes, puis dans un second réseau de capillaires situé à l'intérieur de l'adénohypophyse. En réponse à certaines hormones de libération, les cellules endocrines de l'adénohypophyse libèrent les hormones cibles dans la circulation sanguine.

Mammifères, elle favorise la croissance des glandes mammaires et déclenche la synthèse du lait. Chez les Oiseaux, elle assure la régulation tant du métabolisme des graisses que de la reproduction. Chez les Amphibiens, elle retarde la métamorphose et peut jouer le rôle d'hormone de croissance larvaire. Enfin, chez certains poissons d'eau douce, elle assure l'équilibre hydrique et électrolytique. Il semble donc que la prolactine soit une hormone ancienne dont les fonctions se sont diversifiées au cours de l'évolution, dans les diverses classes de Vertébrés.

Trois des stimulines sécrétées par l'adénohypophyse sont chimiquement apparentées. L'**hormone folliculostimulante** (**FSH**, *follicle-stimulating hormone*), l'**hormone lutéinisante** (**LH**, *luteinizing hormone*) et la **thyréotrophine** (**TSH**, *thyroid-stimulating hormone*) se ressemblent et sont toutes les trois des glycoprotéines, molécules constituées d'une protéine et d'un glucide associés. La FSH et la LH sont aussi appelées **gonadotrophines**, parce qu'elles augmentent l'activité des gonades mâles et femelles, c'est-à-dire des testicules et des ovaires. La TSH régit la production d'hormones dans la glande thyroïde.

Les autres hormones élaborées par l'adénohypophyse proviennent toutes d'une seule molécule mère, appelée pro-opiomélanocortine. Cette grosse protéine est divisée en plusieurs courts fragments à l'intérieur des cellules adénohypophysaires. Au moins trois de ces fragments sont des hormones peptidiques actives. La **corticotrophine** (**ACTH**, *adrenocorticotropic hormone*) est une stimuline qui régit la production et la sécrétion d'hormones stéroïdes dans le cortex surrénal. Comme nous l'avons déjà dit, l'**hormone mélanotrope** (**MSH**, *melanocyte-stimulating hormone*) commande l'activité des cellules pigmentaires (mélanocytes) de la peau chez certains vertébrés. Chez les Mammifères, elle semble jouer un rôle clé dans le métabolisme des graisses, probablement par un mécanisme de rétroaction qui cible les neurones de l'hypothalamus. Le troisième ou les autres fragments de la pro-opiomélanocortine font partie d'une catégorie d'hormones appelées **endorphines.** Ces molécules sont aussi produites par certains neurones de l'encéphale. On les appelle parfois les opiacés naturels de l'organisme, parce qu'elles inhibent la perception de la douleur. En fait, l'héroïne et les autres drogues opiacées imitent les endorphines et se lient aux mêmes récepteurs de l'encéphale qu'elles. Certains chercheurs croient que le phénomène appelé « euphorie du coureur » résulte en partie de la sécrétion d'endorphines qui se fait lorsque l'effort et la douleur atteignent un stade critique. (Nous nous attarderons davantage sur les endorphines au chapitre 48.)

Le corps pinéal participe aux rythmes circadiens

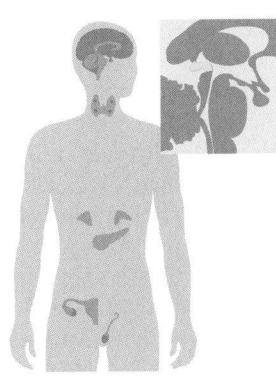

Le **corps pinéal** est une petite masse de tissu située près du centre de l'encéphale chez les Mammifères (et plus près de la face externe de l'encéphale chez certains autres vertébrés). Bien que l'on connaisse le corps pinéal beaucoup mieux aujourd'hui qu'à l'époque où Descartes l'appelait le « siège de l'âme », cet organe recèle encore bien des mystères. Le corps pinéal sécrète l'hormone nommée **mélatonine,** qui est un acide aminé modifié. Selon les espèces, le corps pinéal contient des cellules sensibles à la lumière ou reçoit des informations transmises par les yeux. Ainsi, la mélatonine régule les fonctions associées à la luminosité et à la durée de l'éclairement diurne (photopériode). Chez de nombreux Vertébrés, par exemple, elle agit sur la pigmentation de la peau, tout comme la MSH. Cependant, la plupart des fonctions du corps pinéal sont liées aux rythmes circadiens qui interviennent dans la reproduction. Comme la sécrétion de mélatonine se fait la nuit, la quantité produite dépend de la durée de l'obscurité. Ainsi, en hiver, la longueur des nuits favorise la production de mélatonine. Cette hormone représente donc un lien entre l'horloge biologique et les activités quotidiennes ou saisonnières telles que la reproduction. Des découvertes récentes suggèrent que les principales cellules cibles de la mélatonine se trouvent dans le noyau supraoptique de l'hypothalamus, qui fonctionne comme une horloge biologique. La mélatonine semble réduire l'activité des neurones du noyau supraoptique, ce qui peut être associé à son rôle dans la régulation des rythmes circadiens. Cependant, il nous reste encore beaucoup à apprendre sur le rôle précis de la mélatonine et des horloges biologiques.

Les hormones thyroïdiennes agissent sur le développement, la bioénergétique et l'homéostasie

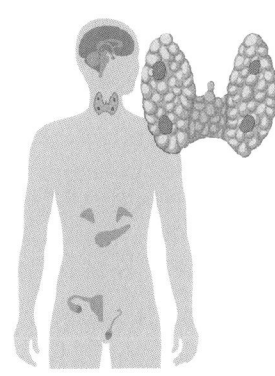

Chez les Humains et d'autres Mammifères, la **glande thyroïde** se compose de deux lobes situés sur la face antérieure de la trachée (voir les FIGURES 42.23a et 45.5). Chez de nombreux autres Vertébrés, les deux parties de la glande se trouvent de part et d'autre du pharynx. Les tissus de la glande thyroïde (FIGURE 45.7a, p. 1054) produisent deux hormones très similaires résultant de la condensation de deux molécules de l'acide aminé tyrosine : la **tri-iodothyronine** (T_3), qui contient trois atomes d'iode, et la tétra-iodothyronine, ou **thyroxine** (T_4), qui en possède quatre (FIGURE 45.7b). Chez les Mammifères, la thyroïde sécrète principalement la T_4. Mais les cellules cibles convertissent la plus grande partie de cette hormone en T_3. Cette dernière forme a plus d'affinité avec les récepteurs situés dans le noyau cellulaire. C'est donc principalement la T_3 qui entraîne des réponses de la part des cellules cibles. La glande thyroïde sécrète ses hormones sous la direction de l'hypothalamus et de l'adénohypophyse, par un mécanisme de rétro-inhibition complexe (FIGURE 45.8, p. 1055).

La glande thyroïde joue un rôle crucial dans le développement et la maturation des Vertébrés. Cette glande est responsable de la métamorphose d'un têtard en Grenouille, métamorphose qui nécessite la réorganisation d'un grand nombre de tissus. Elle s'avère tout aussi importante pour le développement humain. Une forme d'insuffisance thyroïdienne héréditaire appelée crétinisme se manifeste par un retard de la croissance du squelette et par une arriération mentale. On peut pallier ces effets en administrant des hormones thyroïdiennes dès le début de la vie de l'individu. Des études menées sur des animaux ont permis de montrer l'importance des hormones thyroïdiennes, aussi

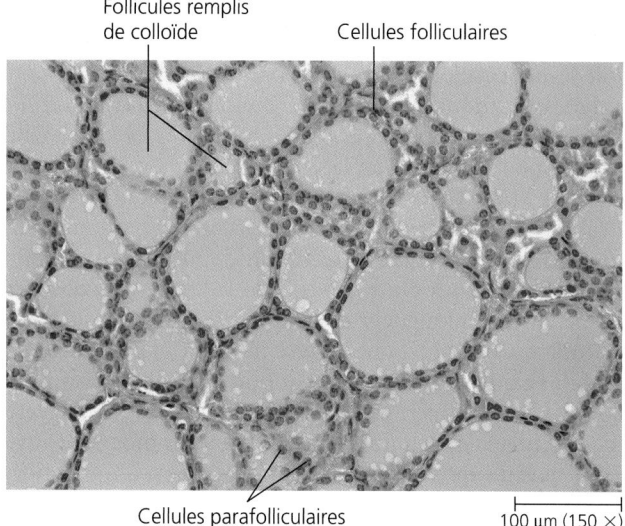

Follicules remplis
de colloïde

Cellules folliculaires

Cellules parafolliculaires

100 μm (150 ×)

(a) Tissus endocrines de la glande thyroïde. Cette micrographie montre la partie glandulaire de la thyroïde comportant des unités sphériques entassées les unes sur les autres et appelées follicules. L'épithélium simple qui délimite ces sphères est constitué de cellules cuboïdes ou squameuses nommées cellules folliculaires. Celles-ci sécrètent la thyroglobuline, une glycoprotéine iodée composant en grande partie le colloïde d'un follicule. La thyroglobuline sert de matière première pour la synthèse de la tri-iodothyronine et de la thyroxine, deux hormones nécessaires à la croissance et à l'homéostasie. Les interstices entre les follicules contiennent un amas de cellules parafolliculaires qui synthétisent et sécrètent la calcitonine, une hormone qui intervient dans la régulation de la calcémie.

Thyroxine (T₄)

Enzyme présente
dans les cellules cibles

Tri-iodothyronine (T₃) (plus active)

(b) Deux hormones thyroïdiennes. De structure identique, exception faite du nombre d'atomes d'iode (T_3 en a trois ; T_4 en a quatre) qu'elles contiennent, ces hormones régulent le métabolisme de presque toutes les cellules de l'organisme. La thyroïde sécrète principalement la T_4, dont la plus grande partie est convertie en T_3 par une enzyme située dans les cellules cibles. La T_3 se lie plus facilement que la T_4 aux récepteurs des cellules cibles.

FIGURE 45.7 Structure de la glande thyroïde et des hormones thyroïdiennes.

bien dans le fonctionnement normal des cellules productrices de matière osseuse (ostéoblastes) que dans l'apparition de ramifications neuronales au cours du développement embryonnaire de l'encéphale.

La glande thyroïde joue également un rôle fondamental dans l'homéostasie. Chez les Mammifères adultes, par exemple, les hormones thyroïdiennes participent à la régulation de la pression artérielle, de la fréquence cardiaque, de la tonicité musculaire, de la digestion et des fonctions reproductrices. Les hormones T_3 et T_4 jouent un rôle important dans la bioénergétique de tout l'organisme, généralement en augmentant la vitesse de consommation du dioxygène et celle du métabolisme cellulaire. Des quantités insuffisantes ou excessives de ces hormones dans le sang peuvent provoquer des désordres métaboliques graves. Par exemple, chez les Humains, une sécrétion excessive d'hormones thyroïdiennes, l'hyperthyroïdie, cause des symptômes tels qu'une température corporelle élevée, des sueurs abondantes, une perte pondérale, de l'irritabilité et de l'hypertension. Le phénomène inverse, l'hypothyroïdie, peut causer le crétinisme chez les jeunes enfants et se manifester par des symptômes tels qu'un gain pondéral, un état léthargique et une sensibilité extrême au froid chez les adultes.

Une insuffisance d'hormones thyroïdiennes peut aussi se traduire par un accroissement du volume de la thyroïde (goitre), qui vient souvent d'un manque d'iode dans le régime alimentaire (voir la FIGURE 2.4). Le mécanisme de rétroaction illustré à la FIGURE 45.8 permet de comprendre pourquoi une carence en iode provoque le goitre. En effet, si l'iode est insuffisant, la glande thyroïde ne peut synthétiser suffisamment de T_3 et de T_4. Par conséquent, l'hypophyse continue de sécréter la TSH, ce qui provoque un gonflement de la thyroïde.

Outre les cellules sécrétrices de T_3 et de T_4, la thyroïde des Mammifères contient des cellules endocrines qui sécrètent la **calcitonine.** Cette hormone abaisse la concentration de calcium (Ca^{2+}) sanguin (calcémie), et participe ainsi à l'homéostasie, comme nous allons le voir dans la prochaine section.

La parathormone et la calcitonine régulent la calcémie

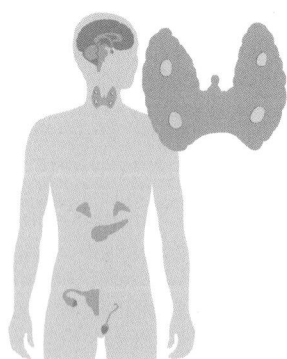

Les quatre **glandes parathyroïdes,** qui sont enchâssées dans la thyroïde, assurent l'homéostasie en ions calcium. Elles sécrètent la **parathormone** (**PTH,** *parathyroid hormone*), qui augmente la concentration de Ca^{2+} sanguin et dont l'action s'oppose par conséquent à celle de la calcitonine, une hormone thyroïdienne. Une insuffisance de PTH entraîne une forte baisse de la calcémie, ce qui provoque des contractions convulsives des muscles squelettiques. Non traitée, cette maladie appelée tétanie est mortelle. Une bonne concentration d'ions calcium est essentielle pour le fonctionnement normal de toutes les cellules.

La PTH élève la concentration de Ca^{2+} sanguin en agissant directement ou indirectement sur les os et les reins. Dans le tissu osseux, elle commande aux cellules spécialisées que sont les ostéoclastes de décomposer la matrice minérale des os et de libérer le Ca^{2+} dans le sang. Dans les reins, elle agit de deux façons : elle stimule la réabsorption de Ca^{2+} par les tubules rénaux et elle accélère la conversion de la vitamine D en sa forme active (D_3 ou cholécalciférol). La forme inactive de la **vitamine D,** molécule dérivée d'un stéroïde, est obtenue dans l'alimentation ou est synthétisée dans la peau. Elle est activée successivement dans le foie et les reins. La forme active de la vitamine D fonctionne comme une hormone. Elle agit de concert avec la PTH dans les os. Elle agit également sur les intestins, où elle stimule l'absorption du Ca^{2+} présent dans les aliments. Pour agir comme une hormone, la vitamine D se lie aux récepteurs situés dans le noyau des cellules cibles, puis régule la transcription des gènes.

Lorsque la calcémie s'élève au-dessus de la valeur de référence, la calcitonine entre en jeu. Ses actions dans les os et les reins s'opposent à celles de la PTH, et abaissent ainsi la concentration de Ca^{2+} sanguin. La régulation de la calcémie est un exemple qui illustre comment deux hormones antagonistes (dans le cas présent, la PTH et la calcitonine) peuvent maintenir l'homéostasie. Grâce à un mécanisme de rétroaction classique, les deux hormones contrebalancent leurs actions, ce qui réduit au minimum les variations de la calcémie (FIGURE 45.9, p. 1056).

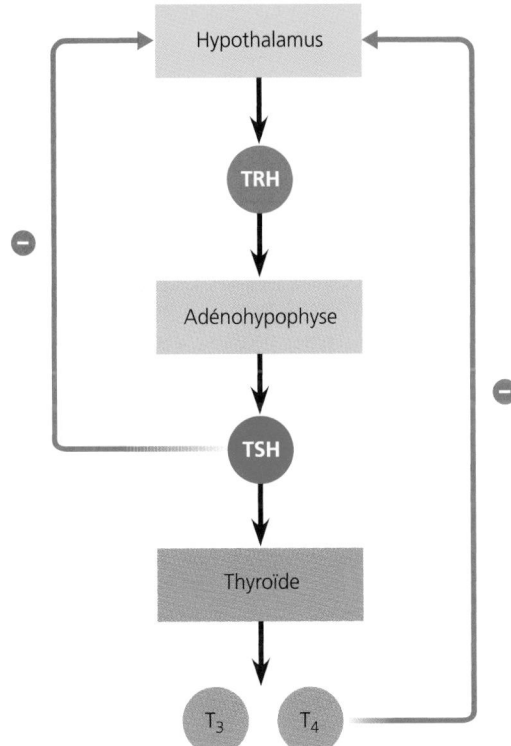

FIGURE 45.8 Mécanisme de rétroaction régulant la sécrétion des hormones thyroïdiennes T_3 et T_4. L'hypothalamus sécrète l'hormone thyréolibérine (TRH, *TSH-releasing hormone*), qui déclenche la sécrétion de thyréotrophine (TSH) dans l'adénohypophyse. Lorsque la TSH se lie à des récepteurs donnés de la thyroïde, une voie de conversion-amplification du stimulus, dont l'AMPc (adénosine monophosphate cyclique) est le second messager, déclenche la synthèse et la sécrétion des hormones thyroïdiennes T_3 et T_4. Cette sécrétion est régulée par rétro-inhibition. Dans les deux voies de rétro-inhibition (flèches rouges), les concentrations élevées de T_3, de T_4 et de TSH dans le sang inhibent la sécrétion de TRH dans l'hypothalamus.

Les tissus endocrines du pancréas sécrètent l'insuline et le glucagon, deux hormones antagonistes qui régulent la glycémie

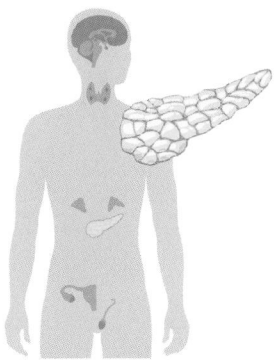

Le **pancréas** est l'un des organes qui remplissent à la fois des fonctions endocrines et des fonctions exocrines. Les cellules endocrines (ou endocrinocytes ; FIGURE 45.10a, p. 1057) représentent seulement de 1 % à 2 % de sa masse. Le reste de l'organe est constitué de tissu exocrine. Ce tissu produit des ions hydrogénocarbonate (HCO_3^-) et des enzymes digestives qu'il déverse dans l'intestin grêle par l'intermédiaire du conduit pancréatique (voir la FIGURE 41.16). Les **îlots pancréatiques,** qui sont des amas de cellules endocrines, sont disséminés dans ce tissu exocrine. Ils sécrètent quatre hormones dans la circulation sanguine. Chacun comprend une population de **cellules alpha,** qui sécrètent une hormone polypeptidique nommée **glucagon,** et une population de **cellules bêta,** qui sécrètent une protéine nommée **insuline.** L'insuline et le glucagon sont des hormones antagonistes qui régulent la concentration de glucose sanguin, ou glycémie. Chaque îlot pancréatique comporte aussi une population de **cellules delta** qui produisent la somatostatine, une hormone polypeptidique qui inhibe la sécrétion du glucagon et de l'insuline et qui ralentit l'absorption des nutriments dans le tube digestif. À ces populations s'ajoutent les **cellules PP** qui sécrètent le polypeptide pancréatique, une hormone inhibitrice de la sécrétion de somatostatine, des contractions de la vésicule biliaire et des sécrétions exocrines du pancréas.

La régulation de la glycémie est une fonction bioénergétique et homéostatique cruciale. En effet, le glucose est l'une des principales sources d'énergie de la respiration cellulaire. De plus, il constitue une réserve essentielle de carbones pour la synthèse d'autres composés organiques. L'équilibre métabolique ne peut se maintenir que si la glycémie reste dans l'intervalle de référence, qui est de 3,9 à 6,1 mmol/L environ chez l'Humain. Lorsque la glycémie dépasse ces valeurs de référence, l'insuline intervient pour la faire diminuer. Lorsqu'elle tombe sous les valeurs de référence, le glucagon la fait augmenter. Par un mécanisme de rétro-inhibition, la glycémie détermine les quantités relatives d'insuline et de glucagon que doivent sécréter les cellules des îlots pancréatiques (FIGURE 45.10b).

L'insuline et le glucagon modifient tous deux la glycémie au moyen de mécanismes multiples. L'insuline la fait diminuer en ordonnant à pratiquement toutes les cellules de l'organisme, exception faite de celles de l'encéphale, d'absorber le glucose sanguin. (Les cellules de l'encéphale ont la capacité exceptionnelle d'absorber le glucose en l'absence d'insuline. Par conséquent, l'encéphale a continuellement accès à une source d'énergie, présente dans la circulation.) L'insuline abaisse aussi la glycémie en ralentissant la dégradation du glycogène dans le foie et en inhibant la transformation des acides aminés et du glycérol (provenant des graisses) en glucides.

Le foie, les muscles squelettiques et les tissus adipeux emmagasinent de grandes quantités de molécules énergétiques et ont

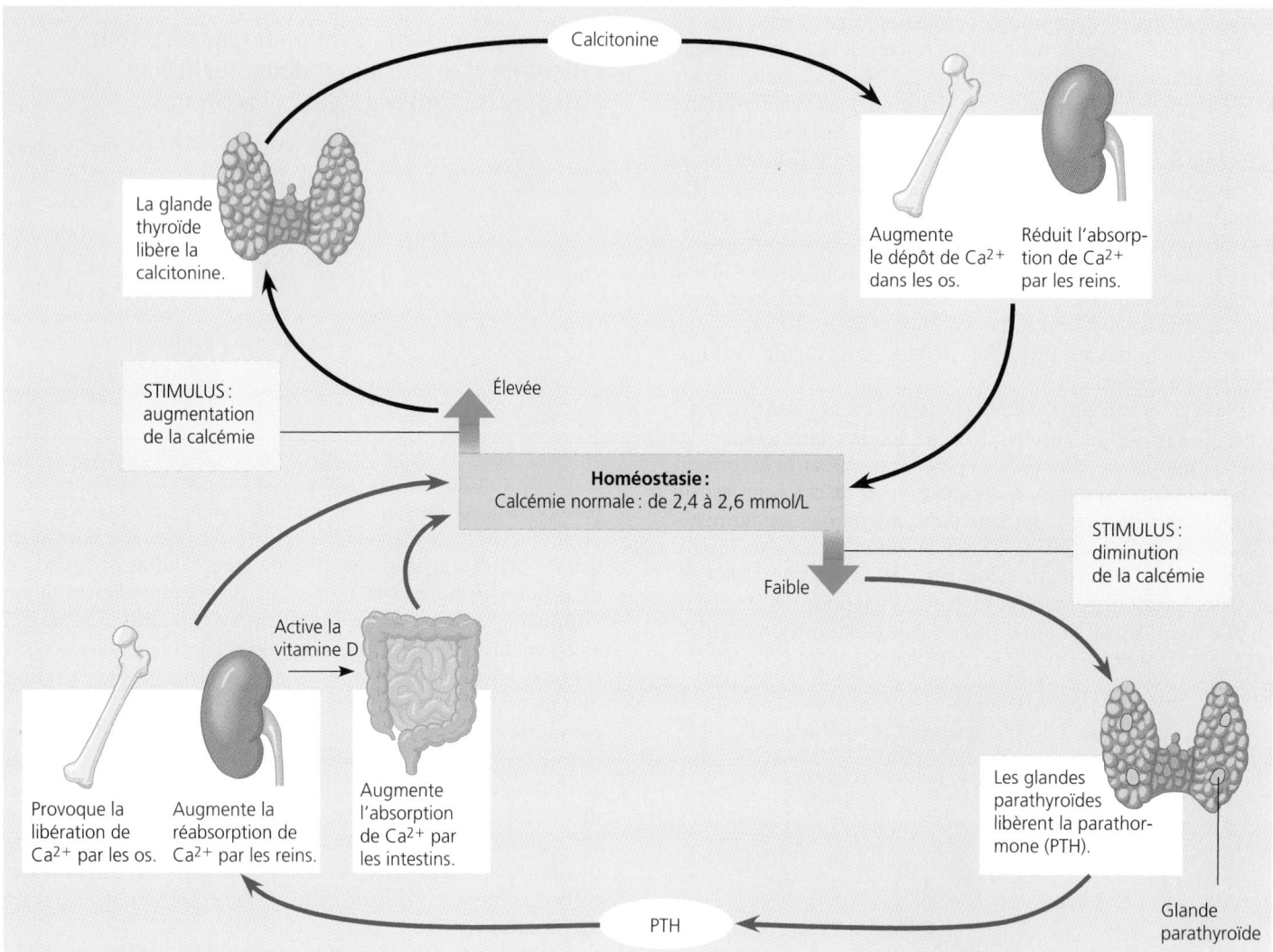

FIGURE 45.9 Régulation hormonale de la calcé-mie chez les Mammifères. Un mécanisme de rétro-inhibition faisant intervenir deux hormones antagonistes, la calcitonine et la parathormone (PTH), maintient la concentration molaire volumique du calcium sanguin total (ou calcémie) à une valeur allant de 2,4 à 2,6 mmol/L. Une augmentation de la calcémie provoque la sécrétion de calcitonine dans la thyroïde. La calcitonine a pour effet d'abaisser la concentration de Ca^{2+} dans le sang.

Pour ce faire, elle en accélère le dépôt dans les os et en diminue la réabsorption par les reins. (En interférant avec la PTH, la calcitonine réduit également l'absorption de Ca^{2+} par les intestins, phénomène non illustré ici.) Lorsque la calcémie tombe sous les valeurs de référence, les glandes parathyroïdes sécrètent la PTH, qui a une action inverse, par rapport à la calcitonine, sur les os et les reins. La calcémie augmente au fur et à mesure que les cellules cibles des os et des reins répondent

à la PTH. Outre qu'elle stimule directement l'absorption de Ca^{2+} par les reins, la PTH agit indirectement sur l'activation de la vitamine D dans ces organes. La forme active de la vitamine D stimule alors l'absorption de Ca^{2+} alimentaire par les intestins. La calcémie augmente jusqu'à ce que la thyroïde sécrète davantage de calcitonine pour la stabiliser.

une importance particulière en bioénergétique. Le foie et les muscles entreposent les glucides sous forme de glycogène. De leur côté, les cellules adipeuses, ou adipocytes, transforment les glucides en graisses. Le foie constitue un centre de transformation primordial, parce que seules les cellules hépatiques, ou hépato-cytes, réagissent au glucagon. Normalement, le glucagon com-mence à agir avant que la glycémie descende sous les valeurs de référence. En fait, dès qu'il n'y a plus d'excès de glucose dans le sang, le glucagon commande au foie d'augmenter l'hydrolyse du glycogène, de transformer les acides aminés et le glycérol en glucose et de libérer du glucose dans le sang.

Les actions antagonistes du glucagon et de l'insuline sont essentielles à l'équilibre glycémique, mécanisme qui régit de façon précise l'entreposage et la consommation d'énergie dans les cellules de l'organisme. Dans la prochaine section, qui traite des glandes surrénales, nous allons revoir la gestion de la ressource énergétique et allons constater qu'elle nécessite l'action d'autres hormones. Le foie peut remplir ses rôles fondamentaux dans la régulation de la glycémie grâce à la polyvalence métabolique de ses cellules et à sa capacité à absorber des nutriments par les veines portes. Ces vaisseaux conduisent le sang de l'intestin grêle au foie directement.

FIGURE 45.10 Histologie du pancréas et régulation pancréatique de la glycémie.

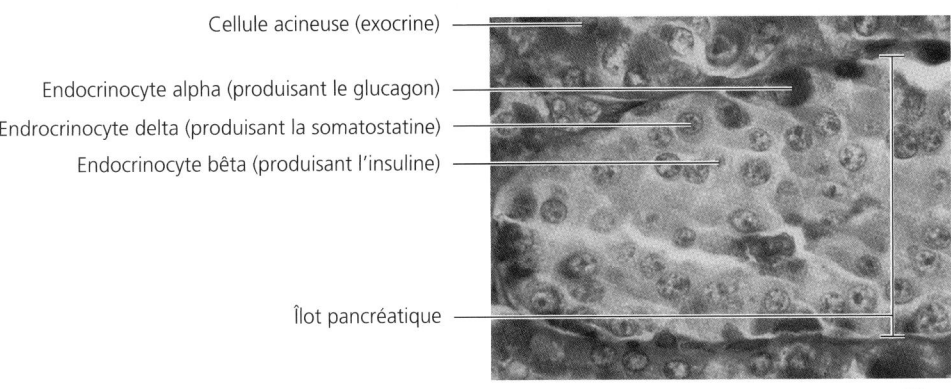

Cellule acineuse (exocrine)

Endocrinocyte alpha (produisant le glucagon)

Endrocrinocyte delta (produisant la somatostatine)

Endocrinocyte bêta (produisant l'insuline)

Îlot pancréatique

600 ×

(a) Micrographie de tissus pancréatiques.
Cette micrographie nous fait voir une portion de tissu exocrine (parties supérieure et inférieure) constitué de cellules acineuses, et une portion d'un îlot pancréatique (partie intermédiaire), le tissu endocrine de la glande. Un îlot pancréatique comporte diverses populations de cellules dont les endocrinocytes alpha (20 % des cellules d'un îlot) qui sécrètent le glucagon, les endocrinocytes bêta (70 %) qui produisent l'insuline et les endocrinocytes delta (5 %) qui libèrent de la somatostatine (MP).

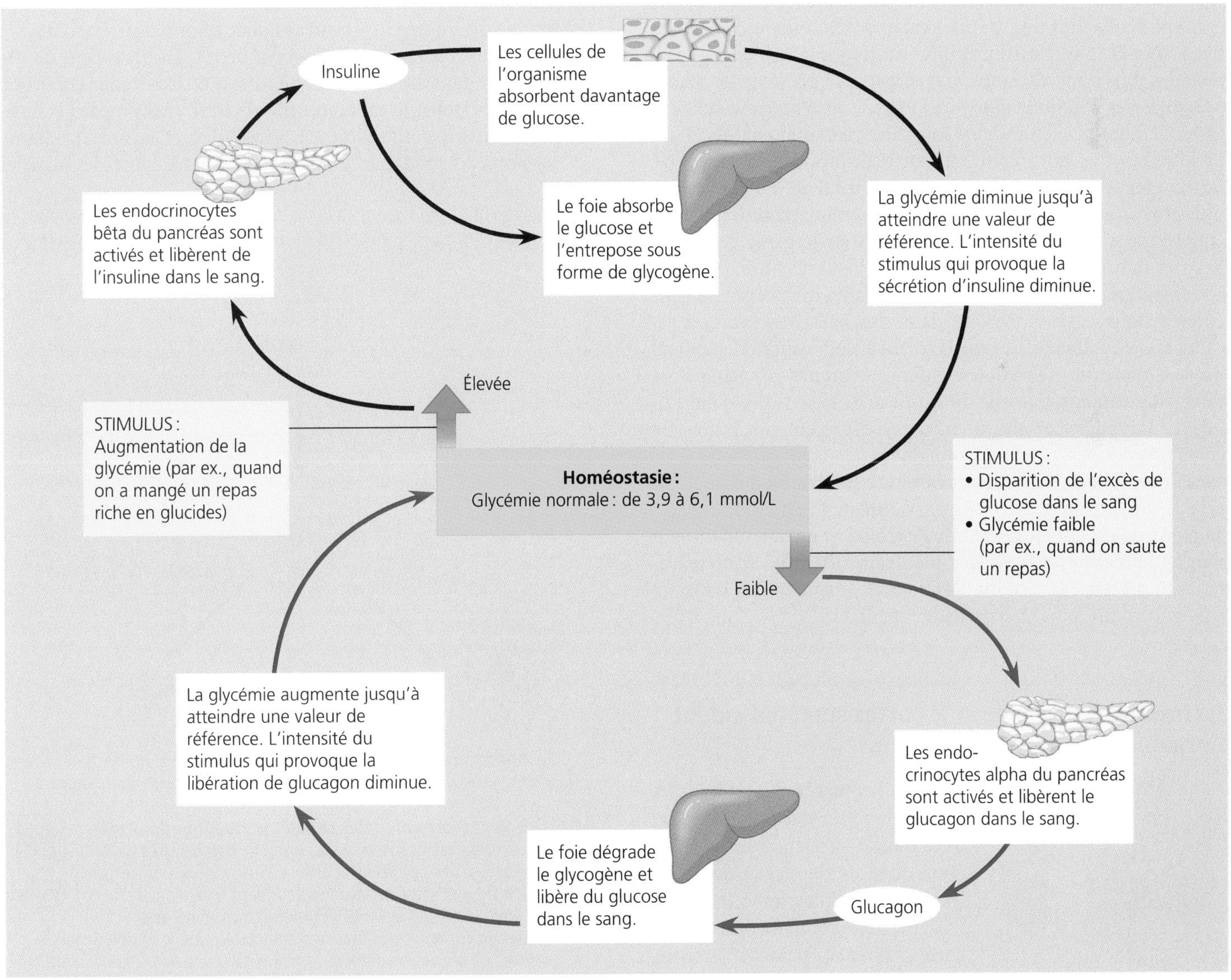

Insuline

Les cellules de l'organisme absorbent davantage de glucose.

Les endocrinocytes bêta du pancréas sont activés et libèrent de l'insuline dans le sang.

Le foie absorbe le glucose et l'entrepose sous forme de glycogène.

La glycémie diminue jusqu'à atteindre une valeur de référence. L'intensité du stimulus qui provoque la sécrétion d'insuline diminue.

Élevée

STIMULUS :
Augmentation de la glycémie (par ex., quand on a mangé un repas riche en glucides)

Homéostasie :
Glycémie normale : de 3,9 à 6,1 mmol/L

STIMULUS :
• Disparition de l'excès de glucose dans le sang
• Glycémie faible (par ex., quand on saute un repas)

Faible

La glycémie augmente jusqu'à atteindre une valeur de référence. L'intensité du stimulus qui provoque la libération de glucagon diminue.

Les endocrinocytes alpha du pancréas sont activés et libèrent le glucagon dans le sang.

Le foie dégrade le glycogène et libère du glucose dans le sang.

Glucagon

(b) Régulation de la glycémie par l'insuline et le glucagon. Une augmentation de la glycémie jusqu'à une valeur supérieure aux valeurs de référence (de 3,9 à 6,1 mmol/L chez l'Humain) provoque la sécrétion d'insuline dans le pancréas. L'insuline conduit les cellules cibles à absorber le surplus de glucose dans le sang. Lorsque l'excès de glucose disparaît et que la glycémie tombe sous les valeurs de référence, le pancréas sécrète du glucagon. Le glucagon agit sur le foie pour faire augmenter la glycémie.

Le dérèglement des mécanismes d'homéostasie liés au glucose entraîne de graves conséquences. Le diabète, sans doute le trouble endocrinien le plus connu, est causé par une carence en insuline ou une perte de sensibilité des cellules cibles à l'insuline. Il en résulte une glycémie élevée, à tel point que les reins d'une personne atteinte du diabète excrètent du glucose. Cela explique pourquoi on peut détecter cette maladie en recherchant la présence de glucose dans les urines. Avec l'augmentation de la concentration de glucose dans l'urine augmente le volume d'eau éliminée, ce qui entraîne un volume d'urine excessif et une soif persistante. (Le terme *diabète* vient du mot grec *diabêtês* signifiant « qui traverse », en raison de la miction abondante.) Le glucose ne pouvant servir de source principale d'énergie chez les diabétiques non diagnostiqués et non soignés, ce sont surtout les graisses qui doivent alimenter la respiration cellulaire aérobie. Dans les cas graves de diabète, les métabolites acides issus de la dégradation des graisses s'accumulent dans le sang et en font diminuer le pH, ce qui met en danger la vie de l'individu.

Il existe en fait deux principales formes de diabète dont les causes sont très différentes. Le **diabète de type I** (diabète insulinodépendant ou juvénile) est une affection auto-immune dans laquelle le système immunitaire attaque les endocrinocytes bêta des îlots pancréatiques. (Le chapitre 43 présente les causes possibles des réactions auto-immunes.) Cette maladie survient généralement de façon plutôt soudaine pendant l'enfance. L'individu se trouve alors dans l'incapacité de produire de l'insuline. Le traitement consiste en des injections d'insuline, habituellement plusieurs fois par jour. Jusqu'à tout récemment, cette insuline était extraite de pancréas d'animaux. Mais le génie génétique permet maintenant de fabriquer de l'insuline humaine à un coût assez peu élevé. La technique consiste à introduire un gène codant pour cette hormone dans des bactéries (voir la FIGURE 20.1). Le **diabète de type II** (diabète non insulinodépendant ou de la maturité) se caractérise par une carence en insuline ou, plus couramment, par une diminution de la sensibilité des cellules cibles causée par une modification des récepteurs. Il survient généralement pendant la quarantaine et son incidence augmente avec l'âge. Plus de 90 % des diabétiques souffrent du diabète de type II. Beaucoup d'entre eux parviennent à maîtriser leur glycémie simplement en faisant de l'exercice et en surveillant leur régime alimentaire. Mais des médicaments utiles sont maintenant en vente. L'hérédité et l'obésité jouent toutes deux un rôle important dans le diabète de type II.

La médulla surrénale et le cortex surrénal aident l'organisme à faire face au stress

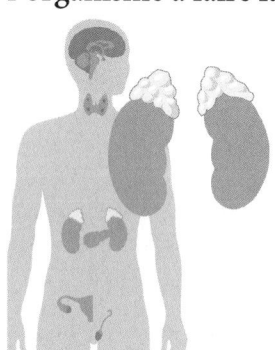

Les **glandes surrénales** coiffent les reins. Chez les Mammifères, chaque glande surrénale est en fait constituée de deux glandes dont les types de cellules, les fonctions et l'origine embryonnaire diffèrent : le **cortex surrénal,** ou portion externe, et la **médulla surrénale,** ou portion interne. Chez les autres Vertébrés, les mêmes tissus sont disposés de façon différente.

Au cours de sa formation et de son fonctionnement, la médulla surrénale établit des liens étroits avec le système nerveux. Les cellules sécrétrices de la médulla surrénale dérivent des cellules de la crête neurale (voir la FIGURE 34.6). Chez les Vertébrés, certaines des cellules de la crête neurale située dans la région abdominale de l'embryon peuvent se différencier pour devenir des cellules endocrines de la médulla surrénale ou des neurones, selon les médiateurs chimiques qui se trouvent à proximité (FIGURE 45.11).

Qu'est-ce qui fait augmenter votre fréquence cardiaque et qui provoque la chair de poule lorsque vous sentez un danger ou que vous vous préparez à affronter une situation difficile, comme parler en public ? Ces phénomènes font partie de la réaction « de lutte ou de fuite » provoquée par deux hormones élaborées par la médulla surrénale, l'**adrénaline** et la **noradrénaline.** Ces hormones font partie de la classe de composés que l'on appelle les **catécholamines** et qui sont synthétisés à partir de l'acide aminé qu'est la tyrosine (FIGURE 45.12).

Les glandes surrénales sécrètent l'adrénaline, la noradrénaline et d'autres catécholamines en réponse à un facteur de stress positif ou négatif (pouvant aller d'un plaisir extrême à la prise de conscience d'un danger mortel). La libération de ces hormones dans le sang fournit une poussée bioénergétique rapide, accélérant le métabolisme de base et ayant des actions rapides sur plusieurs cibles. L'adrénaline et la noradrénaline accélèrent la dégradation du glycogène dans le foie et les muscles

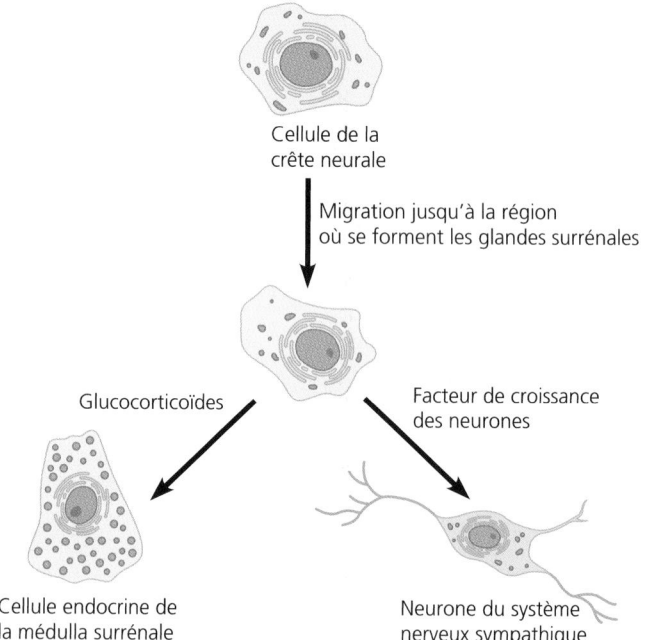

FIGURE 45.11 Formation des cellules endocrines de la médulla surrénale et des neurones, à partir des cellules de la crête neurale. Des études effectuées sur des cultures de cellules de la crête neurale chez les Vertébrés révèlent que le destin de ces cellules embryonnaires dépend des médiateurs chimiques. Si l'on donne des glucocorticoïdes (hormones sécrétées par le cortex surrénal) aux cellules de la crête neurale d'un embryon de poulet qui ont migré jusqu'à la région de l'organisme où se forment les glandes surrénales, elles peuvent devenir des cellules sécrétrices d'hormones. Si l'on expose les mêmes cellules au facteur de croissance des neurones, elles deviennent des neurones du système nerveux sympathique (nous aborderons la fonction de ces cellules au chapitre 48).

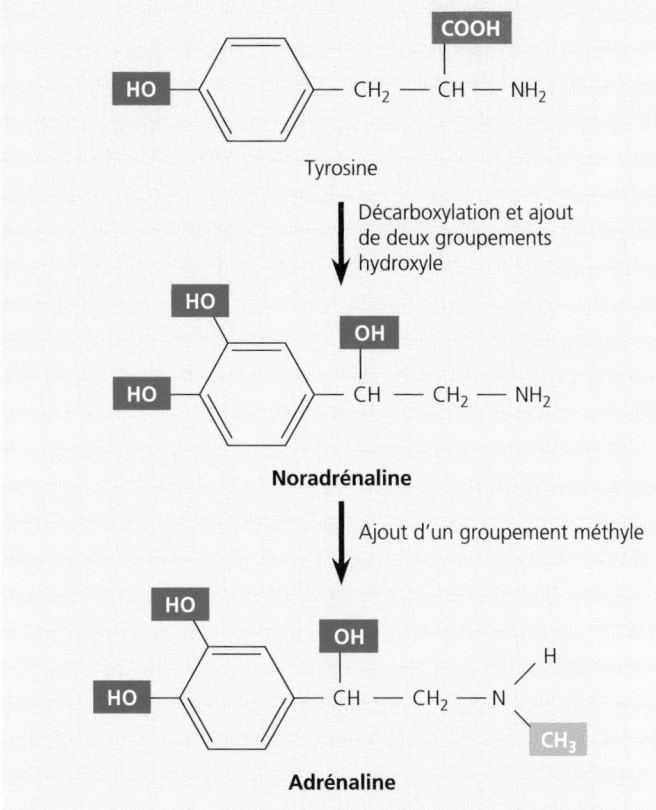

FIGURE 45.12 Synthèse des hormones de la médulla surrénale. Les cellules de la médulla surrénale synthétisent les catécholamines que sont les hormones noradrénaline et adrénaline à partir de l'acide aminé qu'est la tyrosine.

squelettiques. Le glucose obtenu est libéré dans le sang par les hépatocytes. L'adrénaline et la noradrénaline provoquent également la libération d'acides gras par les adipocytes. Les autres cellules peuvent utiliser ces acides gras comme source d'énergie. Outre qu'elles augmentent la disponibilité des sources d'énergie, l'adrénaline et la noradrénaline ont des effets importants sur les systèmes cardiovasculaire et respiratoire. Par exemple, elles font augmenter à la fois la fréquence cardiaque et le débit systolique et elles dilatent les bronchioles des poumons, actions qui accélèrent le transport de dioxygène jusqu'aux cellules de l'organisme. (C'est pourquoi les médecins prescrivent de l'adrénaline comme stimulant cardiaque et comme bronchodilatateur en cas de crise d'asthme.) Les catécholamines provoquent aussi la contraction des muscles lisses de certains vaisseaux sanguins et le relâchement de certains autres, ce qui diminue l'apport de sang à la peau, aux intestins et aux reins et augmente le débit vers le cœur, l'encéphale et les muscles squelettiques.

Qu'est-ce qui déclenche la libération des catécholamines lors de la réponse à une situation de stress? La médulla surrénale est régulée par des cellules nerveuses de la partie sympathique du système nerveux autonome (voir le chapitre 48). Lorsque les cellules nerveuses reçoivent un stimulus produit par une forme quelconque de stress, elles sécrètent un neurotransmetteur, l'acétylcholine, dans la médulla surrénale. L'acétylcholine s'associe aux récepteurs des cellules chromaffines de la médulla surrénale, ce qui provoque la libération d'adrénaline et de noradrénaline. L'adrénaline représente 80 % des catécholamines libérées, et la

noradrénaline, 20 %. L'adrénaline agit principalement sur la fréquence cardiaque et le métabolisme, alors que la noradrénaline commande la vasoconstriction périphérique qui a pour effet d'augmenter la pression artérielle. Dans le système nerveux, l'adrénaline et la noradrénaline sont également d'importants neurotransmetteurs, comme nous le verrons au chapitre 48.

Le cortex surrénal, comme la médulla surrénale, réagit au stress. Cependant, il répond à des stimulus hormonaux, non à des influx nerveux. Sous l'effet d'un stimulus de stress, l'hypothalamus produit une hormone de libération qui provoque la sécrétion d'ACTH (stimuline) par l'adénohypophyse. Lorsque l'ACTH atteint sa cible en passant par la circulation sanguine, elle agit sur les cellules du cortex surrénal qui synthétisent et sécrètent une famille d'hormones stéroïdes appelées **corticostéroïdes.** Les concentrations élevées de corticostéroïdes dans le sang arrêtent la sécrétion d'ACTH, ce qui constitue un autre exemple de rétro-inhibition.

On a isolé de nombreux corticostéroïdes élaborés par le cortex surrénal. Chez l'Humain, les deux principaux types sont les **glucocorticoïdes,** comme le cortisol, et les **minéralocorticoïdes,** comme l'aldostérone (FIGURE 45.13, p. 1060).

Les glucocorticoïdes agissent principalement sur la bioénergétique, notamment sur le métabolisme du glucose. Les glucocorticoïdes, à l'instar du glucagon, augmentent la glycémie. Ils favorisent la synthèse du glucose à partir de sources qui ne sont pas des glucides, mais qui sont notamment les lipides et les acides aminés. Cela fait augmenter les ressources énergétiques disponibles. Les glucocorticoïdes agissent également sur les muscles squelettiques, dans lesquels ils provoquent la dégradation des protéines. Les squelettes carbonés qui résultent de cette dégradation sont transportés jusqu'au foie et aux reins, qui les transforment en glucose et les libèrent dans le sang. La synthèse de glucose à partir des protéines musculaires est un mécanisme homéostatique qui apporte une quantité supplémentaire d'énergie quand l'activité en nécessite plus que ce que la réserve de glycogène du foie peut fournir. Les glucocorticoïdes peuvent également aider l'organisme à faire face à une situation de stress externe de longue durée.

Des doses anormalement élevées de glucocorticoïdes administrées sous forme de médicaments diminuent certains aspects de la réponse immunitaire de l'organisme (par exemple, la réaction inflammatoire qui a lieu dans un site d'infection). On se sert des glucocorticoïdes pour traiter les maladies dans lesquelles une réaction inflammatoire excessive pose problème. Autrefois, par exemple, on pensait que la cortisone était un médicament miracle qui pouvait venir à bout de certaines maladies inflammatoires graves telles que l'arthrite. Cependant, on s'est rendu compte que l'usage prolongé des glucocorticoïdes pouvait entraîner une sensibilité accrue aux infections et aux maladies, à cause de leurs actions immunosuppressives.

Les minéralocorticoïdes agissent surtout sur l'équilibre électrolytique et hydrique. Ainsi, dans le rein, l'aldostérone favorise la réabsorption d'ions sodium et d'eau à partir du filtrat, ce qui provoque une augmentation de la pression artérielle et du volume sanguin. L'aldostérone (du complexe de régulation rénine-angiotensine-aldostérone), l'ADH de la neurohypophyse et le facteur natriurétique auriculaire provenant du cœur forment un complexe régulateur comportant de nombreuses boucles de rétroaction qui permettent aux reins de maintenir l'équilibre électrolytique et hydrique du sang (voir la FIGURE 44.24). Le

FIGURE 45.13 Hormones stéroïdes fabriquées dans le cortex surrénal

(a) Hormones stéroïdes fabriquées dans le cortex surrénal

Cortisol (glucocorticoïde)

Aldostérone (minéralocorticoïde)

(b) Hormones stéroïdes principalement fabriquées dans les gonades

Testostérone (androgène)

Œstradiol (œstrogène)

Progestérone (progestine)

FIGURE 45.13 Hormones stéroïdes provenant du cortex surrénal et des gonades. (a) Le cortisol (glucocorticoïde) et l'aldostérone (minéralocorticoïde) sont fabriqués dans le cortex surrénal. Ces deux hormones ont des structures semblables à celles **(b)** des hormones sexuelles, la testostérone (androgène), l'œstradiol (œstrogène) et la progestérone (progestine). Le précurseur de toutes les hormones stéroïdes est le cholestérol (voir la FIGURE 5.14). Les testicules fabriquent la plupart des androgènes (hormones mâles) qui circulent dans le sang. Les ovaires fabriquent, pour leur part, la plupart des œstrogènes et des progestines. Cependant, le cortex surrénal fabrique également ces hormones, en petites quantités.

complexe de régulation rénine-angiotensine-aldostérone contrôle en grande partie la sécrétion d'aldostérone en réponse à la baisse de concentration ionique du plasma. Mais, lorsqu'une personne se trouve en état de stress grave, l'hypothalamus a tendance à sécréter davantage d'hormones qui accélèrent la sécrétion d'ACTH par l'adénohypophyse. L'augmentation de la concentration d'ACTH dans le sang entraîne l'accélération de la sécrétion d'aldostérone par le cortex surrénal.

Il est de plus en plus évident que les glucocorticoïdes et les minéralocorticoïdes permettent le maintien de l'homéostasie quand l'organisme subit un stress de longue durée. La FIGURE 45.14a présente l'histologie des glandes surrénales et la provenance de certaines de leurs hormones. La FIGURE 45.14b compare les effets à long terme d'une libération de corticostéroïdes déclenchée par des facteurs de stress et les effets à court terme de l'adrénaline et de la noradrénaline.

Une partie des hormones sexuelles constituent le troisième groupe de corticostéroïdes : les gonadocorticoïdes. Ces hormones comprennent principalement les androgènes (hormones mâles), semblables à la testostérone produite par les testicules, et de petites quantités d'œstrogènes et de progestérone (hormones femelles). On observe que les androgènes sécrétés par les glandes surrénales stimulent le désir sexuel chez les femmes adultes et leur procurent, grâce à l'action de certaines enzymes présentes dans d'autres tissus de l'organisme, une source d'œstrogènes après la ménopause. Outre ces fonctions très probables, on pense que les gonadocorticoïdes déclenchent la puberté et la pilosité. Nous abordons les hormones sexuelles gonadiques dans la prochaine section.

Les stéroïdes gonadiques régulent la croissance, le développement, les cycles reproducteurs et le comportement sexuel

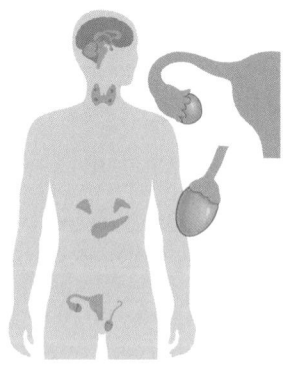

Les gonades produisent et sécrètent trois grandes catégories d'hormones stéroïdes : les androgènes, les œstrogènes et les progestines (voir la FIGURE 45.13). Ces trois catégories se trouvent chez les mâles et les femelles en différentes proportions. Élaborés par les testicules des mâles et les ovaires des femelles, les stéroïdes gonadiques ont un effet sur la croissance et le développement, et assurent également la régulation des cycles et des comportements reproducteurs.

Les testicules synthétisent surtout des **androgènes,** la principale hormone de ce groupe étant la **testostérone.** De façon générale, les androgènes déclenchent la formation et la maturation du système reproducteur mâle et en assurent le fonctionnement. Les androgènes produits au début du développement embryonnaire déterminent si le fœtus deviendra un individu mâle ou femelle. Chez l'Humain, à la puberté, les concentrations élevées d'androgènes provoquent l'apparition des caractères sexuels secondaires masculins, comme la pilosité et le timbre grave de la voix.

FIGURE 45.14 Histologie des glandes surrénales et réactions au stress.

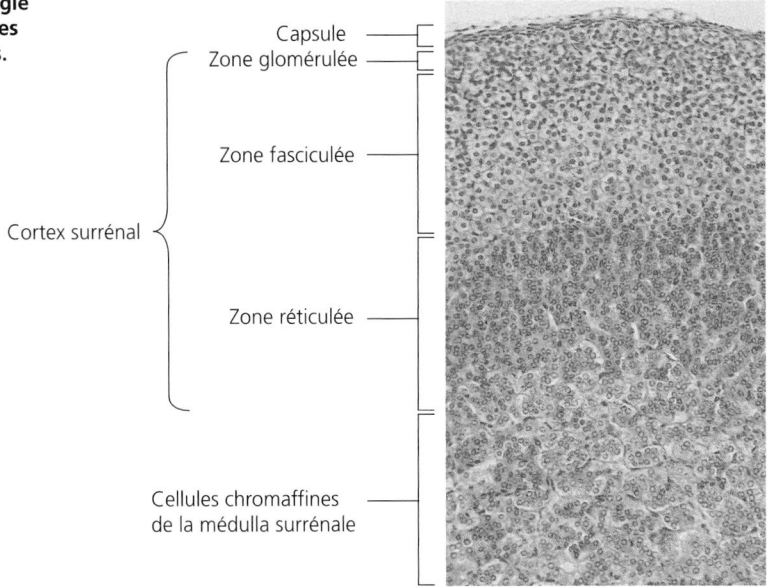

Capsule
Zone glomérulée
Zone fasciculée

Cortex surrénal

Zone réticulée

Cellules chromaffines de la médulla surrénale

(a) Histologie des glandes surrénales.
Sous la capsule du cortex surrénal se succèdent trois zones de tissus avant la médulla surrénale. La zone glomérulée, relativement mince, est constituée d'amas de cellules sécrétant des minéralocorticoïdes qui interviennent dans l'équilibre électrolytique. La zone fasciculée se présente comme une série de cellules disposées en rangées plus ou moins parallèles qui libèrent des glucocorticoïdes influant sur la glycémie. Enfin, la zone réticulée est constituée de cellules disposées en réseau qui sécrètent en faible quantité des hormones sexuelles, les gonadocorticoïdes. Les cellules de la médulla surrénale se chargent de produire les hormones de lutte ou de fuite que sont l'adrénaline et la noradrénaline (MP).

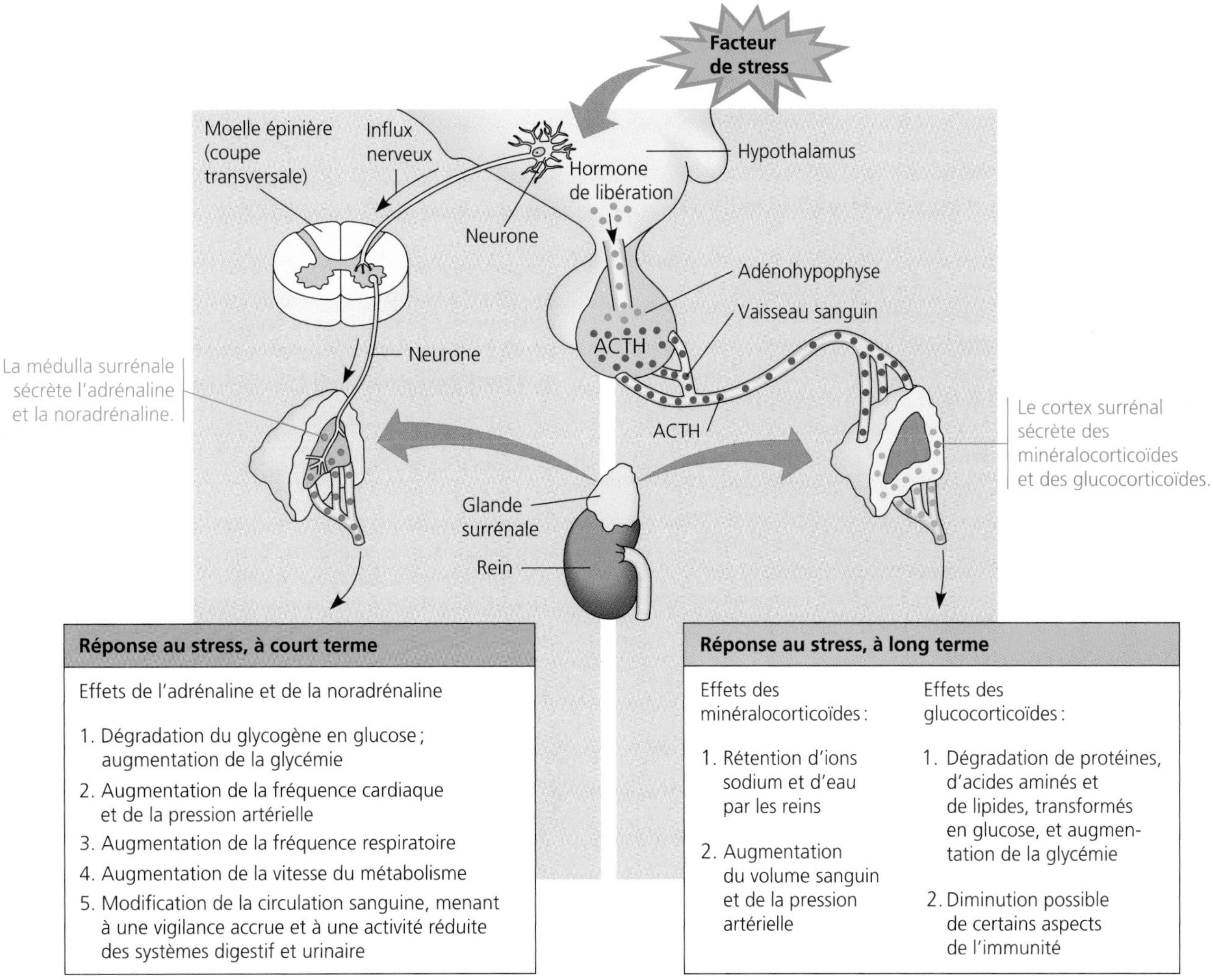

Facteur de stress

Moelle épinière (coupe transversale)
Influx nerveux
Hypothalamus
Hormone de libération
Neurone
Adénohypophyse
Vaisseau sanguin
ACTH
Neurone
La médulla surrénale sécrète l'adrénaline et la noradrénaline.
ACTH
Le cortex surrénal sécrète des minéralocorticoïdes et des glucocorticoïdes.
Glande surrénale
Rein

Réponse au stress, à court terme

Effets de l'adrénaline et de la noradrénaline

1. Dégradation du glycogène en glucose ; augmentation de la glycémie
2. Augmentation de la fréquence cardiaque et de la pression artérielle
3. Augmentation de la fréquence respiratoire
4. Augmentation de la vitesse du métabolisme
5. Modification de la circulation sanguine, menant à une vigilance accrue et à une activité réduite des systèmes digestif et urinaire

Réponse au stress, à long terme

Effets des minéralocorticoïdes :

1. Rétention d'ions sodium et d'eau par les reins
2. Augmentation du volume sanguin et de la pression artérielle

Effets des glucocorticoïdes :

1. Dégradation de protéines, d'acides aminés et de lipides, transformés en glucose, et augmentation de la glycémie
2. Diminution possible de certains aspects de l'immunité

(b) Stress et glandes surrénales. Sous l'effet de facteurs de stress, l'hypothalamus peut activer la médulla surrénale par des influx nerveux et le cortex surrénal par des hormones. En cas de stress, la médulla surrénale produit une réponse à court terme en libérant des catécholamines, l'adrénaline et la noradrénaline. Le cortex surrénal détermine les réponses à plus long terme en sécrétant des hormones stéroïdes.

Les **œstrogènes,** dont le plus important est l'œstradiol, jouent un rôle semblable dans le fonctionnement du système reproducteur femelle et l'apparition des caractères sexuels secondaires féminins. Chez les Mammifères, les fonctions des **progestines,** dont fait partie la **progestérone,** ont surtout trait à la mise en place de la phase sécrétoire du cycle utérin et à l'adaptation de l'utérus, qui assure la croissance et le développement de l'embryon.

La synthèse des œstrogènes et des androgènes se trouve sous la dépendance des gonadotrophines adénohypophysaires : l'hormone folliculostimulante (FSH) et l'hormone lutéinisante (LH). Les sécrétions de FSH et de LH sont elles-mêmes régies par l'hormone de libération hypothalamique nommée gonadolibérine. Au chapitre 46, nous décrirons en détail la rétroaction complexe qui détermine la sécrétion des stéroïdes par les gonades. Nous verrons alors que le système endocrinien est essentiel non seulement à la survie de l'individu, mais aussi à la propagation de l'espèce.

RÉVISION DU CHAPITRE

Résumé des concepts importants

INTRODUCTION AUX SYSTÈMES DE RÉGULATION

■ Les Animaux possèdent deux systèmes de régulation qui coordonnent leurs fonctions internes : le système nerveux et le système endocrinien. Les médiateurs chimiques, appelés hormones, régulent les activités des organes cibles situés à distance.

■ Le système endocrinien et le système nerveux sont liés par leur structure, leur fonction et les substances chimiques qu'ils produisent (p. 1044, FIGURE 45.1). Le système endocrinien et le système nerveux travaillent souvent de concert pour assurer l'homéostasie, le développement et la reproduction. Les neurones sécrétoires du système nerveux produisent plusieurs hormones. Un certain nombre d'hormones, comme la noradrénaline, servent de médiateurs à la fois dans le système endocrinien et dans le système nerveux. De plus, de nombreuses fonctions de l'organisme sont régulées par ces deux systèmes, souvent par rétroaction.

■ Les mécanismes de régulation des Invertébrés illustrent clairement les interactions entre le système endocrinien et le système nerveux (p. 1044 et 1045, FIGURE 45.2). Chez les Invertébrés, les différentes hormones régulent les divers aspects de l'homéostasie. Chez les Insectes, la mue et le développement sont régulés par une interaction entre l'ecdysone, l'hormone juvénile et l'hormone prothoracotrope libérée par les neurones sécrétoires.

LES MÉDIATEURS CHIMIQUES ET LEURS MODES D'ACTION

■ Les hormones passent par la circulation sanguine pour transmettre l'information jusqu'aux cellules cibles. Les régulateurs locaux, qui participent également à l'homéostasie, atteignent leurs cellules cibles, situées à proximité, en diffusant dans le liquide interstitiel. Les phéromones sont des substances de communication entre individus d'une même espèce.

■ Divers régulateurs locaux agissent sur des cellules cibles voisines (p. 1046). Les neurotransmetteurs sont des régulateurs locaux situés dans les synapses du système nerveux. Les facteurs de croissance et les prostaglandines, libérés par différentes cellules dans leur environnement, sont d'autres régulateurs locaux importants. Enfin, le monoxyde d'azote (NO) est un régulateur local gazeux.

■ La plupart des médiateurs chimiques se fixent aux protéines de la membrane plasmique pour activer des voies de conversion-amplification des stimulus (p. 1046 à 1048, FIGURES 45.3a et 45.4). La plupart des médiateurs chimiques se fixent à des récepteurs spécifiques situés dans la membrane plasmique des cellules cibles. Ces médiateurs activent des voies de conversion-amplification pour provoquer des modifications dans les cellules cibles.

■ Les hormones stéroïdes, les hormones thyroïdiennes et certains régulateurs locaux pénètrent dans les cellules cibles pour se fixer à des récepteurs intracellulaires (p. 1048, FIGURE 45.3b). Les médiateurs chimiques qui pénètrent dans les cellules cibles se fixent à des récepteurs spécifiques situés dans le cytoplasme ou dans le noyau. Les complexes hormone-récepteur agissent ensuite comme des facteurs de transcription dans le noyau : ils se fixent à certains sites de l'ADN, où ils régulent la transcription de certains gènes.

LE SYSTÈME ENDOCRINIEN DES VERTÉBRÉS

■ La FIGURE 45.5 illustre les principales glandes endocrines du corps humain. Le TABLEAU 45.1 nomme les principales hormones des Vertébrés. Parmi les nombreuses hormones qui régulent l'organisme des Vertébrés, les stimulines ont pour cibles les glandes endocrines. (Nous abordons les fonctions hormonales de l'estomac, de l'intestin grêle, du cœur et du thymus aux chapitres 41, 42 et 43. Le thymus sécrète la thymosine et d'autres substances chimiques qui provoquent la prolifération et la maturation des lymphocytes T.)

■ L'hypothalamus et l'hypophyse intègrent de nombreuses fonctions du système endocrinien chez les Vertébrés (p. 1049 à 1053, FIGURES 45.5 et 45.6). Les neurones sécrétoires de l'hypothalamus intègrent les fonctions endocrines et nerveuses en agissant sur l'hypophyse. La neurohypophyse est un prolongement de l'hypothalamus qui entrepose et libère deux hormones produites par les neurones sécrétoires de l'hypothalamus : l'ocytocine et l'hormone antidiurétique (ADH). L'ocytocine déclenche les contractions de l'utérus et l'éjection du lait des glandes mammaires. L'ADH augmente la réabsorption d'eau par les reins. Sous la direction des hormones de libération et d'inhibition venant de l'hypothalamus par les veines portes, l'adénohypophyse élabore différentes hormones, notamment la thyréotrophine (TSH), l'hormone folliculostimulante (FSH), l'hormone lutéinisante (LH), l'hormone de croissance (GH), la prolactine (PRL), la corticotrophine (ACTH), l'hormone mélanotrope (MSH) et les endorphines. La TSH et les gonadotrophines (FSH et LH) sont des stimulines chimiquement apparentées qui déclenchent la production d'hormones dans la thyroïde et les gonades respectivement. La GH, qui est aussi une stimuline, favorise la croissance et stimule la production de facteurs de croissance. La prolactine, nommée ainsi parce qu'elle provoque la lactation, a différentes actions selon les espèces. L'ACTH agit sur le cortex surrénal. La MSH agit sur la pigmentation de la peau chez certains Vertébrés et sur le métabolisme des graisses chez les Mammifères. Enfin, les endorphines, opiacées naturelles du système nerveux, inhibent la perception de la douleur.

■ **Le corps pinéal participe aux rythmes circadiens (p. 1053, FIGURE 45.5, TABLEAU 45.1).** Le corps pinéal sécrète la mélatonine, qui modifie la pigmentation de la peau et régule les cycles biologiques et la reproduction chez de nombreux Vertébrés.

■ **Les hormones thyroïdiennes agissent sur le développement, la bioénergétique et l'homéostasie (p. 1053 à 1055, FIGURES 45.5, 45.7 et 45.8, TABLEAU 45.1).** La glande thyroïde produit des hormones iodées (T_3 et T_4) qui augmentent la vitesse du métabolisme et agissent sur le développement et la maturation. Elle sécrète également la calcitonine, qui diminue la calcémie.

■ **La parathormone et la calcitonine régulent la calcémie (p. 1054 à 1056, FIGURES 45.5 et 45.9, TABLEAU 45.1).** Les glandes parathyroïdes élèvent la calcémie en sécrétant la parathormone. Cette dernière travaille de concert avec la calcitonine. Toutes deux agissent directement sur les os et les reins pour maintenir l'homéostasie du calcium. De plus, la parathormone accélère la transformation de la vitamine D en sa forme active dans les reins. Cette vitamine stimule l'absorption du calcium alimentaire dans les intestins.

■ **Les tissus endocrines du pancréas sécrètent l'insuline et le glucagon, deux hormones antagonistes qui régulent la glycémie (p. 1055 à 1058, FIGURES 45.5 et 45.10, TABLEAU 45.1).** La partie endocrine du pancréas se compose d'îlots d'endocrinocytes qui sécrètent l'insuline et le glucagon. Une forte glycémie déclenche la sécrétion d'insuline, qui augmente l'absorption du glucose par les cellules, favorise la formation et l'entreposage du glycogène dans le foie, et stimule la synthèse de protéines et l'entreposage des graisses. Une faible glycémie déclenche la sécrétion de glucagon, qui l'augmente en stimulant la transformation du glycogène en glucose dans le foie et en accélérant la dégradation des graisses et des protéines. Le diabète de type I est une affection auto-immune qui provoque une carence en insuline. Le diabète de type II est habituellement provoqué par une incapacité des cellules cibles à réagir à l'insuline.

■ **La médulla surrénale et le cortex surrénal aident l'organisme à faire face au stress (p. 1058 à 1061, FIGURES 45.5, 45.11 à 45.14, TABLEAU 45.1).** La médulla surrénale sécrète l'adrénaline et la noradrénaline en réponse à un stimulus généré par un facteur de stress provenant du système nerveux. Ces hormones sont à l'origine de différentes réactions de fuite ou de lutte. Le cortex surrénal sécrète les corticostéroïdes (dont font partie certaines hormones sexuelles), les glucocorticoïdes et les minéralocorticoïdes. Les glucocorticoïdes agissent sur le métabolisme du glucose et sur le système immunitaire. Les minéralocorticoïdes agissent sur l'équilibre électrolytique et hydrique.

■ **Les stéroïdes gonadiques régulent la croissance, le développement, les cycles reproducteurs et le comportement sexuel (p. 1060 à 1062, FIGURE 45.5, TABLEAU 45.1).** Les gonades (testicules et ovaires) produisent, dans des proportions différentes, trois types d'hormones stéroïdes : les androgènes, les œstrogènes et les progestines.

Autoévaluation

(Les questions dont les numéros sont en caractères gras font surtout appel à la compréhension.)

1. Parmi les affirmations suivantes sur les hormones, laquelle n'est *pas* exacte ?
   a) Les hormones sont des médiateurs chimiques qui atteignent leurs cellules cibles en passant par le système cardiovasculaire.
   b) Les hormones assurent souvent l'homéostasie par leurs fonctions antagonistes.
   c) Les hormones de la même classe chimique ont habituellement des fonctions similaires.
   d) Les hormones sont sécrétées par des cellules spécialisées habituellement situées dans des glandes endocrines.
   e) Les hormones sont souvent régulées par des mécanismes de rétroaction.

2. Lequel des énoncés suivants décrit le mode d'action spécifique des hormones thyroïdiennes et des hormones stéroïdes ?
   a) Ces hormones sont régulées par un mécanisme de rétroaction.
   b) Les cellules cibles réagissent plus rapidement à ces hormones qu'aux régulateurs locaux.
   c) Ces hormones se fixent à des récepteurs spécifiques situés sur la membrane plasmique des cellules cibles.
   d) Ces hormones se fixent à des récepteurs protéiques situés à l'intérieur des cellules.
   e) Ces hormones agissent sur le métabolisme.

3. La relation entre l'ecdysone et l'hormone prothoracotrope :
   a) est un exemple d'interaction entre le système endocrinien et le système nerveux.
   b) illustre le maintien de l'homéostasie par rétroactivation.
   c) montre que les hormones dérivées des acides aminés agissent de manière moins spécialisée que les stéroïdes.
   d) illustre le fait que l'homéostasie est maintenue par des hormones antagonistes.
   e) démontre une inhibition compétitive de diverses hormones qui se lient aux mêmes récepteurs.

4. Les facteurs de croissance sont des régulateurs locaux qui :
   a) sont produits par l'adénohypophyse.
   b) sont des acides gras modifiés qui provoquent la croissance des os et des cartilages.
   c) se trouvent à la surface des cellules cancéreuses et provoquent une division cellulaire anormale.
   d) sont des protéines qui se lient aux récepteurs de la membrane plasmique et provoquent la croissance et le développement des cellules cibles.
   e) comprennent l'histamine et les interleukines et sont nécessaires à la différenciation cellulaire.

5. Parmi les hormones suivantes, laquelle n'est *pas* associée à son action ?
   a) Ocytocine – déclenche les contractions utérines pendant l'accouchement.
   b) Thyroxine – régit les processus métaboliques.
   c) Insuline – provoque la dégradation du glycogène dans le foie.
   d) ACTH – provoque la libération des glucocorticoïdes par le cortex surrénal.
   e) Mélatonine – influe sur les cycles biologiques et la reproduction saisonnière.

6. Laquelle des propositions suivantes donne un exemple d'hormones antagonistes régulant l'homéostasie ?
   a) La thyroxine et la parathormone dans l'équilibre calcique.
   b) L'insuline et le glucagon dans le métabolisme du glucose.

c) Les progestines et les œstrogènes dans la différenciation sexuelle.

d) L'adrénaline et la noradrénaline dans la réaction « de lutte ou de fuite ».

e) L'ocytocine et la prolactine dans la production du lait.

7. Laquelle des situations suivantes n'est pas un exemple de relation structurale et fonctionnelle étroite entre le système endocrinien et le système nerveux ?

a) La production d'hormones par les neurones sécrétoires.

b) Les multiples fonctions de la noradrénaline.

c) La stimulation de la médulla surrénale dans la réponse au stress, à court terme.

d) Le développement embryonnaire de la neurohypophyse à partir de l'hypothalamus.

e) La modification de l'expression génique par les hormones stéroïdes.

8. Une veine porte transporte le sang directement de l'hypothalamus :

a) à la glande thyroïde.

b) au corps pinéal.

c) à l'adénohypophyse.

d) à la neurohypophyse.

e) au thymus.

9. Laquelle des propositions suivantes peut le mieux expliquer une hypothyroïdie chez un patient dont la concentration d'iode dans le sang est normale ?

a) Une production disproportionnée de T_3 et de T_4.

b) Une hyposécrétion de TSH.

c) Une hypersécrétion de TSH.

d) Une hypersécrétion de MSH.

e) Une diminution de sécrétion de calcitonine par la glande thyroïde.

10. Les principaux organes cibles des stimulines sont :

a) les muscles.

b) les vaisseaux sanguins.

c) les glandes endocrines.

d) les reins.

e) les nerfs.

11. D'où viennent les hormones de libération, et quelle est leur principale fonction ?

12. L'alcool inhibe la libération d'ADH par la neurohypophyse. Quelle est la conséquence de ce phénomène sur la production d'urine ?

13. Comment la thyroxine met-elle fin à sa propre production ?

14. Comment une anomalie des récepteurs hypothalamiques de stéroïdes surrénaliens influerait-elle sur la concentration des hormones en question dans le sang ?

15. Les œstrogènes sont _____ ce que les _____ sont aux testicules.

Lien avec l'évolution

Les récepteurs protéiques intracellulaires utilisés par les hormones stéroïdes et les hormones thyroïdiennes se ressemblent par leur structure. Émettez une hypothèse expliquant comment les gènes de ces récepteurs peuvent avoir évolué. (*Indice* : voir la FIGURE 19.3.)

Intégration

Pendant la phase de sommeil profond, le bruit d'une forte explosion à proximité vous réveille en sursaut. Quelle est la réponse physiologique de votre corps à ce stress ? Expliquez en tenant compte du plus grand nombre possible de systèmes.

Science, technologie et société

L'hormone de croissance (GH) produite par le génie génétique a permis à des centaines d'enfants atteints de nanisme hypophysaire de grandir normalement et d'atteindre une taille raisonnable. Maintenant que cette hormone est facilement disponible et relativement bon marché, de nombreux parents qui trouvent que leurs enfants ne grandissent pas assez rapidement veulent accélérer leur croissance et leur faire atteindre une grande taille à l'aide de la GH. Ce genre d'utilisation de l'hormone peut avoir des effets dangereux, comme la diminution des graisses et une augmentation de la masse musculaire. De plus, on ne sait pas encore si les injections de GH auront des effets indésirables à long terme chez les individus qui n'ont pas de trouble hypophysaire. Selon vous, sur quels critères devrait-on se fonder pour déterminer les cas où un traitement à la GH ou à une autre hormone est indiqué ?

Réponses à l'autoévaluation : 1. c ; **2.** d ; 3. a ; 4. d ; 5. c ; **6.** b ; **7.** e ; 8. c ; **9.** b ; 10. c ; 11. De l'hypothalamus. Elles déclenchent la libération de certaines autres hormones par l'adénohypophyse. **12.** L'alcool augmente la production d'urine. **13.** Par une rétro-inhibition, dans laquelle elle inhibe la sécrétion de TRH par l'hypothalamus. **14.** La concentration de stéroïdes surrénaliens dans le sang deviendrait très forte. **15.** aux ovaires, androgènes.

CHAPITRE 46

LA REPRODUCTION CHEZ LES ANIMAUX

« La reproduction est
le commencement de la mort. »

JAMES JOYCE
poète et romancier irlandais (1882-1941)

VUE D'ENSEMBLE DE LA REPRODUCTION CHEZ LES ANIMAUX

- Les modes de reproduction chez les Animaux
- Divers mécanismes de reproduction asexuée permettent aux Animaux d'engendrer rapidement une progéniture qui leur est identique
- Les cycles et les types de reproduction varient considérablement chez les Animaux

LES MÉCANISMES DE LA REPRODUCTION SEXUÉE

- La fécondation interne et la fécondation externe dépendent toutes deux de mécanismes qui permettent la rencontre d'un spermatozoïde mature et d'un ovule fécond appartenant à la même espèce
- Les espèces à fécondation interne produisent habituellement moins de zygotes que les espèces à fécondation externe, mais elles assurent une meilleure protection parentale
- Divers systèmes reproducteurs complexes se sont développés au cours de l'évolution dans de nombreux embranchements des Animaux

LA REPRODUCTION CHEZ LES MAMMIFÈRES

- Chez l'Humain, la reproduction nécessite une anatomie et un comportement d'une grande complexité
- La spermatogenèse et l'ovogenèse se réalisent toutes deux grâce à la méiose, mais diffèrent sous trois aspects
- Une interaction complexe des hormones régule la reproduction
- Le développement embryonnaire et fœtal se fait durant la gestation chez l'Humain et les autres Mammifères placentaires
- La technologie moderne apporte des solutions aux problèmes de reproduction

D'une manière générale, on peut considérer les nombreux aspects morphologiques et fonctionnels que nous avons étudiés jusqu'ici chez les Animaux comme autant d'adaptations contribuant au succès de la reproduction. Les individus sont des êtres vivants éphémères. L'existence d'une population ne peut dépasser la durée de vie limitée des individus que grâce à la reproduction, c'est-à-dire à la production de nouveaux organismes à partir de ceux qui existent déjà. Les deux lombrics de la photo sont en train de s'accoupler. À moins d'être dérangés, ils resteront là, à la surface du sol, s'unissant ainsi pendant plusieurs heures. Chaque lombric produit à la fois des spermatozoïdes et des ovules. Ainsi, chaque lombric reçoit et donne des spermatozoïdes pendant l'accouplement et produit ensuite des œufs fécondés. Dans quelques semaines, les œufs donneront naissance à un grand nombre d'individus, et ce sera l'aboutissement de cette reproduction sexuée.

Dans ce chapitre, nous allons étudier la reproduction animale. Tout d'abord, nous allons comparer les divers modes et mécanismes de reproduction qui sont apparus au cours de l'évolution du règne animal. Ensuite, nous allons voir plus en détail la reproduction des Mammifères, en particulier celle de l'Humain.

VUE D'ENSEMBLE DE LA REPRODUCTION CHEZ LES ANIMAUX

Les modes de reproduction chez les Animaux

Il existe deux principaux modes de reproduction chez les Animaux. Premièrement, on parle de **reproduction asexuée** lorsque les gènes des descendants proviennent d'un seul individu et qu'il n'y a pas de fusion entre un gamète femelle et un gamète mâle. La reproduction asexuée repose entièrement sur la mitose dans la plupart des cas. Deuxièmement, on dit qu'il y a **reproduction sexuée** (du grec *ses* signifiant « plaisir », « satisfaction ») lorsque les descendants proviennent de la fusion de **gamètes** haploïdes donnant un **zygote** (œuf fécondé) diploïde. Les gamètes se forment par méiose (voir la FIGURE 13.7). Le gamète femelle, l'**ovule** (œuf non fécondé), est habituellement une cellule relativement grosse et immobile*. Le gamète mâle, le **spermatozoïde,** est généralement une petite cellule flagellée. En générant des combinaisons uniques de gènes issus de deux parents, la reproduction sexuée augmente la diversité génétique parmi les descendants. En produisant une progéniture aux phénotypes variés, la reproduction sexuée augmente les chances de survie d'une espèce face aux changements physicochimiques de l'environnement ou face aux agents pathogènes en constante mutation.

Divers mécanismes de reproduction asexuée permettent aux Animaux d'engendrer rapidement une progéniture qui leur est identique

De nombreux Invertébrés se reproduisent par **scissiparité,** mécanisme de reproduction asexuée dans lequel le parent se scinde pour donner deux ou plusieurs individus de taille approximativement égale (FIGURE 46.1). Le **bourgeonnement** est également un mécanisme de reproduction asexuée courant chez les Invertébrés. Dans ce cas, de nouveaux individus se forment à la face externe du parent. Ainsi, chez certains Cnidaires et Urocordés, le nouvel individu se forme à partir de la surface corporelle du parent (voir la FIGURE 13.1). Il s'en détache ensuite ou bien y reste associé, ce qui finira par former une importante colonie. Les coraux vrais, dont le diamètre peut dépasser un mètre, sont des colonies de plusieurs milliers de Cnidaires reliés. Certains Invertébrés ont un autre mécanisme de reproduction asexuée : ils libèrent des groupes de cellules variées qui donnent naissance à de nouveaux individus. Chez les Éponges, des

FIGURE 46.1 Deux individus à partir d'un seul : reproduction asexuée d'une Anémone de mer (*Anthopleura elegantissima*). L'individu que l'on voit au centre de cette photographie subit une scissiparité, mécanisme de reproduction asexuée. En se divisant en deux parties approximativement égales, le parent se transforme en deux petits individus. Ses descendants lui sont génétiquement identiques.

* Pour simplifier, nous utilisons pour le moment le terme plus familier d'ovule, mais il s'agit en réalité d'un ovocyte de deuxième ordre, comme nous allons le voir un peu plus loin.

cellules de plusieurs types se regroupent à l'intérieur du corps et s'entourent d'un revêtement protecteur, devenant des **gemmules.** Ces dernières sont libérées à la mort de l'individu.

La **fragmentation** est un autre mécanisme de reproduction asexuée. Le corps se dissocie en plusieurs morceaux, dont certains ou la totalité deviendront des adultes. Pour que ce type de reproduction fonctionne, une **régénération,** c'est-à-dire la reconstitution des parties perdues, doit suivre la fragmentation. La reproduction par fragmentation et régénération est possible chez de nombreuses espèces d'Éponges, de Cnidaires, de Polychètes et d'Urocordés. La régénération seule permet à de nombreux animaux de remplacer un membre perdu (par exemple, la plupart des Étoiles de mer peuvent reconstituer un nouveau bras quand elles en perdent un). Mais il ne s'agit pas alors de reproduction, parce qu'il n'y a pas formation complète d'un nouvel individu. Cependant, chez les Étoiles de mer du genre *Linckia,* un individu complet peut se former à partir d'un bras isolé. Par conséquent, un seul animal possédant cinq bras peut donner naissance à cinq individus de manière asexuée, s'il est divisé en morceaux comportant chacun une portion du disque central (voir la FIGURE 33.38).

La reproduction asexuée présente de nombreux avantages. Ainsi, elle permet aux animaux vivant isolément d'engendrer une progéniture sans avoir à chercher un partenaire. Elle permet également de produire un grand nombre de descendants en peu de temps, ce qui en fait un mode de reproduction idéal lorsqu'il faut coloniser rapidement un habitat. Théoriquement, c'est le mode de reproduction le plus avantageux dans des milieux stables et propices, parce qu'il perpétue précisément les génotypes qui connaissent le succès.

Les cycles et les types de reproduction varient considérablement chez les Animaux

Chez la plupart des Animaux, l'activité de reproduction suit un cycle précis qui est souvent associé à des changements saisonniers. Comme la reproduction est périodique, les Animaux peuvent économiser leurs ressources et s'y consacrer lorsqu'ils disposent de l'énergie nécessaire, après avoir satisfait leurs besoins vitaux et lorsque les conditions du milieu favorisent la survie des jeunes. Ainsi, les brebis ont un cycle reproducteur de 15 jours au milieu duquel elles ovulent. Les cycles ne surviennent toutefois qu'à l'automne et au début de l'hiver, de sorte que les agneaux naissent à la fin de l'hiver ou au printemps. De même, les animaux qui vivent dans des habitats apparemment stables, sous les tropiques ou dans l'océan par exemple, ne se reproduisent en général qu'à certains moments de l'année. Les cycles reproducteurs sont déterminés par un ensemble de facteurs hormonaux et environnementaux, notamment la température, les précipitations, la photopériode et les cycles lunaires (voir la section sur le corps pinéal au chapitre 45, p. 1053).

Les Animaux peuvent se reproduire exclusivement par voie asexuée ou par voie sexuée, ou bien passer d'un mode de reproduction à l'autre. Chez les Pucerons, les Rotifères et les Daphnies (Crustacés microscopiques d'eau douce), la femelle peut fabriquer deux sortes d'œufs selon les conditions du milieu, notamment selon la saison. La première catégorie d'œufs est fécondée, tandis que la seconde se forme par **parthénogenèse,** c'est-à-dire que l'œuf se développe directement, sans qu'il y ait fécondation.

Les individus qui naissent par parthénogenèse sont souvent haploïdes et, au stade adulte, ils fabriquent leurs œufs sans méiose. Dans le cas des Daphnies, le passage de la reproduction asexuée à la reproduction sexuée s'effectue souvent en fonction de la saison. La reproduction est asexuée dans des conditions favorables ; elle devient sexuée dans des conditions environnementales difficiles.

La parthénogenèse joue un rôle important dans l'organisation sociale de certaines espèces d'Abeilles, de Guêpes et de Fourmis. Chez les Abeilles, les mâles, appelés faux bourdons, naissent par parthénogenèse, tandis que les femelles, c'est-à-dire les ouvrières stériles et les femelles reproductrices (reines), proviennent d'œufs fécondés.

Parmi les Vertébrés, plusieurs genres de Poissons, d'Amphibiens et de Lézards se reproduisent exclusivement selon un type complexe de parthénogenèse. Au cours de celle-ci, le nombre de chromosomes double après la méiose, ce qui donne des « zygotes » diploïdes. Ainsi, il existe environ 15 espèces de Lézards Queue-en-fouet (genre *Cnemidophorus*) qui se reproduisent uniquement par parthénogenèse. Il n'y a pas de mâles chez ces espèces. Mais les individus imitent les comportements de parade nuptiale et d'accouplement que l'on observe chez les espèces sexuées du même genre. Pendant la saison de reproduction, l'une des femelles du couple joue le rôle du mâle (FIGURE 46.2a). Les femelles changent ainsi de rôle deux ou trois fois dans la saison. Chaque individu adopte le comportement femelle avant l'ovulation (libération des œufs), lorsque la quantité d'œstrogènes (hormones sexuelles) augmente. Puis, il adopte le comportement mâle après l'ovulation, lorsque la concentration d'œstrogènes diminue (FIGURE 46.2b). En fait, les chances qu'il y ait une ovulation sont accrues si l'individu est monté par un pseudomâle pendant la période critique du cycle hormonal. Les Lézards qui vivent isolément pondent moins d'œufs que ceux qui s'accouplent, même s'il n'y a pas de fécondation. Il semble que les Lézards parthénogénétiques, qui descendent d'espèces comprenant deux sexes chez des individus distincts, aient encore besoin d'une certaine stimulation sexuelle pour que la reproduction ait le plus de succès possible.

La reproduction sexuée pose un problème particulier aux animaux sessiles ou fouisseurs, ainsi qu'aux parasites comme les Ténias. En effet, il peut être difficile pour ces animaux de rencontrer un représentant de l'autre sexe. L'**hermaphrodisme** leur offre une solution. Chaque individu possède un appareil génital mâle et un appareil génital femelle (*hermaphrodite* est la contraction de « Hermès » et « Aphrodite », qui désignent respectivement le dieu grec messager des Olympiens et la déesse grecque de l'amour et de la fécondité). Bien que certains hermaphrodites se fécondent eux-mêmes, la plupart doivent s'accoupler avec un autre individu de l'espèce. Chaque animal joue alors à la fois le rôle du mâle et celui de la femelle, c'est-à-dire qu'il donne du sperme et en reçoit, comme cela se passe chez les Lombrics (*Lumbricus sp.*). Tous les individus rencontrés sont des partenaires potentiels. Ce type d'union permet de produire deux fois plus de descendants que la fécondation des ovules d'un seul individu.

L'**hermaphrodisme séquentiel** ou successif est un autre type de reproduction remarquable. Il se caractérise par le changement de sexe d'un individu au cours de sa vie. Chez certaines espèces, les individus sont **protérogynes** (d'abord femelles) ; chez d'autres,

(a) Sur cette photographie, les deux lézards sont des femelles de *C. uniparens*. La femelle du dessus joue le rôle du mâle. Pendant la saison de reproduction, les individus changent de rôle toutes les deux ou trois semaines.

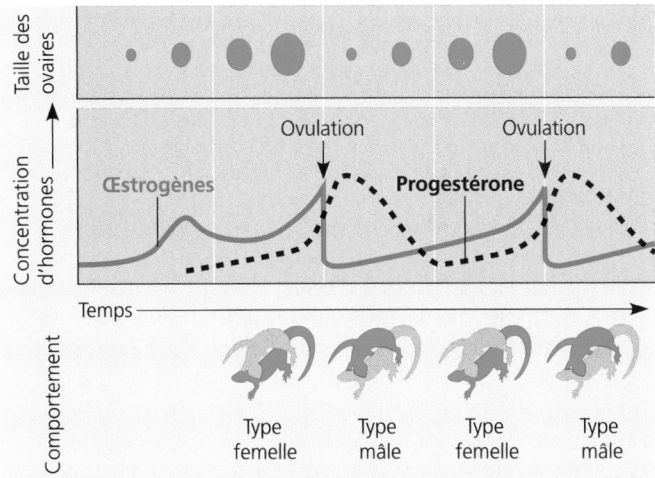

(b) Il y a une corrélation entre le comportement sexuel de *C. uniparens* et son cycle de sécrétion hormonale et d'ovulation. Avant l'ovulation, l'individu se comporte comme une femelle. Ses ovaires sont relativement gros et son comportement est lié à une forte concentration d'œstrogènes. Après l'ovulation, les ovaires diminuent de volume et la concentration d'œstrogènes et d'une autre hormone stéroïde, la progestérone, augmente. L'animal se comporte alors comme un mâle.

FIGURE 46.2 Comportement sexuel chez les Lézards parthénogénétiques. Le Queue-en-fouet du désert semi-aride (*Cnemidophorus uniparens*) est une espèce composée uniquement de femelles. Ces dernières se reproduisent par parthénogenèse. Après la méiose, le nombre de chromosomes des œufs double, ce qui donne de nouveaux individus sans qu'il y ait fécondation. Cependant, l'ovulation est favorisée par le rituel de parade et d'accouplement, qui imite le comportement d'espèces apparentées à reproduction sexuée.

ils sont **protérandres** (d'abord mâles). Chez diverses espèces de poissons des récifs appelés Labres, le changement de sexe est lié à l'âge et à la taille. Par exemple, la Girelle à tête-bleue (*Thalassoma bifasciatus*), Labre qui vit dans les Caraïbes, est une espèce protérogyne chez laquelle seuls les individus les plus gros (habituellement les plus vieux) passent de l'état de femelle à celui de mâle (FIGURE 46.3, p. 1068). Chaque mâle vit alors avec un harem de femelles. S'il meurt ou si on le retire du milieu expérimental, la plus grosse femelle du harem change de sexe. En moins d'une semaine, l'individu ainsi transformé produit

FIGURE 46.3 Changement de sexe dans un cas d'hermaphrodisme séquentiel. Chez de nombreuses espèces de Labres (poissons des récifs coralliens), l'individu peut changer de sexe au cours de sa vie. Il y a souvent corrélation entre le changement de sexe et la taille. Sur cette photographie, un mâle de Girelle à tête-bleue (*Thalassoma bifasciatus*), espèce de Labre des Caraïbes, se nourrit d'un oursin en compagnie de deux femelles plus petites. Tous les poissons de cette espèce naissent femelles. Mais les individus les plus âgés et les plus gros changent de sexe et finissent leur vie comme mâles.

FIGURE 46.4 Ponte et fécondation externe. De nombreux Amphibiens déposent leurs gamètes dans leur environnement. La fécondation se fait alors à l'extérieur de l'organisme de la femelle. Chez la plupart des espèces, des adaptations comportementales font en sorte qu'un mâle soit présent quand la femelle pond. Dans l'exemple de fécondation externe qu'illustre cette photographie, une Grenouille femelle étreinte par un mâle (sur le dessus) vient juste de pondre dans l'eau environnante. Au même moment, le mâle a arrosé les œufs de son sperme (non illustré).

Œufs

des spermatozoïdes au lieu d'œufs. Comme le mâle défend le harem contre les intrus, une grande taille présente peut-être un avantage plus important, du point de vue de la reproduction, pour les mâles que pour les femelles. Par contre, il existe des animaux protérandres qui passent de l'état mâle à l'état femelle lorsque leur taille augmente. Dans de tels cas, une grande taille augmente davantage le succès reproductif des femelles que celui des mâles. Par exemple, la production d'un nombre très élevé de gamètes représente un atout majeur pour les animaux sédentaires (comme les Huîtres) qui les libèrent dans le milieu aquatique environnant. Les œufs sont habituellement beaucoup plus gros que les spermatozoïdes. Les femelles produisent donc moins de gamètes que les mâles. Bien entendu, les grosses femelles fournissent plus d'œufs que les petites. Ainsi, les espèces d'Huîtres dont les individus sont des hermaphrodites séquentiels sont généralement protérandres.

Les divers cycles reproducteurs et types de reproductions que nous observons dans le règne animal sont des adaptations apparues grâce à la sélection naturelle. Au cours de notre étude des différents mécanismes de reproduction sexuée, nous allons en voir un grand nombre d'exemples.

LES MÉCANISMES DE LA REPRODUCTION SEXUÉE

La **fécondation**, c'est-à-dire l'union du spermatozoïde et de l'ovule, joue un rôle important dans la reproduction sexuée. Chez certaines espèces, la **fécondation** est **externe** : les œufs sont libérés par la femelle et fécondés par le mâle dans le milieu externe (FIGURE 46.4). Chez d'autres, la **fécondation** est **interne** : le mâle dépose les spermatozoïdes à l'intérieur ou à l'entrée du système reproducteur de la femelle, de sorte que la fécondation se fait dans l'organisme de cette dernière. (Nous aborderons en détail les mécanismes cellulaires et moléculaires de la fécondation au chapitre 47.)

La fécondation interne et la fécondation externe dépendent toutes deux de mécanismes qui permettent la rencontre d'un spermatozoïde mature et d'un ovule fécond appartenant à la même espèce

La fécondation interne nécessite la collaboration des individus, pour l'accouplement. Dans certains cas, la sélection naturelle élimine de façon très directe tout comportement sexuel marginal. Par exemple, chez les Araignées, la femelle dévore le mâle s'il n'émet pas certains stimulus sexuels avant l'accouplement. (Au chapitre 51, nous étudierons plusieurs autres exemples de comportements sexuels.) La fécondation interne nécessite également des systèmes reproducteurs assez complexes. En effet, il faut non seulement des organes pour l'accouplement, pour transmettre les spermatozoïdes, mais aussi des réceptacles pour entreposer ces spermatozoïdes et les conduire jusqu'aux ovules.

La fécondation externe requiert quant à elle un milieu favorable dans lequel l'œuf peut se développer sans se dessécher ni souffrir d'un excès de chaleur. Elle se produit donc presque exclusivement dans les habitats humides. De nombreux Invertébrés aquatiques libèrent tout simplement leurs œufs et leurs spermatozoïdes dans le milieu externe. La fécondation s'effectue alors sans qu'il y ait contact physique entre les parents. Cependant, il faut que les spermatozoïdes matures rencontrent des ovules mûrs avec synchronisme.

La plupart des Poissons et des Amphibiens à fécondation externe ont un comportement sexuel qui permet à un mâle de féconder les œufs d'une femelle. Pour les deux individus, la parade constitue un élément déclencheur provoquant la libération des gamètes. Ainsi, d'une part, la fécondation a de meilleures chances de réussir et, d'autre part, le choix du partenaire peut se faire de façon sélective, dans une certaine mesure. Des facteurs extérieurs tels que la température ou la photopériode peuvent aussi déclencher la libération simultanée des gamètes par tous les individus d'une population. Enfin, un individu libérant ses gamètes peut sécréter des substances chimiques qui déclenchent le même comportement chez d'autres individus de la même espèce.

Les **phéromones** sont des médiateurs chimiques qui, libérés par un individu, influent sur le comportement d'autres individus de la même espèce. Ces petites molécules volatiles ou hydrosolubles se dispersent facilement dans le milieu et, à l'instar des hormones, sont actives en infime quantité. De nombreuses phéromones sont des substances exerçant une attraction sexuelle. Un insecte mâle peut détecter les phéromones d'une femelle de son espèce se trouvant à plus de 1,5 km. La phéromone de la Spongieuse femelle (*Lymantria dispar*) déclenche des réactions chez les mâles dès que sa concentration est de 1 molécule de phéromone parmi 10^{17} molécules d'autres gaz dans l'air. (Nous aborderons de nouveau les phéromones au chapitre 51.)

Les espèces à fécondation interne produisent habituellement moins de zygotes que les espèces à fécondation externe, mais elles assurent une meilleure protection parentale

Toutes les espèces doivent produire beaucoup de descendants pour que certains d'entre eux survivent assez longtemps et se reproduisent à leur tour. La fécondation externe produit habituellement un très grand nombre de zygotes. Mais la proportion de ceux qui survivent et poursuivent leur développement s'avère souvent très faible. La fécondation interne, quant à elle, fournit généralement un nombre moins élevé de zygotes. Toutefois, les embryons bénéficient d'une plus grande protection, et les jeunes, de soins parentaux. Parmi les principaux mécanismes de protection figurent la production de coquilles d'œufs résistantes, le développement de l'embryon dans le système reproducteur de la femelle et la protection des œufs et des jeunes par les parents.

De nombreuses espèces d'Animaux terrestres pondent des œufs capables de résister à un milieu hostile. Les Oiseaux, les Reptiles et les Monotrèmes pondent des œufs amniotiques dont la coquille, constituée de calcium et de protéines, empêche les pertes d'eau et les dommages physiques. En comparaison, les œufs des Poissons et des Amphibiens ne sont dotés que d'un revêtement gélatineux.

Au lieu de se développer dans une coquille protectrice, l'embryon de nombreux Animaux se développe dans le système reproducteur de la femelle. Parmi les Mammifères, les Marsupiaux comme les Kangourous et les Opossums abritent l'embryon dans leur utérus pendant un court laps de temps. L'embryon rampe ensuite seul jusqu'à l'extérieur, pour terminer son développement fœtal accroché à une glande mammaire, dans la poche ventrale (marsupium) de la mère. Les embryons des Mammifères placentaires, quant à eux, se développent entièrement à l'intérieur de l'utérus. Les nutriments qui leur sont nécessaires leur viennent de la circulation sanguine maternelle par l'intermédiaire d'un organe particulier appelé placenta (ce sujet est abordé au chapitre 34 et plus loin dans ce chapitre).

Un petit kangourou sortant du marsupium de sa mère pour la première fois ou un bébé humain venant au monde ne sont pas encore en mesure de vivre de façon indépendante. On sait bien que les Oiseaux nourrissent leurs oisillons et que les Mammifères donnent la tétée. Mais les Animaux qui dispensent des soins à leurs petits sont beaucoup plus nombreux qu'on ne le pense. Cela se présente souvent sous une forme inattendue. Ainsi, chez une espèce de Grenouille d'Amérique du Sud, le Rhinoderme de Darwin (*Rhinoderma darwinii*), le mâle transporte les têtards dans son sac vocal hypertrophié jusqu'à ce qu'ils se métamorphosent et sortent d'eux-mêmes du sac sous leur forme définitive. On connaît également de nombreux cas de soins prodigués par les parents chez les Invertébrés (FIGURE 46.5).

FIGURE 46.5 Soins parentaux chez un Invertébré. Par rapport à la majorité des Insectes, la femelle de la Punaise d'eau géante (*Belostoma sp.*) produit relativement peu de descendants. Mais elle protège les jeunes, qui ont ainsi de meilleures chances de survivre. La fécondation est interne. La femelle colle les œufs fécondés sur le dos du mâle (sur la photo). Tandis que les mâles de la plupart des Insectes ne s'occupent pas de leur progéniture, le mâle de la Punaise d'eau géante les porte sur son dos durant des jours. Il fait circuler de l'eau sur les œufs, afin de conserver leur humidité, de les oxygéner et de les protéger contre les parasites.

Divers systèmes reproducteurs complexes se sont développés au cours de l'évolution dans de nombreux embranchements des Animaux

La reproduction sexuée requiert la présence de systèmes qui sont capables d'effectuer la gamétogenèse et qui facilitent la rencontre des gamètes des deux sexes. Ces systèmes reproducteurs présentent une grande diversité. Les plus simples ne comportent même pas de **gonades,** organes qui élaborent les gamètes chez la plupart des Animaux. Les plus complexes comportent plusieurs ensembles de conduits et de glandes annexes qui transportent et protègent les gamètes de même que les embryons en cours de développement. De nombreux Animaux dont le plan d'organisation corporelle est relativement simple possèdent un système reproducteur très complexe. Ainsi, le système reproducteur des Plathelminthes parasites est l'un des plus complexes dans le règne animal (FIGURE 46.6).

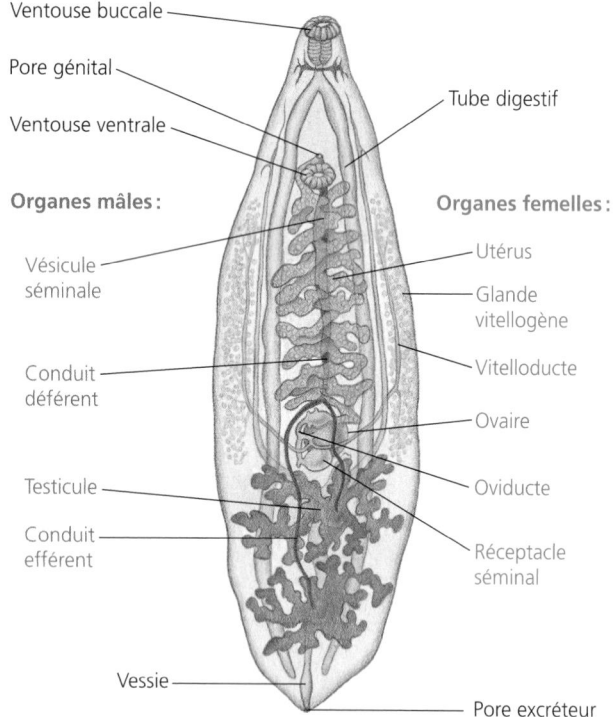

FIGURE 46.6 Anatomie du système reproducteur d'un ver plat parasite, la Grande Douve du foie (*Fasciola hepatica*). La plupart des Vers plats (embranchement des Plathelminthes) sont hermaphrodites et possèdent des systèmes reproducteurs mâle et femelle complexes. Ces deux systèmes reproducteurs s'ouvrent sur l'extérieur par le pore génital. Les spermatozoïdes, produits dans les testicules, voyagent dans une paire de conduits (conduits efférents), puis dans un seul conduit (conduit déférent). Ils sont ensuite entreposés dans la vésicule séminale. Pendant l'accouplement, ils sont éjectés dans le système reproducteur femelle (d'un autre individu habituellement), puis se déplacent dans l'utérus vers le réceptacle séminal. (Chez certains Plathelminthes, les spermatozoïdes sont injectés dans les tissus de la femelle à travers la paroi corporelle, puis migrent vers le système reproducteur.) Les ovules passent de l'ovaire à l'oviducte, où ils sont fécondés par les spermatozoïdes présents dans le réceptacle séminal. Une substance vitelline et une matière résistante sécrétées par les glandes vitellogènes recouvrent ensuite les œufs. De l'oviducte, les œufs fécondés et entourés d'une couche protectrice passent dans l'utérus, d'où ils sont pondus par le pore génital. Généralement, seule une petite fraction des œufs deviendront des individus d'âge adulte.

Parmi les systèmes reproducteurs les plus simples, on trouve celui des Polychètes (embranchement des Annélides). Bien qu'ayant des sexes séparés, la plupart des Polychètes ne possèdent pas de gonades à proprement parler. Les ovules et les spermatozoïdes proviennent de cellules indifférenciées qui tapissent le cœlome. Au fur et à mesure que les gamètes arrivent à maturité, ils se détachent de la paroi corporelle et remplissent le cœlome. Selon l'espèce, les ouvertures du système urinaire libèrent les gamètes parvenus à maturité, ou bien le gonflement de la masse d'œufs fait éclater l'individu, ce qui provoque sa mort et l'éparpillement des œufs dans le milieu externe.

La plupart des Insectes ont des sexes séparés et des systèmes reproducteurs complexes (FIGURE 46.7). Chez le mâle, les spermatozoïdes sont produits par deux testicules et cheminent dans un conduit sinueux vers les vésicules séminales, où ils sont entreposés. Pendant l'accouplement, ils sont éjaculés dans le système reproducteur de la femelle. Les ovules de la femelle passent des ovaires (au nombre de deux) aux oviductes, puis se déposent dans le vagin, où s'effectue la fécondation. Chez de nombreuses espèces, le système reproducteur de la femelle comporte également une **spermathèque,** sac qui permet d'entreposer les spermatozoïdes durant une année ou plus.

Les systèmes reproducteurs des Vertébrés présentent une structure générale assez semblable, mais également quelques variantes importantes. Ainsi, chez de nombreux Vertébrés autres que les Mammifères, les systèmes digestif, urinaire et reproducteur ont tous la même ouverture, à l'extrémité postérieure du corps : le **cloaque.** Il en était probablement de même chez les ancêtres des Vertébrés. Par contre, chez la plupart des Mammifères, le système digestif possède sa propre ouverture, à l'extrémité postérieure du corps. De plus, la plupart des femelles ont des ouvertures distinctes pour les systèmes urinaire et reproducteur. Chez la plupart des Vertébrés, l'utérus comporte deux branches pour le développement des embryons. Chez les Humains et les autres Mammifères dont l'utérus n'abrite qu'un petit nombre d'embryons à la fois, mais aussi chez les Oiseaux et de nombreux Serpents, l'utérus ne comporte qu'une cavité pour le développement embryonnaire. Les différences entre les systèmes reproducteurs mâles ont surtout trait aux organes de copulation. De nombreux Vertébrés autres que les Mammifères n'ont pas de pénis bien développé et peuvent éjaculer par simple éversion du cloaque.

LA REPRODUCTION CHEZ LES MAMMIFÈRES

Chez l'Humain, la reproduction nécessite une anatomie et un comportement d'une grande complexité

Anatomie du système reproducteur de l'homme

Chez les mâles de la plupart des Mammifères, notamment chez l'Humain, les organes génitaux externes sont le scrotum et le pénis. Les organes génitaux internes sont les gonades, qui produisent les gamètes (spermatozoïdes) et les hormones, les glandes annexes, qui sécrètent des substances essentielles à la mobilité

FIGURE 46.7 Anatomie du système reproducteur des Insectes.

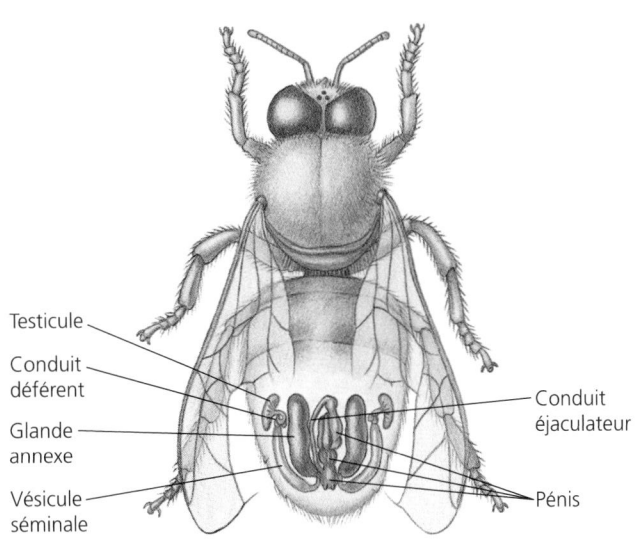

Testicule
Conduit déférent
Glande annexe
Vésicule séminale
Conduit éjaculateur
Pénis

Ovaire
Oviducte
Glande annexe
Spermathèque
Vagin

(a) Abeille mâle. Les spermatozoïdes se forment dans les testicules, circulent dans un conduit déférent et sont entreposés dans une vésicule séminale. Lors de l'éjaculation, le mâle libère des spermatozoïdes et du liquide provenant des glandes annexes. Certaines espèces d'Insectes et d'autres Arthropodes possèdent des appendices appelés gonopodes qui servent à retenir la femelle pendant l'accouplement.

(b) Abeille femelle. Les ovules se forment dans les ovaires, passent dans les oviductes et se déposent dans le vagin. Une paire de glandes annexes (dont une seule est illustrée) sécrètent une substance protectrice pour les ovules présents dans le vagin. Après l'accouplement, les spermatozoïdes sont entreposés dans la spermathèque, sac relié au vagin par un court conduit.

des spermatozoïdes, et des conduits destinés au transport des spermatozoïdes et des sécrétions glandulaires (FIGURE 46.8, p. 1072).

Les gonades mâles, appelées **testicules,** comportent deux conduits enroulés de façon compacte et entourés de plusieurs épaisseurs de tissu conjonctif. Ces conduits sont les **tubules séminifères contournés** dans lesquels se forment les spermatozoïdes. Les **cellules interstitielles du testicule** disséminées entre ces tubules élaborent la testostérone et d'autres androgènes.

Chez la plupart des Mammifères, la formation des spermatozoïdes ne peut se faire à la température normale du corps. C'est pourquoi les testicules des Humains et de nombreux autres Mammifères sont situés à l'extérieur de la cavité pelvienne, dans l'enveloppe de peau qu'est le **scrotum.** La température du scrotum est inférieure de 2 °C environ à celle de la cavité pelvienne. Les testicules se forment un peu plus haut dans la cavité pelvienne et descendent dans le scrotum juste avant la naissance. Chez certains Rongeurs, ils se rétractent à l'intérieur de la cavité pelvienne entre les saisons d'accouplement. Chez certains Mammifères dont la température corporelle est suffisamment basse pour permettre la formation des spermatozoïdes, par exemple chez les Monotrèmes, les Baleines et les Éléphants, ils restent en permanence dans la cavité pelvienne.

Venant des tubules séminifères contournés des testicules, les spermatozoïdes pénètrent dans les canalicules efférents qui forment l'**épididyme.** Il leur faut environ 20 jours pour traverser les 6 mètres de canalicules qui forment chaque épididyme de l'homme. Durant cette migration, ils acquièrent leur mobilité et leur fécondité. Lors de l'**éjaculation,** ils sont expulsés de l'épididyme et passent par le **conduit déférent,** dont les parois sont

tapissées de muscles. Les deux conduits déférents (un pour chaque épididyme) quittent le scrotum, contournent la vessie et rejoignent derrière elle le conduit provenant de la vésicule séminale, pour former un court **conduit éjaculateur.** Ce dernier aboutit dans l'**urètre,** conduit qui draine à la fois le système urinaire et le système reproducteur. L'urètre passe au centre du pénis et débouche sur l'extérieur par le méat urétral (situé à l'extrémité du pénis).

Trois types de glandes annexes ajoutent leurs sécrétions au **sperme,** le liquide qui est éjaculé: les vésicules séminales, la prostate et les glandes bulbo-urétrales. Les deux **vésicules séminales** produisent environ 60 % du volume total du sperme. Le liquide provenant des vésicules séminales est visqueux, jaunâtre et alcalin. Il renferme du mucus (lubrifiant pour les conduits), du fructose (qui constitue une source d'énergie pour les spermatozoïdes), de la séminogéline (protéine qui fait coaguler le sperme après sa sortie de l'urètre), de la fibrinolysine (protéine qui liquéfie le sperme coagulé, libérant ainsi les spermatozoïdes), de la relaxine (hormone qui augmente la motilité des spermatozoïdes), de l'acide ascorbique (antioxydant), de la séminalplasmine (substance antibiotique qui détruit certaines bactéries) et des prostaglandines (régulateurs locaux dont nous avons parlé au chapitre 45). Ces dernières liquéfient le mucus du col utérin et provoquent des contractions de l'utérus afin de faciliter la progression des spermatozoïdes.

La **prostate** est la plus grosse des glandes annexes. Elle déverse directement ses sécrétions dans l'urètre, par plusieurs petits conduits. Le liquide prostatique est laiteux. Il contient des protéines anticoagulantes et du citrate (nutriment destiné aux spermatozoïdes). La prostate est le siège de problèmes médicaux

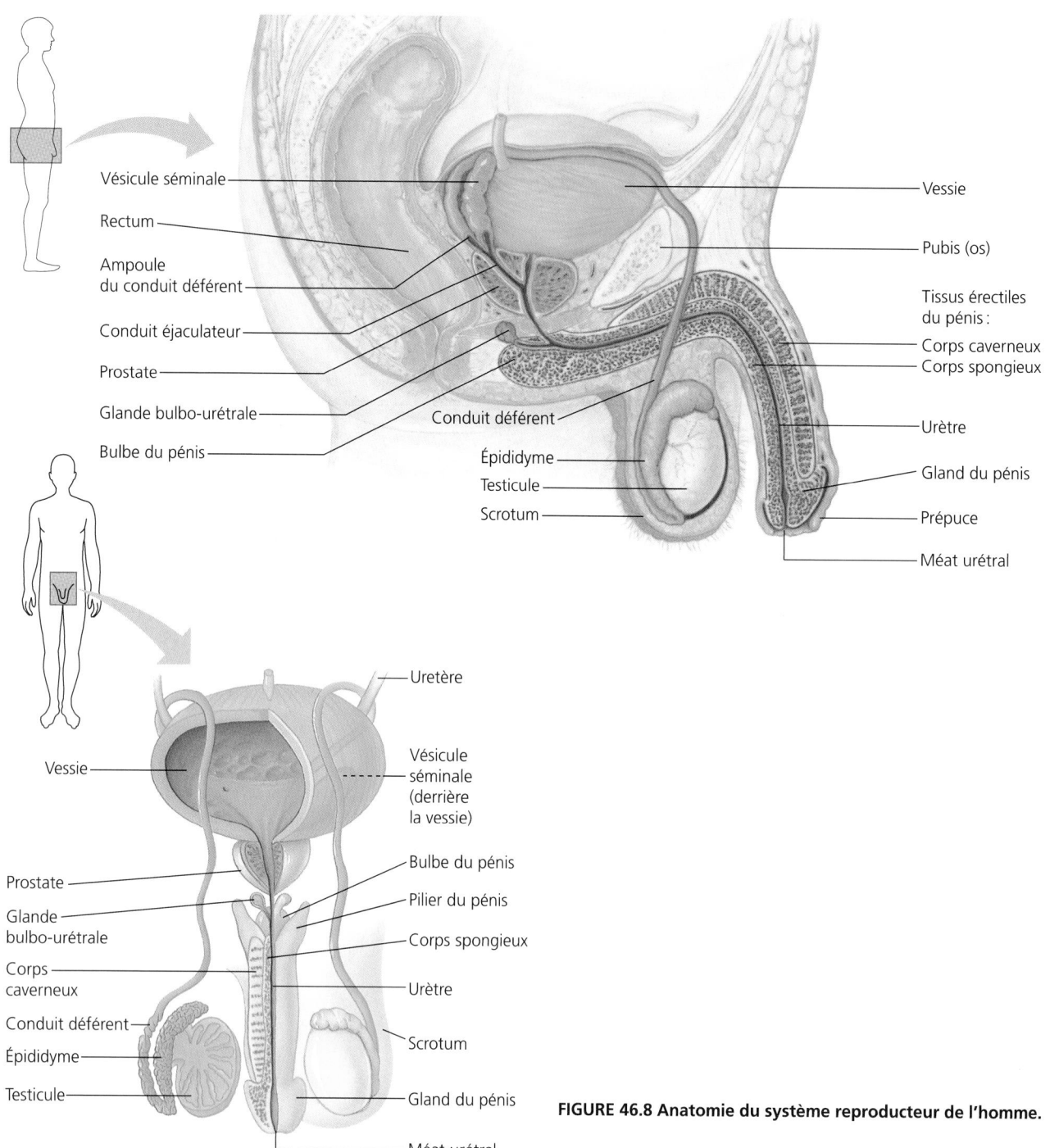

Vésicule séminale

Rectum

Ampoule
du conduit déférent

Conduit éjaculateur

Prostate

Glande bulbo-urétrale

Bulbe du pénis

Conduit déférent

Épididyme

Testicule

Scrotum

Vessie

Pubis (os)

Tissus érectiles
du pénis :

Corps caverneux
Corps spongieux

Urètre

Gland du pénis

Prépuce

Méat urétral

Uretère

Vessie

Vésicule
séminale
(derrière
la vessie)

Prostate

Glande
bulbo-urétrale

Corps
caverneux

Conduit déférent

Épididyme

Testicule

Bulbe du pénis

Pilier du pénis

Corps spongieux

Urètre

Scrotum

Gland du pénis

Méat urétral

FIGURE 46.8 Anatomie du système reproducteur de l'homme.

courants chez l'homme ayant dépassé la quarantaine. Plus de la moitié des hommes de ce groupe d'âge et pratiquement tous les hommes de plus de 70 ans souffrent d'un gonflement bénin (non cancéreux) de la prostate. Le cancer de la prostate est l'un des plus courants chez l'homme. On le traite par la chirurgie ou par des médicaments qui inhibent les gonadotrophines, dont la conséquence est une réduction de l'activité et de la taille de la prostate.

Les **glandes bulbo-urétrales** sont une paire de petites glandes situées à proximité du bulbe du pénis, sous la prostate, et déversant

leurs sécrétions dans l'urètre. Avant l'éjaculation, elles sécrètent un liquide clair qui neutralise l'acidité de l'urine restant dans l'urètre. Comme le liquide bulbo-urétral entraîne avec lui des spermatozoïdes libérés avant l'éjaculation, la méthode contraceptive du coït interrompu connaît un taux d'échec élevé.

Un homme éjacule habituellement de 2 à 5 mL de sperme, chaque millilitre pouvant contenir de 50 à 130 millions de spermatozoïdes. Quand le sperme est dans le système reproducteur femelle, les prostaglandines qu'il contient éclaircissent le mucus à l'entrée de l'utérus et provoquent les contractions des muscles utérins, ce qui favorise la montée du sperme dans l'utérus. Le sperme est légèrement alcalin (pH de 7,2 à 7,6), à cause de la spermine, polyamine basique qui neutralise l'acidité du vagin (pH de 3,5 à 4,0), protégeant ainsi les spermatozoïdes et augmentant leur motilité. Environ cinq minutes après l'éjaculation, le sperme coagule, ce qui facilite son transport par les contractions utérines. Puis, au bout de dix à vingt minutes dans l'utérus, il se liquéfie sous l'effet des anticoagulants, ce qui lui permet de circuler librement dans le système reproducteur de la femme.

Le **pénis** humain comprend trois cylindres de tissus érectiles spongieux issus de veines et de capillaires modifiés. Au cours de l'excitation sexuelle, les tissus érectiles s'emplissent de sang artériel. L'augmentation progressive de pression dans ces tissus finit par écraser les veines drainant le pénis, lequel se gorge alors de sang. L'érection qui en résulte permet l'insertion du pénis dans le vagin. Les Rongeurs, les Ratons laveurs, les Morses et plusieurs autres Mammifères possèdent en outre un **baculum,** os qui raidit le pénis. L'impuissance temporaire, qui est une incapacité réversible d'obtenir une érection, peut résulter d'une consommation d'alcool ou de certains médicaments, ou être la manifestation de troubles émotifs. Les hommes qui souffrent d'impuissance permanente, laquelle est causée par des troubles nerveux ou circulatoires, peuvent recourir à certains médicaments ou à des implants pour obtenir une érection. Un nouveau médicament, appelé Viagra^MD et qui se prend par voie orale, favorise l'action du monoxyde d'azote (NO). Ce régulateur local provoque un relâchement des muscles lisses dans les vaisseaux sanguins du pénis. Le sang peut alors pénétrer abondamment dans les tissus érectiles et maintenir une érection.

Une peau assez épaisse enveloppe le corps principal du pénis. La peau qui entoure le **gland du pénis** (l'extrémité du pénis) est, quant à elle, beaucoup plus fine, ce qui rend le gland beaucoup plus sensible à la stimulation. Chez l'homme, un repli de peau appelé **prépuce** recouvre le gland. On procède parfois à son ablation, pour des raisons essentiellement religieuses. Cette pratique de la circoncision n'a pas de justifications vérifiables du point de vue de la santé ou de l'hygiène.

Anatomie du système reproducteur de la femme

Chez la femme, les structures externes du système reproducteur sont le clitoris et deux paires de lèvres situées de part et d'autre du clitoris et de l'ouverture du vagin. Les organes génitaux internes sont deux gonades et un ensemble de conduits et de cavités qui permettent le passage des gamètes et abritent l'embryon (FIGURE 46.9, p. 1074).

Les gonades femelles, appelées **ovaires,** se situent dans la cavité pelvienne, de part et d'autre de l'utérus, auquel elles sont rattachées par un mésentère. Chaque ovaire est enveloppé d'une capsule protectrice résistante et renferme un grand nombre de follicules. Chaque **follicule** est un œuf immature en développement, l'ovocyte, entouré d'une ou plusieurs couches de cellules folliculaires qui le nourrissent et le protègent. Les 400 000 follicules qu'une femme porte au long de sa vie sont déjà tous formés à la naissance. Quelques centaines seulement sont libérés durant les années où la femme est en âge de procréer. De la puberté à la ménopause, à chaque cycle menstruel, un follicule arrive à maturité et libère son ovocyte. Les cellules du follicule sécrètent aussi les œstrogènes, les hormones sexuelles féminines les plus importantes. C'est au cours de l'**ovulation** que le follicule expulse l'ovocyte (FIGURE 46.10, p. 1075). Le reste du tissu folliculaire croît à l'intérieur de l'ovaire et se transforme en une masse compacte appelée **corps jaune.** Durant la grossesse, le corps jaune sécrète plus de progestines, les hormones qui entretiennent l'endomètre utérin, que d'œstrogènes. S'il n'y a pas de fécondation, le corps jaune dégénère et un nouveau follicule arrive à maturité au cycle suivant.

Le système reproducteur de la femme n'est pas entièrement fermé : le follicule libère l'ovocyte dans la cavité pelvienne, près de l'ouverture de la **trompe utérine,** ou trompe de Fallope. La trompe utérine a une ouverture en forme d'entonnoir et les cils de son épithélium interne facilitent le déplacement de l'ovocyte. Les battements des cils produisent un effet d'aspiration qui agit sur le liquide de la cavité corporelle et font avancer l'ovocyte dans la trompe utérine, le conduisant dans l'**utérus.** Cet organe épais et musculeux qu'est l'utérus peut se distendre suffisamment pour contenir un fœtus de 4 kg. L'**endomètre,** revêtement interne de l'utérus, est une muqueuse richement vascularisée.

L'orifice étroit de l'utérus, appelé **col utérin,** communique avec le vagin. Le **vagin** est une cavité à la paroi mince qui permet le passage du bébé lors de l'accouchement. Il reçoit aussi les spermatozoïdes au cours des rapports sexuels.

Chez la femme, de la naissance jusqu'aux premières relations sexuelles ou avant si un exercice physique vigoureux cause une rupture, l'orifice vaginal est partiellement recouvert d'une membrane vascularisée appelée **hymen.** Les ouvertures distinctes du vagin et de l'urètre se trouvent dans une région appelée **vestibule.** Le vestibule est délimité par les **petites lèvres,** replis de peau mince, sans poils, qui sont protégés extérieurement par les **grandes lèvres,** d'autres replis, constitués quant à eux de peau épaisse et adipeuse et portant des poils. Situé à l'extrémité antérieure du vestibule, le **clitoris** est un corps caverneux court portant un gland arrondi recouvert d'une peau, le prépuce. Au cours de l'excitation sexuelle, le clitoris, le vagin et les petites lèvres se gorgent de sang et gonflent. Le clitoris est principalement constitué de tissus érectiles. Riche en terminaisons nerveuses, il représente l'un des points les plus sensibles à la stimulation sexuelle. Au cours de l'excitation sexuelle, les **glandes vestibulaires majeures,** situées près de l'ouverture du vagin, sécrètent du mucus dans le vestibule, pour le lubrifier et faciliter la pénétration.

Les **glandes mammaires** sont présentes chez les deux sexes, mais ne fonctionnent que chez la femme. Bien que ces structures ne fassent pas partie du système reproducteur en tant que tel, elles jouent un rôle important dans la reproduction, chez les Mammifères. Les glandes mammaires comportent de petites alvéoles de tissu épithélial qui sécrètent le lait. Le lait se déverse dans un réseau de conduits débouchant au niveau du mamelon. Chez les Mammifères qui n'allaitent pas, la masse de la glande mammaire se compose principalement de tissus adipeux. Chez le mâle, la petite quantité d'œstrogènes empêche à la fois le développement des structures lactifères et le dépôt de graisses, de sorte que les seins ne sont pas saillants et que le mamelon n'est pas relié aux conduits.

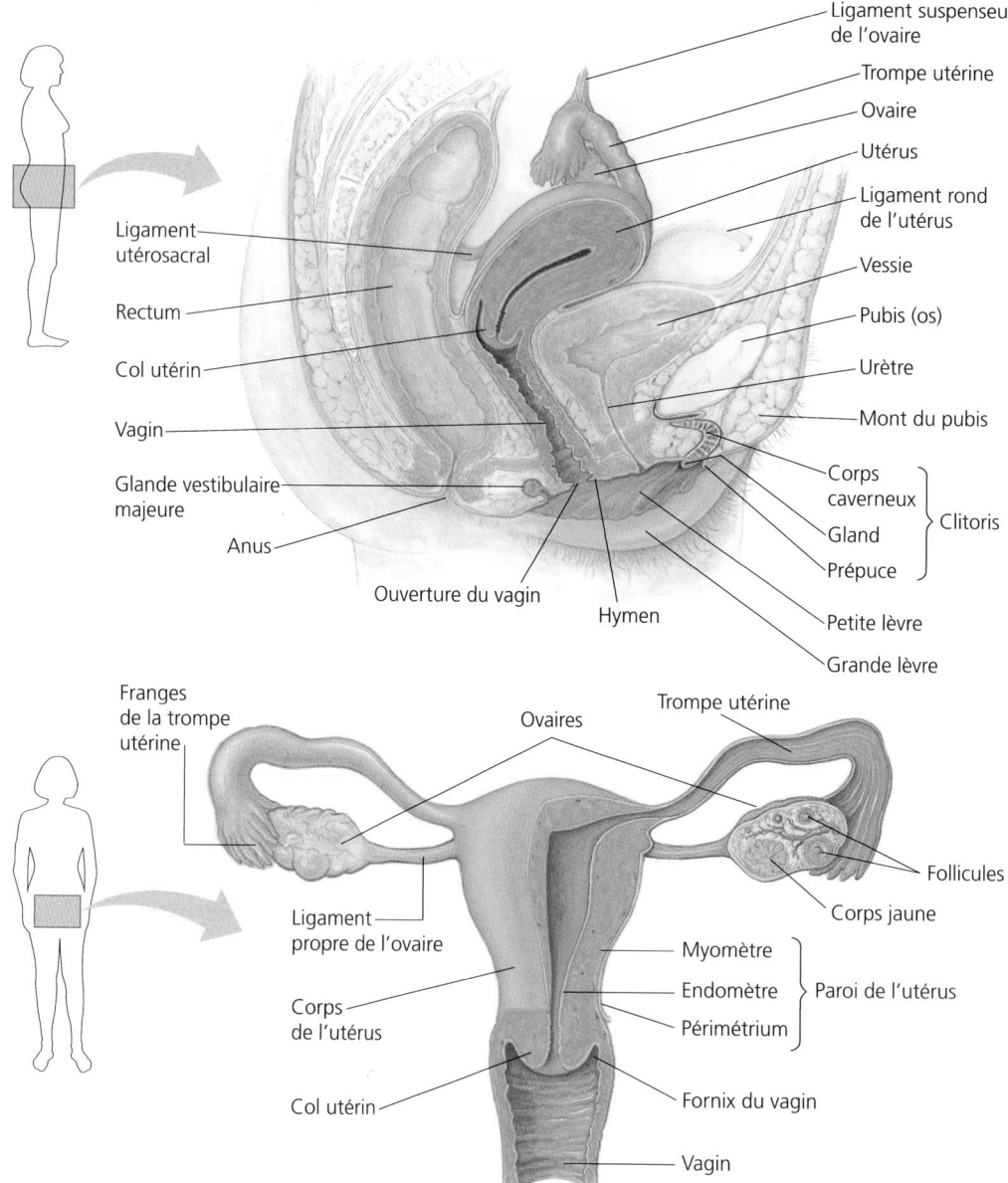

FIGURE 46.9 Anatomie du système reproducteur de la femme.

Réponse sexuelle chez l'Humain

De nombreux Vertébrés et Invertébrés présentent des comportements sexuels très élaborés et complexes (voir le chapitre 51). La sexualité humaine se caractérise par la diversité des stimulus et des réponses. Toutefois, ces variantes s'appuient sur un modèle physiologique commun.

On trouve deux types de réactions physiologiques chez l'un et l'autre sexes. Le premier type de réaction est la **vasocongestion,** qui est l'engorgement d'un tissu causé par un afflux de sang circulant dans ses artérioles. Le deuxième est la **myotonie,** qui est l'augmentation de la tension musculaire. Les muscles squelettiques et les muscles lisses peuvent effectuer des contractions continues ou rythmiques, notamment des contractions associées à l'orgasme.

On peut diviser la réponse sexuelle en quatre phases : l'excitation, le plateau, l'orgasme et la résolution. La phase d'excitation a une fonction importante consistant à préparer le vagin et le pénis en vue du **coït** (rapport sexuel). Pendant cette phase, la vasocongestion se manifeste surtout par l'érection du pénis et du clitoris, le gonflement des testicules, des petites lèvres et des grandes lèvres ainsi que des seins, et par la lubrification du vagin. Il peut également y avoir une myotonie provoquant l'érection des mamelons ou une tension dans les bras et les jambes.

La phase de plateau constitue le prolongement des réactions de la phase d'excitation. Chez la femme, il y a vasocongestion du tiers extérieur du vagin et dilatation légère des deux tiers intérieurs. S'accompagnant de l'élévation de l'utérus, ces changements produisent une dépression qui attire le sperme au fond du vagin. La respiration s'accélère et la fréquence cardiaque augmente (parfois jusqu'à 150 battements par minute). Il ne s'agit pas d'une réaction à l'effort physique que représente l'activité sexuelle, mais d'une réaction involontaire à la stimulation du système nerveux autonome (voir les FIGURES 48.17 et 48.18).

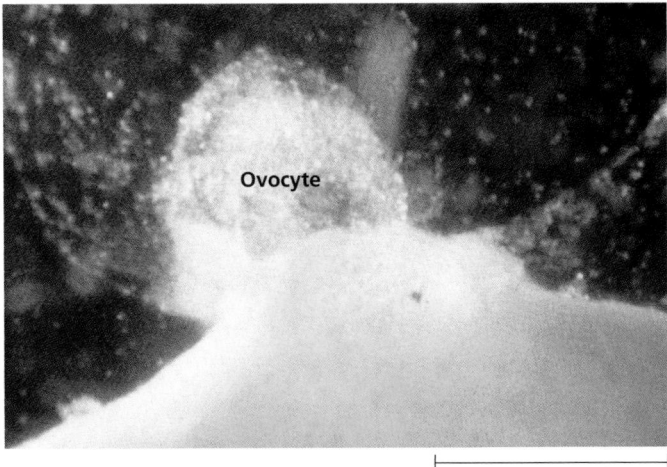

FIGURE 46.10 Ovulation. Un follicule expulse un ovocyte de deuxième ordre à la surface de l'ovaire. La masse orange située sous l'ovocyte expulsé est une partie de l'ovaire d'un mammifère.

80 µm (400 ×)

L'**orgasme** se manifeste chez les deux sexes par des contractions rythmiques et involontaires de certaines parties du système reproducteur. Pendant l'orgasme masculin, les contractions des glandes et des conduits du système reproducteur projettent d'abord le sperme dans l'urètre. Puis l'urètre se contracte à son tour et expulse le sperme à l'extérieur du corps. Pendant l'orgasme féminin, l'utérus et le tiers du vagin situé à proximité du vestibule, mais pas les deux tiers intérieurs du vagin, se contractent. Cette phase est la plus courte des phases de la réponse sexuelle. Elle ne dure habituellement que quelques secondes. Chez les deux sexes, les contractions se suivent à des intervalles d'environ 0,8 seconde et peuvent mettre à contribution le muscle sphincter externe de l'anus et plusieurs muscles abdominaux.

La phase de résolution termine le cycle et met un terme aux réactions des étapes précédentes. Les organes qui ont été le siège d'une vasocongestion retrouvent leur taille et leur couleur normales. Les muscles se relâchent. La plupart des modifications qui se produisent pendant la résolution prennent fin en moins de cinq minutes. Cependant, l'érection du pénis et du clitoris peut mettre plus de temps à disparaître. Le début de la perte d'érection, ou détumescence, se fait rapidement chez les deux sexes. Mais le retour des organes à l'état de flaccidité peut prendre jusqu'à une heure.

La spermatogenèse et l'ovogenèse se réalisent toutes deux grâce à la méiose, mais diffèrent sous trois aspects

La **spermatogenèse,** c'est-à-dire la formation de spermatozoïdes mûrs par le mâle adulte, est un processus continu et très productif. Chaque éjaculation de l'homme libère de 100 à 650 millions de spermatozoïdes, et le même individu peut éjaculer tous les jours sans réduction notable de sa fécondité.

La spermatogenèse se déroule dans les tubules séminifères contournés des testicules. La FIGURE 46.11, à la page 1076, décrit le processus en détail. Les cellules germinales primordiales (cellules souches) des testicules de l'embryon se différencient en

spermatogonies, cellules diploïdes qui donnent naissance aux spermatozoïdes après avoir subi la méiose. Les spermatogonies, cellules sexuelles immatures, se trouvent à la périphérie de chaque tubule séminifère contourné. Au cours de la méiose qu'elles subissent, elles se différencient, donnant naissance à de nouvelles cellules qui se déplacent à chaque étape vers la lumière du tubule séminifère contourné. Les quatre cellules issues de la méiose deviennent des spermatozoïdes matures.

Il y a une corrélation évidente entre la structure d'un spermatozoïde et sa fonction (FIGURE 46.12, p. 1077). Chez la plupart des espèces, la tête d'un spermatozoïde renferme le noyau haploïde recouvert d'une structure spécifique, l'**acrosome.** L'acrosome contient les enzymes qui permettent au spermatozoïde de pénétrer dans l'ovocyte. Derrière la tête se trouvent de nombreuses mitochondries (ou une seule mitochondrie volumineuse chez certaines espèces) qui fournissent l'ATP nécessaire au mouvement du flagelle. La morphologie des spermatozoïdes des Mammifères varie beaucoup d'une espèce à l'autre. La tête peut ainsi avoir la forme d'une virgule étroite, le contour ovale du spermatozoïde humain ou la forme presque parfaite d'une sphère.

L'**ovogenèse** est la formation d'ovocytes et a lieu dans les ovaires. La FIGURE 46.13, à la page 1077, illustre ce processus. Les cellules germinales primordiales (cellules souches) des ovaires de l'embryon se différencient en **ovogonies.** Ces dernières, qui sont des cellules diploïdes, se multiplient d'abord par mitose, puis donnent naissance aux **ovocytes de premier ordre** lors de la prophase de la méiose I. Puis la méiose s'interrompt. Les ovocytes de premier ordre restent alors en dormance dans les follicules primaires jusqu'à la puberté, où les hormones viennent les activer. À la puberté, l'hormone folliculostimulante (FSH) déclenche périodiquement la croissance d'un follicule primaire et pousse l'ovocyte de premier ordre qui s'y trouve à terminer la méiose I et à commencer la méiose II. La méiose s'interrompt encore, cette fois à la métaphase. L'**ovocyte de deuxième ordre** qui est libéré pendant l'ovulation n'achève pas immédiatement la méiose II. Chez l'Humain, c'est la pénétration du spermatozoïde dans l'ovocyte de deuxième ordre qui provoque la reprise de la méiose. Ce n'est qu'à ce moment-là que l'ovogenèse se termine et que l'ovocyte devient ovule. En toute logique, nous devrions donc parler d'*ovocytation* plutôt que d'*ovulation*. Mais ce terme n'est pas encore entré dans l'usage.

L'ovogenèse diffère de la spermatogenèse par trois aspects importants. En premier lieu, pendant les divisions méiotiques de l'ovogenèse, la cytocinèse est inégale, de sorte que presque tout le cytoplasme se retrouve dans une seule des cellules filles, l'ovocyte de deuxième ordre. Cette grosse cellule pourra devenir un ovule, alors que les trois cellules plus petites, appelées globules polaires, vont dégénérer. Par comparaison, au cours de la spermatogenèse, les quatre cellules issues de la méiose deviennent des spermatozoïdes matures (comparez les FIGURES 46.11 et 46.13). En deuxième lieu, les spermatogonies continuent leur division par mitose tout au long des années de fertilité de l'homme. Or ce n'est pas le cas chez la femme. Dès la naissance, l'ovaire contient déjà tous ses ovocytes de premier ordre. En troisième lieu, avant d'arriver à son terme, l'ovogenèse traverse de longues périodes de dormance. La spermatogenèse, au contraire, consiste en une production ininterrompue de spermatozoïdes matures à partir de spermatogonies, et ce, jusqu'à un âge très avancé généralement.

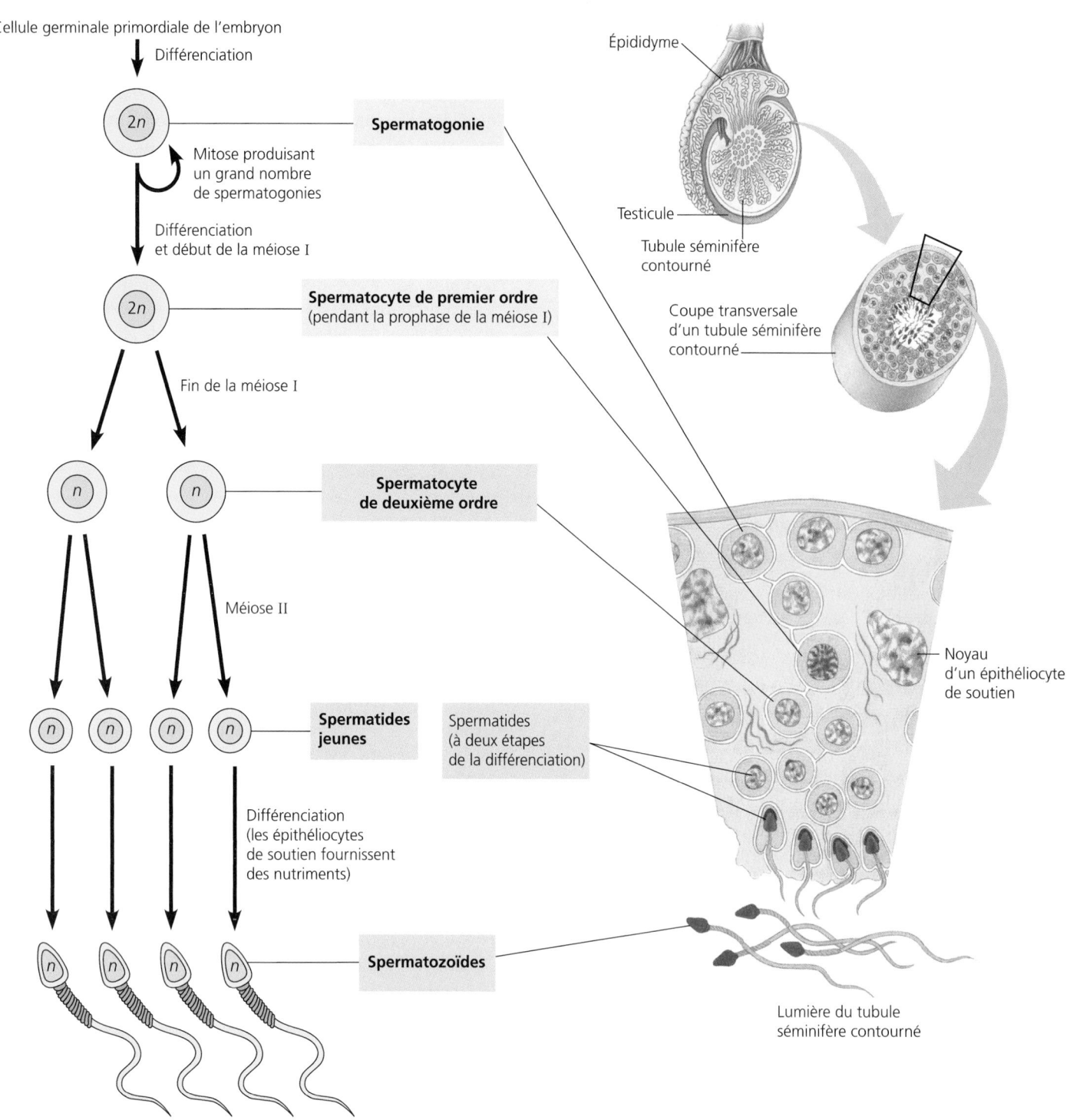

FIGURE 46.11 Spermatogenèse. Ces diagrammes mettent en correspondance les étapes de la méiose au cours de la formation des spermatozoïdes (à gauche) et l'histologie des tubules séminifères contournés (à droite). Les cellules germinales primordiales (cellules souches) des testicules de l'embryon se différencient en spermatogonies, cellules qui sont les précurseurs des spermatozoïdes. Au fur et à mesure que les spermatogonies se différencient en spermatocytes et en spermatides, la méiose réduit le double assortiment de chromosomes homologues ($2n = 46$ chez l'Humain) en un assortiment simple ($n = 23$); on dit que la cellule reproductrice passe du stade diploïde au stade haploïde (voir le chapitre 13). À chaque étape de la méiose, les cellules sexuelles se rapprochent de la lumière du tubule séminifère contourné. Une fois dans le tubule, les spermatozoïdes matures migrent vers l'épididyme, dans lequel ils deviennent mobiles. Ce processus de différenciation de la spermatogonie en spermatozoïde mobile dure de 65 à 75 jours chez l'homme. Environ 3 millions de spermatogonies entrent en méiose chaque jour.

FIGURE 46.12 Structure d'un spermatozoïde humain.

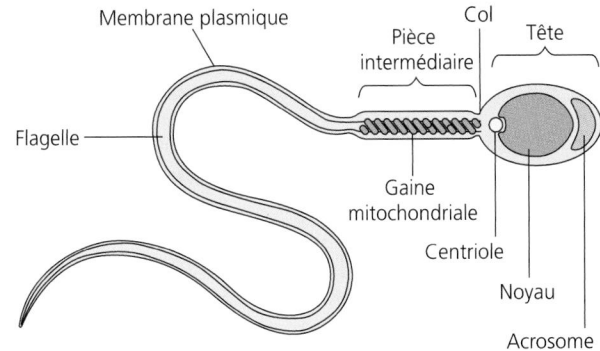

Une interaction complexe des hormones régule la reproduction

Régulation hormonale chez le mâle

Chez le mâle, les androgènes sont les principales hormones sexuelles, la plus importante étant la testostérone. Les androgènes, hormones stéroïdes principalement produites par les cellules interstitielles des testicules, déterminent directement les caractères sexuels primaires et secondaires masculins. Les caractères sexuels primaires sont liés au système reproducteur. Ce sont la formation des organes génitaux externes, des conduits déférents et d'autres conduits, et la production de spermatozoïdes. Les caractères sexuels secondaires n'ont pas de lien direct avec le système reproducteur. Ce sont le ton grave de la voix, la répartition particulière de la pilosité sur le visage et la région pubienne,

FIGURE 46.13 Ovogenèse.

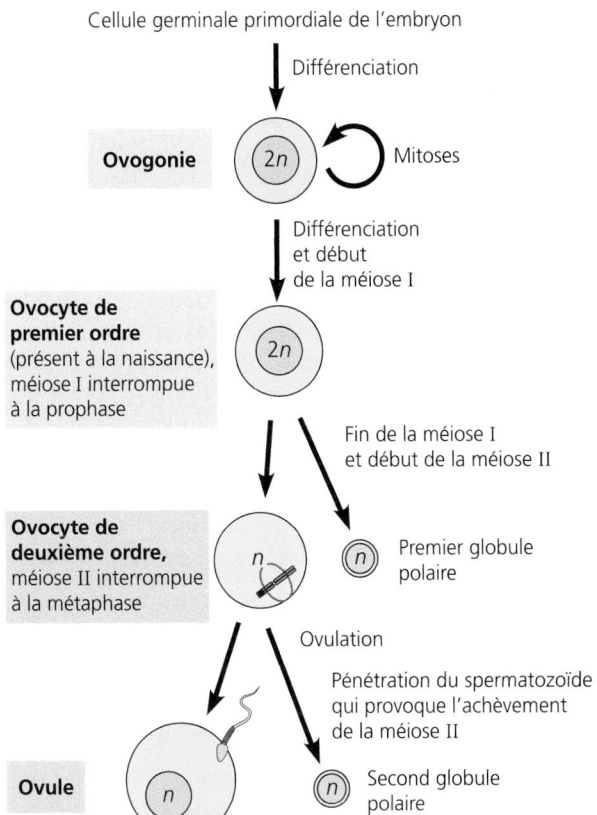

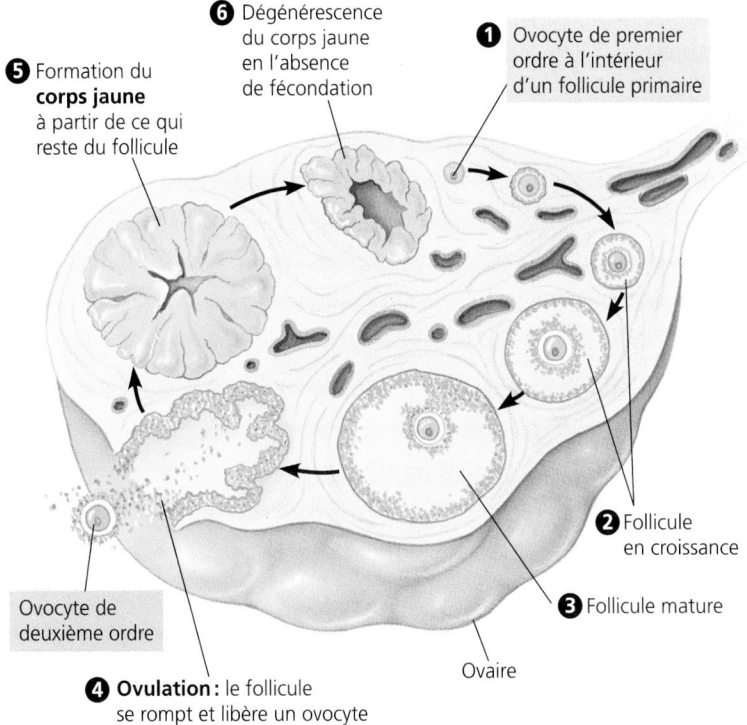

(a) La production d'ovocytes commence par la différenciation des cellules germinales primordiales de l'embryon en ovogonies, lesquelles deviennent les ovocytes de premier ordre. À la naissance, les ovaires contiennent tous les ovocytes qu'ils libéreront tout au long de la vie de la femme. La méiose I de chaque ovocyte de premier ordre s'interrompt à l'étape de la prophase. À partir de la puberté, chaque mois, un seul ovocyte de premier ordre termine sa méiose I et devient un ovocyte de deuxième ordre. Au cours des divisions méiotiques, la cytocinèse est inégale et donne, en plus de la grosse cellule qu'est l'ovocyte de deuxième ordre, une minuscule cellule appelée globule polaire (le premier globule polaire peut encore se diviser). L'ovocyte de deuxième ordre termine sa méiose II seulement si un spermatozoïde le pénètre. Après la méiose II, les noyaux haploïdes du spermatozoïde et de l'ovule fusionnent (fécondation).

(b) Cette coupe frontale d'un ovaire montre les étapes du développement d'un follicule ovarien dans lequel se déroule l'ovogenèse. Sous l'influence de l'hormone folliculostimulante, plusieurs follicules commencent à se développer, mais un seul arrive généralement à maturité. Cette figure représente schématiquement, sous forme de cycle, les étapes de ce développement. Mais en réalité, ces étapes se produisent à différents moments et n'ont jamais lieu simultanément dans l'ovaire. De plus, un follicule reste toujours au même endroit au cours de son développement.

et la croissance des muscles (les androgènes stimulent la synthèse protéique). Les androgènes exercent également une forte influence sur le comportement des Mammifères et des autres Vertébrés. Outre qu'ils favorisent certains comportements sexuels et la libido, ils augmentent le niveau général d'agressivité ou déclenchent des phénomènes tels que le chant chez les Oiseaux et le coassement chez les Grenouilles. Les hormones libérées par l'adénohypophyse et l'hypothalamus régissent la sécrétion d'androgènes et la production de spermatozoïdes dans les testicules (FIGURE 46.14).

Régulation hormonale chez la femelle

Chez la femelle, le mécanisme de sécrétion hormonale déterminant les fonctions reproductives est cyclique. Il diffère grandement de celui du mâle. Tandis que le mâle produit continuellement des spermatozoïdes, la femelle ne libère le plus souvent qu'un seul ou quelques ovocytes à un moment donné de chaque cycle. La régulation du cycle s'effectue de manière complexe chez la femelle.

Il existe deux types de cycles chez les Mammifères femelles. Les femelles de nombreux Primates, notamment des Humains, ont un **cycle menstruel.** Celles des autres Mammifères ont un **cycle œstral.** Dans les deux cas, l'ovulation se produit quand l'endomètre a commencé à s'épaissir et est plus vascularisé, phénomène qui prépare l'utérus à l'implantation éventuelle d'un embryon. L'une des principales différences entre les deux types de cycles réside dans la destinée de la muqueuse utérine en l'absence de grossesse. Dans le cycle menstruel, la couche fonctionnelle de l'endomètre se détache de l'utérus et sort par le col utérin et le vagin, ce qui produit un saignement appelé **menstruation.** Dans le cycle œstral, la couche fonctionnelle de l'endomètre est réabsorbée par l'utérus ; il n'y a pas de saignement.

Une autre grande différence entre les deux cycles réside dans le fait que dans le cycle œstral, le comportement varie plus que

dans le cycle menstruel et les effets de la saison et du climat sont plus marqués. Si la femme peut se montrer réceptive à l'activité sexuelle tout au long de son cycle, il n'en est pas de même de la femelle de la plupart des Mammifères. La plupart des Mammifères ne s'accouplent qu'au moment de l'ovulation, période d'activité sexuelle appelée **œstrus** (mot latin signifiant « frénésie », « passion »), qui est le seul moment où le vagin permet l'accouplement. L'œstrus porte également le nom de « chaleurs », parce que la température corporelle augmente alors légèrement. La longueur et la fréquence des cycles reproducteurs varient beaucoup selon les espèces de Mammifères. Le cycle menstruel humain dure en moyenne 28 jours (il peut toutefois varier de 20 à 40 jours). Le Rat a un cycle œstral de cinq jours seulement. Les Ours et les Orignaux ont un cycle par année. Mais les Éléphants en ont plusieurs.

Examinons plus en détail le cycle menstruel de la femme, ce qui nous permettra d'étudier la façon dont les hormones régulent une fonction complexe. L'expression *cycle menstruel* désigne les modifications qui surviennent dans l'utérus (FIGURE 46.15). Par convention, le premier jour de la menstruation est le premier jour du cycle. La **phase menstruelle** du cycle, au cours de laquelle les saignements se produisent (perte de la couche fonctionnelle de l'endomètre), dure habituellement quelques jours (FIGURE 46.15d). Puis, la fine couche basale de l'endomètre commence à régénérer la couche fonctionnelle, qui s'épaissit durant une ou deux semaines. C'est la **phase de croissance accélérée de l'endomètre,** du cycle menstruel. Enfin, durant la dernière phase du cycle, la **phase sécrétoire,** qui dure environ deux semaines, la couche fonctionnelle de l'endomètre continue de s'épaissir et devient plus vascularisée, et les glandes qu'elle contient se développent et sécrètent un liquide riche en glycogène. Si aucun embryon ne s'est implanté dans l'endomètre à la fin de cette phase, un nouvel écoulement menstruel se déclenche, marquant ainsi le premier jour d'un nouveau cycle.

FIGURE 46.14 Régulation hormonale de l'activité dans les testicules. L'adénohypophyse sécrète deux hormones gonadotrophiques qui agissent différemment sur les testicules : l'hormone lutéinisante (LH) et l'hormone folliculostimulante (FSH). Ces deux hormones sont elles-mêmes sous le contrôle d'une hormone hypothalamique, la gonadolibérine (GnRH ou LHRH). L'hormone folliculostimulante agit sur la spermatogenèse en faisant sécréter par les épithéliocytes de soutien des tubules séminifères contournés de l'ABP (*androgen-binding protein,* protéine fixatrice d'androgènes, non illustré). Celle-ci aide à fixer la testostérone (androgène), qui elle-même déclenche la spermatogenèse. Les androgènes et l'inhibine exercent une rétro-inhibition sur les concentrations sanguines de LH, de FSH et de GnRH. L'inhibine est une hormone protéique qui est synthétisée et libérée par les épithéliocytes de soutien lorsque la densité de population des spermatozoïdes dépasse une certaine valeur. De plus, la GnRH subit aussi une rétro-inhibition de la part de la LH et de la FSH (non illustré). Chez l'homme, ces mécanismes de rétroaction assurent la constance relative de la concentration de ces hormones. Mais, chez de nombreuses autres espèces de Mammifères, les concentrations hormonales suivent un cycle annuel.

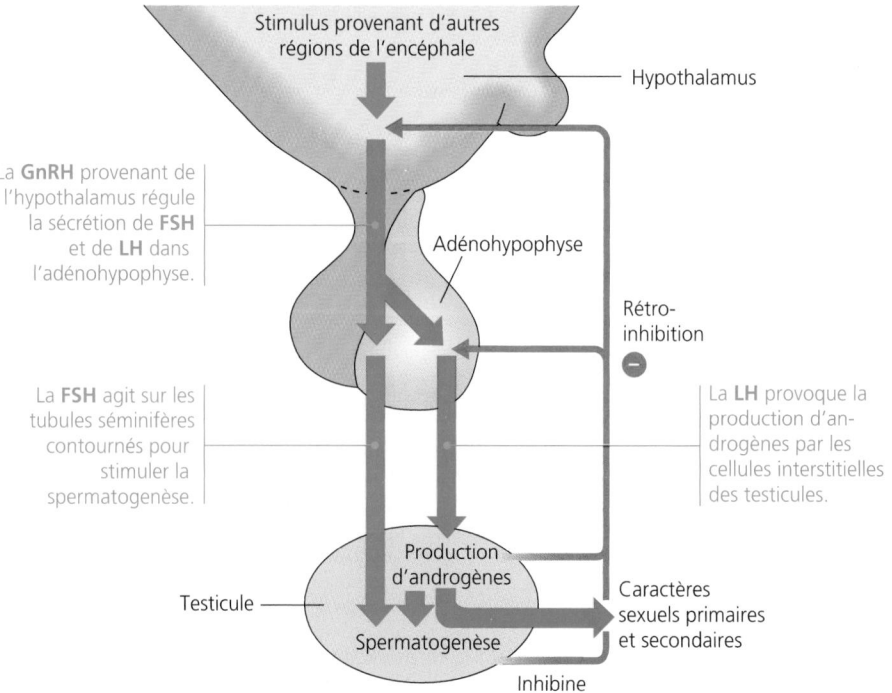

Stimulus provenant d'autres régions de l'encéphale

Hypothalamus

La **GnRH** provenant de l'hypothalamus régule la sécrétion de **FSH** et de **LH** dans l'adénohypophyse.

Adénohypophyse

Rétro-inhibition

La **FSH** agit sur les tubules séminifères contournés pour stimuler la spermatogenèse.

La **LH** provoque la production d'androgènes par les cellules interstitielles des testicules.

Testicule

Production d'androgènes

Spermatogenèse

Caractères sexuels primaires et secondaires

Inhibine

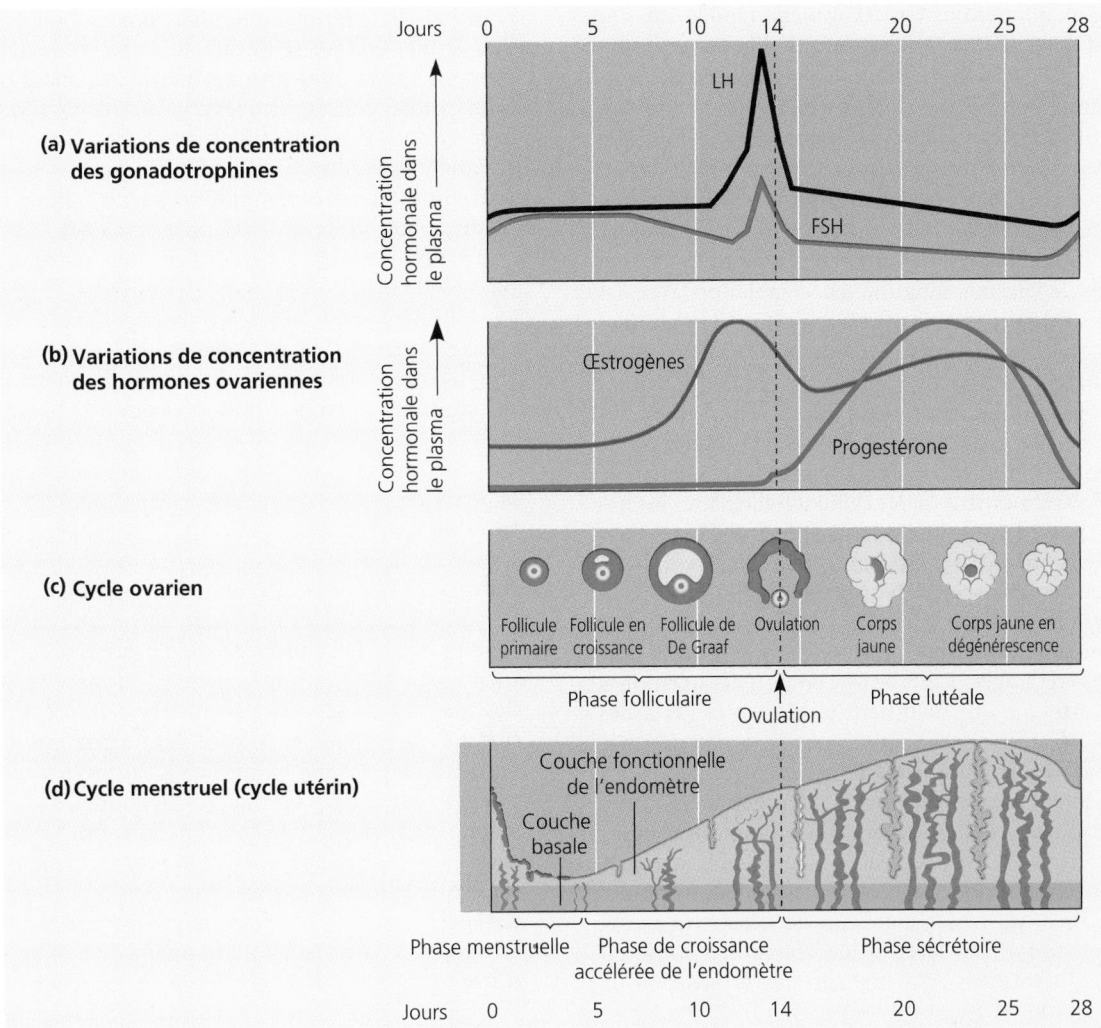

Jours 0   5   10   14   20   25   28

(a) Variations de concentration des gonadotrophines

Concentration hormonale dans le plasma

LH

FSH

(b) Variations de concentration des hormones ovariennes

Concentration hormonale dans le plasma

Œstrogènes

Progestérone

(c) Cycle ovarien

Follicule primaire Follicule en croissance Follicule de De Graaf Ovulation Corps jaune Corps jaune en dégénérescence

Phase folliculaire   Ovulation   Phase lutéale

(d) Cycle menstruel (cycle utérin)

Couche fonctionnelle de l'endomètre

Couche basale

Phase menstruelle   Phase de croissance accélérée de l'endomètre   Phase sécrétoire

Jours 0   5   10   14   20   25   28

FIGURE 46.15 Cycle reproducteur de la femme. Les hormones assurent la coordination des cycles ovarien et menstruel et préparent la muqueuse utérine (l'endomètre) en vue de l'implantation de l'embryon, et ce, avant même l'ovulation. **(a)** Variations de concentration de l'hormone lutéinisante (LH) et de l'hormone folliculostimulante (FSH). **(b)** Variations de concentration des œstrogènes et de la progestérone. **(c)** Le cycle ovarien comporte une phase folliculaire, pendant laquelle les follicules se développent et sécrètent des quantités croissantes d'œstrogènes, une phase ovulatoire et une phase lutéale, pendant laquelle le corps jaune sécrète des œstrogènes et de la progestérone. La durée de la phase folliculaire varie. La phase lutéale dure habituellement de 13 à 15 jours. **(d)** Le cycle menstruel comporte la phase menstruelle, la phase de croissance accélérée de l'endomètre et la phase sécrétoire. La menstruation, c'est-à-dire la dégénérescence de la couche fonctionnelle de l'endomètre, se produit pendant la phase menstruelle. Le premier jour du saignement marque le premier jour du cycle menstruel. Pendant la phase de croissance accélérée de l'endomètre, les œstrogènes provenant du follicule en développement provoquent l'épaississement et la vascularisation de la couche fonctionnelle de l'endomètre. Pendant la phase sécrétoire, la couche fonctionnelle de l'endomètre continue de s'épaissir, ses artérioles grossissent et les glandes qu'elle contient se développent. Ces modifications de l'endomètre se produisent sous l'influence des œstrogènes et des progestines (dont la progestérone) sécrétés par le corps jaune après l'ovulation. La phase sécrétoire du cycle menstruel a donc lieu en même temps que la phase lutéale du cycle ovarien. La dégénérescence du corps jaune à la fin de la phase lutéale provoque une brusque diminution de la quantité d'œstrogènes et de progestérone. La couche fonctionnelle de l'endomètre, qui avait besoin de ces hormones, se désagrège donc. Dans le cas d'une grossesse, d'autres mécanismes maintiennent les concentrations d'œstrogènes et de progestérone élevées et empêchent la dégénérescence de la couche fonctionnelle de l'endomètre.

Parallèlement au cycle menstruel se déroule le **cycle ovarien** (FIGURE 46.15c). Celui-ci débute par la **phase folliculaire,** pendant laquelle plusieurs follicules de l'ovaire commencent à croître. L'ovocyte contenu dans chacun d'eux grossit alors, et le revêtement que forment les cellules folliculaires épaissit. Habituellement, un seul des follicules qui ont commencé à croître continue de grossir et arrive à maturité. Les autres dégénèrent. Le follicule en cours de maturation est une cavité interne pleine de liquide qui devient si grosse qu'elle finit par former une protubérance à la surface de l'ovaire. La phase folliculaire se termine par l'ovulation, quand le follicule et la paroi adjacente de l'ovaire se rompent pour libérer l'ovocyte. Après l'ovulation, le tissu folliculaire restant dans l'ovaire se transforme en corps jaune. Les cellules endocrines qu'il contient sécrètent des hormones stéroïdes pendant la **phase lutéale** du cycle ovarien. Le cycle suivant commence avec la croissance de nouveaux follicules.

Les hormones assurent la régulation des cycles menstruel et ovarien de façon à synchroniser la croissance du follicule et l'ovulation avec la préparation de l'endomètre en vue de l'implantation éventuelle d'un embryon. Cinq hormones participent à la régulation de ces cycles par des mécanismes de rétroaction.

Il s'agit de la gonadolibérine (GnRH, *gonadotropine-releasing hormone*), produite par l'hypothalamus ; de l'hormone folliculostimulante (FSH, *follicle-stimulating hormone*) et de l'hormone lutéinisante (LH, *luteinizing hormone*), qui sont les deux gonadotrophines sécrétées par l'adénohypophyse ; et des œstrogènes (famille d'hormones étroitement apparentées) et des progestines, dont la **progestérone,** qui sont les hormones sexuelles élaborées par l'ovaire. La FIGURE 46.15a et b montre les concentrations relatives d'hormones adénohypophysaires et ovariennes dans le plasma sanguin, en corrélation avec les phases des cycles ovarien et menstruel. Pour bien comprendre les explications qui suivent sur la régulation du système reproducteur féminin, reportez-vous régulièrement à cette figure.

Pendant la phase folliculaire du cycle ovarien, l'adénohypophyse sécrète de faibles quantités de FSH et de LH en réponse à la faible stimulation exercée par la GnRH provenant de l'hypothalamus. À ce moment-là, les cellules folliculaires immatures de l'ovaire possèdent des récepteurs pour la FSH, mais pas pour la LH. La FSH provoque la croissance des follicules, dont les cellules sécrètent des œstrogènes. Notez, dans la FIGURE 46.15b, la lente augmentation de la quantité d'œstrogènes sécrétés durant la majeure partie de la phase folliculaire. Cette faible augmentation des œstrogènes inhibe la sécrétion des hormones adénohypophysaires, ce qui maintient la FSH et la LH à des concentrations relativement faibles pendant la majeure partie de la phase folliculaire. Puis le follicule en croissance sécrète brusquement beaucoup plus d'œstrogènes, ce qui a pour effet de modifier brutalement et de façon radicale les proportions des différentes hormones. Alors qu'une faible augmentation des œstrogènes inhibe la sécrétion des gonadotrophines adénohypophysaires, une forte concentration d'œstrogènes a l'effet inverse et *stimule* la sécrétion de gonadotrophines en agissant sur l'hypothalamus, qui intensifie sa production de GnRH. Dans la FIGURE 46.15a, on peut constater que les concentrations de FSH et de LH accusent une forte croissance peu de temps après l'augmentation de la concentration d'œstrogènes. L'effet est d'ailleurs plus accentué dans le cas de la LH. Cela s'explique par le fait que la forte concentration d'œstrogènes, outre qu'elle stimule la sécrétion de GnRH, provoque une sensibilisation accrue des mécanismes adénohypophysaires de libération de LH au médiateur hypothalamique (GnRH). Les follicules ont maintenant des récepteurs pour la LH et peuvent réagir à la présence de cette hormone. Comme le follicule en croissance sécrète une quantité croissante d'œstrogènes, la concentration de LH augmente, ce qui provoque la maturation finale du follicule (follicule de De Graaf). Il s'agit ici d'un phénomène de rétroactivation. L'ovulation a lieu environ un jour après l'augmentation brusque de la LH.

Après l'ovulation, la LH déclenche la transformation des tissus folliculaires qui sont restés dans l'ovaire. Ces tissus deviennent le corps jaune, qui est une structure glandulaire (l'hormone lutéinisante doit son nom à sa fonction dans le développement du *corpus luteum,* ou corps jaune). Sous l'effet de la LH, qui exerce une stimulation continue pendant la phase lutéale du cycle ovarien, le corps jaune sécrète des œstrogènes et d'autres hormones stéroïdes, les progestines, dont la plus importante est la progestérone. Le corps jaune termine habituellement son développement de huit à dix jours après l'ovulation. Au fur et à mesure que leurs concentrations augmentent, la progestérone et les œstrogènes combinent leurs actions pour exercer une rétro-inhibition sur l'hypothalamus et l'adénohy-

pophyse. Cette rétroaction inhibe la sécrétion de LH et de FSH. Vers la fin de la phase lutéale, le corps jaune dégénère (probablement à cause des prostaglandines sécrétées par ses propres cellules). Par conséquent, les concentrations d'œstrogènes et de progestérone diminuent fortement. Cela libère l'hypothalamus et l'adénohypophyse de l'inhibition exercée par ces hormones ovariennes. L'adénohypophyse se met alors à sécréter une quantité suffisante de FSH pour déclencher la croissance de nouveaux follicules dans l'ovaire. Cela marque le début de la phase folliculaire du cycle ovarien suivant.

Comment se fait la synchronisation entre le cycle ovarien et le cycle menstruel ? Les œstrogènes, sécrétés en quantités de plus en plus importantes par les follicules en croissance, constituent un stimulus hormonal qui provoque l'épaississement de la couche fonctionnelle de l'endomètre. Il y a donc bien un lien, une coordination, entre la phase folliculaire du cycle ovarien et la phase de croissance accélérée de l'endomètre du cycle menstruel. *Avant* même l'ovulation, l'utérus est déjà préparé à la présence éventuelle d'un embryon. *Après* l'ovulation, les œstrogènes et la progestérone sécrétés par le corps jaune stimulent la suite du développement et le maintien de la couche fonctionnelle de l'endomètre. Ce processus inclut le grossissement des artérioles qui irriguent l'endomètre et la croissance des glandes de la couche fonctionnelle de l'endomètre qui sécrètent un liquide contenant des nutriments. Ces nutriments permettent au jeune embryon de survivre avant son implantation effective dans la couche fonctionnelle de l'endomètre. Il y a donc bien un lien, une coordination, entre la phase lutéale du cycle ovarien et la phase sécrétoire du cycle menstruel. La chute rapide de la concentration d'hormones ovariennes pendant la dégénérescence du corps jaune provoque des spasmes dans les artérioles de la couche fonctionnelle de l'endomètre, qui cesse d'être irriguée. La dégénérescence de la couche fonctionnelle de l'endomètre provoque la menstruation et marque le début d'un nouveau cycle menstruel. Entre-temps, les follicules ovariens qui provoqueront un nouvel épaississement de l'endomètre ont juste commencé à croître. À chaque cycle, la maturation de l'ovocyte dans l'ovaire et sa libération sont synchrones avec les modifications de l'utérus, l'organe qui abrite l'embryon s'il y a fécondation. En l'absence de grossesse, un nouveau cycle commence. Nous verrons bientôt que certains mécanismes empêchent la dégénérescence de la couche fonctionnelle de l'endomètre en cas de grossesse.

Outre leur rôle dans la coordination des cycles reproducteurs, les œstrogènes sont à l'origine des caractères sexuels secondaires féminins. Ces hormones provoquent le dépôt de graisses dans les seins et les hanches, augmentent la rétention d'eau, influent sur le métabolisme du calcium, stimulent le développement des glandes mammaires et déterminent le comportement sexuel féminin.

Ménopause. En moyenne, les femmes atteignent la ménopause, période où l'ovulation et les menstruations s'arrêtent, entre 46 et 54 ans. Il semble que les ovaires perdent alors la capacité de répondre aux gonadotrophines (FSH et LH) provenant de l'adénohypophyse. Ils produisent de moins en moins d'œstrogènes, ce qui conduit à la ménopause. La ménopause est un phénomène exceptionnel. En effet, chez la plupart des espèces, les femelles et les mâles conservent toute leur vie la capacité de se reproduire. L'évolution explique-t-elle ce phénomène ? Pourquoi la sélection naturelle a-t-elle favorisé les femmes qui cessaient de se reproduire bien avant la fin de leur vie? Une hypothèse intéressante (et fortement controversée) avance qu'au début de l'humanité, l'apparition de la ménopause après la naissance de quelques enfants permettait aux femmes de garder une meilleure forme physique. L'incapacité de se reproduire leur aurait permis de bien prendre soin de leurs enfants et de leurs petits-enfants. Cela aurait ainsi favorisé la survie des individus portant leurs gènes.

Le développement embryonnaire et fœtal se fait durant la gestation chez l'Humain et les autres Mammifères placentaires

De la conception à la naissance

Chez les Mammifères placentaires, la **gestation** (grossesse chez l'Humain) est le fait de porter dans l'utérus un ou plusieurs **embryons,** c'est-à-dire des individus en développement. Cela commence après la **conception,** c'est-à-dire la fécondation de l'ovule par un spermatozoïde, et se poursuit jusqu'à la naissance du ou des bébés. Chez l'Humain, la grossesse dure en moyenne 266 jours (38 semaines) à partir de la conception, ou 40 semaines à partir du début du dernier cycle menstruel. Chez les autres espèces, la période de gestation varie en fonction de la taille de l'animal et du développement du jeune à la naissance. Chez de nombreux Rongeurs (Souris et Rats), elle est d'environ 21 jours. Chez les Chiens, elle s'étend sur près de 60 jours. Chez les Bovins, elle dure en moyenne 270 jours (presque comme chez l'Humain). Enfin, elle est de 420 jours chez les Girafes et de plus de 600 jours chez les Éléphants.

Pour simplifier, on peut diviser la gestation humaine en trois périodes d'environ trois mois chacune: les **trimestres.** Les changements les plus importants tant pour la mère que pour l'enfant à naître se produisent pendant le premier trimestre. La fécondation a lieu dans la trompe utérine (FIGURE 46.16). Vingt-quatre heures plus tard environ, le zygote commence à se diviser. Ce processus que l'on appelle **segmentation** se poursuit, et l'embryon est une boule de cellules lorsqu'il atteint l'utérus, trois ou quatre jours après la fécondation. Une semaine après la fécondation environ, la segmentation a produit le **blastocyste,**

sphère de cellules creusée d'une cavité remplie de liquide, le blastocœle. L'un des pôles du blastocyste contient un amas de cellules, l'embryoblaste, qui donnera l'embryon. Les cellules périphériques du blastocyste donneront quant à elles une partie du placenta et des membranes extra-embryonnaires. Au cours d'un processus d'environ cinq jours, le blastocyste va s'implanter dans l'endomètre. La différenciation des structures corporelles commence alors véritablement. (Nous décrirons en détail le développement embryonnaire au chapitre 47.) Lors de cette implantation (ou nidation), le blastocyste s'enfonce dans la couche fonctionnelle de l'endomètre, qui réagit en le recouvrant. Ainsi, pendant les deux à quatre premières semaines de son développement, l'embryon obtient ses nutriments directement de l'endomètre. Entre-temps, des tissus sortent de l'embryon en formation et se mêlent à la couche fonctionnelle de l'endomètre pour former le **placenta.** Cet organe en forme de disque qui contient des vaisseaux sanguins embryonnaires et maternels grossit jusqu'à atteindre la taille d'une assiette et jusqu'à peser un peu moins de 1 kg. La diffusion de matières entre les systèmes cardiovasculaires maternel et embryonnaire permet l'échange de gaz respiratoires et le transfert de nutriments, ainsi que l'évacuation des déchets produits par l'embryon. Le sang provenant de l'embryon arrive au placenta en passant par des artères du cordon ombilical, et en repart par la veine ombilicale, en passant par le foie embryonnaire (FIGURE 46.17, p. 1082).

Le premier trimestre est également la principale période où s'effectue l'**organogenèse,** c'est-à-dire la formation des organes (FIGURE 46.18, p. 1082). Le cœur commence à battre dès la quatrième semaine, et on peut l'entendre au stéthoscope à la fin du premier trimestre. À huit semaines, l'embryon, désormais appelé **fœtus,** possède les principales structures de l'adulte sous forme rudimentaire. À la fin du troisième mois, le fœtus déjà bien différencié ne mesure toutefois que 5 cm. Comme l'embryon est le siège d'une organogenèse rapide pendant le premier trimestre, c'est à ce moment-là qu'il est le plus vulnérable à certaines menaces, telles que les radiations et les médicaments, qui peuvent provoquer des malformations.

Durant le premier trimestre, la mère subit également des changements rapides. L'embryon sécrète des hormones qui signalent sa présence et exercent une régulation sur le système reproducteur de la mère. L'une des hormones embryonnaires,

FIGURE 46.16 Formation du zygote et événements qui suivent la fécondation.

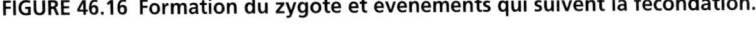

❸ Segmentation. La division cellulaire commence dans la trompe utérine quand l'embryon est entraîné vers l'utérus par des mouvements péristaltiques et par les mouvements des cils.

❷ Fécondation. La pénétration d'un spermatozoïde entraîne l'achèvement de la méiose de l'ovocyte, qui devient un ovule. La fécondation a lieu quand le noyau de l'ovule et celui du spermatozoïde fusionnent pour former un zygote.

❹ Poursuite de la segmentation. Le temps que l'embryon atteigne l'utérus, la segmentation l'a transformé en une boule de cellules. Il flotte dans l'utérus pendant plusieurs jours, nourri par les sécrétions de la couche fonctionnelle de l'endomètre.

❺ Implantation du blastocyste. Le blastocyste s'implante dans la couche fonctionnelle de l'endomètre environ sept jours après la fécondation.

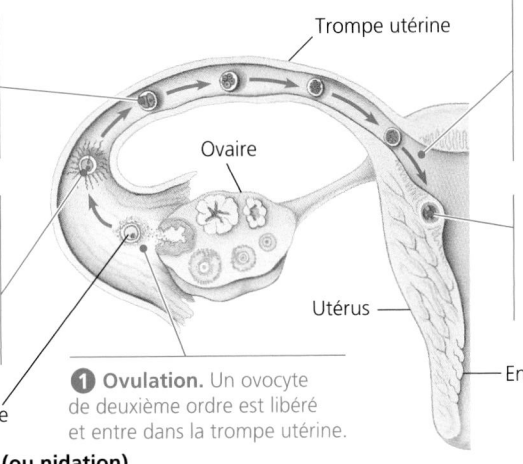

Trompe utérine

Ovaire

Utérus

Endomètre

❶ Ovulation. Un ovocyte de deuxième ordre est libéré et entre dans la trompe utérine.

Ovocyte de deuxième ordre

De l'ovulation à l'implantation (ou nidation)

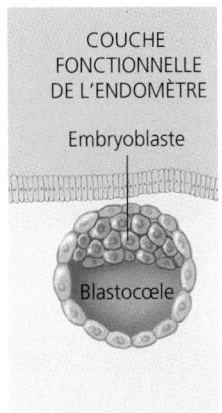

COUCHE FONCTIONNELLE DE L'ENDOMÈTRE

Embryoblaste

Blastocœle

Blastocyste

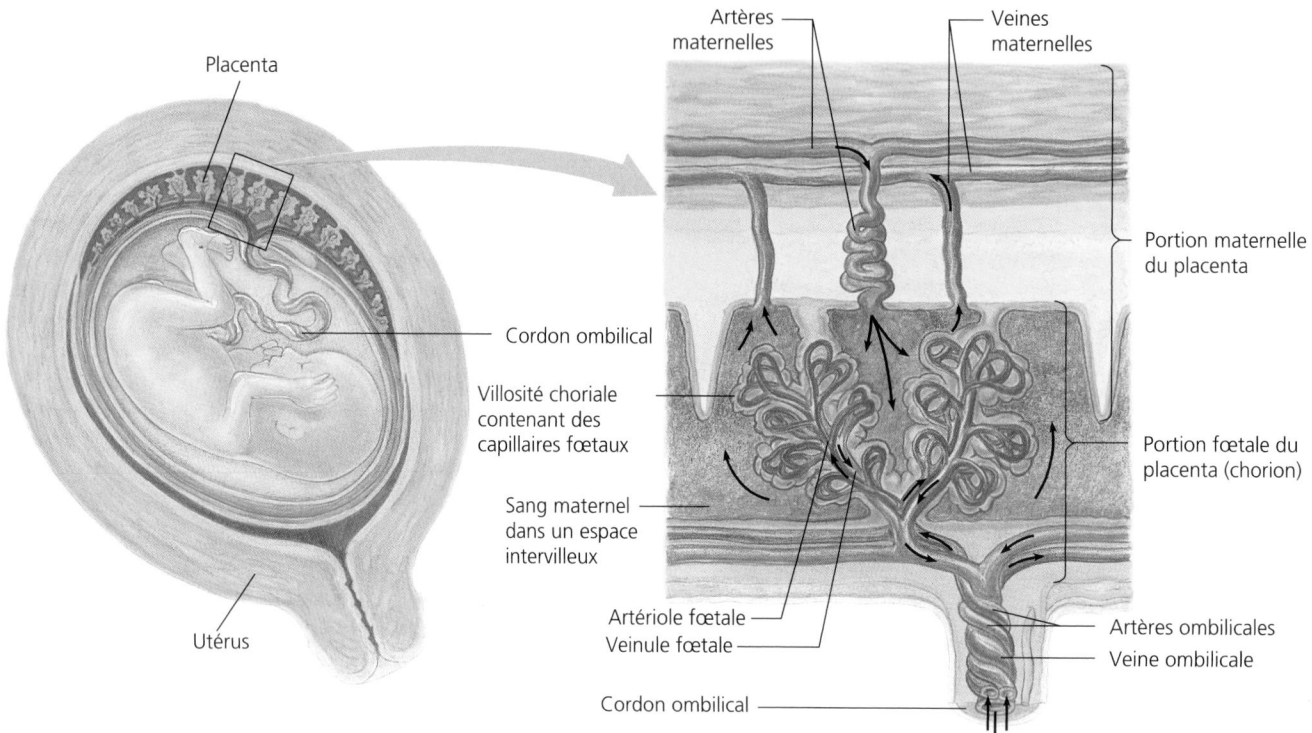

FIGURE 46.17 Circulation placentaire. De la quatrième semaine à la naissance, le placenta, organe composé de tissus maternels et fœtaux, permet le transport de nutriments et d'anticorps (IgG) maternels, l'échange de gaz respiratoires entre la mère et le fœtus, et l'évacuation des déchets produits par ce dernier. Le sang maternel arrive dans le placenta par des artères, traverse des espaces sanguins intervilleux situés dans la couche fonctionnelle de l'endomètre et ressort par des veines. Le sang embryonnaire ou fœtal, qui reste dans des vaisseaux, arrive dans le placenta par des artères et passe à travers les capillaires dans les villosités chorioniques digitiformes, où il absorbe le dioxygène et les nutriments. L'illustration montre que les capillaires embryonnaires ou fœtaux et les villosités chorioniques pénètrent dans la partie maternelle du placenta. Le sang embryonnaire ou fœtal quitte le placenta par des veines qui le ramènent au fœtus. L'échange de substances entre le lit de capillaires du fœtus et les espaces sanguins intervilleux s'effectue par transport passif ou actif, selon la nature des substances.

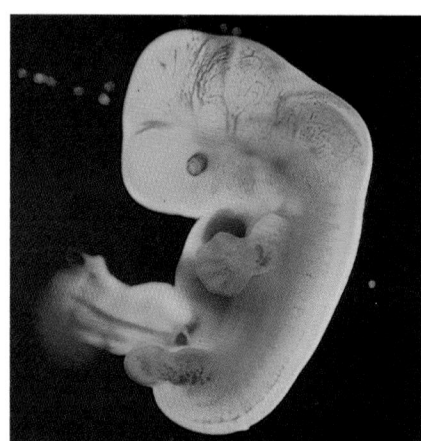

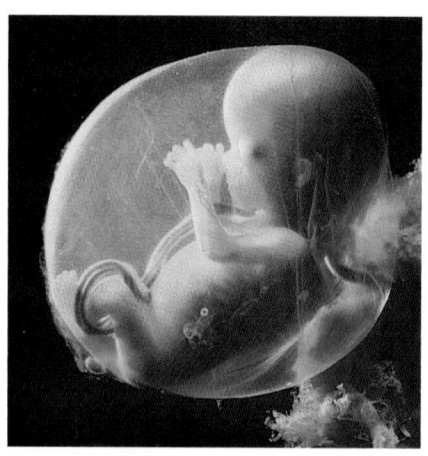

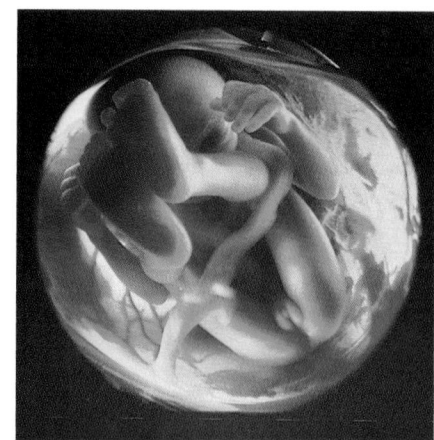

(a) 5 semaines. Les bourgeons des membres, les yeux, le cœur, le foie et les rudiments de tous les autres organes ont commencé à se former dans l'embryon, qui ne mesure que 1 cm de longueur.

(b) 14 semaines. La croissance et le développement du nouvel individu, maintenant appelé fœtus, se poursuivent pendant le deuxième trimestre. Ce fœtus mesure 6 cm environ.

(c) 20 semaines. À la fin du deuxième trimestre (à 24 semaines), le fœtus mesure environ 30 cm.

FIGURE 46.18 Développement du fœtus humain.

la **gonadotrophine chorionique humaine** (hCG, *human chorionic gonatotropin*), agit de la même façon que l'hormone lutéinisante (LH) adénohypophysaire. Elle maintient la sécrétion de progestérone et d'œstrogènes par le corps jaune tout au long du premier trimestre de la grossesse. Si elle n'était pas là, l'inhibition de l'adénohypophyse par la progestérone causerait une baisse de LH maternelle, qui elle-même provoquerait l'apparition des menstruations et l'avortement spontané de l'embryon. Le sang contient une telle concentration de hCG qu'une certaine quantité de cette hormone est excrétée dans l'urine. C'est d'ailleurs la détection de cette hormone qui sert aux tests de grossesse. La forte concentration sanguine de progestérone entraîne diverses modifications dans le système reproducteur de la femme enceinte. Ainsi, la quantité de mucus augmente de manière considérable dans le col utérin, pour former un bouchon protecteur. De plus, la partie maternelle du placenta grossit, le volume de l'utérus augmente, et l'ovulation et le cycle menstruel s'arrêtent (par rétro-inhibition au niveau de l'hypothalamus et de l'adénohypophyse). Enfin, les seins grossissent rapidement et sont souvent assez sensibles.

Au cours du deuxième trimestre, le fœtus atteint rapidement la taille de 30 cm et se montre assez actif. La mère peut sentir ses mouvements dès la première partie du deuxième trimestre, et on peut le voir bouger à travers la paroi abdominale vers le milieu de cette période. La concentration hormonale se stabilise, tandis que la quantité d'hCG diminue. Le corps jaune se résorbe et le placenta sécrète sa propre progestérone, ce qui maintient la grossesse. Pendant le deuxième trimestre, l'utérus prend suffisamment de volume pour que la grossesse devienne évidente.

Durant le troisième et dernier trimestre, le fœtus croît rapidement. Il atteint ainsi une taille de 50 cm environ et une masse de 3 à 3,5 kg. Son activité diminue au fur et à mesure qu'il remplit l'espace disponible à l'intérieur des membranes fœtales. Tandis qu'il grossit et que l'utérus s'agrandit autour de lui, les organes abdominaux de la mère se trouvent comprimés et déplacés. Cela entraîne des mictions fréquentes, des blocages du tube digestif et une surcharge pour les muscles du dos. Une interaction complexe entre certaines hormones (œstrogènes et

ocytocine) et des régulateurs locaux (prostaglandines) provoque et régule le travail (FIGURE 46.19). Atteignant leurs concentrations les plus élevées dans le sang de la mère durant les dernières semaines de grossesse, les œstrogènes sont à l'origine de la formation de récepteurs d'ocytocine sur l'utérus. Produite par certaines cellules du fœtus et par la neurohypophyse de la mère, l'ocytocine provoque de puissantes contractions dans les muscles lisses de l'utérus. Elle provoque également la sécrétion, par le placenta, de prostaglandines qui augmentent les contractions. En retour, les efforts physiques et les émotions associés aux contractions stimulent la libération d'ocytocine et de prostaglandines. Cette rétroactivation est à la base des trois périodes du travail.

L'accouchement, ou **parturition,** résulte d'une série de contractions fortes et rythmiques de l'utérus communément appelées **travail** (FIGURE 46.20, p. 1084). Le travail comprend trois périodes. La première période est celle de la dilatation du col utérin, qui s'ouvre et s'amincit. La dilatation complète du col en marque la fin. La deuxième période est celle de l'expulsion, ou naissance, de l'enfant. Les contractions vigoureuses et continues forcent le fœtus à descendre et à sortir de l'utérus et du vagin. On clampe et on sectionne alors le cordon ombilical. Enfin, la troisième et dernière période est celle de la délivrance consistant en l'expulsion du placenta, qui suit normalement la sortie de l'enfant.

La **lactation,** c'est-à-dire la production et la sécrétion de lait par les glandes mammaires, fait partie des soins postnataux propres aux Mammifères. Après la naissance, la diminution de la concentration de progestérone fait cesser la rétro-inhibition qui s'exerçait sur l'adénohypophyse et permet la sécrétion de prolactine. La prolactine provoque la production de lait véritable au bout de deux à trois jours. Et c'est l'ocytocine qui est à l'origine de l'éjection du lait par les glandes mammaires (voir la page 1052 et la FIGURE 45.6). Avant l'arrivée du lait véritable, les petits des Mammifères se nourrissent de colostrum, liquide jaunâtre sécrété par les glandes mammaires dès la fin de la gestation. Ce liquide contient plus de protéines, de minéraux et de vitamine A que le lait véritable. Mais on y trouve moins de lipides et de lactose.

Immunologie de la reproduction

Du point de vue immunologique, la grossesse constitue une énigme. En effet, la moitié des gènes de l'embryon viennent du père. Ainsi, de nombreux marqueurs embryonnaires présents à la surface des cellules sont étrangers à la mère. Pourquoi donc la mère ne rejette-t-elle pas ce corps étranger comme elle rejetterait un greffon portant des antigènes venant d'une autre personne ? Les immunologistes spécialistes de la reproduction essaient de résoudre ce mystère.

Un épithélium protecteur appelé trophoblaste constitue une pièce importante du casse-tête (voir la FIGURE 47.15). Se formant en même temps que l'embryoblaste à partir des cellules du blastocyste, il permet l'implantation en pénétrant dans la couche fonctionnelle de l'endomètre, puis devient la partie fœtale du placenta (voir les FIGURES 46.16 et 46.17). Jusqu'à un certain point, il est une barrière entre l'embryon et les tissus maternels. Mais, tout comme l'embryoblaste, ses cellules portent des antigènes du père. Comment peut-il donc protéger l'embryon du rejet ?

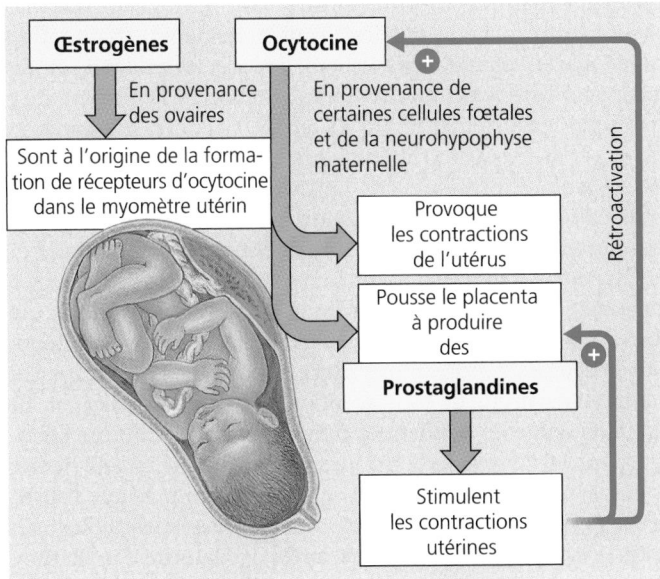

FIGURE 46.19 Déclenchement hormonal du travail.

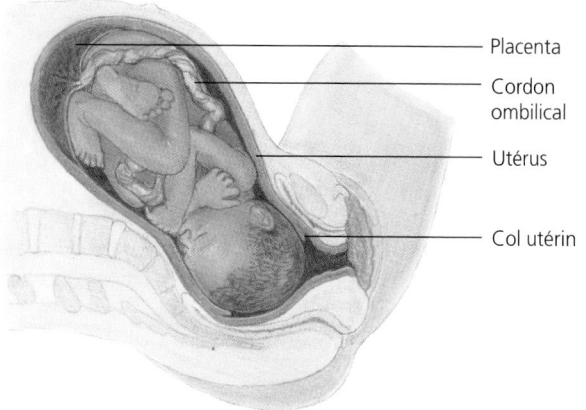

1 Dilatation du col utérin

- Placenta
- Cordon ombilical
- Utérus
- Col utérin

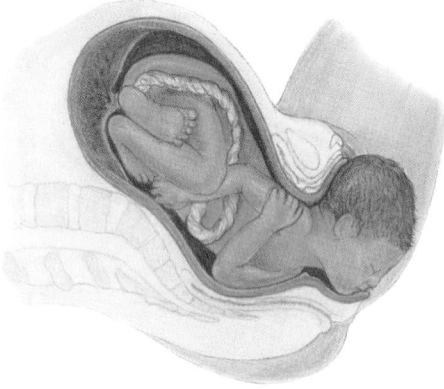

2 Expulsion : naissance de l'enfant

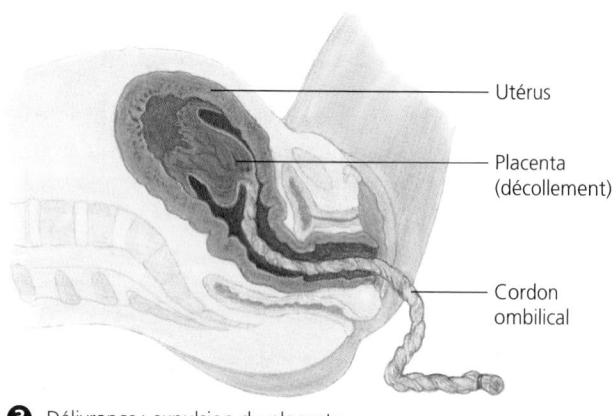

3 Délivrance : expulsion du placenta

- Utérus
- Placenta (décollement)
- Cordon ombilical

FIGURE 46.20 Les trois périodes du travail.

De nombreuses recherches donnent à penser que le trophoblaste empêche une réaction immunitaire contre l'embryon en interférant de quelque façon avec les lymphocytes T de la mère. Les lymphocytes T jouent un rôle important dans le système immunitaire. Les découvertes montrent que le trophoblaste envoie un médiateur chimique provoquant, dans l'utérus, la formation de lymphocytes T suppresseurs qui empêcheraient les autres leucocytes maternels (y compris les lymphocytes T cytotoxiques) de s'attaquer au tissu étranger. Il se peut que ces lymphocytes T suppresseurs agissent en sécrétant une substance qui bloque l'effet de l'interleukine-2, cytokine nécessaire à une réaction immunitaire normale (voir les FIGURES 43.11 et 43.13).

Ce qui est particulièrement intéressant dans cette hypothèse, c'est qu'elle suggère que les lymphocytes T suppresseurs agissent, paradoxalement, une fois seulement que d'autres globules blancs ont identifié le trophoblaste comme tissu étranger et ont entrepris les premières étapes de la réaction immunitaire. Si cette alerte immunologique n'est pas assez forte (c'est-à-dire si les antigènes de surface provenant du père ressemblent beaucoup à ceux de la mère), il n'y a pas formation de lymphocytes T suppresseurs, et le système immunitaire *attaque* l'embryon. Les similitudes entre les antigènes maternels et paternels peuvent alors expliquer les multiples avortements spontanés de certaines femmes. Le succès de traitements administrés à des femmes qui subissaient de fréquents avortements spontanés appuie cette hypothèse. On a en effet sensibilisé le système immunitaire de ces femmes aux antigènes de leur partenaire par immunisation (par des injections d'antigènes appropriés avant la grossesse).

Une hypothèse très différente avance que le trophoblaste sécrète une enzyme qui dégrade rapidement les réserves de tryptophane, acide aminé nécessaire à la survie et au bon fonctionnement des lymphocytes T. Chez la Souris du moins, cette enzyme semble être essentielle au maintien de la grossesse. Cependant, une expérience récente sur des souris conduit à une autre hypothèse évoquant la défense *non spécifique* du système immunitaire. Une protéine située sur la membrane plasmique des cellules du trophoblaste de la Souris protège les cellules de l'embryon des attaques du complément, groupe de protéines qui provoquent une cytolyse (voir les FIGURES 43.16 et 43.17). Les scientifiques cherchent actuellement ce genre de protéines sur les cellules du trophoblaste humain.

Contraception

La **contraception,** c'est-à-dire le fait de provoquer une infécondité temporaire chez la femme ou chez l'homme, recourt à différentes méthodes. Certaines d'entre elles empêchent la libération d'ovocytes matures (ovocytes de deuxième ordre) et de spermatozoïdes mûrs par les gonades. D'autres rendent la fécondation impossible en séparant les spermatozoïdes et les ovules. D'autres encore consistent à empêcher l'implantation de l'embryon ou à provoquer l'avortement (FIGURE 46.21). La courte présentation qui suit traite des aspects biologiques de ces méthodes et n'a pas les objectifs d'un guide de contraception. Pour obtenir des informations complémentaires, on consultera un médecin ou un intervenant du domaine de la santé spécialisé en la matière.

On peut éviter la fécondation en s'abstenant d'avoir des relations sexuelles ou en utilisant l'une des diverses barrières qui empêchent les spermatozoïdes d'entrer en contact avec l'ovocyte de deuxième ordre. L'abstinence périodique, souvent appelée **méthode naturelle** de contraception, consiste à ne pas avoir de relations sexuelles pendant la période féconde. Comme l'ovocyte peut survivre dans la trompe utérine durant 24 à 48 heures et le sperme jusqu'à 72 heures, un couple qui pratique l'abstinence périodique devrait éviter les relations sexuelles quelques jours avant et quelques jours après la date de l'ovulation. Concernant la prévision de la date d'ovulation, les méthodes les plus efficaces recourent à plusieurs indicateurs, notamment les

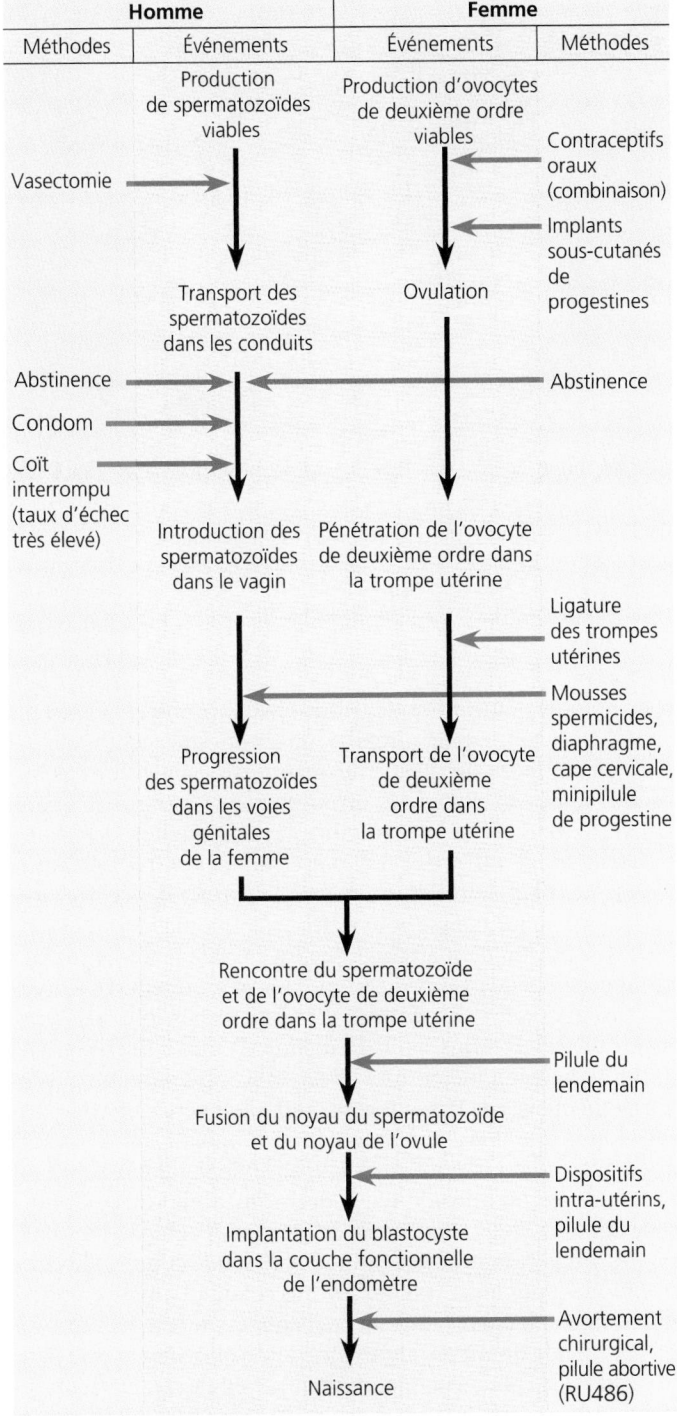

Homme		Femme	
Méthodes	Événements	Événements	Méthodes

Production de spermatozoïdes viables — Vasectomie

Production d'ovocytes de deuxième ordre viables — Contraceptifs oraux (combinaison), Implants sous-cutanés de progestines

Transport des spermatozoïdes dans les conduits / **Ovulation**

Abstinence, Condom, Coït interrompu (taux d'échec très élevé) / Abstinence

Introduction des spermatozoïdes dans le vagin / **Pénétration de l'ovocyte de deuxième ordre dans la trompe utérine** — Ligature des trompes utérines

Progression des spermatozoïdes dans les voies génitales de la femme / **Transport de l'ovocyte de deuxième ordre dans la trompe utérine** — Mousses spermicides, diaphragme, cape cervicale, minipilule de progestine

Rencontre du spermatozoïde et de l'ovocyte de deuxième ordre dans la trompe utérine — Pilule du lendemain

Fusion du noyau du spermatozoïde et du noyau de l'ovule — Dispositifs intra-utérins, pilule du lendemain

Implantation du blastocyste dans la couche fonctionnelle de l'endomètre — Avortement chirurgical, pilule abortive (RU486)

Naissance

FIGURE 46.21 Mécanismes de certaines méthodes de contraception. Les flèches rouges indiquent à quel moment ces méthodes, dispositifs ou produits interviennent, dans le processus menant de la production de spermatozoïdes ou d'ovocytes de deuxième ordre à la naissance d'un bébé.

modifications de la glaire cervicale et les variations de la température corporelle. Par conséquent, le couple doit avoir une bonne connaissance de ces signes physiologiques. On observe le plus souvent un taux d'échec de 10 % à 20 % chez les couples qui utilisent cette méthode. (Le taux d'échec représente le nombre de grossesses survenant chaque année pour 100 femmes qui utilisent une méthode de contraception donnée, ce nombre étant exprimé sous forme de pourcentage.)

Les différentes **barrières mécaniques** qui empêchent les spermatozoïdes d'atteindre l'ovocyte connaissent un taux d'échec inférieur à 10 %. Le **préservatif masculin**, ou **condom**, est une fine membrane naturelle ou un étui de latex qui s'ajuste sur le pénis de façon à recueillir le sperme. Le **diaphragme**, barrière mécanique la plus utilisée par les femmes, est une coupole de caoutchouc mince que l'on place dans la partie profonde du vagin avant le rapport sexuel. L'efficacité de ces deux méthodes augmente lorsqu'on les utilise avec une mousse ou un gel spermicides (qui tue les spermatozoïdes). Parmi les barrières mécaniques d'invention récente, on trouve la cape cervicale, préservatif féminin qui s'ajuste étroitement au col utérin et peut rester longtemps en place par succion.

Le dispositif intra-utérin, communément appelé stérilet, est fait de plastique ou de métal et s'adapte à la cavité utérine. Il empêche l'implantation du blastocyste dans l'utérus. Cette méthode connaît un faible taux d'échec. Mais elle provoque de graves effets secondaires chez un petit nombre de femmes : saignements vaginaux persistants, infection utérine, perforation de l'utérus, grossesse tubaire (implantation de l'embryon dans la trompe utérine). Ces problèmes ont conduit à des poursuites judiciaires contre les fabricants, puis au retrait du marché de certains dispositifs intra-utérins. Il existe aujourd'hui de nouveaux dispositifs intra-utérins qui empêchent l'implantation de l'embryon en libérant localement de la progestérone synthétique sur l'endomètre.

Le coït interrompu, c'est-à-dire le retrait du pénis avant l'éjaculation, n'est pas une méthode de contraception fiable. En effet, les sécrétions qui précèdent l'éjaculation peuvent contenir des spermatozoïdes. De plus, l'homme ne peut pas toujours faire preuve de la maîtrise de soi nécessaire.

À part l'abstinence complète, les méthodes visant à empêcher la libération des gamètes constituent les moyens de régulation des naissances les plus efficaces. Les **contraceptifs oraux** (la « pilule ») connaissent un taux d'échec inférieur à 1 %. La stérilisation, quant à elle, s'avère efficace presque à 100 %. Les contraceptifs oraux les plus utilisés sont un mélange d'œstrogènes et de progestines synthétiques (hormones semblables à la progestérone). Ces deux catégories d'hormones exercent une rétro-inhibition qui bloque la libération de gonadolibérine (GnRH) par l'hypothalamus, ainsi que la libération d'hormone folliculostimulante FSH (action des œstrogènes) et d'hormone lutéinisante LH (action des progestines) par l'hypophyse. En empêchant la libération de LH, les progestines empêchent l'ovulation. En inhibant la sécrétion de FSH, les œstrogènes empêchent le développement de tout follicule. Des combinaisons de contraceptifs oraux à fortes doses peuvent constituer des « pilules du lendemain ». Pris dans les trois jours qui suivent une relation non protégée, ces contraceptifs empêchent la fécondation ou l'implantation. Leur efficacité est d'environ 75 %.

Deuxième type de contraceptif oral, la minipilule n'est composée que d'une seule progestine (noréthindrone). Elle prévient la fécondation principalement en modifiant la glaire cervicale, afin qu'elle bloque l'accès de l'utérus au sperme. En 1994, la Direction générale de la protection de la santé (DGPS), au Canada, a approuvé des capsules (Norplant) que l'on implante sous la peau. Ces petites capsules libèrent une minuscule quantité de progestine (lévonorgestrel) dans le sang pendant une période pouvant atteindre cinq ans. Il existe également un produit appelé Depo-Provera, qui est une progestine synthétique (médroxyprogestérone) que l'on injecte tous les trois mois.

Les contraceptifs oraux ont donné lieu à de nombreux débats, en particulier parce que les œstrogènes ont des effets nocifs à long terme. Rien ne prouve véritablement que la pilule provoque directement le cancer. Mais les troubles cardiovasculaires possibles (formation de caillots, athérosclérose et crises cardiaques) suscitent de fortes inquiétudes. Consommer du tabac tout en recourant à la contraception chimique multiplie par dix ou même plus les risques de décès. Bien que les contraceptifs oraux constituent un facteur de risque pour la santé des femmes, ils éliminent les risques liés à la grossesse. Les femmes qui prennent des contraceptifs oraux présentent un taux de mortalité égal à la moitié de celui des femmes enceintes.

La stérilisation empêche la libération des gamètes dans les voies génitales de manière permanente. Chez la femme, on procède à la **ligature des trompes,** opération qui consiste à cautériser ou à lier une section des trompes utérines afin d'empêcher la progression des ovocytes matures jusqu'à l'utérus. Chez l'homme, on procède à la **vasectomie,** c'est-à-dire à la section des conduits déférents, pour empêcher les spermatozoïdes d'entrer dans l'urètre. La stérilisation de l'homme ou de la femme ne présente pratiquement aucun danger et ne compte pas d'effets secondaires notables. Dans les deux cas, les chances de succès d'une recanalisation chirurgicale sont faibles. La stérilisation devrait être considérée comme définitive. Chez l'homme, la recanalisation des conduits déférents (vaso-vasostomie) connaît de meilleures chances de succès si elle est pratiquée dans les 48 mois suivant la vasectomie.

L'avortement est l'interruption d'une grossesse en cours. L'avortement spontané, ou fausse couche, survient fréquemment (un cas sur trois pour l'ensemble des grossesses, souvent même avant que la femme ne sache qu'elle est enceinte). Par ailleurs, chaque année, aux États-Unis, environ 1,5 million de femmes choisissent l'avortement pratiqué par un médecin. La pilule abortive RU 486 (pour « Roussel-UCLAF 38 486 »), ou mifépristone, conçue en France, permet aux femmes d'avorter dans les sept premières semaines de leur grossesse sans recourir à la chirurgie. Ayant une composition chimique semblable à celle de la progestérone, elle occupe les récepteurs de progestérone situés dans l'utérus. Elle agit comme inhibiteur compétitif, et empêche la progestérone de maintenir la grossesse. On l'administre avec une petite quantité de prostaglandines qui doivent déclencher des contractions utérines.

Parmi tous les contraceptifs actuellement disponibles, seuls les condoms en latex fournissent une protection contre les maladies qui se transmettent sexuellement, notamment le sida. Cependant, cette protection n'est pas efficace à 100 %.

La technologie moderne apporte des solutions aux problèmes de reproduction

Des découvertes scientifiques et techniques récentes ont permis de faire des progrès spectaculaires dans le domaine de la reproduction. Ainsi, il est maintenant possible de diagnostiquer de nombreuses maladies et anomalies génétiques chez le fœtus. L'amniocentèse et la biopsie des villosités chorioniques sont des techniques effractives qui consistent à prélever du liquide amniotique ou des cellules fœtales en vue d'analyses génétiques (voir la FIGURE 14.17). L'échographie est quant à elle une technique

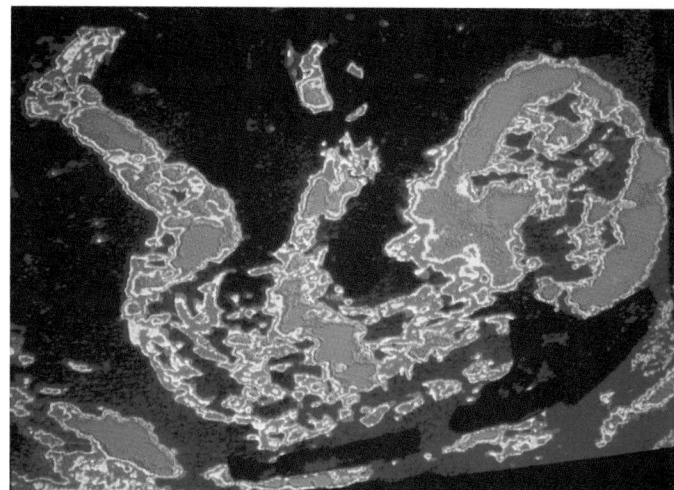

FIGURE 46.22 Échographie. Cette image colorée montre un fœtus d'environ 18 semaines. L'image est produite sur un écran d'ordinateur. Pour l'obtenir, on envoie des ultrasons à travers l'abdomen de la femme enceinte. Puis, à l'aide d'un capteur à ultrasons, on reçoit les ondes qui se réfléchissent sur le fœtus et en révèlent la forme.

non effractive qui utilise des ultrasons pour observer le fœtus (FIGURE 46.22). Enfin, il existe une nouvelle technique qui s'appuie sur le fait qu'une petite quantité de cellules fœtales traversent le placenta pour se retrouver dans le sang de la mère. Une prise de sang de la mère fournit suffisamment de cellules fœtales. On identifie ces cellules avec des anticorps spécifiques (qui se lient à des protéines situées à la surface des cellules fœtales), puis on les analyse pour détecter les anomalies génétiques.

Le diagnostic de maladies génétiques chez le fœtus soulève d'importantes questions d'éthique. Jusqu'à présent, la plupart des maladies que l'on peut détecter sont impossibles à soigner dans l'utérus. De plus, pour beaucoup d'entre elles, il n'existe aucun traitement, même après la naissance. Les parents peuvent ainsi être obligés de faire un choix difficile : mettre fin à la grossesse ou accepter d'avoir un enfant qui pourra souffrir d'une anomalie grave ou avoir une espérance de vie limitée. Il n'est pas facile de prendre de telles décisions. Cela demande une réflexion éclairée et les conseils de personnes compétentes.

Ces vingt-cinq dernières années, on a mis au point diverses techniques pour aider les couples sans enfants à procréer. En cas d'infertilité masculine, il existe des banques où l'on peut trouver du sperme de donneurs anonymes. On dépose ce sperme dans le vagin ou le col utérin quand la femme est fertile. La **fécondation in vitro** est une autre technique de procréation. Elle s'adresse aux femmes dont les trompes utérines sont bloquées. On stimule la croissance de leurs follicules par un traitement hormonal, puis on prélève les ovocytes de deuxième ordre par voie chirurgicale. Ensuite, on féconde ces ovocytes en laboratoire dans des boîtes de Pétri. Deux jours et demi plus tard, lorsque le zygote a atteint le stade de huit cellules, on le réimplante dans l'utérus. La fécondation *in vitro* est coûteuse, mais son taux de succès est semblable à celui de la fécondation *in vivo* (résultant de rapports sexuels). On peut congeler certains embryons dans le but de les utiliser plus tard, si le premier essai ne réussit pas. Un couple peut également choisir de féconder les ovocytes matures d'une autre femme avec le sperme du partenaire. Mais cela pose de sérieux problèmes éthiques, à cause de la présence de donneuses.

Aujourd'hui, des milliers d'enfants sont le fruit d'une fécondation *in vitro*, et rien ne permet de penser qu'il existe des anomalies liées à cette technique. La fécondation *in vitro* est souvent tributaire d'un autre procédé : la **superovulation.** Il s'agit d'une technique que l'on emploie fréquemment dans l'industrie de l'élevage, et plus rarement pour résoudre certains problèmes d'infertilité humaine. Dans ce dernier cas, on y a généralement recours lorsque les autres types de techniques ont abouti à un échec. Le procédé consiste à provoquer une croissance folliculaire multiple, puis l'ovulation simultanée de plusieurs ovocytes de deuxième ordre (« superovulation »). On propose cette méthode à des femmes infertiles qui doivent recourir à des techniques de procréation médicalement assistée, telles que la fécondation *in vitro*, le transfert intratubaire de gamètes (GIFT ou *Gamete IntraFallopian Transfer*) et le transfert intratubaire d'embryons (ZIFT ou *Zygote IntraFallopian Transfer*). L'infertilité résulte souvent d'un trouble hypothalamo-hypophysaire (ou d'un blocage des trompes utérines). La technique de la superovulation vise à suppléer une carence hormonale et à amplifier la réponse normale. La médication utilisée pour provoquer la superovulation comprend, selon l'approche, différentes concentrations des hormones folliculo-stimulante (FSH), lutéinisante (LH) et gonadotrophine chorionique (hCG) obtenues par la technique de l'ADN recombiné (voir le chapitre 20). La hCG joue un rôle crucial dans l'ovulation, puisque les récepteurs ovariens sont les mêmes pour cette hormone et pour la LH. La posologie varie d'une patiente à l'autre en fonction de la réponse au traitement, que l'on peut évaluer par des analyses fréquentes de la concentration plasmatique d'œstrogènes et par une échographie des ovaires. Juste avant l'ovulation, le gynécologue fait une ponction folliculaire sous échographie afin de recueillir les ovocytes matures.

De nombreuses recherches dans le domaine des techniques de procréation portent sur la contraception masculine. Les contraceptifs chimiques pour hommes se sont révélés peu satisfaisants. La testostérone bloque la libération des gonadotrophines adénohypophysaires, mais déclenche la spermatogenèse. Les œstrogènes ont une certaine efficacité, mais ils inhibent la libido et peuvent avoir une action féminisante. Les produits les plus prometteurs jusqu'à présent sont les antagonistes de la GnRH, qui sont de puissants inhibiteurs de la spermatogenèse. On teste actuellement plusieurs substances chimiques et des techniques de contrôle des naissances pour les hommes et les femmes.

■   ■   ■

Dans ce chapitre, nous avons étudié les bases structurales et physiologiques de la reproduction animale. Dans le prochain chapitre, nous verrons plus précisément les mécanismes de développement du zygote et d'autres aspects du développement animal.

RÉVISION DU CHAPITRE

Résumé des concepts importants

VUE D'ENSEMBLE DE LA REPRODUCTION CHEZ LES ANIMAUX

- **Les modes de reproduction chez les Animaux (p. 1065 et 1066).** La reproduction asexuée produit des descendants dont les gènes proviennent tous d'un seul parent. La reproduction sexuée nécessite la fusion de gamètes mâle et femelle pour former un zygote diploïde.

- Divers mécanismes de reproduction asexuée permettent aux Animaux d'engendrer rapidement une progéniture qui leur est identique (p. 1066, FIGURE 46.1). La scissiparité, le bourgeonnement et la fragmentation accompagnée d'une régénération sont des mécanismes qui permettent la reproduction asexuée chez de nombreux Invertébrés.

- **Les cycles et les types de reproduction varient considérablement chez les Animaux (p. 1066 à 1068, FIGURE 46.2).** Les Animaux peuvent se reproduire de manière exclusivement sexuée ou exclusivement asexuée, ou bien passer d'un mode de reproduction à l'autre, selon les conditions du milieu. La parthénogenèse, l'hermaphrodisme et l'hermaphrodisme séquentiel permettent des variations à partir des deux modes de reproduction. Les cycles reproducteurs sont régulés par des hormones et des stimulus environnementaux tels que les variations de température, les pluies, la photopériode et les cycles lunaires.

LES MÉCANISMES DE LA REPRODUCTION SEXUÉE

- Dans le cas de la fécondation externe, la femelle répand ses œufs, que le sperme féconde dans le milieu extérieur. Dans le cas de la fécondation interne, l'ovule et le spermatozoïde s'unissent dans l'organisme de la femelle.

- **La fécondation interne et la fécondation externe dépendent toutes deux de mécanismes qui permettent la rencontre d'un spermatozoïde mature et d'un ovule fécond appartenant à la même espèce (p. 1068 et 1069, FIGURE 46.4).** Le synchronisme dans les modes de fécondation externes et internes revêt une importance cruciale. Ce sont souvent des stimulus environnementaux, des phéromones ou des stimulus comportementaux qui l'assurent. La fécondation interne nécessite des interactions comportementales entre le mâle et la femelle, ainsi que des systèmes reproducteurs compatibles.

- **Les espèces à fécondation interne produisent habituellement moins de zygotes que les espèces à fécondation externe, mais elles assurent une meilleure protection parentale (p. 1069, FIGURE 46.5).** Une grande protection des embryons et un grand soin parental des jeunes suivent habituellement la production d'une progéniture relativement peu nombreuse par fécondation interne.

- **Divers systèmes reproducteurs complexes se sont développés au cours de l'évolution dans de nombreux embranchements des Animaux (p. 1070 et 1071, FIGURES 46.6 et 46.7).** Le plus simple des systèmes reproducteurs est constitué de cellules indifférenciées qui produisent des gamètes dans la cavité pelvienne. Le plus complexe comporte des gonades liées à des conduits et à des glandes annexes qui transportent et protègent les gamètes et l'embryon en développement. Les systèmes reproducteurs des Insectes et des Plathelminthes font partie des systèmes les plus complexes du règne animal.

LA REPRODUCTION CHEZ LES MAMMIFÈRES

■ Chez l'Humain, la reproduction nécessite une anatomie et un comportement d'une grande complexité (p. 1070 à 1075, FIGURES 46.8 et 46.9). Les organes génitaux externes de l'homme sont le scrotum et le pénis. Les gonades mâles, ou testicules, logent dans le scrotum, plus frais que les autres parties du corps. Les testicules contiennent des cellules interstitielles endocrines qui entourent les tubules séminifères contournés, lesquels fabriquent les spermatozoïdes. Des tubules séminifères contournés, les spermatozoïdes passent successivement dans l'épididyme, le conduit déférent, le conduit éjaculateur et l'urètre, qui aboutit à l'extrémité du pénis. Les organes génitaux de la femme comprennent le vestibule, qui contient les ouvertures distinctes du vagin et de l'urètre; les petites lèvres, qui bordent le vestibule; les grandes lèvres et le clitoris. À l'intérieur, le vagin communique avec l'utérus, dans lequel débouchent deux trompes utérines. Deux ovaires (gonades femelles) sont remplis de follicules contenant des ovocytes de premier ordre qui se sont formés avant même la naissance de la femme. Dès la puberté, un ou plusieurs follicules se développent à chaque cycle menstruel. L'ovocyte présent dans un follicule en développement termine sa première division méiotique. Celle-ci donne l'ovocyte de deuxième ordre, qui est haploïde. L'ovaire expulse ensuite cet ovocyte: c'est l'ovulation. Après l'ovulation, le tissu résiduel du follicule devient le corps jaune, qui sécrète la progestérone et les œstrogènes durant une période variable, selon qu'il y a grossesse ou non. Bien que séparées du système reproducteur, les glandes mammaires, ou seins, ont évolué de manière à permettre les soins parentaux. Les mâles et les femelles connaissent l'érection de certains tissus, causée par une vasocongestion et une myotonie. Ce phénomène aboutit à un point culminant lors de l'orgasme.

■ La spermatogenèse et l'ovogenèse se réalisent toutes deux grâce à la méiose, mais diffèrent sous trois aspects (p. 1075 à 1077, FIGURES 46.11 et 46.13). La cytocinèse se produit de manière inégale durant l'ovogenèse, et donne ainsi un ovocyte volumineux. La production de spermatozoïdes est continue. Au contraire, le nombre d'ovocytes de premier ordre est établi à la naissance chez l'Humain. La spermatogenèse est une suite d'événements ininterrompue, alors que l'ovogenèse comporte de longues interruptions.

■ Une interaction complexe des hormones régule la reproduction (p. 1077 à 1081, FIGURES 46.14 et 46.15). Les androgènes provenant des testicules provoquent le développement des caractères sexuels primaires et secondaires chez le mâle. La sécrétion d'androgènes et la production de spermatozoïdes sont régulées par des hormones hypothalamiques et adénohypophysaires. Chez la femelle, les hormones suivent des cycles: le cycle menstruel humain et le cycle œstral mammalien. Dans ces deux types de cycles, l'endomètre épaissit en vue d'une implantation éventuelle d'un embryon. Cependant, le cycle menstruel comprend l'expulsion, sous forme de saignements, de la couche fonctionnelle de l'endomètre et ne comprend aucune période précise de réceptivité sexuelle, contrairement au cycle œstral qui comprend une période de chaleurs. Le cycle menstruel de la femme se compose de la phase menstruelle, de la phase de croissance accélérée de l'endomètre et de la phase sécrétoire. Le cycle ovarien comprend les phases folliculaire et lutéale. Les sécrétions cycliques de la GnRH hypothalamique, de la FSH et de la LH adénohypophysaires orchestrent le cycle reproducteur de la femme. Le follicule en développement produit des œstrogènes; le corps jaune sécrète des progestines (la progestérone surtout) et des œstrogènes. Des mécanismes de rétroactivation et de rétro-inhibition sont à l'origine des variations de concentrations de ces cinq hormones qui coordonnent les cycles menstruel et ovarien.

■ Le développement embryonnaire et fœtal se fait durant la gestation chez l'Humain et les autres Mammifères placentaires (p. 1081 à 1086, FIGURES 46.16 à 46.21). On peut diviser la grossesse en trois trimestres chez l'Humain. L'organogenèse se fait en huit semaines. L'accouchement, ou parturition, est provoqué par de fortes contractions utérines rythmées qui sont associées au travail. Une rétroactivation mettant en jeu les œstrogènes et l'ocytocine ainsi que des prostaglandines régule le travail. L'absence de rejet du fœtus de la part de la femme enceinte résulte d'une suppression de la réaction immunitaire dans l'utérus. Pour éviter les grossesses, on peut empêcher les gonades de libérer des gamètes matures, empêcher l'union des gamètes dans le système reproducteur féminin ou empêcher l'implantation de l'embryon.

■ La technologie moderne apporte des solutions aux problèmes de reproduction (p. 1086 et 1087, FIGURE 46.22). Les techniques actuelles servant à détecter des maladies fœtales sont l'échographie, l'amniocentèse et la biopsie des villosités chorioniques. La technologie permet également la fécondation *in vitro* et la superovulation.

Autoévaluation

(Les questions dont les numéros sont en caractères gras font surtout appel à la compréhension.)

1. Parmi les phénomènes suivants, lequel caractérise la parthénogenèse?
   a) Un individu peut changer de sexe au cours de sa vie.
   b) Des groupes spécialisés de cellules peuvent être libérés et devenir de nouveaux individus.
   c) Un organisme est d'abord mâle, puis femelle.
   d) Un œuf se développe sans avoir été fécondé.
   e) Les deux partenaires sexuels possèdent les organes génitaux mâles et femelles.

2. Parmi les structures suivantes, laquelle *n'est pas* bien définie?
   a) Gonades – organes produisant les gamètes.
   b) Spermathèque – organe de transport des spermatozoïdes que l'on trouve chez les insectes mâles.
   c) Cloaque – ouverture commune des systèmes reproducteur, urinaire et digestif.
   d) Baculum – os qui raidit le pénis, chez certains Mammifères.
   e) Endomètre – revêtement de l'utérus qui devient la partie maternelle du placenta.

3. Parmi les structures mâles et femelles qui suivent, lesquelles sont *le plus* éloignées du point de vue de la fonction?
   a) Tubules séminifères contournés – vagin
   b) Cellules interstitielles des testicules – cellules folliculaires des ovaires
   c) Testicules – ovaires
   d) Spermatogonies – ovogonies
   e) Conduit déférent – trompe utérine

4. Quelle différence fondamentale y a-t-il entre les cycles œstral et menstruel?
   a) Les Vertébrés autres que les Mammifères ont des cycles œstraux, alors que les Mammifères ont des cycles menstruels.
   b) La couche fonctionnelle de l'endomètre se détache dans le cycle menstruel, alors qu'elle est réabsorbée dans le cycle œstral.

c) Le cycle œstral se produit plus fréquemment que le cycle menstruel.

d) Le cycle œstral n'est pas déterminé par des hormones.

e) Dans le cycle œstral, l'ovulation se produit avant l'épaississement de l'endomètre.

5. Les pics de production d'hormone lutéinisante (LH) et d'hormone folliculostimulante (FSH) se produisent :
   a) pendant la phase menstruelle du cycle menstruel.
   b) au début de la phase folliculaire du cycle ovarien.
   c) pendant la phase ovulatoire.
   d) à la fin de la phase lutéale du cycle ovarien.
   e) pendant la phase sécrétoire du cycle menstruel.

6. Chez les hermaphrodites protérandres :
   a) certains individus peuvent passer de l'état mâle à l'état femelle.
   b) les individus s'autofécondent.
   c) les mâles, et non les femelles, libèrent des phéromones.
   d) il y a production d'ovocytes diploïdes.
   e) les gonades matures sont indifférenciées.

7. Au cours de la grossesse, l'organogenèse se produit :
   a) pendant le premier trimestre.
   b) pendant le deuxième trimestre.
   c) pendant le troisième trimestre.
   d) pendant que l'embryon se trouve dans la trompe utérine.
   e) au stade du blastocyste.

8. Quelle est la stratégie de contraception masculine qui a les meilleures chances de réussir ?
   a) Le blocage des récepteurs spécifiques de l'hormone folliculo-stimulante (FSH) sur les spermatogonies.
   b) Le maintien de concentrations élevées d'androgènes dans la circulation.
   c) Le blocage des récepteurs spécifiques de la testostérone sur les cellules interstitielles.
   d) Le blocage des récepteurs des androgènes dans l'hypothalamus.
   e) Le maintien d'une concentration élevée de l'hormone folliculostimulante (FSH) dans la circulation.

9. Chez l'humain, la fécondation se produit le plus souvent dans :
   a) le vagin.
   b) l'ovaire.
   c) l'utérus.
   d) la trompe utérine.
   e) le conduit déférent.

10. En l'absence de quelles hormones la fécondation d'un ovule par un spermatozoïde ne se produirait-elle pas ?
    a) Gonadolibérine (GnRH).
    b) Relaxine.
    c) Progestérone.
    d) Séminogéline.
    e) Hormone folliculostimulante (FSH).

11. Quelle est la différence la plus importante entre la progéniture issue de la reproduction sexuée et la progéniture issue de la reproduction asexuée ?

12. Ordonnez les organes suivants en fonction du trajet des spermatozoïdes : épididyme, testicule, urètre, conduit déférent.

13. Quel changement hormonal déclenche la menstruation ?

14. _____ est aux hommes ce que la ligature des trompes est aux _____.

15. L'embryon porte des antigènes d'origine paternelle. Pourquoi la mère ne rejette-elle pas ce corps étranger ?

Lien avec l'évolution

Parmi les Animaux, on retrouve surtout l'hermaphrodisme chez les espèces dont les individus sont fixés à une surface, comme les Plantes. Les espèces mobiles, comme les Arthropodes et les Vertébrés, présentent rarement ce caractère. Pourquoi en est-il ainsi, selon vous ?

Intégration

Bien qu'ils soient répandus dans le règne animal, les soins parentaux ne sont pas universels. Imaginez que vous étudiez l'évolution des soins parentaux dans un groupe d'animaux qui vous intéresse. Vous avez classé chaque espèce en fonction de son comportement parental dans un arbre phylogénétique semblable à celui qui suit (voir le chapitre 25). Quelle serait l'interprétation la plus simple pour expliquer l'évolution de ce comportement chez ces animaux ? Si le groupe témoin assurait des soins parentaux, dans quelle mesure votre interprétation changerait-elle ?

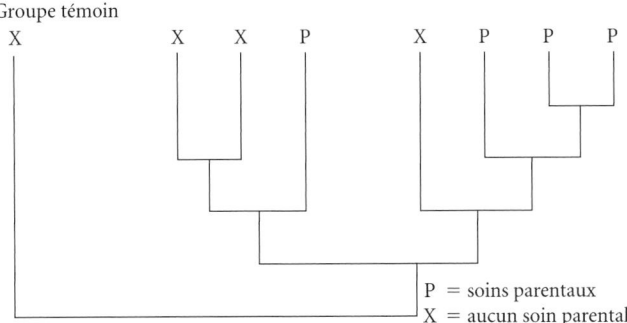

Science, technologie et société

Combiné à la fécondation *in vitro*, le tri des spermatozoïdes au moyen des nouvelles techniques permet aux couples de choisir le sexe de leur futur enfant. Êtes-vous d'accord avec ce procédé ? Pourquoi ? Selon vous, quels problèmes poserait une utilisation répandue de ce procédé ?

Réponses à l'autoévaluation : 1. d ; 2. b ; **3.** a ; 4. b ; **5.** c ; 6. a ; 7. a ; **8.** a ; 9. d ; **10.** a, b, e ; **11.** Les descendants provenant de la reproduction sexuée sont différents du point de vue génétique. 12. Testicule, épididyme, conduit déférent, urètre. **13.** Une chute des concentrations d'œstrogènes et de progestérone. 14. La vasectomie ; femmes. **15.** Au début du développement embryonnaire, le trophoblaste, couche de cellules isolant l'embryoblaste, libère un médiateur chimique qui entraîne la formation de lymphocytes T suppresseurs dans l'utérus. Ces lymphocytes T suppresseurs contrent, par une sécrétion, l'effet de l'interleukine-2, cytokine essentielle à la réaction immunitaire à médiation cellulaire qui est responsable des rejets.

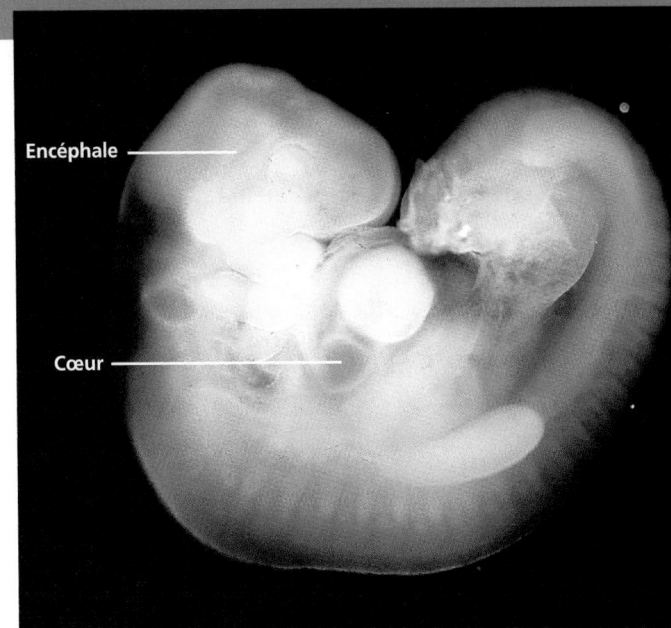

Encéphale

Cœur

CHAPITRE 47

LE DÉVELOPPEMENT CHEZ LES ANIMAUX

« S'il fallait tenir compte des services rendus à la science, la grenouille occuperait la première place. »

CLAUDE BERNARD
physiologiste français (1813-1878)

LES PREMIERS STADES DU DÉVELOPPEMENT EMBRYONNAIRE

- De l'ovocyte à l'organisme, les structures des Animaux se forment graduellement : *notion d'épigénèse*
- La fécondation active l'ovocyte de deuxième ordre et provoque la fusion du noyau du spermatozoïde et de celui de l'ovule
- La segmentation divise le zygote en un grand nombre de petites cellules
- La gastrulation transforme la blastula en un embryon à trois feuillets doté d'un tube digestif primitif
- L'organogénèse produit les organes des Animaux à partir des trois feuillets embryonnaires
- Chez les amniotes, les embryons se développent dans un sac plein de liquide, qui est lui-même dans une coquille ou dans l'utérus maternel

LES FONDEMENTS CELLULAIRES ET MOLÉCULAIRES DE LA MORPHOGENÈSE ET DE LA DIFFÉRENCIATION CHEZ LES ANIMAUX

- Chez les Animaux, la morphogénèse comporte certaines modifications touchant la forme, l'emplacement et l'adhérence des cellules
- Pendant le développement, la destinée des cellules est définie par les déterminants cytoplasmiques et l'induction entre cellules : *une révision*
- La carte des territoires présomptifs permet de retrouver les lignées cellulaires dans les embryons des Cordés
- Les ovocytes de deuxième ordre de la plupart des Vertébrés contiennent des déterminants cytoplasmiques qui contribuent à établir la position des axes corporels et à différencier les cellules du jeune embryon
- Chez les Vertébrés, les stimulus d'induction déclenchent la différenciation et la réalisation des plans d'organisation.

Nous avons du mal *à nous imaginer que nous avons commencé notre existence sous la forme d'une cellule unique de la taille, environ, du point qui termine cette phrase. Moins d'un mois après notre conception, notre encéphale prenait forme et notre cœur avait déjà commencé à battre (voir la photo ci-dessus). Au bout de neuf mois environ, le zygote que nous étions était déjà devenu un nouveau-né constitué de milliards de cellules différenciées regroupées en tissus et organes spécialisés.*

Grâce à la génétique moléculaire et à l'embryologie classique, les biologistes du développement animal commencent à répondre à de nombreuses questions concernant la transformation de l'ovule fécondé en animal. Au chapitre 21, nous avons décrit certains travaux de recherche récents et présenté quelques-uns des mécanismes génétiques et cellulaires fondamentaux qui interviennent dans le développement. Nous avons alors plutôt parlé des Invertébrés. Dans ce chapitre, nous allons au contraire étudier surtout le développement embryonnaire des Vertébrés, les Animaux pourvus d'une colonne vertébrale.

Le biologiste moléculaire Sidney Brenner a déclaré cyniquement que l'objectif de la biologie du développement était de « trouver la façon de fabriquer une souris ». Effectivement, les Souris constituent des modèles expérimentaux très prisés par les chercheurs qui étudient le développement des Vertébrés, en particulier celui des Mammifères. Les Grenouilles et les Poulets sont également très utilisés en recherche sur le développement des Vertébrés. C'est en se fondant sur l'étude de ces espèces et de certains Invertébrés (notamment ceux dont nous avons parlé au chapitre 21) que les chercheurs ont découvert les stades du développement embryonnaire et un grand nombre de phénomènes cellulaires et moléculaires connexes.

LES PREMIERS STADES DU DÉVELOPPEMENT EMBRYONNAIRE

De l'ovocyte à l'organisme, les structures des Animaux se forment graduellement : *notion d'épigenèse*

Depuis des siècles, on se demande comment un œuf se transforme en un animal. Au XVIIIe siècle encore, l'opinion dominante était que l'ovocyte ou le spermatozoïde contenait un embryon qui était un minuscule enfant déjà formé (FIGURE 47.1). On pensait ainsi que le développement était tout simplement un agrandissement de l'embryon. Selon cette idée de la **préformation,** l'embryon devait contenir l'ensemble de ses descendants, c'est-à-dire une série d'embryons de plus en plus petits contenus les uns dans les autres comme les poupées gigognes. Un théologien supposa même que dans le Jardin de l'Éden, Ève portait en elle toute l'humanité à venir.

L'autre théorie du développement embryonnaire était l'**épigenèse,** formulée 2000 ans auparavant par Aristote. Selon cette hypothèse, la forme d'un animal apparaissait progressivement à partir d'un œuf relativement informe. Au XIXe siècle, avec les progrès de la microscopie, les biologistes ont pu constater que les embryons se développaient en suivant une série d'étapes. C'est ainsi que l'hypothèse de l'épigenèse a supplanté celle de la préformation chez les embryologistes.

Bien entendu, la biologie moderne a écarté définitivement l'idée d'une personne minuscule vivant dans un ovocyte ou un spermatozoïde. Mais interprété de manière assez large, le concept de préformation conserve une certaine valeur. En effet, si la forme de l'embryon apparaît progressivement au cours du développement de l'ovule fécondé, il y a effectivement *quelque chose* qui est préformé à l'intérieur du zygote. Comme on l'a vu au chapitre 21, le développement de l'organisme dépend en grande partie du génome du zygote et de l'organisation de son cytoplasme. L'ARN messager, les protéines et d'autres molécules produites par l'organisme maternel sont distribués de façon inégale à l'intérieur de l'ovocyte non fécondé. Chez la plupart des espèces animales, ces substances ont un effet déterminant sur le développement du futur embryon (bien que les Mammifères puissent faire exception, comme nous allons le voir). Après la fécondation, la division cellulaire du zygote partage le cytoplasme de telle façon que les noyaux des diverses cellules embryonnaires ne se retrouvent pas dans le même environnement cytoplasmique. Ainsi, les différentes cellules exprimeront différents gènes. Au fur et à mesure que la division cellulaire se poursuit et que l'embryon se développe, les caractères

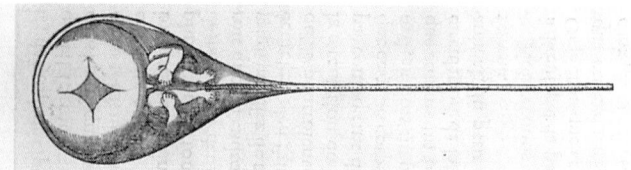

FIGURE 47.1 « Homoncule » dans la tête d'un spermatozoïde humain. Selon une hypothèse issue de l'idée de la préformation, le spermatozoïde contient un minuscule enfant préformé qui grandit tout simplement au cours du développement embryonnaire. Cette gravure date de 1694.

héréditaires apparaissent, grâce à des mécanismes de régulation sélective de l'expression génique qui permettent la différenciation (spécialisation) cellulaire. L'un des aspects essentiels de ces mécanismes est la transmission au moment opportun des instructions « indiquant » aux cellules ce qu'elles doivent faire et quand elles doivent le faire. Cette communication se fait grâce à des médiateurs chimiques qui circulent entre les différentes cellules de l'embryon. Outre la division et la différenciation cellulaires, le développement comprend également la morphogenèse, processus par lequel l'animal prend forme. Ainsi, le processus général du développement est un processus d'épigenèse.

Dans la première moitié de ce chapitre, nous allons faire un survol des premiers stades du développement embryonnaire, au cours desquels émerge la structure générale de l'organisme animal à partir de l'ovule fécondé. Puis dans la seconde moitié, nous allons étudier les principaux mécanismes cellulaires et moléculaires qui interviennent dans le processus de développement. Commençons dès maintenant par examiner la fécondation d'un ovocyte de deuxième ordre par un spermatozoïde.

La fécondation active l'ovocyte de deuxième ordre et provoque la fusion du noyau du spermatozoïde et de celui de l'ovule

Les gamètes (spermatozoïde et ovocyte de deuxième ordre) sont des cellules hautement spécialisées, résultat d'une suite complexe d'événements se déroulant dans les testicules et les ovaires des parents. Nous avons vu, au chapitre 46, qu'un ovaire libère, chaque mois, au moment de l'ovulation chez la femme, un ovocyte de deuxième ordre. Pour que cet ovocyte termine sa méiose et devienne un ovule, il faut qu'un spermatozoïde y pénètre. La fécondation en elle-même a lieu lorsque le noyau du spermatozoïde fusionne avec celui de l'ovule. La fécondation a pour principale fonction de regrouper les assortiments haploïdes de chromosomes de deux individus différents dans une cellule diploïde unique appelée zygote. Elle a aussi pour fonction d'activer l'ovocyte de deuxième ordre : le contact du spermatozoïde avec la surface de l'ovocyte déclenche dans ce dernier des réactions métaboliques qui préparent le développement embryonnaire.

On a effectué en laboratoire de nombreuses études sur la fécondation en procédant à l'union de gamètes d'Oursins. Bien que la fécondation présente certaines variations selon les différents groupes d'Animaux, les Oursins (embranchement des Échinodermes) constituent un bon modèle général pour l'étude des principaux événements qui la jalonnent. Ce ne sont pas des Vertébrés ni même des Cordés, mais des Deutérostomiens (voir le chapitre 32). Le début de leur développement ressemble à celui des Vertébrés.

Réaction acrosomiale

La fécondation des ovocytes de deuxième ordre d'Oursins est externe et se produit après que ces animaux ont libéré leurs gamètes dans l'eau de mer où ils vivent. L'ovocyte de deuxième ordre est recouvert d'une couche gélatineuse qui se dissout lentement. Lorsqu'un spermatozoïde entre en contact avec les molécules qui composent ce revêtement, la vésicule appelée acrosome qui est située dans sa tête se vide de son contenu par exocytose (FIGURE 47.2). Cette **réaction acrosomiale** libère des hydrolases qui permettent au *tubule acrosomial* de traverser le revêtement gélatineux de l'ovocyte en s'allongeant. La pointe du tubule acrosomial est recouverte d'une protéine qui adhère à certaines molécules réceptrices situées sous la couche gélatineuse, sur la membrane vitelline recouvrant la membrane plasmique de l'ovocyte. Chez les Oursins et de nombreux Animaux, cette reconnaissance moléculaire du type « clé et serrure » ne permet la fécondation de l'œuf que par des spermatozoïdes provenant de la même espèce. Ce mécanisme revêt une importance particulière lorsque la fécondation est externe et a lieu dans un milieu aquatique contenant vraisemblablement des gamètes de diverses espèces animales.

La réaction acrosomiale provoque la fusion des membranes plasmiques des deux gamètes et permet la pénétration du noyau d'un seul spermatozoïde dans le cytoplasme de l'ovocyte de deuxième ordre. La fusion des membranes provoque elle-même l'ouverture des canaux ioniques de la membrane de l'ovocyte. Les ions sodium pénètrent alors dans la cellule, et modifient le potentiel de membrane (différence de potentiel entre les faces interne et externe de la membrane) (voir le chapitre 8). Ce phénomène de dépolarisation d'une membrane, qui se produit de une à trois secondes après qu'un spermatozoïde se soit lié à la membrane vitelline, est courant chez les espèces animales. On parle aussi à son sujet de **blocage rapide de la polyspermie**, parce qu'il empêche la liaison d'autres spermatozoïdes avec la membrane plasmique de l'ovocyte. Sans ce blocage, l'ovocyte pourrait être fécondé par plusieurs spermatozoïdes, ce qui mènerait à la formation d'un zygote contenant un nombre anormal de chromosomes.

Réaction corticale

La fusion de la membrane plasmique de l'ovocyte de deuxième ordre avec celle du spermatozoïde a une autre conséquence importante : la **réaction corticale**. Il s'agit d'une série de changements qui se produisent dans la partie externe (cortex) du cytoplasme de l'ovocyte (voir la FIGURE 47.2, étape ❻). La fusion des deux gamètes déclenche une voie de conversion-amplification du stimulus qui aboutit à la libération, par le réticulum endoplasmique, de calcium (Ca^{2+}) dans le cytosol de l'ovocyte. Cette libération de calcium commence au site de pénétration du spermatozoïde et se propage comme une vague à l'ensemble de l'ovocyte (FIGURE 47.3, p. 1094). Elle provoque la poursuite et l'achèvement de la méiose II de l'ovocyte de deuxième

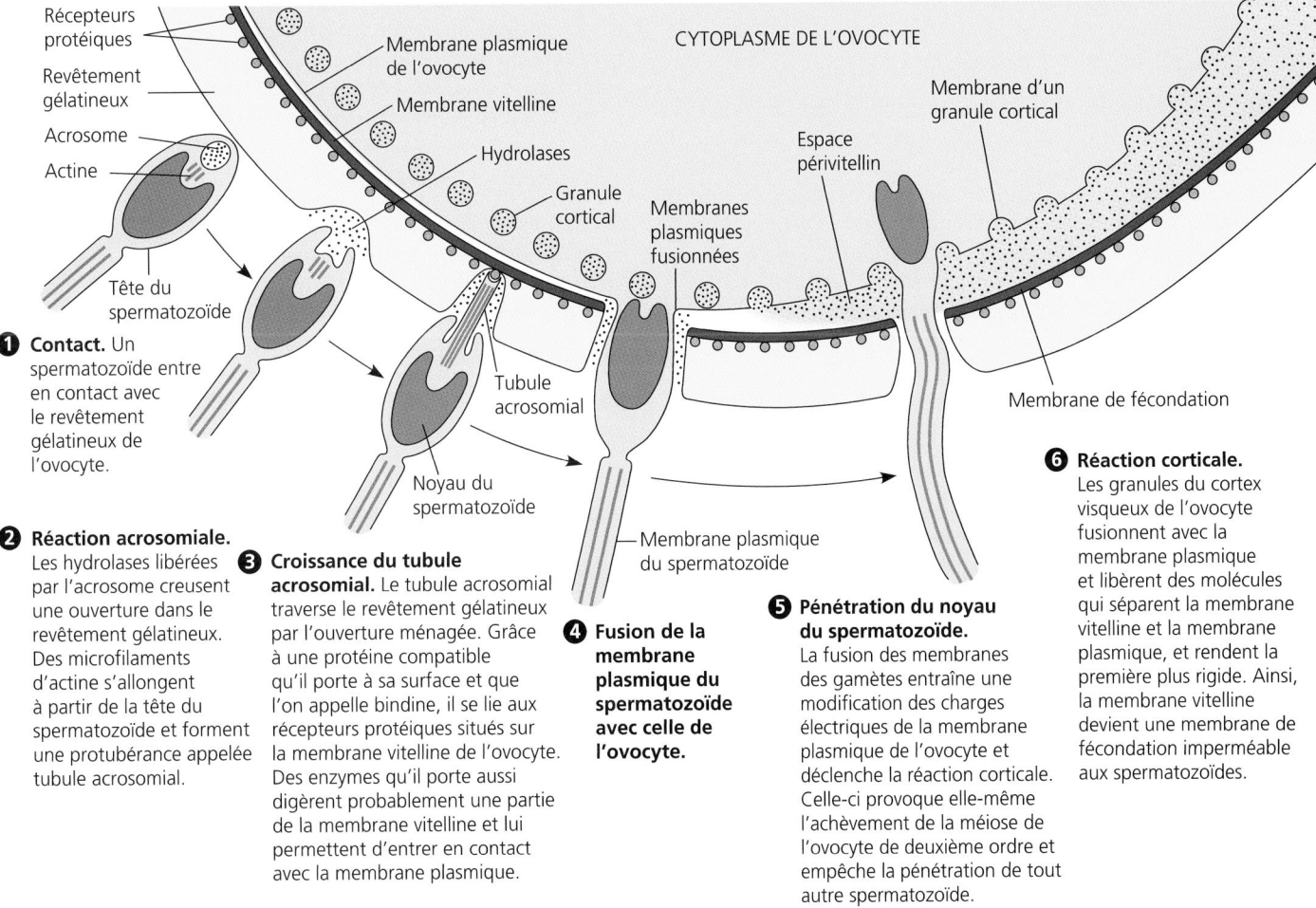

FIGURE 47.2 Réactions acrosomiale et corticale pendant la fécondation, chez l'Oursin.
Les événements qui suivent l'entrée en contact des spermatozoïdes avec l'ovocyte de deuxième ordre ne permettent qu'à un seul noyau de spermatozoïde de pénétrer dans le cytoplasme.

ordre, qui devient alors véritablement un ovule. Il semble que la voie de conversion-amplification du stimulus mène à la production de « seconds messagers » : l'inositol triphosphate (IP$_3$) et le diacylglycérol (DAG, voir la FIGURE 11.15). Dans la membrane du réticulum endoplasmique, l'IP$_3$ ouvre des canaux calciques dont il contrôle l'ouverture. Le calcium libéré déclenche l'ouverture d'autres canaux, et ainsi de suite. En quelques secondes, la forte concentration de Ca^{2+} agit sur les **granules corticaux,** vésicules se trouvant immédiatement sous la membrane plasmique de l'ovocyte de deuxième ordre. En réponse à l'accroissement de la teneur en Ca^{2+}, les granules corticaux fusionnent avec la membrane plasmique et libèrent leur contenu dans l'espace périvitellin, entre la membrane plasmique et la membrane vitelline. Pendant que les enzymes provenant des granules séparent ces deux membranes, les mucopolysaccharides créent un gradient osmotique qui attire l'eau dans l'espace périvitellin. Ce dernier s'accroît alors et écarte la membrane plasmique de la membrane vitelline. Enfin, d'autres enzymes durcissent la membrane vitelline. Cette dernière devient ainsi une **membrane de fécondation** empêchant la pénétration de tout autre spermatozoïde. À ce moment-là, habituellement une minute environ après l'entrée du noyau du spermatozoïde dans l'ovocyte, le potentiel de membrane est revenu à la normale et le blocage rapide de la polyspermie ne fonctionne plus. Mais la membrane de fécondation et d'autres modifications de la surface de l'ovule assurent **un blocage lent de la polyspermie.**

Activation de l'ovocyte de deuxième ordre

Outre qu'elle provoque la réaction corticale, la brusque augmentation de la concentration cytoplasmique de Ca^{2+} entraîne des modifications métaboliques à l'intérieur de l'ovocyte de deuxième ordre. L'ovocyte non fécondé a un métabolisme très lent. Mais dans les quelques minutes qui suivent la pénétration du spermatozoïde, sa vitesse de respiration cellulaire et de synthèse protéique augmente de façon importante. En présence de ces changements rapides, on dit que l'ovocyte de deuxième ordre est activé. Chez les Oursins et de nombreuses autres espèces, le DAG produit par la réaction corticale active une protéine membranaire qui transporte les protons (H$^+$) à l'extérieur de la cellule, ce qui rend le cytosol légèrement alcalin. Cette modifi-

cation du pH semble être indirectement à l'origine des réponses métaboliques de l'ovocyte à la pénétration du spermatozoïde.

Bien que la liaison et la fusion des membranes du spermatozoïde et de l'ovocyte de deuxième ordre soient les événements déclencheurs de l'activation de l'ovocyte, le spermatozoïde n'apporte aucun des matériaux nécessaires à l'activation. En effet, il est possible d'activer artificiellement les ovocytes non fécondés de nombreuses espèces par l'injection de Ca^{2+} ou par divers traitements légèrement traumatisants, tel un choc thermique. Cette activation artificielle déclenche les réponses métaboliques de l'ovocyte et provoque le début de son développement par parthénogenèse (en l'absence de fécondation par un spermatozoïde). Il est même possible d'activer artificiellement un ovocyte de deuxième ordre dont on a enlevé le noyau, ce qui montre que les molécules de l'activation se trouvent déjà dans le cytoplasme. (Bien entendu, le développement embryonnaire de l'organisme ainsi formé prend fin à un stade très précoce, puisqu'il n'y a pas de génome.) Si, une fois activé, un ovocyte sans noyau peut commencer à produire de nouvelles protéines, c'est que l'ARNm qui code pour ces protéines est emmagasiné sous forme inactive dans le cytoplasme de l'ovocyte non fécondé.

Pendant que le métabolisme de l'ovocyte de deuxième ordre activé augmente, le noyau du spermatozoïde, qui est déjà à l'intérieur, commence à grossir. Au bout de 20 minutes environ, il fusionne avec celui de l'ovule, ce qui donne le noyau diploïde caractéristique du zygote. La synthèse de l'ADN commence et la première division cellulaire a lieu au bout de 90 minutes environ (dans le cas des Oursins et de certaines Grenouilles). La FIGURE 47.4 résume les étapes de la fécondation chez les Oursins.

Fécondation chez les Mammifères

Au chapitre 46, nous avons vu que la fécondation *in vitro* d'ovocytes de deuxième ordre humains permettait à des couples stériles d'avoir des enfants. Mais les techniques de fécondation *in vitro* permettent aussi aux biologistes du développement d'étudier le processus de la fécondation chez les Mammifères. De nombreux phénomènes ressemblent à ceux que l'on a observés chez les Oursins, mais il y a également des différences importantes.

FIGURE 47.3 Vague de libération de calcium (Ca^{2+}) pendant la réaction corticale. Dans cette expérience, on a utilisé un colorant qui devient fluorescent lorsqu'il se lie à du Ca^{2+} libre. On peut ainsi suivre la réaction corticale à partir du point de contact du spermatozoïde (0 s), lors de la fécondation d'un ovocyte de deuxième ordre de poisson (MP). La vague d'ions calcium libérés dans le cytosol par le réticulum endoplasmique déclenche la libération de quantités croissantes de Ca^{2+}. La forte concentration de Ca^{2+} dans le cytosol entraîne la fusion des granules corticaux avec la membrane plasmique. Ces granules déversent des enzymes et des mucopolysaccharides qui modifient les propriétés de l'espace périvitellin et de la membrane vitelline, qui devient la membrane de fécondation. Le Ca^{2+} contribue également à amorcer certaines modifications métaboliques à l'intérieur de l'ovocyte fécondé. De plus, il provoque l'achèvement de la méiose dans l'ovocyte de deuxième ordre, qui devient ainsi un ovule.

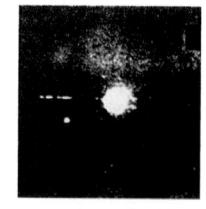 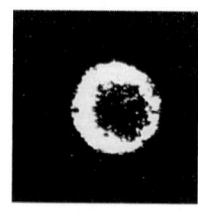 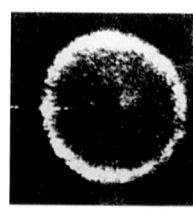 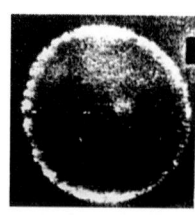

20 µm
(500 ×)

Vague d'ions calcium

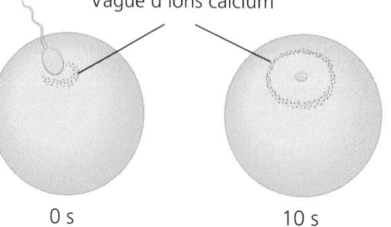 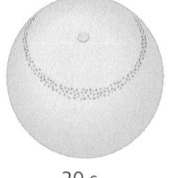 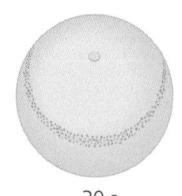

0 s   10 s   20 s   30 s

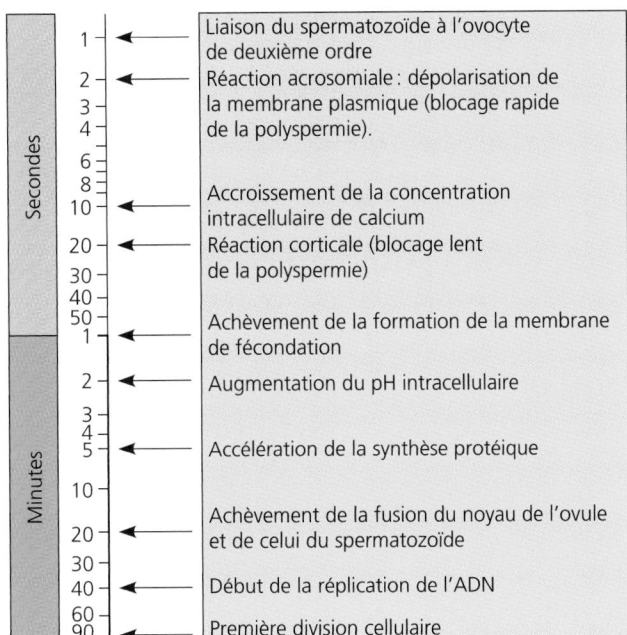

FIGURE 47.4 Étapes de la fécondation chez les Oursins. Le processus commence lorsqu'un spermatozoïde entre en contact avec le revêtement gélatineux qui recouvre l'ovocyte de deuxième ordre (en haut du tableau). Notez que l'échelle est logarithmique.

Chez les Animaux terrestres, notamment les Mammifères, la fécondation est généralement interne, ce qui n'est pas le cas chez les Oursins et la plupart des autres Invertébrés marins. Chez les Mammifères, les sécrétions du système reproducteur de la femelle modifient certaines molécules situées à la surface des spermatozoïdes qui ont été déposés lors de l'éjaculation du mâle. Les spermatozoïdes ont alors une plus grande mobilité. Cette stimulation des fonctions des spermatozoïdes dans le système reproducteur femelle, appelée capacitation, exige un délai d'environ six heures chez l'Humain (FIGURE 47.5, p. 1096).

L'ovocyte des Mammifères (ovocyte de deuxième ordre à cette étape ; voir la FIGURE 46.13) est recouvert de cellules folliculaires qui ont été libérées en même temps que lui lors de l'ovulation. Les spermatozoïdes qui ont subi la capacitation doivent traverser cette couche de cellules folliculaires pour atteindre la **zone pellucide,** matrice extracellulaire de l'ovocyte. La zone pellucide est composée de trois glycoprotéines qui forment des filaments reliés en un réseau tridimensionnel. L'une de ces glycoprotéines, la ZP3, joue également le rôle de récepteur et se lie à une molécule complémentaire située à la surface de la tête du spermatozoïde. Cette liaison provoque une réaction acrosomiale semblable à celle que l'on observe chez l'Oursin (libération du contenu de l'acrosome). Les protéases et autres hydrolases libérées par l'acrosome permettent au spermatozoïde de traverser la zone pellucide et d'atteindre la membrane plasmique de l'ovocyte. La réaction acrosomiale expose également une protéine de la membrane du spermatozoïde, la bindine, qui se lie à un récepteur protéique de la membrane de l'ovocyte. Les deux membranes fusionnent alors.

La liaison du spermatozoïde et de l'ovocyte de deuxième ordre provoque une dépolarisation de la membrane de l'ovocyte qui assure un blocage rapide de la polyspermie, comme c'est le cas chez l'Oursin. Il se produit également une réaction corticale

au cours de laquelle les granules du cortex de l'ovocyte déversent leur contenu à l'extérieur de la cellule par exocytose. Les enzymes que libèrent ces granules corticaux catalysent des modifications de la zone pellucide qui assurent le blocage lent de la polyspermie.

Des prolongements digitiformes, appelés microvillosités, sortent de l'ovocyte de deuxième ordre. Ils font entrer dans ce dernier tout le spermatozoïde, y compris le flagelle. Dans le zygote, le corpuscule basal du flagelle se divise et donne deux centrosomes (pourvus de centrioles). Ce sont ces structures qui créent le fuseau mitotique servant à la division cellulaire. Les ovocytes non fécondés de Mammifères ne possèdent pas de centrosomes.

Chez les Mammifères, contrairement à ce que l'on observe chez les Oursins, le noyau haploïde du spermatozoïde et le noyau haploïde de l'ovule ne fusionnent pas immédiatement lors de la fécondation. En effet, l'enveloppe de chacun des noyaux disparaît, et durant la première division mitotique du zygote les chromosomes des deux gamètes ont le même fuseau mitotique, issu du spermatozoïde. Ce n'est qu'après la première division que les chromosomes des deux parents s'unissent pour former un seul noyau renfermant le génome de l'individu à naître. Cette étape d'union a lieu au moment de la formation des noyaux diploïdes dans les deux cellules filles.

La segmentation divise le zygote en un grand nombre de petites cellules

Après la fécondation, trois étapes amorcent la formation de l'organisme animal. La première est une série de divisions cellulaires appelée segmentation. Elle transforme le zygote en embryon multicellulaire appelé blastula. La deuxième est la gastrulation qui, comme son nom l'indique, produit une gastrula, c'est-à-dire un embryon constitué de trois feuillets (embryon triploblastique). Enfin, la troisième est l'organogenèse, étape de la formation d'organes rudimentaires qui deviendront finalement les structures de l'adulte.

La **segmentation** est la succession rapide de divisions cellulaires qui ont lieu après la fécondation (FIGURE 47.6, p. 1096). Les cellules passent alors de la phase S (synthèse d'ADN) à la phase M (mitose) du cycle cellulaire et sautent souvent les phases G_1 et G_2 (G pour *gap*, « absence de réplication de l'ADN », voir la FIGURE 12.4). À ce stade du développement, l'embryon ne grossit pas. La segmentation divise simplement le cytoplasme de la grosse cellule qu'est le zygote en un grand nombre de petites cellules appelées **blastomères** qui ont chacune leur propre noyau. Ainsi, les diverses régions du cytoplasme du zygote de départ (non divisé) se retrouvent dans des blastomères distincts. Comme ces régions peuvent contenir des composantes cytoplasmiques différentes, la segmentation prépare les prochaines étapes du développement.

Chez la plupart des espèces animales, mais pas chez les Mammifères apparemment, l'ovocyte de deuxième ordre et le zygote ont une certaine polarité. Pendant la segmentation, les plans de division ont une orientation déterminée par rapport aux pôles du zygote. La polarité est définie par la répartition inégale des substances présentes dans le cytoplasme, notamment l'ARNm, certaines protéines et le **vitellus** (réserve de nutriments). Chez de nombreuses Grenouilles et autres espèces animales, la distribution du vitellus est un facteur déterminant

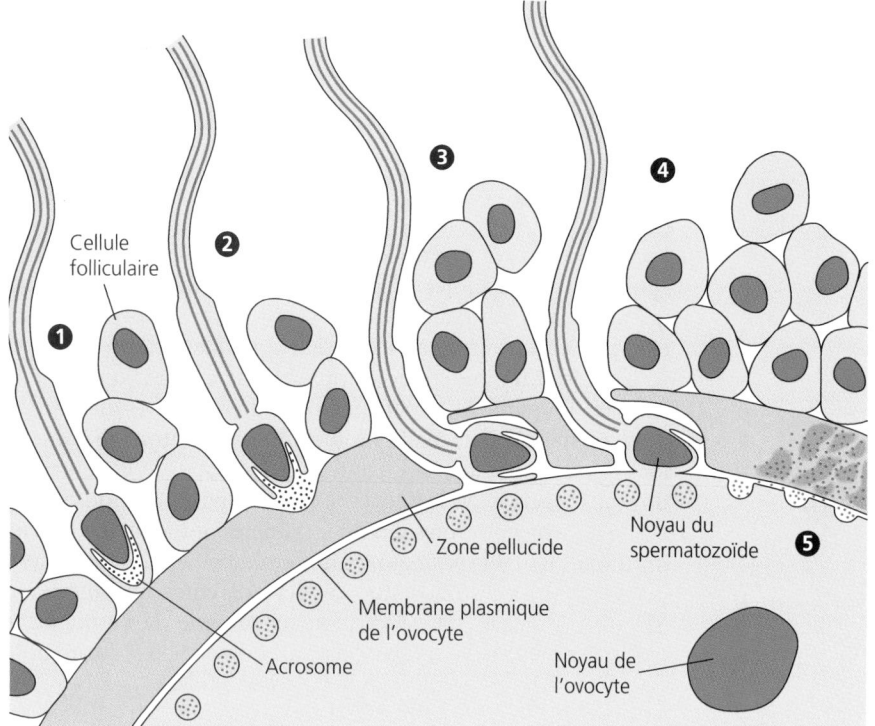

FIGURE 47.5 Fécondation chez les Mammifères.
❶ Le spermatozoïde traverse la couche de cellules folliculaires et se lie aux récepteurs protéiques de la zone pellucide de l'ovocyte de deuxième ordre. (Les récepteurs protéiques ne sont pas représentés.) ❷ Cette liaison déclenche la réaction acrosomiale, au cours de laquelle le spermatozoïde libère des hydrolases dans la zone pellucide. ❸ Grâce à l'action des hydrolases, le spermatozoïde atteint la membrane plasmique de l'ovocyte. Puis la bindine, l'une de ses protéines membranaires, se lie aux récepteurs membranaires de l'ovocyte. ❹ Les membranes plasmiques fusionnent, ce qui permet au noyau du spermatozoïde de pénétrer dans l'ovocyte. ❺ Les enzymes libérées par la réaction corticale de l'ovocyte durcissent la zone pellucide, qui empêche alors la polyspermie.

FIGURE 47.6 Segmentation d'un embryon d'Échinoderme (Oursin). La segmentation est une série de divisions cellulaires qui transforment le zygote en une sphère de cellules beaucoup plus petites appelées blastomères (MP).

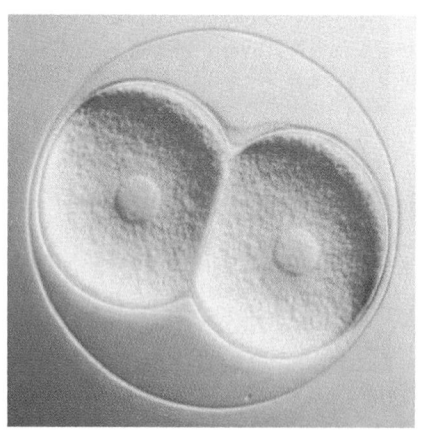

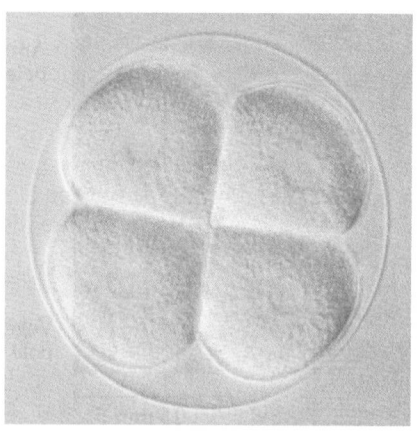

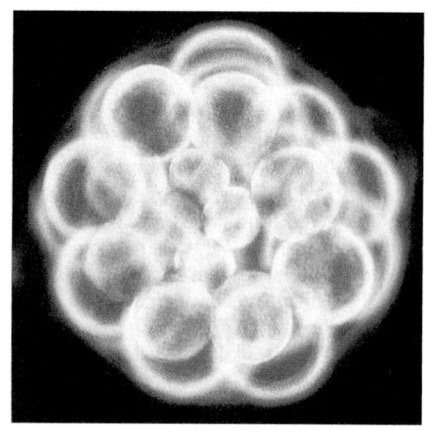

50 μm (460 ×)

(a) La première division de la segmentation, qui se produit de 45 à 90 minutes après la fécondation, produit le stade à deux blastomères. Remarquez que la membrane de fécondation est encore présente.

(b) La deuxième division aboutit au stade à quatre blastomères.

(c) Au bout de quelques heures, des divisions répétées ont produit une sphère multi-cellulaire. L'embryon est encore enveloppé de la membrane de fécondation que la larve percera à l'éclosion.

pour la suite de la segmentation. La concentration de vitellus est plus forte au **pôle végétatif** de l'ovocyte et plus faible au **pôle animal,** qui se trouve à l'opposé. Le pôle animal est également l'endroit où les globules polaires provenant de l'ovogenèse sortent de la cellule par bourgeonnement (voir la FIGURE 46.13). Chez certaines espèces, il marque également l'emplacement de l'extrémité antérieure de l'embryon (tête).

On désigne les hémisphères du zygote d'après leurs pôles respectifs (FIGURE 47.7). Chez de nombreuses espèces de Grenouilles, les hémisphères végétatif et animal de l'ovocyte ont une coloration différente à cause de la répartition inégale des substances cytoplasmiques. L'hémisphère animal contient des granules de mélanine dans la couche extérieure du cytoplasme (le cortex), ce qui lui donne une teinte gris foncé. L'hémisphère végétatif contient quant à lui le vitellus, qui est jaune. Dans les ovocytes de deuxième ordre des Amphibiens, un remaniement du cytoplasme se produit au moment de la fécondation. La membrane plasmique et le cortex qui y est associé se tournent vers le point d'entrée du spermatozoïde, probablement parce que le centrosome provenant du spermatozoïde réorganise le cytosquelette. Ce mouvement de rotation expose une bande cytoplasmique gris clair appelée **croissant gris**. Le croissant gris se situe près de l'équateur de l'ovule, à l'opposé de l'entrée du spermatozoïde. C'est un marqueur précoce important de la polarité de l'ovule chez les Amphibiens, puisqu'il correspond à la face dorsale du futur embryon.

Comme le vitellus tend à gêner la division cellulaire, la segmentation du zygote de Grenouille se déroule plus rapidement

dans l'hémisphère animal que dans l'hémisphère végétatif. Les cellules de l'embryon qui en résulte n'ont donc pas toutes la même taille. En comparaison des œufs de Grenouille, les œufs d'Oursins et de nombreuses autres espèces contiennent moins de vitellus, mais ont tout de même un pôle animal et un pôle végétatif reflétant la répartition inégale des autres substances. Comme ils ne subissent pas la contrainte que représente la présence du vitellus, toutes leurs divisions se déroulent à peu près à la même vitesse et produisent des blastomères qui ont pratiquement la même taille.

Chez les Oursins et les Grenouilles, les deux premières divisions de la segmentation se font verticalement et produisent quatre blastomères s'étendant chacun du pôle animal au pôle végétatif. La troisième division est horizontale et passe par le centre de l'embryon; celui-ci est constitué de huit blastomères répartis en deux couches de quatre (FIGURE 47.8a, p. 1098). Jusque-là, les embryons d'Oursins et de Grenouilles suivent le même cheminement général. En effet, de nombreuses caractéristiques du développement embryonnaire précoce sont communes aux Échinodermes, aux Cordés et aux autres embranchements regroupés sous le nom de Deutérostomiens. Elles permettent de distinguer les Deutérostomiens des Protostomiens, dont font partie les Mollusques, les Annélides et les Arthropodes (voir la FIGURE 32.7).

La suite de la segmentation produit une sphère de cellules que l'on appelle **morula**, nom latin de la mûre, à cause de l'aspect de l'embryon à ce stade (FIGURE 47.8b). À l'intérieur de la morula se forme une cavité pleine de liquide appelée **blastocœle**. La sphère creuse ainsi formée porte le nom de **blastula** (FIGURE 47.8c). Chez les Oursins, le blastocœle se trouve au centre de la blastula. Mais chez les Grenouilles, à cause des divisions inégales, le blastocœle se situe dans l'hémisphère animal (FIGURE 47.8d).

C'est dans les œufs des Oiseaux, des Reptiles, des Insectes et de nombreux Poissons que le vitellus est le plus abondant et influe le plus sur la segmentation. Ainsi, chez les Oiseaux, la partie de l'œuf que l'on appelle communément « le jaune » correspond en fait à l'ovocyte de deuxième ordre qui est grossi par les substances nutritives du vitellus. Cette énorme cellule est entourée par une solution riche en protéines (le blanc) qui fournit des substances nutritives supplémentaires à l'embryon au cours de sa croissance. La segmentation de l'œuf fécondé se limite à un petit disque de cytoplasme sans vitellus situé au pôle animal de l'œuf. Cette division incomplète d'un œuf riche en vitellus est appelée **segmentation méroblastique.** On l'oppose à la **segmentation holoblastique,** qui est la division complète d'œufs contenant peu de vitellus (comme chez les Oursins) ou une quantité moyenne de vitellus (comme chez les Grenouilles).

Les œufs des Insectes comme les Drosophiles, qui contiennent beaucoup de vitellus, subissent un type très particulier de segmentation méroblastique (voir la FIGURE 21.11). En effet, puisque le noyau du zygote est situé *à l'intérieur* de la masse vitelline, la segmentation commence par des divisions mitotiques du noyau, sans cytocinèse. Ces divisions mitotiques produisent plusieurs centaines de noyaux qui migrent à la périphérie de l'œuf. Après plusieurs autres mitoses, une membrane plasmique se forme autour de chacun des noyaux. L'embryon, qui est devenu une blastula, est alors constitué d'une seule couche d'environ 6 000 cellules entourant une masse de vitellus.

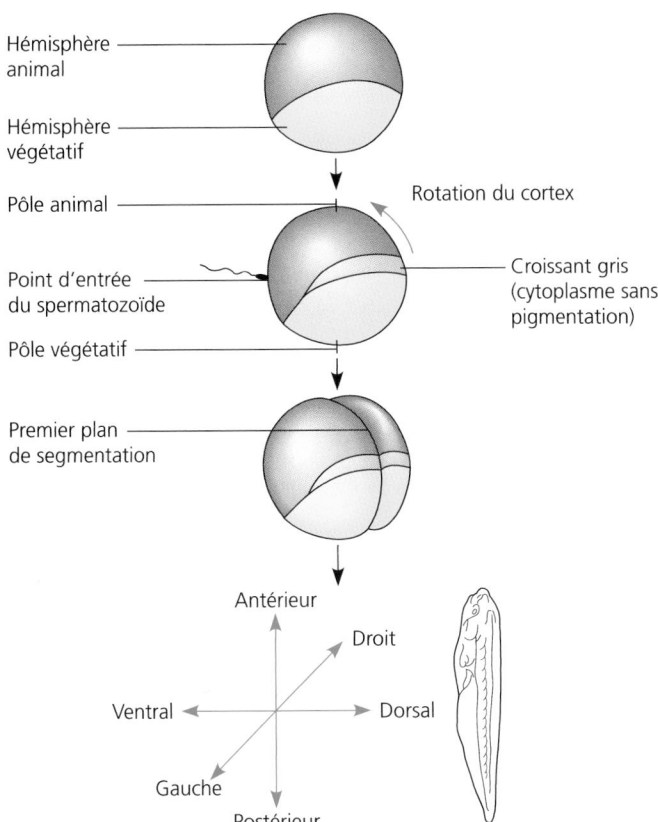

FIGURE 47.7 Établissement des axes embryonnaires et du premier plan de segmentation chez les Amphibiens. L'hémisphère « animal » de l'ovocyte de deuxième ordre, qui deviendra l'extrémité antérieure de l'embryon, est de couleur gris foncé, parce que son cytoplasme externe (cortex) contient de la mélanine. L'hémisphère « végétatif », quant à lui, est de couleur jaune, parce qu'il contient le vitellus. Au moment de la fécondation, le cortex pigmenté glisse sur le cytoplasme en direction du point d'entrée du spermatozoïde. Il expose ainsi une région du cytoplasme qui est plus claire. Cette région, le croissant gris, est à l'opposé du point d'entrée du spermatozoïde. La première division de la segmentation scinde le croissant gris, qui marque l'emplacement de la face dorsale du futur embryon. L'orientation des trois axes de l'embryon est donc déterminée dès le début de la segmentation du zygote.

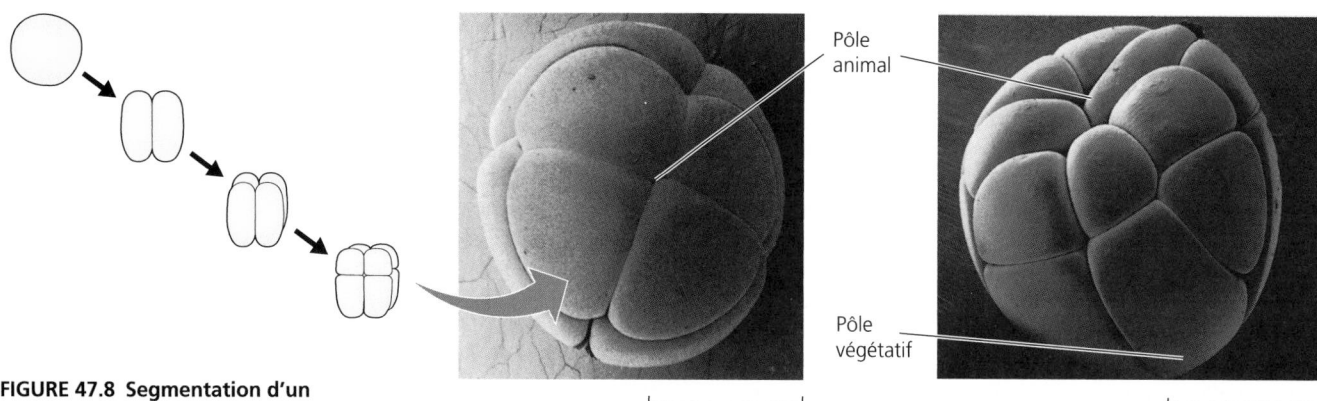

FIGURE 47.8 Segmentation d'un embryon de Grenouille. Le vitellus, concentré au voisinage du pôle végétatif de l'œuf, ralentit la formation des sillons de division dans l'hémisphère végétatif (a, b et c : MEB).

Photos a, b et c reproduites avec la permission des Drs R. G. Kessel et C. Y. Shih. Tous droits réservés.

(a) Embryon à huit blastomères. Suivant deux divisions égales et verticales, passant par les pôles, la troisième division est horizontale. Mais elle est repoussée vers le pôle animal par la présence du vitellus. Ainsi, les quatre blastomères voisins du pôle animal sont plus petits que les autres.

(b) Morula (16 à 64 blastomères). Tandis que la segmentation se poursuit, les cellules voisines du pôle animal se divisent à une vitesse plus rapide que les cellules voisines du pôle végétatif chargées de vitellus.

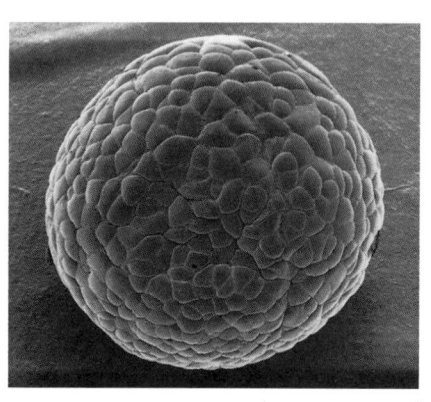

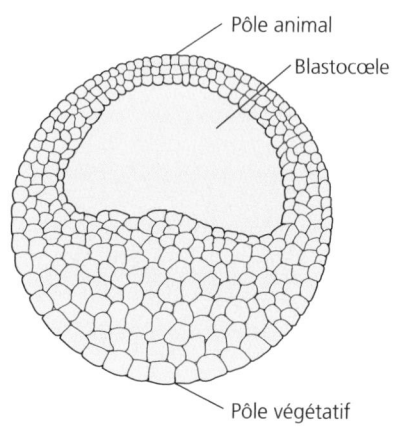

(c) Blastula (à partir de 128 blastomères).

(d) Coupe transversale d'une blastula. Le blastocœle se trouve dans l'hémisphère animal.

La gastrulation transforme la blastula en un embryon à trois feuillets doté d'un tube digestif primitif

Le processus morphogénétique que l'on appelle **gastrulation** est un remaniement radical des cellules de la blastula. Les détails de la gastrulation diffèrent selon les groupes d'Animaux, mais cette réorganisation spatiale de l'embryon découle d'un ensemble de modifications cellulaires qui sont communes à toutes les espèces. Ces mécanismes cellulaires universels sont des modifications touchant la motilité des cellules, leur forme et leur adhérence entre elles et avec les molécules de la matrice extracellulaire (voir la FIGURE 7.29). Sous l'effet de la gastrulation, certaines des cellules situées à la surface ou près de celle-ci se déplacent vers l'intérieur de la blastula. Il se forme ainsi trois feuillets cellulaires. L'embryon formé de trois feuillets est appelé **gastrula.** L'emplacement des feuillets cellulaires de la gastrula permet de nouveaux types d'interactions entre les cellules.

Les trois feuillets issus de la gastrulation sont des tissus embryonnaires appelés **ectoderme, endoderme** et **mésoderme.** On les regroupe collectivement sous le nom de feuillets embryonnaires. L'ectoderme est le feuillet externe de la gastrula, l'endoderme est le feuillet interne de l'embryon et le mésoderme comble en partie l'espace restant, entre l'ectoderme et l'endoderme. Toutes les parties d'un animal adulte proviennent de ces trois feuillets de cellules. Ainsi, notre système nerveux et la couche externe (épiderme) de notre peau se sont formés à partir de l'ectoderme. Les tissus de revêtement internes de notre tube digestif et des organes annexes comme le foie et le pancréas viennent de l'endoderme. Enfin, la plupart des autres organes et tissus – reins, cœur, muscles, couche interne de la peau (ou derme) – sont issus du mésoderme.

Voyons maintenant la gastrulation d'un embryon d'Oursin (FIGURE 47.9). La paroi de la blastula d'Oursin est constituée d'une seule couche de cellules. La gastrulation commence au pôle végétatif, où des cellules se détachent de la paroi de la blastula et deviennent des cellules migratrices, appelées *cellules mésenchymateuses,* qui pénètrent dans le blastocœle. Les cellules qui restent s'aplatissent légèrement de façon à former une plaque végétative qui se replie vers l'intérieur à la suite d'un processus appelé **invagination.** Les cellules de la plaque végétative ainsi incurvée subissent alors un remaniement important qui transforme l'invagination peu prononcée en une poche profonde et étroite appelée **archentéron,** ou intestin primitif. L'ouverture de l'archentéron, qui deviendra l'anus, porte le nom de **blastopore.** Une seconde ouverture, qui deviendra la bouche, se forme à l'autre extrémité de ce tube digestif rudimentaire qu'est l'archentéron. La gastrulation produit donc un embryon doté d'un tube digestif primitif et de trois feuillets embryonnaires : l'ectoderme (que nous représentons en bleu dans ce chapitre), l'endoderme (en jaune) et le mésoderme (en rouge). Ainsi, la structure triploblastique (à trois feuillets) qui caractérise la plupart des embranchements animaux est établie au tout début du développement (voir la FIGURE 32.6). Chez l'Oursin, la gastrula devient une larve ciliée qui dérive, sous forme de plancton, près de la surface de l'océan, où elle se nourrit de bactéries et d'algues unicellulaires.

Dans le développement de la Grenouille, la gastrulation aboutit également à la formation d'un embryon à trois feuillets pourvu d'un archentéron, comme on le voit à la FIGURE 47.10 de la page 1100. Cependant, elle est plus complexe, parce que l'hémisphère végétatif contient de grosses cellules chargées de vitellus et que, chez la plupart des espèces, la paroi de la blastula comporte plusieurs couches de cellules. La gastrulation se manifeste d'abord par l'apparition d'un petit repli, dû à l'invagination d'un groupe de cellules, sur le côté de la blastula. Ce repli devient la **lèvre dorsale** du blastopore et se forme là où se trouvait le croissant gris, sur le zygote (voir la FIGURE 47.7). Près de la lèvre dorsale, l'invagination de groupes successifs de cellules mène à la formation du blastopore lui-même, qui est de forme circulaire.

Chez la Grenouille, tandis que la gastrulation se poursuit, les cellules de la surface s'enfoncent à l'intérieur de l'embryon en roulant par-dessus la bordure de la lèvre dorsale, selon un mécanisme appelé **involution.** Une fois dans l'embryon, elles s'éloignent du blastopore en longeant le toit du blastocœle. L'involution se poursuit et les cellules migratrices internes se regroupent pour former le mésoderme et l'endoderme. L'archentéron se forme à l'intérieur de l'endoderme. Les mouvements cellulaires complexes de la gastrulation aboutissent à la formation d'un embryon à trois feuillets. Vers la fin du processus, la lèvre circulaire du blastopore entoure un **bouchon vitellin** composé de grosses cellules riches en nutriments. Plus tard, l'expansion de l'ectoderme entraîne un rétrécissement du blastopore. Les cellules du bouchon vitellin qui font saillie s'enfoncent alors. À cette étape, les cellules qui restent à la surface constituent l'ectoderme, et enveloppent les feuillets du mésoderme et de l'endoderme. Les trois feuillets sont maintenant en place. La gastrulation est terminée et les organes commencent à se former.

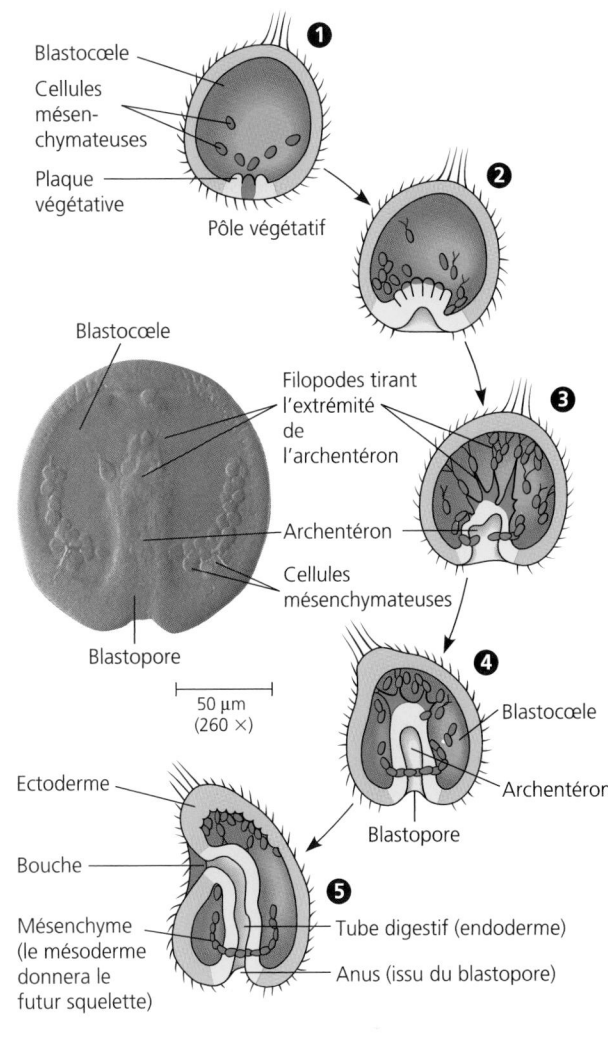

FIGURE 47.9 Gastrulation chez l'Oursin. ❶ La blastula, issue de la segmentation, est constituée d'une seule couche de cellules ciliées entourant le blastocœle. La gastrulation commence par la migration des cellules mésenchymateuses, qui pénètrent dans le blastocœle. ❷ La plaque végétative de cette jeune gastrula, c'est-à-dire la structure qui résulte de l'aplatissement de la partie la plus saillante de l'hémisphère végétatif, s'invagine (se replie vers l'intérieur). Les cellules mésenchymateuses commencent à former des filaments, ou filopodes. ❸ Les cellules de l'endoderme forment l'archentéron (futur tube digestif). Les filopodes des cellules mésenchymateuses relient l'extrémité de l'archentéron et les cellules ectodermiques de la paroi du blastocœle (en médaillon, MP). ❹ Dans la gastrula ayant atteint un stade avancé, la contraction des filopodes tire l'archentéron jusqu'à l'autre pôle du blastocœle, où l'endoderme de l'archentéron fusionne avec l'ectoderme qui constitue la paroi du blastocœle. ❺ La gastrulation se termine. La gastrula a un tube digestif fonctionnel qui s'est formé à partir de l'endoderme de l'archentéron et qui est pourvu d'une bouche et d'un anus. L'ectoderme est devenu la surface extérieure ciliée de l'embryon. Certaines des cellules mésenchymateuses du mésoderme ont sécrété du carbonate ou trioxocarbonate de calcium ($CaCO_3$), qui va donner un squelette interne simple.

FIGURE 47.10 Gastrulation dans un embryon de Grenouille.

❶ Le blastocœle de la blastula de Grenouille est décentré et délimité par une paroi qui a plus d'une cellule d'épaisseur. À partir de cette étape, les couleurs des illustrations indiquent les régions de la blastula qui deviendront les trois feuillets embryonnaires.

LÉGENDE :

▦ Futur ectoderme
☐ Futur endoderme
▨ Futur mésoderme

❷ La gastrulation se manifeste d'abord par l'apparition d'un petit repli, la lèvre dorsale du blastopore, sur un côté de la blastula. Ce repli se forme sous l'action de cellules qui changent de forme et s'enfoncent sous la surface. Puis, d'autres cellules qui deviendront l'endoderme et le mésoderme passent par-dessus la lèvre dorsale (involution) et s'enfoncent dans la gastrula en s'éloignant du blastopore. Pendant ce temps, les cellules du pôle animal, qui deviendront l'ectoderme, recouvrent la surface de l'embryon.

❸ Vue de l'extérieur, la lèvre dorsale du blastopore commence par être circulaire. À l'intérieur, les trois feuillets embryonnaires commencent à se former, tandis que d'autres cellules continuent de migrer vers l'intérieur. L'endoderme, le mésoderme et l'archentéron (tapissé par l'endoderme), qui poursuivent leur croissance, remplissent tout l'espace occupé par le blastocœle.

❹ Vers la fin de la gastrulation, le blastopore circulaire entoure un bouchon formé par les cellules de vitellus (le bouchon vitellin). Les trois feuillets embryonnaires sont maintenant en place. L'organogenèse peut commencer.

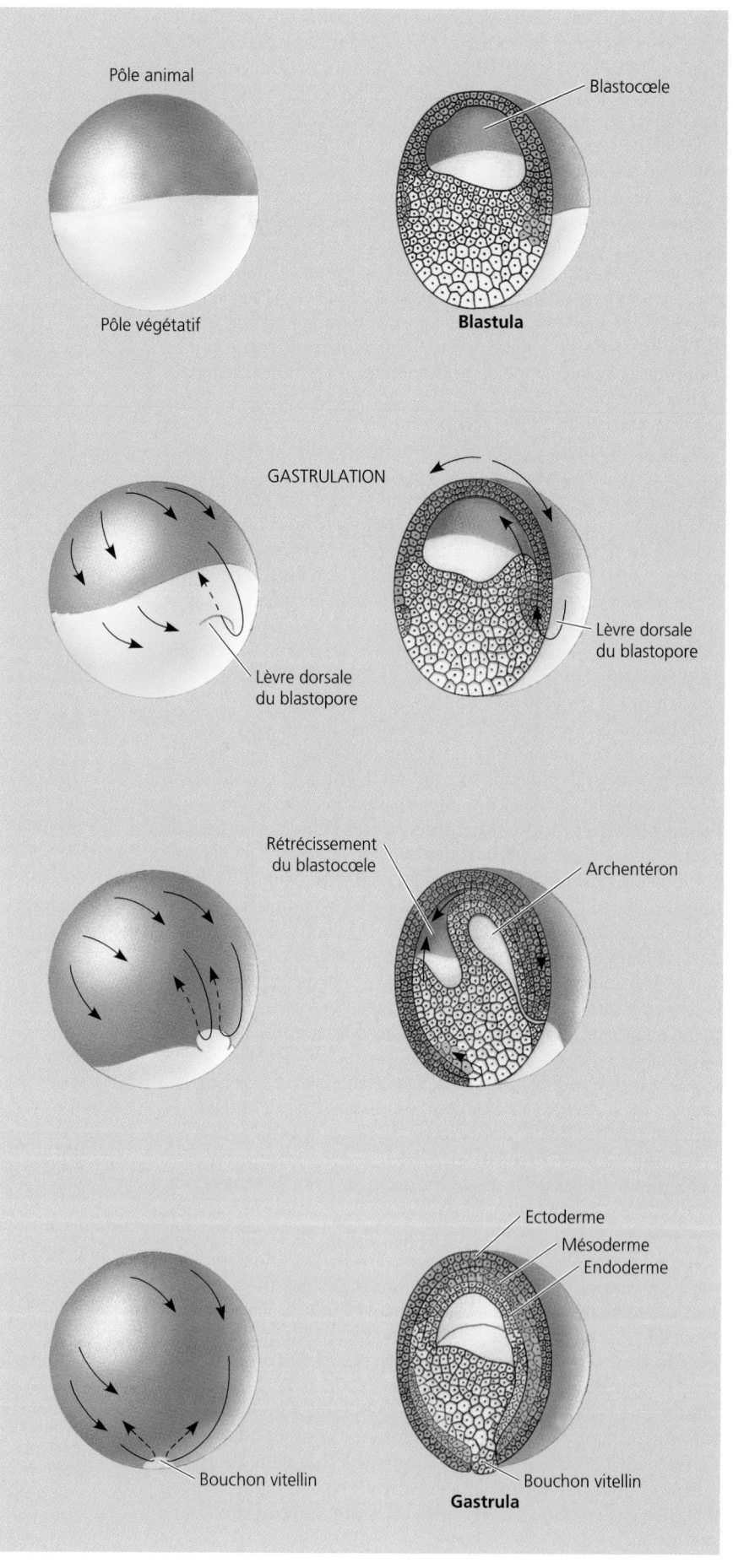

L'organogenèse produit les organes des Animaux à partir des trois feuillets embryonnaires

Pendant le processus d'**organogenèse**, les diverses régions des trois feuillets embryonnaires donnent naissance à des rudiments d'organes (TABLEAU 47.1). Trois types de modifications morphogénétiques (replis, fentes et regroupements denses de cellules) constituent les premiers signes de l'organogenèse. Dans les embryons de Grenouilles et d'autres Cordés, les premiers organes qui prennent forme sont le tube neural et la corde dorsale. La corde dorsale constitue le premier support axial de l'embryon et caractérise tous les Cordés (voir la FIGURE 34.6).

La FIGURE 47.11, à la page 1102, montre le déroulement du début de l'organogenèse chez la Grenouille. La **corde dorsale**, également appelée notocorde, se forme à partir du mésoderme dorsal qui devient plus dense juste au-dessus de l'archentéron. Le tube neural se forme à partir d'une plaque d'ectoderme dorsal située juste au-dessus de la corde dorsale en formation. La plaque neurale se replie bientôt sur elle-même et s'enroule pour donner le **tube neural** qui deviendra le système nerveux central (encéphale et moelle épinière). La forme creuse de ces organes chez la plupart des Cordés est due à ce mode de formation. Chez les Grenouilles, la corde dorsale s'allonge et s'étend tout le long de l'axe antéropostérieur de l'embryon. Plus tard, elle deviendra un noyau autour duquel les cellules de mésoderme s'assembleront pour former les vertèbres. Chez l'adulte, des parties de la corde dorsale subsistent entre les vertèbres et deviennent les disques intervertébraux. (Ce sont ces disques qui peuvent se déplacer et être à l'origine de maux de dos, chez les Humains en particulier.)

Dans les bandes de mésoderme situées de part et d'autre de la corde dorsale se produisent d'autres concentrations de cellules qui donnent des ensembles distincts appelés **somites.** Ces derniers sont disposés en séries de part et d'autre de la corde dorsale, sur toute sa longueur (FIGURE 47.11C). Les cellules provenant des somites forment, d'une part, les vertèbres et, d'autre part, les muscles associés au squelette axial. Cette origine sérielle du squelette axial et de sa musculature corrobore ce que nous avons dit au chapitre 34, où nous avons vu que les Cordés étaient fondamentalement des Animaux segmentés. Cependant, la segmentation devient moins apparente dans la suite du développement. (Il existe des signes de cette segmentation chez l'adulte : les séries de vertèbres chez l'Humain et les segments des muscles en forme de chevrons («) chez les Poissons.) Puis, le mésoderme subit une division latérale par rapport aux somites. Les deux couches qui en résultent constituent le revêtement de la cavité corporelle, ou cœlome.

Tandis que l'organogenèse se poursuit, la morphogenèse et la différenciation cellulaire développent et perfectionnent les organes issus des trois feuillets embryonnaires. Le TABLEAU 47.1 présente l'origine embryonnaire des principaux organes et tissus chez les Grenouilles et les autres Vertébrés. Le long de la ligne de séparation du tube neural et de l'ectoderme, une bande de cellules forme la *crête neurale,* structure qui caractérise les embryons de Vertébrés. Puis, les cellules de la crête neurale migrent vers les différentes parties de l'embryon et donnent les cellules pigmentaires de la peau, certains des os et des muscles du crâne, les dents, les glandes de la médulla surrénale et les structures périphériques du système nerveux telles que les ganglions sensitifs et sympathiques.

Chez la Grenouille, le développement embryonnaire aboutit à un stade larvaire : le têtard prêt à émerger de l'enveloppe gélatineuse qui recouvrait l'ovocyte de départ. Plus tard, le têtard aquatique et herbivore subira une métamorphose pour devenir un adulte terrestre et carnivore.

TABLEAU 47.1 Structures dérivées des trois feuillets embryonnaires chez les Vertébrés

Feuillet embryonnaire	Organes et tissus de l'adulte
Ectoderme	Épiderme de la peau et annexes cutanées (par ex., glandes sébacées, ongles) ; épithéliums buccal et rectal ; récepteurs sensoriels de l'épiderme ; cornée et cristallin de l'œil ; système nerveux ; médulla surrénale ; émail des dents ; épithélium du corps pinéal et de l'hypophyse.
Endoderme	Muqueuses du tube digestif (bouche et rectum non compris) ; muqueuse du système respiratoire ; foie ; pancréas ; glande thyroïde ; glandes parathyroïdes ; thymus ; muqueuses de l'urètre, de la vessie et du système reproducteur.
Mésoderme	Corde dorsale ; système osseux ; système musculaire ; système cardiovasculaire ; système lymphatique et immunitaire ; système urinaire ; système reproducteur (sauf les cellules germinales, dont la différenciation commence lors de la segmentation) ; derme de la peau ; épithélium de la cavité corporelle ; cortex surrénal.

Chez les amniotes, les embryons se développent dans un sac plein de liquide, qui est lui-même dans une coquille ou dans l'utérus maternel

Tous les embryons de Vertébrés ont besoin d'un milieu aqueux pour se développer. Dans le cas des Poissons et des Amphibiens, l'œuf est pondu dans la mer ou en eau douce, et n'a besoin d'aucune cavité remplie d'eau. Lorsque les Vertébrés ont commencé à vivre sur la terre ferme, ils ont dû affronter le problème de la reproduction en milieu sec. Deux solutions sont apparues : les œufs à coquille des Reptiles et des Oiseaux, et l'utérus des Mammifères placentaires. À l'intérieur de la coquille ou de l'utérus, l'embryon des Oiseaux, des Reptiles et des Mammifères baigne dans du liquide, enveloppé dans un sac fait d'une membrane appelé amnios. C'est pourquoi on regroupe les Vertébrés de ces trois classes sous le nom d'**amniotes** (voir le chapitre 34). Nous avons étudié le développement embryonnaire de la Grenouille, vertébré dépourvu d'amnios (anamniote). Afin de pouvoir comparer, nous allons maintenant examiner le début du développement dans deux classes d'amniotes, les Oiseaux et les Mammifères.

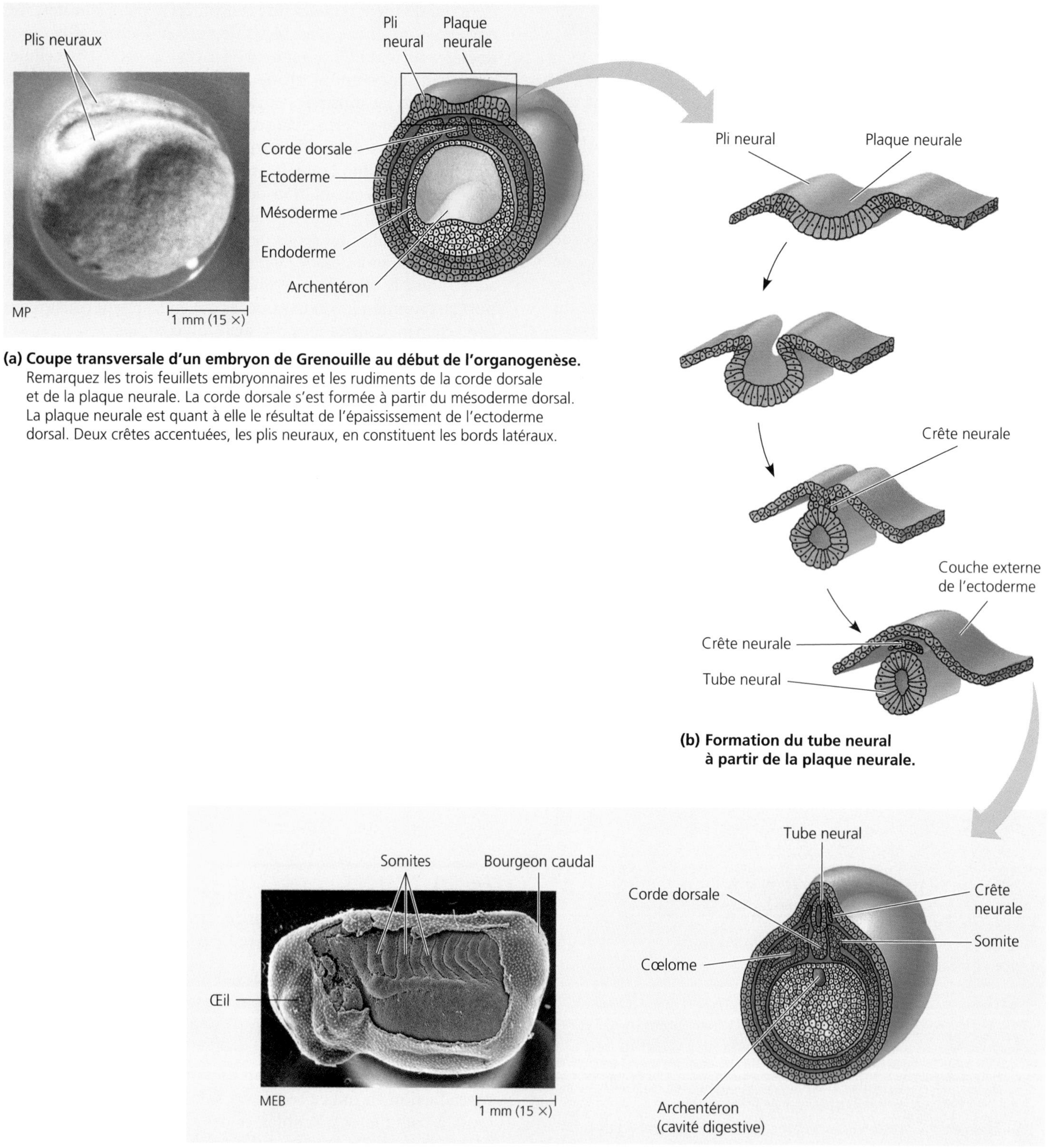

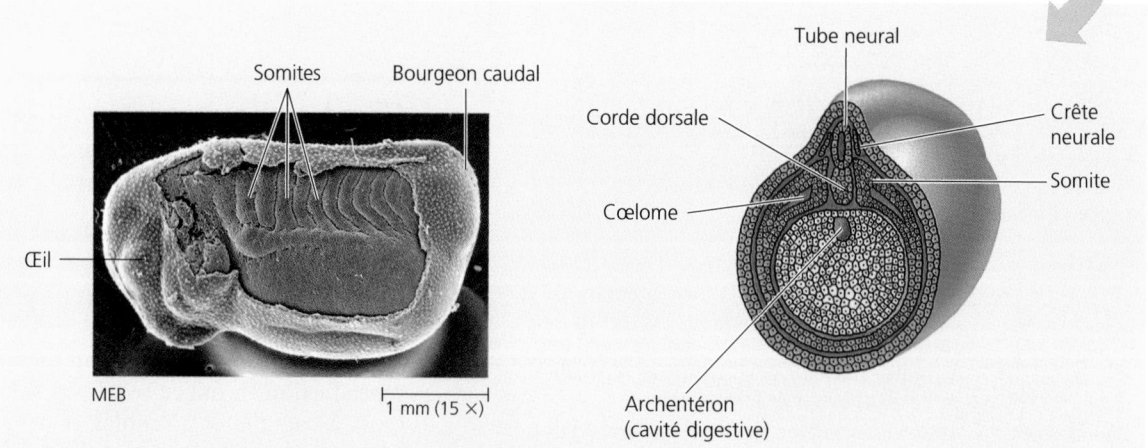

Plis neuraux

Pli neural — **Plaque neurale**

Corde dorsale
Ectoderme
Mésoderme
Endoderme
Archentéron

MP
1 mm (15 ×)

(a) Coupe transversale d'un embryon de Grenouille au début de l'organogenèse. Remarquez les trois feuillets embryonnaires et les rudiments de la corde dorsale et de la plaque neurale. La corde dorsale s'est formée à partir du mésoderme dorsal. La plaque neurale est quant à elle le résultat de l'épaississement de l'ectoderme dorsal. Deux crêtes accentuées, les plis neuraux, en constituent les bords latéraux.

Pli neural — **Plaque neurale**

Crête neurale

Couche externe de l'ectoderme

Crête neurale
Tube neural

(b) Formation du tube neural à partir de la plaque neurale.

Somites — **Bourgeon caudal**

Œil

MEB
1 mm (15 ×)

Tube neural

Corde dorsale
Cœlome
Crête neurale
Somite

Archentéron (cavité digestive)

(c) Somites. Dans le schéma de droite, qui montre la coupe transversale d'un embryon comportant un tube neural complet, les somites sont disposés de part et d'autre de la corde dorsale. S'étant formés à partir du mésoderme, ils donneront naissance à des structures segmentaires telles que les vertèbres et les muscles squelettiques. Le mésoderme latéral a commencé à se dissocier pour donner les deux couches cellulaires qui recouvrent le cœlome. Dans le cliché de gauche présentant une vue latérale d'un embryon entier au stade du bourgeon caudal, on voit que l'on a enlevé une partie de l'ectoderme pour mettre en évidence les somites.

FIGURE 47.11 Organogenèse dans un embryon de Grenouille.

Développement chez les Oiseaux

Chez les Oiseaux, l'œuf subit après la fécondation une segmentation méroblastique, c'est-à-dire que la division cellulaire est limitée à une petite région de cytoplasme dépourvue de vitellus et située au sommet d'une importante masse vitelline. Les premières divisions de la segmentation produisent une plaque de cellules appelée **blastodisque** qui repose sur le vitellus non fragmenté. Les blastomères se séparent ensuite pour donner une couche supérieure et une couche inférieure appelées respectivement épiblaste et hypoblaste (FIGURE 47.12, étape ❶). La cavité située entre ces deux couches est l'équivalent du blastocœle de la Grenouille; et ce stade embryonnaire correspond à la blastula de la Grenouille, bien qu'il n'ait pas la forme d'une sphère creuse.

Comme chez la Grenouille, pendant la gastrulation, des cellules quittent la surface de l'embryon pour pénétrer à l'intérieur. Cependant, chez les Oiseaux, cette migration cellulaire suit un itinéraire fort différent (FIGURE 47.12, étape ❷). Certaines cellules de l'épiblaste, feuillet cellulaire supérieur, rejoignent la ligne médiane du blastodisque, puis se détachent et s'enfoncent en direction du vitellus. Leur mouvement vers le milieu de la surface, puis vers l'intérieur de l'embryon à partir de la ligne médiane du blastodisque produit un sillon appelé **ligne primitive.** Au fur et à mesure qu'elle s'allonge à la surface du blastodisque, cette ligne établit le futur axe antéropostérieur de l'animal. Par sa fonction, elle est l'homologue du blastopore de la Grenouille. Mais elle a la forme d'un repli linéaire et non d'un cercle.

Toutes les cellules dont est issu l'embryon proviennent de l'épiblaste. Certaines des cellules de l'épiblaste qui traversent la ligne primitive se déplacent latéralement dans le blastocœle et forment le mésoderme. Les autres migrent vers le bas en repoussant les cellules de l'hypoblaste, et forment l'endoderme. Les cellules de l'épiblaste qui restent à la surface deviennent l'ectoderme. Bien qu'aucune cellule de l'embryon ne provienne de l'hypoblaste, celui-ci semble contribuer directement à la formation de la ligne primitive avant le début de la gastrulation. Sa présence est nécessaire à un développement normal. Plus tard, les cellules de l'hypoblaste se détachent de l'endoderme et finissent par former certaines parties d'une poche contenant le vitellus et d'un pédicule reliant la masse vitelline et l'embryon. Après la formation des trois feuillets, les bordures du disque embryonnaire se replient vers le bas et se rejoignent. L'embryon prend ainsi la forme grossière d'un cylindre formé de trois feuillets et relié au vitellus à mi-longueur (FIGURE 47.12, étape ❸). La formation du tube neural, le développement de la corde dorsale et des somites ainsi que les autres étapes de l'organogenèse ressemblent beaucoup à ce que l'on a vu pour l'embryon de Grenouille. La FIGURE 47.13, à la page 1104, montre certains des organes d'un embryon de Poulet âgé de deux jours.

À l'étape 3 de la FIGURE 47.12, remarquez que seule une partie de chaque feuillet embryonnaire contribue à la formation de l'embryon lui-même (la portion qui fait saillie au-dessus du blastodisque). Les portions des feuillets qui se trouvent à l'extérieur de l'embryon lui-même deviennent les quatre **membranes extra-embryonnaires,** qui contribuent à la suite du développement de l'embryon dans l'œuf. Ces quatre membranes constituées d'une couche de cellules chacune sont le sac

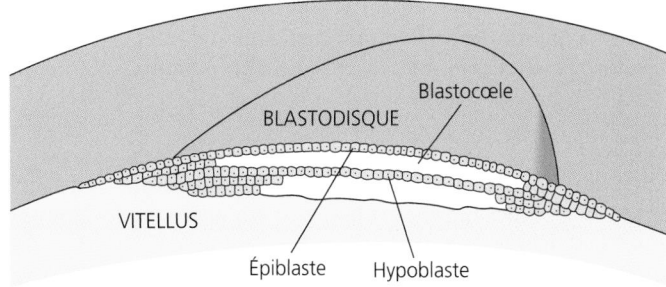

❶ **Segmentation.** Comme l'œuf contient de grandes quantités de vitellus, la segmentation est méroblastique, c'est-à-dire incomplète. La division cellulaire se limite à une petite zone du cytoplasme située au pôle animal. La segmentation produit un blastodisque qui repose sur la masse volumineuse de vitellus, non fragmentée. Le blastodisque se compose de deux couches (l'épiblaste et l'hypoblaste) qui délimitent le blastocœle : c'est la blastula caractéristique des Oiseaux.

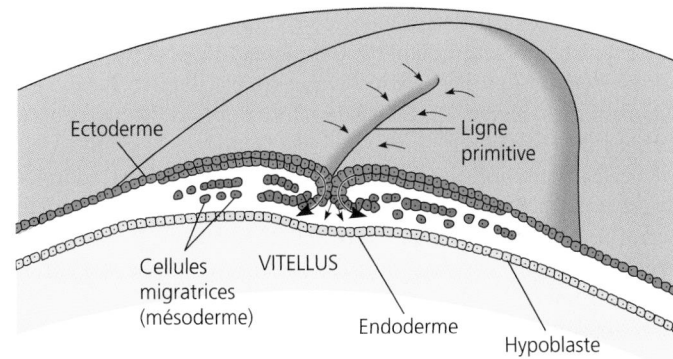

❷ **Gastrulation.** Pendant la gastrulation, quelques cellules de l'épiblaste migrent (flèches) vers l'intérieur de l'embryon en passant par la ligne primitive, représentée ici en coupe transversale. Certaines de ces cellules s'éloignent latéralement pour constituer le mésoderme, alors que d'autres migrent vers le bas et forment l'endoderme.

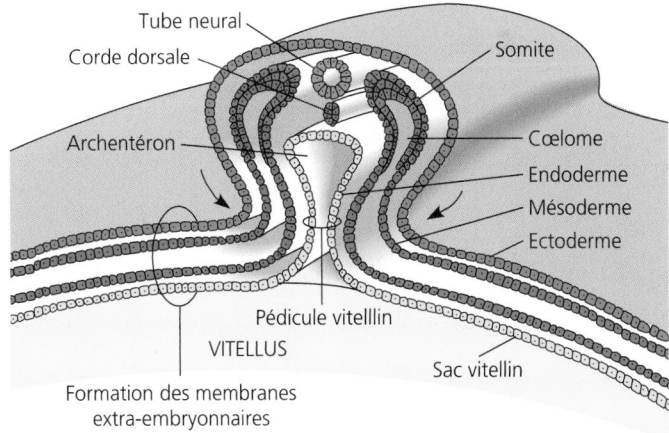

❸ **Début de l'organogenèse.** L'archentéron se forme lorsque des replis latéraux éloignent l'embryon du vitellus. L'embryon reste cependant relié au vitellus par le pédicule vitellin, situé vers le milieu de sa longueur et constitué principalement de cellules de l'hypoblaste. La formation de la corde dorsale, du tube neural et des somites ressemble à ce que l'on a vu chez la Grenouille. Les trois feuillets embryonnaires et les cellules de l'hypoblaste participent également à la formation des membranes extra-embryonnaires, qui contribuent à la suite du développement.

FIGURE 47.12 Segmentation, gastrulation et début de l'organogenèse dans un embryon de Poulet.

vitellin, l'amnios, le chorion et l'allantoïde. Le schéma de la FIGURE 47.14 montre ces membranes chez le Poulet en cours de développement et la légende explique leur fonction.

Développement des Mammifères

Chez la plupart des Mammifères, la fécondation a lieu dans l'une des trompes utérines et les premiers stades du développement ont lieu pendant que l'embryon termine son voyage jusqu'à l'utérus (voir le chapitre 46). Contrairement aux gros ovocytes de deuxième ordre riches en vitellus que l'on trouve chez les Oiseaux et les Reptiles, les ovocytes de deuxième ordre des Mammifères placentaires sont assez petits et contiennent peu de nutriments. Chez les Mammifères, comme nous l'avons vu, l'ovocyte de deuxième ordre et le zygote ne présentent aucune polarité liée au contenu de leur cytoplasme. Le zygote, pauvre en vitellus, subit une segmentation holoblastique. Cependant, la gastrulation et le début de l'organogenèse suivent un cheminement semblable à celui que l'on observe chez les Oiseaux et les Reptiles. (Nous avons vu au chapitre 34 que les Mammifères étaient les descendants de Reptiles ayant vécu au début du Mésozoïque.)

La segmentation des embryons de Mammifères est relativement lente. Dans le cas des Humains, la première division se termine environ 36 heures après la fécondation, la deuxième environ 60 heures après et la troisième environ 72 heures après. Les blastomères ont la même taille. Au début du développement des Mammifères, c'est-à-dire au stade de huit blastomères,

un phénomène important appelé *compaction* se produit. Avant cela, les cellules du jeune embryon forment un ensemble lâche; après, elles adhèrent fortement les unes aux autres. Pendant la compaction, de nouvelles protéines sont produites à la surface des cellules, notamment des cadhérines (protéines dont nous parlerons plus loin dans ce chapitre).

La FIGURE 47.15 illustre la suite du développement de l'embryon humain. ❶ Environ sept jours après la fécondation, l'embryon compte plus de 100 cellules qui délimitent une cavité centrale. Ce stade embryonnaire est appelé **blastocyste.** Un amas de cellules nommé **embryoblaste** fait saillie à une extrémité de la cavité du blastocyste. Il deviendra plus tard l'embryon proprement dit et certaines des membranes extra-embryonnaires. L'épithélium externe entourant la cavité est le **trophoblaste** qui, avec le tissu du mésoderme, constituera la portion fœtale du placenta. L'embryon arrive dans l'utérus au stade de blastocyste et commence bientôt à s'implanter dans la muqueuse utérine (couche fonctionnelle de l'endomètre).

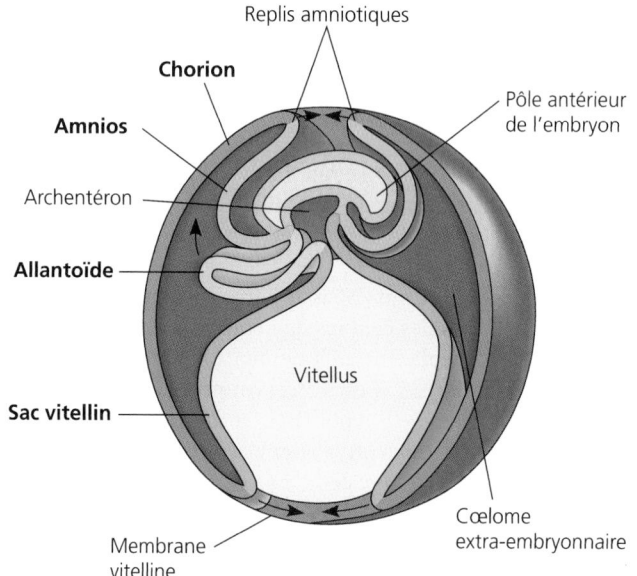

FIGURE 47.14 Formation des membranes extra-embryonnaires chez le Poulet. Quatre membranes extra-embryonnaires (en caractères gras) aident l'embryon à se développer. Chacune d'elles est une couche de cellules qui se forme à partir de cellules épithéliales situées à l'extérieur de l'embryon proprement dit. Le **sac vitellin** recouvre la surface de la masse vitelline. Les cellules qui le composent digèrent le vitellus, et les vaisseaux sanguins qui apparaissent à l'intérieur acheminent les nutriments jusqu'à l'embryon. Les replis latéraux du tissu extra-embryonnaire enveloppent la partie supérieure de l'embryon et fusionnent en formant deux autres membranes extra-embryonnaires, l'amnios et le chorion, qui sont elles-mêmes séparées par des prolongements extra-embryonnaires du cœlome. L'**amnios** enferme l'embryon en formant un sac amniotique rempli de liquide qui protège l'embryon contre le dessèchement et les chocs. Le **chorion** offre également une certaine protection contre les chocs. Enfin, dernière membrane extra-embryonnaire, l'**allantoïde** est une évagination de la partie postérieure de l'intestin primitif. Cette poche s'étend dans le cœlome extra-embryonnaire et emmagasine l'acide urique, forme de déchet azoté insoluble produite par l'embryon. Au fur et à mesure que l'allantoïde grossit, elle pousse le chorion contre la membrane vitelline, qui est le revêtement interne de la coquille. Ensemble, l'allantoïde et le chorion constituent l'organe respiratoire de l'embryon. Les vaisseaux sanguins qui se forment dans l'épithélium de l'allantoïde transportent le dioxygène jusqu'à l'embryon. Les membranes extra-embryonnaires des Reptiles et des Oiseaux représentent des adaptations qui ont permis de résoudre les problèmes que posait le développement sur la terre ferme.

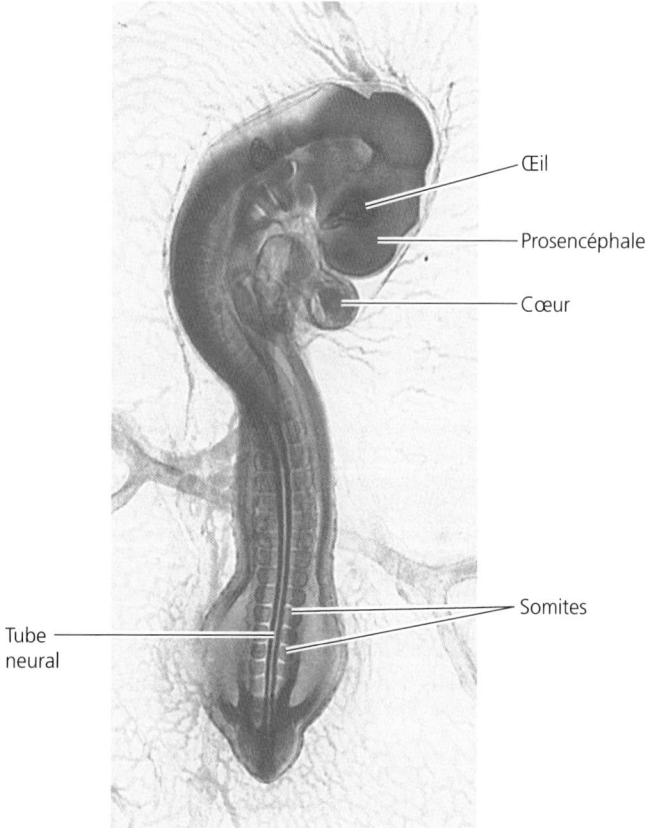

FIGURE 47.13 Organogenèse dans un embryon de Poulet. Dans cet embryon de Poulet âgé d'environ 56 heures se trouvent déjà, à l'état d'ébauches, la plupart des principaux organes (MP).

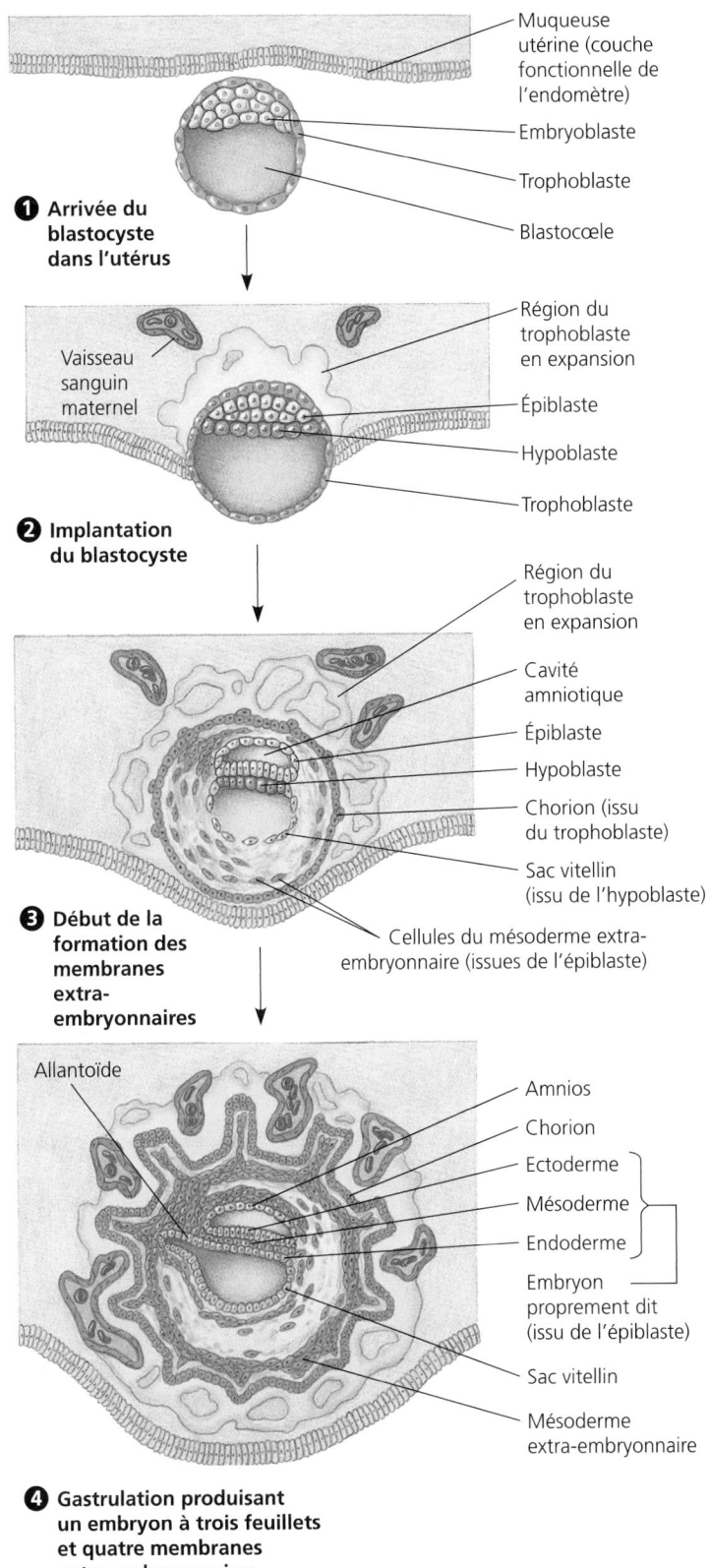

❶ Arrivée du blastocyste dans l'utérus

Muqueuse utérine (couche fonctionnelle de l'endomètre)

Embryoblaste

Trophoblaste

Blastocœle

❷ Implantation du blastocyste

Vaisseau sanguin maternel

Région du trophoblaste en expansion

Épiblaste

Hypoblaste

Trophoblaste

❸ Début de la formation des membranes extra-embryonnaires

Région du trophoblaste en expansion

Cavité amniotique

Épiblaste

Hypoblaste

Chorion (issu du trophoblaste)

Sac vitellin (issu de l'hypoblaste)

Cellules du mésoderme extra-embryonnaire (issues de l'épiblaste)

Allantoïde

❹ Gastrulation produisant un embryon à trois feuillets et quatre membranes extra-embryonnaires

Amnios

Chorion

Ectoderme

Mésoderme

Endoderme

Embryon proprement dit (issu de l'épiblaste)

Sac vitellin

Mésoderme extra-embryonnaire

FIGURE 47.15 Début du développement d'un embryon humain et de ses membranes extra-embryonnaires. Cette série de coupes schématiques illustre les quatre stades qui sont décrits dans le texte.

❷ Le trophoblaste amorce l'implantation en sécrétant des enzymes qui permettent au blastocyste de s'enfoncer dans la couche fonctionnelle de l'endomètre. Baignant dans le sang qui provient des capillaires érodés de l'endomètre, il s'épaissit et produit des prolongements digitiformes (en forme de doigts) dans le tissu maternel environnant. (Plus tard, le placenta se formera à partir de ces prolongements du trophoblaste et de la région de l'endomètre ainsi envahie; voir la FIGURE 46.17.) À peu près au même moment que l'implantation, l'embryoblaste devient un disque comportant une couche cellulaire supérieure, l'*épiblaste,* et une couche cellulaire inférieure, l'*hypoblaste.* Ces deux couches sont homologues de celles que l'on trouve dans l'embryon des Oiseaux. Comme celui-ci, l'embryon des Mammifères se développe presque entièrement à partir des cellules de l'épiblaste. Les cellules de l'hypoblaste deviennent quant à elles le sac vitellin.

❸ Les membranes extra-embryonnaires commencent à se former. Le trophoblaste produit le chorion et continue de s'étendre à l'intérieur de l'endomètre. L'épiblaste a commencé à produire l'amnios, qui délimite une cavité remplie de liquide. De plus, certaines de ses cellules forment le mésoderme et deviendront une partie du placenta.

❹ La gastrulation est le mouvement de cellules de l'épiblaste qui passent par une ligne primitive et s'enfoncent à l'intérieur, où elles forment le mésoderme et l'endoderme, tout comme chez le Poulet. Il en résulte un embryon à trois feuillets enveloppé dans les prolongements du mésoderme extra-embryonnaire. On observe également la formation de quatre membranes extra-embryonnaires homologues de celles que l'on trouve chez les Reptiles et les Oiseaux. Le *chorion,* issu du trophoblaste, enveloppe complètement l'embryon et les autres membranes. L'*amnios* apparaît tout d'abord sous la forme d'un dôme surmontant les prolongements de l'épiblaste, puis finit par former une cavité amniotique remplie de liquide et contenant l'embryon. (Le liquide de cette cavité constitue les « eaux » qui sont expulsées par le vagin de la mère lorsque l'amnios se déchire, juste avant l'accouchement.) Juste au-dessous de l'embryon proprement dit, le *sac vitellin* constitue une autre cavité remplie de liquide. Bien que cette cavité ne contienne pas de vitellus, on nomme la membrane qui l'entoure de la même manière que la membrane vitelline homologue chez les Oiseaux et les Reptiles. La membrane du sac vitellin des Mammifères est le site de production des premiers globules sanguins, lesquels migrent ensuite vers l'embryon lui-même. Enfin, l'*allantoïde* se forme à partir d'une évagination de l'intestin primitif de l'embryon (archentéron), comme chez le Poulet. Elle s'intègre au cordon ombilical, où elle donne naissance à des vaisseaux sanguins. Ces derniers ont pour fonction de transporter le dioxygène et les nutriments du placenta jusqu'à l'embryon et de débarrasser celui-ci du dioxyde de carbone et des déchets azotés qu'il produit. Les membranes extra-embryonnaires des œufs à coquille, dans lesquels les embryons sont nourris de vitellus, se sont donc conservées lorsque, au cours de l'évolution, les Mammifères ont divergé des Reptiles. Cependant, elles ont subi des modifications qui permettent le développement de l'embryon à l'intérieur des voies génitales maternelles.

L'organogenèse commence par la formation du tube neural, de la corde dorsale et des somites. Chez l'Humain, à la fin du premier trimestre de développement, les principaux organes ont déjà commencé à se former à partir des trois feuillets embryonnaires (voir le TABLEAU 47.1) et sont à l'état d'ébauches.

LES FONDEMENTS CELLULAIRES ET MOLÉCULAIRES DE LA MORPHOGENÈSE ET DE LA DIFFÉRENCIATION CHEZ LES ANIMAUX

Après avoir vu les principales étapes du développement embryonnaire chez les Animaux, nous allons consacrer le reste de ce chapitre aux processus cellulaires et moléculaires qui en constituent le fondement. Bien que les biologistes soient loin d'avoir complètement élucidé ces mécanismes, ils ont découvert plusieurs principes fondamentaux du développement des Animaux.

Chez les Animaux, la morphogenèse comporte certaines modifications touchant la forme, l'emplacement et l'adhérence des cellules

La morphogenèse est l'un des principaux aspects du développement chez les Animaux et les Plantes. Il n'y a que chez les Animaux cependant qu'elle fait intervenir le *déplacement* des cellules. Grâce aux mouvements de certaines de leurs parties, les cellules peuvent changer de forme ou se déplacer à l'intérieur de l'embryon. Et c'est exactement ce qui se produit pendant la segmentation, la gastrulation et l'organogenèse.

Les changements de forme des cellules se font habituellement par un remaniement du cytosquelette (voir le chapitre 7). Voyons par exemple comment les cellules de la plaque neurale forment le tube neural (FIGURE 47.16). Tout d'abord, il semble que les microtubules orientés parallèlement à l'axe dorsoventral de l'embryon étirent les cellules dans cette direction. À l'extrémité dorsale de chaque cellule se trouve un réseau de microfilaments d'actine parallèles et orientés dans le sens de la largeur. Ces microfilaments se contractent et donnent à la cellule une forme de coin qui force la couche d'ectoderme à s'incurver vers l'intérieur. Pendant toute la durée du développement, les cellules subissent des changements de forme de cette nature là où apparaissent des invaginations (repliements vers l'intérieur) et des évaginations (repliements vers l'extérieur) dans les diverses couches de tissu.

C'est aussi le cytosquelette qui est à l'origine du déplacement actif des cellules au sein de l'organisme animal en développement. Ses microfilaments forment des excroissances cellulaires qui s'allongent et se contractent, ce qui permet aux cellules de « ramper » à l'intérieur de l'embryon. Ce type de motilité est apparenté au mouvement amiboïde illustré à la FIGURE 7.27b. Cependant, contrairement aux pseudopodes épais des cellules amiboïdes, les excroissances des cellules embryonnaires migratrices ont habituellement la forme de minces bandes (lamellipodes) ou de pointes (filopodes). Chez certains organismes, ce

sont les cellules situées à la surface de la blastula qui, prenant une forme de coin, amorcent la gastrulation. Cependant, par la suite, le mouvement des cellules vers l'intérieur de l'embryon résulte de l'action des filopodes qui sortent des cellules se trouvant à la tête du tissu en migration. Ces cellules tirent derrière elles d'autres cellules et les entraînent dans le blastopore. Ainsi, une couche de cellules qui se trouvait à la surface de l'embryon est entraînée à l'intérieur du blastocœle, où elle devient l'endoderme et le mésoderme de l'embryon (voir la FIGURE 47.9). Par ailleurs, de nombreuses cellules migrent séparément, de manière individuelle. C'est notamment le cas des cellules de la crête neurale qui se dispersent dans différentes parties de l'embryon.

Le mouvement cellulaire intervient également dans le type de déplacement morphogénétique que l'on appelle **extension convergente** (FIGURE 47.17). Les cellules d'une couche de tissu se réorganisent alors de telle manière que la couche de tissu rétrécit (convergence) tout en s'allongeant (extension). Lorsqu'un grand nombre de cellules s'intercalent les unes entre les autres, le tissu peut s'étirer de façon spectaculaire. L'extension convergente joue un rôle important au début du développement embryonnaire. Par exemple, on peut l'observer lorsque l'archentéron de l'embryon d'Oursin s'allonge et lorsque l'involution de la gastrula de Grenouille se produit.

Les chercheurs ne savent pas encore exactement ce qui déclenche et ce qui oriente l'extension convergente. Cependant, ils pensent que ce mécanisme fait probablement intervenir la matrice extracellulaire, c'est-à-dire le mélange de glycoprotéines de sécrétion qui se trouve à l'extérieur de la membrane plasmique des cellules (voir la FIGURE 7.29). La matrice extracellulaire guide les cellules dans de nombreux mouvements morphogénétiques. Il est possible que ses fibres agissent comme des guides et fassent prendre certaines trajectoires aux cellules migratrices (FIGURE 47.18). Plusieurs types de glycoprotéines extracellulaires, dont diverses fibronectines, facilitent le mouvement de reptation des cellules en fournissant un appui. D'autres

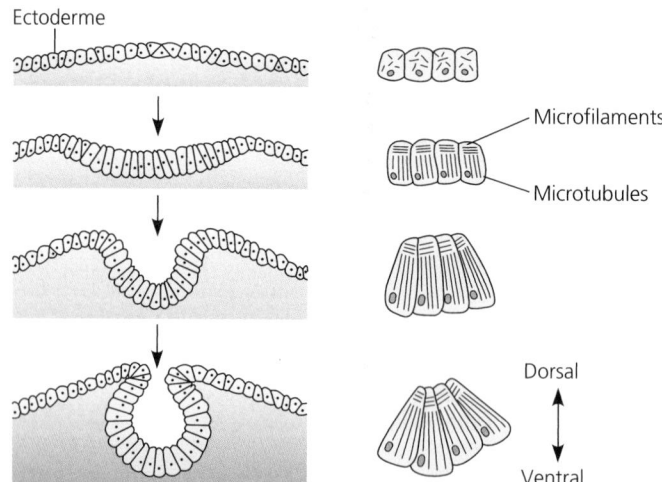

FIGURE 47.16 Changements de forme des cellules pendant la morphogenèse. Les modifications morphogénétiques observées dans les tissus embryonnaires sont associées à un remaniement du cytosquelette cellulaire. Comme on le voit ici, lors de la formation du tube neural des Vertébrés, les microtubules étirent les cellules de la plaque neurale. Les microfilaments situés à l'extrémité dorsale des cellules se contractent ensuite et leur donnent une forme de coin, ce qui a pour effet d'incurver l'ectoderme vers l'intérieur.

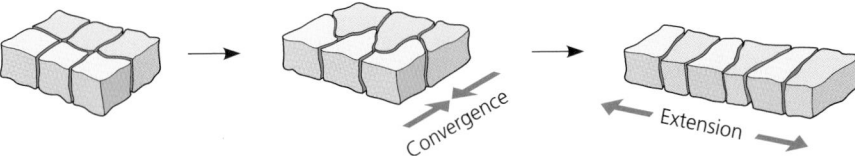

FIGURE 47.17 Extension convergente d'une couche de cellules. Dans ce schéma simplifié, la couche de cellules rétrécit et s'allonge sous l'effet des changements de forme et de position des cellules. Réagissant à un stimulus de nature inconnue, les cellules s'étirent dans une certaine direction et s'intercalent les unes entre les autres. Il en résulte un allongement de la couche cellulaire dans une direction perpendiculaire au mouvement de convergence.

substances présentes dans la matrice extracellulaire maintiennent les cellules dans leur trajectoire en *inhibant* la migration dans certaines directions. Par conséquent, selon la nature des substances qu'elles sécrètent, les cellules non migratrices situées sur les trajets migratoires peuvent stimuler ou inhiber le mouvement des autres cellules. Les cellules migratrices ont à leur surface des protéines réceptrices qui, tout au long du mouvement migratoire au sein de l'embryon, détectent dans le milieu immédiat des indices sur la direction à suivre. Les stimulus émis par ces récepteurs incitent les éléments du cytosquelette à orienter la cellule dans la direction appropriée.

FIGURE 47.18 Matrice extracellulaire et migration cellulaire. Ces micrographies prouvent que l'orientation des fibres de la matrice extracellulaire est déterminée par l'orientation du cytosquelette des cellules qui sécrètent cette matrice. Pendant le développement des tissus et des organes, un groupe donné de cellules peut ainsi influer sur la trajectoire suivie par un groupe de cellules en migration.

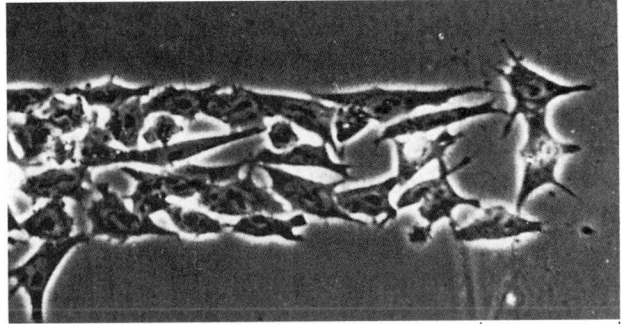

(a) Des cellules de la crête neurale migrent en suivant une bande de fibres de fibronectine fixées sur une lame de verre (MP).

50 μm (400 ×)

La migration des cellules de mésoderme le long de la fibronectine, pendant la gastrulation chez les Amphibiens, illustre parfaitement le rôle de la matrice extracellulaire. Pendant la pénétration du mésoderme dans l'embryon, les cellules situées sur le bord libre migrent en suivant les fibres de fibronectine qui recouvrent le toit du blastocœle. On peut empêcher les cellules de se fixer aux fibres en injectant, par exemple, dans l'embryon des anticorps visant la fibronectine. Ce type de perturbation peut avoir pour effet d'interrompre le mouvement du mésoderme vers l'intérieur de l'embryon.

Les glycoprotéines qui fixent les cellules migratrices à la matrice extracellulaire sous-jacente contribuent également à maintenir ensemble les cellules lorsqu'elles atteignent leur destination et que les divers tissus et organes prennent forme. Les **molécules d'adhérence cellulaire,** qui sont situées à la surface des cellules et qui se lient aux molécules d'adhérence cellulaire des autres cellules, facilitent ainsi la migration cellulaire et stabilisent les tissus. La nature chimique des molécules d'adhérence cellulaire et leur quantité varient selon le type de cellule. Ces différences entre cellules contribuent à la régulation des mouvements morphogénétiques et à la formation des tissus.

Les **cadhérines** constituent une des classes importantes de molécules d'adhérence cellulaire. On les a nommées ainsi parce qu'elles ne peuvent jouer leur rôle qu'en présence d'ions calcium. Il en existe de nombreuses sortes, le gène de chacune s'exprimant en des endroits et à des moments prédéterminés au cours du développement embryonnaire. Les chercheurs ont montré de façon très convaincante l'importance d'une cadhérine en particulier dans la formation de la blastula de Grenouille (FIGURE 47.19, p. 1108).

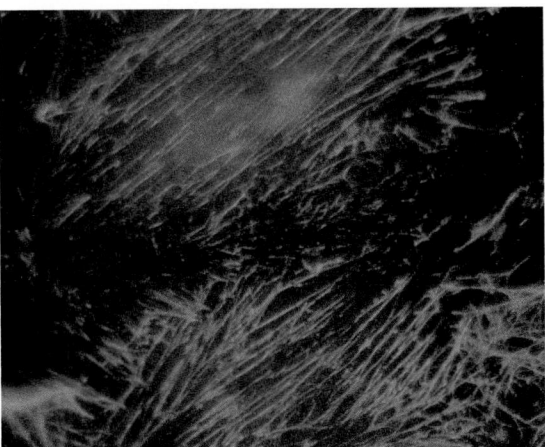 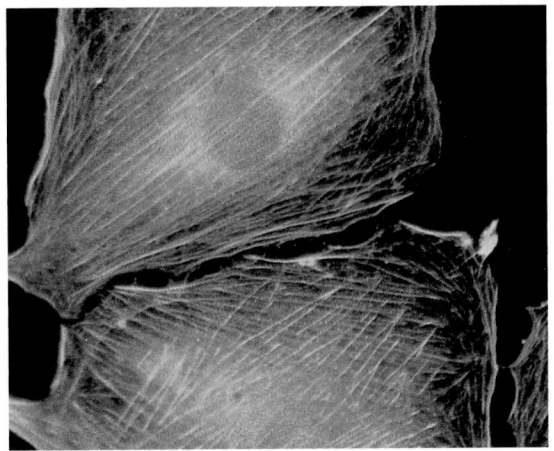

25 μm (800 ×)

(b) Deux colorants fluorescents permettent de mettre en évidence la relation étroite qu'il y a entre l'orientation des fibres de fibronectine de la matrice extracellulaire (à gauche) et celle des microfilaments contractiles du cytosquelette (à droite) de deux cellules en migration (MP). Remarquez ainsi que l'orientation des microfilaments intracellulaires et des fibres extracellulaires est la même.

(a) Embryon expérimental   **(b) Embryon témoin**

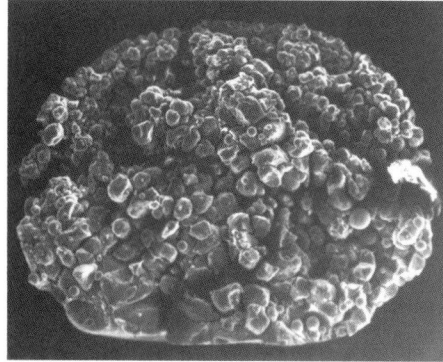 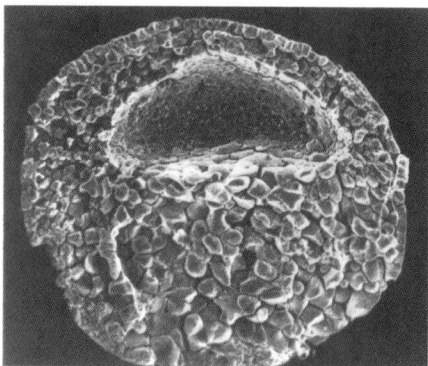

FIGURE 47.19 Rôle d'une cadhérine dans la formation de la blastula de Grenouille.
(a) Les chercheurs ont injecté dans des ovocytes de deuxième ordre de *Xenopus* (Amphibien) un acide nucléique complémentaire de l'ARNm codant pour l'EP-cadhérine. Cet acide nucléique « antisens », c'est-à-dire complémentaire de l'ARNm, neutralise ce dernier, qui ne produit plus alors aucune protéine (voir le texte sur l'interférence par ARN au chapitre 20). L'absence d'EP-cadhérine, qui est une protéine, a entravé le développement de la blastula. Le blastocœle ne s'est pas formé normalement et les cellules se sont regroupées de façon désordonnée. **(b)** Dans les embryons témoins, le blastocœle s'est formé normalement.

Pendant le développement, la destinée des cellules est définie par les déterminants cytoplasmiques et l'induction entre cellules : *une révision*

Une différenciation de nombreux types de cellules, à des moments précis et en des endroits particuliers, se produit en même temps que les modifications morphogénétiques conférant aux Animaux et à leurs parties leur forme caractéristique. Comme nous l'avons vu au chapitre 21, deux principes généraux se dégagent de ce que l'on sait des mécanismes génétiques et cellulaires qui sont à la base de la différenciation pendant le développement embryonnaire :

1. *Chez de nombreuses espèces animales (les Mammifères sont peut-être la grande exception), la répartition inégale des déterminants cytoplasmiques dans l'ovocyte de deuxième ordre entraîne des différences régionales chez le jeune embryon.* En divisant le cytoplasme hétérogène du zygote polarisé, la segmentation distribue aux blastomères ainsi créés des quantités différentes d'ARNm, de protéines et d'autres molécules. Les différences locales de composition cytoplasmique contribuent à définir la position des axes de l'organisme. Elles influent également sur l'expression des gènes qui déterminent la destinée des cellules au cours du développement. Chez de nombreuses espèces animales, les déterminants cytoplasmiques sont donc à l'origine des différences existant, au départ, entre les cellules des jeunes embryons.

2. *Ensuite, les interactions entre les cellules embryonnaires elles-mêmes entraînent, par induction, des divergences dans l'expression génique. Elles aboutissent à la différenciation des nombreux types cellulaires spécialisés qui constituent un nouvel individu animal.* L'induction peut se faire par diffusion de médiateurs chimiques ou, si les cellules sont en contact, par des interactions au niveau des surfaces cellulaires. Au chapitre 21, nous avons vu que le développement de la vulve du Nématode (*C. elegans*) faisait intervenir ces deux types de stimulus cellulaires.

Il est important de bien garder en mémoire ces deux grands principes lors de l'étude détaillée que nous allons faire des mécanismes moléculaires et cellulaires de différenciation et de réalisation des plans d'organisation pendant le développement des Vertébrés. Mais commençons par nous pencher sur quelques-unes des expériences qui ont permis aux premiers chercheurs de mieux comprendre les destinées cellulaires.

La carte des territoires présomptifs permet de retrouver les lignées cellulaires dans les embryons des Cordés

Vous vous souvenez peut-être que les biologistes ont cartographié la lignée de chacune des cellules du Nématode *Cænorhabditis elegans* depuis la première segmentation du zygote (voir la FIGURE 21.4). Ils n'ont pas pu faire cela, de manière si complète, pour d'autres espèces animales. Cependant, depuis plus de 70 ans, ils tracent des **cartes des territoires présomptifs,** c'est-à-dire des schémas plus généraux, par territoires, du développement embryonnaire. Dans ses travaux classiques effectués au cours des années 1920, l'embryologiste allemand W. Vogt a démontré que, chez les espèces dont les axes sont définis au début du développement, on peut souvent déterminer les parties de l'embryon qui descendent de chacune des régions du zygote ou de la blastula. À partir des travaux qu'il avait faits sur les Mollusques et les Vers marins, Vogt a reconstitué la carte des territoires présomptifs d'embryons d'Amphibiens (FIGURE 47.20a). À l'aide de différents colorants non toxiques, il a marqué des cellules situées dans diverses régions de la surface de blastulas d'Amphibiens. Plus tard, il a disséqué les embryons pour voir où se trouvaient les zones colorées. Ses travaux ont été les premiers à donner à penser qu'il était possible de faire le lien entre les cellules de la blastula et la lignée (l'« arbre généalogique ») des cellules des trois feuillets embryonnaires issus de la gastrulation (comparer les FIGURES 47.20a et 47.10). Plus tard, d'autres chercheurs ont mis au point des techniques plus perfectionnées permettant de marquer un seul blastomère au moment de la segmentation, puis de suivre le marqueur tandis qu'il était transmis à l'ensemble des descendants mitotiques de la cellule (FIGURE 47.20b).

Les biologistes du développement ont combiné l'étude des cartes des territoires présomptifs avec la manipulation de parties d'embryons. Leurs expériences consistaient à déplacer une cellule de l'embryon, dans le but de savoir si cela modifiait sa destinée. Ils ont tiré deux grandes conclusions de leurs travaux. Premièrement, chez la plupart des Animaux, certaines « cellules fondatrices » précoces constituent le point de départ de certains tissus d'embryons plus âgés. Deuxièmement, le *potentiel de développement* de chaque cellule (la gamme de structures qu'elle peut engendrer) se restreint au fur et à mesure que le développement se poursuit. À partir de la carte des territoires présomptifs d'un embryon normal, les chercheurs peuvent déterminer en quoi la différenciation cellulaire est différente dans les expériences ou chez des embryons mutants.

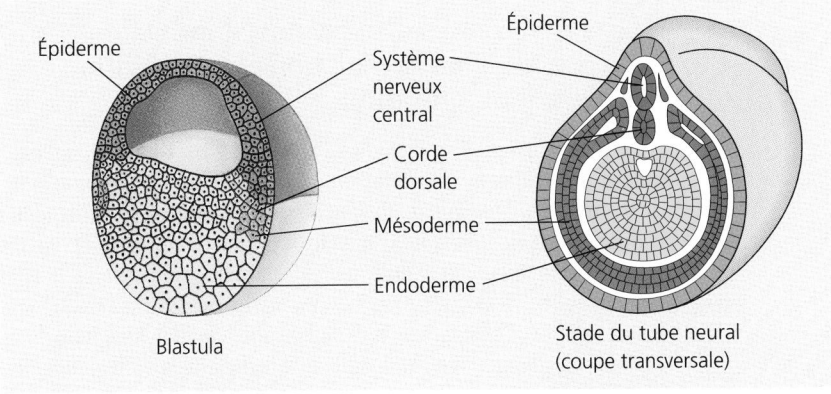

(a) Carte des territoires présomptifs d'un embryon de Grenouille. On a pu déterminer en partie les destinées des cellules d'un embryon de Grenouille. Pour ce faire, on a marqué différentes régions de la surface de la blastula à l'aide de divers colorants. Puis on a observé l'emplacement des cellules colorées à différents stades du développement, comme ici au stade du tube neural.

Épiderme — Système nerveux central — Corde dorsale — Mésoderme — Endoderme

Épiderme

Blastula

Stade du tube neural (coupe transversale)

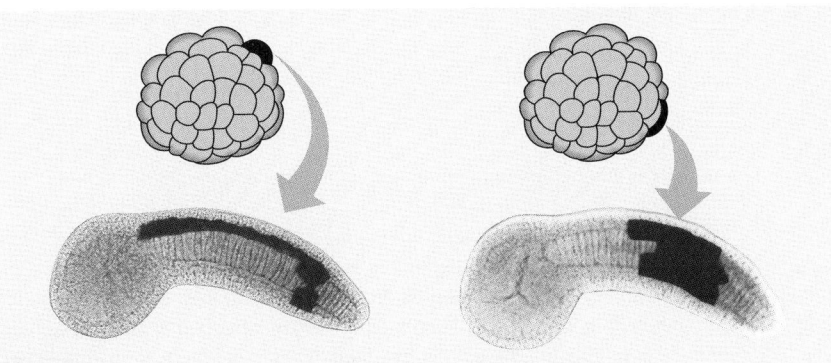

(b) Analyse des lignées cellulaires chez un Urocordé. On voit ici les résultats d'une analyse des lignées cellulaires, type très particulier de carte des territoires présomptifs. Les schémas représentent des embryons d'Urocordé (Cordé invertébré ou Tunicier) au stade de 64 cellules. Si l'on injecte un colorant dans une seule cellule, on pourra déterminer quelles cellules, dans le futur embryon, descendent de cette cellule ainsi marquée. Sur ces larves photographiées au microscope photonique, on peut voir les régions qui se forment à partir des deux blastomères mis en évidence dans les schémas.

FIGURE 47.20 Carte des territoires présomptifs de deux Cordés.

Les ovocytes de deuxième ordre de la plupart des Vertébrés contiennent des déterminants cytoplasmiques qui contribuent à établir la position des axes corporels et à différencier les cellules du jeune embryon

Pour comprendre comment s'établit la destinée des cellules embryonnaires à l'échelle moléculaire, il faut revenir au mode de détermination des principaux axes de l'embryon. En fait, une grande partie de ce que vous avez appris au chapitre 21 sur le rôle des déterminants cytoplasmiques dans le développement de la Drosophile vaut également pour les Vertébrés.

Polarité et plan d'organisation corporelle de base

Comme nous l'avons vu, tout animal à symétrie bilatérale possède un axe antéropostérieur, un axe dorsoventral, un côté droit et un côté gauche. La mise en place de ce plan d'organisation corporelle de base constitue l'une des premières étapes de la morphogenèse et l'une des conditions du développement des tissus et des organes. Chez les Mammifères, la polarité n'apparaît clairement qu'après la segmentation. Mais des recherches récentes permettent de penser que le point de pénétration du spermatozoïde dans l'ovocyte de deuxième ordre joue un rôle déterminant dans l'orientation des axes. Cependant, chez la plupart des espèces, les instructions fondamentales (extrémité où se trouvera la tête, etc.) sont « formulées » plus tôt. Par exemple, comme nous l'avons vu à la FIGURE 47.7, la répartition de la mélanine et du vitellus dans l'ovocyte de la Grenouille

définit les emplacements respectifs des hémisphères animal et végétatif, qui à leur tour déterminent l'orientation de l'axe antéropostérieur. La fécondation déclenche ensuite la formation du croissant gris, dont l'emplacement détermine l'orientation de l'axe dorsoventral.

Diminution du potentiel de développement de chaque cellule

La répartition inégale des déterminants cytoplasmiques dans l'œuf n'engendre pas nécessairement des différences entre les premiers blastomères. L'axe de la première division dans la segmentation peut être tel que soient créés deux blastomères identiques ayant le même potentiel de développement. C'est ainsi le cas chez les Amphibiens. Les deux premiers blastomères sont identiques et, si on les sépare expérimentalement, chacun d'eux peut donner un têtard normal. Autrement dit, ces blastomères sont totipotents, c'est-à-dire qu'ils ont la capacité de se développer pour former un organisme entier. Cependant, lorsque, dans les expériences, un blastomère reçoit la totalité du croissant gris, il est le seul à avoir la capacité de devenir un têtard normal après séparation des deux cellules (FIGURE 47.21, p. 1110). Par conséquent, la destinée des cellules embryonnaires dépend non seulement de la répartition des déterminants cytoplasmiques, mais également du type de segmentation du zygote.

Chez de nombreuses espèces, seul le zygote est totipotent. Le premier plan de division dans la segmentation divise les déterminants cytoplasmiques de telle sorte que chacun des blastomères ne donne naissance qu'à certaines parties de l'embryon. Mais, chez les Mammifères, les cellules de l'embryon restent totipotentes jusqu'à la formation du trophoblaste et de l'embryoblaste

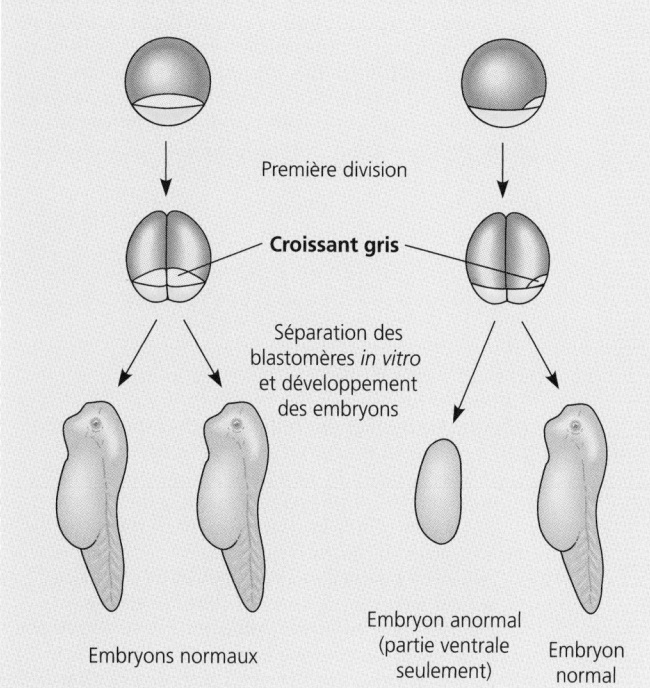

Première division

Croissant gris

Séparation des blastomères *in vitro* et développement des embryons

Embryons normaux

Embryon anormal (partie ventrale seulement)

Embryon normal

FIGURE 47.21 Démonstration expérimentale du rôle que jouent les déterminants cytoplasmiques chez les Amphibiens. Normalement, la première division dans la segmentation d'un zygote d'Amphibien divise le croissant gris de manière égale entre les deux blastomères. Ces derniers conservent leur totipotence après la division (à gauche). Cependant, lorsque l'un des deux blastomères reçoit tout le croissant gris (à droite), il est le seul à se développer normalement. L'autre blastomère, dépourvu des déterminants cytoplasmiques présents dans le croissant, devient un embryon anormal, sans structures dorsales.

du blastocyste. Les premiers blastomères semblent alors recevoir des quantités équivalentes de composants cytoplasmiques en provenance de l'ovocyte de deuxième ordre. En effet, jusqu'au stade de huit cellules, les blastomères de l'embryon de Mammifère ont tous la même apparence, et chacun d'eux peut donner un embryon complet si on l'isole.

Quel que soit le degré de ressemblance ou de différence entre les cellules d'un jeune embryon, la diminution progressive du potentiel cellulaire est une caractéristique générale du développement chez tous les Animaux. Chez certaines espèces, les cellules de la jeune gastrula ont encore la capacité de donner plusieurs types cellulaires, mais ont déjà perdu leur totipotence. Si l'on n'intervient pas, l'ectoderme dorsal de la jeune gastrula d'Amphibien devient une plaque neurale située au-dessus de la corde dorsale. Si l'on remplace expérimentalement l'ectoderme dorsal par de l'ectoderme prélevé à un autre endroit, le tissu transplanté devient une plaque neurale. Toutefois, si l'on effectue la même expérience sur une gastrula se situant à un stade avancé, l'ectoderme transplanté ne réagit pas à son nouvel emplacement et ne devient pas une plaque neurale. De façon générale, dans une gastrula qui se trouve à un stade avancé, la destinée des cellules propres à chaque tissu est déjà déterminée. Même si on les manipule expérimentalement, les cellules de gastrula avancée donnent généralement les mêmes types de cellules que dans un embryon normal.

Chez les Vertébrés, les stimulus d'induction déclenchent la différenciation et la réalisation des plans d'organisation

Au fur et à mesure que la division des cellules embryonnaires crée des cellules ayant différents potentiels de développement, de nouvelles possibilités apparaissent. Un groupe donné de cellules peut influer sur le développement d'un groupe voisin par un mécanisme d'induction. À l'échelle moléculaire, l'effet de l'induction (la réponse à un stimulus d'induction) est généralement l'activation d'un ensemble de gènes menant à la différenciation des cellules cibles en un tissu spécifique. Nous avons vu le rôle de l'induction dans le développement de la vulve de *C. elegans* (voir la FIGURE 21.17). L'induction joue également un rôle essentiel dans le développement de nombreux tissus, chez d'autres espèces animales.

L'« organisateur » de Spemann et Mangold

Ce sont le zoologiste allemand Hans Spemann et son étudiante Hilde Mangold qui, dans les années 1920, ont montré l'importance de l'induction dans le développement des Amphibiens. Après avoir effectué plusieurs transplantations, ils ont découvert que la lèvre dorsale du blastopore de la jeune gastrula jouait un rôle essentiel dans le développement embryonnaire. Elle amorce en effet une série d'inductions aboutissant à la formation du tube neural et d'autres organes. Dans leur expérience la plus célèbre, ils ont prélevé un morceau de lèvre dorsale sur un embryon pour le greffer sur la face ventrale d'un autre embryon (FIGURE 47.22). Une seconde corde dorsale et un second tube neural se sont alors formés chez l'embryon receveur à l'emplacement de la greffe. Sont ensuite apparus d'autres organes et structures formant un autre embryon presque complet fixé au premier. Comme la lèvre dorsale du blastopore de l'embryon jouait un rôle tellement essentiel à un moment si précoce du développement, Spemann l'a qualifiée d'*organisateur primaire*. (On connaît aujourd'hui d'autres « organisateurs » qui interviennent à un stade plus précoce encore que la lèvre dorsale du blastopore.)

Les biologistes du développement consacrent beaucoup d'efforts à la recherche des fondements moléculaires de l'induction exercée par l'organisateur de Spemann et Mangold. L'étude d'un facteur de croissance appelé *protéine 4 de la morphogenèse des os* (BMP4, *bone morphogenetic protein*) a donné des indices importants à cet égard. (Les protéines de la morphogenèse des os, famille de protéines apparentées remplissant diverses fonctions dans le développement, doivent leur nom aux membres de ce groupe qui jouent un rôle important dans la formation des os.) Chez les Amphibiens, la protéine 4 de la morphogenèse des os agit exclusivement sur les cellules situées sur la *face ventrale* de la gastrula. L'une des principales fonctions de l'organisateur semble être d'inactiver la protéine 4 sur la face dorsale de l'embryon. En effet, il produit des protéines qui se lient à la protéine 4 et l'empêchent de transmettre le stimulus correspondant. On trouve des protéines apparentées à la protéine 4 et à ses inhibiteurs chez d'autres espèces animales également, notamment chez les Invertébrés comme la Drosophile.

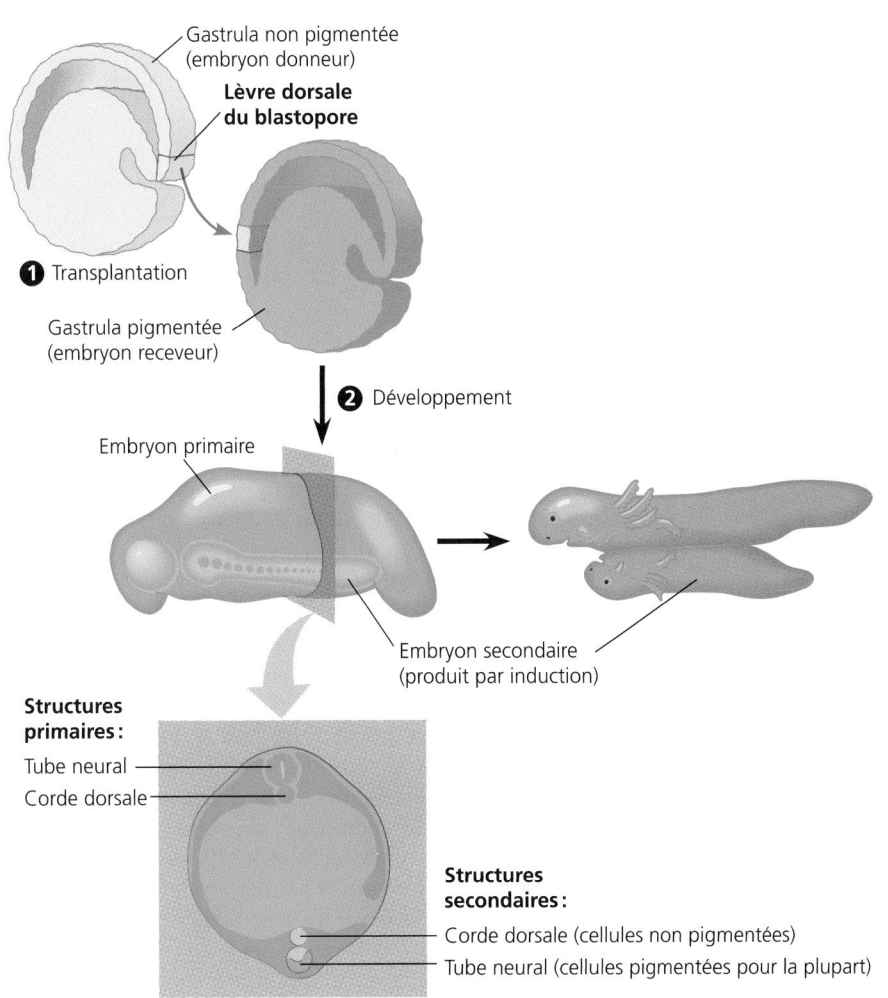

Structures primaires:

Tube neural
Corde dorsale

Structures secondaires:

Corde dorsale (cellules non pigmentées)
Tube neural (cellules pigmentées pour la plupart)

❶ Spemann et Mangold ont prélevé, sur une gastrula non pigmentée (représentée en gris) de Triton, un fragment de la lèvre dorsale du blastopore et l'ont transplanté sur la face ventrale d'une jeune gastrula pigmentée (représentée en rouge) de Triton.

❷ Sur l'embryon receveur, dans la région du greffon, une seconde corde dorsale et un second tube neural sont apparus. Puis un autre embryon s'est formé presque complètement. En examinant l'intérieur du double embryon, Mangold et Spemann ont constaté que de nombreuses cellules des structures secondaires provenaient de l'individu receveur (pigmenté) et non de l'individu donneur du greffon (non pigmenté). On pouvait en conclure que le greffon avait « organisé » (induit) les cellules de l'individu receveur pour les amener à produire les structures supplémentaires.

FIGURE 47.22 L'« organisateur » de Spemann et Mangold. Chez les Amphibiens, la lèvre dorsale du blastopore de la jeune gastrula joue un rôle essentiel en induisant le développement d'autres parties de l'embryon, comme l'ont démontré Hans Spemann et Hilde Mangold avec cette expérience effectuée en 1924.

L'omniprésence de ces molécules permet de penser qu'elles sont apparues à une époque très ancienne et qu'elles interviennent peut-être dans le développement de nombreux organismes.

L'induction qui provoque la formation du tube neural à partir de l'ectoderme dorsal n'est que l'une des nombreuses interactions cellulaires qui transforment les trois feuillets embryonnaires en systèmes d'organes. De nombreux types d'inductions semblent comprendre une série d'étapes qui déterminent peu à peu la destinée des cellules. Ainsi, chez la gastrula de Grenouille se trouvant à un stade avancé, les cellules d'ectoderme destinées à devenir les cristallins des yeux reçoivent des stimulus d'induction en provenance des cellules d'ectoderme qui deviendront la plaque neurale. Les cellules de l'endoderme et du mésoderme produisent probablement des stimulus de même nature. Enfin, la cupule optique, excroissance de l'encéphale en développement, envoie d'autres stimulus qui complètent la détermination des futures cellules de cristallin.

Plan d'organisation d'un membre chez les Vertébrés

Les stimulus d'induction jouent un rôle essentiel dans la réalisation des **plans d'organisation,** c'est-à-dire dans la création de la structure générale tridimensionnelle d'un animal ou encore dans la disposition caractéristique des tissus et organes d'un animal. On désigne l'ensemble des indices moléculaires qui déterminent les plans d'organisation par l'expression générique **information de positionnement.** Ces indices situent chaque cellule par rapport à ses voisines et par rapport aux axes de l'organisme animal. Ils contribuent également à déterminer la réponse de chaque cellule et celle de ses cellules filles aux autres stimulus moléculaires.

Au chapitre 21, nous avons vu la réalisation des plans d'organisation en étudiant le développement des segments de la Drosophile. Pour l'étude des plans d'organisation chez les Vertébrés, le développement des membres chez le Poulet est un modèle très utile. Les ailes et les pattes du Poulet, comme tous les membres des Vertébrés, apparaissent d'abord sous la forme d'ébauches de tissu appelées « bourgeons de membres » (FIGURE 47.23, p. 1112). Chaque partie du membre du Poulet (os ou muscle) se forme à un endroit précis et selon une orientation bien déterminée par rapport à trois axes: l'axe proximodistal (de la racine du membre au bout des doigts), l'axe antéropostérieur (du bord avant au bord arrière du membre, ou du pouce à l'auriculaire) et l'axe dorsoventral (de la face supérieure à la face inférieure, ou du dos de la main à la paume). Les cellules embryonnaires d'un bourgeon de membre répondent à l'information de positionnement indiquant leur emplacement selon ces trois axes.

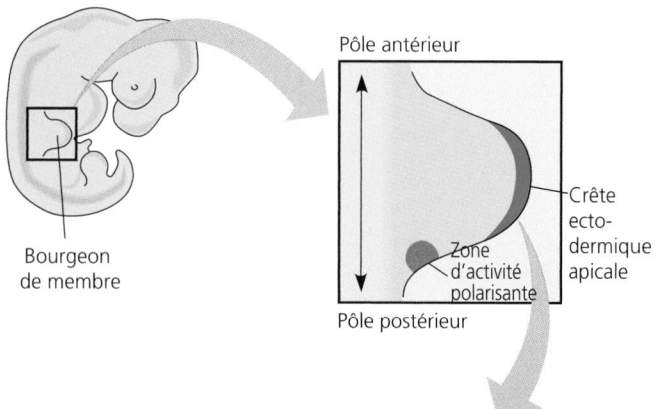

Bourgeon
de membre

Pôle antérieur

Crête
ecto-
dermique
apicale

Zone
d'activité
polarisante

Pôle postérieur

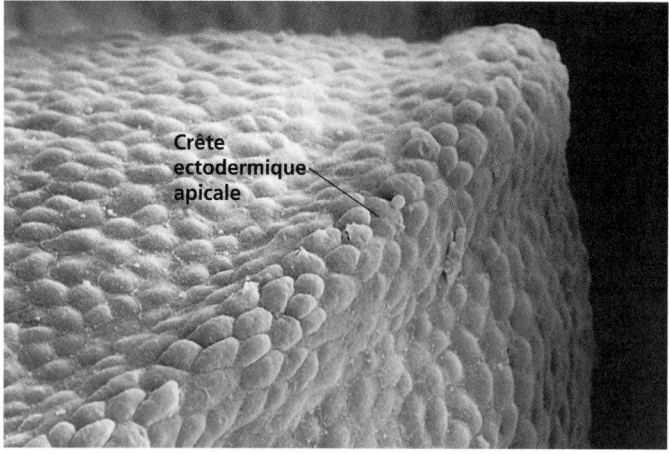

Crête
ectodermique
apicale

50 μm (460 ×)

(a) Chez les Vertébrés, les membres se développent à partir d'excroissances appelées bourgeons de membres. Chaque bourgeon de membre est constitué de cellules de mésoderme recouvertes d'une couche d'ectoderme. Deux régions sont des « organisateurs » essentiels dans la réalisation des plans d'organisation du membre : la crête ectodermique apicale et la zone d'activité polarisante. (MEB)

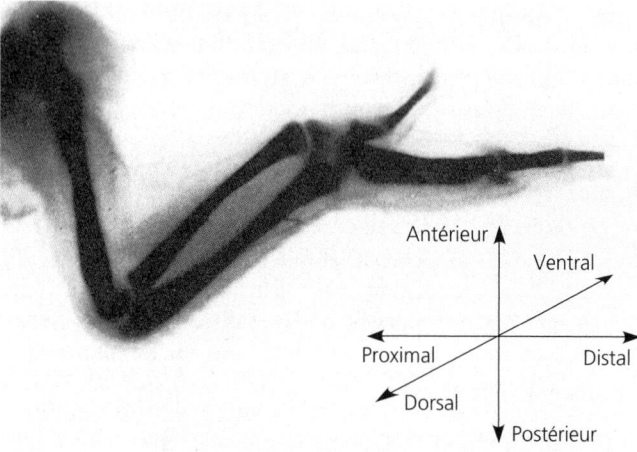

Antérieur

Ventral

Proximal

Distal

Dorsal

Postérieur

(b) Au fur et à mesure que le bourgeon devient un membre tel que cette aile d'embryon de Poulet, un certain agencement des tissus apparaît. Pour que les plans d'organisation se réalisent, chaque cellule embryonnaire doit recevoir une information de positionnement indiquant son emplacement par rapport aux trois axes du membre. La crête ectodermique apicale et la zone d'activité polarisante sécrètent des molécules qui transmettent cette information.

FIGURE 47.23 Organisateurs dans le développement d'un membre de Vertébré.

Le bourgeon d'un membre est un noyau de mésoderme recouvert d'une couche d'ectoderme. Après avoir transplanté divers fragments de tissu du bourgeon, les chercheurs ont découvert deux grandes régions embryonnaires qui, influant beaucoup sur le développement du membre, sont des organisateurs. Ces deux régions sont présentes dans tous les bourgeons des membres de Vertébrés, que les membres soient antérieurs (ailes, bras, nageoires pectorales) ou postérieurs (pattes, jambes, nageoires pelviennes). Au cours des dernières années, les chercheurs ont démontré que ces régions sécrétaient des protéines qui fournissaient une information de positionnement essentielle aux autres cellules du bourgeon.

Le premier organisateur est la **crête ectodermique apicale,** région d'ectoderme épaissie qui est située au sommet du bourgeon (voir la FIGURE 47.23a). Cette crête est indispensable à la croissance du membre selon l'axe proximodistal et à la réalisation des plans d'organisation selon ce même axe. Les cellules qui la composent produisent et sécrètent plusieurs protéines appartenant à la famille des facteurs de croissance des fibroblastes. Ces protéines semblent constituer le stimulus qui déclenche la croissance du bourgeon de membre. Si l'on enlève la crête ectodermique apicale par voie chirurgicale et qu'on la remplace par des billes imprégnées de facteurs de croissance des fibroblastes, un membre presque normal se forme. La crête ectodermique apicale et le reste de l'ectoderme du bourgeon semblent guider la réalisation des plans d'organisation le long de l'axe dorsoventral du membre. Lorsqu'on enlève l'ectoderme et qu'on le replace en lui faisant faire une rotation de 180°, les parties du membre qui se forme alors ont une orientation inversée sur l'axe dorsoventral par rapport à la normale. (Cela équivaudrait à inverser la paume et le dos d'une main.)

L'autre organisateur important du bourgeon de membre est la **zone d'activité polarisante,** qui se trouve à l'endroit où le bourgeon rejoint le tronc, du côté postérieur. La zone d'activité polarisante est nécessaire à la réalisation des plans d'organisation le long de l'axe antéropostérieur du membre. Les cellules les plus proches de la zone d'activité polarisante donnent les structures postérieures (comme le doigt homologue de notre auriculaire). Les cellules les plus éloignées donnent les structures antérieures (comme le doigt homologue de notre pouce). La FIGURE 47.24 illustre une transplantation expérimentale qui montre l'importance de la zone d'activité polarisante. La greffe d'une seconde zone d'activité polarisante sur le côté antérieur d'un bourgeon de membre entraîne la formation de doigts surnuméraires selon une disposition en miroir.

Dans l'expérience de transplantation d'une zone d'activité polarisante, les doigts surnuméraires se forment à partir du bourgeon de membre du receveur et non à partir du greffon. Cela corrobore l'hypothèse selon laquelle la zone d'activité polarisante greffée émet un stimulus d'induction. Effectivement, on a découvert que les cellules de la zone d'activité polarisante sécrétaient un facteur de croissance protéinique important appelé *Sonic Hedgehog*[*].

---

[*] Le nom de *Sonic Hedgehog* vient de la ressemblance de la protéine avec une protéine appelée *Hedgehog,* qui intervient dans la segmentation de l'embryon de Drosophile. C'est également le nom d'un personnage de jeu vidéo.

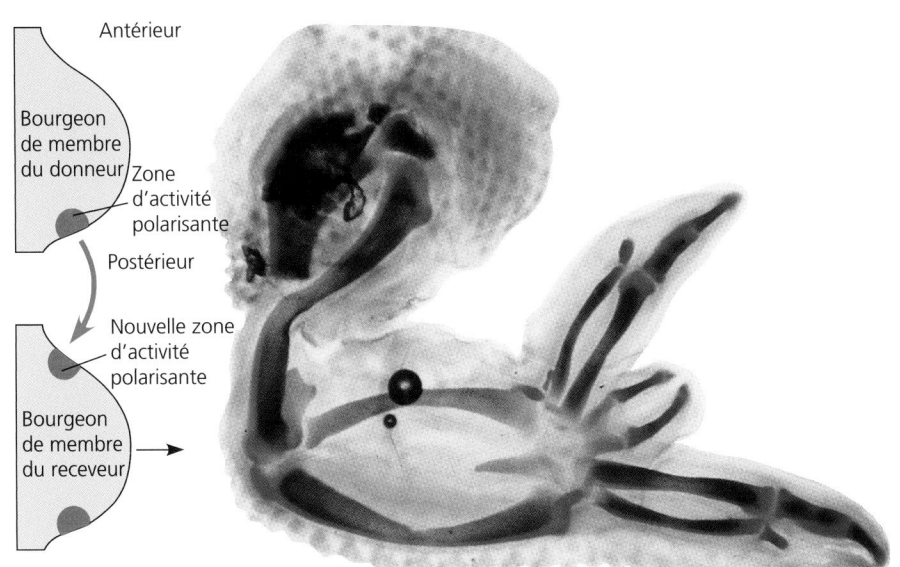

FIGURE 47.24 Manipulation expérimentale de l'information de positionnement. Chez les Vertébrés, la zone d'activité polarisante libère des stimulus chimiques qui définissent la position de l'axe antéropostérieur du membre. Dans l'expérience illustrée ici et effectuée sur un poussin, on a transplanté, sur le côté antérieur d'un bourgeon de membre, une deuxième zone d'activité polarisante prélevée sur un autre bourgeon de membre. Les cellules voisines du greffon semblent, comme celles qui sont voisines de la zone d'activité polarisante du bourgeon, recevoir une information de positionnement correspondant à « postérieur ». La structure qui apparaît alors dans le membre en formation est une image miroir où la disposition des doigts est équivalente à deux mains humaines réunies par les pouces. Dans une autre expérience, les chercheurs ont montré qu'une protéine appelée *Sonic Hedgehog* pouvait avoir le même effet que les cellules de la zone d'activité polarisante. Par conséquent, *Sonic Hedgehog* constitue un indice de positionnement.

Si des cellules modifiées génétiquement pour produire de grandes quantités de *Sonic Hedgehog* sont greffées dans la région antérieure d'un bourgeon de membre normal, une structure se forme en miroir (comme si l'on avait greffé une zone d'activité polarisante au même endroit). D'après les résultats que l'on a obtenus en étudiant la variante de *Sonic Hedgehog* propre aux Souris, la présence de doigts surnuméraires chez cette espèce (et peut-être également chez les Humains) serait due à la production de la protéine à un emplacement anormal sur le bourgeon. On a découvert que des protéines très semblables à *Sonic Hedgehog* constituaient d'importants indices de positionnement pour divers aspects du développement, notamment la formation des segments dans l'embryon de Drosophile. (La variante présente chez la Drosophile, qui est simplement appelée *Hedgehog,* est le produit d'un gène de polarité segmentaire ; voir la FIGURE 21.13.)

Sonic Hedgehog est-il un morphogène ? Comme nous l'avons vu au chapitre 21, un morphogène est une substance qui transmet une information de positionnement sous forme de *gradient de concentration* le long d'un des axes de l'embryon. Bien que les gradients puissent jouer un rôle dans la fonction de Sonic Hedgehog, la protéine elle-même n'agit peut-être pas de façon graduelle. Il se peut qu'elle provoque plutôt la production d'une autre substance qui agirait de cette manière. Les scientifiques étudient actuellement la question.

Quoi qu'il en soit, les expériences telles que celle qui est illustrée à la FIGURE 47.24 permettent d'arriver à la conclusion suivante : pour que les plans d'organisation se réalisent, les cellules doivent recevoir et interpréter des stimulus environnementaux différents d'un endroit à l'autre. Ces indices, qui agissent conjointement le long des trois axes, indiquent en quelque sorte aux cellules leur position dans l'espace tridimensionnel de l'organe en formation. Pour ce qui est du développement des membres chez les Vertébrés, on sait que certaines protéines font partie de ces indices. Autrement dit, les organisateurs comme la crête ectodermique apicale et la zone d'activité polarisante jouent le rôle de centres de communication.

Qu'est-ce qui détermine si un bourgeon de membre doit devenir un membre antérieur ou un membre postérieur ? Les cellules qui reçoivent les stimulus en provenance de la crête ectodermique apicale et de la zone d'activité polarisante répondent en fonction de leurs antécédents, dans le développement. Avant que la crête ectodermique apicale ou la zone d'activité polarisante aient libéré leurs substances chimiques, d'autres stimulus ont défini les modes d'expression génique devant mener à la formation de membres antérieurs ou de membres postérieurs. C'est à cause de ces stimulus antérieurs que les cellules des bourgeons des membres antérieurs et postérieurs réagissent différemment aux mêmes indices de positionnement.

Une chaîne d'activations géniques finit par influer sur l'expression des gènes *Hox* contenant des homéoboîtes, dans les cellules du membre en développement. Les gènes *Hox* semblent intervenir dans la détermination de l'identité des diverses régions du membre et de celles du corps dans son ensemble (voir le chapitre 21). Ainsi, la formation de champs morphogénétiques est une suite d'événements comportant de nombreuses étapes d'émission de stimulus et de différenciation. La réalisation des plans d'organisation suit de nombreuses voies dans les diverses parties de l'embryon. C'est ainsi qu'elle finit par produire, sous leur forme définitive, les structures différenciées des Animaux parvenus au terme de leur développement.

RÉVISION DU CHAPITRE

Résumé des concepts importants

LES PREMIERS STADES DU DÉVELOPPEMENT EMBRYONNAIRE

- **De l'ovocyte à l'organisme, les structures des Animaux se forment graduellement :** *notion d'épigenèse* (p. 1092). L'embryon n'est pas préformé dans l'œuf. Il se développe par épigenèse, c'est-à-dire par une acquisition graduelle de la forme commandée par les gènes.

- **La fécondation active l'ovocyte de deuxième ordre et provoque la fusion du noyau du spermatozoïde et de celui de l'ovule (p. 1092 à 1095, FIGURE 47.2).** La fécondation rétablit la diploïdie et active l'ovocyte de deuxième ordre. Ce dernier connaît alors une chaîne de réactions métaboliques qui amorcent le développement embryonnaire. La réaction acrosomiale, qui se produit lorsque le spermatozoïde entre en contact avec l'ovocyte, libère des hydrolases. Ces dernières traversent en la digérant la substance qui entoure l'ovocyte. La fusion des gamètes dépolarise la membrane cellulaire de l'ovocyte et instaure un blocage rapide de la polyspermie. La fusion du spermatozoïde et de l'ovocyte déclenche également la réaction corticale. Cette réaction comporte une voie de conversion-amplification du stimulus au cours de laquelle les ions calcium amènent l'ovocyte de deuxième ordre à terminer sa méiose (et donc à devenir un ovule) et provoquent la fabrication, par les granules corticaux, d'une enveloppe de fécondation. Cette enveloppe assure le blocage lent de la polyspermie. Chez les Mammifères, lors de la fécondation, la réaction corticale durcit la zone pellucide et établit ainsi le blocage lent de la polyspermie.

- **La segmentation divise le zygote en un grand nombre de petites cellules (p. 1095 à 1098, FIGURE 47.8).** La fécondation est suivie de la segmentation, étape de division cellulaire accélérée sans croissance. Il en résulte un grand nombre de cellules appelées blastomères. La segmentation holobastique, ou division de l'ensemble du zygote, se produit chez les espèces dont les œufs ne contiennent pas beaucoup de vitellus. La segmentation méroblastique, ou division incomplète du zygote, caractérise les espèces dont les œufs sont riches en vitellus. Les plans de segmentation ont une orientation prédéterminée par rapport aux pôles animal et végétatif du zygote. Chez de nombreuses espèces, la segmentation crée une sphère multicellulaire appelée blastula qui contient une cavité remplie de liquide, le blastocœle.

- **La gastrulation transforme la blastula en un embryon à trois feuillets doté d'un tube digestif primitif (p. 1098 à 1100, FIGURE 47.10).** La gastrulation transforme la blastula en une gastrula constituée d'un tube digestif rudimentaire (archentéron) et de trois feuillets embryonnaires : l'ectoderme, l'endoderme et le mésoderme.

- **L'organogenèse produit les organes des Animaux à partir des trois feuillets embryonnaires (p. 1101 et 1102, FIGURE 47.11).** Chez les Vertébrés, les premières étapes de l'organogenèse sont la formation d'une corde dorsale par regroupement dense de cellules du mésoderme dorsal, la formation d'un tube neural par repliement de la plaque neurale de l'ectoderme et la formation du cœlome par division du mésoderme latéral.

- **Chez les amniotes, les embryons se développent dans un sac plein de liquide, qui est lui-même dans une coquille ou dans l'utérus maternel (p. 1101 à 1106, FIGURES 47.12, 47.14 et 47.15).** Chez les Oiseaux et les Reptiles, dont les œufs sont pourvus d'une coquille et sont riches en vitellus, la segmentation est méroblastique, c'est-à-dire limitée à un petit disque de cytoplasme situé au pôle animal. Une plaque de cellules appelée blastodisque apparaît et commence à subir une gastrulation entraînant la formation d'une ligne primitive. En plus de l'embryon proprement dit, les trois feuillets embryonnaires produisent quatre membranes extra-embryonnaires : le sac vitellin, l'amnios, le chorion et l'allantoïde. Les zygotes des Mammifères placentaires sont petits et contiennent peu de réserves de nutriments. Ils subissent une segmentation holoblastique sans polarité évidente. Cependant, la gastrulation et l'organogenèse ressemblent à ce que l'on observe chez les Oiseaux et les Reptiles. Après la fécondation et le début de la segmentation, qui se déroulent dans l'une des trompes utérines, le blastocyste s'implante dans l'utérus. Le trophoblaste amorce alors la formation de la partie fœtale du placenta. L'embryon proprement dit se développe à partir d'une seule couche de cellules, l'épiblaste, à l'intérieur du blastocyste. Des membranes extra-embryonnaires homologues de celles des Oiseaux et des Reptiles contribuent au développement intra-utérin.

LES FONDEMENTS CELLULAIRES ET MOLÉCULAIRES DE LA MORPHOGENÈSE ET DE LA DIFFÉRENCIATION CHEZ LES ANIMAUX

- **Chez les Animaux, la morphogenèse comporte certaines modifications touchant la forme, l'emplacement et l'adhérence des cellules (p. 1106 et 1107, FIGURES 47.16 et 47.17).** Les changements de forme et les déplacements des cellules sont dus à des remaniements du cytosquelette. Ces deux types de modifications interviennent dans les invaginations des tissus, comme dans le cas de la gastrulation. La matrice extracellulaire fournit un ancrage aux cellules migratrices et les guide vers leur destination. Les molécules d'adhérence cellulaire situées à la surface des cellules jouent également un rôle important dans leur migration et dans leur cohésion à l'intérieur des tissus.

- **Pendant le développement, la destinée des cellules est définie par les déterminants cytoplasmiques et l'induction entre cellules :** *une révision* (p. 1108).

- **La carte des territoires présomptifs permet de retrouver les lignées cellulaires dans les embryons des Cordés (p. 1108 et 1109, FIGURE 47.20).** Les cartes de territoires présomptifs établies par des moyens expérimentaux permettent de montrer que des régions données du zygote ou de la blastula deviennent certaines parties des embryons plus âgés.

- **Les ovocytes de deuxième ordre de la plupart des Vertébrés contiennent des déterminants cytoplasmiques qui contribuent à établir la position des axes corporels et à différencier les cellules du jeune embryon (p. 1109 et 1110, FIGURE 47.21).** Lorsque les déterminants cytoplasmiques ont une distribution inégale dans un ovocyte de deuxième ordre, ils définissent les divergences qui apparaîtront entre les diverses parties de l'ovocyte et, plus tard, entre les blastomères issus de la segmentation. Les cellules qui reçoivent différentes quantités de déterminants cytoplasmiques n'ont pas la même destinée.

■ Chez les Vertébrés, les stimulus d'induction déclenchent la différenciation et la réalisation des plans d'organisation (p. 1110 à 1113, FIGURES 47.22 à 47.24). Dans un embryon en cours de développement, les cellules reçoivent et interprètent une information de positionnement qui leur indique leur emplacement. Cette information prend souvent la forme de molécules de communication sécrétées par les cellules de certaines régions de l'embryon appelées « organisateurs ». Ces régions sont par exemple la lèvre dorsale du blastopore de la gastrula chez les Amphibiens ou la crête ectodermique apicale d'un bourgeon de membre chez les Vertébrés. Les molécules de communication influent sur l'expression génique, dans les cellules qui les reçoivent. Cela entraîne la différenciation et la formation de structures déterminées.

Autoévaluation

(Les questions dont les numéros sont en caractères gras font surtout appel à la compréhension.)

1. Chez l'Oursin, la réaction corticale a pour conséquence directe :
   a) la formation d'une membrane de fécondation.
   b) le blocage rapide de la polyspermie.
   c) la libération d'hydrolases par le spermatozoïde.
   d) la production d'une impulsion électrique par l'ovocyte de deuxième ordre.
   e) la fusion du noyau de l'ovule et de celui du spermatozoïde.

2. Parmi les structures ou phénomènes présentés ci-dessous, lesquels se retrouvent à la fois dans le développement des Oiseaux et dans celui des Mammifères ?
   a) La segmentation holoblastique.
   b) L'épiblaste et l'hypoblaste.
   c) Le trophoblaste.
   d) Le bouchon vitellin.
   e) Le croissant gris.

3. L'archentéron devient :
   a) la bouche chez les Protostomiens.
   b) le blastocœle.
   c) l'endoderme.
   d) la lumière du tube digestif.
   e) le placenta.

4. Dans un embryon de Grenouille, le blastocœle est :
   a) complètement caché par le vitellus.
   b) recouvert d'endoderme pendant la gastrulation.
   c) situé principalement dans l'hémisphère animal.
   d) la cavité qui devient le cœlome.
   e) la cavité qui, plus tard, devient l'archentéron.

5. Contrairement aux Reptiles, les Amphibiens pondent généralement leurs œufs dans l'eau ou dans des endroits humides. Cette différence est liée à l'absence, chez les Amphibiens, et à la présence, chez les Reptiles :
   a) de membranes extra-embryonnaires.
   b) du vitellus.
   c) de la segmentation.
   d) de la gastrulation.
   e) du développement de l'encéphale à partir de l'ectoderme.

6. Dans un embryon d'Amphibien, une bande de cellules appelée crête neurale :
   a) s'enroule pour former le tube neural.
   b) finit par donner les principales parties de l'encéphale.
   c) produit des cellules qui migrent pour donner les dents, les os du crâne et d'autres structures de l'embryon.

   d) est l'organisateur de l'embryon en cours de développement, d'après certaines expériences.
   e) induit la formation de la corde dorsale.

7. Dans le jeune embryon de Grenouille (du zygote à la blastula), les divergences que l'on observe dans le développement des différentes cellules sont dues :
   a) aux différences qui existent entre la segmentation méroblastique et la segmentation holoblastique.
   b) à la répartition inégale des déterminants cytoplasmiques tels que les protéines et l'ARNm.
   c) aux interactions d'induction qui se produisent entre les cellules au cours du développement.
   d) aux gradients de concentration de molécules régulatrices comme la protéine 4 de la morphogenèse des os.
   e) à l'emplacement des cellules par rapport à la zone d'activité polarisante.

8. Pendant l'extension convergente :
   a) les cellules situées dans des côtés opposés de l'embryon suivent des voies de développement convergentes qui mènent à une symétrie bilatérale.
   b) les cellules des plis neuraux terminent le tube neural en adhérant les unes aux autres.
   c) les cellules d'une couche de tissu subissent un remaniement et forment une bande étroite et allongée.
   d) l'orientation de l'axe dorsoventral est établie.
   e) les molécules d'adhérence cellulaire sont exprimées, ce qui crée une forte cohésion entre les huit blastomères.

9. Chez les Amphibiens, vers le début du développement de l'embryon, la structure suivante constitue un « organisateur » important :
   a) le tube neural.
   b) la corde dorsale.
   c) le toit de l'archentéron.
   d) la lèvre dorsale du blastopore.
   e) l'ectoderme dorsal.

10. L'existence de jumeaux génétiquement identiques permet de penser que :
    a) le zygote est le seul à être totipotent.
    b) l'hypothèse de la diminution progressive du potentiel cellulaire ne s'applique pas.
    c) la première segmentation doit se faire transversalement par rapport à l'axe pôle animal-pôle végétatif du zygote.
    d) les divisions cellulaires qui produisent les premiers blastomères ne se traduisent pas par une distribution inégale des déterminants cytoplasmiques.
    e) l'organisateur primaire continue d'exercer ses effets longtemps après la gastrulation.

11. Dans un embryon de Grenouille, la gastrulation forme une nouvelle cavité appelée _____, qui est recouverte par _____ et qui devient _____ de l'animal.

12. Quelle est l'origine embryonnaire du tube neural, structure creuse située dans la région dorsale et commune à tous les membres de notre embranchement ?

13. Que sont les somites ?

14. Au cours du développement d'un embryon animal, les cellules migrent-elles d'abord au sein de l'embryon ou se différencient-elles d'abord en cellules spécialisées ?

15. Nommez les quatre membranes extra-embryonnaires chez le Poulet. Lesquelles sont également présentes chez les Mammifères ?

Lien avec l'évolution

Chez les Insectes et les Vertébrés, au cours de l'évolution, certains segments de l'organisme se sont répétés. Puis certains d'entre eux ont fusionné et ont donné une structure et une fonction spécialisées. Quelles parties anatomiques des Vertébrés reflètent cette segmentation ? Pouvez-vous deviner quelle partie anatomique des Vertébrés résulte de la fusion de segments et de leur spécialisation ?

Intégration

Le « museau » d'un têtard de Grenouille porte une ventouse. Au même endroit, le têtard de Salamandre porte un organe en forme de moustache appelé balancier. Vous faites une expérience consistant à transplanter l'ectoderme du flanc d'un jeune embryon de Salamandre sur le museau d'un embryon de Grenouille. Vous constatez que le têtard qui se forme porte un balancier. Si vous transplantez l'ectoderme du flanc d'un embryon de Salamandre un peu plus âgé sur le museau d'un embryon de Grenouille, le museau du têtard qui se forme comporte un morceau de peau de Salamandre. Émettez une hypothèse, concernant les mécanismes de développement, pour expliquer les résultats de cette expérience. Comment pourriez-vous vérifier votre hypothèse ?

Science, technologie et société

La transplantation de neurones provenant de fœtus avortés permet d'atténuer les symptômes de la maladie de Parkinson, qui atteint l'encéphale. On pourra peut-être traiter également l'épilepsie, le diabète, la maladie d'Alzheimer et les lésions de la moelle épinière en faisant des transplantations de tissus fœtaux. Pour quelle raison des tissus fœtaux pourraient-ils être si utiles pour remplacer des cellules malades ou endommagées ? Aux États-Unis, le fait que l'État puisse autoriser l'utilisation de tissus fœtaux issus d'avortements provoqués dans des recherches sur les transplantations suscite une grande controverse. Les opposants au projet voudraient permettre uniquement l'utilisation de tissus provenant de fausses couches. Pourquoi la plupart des chercheurs préféreraient-ils se servir de tissus provenant d'avortements provoqués chirurgicalement ? Quelle est votre position dans ce débat et pourquoi ?

CHAPITRE 48

LA RÉGULATION NERVEUSE CHEZ LES ANIMAUX

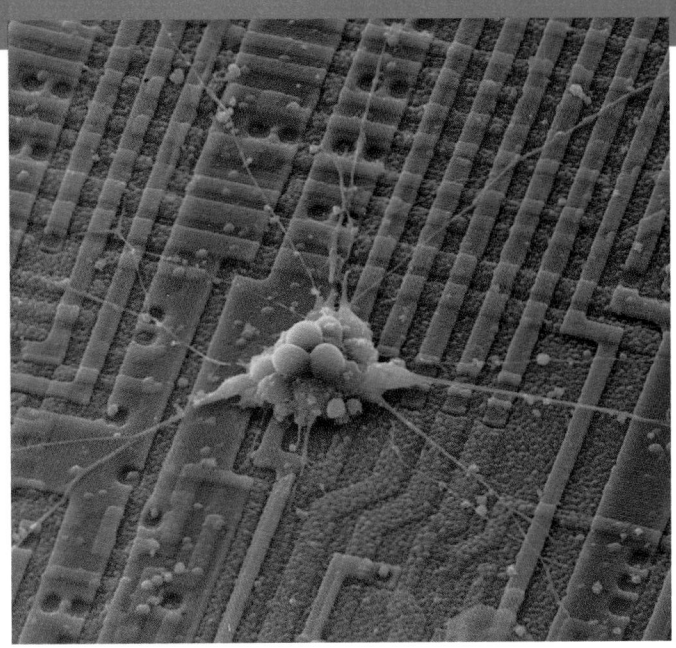

« L'homme naît avec des sens et des facultés ;
mais il n'apporte avec lui en naissant aucune idée :
son cerveau est une table rase qui n'a reçu aucune
impression, mais qui est préparée pour en recevoir. »

ANTOINE-LAURENT DE LAVOISIER
chimiste français (1743-1794)

VUE D'ENSEMBLE DE LA STRUCTURE CELLULAIRE DU SYSTÈME NERVEUX

- Le système nerveux a trois principales fonctions
- Des réseaux complexes de neurones constituent un système nerveux

LA NATURE DES MESSAGES NERVEUX

- Chaque cellule génère une tension transmembranaire : le potentiel de membrane
- Les variations du potentiel de membrane d'un neurone donnent naissance aux influx nerveux
- Les influx nerveux se propagent le long de l'axone
- La communication intercellulaire chimique ou électrique s'établit dans les synapses
- L'intégration nerveuse se fait au niveau cellulaire
- Un neurotransmetteur peut produire différents effets sur divers types de cellules

L'ÉVOLUTION ET LA DIVERSITÉ DES SYSTÈMES NERVEUX

- La capacité des cellules à réagir à leur environnement a évolué pendant des milliards d'années
- L'organisation des systèmes nerveux se présente sous diverses formes

LES SYSTÈMES NERVEUX CHEZ LES VERTÉBRÉS

- Chez les Vertébrés, les systèmes nerveux ont une composante centrale et une composante périphérique
- Les divisions du système nerveux périphérique ont pour fonction d'assurer l'homéostasie
- Le développement embryonnaire de l'encéphale des Vertébrés reflète son évolution à partir de trois renflements situés au pôle antérieur du tube neural
- Chez les Vertébrés, les plus anciennes structures de l'encéphale du point de vue de l'évolution régulent les fonctions fondamentales liées aux automatismes et à l'intégration
- Chez les Mammifères, le cerveau est la structure la plus évoluée de l'encéphale
- Les diverses régions du cerveau ont des fonctions spécialisées
- Les recherches sur la formation et le développement des neurones et sur les cellules souches du système nerveux central pourraient mener à de nouvelles approches dans le traitement des lésions et des maladies neurologiques

La micrographie électronique *présentée ici juxtapose de façon incongrue les éléments qui servent à traiter les données dans un ordinateur et dans le système nerveux d'un animal : une cellule nerveuse (neurone) est placée sur la surface d'un microprocesseur. Tandis que vous lisez et comprenez ces mots, votre système nerveux, qui se compose de neurones, fait appel à des processus bien plus complexes que ceux d'un ordinateur. En fait, le système nerveux humain est sans doute, sur Terre, la masse de matière dont l'organisation est la plus complexe. Un centimètre cube d'encéphale humain peut contenir plus de 50 millions de neurones qui communiquent avec des milliers d'autres dans des réseaux de traitement de l'information en comparaison desquels l'ordinateur le plus complexe semble plutôt primitif. Ces voies neuronales contrôlent nos émotions, nos perceptions et nos mouvements et nous permettent d'apprendre, de mémoriser, de réfléchir et d'être conscients de notre corps et de notre environnement.*

Le système nerveux, le système endocrinien et le système immunitaire collaborent généralement et interagissent pour réguler des fonctions corporelles internes et des comportements (voir les chapitres 43 et 45). Dans l'homéostasie, certaines parties de l'encéphale reçoivent et traitent des données touchant le milieu interne du corps, puis corrigent les déséquilibres en transmettant des ordres aux autres organes. Les voies de communication nerveuses et endocriniennes peuvent aussi intervenir simultanément dans la réaction au stress, en amplifiant ou en supprimant la fonction immunitaire, par exemple.

Malgré leurs liens structuraux et fonctionnels, les systèmes nerveux et endocrinien jouent des rôles plutôt différents dans la coordination des fonctions corporelles. D'une complexité structurale incomparable, le système nerveux peut intégrer d'énormes quantités d'informations, notamment celles qui sont nécessaires à la pensée et à la parole. Le temps d'action constitue également une différence importante entre les deux systèmes. En effet, le système endocrinien peut mettre plusieurs minutes, plusieurs heures ou plusieurs jours à se mettre en marche, notamment parce qu'il faut du temps pour fabriquer les hormones et les transporter dans le sang jusqu'aux organes cibles. En revanche, le système nerveux est un réseau de communication dont les branches transmettent presque instantanément des informations d'un endroit à l'autre. Les neurones, une catégorie de cellules du système nerveux, sont spécialisés dans la transmission rapide des influx, transmission dont la vitesse peut atteindre 150 m/s (540 km/h). Chez l'Humain, l'information peut donc passer de l'encéphale aux mains (et vice versa) en quelques millisecondes.

La survie et la reproduction des Animaux dépendent de réactions rapides et adaptées aux changements de l'environnement. Le système nerveux a évolué de différentes manières dans les divers embranchements, et il y a en fait plusieurs types de systèmes nerveux. Dans ce chapitre, nous allons nous pencher sur la structure et la fonction de ces systèmes nerveux. Comme nous l'avons vu au cours de notre étude d'autres systèmes, les systèmes nerveux des Animaux se ressemblent beaucoup au niveau cellulaire (dans le fonctionnement des neurones, par exemple), mais diffèrent à des niveaux supérieurs d'organisation, notamment dans la structure et la fonction de l'encéphale.

partent, sous forme d'influx nerveux, du centre d'intégration (le SNC) et voyagent jusqu'aux **cellules effectrices.** Ces cellules sont des cellules musculaires ou glandulaires qui réalisent les réactions du corps aux stimulus. Les messages sont transmis par les **nerfs,** faisceaux de prolongements neuronaux en forme de cordons qui sont enveloppés dans du tissu conjonctif serré. Les nerfs qui transmettent les commandes motrices et les informations sensorielles entre le SNC et le reste du corps font partie du **système nerveux périphérique (SNP).** Du récepteur à l'effecteur, l'information passe d'un neurone à l'autre grâce à un ensemble de phénomènes électriques et chimiques. Dans ce chapitre, nous nous concentrons sur la communication au sein du système nerveux. Le chapitre 49 traitera des récepteurs sensoriels et de la physiologie du mouvement.

Des réseaux complexes de neurones constituent un système nerveux

Structure du neurone et synapses

L'unité structurale et fonctionnelle du système nerveux est le **neurone,** c'est-à-dire la cellule nerveuse (FIGURE 48.2a). Le neurone comporte une partie volumineuse, le **corps du neurone,** qui contient le noyau et d'autres organites. De ce corps partent des prolongements de deux types en forme de fibres : les dendrites et un axone. Les **dendrites** (du grec *dendron*, « arbre ») sont courtes et ramifiées. Elles reçoivent des informations de l'environnement et du milieu interne, et des messages transmis par d'autres cellules nerveuses. Elles transmettent tout cela, sous forme d'impulsions, au corps du neurone. L'**axone,** qui est généralement beaucoup plus long que les dendrites, transmet aux autres cellules les messages émis par le corps du neurone. Certains axones, notamment ceux qui relient la moelle épinière aux pieds, peuvent mesurer plus d'un mètre.

VUE D'ENSEMBLE DE LA STRUCTURE CELLULAIRE DU SYSTÈME NERVEUX

Le système nerveux a trois principales fonctions

En général, le système nerveux remplit trois fonctions qui sont reliées : la réception d'informations sensorielles, l'intégration et l'émission de commandes motrices (FIGURE 48.1). Les **récepteurs sensoriels,** comme les cellules photoréceptrices des yeux, recueillent des informations sur le monde physique qui entoure le corps et sur certains processus qui se déroulent à l'intérieur de l'organisme. Ces **informations sensorielles** sont ensuite transmises à des centres d'intégration. L'intégration est un ensemble de processus par lesquels un système nerveux interprète les informations sensorielles et détermine les réactions appropriées à chaque instant. Dans la FIGURE 48.1, la flèche jaune circulaire montre que l'intégration se fait selon un circuit constamment activé. La majeure partie de l'intégration se fait dans le **système nerveux central (SNC),** constitué de l'encéphale et de la moelle épinière chez les Vertébrés. Les **commandes motrices**

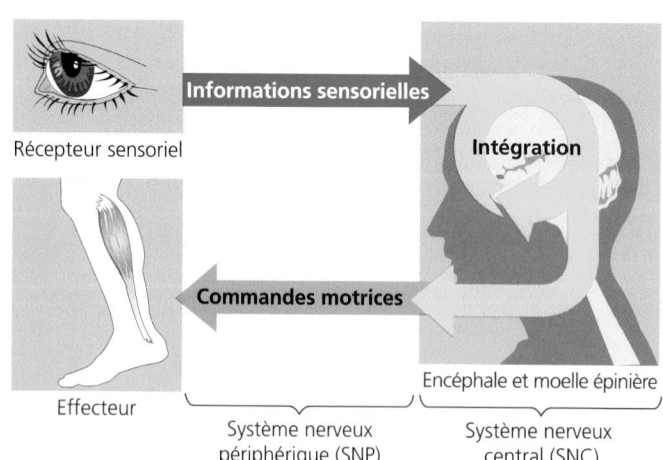

FIGURE 48.1 Vue d'ensemble du système nerveux chez les Vertébrés. L'intégration des informations sensorielles et des commandes motrices ne se fait généralement pas de façon linéaire et rigide, mais fait appel à des circuits d'analyse et de traitement continus de l'information. C'est ce que symbolise, dans le schéma, la flèche circulaire qui se superpose à l'encéphale.

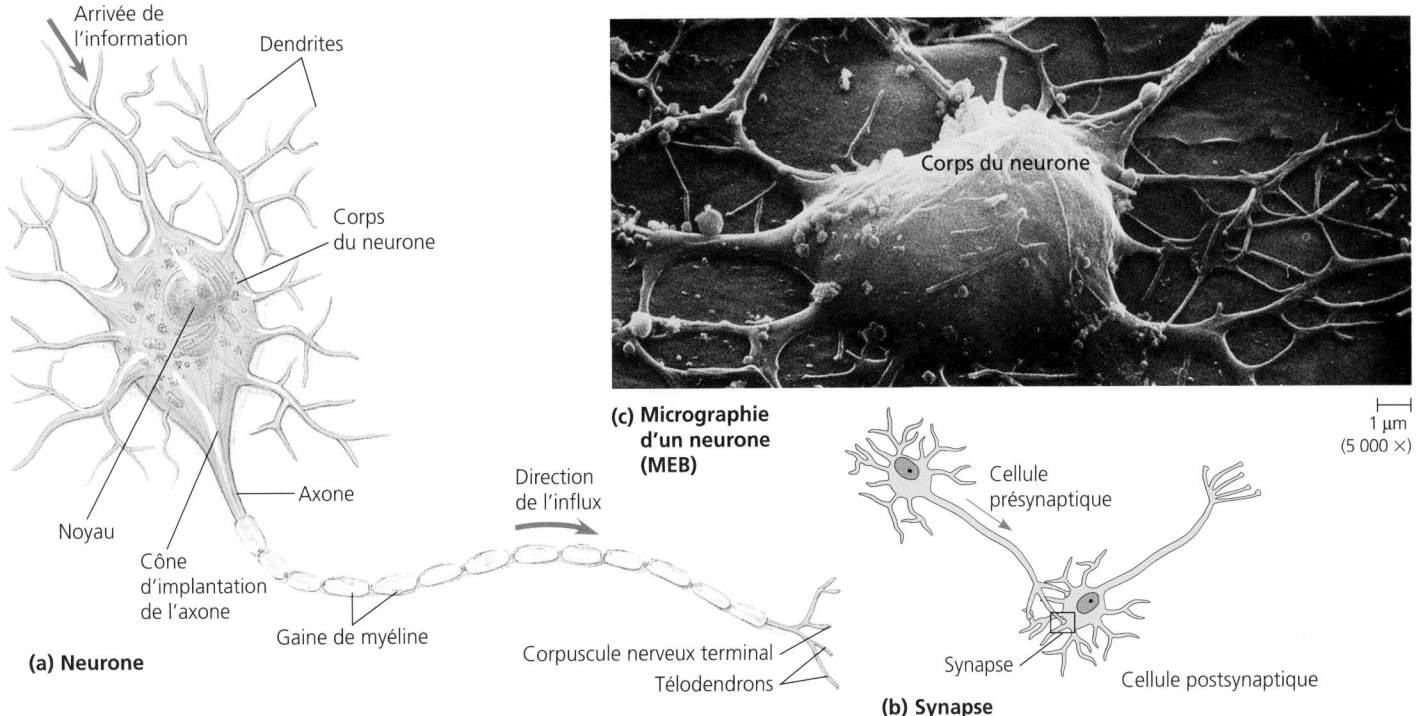

(a) Neurone

Arrivée de l'information

Dendrites

Corps du neurone

Axone

Noyau

Cône d'implantation de l'axone

Gaine de myéline

Corpuscule nerveux terminal

Télodendrons

Direction de l'influx

(c) Micrographie d'un neurone (MEB)

Corps du neurone

1 μm
(5 000 ×)

Cellule présynaptique

Synapse

Cellule postsynaptique

(b) Synapse

FIGURE 48.2 Structure d'un neurone type de Vertébré.

La région conique de l'axone, au point de jonction avec le corps du neurone, s'appelle **cône d'implantation de l'axone.** Elle joue un rôle clé dans la transmission et l'intégration des messages nerveux. De nombreux axones sont entourés d'une couche isolante, la **gaine de myéline.** Les cellules de soutien qui composent cette gaine seront décrites un peu plus loin.

L'axone se termine par une arborisation dont les branches, les télodendrons, portent à leur extrémité un **corpuscule nerveux terminal.** Ce corpuscule est une structure spécialisée qui transmet les messages du neurone aux autres cellules en libérant des médiateurs chimiques, les **neurotransmetteurs.** La jonction entre un corpuscule nerveux terminal et une cellule cible s'appelle **synapse** (FIGURE 48.2b). La cellule cible peut être un autre neurone ou une cellule effectrice (cellule musculaire ou glandulaire). La cellule émettrice s'appelle **cellule présynaptique** et la cellule cible s'appelle **cellule postsynaptique.** Un axone très ramifié peut comporter des centaines ou des milliers de corpuscules nerveux terminaux.

Arc réflexe : le circuit nerveux le plus simple

Le plus simple des circuits nerveux est celui qui est à l'origine du **réflexe,** c'est-à-dire de la réaction automatique à un stimulus. Ce circuit porte le nom d'**arc réflexe.** Ainsi, c'est le type de circuit qui amène les Palourdes à fermer leur coquille lorsqu'une ombre (qui pourrait signaler un prédateur) passe au-dessus d'elles.

Les arcs réflexes les plus simples ne nécessitent l'intervention que de deux types de cellules nerveuses : le neurone sensitif et le neurone moteur. Le **neurone sensitif** reçoit les informations d'un récepteur sensoriel détectant les changements que connaît une variable (par exemple, la lumière, la pression ou la concen-

tration d'une substance chimique). Il transmet ces informations à un centre d'intégration d'où part un **neurone moteur.** Ce dernier transmet lui-même un message à une cellule effectrice, c'est-à-dire à une cellule musculaire ou glandulaire qui exécute la commande. La FIGURE 48.3, à la page 1120, illustre cette séquence avec le réflexe rotulien chez l'Humain (c'est ce réflexe qui fait se relever la jambe quand le médecin frappe, à l'aide d'un marteau à réflexes, le ligament patellaire attachant la rotule au tibia). La percussion du ligament patellaire étire le quadriceps (muscle avant de la cuisse), ce que détecte un neurone sensitif spécialisé logé dans le muscle. Ce neurone sensitif envoie un influx nerveux à un neurone moteur dont le corps se situe dans un centre d'intégration (la moelle épinière), afin qu'il commande au muscle quadriceps de se contracter pour compenser l'étirement. C'est pourquoi la jambe se relève légèrement d'un mouvement brusque.

En réalité, le réflexe rotulien (ou patellaire) fait intervenir d'autres éléments que ce simple circuit sensitif-moteur. En effet, la contraction du muscle quadriceps s'accompagne d'une inhibition des muscles de la loge postérieure de la cuisse qui font fléchir la jambe. Ce processus d'inhibition fait intervenir un second circuit nerveux. Les neurones sensitifs du muscle quadriceps forment des synapses non seulement avec les neurones moteurs, mais aussi avec les **interneurones** de la moelle épinière. Ces interneurones inhibent les neurones moteurs des muscles de la loge postérieure de la cuisse (fléchisseurs) et les empêchent de se contracter.

La plupart des circuits nerveux comprennent des quantités importantes d'interneurones qui interviennent entre les récepteurs sensoriels et les cellules effectrices pour organiser ou intégrer les comportements les plus adaptés. Même chez les organismes animaux les plus simples, la plupart des interneurones sont en

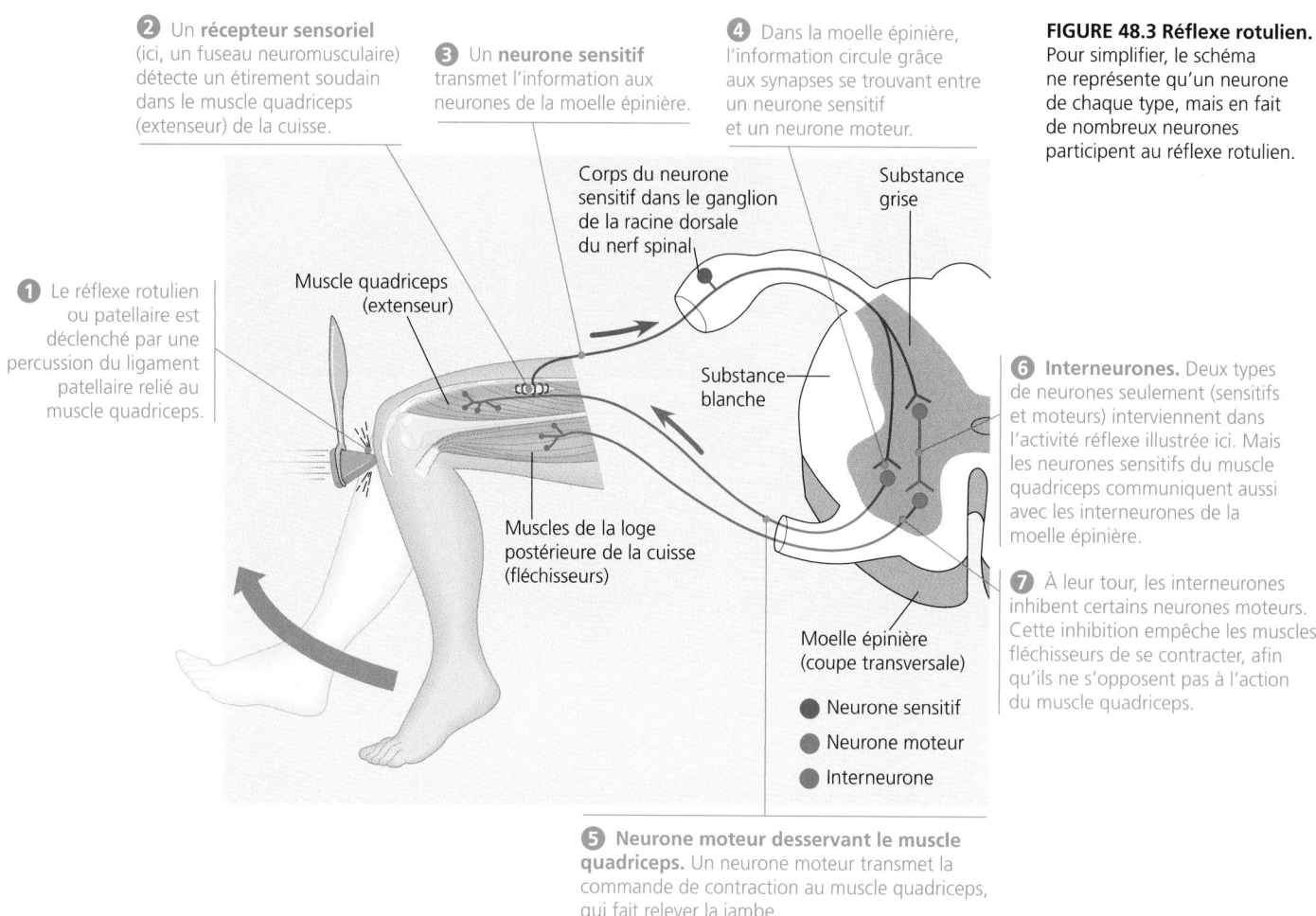

2 Un **récepteur sensoriel** (ici, un fuseau neuromusculaire) détecte un étirement soudain dans le muscle quadriceps (extenseur) de la cuisse.

3 Un **neurone sensitif** transmet l'information aux neurones de la moelle épinière.

4 Dans la moelle épinière, l'information circule grâce aux synapses se trouvant entre un neurone sensitif et un neurone moteur.

FIGURE 48.3 Réflexe rotulien. Pour simplifier, le schéma ne représente qu'un neurone de chaque type, mais en fait de nombreux neurones participent au réflexe rotulien.

Corps du neurone sensitif dans le ganglion de la racine dorsale du nerf spinal

Substance grise

1 Le réflexe rotulien ou patellaire est déclenché par une percussion du ligament patellaire relié au muscle quadriceps.

Muscle quadriceps (extenseur)

Substance blanche

6 **Interneurones.** Deux types de neurones seulement (sensitifs et moteurs) interviennent dans l'activité réflexe illustrée ici. Mais les neurones sensitifs du muscle quadriceps communiquent aussi avec les interneurones de la moelle épinière.

Muscles de la loge postérieure de la cuisse (fléchisseurs)

7 À leur tour, les interneurones inhibent certains neurones moteurs. Cette inhibition empêche les muscles fléchisseurs de se contracter, afin qu'ils ne s'opposent pas à l'action du muscle quadriceps.

Moelle épinière (coupe transversale)

● Neurone sensitif
● Neurone moteur
● Interneurone

5 **Neurone moteur desservant le muscle quadriceps.** Un neurone moteur transmet la commande de contraction au muscle quadriceps, qui fait relever la jambe.

activité constante. En fait, ils « communiquent » entre eux. Cette communication continue au sein du système nerveux central (SNC) établit un contexte d'interprétation des données sensorielles et permet de commander une réaction adéquate. Les grandes quantités d'interneurones qui composent l'encéphale des Vertébrés, particulièrement chez l'Humain, permettent de tenir compte des renseignements recueillis pour décider des mesures à prendre. Par exemple, on peut retenir le réflexe de relèvement de la jambe quand le médecin frappe la rotule avec son petit marteau. Les interneurones qui passent du cerveau au segment de moelle épinière indiqué dans la FIGURE 48.3 peuvent en effet inhiber le réflexe.

Le corps des neurones moteurs et des interneurones est généralement situé dans la substance grise du SNC. La substance grise de la moelle épinière est représentée dans la FIGURE 48.3. La substance blanche de la moelle épinière, située en périphérie de la substance grise, se compose d'axones moteurs et sensitifs. Vous constatez toutefois que le corps du neurone sensitif de la FIGURE 48.3 est situé *à l'extérieur* de la moelle épinière, dans une structure appelée « ganglion de la racine dorsale du nerf spinal ». Le **ganglion** est un regroupement de corps de neurones, ayant généralement une fonction semblable, situé dans le système nerveux périphérique (SNP). Des regroupements semblables dans l'encéphale des Vertébrés s'appellent des **noyaux** (il ne s'agit pas ici des noyaux de l'ensemble des cellules qui composent ces structures).

Pouvant remplir différentes fonctions, les neurones sensitifs, les neurones moteurs et les interneurones diffèrent considérablement par leur morphologie. Dans chaque catégorie même, on trouve diverses formes. La FIGURE 48.4 présente des exemples de cette diversité structurale. Le système nerveux fait intervenir de manière coordonnée des dizaines de milliers voire des milliards de ces diverses cellules nerveuses.

Types de circuits nerveux

Les circuits nerveux s'organisent selon trois configurations de base. Dans une première configuration, le circuit recueille des informations d'une source unique, comme l'œil, pour les transmettre à diverses parties de l'encéphale. L'information d'un seul neurone présynaptique est alors transmise à plusieurs neurones postsynaptiques. Dans une deuxième configuration, le circuit est convergent. Les informations de plusieurs neurones présynaptiques convergent alors vers un seul neurone postsynaptique. Les circuits convergents peuvent rassembler des informations en provenance de diverses sources, notamment l'œil, la peau et les oreilles, pour repérer et identifier un objet dans l'environnement. Enfin, dans une troisième configuration, le circuit fait voyager l'information de manière circulaire, en boucle : elle va d'un neurone à l'autre pour revenir ensuite à la source. Dans l'encéphale de l'Humain, les informations peuvent passer par des voies circulaires, avant d'être fixées dans la mémoire.

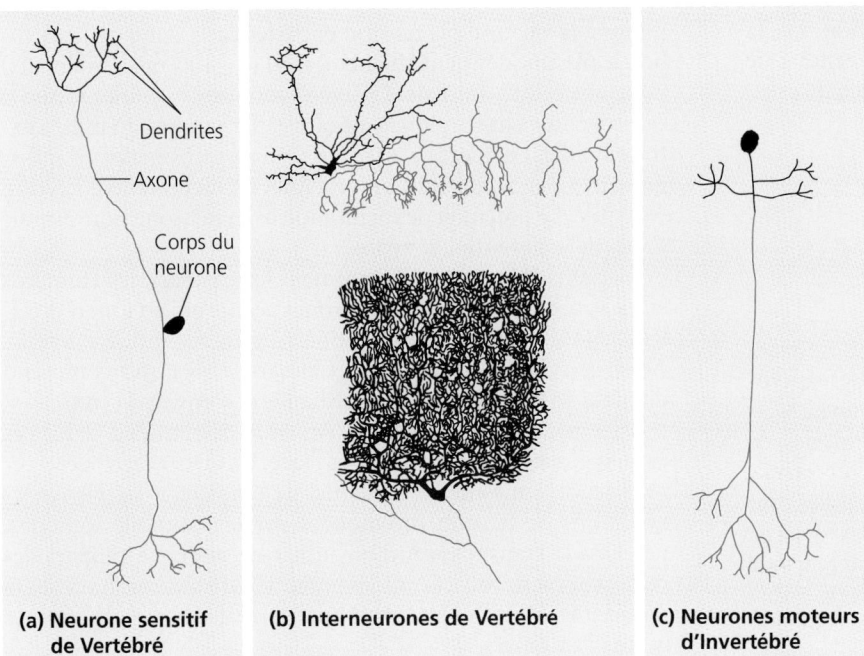

FIGURE 48.4 Diversité structurale des neurones. Ces exemples illustrent la variété de formes des neurones. Les dendrites et le corps du neurone sont en noir. Les axones sont en magenta. **(a)** Neurone sensitif de Vertébré. Les dendrites courtes et ramifiées communiquent avec les récepteurs sensoriels. Un seul et long axone, généralement myélinisé, transmet les messages des dendrites aux synapses que le neurone forme avec les neurones du SNC. Dans cette illustration, le corps du neurone n'est relié qu'à l'axone. Cette configuration est tout à fait différente de celle du neurone moteur de Vertébré présenté à la FIGURE 48.2a. **(b)** Deux types d'interneurones de l'encéphale mammalien. L'interneurone du haut possède des dendrites multiples et un axone ramifié. Celui du bas a des dendrites finement ramifiées qui lui donnent l'apparence d'un filet aux mailles très serrées. **(c)** Neurone moteur d'Invertébré. Contrairement au neurone moteur de Vertébré présenté à la FIGURE 48.2a, le neurone moteur d'Invertébré a un corps qui n'est relié qu'aux dendrites.

(a) Neurone sensitif de Vertébré

(b) Interneurones de Vertébré

(c) Neurones moteurs d'Invertébré

Gliocytes (cellules gliales ou de soutien)

Les **gliocytes**, également appelés **cellules gliales** (du grec *gloios*, « glu ») ou **cellules de soutien,** sont essentiels à l'intégrité structurale du système nerveux et au fonctionnement normal des neurones. Pour chaque neurone, on compte de 10 à 50 gliocytes. Jusqu'à tout récemment, les chercheurs pensaient que les gliocytes jouaient uniquement un rôle de soutien et ne participaient pas véritablement à la communication au sein du système nerveux. Mais des études récentes indiquent qu'il y a des interactions synaptiques entre les gliocytes et les neurones.

Il existe divers types de gliocytes dans l'encéphale et dans la moelle épinière. En groupe, ces cellules ont des fonctions complexes et ne font pas que coller les neurones ensemble. Dans l'embryon, des cellules de soutien appelées « cellules gliales radiales » forment des fibres protéiques le long desquelles les neurones migrent ou poussent à partir du tube neural pour donner la structure qui deviendra le SNC (voir la FIGURE 47.11). Dans le SNC arrivé à maturité, des gliocytes appelés **astrocytes** assurent un soutien structural et métabolique aux neurones. Les astrocytes provoquent aussi la jonction serrée des cellules qui tapissent les capillaires de l'encéphale (voir la FIGURE 7.30). Ces cellules forment ainsi la **barrière hémato-encéphalique,** qui limite l'accès de l'encéphale à la plupart des substances. Cela permet une stricte maîtrise de l'environnement chimique extracellulaire du SNC. D'après des études récentes, les astrocytes communiquent entre eux et avec les neurones au moyen de médiateurs chimiques.

Les **oligodendrocytes** (dans le SNC) et les **neurolemmocytes** (ou cellules de Schwann ; dans le SNP) sont en fait des gliocytes qui forment une gaine isolante de myéline autour de l'axone de nombreux neurones. La FIGURE 48.5 montre la structure d'un axone myélinisé du SNP. Les neurones se myélinisent dans le système nerveux en développement quand les neurolemmocytes ou les oligodendrocytes grandissent autour des axones, de telle sorte que leur membrane plasmique forme des couches concentriques, comme un gâteau roulé. Les membranes sont principalement composées de phosphoglycérolipides, qui sont de mauvais conducteurs de courant électrique. C'est pourquoi la gaine de myéline qui enveloppe l'axone agit comme un isolant électrique, de la même manière que la gaine isolante qui recouvre les fils électriques de cuivre. Nous verrons plus loin dans le chapitre que la gaine de myéline augmente aussi la vitesse de propagation des influx nerveux. Dans l'affection dégénérative connue sous le nom de sclérose en plaques, les gaines de myéline se détériorent graduellement.

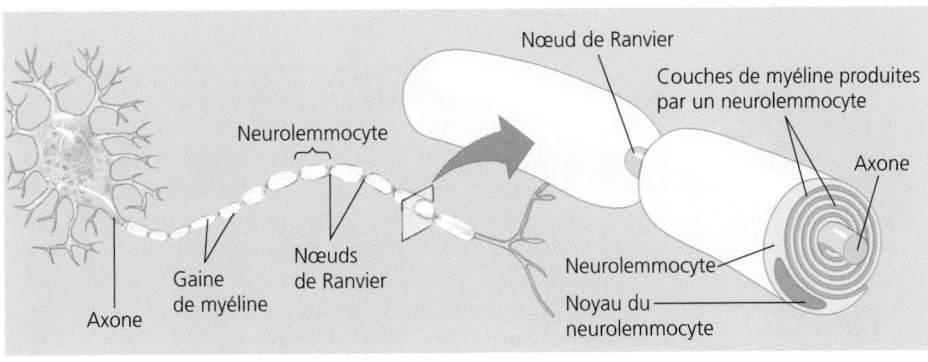

FIGURE 48.5 Neurolemmocytes. Dans le SNP, des cellules de soutien appelées neurolemmocytes enveloppent de nombreux axones d'une gaine isolante de myéline. Les intervalles entre deux neurolemmocytes voisins sont appelés « nœuds de Ranvier » (ou « nœuds de la neurofibre »).

Il en résulte une perte progressive de la coordination, car la transmission des influx nerveux s'effectue mal. Les cellules de soutien sont donc des partenaires indispensables des neurones, dans un système nerveux pleinement fonctionnel.

LA NATURE DES MESSAGES NERVEUX

Aux XVIIIe et XIXe siècles, on a pu décrire l'anatomie des neurones et des systèmes nerveux grâce à des microscopes photoniques de plus en plus perfectionnés. Mais on n'arrivait toujours pas à expliquer les modes de communication interneuronaux. Vers la fin du XVIIIe siècle, Luigi Galvani découvrit que les cellules des muscles des Grenouilles produisaient de l'électricité. Au XIXe siècle, Hermann von Helmholtz et d'autres savants constatèrent que l'activité électrique des cellules nerveuses permettait de transmettre des messages d'une extrémité à l'autre de la cellule et d'une cellule à l'autre. Depuis cent ans, les travaux de divers chercheurs montrent que presque tous les messages nerveux se transmettent par changement de tension électrique au niveau de la membrane plasmique des neurones. Ces variations de tension sont provoquées par le mouvement des ions à travers la membrane plasmique, mouvement qui se fait dans des canaux ioniques spécialisés (ou canaux protéiques). Pour comprendre le système nerveux, il faut d'abord comprendre ces processus cellulaires. Nous commencerons donc par nous pencher sur le gradient de potentiel électrique que l'on observe de part et d'autre de la membrane plasmique.

Chaque cellule génère une tension transmembranaire : le potentiel de membrane

Comme nous l'avons vu au chapitre 8, toutes les cellules vivantes présentent une différence de charge électrique (potentiel électrique ou tension) entre les deux faces de leur membrane plasmique. Ce **potentiel de membrane** est dû aux variations de la concentration des ions entre le cytosol avoisinant la membrane plasmique et le milieu extracellulaire qui est en contact avec la face externe de la membrane. Il y a en effet plus d'anions dans le cytosol que dans le liquide extracellulaire, dans lequel il y a plus de cations. C'est pourquoi, la membrane plasmique est polarisée : sa charge négative est supérieure d'un côté par rapport à l'autre.

Mesure du potentiel de membrane

Les spécialistes en électrophysiologie mesurent le potentiel de membrane au moyen de microélectrodes reliées à un voltmètre sensible ou à un oscilloscope (FIGURE 48.6a). À l'aide de dispositifs mécaniques de haute précision appelés micromanipulateurs (à côté du microscope photonique de la FIGURE 48.6b), on place l'une des microélectrodes dans la cellule, juste à travers la membrane, afin d'établir une comparaison avec la microélectrode de référence située à l'extérieur de la cellule. Le voltmètre indique la valeur de la tension entre les deux côtés de la membrane plasmique : généralement −50 à −100 mV (millivolts) pour une cellule animale. Le signe « moins » (−) indique que le cytosol a une charge globale négative, par rapport au milieu extracellulaire. Le neurone au repos (qui ne transmet pas d'influx nerveux) a généralement un potentiel de membrane d'environ −70 mV. Le potentiel de membrane d'un neurone non stimulé s'appelle le **potentiel de repos.**

Certains Invertébrés, notamment les Calmars, les Homards et les Vers de terre, ont des neurones géants qui en font d'excellents modèles de recherche pour l'étude des influx nerveux. Ainsi, le système nerveux des Calmars (*Loligo sp.*) comprend des neurones dont l'axone a un diamètre d'environ 1 mm. Il est relativement facile d'insérer des microélectrodes dans ces axones géants. Une fois mises en place, les microélectrodes peuvent servir à mesurer le potentiel de repos et à enregistrer les variations de tension provoquées par les courants ioniques, pendant la transmission d'un influx nerveux. La plupart des recherches innovatrices sur les potentiels de membrane et sur la nature des messages nerveux ont été réalisées sur des axones géants de calmars.

Maintien du potentiel de membrane par la cellule

Des différences de composition ionique entre les liquides intracellulaire et extracellulaire maintiennent le potentiel de membrane. La perméabilité sélective de la membrane plasmique permet de maintenir ces différences ioniques, comme l'indique la FIGURE 48.7a. Dans la cellule, le principal cation est le potassium (K$^+$), même si l'on trouve aussi du sodium (Na$^+$). Dans le milieu extracellulaire, c'est l'inverse : le principal cation est le Na$^+$, le K$^+$ se trouvant en concentration beaucoup plus faible. Dans la cellule, les principaux anions sont les protéines, les acides aminés et d'autres ions à charge négative (sulfates, phosphates, etc.), que l'on peut regrouper et représenter symboliquement par la notation A$^−$. Le chlorure (Cl$^−$) est également présent dans la cellule, mais en concentration relativement faible. Dans le milieu extracellulaire, il est le principal anion, les autres anions jouant un rôle moins important dans l'établissement et le maintien du potentiel de membrane.

Nous avons vu, au chapitre 8, que la membrane plasmique était une bicouche de phosphoglycérolipides à laquelle sont associées des protéines membranaires. Comme les ions portent une charge électrique, ils ne peuvent se dissoudre et diffuser directement dans la bicouche de phosphoglycérolipides de la membrane plasmique. Pour traverser la membrane, ils doivent donc soit se faire véhiculer par des protéines de transport intramembranaires (transport actif ou passif), soit passer par les canaux ioniques, qui sont des tunnels hydrophiles formés par une protéine intramembranaire spécifique. Les canaux ioniques sont sélectifs et n'autorisent le passage qu'à certains ions. Certains permettent le passage des ions Na$^+$ seulement ; d'autres, celui des ions K$^+$ seulement ; d'autres encore, celui des ions Cl$^−$ seulement. Ainsi, selon le nombre de canaux ioniques de chaque type qu'elle comprend, la membrane plasmique a une perméabilité très différente à chacun des ions. La plupart des cellules, notamment les neurones, ont une perméabilité beaucoup plus grande au K$^+$ qu'au Na$^+$. Cela signifierait que la membrane plasmique contient beaucoup plus de canaux à

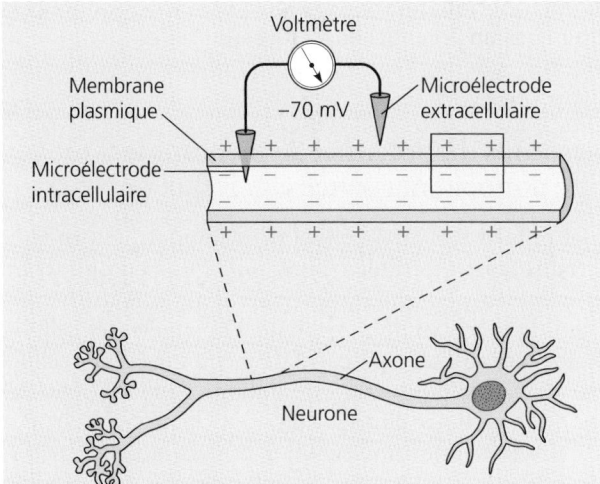

(a)

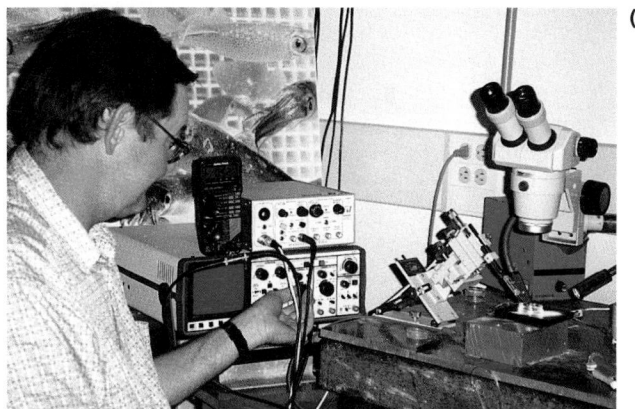

FIGURE 48.6 Mesure du potentiel de membrane. (a) On place deux microélectrodes, l'une dans le cytosol et l'autre dans le milieu extracellulaire, pour mesurer la tension (le potentiel électrique de la membrane) entre les deux côtés de la membrane plasmique de la cellule. **(b)** Appareillage destiné à mesurer le potentiel de membrane.

(b)

potassium que de canaux à sodium (FIGURE 48.7b). Dans un neurone au repos, par exemple, la perméabilité au potassium est à peu près cinquante fois plus élevée que la perméabilité au sodium. Comme les anions internes (A⁻) sont pour la plupart de grosses molécules organiques (protéines, par exemple), ils ne peuvent traverser la membrane plasmique. Ils constituent alors un réservoir de charges négatives internes dans la cellule.

Les canaux ioniques sélectifs contrôlent le type d'ions qui diffusent passivement vers l'intérieur et vers l'extérieur de la cellule. Mais ils ne peuvent influer sur la direction ou la vitesse du passage. Comme nous l'avons vu au chapitre 8, les ions dif-

fusent en suivant un gradient électrochimique qui relève de deux paramètres : la concentration de l'ion spécifique dans différentes régions (gradient chimique ou gradient de concentration) ; et la charge électrique relative dans ces régions (gradient électrique). On s'attendrait à ce que les ions qui passent dans les canaux ioniques diffusent en suivant leur gradient électrochimique jusqu'à ce qu'un point d'équilibre soit atteint. Ce point d'équilibre correspondrait à une situation dans laquelle chaque type d'ion pénètre dans la cellule et en sort à la même vitesse. Comment fait donc la cellule pour établir et maintenir les concentrations ioniques indiquées dans la FIGURE 48.7a ?

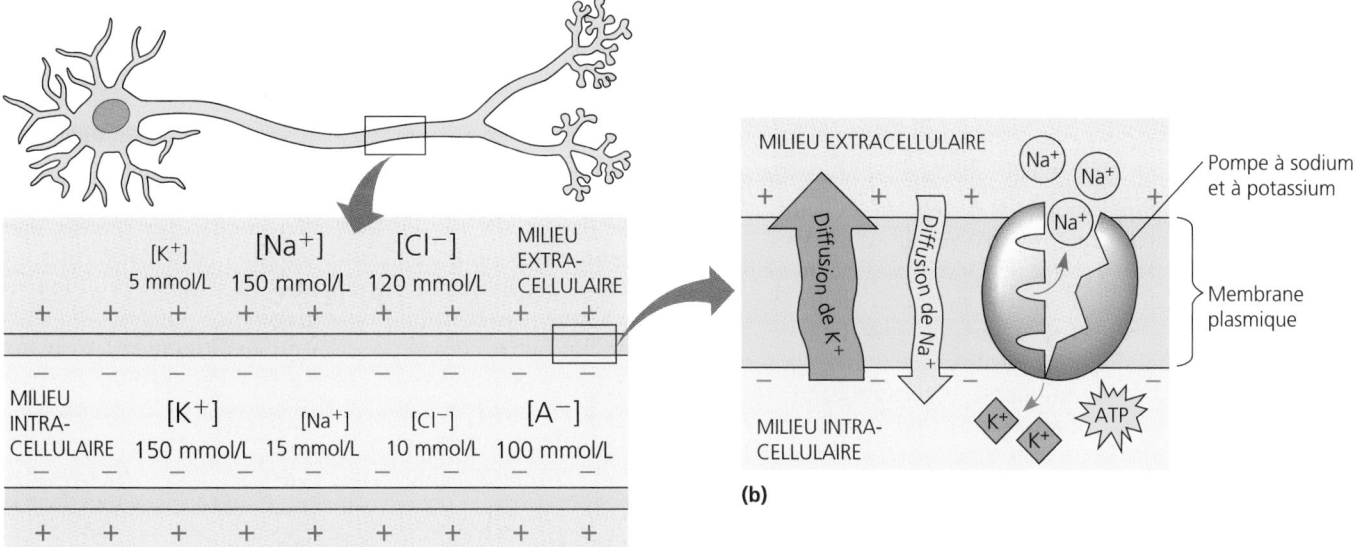

(a)

(b)

FIGURE 48.7 Paramètres qui sont à l'origine du potentiel de repos de la membrane plasmique. (a) Voici, dans une cellule nerveuse mammalienne, les concentrations approximatives des substances suivantes : potassium (K⁺) ; sodium (Na⁺) ; chlorure (Cl⁻) ; et anions (A⁻) qui restent dans la cellule. Le K⁺ diffuse vers l'extérieur en fonction de son gradient de concentration.

Mais les anions A⁻ ne peuvent pas suivre ; il en résulte une charge négative nette dans la cellule. **(b)** On constate une diffusion régulière de K⁺ hors de la cellule et une diffusion régulière de Na⁺ dans la cellule. L'épaisseur des flèches indique la perméabilité relative de la membrane plasmique au K⁺ et au Na⁺ (la perméabilité dépend principalement du nombre de canaux ioniques

spécifiques). Au fil du temps, la diffusion ferait disparaître les gradients ioniques présentés dans la partie (a). Mais la pompe à sodium et à potassium empêche cela en faisant appel à l'ATP pour effectuer un transport actif du Na⁺ hors de la cellule et, par la suite, un transport passif du K⁺ vers l'intérieur de la cellule.

Prenons le cas des ions potassium. Un fort gradient de concentration tend à faire diffuser le K⁺ hors de la cellule, d'autant plus que la membrane a une très forte perméabilité au potassium. C'est pourquoi, on constate un flux net d'ions K⁺ vers l'extérieur de la cellule, flux qui transfère des charges positives de l'intérieur à l'extérieur de la cellule. Comme la charge négative globale est maintenue à l'intérieur de la cellule, à cause des gros anions qui restent captifs (A^-), le cytosol est de plus en plus négatif par rapport au milieu extracellulaire. Cela crée donc un gradient électrique entre les deux côtés de la membrane plasmique. En fait, ce gradient électrique s'oppose au gradient de concentration des ions K⁺ : la charge négative interne de plus en plus élevée attire les ions potassium de charge positive (K⁺), ce qui crée un flux de K⁺ vers l'intérieur de la cellule.

Si les ions K⁺ étaient les seuls à traverser la membrane, la tension entre les deux côtés de la membrane évoluerait jusqu'à ce que la quantité d'ions K⁺ entrant selon le gradient électrique corresponde exactement à celle des ions K⁺ sortant selon le gradient de concentration. À ce moment-là, il n'y aurait plus de transfert net de charge électrique à travers la membrane. Le potentiel de membrane atteindrait une valeur stable de repos. Pour équilibrer de la façon que nous venons de décrire le gradient de concentration du potassium représenté à la FIGURE 48.7a, il faudrait un potentiel de membrane stable d'environ -85 mV. Cette valeur du potentiel de membrane s'appelle *potentiel d'équilibre* des ions potassium, parce que c'est le potentiel auquel les sorties et les entrées de K⁺ s'annulent (le potassium atteint l'état d'équilibre).

Cependant, le potassium n'est pas le seul ion à pouvoir traverser la membrane plasmique. Si la membrane est beaucoup moins perméable au Na⁺ qu'au K⁺, sa perméabilité au Na⁺ n'est pas équivalente à zéro (FIGURE 48.7b). Le gradient de concentration du sodium (concentration plus élevée de sodium en milieu extracellulaire) et le gradient électrique du sodium (milieu intracellulaire négatif) ont tendance à faire entrer des ions sodium dans la cellule. Les charges positives représentées par les ions Na⁺ diffusent lentement dans le cytosol, de sorte que la valeur du potentiel de membrane est en fait légèrement moins négative que si la membrane n'était perméable qu'aux ions potassium. C'est pourquoi, le potentiel de repos d'un neurone est généralement plus proche de -70 mV que de -85 mV.

Avec le temps, l'entrée régulière de sodium causerait une augmentation progressive de la concentration de sodium dans la cellule. De plus, comme l'entrée d'ions Na⁺ rend l'intérieur de la cellule moins négatif que la valeur de -85 mV (valeur nécessaire pour équilibrer le gradient de concentration du potassium), il y aurait une sortie régulière de potassium et une diminution progressive de la concentration interne d'ions K⁺. Autrement dit, en l'absence de régulation, les gradients de concentration de Na⁺ et de K⁺ représentés à la FIGURE 48.7a disparaîtraient peu à peu. Mais la pompe à sodium et à potassium, présentée à la FIGURE 48.7b, empêche que l'équilibre soit atteint. Cette pompe protéique que l'on trouve en abondance dans les neurones fait appel à l'énergie de l'ATP pour renvoyer le sodium dans le milieu extracellulaire, à la fois contre le gradient de concentration du sodium et contre le gradient électrique du sodium. Simultanément, elle achemine du potassium dans le cytosol et rétablit ainsi le gradient de concentration de cet ion (voir la FIGURE 8.15 pour plus de détails). En fait, la cellule utilise l'énergie métabolique stockée dans l'ATP pour maintenir certains gradients ioniques de part et d'autre de la membrane et engendrer ainsi un potentiel de membrane stable.

Les variations du potentiel de membrane d'un neurone donnent naissance aux influx nerveux

Toutes les cellules ont un potentiel de membrane. Cependant, seuls certains types de cellules (notamment les neurones et les cellules musculaires) peuvent provoquer d'importants changements dans le potentiel de membrane. On appelle ces cellules des **cellules excitables.** Le potentiel de membrane d'une cellule excitable à l'état de repos (sans excitation) s'appelle potentiel de repos. Comme nous allons le voir, tout changement de tension peut produire une impulsion. Les canaux ioniques spécialisés des cellules excitables sont à l'origine des changements que connaît le potentiel de membrane. Nous avons vu au chapitre 8 qu'un canal ionique est une protéine unique constituée de plusieurs protomères (ou chaînes polypeptidiques). À ce jour, on a pu localiser au moins une vanne (sorte de clapet ou de porte) sur la plupart des canaux ioniques identifiés. Cette vanne est un protomère ou une partie de protomère qui obéit à une régulation. Certaines cellules, notamment les neurones, sont munies de **canaux ioniques à ouverture contrôlée.** Ces canaux s'ouvrent ou se ferment en réponse à un stimulus. Les changements de concentrations ioniques qui en résultent font changer le potentiel de membrane, en réaction à un stimulus. Dans le cas d'un neurone sensitif, le stimulus peut provenir de l'environnement. Il peut s'agir, par exemple, de la lumière dans le cas des photorécepteurs de l'œil ou des vibrations de l'air dans celui des récepteurs de l'oreille. Dans les interneurones, les stimulus proviennent généralement des autres neurones, qui libèrent des médiateurs chimiques ou génèrent une impulsion.

Les canaux ioniques à ouverture contrôlée s'ouvrent ou se ferment en réponse à un seul type de stimulus. Les **canaux chimiodépendants** sont des canaux ioniques dont l'ouverture est contrôlée par un ligand : ils s'ouvrent ou se ferment en réaction à un stimulus chimique, par exemple, un neurotransmetteur libéré par un corpuscule nerveux terminal. Les **canaux tensiodépendants** sont des canaux ioniques dont l'ouverture est contrôlée par la tension (le potentiel électrique) : ils s'ouvrent ou se ferment en réaction à une variation du potentiel de membrane. En outre, comme tous les canaux ioniques, les canaux ioniques à ouverture contrôlée ne permettent qu'à un seul type d'ion de les traverser. Ainsi, il existe des canaux chimiodépendants pour le sodium et d'autres pour le potassium, et des canaux tensiodépendants pour le sodium et d'autres pour le potassium. Chaque type de canal joue un rôle essentiel dans la production et la transmission des impulsions.

Potentiels gradués : hyperpolarisation et dépolarisation

L'accroissement du potentiel de membrane est un événement électrique localisé au point de stimulation. Voyons ce qui se produit dans la zone d'une dendrite stimulée par un neurotransmetteur. L'effet spécifique du stimulus sur la polarisation de la membrane dépend du type de canal chimiodépendant qui s'ouvre alors. La FIGURE 48.8a et b présente deux types de réactions locales. Tout d'abord, certains stimulus déclenchent une **hyperpolarisation,** c'est-à-dire une augmentation de la tension de part et d'autre de la membrane plasmique (voir la FIGURE 48.8a). Ils peuvent provoquer l'hyperpolarisation en faisant ouvrir un canal chimiodépendant à potassium. Les sorties de K$^+$ augmentent alors, et avec elles la charge négative du cytosol. Ensuite, d'autres stimulus déclenchent au contraire une **dépolarisation,** c'est-à-dire une diminution de la tension de part et d'autre la membrane plasmique (voir la FIGURE 48.8b). Ils peuvent le faire en faisant ouvrir un canal chimiodépendant à sodium. Les entrées de Na$^+$ augmentent alors, et la charge négative du cytosol diminue. Ces variations de tension s'appellent **potentiels gradués,** car leur amplitude dépend de l'intensité du stimulus. En effet, un stimulus important fera s'ouvrir de nombreux canaux ioniques spécifiques et provoquera ainsi un changement important dans la perméabilité membranaire. Il en résultera une grande variation du potentiel de membrane.

Potentiel d'action : dépolarisation du type tout ou rien

La dépolarisation de la membrane plasmique du neurone est fonction de l'intensité du stimulus jusqu'à une certaine valeur de tension appelée **seuil d'excitation.** En effet, si, par suite d'un stimulus intense, la dépolarisation atteint ce seuil, une nouvelle réaction se déclenche : le **potentiel d'action** (FIGURE 48.8c). Dans le neurone, le potentiel d'action ne peut être généré que dans l'axone. Il est généralement déclenché par une dépolarisation graduée qui a son origine dans une dendrite ou dans le corps du neurone et se propage le long de la membrane plasmique jusqu'à l'axone. Le seuil d'excitation est généralement supérieur de 15 à 20 mV au potentiel de repos. Il s'agit donc d'un potentiel de −50 à −55 mV pour la membrane plasmique de l'axone. Les stimulus hyperpolarisants ne produisent pas de potentiel d'action. En fait, comme nous allons le voir, avec l'hyperpolarisation, il est plus difficile, pour le potentiel de membrane, d'augmenter jusqu'à atteindre le seuil d'excitation.

Le potentiel d'action de l'axone est l'**influx nerveux.** C'est un événement non gradué, du type tout ou rien, ce qui signifie que l'amplitude du potentiel d'action est indépendante de l'intensité du stimulus dépolarisant de départ. Une fois déclenché le potentiel d'action, le potentiel de membrane passe par une série prédéterminée de changements, présentés à la FIGURE 48.9 de la page 1126. La membrane subit d'abord une inversion brutale de polarité, le cytosol devenant plus positif que le milieu extracellulaire. Cette inversion de polarité (pic du graphique) est suivie d'une phase de repolarisation abrupte pendant laquelle le potentiel de membrane revient à la valeur de repos habituelle. Tout cela se passe en quelques millisecondes.

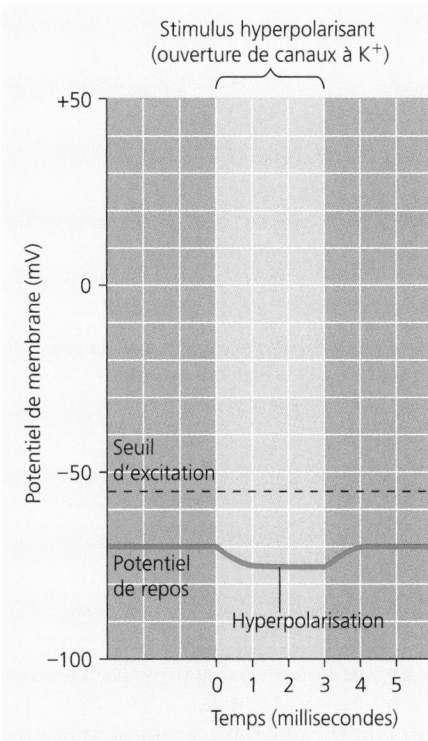

(a) Potentiel gradué : hyperpolarisation

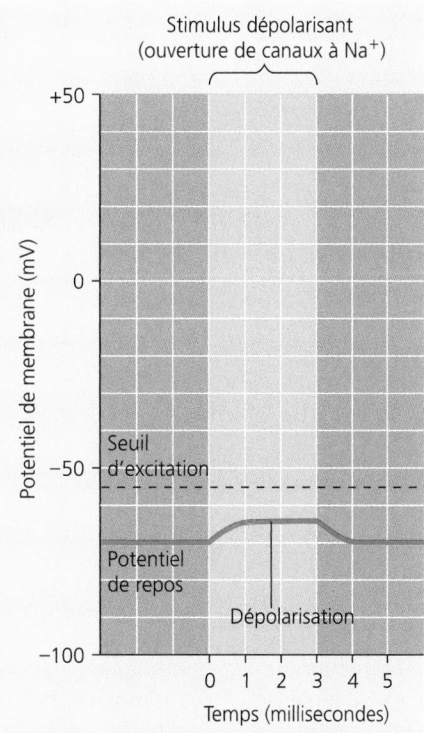

(b) Potentiel gradué : dépolarisation

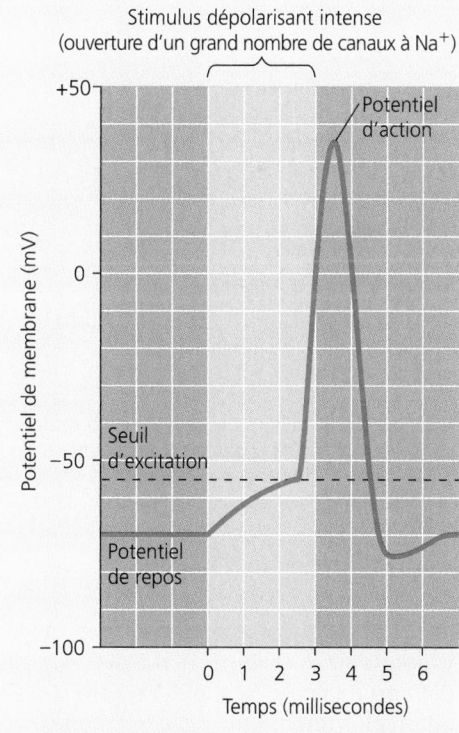

(c) Potentiel d'action

FIGURE 48.8 Potentiels gradués et potentiel d'action dans un neurone. Les changements du milieu extracellulaire peuvent modifier le potentiel de membrane de la cellule. **(a)** Le neurone est hyperpolarisé quand un stimulus fait s'ouvrir les canaux à potassium.

(b) Le neurone est dépolarisé quand un stimulus fait s'ouvrir les canaux à sodium. **(c)** Un stimulus dépolarisant suffisamment intense peut faire en sorte que le potentiel de membrane atteigne une valeur critique appelée seuil d'excitation. Cet événement produit un potentiel d'action,

c'est-à-dire un influx nerveux. Contrairement au potentiel gradué, le potentiel d'action est une réaction du type tout ou rien. En effet, son amplitude est toujours la même, quelle que soit l'intensité du stimulus de départ.

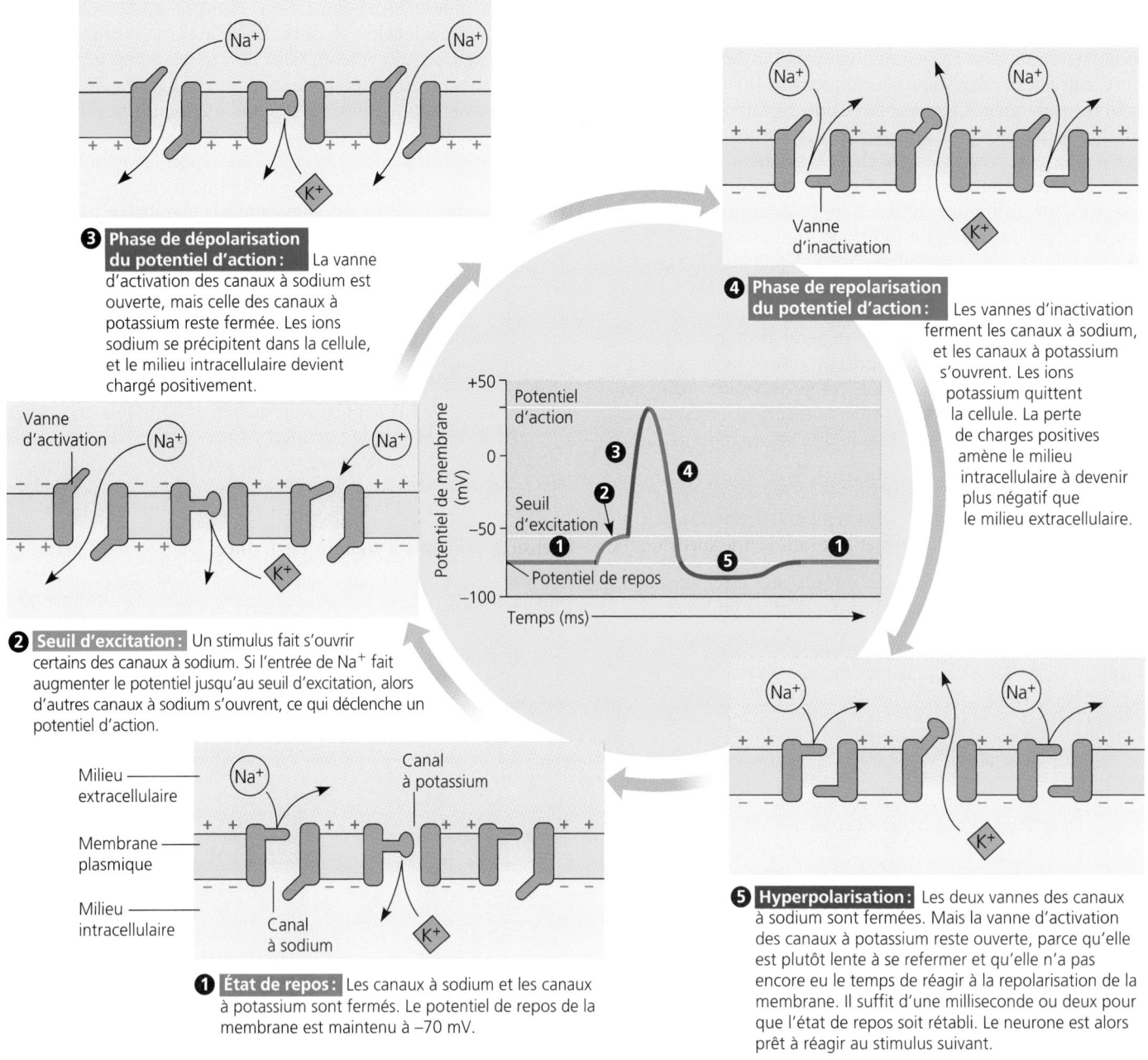

FIGURE 48.9 Rôle des canaux tensiodépendants dans le potentiel d'action.
Les numéros encerclés dans le graphique du centre de la figure correspondent aux cinq schémas qui se trouvent autour et qui représentent des canaux tensiodépendants à sodium et des canaux tensiodépendants à potassium dans la membrane plasmique d'un neurone.

Remarquez que le potentiel d'action résulte d'une rétroactivation (voir le chapitre 1). La dépolarisation de la membrane d'un axone jusqu'au seuil d'excitation déclenche une dépolarisation plus importante qui correspond au potentiel d'action.

Le potentiel d'action apparaît parce que la membrane plasmique des neurones comprend des canaux tensiodépendants. Les vannes de ces canaux s'ouvrent et se ferment en réaction aux variations du potentiel de membrane, de façon à contrôler le déplacement rapide des ions vers l'intérieur ou vers l'extérieur de la cellule. Les canaux tensiodépendants s'activent quand la dépolarisation graduée de la membrane plasmique du neurone atteint le seuil d'excitation. Deux types de canaux tensiodépendants contribuent au potentiel d'action : les canaux à sodium et les canaux à potassium (voir la FIGURE 48.9). Les canaux à potassium comportent une seule vanne sensible aux variations de tension. Cette vanne est fermée à l'état de repos et *s'ouvre lentement* quand il y a dépolarisation. En revanche, les canaux à sodium comportent deux vannes sensibles aux variations de tension : 1) une vanne d'activation, qui est fermée à l'état de repos et qui *s'ouvre rapidement* quand il y a dépolarisation ; et 2) une vanne d'inactivation, qui est ouverte à l'état de repos et qui *se ferme lentement* quand il y a dépolarisation.

Qu'arrive-t-il à ces canaux tensiodépendants quand le potentiel gradué atteint le seuil d'excitation ? La vanne des canaux à potassium s'ouvre lentement et les ions K⁺ commencent à sortir de la cellule. Au même moment, les ions Na⁺ pénètrent à toute vitesse dans la cellule, parce que la vanne d'activation des canaux à sodium est grande ouverte ; en revanche, la vanne d'inactivation de ces canaux commence à se fermer lentement. C'est l'entrée rapide d'ions Na⁺ et la sortie d'ions K⁺ (inexistante au début) qui provoquent le changement brusque de tension que l'on appelle potentiel d'action.

Remarquez, dans la FIGURE 48.9, que le potentiel d'action correspond à une *onde* d'une grande amplitude résultant d'une dépolarisation rapide tout de suite suivie d'une *repolarisation* rapide. Pendant le retour du potentiel de membrane à sa valeur de repos, la repolarisation du potentiel d'action résulte de deux facteurs. Premièrement, la vanne d'inactivation du canal tensiodépendant à sodium, qui réagit lentement aux variations de tension, a le temps de se fermer après la dépolarisation : la perméabilité au sodium revient à la valeur de repos, laquelle est faible. Deuxièmement, la vanne des canaux tensiodépendants à potassium, qui réagit elle aussi lentement à la dépolarisation, a eu le temps de s'ouvrir. Cela permet aux ions K⁺ de sortir rapidement de la cellule pendant la repolarisation, ce qui rétablit en partie la charge négative interne du neurone au repos. L'action lente de la vanne du canal à potassium est la principale cause de l'*hyperpolarisation* qui suit la repolarisation (voir la FIGURE 48.9). En effet, la vanne reste ouverte pendant l'hyperpolarisation, ce qui permet aux ions K⁺ de continuer à quitter le neurone. La sortie d'ions K⁺ rend plus négatif le potentiel de membrane, par rapport au potentiel de repos. La membrane plasmique est donc hyperpolarisée.

Notez que pendant la phase d'hyperpolarisation, la vanne d'activation et la vanne d'inactivation des canaux à sodium sont fermées. Si un deuxième stimulus dépolarisant survient alors, il ne pourra déclencher de potentiel d'action, parce que les vannes d'inactivation n'auront pas encore eu le temps de se rouvrir. Cette période d'insensibilité du neurone à la dépolarisation est la **période réfractaire.** Elle détermine la fréquence maximale à laquelle les potentiels d'action peuvent être déclenchés.

Si le potentiel d'action constitue une réaction de type tout ou rien dont l'amplitude (la variation) ne dépend pas de l'intensité du stimulus, comment le système nerveux distingue-t-il les stimulus intenses des stimulus faibles ? En fait, les stimulus intenses produisent des potentiels d'action à une plus grande fréquence que les stimulus faibles. Si un stimulus est intense, alors le neurone produit des potentiels d'action de manière répétitive. Plus le stimulus est intense, plus l'intervalle entre deux potentiels d'action diminue, jusqu'à la limite fixée par la période réfractaire. Dans le système nerveux, c'est le nombre de potentiels d'action par seconde (et non l'amplitude des potentiels d'action) qui indique l'intensité du stimulus.

Les influx nerveux se propagent le long de l'axone

Pour qu'un potentiel d'action puisse avoir une portée à longue distance, il doit se propager le long de l'axone jusqu'à l'autre extrémité du neurone. Le potentiel d'action initial ne voyage pas, mais est en fait plusieurs fois reproduit le long de l'axone. Ce mécanisme de répétition est le même que celui de la dépolarisation graduée : les ions Na⁺ qui pénètrent dans la cellule créent un courant électrique qui dépolarise la région voisine de la membrane plasmique. Cependant, dans le cas du potentiel d'action, l'entrée d'ions Na⁺ est suffisamment importante pour que la région voisine soit dépolarisée au point de dépasser le seuil d'excitation. Cela déclenche donc à cet endroit un nouveau potentiel d'action (FIGURE 48.10, p. 1128). C'est ainsi que l'effet du potentiel d'action se propage d'une région de l'axone à l'autre, un peu comme la chute d'un domino se propage à la série de dominos placés verticalement derrière. La chute du premier domino se transmet tout le long de la rangée, jusqu'à la fin. De même, le premier potentiel d'action entraîne un potentiel d'action dans la partie voisine de la membrane, et ainsi de suite jusqu'à l'extrémité de l'axone.

On peut se demander ce qui empêche l'entrée d'ions Na⁺ d'exciter à nouveau la région située *derrière* le potentiel d'action, ce qui provoquerait un retour de l'influx le long de l'axone, vers le corps du neurone, en plus de la propagation normale. Rappelons que le potentiel d'action est suivi d'une période réfractaire au cours de laquelle la vanne d'inactivation des canaux tensiodépendants à sodium est fermée. Durant cette période, aucun potentiel d'action ne se déclenche. C'est pourquoi une vague de dépolarisation passant par une région donnée de l'axone ne peut produire un potentiel d'action derrière cette région, mais seulement devant. De plus, la sortie d'ions K⁺ dans la région située derrière fait augmenter la charge négative du cytosol, charge qui neutralise la charge positive du sodium. Les canaux tensiodépendants à sodium restent donc fermés. Ainsi, l'axone constitue normalement une voie à sens unique pour la transmission des influx nerveux.

Divers facteurs influent sur la vitesse de propagation du potentiel d'action le long de l'axone. À cet égard, le diamètre de l'axone a une certaine importance : plus il est grand, plus la transmission est rapide. Ce phénomène est dû au fait que la résistance à un courant électrique est inversement proportionnelle à la surface de la section transversale du « fil » conducteur. Dans un axone épais, la dépolarisation correspondant à un potentiel d'action à un endroit donné peut, de manière efficace, se propager plus loin le long de l'axone et générer un nouveau potentiel d'action à une plus grande distance que dans un axone mince. La vitesse de transmission varie de quelques centimètres par seconde dans les axones très minces à environ 100 m/s dans les axones géants d'Invertébrés tels que les Calmars et les Homards. Ces axones géants interviennent dans les réactions comportementales qui exigent une grande vitesse d'exécution, comme le coup de queue grâce auquel une écrevisse ou un homard menacés échappent à un danger.

Chez les Vertébrés, l'évolution a donné naissance à un autre mécanisme pour accélérer la transmission des potentiels d'action. Rappelons que, dans le système nerveux des Vertébrés, de nombreux axones sont myélinisés. Ils sont en effet enveloppés d'une couche isolante constituée de plusieurs épaisseurs de membrane résultant de l'enroulement des neurolemmocytes ou des oligodendrocytes autour des axones (voir la FIGURE 48.5). Les canaux tensiodépendants qui génèrent le potentiel d'action sont regroupés dans les nœuds de Ranvier, petits intervalles dénudés entre les neurolemmocytes, le long de l'axone. En outre, le liquide extracellulaire n'entre en contact avec la membrane

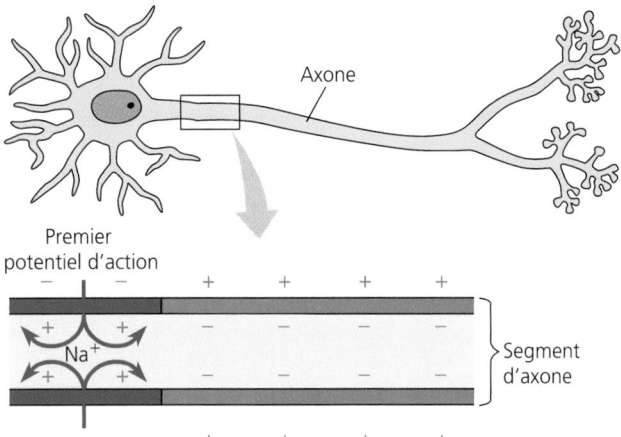

Premier
potentiel d'action

❶ L'entrée d'ions Na⁺ dans la cellule produit localement
un potentiel d'action.

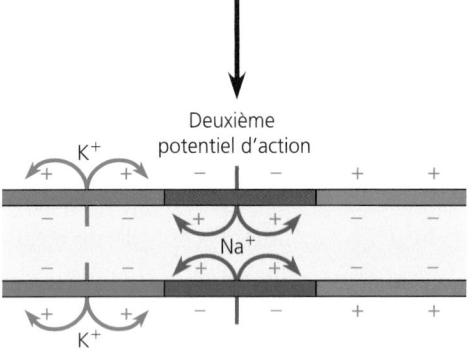

Deuxième
potentiel d'action

❷ La dépolarisation qui est à l'origine du premier potentiel
d'action s'étend à la région voisine de la membrane plasmique.
Cette dernière se dépolarise à son tour et produit un deuxième
potentiel d'action. Au site du premier potentiel d'action, la
membrane plasmique se repolarise au fur et à mesure de la sortie
des ions K⁺.

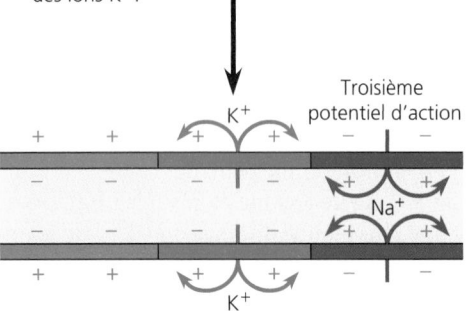

Troisième
potentiel d'action

❸ Un troisième potentiel d'action, qui sera suivi d'une
repolarisation, se produit. Ainsi, les flux d'ions à travers
la membrane plasmique créent un influx nerveux qui se
propage le long de l'axone.

FIGURE 48.10 Propagation du potentiel d'action. Les trois sections de
cette figure illustrent les trois étapes de changements que connaît une
partie d'axone au fur et à mesure que l'influx nerveux se propage de
gauche à droite. À chacune des étapes, le long de l'axone, les canaux
tensiodépendants fonctionnent comme le décrit la FIGURE 48.9. Ainsi se
reproduit la séquence des variations de tension associées au potentiel
d'action (chaque moment de la séquence est identifié par une couleur
correspondant au code de couleurs utilisé dans la FIGURE 48.9.)

de l'axone qu'à la hauteur des nœuds, si bien que les flux d'ions
entre l'intérieur et l'extérieur de l'axone ne peuvent se faire que
là. Pour toutes ces raisons, le potentiel d'action ne se propage
pas de façon continue. En fait, le courant d'ions Na⁺ créé par le
potentiel d'action à un nœud se transmet jusqu'au nœud
suivant, où il provoque une dépolarisation et la production
d'un nouveau potentiel d'action (FIGURE 48.11). On parle de
conduction saltatoire (du latin *saltare*, « danser, bondir »),
parce que le potentiel d'action semble « sauter » d'un nœud à
l'autre, le long de l'axone. La conduction saltatoire peut transmettre des influx à des vitesses pouvant atteindre 150 m/s dans
les neurones myélinisés.

Nous avons vu que la stimulation d'une dendrite de neurone
pouvait déclencher un potentiel d'action se propageant le long
de l'axone jusqu'à l'extrémité de la cellule. Il nous faut à présent
comprendre comment l'influx passe d'un neurone à l'autre ou
d'un neurone à un effecteur (cellule musculaire ou glandulaire).

La communication intercellulaire chimique ou électrique s'établit dans les synapses

Une synapse est une jonction d'un type particulier qui permet
la communication entre un neurone et d'autres cellules.
Les synapses font communiquer divers types de cellules : deux
neurones ; un récepteur sensoriel et un neurone sensitif ; un
neurone moteur et les cellules musculaires qu'il excite ; et un
neurone et des cellules glandulaires. Nous nous intéresserons ici
aux synapses situées entre deux neurones. Ces synapses acheminent habituellement les messages du corpuscule nerveux
terminal d'un neurone jusqu'aux dendrites ou au corps du neurone suivant, dans une voie de communication nerveuse. On
distingue deux types de synapses : les synapses électriques et les
synapses chimiques.

Synapses électriques

Une **synapse électrique** permet aux potentiels d'action de passer
directement de la cellule présynaptique à la cellule postsynaptique. Ces cellules communiquent par des jonctions ouvertes
(voir la FIGURE 7.30), c'est-à-dire des canaux intercellulaires qui
permettent aux courants ioniques locaux d'un potentiel d'action de circuler entre les neurones. Les axones géants des
Homards et d'autres Crustacés sont reliés bout à bout par
des synapses électriques. Cela permet aux influx de se propager
d'un neurone à l'autre sans délai ni perte d'intensité du courant
électrique. Dans le système nerveux central (SNC) des Vertébrés, les synapses électriques synchronisent l'activité des
neurones qui doivent assurer des mouvements rapides et
stéréotypés. Par exemple, les synapses électriques de l'encéphale
de certains Poissons entrent en jeu dans le réflexe du mouvement de queue rapide qui permet d'échapper aux prédateurs.
Cependant, chez les Vertébrés et la plupart des Invertébrés,
les synapses chimiques sont beaucoup plus courantes que les
synapses électriques.

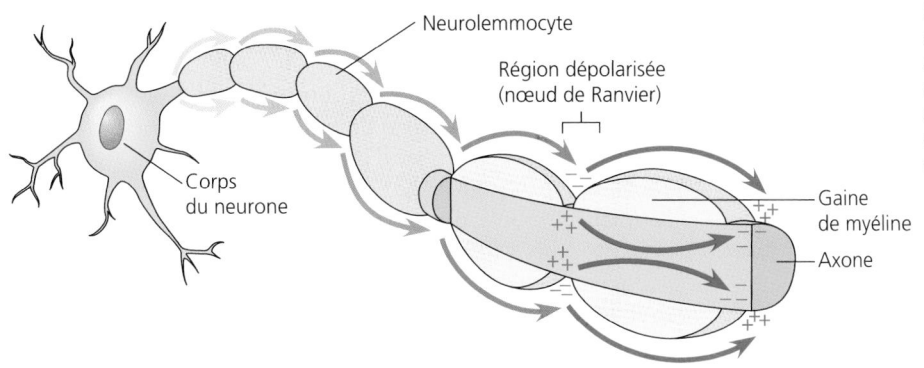

Neurolemmocyte

Région dépolarisée
(nœud de Ranvier)

Corps
du neurone

Gaine
de myéline

Axone

FIGURE 48.11 Conduction saltatoire. Dans un axone myélinisé, le courant ionique créé par un potentiel d'action à un nœud de Ranvier se déplace, à l'intérieur de l'axone, jusqu'au nœud suivant (flèches bleues), où un potentiel d'action est ainsi déclenché. Le potentiel d'action « saute » donc d'un nœud à l'autre le long de l'axone (flèches rouges).

Synapses chimiques

Une **synapse chimique** comprend un espace étroit, la **fente synaptique,** qui sépare la cellule présynaptique de la cellule postsynaptique. À cause de cette fente, les cellules ne sont pas couplées électriquement. Un potentiel d'action en provenance de la cellule présynaptique ne peut donc pas se transmettre directement à la membrane de la cellule postsynaptique. Par contre, l'information de nature électrique du potentiel d'action qui arrive au corpuscule nerveux terminal déclenche une succession d'événements qui la convertissent en information de nature chimique. Cette dernière traverse la fente synaptique puis est transformée en courant électrique dans la cellule postsynaptique.

Pour comprendre comment fonctionne une synapse chimique, il est essentiel d'en examiner les composantes. Le cytoplasme situé à l'extrémité de l'axone du neurone présynaptique contient de nombreux sacs appelés **vésicules synaptiques** (FIGURE 48.12). Chacune de ces vésicules contient des milliers de molécules d'un **neurotransmetteur,** substance qui joue le rôle de médiateur chimique intercellulaire et qui est libérée dans la fente synaptique. Si de nombreux neurotransmetteurs ont été découverts dans le système nerveux des Animaux, la majorité

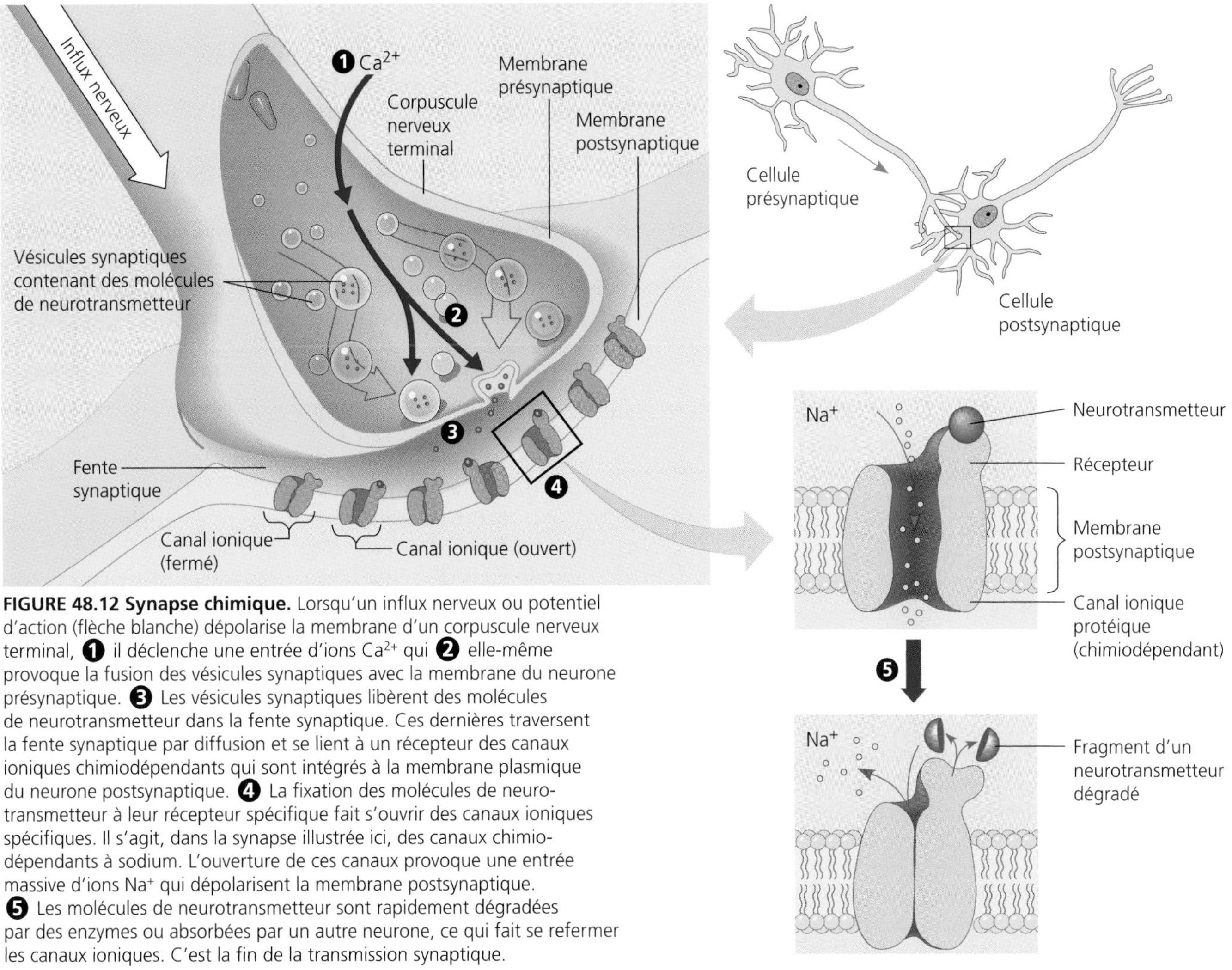

Influx nerveux

❶ Ca²⁺

Membrane
présynaptique

Corpuscule
nerveux
terminal

Membrane
postsynaptique

Vésicules synaptiques
contenant des molécules
de neurotransmetteur

❷

Cellule
présynaptique

❸

Fente
synaptique

❹

Cellule
postsynaptique

Canal ionique
(fermé)

Canal ionique (ouvert)

Na⁺

Neurotransmetteur

Récepteur

Membrane
postsynaptique

Canal ionique
protéique
(chimiodépendant)

❺

Na⁺

Fragment d'un
neurotransmetteur
dégradé

FIGURE 48.12 Synapse chimique. Lorsqu'un influx nerveux ou potentiel d'action (flèche blanche) dépolarise la membrane d'un corpuscule nerveux terminal, ❶ il déclenche une entrée d'ions Ca²⁺ qui ❷ elle-même provoque la fusion des vésicules synaptiques avec la membrane du neurone présynaptique. ❸ Les vésicules synaptiques libèrent des molécules de neurotransmetteur dans la fente synaptique. Ces dernières traversent la fente synaptique par diffusion et se lient à un récepteur des canaux ioniques chimiodépendants qui sont intégrés à la membrane plasmique du neurone postsynaptique. ❹ La fixation des molécules de neuro-transmetteur à leur récepteur spécifique fait s'ouvrir des canaux ioniques spécifiques. Il s'agit, dans la synapse illustrée ici, des canaux chimio-dépendants à sodium. L'ouverture de ces canaux provoque une entrée massive d'ions Na⁺ qui dépolarisent la membrane postsynaptique. ❺ Les molécules de neurotransmetteur sont rapidement dégradées par des enzymes ou absorbées par un autre neurone, ce qui fait se refermer les canaux ioniques. C'est la fin de la transmission synaptique.

des neurones ne sécrètent qu'un type de neurotransmetteur. Toutefois, un même neurone postsynaptique peut recevoir des médiateurs chimiques provenant de divers types de neurones qui sécrètent différents neurotransmetteurs à partir de leurs corpuscules nerveux terminaux.

Un neurone présynaptique libère des molécules de neurotransmetteur dans la fente synaptique quand le potentiel d'action atteint le corpuscule nerveux terminal et dépolarise la **membrane présynaptique,** c'est-à-dire la partie de la membrane plasmique du neurone qui fait face à la fente synaptique. Les ions calcium jouent un rôle essentiel dans cette conversion de l'influx électrique en message chimique. Ainsi, la dépolarisation de la membrane présynaptique amène les ions Ca^{2+} à pénétrer massivement dans la cellule en passant par les canaux ioniques tensiodépendants. Stimulées par l'augmentation soudaine de la concentration cytosolique de Ca^{2+}, les vésicules synaptiques fusionnent avec la membrane présynaptique et, par exocytose, déversent le neurotransmetteur dans la fente synaptique (voir le chapitre 8). Des milliers de vésicules peuvent réagir simultanément au même potentiel d'action. Le neurotransmetteur diffuse dans la fente synaptique, sur une courte distance, jusqu'à la **membrane postsynaptique,** c'est-à-dire la membrane plasmique du corps du neurone ou d'une dendrite se trouvant de l'autre côté de la synapse.

La membrane postsynaptique est spécialisée dans la réception de médiateurs chimiques. Des protéines jouant le rôle de récepteurs spécifiques de neurotransmetteurs font en effet saillie à la surface de cette membrane. Ces récepteurs sont associés à des canaux ioniques sélectifs dont l'ouverture et la fermeture permettent de contrôler les flux ioniques à travers la membrane postsynaptique. Un récepteur donné est adapté à un certain type de neurotransmetteur. Lorsqu'il se lie à ce neurotransmetteur, la vanne du canal ionique chimiodépendant s'ouvre et laisse certains ions, tels que les ions Na^+, K^+ ou Cl^-, traverser la membrane.

Les mouvements d'ions causés par la liaison du neurotransmetteur et de ses récepteurs spécifiques modifient le potentiel de membrane de la cellule postsynaptique. Selon le type de récepteurs et les canaux ioniques que ceux-ci commandent, les neurotransmetteurs peuvent dépolariser ou hyperpolariser la membrane postsynaptique. Comme nous allons le voir, la dépolarisation et l'hyperpolarisation ont des effets opposés sur l'activité du neurone postsynaptique. Dans un cas comme dans l'autre, le neurotransmetteur est rapidement supprimé: il est dégradé chimiquement ou capté par les cellules nerveuses voisines. Il a ainsi un effet bref et précis sur la cellule postsynaptique, ce qui permet la transmission du prochain potentiel d'action arrivant à la synapse. Pour prendre un exemple, le neurotransmetteur appelé acétylcholine est rapidement dégradé par la cholinestérase, enzyme présente dans la fente synaptique et sur la membrane postsynaptique.

Soulignons que l'une des fonctions importantes de la synapse est de ne permettre la transmission des influx nerveux que dans un seul sens le long de la voie de communication. En effet, seuls les corpuscules nerveux terminaux ont des vésicules synaptiques; et c'est pourquoi seule la membrane présynaptique peut sécréter des neurotransmetteurs. De plus, seule la membrane postsynaptique possède des récepteurs, de sorte qu'elle seule peut recevoir des médiateurs chimiques émanant d'un autre neurone.

L'intégration nerveuse se fait au niveau cellulaire

Un même neurone reçoit des informations de ses nombreux voisins par l'intermédiaire de milliers de synapses, dont certaines sont excitatrices et d'autres inhibitrices (FIGURE 48.13). Dans la FIGURE 48.3, qui illustre la physiologie du réflexe rotulien, on trouve des exemples des deux types de synapses. Les synapses entre les neurones sensitifs et les neurones moteurs qui stimulent le muscle quadriceps (extenseur) pour qu'il se contracte sont excitatrices. Les synapses entre les interneurones et les neurones moteurs qui innervent les muscles de la loge postérieure de la cuisse (fléchisseurs) sont au contraire inhibitrices.

Dans une synapse excitatrice, la liaison des molécules de neurotransmetteur et des récepteurs postsynaptiques fait s'ouvrir la vanne d'un type de canal qui permet aux ions Na^+ d'entrer dans la cellule et fait s'ouvrir la vanne d'un type de canal qui permet aux ions K^+ d'en sortir. Étant donné que la force motrice des ions Na^+ est supérieure à celle des ions K^+ (rappelez-vous que les gradients de potentiel électrique et de concentration poussent tous les deux les ions Na^+ à pénétrer dans la cellule, comme l'indique la FIGURE 48.7), l'ouverture des canaux crée un flux net de charges positives vers l'intérieur de la cellule. Par conséquent, la membrane plasmique se dépolarise et le potentiel de membrane se rapproche du seuil d'excitation. L'axone de la cellule postsynaptique a alors plus de chances de déclencher un potentiel d'action. Dans ce cas, le phénomène électrique provoqué par la liaison du neurotransmetteur et du récepteur s'appelle **potentiel postsynaptique excitateur,** ou **PPSE.**

Dans une synapse inhibitrice, la liaison des molécules de neurotransmetteur et des récepteurs postsynaptiques fait s'ouvrir des canaux ioniques à ouverture contrôlée qui augmentent la perméabilité des canaux de la membrane plasmique aux ions K^+, aux ions Cl^- ou à ces deux types d'ions. Diffusant en suivant leur gradient de concentration, les ions K^+ se précipitent hors de la cellule et les ions Cl^- entrent massivement dans la cellule. Ces flux d'ions hyperpolarisent la membrane. Le potentiel de membrane atteint une tension encore plus négative que le potentiel de repos. Il est donc plus difficile de produire un potentiel d'action. C'est pourquoi la variation de potentiel électrique associée au message chimique d'une synapse inhibitrice est nommée **potentiel postsynaptique inhibiteur,** ou **PPSI.** Le fait qu'un neurotransmetteur donné fasse apparaître un PPSE ou un PPSI dépend du type de récepteurs et de canaux ioniques à ouverture contrôlée que comprend la membrane postsynaptique, récepteurs qui peuvent ou non réagir au neurotransmetteur en question.

Le PPSE et le PPSI sont tous les deux des potentiels gradués dont l'amplitude dépend du nombre de molécules de neurotransmetteur qui se lient aux récepteurs de la membrane postsynaptique. La variation localisée du potentiel électrique de la membrane, par hyperpolarisation ou par dépolarisation, ne dure que quelques millisecondes, parce que les neurotransmetteurs sont dégradés par des enzymes peu après leur libération dans la fente synaptique. Cependant, soulignons qu'un potentiel gradué crée des courants ioniques amenant des variations de tension qui se déplacent le long de la membrane, à partir du point de stimulation (le point de fixation des neurotransmetteurs, dans ce cas). Ainsi, les PPSE et les PPSI se propagent le

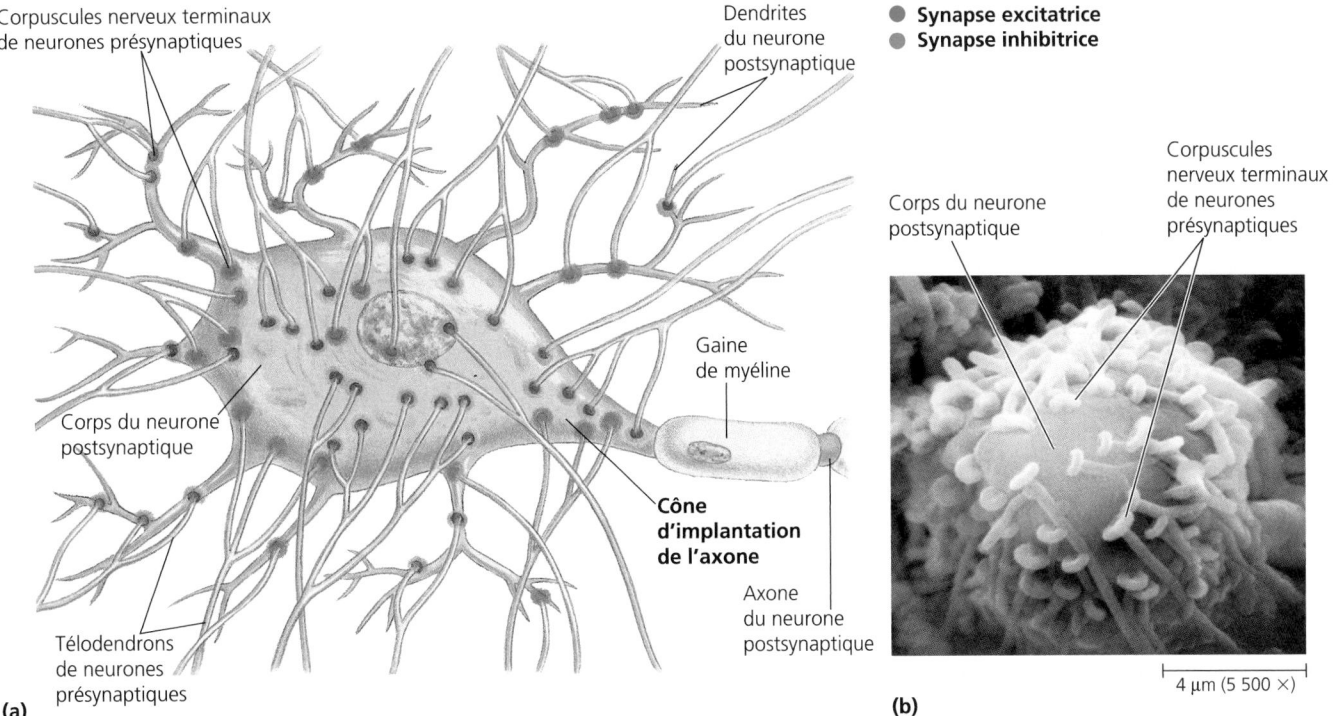

Corpuscules nerveux terminaux de neurones présynaptiques

Dendrites du neurone postsynaptique

● **Synapse excitatrice**
● **Synapse inhibitrice**

Corps du neurone postsynaptique

Corpuscules nerveux terminaux de neurones présynaptiques

Gaine de myéline

Cône d'implantation de l'axone

Corps du neurone postsynaptique

Axone du neurone postsynaptique

Télodendrons de neurones présynaptiques

(a)

(b)

4 μm (5 500 ×)

FIGURE 48.13 Intégration de messages synaptiques multiples. (a) Chaque neurone, particulièrement dans le système nerveux central, reçoit des messages de milliers de synapses, certaines étant excitatrices (en vert) et d'autres, inhibitrices (en rouge). À tout moment, un potentiel d'action apparaît à la hauteur du cône d'implantation de l'axone si l'effet combiné des courants ioniques produits par les synapses excitatrices et les synapses inhibitrices entraîne une dépolarisation suffisante pour amener la membrane plasmique de cette région au seuil d'excitation. Les synapses situées près du cône d'implantation de l'axone ont généralement des effets plus grands sur le potentiel de membrane que les autres synapses. **(b)** Cette micrographie nous montre les nombreux corpuscules nerveux terminaux de neurones présynaptiques qui sont reliés à une seule cellule postsynaptique (MEB).

long de la membrane du neurone postsynaptique, mais les variations successives de tension diminuent d'intensité au fur et à mesure que l'on s'éloigne de la synapse. Le cône d'implantation de l'axone (voir la FIGURE 48.2) est la zone où se situent les canaux tensiodépendants à sodium qui s'ouvrent et produisent un potentiel d'action quand un stimulus a dépolarisé la membrane jusqu'au seuil d'excitation. Pour que la cellule postsynaptique produise un potentiel d'action, les courants ioniques locaux relevant des PPSE doivent être suffisamment forts pour atteindre le seuil d'excitation, qui se situe généralement à −50 mV, et dépolariser la membrane du cône d'implantation de l'axone.

Un seul PPSE dû à une seule synapse, même proche du cône d'implantation de l'axone, ne suffit habituellement pas à déclencher un potentiel d'action (FIGURE 48.14, p. 1132). Cependant, plusieurs corpuscules nerveux terminaux agissant simultanément sur la même cellule postsynaptique ou un nombre moins important de ces corpuscules libérant leurs neurotransmetteurs par rafales peuvent avoir un effet cumulatif sur le potentiel de membrane dans la région du cône d'implantation, et l'élever au seuil d'excitation. Cette addition des potentiels postsynaptiques porte le nom de **sommation**. Remarquez, dans la FIGURE 48.14a, que les PPSE qui sont inférieurs au seuil d'excitation, sont répétés et ne se chevauchent pas dans le temps n'amènent pas la membrane à se dépolariser jusqu'au seuil d'excitation.

Il existe deux types de sommations : la sommation temporelle et la sommation spatiale. Dans la **sommation temporelle,** les stimulus chimiques provenant d'un ou plusieurs corpuscules nerveux terminaux sont si rapprochés dans le temps que chaque potentiel postsynaptique agit sur la membrane avant même qu'elle ait pu retrouver son potentiel de repos, après la stimulation précédente (FIGURE 48.14b). Dans la **sommation spatiale,** plusieurs corpuscules nerveux terminaux appartenant habituellement à plusieurs neurones présynaptiques stimulent en même temps la cellule postsynaptique, de sorte que leurs effets sur le potentiel de membrane s'additionnent (FIGURE 48.14c). En se renforçant mutuellement par sommation temporelle ou spatiale, les courants ioniques associés à plusieurs PPSE peuvent dépolariser la membrane du cône d'implantation de l'axone au point qu'elle atteigne le seuil d'excitation, ce qui permet d'activer le neurone. La sommation s'applique aussi aux PPSI : plusieurs PPSI peuvent hyperpolariser la membrane et la conduire à un potentiel électrique plus bas que ne le ferait une seule libération de neurotransmetteur dans une synapse inhibitrice. De plus, les PPSE et les PPSI s'opposent, contrecarrant les uns les autres leurs effets électriques (FIGURE 48.14d).

Le cône d'implantation de l'axone est le centre d'intégration du neurone, c'est-à-dire la région où le potentiel de membrane représente le résultat des effets cumulatifs de tous les PPSE et PPSI. À chaque instant, le potentiel de membrane du cône

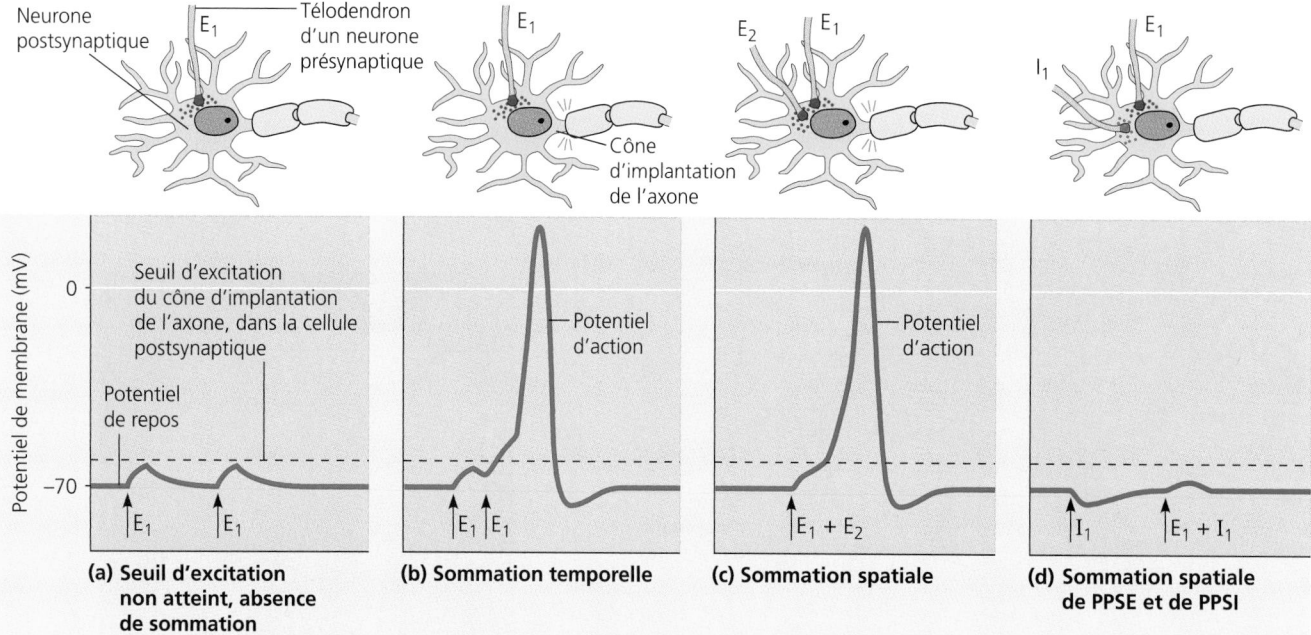

FIGURE 48.14 Sommation des potentiels postsynaptiques. Ces graphiques représentent les variations du potentiel de membrane dans la région du cône d'implantation de l'axone, dans le neurone postsynaptique. Les flèches indiquent les moments où les stimulus déclenchent des variations de potentiel de membrane pour deux synapses excitatrices (E_1 et E_2, en vert) et pour une synapse inhibitrice (I_1, en rouge). **(a)** Généralement, un PPSE unique ne peut dépolariser la membrane située dans la région du cône d'implantation de l'axone jusqu'à l'amener au seuil d'excitation. Il en est de même lors de la production de deux PPSE qui sont consécutifs mais trop éloignés dans le temps. **(b)** Si la synapse E_1 génère deux PPSE successifs dans un intervalle de temps très court, ils s'additionnent : il s'agit d'une sommation temporelle. La dépolarisation qui en résulte atteint le seuil d'excitation et déclenche un potentiel d'action. **(c)** Un PPSE produit par l'une ou l'autre des synapses E_1 ou E_2 ne suffit généralement pas à créer un potentiel d'action. Toutefois, lorsque les deux synapses génèrent simultanément un PPSE dans une région réceptrice d'un neurone cible, les deux PPSE s'additionnent : il s'agit d'une sommation spatiale. La dépolarisation qui en résulte atteint le seuil d'excitation et déclenche un potentiel d'action. **(d)** Une sommation spatiale peut aussi s'effectuer à partir de potentiels postsynaptiques antagonistes. Ainsi, l'hyperpolarisation d'un PPSI combinée avec la dépolarisation d'un PPSE donne généralement un potentiel qui n'atteint pas le seuil d'excitation du neurone cible.

d'implantation de l'axone représente la moyenne de la dépolarisation causée par l'ensemble des PPSE et de l'hyperpolarisation causée par l'ensemble des PPSI. Chaque fois que les PPSE dépassent suffisamment les PPSI pour que le potentiel de membrane, dans la région du cône d'implantation de l'axone, atteigne le seuil d'excitation, il y a production d'un potentiel d'action. L'influx nerveux est alors transmis le long de l'axone, jusqu'à la synapse suivante. Quelques millisecondes plus tard, après la période réfractaire, le neurone s'active de nouveau si la somme des messages synaptiques à ce moment-là suffit encore à dépolariser la membrane du cône d'implantation de l'axone jusqu'au seuil d'excitation. Si ce n'est pas le cas, il se peut que la somme des PPSE et des PPSI amène le potentiel de membrane du cône à une valeur inférieure à celle du seuil. Il se peut même qu'il y ait hyperpolarisation de la membrane, dont le potentiel sera inférieur au potentiel de repos. Le neurone est alors insensibilisé.

Les potentiels d'action constituent des réactions du type tout ou rien. Mais nous constatons ici que la circulation de ces influx nerveux dépend de la capacité du neurone à intégrer diverses informations quantitatives reçues sous forme de messages excitateurs et inhibiteurs résultant chacun de la liaison spécifique d'un neurotransmetteur et d'un récepteur de la membrane postsynaptique.

Un neurotransmetteur peut produire différents effets sur divers types de cellules

Des douzaines de substances, dont plusieurs sont de petites molécules organiques azotées, servent de neurotransmetteurs, et les chercheurs pensent en découvrir encore bien d'autres. Le TABLEAU 48.1 présente les principaux neurotransmetteurs connus. Vous constaterez qu'un neurotransmetteur donné peut déclencher différentes réactions dans les cellules postsynaptiques. Ces réactions diverses dépendent des types de récepteurs présents sur les diverses cellules postsynaptiques et de leur mode d'action. De nombreux neurotransmetteurs se fixent à des récepteurs qui ont des effets directs sur les canaux protéiques, et modifient par là la perméabilité membranaire de la cellule postsynaptique (voir la FIGURE 48.12). Ce type de communication synaptique peut se faire en quelques millisecondes et permet la transmission rapide et précise d'informations dans une synapse. D'autres neurotransmetteurs mettent beaucoup plus de temps à agir (jusqu'à plusieurs minutes), parce qu'ils transmettent les informations par des voies de conversion-amplification complexes dans la cellule postsynaptique. Certains neurotransmetteurs de l'encéphale (notamment les substances régulant l'humeur, l'attention et l'éveil) restent suffisamment actifs après leur libération pour diffuser vers plusieurs autres synapses et en moduler l'activité.

TABLEAU 48.1 **Principaux neurotransmetteurs connus**

Neurotransmetteurs	Structure	Classes fonctionnelles	Sites de sécrétion
Acétylcholine	$H_3C-\overset{\overset{\displaystyle O}{\|\|}}{C}-O-CH_2-CH_2-N^+-(CH_3)_3$	Excitatrice des muscles squelettiques chez les Vertébrés; excitatrice ou inhibitrice des effecteurs viscéraux	Système nerveux central; système nerveux périphérique; jonction neuromusculaire chez les Vertébrés
Amines biogènes			
Noradrénaline		Excitatrice ou inhibitrice	Système nerveux central; système nerveux périphérique
Dopamine		Excitatrice, en général; inhibitrice parfois, dans les ganglions sympathiques	Système nerveux central; système nerveux périphérique
Sérotonine		Inhibitrice, en général	Système nerveux central
Acides aminés			
Acide gamma-aminobutyrique	$H_2N-CH_2-CH_2-CH_2-COOH$	Inhibitrice	Système nerveux central; jonction neuromusculaire chez les Vertébrés et les Invertébrés
Glycine	H_2N-CH_2-COOH	Inhibitrice	Système nerveux central
Acide glutamique	$H_2N-\underset{\underset{\displaystyle COOH}{\|}}{CH}-CH_2-CH_2-COOH$	Excitatrice	Système nerveux central; jonction neuromusculaire chez les Vertébrés et les Invertébrés
Acide aspartique	$H_2N-\underset{\underset{\displaystyle COOH}{\|}}{CH}-CH_2-COOH$	Excitatrice	Système nerveux central
Neuropeptides			
Substance P	Arg—Pro—Lys—Pro—Gln—Gln—Phe—Phe—Gly—Leu—Met	Excitatrice	Système nerveux central; système nerveux périphérique
Mét-enképhaline (endorphine)	Tyr—Gly—Gly—Phe—Met	Inhibitrice, en général	Système nerveux central

Acétylcholine

L'**acétylcholine** est l'un des neurotransmetteurs les plus répandus, tant chez les Invertébrés que chez les Vertébrés. Dans le système nerveux central des Vertébrés, elle peut être inhibitrice ou excitatrice, selon le type de récepteur. Dans les jonctions neuromusculaires des Vertébrés, c'est-à-dire dans les synapses entre un neurone moteur et une cellule musculaire squelettique, elle provient des corpuscules nerveux terminaux du neurone moteur. Elle se fixe à un récepteur qui stimule directement la membrane plasmique de la cellule musculaire. Il en résulte une excitation, par dépolarisation de la membrane de la cellule musculaire postsynaptique. Un second type de récepteur d'acétylcholine, situé dans le myocarde, active une voie de conversion et d'amplification du stimulus. Les protéines G de cette voie ont deux effets. D'abord, elles inhibent l'adénylate cyclase, enzyme qui déclenche une cascade de réactions métaboliques libérant du glucose comme source d'énergie. Ensuite, elles font s'ouvrir les canaux chimiodépendants à potassium dans la membrane cellulaire du muscle, dont la capacité à générer un potentiel d'action diminue. Ces deux effets réduisent la force et la fréquence des contractions du myocarde.

Amines biogènes

Les **amines biogènes** sont des neurotransmetteurs dérivés des acides aminés. Le groupe des catécholamines comprend les neurotransmetteurs produits à partir de l'acide aminé tyrosine. En font partie l'**adrénaline** et la **noradrénaline,** qui agissent aussi comme des hormones (voir le chapitre 45), ainsi qu'une substance étroitement apparentée, la **dopamine.** Autre amine biogène, la **sérotonine** est synthétisée à partir de l'acide aminé tryptophane. Les amines biogènes modifient souvent les processus biologiques au sein de la cellule postsynaptique. Dans bien des cas, elles s'attachent à des récepteurs spécifiques situés sur la membrane postsynaptique, et déclenchent ainsi des voies de conversion-amplification de stimulus qui modifient les activités d'enzymes données dans la cellule postsynaptique.

Les amines biogènes sont généralement des neurotransmetteurs du système nerveux central. Toutefois, la noradrénaline intervient également dans l'une des subdivisions du système nerveux périphérique, le système nerveux autonome, dont nous allons bientôt traiter. La dopamine et la sérotonine sont présentes dans tout l'encéphale et agissent sur le sommeil, l'humeur, l'attention et l'apprentissage. Les déséquilibres dans les concentrations de ces neurotransmetteurs causent divers troubles. Par exemple, un déficit de dopamine dans l'encéphale est à l'origine de la maladie de Parkinson, qui est une affection dégénérative. Un excès de dopamine provoque quant à lui la schizophrénie. Certaines drogues psychotropes, notamment le LSD et la mescaline, produisent apparemment des hallucinations en se liant aux récepteurs de la sérotonine et de la dopamine dans l'encéphale.

Autres neurotransmetteurs

On sait que quatre acides aminés figurent parmi les neurotransmetteurs du système nerveux central: l'**acide gamma-aminobutyrique,** la **glycine,** l'**acide glutamique** et l'**acide aspartique.** L'acide gamma-aminobutyrique est le neurotransmetteur le plus utilisé des synapses inhibitrices de l'encéphale. Il produit des PPSI en augmentant la perméabilité de la membrane postsynaptique au chlorure.

Plusieurs **neuropeptides,** qui sont des chaînes relativement courtes d'acides aminés, servent de neurotransmetteurs. Comme les amines biogènes, ils utilisent généralement des voies de conversion-amplification de stimulus. La **substance P** est un stimulus excitateur important qui intervient dans la perception de la douleur. Au contraire, les **endorphines** jouent le rôle d'analgésiques naturels en diminuant la perception de la douleur par le système nerveux central. Les neurochimistes ont découvert les endorphines dans les années 1970, en étudiant le mécanisme physiologique de la dépendance à l'opium. Candace Pert et Solomon Snyder, de l'Université Johns-Hopkins, ont trouvé des récepteurs spécifiques, pour les opiacés (morphine et héroïne), sur des neurones de l'encéphale. Mais il semblait plutôt étrange que les Humains possèdent des récepteurs adaptés à des substances végétales (issues du Pavot). D'autres recherches, effectivement, ont permis de montrer que les opiacés se liaient aux récepteurs en question grâce au mimétisme moléculaire (voir la FIGURE 2.19). En effet, ces substances ressemblent aux endorphines, analgésiques naturels que fabrique l'encéphale en cas de stress physique ou émotionnel, par exemple pendant le travail, lors d'un accouchement. Outre qu'elles atténuent la douleur, les endorphines diminuent la production d'urine (en influant sur la sécrétion de l'hormone antidiurétique (ADH); voir le chapitre 44). Elles ralentissent la respiration, provoquent l'euphorie et produisent d'autres effets psychiques en passant par des voies spécifiques de l'encéphale. L'adénohypophyse libère elle aussi une endorphine, une hormone qui agit sur des régions particulières de l'encéphale. Encore une fois, nous voyons qu'il y a chevauchement des régulations du système nerveux et des régulations du système endocrinien.

Gaz messagers du système nerveux

Comme de nombreux autres types de cellules, certains neurones du système nerveux central et du système nerveux périphérique des Vertébrés utilisent des molécules de gaz comme agent de régulation locale, notamment le monoxyde d'azote (NO; voir le chapitre 45) et le monoxyde de carbone (CO). Par exemple, pendant le phénomène d'excitation sexuelle chez l'homme, certains neurones diffusent du monoxyde d'azote dans les tissus érectiles du pénis. Dans ces tissus, les cellules composant les muscles lisses de la paroi des vaisseaux sanguins se dilatent. Le corps spongieux se remplit alors de sang, ce qui produit l'érection. Le médicament contre l'impuissance appelé Viagra[MD] permet à l'homme d'obtenir et de maintenir une érection plus facilement pendant l'excitation sexuelle en inhibant l'action d'une enzyme qui ralentit les effets de relaxation musculaire du NO.

De nombreuses cellules diffusent des molécules de gaz en réaction à des stimulus chimiques. Par exemple, l'acétylcholine, un neurotransmetteur qui est libéré par les neurones dans la paroi des vaisseaux sanguins, stimule les cellules endothéliales des vaisseaux et les fait synthétiser et libérer du NO. Le NO provoque un relâchement des cellules musculaires lisses voisines, ce qui permet la dilatation des vaisseaux. La découverte de ce processus vers la fin des années 1980 a permis d'expliquer l'effet médicinal de la nitroglycérine, substance utilisée depuis un siècle dans le traitement de l'angine (vive douleur ressentie dans la poitrine quand le cœur ne bénéficie pas d'un approvisionnement sanguin suffisant). Certaines enzymes transforment la nitroglycérine en NO, lequel permet de dilater les vaisseaux sanguins qui amènent du sang au myocarde.

Contrairement aux neurotransmetteurs courants, le NO et les autres gaz messagers ne peuvent être stockés dans des vésicules cytoplasmiques. Les cellules doivent donc les synthétiser à la demande. Ces gaz diffusent dans les cellules cibles voisines, y produisent un changement et sont dégradés, tout cela en quelques secondes. Dans de nombreuses cibles, notamment les cellules des muscles lisses, le NO a une action semblable à celle de plusieurs hormones: il stimule une enzyme fixée à la membrane pour l'amener à synthétiser un second messager chimique influant directement sur le métabolisme cellulaire.

Après avoir parlé de certaines notions essentielles concernant les neurones, les influx nerveux et les neurotransmetteurs, il nous faut voir comment le niveau d'organisation cellulaire contribue au fonctionnement du système nerveux dans son ensemble.

L'ÉVOLUTION ET LA DIVERSITÉ DES SYSTÈMES NERVEUX

La capacité des cellules à réagir à leur environnement a évolué pendant des milliards d'années

Le fait que vous pouvez lire les mots qui figurent sur cette page constitue une illustration de l'extraordinaire raffinement du cerveau de l'Humain, produit d'une évolution biologique complexe. Mais au niveau cellulaire, l'excitabilité est apparue voilà des milliards d'années chez les procaryotes. Ces derniers pouvaient en effet détecter des changements dans leur environnement et y réagir en vue d'assurer leur survie et leur reproduction. Par exemple, certaines bactéries utilisaient la chimiotaxie pour se diriger vers des sources d'aliments (voir le chapitre 27). La modification de ce comportement simple des organismes unicellulaires, qui décelaient les substances chimiques dans l'environnement et y réagissaient, a donné aux organismes multicellulaires des moyens permettant à leurs cellules de communiquer. Au moment de l'explosion du Cambrien, voilà près de 600 millions d'année (voir le chapitre 32), les systèmes de cellules nerveuses qui permettaient aux Animaux de déceler les changements dans le milieu et de se déplacer rapidement avaient déjà évolué et pris, dans l'ensemble, leurs formes actuelles.

L'organisation des systèmes nerveux se présente sous diverses formes

On constate, dans le règne animal, une uniformité remarquable dans le fonctionnement des neurones. Mais l'organisation des systèmes nerveux est marquée, quant à elle, par une très grande diversité. Ce qui distingue les divers niveaux de complexité parmi les systèmes nerveux animaux, ce ne sont pas tant les unités constitutives de base, c'est-à-dire les neurones eux-mêmes, que les réseaux intercellulaires. Ces réseaux nous permettent de sentir et d'agir, phénomènes sur lesquels nous nous pencherons au chapitre 49. Ils interviennent également dans les comportements animaux, que nous décrirons au chapitre 51.

Certains animaux multicellulaires simples n'ont pas de système nerveux. Ainsi, les Éponges ne possèdent aucune cellule spécialisée dans la conduction des influx (voir la FIGURE 33.3). Les Animaux les plus simples qui ont un système nerveux sont les Cnidaires. Ils ont un corps structuré autour de cavités symétriques sur le plan radial, pour l'ingestion et l'expulsion des aliments et déchets (voir la FIGURE 33.4). Chez certains de ces Animaux, comme l'Hydre de la FIGURE 48.15a, à la page 1136, les neurones maîtrisant les contractions et les expansions des cavités sont disposés en **réseaux nerveux** diffus. On observe aussi des réseaux nerveux dans le système nerveux des Animaux plus complexes. Par exemple, l'Étoile de mer de la FIGURE 48.15b possède un anneau nerveux relié à des nerfs radiaires qui sont eux-mêmes reliés à un réseau nerveux dans chaque bras. Cela permet à l'Étoile de mer d'exécuter des mouvements beaucoup plus complexes que ceux de l'Hydre. Enfin, un ensemble de neurones organisés en réseau dans les parois de notre tube digestif assure la maîtrise des muscles lisses qui interviennent dans le péristaltisme (voir le chapitre 41).

Les systèmes nerveux et les comportements ont gagné en complexité avec le processus de **céphalisation.** Celui-ci a consisté notamment à regrouper les neurones sensitifs et les autres cellules nerveuses d'abord dans des ganglions, puis dans un petit encéphale, près de l'extrémité antérieure (tête) et de la région de la bouche chez les animaux ayant un corps allongé et dotés d'une symétrie bilatérale. Chez les animaux céphalisés relativement simples, comme la Planaire (Ver plat) de la FIGURE 48.15c, les ganglions cérébraux et les **cordons nerveux** longitudinaux, qui servent à maîtriser les mouvements directionnels de l'animal, constituent le premier système nerveux central clairement

défini. Chez les Invertébrés plus complexes, tels que les Insectes et les Mollusques, le comportement est régulé par un centre nerveux élaboré qui est constitué de ganglions cérébraux et de cordons nerveux ventraux pourvus de ganglions segmentaires (FIGURE 48.15e, f et g). Chez les Vertébrés, comme chez la Salamandre de la FIGURE 48.15h, le cordon nerveux longitudinal, la moelle épinière, est situé le long de la surface dorsale et non ventrale du corps. Il ne contient pas de ganglions segmentaires (mais il existe des ganglions sensoriels en position latérale, par rapport à la moelle épinière).

Les Mollusques fournissent un bon exemple de corrélation entre le système nerveux et les modes de vie et d'interaction avec l'environnement. Les Mollusques fixés au substrat ou lents, tels que les Palourdes et les Chitons, présentent peu ou pas du tout de céphalisation, et leurs organes sensoriels sont relativement simples (voir la FIGURE 48.15f). En revanche, les Céphalopodes, tels que les Calmars et les Pieuvres, possèdent le système nerveux le plus complexe chez les Invertébrés, système nerveux qui rivalise même avec celui de certains Vertébrés. Le cerveau volumineux de la Pieuvre ou du Calmar, qui est associé à de grands yeux formant des images et à des axones géants à transmission rapide, est bien adapté au mode de vie actif de ces prédateurs (voir la FIGURE 48.15g). Les chercheurs ont pu prouver, par des expériences en laboratoire, que la Pieuvre pouvait reconnaître des motifs visuels et accomplir des tâches complexes.

Maintenant que nous avons passé en revue les divers systèmes nerveux, de complexité variable, nous allons nous pencher sur la structure et la fonction des systèmes nerveux que l'on trouve dans un sous-embranchement des Cordés, celui des Vertébrés, dont nous faisons partie.

LES SYSTÈMES NERVEUX CHEZ LES VERTÉBRÉS

Chez les Vertébrés, les systèmes nerveux ont une composante centrale et une composante périphérique

Chez les Vertébrés, tous les systèmes nerveux se caractérisent par des traits fondamentaux communs, notamment la présence d'un système nerveux central, d'un système nerveux périphérique et d'une céphalisation marquée. Chez tous les Vertébrés, l'encéphale et la moelle épinière constituent le système nerveux central (SNC). Toutes les composantes qui émergent du SNC constituent quant à elles le système nerveux périphérique (SNP; FIGURE 48.16, p. 1136). L'encéphale a le pouvoir d'intégration qui permet aux Vertébrés de manifester des comportements complexes. La moelle épinière, qui s'étend le long de la colonne vertébrale, intègre les réactions simples à certains types de stimulus (comme le réflexe rotulien) et transmet des informations à l'encéphale, lequel lui en transmet également. Le SNP transmet des informations au SNC, et en reçoit de ce dernier. Il assure également la régulation du milieu interne de l'organisme.

Les neurones du SNC entourent un ensemble continu de cavités remplies de liquide. Le SNC des Vertébrés dérive du tube neural dorsal creux de l'embryon, tube qui est l'une des caractéristiques phylogénétiques des Cordés (voir le chapitre 34). Cette évolution à partir d'une structure tubulaire explique pourquoi l'encéphale et la moelle épinière comportent des cavités remplies de liquide. Le **canal central** étroit de la moelle épinière communique avec les **ventricules** de l'encéphale. Les ventricules et le canal central sont remplis de **liquide cérébrospinal,** issu de la filtration du sang dans l'encéphale. Le liquide cérébrospinal circule dans le canal central de la moelle épinière et dans les ventricules puis retourne dans les veines. Il transporte des éléments nutritifs, des hormones et des leucocytes à travers la barrière hémato-encéphalique qui sépare le sang et l'encéphale et que nous avons décrite précédemment. Il approvisionne ainsi les différentes parties de l'encéphale. L'une des fonctions les plus importantes du liquide cérébrospinal est de faire office d'amortisseur, de protéger l'encéphale contre les chocs. Les méninges, enveloppes de tissus conjonctifs, protègent elles aussi l'encéphale et la moelle épinière. Ainsi, la dure-mère adhère au crâne et recouvre la moelle épinière. La pie-mère adhère aux organes du système nerveux central et à l'arachnoïde. Enfin, l'arachnoïde est située entre la dure-mère, dont elle est séparée par une cavité séreuse (l'espace subdural), et la pie-mère, dont elle est séparée par la cavité subarachnoïdienne. Chez les Mammifères, le liquide cérébrospinal circule entre la pie-mère et l'arachnoïde, et l'encéphale est mieux protégé.

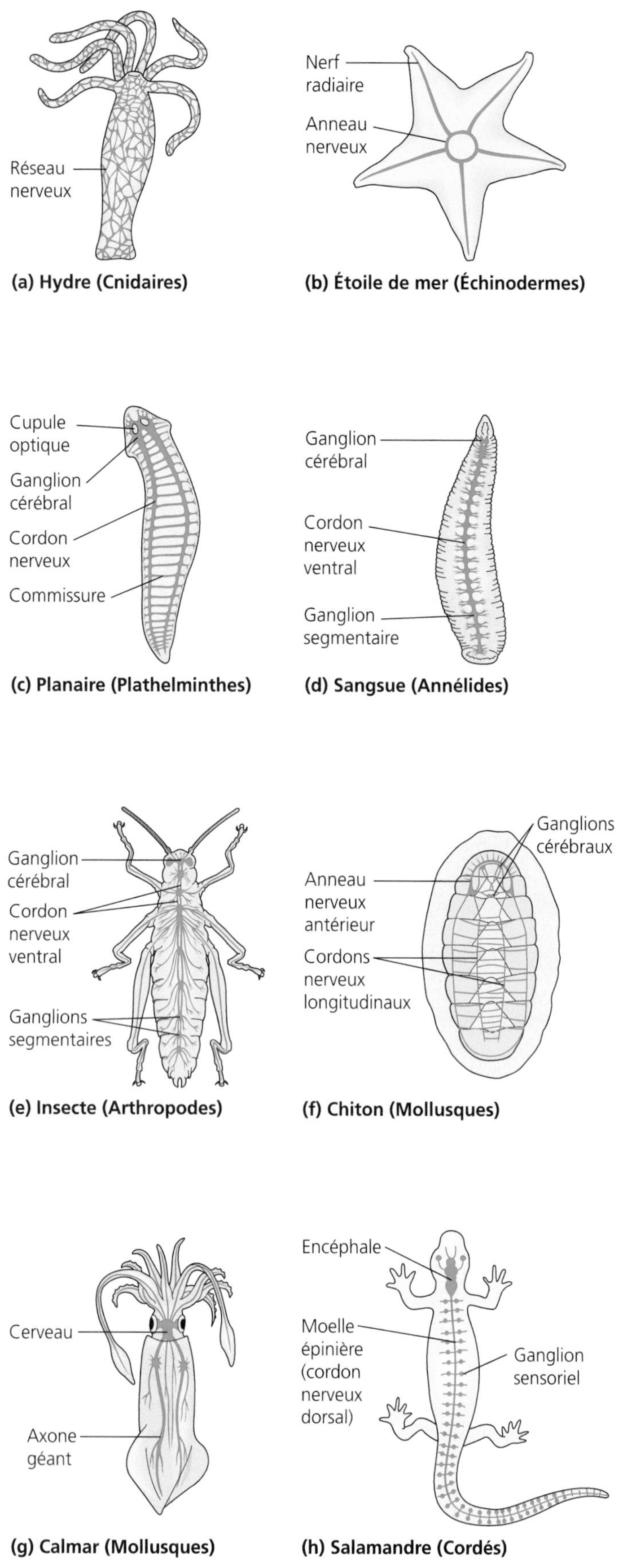

(a) Hydre (Cnidaires)

Réseau nerveux

(b) Étoile de mer (Échinodermes)

Nerf radiaire

Anneau nerveux

(c) Planaire (Plathelminthes)

Cupule optique

Ganglion cérébral

Cordon nerveux

Commissure

(d) Sangsue (Annélides)

Ganglion cérébral

Cordon nerveux ventral

Ganglion segmentaire

(e) Insecte (Arthropodes)

Ganglion cérébral

Cordon nerveux ventral

Ganglions segmentaires

(f) Chiton (Mollusques)

Ganglions cérébraux

Anneau nerveux antérieur

Cordons nerveux longitudinaux

(g) Calmar (Mollusques)

Cerveau

Axone géant

(h) Salamandre (Cordés)

Encéphale

Moelle épinière (cordon nerveux dorsal)

Ganglion sensoriel

FIGURE 48.15 Diversité des systèmes nerveux.

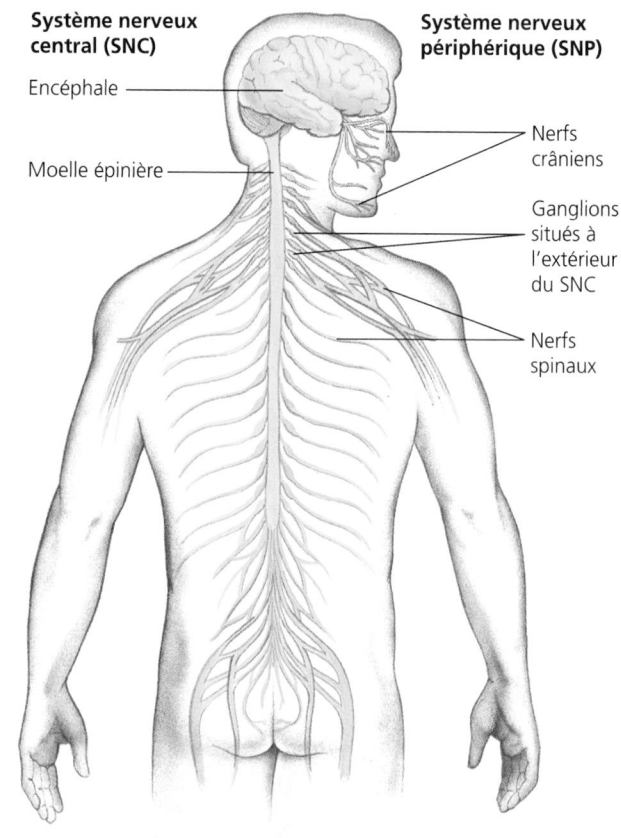

Système nerveux central (SNC)

Encéphale

Moelle épinière

Système nerveux périphérique (SNP)

Nerfs crâniens

Ganglions situés à l'extérieur du SNC

Nerfs spinaux

FIGURE 48.16 Exemple de système nerveux de Vertébré. L'encéphale et la moelle épinière, qui se forment à partir d'un tube neural dorsal creux distinguant les Cordés des autres Animaux, constituent le système nerveux central (SNC). Les nerfs crâniens (qui partent de l'encéphale), les nerfs spinaux (qui partent de la moelle épinière) et les ganglions situés à l'extérieur du SNC composent le système nerveux périphérique (SNP).

Les axones du SNC sont regroupés dans des faisceaux bien délimités, appelés *tractus*. L'ensemble des gaines de myéline leur donne un aspect blanchâtre. Lorsque l'on effectue des coupes transversales de l'encéphale et de la moelle épinière, la **substance blanche,** constituée de structures cellulaires myélinisées, est facile à distinguer de la **substance grise,** qui comprend surtout des dendrites, des axones non myélinisés et des regroupements de corps de neurone que l'on appelle *noyaux*.

Les divisions du système nerveux périphérique ont pour fonction d'assurer l'homéostasie

Sur le plan structural, le système nerveux périphérique (SNP) des Vertébrés se compose de nerfs crâniens et de nerfs spinaux appariés comportant des ganglions (voir la FIGURE 48.16). Les **nerfs crâniens** prennent naissance dans l'encéphale et innervent les organes de la tête et du tronc. Les **nerfs spinaux** sortent, quant à eux, de la moelle épinière et innervent l'ensemble de l'organisme. Les Mammifères comptent 12 paires de nerfs crâniens et 31 paires de nerfs spinaux. La plupart des nerfs crâniens et tous les nerfs spinaux contiennent à la fois des neurones sensitifs et des neurones moteurs. Quelques nerfs crâniens (les nerfs olfactifs et optiques, par exemple) ne remplissent que des fonctions sensorielles. Les nerfs sont constitués de faisceaux parallèles d'axones qui sont protégés par des enveloppes de tissus conjonctifs (FIGURE 48.17a, p. 1138). La première enveloppe, l'*endonèvre*, recouvre chaque axone amyélinisé ou myélinisé. La deuxième, le *périnèvre*, regroupe les axones en fascicules. Enfin, la troisième, l'*épinèvre*, enveloppe les fascicules. Plus on s'éloigne de l'axone, plus les enveloppes s'épaississent et offrent résistance et protection. Toutes ces enveloppes sont bien vascularisées, comme le montre la micrographie de la FIGURE 48.17b.

Comme la plupart des nerfs contiennent divers neurones jouant différents rôles, il est logique de diviser le SNP en une hiérarchie de composantes aux fonctions différentes (FIGURE 48.17c). Tout d'abord, la **division sensitive** comprend les neurones sensitifs ou afférents (conduisant à un centre d'intégration) qui transmettent, au système nerveux central (SNC), les informations recueillies par les récepteurs sensoriels sur les milieux interne et externe. Ensuite, la **division motrice** se compose des neurones moteurs ou efférents (quittant un centre d'intégration) qui transmettent les commandes du SNC aux cellules effectrices. Elle comprend deux subdivisions fonctionnelles : le système nerveux somatique et le système nerveux autonome.

Le **système nerveux somatique** transporte les influx jusqu'aux muscles squelettiques, principalement en réaction aux stimulus *externes*. Il est qualifié de volontaire, parce qu'il relève souvent d'une décision consciente. Toutefois, une partie importante de l'activité des muscles squelettiques est en fait déterminée par des réflexes dus à la moelle épinière, au cervelet ou au tronc cérébral.

Le **système nerveux autonome** transmet des influx qui régulent le milieu *interne,* en commandant les tissus musculaires lisses et cardiaques, ainsi que les organes de divers systèmes (digestif, cardiovasculaire, respiratoire, urinaire, reproducteur et endocrinien). Cette régulation est généralement involontaire.

Le système nerveux autonome comprend lui-même deux subdivisions qui agissent sur les organes de manière antagoniste (FIGURE 48.18, p. 1139). Le **système nerveux sympathique,** lorsqu'il est activé, augmente la dépense d'énergie et prépare l'individu à l'action : le cœur bat plus vite, le foie convertit le glycogène en glucose, les bronchioles se dilatent et permettent une augmentation des échanges gazeux, la digestion est inhibée et la sécrétion d'adrénaline par la médulla surrénale est déclenchée. Le **système nerveux parasympathique,** lorsqu'il est activé, provoque des réactions contraires, à peu de choses près : l'organisme revient à l'état de calme et aux fonctions d'entretien. Par exemple, l'activité des nerfs parasympathiques fait baisser la fréquence cardiaque et déclenche les mécanismes de stockage de l'énergie, tout en favorisant la digestion. Quand les nerfs sympathiques et parasympathiques innervent le même organe, ils ont souvent (mais pas toujours) des effets antagonistes (c'est-à-dire opposés).

Les systèmes nerveux somatique et autonome travaillent souvent en collaboration pour assurer l'homéostasie. Par exemple, en réaction à une baisse de température, l'hypothalamus commande, par l'intermédiaire du système nerveux autonome, une constriction des artérioles de la peau, pour réduire la perte de chaleur. Au même moment, il transmet une commande au système nerveux somatique, qui fait produire le frisson.

Le développement embryonnaire de l'encéphale des Vertébrés reflète son évolution à partir de trois renflements situés au pôle antérieur du tube neural

Pour étudier l'encéphale des Vertébrés, nous allons à présent examiner son développement embryonnaire à partir du tube neural (voir la FIGURE 47.11). Chez tous les Vertébrés, au moment où le tube neural se différencie dans l'embryon, trois renflements à symétrie bilatérale et situés au pôle antérieur du tube neural dorsal creux apparaissent : le **prosencéphale,** le **mésencéphale** et le **rhombencéphale** (FIGURE 48.19a, p. 1140). Au cours de l'évolution des Vertébrés, l'encéphale s'est encore divisé, à partir de ces trois renflements, sur le plan structural et fonctionnel. Cette régionalisation a permis l'acquisition de capacités supplémentaires pour une intégration complexe, le prosencéphale devenant plus grand chez les Oiseaux et les Mammifères que chez les Poissons, les Amphibiens et les Reptiles. Le **cerveau,** le centre de contrôle et d'intégration homéostatiques le plus perfectionné, est une excroissance du prosencéphale qui entoure de nombreuses autres régions plus anciennes de l'encéphale.

À la cinquième semaine du développement embryonnaire humain, cinq régions se sont formées dans l'encéphale à partir des trois renflements primaires (FIGURE 48.19b). Deux d'entre elles, le télencéphale et le diencéphale, sont issues du prosencéphale. Une autre, le mésencéphale, est issue du mésencéphale primaire. Enfin, les deux dernières, le métencéphale et le myélencéphale, sont issues du rhombencéphale.

Au fur et à mesure que l'encéphale humain se développe, le télencéphale, c'est-à-dire la division du prosencéphale qui donne naissance au cerveau, connaît les changements les plus profonds (FIGURE 48.19c). Sa croissance rapide et importante aux deuxième et troisième mois crée les deux hémisphères droit et gauche qui recouvrent et enveloppent plusieurs des autres

FIGURE 48.17 Le système nerveux périphérique (SNP).

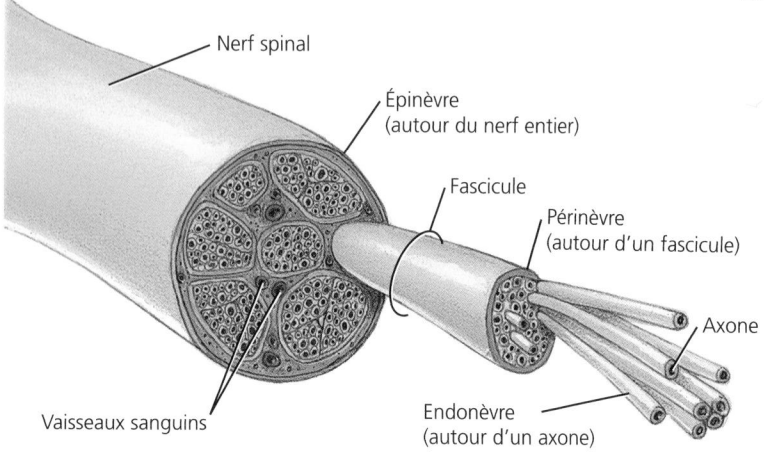

Nerf spinal

Épinèvre (autour du nerf entier)

Fascicule

Périnèvre (autour d'un fascicule)

Axone

Endonèvre (autour d'un axone)

Vaisseaux sanguins

(a) Structure d'un nerf spinal. Un nerf spinal est un agencement particulier d'axones, de faisceaux d'axones (fascicules) et de vaisseaux sanguins qui sont protégés par des enveloppes de tissus conjonctifs.

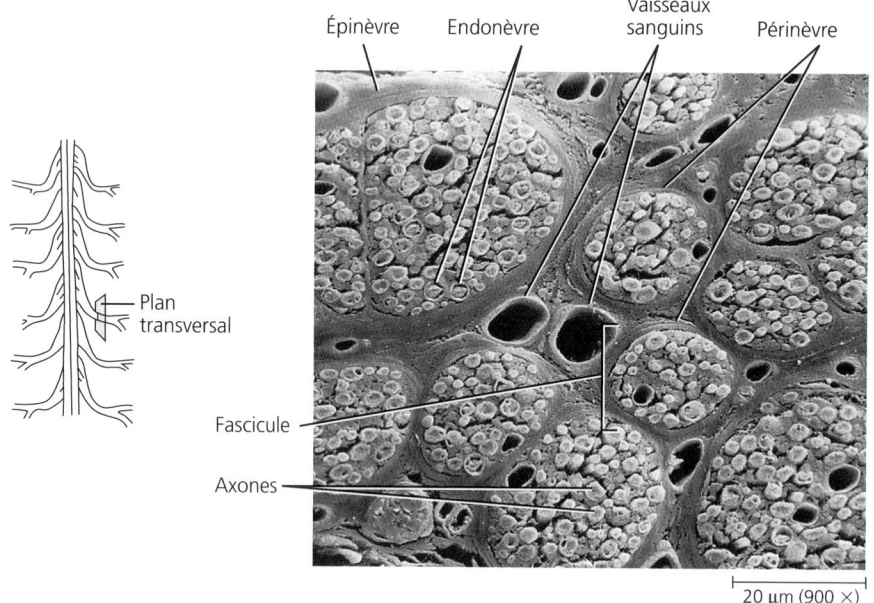

Épinèvre   Endonèvre   Vaisseaux sanguins   Périnèvre

Plan transversal

Fascicule

Axones

20 µm (900 ×)

(b) Coupe transversale d'un nerf spinal (MEB).

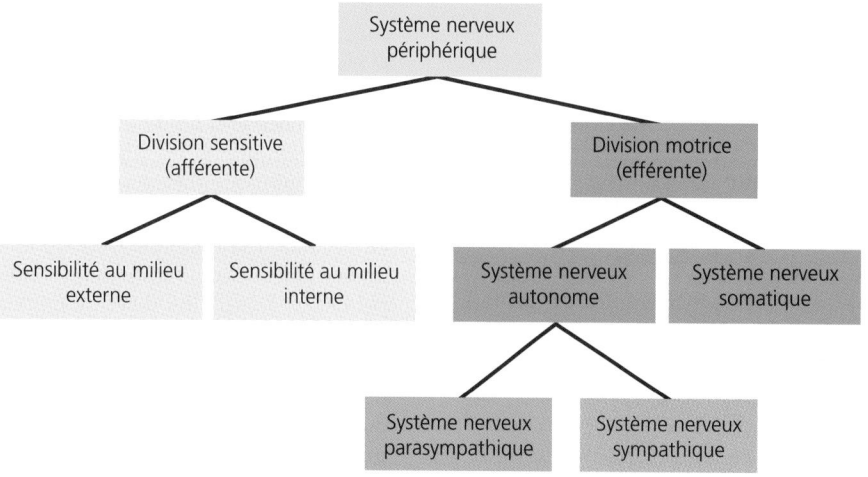

(c) Hiérarchie fonctionnelle du système nerveux périphérique.

FIGURE 48.18 Rôles principaux des nerfs parasympathiques et des nerfs sympathiques dans la régulation des fonctions corporelles internes. Les nerfs parasympathiques du système nerveux autonome partent de la région du tronc cérébral et de la région sacrale de la moelle épinière. Les nerfs sympathiques émergent des régions moyennes (thoracique et lombale) de la moelle épinière. La plupart des voies nerveuses autonomes comportent une chaîne de deux neurones. La synapse reliant les deux neurones se trouve dans un ganglion du système nerveux périphérique (SNP). Dans chaque chaîne, le neurone qui transmet les commandes du système nerveux central (SNC) au ganglion s'appelle neurone préganglionnaire. Il libère de l'acétylcholine qui diffuse dans la synapse. Le neurone qui transmet l'influx du ganglion à l'organe cible s'appelle neurone postganglionnaire. Remarquez, dans le schéma, que plusieurs voies du système nerveux sympathique comportent une synapse qui est dans un ganglion sympathique proéminent situé près de la moelle épinière. D'autres ganglions sont moins proéminents ; ceux des nerfs parasympathiques sont situés près des organes cibles ou à proximité. La plupart des neurones postganglionnaires sympathiques libèrent de la noradrénaline (neurotransmetteur) qui diffuse dans les organes cibles. Tous les neurones parasympathiques libèrent de l'acétylcholine.

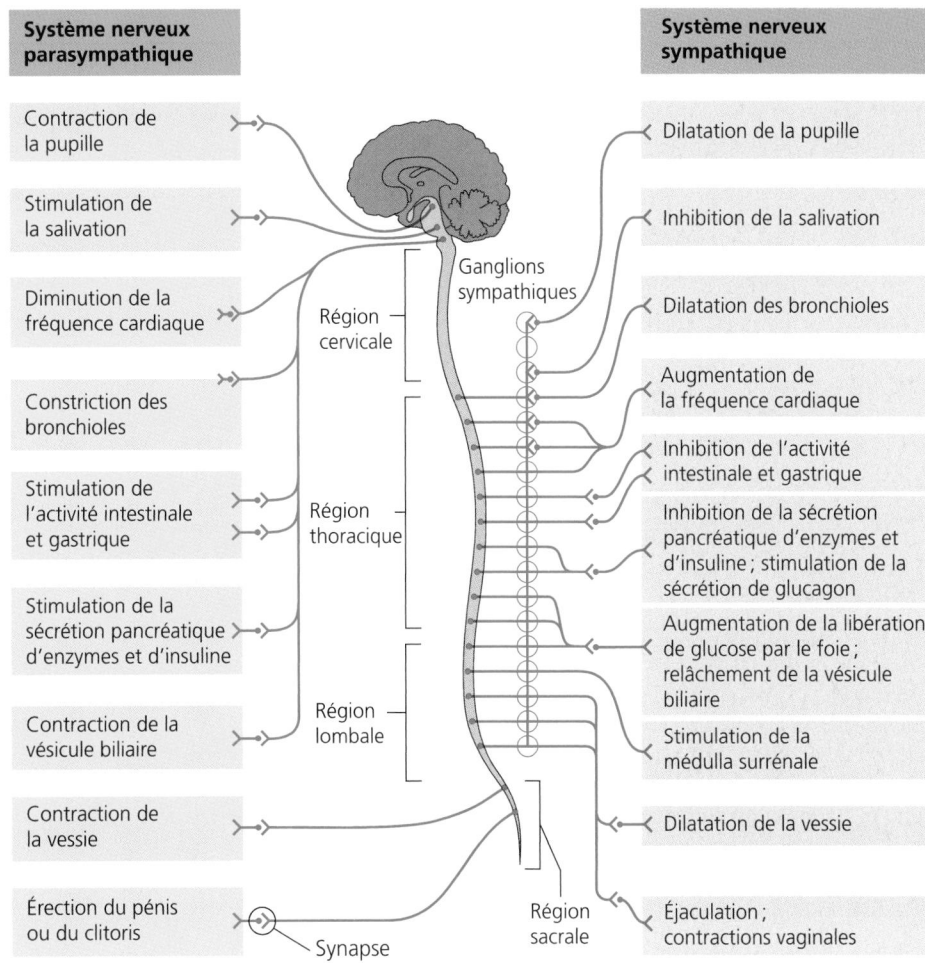

centres d'intégration de l'encéphale. Chez l'adulte, les hémisphères cérébraux comprennent de la substance blanche (des faisceaux d'axones), de la substance grise interne (des noyaux ou des regroupements de corps de neurones), ainsi qu'une région externe de substance grise à circonvolutions complexes, le **cortex cérébral.** Les principaux centres de l'encéphale provenant du diencéphale (première division du prosencéphale à se former dans l'évolution des Vertébrés) sont le thalamus, l'épithalamus et l'hypothalamus.

Les trois régions qui ont évolué à partir du mésencéphale et du rhombencéphale donnent des structures profondes de l'encéphale. Ces dernières constituent ce que l'on appelle le *tronc cérébral.* Chez l'adulte, le tronc cérébral comprend le mésencéphale (issu du mésencéphale primaire), le pont (issu du métencéphale) et le bulbe rachidien (issu du myélencéphale). Mais le métencéphale donne naissance, en plus du pont, à un centre d'intégration important qui ne fait pas partie du tronc cérébral : le cervelet. La FIGURE 48.20, à la page 1140, passe en revue l'anatomie de l'encéphale en donnant une vision tridimensionnelle.

Chez les Vertébrés, les plus anciennes structures de l'encéphale du point de vue de l'évolution régulent les fonctions fondamentales liées aux automatismes et à l'intégration

Tronc cérébral

Le **tronc cérébral** est situé à la base de l'encéphale et à l'extrémité antérieure de la moelle épinière. Il a la forme d'une tige comportant plusieurs renflements. Il est formé de trois parties, le bulbe rachidien, le pont et le mésencéphale, qui proviennent du rhombencéphale et du mésencéphale primaire de l'embryon (voir la FIGURE 48.19). Ces organes assurent l'homéostasie, la coordination des mouvements et la transmission des informations jusqu'aux centres d'intégration supérieurs.

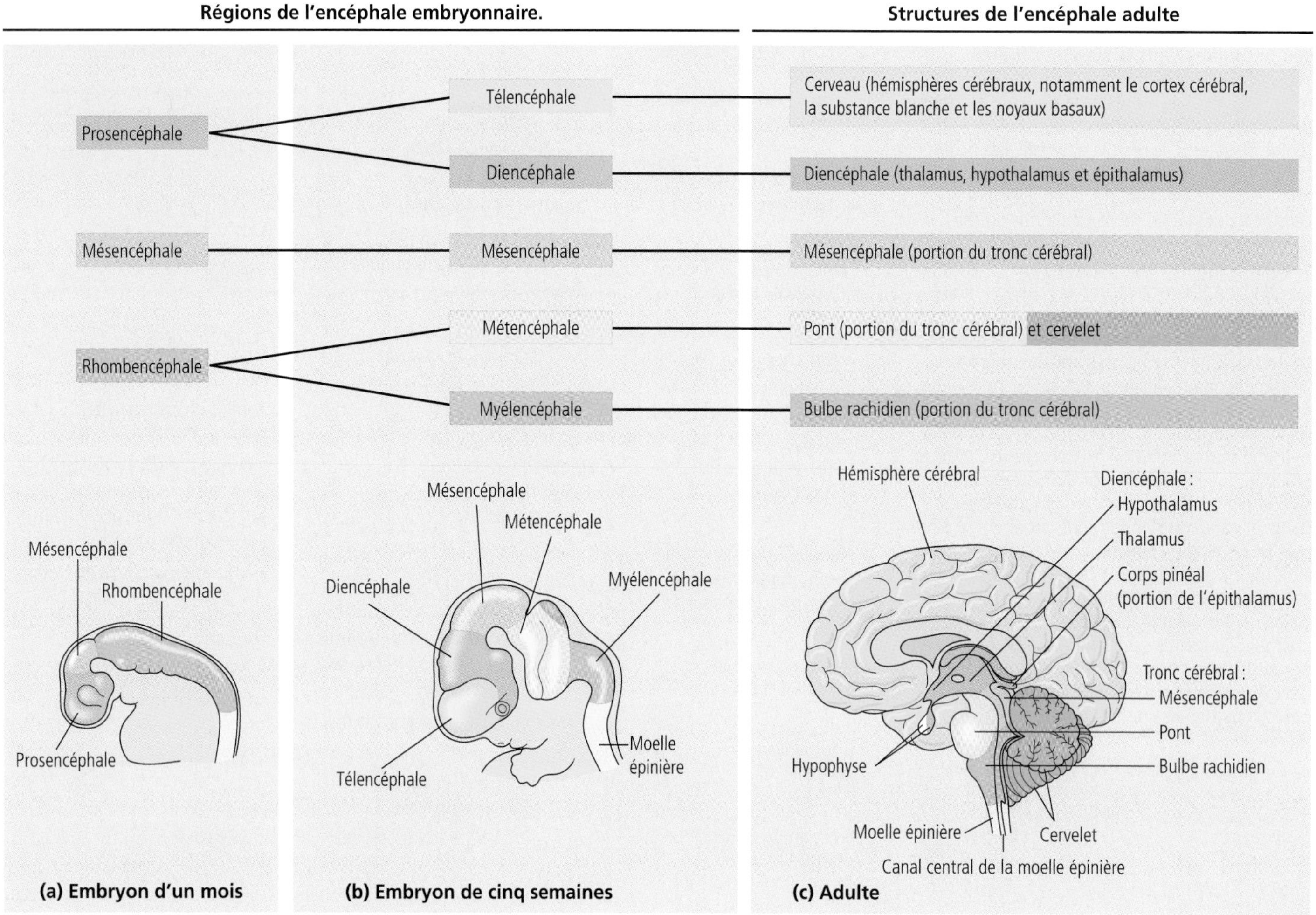

Régions de l'encéphale embryonnaire.		Structures de l'encéphale adulte
Prosencéphale	Télencéphale	Cerveau (hémisphères cérébraux, notamment le cortex cérébral, la substance blanche et les noyaux basaux)
	Diencéphale	Diencéphale (thalamus, hypothalamus et épithalamus)
Mésencéphale	Mésencéphale	Mésencéphale (portion du tronc cérébral)
Rhombencéphale	Métencéphale	Pont (portion du tronc cérébral) et cervelet
	Myélencéphale	Bulbe rachidien (portion du tronc cérébral)

Mésencéphale
Rhombencéphale
Prosencéphale

(a) Embryon d'un mois

Mésencéphale
Métencéphale
Diencéphale
Myélencéphale
Moelle épinière
Télencéphale

(b) Embryon de cinq semaines

Hémisphère cérébral
Diencéphale :
Hypothalamus
Thalamus
Corps pinéal (portion de l'épithalamus)
Tronc cérébral :
Mésencéphale
Pont
Bulbe rachidien
Hypophyse
Moelle épinière
Cervelet
Canal central de la moelle épinière

(c) Adulte

FIGURE 48.19 Développement embryonnaire de l'encéphale.

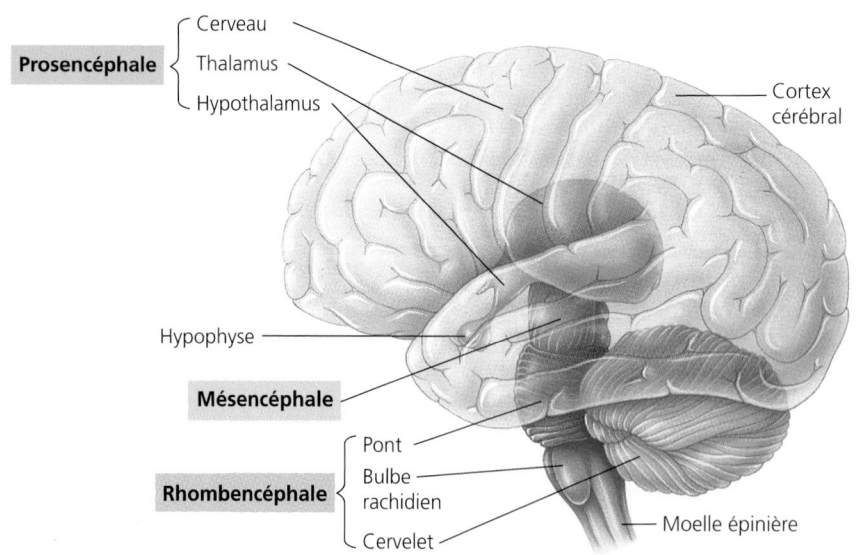

FIGURE 48.20 Principales parties de l'encéphale humain.

Bulbe rachidien et pont. Divers centres du tronc cérébral contiennent des corps de neurone d'où partent des axones vers diverses régions du cortex cérébral et du cervelet. Les corpuscules nerveux terminaux des axones libèrent des neurotransmetteurs comme la noradrénaline, la dopamine, la sérotonine et l'acétylcholine. Ces neurotransmetteurs du tronc cérébral provoquent des changements dans l'attention, l'éveil, l'appétit et la motivation. Le **bulbe rachidien** contient des centres qui régulent diverses fonctions viscérales (automatiques et homéostatiques), notamment la respiration, l'activité cardiovasculaire, la déglutition, le vomissement et la digestion. Le **pont** participe aussi à certaines de ces activités, car il comprend des noyaux qui régulent les centres respiratoires dans le bulbe rachidien, par exemple.

Tous les faisceaux d'axones qui acheminent les informations sensorielles vers les régions supérieures de l'encéphale et les commandes motrices qui en proviennent traversent le tronc cérébral. Ainsi, la transmission des informations constitue l'une des fonctions les plus importantes du bulbe rachidien et du pont. Le tronc cérébral participe également à la coordination des mouvements corporels d'envergure, comme la marche. Les tractus corticospinaux, faisceaux d'axones qui transmettent les commandes motrices du cortex cérébral à la moelle épinière, changent de côté dans le bulbe rachidien. On parle de décussation. Ainsi, l'hémisphère droit régit une grande partie des mouvements effectués par le côté gauche et l'hémisphère gauche régit une grande partie des mouvements effectués par le côté droit.

Mésencéphale. Le **mésencéphale** renferme les centres de perception et d'intégration de plusieurs types d'informations sensorielles. Il joue aussi le rôle de centre de relais pour les influx sensitifs provenant de la moelle épinière et se dirigeant vers le thalamus. Parmi les éminences du mésencéphale figurent les colliculus inférieurs et supérieurs (ou tubercules quadrijumeaux). Les premiers relient les récepteurs auditifs de l'oreille interne et l'aire auditive du cortex cérébral; les seconds coordonnent les mouvements de la tête et des yeux fixés sur un objet mobile. Chez les Vertébrés qui ne sont pas des Mammifères, les colliculus supérieurs prennent la forme de gros lobes optiques qui sont parfois les seuls centres de la vision. Chez les Mammifères, la vision est intégrée dans le cerveau, ce qui permet aux colliculus supérieurs de coordonner les réflexes visuels, par exemple, le fait de voir un objet du coin de l'œil et l'action de tourner la tête automatiquement vers cet objet.

Formation réticulaire, éveil et sommeil

Comme le savent ceux qui ont assisté à un cours par une chaude journée, l'attention et la vigilance varient. L'éveil est un état de conscience du monde extérieur. Le sommeil est le contraire de l'éveil. C'est un état pendant lequel le sujet continue de recevoir des stimulus sans en avoir conscience. Divers centres nerveux situés dans le tronc cérébral et dans d'autres parties de l'encéphale contrôlent le sommeil et l'éveil.

Un réseau de neurones appelé **formation réticulaire** et contenant plus de 90 noyaux distincts traverse le cœur du tronc cérébral (FIGURE 48.21). Le système réticulaire activateur ascendant s'intègre à cette formation réticulaire et régit le sommeil et l'éveil. Il agit comme un filtre sensitif en sélectionnant les informations qui atteignent le cortex cérébral. Plus le cortex reçoit

d'informations, plus la personne est éveillée et attentive. Mais l'éveil n'est pas uniquement un phénomène généralisé. En effet, certains stimulus peuvent être mis de côté pendant que l'encéphale traite activement d'autres données. Par ailleurs, des centres spécifiques, dans le tronc cérébral, régulent le sommeil et l'éveil. Le pont et le bulbe rachidien contiennent ainsi des noyaux qui provoquent le sommeil lorsqu'ils sont stimulés. Le mésencéphale comporte quant à lui un centre associé à l'éveil. La sérotonine est peut-être le neurotransmetteur des centres nerveux qui induisent le sommeil. La consommation de lait avant le coucher peut favoriser le sommeil, peut-être parce que le lait contient de grandes quantités de tryptophane, acide aminé à partir duquel est synthétisée la sérotonine.

L'éveil et le sommeil produisent des ondes différentes dans l'activité électrique de l'encéphale, ondes que l'on peut enregistrer sous forme d'**électroencéphalogramme,** ou **EEG** (FIGURE 48.22, p. 1142). En règle générale, moins l'activité mentale est grande, plus les ondes de l'électroencéphalogramme sont synchrones. Lorsqu'un sujet en santé est étendu et calme, les yeux fermés, on observent surtout des ondes alpha lentes et synchrones. Lorsque le sujet ouvre les yeux ou tente de résoudre un problème complexe, les ondes bêta, plus rapides, apparaissent, et il y a désynchronisation des régions de l'encéphale.

Comme l'indique l'électroencéphalogramme du sujet endormi, le sommeil est un processus dynamique. Dans les premiers stades du sommeil, les ondes thêta, plus irrégulières que les ondes bêta, dominent le plus souvent. Puis, le sommeil profond se caractérise par des ondes delta, assez lentes et très synchrones. Il comprend aussi des périodes où la désynchronisation de l'électroencéphalogramme rappelle l'état d'éveil. Pendant ces périodes de *sommeil paradoxal,* les yeux parcourent de façon active le champ visuel derrière les paupières fermées.

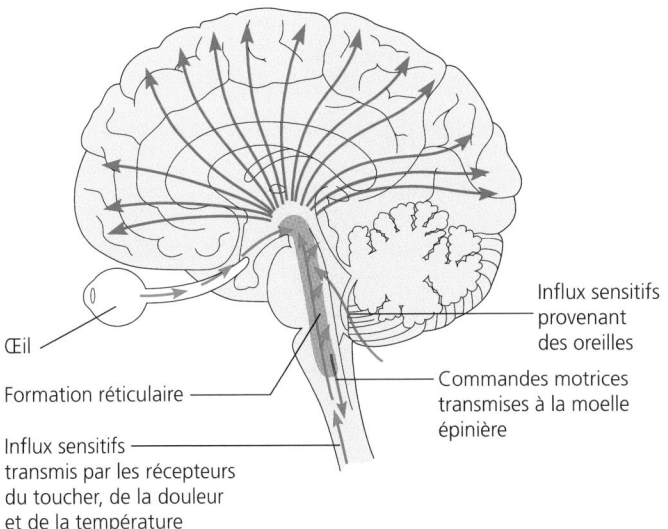

Œil

Formation réticulaire

Influx sensitifs transmis par les récepteurs du toucher, de la douleur et de la température

Influx sensitifs provenant des oreilles

Commandes motrices transmises à la moelle épinière

FIGURE 48.21 Formation réticulaire. Cet ensemble de plus de 90 noyaux distincts qu'est la formation réticulaire traverse tout le tronc cérébral. Il reçoit les messages transmis par les récepteurs sensoriels (flèches bleues). Grâce à des processus étroitement associés aux activités du cortex cérébral (flèches vertes), il empêche la surcharge sensitive en triant et en rejetant les informations connues et répétitives qui sont sans cesse transmises au système nerveux. Le système réticulaire activateur ascendant s'intègre à ce système de filtrage et est essentiel à la détermination des états d'éveil et de conscience.

La plupart des rêves surviennent au cours du sommeil paradoxal. On a accordé aux rêves, comme au sommeil, une valeur magique ou prophétique. Mais leur véritable fonction physiologique reste inconnue.

Les chercheurs ne savent toujours pas exactement pourquoi nous dormons. Tous les Oiseaux et Mammifères dorment et ont un cycle particulier faisant alterner le sommeil et l'éveil. L'une des hypothèses est que le sommeil participe à la fixation des apprentissages et de la mémoire. Certaines expériences prouvent en effet que les régions de l'encéphale qui sont stimulées pendant une tâche d'apprentissage peuvent être à nouveau actives pendant le sommeil.

Cervelet

Le **cervelet** se forme à partir d'une région du métencéphale embryonnaire (voir la FIGURE 48.19). Cet organe participe à la coordination des mouvements et à la vérification des erreurs pendant les activités motrices, perceptuelles et cognitives. Diverses données de recherche indiquent qu'il participe aux tâches d'apprentissage et de rappel des réactions motrices. En effet, si l'une de ses grandes subdivisions subit des lésions, l'apprentissage peut devenir impossible. Le cervelet reçoit des informations sensitives sur la position des articulations et la longueur des muscles, ainsi que des données provenant des organes auditifs et visuels, et de leurs centres d'intégration respectifs. Il reçoit aussi des données des voies motrices qui lui indiquent quelles actions le cerveau a commandées. Il utilise ces informations à des fins de coordination automatique des mouvements et d'équilibre. La coordination motrice entre la main et l'œil est un exemple. En cas de lésion du cervelet, les yeux peuvent suivre un objet que la main déplace, mais ne s'arrêtent pas au même endroit que l'objet quand la main interrompt le mouvement.

Thalamus et hypothalamus

Le diencéphale embryonnaire, l'une des divisions du prosencéphale, se subdivise en trois régions chez l'adulte : l'épithalamus, le thalamus et l'hypothalamus (voir la FIGURE 48.19). L'**épithalamus** comprend un plexus choroïde, l'un des divers regroupements de capillaires qui produisent le liquide cérébrospinal. Il comprend aussi un petit renflement, le corps pinéal. Cette glande exerce des fonctions endocrines, comme nous l'avons vu au chapitre 45. Le thalamus et l'hypothalamus, quant à eux, sont des centres d'intégration importants.

Le **thalamus** est le principal centre de relais pour les informations sensitives arrivant au cerveau et pour les informations motrices partant du cerveau. Il contient de nombreux noyaux se consacrant chacun à un type précis d'information sensorielle. Les données provenant de tous les organes sensoriels sont triées dans le thalamus, puis dirigées vers les centres supérieurs appropriés qui vont les interpréter et les intégrer. Le thalamus reçoit également des messages venant des hémisphères cérébraux et des zones de l'encéphale qui commandent les émotions et l'éveil.

L'**hypothalamus,** quant à lui, ne pèse que quelques grammes, mais constitue l'une des structures les plus importantes dans la régulation de l'homéostasie. Nous avons vu, au chapitre 45, qu'il produisait deux ensembles d'hormones, les hormones de la neurohypophyse et les hormones de libération qui agissent sur l'adénohypophyse (voir la FIGURE 45.6). L'hypothalamus

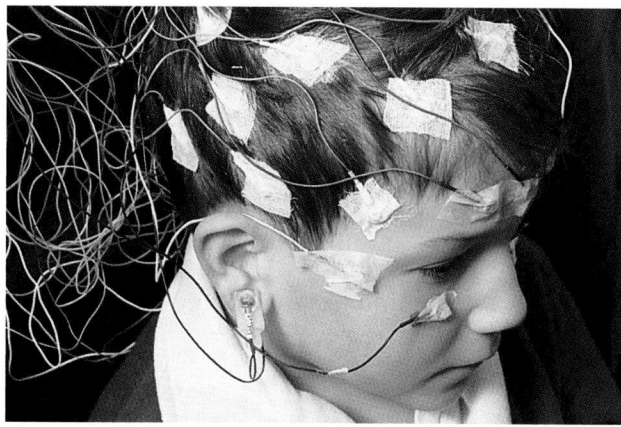

(a) Électrodes fixées au cuir chevelu et à la peau

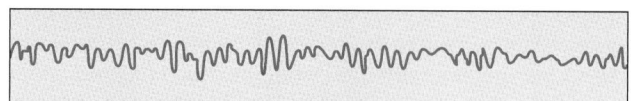

(b) Sujet éveillé mais calme (ondes alpha)

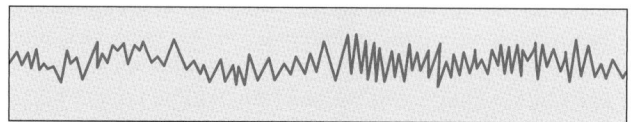

(c) Sujet éveillé ayant une activité mentale intense (ondes bêta)

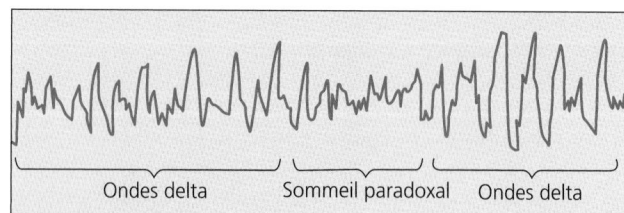

Ondes delta — Sommeil paradoxal — Ondes delta

(d) Sujet endormi

FIGURE 48.22 Ondes de l'encéphale enregistrées sur un électroencéphalogramme (EEG).

contient des centres de régulation thermique et des centres de régulation de la faim et de la soif. Il remplit aussi d'autres fonctions vitales fondamentales. De plus, les noyaux de l'hypothalamus jouent un rôle dans les comportements sexuels et l'accouplement, dans la réaction de fuite ou de lutte, et dans le plaisir. La stimulation de centres spécifiques peut aussi être à l'origine de comportements autostimulés. Par exemple, en situation expérimentale, des rats qui peuvent appuyer sur une barre pour stimuler un centre du plaisir appuieront sans cesse dessus, se privant de manger et de boire. La stimulation d'une autre zone peut produire une réaction de rage.

Hypothalamus et rythmes circadiens. Les Animaux et les Humains ont toutes sortes de comportements rythmiques, qu'ils répètent à intervalles réguliers. Qu'est-ce qui permet le maintien de nos rythmes quotidiens, par exemple, pour le sommeil, pour la pression artérielle ou pour la libido ? De nombreux Animaux manifestent des rythmes saisonniers, se reproduisant ou migrant uniquement au printemps ou en automne, par exemple. Nous avons déjà parlé des rythmes circadiens (quotidiens) et saisonniers chez les Plantes (voir le chapitre 39).

De nombreuses études ont évalué l'importance relative des stimulus externes et des horloges internes dans le maintien des comportements rythmiques. D'après leurs résultats, les rythmes circadiens sont généralement associés à une composante interne dominante, l'**horloge biologique.** Les chercheurs ont eu de la difficulté à situer les mécanismes internes régissant les rythmes comportementaux. Ils ont émis tout d'abord l'hypothèse que les mécanismes régissant les rythmes comportementaux varient selon les groupes taxinomiques, et ont vérifié cette hypothèse. Ainsi, les Mouches du vinaigre (*Drosophila sp.*) auraient de nombreuses horloges biologiques dans leur corps et sur le bord externe de leurs ailes. Les Mammifères auraient, quant à eux, dans l'hypothalamus, une paire de structures que l'on appelle **noyaux suprachiasmatiques** et qui fonctionneraient comme une horloge biologique. Des expériences faites sur des rongeurs ont montré que les cellules des noyaux suprachiasmatiques produisent des protéines spécifiques en réponse à des changements dans le cycle clarté-obscurité. Cette horloge biologique que sont les noyaux suprachiasmatiques et toute autre horloge de même type peuvent avoir pour fonction de réguler divers processus physiologiques, notamment la libération des hormones, la faim et la sensibilité accrue aux stimulus externes qui motivent des comportements rythmiques spécifiques.

Les chercheurs se sont aussi penchés sur le rôle des repères externes dans les rythmes circadiens. En général, le rythme de l'horloge ne s'accorde pas exactement avec les événements de l'environnement, et il faut des repères externes pour maintenir les cycles en accord avec le monde extérieur. La présence de lumière est un repère externe courant pour la fixation des rythmes circadiens. Ainsi, les informations visuelles que reçoivent les noyaux suprachiasmatiques grâce aux neurones sensitifs des yeux permettent à l'horloge mammalienne de rester synchrone avec le cycle naturel du jour et de la nuit. Par exemple, l'activité du Petit polatouche (*Glaucomys volans*) commence normalement à la tombée de la nuit et prend fin au lever du jour, ce qui indique que la lumière est un repère externe important. Si l'on place le Petit polatouche dans un milieu constamment éclairé ou constamment obscurci, son activité rythmique continue, mais la durée du cycle (une période d'activité suivie d'une période d'inactivité) se désynchronise chaque jour un peu plus par rapport au monde extérieur (FIGURE 48.23, p. 1144). L'horloge interne du Petit polatouche continue alors de fonctionner, sans repère externe, mais en respectant son propre cycle, auquel il manque 21 minutes pour faire un cycle de 24 heures. Les repères externes, comme la durée du jour et de la nuit, permettent de régler l'horloge, afin que les comportements soient synchrones avec les rythmes du monde extérieur.

On a aussi étudié les rythmes circadiens de l'Humain en installant des sujets dans des logements confortables situés sous terre et ne bénéficiant d'aucune lumière naturelle. Les sujets étaient libres de suivre leur propre horaire et n'avaient aucun repère extérieur. Dans ce genre de conditions, c'est-à-dire sans contraintes ni repères (voir le chapitre 39), l'horloge biologique de l'Humain semble suivre un rythme d'environ 25 heures, les cycles variant beaucoup d'une personne à l'autre. Comme tous les autres Animaux, l'Humain fait appel à des repères externes pour régler son rythme sur 24 heures, en fonction de l'alternance du jour et de la nuit dans le monde extérieur.

Chez les Mammifères, le cerveau est la structure la plus évoluée de l'encéphale

Le cerveau se forme à partir du télencéphale embryonnaire (une excroissance du prosencéphale), qui s'est formé dès le début de l'évolution des Vertébrés et constitue une région axée sur la perception olfactive et sur l'intégration auditive et visuelle. Le cerveau se divise en deux **hémisphères cérébraux** : l'hémisphère droit et l'hémisphère gauche (FIGURE 48.24a, p. 1145). Chaque hémisphère comprend une couche de substance grise à l'extérieur, le cortex cérébral que nous avons déjà évoqué, de la substance blanche à l'intérieur et un regroupement de **noyaux basaux** situés profondément dans la substance blanche. Les noyaux basaux sont d'importants centres de planification et d'apprentissage des mouvements en séquences. Les lésions causées à cette région peuvent provoquer des troubles moteurs graves chez l'Humain, notamment la maladie de Parkinson et la chorée de Huntington. Dans certains cas, le sujet devient passif et immobile, les noyaux basaux ne permettant plus aux influx moteurs d'arriver jusqu'aux muscles.

Le cortex cérébral (la « substance grise ») est la partie la plus étendue et la plus complexe de l'encéphale mammalien. C'est aussi celle qui a le plus changé au cours de l'évolution des

(a)

Vertébrés. Certaines de ses composantes sont présentes également dans l'encéphale des Reptiles, qui ont un ancêtre commun avec les Mammifères (voir la FIGURE 34.20). Cependant, seuls les Mammifères possèdent un **néocortex,** c'est-à-dire six couches supplémentaires de tissus nerveux dans le cortex cérébral. Chez les Mammifères, les capacités cognitives supérieures et les comportements complexes sont liés à la taille du cortex cérébral et à la présence de gyrus (ou circonvolutions) qui augmentent l'aire du néocortex. Chez l'Humain, le néocortex mesure moins de 5 mm d'épaisseur, mais a une aire totale d'environ 0,5 m² et compte pour environ 80 % de la masse totale de l'encéphale. Les Primates et les Cétacés (Baleines et Dauphins, par exemple) ont aussi des néocortex très étendus et très complexes. En fait, les Dauphins se situent juste après les Humains pour ce qui est du rapport entre la surface du néocortex et la masse corporelle.

Comme le reste du cerveau, le cortex cérébral se divise en deux hémisphères droit et gauche commandant chacun à la région opposée du corps. L'hémisphère gauche reçoit les informations du côté droit du corps et commande les mouvements de ce même côté. C'est l'inverse pour l'hémisphère droit. Des

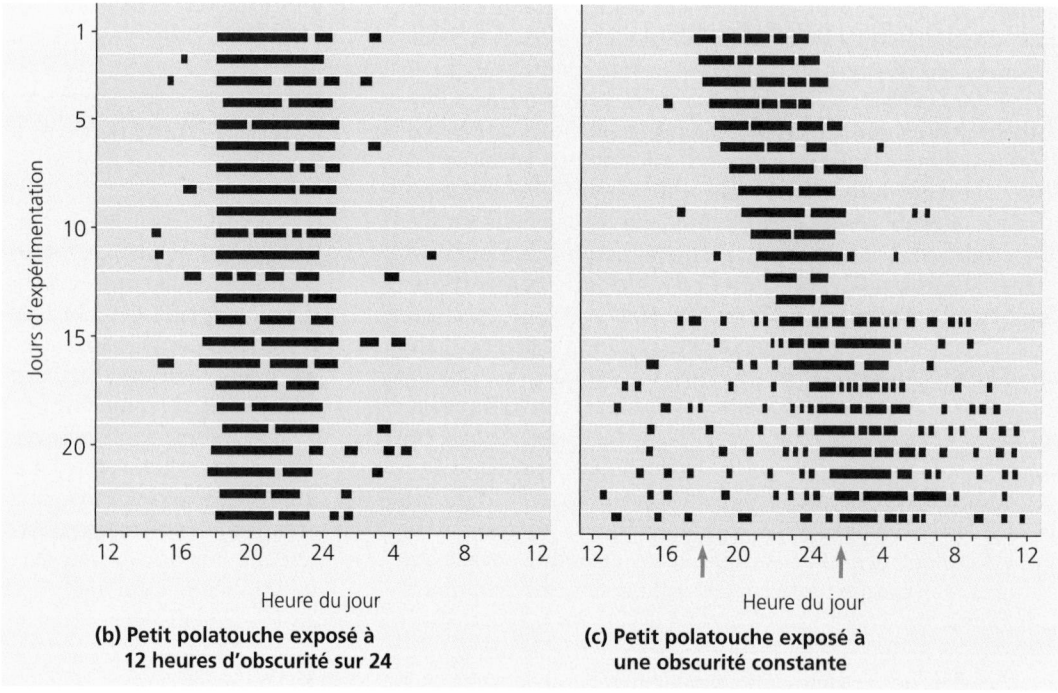

(b) Petit polatouche exposé à 12 heures d'obscurité sur 24

(c) Petit polatouche exposé à une obscurité constante

FIGURE 48.23 Rythmes d'activité d'un mammifère nocturne. Le Petit polatouche des forêts d'Amérique du Nord est actif la nuit et dort généralement dans la cavité d'un arbre creux du lever du jour à la tombée de la nuit. **(a)** Pour étudier les rythmes d'activité du Petit polatouche, les chercheurs ont placé des sujets dans des cages équipées d'une roue d'exercice. La roue est reliée à un enregistreur à tracé continu, appareil muni d'un rouleau de papier défilant à vitesse constante devant des plumes à encre. Quand l'animal fait tourner la roue, les plumes à encre marquent

le papier. Les graphiques des figures (b) et (c) représentent l'activité de deux petits polatouches qui ont vécu pendant 23 jours dans des conditions de luminosité différentes. Les longues barres noires correspondent à des périodes d'activité intense. **(b)** Ce graphique représente le rythme d'activité d'un Petit polatouche exposé à 12 heures d'obscurité, situation qui respecte les conditions naturelles. **(c)** Ce graphique représente le rythme d'activité d'un Petit polatouche maintenu dans l'obscurité totale pendant 23 jours. Les deux animaux ont conservé des activités rythmiques pendant toute la période de l'enregistrement,

avec une période distincte d'activité intense tous les jours. Mais la période d'activité intense du Petit polatouche maintenu dans le noir s'est déplacée tous les jours de 21 minutes. Au bout de 23 jours, elle était désynchronisée de près de 8 heures par rapport à l'heure du jour. (Les petites flèches magenta indiquent le début de la période d'activité au jour 1 et au jour 23.) Diverses expériences menées sur des Petits polatouches, des humains et d'autres animaux indiquent que les repères environnementaux sont essentiels pour la synchronisation de l'horloge biologique avec les conditions externes.

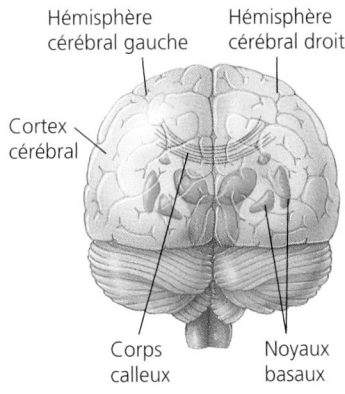

Hémisphère cérébral gauche   Hémisphère cérébral droit

Cortex cérébral

Corps calleux

Noyaux basaux

(a) Vue de l'arrière de l'encéphale

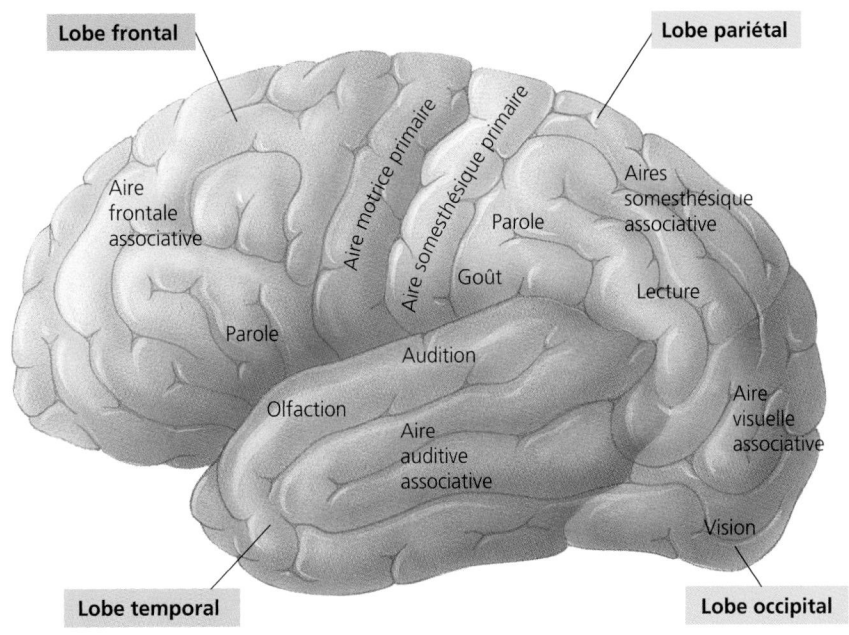

Lobe frontal

Lobe pariétal

Aire motrice primaire

Aire somesthésique primaire

Aire frontale associative

Parole

Aires somesthésique associatif

Goût

Parole

Lecture

Audition

Aire visuelle associative

Olfaction

Aire auditive associative

Vision

Lobe temporal

Lobe occipital

(b) Hémisphère cérébral gauche

FIGURE 48.24 Structure et aires fonctionnelles du cerveau. (a) Cette vue de l'arrière de l'encéphale humain montre le caractère bilatéral des hémisphères cérébraux. Le corps calleux (tractus épais constitués de neurofibres reliant les hémisphères) et les noyaux basaux sont complètement recouverts (et donc invisibles en surface) par la substance grise et les gyrus du cortex cérébral. **(b)** La surface de chacun des hémisphères cérébraux se divise en cinq lobes. Ce schéma de l'hémisphère cérébral gauche ne montre pas le cinquième lobe, le lobe insulaire, qui est situé dans le sillon latéral séparant les lobes temporal et pariétal. Chaque lobe est spécialisé dans certaines fonctions. De plus, les aires associatives de l'hémisphère cérébral gauche remplissent des fonctions différentes de celles de l'hémisphère cérébral droit.

tractus épais de neurofibres (substance blanche cérébrale) constituent le **corps calleux,** qui établit la communication entre les hémisphères droit et gauche (voir la FIGURE 48.24a).

L'exposé sur les fonctions cérébrales qui suit fait souvent appel aux termes *cognition* et *cognitif*. La cognition correspond au processus qui est associé au savoir et comprend l'état de conscience et le jugement. Ainsi, les fonctions cognitives de l'encéphale sont, notamment, l'apprentissage, la prise de décision, l'état de conscience et la perception de l'environnement.

Les diverses régions du cerveau ont des fonctions spécialisées

Chacun des hémisphères du cortex cérébral est divisé en cinq lobes : le lobe frontal, le lobe temporal, le lobe occipital, le lobe pariétal et le lobe insulaire. Chacun d'eux comprend à son tour diverses aires fonctionnelles (FIGURE 48.24b). Ces aires sont des aires sensitives primaires qui reçoivent, combinent et analysent divers types d'informations sensorielles et des aires associatives qui combinent ces données avec des informations provenant d'autres parties de l'encéphale.

Deux aires corticales fonctionnelles, l'aire motrice primaire et l'aire somesthésique primaire, délimitent respectivement le lobe frontal et le lobe pariétal. L'aire motrice primaire a pour principale fonction de transmettre des commandes aux muscles squelettiques, en réagissant de manière appropriée aux stimulus sensoriels. L'aire somesthésique primaire, quant à elle, reçoit, combine et analyse des informations provenant des récepteurs du toucher, de la douleur, de la pression et de la température situés dans tout le corps. La proportion d'aire motrice primaire ou d'aire somesthésique primaire consacrée à chaque partie du corps est fonction de l'importance relative des informations motrices ou sensorielles provenant des différentes parties du corps (FIGURE 48.25, p. 1146).

Fonction d'intégration des aires associatives

Les informations sensorielles que reçoit le cortex cérébral, principalement par l'intermédiaire du thalamus, sont d'abord dirigées vers les aires sensitives primaires des lobes : les informations visuelles sont dirigées vers les aires sensitives primaires du lobe occipital ; les informations auditives, vers celles du lobe temporal ; et les informations somesthésiques (toucher, douleur, pression, température et position des muscles et des membres), vers celles du lobe pariétal (voir la FIGURE 48.24b). Les informations concernant le goût sont transmises à une autre aire sensitive du lobe pariétal. Les informations olfactives sont quant à elles d'abord envoyées à des aires « primitives » du cortex cérébral (l'expression « aires primitives » désigne ici les régions cérébrales

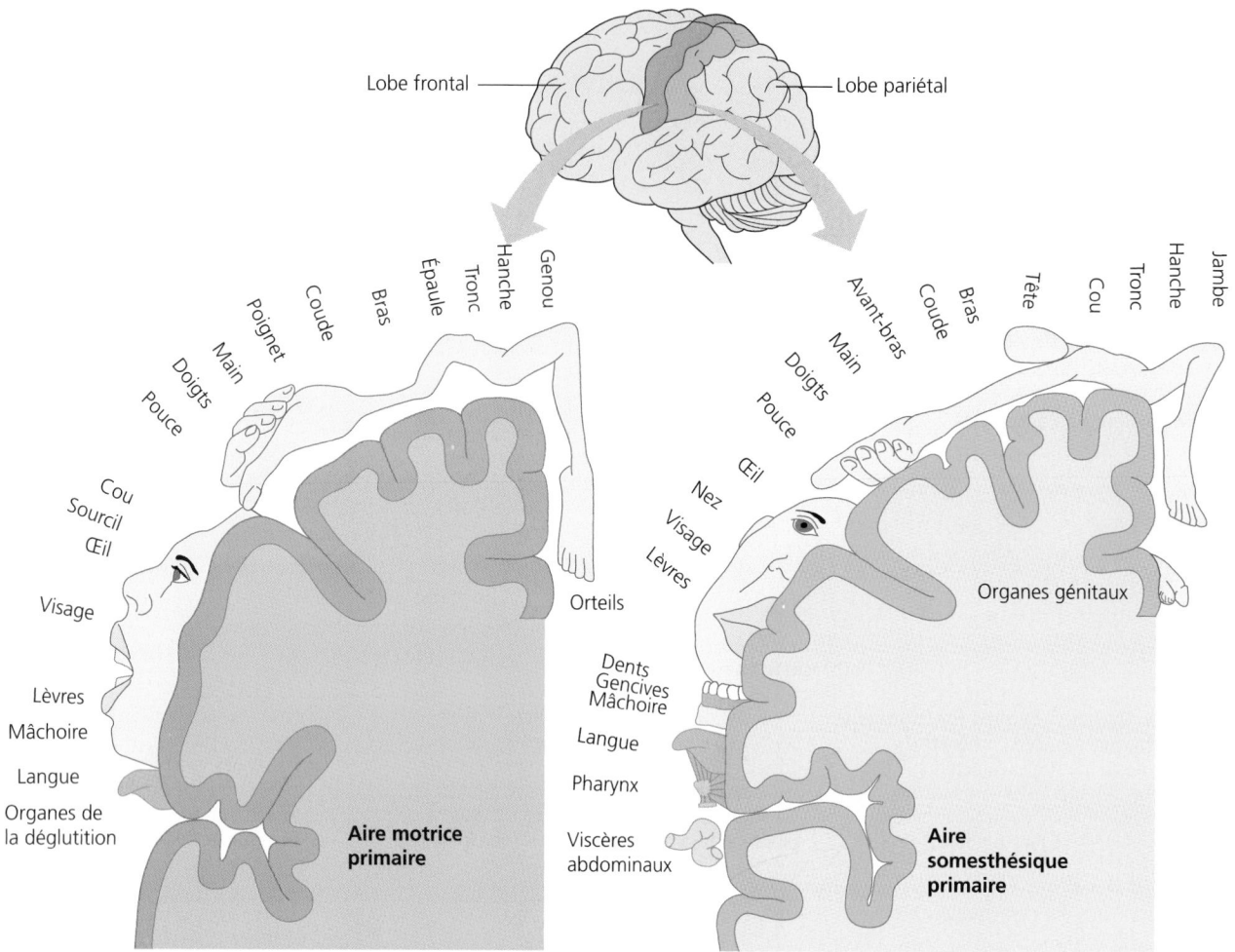

FIGURE 48.25 Aires motrices et somesthésiques primaires du cortex cérébral de l'Humain.
Ces schémas représentent une cartographie des gyrus de chacune des aires. La portion de cortex
cérébral qui est consacrée à la motricité ou à la perception pour une partie du corps est associée
à la représentation graphique de cette même partie.

qui sont semblables chez les Mammifères et chez les Reptiles).
Puis, passant par le thalamus, elles vont dans une région intérieure
du lobe frontal. Toutes ces informations sont ensuite transmises
aux aires associatives adjacentes, qui en font l'intégration (les associent), les évaluent globalement, puis les dirigent vers d'autres
aires associatives, situées dans le lobe frontal. Les aires associatives
du lobe frontal établissent alors un plan de réaction motrice
adapté, qu'utilise ensuite l'aire motrice primaire pour commander le mouvement des muscles squelettiques.

Grâce à l'importante augmentation de la taille du néocortex
au cours de l'évolution des Mammifères, les aires associatives
qui font l'intégration des fonctions cognitives supérieures ont
pu s'étendre, ce qui a rendu possibles les comportements complexes et l'apprentissage. La surface corticale du cerveau des
Rats est relativement lisse et principalement occupée par les
aires sensitives primaires, qui reçoivent des informations transmises directement par les récepteurs sensoriels. En revanche, la

surface corticale du cerveau de l'Humain comporte beaucoup
de gyrus et comprend surtout des aires associatives. La régionalisation de ce cortex associatif commence à apparaître au
cours du développement cérébral, quand le bébé et l'enfant font
l'apprentissage de processus sensoriels et de réactions. Cette
régionalisation est sensiblement la même chez tous les Humains.
Mais toute lésion que subit l'une des aires corticales du cerveau
au début du développement peut entraîner une réorientation
des fonctions normales vers d'autres aires. On en a un exemple
particulièrement frappant chez certains bébés qui souffrent
d'une épilepsie réfractaire et que l'on opère pour retirer un
hémisphère cérébral entier. Fait incroyable, l'hémisphère qui
reste prend en charge la plupart des fonctions qui sont normalement remplies par les deux hémisphères. Le cerveau adulte
a lui aussi une certaine plasticité. En effet, une personne qui
subit une lésion au cortex cérébral peut parfois récupérer certaines fonctions normales en utilisant des circuits différents.

Latéralisation des fonctions cérébrales

Dès le début du développement cérébral du bébé ou de l'enfant, il y a une spécialisation du cortex de chaque hémisphère cérébral. L'hémisphère gauche se spécialise ainsi dans le langage, le calcul, les opérations logiques et le traitement de séries d'informations. Il a des capacités particulières pour les activités de précision qui doivent être exécutées rapidement et sont nécessaires au contrôle des mouvements squelettiques et au traitement de détails visuels et auditifs. L'hémisphère droit, quant à lui, se spécialise plutôt dans la reconnaissance des visages et du contenu émotionnel des expressions corporelles, dans la perception des formes et de l'espace, dans la production du contenu émotionnel du langage et dans le traitement en parallèle de divers types d'informations. Il est particulièrement sollicité dans la sensibilité musicale et artistique en général. L'hémisphère droit se spécialise dans la perception des relations entre les images et le contexte dans lequel elles se présentent. L'hémisphère gauche semble plutôt se concentrer sur la perception spécifique. Lorsqu'ils accomplissent un travail manuel, la plupart des droitiers utilisent la main gauche (hémisphère droit) pour le contexte ou la mise en place, et la main droite (hémisphère gauche) pour les mouvements précis. En dehors de ces quelques spécialisations, les deux hémisphères accomplissent également la grande majorité des fonctions cérébrales.

Langage et parole

Le début de la cartographie systématique et détaillée des fonctions cognitives supérieures, associées à des aires spécifiques du cerveau, date du XIXe siècle. Des médecins ont alors procédé à des autopsies pour examiner le cerveau de patients ayant des défauts d'élocution. Les patients qui comprenaient le langage mais ne pouvaient pas s'exprimer avaient généralement des lésions dans une région du lobe frontal qui commande les mouvements du visage et des lèvres. Cette région que l'on appelle aire motrice du langage (aire de Broca) est située à l'avant et à la base de l'aire motrice primaire. Des études portant sur l'activité cérébrale et utilisant une technologie d'imagerie moderne, la tomographie par émission de positrons, ont confirmé que l'aire motrice du langage était active pendant la production de la parole (FIGURE 48.26, image inférieure gauche). Les autopsies pratiquées au XIXe siècle ont aussi permis de constater que des lésions touchant la partie postérieure du lobe temporal, région corticale que l'on appelle aire de Wernicke (FIGURE 48.26, image supérieure gauche) pouvaient faire disparaître la capacité de comprendre le langage tout en conservant intacte la capacité de s'exprimer par la parole.

Des études modernes plus détaillées portant à la fois sur les lésions cérébrales et sur la mise en image des activités cérébrales ont permis de prouver que le langage faisait intervenir de nombreuses aires du cortex. Lorsque l'on demande à un sujet simplement de lire un mot à haute voix, les aires visuelles primaire et associative s'activent (FIGURE 48.26, image supérieure droite), de même que l'aire motrice du langage. Lorsque l'on demande au sujet de trouver des verbes pour accompagner des noms ou de regrouper des mots ou des concepts connexes, donc d'associer une signification à des mots, les aires frontale et temporale s'activent (FIGURE 48.26, image inférieure droite). Les chercheurs peuvent aussi suivre de près les effets de la pratique sur le développement cognitif. Ainsi, lorsque l'on demande au sujet d'associer un verbe à chacun des noms projetés sur un écran, on constate au départ une activation du lobe frontal. Mais, au bout de quinze minutes d'exercice, l'activation est moins importante et se limite principalement aux aires utilisées au départ pour lire simplement un mot à voix haute. Cette constatation illustre un principe important du fonctionnement cérébral : une stimulation ou des instructions nouvelles provoquent une mobilisation importante des ressources et des aires corticales du cerveau. Puis, quand la situation ou la procédure est devenue familière, elle exige une activité cérébrale bien moindre.

Émotions

Deux composantes du cortex cérébral se trouvent à la fois chez les Mammifères et chez les Reptiles : ce sont l'hippocampe et l'aire olfactive. Chez les Mammifères, ces structures, ainsi que certaines régions internes des lobes du cortex cérébral et certaines parties du thalamus et de l'hypothalamus, forment autour du tronc cérébral un anneau que l'on appelle **système limbique** (FIGURE 48.27, p. 1148). En interagissant avec les aires sensitives du néocortex et d'autres centres supérieurs, le système limbique produit les émotions.

Le système limbique joue un rôle essentiel dans certains des comportements qui distinguent les Mammifères de la plupart des Reptiles et des Amphibiens, notamment dans les soins prolongés prodigués aux bébés et les liens affectifs qui se créent entre les individus. Il produit les émotions primaires qui se manifestent dans des comportements comme les pleurs ou le rire. Mais il donne aussi des contenus émotionnels aux comportements primaires qui doivent assurer la survie (tels que l'alimentation, l'agression et la sexualité) et qui font intervenir les structures du tronc cérébral.

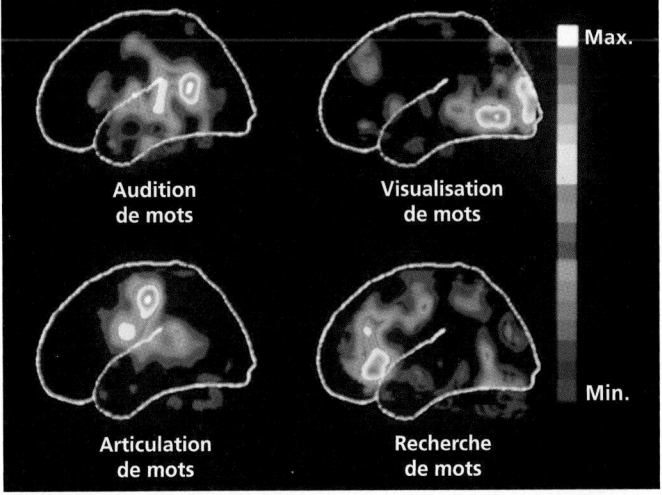

FIGURE 48.26 Cartographie des aires associées au langage dans le cortex cérébral. Grâce à la technique d'imagerie appelée tomographie par émission de positrons, on obtient une représentation graphique des régions du corps qui sont les plus actives sur le plan métabolique. Ces cartes de l'hémisphère gauche du cerveau, produites par un ordinateur qui transpose les données d'un tomodensitomètre, montrent les « points chauds » de l'activité cérébrale d'un sujet soumis à quatre situations associées au langage.

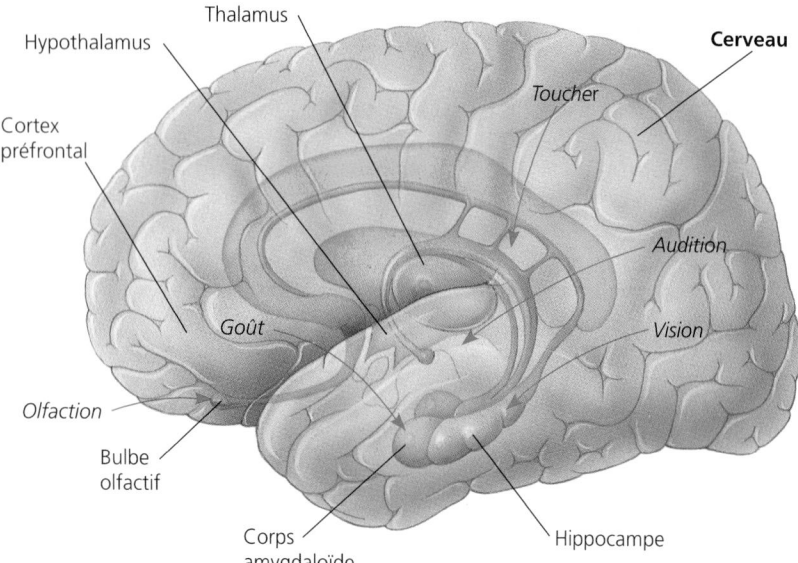

Thalamus

Hypothalamus

Cortex
préfrontal

Cerveau

Toucher

Audition

Goût

Vision

Olfaction

Bulbe
olfactif

Corps
amygdaloïde

Hippocampe

FIGURE 48.27 Système limbique. Certaines parties du diencéphale (thalamus et hypothalamus) et certaines régions internes du cortex cérébral (notamment le corps amygdaloïde et l'hippocampe) composent le centre nerveux des émotions et de la mémoire chez l'Humain. Les odeurs perçues par le nez sont transmises à l'encéphale par le bulbe olfactif, qui rejoint le système limbique. D'autres informations sensorielles arrivent dans le système limbique par l'intermédiaire de certaines aires du cortex cérébral (flèches). Centre d'intégration « supérieur » du cerveau, le cortex préfrontal semble travailler en collaboration avec le système limbique et d'autres centres cérébraux pour traiter et récupérer des souvenirs. De plus, il pourrait alors utiliser des souvenirs pour modifier les comportements.

Les structures du système limbique, siège des émotions, se forment dès le début du développement embryonnaire. Plus tard, lors de l'apparition et du développement des aires néocorticales, elles servent de base aux fonctions cognitives supérieures. L'Humain, comme les autres Primates, possède dès sa naissance des circuits cérébraux de l'émotion qui servent à instaurer des liens avec un parent nourricier et protecteur, à reconnaître les principaux traits d'un visage, à communiquer visuellement et vocalement avec un parent, et à exprimer la peur, la peine et la colère. Ensuite commencent les processus d'apprentissage et de mémorisation qui permettent de conserver un historique des résultats positifs associés aux actions motrices et sensitives visant à obtenir réconfort, chaleur et nourriture. L'Humain distingue très tôt le « bien » du « mal », par exemple, en constatant que la situation ou le comportement donne lieu à une expression de satisfaction ou de colère sur le visage ou dans la voix du parent. Le corps amygdaloïde, un noyau du lobe temporal (voir la FIGURE 48.27), joue un rôle essentiel dans la reconnaissance du contenu émotionnel des expressions faciales et dans la conservation des souvenirs émotionnels.

La mémoire émotionnelle semble apparaître, au cours du développement, avant le système qui permet le rappel explicite d'événements, ce dernier exigeant la présence d'une autre structure limbique, l'hippocampe. Les adultes qui apprennent à éviter une situation désagréable comme la présentation d'une image toujours suivie d'un faible choc électrique se souviennent de l'image et ont une réaction d'alerte (mesurée par l'augmentation de la fréquence cardiaque ou par la sudation) si l'image leur est présentée de nouveau, même en l'absence de choc électrique. Certains adultes ayant subi une lésion à l'hippocampe rapportent qu'ils ne se souviennent pas de l'image. Cependant,

il y a toujours chez eux une réaction d'alerte produite par le système nerveux autonome et déclenchée par le corps amygdaloïde. C'est que la mémoire émotionnelle véhiculée par cette structure reste intacte. Inversement, des patients ayant subi des lésions au corps amygdaloïde uniquement ne présentent pas la réaction d'alerte, mais se souviennent de l'image. C'est qu'ici l'hippocampe, qui participe à la mémoire explicite, est toujours fonctionnel.

Au fur et à mesure que les enfants grandissent, les émotions primaires comme le plaisir et la peur sont associées à différentes situations, dans le cadre d'un processus qui fait appel à certaines parties du néocortex, en particulier les lobes frontaux. L'existence de processus d'apprentissage par lesquels nous mémorisons des réactions émotives à différentes situations est prouvée par la perturbation de ces processus chez certains patients ayant eu des lésions ou des tumeurs dans les lobes frontaux. La plupart du temps, le comportement de ces patients reste normal sur le plan superficiel ; leurs capacités intellectuelles et leur mémoire restent intactes. Cependant, la motivation, la prévision, l'établissement d'objectifs et la prise de décision sont perturbés. Ces patients ont tendance à adopter, tout à coup, des comportements vulgaires, impolis ou inacceptables. Ils agissent comme s'ils avaient perdu leur capacité de jugement et leur volonté. De plus, leur capacité de sentir et d'exprimer des émotions est réduite. Auparavant, pour traiter les troubles émotionnels graves, on pratiquait la lobotomie frontale, qui perturbe le lien entre les lobes frontaux et le système limbique. Mais les patients lobotomisés non seulement devenaient très dociles, mais aussi perdaient leur capacité à se concentrer, à faire des projets et à travailler pour réaliser des objectifs. C'est pourquoi on a maintenant recours à la pharmacothérapie pour traiter ce genre de patients très malades.

Mémoire et apprentissage

Notre vie quotidienne est remplie de comparaisons entre les événements présents, immédiats, et les événements qui se sont produits quelques instants avant seulement. Nous conservons les informations, les attentes et les objectifs pendant un certain temps, dans la **mémoire à court terme,** située dans les lobes frontaux. Puis nous cessons de les conserver quand ils sont devenus inutiles. Si nous voulons retenir un visage ou un numéro de téléphone, nous activons les mécanismes de la **mémoire à long terme** dans le cadre d'un processus faisant intervenir l'hippocampe, qui est une partie du système limbique (voir la FIGURE 48.27). Par la suite, si nous souhaitons nous souvenir du nom ou du numéro de téléphone, nous pouvons l'évoquer grâce à cette mémoire à long terme et le remettre dans la mémoire à court terme. Plusieurs facteurs favorisent le transfert d'informations de la mémoire à court terme à la mémoire à long terme : la répétition (par exemple, quand on relit plusieurs fois le même texte), certains états émotifs créés par le corps amygdaloïde et l'association de nouvelles informations avec des informations déjà stockées dans la mémoire à long terme (il est ainsi plus facile d'apprendre un nouveau jeu de cartes si l'on a déjà l'habitude de jouer aux cartes).

Plusieurs aires associatives sensitives et motrices du cortex cérébral, indépendamment des aires attribuées au langage, participent au stockage et à la récupération des mots et des images de notre dictionnaire mental. Des études menées sur des patients ayant subi des lésions cérébrales et des études d'imagerie menées sur des patients ayant un cerveau normal permettent notamment de constater que la connaissance de personnes données est associée à la partie antérieure du lobe temporal gauche, la connaissance d'animaux, à la partie inférieure moyenne de ce lobe et la connaissance des outils, à la partie postérieure et inférieure de ce lobe.

La mémorisation des numéros de téléphone, des faits et des endroits (qui peut se faire très rapidement et n'exiger qu'une exposition à l'élément en question) pourrait dépendre de changements rapides dans la stimulation des connexions nerveuses existantes. En revanche, le mode d'apprentissage lent et le rappel de compétences et de méthodes (par exemple quand une personne essaie d'améliorer ses coups au tennis) semblent faire intervenir des mécanismes cellulaires très semblables à ceux qui sont associés à la croissance et au développement du cerveau. Les neurones mettent alors en place de nouvelles connexions. La mise en mémoire des compétences concerne généralement les activités motrices apprises par la répétition, sans mise en mémoire volontaire d'informations précises. Nous exécutons certaines activités motrices (marcher, attacher nos lacets, monter à bicyclette ou écrire) sans faire un effort conscient pour nous rappeler les étapes précises à suivre. Une fois qu'on a appris à faire quelque chose, il est difficile de l'oublier. Ainsi, le joueur de tennis qui frappe la balle au revers depuis des années d'un coup malhabile aura beaucoup plus de difficulté à apprendre le coup correct qu'un débutant qui commence juste son apprentissage du jeu. Les mauvaises habitudes, comme nous le savons tous, sont difficiles à perdre.

De nombreuses expériences nouvelles font état de changements dans l'expression des gènes et dans les molécules synaptiques qui sont en corrélation avec la formation des souvenirs. Certains changements fonctionnels dans les synapses de l'hippocampe et du corps amygdaloïde seraient directement liés au stockage des souvenirs et au conditionnement émotionnel. Le type de changement que l'on appelle **dépression à long terme** correspond à une réactivité moindre à des potentiels d'action dans une cellule postsynaptique. Il est causé par une stimulation répétée et faible. Le type de changement synaptique que l'on appelle **potentialisation à long terme** désigne quant à lui une réactivité accrue aux potentiels d'action dans la cellule postsynaptique. Il se produit quand la cellule présynaptique surcharge la synapse d'une série de potentiels d'action brefs et répétés qui dépolarisent fortement la membrane postsynaptique. Quand il y a potentialisation à long terme, un seul potentiel d'action venant de la cellule présynaptique a un effet beaucoup plus grand qu'auparavant sur la synapse. Les potentialisations à long terme peuvent durer quelques heures, quelques jours ou quelques semaines, selon le nombre et la fréquence des potentiels d'action répétés. Ce sont peut-être ces phénomènes qui se produisent quand les souvenirs sont stockés ou quand les apprentissages se font. La potentialisation à long terme est associée à la libération, par la cellule présynaptique, du neurotransmetteur excitateur que l'on appelle glutamate (sel de l'acide glutamique). Le glutamate se fixe à une classe spécifique de récepteurs situés dans la membrane postsynaptique. Cette liaison active des canaux à ouverture contrôlée extrêmement perméables aux ions calcium (Ca^{2+}). Les ions Ca^{2+} déclenchent ensuite une cascade d'activités enzymatiques dans la cellule postsynaptique, qui devient plus réactive à la stimulation.

État de conscience chez l'Humain

Quand nous employons le mot *conscience,* nous voulons dire parler de la conscience de soi qu'a l'Humain et qui lui permet de percevoir, d'agir et de ressentir ce qui se passe dans le présent, mais aussi de réfléchir au passé et au futur. Le débat reste ouvert quant à savoir dans quelle mesure ces capacités concernent les autres Animaux (voir le chapitre 51). Jusqu'à tout récemment, on considérait que l'étude de la conscience humaine ne faisait pas partie des sciences pures. Ainsi, la philosophie et la religion étaient les seules branches de la connaissance humaine à s'y intéresser. Mais cela change au fur et à mesure que nous avançons dans la connaissance des activités de l'encéphale qui déterminent nos comportements. Des études d'imagerie du cerveau indiquent certains changements dans les activités neuronales qui sont liés aux choix perceptuels conscients, au traitement inconscient et au traitement conscient, à la récupération des souvenirs et à l'intervention d'une mémoire active dans la planification d'activités. Les chercheurs sont de plus en plus nombreux à penser que la conscience est une propriété du cerveau qui découle de l'émergence (voir le chapitre 1), c'est-à-dire qu'elle est le produit de l'activité se déroulant dans de nombreuses aires du cortex. Divers modèles proposent de faire un balayage de toutes les régions du cerveau de façon répétitive, afin de faire le lien entre de nombreux processus indépendants pour obtenir un moment conscient unifié. Il ne s'agit plus simplement de décrire dans le détail les liens entre les aires que nous avons étudiées, mais de comprendre l'organisation générale des activités touchant l'ensemble du cerveau. Cette organisation d'ensemble n'a pas plus de lien direct avec les neurones pris individuellement que l'ouragan n'en a avec les molécules d'eau et d'air qui le constituent.

La compréhension des phénomènes, tels que la conscience, qui touchent l'ensemble de l'encéphale est l'une des questions sur le système nerveux les plus difficiles à l'échelle macroscopique. À l'échelle microscopique, c'est la question de la façon dont les neurones se développent et se structurent en réseaux qui est la plus difficile et sur laquelle se penchent les spécialistes des neurosciences.

Les recherches sur la formation et le développement des neurones et sur les cellules souches du système nerveux central pourraient mener à de nouvelles approches dans le traitement des lésions et des maladies neurologiques

 Contrairement au système nerveux périphérique, le système nerveux central mammalien ne peut se réparer quand il est endommagé ou touché par une maladie. L'encéphale humain peut établir de nouvelles connexions entre les neurones survivants et parfois compenser les lésions, comme le prouvent les guérisons remarquables de certaines victimes d'accident vasculaire cérébral (AVC). Mais de manière générale, les blessures de la moelle épinière, les AVC, les lésions cérébrales et les maladies qui détruisent les neurones, comme la maladie de Parkinson et la maladie d'Alzheimer, ont des effets irréversibles. Les recherches actuelles sur la formation et le développement des neurones et la découverte de cellules souches neuronales viennent augmenter nos connaissances fondamentales du système nerveux. Il sera donc peut-être un jour possible pour les neurochirurgiens de réparer ou de remplacer les neurones endommagés.

Formation et développement des neurones

La question suivante fait partie des principales questions de la neurobiologie : Comment les cellules d'un animal en développement se différencient-elles pour donner naissance aux neurones qui migrent à l'emplacement voulu, produisent un axone pour établir des liens avec certaines régions et établissent des synapses avec les cellules cibles ? Comment tout cela se fait-il sans enchevêtrement inutile de neurones ? Les laboratoires de Corey Goodman (Université de Californie, Berkeley) et de Marc Tessier-Lavigne (Université de Californie, San Francisco) étudient la manière dont les neurones trouvent leur chemin pendant le développement du système nerveux central. Leurs travaux combinent des éléments de la communication intercellulaire (chapitre 11), de la régulation de l'expression des gènes (chapitre 19) et de la génétique du développement embryonnaire (chapitre 21).

Pour parvenir à la cellule cible, l'axone doit s'allonger jusqu'à ce qu'il atteigne une longueur variant entre quelques micromètres et un mètre (par exemple, un axone de neurone de moelle épinière, chez l'Humain, peut aller jusqu'aux pieds). L'axone en développement ne va pas directement du point A au point B. Au fil de son chemin, des indices moléculaires le dirigent et redirigent en une série de redressements qui se traduisent par un déplacement non linéaire, mais certainement

pas aléatoire. L'extrémité dynamique de l'axone en développement est le **cône de croissance.** Les médiateurs chimiques libérés par les cellules cibles se fixent à des récepteurs situés sur la membrane plasmique du cône de croissance. Cela déclenche une voie de conversion-amplification du stimulus (FIGURE 48.28). La réaction de l'axone peut être de croître vers la source des médiateurs chimiques (attraction) ou de croître dans une autre direction, de manière à s'en éloigner (répulsion). Des molécules d'adhérence cellulaire situées sur le cône de croissance de l'axone jouent aussi un rôle. En effet, elles s'attachent aux molécules d'adhérence cellulaire complémentaires (molécules de guidage) des cellules voisines, formant ainsi une voie que suivra l'axone en croissance. Enfin, le facteur de croissance des neurones diffusé par les astrocytes et des protéines de croissance produites par les neurones eux-mêmes participent au processus en provoquant la croissance des axones.

Goodman, Tessier-Lavigne et leurs collègues ont constaté que les gènes, les produits géniques et le processus visant à guider les axones se ressemblaient beaucoup chez les Nématodes (*C. elegans*), les Insectes (*Drosophila*) et les Vertébrés. Cela laisse supposer que les gènes et les mécanismes de base de ce processus complexe se sont conservés au cours de l'évolution.

Le développement se fait selon une séquence temporelle et spatiale qui semble difficile à répéter, pour réparer ou remplacer les neurones chez les Humains dont le système nerveux a été endommagé. L'axone en croissance exprime différents gènes à différents moments pendant son développement et subit l'influence des cellules voisines dont il s'éloigne. Les recherches se poursuivent et visent à mieux comprendre ces mécanismes développementaux. Mais, l'objectif ultime est toujours de réparer les tissus neurologiques endommagés. En utilisant la combinaison appropriée d'agents attractifs et répulsifs, de protéines associées à la croissance et de facteurs de croissance, les chercheurs espèrent pouvoir amener les axones endommagés à croître à nouveau, en suivant le chemin voulu et en se connectant aux bonnes cibles.

Cellules souches neuronales

Jusqu'en 1998, tous les chercheurs estimaient que l'Humain naissait avec la totalité des neurones qu'il aurait pendant toute sa vie. Toutefois, Fred Gage (Salk Institute for Biological Studies, La Jolla, Californie) et Peter Ericksson (Hôpital universitaire de Sahlgrenska, Göteborg, Suède) ont publié un article qui a fait sensation : l'encéphale humain *produit effectivement* de nouveaux neurones à l'âge adulte. On a découvert des cellules qui venaient de se diviser dans l'hippocampe, région de l'encéphale qui participe aux activités de mémoire et d'apprentissage (voir la FIGURE 48.27). Pour le moment, on ne sait pas exactement quelle est la fonction de ces nouvelles cellules dans l'encéphale. Mais on a constaté que les souris qui vivent dans des environnements stimulants et qui courent sur des roues d'exercice ont plus de nouvelles cellules dans l'hippocampe et sont meilleures, dans les tâches d'apprentissage, que des souris identiques sur le plan génétique qui vivent dans des cages standard. Il est donc possible que l'Humain augmente ses capacités cérébrales en stimulant son esprit et en faisant du sport, augmentant ainsi ses capacités d'apprentissage.

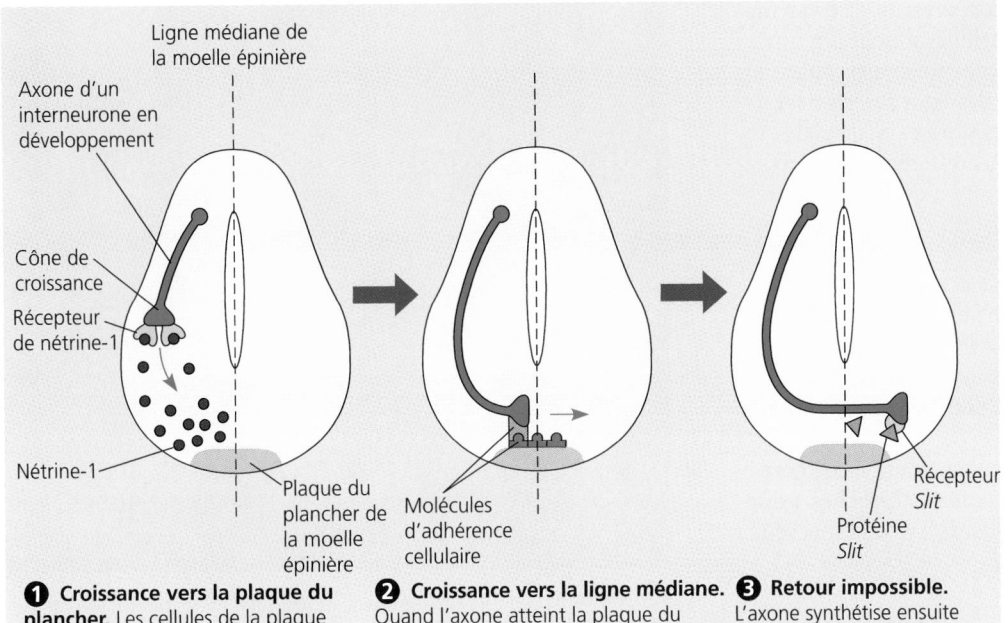

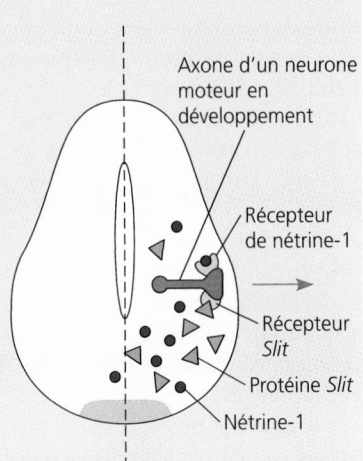

❶ Croissance vers la plaque du plancher. Les cellules de la plaque du plancher, dans la moelle épinière, libèrent de la nétrine-1 qui diffuse en s'éloignant de la plaque et se fixe à des récepteurs situés sur le cône de croissance de l'axone d'un inter-neurone en développement. La fixation de la nétrine-1 fait croître l'axone vers la plaque du plancher.

❷ Croissance vers la ligne médiane. Quand l'axone atteint la plaque du plancher, les molécules d'adhérence cellulaire de l'axone se fixent à des molécules complémentaires situées sur les cellules de la plaque. Cela oriente la croissance de l'axone de telle manière que l'axone traverse la ligne médiane de la moelle épinière.

❸ Retour impossible. L'axone synthétise ensuite des récepteurs qui se fixent à la protéine de répulsion *Slit* diffusée par les cellules de la plaque du plancher. Ce processus empêche l'axone de revenir en arrière et de retraverser la ligne médiane de la moelle épinière.

(a) Croissance de l'axone d'un interneurone vers et à travers la ligne médiane de la moelle épinière

Les protéines nétrine-1 et *Slit* produites par les cellules de la plaque du plancher se fixent aux récepteurs situés sur l'axone du neurone moteur. Ici, les deux protéines repoussent l'axone et obligent le neurone moteur à croître en s'éloignant de la moelle épinière.

(b) Croissance de l'axone d'un neurone moteur qui s'éloigne de la ligne médiane de la moelle épinière

FIGURE 48.28 Comment les axones en développement s'orientent-ils ? L'extrémité dynamique de l'axone en développement s'appelle cône de croissance. Elle possède divers récepteurs et des molécules d'adhérence cellulaire qui se fixent aux molécules de guidage des cellules voisines. Cette figure illustre en coupe transversale quelques-uns des facteurs qui guident l'axone. Dans les exemples représentés, **(a)** un interneurone traverse, sous l'effet d'un stimulus, la ligne médiane de la moelle épinière, **(b)** tandis qu'un neurone moteur s'éloigne, toujours sous l'effet d'un stimulus, de la moelle épinière pour finir par se joindre à des cellules musculaires ou glandulaires en établissant des synapses.

La découverte de jeunes neurones chez l'adulte est due à un hasard heureux et au choix généreux de certains cancéreux en phase terminale. Ericksson passait son année sabbatique dans le laboratoire de Gage, où l'on injectait le marqueur chimique bromodéoxyuridine à des souris pour étiqueter l'ADN de cellules en division. Après la mort des souris, on examinait les encéphales pour voir si de nouvelles cellules s'y étaient formées. On repérait ces nouvelles cellules grâce au marqueur. Plus tard, Ericksson est retourné en Suède pour y réaliser ses travaux cliniques. Lors d'une communication téléphonique avec un oncologue, il a appris qu'un groupe de cancéreux en phase terminale recevaient tous de la bromodéoxyuridine dans le cadre d'une étude visant à faire le suivi de la croissance des tumeurs. Il s'est rappelé cette substance qui avait joué le rôle de marqueur et permis de déceler la présence de nouveaux neurones dans le laboratoire de Gage. Les patients ont accepté de donner leur encéphale pour autopsie après leur décès. On a ainsi pu constater la présence de nouveaux neurones chez tous les patients.

Les neurones qui sont arrivés à maturité et forment des réseaux complexes avec d'autres cellules ne peuvent pas se diviser. Par conséquent, les nouvelles cellules de l'encéphale doivent provenir de cellules souches. Nous avons vu au chapitre 21 que les cellules souches sont des cellules indifférenciées qui continuent à se diviser. Certaines cellules filles, dans certaines circonstances, peuvent se différencier pour devenir des cellules spécialisées, la division cellulaire continuant à préserver un certain nombre de cellules indifférenciées.

Pour faire des recherches sur les cellules souches, il faut d'abord trouver une source humaine de cellules souches, ce qui représente une difficulté importante. Divers enjeux éthiques et politiques viennent compliquer l'utilisation des cellules souches de l'embryon, aux premiers stades du développement. Certains tissus de l'adulte possèdent aussi des cellules souches, qui cependant sont sans doute moins polyvalentes que les cellules souches de l'embryon. Ainsi, la moelle osseuse rouge comprend des cellules souches qui peuvent se différencier en divers types de cellules sanguines (voir la FIGURE 42.15). Mais les chercheurs ont été surpris de constater la présence de cellules souches dans l'encéphale.

En mai 2001, Gage et ses collègues ont annoncé qu'ils avaient mis en culture des cellules progénitrices neuronales qui venaient de l'encéphale de sujets venant tout juste de mourir et d'échantillons de tissus chirurgicaux vivants. Le terme « progénitrices » renvoie au fait que les cellules souches en question sont programmées pour devenir des neurones ; elles ne sont pas aussi plastiques que les cellules souches embryonnaires. En laboratoire, les cellules progénitrices neuronales se sont divisées de 30 à 70 fois, puis se sont différenciées en neurones et en astrocytes (FIGURE 48.29). Gage a déclaré : « Ces résultats confirment que l'encéphale de l'adulte humain contient des cellules qui continuent à se diviser et à se différencier. »

L'un des objectifs des recherches est d'amener les cellules progénitrices neuronales à se différencier pour devenir des gliocytes ou d'autres types spécifiques de neurones, au moment et à l'endroit voulus. Il est aussi question de transplanter les cellules progénitrices neuronales dans des tissus neurologiques endommagés.

Nous avons décrit certains travaux seulement. Mais de nombreuses autres recherches étudient diverses approches pour prévenir et traiter les troubles et lésions du système nerveux central.

■   ■   ■

Dans le chapitre suivant, nous examinerons plus en détail les récepteurs sensoriels et les organes effecteurs moteurs.

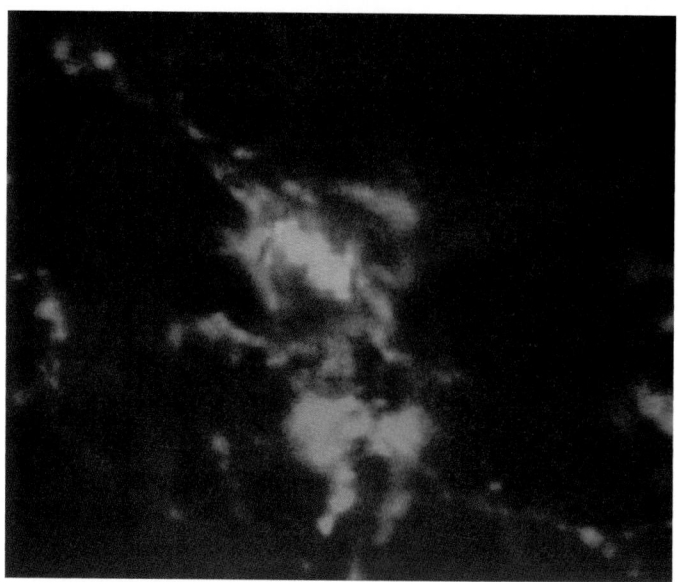

FIGURE 48.29 Cellule progénitrice neuronale. On a coloré cette cellule progénitrice de la moelle épinière pour faire ressortir le noyau (en vert) et la membrane plasmique (en rouge). Les chromosomes condensés sont alignés sur la plaque équatoriale du noyau en métaphase, ce qui indique que la cellule subit une mitose.

RÉVISION DU CHAPITRE

Résumé des concepts importants

VUE D'ENSEMBLE DE LA STRUCTURE CELLULAIRE DU SYSTÈME NERVEUX

■ **Le système nerveux a trois principales fonctions (p. 1118, FIGURE 48.1).** Les trois principales fonctions d'un système nerveux sont de détecter les stimulus à l'aide de récepteurs sensoriels, de faire l'intégration des informations et d'envoyer des commandes motrices aux cellules effectrices. Le système nerveux central (SNC) fait l'intégration des informations, tandis que le système nerveux périphérique (SNP) transmet au SNC les influx sensitifs et au reste du corps les influx moteurs venant du SNC.

■ **Des réseaux complexes de neurones constituent un système nerveux (p. 1118 à 1122, FIGURES 48.2 et 48.3).** Les neurones possèdent des structures spécialisées qui leur permettent d'interagir avec de nombreux autres neurones. Les dendrites portent des ramifications multiples et reçoivent des informations, qu'elles dirigent vers le corps du neurone. Puis ces influx vont vers l'axone, qui les transmet à d'autres cellules. Les corpuscules nerveux terminaux situés aux extrémités d'un axone libèrent des molécules de neurotransmetteurs dans les synapses, pour transmettre les influx neuronaux aux dendrites ou au corps d'autres neurones, ou à des effecteurs. Le circuit nerveux le plus simple correspond à l'arc réflexe : sous l'effet d'un stimulus, un neurone sensitif communique avec un neurone moteur situé dans un centre d'intégration. Le neurone moteur transmet alors une commande à une cellule effectrice, telle qu'une cellule musculaire ou glandulaire, qui modifie son activité.

Cependant, la plupart des circuits nerveux comprennent de grandes quantités d'interneurones entre les sites primaires de réception des stimulus et la réaction motrice. L'encéphale des Animaux est constitué de multiples regroupements de corps d'interneurones. Les neurones ont besoin du soutien des gliocytes voisins.

LA NATURE DES MESSAGES NERVEUX

Les influx nerveux correspondent à des changements de tension de part et d'autre de la membrane plasmique du neurone. Comprendre les fondements cellulaires et moléculaires des influx nerveux est essentiel à l'explication des fonctions de l'encéphale.

■ **Chaque cellule génère une tension transmembranaire : le potentiel de membrane (p. 1122 à 1124, FIGURE 48.7).** Le potentiel de membrane d'un neurone au repos résulte de la distribution inégale des ions, particulièrement des ions sodium et potassium, de part et d'autre de la membrane plasmique. En effet, le cytosol comporte une plus grande charge négative que le liquide extracellulaire. Une différence de perméabilité membranaire aux ions et les pompes à sodium et à potassium maintiennent ce potentiel de membrane.

■ **Les variations du potentiel de membrane d'un neurone donnent naissance aux influx nerveux (p. 1124 à 1127, FIGURES 48.8 et 48.9).** Le stimulus qui modifie la perméabilité de la membrane aux ions peut dépolariser ou hyperpolariser la membrane plasmique, par rapport au potentiel de repos. Cette variation de tension localisée correspond à un potentiel gradué, dont l'ampleur est proportionnelle à l'intensité du stimulus. Le potentiel d'action, ou influx nerveux, est une dépolarisation rapide et transitoire de la membrane plasmique du neurone, selon le principe du tout ou rien. Une dépolarisation locale qui atteint le seuil d'excitation fait s'ouvrir les canaux tensiodépendants à sodium. L'entrée rapide d'ions Na^+ dans la cellule amène le potentiel de membrane à une valeur positive. Puis la fermeture des canaux à sodium ramène le potentiel de membrane à sa valeur de repos. Un potentiel d'action est suivi d'une période réfractaire pendant laquelle les canaux tensiodépendants à sodium sont inactivés. La fréquence des potentiels d'action varie en fonction de l'intensité du stimulus.

- **Les influx nerveux se propagent le long de l'axone (p. 1127 à 1129, FIGURES 48.10 et 48.11).** Une fois généré dans l'axone, le potentiel d'action est répété jusqu'à l'extrémité de l'axone par une vague de dépolarisations. La vitesse de transmission de l'influx nerveux est directement proportionnelle au diamètre de l'axone. La conduction saltatoire, mécanisme selon lequel les potentiels d'action sautent d'un nœud de Ranvier à l'autre le long des axones myélinisés, permet d'accélérer la propagation des influx nerveux chez les Vertébrés.

- **La communication intercellulaire chimique ou électrique s'établit dans les synapses (p. 1128 à 1130, FIGURE 48.12).** Les synapses interneuronales transmettent les influx de l'axone d'un neurone présynaptique à une dendrite ou au corps du neurone postsynaptique. Les synapses électriques transmettent un potentiel d'action d'un neurone à l'autre directement, par des jonctions ouvertes. Les synapses chimiques transmettent un potentiel d'action par la fusion de vésicules synaptiques et de la membrane présynaptique et par la diffusion de molécules de neurotransmetteur dans la fente synaptique, phénomènes qui sont provoqués par la dépolarisation. Les molécules de neurotransmetteur se fixent à des protéines réceptrices associées à un canal ionique particulier, situé sur la membrane postsynaptique. Elles sont rapidement décomposées par des enzymes ou bien captées par les cellules voisines.

- **L'intégration nerveuse se fait au niveau cellulaire (p. 1130 à 1132, FIGURES 48.13 et 48.14).** Un neurone peut recevoir des informations de milliers de synapses sur ses dendrites et sur son corps. La production d'un potentiel d'action en réponse aux stimulus dépend de la sommation temporelle et spatiale des potentiels postsynaptiques excitateurs (PPSE) et des potentiels postsynaptiques inhibiteurs (PPSI) au cône d'implantation de l'axone.

- **Un neurotransmetteur peut produire différents effets sur divers types de cellules (p. 1132 à 1134, TABLEAU 48.1).** L'action des neurotransmetteurs peut être rapide et localisée ou bien lente et diffuse. L'acétylcholine est l'un des neurotransmetteurs les plus courants chez les Invertébrés et les Vertébrés. Parmi les autres neurotransmetteurs connus, on trouve les amines biogènes (adrénaline, noradrénaline, dopamine et sérotonine), divers acides aminés et certains neuropeptides, notamment les endorphines aux propriétés analgésiques. Certains neurones libèrent aussi des gaz, comme le monoxyde d'azote, pour transmettre des informations à d'autres cellules.

L'ÉVOLUTION ET LA DIVERSITÉ DES SYSTÈMES NERVEUX

- **La capacité des cellules à réagir à leur environnement a évolué pendant des milliards d'années (p. 1134 et 1135).** Notre système nerveux existe depuis très longtemps, car ses structures cellulaires de base et ses mécanismes de communication des informations étaient déjà présents voilà plus de 600 millions d'années. Dans les systèmes nerveux les plus élaborés, chez les Animaux, ce qui a le plus changé au cours de l'évolution ce sont le nombre et la complexité des réseaux neuronaux qui composent l'encéphale.

- **L'organisation des systèmes nerveux se présente sous diverses formes (p. 1135 et 1136, FIGURE 48.15).** Les systèmes nerveux sont de complexité variable, allant du simple réseau nerveux aux systèmes nerveux très centralisés constitués d'un encéphale complexe et d'une moelle épinière centrale. La moelle épinière est située près de la surface ventrale du corps chez les Invertébrés et près de la surface dorsale chez les Vertébrés.

LES SYSTÈMES NERVEUX CHEZ LES VERTÉBRÉS

- **Chez les Vertébrés, les systèmes nerveux ont une composante centrale et une composante périphérique (p. 1135 à 1137, FIGURE 48.16).** Le système nerveux central (SNC) des Vertébrés (encéphale et moelle épinière) est le lien intégrateur entre les informations qui proviennent du système nerveux périphérique (SNP) et celles qui y parviennent. Dérivé du tube neural dorsal creux de l'embryon, le système nerveux central contient des espaces contigus remplis de liquide cérébrospinal. Dans l'encéphale et la moelle épinière, on distingue la substance grise (constituée principalement de corps de neurones, de dendrites et d'axones non myélinisés) et la substance blanche (constituée principalement d'axones myélinisés).

- **Les divisions du système nerveux périphérique ont pour fonction d'assurer l'homéostasie (p. 1137 à 1139, FIGURES 48.17 et 48.18).** Le système nerveux périphérique des Vertébrés contient des paires de nerfs crâniens et de nerfs spinaux, ainsi que des ganglions. Un nerf est un ensemble de faisceaux d'axones qui sont entourés d'enveloppes de tissus conjonctifs. Sur le plan fonctionnel, le système nerveux périphérique comprend une division sensitive ou afférente, qui transmet les informations des récepteurs sensoriels au système nerveux central, et une division motrice ou efférente, qui transmet les commandes du système nerveux central aux cellules effectrices. La division motrice comprend elle-même le système nerveux somatique, qui transmet les commandes aux muscles squelettiques, et le système nerveux autonome, qui régule les fonctions principalement automatiques et viscérales des muscles lisses et cardiaques. Enfin, le système nerveux autonome comprend les divisions parasympathique et sympathique, qui ont généralement des effets antagonistes sur les organes cibles.

- **Le développement embryonnaire de l'encéphale des Vertébrés reflète son évolution à partir de trois renflements situés au pôle antérieur du tube neural (p. 1137 à 1140, FIGURES 48.19 et 48.20).** L'encéphale de tous les Vertébrés se forme, se développe et se diversifie à partir de trois régions embryonnaires : le prosencéphale, le mésencéphale et le rhombencéphale.

- **Chez les Vertébrés, les plus anciennes structures de l'encéphale du point de vue de l'évolution régulent les fonctions fondamentales liées aux automatismes et à l'intégration (p. 1139 à 1144, FIGURES 48.21 à 48.23).** Dans l'encéphale de l'Humain, le tronc cérébral se compose du bulbe rachidien, du pont et du mésencéphale. Le bulbe rachidien et le pont, qui sont issus du rhombencéphale, travaillent en collaboration pour réguler les fonctions homéostatiques, notamment la fréquence respiratoire, et pour transmettre les influx sensitifs et moteurs entre la moelle épinière et les centres supérieurs de l'encéphale. Le mésencéphale, quant à lui, reçoit les informations sensitives, en fait l'intégration et les envoie au prosencéphale. Le système réticulaire du tronc cérébral régule les cycles d'éveil et de sommeil. Le cervelet participe au processus d'apprentissage et de rappel des réponses motrices, et régule l'exécution de ces réponses. Le thalamus est le principal centre de relais pour les informations sensorielles qui vont vers le cortex cérébral et les informations motrices qui proviennent du cortex cérébral. L'hypothalamus, quant à lui, régule l'homéostasie et les comportements fondamentaux de survie, tels que l'alimentation, les réactions de lutte ou de fuite et la reproduction. De plus, les noyaux de l'hypothalamus régulent les rythmes circadiens.

■ **Chez les Mammifères, le cerveau est la structure la plus évoluée de l'encéphale (p. 1143 à 1145, FIGURE 48.24).** Le cerveau comprend deux hémisphères constitués chacun d'un cortex cérébral et de noyaux internes qui jouent un rôle clé dans l'apprentissage et le contrôle des mouvements. Le néocortex, présent uniquement chez les Mammifères, est la surface externe du cortex cérébral et forme des gyrus.

■ **Les diverses régions du cerveau ont des fonctions spécialisées (p. 1145 à 1150, FIGURES 48.25 à 48.27).** Chacun des hémisphères cérébraux comporte cinq lobes (occipital, temporal, pariétal, frontal et insulaire) qui contiennent des centres se consacrant respectivement à la vision, à l'audition, à la perception somatique, à la planification et au mouvement. Certaines aires associatives font l'intégration des informations provenant des diverses aires sensitives. Les aires frontales élaborent alors un plan de réaction motrice. L'hémisphère gauche se spécialise normalement dans le traitement rapide d'informations en série, notamment pour le langage et les opérations logiques. L'hémisphère droit, lui, se spécialise dans le traitement en parallèle de divers types d'informations, notamment pour la reconnaissance des visages et du contenu émotionnel des expressions corporelles, la perception des formes et de l'espace, et la production du contenu émotionnel du langage. Les aires des lobes frontaux et temporaux sont essentielles à la production et à la compréhension du langage. Faisant partie du système limbique, certaines parties des lobes frontaux et du corps amygdaloïde participent à l'acquisition d'un bagage émotionnel. Les lobes frontaux sont le site de la mémoire à court terme et peuvent interagir avec l'hippocampe et le corps amygdaloïde pour stabiliser la mémoire à long terme. Les spécialistes des neurosciences sont de plus en plus nombreux à croire que l'on pourra un jour donner une explication scientifique à la conscience humaine. Mais il nous reste encore beaucoup de chemin à faire pour comprendre comment l'état de conscience naît des activités corrélées des neurones composant le système nerveux.

■ **Les recherches sur la formation et le développement des neurones et sur les cellules souches du système nerveux central pourraient mener à de nouvelles approches dans le traitement des lésions et des maladies neurologiques (p. 1150 à 1152, FIGURES 48.28 et 48.29).** Au cours du développement neuronal, certaines molécules orientent la croissance de l'axone, jusqu'à ce qu'il y ait formation de connexions avec les cellules cibles. L'encéphale de l'adulte contient des cellules souches qui peuvent se différencier pour devenir des neurones matures. Dans le but de remplacer les neurones perdus à cause d'une lésion ou d'une maladie, les chercheurs espèrent pouvoir un jour activer le processus de développement des neurones et amener les cellules souches à se différencier pour devenir des neurones.

Autoévaluation

(Les questions dont les numéros sont en caractères gras font surtout appel à la compréhension.)

1. Parmi ces événements, lequel se produit quand un stimulus dépolarise la membrane plasmique du neurone ?
   a) Le sodium diffuse à l'extérieur de la cellule.
   b) Le potentiel d'action avoisine le zéro.
   c) Le potentiel de membrane change, passant du potentiel de repos à une tension proche du seuil d'excitation.

d) La dépolarisation se fait selon le principe du tout ou rien.
   e) La charge à l'intérieur de la cellule devient plus négative, par rapport à l'extérieur.

2. Les potentiels d'action se propagent généralement dans une seule direction, le long d'un axone, parce que :
   a) les nœuds de Ranvier ne conduisent l'influx que dans une direction.
   b) la brève période réfractaire empêche l'ouverture des canaux tensiodépendants à sodium.
   c) le cône d'implantation de l'axone a un potentiel membranaire plus élevé que celui des extrémités de l'axone.
   d) les ions ne peuvent circuler le long de l'axone que dans une direction.
   e) les canaux tensiodépendants à sodium ou à potassium ne s'ouvrent que dans une direction.

3. La dépolarisation de la membrane présynaptique de l'axone provoque *directement* :
   a) l'ouverture, dans la membrane présynaptique, de canaux ioniques tensiodépendants à calcium.
   b) la fusion des vésicules synaptiques et de la membrane présynaptique.
   c) un potentiel d'action dans la cellule postsynaptique.
   d) l'ouverture de vannes sensibles à des substances chimiques qui permettent à des neurotransmetteurs de diffuser dans la fente synaptique.
   e) la présence de potentiels postsynaptiques excitateurs ou de potentiels postsynaptiques inhibiteurs dans la cellule postsynaptique.

4. Qu'est-ce que le néocortex ?
   a) Une région cérébrale primitive qu'ont en commun les Reptiles, les Oiseaux et les Mammifères.
   b) Une région située profondément dans le cortex et associée à la formation des souvenirs et aux émotions.
   c) Une partie centrale du cortex qui reçoit les informations olfactives.
   d) Des couches externes supplémentaires de neurones le long du cortex cérébral, que l'on trouve uniquement chez les Mammifères.
   e) L'aire associative du lobe frontal, qui participe aux fonctions cognitives supérieures.

5. Parmi ces énoncés, lequel constitue la preuve que les circuits cérébraux de l'émotion se forment dès les premiers stades du développement de l'Humain ?
   a) Les Humains ont plus de facilité à se souvenir des moments d'émotion de leur enfance que des événements.
   b) Les nourrissons comprennent le langage avant de savoir parler.
   c) Les circuits cérébraux de l'émotion font intervenir des parties « primitives » du cerveau qui sont apparues, au cours de l'évolution, avant le néocortex.
   d) Les nourrissons peuvent s'attacher à un parent nourricier et protecteur, et exprimer la peur, la détresse et la colère.
   e) Les sujets dont le corps amygdaloïde a été endommagé n'ont plus de réactions automatiques aux stimulus stressants.

6. Laquelle des structures ou régions suivantes *n'est pas associée correctement* à sa fonction ?
   a) Système limbique – contrôle moteur de la parole.
   b) Bulbe rachidien – centre de régulation homéostatique.
   c) Cervelet – coordination des mouvements et de l'équilibre.
   d) Corps calleux – bandes fibreuses reliant les hémisphères gauche et droit.
   e) Hypothalamus – production d'hormones et régulation de la température, de la faim et de la soif.

7. Les sites récepteurs de neurotransmetteurs sont situés sur :
   a) les télodendrons des axones.
   b) la membrane des axones, dans les régions des nœuds de Ranvier.
   c) la membrane postsynaptique.
   d) la membrane des vésicules synaptiques.
   e) la membrane présynaptique.

8. Tous les changements électriques qui se produisent dans les neurones sont des événements gradués, *sauf* :
   a) les potentiels postsynaptiques excitateurs.
   b) les potentiels postsynaptiques inhibiteurs.
   c) les potentiels d'action.
   d) les dépolarisations causées par des stimulus.
   e) les hyperpolarisations causées par des stimulus.

9. Parmi les structures suivantes du système nerveux, laquelle *englobe toutes les autres* ?
   a) Encéphale.
   b) Moelle épinière.
   c) Système nerveux central.
   d) Substance grise.
   e) Neurone.

10. Parmi les énoncés suivants, lequel décrit le mieux l'état des connaissances sur la croissance des axones vers les cellules cibles ?
   a) Les axones croissent en suivant un chemin rectiligne, car ils sont attirés par des médiateurs chimiques libérés par les cellules cibles.
   b) Les cellules situées à proximité d'un axone en croissance libèrent des médiateurs chimiques qui attirent ou repoussent l'axone ; l'interaction des molécules d'adhérence cellulaire du cône de croissance et des cellules voisines guide la croissance de l'axone dans une direction précise.
   c) Le facteur de croissance des neurones libéré par les astrocytes stimule les cellules progénitrices neuronales, qui se différencient en neurones ; l'axone de ces neurones croît en suivant l'augmentation de la concentration de médiateurs chimiques.
   d) L'axone produit des protéines de croissance uniquement dans son cône d'implantation, ce qui l'amène à croître vers l'extérieur et à se diriger vers la cellule cible.
   e) Les gliocytes migrent vers une cellule cible et laissent une suite de molécules d'adhérence cellulaire le long de leur parcours, voie que le cône de croissance de l'axone utilise ensuite.

11. a) Disposez les neurones suivants selon la séquence fonctionnelle que suit l'information pendant le réflexe rotulien : interneurone, neurone sensitif, neurone moteur.
   b) Parmi les types de neurones énumérés ci-dessus, lequel n'est situé que dans le système nerveux central ?

12. Quelle est la fonction de la gaine de myéline ?

13. Quelle est la différence fonctionnelle entre une synapse excitatrice et une synapse inhibitrice, dans la cellule postsynaptique ?

14. Quel effet un médicament inhibiteur du système nerveux parasympathique peut-il produire sur le pouls ?

15. Indiquez quelle est la structure de l'encéphale qui comprend toutes les autres dans la liste suivante : corps amygdaloïde, système limbique, prosencéphale, thalamus, cerveau.

Lien avec l'évolution

Les neurones produisent un influx selon le principe du tout ou rien. Cette communication déclenchée par un interrupteur (seuil d'excitation) constitue, du point de vue de l'évolution, une adaptation des Animaux, qui doivent percevoir l'environnement complexe dans lequel ils sont et réagir en conséquence. On pourrait imaginer un système nerveux dans lequel les potentiels d'action seraient gradués, leur amplitude étant fonction de l'intensité du stimulus. Quels avantages a un système nerveux dont les potentiels d'action suivent le principe du tout ou rien, par rapport à un système nerveux dont les potentiels d'action seraient gradués ?

Intégration

En vous inspirant de ce que vous savez sur les potentiels d'action et les synapses, proposez deux ou trois hypothèses expliquant l'action antidouleur de divers analgésiques.

Science, technologie et société

L'alcool a des effets dépresseurs sur le système nerveux et nuit au jugement, tout en ralentissant les réflexes. La consommation d'alcool joue un rôle dans la plupart des accidents de voiture mortels. Quelles sont les autres conséquences de l'abus d'alcool dans la société ? Comment réagissent les individus et les groupes sociaux par rapport à l'abus d'alcool ? D'après vous, s'agit-il d'un problème plutôt social ou plutôt personnel ? Trouvez-vous que nos réactions à l'abus d'alcool sont appropriées et proportionnelles à la gravité du problème ?

Réponses à l'autoévaluation : 1. c ; 2. b ; 3. a ; 4. d ; 5. d ; **6.** a ; **7.** c ; 8. c ; 9. c ; **10.** b ;
11. a) Neurone sensitif – interneurone – neurone moteur. b) Interneurone.
12. La gaine de myéline accélère la conduction des influx le long des axones qui en sont recouverts. **13.** Dans une synapse excitatrice, les neurotransmetteurs libérés font en sorte que la valeur du potentiel de membrane de la cellule postsynaptique augmente pour atteindre le seuil d'excitation. Dans une synapse inhibitrice, les neurotransmetteurs libérés font en sorte que la valeur du potentiel de membrane de la cellule postsynaptique diminue en s'éloignant du seuil d'excitation. **14.** Le pouls peut augmenter, en suivant l'augmentation de la fréquence cardiaque. 15. Prosencéphale.

CHAPITRE 49

MÉCANISMES SENSORIELS ET MOTEURS CHEZ LES ANIMAUX

« La douleur est bien plus qu'une sensation et davantage qu'un simple réflexe. Elle implique directement le cerveau, l'obligeant de ce fait à prendre des décisions... »

RONALD MELZACK
physiologiste et psychologue (1929-)

SENTIR, INTERPRÉTER ET RÉAGIR : LES TROIS PRINCIPALES FONCTIONS DE L'ENCÉPHALE

- Le traitement des informations sensorielles et l'émission de commandes motrices par l'encéphale constituent un processus cyclique et non linéaire

INTRODUCTION AUX RÉCEPTEURS SENSORIELS

- Les récepteurs sensoriels convertissent l'énergie d'un stimulus en influx nerveux qu'ils transmettent au système nerveux central
- On classe les récepteurs sensoriels selon le type d'énergie auquel ils réagissent

PHOTORÉCEPTEURS ET VISION

- Divers photorécepteurs sont apparus et se sont développés au cours de l'évolution chez les Invertébrés
- Les Vertébrés ont des yeux à cristallin unique
- La rhodopsine, pigment qui absorbe la lumière, amorce une voie de conversion-amplification du stimulus
- La rétine participe au traitement de l'information visuelle

OUÏE ET ÉQUILIBRE

- Chez les Mammifères, l'organe de l'ouïe se situe dans l'oreille interne
- L'oreille interne renferme également les organes de l'équilibre
- Chez la plupart des Poissons et des Amphibiens aquatiques, l'organe sensoriel de la ligne latérale et l'oreille interne détectent les ondes de pression
- De nombreux Invertébrés ont des récepteurs sensibles à la gravitation et perçoivent les sons

CHIMIORÉCEPTION : GOÛT ET ODORAT

- Les sens du goût et de l'odorat sont généralement associés

MOUVEMENT ET LOCOMOTION

- La locomotion requiert de l'énergie pour vaincre la friction et la gravitation
- Le squelette assure le soutien et la protection du corps de l'animal et joue un rôle essentiel dans le mouvement
- Le soutien physique sur la terre ferme dépend d'adaptations des proportions du corps et de la posture
- Les muscles font bouger des parties du squelette en se contractant
- L'interaction des molécules de myosine et des molécules d'actine produit une force durant les contractions musculaires
- Les ions calcium et des protéines régulatrices régissent la contraction musculaire
- Les différents mouvements corporels requièrent des variations dans l'activité musculaire

Au crépuscule, *une Noctuelle mâle détecte, avec ses antennes, la phéromone sécrétée par une Noctuelle femelle et apportée par le vent. Elle s'envole alors et suit la piste odorante pour rejoindre la femelle. Soudain, grâce aux capteurs de vibrations situés sur son abdomen, elle perçoit les ultrasons émis par une Chauve-souris s'approchant à une vitesse alarmante. La Chauve-souris se sert de son sonar pour repérer la Noctuelle et d'autres insectes volants, qui constituent sa nourriture préférée. Par réflexe, le système nerveux de la Noctuelle modifie les commandes motrices envoyées aux muscles des ailes et fait décrire à son corps une spirale vers le bas qui lui permet de s'enfuir. Bien qu'il soit probablement trop tard pour la Noctuelle de la photographie présentée dans cette page, de nombreuses Noctuelles réussissent à s'en tirer, car elles peuvent détecter les ultrasons d'une Chauve-souris à une distance d'environ 30 m. Par contre, la Chauve-souris doit être à moins de 3 m de l'insecte pour le percevoir. Mais comme elle vole plus vite, elle peut avoir le temps de détecter sa proie, de l'atteindre et de l'attraper.*

Le résultat de cette interaction entre le prédateur et la proie dépend de la capacité de l'un et de l'autre à percevoir les stimulus extérieurs importants et à effectuer les mouvements coordonnés appropriés. Bien que les interactions qui se produisent à chaque instant entre un animal et son milieu ne soient pas toujours aussi spectaculaires que celle que nous venons de décrire, la détection et le traitement de l'information sensorielle et la transmission de commandes motrices constituent les bases physiologiques du comportement animal.

Au chapitre 48, nous avons vu la façon dont le système nerveux transmet les informations sensorielles et motrices et procède à leur intégration, puis nous avons étudié l'organisation de l'encéphale humain. Dans ce chapitre, nous allons commencer par un aperçu de la façon dont notre encéphale traite les informations sensorielles et motrices. Puis, nous allons examiner, chez différents groupes d'Animaux, les récepteurs sensoriels qui perçoivent les informations du milieu ainsi que la structure et la fonction de ces effecteurs moteurs que sont les muscles et qui, en réponse à ces informations produisent le mouvement. Notre étude des mouvements corporels nous permettra d'aborder les divers types de squelette.

SENTIR, INTERPRÉTER ET RÉAGIR : LES TROIS PRINCIPALES FONCTIONS DE L'ENCÉPHALE

Le traitement des informations sensorielles et l'émission de commandes motrices par l'encéphale constituent un processus cyclique et non linéaire

L'origine des sensations et de la réponse à ces sensations remonte à l'apparition, chez les procaryotes, de structures cellulaires capables de détecter une pression ou la présence de substances chimiques dans le milieu, puis d'orienter le déplacement dans la bonne direction. L'évolution a transformé ces structures en divers mécanismes spécialisés permettant de percevoir différents types d'énergie et d'y répondre par des mouvements résultant de l'activité de plusieurs niveaux de l'organisation biologique. En même temps que la grande variété de récepteurs sensoriels, que nous allons décrire dans la première section de ce chapitre, sont apparus et se sont développés les mécanismes neurologiques décrits au chapitre 48. Ces processus neurologiques interprètent les informations sensorielles, organisent les commandes motrices et dirigent ces dernières vers les différents types d'organes effecteurs, que nous allons décrire dans la seconde partie du chapitre.

On considère habituellement comme un processus linéaire les relations sensation → intégration → réaction. Or, on assimile alors l'Animal à un ordinateur qui attend passivement des instructions pour agir, ce qui n'est pas le cas. En effet, tous les Animaux sont constamment en mouvement afin de sonder leur environnement et de détecter les changements qui y surviennent. Ils combinent, interprètent et utilisent les informations obtenues pour agir. Plutôt qu'une séquence linéaire, il s'agit en fait d'un cycle continu : l'encéphale entretient une activité de fond qu'il modifie constamment au fur et à mesure de l'arrivée des informations sensorielles et de leur interprétation (FIGURE 49.1).

Les sensations naissent lorsque des récepteurs sensoriels spécialisés captent des formes d'énergie particulières, comme la lumière, la chaleur, le son et les odeurs, et les convertissent en potentiels d'action qui se propagent jusqu'à l'encéphale. Chez la plupart des Vertébrés, les informations sensorielles passent par le thalamus, centre de relais, avant d'arriver au cortex cérébral (voir la FIGURE 48.20). Le cortex cérébral décide quelle information sensorielle est la plus importante à un moment donné et donne des instructions au thalamus. Ce dernier transmet alors les informations aux nombreuses parties du cerveau qui contribuent à la formation de nos perceptions, à la prise de conscience et à l'interprétation des stimulus. Par exemple, les informations permettant de reconnaître des sons ou des objets passent surtout par les aires des lobes temporaux, alors que les informations sur le mouvement et la situation de ces sons ou objets sont envoyées aux lobes pariétaux. Les régions du système limbique sont essentielles pour déterminer l'importance des informations sensorielles reçues par l'organisme (voir les FIGURES 48.24b et 48.27). Notre mémoire des sons et des objets familiers peut fortement influencer nos perceptions finales. Ainsi, dans certains cas, nous entendons ou voyons ce que nous nous attendons à entendre ou à voir plutôt que ce qui se passe réellement. Le processus de perception commence donc par un message très simple (des potentiels d'action transmettent à l'encéphale des informations sur les sensations physiques) et aboutit à quelque chose de très complexe que peuvent biaiser nos antécédents sensoriels.

FIGURE 49.1 Attraper une chandelle n'est pas chose facile. Au baseball, dès que le bâton frappe la balle s'amorce un cycle de réception des informations sensorielles, de traitement de ces informations par l'encéphale et de réactions des muscles. Ce cycle permet finalement au joueur de champ de placer son gant au bon endroit et au bon moment. À chaque instant, l'encéphale modifie son activité en fonction de la façon dont les commandes motrices de l'instant précédent ont modifié la position du corps et du gant par rapport à la trajectoire de la balle. L'expérience (apprentissage et entraînement) améliore évidemment cette merveilleuse coordination.

Cette description de sensations simples aboutissant à des perceptions complexes ouvre la porte à une comparaison avec les actions motrices qui y sont associées et qui commandent les comportements. Un comportement relativement simple, résultant de potentiels d'action produits dans de nombreux neurones moteurs qui commandent la contraction coordonnée de muscles squelettiques, débute de manière extrêmement complexe. Les informations sur la situation, l'identité et la signification des objets se trouvant dans le milieu voyagent jusqu'aux centres supérieurs, dans les lobes frontaux associés aux choix des comportements. Puis, les aires de planification motrice du néocortex, les noyaux basaux et le cervelet évaluent un large éventail de compétences acquises, c'est-à-dire de programmes de mouvements constituant des réponses potentielles. Le comportement moteur choisi pour l'instant suivant résulte ainsi d'un mécanisme décisionnel très complexe.

Au chapitre 48, nous avons examiné la complexité du traitement de l'information dans l'encéphale. Nous voulions vous rappeler cette complexité avant d'aborder réellement ce chapitre. Cependant, il ne s'agit pas ici d'étudier en détail les processus cognitifs, mais plutôt d'examiner, pour plusieurs groupes d'Invertébrés et de Vertébrés, comment débutent et se terminent la sensation et la réaction. Nous allons commencer par voir les processus sensoriels (la façon dont l'information sur les milieux externe et interne est recueillie et acheminée jusqu'à l'encéphale). Puis, nous étudierons la structure et la fonction des muscles qui mettent à exécution les instructions de l'encéphale.

INTRODUCTION AUX RÉCEPTEURS SENSORIELS

Comme nous l'avons vu au chapitre 48, l'information circule dans le système nerveux sous forme d'influx nerveux, ou potentiels d'action, qui constituent des réactions du type tout ou rien (voir la FIGURE 48.8c). Un potentiel d'action généré par la lumière qui atteint l'œil est de même nature qu'un potentiel d'action créé dans l'oreille par les vibrations de l'air. La distinction entre la stimulation lumineuse et la stimulation sonore dépend de la région de l'encéphale qui reçoit le message. Ainsi, ce qui importe, c'est l'endroit où parvient l'influx, non ce qui l'a provoqué.

Les neurones sensitifs acheminent ces potentiels d'action, que l'on nomme **sensations,** jusqu'au cerveau. Lorsque le cerveau prend conscience de ces sensations, il les interprète et fournit une **perception** des stimulus. Les perceptions comme les couleurs, les odeurs, les sons et les goûts sont des créations de l'encéphale qui n'existent pas en dehors de lui. S'il n'y a personne pour entendre la chute d'un arbre, y a-t-il un bruit ? L'arbre qui tombe produit sans aucun doute des ondes de pression dans l'air. Mais si l'on définit le son comme une perception, il n'existe que si les récepteurs sensoriels d'un animal détectent les ondes et que le cerveau les perçoit.

Les récepteurs sensoriels convertissent l'énergie d'un stimulus en influx nerveux qu'ils transmettent au système nerveux central

Les sensations et les perceptions qu'elles engendrent dans le cerveau trouvent leur origine dans l'excitation des **récepteurs sensoriels,** des cellules qui détectent l'énergie d'un stimulus. Les récepteurs sensoriels sont habituellement des dendrites spécialisées de neurones modifiés. Dans certains cas, ils se composent de cellules épithéliales agissant individuellement ou en groupe, avec d'autres types de cellules qui se trouvent à l'intérieur d'organes sensoriels tels que les yeux et les oreilles. Les **extérocepteurs** captent les stimulus provenant du milieu extérieur, tels que la chaleur, la lumière, la pression et les substances chimiques. Les **intérocepteurs** captent, quant à eux, les stimulus provenant du milieu interne, tels que la pression artérielle et la position du corps.

Les différents stimulus représentent des formes d'énergie. D'une façon générale, la fonction des récepteurs sensoriels est de convertir l'énergie des stimulus en variations de potentiels membranaires et de faire parvenir les potentiels d'action au système nerveux central. On distingue ainsi quatre étapes : la conversion du stimulus, son amplification, sa transmission et son intégration.

Conversion du stimulus

La détection même d'un stimulus implique la conversion de son énergie, qui passe par la modification du potentiel membranaire de la cellule sensorielle réceptrice. On parle de **conversion du stimulus.** Le récepteur sensoriel réagit d'abord au stimulus en modifiant sa perméabilité membranaire et en produisant ainsi un potentiel gradué appelé **potentiel récepteur.** (Nous avons vu au chapitre 48 qu'un potentiel gradué est une variation de la tension existant de part et d'autre de la membrane plasmique et que cette variation est proportionnelle à l'intensité du stimulus.) Dans certains cas, en présence d'un stimulus comme une pression, la membrane plasmique s'étire et le flux ionique augmente. Dans d'autres, en présence d'un stimulus comme la lumière, des récepteurs protéiques spécifiques situés sur la membrane plasmique de la cellule réceptrice ouvrent ou ferment les vannes des canaux ioniques chimio-dépendants. La FIGURE 49.2 (page 1160) illustre l'exemple d'une molécule de glucide qui génère un potentiel récepteur jouant un rôle dans la gustation. Nous étudierons, plus loin dans ce chapitre, des exemples précis de conversions de stimulus.

Amplification

L'énergie du stimulus est souvent trop faible pour parvenir au système nerveux central. Elle doit donc subir une **amplification.** L'amplification du message se fait parfois dans les structures annexes d'un organe sensoriel complexe. Ainsi, l'amplitude des ondes sonores est multipliée par vingt au moins avant qu'elles

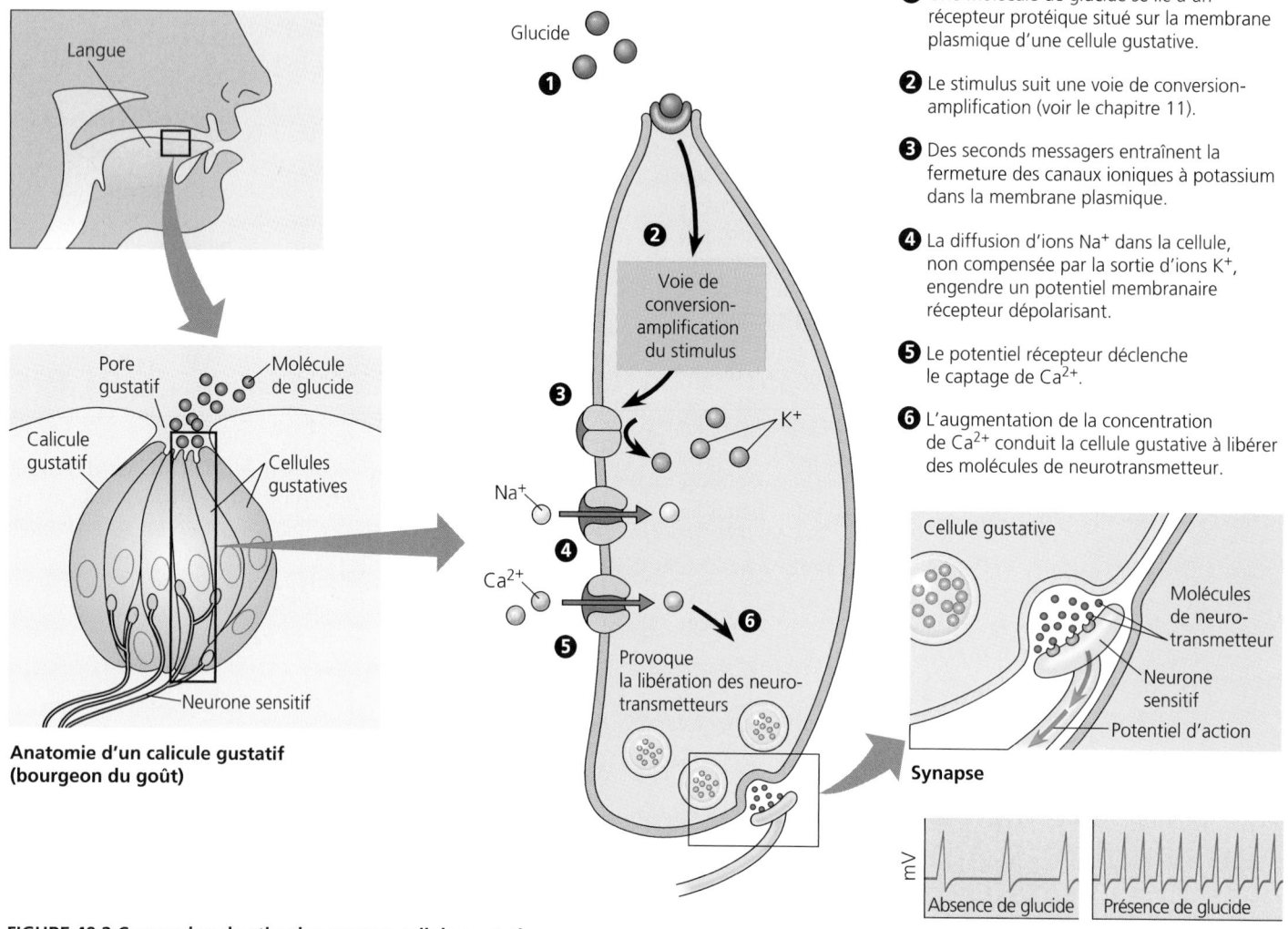

Langue

Anatomie d'un calicule gustatif (bourgeon du goût)

Pore gustatif
Molécule de glucide
Calicule gustatif
Cellules gustatives
Neurone sensitif

Glucide

❶ Une molécule de glucide se lie à un récepteur protéique situé sur la membrane plasmique d'une cellule gustative.

❷ Le stimulus suit une voie de conversion-amplification (voir le chapitre 11).

❸ Des seconds messagers entraînent la fermeture des canaux ioniques à potassium dans la membrane plasmique.

❹ La diffusion d'ions Na⁺ dans la cellule, non compensée par la sortie d'ions K⁺, engendre un potentiel membranaire récepteur dépolarisant.

❺ Le potentiel récepteur déclenche le captage de Ca^{2+}.

❻ L'augmentation de la concentration de Ca^{2+} conduit la cellule gustative à libérer des molécules de neurotransmetteur.

Voie de conversion-amplification du stimulus

K^+

Na^+

Ca^{2+}

Provoque la libération des neuro-transmetteurs

Cellule gustative

Molécules de neuro-transmetteur
Neurone sensitif
Potentiel d'action

Synapse

mV

Absence de glucide | Présence de glucide

Potentiels d'action

FIGURE 49.2 Conversion du stimulus par une cellule gustative.

n'atteignent les récepteurs de l'oreille interne. L'amplification fait parfois partie du mécanisme de conversion même. Ainsi, la transmission d'un potentiel d'action de l'œil au cerveau représente une énergie qui est près de 100 000 fois supérieure à celle des quelques photons qui ont donné naissance au potentiel d'action. Enfin, dans les cellules réceptrices, des voies de conversion-amplification du stimulus contribuent aussi à l'amplification (voir la FIGURE 49.2).

Transmission

Lorsque l'énergie du stimulus a été convertie en un potentiel récepteur, la **transmission**, c'est-à-dire l'acheminement des influx jusqu'au système nerveux central, peut se faire. Certains récepteurs, par exemple les « récepteurs de la douleur », sont eux-mêmes des neurones sensitifs qui acheminent les potentiels d'action jusqu'au système nerveux central. D'autres sont des cellules qui doivent transmettre les stimulus chimiques (neurotransmetteurs) aux neurones sensitifs, par l'intermédiaire de synapses (voir la FIGURE 49.2). Quand les récepteurs sont des neurones sensitifs, l'intensité du potentiel récepteur influe sur la fréquence des potentiels d'action qui se propagent jusqu'au système nerveux central sous forme de sensations. Quand les récepteurs sont d'autres types de cellules, l'intensité du stimulus

et du potentiel récepteur influe sur la quantité de neuro-transmetteur que libère le récepteur dans la synapse qui le joint au neurone sensitif. Cette quantité de neurotransmetteur libérée détermine elle-même la fréquence des potentiels d'action engendrés par le neurone sensitif. De nombreux neurones sensitifs engendrent spontanément des influx espacés, de sorte qu'un stimulus ne déclenche pas vraiment ou n'interrompt pas vraiment la production de potentiels d'action : il module plutôt leur fréquence (la FIGURE 49.2 illustre ce phénomène). Ainsi, le système nerveux central offre une sensibilité non seulement à la présence ou à l'absence de stimulus, mais aussi aux variations d'intensité de ces derniers.

Intégration

Le traitement de l'information, ou **intégration,** se fait dès la réception de l'information. L'intégration des messages provenant des récepteurs passe, dans le système nerveux par exemple, par la sommation des potentiels gradués. Les cellules réceptrices effectuent un type d'intégration que l'on appelle **adaptation sensorielle.** Cela consiste en une diminution de la réactivité en cas de stimulation continue. Sans l'adaptation sensorielle, vous sentiriez chacun des battements de votre cœur et chaque fibre de vêtement sur votre corps. Les récepteurs sélectionnent les informations qu'ils envoient au système nerveux central. L'adaptation fait obstacle à la transmission d'un stimulus continu.

La sensibilité des récepteurs constitue un autre aspect important de l'intégration sensorielle. Le seuil d'excitation d'une cellule réceptrice varie selon les circonstances. Par exemple, la concentration de glucose qui constitue le seuil d'excitation des récepteurs sensoriels appropriés dans la bouche de l'Humain varie de plusieurs ordres de grandeur selon l'état de nutrition général et la quantité de glucose dans l'alimentation.

L'intégration des informations sensorielles s'effectue à tous les niveaux à l'intérieur du système nerveux. Les processus cellulaires dont nous venons de parler n'en sont que les premières étapes.

On classe les récepteurs sensoriels selon le type d'énergie auquel ils réagissent

On classe les divers types de récepteurs sensoriels en cinq catégories, selon le type d'énergie qu'ils détectent (convertissent). On distingue ainsi les mécanorécepteurs, les nocicepteurs (récepteurs de la douleur), les thermorécepteurs, les chimiorécepteurs et les récepteurs d'ondes électromagnétiques. De nombreux récepteurs présentent la caractéristique remarquable de pouvoir détecter la plus petite unité physique possible de stimulus. La plupart des photorécepteurs peuvent détecter un seul photon de lumière, les chimiorécepteurs, une seule molécule ou substance odoriférante et les mécanorécepteurs de l'oreille interne, un mouvement de quelques angströms seulement.

Les **mécanorécepteurs** tirent leur nom du type de stimulation auquel ils réagissent. Ces récepteurs perçoivent les déformations physiques dues à des phénomènes représentant tous des formes d'énergie mécanique, tels que la pression, le toucher, l'étirement, le mouvement corporel et le mouvement de l'air, de l'eau ou du sol. La courbure ou l'étirement de la membrane plasmique d'un mécanorécepteur augmente sa perméabilité aux ions sodium et potassium, ce qui produit une dépolarisation (potentiel récepteur).

Chez l'Humain, le sens du toucher passe par des mécanorécepteurs qui sont en fait des dendrites modifiées de neurones sensitifs (FIGURE 49.3). Près de la surface de l'épiderme se trouvent les récepteurs qui détectent les contacts légers : corpuscules tactiles non capsulés, corpuscules bulboïdes, corpuscules tactiles capsulés. Ces récepteurs convertissent de très faibles stimulus d'énergie mécanique en potentiels récepteurs. Près de la surface de l'épiderme se trouvent aussi des terminaisons nerveuses libres qui détectent le chaud et le froid et communiquent la sensation de douleur. Dans le derme de la peau se trouvent les récepteurs qui réagissent aux pressions intenses : corpuscules lamelleux, corpuscules de Ruffini. Les corpuscules tactiles capsulés détectent les vibrations de basse fréquence, tandis que les corpuscules lamelleux réagissent aux vibrations de haute fréquence. Enfin, d'autres récepteurs du toucher, comme le plexus de la racine du poil, détectent les mouvements des poils. Les moustaches d'un chat en constituent un exemple.

Le **fuseau neuromusculaire,** ou récepteur d'étirement musculaire, est un exemple d'intérocepteur qui réagit à une déformation mécanique (voir la FIGURE 48.3). Ce type de mécanorécepteur perçoit la longueur des muscles squelettiques. Il renferme des fibres musculaires modifiées qui sont reliées à des neurones sensitifs et est parallèle aux fibres du muscle. Lorsque le muscle s'allonge, les fibres du fuseau s'étirent également. Cela dépolarise les neurones sensitifs et déclenche des potentiels d'action qui sont envoyés au système nerveux central. Ce dernier envoie alors une commande motrice qui fait se contracter le muscle.

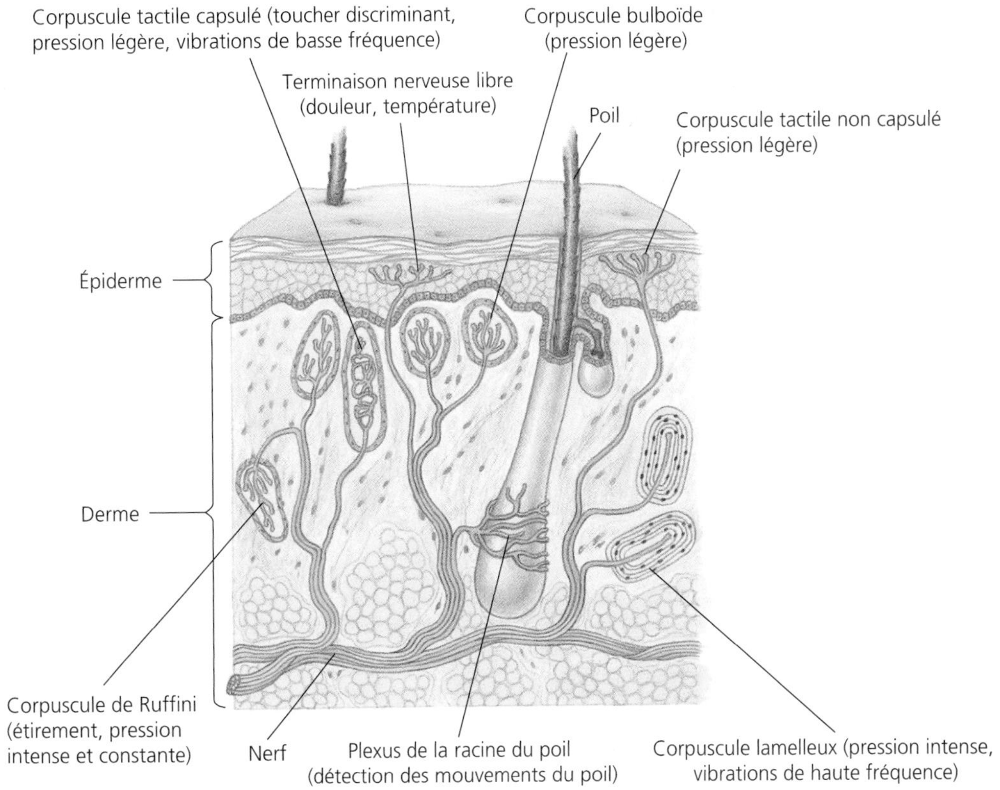

Corpuscule tactile capsulé (toucher discriminant, pression légère, vibrations de basse fréquence)

Terminaison nerveuse libre (douleur, température)

Corpuscule bulboïde (pression légère)

Poil

Corpuscule tactile non capsulé (pression légère)

Épiderme

Derme

FIGURE 49.3 Les récepteurs sensoriels de la peau chez les Humains. Chaque mécanorécepteur est une dendrite modifiée de neurone sensitif. La plupart des récepteurs de la couche profonde de la peau (derme) sont encapsulés dans une ou plusieurs couches de tissu conjonctif. Les récepteurs qui se trouvent dans les couches superficielles de la peau (épiderme) et les récepteurs du toucher enroulés autour de la racine des poils sont des dendrites dénudés. Les récepteurs du toucher qui se trouvent à la racine des grosses moustaches de Mammifères tels que les Félins et de nombreux Rongeurs sont extrêmement sensibles et permettent aux animaux de détecter, dans l'obscurité, les objets qui sont à proximité.

Corpuscule de Ruffini (étirement, pression intense et constante)

Nerf

Plexus de la racine du poil (détection des mouvements du poil)

Corpuscule lamelleux (pression intense, vibrations de haute fréquence)

Un type de mécanorécepteur, le **fuseau neurotendineux,** se compose de fibres collagènes autour desquelles s'enroulent des dendrites, le tout étant enveloppé par une couche de tissu conjonctif. Situé dans les tendons, il détecte leur étirement et achemine l'information au système nerveux central. Ce dernier envoie alors une commande motrice qui fait se relâcher le muscle auquel le tendon s'attache.

La **cellule sensorielle ciliée,** qui porte de véritables cils spécialisés ou bien des microvillosités, est un mécanorécepteur répandu qui sert à détecter le mouvement. On trouve des cellules sensorielles ciliées dans l'oreille des Vertébrés et dans les organes sensoriels de la ligne latérale, où elles détectent les mouvements de l'eau environnante, chez les Poissons et les Amphibiens (voir la FIGURE 34.12a). Lorsque les cils ou les microvillosités fléchissent d'un côté donné, ils étirent la membrane plasmique et augmentent sa perméabilité aux ions sodium et potassium. Il en résulte une augmentation de la fréquence des influx produits par la cellule sensorielle ciliée. Si les cils se courbent du côté opposé, ils diminuent la perméabilité de la membrane plasmique aux ions. Le nombre de potentiels d'action diminue alors dans la cellule sensorielle ciliée. Grâce à cette spécificité, les cellules sensorielles ciliées peuvent détecter la direction du mouvement ainsi que sa force et sa vitesse (FIGURE 49.4).

Chez les Humains, les **récepteurs de la douleur** constituent un type de terminaisons nerveuses libres que l'on appelle **nocicepteurs** et qui sont situés dans l'épiderme de la peau (voir la FIGURE 49.3). Presque tous les Animaux connaissent probablement la douleur, bien que l'on ne puisse préciser les perceptions qui sont vraiment associées, chez eux, à une stimulation des nocicepteurs. La perception de la douleur revêt une très grande importance, parce que le stimulus déclenche une réaction défensive visant, par exemple, à éviter le danger. Les rares individus qui naissent sans sensation de douleur peuvent mourir à cause de problèmes tels qu'une rupture de l'appendice. En effet, ils ne ressentent pas la douleur qui résulte du problème et ne sont donc pas conscients du danger.

Divers groupes de nocicepteurs réagissent à la chaleur excessive, au froid, à la pression ou à certaines substances chimiques libérées par les tissus endommagés ou enflammés. L'histamine et les acides font partie des substances chimiques qui déclenchent la douleur. Les prostaglandines accroissent la sensation de douleur en sensibilisant les récepteurs, c'est-à-dire en

abaissant leur seuil d'excitation (voir le chapitre 45 pour une révision des prostaglandines). L'aspirine et l'ibuprofène, quant à eux, diminuent la sensation de douleur en inhibant la synthèse des prostaglandines.

Les **thermorécepteurs** réagissent à la chaleur ou au froid et interviennent dans la régulation thermique en donnant des informations sur les températures superficielle et interne de l'organisme. On ne s'entend pas encore sur le type de thermorécepteurs que comporte la peau des Mammifères. De nombreux chercheurs croient que ces structures sont en réalité des récepteurs de pression modifiés et soutiennent que les terminaisons nerveuses libres de certains neurones sensitifs constituent les thermorécepteurs de la peau (voir la FIGURE 49.3). Toutefois, on considère généralement que les récepteurs du chaud et du froid se trouvant dans la peau et les thermorécepteurs internes se trouvant dans la partie antérieure de l'hypothalamus, dans l'encéphale, transmettent les informations au thermostat principal de l'organisme situé dans la partie postérieure de l'hypothalamus (centres de la thermogenèse et de la thermolyse ; voir la FIGURE 44.10).

Les **chimiorécepteurs** comprennent à la fois des récepteurs généraux qui fournissent des renseignements sur la concentration totale de solutés dans une solution et des récepteurs spécifiques qui réagissent à certains types de molécules. Ainsi, les osmorécepteurs situés dans l'encéphale des Mammifères sont des récepteurs généraux qui détectent les variations de la concentration totale de solutés dans le sang et qui provoquent la sensation de soif en cas d'augmentation de l'osmolarité (voir le chapitre 44). Les osmorécepteurs présents sur les pattes des Mouches domestiques réagissent, quant à eux, à l'eau pure ou aux solutions diluées de presque toute substance. La plupart des Animaux possèdent des récepteurs spécifiques pour les molécules importantes, notamment le glucose, le dioxygène, le dioxyde de carbone et les acides aminés. Ces molécules qui constituent le stimulus se fixent à la cellule réceptrice en se liant à un site spécifique de la membrane plasmique. Elles modifient ainsi la perméabilité de cette dernière. Deux autres groupes de chimiorécepteurs ont une spécialisation intermédiaire. Ainsi, les **récepteurs gustatifs** (du goût) et les **récepteurs olfactifs** (de l'odorat) réagissent à des catégories de substances chimiques apparentées. Nous identifions souvent ces catégories par les termes « sucré », « aigre », « salé » ou « amer ». Enfin, deux des chimiorécepteurs les plus sensibles et les plus spécifiques,

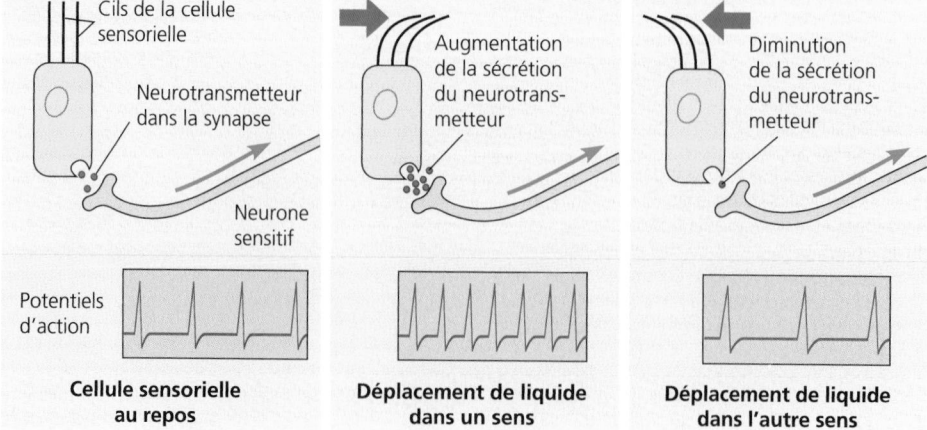

FIGURE 49.4 Mécanoréception par une cellule sensorielle ciliée. Une cellule sensorielle ciliée porte de véritables cils spécialisés ou bien des prolongements digitiformes de la membrane plasmique que l'on appelle microvillosités.

Cils de la cellule sensorielle

Neurotransmetteur dans la synapse

Neurone sensitif

Potentiels d'action

Cellule sensorielle au repos

Augmentation de la sécrétion du neurotransmetteur

Déplacement de liquide dans un sens

Diminution de la sécrétion du neurotransmetteur

Déplacement de liquide dans l'autre sens

d'après ce que l'on connaît, se trouvent dans les antennes du mâle chez le Bombyx du Mûrier (*Bombyx mori*; FIGURE 49.5). Ils servent à détecter les deux composés chimiques de la phéromone sexuelle femelle (bombykol).

Les **récepteurs d'ondes électromagnétiques** détectent différentes formes d'énergie électromagnétique telles que la lumière visible, l'électricité et le magnétisme. Les **photorécepteurs** détectent le rayonnement que nous appelons lumière visible et se situent le plus souvent dans les yeux. Les Serpents possèdent des récepteurs à infrarouge extrêmement sensibles qui peuvent distinguer la chaleur corporelle des proies dont la température dépasse celle de l'environnement (FIGURE 49.6a). Certains Poissons produisent des courants électriques et ont recours à des électrorécepteurs spécifiques pour localiser des objets tels que des proies qui modifient ces courants électriques. Ainsi, l'Ornithorynque (*Ornithorhyncus anatinus*), qui est un Monotrème, a sur son bec des électrorécepteurs grâce auxquels il peut probablement détecter les champs électriques créés par les muscles de ses proies (crustacés, grenouilles et petits poissons). Certaines études indiquent que de nombreux animaux migrateurs utilisent, grâce à des magnétorécepteurs, les lignes du champ magnétique de la Terre pour s'orienter (FIGURE 49.6b). On a trouvé de la magnétite, minerai ferreux, dans le crâne de certains Oiseaux et Mammifères (dont les Humains), dans l'abdomen des Abeilles, dans les dents de certains Mollusques et chez certains Protistes et procaryotes s'orientant en fonction du champ magnétique terrestre. Il est possible que la magnétite utilisée autrefois par les marins, dans les boussoles, fasse partie du mécanisme d'orientation de nombreux Animaux.

(a)

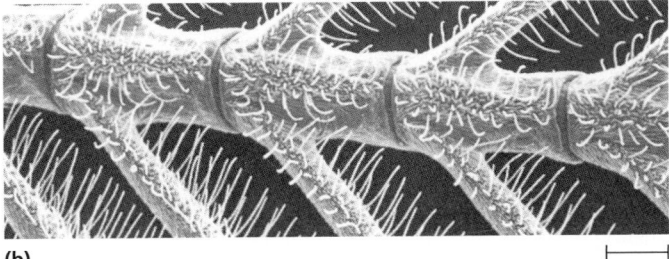

(b)

	0,1 mm
	(80 ×)

FIGURE 49.5 Chimiorécepteurs chez les Insectes. (a) Chez le Bombyx du Mûrier (*Bombyx mori*), le mâle possède des antennes recouvertes de cils sensoriels **(b)** visibles dans cet agrandissement au microscope électronique à balayage. Les cils possèdent des chimiorécepteurs qui sont extrêmement sensibles aux phéromones sexuelles femelles.

(a) Les Vipéridés tels que ce Crotale (*Crotalus sp.*) possèdent une paire de récepteurs à infrarouge, chacun d'eux étant situé d'un côté de la tête, entre l'œil et la narine. La sensibilité de ces récepteurs leur permet de détecter le rayonnement infrarouge émis par une souris vivante située à un mètre. Le serpent déplace sa tête d'un côté et de l'autre jusqu'à ce que les deux récepteurs détectent la même intensité de rayonnement, ce qui lui indique alors que la souris se trouve droit devant.

Œil

Récepteur à infrarouge

(b) Certains animaux migrateurs tels que ces Bélugas (*Delphinapterus leucas*), que l'on observe fréquemment dans l'estuaire et le golfe du Saint-Laurent, peuvent apparemment détecter le champ magnétique terrestre grâce à leurs magnétorécepteurs et utiliser cette information, avec d'autres indices, pour s'orienter.

FIGURE 49.6 Récepteurs d'ondes électromagnétiques spécialisés.

Dans les prochaines sections, nous allons utiliser ce que nous venons de voir sur les récepteurs sensoriels pour étudier des organes sensoriels tels que ceux de la vue et de l'ouïe.

PHOTORÉCEPTEURS ET VISION

Au cours de l'évolution, sont apparus dans le règne animal une grande diversité de détecteurs de lumière allant de simples amas de cellules qui ne détectent que la direction et l'intensité de la lumière aux organes complexes qui produisent des images. Malgré cette diversité, tous les photorécepteurs contiennent des molécules de pigments semblables qui absorbent les ondes lumineuses et presque tous, dans le règne animal, sont de structure semblable. Des animaux aussi différents que les Plathelminthes, les Annélides, les Arthropodes et les Vertébrés possèdent les mêmes gènes anciens associés à la formation et au développement des photorécepteurs dans les embryons. Ainsi, les bases génétiques de tous les photorécepteurs seraient peut-être apparues chez les premiers animaux à symétrie bilatérale (voir le chapitre 33).

Divers photorécepteurs sont apparus et se sont développés au cours de l'évolution chez les Invertébrés

La plupart des Invertébrés possèdent des photorécepteurs qui vont du simple amas de cellules à l'œil complexe produisant des images. Les **cupules optiques** des Planaires font partie des récepteurs visuels les plus simples. Ces structures renseignent l'animal sur l'intensité de la lumière et sur sa direction, sans donner véritablement d'image. Les cellules réceptrices se situent dans une dépression formée par une couche de cellules contenant des pigments photoprotecteurs qui arrêtent la lumière. Pour pénétrer dans la dépression et mettre en action les photorécepteurs, la lumière doit s'infiltrer par une ouverture située sur un côté de la dépression qui est dépourvu de cellules pigmentaires (FIGURE 49.7). L'ouverture de l'une des cupules optiques est orientée vers la gauche et vers l'avant légèrement ; celle de l'autre cupule optique est orientée vers la droite et l'avant. La lumière d'une zone déterminée du milieu environnant ne peut donc entrer que dans la cupule optique qui est située du côté correspondant. Les ganglions cérébraux comparent la fréquence des influx nerveux issus des deux cupules optiques. L'animal se déplace ensuite de façon à ce que les sensations atteignent la même intensité et soient aussi faibles que possible. Il se déplace donc dans la direction opposée à la source de lumière, s'éloignant de celle-ci, jusqu'à arriver dans un endroit sombre, sous une roche ou un autre objet. Il s'agit là d'une adaptation comportementale qui permet aux Planaires de ne pas être repérées par leurs prédateurs.

Chez les Invertébrés, deux grands types d'yeux véritables produisant des images sont apparus : l'œil composé et l'œil simple (à cristallin unique). L'**œil composé**, représenté à la FIGURE 49.8, se retrouve chez les Insectes et les Crustacés (embranchement des Arthropodes) et chez certains Polychètes (embranchement des Annélides). L'œil composé comprend des détecteurs de lumière appelés **ommatidies** (les « facettes » de l'œil), dont le nombre peut atteindre des dizaines de milliers (environ 30 000 chez les Libellules et les Demoiselles). Chaque ommatidie, pourvue d'une cornée et d'un cristallin, reçoit la lumière provenant d'une minuscule portion du champ visuel. Les variations de l'intensité de la lumière arrivant jusqu'aux nombreuses ommatidies donnent une image en mosaïque.

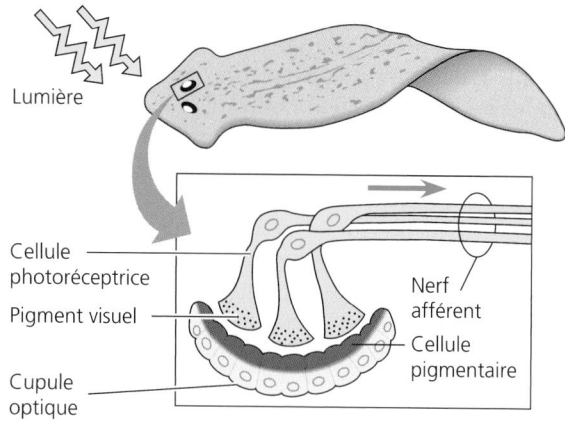

FIGURE 49.7 Cupules optiques et comportement d'orientation de la Planaire. Les ganglions cérébraux de la Planaire commandent au corps de se déplacer jusqu'à ce que les sensations provenant des deux cupules optiques soient de même intensité et aussi faibles que possible. Cette réaction fait en sorte que la Planaire s'oriente en s'éloignant de la source lumineuse.

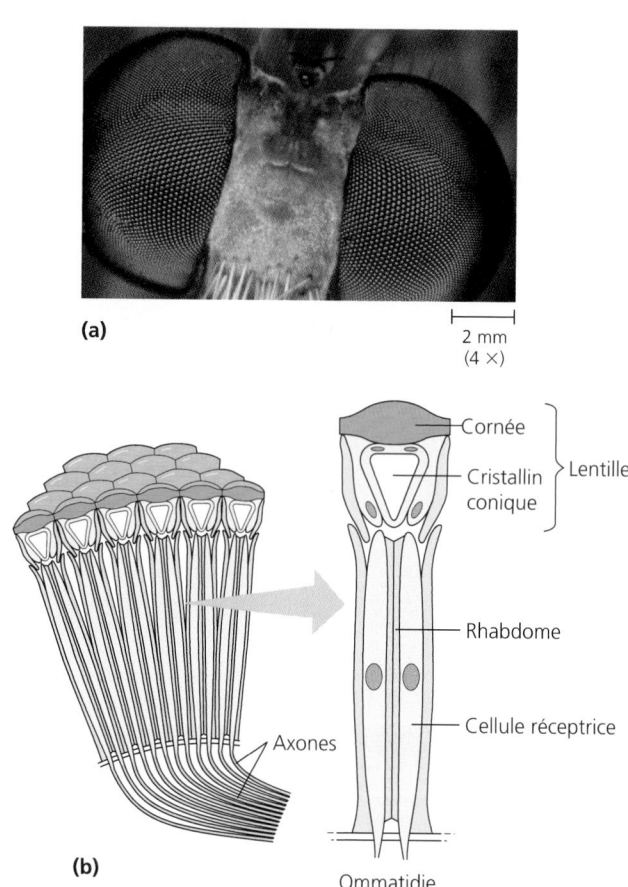

FIGURE 49.8 Yeux composés. (a) Yeux à facettes d'une mouche photographiés au microscope photonique stéréoscopique. **(b)** La cornée et le cristallin de forme conique de chaque ommatidie agissent comme des lentilles. Ils concentrent la lumière dans le rhabdome, qui est un empilement de plaques pigmentaires enfermé dans un cercle de cellules réceptrices. Le rhabdome capte la lumière et la guide vers les cellules réceptrices. L'image consiste en une mosaïque de points formée par les différentes intensités lumineuses qui pénètrent dans les nombreuses ommatidies sous des angles différents.

Les ganglions cérébraux (cerveau) de l'animal peuvent rendre l'image plus nette en faisant une intégration des informations visuelles. L'œil composé détecte très bien le mouvement. Il s'agit d'une adaptation importante pour les insectes volants et les petits animaux constamment menacés par des prédateurs. À titre de comparaison, l'œil humain peut distinguer des éclairs se succédant à une fréquence d'environ 50 éclairs par seconde. C'est la raison pour laquelle les images d'un film de cinéma qui se suivent à une vitesse encore plus rapide semblent se fondre et créent l'illusion d'un mouvement continu. Par contre, les yeux composés de certains insectes récupèrent assez vite après une stimulation et détectent les variations d'intensité d'une lampe émettant 330 éclairs par seconde. Si l'un de ces insectes regardait un film, il distinguerait une suite d'images fixes. Les Insectes ont aussi une excellente perception des couleurs. Certains d'entre eux (notamment les Abeilles) perçoivent les rayons ultraviolets du spectre électromagnétique, qui nous sont invisibles. Dans l'étude du comportement animal, nous ne pouvons utiliser notre expérience sensorielle pour l'appliquer aux autres animaux. En effet, les Animaux n'ont pas tous la même sensibilité ni la même organisation du système nerveux.

L'**œil simple** (à cristallin unique), second type d'œil présent chez les Invertébrés, se retrouve chez les Méduses, certains Polychètes, les Araignées et de nombreux Mollusques. Son mode de fonctionnement ressemble à celui d'un appareil photo. Par exemple, l'œil de la Pieuvre ou du Calmar possède une petite ouverture, la pupille, qui laisse entrer la lumière. Semblable au diaphragme d'un appareil photo dont l'ouverture peut se régler, l'iris de l'œil simple modifie le diamètre de la pupille. Derrière la pupille, un cristallin unique concentre la lumière sur la rétine, composée de cellules réceptrices photosensibles. Pour faire la mise au point sur la rétine, des muscles ciliaires déplacent le cristallin vers l'avant ou l'arrière, là encore comme dans un appareil photo. La mise au point s'effectue différemment chez les Mammifères, comme nous le verrons dans la section suivante.

Les Vertébrés ont des yeux à cristallin unique

Tout comme l'œil simple de nombreux Invertébrés, l'œil des Vertébrés ressemble à un appareil photo. Mais il est apparu indépendamment de celui des Invertébrés et plusieurs détails l'en différencient. L'œil humain, représenté à la FIGURE 49.9, peut percevoir un nombre presque infini de couleurs, produire des images d'objets situés à des kilomètres et réagir à la présence d'un seul photon de lumière. Rappelez-vous cependant que c'est le cerveau qui « voit ». Pour comprendre la vision, il nous faut donc étudier, dans un premier temps, la façon dont l'œil des Vertébrés génère des influx nerveux (potentiels d'action) et envoie ces influx aux centres de la vision situés dans le cerveau, où s'effectue la perception visuelle.

Chez les Vertébrés, l'œil se compose d'une couche externe blanche et résistante de tissu conjonctif, la **sclère,** et d'une fine couche pigmentaire interne, la **choroïde.** Une délicate couche de cellules épithéliales forme une muqueuse, la **conjonctive,** qui tapisse la surface externe de la sclère et lubrifie l'œil. Sur le devant de l'œil, la sclère devient la **cornée,** tunique transparente par laquelle la lumière pénètre dans l'œil et qui agit comme une lentille fixe. La conjonctive ne recouvre pas la cornée. La partie antérieure de la choroïde est l'**iris.** Ce dernier a une forme de beignet et donne sa couleur à l'œil. En changeant de dimension, il règle la quantité de lumière qui arrive dans la **pupille,** ouverture visible en son centre. Située immédiatement à l'intérieur de la choroïde, la **rétine** constitue la couche la plus profonde de l'œil. C'est dans la rétine que se trouvent les cellules photo-réceptrices proprement dites. L'information provenant de ces cellules quitte l'œil au niveau du disque du nerf optique, là où le nerf optique s'attache à l'œil. Comme le disque du nerf optique ne comprend pas de photorécepteurs, il constitue une tache aveugle, c'est-à-dire une zone de la rétine qui ne capte pas la lumière qui est dirigée sur elle.

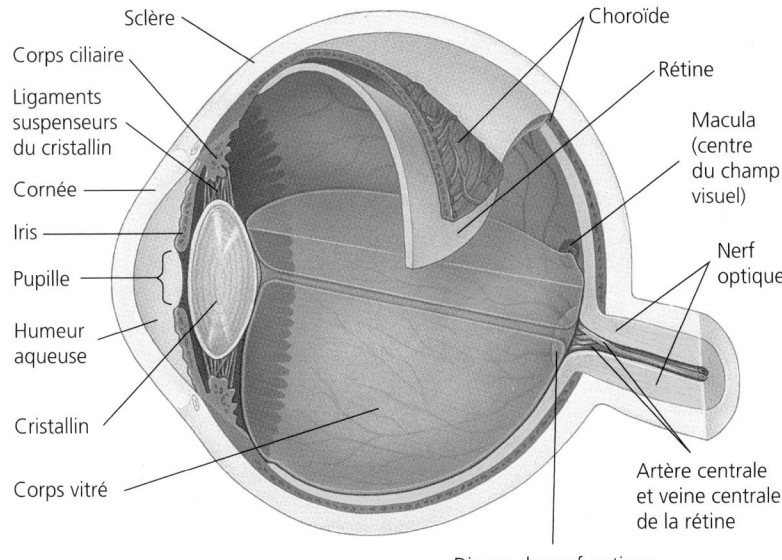

Sclère
Corps ciliaire
Ligaments suspenseurs du cristallin
Cornée
Iris
Pupille
Humeur aqueuse
Cristallin
Corps vitré
Disque du nerf optique (tache aveugle)
Choroïde
Rétine
Macula (centre du champ visuel)
Nerf optique
Artère centrale et veine centrale de la rétine

FIGURE 49.9 Structure de l'œil chez les Vertébrés. Dans cette coupe sagittale d'un œil, le corps vitré, de consistance gélatineuse, n'est représenté que dans la moitié inférieure de l'œil. La muqueuse, ou conjonctive, qui recouvre la sclère (le blanc de l'œil) n'est, quant à elle, pas illustrée.

Le **cristallin** et le **corps ciliaire** divisent l'œil en deux chambres: l'une est située entre le cristallin et la cornée; l'autre, qui est beaucoup plus grande, est située derrière le cristallin et à l'intérieur du globe oculaire même. Le corps ciliaire est un anneau de tissu vascularisé issu de la choroïde et entourant le cristallin. Le corps ciliaire, quant à lui, comporte un muscle et des procès ciliaires. En se contractant, le muscle ciliaire (muscle lisse) tire sur les ligaments suspenseurs attachés au cristallin et modifie la forme de ce dernier. Les procès ciliaires sont des saillies vascularisées du corps ciliaire. Ils produisent constamment l'**humeur aqueuse,** liquide transparent semblable à de l'eau qui remplit la cavité antérieure de l'œil. Lorsque les conduits qui permettent l'écoulement de l'humeur aqueuse sont bouchés, un glaucome peut apparaître. Il s'agit d'une augmentation de la pression qui comprime la rétine et peut entraîner la cécité. Le **corps vitré,** substance gélatineuse, occupe toute la cavité postérieure

et représente la plus grande partie du volume de l'œil. L'humeur aqueuse et le corps vitré agissent comme des lentilles liquides qui concentrent en partie la lumière sur la rétine. Le cristallin lui-même est un disque protéique transparent qui assure la mise au point d'une image sur la rétine. Comme les Calmars et les Pieuvres, de nombreux Poissons effectuent la mise au point en déplaçant le cristallin vers l'avant ou vers l'arrière. C'est le même mécanisme que dans un appareil photo. Mais chez les Humains et les autres Mammifères, le cristallin change de forme pour faire la mise au point. Ainsi, lorsque l'on regarde un objet éloigné, il prend une forme aplatie à cause du relâchement du muscle ciliaire. Pour faire la mise au point sur un objet rapproché, il devient presque sphérique à cause de la contraction du muscle ciliaire. On parle alors d'**accommodation** (FIGURE 49.10).

La rétine humaine comprend environ 125 millions de **bâtonnets** et 6 millions de **cônes,** deux types de photorécepteurs qui tirent leur nom de leur forme. Les bâtonnets et les cônes représentent 70 % des récepteurs de notre corps, ce qui montre l'importance des yeux et de l'information visuelle dans la perception que les Humains ont de leur environnement.

Les bâtonnets et les cônes remplissent des fonctions différentes dans la vision. Leur nombre relatif dans la rétine reflète en partie l'aspect plutôt diurne ou nocturne de l'activité d'un animal. Les bâtonnets sont plus sensibles à la lumière, mais ne distinguent pas les couleurs. Ils permettent la vision nocturne, mais seulement en noir et blanc. Les cônes ont besoin de plus de lumière pour être stimulés. Ils n'interviennent donc pas dans la vision nocturne. Par contre, ils permettent de discerner les couleurs dans la journée. Toutes les classes de Vertébrés, mais pas toutes les espèces, ont la vision des couleurs. En général, les Poissons, les Amphibiens, les Reptiles et les Oiseaux voient très bien les couleurs. Les Mammifères, en revanche, ne possèdent pas ce type de vision, à l'exception d'un petit nombre d'espèces dont font partie les Humains et les autres Primates. La plupart des Mammifères sont nocturnes. La présence d'un grand nombre de bâtonnets dans leur rétine représente une adaptation qui leur donne une excellente vision la nuit. Par exemple, les Chats, qui sont habituellement des animaux nocturnes, ont une vision des couleurs limitée et perçoivent probablement un monde pastel durant la journée. Dans l'œil humain, les bâtonnets sont les plus nombreux dans les régions périphériques de la rétine. La **macula,** centre du champ visuel, n'en comporte aucun (voir la FIGURE 49.9). Ainsi, si, la nuit, vous regardez de face une étoile pâle, vous ne la discernerez pas très bien. Vous la verrez mieux si vous la regardez de côté, c'est-à-dire en dirigeant le rayon lumineux vers les régions de la rétine qui comprennent le plus de bâtonnets. Cependant, le jour, on voit mieux en regardant directement l'objet en question, parce que la macula comprend la plus forte densité de cônes, soit 150 000 récepteurs de la couleur par millimètre carré. Certains oiseaux ont plus de 1 million de cônes par millimètre carré. Ainsi, des espèces comme les Éperviers et les Buses peuvent repérer des souris et d'autres petites proies à très haute altitude. Toutes ces différences que nous venons de voir entre les espèces, concernant la rétine de l'œil, reflètent les diverses adaptations produites par l'évolution.

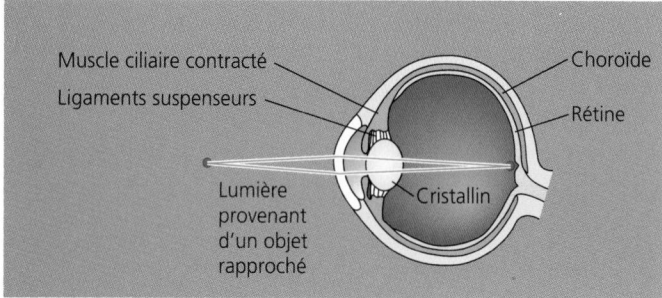

(a) Vision rapprochée (accommodation)

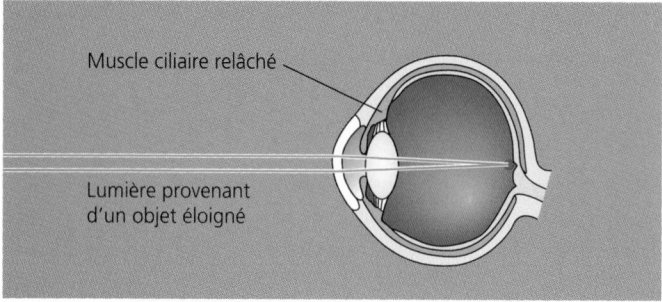

(b) Vision éloignée

FIGURE 49.10 Mise au point dans un œil de Mammifère. Le cristallin dévie la lumière et la concentre sur la rétine. Plus il est épais, plus l'angle de réfraction (déviation) de la lumière augmente. Il a une forme presque sphérique lorsque la mise au point s'effectue sur des objets rapprochés, et beaucoup plus elliptique pour un objet éloigné. Le muscle ciliaire détermine sa forme. **(a)** Dans la vision rapprochée, le muscle ciliaire se contracte et tire les bords de la choroïde de l'œil en direction du cristallin, ce qui détend le ligament suspenseur du cristallin. Le cristallin, qui est élastique, devient alors plus épais et plus arrondi. Il dévie plus la lumière, si bien qu'une image des objets proches se forme sur la rétine. Pour désigner cet ajustement du cristallin en vision rapprochée, on parle d'accommodation. **(b)** Dans la vision éloignée, le muscle ciliaire se relâche et permet à la choroïde de se détendre, ce qui étire le ligament suspenseur du cristallin. Le cristallin s'aplatit alors, et une image des objets lointains se forme sur la rétine.

La rhodopsine, pigment qui absorbe la lumière, amorce une voie de conversion-amplification du stimulus

Lorsque, chez les Vertébrés, le cristallin produit une image lumineuse sur la rétine, comment les cellules rétiniennes transforment-elles les stimulus en sensations (c'est-à-dire en potentiels d'action qui transmettent au cerveau l'information relative au milieu)? En fait, chaque bâtonnet et chaque cône comporte un segment externe où la membrane plasmique forme de nombreux plis. Cela donne un empilement de disques comprenant des pigments visuels (FIGURE 49.11a). Ces derniers sont faits d'une molécule de **rétinal**, qui est synthétisée à partir de la vitamine A et qui absorbe la lumière, et d'une protéine membranaire appelée **opsine**, à laquelle se lie le rétinal. La structure des opsines varie d'un type de photorécepteur à l'autre et la capacité d'absorption lumineuse du rétinal dépend du type

d'opsine avec lequel il se combine. Les bâtonnets ont leur propre type d'opsine dont la molécule forme, avec la molécule de rétinal, le pigment visuel que l'on appelle **rhodopsine** (FIGURE 49.11b).

Lorsque la rhodopsine absorbe de la lumière, le rétinal change de configuration et se dissocie de l'opsine. Pour désigner cette réaction photochimique, on parle de décoloration de la rhodopsine. Dans l'obscurité, des enzymes redonnent sa configuration originelle au rétinal, qui se recombine avec l'opsine pour former la rhodopsine (FIGURE 49.12). Si la lumière intense persiste, la rhodopsine reste décolorée et les bâtonnets ne peuvent plus fournir de réponse. Les cônes entrent alors en jeu. Ainsi, si vous venez d'un milieu très éclairé et pénétrez dans un endroit sombre, par exemple lorsque vous entrez dans un cinéma l'après-midi, vous ne voyez presque rien. C'est que le peu de lumière ne suffit pas à stimuler les cônes et que les bâtonnets, dont la rhodopsine est décolorée, mettent quelques minutes au moins à redevenir fonctionnels.

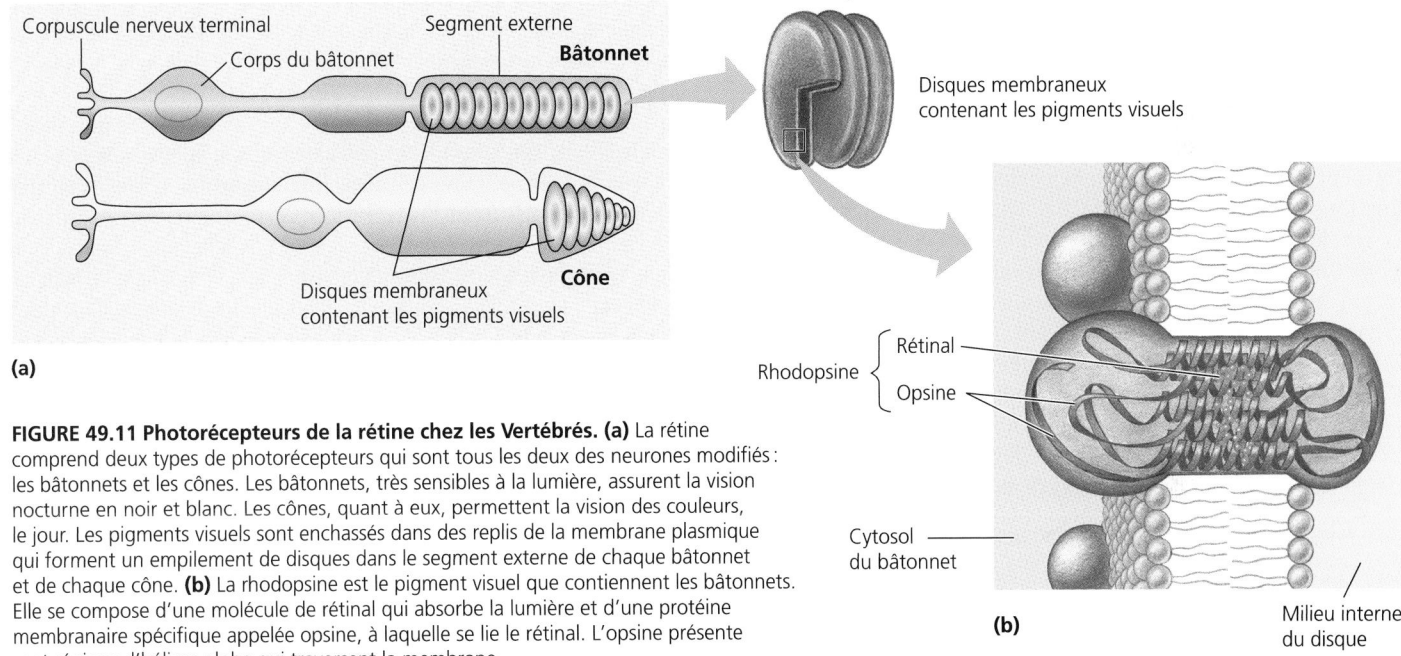

(a)

FIGURE 49.11 Photorécepteurs de la rétine chez les Vertébrés. (a) La rétine comprend deux types de photorécepteurs qui sont tous les deux des neurones modifiés : les bâtonnets et les cônes. Les bâtonnets, très sensibles à la lumière, assurent la vision nocturne en noir et blanc. Les cônes, quant à eux, permettent la vision des couleurs, le jour. Les pigments visuels sont enchâssés dans des replis de la membrane plasmique qui forment un empilement de disques dans le segment externe de chaque bâtonnet et de chaque cône. **(b)** La rhodopsine est le pigment visuel que contiennent les bâtonnets. Elle se compose d'une molécule de rétinal qui absorbe la lumière et d'une protéine membranaire spécifique appelée opsine, à laquelle se lie le rétinal. L'opsine présente sept régions d'hélices alpha qui traversent la membrane.

(b)

FIGURE 49.12 Effet de la lumière sur le rétinal. Le rétinal existe sous deux formes qui sont des isomères. Lors de l'absorption de lumière, le pigment passe de l'isomère *cis* à l'isomère *trans*, qui se dissocie de l'opsine. Cette opsine dissociée du rétinal amorce la voie de conversion-amplification qui convertit le stimulus lumineux en transport membranaire d'ions produisant un potentiel récepteur dans la membrane du bâtonnet. Lorsque le photo-récepteur ne reçoit plus de stimulus lumineux, des enzymes ramènent le rétinal à la configuration *cis,* qui se recombine avec l'opsine pour former la rhodopsine.

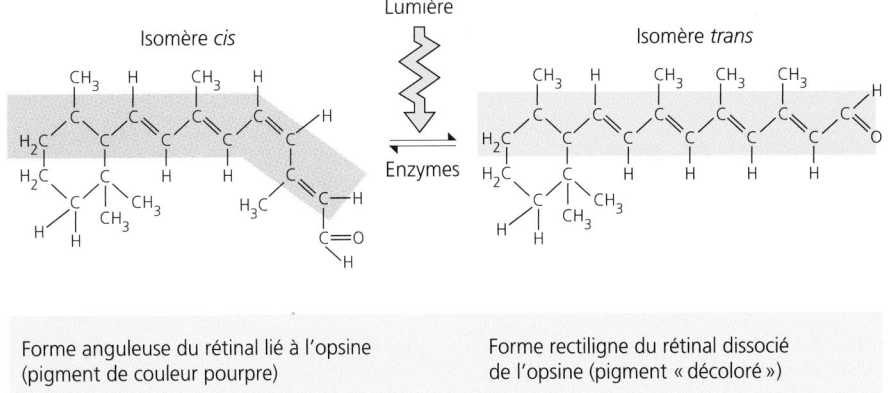

Cette modification photochimique de la configuration de la rhodopsine amorce une voie de conversion-amplification du stimulus qui, en bout de ligne, engendre un potentiel récepteur dans la membrane plasmique du bâtonnet. Dans un premier temps, la rhodopsine modifiée active un intermédiaire protéique dans la voie de conversion-amplification du stimulus. Il s'agit d'une protéine G appelée transducine qui se situe également dans la membrane du disque (FIGURE 49.13). La transducine active elle-même une enzyme qui modifie chimiquement le second messager qui est situé dans le bâtonnet. Ce second messager est un nucléotide, la guanosine monophosphate cyclique (GMPc).

Dans l'obscurité, lorsque la rhodopsine est inactive, la GMPc est liée aux canaux ioniques à sodium que comprend la membrane des disques du bâtonnet, et elle maintient les canaux ouverts. À ce stade, la membrane du bâtonnet est en réalité dépolarisée et libère un neurotransmetteur, l'acide glutamique (voir le TABLEAU 48.1), dans les synapses que le bâtonnet forme avec les cellules voisines appelées cellules bipolaires de la rétine (FIGURE 49.14). Cette libération constante d'acide glutamique dans l'obscurité excite quelques cellules bipolaires et en inhibe d'autres, selon le type de récepteur que la membrane postsynaptique possède. Quand la lumière amorce la voie de conversion-amplification de la rhodopsine en modifiant le rétinal, une enzyme convertit la GMPc en GMP, qui se détache des canaux ioniques à sodium (voir la FIGURE 49.13). Les canaux se ferment alors, ce qui diminue la perméabilité de la membrane aux ions Na$^+$ et hyperpolarise le potentiel membranaire. Dans ce cas, le potentiel récepteur de la cellule est une *hyperpolarisation* et non une dépolarisation de la membrane. L'hyperpolarisation ralentit la libération, par le bâtonnet, de l'acide glutamique. Cela provoque soit une excitation, soit une inhibition des cellules bipolaires postsynaptiques, selon leur type de récepteur de l'acide glutamique (voir la FIGURE 49.14).

La vision des couleurs nécessite un traitement de l'information encore plus complexe que le mécanisme de la rhodopsine dans les bâtonnets. Elle dépend de la présence de trois sous-groupes de cônes dans la rétine. Chacun des sous-groupes possède son propre type d'opsine qui s'associe au rétinal pour former des pigments visuels appelés collectivement **photopsines.** Ces photorécepteurs sont nommés cônes rouges, cônes verts et cônes bleus, selon la couleur que leur type de photopsine absorbe le mieux. Les spectres d'absorption de ces pigments se recouvrent, et la perception de teintes intermédiaires résulte de la stimulation différentielle de deux types de cônes, ou des trois. Ainsi, lorsque les cônes rouges et verts sont stimulés en même temps, nous percevons du jaune ou de l'orange, selon la population de cônes qui reçoit la plus forte stimulation. L'insuffisance ou l'absence de l'un des types de cônes ou de plusieurs d'entre eux provoque le daltonisme (trouble qui affecte plus souvent les hommes que les femmes parce qu'il s'agit d'un caractère héréditaire lié au sexe; voir la FIGURE 15.9).

La rétine participe au traitement de l'information visuelle

Le traitement de l'information visuelle commence dans la rétine même. Notez de nouveau que l'axone des bâtonnets et des cônes communique, par l'intermédiaire de synapses, avec des neurones appelés **cellules bipolaires** qui à leur tour communiquent au moyen de synapses avec des **cellules ganglionnaires** (FIGURE 49.15). D'autres catégories de neurones présents dans la rétine, les **cellules horizontales** et les **cellules amacrines,** assurent l'intégration de l'information avant son acheminement jusqu'au cerveau. Les axones des cellules ganglionnaires conduisent ensuite les sensations jusqu'au cerveau, sous forme de potentiels d'action se propageant dans le nerf optique.

Les informations visuelles provenant des bâtonnets et des cônes peuvent emprunter soit une voie verticale, soit une voie latérale. Dans la voie verticale, l'information passe directement des cellules réceptrices aux cellules bipolaires, pour ensuite arriver aux cellules ganglionnaires. Dans la voie latérale, les

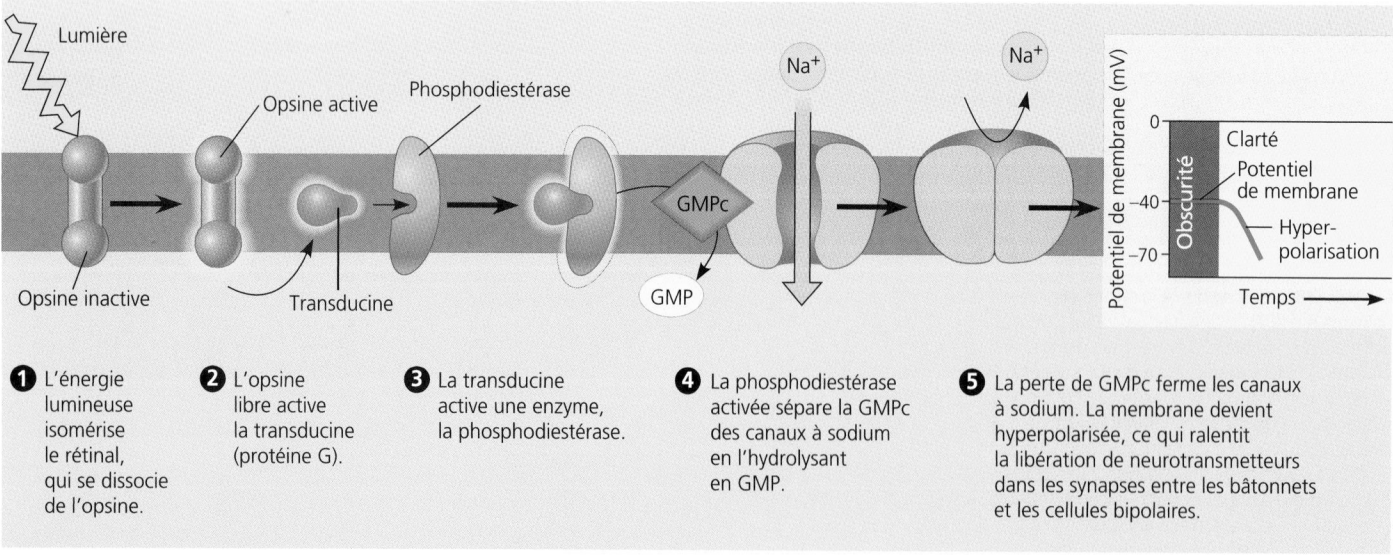

❶ L'énergie lumineuse isomérise le rétinal, qui se dissocie de l'opsine.

❷ L'opsine libre active la transducine (protéine G).

❸ La transducine active une enzyme, la phosphodiestérase.

❹ La phosphodiestérase activée sépare la GMPc des canaux à sodium en l'hydrolysant en GMP.

❺ La perte de GMPc ferme les canaux à sodium. La membrane devient hyperpolarisée, ce qui ralentit la libération de neurotransmetteurs dans les synapses entre les bâtonnets et les cellules bipolaires.

FIGURE 49.13 Voie de conversion-amplification du stimulus lumineux dans un bâtonnet. Notez que, dans ce cas, le potentiel récepteur est une *hyperpolarisation* de la membrane, et non l'habituelle dépolarisation.

cellules horizontales et amacrines assurent l'intégration latérale des informations visuelles. Les cellules horizontales transmettent les informations d'un bâtonnet ou d'un cône à d'autres cellules réceptrices et à plusieurs cellules bipolaires. Les cellules amacrines, quant à elles, répartissent l'information issue d'une cellule bipolaire en la transmettant à plusieurs cellules ganglionnaires. Lorsqu'un bâtonnet ou un cône stimule une cellule horizontale de la voie latérale, cette cellule inhibe les récepteurs qui sont loin et les cellules bipolaires qui ne reçoivent pas de lumière. Ainsi, le point lumineux paraît plus brillant et la zone non éclairée qui l'entoure semble encore plus sombre. Cette sorte d'intégration que l'on appelle **inhibition latérale** rend les contours plus nets et améliore le contraste de l'image. L'inhibition latérale est reproduite dans les interactions entre les cellules amacrines et les cellules ganglionnaires et se répète à tous les stades du traitement de l'information visuelle.

FIGURE 49.14 L'effet de la lumière sur les synapses situées entre les bâtonnets et les cellules bipolaires. (a) Dans l'obscurité, la rhodopsine est inactive. De plus, la membrane plasmique du bâtonnet est très perméable aux ions sodium et se dépolarise donc. À ce stade, le bâtonnet libère de l'acide glutamique et régit « l'excitation » de deux classes de cellules bipolaires qui réagissent de façon opposée à l'acide glutamique. **(b)** En revanche, quand il y a de la lumière, la rhodopsine s'active. La membrane plasmique du bâtonnet, quant à elle, devient moins perméable aux ions sodium, et son potentiel de membrane change (il se crée un potentiel récepteur, une hyperpolarisation dans ce cas). Les terminaisons synaptiques du bâtonnet ralentissent alors la libération d'acide glutamique, ce qui augmente l'activité d'une des deux classes de cellules bipolaires et arrête l'activité de l'autre.

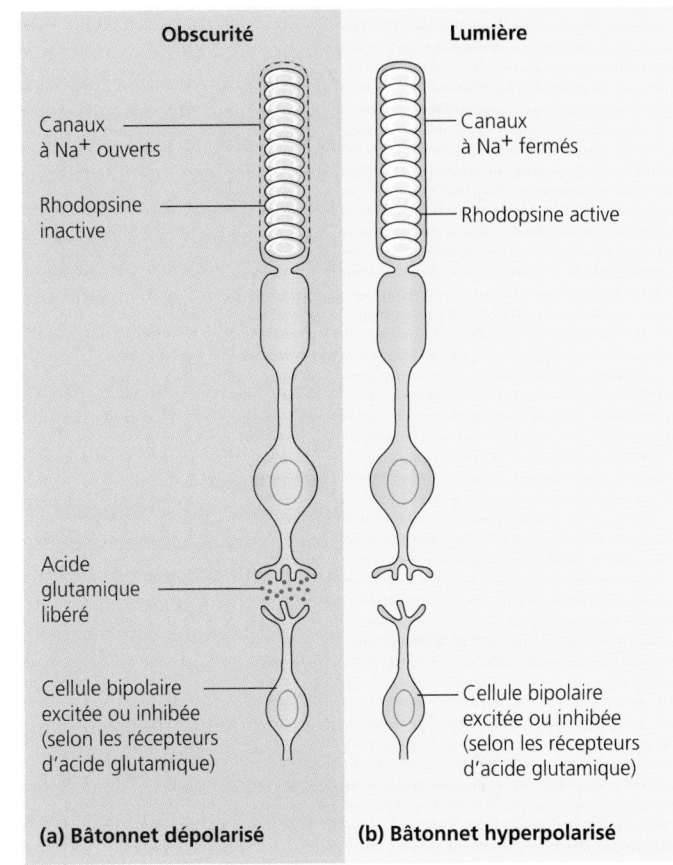

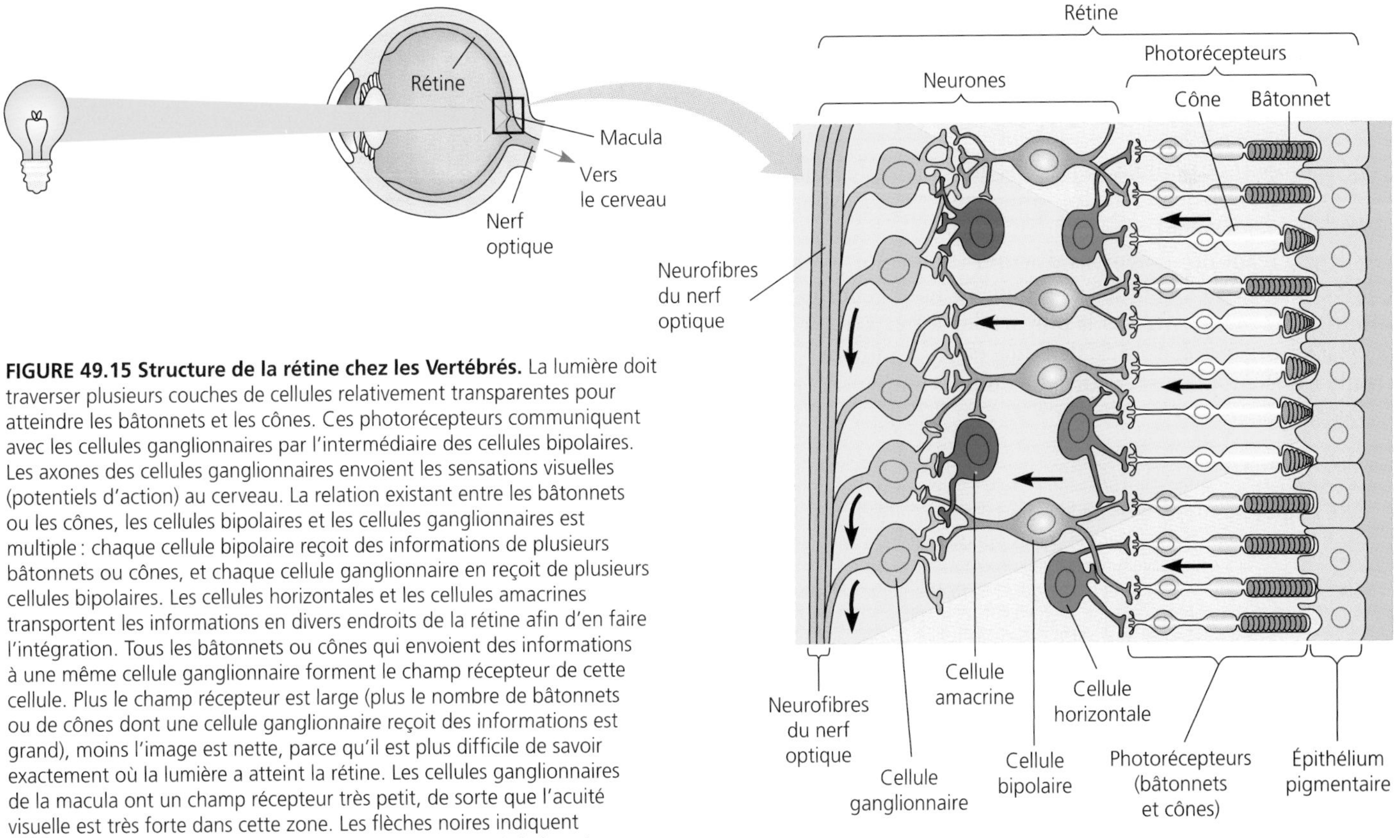

FIGURE 49.15 Structure de la rétine chez les Vertébrés. La lumière doit traverser plusieurs couches de cellules relativement transparentes pour atteindre les bâtonnets et les cônes. Ces photorécepteurs communiquent avec les cellules ganglionnaires par l'intermédiaire des cellules bipolaires. Les axones des cellules ganglionnaires envoient les sensations visuelles (potentiels d'action) au cerveau. La relation existant entre les bâtonnets ou les cônes, les cellules bipolaires et les cellules ganglionnaires est multiple : chaque cellule bipolaire reçoit des informations de plusieurs bâtonnets ou cônes, et chaque cellule ganglionnaire en reçoit de plusieurs cellules bipolaires. Les cellules horizontales et les cellules amacrines transportent les informations en divers endroits de la rétine afin d'en faire l'intégration. Tous les bâtonnets ou cônes qui envoient des informations à une même cellule ganglionnaire forment le champ récepteur de cette cellule. Plus le champ récepteur est large (plus le nombre de bâtonnets ou de cônes dont une cellule ganglionnaire reçoit des informations est grand), moins l'image est nette, parce qu'il est plus difficile de savoir exactement où la lumière a atteint la rétine. Les cellules ganglionnaires de la macula ont un champ récepteur très petit, de sorte que l'acuité visuelle est très forte dans cette zone. Les flèches noires indiquent le parcours des informations visuelles (potentiels d'action) de la rétine au nerf optique.

Les axones des cellules ganglionnaires forment les nerfs optiques, qui transmettent au cerveau les sensations venant des yeux. Les nerfs optiques qui partent des deux yeux se croisent à la hauteur du **chiasma optique,** situé vers le centre de la base du cortex cérébral (FIGURE 49.16). Les faisceaux nerveux du chiasma optique sont disposés de telle sorte que les stimulus perçus dans la partie gauche du champ visuel des deux yeux sont transmis au côté droit du cerveau, et que les stimulus venant de la droite du champ visuel rejoignent le côté gauche du cerveau. La plupart des axones des cellules ganglionnaires conduisent aux **corps géniculés latéraux** du thalamus. Les neurones des corps géniculés latéraux vont jusqu'à l'**aire visuelle primaire** du lobe occipital des hémisphères cérébraux. D'autres interneurones acheminent l'information jusqu'à d'autres centres situés ailleurs dans le cortex et où les informations visuelles subissent un traitement et une intégration plus poussés.

L'image qui est issue du champ visuel et qui se compose de points est transmise à l'aire visuelle primaire par l'intermédiaire de neurones, en fonction de sa position sur la rétine. Mais l'information qui parvient au cerveau est extrêmement déformée. Comment le cerveau transforme-t-il une suite complexe de potentiels d'action représentant des images bidimensionnelles projetées sur nos rétines en des perceptions tridimensionnelles de notre milieu ? Les chercheurs estiment qu'au moins 30 % du cortex cérébral, c'est-à-dire des centaines de millions d'interneurones situés dans probablement des douzaines de centres d'intégration, participe à la formation de ce que nous « voyons » véritablement. La détermination de la façon dont ces centres combinent les composantes de notre vision telles que la couleur, le mouvement, la profondeur, la forme et le détail fait l'objet d'un effort de recherche passionnant, en constante évolution.

OUÏE ET ÉQUILIBRE

Chez la plupart des Animaux, les sens de l'ouïe et de l'équilibre sont associés. Ces deux sens font intervenir des mécanorécepteurs qui renferment des cellules sensorielles ciliées. Ces dernières créent des potentiels d'action lorsque des particules qui se déposent ou un liquide en mouvement font courber leurs cils. Chez les Mammifères et la plupart des autres Vertébrés terrestres, les organes sensoriels de l'ouïe et de l'équilibre sont en étroite association à l'intérieur des conduits remplis de liquide de l'oreille.

FIGURE 49.16 Voies nerveuses de la vision. En raison de la disposition des neurones dans les rétines, dans les nerfs optiques et dans le chiasma optique, le côté droit du cerveau reçoit les informations sensorielles concernant des objets vus dans la partie gauche du champ visuel (rouge), alors que le côté gauche du cerveau reçoit les informations perçues dans la partie droite du champ visuel (bleu). Chaque nerf optique contient environ un million d'axones qui forment des synapses avec les interneurones dans les corps géniculés latéraux. Ces derniers acheminent les sensations jusqu'à l'aire visuelle primaire, considérée comme le premier de nos nombreux centres cérébraux qui participent à l'élaboration de nos perceptions visuelles. Le schéma présente les yeux et une partie du cerveau de l'Humain selon une vue inférieure, qui permet de voir le chiasma optique et les corps géniculés latéraux. Selon cette représentation, l'œil et l'hémisphère cérébral de la partie gauche du schéma sont en réalité l'œil et l'hémisphère cérébral droits.

Chez les Mammifères, l'organe de l'ouïe se situe dans l'oreille interne

L'oreille des Mammifères se divise en trois régions : l'oreille externe, l'oreille moyenne et l'oreille interne. L'**oreille externe** comporte le pavillon (ou auricule), situé à l'extérieur du corps, et le méat acoustique externe. Ces deux structures concentrent les ondes sonores et les dirigent vers la **membrane du tympan,** qui représente la limite entre l'oreille externe et l'oreille moyenne. L'**oreille moyenne** comprend trois osselets (petits os) qui amplifient et transmettent les vibrations : le **malléus** (marteau), l'**incus** (enclume) et le **stapès** (étrier). Les vibrations atteignent ensuite l'oreille interne (ou labyrinthe) par l'intermédiaire de la **fenêtre du vestibule,** membrane qui est située sous le stapès et qui fait partie de l'oreille interne (FIGURE 49.17a et b). L'oreille moyenne s'ouvre aussi sur la **trompe auditive,** conduit qui est relié au pharynx et qui équilibre la pression de l'air entre l'oreille moyenne et l'atmosphère (ce qui vous permet de vous « déboucher » les oreilles lorsque vous changez d'altitude, par exemple). Enfin, l'**oreille interne** comprend un labyrinthe de conduits et de canaux qui sont situés dans l'os temporal du crâne. Une membrane enveloppe ces conduits dans lesquels un liquide se déplace en réponse aux sons ou aux mouvements de la tête.

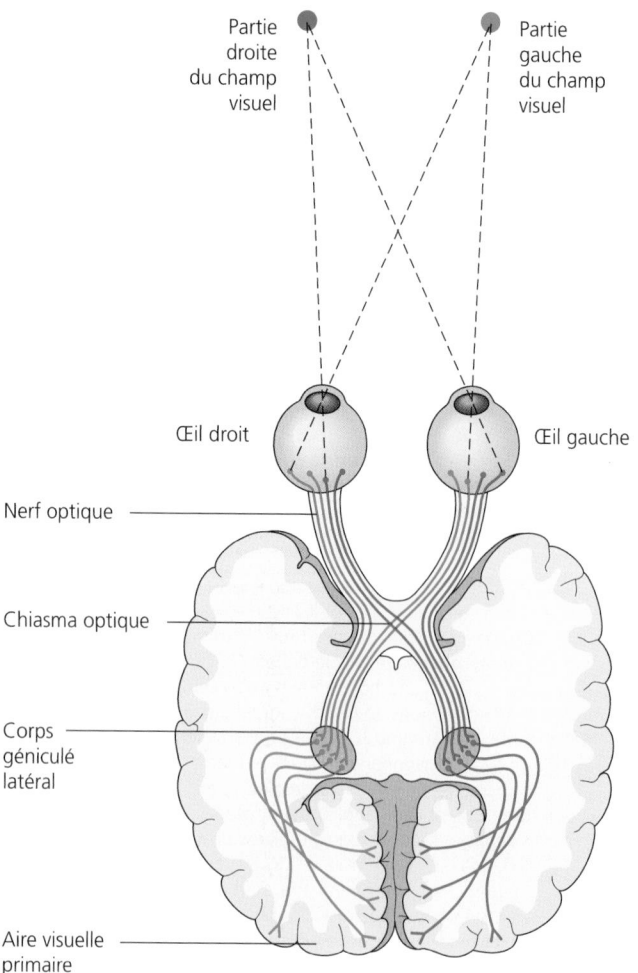

Partie droite du champ visuel

Partie gauche du champ visuel

Œil droit

Œil gauche

Nerf optique

Chiasma optique

Corps géniculé latéral

Aire visuelle primaire

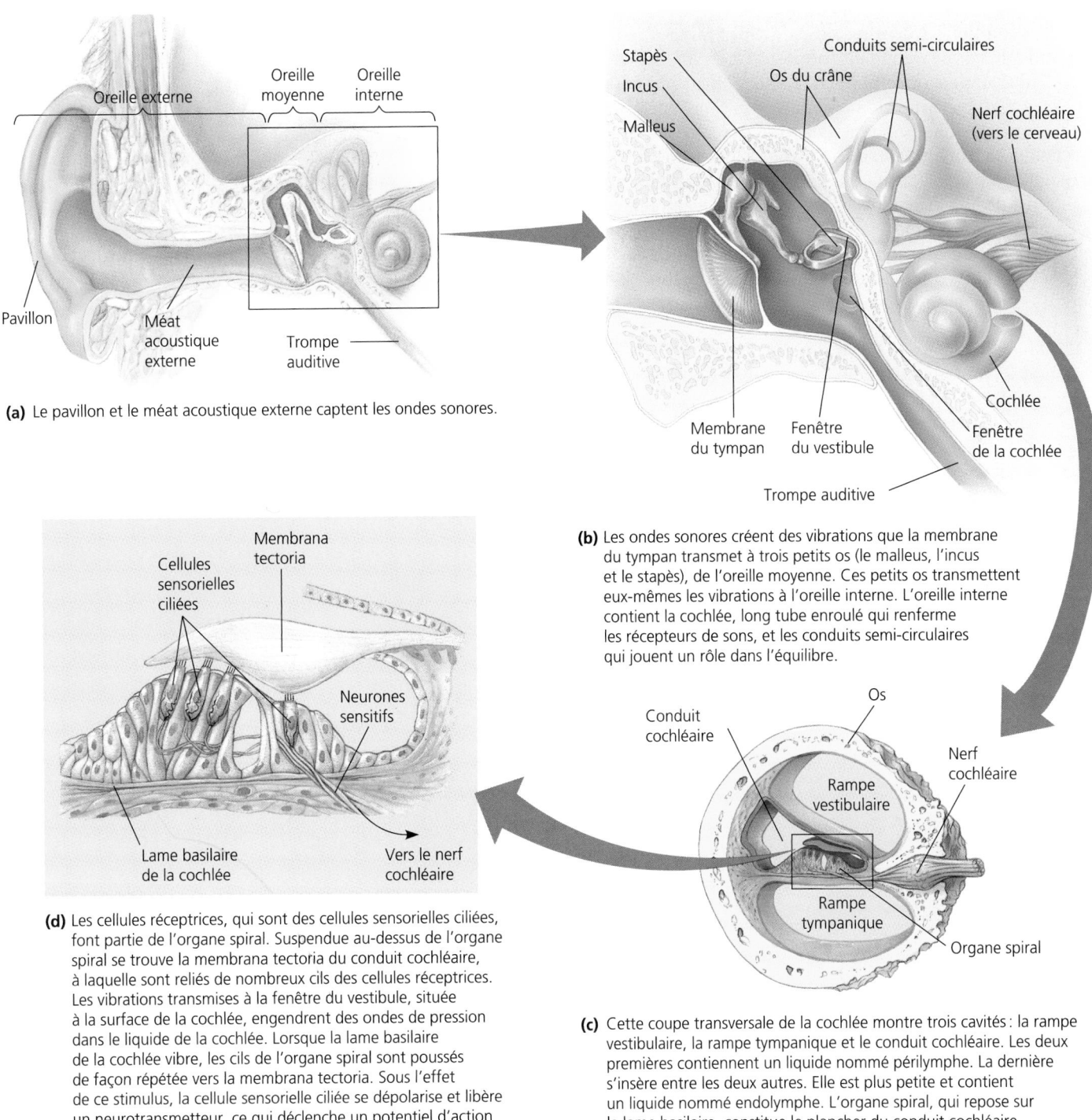

(a) Le pavillon et le méat acoustique externe captent les ondes sonores.

(b) Les ondes sonores créent des vibrations que la membrane du tympan transmet à trois petits os (le malleus, l'incus et le stapès), de l'oreille moyenne. Ces petits os transmettent eux-mêmes les vibrations à l'oreille interne. L'oreille interne contient la cochlée, long tube enroulé qui renferme les récepteurs de sons, et les conduits semi-circulaires qui jouent un rôle dans l'équilibre.

(d) Les cellules réceptrices, qui sont des cellules sensorielles ciliées, font partie de l'organe spiral. Suspendue au-dessus de l'organe spiral se trouve la membrana tectoria du conduit cochléaire, à laquelle sont reliés de nombreux cils des cellules réceptrices. Les vibrations transmises à la fenêtre du vestibule, située à la surface de la cochlée, engendrent des ondes de pression dans le liquide de la cochlée. Lorsque la lame basilaire de la cochlée vibre, les cils de l'organe spiral sont poussés de façon répétée vers la membrana tectoria. Sous l'effet de ce stimulus, la cellule sensorielle ciliée se dépolarise et libère un neurotransmetteur, ce qui déclenche un potentiel d'action dans un neurone sensitif.

(c) Cette coupe transversale de la cochlée montre trois cavités : la rampe vestibulaire, la rampe tympanique et le conduit cochléaire. Les deux premières contiennent un liquide nommé périlymphe. La dernière s'insère entre les deux autres. Elle est plus petite et contient un liquide nommé endolymphe. L'organe spiral, qui repose sur la lame basilaire, constitue le plancher du conduit cochléaire.

FIGURE 49.17 Structure et fonction de l'oreille humaine.

La région de l'oreille interne qui intervient dans l'audition est un organe complexe de forme enroulée que l'on appelle **cochlée** (du latin *cochlea*, « escargot »). La cochlée comporte deux grandes chambres : la rampe vestibulaire, dans la partie supérieure, et la rampe tympanique, dans la partie inférieure. Le conduit cochléaire, plus petit, se trouve entre les deux (FI-GURE 49.17c). Les rampes vestibulaire et tympanique contiennent un liquide appelé périlymphe. Le conduit cochléaire contient un autre liquide, appelé endolymphe. Sur le plancher du conduit cochléaire, ou lame basilaire de la cochlée, se situe l'**organe spiral** (ou organe de Corti). L'organe spiral renferme les cellules réceptrices proprement dites de l'oreille. Il s'agit de cellules sensorielles ciliées dont les cils dépassent dans le conduit cochléaire (FIGURE 49.17d). L'apex de beaucoup de ces cils se rattache à la membrana tectoria du conduit cochléaire, qui surplombe l'organe spiral comme une corniche.

Quelle est la relation entre l'anatomie de l'oreille et la fonction de l'audition? L'oreille convertit l'énergie des ondes de pression qui se propagent dans l'atmosphère en influx nerveux que le cerveau perçoit comme un son. Les objets qui vibrent, par exemple les cordes d'une guitare que l'on pince ou les cordes vocales d'une personne qui parle, créent des ondes de pression dans l'air environnant. Ces ondes font vibrer la membrane du tympan à la même fréquence que le son. Les mouvements des trois osselets de l'oreille moyenne amplifient ce phénomène mécanique et transmettent les vibrations à la fenêtre du vestibule, membrane située à la surface de la cochlée, sous la base du stapès. Le stapès déforme la fenêtre du vestibule dont les vibrations créent des ondes de pression dans le liquide (périlymphe) qui se trouve dans la cochlée.

Les ondes de pression se propagent d'abord dans la périlymphe de la rampe vestibulaire (FIGURE 49.18a). Elles contournent le sommet de la cochlée (région appelée hélicotréma) et passent dans la rampe tympanique, puis se dissipent en atteignant la **fenêtre de la cochlée.** Les ondes de pression qui traversent d'abord la rampe vestibulaire exercent une pression de haut en bas sur le conduit cochléaire et la lame basilaire.

Vibrant sous l'effet des ondes de pression, celle-ci exerce alternativement une pression et une traction sur les cellules sensorielles ciliées qui sont reliées à la membrana tectoria du conduit cochléaire. Cette « flexion » des cils fait s'ouvrir certains canaux ioniques de la membrane plasmique des cellules sensorielles ciliées. La membrane devient alors plus perméable aux ions positifs (K^+, dans ce cas). La dépolarisation qui en résulte augmente la quantité de neurotransmetteur libérée par la cellule sensorielle ciliée, ainsi que la fréquence des potentiels d'action dans le neurone sensitif auquel la cellule sensorielle ciliée est reliée par une synapse. C'est ainsi que la cochlée transforme en potentiels d'action l'énergie du liquide en mouvement. Par la suite, le neurone sensitif transmet les sensations au cerveau par l'intermédiaire du nerf cochléaire.

La détection du son se fait par l'augmentation de la fréquence des influx dans le neurone sensitif. Mais comment la qualité du son est-elle déterminée? L'intensité et la hauteur constituent deux des caractères importants d'un son. L'**intensité** (volume) est déterminée par l'amplitude de l'onde sonore. Plus un son a une forte amplitude, plus le liquide présent dans la cochlée vibrera de façon énergique, plus les cellules sen-

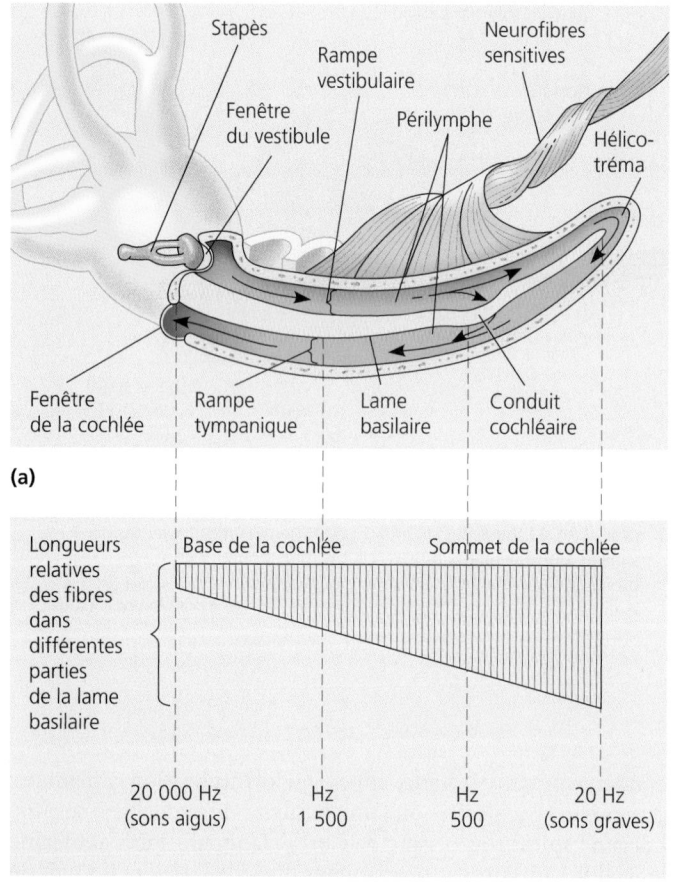

(a)

(b)

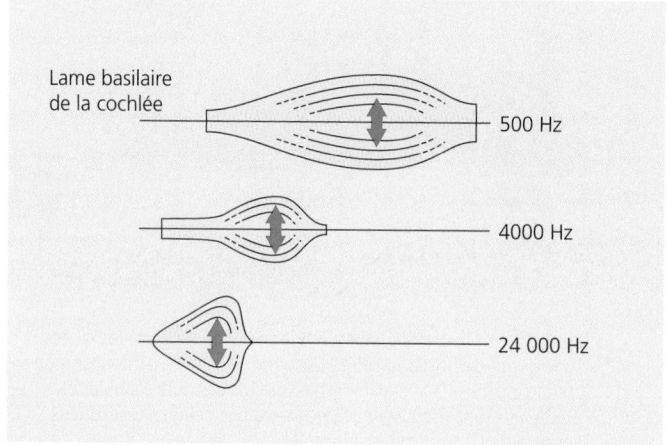

(c)

FIGURE 49.18 Comment la cochlée reconnaît la hauteur du son.
(a) Les vibrations du stapès contre la fenêtre du vestibule impriment un mouvement au liquide de la cochlée (représentée déroulée dans ce schéma). Cela crée des ondes de pression de même fréquence que les ondes sonores qui ont pénétré dans l'oreille. Ces ondes (flèches noires) suivent la rampe vestibulaire, atteignent l'hélicotréma de la cochlée puis reviennent à la base de la cochlée par la rampe tympanique. L'énergie des ondes fait vibrer du haut en bas le conduit cochléaire ainsi que sa lame basilaire et l'organe spiral. Les oscillations de la lame basilaire stimulent les cellules sensorielles ciliées situées dans le conduit cochléaire. **(b)** La lame basilaire est parcourue, dans le sens de la largeur, par des fibres de longueur variable : elles sont plus courtes près de la base de la cochlée et plus longues au sommet, comme les cordes d'une harpe. Selon leur longueur, les fibres sont « accordées » pour vibrer à une certaine fréquence. **(c)** Les ondes de pression de fréquences données qui parcourent la cochlée produisent ainsi des oscillations prononcées en un point donné de la lame basilaire. Cela stimule ensuite des cellules sensorielles ciliées et des neurones sensitifs particuliers. Le cerveau perçoit la différence de stimulation des cellules sensorielles ciliées comme un son d'une certaine hauteur.

sorielles ciliées seront déformées et plus les neurones sensitifs produiront de potentiels d'action. La **hauteur** dépend, quant à elle, de la fréquence des ondes sonores, c'est-à-dire du nombre de vibrations (ou cycles) par seconde, et s'exprime habituellement en hertz (Hz). Les ondes courtes et à haute fréquence produisent des sons aigus, tandis que les ondes longues et de basse fréquence correspondent à des sons graves. Les Humains jeunes et en bonne santé peuvent entendre des sons dont la hauteur se situe entre 20 et 20 000 Hz. Les Chiens détectent les sons d'une hauteur de 40 000 Hz. Enfin, les Chauves-souris émettent et perçoivent des sons (déclics) d'une hauteur encore plus élevée (120 000 Hz), grâce auxquels elles localisent des objets par sonar.

La cochlée distingue les différentes hauteurs parce que la lame basilaire n'est pas uniforme (FIGURE 49.18b et c). En effet, l'extrémité proximale de la lame basilaire, située près de la fenêtre du vestibule, est relativement étroite et rigide, alors que l'extrémité distale, qui se trouve près de l'hélicotréma, est plus large et plus flexible. Chaque région de la lame basilaire répond plus particulièrement à une fréquence donnée. Les neurones sensitifs associés à la région qui vibre le plus à un instant donné sont alors ceux qui envoient le plus de potentiels d'action le long du nerf cochléaire. Mais la perception même de la hauteur dépend de la cartographie du cerveau. Les neurones sensitifs issus de la voie auditive sont reliés à des aires auditives précises du cortex cérébral, en fonction de la région de la lame basilaire qui a émis le plus de potentiels d'action. Lorsqu'un site donné de l'aire auditive primaire est stimulé, on perçoit un son d'une certaine hauteur.

L'oreille interne renferme également les organes de l'équilibre

Chez les Humains et la plupart des autres Mammifères, plusieurs organes de l'oreille interne perçoivent la position du corps et l'équilibre. Ainsi, derrière la fenêtre du vestibule se trouve le vestibule qui contient deux chambres : l'**utricule** et le **saccule**. Dans l'utricule prennent naissance les trois **conduits semi-circulaires,** qui forment le reste de l'organe de l'équilibre (FIGURE 49.19a).

Chez les Humains et la majorité des autres Mammifères, les sensations relatives à la position du corps sont générées presque de la même façon que les sensations sonores. Les cellules sensorielles ciliées de l'utricule et du saccule répondent aux changements de position de la tête par rapport à la gravitation, ainsi qu'au mouvement dans une direction donnée. Elles sont regroupées en amas et leurs cils sont entourés d'une substance gélatineuse qui contient de nombreuses petites particules de trioxocarbonate de calcium nommées otolithes ou statoconies. Comme ce matériau est plus lourd que l'endolymphe de l'utricule et du saccule, la gravitation attire constamment les cils des cellules réceptrices vers le bas, ce qui produit une suite continue de potentiels d'action dans les neurones sensitifs du nerf vestibulaire.

Différentes inclinaisons du corps stimulent différentes cellules sensorielles ciliées et différents neurones sensitifs. Lorsque la position de la tête change par rapport au champ gravitationnel (lorsque l'on penche la tête vers l'avant, par exemple), la force

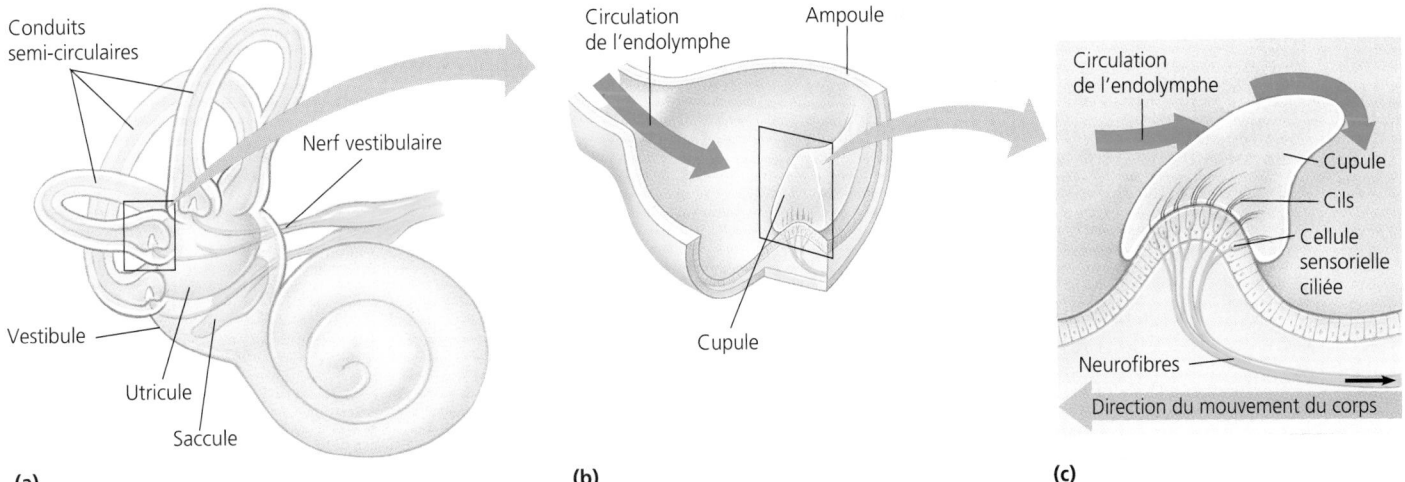

(a) **(b)** **(c)**

FIGURE 49.19 Organes de l'équilibre dans l'oreille interne. (a) Trois structures de l'oreille interne contiennent des cellules sensorielles ciliées sensibles à l'équilibre et à la position du corps : l'utricule et le saccule dans le vestibule, et les conduits semi-circulaires. L'utricule et le saccule indiquent au cerveau où se trouvent le haut et le bas, et l'informent également de la position fixe du corps dans l'espace ou de toute accélération linéaire due à un mouvement. Les conduits semi-circulaires sont disposés selon les trois plans de l'espace. **(b)** À la base de chaque conduit semi-circulaire se trouve un renflement appelé ampoule qui contient un amas de cellules sensorielles ciliées. Les cils de ces cellules sont entourés d'une masse gélatineuse appelée cupule. **(c)** Lorsque la tête bouge, l'inertie empêche l'endolymphe présente dans les conduits semi-circulaires d'accompagner le mouvement, de sorte que le liquide exerce une pression sur la cupule et fait fléchir les cellules sensorielles ciliées. L'inflexion augmente la fréquence des potentiels d'action des neurones sensitifs proportionnellement à la vitesse de la rotation. Ce mécanisme récepteur s'adapte rapidement si la rotation se poursuit à vitesse constante. Ainsi, peu à peu, l'endolymphe suit le mouvement de la tête, et la pression exercée sur la cupule diminue. Cependant, si la rotation cesse brusquement, le liquide continue de circuler dans les conduits semi-circulaires et stimule à nouveau les cellules sensorielles ciliées. C'est ce nouveau stimulus qui cause le vertige.

exercée sur la cellule sensorielle ciliée se modifie et la cellule accroît (ou diminue ; voir la FIGURE 49.4) sa production de neurotransmetteur. Pour déterminer la position de la tête, le cerveau interprète les changements d'influx que créent les cellules sensorielles ciliées. Les conduits semi-circulaires, disposés selon les trois plans de l'espace, détectent les changements de vitesse de rotation de la tête grâce à un mécanisme similaire (FIGURE 49.19b et c).

Chez la plupart des Poissons et des Amphibiens aquatiques, l'organe sensoriel de la ligne latérale et l'oreille interne détectent les ondes de pression

Comme les autres Vertébrés, les Poissons et les Amphibiens aquatiques possèdent des oreilles internes situées au voisinage de l'encéphale. Leurs oreilles internes n'ont pas de cochlée, mais ont un saccule, un utricule et des conduits semi-circulaires, structures homologues de celles de l'équilibre dans les oreilles humaines. Ces chambres de l'oreille interne des Poissons abritent des cils sensoriels stimulés par le mouvement d'otolithes, qui sont de minuscules granules. Contrairement à l'organe auditif des Mammifères, l'oreille interne des Poissons ne comporte aucun tympan et ne communique pas avec l'extérieur de l'organisme. Les ondes sonores qui voyagent dans l'eau se propagent dans le squelette de la tête et atteignent les oreilles internes. C'est ainsi qu'elles mettent les otolithes en mouvement et stimulent les cellules sensorielles ciliées. La vessie natatoire, remplie d'air (voir le chapitre 34), vibre aussi en présence d'ondes sonores et contribue peut-être à la transmission du son en direction de l'oreille interne. Certains Poissons, dont les Barbottes et les Cyprinidés, possèdent une série d'os, portant le nom d'appareil de Weber, qui transmet les vibrations de la vessie natatoire à l'oreille interne.

De chaque côté du corps de la plupart des Poissons et des Amphibiens aquatiques, on trouve aussi l'**organe sensoriel de la ligne latérale** (FIGURE 49.20). Cet organe comprend des mécanorécepteurs qui détectent les ondes de basse fréquence au moyen d'un mécanisme semblable à celui de l'oreille interne. L'eau qui entoure ces animaux pénètre dans la ligne latérale par de nombreux pores et circule dans un conduit, glissant ainsi sur les mécanorécepteurs. Les unités réceptrices, ou neuromastes, ressemblent aux ampoules qui se trouvent dans les conduits semi-circulaires. Chaque neuromaste renferme un amas de cellules sensorielles ciliées dont les cils s'enfoncent dans une capsule gélatineuse appelée cupule. Lorsque la pression de l'eau en mouvement courbe la cupule, les cellules sensorielles ciliées transforment l'énergie en potentiels récepteurs, puis en potentiels d'action qui cheminent dans un nerf latéral jusqu'au cerveau. Grâce à cette information, les Poissons perçoivent leur propre mouvement dans la masse d'eau, ou bien la direction et la vitesse des courants à la surface de leur corps. L'organe sensoriel de la ligne latérale détecte aussi les mouvements de l'eau ou les vibrations créées par d'autres objets en mouvement, notamment les proies et les prédateurs.

L'organe sensoriel de la ligne latérale ne fonctionne que dans l'eau. Chez les Vertébrés terrestres, l'oreille interne est devenue le principal organe de l'audition et de l'équilibre. Certains Amphibiens possèdent une ligne latérale au stade de têtards, mais pas

au stade adulte, lorsqu'ils vivent sur la terre ferme. Les Grenouilles terrestres et les Crapauds ont un tympan à la surface du corps et un seul osselet pour transmettre à l'oreille interne les ondes sonores qui se propagent dans l'air. On a découvert récemment que les poumons des Grenouilles vibraient aussi en présence d'un son et que les vibrations en question se propageaient jusqu'au tympan par l'intermédiaire de la trompe auditive. Une petite poche latérale du saccule joue le rôle d'organe principal de l'audition chez les Grenouilles. Cette excroissance a donné naissance, au cours de l'évolution des Mammifères, à la structure plus élaborée que représente la cochlée. Les Oiseaux possèdent une cochlée. Mais chez eux, comme chez les Amphibiens et les Reptiles, le son circule de la membrane du tympan à l'oreille interne par l'intermédiaire d'un seul osselet, le stapès.

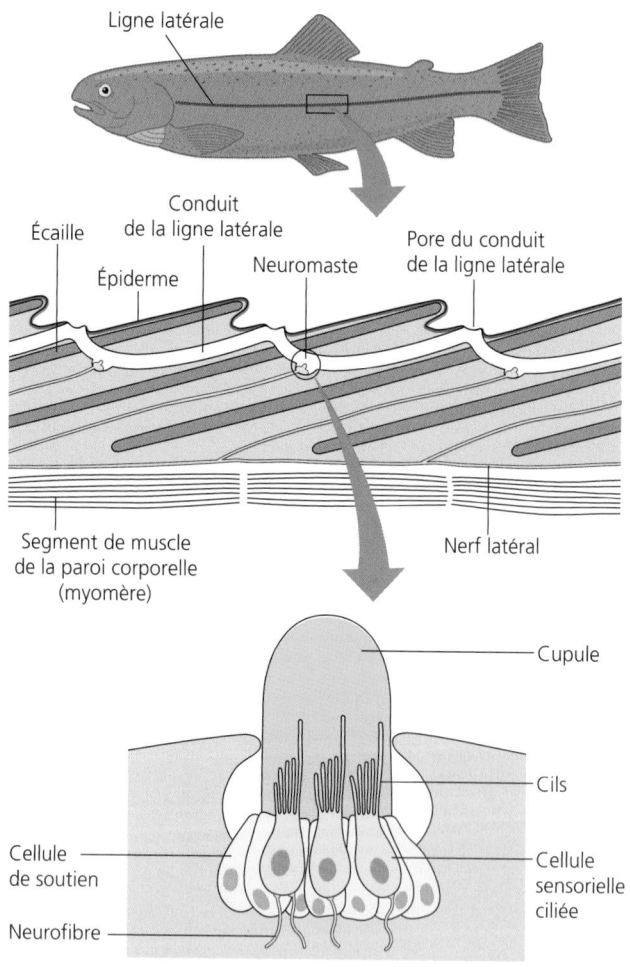

FIGURE 49.20 Organe sensoriel de la ligne latérale chez les Poissons. L'eau qui passe dans l'organe sensoriel de la ligne latérale, chez les Poissons, fléchit les cellules sensorielles ciliées, lesquelles transforment l'énergie en potentiels récepteurs. Ces derniers déclenchent des potentiels d'action qui se propagent jusqu'au cerveau. L'organe sensoriel de la ligne latérale permet aux Poissons de percevoir les courants, les ondes de pression produites par les objets en mouvement et les sons à basse fréquence qui se propagent dans l'eau.

De nombreux Invertébrés ont des récepteurs sensibles à la gravitation et perçoivent les sons

Chez la plupart des Invertébrés, des mécanorécepteurs appelés **statocystes** jouent un rôle dans l'équilibre (FIGURE 49.21). Un type répandu de statocyste se compose d'une chambre qui contient des **statolithes**, c'est-à-dire des grains de sable ou d'autres granules denses, et d'une couche de cellules sensorielles ciliées qui se trouve autour. Sous l'effet de la gravitation, les statolithes se déposent au fond de la chambre et stimulent les cellules sensorielles ciliées qui s'y trouvent. (Ce mode de fonctionnement ressemble à celui du saccule et de l'utricule de l'oreille interne des Vertébrés, que l'on considère effectivement comme des types spécialisés de statocystes.) Chez les Invertébrés, les statocystes se situent à divers endroits. Par exemple, de nombreuses Méduses possèdent des statocystes au bord de l'« ombrelle » et ont ainsi des informations sur la position de leur corps. Les Homards et les Écrevisses ont des statocystes à la base de leurs antennules. Dans certaines expériences, on a fait nager des Écrevisses sur le dos en remplaçant les statolithes par des particules métalliques que l'on pouvait attirer vers le plafond des statocystes au moyen d'aimants.

De nombreux Invertébrés perçoivent les sons. Mais leurs structures spécialisées dans l'audition semblent moins répandues que leurs récepteurs sensibles à la gravitation. C'est chez les Insectes terrestres qu'on a le plus étudié les organes de l'audition.

Ainsi, les poils sensoriels situés sur le corps de nombreux Insectes (peut-être de la plupart) vibrent en réponse à des ondes sonores de certaines fréquences, selon leur rigidité et leur longueur. Ils captent souvent les fréquences émises par d'autres organismes. Grâce aux poils sensoriels fins qui garnissent leurs antennes, les Moustiques mâles détectent le bourdonnement produit par le battement d'ailes des femelles qui volent. Cela leur permet de trouver une partenaire sexuelle. Un diapason que l'on fait vibrer à la même fréquence que les ailes d'une femelle de Moustique attire aussi les mâles. Certaines chenilles (forme larvaire des Papillons), ont sur le corps des poils vibratiles qui leur servent à détecter le bourdonnement des ailes des Guêpes prédatrices. Cela leur permet « d'entendre venir » le danger. De nombreux Insectes possèdent aussi des « oreilles » localisées (FIGURE 49.22). Ils ont une membrane constituant un tympan qui est tendue au-dessus d'une chambre aérienne interne. Les ondes sonores font vibrer ce tympan. Cela stimule des cellules réceptrices fixées à l'intérieur. Des influx nerveux sont ainsi créés et sont transmis au cerveau. Certaines Noctuelles peuvent percevoir des fréquences assez élevées. Elles détectent ainsi les sons émis par les Chauves-souris, qui se servent de l'écholocation, et peuvent ainsi esquiver l'attaque et survivre, comme nous l'avons vu en début de chapitre.

CHIMIORÉCEPTION : GOÛT ET ODORAT

De nombreux Animaux ont recours à leurs organes de détection chimique pour trouver des partenaires sexuels (comme les mâles chez le Bombyx du Mûrier, *Bombyx mori,* qui sont attirés par les phéromones émises par les femelles) ; reconnaître un territoire marqué au moyen d'une substance chimique (comme les Chiens et les Chats qui sentent les limites des territoires marqués par l'urine de leurs voisins) ; ou se repérer pendant leur migration (comme les Saumons qui, grâce à leur odorat, reconnaissent le ruisseau où ils doivent aller frayer). La « communication » de nature chimique est particulièrement importante pour les Animaux qui, comme les Fourmis et les Abeilles, vivent en grands groupes sociaux. Chez tous les Animaux, le goût et l'odorat jouent un rôle important dans le comportement d'alimentation. Par exemple, l'Hydre (Cnidaire) se met à déglutir dès que ses chimiorécepteurs détectent du glutathion, composé que libèrent ses proies lorsqu'elle les capture avec ses tentacules.

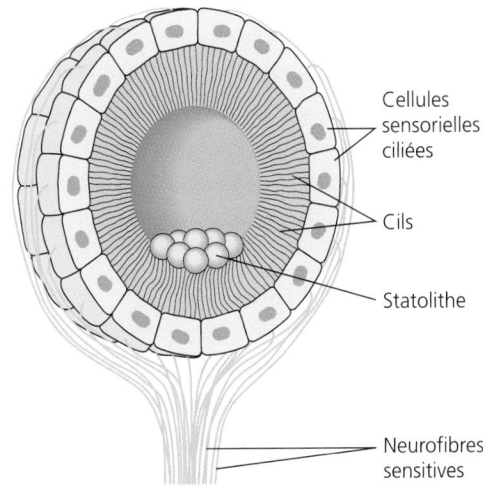

Cellules sensorielles ciliées

Cils

Statolithe

Neurofibres sensitives

FIGURE 49.21 Statocyste d'Invertébré. La chute des statolithes au fond de la chambre déforme les cellules sensorielles ciliées situées sur les cellules réceptrices, et donne ainsi au cerveau des indications sur la position du corps.

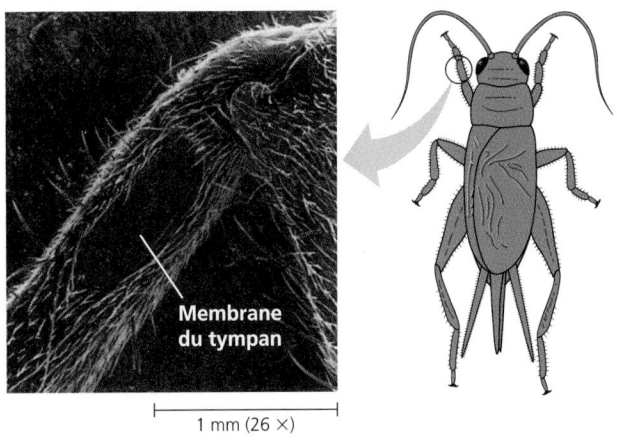

Membrane du tympan

1 mm (26 ×)

FIGURE 49.22 Oreille des Insectes. La membrane du tympan, située ici sur la patte antérieure du Grillon, vibre en présence d'ondes sonores (MEB). Les vibrations stimulent les mécanorécepteurs qui sont fixés à l'intérieur du tympan.

Les sens du goût et de l'odorat sont généralement associés

Les sens du goût et de l'odorat reposent sur l'existence de chimiorécepteurs qui détectent certaines substances dans le milieu. Chez les animaux terrestres, le goût permet de distinguer des substances chimiques qui sont sous forme de solutions et l'odorat sert à identifier les substances chimiques volatiles qui sont transportées par l'air. Cependant, ces sens sont habituellement très apparentés, et il n'existe pas de véritable distinction entre eux dans les milieux aquatiques.

Chez les Insectes, les récepteurs du goût se trouvent à l'intérieur de poils sensoriels appelés soies et situés sur les pattes et les pièces buccales. Les Insectes se servent de leur sens du goût pour choisir leurs aliments. Une soie gustative renferme plusieurs cellules chimioréceptrices, chacune étant particulièrement sensible à un certain type de stimulus chimique, comme le sucré ou le salé. Grâce à l'intégration des sensations (influx nerveux) provenant de ces diverses cellules réceptrices, le cerveau semble en mesure de reconnaître un très grand nombre de saveurs (FIGURE 49.23). Les Insectes peuvent aussi détecter les substances chimiques présentes dans l'air au moyen de leurs soies olfactives, localisées habituellement sur leurs antennes (voir la FIGURE 49.5).

Chez les Humains et les autres Mammifères, les sens du goût et de l'odorat sont associés et semblables du point de vue fonctionnel. Dans les deux cas, une petite molécule doit se dissoudre dans un liquide pour entrer en contact avec la cellule réceptrice et la stimuler. Elle s'associe à la cellule réceptrice en se liant à une protéine donnée située sur la membrane de la cellule, ce qui provoque une dépolarisation de la membrane plasmique et la libération d'un neurotransmetteur (voir la FIGURE 49.2).

Les cellules réceptrices du goût (ou cellules gustatives) sont des cellules épithéliales modifiées qui sont regroupées en **calicules gustatifs** (bourgeons du goût) disséminés dans plusieurs régions de la langue et de la bouche. La plupart des calicules gustatifs se trouvent à la surface de la langue ou sont associés à des papilles qui font saillie sur la langue. Bien que leur structure ne nous permette pas de reconnaître les différents types de cellules gustatives, nous distinguons quatre sensations gustatives primaires (sucré, acide, salé et amer) qui sont détectées chacune par un chimiorécepteur au moyen d'un récepteur donné et d'une voie de conversion-amplification du stimulus. Bien que chacune des cellules gustatives soit plus sensible à un certain type de substances, elle peut en fait répondre à la stimulation d'un large éventail de substances chimiques. À chaque bouchée de nourriture et chaque gorgée de boisson, le cerveau fait l'intégration des différentes informations provenant des calicules gustatifs. C'est ainsi qu'une sensation gustative complexe prend naissance.

Le sens olfactif des Mammifères leur permet de détecter certaines substances chimiques présentes dans l'atmosphère. Les cellules olfactives sont des neurones qui garnissent la partie supérieure de la cavité nasale et qui, par l'intermédiaire de leur axone, envoient des influx directement au bulbe olfactif de l'encéphale (FIGURE 49.24). Les extrémités réceptrices de ces cellules comportent des cils qui baignent dans la couche de mucus recouvrant la paroi de la cavité nasale. Lorsqu'une substance odorante arrive là par diffusion, elle se lie aux molécules réceptrices spécifiques qui se trouvent sur la membrane plasmique des cils olfactifs. Ce couplage amorce une voie de conversion-amplification du stimulus faisant intervenir des protéines G et, dans de nombreux cas, une enzyme, l'adénylate cyclase, et un second messager, l'adénosine monophosphate cyclique (AMPc, voir la FIGURE 11.13). Le second messager fait

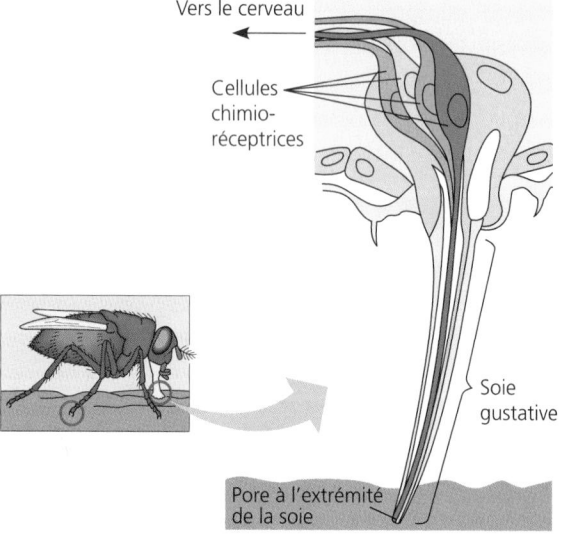

(a)

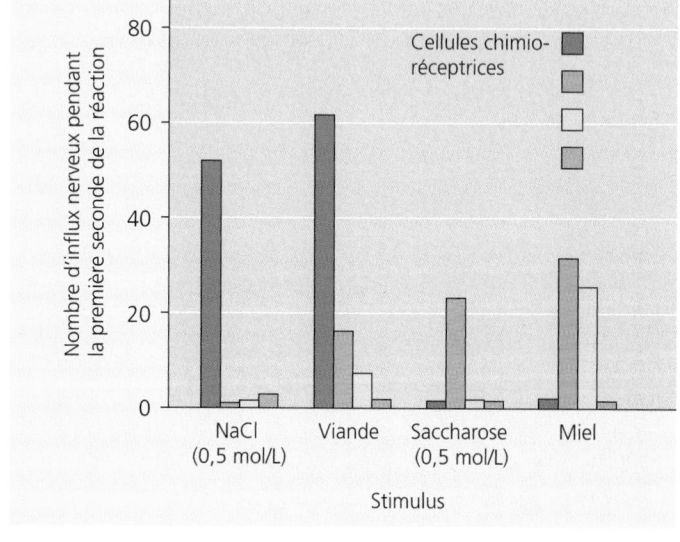

(b)

FIGURE 49.23 Sens du goût chez une Mouche de la viande. (a) Les soies (poils) gustatives des pattes et des pièces buccales contiennent chacune quatre cellules chimioréceptrices dont les dendrites s'étendent jusqu'au pore situé à l'extrémité de la soie. **(b)** Chaque cellule chimioréceptrice (gustative) est sensible à un type de substance en particulier. Par exemple, la cellule chimioréceptrice représentée ici en vert réagit surtout au saccharose pur et aux glucides que l'on trouve dans le miel. Mais cette spécificité est relative. En effet, chaque cellule peut, dans une certaine mesure, répondre à un large éventail de stimulus chimiques. N'importe quelle source de nourriture présente dans la nature stimule probablement plusieurs cellules chimioréceptrices. Apparemment, le cerveau combine les fréquences des influx lui parvenant, par les axones, des quatre classes de cellules chimioréceptrices. Il reconnaît ainsi un grand nombre de sensations gustatives.

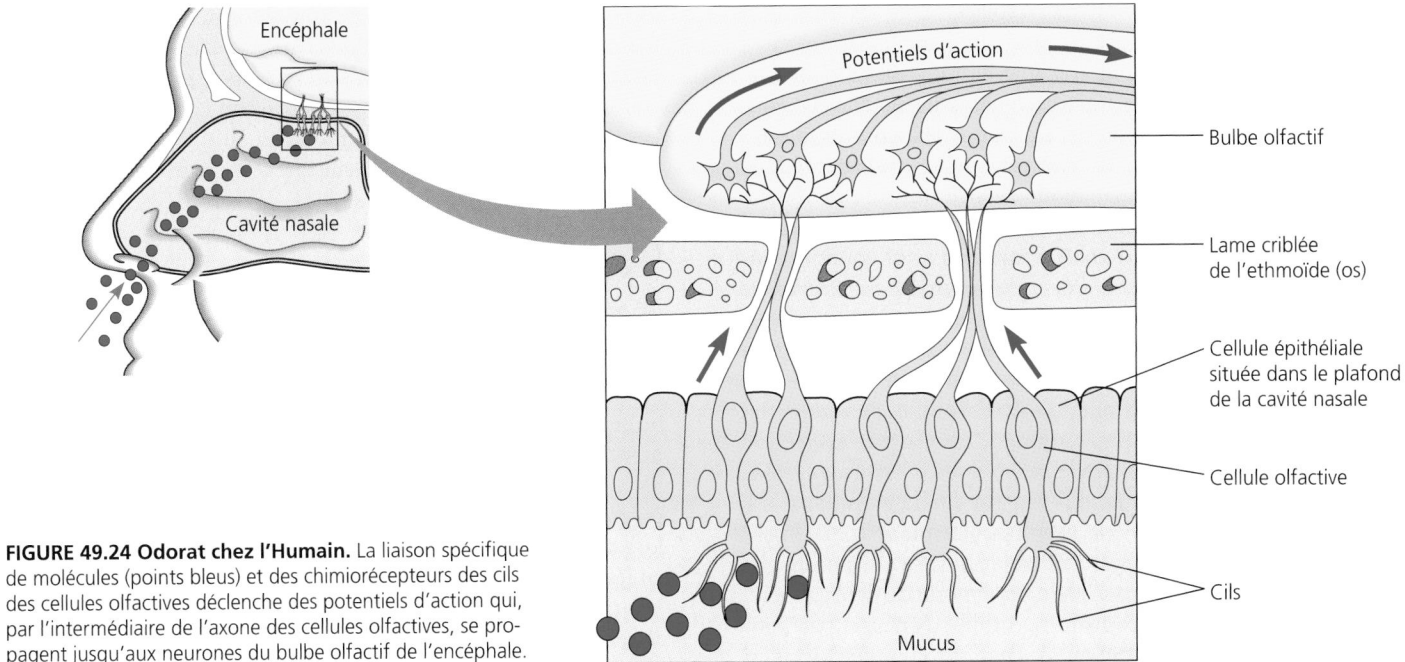

FIGURE 49.24 Odorat chez l'Humain. La liaison spécifique de molécules (points bleus) et des chimiorécepteurs des cils des cellules olfactives déclenche des potentiels d'action qui, par l'intermédiaire de l'axone des cellules olfactives, se propagent jusqu'aux neurones du bulbe olfactif de l'encéphale.

Labels on figure:
Encéphale
Cavité nasale
Potentiels d'action
Bulbe olfactif
Lame criblée de l'ethmoïde (os)
Cellule épithéliale située dans le plafond de la cavité nasale
Cellule olfactive
Cils
Mucus

s'ouvrir les canaux ioniques à sodium qui se trouvent dans la membrane plasmique du récepteur olfactif. Cela dépolarise le récepteur olfactif et génère des potentiels d'action qui vont jusqu'au cerveau. Les Humains peuvent distinguer des milliers d'odeurs, qui résultent probablement de la combinaison de quelques odeurs primaires analogues aux goûts primaires de la gustation.

Bien que les récepteurs et les voies nerveuses du goût et de l'odorat soient indépendantes, il existe des interactions entre les deux sens. En fait, une grande partie de ce que nous attribuons au goût dépend de l'odorat. Ainsi, si l'organe olfactif est congestionné à la suite d'un rhume, les sensations du goût sont considérablement réduites.

■   ■   ■

Tout au long de cette présentation des mécanismes sensoriels, nous avons constaté que l'arrivée des informations sensorielles dans le système nerveux déclenchait des mouvements corporels particuliers et produisait certains comportements chez les Animaux. Nous avons ainsi vu comme exemples la fuite de la Planaire qui s'éloigne de la lumière, la fuite de la Noctuelle qui entend le sonar d'une Chauve-souris et les mouvements de déglutition de l'Hydre qui perçoit le goût du glutathion. Les comportements des Animaux s'inscrivent dans une suite ininterrompue d'opérations du cerveau qui génèrent des actions, en observent les conséquences par l'intermédiaire de mécanismes sensoriels, puis, selon l'information reçue, déterminent l'action suivante. Dans la suite du chapitre, nous allons nous pencher sur les mécanismes moteurs qui permettent ces comportements. En d'autres termes, nous allons étudier la façon dont les Animaux utilisent leurs muscles et leur squelette pour se déplacer.

MOUVEMENT ET LOCOMOTION

Pour se procurer de la nourriture, tout animal doit se déplacer dans son milieu ou amener à lui l'eau et l'air environnants. Les animaux fixés à leur substrat, comme les Éponges et de nombreux Cnidaires, ne se déplacent pas, mais font onduler des tentacules préhensiles pour capturer des proies, ou font battre des cils de façon à créer des courants, ce qui leur permet d'attirer et de piéger de petites particules de nourriture (voir le chapitre 33). Cependant, la plupart des Animaux sont mobiles et consacrent une partie importante de leur temps et de leur énergie à chercher activement de la nourriture, à échapper au danger et à tenter de trouver des partenaires sexuels. Dans cette partie du chapitre, nous allons donc nous pencher sur la **locomotion,** c'est-à-dire le déplacement actif d'un lieu à un autre.

La locomotion requiert de l'énergie pour vaincre la friction et la gravitation

On observe divers modes de locomotion chez les Animaux. La plupart des embranchements comprennent des espèces qui se déplacent en nageant. Sur la terre ferme et dans les sédiments du fond des mers et des lacs, des animaux rampent, marchent, courent ou sautillent. Les organes du vol (le vol proprement dit est différent du vol plané, qui permet de descendre d'un arbre ou d'un endroit élevé) ne sont apparus que dans quelques classes : les Insectes, les Reptiles, les Oiseaux et, chez les Mammifères, les Chauves-souris. Un embranchement important de reptiles volants a disparu il y a des millions d'années. Il ne reste donc que les Oiseaux et les Chauves-souris comme vertébrés volants.

Quel que soit leur mode de déplacement, les Animaux doivent exercer une force suffisante sur leur environnement pour lutter contre la friction et la gravitation, qui tendent à les garder immobiles. Exercer une force nécessite un travail cellulaire qui consomme de l'énergie. L'étude de la locomotion nous amène donc au thème de la bioénergétique. Le coût énergétique du déplacement varie selon le mode de locomotion et le milieu. La FIGURE 49.25 permet de comparer les coûts énergétiques de la nage, de la course et du vol. Les animaux qui courent consomment généralement plus d'énergie par mètre parcouru que les animaux de même taille qui nagent, en partie parce que la course (ou la marche) demande à l'animal de lutter contre la gravitation. La nage est le mode de transport le plus efficace pour les animaux aquatiques. Si l'on voulait comparer les consommations d'énergie par minute, et non par mètre, on constaterait que les animaux qui volent consomment plus d'énergie que les animaux qui nagent ou les animaux qui marchent. Le graphique de la FIGURE 49.25 montre également que les gros animaux se déplacent de façon plus efficace que les petits qui sont spécialisés dans le même mode de déplacement. Par exemple, un cheval consomme moins d'énergie par kilogramme de masse corporelle qu'un chat, sur la même distance. (Bien entendu, la consommation d'énergie totale est plus importante chez l'animal le plus gros.)

Nage

Comme la plupart des Animaux ont une assez bonne flottabilité, les espèces qui nagent ont moins de difficulté à vaincre la gravitation que celles qui doivent se déplacer sur la terre ferme ou dans les airs. Cependant, l'eau est un milieu de masse volumique beaucoup plus grande que l'air, et la résistance au mouvement (friction) représente une entrave importante pour les animaux aquatiques. L'évolution a doté de nombreux animaux nageurs rapides (voir la FIGURE 40.6) d'une forme élancée et fusiforme (en forme de torpille). En général, les animaux nageurs utilisent le mode de locomotion le plus efficace du point de vue énergétique.

Les Animaux nagent de différentes façons. Par exemple, de nombreux insectes et des vertébrés quadrupèdes se servent de leurs pattes comme de rames pour les pousser sur l'eau. Les Pieuvres, les Pétoncles et certains Cnidaires se propulsent en aspirant de l'eau puis en l'expulsant par jets. Les Poissons nagent en bougeant leur corps et leur queue d'un côté puis de l'autre. Les Baleines et d'autres mammifères aquatiques se déplacent en faisant onduler leur corps et leur queue de haut en bas.

Locomotion sur la terre ferme

En général, les problèmes de locomotion sur la terre ferme sont le contraire de ceux qui se présentent dans l'eau. Sur le sol, un animal qui marche, court, saute ou rampe doit être capable de supporter sa propre masse et de vaincre la gravitation. Mais, du moins à vitesse modérée, l'air présente une résistance relativement faible. Quand un animal terrestre marche, court ou saute, les muscles de ses pattes consomment de l'énergie tant pour le propulser que pour l'empêcher de tomber. À chaque pas, lorsqu'il court ou marche, l'animal doit aussi vaincre l'inertie en faisant bouger l'une de ses pattes à partir d'une vitesse nulle. Pour se déplacer sur le sol, des muscles puissants et un squelette robuste sont donc plus importants qu'une forme aérodynamique.

Pour leurs déplacements au sol, les Vertébrés ont acquis et développé diverses adaptations. Par exemple, se déplaçant surtout par sauts, les Kangourous (*Macropus sp.*) possèdent de grands muscles qui donnent beaucoup de puissance à leurs pattes postérieures (FIGURE 49.26). Quand ils retombent au sol, les tendons de leurs pattes postérieures emmagasinent momentanément de l'énergie. Plus ils sautent haut, plus leurs tendons emmagasinent d'énergie pour le saut suivant, de la même façon que le mécanisme d'échasses à ressort retient une tension. Tout cela réduit d'autant la quantité d'énergie que ces animaux

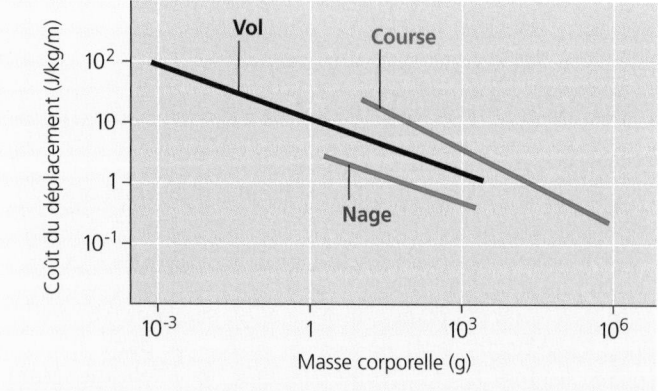

FIGURE 49.25 Coût énergétique du déplacement. Ce graphique permet de comparer les coûts énergétiques du déplacement pour des animaux spécialisés dans la nage, le vol et la course. Ces coûts sont exprimés en joules par kilogramme de masse corporelle par mètre de distance parcourue. Notez que les deux axes représentent des échelles logarithmiques.

FIGURE 49.26 Locomotion à coût énergétique réduit sur le sol. Le principal mode de déplacement des Kangourous (*Macropus sp.*), pour aller d'un lieu à l'autre, consiste à sauter vers l'avant à l'aide de leurs fortes pattes postérieures. L'énergie cinétique emmagasinée temporairement dans les tendons après chaque saut permet de réduire le coût énergétique du saut suivant. En fait, un gros Kangourou qui se déplace à une vitesse de 30 km/h en sautant ne dépense pas plus d'énergie par minute que s'il se déplaçait à 6 km/h. Sa grande queue lui permet de garder son équilibre quand il saute ou quand il est assis.

doivent dépenser pour leur déplacement. L'analogie avec les échasses à ressort s'applique à de nombreux animaux terrestres. Ainsi, les pattes des Insectes, des Chiens et des Humains retiennent une certaine tension lors de la marche ou de la course, bien que l'effet soit bien moindre que dans le cas des Kangourous quand ils sautent.

Garder son équilibre constitue une autre condition de la marche, de la course et du saut. La grande queue des Kangourous leur sert d'organe d'équilibre. Elle forme avec les pattes postérieures un trépied quand ces animaux s'assoient ou se déplacent lentement. Les Chats, les Chiens et les Chevaux utilisent ce même principe du trépied quand ils marchent, puisqu'ils gardent toujours trois pattes en contact avec le sol. Les animaux bipèdes, comme les Humains et les Oiseaux, gardent une partie de patte au moins en contact avec le sol quand ils marchent. Quand ils courent, les Animaux peuvent faire quitter le sol à leurs quatre membres (ou leurs deux membres pour les bipèdes) pendant un instant. Dans ce cas-là, à cause de la vitesse, c'est la force d'impulsion plutôt que le contact des membres avec le sol qui maintient le corps droit.

La reptation pose un problème d'un tout autre ordre. Comme l'animal qui rampe a une grande partie de son corps en contact avec le sol, il doit faire un effort considérable pour vaincre la friction. Les Vers de terre rampent grâce au péristaltisme, type de locomotion qui dépend d'un squelette hydraulique et que nous examinerons un peu plus loin. De nombreux Serpents rampent en faisant onduler latéralement tout leur corps. Avec leurs écailles ventrales larges et mobiles, ils agrippent le sol et avancent. Les Boas et les Pythons se déplacent par reptation en ligne droite. Ils sont poussés par des muscles qui soulèvent leurs écailles ventrales, les rabattent vers l'avant, puis les repoussent vers l'arrière en prenant appui sur le sol.

Vol

Pour un animal qui vole, la gravitation pose un problème important. En effet, pour que le vol soit possible, les ailes de l'animal doivent créer une poussée suffisante pour vaincre complètement la force de gravitation. Ainsi, l'élément fondamental du vol, c'est la forme des ailes. Tous les types d'ailes, même celles des avions, ont une allure profilée, c'est-à-dire que ce sont des structures dont la forme modifie les courants d'air de façon à créer une portance (voir la FIGURE 34.26).

Fondements cellulaire et squelettique de la locomotion

Des processus fondamentaux communs à tous les Animaux rendent possibles les divers mouvements nécessaires à la locomotion. À l'échelle cellulaire, tout mouvement découle de l'un des deux mécanismes élémentaires de contraction, qui consomment tous les deux de l'énergie pour faire glisser des myofilaments de protéines les uns sur les autres. Au chapitre 7, nous avons étudié deux structures qui participent à la mobilité cellulaire : les microtubules et les microfilaments. Les microtubules sont à l'origine du battement des cils et des ondulations des flagelles. Les microfilaments jouent, quant à eux, un rôle essentiel dans le mouvement amiboïde. Ce sont également les éléments contrac-

tiles des cellules musculaires. Dans la section suivante, nous allons nous intéresser à la contraction musculaire. Mais rappelez-vous que le seul travail d'un muscle ne suffit pas à produire le mouvement d'un animal. Que ce soit dans la nage, la reptation, la course, le saut ou le vol, les muscles ont besoin d'un certain type de squelette pour y exercer leur force.

Le squelette assure le soutien et la protection du corps de l'animal et joue un rôle essentiel dans le mouvement

Le squelette remplit trois fonctions : le soutien, la protection et le mouvement. La plupart des animaux terrestres s'affaisseraient sous leur propre masse s'ils n'avaient pas de squelette pour les soutenir. Un animal aquatique ne serait qu'une masse informe sans structure pour lui donner sa conformation. De nombreuses espèces possèdent un squelette rigide qui protège leurs tissus mous. Ainsi, les Vertébrés ont un crâne qui recouvre leur encéphale et des côtes qui forment une cage autour de leur cœur, de leurs poumons et de leurs autres organes internes. De plus, le squelette participe au mouvement, en procurant aux muscles un point d'appui. Il existe trois grands types de squelette : hydrosquelette, exosquelette et endosquelette.

Hydrosquelette

Un **hydrosquelette** est un compartiment fermé de l'organisme qui contient un liquide maintenu sous pression. La plupart des Cnidaires, des Plathelminthes, des Nématodes et des Annélides ont un squelette de ce type (voir le chapitre 33). Ces animaux se déplacent ainsi en se servant de leurs muscles pour modifier la forme de compartiments remplis de liquide. Par exemple, chez l'Hydre, qui fait partie des Cnidaires, c'est le liquide de la cavité gastrovasculaire qui sert d'hydrosquelette. Ainsi, l'Hydre s'allonge en fermant la bouche et en resserrant sa cavité gastrovasculaire au moyen des cellules contractiles de sa paroi corporelle. Chez les Planaires, c'est le liquide interstitiel maintenu sous pression dans la cavité gastrovasculaire qui joue le rôle d'hydrosquelette principal. Pour se déplacer, les Vers plats (Plathelminthes) contractent les muscles de leur paroi corporelle et exercent ainsi des forces localisées sur cet hydrosquelette. Chez les Vers ronds (Nématodes), c'est le liquide présent dans la cavité corporelle (pseudocœlome ; voir la FIGURE 32.6b) qui joue le rôle d'hydrosquelette. Les Vers ronds maintiennent ce liquide sous pression, et l'action de leurs muscles longitudinaux produit des mouvements vigoureux. Chez les Vers de terre et autres Annélides, c'est le liquide cœlomique qui sert d'hydrosquelette. Le cœlome est divisé par des cloisons séparant les segments. Les Annélides peuvent ainsi modifier séparément la forme de chacun de leurs segments au moyen de leurs muscles circulaires et longitudinaux. Les Annélides se servent de leur hydrosquelette pour se déplacer par **péristaltisme,** type de locomotion produit par des ondes rythmiques de contractions musculaires tout le long du corps, de la tête à la queue (FIGURE 49.27, p. 1180).

FIGURE 49.27 Locomotion péristaltique du Ver de terre.
Un hydrosquelette, deux groupes de muscles (l'un qui allonge le corps, l'autre qui le raccourcit) et des soies pour s'ancrer permettent au Ver de terre de ramper sur un sol humide et de creuser une galerie. La contraction des muscles longitudinaux épaissit et raccourcit le Ver de terre, alors que la contraction des muscles circulaires le comprime et l'allonge. **(a)** Quand le Ver de terre avance en rampant, les segments corporels situés au niveau de sa tête et de sa queue raccourcissent et s'épaississent (muscles longitudinaux contractés, muscles circulaires relâchés) et s'ancrent au sol au moyen des soies. Les segments qui sont situés après sa tête et avant sa queue, quant à eux, s'amincissent et s'allongent (muscles circulaires contractés, longitudinaux relâchés). **(b)** La tête a avancé parce que les muscles circulaires des segments de la tête se sont contractés. Les segments situés derrière la tête et devant la queue se sont alors épaissis et ancrés, ce qui empêche le Ver de reculer en glissant. **(c)** Les segments de la tête s'épaississent de nouveau et s'ancrent dans une nouvelle position. Les autres segments ont, quant à eux, lâché leur prise sur le sol et ont été tirés vers l'avant.

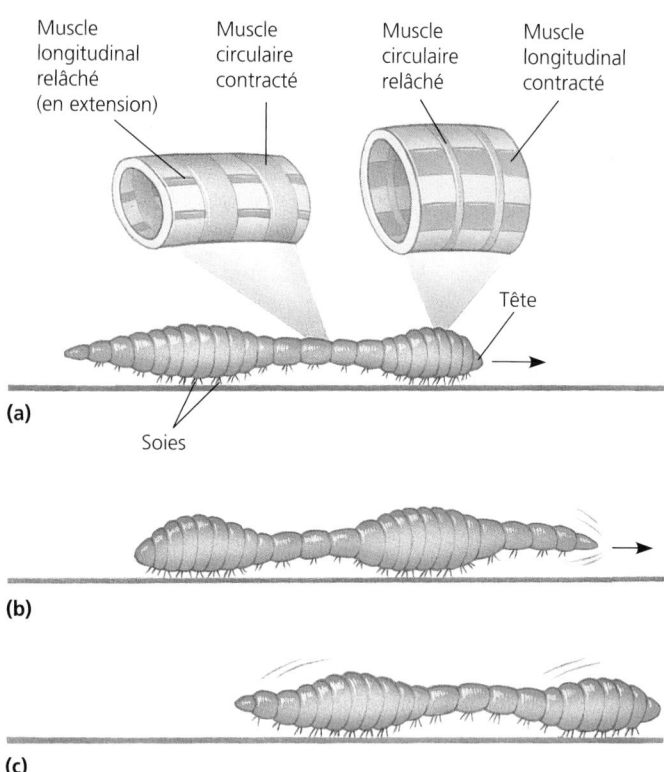

(a) Muscle longitudinal relâché (en extension) · Muscle circulaire contracté · Muscle circulaire relâché · Muscle longitudinal contracté · Tête · Soies

(b)

(c)

Les hydrosquelettes conviennent bien à la vie en milieu aquatique. Ils peuvent protéger les organes internes contre les chocs et offrir un appui pour ramper et creuser dans la vase. Cependant, ils n'offrent aucun soutien aux formes de locomotion terrestre, telles que la marche ou la course, dans lesquelles le corps de l'animal est maintenu au-dessus du sol.

Exosquelette

L'**exosquelette** est une enveloppe rigide qui se trouve à la surface du corps de certains animaux. Par exemple, une coquille calcaire ($CaCO_3$, ou trioxocarbonate de calcium) enferme la plupart des Mollusques. Sécrétée par le manteau, elle constitue un prolongement, en forme d'enveloppe, de la paroi corporelle (voir les FIGURES 33.16 et 33.21). Au fur et à mesure qu'il grossit, l'animal agrandit le diamètre de sa coquille en élargissant la marge extérieure. Les Palourdes et autres Bivalves ferment leur coquille, qui est articulée, en actionnant les muscles (muscles adducteurs) situés à l'intérieur de cet exosquelette.

L'exosquelette articulé que l'on retrouve le plus souvent chez les Arthropodes est une **cuticule,** c'est-à-dire une enveloppe inerte qui est sécrétée par l'épiderme. Les muscles sont fixés aux excroissances et aux plaques situées sur la face interne de la cuticule. Environ 30 % à 50 % de la cuticule se compose de **chitine,** polysaccharide semblable à la cellulose. Une matrice protéique enrobe les fibrilles de chitine. On a ainsi un matériau composite qui allie solidité et flexibilité. Là où la protection est la plus importante, des composés organiques qui établissent des liens transversaux entre les protéines de l'exosquelette durcissent la cuticule. Chez certains Crustacés comme les Homards, des sels de calcium renforcent aussi certaines parties de l'exosquelette. Mais, aux articulations des pattes, où la cuticule doit rester mince et flexible, on ne trouve que de petites quantités de sels inorganiques et peu de liens entre les protéines. Une fois constitué, l'exosquelette des Arthropodes ne peut s'agrandir. Ainsi, régulièrement, à chaque poussée de croissance, ces animaux se séparent de leur exosquelette (mue) et le remplacent par un exosquelette plus grand (voir la FIGURE 5.9a).

Endosquelette

Un **endosquelette** se compose d'éléments de soutien rigides, tels que des os, qui sont enveloppés par les tissus mous de l'animal. Ainsi, les Éponges ont des spicules rigides constituées de matériaux inorganiques ou des fibres plus souples faites de protéines pour renforcer leur structure (voir la FIGURE 33.3). Les Échinodermes, quant à eux, sont pourvus d'un ensemble de plaques rigides, les ossicules, qui sont situées sous la peau. Ces ossicules comprennent des cristaux de trioxocarbonate de magnésium et de calcium et sont habituellement reliés par des fibres de protéine. Les Oursins ont un squelette formé d'ossicules étroitement reliés. Mais les Étoiles de mer ont des ossicules reliés de manière plus lâche, ce qui leur permet de modifier la forme de leurs bras (voir la FIGURE 33.38).

Les Cordés ont un endosquelette qui se compose de tissu cartilagineux, de tissu osseux ou d'une combinaison des deux (voir la FIGURE 40.2). Enfin, les Mammifères ont un squelette de plus de 200 os. Certains de ces os sont fusionnés ; d'autres sont reliés par des articulations pourvues de ligaments et offrant une certaine liberté de mouvement (FIGURE 49.28). Du point de vue anatomique, on distingue chez les Vertébrés le squelette axial et le squelette appendiculaire. Le premier comprend le crâne, la colonne vertébrale et la cage thoracique. Le second comprend les os des membres et les ceintures scapulaire et pelvienne, qui relient les membres au squelette axial. Dans chaque membre, plusieurs types d'articulations assurent la flexibilité nécessaire aux mouvements du corps et à la locomotion.

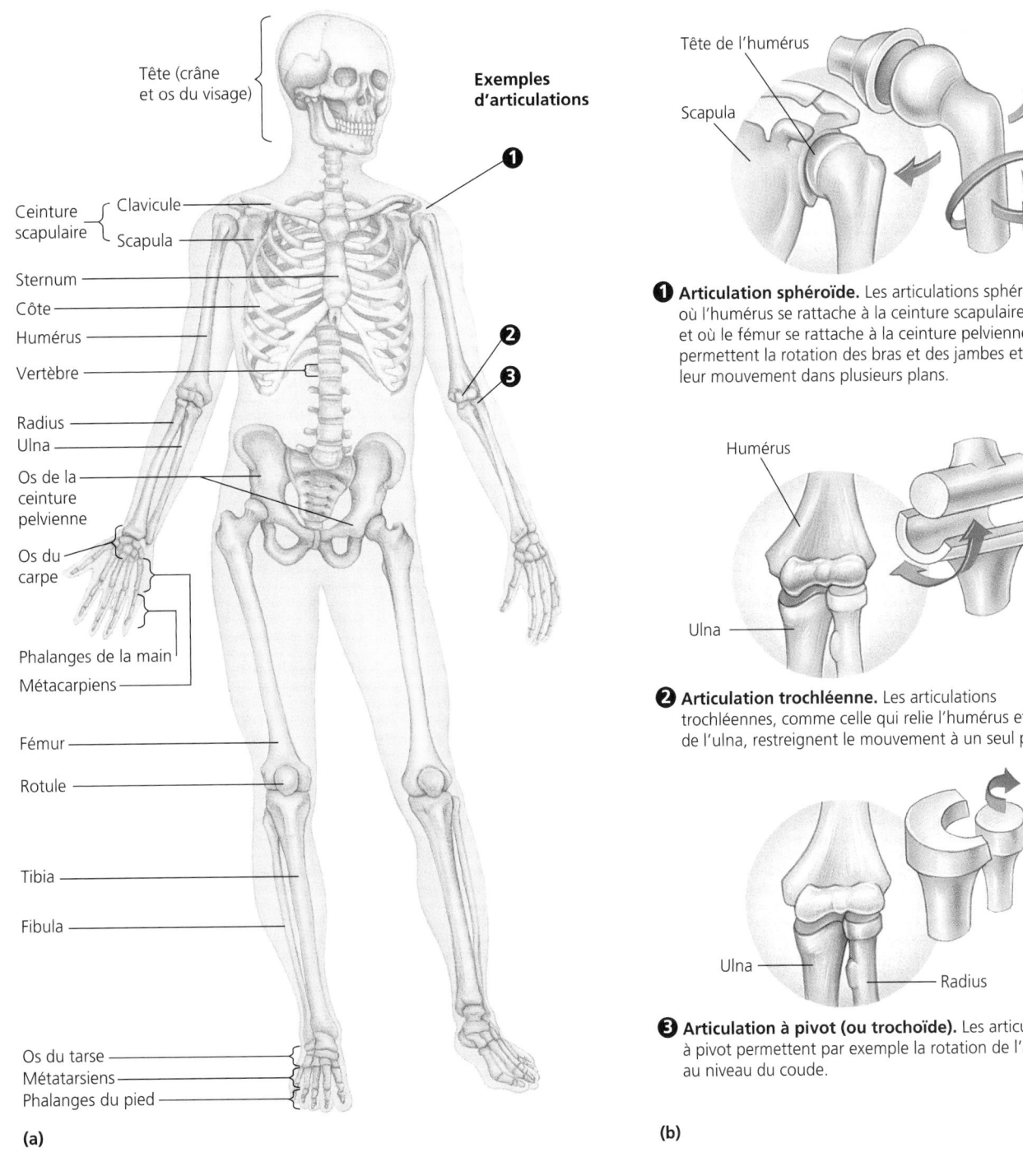

Exemples d'articulations

Tête (crâne et os du visage)

Ceinture scapulaire
— Clavicule
— Scapula

Sternum

Côte

Humérus

Vertèbre

Radius

Ulna

Os de la ceinture pelvienne

Os du carpe

Phalanges de la main

Métacarpiens

Fémur

Rotule

Tibia

Fibula

Os du tarse

Métatarsiens

Phalanges du pied

(a)

Tête de l'humérus

Scapula

❶ **Articulation sphéroïde.** Les articulations sphéroïdes, où l'humérus se rattache à la ceinture scapulaire et où le fémur se rattache à la ceinture pelvienne, permettent la rotation des bras et des jambes et donc leur mouvement dans plusieurs plans.

Humérus

Ulna

❷ **Articulation trochléenne.** Les articulations trochléennes, comme celle qui relie l'humérus et la tête de l'ulna, restreignent le mouvement à un seul plan.

Ulna

Radius

❸ **Articulation à pivot (ou trochoïde).** Les articulations à pivot permettent par exemple la rotation de l'avant-bras au niveau du coude.

(b)

FIGURE 49.28 Squelette humain. (a) Le squelette axial (en vert) est un axe de soutien pour la position debout (bipédie) et contribue à la protection de l'encéphale, de la moelle épinière, des poumons et du cœur. Le squelette appendiculaire (en jaune) soutient les bras et les jambes. Les chiffres encerclés indiquent des endroits où se trouvent différents types d'articulations décrits dans la partie (b). **(b)** Les articulations donnent une grande flexibilité aux mouvements du corps. Des flèches indiquent les mouvements possibles. Les articulations trochléennes et les articulations à pivot (trochoïdes) entre les os des poignets et des mains permettent d'effectuer des manipulations qui demandent de la précision.

Le soutien physique sur la terre ferme dépend d'adaptations des proportions du corps et de la posture

Lorsqu'ils tracent le plan d'un pont ou d'un gratte-ciel, l'architecte et l'ingénieur doivent tenir compte des effets dûs aux changements de dimensions, ou d'échelle. Passer d'un modèle réduit à la réalité a des répercussions considérables sur la conception de l'édifice. D'après les lois de la physique, la force des structures de soutien d'un édifice dépend de l'aire de leur section transversale, qui augmente en fonction du carré de leur diamètre. En revanche, la force qui s'exerce sur ces structures dépend de la masse de l'édifice, qui augmente en fonction du cube de sa hauteur ou d'une autre dimension linéaire. À l'instar d'un pont ou d'un immeuble, le «plan» corporel d'un animal doit tenir compte du fait que plus la taille augmente, plus le besoin de soutien est grand. Conformément aux lois de la physique, le corps d'un animal de grande taille comme l'Éléphant a des proportions bien différentes de celles du corps d'un petit animal comme la Souris. Imaginons une souris qui aurait la taille d'un éléphant. Si son corps avait les mêmes proportions qu'une souris normale, ses pattes fines se déformeraient sous son poids.

En partant de l'analogie avec la construction, on pourrait prédire que la taille des os des pattes de l'Éléphant est directement proportionnelle à la force qu'exerce la masse du corps. Mais notre prédiction ne serait pas exacte. En effet, le corps d'un animal est complexe et n'est pas rigide. L'analogie avec l'édifice ne permet donc d'expliquer qu'en partie la relation entre le plan corporel de l'animal et le soutien. La relation entre la taille des pattes et la taille du corps ne constitue qu'une partie de la question. Ainsi, la posture du corps, c'est-à-dire la position des pattes par rapport au reste du corps, est une caractéristique structurale plus importante pour le soutien de la masse corporelle, du moins chez les Mammifères et les Oiseaux (FIGURE 49.29). Les muscles et les tendons (tissus conjonctifs reliant un muscle à un os) maintiennent les pattes des Éléphants, des Coyotes, des Humains et des autres gros Mammifères assez droites sous leur corps et supportent la majeure partie de la charge.

Les muscles font bouger des parties du squelette en se contractant

Comme nous l'avons vu, chez les Animaux, le mouvement se produit parce que les muscles, grâce à leur travail, exercent une force sur un type de squelette. L'action d'un muscle consiste toujours en une contraction. Les muscles ne peuvent s'étirer que de façon passive.

Pour bouger des parties du corps dans des directions opposées, les muscles doivent être rattachés au squelette par paires antagonistes, chaque muscle d'une paire exerçant sa force en sens contraire par rapport à l'autre (FIGURE 49.30). Ainsi, pour plier le bras, nous contractons notre biceps brachial, l'articulation trochléenne du coude jouant le rôle de point d'appui dans ce levier. Pour étendre le bras, nous relâchons le biceps brachial et contractons le triceps brachial, situé du côté opposé. Mais comment la contraction musculaire se produit-elle

exactement? Vous savez que, pour comprendre le fonctionnement d'un organe, il faut en connaître la structure. Dans cette section, nous allons examiner la structure et le mécanisme de contraction des muscles squelettiques chez les Vertébrés. Puis nous comparerons ce modèle de base avec d'autres types de muscles.

Structure et fonction des muscles squelettiques chez les Vertébrés

Les **muscles squelettiques** des Vertébrés, qui sont rattachés aux os et produisent le mouvement, se caractérisent par un emboîtement d'unités parallèles de plus en plus petites (FIGURE 49.31, p. 1184). Un muscle squelettique consiste en un faisceau de longues fibres disposées dans le sens de la longueur. Chaque fibre est une cellule unique munie de nombreux noyaux et résultant donc de la fusion d'un grand nombre de cellules embryonnaires. Chaque fibre est un assemblage de **myofibrilles** placées dans le sens de la longueur. Les myofibrilles comprennent elles-mêmes deux types de **myofilaments**: les myofilaments minces et les myofilaments épais. Les **myofilaments minces** se composent de deux brins d'actine et d'un brin de protéine régulatrice qui sont enroulés les uns autour des autres. Les **myofilaments épais** sont des ensembles décalés de molécules de myosine.

Les muscles squelettiques présentent des stries à cause de la disposition régulière des myofilaments qui crée un motif de bandes claires et sombres qui se répète. Chaque motif constitue un **sarcomère,** unité structurale fondamentale du muscle. L'alignement des extrémités du sarcomère, appelées **lignes Z**, avec les myofibrilles voisines donne des bandes visibles au microscope photonique. Les myofilaments minces sont reliés aux lignes Z et se prolongent jusqu'au centre du sarcomère. Les myofilaments épais, quant à eux, se trouvent au centre du sarcomère. Au repos, les myofilaments minces et épais ne se recouvrent pas complètement. On nomme **strie I** la partie, située au bord du sarcomère, qui ne comprend que des myofilaments minces et **strie A** la large région correspondant à la

FIGURE 49.29 La posture du corps participe au soutien des grands vertébrés terrestres. Quand le Coyote (*Canis latrans*) se tient debout, marche et court, les muscles et tendons qui maintiennent ses pattes droites sous son corps supportent la majeure partie de sa masse.

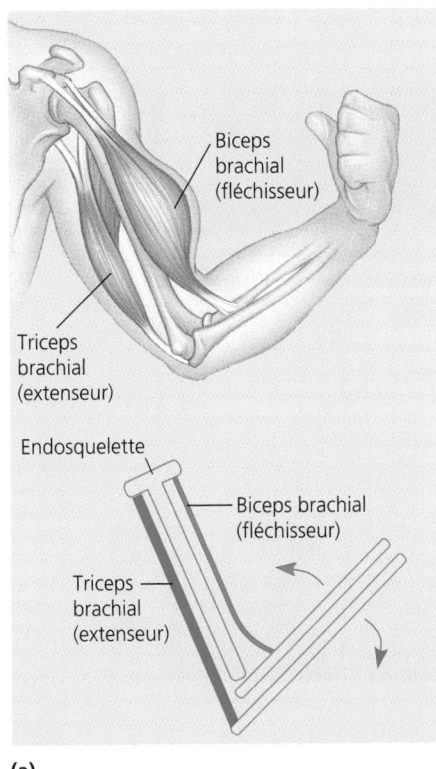

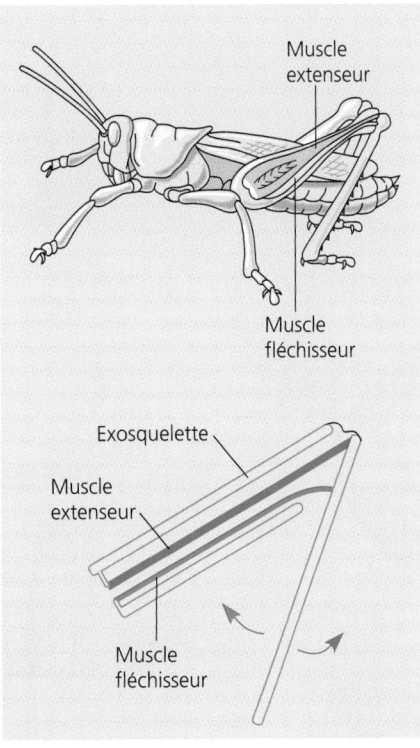

FIGURE 49.30 Coopération des muscles et du squelette dans le mouvement. Les muscles se contractent de façon active, mais ne s'allongent qu'à la suite d'un étirement passif. En général, les muscles antagonistes génèrent des mouvements de sens contraire, chacun ayant un effet opposé par rapport à l'autre. Ce principe vaut aussi bien pour un endo-squelette que pour un exosquelette. **(a)** Chez les Humains, la contraction du biceps brachial (représenté en rouge dans le schéma du bas), élève (flexion) l'avant-bras, tandis que celle du triceps brachial (en vert) l'abaisse (extension). **(b)** Chez les Arthropodes, les muscles sont disposés différemment et enfermés dans un exosquelette. Mais l'action antagoniste des fléchisseurs et des extenseurs est semblable. Lorsque le muscle fléchisseur (en rouge) situé dans la partie supérieure d'une patte de Sauterelle se contracte, la partie inférieure est tirée vers le corps. Dans cette position, la Sauterelle est assise, prête à sauter, comme le montre l'illustration. Quand le muscle extenseur (en vert) situé dans la partie supérieure se contracte, la partie inférieure s'écarte brusquement vers l'arrière, ce qui propulse l'insecte dans les airs.

longueur des myofilaments épais. Les myofilaments minces ne traversent pas entièrement le sarcomère. On nomme ainsi **strie H** la région, localisée au centre de la bande A, qui ne contient que des myofilaments épais. La strie H est divisée en deux parties par une raie verticale sombre, la **ligne M,** qui est constituée de brins de myosine reliant les myofilaments épais et parallèles. Cette disposition des myofilaments épais et minces nous permet de comprendre la façon dont le sarcomère, et donc l'ensemble du muscle, se contracte.

L'interaction des molécules de myosine et des molécules d'actine produit une force durant les contractions musculaires

Lorsqu'un muscle se contracte, chaque sarcomère raccourcit, c'est-à-dire que la distance entre deux lignes Z diminue. Dans le sarcomère contracté, la longueur des stries A ne change pas, mais les stries I raccourcissent et la strie H disparaît (FIGURE 49.32, p. 1184). On peut expliquer ce phénomène par la **théorie de la contraction par glissement des myofilaments.** Selon ce modèle, ni les myofilaments minces ni les myofilaments épais ne changent de longueur pendant la contraction. Mais ils glissent les uns sur les autres dans le sens de la longueur et se recouvrent de plus en plus. Ainsi, la région occupée seulement par des myo-filaments minces (strie I) et la région occupée seulement par des myofilaments épais (strie H) diminuent toutes les deux.

C'est l'interaction des molécules d'actine et des molécules de myosine, composant respectivement les myofilaments minces et les myofilaments épais, qui produit le glissement des myofilaments. La molécule de myosine comporte un « axe », longue région fibreuse, et une « tête » sphérique pointant sur le côté.

C'est par l'axe que les différentes molécules de myosine s'assemblent pour former le myofilament épais. Les réactions bioénergétiques qui génèrent les contractions ont lieu dans la tête de la molécule de myosine. Celle-ci peut se lier à l'ATP et l'hydrolyser en ADP et en phosphate inorganique. Une partie de l'énergie libérée par la réaction va à la myosine, qui change de forme et adopte une configuration à haute énergie (FIGURE 49.33, p. 1185). La molécule de myosine chargée d'énergie se fixe à la molécule d'actine, à un endroit spécifique, en formant un pont. L'énergie emmagasinée est alors libérée, et la tête de myosine revient à sa configuration de basse énergie. Cela modifie l'angle de la tête par rapport à l'axe. Selon la théorie de la contraction par glissement des myofilaments, lorsque la myosine se replie sur elle-même, elle exerce une tension sur le myofilament mince auquel elle est liée, et le tire vers le centre du sarcomère. La liaison entre la myosine à basse énergie et l'actine se rompt lorsqu'une nouvelle molécule d'ATP se lie à la tête de la myo-sine. La tête libre peut alors dissocier le nouvel ATP et retrouver sa configuration de haute énergie, puis s'associer à un nouveau site de liaison situé sur une autre molécule d'actine, plus loin le long du myofilament mince. La tête de la myosine répète ainsi le cycle à de nombreuses reprises. Chacune des quelque 350 têtes présentes sur un myofilament épais forme et reforme environ 5 ponts par seconde, ce qui provoque le glissement des myo-filaments les uns sur les autres.

En général, les cellules musculaires contiennent assez d'ATP pour alimenter quelques contractions. Elles entreposent aussi du glycogène entre les myofibrilles. Mais la majeure partie de l'énergie nécessaire aux contractions musculaires répétées est emmagasinée dans des substances appelées phosphagènes. La phosphocréatine, phosphagène des Vertébrés, peut ajouter un groupement phosphate à l'ADP pour le transformer en ATP.

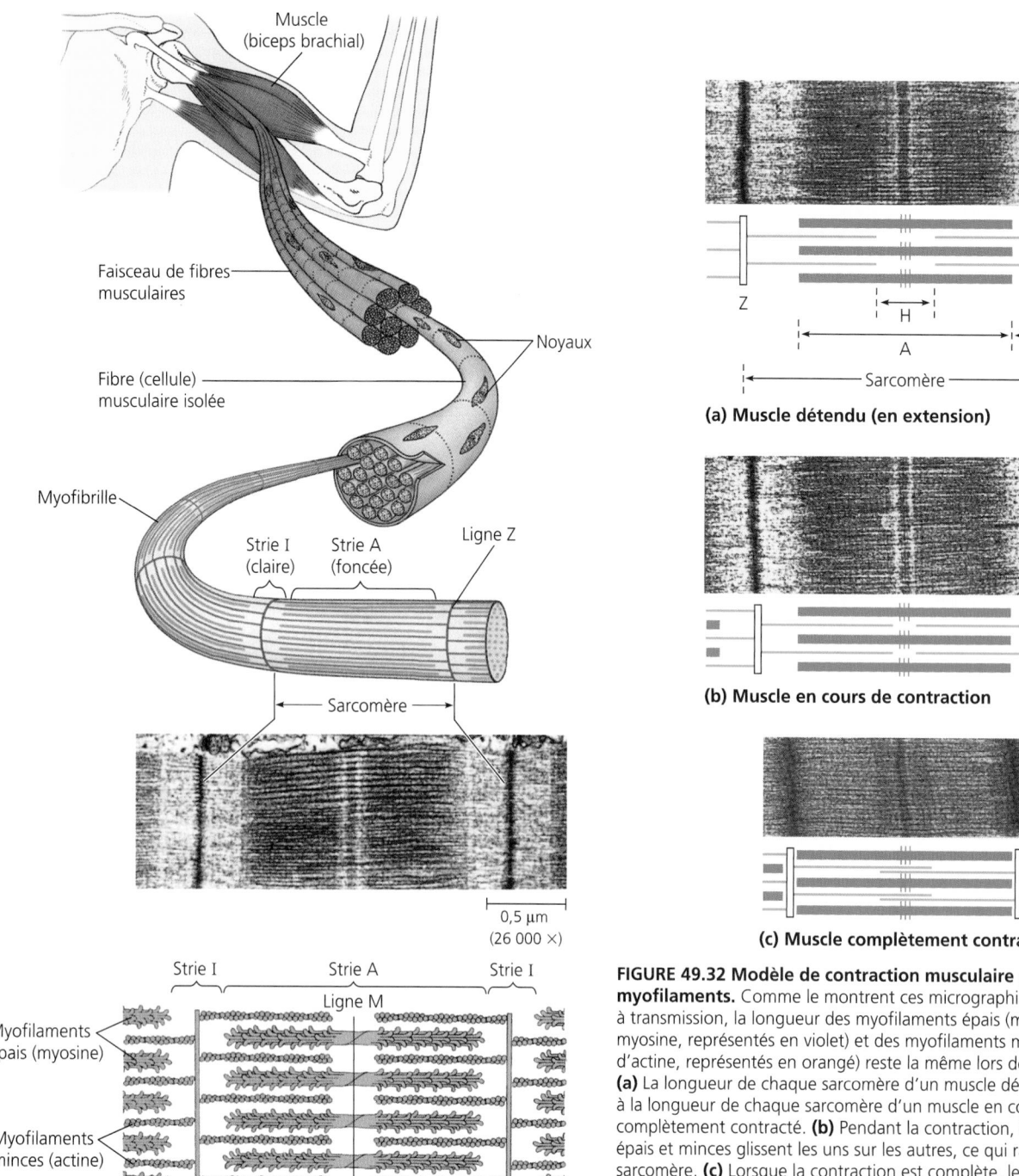

Muscle (biceps brachial)

Faisceau de fibres musculaires

Noyaux

Fibre (cellule) musculaire isolée

Myofibrille

Strie I (claire)   Strie A (foncée)   Ligne Z

Sarcomère

0,5 μm
(26 000 ×)

Strie I   Strie A   Strie I

Ligne M

Myofilaments épais (myosine)

Myofilaments minces (actine)

Ligne Z   Strie H   Ligne Z

Sarcomère

FIGURE 49.31 Structure des muscles squelettiques.

0,5 μm
(26 000 ×)

Z   H   A   I

Sarcomère

(a) Muscle détendu (en extension)

(b) Muscle en cours de contraction

(c) Muscle complètement contracté

FIGURE 49.32 Modèle de contraction musculaire par glissement des myofilaments. Comme le montrent ces micrographies électroniques à transmission, la longueur des myofilaments épais (myofilaments de myosine, représentés en violet) et des myofilaments minces (myofilaments d'actine, représentés en orangé) reste la même lors de la contraction. **(a)** La longueur de chaque sarcomère d'un muscle détendu est supérieure à la longueur de chaque sarcomère d'un muscle en cours de contraction ou complètement contracté. **(b)** Pendant la contraction, les myofilaments épais et minces glissent les uns sur les autres, ce qui raccourcit le sarcomère. **(c)** Lorsque la contraction est complète, le sarcomère est bien plus court. Les myofilaments minces se chevauchent et il y a peu ou pas d'espace entre les extrémités des myofilaments épais et les lignes Z.

Les ions calcium et des protéines régulatrices régissent la contraction musculaire

Un muscle squelettique ne se contracte que s'il est stimulé par un neurone moteur. Lorsque le muscle est au repos, les sites de liaison de l'actine, destinés à la myosine, sont recouverts d'un microfilament de **tropomyosine,** laquelle est une protéine régulatrice. La position de la tropomyosine sur le myofilament mince est déterminée par un autre ensemble de protéines régulatrices, le **complexe de troponine** (FIGURE 49.34, p. 1186). Pour qu'il y ait contraction, les sites de liaison de l'actine doivent être découverts. Cela se produit lorsque des ions calcium se lient à la troponine et modifient l'interaction entre la troponine et la tropomyosine. La liaison de Ca^{2+} modifie la forme de l'ensemble du complexe tropomyosine-troponine et expose les sites de

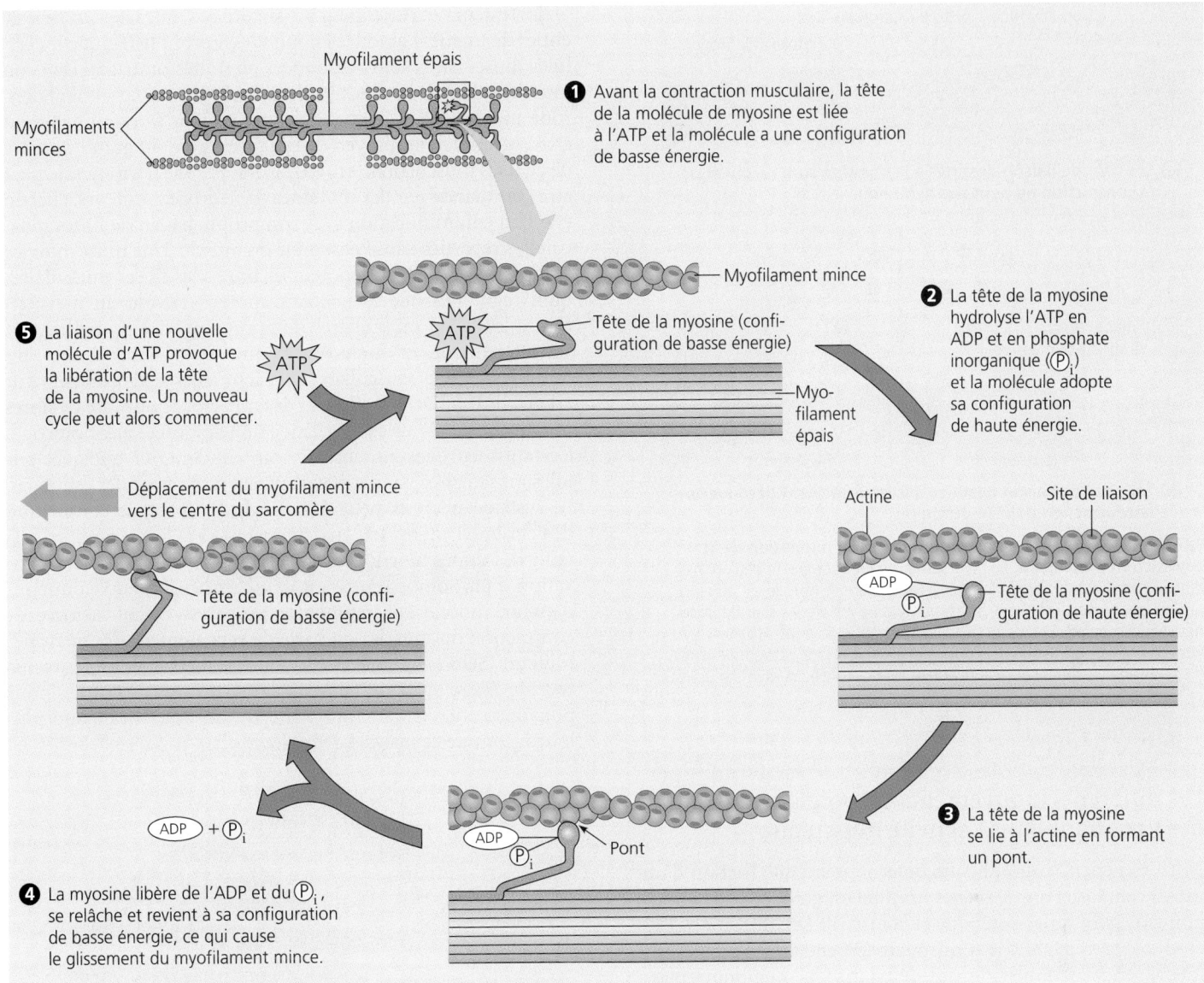

Myofilament épais

Myofilaments minces

1 Avant la contraction musculaire, la tête de la molécule de myosine est liée à l'ATP et la molécule a une configuration de basse énergie.

Myofilament mince

ATP

Tête de la myosine (configuration de basse énergie)

5 La liaison d'une nouvelle molécule d'ATP provoque la libération de la tête de la myosine. Un nouveau cycle peut alors commencer.

ATP

Myofilament épais

2 La tête de la myosine hydrolyse l'ATP en ADP et en phosphate inorganique (P_i) et la molécule adopte sa configuration de haute énergie.

Déplacement du myofilament mince vers le centre du sarcomère

Actine

Site de liaison

ADP
P_i

Tête de la myosine (configuration de haute énergie)

Tête de la myosine (configuration de basse énergie)

ADP + P_i

ADP
P_i
Pont

3 La tête de la myosine se lie à l'actine en formant un pont.

4 La myosine libère de l'ADP et du P_i, se relâche et revient à sa configuration de basse énergie, ce qui cause le glissement du myofilament mince.

FIGURE 49.33 Hypothèse expliquant la façon dont les interactions entre la myosine et l'actine génèrent la force nécessaire aux contractions musculaires.

liaison de l'actine destinés à la myosine. En présence de calcium, le glissement des myofilaments minces et épais devient possible, et le muscle se contracte. Lorsque la concentration cytoplasmique de calcium diminue, les sites de liaison de l'actine sont recouverts, et la contraction cesse.

La concentration de calcium dans le cytosol de la cellule musculaire se trouve sous la régulation du **réticulum sarcoplasmique,** qui est un réticulum endoplasmique spécialisé (FIGURE 49.35, p. 1186). La membrane du réticulum sarcoplasmique transporte activement le calcium cytoplasmique vers l'intérieur du réticulum, qui représente donc un site d'entreposage intracellulaire du calcium.

Le stimulus qui provoque la contraction du muscle squelettique est un potentiel d'action venant du neurone moteur qui communique avec la cellule musculaire par une synapse. Les corpuscules nerveux terminaux du neurone moteur libèrent

un neurotransmetteur, l'acétylcholine, dans la jonction neuromusculaire. Cela dépolarise la cellule musculaire postsynaptique et déclenche dans celle-ci un potentiel d'action. Ce potentiel d'action constitue le stimulus de la contraction. Il se propage jusque dans les profondeurs de la cellule musculaire en suivant les replis de la membrane plasmique, les **tubules transverses.** Là où les tubules transverses entrent en contact avec le réticulum sarcoplasmique, le potentiel d'action modifie la perméabilité du réticulum et provoque la libération des ions calcium. Les ions calcium se lient à la troponine, ce qui permet au muscle de se contracter. La contraction prend fin lorsque le réticulum sarcoplasmique récupère le calcium du cytosol et que le complexe tropomyosine-troponine, sous l'effet de la baisse de concentration de calcium, recouvre à nouveau les sites de liaison de l'actine destinés à la myosine (FIGURE 49.36, p. 1187).

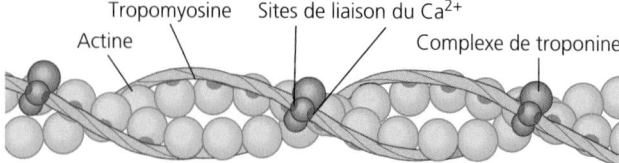

Tropomyosine — Sites de liaison du Ca^{2+}

Actine — Complexe de troponine

(a) Les sites de liaison destinés à la myosine sont recouverts ; la contraction ne peut pas avoir lieu.

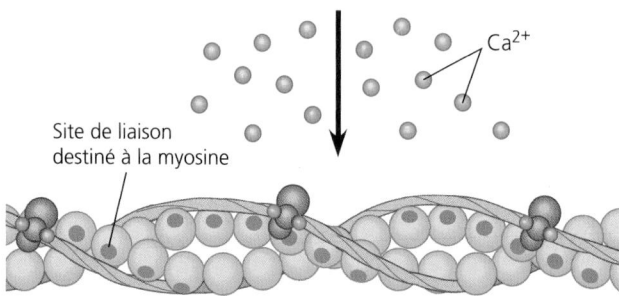

Ca^{2+}

Site de liaison destiné à la myosine

(b) Les sites de liaison destinés à la myosine sont découverts ; la contraction peut se produire.

FIGURE 49.34 Mécanisme hypothétique de la régulation de la contraction musculaire. Le myofilament mince comporte deux brins d'actine enroulés en forme d'hélices. **(a)** Lorsque le muscle est au repos, une longue molécule linéaire de tropomyosine couvre les sites de liaison destinés à la myosine et essentiels à la formation de ponts. **(b)** Lorsqu'un autre complexe protéique, la troponine, se lie aux ions calcium, les sites de liaison de l'actine sont découverts et les ponts avec la myosine peuvent se former. La contraction se produit alors.

Les différents mouvements corporels requièrent des variations dans l'activité musculaire

Notre expérience quotidienne nous apprend que l'action d'un muscle entier tel que le biceps brachial est graduée et que nous pouvons faire varier l'étendue et la force de la contraction. Des études expérimentales le confirment. Cependant, à l'échelle cellulaire, toute stimulation qui dépolarise la membrane plasmique d'une seule fibre musculaire produit une contraction du type tout ou rien analogue à la réponse des neurones aux stimulus dépolarisants. Comment le système nerveux peut-il donc faire se contracter le muscle entier de manière graduée ? Il peut notamment modifier la fréquence des potentiels d'action dans les neurones moteurs qui régissent le muscle. Un potentiel d'action unique produira une augmentation de la tension musculaire, une simple secousse d'une durée de moins de 100 millisecondes (FIGURE 49.37, p. 1188). Si un deuxième potentiel d'action survient avant la fin de la réaction au premier, les tensions s'ajouteront l'une à l'autre, et la réaction qui en résultera sera plus importante. Si une succession de potentiels d'action parvient à une cellule musculaire, la tension atteindra un maximum qui dépendra de la fréquence de la stimulation. De plus, si la fréquence de la stimulation est assez élevée, les secousses fusionneront en une contraction uniforme et continue que l'on appelle **tétanos** (à ne pas confondre avec la maladie du même nom). Les potentiels d'action des neurones moteurs se présentent habituellement sous la forme de salves rapides. Les tensions que créent leur sommation produisent une contraction continue qui ressemble plus au tétanos qu'à des secousses musculaires distinctes.

Le système nerveux peut aussi faire se contracter un muscle entier de manière graduée en mettant à profit le fait que les cellules musculaires sont regroupées en unités motrices. Dans un muscle de Vertébré, chaque cellule est innervée par un seul neurone moteur, mais chaque neurone moteur se ramifie et peut être en contact, au moyen de synapses, avec un grand nombre de cellules musculaires (FIGURE 49.38, p. 1188). Un muscle peut être commandé par des centaines de neurones moteurs, chacun étant en communication avec son propre bassin de fibres musculaires réparties dans l'ensemble du muscle. Une **unité motrice** comprend un neurone moteur et toutes les fibres musculaires qu'il régit. Lorsque le neurone moteur envoie un message, toutes les fibres musculaires de l'unité motrice se contractent simultanément. La force de la contraction dépend donc du nombre de fibres musculaires avec lesquelles le neurone moteur est en contact. Dans la plupart des muscles, le nombre de fibres musculaires présentes dans chaque unité motrice varie beaucoup. Certains neurones moteurs ne commandent que quelques cellules musculaires, tandis que d'autres en régissent des centaines. Le système nerveux peut donc régler la force de contraction de l'ensemble du muscle en déterminant à la fois le nombre et la taille des unités motrices à activer à un moment donné. L'activation d'un nombre croissant de neurones moteurs commandant un muscle fait augmenter progressivement la force de contraction du muscle : on parle de **recrutement** des neurones moteurs. Selon le nombre et la taille des neurones moteurs que recrute notre système nerveux pour un travail donné, nous pouvons soulever une fourchette ou un objet beaucoup plus lourd, comme ce manuel de biologie.

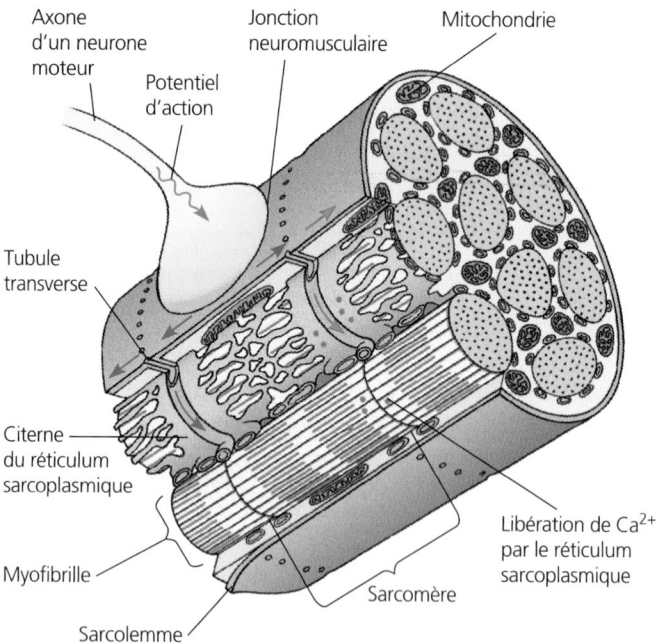

Axone d'un neurone moteur — Jonction neuromusculaire — Mitochondrie

Potentiel d'action

Tubule transverse

Citerne du réticulum sarcoplasmique

Myofibrille

Sarcolemme

Libération de Ca^{2+} par le réticulum sarcoplasmique

Sarcomère

FIGURE 49.35 Rôle du réticulum sarcoplasmique et des tubules transverses dans la contraction des fibres musculaires. En diffusant à travers la jonction neuromusculaire, l'acétylcholine dépolarise le sarcolemme (membrane plasmique de la fibre ou cellule musculaire). Les potentiels d'action (flèches bleues) se propagent alors dans la fibre dans toutes les directions et en profondeur, en passant par les tubules transverses. Dans la cellule musculaire, les potentiels d'action provoquent la libération, dans le cytosol, d'ions Ca^{2+} (points verts) par le réticulum sarcoplasmique. Les ions Ca^{2+} provoquent la liaison de la myosine et de l'actine, ce qui amorce le glissement des myofilaments.

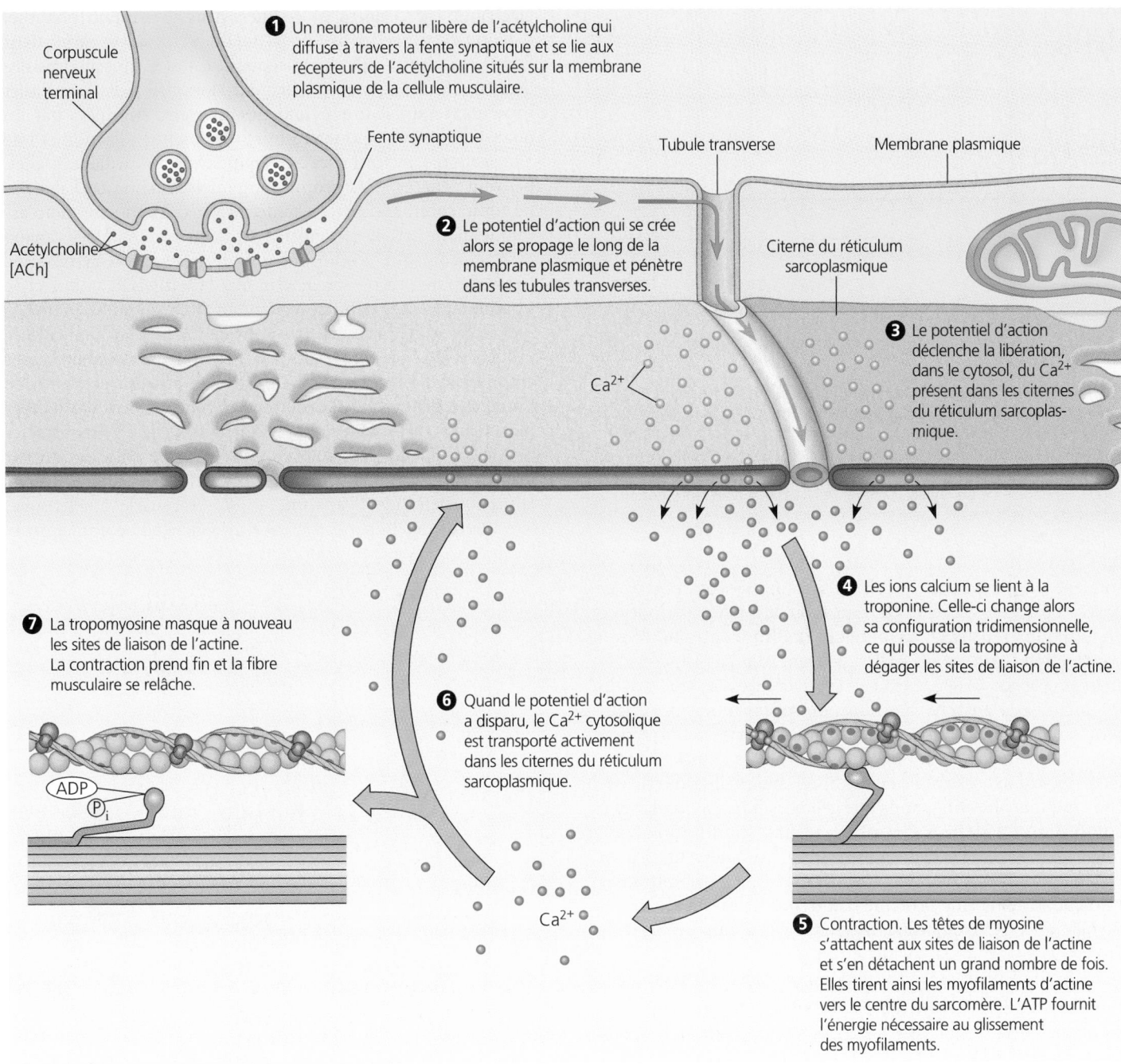

❶ Un neurone moteur libère de l'acétylcholine qui diffuse à travers la fente synaptique et se lie aux récepteurs de l'acétylcholine situés sur la membrane plasmique de la cellule musculaire.

Corpuscule nerveux terminal

Fente synaptique

Tubule transverse

Membrane plasmique

Acétylcholine [ACh]

❷ Le potentiel d'action qui se crée alors se propage le long de la membrane plasmique et pénètre dans les tubules transverses.

Citerne du réticulum sarcoplasmique

Ca^{2+}

❸ Le potentiel d'action déclenche la libération, dans le cytosol, du Ca^{2+} présent dans les citernes du réticulum sarcoplasmique.

❼ La tropomyosine masque à nouveau les sites de liaison de l'actine. La contraction prend fin et la fibre musculaire se relâche.

ADP
P_i

❻ Quand le potentiel d'action a disparu, le Ca^{2+} cytosolique est transporté activement dans les citernes du réticulum sarcoplasmique.

❹ Les ions calcium se lient à la troponine. Celle-ci change alors sa configuration tridimensionnelle, ce qui pousse la tropomyosine à dégager les sites de liaison de l'actine.

Ca^{2+}

❺ Contraction. Les têtes de myosine s'attachent aux sites de liaison de l'actine et s'en détachent un grand nombre de fois. Elles tirent ainsi les myofilaments d'actine vers le centre du sarcomère. L'ATP fournit l'énergie nécessaire au glissement des myofilaments.

FIGURE 49.36 Révision de la contraction des muscles squelettiques.

Certains muscles, en particulier ceux grâce auxquels nous restons debout et maintenons notre posture, sont presque toujours partiellement contractés. Cependant, une contraction prolongée engendre une fatigue musculaire, parce que l'ATP s'épuise, les gradients ioniques nécessaires au passage normal des influx électriques diminue et l'acide lactique s'accumule (voir la FIGURE 9.17). Il existe donc un mécanisme qui permet d'éviter la fatigue des muscles de la posture : le système nerveux active tour à tour les différentes unités motrices qui constituent le muscle, de sorte que les différentes unités motrices se relaient pour maintenir la contraction.

Fibres musculaires à contraction rapide et à contraction lente

Comme nous l'avons vu, au niveau de la fibre musculaire squelettique, le potentiel d'action ne représente que le déclencheur de la contraction. La durée de la contraction dépend, quant à elle, de la période pendant laquelle la concentration cytosolique de calcium reste élevée. De ce point de vue, toutes les fibres des muscles squelettiques ne sont pas identiques. Ainsi, selon la durée de la secousse, on distingue les fibres à contraction rapide et les fibres à contraction lente. Les **fibres musculaires à contraction rapide** servent aux contractions

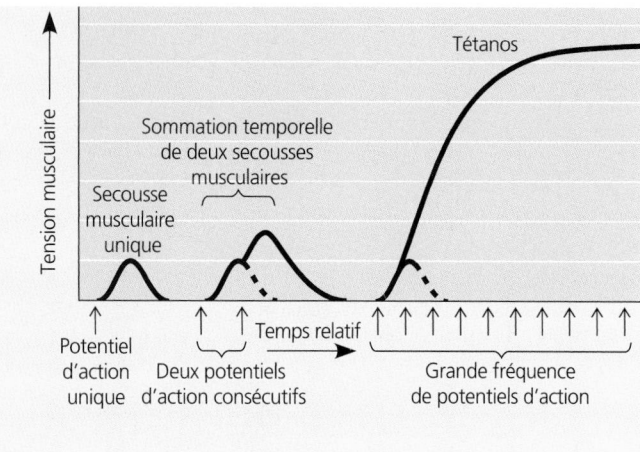

FIGURE 49.37 Graphique de la tension musculaire en fonction de la sommation temporelle des potentiels d'action. Ce graphique permet de comparer l'augmentation de la tension musculaire dans les situations suivantes : le muscle réagit à un seul potentiel d'action ; le muscle réagit à deux potentiels d'action rapprochés dans le temps ; le muscle réagit à une succession rapide de potentiels d'action. Les traits pointillés représentent la réponse qu'entraînera un seul potentiel d'action.

soudaines et puissantes. Parfois, dans les muscles du vol chez les Oiseaux par exemple, elles peuvent subir de longues périodes de contractions répétées, sans fatigue. Les **fibres musculaires à contraction lente,** quant à elles, peuvent soutenir des contractions prolongées. Elles se trouvent souvent dans les muscles du maintien de la posture. Ces fibres possèdent moins de réticulum sarcoplasmique que les fibres musculaires à contraction rapide. Le calcium reste donc plus longtemps dans le cytosol. C'est pourquoi la secousse de ces fibres musculaires dure environ cinq fois plus longtemps que celle des fibres musculaires à contraction rapide. Les fibres musculaires à contraction lente ont aussi la particularité d'avoir un approvisionnement régulier en énergie. Elles sont bien irriguées, et ont de nombreuses mitochondries et une protéine d'entreposage du dioxygène, la myoglobine. La **myoglobine,** pigment rouge-brun présent dans la viande foncée de la volaille et du poisson, a plus d'affinité pour le dioxygène que l'hémoglobine, de sorte qu'elle peut retirer efficacement le dioxygène du sang.

Autres types de muscles

Il existe de nombreux types de muscles dans le règne animal. Mais, comme nous l'avons remarqué, ils ont tous en commun le même mécanisme fondamental de contraction, c'est-à-dire le glissement de myofilaments d'actine et de myosine les uns sur les autres. Outre les muscles squelettiques, les Vertébrés ont également des muscles lisses et un muscle cardiaque (voir la FIGURE 40.4).

Chez les Vertébrés, le **muscle cardiaque** ne se trouve qu'à un endroit : le cœur. À l'instar du muscle squelettique, le muscle cardiaque est strié. Les principales différences entre les muscles squelettiques et le muscle cardiaque tiennent à leurs propriétés électriques et membranaires. Les points de contact entre les cellules du muscle cardiaque comprennent des régions spécialisées appelées **disques intercalaires,** à la hauteur desquelles des jonctions ouvertes (voir la FIGURE 7.30) établissent un couplage

électrique direct entre les cellules. Ainsi, lorsqu'un potentiel d'action est généré dans une partie du cœur, par exemple dans l'oreillette droite, il se propage aux cellules musculaires des deux oreillettes, qui se contractent alors. De plus, les cellules musculaires squelettiques ont besoin d'être stimulées par un neurotransmetteur pour produire un potentiel d'action et une contraction. Par contre, les cellules musculaires cardiaques, elles, peuvent générer leurs propres potentiels d'action en l'absence de toute commande du système nerveux. La membrane plasmique d'une cellule musculaire cardiaque présente des canaux rythmogènes qui produisent une dépolarisation rythmique. Cette dépolarisation déclenche des potentiels d'action et le « battement » des cellules musculaires cardiaques, même si l'on isole ces cellules du cœur pour les placer dans une culture cellulaire. (Mais le cœur dans son entier possède aussi un centre rythmogène, tissu musculaire spécialisé dans la paroi de l'oreillette droite qui coordonne les contractions des cellules musculaires de tout l'organe ; voir la FIGURE 42.7.) En outre, les potentiels d'action des cellules musculaires cardiaques durent jusqu'à vingt fois plus longtemps que ceux des cellules musculaires squelettiques. Dans une cellule de muscle squelettique, le potentiel d'action ne sert qu'à déclencher la contraction et

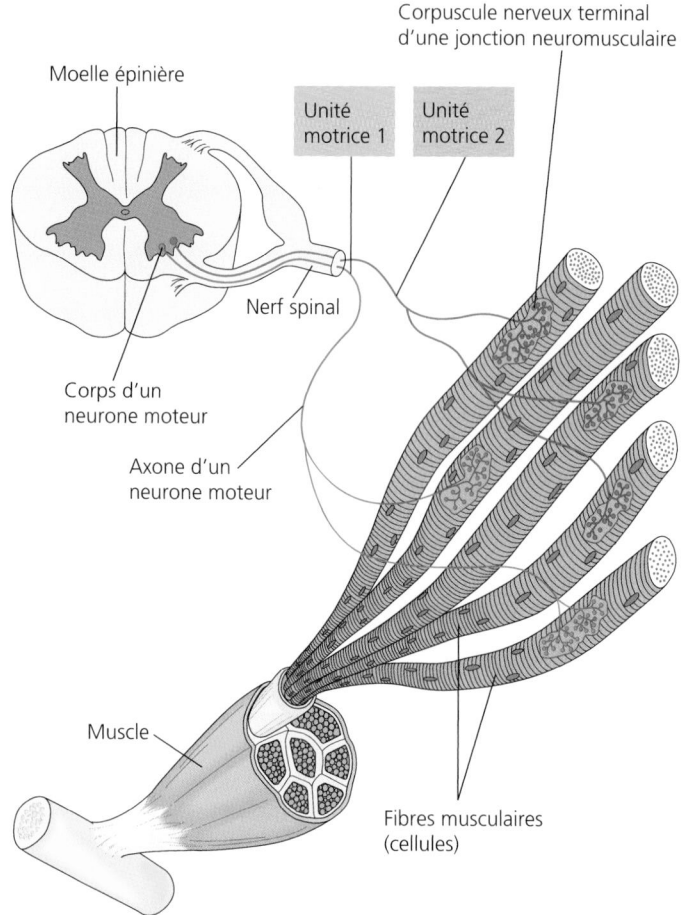

FIGURE 49.38 Unités motrices dans un muscle de Vertébré. Chaque fibre musculaire (cellule) possède une seule jonction neuromusculaire avec le neurone moteur qui la commande. Mais, habituellement, chaque neurone moteur se ramifie et peut innerver un grand nombre de fibres musculaires. Un neurone moteur et toutes les fibres musculaires qu'il commande constituent une unité motrice.

n'influe nullement sur sa durée. Dans une cellule musculaire cardiaque, au contraire, la durée du potentiel d'action influe beaucoup sur la durée de la contraction.

Les **muscles lisses** ne présentent pas les stries que l'on peut observer sur les muscles squelettiques et cardiaque, parce que leurs myofilaments d'actine et de myosine ne sont pas tous disposés de façon régulière le long de la cellule, sous forme de sarcomères. En effet, les myofilaments peuvent avoir une disposition en spirale à l'intérieur des cellules des muscles lisses. Les muscles lisses possèdent moins de myosine que les muscles squelettiques et cardiaque, et cette myosine n'est pas associée à des myofilaments d'actine spécifiques. Du fait de leur structure, les muscles lisses peuvent s'étirer beaucoup plus que les muscles squelettiques. De plus, ils se contractent de façon lente et prolongée et résistent bien à la fatigue. En comparant les cycles de contraction et de relaxation des muscles lisses à ceux des muscles squelettiques, on constate que les premiers durent trente fois plus longtemps que les seconds. Les muscles lisses dépensent cent fois moins d'énergie qu'un volume équivalent de muscles squelettiques. En outre, les muscles lisses ne possèdent pas de système de tubules transverses, et leur réticulum sarcoplasmique n'est pas très développé. Pendant le potentiel d'action, les ions calcium doivent pénétrer dans le cytosol par la membrane plasmique, et la quantité de calcium qui parvient aux myofilaments est assez faible. Les contractions sont relativement lentes, mais la capacité de régulation est plus élevée que dans les autres types de muscles. On trouve les muscles lisses surtout dans la paroi des organes creux, comme ceux des système digestif et urinaire (vessie), et dans les vaisseaux sanguins. Les muscles lisses ont des propriétés telles qu'ils permettent aux organes creux de se dilater dans une certaine mesure et qu'ils ne les forcent pas, par leurs contractions, à expulser leur contenu.

Les Invertébrés possèdent des cellules musculaires semblables aux cellules musculaires squelettiques et lisses des Vertébrés. Les muscles squelettiques des Arthropodes sont presque identiques à ceux des Vertébrés. Mais les muscles du vol des Insectes peuvent produire des contractions rythmiques, indépendantes. Les ailes de certains Insectes peuvent ainsi battre plus rapidement que n'arrivent du système nerveux central les potentiels d'action. On a découvert une autre adaptation issue de l'évolution dans les muscles adducteurs qui enferment les Palourdes dans leur coquille. Les myofilaments épais des fibres de ces muscles contiennent une protéine particulière appelée paramyosine qui permet aux muscles de rester dans un état fixe de contraction, tout en consommant peu d'énergie, pendant un mois.

■   ■   ■

Dans ce chapitre, nous avons étudié séparément les récepteurs sensoriels et les muscles. Mais ils constituent en fait les deux extrémités d'un même système intégré qui fait le lien entre le système nerveux central, le corps et le milieu environnant. Le comportement d'un animal, qui constitue une composante fondamentale de l'interaction de l'animal avec son milieu, est le produit de ce système intégré. Dans la huitième partie de ce manuel, nous allons étudier, entre autres, le comportement dans le contexte plus large de l'écologie, qui est l'étude de l'interaction entre les organismes et leur milieu.

RÉVISION DU CHAPITRE

Résumé des concepts importants

SENTIR, INTERPRÉTER ET RÉAGIR : LES TROIS PRINCIPALES FONCTIONS DE L'ENCÉPHALE

■ Le traitement des informations sensorielles et l'émission de commandes motrices par l'encéphale constituent un processus cyclique et non linéaire (p. 1158 et 1159, FIGURE 49.1). Différents récepteurs sensoriels, effecteurs et encéphales de plus en plus complexes sont apparus et ont évolué simultanément, faisant le lien entre les comportements animaux et le milieu. L'intégration est une activité constante : les récepteurs sensoriels apportent au cerveau des indications sur les résultats des derniers mouvements, à partir desquels sont planifiés de façon appropriée les autres mouvements.

INTRODUCTION AUX RÉCEPTEURS SENSORIELS

■ Les récepteurs sensoriels convertissent l'énergie d'un stimulus en influx nerveux qu'ils transmettent au système nerveux central (p. 1159 à 1161, FIGURE 49.2). Les récepteurs sensoriels sont habituellement des neurones modifiés ou des cellules épithéliales qui captent les stimulus extérieurs et y réagissent par une modification électrochimique de leur membrane plasmique. Les extérocepteurs captent les stimulus du milieu externe ; les intérocepteurs, ceux du milieu interne. L'énergie d'un stimulus est convertie en un potentiel membranaire appelé potentiel récepteur. Dans les cellules réceptrices, une voie de conversion-amplification du stimulus transforme, relaie et amplifie le stimulus. Cela conduit à la libération d'un neurotransmetteur par la cellule réceptrice.

■ On classe les récepteurs sensoriels selon le type d'énergie auquel ils réagissent (p. 1161 à 1163, FIGURES 49.3 à 49.6). Les mécanorécepteurs répondent à des stimulus tels que la pression, le toucher, l'étirement, le mouvement et le son. Les nocicepteurs détectent quant à eux la douleur. Ce sont divers récepteurs sensibles aux excès de température ou de pression, ou à certaines catégories de substances chimiques. Il existe divers types de thermorécepteurs qui donnent des informations sur les températures superficielle et interne de l'organisme. Les chimiorécepteurs réagissent soit à la concentration totale des solutés, soit à la présence de molécules particulières. Enfin, les récepteurs d'ondes électromagnétiques détectent l'énergie qui leur parvient sous forme de rayonnements de différentes longueurs d'onde.

PHOTORÉCEPTEURS ET VISION

■ **Divers photorécepteurs sont apparus et se sont développés au cours de l'évolution chez les Invertébrés** (p. 1164 et 1165, FIGURES 49.7 et 49.8). Les photorécepteurs et les capacités visuelles varient beaucoup parmi les Invertébrés. Les photorécepteurs vont de la cupule optique photosensible des Planaires à l'œil composé, produisant des images, des Insectes et des Crustacés, et à l'œil simple, ou à cristallin unique, de certaines Méduses et Araignées et de nombreux Mollusques.

■ **Les Vertébrés ont des yeux à cristallin unique** (p. 1165 et 1166, FIGURES 49.9 et 49.10). Chez les Vertébrés, l'œil comporte les principales parties suivantes : la sclère, couche externe qui devient la cornée transparente dans sa partie antérieure ; la conjonctive, muqueuse qui entoure complètement la sclère, à l'exception de la cornée ; la choroïde, couche pigmentaire intermédiaire comprenant l'iris qui entoure la pupille ; la rétine, la partie la plus profonde, qui se trouve à l'arrière du globe oculaire et contient les cellules photoréceptrices ; et le cristallin, en suspension entre les deux chambres de l'œil, qui assure la mise au point de la lumière sur la rétine.

■ **La rhodopsine, pigment qui absorbe la lumière, amorce une voie de conversion-amplification du stimulus** (p. 1167 à 1169, FIGURES 49.11 à 49.14). Des photorécepteurs spécialisés appelés bâtonnets et cônes effectuent la conversion des messages lumineux. Ces cellules renferment du rétinal, qui absorbe la lumière et se lie à des protéines membranaires spécifiques appelées collectivement opsines. Lorsque les bâtonnets et les cônes absorbent de la lumière, leur membrane plasmique s'hyperpolarise, et ils libèrent moins de neurotransmetteur.

■ **La rétine participe au traitement de l'information visuelle** (p. 1168 à 1170, FIGURES 49.15 et 49.16). Les stimulus chimiques sont transmis des cônes et des bâtonnets aux cellules bipolaires, puis aux cellules ganglionnaires. Les axones des cellules ganglionnaires, situés dans le nerf optique, acheminent ensuite les potentiels d'action au cerveau. Mais avant que l'information ne soit envoyée au cerveau, d'autres neurones, dans la rétine, procèdent à son intégration. La plupart des axones des nerfs optiques rejoignent les corps géniculés latéraux du thalamus, à partir desquels des neurones cheminent jusqu'à l'aire visuelle primaire du lobe occipital. Plusieurs centres d'intégration, situés dans le cortex cérébral, participent à la perception visuelle.

OUÏE ET ÉQUILIBRE

■ **Chez les Mammifères, l'organe de l'ouïe se situe dans l'oreille interne** (p. 1170 à 1173, FIGURES 49.17 et 49.18). La membrane du tympan transmet les ondes sonores à trois petits os de l'oreille moyenne. Ceux-ci amplifient les vibrations et, par l'intermédiaire de la fenêtre du vestibule, les transmettent au liquide qui remplit la cochlée, structure de forme spiralée de l'oreille interne. Les ondes de pression font vibrer la lame basilaire de la cochlée et l'organe spiral, qui contient les cellules sensorielles ciliées. Les cils de ces dernières se courbent vers la membrana tectoria du conduit cochléaire. Cela dépolarise les cellules sensorielles ciliées et produit des potentiels d'action dans le nerf cochléaire, qui va jusqu'au cerveau. Des régions de la lame basilaire vibrent plus fort en présence d'une fréquence donnée et transmettent l'information à une région spécifique de l'aire auditive primaire du cortex cérébral.

■ **L'oreille interne renferme également les organes de l'équilibre** (p. 1173 et 1174, FIGURE 49.19). L'utricule, le saccule et trois conduits semi-circulaires de l'oreille interne jouent un rôle dans l'équilibre.

■ **Chez la plupart des Poissons et des Amphibiens aquatiques, l'organe sensoriel de la ligne latérale et l'oreille interne détectent les ondes de pression** (p. 1174, FIGURE 49.20). Chez les Poissons et les Amphibiens aquatiques, la détection des courants est assurée par l'organe sensoriel de la ligne latérale, qui contient des amas de cellules réceptrices ciliées.

■ **De nombreux Invertébrés ont des récepteurs sensibles à la gravitation et perçoivent les sons** (p. 1175, FIGURES 49.21 et 49.22). De nombreux Arthropodes perçoivent les sons par l'intermédiaire de poils corporels vibratiles et d'« oreilles » localisées constituées de tympans et de cellules réceptrices. Certains Invertébrés détectent leur position dans l'espace au moyen de statocystes.

CHIMIORÉCEPTION : GOÛT ET ODORAT

■ **Les sens du goût et de l'odorat sont généralement associés** (p. 1176 et 1177, FIGURES 49.23 et 49.24). Le goût et l'odorat dépendent tous les deux de la stimulation de cellules sensorielles par la liaison de petites molécules d'une solution à des chimiorécepteurs protéiques situés sur leur membrane plasmique. Chez les Mammifères, les cellules du goût sont regroupées en calicules gustatifs qui réagissent à diverses formes de molécules. Les cellules olfactives tapissent la partie supérieure de la cavité nasale, et leur axone se rend jusqu'au bulbe olfactif de l'encéphale.

MOUVEMENT ET LOCOMOTION

■ **La locomotion requiert de l'énergie pour vaincre la friction et la gravitation** (p. 1177 à 1179, FIGURES 49.25 et 49.26). Vaincre la friction constitue un problème majeur pour les animaux nageurs. Mais la gravitation est un problème moins important pour les animaux aquatiques que pour ceux qui se déplacent sur la terre ferme ou qui volent. Pour marcher, courir, sauter ou ramper sur le sol, un animal doit se soutenir et se déplacer en luttant contre la gravitation. Le vol exige des ailes suffisamment développées pour vaincre la force d'attraction qu'exerce la gravitation vers le bas.

■ **Le squelette assure le soutien et la protection du corps de l'animal et joue un rôle essentiel dans le mouvement** (p. 1179 à 1181, FIGURES 49.27 et 49.28). L'hydrosquelette, que l'on trouve chez la plupart des Cnidaires, des Plathelminthes, des Nématodes et des Annélides, est un compartiment fermé de l'organisme qui contient du liquide maintenu sous pression. L'exosquelette, qui caractérise la majorité des Mollusques et des Arthropodes, est quant à lui un revêtement rigide qui recouvre le corps de l'animal. Enfin, l'endosquelette, qui est propre aux Éponges, aux Échinodermes et aux Cordés, est un ensemble d'éléments de soutien rigides qui sont incorporés dans le corps de l'animal.

■ **Le soutien physique sur la terre ferme dépend d'adaptations des proportions du corps et de la posture** (p. 1182, FIGURE 49.29). Outre le squelette, des muscles partiellement contractés aident au soutien des grands Vertébrés terrestres.

■ **Les muscles font bouger des parties du squelette en se contractant** (p. 1182 à 1184, FIGURES 49.30 et 49.31). Les muscles, qui se présentent souvent par paires antagonistes, produisent le mouvement en agissant sur le squelette par leurs contractions. Les muscles squelettiques des Vertébrés sont des faisceaux de fibres musculaires (cellules) contenant chacune des myofibrilles. Les myofibrilles se composent de myofilaments minces d'actine et de myofilaments épais de myosine.

■ **L'interaction des molécules de myosine et des molécules d'actine produit une force durant les contractions musculaires** (p. 1183 à 1185, FIGURES 49.32 et 49.33). L'énergie nécessaire au mouvement des têtes des molécules de myosine est fournie par l'ATP. Les têtes des molécules de myosine hydrolysent l'ATP et se lient à l'actine en formant un pont. Puis elles se courbent et font se déplacer les myofilaments minces (d'actine) vers le centre du sarcomère. Il y a alors une contraction, pendant laquelle les têtes des molécules de myosine libèrent l'ADP et le phosphate inorganique. Quand l'ATP se lie de nouveau aux têtes des molécules de myosine, celles-ci se détachent de l'actine, et un nouveau cycle commence.

- **Les ions calcium et des protéines régulatrices régissent la contraction musculaire (p. 1184 à 1187, FIGURES 49.34 à 49.36).** La contraction commence lorsque les influx issus d'un neurone moteur atteignent la membrane plasmique de la cellule musculaire, par l'intermédiaire de l'acétylcholine, qui est libérée dans la jonction neuromusculaire. Les potentiels d'action se propagent jusqu'à l'intérieur de la cellule en suivant les tubules transverses. Ils stimulent la libération de calcium à partir des citernes du réticulum sarcoplasmique. Le calcium se lie au complexe troponine-tropomyosine localisé sur les myofilaments minces, ce qui découvre les sites de liaison de l'actine destinés à la myosine. Il y a alors contraction musculaire.

- **Les différents mouvements corporels requièrent des variations dans l'activité musculaire (p. 1186 à 1189, FIGURES 49.37 et 49.38).** Un stimulus isolé provoque une secousse musculaire. Une série de stimulus se succédant à une certaine fréquence subissent une sommation temporelle pour produire une contraction graduée. Le tétanos est une contraction régulière et continue qui survient lorsque les neurones moteurs fournissent une salve de potentiels d'action. Une unité motrice comprend un neurone moteur ramifié et les fibres musculaires qu'il innerve. Le recrutement de plusieurs unités motrices donne des contractions vigoureuses. Le muscle cardiaque, qui compose uniquement le cœur, comprend des cellules musculaires striées et ramifiées que des disques intercalaires relient électriquement. Les cellules du muscle cardiaque peuvent générer des potentiels d'action sans recevoir de commande du système nerveux central. Les contractions des muscles lisses sont lentes, mais peuvent durer longtemps.

Autoévaluation

(Les questions dont les numéros sont en caractères gras font surtout appel à la compréhension.)

1. Parmi les types de récepteurs suivants, lequel n'est pas correctement associé avec la catégorie à laquelle il appartient ?
   a) Cellule sensorielle ciliée – mécanorécepteur.
   b) Fuseau neuromusculaire – mécanorécepteur.
   c) Cellule gustative – chimiorécepteur.
   d) Bâtonnet – récepteur d'ondes électromagnétiques.
   e) Récepteur de la pression intense – nocicepteur.

2. Les Requins ferment les yeux juste avant de mordre. Bien qu'ils ne voient pas leur proie, ils ne ratent pas leur cible. Des chercheurs ont remarqué que les Requins sont attirés par les objets métalliques, et qu'ils peuvent trouver des piles enfouies dans le sable d'un aquarium. Ces observations semblent indiquer que les Requins localisent leur proie jusqu'à la dernière fraction de seconde avant de mordre, de la même façon :
   a) que le Crotale trouve une souris dans son trou.
   b) qu'un mâle chez le Bombyx du Mûrier localise une femelle.
   c) que la Chauve-souris trouve des papillons dans l'obscurité.
   d) que l'Ornithorynque repère sa proie dans une rivière boueuse.
   e) que la Planaire évite les sources lumineuses.

3. Parmi les affirmations suivantes concernant l'œil chez les Vertébrés, laquelle est incorrecte ?
   a) Le corps vitré règle la quantité de lumière qui traverse la pupille.
   b) La cornée transparente est un prolongement de la sclère.
   c) La macula est le centre du champ visuel et ne contient que des cônes.

   d) Le muscle ciliaire permet l'accommodation.
   e) La rétine se trouve immédiatement à l'intérieur de la choroïde et contient des cellules photoréceptrices.

4. La conversion des ondes sonores en potentiels d'action se produit :
   a) à l'intérieur de la membrana tectoria, lorsqu'elle est stimulée par les cellules sensorielles ciliées.
   b) lorsque les cellules sensorielles ciliées sont déformées au contact de la membrana tectoria, ce qui provoque une dépolarisation et une libération de molécules de neurotransmetteur qui stimulent les neurones sensitifs.
   c) lorsque la lame basilaire de la cochlée devient plus perméable au sodium et se dépolarise, ce qui produit un potentiel d'action dans un neurone sensitif.
   d) lorsque la lame basilaire de la cochlée vibre à différentes fréquences, réagissant ainsi aux variations de l'intensité des sons.
   e) à l'intérieur de l'oreille moyenne, lorsque les vibrations sont amplifiées par le malleus, l'incus et le stapès.

5. Lorsque la lumière atteint la rhodopsine, pigment des bâtonnets, le rétinal se dissocie de l'opsine, ce qui amorce une voie de conversion-amplification du stimulus qui :
   a) dépolarise les cellules bipolaires voisines et crée un potentiel d'action dans une cellule ganglionnaire.
   b) dépolarise le bâtonnet, ce qui provoque la libération d'acide glutamique, neurotransmetteur qui excite les cellules bipolaires.
   c) hyperpolarise le bâtonnet, en diminuant la libération d'acide glutamique, ce qui excite certaines cellules bipolaires et en inhibe d'autres.
   d) hyperpolarise le bâtonnet, en augmentant la libération d'acide glutamique, ce qui excite les cellules amacrines mais inhibe les cellules horizontales.
   e) convertit la GMPc en GMP, en ouvrant les canaux ioniques à sodium et en hyperpolarisant la membrane plasmique, ce qui cause la décoloration de la rhodopsine.

6. Les Palourdes et les Homards ont un exosquelette, mais les Homards jouissent d'une plus grande mobilité. Pourquoi ?
   a) Les Palourdes ne possèdent que des muscles adducteurs qui maintiennent la coquille fermée, alors que les Homards ont à la fois des muscles abducteurs et des muscles adducteurs.
   b) La paramyosine maintient les muscles des Palourdes contractés dans un état d'énergie minimale, alors que les muscles des Homards sont très semblables aux muscles squelettiques des Vertébrés.
   c) Les Palourdes ne peuvent grossir que par l'accroissement du bord extérieur de leur coquille, alors que les Homards muent et remplacent plusieurs fois leur exosquelette par un exosquelette plus grand et plus flexible.
   d) Le squelette du Homard peut se contracter activement, alors que le squelette de la Palourde ne possède pas ce mécanisme contractile.
   e) Les Homards ont un exosquelette articulé, ce qui leur permet des mouvements flexibles des appendices et des parties de leur corps aux articulations.

7. Dans la contraction musculaire, la fonction du calcium consiste à :
   a) dissocier les ponts en tant que cofacteur de l'hydrolyse de l'ATP.
   b) se lier à la troponine pour en modifier la configuration, de sorte que le myofilament d'actine soit découvert.
   c) transmettre le potentiel d'action par l'intermédiaire de la jonction neuromusculaire.
   d) propager le potentiel d'action par les tubules transverses.
   e) rétablir la polarisation de la membrane plasmique après le passage d'un potentiel d'action.

8. Le tétanos est :
   a) la contraction partielle et continue des principaux muscles de la posture.
   b) la contraction de type tout ou rien d'une fibre musculaire isolée.
   c) une contraction vigoureuse résultant de la sommation de nombreuses unités motrices.
   d) le résultat de la sommation temporelle des influx nerveux qui produit une contraction musculaire régulière et continue.
   e) l'état de fatigue musculaire résultant de l'épuisement de l'ATP et de l'accumulation d'acide lactique.

9. Parmi les affirmations suivantes concernant les cellules musculaires cardiaques, laquelle est vraie ?
   a) Leurs myofilaments d'actine et de myosine ne sont pas disposés de façon régulière.
   b) Elles n'ont pas un réticulum sarcoplasmique aussi étendu que les cellules des muscles lisses, et se contractent donc plus lentement.
   c) Elles sont reliées par des disques intercalaires qui permettent aux potentiels d'action de se propager à toutes les cellules du cœur.
   d) Leur potentiel de repos est supérieur au seuil d'excitation des potentiels d'action.
   e) Elles ne se contractent que si elles sont stimulées par des neurones.

10. Lequel des événements suivants se produit lorsqu'un muscle squelettique se contracte ?
    a) Les stries A raccourcissent.
    b) Les stries I raccourcissent.
    c) Les lignes Z s'écartent les unes des autres.
    d) Les myofilaments minces d'actine se contractent.
    e) Les myofilaments épais se contractent.

11. (a) Qu'est-ce qui permet à une cellule sensorielle de calicule gustatif de ne réagir qu'à un certain type de substance chimique dans la nourriture ? (b) Qu'est-ce qui détermine le « goût » perçu en réaction à cette substance chimique particulière ?

12. Indiquez le type de récepteur pour chacun des sens suivants, chez les Humains : vision, goût, audition, odorat.

13. Expliquez pourquoi votre vision nocturne est surtout en noir et blanc, et pas en couleur.

14. Comment l'oreille convertit-elle les ondes sonores qui voyagent dans l'air en ondes de pression qui passent dans le liquide de la cochlée ?

15. Comparez la nage et la marche en considérant les forces qu'un animal doit vaincre pour se déplacer.

16. Pourquoi, quand vous exercez les muscles de vos bras et de vos jambes, est-il important d'imposer une résistance autant lors de la flexion que lors de l'extension des membres ?

17. Comment le réticulum sarcoplasmique contribue-t-il à la régulation de la contraction musculaire ?

Lien avec l'évolution

En général, la locomotion sur la terre ferme exige plus d'énergie que la locomotion dans l'eau. En utilisant tout ce que vous avez appris dans les chapitres de cette partie sur l'anatomie et la physiologie animales, exposez quelques-unes des adaptations dues à l'évolution chez les Mammifères qui confirment que les déplacements sur le sol exigent beaucoup d'énergie.

Intégration

1. Bien que les muscles squelettiques se fatiguent généralement assez rapidement, les muscles des coquilles (ou valves) des Palourdes possèdent une protéine aux propriétés uniques appelée paramyosine, qui leur permet de maintenir une contraction pendant un mois. En vous appuyant sur ce que vous savez du mécanisme cellulaire de la contraction, proposez une hypothèse pour expliquer comment peut fonctionner la paramyosine. Comment pourriez-vous soumettre votre hypothèse à un contrôle expérimental ?

2. Décrivez et expliquez le trajet de la lumière chez l'Humain, depuis son entrée dans l'œil jusqu'à sa transformation en influx nerveux dans le nerf optique.

Science, technologie et société

Peut-être connaissez-vous une personne âgée qui s'est fracturé un os (souvent à la hanche) en partie à cause de l'ostéoporose, qui est une perte de densité osseuse touchant de nombreuses femmes après la ménopause. Des chercheurs pensent que la prévention est le meilleur moyen d'éviter l'ostéoporose. Ils recommandent de l'exercice et un apport maximal de calcium durant l'adolescence et la vingtaine. Est-il réaliste de s'attendre à ce que des jeunes se perçoivent comme de futures personnes âgées ? Quelles seraient vos recommandations pour encourager ces jeunes à adopter de bonnes habitudes dont les bénéfices ne se feront pas sentir avant 40 ou 50 ans ?

Réponses à l'autoévaluation : 1. e ; **2.** d ; 3. a ; **4.** b ; **5.** c ; 6. e ; 7. b ; 8. d ; 9. c ; **10.** b ; **11.** (a) La spécificité des chimiorécepteurs de la membrane plasmique de cette cellule gustative. (b) La partie du cerveau qui est stimulée par les neurones sensitifs du calicule gustatif. 12. Photorécepteur ; chimiorécepteur ; mécanorécepteur ; chimiorécepteur. **13.** Les bâtonnets sont plus sensibles à la lumière que les cônes. Par conséquent, la faible intensité de lumière la nuit stimule davantage les bâtonnets que les cônes. **14.** Les ondes sonores qui voyagent dans l'air font vibrer la membrane du tympan. Les osselets fixés sur la face interne de cette membrane transmettent l'énergie à la fenêtre du vestibule, sur la paroi de l'oreille interne. Les vibrations de la fenêtre du vestibule transmettent le mouvement au liquide qui se trouve dans la cochlée de l'oreille interne. **15.** La friction (résistance) s'oppose au déplacement d'un animal dans l'eau, mais la gravitation a peu d'effet à cause de la flottabilité. L'air offre peu de résistance à un animal qui marche sur la terre ferme, mais ce dernier doit soutenir son corps à l'encontre de la force de gravitation et faire bouger ses pattes à partir d'une vitesse nulle. **16.** Cette façon de faire permet d'exercer les deux muscles des paires antagonistes, qui n'effectuent un travail que s'ils sont contractés. **17.** En alternant l'accumulation et la libération de Ca^{2+}, le réticulum sarcoplasmique régit la concentration cytosolique de cet ion qui est nécessaire à la liaison de la myosine et de l'actine.

CHAPITRE 50

L'ÉCOLOGIE ET LA BIOSPHÈRE : INTRODUCTION

« Le fleuve Saint-Laurent a la noblesse d'être le plus ancien de tous les fleuves où s'épanouissent trois grands milieux de vie : la terre, l'eau douce et l'eau salée. À toutes les époques géologiques, le Saint-Laurent a été une grande voie de migration végétale et le cycle vital de chacune de ces plantes est une histoire qui se raconte. Et toutes ces histoires s'enchaînent et s'équilibrent dans la mosaïque que composent les innombrables vies végétales et animales à la surface de l'exceptionnelle planète Terre. »

FRÈRE MARIE-VICTORIN
botaniste québécois et fondateur du Jardin botanique de Montréal
(1885-1944)

LE CHAMP DE L'ÉCOLOGIE
- Les interactions des organismes entre eux et avec leur milieu déterminent leur distribution et leur abondance
- L'écologie et la biologie de l'évolution sont des sciences étroitement liées
- Le champ de la recherche écologique s'étend de l'adaptation des organismes à la dynamique de la biosphère
- L'écologie fournit un contexte scientifique pour l'étude des questions environnementales

LES FACTEURS QUI INFLUENT SUR LA DISTRIBUTION DES ORGANISMES
- La dispersion des espèces contribue à la distribution des organismes
- Le comportement et la sélection d'un habitat contribuent à la distribution des organismes
- Les facteurs biotiques influent sur la distribution des organismes
- Les facteurs abiotiques influent sur la distribution des organismes
- La température et les précipitations sont les principaux facteurs climatiques qui conditionnent la distribution des organismes

LES BIOMES AQUATIQUES ET LES BIOMES TERRESTRES
- Les biomes aquatiques occupent la majeure partie de la biosphère
- La distribution des biomes terrestres repose principalement sur les variations climatiques régionales

LES DIFFÉRENTES ÉCHELLES DES DISTRIBUTIONS GÉOGRAPHIQUES
- Divers facteurs peuvent déterminer la distribution d'une espèce à différentes échelles
- La plupart des espèces occupent de petites aires de distribution géographique

Les organismes sont des systèmes ouverts *qui sont en constante interaction entre eux et avec leur milieu, ce que nous avons vu de nombreuses fois dans ce manuel. L'*écologie *(du grec* oikos, *« maison » et* logos, *« discours sur, science de ») est l'étude scientifique des interactions entre les organismes, d'une part, et entre les organismes et leur milieu, d'autre part. Ces interactions régissent la distribution et l'abondance des organismes, ce qui soulève deux questions que les écologistes se posent souvent : Où vivent ces organismes ? Et combien sont-ils ? L'écologie est une branche complexe et captivante de la biologie dont l'importance pratique ne cesse de croître. Les photographies de la planète qui ont été prises par les astronautes de la mission Apollo, notamment celle qui apparaît sur cette page, nous rappellent que la Terre est un minuscule refuge dans l'immensité de l'espace, et pas un terrain sans limite pour l'activité humaine. La science de l'écologie nous permet de comprendre que nous devons gérer les ressources limitées de notre planète.*

Dans ce chapitre, nous allons parler de l'écologie en définissant son champ. Nous examinerons également quelques facteurs, biotiques et abiotiques, qui influent sur la distribution des organismes.

1193

LE CHAMP DE L'ÉCOLOGIE

Les Humains se sont toujours intéressés à la distribution et à l'abondance des autres organismes. Les chasseurs-cueilleurs de la préhistoire devaient savoir où ils pouvaient trouver du gibier et des plantes comestibles en abondance. Les naturalistes, d'Aristote à Darwin, ont fait quant à eux de l'observation et de la description des organismes dans leur habitat naturel une fin en soi, pas simplement un moyen de survie. Comme l'approche descriptive de la science est toujours utile (voir le chapitre 1), la science naturelle demeure le fondement de l'écologie.

Bien que l'écologie ait longtemps été une science descriptive, son caractère expérimental ne cesse de prendre de l'importance. De nombreux écologistes vérifient des hypothèses sur le terrain, malgré les difficultés particulières d'une recherche qui s'effectue sur de longues périodes et dans de grands espaces. En 1993, par exemple, des océanographes ont ajouté du fer en solution à un secteur ouvert de 64 km² d'océan dans le Pacifique équatorial. Ils faisaient une expérience de grande envergure pour vérifier l'hypothèse selon laquelle une pénurie de fer comme nutriment inorganique limitait la production dans un écosystème. Ils répétèrent leur expérience en 1995, à plus grande échelle, et obtinrent des résultats similaires, c'est-à-dire une importante augmentation de la croissance du phytoplancton à la suite de l'addition de fer. Ce genre d'expérience sur le terrain contribue à faire de l'écologie une science captivante, en plein essor.

Les interactions des organismes entre eux et avec leur milieu déterminent leur distribution et leur abondance

Les écologistes ont recours à des observations et à des expériences pour vérifier les hypothèses qui visent à répondre à des questions comme «Pourquoi les Séquoias ne poussent-ils pas au Canada?» «Pourquoi n'y a-t-il pas de Crotales au Québec?» «Pourquoi y a-t-il autant de Cerfs de Virginie en Estrie?» «Quelle est la cause de l'extinction du Pigeon voyageur?»

La FIGURE 50.1 montre l'aire géographique du Kangourou roux (*Macropus rufus*) en Australie et illustre très clairement deux questions importantes auxquelles les écologistes tentent de répondre: Quels facteurs limitent l'aire géographique, ou la *distribution*, d'une espèce? Et quels facteurs déterminent son *abondance relative*? À partir d'une hypothèse ou d'une explication proposée pour l'une de ces questions, les écologistes prédisent ce qu'ils devraient observer dans la nature et les résultats qu'une expérience devrait donner. Dans certains cas, ils peuvent élaborer des modèles mathématiques qui leur permettent de simuler les résultats possibles d'expériences ambitieuses parfois impossibles à réaliser sur le terrain. Ils représentent alors des variables importantes et leurs relations hypothétiques par des équations mathématiques. Puis, ils peuvent étudier les interactions possibles entre les variables. Par exemple, à l'aide de programmes perfectionnés, de nombreux écologistes et climatologues élaborent des modèles permettant de prédire les

effets des activités humaines sur le climat et la façon dont les changements climatiques qu'elles entraînent influeront sur les distributions géographiques des différentes formes de vie pendant le siècle à venir. Bien entendu, l'utilité de ces simulations dépend de l'exactitude des données sur lesquelles les modèles reposent. Or, l'obtention de données demande encore beaucoup de travail en laboratoire et sur le terrain.

Au sens écologique, le milieu se compose de **facteurs abiotiques** (ou facteurs physicochimiques), tels que la température, la lumière, la pression, la gravitation, l'eau, les nutriments et d'autres substances chimiques, et de **facteurs biotiques,** qui sont toutes les interactions directes ou indirectes, immédiates ou différées entre les organismes, dans un milieu donné. Dans son milieu, un organisme rencontre d'autres organismes qui peuvent lui disputer la nourriture et les autres ressources, le pourchasser ou modifier les conditions physiques et chimiques qui l'entourent. Comme nous le verrons plus loin, l'importance respective des divers facteurs écologiques se trouve au cœur même de nombreuses études écologiques... et des controverses qu'elles suscitent.

Nombre de Kangourous roux par km²

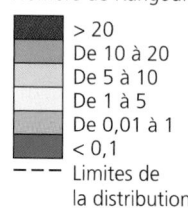

> 20
De 10 à 20
De 5 à 10
De 1 à 5
De 0,01 à 1
< 0,1
- - - Limites de la distribution

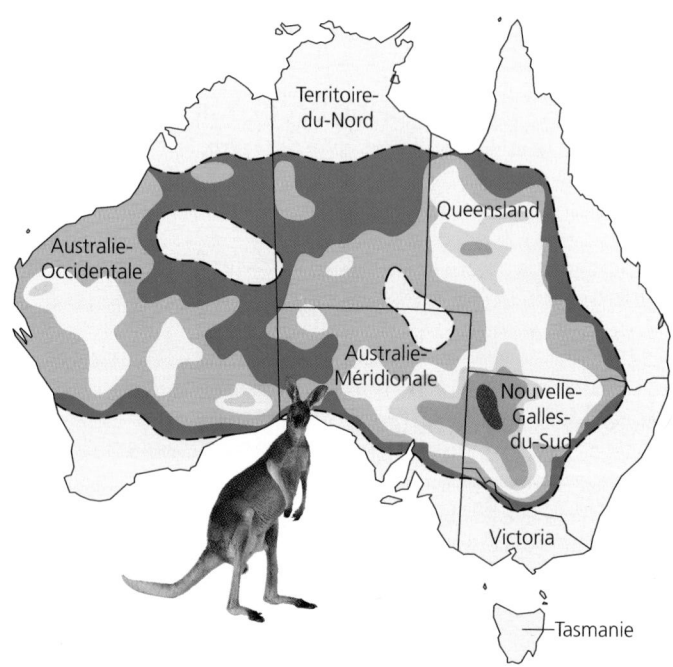

FIGURE 50.1 Distribution et abondance relative du Kangourou roux en Australie, d'après des inventaires aériens. Le Kangourou roux (*Macropus rufus*) habite les régions arides du continent.

L'écologie et la biologie de l'évolution sont des sciences étroitement liées

De nombreux biologistes reconnaissent en Charles Darwin un naturaliste de talent dont les observations ont préparé le terrain à l'écologie et à son développement. Charles Darwin trouva des preuves de l'évolution dans la distribution géographique des organismes et dans leurs étonnantes adaptations au milieu (voir le chapitre 22). Il s'aperçut aussi que les interactions des organismes avec leur milieu constituaient un facteur important de changement au cours de l'évolution. Par conséquent, les événements qui se jouent dans le cadre du **temps écologique** (minutes, mois, années) se répercutent à l'échelle plus large du **temps de l'évolution** (décennies, siècles, millénaires et périodes encore plus longues). Par exemple, les Faucons (*Falco sp.*) qui se nourrissent de Campagnols des champs (*Microtus pennsylvanicus*) influent directement (temps écologique) sur la population de ces derniers en tuant certains individus. Ils diminuent ainsi la population de Campagnols des champs et modifient leur patrimoine génétique. À long terme, cette interaction prédateur-proie peut faire augmenter, dans la population de Campagnols des champs, le nombre d'individus possédant une coloration qui les camoufle.

Le champ de la recherche écologique s'étend de l'adaptation des organismes à la dynamique de la biosphère

En raison des nombreux niveaux et types d'interactions entre les organismes et leur milieu, les écologistes abordent tout un éventail de questions complexes. On peut diviser l'écologie en six domaines d'étude de plus en plus vastes, qui correspondent à des niveaux de la hiérarchie biologique et vont de l'écologie des organismes individuels à la dynamique des écosystèmes (FIGURE 50.2).

FIGURE 50.2 Exemples de questions que différents domaines de l'écologie abordent.

(a) Autécologie. Comment les Baleines choisissent-elles leur aire de nutrition ?

(b) Écologie des populations. Quels facteurs limitent le nombre de souris qui peuvent habiter dans une aire donnée ?

(c) Écologie des communautés. Quels facteurs influent sur la diversité des espèces d'arbres qui composent une forêt donnée ?

(d) Écologie des écosystèmes. Quels processus recyclent les éléments chimiques essentiels, tels que l'azote, à l'intérieur d'un écosystème de savane ?

L'**autécologie,** ou écologie physiologique, se penche sur les aspects morphologiques, physiologiques et comportementaux des réactions d'un organisme aux conditions biotiques et abiotiques de son milieu. Les conditions abiotiques que les organismes tolèrent limitent en bout de ligne la distribution géographique.

Une **population** est, à un moment donné, un groupe d'individus d'une même espèce vivant dans une aire géographique donnée. L'**écologie des populations** étudie principalement les facteurs qui influent sur la taille d'une population d'une espèce donnée dans une aire particulière.

Une **communauté** se compose de tous les organismes de toutes les espèces qui habitent dans une aire donnée. Il s'agit d'un ensemble de populations de différentes espèces. Ainsi, l'**écologie des communautés** traite des différentes interactions entre les espèces, dans une communauté. L'analyse porte ici sur les effets de la prédation, de la compétition entre organismes et des maladies sur la structure et l'organisation de la communauté.

L'ensemble que forment tous les facteurs abiotiques et toute la communauté des espèces qui vivent dans une aire donnée est un **écosystème.** Par exemple, un lac est un écosystème, car il peut englober de nombreuses communautés. L'**écologie des écosystèmes** traite surtout des questions comme les flux d'énergie et les cycles biogéochimiques des divers composants biotiques et abiotiques.

À ces quatre domaines de l'écologie, s'ajoute l'**écologie du paysage,** qui traite des ensembles d'écosystèmes et de la façon dont ils sont organisés dans une région géographique. Un **paysage terrestre** ou un **paysage marin** sont constitués de plusieurs écosystèmes liés par des échanges d'énergie, de matière et d'organismes. Les chercheurs s'intéressent ici en particulier à la façon dont la juxtaposition de différents écosystèmes, comme des cours d'eau, des lacs, des forêts anciennes et des parcelles de forêts coupées à blanc influe sur les interactions entre les populations, les communautés et les écosystèmes.

La **biosphère** est un superécosystème qui englobe l'ensemble des écosystèmes de la planète. Elle comprend l'atmosphère jusqu'à une altitude de plusieurs kilomètres, le sol jusqu'à une profondeur de 3 000 m, avec le roc aquifère, les lacs et cours d'eau et les cavernes, et les océans jusqu'à une profondeur de plusieurs kilomètres. Bref, elle correspond à la mince couche de la planète où l'on trouve de la vie. L'**écologie de la biosphère** est le domaine d'étude le plus vaste en écologie. L'analyse de la façon dont les variations de concentration atmosphérique de CO_2 influent sur le climat planétaire constitue un exemple de recherche au niveau de la biosphère.

L'écologie fournit un contexte scientifique pour l'étude des questions environnementales

Il ne faut pas confondre la science de l'écologie avec les préoccupations environnementales, que désigne souvent le mot « écologie » dans l'usage courant. Néanmoins, il est nécessaire de comprendre les relations souvent compliquées et délicates qui existent entre les organismes et leur milieu pour aborder les problèmes environnementaux.

Une grande part de notre inquiétude actuelle concernant l'environnement a pris naissance avec le livre de Rachel Carson,

Printemps silencieux, publié aux Éditions Plon en 1963 (FIGURE 50.3). Dans cet ouvrage désormais classique, Carson met la population en garde contre l'usage répandu de pesticides comme le DDT qui causent le déclin de populations d'organismes non visés. De nos jours, de nombreux autres problèmes menacent les habitats que nous partageons avec des millions d'autres formes de vie, notamment : les pluies acides ; la famine localisée aggravée par une mauvaise utilisation des terres et un accroissement de la population ; la contamination des sols et des cours d'eau par les déchets toxiques ; et la liste en continuelle progression des espèces disparues ou risquant de s'éteindre à cause de la destruction de leur habitat.

De nombreux écologistes influents reconnaissent leur responsabilité dans l'éducation des législateurs et du grand public concernant les décisions qui ont une incidence sur l'environnement. Une partie importante de cette responsabilité consiste à faire comprendre la complexité scientifique des questions environnementales. Les politiciens et les juristes veulent souvent des réponses définitives à des questions environnementales comme « Quelle superficie de forêt ancienne permettrait de sauver la Chouette tachetée (*Strix occidentalis*) ? » Or, bien que les études écologiques puissent sans aucun doute fournir des informations essentielles à la prise de décisions de principe concernant la préservation des habitats, les réponses à de telles questions amènent d'autres questions : « Combien de Chouettes tachetées faut-il sauver ? » « Avec quelle certitude doit-on s'assurer de leur sauvegarde ? » « Pendant combien de temps pourront-elles survivre dans cette forêt ? » Les écologistes peuvent aider à répondre à ces questions, afin que le public puisse prendre des décisions éclairées concernant les préoccupations environnementales.

Si nos informations sont toujours incomplètes en écologie, nous ne pouvons nous abstenir de prendre des décisions et attendre de connaître toutes les réponses. Dans cette situation, le **principe de précaution** peut nous servir de guide. On peut l'énoncer simplement ainsi : « En toutes choses il faut considérer la fin » ou « Mieux vaut prévenir que guérir ». Aldo Leopold, conservationniste de renom, exprime bien le principe de précaution quand il écrit : « La conservation de chaque engrenage et de chaque roue de la grande machine est la première précaution d'un remaniement intelligent. »

FIGURE 50.3 Rachel Carson. Bien que son livre *Printemps silencieux,* qui a fait école dans le mouvement écologiste moderne, traite surtout des séquelles laissées dans la biosphère par le pesticide qu'est le DDT, Rachel Carson y lançait un message beaucoup plus global : « Vouloir "corriger la nature" est une arrogante prétention, née des insuffisances d'une biologie et d'une philosophie qui en sont encore à l'âge de Néanderthal, où l'on pouvait croire la nature destinée à satisfaire le bon plaisir de l'homme. »

LES FACTEURS QUI INFLUENT SUR LA DISTRIBUTION DES ORGANISMES

Les écologistes connaissent depuis longtemps les modèles, à l'échelle mondiale et régionale, de la distribution des organismes au sein de la biosphère. Ainsi, on trouve des Kangourous en Australie, mais pas en Amérique du Nord. L'Antilope d'Amérique habite l'ouest des États-Unis, mais pas l'Europe ni l'Afrique. Il y a plus d'un siècle, Darwin, Wallace et d'autres naturalistes ont commencé à déterminer les grands modèles de distribution géographique en nommant les régions biogéographiques (FIGURE 50.4). On associe maintenant ces régions au phénomène de la dérive des continents qui a suivi la fragmentation de la Pangée (voir la FIGURE 25.4).

La **biogéographie** est l'étude de la distribution présente et passée des différentes espèces. Nous en avons parlé, dans le contexte de la géologie historique, aux chapitres 22 et 25. Le domaine de la biogéographie constitue un bon point de départ pour comprendre ce qui limite les distributions géographiques. Pour déterminer l'aire de distribution d'une espèce donnée, les écologistes se posent une série de questions (FIGURE 50.5, p. 1198). Suivons le schéma conceptuel de leur réflexion.

La dispersion des espèces contribue à la distribution des organismes

Pourquoi n'y a-t-il pas de Kangourous en Amérique du Nord ? Le biogéographe répond simplement : « Ils n'ont pas pu aller là à cause des barrières qui empêchent la dispersion : la région était inaccessible aux Kangourous. » La **dispersion** des organismes est un processus crucial qui permet de comprendre à la fois l'isolement géographique au cours de l'évolution (voir le chapitre 24) et les grands schémas actuels de distribution géographique.

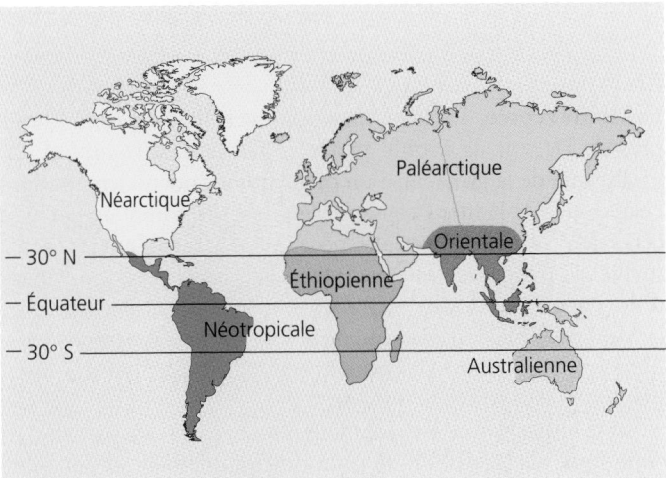

FIGURE 50.4 Les régions biogéographiques. La dérive des continents et les barrières géographiques comme les déserts et les chaînes de montagnes contribuent à la diversité de la faune et de la flore des vastes régions biogéographiques de la planète. La région australienne est la seule à avoir des limites nettes. Les autres régions se chevauchent en des zones où certains de leurs taxons respectifs coexistent.

Transplantations d'espèces

Observer ce qui se passe quand les Humains transplantent accidentellement ou intentionnellement une espèce dans des régions où elle était absente est une façon de déterminer si la dispersion est un facteur limitant de la distribution. Certains organismes peuvent survivre dans de nouvelles régions, mais ne peuvent s'y reproduire. Ainsi, il est impossible de déterminer le succès d'une transplantation tant qu'au moins un cycle de développement n'est pas terminé. Les deux résultats possibles de la transplantation mènent à une recherche plus poussée.

Résultat	Interprétation
Réussite de la transplantation	La distribution est limitée parce que la région est inaccessible, que le temps a manqué pour atteindre la région ou que l'espèce n'a pas réussi à reconnaître la région comme un milieu de vie favorable.
Échec de la transplantation	La distribution est limitée soit par d'autres espèces, soit par des facteurs physicochimiques.

Si une transplantation réussit, alors l'aire *potentielle* de répartition de l'espèce est plus étendue que son aire de répartition *réelle*, comme l'illustre la FIGURE 50.6, à la page 1198, dans le cas d'une espèce fictive. Si une espèce n'occupe pas entièrement son aire potentielle, il faut en déterminer la raison. L'espèce manque-t-elle de moyens de dispersion appropriés pour accéder à la nouvelle aire ? Certaines espèces animales peuvent en fait se déplacer vers une nouvelle aire, mais « choisir » de ne pas le faire. Il faut alors étudier leur mécanisme de sélection d'un habitat.

Lorsque des espèces ne peuvent pas survivre et se reproduire dans des aires de transplantation, on doit chercher à savoir si des facteurs biotiques ou abiotiques les excluent de ces aires. Les autres espèces, en tant que prédateurs, parasites, agents pathogènes ou compétiteurs, peuvent imposer des limites (facteurs biotiques) en ayant des effets négatifs. Il est possible aussi que l'aire de transplantation soit dépourvue d'effets positifs nécessaires des espèces interdépendantes, et ne comporte pas, par exemple, les pollinisateurs de l'aire d'origine d'une plante à fleur transplantée. Si les autres espèces ne fixent pas de limites sur le territoire, la dernière possibilité est que des facteurs physiques ou chimiques (facteurs abiotiques) soient en cause.

Par exemple, de nombreuses espèces de plantes tropicales ne peuvent supporter une température de congélation, et la ligne de gel limite efficacement leur distribution. Une bonne expérience de transplantation doit comporter un *groupe témoin,* dont on se sert pour effectuer des transplantations à l'intérieur même de l'aire de distribution existante, afin de recueillir des données concernant les effets qu'ont, sur les individus, la manipulation et la transplantation. Mais, de nos jours, les écologistes font rarement de telles expériences de transplantation. Ils se documentent plutôt sur les résultats obtenus lors de transplantations d'espèces accidentelles ou visant d'autres buts, comme l'introduction de gibier.

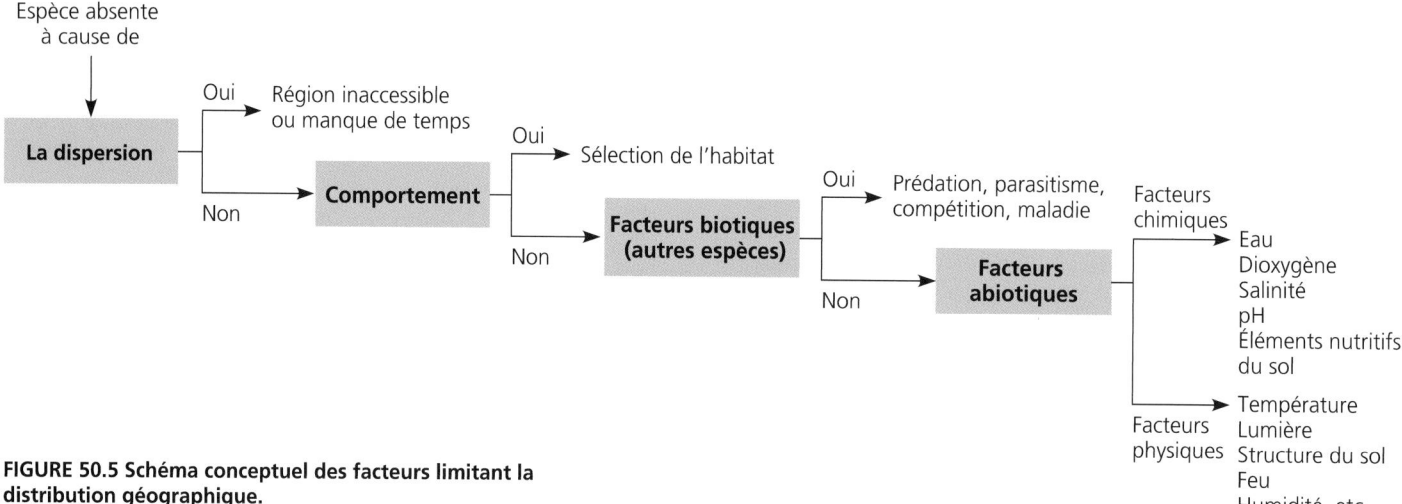

FIGURE 50.5 Schéma conceptuel des facteurs limitant la distribution géographique.

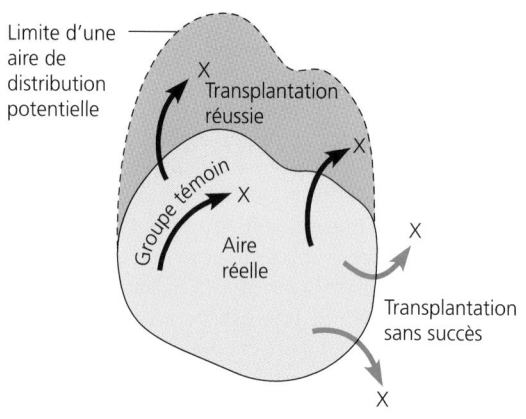

FIGURE 50.6 Série d'expériences de transplantation avec une espèce fictive. Pour définir les limites d'une aire de distribution potentielle, il faut les résultats de nombreuses expériences isolées de transplantation. La figure ci-dessus n'en présente que quatre.

Problèmes résultant de l'introduction d'espèces

Bien que la plupart des espèces soient naturellement confinées à des régions biogéographiques données par leur capacité de dispersion, les Humains sont parvenus à déplacer des espèces partout sur la planète, en particulier depuis les deux cents dernières années. En fait, on a les exemples les plus impressionnants de dispersion ayant une influence sur la distribution quand des espèces volontairement ou accidentellement introduites par les Humains prolifèrent et occupent une nouvelle aire. Penchons-nous sur deux exemples.

L'Abeille africaine. L'Abeille africaine (*Apis mellifera scutellata*) constitue un bon exemple qui illustre les conséquences imprévisibles et indésirables de l'introduction d'une espèce, par des Humains, dans de nouvelles aires. L'Abeille africaine est une sous-espèce très agressive d'Abeille que l'on a apportée au Brésil en 1956 pour engendrer une variété capable de produire, dans les tropiques, plus de miel que l'Abeille italienne (*Apis mellifera ligustica*). En 1957, les Abeilles africaines transportées là se sont échappées accidentellement; elles se sont répandues depuis

jusqu'en Amérique du Nord (FIGURE 50.7). Avec leur agressivité, les Abeilles africaines peuvent chasser les colonies d'Abeilles italiennes établies. Des hybrides des deux sous-espèces africaine et italienne peuvent aussi apparaître. En 1982, l'Abeille africaine a traversé le canal de Panama. Elle a atteint le Mexique en 1985 et le sud du Texas en 1990. Parcourant environ 110 km par an, elle a traversé la frontière de la Californie en 1994. Elle envahit actuellement le sud des États-Unis. En décembre 2000, elle a atteint le nord du Texas, le sud de la Californie, le sud du Nevada et tout l'Arizona. Malheureusement, elle est agressive envers les Humains et les animaux domestiques. Les rapports concernant des piqûres graves et même des décès ont servi à établir la carte de sa propagation. En 2000, dix personnes avaient déjà été tuées par cette espèce d'Abeille aux États-Unis. Les apiculteurs s'inquiètent avec raison des torts qu'elle pourrait leur causer. Quels facteurs limitent la distribution de l'Abeille africaine en Amérique du Nord? Cette espèce s'acclimatera-t-elle à des régions aussi septentrionales que le Canada? L'hiver l'empêchera-t-elle d'aller plus au nord? Les écologistes n'ont pas encore les réponses à ces questions.

La Moule zébrée. En 1988, on a découvert dans le lac St. Claire, près de Detroit, la Moule zébrée (*Dreissena polymorpha*), un mollusque de la grosseur d'un ongle qui vit normalement dans l'eau douce de la mer Caspienne, en Asie. Personne ne sait avec certitude comment cette espèce a été transplantée là. La meilleure hypothèse est que, vers 1985, un navire provenant d'un port d'eau douce, en Europe, a transporté des larves de la Moule zébrée dans son eau de ballast jusqu'aux Grands Lacs, où il se serait délesté de son eau sans se préoccuper des organismes qu'elle pouvait contenir.

La Moule zébrée est rapidement devenue un parasite en Amérique du Nord. Elle se reproduit rapidement et constitue des amas denses de plusieurs couches d'épaisseur sur les surfaces dures. On a remarqué sa présence quand, pour la première fois, elle a atteint une densité de 750 000 individus par mètre carré, dans les conduites d'eau du lac Érié, et qu'elle a obstrué les prises d'eau des municipalités, des centrales électriques et d'autres installations industrielles des Grands Lacs.

Depuis 1988, la Moule zébrée s'est rapidement propagée dans le réseau fluvial du centre des États-Unis (FIGURE 50.8, p. 1200). Comme elle mange beaucoup de matières en suspension, elle clarifie l'eau, mais modifie en même temps les communautés d'organismes qui y vivent. En se nourrissant de phytoplancton, elle fait diminuer les populations de zooplancton. De plus, l'eau plus claire laisse filtrer plus de lumière solaire, ce qui fait croître plus vite les plantes aquatiques à racines dans les eaux peu profondes. Dans le fleuve Hudson, à New York, la biomasse de phytoplancton a diminué d'environ 85 % à la suite de l'invasion de la Moule zébrée. Le zooplancton, qui se nourrit de phytoplancton, a quant à lui diminué de plus de 70 %. Certains poissons et canards se nourrissent de la Moule zébrée. Mais ces prédateurs ne sont pas assez nombreux pour ralentir la croissance de la population de cette espèce de Moule. La Moule zébrée empêche les populations des espèces de mollusques indigènes de croître en colonisant toutes les surfaces dures, même les coquilles des Anodontes. L'espèce indigène peut finir par disparaître à cet endroit.

La règle des dix. Toutes les espèces introduites ne se développent pas bien dans leurs nouveaux habitats. La plupart des espèces que les Humains ont déplacées sur la planète n'ont pas réussi à coloniser les nouveaux territoires. Ainsi, l'introduction d'oiseaux dans des régions continentales aboutit habituellement à un échec. En Amérique du Nord, par exemple, malgré l'introduction de 98 espèces d'oiseaux, seulement 13 sont communes. Sur les 85 espèces d'oiseaux introduites en Europe, on n'en rapporte que 13 qui se sont établies. La *règle des dix* constitue une généralisation approximative pour la réussite de l'introduction d'une espèce. En moyenne, elle prédit statistiquement qu'une espèce introduite sur dix s'établit et qu'une espèce établie sur dix devient suffisamment commune pour être nuisible.

La capacité d'une espèce à se disperser est importante à l'échelle planétaire, mais elle est rarement un facteur important limitant la distribution des organismes à l'échelle locale. Les espèces présentent de nombreuses adaptations pour la dispersion et colonisent souvent les régions qui se trouvent immédiatement

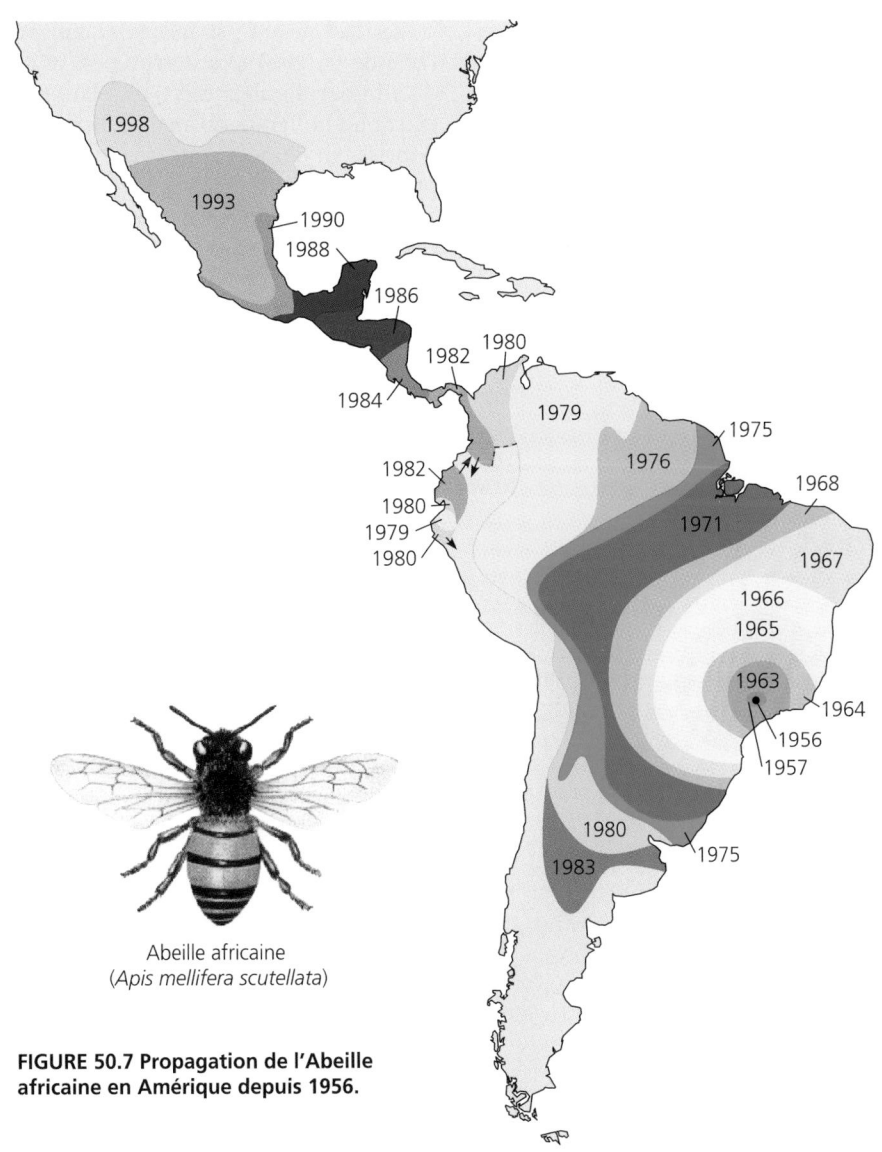

Abeille africaine
(*Apis mellifera scutellata*)

FIGURE 50.7 Propagation de l'Abeille africaine en Amérique depuis 1956.

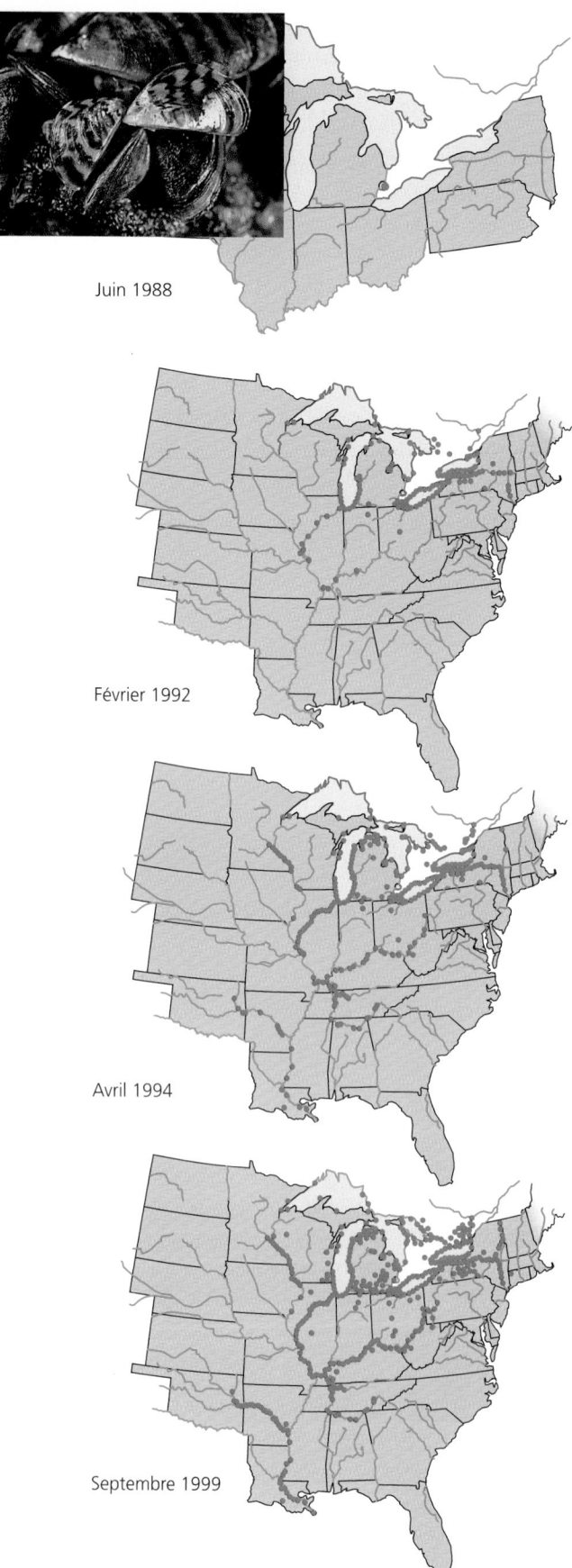

Juin 1988

Février 1992

Avril 1994

Septembre 1999

FIGURE 50.8 Expansion de l'aire géographique de la Moule zébrée (*Dreissena polymorpha*) depuis sa découverte près de Détroit, en 1988.

à proximité. À l'échelle planétaire, les barrières qui empêchent la dispersion déterminent des modèles de distribution biogéographique sur les continents et dans les îles. Notre capacité à vaincre ces barrières et à déplacer des espèces ne constitue qu'un exemple de la façon dont nous modifions la biosphère.

Le comportement et la sélection d'un habitat contribuent à la distribution des organismes

Certains organismes n'occupent pas entièrement leur aire potentielle, bien qu'ils soient physiquement aptes à se disperser dans des régions inoccupées. Les individus semblent alors éviter certains habitats, même favorables. Ainsi, le comportement des individus dans le choix de leur habitat peut limiter la distribution des espèces. On considère généralement que la sélection de l'habitat ne concerne que les Animaux. Mais les espèces végétales peuvent également choisir leur habitat, même si elles ne peuvent pas se déplacer seules. La façon dont les organismes choisissent le type d'habitat qu'ils occupent est l'un des processus écologiques les moins bien compris.

Les Insectes ont souvent des comportements d'oviposition (acte de pondre) très stéréotypés, ce qui peut restreindre leur distribution locale à certaines plantes hôtes. Considérons, par exemple, la Pyrale du maïs (*Ostrinia nubilalis*). Ses larves se nourrissent d'une grande variété de plantes, mais on les trouve presque exclusivement sur le maïs, dont les odeurs volatiles attirent les femelles quand elles pondent leurs œufs. La communication chimique complexe entre des plantes et des insectes herbivores et pollinisateurs constitue un domaine de recherche important dans l'étude des interactions entre les plantes et les herbivores.

Les Anophèles (*Anopheles sp.*) sont d'importants porteurs de maladie. Leur écologie a fait l'objet d'abondantes études, en raison des difficultés posées par l'éradication du paludisme dans les régions tropicales. On associe habituellement un type particulier d'aire de reproduction à chaque espèce de Moustique. Or l'une des observations étonnantes que l'on a d'abord faites lors d'une étude sur le paludisme est l'absence totale de moustiques dangereux dans de grandes étendues d'eau des tropiques. La sélection, par les femelles, d'un habitat pour les sites de ponte des œufs semble restreindre la distribution des Moustiques. Mais en fait, les larves peuvent se développer dans un éventail de conditions beaucoup plus large que celui dans lequel les œufs sont pondus.

Ces exemples montrent que l'évolution ne produit pas d'organismes parfaitement adaptés à un habitat donné. L'adaptation ne peut jamais être exacte et instantanée, et il faut se garder d'espérer trouver la perfection chez les organismes (voir le chapitre 23). On peut considérer comme déficient un moustique tropical qui ne dépose pas ses œufs dans tous les habitats favorables que constituent les rizières. Mais ce défaut ne fait que manifester le fait que la rizière est un habitat récent à l'échelle du temps de l'évolution. De plus, tout comportement résultant de l'évolution ne reste pas adaptatif, notamment dans les écosystèmes modifiés par les Humains. Les conditions environnementales peuvent en effet changer et faire en sorte que des comportements adaptatifs deviennent source d'une mauvaise adaptation. Ainsi, les oiseaux qui nichent sur le sol d'une île sont menacés si de nouveaux prédateurs terrestres (comme des rats) colonisent l'île. Les populations ne peuvent évoluer du jour au lendemain. Même si une variation génétique favorable apparaît dans une population, la sélection naturelle peut ne pas être assez rapide pour faire en sorte que le comportement de sélection de l'habitat s'ajuste à un changement environnemental brusque.

Les facteurs biotiques influent sur la distribution des organismes

Il arrive fréquemment qu'une espèce ne puisse pas effectuer complètement son cycle de développement si elle est transplantée dans une nouvelle région. Cette incapacité à survivre et à se reproduire trouve une explication notamment dans les interactions négatives avec d'autres organismes, que ce soit la prédation, la maladie ou la compétition. Il se peut aussi que des espèces dont l'espèce transplantée dépend manquent, comme des pollinisateurs spécifiques dans le cas d'une espèce végétale.

La prédation est l'un des facteurs biotiques limitants de la distribution géographique qui offrent les cas les plus évidents. Les prédateurs carnivores, comme les Loups (*Canis lupus*), tuent leurs proies. Les herbivores, comme certains mammifères et la plupart des insectes, ont aussi une fonction de prédateurs, car ils se nourrissent de parties de plantes ou de plantes entières.

Examinons un cas spécifique dans lequel un prédateur limite la distribution d'une proie. Dans certains écosystèmes marins, il y a souvent une relation inverse entre l'abondance des Oursins verts (*Strongylocentrotus drœbachiensis*) et celle de certaines algues, comme les Algues brunes que sont les Laminaires (*Laminaria sp.*). Les Laminaires ne peuvent s'établir là où les Oursins verts qui s'en nourrissent sont abondants. Ainsi, les Oursins verts peuvent limiter la distribution locale des Laminaires. Ce genre d'interaction peut se vérifier au moyen d'expériences « d'éradication et de réintroduction ». En effet, si l'hypothèse selon laquelle les Oursins verts constituent un facteur biotique limitant la distribution des Laminaires est bonne, alors les Laminaires doivent envahir la région d'où l'on a retiré les Oursins verts. Inversement, si l'on introduit les Oursins verts dans une région riche en Laminaires, ils doivent éliminer les Laminaires. La présence fréquente de plusieurs autres herbivores, en plus des Oursins verts, complique la situation. Il faut alors effectuer des expériences bien contrôlées pour déterminer pourquoi les Laminaires sont absentes. La FIGURE 50.9 présente les résultats de quelques expériences d'éradication du prédateur.

La présence de ressources alimentaires, de prédateurs, de maladies et de compétiteurs limite la distribution locale de la plupart des organismes. Malheureusement, certains des cas les plus remarquables s'observent quand les Humains introduisent (accidentellement ou volontairement) des prédateurs exotiques ou des maladies dans de nouvelles régions, et anéantissent les espèces indigènes. Nous verrons des exemples de ces impacts au chapitre 55, lorsque nous étudierons la biologie de la conservation.

Les facteurs abiotiques influent sur la distribution des organismes

Les modèles de distribution géographique des organismes à l'échelle planétaire font largement ressortir l'influence des facteurs abiotiques. Ils font principalement apparaître les différences régionales de température, de précipitations, de salinité et de lumière. Tout au long de cette section, il est important de garder à l'esprit le fait que l'environnement se modifie à la fois dans l'espace et dans le temps. Bien que deux régions de la Terre puissent présenter des conditions différentes à un moment donné, les fluctuations journalières et annuelles des facteurs abiotiques peuvent atténuer ou accentuer les différences entre régions.

Température

La température constitue un important facteur dans la distribution des organismes. En effet, elle influe sur les processus biologiques. Or la plupart des organismes sont incapables de réguler précisément leur température corporelle (ectothermes). Les cellules se rompent si l'eau qu'elles contiennent gèle (à des températures inférieures à 0 °C). Les protéines de la plupart des organismes se dénaturent à des températures supérieures à 45 °C. De plus, peu d'organismes réussissent à conserver un métabolisme suffisamment actif à des températures très hautes ou très basses. Toutefois, dans un intervalle de température approprié, la plupart des réactions biochimiques et des processus

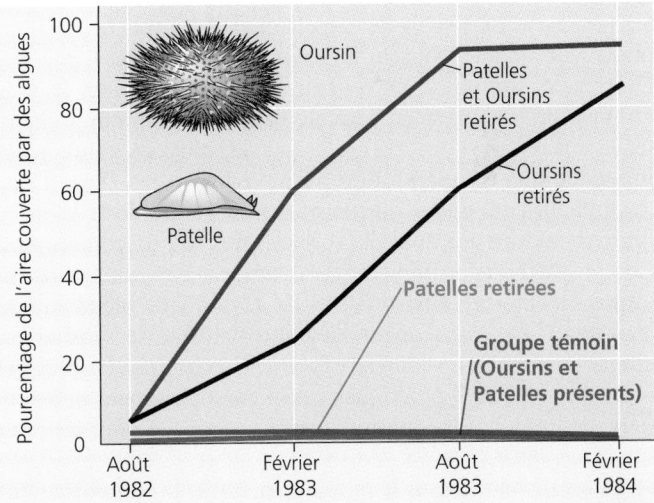

FIGURE 50.9 Expériences d'éradication de prédateurs.
Les chercheurs ont vérifié les effets de deux groupes d'herbivores, les Oursins (Échinodermes) et les Patelles (Mollusques), sur l'abondance des Algues dans des zones infralittorales voisines, près de Sidney, en Australie. Dans les zones où les Oursins et les Patelles sont tous les deux présents (ligne rouge), il n'y avait pratiquement pas de tapis d'algues. Les expériences d'éradication des prédateurs effectuées dans des zones voisines de l'aire témoin ont confirmé l'hypothèse selon laquelle les Oursins sont les principaux herbivores qui limitent la distribution des Algues.

physiologiques s'accélèrent sous l'effet de la chaleur. Des adaptations extraordinaires permettent à certains organismes, comme les bactéries thermophiles (voir le chapitre 27), de survivre dans des conditions de température qui se situent en dehors de l'intervalle dans lequel peuvent vivre les autres formes de vie.

La température interne d'un organisme est influencée par les échanges thermiques avec le milieu (voir le chapitre 44). Ainsi, la plupart des êtres vivants ne peuvent conserver une température corporelle supérieure ou inférieure de plus de quelques degrés par rapport à la température ambiante. Les Mammifères et les Oiseaux, qui sont endothermes, font exception à la règle. Mais, même pour ces animaux, il existe un intervalle thermique idéal, variable selon les espèces.

Eau

Comme chacun le sait, l'eau est essentielle à la vie, mais son abondance varie beaucoup. Les organismes dulcicoles et marins vivent immergés. Mais ils sont sujets au déséquilibre hydrique si la concentration des solutés intracellulaires n'égale pas la concentration des solutés de l'eau environnante (voir la FIGURE 44.14). Quant aux organismes terrestres, ils doivent combattre constamment la déshydratation. La nécessité d'obtenir et de conserver des approvisionnements suffisants en eau a déterminé leur évolution.

Lumière

La lumière solaire fournit l'énergie qui anime presque tous les écosystèmes, mais seuls les Végétaux et les autres organismes photosynthétiques utilisent directement cette source d'énergie. L'intensité lumineuse ne représente pas le principal facteur limitant de la croissance végétale dans de nombreux milieux terrestres. Mais l'ombre créée par le couvert d'une forêt provoque une compétition farouche dans le sous-étage. Dans les milieux aquatiques, l'intensité et la qualité de la lumière limitent la distribution des organismes photosynthétiques. Chaque mètre de profondeur d'eau absorbe environ 45 % de la lumière rouge et environ 2 % de la lumière bleue qui le traversent. Par conséquent, la photosynthèse se produit en grande partie près de la surface (voir le chapitre 10). De plus, les organismes photosynthétiques eux-mêmes absorbent une partie de la lumière et réduisent ainsi la luminosité pour les eaux sous-jacentes.

La lumière influe sur le développement et le comportement des nombreux organismes qui sont sensibles à la photopériode. La durée du jour et de la nuit est un déclencheur plus fiable que la température pour les événements saisonniers tels que la floraison (voir la FIGURE 39.22) et la migration.

Vent

Le vent accentue les effets de la température sur les organismes, car il accroît la perte de chaleur due à la vaporisation et à la convection (facteur de refroidissement éolien). Il contribue également aux pertes d'eau en augmentant la vaporisation chez les Animaux (voir la FIGURE 44.3) et la transpiration chez les Végétaux. De plus, le vent a des effets marqués sur la morphologie des Végétaux. Ainsi, il inhibe la croissance des branches sur le côté des arbres qui lui font face. Les branches du côté opposé, quant à elles, croissent normalement, ce qui donne aux arbres l'aspect de drapeaux flottant dans le vent.

Roches et sol

La structure physique, le pH et la composition minérale des roches et du sol limitent la distribution des végétaux et des animaux herbivores, et contribuent ainsi à la parcellisation des biomes terrestres. Dans les cours d'eau, la nature du substrat influe sur la composition chimique de l'eau, laquelle détermine à son tour quelles algues, quels végétaux et quels animaux vont peupler les habitats aquatiques. Dans les zones benthiques et intertidales, la structure du substrat conditionne les types d'organismes qui pourront se fixer ou s'enfouir.

Maintenant que nous avons passé en revue les divers facteurs qui influent sur la distribution des organismes, concentrons-nous sur le rôle prépondérant que joue le climat dans la structuration de la biosphère.

La température et les précipitations sont les principaux facteurs climatiques qui conditionnent la distribution des organismes

Quatre facteurs abiotiques, la température, les précipitations, la lumière et le vent, constituent les principaux éléments du **climat,** c'est-à-dire des conditions météorologiques propres à un endroit. La température et les précipitations sont particulièrement importantes dans la détermination de l'aire géographique des espèces.

Climat et biomes

On peut se rendre compte de l'effet important du climat sur la distribution des organismes en construisant un climatogramme, c'est-à-dire une représentation graphique des températures et des précipitations mesurées dans une région donnée et exprimées en moyennes annuelles. Ainsi, la FIGURE 50.10 présente le climatogramme de quelques-uns des principaux biomes d'Amérique du Nord. Un **biome** est un ensemble d'écosystèmes variés qui occupe une vaste étendue géographique. Il est de plus caractérisé par des conditions climatiques uniformes qui déterminent un type dominant de végétation. La taïga, les déserts et les prairies sont des exemples de biomes. Notez, dans la FIGURE 50.10, que la taïga reçoit presque autant de précipitations que la forêt décidue tempérée, mais que les deux biomes connaissent différentes températures moyennes annuelles. Les prairies, en revanche, sont généralement plus sèches que les deux types de forêts, mais moins que les déserts.

Il existe une assez bonne corrélation entre les moyennes annuelles de température et de précipitations et les biomes que l'on trouve aux différentes latitudes. Cependant, il faut toujours se garder de confondre *corrélation* et *causalité*, cette dernière étant une relation de cause à effet. Bien que notre climatogramme prouve indirectement que la température et les précipitations influent sur la distribution des biomes, il n'établit pas de façon indiscutable que ces variables déterminent l'emplacement géographique des biomes. Seule une analyse détaillée de la tolérance à l'eau et à la température de chacune des espèces d'un biome pourrait confirmer l'effet limitatif de ces variables.

Notre climatogramme indique également que des facteurs autres que la température et les précipitations moyennes jouent aussi un rôle dans la distribution des biomes. Remarquez en effet que les biomes se chevauchent. Par exemple, il existe en Amérique du Nord des régions où la combinaison de la température et des précipitations est propice à la forêt décidue tempérée, mais aussi des régions qui ont les mêmes températures et précipitations mais où l'on trouve soit la taïga, soit la prairie. Comment s'explique cette divergence ? Rappelez-vous qu'un climatogramme se fonde sur des *moyennes* annuelles et qu'il ne tient pas compte des variations climatiques, qui peuvent avoir beaucoup d'importance également. Par exemple, certaines régions reçoivent des précipitations régulières pendant toute l'année, tandis que d'autres en reçoivent la même quantité mais ont des saisons sèches et des saisons humides. Un phénomène semblable peut se produire avec la température. Enfin, d'autres facteurs tels que le substrat rocheux influent grandement sur l'abondance des minéraux et sur la structure du sol, deux conditions déterminantes pour la composition de la végétation.

Gardons ces considérations complexes à l'esprit et étudions de plus près les climats du monde, afin de mieux comprendre comment ils influent sur la distribution géographique des organismes.

Climats à l'échelle planétaire

Les climats sont largement déterminés par l'apport d'énergie solaire et par les mouvements de la Terre dans l'espace. L'atmosphère, le sol et l'eau de la biosphère se réchauffent en absorbant les rayons solaires. Ce processus est à l'origine des phénomènes qui causent les fortes variations du climat entre l'équateur et les pôles : différences de températures, mouvements cycliques de l'air et vaporisation de l'eau. Étant donné que, d'une part, le rayonnement solaire est d'autant plus intense qu'il est direct et que, d'autre part, la Terre est ronde, l'intensité lumineuse varie selon la latitude (FIGURE 50.11). De plus, l'axe de la Terre est incliné de 23,5° par rapport au plan de l'orbite autour du Soleil. L'intensité du rayonnement solaire varie donc selon les saisons dans les hémisphères Nord et Sud (FIGURE 50.12, p. 1204). C'est dans les **tropiques** (régions situées entre 23,5° de latitude Nord et 23,5° de latitude Sud) que le rayonnement solaire est le plus abondant et le moins variable. L'amplitude de la variation saisonnière de l'ensoleillement et de la température augmente constamment à mesure que l'on s'approche des pôles. Les régions polaires ont des hivers longs et froids comprenant une période d'obscurité continuelle, et des étés courts comprenant une période d'ensoleillement ininterrompu.

L'intensité du rayonnement solaire près de l'équateur déclenche une circulation d'air autour du globe et crée par le fait même les précipitations et les vents (FIGURE 50.13, p. 1205). Sous l'effet de la chaleur qui règne dans les tropiques, l'eau se vaporise depuis la surface terrestre. Des masses d'air chaud et humide s'élèvent dans l'atmosphère et se dirigent vers les pôles. Elles libèrent la majeure partie de leur contenu en eau et provoquent

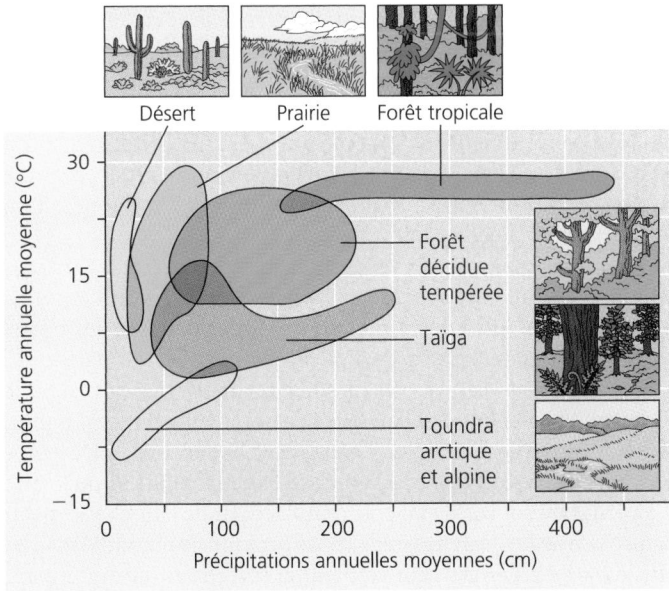

FIGURE 50.10 Climatogramme de quelques-uns des principaux biomes d'Amérique du Nord. Les régions colorées de ce graphique représentent les températures et les précipitations annuelles moyennes de quelques-uns des principaux biomes d'Amérique du Nord.

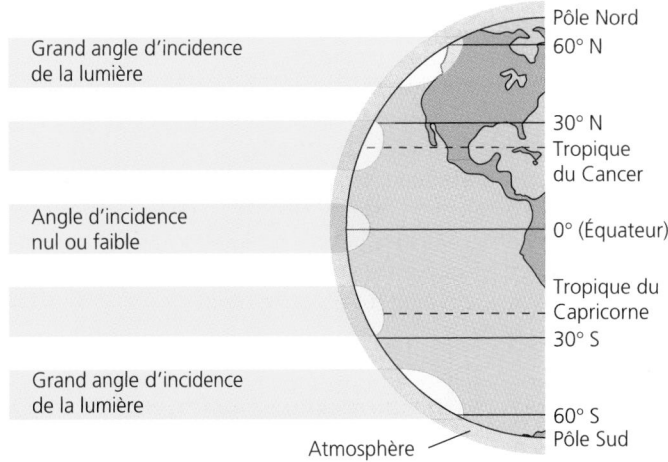

FIGURE 50.11 Rayonnement solaire et latitude. Comme la lumière solaire frappe l'équateur perpendiculairement, il parvient à cet endroit plus de chaleur et de lumière par unité d'aire qu'aux autres latitudes. Au nord et au sud de l'équateur, la lumière solaire atteint la surface courbe de la Terre obliquement, après avoir parcouru un plus long trajet dans l'atmosphère. Cette figure illustre le rayonnement solaire aux équinoxes de mars et de septembre (voir la FIGURE 50.12). À d'autres moments de l'année, l'angle d'incidence du rayonnement varie.

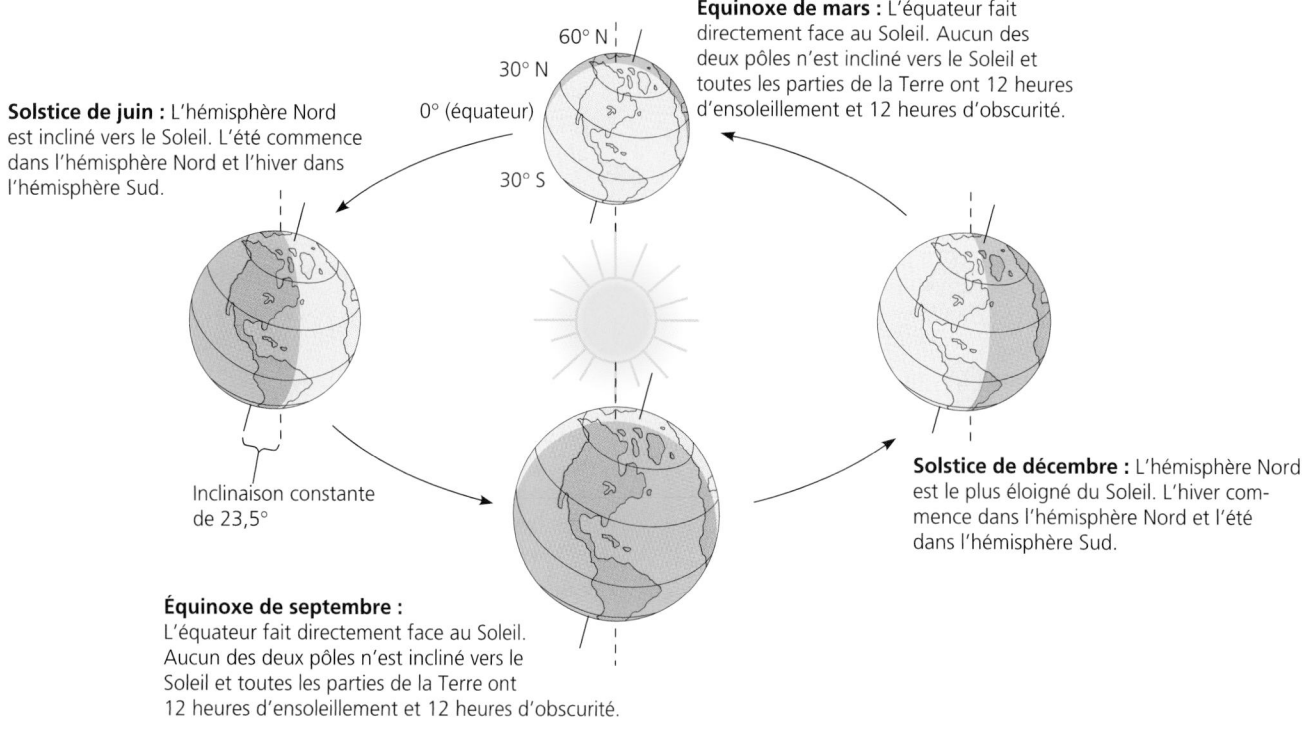

Solstice de juin : L'hémisphère Nord est incliné vers le Soleil. L'été commence dans l'hémisphère Nord et l'hiver dans l'hémisphère Sud.

60° N
30° N
0° (équateur)
30° S

Équinoxe de mars : L'équateur fait directement face au Soleil. Aucun des deux pôles n'est incliné vers le Soleil et toutes les parties de la Terre ont 12 heures d'ensoleillement et 12 heures d'obscurité.

Inclinaison constante de 23,5°

Solstice de décembre : L'hémisphère Nord est le plus éloigné du Soleil. L'hiver commence dans l'hémisphère Nord et l'été dans l'hémisphère Sud.

Équinoxe de septembre : L'équateur fait directement face au Soleil. Aucun des deux pôles n'est incliné vers le Soleil et toutes les parties de la Terre ont 12 heures d'ensoleillement et 12 heures d'obscurité.

FIGURE 50.12 Origine des saisons. Au cours du voyage annuel de la Terre autour du Soleil, l'axe incliné de la planète cause les variations saisonnières de température et d'intensité lumineuse.

d'abondantes précipitations dans les régions tropicales. Par conséquent, le climat tropical se caractérise par des températures élevées, un ensoleillement intense et des précipitations abondantes. Il favorise la croissance d'une végétation luxuriante dans les forêts et l'édification de récifs de Corail dans les mers. Une fois asséchées, les masses d'air circulant à haute altitude redescendent vers la terre à 30° de latitude Nord et de latitude Sud environ. Elles absorbent l'humidité du sol et créent un climat aride propice à la formation des déserts qui sont communs sous ces latitudes. Une partie de l'air qui descend se dirige vers les pôles à basse altitude et dépose d'abondantes précipitations (moindres cependant que celles des tropiques) là où les masses d'air s'élèvent à nouveau et libèrent de l'humidité, c'est-à-dire autour de 60° de latitude. Les grandes étendues de forêt de Conifères (taïga) dominent le paysage à ces latitudes assez humides mais généralement froides. Une partie de l'air froid et sec qui s'élève se dirige vers les pôles. Là, il redescend et retourne vers l'équateur, absorbant de l'humidité et créant les climats secs et froids de l'Arctique et de l'Antarctique.

Facteurs locaux et saisonniers agissant sur le climat

La proximité d'étendues d'eau et la topographie, comme les chaînes de montagnes, sont à l'origine d'une discontinuité climatique à l'échelle régionale. De plus, les détails du paysage engendrent une variation climatique à l'échelle locale. Les variations régionales et locales du climat créent un certain nombre d'écosystèmes moins largement distribués que les biomes.

Les courants marins influent sur le climat des côtes, car ils réchauffent ou refroidissent les masses d'air maritimes avant qu'elles n'arrivent au-dessus des continents. De plus, la vaporisation de l'eau est plus importante dans les océans que sur la terre ferme. Ainsi, les régions côtières reçoivent généralement plus de pluie que les régions intérieures de même latitude. Le courant froid de la Californie qui coule du nord au sud le long de la côte ouest de l'Amérique du Nord crée un climat propice de fraîcheur et d'humidité pour les forêts décidues tempérées et humides de la côte nord-ouest du Pacifique et les peuplements de Séquoias, un peu plus au sud. De même, le courant chaud du Gulf Stream qui, provenant du golfe du Mexique, coule vers le nord et traverse l'Atlantique tempère le climat de la côte ouest des îles britanniques et, à un degré moindre, celui des Îles-de-la-Madeleine au Québec. La côte ouest des îles britanniques est plus chaude que la Côte-Nord ou la Gaspésie, au Québec, qui se situent pourtant plus au sud mais subissent l'influence d'un courant froid, le courant du Labrador.

Comme le savent tous les vacanciers, les océans et les grandes étendues d'eau intérieures ont sur le climat des milieux terrestres voisins un effet modérateur. Ainsi, pendant les beaux jours d'été, la terre ferme est plus chaude que les lacs ou les océans. L'air situé au-dessus du sol se réchauffe et s'élève, et une brise fraîche venant de l'eau souffle vers la terre ferme. La nuit, au contraire, l'eau est plus chaude que le sol. L'air s'élève au-dessus des lacs ou des océans et crée une circulation qui attire l'air froid du sol vers l'eau et le remplace par de l'air chaud. Mais la proximité de l'eau ne modère pas toujours le climat. Ainsi, en été, dans les régions de climat méditerranéen (qui comprennent la côte du centre et du sud de la Californie), les brises de mer fraîches et sèches se réchauffent au contact de la terre ferme. Elles absorbent l'humidité et créent des étés chauds et secs à quelques kilomètres des côtes.

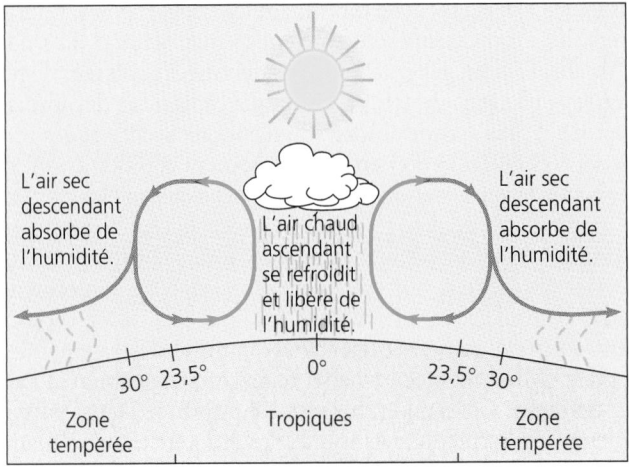

(a) Circulation de l'air et précipitations dans la région équatoriale. Les couches inférieures de l'atmosphère sont réchauffées par le rayonnement solaire et par la surface terrestre. Se dilatant et voyant sa masse volumique diminuer, l'air s'élève alors. À l'équateur, l'air chaud ascendant crée une zone de vents faibles et changeants appelée « zone des calmes équatoriaux ». Les masses d'air chaud ascendant se dilatent et, comme l'énergie thermique se répartit dans le volume accru, elles se rafraîchissent en poursuivant leur ascension. Comme l'air froid retient moins de vapeur d'eau que l'air chaud, les masses d'air ascendant déversent de grandes quantités de pluie sur les tropiques. L'air asséché se dirige ensuite, à haute altitude, vers les deux pôles, à cause du mouvement de rotation de la Terre (plus précisément à cause de la force de Coriolis). Au fur et à mesure qu'il s'éloigne de l'équateur, il se refroidit encore. Ainsi, sa masse volumique augmente, il descend et il absorbe l'humidité du sol, ce qui explique l'existence de bandes d'aridité autour de 30° de latitude.

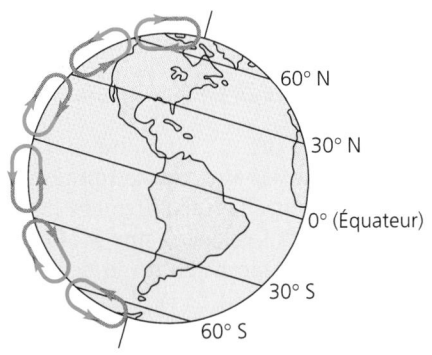

(b) Circulation générale de l'air. Le mouvement de l'air chaud crée trois grandes zones de circulation d'air de part et d'autre de l'équateur. Dans chacune de ces zones, l'air ascendant (en bleu) libère de l'humidité sous forme de précipitations, tandis que l'air descendant (en brun) absorbe de l'humidité et crée de l'aridité.

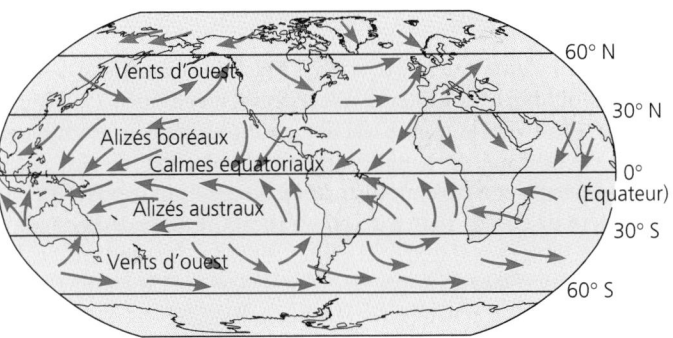

(c) Direction des vents à l'échelle planétaire. L'air qui circule dans les couches inférieures des zones de circulation, près de la surface terrestre, crée des configurations de vents prévisibles. Mais comme la Terre tourne sur son axe, le sol qui est situé près de l'équateur se déplace plus rapidement que celui qui est situé près des pôles. Les vents dévient ainsi par rapport aux trajets verticaux représentés en **(b)** et soufflent vers l'est et vers l'ouest. Dans les régions tropicales et subtropicales, des vents rafraîchissants appelés alizés soufflent d'est en ouest. Dans la zone tempérée, au contraire, les vents dominants soufflent d'ouest en est.

FIGURE 50.13 Circulation de l'air, précipitations et vents à l'échelle planétaire.

Les montagnes ont aussi un effet important sur le rayonnement solaire, la température locale et les précipitations. Dans l'hémisphère Nord, le versant sud des montagnes reçoit plus de soleil que le versant nord, et est par conséquent plus chaud et plus sec. Sur de nombreuses montagnes de l'ouest de l'Amérique du Nord, on trouve des Épinettes et d'autres Conifères sur le versant nord, mais une végétation arbustive et résistante à la sécheresse sur le versant sud. De plus, quelle que soit la latitude, la température de l'air diminue d'environ 6 °C par tranche de 1 000 m d'altitude. Elle diminue aussi avec la latitude. Par exemple, dans la zone tempérée boréale, on observe, quand on s'élève de 1 000 m, le même changement de température que si l'on parcourait 880 km vers le nord. C'est l'une des raisons qui

expliquent la ressemblance entre les communautés des montagnes et celles des zones de moindre altitude qui sont éloignées de l'équateur.

À l'approche d'une montagne, l'air chaud et humide s'élève et refroidit. Il libère alors son humidité sur le versant exposé au vent. Sur le versant qui est à l'abri du vent, l'air frais et sec descend, absorbe l'humidité et produit de la sécheresse (FIGURE 50.14, p. 1206). Les déserts sont généralement situés au pied du versant des chaînes de montagnes qui est à l'abri du vent. C'est ainsi le cas du désert du Grand Bassin et du désert Mojave dans l'ouest de l'Amérique du Nord, du désert de Gobi en Asie et des petits déserts qui caractérisent les parties sud-ouest de certaines îles des Antilles.

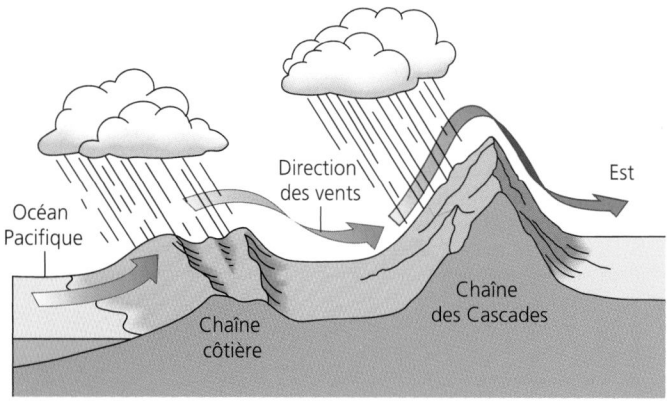

FIGURE 50.14 Comment les montagnes influent sur les précipitations. Ce schéma représente les grandes lignes de la topographie de l'État de Washington. Quand l'air humide provenant de l'océan Pacifique se déplace et rejoint les montagnes qui sont les plus à l'ouest (la chaîne côtière), il s'élève, se refroidit à haute altitude et libère une grande quantité d'eau. Le Douglas taxifolié (*Pseudotsuga memziesii*), qui fait partie des arbres les plus hauts du monde, croît à cet endroit. Plus loin à l'intérieur du continent, les précipitations augmentent encore à mesure que l'air s'élève et passe au-dessus des plus hautes montagnes (la chaîne des Cascades). Puis, sur le versant est de la chaîne des Cascades, les précipitations sont faibles. La sécheresse ainsi créée rend le centre de l'État de Washington très aride, avec des caractéristiques quasi désertiques.

La succession des saisons non seulement modifie la photopériode, le rayonnement solaire et la température dans le monde entier, mais provoque aussi des variations écologiques locales. Comme l'angle d'incidence des rayons varie, les ceintures d'air humide et d'air sec situées de part et d'autre de l'équateur changent quelque peu de latitude au cours de l'année. Par conséquent, les régions situées aux environs de 20° de latitude, où croissent les forêts décidues tropicales, connaissent une saison sèche et une saison des pluies bien délimitées. En outre, les changements saisonniers des vents font varier les courants marins, causant parfois une remontée des eaux de fond froides et riches en nutriments qui fournit de la nourriture aux organismes vivant près de la surface.

Les étangs et les lacs sont aussi extrêmement sensibles aux changements saisonniers de température (FIGURE 50.15). Au cours de l'été et de l'hiver, de nombreux lacs de la zone tempérée présentent une stratification thermique, c'est-à-dire une répartition des températures en couches superposées. Leurs eaux se mélangent deux fois par an, à cause des changements de température. Au printemps et en automne, ce **renouvellement** ou **brassage** amène l'eau enrichie en dioxygène de la surface vers le fond et l'eau riche en nutriments du fond vers la surface (voir la FIGURE 50.15). Ces changements cycliques des propriétés abiotiques des lacs sont essentiels à la survie et à la croissance de tous les organismes de l'écosystème.

Microclimat

À plus petite échelle encore que l'échelle locale, les variations climatiques déterminent des **microclimats.** Ainsi, les écologistes parlent souvent du microclimat du sol d'une forêt ou du dessous d'une roche. Plusieurs phénomènes influent sur les microclimats en produisant de l'ombre, en réduisant la vapori-

sation de l'eau du sol et en diminuant les effets du vent. Dans les forêts, les arbres tempèrent souvent le microclimat du milieu qu'ils abritent. En général, les zones déboisées subissent de plus grandes variations de température que l'intérieur des forêts, à cause de la plus grande absorption d'énergie solaire et des vents dus au réchauffement et au refroidissement rapides du sol nu. De même, la vaporisation est plus importante dans les clairières qu'en pleine forêt. Les terres basses sont habituellement plus humides que les terres hautes et leurs forêts comprennent des espèces différentes. S'il vous est déjà arrivé de soulever une bûche ou une grosse pierre dans les bois, vous avez certainement constaté que des organismes (comme des salamandres, des vers et des insectes) vivaient dans ce microhabitat, à l'abri des extrêmes de température et d'humidité. Dans tous les milieux de la terre, on trouve ainsi des différences subtiles entre les facteurs abiotiques qui influent sur la distribution locale des organismes.

Changements climatiques à long terme

Comme la température et l'humidité sont les principaux facteurs limitants pour les aires de distribution géographique des Plantes et des Animaux, le réchauffement climatique qui se produit au cours du XXIe siècle aura une profonde influence sur la biosphère. (Nous traiterons en détail des causes et des conséquences du réchauffement de la planète au chapitre 54.) Pour avoir un aperçu des types de changements qui pourront se produire, revenons sur les changements passés qui ont eu lieu dans les régions tempérées depuis la fin de la dernière période glaciaire.

En Amérique du Nord et en Eurasie, les derniers glaciers continentaux ont commencé à se retirer il y a environ 16 000 ans. L'expansion vers le nord de la distribution des arbres a suivi ce recul de la glace. Le pollen fossile déposé dans les lacs et les étangs permet de faire un historique de ces migrations. (Il peut sembler curieux de parler de « migration » pour les arbres, mais rappelez-vous le chapitre 38 et la FIGURE 30.16 : le vent et des animaux peuvent disséminer les graines sur de longues distances parfois.) En Amérique du Nord, les Chênes (*Quercus sp.*) et les Érables (*Acer sp.*) se sont propagés rapidement, à partir de la vallée du Mississippi, en direction du nord-est, tandis que les Noyers (*Juglans sp.*) ont progressé plus lentement. Les Pruches (*Tsuga sp.*) et les Pins blancs (*Pinus strobus*), quant à eux, se sont propagés, à partir de refuges situés le long de la côte Atlantique, vers le nord-ouest. La conclusion importante qu'il faut tirer de tout cela, c'est que différentes espèces d'arbres ont agrandi leur aire de distribution à différentes vitesses. Si vous aviez vécu très longtemps au New Hampshire, vous auriez vu arriver des Érables à sucre (*Acer saccharum*) il y a 9 000 ans, des Pruches il y a 7 500 ans et des Hêtres à grandes feuilles (*Fagus grandifolia*) il y a 6 500 ans.

La détermination des limites climatiques des distributions géographiques actuelles pour les organismes nous permet de prédire comment le réchauffement climatique modifiera ces distributions. Pour appliquer cette approche aux Végétaux, il faut se poser une question importante : La dissémination des graines est-elle assez rapide pour assurer la migration de chaque espèce au fur et à mesure que le climat change ? Par exemple, les fossiles semblent indiquer qu'une dissémination plus ou moins

En hiver, les eaux les plus froides du lac (0 °C) se trouvent juste sous la couche de glace superficielle. L'eau se réchauffe au fur et à mesure qu'augmente la profondeur. Sa température se situe habituellement autour de 4 °C dans le fond.

Au printemps, le soleil fait fondre la glace et amène la température de la couche superficielle à 4 °C. L'eau de cette couche superficielle s'enfonce sous les couches froides sous-jacentes, ce qui fait disparaître la stratification thermique qui s'est établie pendant l'hiver. En l'absence de stratification thermique, les vents printaniers mélangent les eaux : les eaux profondes reçoivent du dioxygène (O_2) et les eaux superficielles, des nutriments.

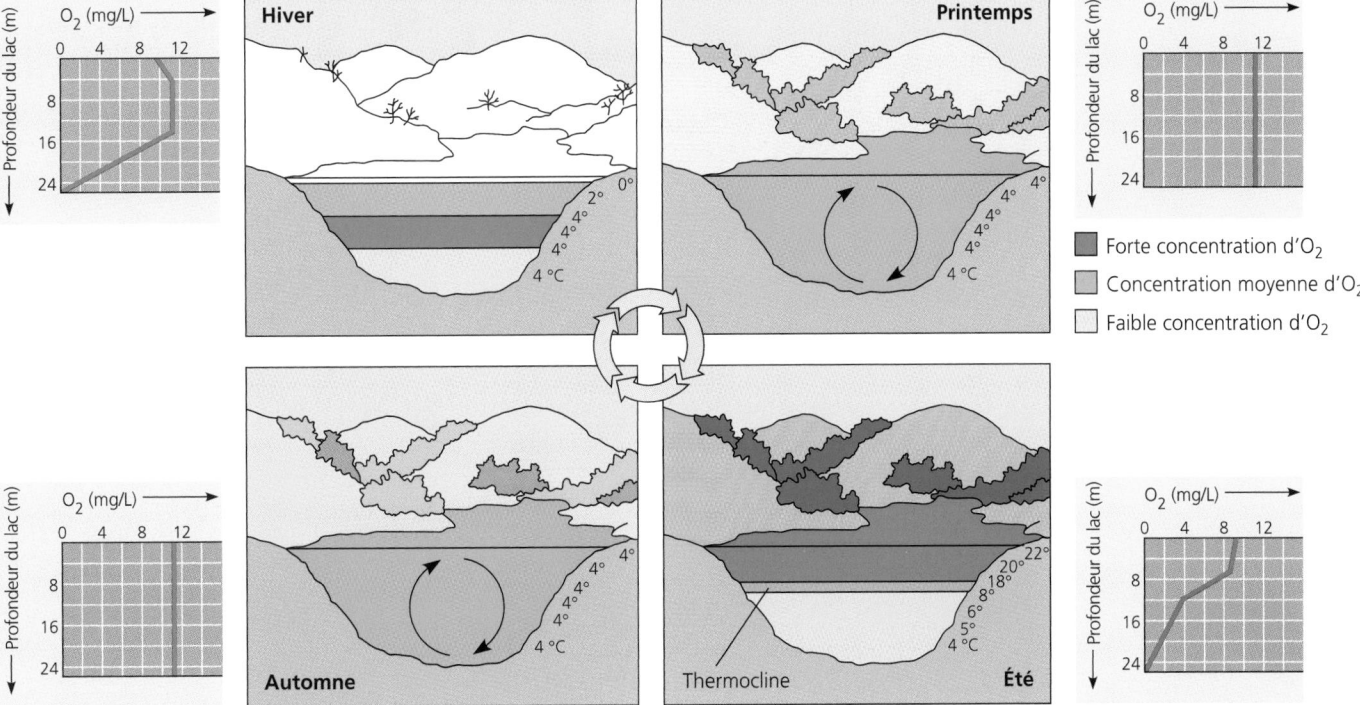

À l'automne, l'eau de la couche superficielle refroidit rapidement au contact de l'air froid, et s'enfonce. Les eaux du lac se mélangent à nouveau, jusqu'à ce que la surface gèle. La stratification thermique hivernale se rétablit alors.

Pendant l'été, une stratification thermique réapparaît : l'eau chaude de la surface est séparée de l'eau froide du fond par la thermocline, une mince couche d'eau du lac où le gradient thermique est abrupt.

FIGURE 50.15 Stratification et renouvellement saisonnier des eaux lacustres. En hiver et en été, les lacs des zones tempérées se stratifient selon la température et la masse volumique de l'eau. Leurs eaux se mélangent deux fois par an, lorsque l'eau de la couche superficielle atteint 4 °C. À cette température, l'eau a une masse volumique maximale, et elle s'enfonce sous les couches plus chaudes ou plus froides.

lente des graines a retardé la progression de la Pruche de l'Est (*Tsuga canadensis*) vers le nord de près de 2 500 ans, à la fin de l'époque glaciaire.

Penchons-nous sur un cas particulier qui explique la façon dont les archives géologiques concernant la migration des arbres nous permet de prédire l'impact biologique de la tendance actuelle au réchauffement planétaire. La FIGURE 50.16, à la page 1208, illustre les aires de distribution géographique actuelle et potentielle du Hêtre à grandes feuilles (*Fagus grandifolia*) selon deux modèles de changements climatiques. Ces modèles prédisent que la limite septentrionale potentielle de l'aire de distribution du Hêtre à grandes feuilles se déplacera de 700 à 900 km vers le nord au cours du siècle à venir, et que la limite méridionale de son aire de distribution se déplacera également vers le nord. Pour suivre la vitesse du réchauffement climatique, le Hêtre à grandes feuilles devrait avancer vers le nord de 7 à 9 km par an. Mais, depuis la fin de la période glaciaire, le Hêtre à grandes feuilles n'a migré qu'à une vitesse de 0,2 km par an pour arriver à son aire de distribution actuelle. Même si les prédictions ne sont qu'approximativement correctes, les espèces migratrices comme le Hêtre à grandes feuilles auront besoin d'un coup de main de la part des Humains pour se déplacer dans de nouvelles aires où elles pourront survivre, à mesure que le climat se réchauffe. Sans cela, le Hêtre à grandes feuilles et de nombreuses autres espèces pourraient disparaître.

LES BIOMES AQUATIQUES ET LES BIOMES TERRESTRES

Après avoir étudié quelques facteurs déterminant la distribution des organismes sur la Terre, nous allons maintenant passer en revue les biomes, en commençant par les biomes aquatiques (FIGURE 50.17, p. 1208).

FIGURE 50.16. Les aires de distribution géographique actuelle et potentielle du Hêtre à grandes feuilles (*Fagus grandifolia*) selon deux scénarios de changements climatiques.

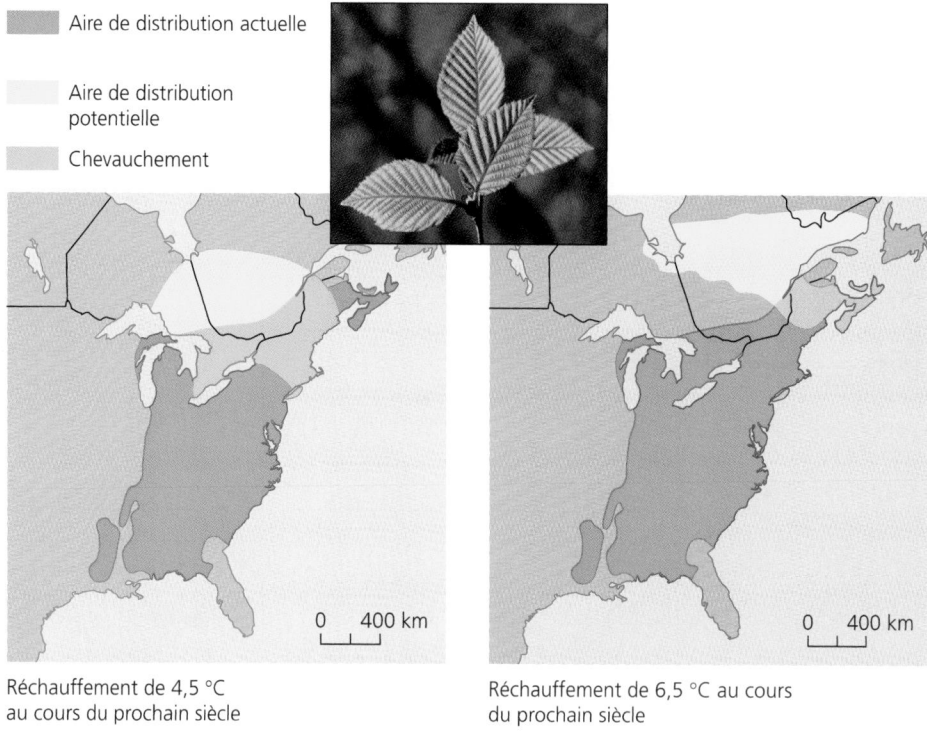

Aire de distribution actuelle

Aire de distribution potentielle

Chevauchement

Réchauffement de 4,5 °C au cours du prochain siècle

Réchauffement de 6,5 °C au cours du prochain siècle

FIGURE 50.17 Distribution des principaux biomes aquatiques.

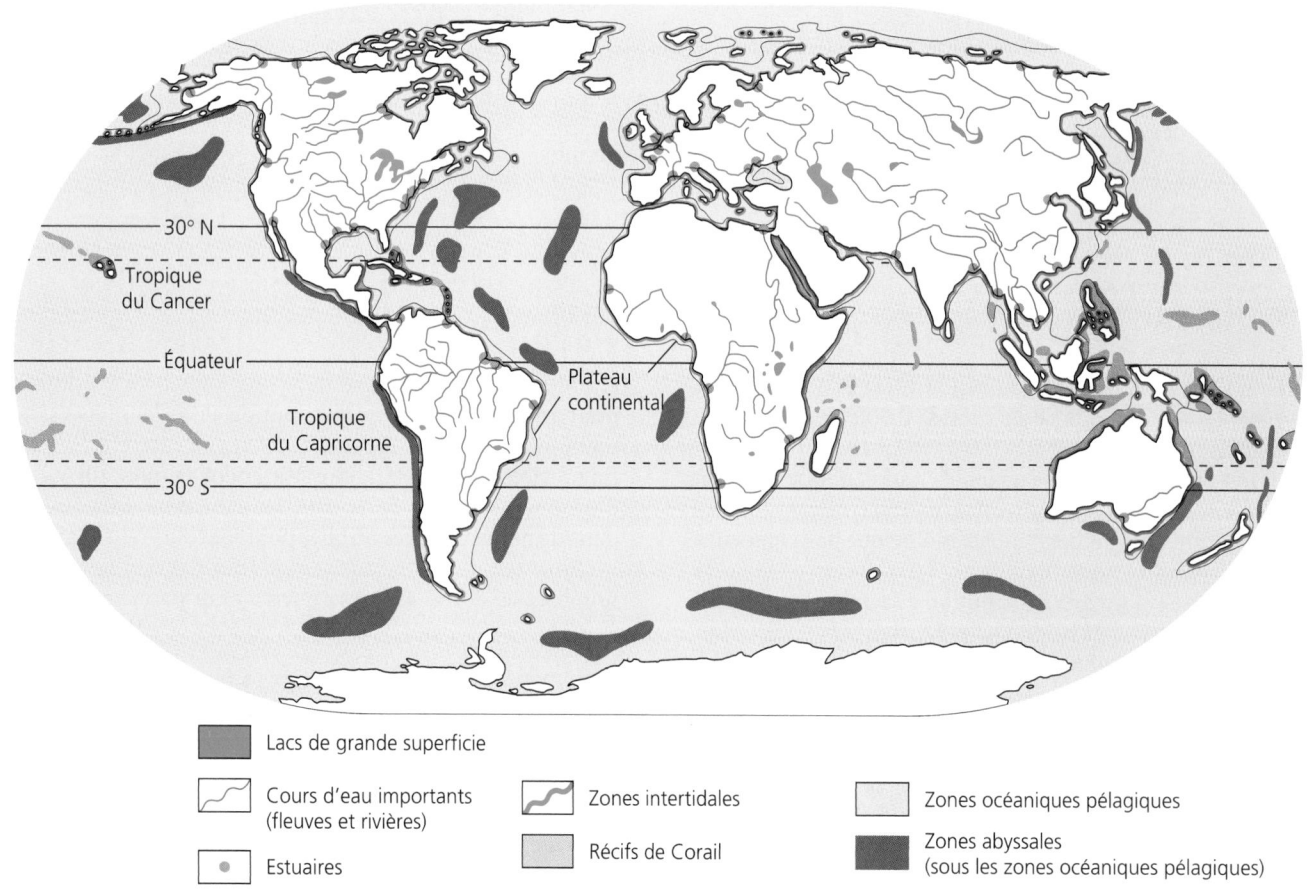

Lacs de grande superficie

Cours d'eau importants (fleuves et rivières)

Estuaires

Zones intertidales

Récifs de Corail

Zones océaniques pélagiques

Zones abyssales (sous les zones océaniques pélagiques)

Les biomes aquatiques occupent la majeure partie de la biosphère

Les biomes aquatiques occupent la majeure partie de la surface de la biosphère. Certains facteurs physicochimiques distinguent les biomes dulcicoles des biomes marins. Ainsi, la salinité de l'eau est généralement inférieure à 1 % dans les biomes dulcicoles, mais est d'environ 3 % dans les biomes marins. Les océans recouvrent environ 75 % de la surface terrestre et ont ainsi depuis toujours une influence énorme sur la biosphère. La vaporisation de l'eau de mer est à l'origine de presque toutes les précipitations de la planète et les températures océaniques ont un effet marqué sur le climat et les vents. En outre, les algues marines et les bactéries photosynthétiques produisent une partie substantielle du dioxygène atmosphérique et consomment d'énormes quantités de dioxyde de carbone.

Les biomes dulcicoles sont étroitement reliés aux biomes terrestres qui les entourent. Leurs caractéristiques dépendent également des modalités de l'écoulement des eaux et du climat auquel ils sont exposés.

Stratification verticale des biomes aquatiques

De nombreux biomes aquatiques présentent une stratification verticale marquée pour ce qui est des variables physicochimiques. La lumière est absorbée par l'eau et par les microorganismes qu'elle contient, ce qui fait que l'intensité lumineuse diminue rapidement avec la profondeur. Ainsi, les écologistes distinguent la **zone euphotique,** zone supérieure où l'illumination suffit à la photosynthèse, de la **zone aphotique,** zone inférieure qui est privée de lumière. La température de l'eau est également stratifiée, en particulier l'été et l'hiver (voir la FIGURE 50.15). L'eau de surface est réchauffée par l'énergie thermique du soleil jusqu'à la limite de pénétration de la lumière. L'eau profonde, quant à elle, reste très froide. Dans l'océan et dans de nombreux lacs de la zone tempérée, la couche superficielle uniformément chaude et la couche profonde uniformément froide sont séparées par une mince couche, la **thermocline,** où le gradient thermique est abrupt. Le substrat qui se trouve au fond de tous les biomes aquatiques est appelé **zone benthique.** Composée de sable et de sédiments organiques et inorganiques (« boue »), cette zone est occupée par un ensemble de communautés d'organismes que l'on appelle le **benthos.** La matière organique morte, appelée **détritus,** constitue une importante source de nourriture. Dans les lacs et les océans, les détritus « tombent » des eaux superficielles productives de la zone euphotique.

Biomes dulcicoles

Il existe deux grandes catégories de biomes dulcicoles : les étendues d'eau dormante (comme les lacs et les étangs) et les étendues d'eau courante (les fleuves, les rivières et les ruisseaux). L'aire des étendues d'eau douce varie de quelques mètres carrés à des milliers de kilomètres carrés. Les petites étendues d'eau douce dormante sont appelées étangs ; les grandes, lacs. Dans presque tous les étangs et les lacs, la distribution des communautés végétales et animales est fonction de la profondeur de l'eau et de la distance par rapport au rivage (FIGURE 50.18, p. 1210). Les plantes aquatiques enracinées et flottantes abondent dans la **zone littorale** correspondant aux eaux chaudes, peu profondes et bien éclairées qui se situent à proximité du rivage. Dans un lac, les eaux superficielles, libres et bien éclairées qui sont loin du rivage forment la **zone limnétique.** Elles contiennent du phytoplancton constitué d'algues et de cyanobactéries. Chez ces organismes, la photosynthèse et la reproduction augmentent rapidement au printemps et en été. Le zooplancton, constitué principalement de rotifères et de petits crustacés, se nourrit de phytoplancton. Il est à son tour consommé par un grand nombre de petits poissons qui, eux, servent de nourriture à de gros poissons, à des serpents et à des tortues semi-aquatiques, ainsi qu'à des oiseaux carnivores.

Presque tous les petits organismes de la zone limnétique ont une courte durée de vie. Leurs restes s'enfoncent dans la zone aphotique, constituée de deux parties : la **zone profonde,** qui est la couche la plus épaisse du plan d'eau, et la zone benthique, qui est la couche de sédiments recouvrant le fond du plan d'eau. Dans la zone profonde et la zone benthique, des microorganismes et d'autres organismes consommant du dioxygène au cours de leur respiration cellulaire décomposent ces détritus.

Selon leur production de matière organique, les lacs se divisent en trois catégories : les lacs oligotrophes, les lacs eutrophes et les lacs mésotrophes. Les lacs **oligotrophes** sont profonds et pauvres en nutriments. Le phytoplancton de leur zone limnétique est plutôt rare et peu productif (FIGURE 50.19a, p. 1210). Les lacs **eutrophes,** quant à eux, sont peu profonds et sont riches en nutriments. Leur phytoplancton est très productif, et leurs eaux sont troubles (FIGURE 50.19b). Entre les deux se trouvent les lacs **mésotrophes,** dont la teneur en nutriments et la productivité du phytoplancton sont intermédiaires.

Avec le temps, les lacs oligotrophes peuvent devenir mésotrophes puis eutrophes, à mesure que le ruissellement y apporte des minéraux et des sédiments. Malheureusement, l'activité humaine accélère beaucoup ce processus naturel. En effet, le ruissellement provenant des pelouses et des champs fertilisés et le déversement de déchets apportent aux lacs des quantités excessives d'azote et de phosphore. Normalement, les faibles concentrations de ces nutriments limitent la croissance des algues, notamment du phytoplancton. Cette pollution entraîne souvent une prolifération d'algues, une production excessive de détritus et un épuisement des réserves de dioxygène. Cette eutrophisation d'origine humaine corrompt l'eau et nuit à la valeur esthétique des lacs (voir le chapitre 54).

Les fleuves, les rivières et les ruisseaux sont des masses d'eau s'écoulant continuellement dans une même direction (FIGURE 50.19c). Tout en amont d'un ruisseau, l'eau est froide et claire, et transporte peu de sédiments et de nutriments minéraux. Le lit est généralement étroit, et l'eau s'écoule rapidement sur un substrat rocheux. En aval, lorsque plusieurs affluents se sont rejoints pour former une rivière, l'eau contient plus de sédiments (provenant de l'érosion) et de nutriments ; elle se trouble. À l'embouchure, le lit d'un fleuve s'élargit, et la sédimentation continuelle rend son substrat limoneux.

La teneur en nutriments des cours d'eau dépend largement du terrain et de la végétation traversés. Les feuilles mortes tombées de peuplements forestiers denses ajoutent des quantités substantielles de matière organique, et l'érosion du lit rocheux augmente la concentration de nutriments inorganiques. Les

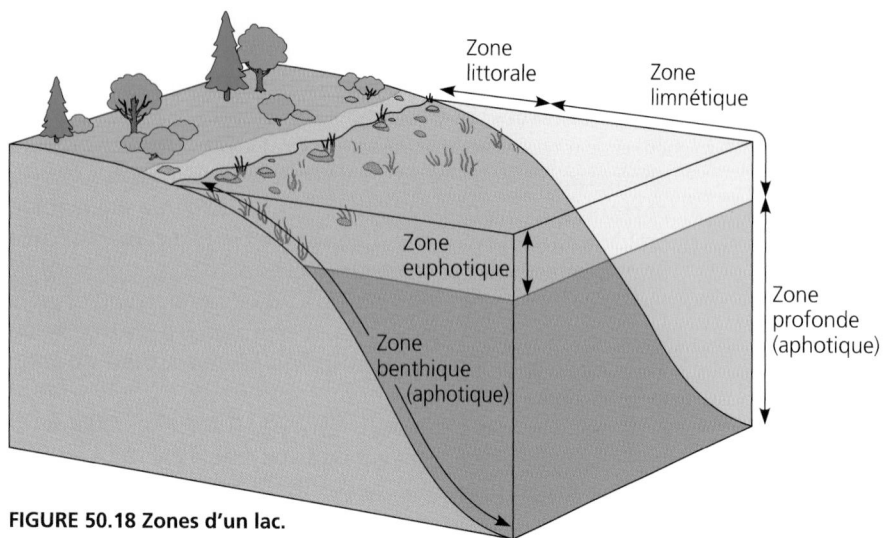

FIGURE 50.18 Zones d'un lac.

(a) Lac oligotrophe

(b) Lac eutrophe

(c) Ruisseau qui se jette dans une rivière

FIGURE 50.19 Biomes dulcicoles. **(a)** Les lacs oligotrophes, comme le lac Baïkal que l'on voit sur la photo et qui est situé en Sibérie, sont pauvres en nutriments et ont une petite superficie par rapport à leur profondeur. Les sédiments ben-thiques contiennent peu de matière organique décomposable, ce qui limite les populations bactériennes dans le benthos. La carence en nutriments des eaux limite la photosynthèse effectuée par le plancton dans la zone limnétique. C'est pourquoi les eaux sont claires, contiennent

beaucoup de dioxygène et comportent habituellement diverses populations de Poissons et d'Invertébrés. **(b)** Les lacs eutrophes, comme le Peck's Pond que l'on voit sur la photo et qui est situé dans les monts Pocono de la Pennsylvanie orientale, sont riches en nutriments et ont une grande superficie, en général, par rapport à leur profondeur. La quantité de nutriments permet une grande activité de photosynthèse. Par conséquent, la végétation produit beaucoup de matière organique, ce qui donne des eaux plus troubles

que celles des lacs oligotrophes. La teneur élevée du benthos en matière organique entraîne une grande activité de décomposition consommatrice de dioxygène. Il y a ainsi peu de dioxygène dans les zones profonde et benthique. **(c)** Les fleuves, les rivières et les ruisseaux abritent des commu-nautés biologiques très différentes de celles des lacs et des étangs. La photo illustre l'embouchure d'un ruisseau qui s'écoule dans un cours d'eau beaucoup plus grand, la Snake River, située dans l'Idaho.

eaux des cours d'eau turbulents s'oxygènent sans cesse, tandis que celles des fleuves, généralement chaudes et troubles, contien-nent peu de dioxygène dissous. Les animaux qui peuplent les cours d'eau ont acquis, au cours de l'évolution, des adaptations qui empêchent le courant incessant de les emporter. Grâce à leur forme aplatie, de nombreux petits animaux peuvent s'a-gripper temporairement aux pierres. Le dessous ou la face aval des pierres fournit à de nombreuses espèces d'Arthropodes un petit habitat relativement calme.

Les activités humaines ont pollué beaucoup de rivières et de fleuves. Pendant des siècles, les Humains se sont servis des cours d'eau pour se débarrasser de leurs déchets, croyant qu'ils

seraient dilués et emportés au loin par le courant. Certains de ces polluants sont en effet transportés loin de leur source, mais un grand nombre se déposent au fond des cours d'eau où des organismes aquatiques les assimilent. Quant à ceux qui sont charriés au loin, ils contribuent à la pollution des estuaires, des océans et des lacs. De plus, les Humains ont modifié l'intensité des courants, en canalisant les cours d'eau pour en accélérer le débit et en érigeant des barrages pour retenir l'eau. Dans bien des cas, les barrages ont complètement changé les éco-systèmes en aval, en modifiant l'intensité et le volume du débit et en affectant les populations de Poissons et d'Invertébrés (FIGURE 50.20).

Terres humides

Au sens large, une **terre humide** est une zone de terre couverte d'eau peu profonde qui abrite des plantes aquatiques. En fait, les terres humides vont des sites périodiquement inondés aux sols saturés d'eau en permanence durant la saison de végétation. Leurs conditions favorisent la croissance de plantes spécialement adaptées que l'on appelle hydrophytes (« plantes d'eau ») et qui vivent dans l'eau ou dans un sol rendu périodiquement anaérobie par la présence de l'eau. Les hydrophytes comprennent les Nénuphars (*Nuphar sp.*) et les Quenouilles (*Typha sp.*), mais aussi de nombreux Carex (*Carex sp.*), Mélèzes (*Larix laricina*) et Épinettes noires (*Picea mariana*). L'hydrologie et la végétation contribuent grandement à classer une zone terre humide.

Il existe différents types de terres humides : les marais, les marécages et les tourbières. Toutefois, toutes ces terres humides apparaissent généralement dans l'une des trois situations topographiques suivantes. Premièrement, les terres humides de bassin se forment dans des mares peu profondes, qui vont des dépressions dans des milieux secs aux lacs et étangs envahis par la végétation (FIGURE 50.21a, p. 1212). Deuxièmement, les

terres humides riveraines se forment le long des rives périodiquement inondées d'un cours d'eau peu profond. Enfin, les terres humides du littoral se trouvent le long des côtes des grands lacs et océans, où l'eau effectue un mouvement de va-et-vient dû au niveau d'eau qui s'élève ou à l'action des marées. Ainsi, ces terres humides font partie aussi bien d'un biome dulcicole que d'un biome marin. Les terres humides du littoral maritime sont en relation étroite avec les estuaires que nous allons étudier juste après.

Du point de vue écologique, les terres humides comptent parmi les biomes les plus riches. Elles contiennent une communauté variée d'Invertébrés et abritent une grande variété d'Oiseaux. Les herbivores, des Crustacés aux Rats-musqués communs (*Ondatra zibethicus*), consomment des algues, des détritus et des végétaux. Outre la riche diversité d'espèces qu'elles abritent, les terres humides ont une valeur écologique et économique supérieure à celle que pourrait avoir leur seule étendue. Elles jouent en effet le rôle de bassins de retenue qui réduisent l'intensité des inondations, et elles améliorent la qualité de l'eau en filtrant les polluants. Autrefois, les Humains considéraient souvent les terres humides comme des terres de désolation, c'est-à-dire comme des sources de moustiques, de mouches et de mauvaises odeurs. Ils en ont détruit beaucoup, la plupart du temps en les comblant avec de la terre pour obtenir des terrains permettant l'agriculture et le lotissement. Des organisations gouvernementales et privées tentent aujourd'hui de protéger les terres humides qui subsistent au moyen d'acquisitions, d'incitations économiques et de réglementations. De nombreuses recherches visent actuellement à déterminer comment créer ou restaurer les terres humides.

Estuaires

Un **estuaire** est la zone de transition entre un fleuve et l'océan dans lequel ce fleuve se jette. Il est souvent bordé de milieux humides côtiers étendus appelés vasières et marais salants (FIGURE 50.21b). La salinité varie dans l'espace et dans le temps, suivant le cycle quotidien des marées. Enrichi par les nutriments provenant du fleuve, l'estuaire du Saint-Laurent fait partie des milieux les plus productifs de la Terre.

Les Plantes herbacées des marais salants, les Algues et le phytoplancton sont les principaux producteurs des estuaires. Des Vers, des Huîtres, des Crabes et de nombreuses espèces de Poissons comestibles habitent aussi ces milieux. De nombreux Invertébrés et Poissons marins se reproduisent dans les estuaires ou s'y arrêtent au cours de leur migration vers les habitats dulcicoles situés en amont. Enfin, les estuaires constituent des aires de nutrition pour de nombreux Vertébrés semi-aquatiques, pour les Oiseaux de rivage en particulier.

Bien que les estuaires soient peuplés d'une multitude d'espèces de grande valeur économique, leurs rives sont propices au développement commercial et résidentiel. Malheureusement, c'est dans les estuaires qu'aboutissent les polluants déversés en amont. Presque tous les estuaires ont été comblés et aménagés. Il subsiste ainsi très peu d'habitats estuariens intacts. Étant donné la situation, de nombreux pays ont, avec un certain retard, instauré des mesures de protection pour leurs estuaires.

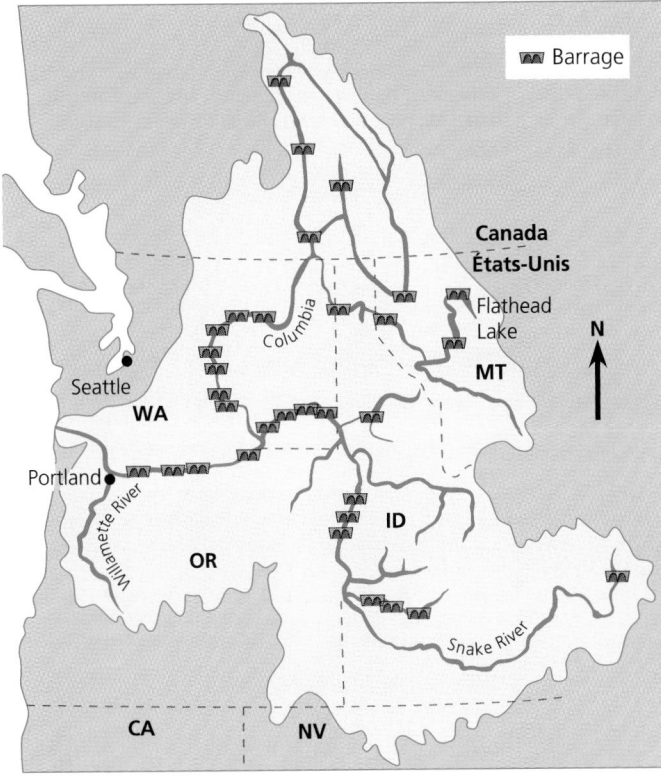

FIGURE 50.20 Barrages dans le bassin du fleuve Columbia. Si Lewis et Clark vivaient à notre époque, ils éprouveraient beaucoup de difficultés à naviguer sur le Columbia. Cette carte ne représente que les plus importants des 250 barrages qui ont modifié les écosystèmes dulcicoles de la côte nord-ouest du Pacifique. Les grands obstacles de béton causent des problèmes aux Saumons qui remontent le fleuve vers leur lieu de reproduction. Mais de nombreux barrages sont maintenant pourvus de passes migratoires qui permettent aux Saumons de contourner ces obstacles. (Meriwether Lewis et William Clark sont deux soldats américains qui, entre 1804 et 1806, ont eu pour mission de trouver une voie navigable vers le Pacifique, à partir de la ville de Saint-Louis, française à l'époque.)

FIGURE 50.21 Terres humides et estuaires.

(a) Terres humides. Ce marais situé en Pennsylvanie est un exemple de terre humide de bassin. Les marais sont habituellement couverts d'eau pendant toute l'année. Les plantes émergentes sont prédominantes. Leurs tiges et leurs feuilles émergent au-dessus de la surface de l'eau. On voit ici des Nymphéas (*Nymphæa sp.*) en fleurs, des Rubaniers (*Sparganium sp.*) et des Carex (*Carex sp.*) à l'avant, et des Roseaux communs (*Phragmites communis*) à l'arrière. Les autres sortes de terres humides sont les marécages (couverts de végétation ligneuse), les tourbières (couverts végétaux dominés par des sphaignes) et les mares saisonnières.

(b) Estuaires. Cette photographie aérienne d'un estuaire faisant partie de la baie de Chesapeake, dans l'État du Maryland, révèle l'interpénétration des embouchures des fleuves et du milieu marin dans lequel l'eau se jette. Malheureusement, les rives de la baie de Chesapeake sont densément peuplées et fortement industrialisées. Les polluants qui, transportés par quatre fleuves, pénètrent dans la baie en ont éliminé de nombreuses espèces végétales et animales. L'activité humaine inconsidérée a dégradé et rendu moins productif ce qui constituait autrefois une source abondante de poissons et d'autres richesses.

Zones occupées par les communautés marines

Comme celle des communautés lacustres, la distribution des communautés marines est fonction de la profondeur, de l'illumination, de la distance par rapport au rivage et de la préférence pour l'eau libre ou pour le fond marin (FIGURE 50.22). Les communautés marines illustrent très clairement les limites que fixent ces facteurs abiotiques sur les distributions. En effet, on distingue la zone euphotique, habitée par le phytoplancton, le zooplancton et de nombreuses espèces de Poissons, et la zone aphotique, au-dessous. Comme l'eau absorbe la lumière et que l'océan est très profond, l'obscurité règne dans la majeure partie de l'océan. La seule lumière qu'il peut y avoir là provient des rares poissons et invertébrés luminescents. La **zone intertidale** est la zone de contact entre la terre et l'eau. Plus loin, au-dessus du plateau continental, se trouve la **zone néritique** aux eaux relativement peu profondes. Au-delà du plateau continental s'étend la **zone océanique,** qui atteint de très grandes profondeurs. Enfin, l'eau libre, quelle qu'en soit la profondeur, correspond à la **zone pélagique,** au fond de laquelle s'étend la **zone benthique.**

Zones intertidales

Une zone intertidale est tour à tour submergée et découverte au cours du cycle biquotidien des marées. Par conséquent, les communautés intertidales sont exposées aux importantes fluctuations du niveau de l'eau (et des nutriments qu'elle trans-

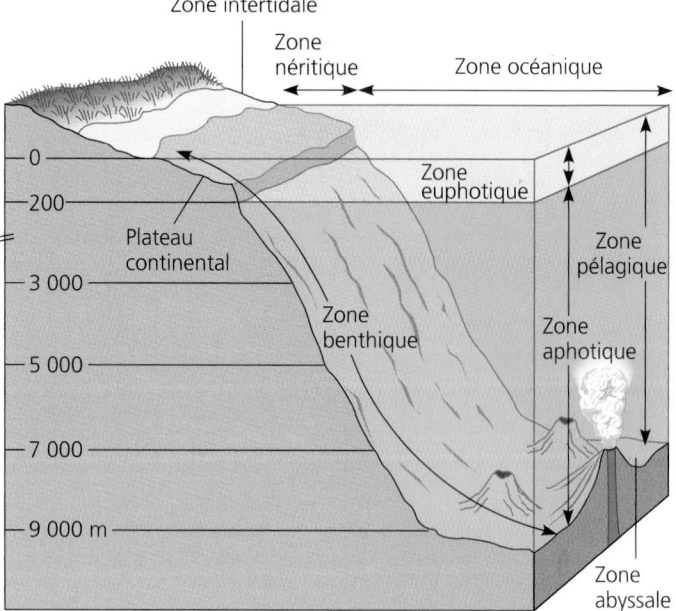

FIGURE 50.22 Zones d'un milieu marin. On divise le milieu marin en diverses zones, d'après trois critères physiques : l'illumination (zones euphotique et aphotique), la distance par rapport à la côte et la profondeur d'eau (zones intertidale, néritique et océanique), et la distinction entre eau libre et fond marin (zones pélagique et benthique). La zone abyssale est la zone benthique des océans les plus profonds. Les écologistes emploient souvent deux qualificatifs pour indiquer l'emplacement d'un biome. Par exemple, ils parlent de la zone océanique pélagique.

porte) et de la température. Par-dessus tout, les organismes intertidaux subissent la force mécanique des vagues qui menace toujours de les déloger de leur habitat.

La zone intertidale est rocheuse et stratifiée verticalement. Elle offre d'excellents exemples de limites de distribution sur de courtes distances (FIGURE 50.23a). La plupart des organismes possèdent des adaptations structurales qui leur permettent de s'attacher au substrat dur, dans ce milieu physiquement tumultueux. Là où les substrats sont sablonneux (plages) ou vaseux, les strates de la zone intertidale sont moins nettes. Les vagues et les marées agitent constamment les particules de vase et de sable, et l'on trouve là peu d'Algues et de Plantes. De nombreux Animaux, tels les Vers, les Palourdes et les Crustacés prédateurs, s'enfouissent dans le sable ou dans la vase et se nourrissent à marée montante. Ils servent ensuite de nourriture aux

nécrophages et aux prédateurs tels que les Crabes et les Oiseaux de rivage.

En partie à cause de l'attrait que présente pour eux le bord de mer, les Humains ont exercé un effet à long terme sur les écosystèmes des zones intertidales. L'utilisation ludique du littoral a fait beaucoup diminuer le nombre d'Oiseaux nichant sur les plages et le nombre de Tortues de mer. La marée montante apporte de l'eau polluée, de vieilles lignes de pêche et des débris de matière plastique qui peuvent nuire aux espèces sauvages. Le pire polluant pour les zones intertidales est probablement le pétrole, qui cause des dommages non seulement aux Oiseaux et aux Mammifères marins, mais aussi aux Algues et aux Invertébrés. La pollution par le pétrole, dans les zones intertidales, a pour effet de réduire la diversité des espèces et d'augmenter les populations de quelques espèces résistantes.

(a) Zone intertidale

(b) Récif de Corail

(c) Communauté benthique près d'une source thermale sous-marine

FIGURE 50.23 Exemples de biomes marins. (a) Zone intertidale. Cette photographie d'une zone intertidale rocheuse, prise à marée basse sur la côte de l'Oregon, montre la stratification verticale des Algues et des Animaux. La densité de population des organismes dans chacune des trois strates est à peu près proportionnelle au temps d'immersion de la zone. Tout d'abord, la zone intertidale supérieure, qui n'est submergée que lors des marées les plus hautes, comprend des Mollusques herbivores, des Balanes qui se nourrissent par filtration et quelques espèces d'Algues. Ces organismes possèdent de nombreuses adaptations qui leur évitent de trop se réchauffer et de se déshydrater. Ensuite, la zone intertidale intermédiaire, qui est généralement submergée à marée haute et qui émerge à marée basse, sert d'habitat à une variété d'Algues,

d'Éponges, d'Anémones de mer, de Mollusques, de Crustacés, d'Échinodermes et de petits Poissons. Enfin, la zone intertidale inférieure n'émerge que lors des marées les plus basses. Elle est peuplée d'une variété d'Invertébrés et de Poissons qui s'abritent sous le couvert dense des Algues. **(b) Récif de Corail.** Cette photographie prise aux îles Fidji montre la diversité des Invertébrés et des Poissons qui vivent dans les récifs de Corail et les Algues et qui font des récifs coralliens l'un des biomes les plus diversifiés et les plus productifs de la terre. **(c) Communauté benthique près d'une source thermale sous-marine.** La composition particulière du benthos varie avec la profondeur de l'eau. On voit ici une communauté qui vit près d'une source thermale, à 2 500 m de profondeur, et qui fut découverte à la fin des années 1970. Les communautés de ce

genre se trouvent dans les zones d'expansion des fonds océaniques, là où le magma surchauffe l'eau. Une douzaine d'espèces de Bactéries répertoriées près des sources thermales sont des producteurs chimioautotrophes qui obtiennent leur énergie en oxydant le H_2S issu de la réaction entre l'eau chaude et le sulfate dissous (ou tétraoxosulfate, SO_4^{2-}). Parmi les Animaux de ces communautés, on trouve des Vers tubicoles géants, que l'on voit sur la photo, atteignant parfois plus de 1 m de long. Il semble que ces Vers se nourrissent de Bactéries chimioautotrophes qui vivent ensuite en leur sein en symbiose mutualiste. De nombreux autres Invertébrés, notamment des Arthropodes et des Échinodermes, abondent aux alentours des sources thermales.

Récifs de Corail

Dans la zone néritique des eaux tropicales chaudes, les **récifs de Corail** forment un biome caractéristique et bien visible. Les courants et les vagues y renouvellent sans cesse les réserves de nutriments. De plus, la lumière qui atteint le fond est suffisante pour la photosynthèse.

Les récifs de Corail, dominés par la structure du Corail lui-même, sont constitués de divers groupes de Cnidaires qui sécrètent un squelette externe de calcaire (voir le chapitre 33). D'aspect variable, ce squelette est un substrat sur lequel croissent d'autres Coraux, des Éponges et des Algues (FIGURE 50.23b). Les Algues rouges encroûtées de trioxocarbonate de calcium (ou carbonate de calcium, $CaCO_3$), tout comme les Bryozoaires, déposent de grandes quantités de calcaire sur la plupart des récifs. Bien que le Corail se nourrisse d'organismes microscopiques et de particules de débris organiques, la photosynthèse effectuée par les Dinoflagellés mutualistes lui est essentielle pour obtenir des molécules organiques. Le Corail peut survivre en l'absence de Dinoflagellés. Mais sans eux, il dépose le trioxocarbonate de calcium beaucoup plus lentement. Ainsi, la formation de récifs par les Coraux dépend de cette association symbiotique.

Bien que certains couvrent d'immenses étendues peu profondes, les récifs de Corail sont des milieux fragiles, très vulnérables à la pollution et à l'activité humaine, notamment à la cueillette. Des températures élevées de l'eau (supérieures à 30 °C) provoquent le « blanchissement » des Coraux. Les Coraux perdent alors les Dinoflagellés mutualistes et meurent. En 1998, partout dans le monde, des récifs de Corail ont subi un blanchissement modéré ou grave. On craint que le réchauffement de la planète ne détruise beaucoup de récifs. Les Coraux n'échappent pas non plus aux prédateurs indigènes ou introduits. Ainsi l'Étoile de mer qu'est l'Acanthaster (*Acanthaster planci*) a proliféré dans de nombreuses régions et détruit bon nombre de récifs de Corail dans certaines parties du Pacifique occidental. Les communautés coralliennes sont très anciennes et se développent très lentement. Elles ne pourront plus supporter très longtemps la dégradation due à l'Humain et les changements climatiques importants.

Biome océanique pélagique

La majeure partie des eaux de l'océan se situent loin du rivage, dans le **biome océanique pélagique,** où elles sont sans cesse agitées par les courants. Ces eaux sont généralement plus pauvres en nutriments que celles du littoral, parce que les restes de plancton et d'autres organismes s'enfoncent sous la région euphotique, dans l'obscurité de la zone benthique inférieure. Dans certaines régions tropicales, les eaux superficielles sont plus pauvres en nutriments que celles des océans tempérés, parce qu'une stratification thermique empêche pendant toute l'année l'échange de nutriments entre la surface et le fond. Les océans tempérés sont généralement plus productifs, parce qu'à l'instar des lacs tempérés ils connaissent un renouvellement des nutriments au printemps et, dans une moindre mesure, en automne. La remontée printanière des nutriments provoque une prolifération du phytoplancton suivie rapidement par celle du zooplancton.

Le phytoplancton croît et prolifère dans la zone euphotique du biome océanique. Grâce à des méthodes modernes d'échantillonnage qui tiennent compte de la photosynthèse bactérienne, on a montré que le phytoplancton produisait plus de matière organique que ce qu'on croyait jusqu'ici. Mais ce phytoplancton est à l'origine de moins de la moitié de l'activité photosynthétique effectuée sur la terre. Le zooplancton, constitué de Protozoaires, de Vers, de Copépodes, de Krill et de Méduses, ainsi que les petites larves d'Invertébrés et certains Poissons se nourrissent de phytoplancton. La plupart des organismes planctoniques possèdent des structures qui leur permettent de flotter dans la zone euphotique : des épines où s'accrochent des bulles, des gouttelettes de lipides, des capsules gélatineuses et une vessie natatoire.

Le biome océanique pélagique comprend aussi le necton, c'est-à-dire l'ensemble des Animaux qui nagent librement et peuvent se déplacer contre les courants pour chercher leur nourriture. Les Calmars, les Poissons, les Tortues et les Mammifères marins se nourrissent de plancton ou s'entredévorent. Beaucoup de ces Animaux s'alimentent dans la zone euphotique, mais d'autres vivent à de grandes profondeurs. Ainsi, certains poissons possèdent de très grands yeux qui leur permettent de voir dans la pénombre, ou des organes luminescents qui attirent leurs semblables et les proies. De nombreux oiseaux pélagiques, tels que les Océanites, les Sternes, les Albatros et les Fous, capturent des poissons à la surface de l'eau.

Benthos

Au fond de l'océan, sous la zone néritique et la zone pélagique, se trouvent, comme dans les autres biomes aquatiques, les communautés d'organismes qui constituent le benthos. Une grande quantité de nutriments atteint le fond de l'océan sous forme de détritus. La zone benthique des eaux côtières peu profondes peut être très éclairée. Mais la lumière et la température diminuent brusquement quand on s'enfonce.

Les communautés benthiques néritiques sont extrêmement productives. Elles comprennent des Bactéries, des Eumycètes, du Varech et des Algues filamenteuses, de nombreux Invertébrés et des Poissons. Leur composition spécifique varie en fonction de la distance par rapport au rivage, de la profondeur de l'eau et de la nature du fond.

Les communautés benthiques des grands fonds occupent la **zone abyssale.** Cette zone se caractérise par des eaux froides (environ 3 °C), une pression extrême, une obscurité totale et une faible concentration en nutriments. Elle contient cependant une faible concentration de dioxygène et abrite une communauté diversifiée d'Invertébrés et de Poissons. Les scientifiques ont récemment découvert un regroupement singulier d'organismes à proximité des **sources thermales** d'origine volcanique, dans les dorsales océaniques (FIGURE 50.23c). Dans ce milieu sombre, chaud et pauvre en dioxygène, les principaux producteurs ne sont pas des organismes photosynthétiques, mais des Bactéries chimioautotrophes (voir le chapitre 27). Les molécules organiques que synthétisent ces Bactéries sont consommées par des Polychètes géants, des Arthropodes, des Échinodermes et des Poissons.

La distribution des biomes terrestres repose principalement sur les variations climatiques régionales

Tous les facteurs abiotiques que nous avons étudiés jusqu'ici, notamment le climat, sont importants dans la détermination des raisons pour lesquelles tel ou tel biome s'établit dans une région donnée. Comme il existe des climats qui sont fonction de la latitude sur la surface de la terre (voir les FIGURES 50.11 à 50.13), il existe aussi une distribution des biomes qui est fonction de la latitude. Ainsi, la taïga (la majeure partie de la forêt de Conifères) se situe sur une large bande qui s'étend sur l'Amérique du Nord, l'Europe et l'Asie (FIGURE 50.24).

On nomme souvent les biomes terrestres selon leurs caractéristiques physiques ou climatiques importantes et selon la végétation qui y prédomine. Ainsi, les prairies tempérées sont dominées par différentes espèces d'herbes et se situent généralement aux latitudes médianes, où le climat est plus modéré que dans les régions tropicales ou polaires. Chaque biome se caractérise aussi par des microorganismes, des Eumycètes et des Animaux qui lui sont adaptés. Ainsi, contrairement aux forêts, les prairies sont peuplées de grands Mammifères herbivores.

La stratification verticale constitue une caractéristique importante des biomes terrestres. La forme et la taille des plantes la déterminent en grande partie. Ainsi, de nombreuses forêts comportent plusieurs strates: une strate arborescente constituée de tous les arbres dont le tronc mesure plus de 2,5 cm de diamètre à une hauteur de 1 à 1,5 m; une strate arbustive composée de petits arbres et d'arbustes; une strate herbacée regroupant les plantes herbacées; une strate muscinale avec des mousses, des lichens et des champignons; et enfin une strate racinaire, principal lieu de nutrition pour les plantes qui comporte la litière, le sol et les racines. Les autres biomes (non forestiers) présentent aussi une stratification verticale, mais avec moins de niveaux généralement. Ainsi, les prairies ont une strate herbacée dominante composée de graminées et une strate racinaire. La strate racinaire de la toundra arctique est plus mince que celle de la plupart des biomes, parce qu'au-dessous se trouve une couche gelée en permanence que l'on appelle **pergélisol.**

La stratification verticale de la végétation d'un biome fournit de nombreux habitats pour les animaux, en fonction de leur régime alimentaire. Ainsi, les Chauves-souris et les Oiseaux insectivores ou carnivores se nourrissent dans la strate arborescente,

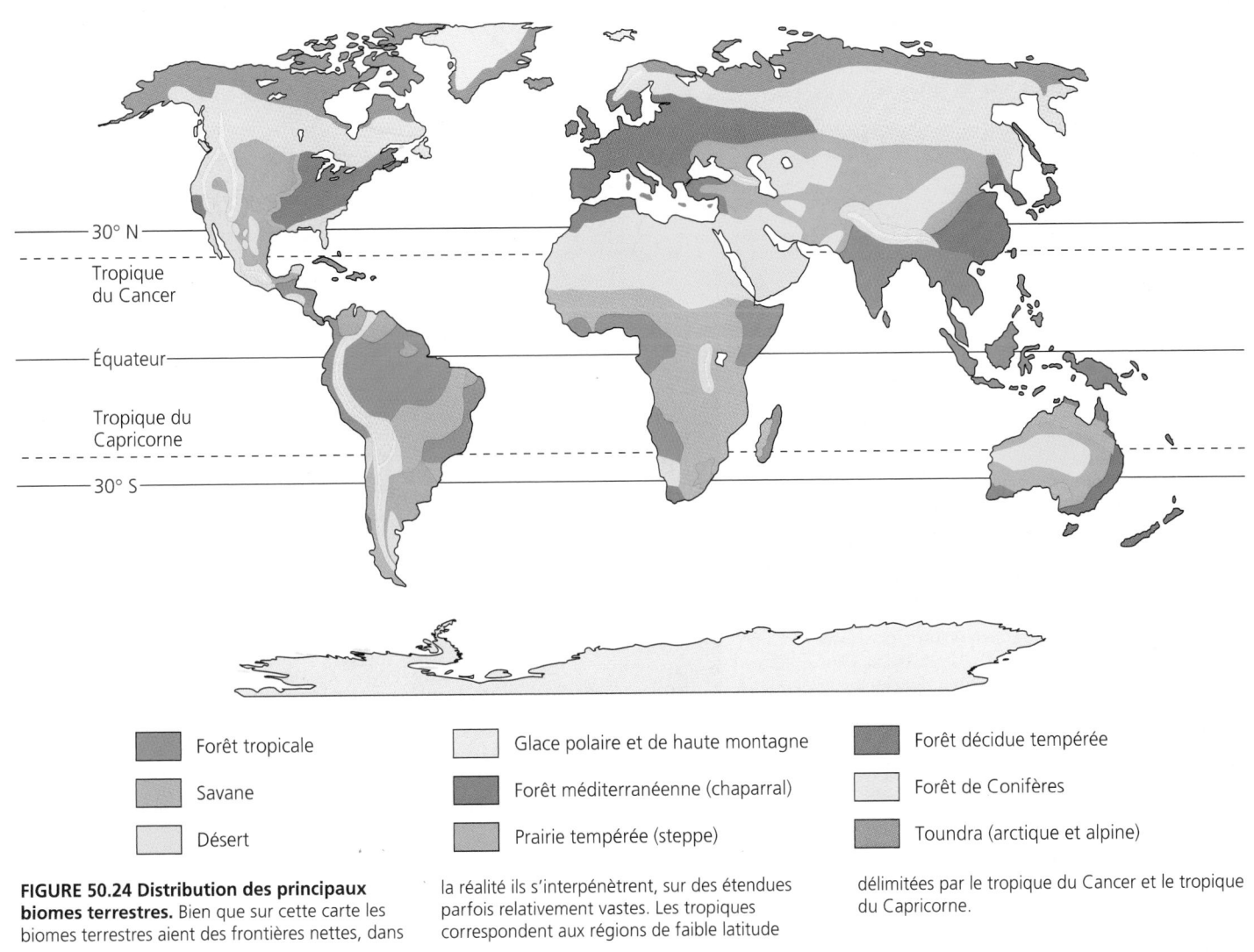

Forêt tropicale	Glace polaire et de haute montagne	Forêt décidue tempérée
Savane	Forêt méditerranéenne (chaparral)	Forêt de Conifères
Désert	Prairie tempérée (steppe)	Toundra (arctique et alpine)

FIGURE 50.24 Distribution des principaux biomes terrestres. Bien que sur cette carte les biomes terrestres aient des frontières nettes, dans la réalité ils s'interpénètrent, sur des étendues parfois relativement vastes. Les tropiques correspondent aux régions de faible latitude délimitées par le tropique du Cancer et le tropique du Capricorne.

tandis que de petits Mammifères, de nombreux Vers et des Arthropodes fouillent la strate racinaire pour trouver de la nourriture.

Les biomes terrestres s'interpénètrent généralement, et il n'y a pas de frontières nettes. La zone d'interpénétration, appelée *écotone*, peut être large ou étroite.

Les espèces qui composent un biome varient d'un endroit à l'autre. Ainsi, dans la taïga d'Amérique du Nord, l'Épinette rouge (*Picea rubens*) se trouve en abondance dans l'Est, mais n'existe pas dans les autres régions, où ce sont l'Épinette noire (*Picea mariana*) et l'Épinette blanche (*Picea glauca*) qui dominent. Les végétations désertiques d'Afrique et d'Amérique du Nord se ressemblent, mais se composent en réalité de familles végétales différentes. De telles « équivalences écologiques » peuvent résulter d'une évolution convergente (voir le chapitre 25).

Un biome est dynamique. C'est la perturbation naturelle qui est la règle générale, et non la stabilité. Par conséquent, un biome présente une grande discontinuité et comprend plusieurs communautés. Les ouragans créent des ouvertures dans les forêts tropicales et tempérées. Dans la taïga septentrionale, les vieux arbres meurent et tombent, ou une chute de neige brise des branches et des petits arbres, ce qui crée des clairières permettant la croissance d'espèces décidues telles que le Tremble (*Populus tremuloides*) et les Bouleaux (*Betula sp.*). Dans de nombreux biomes, même les plantes dominantes dépendent d'une perturbation périodique. Ainsi, le feu fait partie intégrante des prairies, des savanes, de la forêt méditerranéenne et de nombreuses forêts de Conifères. Avant les développements agricole et urbain, la majeure partie du sud-est des États-Unis était dominée par une seule espèce de Conifère, le Pin des marais (*Pinus palustris*). Or, comme on éteint systématiquement les incendies périodiques, des feuillus tendent à remplacer les Pins. De nos jours, on a toutefois compris qu'il est possible de se servir du feu comme d'un outil pour entretenir de nombreuses forêts de Conifères.

Dans la plupart des biomes, actuellement, les innombrables activités humaines ont profondément modifié le déroulement naturel des perturbations physiques périodiques. Par exemple, la majeure partie de l'est des États-Unis est couverte de forêt décidue tempérée. Mais l'activité humaine n'a laissé qu'un infime pourcentage de forêt naturelle. Les incendies, qui faisaient partie de la vie des grandes plaines, sont de nos jours contrôlés pour les besoins de l'agriculture. Les Humains ont transformé de nombreux endroits dans le monde en remplaçant les biomes originels par des espaces urbains ou agricoles.

La FIGURE 50.25, qui se poursuit jusqu'à la page 1220, donne un aperçu des principaux biomes terrestres, en partant de l'équateur et en allant vers les pôles.

FIGURE 50.25 Exemples de biomes terrestres.

(a) La forêt tropicale. La photographie montre une forêt tropicale humide du Costa Rica. Les forêts tropicales humides présentent une stratification verticale marquée. La strate arborescente laisse peu de lumière atteindre le sol. Lorsqu'il se crée une ouverture, à la suite notamment de la chute d'un arbre, d'autres arbres et des plantes grimpantes ligneuses se mettent à croître rapidement et à se faire concurrence pour la lumière et l'espace. Un grand nombre d'arbres géants sont couverts de plantes épiphytes (plantes qui poussent sur d'autres plantes et non dans le sol) telles que les Orchidacées et les Broméliacées. Les précipitations varient d'une région à l'autre dans les tropiques et déterminent, plus que la température et la photopériode, la végétation. Dans les terres basses où la saison sèche est longue et où les précipitations sont rares en général, les forêts tropicales épineuses dominent. Les Végétaux qui composent ces forêts sont des arbustes et des arbres hérissés d'épines, ainsi que des plantes succulentes (qui contiennent un suc, c'est-à-dire une réserve de liquide). Dans les régions où alternent une saison sèche et une saison des pluies, les forêts tropicales décidues sont répandues.

FIGURE 50.25 Exemples de biomes terrestres (*suite*).

(b) La savane. Cette savane du Kenya, située au pied du mont Kilimandjaro, est peuplée de grands herbivores et de leurs prédateurs. En fait, dans cette savane comme dans les autres, les herbivores dominants sont des insectes, en particulier les Fourmis et les Termites. La végétation dominante se compose de Graminées et d'arbres dispersés. Les incendies sont une composante abiotique importante. Ainsi, les espèces végétales dominantes sont adaptées au feu. Les plantes herbacées luxuriantes pendant la saison des pluies fournissent aux animaux une nourriture abondante. Mais, les grands Mammifères herbivores doivent chercher des pâturages plus verts et des points d'eau dispersés pendant les sécheresses saisonnières.

(c) Le désert. Les déserts se caractérisent principalement par de faibles précipitations (moins de 30 cm par an). Il existe des déserts dont les températures dépassent, le jour, 60 °C à la surface du sol. Les déserts froids se situent à l'ouest des Rocheuses et en Asie centrale. Le désert de Sonora, que nous voyons sur la photo et qui est situé dans le sud de l'Arizona, se caractérise par la présence de Cierges géants d'Amérique (*Cereus giganteus*) et d'arbustes profondément enracinés. Parmi les adaptations issues de l'évolution des plantes désertiques et des animaux, on trouve une série de mécanismes permettant d'emmagasiner de l'eau. Ainsi, grâce à leurs « plis », les Cierges géants d'Amérique se dilatent après avoir absorbé de l'eau, durant les périodes de pluie. Certaines souris ne boivent jamais et tirent toute l'eau dont elles ont besoin de la dégradation métabolique des graines qu'elles mangent. De nombreuses plantes désertiques sont de type CAM (*crassulean acid metabolism*), c'est-à-dire qu'elles ont une adaptation métabolique qui leur permet de conserver leur eau (voir le chapitre 10). De nombreuses plantes désertiques ont aussi des adaptations protectrices, telles que les épines chez les Cactus et les substances toxiques dans les feuilles des arbustes, qui repoussent les Mammifères et les Insectes.

FIGURE 50.25 Exemples de biomes terrestres (*suite*).

(d) La forêt méditerranéenne (chaparral). Les régions côtières de latitude moyenne se caractérisent souvent par des hivers doux et pluvieux et par des étés longs, chauds et secs. La végétation de ces biomes se compose de peuplements denses d'arbustes épineux à feuilles persistantes. Les plantes de la forêt méditerranéenne, comme celles de ce terrain broussailleux de Californie, sont adaptées aux incendies périodiques qu'allument la foudre et des personnes négligentes. Les feux de broussailles sont fréquents en été et en automne, dans les vallées densément peuplées telles que cette vallée du sud de la Californie. Certains arbustes produisent des graines qui ne germent qu'après une exposition au feu. Ils emmagasinent des réserves de nourriture dans leur système racinaire résistant au feu, ce qui leur permet de repousser rapidement et d'utiliser les nutriments devenus disponibles grâce au feu.

(e) La prairie tempérée (steppe). Les prairies tempérées comprennent les veldts d'Afrique du Sud, les pusztas de Hongrie, les pampas d'Argentine et d'Uruguay, les steppes de Russie et les plaines du centre de l'Amérique du Nord. La persistance de toutes ces prairies repose sur des sécheresses saisonnières, des incendies occasionnels et la présence de grands Mammifères herbivores. Ces facteurs empêchent l'implantation d'arbustes et d'arbres ligneux. Autrefois, le centre de l'Amérique du Nord était en majeure partie couvert de prairies tempérées semblables à cette prairie à herbes hautes du Kansas. Comme le sol des prairies est riche et épais, il est propice à l'agriculture. Ainsi, la plupart des prairies de l'Amérique du Nord ont été converties en terres agricoles, et il reste aujourd'hui très peu de prairies naturelles.

FIGURE 50.25 Exemples de biomes terrestres (*suite*).

(f) La forêt décidue tempérée. Les peuplements denses de feuillus sont la marque distinctive des forêts décidues tempérées, telles que cette forêt du Great Smokey Mountains National Park, en Caroline-du-Nord, ou la forêt du parc de la Mauricie, au Québec. Les forêts décidues tempérées se situent dans les régions de latitude moyenne (partie sud du Québec, par exemple), où l'humidité suffit à la croissance de grands arbres. Moins denses et moins hautes que les forêts tropicales humides, les forêts décidues tempérées matures ont plusieurs strates de végétation, c'est-à-dire les strates arborescente, arbustive, herbacée, muscinale et racinaire. Leurs arbres perdent leurs feuilles en automne, quand les températures sont trop basses pour une photosynthèse efficace et quand la perte d'eau par transpiration n'est pas facilement compensée car le sol est gelé. De nombreux Mammifères des forêts décidues tempérées hibernent l'hiver et certaines espèces d'Oiseaux migrent vers des climats plus chauds. Presque toutes les forêts décidues tempérées naturelles d'Amérique du Nord ont été réduites ou complètement détruites par la coupe du bois et le défrichage pour l'agriculture et les développements urbains. Mais contrairement aux biomes plus secs, ces forêts ont tendance à récupérer après une perturbation. Ainsi, de nos jours, on voit des feuillus dominer des régions peu développées, sur la majeure partie de leur ancienne aire de distribution.

(g) La forêt de Conifères. Les arbres porteurs de cônes, comme les Pins, les Épinettes, les Sapins et les Pruches, dominent les forêts de Conifères. Les forêts de Conifères côtières des États du nord-ouest des États-Unis bordés par le Pacifique, comme cette forêt du Olympic National Park, dans la partie occidentale de l'État de Washington, sont en fait des forêts pluviales tempérées. L'air chaud et humide de l'océan Pacifique est suffisant pour ces communautés singulières qui sont, comme la plupart des forêts de Conifères, dominées par des peuplements d'une seule espèce ou de quelques espèces tout au plus. La taïga, aussi appelée forêt boréale, couvre une large bande qui s'étend de l'Amérique du Nord (sur près de la moitié du Québec notamment) à l'Europe et à l'Asie, jusqu'à la limite méridionale de la toundra arctique. C'est le plus vaste biome sur la Terre (voir la FIGURE 50.24). La taïga reçoit de grandes quantités de neige pendant l'hiver. Grâce à la forme conique des Conifères, la neige ne peut s'accumuler sur les branches et les briser. Malheureusement, les Humains détruisent les forêts de Conifères à un rythme alarmant, et les peuplements anciens sont fortement menacés.

FIGURE 50.25 Exemples de biomes terrestres (*suite*).

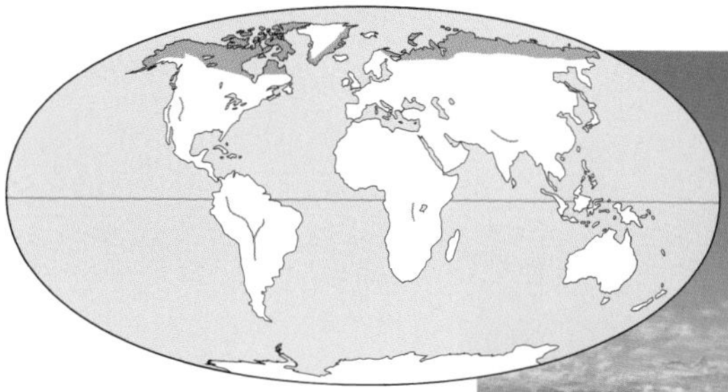

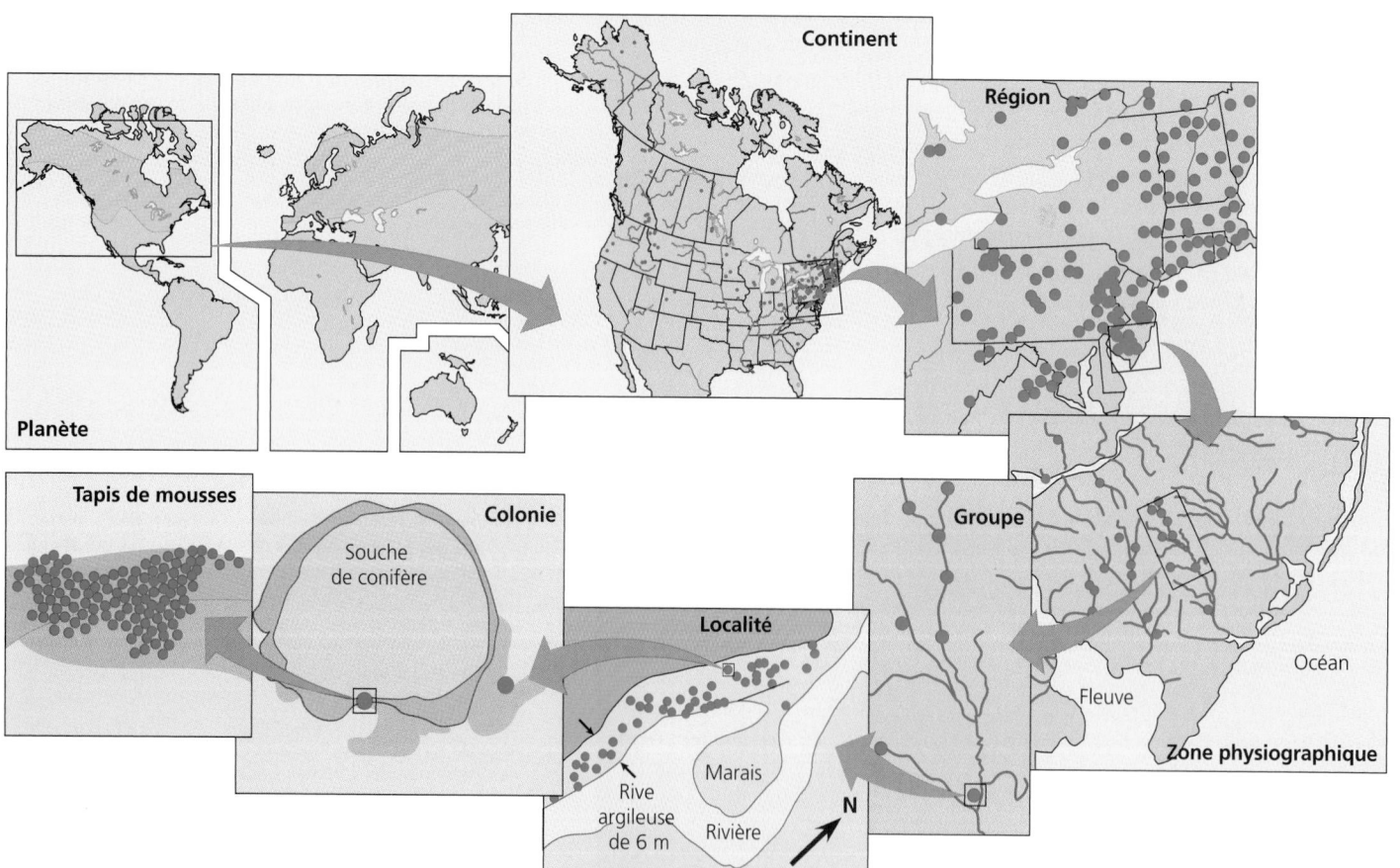

(h) La toundra. À cause du pergélisol (sous-sol gelé en permanence), du froid extrême et des vents violents, cette toundra arctique située au centre de l'Alaska (photographiée en automne) est dépourvue d'arbres et de haute végétation. Bien que les toundras arctiques ne reçoivent annuellement que très peu de précipitations (voir la figure 50.10), l'eau ne peut pénétrer le pergélisol sous-jacent, et s'accumule en nappes sur la terre végétale peu profonde, durant le court été. Les toundras couvrent une grande partie de l'Arctique, soit 20 % des terres émergées. Au Québec, la toundra commence à environ 55° de latitude et couvre une plus grande superficie que la taïga. Les vents et le froid façonnent des communautés végétales semblables, composant la toundra alpine, sur les très hauts sommets, à toutes les latitudes, y compris les tropiques.

Planète · Continent · Région · Zone physiographique · Groupe · Localité · Colonie · Tapis de mousses

Souche de conifère · Marais · Rive argileuse de 6 m · Rivière · N · Fleuve · Océan

FIGURE 50.26 Hiérarchie d'échelles pour l'analyse de la distribution géographique de *Tetraphis sp.*, une mousse. À la question « Qu'est-ce qui limite la distribution géographique ? » il existe différentes réponses selon l'échelle d'analyse. (Une zone physiographique est une aire qui est délimitée par les aspects naturels du paysage.)

LES DIFFÉRENTES ÉCHELLES DES DISTRIBUTIONS GÉOGRAPHIQUES

Tout au long de ce chapitre, nous avons étudié les facteurs abiotiques, comme le climat, et les facteurs biotiques, comme la prédation, qui jouent un rôle déterminant dans la distribution des différentes espèces de la biosphère. Nous avons supposé qu'il était relativement simple de dresser la carte de l'aire de distribution géographique d'une espèce. Mais ce n'est pas le cas à l'échelle locale, si l'on veut une carte détaillée. En effet, aucune espèce n'habite totalement une aire de distribution à l'échelle locale, dans un intervalle de temps donné.

Divers facteurs peuvent déterminer la distribution d'une espèce à différentes échelles

La FIGURE 50.26 (p. 1220) illustre le problème que pose la description de l'aire de distribution géographique d'une espèce à différentes échelles. À une extrémité, on définit l'aire de distribution d'une espèce par l'étendue de sa présence à l'échelle planétaire, et l'on trace sur une carte une ligne reliant les points extrêmes où l'espèce a été observée. C'est la définition de l'aire de distribution géographique qu'utilisent les guides d'observation des Oiseaux et les autres guides d'identification d'espèces. À l'autre extrémité, on pourrait prendre une zone beaucoup plus petite à l'intérieur d'une aire plus vaste et indiquer sur la carte l'endroit où se situe chaque individu. Si l'espèce est absente d'un habitat donné, la région ne serait pas incluse dans l'aire de distribution géographique. Les écologistes souhaitent connaître les zones réellement occupées par chaque espèce dans toute l'aire de distribution. Mais, pour la plupart des organismes, on ne détient pas d'informations si précises. La FIGURE 50.26 montre que l'on peut déterminer les aires de distribution géo-

graphique à différentes échelles spatiales. Elle illustre également le fait que pour une espèce unique, il peut y avoir plusieurs réponses à la question: Qu'est-ce qui limite la distribution géographique? À l'échelle planétaire, les facteurs abiotiques comme le climat sont primordiaux. Mais, à l'échelle locale, des interactions biotiques plus subtiles, comme la symbiose, constituent la principale explication à la localisation d'une espèce.

La plupart des espèces occupent de petites aires de distribution géographique

Dans tous les groupes taxinomiques, la plupart des espèces occupent de petites aires de distribution géographique. Seule une minorité d'espèces sont très répandues. La FIGURE 50.27 illustre ce fait pour des Oiseaux d'Amérique du Nord et des Plantes vasculaires britanniques. Les écologistes ne connaissent pas la raison de cette répartition, que l'on observe chez les Végétaux et les Animaux, dans les groupes aquatiques et terrestres, chez les Invertébrés et les Vertébrés. Cette répartition en petites aires de distribution est liée à l'observation selon laquelle la plupart des espèces sont assez rares dans la nature, et que seuls les organismes communs occupent des aires de distribution géographiques étendues. Mais cette observation élude la question: Pourquoi certains organismes sont-ils rares et d'autres abondants? Expliquer ces modalités de vie dans la biosphère constitue l'un des défis de la recherche pour les écologistes. Dans les chapitres 52 et 53, nous étudierons la façon dont les écologistes essaient de répondre à ces questions concernant l'abondance et la distribution dans la biosphère. Et tout au long de cette partie traitant de l'écologie, nous verrons l'impact que nous, les Humains, qui sommes de loin les plus abondants et les plus répandus des grands Animaux, avons sur toute la biosphère.

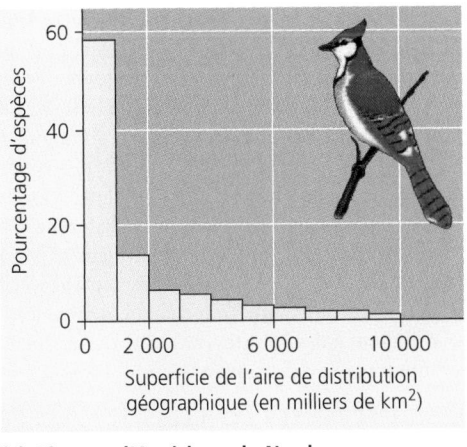

(a) Oiseaux d'Amérique du Nord

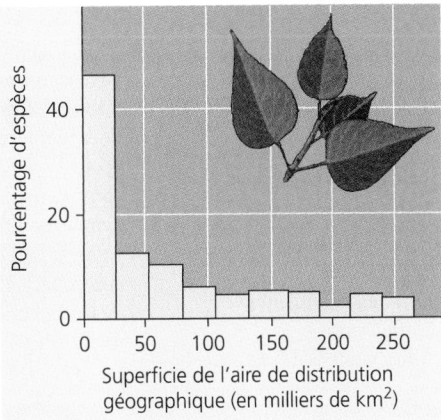

(b) Plantes vasculaires britanniques

FIGURE 50.27 La plupart des espèces occupent de petites aires de distribution géographique. Illustration de ce fait pour **(a)** 1 370 espèces d'Oiseaux d'Amérique du Nord et **(b)** 1 499 espèces de Plantes vasculaires britanniques.

RÉVISION DU CHAPITRE

Résumé des concepts importants

LE CHAMP DE L'ÉCOLOGIE

- Les interactions des organismes entre eux et avec leur milieu déterminent leur distribution et leur abondance (p. 1194, FIGURE 50.1). Les questions centrales en écologie sont : Quels organismes vivent à quel endroit ? Et quel est leur nombre ? Les écologistes font appel à des observations et à des expériences pour vérifier les hypothèses expliquant les limitations de la distribution et de l'abondance. Les facteurs écologiques comportent des composantes abiotiques (non vivantes) et biotiques (vivantes).

- L'écologie et la biologie de l'évolution sont des sciences étroitement liées (p. 1195). Les épisodes qui se jouent dans le cadre du temps écologique se répercutent à l'échelle du temps d'évolution.

- Le champ de la recherche écologique s'étend de l'adaptation des organismes à la dynamique de la biosphère (p. 1195 et 1196, FIGURE 50.2). La recherche écologique s'intéresse à des niveaux d'organisation de plus en plus vastes, qui vont de l'organisme à la biosphère, en passant par les populations, les communautés, les écosystèmes et les paysages.

- L'écologie fournit un contexte scientifique pour l'étude des questions environnementales (p. 1196, FIGURE 50.3). La majorité des écologistes sont partisans du principe de précaution : « En toutes choses il faut considérer la fin. »

LES FACTEURS QUI INFLUENT SUR LA DISTRIBUTION DES ORGANISMES

- La dispersion des espèces contribue à la distribution des organismes (p. 1197 à 1200, FIGURES 50.6 à 50.8). Les espèces transplantées perturbent le nouvel écosystème, et causent même l'extinction d'espèces indigènes.

- Le comportement et la sélection d'un habitat contribuent à la distribution des organismes (p. 1200 et 1201). Une espèce peut n'occuper qu'une partie de l'habitat dans lequel elle pourrait survivre.

- Les facteurs biotiques influent sur la distribution des organismes (p. 1201, FIGURE 50.9). Les facteurs biotiques, tels que la prédation et la compétition, font intervenir les interactions avec d'autres espèces.

- Les facteurs abiotiques influent sur la distribution des organismes (p. 1201 et 1202). Les facteurs abiotiques importants sont notamment la température, l'eau, l'intensité lumineuse, le vent, les roches et le sol.

- La température et les précipitations sont les principaux facteurs climatiques qui conditionnent la distribution des organismes (p. 1202 à 1208, FIGURES 50.10 à 50.16). Le climat et les cycles saisonniers, qui reflètent l'intensité du rayonnement solaire et la rotation de la Terre autour du Soleil, déterminent les schémas de distribution.

LES BIOMES AQUATIQUES ET LES BIOMES TERRESTRES

- Les biomes aquatiques occupent la majeure partie de la biosphère (p. 1209 à 1214, FIGURES 50.17 à 50.23). Les biomes aquatiques présentent souvent une stratification verticale, pour ce qui est de l'intensité lumineuse, de la température et de la structure des communautés. Les lacs eutrophes sont riches en nutriments et productifs. Les lacs oligotrophes sont pauvres en nutriments. Les fleuves, les rivières et les ruisseaux contiennent des communautés dulcicoles qui varient beaucoup entre la source et la destination finale, dans un océan ou un lac. Un estuaire est la zone de transition entre un fleuve et l'océan dans lequel ce fleuve se jette. Un estuaire a une salinité très variable.

  Les zones d'un milieu marin sont la zone intertidale, la zone néritique et la zone océanique. Les récifs de Corail se trouvent dans les eaux tropicales chaudes, peu profondes et riches en nutriments de la zone néritique. Le biome océanique pélagique englobe la majeure partie des eaux du large. Le phytoplancton qui se trouve dans la région euphotique de la zone pélagique est la principale source d'aliments pour le reste de la communauté. Les communautés benthiques se nourrissent principalement de détritus provenant de la zone pélagique.

- La distribution des biomes terrestres repose principalement sur les variations climatiques régionales (p. 1215 et 1216, FIGURES 50.24 et 50.25). Près de l'équateur, où la photopériode et la température sont presque constantes, la quantité et la fréquence des précipitations déterminent les biomes, notamment la forêt tropicale humide et la savane. Les déserts sont habités par des plantes et des animaux qui sont adaptés à des conditions extrêmes de sécheresse. La forêt méditerranéenne se caractérise par une végétation arbustive sèche qui pousse dans les régions où les hivers sont doux et pluvieux et les étés, longs, chauds et secs. Les prairies tempérées s'étendent dans des régions relativement froides où le sol est riche et profond. Les incendies et les sécheresses périodiques ainsi que les herbivores y inhibent la croissance d'arbres et d'arbustes ligneux. Les forêts décidues tempérées croissent à des latitudes moyennes, où l'humidité favorise la croissance de grands arbres feuillus. Les forêts de Conifères comprennent les forêts humides tempérées du littoral et les forêts de Conifères septentrionales, ou taïgas. La taïga, qui est le biome le plus vaste, se caractérise par des hivers longs, froids et neigeux et par des étés courts. La toundra arctique se trouve à la limite septentrionale de la végétation. À cause du vent et du froid et du pergélisol, les formes végétales se limitent à des arbustes rabougris et à des plantes en coussinets. La toundra alpine se trouve à haute altitude.

LES DIFFÉRENTES ÉCHELLES DES DISTRIBUTIONS GÉOGRAPHIQUES

- Divers facteurs peuvent déterminer la distribution d'une espèce à différentes échelles (p. 1221, FIGURE 50.26). La distribution d'une espèce à l'échelle planétaire est fonction du climat, alors que la distribution à l'échelle locale dépend plus de facteurs biotiques tels que les prédateurs.

- La plupart des espèces occupent de petites aires de distribution géographique (p. 1221, FIGURE 50.27). Seule une petite minorité d'espèces occupent des aires de distribution étendues.

Autoévaluation

(Les questions dont les numéros sont en caractères gras font surtout appel à la compréhension.)

1. Dans la liste suivante, lequel des domaines d'étude de l'écologie inclut tous les autres?
   a) Population.
   b) Organisme.
   c) Paysage.
   d) Écosystème.
   e) Communauté.

2. Lequel des énoncés suivants concernant la dispersion est *inexact*?
   a) La dispersion est une composante commune des cycles de développement des Plantes et des Animaux.
   b) La colonisation de zones dévastées par des inondations ou des éruptions volcaniques dépend de la dispersion.
   c) La dispersion n'a lieu qu'à l'échelle du temps de l'évolution.
   d) Les graines constituent des étapes importantes de dispersion dans les cycles de développement de la plupart des Angiospermes.
   e) La capacité à se disperser peut limiter la distribution géographique d'une espèce.

3. Laquelle des associations suivantes d'un biome avec la description de son climat est *exacte*?
   a) Savane – températures froides, précipitations uniformes pendant toute l'année.
   b) Toundra – étés longs, hivers doux.
   c) Forêt décidue tempérée – saison de végétation assez courte, hivers doux.
   d) Prairies tempérées – hivers assez chauds, majeure partie des précipitations en été.
   e) Forêts tropicales humides – photopériode et température presque constantes.

4. Les océans influent sur la biosphère de toutes les façons suivantes, *mais pas*:
   a) en produisant une partie importante du dioxygène de la biosphère.
   b) en diminuant la quantité de dioxyde de carbone de l'atmosphère.
   c) en modérant le climat des biomes terrestres.
   d) en régulant le pH des biomes dulcicoles et des nappes souterraines.
   e) en étant la source de la majeure partie des précipitations terrestres.

5. Laquelle des associations suivantes est *exacte*?
   a) Zone néritique – eaux peu profondes au-dessus du plateau continental.
   b) Zone benthique – eaux superficielles de mers peu profondes.
   c) Zone pélagique – fond de l'océan.
   d) Zone aphotique – zone où la lumière pénètre.
   e) Zone intertidale – eaux libres à la limite du plateau continental.

6. Parmi les caractéristiques suivantes, laquelle est commune à tous les biomes terrestres?
   a) Précipitations moyennes annuelles dépassant 30 cm.
   b) Distribution déterminée presque entièrement par le type de roches et de sol.
   c) Frontières nettes entre des biomes adjacents.
   d) Végétation présentant une stratification verticale.
   e) Mois d'hiver froids.

7. Parmi les observations ou expériences suivantes, laquelle serait la moins utile pour étudier les causes d'une limite de distribution de la zone arborescente dans les montagnes Rocheuses?
   a) Analyser la vitesse de croissance des arbres qui se trouvent de plus en plus près de la limite de la zone arborescente.
   b) Transplanter de jeunes plants au-dessus de la limite de la zone arborescente.
   c) Déterminer la position de la limite de la zone arborescente sur les pentes exposées au sud et sur les pentes exposées au nord.
   d) Semer des graines d'arbres dans des zones de toundra, au-dessus de la limite de la zone arborescente.
   e) Mesurer le rendement de la photosynthèse pour un échantillon aléatoire de jeunes pousses d'arbres dans une serre, au niveau de la mer.

8. Dans quel biome la saison de croissance est-elle généralement la plus courte?
   a) La forêt tropicale humide.
   b) La savane.
   c) La taïga.
   d) La forêt décidue tempérée.
   e) La prairie tempérée.

9. Imaginez qu'une catastrophe cosmique ébranle la Terre avec tellement de force que son axe ne soit plus incliné, mais devienne perpendiculaire à une droite reliant le Soleil et la Terre. Ce changement aurait pour effet prévisible:
   a) d'abolir l'alternance du jour et de la nuit.
   b) de modifier la durée de l'année.
   c) de rafraîchir l'équateur.
   d) d'éliminer les variations saisonnières aux latitudes boréales et australes.
   e) d'éliminer les courants marins.

10. En escaladant les montagnes, on observe, dans les communautés biologiques, des transitions qui sont analogues aux changements que l'on rencontre:
    a) dans les biomes à différentes latitudes.
    b) à différentes profondeurs dans l'océan.
    c) dans une communauté au fil des saisons.
    d) dans un écosystème selon son évolution dans le temps.
    e) en voyageant d'est en ouest au Canada.

11. Pourquoi est-il plus exact de définir la biosphère comme un *super-écosystème* plutôt que comme une *communauté* planétaire?

12. Quelle est la cause de l'été dans l'hémisphère Nord?

13. Comment les incendies contribuent-ils au maintien de la savane?

14. Quels sont les deux facteurs abiotiques qui expliquent la rareté des arbres dans la toundra arctique?

15. Pourquoi les eaux usées causent-elles la prolifération d'algues dans les lacs?

16. Quelle est la source d'énergie des communautés situées à proximité des sources thermales?

17. Qu'est-ce qui explique le mieux le fait qu'une espèce a une aire de distribution potentielle plus vaste que l'aire qu'elle habite en réalité?

Lien avec l'évolution

Comment le concept de temps s'applique-t-il aux situations écologiques et aux changements de l'évolution ? Le temps écologique et le temps de l'évolution peuvent-ils parfois correspondre ? Si oui, donnez quelques exemples.

Intégration

Expliquez le rôle des facteurs abiotiques et biotiques qui influent sur le climat de la ville dans laquelle vous faites vos études. Traitez le sujet dans différentes perspectives : planétaire, continentale, régionale et locale.

Science, technologie et société

Dans les animaleries d'Amérique du Nord, on peut acheter des poissons, des oiseaux et des reptiles qui ne sont pas originaires d'Amérique du Nord. Présentez un scénario dans lequel ce genre de commerce d'animaux de compagnie pourrait mettre en péril les plantes et les animaux indigènes. Les gouvernements devraient-ils réglementer le commerce des animaux de compagnie ? Y a-t-il actuellement des restrictions concernant les espèces qu'une animalerie peut vendre dans votre ville ? Comment peut-on harmoniser ce type de réglementation avec les droits de la personne ?

Réponses à l'autoévaluation : 1. c ; 2. c ; 3. e ; 4. d ; 5. a ; **6.** d ; **7.** e ; 8. c ; **9.** d ; **10.** a ; **11.** Parce que la biosphère comprend à la fois les composantes abiotiques et les composantes biotiques de tous les lieux habités. **12.** À cause de l'angle fixe de l'axe polaire de la Terre par rapport au plan de rotation autour du Soleil, l'hémisphère Nord est incliné vers le Soleil pendant une partie de l'orbite annuelle, la partie qui correspond aux mois d'été. **13.** En empêchant sans cesse la dissémination d'arbres et d'autres plantes ligneuses. 14. Des hivers longs et très froids (période de croissance courte) et le pergélisol. **15.** Les eaux usées apportent des minéraux et divers nutriments qui stimulent la croissance des algues. 16. Les produits chimiques projetés hors de la croûte terrestre. 17. La dispersion est le principal facteur limitant la distribution des espèces.

CHAPITRE 51

LA BIOLOGIE DU COMPORTEMENT

« Celui qui connaît vraiment les animaux
est par là même capable de comprendre
le caractère unique de l'homme. »

KONRAD LORENZ
éthologiste autrichien (1903-1989)

- La sélection naturelle favorise le comportement d'accouplement qui maximise la quantité de partenaires ou leur qualité
- Les interactions sociales dépendent de divers modes de communication
- Le concept de valeur d'adaptation globale explique en grande partie le comportement altruiste
- La sociobiologie associe la théorie de l'évolution à la culture humaine

INTRODUCTION AU COMPORTEMENT ET À L'ÉTHOLOGIE

- Qu'est-ce que le comportement ?
- Les causes immédiates et les causes ultimes du comportement
- Le comportement résulte de l'inné et de l'acquis
- Le comportement inné est stéréotypé
- L'éthologie classique a légué une approche évolutionniste à la biologie du comportement

L'APPRENTISSAGE

- L'apprentissage est une modification du comportement par l'expérience
- L'imprégnation est un apprentissage limité à une période critique
- Le chant des Oiseaux fournit un modèle pour la compréhension de l'apparition et de l'évolution d'un comportement
- De nombreux animaux apprennent à associer un stimulus à un autre
- L'expérience et l'exercice sont les finalités du jeu

LA COGNITION ANIMALE

- L'étude de la cognition associe une fonction du système nerveux et un comportement
- Les Animaux utilisent divers mécanismes cognitifs durant leurs déplacements
- L'étude de la conscience constitue un défi unique pour les scientifiques

COMPORTEMENT SOCIAL ET SOCIOBIOLOGIE

- La sociobiologie situe le comportement social dans le contexte de l'évolution
- Les comportements sociaux compétitifs se manifestent souvent dans des luttes pour les ressources

L'étude du comportement animal *est indubitablement l'une des branches les plus anciennes de la biologie. Il y a des dizaines de milliers d'années, il était vital pour l'Humain préhistorique de connaître le comportement des Animaux. En apprenant les habitudes des Animaux, les premiers Humains augmentaient leurs possibilités de manger et diminuaient les risques d'être mangés. L'étude du comportement animal améliorait donc la valeur d'adaptation de nos ancêtres. En règle générale, notre propre comportement, comme celui de tous les Animaux, a son origine dans l'évolution.*

Considérons la Paruline à tête cendrée (Dendroica magnolia) sur la photographie ci-dessus. Nos oreilles perçoivent son chant comme un « ouita, ouita, ouitchou » musical se terminant sur une note aiguë. Cependant, un ornithologue d'expérience se plairait à dire à des novices : « Ce n'est pas de la musique aux oreilles d'un oiseau. Les Oiseaux chantent pour des raisons pratiques : pour attirer une partenaire, pour indiquer où ils se trouvent aux autres mâles ou femelles, pour défendre un territoire où ils peuvent élever et nourrir leurs petits. Pour eux, chanter est une question de survie et de transmission des gènes à la génération suivante. »

Le chant des Oiseaux fournit une excellente introduction à l'étude du comportement. Les chercheurs s'y intéressent parce que l'on peut l'analyser à l'aide des méthodes expérimentales modernes. Par conséquent, les biologistes comprennent de mieux en mieux son apparition et son évolution, ses fonctions et ses effets. Ils s'y intéressent aussi parce qu'il présente plusieurs ressemblances

1225

étonnantes avec la parole humaine. L'étude du chant des Oiseaux est devenue un modèle pour la recherche sur le comportement animal, car elle fait ressortir une généralisation très importante : le comportement subit l'influence de facteurs innés et de facteurs acquis. L'étude du chant des Oiseaux a fourni des principes directeurs pour l'étude d'autres comportements complexes moins bien compris.

Pour comprendre les interactions entre l'inné et l'acquis chez les Animaux, il est essentiel d'étudier leur comportement. Dans une large mesure, ce chapitre porte sur la nature du comportement animal, sur les méthodes d'étude des biologistes et sur la fonction du comportement dans la relation entre un animal et son milieu.

INTRODUCTION AU COMPORTEMENT ET À L'ÉTHOLOGIE

Qu'est-ce que le comportement?

Le comportement consiste pour une large part en une activité musculaire observable chez un animal. Dans certains cas, tout le corps est en mouvement, notamment lorsqu'un prédateur pourchasse sa proie. Dans d'autres, le comportement est un mouvement d'une partie du corps, l'animal restant sur place. C'est le cas notamment lorsque l'on indique une direction en tendant le bras et en pointant du doigt. Il y a également des exemples de comportements dans lesquels l'activité musculaire est moins évidente, notamment lorsqu'un oiseau chante en se servant de muscles pour expulser de l'air de ses poumons et pour produire des sons dans sa gorge. Il existe même des activités dans lesquelles les muscles n'interviennent pas et qui sont considérées comme des comportements. C'est le cas lorsqu'un animal sécrète un attractif sexuel ou un type de phéromone. Enfin, on pourrait considérer l'apprentissage comme un processus comportemental, même si le comportement observable n'a lieu que plus tard. Par exemple, un oisillon peut mémoriser un chant quand il entend un congénère adulte le chanter. Mais sa première activité musculaire observable pour le chant ne viendra que des mois plus tard, quand il commencera à imiter le chant qu'il a mémorisé. Par conséquent, en plus de l'étude de comportements observables, principalement sous forme d'activités générées par des muscles, les biologistes du comportement étudient aussi les mécanismes responsables de ces comportements, qui peuvent ne faire appel à aucun muscle. Autrement dit, on peut considérer que le **comportement** est ce que l'animal fait et la façon dont il le fait, définition assez large pour inclure les composantes non musculaires telles que l'apprentissage et la mémoire.

Les causes immédiates et les causes ultimes du comportement

Quand on observe un comportement, on peut s'interroger sur ses causes *immédiates* et ses causes *ultimes*. Quand on étudie le comportement animal, les questions que l'on se pose sur les causes immédiates sont mécanistes. Elles portent sur les stimulus environnementaux éventuels qui déclenchent le comportement,

de même que sur les mécanismes génétiques et physiologiques qui sont responsables du comportement. Les questions que l'on se pose sur les causes ultimes sont quant à elles liées à l'évolution. Pour souligner la distinction (mais aussi le lien) entre les causes immédiates et les causes ultimes, étudions la Paruline à tête cendrée qui, comme bon nombre d'Animaux, se reproduit au printemps et au début de l'été. La cause immédiate, selon une hypothèse raisonnable, est l'augmentation de la photopériode (durée de l'éclairement diurne) que détectent les photorécepteurs et qui déclenche la reproduction de l'animal. En effet, chez de nombreux Animaux, on peut stimuler la reproduction en prolongeant expérimentalement la période quotidienne d'exposition à la lumière. Ce stimulus provoque des changements nerveux et hormonaux qui déclenchent des comportements de reproduction tels que le chant et la nidification chez les Oiseaux.

Les questions portant sur les causes ultimes prennent une autre forme que les questions portant sur les causes immédiates : il s'agit de savoir pourquoi la sélection naturelle a favorisé un comportement et pas un autre. Selon les hypothèses qui visent à trouver le pourquoi des choses, le comportement maximise l'adaptabilité d'une façon particulière. Il est raisonnable de poser l'hypothèse que la raison pour laquelle les Animaux se reproduisent au printemps et au début de l'été est que la reproduction donne de meilleurs résultats et est plus adaptative à cette époque de l'année. Au printemps, en effet, les Insectes sont nombreux. Ainsi, les Parulines, comme beaucoup d'autres Oiseaux, trouvent une nourriture abondante pour les jeunes qui croissent rapidement. Les Oiseaux qui se reproduiraient à un autre moment seraient désavantagés du point de vue de la sélection naturelle. L'augmentation de la photopériode a en soi peu de signification du point de vue de l'adaptation. Mais comme elle représente l'indice le plus fiable de la date de reproduction, la sélection a favorisé un mécanisme immédiat fondé sur elle. Bref, les mécanismes immédiats produisent des comportements qui apparaissent en fin de compte parce qu'ils augmentent l'adaptation d'une quelconque manière. Les biologistes du comportement utilisent également les méthodes comparatives de la phylogenèse (voir le chapitre 25) pour formuler des hypothèses concernant l'évolution du comportement. Les arbres phylogénétiques qui reposent sur des données moléculaires, morphologiques ou comportementales et qui illustrent l'évolution la plus probable d'un groupe d'espèces étroitement reliées permettent aux chercheurs de déterminer approximativement quand un comportement donné est apparu dans une lignée, s'il s'est produit une fois ou à plusieurs reprises, et quels types de comportements avaient les ancêtres.

Le comportement résulte de l'inné et de l'acquis

Les médias populaires perpétuent le mythe selon lequel le comportement est dû soit aux gènes (à l'inné), soit à l'influence du milieu (à l'acquis). Cependant, en biologie, la question de l'inné et de l'acquis ne se pose pas de façon dichotomique. Elle porte en effet sur la façon dont les gènes et le milieu environnant conditionnent ensemble l'apparition de phénotypes, notamment ceux du comportement. Si l'on considère une caractéristique particulière du comportement, on trouve à l'origine de celle-ci une gamme d'influences environnementales et génétiques. Comme nous l'avons vu au chapitre 14, le phénotype dépend à la fois des gènes et du milieu. Les caractéristiques du comportement ont des fondements génétiques et environnementaux, comme toutes les caractéristiques anatomiques et physiologiques des Animaux.

Par conséquent, la question n'est pas tant de savoir si les gènes ou le milieu influent sur le comportement, mais de se demander comment plusieurs facteurs exercent ensemble leur influence sur un comportement donné. On peut aborder la question en faisant intervenir la norme de réaction (voir le chapitre 14). On mesure alors, pour un génotype donné, quels phénotypes de comportement apparaissent dans différents milieux. Dans certains cas, le même comportement apparaît à peu près dans tous les milieux. Dans d'autres, le milieu fait varier

le comportement. Il faut faire des recherches approfondies sur chaque cas pour décrire les influences de l'hérédité et de l'environnement, comme dans l'étude de cas illustrée à la FIGURE 51.1.

Dans quelques cas, les chercheurs ont réussi à faire le lien entre des comportements et des gènes spécifiques. Ainsi, Marla Sokolowski, de l'Université de Toronto, a étudié le polymorphisme d'un gène appelé *dg2*, chez la Drosophile (*Drosophila melanogaster*). Ce gène influe sur la quantité de protéines qui interviennent dans la communication intracellulaire. Un allèle de *dg2* produit une assez petite quantité de protéines. Le phénotype du comportement qui en résulte est appelé « sédentaire » : la Drosophile se déplace moins que la moyenne. Un autre allèle produit une plus grande quantité de protéines, dont il résulte un phénotype du comportement « nomade » : la Drosophile se déplace plus que la moyenne. Dans cet exemple, une seule

❶ Nids faits de longues bandes de matériau transportées dans le bec. Plusieurs espèces de Perroquets africains aux couleurs vives, que l'on appelle Inséparables, construisent des nids en forme de coupes dans les cavités des arbres. Les femelles utilisent pour ce faire des rubans de végétation (ou, en laboratoire, des bandes de papier) qu'elles déchirent avec leur bec. Les femelles des Inséparables de Fischer (*Agapornis fischeri*) déchirent des bandes relativement longues et les transportent une par une dans leur bec.

❷ Nids faits de courtes bandes transportées sous les plumes du croupion. Les femelles des Inséparables rosegorge (*Agapornis roseicollis*) déchirent de courtes bandes qu'elles transportent en les plaçant, plusieurs à la fois, sous les plumes de leur croupion. Il s'agit là d'un comportement complexe, car les femelles doivent tenir les bandes correctement, les enfoncer fermement et les recouvrir de leurs plumes.

❸ Nids des Inséparables hybrides faits de bandes de longueur intermédiaire que les femelles tentent en vain de transporter sous les plumes de leur croupion lors de la première saison de reproduction. Les deux espèces étroitement apparentées ont été expérimentalement croisées. Les femelles hybrides déchiraient des bandes de longueur moyenne et, ce qui est très étonnant, les manipulaient en adoptant un comportement qui se situait à mi-chemin entre ceux des espèces parentales. Généralement, elles tentaient de fixer les bandes à leur croupion. Dans certains cas, elles tournaient la tête et commençaient à enfouir les bandes sous leurs plumes, mais ne les lâchaient pas. Dans d'autres, elles manipulaient ou inséraient les bandes de manière incorrecte, ou les laissaient carrément tomber. Elles étaient à peu près incapables de transporter les bandes sous les plumes de leur croupion. Avec le temps, elles apprirent à les transporter dans leur bec, non sans essayer symboliquement de les fixer à leur croupion.

❹ Rotation de la tête seulement, au cours des saisons de reproduction ultérieures. Quelques années plus tard, les femelles tournaient encore la tête vers le croupion, avant de s'envoler avec une bande dans le bec. Ces observations montrent que les différences phénotypiques entre les comportements des deux espèces reposent sur des différences génotypiques. Elles révèlent également que l'expérience peut modifier le comportement inné, puisque les oiseaux hybrides ont appris à transporter les bandes.

FIGURE 51.1 Fondements génétiques et environnementaux du comportement : étude de cas.

différence dans un gène modifie le phénotype du comportement. Cependant, une description complète des habitudes de mouvement chez la Drosophile nécessiterait l'examen d'un plus grand nombre de gènes. En effet, le gène *dg2* interagit avec d'autres gènes. De plus, les conditions environnementales ont également une influence. La plupart des caractéristiques du comportement sont polygéniques et les variables environnementales produisent un large éventail de réactions.

Alors, que signifie en fait ce que rapportent les médias au sujet de la découverte de nouveaux gènes concernant des caractéristiques de comportements humains complexes, comme la dépression, la violence ou l'alcoolisme ? Selon Robert Plomin, directeur du Center for Developmental and Health Genetics de la Pennsylvania State University, la recherche sur le caractère héréditaire du comportement constitue la meilleure démonstration de l'importance du milieu. Il l'affirme que les facteurs génétiques et environnementaux « se complètent ».

Les facteurs environnementaux qui influent sur le comportement sont tous des conditions dans lesquelles les gènes responsables d'un comportement sont exprimés. Ce sont le milieu chimique intracellulaire et toutes les conditions hormonales et physicochimiques dans lesquelles se trouve un animal en développement, dans un œuf ou un utérus. Ce sont également les multiples interactions entre les composantes du système nerveux et les effecteurs d'un animal, de même que les diverses interactions chimiques, visuelles, auditives et tactiles avec d'autres organismes.

Le comportement inné est stéréotypé

Si un comportement possède à la fois des bases génétiques et des bases environnementales, que veut-on dire quand on affirme qu'un comportement particulier est inné ? Par exemple, chez de nombreuses espèces d'Oiseaux, les oisillons encore aveugles demandent à être nourris en levant la tête, en ouvrant le bec et en pépiant bruyamment quand un parent se pose sur le côté du nid. On attribue souvent ce comportement à une programmation génétique, ne reconnaissant aucune influence environnementale. Cependant, il est inexact de dire qu'un comportement ne dépend que des gènes. En effet, tous les gènes, y compris ceux dont l'expression est responsable d'un comportement inné, ont besoin d'un environnement (un corps physique) pour s'exprimer. Le point fondamental est que l'éventail des différences environnementales parmi les individus ne semble pas modifier le comportement inné. Bien que l'usage du terme *inné* varie, il désigne en biologie du comportement un comportement *stéréotypé* : tous les individus présentent à peu près le même comportement malgré les inévitables différences environnementales internes et externes durant leur développement et tout au long de leur vie.

Comment le comportement inné a-t-il évolué ? Faire certaines choses de manière automatique, sans aucune expérience, peut avoir maximisé l'adaptabilité au point que les gènes d'une variante des comportements ont été perdus. Par exemple, pour survivre, un jeune animal doit faire certaines choses de la bonne façon, dès la première fois. La Mouette tridactyle (*Rissa tridactyla*) niche sur les corniches des falaises. Parmi les espèces d'oiseaux qui nichent sur les falaises, elle représente une exception,

car elle manifeste une aversion innée pour le bord des falaises. Ainsi, elle tourne le dos au bord, et par conséquent à la mer. Les oisillons des générations les plus lointaines qui ne présentaient pas cette réaction d'aversion pour le bord des corniches n'ont pas réussi à devenir les ancêtres des Mouettes tridactyles modernes.

L'éthologie classique a légué une approche évolutionniste à la biologie du comportement

La biologie du comportement a son origine dans une discipline de recherche appelée **éthologie.** Cette dernière a vu le jour dans les années 1930, grâce aux travaux de naturalistes qui cherchaient à comprendre comment les Animaux se conduisaient dans leur habitat naturel (FIGURE 51.2). Les plus grands de ces naturalistes étaient Karl von Frisch, Konrad Lorenz et Niko Tinbergen qui, en 1973, reçurent le prix Nobel pour leurs découvertes. Au cours de leurs premières recherches, les éthologistes cherchèrent à comprendre comment les Animaux faisaient pour exécuter de nombreux comportements sans jamais les avoir observés. Ils portèrent une attention particulière aux mécanismes immédiats, sans pour autant délaisser l'aspect génétique du comportement et sa nature adaptative. Cela leur permit de relier la biologie du comportement à l'évolution et à l'écologie.

Le concept de l'éthologie classique le plus fondamental est celui de la **séquence stéréotypée d'actes instinctifs,** suite d'actions qui est toujours la même et qu'un animal termine une fois qu'il l'a entreprise. Un stimulus sensoriel externe appelé **déclencheur** (stimulus signal) provoque une séquence stéréotypée d'actes instinctifs. Dans bien des cas, une caractéristique d'une autre espèce constitue le déclencheur. Par exemple, certaines Noctuelles décrivent une spirale vers le bas pour s'enfuir en réaction aux ultrasons qu'émettent les Chauves-souris prédatrices (voir l'introduction du chapitre 49). Les ultrasons constituent ici le stimulus qui déclenche le comportement de fuite chez les Noctuelles.

Pour illustrer l'effet des déclencheurs sur les séquences stéréotypées d'actes instinctifs, on peut utiliser l'exemple classique du mâle chez l'Épinoche à trois épines (*Gasterosteus aculeatus*). Ce poisson attaque les mâles de son espèce qui entrent dans son territoire. L'abdomen rouge de l'intrus constitue le déclencheur du comportement agressif. L'Épinoche à trois épines mâle n'attaque pas les intrus dépourvus d'abdomen rouge, mais fonce sur tout ce qui porte du rouge, même s'il s'agit d'un leurre (FIGURE 51.3, p. 1230). Tinbergen, qui fut le premier à découvrir le phénomène, commença à s'y intéresser après avoir observé que ses poissons réagissaient agressivement au passage d'un chariot rouge devant leur aquarium. Il s'avère que la coloration rouge de certaines parties du corps déclenche un comportement soit agressif, soit sexuel chez de nombreuses espèces qui voient les couleurs.

Des expériences classiques sur les séquences stéréotypées d'actes instinctifs et sur les déclencheurs ont montré que de nombreux Animaux n'utilisaient qu'une fraction des informations que fournissent leurs organes sensoriels, et se comportent de façon stéréotypée dans de nombreuses situations. Contrairement à la majorité des Animaux, l'Humain réagit à une situation

FIGURE 51.2 Expériences de Niko Tinbergen sur le comportement de repérage des nids qu'ont les Guêpes fouisseuses (famille des Sphécidés).

❶ Une Guêpe fouisseuse femelle creuse et entretient quatre ou cinq nids séparés, dans le sol. Chaque jour, elle apporte de la nourriture à l'unique larve qui se trouve dans chacun des nids. Le biologiste Niko Tinbergen a conçu des expériences de terrain pour vérifier l'hypothèse selon laquelle la Guêpe fouisseuse utilise des repères visuels pour mémoriser les endroits où sont situés ses nids. Il a d'abord marqué un nid en l'encerclant de pommes de pin (cocottes).

❷ Après la visite du nid et le départ de la guêpe femelle, Tinbergen a déplacé le cercle de pommes de pin de quelques mètres, pour le mettre à côté du nid. À son retour, la Guêpe fouisseuse se dirigea vers le centre du cercle de pommes de pin, et non vers le nid, situé tout près. Les résultats de telles expériences ont confirmé l'hypothèse selon laquelle les Guêpes fouisseuses utilisent des repères pour retrouver leurs nids, et ont montré qu'elles pouvaient apprendre à reconnaître de nouveaux indices.

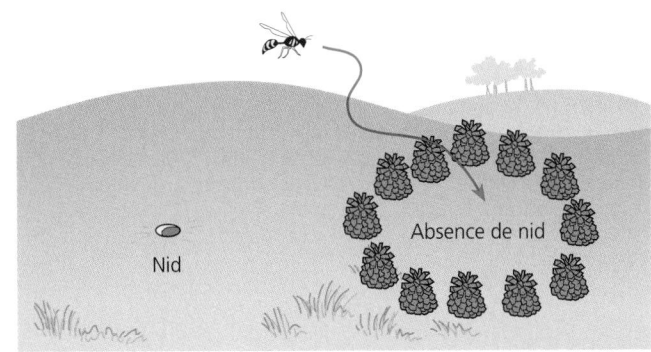

❸ Au cours d'une autre expérience, Tinbergen replaça les pommes de pin autour du nid, mais les disposa en triangle et non en cercle. Un peu plus loin, à côté du nid, il plaça des cailloux en cercle. À son retour, la Guêpe fouisseuse se dirigea vers l'anneau de cailloux. Ce résultat a confirmé l'hypothèse selon laquelle c'est la disposition des repères et non les objets physiques eux-mêmes qui joue le rôle d'indice pour l'insecte.

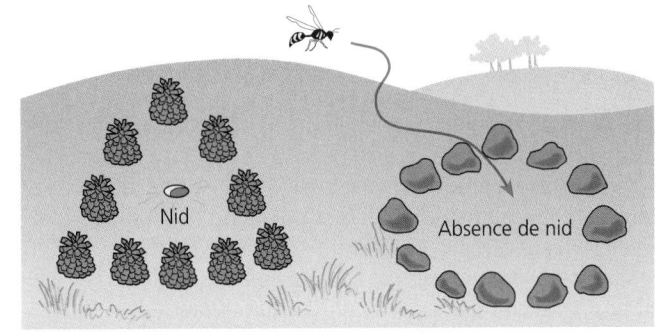

globale et fonde ses actions sur de multiples données. Si l'Épinoche à trois épines traitait l'information comme le font les Humains, elle se rendrait vite compte que les leurres montrés à la FIGURE 51.3 ne sont pas de véritables rivaux, malgré leur ventre rouge. Il existe des séquences stéréotypées d'actes instinctifs chez tous les Animaux, même l'Humain. Ainsi, les nourrissons ferment vigoureusement leurs mains en réaction à un stimulus tactile. De même, on peut considérer leur sourire comme une séquence stéréotypée d'actes instinctifs. Ils sourient en réaction à des stimulus aussi simples qu'un son et que la représentation rudimentaire d'un visage composée de deux taches noires et d'un cercle blanc.

Un déclencheur est un élément fondamental de l'environnement qui amène un animal à réagir vite et bien. Cependant, comme l'animal réagit au déclencheur et non au contexte global, il peut être induit en erreur et adopter un comportement inapproprié, comme l'Épinoche à trois épines qui réagit aux leurres dans la FIGURE 51.3. Dans certains cas, les réactions mal orientées peuvent s'avérer préjudiciables. Par exemple, les Éphémères forment des nuées et se reproduisent au-dessus de l'eau, à la surface de laquelle les femelles déposent leurs œufs. Ils détectent un plan d'eau grâce aux figures de polarisation de la lumière qui s'y réfléchit. Malheureusement, les routes produisent des figures semblables en réfléchissant la lumière, et les Éphémères déposent leurs œufs sur les routes, où ils meurent (FIGURE 51.4, p. 1230). De nombreuses espèces d'Éphémères sont en voie de disparition. Le comportement qui leur permet de détecter l'eau les conduit à l'extinction là où les routes sont plus nombreuses que les plans d'eau. Comme les déclencheurs peuvent induire les Animaux en erreur et leur faire adopter des comportements inadaptés, on peut se demander pourquoi les Animaux y répondent. Certains éthologistes ont avancé l'idée que la simplicité des déclencheurs de séquences stéréotypées d'actes instinctifs évitait aux Animaux de perdre leur temps à traiter ou à intégrer un large éventail d'informations.

Bien que l'on puisse comprendre quelques comportements simples en faisant appel aux concepts de déclencheur et de séquence stéréotypée d'actes instinctifs, on ne peut utiliser ces

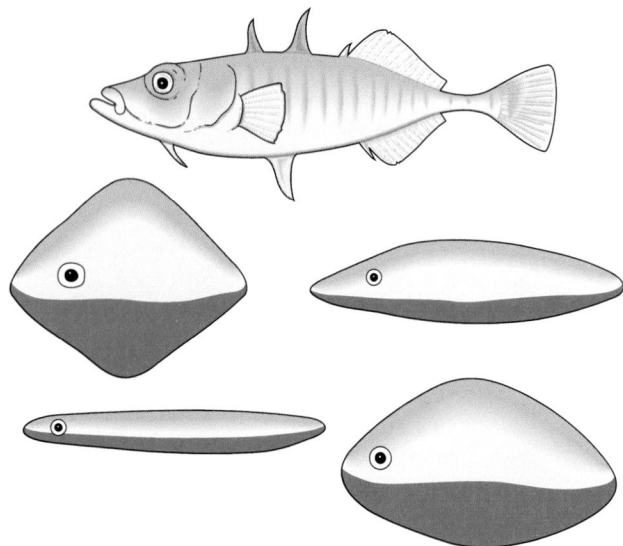

FIGURE 51.3 Démonstration classique d'un comportement inné.
Chez le mâle de l'Épinoche à trois épines (*Gasterosteus aculeatus*),
un stimulus visuel simple déclenche un comportement agressif. Le leurre
de forme réaliste mais n'ayant pas l'abdomen rouge, en haut de la figure,
ne provoque aucune réaction. Tous les autres leurres, qui sont plutôt
difformes et portent du rouge dans leur partie inférieure, suscitent
de fortes réactions.

concepts trop simplistes pour bien expliquer le comportement
animal. Malgré leur importance, du point de vue historique,
dans le développement de la biologie du comportement, ces
concepts ne sont plus, de nos jours, au centre des recherches sur
le comportement.

Faisant partie de la biologie, dont le fil conducteur est l'évolution, l'étude du comportement dans un contexte écologique
met l'accent sur les explications évolutionnistes. L'éthologie
considère le comportement comme une adaptation, due à l'évolution, aux conditions écologiques naturelles des Animaux. La
sélection naturelle favorise les comportements qui augmentent
les chances de survie et le succès reproductif. Par conséquent,
un animal qui a un comportement optimal maximise son adaptation. Or, la plupart des comportements animaux sont loin
d'être optimaux. Par exemple, un changement environnemental
ou des contraintes sur les capacités sensorielles peuvent provoquer un comportement sous-optimal. Ainsi, on peut s'attendre
à ce qu'un comportement animal soit bien adapté, mais il arrive
qu'il ne soit pas adapté de façon optimale.

Dans la dernière partie de cette section, nous allons examiner
quelques exemples de recherches en éthologie.

Répertoires de chants d'Oiseaux

De nombreux Oiseaux chanteurs ont un répertoire
composé de divers chants. Certains de ces chants semblent de prime abord identiques, mais l'analyse des
spectres sonores révèle clairement leurs différences
(FIGURE 51.5). Pourquoi la sélection naturelle a-t-elle favorisé
un répertoire étendu plutôt qu'une vocalisation experte d'un
seul air?

(a) Éphémère femelle
déposant ses œufs
sur une feuille de
plastique noir utilisée
en agriculture.

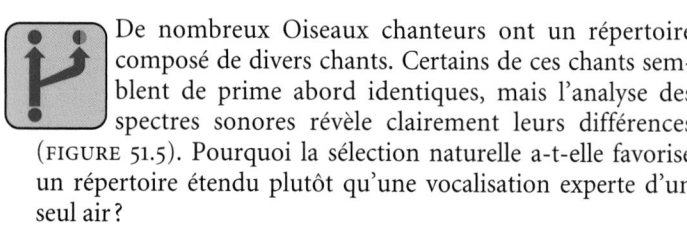

(b) Éphémère mâle attiré par une route en asphalte

**FIGURE 51.4 Éphémères déposant leurs œufs sur des surfaces
artificielles.** Les Éphémères déposent habituellement leurs œufs
à la surface de l'eau. Mais les feuilles de plastique noir et les routes
réfléchissent la lumière et produisent la même figure de lumière
polarisée que celle que les Éphémères utilisent pour trouver de l'eau.

Si vous optez pour l'approche éthologique, vous formulez
quelques hypothèses vérifiables commençant toutes par ces
mots: «Un répertoire étendu améliore l'adaptabilité parce
que...» Vous pouvez supposer qu'un bon répertoire améliore
l'adaptabilité parce qu'il rend les mâles âgés et expérimentés at-
trayants pour les femelles. Pour que cette hypothèse soit vraie, il
faut que: (1) les mâles étendent leur répertoire en vieillissant,
de sorte que l'étendue du répertoire constitue un indice fiable
de l'âge; (2) les femelles préfèrent s'accoupler avec des mâles
qui ont un vaste répertoire. Par conséquent, votre hypothèse
comprend deux prédictions clairement vérifiables.

Pour vérifier la première prédiction, vous pouvez déterminer
s'il existe une corrélation entre l'âge des mâles et l'étendue de
leur répertoire. Si cette corrélation n'existe pas, votre hypothèse
est réfutée, ce qui vous apporte une information, certes, mais
est décevant. (Dans les faits, la corrélation existe chez certaines
espèces d'Oiseaux chanteurs.) Afin de vérifier la seconde prédiction, vous pouvez déterminer si les femelles sont davantage
stimulées par un répertoire étendu que par un répertoire limité.
Pour cela, vous pouvez faire entendre des enregistrements de
chants de mâles à des femelles que vous aurez rendues réceptives aux chants par l'administration d'hormones femelles.
Les femelles réceptives expriment leurs préférences en prenant
la position de l'accouplement, même en l'absence de mâles.

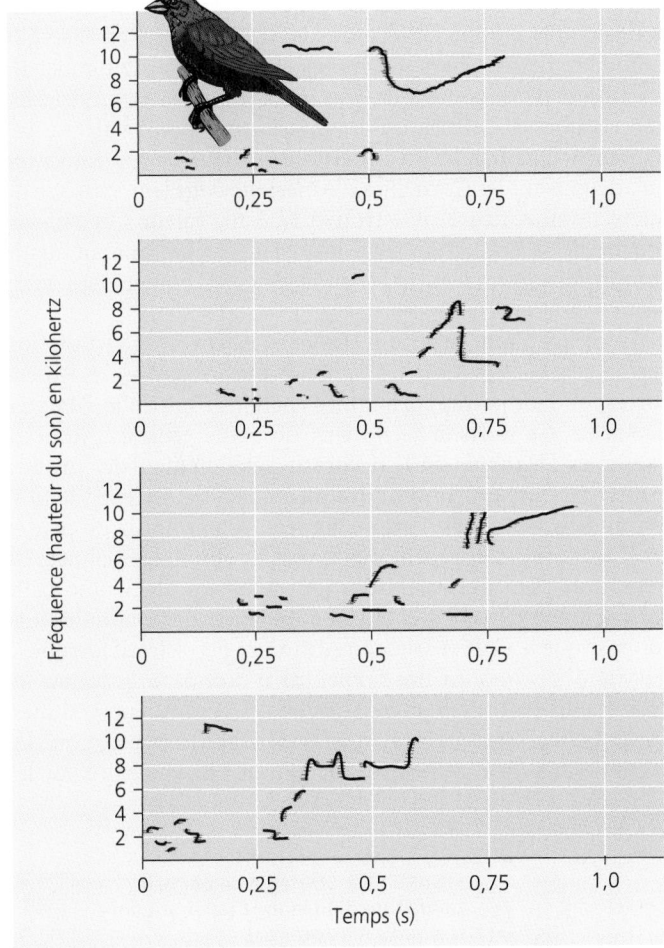

FIGURE 51.5 Répertoire d'un oiseau chanteur. Les sonagrammes sont des graphiques qui illustrent la fréquence d'un son (perçue comme la hauteur du son, grave ou aigu) en fonction du temps. Ces quatre sonagrammes représentent les chants d'un mâle chez le Vacher à tête brune (*Molothrus ater*). Les Vachers à tête brune ont généralement de trois à six chants. Mais d'autres espèces en ont des dizaines, voire des centaines.

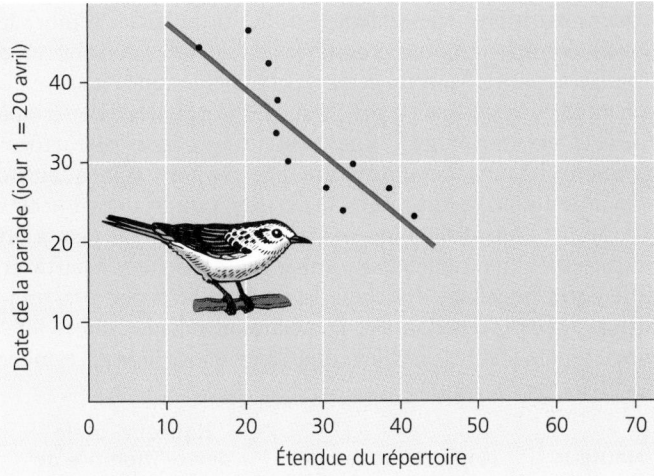

FIGURE 51.6 Chez le Phragmite des joncs (*Acrocephalus schœnobænus*), les femelles préfèrent les mâles qui ont un répertoire étendu. Chez le Phragmite des joncs d'Europe, les mâles qui ont un répertoire étendu attirent les femelles plus tôt et plus souvent, au cours de la saison de reproduction, que les mâles qui ont un répertoire limité. Les mâles au répertoire étendu, et les femelles qui les choisissent, sont avantagés par leur pariade (accouplement) précoce, car la reproduction précoce tend à donner de meilleurs résultats que la reproduction tardive.

La FIGURE 51.6 présente une autre façon de mesurer les réactions des femelles. Finalement, tout votre travail peut donner lieu à une explication sur le plan de l'évolution : la valorisation d'un répertoire étendu chez les Oiseaux augmente la fréquence d'accouplement des femelles avec des mâles expérimentés, ce qui augmente le succès reproductif.

Supposons maintenant que vous n'adoptiez pas l'approche éthologique dans votre recherche sur les répertoires. N'utilisant pas une approche qui produit des hypothèses et des prédictions vérifiables, vous feriez probablement des observations sur de nombreux aspects du chant des Oiseaux. Vous recueilleriez peut-être des données intéressantes, mais n'*expliqueriez* pas le comportement. Par ailleurs, vous pourriez supposer que les répertoires n'ont aucun rapport avec l'adaptabilité, mais que les Oiseaux mâles préfèrent tout simplement la variété à la répétition. La méthode à utiliser pour vérifier une telle hypothèse n'est pas évidente, ce qui montre encore une fois la nécessité de recourir aux principes de l'évolution pour guider notre étude du comportement.

Analyse du rendement de la quête de nourriture

S'approvisionner en nutriments est, faut-il le préciser, un comportement essentiel à la survie et au succès reproductif. Nous nous attendons à ce que la sélection naturelle favorise les comportements qui augmentent l'efficacité de cette démarche. L'approvisionnement ne se résume pas à se nourrir, mais comprend aussi tous les mécanismes qu'un animal utilise pour reconnaître, rechercher et se saisir des aliments. L'expression **quête de nourriture** désigne cet ensemble de comportements. Les **stratégies optimales de quête de nourriture** considèrent la quête de nourriture comme un compromis entre les coûts et les bénéfices associés à cet ensemble de comportements. Comment les stratégies utilisées équilibrent-elles les bénéfices de la nutrition et les coûts de la quête de nourriture ? Certains éthologistes font une analyse de rendement pour étudier les causes immédiates et les causes ultimes des diverses stratégies de quête de nourriture.

Reto Zach, de l'Université de la Colombie-Britannique, a effectué une analyse de rendement portant sur la stratégie de quête de nourriture chez la Corneille d'Amérique (*Corvus brachyrhyncos*), dans la région nord-ouest, bordée par le Pacifique. Recourant aux ressources disponibles, les Corneilles se nourrissent d'une variété d'aliments. Sur l'île Mandarte, au large de la Colombie-Britannique, les Corneilles d'Amérique fouillent les étangs à marées à la recherche de mollusques gastéropodes appelés Buccins communs (ou Bourgauts, *Buccinum undatum*). Elles saisissent leur proie avec leur bec, puis s'envolent et laissent tomber le Buccin sur les rochers, pour en briser la coquille. Si l'opération réussit, elles peuvent se nourrir de la partie molle du mollusque. Si la coquille ne se brise pas, elles s'envolent de nouveau et laissent encore tomber le coquillage. Elles continuent ainsi jusqu'à ce que la coquille se brise.

Évidemment, plus elles volent haut avant de laisser tomber le Buccin commun, moins le nombre de tentatives pour briser la coquille est élevé. Mais un certain coût énergétique est associé à la hauteur du vol. Zach a prédit que les Corneilles d'Amérique volaient en moyenne à une hauteur qui leur permettrait d'obtenir le plus de nourriture par rapport à la quantité d'énergie totale requise pour briser les coquilles des Buccins communs. Pour déterminer la hauteur optimale, il planta un poteau de 15 m d'où il laissa tomber sur les rochers, à partir de différentes hauteurs, des coquillages de taille à peu près uniforme. À partir des données recueillies, il calcula l'effort total moyen requis pour briser les coquillages en les laissant tomber de différentes hauteurs :

Hauteur de chute (m)	Nombre moyen de tentatives requises pour briser la coquille	Hauteur totale de vol (nombre de tentatives × hauteur par tentative) (m)
2	55	110
3	13	39
5	6	30
7	5	35
15	4	60

Notez que, pour briser les coquilles, la hauteur optimale nécessitant la plus petite quantité de travail est de 5 m. Bien que le nombre de tentatives soit moins élevé si on laisse tomber les coquillages d'une hauteur de 7 ou 15 m, l'avantage est négligeable par rapport à l'effort qu'il faut fournir pour voler à ces hauteurs. Quand Zach a mesuré la hauteur de vol moyenne qu'atteignaient les Corneilles d'Amérique dans leur stratégie de quête de nourriture, il a trouvé 5,23 m, valeur qui est très proche de la prédiction qu'il avait faite en se fondant sur le compromis optimal entre l'énergie gagnée (aliments) et l'énergie dépensée (vol).

Le cas du Crapet arlequin (*Lepomis macrochirus*) est un bon exemple de la façon dont les Animaux maximisent le rendement correspondant au rapport entre l'énergie absorbée et l'énergie dépensée. Ce poisson se nourrit de petits crustacés appelés Daphnies (*Daphnia sp.*). Il choisit généralement les grosses proies, car elles fournissent beaucoup d'énergie. Cependant, si les grosses proies sont trop éloignées, il en choisit de petites (FIGURE 51.7a). L'approche des stratégies optimales de quête de nourriture veut que la proportion de proies de chaque taille varie selon la densité globale de population des Daphnies. On suppose que le Crapet arlequin se montre peu sélectif lorsque la densité des proies est très faible, car il doit dévorer toutes les proies qu'il rencontre pour satisfaire ses besoins énergétiques. On présume aussi que lorsque la densité de population des Daphnies est forte, le Crapet arlequin qui se concentre sur les

FIGURE 51.7 Stratégie de quête de nourriture d'un jeune Crapet arlequin (*Lepomis macrochirus*).

(a) Le Crapet arlequin ne se nourrit pas au hasard, mais tend à choisir les plus grosses Daphnies (*Daphnia sp.*). Il semble se fonder sur la taille apparente de ses proies, qui lui donne une information à la fois sur la taille de sa proie et sur la distance à laquelle elle se trouve. Quand il y a plusieurs proies potentielles, il poursuit celle qui paraît la plus grosse. Ainsi, il ne s'occupe pas de la petite proie (pauvre en énergie) qui est située à une distance moyenne. En revanche, il capture la petite proie qui est le plus près de lui, car il dépense alors moins d'énergie. Capturer la grosse proie éloignée lui demande beaucoup d'énergie, mais lui en fournit aussi beaucoup. C'est pourquoi, il peut préférer cette grosse proie à une petite proie située à une distance moyenne ou faible.

(b) En utilisant l'approche des stratégies optimales de quête de nourriture, les chercheurs supposent que le Crapet arlequin dévore toutes les proies qu'il trouve, quelle que soit leur taille, quand leur densité est faible. Mais, lorsque la densité des proies est forte, le Crapet arlequin peut maximiser le rapport entre la dépense et l'apport d'énergie en ne capturant que de grosses proies. L'expérience dont nous rendons compte ici a révélé que les Crapets arlequins n'étaient pas sélectifs lorsque la densité des proies était faible. Lorsque la densité était forte, ils préféraient les grosses proies, quoique de manière moins nette qu'il était prévu.

plus grosses Daphnies obtient de meilleurs bénéfices. Lors des expériences, les Crapets arlequins sont effectivement devenus sélectifs quand la densité de population des proies était forte, mais pas au point d'atteindre l'efficacité maximale théorique (FIGURE 51.7b). Par ailleurs, les jeunes Crapets arlequins s'alimentaient de manière efficace, mais pas autant que les adultes qui, apparemment, jugeaient mieux la distance et la taille des proies. Les chercheurs n'ont pas établi si la compétence des Crapets arlequins adultes était due uniquement à la maturation (à celle des organes visuels en particulier) ou si elle résultait aussi de l'apprentissage.

Les éthologistes reconnaissent que les coûts et les bénéfices énergétiques ne sont pas les seuls facteurs qui influent sur une stratégie de quête de nourriture. Les Animaux n'ont pas seulement besoin de joules, mais également de nutriments essentiels, ce qui influe aussi sur leur choix d'aliments. De plus, une stratégie de quête de nourriture tend à réduire le risque que le prédateur devienne lui-même une proie pendant qu'il se nourrit. Dans l'analyse de la stratégie de quête de nourriture, il ne faut pas uniquement considérer l'équilibre entre les coûts et les bénéfices énergétiques, comme l'illustre l'exemple suivant.

L'Achigan à petite bouche (*Micropterus dolomieui*) consomme de petits poissons tels que les Ménés et l'Écrevisse américaine (*Orconectes limosus*). Le fait qu'il n'a pas de préférence laisse penser que les coûts associés à la capture des deux types de proies s'équilibrent, autrement dit que les Ménés constituent des proies optimales dans certaines circonstances et les Écrevisses, dans d'autres. Les Ménés contiennent plus d'énergie utilisable par unité de masse (les Écrevisses sont recouvertes d'un exosquelette difficile à digérer), mais leur poursuite demande plus d'énergie. Les Écrevisses, bien que plus faciles à attraper, résistent agressivement à la capture. Ensuite, l'Achigan à petite bouche doit faire des compromis en fonction de l'abondance relative et de la taille de ses deux sortes de proies. Ainsi, il est capable de considérer toutes les variables pertinentes et d'utiliser une stratégie de quête de nourriture très efficace, passant des Ménés aux Écrevisses et vice versa, selon les conditions. Les mécanismes immédiats qui sont responsables de ce processus sont inconnus. Mais on pourrait avancer qu'ils comprennent des stimulus spécifiques qui déclenchent aussi bien un comportement inné qu'un comportement acquis, sur lequel nous portons maintenant notre attention.

L'APPRENTISSAGE

L'apprentissage est une modification du comportement par l'expérience

L'analyse des fondements génétiques et environnementaux du comportement peut aider les scientifiques à comprendre l'ampleur de la variation des comportements au sein d'une même espèce. Dans cette section, nous allons examiner différentes formes d'apprentissage, l'**apprentissage** étant la modification d'un comportement à la suite d'expériences particulières. Comme nous l'avons déjà dit, si un animal n'a pas besoin d'être témoin d'un comportement stéréotypé (inné) pour l'accomplir, il tire quand même bénéfice de l'expérience. En effet, la plupart

des comportements stéréotypés s'améliorent avec le temps, à mesure que les Animaux apprennent à les exécuter de manière plus efficace. Certaines habiletés, notamment la connaissance des langues humaines, sont totalement acquises. Il faut admettre que la connaissance du français ou de l'espagnol n'a pas de fondement génétique. Mais la capacité d'apprendre *une* langue provient d'un cerveau complexe qui apparaît dans un milieu particulier, conformément aux directives d'un génome humain.

Les cris d'alarme des Singes verts (*Cercopithecus æthiops*) constituent un exemple de la façon dont les Animaux améliorent un comportement par l'apprentissage. Dorothy Cheney et Richard Seyfarth, de l'Université de Pennsylvanie, ont étudié les Singes verts dans le parc national d'Amboseli, au Kenya. Ces singes lancent différents cris d'alarme quand ils voient un léopard, un aigle ou un serpent. Quand ils aperçoivent un léopard, ils lancent un aboiement sonore. Quand ils voient un aigle, ils émettent une toux à double syllabe. Enfin, quand ils repèrent un serpent, ils le signalent par un cri aigu et saccadé. Les Léopards, les Aigles et les Serpents sont tous des prédateurs des Singes verts, qui ont à peu près la taille du Chat domestique (*Felis silvestris*). Selon le cri d'alarme qu'ils entendent, les Singes verts se comportent de la façon appropriée : ils courent escalader un arbre s'ils entendent le cri d'alarme pour un léopard (ils sont plus agiles que les Léopards dans un arbre) ; ils lèvent les yeux lorsqu'ils entendent le cri pour un aigle ; et ils regardent à terre quand la présence d'un serpent leur est signalée (FIGURE 51.8).

FIGURE 51.8 Les Singes verts (*Cercopithecus æthiops*) apprennent le bon usage des cris d'alarme. Les Singes verts lancent différents cris d'alarme selon la nature du danger. Par exemple, quand ils aperçoivent un python, ils poussent le cri d'alarme correspondant à la présence d'un serpent. Les membres du groupe se tiennent alors debout et regardent par terre. Les Singes verts apprennent probablement à quel moment utiliser les cris appropriés à partir du comportement des autres membres du groupe.

Les jeunes Singes verts lancent des cris d'alarme, mais manquent de discernement. Ainsi, ils donnent le signal de la présence d'un aigle dès qu'ils aperçoivent un oiseau, même s'il s'agit de l'inoffensif Guêpier (*Merops sp.*). En vieillissant, ils s'améliorent et deviennent plus exacts. En fait, les Singes verts adultes ne lancent le cri d'alarme qu'à la vue d'un aigle qui appartient à l'une des deux espèces prédatrices. Le mécanisme par lequel les jeunes apprennent à donner le bon signal d'alarme comporte probablement l'apprentissage du comportement auprès des autres membres du groupe. En effet, si le jeune lance le cri au bon moment, c'est-à-dire s'il lance le cri d'alarme pour un aigle quand il y en a effectivement un qui survole le groupe, par exemple, un autre singe crie aussi presque immédiatement. Mais s'il lance le cri pour un aigle quand ce n'est qu'un guêpier qui survole le groupe, les adultes restent silencieux. La confirmation sociale du cri qu'il lance apprend probablement au jeune à quel moment il doit donner chaque signal d'alarme. Par conséquent, les Singes verts ont au départ une tendance innée à lancer un cri d'alarme quand ils voient des objets potentiellement menaçants dans leur environnement. Ensuite, l'apprentissage leur permet de perfectionner leur cri, de sorte que seuls les adultes donnent l'alarme lors d'un réel danger.

Apprentissage et maturation

L'apprentissage influe souvent sur le comportement inné (stéréotypé). Cependant, l'augmentation de l'efficacité du comportement ne repose pas toujours sur l'apprentissage. En effet, le comportement peut s'améliorer lorsque le système neuromusculaire se développe, processus que l'on appelle **maturation.** On dit, dans le langage courant, que les Oiseaux « apprennent » à voler, et l'on voit effectivement les oisillons voleter maladroitement, comme s'ils s'exerçaient. Or, des chercheurs ont fait porter à des oisillons, jusqu'à l'âge où ils auraient normalement volé, des appareils de contention qui les empêchaient de battre des ailes. Lorsqu'ils les ont libérés, les oiseaux se sont immédiatement mis à voler normalement. Les chercheurs en ont déduit que l'amélioration reposait sur la maturation neuromusculaire, et pas sur l'apprentissage.

Très souvent, la distinction entre apprentissage et maturation n'est pas évidente. Un Goéland argenté (*Larus argentatus*) qui apporte de la nourriture à son oisillon penche la tête et remue son bec orné d'une tache rouge. L'oisillon donne des coups de bec sur la tache rouge pour amener l'adulte à régurgiter la nourriture. Des études ont montré que le déclencheur était une tache rouge oscillant horizontalement à l'extrémité d'un bec. Cependant, les oisillons qui viennent de naître becquettent indifféremment divers objets, mais les oisillons âgés d'une ou deux semaines réagissent mieux à des modèles réalistes d'un bec adulte. S'agit-il là de maturation ou d'apprentissage ? Les expériences consistant à faire élever des Mouettes atricilles (*Larus atricilla*) par des Goélands argentés et vice versa révèlent qu'il s'agit bel et bien d'apprentissage. Une jeune Mouette atricille qui a été élevée par un Goéland argenté, et vice versa, réagit plus fortement au bec de son parent adoptif qu'à celui d'un adulte de sa propre espèce. On voit donc que l'apprentissage peut modifier un comportement fondamentalement instinctif.

Habituation

L'**habituation,** forme élémentaire d'apprentissage, consiste en une diminution de la sensibilité aux stimulus sans importance. Les exemples d'habituation sont légion. Ainsi, l'Hydre (*Hydra sp.*) se contracte si on la touche légèrement, mais cesse de se contracter si le même stimulus la dérange trop fréquemment. De nombreux Mammifères et Oiseaux reconnaissent les cris d'alarme que poussent leurs congénères menacés par un prédateur, mais cessent de réagir aux appels s'ils ne sont pas suivis d'une attaque réelle (effet « crier au loup »). Exprimée en termes de cause ultime, l'habituation peut augmenter l'adaptabilité en permettant au système nerveux d'un animal de porter son attention sur les stimulus qui signalent la nourriture, un partenaire ou un danger réel. Le système nerveux ne perd ainsi pas de temps ou d'énergie à traiter une kyrielle de stimulus qui ne sont pas pertinents pour la survie ou le succès reproductif de l'animal.

L'imprégnation est un apprentissage limité à une période critique

L'un des cas les plus intéressants d'interdépendance de l'apprentissage et de l'instinct est celui de l'**imprégnation,** forme d'apprentissage qui est limitée à une période spécifique dans la vie d'un animal et qui est généralement irréversible. Vous avez sans doute déjà vu des canetons ou des oisons suivre leur mère à la queue leu leu. La création de liens maternels chez les espèces qui prennent soin de leurs petits est une phase critique du cycle de la reproduction. S'il ne s'établit pas de lien, le parent ne prendra pas soin de l'enfant. Il en résultera une mort certaine pour les petits et une perte d'adaptabilité pour le parent. Mais comment les jeunes reconnaissent-ils ce qu'ils doivent suivre ? Dans sa plus célèbre étude, Konrad Lorenz laissa à une Oie cendrée (*Anser anser*) quelques-uns de ses œufs et plaça les autres dans un incubateur. Les jeunes qui furent élevés par l'Oie cendrée eurent un comportement normal: ils suivirent leur mère comme des oisons et, une fois devenus adultes, interagirent et s'accouplèrent avec d'autres Oies cendrées. Les oisons couvés en incubateur passèrent les premières heures de leur vie avec Lorenz, et non avec leur mère. Ils suivaient fidèlement le chercheur et ne reconnaissaient ni leur mère ni les autres adultes de leur espèce (FIGURE 51.9). Devenus adultes, ils préféraient encore la compagnie de Lorenz et d'autres Humains à celle de leurs congénères. Il leur arrivait même de tenter de s'accoupler avec des Humains.

Apparemment, la reconnaissance de la mère ou des congénères n'est pas innée chez les Oies cendrées. Ces oiseaux réagissent et s'identifient au premier objet qu'ils rencontrent, pour peu que ce dernier possède certaines caractéristiques simples. Leur capacité de réagir fait partie de l'inné et le *stimulus d'imprégnation,* c'est-à-dire l'objet vers lequel ils dirigent leur réaction, leur vient du monde extérieur. Pour les oisons de Lorenz, le principal stimulus d'imprégnation était le mouvement d'un objet éloigné. Si l'objet émettait un son, les oisons réagissaient plus. Mais il n'était pas nécessaire que le son ressemblât à celui d'une Oie cendrée. Lorenz s'aperçut que les Oies cendrées pouvaient prendre pour leur « mère » une boîte contenant une horloge sonore.

FIGURE 51.9 Imprégnation. À cause du phénomène d'imprégnation, les oisons prenaient Konrad Lorenz pour leur mère.

L'imprégnation se distingue des autres formes d'apprentissage par le fait qu'elle se produit pendant une **période critique,** un laps de temps pendant lequel l'apprentissage d'un comportement peut se faire. Ainsi, Lorenz découvrit que les Oies cendrées qu'il isolait complètement de tout objet mobile pendant les deux premiers jours de leur vie, c'est-à-dire pendant la période critique, ne subissaient aucune imprégnation par la suite. On a longtemps cru que l'imprégnation concernait uniquement les très jeunes animaux et que la période critique était brève. Mais on sait aujourd'hui qu'un processus d'apprentissage semblable a lieu chez les animaux adultes et que la durée de la période critique peut varier. Ainsi, tout comme les oisillons reconnaissent leurs parents, les adultes reconnaissent leurs petits à la suite d'une imprégnation. Pendant les deux jours qui suivent l'éclosion, les Goélands argentés adultes acceptent et même défendent un oisillon étranger introduit dans leur aire de nidification. Après l'imprégnation, qui repose probablement sur des stimulus variables tels que le registre des cris des petits, les adultes tuent et dévorent tout oisillon étranger.

Par l'imprégnation, les jeunes apprennent à reconnaître non seulement ceux qui s'occuperont d'eux, mais aussi l'espèce à laquelle ils appartiennent et la sorte d'Oiseaux avec laquelle ils devront s'accoupler. L'imprégnation sexuelle se produit généralement plus tard que l'imprégnation parentale, au cours d'une période critique plus longue. Par exemple, lors d'une étude sur deux espèces de Roselins (*Carpodacus sp.*) étroitement apparentées, on éleva les jeunes mâles d'une espèce d'abord avec des membres de leur espèce puis, pendant les quelques semaines de la période critique d'imprégnation sexuelle, avec des membres de l'autre espèce. Lorsque l'on mit ces mâles en contact avec des femelles de leur propre espèce, ils s'accouplèrent de mauvais gré. Par contre, ils copulaient volontiers avec les femelles de l'autre espèce, même s'ils n'avaient pas vu

de membres de cette espèce depuis huit ans. L'identification à la deuxième espèce était le résultat d'une imprégnation permanente. On reconnaît aujourd'hui que la période critique et l'irréversibilité, bien que caractéristiques de l'imprégnation, ne sont pas absolues. Ainsi, certains des Roselins élevés avec une autre espèce finirent par s'accoupler avec des femelles de leur propre espèce.

Le chant des Oiseaux fournit un modèle pour la compréhension de l'apparition et de l'évolution d'un comportement

Le chant des Oiseaux a fait l'objet de nombreuses recherches approfondies. Quelques chants relativement simples, comme celui du coq, semblent apparaître et s'améliorer sans aucun apprentissage. Ainsi, les chercheurs qui s'intéressent à l'apprentissage ont concentré leurs efforts sur des oiseaux chanteurs tels que les Bruants et les Canaris, se penchant notamment sur les cris complexes des mâles. Leurs recherches ont révélé que les modalités de l'apprentissage du chant variaient selon les espèces d'Oiseaux.

Chez certains oiseaux chanteurs, on observe une période critique pour l'apprentissage des chants. Par exemple, chez le Bruant à couronne blanche (*Zonotrichia leucophrys*), la période critique correspond aux 50 premiers jours de vie. Bien que le jeune oiseau ne chante pas durant cette phase, il mémorise le chant de son espèce en écoutant les autres Bruants à couronne blanche chanter. Les éthologistes parlent de modèle pour désigner ce chant mémorisé. Lors d'expériences en laboratoire, les Bruants à couronne blanche ont pu apprendre à reproduire ce modèle en écoutant un enregistrement durant les 50 jours de la période critique. Mais, si un oiseau était isolé pendant toute la période critique et qu'il n'entendait ni les vrais Bruants à couronne blanche ni les enregistrements, il ne réussissait pas à produire le chant adulte caractéristique de son espèce.

Après la période critique, pendant laquelle le Bruant à couronne blanche apprend un modèle de chant, une deuxième phase d'apprentissage a lieu : l'oiseau juvénile essaie alors de chanter quelques notes que les chercheurs appellent le pré-chant. Avec la pratique, le Bruant à couronne blanche s'améliore peu à peu pour finalement réussir à produire le chant d'un adulte mature. Au cours de cette phase de pratique, l'oiseau juvénile s'écoute chanter et compare son chant au modèle qu'il a mémorisé durant la période critique d'apprentissage. En fait, des Bruants à couronne blanche rendus sourds expérimentalement à la fin de la période critique ne réussissent pas à améliorer leur pré-chant, qu'ils continuent à chanter une fois adulte. Pendant l'apprentissage normal, lorsque le chant correspond au modèle mémorisé, il se fixe comme le chant définitif. L'oiseau ne reproduit alors que le chant du Bruant à couronne blanche adulte pendant toute sa vie (FIGURE 51.10a, p. 1236).

D'autres expériences ont montré que le phénomène était encore plus complexe qu'on le croyait. Ainsi, on a placé des Bruants à couronne blanche âgés de plus de 50 jours et ayant connu l'isolement avec des adultes chanteurs d'une autre espèce, et ils ont appris le chant de ces oiseaux. Un véritable adulte chanteur constitue un stimulus beaucoup plus fort et diversifié qu'un enregistrement, car le jeune oiseau peut interagir

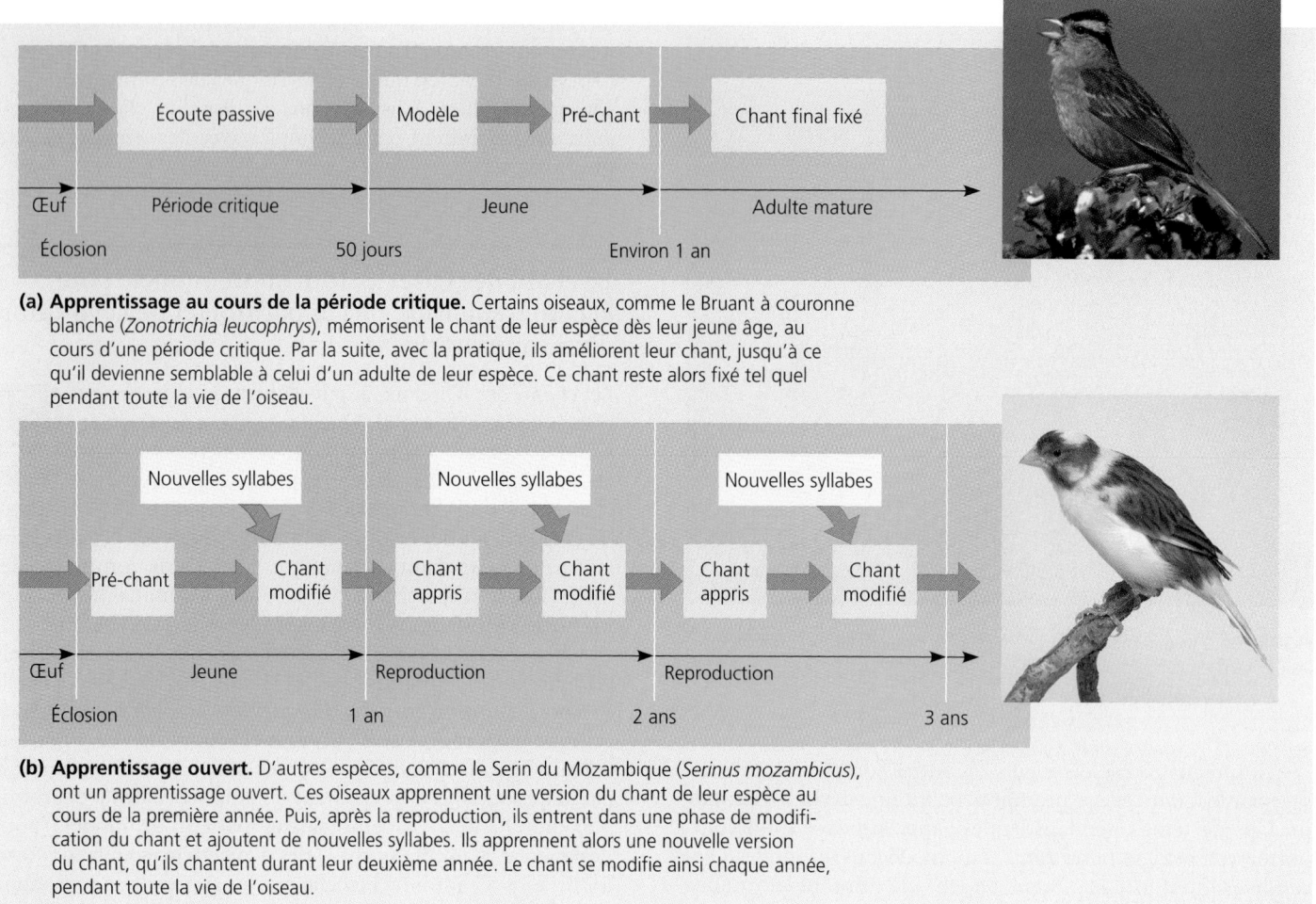

(a) Apprentissage au cours de la période critique. Certains oiseaux, comme le Bruant à couronne blanche (*Zonotrichia leucophrys*), mémorisent le chant de leur espèce dès leur jeune âge, au cours d'une période critique. Par la suite, avec la pratique, ils améliorent leur chant, jusqu'à ce qu'il devienne semblable à celui d'un adulte de leur espèce. Ce chant reste alors fixé tel quel pendant toute la vie de l'oiseau.

(b) Apprentissage ouvert. D'autres espèces, comme le Serin du Mozambique (*Serinus mozambicus*), ont un apprentissage ouvert. Ces oiseaux apprennent une version du chant de leur espèce au cours de la première année. Puis, après la reproduction, ils entrent dans une phase de modification du chant et ajoutent de nouvelles syllabes. Ils apprennent alors une nouvelle version du chant, qu'ils chantent durant leur deuxième année. Le chant se modifie ainsi chaque année, pendant toute la vie de l'oiseau.

FIGURE 51.10 Deux types d'apprentissage d'un chant d'oiseaux.

socialement avec lui. Ce stimulus puissant peut vaincre la tendance innée à acquérir uniquement le chant du Bruant à couronne blanche. Une fois de plus, nous constatons que l'expérience peut modifier une tendance innée qui n'est pas nécessairement inflexible. En outre, l'expérience a montré que la période critique se prolongeait si le stimulus provenait d'un véritable oiseau plutôt que d'un enregistrement.

Chez l'Humain, l'apprentissage de la parole s'effectue aussi au cours période critique. Il est bien connu en effet que, jusqu'à l'adolescence, l'Humain apprend très facilement les langues étrangères. Évidemment, la période critique n'est pas fixée de manière rigide. Les adultes peuvent apprendre une langue étrangère, mais il leur faut habituellement plus de temps et plus d'efforts qu'aux enfants pour la parler couramment. Les adultes ne sont pas non plus aussi flexibles que les enfants pour apprendre à produire de nouveaux sons.

Il y a quelques années encore, on croyait que tous les Oiseaux devaient s'écouter pour apprendre à chanter. Mais on a découvert que le Moucherolle phébi (*Sayornis phœbe*) rendu expérimentalement sourd au début de sa vie, bien avant qu'il ne commence à chanter, apprend à chanter normalement les chants de son espèce. Par conséquent, il y a d'importantes exceptions au scénario d'apprentissage des chants observé chez les Bruants à couronne blanche. En fait, certains oiseaux

chanteurs, dont le Serin du Mozambique (*Serinus mozambicus*), ont un apprentissage plus ouvert (FIGURE 51.10b). Les Serins du Mozambique n'ont pas de période critique pour apprendre leur chant. Le jeune commence par un pré-chant, à partir duquel il élabore un chant complet qui n'est cependant pas fixé, comme chez le Bruant à couronne blanche. Chaque année, chez les Serins du Mozambique, le mâle adulte apprend un nouveau chant. Entre deux saisons de reproduction, le chant est ainsi flexible. Au cours de ce stade de modification du chant, le mâle crée un chant nouveau, plus complexe, en y ajoutant de nouvelles syllabes. Il chante son nouveau chant pendant la saison de reproduction suivante. Puis un autre stade de modification du chant aboutit à une nouvelle version. Et ainsi de suite, année après année.

Le biologiste Fernando Nottebohm a identifié la région du prosencéphale qui est responsable de l'apprentissage du chant chez le Serin du Mozambique. Il a ainsi découvert que la taille de cette région, chez le mâle, subissait une importante variation selon la saison et la complexité du chant d'un individu. Le prosencéphale est plus volumineux au cours de la saison de reproduction et chez les mâles qui ont les chants les plus complexes. La réduction de la taille de cette région de l'encéphale à la fin de la saison de reproduction est peut-être un mécanisme destiné à effacer les chants qui ne sont plus nécessaires. La régénération de neurones dans le cerveau pendant la phase de modification du chant qui suit la saison de reproduction rend possible l'apprentissage d'un nouveau chant. Du point de vue de l'adaptation, la capacité des Serins mâles à apprendre de nouveaux chants plusieurs fois dans leur vie doit revêtir une importance capitale, car cet apprentissage exige un investissement d'énergie considérable. Les découvertes de Nottebohm montrent que les études combinant la neurobiologie et l'éthologie peuvent donner des résultats importants

L'analyse de l'apprentissage d'un chant d'oiseau nous permet de comprendre pourquoi une simple division entre les composantes innées et les composantes acquises du comportement a peu de valeur. En effet, l'inné et l'acquis influent tous les deux sur l'apparition et le développement d'un chant d'oiseau. Mais leur interaction infirme la dichotomie que l'on peut vouloir faire entre les deux.

De nombreux animaux apprennent à associer un stimulus à un autre

De nombreuses études classiques en science du comportement ont porté sur les causes immédiates de l'**apprentissage associatif.** L'apprentissage associatif est la capacité qu'ont de nombreux Animaux à apprendre à associer un stimulus à un autre. Bien connue grâce aux études en laboratoire du physiologiste russe Ivan Pavlov au tournant du XXᵉ siècle, la forme d'apprentissage associatif appelée **conditionnement classique** est un apprentissage au cours duquel un animal établit un lien entre un stimulus arbitraire et une récompense ou une punition. Pavlov faisait saliver des chiens en leur saupoudrant de la viande en poudre dans la gueule. (La salivation est une réaction physiologique et non comportementale.) Juste avant de faire cela, il faisait entendre aux chiens la sonnerie d'une cloche ou le tic-tac d'un métronome. Au bout d'un certain temps, les chiens salivaient dès qu'ils entendaient le son, stimulus qu'ils avaient appris à associer au stimulus normal. On a réalisé des expériences semblables avec d'autres animaux.

Le **conditionnement opérant,** aussi appelé apprentissage par essais et erreurs, est une autre forme d'apprentissage associatif qui influe directement sur le comportement. Dans le conditionnement opérant, un animal apprend à associer l'un de ses propres comportements à une récompense ou à une punition, puis il tend à répéter ou à éviter ce comportement. Par exemple, les prédateurs apprennent rapidement à associer certains types de proies potentielles à des expériences douloureuses et à modifier leur comportement en conséquence (FIGURE 51.11).

Dans les années 1930, le psychologue américain B. F. Skinner a mené l'expérience de laboratoire la plus connue sur le conditionnement opérant. Son expérience consiste à placer un rat ou un autre animal dans une cage (« boîte de Skinner ») où, en appuyant sur certains leviers, il obtient une ration de nourriture. Au début, l'animal appuie sur les leviers au hasard. Mais il a tôt fait d'apprendre quels leviers fournissent de la nourriture. Le dressage, qui consiste à récompenser un animal chaque fois qu'il a le comportement désiré, repose en grande partie sur le conditionnement opérant. Au bout d'un certain temps, l'animal manifeste le comportement quand il en reçoit l'ordre, même s'il n'obtient pas toujours de récompense.

FIGURE 51.11 Conditionnement opérant. Se retrouvant avec des piquants douloureux sur toute la face, ce jeune Coyote (*Canis latrans*) a probablement appris à se méfier des Porcs-Épics d'Amérique (*Erethizon dorsatum*).

L'expérience et l'exercice sont les finalités du jeu

De nombreux Mammifères et quelques Oiseaux ont un comportement que le mot **jeu** décrit parfaitement. Ce comportement n'a pas d'objectif extérieur apparent, mais comprend des mouvements étroitement associés à des comportements utilitaires. De nombreux prédateurs, notamment chez les Félidés et les Canidés (FIGURE 51.12), jouent à se poursuivre et à se battre entre congénères (membres de la même espèce). Bien que ces animaux s'infligent rarement des morsures douloureuses, leurs

FIGURE 51.12 Comportement ludique. Le jeu physique auquel se livrent les lionceaux est un bienfait de l'évolution, en dépit de l'énergie qu'il demande et des risques qu'il comporte. La répétition d'un comportement de survie comme la capture d'une proie, l'expérimentation des rôles sociaux et le maintien d'une bonne condition physique sont trois des bénéfices possibles du jeu.

mouvements ressemblent à ceux qu'ils exécutent pour capturer et tuer leurs proies. Une étude menée en Australie sur les Dauphins à gros nez (*Tursiops truncatus*) a révélé que les jeunes passaient de longues périodes loin de leur mère pour se livrer en groupes à un large éventail de jeux sociaux et sexuels. Les Lions d'Afrique et les Dauphins sont des animaux sociaux. Le mode de vie social est l'une des caractéristiques des Mammifères qui se livrent de façon routinière à des activités ludiques.

Les risques potentiels et le coût énergétique constituent une autre caractéristique commune du jeu. Les Babouins (*Papio sp.*) tuent et mangent parfois de jeunes Singes verts. Ils réussissent d'autant mieux que les jeunes Singes verts jouent en groupe à l'écart des adultes de leur espèce. Dans une étude portant sur le Bouquetin (*Capra ibex*) gardé en captivité, 5 des 14 jeunes engagés dans des activités ludiques ont subi des blessures qui les faisaient boiter. Chez les jeunes Humains, les bousculades causent souvent des blessures semblables.

Le jeu, manifestement, demande de l'énergie. Les risques encourus en augmentent encore le prix. Quelle valeur d'adaptation ce comportement en apparence si futile peut-il avoir en définitive? Selon l'« hypothèse de l'expérience », le jeu permet aux Animaux de perfectionner des comportements qui sont utiles dans des circonstances réelles. Il est vrai que le jeu s'observe surtout chez les jeunes animaux. Pourtant, les mouvements exécutés s'améliorent peu au cours des premières séances ludiques. Par ailleurs, selon l'« hypothèse de l'exercice », le jeu est adaptatif parce qu'il maintient une condition musculaire et cardiovasculaire optimale. L'hypothèse de l'exercice suppose aussi que ce sont surtout les jeunes animaux qui jouent, parce qu'ils n'ont pas à se livrer à des activités utiles pendant que leurs parents s'occupent d'eux. Cependant, des études récentes portant sur les Bélugas et quelques espèces de Dauphins indiquent que le jeu, comme la création de bulles d'air complexes, est également courant chez les adultes, du moins en captivité.

FIGURE 51.13 Résolution de problème. L'éthologiste Bernd Heinrich a soumis des Grands Corbeaux (*Corvus corax*) à une expérience. Les oiseaux devaient résoudre un problème consistant à obtenir de la nourriture suspendue à une corde. La solution du Grand Corbeau de la photographie a consisté à se servir d'une patte pour tirer de façon progressive sur la corde, tout en retenant celle-ci à l'aide de l'autre patte afin que la nourriture ne retombe pas. Heinrich observa une extraordinaire variété de comportements individuels. Certains Grands Corbeaux n'apprirent jamais à obtenir la nourriture, alors que d'autres trouvèrent différentes solutions.

LA COGNITION ANIMALE

Que fait le cerveau d'un animal des informations qu'il reçoit du monde extérieur? Si un Chimpanzé (*Pan troglodytes*) se trouve dans une cage contenant des boîtes et une banane suspendue hors de sa portée, il « réfléchit » à la situation et finit par empiler les boîtes pour atteindre la nourriture. Le comportement de résolution de problème s'observe surtout chez les Mammifères, particulièrement chez les Primates et les Dauphins. On a également observé des exemples remarquables chez certaines espèces d'Oiseaux, notamment les Corneilles, les Corbeaux et les Geais. Par exemple, les Grands Corbeaux présentent des variations marquées entre individus dans leurs tentatives pour résoudre certains problèmes que leur imposent des expérimentateurs (FIGURE 51.13).

L'observation d'un animal qui cherche à résoudre un problème nous montre que son système nerveux a d'importantes capacités pour traiter l'information. La cognition animale fait l'objet de plus en plus de recherches visant à comprendre le traitement de l'information à tous les niveaux, des activités du système nerveux qui sont à l'origine d'un comportement complexe, comme la résolution de problème, jusqu'aux représentations internes que les Animaux se font des objets qui les entourent.

L'étude de la cognition associe une fonction du système nerveux et un comportement

Il existe plusieurs définitions du terme *cognition*. Au sens strict, ce mot est synonyme de connaissance, conscience. Au sens large (sens que nous donnons à ce terme dans ce manuel), la **cognition** est la capacité que possède le système nerveux d'un animal à percevoir, à emmagasiner, à traiter et à utiliser les informations recueillies par les récepteurs sensoriels. L'étude de la cognition animale, que l'on appelle **éthologie cognitive**, explore le lien entre le système nerveux d'un animal et son comportement. Elle comprend, sans s'y limiter, l'étude de la conscience d'un animal.

L'un des domaines de recherche de l'éthologie cognitive étudie comment le cerveau d'un animal se représente les stimulus physiques de son milieu. Par exemple, quel genre de calculs, s'il en effectue, le cerveau du Chien domestique (*Canis familiaris*) fait-il pour déterminer l'endroit où un frisbee terminera son vol? Quelle est la nature de la représentation interne que se fait le Chien domestique des relations spatiales entre ce disque volant et les autres objets de son environnement immédiat? De telles questions, qui ont trait à la représentation spatiale des objets de l'environnement du Chien domestique, se distinguent des questions qui portent sur la conscience.

Les Animaux utilisent divers mécanismes cognitifs durant leurs déplacements

Les Animaux évitent les prédateurs ou les poisons, migrent vers un milieu plus favorable, se procurent de la nourriture et trouvent un partenaire et des aires de nidification grâce au mouvement orienté. Pour «trouver leur chemin», ils utilisent des mécanismes qui varient selon l'échelle spatiale du déplacement et selon leur espèce. Nous allons passer en revue trois types de mouvements qui font appel à des mécanismes cognitifs de complexité croissante : la cinèse et la taxie, l'utilisation de repères et les cartes cognitives.

Cinèse et taxie

Les mécanismes du mouvement les plus élémentaires sont la cinèse et la taxie. Une **cinèse** est une modification simple du degré d'activité en réponse à un stimulus. L'activité des Cloportes s'intensifie dans les milieux secs et diminue dans les milieux humides. Il s'agit d'un comportement simple qui a pour effet de maintenir ces animaux dans les milieux humides. En effet, les Animaux ne recherchent pas ou n'évitent pas certaines conditions. Mais, comme ils se font moins actifs dans un milieu favorable, ils ont tendance à y rester. En revanche, une **taxie** est un mouvement orienté plus ou moins automatique qui rapproche ou éloigne un organisme d'un stimulus. Après s'être nourries, les larves des Mouches domestiques (*Musca domestica*), par exemple, sont animées d'une phototaxie négative : elles s'écartent automatiquement de la lumière. On pense que cette réaction simple fait en sorte que ces larves se cachent des prédateurs. Les Truites (*Salmo sp.* et *Salvelinus sp.*) présentent une rhéotaxie positive (du grec *rheô*, « couler ») : elles nagent ou s'orientent automatiquement vers l'amont, ce qui leur évite d'être emportées par le courant.

Utilisation de repères topographiques en milieu familier

Dans la FIGURE 51.2, nous avons examiné une expérience classique portant sur la façon dont les Guêpes fouisseuses trouvent l'entrée de leurs nids. Tinbergen a déplacé le cercle de pommes de Pin qu'il avait auparavant mis autour de l'entrée d'un nid. Il a alors observé que la Guêpe fouisseuse atterrissait au centre du cercle, même si l'entrée du nid était maintenant ailleurs. La Guêpe fouisseuse utilise les pommes de Pin comme **point de repère**. L'utilisation de repères est un mécanisme cognitif beaucoup plus complexe que la taxie et la cinèse. La Guêpe fouisseuse vole vers un stimulus, le centre du cercle de pommes de Pin, comme dans une taxie. Mais le cercle de pommes de Pin est un repère arbitraire que l'animal doit apprendre. L'entrée d'un nid peut être entourée de pommes de Pin, alors que celle d'un autre peut se trouver à côté d'un tas de pierres. Chaque Guêpe fouisseuse doit apprendre à connaître les repères uniques de chaque endroit où se trouve un nid.

De nombreux Animaux apprennent à connaître l'arrangement particulier des repères dans leur milieu et l'utilisent pour trouver leur chemin. Par exemple, les Abeilles domestiques (*Apis mellifera*) gardent en mémoire les approvisionnements en nectar des fleurs avoisinantes et concentrent leur butinage sur les fleurs qui contiennent le plus de nectar. Pour retourner vers les fleurs les plus productives, elles utilisent notamment des points de repère. En 2000, une équipe de biologistes a rapporté avoir suivi les mouvements d'abeilles butineuses après avoir installé sur les insectes des transpondeurs (FIGURE 51.14a, p. 1240). Les abeilles âgées de quatre jours n'effectuaient que de courtes sorties de la ruche, sans butiner (FIGURE 51.14b). Les abeilles un peu plus vieilles, âgées de six jours, effectuaient des sorties exploratoires plus longues, mais sans butiner non plus. Seules les abeilles matures plus âgées butinaient. Elles se déplaçaient en ligne droite, dans un mouvement de va-et-vient entre la ruche et les champs de fleurs riches en nectar. Les premières excursions exploratoires servaient apparemment à apprendre à reconnaître un ensemble complexe de points de repère répartis dans le milieu environnant.

Cartes cognitives

Un animal peut se déplacer dans son milieu de manière flexible et efficace en se servant de la seule orientation, au moyen de points de repère. Par exemple, les Abeilles domestiques pourraient apprendre environ dix repères et situer leur ruche et les fleurs par rapport à ces référentiels. Mais il existe un mécanisme plus puissant : la **carte cognitive.** Il s'agit d'une représentation interne, ou d'un code, des relations spatiales entre les objets se trouvant dans l'environnement d'un animal. En réalité, il est très difficile de distinguer expérimentalement un animal qui utilise simplement des points de repère et un autre qui utilise une carte cognitive. Les recherches sur le Geai bleu (*Cyanocitta cristata*) fournissent la meilleure preuve de l'existence de cartes cognitives. Le Geai bleu dissimule de la nourriture dans une cache pour la reprendre par la suite. Il peut ainsi emmagasiner de la nourriture dans des milliers de caches. Non seulement il repère chaque cache, mais en plus il retient la qualité de la nourriture, évitant les caches où la nourriture était plutôt périssable et pourrait s'être dégradée. Selon des recherches menées par Alan Kamil, de l'Université du Nebraska, les Geais bleus utilisent des cartes cognitives pour mémoriser les endroits où se situent leurs différentes caches de nourriture.

Comportement migratoire

Les études les plus poussées sur la façon dont la cognition animale fonctionne dans le déplacement ont porté sur les Animaux migrateurs. Le déplacement saisonnier qu'effectuent les Animaux migrateurs sur des distances relativement longues est appelé **migration.** Généralement, les Animaux migrateurs font chaque année un aller-retour entre deux régions. Mais il y a d'importantes variations entre les espèces.

Les Oiseaux, les Baleines, quelques espèces de Papillons et certains Poissons constituent les exemples les plus remarquables. Mais comment les Pluviers bronzés (*Pluvialis dominica*), par exemple, se dirigent-ils au cours du trajet de plus de 13 000 km qui les mène de leur aire de nidification, dans l'Arctique, jusqu'au sud-est de l'Amérique du Sud ? Certaines populations de Pluviers bronzés passent même l'hiver dans les archipels d'Hawaï et des Marquises, de minuscules groupes d'îles perdus dans l'immensité de l'océan Pacifique (FIGURE 51.15, p. 1241).

(a) Les chercheurs ont fixé des transpondeurs miniatures à des abeilles domestiques pour suivre le mouvement d'individus d'âges différents. Un transpondeur est un dispositif électronique de type émetteur-récepteur qui utilise l'énergie d'un signal pour renvoyer un signal vers un détecteur.

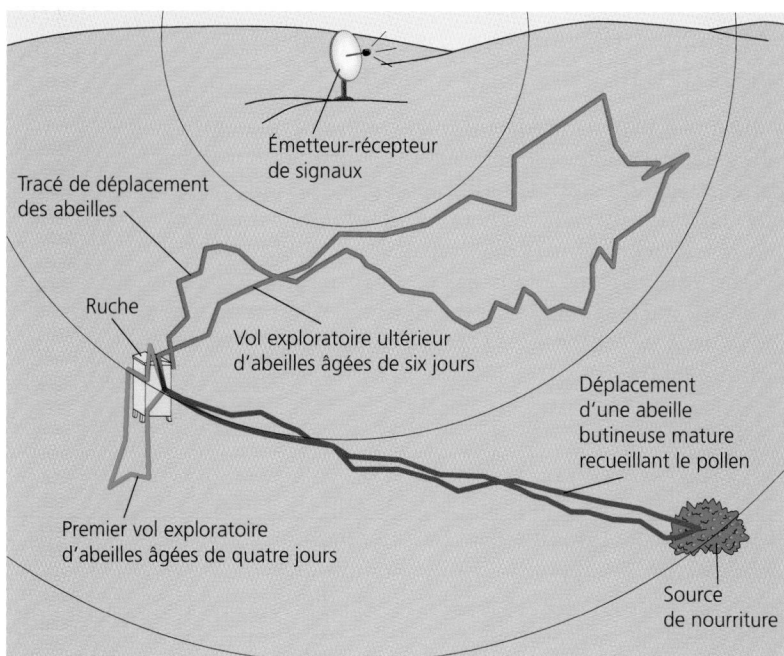

(b) La figure présente les tracés correspondant aux déplacements des abeilles. De courts vols exploratoires ont précédé des vols plus longs, mais sans butinage, au cours desquels les abeilles ont appris à reconnaître les points de repère locaux. Quand une abeille devenait une butineuse mature, ses déplacements en ligne droite entre la ruche et les fleurs riches en nectar devenaient très efficaces.

 **FIGURE 51.14 Surveillance électronique des Abeilles domestiques (*Apis mellifera*).**

Les Animaux migrateurs trouvent leur chemin de trois façons, qu'ils peuvent combiner : le pilotage, l'orientation et la navigation. Le *pilotage* consiste à aller d'un repère topographique familier à l'autre jusqu'à destination. Il sert surtout aux courts trajets et n'est d'aucune utilité pendant la nuit ou au-dessus des océans. L'*orientation,* quant à elle, consiste à situer les points cardinaux par rapport au Soleil ou à certains repères magnétiques, et à suivre un cap sur une certaine distance ou jusqu'à destination. Enfin, la *navigation,* qui est le processus le plus complexe, consiste pour un animal migrateur à établir sa position réelle par rapport à d'autres positions de référence et à situer les points cardinaux (orientation). Si vous vous retrouviez dans un lieu inconnu et que l'on vous disait que votre demeure se trouve directement au nord, vous utiliseriez l'orientation et, à l'aide d'une boussole, marcheriez en ligne droite jusque chez vous. Mais la boussole ne vous servirait à rien si personne ne vous disait quelle direction prendre. Pour trouver le bon chemin, vous devriez encore déterminer votre position par rapport à votre demeure. Il vous faudrait une image mentale complexe de votre milieu, ce que l'on appelle un sens de l'orientation. La FIGURE 51.16 montre la distinction entre l'orientation et la navigation.

Quelles informations les Animaux utilisent-ils pour l'orientation et la navigation ? Certaines espèces d'Oiseaux et d'autres Animaux utilisent une combinaison de référentiels : le champ magnétique terrestre, le Soleil (pour les espèces qui se déplacent le jour) et les étoiles (pour celles qui se déplacent la nuit). Quoique difficiles à interpréter, ces indicateurs, comparés les uns par rapport aux autres, constituent d'excellentes informations.

Les éthologistes cognitivistes s'intéressent à la façon dont les Animaux utilisent les informations dans leurs déplacements. Pour se déplacer par navigation d'après le Soleil et les constellations, il faut posséder un dispositif interne qui compense les mouvements quotidiens des objets célestes. Imaginez que vous entreprenez un jour une longue marche et que, pour vous orienter, vous gardez le Soleil à votre gauche. Le matin, vous vous dirigez vers le sud, mais le soir, vous vous dirigez vers le nord. Vous avez ainsi décrit un cercle et n'êtes pas arrivé à destination. La nuit, la position apparente des étoiles change également à cause de la rotation de la Terre. Le Passerin indigo (*Passerina cyanea*), oiseau migrateur qui se déplace la nuit, n'a pas besoin d'un mécanisme de compensation. En effet, comme les navigateurs d'autrefois, il s'oriente à l'aide de l'étoile Polaire, qui reste relativement fixe dans le ciel nocturne. De nombreux oiseaux migrateurs utilisent, quant à eux, une sorte d'horloge interne. Ainsi, l'Étourneau sansonnet (*Sturnus vulgaris*) change de cap selon un angle constant de 15° par heure, si on lui présente expérimentalement un « Soleil » immobile. Cette correction compense normalement le changement de position du Soleil dû à la rotation de la Terre sur son axe. Le problème de la correction est très complexe, car le mouvement apparent du Soleil n'est pas constant et atteint sa vitesse maximale autour de midi. En

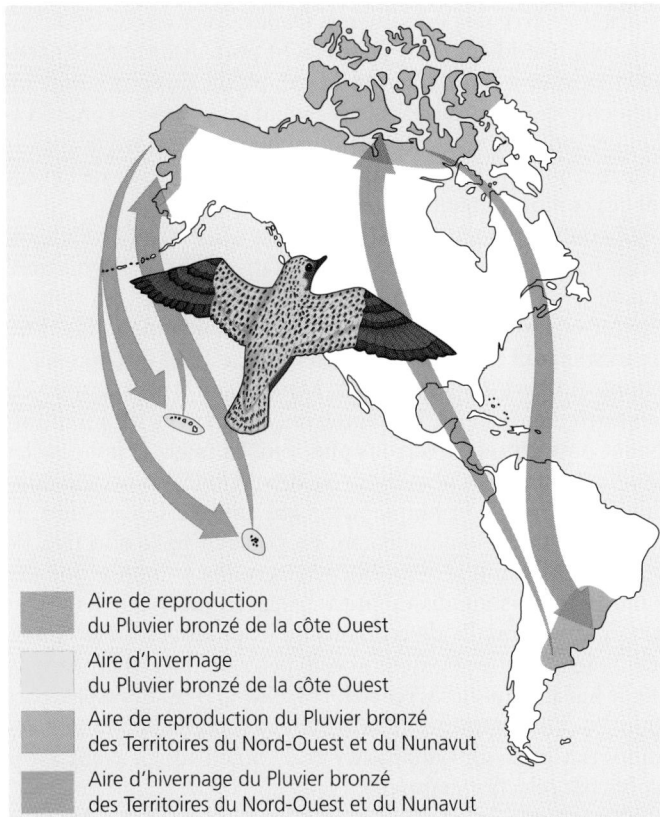

FIGURE 51.15 Routes migratoires du Pluvier bronzé (*Pluvialis dominica*). Certains oiseaux de l'espèce du Pluvier bronzé se déplacent par navigation au-dessus de vastes étendues d'océan, se dirigeant vers les minuscules archipels d'Hawaï et des Marquises (jaune). Ceux qui nichent au sol migrent des zones d'alimentation chaudes de l'hémisphère sud (tandis que c'est l'hiver dans l'hémisphère nord) vers les aires de nidification ne comptant pas de prédateurs durant le court été de l'Arctique. Ils vont notamment, au Canada, dans les Territoires du Nord-Ouest et au Nunavut.

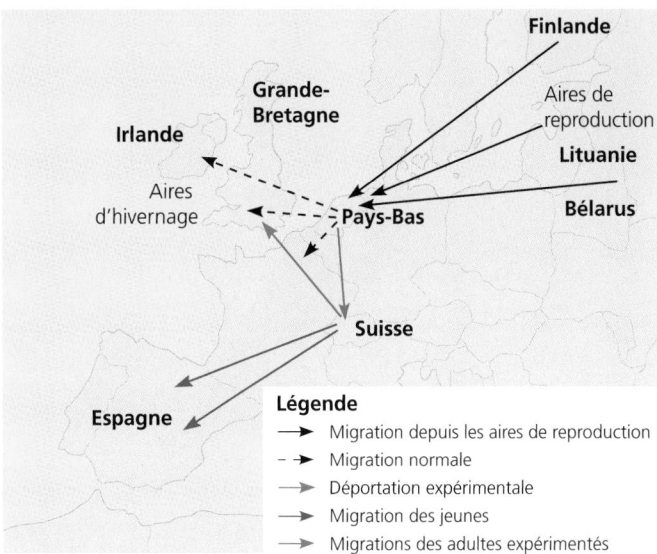

FIGURE 51.16 Étourneau sansonnet : orientation et navigation chez le jeune et chez l'adulte. On a capturé aux Pays-Bas environ 11 000 Étourneaux sansonnets qui migraient depuis leur aire de reproduction située dans le nord-est de l'Europe. Après avoir été déportés en Suisse (flèche rouge) et libérés, les jeunes, qui n'avaient jamais fait le trajet auparavant, continuèrent à voler vers l'ouest et le sud-ouest (flèches bleues) et se retrouvèrent en Espagne. Les adultes, qui avaient tous déjà fait le voyage au moins une fois, volèrent vers le nord-ouest (flèche verte), cap inusité qui les mena à leur aire d'hiver-nage, c'est-à-dire en Grande-Bretagne et dans le nord de la France. Les deux groupes d'oiseaux étaient capables de s'orienter. Mais seuls les adultes utilisèrent véritablement la navigation, car ils avaient acquis un sens de l'orientation et purent ainsi déterminer la position de leur destination par rapport à l'endroit où ils avaient été transportés.

outre, la position apparente des objets célestes change au fur et à mesure que l'Étourneau sansonnet avance sur sa route migratoire. Récemment, Kenneth et Mary Able, de la State University of New York, à Albany, ont découvert que le grand migrateur qu'est le Bruant des prés (*Passerculus sandwichensis*) réglait ses « boussoles et sextants » durant les brèves escales de sa route migratoire.

L'étude de la conscience constitue un défi unique pour les scientifiques

Une question simple mais cruciale se pose : À part l'Humain, les Animaux ont-ils *conscience* d'eux-mêmes et du monde qui les entoure ? De même se pose la question : L'étude de la conscience est-elle du ressort de la science ?

Bien des gens ayant côtoyé des animaux domestiques ou sauvages se refusent à ne voir dans ces organismes que des robots perfectionnés. Mais un chien est-il conscient de lui-même quand il poursuit un frisbee ? Les Animaux éprouvent-ils du plaisir et de la tristesse comme nous ? À l'heure actuelle, nous

n'avons aucun moyen de répondre directement à ces questions, car la conscience n'est connue que des individus qui en sont dotés. De plus, contrairement aux phénomènes que l'on peut étudier objectivement, elle n'est associée à aucun changement comportemental ou physiologique observable.

Donald Griffin, de l'Université Princeton, est l'un des plus ardents défenseurs de l'opinion selon laquelle la conscience est une partie inhérente et essentielle du comportement de tous les Animaux. Il soutient que si les autres Animaux ont des comportements que nous associons chez nous à des processus conscients, alors il est peut-être justifié de supposer qu'ils possèdent aussi une conscience. Dans ses études bien connues sur le terrain, Jane Goodall a rapporté des cas de prises de décision cognitive chez les Chimpanzés. Griffin pense que cette aptitude se retrouve dans de nombreuses branches de l'arbre phylogénétique. Ainsi, il soutient que les processus conscients sont au cœur de comportements tels que la simulation de blessures, stratégie qu'utilisent certaines espèces d'Oiseaux nichant au sol (FIGURE 51.17, p. 1242).

Étant donné les difficultés inhérentes au sujet, la plupart des chercheurs ont adopté un point de vue des plus conservateurs : la plupart des Animaux ne sont pas conscients. Il y a évidemment des positions intermédiaires dans le débat. De plus, aucun éthologiste ne soutiendrait que les comportements de *tous* les

FIGURE 51.17 Simulation de blessure. Cette femelle du Pluvier kildir (*Charadrius vociferus*) utilise la feinte pour défendre son nid contre les prédateurs ou les Humains. Quand le danger menace, elle quitte le nid, qui est habituellement dissimulé, et commence une parade compliquée, faisant comme si elle avait une aile cassée. Son comportement a pour effet de détourner le prédateur potentiel du nid. Lorsque le prédateur s'approche d'elle, elle s'envole tout bonnement. Elle retourne au nid seulement quand le danger est écarté. La forme et l'utilisation de cette simulation varient énormément d'un individu à l'autre. De plus, les Pluviers kildirs manifestent individuellement de multiples variations de cette simulation selon le type de danger qui menace le nid et selon qu'ils ont ou non subi cette menace auparavant. Certains éthologistes cognitivistes soulignent qu'un comportement aussi polyvalent appuie l'hypothèse selon laquelle les Animaux autres que les Humains sont des êtres conscients, doués de pensée.

Animaux révèlent la présence d'une conscience. En outre, les autres Animaux n'ont pas nécessairement la capacité d'intégrer consciemment l'information (de «penser») comme nous le faisons. Mais est-ce une question de degré, dans un continuum d'habiletés, ou est-ce que les Humains se distinguent fondamentalement des autres Animaux quant au comportement? En dernière analyse, les découvertes que nous ferons à propos de la conscience animale peuvent modifier profondément nos rapports avec les autres Animaux, ainsi que notre perception de nous-mêmes.

COMPORTEMENT SOCIAL ET SOCIOBIOLOGIE

La sociobiologie situe le comportement social dans le contexte de l'évolution

En termes généraux, le **comportement social** se définit comme l'ensemble des rapports qu'entretiennent deux animaux ou plus qui sont habituellement de la même espèce. Presque toutes les espèces qui se reproduisent par voie sexuée doivent adopter des comportements sociaux pendant une partie de leur cycle de développement dans le but de se reproduire; par ailleurs, certaines espèces passent la majeure partie de leur vie en étroite

association avec des congénères. Depuis longtemps, les scientifiques qui étudient le comportement portent un intérêt particulier aux interactions sociales. La complexité du comportement augmente de façon spectaculaire quand on prend en considération les interactions entre les individus. L'agression, la parade nuptiale, la coopération et même la feinte font partie de l'éventail des comportements sociaux.

Le comportement social soulève des questions particulièrement intéressantes quant à l'adaptation liée à l'évolution. Quand il s'agit de morphologie et de physiologie, on voit en général clairement comment certaines caractéristiques d'un organisme sont bénéfiques. Par exemple, les ailes sont des adaptations qui permettent de voler. Mais quand il est question de comportement social, les réponses sont parfois moins intuitives. Comme nous le verrons plus loin, les mâles et les femelles de certaines espèces peuvent avoir des périodes de parade nuptiale longues et compliquées, ce qui soulève la question de savoir pourquoi l'accouplement ne pourrait pas s'effectuer de manière plus simple. Par ailleurs, certains animaux ont des comportements altruistes (non égocentriques) qui semblent *réduire* le nombre de descendants qu'ils produisent. Par conséquent, leur comportement social peut sembler inefficace et même nuisible au succès reproductif. Néanmoins, des recherches approfondies commencent à révéler et à expliquer comment ces comportements sont adaptatifs et comment ils peuvent avoir évolué par sélection naturelle.

La discipline de la **sociobiologie** applique la théorie de l'évolution à l'étude et à l'interprétation du comportement social. On doit la majeure partie de la théorie de l'évolution qui constitue le fondement de l'étude moderne du comportement social au biologiste britannique, aujourd'hui décédé, William Hamilton, qui a étudié comment la sélection naturelle agissait sur le comportement social des individus. La prépondérance du thème de l'évolution dans l'œuvre d'Hamilton est à la base de la pratique actuelle de la sociobiologie et du champ plus général de l'éthologie. En 1975, en publiant son ouvrage fondamental *Sociobiology: The New Synthesis*, E.O. Wilson a catalysé le perfectionnement de la sociobiologie, donnant à cette discipline une méthode cohérente d'analyse et d'interprétation.

Les comportements sociaux compétitifs se manifestent souvent dans des luttes pour les ressources

Comme les membres d'une population occupent la même niche écologique, les risques de conflit sont élevés, particulièrement chez les espèces dont la densité se maintient normalement à un niveau proche de la capacité limite du milieu. Le comportement social semble parfois prendre une forme coopérative. Tel est le cas lorsqu'un groupe agit de manière plus efficace que ne pourrait le faire un individu seul (FIGURE 51.18). Il faut cependant garder à l'esprit que même dans un comportement qui exige de la coopération et qui semble avantageux pour les associés, comme dans le cas de l'accouplement, chaque individu se conduit de manière à maximiser ses propres bénéfices, quitte à nuire à l'autre. Dans cette section, nous allons étudier les interactions sociales compétitives, dans lesquelles cet aspect «égoïste» du comportement apparaît le plus clairement. Nous examinerons le comportement altruiste dans d'autres sections.

FIGURE 51.18 Chasse coopérative.

(a) La chasse des Lycaons. Ces Lycaons (*Lycaon pictus*), des Canidés qui vivent en Afrique, s'en prennent à un Gnou à queue noire (*Connochætes taurinus*) beaucoup plus gros qu'eux.

(b) La pêche des Pélicans blancs. Ces Pélicans blancs d'Amérique (*Pelecanus erythrorhynchos*) qui sont les uns à côté des autres suivent un banc de poissons. Leur comportement coopératif laisse peu de chances aux poissons de s'échapper en contournant leurs prédateurs.

FIGURE 51.19 Combat ritualisé entre deux Crotales. Les Crotales (*Crotalus sp.*) tentent mutuellement de se terrasser, mais n'utilisent jamais leurs crochets venimeux pour y parvenir.

Affrontement

Un **comportement d'affrontement** survient entre deux compétiteurs qui se disputent une ressource pour l'alimentation ou un partenaire pour la reproduction. Il implique à la fois un comportement de soumission et un comportement de menace. Parfois, les affrontements prennent la forme de combats. La plupart du temps, les opposants se menacent par des postures et des vocalisations qui les font paraître redoutables. Au bout d'un certain temps, l'un des adversaires adopte une attitude d'apaisement ou une posture de soumission et abdique. L'affrontement prend en général la forme d'un **rituel,** c'est-à-dire qu'il comporte des gestes symboliques. Les opposants s'en sortent alors le plus souvent sans trop de mal (FIGURE 51.19). Pour manifester leur agressivité, le Chien domestique (*Canis familiaris*) et le Loup gris (*Canis lupus*) montrent les dents, lèvent les oreilles et la queue, se hérissent, se tiennent sur les pattes postérieures et regardent leurs adversaires dans les yeux; toutes ces actions les font paraître grands et féroces. L'animal qui capitule lisse sa fourrure, baisse la queue et détourne les yeux.

Le degré de rituel dans un combat dépend de la rareté de la ressource et de la possibilité qu'elle soit de nouveau disponible. Par exemple, les Spermophiles mâles (*Spermophilus sp.*) s'infligent souvent des blessures graves l'un à l'autre, ou même se tuent,

quand ils se battent pour l'accès aux femelles sexuellement réceptives. Les femelles pour lesquelles les Spermophiles combattent sont en chaleur et réceptives à l'accouplement seulement quelques heures par année. Par conséquent, tout le succès reproductif du mâle peut dépendre de sa capacité à entrer en compétition avec d'autres mâles durant la seule journée en question.

Chez les Animaux qui vivent dans des groupes sociaux passablement permanents surviennent souvent des conflits au cours desquels il n'y a pas vraiment de gagnant ni de perdant. En effet, l'animal qui gagne un affrontement a toujours intérêt à entretenir des relations amicales avec le «perdant». Ainsi, immédiatement après l'affrontement, les individus qui était en conflit adoptent habituellement une sorte de **comportement de réconciliation.** Par exemple, le chimpanzé qui a menacé un autre membre de son groupe peut inviter ce dernier à la réconciliation par un geste de la main. Puis cela se termine par une toilette amicale (FIGURE 51.20, p. 1244). Les Primates sociaux semblent passer beaucoup de temps à la réconciliation et à la pacification.

Ordre hiérarchique

De nombreux Animaux vivent en groupes sociaux dont la cohésion est maintenue par le comportement d'affrontement. Les Poules en sont un exemple. Si des poules étrangères se trouvent réunies, elles se disputent et se donnent des coups de bec. Peu à peu, le groupe établit une hiérarchie dans les coups de bec, un **ordre hiérarchique** plus ou moins linéaire. La poule alpha (au premier rang de la hiérarchie) commande à toutes les autres, se contentant souvent de les menacer. La poule bêta (au deuxième rang de la hiérarchie) domine toutes les autres poules sauf la poule alpha, et ainsi de suite jusqu'à la poule oméga, qui occupe le dernier rang. La poule dominante jouit d'un avantage évident, son accès aux ressources telles que la nourriture étant assuré. Le système a aussi ses avantages pour les poules de rang inférieur, car elles ne perdent pas d'énergie à livrer des combats inutiles.

FIGURE 51.20 Réconciliation entre deux Chimpanzés (*Pan troglodytes*). Cette photo montre deux Chimpanzés mâles qui viennent de finir de s'affronter, il y a 10 minutes. Le mâle de gauche a menacé celui de droite, qui a fini par se sauver en grimpant dans un arbre. Le mâle de gauche amorce ici la réconciliation par un geste de la main et par un contact visuel. Puis, les deux mâles descendront à terre et se feront la toilette l'un à l'autre.

FIGURE 51.21 Territoires. Les Fous nichent à portée de bec les uns des autres et défendent leur territoire par des cris et des coups de bec. Cette population de Fous austraux (*Morus serrator*) réside en Nouvelle-Zélande.

Territorialité

Un **territoire** est l'espace qu'un individu s'approprie et qu'il interdit à ses congénères. C'est un espace dans lequel l'animal se nourrit, se reproduit et élève ses petits. C'est généralement un lieu fixe dont les dimensions varient selon les espèces, les fonctions du territoire et les ressources disponibles. Par exemple, les couples de Bruants chanteurs (*Melospiza melodia*) occupent un territoire d'environ 3 000 m², où ils accomplissent toutes leurs activités pendant les quelques mois de leur saison de reproduction. Certains oiseaux de mer, tels les Fous de Bassan (*Morus bassanus*) et les Fous austraux (*Morus serrator*), s'accouplent et nichent dans un territoire de deux mètres carrés tout au plus et se nourrissent à l'extérieur (FIGURE 51.21). Les Otaries à fourrure (*Callorhinus ursinus*) n'utilisent leur petit territoire que pour s'accoupler, tandis que les Écureuils roux (*Tamiasciurus hudsonicus*) se constituent de vastes territoires apparemment adaptés à leurs habitudes alimentaires. De nombreux Animaux n'ont de territoire que pendant la saison de reproduction et forment des groupes sociaux le reste du temps. Ainsi, en été, les Mésanges (*Pœcile sp.*) forment des couples reproducteurs monogames qui défendent un petit territoire. En hiver, elles forment des bandes. Leur appartenance à un grand groupe leur permet de se nourrir de façon plus efficace et de bénéficier d'une protection accrue contre les prédateurs.

Il convient de distinguer le territoire de l'espace vital, ce dernier étant simplement l'espace où l'animal évolue et n'étant généralement pas défendu. Chez certaines espèces, comme le Bruant chanteur pendant la saison de reproduction, le territoire et l'espace vital se superposent. Chez d'autres, par contre, comme le Fou de Bassan, le territoire est beaucoup plus petit que l'espace vital. La distinction entre territoire et espace vital n'est pas toujours claire. Par exemple, les Écureuils gris (*Sciurus carolinensis*) ont des espaces vitaux qui se chevauchent considérablement, mais ils peuvent en défendre une partie contre leurs compétiteurs.

Les Animaux établissent et défendent leur territoire par un comportement d'affrontement. Une fois qu'ils sont installés, il est difficile de les déloger. Pourquoi les occupants d'un territoire ont-ils le dessus? Selon les éthologistes, un animal qui est déjà familiarisé avec un territoire a plus à perdre qu'un intrus et se bat avec plus d'acharnement. De plus, les occupants d'un territoire sont généralement plus âgés et plus expérimentés dans les interactions d'affrontement que les intrus.

La sélection naturelle ne favorise pas toujours la territorialité, et toutes les espèces ne sont pas territoriales. Mais, pour les Animaux territoriaux, le territoire peut garantir un accès exclusif aux réserves de nourriture, aux aires de reproduction et aux endroits pour élever les petits. En outre, la familiarisation avec une zone donnée peut aider un individu à éviter les prédateurs. Chez les espèces territoriales, de tels bénéfices l'emportent sur les coûts énergétiques qu'entraîne la défense du territoire, et augmentent de ce fait l'adaptabilité.

Les occupants d'un territoire font continuellement valoir leur statut. Telle est la principale raison d'être du chant des Oiseaux, des mugissements des Otaries et du jacassement des Écureuils roux (*Tamiasciurus hudsonicus*). D'autres Animaux se servent du marquage ou de patrouilles fréquentes pour avertir les envahisseurs potentiels (FIGURE 51.22). Les Loups gris (*Canis lupus*) qui vivent en bandes dans d'immenses territoires (des centaines de kilomètres carrés) utilisent de multiples stratégies, dont le marquage odorant et le hurlement, pour indiquer les frontières de leur territoire. De multiples stratégies contribuent à dissiper toute ambiguïté au sujet des frontières d'un territoire, réduisant ainsi au minimum les risques qu'un groupe s'égare dans le territoire d'une bande rivale. Ces stratégies sont particulièrement importantes pour les Loups gris, dont les affrontements entre groupes sont souvent violents.

La plupart des Animaux ne défendent leur territoire que contre leurs congénères. Ainsi, un Bruant chanteur admet

(a) Ce Guépard mâle (*Acinonyx jubatus*) vivant dans le parc national de Serengeti, en Tanzanie, urine sur un arbre. L'odeur indiquera aux autres mâles qu'ils ne doivent pas s'aventurer dans ce territoire.

(b) Un autre Guépard mâle renifle une pierre sur laquelle le mâle occupant a uriné. Grâce à leur odorat développé, les Guépards distinguent leur propre odeur de celle des autres. Les marqueurs chimiques empêchent les face à face qui pourraient tourner à la violence, dans la mesure où ils sont constamment renouvelés, ce qui suppose un animal en pleine possession de ses moyens.

FIGURE 51.22 Délimitation du territoire au moyen de marqueurs chimiques.

un Bruant à couronne blanche dans son territoire, car les deux espèces ont des niches écologiques ou des comportements différents et ont peu de chances d'entrer en concurrence directe. La possibilité qu'il s'accouple avec son partenaire constitue une autre raison, liée à l'adaptation, pour l'occupant de concentrer sa défense sur ses congénères.

Bien que l'ordre hiérarchique et la territorialité soient apparus à cause des avantages qu'ils donnent aux individus eux-mêmes, ces principes d'organisation ont d'importants effets à l'échelle de la population. En effet, ils tendent à stabiliser la densité de la population. Si tous les membres d'une population se répartissaient également les ressources, la « juste part » que chaque individu recevrait serait probablement insuffisante, et la population connaîtrait des chutes occasionnelles. L'ordre hiérarchique et la territorialité font généralement en sorte que quelques individus au moins obtiennent une quantité suffisante de ressources. Il arrive souvent, du reste, que les territoires s'agrandissent quand une ressource comme la nourriture vient à manquer. De plus, il existe habituellement des individus de rang inférieur ou dépourvus de territoire qui attendent de gravir un échelon ou d'accaparer un territoire au moment où l'un des individus bien nantis tombera malade, se fera vieux ou mourra. Par conséquent, les populations restent relativement stables d'année en année.

La sélection naturelle favorise le comportement d'accouplement qui maximise la quantité de partenaires ou leur qualité

Le comportement lié à la reproduction comprend la recherche de partenaires, le choix parmi les partenaires potentiels, la compétition et, chez certaines espèces, le soin des petits. L'éthologie et sa subdivision, la sociobiologie, cherchent à expliquer les comportements d'accouplement comme des résultats de la sélection naturelle qui renforcent les variations augmentant le succès reproductif.

Parade nuptiale

La **parade nuptiale** consiste en une série de comportements qui aboutit à l'accouplement (ou à la libération de gamètes chez les espèces dont la fécondation est externe; voir le chapitre 46). Chez de nombreuses espèces, il s'agit d'un enchaînement de stimulus visuels et de mouvements qu'effectuent le mâle ou la femelle, ou les deux. La parade nuptiale complexe de l'Épinoche à trois épines (*Gasterosteus aculeatus*) constitue un exemple classique (FIGURE 51.23, p. 1246). Elle ne dure que quelques minutes. Mais chez certaines espèces, la parade nuptiale peut durer plusieurs jours, voire des mois. Quel est le bénéfice possible, pour l'individu, d'un comportement de parade nuptiale aussi complexe? En d'autres mots, comment la sélection naturelle explique-t-elle l'évolution de ce comportement? C'est en partie parce que la parade nuptiale permet aux Animaux de reconnaître les partenaires potentiels de leur espèce. Cela expliquerait pourquoi les séries de comportements sont souvent particulièrement élaborées et distinctes quand deux espèces étroitement apparentées occupent le même territoire. De plus, la parade nuptiale aide à déterminer si un partenaire potentiel est physiologiquement prêt pour la reproduction. Chez l'Épinoche à trois épines, par exemple, la parade nuptiale ne réussit que si la femelle présente un abdomen proéminent, plein d'œufs, et que le mâle montre qu'il a construit un nid (voir la FIGURE 51.23). Mais si la parade nuptiale n'était qu'une façon de savoir si un partenaire potentiel est physiologiquement prêt à se reproduire, alors elle pourrait être beaucoup plus simple qu'elle ne l'est chez bon nombre d'espèces. La plupart des comportements de la parade nuptiale sont apparus au cours de l'évolution en raison de la sélection sexuelle, processus que nous avons traité au chapitre 23.

L'hypothèse selon laquelle la parade nuptiale est un produit de la sélection sexuelle prédit une différence fondamentale

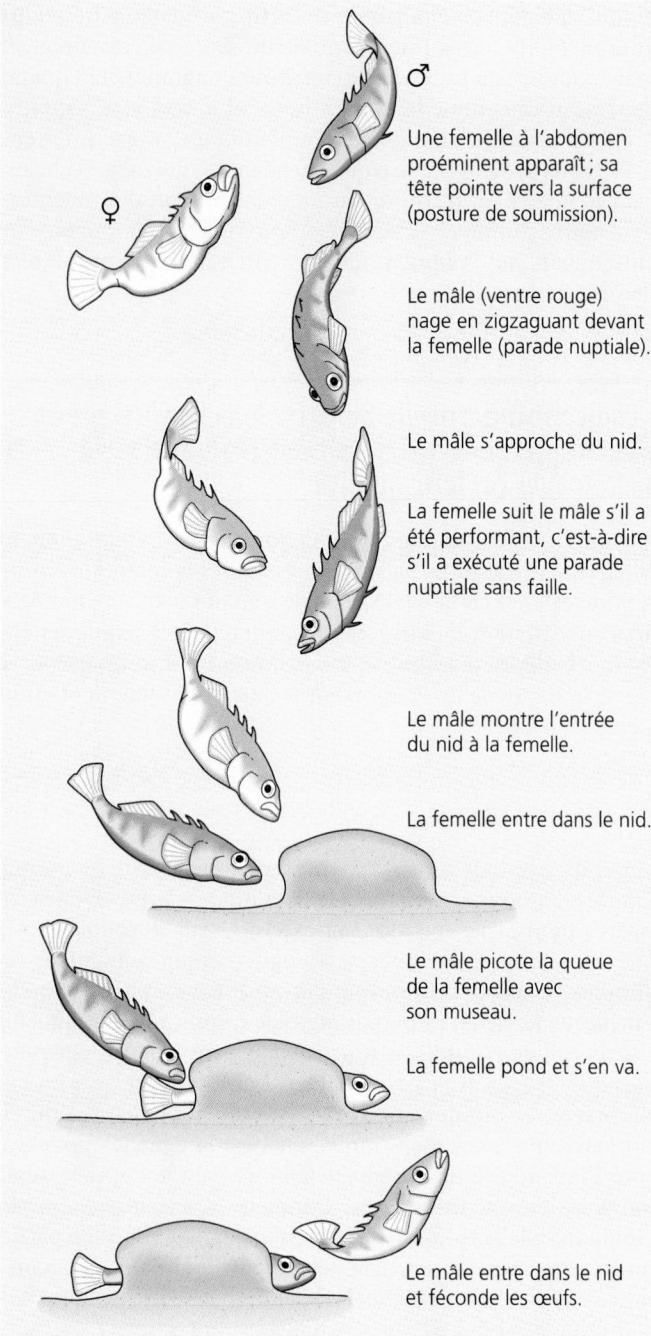

Une femelle à l'abdomen proéminent apparaît; sa tête pointe vers la surface (posture de soumission).

Le mâle (ventre rouge) nage en zigzaguant devant la femelle (parade nuptiale).

Le mâle s'approche du nid.

La femelle suit le mâle s'il a été performant, c'est-à-dire s'il a exécuté une parade nuptiale sans faille.

Le mâle montre l'entrée du nid à la femelle.

La femelle entre dans le nid.

Le mâle picote la queue de la femelle avec son museau.

La femelle pond et s'en va.

Le mâle entre dans le nid et féconde les œufs.

FIGURE 51.23 Parade nuptiale de l'Épinoche à trois épines (*Gasterosteus aculeatus*). Les mâles de l'Épinoche à trois épines sont fortement territoriaux et défendent âprement l'espace où ils ont construit un nid en forme de tunnel. L'abdomen proéminent d'une femelle gravide (portant des œufs) qui s'approche inhibe le comportement agressif du mâle et déclenche chez lui une nage en zigzag. La femelle se rapproche alors; le mâle va vers le nid et y enfonce son museau. La femelle se glisse ensuite dans le nid. Le mâle lui picote la queue, comportement qui la pousse à pondre. Après la ponte, la femelle sort du nid par devant. Le mâle entre dans le nid et arrose les œufs de son sperme. Tout de suite après, apparemment parce qu'elle n'a plus l'abdomen proéminent qui inhibait son comportement agressif, il chasse la femelle de son territoire.

entre les comportements d'accouplement des mâles et des femelles. La différence tient au degré d'investissement parental que manifeste un partenaire potentiel. L'**investissement parental** correspond au temps et aux ressources qu'un individu doit consacrer à la production d'un petit. Les ovocytes de deuxième ordre sont généralement plus gros et bien plus coûteux à produire que les spermatozoïdes. La différence de taille entre les gamètes mâles et les gamètes femelles est beaucoup moins grande chez les Mammifères placentaires que chez les autres Animaux, mais la gestation représente pour les femelles un investissement de temps et d'énergie considérable. Chez la plupart des espèces, le mâle investit moins dans la reproduction que la femelle. Cette différence signifie que le mâle peut maximiser l'efficacité de sa reproduction en fécondant les œufs de nombreuses femelles. Par conséquent, le succès reproductif d'un mâle est souvent proportionnel au nombre de partenaires. Cela explique pourquoi la compétition entre mâles pour une partenaire est répandue dans le règne animal. En revanche, le succès reproductif de la femelle dépend moins du nombre de partenaires que de la vigueur du nombre limité de petits qu'elle peut produire. Cela explique pourquoi les femelles de nombreuses espèces animales se montrent si exigeantes dans le choix de leurs partenaires. La bonne qualité des mâles constitue la meilleure garantie d'une progéniture saine.

Cette distinction fondée sur l'investissement parental (compétition entre mâles et choix de la femelle) peut expliquer en grande partie les différences entre mâles et femelles quant à la morphologie et à la parade nuptiale. Dans certains cas, la compétition entre mâles a probablement contribué à l'apparition de comportements d'affrontement. Ces comportements peuvent même comporter l'utilisation d'armes. Ainsi, les Cervidés mâles se servent de leurs bois lorsqu'ils se battent pour une partenaire. Mais le choix des femelles semble avoir un effet encore plus déterminant sur la formation des caractères sexuels secondaires et sur les comportements de parade nuptiale des mâles. Par exemple, le tape-à-l'œil de la parade du Paon et d'autres oiseaux mâles au cours de la saison de reproduction a peu à voir avec la compétition directe entre mâles. Il sert plutôt à afficher une santé robuste et à impressionner les femelles exigeantes (voir la FIGURE 24.3).

Pour prendre un autre exemple de la façon dont le choix des femelles influe sur l'évolution des mâles, considérons la parade nuptiale des Mouches aux yeux pédonculés (*Cyrtodiopsis dalmanni*) (FIGURE 51.24). Les yeux de ces insectes sont situés aux extrémités de pédoncules qui sont plus longs chez les mâles que chez les femelles. Durant la parade nuptiale, le mâle se présente face à une femelle. Or, les chercheurs ont remarqué que les femelles s'accouplaient plus avec les mâles qui avaient des pédoncules oculaires assez longs. Ainsi, le choix des femelles a représenté un puissant facteur de sélection dans l'évolution de longs pédoncules oculaires chez les mâles. Mais pourquoi les femelles favoriseraient-elles ce caractère en apparence arbitraire? Les éthologistes ont établi une corrélation entre certains désordres génétiques chez les Mouches aux yeux pédonculés mâles et une incapacité à avoir de longs pédoncules oculaires. Cela confirme l'hypothèse selon laquelle les femelles choisissent leur partenaire en se fondant sur des caractéristiques qui sont de bons indicateurs de la qualité du mâle.

FIGURE 51.24 La Mouche aux yeux pédonculés (*Cyrtodiopsis dalmanni*).
Cet insecte de Malaisie possède des yeux à l'extrémité de pédoncules allongés. Les femelles choisissent habituellement des partenaires dont les pédoncules oculaires sont assez longs. Les pédoncules sont plus courts chez les mâles qui ont des anomalies génétiques.

Évidemment, la distinction entre la compétition des mâles et le choix des femelles s'estompe si l'on considère que les mâles entrent en compétition en rivalisant pour le choix des femelles, et pas seulement en s'affrontant. De plus, chez certaines espèces, ce sont les femelles qui sont en compétition directe pour des partenaires, et les mâles qui sont plus sélectifs. Cette situation est courante chez les espèces où les mâles s'occupent le plus des petits, ce qui accroît leur investissement parental. Dans le cas des Épinoches à trois épines, l'investissement des deux partenaires est important : la femelle, dans la production coûteuse des œufs et le mâle, dans la construction et la protection du nid. Si vous regardez de nouveau la FIGURE 51.23, vous verrez que dans son choix la femelle s'attache surtout aux détails de la parade nuptiale qui, s'ils sont bien exécutés, annoncent la capacité du mâle à prodiguer des soins parentaux, à cause de ses qualités génétiques.

Par conséquent, les détails de la parade nuptiale sont liés à l'évolution des espèces. Mais la fascinante variété de pas de danse, de chants et de stimulus visuels fait partie d'une théorie d'ensemble de la parade nuptiale qui considère la parade nuptiale comme un produit de la sélection sexuelle au cours de l'évolution. Selon cette théorie, des parades nuptiales spécifiques, comme d'autres comportements sociaux, sont apparues et se sont fixées parce qu'elles étaient le fait d'individus ayant le plus grand succès reproductif, ce qui augmentait la représentation des gènes pour ces comportements dans les populations.

Systèmes d'accouplement

Les relations entre mâles et femelles varient énormément dans le règne animal. Chez de nombreuses espèces, l'accouplement est fondé sur la **promiscuité** et les liens entre mâles et femelles ne sont ni forts ni durables. Les espèces où se forment des couples durables adoptent soit le système **monogame,** où les deux mêmes individus forment le couple, soit le système **polygame,** où un individu s'accouple avec plusieurs autres. La polygamie

prend le plus souvent la forme de la **polygynie,** qui est l'accouplement d'un mâle avec plusieurs femelles. Ce système s'explique par l'absence d'investissement parental mâle. Cependant, il existe des cas de **polyandrie,** c'est-à-dire d'accouplement d'une femelle avec plusieurs mâles.

Les besoins des petits sont un important facteur de l'évolution des systèmes d'accouplement. La plupart des oisillons n'ont aucune autonomie et ont des besoins nutritifs tels qu'un seul parent ne peut y pourvoir. Les mâles ont alors avantage, afin de favoriser la survie de leur progéniture, à aider une seule femelle. C'est pourquoi, sans doute, la plupart des Oiseaux sont monogames. Chez les Oiseaux dont les petits deviennent autonomes très tôt après la naissance, la monogamie perd de son importance. Les mâles maximisent alors leur succès reproductif en approchant plusieurs femelles. De fait, la polygynie est relativement répandue parmi ces espèces. Dans le cas des Mammifères, le lait de la femelle constitue la seule nourriture des petits. Les mâles ne jouent souvent aucun rôle. Quand ils protègent les femelles et les petits, ils entretiennent habituellement un harem.

La certitude de paternité est un autre des facteurs qui déterminent le système d'accouplement et les soins parentaux. Les petits ou les œufs d'une femelle contiennent forcément les gènes de la femelle. Mais, même chez les Animaux habituellement monogames, il y a toujours la possibilité que les rejetons proviennent d'un autre mâle que le mâle coutumier de la femelle. La certitude de paternité est relativement faible chez la plupart des espèces à fécondation interne, parce qu'un long délai sépare l'accouplement de la parturition (ou de la ponte). Telle est peut-être la raison pour laquelle les soins des petits relèvent très rarement des mâles chez les Oiseaux et les Mammifères. En revanche, la certitude de paternité est forte chez les espèces à fécondation externe, où la ponte et l'accouplement se font simultanément. Voilà peut-être pourquoi, parmi les espèces d'Invertébrés aquatiques, de Poissons et d'Amphibiens à fécondation externe, les soins parentaux, s'ils existent, proviennent autant des mâles que des femelles (FIGURE 51.25, p. 1248). Les résultats suivants confirment les hypothèses relatives à la certitude de paternité : les mâles s'occupent des jeunes dans seulement 2 (7 %) des 28 familles de Poissons et d'Amphibiens à fécondation interne, mais dans 61 (69 %) des 89 familles à fécondation externe. De nombreuses espèces de Poissons, même celles où les soins parentaux relèvent exclusivement du mâle, sont polygames, c'est-à-dire que plusieurs femelles pondent dans un nid construit par un seul mâle.

Il est important de souligner que l'expression *certitude de paternité* telle que l'emploient les éthologistes ne signifie pas que les Animaux ont conscience des facteurs qui interviennent dans leur comportement. Il existe un lien entre le comportement parental et la certitude de paternité parce que la sélection naturelle l'a favorisé au fil des générations.

Les interactions sociales dépendent de divers modes de communication

Définition du signal et de la communication chez les Animaux

Nous avons vu que dans leurs interactions sociales et leurs parades nuptiales les Animaux transmettaient de l'information par des comportements spéciaux appelés postures ou signaux.

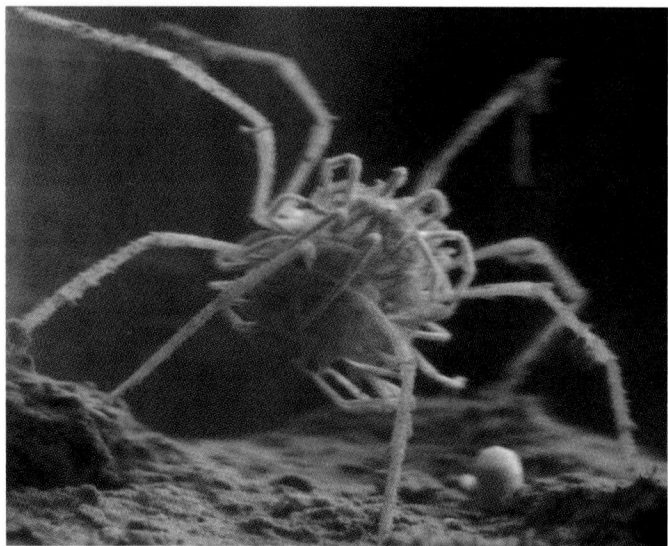

FIGURE 51.25 Soins paternels prodigués par un Pycnogonide.
Chez de nombreuses espèces d'Arthropodes marins appelés Pycnogonides et ressemblant à des araignées, le mâle utilise une paire d'appendices pour porter une boule d'œufs qu'il vient de féconder après leur libération par la femelle. Le mâle peut s'accoupler avec quelques femelles, dont il ajoute l'amas d'œufs aux œufs auxquels il prodigue déjà des soins. Cette photographie montre une espèce de Pycnogonide rare, en ce sens que les mâles continuent à transporter et à protéger leurs petits pendant quelque temps après l'éclosion.

En éthologie, un **signal** est un comportement qui provoque un changement de comportement chez un autre animal. Il présente la caractéristique de ne demander qu'une très petite dépense énergétique. La transmission et la réception d'un signal ainsi que la réponse qui en résulte constituent ce que l'on appelle la **communication.**

Le chant des Oiseaux mâles constitue un exemple de signal, car il transmet une information : « Ceci est mon territoire. Défense d'entrer ! » L'effet est que les autres mâles sont moins susceptibles d'empiéter sur le territoire. C'est certainement un message important du chant. Ainsi, si dans le territoire d'un mâle on fait entendre une cassette contenant les chants enregistrés d'un autre oiseau mâle, l'occupant du territoire s'agite, s'approche du haut-parleur et parfois même l'attaque. Un intrus a non seulement passé outre à ses avertissements, mais il a en plus revendiqué le territoire. Ce procédé simple est si infaillible que certains ornithologues amateurs y recourent pour débusquer et observer des oiseaux qui autrement resteraient cachés. Le « truc » de l'enregistrement fait ressortir une notion importante. Nous ne pouvons pas entrer dans le cerveau d'un animal pour déterminer s'il a reçu un message envoyé par un autre. Comment, alors, savoir quand une communication a eu lieu ? Nous convenons habituellement qu'il y a eu communication quand l'action d'un *émetteur* produit un changement détectable dans le comportement d'un autre individu, le *récepteur*. Le chant des Oiseaux est une communication parce qu'il provoque une réponse.

Les Animaux transmettent de l'information au moyen de signaux visuels, auditifs, chimiques (olfactifs), tactiles et électriques. Le genre de signal utilisé est étroitement lié au mode de vie de l'animal. Les Mammifères terrestres étant pour la plupart nocturnes, les signaux visuels sont relativement inefficaces pour eux. Mais les signaux olfactifs et auditifs se propagent aussi bien dans l'obscurité que dans la clarté. Ainsi, ce sont les plus courants chez les Mammifères. Les Oiseaux, au contraire, sont presque tous diurnes, et ils emploient principalement des signaux visuels et auditifs. Ils n'émettent presque jamais de signaux olfactifs, probablement parce qu'ils peuvent voler plus vite que les signaux chimiques ne se propagent. (On voit mal la valeur d'adaptation d'un système où l'émetteur arriverait avant son message.) Contrairement à la majorité des Mammifères, l'Humain est diurne et utilise la même communication visuelle et auditive que les Oiseaux. Par conséquent, nous détectons les chants et les couleurs vives avec lesquels les Oiseaux communiquent entre eux. Cela explique peut-être la grande popularité de l'observation des Oiseaux. Si l'Humain possédait l'odorat développé des autres Mammifères et pouvait détecter toute la gamme des signaux chimiques, le reniflement de Mammifères aurait peut-être autant d'adeptes que l'observation des Oiseaux.

Phéromones

Les Animaux qui communiquent par l'odeur produisent des signaux chimiques appelés **phéromones.** La sécrétion de phéromones est particulièrement répandue parmi les Mammifères et les Insectes. De plus, elle est fréquemment liée à la reproduction. Par exemple, chez les Bombyx du mûrier (*Bombyx mori*, papillon nocturne dont la larve fabrique de la soie), les femelles émettent une phéromone que les mâles peuvent sentir à plusieurs kilomètres de distance. Une fois que les Papillons sont réunis, les phéromones déclenchent les comportements de la parade nuptiale. Chez les Fourmis, les éclaireuses sécrètent des phéromones qui guident les autres membres de la colonie vers la nourriture trouvée (FIGURE 51.26).

Les Abeilles possèdent l'un des systèmes de communication les plus complexes, du moins chez les Invertébrés. Les phéromones produites par la reine et ses filles, les ouvrières, maintiennent l'ordre social dans la colonie d'abeilles. Des études récentes indiquent que chez les Abeilles, le comportement social et la reproduction sont régis par des mélanges variés de deux acides gras, et non par des substances chimiques pures. Le contexte dans lequel est transmis le signal chimique peut être aussi important que la substance chimique elle-même. Quand les

FIGURE 51.26 Fourmis de feu suivant une piste marquée aux phéromones. Quand une fourmi ouvrière de l'espèce *Solenopsis invicta* trouve de la nourriture en éclaireuse, elle marque la piste en retournant à la colonie de fourmis. Les autres travailleuses peuvent alors suivre la piste marquée aux phéromones pour retrouver l'emplacement de la nourriture. On a donné aux fourmis de cette espèce le nom de *Fourmis de feu* à cause de leur piqûre qui procure une sensation de brûlure intense.

mâles, ou faux-bourdons, sont à l'extérieur de la ruche (où ils peuvent s'accoupler avec une reine), ils sont attirés par les phéromones. Mais quand ils sont à l'intérieur, ils sont insensibles aux phéromones de la reine.

La danse des Abeilles

Pour que la communauté s'alimente avec un maximum d'efficacité, les ouvrières doivent indiquer à leurs congénères les endroits où il y a des fleurs, source de nourriture qui varie dans le temps et l'espace. Comment les Abeilles communiquent-elles ? L'étude de la communication chez les Abeilles a une longue et riche tradition de recherches expérimentales qui continuent à révéler de nouveaux éléments. Le zoologiste autrichien Karl von Frisch fut le premier à étudier le sujet, dans les années 1940. Il observa soigneusement des abeilles européennes (*Apis mellifera carnica*) à leur retour dans des ruches d'observation spéciales. Une fois revenue à la ruche, l'abeille éclaireuse devient rapidement le centre de l'attention des autres abeilles ouvrières (FIGURE 51.27a). Elle se livre à un comportement répétitif que von Frisch appela « danse ». Si la nourriture se trouve à moins de 50 m environ, elle fait une

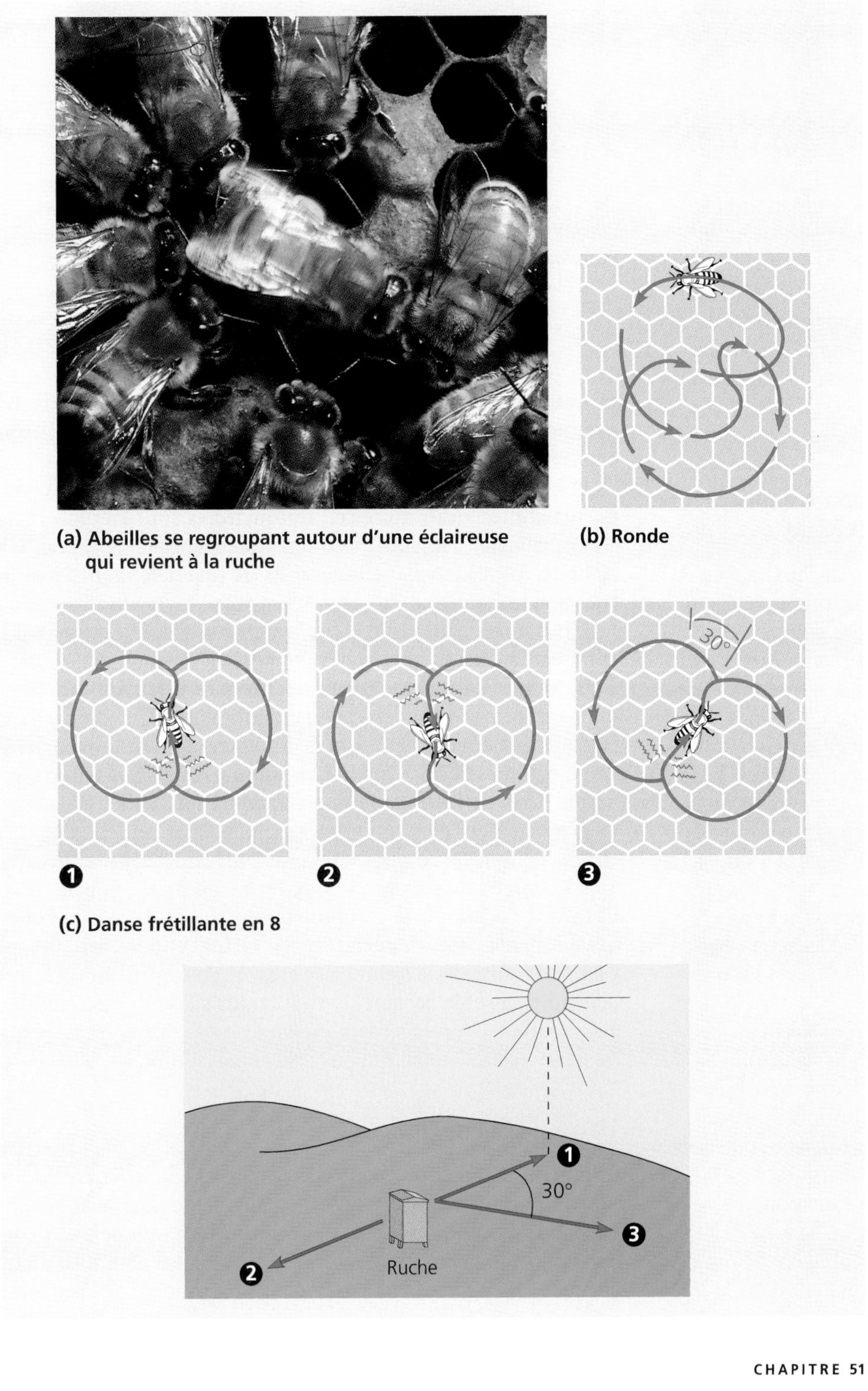

FIGURE 51.27 Communication chez les Abeilles : hypothèse. (a) Les abeilles ouvrières se regroupent autour d'une éclaireuse qui revient à la ruche après être allée butiner. **(b)** La ronde effectuée par l'éclaireuse indique que la nourriture est proche, mais ne fournit aucune indication sur la direction ni sur la distance. **(c)** La danse frétillante en 8 indique que la nourriture est éloignée. Elle prend la forme de deux ellipses ayant un segment commun. Selon l'hypothèse de von Frisch, la danse frétillante en 8 indique à la fois la distance et la direction. La durée et le nombre d'oscillations que l'abeille éclaireuse imprime à son abdomen en décrivant le segment central du 8, pendant la danse, expriment la distance : plus le nombre d'oscillations est élevé et plus ces oscillations durent, plus la nourriture est éloignée. L'angle que forme le segment central du 8 avec la façade de la ruche correspond à la direction. ❶ Par exemple, si l'éclaireuse trace le centre du 8 verticalement en montant, la nourriture se trouve dans la même direction que le Soleil. ❷ Si elle le trace vers le bas de la ruche, la nourriture se trouve dans la direction opposée au Soleil. ❸ Si elle décrit le segment en formant un angle de 30° à droite par rapport à la verticale, la nourriture se situe à 30° à droite du Soleil. Et ainsi de suite. L'odeur (phéromones) et les sons peuvent également transmettre des informations sur le type de nourriture et l'endroit où elle se trouve.

(a) Abeilles se regroupant autour d'une éclaireuse qui revient à la ruche

(b) Ronde

❶ ❷ ❸

(c) Danse frétillante en 8

30°

❶
❷
❸
Ruche

«ronde»: elle décrit de petits cercles en faisant frétiller son abdomen latéralement (FIGURE 51.27b). Souvent, elle régurgite un peu de nectar pour le faire goûter à ses compagnes. Les autres ouvrières, excitées par cette ronde, partent explorer les environs à la recherche de nourriture.

Toutefois, les Abeilles parcourent souvent de longues distances pour butiner, parfois plus de 5 km. Dans de tels cas, la ronde ne suffit pas à indiquer la direction et la distance aux autres ouvrières, pour leur permettre de repérer efficacement l'emplacement de la nourriture. Ainsi, l'éclaireuse qui revient de loin exécute une «danse frétillante en 8» (FIGURE 51.27c): elle décrit une ellipse dans une direction, puis une ligne droite, puis une autre ellipse dans la direction opposée. Cette danse semble indiquer à la fois la direction et la distance. L'angle que forme, avec la surface verticale de la ruche, le segment commun aux deux ellipses reproduit l'angle horizontal que forme l'emplacement de la nourriture avec la direction du Soleil. Par exemple, si le milieu du 8 et la verticale forment un angle de 30° vers la droite, les ouvrières se dirigeront à 30° à droite du Soleil sur le plan horizontal. Divers éléments de la danse frétillante en 8 indiquent à quelle distance se trouve la nourriture. Par exemple, si l'éclaireuse fait beaucoup frétiller son abdomen pendant qu'elle décrit le segment central du 8, cela indique que l'emplacement de la nourriture est éloigné. L'éclaireuse régurgite aussi du nectar lorsqu'elle effectue cette danse, de sorte que ses congénères «savent» quoi chercher, à quelle distance et dans quelle direction. Il existe également des preuves que les sons et les odeurs émanant de l'éclaireuse qui danse apportent des informations sur l'emplacement de la nourriture.

Le concept de valeur d'adaptation globale explique en grande partie le comportement altruiste

Presque tous Animaux ont des comportements sociaux égocentriques, c'est-à-dire qu'ils agissent dans leur propre intérêt, au détriment de l'intérêt des autres, notamment les compétiteurs. Un oiseau qui s'approprie un territoire prive ses congénères de l'espace en question et, si l'habitat vient à manquer, les empêche de se reproduire. Même chez les espèces peu enclines au comportement d'affrontement, la plupart des adaptations qui profitent à un individu nuisent indirectement aux autres. Par exemple, celui qui a les stratégies de quête de nourriture les plus efficaces laisse moins de nourriture aux autres. On comprend facilement la fréquence de l'égocentrisme si l'on admet que la sélection naturelle façonne le comportement. La sélection naturelle favorise les comportements qui maximisent le succès reproductif d'un individu, sans égard aux conséquences négatives que ces comportements ont pour un autre individu, une population locale ou même une espèce entière.

Comment, alors, expliquer les manifestations d'altruisme, ou comportements désintéressés? Il arrive que les Animaux accomplissent des actions qui compromettent leur propre bien-être mais bénéficient aux autres. C'est la définition fonctionnelle de l'**altruisme.** Considérons l'exemple du Spermophile de Belding (*Citellus beldingi*), rongeur qui vit dans les régions montagneuses de l'ouest des États-Unis et qui est pourchassé par les Coyotes (*Canis latrans*) et les Faucons (*Falco sp.*) (FIGURE 51.28). Si un prédateur arrive, le Spermophile de Belding pousse un cri d'alarme aigu, et les autres se cachent dans leur

FIGURE 51.28 Comportement altruiste du Spermophile de Belding (*Citellus beldingi*). En poussant un cri d'alarme, le Spermophile de Belding avertit les autres d'un danger, par exemple un prédateur qui s'approche. Presque tous les cris d'alarme sont émis par les femelles.

terrier. Des observations minutieuses ont confirmé que le cri augmentait le risque de capture, car il révèle la position de son émetteur.

Les sociétés d'Abeilles fournissent un autre exemple de comportement altruiste. En effet, les ouvrières sont stériles, mais travaillent pour le compte d'une reine unique qui, elle, est féconde. De plus, elles piquent les intrus, défendant ainsi la ruche au prix de leur vie.

L'Hétérocéphale glabre (*Heterocephalus glaber*), rongeur au comportement social très développé qui vit dans des galeries souterraines, en Afrique australe et du nord-est, manifeste aussi un comportement altruiste (FIGURE 51.29). Cet animal est presque totalement dépourvu de fourrure et presque aveugle. Il vit en colonies de 75 à 250 individus ou plus. Le Rat-taupe hottentot (*Cryptomys hottentotus*) a, quant à lui, de la fourrure et vit généralement en plus petites colonies. Chez les deux espèces, chaque colonie ne comporte qu'une seule femelle reproductrice, appelée reine, qui s'accouple avec un à trois mâles, appelés rois. Le reste de la colonie se compose de femelles et de mâles stériles qui fouillent le sol à la recherche de racines et de tubercules, et prennent soin de la reine, des rois et de la progéniture qui dépend encore de la reine. Les individus stériles sacrifient leur vie à essayer de protéger la reine ou les rois contre des serpents ou d'autres prédateurs qui envahissent la colonie.

Valeur d'adaptation globale

Comment un Hétérocéphale glabre, une Abeille ouvrière ou un Spermophile de Belding peuvent-ils augmenter leur adaptabilité en aidant d'autres membres de la population, qui peuvent être leurs plus proches compétiteurs? Comment un comportement altruiste, qui n'augmente pas le succès reproductif de l'individu

(a) Hétérocéphales glabres

(b) Rat-taupe hottentot

FIGURE 51.29 Deux espèces de Mammifères vivant en colonies.

(a) L'Hétérocéphale glabre (*Heterocephalus glaber*) vit en colonies, dans des galeries souterraines. Chaque colonie se compose d'une reine unique et de quelques rois, et souvent de centaines d'individus stériles. Dans la photographie, plusieurs individus stériles accomplissant toutes les tâches d'entretien de la colonie se regroupent autour de la reine et de ses petits. Les membres d'une colonie sont étroitement liés et forment une unité familiale.

(b) Le Rat-taupe hottentot (*Cryptomys hottentotus*), largement répandu en Afrique australe, est également un animal qui vit en colonies, comptant seulement une reine et quelques rois pour la reproduction. Cependant, en comparaison de celles des Hétérocéphales glabres, les colonies de Rats-taupes hottentots sont plus petites et plus diversifiées génétiquement.

et le réduit même dans certains cas, peut-il apparaître et se maintenir ? La sélection naturelle favorise les caractères anatomiques, physiologiques et comportementaux qui augmentent le succès reproductif. De plus, le succès reproductif assure la propagation des gènes qui détiennent l'information concernant ces caractères. Des parents qui sacrifient leur bien-être pour engendrer et aider des petits augmentent leur propre adaptabilité, car ils maximisent leur représentation génétique dans la population. Mais pourquoi un individu aiderait-il des parents proches qui ne sont pas ses petits ? Comme les parents et les petits, les frères et sœurs ont la moitié de leurs gènes en commun. Par conséquent, il peut être avantageux pour un animal d'aider ses parents à produire d'autres petits ou d'aider directement ses frères et sœurs. Le biologiste évolutionniste William Hamilton fut le premier à se rendre compte que les Animaux pouvaient augmenter leur représentation génétique dans la génération suivante en aidant de manière « altruiste » des parents proches qui ne sont pas leurs descendants. De cette constatation naquit le concept de **valeur d'adaptation globale,** qui se définit comme l'effet global qu'a un individu sur la prolifération de ses gènes en produisant une descendance *et* en fournissant une aide qui permet à ses proches parents de se reproduire aussi.

Règle d'Hamilton et sélection parentale

Hamilton a proposé une mesure quantitative pour prédire à quel moment la sélection naturelle favoriserait les actions altruistes chez des individus qui sont des parents proches. Les trois variables clés dans un acte altruiste sont le bénéfice qu'en tire l'individu bénéficiaire (B), le coût pour l'individu altruiste (C) et le coefficient de parenté (r, pour relation parentale). Le bénéfice et le coût mesurent chacun la variation du nombre moyen de descendants produits respectivement par le bénéficiaire et par l'altruiste, et résultant d'un acte altruiste. Par conséquent, le bénéfice B est le nombre moyen de descendants supplémentaires que le bénéficiaire d'un acte altruiste produit ; et le coût C est le nombre de descendants en moins de l'altruiste. Supposons, par exemple, que les individus d'une population humaine comptent en moyenne deux enfants chacun. Considérons alors deux frères qui ont à peu près le même âge, peuvent se reproduire et ont la même fertilité, mais n'ont pas encore de descendants. L'un des deux jeunes hommes est sur le point de se noyer dans une mer agitée. Son frère risque sa propre vie en nageant et en le ramenant sain et sauf. Le bénéfice du frère qui a failli se noyer et qui a tiré profit de l'acte altruiste est de deux descendants. En effet, s'il s'était noyé, son efficacité de reproduction aurait été nulle. Le coût pour le frère héroïque dépend des risques qu'il a courus, pour sa propre vie, dans le sauvetage de son frère. Supposons que dans ce genre de vagues, un nageur moyen ait 5 % de risques de se noyer. Le coût de l'altruisme est alors de 5 % par rapport au nombre de descendants auquel on s'attendrait si l'altruiste n'avait pas fait son sauvetage risqué. Le coût est donc de 0,05 × 2, c'est-à-dire de 0,1.

Nous savons ainsi que $B = 2{,}0$ et que $C = 0{,}1$ pour cet acte d'altruisme hypothétique. Mais que vaut le coefficient de parenté r ? Le **coefficient de parenté** est la probabilité qu'un individu ait reçu un gène précis d'un parent ou d'un ancêtre commun à lui-même et à un autre individu. Entre deux frères, tout gène de l'un a 50 % de chances d'être présent aussi chez l'autre. Par conséquent, *r* est de 0,5. Une révision de la séparation des chromosomes homologues, qui a lieu quand des parents produisent des gamètes par méiose, permet de comprendre ce calcul (FIGURE 51.30 ; voir aussi le chapitre 13).

Nous pouvons alors utiliser les valeurs de *B*, *C* et *r* pour voir si la sélection naturelle favorise l'acte altruiste de notre scénario fictif. La sélection naturelle favorise l'altruisme si :

$$rB > C$$

Cette inégalité est appelée **règle d'Hamilton.** Pour que la sélection naturelle favorise un acte altruiste, il faut que le bénéfice de l'individu qui tire avantage de cet acte multiplié par le coefficient de parenté soit supérieur au coût de l'altruisme. Dans le cas étudié, $rB = 0,5 \times 2 = 1$ et $C = 0,1$. Ainsi, la règle d'Hamilton est satisfaite, ce qui signifie que la sélection naturelle favoriserait cet acte altruiste d'un individu qui sauve la vie de son frère. L'altruiste transmettra en général chacun de ses gènes à un plus grand nombre de descendants s'il tente le sauvetage que s'il ne le fait pas. (Et parmi ses gènes, certains peuvent en fait contribuer au comportement altruiste et sont aussi transmis.) La sélection naturelle qui favorise cette sorte de comportement altruiste en accroissant le succès reproductif de parents est appelée **sélection parentale.**

La sélection parentale s'affaiblit lorsque le lien de parenté est plus lointain. Ainsi, alors que le coefficient de parenté *r* entre frères et sœurs est de 0,5, il est de 0,25 (1/4) entre une tante et une nièce et de 0,125 (1/8) entre des cousins germains. Notez qu'à mesure que le degré de parenté diminue, le terme *rB* de l'inégalité d'Hamilton diminue également. La sélection naturelle favoriserait-elle notre excellent nageur s'il sauvait son cousin ?

Pour cet acte altruiste, $rB = 0,125 \times 2 = 0,25$. Heureusement pour ce cousin qui est en train de se noyer, ce chiffre est encore beaucoup plus grand que $C = 0,1$, le coût de l'altruisme. Évidemment, le degré de risque que prend l'altruiste entre également en ligne de compte. Ainsi, si le sauveteur potentiel est un piètre nageur, il peut avoir 50 % de risques de se noyer, au lieu du 5 % pour un bon nageur. Dans ce cas, le coût de l'altruisme serait de $0,5 \times 2 = 1$. Cette valeur est supérieure au 0,25 que nous avons calculé pour *rB* lorsque c'est le cousin qui se noie. Du point de vue strict de la sélection naturelle, il vaut alors mieux qu'un surveillant de baignade soit tout près. Mais on sait très bien qu'un Humain qui a certaines valeurs morales fera fi de la règle d'Hamilton s'il sait qu'il a une chance de sauver la vie d'une personne.

Si la sélection parentale explique l'altruisme des Animaux, alors les comportements désintéressés que nous observons devraient avoir lieu entre parents proches. C'est effectivement ce qui se produit, mais selon des modalités complexes. Ainsi, chez les Spermophiles de Belding (voir la FIGURE 51.28) comme chez la plupart des Mammifères, les femelles s'établissent à proximité de leur lieu de naissance, tandis que les mâles s'en éloignent. Par conséquent, seules les femelles ont des chances de vivre près d'individus étroitement apparentés, et presque tous les signaux d'alarme proviennent d'elles (FIGURE 51.31). Toutefois, une femelle qui n'a plus de parents proches donne rarement de signaux d'alarme. Dans le cas des Abeilles, les ouvrières sont stériles, et tout ce qu'elles font pour le bénéfice de la ruche entière profite au seul membre permanent fécond, la reine, qui est leur mère.

Dans le cas de l'Hétérocéphale glabre, les analyses d'ADN ont montré que tous les individus d'une colonie étaient parents proches. Génétiquement, il semble bien que la reine soit la sœur, la fille ou la mère des rois, et que les congénères stériles soient les descendants directs de la reine ou ses frères et sœurs (voir la FIGURE 51.29a). Par conséquent, quand un individu stérile augmente les chances de reproduction d'une reine ou

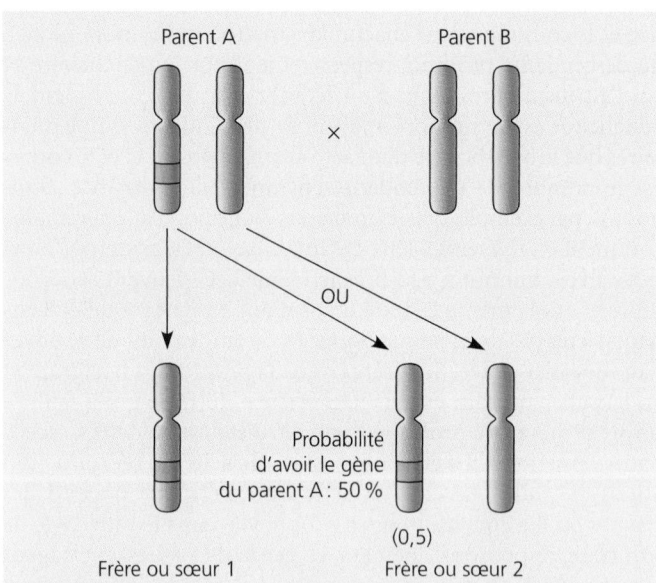

FIGURE 51.30 Le coefficient de parenté entre frères et sœurs est de 0,5. La bande rouge indique la position d'un gène donné sur une paire de chromosomes homologues, chez un parent. Comme c'est le seul gène que nous allons suivre, nous ne tenons pas compte des chromosomes correspondants chez l'autre parent dans le calcul du coefficient de parenté *r*. Le frère ou la sœur 1 a hérité du gène du parent A que nous suivons. Il y a une probabilité de 50 % que le frère ou la sœur 2 hérite aussi de ce gène du parent A. Le coefficient de parenté entre les deux frères ou sœurs est de 50 %, ou 0,5.

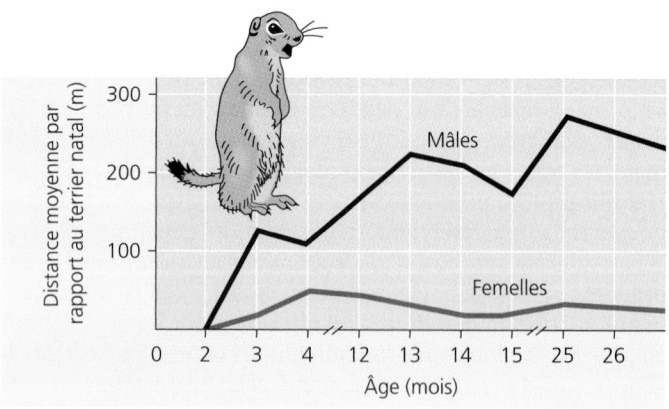

FIGURE 51.31 Sélection parentale et altruisme chez le Spermatophile de Belding (*Citellus beldingi*). Ce graphique sert à expliquer les différences entre les Spermatophiles de Belding mâles et les Spermatophiles de Belding femelles en matière de comportement altruiste. Une fois sevrés, les mâles s'établissent loin de leur lieu de naissance, tandis que les femelles restent à proximité. Par conséquent, les femelles ont plus de chances que les mâles de côtoyer des parents proches, et elles augmentent leur valeur d'adaptation globale en les prévenant du danger.

d'un roi, il augmente les chances que des gènes identiques aux siens soient transmis à la génération suivante. Le scénario pour le Rat-taupe hottentot semble différent (voir la FIGURE 51.29b). En effet, certains individus peuvent passer d'une colonie à l'autre, ce qui les diversifie du point de vue génétique et diminue les occasions de sélection parentale.

Certains chercheurs avancent que, dans des situations de pénurie, les Hétérocéphales glabres et les Rats-taupes hottentots n'obtiennent suffisamment de nourriture pour survivre qu'en vivant en groupes coopératifs. Tant pour les uns que pour les autres, le comportement de coopération favorise le creusement de galeries et la recherche sous terre de racines et de tubercules, facteurs qui permettent à ces deux espèces d'habiter des régions arides. Trois autres espèces de Rats-taupes, qui ne vivent pas en colonies, habitent des régions où l'eau et les autres ressources abondent. Par conséquent, la limitation des ressources est à la base, du point de vue de l'évolution, de la vie en colonies chez ces Mammifères. Elle est peut-être le résultat de l'évolution du type de comportement altruiste que l'on rencontre chez l'Hétérocéphale glabre.

Il arrive que les Animaux manifestent de l'altruisme envers des individus avec lesquels ils ne sont pas apparentés. On voit ainsi des Babouins aider un congénère dans un combat et des Loups offrir de la nourriture à des individus qui n'appartiennent pas à leur famille. Ce comportement est adaptatif dans la mesure où l'individu altruiste en bénéficie ultérieurement. On traduit cet échange d'aide par l'expression **altruisme réciproque** et on l'invoque fréquemment pour expliquer l'altruisme de l'Humain. L'altruisme réciproque est rare chez les Animaux. Il ne s'observe que chez les espèces qui forment des groupes sociaux assez stables pour que les individus aient de nombreuses occasions de s'aider mutuellement. Vraisemblablement, tout comportement qui semble altruiste augmente d'une quelconque manière la valeur d'adaptation.

La sociobiologie associe la théorie de l'évolution à la culture humaine

Rappelez-vous que la principale prémisse de la sociobiologie est que certaines caractéristiques du comportement existent parce qu'elles sont l'expression de gènes qui ont été perpétués par la sélection naturelle. Dans le dernier chapitre de son livre, *Sociobiology: The New Synthesis*, E. O. Wilson s'interroge sur l'origine, dans l'évolution, de certains comportements sociaux de l'Humain, notamment la culture. Le lien entre l'évolution biologique et la culture humaine fait encore l'objet d'un vif débat.

La gamme des comportements sociaux possibles est peut-être circonscrite par notre potentiel génétique, mais cela ne veut pas dire que les gènes déterminent le comportement de manière rigide, loin de là. Ce sujet est au cœur du débat sur la sociobiologie. Les opposants à la sociobiologie craignent qu'une interprétation sociobiologique du comportement humain puisse servir à justifier le *statu quo* dans la société humaine, et ainsi les injustices sociales actuelles. Les sociobiologistes, quant à eux, soutiennent qu'il s'agit là d'une simplification excessive et d'une méprise sur ce que les données nous apprennent à propos de la biologie humaine. La sociobiologie ne nous ramène pas au rang de robots sortis d'un moule génétique unique et rigide. Les caractères anatomiques varient énormément entre les individus,

et il devrait en être de même pour le comportement. De plus, bien que nos génotypes soient immuables, notre système nerveux, lui, est souple. Le passage du génotype au phénotype est soumis à l'influence du milieu pour les caractères physiques et, dans une plus large mesure encore, pour les caractères comportementaux. Étant donné notre capacité d'apprentissage et notre polyvalence, notre comportement est sans doute plus malléable que celui de tout autre animal. Au cours de notre évolution récente, nous avons construit des sociétés qui, avec leurs gouvernements, leurs lois, leurs valeurs culturelles et leurs religions, permettent certains comportements et en interdisent d'autres, même si ces derniers ont le potentiel d'augmenter l'adaptabilité d'un individu. Ce sont peut-être nos institutions sociales et culturelles qui nous différencient vraiment du reste du monde vivant. Il se pourrait fort bien que ces institutions soient la seule caractéristique qui ne s'inscrive pas dans un continuum entre l'Humain et les Animaux (FIGURE 51.32).

■   ■   ■

Dans ce chapitre, nous avons étudié le rôle du comportement dans l'interaction entre les Animaux et leur milieu. Nous avons insisté sur les mécanismes immédiats du comportement et sur la façon dont des modèles de comportements particuliers contribuent à la survie d'un animal et à son succès reproductif. Lorsque l'on étudie le comportement d'un animal, on l'observe sur une scène écologique, dans une situation où l'évolution détermine, par la sélection naturelle, quels individus contribuent au patrimoine génétique d'une population par le plus grand nombre de gènes. Dans le prochain chapitre, nous nous pencherons sur les populations en tant qu'unités écologiques et évolutives.

FIGURE 51.32 Les gènes *et* la culture font la nature humaine. L'enseignement donné aux jeunes par les plus âgés est l'un des principaux modes de transmission de la culture. Selon les sociobiologistes, l'enseignement est une tendance innée et adaptative qui est apparue au cours de l'évolution.

RÉVISION DU CHAPITRE

Résumé des concepts importants

INTRODUCTION AU COMPORTEMENT ET À L'ÉTHOLOGIE

- **Qu'est-ce que le comportement ?** (p. 1226). Le comportement consiste en grande partie en des activités observables générées par des muscles.

- **Les causes immédiates et les causes ultimes du comportement** (p. 1226). Les causes immédiates comprennent les stimulus hormonaux, nerveux et environnementaux qui provoquent un comportement particulier au cours de la vie d'un animal. Les causes ultimes sont les raisons pour lesquelles le comportement s'est modifié au cours de l'évolution.

- **Le comportement résulte de l'inné et de l'acquis** (p. 1226 à 1228, FIGURE 51.1). Les gènes et l'environnement influent sur l'apparition et l'évolution du comportement d'un individu.

- **Le comportement inné est stéréotypé** (p. 1228). Un comportement inné se manifeste chez tous les individus d'une population, quelles que soient les différences individuelles quant à l'expérience.

- **L'éthologie classique a légué une approche évolutionniste à la biologie du comportement** (p.1228 à 1233, FIGURES 51.2 à 51.7). Les premiers éthologistes ont axé leurs recherches sur les comportements stéréotypés, essentiellement sur des séries d'actes qui se déroulent toujours de la même manière et qu'un animal termine habituellement une fois qu'un stimulus sensoriel externe (déclencheur) les a amorcées. L'éthologie se fonde sur la théorie selon laquelle les Animaux augmentent par leurs comportements leur adaptabilité darwinienne (succès reproductif).

L'APPRENTISSAGE

- **L'apprentissage est une modification du comportement par l'expérience** (p. 1233 et 1234, FIGURE 51.8). L'apprentissage est une modification du comportement qui est provoquée par des expériences particulières. Cependant, l'amélioration d'un comportement peut résulter de la maturation plutôt que de l'apprentissage. L'habituation est une forme élémentaire d'apprentissage consistant en une diminution de la sensibilité aux stimulus qui sont sans importance.

- **L'imprégnation est un apprentissage limité à une période critique** (p.1234 et 1235, FIGURE 51.9). Chez divers Animaux, un processus d'imprégnation permet de reconnaître les partenaires sexuels de même que les parents.

- **Le chant des Oiseaux fournit un modèle pour la compréhension de l'apparition et de l'évolution d'un comportement** (p. 1235 à 1237, FIGURE 51.10). Les biologistes ont décrit deux modes d'apprentissage pour un chant d'oiseau. Le premier est l'apprentissage au cours d'une période critique (chez le Bruant à couronne blanche, par exemple). Le second est un apprentissage ouvert (chez le Serin du Mozambique, par exemple) dans lequel l'oiseau ajoute chaque année de nouvelles composantes à son chant.

- **De nombreux animaux apprennent à associer un stimulus à un autre** (p. 1237, FIGURE 51.11). L'apprentissage associatif consiste à associer deux stimulus. Dans le conditionnement opérant, ou apprentissage par essais et erreurs, l'animal apprend à associer l'un de ses comportements à une récompense ou à une punition, et modifie son comportement en conséquence.

- **L'expérience et l'exercice sont les finalités du jeu** (p. 1237 et 1238, FIGURE 51.12). Le jeu permet de s'entraîner aux comportements de survie tels que la chasse et de satisfaire le besoin d'exercice.

LA COGNITION ANIMALE

- **L'étude de la cognition associe une fonction du système nerveux et un comportement** (p. 1238, FIGURE 51.13). La cognition est la capacité qu'a le système nerveux d'un animal à percevoir, à emmagasiner, à traiter et à utiliser les informations recueillies par les récepteurs sensoriels.

- **Les Animaux utilisent divers mécanismes cognitifs durant leurs déplacements** (p. 1239 à 1241, FIGURES 51.14 à 51.16). De nombreux Animaux s'orientent dans l'espace en mémorisant des points de repères. Certains utilisent un mécanisme de navigation plus puissant : une carte cognitive, qui est une représentation interne de relations spatiales entre les objets de l'environnement. Certains oiseaux migrateurs et d'autres animaux utilisent la navigation en combinant plusieurs données : le champ magnétique de la Terre, et la position du Soleil et des étoiles.

- **L'étude de la conscience constitue un défi unique pour les scientifiques** (p. 1241 et 1242, FIGURE 51.17). L'existence d'une conscience et d'une pensée chez les Animaux fait l'objet d'un débat.

COMPORTEMENT SOCIAL ET SOCIOBIOLOGIE

- **La sociobiologie situe le comportement social dans le contexte de l'évolution** (p. 1242). Le comportement social englobe toute la gamme des interactions entre deux ou plusieurs animaux, généralement de la même espèce.

- **Les comportements sociaux compétitifs se manifestent souvent dans des luttes pour les ressources** (p. 1242 à 1245, FIGURES 51.18 à 51.22). Un comportement d'affrontement survient dans un combat au cours duquel l'un des compétiteurs a l'avantage et obtient ainsi l'accès à une ressource limitée, comme la nourriture ou un partenaire sexuel. Certains animaux établissent un ordre hiérarchique dans lequel les individus haut placés ont un accès privilégié aux ressources. La territorialité est un comportement dans lequel l'animal défend un endroit particulier et fixe de son espace vital contre l'intrusion d'autres animaux de la même espèce.

- **La sélection naturelle favorise le comportement d'accouplement qui maximise la quantité de partenaires ou leur qualité** (p. 1245 à 1248, FIGURES 51.23 à 51.25). La parade nuptiale permet à deux individus de savoir qu'ils sont de la même espèce et qu'ils sont prêts pour la reproduction. C'est de la sélection sexuelle, en particulier du choix d'un mâle par la femelle, que dépend son exécution complète. Au cours de la parade nuptiale, un mâle montre sa qualité génétique et sa disponibilité à s'occuper des petits (chez les espèces qui pratiquent des soins parentaux). Le système d'accouplement d'une espèce est la façon dont les mâles et les femelles s'associent pour la reproduction. Il peut être fondé sur la promiscuité, être monogame ou polygame. Il est déterminé en partie par l'investissement parental des mâles et des femelles.

- Les interactions sociales dépendent de divers modes de communication (p. 1247 à 1250, FIGURES 51.26 et 51.27). Les Animaux communiquent au moyen de signaux. Le comportement d'un individu provoque alors un changement de comportement chez un autre.

- Le concept de valeur d'adaptation globale explique en grande partie le comportement altruiste (p. 1250 à 1253, FIGURES 51.28 à 51.31). L'altruisme se manifeste entre des individus apparentés et s'explique par le concept de valeur d'adaptation globale, ou sélection parentale : les gènes accroissent leur propagation en forçant les organismes à prendre soin de ceux qui partagent ces gènes avec eux. La règle d'Hamilton fournit un outil quantitatif pour évaluer si la sélection naturelle favorise un acte d'altruisme en particulier.

- La sociobiologie associe la théorie de l'évolution à la culture humaine (p. 1253, FIGURE 51.32). La sociobiologie soutient que l'évolution permet de comprendre de nombreux comportements sociaux humains.

Autoévaluation

(*Les questions dont les numéros sont en caractères gras font surtout appel à la compréhension.*)

1. Les Abeilles détectent des couleurs et des odeurs que nous sommes incapables de percevoir. Mais elles ont une ouïe peu développée, contrairement à de nombreux Insectes. Lequel des énoncés suivants est le plus conforme au point de vue de l'éthologie ?
   a) Les Abeilles sont trop petites pour avoir de bonnes oreilles.
   b) L'audition ne doit pas contribuer beaucoup à l'adaptabilité des Abeilles.
   c) Si une abeille pouvait entendre, son minuscule cerveau serait submergé par l'information auditive.
   d) Ce phénomène est un exemple de cause immédiate.
   e) Si les Abeilles pouvaient entendre, le bruit de la ruche les distrairait de leur travail.

2. La controverse de l'inné et de l'acquis porte sur :
   a) la distinction entre les causes immédiates et les causes ultimes du comportement.
   b) le rôle des gènes dans l'apprentissage.
   c) l'existence de pensées et de sentiments conscients chez les Animaux.
   d) la part des connaissances inscrites dans les gènes et celle de l'apprentissage dans le comportement animal.
   e) l'importance des soins donnés aux petits.

3. Selon l'inéquation $rB > C$, appelée règle d'Hamilton :
   a) la sélection naturelle ne peut pas favoriser l'altruisme si l'altruiste perd la vie.
   b) la sélection naturelle favorise les actes altruistes quand l'avantage du bénéficiaire multiplié par le coefficient de parenté est supérieur au coût de l'altruisme.
   c) la sélection naturelle favorise davantage les actes altruistes dont bénéficie un descendant que ceux dont bénéficient un frère ou une sœur.
   d) la sélection parentale est un facteur de sélection plus puissant que le succès reproductif individuel favorisé par la sélection naturelle.
   e) l'altruisme doit toujours être réciproque.

4. La femelle du Chevalier grivelé (*Actitis macularia*) courtise des mâles de façon agressive, puis, après l'accouplement, laisse le mâle assurer l'incubation de la couvée. Elle peut répéter cela plusieurs fois avec différents partenaires, jusqu'à ce qu'il n'y ait plus de mâles disponibles. Cela l'oblige alors à assurer l'incubation de sa dernière couvée. Tous les termes suivants décrivent ce comportement, *sauf* :
   a) Polygamie.
   b) Polyandrie.
   c) Polygynie.
   d) Promiscuité.
   e) Investissement parental.

5. Laquelle des situations suivantes a le *moins* de chances de faire intervenir la cognition ?
   a) La navigation d'un oiseau durant la migration saisonnière.
   b) Le fait de prendre conscience des soins que votre voisin apporte à sa pelouse.
   c) La territorialité.
   d) La rhéotaxie positive d'un poisson dans un courant.
   e) Une stratégie optimale de quête de nourriture.

6. Lequel des énoncés suivants *ne* s'applique *pas* au comportement d'affrontement ?
   a) Il s'observe surtout entre membres d'une même espèce.
   b) Il peut servir à la prise et à la défense d'un territoire.
   c) Il est souvent ritualisé et ne cause de torts graves ni au gagnant ni au perdant.
   d) C'est un comportement propre aux mâles.
   e) Il peut servir à établir un ordre hiérarchique.

7. Un chercheur a découvert que, chez le Serin du Mozambique, une région du prosencéphale rapetisse et se régénère à chaque saison de reproduction. Cette découverte permet d'établir une corrélation avec :
   a) la phase de modification du chant qui donne un nouveau chant, plus complexe chaque année.
   b) la fixation du chant adulte à partir du pré-chant que les Serins du Mozambique produisent quand ils apprennent à chanter la première fois.
   c) la période critique au cours de laquelle le parent mâle s'associe à de nouveaux petits.
   d) le renouvellement des activités de construction d'un nid et de reproduction chaque printemps.
   e) la période critique au cours de laquelle les Serins du Mozambique apprennent un modèle de chant propre à leur espèce.

8. La sociobiologie dit essentiellement que :
   a) le comportement humain est prédéterminé de manière rigide par l'hérédité.
   b) l'Humain ne peut pas apprendre à modifier son comportement social.
   c) de nombreux aspects du comportement social ont leur origine dans l'évolution.
   d) le comportement social de l'Humain est comparable à celui des Abeilles.
   e) le milieu a plus d'influence que les gènes sur le comportement humain.

9. Lequel des énoncés suivants est un exemple d'habituation ?
   a) On remarque que les Rorquals à bosse (*Megaptera novæangliæ*) migrant d'Hawaï vers l'Alaska ont des chants qui ont d'abord été entendus chez les Rorquals à bosse migrant entre l'Alaska et la Basse-Californie.
   b) Les Épinoches à trois épines (*Gasterosteus aculeatus*) essaient d'attaquer tout objet de couleur rouge qui passe près de leur aquarium.
   c) Les Pélicans bruns (*Pelecanus occidentalis*) adultes réussissent mieux à capturer les poissons que les jeunes.
   d) Les Parulines à tête cendrée (*Dendroica magnolia*) femelles assurent l'incubation des œufs de Vachers à tête brune (*Molothrus ater*) dans leur nid.
   e) Les poissons d'aquarium sont d'abord effarouchés quand ils se cognent à la paroi de verre, puis y sont indifférents.

10. Une abeille qui a trouvé de la nourriture revient à la ruche. Elle exécute alors une danse frétillante en 8 dont le segment central est orienté perpendiculairement par rapport à la surface verticale, et vers la gauche. Cela signifie que la nourriture se situe :
   a) à 90° à gauche de la ruche.
   b) à 90° à gauche de la ligne qui relie la ruche au Soleil.
   c) à 90° à droite de la ligne qui relie la ruche au Soleil.
   d) au-dessus de la ruche et un peu à gauche.
   e) tout près de la ruche.

11. Quand vous touchez une plaque chauffante, vous avez un mouvement de recul avec votre bras. Quelles sont les causes immédiates et ultimes de ce comportement ?

12. Qu'est-ce que l'éthologie ?

13. Pourquoi l'étude du comportement est-elle pertinente en écologie ?

14. Pourquoi un mécanisme d'intégration du temps est-il essentiel à la navigation astronomique ?

15. Concernant les causes ultimes, pourquoi l'expression « se battre jusqu'à la mort » n'est-elle pas une forme habituelle de comportement d'affrontement chez les Animaux ?

16. Comment l'adaptabilité d'un oiseau femelle est-elle associée à sa capacité à choisir un mâle en se fondant sur les signaux et les parures qui mettent en évidence la vigueur du mâle ?

17. Quelle est la cause ultime du comportement altruiste que peuvent avoir des parents ?

Lien avec l'évolution

Dans les activités humaines, on explique souvent notre comportement en termes de sentiments subjectifs, de motifs ou de raisons. Au contraire, les explications fondées sur l'évolution font intervenir l'adaptabilité reproductive. Quelle est la relation entre les deux types d'explications ? Par exemple, pour un comportement comme « tomber amoureux », une explication humaine est-elle incompatible avec une explication fondée sur l'évolution ? Le fait de tomber amoureux est-il plus ou moins sensé (ou ni l'un ni l'autre) s'il a des origines dans l'évolution ?

Intégration

Les individus de plusieurs espèces d'oiseaux marins nichent très près les uns des autres, sur des plateaux d'îles, par exemple celui de l'île Bonaventure, au Québec. Les Goélands argentés (*Larus argentatus*), eux, espacent beaucoup leurs nids. Les Mouettes tridactyles (*Rissa tridactyla*) nichent à flanc de falaise. Proposez des expériences qui vous permettraient de déterminer si ces oiseaux subissent une imprégnation envers leurs œufs ou leurs petits. Selon vous, lesquels de ces oiseaux subissent une imprégnation envers leurs œufs ? Envers leurs petits ? Dites pourquoi.

Science, technologie et société

Les chercheurs s'intéressent beaucoup aux jumeaux identiques qui ont été élevés séparément dès la naissance. Jusqu'à présent, les données obtenues donnent à penser que les jumeaux ont beaucoup plus de points en commun que ne le croyaient les chercheurs. Leur personnalité, leur manière d'être, leurs habitudes et leurs intérêts se ressemblent. Selon vous, à quelle question générale les chercheurs espèrent-ils répondre en étudiant des jumeaux élevés séparément ? Pourquoi les jumeaux font-ils de bons sujets pour ce genre de recherche ? Quelles réflexions vous inspirent les résultats obtenus ? Quels dangers ce genre de recherche recèle-t-il ? Quels abus pourrait-on commettre si l'on n'évaluait pas de façon critique ces études et si on les citait à la légère pour défendre une certaine politique sociale ?

Réponses à l'autoévaluation : 1. b ; 2. d ; 3. b ; 4. c ; 5. d ; 6. d ; 7. a ; 8. c ; 9. e ; 10. b ; 11. La cause immédiate est un simple réflexe, une voie nerveuse reliant la stimulation des récepteurs du doigt à une réponse motrice des muscles du bras et de la main ; la cause ultime est la sélection naturelle pour un comportement qui minimise les blessures et contribue ainsi à la survie et au succès reproductif. 12. La recherche des causes ultimes des comportements, du fondement, dans l'évolution, des comportements qui accroissent le succès reproductif. 13. L'écologie est l'étude des relations entre les organismes vivants et leur milieu. Or, le comportement d'un animal fait partie de cette communication entre les organismes et leur milieu. 14. Parce que la position des étoiles change avec le temps et les saisons. 15. Parce que la posture ritualisée ou le combat non mortel peuvent généralement désigner un gagnant sans qu'il y ait de blessures responsables d'une diminution du potentiel reproductif chez le gagnant et sans qu'il y ait suppression pure et simple de ce potentiel chez le perdant. 16. Elle a plus de chances d'avoir des descendants sains en s'accouplant avec un mâle vigoureux qu'avec un autre qui ne l'est pas. 17. La sélection naturelle renforce le comportement altruiste en favorisant le succès reproductif d'individus qui sont proches parents et partagent de nombreux gènes avec l'altruiste, y compris le gène de l'altruisme.

CHAPITRE 52

L'ÉCOLOGIE DES POPULATIONS

« Tous les espoirs sont permis à l'Homme,
même celui de disparaître. »

JEAN ROSTAND
biologiste et écrivain français (1894-1977)

LES CARACTÉRISTIQUES DES POPULATIONS

- Toute population présente deux caractéristiques importantes :
une densité et une distribution
- La démographie est l'étude des facteurs qui influent sur
l'accroissement et la diminution des populations

LES CYCLES BIOLOGIQUES

- Les cycles biologiques sont extrêmement divers, mais de cette
diversité se dégagent des modalités
- Des ressources limitées obligent à des compromis d'investissement
entre la reproduction et la survie

L'ACCROISSEMENT DÉMOGRAPHIQUE

- Le modèle exponentiel d'accroissement démographique décrit une
population idéale dans un environnement aux ressources illimitées
- Le modèle logistique d'accroissement démographique intègre
la notion de capacité limite du milieu

LES FACTEURS QUI LIMITENT
LA TAILLE DES POPULATIONS

- La rétro-inhibition empêche un accroissement démographique
illimité
- La dynamique des populations repose sur une interaction complexe
d'influences biotiques et abiotiques
- Certaines populations connaissent des cycles réguliers d'accroissement
et de diminution

L'ACCROISSEMENT DE LA POPULATION HUMAINE

- La population humaine s'accroît de manière presque exponentielle
depuis trois siècles, mais ne peut continuer ainsi indéfiniment
- L'estimation de la capacité limite de la Terre est un problème
complexe

L'*accroissement démographique et les activités de la population humaine comptent parmi les problèmes les plus importants sur la Terre. Nous sommes déjà (selon les chiffres du début de l'année 2003) environ 6,25 milliards sur la planète et nous avons besoin d'énormes quantités de matières et de beaucoup d'espace pour nous loger, pour produire notre nourriture et pour éliminer nos déchets. Nous nous sommes répandus partout sur la Terre, nous avons rendu l'environnement inhabitable pour de nombreuses autres espèces et, aujourd'hui, nous risquons d'en faire autant pour nous-mêmes.*

Pour vraiment comprendre le problème de l'accroissement démographique humain, nous devons considérer les principes généraux de l'écologie des populations. Aucune population ne peut s'accroître indéfiniment. D'autres espèces animales connaissent parfois des explosions démographiques, mais leurs populations chutent tôt ou tard. Par ailleurs, de nombreuses populations restent relativement stationnaires et subissent seulement des accroissements et des diminutions de faible ampleur.

Dans l'étude que nous avons faite des populations jusqu'à présent (voir le chapitre 23), nous nous sommes attardés sur la relation entre la génétique des populations (la structure et la dynamique des patrimoines génétiques) et l'évolution. L'évolution reste notre fil conducteur tandis que nous entreprenons, dans ce chapitre, l'étude des populations dans un contexte écologique. L'écologie des populations a pour tâche de mesurer les variations de taille et de composition des populations et de déterminer les causes écologiques de ces fluctuations. Nous reprendrons plus loin notre exposé sur la population humaine. Pour l'instant, nous allons examiner quelques-uns des aspects de la structure et de la dynamique des populations telles qu'ils s'appliquent à toute espèce, comme la population du Grand Monarque (Danaus plexippus) que l'on aperçoit sur la photo ci-dessus.

LES CARACTÉRISTIQUES DES POPULATIONS

Une **population** est un groupe d'individus de la même espèce vivant dans une aire géographique donnée, à un moment précis. Ces individus consomment les mêmes ressources et sont influencés par les mêmes facteurs écologiques. De plus, la probabilité qu'ils se reproduisent entre eux et interagissent est très élevée. Les caractéristiques d'une population sont déterminées par les interactions entre les individus et leur milieu, et sont sujettes à la sélection naturelle.

Toute population présente deux caractéristiques importantes : une densité et une distribution

Toute population a une taille (un certain nombre de membres) et des limites géographiques. Pour étudier la dynamique des populations, les écologistes commencent par définir les limites appropriées aux organismes observés et aux questions posées. Les limites d'une population peuvent être naturelles, comme dans le cas d'une île du fleuve Saint-Laurent où nichent des Cormorans à aigrettes (*Phalacrocorax auritus*). Elles peuvent aussi être déterminées arbitrairement par un chercheur, par exemple pour les Chênes rouges (*Quercus rubra*) à l'intérieur d'un comté du sud du Québec. Quelles que soient les limites retenues par les chercheurs, toute population présente deux caractéristiques importantes : une densité et une distribution. La **densité de population** est le nombre d'individus par unité d'aire ou de volume, par exemple le nombre d'arbres par kilomètre carré de forêt ou le nombre de Néréides (*Nereis sp.*) par mètre cube de vase. La **distribution,** quant à elle, est le mode de répartition des individus à l'intérieur des limites géographiques de la population.

Mesure de la densité d'une population

 Dans de rares cas, on détermine la taille et la densité d'une population en comptant tous les individus qui se trouvent à l'intérieur de ses limites. Par exemple, on peut compter les Étoiles de mer dans un étang à marées. Du haut des airs, on peut parfois dénombrer avec exactitude les troupeaux de grands Mammifères, notamment de Caribous des bois (*Rangifer tarandus caribou*) et de Buffles africains (*Syncerus caffer*, FIGURE 52.1). Cependant, dans la plupart des cas, il est inutile ou impossible de compter tous les individus d'une population. Les écologistes utilisent alors diverses techniques d'échantillonnage pour estimer la densité et la taille des populations. Ainsi, pour estimer le nombre d'Alligators américains (*Alligator mississippiensis*) dans le parc des Everglades, en Floride, ils comptent les individus se trouvant dans quelques parcelles choisies au hasard. Pour le nombre de Chênes blancs (*Quercus alba*), ils comptent les arbres qui se trouvent dans plusieurs parcelles circulaires de 10 mètres de diamètre. L'exactitude des estimations augmente avec le nombre de parcelles étudiées et avec le degré d'homogénéité de l'habitat.

La **technique de capture-recapture** est une technique d'échantillonnage que les écologistes utilisent communément pour estimer les populations d'animaux sauvages. Les scientifiques installent entre autres des cages ou des filets à l'intérieur des

FIGURE 52.1 Recensement aérien des Buffles africains (*Syncerus caffer*) dans le parc national du Serengeti, en Afrique orientale. Les biologistes peuvent compter les grands Mammifères et les Oiseaux vivant dans des habitats ouverts directement des airs ou à partir de photographies comme celle-ci. En répétant l'opération pendant de nombreuses années, ils peuvent suivre les mouvements de populations.

limites de distribution de la population étudiée. Ils marquent les animaux capturés à l'aide d'étiquettes, de bagues, de colliers ou de taches de teinture, puis les libèrent. Ils attendent quelques jours ou quelques semaines pour laisser aux animaux marqués le temps de se mêler aux membres non marqués de la population. Puis, ils remettent les cages ou filets en place. On suppose que la proportion d'animaux marqués (recapturés) à la seconde capture est équivalente à la proportion d'animaux marqués dans la population entière :

$$\frac{\text{Nombre d'animaux marqués recapturés}}{\text{Nombre total d'animaux capturés la seconde fois}}$$
$$= \frac{\text{Nombre d'animaux capturés et marqués la première fois}}{\text{Population totale } N}$$

Par conséquent, s'il n'y a pas eu de naissances, de morts, d'immigration ou d'émigration, l'équation simple qui suit donne une estimation de la taille de la population, N :

$$N = \frac{\begin{array}{c}\text{Nombre d'animaux capturés et marqués} \times \text{Nombre}\\ \text{d'animaux capturés la seconde fois}\end{array}}{\text{Nombre d'animaux marqués recapturés}}$$

Par exemple, supposons qu'on capture 50 individus chez le Lièvre d'Amérique (*Lepus americanus*) dans des cages, qu'on leur fixe une étiquette à une oreille et qu'on les libère. Deux semaines plus tard, on capture 100 individus et on vérifie les étiquettes. Si 10 de ces 100 Lièvres d'Amérique portent des étiquettes, on estime que 10 % des membres de la population sont marqués. Comme 50 individus ont été marqués au départ, on estime que la population totale comprend environ 500 Lièvres d'Amérique. Notez que l'on suppose qu'un individu marqué a autant de chances d'être capturé qu'un individu non marqué. Or, cette supposition est plus ou moins valable. En effet, un animal qui a été capturé une fois, par exemple, va peut-être pouvoir éviter les cages par la suite ou va pouvoir apprendre à retourner aux cages pour manger la nourriture qui sert d'appât.

Il arrive que les écologistes estiment la taille d'une population en se fondant sur des indicateurs indirects, tels que les nids, les terriers, les pistes et les excréments.

Modes de distribution d'une population

À l'intérieur de l'aire de distribution géographique, la densité de population peut présenter des variations locales considérables en raison de l'hétérogénéité du milieu. En effet, les parties de l'aire de distribution ne constituent pas toutes des habitats appropriés. De plus, les membres de la population gardent entre eux une certaine distance.

Le mode de distribution le plus courant est la **distribution en agrégats,** les individus formant des groupes. Les Végétaux sont regroupés en agrégats dans certains sites, parce que les conditions du sol et les autres facteurs écologiques favorisent la germination et la croissance. Par exemple, le Genévrier de Virginie (*Juniperus virginiana*) croît en agrégats sur les affleurements calcaires, où le sol est moins acide qu'aux alentours. Des champignons se développent en groupe sur des billes de bois pourri. Certains animaux se déplacent en troupeaux (voir la FIGURE 52.1). Les Animaux passent la majeure partie de leur temps dans les microhabitats qui satisfont le mieux leurs besoins. Par exemple, dans la forêt, beaucoup d'Insectes et de Salamandres se regroupent sous les bûches, où l'humidité est toujours élevée. On trouve des herbivores là où abondent les plantes dont ils se nourrissent. L'agrégation d'animaux est aussi liée au comportement social ou sexuel. Ainsi, les Éphémères comme les Tipulidés, insectes qui ne vivent qu'un ou deux jours en tant qu'adultes reproducteurs, forment des nuées pour accroître les chances de reproduction. Le « nombre » peut également assurer une sécurité. Par exemple, les poissons qui se déplacent ensemble en bancs ont moins de risques de se faire manger par des prédateurs que ceux qui nagent en solitaires ou en petits groupes (FIGURE 52.2a).

Contrairement à la distribution en agrégats, la **distribution uniforme,** dans laquelle les individus sont également répartis, résulte souvent d'interactions directes entre les membres de la population. Chez les Végétaux, par exemple, la présence d'ombre ainsi que la concurrence pour l'eau et les minéraux peuvent mener à une distribution uniforme. En outre, certaines plantes sécrètent des substances chimiques qui inhibent autour d'elles la germination et la croissance d'espèces avec lesquelles elles sont en compétition pour les ressources. Dans les populations animales, une distribution uniforme peut résulter de la concurrence pour un territoire ou d'interactions sociales agressives (FIGURE 52.2b). La distribution uniforme n'est pas aussi courante que la distribution en agrégats.

Enfin, la **distribution aléatoire** (dispersion imprévisible) s'observe en l'absence d'attirances ou de répulsions marquées entre les individus d'une population. L'endroit qu'occupe chaque individu est indépendant de celui des autres. Ainsi, dans les forêts, les arbres sont parfois distribués au hasard (FIGURE 52.2c). Cependant, en règle générale, les distributions aléatoires n'apparaissent pas fréquemment dans la nature. La plupart des populations présentent en effet une tendance à la distribution en agrégats.

FIGURE 52.2 Modes de distribution à l'intérieur de l'aire géographique d'une population.

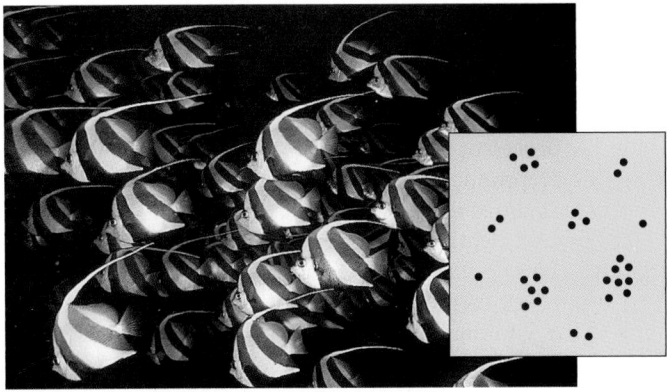

(a) Distribution en agrégats. Les Poissons papillons, comme bien des Poissons, se déplacent souvent en bancs. Cela leur permet d'augmenter l'efficacité hydrodynamique de la nage, de réduire les risques de prédation et de s'alimenter plus efficacement. À l'intérieur d'un banc, les individus sont espacés plus ou moins également.

(b) Distribution uniforme. Les oiseaux qui nichent sur de petites îles, comme ces Manchots royaux (*Aptenodytes patagonica*) photographiés sur l'île de la Géorgie du Sud, près de l'Antarctique, présentent souvent une distribution uniforme.

(c) Distribution aléatoire. Les arbres de la même espèce sont souvent distribués de façon aléatoire dans les forêts tropicales humides, mais ce mode de distribution est plutôt rare dans la nature.

La démographie est l'étude des facteurs qui influent sur l'accroissement et la diminution des populations

Les variations de taille d'une population sont liées à la vitesse respective des processus d'adjonction et de soustraction d'individus. Les processus d'adjonction sont la natalité (quel que soit le mode de reproduction) et l'immigration (arrivée d'individus provenant d'autres régions). Les processus de soustraction sont la mortalité et l'émigration (départ d'individus vers d'autres régions). Dans ce chapitre, nous nous concentrons sur les facteurs qui déterminent les taux de natalité et de mortalité, sans oublier que l'immigration et l'émigration peuvent également jouer un rôle dans la dynamique des populations.

L'étude des statistiques qui influent sur la taille des populations est appelée **démographie.** Habituellement, les taux de natalité varient parmi les femelles d'une population, en particulier selon l'âge. Les taux de mortalité, quant à eux, dépendent de l'âge et du sexe. Examinons comment ces variables démographiques influent sur la dynamique des populations.

Tables et courbes de survie

Lorsque, il y a environ un siècle, fut inventée l'assurance-vie, les compagnies d'assurance se sont intéressées aux statistiques de la survie. Elles durent déterminer l'espérance de vie moyenne des personnes d'un âge donné. Certains des plus grands démographes du siècle dernier ont travaillé pour ces compagnies. Ils ont inventé des représentations démographiques, les tables de survie. Une **table de survie** est une recension pour chaque âge du nombre d'individus vivants dans une population. Les écologistes ont adapté cette méthode à l'étude des populations animales et ont créé la branche de la biologie qu'est la démographie quantitative.

Pour établir une table de survie, on peut suivre, de la naissance jusqu'à la mort, la destinée d'une **cohorte,** qui est un groupe d'individus du même âge. On dresse la table à partir du nombre d'individus qui meurent dans chaque groupe d'âge pendant la période de temps définie. Les tables de survie des cohortes sont difficiles à établir pour les Animaux sauvages et ne s'appliquent qu'à un nombre limité d'espèces.

Le TABLEAU 52.1 présente la table de survie d'une cohorte d'individus chez le Spermophile de Belding (*Spermophilus beldingi*) de Tioga Pass, en Californie. Une table de survie nous apprend beaucoup de choses sur une population. Ainsi, la troisième colonne montre la proportion d'individus d'une cohorte qui sont toujours en vie à un âge donné. Notez que les taux de mortalité sont généralement plus élevés parmi les plus jeunes et les plus âgés des Spermophiles de Belding. Ils sont également plus élevés chez les mâles que chez les femelles.

On peut représenter graphiquement une partie des données que contient une table de survie en traçant une **courbe de survie,** c'est-à-dire en indiquant la proportion ou le nombre de survivants d'une cohorte en fonction de l'âge (FIGURE 52.3). Il existe trois grands types de courbes de survie. La courbe de type I a un segment initial relativement plat qui correspond à de faibles taux de mortalité chez les jeunes et les adultes. Puis, elle s'infléchit brusquement lorsque les taux de mortalité augmentent dans les groupes d'individus âgés. L'Humain et de nombreux autres grands Mammifères qui produisent un nombre relativement faible de rejetons mais leur prodiguent beaucoup de soins ont une courbe de survie de type I. À l'opposé, la courbe type III a un segment initial très pentu, proche de la verticale, puis elle

---

TABLEAU 52.1 **Table de survie d'une cohorte de Spermophiles de Belding (*Spermophilus beldingi*) de Tioga Pass, dans la chaîne de la Sierra Nevada, en Californie*.**

| Âge (années) | Femelles | | | | | Mâles | | | | |
	Nombre d'individus vivants au début de l'intervalle	Proportion de survivants au début de l'intervalle	Nombre de morts pendant l'intervalle	Taux de mortalité[†]	Espérance de vie moyenne (années)	Nombre d'individus vivants au début de l'intervalle	Proportion de survivants au début de l'intervalle	Nombre de morts pendant l'intervalle	Taux de mortalité[†]	Espérance de vie moyenne (années)
0-1	337	1,000	207	0,61	1,33	349	1,000	227	0,65	1,07
1-2	252[††]	0,386	125	0,50	1,56	248[††]	0,350	140	0,56	1,12
2-3	127	0,197	60	0,47	1,60	108	0,152	74	0,69	0,93
3-4	67	0,106	32	0,48	1,59	34	0,048	23	0,68	0,89
4-5	35	0,054	16	0,46	1,59	11	0,015	9	0,82	0,68
5-6	19	0,029	10	0,53	1,50	2	0,003	0	1,00	0,50
6-7	9	0,014	4	0,44	1,61	0				
7-8	5	0,008	1	0,20	1,50					
8-9	4	0,006	3	0,75	0,75					
9-10	1	0,002	1	1,00	0,50					

* La longévité étant différente pour les mâles et les femelles, on a établi une table de survie pour chaque sexe.
[†] Le taux de mortalité est la proportion d'individus qui meurent dans un intervalle de temps donné.
[††] Comprend 122 femelles et 126 mâles qui ont été capturés la première fois à l'âge de un an et qui ne sont donc pas inclus dans le nombre d'individus ayant entre 0 et 1 an.

Source : Données tirées de P. W. Sherman et M. L. Morton (1984), « Demography of Belding's Ground Squirrel », *Ecology*, vol. 65, p. 1617-1628.

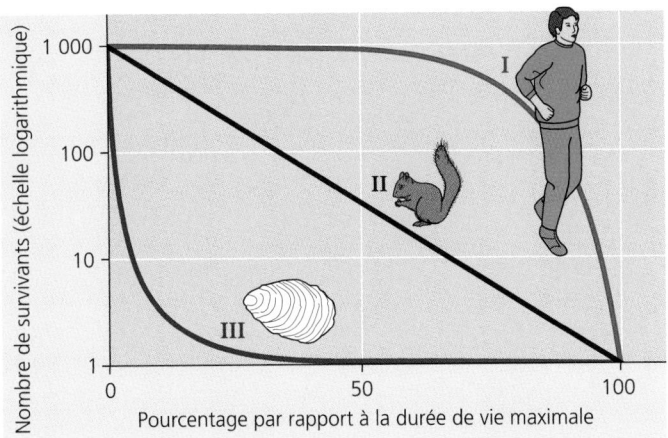

FIGURE 52.3 Courbes de survie. Dans les pays industrialisés, les Humains présentent une courbe de survie de type I, c'est-à-dire qu'ils ont une forte espérance de vie jusqu'à la vieillesse. À l'opposé, certains organismes comme les Huîtres ont une courbe de survie de type III, avec un taux de mortalité très élevé au stade larvaire mais faible à l'âge adulte. Entre les deux, on trouve la courbe de survie de type II, qui se rencontre quand une proportion constante d'individus meurt à chaque âge. Notez que l'axe des y est logarithmique et que l'axe des x est relatif, si bien que l'on peut comparer sur un même graphique des espèces dont l'espérance de vie varie grandement.

s'aplatit à un niveau qui correspond à ses valeurs faibles. Elle caractérise les populations à fort taux de mortalité chez les jeunes et à faible taux de mortalité chez les rares individus qui ont survécu à un certain âge critique. Ce type de courbe s'observe chez des organismes qui, tels de nombreux Poissons et Invertébrés marins, produisent un très grand nombre de rejetons mais s'en occupent peu ou pas du tout. Par exemple, une huître du genre *Ostrea* libère des millions d'œufs, mais la plupart des larves sont dévorées ou meurent. Cependant, les rares individus qui survivent assez longtemps pour se fixer à un substrat approprié et pour sécréter une coquille rigide ont une espérance de vie relativement longue. Enfin, la courbe de type II se situe à mi-chemin entre les deux autres. Elle correspond à un taux de mortalité constant au cours de la vie des individus d'une population. On obtient ce type de courbe pour certaines plantes annuelles, des Invertébrés comme les Hydres, quelques espèces de Lézards et des rongeurs comme l'Écureuil gris (*Sciurus carolinensis*).

De nombreuses espèces, évidemment, ont des courbes intermédiaires ou plus complexes que les courbes I, II et III. Ainsi, les Oiseaux ont un taux de mortalité souvent élevé parmi les individus les plus jeunes (comme dans la courbe de type III), mais plutôt constant parmi les adultes (comme dans la courbe de type II). Certains Invertébrés, tels que les Crabes, ont une courbe « en escalier » : le taux de mortalité s'élève pendant les périodes de mue (durant lesquelles les animaux sont vulnérables ou présentent des troubles physiologiques), puis il diminue (pendant les périodes où l'exosquelette est rigide).

En l'absence d'immigration ou d'émigration, la survie constitue l'un des deux facteurs importants qui déterminent les variations de taille des populations. Nous allons maintenant étudier l'efficacité de la reproduction, l'autre facteur important qui influe sur la dynamique des populations.

Taux de reproduction

Les démographes qui étudient les espèces à reproduction sexuée ne tiennent généralement pas compte des mâles et s'occupent surtout des femelles de la population, parce qu'elles seules donnent naissance à des rejetons. Ils envisagent les populations en fonction des femelles qui donnent naissance à de nouvelles femelles ; les mâles ne sont importants que comme distributeurs de gènes. Comment décrire le programme de reproduction d'une population ? La manière la plus simple consiste à suivre l'approche fondamentale de la table de survie et de se demander comment l'efficacité de la reproduction varie avec l'âge.

Une **table de fécondité** est une recension par âge des taux de fécondité, dans une population. La meilleure façon d'établir une table de fécondité consiste à mesurer l'efficacité de la reproduction d'une cohorte de la naissance jusqu'à la mort. Pour les espèces à reproduction sexuée, la table de fécondité recense le nombre de rejetons femelles produits par chaque groupe d'âge. Le TABLEAU 52.2 présente la table de fécondité d'une cohorte de

TABLEAU 52.2	**Table de fécondité d'une cohorte de Spermophiles de Belding (*Spermophilus beldingi*) de Tioga Pass, dans la chaîne de la Sierra Nevada, en Californie**			
Âge (années)	Proportion de femelles ayant une portée	Nombre moyen d'individus par portée (Mâles + femelles)	Nombre moyen de femelles par portée	Nombre moyen de rejetons femelles*
0-1	0,00	0,00	0,00	0,00
1-2	0,65	3,30	1,65	1,07
2-3	0,92	4,05	2,03	1,87
3-4	0,90	4,90	2,45	2,21
4-5	0,95	5,45	2,73	2,59
5-6	1,00	4,15	2,08	2,08
6-7	1,00	3,40	1,70	1,70
7-8	1,00	3,85	1,93	1,93
8-9	1,00	3,85	1,93	1,93
9-10	1,00	3,15	1,58	1,58

* Le nombre moyen de rejetons femelles est la proportion de femelles ayant une portée multipliée par le nombre moyen de femelles par portée.

Source : Données tirées de P. W. Sherman et M. L. Morton (1984), « Demography of Belding's Ground Squirrel », *Ecology*, vol. 65, p. 1617-1628.

Spermophiles de Belding. Pour les espèces à reproduction sexuée comme les Oiseaux et les Mammifères, les rejetons sont le produit de la proportion de femelles d'un âge donné qui se reproduisent et du nombre de rejetons femelles qu'elles engendrent. En faisant cette multiplication, on peut obtenir le nombre moyen de filles pour chaque individu dans une classe d'âge donnée (dernière colonne du TABLEAU 52.2). Pour les Spermophiles de Belding, qui commencent à se reproduire à 1 an, le nombre de rejetons augmente jusqu'à atteindre un maximum chez les femelles âgées de 4 ans. Puis il diminue chez les plus vieilles.

Les tables de fécondité varient beaucoup selon les espèces. Les Spermophiles de Belding ont des portées de deux à six petits, alors que les Chênes laissent tomber des milliers de glands chaque année pendant des dizaines ou des centaines d'années. Les Saumons pondent des milliers d'œufs pendant le frai, et les Moules et les autres Invertébrés peuvent libérer des centaines de milliers d'œufs dans un cycle de frai. Pourquoi l'évolution fait-elle apparaître tel type de cycle biologique dans une population, et pas un autre ? C'est l'une des nombreuses questions que soulève la rencontre de l'écologie des populations et de l'écologie de l'évolution.

LES CYCLES BIOLOGIQUES

La sélection naturelle favorise, chez les organismes, les caractéristiques qui améliorent les chances de survie et le succès reproductif. Les organismes qui survivent longtemps sans se reproduire ne sont pas du tout « adaptés » au sens darwinien. Chez toutes les espèces, il s'effectue des compromis entre la survie et les caractéristiques telles que la fréquence de reproduction, l'investissement dans les soins parentaux et le nombre de rejetons (production de graines chez les Végétaux supérieurs et taille de la portée ou de la couvée chez les Animaux). Les caractéristiques qui influent sur la reproduction et la survie (la naissance, la reproduction et la mort) constituent le **cycle biologique** de tout organisme. Évidemment, comme la plupart des caractéristiques des organismes, le cycle biologique est le fruit de la sélection naturelle agissant à l'échelle du temps de l'évolution. Les caractéristiques des cycles biologiques permettent de déterminer comment croissent les populations.

Les cycles biologiques sont extrêmement divers, mais de cette diversité se dégagent des modalités

Étant donné que la sélection naturelle s'effectue dans des contextes environnementaux variés, les cycles biologiques diffèrent également. Par exemple, les Saumons du Pacifique (*Oncorhynchus sp.*) éclosent en amont d'un cours d'eau, puis migrent vers la pleine mer où ils atteignent leur maturité en une à quatre années. Plusieurs années plus tard, ils retournent vers leur cours d'eau natal, y frayent une seule fois, produisent des millions de petits œufs et meurent. Les écologistes appellent ce cycle biologique la **sémelparité** (du latin *semel*, « une fois », et *pario*, « engendrer »). La vie de l'individu comprend une seule période de reproduction. La FIGURE 52.4 illustre ce mode de reproduction chez l'Agave (*Agave shawii*). L'Agave croît dans

FIGURE 52.4 Exemple de sémelparité. Les Agaves (*Agave shawii*) croissent sans se reproduire pendant plusieurs années. Puis, ils produisent une gigantesque hampe fleurie et de nombreuses graines. Après cet unique effort de reproduction, ils meurent.

des climats arides où les pluies sont rares et imprévisibles. Pendant des années, sa croissance est végétative. Puis, il produit une hampe florale et des graines, avant de mourir. (Nous avons présenté la reproduction de l'Agave dans l'introduction du chapitre 38.) Les racines superficielles des Agaves captent l'eau après les averses, mais autrement restent sèches. L'approvisionnement d'eau imprévisible peut empêcher la production de graines ou la fixation des plantules pendant plusieurs années. Ainsi, la stratégie de l'Agave est l'adaptation d'un cycle biologique à un climat imprévisible : l'Agave croît et emmagasine des nutriments jusqu'à l'avènement d'une année particulièrement humide ; il consacre alors toutes ses ressources à la reproduction. Les fleurs annuelles du désert constituent un autre exemple de ce mode de reproduction. Elles germent, croissent, produisent beaucoup de petites graines et meurent durant le mois qui suit les pluies printanières.

À l'opposé, certains Lézards pondent seulement quelques gros œufs au cours de leur deuxième année de vie, et recommencent plusieurs années de suite. Les Chênes de certaines espèces ne se reproduisent pas avant leur vingtième année, mais au cours du siècle qui suit, ils produisent chaque année un très grand nombre de grosses graines. Les écologistes appellent ce type de cycle biologique l'**itéroparité** (du latin *itero*, « répéter », et *pario*, « engendrer »). La vie de l'individu comprend plusieurs périodes de reproduction.

Quels facteurs contribuent, du point de vue l'évolution, à la sémelparité et à l'itéroparité ? En d'autres mots, que gagne un individu en succès reproductif en adoptant une stratégie plutôt que l'autre ? La reproduction par sémelparité a pour effet démographique essentiel de donner des taux de reproduction élevés. Les Végétaux comme l'Agave qui ne se reproduisent qu'une fois produisent habituellement de deux à cinq fois plus de graines que les espèces très proches qui se reproduisent plusieurs fois. Du point de vue de l'évolution, le facteur critique dans le dilemme entre la sémelparité et l'itéroparité est le taux de survie des rejetons. Le fait que les chances de survie des rejetons sont médiocres ou faibles favorise l'itéroparité.

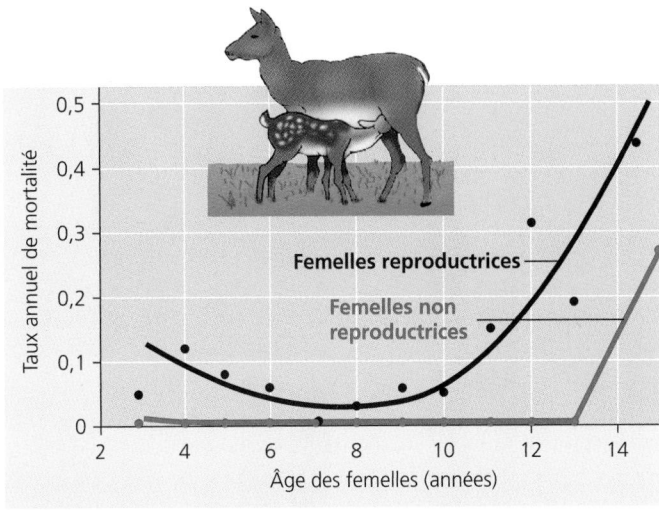

FIGURE 52.5 Coût de la reproduction chez la femelle du Wapiti (*Cervus elaphus*), sur l'île de Rhum, en Écosse. En hiver, la mortalité est plus élevée chez les femelles qui se sont reproduites l'été précédent, et ce, quel que soit l'âge.

Des ressources limitées obligent à des compromis d'investissement entre la reproduction et la survie

L'adaptabilité, bien entendu, ne se mesure pas au nombre de rejetons produits, mais au nombre de rejetons qui survivent assez longtemps pour se reproduire à leur tour. Les caractéristiques héréditaires du cycle biologique qui favorisent la fécondité à long terme deviennent ainsi de plus en plus fréquentes dans une population. Si nous voulions mettre au point un cycle biologique qui maximise la fécondité, nous prendrions une population d'individus qui commencent à se reproduire en bas âge, qui ont des portées nombreuses et qui se reproduisent plusieurs fois au cours de leur vie. Mais la sélection naturelle ne peut maximiser toutes ces variables simultanément, car les organismes ont une allocation énergétique limitée qui oblige aux compromis (voir le chapitre 44). Les écologistes qui étudient l'évolution des cycles biologiques se concentrent sur la façon dont ces compromis agissent dans des populations particulières. Il se peut par exemple que la production d'une multitude de rejetons vulnérables donne moins de descendants que la production de quelques rejetons bien protégés et capables de livrer une concurrence vigoureuse pour des ressources limitées parmi une population déjà dense.

Les cycles biologiques que l'on observe chez les organismes représentent une résolution, sur le plan de l'évolution, de plusieurs intérêts conflictuels. Le temps, l'énergie et les aliments utilisés pour une activité ne peuvent pas l'être pour une autre. Au sens le plus large, il y a un compromis à faire entre la reproduction et la survie, comme l'ont montré plusieurs études. Par exemple, chez le Wapiti (*Cervus elaphus*) vivant sur l'île de Rhum, en Écosse, les femelles qui se reproduisent l'été sont victimes, l'hiver suivant, d'une mortalité plus élevée que celles qui ne se sont pas reproduites (FIGURE 52.5). On a observé ce coût de la reproduction même chez les individus se trouvant dans la force de l'âge, mais il était particulièrement élevé chez les femelles âgées. Par ailleurs, chez de nombreuses espèces d'Insectes, les femelles qui pondent moins d'œufs vivent plus longtemps, ce qui là encore donne à penser qu'un compromis semblable se fait entre l'investissement dans la reproduction et l'investissement dans la survie. Il peut également y avoir des compromis entre la reproduction présente et future. Si, une année, des plantes vivaces produisent plus de graines, elles croissent moins et produisent moins de graines l'année suivante. De plus, des transferts expérimentaux d'œufs ou d'oisillons

chez des populations d'Oiseaux ont permis de mesurer le compromis qui se fait entre l'effort consenti à la reproduction et l'effort consenti à la survie. On a ainsi retiré de leur nid et transféré dans d'autres nids des oisillons de Faucons crécerelles d'Eurasie (*Falco tinnunculus*), de façon à obtenir des couvées de trois ou quatre (réduites), de cinq ou six (normales) et de sept ou huit (augmentées). On a ensuite observé que les Faucons crécerelles d'Eurasie adultes qui avaient élevé les couvées augmentées avaient survécu de façon médiocre l'hiver suivant (FIGURE 52.6, p. 1264).

À l'instar des exemples des Wapitis et des Faucons crécerelles d'Eurasie, de nombreuses situations de cycles biologiques mettent en jeu l'équilibre entre le profit d'un investissement immédiat dans les rejetons et le coût de perspectives futures de survie et de reproduction. Trois « décisions » fondamentales peuvent résumer ces situations : elles concernent l'âge de la première reproduction, la fréquence des reproductions et le nombre de rejetons engendrés à chaque épisode de reproduction. Les « choix » variés sont intégrés aux modalités des cycles biologiques que l'on observe dans la nature. Il est important ici de clarifier l'emploi que nous faisons du terme *choix*. En effet, les organismes ne choisissent pas consciemment le moment de leur accouplement et le nombre de leurs rejetons. (Les Humains constituent une exception importante que nous aborderons plus loin dans le chapitre.) Les caractéristiques des cycles biologiques sont les conséquences de l'évolution se reflétant dans le développement, la physiologie et le comportement d'un organisme. L'âge de la maturité et le nombre de rejetons au cours d'un épisode donné de reproduction sont habituellement maintenus à l'intérieur d'intervalles étroits, selon le mode de sélection naturelle appelé sélection stabilisante (voir le chapitre 23). C'est la sélection naturelle qui façonne les modalités de reproduction des populations ; les organismes ne choisissent pas consciemment ces modalités.

FIGURE 52.6 Probabilité de survie, au cours de l'année suivante, des Faucons crécerelles d'Eurasie (*Falco tinnunculus*) ayant élevé une couvée modifiée. Aux Pays-Bas, de 1985 à 1990, on a étudié 200 oiseaux au total. Les adultes dont on a augmenté les couvées expérimentalement ont connu un accroissement du taux de mortalité au cours de l'hiver suivant. (Les mâles et les femelles prodiguent des soins parentaux aux oisillons.)

(a)

(b)

Comme toute adaptation des cycles biologiques, le nombre et la taille des rejetons dépendent de la pression de sélection qui s'exerce sur l'organisme au cours de son évolution. Les Végétaux et les Animaux dont les jeunes sont sujets à un taux de mortalité élevé engendrent souvent beaucoup de jeunes de petite taille (FIGURE 52.7a). Ainsi, les Végétaux qui colonisent des milieux perturbés produisent habituellement beaucoup de petites graines qui pour la plupart n'atteindront pas un milieu favorable. Une petite taille peut en fait profiter à de telles graines si elle leur permet d'être disséminées sur de longues distances. Les espèces d'Oiseaux et de Mammifères qui sont soumis à une intense prédation engendrent également de nombreux rejetons. Citons en exemple les Cailles japonaises (*Coturnix japonica*), les Lapins domestiques (*Oryctolagus cuniculus*) et les Souris communes (*Mus musculus*). D'autres organismes apportent, en tant que parents, un investissement supplémentaire qui augmente considérablement les chances de survie des rejetons. Ainsi, les Chênes (*Quercus sp.*), les Noyers (*Juglans sp.*) et les Cocotiers (*Cocos nucifera*) produisent de grosses graines emmagasinant beaucoup d'énergie et de nutriments que les jeunes plants peuvent utiliser pour s'établir (FIGURE 52.7b). Les Animaux, eux, ne mettent pas toujours un terme à leur investissement parental dans leurs rejetons à la fin de l'incubation ou de la gestation. Ainsi, les Primates n'ont généralement qu'un ou deux rejetons à la fois. Or, pour l'adaptabilité de ces derniers, le soin parental et une période prolongée d'apprentissage dans les premières années de vie sont très importants.

FIGURE 52.7 Variation du nombre de graines produites par les Plantes. (a) La plupart des plantes envahissantes, comme le Pissenlit (*Taraxacum officinale*), croissent rapidement et produisent un grand nombre de graines. Très peu de graines atteignent la maturité, mais leur abondance et leur capacité de dispersion sont telles que quelques-unes au moins germent et se reproduisent à leur tour. **(b)** Certaines espèces végétales, comme ce Cocotier (*Cocos nucifera*), produisent un petit nombre de très grosses graines. L'endosperme volumineux fournit des nutriments à l'embryon (l'équivalent végétal des soins parentaux). Cette adaptation favorise le succès d'une proportion relativement forte de rejetons. Les espèces animales, d'après ce que l'on observe, font des compromis semblables entre la taille des portées et la quantité de nutriments fournis à chaque rejeton.

Maintenant que nous avons analysé quelques-unes des modalités fondamentales des divers cycles biologiques, nous allons examiner les effets qu'exercent ces caractéristiques sur l'accroissement démographique.

L'ACCROISSEMENT DÉMOGRAPHIQUE

Abordons la notion d'accroissement démographique en citant deux exemples. Une bactérie qui se reproduit par scissiparité toutes les 20 minutes dans des conditions de laboratoire idéales produit deux bactéries au bout de 20 minutes, quatre au bout de 40 minutes, et ainsi de suite. Si le processus se poursuivait pendant 36 heures, la population bactérienne serait si nombreuse qu'elle formerait une couche de 30 cm autour de la Terre. À l'opposé, un éléphant femelle donne naissance à six rejetons seulement au cours de ses 100 ans d'existence. Cependant, Darwin a calculé qu'il suffirait de 750 ans à un couple ancestral d'éléphants pour produire une population de 19 millions d'individus. Or, l'accroissement n'est jamais indéfini, pas plus en laboratoire que dans la nature. Une population dont la taille initiale est faible et qui se trouve dans un milieu favorable peut s'accroître rapidement pendant un certain temps. Mais divers facteurs, dont l'épuisement des ressources, font qu'elle se stabilise inévitablement.

Comme nous l'avons indiqué au chapitre 50, les réponses aux questions écologiques dépendent d'une combinaison d'observations et d'expérimentations. Pour de nombreuses populations, on peut mesurer les deux facteurs qui influent le plus sur l'accroissement démographique (taux de natalité et taux de mortalité) et s'en servir pour prédire l'évolution de la taille de la population avec le temps. On peut étudier de petits organismes en laboratoire pour déterminer comment divers facteurs influent sur les taux de croissance et, dans la nature, on peut manipuler expérimentalement des populations afin de répondre aux mêmes questions. Une fois que l'on a compris les variations des taux de natalité et de mortalité dans le temps, on peut utiliser les modèles mathématiques pour vérifier les hypothèses concernant l'influence de différents facteurs sur l'accroissement démographique. Essayons maintenant de comprendre l'accroissement démographique en examinant quelques modèles simples qui s'appliquent au mode de croissance d'une population.

Le modèle exponentiel d'accroissement démographique décrit une population idéale dans un environnement aux ressources illimitées

Imaginons une population hypothétique composée de quelques individus vivant dans un milieu idéal, sans limites de ressources. Rien n'entrave l'obtention d'énergie, la croissance ni la reproduction de ces organismes, hormis leurs propres limites physiologiques résultant de leur cycle biologique. La taille de la population augmente chaque fois qu'un organisme naît ou immigre ; elle diminue chaque fois qu'un organisme meurt ou émigre. Pour simplifier nos calculs, nous ne tiendrons pas compte de l'immigration ni de l'émigration (mais la rigueur exigerait qu'on le fasse). L'équation descriptive suivante exprime la variation de la taille de la population au cours d'une période donnée :

| Variation de la taille de la population pendant la période | = | Naissances survenues pendant la période | − | Morts survenues pendant la période |

La notation mathématique permet d'écrire cette équation de façon plus concise. Ainsi, si N représente la taille de la population et t le temps, alors ΔN est la variation de taille de la population et Δt la période considérée (appropriée à la longévité et au temps de génération de l'espèce). La lettre grecque Δ indique une variation, comme dans la variation du temps. Nous pouvons donc récrire comme suit l'équation descriptive présentée ci-dessus :

$$\frac{\Delta N}{\Delta t} = B - M$$

Où B (pour *birth*) est le nombre absolu de naissances survenues dans la population pendant la période et M le nombre de morts.

Nous allons exprimer les naissances et les morts sous forme de taux moyens par individu pour la période. Soit b, le taux de natalité par individu, c'est-à-dire le nombre de rejetons qu'engendre, par unité de temps, un membre représentatif de la population. Par exemple, une population de 1 000 individus qui connaît 34 naissances par année a un taux annuel de natalité par individu (symbolisé par b) de $^{34}/_{1\ 000}$, ou de 0,034. Si nous connaissons les taux de natalité et de mortalité, nous pouvons prévoir le nombre de naissances et de décès dans une population de n'importe quelle taille. Si nous savons par exemple que le taux de natalité annuel est de 0,034 et que la taille de la population est de 500 (au lieu de 1 000), nous utilisons la formule $B = bN$ pour calculer le nombre absolu de naissances dans la population :

$$B = bN$$
$$B = 0{,}34 \times 500$$
$$B = 17 \text{ par année}$$

De même, soit m, le taux de mortalité. Il nous permet de prévoir le nombre de morts par unité de temps dans une population de n'importe quelle taille. Si $m = 0{,}016$ par année, nous pouvons estimer à 16 le nombre annuel de morts dans une population de 1 000 individus. Utilisez la formule $M = mN$ pour prédire le nombre annuel de morts si $m = 0{,}010$ par année dans des populations de 500, de 700 et de 1 700 individus. Pour les populations observées dans la nature ou en laboratoire, nous pouvons calculer les taux de natalité et de mortalité à l'aide d'estimations de tailles, d'une table de survie et d'une table de fécondité (voir, par exemple, les TABLEAUX 52.1 et 52.2).

Nous pouvons donc récrire l'équation exprimant l'accroissement démographique en utilisant cette fois les taux de natalité et de mortalité au lieu des nombres absolus de naissances et de morts :

$$\frac{\Delta N}{\Delta t} = bN - mN$$

Une dernière simplification s'impose. Étant donné que les écologistes des populations s'intéressent aux variations globales de la taille des populations, ils expriment par r la différence entre le taux de natalité et le taux de mortalité :

$$r = b - m$$

Le taux d'accroissement démographique r indique si une population s'accroît (valeur positive) ou décroît (valeur négative). Une **croissance démographique nulle** se produit lorsque les taux de natalité et de mortalité sont égaux et que r est égal à 0. Il survient encore des naissances et des morts dans la population, mais leurs nombres s'annulent. (Nous verrons plus loin dans le chapitre l'importance que revêt la croissance démographique nulle pour la population humaine ; nous étudierons aussi les facteurs qui l'empêchent.)

En utilisant le taux d'accroissement démographique, nous récrivons l'équation comme suit :

$$\frac{\Delta N}{\Delta t} = rN$$

Soulignons enfin que la plupart des écologistes emploient la notation du calcul différentiel pour exprimer l'accroissement démographique sous forme de taux d'accroissement instantanés :

$$\frac{dN}{dt} = rN$$

Si vous ne connaissez pas le calcul différentiel, ne vous laissez pas intimider par cette dernière équation. Elle est essentiellement la même que la précédente, sauf que la période Δt est très courte et est exprimée dans l'équation par dt.

Au début de la section, nous avons évoqué une population vivant dans des conditions idéales, les organismes n'ayant comme contrainte que leur cycle biologique. Dans une telle situation, la population s'accroît rapidement, car tous ses membres ont accès à une nourriture abondante et se reproduisent autant que leur capacité physiologique le permet. L'accroissement démographique qui se produit alors est appelé **accroissement démographique exponentiel**. Dans de telles conditions, on peut supposer que le taux d'accroissement démographique est le taux maximal d'accroissement pour l'espèce, que l'on appelle **taux intrinsèque d'accroissement** et que l'on représente par le symbole r_{max}. L'équation exprimant l'accroissement démographique exponentiel est ainsi :

$$\frac{dN}{dt} = r_{max}N$$

La taille d'une population qui s'accroît de façon exponentielle augmente rapidement. Quand on la représente sous forme graphique en fonction du temps, on obtient une courbe en J (FIGURE 52.8). Bien que le taux intrinsèque d'accroissement soit constant, une grande population s'adjoint en fait plus de nouveaux individus par unité de temps qu'une petite population. Par conséquent, la pente des courbes montrées à la FIGURE 52.8 devient plus prononcée avec le temps. En effet, l'accroissement dépend autant de N que de r_{max}, et les grandes populations connaissent plus de naissances (et de morts) que les petites populations ayant pourtant le même taux. Il est également clair, d'après la FIGURE 52.8, que sur deux populations, celle qui a le taux intrinsèque d'accroissement le plus élevé ($dN/dt = 1{,}0N$) s'accroîtra plus rapidement que celle qui a le taux d'accroissement le plus bas ($dN/dt = 0{,}5N$).

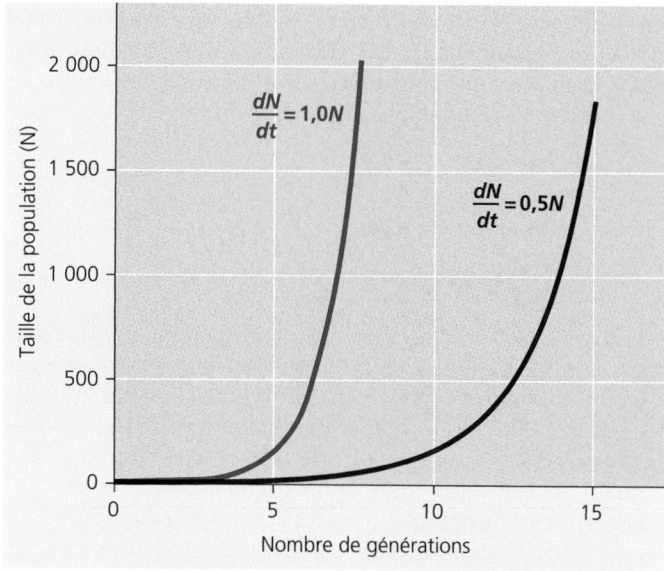

FIGURE 52.8 L'accroissement démographique selon le modèle exponentiel. Le modèle d'accroissement exponentiel prévoit une augmentation illimitée de la population dans des conditions de ressources illimitées. Ce graphique compare l'accroissement de populations pour lesquelles les valeurs de r sont différentes : 1,0 et 0,5.

La courbe de croissance exponentielle en forme de J est caractéristique de certaines populations introduites dans de nouveaux habitats ou de populations qui réaugmentent après avoir été décimées par un événement catastrophique. La FIGURE 52.9 illustre l'accroissement démographique exponentiel de la Grue blanche d'Amérique (*Grus americana*), espèce en voie de disparition qui se rétablit après l'impact causé par la perte d'habitats au profit de l'agriculture.

Le modèle logistique d'accroissement démographique intègre la notion de capacité limite du milieu

Le modèle d'accroissement exponentiel suppose des ressources illimitées, ce qui ne se produit jamais dans la réalité. Aucune population, que ce soit de Bactéries, d'Éléphants ou de tout autre organisme, ne peut croître indéfiniment de façon exponentielle. Si une population augmente, sa densité augmente et influe sur la capacité des individus à se procurer des ressources suffisantes pour le maintien des fonctions vitales, la croissance et la reproduction. De nombreuses populations n'ont accès qu'à une quantité limitée de ressources. Ainsi, lorsqu'elles s'accroissent, la part revenant à chacun des membres rétrécit. Par conséquent, le nombre d'individus qui peuvent occuper un habitat est limité. Les écologistes appellent **capacité limite du milieu** (ou capacité de support) le nombre maximal d'individus d'une population qui peuvent vivre dans un milieu au cours d'une période donnée, sans dégradation de l'habitat. La capacité limite du milieu, notée K, varie dans le temps et dans l'espace en fonction de l'abondance des ressources. Par exemple, pour des chauves-souris, elle peut être élevée dans un habitat où les insectes aériens sont abondants et où il y a des cavernes pour

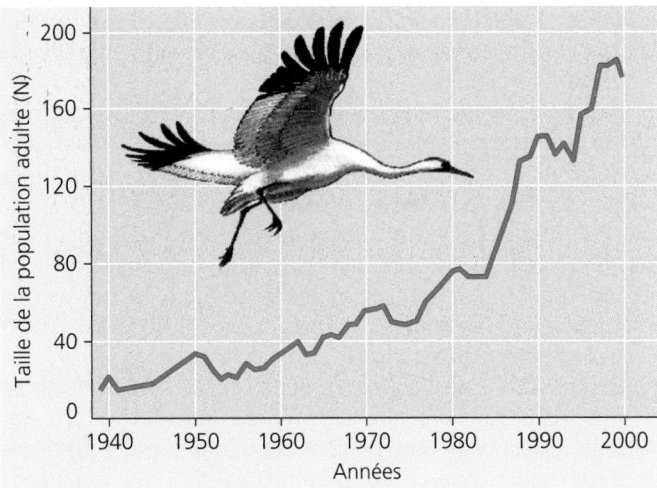

FIGURE 52.9 Exemple d'accroissement démographique exponentiel dans la nature. La Grue blanche d'Amérique (*Grus americana*) s'est rétablie après avoir été menacée d'extinction vers 1940. Chaque année, on compte les adultes dans les territoires d'hivernage à Aransas, au Texas. En 2000-2001, il y avait 179 individus dans la population hivernante au Texas, la population ayant légèrement diminué par rapport à l'année précédente. Le taux moyen d'accroissement était auparavant de 4 % par année depuis les années 1950.

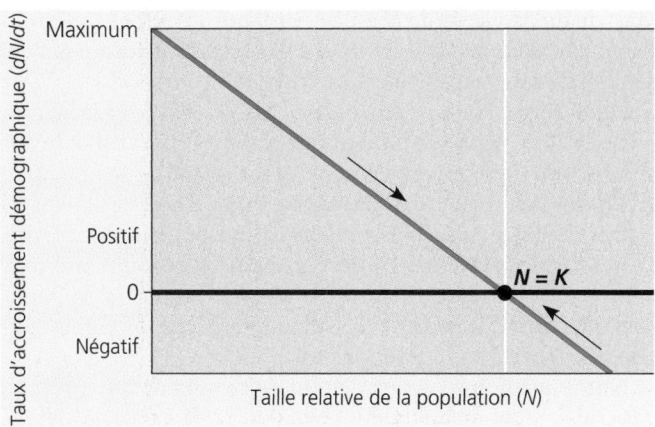

FIGURE 52.10 Diminution du taux d'accroissement démographique *r* accompagnant l'augmentation de la taille *N* de la population. Le modèle logistique de l'accroissement démographique suppose que le taux d'accroissement démographique dN/dt diminue lorsque *N* augmente. Quand *N* est proche de 0, la population s'accroît rapidement. Mais quand *N* s'approche de *K* (capacité limite du milieu), le taux d'accroissement démographique s'approche de 0 et la population s'accroît lentement. Si *N* est supérieur à *K*, alors le taux d'accroissement démographique est négatif, et la population décroît. Un équilibre est atteint à la ligne verticale blanche, quand *N* = *K*.

le repos, et plus faible dans un habitat où la nourriture est abondante mais où les abris convenables font défaut. La limitation de l'énergie est l'un des principaux facteurs déterminant la capacité limite du milieu. Cependant, d'autres facteurs, comme les abris, les refuges contre les prédateurs, les éléments nutritifs du sol, l'eau et les sites appropriés de nidification et de repos, peuvent être des facteurs limitants.

La surpopulation et l'épuisement des ressources peuvent avoir un effet marqué sur le taux d'accroissement démographique. Si les individus n'obtiennent pas les ressources en quantités suffisantes pour se reproduire, le taux de natalité décroît. S'ils ne peuvent consommer suffisamment d'énergie pour satisfaire leurs besoins, le taux de mortalité augmente. Une diminution de *b* et une augmentation de *m* font diminuer *r* et le taux global d'accroissement démographique.

Équation d'accroissement logistique

Nous pouvons modifier notre modèle mathématique d'accroissement de population pour lui faire exprimer les variations que subit le taux d'accroissement au fur et à mesure que la taille de la population s'approche de la capacité limite du milieu (donc que *N* s'approche de *K*). Le modèle de l'**accroissement démographique logistique** tient compte de l'effet de la densité de population sur le taux d'augmentation, lequel varie entre un maximum (population de petite taille) et 0 (atteinte de la capacité limite du milieu). Lorsque la taille *N* d'une population est inférieure à la capacité limite du milieu *K*, l'accroissement démographique est rapide. Mais quand *N* est proche de *K*, l'accroissement démographique est lent.

Mathématiquement, nous pouvons construire le modèle logistique en ajoutant au modèle exponentiel une expression qui réduit la valeur du taux d'accroissement de la population quand *N* augmente (FIGURE 52.10). Si la taille maximale de la population est *K*, l'expression *K* − *N* indique le nombre d'individus qui peuvent s'ajouter au milieu, et l'expression (*K* − *N*)/*K* exprime le pourcentage de *K* qui admet encore un accroissement démographique. En multipliant le taux exponentiel d'accroissement par (*K* − *N*)/*K*, nous réduisons la valeur du taux d'accroissement à mesure que *N* augmente :

$$\frac{dN}{dt} = r_{max}N\left(\frac{K-N}{K}\right)$$

Le TABLEAU 52.3 présente les valeurs de taux d'accroissement démographique et de variations de *N* pour différentes tailles d'une population hypothétique qui s'accroît conformément au modèle logistique. Notez que lorsque la valeur de *N* est faible, celle de (*K* − *N*)/*K* est élevée et *r* ne diminue pas beaucoup.

TABLEAU 52.3 **Exemple hypothétique d'accroissement démographique logistique où *K* vaut 1 000 et où r_{max} est constant et se chiffre à 0,05 par individu et par année***				
Taille de la population (*N*)	Taux intrinsèque d'accroissement (r_{max})	$\left(\frac{K-N}{K}\right)$	Taux d'accroissement démographique (dN/dt)	Δ*N**
20	0,05	0,98	0,049	+1
100	0,05	0,90	0,045	+5
250	0,05	0,75	0,038	+9
500	0,05	0,50	0,025	+13
750	0,05	0,25	0,013	+9
1 000	0,05	0,00	0,000	0

* Δ*N* est arrondi au nombre entier près.

Mais quand la valeur de N est élevée et que les ressources diminuent, la valeur de $(K - N)/K$ et celle du taux d'accroissement démographique sont faibles. La population se stabilise lorsque la natalité égale la mortalité, dans ce cas-ci lorsque N égale K.

Le modèle logistique produit une courbe sigmoïde (en forme de S) quand on représente N sous forme graphique en fonction du temps (ligne rouge dans la FIGURE 52.11). L'accroissement est le plus rapide lorsque la population a une taille intermédiaire, c'est-à-dire lorsque les individus reproducteurs sont nombreux mais que l'espace et les autres ressources sont encore abondants. Le taux d'accroissement démographique diminue radicalement quand N s'approche de K.

Notez que nous n'avons rien dit de ce qui fait varier le taux d'accroissement démographique quand N s'approche de K. Le taux de natalité b doit alors diminuer ou le taux de mortalité m doit augmenter, ou encore les deux événements doivent se produire. Plus loin dans le chapitre, nous entrerons dans les détails concernant certains facteurs qui influent sur b et m.

Le modèle logistique rend-il bien compte de l'accroissement de populations véritables?

En laboratoire, l'accroissement des populations de certains petits animaux, tels les Coléoptères et les Crustacés, et de microorganismes, telles les Paramécies, les Levures, les Archéobactéries et les Bactéries, suit une courbe plus ou moins sigmoïde (FIGURE 52.12a). Toutefois, ces populations expérimentales croissent dans un milieu constant où il n'y a ni prédation ni compétition, conditions idéales qui existent rarement dans la nature. De plus, même dans des conditions de laboratoire, les populations ne présentent pas toutes des modalités d'accroissement logistique. En laboratoire, des populations de Puces d'eau (*Daphnia*), par

exemple, présentent un accroissement exponentiel et dépassent la capacité limite de leur milieu, avant de revenir à une densité relativement stable (FIGURE 52.12b).

La plupart des populations présentent une déviation par rapport à la courbe sigmoïde régulière. De plus, de nombreuses populations naturelles s'accroissent *grosso modo* selon un mode logistique, mais se stabilisent rarement autour de la valeur de la capacité limite. La FIGURE 52.12c montre les variations d'une population de Bruants chanteurs (*Melospiza melodia*) vivant sur une petite île de la Colombie-Britannique. La population augmente rapidement, mais connaît des catastrophes périodiques en hiver. Ainsi, sa taille n'est pas stable.

Certains des postulats sur lesquels repose le modèle logistique ne s'appliquent manifestement pas à toutes les populations. Ainsi, le modèle veut que chaque ajout d'individu ait toujours le même effet négatif sur le taux d'accroissement, quelle que soit la taille de la population et même quand la population est restreinte. Mais en réalité, certaines populations subissent l'*effet Allee* (nommé en l'honneur du chercheur de l'Université de Chicago qui l'a découvert): la survie et la reproduction sont difficiles quand la taille de la population est trop petite. Par exemple, une plante isolée subit l'assaut du vent et risque la déshydratation, alors qu'une plante faisant partie d'un groupe est protégée. Certains oiseaux de mer ont besoin de se réunir en grand nombre dans leur aire de reproduction pour obtenir la stimulation sociale nécessaire à la reproduction. Les protecteurs de la faune pensent que les populations de Rhinocéros, lesquels sont des animaux solitaires, sont devenues si petites que plusieurs individus ne peuvent se trouver de partenaire pendant la saison de reproduction. Dans des cas comme ceux-là, l'abondance des individus a, jusqu'à un certain point, un effet multiplicateur sur l'accroissement démographique plutôt que des inconvénients comme le suppose le modèle logistique.

Le modèle logistique suppose aussi que les populations s'ajustent instantanément et s'approchent par une croissance régulière de la capacité limite du milieu. Or, dans de nombreuses populations, il s'écoule un certain temps avant que les inconvénients de l'accroissement ne se fassent sentir. Ainsi, quand une ressource importante comme la nourriture vient à manquer pour une population, la reproduction diminue. Mais le taux de natalité ne décroît pas immédiatement, parce que les organismes utilisent leurs réserves d'énergie pour continuer, pendant une courte période, à produire des œufs. La population peut alors dépasser la capacité limite du milieu. Puis, à la longue, la mortalité excède la natalité, et la population passe sous la capacité limite du milieu. Même si ensuite la reproduction reprend, les nouveaux individus n'apparaissent qu'après un certain délai. Certaines populations oscillent autour de la capacité limite du milieu ou la dépassent au moins une fois avant d'atteindre une taille stable (voir la FIGURE 52.12b). Beaucoup d'autres fluctuent grandement. Il est alors difficile d'estimer la capacité limite du milieu (voir la FIGURE 52.12c). Plus loin dans le chapitre, nous étudierons quelques raisons qui peuvent expliquer ces fluctuations.

Enfin, comme nous allons le voir dans la section suivante, les populations ne restent pas nécessairement au seuil où la densité devient un facteur important. Bien souvent, elles n'atteignent même pas ce seuil. Chez de nombreux Insectes et petits organismes prolifiques qui sont sensibles aux fluctuations du milieu, les variables physiques comme la température ou l'humidité réduisent la population bien avant que les ressources ne viennent à manquer.

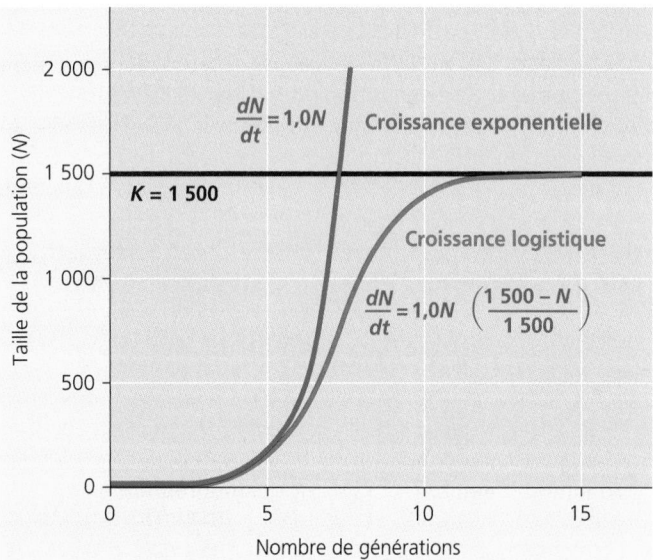

FIGURE 52.11 Prédiction de l'accroissement démographique au moyen du modèle logistique. Le modèle logistique de l'accroissement démographique suppose qu'un milieu ne peut admettre qu'un certain nombre d'individus. Ce nombre est appelé capacité limite du milieu et noté K. Le taux d'accroissement démographique diminue au fur et à mesure que la taille de la population s'approche de la capacité limite du milieu. La ligne rouge représente l'accroissement logistique d'une population pour laquelle $r_{max} = 1,0$ et $K = 1\,500$ individus. Afin d'établir une comparaison, la ligne bleue représente l'accroissement d'une population qui continue de s'accroître de façon exponentielle avec le même r_{max}.

FIGURE 52.12 Le modèle logistique rend-il bien compte de l'accroissement de ces populations ?
Dans chacun de ces graphiques, les points correspondent à des données réelles.

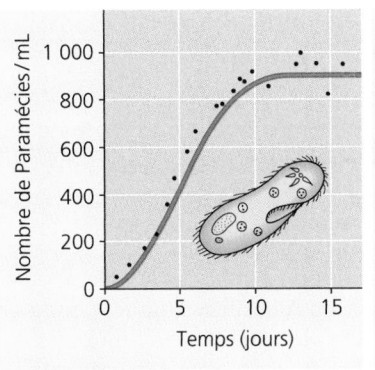

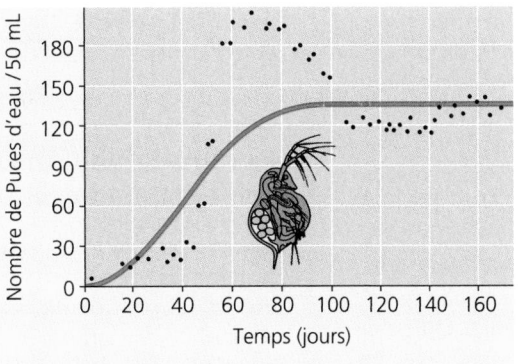

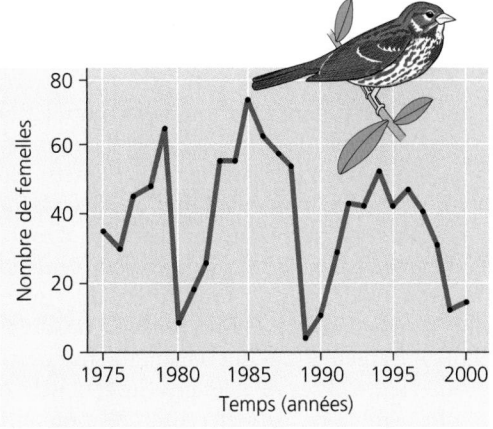

(a) Population de Paramécies en culture. L'accroissement d'une population de Paramécies (*Paramecium aurelia*) dans de petites cultures est presque conforme au modèle logistique (courbe en rouge) quand on maintient des conditions constantes.

(b) Population de Puces d'eau en culture. L'accroissement d'une population de Puces d'eau (*Daphnia sp.*) dans une petite culture n'est pas tout à fait conforme au modèle logistique (courbe en rouge). En effet, la population (points noirs) s'est accrue si rapidement qu'elle a dépassé la capacité limite de son milieu artificiel, avant de revenir à une taille relativement stable.

(c) Population de Bruants chanteurs (*Melospiza melodia*) dans son habitat naturel. La population de Bruants chanteurs femelles qui niche sur l'île de Mandarte, en Colombie-Britannique, diminue périodiquement, en raison d'hivers rigoureux. Ainsi l'accroissement démographique ne se conforme pas bien au modèle logistique.

Dans l'ensemble, le modèle logistique constitue un bon point de départ pour l'étude de l'accroissement démographique et pour l'élaboration de modèles plus complexes. Bien qu'il décrive fort peu de populations réelles avec exactitude, il est utile dans le domaine de la biologie de la conservation et dans la lutte contre les espèces nuisibles, car il permet d'évaluer la rapidité d'accroissement d'une population après qu'elle a beaucoup diminué. Enfin, comme toutes les bonnes hypothèses, le modèle a donné lieu à une série d'expériences et de discussions. Certaines d'entre elles l'ont confirmé ; d'autres l'ont contredit. Mais toutes ont éclairé les chercheurs quant aux facteurs qui influent sur la croissance démographique.

Modèle d'accroissement démographique logistique et cycles biologiques

Le modèle logistique prévoit des taux d'accroissement différents par rapport à la capacité limite du milieu pour les populations de faible densité et de forte densité. L'accroissement de la densité de population réduit les ressources qui sont à la disposition des individus, ce qui limite l'accroissement démographique. Lorsque la densité est faible, au contraire, les ressources sont relativement abondantes et la population s'accroît rapidement. Ces différentes conditions favorisent diverses caractéristiques des cycles biologiques. Lorsque la densité de population est forte, la sélection favorise les adaptations qui permettent aux organismes de survivre et de se reproduire avec des ressources restreintes. Par conséquent, la capacité de rivaliser et l'efficacité maximale dans l'utilisation des ressources sont les caractéristiques favorisées par la sélection naturelle dans les populations qui se situent aux alentours de la capacité limite du milieu. En revanche, lorsque la densité de population est faible, le milieu peu sollicité privilégie les adaptations qui favorisent une reproduction

rapide. Ainsi, une fécondité accrue et une maturité hâtive constituent des caractéristiques des populations de faible densité.

Par conséquent, les caractéristiques du cycle biologique que favorise la sélection naturelle peuvent varier selon la densité de la population et les conditions du milieu. Lorsque la sélection favorise les caractéristiques des cycles biologiques qui dépendent de la densité de population, on parle de **sélection K,** ou sélection dépendante de la densité. Par contre, lorsqu'elle favorise les caractéristiques qui maximisent le succès de reproduction dans les milieux où il y a peu d'individus (faibles densités), on parle de **sélection r,** ou sélection indépendante de la densité. Ces termes proviennent des variables de l'équation logistique. La sélection K tend à maximiser la taille des populations et agit dans des populations vivant à une densité proche de la limite imposée par les ressources (capacité limite du milieu K). La sélection r, elle, tend à maximiser r, le taux d'accroissement, et se produit dans des milieux variables où les densités de population fluctuent bien au-dessous de la capacité limite et dans des habitats ouverts où les individus affrontent peu de concurrence.

En laboratoire, des chercheurs ont montré que différentes populations de la même espèce pouvaient présenter un équilibre différent de caractéristiques à sélection K et de caractéristiques à sélection r, selon les conditions. Par exemple, des cultures de Drosophiles (*Drosophila melanogaster*) élevées en situation de surpopulation et disposant de ressources nutritives minimales pour 200 générations sont plus productives à forte densité que des populations élevées dans des conditions où le nombre d'individus est faible et les ressources alimentaires, maximales. Les larves qui ont subi une sélection pour vivre dans des conditions de surpopulation s'alimentent plus rapidement que celles qui vivent dans des cultures de faible densité. Les génotypes de la Drosophile qui sont le mieux adaptés aux faibles densités ne le sont pas dans les milieux à forte densité, comme le prédit le concept de la sélection r et de la sélection K.

LES FACTEURS QUI LIMITENT LA TAILLE DES POPULATIONS

L'accroissement démographique soulève plusieurs questions. Tout d'abord, pourquoi toutes les populations finissent-elles par se stabiliser ? L'accroissement exponentiel est rare dans la nature et toujours de courte durée. Quels facteurs écologiques arrêtent l'accroissement d'une population ? Que faut-il faire pour arrêter l'accroissement démographique d'une mauvaise herbe qui a été introduite et se dissémine rapidement ? Ensuite, pourquoi la densité de population d'une espèce donnée est-elle plus grande dans certains habitats que dans d'autres ? Tout ornithologue amateur sait quels habitats sont propices à une espèce particulière d'Oiseaux, et lesquels lui sont défavorables. Qu'est-ce qui détermine un habitat propice ? Comment transformer un habitat défavorable en habitat approprié ?

Ces questions comportent de nombreuses applications pratiques. Ainsi, un biologiste de la conservation pourrait vouloir accroître la population d'une espèce menacée. Des spécialistes de l'agriculture pourraient vouloir faire diminuer une population de parasites. De plus, les parasites de l'agriculture ont des effets importants dans certaines régions et négligeables dans d'autres. Pourquoi ? En même temps, les espèces vulnérables, comme les Rorquals à bosse (*Megaptera novæangliæ*), ont besoin de bons habitats pour survivre. Quels facteurs écologiques créent un habitat propice à l'alimentation du Rorqual à bosse ? Toutes ces questions pratiques mettent en jeu la régulation de la taille des populations. La régulation est l'un des dix thèmes de ce manuel (voir le chapitre 1). Dans cette section, nous allons l'appliquer aux populations.

Pour comprendre pourquoi une population se stabilise, il faut en premier lieu chercher comment les taux de natalité et de mortalité, l'immigration et l'émigration varient lorsque la densité de la population augmente. Si l'immigration et l'émigration s'annulent, alors la population s'accroît quand le taux de natalité est supérieur au taux de mortalité, et diminue dans le cas contraire. La FIGURE 52.13 est un modèle graphique simple qui montre comment une population peut se stabiliser, atteindre un équilibre. On dit d'un taux de mortalité qui s'élève quand la densité de population augmente et d'un taux de natalité qui diminue à mesure que la densité augmente qu'ils sont **dépendants de la densité.** Des taux dépendants de la densité constituent des exemples de **rétro-inhibition,** type de régulation

dont il a été question au chapitre 1. À l'opposé, on dit d'un taux de natalité et d'un taux de mortalité qui *ne* varient *pas* à mesure que la densité de la population augmente qu'ils sont **indépendants de la densité.** Dans ces cas-là, il n'y a pas de rétroaction pour ralentir l'accroissement de la population.

La rétro-inhibition empêche un accroissement démographique illimité

Aucune population n'arrête sa croissance sans qu'il y ait une certaine forme de rétro-inhibition entre la densité de population et les taux de natalité et de mortalité. Une fois que l'on connaît les variations des taux de natalité et de mortalité en fonction de la densité de population, on doit déterminer les mécanismes qui causent ces variations. Comme les facteurs de rétro-inhibition qui influent sur les populations sont multiples, il peut s'avérer difficile de déterminer avec exactitude lesquels sont en cause pour une population donnée.

Si les études sur le terrain pourront tôt ou tard éclairer les chercheurs sur les principaux facteurs qui sont responsables de rétro-inhibition dans des cas spécifiques, elles n'ont pas encore permis beaucoup de généralisations. Premièrement, la majeure partie des recherches qui portent sur les populations ont été menées dans la zone tempérée. Il faut beaucoup plus d'études sur les organismes tropicaux et polaires pour obtenir une description générale des populations. Deuxièmement, les Oiseaux et les Mammifères ont fait l'objet d'un plus grand nombre de recherches que les autres organismes. Ainsi, les Insectes, qui forment le groupe dominant sur la Terre, n'ont pas reçu une attention proportionnée à leur richesse spécifique. Enfin, troisièmement, les travaux expérimentaux portant sur la dynamique des populations doivent se faire sur de longues périodes. Il faut souvent de 10 à 20 ans pour effectuer des études approfondies. Tout en tenant compte de ces réserves, examinons quelques exemples qui illustrent les variations des taux de natalité et de mortalité en fonction de la densité de population, dans des cas où les mécanismes qui sont à l'origine de ces variations sont bien connus.

Le manque de ressources en situation de surpopulation peut arrêter l'accroissement démographique en réduisant la reproduction. Par exemple, chez les Plantes, la surpopulation peut diminuer la production de graines (FIGURE 52.14a). Chez les

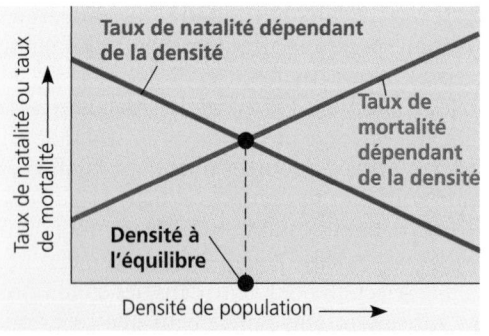
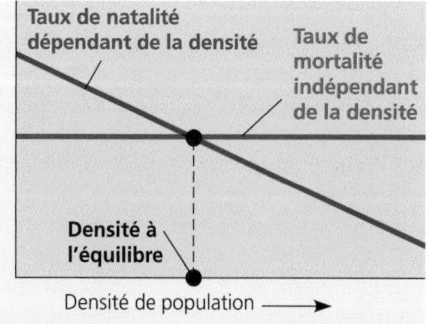
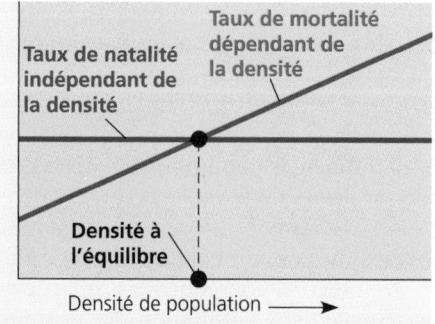

FIGURE 52.13 Modèle graphique qui montre comment se détermine le point d'équilibre de la densité de population. La densité de population atteint un équilibre seulement quand le taux de natalité égale le taux de mortalité. Or, cette situation n'est possible que si le taux de natalité ou le taux de mortalité (ou les deux) varie avec la densité (est un taux dépendant de la densité). Dans ce modèle simple, on suppose que l'immigration et l'émigration sont soit nulles, soit égales.

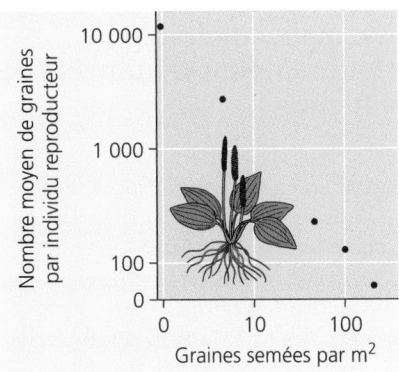

(a) Grand Plantain. Le nombre moyen de graines produites par le Grand Plantain (*Plantago major*), petite plante verte, diminue lorsque la densité de population augmente.

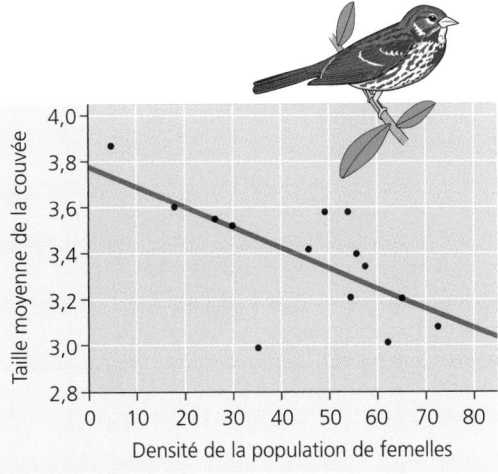

(b) Bruant chanteur. Sur l'île de Mandarte, en Colombie-Britannique, la taille de la couvée du Bruant chanteur (*Melospiza melodia*) diminue à mesure qu'augmente la densité de population. Le principal facteur responsable de cette diminution est la raréfaction de la nourriture. Dans une expérience, alors que la densité de population était forte, on a fourni des aliments supplémentaires à des femelles : la taille des couvées n'a pas diminué.

FIGURE 52.14 Diminution de la fécondité associée à une forte densité de population.

Oiseaux chanteurs, les ressources nutritives limitent la fécondité. En effet, au fur et à mesure que la densité de population des Oiseaux s'accroît dans un habitat, chaque femelle pond de moins en moins d'œufs, réaction qui dépend de la densité (FIGURE 52.14b). Dans chacun de ces exemples, à mesure qu'augmente la densité de population, la compétition intraspécifique se corse pour des nutriments qui se raréfient, ce qui provoque une diminution du taux de natalité.

Des facteurs autres que la compétition intraspécifique pour les nutriments ou la nourriture peuvent également provoquer un comportement dépendant de la densité. De nombreux Vertébrés et quelques Invertébrés fixent une limite à la densité en s'appropriant un espace physique bien délimité ; ce comportement est appelé territorialité. L'espace où établir un territoire

devient alors la ressource qui fait l'objet d'une compétition. Par exemple, les Fous de Bassan (*Morus bassanus*) sont des oiseaux de mer qui nichent sur des îles rocheuses (l'île Bonaventure, par exemple), plus ou moins à l'abri des prédateurs. Sur ces îles, le nombre de sites de nidification appropriés est limité, et un certain nombre de couples seulement ont la possibilité de nicher et de se reproduire. Jusqu'à une certaine taille de population, la plupart des Fous de Bassan peuvent trouver un site de nidification approprié. Au-delà de cette taille, rares sont ceux qui réussissent à se reproduire. Par conséquent, la ressource limitative qui détermine la taille de la population d'oiseaux nicheurs chez les Fous de Bassan est une aire de nidification sûre. Quand cette aire est entièrement occupée, les individus qui ne peuvent pas obtenir de site pour établir leur nid ne se reproduisent pas. Les individus en surplus ou non reproducteurs constituent un bon indice que la territorialité restreint l'accroissement démographique. On rencontre cela dans de nombreuses populations d'Oiseaux.

La densité de population a des effets sur la santé et sur les chances de survie des organismes. Les plantes cultivées à forte densité tendent à être plus petites et moins robustes que les plantes cultivées à faible densité. Les petites plantes ont moins de chances de survivre, et celles qui survivent produisent moins de fleurs, de fruits et de graines. Ce phénomène est bien connu des jardiniers amateurs, qui éclaircissent leur potager pour obtenir le meilleur rendement possible. De même, il arrive fréquemment que la mortalité soit élevée dans les populations animales denses. Par exemple, dans les études de laboratoire, le pourcentage de larves (ténébrions, ou « vers de farine ») qui éclosent et atteignent l'âge adulte, chez les Coléoptères du genre *Tribolium,* diminue de façon constante à mesure que la densité, modérée au départ, augmente et devient forte (FIGURE 52.15). Le principal facteur responsable de cet effet dépendant de la densité est le cannibalisme des œufs par les adultes et les grosses larves.

Pour certaines populations, la prédation constitue aussi un important facteur de mortalité dépendant de la densité. En effet,

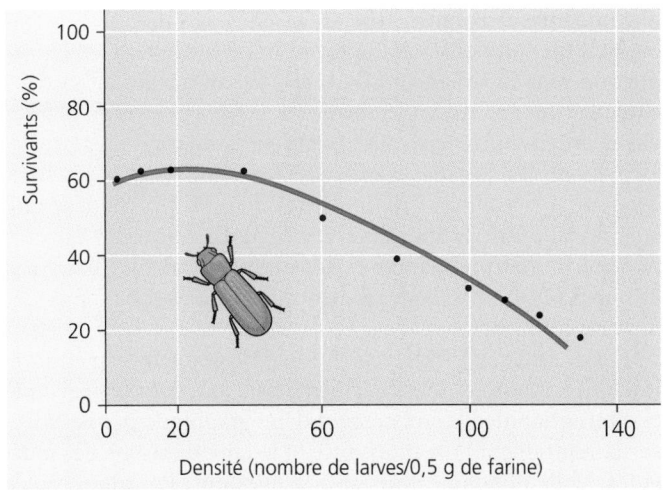

FIGURE 52.15 Diminution de la survie dans des populations à forte densité. Chez le Tribolium brun de la farine (*Tribolium confusum*), le pourcentage de larves qui éclosent et atteignent l'âge adulte dans une culture diminue à mesure que la densité, modérée au départ, augmente et devient forte. Par conséquent, le nombre d'adultes est plus faible dans la génération suivante.

un prédateur trouve et capture un nombre croissant de proies lorsque la densité de population des proies augmente. De nombreux prédateurs changent ainsi leur préférence. Pendant un certain temps, ils pourchassent une espèce particulièrement répandue parce qu'il est rentable de le faire du point de vue énergétique (voir l'exposé sur les stratégies de quête de nourriture, au chapitre 51). Les Truites, par exemple, se nourrissent pendant quelques jours d'une espèce d'Insectes qui émerge de son stade larvaire aquatique, puis changent de proies quand une autre espèce d'Insectes devient abondante. Lorsqu'une population de proies s'accroît, les prédateurs peuvent se nourrir principalement de l'espèce en question et consommer un pourcentage accru d'individus. Pour la population de proies, cela peut constituer un facteur de régulation dépendant de la densité.

L'accumulation des déchets métaboliques toxiques constitue un autre facteur qui peut contribuer à la régulation, dépendante de la densité, de la taille d'une population. Par exemple, dans les cultures de microorganismes, les sous-produits du métabolisme s'accumulent au fur et à mesure que la population s'accroît, et les microorganismes s'empoisonnent dans leur milieu artificiel confiné. Pendant la fermentation alcoolique, le métabolisme des Levures produit de l'éthanol. La teneur du vin en alcool est généralement inférieure à 13%, concentration maximale d'éthanol que les Levures peuvent tolérer.

L'impact d'une maladie sur une population peut dépendre de la densité si la vitesse de transmission de la maladie dépend d'un certain niveau de surpopulation. Par exemple, la tuberculose frappe un plus fort pourcentage de personnes en milieu urbain qu'en milieu rural.

Chez certaines espèces animales, ce sont des facteurs intrinsèques, et non les facteurs extrinsèques que nous venons de présenter, qui semblent déterminer la taille des populations. Une population de Souris à pattes blanches (*Peromyscus leucopus*, que l'on trouve dans l'extrême sud du Québec) vivant dans une petite parcelle passe de quelques individus à 30 ou 40. La reproduction décroît alors jusqu'à ce que la population se stabilise. Ce changement, associé à des interactions agressives qui augmentent avec la densité de la population, se produit aussi en cas d'abondance de la nourriture et des gîtes. Les mécanismes par lesquels un comportement agressif influe sur le taux de reproduction sont encore inconnus. Mais, on sait que les fortes densités provoquent un syndrome de stress se caractérisant par des changements hormonaux qui retardent la maturation sexuelle, atrophient les organes génitaux et affaiblissent le système immunitaire. Dans ce cas, les fortes densités provoquent une augmentation de la mortalité et une diminution des taux de natalité. La surpopulation a des effets semblables dans des populations sauvages de Marmottes (*Marmota monax*) et d'autres Rongeurs.

Ces divers exemples de régulation de la population par rétro-inhibition montrent que l'augmentation de la densité provoque la diminution de l'accroissement démographique par ses effets sur la reproduction, la croissance et le taux de survie des individus. Voilà donc une réponse à la question: Pourquoi toutes les populations finissent-elles par se stabiliser? Abordons maintenant une autre question: Pourquoi certains habitats favorisent-ils des densités de population plus fortes?

La dynamique des populations repose sur une interaction complexe d'influences biotiques et abiotiques

Il existe de bons et de mauvais habitats pour toutes les espèces. La capacité limite du milieu varie dans l'espace. Par exemple, la pêche est meilleure dans certaines parties d'un lac. La capacité limite varie également dans le temps. Ainsi, certaines années, les Sauterelles sont très nuisibles pour les cultures, alors qu'elles sont presque absentes en d'autres temps. À long terme, la plupart des populations subissent des variations. Si certaines populations conservent une taille à peu près stable, la plupart de celles pour lesquelles nous disposons de données à long terme présentent des fluctuations d'effectifs.

Bien qu'il soit possible de déterminer la taille moyenne de la population pour de nombreuses espèces, cette valeur est souvent moins intéressante que celle qui indique la tendance d'une année sur l'autre ou d'un endroit à l'autre. Par exemple, la FIGURE 52.16 illustre la fluctuation du nombre de Canards pilets de 1955 à 1998. Les Canards pilets (*Anas acuta*) nichent dans les champs, dans la région des prairies nord-américaines et dans la majeure partie du territoire québécois. Leur population a considérablement diminué et est bien inférieure aux effectifs des années 1950. Les écologistes doivent trouver la raison de ces variations. Des chercheurs ont constaté que la perte des étangs (par assèchement, soit en raison de sécheresses, soit à cause du drainage pour l'agriculture) constituait un important facteur abiotique et biotique de la décroissance du Canard pilet qu'illustre la FIGURE 52.16. Cependant, lorsque, dans les années 1990, des pluies abondantes ont rempli les étangs, les Canards pilets n'ont pas augmenté. Les Canards pilets nichent dans le chaume laissé

FIGURE 52.16 Décroissance démographique de la population reproductrice de Canards pilets (*Anas acuta*), de 1955 à 1998. Chaque année, les écologistes effectuent des inventaires aériens et des dénombrements au sol au mois de juin, dans toute l'aire de reproduction s'étendant au Canada et aux États-Unis. Cela leur permet ensuite d'établir les règlements sur la chasse qui s'appliqueront à l'automne.

Données fournie par le U. S. Fish and Wildlife Service, 2001.

dans les champs après la récolte des céréales. Or, au cours des dernières années, avec l'agriculture intensive, la culture céréalière est devenue de plus en plus hâtive et de nombreux nids sont détruits dans les champs couverts de chaume. De plus en plus d'habitats sont envahis par l'agriculture. Ainsi, les nids des Canards se concentrent dans la végétation naturelle qui reste, ce qui permet aux prédateurs comme les Renards et les Moufettes de trouver et de manger plus facilement les œufs dans les nids.

Par ailleurs, des études de populations à long terme remettent en question l'hypothèse selon laquelle une combinaison de facteurs maintiennent les populations de grands Mammifères, comme le Cerf de Virginie (*Odocoileus virginianus*) et l'Orignal (*Alces alces*), plus ou moins stables. La FIGURE 52.17 montre les variations de la population d'Orignaux de l'île Royale, dans le lac Supérieur, de 1959 à 2000. Le nombre d'Orignaux n'est pas du tout resté stable, mais a plutôt connu deux augmentations et diminutions majeures au cours des 40 dernières années. La prédation par les Loups gris (*Canis lupus*) est probablement la principale cause de la décroissance régulière du nombre d'individus de 1973 à 1983. Cependant, la diminution la plus spectaculaire a eu lieu en 1995 et en 1996. Elle a été causée par un climat hivernal rigoureux associé à une pénurie de nourriture : plus de 75 % de la population ont connu la famine. La gravité des pertes dues à l'hiver chez les grands herbivores qui habitent les régions tempérées et polaires est proportionnelle à la rigueur de l'hiver. Le froid augmente les besoins en énergie (et, par conséquent, les besoins alimentaires), et l'épaisseur de la couche de neige interdit l'accès à la nourriture. Il s'ensuit une mortalité généralisée causée par la famine.

Certaine populations fluctuent de façon irrégulière. Le Crabe dormeur (*Cancer magister*) constitue à cet égard un exemple classique (FIGURE 52.18). On capture pour le commerce les mâles d'une certaine taille seulement, car on suppose qu'ils sont en nombre excessif pour la reproduction. Les femelles deviennent

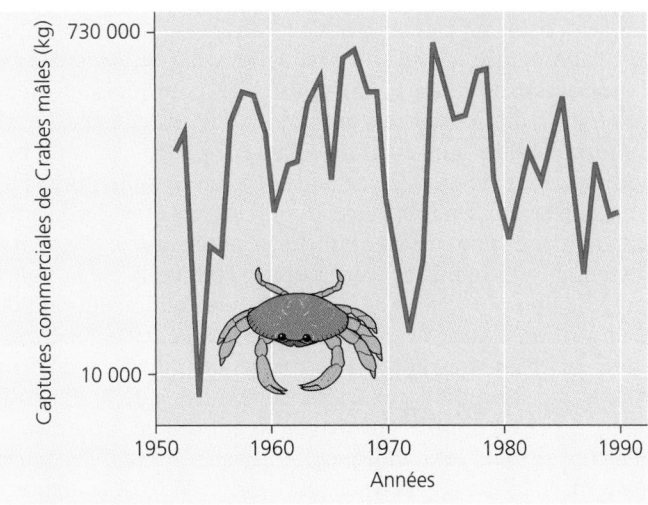

FIGURE 52.18 Fluctuations extrêmes de populations. Les fluctuations irrégulières des populations de Crabes dormeurs (*Cancer magister*), espèce importante du point du vue commercial au Canada et dans la partie nord-ouest des États-Unis bordée par le Pacifique, sont bien connues. Ce graphique des captures commerciales des Crabes dormeurs mâles sur une période de 40 ans, à Fort Bragg, en Californie, illustre l'ampleur de ces fluctuations. Les chercheurs ont élaboré un modèle mathématique qui simule un ensemble de facteurs biotiques (par exemple, la compétition intraspécifique et le cannibalisme) et de facteurs abiotiques (par exemple, des variations mineures de température de l'eau causées par des modifications dans les courants marins). Le modèle prédit avec exactitude les fluctuations dans les captures commerciales.

matures vers 2 ou 3 ans et produisent jusqu'à deux millions d'œufs chaque automne. La première caractéristique importante de la dynamique d'une population de Crabes dormeurs est le cannibalisme. Les adultes et les jeunes les plus âgés cannibalisent les plus jeunes. La seconde est qu'un peuplement réussi de larves de Crabes se fait seulement en eau peu profonde, et dépend des courants marins et de la température de l'eau. Si les vents et les courants entraînent les larves trop loin au large, ces dernières ne peuvent atteindre le fond de la mer pour se poser. Le cannibalisme et des facteurs océaniques variables et imprévisibles expliquent les fluctuations marquées de la population de Crabes dormeurs dans le Pacifique, à la partie nord-ouest des États-Unis. Le cannibalisme dépendant de la densité semble amplifier les faibles variations dues aux facteurs écologiques. Ces résultats confirment l'hypothèse selon laquelle la dynamique de nombreuses populations repose sur une interaction complexe de facteurs biotiques et abiotiques.

Certaines populations connaissent des cycles réguliers d'accroissement et de diminution

La densité de certaines populations d'Insectes, d'Oiseaux et de Mammifères fluctue avec une régularité déconcertante que le hasard seul ne peut expliquer. Les cycles démographiques les plus remarquables que l'on connaisse sont les cycles de 10 ans du Lièvre d'Amérique (*Lepus americanus*) et du Lynx du Canada (*Felis canadensis*), dans les forêts septentrionales du Canada et de l'Alaska. Le Lynx du

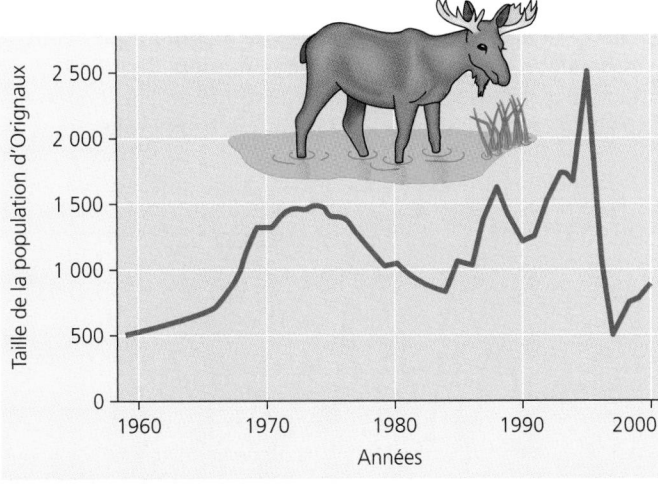

FIGURE 52.17 Étude à long terme de la population d'Orignaux (*Alces alces*) de l'île Royale, au Michigan. L'île Royale a une superficie de 544 km² et se situe dans le lac Supérieur, à 40 km de la côte. Les Orignaux ont peuplé l'île vers 1900, en traversant le lac sur la glace. Mais, au cours des dernières années, le lac n'a pas gelé. La population d'Orignaux est donc isolée, sans immigration ni émigration.

Avec la permission de Rolf O. Peterson, Michigan Technological University, 2001.

Canada est un prédateur spécifique du Lièvre d'Amérique; la corrélation entre le cycle du premier et celui du second n'est donc pas surprenante (FIGURE 52.19). Mais pourquoi l'augmentation et la diminution du nombre de Lièvres d'Amérique se conforment-elles à un cycle de 10 ans? Il y a trois grandes hypothèses. Selon la première, c'est la pénurie de nourriture pendant l'hiver qui serait la cause des cycles. En effet, les Lièvres d'Amérique se nourrissent alors des brindilles qui se trouvent à l'extrémité des branches d'arbrisseaux comme le Saule (*Salix sp.*) et le Bouleau (*Betula sp.*). Il arrive ainsi qu'ils souffrent de malnutrition à cause du surpâturage. Selon la deuxième hypothèse, les cycles seraient dus aux interactions entre le prédateur et sa proie. De nombreux prédateurs autres que le Lynx du Canada, par exemple le Coyote (*Canis latrans*), le Renard roux (*Vulpes vulpes*) et le Grand-duc d'Amérique (*Bubo virginianus*), mangent le Lièvre d'Amérique, et il arrive qu'ils surexploitent leurs proies. Enfin, selon une troisième hypothèse, la combinaison de la limitation des ressources alimentaires et de la prédation excessive influerait sur les cycles.

Si les cycles du Lièvre d'Amérique sont dus à la pénurie de nourriture en hiver, l'apport d'un supplément d'aliments devrait y mettre fin. Des chercheurs ont fait l'expérience au Yukon, pendant 20 ans, c'est-à-dire deux cycles du Lièvre d'Amérique. Ils ont communiqué deux résultats. Tout d'abord, la densité des populations du Lièvre d'Amérique dans les aires où il y a eu un supplément de nourriture a triplé. La capacité limite d'un habitat pour le Lièvre d'Amérique peut manifestement augmenter par adjonction de nourriture. Ensuite, le cycle des Lièvres d'Amérique qui ont bénéficié d'un supplément de nourriture est resté le même que celui des populations témoins non alimentées. Notamment, des chutes cycliques de la densité de population se sont produites tant dans les aires expérimentales que dans les emplacements témoins. La diminution du nombre n'a pas été freinée par l'apport de nourriture. Par conséquent, les disponibilités alimentaires ne sont pas la cause du cycle du Lièvre d'Amérique illustré à la FIGURE 52.19. On peut donc écarter la première hypothèse.

Les chercheurs ont fixé des colliers émetteurs à des Lièvres d'Amérique, et ont ainsi pu trouver les animaux dès leur mort. Cela a permis aux écologistes de déterminer la cause immédiate de la mort. Presque 90 % des lièvres morts ont été tués par des prédateurs; aucun lièvre ne semble être mort de faim. Ces résultats confirment la deuxième ou la troisième hypothèse. Les écologistes ont alors exclu les prédateurs d'une aire à l'aide de clôtures électriques. Ils ont également exclu les prédateurs d'une autre aire où ils ont ajouté de la nourriture. Ils voulaient ainsi déterminer laquelle des deux dernières hypothèses expliquait le mieux le cycle du Lièvre d'Amérique. Les résultats qu'ils ont obtenus ont confirmé l'hypothèse selon laquelle le cycle du Lièvre d'Amérique est en grande partie régulé par une prédation excessive, mais les ressources alimentaires disponibles ont des impacts importants, surtout en hiver. Peut-être que les Lièvres d'Amérique les mieux nourris peuvent plus facilement échapper aux prédateurs. De nombreux prédateurs contribuent aux pertes. Le cycle n'est pas un simple cycle Lièvre d'Amérique – Lynx du Canada.

Certains petits mammifères herbivores, comme le Campagnol des champs (*Microtus pennsylvanicus*) et le Lemming d'Ungava (*Dicrostonyx hudsonius*), présentent des cycles démographiques de 3 ou 4 ans. Certains oiseaux, comme la Gélinotte huppée (*Bonasa umbellus*) et le Lagopède des saules (*Lagopus lagopus*), ont des cycles allant de 9 à 11 ans. Il ne fait aucun doute que les causes des cycles varient selon les espèces et même selon les populations pour une même espèce. Peut-on trouver des modalités communes à tous ces cycles? On a proposé plusieurs idées pour expliquer les cycles. Deux d'entre elles s'imposent aujourd'hui.

Selon la première idée, le stress provoqué par une forte densité de population cause des perturbations hormonales qui réduisent la fécondité et augmentent l'agressivité. Des attaques infructueuses des prédateurs, de longues quêtes pour une nourriture de haute qualité et un nombre croissant de parasites dans une population de forte densité peuvent également causer le stress. Cependant, il existe peu de mesures des degrés de stress dans les populations naturelles. Ainsi, nous savons peu de choses sur la façon dont le stress influe sur le comportement. La surpopulation et le stress pourraient être des composantes communes à de nombreuses espèces d'Animaux qui ont des cycles démographiques. Mais on ne sait pas encore s'ils en sont les causes majeures.

Selon la seconde idée, les cycles démographiques sont la conséquence du délai entre l'augmentation du nombre de proies et la réponse des prédateurs à ce phénomène. Les prédateurs se reproduisent plus lentement que leurs proies, de sorte

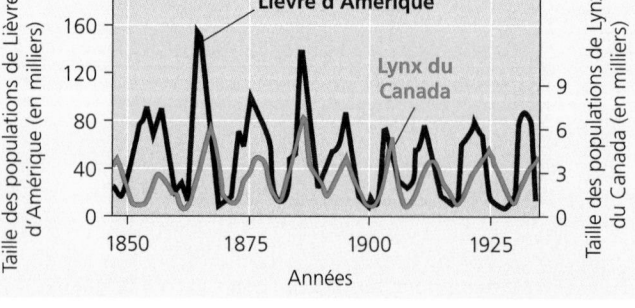

FIGURE 52.19 Cycles démographiques chez le Lièvre d'Amérique et le Lynx du Canada. Les effectifs de la population se fondent sur le nombre de peaux vendues par les trappeurs à la Compagnie de la Baie d'Hudson. Les fluctuations cycliques du Lièvre d'Amérique (*Lepus americanus*), source alimentaire importante pour le Lynx du Canada (*Felis canadensis*), sont probablement à l'origine des cycles de ce dernier. L'explication du cycle démographique des proies est un sujet de recherche difficile. En effet, la plupart des modalités de la dynamique des populations sont vraisemblablement dues à une multitude de facteurs qui interagissent et sont difficiles à distinguer sans expérimentation directe.

qu'ils accusent toujours un certain retard par rapport à l'accroissement démographique des proies. Certains prédateurs, comme les Oiseaux de proie, peuvent se déplacer au-dessus de grands territoires et réagir très rapidement à l'abondance de proies dans l'environnement, ce qui élimine le retard habituel. D'autres, comme les Belettes (*Mustela sp.*), qui sont les prédateurs des Campagnols des champs et des Lemmings d'Ungava, ne peuvent pas se déplacer aussi facilement et réagissent avec un certain retard à l'accroissement du nombre de proies. Ce retard est un facteur probable des décroissances cycliques de population chez le Campagnol des champs et le Lemming d'Ungava, tout comme chez le Lièvre d'Amérique.

Pour le Lynx du Canada, le Grand-duc d'Amérique, les Belettes et les autres prédateurs qui dépendent fortement d'une espèce unique, la disponibilité des proies est le principal facteur qui influe sur les variations de population. Quand les proies se font rares, les prédateurs se tournent l'un contre l'autre. Les Coyotes tuent les Renards roux et les Lynx du Canada. Les Grand-ducs d'Amérique tuent les rapaces plus petits et les Belettes. Cela accélère la chute des populations de prédateurs une fois que le nombre de proies a diminué dans ces systèmes cycliques.

Les études expérimentales à long terme sont essentielles pour clarifier les causes complexes des cycles démographiques.

L'ACCROISSEMENT DE LA POPULATION HUMAINE

Les Humains n'échappent pas aux processus naturels. Aucune population, y compris celle des Humains, ne peut s'accroître indéfiniment. Dans la dernière section de ce chapitre, nous allons utiliser ce que nous avons appris sur la dynamique des populations pour étudier le cas spécifique de la population humaine.

L'explosion démographique des Humains, qui s'accompagne d'une consommation effrénée des ressources de la planète par les nations industrialisées, est la principale cause de la dégradation de l'environnement et de la disparition d'espèces. Nous ne pourrons résoudre les problèmes écologiques sans freiner radicalement notre accroissement démographique. Le contrôle démographique chez les Humains fait l'objet de controverses. Il nous faut avoir une idée nette des fondements biologiques de nos problèmes avant de chercher des solutions.

La population humaine s'accroît de manière presque exponentielle depuis trois siècles, mais ne peut continuer ainsi indéfiniment

Le modèle d'accroissement exponentiel de la FIGURE 52.8 décrit essentiellement l'explosion que connaît notre population depuis 1650. Du reste, c'est probablement la seule population de grands Animaux à avoir gardé si longtemps un accroissement exponentiel. La population humaine a augmenté assez lentement jusqu'en 1650 environ. À cette époque, elle comptait environ 500 millions d'individus (FIGURE 52.20). Puis elle a doublé au cours des deux siècles qui suivirent, atteignant 1 milliard d'individus. Elle a ensuite à nouveau doublé entre 1850 et 1930. En

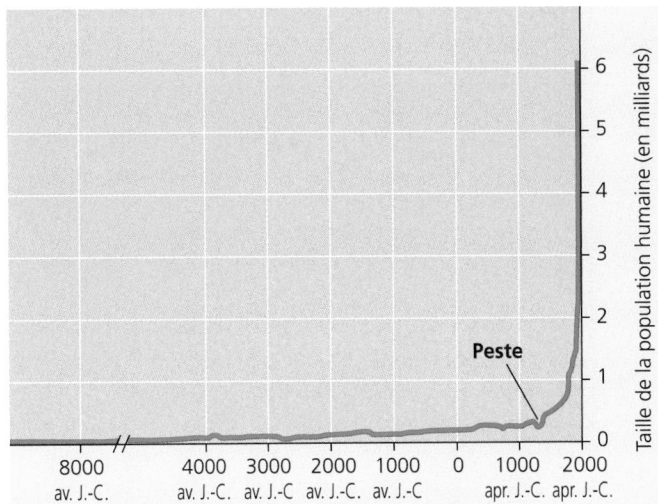

FIGURE 52.20 Accroissement de la population humaine. La population humaine s'est accrue presque continuellement au cours de son histoire, mais elle est montée en flèche depuis la révolution industrielle. Aucune autre population n'a connu un accroissement si constant. Un jour, la population humaine devra plafonner ou décroître. Il reste à savoir si la stabilisation démographique résultera d'une diminution du taux de natalité ou d'une mortalité massive. Les responsables des politiques démographiques doivent étudier sérieusement la question.

1975, elle avait encore doublé et s'élevait à plus de 4 milliards de personnes. Au début de l'année 2003, la population humaine comptait environ 6,25 milliards de personnes. Elle s'accroît de 86 millions d'individus par année, c'est-à-dire d'environ 236 000 personnes par jour, chiffre qui équivaut à la population d'une ville de la taille de la nouvelle ville de Gatineau, au Québec. Chaque semaine, l'accroissement de la population équivaut approximativement à celle de Saint-Jérôme, ville qui est située à la porte des Laurentides (au Québec). En trois ans seulement, l'équivalent de la population des États-Unis s'ajoute à la population mondiale. Si le taux d'accroissement actuel se maintient, il y aura 7,8 milliards d'habitants sur la planète en l'an 2025. Comment mettre un frein à cet accroissement démographique?

Transition démographique

Une population humaine régionale stable présente l'une ou l'autre de deux configurations suivantes:

| Croissance démographique nulle | = | Taux de natalité élevés | − | Taux de mortalité élevés |

ou

| Croissance démographique nulle | = | Taux de natalité faibles | − | Taux de mortalité faibles |

Le passage de la première configuration à la seconde est appelé **transition démographique.** La FIGURE 52.21, à la page 1276, illustre la transition démographique qu'ont connue la Suède et le Mexique. En Suède, la transition démographique a duré environ 150 ans. Au Mexique, elle s'est faite plus rapidement.

Après 1950, les taux de mortalité ont rapidement diminué dans la plupart des pays industrialisés. Les taux de natalité, eux, ont diminué de façon variable. En Chine, le taux de natalité a chuté de manière spectaculaire. En 1970, la taille moyenne des

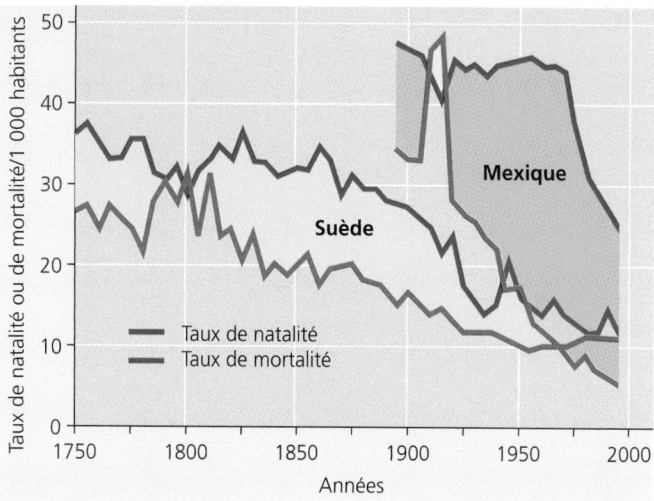

FIGURE 52.21 Transition démographique en Suède et au Mexique ; données disponibles pour la période allant de 1750 à 1997. Quand la natalité excède la mortalité, la population s'accroît (zones tramées). La transition de taux de natalité et de mortalité élevés à des taux de natalité et de mortalité faibles a duré 150 ans en Suède, tandis qu'elle s'est faite deux fois plus rapidement au Mexique.

Source : Population Reference Bureau, 2000.

familles était de 5,9 enfants ; en 1999, elle était de 1,85 enfant seulement. En Inde, le taux de natalité a décru plus lentement et de façon irrégulière. Presque partout en Afrique, la transition vers des taux de natalité plus faibles ne fait que commencer.

Comment des taux de natalité aussi disparates influent-ils sur l'accroissement de la population mondiale ? La dynamique des populations est manifestement régionale. Dans les nations industrialisées, les populations tendent vers un équilibre (taux d'accroissement d'environ 0,1 % par année), les taux de fécondité étant proches du niveau de remplacement (taux de fécondité total de 2,1 enfants par femme). En fait, dans de nombreux pays industrialisés, y compris le Canada et le Royaume-Uni, le taux de fécondité se situe sous le niveau de remplacement. Les populations en question vont tôt ou tard décroître s'il n'y a pas d'immigration et si le taux de natalité ne change pas. Actuellement, environ 80 % de la population mondiale vit dans les pays en voie de développement. De plus, la majeure partie de l'accroissement démographique mondial (1,7 %) se produit dans ces pays.

L'accroissement de la population humaine a ceci de particulier qu'il peut être limité par la contraception, par les programmes de planification familiale, par la survie des enfants et par l'éducation des filles. L'éducation des filles est le facteur le plus déterminant. En effet, les femmes instruites sont généralement plus autonomes et intègrent mieux les mécanismes de la planification familiale. De plus, elles ont tendance habituellement à retarder leur première grossesse et à éviter les naissances ultérieures trop rapprochées. Les taux d'accroissement démographiques s'en trouvent réduits. Or, il est plus facile de planifier une croissance démographique nulle lorsque les taux de natalité et de mortalité sont faibles. La solution, pour la transition démographique, réside dans la réduction de la taille des familles. Cependant, les dirigeants du monde ont des opinions très divergentes sur l'importance du soutien à fournir aux programmes globaux de planification familiale et à l'éducation.

Pyramide des âges

La **pyramide des âges,** qui indique le pourcentage d'individus d'une population dans chacun des groupes d'âge (FIGURE 52.22), a une importance déterminante pour le taux d'accroissement démographique présent et futur d'un pays. Par exemple, l'Italie a une population stable parce que les différents groupes d'âge y sont uniformément représentés. Les individus en âge de procréer ou plus jeunes ne sont pas surreprésentés dans la population. À l'opposé, le Kenya a une pyramide des âges qui est très large dans sa partie inférieure, ce qui signifie qu'il compte un très grand nombre de jeunes qui grandiront et qui, en engendrant des enfants, prolongeront l'explosion démographique. Comme on le voit à la FIGURE 52.22, les États-Unis ont une pyramide des âges relativement uniforme. Elle ne comporte qu'un renflement qui correspond au baby-boom survenu après la Seconde Guerre mondiale. Même si les hommes et les femmes nés pendant les 20 années du baby-boom ont moins de deux enfants en moyenne, ils sont si nombreux que le taux de natalité global de la nation dépasse encore le taux de mortalité.

Les pyramides des âges ne révèlent pas seulement les tendances de l'accroissement démographique, mais peuvent également indiquer quelles seront les conditions sociales dans l'avenir. À l'aide des diagrammes de la FIGURE 52.22, par exemple, on peut prédire que l'emploi continuera de représenter, dans un avenir prévisible, un problème important pour un nombre croissant de personnes en âge de travailler au Kenya. En Italie et aux États-Unis, une proportion décroissante de personnes en âge de travailler (surtout les jeunes qui font actuellement des études collégiales) supportera bientôt une proportion croissante de personnes issues du baby-boom et prenant leur retraite. Une bonne compréhension de la pyramide des âges peut nous aider à planifier l'avenir.

L'estimation de la capacité limite de la Terre est un problème complexe

L'extrapolation de la population humaine sur la Terre dépend des suppositions concernant les variations futures des taux de natalité et de mortalité. Pour 2050, l'Organisation des Nations unies prévoit que la population se situera entre 7,3 et 10,7 milliards de personnes. Les prévisions les plus conservatrices indiquent qu'en l'absence de catastrophe 1,3 milliard de personnes s'ajouteront à la population mondiale dans les 25 prochaines années, en raison de la lancée de l'accroissement démographique. Ces prévisions soulèvent une question : Quelle taille de population humaine la biosphère peut-elle supporter ? La planète est-elle déjà surpeuplée ? Sera-t-elle surpeuplée en 2050 ?

Large éventail d'évaluations concernant la capacité limite de la Terre

Quelle est la capacité limite de la Terre pour les Humains ? Depuis plus de 300 ans, les scientifiques qui s'intéressent à la démographie se posent cette question. En 1679, Antonie Van Leeuwenhoek effectua la première évaluation connue de la capacité limite de la Terre. Depuis, l'estimation de la capacité limite a varié de moins de 1 milliard à plus de 1 000 milliards

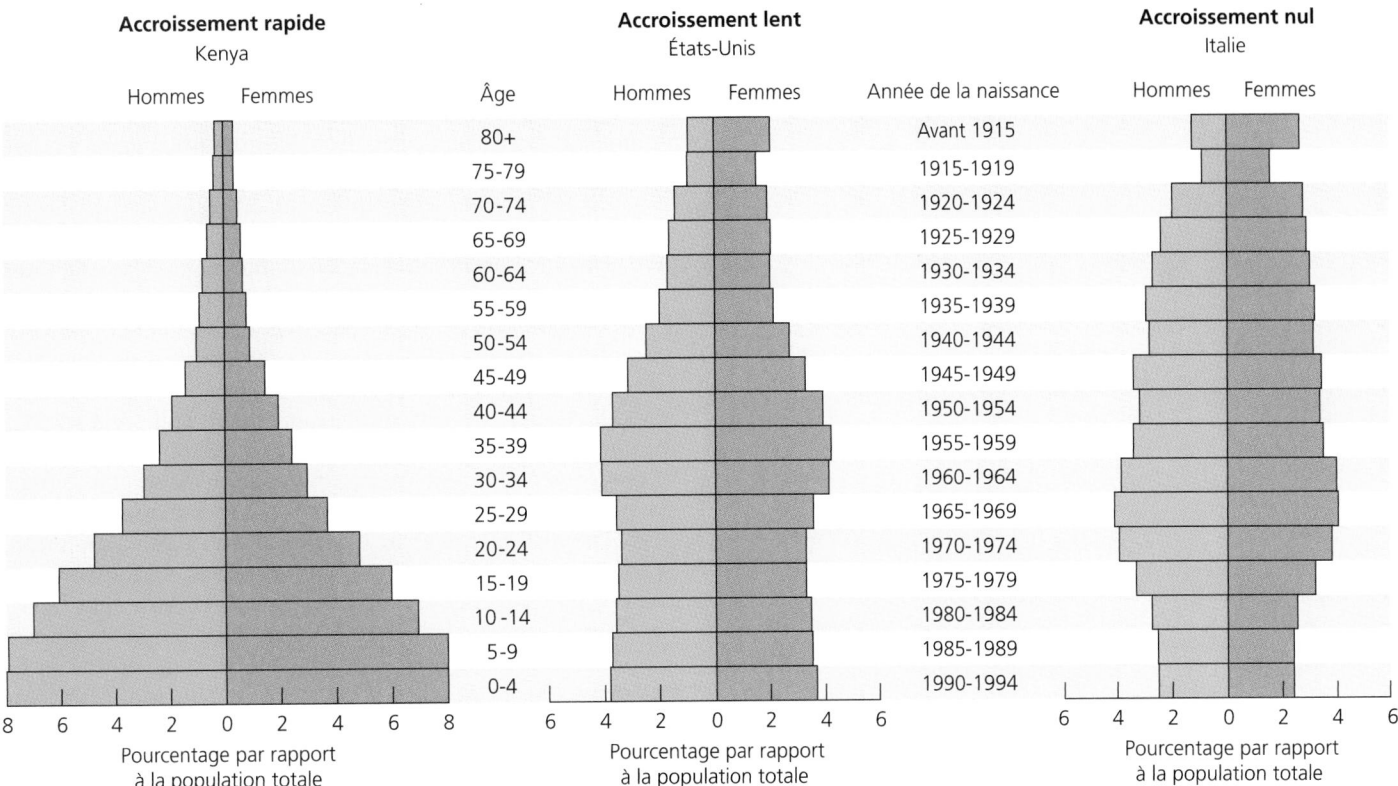

FIGURE 52.22 Pyramides des âges pour les populations humaines du Kenya (taux d'accroissement annuel de 2,1 %), des États-Unis (taux d'accroissement annuel de 0,6 %) et de l'Italie (taux d'accroissement annuel nul), pour l'année 1995.

(un billion de personnes). La moyenne de ces différentes estimations se situe aux environs de 10 à 15 milliards. Pourquoi ces valeurs sont-elles si disparates ?

La capacité limite est difficile à déterminer. Les scientifiques qui font ces estimations utilisent différentes méthodes. Certains chercheurs se servent de courbes comme celles que produit l'équation d'accroissement logistique (voir la FIGURE 52.11) pour déterminer la population humaine maximale. D'autres font une généralisation, à partir de la densité de population « maximale » existante qu'ils multiplient par la superficie de territoire habitable. D'autres encore s'appuient sur une seule contrainte hypothétique comme la nourriture. Cette approche qui consiste à se fonder sur la nourriture comme facteur limitant semble prometteuse. Cependant, les estimations correspondantes sont limitées par les hypothèses qu'il faut faire sur la quantité de terres agricoles disponibles, le rendement moyen des récoltes, les habitudes alimentaires dominantes (végétarisme ou consommation de viande) et le nombre de joules nécessaires chaque jour à une personne.

Empreinte écologique

Une approche prometteuse pour estimer la capacité limite de la Terre consiste à considérer que nous avons de multiples contraintes : nourriture, combustibles, bois et autres nécessités comme les vêtements et le transport. Le concept d'**empreinte écologique** élaboré récemment tient compte de ces multiples

contraintes dans l'estimation de la capacité limite pour l'Humain. Pour chaque nation, on calcule la superficie totale des terres et des eaux requises pour la production de toutes les ressources consommées et pour l'assimilation des déchets, dans différentes catégories d'écosystèmes. On distingue six types de milieux productifs du point de vue écologique dans le calcul de l'empreinte écologique : les terres arables (terres agricoles), les pâturages, les forêts, les océans, les espaces aménagés et les milieux comportant une réserve d'énergie fossile. On calcule la superficie de ces derniers en se fondant sur l'étendue requise pour que la végétation absorbe le CO_2 produit par la consommation des combustibles fossiles. Toutes les mesures sont traduites en superficie de territoire (hectares par personne). Si l'on additionne tous les milieux écologiquement productifs de la planète, on trouve qu'il y a environ 2 ha par personne. Si l'on désire conserver des territoires pour des parcs et la préservation de l'environnement, il faut réduire cette valeur à 1,7 ha par personne. Cette valeur sert de référence dans la comparaison de l'empreinte écologique des nations.

La FIGURE 52.23, à la page 1278, présente le graphique des empreintes écologiques de 13 pays et du monde entier telles qu'elles étaient en 1997. Deux conclusions s'imposent à la lecture de ce graphique. Premièrement, le monde dans son ensemble était *déjà* en déficit écologique en 1997, quand l'étude a été menée. Deuxièmement, on observe, entre les pays, une grande variation de la valeur individuelle de l'empreinte et de la capacité écologique disponible (base de ressources réelles). Les États-Unis

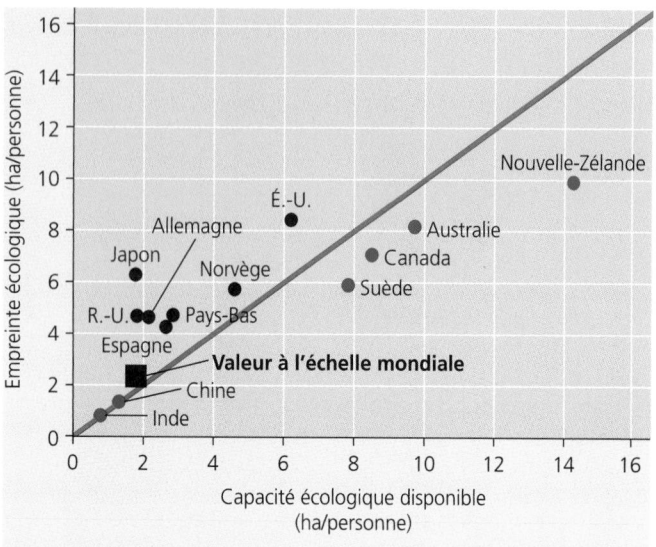

FIGURE 52.23 Empreinte écologique, en fonction de la capacité écologique disponible. L'empreinte écologique exprime, en hectares de territoire par personne, la demande courante de ressources globales pour chaque pays. La capacité écologique disponible mesure, en superficie de territoire par personne, la base de ressources pour chaque pays. Les pays représentés par un point noir (au-dessus de la diagonale rouge) étaient en déficit écologique en 1997, date de l'étude. Les pays représentés par un point bleu (sous la diagonale) ont des ressources excédentaires.

ont une empreinte écologique de 8,4 ha par personne, mais ne disposent que de 6,2 ha par personne de capacité écologique disponible. En d'autres mots, ils ont une empreinte écologique trop grande pour leur territoire et leurs ressources. Ainsi, d'après cette mesure, la population des États-Unis dépasse déjà sa capacité limite. La Nouvelle-Zélande, quant à elle, a une empreinte écologique plus grande, de 9,8 ha par personne, mais une capacité écologique disponible de 14,3 ha par personne. Par conséquent, elle se situe sous sa capacité limite. D'après l'analyse globale de l'impact des Humains au moyen des empreintes écologiques, la planète a déjà dépassé sa capacité limite.

On ne peut que spéculer sur la capacité limite définitive de la Terre pour la population humaine et sur les facteurs qui limiteront finalement notre accroissement. La nourriture sera peut-être le principal facteur. La malnutrition et les famines sont courantes dans certains pays, mais sont surtout le fait d'une répartition non équitable de la nourriture, et non d'une production inadéquate. Jusqu'à présent, les progrès technologiques dont a bénéficié l'agriculture ont permis que les disponibilités alimentaires suivent l'accroissement démographique global. Cependant, nous savons que, pour des raisons relatives aux principes de flux énergétique au sein des écosystèmes, les milieux peuvent admettre plus d'herbivores que de carnivores (voir le chapitre 54). Si tout le monde mangeait autant de viande que les personnes les mieux nanties dans le monde, les récoltes actuelles ne pourraient nourrir que la moitié de la population mondiale. Or, il semble peu probable que les habitants des pays les plus riches renoncent à la consommation de viande.

L'espace suffisant sera peut-être finalement le facteur limitant, comme pour les Fous de Bassan sur les îles océaniques. À coup sûr, le conflit concernant la façon d'utiliser l'espace s'amplifiera au fur et à mesure que notre population augmentera. Les terres agricoles pourraient être aménagées pour l'habitation. Toutefois, il semble y avoir peu de limites à la promiscuité dans laquelle les Humains peuvent se retrouver.

Des ressources autres que les nutriments et l'espace peuvent venir à manquer. Un grand nombre de personnes s'inquiètent des réserves de ressources non renouvelables, comme certains métaux ou combustibles fossiles. Il est également possible que notre population soit en fin de compte limitée par la capacité de l'environnement à assimiler tous les déchets et à supporter les agressions que lui imposent les Humains. Par exemple, l'usage excessif d'engrais chimiques pour la production de récoltes abondantes menace déjà la qualité des eaux souterraines dans certaines régions agricoles. Les occupants actuels de ces régions pourraient ainsi faire baisser à long terme la capacité limite de la Terre pour les générations futures.

Certains utopistes, confiants dans la technologie, ont affirmé que la capacité limite de la Terre pouvait augmenter continuellement, qu'en fait il n'y avait en pratique aucune limite à l'accroissement démographique. Les progrès techniques ont sans aucun doute augmenté la capacité limite de la Terre pour les Humains, mais aucune population ne peut croître indéfiniment. De nombreuses personnes s'inquiètent et débattent de la question de savoir quelle est exactement la capacité limite de la Terre et dans quelles circonstances nous l'atteindrons. Idéalement, la population humaine devrait atteindre la capacité limite sans à-coups, puis plafonner. Contrairement aux autres organismes, nous pouvons choisir le moyen qui nous permettra d'arrêter notre croissance démographique : nous pouvons opter pour les changements sociaux issus d'une décision des individus ou d'une intervention gouvernementale, ou pour une augmentation de la mortalité due au manque de ressources, aux fléaux, aux guerres et à la dégradation de l'environnement.

■   ■   ■

Pour le meilleur ou pour le pire, le sort de notre espèce et du reste de la biosphère est entre nos mains. Au chapitre 55, nous étudierons ces questions plus en détail, lorsque nous expliquerons le concept de durabilité de l'environnement.

RÉVISION DU CHAPITRE

Résumé des concepts importants

LES CARACTÉRISTIQUES DES POPULATIONS

- Toute population présente deux caractéristiques importantes : une densité et une distribution (p. 1258 et 1259, FIGURES 52.1 et 52.2). La densité de population est le nombre d'individus par unité d'aire ou de volume. La distribution est la répartition des individus dans l'espace. Elle dépend des facteurs écologiques ou sociaux qui s'exercent sur la population. On distingue la distribution en agrégats (la plus courante), la distribution uniforme et la distribution aléatoire.

- La démographie est l'étude des facteurs qui influent sur l'accroissement et la diminution des populations (p. 1260 à 1262, TABLEAUX 52.1 et 52.2, FIGURE 52.3). La natalité et l'immigration causent l'accroissement des populations. La mortalité et l'émigration causent leur diminution. Les tables de survie indiquent les taux de mortalité par groupes d'âge pour diverses cohortes que comprennent les populations. Les courbes de survie indiquent, par âges, le nombre de survivants d'une cohorte. Les tables de fécondité indiquent les taux de fécondité d'une population, par groupes d'âge.

LES CYCLES BIOLOGIQUES

- Les cycles biologiques sont extrêmement divers, mais de cette diversité se dégagent des modalités (p. 1262 et 1263, FIGURE 52.4). Les organismes caractérisés par la sémelparité se reproduisent une seule fois et meurent. Les organismes caractérisés par l'itéroparité ont plusieurs saisons de reproduction au cours de leur vie. Les caractéristiques des cycles biologiques représentent des compromis entre les besoins contradictoires de temps pour la reproduction, d'énergie et de nutriments, ressources qui sont limitées.

- Des ressources limitées obligent à des compromis d'investissement entre la reproduction et la survie (p. 1263 à 1265, FIGURES 52.5 à 52.7). Chez les Vertébrés, la taille des portées et l'âge des femelles à la première reproduction entraînent des compromis entre la fécondité présente et la fécondité future, entre la fécondité et la survie des adultes, et entre la fécondité et la survie des rejetons.

L'ACCROISSEMENT DÉMOGRAPHIQUE

- Le modèle exponentiel d'accroissement démographique décrit une population idéale dans un environnement aux ressources illimitées (p. 1265 et 1266, FIGURE 52.8). Si l'on ne tient pas compte de l'immigration et de l'émigration, la différence entre le taux de natalité et le taux de mortalité détermine le taux d'accroissement démographique. L'équation d'accroissement exponentiel $dN/dt = r_{max}N$ représente l'accroissement potentiel d'une population dans un environnement aux ressources illimitées : r_{max} est le taux maximal d'accroissement et N est le nombre d'individus dans une population. Le modèle exponentiel d'accroissement démographique prédit que plus la taille d'une population augmente, plus elle augmente rapidement.

- Le modèle logistique d'accroissement démographique intègre la notion de capacité limite du milieu (p. 1266 à 1269, FIGURES 52.10 à 52.12, TABLEAU 52.3). L'accroissement exponentiel ne peut se maintenir longtemps dans une population. Le modèle logistique d'accroissement démographique, plus réaliste que le modèle exponentiel, limite l'accroissement en intégrant la capacité limite du milieu (K), qui correspond à la taille maximale de population que les ressources disponibles peuvent supporter. L'équation logistique $dN/dt = r_{max}N$ $(K − N)/K$ donne une courbe en forme de S dans laquelle l'accroissement de la population plafonne lorsque la taille de la population s'approche de la capacité limite du milieu. Le modèle logistique décrit bien quelques populations. Mais pour de nombreuses populations naturelles, il n'existe pas de capacité limite stable. Ainsi, les populations fluctuent régulièrement ou irrégulièrement autour d'une densité moyenne à long terme. La sélection naturelle favorise les caractéristiques qui permettent la survie et la reproduction avec peu de ressources, dans des populations vivant à des densités proches de la capacité limite (K). Cette sélection dépendante de la densité est appelée sélection K. La sélection naturelle favorise par ailleurs les adaptations qui facilitent la reproduction rapide, dans des populations de faible densité. Cette forme de sélection naturelle est appelée sélection r.

LES FACTEURS QUI LIMITENT LA TAILLE DES POPULATIONS

- La rétro-inhibition empêche un accroissement démographique illimité (p. 1270 à 1272, FIGURES 52.14 et 52.15). Les variations des taux de natalité et de mortalité dépendantes de la densité freinent l'augmentation des populations et peuvent à la longue stabiliser une population autour de sa capacité limite. De nombreux facteurs dépendants de la densité produisent une rétro-inhibition : la compétition intraspécifique pour la nourriture et l'espace limités, l'augmentation de la prédation, la maladie, le stress causé par la surpopulation ou l'accumulation de toxines.

- La dynamique des populations repose sur une interaction complexe d'influences biotiques et abiotiques (p. 1272 et 1273, FIGURES 52.16 à 52.18). Les capacités limites peuvent varier dans l'espace. Elles assurent ainsi de bons ou de mauvais habitats pour certaines espèces et à la longue sont à l'origine de fluctuations dans les populations. L'instabilité caractérise presque toutes les populations naturelles.

- Certaines populations connaissent des cycles réguliers d'accroissement et de diminution (p. 1273 à 1275, FIGURE 52.19). Le Lièvre d'Amérique a un cycle de 10 ans. Des expériences sur le terrain ont montré qu'une prédation excessive s'accompagnant d'une pénurie de nourriture en hiver régulait ce cycle. Les fluctuations des cycles des herbivores comme le Lièvre d'Amérique ou le Lemming d'Ungava causent des fluctuations correspondantes dans les populations de leurs prédateurs.

L'ACCROISSEMENT DE LA POPULATION HUMAINE

- La population humaine s'accroît de manière presque exponentielle depuis trois siècles, mais ne peut continuer ainsi indéfiniment (p. 1275 à 1277, FIGURES 52.20 à 52.22). Depuis la révolution industrielle, l'accroissement de la population humaine a été soutenu par des facteurs comme l'amélioration de la nutrition, les soins médicaux et l'hygiène qui ont rapidement fait baisser les taux de mortalité, mais plus lentement les taux de natalité. La pyramide des âges d'une population a des impacts majeurs sur les besoins sociaux comme les écoles et les hôpitaux.

■ L'estimation de la capacité limite de la Terre est un problème complexe (p. 1276 à 1278, FIGURE 52.23). L'empreinte écologique exprime, en hectares de territoire par personne, la demande courante de ressources globales pour chaque pays. En considérant tous les milieux écologiquement productifs de la planète, on estime la capacité limite de la Terre à environ 2 ha par personne.

Autoévaluation

(Les questions dont les numéros sont en caractères gras font surtout appel à la compréhension.)

1. Une population qui présente une distribution uniforme :
   a) s'étend et élargit son aire de distribution.
   b) vit dans un milieu où les ressources sont réparties de manière hétérogène.
   c) est formée d'individus qui se font concurrence pour les ressources, l'eau et les minéraux chez les Végétaux, les sites de nidification chez les Animaux.
   d) est formée d'individus entre lesquels il n'y a ni attirances ni répulsions marquées.
   e) a une faible densité.

2. Dans une table de survie concernant les Humains, une « cohorte » se compose de :
   a) personnes du même âge.
   b) personnes qui vivent dans la même ville.
   c) personnes de même niveau d'instruction.
   d) personnes qui occupent le même emploi.
   e) personnes qui ont le même nombre d'enfants.

3. L'expression $(K - N)/K$ influe sur dN/dt de telle manière que :
   a) quand N est petit, l'accroissement démographique est fort.
   b) quand N s'approche de K, r_{max} (taux intrinsèque d'accroissement) augmente.
   c) quand N est égal à K, la population stagne.
   d) quand K est faible, l'accroissement démographique devient exponentiel.
   e) quand N s'approche de K, le taux de natalité est proche de zéro.

4. La capacité limite du milieu pour une population est :
   a) le nombre d'individus compris dans la population.
   b) une constante que l'on peut évaluer pour toutes les populations.
   c) inversement proportionnelle à r_{max}.
   d) le nombre d'individus qui peuvent vivre dans un habitat où les ressources sont disponibles pour l'espèce.
   e) établie à 8 milliards pour la population humaine.

5. Quelle stratégie de cycle biologique la sélection naturelle favorise-t-elle si la survie des rejetons est assez faible et imprévisible ?
   a) La sémelparité.
   b) La production d'un grand nombre de gros œufs et beaucoup de soins parentaux.
   c) L'itéroparité.
   d) Un jeune âge à la première reproduction.
   e) Un âge relativement élevé à la première reproduction.

6. Dans une étude de capture-recapture portant sur une population de Touladis (*Salvelinus namaycush*), 40 poissons sont capturés, marqués puis libérés. Lors de la seconde pêche, 45 poissons sont capturés ; 9 d'entre eux sont marqués. À combien d'individus estime-t-on la population de Touladis ?
   a) 90.   d) 800.
   b) 200.   e) 1 800.
   c) 360.

7. L'exemple des cycles démographiques du Lièvre d'Amérique et de son prédateur, le Lynx du Canada, indique :
   a) que les prédateurs sont le seul facteur qui régule la taille des populations de proies.
   b) que les deux espèces ont évolué parallèlement, puisque leurs cycles biologiques sont liés.
   c) qu'il ne faut pas conclure à une relation de cause à effet sans avoir procédé à une observation et à une expérimentation rigoureuses.
   d) que les deux populations sont régulées par des facteurs abiotiques.
   e) que la population de Lièvres d'Amérique est à sélection *r*, tandis que la population de Lynx du Canada est à sélection *K*.

8. La taille actuelle de la population humaine est d'environ :
   a) 2 milliards.
   b) 3 milliards.
   c) 4 milliards.
   d) 6 milliards.
   e) 10 milliards.

9. Toutes les descriptions suivantes sont caractéristiques des populations humaines dans les pays industrialisés *sauf une*, laquelle ?
   a) La taille de la famille est relativement petite.
   b) Il y a plusieurs reproductions potentielles au cours d'une vie.
   c) Le cycle biologique est à sélection *r*.
   d) La courbe de survie est de type I.
   e) La pyramide des âges a une structure à peu près uniforme.

10. Selon l'étude des empreintes écologiques menée en 1997 :
    a) la capacité limite de la planète est de 10 milliards.
    b) la capacité limite de la planète serait plus grande si tout le monde devenait végétarien.
    c) la demande courante en ressources globales de la part de chaque pays industrialisé est bien inférieure à leur capacité limite.
    d) les États-Unis ont une empreinte écologique plus grande que la capacité limite de leur propre territoire.
    e) les progrès techniques qui auraient pour effet d'accroître la capacité limite de la Terre ne sont pas écologiques.

11. Quelle relation existe-t-il entre une population et une espèce ?

12. Une population de Guppies (Mollies) vivant dans un aquarium a atteint une taille stable. On décide de doubler la ration de nourriture quotidienne. Mais il s'avère que cet ajout n'a aucun effet sur la taille de la population. Quelle est l'explication la plus vraisemblable de cette observation ?

13. (a) Dans quelle mesure la pyramide des âges de la population des États-Unis permet-elle d'expliquer le surplus actuel à la régie des rentes et dans les caisses de retraite ? (b) Pourquoi, si le système n'est pas modifié, le surplus sera-t-il remplacé par un déficit dans les prochaines décennies ?

14. Quelles seraient, dans la table de survie d'une population ayant une courbe de survie du type II, les caractéristiques les plus remarquables des valeurs figurant dans la colonne des taux de mortalité ?

15. Quelle tendance caractérise une nation qui est en transition démographique ?

Lien avec l'évolution

En un paragraphe, comparez les conditions qui favorisent la reproduction par sémelparité aux conditions qui favorisent la reproduction par itéroparité.

Intégration

1. On effectue une estimation de la taille de la population de Campagnols des champs (*Microtus pennsylvanicus*) dans un pré au moyen de la technique de capture-recapture. On obtient $N = 350$. Plus tard, on apprend, grâce à des expériences portant sur le comportement des Campagnols des champs, que ces animaux peuvent déterminer l'endroit d'un piège appâté plus rapidement s'ils ont déjà trouvé de la nourriture en visitant le piège auparavant. Cela signifie-t-il que l'estimation initiale de 350 individus était (a) trop faible ou (b) trop forte? Expliquez votre réponse en utilisant l'équation de la technique de capture-recapture.

2. Faites un schéma (ou réseau) de concepts montrant comment s'effectue la régulation de la taille d'une population.

Science, technologie et société

Bien des gens considèrent l'accroissement démographique rapide des pays en voie de développement comme le principal problème écologique de l'heure. D'autres pensent que l'accroissement démographique des pays industrialisés, bien que moindre, constitue une menace plus grave pour l'environnement. Quels problèmes résultent de l'accroissement démographique: (a) dans les pays en voie de développement? (b) dans les pays industrialisés? Selon vous, quel phénomène est le plus dangereux, et pourquoi?

CHAPITRE 53

L'ÉCOLOGIE DES COMMUNAUTÉS

« La relation existant entre l'humanité
et la nature doit être faite de respect et d'amour,
non de domination. »

RENÉ DUBOS
médecin et biologiste américain d'origine française (1901-1982)

QU'EST-CE QU'UNE COMMUNAUTÉ ?

- Les conceptions divergentes de la notion de communauté tirent leur origine des hypothèses individualiste et interactive
- Le débat se poursuit autour du modèle des rivets et du modèle de la redondance

INTERACTIONS INTERSPÉCIFIQUES ET STRUCTURE DES COMMUNAUTÉS

- La compétition, la prédation, le mutualisme et le commensalisme lient les populations
- La structure trophique est un facteur déterminant dans la dynamique des communautés
- Les espèces dominantes et les espèces clés ont une grande influence sur la structure d'une communauté
- La structure d'une communauté est déterminée de bas en haut par des nutriments et de haut en bas par des prédateurs

PERTURBATIONS ET STRUCTURE D'UNE COMMUNAUTÉ

- La plupart des communautés vivent un déséquilibre dû aux perturbations
- Les Humains sont les principaux agents de perturbation
- La série de changements que connaît une communauté après une perturbation constitue la succession écologique

LES FACTEURS BIOGÉOGRAPHIQUES QUI INFLUENT SUR LA BIODIVERSITÉ DES COMMUNAUTÉS

- La biodiversité d'une communauté se mesure au nombre d'espèces et à leur abondance relative
- La richesse spécifique diminue généralement le long d'un gradient équatorial-polaire
- La richesse spécifique dépend de l'étendue géographique d'une communauté
- Sur les îles, la richesse spécifique dépend de la superficie et de la distance par rapport au continent

La prochaine fois *que vous vous promènerez dans un champ, dans un bois ou même dans un parc, essayez d'observer les interactions des espèces. Vous verrez peut-être des oiseaux nichant dans les arbres, des abeilles pollinisant des fleurs, des champignons croissant sur les troncs, des chenilles se nourrissant de feuilles, des araignées capturant des insectes dans leurs toiles et des fougères poussant à l'ombre des branches. Il ne s'agit là que de quelques-unes des innombrables interactions qui se produisent dans tout écosystème. Un organisme vit dans un milieu constitué des facteurs physiques et chimiques (présentés au chapitre 50), des autres individus de sa population et des autres espèces occupant le territoire. Les espèces qui vivent assez près les unes des autres pour pouvoir interagir forment une communauté. Dans la photographie ci-dessus, le lion, le zèbre, la hyène, les vautours, le troupeau en arrière-plan et la végétation font tous partie d'une communauté de savane, en Afrique orientale.*

Dans ce chapitre, nous allons traiter des divers types d'interactions biotiques qui se produisent dans les populations. Nous tenterons de répondre à la question fondamentale de l'écologie des communautés: Quels sont les principaux facteurs qui structurent une communauté et qui déterminent sa composition spécifique ainsi que l'abondance relative des espèces qui la composent?

QU'EST-CE QU'UNE COMMUNAUTÉ ?

Une **communauté** est un ensemble de populations qui occupent le même territoire ou le même habitat et qui interagissent. Les écologistes déterminent les limites d'une communauté selon les besoins de leurs recherches. On peut étudier la communauté des détritivores et d'autres organismes dans une souche d'arbre, la communauté benthique du lac Supérieur ou la communauté des arbres et des arbustes dans le parc Forillon. Une communauté possède un ensemble de propriétés déterminées par les espèces qui la composent. Elle est par ailleurs dotée d'une structure définie par les interactions entre ces espèces. Les communautés se caractérisent par leur **richesse spécifique,** c'est-à-dire le nombre d'espèces qu'elles comprennent. Mais certaines espèces sont abondantes et d'autres sont rares, de sorte que les communautés se distinguent également par l'**abondance relative** de leurs espèces. Pourquoi trouve-t-on certaines espèces ensemble dans une communauté ? Depuis 50 ans, les écologistes ont donné deux réponses à la question.

Les conceptions divergentes de la notion de communauté tirent leur origine des hypothèses individualiste et interactive

Comment expliquer que certaines espèces se trouvent ensemble dans une communauté ? Au cours des années 1920 et 1930, les écologistes donnèrent deux réponses à la question, en se fondant principalement sur des observations relatives à la distribution des Végétaux. Nous allons rapidement décrire ces arguments historiques, parce qu'ils sont à l'origine des modèles qui font aujourd'hui l'objet de débats : le modèle dit « des rivets » et le modèle de la redondance

Au début du XXe siècle, H. A. Gleason, de l'Université de Chicago, a le premier énoncé une **hypothèse individualiste** sur la structure d'une communauté. Selon cette hypothèse, une communauté végétale est un regroupement fortuit d'espèces qui occupent le même territoire simplement parce qu'elles ont les mêmes besoins abiotiques, en matière notamment de température, de précipitations et de sol. Au début des années 1900 également, F. E. Clements a quant à lui prôné une **hypothèse interactive.** Selon cette hypothèse, la communauté est un regroupement d'espèces étroitement et inéluctablement unies par des interactions biotiques en un tout, formant à la limite un « superorganisme ». Cette conception de la communauté s'appuie sur le fait que l'on trouve toujours certaines espèces végétales ensemble. Ainsi, les forêts de feuillus du sud du Québec comprennent presque invariablement des espèces de Chênes, d'Érables, de Bouleaux et le Hêtre, ainsi qu'un ensemble particulier d'arbustes et de plantes grimpantes. Ces deux conceptions divergentes de la structure d'une communauté (individualiste et interactive) préconisent différentes priorités dans l'étude des communautés biologiques. Pour comprendre les liens qu'il y a entre les organismes et leur distribution, l'hypothèse individualiste privilégie l'étude d'espèces uniques, alors que l'hypothèse interactive s'intéresse surtout aux ensembles d'espèces comme unités essentielles.

Ces deux conceptions de l'organisation des communautés végétales décrivent très différemment la distribution que devraient présenter les espèces végétales le long d'un gradient de variables écologiques telles que l'humidité et la température. L'hypothèse individualiste indique que les communautés devraient généralement être dépourvues de limites géographiques nettes, car chaque espèce a une distribution qui lui est propre le long du gradient écologique. Autrement dit, chaque espèce se distribue selon ses intervalles de tolérance aux facteurs abiotiques qui varient le long du gradient. Ainsi, les communautés végétales changent de manière continue le long du gradient, s'adjoignant ou perdant des espèces (FIGURE 53.1a). L'hypothèse interactive, quant à elle, affirme que les espèces devraient être regroupées en communautés distinctes à l'intérieur de limites précises, car la présence ou l'absence d'une espèce en particulier est largement déterminée par la présence ou l'absence d'autres espèces avec lesquelles elle interagit (FIGURE 53.1b).

Dans la plupart des cas, notamment dans les grandes régions caractérisées par des gradients écologiques, la composition des communautés végétales semble varier de manière continue ; chaque espèce est distribuée de façon plus ou moins indépendante (FIGURE 53.1c). Cette continuité confirme que les communautés végétales sont des associations relativement lâches et dépourvues de limites distinctes. Cependant, lorsqu'un facteur déterminant du milieu physique change soudainement, les communautés voisines sont séparées par des limites d'autant plus claires que le changement est abrupt. Les changements de propriétés des sols correspondent aux exemples les plus frappants de limites claires. En général, les limites précises entre les communautés végétales sont rares dans la nature. Mais les Humains ont modifié le paysage par l'agriculture et la foresterie. Ils ont ainsi créé de nombreuses limites artificielles et nettes. Au chapitre 55, nous explorerons les conséquences des modifications apportées aux habitats.

Le débat se poursuit autour du modèle des rivets et du modèle de la redondance

Aujourd'hui, en écologie végétale, on accepte généralement l'hypothèse individualiste. Mais de nouvelles questions se posent lorsqu'il s'agit d'appliquer cette hypothèse à des communautés animales. En 1981, Paul et Anne Ehrlich, de l'Université Stanford, ont lancé l'idée que les espèces composant une communauté étaient comme les rivets des ailes d'un avion : tous les rivets ne sont pas nécessaires pour faire tenir les ailes, mais si on les enlevait un à un, voler à bord de l'avion en question deviendrait inquiétant. Le **modèle des rivets** est la reprise du modèle interactif proposé par Clements pour les communautés végétales. Il affirme que la plupart des espèces d'une communauté sont en étroite relation les unes avec les autres, dans un réseau vital. Par conséquent, la réduction ou l'augmentation de l'abondance d'une espèce influe sur de nombreuses autres espèces.

En 1992, Brian Walker a proposé une conception opposée des communautés : le **modèle de la redondance.** Ce modèle veut que la plupart des espèces composant une communauté ne sont pas en étroite relation et que le réseau vital est très lâche. Une augmentation ou une diminution d'une espèce a peu d'effets sur les autres espèces de la communauté, qui ont leur rôle propre. C'est exactement ce qu'avait avancé Gleason 80 ans auparavant avec son modèle individualiste des communautés végétales.

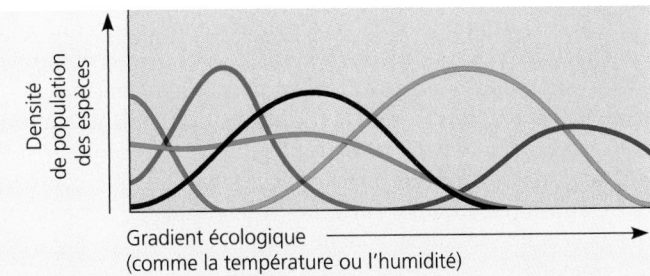

(a) Hypothèse individualiste. L'hypothèse individualiste veut que les espèces soient distribuées de façon indépendante le long de gradients et qu'une communauté soit simplement un regroupement d'espèces qui occupent le même territoire parce qu'elles ont les mêmes besoins abiotiques.

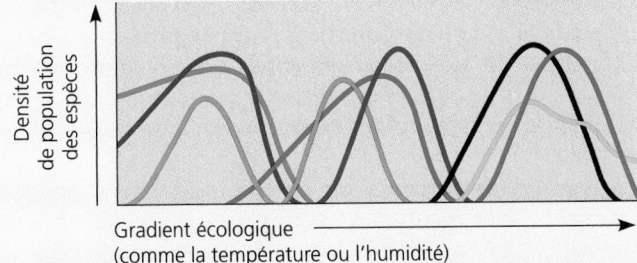

(b) Hypothèse interactive. L'hypothèse interactive veut que les communautés soient des ensembles discontinus d'espèces particulières qui dépendent fortement les unes des autres et se retrouvent presque toujours ensemble.

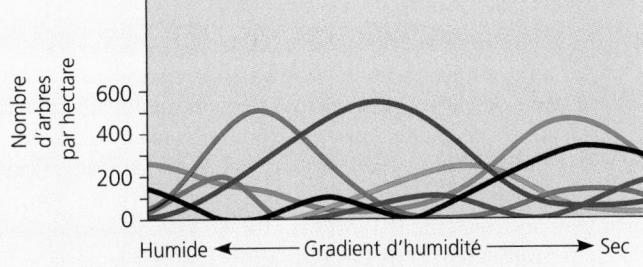

(c) Arbres des montagnes de Santa Catalina. La distribution des espèces d'arbres à une certaine altitude des montagnes de Santa Catalina, en Arizona, est conforme à l'hypothèse individualiste. Chaque espèce d'arbres a, le long du gradient écologique, une distribution indépendante qui semble liée à sa tolérance à l'humidité. Les espèces qui vivent côte à côte en un point quelconque du gradient écologique ont des besoins physicochimiques semblables. Comme la végétation varie de manière continue le long du gradient, il est impossible de tracer des limites claires entre les communautés.

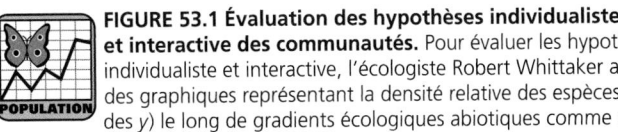

FIGURE 53.1 Évaluation des hypothèses individualiste et interactive des communautés. Pour évaluer les hypothèses individualiste et interactive, l'écologiste Robert Whittaker a utilisé des graphiques représentant la densité relative des espèces (axe des *y*) le long de gradients écologiques abiotiques comme ceux de la température ou de l'humidité (axe des *x*). Chaque courbe de couleur représente l'abondance relative d'une espèce.

Dans une communauté, les espèces sont redondantes. Ainsi, si un prédateur disparaît, une autre espèce prend alors sa place comme consommateur d'une proie spécifique. Si un pollinisateur cesse de visiter une espèce particulière d'Angiosperme parce qu'il a disparu du territoire, une autre espèce de pollinisateur fera le même travail.

Quel que soit celui des deux modèles qui est juste (s'il y en a un), il est important d'étudier les relations entre les espèces dans les communautés. En effet, les espèces interagissent, même si quelques interactions ne sont pas essentielles pour elles. Il faut également se rappeler que ces deux modèles représentent des extrêmes et que la plupart des communautés sont plutôt intermédiaires. Pour répondre à quelques grandes questions, nous devons déterminer comment les espèces interagissent dans les communautés et jusqu'à quel point elles sont associées. Par exemple, qu'arrive-t-il à une communauté quand une espèce est perdue ou remplacée par une autre, introduite par les Humains? Ce type de question est important, parce qu'il est à l'origine de beaucoup de nos problèmes écologiques actuels.

INTERACTIONS INTERSPÉCIFIQUES ET STRUCTURE DES COMMUNAUTÉS

Il existe différentes interactions interspécifiques, c'est-à-dire différentes relations entre les espèces d'une communauté. Commençons par la situation la plus simple: l'interaction entre deux espèces seulement.

La compétition, la prédation, le mutualisme et le commensalisme lient les populations

Le TABLEAU 53.1 présente les interactions interspécifiques possibles. Cette représentation simplifiée comporte des paires de signes, comme +/−, qui symbolisent la façon dont chaque interaction interspécifique influe sur les densités de population des deux espèces. Par exemple, le mutualisme est une interaction +/+, ce qui signifie que la densité de population de chaque espèce augmente en présence de l'autre. La prédation est un exemple d'interaction +/−, car elle a un effet positif sur la densité de population d'une espèce (le prédateur) et un effet négatif sur la densité de population de l'autre (la proie).

TABLEAU 53.1 Interactions interspécifiques	
Interaction	**Effets sur la densité de population**
Compétition (−/−)	L'interaction nuit aux deux espèces.
Prédation (+/−) Parasitisme (+/−)	L'interaction bénéficie à l'une des espèces et nuit à l'autre.
Mutualisme (+/+)	L'interaction bénéficie aux deux espèces.
Commensalisme (+/0)	L'interaction bénéficie à l'une des deux espèces, mais n'influe pas sur l'autre.

Compétition

La **compétition interspécifique** pour les ressources se manifeste quand les ressources sont limitées. Ainsi, dans un jardin, les mauvaises herbes sont en compétition avec les plantes potagères pour les nutriments du sol et l'eau. Dans les Prairies, les Sauterelles et les Bisons sont en compétition pour l'herbe qu'ils mangent. Dans les forêts septentrionales de l'Alaska et du Canada, les Lynx et les Renards se disputent une proie comme le Lièvre d'Amérique. La compétition peut avoir lieu entre deux espèces utilisant les mêmes ressources, qui sont en quantité limitée. Certaines ressources, comme le dioxygène, ne sont généralement pas limitées. Même si de nombreuses espèces les utilisent, elles ne se livrent pas concurrence pour leur appropriation. Mais, si deux populations entrent en compétition pour une ressource, il en résulte une réduction de la densité de l'une des deux espèces ou des deux, ou l'élimination locale de l'une des deux espèces.

Principe d'exclusion compétitive. En 1934, l'écologiste russe G. F. Gause étudia en laboratoire les effets de la compétition interspécifique entre deux espèces de Protozoaires étroitement apparentées : *Paramecium aurelia* et *Paramecium caudatum*. Il cultiva les deux espèces séparément en leur fournissant des conditions constantes et un apport alimentaire régulier. Les deux populations s'accrûrent et plafonnèrent à un niveau correspondant apparemment à la capacité limite du milieu. Gause cultiva ensuite les deux espèces ensemble. *P. caudatum* disparut alors de la boîte de Pétri, sans doute parce que ce Protozoaire était incapable de soutenir la compétition avec *P. aurelia*. L'expérience de Gause confirmait l'hypothèse voulant que deux espèces ayant des besoins pour les mêmes ressources limitées ne peuvent cohabiter de façon similaire. L'une des deux espèces utilise les ressources de façon plus efficace et se reproduit par conséquent plus rapidement. Même un léger avantage reproductif n'empêchera pas, finalement, l'élimination locale du concurrent inférieur. Les écologistes donnèrent le nom de **principe d'exclusion compétitive** au concept de Gause.

Niche écologique. La niche écologique représente l'utilisation globale qu'une espèce fait des ressources biotiques et abiotiques de son milieu. En d'autres mots, la niche d'un organisme est son rôle écologique, c'est-à-dire la façon dont l'organisme s'intègre dans un écosystème. La niche écologique d'une population de Lézards arboricoles des régions tropicales, par exemple, comporte entre autres les variables suivantes : l'intervalle de température que la population tolère, la taille des branches où elle se perche, le moment de la journée où elle s'active ainsi que le type d'insectes qu'elle dévore et leur taille.

Nous pouvons maintenant reformuler le principe d'exclusion compétitive en avançant que *deux espèces ne peuvent coexister dans une communauté si leurs niches écologiques sont identiques.* Toutefois, des espèces écologiquement semblables *peuvent* cohabiter s'il existe au moins une différence importante entre leurs niches. On a fait de nombreuses expériences pour vérifier l'hypothèse de l'exclusion compétitive. On a notamment étudié deux espèces de Balanes qui se fixent sur des rochers de la zone intertidale des côtes de l'Atlantique Nord (FIGURE 53.2).

Partage des ressources. La compétition entre des espèces dont les niches sont identiques aboutit à l'un des deux résultats suivants : l'élimination locale du concurrent le plus faible ou l'évolution, par sélection naturelle, de l'une des espèces, qui acquiert alors la capacité d'utiliser un ensemble différent de ressources. La différenciation des niches qui permet à des espèces semblables de coexister dans une communauté est appelée **partage des ressources** (FIGURE 53.3).

Déplacement du phénotype. Des comparaisons d'espèces étroitement apparentées dont les populations sont sympatriques (c'est-à-dire qu'elles sont apparues dans la même aire géographique que l'espèce mère) en certains endroits et allopatriques ailleurs (c'est-à-dire qu'elles sont apparues à d'autres endroits que l'espèce mère) ont permis d'obtenir une série de données prouvant indirectement l'importance de la compétition. Ces résultats complètent ceux des études portant sur le partage des ressources. Les populations allopatriques ont des morphologies

FIGURE 53.2 Vérification sur le terrain d'une hypothèse d'exclusion compétitive.
Balanus balanoides et *Chthamalus stellatus* sont deux espèces de Balanes qui vivent sur les mêmes rochers de la côte écossaise. Ces rochers émergent à marée basse. La distribution des Balanes est stratifiée : *Balanus balanoides* occupe les strates inférieures du rivage, tandis que *Chthamalus stellatus* se trouve sur les strates supérieures. Les larves mobiles des Balanes se fixent au hasard sur les rochers. Mais les formes adultes sessiles de *Balanus balanoides* ne survivent pas sur les strates supérieures. Apparemment, elles ne résistent pas à la dessiccation quand ces zones sont exposées à l'air, pendant plusieurs heures, à marée basse. Par conséquent, la niche fondamentale (potentielle) et la niche réelle de *Balanus balanoides* sont identiques. Bien que *Chthamalus stellatus* se trouve surtout sur les strates supérieures, elle se répandit sur les strates inférieures lorsque l'écologiste Joseph Connell élimina la population de *Balanus balanoides* qui était là. Il semble donc que sans la compétition de *Balanus balanoides*, *Chthamalus stellatus* pourrait survivre sur des strates inférieures. Par conséquent, sa niche réelle ne représente qu'une partie de sa niche fondamentale.

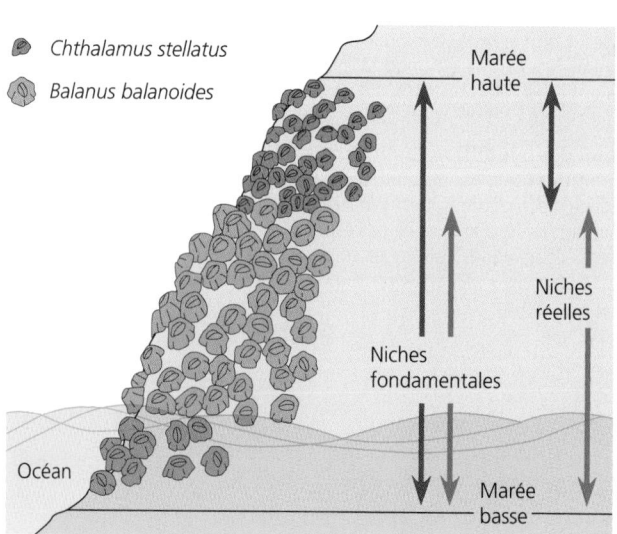

Chthalamus stellatus

Balanus balanoides

Marée haute

Niches réelles

Niches fondamentales

Océan

Marée basse

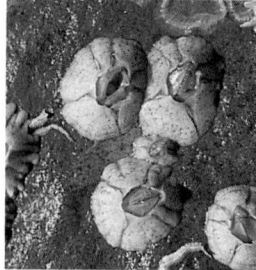

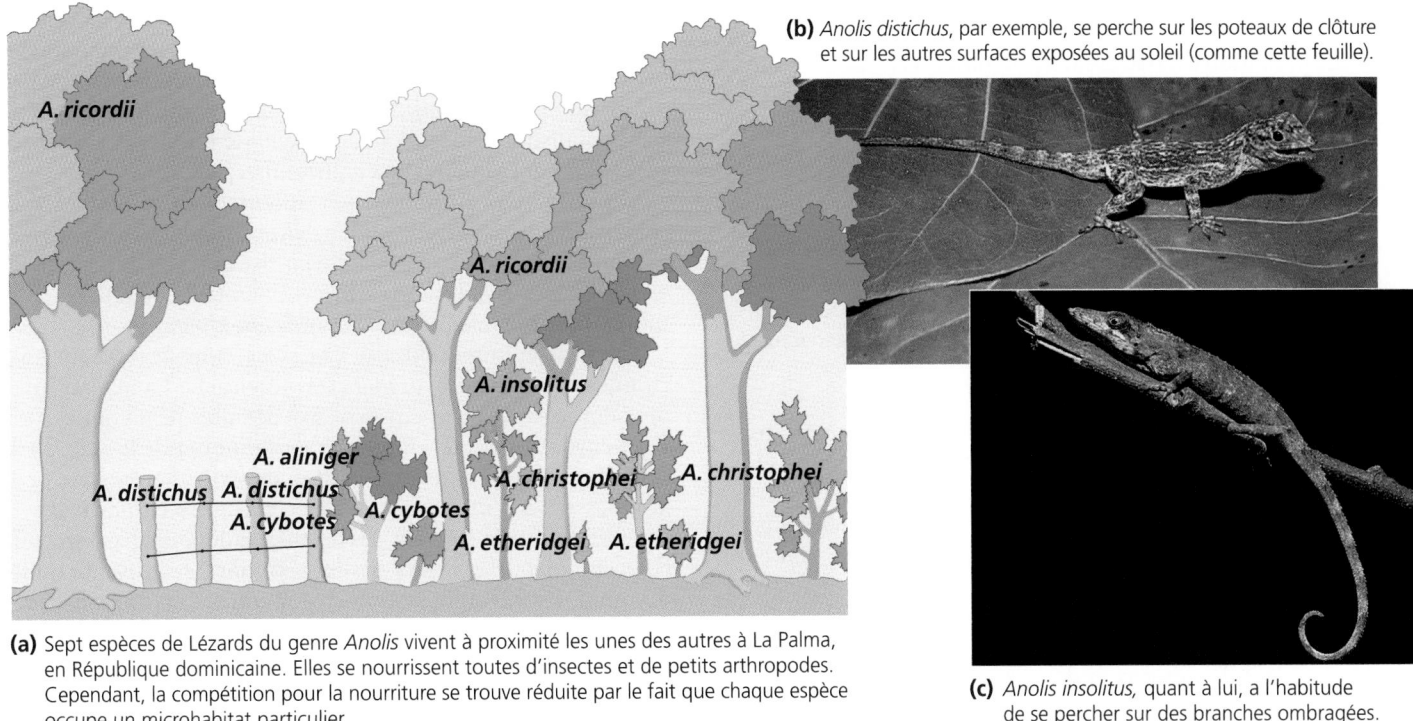

(b) *Anolis distichus*, par exemple, se perche sur les poteaux de clôture et sur les autres surfaces exposées au soleil (comme cette feuille).

(a) Sept espèces de Lézards du genre *Anolis* vivent à proximité les unes des autres à La Palma, en République dominicaine. Elles se nourrissent toutes d'insectes et de petits arthropodes. Cependant, la compétition pour la nourriture se trouve réduite par le fait que chaque espèce occupe un microhabitat particulier.

(c) *Anolis insolitus*, quant à lui, a l'habitude de se percher sur des branches ombragées.

FIGURE 53.3 Partage des ressources entre les Lézards d'une même communauté.

semblables et utilisent les mêmes ressources, tandis que les populations sympatriques présentent des disparités morphologiques et exploitent des ressources différentes. La tendance à une plus grande divergence entre les caractéristiques des populations sympatriques des deux espèces qu'entre les caractéristiques des populations allopatriques des mêmes deux espèces est appelée **déplacement du phénotype.** Les becs et, croit-on, les régimes alimentaires des Géospizes des Galápagos que nous avons décrits au chapitre 25 fournissent un bon exemple de déplacement du phénotype. Les populations allopatriques du Géospize fuligineux (*Geospiza fuliginosa*) et du Géospize à bec moyen (*Geospiza fortis*) ont un bec semblable. Mais, sur une île où l'on trouve les deux espèces, une différence importante dans l'épaisseur du bec est apparue au cours de l'évolution (FIGURE 53.4). Apparemment, cette différence permet aux deux espèces de manger des graines de tailles différentes et, par le fait même, d'éviter la compétition. Ce phénomène représente probablement une conséquence de l'évolution due à la compétition passée.

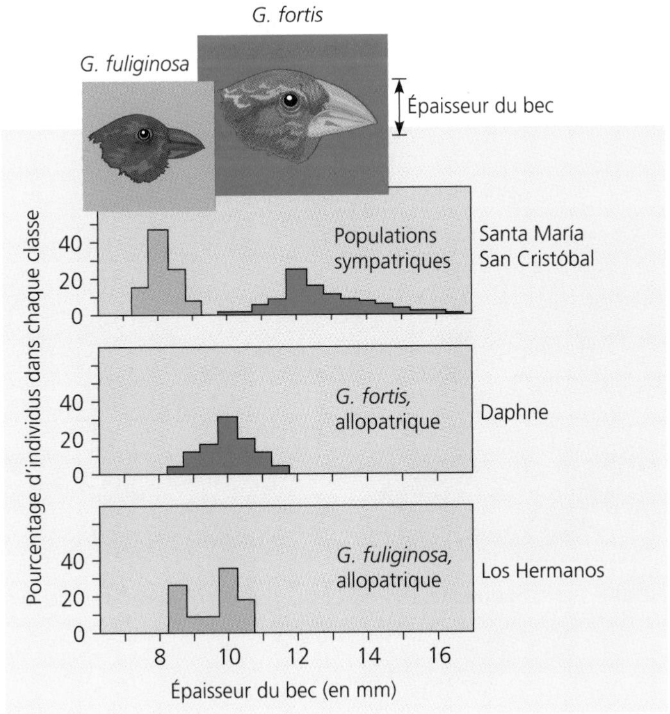

FIGURE 53.4 Déplacement du phénotype : preuve indirecte de la compétition dans la nature. Alors que les populations allopatriques de concurrents potentiels ont des morphologies semblables et utilisent des ressources équivalentes, les populations sympatriques présentent des divergences morphologiques et consomment des ressources différentes. Dans cet exemple, deux espèces de Géospizes des Galápagos sont allopatriques sur les îles Daphne et Los Hermanos. Là, elles ont un bec semblable et, croit-on, mangent des graines de même taille. Mais les deux espèces sont sympatriques sur les îles Santa María et San Cristóbal. Là, le Géospize fuligineux (*Geospiza fuliginosa*) a un petit bec et le Géospize à bec moyen (*Geospiza fortis*) a un bec plus épais, plus gros. On pense que de tels changements de morphologie issus de l'évolution sont liés au partage des ressources. Dans ce cas-ci, les deux espèces se sont adaptées à la consommation de graines de tailles différentes.

Prédation

Le terme **prédation** évoque des images comme celle du Lion qui tue et dévore l'Antilope ou une autre proie. Mais, pour les écologistes, la prédation est aussi la consommation de plantes par les **herbivores** comme les Bisons et le **parasitisme,** par lequel un parasite puise ses nutriments en vivant soit à l'intérieur de l'hôte, soit en surface.

On ne s'étonnera pas du fait que la prédation est un facteur efficace dans l'adaptation au cours de l'évolution. Dévorer et éviter de se faire dévorer sont des conditions du succès reproductif. La sélection naturelle améliore les adaptations tant des prédateurs que des proies.

Adaptations des prédateurs. De nombreuses adaptations importantes des prédateurs sont aussi évidentes que familières. Grâce à leurs sens développés, les prédateurs repèrent et reconnaissent les proies potentielles. Avec leurs serres, leurs dents, leurs crochets, leurs aiguillons et leur venin, ils capturent, immobilisent et mastiquent leurs prises. Les Crotales et d'autres Vipéridés, par exemple, ont entre les yeux et les narines des organes thermosensibles qui leur permettent de repérer leurs proies. Ils tuent des oiseaux et des mammifères de petite taille en leur injectant des neurotoxines avec leurs crochets. De nombreux insectes herbivores ont sur les pattes des chimiorécepteurs qui détectent les plantes appropriées et possèdent des pièces buccales adaptées au déchiquetage de la végétation. Les prédateurs qui pourchassent leurs proies sont généralement rapides et agiles, tandis que ceux qui tendent des embuscades se camouflent dans leur milieu.

Défenses des Végétaux contre les herbivores. Les Végétaux ne peuvent fuir les herbivores. Leur principal arsenal contre la prédation qui les menace consiste donc en toxines chimiques, souvent associées à des épines. Parmi ces armes chimiques, on compte les poisons suivants : la strychnine, produite par une plante grimpante tropicale, *Strychnos toxifera* ; la morphine, extraite du Pavot (*Papaver somniferum*) ; la nicotine, dérivée du Tabac (*Nicotiana tabacum*) ; la mescaline, provenant du Cactus appelé Peyotl (*Lophophora williamsii*) ; et les tanins provenant de différentes espèces de Plantes. D'autres substances défensives qui ne sont pas toxiques pour les Humains mais peuvent avoir un goût désagréable pour les herbivores sont responsables des saveurs familières de la cannelle, du clou de girofle et de la menthe. Certaines plantes produisent même des composés chimiques qui sont analogues aux hormones des Insectes et qui perturbent le développement de certains des insectes qui les mangent.

Défenses des Animaux contre les prédateurs. Pour échapper à leurs prédateurs, les Animaux emploient des défenses passives, consistant notamment à se cacher, ou des défenses actives, telles que la fuite ou le combat. La fuite est une réaction courante, mais elle peut s'avérer très coûteuse en énergie. De nombreux Animaux fuient vers un abri et évitent d'être capturés sans pour autant dépenser l'énergie que nécessite une fuite prolongée. Le combat est moins répandu que la fuite, bien que certains mammifères herbivores de grande taille défendent leurs jeunes avec acharnement contre les prédateurs comme le Lion (*Panthera leo*). Les cris d'alarme font partie des comportements de défense qui attirent de nombreux individus de l'espèce poursuivie, lesquels houspillent le prédateur. Par exemple, les Corneilles d'Amérique (*Corvus brachyrhyncos*) se mettent parfois à plusieurs pour donner des coups de bec aux Effraies des clochers (*Tyto alba*) qui s'attaquent à leurs œufs.

De nombreux Animaux, par ailleurs, s'en remettent à la coloration adaptative, moyen de défense passif. Le camouflage, ou **homochromie,** est une défense passive qui rend difficile, pour les prédateurs, la détection de proies potentielles, lesquelles harmonisent leur couleur à celle du milieu ambiant (FIGURE 53.5).

Certains animaux possèdent des défenses mécaniques ou chimiques contre les prédateurs potentiels. La plupart des prédateurs se découragent face aux défenses bien connues du Porc-épic d'Amérique (*Erethizon dorsatum*) et de la Mouffette rayée (*Mephitis mephitis*). D'autres animaux, comme les Grenouilles et les Crapauds venimeux, synthétisent des toxines. D'autres encore acquièrent des défenses chimiques passivement, en accumulant dans leurs tissus les toxines de la plante qu'ils dévorent. Par exemple, le Grand Monarque (*Danaus plexippus*) renferme des poisons tirés de l'Asclépiade (*Asclepias sp.*), qu'il mange au cours de son stade larvaire. Cela lui donne un goût désagréable pour les prédateurs.

Les animaux qui possèdent des défenses chimiques efficaces arborent souvent des couleurs vives qui mettent en garde les prédateurs contre eux. La **coloration d'avertissement,** ou aposématique (FIGURE 53.6), semble adaptative, car les prédateurs apprennent rapidement à éviter les proies extrêmement voyantes, peut-être parce qu'un grand nombre d'animaux aposématiques sont souvent des proies dangereuses. Dans un exemple d'évolution convergente, les animaux de plusieurs taxons présentent des motifs de coloration semblables : le noir avec des rayures jaunes ou rouges caractérise des animaux au goût désagréable, aussi divers que la Guêpe de l'Est (*Vespula maculifrons*) et le Serpent-corail de l'Arizona (*Micruroides euryxanthus*).

Une proie peut tirer un avantage considérable du mimétisme, phénomène par lequel un organisme d'une espèce présente une ressemblance avec un organisme d'une autre espèce. Le **mimétisme batésien** est l'imitation d'une espèce au goût désagréable (espèce nocive) par une espèce au goût agréable (espèce

FIGURE 53.5 Camouflage. Grâce à l'homochromie, la Rainette arénicolore (*Hyla arenicolor*) se confond avec le granite sur lequel elle se trouve.

FIGURE 53.6 Coloration d'avertissement du Dendrobate fraise (*Dendrobates pumilio*). La peau de cette grenouille arboricole qui habite les forêts pluviales du Costa Rica produit des toxines. Il semble que les prédateurs apprennent à associer les motifs voyants de la grenouille avec le danger dès qu'ils touchent sa peau. Dans les forêts pluviales de certaines parties de l'Amérique du Sud, des chasseurs enduisent la pointe de leurs flèches du poison de grenouilles semblables pour abattre de grands mammifères.

(a) Abeille nomade

(b) Guêpe de l'Est

inoffensive). Dans un exemple fascinant, la larve d'une espèce de Sphinx gonfle sa tête et son thorax quand on la perturbe, ce qui lui donne l'allure de la tête d'un petit serpent venimeux, avec les yeux (FIGURE 53.7). Le mimétisme fait même intervenir le comportement. Ainsi, la larve oscille de la tête et siffle comme un serpent. Le **mimétisme müllérien** est une ressemblance entre deux espèces au goût désagréable. Il semble que cette forme de mimétisme avantage les deux espèces, car les prédateurs apprennent rapidement à éviter toutes les proies présentant un certain aspect (FIGURE 53.8).

Diverses formes de mimétisme s'observent également chez les prédateurs. Par exemple, la langue de la Tortue-Alligator (*Macroclemys temmincki*) ressemble à un ver qui se tortille, et attire ainsi les petits poissons. Ainsi, les poissons qui essaient de gober l'« appât » se trouvent eux-mêmes pris entre les mâchoires puissantes de l'animal.

FIGURE 53.8 Mimétisme müllérien. (a) L'Abeille nomade (*Nomada grænicheri*) et **(b)** la Guêpe de l'Est (*Vespula maculifrons*) possèdent toutes les deux un dard qui libère des toxines. Le mimétisme croisé de leur apparence semble avantager les deux espèces, car les prédateurs apprennent plus rapidement à éviter toutes les proies présentant ces motifs distinctifs.

(a) Larve de Sphinx

(b) Serpent

FIGURE 53.7 Mimétisme batésien. Quand on la perturbe, **(a)** la larve d'une espèce de Sphinx ressemble à **(b)** un serpent.

Parasites et agents pathogènes comme prédateurs. Le parasitisme est une interaction symbiotique dans laquelle un organisme, le **parasite,** se nourrit aux dépens de son **hôte** et lui porte préjudice. (Notez que dans ce manuel, nous adoptons la définition la plus générale de la symbiose, qui comprend le parasitisme, le commensalisme et le mutualisme, tous abordés dans ce chapitre. Cependant, certains biologistes préfèrent employer le terme *symbiose* plus spécifiquement comme synonyme de *mutualisme*.)

Les parasites qui vivent à l'intérieur des tissus de leurs hôtes, comme le Ténia ou Ver solitaire (*Taenia solium*) et les Protozoaires qui causent le paludisme, sont appelés **endoparasites.** Ceux qui, pour se nourrir, font un court séjour sur la face externe de leurs hôtes, comme les Moustiques et les Pucerons, sont appelés **ectoparasites.** Dans un type spécial de parasitisme appelé **parasitoïdisme,** des insectes, généralement de petites guêpes, déposent leurs œufs sur un hôte vivant. Les larves se nourrissent alors du corps de l'hôte, qu'elles peuvent tuer.

Compte tenu de leurs effets, les agents pathogènes, ou microorganismes responsables de maladies, sont semblables aux parasites. Ce sont généralement des bactéries, des virus ou des protistes. Mais des champignons et des prions (particules protéiques ; voir le chapitre 18) peuvent aussi être des agents pathogènes. Les agents pathogènes sont généralement microscopiques, alors que de nombreux parasites sont des organismes multicellulaires plus ou moins gros, comme le Ténia. De plus, de nombreux agents pathogènes peuvent causer la mort, alors que la plupart des parasites ne causent que des dommages minimes à leur hôte, en dérobant des nutriments, par exemple.

Mutualisme

Le **mutualisme** est une relation interspécifique qui profite aux deux organismes. Cette relation requiert parfois une coévolution d'adaptations chez les deux espèces participantes. La modification d'une espèce peut influer sur la survie et la reproduction de l'autre. Dans différents chapitres de ce manuel, nous avons décrit plusieurs adaptations mutualistes : la fixation de l'azote par les Bactéries du genre Rhizobium dans les nodosités des Légumineuses ; la digestion de la cellulose par des microorganismes dans l'intestin des Termites et des Ruminants ; la photosynthèse par les Algues unicellulaires dans les tissus du Corail ; l'échange de nutriments dans les mycorhizes, associations d'Eumycètes avec des racines. La FIGURE 53.9 présente un autre exemple intéressant de mutualisme : la relation entre les Acacias (*Acacia sp.*) et les Fourmis porte-aiguillon (*Pseudomyrmex ferruginea*), en Amérique centrale et en Amérique du Sud.

De nombreuses relations mutualistes dérivent probablement d'interactions prédateur-proie ou hôte-parasite. Ainsi, certaines angiospermes possèdent des adaptations qui attirent des animaux susceptibles de les polliniser ou de disséminer leurs graines. Toute plante qui tire un bénéfice du sacrifice de matières organiques comme le nectar, plutôt que le pollen et les graines, augmente son succès reproductif.

FIGURE 53.9 Mutualisme entre les Acacias et les Fourmis. Certains Acacias (*Acacia hindsii*) d'Amérique centrale et d'Amérique du Sud portent des épines creuses où s'introduisent les Fourmis porte-aiguillon (*Pseudomyrmex ferruginea*). Les Fourmis porte-aiguillon se nourrissent des glucides produits par les nectaires et les corps de Belt (de couleur orangée sur la photographie), extrémités renflées et riches en protéines des feuilles. L'association est bénéfique pour les Acacias, car les Fourmis porte-aiguillon attaquent tout ce qui touche à leur source de nourriture. Elles piquent les autres insectes, éliminent les spores fongiques et les débris, et détruisent le feuillage des plantes qui entrent en contact avec les Acacias.

Commensalisme

Le **commensalisme** est une interaction avantageuse pour une espèce et sans effet pour l'autre. Certaines personnes considèrent comme commensales les espèces qui se fixent à d'autres, telles les Algues qui croissent sur les carapaces des Tortues et les Balanes qui s'attachent aux Baleines. En fait, ces espèces dites commensales peuvent entraver la liberté de mouvement de leur hôte, les rendre moins aptes à obtenir leur nourriture et à fuir les prédateurs et, par le fait même, compromettre leur succès reproductif.

Les associations commensales comportent parfois une espèce qui expose par inadvertance de la nourriture et une autre qui recueille cette nourriture. Par exemple, les Vachers (*Molothrus sp.*) et les Hérons garde-bœufs (*Bubulcus ibis*) se nourrissent des insectes que les grands herbivores, tels les Bisons, les Bovins et les Chevaux, font sortir de la végétation. Ces oiseaux, qui augmentent leur apport alimentaire en suivant le bétail, bénéficient clairement de l'association. La plupart du temps, la relation n'apporte ni bénéfice ni préjudice aux herbivores. Cependant, à certaines occasions, les herbivores en tirent quelque bénéfice. En effet, les oiseaux qui s'alimentent des ressources disponibles enlèvent et mangent les tiques et autres ectoparasites qui vivent sur eux.

Coévolution et interactions interspécifiques

Pour décrire l'adaptation de certains organismes à la présence d'autres organismes dans une communauté, on emploie souvent, peut-être *trop*, le terme *coévolution*. En fait, dans la plupart des cas de relation interspécifique, il existe peu de manifestations de la coévolution.

Le terme **coévolution** désigne l'adaptation qui se produit chez deux espèces à la suite de leurs influences réciproques au cours de l'évolution. Un changement subi par une première espèce exerce une pression de sélection sur la seconde espèce. Celle-ci acquiert alors une contre-adaptation qui influe à son tour sur la sélection des individus de la première espèce. Ce lien entre les adaptations exige une transformation génétique réciproque des populations des deux espèces qui interagissent. La relation de gène à gène entre une espèce végétale et un microorganisme pathogène avirulent (voir la FIGURE 39.31) constitue un exemple de double adaptation que l'on peut qualifier de coévolution. En revanche, la coloration d'avertissement de diverses grenouilles arboricoles et les réactions d'aversion de divers prédateurs *ne* correspondent *pas* aux caractéristiques de la coévolution, car ce sont des adaptations à une catégorie d'autres organismes dans la communauté et pas une adaptation couplée entre deux espèces seulement.

En dépit de l'opinion courante selon laquelle il est difficile de démontrer qu'il y a coévolution pour la plupart des relations interspécifiques dans les communautés, les biologistes conviennent que l'adaptation des organismes aux autres espèces d'une communauté (les facteurs biotiques) représente une caractéristique fondamentale du vivant. Lesquelles des interactions biologiques que nous avons examinées sont les plus importantes dans la structure des communautés ? À l'heure actuelle, la plupart des écologistes pensent que la dynamique des communautés est surtout dictée par la prédation et la compétition. Mais, pour arriver à cette conclusion, ils se fondent principalement sur des recherches portant sur des communautés vivant dans des régions au climat tempéré. Ils ont en main beaucoup moins de données pour les relations interspécifiques dans les communautés tropicales.

La structure trophique est un facteur déterminant dans la dynamique des communautés

La dynamique et la structure d'une communauté dépendent en grande partie des relations alimentaires entre les organismes, c'est-à-dire de la **structure trophique** de la communauté. On désigne par l'expression **chaîne alimentaire** la circulation de l'énergie des nutriments depuis leur source dans les Végétaux et autres organismes photosynthétiques (producteurs) jusqu'aux carnivores (consommateurs secondaires, tertiaires et quaternaires) et aux détritivores, en passant par les herbivores (consommateurs primaires). Dans les années 1920, le biologiste Charles Elton, d'Oxford, signala le premier que la longueur d'une chaîne alimentaire était généralement limitée à quatre ou cinq chaînons ou **niveaux trophiques** (FIGURE 53.10). Il remarqua également que les chaînes alimentaires n'étaient pas des unités isolées, mais étaient interreliées en **réseaux alimentaires.**

Réseaux alimentaires

Qui mange qui dans une communauté? Un écologiste peut résumer les relations trophiques d'une communauté dans un diagramme représentant le réseau alimentaire et comportant

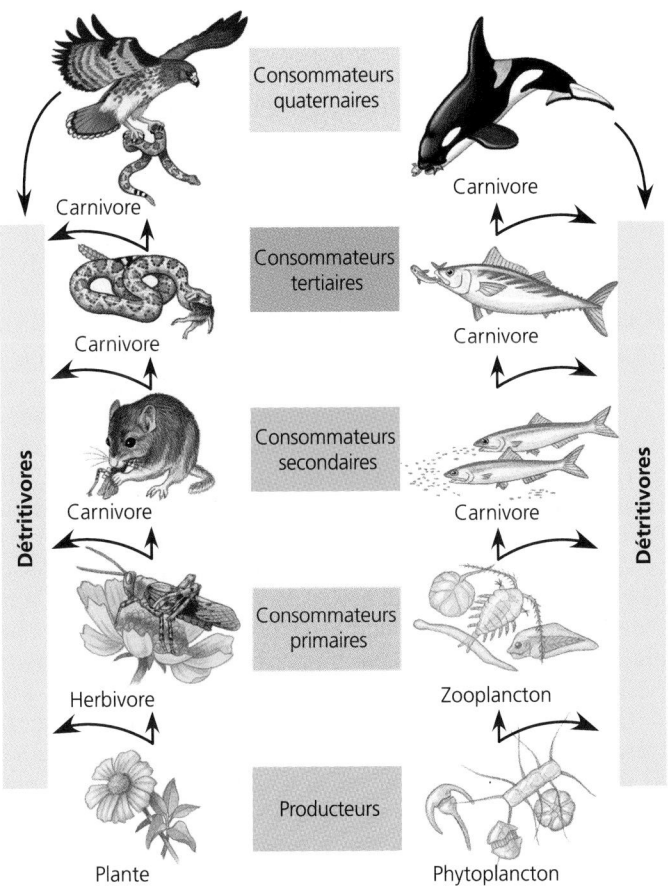

FIGURE 53.10 Exemples de chaîne alimentaire terrestre et de chaîne alimentaire marine. Les flèches indiquent le transfert d'énergie et de nutriments d'un niveau trophique à l'autre, dans une communauté, au fur et à mesure que les organismes s'alimentent.

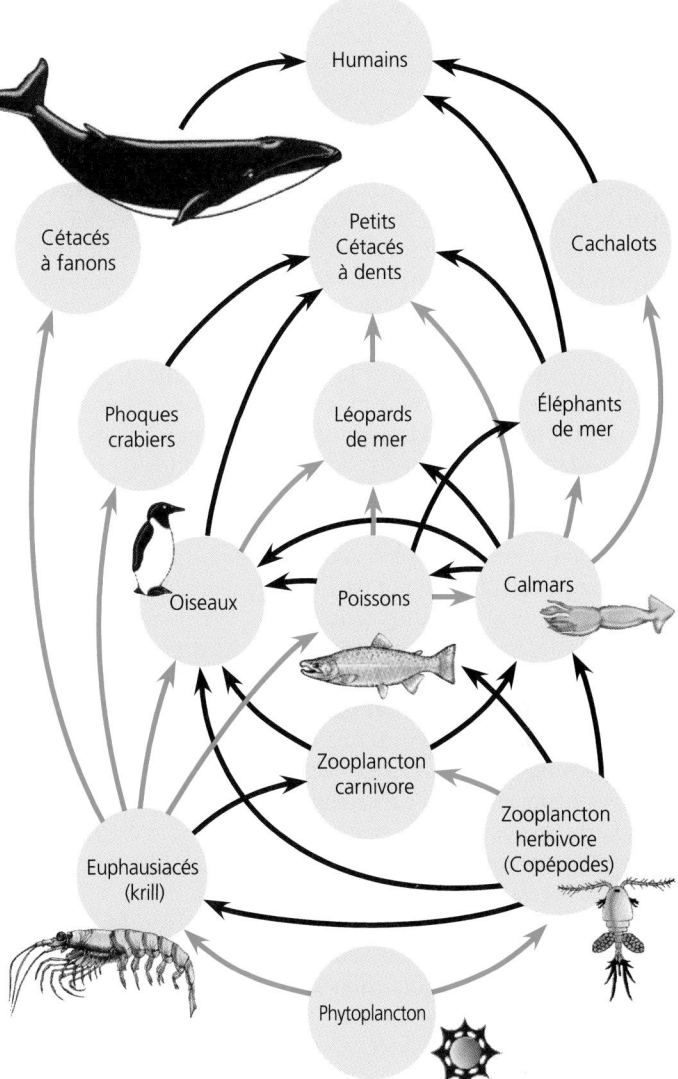

FIGURE 53.11 Réseau alimentaire marin de l'Antarctique. Les flèches suivent le transfert de nourriture à partir des producteurs (phytoplancton) et d'un niveau trophique à l'autre. Ce diagramme ne montre pas les détritivores, qui se nourrissent des organismes morts de chaque niveau. Les flèches bleues indiquent les principales relations trophiques.

des flèches qui relient les espèces selon leur relation trophique. Par exemple, la FIGURE 53.11 représente de manière simplifiée le réseau alimentaire d'une communauté pélagique antarctique. Les herbivores dominants sont les Euphausiacés (krill, constitué de petits Crustacés) et le zooplancton herbivore comme les Copépodes. Ces organismes sont eux-mêmes mangés par différents carnivores, dont les Pingouins, les Phoques, les Poissons et les Cétacés à fanons. Les Calmars (*Loligo sp.*), carnivores qui se nourrissent de poissons aussi bien que de zooplancton, sont un autre lien important dans le réseau alimentaire, car ils sont eux-mêmes mangés par des Phoques et des Cétacés à dents. Durant les années où ils pratiquaient la chasse à la baleine, les Humains sont devenus les prédateurs dominants de ce réseau alimentaire. Ils ont ainsi fait diminuer le nombre de Cétacés. De nos jours, ils s'approvisionnent à des niveaux trophiques inférieurs, pêchant jusqu'au krill.

Qu'est-ce qui transforme les chaînes alimentaires en réseaux alimentaires? Premièrement, une espèce donnée peut s'introduire dans le réseau à plus d'un niveau trophique. Ainsi, le Taon mâle est un consommateur primaire de nectar et de liquides de plantes. Mais la femelle, qui est un ectoparasite hématophage, est un consommateur secondaire et même tertiaire. Deuxièmement, la plupart des consommateurs ne sont pas exclusifs. Ainsi, les Renards sont omnivores. Leur régime comporte des baies et d'autres matières végétales, des herbivores comme des souris, et d'autres prédateurs, comme des belettes. Les Humains comptent parmi les omnivores les plus polyvalents.

Les réseaux alimentaires peuvent être très complexes, mais on peut les simplifier de deux façons. Premièrement, on peut regrouper les espèces en groupes taxinomiques assez vastes si leurs relations trophiques dans une communauté sont similaires. Par exemple, dans la FIGURE 53.11, le terme *phytoplancton* désigne plus de 100 espèces réunies dans un « groupe fonctionnel ». Deuxièmement, on peut isoler une partie du réseau qui interagit très peu avec le reste de la communauté. La FIGURE 53.12 illustre un réseau alimentaire partiel de la baie de Chesapeake, comprenant l'Ortie-des-eaux (Méduse) et le Bar rayé juvénile. On peut isoler ce réseau alimentaire partiel d'un réseau plus complexe parce que ces espèces interagissent très peu avec le reste de la communauté, pour ce qui est des relations alimentaires. Notez que les Orties-des-eaux sont des consommatrices secondaires du zooplancton et des consommatrices tertiaires des larves de poissons, qui elles-mêmes sont des consommatrices secondaires du zooplancton.

Dans une chaîne alimentaire, au fur et à mesure que l'on passe d'un niveau trophique à l'autre, les Animaux (mais pas les parasites) sont en général de plus en plus gros. Il existe des limites supérieures et inférieures à la taille des aliments qu'un animal carnivore peut manger. En effet, la taille d'un animal et son mécanisme d'ingestion imposent une limite supérieure à la taille des aliments qu'il peut saisir dans sa gueule. De plus, à l'exception de quelques cas, les grands carnivores ne peuvent assurer leur survie à l'aide de petits morceaux de nourriture, qui ne leur fournissent pas suffisamment d'énergie en un temps donné pour satisfaire leurs besoins métaboliques. Parmi les exceptions, on trouve les Cétacés à fanons, qui sont de gros mangeurs de matières en suspension. Ces animaux sont pourvus d'adaptations qui leur permettent de consommer d'énormes quantités de krill et d'autres petits organismes (voir la FIGURE 41.6).

Qu'est-ce qui limite le nombre de niveaux d'une chaîne alimentaire?

Toutes les chaînes alimentaires qui font partie d'un réseau ne possèdent que quelques niveaux. Par exemple,  le réseau de l'Antarctique, à la FIGURE 53.11, ne comporte que quatre ou cinq liens depuis les producteurs jusqu'à un prédateur de niveau supérieur. En fait, dans tous les réseaux alimentaires que les écologistes ont étudiés jusqu'à maintenant, la plupart des chaînes alimentaires comportent au maximum cinq liens. Un petit nombre en comptent jusqu'à neuf.

Pourquoi les chaînes alimentaires comportent-elles si peu de niveaux? Deux grandes hypothèses ont été avancées. L'**hypothèse énergétique** est l'explication la plus largement acceptée. Selon cette hypothèse, l'inefficacité du transfert d'énergie le long d'une chaîne alimentaire limite le nombre de ses niveaux. Comme nous le verrons au prochain chapitre, seulement 10 % environ de l'énergie emmagasinée dans la matière organique de tout niveau trophique est converti en matière organique au niveau trophique suivant. Ainsi, sur 100 kg de matière végétale, seulement 10 kg sont transformés en herbivore et 1 kg en carnivore. Si cette hypothèse énergétique est correcte, les chaînes alimentaires devraient être plus élaborées dans les habitats à productivité photosynthétique élevée, prédiction qui est vérifiable.

L'**hypothèse de la stabilité dynamique** constitue une autre explication plausible. Selon cette idée, les chaînes alimentaires très élaborées sont moins stables que les autres. Les fluctuations aux niveaux trophiques inférieurs sont amplifiées aux niveaux supérieurs, ce qui peut causer l'extinction des prédateurs clés (superprédateurs). Dans un milieu variable, les prédateurs de niveau trophique supérieur doivent pouvoir se remettre d'un choc écologique (comme un hiver rigoureux) qui peut réduire l'apport alimentaire d'un bout à l'autre de la chaîne, depuis les producteurs. Plus la chaîne comporte de niveaux, plus la vitesse de récupération des prédateurs sera lente après un accident écologique. Selon cette hypothèse, les chaînes alimentaires sont plus simples dans un milieu imprévisible. Là encore, on peut vérifier cette prédiction en recueillant des données.

La plupart des données disponibles viennent appuyer l'hypothèse énergétique comme explication plausible du petit nombre de niveaux des chaînes alimentaires. Ainsi, les écologistes ont utilisé des communautés vivant dans les trous d'arbres des forêts tropicales comme modèle expérimental pour vérifier l'hypothèse énergétique. De nombreux arbres portent de petites cicatrices laissées par les branches tombées. Ces cicatrices pourrissent et deviennent de petits trous dans le tronc de l'arbre. Ces trous retiennent l'eau et fournissent un habitat pour de minuscules communautés qui se nourrissent des morceaux de feuilles mortes que l'eau retient. La FIGURE 53.13 présente les résultats

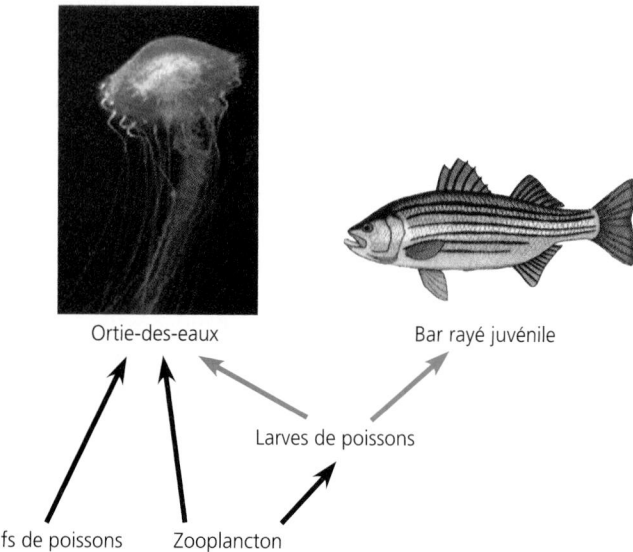

Ortie-des-eaux   Bar rayé juvénile

Larves de poissons

Œufs de poissons   Zooplancton

FIGURE 53.12 Réseau alimentaire partiel de l'estuaire de la baie de Chesapeake, sur la côte atlantique des États-Unis. L'Ortie-des-eaux (*Chrysaora quinquecirrha*), une Méduse, et le Bar rayé juvénile (*Morone saxatilis*) sont les principaux prédateurs des larves de poissons (Anchois américain et plusieurs autres espèces).

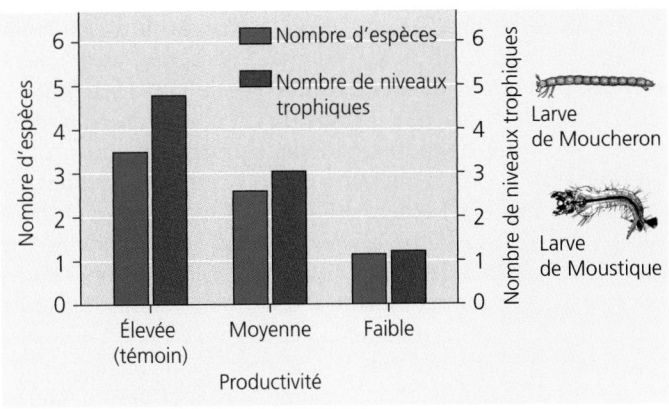

FIGURE 53.13 Vérification de l'hypothèse énergétique sur la restriction du nombre de niveaux des chaînes alimentaires. Dans le Queensland, en Australie, des chercheurs sont intervenus sur la productivité de communautés vivant dans des trous d'arbres. Ils ont utilisé trois niveaux d'approvisionnement de feuilles mortes : niveau élevé = quantité normale de feuilles mortes (témoin); moyen = 1/10 de la quantité normale; et faible = 1/100 de la quantité normale. La réduction de l'apport énergétique diminue le nombre de niveaux de la chaîne alimentaire, résultat qui est conforme à l'hypothèse énergétique. Les communautés vivant dans les trous d'arbres sont constituées de microorganismes qui dégradent les feuilles mortes, de larves de Moustiques qui se nourrissent de ces microorganismes, de Moucherons prédateurs et d'autres insectes qui se nourrissent directement de feuilles mortes.

d'une série d'expériences dans lesquelles on est intervenu sur la productivité (feuilles mortes tombant dans les trous des arbres). Tel que le prédit l'hypothèse énergétique, les trous renfermant le plus de feuilles mortes, et fournissant par conséquent le plus grand apport alimentaire au niveau des producteurs, favorisent les chaînes alimentaires les plus élaborées.

Les espèces dominantes et les espèces clés ont une grande influence sur la structure d'une communauté

Certaines espèces peuvent avoir une influence particulièrement cruciale sur des communautés entières, soit en raison de leur abondance (espèces dominantes), soit en raison de leur rôle central dans la dynamique des communautés (espèces clés).

Espèces dominantes

Les **espèces dominantes** sont les espèces les plus nombreuses dans une communauté ou celles qui ont la **biomasse** la plus élevée (masse sèche de matière organique de tous les individus d'une population, d'un habitat ou d'un écosystème). Elles influent beaucoup sur la présence d'autres espèces et leur distribution. Par exemple, l'Érable à sucre (*Acer saccharum*) est l'espèce végétale dominante dans de nombreuses communautés forestières de l'est de l'Amérique du Nord et du sud du Québec. Son abondance influe grandement sur des facteurs abiotiques comme la lumière qui atteint les strates inférieures et la composition du sol. Cela a une incidence sur toute la communauté forestière.

Pourquoi certaines espèces deviennent-elles dominantes dans une communauté? Selon une hypothèse, les espèces qui sont les plus compétitives dans l'exploitation de ressources limitées comme l'eau ou les nutriments ont le plus de chances de devenir dominantes. Toutefois, un avantage concurrentiel dans l'utilisation des ressources n'explique pas à lui seul pourquoi une espèce devient dominante. Dans certaines communautés, l'abondance d'une espèce dominante peut dépendre de sa facilité plus grande à éviter les prédateurs.

Qu'arrive-t-il si l'on enlève une espèce dominante d'une communauté? Les Humains ont fait ce type d'expériences par accident de nombreuses fois. Le Châtaignier d'Amérique (*Castanea dentata*) était un arbre dominant dans les forêts décidues tempérées de l'est de l'Amérique du Nord avant 1910. Il comptait pour plus de 40 % du couvert forestier. Mais il est maintenant absent de ces forêts, à cause d'une maladie appelée brûlure du Châtaignier. Cette maladie fongique ne s'attaque qu'aux Châtaigniers. En 1910, les Humains ont introduit accidentellement le champignon à New York, dans des produits de pépinière provenant d'Asie. L'agent pathogène n'atteint que faiblement les Châtaigniers chinois (*Castanea mollissima*), mais est mortel pour les Châtaigniers américains. Entre 1910 et 1950, la maladie a tué tous les Châtaigniers de l'est de l'Amérique du Nord. Ainsi, ce qui avait été l'arbre dominant d'une multitude de forêts de l'est a été éliminé. Quelles conséquences cela a-t-il eu pour l'ensemble de la communauté? La suppression de l'espèce dominante a en fait eu un effet mineur, du moins d'après ce que les chercheurs peuvent affirmer. Les forêts se sont remplies de diverses espèces: Chênes (*Quercus sp.*), Caryers (*Carya sp.*), Hêtres (*Fagus grandifolia*) et Érables rouge (*Acer rubrum*). Ces arbres sont devenus plus abondants et ont remplacé le Châtaignier d'Amérique. Mais certaines espèces d'Insectes ont été touchées. En effet, 56 espèces de Papillons se nourrissaient du Châtaignier d'Amérique. Parmi elles, 7 ont disparu. Les 49 qui ont survécu ne dépendaient pas uniquement du Châtaignier pour se nourrir. Aucun mammifère ni oiseau ne semble avoir été sérieusement touché par cette perte d'une espèce dominante. Dans les communautés où le statut d'espèce dominante est obtenu grâce à la compétitivité, la perte d'une espèce dominante peut avoir un effet mineur, parce qu'une ou plusieurs autres espèces moins compétitives peuvent prendre le relais. C'est un exemple de ce que prédit le modèle de la redondance concernant la structure d'une communauté.

Espèces clés

Contrairement aux espèces dominantes, la plupart des **espèces clés** ne sont pas particulièrement abondantes dans une communauté. Elles conditionnent fortement la structure d'une communauté non pas tant par leur nombre que par leur rôle écologique, ou niche. L'un des meilleurs moyens pour reconnaître les espèces clés est de les éliminer de sites expérimentaux. C'est exactement de cette façon que Robert Paine en est venu à formuler le concept d'espèce clé. L'Étoile de mer (*Pisaster ochraceus*) est un prédateur clé de la Moule commune (*Mytilus californianus*) dans des communautés de la zone intertidale rocheuse de l'ouest de l'Amérique du Nord (FIGURE 53.14a, p. 1294). Quand Paine élimina l'Étoile de mer à la main des zones intertidales rocheuses, la Moule commune réussit à monopoliser l'espace et

(a) La zone intertidale rocheuse située sur la côte de l'État de Washington contient une variété d'espèces d'Algues et d'Invertébrés, dont l'Étoile de mer (*Pisaster ochraceus*) qui se nourrit surtout de Moules communes (*Mytilus californianus*), mais qui consomme également d'autres Invertébrés.

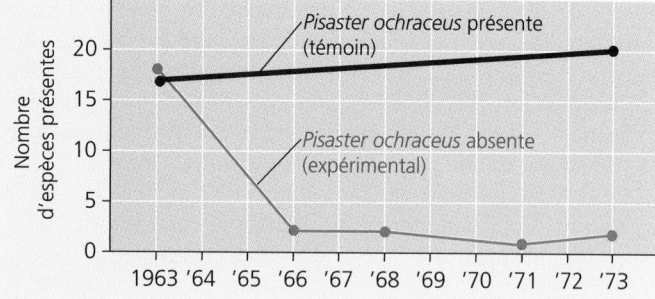

(b) Quand, en 1963, l'écologiste Robert Paine élimina l'Étoile de mer de sites expérimentaux situés dans des zones intertidales, les Moules communes occupèrent la surface rocheuse et éliminèrent la plupart des autres Invertébrés et des Algues. Dans une aire témoin où Paine n'avait pas éliminé l'Étoile de mer, la diversité des espèces avait connu peu de changements.

FIGURE 53.14 Vérification de l'hypothèse du prédateur clé.

à exclure les autres Invertébrés et les Algues des sites de fixation (FIGURE 53.14b). Elle est une espèce dominante, un concurrent supérieur pour l'espace libre dans la zone intertidale rocheuse. La prédation qu'exerce l'Étoile de mer compense cette compétitivité et permet aux autres espèces d'utiliser l'espace laissé par la Moule commune. L'Étoile de mer ne peut pas éliminer entièrement la Moule commune, parce que certains individus peuvent croître jusqu'à devenir trop gros pour qu'une étoile de mer puisse les manger. Cette taille qui limite la prédation constitue un refuge pour la Moule commune, les gros individus étant capables de produire un grand nombre d'œufs fécondés pour permettre la recolonisation de l'espace libre sur les rochers. Paine releva la présence de 15 à 20 espèces d'Invertébrés et d'Algues dans la zone intertidale quand l'Étoile de mer est présente. Mais après l'élimination expérimentale de l'Étoile de mer, cette diversité diminua rapidement, et il y eut alors moins de cinq espèces d'Invertébrés et d'Algues. En effet, la Moule commune, lorsqu'elle n'est pas gênée par un prédateur clé, est capable de monopoliser l'espace. Ainsi, l'Étoile de mer n'a pas uniquement pour rôle de restreindre la population de Moules communes.

La Loutre de mer (*Enhydra lutris*), prédateur clé du Pacifique Nord, nous offre un autre exemple. Autrefois assez nombreuses, les Loutres de mer diminuèrent au XIXᵉ siècle jusqu'à être en voie de disparition, à cause du commerce des fourrures. Au XXᵉ siècle, un traité international leur garantit une protection qui leur permit d'atteindre de nouveau une forte densité de population. Les Loutres de mer se nourrissent d'Oursins verts (*Strongylocentrotus drœbachiensis*), qui eux-mêmes se nourrissent surtout de Varech (*Fucus sp.*). Dans les zones où les Loutres de mer sont abondantes, les Oursins sont rares et les forêts de Varech sont très développées. Là où les Loutres de mer sont rares, les Oursins sont communs et le Varech, presque absent. Au cours des 20 dernières années, au large des côtes ouest de l'Alaska, les Loutres de mer ont diminué de façon abrupte, parfois de 25 % en une seule année, dans de grandes étendues (FIGURE 53.15). La perte de cette espèce clé a permis aux populations d'Oursins d'augmenter et a abouti à la destruction des forêts de Varech. Les écologistes soupçonnent que la prédation par les Épaulards (*Orcinus orca*) est la cause de la diminution du nombre de Loutres de mer. Ces animaux ont probablement mangé des Loutres de mer au cours des deux dernières décennies parce que la densité de population de leurs proies précédentes, les Phoques et les Otaries en particulier, avait diminué. La diminution de ces espèces de proies est liée, quant à elle, à une diminution des populations de poissons que mangent les Phoques et les Otaries. Tous ces changements que connaissent les communautés marines de l'Alaska découlent probablement de la surpêche qui se pratique dans le Pacifique Nord. Avec de telles études de cas, les écologistes ne font que commencer à donner un aperçu des principales interactions qui contribuent à la structuration des communautés aquatiques et terrestres.

La structure d'une communauté est déterminée de bas en haut par des nutriments et de haut en bas par des prédateurs

Des modèles simplifiés se fondant sur les relations existant entre des niveaux trophiques voisins s'avèrent utiles pour étudier l'organisation des communautés de Végétaux, d'Animaux et d'autres organismes. Par exemple, considérons les trois relations possibles entre les Végétaux (*V*) et les herbivores (*H*) :

$$V \rightarrow H \qquad V \leftarrow H \qquad V \leftrightarrow H$$

Les flèches indiquent qu'une variation de la biomasse d'un niveau trophique provoque une variation dans l'autre niveau trophique. Ainsi, $V \rightarrow H$ signifie qu'une augmentation de la végétation aura une influence (augmentation) sur le nombre d'herbivores ou leur biomasse, et que cette influence s'exerce dans ce sens-là seulement. La végétation limite les herbivores, mais n'est pas limitée par eux. En revanche, $V \leftarrow H$ signifie qu'une augmentation de la biomasse des herbivores aura un effet sur la végétation (diminution), et que la relation est à sens unique. Enfin, une flèche double indique que la rétroaction fonctionne dans les deux sens, chaque niveau trophique réagissant aux variations de biomasse de l'autre.

En s'appuyant sur ces interactions possibles, on peut distinguer deux modèles d'organisation d'une communauté : le modèle ascendant et le modèle descendant. Le **modèle ascendant** se

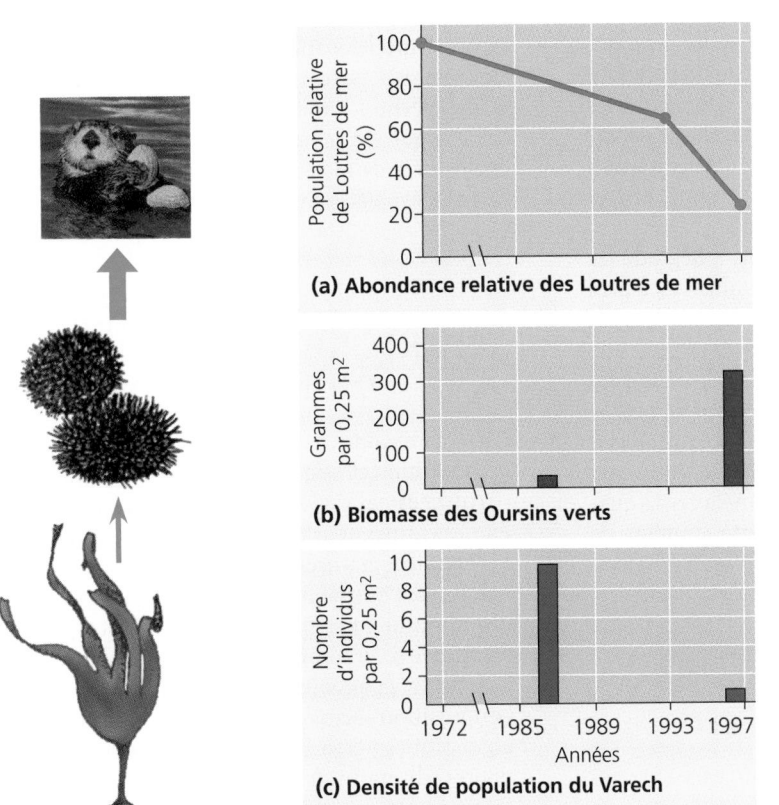

FIGURE 53.15 Loutres de mer (*Enhydra lutris*), prédateurs clés du Pacifique Nord.
Les graphiques ci-dessus mettent en corrélation les variations de **(a)** l'abondance des Loutres de mer en fonction du temps et les variations de deux facteurs : **(b)** la biomasse des Oursins et **(c)** les variations de densité du Varech mesurées dans les forêts de Varech de l'île Adak (qui fait partie de l'archipel des Aléoutiennes). Les chaînes alimentaires situées sur les côtés illustrent une hypothèse expliquant le changement que connaissent les communautés des forêts de Varech et qui serait dû aux Épaulards, lesquels prennent les Loutres de mer comme proies. La largeur des flèches précise l'ampleur de la pression de sélection qu'exerce le prédateur sur sa proie.

caractérise par des liens $V \rightarrow H$. Dans ce cas, les nutriments minéraux (N) conditionnent l'organisation d'une communauté, parce que les nutriments déterminent le nombre de Végétaux (V), lesquels à leur tour déterminent le nombre d'herbivores (H), lesquels à leur tour déterminent le nombre de prédateurs (P). Le modèle ascendant simplifié est donc $N \rightarrow V \rightarrow H \rightarrow P$. Pour modifier la structure d'une communauté ascendante, il faut faire varier la biomasse aux niveaux trophiques inférieurs. Par exemple, si l'on ajoute des nutriments minéraux pour stimuler la croissance des Végétaux, alors tous les autres niveaux trophiques augmenteront également leur biomasse. Mais l'ajout de prédateurs dans une communauté ascendante ou leur élimination ne se répercuteront pas de manière notable sur les niveaux trophiques inférieurs.

Le **modèle descendant,** lui, se caractérise principalement par le fait que la prédation conditionne l'organisation d'une communauté. Ainsi, les prédateurs déterminent le nombre d'herbivores, lesquels à leur tour déterminent le nombre de Végétaux,

lesquels à leur tour déterminent la quantité de nutriments. Le modèle descendant simplifié est donc $N \leftarrow V \leftarrow H \leftarrow P$. On nomme également cette détermination de la structure d'une communauté depuis le sommet jusqu'à la base *modèle de la cascade trophique.* Ce modèle prédit une cascade d'effets + / − vers les niveaux trophiques inférieurs. L'augmentation du nombre de prédateurs fait diminuer le nombre d'herbivores. Cette diminution du nombre d'herbivores a un effet sur l'abondance des Végétaux. Enfin, l'abondance des Végétaux fait diminuer les quantités de nutriments minéraux disponibles. Par exemple, dans une communauté lacustre ayant quatre niveaux trophiques, le modèle de la cascade trophique prédit que l'élimination des carnivores supérieurs fera augmenter le nombre de carnivores primaires, diminuer le nombre d'herbivores, augmenter la quantité de phytoplancton et finalement diminuer la quantité de nutriments minéraux. S'il n'y avait que trois niveaux trophiques dans un lac, l'élimination des carnivores primaires ferait augmenter le nombre d'herbivores et diminuer la quantité de phytoplancton, ce qui provoquerait l'augmentation de la quantité de nutriments. Une manipulation se répercutera donc de manière descendante sur la structure trophique, sous forme d'effets + / −.

Il peut exister de nombreux modèles intermédiaires entre ces deux extrêmes que sont les modèles ascendant et descendant. Par exemple, toutes les interactions entre les niveaux trophiques peuvent être réciproques (↔). La valeur de ces deux modèles simplifiés réside dans le fait qu'ils constituent un point de départ pour l'analyse des communautés. Examinons une situation dans laquelle les écologistes ont utilisé ces modèles pour contrer certains problèmes de pollution des lacs.

Dans de nombreux pays, la pollution a dégradé les lacs. Comme beaucoup de communautés lacustres semblent structurées selon un modèle descendant, ou en cascade trophique, les écologistes disposent d'une méthode potentielle pour améliorer la qualité de l'eau. Dans les lacs à quatre niveaux trophiques, par exemple, l'ajout de prédateurs clés devrait améliorer la qualité de l'eau en réduisant les populations de phytoplancton. Dans les lacs à trois niveaux trophiques, l'élimination des Poissons devrait améliorer la qualité de l'eau. Le diagramme suivant résume cette stratégie de restauration des lacs que l'on appelle *biomanipulation*.

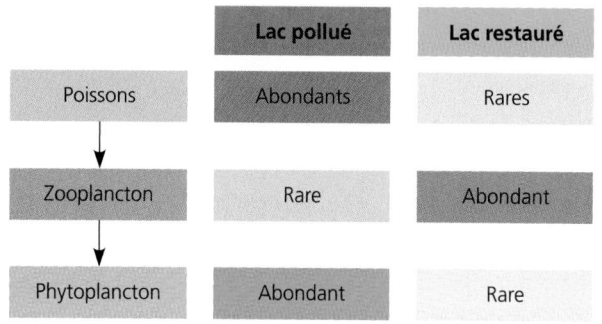

	Lac pollué	Lac restauré
Poissons	Abondants	Rares
Zooplancton	Rare	Abondant
Phytoplancton	Abondant	Rare

L'expérience du lac Vesijärvi, dans le sud de la Finlande, est à ce jour l'une des entreprises de biomanipulation de réseaux alimentaires les plus vastes. Jusqu'en 1976, ce grand lac (110 km²) peu profond était fortement pollué par des eaux d'égouts municipaux et des effluents industriels. Les luttes contre la pollution mirent un terme à ces rejets dans le lac, et la qualité de l'eau commença à s'améliorer. Mais, dès 1986, des Cyanobactéries proliféraient massivement. Cette prolifération bactérienne coïncidait avec une population très dense de Rotengles (*Scardinius erythrophthalmus*). Cette espèce de Poissons appartient à la famille des Cyprinidés et se nourrit du plancton qui s'est accumulé au cours des années de pollution, laquelle a amené des nutriments minéraux. Le Rotengle mange le zooplancton. En en réduisant la concentration, il fait aussi diminuer le nombre d'organismes herbivores qui se nourrissent de cyanobactéries et d'autres algues, qui se font alors plus abondantes. Pour inverser ces changements, les écologistes éliminèrent, entre 1989 et 1993, 1018 tonnes de poissons dans le lac Vesijärvi. Ils réduisirent ainsi la population de Rotengles à environ 20 % de ce qu'elle était. En même temps, ils introduisirent dans le lac des Dorés (*Stizostedion sp.*), qui sont des poissons prédateurs des Rotengles. Par cette opération, ils ajoutèrent un quatrième niveau trophique au lac. La biomanipulation dans le lac Vesijärvi fut une réussite. L'eau devint claire, et les proliférations de Cyano-

bactéries cessèrent en 1989. Le lac continue d'être clair, bien que l'élimination du Rotengle ait pris fin en 1993.

Le degré de la détermination descendante et ascendante varie d'une communauté à l'autre. On ne peut pas présumer qu'un modèle conviendra à toutes les communautés. Pour exploiter des terres agricoles, des parcs nationaux, des réservoirs et des pêcheries marines, les Humains doivent comprendre la dynamique des communautés qui vivent là. Ceci n'est qu'un exemple de la façon dont la recherche écologique peut contribuer à l'évaluation des problèmes environnementaux.

PERTURBATIONS ET STRUCTURE D'UNE COMMUNAUTÉ

Il y a des dizaines d'années, la plupart des écologistes favorisaient la conception classique selon laquelle, à moins d'être sérieusement perturbées par des activités humaines, les communautés biologiques connaissent un équilibre plus ou moins stable. Cette idée « d'équilibre naturel » mettait l'accent sur la compétition interspécifique comme principal facteur déterminant la composition des communautés et en maintenant la stabilité. Dans ce contexte, le **modèle de la stabilité** exprime la tendance d'une communauté à atteindre et à maintenir un équilibre, c'est-à-dire à garder une composition relativement constante pour ce qui est des espèces, en dépit des perturbations. Mais dans de nombreuses communautés, du moins à l'échelle locale, le changement semble plus fréquent que la stabilité. Considérant cette importance du changement, on a récemment conçu le **modèle du déséquilibre,** selon lequel les communautés, à la suite des perturbations qu'elles connaissent, sont en continuel changement. La question clé ici est le rôle que jouent les perturbations quand elles agissent sur la structure et la composition des communautés.

La plupart des communautés vivent un déséquilibre dû aux perturbations

Les **perturbations** sont des événements comme les tempêtes, les incendies, les inondations, les sécheresses, le surpâturage et les activités humaines qui causent des dommages aux communautés, en éliminent des organismes et modifient la disponibilité des ressources. Les types de perturbations, leur fréquence et leur gravité varient d'une communauté à l'autre. Les tempêtes perturbent presque toutes les communautés, même au fond des océans. Les incendies sont d'importantes perturbations que connaissent la plupart des communautés terrestres. Ainsi, les biomes que sont les prairies tempérées et la forêt méditerranéenne dépendent des incendies (FIGURE 53.16). De nombreux fleuves, lacs et étangs subissent fréquemment le gel. De nombreux cours d'eau et étangs sont perturbés par des inondations printanières et des sécheresses saisonnières. Les perturbations sont souvent, pour les espèces, l'occasion de s'établir dans des habitats qu'elles n'occupent pas déjà. Les écologistes, qui recueillent des informations sur des communautés spécifiques depuis de nombreuses années, commencent à évaluer et à comprendre l'impact des perturbations. Examinons un exemple.

FIGURE 53.16
Perturbation habituelle dans une communauté de prairie tempérée.
Historiquement, les prairies herbeuses ont souvent été ravagées par des incendies. Ces photographies ont été prises **(a)** avant, **(b)** pendant et **(c)** après un brûlis effectué par des écologistes qui étudiaient les effets à long terme des incendies sur une prairie herbeuse du Kansas. (Les arbres de la photographie de gauche et situés dans une dépression poussaient le long d'un ruisseau et n'ont pas été brûlés au cours de l'étude).

(a) Avant le brûlis. Une prairie qui n'a pas brûlé pendant plusieurs années contient beaucoup de détritus (herbes mortes).

(b) Pendant. Les détritus servent de combustibles pour les incendies.

(c) Après. La nouvelle croissance s'effectue rapidement dans les prairies après que le feu a brûlé les détritus. Environ un mois après le brûlis, presque toute la biomasse de cette prairie était vivante.

Les communautés marines appelées récifs de Corail sont soumises à une variété de perturbations physiques associées aux tempêtes tropicales. Sur le site de Heron Island Reef, à l'extrémité méridionale de la Grande Barrière de Corail, dans le Queensland, en Australie, les écologistes ont utilisé des photographies séquentielles pour enregistrer les changements de la couverture corallienne à des endroits spécifiques, sur une période de 30 ans. Les scientifiques ont mesuré l'aire couverte par des colonies de coraux vivants pour évaluer l'abondance des organismes coralliens (voir le chapitre 33). Ils ont trouvé de nouvelles colonies et ont également mesuré la capacité de colonisation des larves de coraux.

Les violentes tempêtes sont les principales perturbations que connaît Heron Island Reef. L'importance des dommages causés par les cyclones dépend de l'emplacement des colonies de Coraux sur le récif (FIGURE 53.17, p. 1298). Les sites exposés à la haute mer étaient plus endommagés que ceux qui étaient à l'abri de l'île. Cinq cyclones ont déferlé près de Heron Island au cours des 30 années qu'a duré l'étude, de 1962 à 1992. Parmi les quatre aires étudiées (graphes de la FIGURE 53.17), seule l'aire protégée des bancs intérieurs a été relativement peu touchée par les cyclones. Presque tous les cyclones ont réduit le couvert corallien dans les plans d'eau exposés. Le cyclone de 1972 a éliminé complètement le couvert de Corail de la crête exposée (« sommet » du récif). Ce fut la plus grave perturbation observée. Le rétablissement sur la crête exposée s'est fait lentement pendant les 20 années suivantes.

Les vitesses de colonisation des surfaces libres par des coraux sont très variables. C'est une caractéristique de nombreux Invertébrés marins dont les larves dérivent dans le plancton avant de se déposer. Au cours des 30 années de l'étude de Heron Island Reef, il n'y a pas eu de bonnes ou de mauvaises années pour la colonisation, par les Coraux, d'une nouvelle aire. La vitesse de colonisation était en partie associée à l'étendue d'espace libre que comportaient les différentes aires. Les larves de Corail ont besoin d'espace libre pour se déposer, parce qu'elles ne peuvent pas se fixer à un autre Corail vivant ou à du Varech.

Ce qui ressort de cette étude de cas est le portrait d'une communauté corallienne qui change continuellement en raison des perturbations des cyclones tropicaux et des processus internes de croissance et de colonisation. Les récifs de Corail sont un bon exemple de communautés qui ne connaissent pas l'équilibre. En outre, il est de plus en plus évident qu'une partie du déséquilibre qui résulte des perturbations est la norme pour *la plupart* des communautés. Les communautés sont presque continuellement en train de se rétablir d'une perturbation.

On a tendance à penser que les perturbations ont un effet négatif sur les communautés. Mais ce n'est pas toujours le cas. En effet, des perturbations à petite échelle favorisent parfois une parcellisation (répartition par plaques) qui peut permettre de stabiliser la diversité spécifique dans une communauté. Les perturbations fréquentes à petite échelle peuvent également empêcher des perturbations à grande échelle. Les grands incendies survenus dans le parc national de Yellowstone au cours de l'été 1988 sont un exemple de ce qui peut se produire en l'absence de petites perturbations. La majeure partie du parc était occupée par le Pin tordu (*Pinus contorta*), un arbre qui a besoin des effets rajeunissants d'incendies périodiques. Les cônes du Pin tordu restent fermés tant qu'ils ne sont pas exposés à une chaleur intense. Quand un feu de forêt détruit les arbres reproducteurs, les cônes s'ouvrent et libèrent les graines. La nouvelle génération de Pins tordus peut ensuite pousser et se développer grâce aux nutriments libérés par les arbres brûlés et grâce à la lumière du soleil que masquait la vieille forêt. Les Pins tordus de plus de 100 ans sont de plus en plus inflammables. Mais pendant des décennies, dans le parc de Yellowstone, les Humains ont prévenu les petits incendies dus à la foudre qui auraient créé des îlots d'arbres moins inflammables. Ainsi, en 1988, environ un tiers des arbres du parc avaient entre 250 et 300 ans. Les conditions de sécheresse de 1988 conjuguées à l'accumulation de matières combustibles dans les forêts ont provoqué un incendie à grande échelle qui a détruit la vieille forêt de Pins tordus. L'année suivante, les aires brûlées du parc étaient en grande partie couvertes de nouvelle végétation, ce qui montre

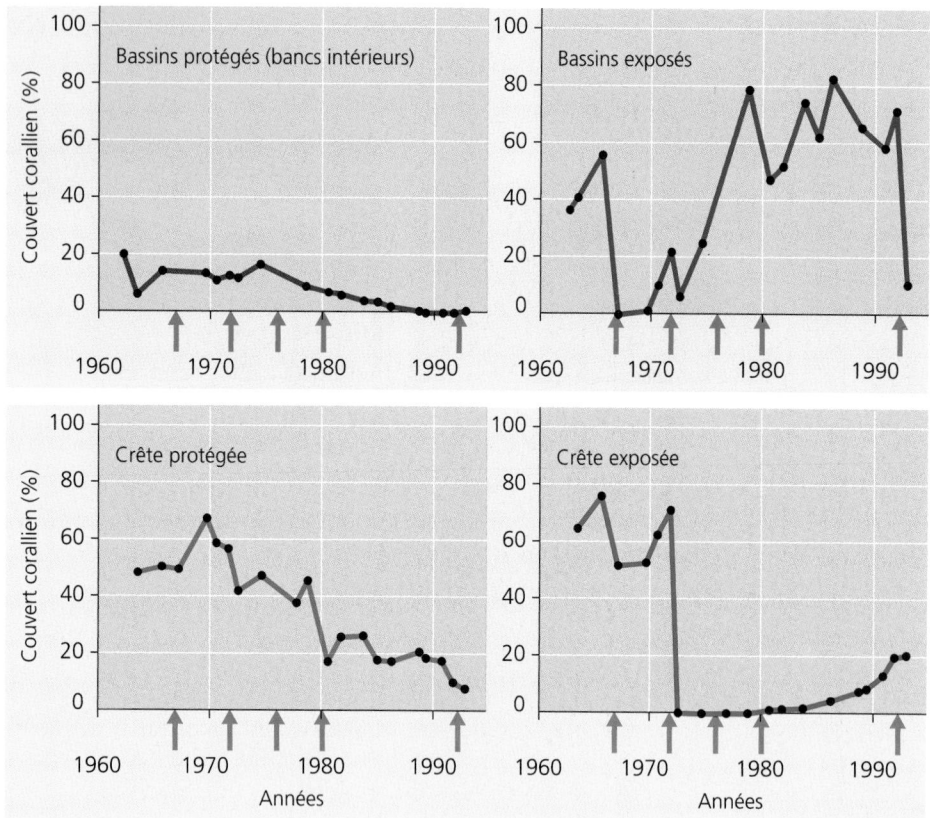

FIGURE 53.17 Perturbation par une tempête des communautés d'un récif de Corail. Les graphiques comparent la façon dont cinq cyclones tropicaux (flèches rouges) ont touché le couvert corallien dans quatre régions du Heron Island Reef, en Australie. Les dégâts causés par les cyclones étaient très variables, selon la protection que l'île apportait aux quatre sites. (La diminution progressive du couvert de Corail dans les sites protégés était un effet normal de la croissance verticale du Corail, qui a augmenté l'exposition de ces sites à l'air pendant les 30 années de l'étude.)

que les communautés peuvent souvent réagir très rapidement, même à des perturbations d'une aussi grande envergure (FIGURE 53.18).

Les Humains sont les principaux agents de perturbation

De tous les Animaux, les Humains sont ceux qui ont la plus grande influence sur les communautés, dans le monde entier. L'exploitation forestière et les coupes à blanc pour le développement urbain, l'exploitation minière et l'agriculture ont réduit de grandes bandes de forêts à de petites parcelles de boisés dispersées, dans de nombreuses parties de l'Amérique du Nord et de l'Europe. De même, l'exploitation agricole en développement a bouleversé ce qui était auparavant les vastes plaines herbeuses des prairies tempérées d'Amérique du Nord. Quand on fait subir une coupe à blanc aux forêts et que l'on abandonne ce qui reste, une végétation de mauvaises herbes et de bosquets colonise souvent le territoire et le domine pendant de nombreuses années. On trouve également en abondance ce type de végétation sur les terres agricoles laissées à l'abandon, sur les terrains inoccupés et sur les sites de construction périodiquement déboisés. La perturbation d'origine humaine ne se limite pas à l'Amérique du Nord et à l'Europe, pas plus qu'elle ne constitue un problème récent. On décime à une vitesse effrénée les forêts tropicales humides pour la production du bois de construction et pour le pâturage. En Afrique, des siècles de surpâturage et d'exploitation

agricole anarchique ont transformé les prairies à rythme saisonnier en étendues stériles. Cette détérioration n'est sans doute pas étrangère aux famines qui frappent une partie du continent.

La perturbation d'origine humaine diminue généralement la diversité spécifique au sein des communautés. Nous utilisons actuellement environ 60 % des terres de notre planète, d'une façon ou d'une autre mais surtout comme terre arable, forêt et pâturage. La plupart des récoltes proviennent de **monocultures**, cultures intensives d'une seule variété s'étendant sur d'immenses surfaces. Même les forêts utilisées dans la production de bois d'œuvre et de papier sont souvent replantées de peuplements d'espèce unique. Quant au surpâturage, il entraîne souvent l'élimination de plusieurs espèces de plantes indigènes que l'on remplace en introduisant seulement quelques espèces. Au chapitre 55, nous nous pencherons de plus près sur la façon dont les activités humaines influent sur la diversité de la vie en perturbant les communautés.

La série de changements que connaît une communauté après une perturbation constitue la succession écologique

Les modifications de la composition et de la structure des communautés sont surtout manifestes après qu'une perturbation comme un grand incendie ou une éruption volcanique a rasé la végétation. Après une perturbation, diverses espèces pionnières colonisent le territoire, puis, progressivement, cèdent leur place

(a) Peu de temps après l'incendie.
Comme le montre cette photographie prise peu de temps après l'incendie, le feu a laissé un paysage parcellisé. Remarquez les arbres intacts en arrière-plan.

(b) Un an après l'incendie.
Cette photographie de la région incendiée prise l'année suivante montre la rapidité avec laquelle la communauté a commencé à se régénérer. Des plantes herbacées, différentes des espèces qui occupaient le tapis de l'ancienne forêt, recouvrent le sol.

FIGURE 53.18 Régénération et parcellisation après une perturbation à grande échelle. En 1988, l'incendie du parc national de Yellowstone a détruit de grandes surfaces de forêts de Conifères dominées par le Pin tordu (*Pinus contorta*).

à d'autres espèces. Les changements que connaît la composition spécifique d'une communauté au cours du temps écologique constituent la **succession écologique.** Les communautés passent par différents stades prévisibles, que l'on appelle *séries,* pour finalement atteindre un état relativement stable que l'on appelle *climax.* Le processus de la **succession écologique primaire** débute dans un territoire stérile encore dépourvu de sol, par exemple sur une île volcanique nouvellement formée ou sur les débris de roches (till ou moraine) laissés par le retrait d'un glacier. Les seules formes de vie présentes alors sont souvent des Bactéries autotrophes. Puis, des Mousses et des Lichens croissant à partir de spores amenées par le vent constituent les premiers organismes

photosynthétiques macroscopiques à coloniser le territoire. Le sol se forme graduellement, au fur et à mesure que se désagrège la roche et que s'accumule la matière organique en décomposition des espèces pionnières. Une fois que le sol s'est formé, les Lichens et les Mousses sont envahis par un autre type de végétation, tel que l'herbe, les arbustes et les arbres qui poussent à partir des graines amenées par le vent ou des animaux. Pour finir, des plantes peuvent coloniser un territoire et devenir la strate végétale dominante de la communauté. Pour qu'une succession écologique primaire donne une telle communauté, il faut des centaines voire des milliers d'années.

On appelle **succession écologique secondaire** le processus qui se met en place après une perturbation qui a détruit la végétation mais a laissé le sol intact. C'est ce qu'a connu le parc de Yellowstone après les incendies de 1988 (voir la FIGURE 53.18). La succession écologique secondaire a souvent pour effet de ramener le territoire à son état original. Par exemple, les régions déboisées à des fins agricoles et laissées à l'abandon connaissent une succession écologique secondaire et peuvent tôt ou tard redevenir des forêts. La végétation qui recolonise un territoire est souvent constituée d'espèces herbacées qui poussent à partir de graines amenées là par le vent ou par des animaux. Si le territoire n'a pas été brûlé ou n'a pas subi un pâturage excessif, des arbustes peuvent remplacer la plupart des espèces herbacées avec le temps. Par la suite, des peuplements d'arbres peuvent remplacer presque tous les arbustes.

Trois grands processus peuvent intervenir dans la succession écologique entre les espèces pionnières et celles qui s'établissent plus tard. Les espèces pionnières *facilitent* l'apparition des espèces plus tardives en leur rendant le milieu plus favorable. Par exemple, elles peuvent rendre le sol plus fertile. Par ailleurs, les espèces pionnières *inhibent* l'établissement des espèces qui viennent après. Ainsi, ces dernières réussissent à coloniser un territoire en dépit et non à cause des activités des espèces pionnières. Enfin, les espèces pionnières peuvent être complètement indépendantes de celles qui les suivent. Elles *tolèrent* ces espèces qui apparaissent ensuite, mais n'aident pas ni ne gênent leur colonisation. Examinons comment ces divers processus contribuent à la succession écologique primaire en étudiant un exemple précis.

Au cours des 300 dernières années, il s'est produit un retrait graduel des glaciers dans l'hémisphère Nord. En se retirant, les glaciers laissent des tills. Les chercheurs peuvent déterminer l'âge de ces territoires d'origine post-glaciaire à partir de l'âge des nouveaux arbres qui poussent sur le till ou, depuis 80 ans, par observation directe. La recherche la plus complète que les écologistes ont menée a porté sur la succession écologique primaire du till de Glacier Bay, dans le sud-est de l'Alaska. Depuis environ 1760, les glaciers de l'endroit se sont retirés sur environ 98 km, ce qui correspond à une vitesse de retrait extraordinaire de près de 400 m par an (FIGURE 53.19, p. 1300). Les tills sont un milieu presque vierge, mais hostile à la colonisation par les Végétaux.

Le TABLEAU 53.2, à la page 1300, résume le modèle de succession écologique qui s'est produit sur les tills de Glacier Bay. D'abord, le till exposé est colonisé par les espèces pionnières: Mousses, Épilobe à feuilles étroites (*Epilobium angustifolium*), Dryades (*Dryas Drummondii* et *Dryas integrifolia,* des herbacées), Saules (*Salix sp.*) et Peuplier à feuilles deltoïdes (*Populus deltoides*). Puis, en quelques décennies, le territoire est envahi par les Aulnes (*Alnus sp.*), qui finissent par former des bosquets

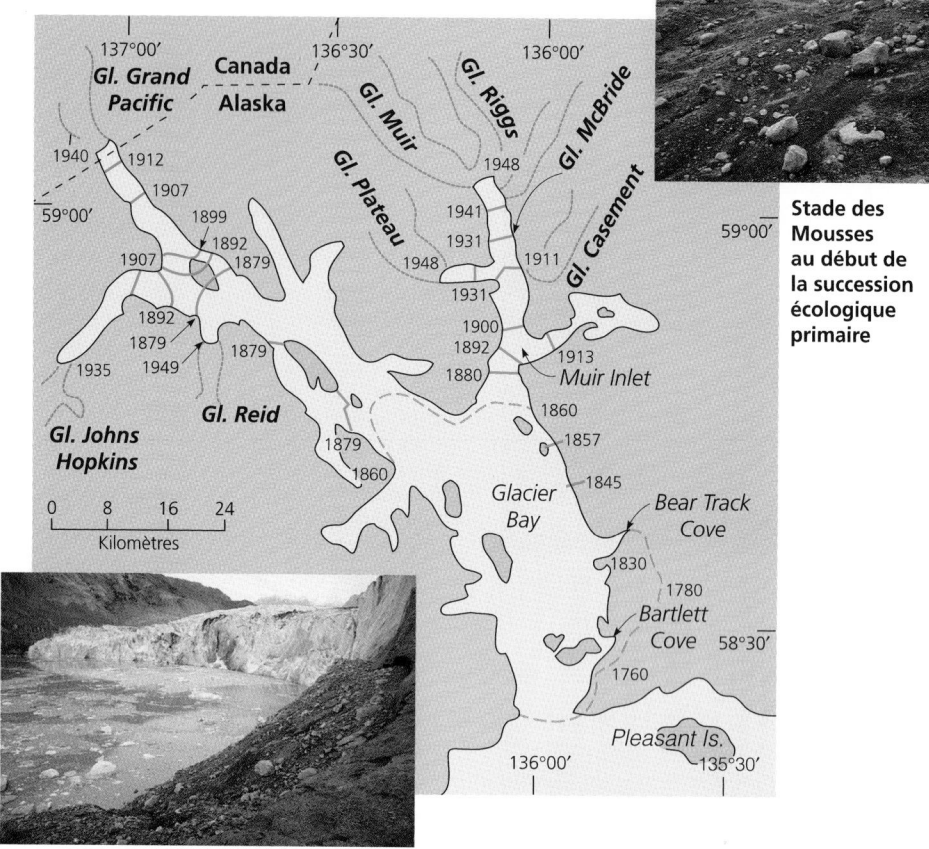

FIGURE 53.19 Retrait d'un glacier dans le sud-est de l'Alaska. Les endroits portant une date montrent la récession du glacier depuis 1760. Les lignes pointillées orange indiquent la position approximative du pied du glacier en 1760 et en 1860, d'après des descriptions historiques. À mesure que la glace se retire, elle laisse des tills sur les côtés de la baie (photo du bas). La succession écologique primaire se produit sur les tills (photo du haut).

Stade des Mousses au début de la succession écologique primaire

Retrait du glacier laissant un till à droite

denses d'une hauteur s'élevant parfois à 9 m. Ces peuplements d'Aulnes sont ensuite envahis par l'Épinette de Sitka (*Picea sitchensis*), qui, un siècle après, forme une forêt dense. La Pruche de l'Ouest (*Tsuga heterophylla*) et la Pruche subalpine (*Tsuga mertensiana*) envahissent alors les peuplements d'Épinettes. Un siècle plus tard, la communauté est une forêt d'Épinettes et de Pruches. Mais cette forêt ne restera que sur les pentes bien drainées. Sur les surfaces mal drainées, les Sphaignes (*Sphagnum sp.*), qui contiennent de grandes quantités d'eau et acidifient le sol, envahissent le tapis forestier de cette forêt d'Épinettes et de Pruches. Leur propagation provoque la mort

des arbres, parce que le sol est gorgé d'eau et contient trop peu de dioxygène pour assurer la subsistance des racines. Le territoire se transforme alors en tourbière à Sphaignes. Ainsi, environ 300 ans après le retrait du glacier, la végétation consiste en tourbières à Sphaignes sur les plateaux mal drainés et en forêts d'Épinettes et de Pruches sur les pentes bien drainées.

Quelle est la relation entre la succession sur les tills et l'effet sur l'environnement de la végétation qui se transforme? Le pH du sol dénudé après le retrait du glacier est de 8,0 à 8,4, c'est-à-dire qu'il est très basique à cause des carbonates contenus dans la roche mère. Ce pH diminue brusquement à l'arrivée de la végétation. La rapidité du changement dépend du type de végétation. Le changement le plus impressionnant est causé par les Aulnes, qui abaissent le pH de 8,0 à 5,0 en l'espace de 30 à 50 ans. Les feuilles des Aulnes sont légèrement acides et le deviennent encore plus en se décomposant. Quand les Épinettes de Sitka commencent à prendre la place des Aulnes, le pH se stabilise à environ 5,0. Il restera stable pendant les 150 ans suivants.

Les concentrations du sol en nutriments minéraux présentent également d'importants changements avec le temps. Par exemple, la FIGURE 53.20 illustre les changements de la concentration d'azote dans le sol. L'une des caractéristiques du sol dénudé après le retrait d'un glacier est sa faible teneur en azote. Presque toutes les espèces pionnières commencent la succession écologique par une faible croissance et des feuilles jaunes, en raison d'un apport en azote insuffisant. Les Dryades et, surtout, les Aulnes, font exception à cette règle. Ces espèces contiennent des bactéries symbiotiques qui fixent le diazote atmosphérique (voir le chapitre 37). L'azote du sol augmente rapidement au

TABLEAU 53.2 Modèle de succession écologique sur les tills de Glacier Bay

Nombre d'années après la déglaciation	Plantes dominantes	Autres espèces communes
0-30	Dryades	Épilobe à feuilles étroites, Saules, Mousses, Peuplier à feuilles deltoïdes
30-80	Aulnes	Saules
80-200	Épinette de Sitka	Aulnes, Saules
200-300	Épinette de Sitka Pruche de l'Ouest	Pruche subalpine
> 300	Sphaignes (surfaces plates)	Plantes de tourbière

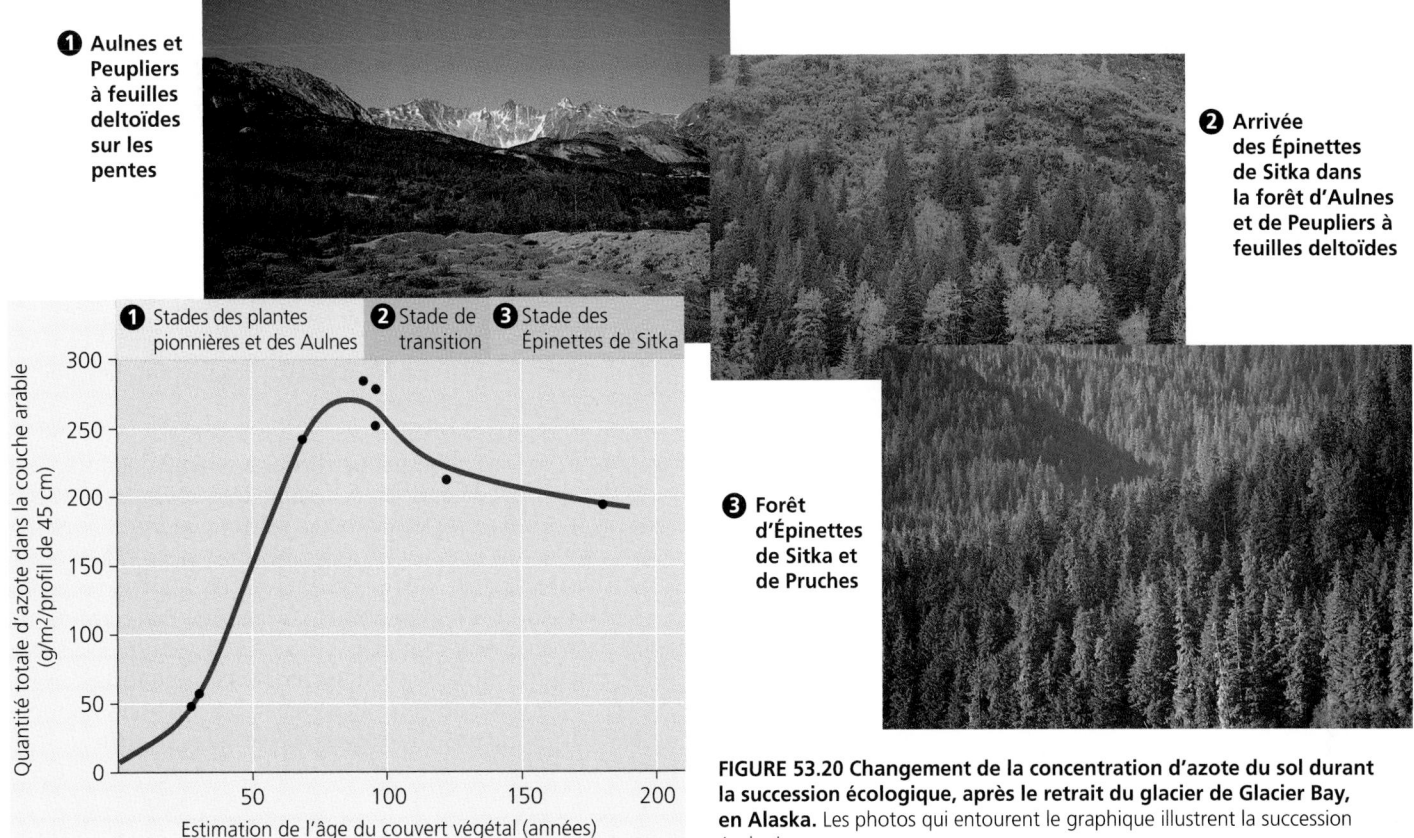

① Aulnes et Peupliers à feuilles deltoïdes sur les pentes

② Arrivée des Épinettes de Sitka dans la forêt d'Aulnes et de Peupliers à feuilles deltoïdes

③ Forêt d'Épinettes de Sitka et de Pruches

① Stades des plantes pionnières et des Aulnes **②** Stade de transition **③** Stade des Épinettes de Sitka

Quantité totale d'azote dans la couche arable (g/m²/profil de 45 cm)

Estimation de l'âge du couvert végétal (années)

FIGURE 53.20 Changement de la concentration d'azote du sol durant la succession écologique, après le retrait du glacier de Glacier Bay, en Alaska. Les photos qui entourent le graphique illustrent la succession écologique.

cours du stade de succession des Aulnes. Les Épinettes de Sitka forment une forêt qui se développe en consommant la réserve d'azote du sol accumulée par les Aulnes. Mais comme elles sont dépourvues de symbiontes fixateurs de diazote, la teneur en azote du sol diminue de nouveau.

L'inhibition et la facilitation peuvent intervenir dans la succession écologique primaire qui se produit sur les tills. Pour vérifier expérimentalement ces processus, on peut semer au cours des premiers stades les graines d'une espèce qui termine normalement la succession écologique. Quand on a semé des graines d'Aulnes et d'Épinettes de Sitka au cours des premiers stades de succession dans Glacier Bay, leur germination fut inhibée et la survie des jeunes plants qui ont réussi à germer a été réduite. L'inhibition semble le processus dominant au cours des premiers stades de succession. Mais une fois que les Aulnes et les Dryades ont enrichi le sol en azote, l'Épinette de Sitka utilise cet azote pour sa croissance, qui est ainsi favorisée par les espèces pionnières. Les plantes pionnières modifient les propriétés du sol, qui permet alors la croissance de nouvelles espèces. Ces dernières, à leur tour, modifient le milieu de différentes façons, ce qui contribue à la succession écologique.

LES FACTEURS BIOGÉOGRAPHIQUES QUI INFLUENT SUR LA BIODIVERSITÉ DES COMMUNAUTÉS

Le nombre d'espèces que comprennent les communautés écologiques varie considérablement. Deux facteurs déterminants influent sur la **biodiversité,** c'est-à-dire la diversité spécifique d'une communauté, aussi appelée **hétérogénéité** par les écologistes : la taille de la communauté et son emplacement géographique. Dans les années 1850, Alfred Wallace et Charles Darwin ont tous les deux signalé que la vie végétale et animale était généralement plus abondante et plus variée dans les tropiques que dans les autres parties de la planète. Ils ont aussi remarqué que les petites îles éloignées possédaient moins d'espèces que les grandes îles ou que les îles qui sont à proximité d'un continent. Ces observations signifient que les profils biogéographiques de la biodiversité se conforment à une série de principes fondamentaux et ne sont pas des accidents de l'évolution. Comment expliquer ces profils à grande échelle dans la biodiversité ? Nous devons d'abord apprendre à mesurer la biodiversité d'une communauté.

La biodiversité d'une communauté se mesure au nombre d'espèces et à leur abondance relative

La biodiversité, ou hétérogénéité, d'une communauté, c'est-à-dire la variété de types d'organismes qu'elle comporte, a deux composantes : la richesse spécifique, ou le nombre total d'espèces dans la communauté, et l'abondance relative des espèces. Imaginons par exemple deux communautés de petites forêts comprenant chacune 100 organismes, des arbres représentant quatre espèces (A, B, C et D) :

Communauté 1 : 25 A, 25 B, 25 C, 25 D

Communauté 2 : 80 A, 10 B, 5 C, 5 D

La richesse spécifique est la même pour les deux communautés, qui comportent toutes les deux quatre espèces. Mais l'abondance relative est très différente (FIGURE 53.21). Si nous explorons la communauté 1, nous remarquons dès l'abord la présence de quatre espèces. Mais si nous explorons la communauté 2, nous voyons surtout l'espèce abondante A. La plupart des gens diraient spontanément que la communauté 1 est plus diversifiée.

Communauté 1

A : 25 %   B : 25 %   C : 25 %   D : 25 %

Communauté 2

A : 80 %   B : 5 %   C : 5 %   D : 10 %

FIGURE 53.21 Quelle forêt est la plus diversifiée ? Les deux forêts comportent les quatre mêmes espèces d'arbres (A, B, C et D). Par conséquent, les deux communautés ont la même richesse spécifique. Mais si nous considérons en plus le facteur de l'abondance relative des espèces, alors la communauté 1 présente une plus grande hétérogénéité, mesure de la biodiversité qui tient compte à la fois du nombre d'espèces (richesse spécifique) et de l'abondance relative.

Compter les espèces que comprend une communauté pour déterminer leur nombre et leur abondance relative est plus facile à dire qu'à faire, surtout en ce qui concerne les Insectes et les autres petits organismes. Le dénombrement nécessite habituellement des techniques d'échantillonnage. Mais la taille des échantillons est généralement petite, et il y a donc des erreurs d'échantillonnage importantes, parce que dans une communauté la plupart des espèces sont relativement rares. La FIGURE 53.22 illustre ce problème dans le cas d'une étude sur la biodiversité des Papillons dans une communauté. Mesurer la biodiversité est relativement facile quand il s'agit de compter les Oiseaux et les Papillons. Cela l'est bien moins quand il s'agit de compter les membres moins visibles d'une communauté, tels que les Acariens et les Nématodes.

Mesurer la biodiversité d'une communauté est un travail très important qui exige beaucoup d'efforts, même quand il s'agit d'un seul groupe taxinomique comme les Papillons. Ce travail est essentiel pour la biologie de la conservation, car il nous faut un inventaire de ce que nous espérons protéger. Si la biologie s'intéresse davantage aux espèces prises séparément, les écologistes qui étudient les communautés essaient de regrouper les espèces en catégories comme les espèces d'Oiseaux ou les espèces d'arbres d'un territoire. On peut se servir de cette approche orientée sur la communauté pour rechercher les schémas à grande échelle que présente la biogéographie de la biodiversité.

La richesse spécifique diminue généralement le long d'un gradient équatorial-polaire

Les habitats tropicaux abritent un nombre beaucoup plus élevé d'espèces de Végétaux, d'Animaux et d'autres organismes que les régions tempérées et polaires. Quelques exemples d'études de la biodiversité illustrent ce gradient global. Une parcelle de

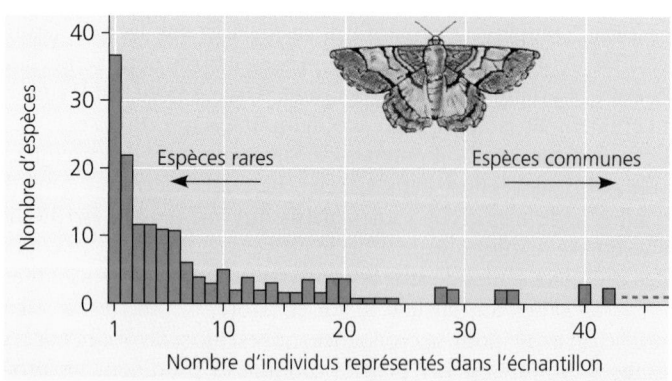

FIGURE 53.22 Abondance relative de Noctuelles (Papillons de nuit) attrapées dans un piège lumineux à Rothamsted, en Angleterre. On a attrapé au total 6 814 individus représentant 197 espèces dans le piège lumineux. Les six espèces les plus courantes représentent 50 % des captures. En fait, une seule des espèces, la plus commune, comptait pour 1 799 des 6 814 Noctuelles (notez que cette espèce sort de l'échelle du graphique, qui ne s'étend pas beaucoup au-delà des espèces représentées par environ 40 individus). Le graphique fait ressortir le fait que la majorité des espèces sont rares. Ainsi, 37 des 197 espèces ne sont représentées dans l'échantillon que par un seul spécimen.

terrain de 50 ha (1 hectare = 10 000 m²) de forêt tropicale humide en Malaisie contient 830 espèces d'arbres. Un territoire de 6,6 ha au Sarawak, en Malaisie, comporte 711 espèces d'arbres. Comparez cette richesse spécifique avec une forêt décidue tempérée du Michigan, qui contient de 10 à 15 espèces sur un terrain de 2 ha. L'ensemble de l'Europe, au nord des Alpes, ne possède, quant à elle, que 50 espèces d'arbres. Les espèces de Fourmis sont également beaucoup plus diversifiées dans les tropiques: il y en a 200 espèces au Brésil, 73 en Iowa et 7 en Alaska. On compte 293 espèces de Serpents au Mexique, 126 aux États-Unis et 22 au Canada. La carte de la FIGURE 53.23 indique le nombre d'espèces d'Oiseaux terrestres qui nichent dans différentes régions de l'Amérique du Nord et de l'Amérique centrale. On trouve plus de 600 espèces d'Oiseaux en Amérique centrale, mais moins de 40 espèces dans l'Arctique canadien. Les Poissons d'eau douce présentent la plus grande diversité dans les fleuves et les lacs

tropicaux. Les lacs Victoria, Tanganyika et Malawi, en Afrique orientale, contiennent environ 1 450 espèces de Poissons. On a trouvé plus de 1 000 espèces de Poissons dans le fleuve Amazone, en Amérique du Sud. Or, l'exploration de cette région n'est pas terminée. L'Amérique centrale, elle, compte seulement 456 espèces de Poissons et les Grands Lacs d'Amérique du Nord en contiennent 173. Le lac Baïkal, en Eurasie, a 39 espèces de Poissons. Le Grand Lac de l'Ours, dans le nord-ouest du Canada, ne renferme que 14 espèces de Poissons.

Quelle est la cause de ces gradients équatoriaux-polaires de la richesse spécifique? Les deux facteurs déterminants sont probablement l'évolution et le climat. À l'échelle de l'évolution, la diversité spécifique peut augmenter dans une communauté parce qu'il se produit plus d'événements de spéciation. De plus, les communautés tropicales sont généralement plus vieilles que les communautés tempérées ou polaires. Cette différence d'âge

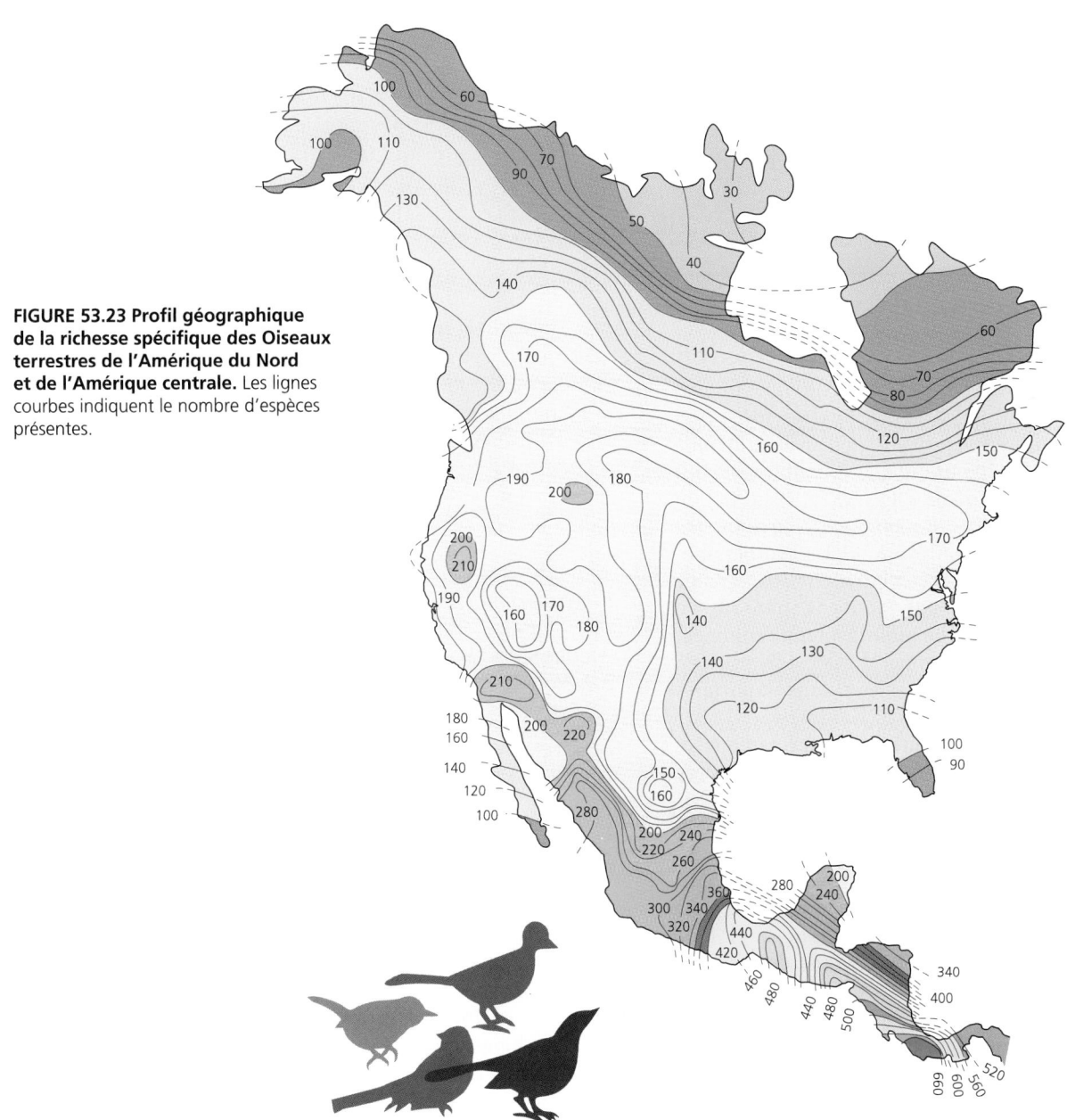

FIGURE 53.23 Profil géographique de la richesse spécifique des Oiseaux terrestres de l'Amérique du Nord et de l'Amérique centrale. Les lignes courbes indiquent le nombre d'espèces présentes.

résulte en partie de la saison de croissance beaucoup plus longue dans les tropiques. La saison de croissance des forêts tropicales est environ cinq fois plus longue que celle des communautés de la toundra alpine. En effet, le temps biologique, et par conséquent le temps pour la spéciation, se déroule environ cinq fois plus vite dans les tropiques que près des pôles. De plus, de nombreuses communautés polaires et tempérées ont dû « recommencer », se développer à nouveau plusieurs fois à la suite de perturbations majeures qui ont pris la forme de glaciations.

La plupart des écologistes considèrent le climat comme la principale explication du gradient latitudinal de la biodiversité. Les deux principaux facteurs climatiques qui influent sur la biodiversité sont l'apport d'énergie solaire et la disponibilité de l'eau. L'énergie solaire est la source à la fois de la lumière et de la chaleur, deux variables qui agissent sur la croissance de la végétation. Le facteur de la disponibilité de l'eau comprend aussi bien les précipitations que l'humidité.

On peut combiner les facteurs de l'énergie et de l'eau sous différents climats en mesurant la vitesse d'évapotranspiration d'une communauté, l'évapotranspiration associant la vaporisation de l'eau du sol et la transpiration des Plantes (voir le chapitre 36). L'évapotranspiration est beaucoup plus élevée dans les régions chaudes où les précipitations sont abondantes que dans les régions froides où les précipitations sont faibles. La richesse spécifique tant des Végétaux que des Animaux est liée à l'évapotranspiration (FIGURE 53.24).

La richesse spécifique dépend de l'étendue géographique d'une communauté

L'un des premiers profils de biodiversité que les scientifiques ont déterminé est ce que l'on appelle la **courbe aire-espèces,** qui montre en chiffres ce qui semble probablement évident : plus la région géographique d'une communauté échantillonnée est grande, plus le nombre d'espèces est élevé. Alexander von Humboldt a le premier décrit cette relation en 1807, en se fondant sur ses explorations. L'explication probable des courbes aire-espèces est que les régions plus étendues offrent une plus grande diversité d'habitats et de microhabitats (voir le chapitre 50). En biologie de la conservation, il est possible de prédire comment la perte d'un certain habitat peut influer sur la biodiversité, en traçant des courbes aire-espèces pour les taxons importants d'une communauté.

La FIGURE 53.25 présente une courbe aire-espèces pour les Oiseaux nicheurs d'Amérique du Nord. La pente de la courbe indique l'augmentation proportionnelle de la richesse spécifique selon l'aire occupée par la communauté. Les pentes des différentes courbes aire-espèces varient selon le taxon échantillonné dans l'étude de biodiversité et selon le type de communauté. Mais le concept fondamental de l'augmentation de la biodiversité en fonction de l'aire s'applique dans une multitude de situations, qui vont de l'étude de la diversité des Fourmis en Nouvelle-Guinée au nombre d'espèces végétales sur des îles de tailles différentes. En fait, la biogéographie insulaire nous fournit quelques-uns des meilleurs exemples de courbes aire-espèces.

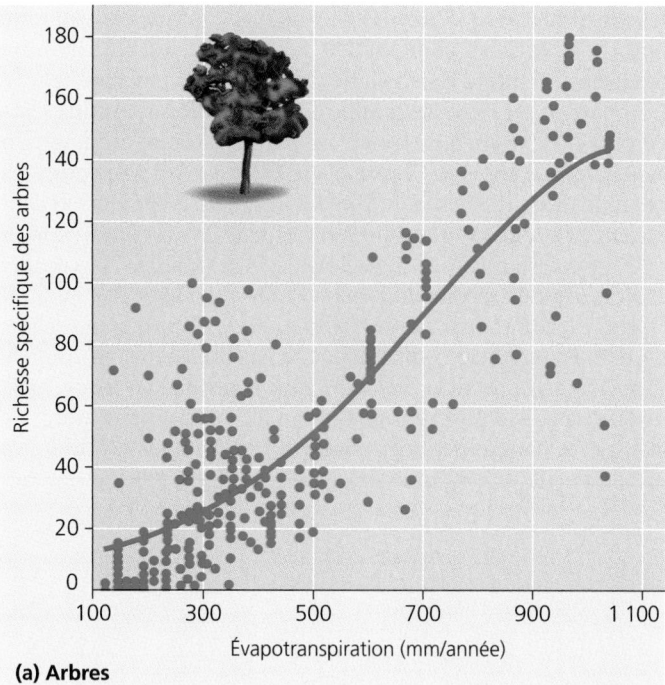

(a) Arbres

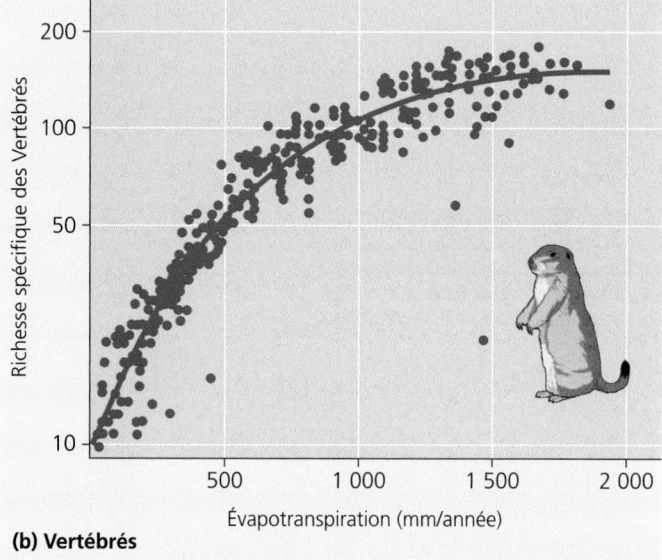

(b) Vertébrés

FIGURE 53.24 Énergie et richesse spécifique. La richesse spécifique **(a)** des arbres et **(b)** des Vertébrés d'Amérique du Nord dépend de l'énergie disponible chaque année aux différents endroits, énergie que l'on mesure par l'évapotranspiration (qui associe rayonnement solaire et température). Les valeurs d'évapotranspiration sont exprimées sous forme d'équivalents de précipitations en millimètres par année.

Sur les îles, la richesse spécifique dépend de la superficie et de la distance par rapport au continent

Étant donné leur isolement et leurs petites dimensions, les îles constituent d'excellents sites pour l'étude des facteurs biogéographiques qui influent sur la diversité spécifique. Par « îles », nous entendons non seulement

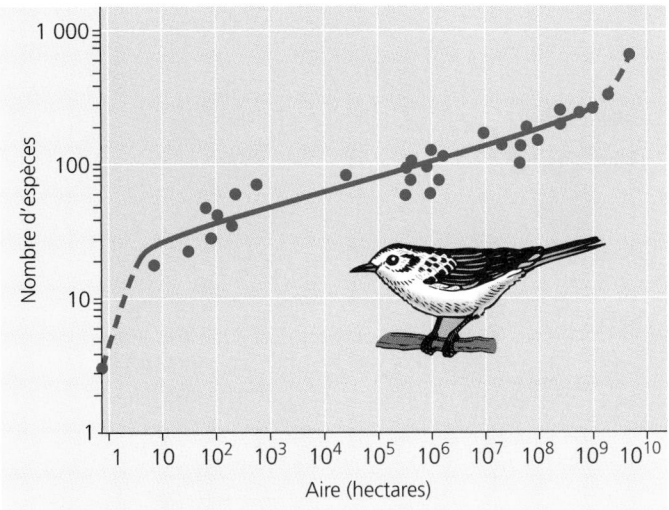

FIGURE 53.25 Courbe aire-espèces pour les Oiseaux d'Amérique du Nord. On porte l'aire et le nombre d'espèces sur un graphique selon une échelle logarithmique. Les points des données s'échelonnent d'une parcelle de terrain de 1 hectare comportant 3 espèces d'Oiseaux en Pennsylvanie au territoire entier des États-Unis et du Canada (1,9 milliard d'hectares) comportant 625 espèces.

les terres émergées de l'océan, mais aussi les enclaves du milieu terrestre comme les lacs et les pics montagneux séparés par des basses terres, ou des terrains boisés naturels entourés de secteurs perturbés par les Humains. En d'autres mots, toute parcelle entourée d'un milieu non favorable pour les espèces de « l'île » est une île. Dans les années 1960, les écologistes américains Robert MacArthur et E. O. Wilson formulèrent une théorie

générale de la biogéographie insulaire qui leur permettait de définir les facteurs importants de la diversité spécifique dans une île à partir d'un ensemble donné de caractéristiques physiques.

Imaginons une île océanique nouvellement formée qui est située à une certaine distance du continent, d'où partiront les espèces pionnières. Deux facteurs conditionnent le nombre d'espèces qui habiteront l'île : le taux d'immigration et le taux d'extinction. Ces facteurs dépendent eux-mêmes de deux variables importantes : les dimensions de l'île et la distance qui la sépare du continent. En règle générale, le taux d'immigration est faible dans les petites îles, car les colonisateurs potentiels ont plus de difficulté à « trouver » une petite île qu'une grande île. Ainsi, les Oiseaux que le vent emporte ont certainement moins de chances d'atterrir par hasard sur une petite île que sur une grande. En outre, le taux d'extinction est plus élevé dans les petites îles que dans les grandes. Dans les petites îles, en effet, les espèces pionnières trouvent peu de ressources et d'habitats à se partager. La probabilité qu'il y ait des pertes accidentelles y est donc plus grande que dans les grandes îles. Quant à la distance entre l'île et le continent, elle importe dans la mesure où, à superficie égale, le taux d'immigration est nécessairement plus élevé dans une île rapprochée que dans une île éloignée.

Le taux d'immigration et le taux d'extinction dépendent aussi du nombre d'espèces présentes dans l'île à un moment donné. Le taux d'immigration diminue au fur et à mesure qu'augmente le nombre d'espèces insulaires, car les nouveaux arrivants ont de plus en plus de chances d'appartenir à une espèce déjà représentée. Parallèlement, le taux d'extinction augmente, car la probabilité d'exclusion compétitive s'accroît au fur et à mesure qu'augmente le nombre d'espèces habitant l'île.

Ces relations, qui font partie de la théorie de la biogéographie insulaire qu'ont élaborée MacArthur et Wilson, sont schématisées à la FIGURE 53.26, où les taux d'immigration et d'extinction

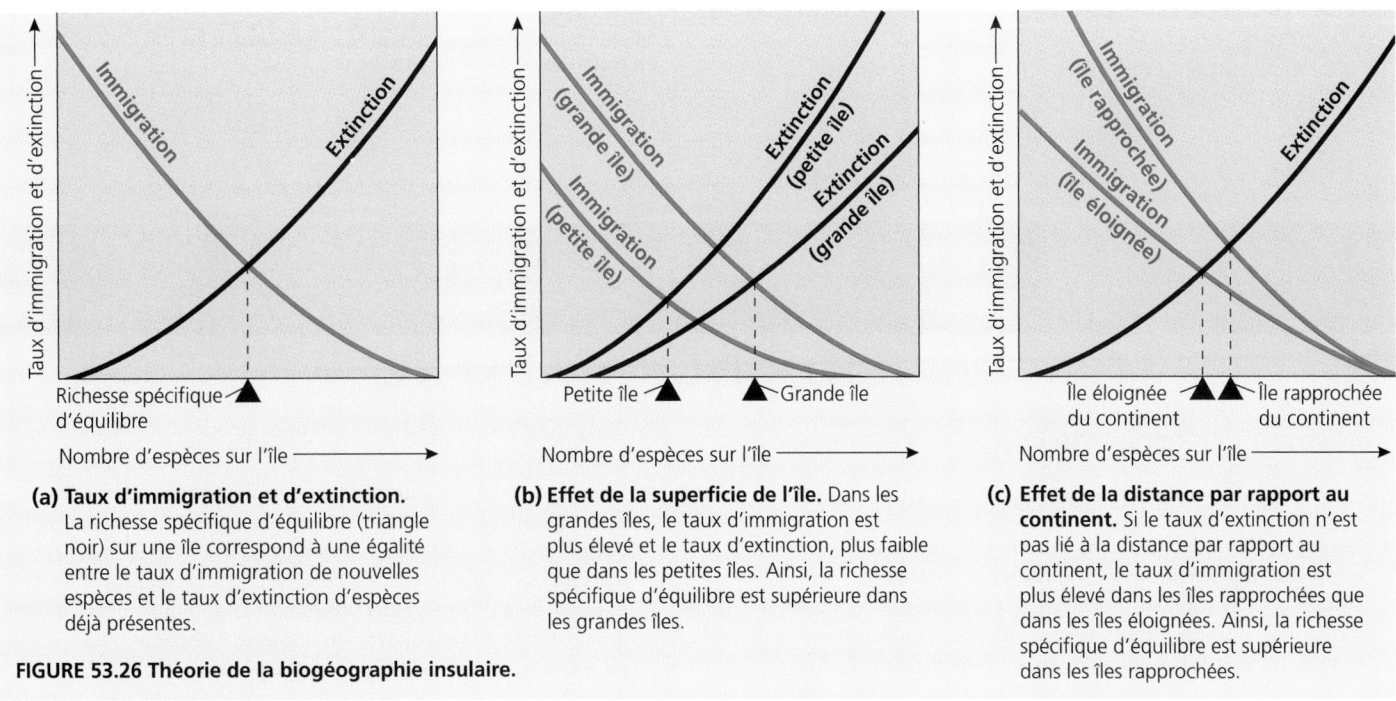

(a) Taux d'immigration et d'extinction. La richesse spécifique d'équilibre (triangle noir) sur une île correspond à une égalité entre le taux d'immigration de nouvelles espèces et le taux d'extinction d'espèces déjà présentes.

(b) Effet de la superficie de l'île. Dans les grandes îles, le taux d'immigration est plus élevé et le taux d'extinction, plus faible que dans les petites îles. Ainsi, la richesse spécifique d'équilibre est supérieure dans les grandes îles.

(c) Effet de la distance par rapport au continent. Si le taux d'extinction n'est pas lié à la distance par rapport au continent, le taux d'immigration est plus élevé dans les îles rapprochées que dans les îles éloignées. Ainsi, la richesse spécifique d'équilibre est supérieure dans les îles rapprochées.

FIGURE 53.26 Théorie de la biogéographie insulaire.

sont représentés en fonction du nombre d'espèces présentes sur l'île. Le modèle cherche à montrer qu'un équilibre est atteint lorsque le taux d'immigration équivaut au taux d'extinction. Le nombre d'espèces vivant sur l'île lors de l'atteinte du point d'équilibre dépend des dimensions de l'île et de la distance qui la sépare du continent. Un équilibre écologique est, cela va de soi, toujours dynamique. L'immigration et l'extinction se poursuivent ; la composition spécifique varie quelque peu avec le temps.

Les études de MacArthur et de Wilson sur la diversité des Végétaux et des Animaux dans les archipels, notamment dans les îles Galápagos, confirment que la richesse spécifique est proportionnelle à la superficie de l'île (FIGURE 53.27). Les dénombrements indiquent aussi que le nombre d'espèces est d'autant plus petit que l'île est éloignée du continent.

Au cours des quelques décennies passées, la théorie de la biogéographie insulaire a fait l'objet de vives critiques la considérant comme une simplification excessive. Ses prédictions concernant l'équilibre de la composition spécifique des communautés ne s'appliquent que dans un nombre limité de cas. De plus, elles valent pour un temps relativement court là où la colonisation est le principal processus qui agit sur la composition spécifique. Sur de plus longues périodes, les perturbations abiotiques survenant sur les îles, comme les tempêtes, les adaptations et la spéciation, modifient généralement la composition spécifique et la structure des communautés. Mais la question de savoir si la théorie de la biogéographie insulaire s'applique ou non de manière générale n'importe pas tant que ça. Ce qui est surtout important, c'est que cette théorie ait suscité un débat et lancé la recherche sur les effets qu'a la superficie d'un habitat sur la richesse spécifique. Il s'agit là en effet d'un sujet essentiel pour la biologie de la conservation. Nous en parlerons quand nous traiterons de la fragmentation des habitats et de la perte de biodiversité, au chapitre 55.

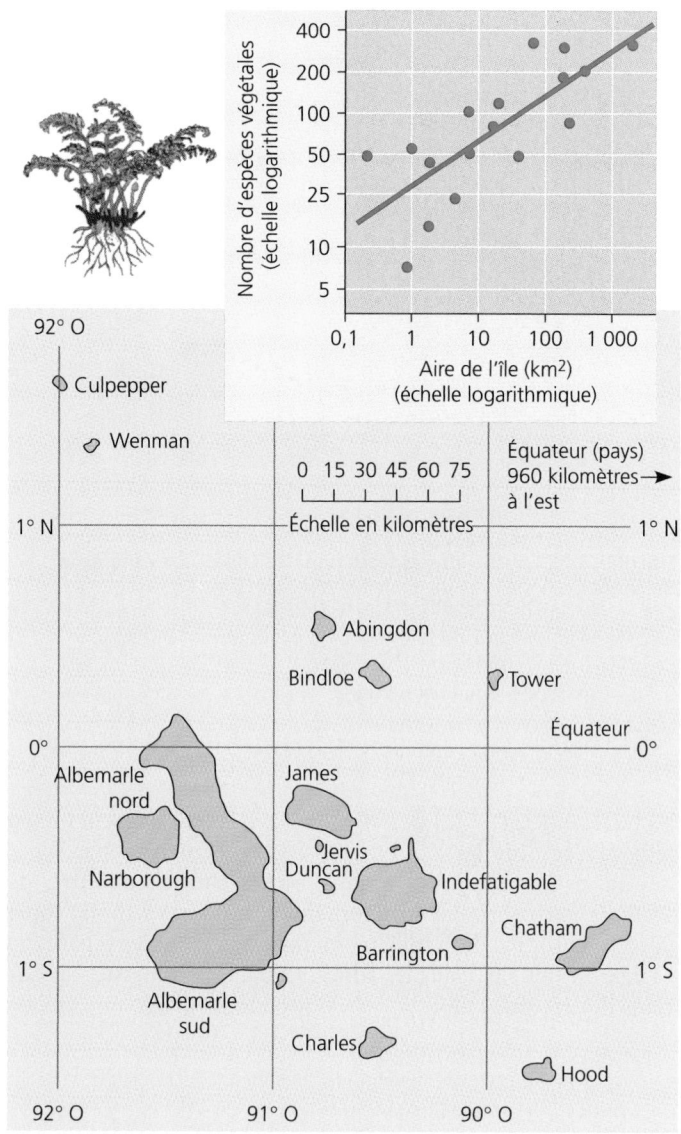

FIGURE 53.27 Nombre d'espèces végétales sur les îles Galápagos, en fonction de l'aire de chaque île.

RÉVISION DU CHAPITRE

Résumé des concepts importants

QU'EST-CE QU'UNE COMMUNAUTÉ ?

- Les conceptions divergentes de la notion de communauté tirent leur origine des hypothèses individualiste et interactive (p. 1284 et 1285, FIGURE 53.1). L'hypothèse individualiste avance que les communautés sont des assemblages fortuits d'espèces distribuées indépendamment et ayant les mêmes besoins abiotiques. L'hypothèse interactive déclare que les espèces d'une communauté sont étroitement unies par des interactions.

- Le débat se poursuit autour du modèle des rivets et du modèle de la redondance (p. 1284 et 1285). Le modèle des rivets affirme que toutes les espèces d'une communauté sont étroitement liées dans un réseau d'interactions, de sorte que la perte même d'une seule espèce a de fortes répercussions sur la communauté. Le modèle de la redondance veut que lorsqu'une espèce disparaît d'une communauté, d'autres espèces prennent sa place.

INTERACTIONS INTERSPÉCIFIQUES ET STRUCTURE DES COMMUNAUTÉS

- La compétition, la prédation, le mutualisme et le commensalisme lient les populations (p. 1285 à 1290, TABLEAU 53.1, FIGURES 53.2 à 53.9). La niche écologique est l'ensemble des utilisations que fait un organisme des ressources biotiques et abiotiques de son milieu. Le principe d'exclusion compétitive veut que deux espèces ne peuvent coexister dans la même communauté si leurs niches sont identiques. Les prédateurs comprennent les herbivores et les parasites. La prédation a conduit à diverses adaptations chez les prédateurs et leurs proies, notamment le mimétisme. Le mutualisme fait référence aux interactions symbiotiques qui bénéficient aux deux espèces associées. Le commensalisme fait référence aux interactions symbiotiques qui bénéficient à l'une des deux espèces associées et qui n'ont pas d'effet sur l'autre. Il existe peu de cas, s'il en est, de relations de commensalisme pur.

- La structure trophique est un facteur déterminant dans la dynamique des communautés (p. 1291 à 1293, FIGURES 53.10 à 53.13). Les chaînes alimentaires lient les niveaux trophiques, des producteurs aux prédateurs clés. Elles sont interreliées et forment des réseaux alimentaires. L'apport énergétique total d'une communauté limite le nombre de niveaux de ses chaînes alimentaires.

- Les espèces dominantes et les espèces clés ont une grande influence sur la structure d'une communauté (p. 1293 à 1295, FIGURES 53.14 et 53.15). Les espèces dominantes sont les espèces les plus abondantes dans une communauté. Elles deviennent dominantes grâce à leurs grandes habiletés pour la compétition. Les espèces clés sont des espèces relativement rares qui exercent une influence disproportionnée sur la structure d'une communauté. Ce sont souvent les prédateurs clés d'une communauté.

- La structure d'une communauté est déterminée de bas en haut par des nutriments et de haut en bas par des prédateurs (p. 1294 à 1296). Le modèle ascendant affirme que les nutriments et les producteurs sont les principaux déterminants de la structure d'une communauté. Le modèle descendant affirme que les prédateurs limitent le nombre d'herbivores, qui eux-mêmes limitent le nombre de producteurs, de sorte que le niveau trophique supérieur conditionne la structure de la communauté.

PERTURBATIONS ET STRUCTURE D'UNE COMMUNAUTÉ

- La plupart des communautés vivent un déséquilibre dû aux perturbations (p. 1296 à 1299, FIGURES 53.16 à 53.18). Il est de plus en plus évident que ce sont les perturbations et le déséquilibre, et non la stabilité et l'équilibre, qui sont la norme pour la plupart des communautés.

- Les Humains sont les principaux agents de perturbation (p. 1298). De tous les Animaux, les Humains sont ceux qui créent les plus grandes perturbations dans les communautés. Ils diminuent ainsi généralement la richesse spécifique. Les Humains empêchent également que ne se produisent certaines perturbations naturelles, notamment les incendies, qui peuvent pourtant être importantes pour la structure des communautés.

- La série de changements que connaît une communauté après une perturbation constitue la succession écologique (p. 1298 à 1301, FIGURES 53.19 et 53.20). La succession écologique primaire se produit là où le sol n'est pas formé au début du processus. La succession écologique secondaire commence dans une aire où le sol est épargné après une perturbation.

LES FACTEURS BIOGÉOGRAPHIQUES QUI INFLUENT SUR LA BIODIVERSITÉ DES COMMUNAUTÉS

- La biodiversité d'une communauté se mesure au nombre d'espèces et à leur abondance relative (p. 1302, FIGURES 53.21 et 53.22). La mesure la plus simple de la biodiversité d'une communauté est le nombre d'espèces que comprend la communauté, ou la richesse spécifique. Comme une espèce peut être rare ou au contraire répandue dans une communauté, il faut également tenir compte de l'abondance relative comme autre facteur de la biodiversité.

- La richesse spécifique diminue généralement le long d'un gradient équatorial-polaire (p. 1302 à 1304, FIGURES 53.23 et 53.24). La richesse spécifique est beaucoup plus grande dans les tropiques que dans les régions tempérées et polaires. Le climat constitue la meilleure explication de ce gradient de biodiversité. Il agit par l'impact qu'il a sur l'eau et par l'énergie (chaleur et lumière) qui lui est associée.

- La richesse spécifique dépend de l'étendue géographique d'une communauté (p. 1304 et 1305, FIGURE 53.25). Ce principe écologique se représente sous forme de courbes aire-espèces.

- Sur les îles, la richesse spécifique dépend de la superficie et de la distance par rapport au continent (p. 1304 à 1306, FIGURES 53.26 et 53.27). La théorie de la biogéographie insulaire soutient que la richesse spécifique sur une île atteint un équilibre dynamique dans lequel le taux d'immigration équivaut au taux d'extinction. Elle cherche à montrer que la richesse spécifique est directement proportionnelle à la superficie de l'île et inversement proportionnelle à la distance qui sépare l'île de l'endroit d'où viennent les colonisateurs.

Autoévaluation

(Les questions dont les numéros sont en caractères gras font surtout appel à la compréhension.)

1. Le concept de structure trophique d'une communauté porte sur:
   a) la forme de végétation dominante.
   b) le prédateur clé.
   c) les relations alimentaires.
   d) les effets de la coévolution.
   e) la richesse spécifique.

2. Selon le principe d'exclusion compétitive:
   a) deux espèces ne peuvent pas cohabiter.
   b) l'extinction et l'émigration sont les seuls résultats possibles de la compétition.
   c) la compétition intraspécifique fait que les individus les mieux adaptés prospèrent.
   d) deux espèces ne peuvent pas partager la même niche réelle dans une communauté.
   e) le partage des ressources permet à une espèce d'utiliser toutes les ressources de sa niche fondamentale.

3. Dans une communauté, un prédateur clé:
   a) exclut par la compétition tous les autres prédateurs.
   b) maintient la diversité spécifique en éliminant l'espèce de proies qui est le concurrent dominant.
   c) augmente l'abondance relative des autres espèces de proies.
   d) favorise la coévolution des prédateurs et des proies.
   e) empêche la diversité spécifique d'atteindre un équilibre.

4. Dans les communautés, les chaînes alimentaires comportent relativement peu de niveaux, parce que:
   a) deux espèces herbivores peuvent ne pas se nourrir des mêmes espèces de Plantes.

b) l'extinction locale d'une espèce voue à leur perte toutes les autres espèces d'un réseau alimentaire.

c) il y a une perte d'énergie d'un niveau trophique à l'autre, quand on monte dans les chaînes alimentaires.

d) très peu d'espèces prédatrices ont évolué.

e) la plupart des espèces végétales ne sont pas comestibles.

5. Selon le modèle des rivets portant sur l'organisation des communautés :

a) deux espèces étroitement apparentées ne peuvent pas coexister.

b) l'extinction est rare dans une communauté bien organisée.

c) une espèce est facilement remplacée quand elle disparaît à cause des activités humaines.

d) toutes les espèces contribuent à l'intégrité d'une communauté naturelle.

e) les communautés sont des groupes mal structurés d'espèces individualistes qui ont des besoins abiotiques semblables.

6. Parmi les propositions suivantes, laquelle nous fournit un exemple d'homochromie ?

a) La couleur verte d'une plante.

b) Les motifs voyants d'une grenouille tropicale venimeuse.

c) Les rayures d'une mouffette.

d) Les taches des noctuelles qui se posent sur les lichens.

e) Les couleurs éclatantes d'une fleur pollinisée par un insecte.

7. Parmi les propositions suivantes, laquelle nous fournit un exemple de mimétisme müllérien ?

a) La ressemblance entre un papillon et une feuille.

b) La ressemblance entre deux grenouilles venimeuses.

c) La présence de taches semblables à des yeux sur un méné.

d) La ressemblance entre un coléoptère et un scorpion.

e) La ressemblance entre la langue d'un poisson carnivore et un ver.

8. La prédation et le parasitisme sont semblables parce qu'ils se caractérisent tous les deux par :

a) des interactions $+/+$.

b) des interactions $+/-$.

c) des interactions $+/0$.

d) des interactions $-/-$.

e) des interactions symbiotiques.

9. Qu'est-ce qui explique le mieux le résultat de recherches selon lequel la richesse spécifique est plus grande dans les régions équatoriales (tropicales) ?

a) La courbe aire-espèces, qui prédit une grande richesse spécifique dans les vastes régions.

b) Le climat, qui présente là des niveaux de rayonnement solaire élevés et une grande disponibilité de l'eau.

c) La vitesse de spéciation accrue due aux températures élevées dans la région.

d) La relation inverse entre l'évapotranspiration et la biodiversité.

e) Le taux d'immigration plus grand et le taux d'extinction plus faible sur les grandes îles tropicales proches du continent.

10. Selon la théorie de la biogéographie insulaire, la richesse spécifique est maximale sur une île :

a) petite et éloignée du continent.

b) grande et éloignée du continent.

c) grande et proche du continent.

d) petite et proche du continent.

e) écologiquement homogène.

11. Comment une communauté peut-elle sembler relativement peu diversifiée tout en ayant une certaine richesse spécifique ?

12. Quel avantage peut représenter, pour un prédateur clé, le fait de se spécialiser dans des espèces de proies qui autrement seraient les plus prospères parmi les proies potentielles ?

13. Quel est le principal facteur abiotique qui distingue la succession écologique primaire de la succession écologique secondaire ?

14. Expliquez la différence entre un habitat et une niche.

15. Comment le concept de la courbe aire-espèces s'intègre-t-il dans la théorie de la biogéographie insulaire ?

16. À quels niveaux de la chaîne alimentaire se situe un Humain qui mange un sandwich au fromage ?

Lien avec l'évolution

Expliquez pourquoi les adaptations des organismes aux relations interspécifiques ne représentent pas nécessairement une coévolution. Que doit démontrer un chercheur au sujet d'une interaction entre deux espèces pour prouver qu'il s'agit d'une coévolution ?

Intégration

Une écologiste qui étudie les plantes du désert délimite deux parcelles identiques comprenant quelques plants d'Armoise tridentée (*Artemisia tridentata*) et un grand nombre de petites plantes à fleurs annuelles. Elle s'aperçoit que cinq espèces de plantes à fleurs sont représentées par un nombre semblable d'individus dans les deux parcelles. Elle clôture l'une des parcelles pour en bloquer l'accès au Rat-kangourou (*Dipodomys sp.*), l'herbivore le plus répandu dans la région. Deux ans plus tard, quatre espèces de plantes à fleurs ont disparu de la parcelle clôturée et la cinquième s'est énormément multipliée. Aucun changement notable ne s'est produit dans la parcelle témoin. Proposez une hypothèse pour expliquer ce qui s'est produit. Employez la terminologie appropriée et faites référence aux principes de l'écologie des communautés. Quelle autre preuve confirmerait votre hypothèse ?

Science, technologie et société

En 1935, l'Alaska était le seul État américain où la chasse et le piégeage n'avaient pas éliminé les Loups gris (*Canis lupus*). Les Loups gris devinrent alors une espèce protégée. Des individus de cette espèce venus du Canada s'établirent dans les Rocheuses et au nord des Grands Lacs. Les écologistes souhaitent accélérer le processus en introduisant des Loups gris dans le parc national de Yellowstone. Mais les éleveurs de la région s'y opposent, car ils craignent que les Loups gris ne s'attaquent à leur bétail. Pour quelles raisons les écologistes ont-ils choisi le parc national de Yellowstone ? Quelles pourraient être les conséquences de la réintroduction du Loup gris sur les communautés du parc ? Comment pourrait-on rassurer les éleveurs ?

Réponses à l'autoévaluation : 1. c ; 2. d ; **3.** b ; 4. c ; 5. d ; **6.** d ; **7.** b ; 8. b ; **9.** b ; 10. c ; **11.** En ayant une ou quelques espèces comptant pour la plupart des organismes, les autres espèces étant rares. **12.** L'espèce de proie la plus compétitive représente probablement la source de nourriture la plus abondante et la plus sûre pour le prédateur. **13.** L'absence de sol dans la succession écologique primaire par rapport à la présence d'un sol dans la succession écologique secondaire au début du processus. **14.** L'habitat d'un organisme est l'endroit où il vit. La niche comprend l'habitat de l'organisme, mais également ses relations trophiques, ses relations symbiotiques et d'autres caractéristiques de ses interactions écologiques. **15.** La théorie de la biogéographie insulaire comporte l'idée que la richesse spécifique sur les îles est liée à la superficie. **16.** Consommateur primaire de produits végétaux tels que la farine du pain et consommateur secondaire du fromage, qui est un produit laitier.

CHAPITRE 54

LES ÉCOSYSTÈMES

« Le sens que nous avons de l'harmonie écologique et l'appréhension que nous avons de la catastrophe écologique doivent nous amener à faire la synthèse des connaissances accumulées par les hommes de science et à la projeter dans la réflexion interne de l'individu et du peuple. »

PIERRE DANSEREAU
écologiste québécois (1911-)

L'APPROCHE ÉCOSYSTÉMIQUE DE L'ÉCOLOGIE

- Les relations trophiques déterminent les voies du flux de l'énergie et des cycles biogéochimiques dans un écosystème
- La décomposition lie tous les niveaux trophiques
- Les lois de la physique et de la chimie s'appliquent aux écosystèmes

LA PRODUCTIVITÉ PRIMAIRE DANS LES ÉCOSYSTÈMES

- L'allocation énergétique d'un écosystème dépend de la productivité primaire
- Dans les écosystèmes aquatiques, la lumière et les nutriments limitent la productivité primaire
- Dans les écosystèmes terrestres, la température, l'humidité et les nutriments limitent la productivité primaire

LA PRODUCTIVITÉ SECONDAIRE DANS LES ÉCOSYSTÈMES

- Le rendement des transferts d'énergie entre les niveaux trophiques est généralement inférieur à 20 %
- Les herbivores consomment un petit pourcentage de la végétation : hypothèse d'un monde vert

LE RECYCLAGE DES ÉLÉMENTS CHIMIQUES DANS LES ÉCOSYSTÈMES

- Des processus biologiques et géologiques font circuler les nutriments entre des réservoirs organiques et inorganiques
- La vitesse de décomposition détermine dans une large mesure le temps de recyclage des nutriments
- La végétation joue un rôle déterminant dans le recyclage des nutriments

L'IMPACT DES HUMAINS SUR LES ÉCOSYSTÈMES ET LA BIOSPHÈRE

- La population humaine perturbe les cycles biogéochimiques de toute la biosphère
- L'utilisation de combustibles fossiles est la principale cause des précipitations acides
- La concentration des toxines augmente à chaque niveau d'un réseau trophique
- Les activités humaines provoquent des changements climatiques en augmentant la concentration de dioxyde de carbone dans l'atmosphère
- Les activités humaines détruisent l'ozone atmosphérique

Un écosystème *est l'ensemble que forment les organismes d'une communauté et les facteurs abiotiques avec lesquels ils interagissent. Comme celles des populations et des communautés, les limites d'un écosystème ne sont pas précises. Il existe des écosystèmes minuscules, du type du terrarium de la photographie ci-dessus, et des écosystèmes très vastes, tels que les lacs et les forêts. Certains écologistes considèrent la biosphère comme un superécosystème composé de tous les écosystèmes locaux de la Terre. La biosphère, ou la planète entière, est le niveau le plus global de la hiérarchie de l'organisation biologique.*

La dynamique d'un écosystème comporte deux processus que l'on ne peut complètement décrire à des niveaux inférieurs : le flux de l'énergie et les cycles biogéochimiques. L'énergie pénètre dans la plupart des écosystèmes principalement sous forme de lumière solaire. Elle est convertie en énergie chimique par les organismes autotrophes, transmise aux hétérotrophes par l'intermédiaire des composés organiques de la nourriture et dissipée sous forme de chaleur. Les éléments chimiques comme le carbone et l'azote circulent de manière cyclique entre les composantes biotiques et abiotiques de l'écosystème. Les organismes photosynthétiques tirent ces éléments de l'air, du sol et de l'eau sous forme inorganique. Ils les incorporent dans des molécules organiques que d'autres organismes peuvent consommer. Les éléments retournent dans l'air, dans le sol et dans l'eau sous forme inorganique, après avoir participé au métabolisme des Végétaux, des Animaux et des autres organismes qui, tels les Bactéries, les Archéobactéries et les Eumycètes, décomposent les déchets organiques et les organismes morts. Le flux de l'énergie et les cycles biogéochimiques sont liés, car ils reposent tous les deux sur le transfert de substances associé à la photosynthèse et aux relations alimentaires existant dans l'écosystème. Contrairement à la matière, l'énergie ne peut être recyclée. Un écosystème doit donc continuellement recevoir de l'énergie d'une source externe (le soleil). L'énergie circule dans les écosystèmes, alors que la matière y est recyclée.

Dans ce chapitre, nous allons décrire la dynamique du flux de l'énergie et des cycles biogéochimiques dans les écosystèmes. Nous allons également étudier quelques-unes des conséquences de l'ingérence humaine dans ces processus.

L'APPROCHE ÉCOSYSTÉMIQUE DE L'ÉCOLOGIE

Pour les écologistes, les écosystèmes fonctionnent comme des machines qui transforment la matière et l'énergie. En regroupant les espèces d'une communauté en niveaux de relations trophiques, on peut suivre la transformation de l'énergie dans l'ensemble de l'écosystème et la circulation des éléments chimiques utilisés par la communauté biotique. Comme nous l'avons vu au chapitre 53, les écologistes répartissent les espèces en niveaux trophiques, selon leur principale source de nutrition et d'énergie.

Les relations trophiques déterminent les voies du flux de l'énergie et des cycles biogéochimiques dans un écosystème

Dans un écosystème, tous les niveaux trophiques dépendent du niveau qui comprend les organismes autotrophes, appelés **producteurs.** La plupart des autotrophes sont des organismes photosynthétiques qui, à l'aide de l'énergie lumineuse, synthétisent des glucides et d'autres composés organiques destinés à servir de combustible pour leur respiration cellulaire et de matériaux pour leur croissance. Les Végétaux, les Algues et les procaryotes photosynthétiques sont les principaux autotrophes de la biosphère, même si les procaryotes chimioautotrophes sont les producteurs dans des écosystèmes comme les sources thermales sous-marines (voir la FIGURE 50.23).

Les organismes des niveaux trophiques suivants sont des **hétérotrophes.** Ils se nourrissent directement ou indirectement des produits photosynthétiques des producteurs. Les herbivores, qui se nourrissent de producteurs (Végétaux, Algues ou procaryotes photosynthétiques), sont des **consommateurs primaires.** Les carnivores qui se nourrissent d'herbivores sont des **consommateurs secondaires.** Ils sont à leur tour dévorés par

d'autres carnivores, les **consommateurs tertiaires.** Les **détritivores** constituent un autre groupe important. Ce sont des consommateurs qui puisent leur énergie des **détritus,** matières organiques non vivantes comme les restes d'organismes morts, les excréments, les feuilles mortes et le bois. Ils jouent un rôle primordial dans le recyclage de la matière (FIGURE 54.1).

La décomposition lie tous les niveaux trophiques

Les Eumycètes, les Bactéries, les Archéobactéries, les Invertébrés et les Vertébrés qui se nourrissent de détritus représentent souvent un lien important entre les producteurs et les consommateurs d'un écosystème. Ainsi, dans les cours d'eau, la majeure partie de la matière organique utilisée par les consommateurs provient de plantes terrestres dont les feuilles et autres débris, entraînés par le ruissellement, atteignent l'eau. L'Écrevisse américaine (*Orconectes limosus*), par exemple, se nourrit de détritus végétaux, de bactéries et de champignons associés aux détritus. Puis elle est dévorée par des poissons. Dans la forêt, des

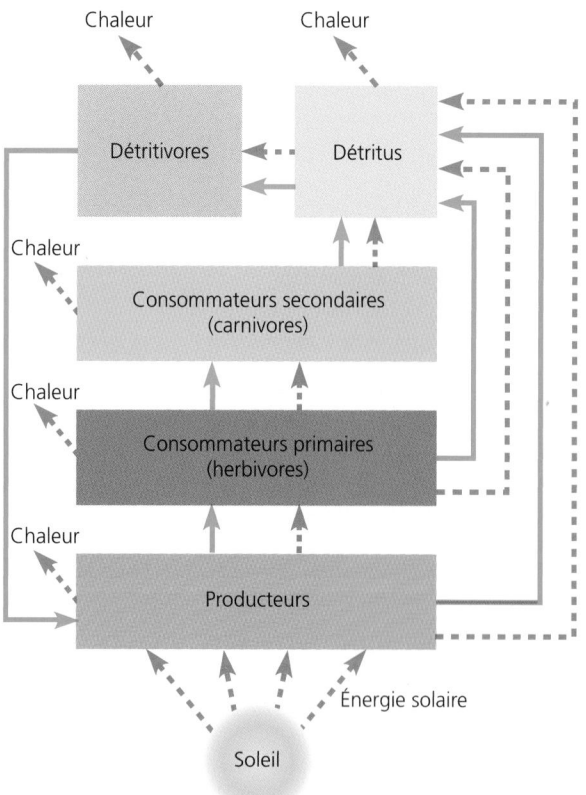

FIGURE 54.1 Vue d'ensemble de la dynamique des écosystèmes.
Ce schéma général présente le flux de l'énergie (lignes rouges en pointillés) et les cycles biogéochimiques (lignes bleues en traits pleins) dans les écosystèmes. Le flux d'énergie prend sa source dans le soleil sous forme de rayonnement. Puis il se déplace sous forme d'énergie chimique dans le réseau alimentaire, pour finalement se dissiper en chaleur dans l'espace. La matière circule à travers les niveaux trophiques, avant de se transformer en détritus. Puis elle est recyclée par les détritivores et sert à nouveau de nutriments pour les producteurs.

oiseaux dévorent des vers de terre qui se sont nourris de la couverture de feuilles mortes, et des bactéries et des champignons associés à cette litière. Mais, plus important encore que ce lien que représentent les détritivores entre les producteurs et les consommateurs est le rôle qu'ils jouent en mettant à la disposition des producteurs les éléments chimiques essentiels.

En effet, les détritivores recyclent la matière organique qui compose les organismes d'un écosystème. Ils décomposent la matière organique, recyclent les éléments chimiques et les rendent disponibles sous des formes que les Végétaux peuvent assimiler, dans des réservoirs abiotiques comme le sol, l'eau et l'air. Les Végétaux et les autres producteurs peuvent alors absorber de nouveau ces éléments dans la matière organique. Les détritivores les plus importants dans la plupart des écosystèmes sont des Bactéries, certaines Archéobactéries et des Eumycètes. Ces organismes sécrètent des enzymes qui dégradent la matière organique. Puis ils absorbent les produits de la décomposition (FIGURE 54.2). La décomposition par les procaryotes et les Eumycètes lie tous les niveaux trophiques. Elle est responsable de la majeure partie de la transformation de la matière organique de tous les niveaux trophiques en composés inorganiques qu'utilisent les autotrophes. La décomposition est le processus écologique le plus sous-estimé, les procaryotes et la plupart des Eumycètes n'étant pas visibles à l'œil nu. Pourtant, si la décomposition s'arrêtait, toute vie sur la Terre cesserait à court et moyen terme. L'interdépendance des niveaux trophiques est l'un des enseignements importants de l'écologie des écosystèmes.

Les lois de la physique et de la chimie s'appliquent aux écosystèmes

Pour analyser la dynamique des écosystèmes, les écologistes s'appuient en grande partie sur les lois bien établies de la physique et de la chimie. Selon la loi de la conservation de l'énergie, il n'y a pas de création ni de destruction d'énergie, mais seulement des transformations (voir le chapitre 6). Ainsi, dans tous les écosystèmes, on doit pouvoir suivre exactement le cheminement de l'énergie depuis les rayonnements solaires jusqu'à sa libération par les organismes sous forme de chaleur. Les Végétaux et autres organismes photosynthétiques transforment la lumière en énergie chimique, mais la quantité totale d'énergie ne change pas. La quantité totale d'énergie contenue dans les molécules organiques et la quantité réfléchie et dissipée sous forme de chaleur équivalent à l'énergie incidente totale de la lumière. L'un des objectifs importants de l'écologie des écosystèmes consiste à calculer ces bilans énergétiques et à suivre le flux de l'énergie dans des écosystèmes particuliers.

Le deuxième principe de la thermodynamique nous apprend que les transformations énergétiques ne peuvent pas être totalement efficaces et qu'une partie de l'énergie est perdue sous forme de chaleur dans tous les processus de conversion (voir le chapitre 6). Cela suppose que l'on peut mesurer l'efficacité des transformations énergétiques en écologie de la même façon que l'on mesure l'efficacité des ampoules électriques et des moteurs d'automobiles.

Alors que l'énergie qui circule dans les écosystèmes se dissipe dans l'espace sous forme de chaleur, les éléments chimiques sont continuellement recyclés. Une unité d'énergie ne traverse qu'une fois une structure trophique d'un écosystème. Sans apport constant d'énergie solaire à la Terre, les écosystèmes disparaîtraient. Au contraire, un atome de carbone ou d'azote effectue en permanence un cycle, passant d'un niveau trophique à l'autre pour arriver aux détritivores, puis recommençant à circuler d'un niveau trophique à l'autre. Globalement, les éléments ne se perdent pas, mais ils peuvent quitter un écosystème pour passer à un autre. La mesure et l'analyse de ces cycles des éléments chimiques dans les écosystèmes et dans la biosphère entière occupent une place importante dans l'écologie des écosystèmes.

Après avoir considéré le flux de l'énergie et les cycles biogéochimiques dans le contexte des structures trophiques, examinons de plus près ces dynamiques, en commençant par les producteurs.

LA PRODUCTIVITÉ PRIMAIRE DANS LES ÉCOSYSTÈMES

La **productivité primaire** est la quantité d'énergie chimique (composés organiques) issue de la conversion de l'énergie lumineuse par les organismes autotrophes d'un écosystème, dans une période donnée. Ce résultat de l'activité photosynthétique constitue le point de départ pour les études du métabolisme des vivants d'un écosystème et du flux de l'énergie.

L'allocation énergétique d'un écosystème dépend de la productivité primaire

La plupart des producteurs utilisent l'énergie lumineuse pour synthétiser des molécules organiques riches en énergie dont la dégradation pourra ensuite servir à produire de l'ATP (voir le chapitre 10). Les consommateurs se procurent leurs combustibles organiques de deuxième (voire de troisième ou de quatrième) main. Par voie de conséquence, l'intensité de l'activité photosynthétique établit l'allocation énergétique de l'écosystème tout entier.

FIGURE 54.2 Eumycètes décomposant un tronc d'arbre.

Allocation énergétique mondiale

Chaque jour, la Terre reçoit environ 10^{22} J (joules) d'énergie sous forme de rayonnement solaire. Comme nous l'expliquions au chapitre 50, l'intensité du rayonnement solaire qui atteint la Terre et son atmosphère varie suivant la latitude, de telle sorte que les tropiques sont la partie de la planète qui en reçoit le plus. Le rayonnement solaire est en grande partie absorbé, réfracté ou réfléchi par l'atmosphère, selon un schéma asymétrique déterminé par les variations du couvert nuageux et la quantité de poussière contenue dans l'air au-dessus des différentes régions. La quantité de rayonnement solaire qui atteint la surface terrestre limite l'activité photosynthétique des différents écosystèmes.

La majeure partie du rayonnement solaire qui atteint la biosphère tombe sur des terrains dénudés et des étendues d'eau qui absorbent ou réfléchissent l'énergie. Une petite partie atteint les Algues, les procaryotes photosynthétiques et les feuilles des Plantes. Enfin, seule une fraction de cette petite partie a une longueur d'onde appropriée à la photosynthèse. Ainsi, seul 1 % environ de la lumière visible qui atteint les organismes photosynthétiques est convertie en énergie chimique par photosynthèse. Ce rendement varie en fonction de divers facteurs, notamment le type d'organisme et l'intensité lumineuse. La fraction du rayonnement solaire total incident qui est retenue par la photosynthèse est donc minime. Malgré tout, les producteurs fabriquent environ 170 milliards de tonnes de matière organique par an, quantité véritablement impressionnante.

Productivité primaire brute et productivité primaire nette

La quantité de matière organique issue de la conversion de l'énergie lumineuse en énergie chimique au cours de la photosynthèse est la productivité primaire totale, que l'on appelle **productivité primaire brute (PPB)**. Les Végétaux en croissance n'emmagasinent pas toute l'énergie chimique sous forme de matière organique. Ils en utilisent en effet une partie pour leur respiration cellulaire. Si l'on soustrait de la productivité primaire brute (PPB) cette énergie utilisée pour la respiration cellulaire (R), on obtient la **productivité primaire nette (PPN)** :

$$PPN = PPB - R$$

Par conséquent, la productivité primaire nette correspond à la différence entre la quantité de carbone prélevée dans l'air pour la photosynthèse et la quantité de carbone perdue lors de la respiration des producteurs. C'est une mesure importante, car elle représente la quantité d'énergie chimique emmagasinée que les consommateurs de l'écosystème pourront utiliser. Dans les forêts, la productivité nette peut ne représenter que le quart de la productivité primaire brute. Les arbres doivent en effet entretenir la croissance de leur tronc, de leurs branches et de leurs racines, dont la masse est beaucoup plus élevée que celle des plantes herbacées. Par conséquent, les communautés végétales herbacées et les cultures perdent moins d'énergie dans la respiration que les forêts.

Nous pouvons exprimer la productivité primaire sous forme de quantité d'énergie par unité d'aire ou de volume et par unité de temps (par exemple, en milieu terrestre, $J/m^2/an$). Nous pouvons aussi l'exprimer sous forme de quantité de **biomasse** de producteurs ajoutée à l'écosystème par unité d'aire ou de volume et par unité de temps (par exemple, en milieu aquatique

et selon le type d'analyse, $g/m^3/an$). Parce que les molécules d'eau ne contiennent pas d'énergie transformable en matière organique et que la teneur en eau des producteurs varie beaucoup sur une courte période, on exprime généralement la biomasse sous forme de masse sèche de matière organique. Il ne faut pas confondre la productivité primaire d'un écosystème avec la biomasse *totale* des organismes autotrophes photosynthétiques présents par unité d'aire à un moment donné, qui est la **biomasse mesurable**. La productivité primaire nette représente la quantité de *nouvelle* biomasse qu'ajoutent les producteurs à un écosystème, en fonction du temps. Une forêt a une faible productivité et une très grande biomasse, tandis qu'une prairie tempérée a une forte productivité et une petite biomasse. Dans une prairie tempérée, en effet, de nombreuses plantes sont annuelles ou sont dévorées par les herbivores, et il n'y a pas d'accumulation de végétation.

La productivité varie selon les écosystèmes et les biomes, qui contribuent chacun plus ou moins à la productivité totale de la Terre (FIGURE 54.3). Les forêts tropicales humides font partie des écosystèmes terrestres les plus productifs. Comme elles couvrent une grande partie des terres émergées dans les régions tropicales, elles contribuent beaucoup à la productivité totale de la planète. Les estuaires et les récifs de Corail sont également très productifs. Mais ils sont peu étendus, ce qui fait que leur contribution à la productivité totale est relativement faible. Malgré leur faible productivité par unité d'aire, les océans contribuent de manière importante à la productivité primaire totale, car ils sont extrêmement vastes. Les déserts et la toundra ont également une productivité faible. Les images de la planète prises par satellite fournissent maintenant un moyen pour étudier la répartition des zones de productivité primaire (FIGURE 54.4). L'impression la plus frappante que laissent ces images est la faible productivité des océans par unité d'aire, par rapport à la productivité élevée des forêts tropicales humides.

Dans les écosystèmes aquatiques, la lumière et les nutriments limitent la productivité primaire

Quels facteurs déterminent la productivité primaire dans les écosystèmes ? En d'autres mots, quels facteurs peut-on faire varier pour augmenter ou diminuer la productivité primaire d'un écosystème donné ? Nous allons d'abord examiner les facteurs qui limitent la productivité dans les systèmes aquatiques, en commençant par les biomes et les écosystèmes marins.

Productivité dans les écosystèmes marins

Dans les océans, comme on s'y s'attend, la première variable qui détermine la productivité primaire est la lumière, puisque le rayonnement solaire alimente la photosynthèse. La profondeur à laquelle parvient la lumière dans les océans influe sur la productivité primaire dans toute la zone euphotique (voir la FIGURE 50.22). Le premier mètre d'eau absorbe plus de la moitié du rayonnement solaire. Même dans l'eau « claire », 5 % à 10 % seulement du rayonnement atteint une profondeur de 20 m.

Comme la lumière est la principale variable qui limite la productivité primaire dans l'océan, on s'attendrait à une augmentation de la productivité le long d'un gradient partant des pôles allant jusqu'à l'équateur, où l'intensité lumineuse est la plus

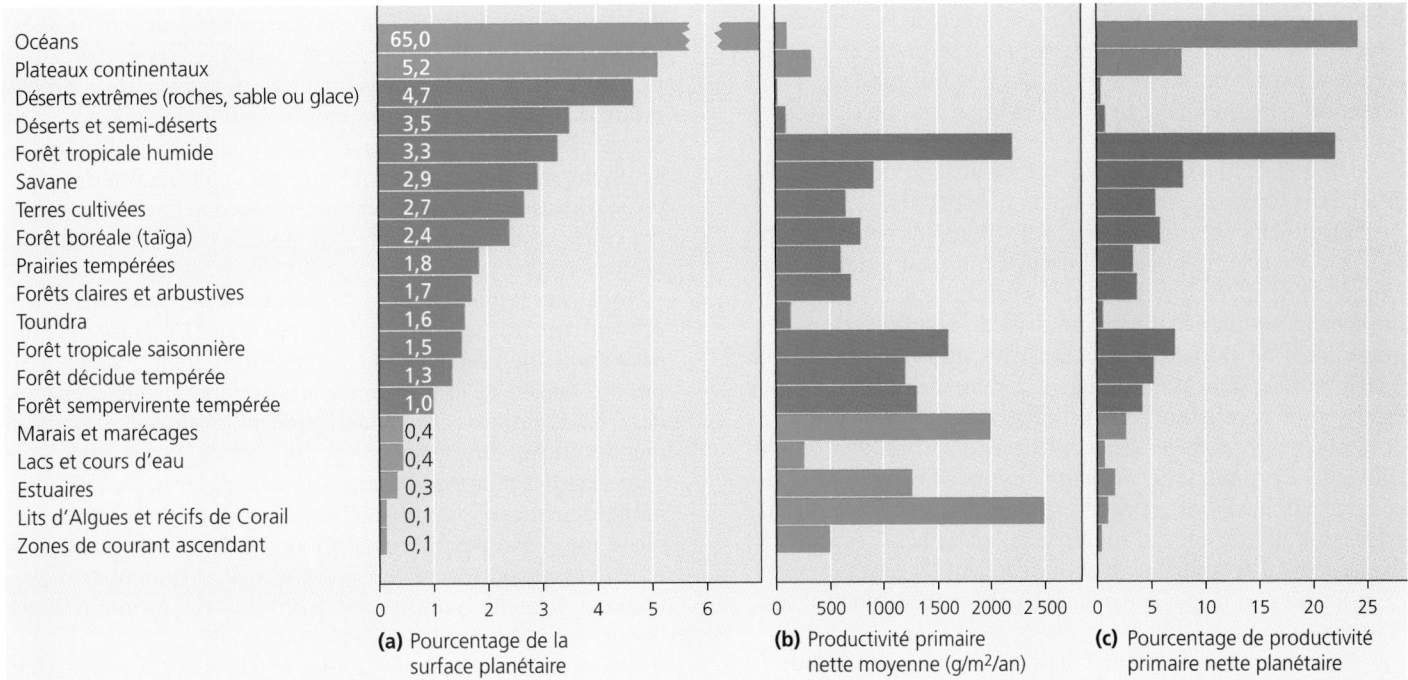

	(a) Pourcentage de la surface planétaire	(b) Productivité primaire nette moyenne (g/m²/an)	(c) Pourcentage de productivité primaire nette planétaire
Océans	65,0		
Plateaux continentaux	5,2		
Déserts extrêmes (roches, sable ou glace)	4,7		
Déserts et semi-déserts	3,5		
Forêt tropicale humide	3,3		
Savane	2,9		
Terres cultivées	2,7		
Forêt boréale (taïga)	2,4		
Prairies tempérées	1,8		
Forêts claires et arbustives	1,7		
Toundra	1,6		
Forêt tropicale saisonnière	1,5		
Forêt décidue tempérée	1,3		
Forêt sempervirente tempérée	1,0		
Marais et marécages	0,4		
Lacs et cours d'eau	0,4		
Estuaires	0,3		
Lits d'Algues et récifs de Corail	0,1		
Zones de courant ascendant	0,1		

(a) Pourcentage de la surface planétaire

(b) Productivité primaire nette moyenne (g/m²/an)

(c) Pourcentage de productivité primaire nette planétaire

FIGURE 54.3 Productivité primaire de différents biomes et écosystèmes. (a) L'étendue géographique et **(b)** la productivité par unité d'aire de différents biomes et écosystèmes déterminent leur contribution à **(c)** la productivité primaire totale. Les océans et les forêts tropicales humides contribuent beaucoup à la productivité de la planète, les premiers parce qu'ils sont très vastes et les secondes parce qu'elles sont très productives. (Les biomes et les écosystèmes aquatiques sont représentés en bleu dans ces histogrammes ; les biomes et les écosystèmes terrestres sont en vert.)

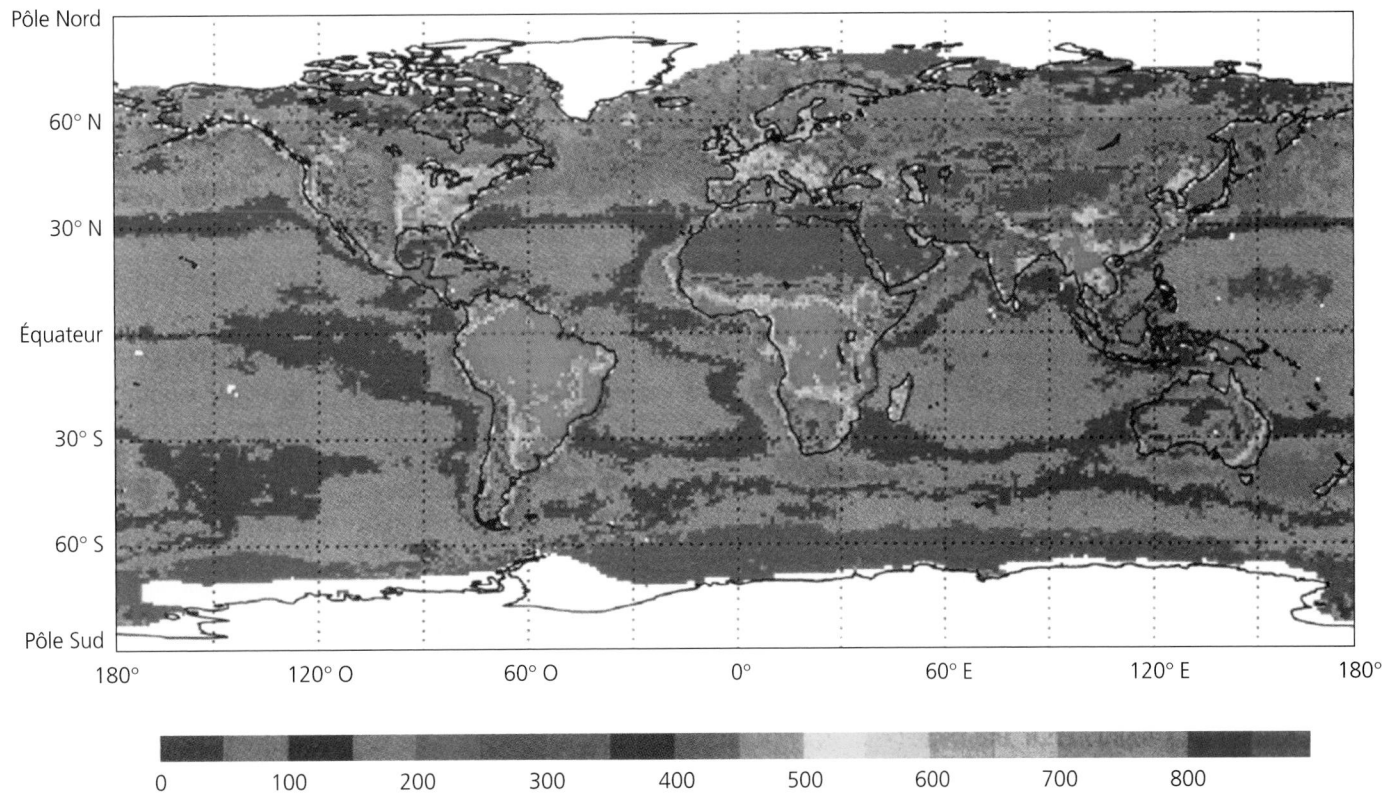

FIGURE 54.4 Productivité primaire nette annuelle de la Terre par régions. L'image est obtenue à partir de données, telles que la masse volumique chlorophyllienne, recueillies par satellite. Les valeurs apparaissant sous l'échelle des couleurs sont en grammes de carbone par mètre carré et par année. Les données pour les océans sont des moyennes pour la période allant de 1978 à 1983. Les moyennes terrestres sont celles de la période allant de 1982 à 1990. Les océans contribuent à 46 % et les milieux terrestres à 54 % à la productivité primaire mondiale totale.

forte (voir la FIGURE 50.11). Mais, à l'examen de la FIGURE 54.4, vous pouvez constater qu'il n'existe pas de tel gradient. En effet, certaines parties des régions tropicales et subtropicales, comme la mer des Sargasses, l'océan Indien et la partie centrale du Pacifique Nord, sont très improductives. En revanche, l'Atlantique Nord, le golfe d'Alaska et l'océan Austral, au large de la Nouvelle-Zélande, sont des zones relativement productives.

Pourquoi les océans tropicaux sont-ils moins productifs que l'on s'y attendrait, puisque l'illumination est intense toute l'année? En fait, ce sont les *nutriments* plus que la lumière qui limitent la productivité primaire dans différentes régions géographiques de l'océan. Les écologistes utilisent l'expression **nutriment limitant** pour désigner la substance chimique qu'il faut ajouter pour stimuler la productivité d'un milieu. L'azote et le phosphore sont les deux nutriments qui limitent le plus souvent la productivité primaire marine. En haute mer, les concentrations d'azote et de phosphore sont très faibles dans la zone euphotique (couche supérieure), où vit le phytoplancton. Ironiquement, les nutriments abondent dans les eaux profondes, où la lumière est trop faible pour la photosynthèse, voire absente (FIGURE 54.5).

L'azote est le nutriment qui limite la croissance du phytoplancton dans de nombreuses parties de l'océan. La FIGURE 54.6 illustre une expérience dont le but était de comparer l'azote et le phosphore comme nutriments limitant la productivité primaire dans les eaux côtières situées au large de la côte sud de Long Island, dans l'État de New York. La pollution provenant des fermes d'élevage de canards, le long des baies de Long Island, ajoute aussi bien de l'azote que du phosphore aux eaux côtières. Mais, contrairement au phosphore, l'azote est immédiatement absorbé par des algues, et l'on ne trouve aucune trace d'azote libre dans les eaux côtières. Des expériences d'enrichissement en matières nutritives ont confirmé que l'azote limitait la croissance du phytoplancton. L'addition d'azote (sous forme d'ammonium) a été à l'origine d'un important développement d'algues dans les eaux de la baie, effet que n'a pas eu l'addition de phosphate. Il existe quelques applications pratiques de ce travail, notamment la prévention de la prolifération d'algues due à la pollution qui fertilise le phytoplancton. Si l'azote est le nutriment qui limite actuellement la production de phytoplancton dans la zone côtière, l'élimination des phosphates des eaux d'égout ne règlera pas le problème de la pollution des côtes. Il faut au préalable s'occuper de la pollution due aux déchets azotés.

Bien que la disponibilité de l'azote limite généralement la productivité primaire des écosystèmes marins, on observe quelques anomalies. En effet, plusieurs régions étendues de l'océan ont une densité de population de phytoplancton faible, en dépit des concentrations relativement élevées d'azote. Par exemple, la mer des Sargasses, une région subtropicale de l'océan Atlantique, a une eau des plus transparentes au monde, en raison de la très faible densité de phytoplancton. Quand des chercheurs ont mené une série d'expériences sur l'enrichissement en matières nutritives, ils ont découvert que c'était la disponibilité du fer, un oligo-élément, qui y limitait la productivité primaire, et non l'azote ou le phosphore (TABLEAU 54.1).

Les indications selon lesquelles le fer limite la productivité dans certains écosystèmes océaniques ont encouragé les écologistes à tenter deux expériences d'envergure sur le terrain, dans le Pacifique tropical, en 1993 et en 1995. Les chercheurs ont répandu dans l'océan, sur 72 km², de faibles concentrations de fer en solution. Puis, ils ont mesuré la variation de la densité de population du phytoplancton pendant une période de sept jours. Dans des échantillons d'eau provenant des sites de prélèvement, ils ont observé une prolifération phytoplanctonique massive, qu'a révélée l'augmentation de la concentration de chlorophylle par un facteur 27.

Pourquoi les concentrations de fer sont-elles naturellement faibles dans certaines régions océaniques? Le principal processus qui apporte le fer dans les océans est la poussière amenée

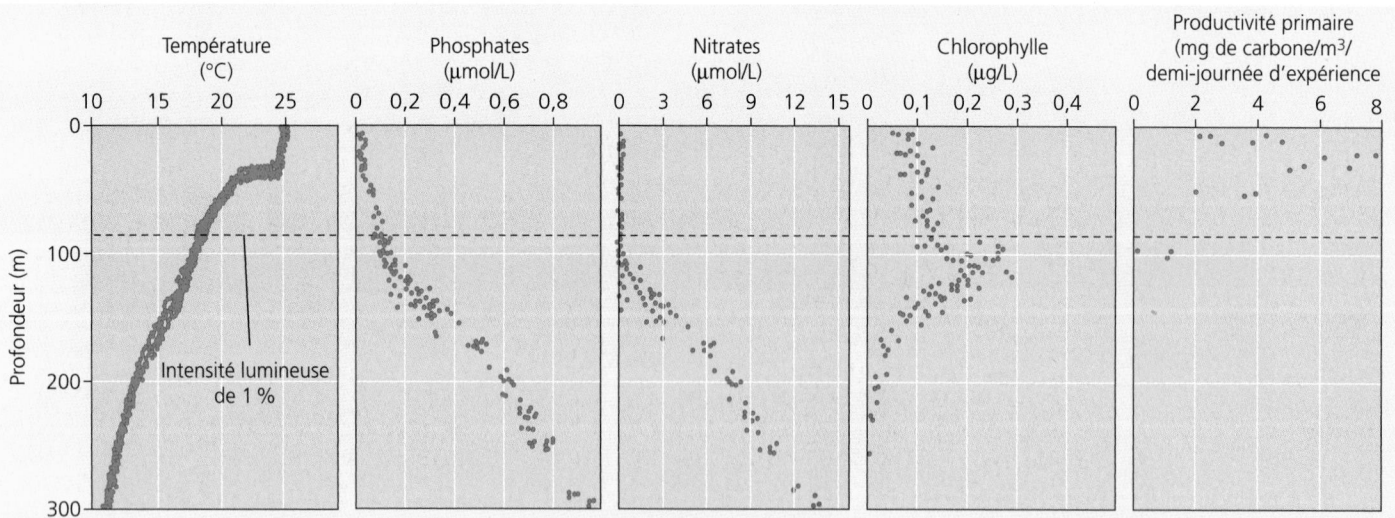

FIGURE 54.5 Distribution verticale de la température, des nutriments et de la productivité primaire dans la couche supérieure de la zone océanique du Pacifique Nord, durant l'été. Les courbes sont composées de plusieurs profils verticaux obtenus sur une période de deux jours en un seul endroit (28° N, 155° O). La mesure de la masse volumique de la chlorophylle donne une estimation de la densité de population du phytoplancton. La ligne en pointillés indique la profondeur de la zone euphotique qui reçoit 1 % de la lumière pénétrant la surface de l'eau.

Malgré les faibles concentrations molaires volumiques des nitrates dans la zone euphotique, la majeure partie de la productivité primaire (mesurée au moyen de l'absorption de ¹⁴C) s'effectue dans cette zone pauvre en nutriments, à cause des besoins en lumière du phytoplancton.

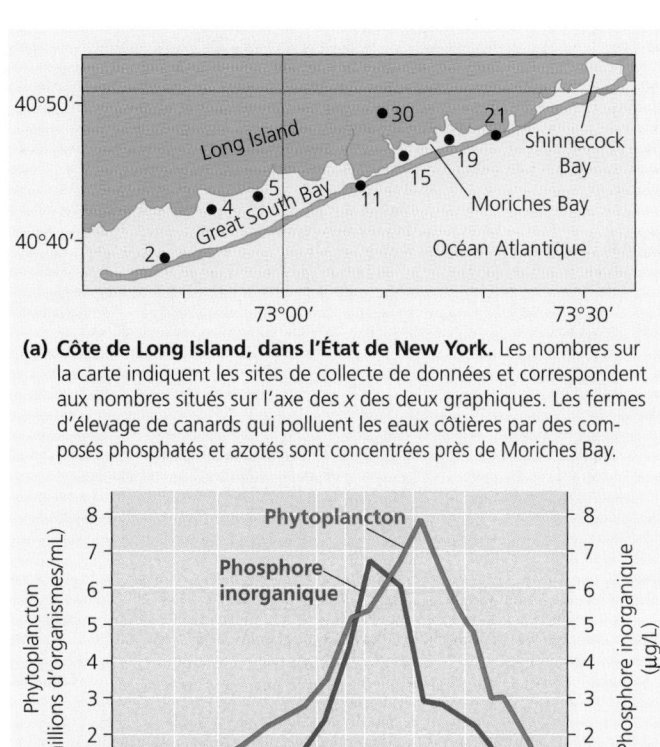

(a) **Côte de Long Island, dans l'État de New York.** Les nombres sur la carte indiquent les sites de collecte de données et correspondent aux nombres situés sur l'axe des *x* des deux graphiques. Les fermes d'élevage de canards qui polluent les eaux côtières par des composés phosphatés et azotés sont concentrées près de Moriches Bay.

(b) **L'abondance du phytoplancton et la répartition du phosphore provenant des fermes d'élevage de canards situées dans Moriches Bay** sont illustrées sur ce graphique.

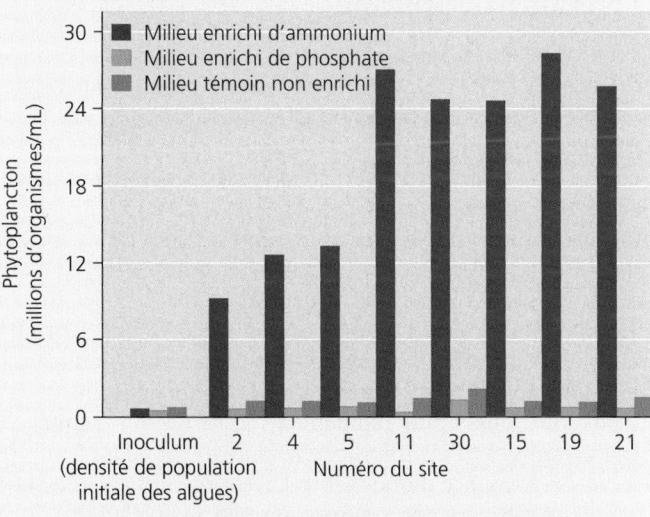

(c) **Expériences d'enrichissement en matières nutritives.**
Les chercheurs ont préparé, dans de l'eau provenant des baies, des cultures de l'algue verte *Nannochloris oculata f. atomus*. L'addition de phosphore, lequel se trouvait déjà en concentration élevée, n'a eu aucun effet sur la croissance des algues vertes. Par contre, l'addition d'ammonium (source d'azote) a augmenté considérablement la densité de population des algues vertes.

FIGURE 54.6 Expériences sur l'effet limitatif des nutriments sur la productivité primaire du phytoplancton, dans les eaux côtières de Long Island.

TABLEAU 54.1 Expériences d'enrichissement en matières nutritives sur des échantillons de phytoplancton provenant de la mer des Sargasses

Nutriments ajoutés à une culture de laboratoire*	Absorption relative de ^{14}C par les cultures[†]
Aucun (témoins)	1,00
N + P seulement	1,10
N + P + métaux (excepté le fer)	1,08
N + P + métaux (incluant le fer)	12,90
N + P + fer	12,00

* N = azote ; P = phosphore.
[†] L'absorption du ^{14}C par les cultures permet de mesurer la productivité primaire.

Source : Données tirées de Menzel et Ryther (1961), *Deep Sea Research*, vol. 7, p. 276-281.

des terres par le vent. Or, la quantité de poussière qui atteint le centre des océans Pacifique et Atlantique est assez faible.

Dans les écosystèmes marins, le fer est en fait un nutriment limitant en corrélation avec l'azote. Si l'on en ajoute quand il est limitant, cela stimule la croissance des Cyanobactéries qui fixent et qui convertissent le diazote atmosphérique en minéraux azotés (voir le chapitre 27). Ces nutriments azotés provoquent eux-mêmes la prolifération du phytoplancton eucaryote :

$$\text{Fer} \rightarrow \text{Cyanobactéries} \rightarrow \begin{array}{c}\text{Fixation} \rightarrow \\ \text{de diazote}\end{array} \begin{array}{c}\text{Production} \\ \text{de phytoplancton} \\ \text{eucaryote}\end{array}$$

Dans les océans, les zones de courant ascendant sont les principales exceptions à la limite de la productivité primaire par les nutriments. Les plus grandes zones de courant ascendant se situent dans l'océan Antarctique, où les eaux profondes riches en nutriments viennent à la surface près du continent antarctique. Les autres zones de courant ascendant sont les eaux côtières situées au large du Pérou et de la Californie. Comme l'approvisionnement stable en nutriments stimule la production de phytoplancton à la base des réseaux trophiques, ces zones constituent des sites de pêche de premier ordre.

Les écologistes ne font que commencer à saisir les interactions qu'il y a entre les facteurs qui déterminent la productivité primaire dans les océans. La télédétection de données par satellite (FIGURE 54.7, p. 1316) constitue l'une des plus importantes percées technologiques dans le domaine.

Productivité primaire dans les écosystèmes dulcicoles

Le rayonnement solaire limite chaque jour la productivité primaire dans les lacs. En se fiant à l'ensoleillement, on peut prédire la productivité primaire quotidienne dans un lac donné. La température est en étroite relation avec l'intensité lumineuse dans les écosystèmes dulcicoles. Ainsi, il est difficile d'évaluer l'impact qu'elle a à elle seule. Il faut aussi considérer les nutriments limitants dans la productivité primaire des lacs.

Au cours des années 1970, le problème environnemental de l'accroissement de la pollution suscita un intérêt pour ce qui détermine la productivité primaire des lacs. Les égouts et le

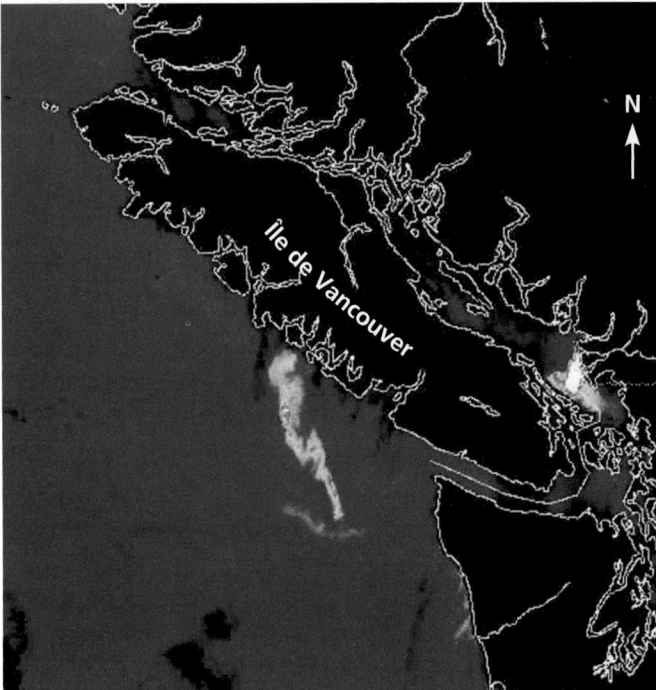

FIGURE 54.7 Productivité primaire dans les océans mesurée par télédétection. Cette image prise par satellite en 1995 situe les endroits de productivité primaire élevée dans la région du Pacifique, autour de l'île de Vancouver, en Colombie-Britannique. Un spectrophotomètre évalue la concentration molaire volumique de chlorophylle dans les eaux de surface et traduit les données en différentes couleurs artificielles. Les zones en vert, rouge ou blanc dans la photo (c'est-à-dire en couleurs artificielles contrastées) sont les plus riches en chlorophylle, et par conséquent en phytoplancton. Notez la prolifération du phytoplancton au large de la côte ouest de l'île de Vancouver. La seconde grande prolifération, dans le détroit, entre l'île et le continent, est due à un profil de diffusion des nutriments provenant du fleuve Fraser.

FIGURE 54.8 Eutrophisation expérimentale d'un lac. Les deux bassins de ce lac ont été séparés par un écran de plastique. Celui de gauche a été fertilisé avec des sources inorganiques de carbone, d'azote et de phosphore. Celui de droite a été traité avec du carbone et de l'azote seulement. Deux mois plus tard, le bassin de gauche était recouvert d'un tapis de Cyanobactéries, qui apparaissent en blanc sur la photographie. Le bassin de droite, lui, est resté intact. Le phosphore était donc le nutriment limitant. Son ajout a provoqué une explosion démographique chez les Cyanobactéries.

ruissellement des engrais provenant des fermes et des jardins ajoutent des nutriments aux lacs. Dans de nombreux lacs, des communautés de phytoplancton où régnaient Diatomées (Bacillariophycées) et Algues vertes (Chlorophycées) finissent par être dominées par les Cyanobactéries. Ce processus, appelé **eutrophisation,** a généralement des conséquences indésirables pour les Humains, notamment la perte possible de poissons dans les lacs (voir la FIGURE 50.19b). Pour maîtriser l'eutrophisation, il importe de savoir quel nutriment polluant permet la prolifération des cyanobactéries. Contrairement à ce qui se passe dans les écosystèmes marins, l'azote est rarement le nutriment qui limite la productivité primaire dans les lacs. Dans les années 1970, David Schindler a mené une série d'expériences sur des lacs entiers. Il a mis en évidence le fait que le phosphore est le nutriment limitant responsable des proliférations de cyanobactéries (FIGURE 54.8). Les résultats de sa recherche ont conduit à l'utilisation de détergents sans phosphate et à des changements de normes quant à la qualité de l'eau.

Dans les écosystèmes terrestres, la température, l'humidité et les nutriments limitent la productivité primaire

De toute évidence, la disponibilité de l'eau varie plus parmi les écosystèmes terrestres que parmi les écosystèmes aquatiques. Mais c'est également le cas de la température. Sur un grand territoire, la température et l'humidité sont les facteurs qui déterminent la productivité primaire des écosystèmes. Notez encore une fois dans la FIGURE 54.3b que les forêts tropicales humides sont les écosystèmes terrestres les plus productifs, en raison de leurs conditions de chaleur et d'humidité, qui sont favorables à la croissance des Végétaux.

À l'échelle locale, dans les écosystèmes terrestres, les nutriments minéraux du sol peuvent jouer un rôle important dans la limitation de la productivité primaire. Parfois, les nutriments du sol sont puisés plus rapidement qu'ils ne sont remplacés. Dans certains cas, l'insuffisance d'un nutriment peut ralentir ou arrêter la croissance d'une plante. Il est peu probable que tous les nutriments arrivent à épuisement en même temps. Si un nutriment limitant détermine la productivité, l'ajout dans le sol d'un nutriment non limitant ne la fera pas augmenter. Par exemple, si l'azote est limitant, l'ajout de phosphore, même s'il est lui aussi en quantité insuffisante, n'aura aucun effet sur la productivité. Mais l'ajout d'azote stimulera la croissance végétale, jusqu'à ce qu'un autre nutriment, disons le phosphore, devienne limitant. En fait, la plupart du temps, l'azote ou le phosphore sont les éléments nutritifs du sol qui limitent la productivité des écosystèmes terrestres (FIGURE 54.9).

Les études scientifiques qui associent les nutriments à la productivité ont des applications pratiques en agriculture. En effet, les fermiers accroissent les rendements de leurs cultures en utilisant des engrais dont la proportion de nutriments est adaptée au sol de leurs terres et au type de cultures.

LA PRODUCTIVITÉ SECONDAIRE DANS LES ÉCOSYSTÈMES

On appelle **productivité secondaire** l'augmentation, par conversion de l'énergie chimique de la nourriture, de la biomasse des consommateurs d'un écosystème. Considérons le transfert de matière organique des producteurs aux herbivores, qui sont les consommateurs primaires. Dans la plupart des écosystèmes, les herbivores mangent seulement une petite fraction de la matière végétale. De plus, ils ne digèrent pas toutes les composantes des plantes qu'ils ingèrent. Par conséquent, les consommateurs n'utilisent qu'une petite partie de la matière organique fabriquée par les autotrophes. Examinons de plus près ce processus de transfert de matière et d'énergie.

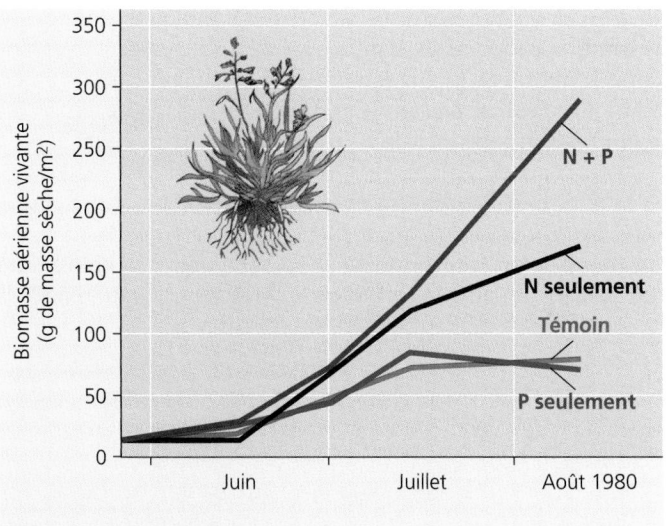

FIGURE 54.9 Ajout expérimental de nutriments dans un marais salant de la baie d'Hudson. Notez que la productivité primaire des parcelles d'expérimentation qui ne reçoivent que du phosphore (P) ne dépasse pas ou à peine celle des parcelles témoins non fertilisées. Par contre, la productivité primaire augmente quand on ajoute de l'azote (N). L'azote est le nutriment limitant, du moins jusque vers la fin de l'été. À ce moment-là, le phosphore peut devenir limitant.(Qu'est-ce qui permet cette déduction ?)

Le rendement des transferts d'énergie entre les niveaux trophiques est généralement inférieur à 20 %

Rendement (ou efficience) au niveau des consommateurs primaires

En guise de point de départ pour notre étude de la productivité secondaire, examinons la façon dont les consommateurs primaires utilisent l'énergie. La FIGURE 54.10 présente un diagramme simplifié de la répartition de l'énergie qu'une chenille tire de sa nourriture. Une chenille se nourrit de feuilles et ne consomme donc pas les autres parties des plantes, c'est-à-dire qu'elle n'utilise pas la totalité de la matière organique végétale. Dans ce cas, nous pouvons calculer le *rendement d'exploitation* en faisant le rapport entre l'énergie ingérée et la productivité primaire nette de la proie. Toute l'énergie ingérée n'est pas assimilée, car une partie transite par le tube digestif pour finalement se retrouver dans les fèces (ou excréments). Nous pouvons ici considérer le *rendement d'assimilation* en faisant le rapport entre l'énergie assimilée et l'énergie ingérée. Ainsi, une chenille qui consomme des feuilles ayant une valeur énergétique de 200 J consacre seulement 33 J (un sixième) à sa croissance. Elle élimine le reste sous forme de fèces et de déchets azotés (urine) ou l'utilise pour la respiration cellulaire. Les écosystèmes ne perdent pas l'énergie contenue dans les excréments, car ces derniers sont consommés par les détritivores. Mais, l'énergie qui sert à la respiration cellulaire, elle, est perdue sous forme de chaleur. L'énergie arrive dans un écosystème sous forme de rayonnement solaire et en ressort par perte de chaleur due à la respiration cellulaire. C'est la raison pour laquelle on dit que l'énergie circule à travers un écosystème et qu'elle n'est pas recyclée. Seule l'énergie chimique

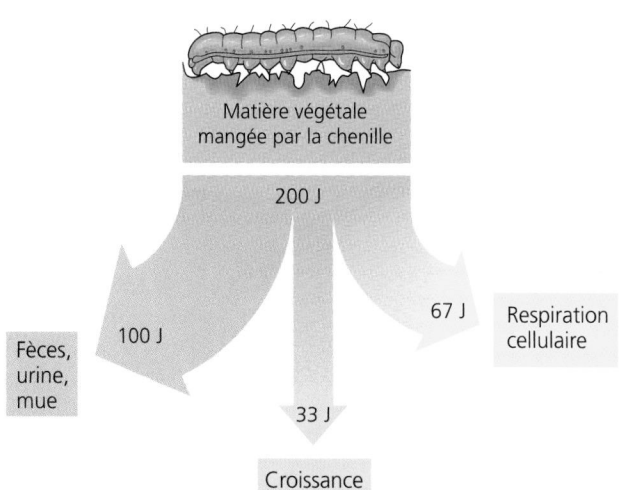

FIGURE 54.10 Répartition de l'énergie dans un niveau de chaîne trophique. Moins de 17 % de la nourriture d'une chenille est réellement convertie en biomasse.

que les herbivores emmagasinent sous forme de tissus (ou de descendants) peut servir de nourriture aux consommateurs secondaires. Les paysages verdoyants en raison de l'abondance de matière végétale indiquent que la majeure partie de la productivité primaire nette n'est pas convertie à court terme en productivité secondaire.

Si l'on considère les Animaux comme des transformateurs d'énergie, on peut se poser des questions sur leurs efficacités relatives. Voici l'équation du rendement au niveau des consommateurs primaires que nous allons utiliser :

$$\text{Rendement au niveau des consommateurs primaires} = \frac{\text{Productivité secondaire nette} \times 100\,\%}{\text{Assimilation de la productivité primaire nette}}$$

La productivité secondaire nette est l'énergie (ou la matière organique) emmagasinée dans la biomasse, qui est représentée par la croissance et la reproduction. L'assimilation comprend l'énergie totale absorbée et utilisée pour la croissance, la reproduction et la respiration cellulaire. En d'autres mots, le **rendement au niveau des consommateurs primaires** est la fraction de l'énergie tirée de la nourriture qui n'est *pas* utilisée pour la respiration cellulaire et qui n'est pas éliminée dans l'urine, les fèces ou lors de la mue. Pour la chenille de la FIGURE 54.10, le rendement est de 33 % ; 67 des 100 J assimilés sont utilisés pour la respiration cellulaire. Les Oiseaux et les Mammifères ont un faible rendement qui varie de 1 % à 3 %, car ils utilisent beaucoup d'énergie pour maintenir leur température corporelle à un niveau élevé. Les Poissons, qui sont ectothermes (voir le chapitre 40), ont un rendement d'environ 10 %. Les Insectes sont encore plus efficaces : leur rendement, comme consommateurs primaires, s'élève en moyenne à 40 %. Dans ce paragraphe, nous avons exposé divers rendements concernant les consommateurs primaires. Sachez que l'on peut utiliser les différents calculs pour les autres niveaux de consommateurs.

Rendement (ou efficience) et pyramides écologiques

Après avoir examiné les rendements à l'échelle des consommateurs primaires, étudions le flux de l'énergie dans l'ensemble des niveaux trophiques.

Le **rendement (ou efficience) écologique** est le rapport (exprimé en pourcentage) entre la productivité nette d'un niveau trophique et la productivité nette du niveau inférieur. Ce rendement est toujours inférieur au rendement de la consommation primaire, parce qu'il tient compte non seulement de l'énergie perdue par la respiration cellulaire et dans les matériaux des fèces, de l'urine et des mues, mais aussi de l'énergie qui se trouve dans la matière organique d'un niveau trophique inférieur et qui n'est pas consommée par le niveau trophique supérieur. Il tient donc compte du rendement d'exploitation. Le rendement écologique varie habituellement de 5 % à 20 %, selon le type d'écosystème. Autrement dit, 80 % à 95 % de l'énergie disponible à un niveau trophique ne se rendent jamais au niveau supérieur. Cette perte s'accroît tout au long de la chaîne alimentaire. Ainsi, si 10 % de l'énergie des producteurs vont aux consommateurs primaires et que 10 % de ces 10 % vont aux consommateurs secondaires, alors cela signifie que ces derniers ne peuvent utiliser que 1 % de la productivité primaire nette.

Pyramides de productivité nette. On peut représenter ces pertes successives au moyen d'un diagramme appelé **pyramide de productivité nette,** où les niveaux trophiques prennent la forme de blocs empilés, la base représentant les producteurs. La taille de chaque bloc est proportionnelle à la productivité nette du niveau trophique correspondant (FIGURE 54.11).

Pyramides des biomasses. Le faible rendement de chaque niveau trophique a une conséquence écologique importante que l'on peut représenter à l'aide d'une **pyramide des biomasses.** Dans ce diagramme, la taille de chaque bloc est proportionnelle à la biomasse mesurable (masse sèche totale des organismes) du niveau trophique correspondant à un moment donné. En général, la pyramide des biomasses se rétrécit considérablement entre les producteurs de la base et les carnivores du sommet, étant donné l'inefficacité des transferts d'énergie entre les niveaux trophiques (FIGURE 54.12a). Cependant, certains écosystèmes aquatiques ont une pyramide des biomasses inversée, la biomasse des consommateurs primaires étant supérieure à celle des producteurs. Dans la Manche, par exemple, la biomasse du zooplancton (consommateurs) est cinq fois plus grande que celle du phytoplancton (producteurs) (FIGURE 54.12b). En effet,

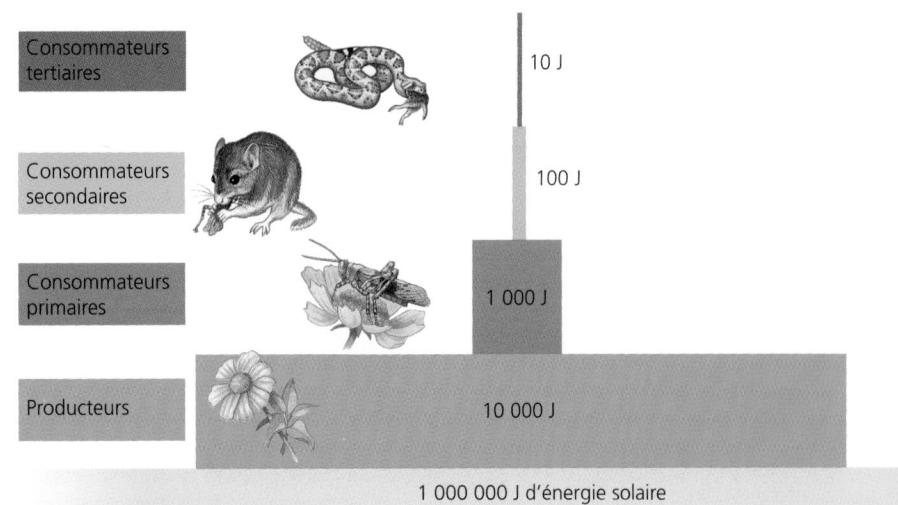

Consommateurs tertiaires — 10 J
Consommateurs secondaires — 100 J
Consommateurs primaires — 1 000 J
Producteurs — 10 000 J

1 000 000 J d'énergie solaire

FIGURE 54.11 Pyramide théorique de productivité nette. Dans cet exemple d'écosystème, 10 % de l'énergie disponible à chaque niveau trophique sont convertis en nouvelle biomasse au niveau suivant. Notez que les producteurs convertissent 1 % seulement de l'énergie solaire qui leur parvient.

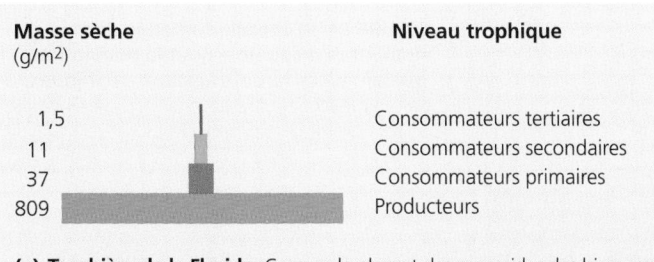

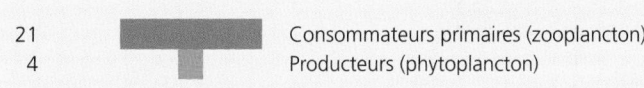

(a) Tourbière de la Floride. Comme la plupart des pyramides des biomasses, celle d'une tourbière située à Silver Springs, en Floride, présente une diminution marquée de la biomasse à chaque niveau trophique.

(b) La Manche. Dans certains écosystèmes aquatiques, notamment dans la Manche, une petite biomasse mesurable de producteurs (phytoplancton) sert de nourriture à une grande biomasse mesurable de consommateurs primaires (zooplancton). Cela s'explique par le fait que le phytoplancton a un temps de renouvellement rapide : il se reproduit et est consommé aussitôt.

FIGURE 54.12 Pyramides des biomasses mesurables.
Les nombres indiquent la masse sèche (g/m²) totale des organismes d'un niveau trophique.

le zooplancton consomme le phytoplancton si rapidement que ce dernier n'est jamais abondant, ne constitue pas de biomasse mesurable. Le phytoplancton croît, se reproduit et est consommé rapidement. Il a un **temps de renouvellement** rapide, ce qui signifie qu'il a une petite biomasse mesurable par rapport à sa productivité primaire nette :

$$\text{Temps de renouvellement} = \frac{\text{Biomasse mesurable (mg/m}^3)}{\text{Productivité primaire nette}}$$
$$\text{(mg/m}^3/\text{jour)}$$

Comme le temps de renouvellement de sa biomasse est rapide, le phytoplancton sert de nourriture à une biomasse de zooplancton plus grosse que la sienne. Néanmoins, la pyramide de *productivité nette* de l'écosystème reste à l'endroit, comme celle de la FIGURE 54.11, car la productivité nette du phytoplancton dépasse celle du zooplancton.

Pyramides des nombres. La perte successive d'énergie dans les chaînes alimentaires limite beaucoup la biomasse totale des carnivores du sommet qui vivent dans un écosystème. Un millième seulement de l'énergie chimique fixée par photosynthèse parvient à un consommateur tertiaire comme le Faucon, le Serpent ou le Requin (voir la FIGURE 54.11). C'est pourquoi les réseaux alimentaires comprennent rarement plus de quatre ou cinq niveaux trophiques (voir le chapitre 53).

Étant donné que les prédateurs sont généralement plus gros que la proie qu'ils dévorent, les prédateurs clés (superprédateurs) ont en général une grande taille. Par conséquent, la faible biomasse du sommet d'une pyramide écologique se trouve répartie entre un petit nombre d'individus. Ce phénomène ressort clairement dans une **pyramide des nombres,** diagramme où la taille de chaque bloc est proportionnelle au nombre d'organismes occupant le niveau trophique correspondant (FIGURE 54.13).

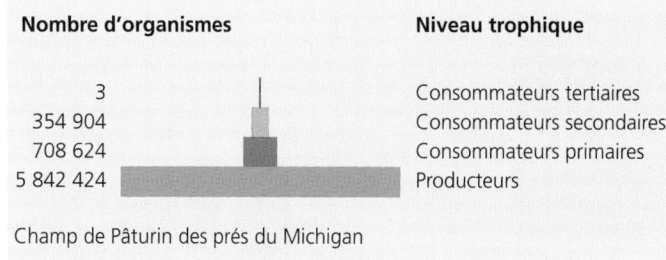

Champ de Pâturin des prés du Michigan

FIGURE 54.13 Pyramide des nombres. Cette pyramide des nombres représente un champ de Pâturin des prés (*Poa pratensis*) du Michigan. Trois supercarnivores seulement peuvent vivre dans cet écosystème qui repose sur la productivité de près de six millions de plantes.

Les populations de superprédateurs, au sommet, sont généralement très petites, et les individus sont dispersés dans leur habitat. De nombreux prédateurs peuvent donc facilement disparaître et sont aussi très vulnérables aux conséquences d'une microévolution liées à une faible taille de population, comme nous l'avons expliqué au chapitre 23 à propos de la dérive génétique.

La dynamique du flux de l'énergie dans les écosystèmes s'applique aussi à la population humaine. La consommation de viande représente un moyen relativement inefficace d'exploiter la productivité primaire nette. Un Humain obtient beaucoup plus d'énergie en mangeant des céréales (en tant que consommateur primaire) qu'en faisant passer la même quantité de céréales par un autre niveau trophique, en la donnant à manger à un herbivore (bœuf, poulet, porc, agneau, poissons d'élevage) pour ensuite se nourrir de sa viande. L'agriculture pourrait fournir de la nourriture à bien plus de monde si nous étions tous végétariens et nous nourrissions plus efficacement, en tant que consommateurs primaires (FIGURE 54.14, p. 1320).

Les herbivores consomment un petit pourcentage de la végétation : hypothèse d'un monde vert

Comment expliquer le fait que la plupart des écosystèmes terrestres sont si verts et font étalage de grandes biomasses mesurables de végétation, alors qu'une multitude de consommateurs primaires (herbivores) dévorent des plantes ? Selon l'**hypothèse d'un monde vert,** les herbivores consomment une biomasse de plantes relativement faible, parce qu'une variété de facteurs, notamment les prédateurs, les parasites et la maladie, stabilisent leurs populations.

Examinons quelques chiffres qui rendent compte d'un monde vert. Environ 83×10^{10} tonnes de carbone sont emmagasinées dans la biomasse végétale des écosystèmes terrestres. De plus, le rendement global de la productivité primaire nette terrestre est d'environ 5×10^{10} tonnes de biomasse végétale par an. (En substituant des mètres carrés aux mètres cubes de l'équation de la colonne de gauche, vous pouvez calculer le temps de renouvellement de la végétation sur la Terre.) À l'échelle planétaire, les herbivores consomment moins de 17 % de la matière organique synthétisée par les Végétaux chaque année. Par conséquent, les herbivores ne sont en général qu'une nuisance marginale pour les Végétaux. Mais nous savons que

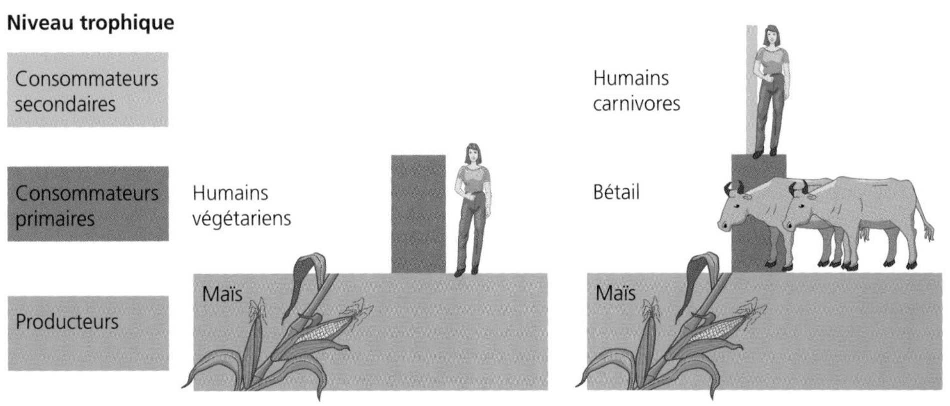

Niveau trophique

Consommateurs secondaires

Consommateurs primaires

Producteurs

Humains végétariens

Maïs

Humains carnivores

Bétail

Maïs

FIGURE 54.14 Énergie contenue dans la nourriture disponible pour la population humaine à différents niveaux trophiques. Le régime alimentaire de la plupart des Humains se situe entre ces deux extrêmes.

certains herbivores peuvent dépouiller complètement un endroit de sa végétation en peu de temps. Par exemple, les populations de Noctuelles (*Bombyx sp.*) peuvent, lorsqu'elles connaissent une explosion démographique, défolier des zones forestières dans le nord-est des États-Unis. Ces exceptions ne font qu'attiser notre curiosité et nous poussent à chercher à savoir pourquoi la Terre est si verte.

L'hypothèse d'un monde vert énumère plusieurs facteurs qui stabiliseraient les populations d'herbivores :

- *Les Végétaux possèdent des moyens de défense contre les herbivores.* Parmi ces moyens, on trouve des substances chimiques nocives, dont nous avons parlé au chapitre 39.

- *Ce sont les nutriments, et non l'apport énergétique, qui limitent habituellement les herbivores.* Les Animaux ont besoin de certains nutriments essentiels, notamment l'azote organique (protéines), que les Végétaux fournissent souvent en quantités relativement petites. Même dans un monde où abonde l'énergie verte, la croissance et la reproduction de nombreux herbivores sont limitées par la disponibilité des nutriments essentiels, et non par l'énergie (voir le chapitre 41).

- *Des facteurs abiotiques limitent les herbivores.* Des variations de température et d'humidité saisonnières défavorables sont des exemples de facteurs abiotiques qui peuvent fixer une capacité limite faisant en sorte que les herbivores n'atteignent pas le nombre d'individus qui pourrait épuiser la végétation.

- *La compétition intraspécifique peut limiter le nombre d'herbivores.* Le comportement territorial et les autres conséquences de la compétition peuvent maintenir la densité des populations d'herbivores à des niveaux inférieurs à la capacité d'approvisionnement de la végétation.

- *Les relations interspécifiques limitent la densité d'herbivores.* L'hypothèse d'un monde vert postule que les prédateurs, les parasites et la maladie sont les principaux facteurs qui limitent la croissance des populations d'herbivores. C'est une application du modèle descendant concernant la structure des communautés (chapitre 53).

La relation des herbivores avec les Plantes fait ressortir l'importance de la structure trophique dans la dynamique d'un écosystème. Après avoir décrit le flux de l'énergie, nous allons porter notre attention sur le recyclage des nutriments dans les écosystèmes.

LE RECYCLAGE DES ÉLÉMENTS CHIMIQUES DANS LES ÉCOSYSTÈMES

Si l'énergie solaire est inépuisable (du moins jusqu'à la mort du Soleil dans plusieurs milliards d'années), les réserves d'éléments chimiques sont limitées, car les météorites qui tombent occasionnellement sur la Terre représentent les seules sources extraterrestres de matière. Par conséquent, la vie sur la Terre repose sur le recyclage des éléments chimiques essentiels. Presque toutes les réserves de substances chimiques d'un organisme, même vivant, sont renouvelées continuellement par l'absorption de nutriments et le rejet de déchets. Puis, quand l'organisme meurt, les détritivores dégradent ses molécules complexes et renvoient des composés simples dans l'atmosphère, l'eau ou le sol. La décomposition reconstitue les réserves de nutriments inorganiques que les Plantes et les autres autotrophes utilisent pour fabriquer de la nouvelle matière organique. Comme les cycles des nutriments font intervenir des composantes biotiques et abiotiques des écosystèmes, on les appelle aussi **cycles biogéochimiques.**

Des processus biologiques et géologiques font circuler les nutriments entre des réservoirs organiques et inorganiques

Le déroulement des cycles biogéochimiques varie selon l'élément transporté et selon la structure trophique des écosystèmes. Cependant, on peut classer les cycles biogéochimiques en deux catégories. D'une part, le carbone, l'oxygène, le soufre et l'azote circulent dans l'atmosphère à l'état gazeux ; leur cycle se réalise à l'échelle mondiale. Ainsi, une partie des atomes de carbone et d'oxygène qu'une plante retire de l'air sous forme de dioxyde de carbone peut avoir été libérée dans l'atmosphère par la respiration d'une autre plante ou d'un animal vivant loin de cette plante. D'autre part, certains autres éléments comme le phosphore, le potassium et le calcium et les éléments traces ont une mobilité réduite ; leurs cycles sont localisés, au moins à court terme. Ces éléments se trouvent surtout dans le sol ; les détritivores les y renvoient non loin de l'endroit où les racines des plantes les ont absorbés.

Modèle général du recyclage chimique

Avant d'étudier quelques cycles en détail, penchons-nous sur un modèle général du recyclage des nutriments qui montre les principaux réservoirs ou compartiments de nutriments, de même que les processus de transfert entre les réservoirs (FIGURE 54.15). Il existe quatre réservoirs de nutriments qui se distinguent par deux caractéristiques : leur contenu (matière organique ou inorganique) et la disponibilité de celui-ci pour les organismes. Un premier réservoir de matière organique contient les organismes eux-mêmes et les détritus. Il s'agit des nutriments disponibles pour les organismes qui consomment d'autres organismes et pour les détritivores qui consomment la matière organique inerte des détritus. Un second réservoir de matière organique comprend les organismes « fossilisés » (charbon, pétrole et tourbe), dont les nutriments ne sont pas directement disponibles. Cette matière est passée du réservoir organique vivant au réservoir organique fossilisé il y a des millions d'années, quand les organismes ont été ensevelis sous des couches de sédiments, avant de devenir charbon, pétrole ou tourbe.

On trouve également les nutriments dans deux réservoirs de matière inorganique. Dans l'un, ils sont disponibles pour les organismes, dans l'autre, ils ne le sont pas. Le premier réservoir de matière inorganique se compose des éléments et des composés qui sont dissous dans l'eau et présents dans le sol et l'air. Les organismes assimilent cette matière directement. Ils la renvoient peu de temps après dans son réservoir par la respiration, l'élimination (fèces et urine) et la décomposition, des processus qui sont assez rapides. Le second réservoir de matière inorganique contient les éléments qui sont retenus dans la roche. Bien que les organismes ne puissent pas les utiliser directement, les nutriments sont lentement mis à leur disposition par l'altération et l'érosion. De même, la matière organique captive passe dans le réservoir contenant la matière inorganique disponible par l'érosion et l'utilisation de combustibles fossiles ; ce dernier réservoir produit des gaz qui s'échappent dans l'atmosphère.

Il est beaucoup plus simple de décrire les cycles biogéochimiques en théorie que de suivre le parcours des éléments sur le terrain. Les écosystèmes non seulement sont formidablement complexes, mais échangent entre eux une partie de leur matière. Par exemple, un étang a des limites nettes, mais plusieurs processus lui ajoutent ou lui soustraient des nutriments clés. Il reçoit ainsi des minéraux dissous dans les eaux de pluie ou de ruissellement et des nutriments contenus dans le pollen et les feuilles mortes et dans d'autres matières en suspension dans l'air. De plus, le carbone, l'oxygène et l'azote circulent entre l'étang et l'atmosphère. Les Oiseaux se nourrissent de poissons ou de larves aquatiques d'insectes qui ont tiré leurs nutriments de l'étang ; ils éliminent une partie des nutriments sur la terre ferme, loin de l'étang. Il est encore plus difficile d'étudier les entrées et les sorties des éléments dans les écosystèmes terrestres moins bien délimités. Néanmoins, les écologistes ont réussi à le faire dans quelques écosystèmes à l'aide de traceurs radioactifs permettant de suivre des éléments chimiques à travers les composantes biotiques et abiotiques des écosystèmes.

Un cycle important, celui de l'eau, ne se conforme pas très bien au schéma général de la FIGURE 54.15. En effet, l'eau entre en grande partie dans la composition des organismes, mais au cours du cycle, une très petite partie subit des modifications chimiques sous l'effet de composantes biotiques ou abiotiques. L'eau scindée en hydrogène et en oxygène durant la photosynthèse constitue la principale exception. Mais seule une fraction minime de la quantité totale d'eau qui passe dans une plante ou un autre organisme subit cette transformation. Le cycle de l'eau est davantage un processus physique que chimique. Il implique surtout des changements entre les états liquide et gazeux ainsi que le transport d'eau liquide et de vapeur d'eau (FIGURE 54.16, p. 1322). Comparez le cycle de l'eau de la FIGURE 54.16 avec le cycle du carbone (FIGURE 54.17, p. 1322), qui se conforme beaucoup mieux au schéma général des cycles biogéochimiques. Examinons de plus près trois cycles biogéochimiques spécifiques : le cycle du carbone, le cycle de l'azote et le cycle du phosphore.

Cycle du carbone

Dans le cycle du carbone de la FIGURE 54.17, les processus réciproques de la photosynthèse et de la respiration cellulaire font le lien entre l'atmosphère et les écosystèmes. Les producteurs (Végétaux, Algues et autres Protistes photosynthétiques, Cyanobactéries) absorbent le dioxyde de carbone de l'atmosphère et l'incorporent à la matière organique de leur propre biomasse. Une partie de cette matière organique devient une source de carbone pour les hétérotrophes (consommateurs). La respiration des autotrophes et des hétérotrophes renvoie finalement le dioxyde de carbone dans l'atmosphère.

Bien que la concentration de dioxyde de carbone dans l'atmosphère soit relativement faible (0,036 % environ), les producteurs en consomment beaucoup. Le carbone est recyclé rapidement, surtout en milieu terrestre. Chaque année, les Végétaux retirent environ un septième du dioxyde de carbone de l'atmosphère et en renvoient presque autant par leur

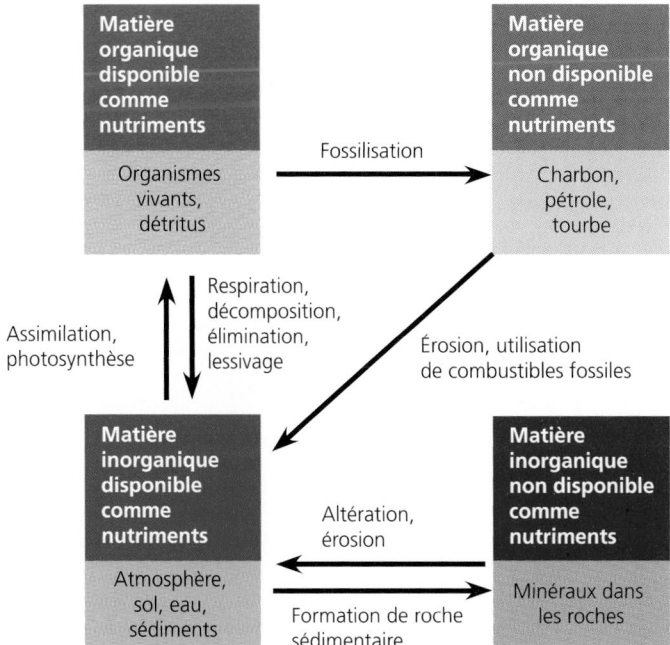

FIGURE 54.15 Modèle général du recyclage des nutriments. Les processus biologiques et géologiques qui déplacent les nutriments d'un réservoir à l'autre sont indiqués près des flèches.

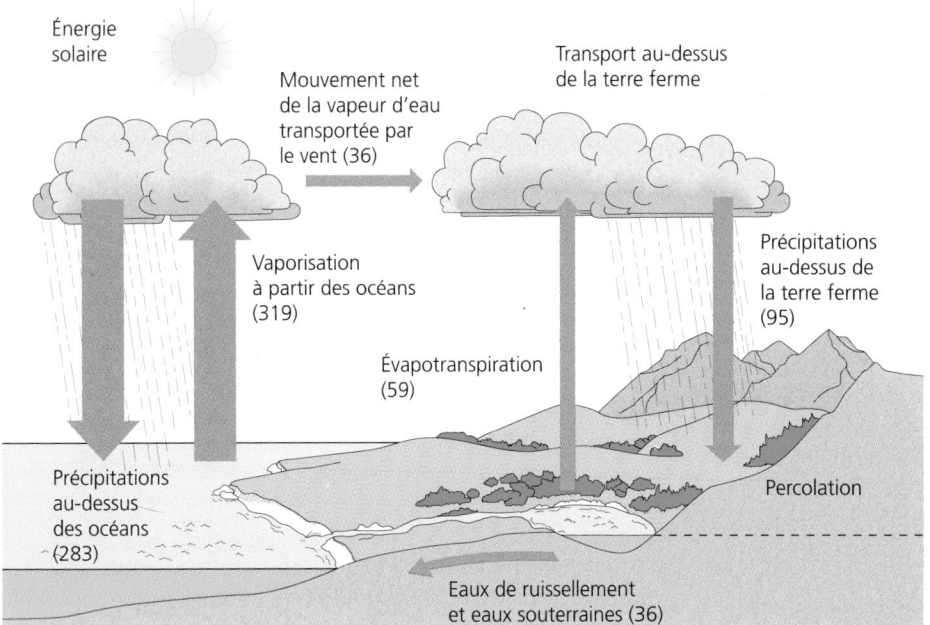

FIGURE 54.16 Cycle de l'eau. À l'échelle mondiale, il se vaporise plus d'eau au-dessus des océans qu'il n'y tombe d'eau sous forme de précipitations. Les vents poussent la vapeur d'eau vers la terre ferme. Là, la différence entre les précipitations et la vaporisation alimente les réseaux hydrographiques superficiels et souterrains. Ces réseaux arrivent dans les océans, et le cycle recommence. La vapeur d'eau provient surtout de la vaporisation au-dessus des océans. Mais au-dessus de la terre ferme, la transpiration des Végétaux, appelée évapotranspiration lorsqu'elle est combinée à d'autres types de vaporisation, est responsable d'au moins 90 % de la vaporisation. Les nombres qui apparaissent dans l'illustration expriment les quantités d'eau en exagrammes (10^{18} g) par année.

respiration. Une certaine partie du carbone reste hors du cycle pendant de longues périodes, notamment celle qui est incorporée au bois et à d'autres matières organiques durables. Elle retourne dans l'atmosphère sous la forme de dioxyde de carbone lors de la décomposition, de la combustion et du volcanisme. Certains processus maintiennent le carbone hors du cycle pendant des millions d'années. Dans certains milieux, en effet, la litière organique s'accumule beaucoup plus rapidement que les décomposeurs ne la dégradent. Là où les conditions sont propices, elle forme des gisements de charbon et de pétrole (combustibles fossiles) qui constituent le réservoir de matière organique non disponible.

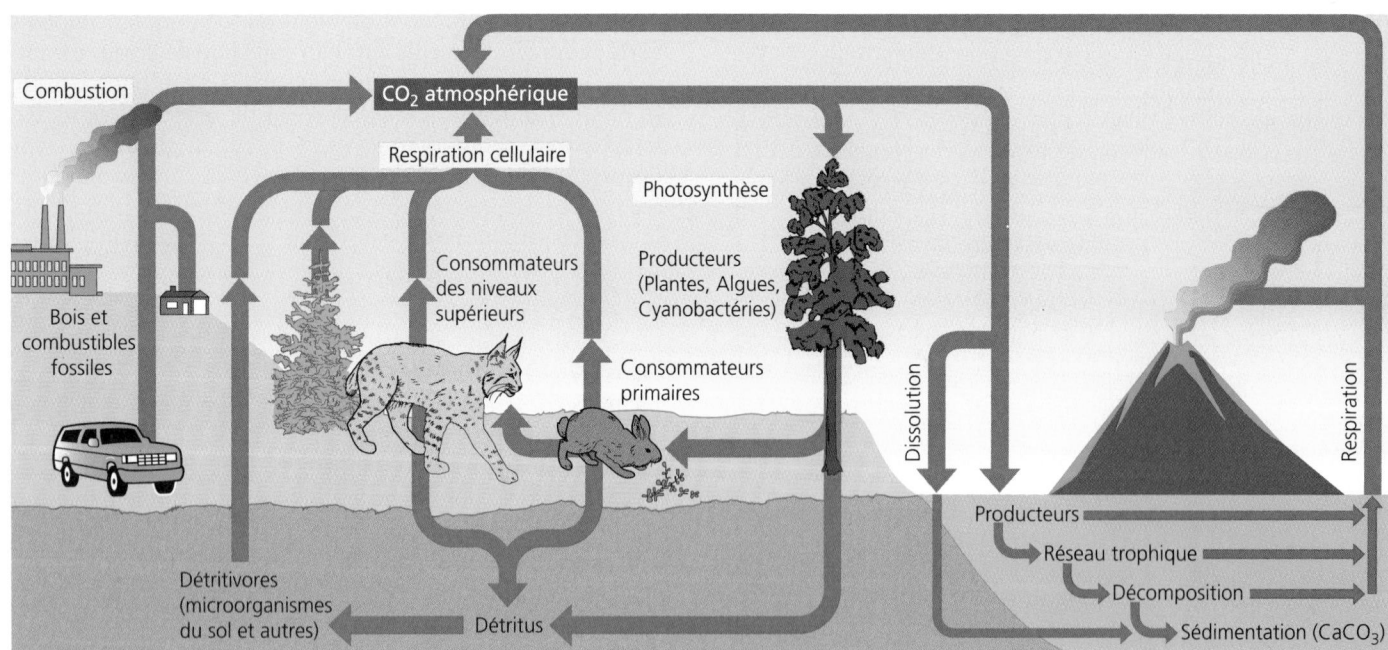

FIGURE 54.17 Cycle du carbone. Les processus réciproques de la photosynthèse et de la respiration cellulaire sont à l'origine des transformations et de la circulation du carbone. Dans l'hémisphère Nord, des variations de l'activité photosynthétique au cours de l'hiver causent une augmentation saisonnière de la concentration atmosphérique de dioxyde de carbone. À l'échelle mondiale, la quantité de dioxyde de carbone renvoyée dans l'atmosphère par la respiration est presque égale à la quantité prélevée par la photosynthèse. Néanmoins, la concentration de dioxyde de carbone augmente constamment, à cause de la combustion du bois et de l'utilisation de combustibles fossiles.

La concentration atmosphérique de dioxyde de carbone varie légèrement au cours de l'année. Dans l'hémisphère Nord, elle atteint son plus bas niveau pendant l'été et son plus haut niveau pendant l'hiver. En effet, l'hémisphère Nord comprend plus de terres émergées et, par le fait même, plus de végétation que l'hémisphère Sud. Or, l'activité photosynthétique atteint son point culminant pendant l'été. C'est pourquoi la concentration atmosphérique de dioxyde de carbone diminue alors. Pendant l'hiver, la végétation rejette plus de dioxyde de carbone qu'elle n'en utilise pour la photosynthèse. C'est pourquoi la concentration du gaz augmente alors dans l'atmosphère.

À cette fluctuation saisonnière se superpose une augmentation continue de la concentration de dioxyde de carbone due à l'utilisation des combustibles fossiles (voir la FIGURE 54.26). À l'échelle des temps géologiques, il s'agit du retour, dans l'atmosphère, du dioxyde de carbone qui en fut retiré par photosynthèse il y a des millions d'années. Aujourd'hui, l'Humain perturbe le cycle du carbone. Nous verrons plus loin les conséquences possibles de son action.

Dans les milieux aquatiques, où il y a aussi respiration cellulaire et photosynthèse, le recyclage du carbone se complique du fait que le dioxyde de carbone interagit avec l'eau et le calcaire. En effet, le dioxyde de carbone dissous réagit avec l'eau et donne de l'acide carbonique (H_2CO_3). L'acide carbonique réagit à son tour avec le calcaire ($CaCO_3$), qui est abondant dans l'eau, particulièrement dans l'océan (le réservoir océanique contient 60 fois plus de carbone que le réservoir atmosphérique). La réaction donne des ions hydrogénocarbonate et des ions trioxocarbonate :

$$H_2O + CO_2 \rightleftharpoons H_2CO_3$$
$$H_2CO_3 + CaCO_3 \rightleftharpoons Ca(HCO_3)_2 \rightleftharpoons Ca^{2+} + 2\ HCO_3^-$$
$$2\ HCO_3^- \rightleftharpoons 2\ H^+ + 2\ CO_3^{2-}$$

Hydrogéno-   Trioxocarbonate   carbonate

Au fur et à mesure que les organismes aquatiques utilisent le dioxyde de carbone pour la photosynthèse, l'équilibre de la série de réactions penche vers la gauche, et les trioxocarbonates sont reconvertis en dioxyde de carbone. Par conséquent, les trioxocarbonates servent de réservoir de dioxyde de carbone. Les autotrophes aquatiques peuvent aussi utiliser directement les carbonates dissous comme source de carbone. Étant donné les réactions inorganiques du dioxyde de carbone dans l'eau et son absorption par le phytoplancton marin, l'océan joue le rôle de « tampon » : il absorbe une partie du dioxyde de carbone que libèrent dans l'atmosphère les combustibles fossiles qui brûlent. Toutefois, les réactions inorganiques sont lentes par rapport à l'assimilation du carbone par la photosynthèse.

Cycle de l'azote

L'atmosphère terrestre se compose de 78 % d'azote environ, principalement sous la forme N_2 mais aussi et à des degrés divers sous les formes N_2O, NH_3, NH_4^+, NO, NO_2 et NO_3^-. Or, l'azote atmosphérique se trouve surtout à l'état gazeux N_2, que les producteurs, et par conséquent leurs consommateurs, ne peuvent utiliser.

L'azote entre dans les écosystèmes par deux voies naturelles dont l'importance relative varie sensiblement d'un écosystème à l'autre. Les dépôts atmosphériques constituent la première voie. Ils représentent environ 5 % à 10 % de l'azote assimilable qui entre dans la majorité des écosystèmes. Dans ce processus,

NH_4^+ et NO_3^-, les deux formes d'azote assimilable par les producteurs, se déposent sur le sol par dissolution dans les eaux de pluie ou par sédimentation avec de fines poussières ou d'autres particules. Les molécules de NH_4^+ et de NO_3^-, entre autres, sont l'aboutissement de plusieurs réactions chimiques atmosphériques qui utilisent l'énergie des éclairs, des rayons ultraviolets et des rayons infrarouges provenant du sol. Certaines plantes épiphytes, comme les Broméliacées installées sur le couvert des forêts tropicales humides, possèdent des racines aériennes qui peuvent assimiler NH_4^+ et NO_3^- à partir de l'atmosphère humide directement.

La deuxième voie naturelle qui permet à l'azote d'entrer dans les écosystèmes est la **fixation de l'azote,** fonction qu'assument exclusivement certains procaryotes. Ces bactéries transforment le diazote (N_2) en minéraux qui peuvent servir à la synthèse de composés organiques azotés tels que les acides aminés. Elles constituent ainsi des liens essentiels en différents points du cycle de l'azote (FIGURE 54.18, p. 1324). Dans les écosystèmes terrestres, les bactéries libres du sol et les bactéries symbiotiques (*Rhizobium*) vivant dans les nodosités des Légumineuses et de certaines autres familles végétales fixent le diazote (voir le chapitre 37). La Luzerne (*Medicago sativa*), les Trèfles (*Trifolium sp.*), le Pois (*Pisum sativum*), le Soja (*Glycine max*) et les Haricots (*Phaseolus sp.*) sont des exemples de Légumineuses. Quant aux autres plantes qui fixent l'azote en mutualisme avec des Actinobactéries, ce sont notamment les Aulnes (*Alnus sp.*), le Myrique baumier (*Myrica gale*), la Comptonie voyageuse (*Comptonia peregrina*) et les Céanothus (*Ceanothus sp.*), que l'on retrouve toutes en sol québécois. Dans les écosystèmes aquatiques, les Cyanobactéries fixent le diazote (N_2). Certaines d'entre elles le font en relation mutualiste avec quelques plantes. Ainsi, *Anabæna sp.* s'associe à une petite fougère flottante, *Azolla sp.* ; on exploite beaucoup cette association, dans les rizières notamment. Les organismes fixateurs de diazote libèrent l'ammoniac (NH_3) qui n'a pas servi à leurs besoins métaboliques, le mettant ainsi à la disposition des autres organismes.

En plus de ces sources naturelles d'azote assimilable, la production industrielle d'engrais fixe une quantité non négligeable de diazote qui s'élève à 50 millions de tonnes par an environ. Les engrais représentent une partie importante des matières azotées présentes dans les écosystèmes terrestres et aquatiques. Il faut beaucoup d'énergie, sous la forme de combustibles fossiles, pour obtenir le dihydrogène nécessaire à la fixation de l'azote. Ce dihydrogène réagit avec le diazote en présence de cofacteurs métalliques, dans des conditions de température et de pression élevées, pour donner l'ammoniac.

L'ammoniac (NH_3) est le produit issu directement des divers processus de fixation de l'azote. Cependant, la plupart des sols sont au moins légèrement acides. Ainsi, le NH_3 libéré dans le sol capte rapidement un proton (H^+) pour former l'ammonium (NH_4^+), que les Végétaux peuvent assimiler directement. Comme l'ammoniac est un gaz, il peut retourner dans l'atmosphère par vaporisation depuis les sols dont le pH est proche de 7 (comme ceux des terres agricoles de la région de Saint-Hyacinthe, au Québec). Ce NH_3 perdu par les sols peut alors devenir du NH_4^+ dans l'atmosphère. C'est pourquoi les concentrations de NH_4^+ dans les précipitations sont liées au pH des sols dans de grandes régions. Ce recyclage de l'azote par dépôts atmosphériques peut s'avérer important dans les régions agricoles où l'on utilise à grande échelle des engrais et de la chaux (composé basique utilisé pour diminuer l'acidité des sols).

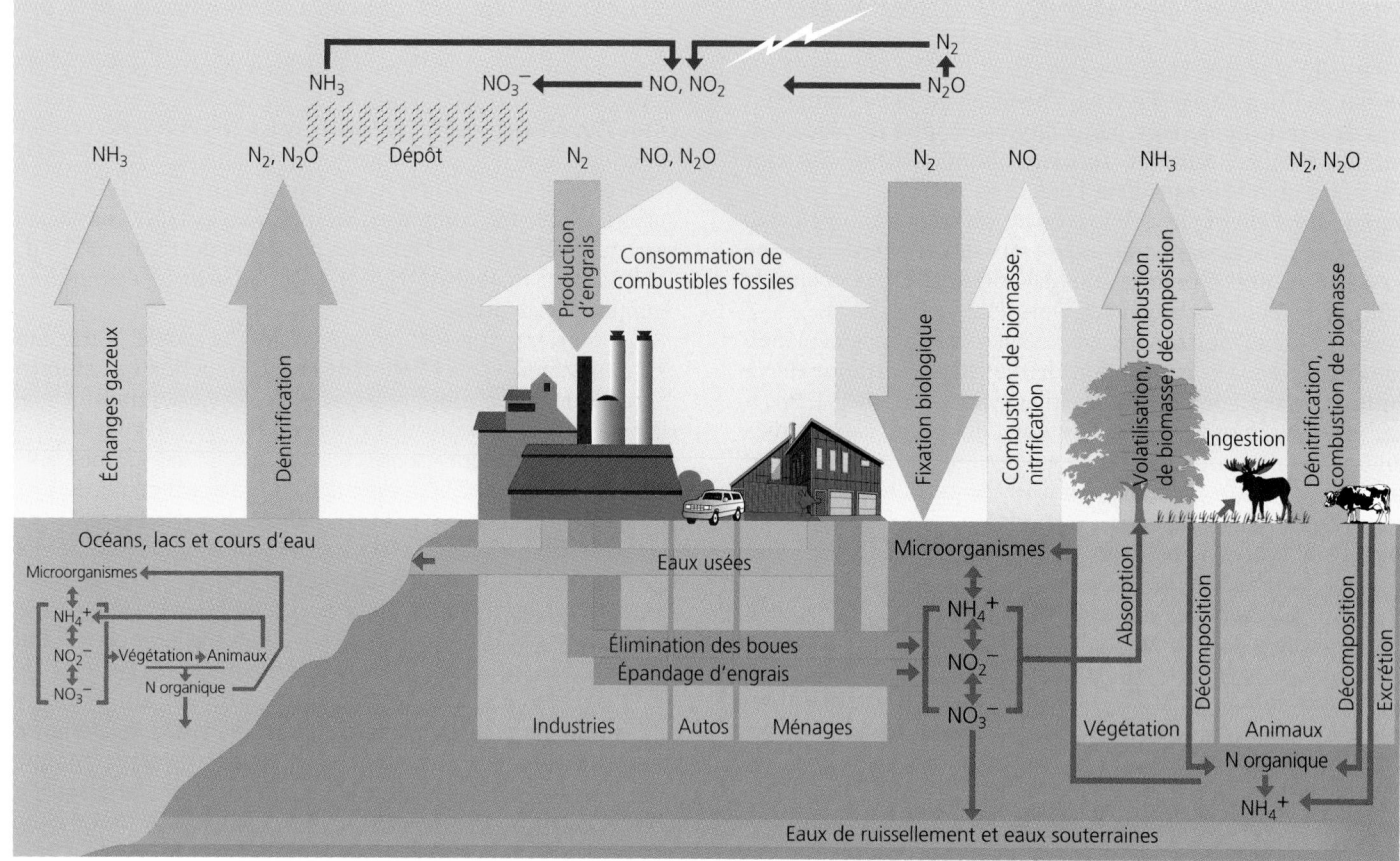

FIGURE 54.18 Cycle de l'azote. La quantité de diazote prélevée dans l'atmosphère par la fixation et renvoyée par la dénitrification est faible par rapport à la quantité d'azote recyclée localement dans le sol et dans l'eau. Dans certains écosystèmes, NH_4^+ et NO_3^- qui se trouvent en solution dans les eaux de pluie ajoutent des matières azotées au sol.

Bien que les Végétaux puissent utiliser l'ammonium directement, la majeure partie de l'ammonium du sol sert de source d'énergie à des bactéries aérobies. Certaines de ces bactéries oxydent l'ammonium en nitrite (NO_2^-), selon la réaction suivante : $2\,NH_4^+ + 3\,O_2 \rightarrow 2\,NO_2^- + 4\,H^+ + 2\,H_2O$. Puis les autres oxydent le nitrite pour donner du nitrate (aussi appelé trioxonitrate, NO_3^-), selon la réaction : $2\,NO_2^- + O_2 \rightarrow 2\,NO_3^-$. Ce processus est la **nitrification.** Les Végétaux assimilent le nitrate libéré par les Bactéries et l'incorporent à des composés organiques comme les acides aminés et les protéines. Les Animaux ne peuvent assimiler que de l'azote organique, en mangeant des plantes ou d'autres animaux. Certaines bactéries extraient du nitrate le dioxygène nécessaire à leur métabolisme, dans des conditions anaérobies. À la suite de ce processus de **dénitrification,** une certaine quantité de nitrate est reconvertie en diazote (N_2) et renvoyée dans l'atmosphère, selon la séquence : $NO_3^- \rightarrow NO_2^- \rightarrow NO \rightarrow N_2O \rightarrow N_2$. De nombreux détritivores bactériens et fongiques décomposent l'azote organique en ammonium (NH_4^+), processus que l'on appelle **ammonification.** Ainsi, de grandes quantités d'azote sont récupérées par le sol.

Globalement, la majeure partie de l'azote recyclé dans les écosystèmes provient des composés azotés contenus dans le sol et dans l'eau, et pas du diazote atmosphérique. Bien que la fixation de ce dernier, depuis un milliard d'années environ, ait fortement contribué au réservoir d'azote assimilable, elle ne fournit qu'une petite partie de l'azote qu'absorbe chaque année la végétation. Néanmoins, de nombreuses espèces végétales communes doivent s'associer à des bactéries fixatrices d'azote pour obtenir ce nutriment essentiel sous une forme assimilable. La quantité de diazote renvoyée dans l'atmosphère par la dénitrification est aussi relativement faible. Ce qu'il faut retenir, c'est que dans la plupart des écosystèmes l'essentiel de l'azote est recyclé localement par la décomposition et la réassimilation, même si les échanges d'azote entre les sols et l'atmosphère sont importants à long terme.

Cycle du phosphore

Les organismes ont besoin de phosphore, constituant important des acides nucléiques, des phosphoglycérolipides et de l'ATP et autres transporteurs d'énergie. Le phosphore entre également, comme minéral, dans la constitution des os et des dents.

À certains égards, le cycle du phosphore est plus simple que les cycles du carbone et de l'azote. En effet, il ne passe pas par l'atmosphère, car peu de gaz contiennent du phosphore. En outre, le phosphore ne se présente que sous une seule forme inorganique importante, les phosphates (aussi appelés tétra-oxophosphates, PO_4^{3-}), composés que les Végétaux absorbent et utilisent pour des synthèses organiques. L'altération des roches enrichit progressivement le sol en phosphates (FIGURE 54.19). Après avoir été incorporé à des molécules biologiques par les producteurs, le phosphore va aux consommateurs sous forme organique. Les Animaux et les détritivores (Bactéries et Eumycètes) le renvoient dans le sol, les premiers en excrétant des phosphates, les seconds en décomposant les détritus.

L'humus et les particules du sol se lient aux phosphates, de telle sorte que le cycle du phosphore est localisé. Toutefois, le phosphore dissous dans l'eau est transporté (lessivage) jusqu'à la nappe phréatique, et passe lentement des écosystèmes terrestres à l'océan. Mais, dans la plupart des écosystèmes, l'altération des roches compense les pertes. Les phosphates qui aboutissent dans l'océan s'accumulent lentement dans les sédiments, et s'incorporent aux roches. Ils retournent dans les écosystèmes terrestres lors de phénomènes géologiques qui soulèvent le fond océanique ou abaissent le niveau de la mer. Le cycle du phosphore a donc deux chronologies bien distinctes. La majeure partie du phosphore circule localement entre le sol, les Végétaux et les consommateurs, dans le temps écologique. Parallèlement, une partie du phosphore quitte et réintègre les milieux terrestres, dans le temps géologique. Il en va de même pour les autres nutriments qui n'ont pas de réservoir atmosphérique.

La FIGURE 54.20, à la page 1326, présente la forme la plus générale des cycles biogéochimiques dans les écosystèmes. Notez de nouveau le rôle clé que jouent les détritivores (décomposeurs).

La vitesse de décomposition détermine dans une large mesure le temps de recyclage des nutriments

La rapidité avec laquelle se fait le recyclage des nutriments dans différents écosystèmes est très variable, en raison surtout des différences entre les vitesses de décomposition. Dans les forêts tropicales humides, la majeure partie de la matière organique se décompose en quelques années, voire en quelques mois. En revanche, dans les forêts tempérées, la décomposition prend en moyenne de quatre à six ans. Dans la toundra, la décomposition peut s'étaler sur 50 ans. Enfin, dans les écosystèmes aquatiques, où la décomposition s'effectue surtout dans les boues de fond anaérobies, cela peut se faire encore plus lentement. La température et la disponibilité de l'eau et du dioxygène (O_2) influent sur la vitesse de la décomposition et, par conséquent, sur la durée des cycles des nutriments. La composition chimique locale du sol et la fréquence des incendies sont aussi au nombre des facteurs qui influent sur le temps de recyclage des nutriments dans les écosystèmes.

Dans certaines parties d'une forêt tropicale humide, des nutriments importants comme le phosphore sont présents dans le sol à des concentrations bien inférieures à celles que l'on retrouve dans une forêt tempérée (décidue ou mixte). À première vue, cela peut sembler paradoxal, les forêts tropicales ayant une très grande productivité. Mais la décomposition rapide dans les régions tropicales, en raison de la chaleur et des précipitations abondantes, apporte la solution à cette énigme apparente.

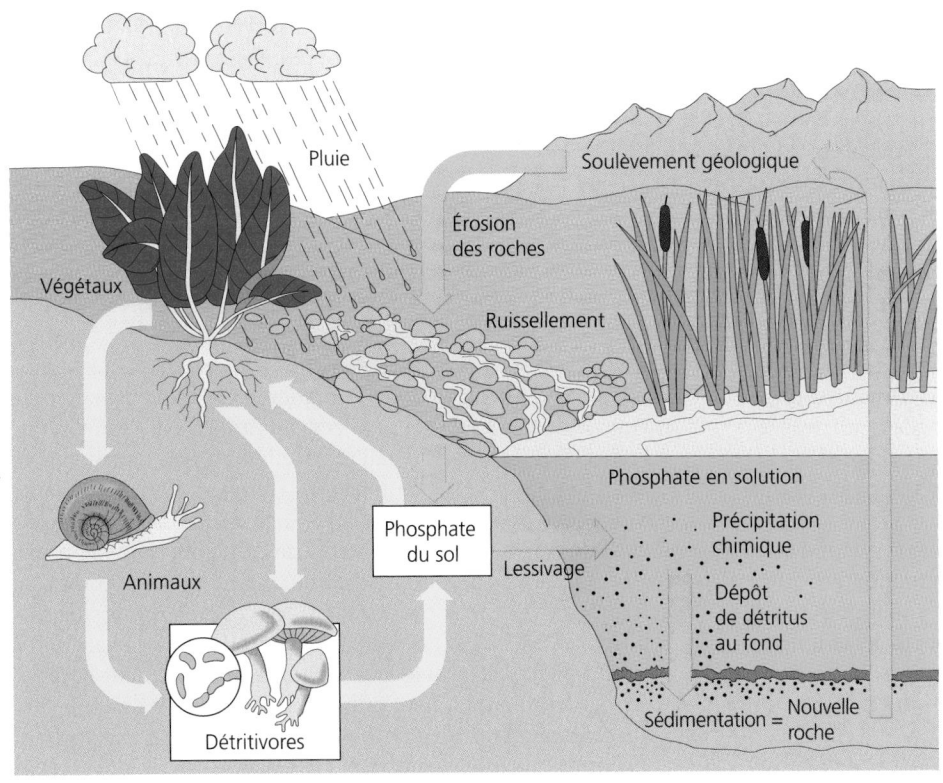

FIGURE 54.19 Cycle du phosphore. Le phosphore, qui n'a pas de réservoir atmosphérique, est recyclé localement (flèches jaunes). En règle générale, les légères pertes que le lessivage entraîne dans les écosystèmes terrestres sont compensées par l'altération des roches. Dans les écosystèmes aquatiques, tout comme dans les écosystèmes terrestres, le phosphore est recyclé à travers les réseaux alimentaires. Une certaine quantité de phosphore en solution précipite et, sous forme de détritus, se dépose au fond. Là, la sédimentation peut enfermer une partie des nutriments, avant que les processus biologiques n'aient le temps de les récupérer. Après de très longues périodes, les phénomènes géologiques tels que le soulèvement de la croûte terrestre (flèches dorées) renvoient ce phosphore perdu dans les écosystèmes.

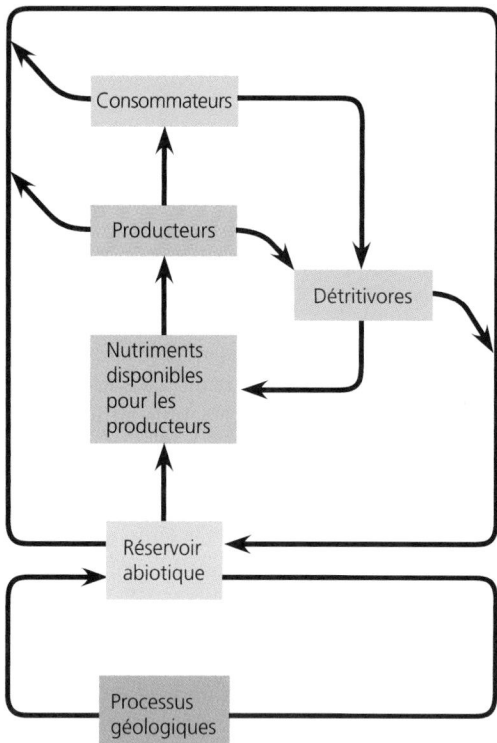

FIGURE 54.20 Modèle général des cycles biogéochimiques.

La végétation joue un rôle déterminant dans le recyclage des nutriments

De nombreux groupes mènent des **recherches écologiques à long terme.** Ces recherches visent à révéler la dynamique des écosystèmes naturels. Examinons-en un exemple, qui a aidé les écologistes à comprendre le rôle déterminant que jouent les Végétaux dans la régulation des cycles des nutriments.

Depuis 1963, une équipe de scientifiques étudie les cycles des nutriments dans un écosystème forestier : la forêt expérimentale d'Hubbard Brook, située dans les White Mountains du New Hampshire, aux États-Unis. Il s'agit d'une forêt décidue tempérée qui s'étend sur quelques vallées étant chacune drainée par un ruisseau tributaire d'Hubbard Brook. Le substrat rocheux, imperméable, est proche de la surface. Chaque vallée constitue un bassin hydrographique (bassin-versant) dont la seule issue est le ruisseau.

Les chercheurs commencèrent par établir le bilan minéral de six vallées. Ils mesurèrent pour ce faire les apports et les pertes de quelques nutriments essentiels. Pour mesurer la quantité d'eau et de minéraux dissous qui entrait dans l'écosystème, ils recueillirent l'eau de pluie en différents endroits. Pour calculer les pertes d'eau et de minéraux, ils construisirent un petit barrage de béton en forme de V dans le ruisseau situé au fond de chaque vallée (FIGURE 54.21a). Environ 60 % de l'eau qui était arrivée sous forme de pluie et de neige sortait de l'écosystème par le ruisseau. Les 40 % restants s'évaporaient par la transpiration des Végétaux, la vaporisation d'autres organismes et la vaporisation du sol.

Les études préliminaires confirmèrent le fait que les cycles se déroulant à l'intérieur d'un écosystème terrestre conservaient la majeure partie des nutriments minéraux. Les apports et les pertes de minéraux s'équivalaient. Ils étaient de plus relativement peu élevés par rapport aux quantités recyclées dans l'écosystème forestier. Ainsi, la quantité de calcium qui sortait d'une vallée par son ruisseau ne dépassait que d'environ 0,3 % la quantité qu'apportait l'eau de pluie. Or, cette perte minime était probablement compensée par la décomposition chimique du substrat rocheux. Au cours de la plupart des années, la forêt connut en fait de faibles gains pour quelques nutriments minéraux, notamment des composés azotés.

En 1966, les chercheurs déboisèrent complètement une vallée de 15,6 ha pour étudier les effets de la déforestation sur le cycle des nutriments. Pendant trois ans, ils pulvérisèrent des herbicides pour empêcher les plantes de repousser (FIGURE 54.21b). Ils laissèrent sur place toute la matière végétale originale pour qu'elle se décompose. Pendant ces trois années, ils comparèrent les entrées et les sorties d'eau et de minéraux du bassin expérimental déboisé à celles d'un bassin témoin. Comme il n'y avait pas d'arbres pour absorber l'eau du sol, le ruissellement augmenta de 30 % à 40 %. Les pertes de minéraux dans le bassin hydrographique modifié furent énormes. La concentration de calcium dans le ruisseau quadrupla ; celle du potassium fut multipliée par 15. Pis encore, la concentration du nitrate perdu fut multipliée par 60 (FIGURE 54.21c). Non seulement l'écosystème perdait un nutriment minéral essentiel, mais l'eau du ruisseau devenait impropre à la consommation, en raison de la concentration élevée de nitrate.

De plus, l'immense biomasse des forêts tropicales crée une demande pour les nutriments, qui sont absorbés dès que les détritivores les rendent assimilables. Étant donné la rapidité de la décomposition, une faible proportion de la matière organique (litière de feuilles mortes) s'accumule sur le sol des forêts tropicales humides. Les troncs ligneux des arbres renferment environ 75 % des nutriments de l'écosystème, et le sol en contient environ 10 %. Par conséquent, les concentrations relativement faibles de certains nutriments dans le sol des forêts tropicales humides sont attribuables à un temps de recyclage court, et non pas à la rareté des éléments dans l'écosystème.

Dans les forêts tempérées, où la décomposition est beaucoup plus lente, le sol peut contenir 50 % de toute la matière organique de l'écosystème. Une bonne partie des nutriments présents dans les forêts tempérées se trouvent donc dans les détritus et dans le sol. Ils peuvent y rester longtemps avant que les Végétaux ne les assimilent.

Dans les écosystèmes aquatiques, les sédiments du fond sont comparables à la couche de détritus des écosystèmes terrestres. Mais, généralement, les Algues et les Plantes aquatiques tirent les nutriments directement de l'eau. Par conséquent, les sédiments constituent souvent des puits d'éléments nutritifs. Les écosystèmes aquatiques ne peuvent donc être très productifs que s'il y a des échanges entre les couches d'eau du fond et celles de la surface (voir la FIGURE 50.15).

FIGURE 54.21 Étude du cycle des nutriments dans la forêt expérimentale d'Hubbard Brook : exemple de recherche écologique à long terme.

(a) Les chercheurs firent construire des barrages de béton en travers des ruisseaux qui drainaient les bassins-versants d'Hubbard Brook. Ils purent ainsi mesurer les sorties d'eau et de nutriments minéraux.

(b) Les chercheurs déboisèrent complètement certains bassins-versants d'Hubbard Brook pour étudier les effets de la coupe à blanc sur le drainage et le cycle des nutriments.

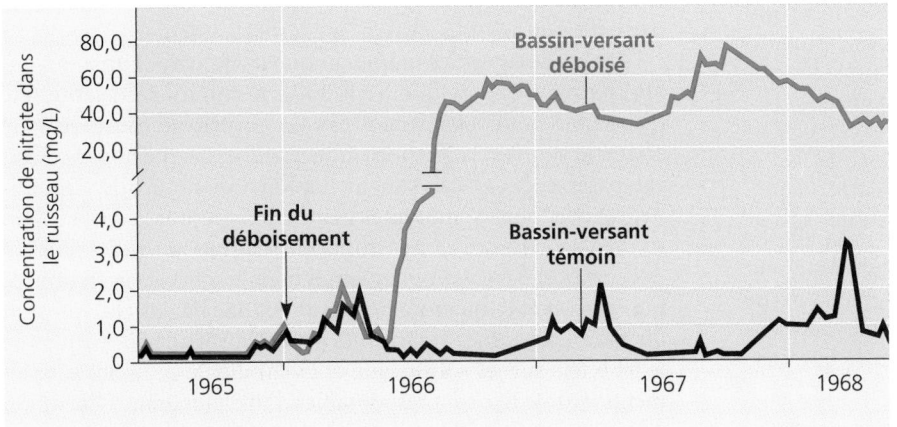

(c) Les eaux de ruissellement provenant d'un bassin-versant d'Hubbard Brook déboisé contenaient 60 fois plus de nitrate que les eaux de ruissellement provenant d'un bassin-versant d'Hubbard Brook boisé témoin.

Cette étude a montré que c'étaient la végétation elle-même qui régulait la quantité de nutriments quittant un écosystème forestier intact. En l'absence de plantes, l'écosystème perd les nutriments, qui ne sont pas retenus. Cet effet presque instantané se produit en moins de quelques mois après le déboisement et se poursuit aussi longtemps que la végétation est absente.

Au bout de 35 ans, les données d'Hubbard Brook font ressortir quelques autres tendances à long terme. Ainsi, les chercheurs ont constaté que les activités humaines n'avaient laissé intact aucun bassin-versant d'Hubbard Brook, même quand l'étude a commencé. Par exemple, avant et pendant l'étude, les précipitations acides semblent avoir causé l'augmentation de la concentration de Ca^{2+} dans les cours d'eau. Apparemment, depuis les années 1950, les pluies et les neiges acides ont dissous la majeure partie du Ca^{2+} du sol des forêts, que les cours d'eau ont par la suite entraînée. À l'aube des années 1990, les Végétaux des forêts de Hubbard Brook avaient presque cessé toute croissance, à cause, semble-t-il, de la carence en Ca^{2+}.

Bien que l'étude d'Hubbard Brook et quelques autres du même genre aient été conçues pour permettre d'évaluer la dynamique des écosystèmes naturels, les résultats obtenus continuent à fournir des informations détaillées sur le mécanisme par lequel les activités humaines influent sur les processus naturels. Dans la dernière section de ce chapitre, nous allons étudier la façon dont l'ingérence de l'être humain dans la dynamique des écosystèmes altère la biosphère.

L'IMPACT DES HUMAINS SUR LES ÉCOSYSTÈMES ET LA BIOSPHÈRE

La population humaine a connu récemment une explosion démographique. Du fait de son activité et de ses moyens techniques, elle a altéré d'une façon ou d'une autre le fonctionnement d'un grand nombre d'écosystèmes. Là où elle n'a pas tout détruit, elle a perturbé la structure trophique, le flux de l'énergie et les cycles biogéochimiques, dans la plupart des régions du monde. Les conséquences écologiques de l'activité humaine sont plus que locales ou régionales : elles se font sentir à l'échelle mondiale. Ainsi, les précipitations acides transportées par les vents dominants tombent à des centaines, voire à des milliers, de kilomètres des cheminées d'où sont sortis les gaz (voir le chapitre 3).

La population humaine perturbe les cycles biogéochimiques de toute la biosphère

Les activités des Humains perturbent souvent les cycles biogéochimiques en retirant des nutriments d'une zone de la biosphère et en les introduisant ailleurs. Ce détournement perturbe l'équilibre naturel de deux régions, par l'appauvrissement des nutriments dans l'une et l'excès dans l'autre. Par exemple, les nutriments contenus dans le sol des terres agricoles se retrouvent peu après dans les excréments humains et animaux. Puis, des champs et des eaux usées, ils passent dans les rivières et les lacs par le ruissellement. Ainsi, une personne qui mange du brocoli à Montréal consomme des nutriments qui se trouvaient peu de temps auparavant dans le sol d'une autre région. Quelques jours plus tard, une partie de ces nutriments s'en va vers la mer dans les eaux du fleuve Saint-Laurent, après être passée dans le système digestif de la personne et dans l'usine d'épuration municipale.

Les êtres humains sont tellement intervenus dans les cycles des nutriments qu'il est dorénavant impossible d'en comprendre le mécanisme sans tenir compte de leur influence. Outre que nous transportons des nutriments d'un endroit à l'autre, nous avons introduit dans les écosystèmes des substances entièrement nouvelles, dont beaucoup sont toxiques. Nous présentons ici quelques exemples de problèmes que connaît la dynamique chimique de la biosphère à cause de l'activité humaine.

Effets de l'agriculture sur le recyclage des nutriments

Pour cultiver une terre, on en élimine la végétation naturelle. Le sol se passe d'engrais pendant un certain temps, car il contient des réserves de nutriments. Cependant, une très grande partie des nutriments quittent le territoire sous forme de biomasse, au lieu d'être recyclés (FIGURE 54.22). Après une période qui varie

FIGURE 54.22 Impact de l'agriculture sur les nutriments des sols. Le transport de la biomasse végétale récoltée vers les marchés d'alimentation retire des sols les nutriments minéraux, qui ne seront pas recyclés localement. Pour remplacer ces nutriments perdus, les fermiers doivent utiliser des engrais industriels ou organiques, comme le fumier ou le paillis.

beaucoup d'un milieu à l'autre, il faut ajouter des nutriments au sol. Ainsi, au début de la colonisation des prairies d'Amérique du Nord, les agriculteurs obtinrent de bonnes récoltes pendant de nombreuses années, car les grandes réserves de matière organique du sol continuaient à fournir des nutriments par l'intermédiaire de la décomposition. À l'opposé, les terres agricoles des tropiques ne sont productives que pendant une ou deux années, parce que le sol contient peu de nutriments. Partout où l'on pratique la culture intensive, la réserve de nutriments naturels finit par s'épuiser, et il faut des engrais. Or, la production des engrais synthétiques utilisés aujourd'hui à grande échelle représente un investissement considérable d'argent et d'énergie.

L'agriculture a un impact important sur le cycle de l'azote. Cultiver le sol, c'est-à-dire travailler la terre et la mélanger, accélère la vitesse de décomposition de la matière organique. Puis, l'azote assimilable qui est libéré lors de la décomposition est retiré des écosystèmes au moment de la récolte. Comme nous l'avons vu dans le cas de Hubbard Brook, les écosystèmes dont on élimine la végétation perdent de l'azote. En effet, non seulement l'azote s'en va avec les plantes elles-mêmes, mais en l'absence de plantes pour les absorber, les nitrates partent dans le ruissellement. Les engrais de synthèse servent à compenser la perte d'azote assimilable dans les agroécosystèmes.

Des études récentes indiquent que les activités humaines ont approximativement doublé la réserve mondiale d'azote fixé disponible pour les producteurs. La principale cause de cette augmentation est la fixation industrielle de l'azote pour la fabrication des engrais. Mais l'augmentation de la culture des Légumineuses avec leurs symbiontes fixateurs d'azote et la combustion sont également des causes importantes. (Les incendies libèrent des composés azotés emmagasinés dans le sol et la végétation, ce qui augmente la quantité de composés azotés recyclés qui sont disponibles pour les organismes photosynthétiques.) En plus de leurs effets sur les sols locaux et la chimie de l'eau, les suppléments d'azote fixé sont responsables d'une plus grande libération de N_2 et d'oxydes d'azote dans l'air par les bactéries dénitrifiantes (voir la FIGURE 54.18). Les oxydes d'azote contribuent au réchauffement de l'atmosphère, à l'appauvrissement de la couche d'ozone et, dans certains écosystèmes, aux précipitations acides.

Charge critique et cycles des nutriments

Les minéraux azotés qui sont en excès dans le sol finissent par aller dans les eaux souterraines ou dans les écosystèmes dulcicoles et marins, avec le ruissellement. De nombreux fleuves contaminés aux nitrates et à l'ammonium à cause du lessivage des terres cultivées et des eaux d'égout se jettent dans l'Atlantique Nord. Les plus grandes quantités d'azote viennent de l'Europe du Nord. Dans tout l'hémisphère Nord, les concentrations de nitrates dans les fleuves s'accroissent proportionnellement aux populations humaines qui se trouvent sur les berges. Par exemple, les concentrations de nitrates dans le fleuve Mississippi ont plus que doublé depuis 1965. Les concentrations de nitrate dans les eaux souterraines augmentent aussi dans les régions agricoles, dépassant parfois la concentration maximale admissible (10 mg/L) et rendant l'eau impropre à la consommation.

Dans certaines circonstances, le fait que les activités humaines ajoutent de l'azote aux écosystèmes peut avoir des effets positifs, du moins pour les Humains. Ainsi, l'ajout d'engrais azotés peut compenser la quantité limitée d'azote dans la productivité primaire qui est courante dans les écosystèmes terrestres. Dans les forêts suédoises où l'azote est en quantité limitée, le lessivage des terres cultivées emportant les nitrates et l'ammoniac et les émissions de composés azotés des industries sont à l'origine d'une augmentation de 30 % des taux de croissance des arbres au cours des cinquante dernières années. En d'autres mots, les Humains ont fertilisé les forêts à leur insu.

L'enjeu clé semble être la **charge critique**, c'est-à-dire la quantité d'azote ajoutée que les Végétaux peuvent absorber sans que cela nuise à l'intégrité des écosystèmes. C'est l'azote qui dépasse la charge critique qui se retrouve dans la nappe souterraine et les écosystèmes aquatiques comme les lacs. Cela pose un problème que nous étudierons plus en détail dans la section suivante.

Accélération de l'eutrophisation des lacs

Comme nous l'avons vu au chapitre 50, on divise les lacs en oligotrophes, mésotrophes et eutrophes, selon leur productivité (voir la FIGURE 50.19). Dans un lac oligotrophe, la productivité primaire est relativement faible, car les nutriments nécessaires au phytoplancton sont peu abondants. Dans les autres lacs, les eaux de ruissellement amènent des nutriments qui sont absorbés par les producteurs puis continuellement recyclés dans les réseaux alimentaires. Ainsi, la productivité globale augmente dans un lac mésotrophe pour atteindre un maximum dans un lac eutrophe (d'un mot grec qui signifie « bien nourri »).

Malheureusement, l'ingérence humaine a provoqué dans presque tous les écosystèmes dulcicoles ce qu'il convient d'appeler une **eutrophisation culturelle.** Les cours d'eau et les lacs sont surchargés de nutriments inorganiques provenant des égouts domestiques et industriels, du lessivage des engrais dans les régions urbaines, les zones agricoles et les espaces récréatifs, et de l'écoulement des déchets animaux des pâturages et des parcs à bestiaux. La densité des organismes photosynthétiques s'y est accrue de manière explosive (voir la FIGURE 54.8). Les parties les moins profondes sont encombrées d'Algues qui entravent la navigation de plaisance et la pêche. Les fréquentes proliférations d'Algues et de Cyanobactéries augmentent la concentration de dioxygène le jour et l'abaissent la nuit, avec leur respiration. Quand les organismes photosynthétiques meurent, la matière organique s'accumule dans le fond, et le métabolisme des détritivores consomme le dioxygène des eaux profondes. Tous ces phénomènes compromettent la survie de certains organismes. Ainsi, en 1960, l'eutrophisation du lac Érié a causé la perte d'espèces de Poissons à valeur commerciale telles que le Doré noir (*Stizostedion canadense*), le Grand Corégone (*Coregonus clupeaformis*) et le Touladi (*Salvelinus namaycush*). Depuis, les règlements relatifs au rejet de déchets dans le lac sont devenus plus sévères. Quelques populations de Poissons ont connu un regain. Cependant, plusieurs des espèces indigènes de Poissons et d'Invertébrés n'ont pu être sauvées. Tous les pays devraient adopter des mesures visant à améliorer la qualité de l'eau.

L'utilisation de combustibles fossiles est la principale cause des précipitations acides

La combustion du bois et du charbon et l'utilisation d'autres combustibles fossiles libère des oxydes de soufre et des oxydes d'azote qui réagissent avec l'eau de l'atmosphère pour donner respectivement de l'acide sulfurique et de l'acide nitrique. Ces acides finissent par atteindre le sol sous la forme de précipitations acides. Les **précipitations acides** sont composées de pluie, de neige, de grêle ou de brouillard dont le pH est inférieur à 5,6 (voir la FIGURE 3.9). Elles abaissent le pH des écosystèmes aquatiques et influent sur la chimie des sols des écosystèmes terrestres.

Si les précipitations acides causées par la combustion existent depuis la révolution industrielle, les émissions ont augmenté au cours du siècle dernier, en particulier depuis l'apparition des fonderies et des centrales électriques alimentées au charbon ou aux hydrocarbures. Les écologistes ont commencé à alerter l'opinion publique au sujet de l'impact environnemental des précipitations acides dans les années 1960, lorsqu'ils ont commencé à étudier les dommages causés aux forêts et aux lacs en Europe et dans l'est de l'Amérique du Nord. Le problème est manifestement régional et même mondial, non local. Pour contrer les problèmes de pollution locale, on a équipé les fonderies et les centrales électriques de très hautes cheminées (d'une hauteur supérieure à 300 m). Cela réduit la pollution au niveau du sol, mais déplace le problème loin dans la direction du vent. Les polluants azotés et sulfurés issus de la combustion peuvent être entraînés sur des centaines voire des milliers de kilomètres avant de tomber sous forme de précipitations acides. Les écologistes ont commencé à se rendre compte que les lacs de l'est du Canada mouraient à cause de la pollution de l'air causée par les industries du Midwest américain (pour en savoir plus en ce qui concerne le Québec, lisez la section *Les précipitations acides menacent l'environnement,* au chapitre 3, p. 51). Les lacs du sud de la Norvège perdaient des poissons à cause des précipitations acides dues aux polluants générés en Grande-Bretagne. En 1980, dans de grandes régions de l'Europe et de l'Amérique du Nord, les précipitations atteignaient en moyenne un pH de 4,0 à 4,5. Certains orages « record » régionaux abaissaient le pH de la pluie à des valeurs inférieures à 3,0. Ce fut le cas à Wheeling, en Virginie occidentale, où l'on a enregistré une pluie ayant un pH de 1,5 (FIGURE 54.23, p. 1330).

Dans les écosystèmes terrestres, comme les forêts décidues tempérées de la Nouvelle-Angleterre, la variation du pH des sols due aux précipitations acides est responsable du lessivage du calcium et d'autres nutriments. La carence en nutriments influe sur la santé des Végétaux et limite leur croissance.

Les écosystèmes dulcicoles sont particulièrement sensibles aux précipitations acides. Les lacs d'Amérique du Nord et du nord de l'Europe que les précipitations acides endommagent le plus facilement sont ceux qui ont un fond rocheux de granite. Ces lacs ont généralement un faible pouvoir tampon parce que l'eau est « douce », ce qui signifie que la concentration d'hydrogénocarbonates (HCO_3^-), lesquels constituent un important tampon, est faible. Dans des milliers de lacs semblables en Norvège et en Suède, les populations de poissons ont dépéri, le pH de l'eau ayant chuté sous la valeur de 5,0. Au Canada,

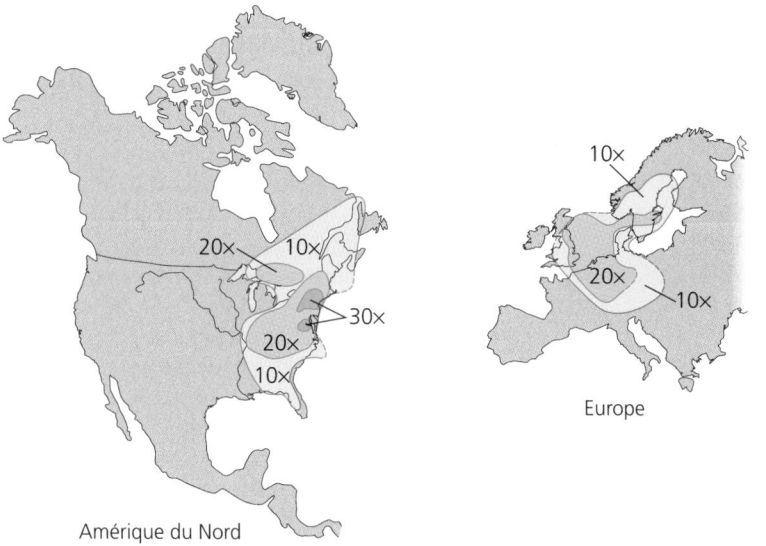

(a)

Amérique du Nord

Europe

FIGURE 54.23 Distribution des précipitations acides en Amérique du Nord et en Europe.
(a) Ces cartes de l'Amérique du Nord et de l'Europe présentent des données de 1980 en surimpression. Les nombres tels que 10× indiquent l'acidité des précipitations dans ces régions par rapport au pH acide de la pluie normale qui est de 5,6. Une région où il est indiqué 10× recevait des précipitations qui étaient en moyenne 10 fois plus acides que la normale (ce qui signifie que le pH était en moyenne de 4,6). Les précipitations d'autres régions étaient 20× ou 30× plus acides que la pluie normale.
(b) Cette carte des États-Unis donne le profil des pH moyens pour les précipitations de 1999.

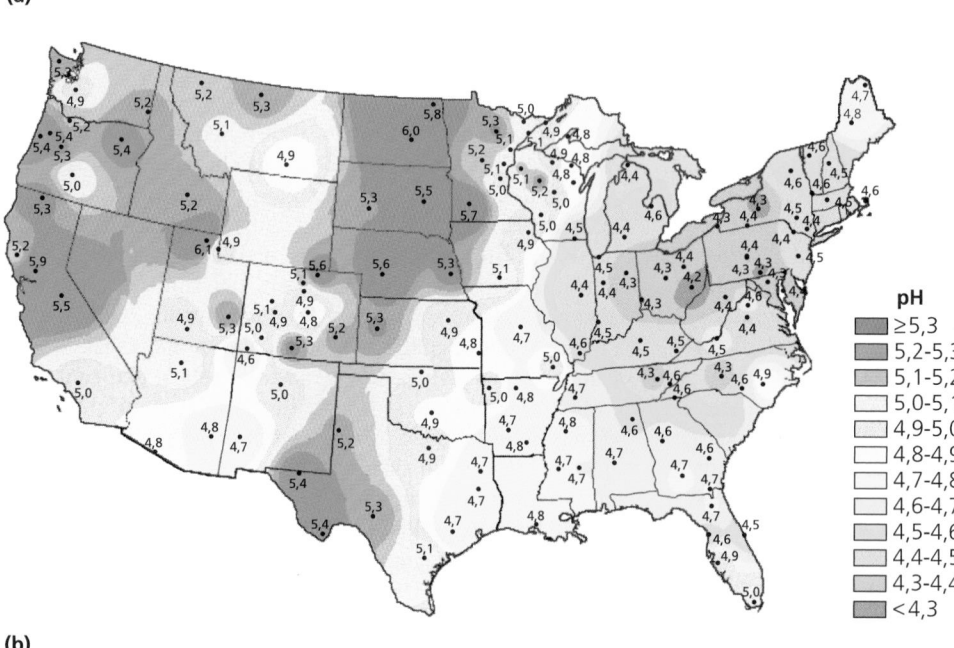

(b)

pH	
	≥5,3
	5,2-5,3
	5,1-5,2
	5,0-5,1
	4,9-5,0
	4,8-4,9
	4,7-4,8
	4,6-4,7
	4,5-4,6
	4,4-4,5
	4,3-4,4
	<4,3

les Touladis nouvellement éclos meurent quand le pH devient inférieur à 5,4. Les Touladis sont des prédateurs clés dans de nombreux lacs canadiens. Quand on les remplace par des poissons supportant l'acide comme la Perchaude (*Perca flavescens*), la dynamique des réseaux alimentaires change beaucoup (revoir le rôle d'un prédateur clé à la FIGURE 53.14).

La réglementation sur l'environnement et les nouvelles techniques industrielles ont permis à de nombreux pays industrialisés de réduire les émissions de dioxyde de soufre au cours des 30 dernières années. Ainsi, les États-Unis ont réduit les émissions de dioxyde de soufre de 25 % entre 1990 et 1996. La composition chimique de l'eau dans les cours d'eau et les lacs d'eau douce de la Nouvelle-Angleterre s'améliore lentement après des décennies de précipitations fortement acides. Cependant, les écologistes estiment qu'il faudra encore de 10 à 20 ans pour que ces écosystèmes se rétablissent, même si les émissions de dioxyde de soufre continuent de diminuer.

La concentration des toxines augmente à chaque niveau d'un réseau trophique

L'Humain produit une extraordinaire variété de substances toxiques, notamment des milliers de produits synthétiques qui n'ont jamais existé à l'état naturel. Il déverse ces substances dans la nature sans s'inquiéter des conséquences écologiques de son geste. Beaucoup de ces poisons résistent à la dégradation naturelle et restent dans les écosystèmes pendant des années, voire des décennies. Certaines des substances introduites dans les écosystèmes sont relativement inoffensives, mais se transforment parfois en produits toxiques lors de réactions chimiques avec d'autres substances et lors du métabolisme des microorganismes. Par exemple, on a déversé beaucoup de mercure, un sous-produit de la fabrication du plastique, dans les fleuves et dans la mer, sous une forme insoluble. Or, les bactéries qui vivent dans la vase le transforment en méthylmercure, composé soluble extrêmement toxique qui s'accumule dans les tissus des organismes, notamment ceux des Humains qui consomment les poissons provenant d'eaux contaminées.

Les organismes absorbent les substances toxiques en même temps que l'eau et les nutriments. Ils en métabolisent et en excrètent certaines, mais en accumulent d'autres dans leurs tissus, surtout dans les tissus adipeux. Les hydrocarbures chlorés qui comprennent de nombreux pesticides, comme le DDT, et les produits chimiques industriels appelés BPC (biphényles polychlorés) constituent une classe de composés de synthèse industriels qui s'accumulent dans les tissus. Des recherches en cours mettent en cause beaucoup de ces composés et d'autres dans les troubles du système endocrinien chez un grand nombre d'espèces animales, notamment l'Humain. Comme la biomasse d'un niveau trophique donné est produite à partir de la biomasse beaucoup plus grande du niveau inférieur, la concentration tissulaire des toxines augmente à chaque niveau d'un réseau trophique. Ce processus que l'on appelle **bioamplification** explique pourquoi ces toxines sont si nocives. Ainsi, les organismes carnivores sont ceux qui subissent le plus les méfaits des composés toxiques libérés dans le milieu.

Le DDT [$C_{14}H_9Cl_5$, 1,1,1-Trichloro-2,2-bis (4-chlorophényl) éthane] fournit un bon exemple de bioamplification. Cet insecticide servait à éliminer des insectes piqueurs ou parasites des cultures. Dans la décennie qui a suivi la Seconde Guerre mondiale, l'industrie chimique a fait la promotion de ses bienfaits, avant que les conséquences écologiques ne soient réellement comprises (FIGURE 54.24). Dès le début des années 1950, les scientifiques ont commencé à comprendre la rémanence du DDT dans l'environnement et son transport dans l'eau loin des zones d'épandage. Mais à ce moment-là, le poison était déjà devenu un problème d'envergure mondiale.

Comme le DDT est soluble dans les lipides, il s'accumule dans les tissus adipeux des Animaux, et sa concentration augmente d'un niveau trophique à l'autre (FIGURE 54.25, p. 1332). Les chercheurs ont trouvé des traces de DDT dans les tissus de la plupart des organismes examinés. Ils en ont même décelé dans le lait maternel des femmes, partout dans le monde. L'un des premiers indices des effets écologiques du DDT fut le déclin des populations de Pélicans (*Pelecanus sp.*), de Balbuzards pêcheurs (*Pandion haliætus*), de Pygargues (*Haliæetus sp.*) et d'Aigles royaux (*Aquila chrysætos*), des superprédateurs qui se trouvent au sommet de divers réseaux trophiques. L'accumulation de DDT (et de DDE ou 1,1-bis-(chlorophényl) -2,2-dichloroéthane, un produit de sa dégradation partielle) dans les tissus de ces superprédateurs entrave la calcification des coquilles d'œufs, tendance que d'autres contaminants de l'environnement ont peut-être commencé à suivre. Ainsi, ces oiseaux brisent leurs œufs en les couvant, et leur taux de reproduction diminue de façon catastrophique. La publication du *Printemps silencieux*, de Rachel Carson, a contribué à alerter l'opinion publique dans les années 1960 (voir le chapitre 50). Ainsi le DDT a-t-il été banni aux États-Unis en 1971. On a alors observé un spectaculaire rétablissement des populations d'espèces d'Oiseaux touchées. Toutefois, le pesticide est encore utilisé dans de nombreuses autres parties du monde.

Les activités humaines provoquent des changements climatiques en augmentant la concentration de dioxyde de carbone dans l'atmosphère

De nombreuses activités humaines produisent des déchets gazeux, que nous pensions autrefois pouvoir impunément libérer dans l'immensité de l'atmosphère. Aujourd'hui, évidemment, nous savons que l'atmosphère n'est pas plus infinie que les océans et que l'activité humaine en modifie fondamentalement la composition et les interactions avec le reste de la biosphère. L'augmentation de la concentration de dioxyde de carbone est l'un des principaux problèmes que cause l'activité humaine dans l'atmosphère.

FIGURE 54.24 Nous avons changé de refrain. Cette publicité est parue en 1947 dans le magazine *Time*. Un chœur y chante les louanges d'un pesticide qui, 25 ans plus tard, sera banni aux États-Unis.

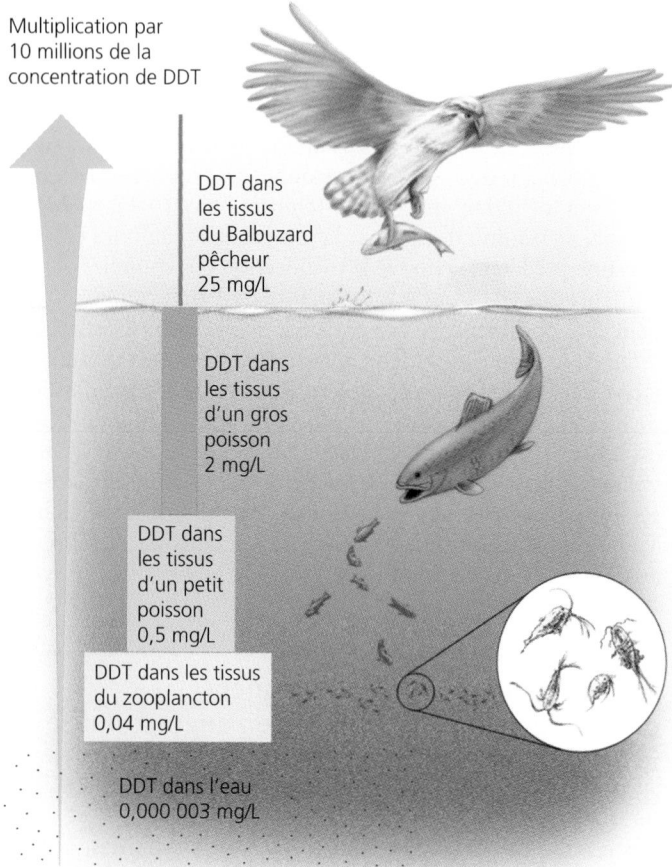

Multiplication par
10 millions de la
concentration de DDT

DDT dans
les tissus
du Balbuzard
pêcheur
25 mg/L

DDT dans
les tissus
d'un gros
poisson
2 mg/L

DDT dans
les tissus
d'un petit
poisson
0,5 mg/L

DDT dans les tissus
du zooplancton
0,04 mg/L

DDT dans l'eau
0,000 003 mg/L

FIGURE 54.25 Bioamplification du DDT dans une chaîne alimentaire.
Dans une chaîne alimentaire de Long Island Sound, aux États-Unis,
la concentration de DDT était multipliée par environ 10 millions.
Ainsi, de 0,000 003 mg/L dans l'eau de mer, elle passait à 25 mg/L
dans les tissus d'un Balbuzard pêcheur (*Pandion haliætus*) situé au
sommet de la pyramide alimentaire.

Augmentation du dioxyde de carbone dans l'atmosphère

Depuis la révolution industrielle, qui a débuté vers 1760 en
Angleterre, la concentration atmosphérique de dioxyde de
carbone n'a cessé d'augmenter, à cause de l'utilisation des combustibles fossiles et de la combustion du bois associée à la déforestation. À l'aide de diverses méthodes, on a estimé que la
concentration atmosphérique moyenne de dioxyde de carbone
était d'environ 274 mg/L avant 1850. En 1958, on commença à
prendre des mesures très précises dans une station située au
sommet du mont Mauna Lao, à Hawaii. La concentration était
alors de 316 mg/L (FIGURE 54.26). À l'heure actuelle, la concentration atmosphérique de dioxyde de carbone dépasse 370 mg/L,
ce qui représente une augmentation d'environ 14% depuis le
début des mesures. Si les émissions de dioxyde de carbone
continuent d'augmenter à cette vitesse, la concentration de ce gaz
aura doublé entre le début de la révolution industrielle et 2075.

L'accroissement de la productivité végétale est l'une des
conséquences prévisibles de l'augmentation de la concentration
de dioxyde de carbone. En effet, l'augmentation de la concentration de dioxyde de carbone dans les milieux expérimentaux

tels que les serres a pour effet d'intensifier la croissance de la
plupart des plantes. Mais comme les plantes de type C3 sont
plus limitées que les plantes de type C4 par la disponibilité du
dioxyde de carbone (voir le chapitre 10), l'augmentation de la
concentration du gaz aura peut-être pour effet, à l'échelle mondiale, de favoriser la propagation des espèces de type C3 dans les
habitats terrestres autrefois plus propices aux plantes de type
C4. Le phénomène aurait d'importantes répercussions sur
l'agriculture. Par exemple, le Maïs (*Zea mays*), plante de type C4
qui constitue la principale culture céréalière des États-Unis,
pourrait se faire remplacer par le Blé (*Triticum aestivum*) et
le Soja (*Glycine max*), plantes de type C3 dont le rendement
dépasserait celui du Maïs dans un milieu riche en dioxyde de
carbone. Cependant, personne ne peut préciser les effets graduels
et complexes qu'aura l'augmentation de la concentration de
dioxyde de carbone sur la composition spécifique des communautés naturelles.

Effet de serre

La conséquence possible de l'augmentation de la concentration
atmosphérique de dioxyde de carbone sur le bilan thermique de
la terre complique la formulation de prédictions quant aux effets
à long terme de ce phénomène. La majeure partie du rayonnement
solaire qui atteint la planète est réfléchie et renvoyée dans l'espace.
Mais bien que le dioxyde de carbone et la vapeur d'eau atmosphériques laissent passer la lumière visible, ils interceptent,
absorbent et renvoient vers la Terre une bonne partie des rayons
infrarouges préalablement réfléchis par cette dernière. Une partie de la chaleur solaire se trouve ainsi emprisonnée. Sans cet
effet de serre, la température annuelle moyenne de l'air à la
surface de la terre serait de −18 °C seulement, et la vie telle que
nous la connaissons n'existerait pas. De nombreux écologistes
s'inquiètent de l'effet que peut avoir sur la température la forte
augmentation de la concentration atmosphérique de dioxyde
de carbone au cours des 150 dernières années.

Réchauffement de la planète

Les scientifiques continuent de construire des modèles mathématiques dans l'espoir de prédire la façon dont l'augmentation
de la concentration de dioxyde de carbone dans l'atmosphère
modifiera les températures du globe. À ce jour, aucun modèle
n'est suffisamment sophistiqué pour inclure tous les facteurs
biotiques et abiotiques qui peuvent influer sur la concentration
des gaz atmosphériques et sur les températures (par exemple, la
couverture nuageuse, l'absorption de dioxyde de carbone par
les organismes et les effets des particules dans l'air). Quelques
études prévoient que le doublement de la concentration
envisagé pour la fin du XXIe siècle pourrait entraîner une
augmentation de 2 °C de la température annuelle moyenne. Un
lien entre les concentrations de dioxyde de carbone et les données
paléoclimatiques sur la température viennent étayer ces modèles.
Les climatologues peuvent en fait mesurer la concentration
de dioxyde de carbone dans des poches d'air emprisonnées dans
la glace de l'ère glaciaire, à différents moments de l'histoire de la
Terre. On déduit les températures de ces périodes par diverses
méthodes, notamment l'analyse de la végétation et des pollens
fossiles.

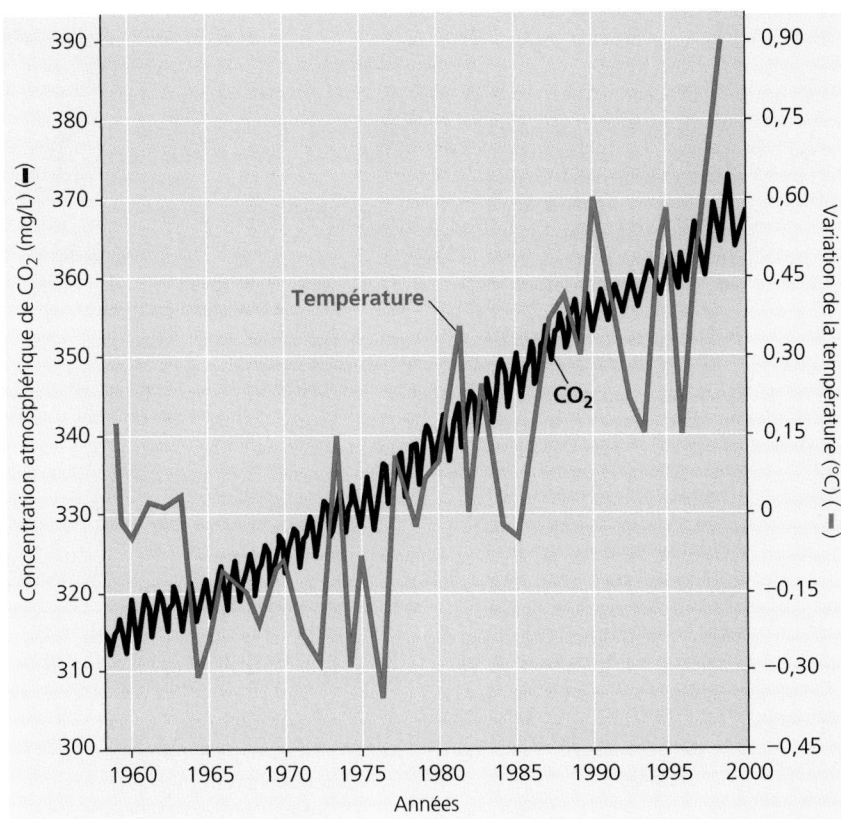

FIGURE 54.26 Augmentation de la concentration atmosphérique de dioxyde de carbone et températures moyennes de 1958 à 2000. En plus des fluctuations saisonnières normales, le graphique révèle une augmentation constante de la concentration atmosphérique globale de dioxyde de carbone (courbe en noir). Les mesures ont été prises à Hawaii, dans une région relativement isolée et exempte de pollution, et qui ne subit pas les variations à court terme enregistrées près de grands centres urbains. Bien que les températures moyennes fluctuent grandement (courbe en rouge) sur la même période, il y a une tendance au réchauffement. Les climatologues prévoient que les températures annuelles moyennes pourraient s'élever d'environ 2 °C au cours des cent prochaines années si la concentration de CO_2 dans l'atmosphère continue de s'accroître à la même vitesse que maintenant.

Avec une hausse de 1,3 °C seulement, notre monde serait beaucoup plus chaud qu'il ne l'a jamais été en 100 000 ans. Le scénario le plus pessimiste veut que le réchauffement soit maximal près des pôles. La fonte des glaces polaires élèverait le niveau de la mer de 100 m, ce qui causerait l'inondation progressive des régions situées jusqu'à 150 km (ou plus) à l'intérieur des côtes actuelles. Si cela se produisait, de grandes villes comme New York, Miami, Los Angeles et beaucoup d'autres villes seraient inondées. En outre, la tendance au réchauffement modifierait la distribution géographique des précipitations et assécherait les grandes zones agricoles du centre des États-Unis. Néanmoins, les modèles mathématiques divergent quant aux modalités des changements que subirait chaque région. Les paléoécologistes emploient une stratégie particulière pour prédire les conséquences des changements *futurs* de la température : ils étudient les effets qu'ont eus, sur les communautés végétales, les périodes *passées* de réchauffement et de refroidissement. L'analyse de pollen fossile apporte la preuve que les communautés végétales changent de façon spectaculaire lorsque la température varie. Dans le passé, les variations de climat se sont faites progressivement. Les populations végétales et animales pouvaient ainsi migrer vers les régions où les conditions abiotiques leur permettaient de survivre. La grande vitesse des changements climatiques que l'on prévoit constitue un problème important. Selon certaines extrapolations, elle serait plus élevée qu'elle ne l'a jamais été dans les 10 000 dernières années. De nombreux organismes, notamment les Végétaux qui ne peuvent pas se disperser rapidement sur de grandes distances, seront probablement incapables de survivre à des changements aussi rapides.

La combustion du charbon, du gaz naturel, de l'essence, du bois et l'utilisation des autres combustibles organiques essentiels à la vie moderne libèrent forcément du dioxyde de carbone. Le réchauffement planétaire en cours, dû à l'émission de dioxyde de carbone dans l'atmosphère, pose un problème dont les conséquences sont incertaines et dont les solutions sont complexes. Étant donné l'importance que revêt la combustion dans nos sociétés de plus en plus industrialisées, la concertation internationale et des changements radicaux tant des modes de vie que des procédés industriels sont nécessaires pour stabiliser les émissions de dioxyde de carbone. De nombreux écologistes sont d'avis que la concertation internationale a subi un important revers en 2001, quand les États-Unis se sont retirés du protocole de Kyoto, par lequel, en 1997, les pays industrialisés se sont engagés à réduire leur production de dioxyde de carbone d'environ 5 % sur une période de 10 ans. Le Canada, pour sa part, a ratifié le protocole de Kyoto en décembre 2002.

Les activités humaines détruisent l'ozone atmosphérique

Une couche de molécules d'ozone (O_3) protège la vie contre les effets nocifs du rayonnement ultraviolet. Elle se situe dans la stratosphère, à une altitude variant entre 17 et 25 km. L'ozone absorbe la majeure partie des rayons ultraviolets, qu'elle empêche ainsi d'atteindre les organismes de la biosphère. Or, les études faites par satellite sur l'atmosphère révèlent que l'épaisseur de la couche d'ozone diminue depuis 1975 (FIGURE 54.27, p. 1334).

FIGURE 54.27 Amincissement de la couche d'ozone.

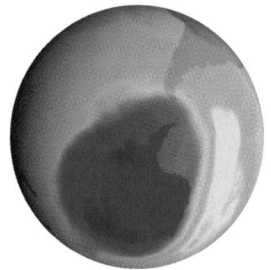

(a) Trou dans la couche d'ozone. La tache bleue qui apparaît dans cette image est le résultat d'analyses de l'atmosphère. Elle correspond à un trou dans la partie de la couche d'ozone qui surplombe l'Antarctique.

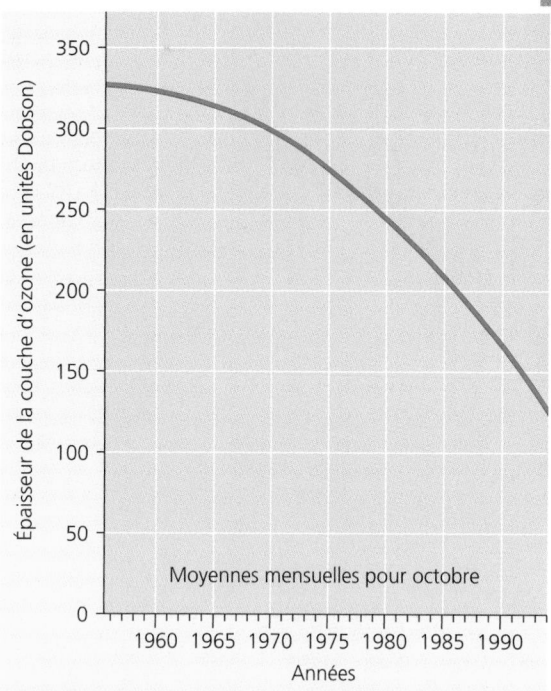

Moyennes mensuelles pour octobre

Épaisseur de la couche d'ozone (en unités Dobson)

Années

(b) Épaisseur de la couche d'ozone. Ce graphique nous montre la courbe de variation de l'épaisseur (en unités Dobson) de la couche d'ozone au fil des ans. Une unité Dobson correspond à $2,69 \times 10^{16}$ molécules d'ozone par cm^3. Dans les conditions thermodynamiques standard (0 °C et 101,3 kPa), ces molécules d'ozone constituent une couche de 0,01 mm d'épaisseur à la surface de la Terre.

(c) Exposition au rayonnement ultraviolet. En Australie, où résident ces amateurs de bronzage naturel, la fréquence des cancers de la peau est la plus élevée du monde. La couche d'ozone amincie laisse passer une radiation ultraviolette plus intense, ce qui augmente les risques de cancer.

La destruction de l'ozone atmosphérique résulte principalement de l'accumulation de chlorofluorocarbures, substances qui sont utilisées dans les appareils réfrigérants et comme propulseurs dans les aérosols et dans certains procédés industriels. Quand les produits de la décomposition de ces substances parviennent dans la stratosphère, le chlore qu'ils contiennent réagit avec l'ozone et le réduit en dioxygène (O_2). Puis, d'autres réactions chimiques libèrent le chlore, qui réagit alors avec d'autres molécules d'ozone en un cycle catalytique sans fin. L'effet du phénomène est surtout visible au-dessus de l'Antarctique, où le froid favorise ces réactions atmosphériques. C'est en 1985 que les scientifiques ont découvert le « trou dans la couche d'ozone » qui se trouve au-dessus de l'Antarctique. Depuis, ils ont constaté qu'il s'ouvre et se referme selon un cycle annuel. Toutefois, la destruction de l'ozone et les dimensions du trou augmentent constamment depuis quelques années. Le trou s'étend quelquefois jusqu'au-dessus des régions méridionales de l'Australie, de la Nouvelle-Zélande et de l'Amérique du Sud. Dans les régions plus peuplées se trouvant à des latitudes moyennes, la concentration de l'ozone a subi une diminution variant de 2 % à 10 % au cours des 20 dernières années.

La dégradation de la couche d'ozone pourrait avoir de graves conséquences pour la vie sur la Terre. Certains scientifiques prévoient une augmentation des cataractes et de certaines formes de cancers de la peau chez les Humains. Ils s'attendent aussi à ce que les cultures et les communautés naturelles, particulièrement le phytoplancton qui est à l'origine d'une forte proportion de la productivité primaire, subissent des dommages difficiles à préciser. Le danger associé à la dégradation de la couche d'ozone est tel que de nombreux pays mettront fin, d'ici 10 ans, à la production de chlorofluorocarbures. Malheureusement, même si l'on cessait aujourd'hui d'utiliser les chlorofluorocarbures, les molécules de chlore déjà présentes dans l'atmosphère continueraient d'influer sur les concentrations stratosphériques de l'ozone pendant au moins un siècle.

■   ■   ■

L'impact des Humains sur la couche d'ozone n'est qu'un exemple supplémentaire montrant à quel point l'utilisation que nous faisons de la technologie perturbe la dynamique des écosystèmes et la biosphère tout entière. Comment les activités humaines influent-elles sur la biodiversité ? Dans le dernier chapitre de ce manuel, nous explorerons cette question et mettrons en lumière la façon dont les progrès de la biologie de la conservation contribuent à freiner la disparition des espèces.

RÉVISION DU CHAPITRE

Résumé des concepts importants

L'APPROCHE ÉCOSYSTÉMIQUE DE L'ÉCOLOGIE

- Les relations trophiques déterminent les voies du flux de l'énergie et des cycles biogéochimiques dans un écosystème (p. 1310, FIGURE 54.1). L'énergie et les nutriments vont des producteurs (autotrophes) aux consommateurs primaires (herbivores), puis aux consommateurs secondaires (carnivores). L'énergie transite et se transforme dans un écosystème; elle entre sous forme de lumière et ressort sous forme de chaleur. Les nutriments, eux, sont *recyclés* à l'intérieur d'un écosystème.

- La décomposition lie tous les niveaux trophiques (p. 1310 et 1311, FIGURE 54.2). Les détritivores, qui sont surtout des Bactéries et des Eumycètes, recyclent les éléments chimiques essentiels en décomposant la matière organique et en renvoyant les éléments dans les réservoirs inorganiques.

- Les lois de la physique et de la chimie s'appliquent aux écosystèmes (p. 1311). Les lois de la physique et de la chimie nous aident à comprendre le flux de l'énergie à travers les écosystèmes. L'énergie est conservée, mais n'est pas recyclée comme la matière. Des processus physiques et physiologiques entraînent une perte d'énergie sous forme de chaleur pour les écosystèmes.

LA PRODUCTIVITÉ PRIMAIRE DANS LES ÉCOSYSTÈMES

- L'allocation énergétique d'un écosystème dépend de la productivité primaire (p. 1311 à 1313, FIGURES 54.3 et 54.4). L'énergie assimilée durant la photosynthèse représente une infime partie du rayonnement solaire qui atteint la Terre. Elle fixe les limites de l'allocation énergétique de la Terre. La productivité primaire brute est l'énergie totale assimilée par un écosystème dans une période donnée. Les consommateurs ne peuvent utiliser que la productivité primaire nette, qui est l'énergie accumulée dans la biomasse des producteurs, c'est-à-dire la différence entre la productivité primaire brute et l'énergie utilisée par les producteurs pour la respiration cellulaire.

- Dans les écosystèmes aquatiques, la lumière et les nutriments limitent la productivité primaire (p. 1312 à 1316, FIGURES 54.5 à 54.8, TABLEAU 54.1). À l'intérieur de la zone euphotique, le facteur qui limite la productivité primaire la plupart du temps est un nutriment comme l'azote.

- Dans les écosystèmes terrestres, la température, l'humidité et les nutriments limitent la productivité primaire (p. 1316 et 1317, FIGURE 54.9). Sur un grand territoire, les facteurs climatiques comme la température et l'humidité influent sur la productivité primaire. À l'échelle locale, un nutriment du sol est souvent le facteur limitant de la productivité primaire.

LA PRODUCTIVITÉ SECONDAIRE DANS LES ÉCOSYSTÈMES

- Le rendement des transferts d'énergie entre les niveaux trophiques est généralement inférieur à 20 % (p. 1317 à 1320, FIGURES 54.10 à 54.14). La quantité d'énergie disponible à chaque niveau trophique dépend de la productivité primaire nette et de l'efficacité avec laquelle l'énergie alimentaire est convertie en biomasse à chaque niveau de la chaîne alimentaire. Le pourcentage d'énergie transférée d'un niveau trophique à l'autre, appelé rendement écologique, est généralement de 5 % à 20 %. L'importante diminution des étages successifs des pyramides de la productivité, de la biomasse et des nombres résulte du faible rendement écologique.

- Les herbivores consomment un petit pourcentage de la végétation : hypothèse d'un monde vert (p. 1319 et 1320). Les prédateurs, la maladie, la compétition, la limitation des nutriments et d'autres facteurs stabilisent les populations d'herbivores.

LE RECYCLAGE DES ÉLÉMENTS CHIMIQUES DANS LES ÉCOSYSTÈMES

- Des processus biologiques et géologiques font circuler les nutriments entre des réservoirs organiques et inorganiques (p. 1320 à 1326, FIGURES 54.15 à 54.20). Sous l'impulsion de l'énergie solaire, l'eau circule dans un cycle à l'échelle mondiale. Le cycle du carbone repose surtout sur la réciprocité de la photosynthèse et de la respiration cellulaire. L'azote entre dans les écosystèmes principalement par l'intermédiaire de dépôts atmosphériques et de la fixation de l'azote par les procaryotes. Mais la majeure partie du cycle de l'azote dans les écosystèmes naturels fait intervenir des cycles locaux reliant les organismes et le sol ou l'eau. Le cycle du phosphore se produit surtout à une échelle plus locale que ceux de l'eau, du carbone et de l'azote.

- La vitesse de décomposition détermine dans une large mesure le temps de recyclage des nutriments (p. 1325 et 1326). La proportion d'un nutriment sous une forme particulière et son temps de recyclage varient d'un écosystème à l'autre, surtout à cause de différences dans la vitesse de décomposition.

- La végétation joue un rôle déterminant dans le recyclage des nutriments (p. 1326 et 1327, FIGURE 54.21). Des projets de recherches écologiques à long terme examinent la dynamique des écosystèmes sur des périodes relativement longues. Les études effectuées dans le New Hampshire ont montré que l'abattage continu dans les forêts décidues tempérées augmentait le ruissellement et entraînait des pertes considérables de minéraux.

L'IMPACT DES HUMAINS SUR LES ÉCOSYSTÈMES ET LA BIOSPHÈRE

- La population humaine perturbe les cycles biogéochimiques de toute la biosphère (p. 1328 et 1329, FIGURE 54.22). L'agriculture retire des nutriments des écosystèmes et nécessite l'emploi de grandes quantités d'engrais. Des quantités considérables de nutriments provenant des engrais sont déversés dans les écosystèmes aquatiques, où ils provoquent le développement excessif d'algues (eutrophisation).

- L'utilisation de combustibles fossiles est la principale cause des précipitations acides (p. 1329 et 1330, FIGURE 54.23). Les écosystèmes nord-américains et européens situés dans la direction du vent par rapport aux régions industrielles ont été touchés par des précipitations contenant de l'acide nitrique et de l'acide sulfurique.

- La concentration des toxines augmente à chaque niveau d'un réseau trophique (p. 1330 à 1332, FIGURE 54.25). Le rejet de déchets toxiques a pollué l'environnement avec des substances nocives qui y restent longtemps. Le DDT fait partie des nombreuses substances toxiques dont la concentration augmente par bioamplification dans les chaînes alimentaires.

- Les activités humaines provoquent des changements climatiques en augmentant la concentration de dioxyde de carbone dans l'atmosphère (p. 1331 à 1333, FIGURE 54.26). La combustion du bois et l'utilisation des combustibles fossiles sont à l'origine d'une augmentation constante de la concentration atmosphérique de dioxyde de carbone. Des scientifiques croient que cette augmentation aura des conséquences sur le climat et entraînera un réchauffement important.

- Les activités humaines détruisent l'ozone atmosphérique (p. 1333 et 1334, FIGURE 54.27). La couche d'ozone réduit la pénétration du rayonnement ultraviolet dans l'atmosphère. Malheureusement, les polluants gazeux contenant du chlore la détruisent, ce qui a de graves conséquences.

Autoévaluation

(Les questions dont les numéros sont en caractères gras font surtout appel à la compréhension.)

1. Laquelle des associations suivantes est *inexacte*?
   a) Cyanobactérie – producteur.
   b) Sauterelle – consommateur primaire.
   c) Zooplancton – consommateur secondaire.
   d) Aigle – consommateur tertiaire.
   e) Eumycète – détritivore.

2. Une pyramide de productivité révèle que:
   a) la moitié seulement de l'énergie d'un niveau trophique est transmise au niveau suivant.
   b) la majeure partie de l'énergie d'un niveau trophique est incorporée à la biomasse du niveau suivant.
   c) l'énergie perdue sous forme de chaleur ou lors de la respiration cellulaire correspond à 10 % de l'énergie disponible à chaque niveau trophique.
   d) les consommateurs primaires ont le plus grand rendement écologique.
   e) la consommation d'herbivores nourris de céréales est un moyen inefficace de se procurer l'énergie emmagasinée par la photosynthèse.

3. Le rôle des détritivores dans le cycle de l'azote consiste à:
   a) convertir le diazote en ammoniac.
   b) libérer l'ammoniac des composés organiques et, ce faisant, le renvoyer dans le sol.
   c) dénitrifier l'ammoniac et renvoyer du diazote dans l'atmosphère.
   d) convertir l'ammoniac en nitrate que les Végétaux pourront absorber.
   e) incorporer l'azote à des acides aminés et à des composés organiques.

4. Laquelle des conclusions suivantes n'est pas issue de l'étude de Hubbard Brook?
   a) La majeure partie des minéraux sont recyclés dans un écosystème forestier.
   b) Dans un bassin naturel, les apports et les pertes de minéraux s'équilibrent.
   c) La déforestation augmente le ruissellement.
   d) La concentration de nitrate augmente dangereusement dans les cours d'eau qui drainent un territoire déboisé.
   e) La déforestation cause une importante augmentation de la densité de population des bactéries dans les sols.

5. L'augmentation de la concentration atmosphérique de dioxyde de carbone est due principalement à une augmentation de:
   a) la productivité primaire.
   b) la biomasse de la biosphère.
   c) l'absorption des rayons infrarouges réfléchis par la Terre.
   d) la combustion du bois et l'utilisation des combustibles fossiles.
   e) la respiration cellulaire de la population humaine croissante.

6. Lequel des phénomènes suivants est une conséquence de la bioamplification?
   a) Les prédateurs qui occupent les niveaux trophiques supérieurs sont les plus touchés par les déchets toxiques.
   b) Le DDT s'est répandu dans tous les écosystèmes et a contaminé presque tous les organismes.
   c) L'effet de serre atteindra son maximum aux pôles.
   d) L'énergie est perdue à chaque niveau trophique d'une chaîne alimentaire.
   e) De nombreux nutriments sont retirés des terres agricoles et détournés vers les écosystèmes aquatiques.

7. Lequel des écosystèmes ou biomes suivants a *la plus faible* productivité primaire par mètre carré?
   a) Un marais salant.
   b) La haute mer.
   c) Un récif corallien.
   d) Une prairie tempérée.
   e) Une forêt tropicale humide.

8. Les concentrations de nutriments minéraux sont relativement faibles dans le sol des forêts tropicales humides, car:
   a) la biomasse mesurable est faible.
   b) les microorganismes qui recyclent les minéraux ne sont pas très abondants dans le sol des forêts tropicales.
   c) la décomposition des déchets organiques et la réassimilation des minéraux par les Végétaux sont rapides.
   d) les cycles des nutriments sont relativement lents dans le sol des forêts tropicales humides.
   e) la chaleur détruit les nutriments.

9. Les eaux côtières polluées par les composés phosphatés et azotés provenant des fermes d'élevage de canards présentent des concentrations mesurables de phosphates, mais pas d'azote. En laboratoire, on a cultivé des algues dans des échantillons d'eau qui servaient de témoins pour les uns ou étaient enrichis de phosphate ou d'ammonium pour les autres. On a observé le plus important développement d'algues dans les échantillons enrichis à l'azote. La croissance dans les échantillons enrichis au phosphate et dans les témoins était semblable. À partir de ces résultats, on peut conclure que:
   a) la réduction de la concentration de phosphate dans ces eaux n'aidera pas à réduire la productivité du phytoplancton.
   b) l'ajout d'azote à ces eaux aidera à réduire l'eutrophisation.
   c) la concentration élevée de phosphate dans l'eau aide à maîtriser le développement d'algues.
   d) l'azote est le nutriment limitant dans ces eaux.
   e) *a* et *d* sont des conclusions raisonnables.

10. Lequel des phénomènes suivants contribue le plus à la rapidité du recyclage des nutriments dans un écosystème?
    a) La vitesse de la productivité primaire.
    b) La productivité secondaire.
    c) La vitesse de décomposition.
    d) Le rendement écologique de l'écosystème.
    e) L'endroit où se trouvent les nutriments dans les réservoirs inorganique et organique.

11. Pourquoi le transfert de l'énergie dans un écosystème est-il désigné par «flux d'énergie» et non par «cycle de l'énergie»?

12. Pourquoi un kilo de bacon est-il plus cher qu'un kilo de maïs?

13. Quel est le principal réservoir de carbone?

14. Que pourrait-il arriver au cycle du carbone si tous les détritivores se mettaient soudainement «en grève» et cessaient de travailler?

15. Pourquoi, à court terme, le cycle du phosphore a-t-il tendance à être plus localisé que les cycles du carbone, de l'azote et de l'eau?

16. Comment une coupe à blanc peut-elle nuire à la qualité de l'eau des lacs environnants?

17. Pourquoi un ajout excessif de nutriments minéraux dans un lac finit-il par causer la disparition de presque tous les poissons?

Lien avec l'évolution

Certains biologistes, étonnés par l'interdépendance complexe des facteurs biotiques et abiotiques des écosystèmes, ont avancé l'idée que les écosystèmes eux-mêmes étaient des entités vivantes résultant de l'émergence et capables d'évoluer. Ainsi, James Lovelock a formulé l'hypothèse Gaïa, selon laquelle la terre elle-même est une entité vivante homéostatique, une sorte de superorganisme. Discutez de l'idée selon laquelle les écosystèmes et la biosphère peuvent évoluer en appliquant la théorie de l'évolution telle que que vous l'avez apprise dans ce manuel. Si les écosystèmes sont capables d'évoluer, dites pourquoi il s'agit ou non d'une forme d'évolution darwinienne?

Intégration

Vous visitez, en juillet, l'île d'Anticosti, territoire de 7 943 km² environ qui est situé dans le golfe du Saint-Laurent. Au cours de votre exploration, vous remarquez que la forêt de conifères se compose de l'Épinette noire (*Picea mariana*), du Sapin baumier (*Abies balsamea*) et de l'Épinette blanche (*Picea glauca*), en plus de posséder des strates arbustive, herbacée, muscinale et racinaire. Vous découvrez aussi une forêt de Pins blancs (*Pinus strobus*) exceptionnelle à cette latitude. L'île a une dizaine de baies, des rivières et des canyons, de nombreux lacs et des tourbières. Vous dénombrez 24 espèces de Mammifères et plus de 200 espèces d'Oiseaux, sans oublier plusieurs espèces de Poissons dont le Saumon atlantique (*Salmo salar*) et l'Omble de fontaine (*Salvelinus fontinalis*).

L'île d'Anticosti est-elle un biome, un écosystème ou un ensemble d'écosystèmes? Justifiez votre réponse en faisant appel aux notions apprises dans ce manuel ou dans votre cours. Trouvez les facteurs biotiques et abiotiques qui interagissent dans l'île d'Anticosti.

Science, technologie et société

La concentration de dioxyde de carbone dans l'atmosphère augmente; la température mondiale s'est élevée au cours des 100 dernières années. Cependant, les scientifiques ne s'entendent pas quant à la relation qui pourrait exister entre les deux phénomènes. La plupart d'entre eux croient en l'existence de l'effet de serre et affirment qu'il faut agir maintenant pour éviter des changements écologiques profonds. D'autres déclarent qu'il est trop tôt pour conclure et que nous devons recueillir des données supplémentaires avant de passer à l'action. Quels avantages et quels inconvénients y a-t-il à agir immédiatement pour ralentir le réchauffement planétaire? Quels avantages et quels inconvénients y a-t-il à attendre jusqu'à obtenir des données plus complètes?

Réponses à l'autoévaluation: 1. c; **2.** e; **3.** b; **4.** e; **5.** d; **6.** a; **7.** b; **8.** c; **9.** e; **10.** c; **11.** Parce que l'énergie traverse un écosystème. Elle entre sous forme de lumière solaire et ressort sous forme de chaleur. Elle n'est pas recyclée à l'intérieur de l'écosystème. **12.** Parce qu'il faut au moins 10 kilos de maïs fourrager pour produire ce kilo de bacon. **13.** La réserve atmosphérique de dioxyde de carbone. **14.** Le carbone s'accumulerait dans la matière organique, le réservoir atmosphérique perdrait du carbone et les Végétaux finiraient par manquer de dioxyde de carbone. **15.** Parce que le phosphore est recyclé presque entièrement dans le sol, et n'est pas transporté sur de longues distances dans l'atmosphère. **16.** Sans arbres qui croissent et assimilent les minéraux du sol, une quantité importante de minéraux ruisselleraient et finiraient par polluer les ressources hydriques. **17.** L'eutrophisation due à une fertilisation excessive provoque d'abord des explosions démographiques d'algues et d'organismes qui s'en nourrissent. La respiration de tous ces êtres vivants, y compris les détritivores qui s'activent sur les résidus organiques, consomme la majeure partie du dioxygène essentiel aux poissons du lac.

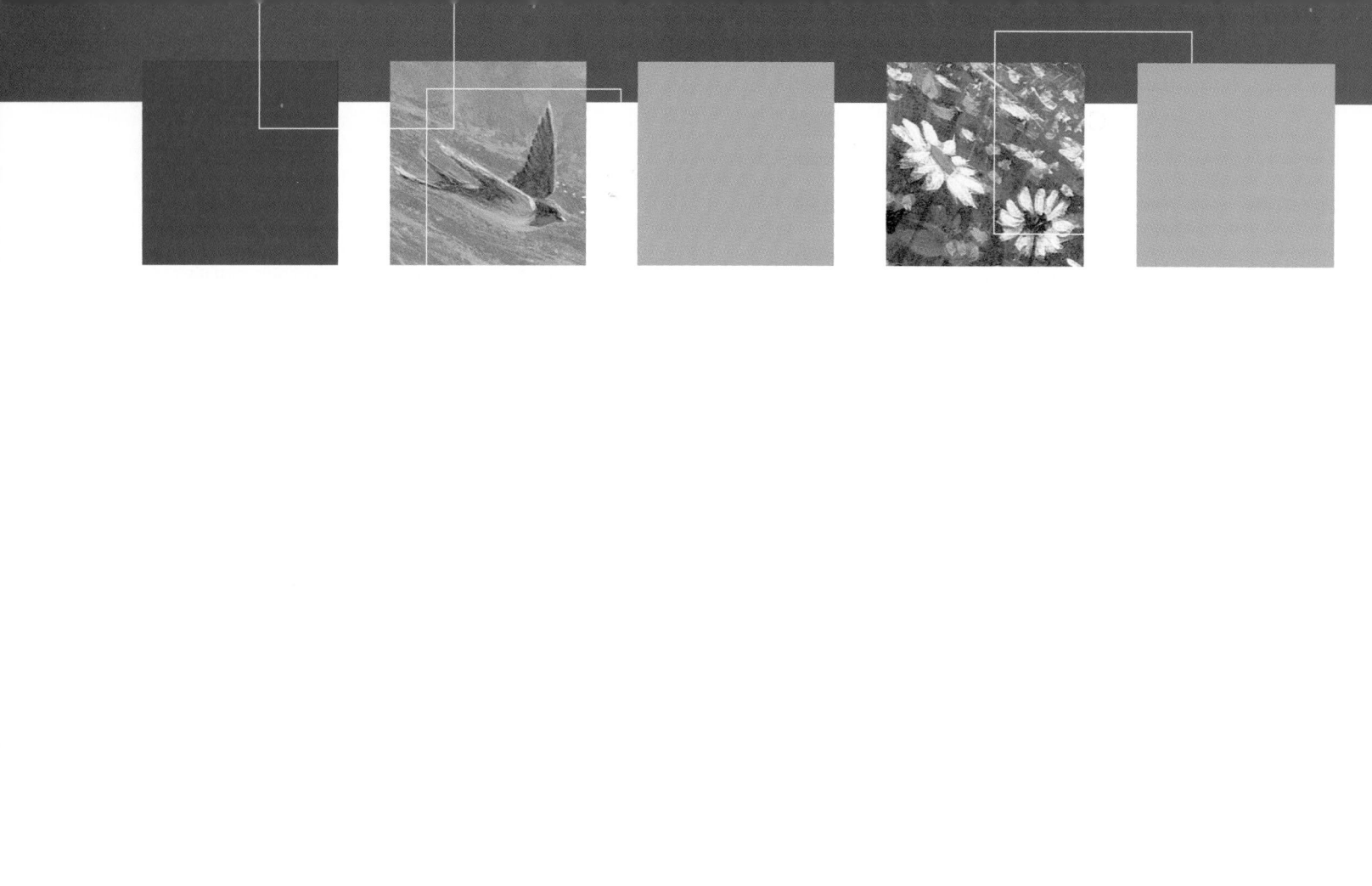

CHAPITRE 55

LA BIOLOGIE
DE LA
CONSERVATION

« Nous n'héritons pas de la terre de nos parents,
nous l'empruntons à nos enfants. »

ANTOINE DE SAINT-EXUPÉRY
écrivain français (1900-1944)

LA CRISE DE LA BIODIVERSITÉ

- Les trois composantes de la biodiversité sont la diversité génétique, la diversité spécifique et la diversité écosystémique
- La biodiversité est essentielle au bien-être des Humains
- Les quatre principales menaces pour la biodiversité sont la destruction des habitats, l'introduction d'espèces, la surexploitation et les perturbations dans les chaînes alimentaires

LA CONSERVATION DES POPULATIONS ET DES ESPÈCES

- Selon l'approche des petites populations, une petite taille peut entraîner une population dans une spirale d'extinction
- L'approche des populations déclinantes est une stratégie proactive de conservation visant à dépister, à diagnostiquer et à freiner les déclins de populations
- La conservation des espèces implique l'évaluation d'exigences contraires des différentes espèces et des Humains

LA CONSERVATION DES COMMUNAUTÉS, DES ÉCOSYSTÈMES ET DES PAYSAGES

- Les zones de transition et les corridors de migration peuvent influer fortement sur la biodiversité des paysages
- Les biologistes de la conservation ont de nombreux défis à relever lorsqu'ils établissent des zones protégées
- Les réserves naturelles doivent être des parties fonctionnelles des paysages
- La restauration des territoires dégradés constitue un effort de conservation de plus en plus important
- L'objectif du développement durable est de réorienter la recherche écologique et de nous forcer tous à reconsidérer nos valeurs
- L'avenir de la biosphère repose sur notre biophilie

La biologie est la science de la vie. À cet égard, il est tout à fait approprié d'aborder la préservation des formes de vie dans le dernier chapitre de notre manuel. La **biologie de la conservation** est une science qui s'est donné pour but de contrer la **crise de la biodiversité,** qui correspond à la diminution, à un rythme effarant, de la grande variété des êtres vivants sur la Terre.

À ce jour, les scientifiques ont décrit et nommé formellement environ 1,75 million d'espèces d'organismes. Mais nous n'avons qu'une vague idée du nombre réel d'espèces. Certains biologistes l'évaluent à près de 10 millions, alors que d'autres le situent plutôt entre 30 millions et 80 millions. Les plus grandes concentrations d'espèces se situent dans les tropiques, où la scène que représente la photographie de cette page est monnaie courante: on détruit les forêts tropicales humides (comme cette forêt de l'Équateur) à une vitesse alarmante, pour faire place à la population humaine en pleine croissance et la faire vivre.

Dans toute la biosphère, l'activité humaine modifie les structures trophiques, le flux de l'énergie, les cycles biogéochimiques et les perturbations naturelles. Or, comme les autres espèces, nous dépendons de ces processus des écosystèmes. La proportion de terre émergée que l'activité humaine a modifiée s'élève à près de 50%. De plus, nous utilisons plus de la moitié de toutes les eaux douces de surface. Dans les océans, les stocks de nombreux poissons sont en train de s'épuiser à cause de la surpêche, et de graves perturbations menacent quelques endroits parmi les plus productifs et les plus variés, comme les récifs coralliens et les estuaires. Selon certaines estimations, nous sommes en train d'infliger à la biosphère plus de dommages et d'entraîner vers l'extinction plus d'espèces que ne l'a fait l'énorme astéroïde responsable, semble-t-il, des extinctions de masse vers la fin de la période du Crétacé, il y a 65 millions d'années (voir la FIGURE 25.6). Dans l'ensemble, le taux de disparition des espèces pourrait être 1 000 fois supérieur à celui des 100 000 dernières années.

Dans ce chapitre, nous allons examiner plus en détail la crise de la biodiversité et la biologie de la conservation. Nous allons étudier quelques stratégies de recherche et de conservation que les biologistes utilisent dans leurs tentatives pour ralentir ou contrer les disparitions d'espèces. Tout au long de ce chapitre, nous verrons que la biologie de la conservation repose sur la recherche qui se fait dans tous les domaines de l'écologie, aussi bien dans l'écologie des populations que dans l'écologie des écosystèmes et des paysages.

LA CRISE DE LA BIODIVERSITÉ

L'extinction est un phénomène naturel qui se produit depuis que la vie est apparue. Mais le *rythme* actuel d'extinction est à l'origine d'une crise de la biodiversité. Comme nous ne pouvons qu'estimer le nombre d'espèces existant actuellement, nous ne pouvons déterminer les pertes réelles d'espèces ou l'ampleur de cette crise de la biodiversité. Nous avons par contre la certitude d'être témoins d'un rythme élevé d'extinction dû à l'escalade de la dégradation des écosystèmes par une seule espèce, *Homo sapiens.* Ce chapitre axé sur la biologie de la conservation vise à nous faire comprendre ce qui arrive à la biodiversité, quelles sont les causes de cette crise et ce que l'on peut faire pour corriger la situation.

Les trois composantes de la biodiversité sont la diversité génétique, la diversité spécifique et la diversité écosystémique

La biodiversité, ou diversité biologique, comporte trois composantes principales (FIGURE 55.1). Lorsque l'une des composantes diminue, la biodiversité s'amoindrit.

Effet d'une perte de diversité génétique

La variation génétique est la première composante de la biodiversité. En plus de la variation individuelle *au sein* des populations, il existe une variation génétique *entre* les populations, associée à des adaptations aux conditions locales (voir le chapitre 23). La disparition d'une population locale entraîne chez l'espèce la perte d'une partie de la diversité génétique responsable des adaptations. Cette atteinte à la diversité génétique nuit, bien entendu, aux perspectives d'adaptation de l'espèce. Mais la perte de la diversité génétique dans toute la biosphère a aussi des répercussions sur le bien-être des Humains. Ainsi, la disparition de certaines populations de plantes sauvages qui sont étroitement liées aux espèces utilisées en agriculture diminue les ressources génétiques pour l'amélioration de la qualité de certaines cultures, par l'intermédiaire de la sélection végétale.

Effet d'une perte de diversité spécifique

La deuxième composante de la biodiversité est la variété des espèces dans un écosystème ou dans toute la biosphère. C'est ce que nous avons appelé « richesse spécifique » au chapitre 53. Les controverses populaires et politiques sont surtout centrées sur les espèces. Une **espèce en voie d'extinction,** aussi appelée **espèce en voie de disparition,** risque de disparaître dans l'ensemble ou

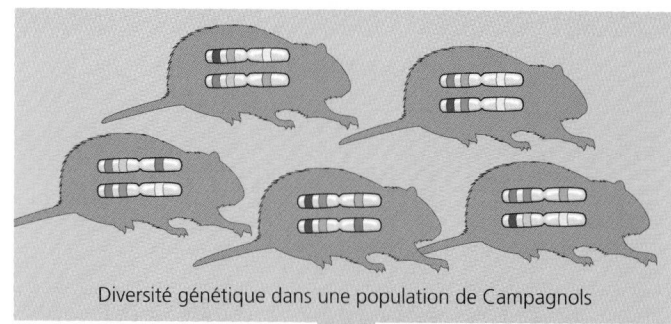

FIGURE 55.1 Les trois composantes de la biodiversité. (Les gros chromosomes illustrés dans la silhouette des campagnols, dans la partie supérieure de la figure, symbolisent la variation génétique au sein d'une population.)

dans une partie de son aire de distribution. Toute espèce qui sera vraisemblablement menacée d'extinction dans un avenir prévisible dans l'ensemble ou dans une partie de son aire de distribution est considérée comme une **espèce menacée.** Au Canada, la *Loi sur la protection d'espèces animales ou végétales sauvages et règlementation de leur commerce international et interprovincial* a pour but de protéger les espèces en voie d'extinction et les espèces menacées. Elle est en application depuis 1996.

Voici quelques exemples qui montrent pourquoi la perte d'espèces préoccupe tant les biologistes de la conservation :

- Selon l'Union mondiale pour la nature (UMN), 13 % des 9 040 espèces d'Oiseaux connues dans le monde sont en voie d'extinction. C'est 1 183 espèces ! Au cours des 40 dernières années, la densité de population des oiseaux chanteurs qui migrent dans les États du centre du littoral de l'Atlantique a chuté de 50 %.

- Une enquête récente qu'a menée le Center for Plant Conservation a démontré que parmi les 20 000 espèces végétales connues aux États-Unis, 200 ont disparu depuis que l'on enregistre des données. Aux États-Unis, 730 autres espèces végétales sont en voie d'extinction ou menacées.
- Environ 20 % des poissons dulcicoles connus dans le monde ont disparu au cours de l'histoire ou sont sérieusement menacés. L'un des événements d'extinction les plus rapides de tous les temps est la disparition de poissons dulcicoles qui se produit actuellement dans le lac Victoria, en Afrique orientale. Environ 200 des 300 espèces de Cichlidés du lac ont été éliminées, notamment à la suite de la récente introduction, par les Européens, d'un prédateur exotique, la Perche du Nil (*Lates niloticus*).
- Depuis 1900, 123 espèces dulcicoles de Vertébrés et d'Invertébrés ont disparu en Amérique du Nord, et des centaines d'autres sont menacées. Le rythme d'extinction pour la faune dulcicole d'Amérique du Nord est environ cinq fois supérieur à celui des animaux terrestres. Environ 4 % des espèces dulcicoles connues vont disparaître chaque décennie si l'on ne fait rien pour lutter contre la perte et la dégradation des habitats.
- Edward O. Wilson, biologiste de Harvard, a créé ce qu'il appelle ironiquement le Hundred Heartbeat Club (« Club des cent battements cardiaques »). Il a « inscrit » dans ce club les espèces comportant un nombre d'individus inférieur à 100, et qui sont donc proches de l'extinction (FIGURE 55.2).
- Plusieurs chercheurs estiment qu'au rythme actuel de destruction des habitats, plus de la moitié de toutes les espèces animales et végétales auront disparu avant la fin de ce nouveau siècle.

L'extinction des espèces peut être strictement locale. Par exemple, une espèce peut disparaître d'un réseau hydrographique, mais survivre dans un réseau voisin. L'extinction globale d'une espèce signifie que l'espèce a disparu de *toutes* ses niches. L'extinction est un processus qui passe souvent inaperçu. Pour savoir avec certitude si une espèce donnée a disparu, il faut connaître sa répartition exacte. Or, des millions d'espèces dans le monde n'ont même pas encore été identifiées. Ainsi, les Arthropodes (surtout les Insectes), les Nématodes, les Eumycètes, les Protistes, les Archéobactéries et les Bactéries sont en tête de liste des taxons comportant un grand nombre d'espèces à découvrir. Mais même les taxons bien étudiés, comme les Oiseaux et les Mammifères, ne sont pas complètement connus. Au cours de la dernière décennie, les scientifiques ont allongé la liste des Mammifères connus d'environ 15 %. Faute de catalogue plus complet sur la diversité des espèces et d'une meilleure connaissance de la répartition géographique et des rôles écologiques des espèces de la planète, nos efforts pour comprendre la structure et le fonctionnement des écosystèmes dont dépend notre survie resteront fragmentaires.

Effet d'une perte de diversité des écosystèmes

La variété des écosystèmes de la biosphère constitue la troisième composante de la biodiversité. Dans tout écosystème, la com-

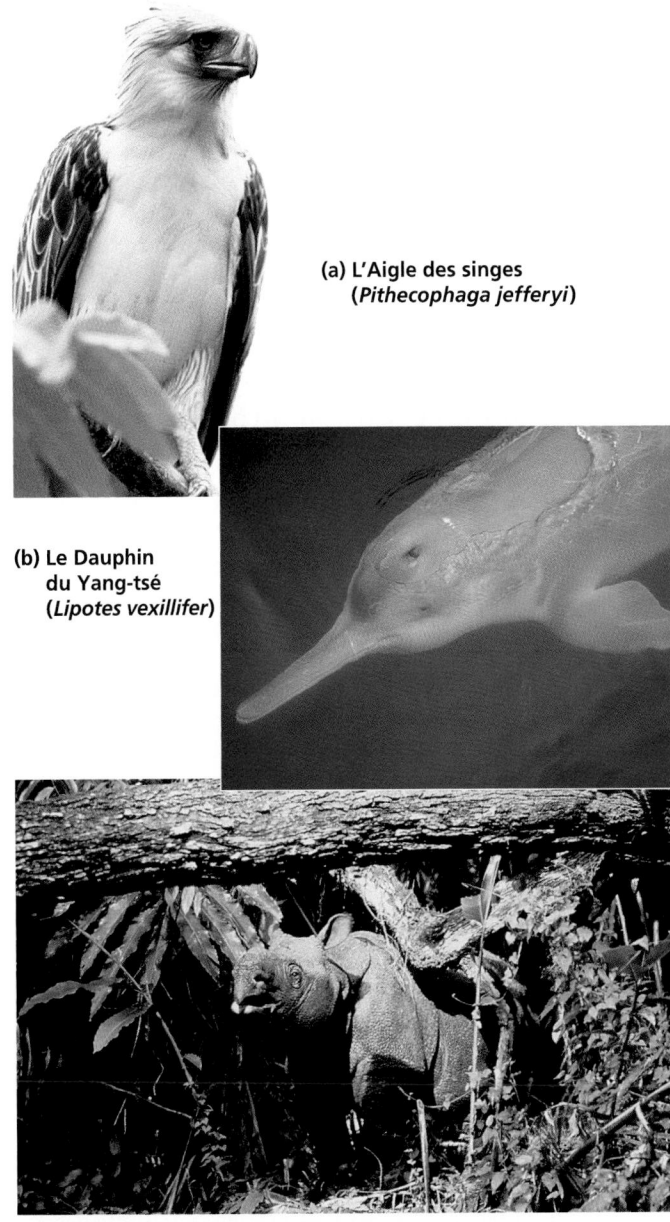

(a) L'Aigle des singes (*Pithecophaga jefferyi*)

(b) Le Dauphin du Yang-tsé (*Lipotes vexillifer*)

(c) Le Rhinocéros de Java (*Rhinoceros sondaicus*)

FIGURE 55.2 À cent battements de cœur de l'extinction. Voici trois exemples parmi les nombreuses espèces comptant moins de 100 individus. Elles font partie de ce que E. O. Wilson appelle le Hundred Heartbeat Club.

munauté présente un réseau d'interactions reliant les populations des différentes espèces. L'extinction locale d'une espèce, disons un superprédateur, peut nuire à la richesse spécifique de l'ensemble de la communauté (voir la FIGURE 53.14). De façon plus générale, chaque écosystème peut avoir une grande influence sur l'ensemble de la biosphère. Tout écosystème, que ce soit une forêt, une tourbière ou un lac, possède des schèmes caractéristiques de flux d'énergie et de cycles biogéochimiques. Par exemple, les « pâturages » productifs de phytoplancton, dans les océans, peuvent contribuer à modérer l'effet de serre en consommant des quantités massives de dioxyde de carbone pour la photosynthèse.

Certains écosystèmes disparaissent de la terre à un rythme ahurissant. Par exemple, l'aire totale de toutes les forêts tropicales humides sur la planète a environ la taille des 48 États américains continentaux. Or, on perd chaque année une surface équivalente à celle de l'État de la Virginie-Occidentale.

La crise de la biodiversité est le plus souvent assimilée à l'extinction des espèces. Mais les biologistes de la conservation constatent maintenant que la disparition d'une espèce est souvent la conséquence de pertes de diversité à d'autres niveaux, notamment de pertes de diversité génétique et de diversité écosystémique.

La biodiversité est essentielle au bien-être des Humains

Pourquoi s'inquiéter de la perte de biodiversité? La raison la plus noble est probablement ce que E. O. Wilson appelle la *biophilie*, c'est-à-dire notre sentiment d'appartenance à la nature et notre conscience de ce qui nous lie à tous les êtres vivants. L'idée selon laquelle les autres espèces sont importantes et devraient être protégées est un grand thème dans de nombreuses religions. C'est aussi le fondement de l'éthique qui nous dicte de protéger la biodiversité. Nous devons nous préoccuper également des générations futures. Avons-nous le droit de les priver de la richesse spécifique de la Terre? À ce propos, relisez la citation d'Antoine de Saint-Exupéry qui ouvre ce chapitre.

Bienfaits de la diversité spécifique et de la diversité génétique

Outre les raisons esthétiques et éthiques, des raisons pratiques nous poussent à préserver la biodiversité. En effet, la biodiversité est une ressource naturelle capitale, car les espèces menacées pourraient fournir des produits agricoles, des fibres et des médicaments aux Humains. Aux États-Unis, 25 % de toutes les ordonnances préparées dans les pharmacies contiennent des substances issues de plantes. Par exemple, dans les années 1970, des chercheurs ont découvert que la Pervenche de Madagascar (*Catharanthus roseus*) renfermait des alcaloïdes qui inhibaient la croissance de cellules cancéreuses (FIGURE 55.3). Cette découverte a permis d'obtenir la rémission de la maladie chez la plupart des victimes de deux formes de cancer parmi les plus mortelles: la maladie de Hodgkin et la leucémie infantile. Il existe cinq autres espèces de Pervenches à Madagascar, l'une d'entre elles étant en voie de disparition.

La perte d'espèces signifie également la perte de gènes. En effet, chaque espèce possède certains gènes uniques, et la biodiversité représente la somme des génomes de tous les organismes de la terre. Comme bien des milliers d'espèces disparaîtront avant même que nous ayons pris connaissance de leur existence, nous risquons de perdre de façon irréversible le précieux potentiel génétique que renferment leurs génothèques respectives, qui sont uniques.

Récemment, les autorités du Service des parcs nationaux des États-Unis ont négocié avec le secteur privé dans le but de vendre des échantillons d'Archéobactéries extrêmophiles pris dans les nombreuses sources d'eaux chaudes du parc national de Yellowstone. Les entreprises veulent extraire l'ADN de ces procaryotes et l'utiliser dans la production à grande échelle

FIGURE 55.3 Pervenche de Madagascar (*Catharanthus roseus*): une plante rose qui sauve des vies. Avant que l'on ne découvre dans la Pervenche de Madagascar, il y a plus de 20 ans, des alcaloïdes qui inhibent la croissance de cellules cancéreuses, la maladie de Hodgkin et la leucémie aiguë lymphoblastique étaient deux des cancers les plus mortels. Aujourd'hui, la plupart des malades en guérissent. La Pervenche de Madagascar fait partie des centaines de plantes qui servent à soigner les maladies humaines.

d'enzymes qui seront mises sur le marché. Pensons à l'exemple historique de l'amplification en chaîne par polymérase (ACP), technique de clonage moléculaire qui utilise une enzyme extraite d'Archéobactéries thermophiles vivant dans des sources d'eaux chaudes (voir la FIGURE 20.7). De nombreux chercheurs et industriels voient avec enthousiasme tout le potentiel de cette « bioprospection » pour la création de nouveaux produits: médicaments, produits alimentaires, produits de remplacement du pétrole, produits chimiques industriels et autres produits importants.

Écoservices

Les bienfaits que les espèces individuelles apportent aux Humains sont souvent substantiels. Mais la sauvegarde d'espèces n'est qu'une des raisons pour lesquelles il faut préserver les écosystèmes. Les Humains ont évolué dans les écosystèmes de la Terre, et leur organisme y est bien adapté. Bien qu'il soit possible de survivre dans un monde comportant une moins grande biodiversité, il est important de se rendre compte que les Humains dépendent des écosystèmes et des interactions avec les autres espèces. En laissant se poursuivre l'extinction d'espèces et la dégradation des habitats, nous mettons en péril la survie de notre propre espèce.

Dans les milieux urbains et les banlieues où nous vivons majoritairement aujourd'hui, il est facile de perdre de vue les écoservices dont nous dépendons. Les **écoservices,** ce sont tous les processus par l'intermédiaire desquels les écosystèmes naturels et les espèces qui les habitent contribuent à maintenir la vie humaine sur la Terre. Voici une liste de quelques-uns des écoservices :

- La purification de l'air et de l'eau
- L'atténuation de la gravité des sécheresses et des inondations
- La création et la conservation de sols fertiles
- La détoxication et la décomposition des déchets
- La pollinisation des cultures et de la végétation naturelle
- La dispersion des semences
- Le recyclage des nutriments
- La limitation de nombreux parasites de l'agriculture par les ennemis naturels
- La protection des côtes contre l'érosion
- La protection contre le rayonnement ultraviolet
- La réduction de l'impact des conditions météorologiques exceptionnelles
- L'apport de valeurs esthétiques

Sans écoservices, la vie humaine s'arrêterait. Pourtant, nous les sous-estimons généralement, peut-être parce que nous ne leur attribuons aucune valeur pécuniaire.

Dans un article publié en 1997, l'écologiste Robert Costanza et ses collaborateurs ont essayé de chiffrer la valeur des écoservices. Selon leur estimation, le bénéfice net des écoservices s'élève à 33 billions de dollars américains par année, soit près du double du produit national brut de tous les pays de la terre (18 billions de dollars). Il est évidemment difficile de spéculer sur la valeur pécuniaire des écoservices. Par contre, il est peut-être plus réaliste d'en faire la comptabilité à petite échelle. On peut, par exemple, s'interroger sur le coût véritable qui est rattaché à l'édification d'un barrage ou à la coupe à blanc d'une parcelle de forêt si l'on inclut la perte des écoservices dans la colonne des coûts.

Une expérience à grande échelle illustre le peu de connaissances que nous avons des écoservices. À Oracle, en Arizona, on a tenté de créer un écosystème fermé, que l'on a nommé Biosphere II, occupant une superficie de 1,27 ha (FIGURE 55.4). Biosphere II renfermait une forêt et son sol, un océan miniature et plusieurs autres « écosystèmes ». En 1991, avec beaucoup de publicité, huit personnes se sont enfermées là dans le but d'y vivre deux années en isolement. Mais cette expérience de biosphère artificielle échoua et fut interrompue au bout de 15 mois. La concentration de dioxygène avait en effet diminué et atteint 65 % de la concentration atmosphérique ; celle du dioxyde de carbone avait connu de brusques fluctuations. La plupart des Vertébrés avaient disparu ; tous les pollinisateurs étaient morts. Il y avait eu des explosions démographiques de Coquerelles et d'autres parasites. Dans une certaine mesure, l'expérience n'a pas été un échec, car elle nous a appris que personne ne sait encore comment organiser un environnement autosuffisant pouvant fournir aux Humains tous les services que les écosystèmes naturels offrent gratuitement.

FIGURE 55.4 Ce que le plus grand terrarium de la terre a appris aux scientifiques sur les écoservices.
Biosphere II, en Arizona, s'étend sur une superficie équivalente à celle de deux terrains de football. Les huit biosphériens qui sont entrés dans la structure de verre en 1991 ont tous dû en ressortir moins de 15 mois plus tard. Un investissement important n'a pas suffi pour créer un environnement pouvant fournir tous les écoservices nécessaires à la survie de la vie humaine. En fait, la plus importante leçon qu'a donnée Biosphere II est probablement une meilleure compréhension du caractère inestimable et de la complexité des écoservices et de la biodiversité qui en est à l'origine.

Les quatre principales menaces pour la biodiversité sont la destruction des habitats, l'introduction d'espèces, la surexploitation et les perturbations dans les chaînes alimentaires

Destruction des habitats

Les habitats qui sont modifiés par les activités humaines constituent à eux seuls la plus grande menace pour la biodiversité, dans toute la biosphère. La destruction massive des habitats dans le monde entier est le fait de l'agriculture, de la foresterie, des mines et de la pollution de l'environnement. L'Union mondiale pour la nature la tient pour responsable de la situation de 73 % des espèces disparues, en voie de disparition, vulnérables ou rares.

Bien que la plupart des études aient surtout porté sur les écosystèmes terrestres, la perte d'habitats semble également constituer une menace importante pour la biodiversité marine, notamment sur les côtes continentales et les récifs coralliens. Les activités humaines ont endommagé environ 93 % des récifs coralliens de la planète, qui font partie des communautés aquatiques ayant la plus grande richesse spécifique. Au rythme actuel de destruction, 40 % à 50 % des récifs pourraient disparaître au cours des 30 ou 40 prochaines années. Près du tiers des espèces de poissons marins habitent les récifs de corail, qui n'occupent que 0,2 % environ du fond de l'océan.

Outre que l'on a détruit des habitats sur de grands territoires, on a fragmenté, découpé en petites parcelles de nombreux paysages naturels (FIGURE 55.5). La FIGURE 55.6 illustre comment des régions forestières du sud de l'État du Wisconsin ont été fragmentées sur une période de 119 ans. Le morcellement forestier se produit également à un rythme rapide dans les forêts tropicales humides. Les pertes de forêts tropicales humides autour de Veracruz, au Mexique, ont dépassé 85 % entre 1967 et 1987. La déforestation ne s'est pas arrêtée aux basses terres. Ainsi, en 2000, il ne restait plus que 8 % de la forêt originale, qui prit la forme d'un archipel de petits îlots forestiers. Le déboisement pour l'exploitation bovine est responsable de cette déforestation. La population de la région a plus que doublé au cours des 25 dernières années.

Dans presque tous les cas, la fragmentation d'habitats a causé la perte d'espèces. Les prairies de l'Amérique du Nord sont un bon exemple. Quand les premiers Européens sont arrivés dans le sud du Wisconsin, la prairie couvrait environ 800 000 ha de cet État. Or, elle n'occupe plus maintenant que 0,1 % de sa superficie originale. De 1948 à 1954, puis en 1987 et 1988, on a fait des relevés sur la diversité végétale dans 54 vestiges de prairies du Wisconsin. Au cours des quelques décennies qui séparent les deux études, les fragments de prairies ont perdu, selon leur emplacement, entre 8 % et 60 % de leurs espèces végétales.

Introduction d'espèces

Deuxième cause de la crise de la biodiversité après la perte d'habitats, l'introduction d'espèces a probablement contribué pour 40 % aux disparitions d'espèces enregistrées depuis 1750. Parfois appelées espèces exotiques, les **espèces introduites** sont

FIGURE 55.5 Fragmentation d'un écosystème forestier. Sur cette photographie aérienne de la Mount Hood National Forest, dans l'ouest des États-Unis, on peut voir les « îlots » de forêts de Conifères que l'on a créés quand on a coupé presque toute la forêt originale pour avoir du bois de construction.

les espèces que les Humains déplacent de leur aire de distribution normale jusque dans de nouvelles aires géographiques. (Nous avons présenté les cas d'introduction de la Moule zébrée (*Dreissena polymorpha*) et de l'Abeille africaine (*Apis mellifera scutellata*) aux États-Unis dans les FIGURES 50.7 et 50.8.) Dans certains cas, l'introduction est voulue. Ainsi, on a introduit intentionnellement le Renard roux européen (*Vulpes vulpes*) en Australie, à la fin des années 1800, en raison de l'intérêt que l'on avait à chasser cet animal. Les Renards roux ont contribué à la disparition de quelques mammifères indigènes de taille moyenne qu'ils ont pris comme proies. L'introduction désastreuse, en 1960, de la Perche du Nil (*Lates niloticus*) dans le lac Victoria (FIGURE 55.7a, p. 1346) constitue un autre exemple d'introduction volontaire d'espèce. Dans d'autres cas, les Humains ont transplanté des espèces sans le savoir. Ainsi, on a introduit accidentellement dans l'île de Guam le Serpent brun arboricole (*Boiga irregularis*),

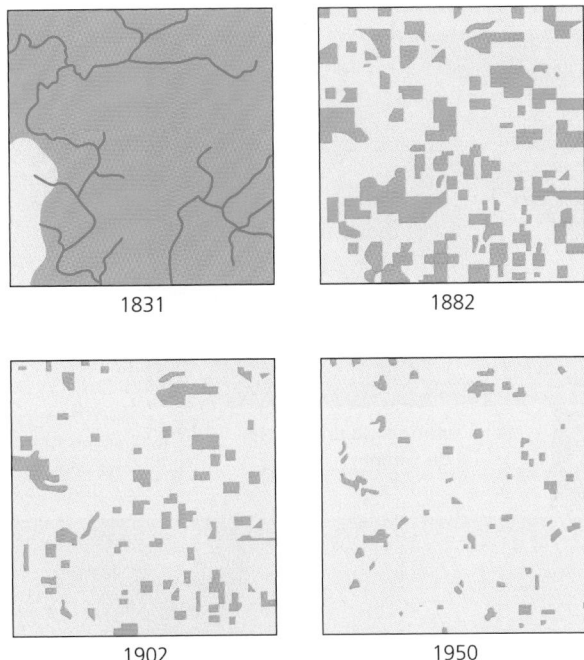

FIGURE 55.6 Histoire de la réduction et de la fragmentation des habitats dans une forêt du Wisconsin. Entre 1831 et 1950, plus de 95 % de la forêt originale (en vert) du Cadiz Township a été perdue. Ce qu'il reste, 5 % environ, est constitué de petites parcelles.

« passager clandestin » de cargos militaires après la Seconde Guerre mondiale (FIGURE 55.7b). Depuis, 12 espèces d'Oiseaux et 6 espèces de Lézards servant de proies à cet animal ont disparu de Guam. Ces 18 espèces continuent de vivre sur les petites îles, situées au large de Guam, que le Serpent brun arboricole n'a pas colonisées. Intentionnelle ou non, l'introduction d'espèces qui s'installent dans une communauté constitue une perturbation, soit parce que les espèces introduites sont prédatrices, soit parce qu'elles rivalisent avec les espèces indigènes pour les ressources.

Les Humains ont également introduit beaucoup d'espèces avec les meilleures intentions du monde. Ainsi, le ministère de l'Agriculture des États-Unis a encouragé l'importation d'une plante japonaise appelée Kudzu (*Pueraria lobata*) dans le sud du pays, dans les années 1930. Le but était de lutter contre l'érosion, notamment le long des canaux d'irrigation. Au début, le gouvernement payait les fermiers pour qu'ils plantent ces vignes. L'enthousiasme pour ces nouvelles vignes donna même naissance à des festivals avec couronnement de reines du Kudzu. Mais les célébrations ont pris fin il y a quelques décennies, la plante ayant envahi de grandes étendues du paysage du Sud (FIGURE 55.7c). La Salicaire commune (*Lythrum salicaria*), autre plante introduite, envahit plus de 200 000 acres de marécages par année, étouffant la végétation indigène qui tient lieu de source d'alimentation aux espèces fauniques. On a une histoire semblable avec l'introduction aux États-Unis d'une espèce d'Oiseau appelée Étourneau sansonnet (*Sturnus vulgaris,* FIGURE 55.7d). Un groupe de citoyens qui voulait introduire toutes les plantes et tous les animaux dont on parle dans les pièces de Shakespeare importa

120 Étourneaux sansonnets dans Central Park, à New York, en 1890 (on évoque l'Étourneau sansonnet dans une seule tirade de la pièce *Henri IV* de Shakespeare). De là, les Étourneaux sansonnets se sont répandus rapidement dans toute l'Amérique du Nord. En moins d'un siècle, la population a atteint environ 100 millions d'individus, chassant une multitude d'espèces d'oiseaux chanteurs indigènes des États-Unis et du Canada.

La facilité avec laquelle se font les voyages par bateau et par avion a accéléré l'introduction d'espèces, notamment les introductions involontaires. Ainsi, la Fourmi de feu (*Solenopsis invicta*), qui peut infliger des piqûres très douloureuses semblables à celles d'une abeille, a atteint le sud-ouest des États-Unis au début des années 1900. Venant d'Amérique du Sud, elle a probablement voyagé dans la cale d'un navire chargé de légumes. Par la suite, elle a étendu son aire de distribution vers le nord et l'ouest. Au Texas, par exemple, elle a réussi à éliminer près des deux tiers des espèces de Fourmis indigènes. Par ailleurs, une autre espèce de Fourmis introduite accidentellement, la Fourmi d'Argentine (*Iridomyrmex humilis*), décime les populations de Fourmis indigènes de Californie (FIGURE 55.7e).

Un exemple encore plus récent d'espèce introduite est celui d'une Algue verte appelée Caulerpe à feuille d'if (*Caulerpa taxifolia*), qui est apparue dans une lagune californienne en 2000 (FIGURE 55.7f). L'introduction est probablement le fait de quelqu'un qui a vidé son aquarium d'eau salée domestique. La petite algue, qui croît naturellement dans les eaux des Caraïbes et envahit la Californie, est une variété que l'on a domestiquée et cultivée de manière sélective dans des aquariums en raison de sa vigueur et de sa résistance aux maladies et aux herbivores. Cette « superalgue » a envahi auparavant la Méditerranée, d'où elle a chassé une multitude d'algues indigènes. Il pourrait se produire la même chose aujourd'hui tout le long de la côte du Pacifique, en Amérique du Nord.

Les espèces introduites constituent évidemment un problème international. Mais aux États-Unis seulement, il y a 50 000 espèces introduites, qui représentent pour l'économie un coût de 130 milliards de dollars en dommages et en mesures de lutte. Et ce montant n'inclut pas la perte inestimable d'espèces indigènes.

Aujourd'hui, le public s'inquiète beaucoup à propos des **organismes génétiquement modifiés (OGM)** dont on se sert en agriculture. Un « OGM » est un organisme auquel on a ajouté, par des moyens artificiels, un ou plusieurs gènes ne provenant pas nécessairement d'une autre espèce. Les personnes qui préconisent une approche prudente craignent que les variétés porteuses de gènes venant d'autres espèces soient un danger pour la santé humaine, causent des dommages à l'environnement ou encore portent atteinte à la biodiversité. Elles s'inquiètent notamment du fait que les plantes transgéniques peuvent transmettre leurs nouveaux gènes à des espèces apparentées qui sont situées dans des zones voisines et sont à l'état naturel. On sait par exemple que les graminées des pelouses ou des cultures échangent souvent des gènes avec leurs parentes sauvages par l'intermédiaire du pollen. Ainsi, si le pollen des plantes cultivées portant des gènes de résistance aux herbicides, aux maladies ou aux insectes ravageurs féconde des espèces sauvages, celles-ci pourraient devenir des « super-mauvaises herbes » très difficiles à éliminer (voir les chapitres 20 et 38).

(a) Perche du Nil, lac Victoria

(b) Serpent brun arboricole, île de Guam

(d) Étourneaux sansonnets

(c) Kudzu

(e) Fourmis d'Argentine

(f) Caulerpe à feuille d'if, Algue verte

FIGURE 55.7 Petit échantillon d'introductions désastreuses d'espèces. (a) La Perche du Nil (*Lates niloticus*), l'un des plus gros poissons d'eau douce (elle mesure jusqu'à 2 m de long et pèse jusqu'à 450 kg), a été introduite dans le lac Victoria, en Afrique orientale, pour assurer une nourriture à forte teneur en protéines à la population humaine croissante. Malheureusement, elle a fait disparaître environ 200 espèces indigènes plus petites, réduisant du même coup à un seuil critique ses propres disponibilités alimentaires. **(b)** Le Serpent brun arboricole (*Boiga irregularis*), introduit accidentellement dans l'île de Guam à la fin de la Seconde Guerre mondiale, a probablement éliminé 18 espèces d'Oiseaux et de Lézards dans sa nouvelle niche. **(c)** Le Kudzu (*Pueraria lobata*) a envahi presque tout le sud des États-Unis. **(d)** L'Étourneau sansonnet (*Sturnus vulgaris*) a chassé de nombreux oiseaux chanteurs d'Amérique du Nord. **(e)** Les Fourmis d'Argentine (*Iridomyrmex humilis*) se mettent à plusieurs contre une Fourmi rouge originaire de Californie (*Solenopsis xyloni*). **(f)** Sur cette photographie sous-marine d'une lagune californienne, on peut voir une variété vigoureuse de l'Algue verte appelée Caulerpe à feuille d'if (*Caulerpa taxifolia*). Cette espèce d'algue cultivée en aquarium prolifère au détriment de la Zostère marine (*Zostera marina*).

Surexploitation

La surexploitation désigne généralement l'exploitation par les Humains de plantes ou d'animaux sauvages à un rythme qui dépasse la capacité de régénération des populations des espèces en question. Elle peut mettre en péril certaines espèces de Plantes, comme les arbres rares qui fournissent du bois précieux ou certains autres produits commerciaux. Mais la surexploitation désigne plus souvent la chasse et la pêche excessives. Les grandes espèces dont le taux d'accroissement de population est bas, telles que les Éléphants, les Baleines, les Rhinocéros et d'autres animaux qui intéressent les Humains, sont très sensibles à la surexploitation. De même, les espèces qui habitent les petites îles sont particulièrement vulnérables à l'extinction liée à la surexploitation. Ainsi, dans les années 1840, les Humains avaient déjà chassé de façon excessive le Grand Pingouin (*Pinguinus impennis*), oiseau de mer incapable de voler, jusqu'à le faire disparaître des îles de l'océan Atlantique. On recherchait ses plumes, ses œufs et sa viande (FIGURE 55.8).

Le déclin des populations de l'Éléphant d'Afrique (*Loxodonta africana*) et de l'Éléphant de forêt (*Loxodonta cyclotis*), les plus grands animaux terrestres qui existent encore, est un exemple classique de l'impact de la chasse excessive. Il faut 10 ou 11 ans aux Éléphants pour atteindre la maturité sexuelle. Puis la femelle n'a qu'un seul éléphanteau tous les 3 à 9 ans. Le taux d'accroissement démographique potentiel n'est que de 6 % par année, ce qui est faible. Les populations d'Éléphants ont diminué dans presque toute l'Afrique au cours des 50 dernières années. Seule l'Afrique du Sud a vu ses populations d'Éléphants rester stables ou augmenter. La chasse illégale pour la récupération de l'ivoire constitue la principale cause de cet effondrement des populations d'Éléphants. Lorsque, au cours des années 1970, le prix de l'ivoire a grimpé, le braconnage a augmenté considérablement. À l'heure actuelle, le commerce de l'ivoire est interdit. Mais l'effet de cette mesure est très faible en Afrique centrale et orientale, où sévit le braconnage.

La pêche excessive a considérablement réduit la taille des populations de nombreuses espèces de Poissons d'importance commerciale. Il y a 100 ans à peine, le biologiste britannique T. H. Huxley déclarait : « Toutes les pêcheries maritimes sont probablement inépuisables : rien de ce que nous faisons ne peut sérieusement réduire le nombre de Poissons. » Mais Huxley et ses contemporains ont fortement sous-estimé la demande croissante de protéines d'une population humaine qui connaît une explosion. Ils n'ont pas non plus prévu la surexploitation rendue possible par les nouvelles techniques, comme la pêche aux lignes de fond, et les chalutiers modernes. De nombreuses espèces de Poissons destinées à la consommation humaine voient aujourd'hui leurs populations réduites à des niveaux qui ne peuvent pas supporter une exploitation plus poussée. Le Thon rouge de l'Atlantique Nord (*Thunnus thynnus*) en est un exemple. Il y a encore quelques décennies, on considérait le Thon rouge comme un poisson sportif de faible valeur commerciale (il valait quelques cents le kilo et servait de nourriture pour chats). Puis, au début des années 1980, des grossistes commencèrent à transporter par avion, vers le Japon, du Thon rouge frais conservé dans la glace, pour les sushi et les sashimi. Dans ce marché, le Thon rouge rapporte maintenant jusqu'à 200 dollars le kilo (FIGURE 55.9). Sous la pression d'une telle demande, les résultats sont prévisibles. Il n'a fallu que dix ans pour réduire la population du Thon rouge nord-américain à moins de 20 % de sa taille de 1980. L'effondrement de la pêche à la Morue franche (*Gadus morhua*) au large de Terre-Neuve, dans les années 1990, est un exemple récent de la possibilité de surexploiter une espèce très commune.

Perturbations dans les chaînes alimentaires

L'extinction d'une espèce peut condamner les prédateurs à l'extinction, comme dans une réaction en chaîne. Mais cette disparition ne survient que si le prédateur ne se nourrit que

FIGURE 55.8 Grand Pingouin (*Pinguinus impennis*). Le Grand Pingouin, espèce endémique aux îles de l'Atlantique Nord, a été chassé jusqu'à son extinction, en 1844.

FIGURE 55.9 Thon rouge (*Thunnus thynnus*) de l'Atlantique Nord dans un marché de poissons japonais. Malgré les quotas de pêche et le prix élevé que l'on paie, le Thon rouge pourrait être voué à l'extinction.

d'une espèce. Or, il s'agit d'une relation trophique rare. À coup sûr, les parasites ayant un hôte spécifique peuvent disparaître si leur hôte n'existe plus. Mais ce genre d'extinction ne fait pas l'objet de beaucoup de recherches.

La plupart des preuves de l'extinction secondaire de gros organismes due à la perte de proies sont indirectes. Par exemple, l'Aigle géant des forêts (*Harpagornis moorei*) de Nouvelle-Zélande avait comme proies des oiseaux qui nichaient au sol. Il a disparu autour de l'an 1400, à la suite de l'extinction d'oiseaux qui ne volaient pas : les Moas. Arrivés en Nouvelle-Zélande autour de l'an 1000 apr. J.-C., les Humains ont probablement chassé les 11 espèces de grands Moas, jusqu'à les faire disparaître. Si l'hypothèse du lien entre la disparition de l'Aigle géant des forêts de Nouvelle-Zélande et la perte de la proie principale de l'animal est plausible, on ne peut être sûr de la relation de cause à effet. De même, le déclin du Putois d'Amérique (*Mustela nigripes*) des Grandes Prairies de l'Amérique du Nord correspond à la diminution de la proie principale de l'animal, le Chien-de-prairie à queue noire (*Cynomys ludovicianus*). Mais d'autres facteurs peuvent avoir contribué à la diminution des populations de Putois d'Amérique. Comme la plupart des prédateurs ne sont pas aussi spécialisés pour les proies qu'ils dévorent, les perturbations des chaînes alimentaires sont probablement une cause moins importante d'extinction que la destruction des habitats, l'introduction d'espèces et la surexploitation.

Maintenant que nous avons vu de manière générale la crise de la biodiversité et ses causes, examinons comment les biologistes de la conservation espèrent appliquer les principes fondamentaux de la biologie de l'évolution et de l'écologie pour ralentir la perte de biodiversité dans ses diverses composantes.

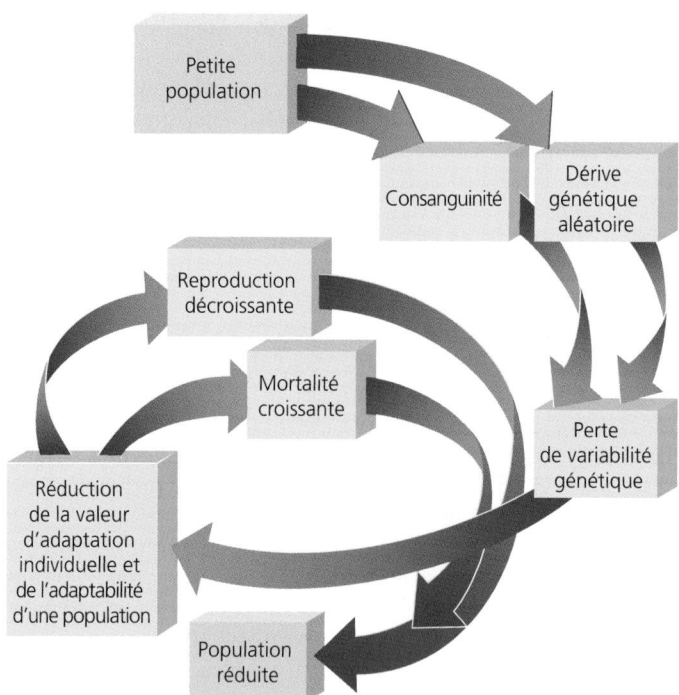

FIGURE 55.10 Spirale d'extinction selon l'approche des petites populations. Les petites populations peuvent se retrouver dans une spirale de boucles de rétroactivation qui diminue de plus en plus leur taille.

LA CONSERVATION DES POPULATIONS ET DES ESPÈCES

Les biologistes qui s'intéressent à la conservation des populations et des espèces ont deux grandes approches, que nous appellerons l'approche des petites populations et l'approche des populations déclinantes.

Selon l'approche des petites populations, une petite taille peut entraîner une population dans une spirale d'extinction

On parle d'*espèce en voie de disparition* quand les populations sont très petites. Les biologistes de la conservation qui adoptent l'**approche des petites populations** étudient les processus qui peuvent causer la disparition des petites populations. En d'autres mots, c'est la petite taille même d'une population qui conduit finalement à l'extinction, après que des facteurs tels que la perte d'habitats ont fait de nombreuses victimes. Au centre du concept se trouve la **spirale d'extinction,** hélice décroissante typique des petites populations. Une petite population connaît des boucles de rétroactivation dues à la consanguinité et à la dérive génétique. Cela l'entraîne dans une spirale d'extinction au cours de laquelle sa taille se réduit progressivement, jusqu'à ce qu'il n'existe plus aucun individu (FIGURE 55.10).

Le facteur déterminant de la spirale d'extinction est la perte de variation génétique dont dépend une population pour s'adapter au cours de son évolution. La consanguinité et la dérive génétique peuvent toutes les deux causer une perte de variation génétique, et ces deux processus s'accentuent tandis que la population diminue (voir le chapitre 23 pour revoir comment la dérive génétique réduit la variation génétique dans une population).

Toutes les populations ne sont pas condamnées par une faible diversité génétique. Certaines espèces de Plantes comme les Pédiculaires (*Pedicularis sp.*) et plusieurs herbes semblent posséder en elles-mêmes une variabilité génétique faible. En outre, une variabilité génétique faible ne signifie pas nécessairement des populations qui sont petites de façon permanente. Ainsi, la chasse excessive de l'Éléphant de mer du Sud (*Mirounga leonina*), dans les années 1890, a réduit la population de l'espèce à seulement 20 individus. Il s'agit manifestement d'un effet d'étranglement qui a entraîné une faible variation génétique. Mais depuis, les populations d'Éléphants de mer du Sud ont connu une recrudescence et comptent aujourd'hui environ 150 000 individus. La variation génétique demeure relativement faible dans ces populations. Parmi les Végétaux, de nombreuses populations de la Spartine alterniflore (*Spartina anglica*) qui croissent dans les marais salants sont génétiquement uniformes dans de nombreux endroits. *S. anglica* est apparue il n'y a qu'un siècle. Elle est issue de l'hybridation et de l'allopolyploïdie de quelques plantes parentes (voir la FIGURE 24.15). Cette espèce s'est disséminée par clonage et domine maintenant de grands secteurs de battures en Europe et en Asie. Ainsi, dans certains cas, une faible diversité génétique est associée à une croissance de population et non à un déclin. Mais ces cas peuvent se produire justement parce qu'ils sont si inhabituels. Par conséquent, les biologistes de la conservation ont de bonnes raisons de se préoccuper des très petites populations dont la variation génétique est faible.

Quelle limite inférieure peut atteindre la taille d'une population?

Quelle limite inférieure doit atteindre la taille d'une population pour s'engager dans une spirale d'extinction? La réponse dépend du type d'organisme et de quelques autres facteurs. Elle s'évalue au cas par cas. Par exemple, les grands prédateurs qui se nourrissent habituellement dans les niveaux supérieurs d'un réseau trophique ont généralement besoin de très grandes aires de distribution, et ont donc des densités de population très faibles. Par conséquent, ce ne sont pas toutes les espèces rares qui préoccupent les biologistes de la conservation. Mais, quel que soit le nombre d'individus, la taille de la plupart des populations doit avoir une valeur minimale pour rester viable.

Taille minimale viable d'une population. À une certaine taille minimale, les populations rares sont capables de maintenir leur nombre et de survivre. On parle de **taille minimale viable d'une population.** Pour une espèce donnée, on évalue habituellement la taille minimale viable à l'aide de modèles informatiques combinant plusieurs facteurs. Par exemple, le calcul peut inclure une évaluation du nombre d'individus d'une petite population qui peuvent être tués par une catastrophe naturelle quelconque comme un incendie ou une inondation. Une fois amorcée la spirale d'extinction, deux ou trois années de suite de climat défavorable peuvent achever une population dont la taille est déjà inférieure au minimum viable.

Les biologistes de la conservation se servent de la valeur de la taille minimale viable dans ce qu'ils appellent une **analyse de la viabilité d'une population.** L'objectif de l'analyse est d'arriver à une prévision plausible des chances de survie d'une population, que l'on exprime habituellement sous forme de probabilité de survie (on parle, par exemple, d'une probabilité de survie de 99 %) pour une période donnée (par exemple, 100 ans).

Taille efficace d'une population (N_e)**.** La variation génétique est l'enjeu principal de l'approche des petites populations. La taille *totale* d'une population peut être trompeuse, parce que seuls certains membres se reproduisent avec succès et transmettent leurs allèles à leur progéniture. Par conséquent, pour faire une estimation significative de la taille minimale viable, les chercheurs doivent déterminer la **taille efficace d'une population,** fondée sur le potentiel de reproduction. La formule qui suit utilise la proportion des individus reproducteurs par sexe dans le calcul d'une estimation de la taille efficace d'une population, symbolisée par N_e:

$$N_e = \frac{4\,N_f N_m}{N_f + N_m}$$

où N_f et N_m sont respectivement le nombre de femelles et le nombre de mâles qui se reproduisent avec succès. Si l'on applique cette formule à une population théorique comptant au total 1 000 individus, on obtient 1 000 pour N_e si chaque individu se reproduit et si la proportion des sexes est de 500 femelles et 500 mâles. En effet, dans ce cas: $N_e = (4 \times 500 \times 500)/ (500 + 500) = 1\,000$. Un écart par rapport à ces conditions (tous les individus ne se reproduisent pas ou la proportion des sexes n'est pas de 50-50) réduit N_e. Par exemple, si la taille totale de la population est de 1 000 individus mais que seules 400 femelles se reproduisent avec 400 mâles, alors: $N_e = (4 \times 400 \times 400)/(400 + 400) = 800$. N_e équivaut ainsi à 80 % de la taille totale de la population.

Dans les études réelles de populations, N_e est toujours une fraction de la population totale. Par conséquent, le simple recensement d'une population, c'est-à-dire la détermination du nombre total d'individus, ne permet pas de savoir si une population est suffisamment importante pour éviter l'extinction. Quand c'est possible, les programmes de conservation visent à soutenir des tailles de population totale qui incluent au moins le nombre minimal viable d'individus qui sont des *reproducteurs actifs*. De nombreuses caractéristiques du cycle biologique peuvent influer sur N_e. Ainsi, les autres formules pour l'évaluation de N_e tiennent compte de la taille des familles, de l'âge de la maturation, du rapprochement génétique entre les membres de la population, des effets du flux génétique entre les populations séparées géographiquement et des fluctuations de la population.

Il faut se rappeler que l'on veut maintenir une taille efficace de population supérieure à la taille minimale viable afin de s'assurer que les populations conservent une diversité génétique suffisante pour leur adaptation au cours de l'évolution. Les populations ayant une faible valeur pour N_e sont sujettes à la consanguinité, à une hétérozygotie réduite et aux effets aléatoires de la dérive génétique (voir l'effet d'étranglement, au chapitre 23). La prémisse de base de l'approche des petites populations paraîtra moins abstraite après les trois études de cas que nous allons faire.

Étude de cas: le Tétras des prairies et la spirale d'extinction

Quand les Européens sont arrivés en Amérique du Nord, le Tétras des prairies (*Tympanuchus cupido*) était une espèce répandue de la Nouvelle-Angleterre à la Virginie et dans toutes les prairies de l'ouest des États-Unis et du Canada.  Puis, l'agriculture a fragmenté les populations de Tétras des prairies dans les États et les provinces du centre et de l'Ouest. Ainsi, dans le seul État de l'Illinois, la population des Tétras s'élevait à plusieurs millions au XIXᵉ siècle. Mais en 1933, elle comptait seulement 25 000 individus, puis en 1993, 50 individus. Les États du Kansas, du Minnesota et du Nebraska, eux, en abritent encore de grandes populations.

Les chercheurs ont découvert que la diminution de la population de Tétras dans la prairie de l'Illinois était liée à une diminution du taux d'éclosion des œufs. Était-ce dû à la faible diversité génétique? En comparant des échantillons d'ADN provenant des populations en voie de disparition de l'Illinois avec de l'ADN extrait des plumes de spécimens plus anciens conservés au musée, les biologistes sont arrivés à la conclusion que la variation génétique avait effectivement diminué dans les populations étudiées du Jasper County, en Illinois. Pour obtenir une autre confirmation de l'hypothèse de la spirale d'extinction, les scientifiques ont introduit une variation génétique en transplantant des oiseaux provenant des populations plus grandes du Kansas, du Minnesota et du Nebraska. Sur une période de cinq ans, jusqu'en 1997, ils ont déplacé plus de 270 Tétras des prairies jusqu'à l'emplacement de l'étude, dans le Jasper County (FIGURE 55.11). La viabilité des œufs s'est rapidement améliorée, et la population a connu une recrudescence. Les chercheurs ont conclu que la population de Tétras des prairies du Jasper County se dirigeait vers une spirale d'extinction, avant qu'on ne la sauve par l'introduction d'une variation génétique provenant d'autres populations.

Étude de cas : analyse de la viabilité d'une population de deux herbacées particulières

Pour sa thèse de doctorat en sciences de l'environnement, à l'Université du Québec à Montréal, Patrick Nantel a présenté, en 1994, une analyse de la viabilité d'une population de deux plantes herbacées comestibles, le Ginseng à cinq folioles (*Panax quinquefolius*) et l'Ail des bois (*Allium tricoccum*). Ces herbacées vivaces habitent les communautés de forêts décidues tempérées situées dans l'Est de

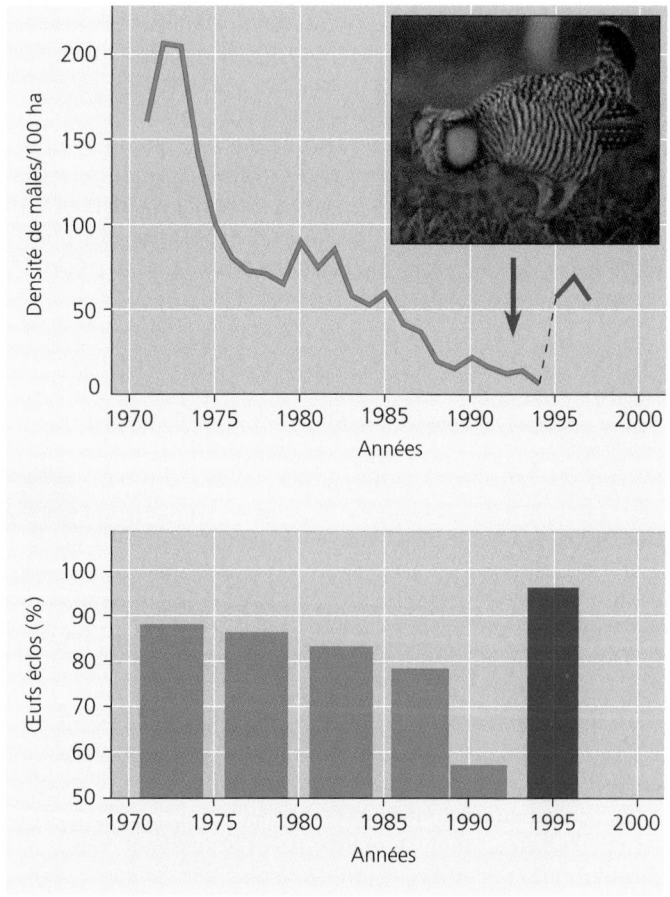

FIGURE 55.11 Déclin de la population de Tétras des prairies (*Tympanuchus cupido*), dans le centre de l'État de l'Illinois, de 1970 à 1997. L'effondrement de la population s'est reflété dans la réduction de la fécondité. En 1992, les chercheurs ont commencé à transplanter (flèche bleue) des Tétras des prairies venant du Minnesota, du Kansas et du Nebraska, afin de tenter d'augmenter la variabilité génétique. La population a alors connu une importante recrudescence.

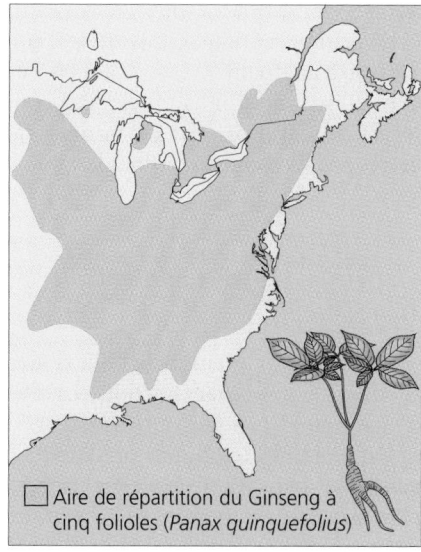

(a) Répartition du Ginseng à cinq folioles (*Panax quinquefolius*) dont les racines, recherchées pour leur effet médicinal, coûtent cher.

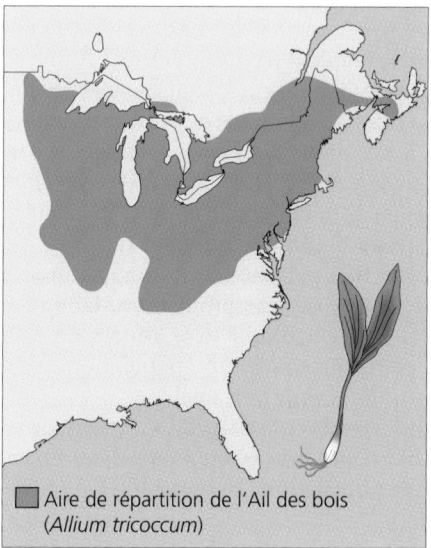

(b) Répartition de l'Ail des bois (*Allium tricoccum*) recherché pour son bulbe comestible.

FIGURE 55.12 Deux espèces de plantes comestibles menacées par la perte d'habitat et la surexploitation.

l'Amérique du Nord (FIGURE 55.12). Elles sont toutes les deux vulnérables. Les facteurs déterminants de leur déclin sont la destruction et la fragmentation des habitats, et la surexploitation des herbacées pour la nourriture. Quelques populations des deux espèces ont déjà disparu. L'analyse de Nantel pour les populations encore présentes dans le sud-est du Canada tient compte de données portant sur les tendances que suit le nombre d'individus capables de se reproduire dans des périodes de deux, trois et quatre ans. Des simulations par ordinateur permettent de prévoir l'effet probable des influences environnementales sur les populations. Selon les modèles informatiques, les populations minimales viables s'élèvent à environ 170 plants de Ginseng à cinq folioles et à 300 à 1 030 plants d'Ail des bois. Or, il n'existe au Canada que 20 populations connues environ de Ginseng à cinq folioles comportant plus de 170 individus. Les populations d'Ail des bois de plus de quelques centaines d'individus sont rares quant à elles. Ainsi, à moins qu'on ne les protège complètement des activités de cueillette, la plupart des populations de Ginseng à cinq folioles et d'Ail des bois au Canada sont actuellement trop petites pour durer. Le travail de Nantel constitue un exemple de l'utilisation croissante de modèles de prédiction dans la planification d'une stratégie de conservation.

Étude de cas : analyse de populations de Grizzlis

 Mark Shaffer, membre de la Wilderness Society, a effectué l'une des premières analyses de viabilité d'une population dans le cadre d'une étude à long terme sur les Grizzlis (*Ursus arctos*) du parc national de Yellowstone et ses environs (FIGURE 55.13). Les Grizzlis ont besoin d'un habitat vaste. Ainsi, on estime que les Grizzlis de l'ouest du Canada ont besoin au minimum d'un habitat de 5 millions d'hectares pour une population de 50 individus et d'environ 200 millions d'hectares pour 1 000 individus. Espèce menacée aux États-Unis, le Grizzli n'habite que 4 des 48 États continentaux. De plus, sa population y a subi une réduction et une fragmentation radicales. En 1800, 100 000 Grizzlis parcouraient une région d'environ 500 millions d'hectares d'un habitat plus ou moins continu, alors qu'aujourd'hui six populations presque isolées comptant au total près de 1 000 individus occupent un territoire de moins de 5 millions d'hectares. La population du parc de Yellowstone est la plus importante ; elle comprend 200 individus dans un secteur d'environ 1 million d'hectares.

Dans sa tentative pour déterminer la taille viable des populations de Grizzlis des États-Unis, Shaffer a utilisé des données sur le cycle biologique des Grizzlis de Yellowstone couvrant une période de 12 ans. Il a ensuite simulé les effets des facteurs écologiques sur la survie et la reproduction. Selon ses modèles, une population totale de Grizzlis comptant de 70 à 90 individus dans un habitat favorable a 95 % de chances de survie au cours des 100 prochaines

FIGURE 55.13 Surveillance à long terme d'une population de Grizzlis (*Ursus arctos*). L'écologiste installe un émetteur radio à ce Grizzli anesthésié, de façon à pouvoir suivre ses déplacements et à les comparer à ceux d'autres individus de la population habitant le parc national de Yellowstone.

années. Pour arriver à 99 % de chances de survie au cours des 100 prochaines années ou à 95 % de chances au cours des 200 prochaines années, il faut un habitat suffisant pour faire vivre au moins 100 ours. Étant donné les limitations des habitats, cependant, on a provisoirement fixé les objectifs de restauration, c'est-à-dire les buts que vise la Loi sur les espèces en voie d'extinction (*Endangered Species Act*), pour quelques populations américaines à moins de 100 individus. Dans ces cas, les biologistes espèrent que les petites populations pourront survivre grâce à un suivi minutieux et à des mesures de protection spéciales.

Déplorant que l'on ait pris des décisions de principe sans information sur les pertes potentielles de variabilité génétique dans les populations de Grizzlis, Fred Allendorf et ses collaborateurs de l'Université du Montana ont élaboré un modèle informatique qui complète le travail de Shaffer. Le modèle d'Allendorf s'appuie sur des connaissances détaillées du cycle biologique et sur des données d'apparentement permettant d'établir la variabilité génétique des populations. Grâce à des données provenant d'individus membres de populations d'ours du Montana, du Wyoming et de la Colombie-Britannique, le modèle d'Allendorf permet d'estimer que la taille efficace de la population (N_e) de Grizzlis n'est que de 25 % de la taille totale. En effet, généralement, seuls quelques mâles dominants se reproduisent. Or, repérer les femelles peut s'avérer difficile, car les individus habitent de très grandes étendues. En outre, les femelles ne se reproduisent que si la nourriture est suffisamment abondante. Par conséquent, même la population relativement grande de 200 ours dans le parc de Yellowstone a une taille efficace de 50 individus seulement, niveau qui pourrait mener à une perte de variabilité génétique et éventuellement de valeur d'adaptation. La taille efficace pourrait augmenter s'il y avait des migrations entre les populations isolées de Grizzlis. Les modèles informatiques prédisent que l'introduction, tous les 10 ans, de deux ours non apparentés seulement dans des populations de 100 individus réduirait de moitié environ la perte de variation génétique. Pour le Grizzli, et probablement pour beaucoup d'autres espèces dont les populations sont très petites, l'un des besoins les plus urgents pour la conservation est de trouver des façons de favoriser la dispersion parmi les populations.

Les trois études de cas que nous venons de voir font le lien entre la théorie des petites populations et les applications pratiques en biologie de la conservation. Dans la section suivante, nous allons examiner une autre approche biologique pouvant permettre de comprendre le phénomène qu'est l'extinction d'espèces.

L'approche des populations déclinantes est une stratégie proactive de conservation visant à dépister, à diagnostiquer et à freiner les déclins de populations

Nous avons vu que l'approche des petites populations insistait sur la taille minimale viable d'une population et sur la spirale de l'extinction pour comprendre le processus de la disparition d'espèces. Certaines interventions, bien entendu, s'inspirent de la théorie des petites populations, notamment pour introduire une variation génétique d'une population dans une autre population. Mais l'**approche des populations déclinantes** est de nature encore plus pragmatique. Elle s'intéresse en effet aux populations menacées ou en voie d'extinction même si leur taille est bien supérieure au minimum viable. Pour les biologistes de la conservation qui adoptent cette approche, une diminution d'effectifs chez une espèce est une cause suffisante d'inquiétude qui appelle, si possible, une mesure correctrice.

La distinction entre une population déclinante (qui peut être petite) et une petite population (qui peut être déclinante) est moins importante que les différences entre les priorités des deux approches de base en biologie de la conservation. Les spécialistes des deux approches, celle des petites populations et celle des populations déclinantes, admettent que la plupart des extinctions de notre époque sont dues aux facteurs humains que sont la destruction d'habitats, l'introduction d'espèces et la surexploitation des ressources. Mais l'approche des petites populations fait valoir que la petite taille même est la cause première de l'extinction des populations. En revanche, l'approche des populations déclinantes met surtout l'accent sur les facteurs écologiques qui causent le déclin d'une population. Si, par exemple, un secteur est déboisé, les espèces qui dépendent des arbres diminueront et disparaîtront localement, qu'elles conservent ou non une variation génétique.

L'approche des populations déclinantes exige que les chercheurs évaluent au cas par cas les déclins de populations en analysant minutieusement les causes avant de recommander ou de mettre à l'essai des mesures correctrices. Si, par exemple, la bioamplification d'un polluant toxique cause le déclin d'un consommateur d'un niveau supérieur comme un oiseau prédateur, alors seule la réduction du poison ou son élimination de l'environnement peuvent sauver l'espèce. Les situations sont rarement aussi claires, mais certaines méthodes aident même à résoudre les cas complexes.

Étapes du diagnostic et du traitement des populations déclinantes

 Comme tous les processus scientifiques, les analyses, en biologie de la conservation, suivent rarement des méthodes de recherche toutes faites. Mais nous pouvons indiquer une série d'étapes logiques qui sont courantes dans l'approche des populations déclinantes. Il faut:

1. *Confirmer que l'espèce est en déclin, ou qu'elle était auparavant plus abondante ou avait un habitat plus étendu.* Cette étape exige une évaluation des tendances démographiques et de la répartition de la population.
2. *Étudier l'évolution naturelle de l'espèce pour déterminer ses exigences en matière environnementale.* Les comptes rendus de recherches portant sur l'évolution naturelle de l'espèce ou d'une espèce apparentée peuvent être utiles à cette étape.
3. *Déterminer toutes les causes possibles du déclin.* Il s'agit de proposer toutes les hypothèses possibles pour expliquer le déclin. Les activités humaines qui peuvent contribuer aux pertes peuvent être évidentes, mais les hypothèses ne doivent pas s'y limiter. En effet, une suite d'hivers particulièrement durs peut causer le déclin de population de certaines espèces à l'échelle locale.
4. *Énumérer les prédictions de chaque hypothèse pour le déclin.* Théoriquement, la recherche devrait faire ressortir les divergences entre les prédictions fondées sur les différentes hypothèses (voir le chapitre 1).

5. *Vérifier d'abord l'hypothèse la plus vraisemblable en concevant une expérience visant à déterminer si le facteur en question est la principale cause du déclin.* De nombreux facteurs peuvent être liés au déclin sans pour autant en être la cause directe. Dans l'expérience idéale, les chercheurs retirent l'agent soupçonné d'être responsable du déclin pour voir si la population expérimentale connaît une recrudescence par rapport à la population témoin. On peut alors découvrir que le déclin a de multiples causes.
6. *Appliquer les résultats du diagnostic à la gestion des espèces menacées.* Cette étape exige le suivi de la restauration de l'espèce jusqu'à la résolution du problème responsable du déclin.

Comme dans le cas de l'approche des petites populations, l'approche des populations déclinantes semblera moins abstraite après l'étude de cas que nous allons faire.

Étude de cas: diagnostic et traitement du déclin du Pic à face blanche

Pour faire de la biologie de la conservation, il faut comprendre les exigences parfois subtiles d'une espèce en voie d'extinction en matière d'habitat. Le Pic à face blanche (*Picoides borealis*) est une espèce endémique (caractéristique d'une région) et en voie de disparition qui habitait à l'origine le sud-est des États-Unis. Cette espèce a besoin d'une forêt de Pins arrivée à maturité et de préférence dominée par le Pin des marais (*Pinus palustris*). Or, ce type d'habitat a été détruit ou fragmenté par l'exploitation forestière et l'agriculture. Contrairement à la plupart des Pics qui nichent dans des arbres morts, le Pic à face blanche creuse une cavité dans des arbres vivants et matures (FIGURE 55.14a). Le cœur du Pin des marais mature est généralement pourri et ramolli par les champignons, ce qui laisse aux Pics à face blanche un espace suffisant pour nicher une fois qu'ils ont atteint le duramen (bois parfait). De plus, le Pic à face blanche creuse aussi de petites cavités autour de l'entrée du nid. La résine coule alors et finit par enduire le tronc, ce qui décourage certains prédateurs qui dévorent les œufs et les oisillons, comme l'Élaphe des blés (*Elaphe guttata*), couleuvre ratière.

Un autre facteur déterminant pour le Pic à face blanche en matière d'habitat est la nécessité que le sous-étage de végétation autour des troncs de la forêt de Pins des marais soit peu élevé (FIGURE 55.14b). Les Pics à face blanche nicheurs abandonnent leur nid quand la végétation autour des Pins des marais est dense et dépasse 5 m (FIGURE 55.14c). Les Pics à face blanche ont besoin, semble-t-il, d'une trajectoire de vol dégagée entre l'arbre où ils nichent et les aires d'alimentation voisines. Par le passé, des incendies périodiques nettoyaient les forêts de Pins des marais, ce qui maintenait le sous-bois à une hauteur adéquate.

Le Pic à face blanche a connu récemment une restauration. Après une disparition presque complète, ses populations ont atteint une taille minimale viable grâce à la reconnaissance des facteurs clés en matière d'habitat et grâce à la protection de quelques forêts de Pins des marais. Le recours aux incendies contrôlés pour réduire le sous-bois contribue au maintien des Pins des marais matures, et des Pics à face blanche.

La conception d'un programme de restauration du Pic à face blanche a été difficile, en raison de l'organisation sociale de l'espèce. En effet, ces oiseaux vivent en groupes formés d'un couple reproducteur et de congénères, surtout des mâles, dont le nombre peut atteindre quatre. Ces derniers sont des assistants

(a) **Pic à face blanche** à l'entrée de son nid situé dans un Pin des marais (*Pinus palustris*).

(b) **Une forêt pouvant abriter les Pics à face blanche** comporte un bas sous-bois.

FIGURE 55.14 Besoins en matière d'habitat du Pic à face blanche (*Picoides borealis*).

(c) **Une forêt ne pouvant pas abriter de Pics à face blanche** comporte un haut sous-bois dense qui gêne l'accès des oiseaux aux aires d'alimentation.

et ne se reproduisent pas. Mais ils participent à l'incubation des œufs et aux soins de la nichée. Quelques jeunes se dispersent vers de nouveaux territoires, mais la plupart restent pour aider les reproducteurs. Ces jeunes peuvent finir par accéder au statut de reproducteurs lorsque les plus vieux oiseaux meurent. Mais l'attente peut durer des années, et encore, les assistants doivent entrer en compétition pour occuper les postes vacants de reproducteurs. Les jeunes qui se dispersent afin de former de nouveaux groupes doivent surmonter des difficultés pour se reproduire avec succès. En effet, les nouveaux groupes occupent généralement des territoires abandonnés ou s'établissent dans de nouveaux sites où ils doivent creuser les cavités nécessaires à la nidification. Or, la construction de nids peut prendre plusieurs années. Ainsi, les individus ont généralement de meilleures chances de se reproduire s'ils restent avec le groupe et entrent en compétition pour les rôles de reproduction laissés libres que s'ils se dispersent et creusent leurs demeures dans de nouveaux territoires. Cette dispersion du Pic à face blanche a peut-être contribué à son déclin.

Les écologistes ont voulu vérifier l'hypothèse selon laquelle le comportement limite la capacité d'accroissement des populations de Pics à face blanche. Ils ont ainsi creusé des cavités dans des Pins des marais de 20 sites, en Caroline-du-Nord. Les résultats ont été spectaculaires : les Pics à face blanche ont colonisé 18 des 20 sites, et de nouveaux groupes reproducteurs se sont formés uniquement aux endroits où l'on avait creusé des cavités artificielles. L'expérience a donc confirmé l'hypothèse selon laquelle cette espèce de Pic abandonne des habitats tout à fait convenables en raison de l'absence de cavités pour les nids. En outre, la recherche a aidé à concevoir une stratégie de gestion visant à redresser la tendance à la baisse des populations de Pics à face blanche. Les incendies contrôlés destinés à réduire la végétation du sous-bois et le creusement de cavités pour les nids dans des secteurs inoccupés qui constituent un bon habitat ont permis à cette espèce en danger de connaître un accroissement de population. Cet exemple de l'approche des populations déclinantes en biologie de la conservation illustre la nécessité de faire des recherches au cas par cas sur les facteurs qui contribuent au déclin des espèces.

La conservation des espèces implique l'évaluation d'exigences contraires des différentes espèces et des Humains

Déterminer les effectifs d'une population et les besoins en matière d'habitat ne sont qu'un aspect de l'effort visant à préserver des espèces. Il faut également mettre en balance, d'une part, les besoins biologiques et écologiques de chaque espèce et, d'autre part, les exigences contraires des Humains. La biologie de la conservation met souvent au premier plan la relation entre la science, la technologie et la société (l'un des thèmes de ce manuel). Par exemple, dans les États du Nord-Ouest des États-Unis bordés par le Pacifique a lieu un débat parfois animé : il oppose le sauvetage des habitats pour les populations de Chouettes tachetées (*Strix occidentalis*), de Loups gris (*Canis lupus*), de Grizzlis (*Ursus arctos*) et de Dolly Varden (une sorte d'Omble, *Salvelinus malma*) et les exigences en matière d'emplois dans les domaines du bois de construction et des mines et dans d'autres entreprises d'exploitation. De plus, quelques amateurs de plein air et de nombreux éleveurs s'opposent aux programmes visant à reconstituer les populations de Loups gris à Yellowstone et à soutenir celles des Grizzlis et d'autres grands mammifères : les premiers s'inquiètent pour leur sécurité, tandis que les seconds craignent d'éventuelles pertes de bétail.

Les grands Vertébrés vedettes ne sont pas toujours au centre des conflits, mais l'utilisation des habitats est presque toujours en cause. Faut-il poursuivre les travaux de construction d'un pont pour une nouvelle route s'ils menacent de détruire le seul habitat restant d'une espèce de Moule d'eau douce? Si vous étiez propriétaire d'une plantation de café où croissent des variétés qui ont besoin de beaucoup de lumière, croyez-vous que vous seriez disposé à changer pour des variétés tolérant l'ombre qui sont moins productives et moins payantes mais qui abritent de nombreux oiseaux chanteurs ?

En plus des questions relatives aux besoins des habitats humains, il faut étudier cet autre facteur important qu'est le rôle écologique des espèces. Étant donné notre incapacité à sauver toutes les espèces en voie de disparition, nous devons déterminer lesquelles sont les plus importantes pour la conservation de la biodiversité dans son ensemble. Les espèces n'influent pas de la même manière sur le fonctionnement des communautés et des écosystèmes. Quelques organismes, appelés *espèces clés,* jouent un rôle crucial qui n'a rien à voir avec leur nombre (voir le chapitre 53). Ainsi, certaines espèces clés modifient de façon appréciable les habitats, créant diverses parcelles où vivent de nombreuses espèces. Les mutualistes fournissent des nutriments aux autres espèces et constituent des moyens de défense contre les prédateurs et les parasites ou, dans le cas des pollinisateurs, des moyens de reproduction. En déterminant les espèces clés et en trouvant des moyens pour soutenir leurs populations, on assure le maintien de nombreuses autres espèces et la survie de communautés entières. La conservation ne doit pas limiter ses préoccupations à des espèces prises séparément, comme la Chouette tachetée, mais prendre en considération une communauté ou un écosystème en entier comme unité importante de la biodiversité.

LA CONSERVATION DES COMMUNAUTÉS, DES ÉCOSYSTÈMES ET DES PAYSAGES

Dans le passé, presque tous les efforts de conservation se sont concentrés sur la préservation d'espèces en voie d'extinction. Mais de nos jours, la biologie de la conservation vise de plus en plus à assurer la biodiversité de communautés et d'écosystèmes entiers. À une plus grande échelle encore, on applique les principes de l'écologie des communautés et des écosystèmes dans des études portant sur la biodiversité des paysages dans leur ensemble. Au sens écologique, un **paysage** est un ensemble régional d'écosystèmes qui sont en interaction, tels qu'une forêt ou des parcelles de forêts, les champs voisins, les marécages, les cours d'eau et les habitats riverains.

L'**écologie des paysages** est l'application des principes écologiques à l'étude des profils d'utilisation des sols par les Humains.

Comprendre la dynamique des paysages est d'une importance capitale pour la conservation, car de nombreuses espèces utilisent plus d'une sorte d'écosystème et un grand nombre d'espèces vivent à la limite de deux écosystèmes. L'écologie des paysages, qui comprend la gestion des écosystèmes, a pour but de comprendre les profils d'utilisation des sols dans le passé, dans le présent et dans un avenir prévisible, et d'intégrer la préservation de la biodiversité à ces profils d'utilisation des sols. Une visée aussi large exige de comprendre non seulement l'écologie des communautés et des écosystèmes, mais aussi la dynamique des populations et la science économique.

Les zones de transition et les corridors de migration peuvent influer fortement sur la biodiversité des paysages

Les zones de transition, que les écologistes appellent *écotones,* entre les écosystèmes (entre un lac et la forêt environnante, par exemple, ou entre une terre cultivée et une zone d'habitation en banlieue) et au sein des écosystèmes (comme les bords de chemin et les affleurements rocheux) sont des caractéristiques qui définissent les paysages (FIGURE 55.15). Une zone de transition possède son propre ensemble de conditions physiques, par exemple un type de sol, une topographie et des perturbations spécifiques, qui diffèrent de celles existant de part et d'autre. Ainsi, dans une zone de transition entre une parcelle de forêt et un secteur incendié, la surface du sol reçoit plus de rayonnements solaires et est généralement plus chaude et plus sèche que l'intérieur de la forêt, mais est par ailleurs plus fraîche et plus humide que la surface du sol incendiée. Les arbres renversés par le vent constituent une perturbation fréquente dans les zones de transition forestières, qui sont moins protégées des vents que l'intérieur des forêts.

Les zones de transition ont également leurs propres communautés d'organismes correspondant à leurs caractéristiques physiques spécifiques. Certains organismes se développent dans des communautés d'écotones parce qu'ils ont besoin de ressources provenant des deux aires adjacentes. Ainsi, la Gélinotte huppée (*Bonasa umbellus*) a besoin d'un habitat forestier pour la nidification et la nourriture en hiver et pour s'abriter. Mais elle a également besoin d'ouvertures dans la forêt occupées par des arbrisseaux et des herbes denses pour la nourriture en été. Le Cerf de Virginie (*Odocoileus virginianus*) vit aussi dans des habitats de zones de transition, où il peut brouter les buissons. Les populations de Cerfs de Virginie s'accroissent souvent quand les forêts sont exploitées.

La prolifération d'espèces dans les zones de transition peut avoir des effets positifs ou négatifs sur la biodiversité d'une communauté. Une étude récente sur des communautés d'écotones situées dans une forêt tropicale humide du Cameroun a montré que les zones de transition pouvaient être des sites importants de différenciation des espèces. Par ailleurs, les communautés où les écotones se sont multipliés à la suite de l'intervention des Humains ont souvent une biodiversité réduite à cause de la prépondérance des espèces adaptées à ces zones. Ainsi, les populations de Vachers à tête brune (*Molothrus ater*), espèce adaptée aux zones de transition qui pond ses œufs dans les nids d'autres oiseaux, prennent actuellement de l'expansion

(a) **Zones de transition naturelles entre des écosystèmes.** Dans ce paysage du parc national Kakadu, situé dans le nord de l'Australie, on peut voir les zones de transition (ou écotones) suivantes : une forêt sèche, un secteur rocheux parsemé de touffes d'herbes et la rive plate et herbeuse d'un lac.

(b) **Zones de transition créées par l'activité humaine.** Les activités humaines qui dégradent et fragmentent les habitats créent souvent des zones de transition plus abruptes que celles des paysages naturels. Dans cette photographie d'une forêt tropicale humide de Malaisie très exploitée, des zones de transition bien nettes (routes) entourent des coupes à blanc.

FIGURE 55.15 Zones de transition entre des écosystèmes.

dans de nombreuses régions de l'ouest des États-Unis. Les Vachers à tête brune fouillent les champs pour trouver les insectes que le bétail ou d'autres grands herbivores font lever ou attirent. Mais ils ont besoin de forêts pour parasiter les nids d'autres oiseaux. Le nombre de Vachers à tête brune est en pleine croissance là où les forêts sont fortement exploitées et très fragmentées. À ces endroits, il y a beaucoup d'habitats de zones de transition et de champs pour le bétail, les chevaux et les moutons. Le parasitisme croissant du Vacher à tête brune et la perte d'habitats

expliquent le déclin des populations de plusieurs espèces hôtes du Vacher à tête brune (des oiseaux chanteurs et migrateurs comme la Paruline jaune [*Dendroica petechia*], le Viréo aux yeux rouges [*Vireo olivaceus*] et la Paruline flamboyante [*Setophaga ruticilla*]).

Le **corridor de migration** est une autre caractéristique importante des paysages. Il se trouve notamment là où des habitats ont été très fragmentés. Il s'agit d'une bande de terre étroite ou d'une série de petits massifs d'habitats naturels ou aménagés qui fait le lien entre des parcelles autrement isolées. Les habitats situés au bord d'un cours d'eau servent souvent de corridors de migration, et les politiques gouvernementales de certains pays interdisent la destruction de ces aires riveraines. Dans les secteurs où les activités humaines sont importantes, des corridors de migration artificiels sont quelquefois construits. Ainsi, des routes coupent en deux des parcelles d'habitats essentiels à la survie des quelques Couguars de Floride (*Felis concolor coryi*) qui restent. L'État de Floride a érigé de hautes clôtures pour réduire le nombre de morts d'animaux sur la route, et des corridors artificiels sous les routes pour permettre les migrations des Couguars dans des aires protégées (FIGURE 55.16).

Les corridors de migration favorisent la dispersion et réduisent la consanguinité dans des populations déclinantes. Ils sont particulièrement importants pour les espèces qui se déplacent entre différents habitats au fil des saisons. Toutefois, ils peuvent également être nuisibles. En effet, ils favorisent par exemple la propagation de maladies, notamment parmi les petites populations qui vivent dans des parcelles d'habitats rapprochées. On n'a pas étudié leurs effets dans le détail. Les chercheurs évaluent leur impact potentiel au cas par cas.

FIGURE 55.16 Corridor de migration artificiel. Ce passage sous une route permet la circulation, entre des aires protégées, des quelques Couguars de Floride qui restent. De hautes clôtures, le long des routes, réduisent le nombre de morts de Couguars et d'autres animaux sur les routes.

Les biologistes de la conservation ont de nombreux défis à relever lorsqu'ils établissent des zones protégées

Les biologistes de la conservation mettent en application les recherches qui se font actuellement en écologie pour établir des réserves ou des zones protégées, afin de ralentir la perte de biodiversité. Les parcs nationaux sont des exemples de ces emplacements protégés. Lorsqu'ils choisissent des endroits à protéger et conçoivent des réserves naturelles, les biologistes de la conservation ont de nombreux défis à relever. Par exemple, si une communauté est sujette à des incendies, au pâturage et à la prédation, faut-il gérer la réserve de façon à réduire au minimum les risques de ces processus pour les espèces menacées ou en voie de disparition ? Ou bien, doit-on garder la réserve la plus naturelle possible et laisser des processus comme les incendies allumés par la foudre jouer leur rôle sans intervenir d'aucune façon ? Ce n'est qu'un des problèmes qui se posent pour les gens ayant à cœur la santé des parcs nationaux et des autres zones protégées.

Les gouvernements ont mis en réserve, sous différentes formes, environ 7 % des terres de la planète. Comment s'effectue le choix des emplacements protégés ? Toute l'attention se porte sur les points chauds de la biodiversité. Un **point chaud de la biodiversité** est une aire relativement petite qui comporte une concentration exceptionnelle d'espèces endémiques et un grand nombre d'espèces menacées ou en voie d'extinction. Par exemple, près de 30 % de toutes les espèces d'Oiseaux n'occupent que 2 % de la zone émergée du globe. Environ 50 000 espèces de Plantes, soit 20 % de toutes les espèces connues, n'habitent que 18 points chauds ne correspondant au total qu'à 0,5 % de la surface émergée du globe. Dans l'ensemble, les points les plus chauds, qui sont notamment les forêts tropicales humides et les forêts méditerranéennes (comme le chaparral de Californie), comptent pour moins de 1,5 % des terres de la planète, mais abritent le tiers de toutes les espèces de Végétaux et de Vertébrés (FIGURE 55.17). Les biologistes de la conservation ont également reconnu comme points chauds de la biodiversité des écosystèmes aquatiques, notamment certains réseaux hydrographiques et récifs coralliens.

Les points chauds de la biodiversité constituent évidemment de bons choix pour des réserves naturelles. Cependant, il n'est pas toujours simple de reconnaître quelles sont ces régions. De plus, protéger même tous ces points chauds ne permettrait malheureusement pas de conserver la biodiversité de la planète. En effet, et c'est là l'un des problèmes, il se peut qu'un point chaud pour un groupe taxinomique donné, comme les Oiseaux, n'en soit pas un pour un autre groupe, comme les Papillons. Le fait de désigner une aire comme point chaud favorise souvent un groupe taxinomique comme les Vertébrés ou les Végétaux, aux dépens des Invertébrés et des microorganismes auxquels on accorde moins d'attention. Quelques biologistes sont par ailleurs conscients du fait que la stratégie des points chauds draine tout l'effort de conservation sur une très petite fraction de la surface terrestre.

Au fur et à mesure que les biologistes de la conservation apprennent à connaître les exigences rattachées aux tailles minimales viables de populations des espèces en voie de disparition, ils se rendent compte que la plupart des parcs nationaux et réserves sont beaucoup trop petits. Ainsi, la FIGURE 55.18 compare les limites des parcs nationaux de Yellowstone et du Grand Teton avec l'aire réelle qu'il faut laisser aux Grizzlis pour empêcher leur extinction. La *limite biotique,* c'est-à-dire l'aire nécessaire au Grizzli pour survivre, est plus de dix fois supérieure à la *limite juridique,* c'est-à-dire l'aire réelle des parcs.

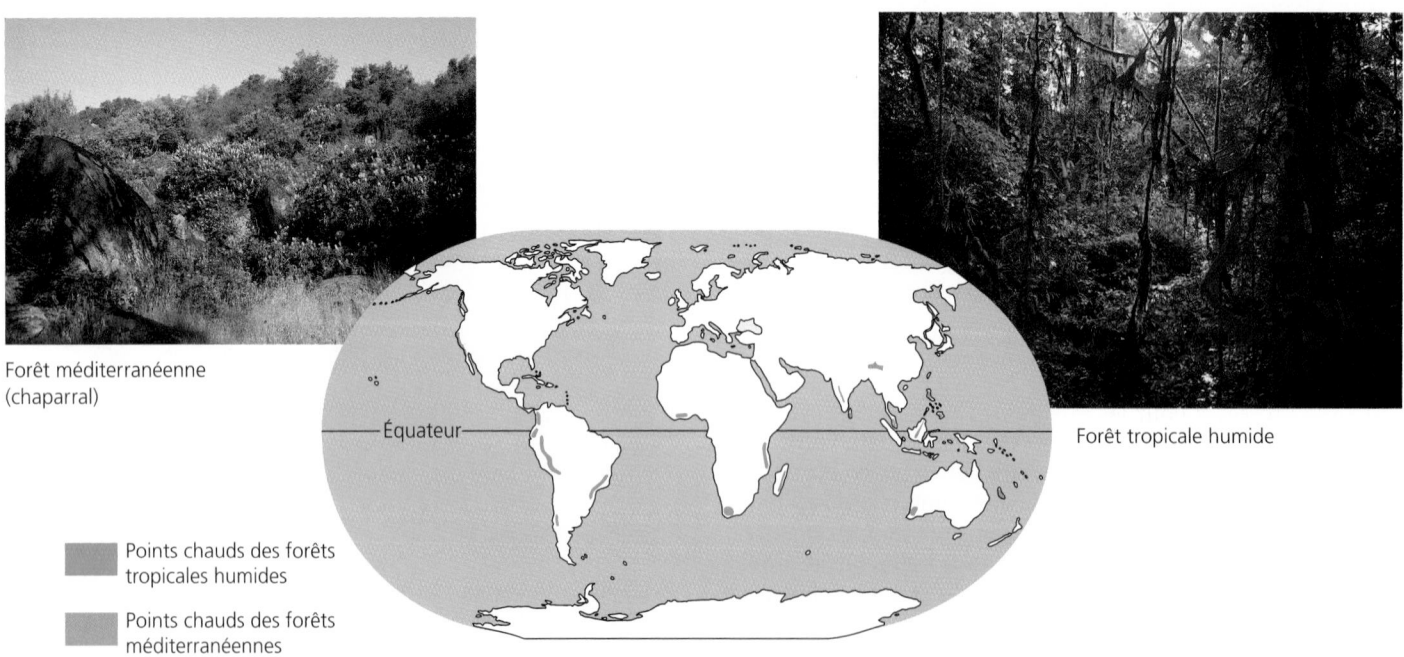

Forêt méditerranéenne
(chaparral)

Équateur

Forêt tropicale humide

■ Points chauds des forêts tropicales humides

■ Points chauds des forêts méditerranéennes

FIGURE 55.17 Quelques points chauds de la biodiversité. Seuls les points chauds des forêts méditerranéennes (comme le chaparral) et des forêts tropicales humides sont indiqués ici.

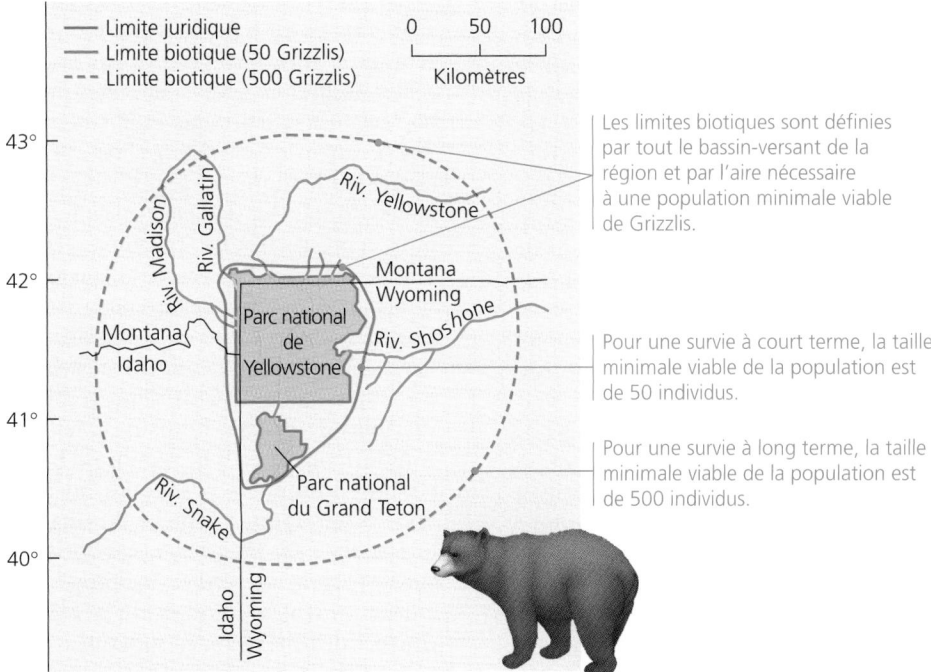

FIGURE 55.18 Limites juridiques et biotiques pour les Grizzlis, dans les parcs nationaux de Yellowstone et du Grand Teton.

Étant donné les réalités politiques et économiques, on ne peut s'attendre à ce que beaucoup de parcs existants soient agrandis. De plus, il est probable que presque toutes les nouvelles réserves seront trop petites. Les terres publiques et privées qui entourent les réserves devront donc contribuer à la conservation de la biodiversité. Cela signifie, notamment, qu'il faut intégrer dans les stratégies de conservation la façon dont l'agriculture et la foresterie utilisent les terres.

Les réserves naturelles doivent être des parties fonctionnelles des paysages

Les réserves naturelles sont des îlots de biodiversité dans une mer d'habitats dégradés à divers degrés par l'activité humaine. Mais il est important de se rendre compte que ces « îlots » protégés ne sont pas isolés de leur environnement et que l'écologie du déséquilibre s'applique autant aux réserves naturelles qu'aux paysages dans lesquels elles sont intégrées.

Un ancienne politique préconisait que l'on tienne à l'écart les zones protégées pour les garder indéfiniment intactes. Elle était fondée sur le vieux concept selon lequel un écosystème est une unité possédant son équilibre et son autorégulation propres. Cependant, comme nous l'avons vu au chapitre 53, la perturbation est une composante fonctionnelle des écosystèmes. C'est pourquoi les politiques de gestion qui ignorent les perturbations naturelles ou tentent de les empêcher sont généralement stériles. Par exemple, mettre en réserve l'aire d'une communauté tributaire du feu, comme une partie d'une prairie d'herbes hautes, d'un chaparral ou d'une pinède sèche, avec l'intention de la préserver, n'est pas réaliste si l'on empêche les incendies

périodiques. Faute de perturbation dominante, les espèces qui sont adaptées au feu sont éliminées lors de la compétition avec les autres espèces. La biodiversité se trouve donc réduite.

Comme la perturbation et la fragmentation dues aux Humains sont des caractéristiques de plus en plus courantes des paysages, la dynamique des parcelles, la dynamique des populations, les zones de transition et les corridors de migration sont importants dans la conception et la gestion des zones protégées. Malheureusement, les questions sont plus nombreuses que les réponses. Par exemple, vaut-il mieux aménager une grande réserve ou un ensemble de petites réserves? L'un des arguments en faveur de réserves étendues est que les grands animaux qui se déplacent sur de grandes distances et dont les populations sont de faible densité, comme le Grizzli, ont besoin de vastes habitats. En outre, les aires étendues possèdent des périmètres proportionnellement plus petits que les petites aires; les zones de transition influent donc moins sur elles. L'un des arguments en faveur des petites réserves isolées est qu'elles peuvent ralentir la propagation de maladies dans une population. L'utilisation récente et continue des terres par les Humains l'emporte souvent sur toutes les autres considérations. Elle dicte en grande partie la taille et la forme des zones protégées. Les protecteurs de l'environnement héritent généralement des terres que l'agriculture et la foresterie ne peuvent exploiter.

Quelques nations ont adopté une approche de la gestion des paysages appelée système des réserves zonées. Une **réserve zonée** est une région qui a généralement une grande superficie et qui inclut au moins une aire non perturbée par les Humains. Cette dernière est entourée d'un territoire modifié par l'activité humaine et servant à des fins économiques. Au Québec, il y a ainsi des *zones d'exploitation contrôlée* (ZEC). Ce sont des territoires établis par l'État et destinés principalement au contrôle de l'exploitation des ressources fauniques. La gestion peut en être déléguée à un organisme agréé. Le défi principal du concept des réserves zonées est l'instauration d'un climat social et économique dans les terres environnantes qui soit compatible avec la viabilité à long terme de la zone centrale protégée. Les aires environnantes continuent de servir à la population humaine, mais des règlements empêchent les types de modifications qui pourraient avoir un impact sur les zones protégées. Par conséquent, les bandes de terre environnantes servent de zones tampons empêchant une intrusion au cœur des milieux naturels.

Le Costa Rica, un petit pays d'Amérique centrale, est devenu un chef de file mondial dans l'établissement de réserves zonées. En échange de la réduction de sa dette internationale, le gouvernement costaricien a délimité huit réserves zonées, appelées zones de conservation (FIGURE 55.19). Le Costa Rica améliore la gestion des réserves zonées. Les zones tampons assurent, quant à elles, un approvisionnement stable et durable de produits forestiers, d'eau et d'énergie hydroélectrique, et favorisent une agriculture et un tourisme écologiquement viables. Donner une base économique stable aux habitants du pays constitue un objectif important. L'écologiste Daniel Janzen, leader dans le domaine de la conservation des milieux tropicaux, l'a bien dit : « La probabilité d'une survie à long terme d'un milieu sauvage protégé est directement proportionnelle à la santé économique et à la stabilité de la société dans laquelle l'aire est intégrée. » Les pratiques destructrices qui ne sont pas compatibles avec la conservation à long terme d'un écosystème et qui n'apportent souvent qu'un petit profit local sont peu à peu déconseillées. Ces pratiques sont l'exploitation forestière massive, la monoculture extensive et l'exploitation minière excessive. Le Costa Rica compte sur son système de réserves zonées pour garder au moins 80 % de ses espèces indigènes.

Le rythme incessant d'exploitation des écosystèmes par les Humains porte à prédire que moins de 10 % de la biosphère sera pour ainsi dire protégé par la création de réserves naturelles. Assurer la biodiversité exige parfois de travailler dans des paysages qui sont presque entièrement dominés par les Humains. Par exemple, le Geai à gorge blanche (*Aphelocoma cœrulescens*), espèce endémique en voie d'extinction, habite des communautés de buissons de Chênes à feuilles de houx (*Quercus ilicifolia*) qui ont presque toutes été remplacées par des ensembles immobiliers privés et des vergers d'agrumes (FIGURE 55.20). Reed Bowman, écologiste aviaire de la Archbold Biological Station, située au centre de la Floride, a tenté de voir si cette espèce pouvait coexister avec le développement urbain. Il a étudié la viabilité des populations de Geais à gorge blanche dans des situations variables de densité humaine. Malheureusement, bien qu'ils comportent un certain nombre d'habitats de broussailles, les ensembles immobiliers sont des environnements plutôt pauvres pour les Geais à gorge blanche. Bowman est aujourd'hui convaincu que la survie à long terme des Geais à gorge blanche repose sur l'existence de réserves de broussailles intactes et contiguës entourées d'aires abritant de la végétation naturelle : c'est le concept de réserve zonée appliqué à la banlieue.

La restauration des territoires dégradés constitue un effort de conservation de plus en plus important

Certains territoires altérés par l'activité humaine finissent par être abandonnés. Ainsi, les sols de nombreuses régions tropicales deviennent improductifs et sont abandonnés moins de cinq ans après avoir été déboisés pour l'exploitation agricole. Les activités d'une exploitation minière peuvent s'étendre sur plusieurs

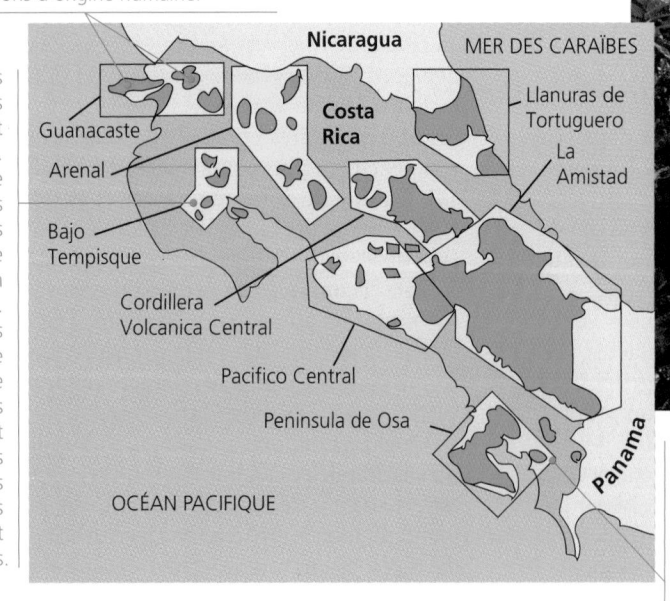

Les aires de couleur verte sont des parcs nationaux, des zones protégées des fortes perturbations d'origine humaine.

Autour de ces zones protégées, les aires de couleur jaune sont les zones tampons. Ce sont des zones de transition, détenues surtout par des intérêts privés, où presque toute la population humaine vit et travaille. À l'intérieur de ces zones, l'agriculture et la foresterie sont des activités durables qui peuvent subvenir aux besoins économiques des résidents locaux sans modifier radicalement les habitats.

Guanacaste
Arenal
Bajo Tempisque
Cordillera Volcanica Central
Pacifico Central
Peninsula de Osa
OCÉAN PACIFIQUE

Nicaragua
Costa Rica
MER DES CARAÏBES
Llanuras de Tortuguero
La Amistad
Panama

En principe, les pratiques les plus destructrices, par exemple celles de l'industrie minière, les monocultures extensives (cultures d'une seule espèce végétale sur de grandes surfaces) et le développement urbain, doivent se faire à l'extérieur des zones tampons.

Des écoliers s'émerveillent de la biodiversité, dans l'une des réserves du Costa Rica.

FIGURE 55.19 Réserves zonées du Costa Rica.

décennies, après quoi les terres sont abandonnées, dans un mauvais état. De nombreux écosystèmes sont également endommagés par négligence, des produits chimiques toxiques y étant rejetés ou du pétrole y étant déversé accidentellement. Ces habitats et écosystèmes dégradés représentent une superficie de plus en plus grande, car le temps de rétablissement des processus cycliques naturels est plus lent que le rythme de dégradation résultant de l'activité humaine.

L'**écologie de la restauration,** nouvelle sous-discipline de la biologie de la conservation, met en application les principes écologiques dans le but de tenter de faire retrouver le plus possible aux écosystèmes dégradés leurs conditions naturelles antérieures. Elle cherche à inverser les tendances au déclin des populations et des communautés. Selon une hypothèse fondamentale de l'écologie de la restauration, la plupart des dommages qu'a subis l'environnement sont réversibles. Mais une autre hypothèse fondamentale nuance cet optimisme : les communautés ne résistent pas indéfiniment aux dommages.

Les communautés peuvent se rétablir naturellement après de nombreux types de perturbations grâce à une série de mécanismes de restauration qui se produisent durant les différents stades de la succession écologique (voir le chapitre 53). Le temps requis pour cette restauration naturelle dépend plus de l'échelle spatiale de la perturbation que de sa nature : plus la superficie perturbée est grande, plus le temps de rétablissement est long. Que la perturbation soit d'origine naturelle ou humaine ne semble pas faire une grande différence dans cette relation entre la superficie et le temps (FIGURE 55.21). L'écologie de la restauration s'est

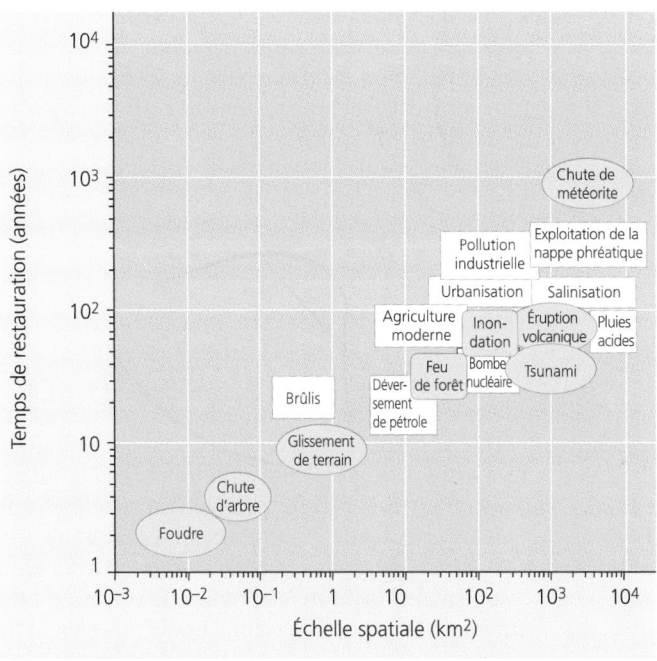

FIGURE 55.21 Relation entre la superficie et le temps pour la restauration d'une communauté après des catastrophes naturelles (ellipses de couleur saumon) et des catastrophes causées par les Humains (rectangles blancs). Notez que les échelles sont logarithmiques. L'écologie de la restauration s'est donné pour but de réduire le temps nécessaire au rétablissement en maîtrisant les facteurs écologiques qui ralentissent ce dernier.

notamment donné pour but de déterminer les processus qui limitent le plus la vitesse de récupération, afin de les maîtriser et de réduire ainsi le temps nécessaire à une communauté pour se remettre de l'impact des perturbations. Ainsi, en comprenant les caractéristiques spécifiques de la succession écologique après chaque type de perturbation et pour chaque genre d'écosystème, les écologistes de la restauration auront un cadre essentiel pour travailler.

La biorestauration et l'accélération des processus écosystémiques sont deux stratégies clés en écologie de la restauration. La **biorestauration** repose sur l'utilisation d'organismes, généralement des Bactéries, des Eumycètes ou des Végétaux, pour détoxifier les écosystèmes pollués (voir le chapitre 27). Certaines plantes qui sont adaptées à des sols renfermant des métaux lourds ont la capacité d'accumuler des concentrations élevées de métaux potentiellement toxiques, comme le zinc, le nickel et le cadmium. Les écologistes les utilisent pour faire repousser de la végétation sur des sites dégradés par l'exploitation minière et d'autres activités humaines. Puis, ils les récoltent pour récupérer les métaux. Un certain nombre de chercheurs s'intéressent également à la capacité de certains procaryotes et lichens à concentrer les métaux. Ainsi, des chercheurs du Royaume-Uni ont récemment découvert une espèce de Lichen qui croît sur des sols pollués avec la poussière d'uranium laissée par l'exploitation des mines. Ce lichen, qui peut être utile pour la biosurveillance de l'uranium et éventuellement comme restaurateur des sols, concentre l'uranium dans un pigment foncé semblable à la mélanine présente dans la peau des Humains. De plus, plusieurs bactéries extrêmophiles et des archéobactéries se développent dans des milieux naturels semblables aux sites industriels pollués. Ainsi, les écologistes ont utilisé avec succès la bactérie *Pseudomonas*, à laquelle ils ont ajouté des facteurs de croissance, pour nettoyer les déversements de pétrole sur les plages. D'un usage encore plus courant, certains procaryotes métabolisent les toxines dans les sites de rejet. Le génie génétique deviendra de plus en plus important en tant qu'outil permettant d'améliorer la performance de certaines espèces servant de biorestaurateurs.

Contrairement à la biorestauration, stratégie qui consiste à *enlever* les substances nocives, l'accélération des processus écosystémiques repose sur l'*addition* de matières essentielles à un écosystème dégradé. Pour accélérer les processus d'un écosystème, il faut déterminer quels facteurs, tels que les nutriments chimiques, ont été enlevés d'un territoire et limitent sa restauration. En favorisant la croissance de plantes qui poussent bien dans des sols pauvres en nutriments, on peut réussir à accélérer le rythme des changements de la succession écologique qui permettent la restauration des sites endommagés. Ainsi, selon Ariel Lugo, directeur de l'Institute of Tropical Forestry, à Porto Rico, des exemples montrent l'effet positif d'une espèce de plante exotique sur la restauration de la végétation indigène (FIGURE 55.22). Le Koroi (*Albizzia procera*), plante qui fait partie de la famille des Légumineuses, exotique à Porto Rico, croît en effet dans des sols pauvres en azote et prépare la voie pour la recolonisation d'espèces indigènes venant des forêts tropicales humides.

Pour l'heure, les projets de restauration d'envergure qui ont le mieux réussi avaient été entrepris dans des marécages légèrement perturbés, dans des paysages où la biodiversité n'avait pas été très appauvrie. Dans ces projets, la restauration des modèles d'écoulement naturel de l'eau et la replantation de végétation

FIGURE 55.22 Restauration des bords de route dégradés, dans les tropiques. L'écologiste forestier Ariel Lugo a suivi de près la repousse rapide de communautés indigènes le long des routes, à Porto Rico. Une plante exotique, le Koroi (*Albizzia procera*, au premier plan sur la photo), qui pousse dans des sols pauvres en azote, s'implante en premier sur ces sites, après la déforestation et l'épuisement des sols. L'accumulation rapide de matière organique dans les peuplements denses d'*Albizzia procera* a permis, semble-t-il, aux plantes indigènes de recoloniser le territoire et d'envahir la plante exotique dans un délai assez court.

indigène ont conduit à la recolonisation par des populations animales. Restaurer des populations viables dans des milieux humides très sensibles et fortement dégradés, par exemple dans certains marécages, est beaucoup plus compliqué, comme le sont les efforts de restauration semblables dans la plupart des écosystèmes.

En raison de la nouveauté de l'écologie de la restauration, mais aussi de la complexité des écosystèmes et des caractéristiques uniques à chaque situation, les écologistes apprennent généralement par l'expérience. Beaucoup d'entre eux prônent un **aménagement adaptatif,** qui consiste à utiliser la méthode expérimentale pour essayer plusieurs types d'aménagements prometteurs et trouver celui qui fonctionne le mieux. La clé de l'aménagement adaptatif et celle de l'écologie de la restauration consistent à envisager les choix possibles pour atteindre les buts fixés et à mettre à profit les erreurs. L'objectif à long terme est d'accélérer le retour d'un écosystème à l'état dans lequel il était avant la perturbation. Mais le premier objectif pragmatique consiste souvent à remettre approximativement l'écosystème dans l'état dans lequel il était, ce qui est plus rapide que la restauration complète.

L'objectif du développement durable est de réorienter la recherche écologique et de nous forcer tous à reconsidérer nos valeurs

Face à la perte et à la fragmentation croissantes des habitats, que peut-on faire pour mieux gérer les ressources de la Terre? Si nous devons conserver la plupart des espèces d'un pays, quelles parcelles d'habitats sont les plus indispensables? Parmi les choix limités, quels territoires sont les plus pratiques à conserver et à gérer, s'il faut préserver les espèces rares ou le plus grand nombre d'espèces?

Nous devons comprendre les relations complexes au sein de la biosphère afin de prendre des décisions rationnelles sur la façon de préserver les différents réseaux. À cette fin, de nombreux pays, sociétés scientifiques et fondations privées ont adopté le concept de développement durable, c'est-à-dire la prospérité à long terme des sociétés humaines et des écosystèmes qui les abritent. L'Ecological Society of America, organisme d'avant-garde qui est aussi la plus grande association d'écologistes professionnels du monde, a adopté un programme de recherche appelé **Sustainable Biosphere Initiative (Initiative pour une biosphère durable)**. L'objectif est d'acquérir les connaissances écologiques nécessaires à la gestion, à la conservation et au développement judicieux des ressources de la Terre. Il est question d'effectuer des recherches sur les rapports entre le climat et les processus écologiques, sur la biodiversité et sur son rôle dans le maintien des processus écologiques, ainsi que sur les moyens de maintenir la productivité des écosystèmes naturels et artificiels. Le programme exige un engagement ferme de ressources humaines et économiques.

Bien entendu, le développement durable ne concerne pas que la science. Son succès repose aussi et surtout sur la reconsidération de nos valeurs. Les personnes qui vivent dans les riches pays développés sont responsables de la majeure partie de la dégradation environnementale. La réalité nous oblige à faire la distinction entre nos besoins et nos désirs, à apprendre à respecter les processus naturels qui nous permettent de vivre et à réduire notre inclination pour le profit personnel à court terme. L'état actuel de la biosphère montre que nous foulons des terrains inexplorés en écologie et qu'il ne faut pas surestimer nos efforts scientifiques et personnels.

La science de la conservation est au carrefour de nombreuses facettes de la biologie: c'est le point de rencontre entre l'écologie, l'évolution, la physiologie, la biologie moléculaire, la génétique et le comportement animal. Les efforts visant à maintenir les processus des écosystèmes et à freiner la perte de biodiversité font également le lien entre la science de la vie et les sciences sociales, économiques et humaines. En fait, nous allons terminer ce manuel sur une note d'optimisme se fondant sur notre humanité.

L'avenir de la biosphère repose sur notre biophilie

Malgré les incertitudes quant à l'avenir de la biosphère, il ne faut pas être pessimiste. Mais il est plutôt temps de rétablir nos relations avec le reste de la nature. À notre époque, peu de gens vivent dans des milieux vraiment sauvages ou même visitent fréquemment de tels endroits. La vie moderne est très différente de celle des Humains primitifs, qui étaient chasseurs, cueilleurs et peintres animaliers sur les murs des cavernes. Mais notre comportement reflète l'affinité innée qu'il nous reste avec la nature et la biodiversité, ce qu'Edward O. Wilson appelle la *biophilie* (FIGURE 55.23). La biophilie est notre sentiment d'avoir un lien avec divers organismes et notre attrait pour des paysages vierges où l'eau est limpide et la végétation luxuriante. Nous

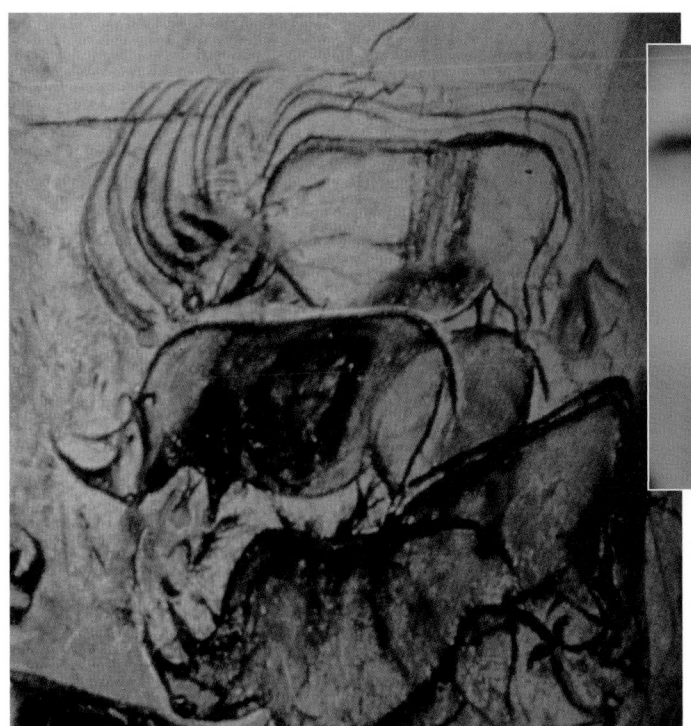

(a)

(b)

FIGURE 55.23 Biophilie passée et présente. (a) L'histoire de l'art remonte loin dans le temps, tout comme la fascination qu'exercent sur nous la biodiversité et notre dépendance envers elle. Un peintre animalier de Cro-Magnon a créé, il y a environ 30 000 ans, cette remarquable peinture représentant des rhinocéros. Trois spéléologues ont découvert cette œuvre dans une galerie d'art préhistorique la veille de Noël 1994, en explorant une caverne située près de Vallon-Pont d'Arc, dans le sud de la France. **(b)** Le biologiste Carlos Rivera Gonzales, qui participe à une étude sur la biodiversité dans une région isolée du Pérou, n'a pu s'empêcher d'examiner de près cette minuscule grenouille arboricole.

nous sommes développés dans des environnements naturels riches en biodiversité, auxquels nous sommes toujours attachés. Wilson explique que notre biophilie est innée. Elle est un produit de l'évolution, de la sélection naturelle qui a agi sur des espèces intelligentes dont la survie dépendait d'un lien étroit avec l'environnement et de la connaissance pratique des Plantes et des Animaux.

Que presque tous les biologistes aient adopté le concept de biophilie ne surprendra personne. En effet, ces gens ont en fait transformé leur passion pour la nature en carrière. Mais il y a également une autre raison qui explique que la biophilie ait touché une corde sensible chez les biologistes. C'est que si la biophilie est une adaptation issue de l'évolution et inscrite dans nos gènes, alors il y a de l'espoir pour que nous devenions de meilleurs gardiens de la biosphère. Si nous accordons plus d'attention à notre biophilie, une nouvelle éthique de l'environnement pourrait devenir populaire parmi les individus et les sociétés. Et cette éthique est la résolution de ne jamais permettre consciemment qu'une seule espèce disparaisse ou qu'aucun écosystème ne soit détruit tant que nous aurons des moyens raisonnables pour empêcher une telle violence écologique. C'est une éthique de l'environnement qui compense notre

tendance humaine à « assujettir la terre ». Certes, nous devrions être motivés à préserver la biodiversité parce que nous lui sommes tributaires pour l'alimentation, les médicaments, les matériaux de construction, les sols fertiles, l'eau potable et l'air respirable. Mais peut-être devrions-nous travailler plus fort pour empêcher l'extinction d'autres formes de vie tout simplement par souci d'éthique, parce que nous sommes l'espèce la plus réfléchie de la biosphère. D'ailleurs, Wilson lance un appel : « En ce moment, nous entraînons les espèces de la planète dans un goulot d'étranglement. Nous devons nous donner comme principe moral majeur de sortir le plus possible d'espèces de cette situation. C'est le défi de l'heure et du siècle à venir. Et il y a un bon point en faveur de notre espèce : nous aimons les défis ! »

Il est tout à fait opportun de terminer ce manuel en parlant de biophilie. En effet, après tout, la biologie est l'expression scientifique de notre désir de connaître la nature. Nous préserverons très probablement ce que nous aimons et aimerons très probablement ce que nous comprenons. En étudiant les processus et la diversité de la vie, nous ne pourrons faire autrement que d'approfondir notre connaissance de nous-mêmes et de notre place dans la biosphère. Nous espérons que ce manuel vous aidera dans cette aventure de toute une vie.

RÉVISION DU CHAPITRE

Résumé des concepts importants

LA CRISE DE LA BIODIVERSITÉ

■ Les trois composantes de la biodiversité sont la diversité génétique, la diversité spécifique et la diversité écosystémique (p. 1340 à 1342, FIGURES 55.1 et 55.2). La biodiversité comprend les différentes sortes d'écosystèmes, la richesse spécifique des communautés de ces écosystèmes, et la variation génétique entre les populations de chaque espèce et au sein des populations.

■ La biodiversité est essentielle au bien-être des Humains (p. 1342 et 1343, FIGURES 55.3 et 55.4). Les autres espèces fournissent aux Humains la nourriture, les fibres et les médicaments. Les évaluations des écologistes et des économistes indiquent que la valeur économique des écoservices est énorme.

■ Les quatre principales menaces pour la biodiversité sont la destruction des habitats, l'introduction d'espèces, la surexploitation et les perturbations dans les chaînes alimentaires (p. 1344 à 1348, FIGURES 55.5 à 55.9). L'altération des habitats par les Humains représente la plus grande menace pour la biodiversité. La compétition et la prédation par les espèces introduites et la surexploitation pour le commerce et le sport constituent d'autres menaces importantes. Enfin, les extinctions à un niveau trophique donné d'une chaîne alimentaire peuvent influer sur les autres niveaux trophiques.

LA CONSERVATION DES POPULATIONS ET DES ESPÈCES

■ Selon l'approche des petites populations, une petite taille peut entraîner une population dans une spirale d'extinction (p. 1348 à 1351, FIGURES 55.10 à 55.13). Quand une population diminue au point d'atteindre une valeur inférieure à celle de la taille minimale

viable, sa perte de variation génétique due à la consanguinité et à la dérive génétique peut l'enfermer dans une spirale de déclin continu conduisant à l'extinction. On peut estimer la taille minimale viable d'une population en déterminant la taille efficace, c'est-à-dire le nombre d'individus reproducteurs.

■ L'approche des populations déclinantes est une stratégie proactive de conservation visant à dépister, à diagnostiquer et à freiner les déclins de populations (p. 1351 à 1353, FIGURE 55.14). L'approche des populations déclinantes cherche et traite les causes du déclin de populations, de façon à l'enrayer.

■ La conservation des espèces implique l'évaluation d'exigences contraires des différentes espèces et des Humains (p. 1353 et 1354). Les solutions de conservation exigent souvent la résolution de conflits entre les besoins en habitats des espèces en voie d'extinction et les intérêts humains dans le développement économique et concernant l'espace vital.

LA CONSERVATION DES COMMUNAUTÉS, DES ÉCOSYSTÈMES ET DES PAYSAGES

■ Les zones de transition et les corridors de migration peuvent influer fortement sur la biodiversité des paysages (p. 1354 et 1355, FIGURES 55.15 et 55.16). Les limites entre les écosystèmes et le long des composantes topographiques des écosystèmes renferment des ensembles de conditions physiques et des communautés qui sont uniques. Au fur et à mesure que la fragmentation des habitats augmente, les zones de transition s'étendent. Les espèces adaptées à ces zones deviennent alors dominantes. Les corridors de migration peuvent favoriser la dispersion et contribuer à maintenir les populations. Mais ils peuvent aussi favoriser des conditions nuisibles (comme la maladie).

- Les biologistes de la conservation ont de nombreux défis à relever lorsqu'ils établissent des zones protégées (p. 1356 et 1357, FIGURES 55.17 et 55.18). Les territoires qui abritent des concentrations exceptionnellement élevées d'espèces endémiques et que l'on appelle points chauds de la biodiversité sont également des points chauds de l'extinction. Par conséquent, ce sont des candidats de premier ordre pour la protection. La plupart des parcs nationaux et des autres territoires protégés sont trop petits pour préserver les espèces menacées qui sont sans protection dans les territoires environnants.

- Les réserves naturelles doivent être des parties fonctionnelles des paysages (p. 1357 à 1359, FIGURES 55.19 et 55.20). Maintenir la biodiversité dans les réserves exige un aménagement qui fait en sorte que l'activité humaine dans le paysage environnant ne cause pas de dommages aux habitats protégés. Le modèle de réserve zonée suppose de travailler pour la conservation dans des paysages souvent largement dominés par les Humains.

- La restauration des territoires dégradés constitue un effort de conservation de plus en plus important (p. 1358 à 1360, FIGURES 55.21 et 55.22). L'écologie de la restauration implique souvent la biorestauration (utilisation d'organismes pour détoxifier les écosystèmes pollués) et l'accélération des processus écosystémiques comme la succession écologique.

- L'objectif du développement durable est de réorienter la recherche écologique et de nous forcer tous à reconsidérer nos valeurs (p. 1361). Le développement durable, c'est-à-dire la prospérité à long terme des sociétés humaines et des écosystèmes qui les abritent, repose sur nos connaissances écologiques et sur notre engagement à promouvoir les processus et la biodiversité des écosystèmes.

- L'avenir de la biosphère repose sur notre biophilie (p. 1361 et 1362, FIGURE 55.23). Notre affinité innée avec la nature nous conduira finalement à revoir nos priorités environnementales.

Autoévaluation

(Les questions dont les numéros sont en caractères gras font surtout appel à la compréhension.)

1. L'extinction est un phénomène naturel. On estime que 99 % de toutes les espèces qui ont existé ont maintenant disparu. Pourquoi, alors, disons-nous que nous vivons une crise de la biodiversité?
   a) À cause de leur biophilie, les Humains sentent qu'ils ont la responsabilité morale de protéger les espèces en voie d'extinction.
   b) Les scientifiques ont répertorié presque toutes les espèces sur la Terre et sont donc capables de quantifier le nombre d'espèces qui disparaissent.
   c) Le rythme actuel d'extinction est 1 000 fois supérieur à celui des 100 000 dernières années.
   d) Les Humains ont des besoins médicaux plus grands qu'auparavant; or, de nombreux composés médicinaux sont perdus avec les espèces qui disparaissent.
   e) La plupart des points chauds de la biodiversité ont été détruits par des désastres écologiques récents.

2. L'un des éléments de la crise de la biodiversité est la perte potentielle d'écosystèmes. La conséquence probable la plus sérieuse d'une perte de biodiversité écosystémique est:
   a) le réchauffement de la planète et l'amincissement de la couche d'ozone.
   b) la perte des écoservices dont dépendent les Humains.
   c) l'augmentation de la dominance d'espèces adaptées aux zones de transition.
   d) la perte de sources de diversité génétique pour la préservation des espèces en voie de disparition.
   e) la perte d'espèces pour la « bioprospection ».

3. Une population de Cygnes (*Cygnus sp.*) rigoureusement monogames se compose de 40 mâles et de 10 femelles. La taille efficace de cette population (N_e) est de:
   a) 50.
   b) 40.
   c) 32.
   d) 20.
   e) 10.

4. Laquelle des propositions suivantes indique le mieux qu'une population est dans une spirale d'extinction?
   a) La population est divisée en plus petites populations.
   b) L'espèce est rare.
   c) La taille efficace de la population de l'espèce est d'environ 500.
   d) Des données génétiques indiquent une perte continue de variation génétique.
   e) Toutes les populations sont reliées par des corridors de migration.

5. L'application des principes écologiques pour remettre un écosystème dégradé dans son état naturel est spécifiquement caractéristique de:
   a) l'analyse de la viabilité d'une population.
   b) l'écologie des paysages.
   c) l'écologie de la conservation.
   d) l'écologie de la restauration.
   e) la conservation des ressources.

6. Quelle est la plus grande menace pour la biodiversité?
   a) L'exploitation excessive d'espèces commercialement importantes.
   b) Les espèces introduites qui prennent les espèces indigènes comme proies ou qui entrent en compétition avec elles.
   c) La rapidité avec laquelle les forêts tropicales humides sont détruites.
   d) L'interruption de relations trophiques au fur et à mesure que les espèces disparaissent.
   e) L'altération, la fragmentation et la destruction d'habitats terrestres et aquatiques par les Humains.

7. Lequel des énoncés suivants sur l'approche des populations déclinantes, en biologie la conservation, est *faux*?
   a) Nous avons besoin d'informations pour savoir si oui ou non une population est en déclin.
   b) Nous devons agir rapidement, même si l'on ne dispose pas d'informations, parce que la biologie de la conservation est une discipline de crise.
   c) Il faut étudier plusieurs hypothèses sur les raisons du déclin de la population.
   d) Il faut vérifier expérimentalement les raisons proposées pour expliquer le déclin.
   e) Les Humains ne sont peut-être pas la cause de tous les déclins de populations.

8. Selon l'approche des petites populations, quelle est la meilleure stratégie pour préserver une population qui est dans une spirale d'extinction?
   a) Déterminer la taille minimale viable de la population en tenant compte de la taille efficace.
   b) Établir une réserve naturelle pour protéger l'habitat.
   c) Introduire des individus provenant d'autres populations pour augmenter la variation génétique.
   d) Déterminer la cause du déclin et y remédier.
   e) Réduire la taille des populations de prédateurs et de compétiteurs.

9. Lequel des énoncés suivants sur les zones protégées est *faux*?
   a) Actuellement, nous protégeons 25 % des terres émergées de la planète.
   b) Les parcs nationaux ne constituent qu'un seul type de zone protégée.

c) La plupart des zones protégées sont de petite taille.

d) L'aménagement des zones protégées doit être coordonné avec l'aménagement des terres situées à l'extérieur de la zone protégée.

e) Les points chauds de la biodiversité sont des territoires qu'il faut protéger.

10. Qu'est-ce que la Sustainable Biosphere Initiative (Initiative pour une biosphère durable)?

a) Une expérience ratée qui visait à essayer de créer une biosphère artificielle autosuffisante.

b) Un programme de recherche visant à étudier la biodiversité et à maintenir le développement durable.

c) Une pratique de conservation qui détermine des réserves zonées et des zones tampons pour les entourer.

d) L'approche des populations déclinantes, en biologie de la conservation, qui cherche à déterminer les causes des déclins des espèces et à y remédier.

e) Un programme de conservation qui utilise l'aménagement adaptatif pour expérimenter et apprendre en travaillant sur des écosystèmes perturbés.

11. Qu'est-ce qu'une espèce introduite?

12. Qu'est-ce qu'un point chaud de la biodiversité?

13. En quoi un paysage est-il différent d'un écosystème?

14. Pourquoi «vivre dans une zone de transition» peut-il être une bonne chose pour certaines espèces comme le Cerf de Virginie et les Vachers à tête brune?

15. Comparez la manière dont la biorestauration et l'accélération des processus écosystémiques, deux stratégies complémentaires de l'écologie de la restauration, utilisent des organismes pour modifier la composition chimique d'un écosystème dégradé.

16. Pourquoi le souci du bien-être des générations futures est-il essentiel pour progresser vers un développement durable?

17. Comparez les approches des petites populations et des populations déclinantes en biologie de la conservation.

Lien avec l'évolution

Dans ce chapitre, vous avez appris que l'extinction était un processus naturel qui existe depuis l'apparition de la vie. Cependant, aujourd'hui, les Humains perturbent de nombreux écosystèmes de la planète et accélèrent le rythme des extinctions. Cela suscite beaucoup d'inquiétude. Quelles sont les conséquences de ce rythme élevé d'extinction pour la restauration de la biodiversité dans l'avenir, si on le compare aux rythmes d'extinction beaucoup plus faibles que connaissait auparavant la Terre?

Intégration

Imaginez que vous devez faire le plan d'une réserve forestière. L'un de vos objectifs principaux consiste à participer au maintien de populations d'espèces d'Oiseaux menacées. Le parasitisme des nids par le Vacher

à tête brune est un problème qui s'intensifie dans la région. À la lecture des rapports de recherche, vous apprenez que les femelles des Vachers à tête brune hésitent généralement à pénétrer à plus de 100 m dans une forêt et que quelques espèces d'Oiseaux ont la réputation de diminuer le parasitisme des nids par les Vachers à tête brune en limitant leur aire de nidification aux régions centrales plus denses des forêts. La région boisée où vos devez travailler mesure environ 1 000 m sur 6 000 m. Une opération forestière récente a éliminé environ la moitié des arbres sur l'un des côtés mesurant 6 000 m. Les trois autres côtés jouxtent un pâturage déboisé. Votre plan doit comporter un espace pour un petit bâtiment d'entretien qui devrait, selon vos estimations, occuper environ 100 m². Il faudra également construire une route de 10 m de large qui traversera la réserve sur une distance de 1 000 m. Où construirez-vous la route et le bâtiment? Justifiez votre réponse.

Science, technologie et société

Certains organismes commencent à envisager une société prônant le développement durable, c'est-à-dire une société dans laquelle chaque génération hériterait de la précédente des ressources naturelles et économiques suffisantes et un environnement relativement stable. Le Worldwatch Institute, organisme à vocation écologique, estime que nous devons mettre en place un mode de développement durable d'ici l'an 2030, si nous voulons éviter un désastre économique et écologique. Pour atteindre cet objectif, nous devons commencer dès maintenant à donner forme à cette société du développement durable au cours des dix prochaines années. Quels sont les aspects du développement actuel qui ne sont pas durables? Que pouvons-nous faire pour favoriser le développement durable et quels grands obstacles se dressent devant nous? Qu'est-ce que le développement durable changera à votre vie?

COMPARAISON ENTRE
LE MICROSCOPE PHOTONIQUE
ET LE MICROSCOPE ÉLECTRONIQUE

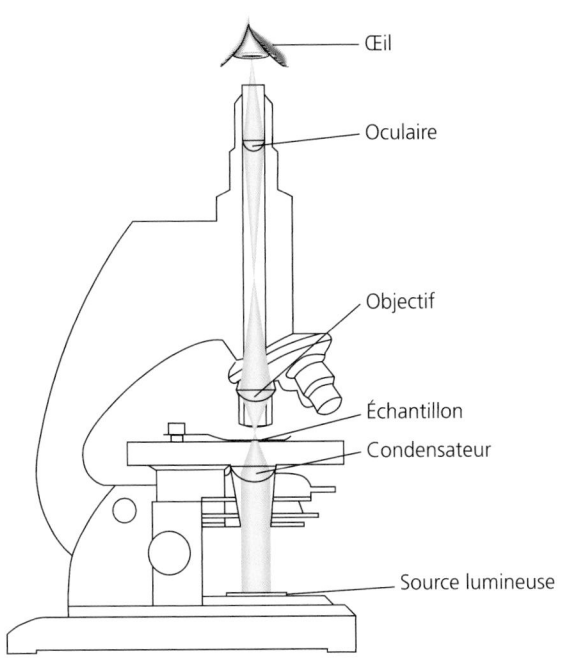

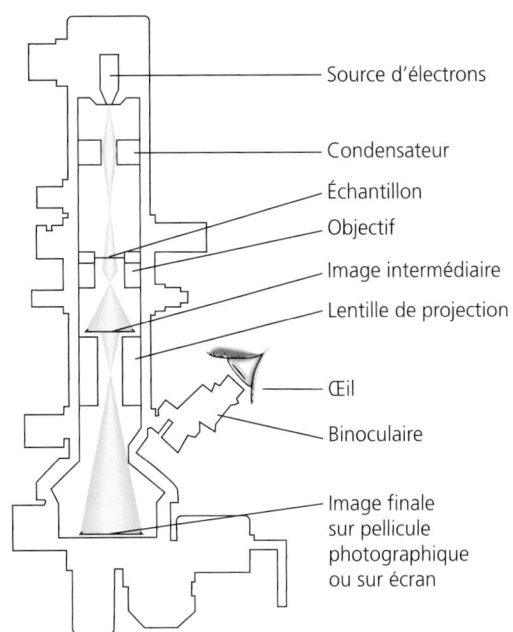

(a) Microscope photonique. En microscopie photonique, un condensateur de verre concentre la lumière (partie inférieure du microscope) sur l'échantillon. Puis, un objectif et un oculaire grossissent l'image et la projettent dans l'œil ou sur une pellicule photographique lorsque le système optique est relié à une caméra (non illustré).

(b) Microscope électronique. En microscopie électronique, un condensateur qui est un électroaimant concentre un faisceau d'électrons (partie supérieure du microscope) sur l'échantillon. Puis, les lentilles de l'objectif et une lentille de projection, qui sont elles aussi des électroaimants, grossissent l'image et la projettent sur un écran ou sur une pellicule photographique.

CLASSIFICATION DES ÊTRES VIVANTS

Cet appendice présente la classification fondée sur trois domaines des principaux groupes d'organismes dont il a été question dans ce manuel. Cette taxinomie répartit les procaryotes en deux domaines, celui des Bactéries et celui des Archéobactéries, et établit en domaine le groupe des Eucaryotes. Elle diffère de la classification traditionnelle fondée sur cinq règnes, qui regroupe tous les procaryotes en un seul règne, celui des Monères. La cinquième partie du manuel présente les raisons qui motivent les changements que connaissent les systèmes de classification. Des débats ont lieu à propos du nombre de règnes et de leurs limites. Ils sèment une certaine confusion dans la taxinomie. Dans cette présentation d'une taxinomie des êtres vivants, les astérisques (*) indiquent les subdivisions qui peuvent devenir des règnes de façon officielle. Il s'agit des principaux clades d'organismes procaryotes et de Protistes que de nombreux systématiciens ont déjà fait passer du rang d'embranchement à celui de règne. De plus, étant donné la grande incertitude qui règne encore quant au rang taxinomique de divers clades, groupes ou sous-groupes d'êtres vivants, nous ne précisons pas toujours le taxon (règne, sous-règne, embranchement, sous-embranchement, etc.) et mettons certains noms de groupes entre guillemets. Notez enfin que chez les Animaux les taxons sont moins remis en question et plus clairement identifiés.

DOMAINE DES ARCHÉOBACTÉRIES

* **Euryarchées** (méthanogènes, halophiles, quelques thermophiles)

* **Crénarchées** (la plupart des thermophiles)

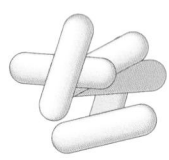

DOMAINE DES BACTÉRIES

* **Protéobactéries**

* **Bactéries à Gram positif**

* **Cyanobactéries**

* **Spirochètes**

* **Chlamydiées**

DOMAINE DES EUCARYOTES

* **Parabasaliens** (ex. : Trichomonadines)

* **Métamonadines** (ex. : Diplomonadines)

* **Euglénobiontes**
  Euglénophytes (ex. : Euglènes)
  Kinétoplastidés (ex. : Trypanosomes)

* **Alvéolobiontes**
  Dinophytes (ex. : *Pfiesteria*)
  Apicomplexes (ex. : *Plasmodium*)
  Ciliés (ex. : *Paramecium*)

* **Straménopiles**
  Algues brunes ou Phéophycées (ex. : *Laminaria*)
  Oomycètes (ex. : Saprolégniales)
  Algues dorées ou Chrysophycées (ex. : *Dinobryon*)
  Diatomées ou Bacillariophycées (ex. : *Pinnularia*)

* **Algues rouges ou Rhodobiontes** (ex. : *Corallina*)

* **Algues vertes** (Ulvophytes et Charophytes que certains systématiciens recommandent de classer avec les Végétaux dans un domaine qui serait celui des Chlorobiontes)

* **Mycétozoaires**
  Myxomycètes (ex. : *Physarum*)
  Acrasiomycètes (ex. : *Dictyostelium*)

Protistes dont la taxinomie est incertaine
  Amibes ou Rhizopodes (ex. : *Entamœba histolitica*)
  Actinopodes (ex. : Héliozoaires et Radiolaires)
  Foraminifères (ex. : *Globigerina*)

Végétaux
« Bryophytes »
  Embranchement des Hépatophytes (Hépatiques)
  Embranchement des Anthocérophytes (Anthocérotes)
  Embranchement des Muscinées (Mousses)
Plantes vasculaires sans graines (« Ptéridophytes »)
  Embranchement des Lycophytes (Lycopodes)
  Embranchement des Ptérophytes (Fougères, Prêles et Psilotes)
« Plantes vasculaires à graines »
  « Gymnospermes »
    Embranchement des Ginkgophytes (Ginkgo)

Embranchement des Cycadophytes (Cycas)
Embranchement des Gnétophytes (Gnètes)
Embranchement des Pinophytes (Conifères)
« Angiospermes »
Embranchement des Anthophytes
    (Plantes à fleurs)

Eumycètes
Embranchement des Chytridiomycètes (Chytrides)
Embranchement des Zygomycètes
    (ex. : *Rhizopus*)
Embranchement des Ascomycètes (champignons produisant
    un ascocarpe)
Embranchement des Basidiomycètes (champignons produisant
    un basidiocarpe)
Deutéromycètes (Eumycètes imparfaits)
Lichens (association symbiotique d'Algues et d'Eumycètes)

Animaux
Embranchement des Porifères (Éponges)
Embranchement des Cnidaires
    Classe des Hydrozoaires (ex. : Hydres)
    Classe des Scyphozoaires (ex. : Méduses)
    Classe des Anthozoaires (ex. : Anémones de mer)
Embranchement des Cténophores (Cydippes)
Embranchement des Plathelminthes (Vers plats)
    Classe des Turbellariés (ex. : Planaires)
    Classe des Trématodes (ex. : Douves)
    Classe des Monogènes (ex. : *Benedenia*)
    Classe des Cestodes (ex. : Ténias)
Embranchement des Bryozoaires
    (ex. : *Membranipora*)
Embranchement des Phoronidiens   Embranchements
    (ex. : *Phoronis*)   du clade des
Embranchement des Brachiopodes (ex. : *Lingula*)   Lophophoriens

Embranchement des Rotifères (ex. : *Keratella*)
Embranchement des Némertes (ex. : *Lineus*)
Embranchement des Mollusques
    Classe des Polyplacophores (Chitons)
    Classe des Gastéropodes (Escargots, Limaces)
    Classe des Bivalves (Palourdes, Moules, Pétoncles, Huîtres)
    Classe des Céphalopodes (Calmars, Pieuvres, Nautilus)
Embranchement des Annélides (Vers annelés)
    Classe des Oligochètes (Vers annelés, terrestres et dulcicoles)
    Classe des Polychètes (Vers annelés, marins pour la plupart)
    Classe des Hirudinées (Sangsues)
Embranchement des Nématodes (Vers ronds)
Embranchement des Arthropodes (Les taxinomistes regroupent
        traditionnellement tous les Arthropodes dans un seul embran-
        chement, mais certains zoologistes préfèrent les diviser en
        plusieurs embranchements.)
    Classe des Arachnides (Araignées, Scorpions, Tiques, Mites)
    Classe des Diplopodes (Millipèdes)
    Classe des Chilopodes (Centipèdes)
    Classe des Crustacés (ex. : Crabes, Homards, Écrevisses,
        Crevettes)
    Classe des Insectes (ex. : Coléoptères, Papillons, Fourmis)
Embranchement des Échinodermes
    Classe des Astérides (Étoiles de mer)
    Classe des Ophiurides (Ophiures)
    Classe des Échinides (Oursins et Dollars des sables)
    Classe des Crinoïdes (Lis de mer)
    Classe des Holothurides (Concombres de mer)
Embranchement des Cordés
 Sous-embranchement des Urocordés (Tuniciers)
 Sous-embranchement des Céphalocordés (Amphioxus)
 Sous-embranchement des Vertébrés
    Classe des Myxinoïdes (Myxines)
    Classe des Pétromyzonoïdes (Lamproies)
    Classe des Chondrichthyens (Poissons cartilagineux : Requins et Raies)
    Classe des Actinoptérygiens   ⎫
        (Poissons à nageoires rayonnées)   ⎪ « Ostéichthyens »
    Classe des Actinistiens   ⎬ (Poissons osseux)
        (Poissons à nageoires creuses)   ⎪
    Classe des Dipneustes (Poissons pulmonés)   ⎭
    Classe des Amphibiens (ex. : Grenouilles, Crapauds, Salamandres)
    Classe des Mammifères (ex. : Carnivores, Marsupiaux, Rongeurs)
    Classe des Chéloniens (Tortues)   ⎫
    Classe des Sphénodontiens (Tuataras)   ⎪
    Classe des Squamates (Lézards et Serpents)   ⎬ « Reptiles »
    Classe des Crocodiliens (Crocodiles,   ⎪
        Gavials, Caïmans et Alligators)   ⎭
    Classe des Oiseaux (ex. : Rapaces, Canards)

ÉLÉMENTS CHIMIQUES

TABLEAU PÉRIODIQUE DES ÉLÉMENTS

LÉGENDE

Numéro atomique — 3
Masse volumique à 300 K (g/cm³) (1) — 0,53
Électronégativité selon Pauling (2) — 0,98
Nombre d'oxydation (2) — 1

6,941 — Masse atomique (g/mol) (3)
Li — Symbole
[He]2s¹ — Configuration électronique
Lithium — Nom

(1) Les entrées portant un astérisque réfèrent à la phase gazeuse à 273 K et 101 kPa et sont données en g/L.
(2) Le nombre correspondant à l'état le plus stable est indiqué en caractère gras.
(3) Basée sur le carbone-12 ; ( ) indique l'isotope le plus stable ou le mieux connu.

Aux conditions ambiantes,
les éléments en **noir** sont **solides**,
en bleu sont liquides,
en rouge sont gazeux.

Les éléments en gris sont synthétiques.

IA	IIA	IIIA	IVA	VA	VIA	VIIA	VIIIA			IB	IIB	IIIB	IVB	VB	VIB	VIIB	VIIIB
1 1,008 **H** 0,090* 2,20 [1s¹] Hydrogène																	2 4,003 **He** 0,179* — — 1s² Hélium
3 6,941 **Li** 0,53 0,98 [He]2s¹ Lithium	4 9,012 **Be** 1,85 1,57 [He]2s² Béryllium											5 10,81 **B** 2,34 2,04 [He]2s²2p¹ Bore	6 12,011 **C** 2,62 2,55 [He]2s²2p² Carbone	7 14,007 **N** 1,025* 3,04 [He]2s²2p³ Azote	8 15,999 **O** 1,43* 3,44 [He]2s²2p⁴ Oxygène	9 1,070* **F** 3,98 [He]2s²2p⁵ Fluor	10 20,179 **Ne** 0,901* — — [He]2s²2p⁶ Néon
11 22,990 **Na** 0,97 0,93 [Ne]3s¹ Sodium	12 24,305 **Mg** 1,74 1,31 [Ne]3s² Magnésium											13 26,982 **Al** 2,70 1,61 [Ne]3s²3p¹ Aluminium	14 28,086 **Si** 2,33 1,90 [Ne]3s²3p² Silicium	15 30,974 **P** 1,82 2,19 [Ne]3s²3p³ Phosphore	16 32,06 **S** 2,07 2,58 [Ne]3s²3p⁴ Soufre	17 35,453 **Cl** 3,17* 3,16 [Ne]3s²3p⁵ Chlore	18 39,948 **Ar** 1,78* — — [Ne]3s²3p⁶ Argon
19 39,098 **K** 0,86 0,82 [Ar]4s¹ Potassium	20 40,08 **Ca** 1,55 1,00 [Ar]4s² Calcium	21 44,966 **Sc** 3,0 1,36 [Ar]4s²3d¹ Scandium	22 47,90 **Ti** 4,50 1,54 [Ar]4s²3d² Titane	23 50,942 **V** 5,8 1,63 [Ar]4s²3d³ Vanadium	24 51,996 **Cr** 7,19 1,66 [Ar]4s¹3d⁵ Chrome	25 54,938 **Mn** 7,43 1,55 [Ar]4s²3d⁵ Manganèse	26 55,847 **Fe** 7,86 1,83 [Ar]4s²3d⁶ Fer	27 58,933 **Co** 8,90 1,88 [Ar]4s²3d⁷ Cobalt	28 58,70 **Ni** 8,90 1,91 [Ar]4s²3d⁸ Nickel	29 63,546 **Cu** 8,96 1,90 [Ar]4s¹3d¹⁰ Cuivre	30 65,38 **Zn** 7,14 1,65 [Ar]4s²3d¹⁰ Zinc	31 69,72 **Ga** 5,91 1,81 [Ar]4s²3d¹⁰4p¹ Gallium	32 72,59 **Ge** 5,32 2,01 [Ar]4s²3d¹⁰4p² Germanium	33 74,922 **As** 5,72 2,18 [Ar]4s²3d¹⁰4p³ Arsenic	34 78,96 **Se** 4,80 2,55 [Ar]4s²3d¹⁰4p⁴ Sélénium	35 79,904 **Br** 3,12 2,96 [Ar]4s²3d¹⁰4p⁵ Brome	36 83,80 **Kr** 3,74* — — [Ar]4s²3d¹⁰4p⁶ Krypton
37 85,468 **Rb** 1,53 0,82 [Kr]5s¹ Rubidium	38 87,62 **Sr** 2,6 0,95 [Kr]5s² Strontium	39 88,906 **Y** 4,5 1,22 [Kr]5s²4d¹ Yttrium	40 91,22 **Zr** 6,49 1,33 [Kr]5s²4d² Zirconium	41 92,906 **Nb** 8,55 1,6 [Kr]5s¹4d⁴ Niobium	42 95,94 **Mo** 10,2 1,8 [Kr]5s¹4d⁵ Molybdène	43 (98) **Tc** 11,5 1,9 [Kr]5s²4d⁵ Technétium	44 101,07 **Ru** 12,2 2,2 [Kr]5s¹4d⁷ Ruthénium	45 102,906 **Rh** 12,4 2,2 [Kr]5s¹4d⁸ Rhodium	46 106,4 **Pd** 12,0 2,2 [Kr]4d¹⁰ Palladium	47 107,868 **Ag** 10,5 1,93 [Kr]5s¹4d¹⁰ Argent	48 112,41 **Cd** 8,65 1,69 [Kr]5s²4d¹⁰ Cadmium	49 114,82 **In** 7,31 1,78 [Kr]5s²4d¹⁰5p¹ Indium	50 118,69 **Sn** 7,30 1,96 [Kr]5s²4d¹⁰5p² Étain	51 121,75 **Sb** 6,68 2,05 [Kr]5s²4d¹⁰5p³ Antimoine	52 127,60 **Te** 6,24 2,1 [Kr]5s²4d¹⁰5p⁴ Tellure	53 126,904 **I** 4,92 2,66 [Kr]5s²4d¹⁰5p⁵ Iode	54 131,30 **Xe** 5,89* — — [Kr]5s²4d¹⁰5p⁶ Xénon
55 132,905 **Cs** 1,87 0,79 [Xe]6s¹ Césium	56 137,33 **Ba** 3,5 0,89 [Xe]6s² Barium	57 138,906 **La** 6,7 1,10 [Xe]6s²5d¹ Lanthane	72 178,49 **Hf** 13,1 1,3 [Xe]6s²4f¹⁴5d² Hafnium	73 180,948 **Ta** 16,5 1,5 [Xe]6s²4f¹⁴5d³ Tantale	74 183,85 **W** 19,3 2,36 [Xe]6s²4f¹⁴5d⁴ Tungstène	75 186,207 **Re** 21,0 1,9 [Xe]6s²4f¹⁴5d⁵ Rhénium	76 190,2 **Os** 22,4 2,2 [Xe]6s²4f¹⁴5d⁶ Osmium	77 192,22 **Ir** 22,5 2,2 [Xe]6s²4f¹⁴5d⁷ Iridium	78 195,09 **Pt** 21,4 2,28 [Xe]6s¹4f¹⁴5d⁹ Platine	79 196,966 **Au** 19,3 2,54 [Xe]6s¹4f¹⁴5d¹⁰ Or	80 200,59 **Hg** 13,53 2,00 [Xe]6s²4f¹⁴5d¹⁰ Mercure	81 204,37 **Tl** 11,85 2,02 [Xe]6s²4f¹⁴5d¹⁰6p¹ Thallium	82 207,2 **Pb** 11,4 2,33 [Xe]6s²4f¹⁴5d¹⁰6p² Plomb	83 208,980 **Bi** 9,8 2,02 [Xe]6s²4f¹⁴5d¹⁰6p³ Bismuth	84 (209) **Po** 9,4 2,0 [Xe]6s²4f¹⁴5d¹⁰6p⁴ Polonium	85 (210) **At** 2,2 [Xe]6s²4f¹⁴5d¹⁰6p⁵ Astate	86 (222) **Rn** 9,91* — — [Xe]6s²4f¹⁴5d¹⁰6p⁶ Radon
87 (223) **Fr** 0,7 [Rn]7s¹ Francium	88 226,025 **Ra** 0,9 [Rn]7s² Radium	89 227,028 **Ac** 10,07 1,1 [Rn]7s²6d¹ Actinium	104 (261) **Rf** [Rn]5f¹⁴6d²7s² Rutherfordium	105 (262) **Ha** [Rn]5f¹⁴6d³7s² Dubnium	106 (263) **Sg** [Rn]5f¹⁴6d⁴7s² Seaborgium	107 (264) **Uns** [Rn]5f¹⁴6d⁵7s² Bohrium	108 (265) **Uno** [Rn]5f¹⁴6d⁶7s² Hassium	109 (268) **Une** [Rn]5f¹⁴6d⁷7s² Meitnerium	110 (269) **Uun** [Rn]5f¹⁴6d⁸7s² (Ununnilium)	111 (272) **Uuu** [Rn]5f¹⁴6d⁹7s² (Unununium)	112 (277) **Uub** [Rn]5f¹⁴6d¹⁰7s² (Ununbium)	113 **Uut** (Ununtrium)	114 (285) **Uuq** [Rn]5f¹⁴6d¹⁰7s²7p² (Ununquadium)	115 **Uup** (Ununpentium)	116 **Uuh** (Ununhexium)	117 **Uus** (Ununseptium)	118 **Uuo** (Ununoctium)

58 140,12 **Ce** 6,78 1,12 [Xe]6s²4f¹5d¹ Cérium	59 140,908 **Pr** 6,77 1,13 [Xe]6s²4f³ Praséodyme	60 144,24 **Nd** 7,00 1,14 [Xe]6s²4f⁴ Néodyme	61 (145) **Pm** 6,48 1,13 [Xe]6s²4f⁵ Prométhium	62 150,4 **Sm** 7,54 1,17 [Xe]6s²4f⁶ Samarium	63 151,96 **Eu** 5,26 1,2 [Xe]6s²4f⁷ Europium	64 157,25 **Gd** 7,89 1,20 [Xe]6s²4f⁷5d¹ Gadolinium	65 158,925 **Tb** 8,27 1,2 [Xe]6s²4f⁹ Terbium	66 162,50 **Dy** 8,54 1,22 [Xe]6s²4f¹⁰ Dysprosium	67 164,930 **Ho** 8,80 1,23 [Xe]6s²4f¹¹ Holmium	68 167,26 **Er** 9,05 1,24 [Xe]6s²4f¹² Erbium	69 168,934 **Tm** 9,33 1,25 [Xe]6s²4f¹³ Thulium	70 173,04 **Yb** 6,98 1,1 [Xe]6s²4f¹⁴ Ytterbium	71 174,967 **Lu** 9,84 1,27 [Xe]6s²4f¹⁴5d¹ Lutécium
90 232,038 **Th** 11,7 1,3 [Rn]7s²6d² Thorium	91 231,036 **Pa** 15,4 1,5 [Rn]7s²5f²6d¹ Protactinium	92 238,029 **U** 18,90 1,38 [Rn]7s²5f³6d¹ Uranium	93 237,048 **Np** 20,4 1,36 [Rn]7s²5f⁴6d¹ Neptunium	94 (244) **Pu** 19,8 1,28 [Rn]7s²5f⁶ Plutonium	95 (243) **Am** 13,6 1,3 [Rn]7s²5f⁷ Américium	96 (247) **Cm** 13,51 1,3 [Rn]7s²5f⁷6d¹ Curium	97 (247) **Bk** 1,3 [Rn]7s²5f⁹ Berkélium	98 (251) **Cf** 1,3 [Rn]7s²5f¹⁰ Californium	99 (252) **Es** 1,3 [Rn]7s²5f¹¹ Einsteinium	100 (257) **Fm** 1,3 [Rn]7s²5f¹² Fermium	101 (258) **Md** 1,3 [Rn]7s²5f¹³ Mendélévium	102 (259) **No** 1,3 [Rn]7s²5f¹⁴ Nobélium	103 (260) **Lr** [Rn]7s²5f¹⁴6d¹ Lawrencium

TABLEAU DES PROPRIÉTÉS PÉRIODIQUES DES ÉLÉMENTS

LÉGENDE

```
Numéro atomique ──────────────────────── 3        6,941   Masse atomique
Rayon covalent (nm) (1) ───────────────── 0,123   Li ──── Symbole
Volume atomique (cm³/mol) (2) ─────────── 0,205    3,00   Chaleur de fusion (kJ/mol) (4)
Température de fusion (K) ──────────────── 13,1     146    Chaleur de vaporisation (kJ/mol) (5)
Température d'ébullition (K) (3) ───────── 453,7    0,108  Conductibilité électrique (10⁶/Ω·cm) (6)
Capacité thermique massique (J/g·K) (3) ── 1615  0,847    Conductibilité thermique (W/cm·K) (7)
                                           3,6
```

(1) Valeur d'après la mécanique quantique pour l'atome libre.
(2) À 300 K pour les solides et les liquides. Les valeurs pour les gaz se rapportent au liquide à la température d'ébullition.
(3) À 300 K.
(4) À la température de fusion.
(5) À la température d'ébullition.
(6) Généralement à 293 K.
(7) À 300 K.

Aux conditions ambiantes,
les éléments en **noir sont solides**,
en bleu sont **liquides**,
en rouge sont **gazeux**.

Les éléments en gris sont **synthétiques**.

Tableau périodique des propriétés des éléments, avec les groupes IA, IIA, IIIA–VIIIA, IB, IIB, IIIB–VIIIB et les séries des lanthanides (58–71) et actinides (90–103).

GLOSSAIRE

A

Abondance relative Différences de représentativité entre les espèces formant une communauté.

Absorption Mode de nutrition qui consiste à laisser passer de l'environnement aux cellules les petites molécules organiques. Étape importante du traitement des aliments qui survient après la digestion.

Acanthodiens Groupe d'anciens Poissons du Dévonien pourvus de mâchoires.

Accepteur primaire d'électrons Molécule spécialisée qui forme le centre réactionnel avec une molécule de chlorophylle *a*, dont elle accepte l'un des électrons.

Accident vasculaire cérébral (AVC) Rupture ou obstruction d'une artère dans la tête qui entraîne la mort des tissus de l'encéphale.

Acclimatation Réaction physiologique d'adaptation des Animaux au changement d'un facteur du milieu sur une période de plusieurs jours ou plusieurs semaines.

Accommodation Dans l'œil des Vertébrés et de certains Invertébrés, changement de forme automatique du cristallin pour faire la mise au point.

Accroissement démographique exponentiel Augmentation illimitée d'une population dans des conditions idéales, lorsque tous ses membres ont accès à une nourriture abondante et se reproduisent autant que leur capacité physiologique le permet.

Accroissement démographique logistique Modèle mathématique qui exprime les variations subies par le taux d'accroissement au fur et à mesure que la taille de la population s'approche de la capacité limite du milieu.

Acétylation des histones Ajout d'un groupement acétyle ($-COCH_3$) à certains acides aminés des histones ; permet aux facteurs de transcription d'accéder aux gènes.

Acétyl-CoA (Acétyl coenzyme A) Composé qui entre dans le cycle de Krebs de la respiration cellulaire ; constitué d'un fragment du pyruvate et de la coenzyme A.

Acétylcholine L'un des neurotransmetteurs les plus répandus. Se fixe à des récepteurs modifiant la perméabilité membranaire de la cellule postsynaptique, soit par dépolarisation, soit par hyperpolarisation de la membrane plasmique.

Acide Substance qui accroît la concentration molaire volumique des protons d'une solution.

Acide abscissique Hormone végétale qui inhibe généralement la croissance, favorise la dormance et aide les Plantes à résister aux conditions défavorables.

Acide aminé Molécule organique portant un groupement carboxyle et un groupement amine. Il existe une vingtaine d'acides aminés qui sont les monomères des protéines.

Acide aminé essentiel Acide aminé qui doit se trouver à l'état préassemblé dans les aliments. Huit acides aminés sont essentiels dans le régime alimentaire d'un Humain adulte.

Acide aspartique Acide aminé qui joue le rôle de neurotransmetteur dans le système nerveux central. Produit une excitation.

Acide carboxylique Molécule organique comportant un groupement carboxyle.

Acide désoxyribonucléique (ADN) Macromolécule qui a la forme de deux chaînes hélicoïdales enroulées ; fournit les directives de sa propre réplication et détermine la structure de l'ARN et des protéines cellulaires.

Acide gamma-aminobutyrique Acide aminé qui joue le rôle de neurotransmetteur dans le système nerveux central. Produit une inhibition.

Acide glutamique Acide aminé qui joue le rôle de neurotransmetteur dans le système nerveux central. Produit une excitation.

Acide gras Longue chaîne d'hydrocarbures à laquelle est attaché un groupement carboxyle.

Acide gras essentiel Acide gras insaturé que les Animaux ne peuvent fabriquer eux-mêmes.

Acide gras insaturé Acide gras dans lequel certains atomes de carbone de la chaîne hydrocarbonée sont unis par une liaison double.

Acide gras saturé Acide gras dans lequel tous les atomes de carbone de la chaîne hydrocarbonée sont unis par des liaisons simples, ce qui maximise le nombre d'atomes d'hydrogène pouvant s'unir à la chaîne.

Acide jasmonique Molécule importante dans la défense des Végétaux.

Acide ribonucléique (ARN) Macromolécule composée de nucléotides (monomères) qui sont eux-mêmes constitués d'une molécule de ribose liée à un phosphate et à l'une des bases azotées suivantes : adénine, guanine, cytosine, uracile. Sert d'intermédiaire entre l'ADN et les protéines qui sont synthétisées.

Acide salicylique L'une des hormones qui pourraient activer la résistance systémique acquise chez les Plantes.

Acide urique Déchet azoté qui se présente sous forme de précipité et qu'excrètent les Escargots terrestres, les Insectes, les Oiseaux et de nombreux Reptiles.

Acides nucléiques Classe de macromolécules (polynucléotides) composées de nombreux nucléotides (monomères) ; servent de plan pour les protéines et, par l'intermédiaire des protéines, contrôlent toutes les activités cellulaires. Les deux types d'acides nucléiques sont l'ADN et l'ARN.

Acœlomate Animal triploblastique doté d'un corps compact, sans cavité entre le tube digestif et l'enveloppe externe.

Acrasiomycètes Protistes hétérotrophes qui forment un pseudoplasmode fonctionnant comme un individu ; toutefois, les cellules des Acrasiomycètes conservent leur identité et restent séparées par leur membrane plasmique.

Acrosome Chez la plupart des espèces d'Animaux, organite situé dans la tête du spermatozoïde et contenant les enzymes qui permettent à celui-ci de pénétrer dans l'ovocyte de deuxième ordre.

Actine Protéine globulaire dont les molécules forment des chaînes. Deux chaînes torsadées d'actine forment chacun des microfilaments des cellules musculaires et autres structures contractiles.

Actinistiens Poissons qui possèdent des nageoires pectorales et pelviennes musculeuses et charnues prenant appui sur leur squelette osseux.

Actinopodes Protistes planctoniques pour la plupart qui doivent leur nom à leurs longs et fins pseudopodes rayonnants, les axopodes. Les Héliozoaires et les Radiolaires en font partie.

Actinoptérygiens Poissons osseux munis de nageoires qui sont soutenues par de longs rayons flexibles. La presque totalité des Poissons que nous connaissons font partie des Actinoptérygiens.

Activateur Facteur de transcription qui se lie à un amplificateur et qui provoque la transcription d'un gène.

Adaptation sensorielle Type d'intégration qu'effectuent les récepteurs sensoriels, qui ont tendance à devenir moins sensibles en cas de stimulation continue.

Adénohypophyse Organe constitué de cellules endocrines qui synthétisent plusieurs hormones sécrétées directement dans la circulation sanguine. Aussi appelée *lobe antérieur de l'hypophyse*.

Adénylate cyclase Enzyme de la membrane plasmique qui catalyse en réponse à un stimulus chimique la conversion de l'ATP en AMPc.

Adhérence Attraction réciproque entre des molécules de substances différentes.

ADN (acide désoxyribonucléique) Macromolécule qui a la forme de deux chaînes hélicoïdales enroulées ; fournit les directives de sa propre réplication et détermine la structure de l'ARN et des protéines cellulaires.

ADN complémentaire (ADNc) Molécule d'ADN fabriquée *in vitro* à partir d'un ARNm et de l'enzyme transcriptase inverse. Chaque molécule d'ADNc ainsi produite porte la séquence codante complète d'un gène, mais ne contient aucun intron.

ADN ligase Enzyme qui relie les courts segments d'ADN (fragments d'Okazaki) pour former un seul brin d'ADN. Catalyse la formation d'une liaison covalente entre l'extrémité 3′ d'un nouveau fragment d'ADN et l'extrémité 5′ du brin d'ADN en croissance.

ADN polymérase Enzyme qui catalyse l'élongation d'un nouveau brin d'ADN, au niveau de la fourche de réplication.

ADN primase Enzyme qui assemble les nucléotides pour fabriquer l'amorce d'ARN nécessaire à la réplication de l'ADN.

ADN recombiné Molécule d'ADN qui résulte de la combinaison *in vitro* de gènes provenant de diverses sources (souvent d'espèces différentes).

ADN répétitif Grand nombre de copies de séquences nucléotidiques de l'ADN non codant présent dans un génome eucaryote. Les unités répétées peuvent être une série de courtes séquences maintes fois copiées (en tandem) ou une série de longues séquences dispersées dans le génome.

ADN satellite ADN répétitif isolé par ultracentrifugation analytique ; apparaît comme une bande « satellite » distincte du reste de l'ADN dans le tube à centrifuger.

Adrénaline Hormone que sécrète la médulla surrénale en réponse à un facteur de stress et qui produit de nombreux effets.

Adventive Qualifie une racine de plante qui surgit d'une tige aérienne ou même d'une feuille.

Aérobie Qualifie un organisme qui utilise du dioxygène, un milieu oxygéné ou encore un processus cellulaire s'effectuant en présence de dioxygène.

Aérobie strict Organisme qui utilise le dioxygène pour la respiration cellulaire et qui ne peut vivre sans dioxygène.

Afrothériens Clade d'Euthériens africains comprenant des Mammifères comme l'Oryctérope, les Damans et les Lamantins.

Agent oxydant Accepteur d'électrons dans une réaction d'oxydoréduction.

Agent réducteur Donneur d'électrons dans une réaction d'oxydoréduction.

Agents du mildiou Membres du groupe des Oomycètes qui vivent habituellement en parasites de plantes terrestres.

Agglutination Réaction immunitaire faisant intervenir des anticorps et dans laquelle l'agglomération des microorganismes (bactéries ou virus) provoque leur neutralisation et leur opsonisation.

Agnathes Classes de Vertébrés sans mâchoires dont les Lamproies et les Myxines constituent les espèces actuelles.

Agriculture intégrée Ensemble de méthodes de culture se fondant sur la conservation des ressources, le respect de l'environnement et la rentabilité.

Aire visuelle primaire Chez les Vertébrés, aire du lobe occipital (région postérieure) des hémisphères cérébraux que rejoignent les axones des corps géniculés latéraux et qui reçoit l'information visuelle en provenance de la rétine.

Ajustement induit Transformation structurale du site actif d'une enzyme qui lui permet d'épouser encore mieux le contour du substrat ; transformation provoquée par l'entrée du substrat dans le site actif.

Alcool Composé organique comportant un ou plusieurs groupements hydroxyle.

Aldéhyde Molécule organique dotée d'un groupement carbonyle à l'extrémité d'une chaîne carbonée.

Aldostérone Hormone des glandes surrénales qui agit sur le tubule contourné distal des néphrons en l'amenant à réabsorber davantage de sodium (Na^+) et d'eau, ce qui vient augmenter le volume sanguin et la pression artérielle.

Algues Protistes qui, comme les Végétaux, sont photosynthétiques.

Algues brunes (Phéophycées) Groupe d'Algues multicellulaires vivant en eau salée pour la plupart ; doivent leur couleur brune ou olive aux pigments accessoires de leurs chloroplastes.

Algues dorées (Chrysophycées) Algues qui possèdent deux flagelles et qui doivent leur nom à leur couleur brun-jaune, due aux pigments accessoires que sont les caroténoïdes et les xanthophylles.

Algues rouges (Rhodobiontes) Algues eucaryotes qui ne traversent pas de stade flagellé au cours de leur cycle de développement.

Algues vertes (Ulvophytes et Charophytes) Protistes photosynthétiques qui doivent leur nom à la couleur verte de leurs chloroplastes. Comprennent des espèces unicellulaires, multicellulaires et vivant en colonies qui sont étroitement apparentées aux Végétaux terrestres.

Allantoïde L'une des quatre membranes extra-embryonnaires des Cordés qui aident l'embryon à se développer. Poche qui s'étend dans le cœlome extra-embryonnaire et où est emmagasiné l'acide urique, forme de déchet azoté insoluble produite par l'embryon.

Allèle dominant Allèle qui s'exprime pleinement dans l'apparence d'un organisme, lorsque les deux allèles du gène que possède un individu diffèrent.

Allèle récessif Allèle qui n'a pas d'effet notable sur l'apparence d'un organisme, lorsque les deux allèles du gène que possède un individu diffèrent.

Allèles Formes possibles d'un même gène.

Allocation Désigne les gains et les pertes d'énergie et de matière pour un organisme. Voir *allocation énergétique*.

Allocation énergétique Quantité limitée d'énergie qu'un organisme peut dépenser pour se nourrir, échapper à ses prédateurs, réagir aux fluctuations de son milieu (homéostasie), croître et se reproduire.

Allopolyploïde Hybride polyploïde issu du croisement de deux espèces combinant leurs chromosomes.

Alternance de générations Cycle de développement dans lequel coexistent une forme diploïde multicellulaire, le sporophyte, et une forme haploïde multicellulaire, le gamétophyte ; caractéristique des Végétaux et de certaines Algues.

Altruisme Comportement par lequel des animaux accomplissent des actions qui compromettent leur propre bien-être mais bénéficient aux autres.

Altruisme réciproque Comportement altruiste que manifestent des animaux envers des individus avec lesquels ils ne sont pas apparentés. Comportement qui est adaptatif, dans la mesure où l'individu altruiste en tire des bénéfices ultérieurement.

Alvéole Sac aérien multilobé et en cul-de-sac qui sert de surface d'échanges gazeux dans les poumons.

Alvéolobiontes Clade des Protistes qui rassemble un groupe de flagellés, les Dinophytes, un groupe de parasites, les Apicomplexes, et un groupe distinctif d'Eucaryotes qui se déplacent au moyen de cils, les Ciliés. Les Alvéolobiontes doivent leur nom à la présence, sous leur membrane plasmique, de petites vésicules aplaties, les alvéoles, qui servent notamment de réservoir calcique.

Aménagement adaptatif Gestion des écosystèmes et des paysages qui consiste à utiliser l'approche expérimentale pour essayer plusieurs types d'aménagements prometteurs et trouver celui qui fonctionne le mieux.

Amibes (Rhizopodes) Protistes unicellulaires qui se meuvent et se nourrissent au moyen de pseudopodes.

Amibocyte Sorte de cellule qui utilise des pseudopodes et est présente dans le corps de la plupart des Animaux. Selon l'espèce animale, les amibocytes peuvent digérer et distribuer les nutriments, éliminer les déchets, former des fibres squelettiques, lutter contre les infections et se transformer en d'autres types de cellules.

Amidon Polysaccharide de réserve glucidique des Végétaux, entièrement formé de glucose.

Amine Molécule organique comportant au moins un groupement amine.

Amines biogènes Neurotransmetteurs dérivés des acides aminés. Se fixent à des récepteurs modifiant la perméabilité membranaire de la cellule postsynaptique, soit par dépolarisation, soit par hyperpolarisation de la membrane plasmique.

Aminoacyl-ARNt synthétase Enzyme spécifique qui lie une sorte d'acide aminé à l'ARNt correspondant.

Aminopeptidase Enzyme synthétisée et libérée par la bordure en brosse de l'intestin grêle ; travaille à l'extrémité N-terminale du polypeptide, là où se trouve un groupement amine libre, et en retire un acide aminé à la fois.

Ammoniac Petite molécule extrêmement toxique de déchet azoté que le métabolisme produit.

Ammonification Processus par lequel de nombreux détritivores bactériens et fongiques décomposent l'azote organique en ammonium (NH_4^+).

Ammonites Céphalopodes (classe de Mollusques) à coquille et prédateurs invertébrés qui ont dominé les mers durant des centaines de millions d'années. Ont disparu lors des extinctions massives de la fin du Crétacé.

Amniocentèse Technique qui consiste à prélever un échantillon de liquide amniotique à l'aide d'une aiguille insérée dans la cavité utérine ; permet de déterminer la présence de certains produits chimiques ou de cellules fœtales anormales.

Amnios L'une des quatre membranes extra-embryonnaires des Cordés qui aident l'embryon à se développer. Forme un sac amniotique rempli de liquide qui protège l'embryon contre le dessèchement et les chocs.

Amniotes Vertébrés dont les embryons sont enfermés dans une poche pleine de liquide formée par une enveloppe membraneuse, l'amnios. L'œuf amniotique est recouvert d'une coquille et retient l'eau. Les Reptiles, les Oiseaux et les Mammifères sont des Amniotes.

Amorce Chaîne d'ARN qui est liée au brin matrice d'ADN et à laquelle sont ajoutés des nucléotides au cours de la synthèse de l'ADN.

AMP cyclique (AMPc) Adénosine monophosphate cyclique, dérivée de l'ATP ; molécule de communication intracellulaire (second messager) courante chez les Eucaryotes (par exemple, dans les cellules endocrines des Vertébrés). Régule également certains opérons bactériens.

Amphibiens Classe des Vertébrés que représentent les Grenouilles, les Crapauds les Salamandres et les Cécilies. Le terme *amphibien* signifie « deux vies » et fait référence à la métamorphose qui a lieu chez bon nombre de ces Vertébrés.

Amplificateur Séquence d'ADN reconnaissant certains facteurs de transcription et exerçant une influence sur la transcription du gène correspondant.

Amplification Augmentation de l'énergie d'un stimulus, qui est souvent trop faible pour parvenir au système nerveux central.

Amplification en chaîne par polymérase (ACP) Technique qui permet l'amplification *in vitro* d'ADN par incubation avec des amorces particulières, des molécules d'ADN polymérase et une certaine quantité de nucléotides.

Amplification génique Réplication sélective donnant un grand nombre de copies d'un même gène ; moyen très efficace pour accroître l'expression des gènes transcrits en ARNr.

Amylase salivaire Enzyme digestive qui se trouve dans la salive chez la grande majorité des Animaux et qui hydrolyse le glycogène et l'amidon.

Anaérobie Qualifie un organisme qui n'utilise pas de dioxygène, un milieu privé de dioxygène ou encore un processus cellulaire s'effectuant en l'absence de dioxygène.

Anaérobie facultatif Organisme qui peut fabriquer de l'ATP par fermentation ou par respiration cellulaire aérobie, suivant qu'il trouve ou non du dioxygène dans son environnement.

Anaérobie strict Organisme qui ne peut survivre dans un milieu contenant du dioxygène.

Analogie Ressemblance structurale, attribuable à l'évolution convergente, entre des espèces qui ne sont pas apparentées.

Analyse de la viabilité d'une population Analyse dont l'objectif est d'arriver à une prédiction plausible des chances de survie d'une population, qu'on exprime habituellement sous forme de probabilité de survie pour une période de temps donné.

Anaphase Quatrième phase de la mitose. Les chromatides sœurs de chaque chromosome se séparent et deviennent des chromosomes fils qui se dirigent vers les pôles de la cellule.

Anapsides L'un des trois groupes d'Amniotes dont les membres se différencient par leur anatomie crânienne. Aucune espèce actuelle n'appartient à ce groupe.

Anatomie Étude de la structure d'un organisme.

Androgènes Groupe d'hormones animales qui sont synthétisées surtout par les testicules, la principale étant la testostérone. Déclenchent la formation et la maturation du système reproducteur mâle et en assurent le fonctionnement. Chez l'Humain, provoquent l'apparition des caractères sexuels secondaires à la puberté.

Anémie à hématies falciformes Maladie héréditaire due à la substitution d'un seul acide aminé dans l'hémoglobine (protéine des globules rouges). Aussi appelée *drépanocytose*.

Aneuploïdie État d'un individu dont les cellules possèdent un nombre anormal de chromosomes.

Angiospermes Plantes à fleurs portant des graines à l'intérieur d'un compartiment protecteur appelé *ovaire*.

Angiotensine II Peptide qui agit comme une hormone et fait augmenter la pression artérielle ainsi que le volume sanguin, dans la régulation rénine-angiotensine-aldostérone qui s'effectue dans les reins, chez certains Vertébrés.

Anhydrobiose Adaptation de certains organismes qui leur permet de perdre presque toute leur eau et de survivre dans un état d'inactivité, lorsque leur habitat se dessèche.

Anion Ion de charge négative.

Annélides Embranchement des Vers annelés dont les individus ont des segments contenant chacun une paire d'organes excréteurs appelés métanéphridies. Comprend trois classes principales : les Oligochètes (Vers de terre), les Polychètes (Néréides) et les Hirudinées (Sangsues).

Anoures Ordre des Amphibiens qui comprend les Grenouilles et les Crapauds, animaux tétrapodes sans queue.

Anse du néphron Dans le rein des Vertébrés, longue boucle aplatie du néphron qui est formée d'une partie descendante et d'une partie ascendante et qui joue un rôle dans la réabsorption de l'eau et du sel. Aussi appelée *anse de Henle*.

Antenne Appendice sensoriel que possèdent les Uniramiens et les Crustacés.

Antérieure Se dit de la région située à l'avant (tête) d'un animal à symétrie bilatérale.

Anthère Dans la fleur des Angiospermes, sac qui est situé à l'extrémité de l'étamine et à l'intérieur duquel se forment les grains de pollen contenant les spermatozoïdes.

Anthéridie Chez les Végétaux, gamétange mâle qui produit un grand nombre de spermatozoïdes.

Anthocérophytes (Anthocérotes) Embranchement des Bryophytes ; petites plantes herbacées (non ligneuses) qui doivent leur nom au fait que leur forme évoque une corne.

Anthocérotes (Anthocérophytes) Embranchement des Bryophytes ; petites plantes herbacées (non ligneuses) qui doivent leur nom au fait que leur forme évoque une corne.

Anthophytes Embranchement auquel appartient toutes les Angiospermes.

Anthropoïdés Sous-ordre des Primates dont font partie les Tarsiers, les Singes de l'Ancien Monde, les Singes du Nouveau Monde, les Singes anthropoïdes (les Gibbons, les Orangs-outans, les Gorilles, les Chimpanzés et les Bonobos) et les Humains.

Antibiotique Substance chimique qui inhibe la croissance de microorganismes.

Anticodon Triplet de nucléotides d'un ARN de transfert qui se lie au codon complémentaire de l'ARNm en obéissant aux règles d'appariement des bases.

Anticorps Protéine que libèrent les lymphocytes B et qui se lie spécifiquement à un antigène ; joue le rôle d'effecteur dans la réponse immunitaire. Aussi appelé *immunoglobuline*.

Anticorps monoclonal Protéine de défense que les scientifiques préparent à partir d'une seule lignée clonale de lymphocytes B mis en culture. Comme ils sont tous identiques, les anticorps monoclonaux produits à partir d'une culture de lymphocytes B sont spécifiques à l'épitope donné d'un antigène.

Antigène Macromolécule étrangère qui n'appartient pas à l'organisme hôte et qui provoque une réaction immunitaire.

Antigène T-dépendant Antigène qui ne peut provoquer la production d'anticorps qu'avec la participation des lymphocytes T auxiliaires. La plupart des antigènes protéiques sont de ce type.

Antigène T-indépendant Antigène qui peut provoquer la production d'anticorps sans la participation des lymphocytes T auxiliaires. Antigène dont les sous-unités se fixent simultanément et directement à un certain nombre d'anticorps membranaires situés sur la surface des lymphocytes B.

Antigène tumoral Macromolécule étrangère, associée à une cellule tumorale, qui n'appartient pas à l'organisme hôte et qui provoque une réponse immunitaire.

Apicomplexes Groupe de Protistes parasites disséminant des sporozoïtes, minuscules cellules infectieuses. Certains causent de graves maladies chez l'Humain.

Apodes Ordre des Amphibiens qui comprend les Cécilies, animaux sans pattes.

Apomixie Mode de reproduction asexuée qui permet aux Végétaux de produire des graines sans que les fleurs soient fécondées.

Apoplaste Chez les Plantes, ensemble extracellulaire non vivant des parois cellulaires et des interstices que celles-ci délimitent.

Apoptose Mort cellulaire programmée causée par des stimulus qui déclenchent l'activation d'une cascade de protéines de « suicide » dans les cellules destinées à mourir.

Appareil de Golgi Organite des Eucaryotes constitué d'un empilement de saccules membraneux aplatis qui modifient, entreposent et expédient les produits du réticulum endoplasmique.

Appareil juxtaglomérulaire Tissu rénal spécialisé de certains Vertébrés qui forme la paroi de l'artériole glomérulaire afférente et qui libère dans le sang une enzyme appelée rénine, lorsque la pression sanguine ou le volume sanguin dans l'artériole glomérulaire afférente chute ; contribue à la régulation de la pression sanguine et du volume sanguin.

Appendice vermiforme Section du gros intestin ; prolongement digitiforme porté par un cæcum relativement petit, notamment chez l'Humain. Contient une masse de leucocytes qui contribuent à la défense de l'organisme.

Apprentissage Modification d'un comportement à la suite d'expériences particulières.

Apprentissage associatif Capacité qu'ont de nombreux Animaux à apprendre à associer un stimulus à un autre.

Approche des petites populations Approche de certains biologistes de la conservation qui étudient les processus pouvant causer la disparition des petites populations, parce qu'ils pensent que c'est la petite taille d'une population qui finalement l'entraîne vers l'extinction.

Approche des populations déclinantes Approche de certains biologistes de la conservation qui étudient les processus pouvant causer la disparition des populations en s'intéressant aux populations menacées ou en voie de disparition même si leur taille est bien supérieure au minimum viable. Ces biologistes pensent qu'une diminution d'effectifs chez une espèce est une cause suffisante d'inquiétude qui appelle, si possible, une mesure correctrice.

Aquaporine Protéine de transport qui se trouve dans la membrane plasmique des cellules végétales ou animales et qui facilite spécifiquement la diffusion de l'eau à travers la membrane.

Arachnides Groupe d'Animaux auquel appartiennent les Scorpions, les Araignées, les Tiques et les Mites. Ses membres ont un céphalothorax pourvu de six paires d'appendices dont quatre paires de pattes locomotrices.

Arbre phylogénétique Représentation de la classification des groupes taxinomiques sous une forme hiérarchisée, suivant l'évolution.

Arc réflexe Circuit nerveux le plus simple, qui est à l'origine du réflexe.

Archégone Chez les Végétaux, gamétange femelle en forme de vase qui produit une seule oosphère restant à sa base.

Archentéron Cavité tapissée d'endoderme qui se forme, au cours de la gastrulation, dans le tube digestif de l'Animal.

Archéobactéries L'un des deux domaines de procaryotes, l'autre étant celui des Bactéries. De nombreuses espèces d'Archéobactéries vivent dans des milieux extrêmes tels que les sources chaudes et les étangs salés. Les Archéobactéries se distinguent des Bactéries par de nombreuses caractéristiques structurales, biochimiques et physiologiques. Ce domaine comporte deux grands groupes : les Euryarchées et les Crénarchées.

Archives géologiques Ordre d'apparition des fossiles dans les couches ou strates de roches sédimentaires, qui marque le passage du temps géologique.

Archosauriens Groupe des Reptiles qui compte les Crocodiliens et les Dinosauriens, dont il ne reste plus que les Oiseaux.

ARN (acide ribonucléique) Macromolécule composée de nucléotides (monomères) qui sont eux-mêmes constitués d'une molécule de ribose liée à un phosphate et à l'une des bases azotées suivantes : adénine, guanine, cytosine, uracile. Sert d'intermédiaire entre l'ADN et les protéines qui sont synthétisées.

ARN de transfert (ARNt) Type de molécule d'ARN qui interprète le message génétique se trouvant sur l'ARN messager et achemine vers un ribosome un type d'acide aminé qui se trouve dans le cytosol.

ARN messager (ARNm) Type d'ARN transcrit à partir de l'ADN et qui sert d'intermédiaire entre l'ADN et la synthèse des protéines ; s'attache à des ribosomes du cytoplasme et spécifie la structure primaire d'une protéine.

ARN polymérase Enzyme qui écarte les deux brins d'ADN et assemble les nucléotides de l'ARN au fur et à mesure que leur base s'apparie avec la matrice d'ADN.

ARN prémessager Première version d'ARN qui résulte de la transcription. Aussi appelé *transcrit primaire*.

ARN ribosomique (ARNr) Type de molécule d'ARN le plus abondant qui, avec des protéines, entre dans la composition des ribosomes.

Arpentage chromosomique Technique de cartographie de l'ADN qui consiste à sélectionner un gène ou un autre segment d'ADN connu (déjà cloné, cartographié et séquencé) puis à cartographier les fragments de restriction se recouvrant partiellement en « arpentant » le chromosome à partir de ce locus.

Artère Vaisseau qui achemine le sang du cœur jusque vers les organes du corps.

Artère rénale Vaisseau sanguin de certains Vertébrés qui achemine le sang à un rein.

Artériole Petit vaisseau qui transporte le sang entre une artère et un lit capillaire.

Artériole afférente Branche d'une artère interlobulaire elle-même issue d'une artère rénale qui se ramifie pour former les capillaires du glomérule d'un néphron, dans le rein de certains Vertébrés.

Artériole efférente Vaisseau sanguin vers lequel convergent les capillaires à leur sortie de la capsule glomérulaire rénale d'un néphron dans les reins de certains Vertébrés.

Artériosclérose Maladie cardiovasculaire causée par le durcissement de plaques athéroscléreuses dans les artères, à la suite de dépôts de calcium.

Arthropodes Cœlomates segmentés qui se protègent à l'aide d'un exosquelette et se meuvent grâce à des appendices articulés.

Ascocarpe Appareil sporifère macroscopique qui renferme les asques des Ascomycètes.

Ascomycètes Embranchement des Eumycètes dont les membres produisent des spores sexuées dans des asques, qui sont des structures en forme de sacs.

Ascospore Nom des spores issues de la méiose et génétiquement différentes qui ont pris naissance à l'intérieur d'un asque.

Asque Structure sporifère en forme de sac qui est située à l'extrémité de l'ascocarpe et qui caractérise l'embranchement des Ascomycètes.

Aster Formation étoilée des microtubules qui rayonnent des centrosomes.

Astrocyte Gliocyte qui assure un soutien structural et métabolique aux neurones.

Athérome Dépôt lipidique qui contient des cellules mortes et qui se forme sur la tunique interne des artères, dont il rétrécit le diamètre. Aussi appelé *plaque athéroscléreuse*.

Athérosclérose Maladie cardiovasculaire chronique qui se déclare souvent après un infarctus ou un AVC et pendant laquelle des dépôts lipidiques contenant des cellules mortes et appelés athéromes ou plaques athéroscléreuses se forment sur la tunique interne des artères, dont ils rétrécissent le diamètre.

Atome La plus petite unité de matière possédant les propriétés de l'élément auquel elle appartient.

ATP (adénosine triphosphate) Nucléoside triphosphate contenant de l'adénine. Libère de l'énergie lors de l'hydrolyse de ses liaisons phosphate. Cette énergie libre alimente les réactions endergoniques qui ont lieu dans les cellules.

ATP synthétase Complexe protéique enzymatique qui se trouve dans les crêtes mitochondriales, la membrane des thylakoïdes, et la membrane plasmique des Bactéries et des Archéobactéries. Fonctionne par chimiosmose avec l'aide d'une chaîne de transport d'électrons. Fabrique l'ATP en utilisant l'énergie du gradient de concentration des protons. L'ATP synthétase aménage un canal par lequel les protons diffusent vers la matrice d'une mitochondrie ou vers le stroma d'un chloroplaste.

Autécologie (écologie physiologique) Subdivision de l'écologie qui étudie les aspects morphologiques, physiologiques et comportementaux des réactions d'un organisme aux conditions biotiques et abiotiques de son milieu.

Auto-incompatibilité Capacité qu'ont les Végétaux de rejeter leur propre pollen ou celui d'un proche parent. Mécanisme qui empêche le plus souvent l'autofécondation.

Autopolyploïde Individu qui possède plus de deux ensembles de chromosomes provenant d'une même espèce.

Autosome Tout chromosome qui n'est pas un chromosome sexuel.

Autotrophie Mode de nutrition qui permet à des organismes de fabriquer des molécules organiques sans ingérer d'autres organismes ou les substances qui les composent. Les organismes autotrophes utilisent l'énergie provenant du soleil ou de l'oxydation de substances inorganiques pour élaborer leurs molécules organiques à partir de molécules inorganiques.

Auxines Catégorie d'hormones végétales, comprenant notamment l'acide indolacétique, qui ont différents effets. Elles provoquent ainsi la réaction phototropique en stimulant l'allongement des cellules ; elles stimulent aussi la croissance secondaire et le développement des pousses, des feuilles et des fruits.

Avantage de l'hétérozygote Fait que les individus hétérozygotes à un locus donné ont plus de chances de survivre et de se reproduire que les homozygotes. Protège la variation dans le patrimoine génétique.

Avirulent Qualifie un agent pathogène qui s'infiltre suffisamment dans son hôte pour proliférer, mais sans l'endommager ni le tuer.

Axone Prolongement du neurone qui est généralement plus long que les dendrites et qui transmet aux autres cellules les messages émis par le corps du neurone.

B

Bactérie fixatrice d'azote Microorganisme qui emmagasine l'azote dans le sol en transformant le diazote (N_2) en ammoniac (NH_3).

Bactéries L'un des deux domaines de procaryotes, l'autre étant celui des Archéobactéries. La plupart des procaryotes connus sont des bactéries. Ce domaine comporte cinq grands groupes : les Protéobactéries, les Chlamydiées, les Spirochètes, les Bactéries à Gram positif et les Cyanobactéries.

Bactériophage Virus infectant une bactérie. Aussi appelé *Phage*.

Bactériorhodopsine Pigment photosynthétique présent chez les Archéobactéries halophiles ; très semblable aux pigments visuels de la rétine, chez l'Humain.

Bactéroïde Chez les Légumineuses, forme que prend, dans une nodosité, la bactérie *Rhizobium*, qui se trouve dans des vésicules se formant à l'intérieur de certaines cellules racinaires.

Baculum Os qui raidit le pénis des Rongeurs, des Ratons laveurs, des Morses et de plusieurs autres Mammifères.

Bande de Caspary Ceinture constituée d'une cire qui se situe dans les cellules endodermiques, chez les Plantes, et qui empêche l'eau et les solutés de pénétrer passivement dans la stèle, en passant à travers la paroi cellulaire.

Bande préprophasique Anneau que forment les microtubules de la partie périphérique du cytoplasme autour du noyau.

Barrière hémato-encéphalique Disposition particulière des capillaires qui limite l'accès de l'encéphale à la plupart des substances. Permet une stricte maîtrise de l'environnement chimique extracellulaire du système nerveux central.

Barrière mécanique Méthode de contraception qui empêche physiquement les spermatozoïdes d'atteindre un ovocyte de deuxième ordre. Le condom et le diaphragme en sont des exemples.

Barrière postzygotique Isolement reproductif qui, après la fécondation d'un ovule par un spermatozoïde d'une autre espèce, empêche le zygote hybride de devenir un adulte viable et fécond. Par exemple, une mule ne peut se reproduire avec d'autres mules ou avec les espèces parentales (âne et jument).

Barrière prézygotique Isolement reproductif qui empêche l'accouplement entre espèces ou qui entrave la fécondation de l'ovule si des membres d'espèces différentes s'accouplent. Par exemple, des gamètes incompatibles constituent une barrière prézygotique.

Base Substance qui réduit la concentration molaire volumique des protons d'une solution.

Baside Structure en forme de massue qui produit les spores sexuées sur les lamelles des Basidiomycètes.

Basidiocarpe Appareil sporifère complexe d'un mycélium dicaryotique, chez les Basidiomycètes.

Basidiomycètes Embranchement des Eumycètes dont les membres possèdent une structure en forme de massue, la baside, qui apparaît pendant le stade diploïde du cycle de développement.

Bâtonnet L'une des deux sortes de photorécepteurs qui se trouvent dans la rétine des Vertébrés et de certains Invertébrés. Permet la vision nocturne, mais seulement en noir et blanc.

Benthos Ensemble de communautés d'organismes qui occupent la zone benthique d'un plan d'eau.

Bêta-oxydation Processus catabolique qui dégrade les acides gras en fragments contenant deux atomes de carbone et entrant dans le cycle de Krebs sous forme d'acétyl-CoA.

Bilatériens Animaux possédant de vrais tissus et qui ont une symétrie bilatérale.

Bile Mélange alcalin de substances produites dans le foie qui est emmagasiné dans la vésicule biliaire et qui sert de détergent facilitant la digestion et l'absorption ultérieure des graisses par l'intestin grêle.

Bioamplification Processus par lequel la concentration tissulaire des toxines augmente d'un niveau trophique à l'autre, dans une chaîne alimentaire.

Biodiversité Diversité spécifique d'une communauté écologique, correspondant au nombre d'espèces et à leur abondance relative. Appelée hétérogénéité par les écologistes.

Bioénergétique Étude de la gestion de l'énergie dans les cellules.

Biogenèse Principe selon lequel la vie ne peut naître que de la vie.

Biogéographie Étude de la répartition géographique des espèces.

Bio-informatique Application de l'informatique et des mathématiques à la génétique et aux autres spécialités de la biologie.

Biologie de la conservation Science qui s'est donné pour but de contrer la crise de la biodiversité.

Biomasse Masse sèche de matière organique de tous les individus d'une population, d'un habitat ou d'un écosystème.

Biomasse mesurable Dans un écosystème, biomasse totale des organismes autotrophes photosynthétiques présents par unité d'aire à un moment donné.

Biome Ensemble d'écosystèmes variés qui occupe une vaste étendue géographique et qui se caractérise par des conditions climatiques uniformes déterminant un type dominant de végétation.

Biome océanique pélagique Majeure partie des eaux de l'océan qui se situent loin du rivage, où elles sont sans cesse agitées par les courants. Comporte de la vie à toute profondeur.

Biopsie des villosités chorioniques Technique qui consiste à insérer un tube mince dans l'utérus par le col utérin et à aspirer une petite quantité de tissu fœtal en provenance du placenta ; permet de dépister des maladies héréditaires.

Biorestauration Stratégie écologique qui repose sur l'utilisation d'organismes et qui vise l'élimination des polluants de l'eau, de l'air et du sol.

Biosphère Superécosystème qui englobe l'ensemble des écosystèmes de la planète.

Biotechnologie Application des sciences ou de l'ingénierie dans l'utilisation des êtres vivants, de leurs parties ou de leurs produits, que ce soit sous leur forme naturelle ou modifiée.

Blastocœle Cavité remplie de liquide qui est entourée d'un épithélium simple dans les premiers stades du développement embryonnaire.

Blastocyste Sphère de cellules qui est creusée d'une cavité remplie de liquide, le blastocœle, et qui se forme une semaine environ après la fécondation, chez l'Humain.

Blastodisque Au début du développement des Cordés, plaque de cellules qui repose sur le vitellus non fragmenté.

Blastomère Chacune des nombreuses petites cellules qui sont issues de la segmentation du zygote, au début de la formation de l'embryon.

Blastopore Première ouverture de l'archentéron qui se forme au stade gastrula et qui donne naissance à la bouche chez les Protostomiens et à l'anus chez les Deutérostomiens.

Blastula Chez la plupart des Animaux, stade multicellulaire du développement qui prend la forme d'une sphère creuse et marque la fin du stade de la segmentation.

Blocage lent de la polyspermie Lors de la fécondation, résultat de l'action de la membrane de fécondation et d'autres modifications de la surface de l'ovule qui empêchent la liaison de nouveaux spermatozoïdes avec la membrane plasmique de l'ovule, lorsque le blocage rapide de la polyspermie ne fonctionne plus.

Blocage rapide de la polyspermie Phénomène de dépolarisation de la membrane plasmique d'un ovule qui se produit de une à trois secondes après qu'un spermatozoïde se fut lié à la membrane vitelline, au cours de la fécondation. Réaction qui empêche la liaison d'autres spermatozoïdes avec la membrane plasmique de l'ovule. Courant chez les espèces animales.

Boîte homéotique Chez la Drosophile, séquence de 180 nucléotides que comprend un gène homéotique et qui code pour la partie de la protéine qui se lie à l'ADN lorsque la protéine agit comme facteur de transcription.

Boîte TATA Séquence essentielle de l'ADN du promoteur, qu'on nomme ainsi à cause de la forte concentration de thymine (T) et d'adénine (A) qu'elle présente.

Bol alimentaire Masse de nourriture en forme de boule que prépare la langue avant la déglutition.

Bouchon vitellin Grosses cellules riches en nutriments qu'entoure la lèvre circulaire du blastopore, au cours du développement embryonnaire de la Grenouille.

Bourgeon axillaire Structure des Plantes qui se trouve à l'intersection (aisselle) d'une feuille et de la tige et qui est capable de donner un rameau végétatif.

Bourgeon terminal Tissu embryonnaire des Plantes qui est situé à l'extrémité d'une pousse et qui comprend des feuilles en développement et une série de nœuds et d'entre-nœuds.

Bourgeonnement Mécanisme de reproduction asexuée courant chez les Invertébrés. Un nouvel individu se détache de son parent ou bien les deux restent associés, ce qui finit par donner une importante colonie.

Bouturage Mode de multiplication végétative dans lequel une plante mère se sépare en parties qui reforment des plantes entières.

Brachiopodes Animaux marins qui ressemblent un peu aux Palourdes et aux Bivalves, excepté que la position des valves diffère : chez les Brachiopodes, l'une est dorsale et l'autre est ventrale, tandis que chez les Palourdes, les deux sont latérales. Font partie du clade des Lophophoriens.

Branchie Prolongement de la surface corporelle qui est suspendu dans l'eau et qui constitue la surface respiratoire de la plupart des Animaux aquatiques.

Brassage Mélange printanier ou automnal des eaux des lacs et des étangs qui sont situées dans la zone tempérée. Phénomène dû aux changements de température. Aussi appelé *renouvellement*.

Brassinostéroïdes Stéroïdes végétaux qui sont chimiquement semblables au cholestérol et aux hormones sexuelles des Animaux et qui provoquent l'allongement et la division cellulaires dans les tiges et les plantules, retardent l'abscission des feuilles et favorisent la différenciation du xylème.

Brin codant Brin d'ADN qui sert de matrice pour l'agencement des séquences de nucléotides du transcrit d'ARN.

Brin directeur Brin d'ADN complémentaire continu que synthétise l'ADN polymérase dans le sens obligatoire, c'est-à-dire 5′ → 3′.

Brin discontinu Nouveau brin d'ADN synthétisé par segments, la polymérase devant suivre la matrice en s'éloignant de la fourche de réplication.

Bronche L'un des deux conduits respiratoires qui sont issus de la division de la trachée et qui conduisent chacun à un poumon.

Bronchiole Chacune des ramifications étroites des bronches qui conduisent l'air jusqu'aux alvéoles.

Bryophytes Groupe de Végétaux comportant trois embranchements : les Hépatophytes, les Anthocérophytes et les Muscinées. Vivent sur la terre ferme, mais n'ont pas de nombreuses adaptations terrestres caractéristiques des Vasculaires.

Bryozoaires Animaux qui vivent en colonies et ressemblent à des mousses. Font partie du clade des Lophophoriens.

Bulbe rachidien Partie inférieure de l'encéphale des Vertébrés. Renflement du rhombencéphale qui se situe au sommet de la moelle épinière et qui régule diverses fonctions viscérales (automatiques et homéostatiques), notamment la respiration, l'activité cardiovasculaire, la déglutition, le vomissement et la digestion. Aussi appelé *bulbe*.

Buvardage de Southern Technique d'hybridation qui permet aux chercheurs de détecter la présence de certaines séquences de nucléotides dans un échantillon d'ADN.

C

Cadhérines Catégorie importante de molécules d'adhérence cellulaire qui jouent un rôle dans la morphogenèse animale.

Cadre de lecture Façon de traduire les nucléotides d'une molécule d'ARNm dans le bon sens et selon les bons groupements (trois par trois, sans chevauchement).

Cæcum Section du gros intestin ; sorte de poche qui se trouve à la jonction du gros intestin et de l'intestin grêle.

Cal Masse de cellules indifférenciées qui se forme sur la cicatrice d'un fragment de tige et à partir de laquelle poussent des racines adventices.

Calcitonine Hormone thyroïdienne mammalienne qui abaisse la concentration de calcium (Ca^{2+}) sanguin.

Calicule gustatif Regroupement de cellules épithéliales modifiées qui constituent les cellules réceptrices du goût (ou cellules gustatives) et qui sont disséminées sur plusieurs régions de la langue et de la bouche, chez les Humains et la plupart des autres Mammifères. Aussi appelé *bourgeon du goût*.

Calmoduline Protéine intracellulaire à laquelle se lie le calcium lorsqu'il agit comme second messager, après qu'une molécule de communication extracellulaire eut agi comme premier messager.

Calorie (cal) Unité de mesure qui équivaut à la quantité de chaleur nécessaire (une calorie) pour élever de 1 °C la température de 1 g d'eau. C'est également la quantité de chaleur libérée quand 1 g d'eau refroidit de 1 °C. La calorie équivaut à 4,184 joules dans un environnement à 15 °C environ.

Cambium libéroligneux Chez les Végétaux, cylindre continu de cellules méristématiques entourant le xylème et la moelle ; produit le xylème secondaire et le phloème secondaire.

Cambium subérophellodermique Tissu méristématique de forme cylindrique chez les Plantes ; produit des cellules de liège destinées à remplacer l'épiderme des tiges et des racines, au cours de la croissance secondaire.

Canal alimentaire Succession de compartiments qui relient deux ouvertures, la bouche et l'anus, chez la plupart des Animaux. Aussi appelé *tube digestif* ou *tractus digestif*.

Canal central Chez les Vertébrés, cavité étroite qui est située au centre de la moelle épinière et qui est en communication avec les ventricules remplis de liquide de l'encéphale.

Canal chimiodépendant Canal ionique spécialisé qui s'ouvre ou se ferme en réaction à un stimulus chimique, par exemple à un neurotransmetteur.

Canal ionique à ouverture contrôlée Canal ionique spécifique à un ion qui s'ouvre ou se ferme en réponse à un stimulus ; il en résulte une modification du potentiel de membrane.

Canal ionique à ouverture régulée par un ligand Protéine transmembranaire qui fait partie ou non d'un récepteur et qui laisse pénétrer des ions spécifiques quand une molécule de communication particulière se lie à un site de son domaine extracellulaire.

Canal protéique Couloir sélectif hydrophile permettant aux molécules d'eau et aux petits ions de franchir très rapidement une membrane.

Canal sélectif Canal que forment des protéines de transport et qui permet le passage de substances précises à travers la membrane de n'importe quelle cellule.

Canal tensiodépendant Canal ionique spécialisé qui s'ouvre ou se ferme en réaction à une variation du potentiel de membrane.

Canavanine Acide aminé inhabituel que certaines plantes produisent pour se défendre contre les herbivores.

Capacité inspiratoire (CI) Quantité maximale d'air qu'un individu inspire après avoir expiré normalement.

Capacité limite du milieu Nombre maximal d'individus d'une population qui peuvent vivre dans un milieu au cours d'une période donnée, sans dégradation de l'habitat. Aussi appelée *capacité de support du milieu*.

Capacité pulmonaire totale (CPT) Volume d'air maximal que contiennent les poumons après une inspiration forcée.

Capacité résiduelle fonctionnelle (CRF) Volume d'air qui séjourne dans les poumons après une expiration normale.

Capacité vitale (CV) Volume maximal d'air inspiré et expiré au cours d'une respiration forcée.

Capillaire Chacun des vaisseaux sanguins microscopiques qui sont constitués d'une seule couche de cellules endothéliales et qui forment des réseaux qui pénètrent dans tous les tissus pour permettre des échanges entre le sang et le liquide interstitiel.

Capillaires péritubulaires Réseau de capillaires qui s'enchevêtrent avec les tubules contournés proximal et distal du néphron.

Capside Coque de protéines qui renferme le génome viral. Selon le type de virus, peut avoir une forme hélicoïdale (ressemblant à un bâtonnet), polyédrique ou plus complexe encore.

Capsule (1) Couche protectrice que forment des substances adhésives autour de la paroi cellulaire des procaryotes. Permet aux procaryotes de se fixer à leur substrat. (2) Organe multicellulaire des Eumycètes et du sporophyte des Végétaux à l'intérieur duquel se produisent la méiose et le développement des spores haploïdes. Aussi appelée *sporange*.

Capsule glomérulaire rénale Dans le rein des Vertébrés, réceptacle sphérique et creux qui est le segment initial du néphron et où pénètre le filtrat provenant du sang. Aussi appelée *capsule de Bowman*.

Caractère Propriété héréditaire qui peut varier d'un individu à l'autre.

Caractère ancestral partagé Homologie partagée par les membres d'un taxon plus vaste que celui qu'on essaie de définir.

Caractère dérivé partagé Nouveauté attribuable à l'évolution et relevant exclusivement d'un clade donné.

Caractère quantitatif Dans une population d'individus, caractère qui présente une variation continue.

Carboxypeptidase Enzyme d'origine pancréatique et intestinale présente dans le duodénum ; enlève un acide aminé à la fois, en commençant par l'extrémité du polypeptide qui possède un groupement carboxyle libre.

Carinates Groupe d'Oiseaux qui peuvent voler parce qu'ils possèdent un bréchet sternal, ou carène, sur lequel les grands muscles pectoraux prennent appui.

Carnivore Animal, comme le Requin, le Faucon ou l'Araignée, qui mange d'autres animaux.

Caroténoïde Pigment accessoire dont la couleur varie du jaune à l'orangé et qui se trouve dans les chloroplastes des Plantes ou chez des organismes photosynthétiques. Élargit le spectre des longueurs d'onde de la lumière visible qui sont capables d'alimenter la photosynthèse en absorbant la lumière de longueurs d'ondes qui sont différentes de celles de la lumière qu'absorbe la chlorophylle.

Carpelle Organe reproducteur femelle de la fleur qui est composé du stigmate, du style et de l'ovaire. Un ou plusieurs carpelles constituent le pistil.

Carte chromosomique Liste ordonnée des loci se situant tout le long d'un chromosome. Aussi appelée *carte cytogénétique*.

Carte cognitive Représentation interne, ou code, que se fait un animal des relations spatiales existant entre les objets se trouvant dans son environnement.

Carte cytologique Carte qui indique la position précise des gènes par rapport à certaines portions chromosomiques révélées par des bandes colorées visibles au microscope.

Carte des territoires présomptifs Schéma général du développement embryonnaire, par territoires, qu'établissent les biologistes afin de déterminer la filiation entre les cellules de la blastula et la lignée (l'« arbre généalogique ») des cellules des trois feuillets embryonnaires produits par la gastrulation.

Carte génétique Carte qu'on dresse à partir des fréquences de recombinaison des gènes, au cours de l'enjambement de chromosomes homologues. Plus les gènes sont éloignés l'un de l'autre, plus il y a de chances qu'un enjambement survienne entre eux. Voir aussi *carte chromosomique*.

Cartilage élastique Cartilage qui ressemble au cartilage hyalin, mais dont la matrice contient plus de fibres élastiques.

Cartilage fibreux Cartilage qui possède une matrice moins ferme que celle du cartilage hyalin et où les épaisses fibres collagènes prédominent.

Cartilage hyalin Cartilage qui est le plus abondant dans le corps humain. Possède une matrice amorphe mais ferme. Ses nombreuses fibres collagènes sont imperceptibles.

Caryogamie Fusion des noyaux haploïdes de deux organismes. Deuxième étape de l'union des cellules de deux organismes, chez de nombreux Eumycètes ayant un cycle de développement sexué.

Caryotype Représentation des chromosomes d'un individu obtenue au moyen du regroupement de ceux-ci par types, par paires et par ordre décroissant de taille.

Catalyseur Agent chimique qui modifie la vitesse d'une réaction tout en restant inchangé.

Catastrophisme Hypothèse de Georges Cuvier selon laquelle les limites entre les strates du sol correspondent à des catastrophes dans le temps (sécheresses ou inondations) qui ont détruit un grand nombre des espèces vivant à l'endroit étudié.

Catécholamines Classe de composés qui sont synthétisés à partir d'un acide aminé, la tyrosine. Comprend l'adrénaline et la noradrénaline.

Cation Ion de charge positive.

Cavité abdominale Cavité qui, chez de nombreux Vertébrés, renferme principalement des parties des systèmes digestif, urinaire et reproducteur. Séparée de la cavité thoracique par le diaphragme.

Cavité buccale Bouche d'un animal.

Cavité corporelle Espace rempli de liquide qui s'insère entre le tube digestif et l'enveloppe corporelle, chez la plupart des Animaux.

Cavité gastrovasculaire Cavité digestive ayant une seule ouverture, chez les Cnidaires et certains Plathelminthes. Structure en forme de sac qui sert à la fois à la digestion des nutriments et à leur circulation dans l'organisme.

Cavité palléale Chez les Mollusques, compartiment rempli d'eau dans lequel se trouvent les branchies, l'anus et les pores excréteurs.

Cavité thoracique Cavité qui, chez de nombreux Vertébrés, renferme les poumons et le cœur. Entourée en partie par les côtes et séparée de la cavité abdominale par le diaphragme.

Cellule amacrine Dans l'œil des Vertébrés, neurone de la rétine qui assure l'intégration de l'information avant son acheminement jusqu'au cerveau.

Cellule bipolaire Neurone qui communique par l'intermédiaire d'une synapse avec un bâtonnet ou un cône de la rétine de l'œil, chez les Vertébrés.

Cellule cible Chez les Animaux, cellule portant un récepteur spécifique pour un médiateur chimique particulier, par exemple une hormone.

Cellule collenchymateuse Type de cellule végétale flexible qui compose des cylindres ou des fibres textiles et soutient ainsi les jeunes parties des Plantes, sans inhiber la croissance.

Cellule compagne Type de cellule végétale qui communique avec une cellule d'un tube criblé par l'intermédiaire de nombreux plasmodesmes. Son noyau et ses ribosomes peuvent servir à une ou plusieurs cellules criblées voisines, qui, elles, n'en ont pas.

Cellule criblée Chez les Végétaux, cellule vivante qui forme des chaînes avec d'autres pour constituer les tubes criblés du phloème.

Cellule de la gaine fasciculaire Cellule photosynthétique des Plantes qui s'entasse avec d'autres autour des nervures de la feuille.

Cellule de soutien Cellule qui joue un rôle essentiel dans l'intégrité structurale du système nerveux et dans le fonctionnement normal des neurones. Aussi appelée *cellule gliale* ou *gliocyte*.

Cellule de transfert Chez les Plantes, (1) cellule compagne dont la paroi forme de nombreuses invaginations qui augmentent la surface de contact et favorisent le transfert de solutés entre l'apoplaste et le symplaste. (2) Cellule végétale spécialisée qui favorise le transfert des nutriments du parent à l'embryon.

Cellule diploïde Cellule contenant deux jeux haploïdes de chromosomes (2*n*) dont les gènes représentent les lignées paternelle et maternelle.

Cellule du mésophylle Cellule photosynthétique située entre la surface de la feuille et les cellules de la gaine fasciculaire.

Cellule effectrice (1) Cellule musculaire ou glandulaire qui effectue les réactions du corps aux stimulus ; répond aux commandes du système nerveux central. (2) Clone de lymphocytes ayant une courte durée de vie et combattant le même antigène.

Cellule eucaryote Type de cellule qui renferme divers organites membraneux et un noyau véritable délimité par une enveloppe nucléaire. Le noyau contient l'ADN et le protège des enzymes du cytoplasme. On trouve des cellules eucaryotes chez les Protistes, les Végétaux, les Eumycètes et les Animaux.

Cellule excitable Type de cellule qui peut produire d'importants changements dans le potentiel de membrane. Les neurones et les cellules musculaires sont des cellules excitables.

Cellule fibreuse Type de cellule composée de lignine qui renforce le xylème des Angiospermes et qui se spécialise dans le soutien. Cellule sclérenchymateuse longue, mince et fusiforme qui s'organise généralement avec d'autres pour former des faisceaux.

Cellule ganglionnaire Dans l'œil des Vertébrés, cellule qui communique avec les cellules bipolaires et dont l'axone envoie des sensations visuelles (sous forme de potentiels d'action) au cerveau.

Cellule gliale Cellule qui joue un rôle essentiel dans l'intégrité structurale du système nerveux et dans le fonctionnement normal des neurones. Aussi appelée *cellule de soutien* ou *gliocyte*.

Cellule haploïde Cellule qui n'a qu'un jeu de chromosomes (*n*).

Cellule horizontale Dans l'œil des Vertébrés, neurone de la rétine qui assure l'intégration de l'information avant son acheminement jusqu'au cerveau.

Cellule initiale des rayons Chez les Végétaux, cellule du cambium qui contribue à produire des bandes de cellules parenchymateuses appelées rayons ligneux (de xylème) et rayons libériens (de phloème).

Cellule initiale fusiforme Chez les Végétaux, cellule du cambium qui est située à l'intérieur des faisceaux libéroligneux. Doit son nom à sa forme allongée sur l'axe de la tige et à la forme effilée (fusiforme) de ses extrémités.

Cellule interstitielle du testicule Cellule qui élabore la testostérone et d'autres androgènes. Les cellules interstitielles du testicule sont disséminées entre les tubules séminifères contournés des testicules.

Cellule-mémoire Clone de lymphocytes ayant une longue durée de vie. Est produite lors de la réaction immunitaire primaire et reste dans un nœud lymphatique avant d'être activée par l'exposition à l'antigène même qui a déclenché sa production. La cellule-mémoire activée provoque la réaction immunitaire secondaire.

Cellule mère des spores Dans le sporange, cellule qui se divise par mitose et qui engendre les spores haploïdes.

Cellule parenchymateuse Type de cellule végétale peu différenciée qui est responsable de la majeure partie du métabolisme des Plantes, et qui synthétise et emmagasine des substances organiques. Se différencie à la maturité.

Cellule postsynaptique Cellule réceptrice de neurotransmetteurs dans une synapse.

Cellule présentatrice d'antigène (CPA) Cellule qui englobe des bactéries et des virus, puis les détruit. Les molécules du CMH de classe II qu'elle contient réunissent les fragments peptidiques de cette dégradation et les présentent aux lymphocytes T auxiliaires.

Cellule présynaptique Cellule émettrice de neurotransmetteurs dans une synapse.

Cellule procaryote Type de cellule qui est dénuée de noyau et d'organites entourés d'une membrane ; seuls les organismes faisant partie des Bactéries et des Archéobactéries sont des cellules procaryotes.

Cellule reproductrice (gamète) Cellule haploïde : spermatozoïde ou ovule. Les gamètes s'unissent durant la reproduction sexuée pour produire un zygote diploïde.

Cellule sclérenchymateuse Type de cellule végétale rigide qui perd généralement son protoplaste après s'être dotée d'une paroi secondaire épaisse composée de lignine à maturité. Constitue un tissu de soutien.

Cellule sensorielle ciliée Type de mécanorécepteur qui détecte le mouvement. On en trouve dans l'oreille des Vertébrés et dans les organes sensoriels de la ligne latérale, où elles détectent les mouvements de l'eau environnante, chez les Poissons et les Amphibiens.

Cellule somatique Toute cellule d'un organisme multicellulaire qui n'est pas un spermatozoïde ou un ovule.

Cellule souche Cellule peu spécialisée qui continue à se diviser et qui, dans des conditions appropriées, donne naissance à des cellules spécialisées d'un ou plusieurs types.

Cellule souche pluripotente Cellule qui est présente dans la moelle osseuse rouge et qui peut se différencier pour devenir n'importe quel type de cellule du sang. Nom commun de l'hémocytoblaste.

Cellule stomatique Chez les Végétaux, cellule spécialisée de l'épiderme de la feuille qui borde l'ostiole d'un stomate.

Cellule tueuse naturelle Type de cellule du système immunitaire qui n'attaque pas directement les microorganismes, mais détruit les cellules de l'organisme infectées notamment par des virus. Attaque aussi les cellules anormales qui pourraient devenir cancéreuses.

Cellules alpha Population de cellules de chaque îlot pancréatique qui sécrètent une hormone peptidique nommée glucagon. Aussi appelées *endocrinocytes alpha*.

Cellules bêta Population de cellules de chaque îlot pancréatique qui sécrètent l'insuline. Aussi appelées *endocrinocytes bêta*.

Cellules delta Population de cellules de chaque îlot pancréatique qui produisent la somatostatine, hormone polypeptidique inhibant la sécrétion du glucagon et de l'insuline, et qui ralentit l'absorption des nutriments dans le tube digestif. Aussi appelées *endocrinocytes delta*.

Cellules PP Population de cellules de chaque îlot pancréatique qui sécrètent le polypeptide pancréatique, hormone inhibant la sécrétion de somatostatine, les contractions de la vésicule biliaire et les sécrétions exocrines du pancréas. Aussi appelées *endocrinocytes PP*.

Cellulose Polysaccharide structural de la paroi cellulaire constitué de monomères de glucose unis par des liaisons glycosidiques β-1,4.

Cénocyte Hyphe sans cloison de certains Eumycètes ; masse cytoplasmique multinucléée qui résulte de divisions répétées du noyau, sans division cytoplasmique.

Centre de régulation de la respiration Chacune des deux régions de l'encéphale (bulbe rachidien et pont) qui contrôlent l'activité des organes de la respiration.

Centre organisateur des microtubules Voir *centrosome*.

Centre réactionnel Endroit où la première réaction photochimique de la photosynthèse se déroule, dans un photosystème. De la chlorophylle *a* d'un type particulier et un accepteur primaire d'électrons forment le centre réactionnel.

Centre rythmogène Chez les Mammifères, région spécialisée du tissu musculaire cardiaque, située dans la paroi de l'oreillette droite, qui fixe la fréquence et la synchronisation des contractions de toutes les cellules du muscle cardiaque. Aussi appelé *nœud sinusal*.

Centriole Chacune des deux structures qui se trouvent près du noyau des cellules animales ; composé de neuf triplets de microtubules disposés en cercle. Une cellule animale contient une paire de centrioles qui joue un rôle dans la division cellulaire.

Centromère Région spécialisée du chromosome qui unit les deux chromatides sœurs en leur milieu.

Centrosome Masse que contient le cytoplasme de tous les Eucaryotes et qui joue un rôle important dans la division cellulaire. Aussi appelé *centre organisateur des microtubules*.

Céphalisation Évolution de l'extrémité antérieure de l'Animal où se sont concentrés les organes sensoriels ; caractéristique des Animaux à symétrie bilatérale, surtout des Vertébrés.

Céphalocordés Cordés sans colonne vertébrale qui sont représentés par les Amphioxus, de minuscules animaux marins. La corde dorsale, le tube neural dorsal creux, de nombreuses fentes branchiales et la queue musculaire postanale sont encore présents au stade adulte de ces animaux.

Cerveau Régions dorsales gauche et droite du prosencéphale des Vertébrés ; centre d'intégration de la mémoire, de l'apprentissage, des émotions et des autres fonctions complexes associées au système nerveux central.

Cervelet Organe de l'encéphale des Vertébrés qui se forme à partir d'une région embryonnaire du météncéphale (région issue du rhombencéphale de l'embryon). Participe à la coordination des mouvements et à la vérification des erreurs pendant les activités motrices, perceptuelles et cognitives, ainsi qu'aux tâches d'apprentissage et de rappel des réactions motrices.

Cétone Molécule organique dotée d'un groupement carbonyle dont l'atome de carbone se trouve entre deux autres atomes de carbone.

Chaîne alimentaire Circulation de l'énergie des nutriments depuis leur source dans les Végétaux et d'autres organismes photosynthétiques (producteurs) jusqu'aux carnivores (consommateurs secondaires, tertiaires et quaternaires) et aux détritivores, en passant par les herbivores (consommateurs primaires).

Chaîne de transport d'électrons Molécules qui se trouvent dans la membrane interne des mitochondries et qui transportent des électrons au cours de réactions rédox libérant de l'énergie pour la synthèse de l'ATP.

Chaîne légère Chaîne polypeptidique qui contribue à la structure d'un anticorps. Deux chaînes lourdes identiques et deux chaînes légères identiques reliées par des ponts disulfure constituent une molécule d'anticorps en forme de Y.

Chaîne lourde Chaîne polypeptidique qui contribue à la structure d'un anticorps. Deux chaînes lourdes identiques et deux chaînes légères identiques reliées par des ponts disulfure constituent une molécule d'anticorps en forme de Y.

Chaleur Transfert énergétique entre deux corps de températures différentes.

Chaleur de vaporisation Quantité de chaleur que 1 g de liquide doit absorber, à température constante, pour passer de l'état liquide à l'état gazeux.

Chaleur spécifique Nombre de joules requis pour augmenter de 1 °C la température de 1 g d'une substance donnée.

Changement de phase Chez les Végétaux, processus par lequel le méristème apical peut passer d'une phase de développement à l'autre au cours de sa vie.

Chaperonines Molécules protéiques qui favorisent le repliement adéquat des autres protéines.

Charge critique Quantité d'azote ajoutée par les Humains que les Végétaux peuvent absorber sans que cela nuise à l'intégrité des écosystèmes.

Charophytes Protistes photosynthétiques qui doivent leur nom à la couleur verte de leurs chloroplastes. Comprennent des espèces unicellulaires, multicellulaires et vivant en colonies qui sont étroitement apparentées aux Végétaux terrestres. Tous les Charophytes ont une même forme générale qui comporte une structure modulaire présentant une alternance de nœuds et d'entre-nœuds leur donnant l'allure d'une prêle.

Chélicérates Membres d'une lignée animale qui comprend les Limules, les Scorpions, les Tiques, les Araignées et les Euryptérides (groupe disparu).

Chélicère Appendice en forme de pince qui permet aux Chélicérates de s'alimenter.

Chéloniens Groupe de la classe des Reptiles qui comprend les Tortues.

Chiasma Région en forme de X visible au microscope et représentant le croisement des chromatides homologues ; manifestation physique d'une recombinaison génétique appelée enjambement.

Chiasma optique Disposition des faisceaux nerveux de l'œil des Vertébrés qui fait en sorte que les stimulus perçus dans la partie gauche du champ visuel des deux yeux sont transmis au côté droit du cerveau, et que les stimulus venant de la droite du champ visuel rejoignent le côté gauche du cerveau.

Chilopodes Classe d'Animaux carnivores terrestres qui possèdent une paire de pattes locomotrices par segment et qui ont des crochets à venin pour paralyser leur proie et se défendre.

Chimère Organisme constitué d'un mélange de cellules génétiquement différentes.

Chimie organique Branche de la chimie qui étudie les composés du carbone (composés organiques).

Chimioautotrophe Qualifie un organisme qui produit ses composés organiques sans l'aide de la lumière. L'organisme obtient son énergie en oxydant des substances inorganiques comme le soufre et l'ammoniac.

Chimiohétérotrophe Qualifie un organisme qui doit consommer des molécules organiques pour se procurer énergie et carbone.

Chimiokines Groupe d'environ 50 protéines différentes qui sont sécrétées par les cellules endothéliales des vaisseaux sanguins et par les monocytes. Ces molécules se fixent aux récepteurs de nombreux types de leucocytes et produisent de nombreux changements essentiels au processus inflammatoire. Elles attirent également les phagocytes vers le siège de la lésion.

Chimiorécepteur Type de récepteur sensoriel des Animaux qui est soit un récepteur général fournissant des renseignements sur la concentration totale de solutés dans une solution, soit un récepteur spécifique réagissant à un certain type de molécules.

Chimiosmose Mécanisme de couplage d'énergie qui permet à certaines membranes d'utiliser l'énergie chimique pour le transport des protons puis l'énergie emmagasinée dans le gradient de protons pour le travail cellulaire, notamment la synthèse de l'ATP.

Chitine Polysaccharide structural dont le monomère de glucose possède une chaîne latérale contenant de l'azote. On le trouve chez de nombreux Eumycètes et dans l'exosquelette de tous les Arthropodes.

Chlorophylle Pigment vert contenu dans les chloroplastes des Végétaux et dans certaines structures d'autres organismes capables de photosynthèse. La chlorophylle *a* participe directement aux réactions photochimiques qui convertissent l'énergie solaire en énergie chimique.

Chlorophylle *a* Type de pigment photosynthétique bleu-vert qu'on trouve dans l'antenne d'un photosystème et qui participe directement aux réactions photochimiques.

Chlorophylle *b* Type de pigment accessoire jaune-vert qu'on trouve dans l'antenne d'un photosystème et qui transfère à la chlorophylle *a* l'énergie captée pendant la photosynthèse.

Chloroplaste Organite présent chez les Végétaux et les Protistes photosynthétiques qui absorbe la lumière du soleil et l'utilise pour synthétiser des composés organiques à partir du dioxyde de carbone et de l'eau.

Choanocytes Chez les Éponges, cellules flagellées qui tapissent l'intérieur du spongocœle. Aussi appelés cellules à collerette, à cause du cylindre membraneux qui entoure la base de leur flagelle.

Choc anaphylactique Réaction à des allergènes injectés ou ingérés qui peut provoquer la mort.

Cholécystokinine (CCK) Hormone que sécrète la muqueuse duodénale en réaction à la présence de polypeptides ou de graisses.

Cholestérol Stéroïde qui est un composant essentiel de la membrane plasmique des cellules animales. C'est aussi le précurseur à partir duquel la plupart des autres stéroïdes sont synthétisés.

Chondrichthyens Classe de Poissons cartilagineux au squelette relativement flexible qui sont représentés par les Requins et les Raies.

Chondroblaste Cellule indifférenciée qui produit une partie de la chondroïtine-sulfate et du collagène d'un tissu cartilagineux.

Chondrocyte Chondroblaste mature.

Chorée de Huntington Maladie dégénérative du système nerveux qui est due à un allèle dominant létal. Les symptômes de la maladie apparaissent chez les individus âgés de 35 à 45 ans.

Chorion L'une des quatre membranes extra-embryonnaires des Cordés qui aident l'embryon à se développer. Membrane la plus périphérique qui constitue une partie du placenta ; protège l'embryon contre les chocs.

Choroïde Fine couche pigmentaire interne de l'œil des Vertébrés et de certains Invertébrés.

Chromatides sœurs Formes répliquées d'un chromosome qui sont unies par le centromère avant de se séparer pendant la mitose ou la méiose II.

Chromatine Masse de matériel génétique composée d'ADN et de protéines qu'on observe chez les Eucaryotes. Entre les périodes de division, existe sous forme de fibres minces et très longues constituant un amas diffus.

Chromosome Structure qui résulte de la condensation et de l'épaississement des fibres de chromatine et dont la forme définie est visible au microscope. Les chromosomes sont composés d'une longue molécule d'ADN et de protéines. Voir *chromatine*.

Chromosome artificiel bactérien Version artificielle d'un chromosome bactérien dans lequel on peut insérer de 100 000 à 500 000 paires de bases. Sert de vecteur de clonage.

Chromosome artificiel de levure Vecteur qui contient les éléments essentiels d'un chromosome d'eucaryote (une origine de réplication de l'ADN, un centromère et deux télomères) ainsi que de l'ADN étranger.

Chromosome recombiné Chromosome qui est issu de l'enjambement, lequel se produit pendant la synapse, à la prophase I de la méiose, et qui porte des gènes provenant de chacun des deux parents.

Chromosomes homologues Chromosomes d'une même paire ; ont la même longueur, des centromères situés au même endroit et les mêmes bandes de couleur ; portent les gènes qui déterminent les mêmes caractères héréditaires. Chacun des parents transmet un chromosome de chaque paire.

Chromosomes sexuels (hétérochromosomes) Chromosomes *X* et *Y*, qui déterminent le sexe de l'individu.

Chylomicron Petit globule intracellulaire qui est composé de graisses et de cholestérol associés et recouverts de protéines spéciales.

Chyme acide Bouillie riche en éléments nutritifs que devient le bol alimentaire lorsqu'il se mélange au suc gastrique, dans l'estomac.

Chymotrypsine Enzyme pancréatique qui est déversée dans le duodénum et qui s'attaque spécifiquement aux liaisons peptidiques entre certains acides aminés, à l'intérieur des polypeptides. Coupe un polypeptide aux endroits occupés par la tyrosine, le tryptophane, la phénylalanine et la leucine.

Chytridiomycètes Eumycètes primitifs généralement aquatiques qui produisent des spores flagellées, les zoospores.

Cil Court appendice cellulaire qui est spécialisé dans la locomotion et la nutrition ; composé de neuf doublets de microtubules formant un anneau autour de deux microtubules non jumelés ; engainé dans un prolongement de la membrane plasmique.

Ciliés Groupe de Protistes qui se déplacent et se nourrissent à l'aide de milliers de cils.

Cinèse Modification simple du degré d'activité qu'effectuent surtout les Animaux en réponse à un stimulus.

Circulation branchiale Circulation du sang à travers les branchies, chez les Poissons.

Circulation double Mode de circulation à deux circuits, l'un étant pulmonaire ou pulmocutané, l'autre étant systémique. Fournit un apport vigoureux de sang aux organes des Reptiles, des Amphibiens, des Oiseaux et des Mammifères.

Circulation pulmocutanée Chez les Amphibiens, circulation qui conduit le sang jusqu'aux capillaires des organes qui effectuent les échanges gazeux (poumons et peau), où le sang capte du dioxygène.

Circulation pulmonaire Circulation du sang à travers les poumons.

Circulation systémique Chez les Vertébrés, circulation qui achemine le sang oxygéné jusqu'aux lits capillaires, dans tout l'organisme. Le sang retourne ensuite par les veines jusqu'à une oreillette du cœur.

Citerne Tubule ou sac membraneux situé dans le réticulum endoplasmique et formant avec d'autres un réseau.

Clade Chaque branche d'un cladogramme issue de l'évolution.

Cladogramme Arbre phylogénétique construit selon un modèle dichotomique, c'est-à-dire constitué d'un ensemble de fourches à deux branches représentant la séquence chronologique des ramifications pendant l'histoire de l'évolution d'un ensemble d'organismes.

Classe Catégorie taxinomique située au-dessus de l'ordre.

Classification fondée sur trois domaines Taxinomie établissant trois groupes de base, les Bactéries, les Archéobactéries (ou Archées) et les Eucaryotes, au rang de domaine, taxon supérieur au règne.

Climat Ensemble des conditions météorologiques propres à un endroit, c'est-à-dire la température, les précipitations, la lumière et le vent principalement.

Cline Changement graduel d'un caractère le long d'un axe géographique.

Clitoris Dans le système reproducteur de la femme, corps caverneux court portant un gland arrondi recouvert d'une peau, le prépuce. Situé à l'extrémité antérieure du vestibule, cet organe érectile se gorge de sang et gonfle durant l'excitation sexuelle.

Cloaque Chambre dans laquelle aboutissent les systèmes digestif, urinaire et reproducteur chez tous les Vertébrés, à l'exception de la plupart des Mammifères. Communique avec l'extérieur par une seule ouverture.

Cloison Paroi transverse qui divise les hyphes des Eumycètes en cellules. Possède généralement des pores assez grands pour que les ribosomes, les mitochondries et même les noyaux puissent circuler d'une cellule à l'autre.

Clonage Production d'un ou plusieurs individus qui sont génétiquement identiques à partir d'une cellule somatique provenant d'un organisme multicellulaire.

Clonage génique Production de copies multiples d'un gène.

Clone (1) Lignée de cellules génétiquement identiques. (2) En langage populaire, organisme génétiquement identique à un autre.

Cnidaires Embranchement d'animaux possédant une symétrie radiaire, une cavité gastrovasculaire et des cnidocytes. Leur structure corporelle de base existe sous deux formes : la forme polype fixée et la forme méduse flottante.

Cnidocyte Cellule spécialisée qui est située sur les tentacules des Cnidaires et qui assure la défense de l'organisme et la capture des proies. Contient une vésicule, le nématocyste, qui peut libérer une substance urticante.

Cochlée Organe complexe de l'audition, de forme enroulée, qui est situé dans l'oreille interne de certains Vertébrés et qui renferme l'organe spiral.

Code à triplets Série de mots composés de trois nucléotides et servant à la circulation de l'information entre le gène et la protéine.

Codominance Forme d'hérédité dans laquelle les deux allèles d'un gène, chez un individu, se manifestent entièrement et de manière indépendante dans le phénotype.

Codon Triplet de nucléotides d'un ARN messager qui détermine quel acide aminé sera inséré à une position donnée du polypeptide ; unité de base du code génétique.

Coefficient de parenté Probabilité qu'un animal ait reçu un gène précis d'un autre animal, parent ou ancêtre.

Cœlomates Animaux dotés d'un cœlome complètement entouré de tissus provenant du mésoderme et dont les couches se relient dorsalement et ventralement pour former les mésentères.

Cœlome Cavité remplie de liquide et complètement entourée de tissus provenant du mésoderme.

Coenzyme Molécule organique qui joue le rôle de cofacteur. La plupart des vitamines sont des coenzymes dans des réactions métaboliques importantes.

Cœur Chez les Animaux, pompe musculaire qui fait circuler le sang en utilisant de l'énergie métabolique, afin d'élever la pression hydrostatique du sang. Le sang circule dans l'organisme en suivant un gradient de pression, puis revient au cœur.

Coévolution Influence réciproque qui s'exerce entre deux espèces durant leur évolution.

Cofacteur Substance non protéique ou ion nécessaire au fonctionnement d'une enzyme. Peut se lier fortement au site actif de façon permanente ou s'y lier faiblement durant la catalyse.

Cognition Capacité que possède le système nerveux d'un animal à percevoir, à emmagasiner, à traiter et à utiliser les informations recueillies par les récepteurs sensoriels.

Cohésion Association des molécules d'une substance qui se fait généralement au moyen de liaisons hydrogène.

Cohorte En démographie, groupe d'organismes du même âge.

Coiffe (1) Capuchon protecteur, composé de tissu du gamétophyte, que porte le sporange. (2) Partie d'une racine semblable à un dé à coudre qui en recouvre l'extrémité et protège le méristème fragile contre la rugosité du sol dans lequel elle s'enfonce.

Coiffe 5′ Forme modifiée de la guanine (G), la 7-méthylguanosine (m⁷G) triphosphate, qui s'ajoute à l'extrémité 5′ d'une molécule d'ARN prémessager pendant la maturation.

Coït Pénétration du pénis dans le vagin. Aussi appelé *rapport sexuel*.

Col utérin Orifice étroit de l'utérus qui communique avec le vagin.

Coléoptile Gaine qui enserre la tige embryonnaire des Monocotylédones.

Coléorhize Gaine qui recouvre la racine de l'embryon des Monocotylédones.

Collagène Glycoprotéine de la matrice extracellulaire qui forme de solides fibres à l'extérieur des cellules animales ; présent abondamment dans le tissu conjonctif et les os ; protéine la plus abondante dans le règne animal.

Colloblaste Structure adhésive située sur les tentacules des Cténophores.

Côlon Section principale du gros intestin ; a la forme d'un U renversé d'environ 1,5 m de long.

Coloration d'avertissement (coloration aposématique) Couleurs vives qu'arborent des animaux possédant des défenses chimiques efficaces pour mettre en garde les prédateurs contre eux.

Coloration de Gram Technique de coloration qui permet de distinguer deux catégories de bactéries d'après l'une des caractéristiques de leur paroi cellulaire.

Commande motrice Influx nerveux qu'envoie le centre d'intégration (système nerveux central) vers les cellules effectrices.

Commensalisme Relation symbiotique dans laquelle un seul symbionte retire des avantages, sans toutefois nuire à l'autre ou l'aider de manière significative.

Communauté Ensemble de populations de différentes espèces habitant une aire donnée.

Communication Circuit que forment la transmission et la réception d'un stimulus ainsi que la réponse qui en résulte.

Compétition interspécifique En écologie des communautés, compétition entre des Végétaux, des Animaux ou des décomposeurs quand les ressources sont en quantités limitées.

Complément Ensemble d'au moins 20 protéines sériques qui, une fois activées, accentuent la réaction inflammatoire, accroissent la phagocytose ou provoquent directement la lyse des agents pathogènes. Ces protéines sont activées par le déclenchement de la réaction immunitaire ou par des antigènes situés à la surface de microorganismes ou d'autres cellules étrangères.

Complexe d'attaque membranaire Complexe moléculaire, comprenant les protéines du complément, qui perfore la membrane bactérienne en produisant une lésion de 7 à 10 nm de diamètre et provoque ainsi la mort de la cellule.

Complexe d'épissage Ensemble de petites ribonucléoprotéines nucléaires qui interagit avec les extrémités d'un intron d'ARN. Libère l'intron, puis unit les deux exons voisins.

Complexe d'initiation de la transcription Ensemble constitué de l'ARN polymérase et des facteurs de transcription liés au promoteur.

Complexe de troponine Dans les muscles des Vertébrés, ensemble de protéines régulatrices qui déterminent la position de la tropomyosine sur le myofilament mince.

Complexe majeur d'histocompatibilité (CMH) Ensemble de glycoprotéines antigéniques de surface qui sont codées par une famille de gènes et qui interviennent dans la réaction immunitaire. Chez l'Humain, les glycoprotéines sont aussi connues sous le nom de HLA (antigènes d'histocompatibilité – *Human Leukocyte Antigens*). Les marqueurs du CMH étranger des tissus et organes greffés déclenchent des réactions des lymphocytes T qui peuvent mener au rejet.

Comportement Ce qu'un animal fait et la façon dont il le fait.

Comportement d'affrontement Type de comportement survenant entre deux compétiteurs qui se disputent une ressource pour l'alimentation ou un partenaire pour la reproduction. Implique à la fois un comportement de soumission et un comportement de menace.

Comportement de réconciliation Comportement qu'adoptent généralement des animaux immédiatement après l'affrontement et qui permet de renouer des relations amicales.

Comportement social Ensemble des rapports qu'entretiennent deux animaux ou plus qui sont habituellement de la même espèce.

Composé Substance formée de deux ou plusieurs éléments combinés dans des proportions définies.

Composé ionique Composé formé par des liaisons ioniques, aussi appelé *sel*.

Concentration molaire volumique (c) Mesure de la concentration des solutions aqueuses exprimée en nombre de moles de soluté par litre de solution.

Concept biologique de l'espèce Définition biologique de l'espèce selon laquelle une espèce est une population ou un groupe de populations dont les individus sont en mesure de se reproduire les uns avec les autres dans la nature, pour produire une descendance viable et féconde. Voir les autres concepts de l'espèce.

Concept écologique de l'espèce Définition de l'espèce établie en fonction de la niche écologique (rôle écologique). Voir les autres concepts de l'espèce.

Concept généalogique de l'espèce Définition selon laquelle l'espèce correspond à un ensemble d'organismes ayant une histoire unique au cours de l'évolution et se trouvant à l'une des extrémités des embranchements de l'arbre généalogique de la vie. Voir les autres concepts de l'espèce.

Concept morphologique de l'espèce Définition de l'espèce en fonction d'un ensemble unique de caractéristiques structurales. Voir les autres concepts de l'espèce.

Concept pluraliste de l'espèce Définition de l'espèce selon laquelle les principaux facteurs garantissant la cohésion des individus à titre d'espèce peuvent varier. Voir les autres concepts de l'espèce.

Conception Fécondation de l'ovule par un spermatozoïde, chez les Humains.

Conditionnement classique Type d'apprentissage associatif au cours duquel un animal établit un lien entre un stimulus arbitraire et une récompense ou une punition.

Conditionnement opérant Type d'apprentissage associatif dans lequel un animal apprend à lier l'un de ses propres comportements à une récompense ou à une punition, puis tend à répéter ou à éviter ce comportement. Aussi appelé *apprentissage par essais et erreurs*.

Condom Préservatif masculin. Fine membrane naturelle ou étui de latex qui s'ajuste sur le pénis de façon à recueillir le sperme.

Conduction Transfert direct de chaleur entre les molécules de deux corps en contact.

Conduction saltatoire Propagation d'un courant d'ions Na^+ d'un nœud de Ranvier à l'autre, le long de l'axone du neurone. Le courant d'ions Na^+ créé par un potentiel d'action dans un nœud se transmet au nœud suivant où il provoque une dépolarisation et la production d'un nouveau potentiel d'action. Le potentiel d'action semble « sauter » d'un nœud à l'autre, le long de l'axone.

Conduit déférent Tube du système reproducteur mâle qui conduit les spermatozoïdes de l'épididyme jusqu'au conduit éjaculateur.

Conduit éjaculateur Chez les Mammifères, courte section des voies spermatiques que forment en se rejoignant le conduit déférent et le conduit excréteur de la vésicule séminale. Amène les spermatozoïdes du conduit déférent jusqu'à l'urètre.

Conduit semi-circulaire L'un des trois tubes qui sont situés dans l'oreille interne et qui constituent une partie de l'organe de l'équilibre chez les Humains et la plupart des autres Mammifères.

Cône L'une des deux sortes de photorécepteurs qui se trouvent dans la rétine des Vertébrés et de certains

Invertébrés. Permet de discerner les couleurs pendant la journée.

Cône d'implantation de l'axone Région conique de l'axone qui est le point de jonction avec le corps du neurone. Joue un rôle clé dans la transmission et l'intégration des messages nerveux.

Cône de croissance Extrémité dynamique de l'axone en développement.

Conidie Spore asexuée qui apparaît à l'extrémité d'hyphes spécialisés, chez les Ascomycètes.

Conifères Gymnospermes dont l'appareil reproducteur est le cône, composé d'un amas de sporophylles en forme d'écailles. Aussi appelés *Pinophytes*.

Conjonctive Délicate couche de cellules épithéliales formant une muqueuse qui tapisse la surface externe de la sclère et lubrifie l'œil, chez les Vertébrés et certains Invertébrés.

Conjugaison Chez les procaryotes, transfert direct de matériel génétique entre deux cellules temporairement liées par un pont cytoplasmique à l'intérieur d'un pilus sexuel.

Conodontes Vertébrés primitifs qui remontent à aussi loin que 510 millions d'années et qui se caractérisent par leurs structures minéralisées semblables à des dents.

Consanguine Qualifie l'union de deux parents proches.

Consommateur primaire Dans une chaîne ou le réseau alimentaire d'un écosystème, organisme du niveau trophique des herbivores qui se nourrit de producteurs (Végétaux, Algues ou procaryotes photosynthétiques).

Consommateur secondaire Dans une chaîne ou le réseau alimentaire d'un écosystème, organisme carnivore qui se nourrit d'herbivores.

Consommateur tertiaire Dans une chaîne ou le réseau alimentaire d'un écosystème, organisme carnivore qui se nourrit surtout d'autres carnivores.

Contraceptif oral Méthode de contraception visant à empêcher, de manière temporaire, la libération des gamètes. Mélange d'œstrogènes et de progestines synthétiques qui inhibe l'ovulation, retarde le développement folliculaire ou modifie la glaire cervicale pour qu'elle bloque l'accès de l'utérus au sperme.

Contraception Fait de provoquer une infécondité temporaire chez la femme ou chez l'homme.

Convection Processus par lequel l'air ou un liquide qui se réchauffe à la surface d'un corps se dilate et tend à s'éloigner de ce corps, faisant place à de l'air ou à du liquide froid.

Conversion-amplification Processus par lequel un stimulus déclenche en une réponse cellulaire particulière.

Conversion du stimulus Transformation d'un stimulus en influx nerveux par un récepteur sensoriel.

Coopérativité Mécanisme d'interaction des sous-unités d'une enzyme dans lequel un changement de conformation de l'une des sous-unités est transmis à toutes les autres sous-unités.

Copépodes Groupe de petits Crustacés qu'on trouve dans le plancton, tant en eau douce qu'en eau salée.

Corde dorsale Tige flexible longitudinale qui s'étend sur tout l'axe antéropostérieur de l'embryon, entre le tube digestif et le tube neural. Devient plus tard une structure autour de laquelle les cellules de mésoderme s'assemblent pour former les vertèbres.

Corde vocale Chez certains Vertébrés, l'un des deux replis muqueux du larynx qui produisent des sons

en s'allongeant et en vibrant, après que des muscles volontaires du larynx ont été mis sous tension.

Cordés Embranchement varié d'Animaux qui possèdent, à une étape ou à une autre de leur vie – au stade embryonnaire bien souvent – une corde dorsale, un tube neural dorsal creux, des fentes branchiales et une queue musculaire postanale.

Cordon nerveux Premier système nerveux central (SNC) clairement défini produit au cours de l'évolution ; sert à maîtriser les mouvements directionnels des animaux céphalisés relativement simples.

Corépresseur Petite molécule organique qui collabore avec un répresseur pour inactiver un opéron, dans un système régulateur.

Cornée Dans l'œil des Vertébrés et de certains Invertébrés, partie frontale de la sclère ; tunique transparente par laquelle la lumière pénètre dans l'œil et qui agit comme une lentille fixe.

Corps calleux Tractus épais de neurofibres (substance blanche cérébrale) qui établit la communication entre les hémisphères droit et gauche.

Corps ciliaire Dans l'œil des Vertébrés et de certains Invertébrés, anneau de tissu vascularisé qui est issu de la choroïde et qui entoure le cristallin. Comporte un muscle ciliaire qui modifie la forme du cristallin en se contractant et des procès ciliaires qui produisent l'humeur aqueuse, liquide transparent semblable à de l'eau qui remplit la cavité antérieure de l'œil.

Corps du neurone Partie volumineuse du neurone qui contient le noyau et d'autres organites.

Corps géniculé latéral Chez les Vertébrés, noyau qui est situé dans le thalamus et où arrivent la plupart des axones des cellules ganglionnaires formant les nerfs optiques.

Corps jaune Masse compacte de tissu folliculaire qui croît à l'intérieur de l'ovaire après l'ovulation et qui sécrète des progestines et des œstrogènes.

Corps pinéal Petite glande endocrine qui est située près du centre de l'encéphale chez les Mammifères. Sécrète la mélatonine, hormone qui assure la régulation des fonctions associées à la luminosité et à la photopériode. La plupart des fonctions du corps pinéal sont liées aux rythmes circadiens qui interviennent dans la reproduction.

Corps vitré Substance gélatineuse qui occupe toute la cavité postérieure de l'œil des Vertébrés et de certains Invertébrés. Agit comme une lentille liquide qui concentre en partie la lumière sur la rétine.

Corpuscule basal Partie d'un organite de la cellule eucaryote qui est composée de neuf triplets de microtubules disposés en cercle. Structure semblable à un centriole ; organise et ancre à la cellule l'ensemble des microtubules d'un cil ou d'un flagelle.

Corpuscule de Barr Chez la femelle des Mammifères, masse compacte placée contre la face interne de l'enveloppe nucléaire et constituée du chromosome *X* inactif de chaque cellule.

Corpuscule nerveux terminal L'une des extrémités bulbeuses de l'axone dans laquelle sont emmagasinés et libérés les neurotransmetteurs.

Corridor de migration Bande de terre étroite ou série de petits massifs d'habitats naturels ou aménagés qui fait le lien entre des parcelles autrement isolées. Caractéristique importante des paysages.

Cortex cérébral Région externe de substance grise, à circonvolutions complexes, du cerveau des Vertébrés. Partie la plus volumineuse et la plus complexe de l'encéphale des Mammifères et aussi celle qui a subi le plus de changements au cours de l'évolution. Comporte à la fois des aires sensitives et des aires motrices.

Cortex rénal Région externe du rein des Vertébrés.

Cortex surrénal Portion externe de chacune des glandes surrénales qui répond à des commandes de l'adénohypophyse ; synthétise et sécrète une famille d'hormones stéroïdes appelées corticostéroïdes.

Corticostéroïdes Famille de stéroïdes synthétisés et libérés par le cortex surrénal.

Corticotrophine (ACTH) Hormone peptidique libérée par l'adénohypophyse qui provoque la production et la sécrétion d'hormones stéroïdes dans le cortex surrénal.

Cotransport Couplage du transport « ascendant » d'une substance se déplaçant contre son gradient de concentration (transport actif) et de la diffusion « descendante » d'une seconde substance (transport passif).

Cotylédon Feuille embryonnaire chez les Angiospermes. Les Monocotylédones en possèdent un seul, tandis que les Dicotylédones en ont deux.

Couche électronique Niveau énergétique qui est fonction de la distance à laquelle se trouve un électron par rapport au noyau d'un atome. Voir aussi *niveaux énergétiques*.

Couplage d'énergie Processus qui consiste à employer l'énergie dégagée par une réaction exergonique pour déclencher une réaction endergonique.

Courant de masse Mouvement d'un fluide dû à une différence de pression entre deux endroits.

Courbe aire-espèces Profil de biodiversité qui indique que plus la région géographique d'une communauté échantillonnée est grande, plus le nombre d'espèces est élevé.

Courbe de dissociation Courbe qui montre les quantités relatives de dioxygène lié à l'hémoglobine lorsque cette dernière est exposée à des solutions dont la pression partielle de dioxygène dissous varie.

Courbe de survie Représentation graphique d'une partie des données contenues dans une table de survie qui indique la proportion ou le nombre de survivants d'une cohorte en fonction de l'âge.

Crampon Structure semblable à une racine et faisant partie d'un thalle ; permet aux Algues de s'agripper aux rochers.

Crâniates Animaux du clade des Cordés munis d'un crâne. Il s'agit de tous les Vertébrés et des Myxinoïdes.

Crénarchées Au sein des Archéobactéries, groupe qui comprend la plupart des espèces thermophiles.

Crête Repli que forme la membrane interne de la mitochondrie et qui renferme la chaîne de transport d'électrons et les enzymes catalysant la synthèse de l'ATP.

Crête ectodermique apicale Région d'ectoderme épaissi qui est située au sommet du bourgeon d'un membre et qui sert d'organisateur dans le plan d'organisation des embryons animaux.

Crête neurale Ensemble de cellules embryonnaires qui sont situées près des replis dorsaux du tube neural en formation. Concourt à la formation de certains éléments du squelette, tels que les os et les cartilages du crâne et de nombreuses autres structures propres aux Vertébrés.

Crible Chez les Angiospermes, paroi poreuse qui joint les extrémités de deux cellules d'un tube criblé ; facilite la circulation du liquide d'une cellule à l'autre.

Crise de la biodiversité Diminution, à un rythme effarant, de la grande variété des êtres vivants sur terre, due en grande partie aux effets de l'activité humaine.

Cristallin L'une des lentilles de l'œil des Vertébrés et de certains Invertébrés qui focalise la lumière sur la rétine.

Cristallographie par diffraction de rayons X Technique qu'on utilise pour déterminer la structure tridimensionnelle d'une molécule. Elle détecte la déviation (diffraction) d'un faisceau de rayons X sur chacun des atomes présents dans une protéine cristallisée.

Crocodiliens Groupe de Reptiles actuels qui comprend les Alligators, les Caïmans, les Gavials et les Crocodiles.

Croisement de contrôle Croisement d'un homozygote récessif et d'un individu ayant un phénotype dominant, mais un génotype inconnu.

Croisement dihybride Croisement de variétés parentales présentant deux caractères différents.

Croissance Augmentation irréversible, chez les Végétaux, de la masse qui résulte de la division et de l'expansion cellulaires.

Croissance allométrique Vitesse de croissance relative des différentes parties du corps d'un organisme pendant le développement, donnant au corps sa forme spécifique.

Croissance démographique nulle État de stabilité que connaît la taille d'une population, lorsque les taux de natalité et de mortalité sont égaux.

Croissance primaire Croissance végétale en longueur que permettent les méristèmes apicaux des racines ou des pousses.

Croissance secondaire Élargissement progressif des racines et des pousses chez plusieurs plantes, en particulier chez les Dicotylédones herbacées et chez les plantes vivaces.

Croissant gris Chez les Amphibiens, bande cytoplasmique gris clair qui se situe près de l'équateur de l'ovule, du côté opposé à l'entrée du spermatozoïde.

Crustacés Membres d'une lignée qui comprend surtout des Animaux aquatiques possédant deux paires d'antennes et des appendices ramifiés, comme les Crabes, les Homards, les Écrevisses et les Crevettes.

Cryptochrome Pigment qu'utilisent les Plantes pour détecter la lumière bleue, qui inhibera l'allongement de l'hypocotyle.

Cténophores Embranchement d'animaux munis de palettes natatoires ciliées et de colloblastes adhésifs.

Cubique Qualifie la forme ressemblant à un dé d'un type de cellules épithéliales.

Cupule optique Récepteur visuel le plus simple. Renseigne les Planaires sur l'intensité de la lumière et sur sa direction, sans vraiment former d'image.

Cuticule (1) Chez les Végétaux, couche de substance cireuse qui se trouve à la surface des feuilles et des tiges ; adaptation à la vie terrestre qui permet aux Plantes d'éviter le dessèchement. (2) Chez les Arthropodes, exosquelette constitué de couches de protéines et de chitine dont la composition varie selon leur fonction.

Cycadophytes Embranchement des Gymnospermes qui présentent une ressemblance superficielle avec les Palmiers. Les graines des Cycadophytes se développent à la surface de feuilles reproductrices spécialisées appelées sporophylles.

Cycle biogéochimique Circulation cyclique des nutriments dans un écosystème faisant intervenir des composantes biotiques et abiotiques.

Cycle biologique Ensemble des caractéristiques qui influent sur la reproduction et la survie (la naissance, la reproduction et la mort) de tout organisme.

Cycle cellulaire Processus qui correspond à la vie d'une cellule, depuis la division de sa cellule mère jusqu'à sa propre division en deux cellules filles. Comprend la phase M et les phases G_1, S et G_2 de l'interphase. Voir les entrées correspondant à ces phases.

Cycle de Calvin Seconde phase de la photosynthèse (après celle des réactions photochimiques), qui comprend la fixation du CO_2 atmosphérique et la réduction du carbone fixé en glucides.

Cycle de développement Suite d'étapes se déroulant depuis le moment où un organisme est conçu jusqu'au moment où il produit ses propres descendants.

Cycle de Krebs Cycle biochimique qui se déroule dans la matrice mitochondriale et qui dégrade le pyruvate, produit par la glycolyse, en dioxyde de carbone ; deuxième stade de la respiration cellulaire.

Cycle lysogénique Cycle de réplication virale dans lequel l'ADN d'un phage s'intègre au chromosome bactérien sous forme de prophage, sans entraîner la destruction de l'hôte.

Cycle lytique Cycle de réplication virale qui aboutit à la mort ou lyse (éclatement) de la cellule hôte et à la libération des nouveaux phages fabriqués en son sein.

Cycle menstruel Cycle reproducteur des femelles qui a lieu chez la plupart des Primates et au terme duquel, en l'absence de grossesse, la couche fonctionnelle de l'endomètre se détache de l'utérus et sort par le col utérin et le vagin, ce qui produit un saignement appelé menstruation.

Cycle œstral Cycle reproducteur des femelles qui a lieu chez les Mammifères, à l'exception de certains Primates, et dans lequel, en l'absence de grossesse, la couche fonctionnelle de l'endomètre est réabsorbée par l'utérus ; il n'y a pas de saignement. Il n'y a de réponse sexuelle des femelles qu'au moment de l'ovulation, lors d'une période appelée œstrus.

Cycle ovarien Répétition cyclique, régulée par des hormones, de la phase folliculaire, de l'ovulation et de la phase lutéale que connaît l'ovaire mammalien.

Cycline Protéine régulatrice du cycle cellulaire dont la concentration dans la cellule fluctue de façon cyclique.

Cyclose Mouvement circulaire du cytoplasme mettant en jeu des microfilaments d'actine et des filaments de myosine. Accélère la distribution intracellulaire des substances.

Cytochrome (Cyt) Protéine contenant du fer et faisant partie de la chaîne de transport d'électrons des mitochondries et des chloroplastes.

Cytocinèse Division du cytoplasme qui a lieu immédiatement après la mitose et qui donne deux cellules filles.

Cytokine Glycoprotéine que sécrètent des macrophages et des lymphocytes T auxiliaires pour stimuler les autres cellules avoisinantes du système immunitaire.

Cytokinines Catégorie d'hormones végétales qui retardent la sénescence et agissent de concert avec l'auxine pour provoquer la division cellulaire, influer sur la différenciation et régir la dominance apicale.

Cytoplasme Dans la cellule, ensemble formé du cytosol et des organites.

Cytosol Portion semi-liquide du cytoplasme.

Cytosquelette Réseau de microtubules, de microfilaments et de filaments intermédiaires qui parcourt le cytoplasme et remplit diverses fonctions de soutien et de transport.

Datation radiométrique Méthode qu'utilisent les paléontologues pour déterminer l'âge des roches et des fossiles suivant une chronologie absolue, au moyen de la demi-vie des isotopes radioactifs.

Débit cardiaque (D_c) Volume de sang que le ventricule gauche expulse chaque minute dans la circulation systémique.

Décalage du cadre de lecture Type de mutation qui apparaît chaque fois que le nombre de nucléotides insérés ou enlevés n'est pas un multiple de trois. Tous les nucléotides situés en aval de la modification sont alors regroupés en codons erronés.

Décapodes Groupe assez nombreux de Crustacés qui comprend les Homards, les Écrevisses, les Crabes et les Crevettes.

Déclencheur Stimulus sensoriel externe qui est à l'origine d'une séquence stéréotypée d'actes instinctifs. Aussi appelé *stimulus-signal*.

Décomposeur Eumycète ou procaryote saprophyte qui absorbe des nutriments à partir de matière organique morte, tels des cadavres, des débris de plantes et des déchets d'organismes vivants, et les transforme en matières inorganiques.

Deep green Projet de recherche d'envergure internationale qui a pour objectif de déterminer et de nommer les principaux clades de Végétaux.

Délétion (1) Pour un chromosome, perte d'un fragment au cours de la division cellulaire, à la suite d'un bris. (2) Perte par mutation, dans un gène, d'une paire ou plus de nucléotides.

Demi-vie Nombre d'années nécessaires à la désintégration de 50 % de la masse initiale d'un isotope.

Démographie Étude des statistiques qui influent sur la taille des populations.

Dénaturation Dans le cas des protéines, processus au cours duquel la protéine se déroule et perd sa conformation originelle, devenant alors biologiquement inactive. Dans le cas de l'ADN, séparation de deux brins de la double hélice. La dénaturation se produit dans des conditions extrêmes de pH, de concentration de sel et de température.

Dendrite L'un des nombreux prolongements du neurone. Fibre courte et ramifiée qui reçoit des informations de l'environnement et du milieu interne ainsi que des messages transmis par d'autres cellules nerveuses. Elle transmet tout cela, sous forme de signaux électriques, au corps du neurone.

Dénitrification Processus par lequel certaines bactéries tirent le dioxygène nécessaire à leur métabolisme du nitrate plutôt que de l'atmosphère, dans des conditions anaérobies.

Densité de population Nombre d'organismes par unité d'aire ou de volume.

Dent Chez les Animaux, organe annexe du système digestif qui participe à la digestion mécanique.

Dépendant de la densité En démographie, se dit d'un taux de natalité ou de mortalité qui varie à mesure que la densité de population augmente.

Déplacement du phénotype Tendance à une plus grande divergence entre les caractéristiques des populations sympatriques (c'est-à-dire qui sont apparues dans la même aire géographique que l'espèce mère) de deux espèces qu'entre les caractéristiques des populations allopatriques (c'est-à-dire qui sont apparues à d'autres endroits que l'espèce mère) des mêmes espèces.

Dépolarisation Diminution de la tension de part et d'autre la membrane plasmique.

Dépression à long terme Dans les phénomènes de mémoire et d'apprentissage, type de changement qui correspond à une réactivité moins grande à des potentiels d'action dans une cellule postsynaptique.

Dérive génétique Mécanisme de l'évolution aboutissant à la variation des fréquences alléliques d'une population sous l'effet du hasard.

Dernier niveau énergétique Couche périphérique d'un atome contenant les électrons de valence qui participent aux réactions chimiques de l'atome.

Descendance modifiée Expression utilisée par Darwin dans la première édition de l'ouvrage *De l'origine des espèces* pour désigner le processus de l'évolution.

Desmosome Type de jonction entre les cellules animales qui donne une grande résistance aux tissus ; fonctionne à la manière d'un rivet qui retient solidement les cellules.

Désoxyribose Glucide entrant dans la structure de l'ADN ; possède un atome d'oxygène de moins que le ribose, glucide entrant dans la structure de l'ARN.

Déterminant cytoplasmique Substance maternelle qui est présente dans l'ovocyte secondaire et qui influence le déroulement du début du développement. Assure la régulation de l'expression des gènes qui déterminent la destinée des cellules.

Détermination Ensemble des mécanismes menant à la différenciation observable d'une cellule.

Détritivores Dans une chaîne ou le réseau alimentaire d'un écosystème, consommateurs qui tirent leur énergie de détritus (matières organiques non vivantes).

Détritus Matière organique morte.

Deutérostomiens L'une des deux lignées de Cœlomates, qui comprend notamment les Échinodermes et les Cordés. Ces animaux se caractérisent par une segmentation radiaire et indéterminée, la formation du cœlome par entérocœlie et la formation de l'anus à partir du blastopore.

Deuxième principe de la thermodynamique Principe selon lequel tout échange ou toute transformation d'énergie augmente le désordre de l'Univers.

Développement Somme de toutes les modifications qui élaborent graduellement le corps d'un organisme.

Diabète de type I (Diabète insulinodépendant ou juvénile) L'une des deux principales formes de diabète chez les Humains. Affection auto-immune dans laquelle le système immunitaire attaque les endocrinocytes bêta des îlots pancréatiques. Le traitement consiste en des injections d'insuline, habituellement plusieurs fois par jour.

Diabète de type II (Diabète non insulinodépendant) L'une des deux principales formes de diabète chez les Humains. Se caractérise par une carence en insuline ou, plus couramment, par une diminution de la sensibilité des cellules cibles causée par une modification des récepteurs.

Diacylglycérol (DAG) Second messager qui est produit par l'hydrolyse d'un phosphoglycérolipide de la membrane plasmique et qui joue un rôle dans une voie de conversion-amplification.

Diaphragme (1) Muscle plat et large formant le plancher de la cavité thoracique et participant à la respiration. (2) Coupole de caoutchouc mince qu'on place dans la partie profonde du vagin avant le rapport sexuel. Sert de barrière mécanique qui empêche les spermatozoïdes d'atteindre l'ovocyte de deuxième ordre.

Diapsides L'un des trois groupes d'Amniotes dont les membres se différencient par leur anatomie crânienne. La majorité des Reptiles actuels et de nombreuses espèces éteintes de Reptiles terrestres, aériens et aquatiques font partie de ce groupe.

Diastole Phase de relaxation et de remplissage des cavités du cœur pendant la révolution cardiaque.

Diatomées (Bacillariophycées) Algues hétérochontes (dont les cellules reproductrices mobiles sont biflagellées) qui possèdent une paroi unique en son genre, semblable au verre et constituée de silice hydratée enchâssée dans une matrice organique.

Dicaryon Mycélium dans lequel les différents noyaux haploïdes provenant des parents se sont appariés sans toutefois fusionner. Cas particulier d'hétérocaryon.

Dicotylédones Sous-groupe des Angiospermes dont les membres possèdent deux feuilles embryonnaires, appelées cotylédons. Les Dicotylédones ont des feuilles dont les nervures ont un aspect ramifié.

Différenciation cellulaire Processus par lequel les cellules acquièrent des structures et des fonctions spécialisées au cours du développement d'un organisme multicellulaire ; relève de la régulation de l'expression génique.

Diffusion Tendance qu'ont les substances (ions ou molécules) à se déplacer d'une zone où elles sont concentrées vers une zone où elles sont moins concentrées, afin de se répartir uniformément.

Diffusion facilitée Diffusion d'une substance qui s'effectue grâce à une protéine.

Diffusion simple Diffusion d'une substance qui traverse la bicouche de phosphoglycérolipides d'une membrane sans l'intermédiaire d'une protéine.

Digestion Processus de dégradation de la nourriture en molécules suffisamment petites pour être absorbées par l'organisme animal. Étape importante, après l'ingestion, du traitement de la nourriture par les Animaux. Comprend la digestion mécanique et la digestion chimique.

Digestion extracellulaire Dégradation des aliments à l'extérieur des cellules.

Digestion intracellulaire Digestion chimique qui se déroule dans une cavité délimitée par une membrane protectrice, née de la fusion des vacuoles nutritives avec des lysosomes.

Dimorphisme sexuel Polymorphisme fondé sur les différences entre les caractères sexuels secondaires des mâles et des femelles.

Dinophytes Protistes unicellulaires photosynthétiques ou hétérotrophes qui possèdent deux flagelles fixés perpendiculairement dans deux sillons creusés dans une armure de plaques internes de cellulose.

Dinosauriens Groupe extrêmement divers de Reptiles anciens chez qui la taille, la forme du corps et l'habitat variaient considérablement.

Dioïque Se dit d'une espèce végétale qui présente des fleurs staminées et des fleurs pistillées sur des individus distincts.

Dipeptidases Famille d'enzymes synthétisées dans la bordure en brosse de l'intestin grêle et fixées à la muqueuse intestinale ; fractionnent les petits peptides.

Diploblastique Qualifie un animal qui ne possède que deux feuillets embryonnaires.

Diplomonadines Sous-groupe de Métamonadines qui possèdent plusieurs flagelles, deux noyaux distincts et un cytosquelette simple (comparé à celui d'autres Eucaryotes), mais qui sont dépourvus de plastes et de mitochondries.

Diplopodes Classe d'Animaux ressemblant à des vers et possédant deux paires de pattes locomotrices par segment.

Dipneustes Poissons qui remontent à la surface pour remplir d'air leur poumon connecté au pharynx du système digestif. Possèdent des branchies en plus de leur poumon.

Disaccharide Glucide formé de deux monosaccharides unis par une liaison glycosidique au cours d'une réaction de condensation.

Dispersion Fait que des espèces se trouvent dans certaines régions de la planète et pas dans d'autres. Processus crucial qui permet de comprendre à la fois l'isolement géographique des organismes au cours de l'évolution et les grands schémas actuels de distribution géographique.

Disque intercalaire Chez les Vertébrés, point de contact spécialisé entre les cellules du muscle cardiaque à la hauteur desquels des jonctions ouvertes établissent un couplage électrique direct entre les cellules.

Distribution Mode de répartition des organismes à l'intérieur des limites géographiques de la population.

Distribution aléatoire Mode de distribution dans lequel les organismes sont distribués au hasard, de façon imprévisible.

Distribution en agrégats Mode de distribution dans lequel les organismes forment des groupes.

Distribution uniforme Mode de distribution dans lequel les organismes sont également répartis.

Diversité génétique Variation au niveau du patrimoine génétique qui correspond au pourcentage moyen de loci hétérozygotes.

Diversité nucléotidique Variation génétique au niveau moléculaire qui correspond au pourcentage moyen de nucléotides différents dans un ADN.

Division cellulaire Mode de reproduction des cellules.

Division cellulaire asymétrique Division cellulaire dans laquelle l'une des cellules filles reçoit plus de cytoplasme que l'autre au cours de la mitose.

Division motrice Composante du système nerveux périphérique des Vertébrés qui comprend les neurones moteurs ou efférents (quittant un centre d'intégration) transmettant les commandes du système nerveux central aux cellules effectrices.

Division sensitive Composante du système nerveux périphérique des Vertébrés qui comprend les neurones sensitifs ou afférents (conduisant à un centre d'intégration) transmettant au système nerveux central les informations recueillies par les récepteurs sensoriels sur les milieux interne et externe.

Domaine (1) Région structurale et fonctionnelle d'un polypeptide qui est codée par un exon spécifique; région globulaire d'une protéine dotée d'une structure tertiaire. (2) Catégorie taxinomique la plus vaste au-dessus du règne. Les trois domaines établis à ce jour sont les Archéobactéries, les Bactéries et les Eucaryotes.

Domaine de liaison à l'ADN Partie de la structure tridimensionnelle d'un facteur de transcription qui se lie à l'ADN.

Dominance apicale Phénomène par lequel le bourgeon terminal des Plantes inhibe la croissance des bourgeons axillaires.

Dominance complète Forme d'hérédité qui ne permet pas de distinguer le phénotype d'un hétérozygote de celui d'un homozygote dominant.

Dominance incomplète Forme d'hérédité dans laquelle les hybrides de la génération F_1 ont un phénotype intermédiaire se situant entre les phénotypes des deux variétés parentales.

Dopamine Amine biogène étroitement apparentée à l'adrénaline et à la noradrénaline. Produit généralement une excitation.

Dormance Chez les Végétaux, état métabolique extrêmement lent dans lequel la croissance et le développement sont interrompus.

Dorsale Se dit de la moitié supérieure d'un animal à symétrie bilatérale.

Double fécondation Chez les Angiospermes, processus de fécondation dans lequel deux spermatozoïdes s'unissent à deux cellules du sac embryonnaire pour donner le zygote et l'endosperme.

Double hélice Forme que prend spontanément de l'ADN nouvellement synthétisé, dont les deux brins de polynucléotides sont enroulés en spirale autour d'un axe imaginaire.

Drépanocytose Maladie héréditaire due à la substitution d'un seul acide aminé dans l'hémoglobine (protéine des globules rouges). Aussi appelée *anémie à hématies falciformes*.

Duodénum Premier segment de l'intestin grêle où le chyme acide venant de l'estomac se mélange aux sucs digestifs sécrétés par le pancréas et des cellules glandulaires de la muqueuse intestinale, et à la bile sécrétée par le foie et libérée par la vésicule biliaire.

Duplication Aberration chromosomique due à une erreur au cours de la méiose ou à des mutagènes; résulte de la fixation, sur l'un des deux chromosomes homologues, d'un fragment chromosomique, à la suite de l'enjambement.

Dynéine Très grosse protéine contractile formant les bras latéraux des doublets de microtubules des cils et des flagelles.

E

Ecdysone Hormone stéroïde qui déclenche la mue chez les Arthropodes munis d'un exosquelette.

Ecdysozoaires L'un des deux clades des Protostomiens, qui comprend les Arthropodes.

Échange à contre-courant Chez certains Vertébrés, écoulement de liquides dans des directions opposées qui rend plus efficace le transfert des gaz respiratoires. Par exemple, le sang circule dans les capillaires dans une direction opposée à celle de l'eau dans les branchies, ce qui maximise le captage de dioxygène et le rejet de dioxyde de carbone.

Échange de cations Mécanisme par lequel les Plantes peuvent absorber des minéraux chargés positivement, les protons du sol venant déloger ces minéraux des particules d'argile.

Échange gazeux Processus qui assiste la respiration cellulaire en lui fournissant les molécules de dioxygène (O_2) puisées dans l'environnement et en recueillant le dioxyde de carbone (CO_2) pour le rejeter dans l'environnement.

Échangeur thermique à contre-courant Mécanisme de nombreux animaux endothermes qui aide à retenir la chaleur dans la masse corporelle et qui joue un rôle important dans la réduction de la déperdition thermique.

Échelle Celsius Échelle de température utilisant le degré Celsius ou °C. Au niveau de la mer, l'eau gèle à 0 °C et bout à 100 °C.

Échelle des temps géologiques Échelle de temps établie par les géologues et présentant une succession cohérente de périodes regroupées en quatre ères: le Précambrien, le Paléozoïque, le Mésozoïque et le Cénozoïque.

Échinodermes Animaux qui sont sessiles ou qui se déplacent lentement. Leurs parties internes et externes partent du centre, souvent en cinq rayons; un tégument mince couvre leur squelette constitué de dures plaques calcaires. Embranchement qui comprend les Astérides (Étoiles de mer), les Ophiurides (Ophiures), les Échinides (Oursins et Dollars des sables), les Crinoïdes (Lis de mer) et les Holothurides (Concombres de mer).

Écologie Étude scientifique des interactions entre les organismes, d'une part, et entre les organismes et leur milieu, d'autre part.

Écologie de la biosphère Domaine d'étude le plus vaste en écologie. Analyse notamment la façon dont les variations de concentration atmosphérique de CO_2 influent sur le climat planétaire.

Écologie de la restauration Sous-discipline de la biologie de la conservation qui met en application les principes écologiques dans le but de faire retrouver le plus possible aux écosystèmes dégradés leurs conditions naturelles antérieures. Cherche à inverser les tendances au déclin des populations et des communautés.

Écologie des communautés Étude des interactions entre les espèces composant une communauté.

Écologie des écosystèmes Étude des flux d'énergie et des cycles biogéochimiques des diverses composantes biotiques et abiotiques d'un écosystème.

Écologie des paysages (1) Science dont le but est de comprendre les profils d'utilisation des sols dans le passé, dans le présent et dans un avenir prévisible, et d'intégrer la préservation de la biodiversité à ces profils d'utilisation des sols. (2) Application des principes de l'écologie à l'étude des ensembles d'écosystèmes et de la façon dont ils sont organisés dans une région géographique.

Écologie des populations Étude des facteurs qui influent sur la taille d'une population d'une espèce donnée dans une aire.

Écorce Région de la racine des Plantes qui est située entre la stèle et l'épiderme et qui est composée de tissus fondamentaux. Couche qui, chez les Plantes croissant en épaisseur, comprend tous les tissus situés à l'extérieur du cambium libéroligneux: le phloème, le phelloderme, le cambium subérophellodermique et le liège.

Écoservice Tout processus par l'intermédiaire duquel les écosystèmes naturels et les espèces qui les habitent contribuent à maintenir la vie humaine sur terre.

Écosystème Ensemble que forment, dans une aire donnée, les facteurs abiotiques et la communauté des espèces.

Ectoderme Feuillet embryonnaire externe chez les Animaux. Donne naissance à la couche externe de l'Animal et, dans certains cas, au système nerveux central, à l'oreille interne et au cristallin de l'œil.

Ectomycorhize Type de mycorhize dans lequel le mycélium forme une enveloppe dense, ou manteau, à la surface de la racine. De là, les hyphes se prolongent dans le sol, augmentant grandement la surface d'absorption pour l'eau et les minéraux.

Ectoparasite Parasite qui, pour se nourrir, fait un court séjour sur la face externe de ses hôtes.

Ectotherme Qualifie l'animal qui absorbe la chaleur externe, au lieu de générer entièrement sa propre chaleur, et qui utilise des adaptations comportementales pour régler sa température corporelle. Les Reptiles, les Poissons et les Amphibiens sont ectothermes.

Effet Bohr Phénomène par lequel une chute de pH entraîne une diminution de l'affinité de l'hémoglobine à l'égard du dioxygène.

Effet d'étranglement Dérive génétique résultant de la réduction de taille d'une population, généralement causée par un désastre, et faisant en sorte que la population survivante n'est plus représentative de la population initiale pour ce qui est de la composition génétique.

Effet de serre Phénomène par lequel la chaleur du rayonnement infrarouge émis par la Terre se trouve emprisonnée par le dioxyde de carbone et la vapeur d'eau atmosphériques.

Effet fondateur Dérive génétique qui résulte de l'établissement d'une colonie par un petit nombre d'individus provenant d'une population de départ et qui fait en sorte que la population de la colonie n'est pas représentative de la population de départ.

Effet Q_{10} Phénomène par lequel la vitesse de la plupart des réactions enzymatiques est multipliée par 2 ou 3 pour chaque tranche de 10 °C d'augmentation de la température corporelle.

Éjaculation Projection du sperme à l'extérieur des voies spermatiques du mâle.

Élastase Enzyme pancréatique qui est déversée dans le duodénum et qui s'attaque spécifiquement aux liaisons peptidiques entre certains acides aminés, à l'intérieur des polypeptides. Agit là où se trouvent la glycine, l'alanine, la valine ou l'isoleucine.

Électrocardiogramme (ECG) Enregistrement graphique de l'activité électrique du cœur.

Électroencéphalogramme (EEG) Enregistrement graphique qui mesure les différentes ondes de l'activité électrique de l'encéphale.

Électron Particule élémentaire constitutive gravitant autour du noyau d'un atome et possédant une unité de charge négative. Un ou plusieurs électrons gravitent autour du noyau; leur nombre est généralement égal au nombre de protons.

Électron de valence (électron périphérique) Électron présent dans la couche électronique périphérique.

Électronégativité Attraction qu'un atome exerce sur les électrons qu'il met en commun avec un autre atome dans le cadre d'une liaison covalente.

Électrophorèse sur gel Technique qui a pour but de séparer les acides nucléiques ou les protéines en fonction de leur taille, de leur charge électrique et d'autres propriétés physiques en mesurant la vitesse de leur déplacement dans un gel sous l'effet d'une tension.

Électroporation Technique d'introduction d'ADN recombiné dans les cellules consistant en l'application d'une brève impulsion électrique à une solution contenant des cellules. Le courant électrique crée dans la membrane plasmique un trou temporaire qui permet à l'ADN de pénétrer dans les cellules.

Élément Matière impossible à décomposer en substances plus simples.

Élément de contrôle Chez les Eucaryotes, élément d'ADN non codant qui contribue à réguler la transcription d'un gène en liant des protéines spécifiques appelées facteurs de transcription.

Élément de vaisseau Chez les Végétaux, cellule morte spécialisée, courte et large qui s'aligne avec d'autres pour former des tubes continus assurant la circulation de la sève brute.

Élément essentiel Élément chimique dont une plante a besoin durant son cycle de développement.

Élément majeur Élément essentiel dont une plante a besoin en quantité relativement importante. Voir aussi *élément mineur*.

Élément mineur Élément essentiel dont une plante a besoin en très petite quantité. Voir aussi *élément majeur*.

Élément trace Élément minéral essentiel existant en quantité infime dans un organisme ou dans des milieux divers.

Éliciteur Molécule végétale qui déclenche la production de composés antimicrobiens appelés phytoalexines en réaction à un agent pathogène.

Élimination Étape du traitement des aliments par les Animaux au cours de laquelle les matières qui n'ont pas subi de digestion ou d'absorption quittent l'organisme.

Embole Caillot qui se déplace dans l'organisme jusqu'à ce qu'il se retrouve bloqué dans une artère dont le diamètre est trop petit pour permettre son passage.

Embranchement Catégorie taxinomique située au-dessus de la classe.

Embryoblaste Amas de cellules faisant saillie à une extrémité de la cavité du blastocyste mammalien; deviendra plus tard l'embryon proprement dit et certaines des membranes extra-embryonnaires.

Embryon Individu en développement dans la cavité utérine des Mammifères placentaires.

Embryophytes Terme synonyme de « Végétaux terrestres »; clade qui comprend des organismes ayant en commun, comme caractère dérivé, l'existence d'embryons multicellulaires dépendants.

Empreinte écologique Concept qui tient compte de multiples contraintes telles que la nourriture, les combustibles, le bois et les autres nécessités comme les vêtements et le transport pour l'estimation de la capacité limite des divers territoires et de la Terre pour l'Humain.

Empreinte génétique Jeu unique de fragments de restriction de l'ADN d'un individu détectés par électrophorèse et par des sondes nucléiques radioactives. Peut servir à attribuer la paternité d'un enfant, à vérifier un lien familial, à identifier un criminel ou à vérifier la pureté d'une espèce végétale ou animale.

Empreinte génomique Effet parental sur l'expression des gènes par lequel les mêmes allèles peuvent avoir différents effets selon qu'ils arrivent dans un zygote par l'ovule ou par le spermatozoïde.

Émulsion Processus par lequel les sels biliaires sécrétés par le foie et libérés par la vésicule biliaire dans le duodénum enrobent les minuscules gouttelettes de graisse pour les empêcher de fusionner.

Endémique Qualifie une espèce animale ou végétale qui n'existe que dans une région géographique spécifique relativement petite.

Endocytose Processus de transport actif permettant l'entrée de nutriments dans une cellule par l'intermédiaire de vacuoles qui se forment à même des régions spécialisées de la membrane plasmique.

Endocytose par récepteur interposé Transport actif de substances vers l'intérieur de la cellule, au moyen de vésicules membraneuses tapissées de protéines dont les sites récepteurs sont spécifiques aux molécules introduites; permet à une cellule d'acquérir des quantités appréciables de substances données.

Endoderme (1) Chez la Plante, couche la plus profonde dans l'écorce des racines; couche de cellules qui constitue une barrière entre l'écorce et la stèle. (2) Chez l'Animal, feuillet embryonnaire profond qui tapisse l'intestin primitif et donne naissance, entre autres, aux poumons des Vertébrés mais aussi au revêtement intérieur du tube digestif et à ses glandes annexes, tels le foie et le pancréas.

Endomètre Revêtement interne de l'utérus qui est une muqueuse richement vascularisée.

Endomycorhize Type de mycorhize qui, contrairement à l'ectomycorhize, ne forme pas de dense manteau autour de la racine. Il faut un microscope pour voir les minces hyphes du mycélium qui partent de la racine pour s'étendre dans le sol.

Endonucléases Escouade d'enzymes qui hydrolysent l'ADN et l'ARN en nucléotides.

Endoparasite Parasite qui vit à l'intérieur des tissus de son hôte.

Endorphines Hormones (neuropeptides) que produisent l'adénohypophyse et certains neurones d'autres parties de l'encéphale et qui inhibent la perception de la douleur.

Endosperme Réserve nutritive riche en amidon qui se trouve dans les graines des Angiospermes et qui est utilisée par l'embryon au cours de son développement.

Endospore Cellule résistante entourée d'une épaisse enveloppe protectrice que produit une cellule bactérienne exposée à des milieux hostiles, avant de se désintégrer.

Endosquelette Ensemble d'éléments de soutien rigides, tels que des os, qui sont enveloppés par les tissus mous de certains Invertébrés et des Vertébrés.

Endosymbiose en série Hypothèse selon laquelle les mitochondries et les chloroplastes proviennent de la transformation de petits organismes procaryotes ayant vécu dans des cellules plus grandes.

Endosymbiose secondaire Phénomène qui se produit lorsqu'un protiste hétérotrophe phagocyte une algue contenant des plastes.

Endothélium Couche simple de cellules aplaties (squameuses) qui constitue la tunique interne d'un vaisseau sanguin et qui assure une surface lisse réduisant au minimum la résistance à la circulation sanguine. La paroi très mince des capillaires se compose uniquement d'un endothélium.

Endotherme Qualifie l'animal qui tire la majeure partie de sa chaleur corporelle de son propre métabolisme. Les Oiseaux et les Mammifères sont endothermes.

Endotoxine Lipopolysaccharide faisant partie de la membrane externe de la paroi de certaines Bactéries à Gram négatif. Est responsable de divers symptômes tels que la fièvre, la diarrhée, une inflammation, un état de faiblesse etc.

Énergie Capacité qu'a un système physique de produire un travail en imprimant un mouvement à la matière, pour vaincre des forces qui s'opposent.

Énergie chimique Forme d'énergie potentielle emmagasinée dans les liaisons chimiques des molécules.

Énergie cinétique Énergie du mouvement qui est directement proportionnelle à la vitesse de ce mouvement.

Énergie d'activation Quantité d'énergie que les réactifs doivent absorber pour qu'il y ait une réaction chimique. Aussi appelée *énergie libre d'activation*.

Énergie électromagnétique Énergie qui se présente sous forme de rayonnement et qui est produite par des perturbations de champs électriques et magnétiques.

Énergie libre Portion de l'énergie d'un système qui peut produire du travail à une température et à une pression constantes.

Énergie potentielle Énergie que la matière emmagasine grâce à sa structure ou à sa position par rapport à d'autres objets.

Enjambement Mécanisme d'échange de gènes entre deux chromatides homologues (appartenant chacun à un chromosome différent d'une paire), pendant la synapse qui se produit à la prophase I de la méiose.

Entérocœlie Chez les Deutérostomiens, mode de formation des cœlomes dans lequel le mésoderme émerge de la paroi de l'archentéron et forme des enclaves.

Entérogastrones Catégorie d'hormones que sécrète la muqueuse du duodénum.

Entéropeptidase Enzyme de la bordure en brosse de la muqueuse intestinale ; active directement ou indirectement les enzymes protéolytiques que le pancréas envoie sous une forme inactive dans la cavité intestinale.

Entomologie Science qui étudie les Insectes.

Entre-nœuds Segment de la tige des Plantes qui se trouve entre deux nœuds.

Entropie Fonction, symbolisée par S, que les scientifiques utilisent pour mesurer le désordre de l'Univers.

Enveloppe membraneuse Chez certains virus, membrane qui recouvre la capside renfermant le génome.

Enveloppe nucléaire Chez les Eucaryotes, membrane double qui entoure le noyau et sépare son contenu du cytoplasme.

Enzyme Généralement, protéine servant de catalyseur, c'est-à-dire d'agent chimique modifiant la vitesse d'une réaction sans que la réaction n'agisse sur lui.

Enzyme de restriction Protéine catalytique qui reconnaît et découpe l'ADN étranger en un nombre limité de sites bien précis.

Épicotyle Dans les graines des Angiospermes, partie de l'axe embryonnaire qui est située au-dessus des cotylédons.

Épiderme (1) Tissu de revêtement des organes jeunes, chez les Plantes. (2) Enveloppe externe, chez les Animaux.

Épididyme Structure du système reproducteur mâle qui est constituée de canalicules efférents dans lesquels les spermatozoïdes séjournent et acquièrent leur mobilité et leur fécondité.

Épigenèse Théorie ancienne du développement embryonnaire, formulée par Aristote, selon laquelle la forme d'un animal apparaît progressivement à partir d'un œuf relativement informe.

Épiglotte Rabat cartilagineux qui bloque l'ouverture de la trachée lors de la déglutition, ce qui empêche le bol alimentaire d'aller dans le système respiratoire.

Épisome Élément génétique pouvant exister soit sous forme de plasmide, soit en tant que segment du chromosome bactérien.

Épissage de l'ARN Dans la cellule eucaryote, élimination, pendant la maturation, des parties non codantes (introns) de la molécule d'ARN nouvellement synthétisée.

Épissage différentiel de l'ARN Pendant la maturation de l'ARN prémessager, type de régulation dans lequel différentes molécules d'ARNm sont produites à partir du même transcrit primaire, selon le traitement en exons ou en introns des segments d'ARN prémessager.

Épistasie Phénomène par lequel un gène situé sur un locus donné agit sur l'expression phénotypique d'un autre gène situé sur un autre locus.

Épithalamus Région de l'encéphale des Vertébrés qui se forme à partir du diencéphale embryonnaire (l'une des divisions du prosencéphale). Contient le corps pinéal et un regroupement de capillaires (plexus choroïde) qui produit le liquide cérébrospinal.

Épithélium de transport Une ou plusieurs couches de cellules épithéliales spécialisées qui régulent le mouvement des solutés, chez la plupart des Animaux.

Épithélium glandulaire Tissu de revêtement qui absorbe ou sécrète des solutions chimiques.

Épithélium simple Tissu de revêtement comportant une seule couche de cellules.

Épithélium stratifié Tissu de revêtement comportant plusieurs couches de cellules.

Épitope Petite portion accessible de la surface de l'antigène à laquelle se lient les anticorps. Aussi appelé *déterminant antigénique*.

Équation de Hardy-Weinberg Formule générale ($p^2 + 2pq + q^2 = 1$) qui permet de calculer les fréquences alléliques d'un patrimoine génétique dont les fréquences génotypiques sont connues. Le calcul inverse est aussi possible.

Équilibre chimique Situation d'une réaction chimique réversible, lorsque la réaction initiale et la réaction inverse s'effectuent à la même vitesse.

Équilibre ponctué Modèle théorique de l'évolution selon lequel les espèces divergent par poussées de changements relativement rapides qui sont suivies de longues périodes de stabilité (équilibre).

Érythrocyte Cellule sanguine de certains Invertébrés et des Vertébrés qui contient de l'hémoglobine, laquelle sert au transport du dioxygène et d'une partie du dioxyde de carbone dans le système cardiovasculaire. Communément appelé *globule rouge*.

Érythropoïétine Hormone que produisent les reins quand les tissus ne reçoivent pas suffisamment de dioxygène. Amène les cellules souches myéloïdes à se transformer en érythrocytes.

Espace mort anatomique (EMA) Portion du volume courant qui ne participe pas aux échanges gazeux et reste dans les conduits, en dehors des alvéoles.

Espèce Ensemble de populations dont les membres sont en mesure de se reproduire entre eux dans un environnement naturel et de donner naissance à une descendance féconde.

Espèce clé Espèce qui n'est pas particulièrement abondante dans une communauté mais qui conditionne fortement sa structure, non pas tant par le nombre de ses membres que par son rôle écologique, ou niche. Il peut y avoir plusieurs espèces clés dans une communauté.

Espèce dominante Espèce qui est la plus nombreuse dans une communauté ou qui a la biomasse la plus élevée. Influe beaucoup sur la présence d'autres espèces et leur distribution. Il peut y avoir plusieurs espèces dominantes dans une communauté.

Espèce en voie d'extinction, de disparition Espèce qui risque de disparaître dans l'ensemble ou dans une partie de son aire de distribution.

Espèce introduite Espèce que les Humains déplacent de son aire de distribution normale jusque dans une nouvelle aire géographique.

Espèce menacée Toute espèce qui sera vraisemblablement menacée d'extinction dans un avenir prévisible dans l'ensemble ou dans une partie de son aire de distribution.

Essai sur microréseau à ADN Technique qui permet de détecter et de mesurer l'expression de milliers de gènes à la fois. Consiste d'abord à fixer sur une plaque de verre de minuscules quantités d'un grand nombre de fragments d'ADN monocaténaire représentant différents gènes. Puis, idéalement, on met ces fragments, qui peuvent représenter l'ensemble des gènes d'un organisme, en présence de divers échantillons de molécules d'ADNc avec lesquelles ils peuvent s'hybrider.

Estivation État de torpeur estivale qui se caractérise par un ralentissement métabolique et par l'inactivité. Permet à certains animaux de survivre à de longues périodes de températures élevées et de rareté de l'eau.

Estomac Organe volumineux qui est situé dans la cavité abdominale supérieure, sous le diaphragme. Garde la nourriture pendant un certain temps et s'acquitte de fonctions digestives importantes. Sécrète le suc gastrique.

Estuaire Zone de transition entre un fleuve et l'océan dans lequel ce fleuve se jette.

Étamine Organe reproducteur mâle de la fleur, composé d'un filet et d'une anthère productrice de pollen.

État excité État dans lequel se trouve une molécule de pigment quand l'un de ses électrons passe à une orbitale où il possède davantage d'énergie potentielle qu'à l'état fondamental.

État fondamental État dans lequel se trouve une molécule de pigment quand ses électrons sont dans des orbitales normales.

Éthologie Discipline biologique qui étudie le comportement animal. Domaine de recherche qui considère le comportement comme une adaptation des Animaux aux conditions écologiques naturelles, due à l'évolution.

Éthologie cognitive Étude de la cognition animale ; explore le lien entre le système nerveux d'un animal et son comportement.

Éthylène Seule hormone végétale qui se présente sous forme gazeuse. Hormone responsable de la maturation des fruits, de l'inhibition de la croissance, de l'abscission des feuilles et de la sénescence.

Eucaryotes Domaine du vivant qui comprend tous les organismes unicellulaires ou multicellulaires (Eumycètes, Végétaux, Animaux) qui possèdent au niveau cellulaire différents compartiments fonctionnels, ou organites, membraneux ou dépourvus de membranes. Dans le noyau d'une cellule eucaryote, l'ADN est associé à de nombreuses protéines variées et se présente sous la forme de structures appelées chromosomes. Le noyau est le plus gros organite de la plupart des cellules eucaryotes.

Euchromatine Chez les Eucaryotes, type de chromatine destinée à la transcription qui est moins compacte que l'hétérochromatine.

Eudicotylédones Clade qui regroupe la majorité des Dicotylédones ; comprend notamment les Roses, les Pois, les Renoncules, les Tournesols, les Chênes et les Érables.

Euglénobiontes Groupe de Protistes flagellés photosynthétiques ou hétérotrophes qui comprend les Euglénophytes et les Kinétoplastidés.

Euglénophytes Groupe de Protistes, tels que l'Euglène et les espèces qui lui sont apparentées, se caractérisant par la présence d'une dépression antérieure, l'ampoule, d'où émergent un ou deux flagelles. Renferment du paramylon, polymère de glucose, qui leur sert de substance de réserve.

Eumétazoaires Sous-groupe du règne animal qui comprend tous les Animaux, excepté les Éponges. Ses membres possèdent de vrais tissus.

Eumycètes Organismes eucaryotes hétérotrophes qui se nourrissent par absorption et qui sont pour la plupart multicellulaires. Vivent en saprophytes, en parasites ou en symbiontes mutualistes.

Eumycètes imparfaits Moisissures qui n'ont aucun stade sexué connu. Aussi appelés *Deutéromycètes*.

Euryarchées Au sein des Archéobactéries, groupe qui comprend les espèces méthanogènes et halophiles et quelques thermophiles.

Euryhalin Organisme qui peut survivre à d'importantes fluctuations de l'osmolarité externe.

Euryptérides Chélicérates majoritairement marins qui ont disparu. Ces prédateurs qu'on appelle également Scorpions de mer pouvaient atteindre 3 m de long.

Euthériens Mammifères placentaires. L'embryon se développe complètement dans l'utérus, où un placenta bien développé le relie à sa mère.

Eutrophe Qualifie un lac peu profond et riche en matières nutritives. Son phytoplancton est très productif et ses eaux sont troubles.

Eutrophisation Processus par lequel dans de nombreux lacs, des communautés de phytoplancton où régnaient Diatomées et Algues vertes finissent par être dominées par les Cyanobactéries.

Eutrophisation culturale Surcharge des cours d'eau et des lacs en nutriments inorganiques provenant des égouts domestiques et industriels, du lessivage des engrais dans les régions urbaines, les zones agricoles et les espaces récréatifs, et de l'écoulement des déchets animaux des pâturages et des parcs à bestiaux.

Évolution Histoire biologique, depuis les premiers microorganismes jusqu'à la grande diversité des organismes actuels.

Évolution adaptative Prédominance de caractères héréditaires favorisant la survie et la reproduction des organismes dans certains environnements.

Évolution convergente Apparition de ressemblances entre des espèces qui sont issues de lignées distinctes dans l'évolution et qui soit occupent des niches écologiques semblables, soit ont subi une sélection naturelle ayant fait en sorte qu'elles ont acquis des adaptations analogues.

Évolution en mosaïque Évolution à des rythmes variés des différentes caractéristiques d'un organisme.

Exaptation Raffinement graduel de structures existantes qui remplissent alors de nouvelles fonctions.

Excrétion Élimination des déchets métaboliques azotés comme l'urée.

Exocytose Transport actif de macromolécules vers le milieu extracellulaire, par la fusion de vésicules de sécrétion avec la membrane plasmique.

Exoenzyme Puissante enzyme que sécrètent les Eumycètes à l'extérieur de leur corps pour digérer leur nourriture en l'hydrolysant.

Exon Segment d'ADN situé à l'intérieur de la séquence codante d'un gène, dans la cellule eucaryote.

Exosquelette Revêtement solide du corps d'un animal, comme la coquille des Mollusques ou la cuticule des Arthropodes. Protège l'animal et fournit des points d'attache aux muscles.

Exotoxine Protéine sécrétée par une bactérie et qui peut provoquer des symptômes même en l'absence de la bactérie.

Expansine Enzyme végétale qui rompt les ponts transversaux (liaisons hydrogène) reliant les microfibrilles de cellulose et qui affaiblit la trame de la paroi d'une cellule.

Explosion du Cambrien Augmentation phénoménale de la diversité animale pendant une période de temps relativement courte, d'il y a 543 à il y a 525 millions d'années environ. On a retrouvé presque tous les plans d'organisation corporelle dans des roches cambriennes datant de cette période.

Extension convergente Au cours de la morphogenèse et de la différenciation cellulaire, mouvement des cellules d'une couche de tissu qui se réarrangent de telle manière que la couche de tissu rétrécit (convergence) tout en s'allongeant (extension).

Extérocepteur Récepteur sensoriel animal qui capte les stimulus provenant du milieu extérieur, tels que la chaleur, la lumière, la pression et les substances chimiques.

Extrémité cohésive Extrémité monocaténaire (constituée d'une seule chaîne) d'un fragment de restriction d'ADN, qui est bicaténaire (constitué de deux chaînes).

Extrêmophiles Archéobactéries qui vivent dans des milieux extrêmes. Groupe qui comprend les méthanogènes, les halophiles extrêmes et les thermophiles extrêmes.

F

Face *cis* L'un des deux pôles d'une pile de saccules de l'appareil de Golgi. Face qui est située près du réticulum endoplasmique et qui reçoit ses vésicules de transition.

Face *trans* L'un des deux pôles d'une pile de saccules de l'appareil de Golgi. Face donnant naissance à des vésicules de sécrétion qui s'acheminent vers d'autres sites.

Facteur abiotique Facteur environnemental physicochimique d'un milieu donné, tel que la température, la lumière, la pression, la gravitation, l'eau, les nutriments et d'autres substances chimiques.

Facteur biotique Toute interaction directe ou indirecte, immédiate ou différée entre les organismes, dans un milieu donné.

Facteur de croissance Protéine libérée par certaines cellules qui stimule la division d'autres cellules.

Facteur F Facteur de fertilité, chez les procaryotes. Partie d'ADN du chromosome bactérien ou du plasmide qui permet la formation de pili sexuels (appendices filiformes reliant deux cellules procaryotes) pour la conjugaison et le transfert d'ADN de la cellule donneuse à la cellule receveuse.

Facteur natriurétique auriculaire Hormone peptidique qui s'oppose à l'action de la régulation rénine-angiotensine-aldostérone. Hormone que libère la paroi des oreillettes du cœur en réaction à une augmentation de la pression et du volume sanguins.

Facteur rhésus (Rh) Catégorie d'antigène des globules rouges qui entraîne la production d'anticorps de la catégorie des IgG. Un individu Rh positif possède l'antigène, alors qu'un individu Rh négatif ne l'a pas.

Facteurs de croissance insulinomimétiques Groupe de peptides produits par le foie qui circulent dans le plasma sanguin et qui provoquent la croissance osseuse et cartilagineuse.

Facteurs de transcription Chez les Eucaryotes, ensemble de protéines qui se lient à l'ADN et qui permettent la liaison de l'ARN polymérase et le début de la transcription.

Faisceau libéroligneux Îlot de conduits que forment les tissus conducteurs (xylème et phloème) tout le long de la tige des Plantes.

Famille Catégorie taxinomique située au-dessus du genre.

Famille multigénique Ensemble de gènes identiques ou très semblables probablement issus d'un même gène ancestral.

Fécondation Union de gamètes haploïdes produisant un zygote diploïde. Aussi appelée *syngamie*.

Fécondation externe Chez les Animaux, fécondation dans laquelle les œufs sont libérés par la femelle et fécondés par le mâle dans le milieu externe.

Fécondation *in vitro* Technique de procréation qui s'adresse aux femmes dont les trompes utérines sont bloquées. Consiste à stimuler la croissance des follicules par un traitement hormonal, puis à prélever les ovocytes matures par voie chirurgicale. On féconde ensuite ces ovocytes en laboratoire dans des boîtes de Pétri.

Fécondation interne Chez les Animaux, fécondation qui se fait dans l'organisme de la femelle, après que le mâle a déposé les spermatozoïdes à l'intérieur ou à l'entrée de son système reproducteur.

Fenêtre de la cochlée Orifice situé à l'extrémité de la rampe tympanique et fermé par une membrane. Point de contact entre le stapès et la cochlée dans l'oreille de certains Vertébrés.

Fenêtre du vestibule Dans l'oreille de certains Vertébrés, membrane qui est située sous le stapès et qui fait partie de l'oreille interne. Conduit les ondes sonores de l'oreille moyenne à l'oreille interne.

Fente synaptique Espace étroit qui sépare la cellule présynaptique de la cellule postsynaptique dans une synapse chimique.

Fermentation Catabolisme anaérobie qui produit une quantité limitée d'ATP à partir du glucose, sans faire appel à une chaîne de transport d'électrons ; produit de l'éthanol ou du lactate.

Fermentation alcoolique Transformation, en l'absence de dioxygène, de pyruvate en dioxyde de carbone et en éthanol.

Fermentation lactique Transformation, en l'absence de dioxygène, de pyruvate en lactate, sans libération de dioxyde de carbone.

Feuillet embryonnaire Chacun des tissus concentriques qui se forment dans un embryon et qui donnent les différents tissus et organes des Animaux. Certains animaux se développent à partir de deux feuillets, les autres à partir de trois.

Feuillet plissé bêta (β) Sorte de structure secondaire des protéines dans laquelle la chaîne polypeptidique se plisse en accordéon ; structure maintenue par des liaisons hydrogène entre les feuillets parallèles.

Fibre collagène Fibre résistante de la matrice extracellulaire qui est constituée de collagène. N'est pas élastique et ne se déchire pas facilement lorsqu'elle est tirée dans le sens de la longueur.

Fibre élastique Fibre du tissu conjonctif qui est un long fil composé d'une protéine appelée élastine. Donne au tissu conjonctif une souplesse caoutchouteuse qui complète la force non élastique des fibres collagènes.

Fibre musculaire à contraction lente Chez les Vertébrés, fibre musculaire qui peut soutenir des contractions prolongées.

Fibre musculaire à contraction rapide Chez les Vertébrés, fibre musculaire qui sert aux contractions soudaines et puissantes.

Fibre réticulaire Fibre très mince du tissu conjonctif. Plusieurs fibres réticulaires forment un réseau. Composées de collagène, elles sont reliées aux fibres collagènes proprement dites et forment un tissu aux mailles serrées qui joint les tissus conjonctifs et les tissus voisins.

Fibrine Forme active de la protéine plasmatique dont la forme inactive est le fibrinogène. S'agglutine en filaments pour former un caillot.

Fibrinogène Forme inactive de la protéine plasmatique qui, quand elle se transforme en sa forme active, la fibrine, s'agglutine en filaments pour former un caillot.

Fibroblaste Type de cellules qui sont dispersées dans la trame fibreuse du tissu conjonctif lâche et qui sécrètent les ingrédients protéiques des fibres extracellulaires.

Fibronectine Glycoprotéine qui concourt à fixer les cellules animales à la matrice extracellulaire.

Fibrose kystique Maladie héréditaire qui est létale si elle n'est pas traitée ; frappe les enfants ayant reçu deux allèles récessifs. Se caractérise par une sécrétion abondante de mucus qui contribue à l'apparition d'infections. Aussi appelée *mucoviscidose*.

Filament intermédiaire Élément du cytosquelette dont le diamètre est supérieur à celui des microfilaments mais inférieur à celui des microtubules.

Filet Tige de l'étamine.

Filtrat Liquide que le système urinaire des Vertébrés extrait du sang et de la cavité corporelle. À partir de ce liquide, dont il extrait les solutés importants et qu'il concentre, le système urinaire produit de l'urine.

Filtration Dans le rein des Vertébrés, extraction par les néphrons de l'eau et de petites molécules, notamment les déchets métaboliques, provenant du sang.

Fimbriæ Courts et fins appendices permettant à certains procaryotes d'adhérer les uns aux autres ou à un substrat.

Fixation de l'azote Transformation, par certaines bactéries, du diazote atmosphérique en composés azotés que d'autres organismes peuvent utiliser dans la fabrication de composés organiques.

Fixation du carbone Incorporation du carbone fourni par le dioxyde de carbone dans les molécules organiques, par un organisme autotrophe.

Fixation et activation du complément Réaction immunitaire dans laquelle des complexes antigènes-anticorps activent les protéines du complément.

Flagelle Long appendice cellulaire qui est spécialisé dans la locomotion ; composé de neuf doublets de microtubules formant un anneau autour de deux microtubules non jumelés et engainé dans un prolongement de la membrane plasmique.

Fleur Structure des Angiospermes qui se compose de quatre verticilles de feuilles modifiées et qui sert à la reproduction.

Fleur bisexuée Fleur pourvue à la fois d'étamines et d'un pistil.

Fleur complète Fleur qui possède les quatre ensembles de pièces florales, c'est-à-dire les sépales, les pétales, les étamines et le pistil.

Fleur incomplète Fleur à laquelle il manque au moins un ensemble de pièces florales, parmi les sépales, les pétales, les étamines et le pistil.

Fleur unisexuée Fleur dépourvue d'étamines ou de pistil.

Fluorescence Émission de lumière par des électrons excités qui retournent à l'état fondamental en émettant chacun un photon.

Flux génétique Migration d'individus féconds ou échange de gamètes entre des populations différentes. Entraîne une perte ou un gain d'allèles dans une population.

Fœtus Terme qui, chez l'Humain, désigne l'embryon depuis la neuvième semaine de développement jusqu'à la naissance. Le fœtus possède les principales structures de l'adulte sous forme rudimentaire.

Foie Le plus gros organe de l'organisme chez les Vertébrés. Remplit une grande variété de fonctions : production de bile, préparation de produits d'excrétion azotés et détoxication des poisons dans le sang, notamment.

Follicule Structure microscopique de l'ovaire qui contient un ovocyte en développement et qui sécrète des œstrogènes.

Foraminifères Protistes marins qui doivent leur nom à leur coque poreuse. Des fibres du cytoplasme (pseudopodes) émergent des pores et permettent à l'organisme de nager, de constituer sa coque et de se nourrir.

Force de Van der Waals Attraction faible entre des molécules ou entre différentes régions d'une même molécule qui apparaît en raison de changements localisés des charges.

Force protonmotrice Énergie potentielle présente sous la forme d'un gradient électrochimique produit par le passage de protons à travers les membranes biologiques au cours de la chimiosmose.

Formation réticulaire Réseau de neurones qui contient plus de 90 noyaux distincts et qui traverse le cœur du tronc cérébral. Régit notamment le sommeil et l'éveil et agit comme un filtre sensitif en sélectionnant les informations qui atteignent le cortex cérébral.

Forme méduse Version flottante, aplatie et renversée de la structure corporelle des Cnidaires. L'autre forme est le polype.

Forme polype Version sessile et cylindrique de la structure corporelle des Cnidaires. L'autre forme est la méduse.

Formule développée Forme de notation représentant, au moyen de traits, les liaisons covalentes entre les atomes d'une molécule.

Formule moléculaire Forme de notation indiquant seulement la quantité de chaque type d'atome que contient une molécule.

Fossile Vestige ou empreinte d'organisme ancien qui s'est conservé dans la roche.

Fossiles stratigraphiques Fossiles semblables qui permettent d'établir une corrélation entre les strates d'un site et celles d'un autre site.

Fourche de réplication Région en forme de Y qui est située à chaque extrémité d'un œil de réplication et où les nouveaux brins d'ADN subissent une élongation.

Fractionnement cellulaire Décomposition d'une cellule visant à isoler les organites au moyen de la centrifugation et à étudier leurs fonctions.

Fragment de restriction Portion d'ADN obtenue à l'aide d'une enzyme de restriction.

Fragmentation Mécanisme de reproduction asexuée dans lequel le corps se dissocie en plusieurs morceaux, dont certains ou la totalité deviendront des adultes complets. S'observe chez plusieurs Porifères, Cnidaires, Polychètes (Annélides) et Tuniciers (Urocordés).

Fréquence cardiaque (f_c) Nombre de battements cardiaques par minute.

Fréquence respiratoire (f_r) Nombre de respirations par minute.

Fronde Chez les Algues, structure semblable à une feuille et constituant la plus grande partie de la surface de photosynthèse.

Fruit Ovaire mature de la fleur qui protège les graines et contribue à leur dispersion.

Fruit composé Fruit qui, comme la mûre, provient d'une fleur unique qui possédait plusieurs carpelles, donc plusieurs ovaires.

Fruit multiple Fruit qui, comme l'Ananas, se forme à partir d'une inflorescence, c'est-à-dire d'un groupe de fleurs entassées les unes sur les autres. Les ovaires de ces fleurs fusionnent quand leur paroi commence à s'épaissir et donnent ensuite un seul fruit.

Fruit simple Fruit charnu, comme une cerise, ou sec, comme une gousse de Soja, qui se développe à partir d'un seul ovaire.

Fuseau de division Ensemble de fibres constituées de microtubules associés à des protéines ; régit les déplacements des chromosomes au cours de la division cellulaire, chez les Eucaryotes.

Fuseau neuromusculaire Type de mécanorécepteur qui perçoit la longueur des muscles squelettiques.

Fuseau neurotendineux Type de mécanorécepteur qui détecte l'étirement des tendons.

Fusion de protoplastes Technique qui consiste à fusionner deux protoplastes issus d'espèces différentes, en vue de créer des variétés de plantes capables de clonage.

Fusion phylogénétique Hypothèse selon laquelle il est possible que les ordres modernes de Mammifères soient nés voilà 100 millions d'années, mais qu'ils n'aient pas proliféré suffisamment pour qu'on les retrouve dans les archives géologiques.

G

Gaine de myéline Couche isolante qui est formée de l'enroulement de la membrane plasmique des neurolemmocytes et qui entoure l'axone de nombreux neurones. Absente, à intervalles réguliers, aux nœuds de Ranvier qui permettent la conduction saltatoire.

Gamétange Organe multicellulaire des Bryophytes, des Ptéridophytes et des Gymnospermes dans lequel se forment les gamètes.

Gamète Voir *cellule reproductrice*.

Gamétophore Chez les Mousses, structure qui porte les gamètes ; avec le protonéma, constitue le gamétophyte.

Gamétophyte Forme haploïde multicellulaire chez les organismes qui connaissent l'alternance de générations ; produit par mitose des gamètes haploïdes qui fusionnent et croissent pour donner des sporophytes.

Ganglion Regroupement de corps de neurones ayant généralement une fonction semblable ; situé dans le système nerveux périphérique.

Gastrine Hormone que libère la paroi gastrique et qui entraîne une sécrétion accrue de suc gastrique.

Gastrula Stade de développement associé à la gastrulation ; embryon constitué de trois feuillets.

Gastrulation Développement des tissus embryonnaires des diverses parties d'un organisme animal.

Gemmules Chez les Éponges, cellules de plusieurs catégories qui migrent ensemble à travers l'organisme et s'entourent d'un revêtement protecteur.

Gène Unité d'information génétique située sur les chromosomes et constituée d'une séquence spécifique de nucléotides dans l'ADN (ou dans l'ARN, chez certains virus).

Gène à effet maternel Gène qui, lorsqu'il est mutant chez la mère, produit un phénotype mutant chez le descendant, quel que soit son génotype. Aussi appelé *gène de polarité de l'œuf*.

Gène d'identité des organes Gène d'une plante qui établit le type de structure qui se formera à partir d'un méristème.

Gène de délétion Gène dont les mutations font apparaître des « délétions » ou lacunes dans la segmentation de *Drosophila*. Ses produits normaux délimitent les principales subdivisions, le long de l'axe antéropostérieur de l'embryon.

Gène de parité segmentaire Gène qui définit la structure modulaire par paires de segments chez *Drosophila*. Les mutations touchant ce gène produisent des embryons qui n'ont que la moitié du nombre normal de segments, parce qu'un segment sur deux ne se développe pas.

Gène de polarité de l'œuf Deux groupes de gènes qui déterminent les axes antéropostérieur et dorsoventral de l'embryon. Aussi appelé *gène à effet maternel*.

Gène de polarité segmentaire Gène qui définit l'axe antéropostérieur de chacun des segments chez *Drosophila*.

Gène de segmentation Gène de l'embryon qui commande la formation des segments lorsque les axes principaux de l'embryon sont définis.

Gène homéotique Gène régulateur qui commande la destinée des groupes de cellules, au cours du développement embryonnaire.

Gène lié au sexe Gène situé sur un chromosome sexuel.

Gène régulateur Gène codant pour une protéine, tel un répresseur, qui régule la transcription d'un autre gène ou d'un groupe de gènes.

Gène suppresseur de tumeurs *p53* Gène dont le produit inhibe la division cellulaire et contribue à empêcher une croissance cellulaire anarchique (cancer). Gène qualifié d'« ange gardien du génome ». Son expression est déclenchée par les dommages infligés à l'ADN d'une cellule. Son produit, la protéine *p53*, devient un facteur de transcription de plusieurs gènes nécessaires à la réparation de l'ADN.

Génération F₁ Première génération filiale, constituée des hybrides issus de la fécondation croisée.

Génération F₂ Deuxième génération filiale, constituée des descendants issus de la fécondation entre des hybrides F_1.

Génération P Génération parentale. Parents desquels sont issus les descendants, dans une expérience de croisement.

Génération spontanée Idée erronée à laquelle ont cru les gens de l'Antiquité au XIXᵉ siècle et selon laquelle la vie pouvait naître de la matière inanimée.

Gènes liés Gènes localisés sur le même chromosome.

Gènes responsables de la formation du méristème floral Chez les Végétaux, gènes qui sont à l'origine du passage de l'état végétatif à l'état floral. Les protéines produites par ces gènes sont des facteurs de transcription qui participent à l'activation des gènes nécessaires à la formation du méristème floral.

Génétique Étude scientifique de l'hérédité et de la variation entre les individus.

Génétique des populations Étude scientifique de la variation génétique au sein des populations. Science des modifications du patrimoine génétique d'une population.

Génie génétique Ensemble de techniques se rapportant à la manipulation directe des gènes à des fins pratiques.

Génome Ensemble complet des gènes d'un organisme ; information génétique (ADN) dont une cellule hérite.

Génomique Étude des ensembles complets de gènes et de leurs interactions.

Génon Triplet de nucléotides d'un ADN qui code pour un acide aminé dans un polypeptide.

Génothèque Ensemble formé par les milliers de clones de plasmides (ou phages et autres vecteurs de clonage) recombinés portant chacun une copie d'un segment particulier du génome initial.

Génothèque d'ADNc Ensemble restreint de molécules d'ADN complémentaire (ADNc) ; ne contient que les gènes qui étaient transcrits dans les cellules de départ.

Génotype Constitution allélique d'un individu pour un ou plusieurs caractères.

Genre Catégorie taxinomique située au-dessus de l'espèce ; désigné par le premier mot du nom latin de l'espèce, dans la nomenclature binominale.

Géotropisme Réaction d'une plante ou d'un animal à la gravitation.

Gestation Chez les Mammifères placentaires, fait, pour une femelle, de porter un ou plusieurs embryons dans son utérus. Appelée grossesse chez l'Humain.

Gibbérellines Catégorie d'hormones végétales qui provoquent la croissance de la tige et des feuilles, déclenchent la germination des graines, mettent un terme à la dormance des bourgeons et, de concert avec l'auxine, stimulent le développement du fruit.

Ginkgophytes Embranchement des Gymnospermes dont la seule espèce actuelle, *Ginkgo biloba*, se caractérise par des feuilles en forme d'éventails qui prennent une couleur dorée et tombent à l'automne.

Gland du pénis Extrémité du pénis.

Glande bulbo-urétrale Petite glande qui est située à proximité du bulbe du pénis, sous la prostate, et qui déverse ses sécrétions dans l'urètre. Avant l'éjaculation, sécrète un liquide clair qui neutralise l'acidité de l'urine restant dans l'urètre.

Glande endocrine Glande qui libère les hormones qu'elle produit directement dans la circulation sanguine, sans l'intermédiaire de conduits.

Glande mammaire Glande exocrine caractéristique des Mammifères qui comporte de petites alvéoles de tissu épithélial sécrétant le lait pour nourrir le bébé.

Glande parathyroïde Chacune des quatre glandes endocrines qui sont enchâssées dans la thyroïde et qui sécrètent la parathormone (PTH), laquelle augmente la concentration de Ca^{2+} sanguin.

Glande salivaire Glande exocrine associée à la cavité buccale, généralement par paire et en nombre variable selon les Animaux. La sécrétion d'une glande salivaire contient des substances qui lubrifient les aliments, compriment les morceaux en un bol alimentaire et commencent le processus de la digestion chimique.

Glande surrénale Glande endocrine coiffant les reins chez les Vertébrés. Chez les Mammifères, chaque glande surrénale comprend deux portions : le cortex surrénal, portion externe qui répond à des commandes de l'adénohypophyse, dues à un stress, et qui agit sur l'équilibre des électrolytes et de l'eau ; et la médulla surrénale, portion interne qui répond à des influx qu'envoie le système nerveux en réaction à un stress.

Glande thyroïde Glande endocrine qui se compose de deux lobes situés sur la face antérieure de la trachée. Sécrète des hormones contenant de l'iode (T_3 et T_4) qui stimulent le métabolisme et influent sur le développement et la maturation chez les Vertébrés. Sécrète également la calcitonine, hormone qui diminue la concentration de calcium sanguin chez les Mammifères.

Glande vestibulaire majeure Dans le système reproducteur de la femme, glande qui est située près de l'ouverture du vagin et qui sécrète du mucus dans le vestibule pour le lubrifier au cours de l'excitation sexuelle.

Gliocyte Cellule qui joue un rôle essentiel dans l'intégrité structurale du système nerveux et dans le fonctionnement normal des neurones. Aussi appelé *cellule gliale* ou *cellule de soutien*.

Globule blanc Élément figuré du sang de certains Invertébrés et des Vertébrés dont la fonction consiste à lutter contre les agents pathogènes et les cellules cancéreuses. Nom commun du leucocyte.

Globule rouge Élément figuré du sang de certains Invertébrés et des Vertébrés contenant de l'hémoglobine, laquelle sert au transport du dioxygène et d'une partie du dioxyde de carbone dans le système cardiovasculaire. Nom commun de l'érythrocyte.

Glomérule Amas de capillaires artériels qui est associé à la capsule glomérulaire rénale du néphron et qui sert de site de filtration dans les reins des Vertébrés.

Glucagon Hormone polypeptidique que sécrètent les cellules endocrines pancréatiques et qui augmente la concentration de glucose sanguin ; hormone antagoniste de l'insuline.

Glucides Classe de composés organiques qui comprend les monosaccharides (un seul monomère), les disaccharides (deux monomères) et les polysaccharides (polymères).

Glucocorticoïdes Groupe d'hormones qui sont sécrétées par le cortex surrénal et qui agissent sur le métabolisme du glucose.

Glycine Acide aminé qui joue le rôle de neurotransmetteur dans le système nerveux central. Produit une inhibition.

Glycogène Polysaccharide de réserve très ramifié emmagasiné dans les cellules du foie et des muscles, chez les Animaux.

Glycolyse Dégradation d'une mole de glucose en deux moles de pyruvate. Voie catabolique qui existe dans toutes les cellules ; premier stade de la fermentation et de la respiration cellulaire.

Glycoprotéine Protéine unie par covalence à un petit polysaccharide.

Gnathostomes Clade des Vertébrés dont les membres sont munis de mâchoires et, pour la plupart, de deux paires d'appendices.

Gnétophytes Embranchement des Gymnospermes qui regroupe trois genres très différents d'apparence : les espèces du premier genre possèdent des feuilles géantes en lanières ; les espèces du deuxième genre sont des plantes grimpantes ; et les espèces du troisième genre sont des plantes arbustives désertiques.

Gonade Organe qui élabore les gamètes chez les Animaux. Il s'agit des ovaires chez les femelles et des testicules chez les mâles.

Gonadotrophine chorionique humaine (hCG) Hormone embryonnaire qui maintient la sécrétion de progestérone et d'œstrogènes par le corps jaune tout au long du premier trimestre de la grossesse.

Gonadotrophines Hormones (FSH et LH) qui augmentent l'activité des gonades mâles et femelles, c'est-à-dire des testicules et des ovaires.

Grade Dans un arbre phylogénétique, grande ramification qui regroupe les Animaux ayant les mêmes caractéristiques d'organisation corporelle.

Gradient de concentration Augmentation ou diminution de la concentration molaire volumique d'une substance chimique dans une région. En présence d'un gradient, les ions ou d'autres substances chimiques ont tendance à diffuser d'une zone où elles sont concentrées vers une zone où elles le sont moins.

Gradient électrochimique Gradient de diffusion d'un ion qui correspond à un type d'énergie potentielle combinant l'influence de la force électrique (le potentiel de membrane) et celle de la variation de concentration d'un soluté (le gradient de concentration).

Gradualisme Principe en vertu duquel un changement profond résulte du cumul de processus lents mais continuels ; principe qu'a proposé James Hutton pour expliquer les caractéristiques biologiques de la Terre.

Grain de pollen Structure qui contient les gamétophytes mâles immatures.

Graine Structure composée d'un embryon végétal et d'une réserve de nourriture qui se trouvent à l'intérieur d'une enveloppe protectrice. Adaptation des Végétaux terrestres.

Graisse Molécule formée d'une petite molécule de glycérol et de trois molécules d'acides gras. Aussi appelée *triacylglycérol*.

Gram négatif Réaction négative à la coloration de Gram des bactéries qui possèdent une paroi à structure plus complexe et contenant moins de peptidoglycane que celle des bactéries à Gram positif.

Gram positif Réaction positive à la coloration de Gram des bactéries qui possèdent une paroi simple contenant une quantité relativement importante de peptidoglycane.

Grandes lèvres Dans le système reproducteur de la femme, replis constitués de peau épaisse et adipeuse, portant des poils, qui recouvrent et protègent les petites lèvres.

Granule cortical Vésicule qui se trouve immédiatement sous la membrane plasmique de l'ovocyte de deuxième ordre avant sa participation à la réaction corticale, lors de la fécondation.

Granulocyte basophile Leucocyte en circulation qui produit l'histamine.

Granulocyte éosinophile Type de leucocyte dont la principale contribution à la défense consiste à attaquer à l'aide d'enzymes des envahisseurs parasites beaucoup plus gros.

Granulocyte neutrophile Type le plus abondant de leucocyte qui quitte le sang et pénètre dans le tissu infecté pour y phagocyter et y détruire les microorganismes.

Granum (grana, au pluriel) Empilement de membranes thylakoïdiennes à l'intérieur du chloroplaste. Les grana jouent un rôle dans les réactions photochimiques de la photosynthèse.

Greffon Ramille ou bourgeon qu'on implante sur le porte-greffe.

Grille de Punnett Tableau qui permet de prédire facilement les résultats de croisements génétiques entre individus de génotype connu.

Gros intestin Partie tubulaire du canal alimentaire des Vertébrés qui est située entre l'intestin grêle et l'anus. Sa fonction consiste à absorber l'eau et à former les matières fécales.

Grossissement En microscopie, rapport entre les dimensions apparentes de l'image et les dimensions réelles de l'objet observé.

Groupe à l'étude Dans une analyse cladistique des relations découlant de l'évolution, groupe de taxons qu'on étudie.

Groupe de référence Espèce ou groupe d'espèces extrêmement proches des espèces étudiées, mais ayant avec ces dernières un lien plus lâche que celui qui unit ses membres.

Groupement amine Groupement fonctionnel formé d'un atome d'azote et de deux ou trois atomes d'hydrogène, l'atome d'azote étant lié à une chaîne carbonée.

Groupement carbonyle Groupement fonctionnel se composant d'un atome de carbone et d'un atome d'oxygène liés par une liaison double.

Groupement carboxyle Groupement fonctionnel présent dans les acides organiques. Il se compose d'un atome d'oxygène et d'un atome de carbone liés par une liaison double, l'atome de carbone étant lui-même lié à un groupement hydroxyle.

Groupement ester Groupement fonctionnel constitué d'un atome de carbone et de deux atomes d'oxygène dont l'un établit une liaison double avec le carbone, ce dernier étant lui-même lié à une chaîne carbonée.

Groupement fonctionnel Composante des molécules organiques qui participe le plus souvent aux réactions chimiques.

Groupement hème Groupement prosthétique du cytochrome ; se compose de quatre cycles entourant un atome de fer.

Groupement hydroxyle Groupement fonctionnel constitué d'un atome d'hydrogène et d'un atome d'oxygène liés par une liaison covalente polaire. L'atome d'oxygène est fixé à la chaîne carbonée d'une molécule organique.

Groupement phosphate Groupement fonctionnel qui joue un rôle important dans le transfert d'énergie. Il s'agit d'un ion phosphate doté de deux charges négatives et lié à une chaîne carbonée par l'un de ses atomes d'oxygène.

Groupement thiol Groupement fonctionnel constitué d'un atome de soufre et d'un atome d'hydrogène, l'atome de soufre étant lié à une chaîne carbonée.

Groupes sanguins du système ABO Classes de sang humain déterminées génétiquement par la présence ou l'absence de glycoprotéines A et B à la surface des érythrocytes. Les phénotypes des groupes sanguins du système ABO sont A, B, AB et O.

Guttation Écoulement de gouttelettes d'eau qu'on peut observer le matin à l'extrémité des brins d'herbe ou sur la bordure des feuilles de certaines plantes. Phénomène causé par la pression racinaire.

Gymnospermes Vasculaires portant des graines nues, c'est-à-dire qui ne sont pas enfermées dans un compartiment spécialisé.

H

Habituation Forme élémentaire d'apprentissage qui consiste en une diminution de la sensibilité aux stimulus sans importance.

Halophiles extrêmes Archéobactéries qui vivent dans des milieux aussi salés que la mer Morte et le Grand Lac Salé, aux États-Unis.

Hauteur Caractère d'un son qui dépend de la fréquence des ondes sonores, c'est-à-dire du nombre de vibrations (ou cycles) par seconde. S'exprime habituellement en hertz (Hz).

Hélicase Enzyme qui intervient dans l'angle de la fourche de réplication pour dérouler la double hélice et séparer les deux brins parentaux d'ADN.

Hélice alpha (α) Enroulement délicat constituant une sorte de structure secondaire des protéines ; produit par des liaisons hydrogène situées à intervalles réguliers entre les spires.

Héliozoaires Protistes en forme de soleil qui vivent en eau douce. Leur squelette est composé de plaques non fusionnées composées de silice ou de chitine.

Hémisphère cérébral Chacune des deux parties, gauche et droite, du cerveau des Vertébrés.

Hémocyanine Type de pigment respiratoire qui contient du cuivre comme substance fixatrice de dioxygène. Se trouve dans l'hémolymphe des Arthropodes et de nombreux Mollusques.

Hémocytoblaste Cellule que produit la moelle osseuse rouge et qui peut se différencier pour devenir n'importe quel type de cellule du sang. Communément appelé *cellule souche pluripotente*.

Hémoglobine Type de pigment respiratoire des globules rouges de la plupart des Vertébrés. Comporte quatre sous-unités, dont chacune possède un cofacteur appelé groupement hème, portant en son centre un ion ferreux (Fe^{2+}) qui assure la fixation du dioxygène.

Hémolymphe Liquide biologique dans lequel baignent directement les organes internes chez les Invertébrés.

Hémophilie Chez l'Humain, affection héréditaire de la coagulation sanguine attribuable à un caractère récessif lié au sexe ; se caractérise par un saignement excessif à la moindre lésion.

Hépatiques (Marchantiophytes ou Hépatophytes) Embranchement des Bryophytes ; petites plantes herbacées (non ligneuses) qui doivent leur nom au fait que leur forme évoque un foie.

Hépatophytes (Marchantiophytes ou Hépatiques) Embranchement des Bryophytes ; petites plantes herbacées (non ligneuses) qui doivent leur nom au fait que leur forme évoque un foie.

Herbivore Animal hétérotrophe qui consomme principalement des autotrophes.

Hérédité Mode de transmission des caractères d'une génération d'êtres vivants à la suivante.

Hérédité liée au sexe Mode de transmission des gènes liés au sexe.

Hérédité polygénique Effet cumulatif de deux gènes ou plus sur un même phénotype.

Hermaphrodisme Présence chez un même individu d'un appareil génital mâle et d'un appareil génital femelle qui lui permettent de produire des spermatozoïdes et des ovules.

Hermaphrodisme séquentiel Type de reproduction qui se caractérise par le changement de sexe d'un individu au cours de sa vie.

Hermaphrodite Qualifie un individu qui possède un système reproducteur mâle et un système reproducteur femelle, et qui produit donc des spermatozoïdes et des ovules. L'hermaphrodisme existe chez de nombreuses espèces animales.

Hétérocaryon Mycélium génétiquement hétérogène qui provient d'une fusion d'hyphes comportant des noyaux différents.

Hétérochromatine Chez les Eucaryotes, type de chromatine interphasique non transcrite qui est visible au microscope photonique en raison de sa forte condensation.

Hétérochronie Ensemble des changements qui, au cours de l'évolution, touchent le rythme ou le déroulement des étapes du développement.

Hétérogénéité Diversité spécifique d'une communauté écologique, correspondant au nombre d'espèces et à leur abondance relative. Nom donné à la biodiversité par les écologistes.

Hétéromorphe Dans l'alternance de générations, dans le cycle de développement de tous les Végétaux actuels, qualifie les générations dans lesquelles le gamétophyte et le sporophyte ont une structure différente.

Hétérosporée Se dit d'une plante dont le sporophyte produit deux types de spores : des mégaspores qui deviennent des gamétophytes femelles et des microspores qui deviennent des gamétophytes mâles.

Hétérotrophe Dans une chaîne ou le réseau alimentaire d'un écosystème, organisme qui se nourrit directement ou indirectement des produits photosynthétiques des producteurs.

Hétérotrophie Mode de nutrition des organismes qui fabriquent leurs molécules organiques après avoir mangé des proies ou des résidus organiques.

Hétérozygote Individu qui possède une paire d'allèles différents pour un caractère donné.

Hibernation État de torpeur à long terme qui a évolué et est devenu une adaptation au froid hivernal et à la rareté des aliments durant l'hiver.

Histamine Médiateur chimique qui est libéré par les cellules lésées (des leucocytes appelés granulocytes basophiles et les mastocytes) et qui cause une vasodilation au cours de la réaction inflammatoire.

Histone Chez les Eucaryotes, petite protéine qui contient une forte proportion d'acides aminés de charge positive. Se liant solidement à l'ADN, qui porte des charges négatives, elle joue un rôle clé dans la structure de la chromatine.

Homéostasie État d'équilibre dynamique de tout organisme ; maintien de la stabilité du milieu interne en dépit des fluctuations du milieu externe.

Hominidés Groupe qui comprend les Gorilles et les Homininés.

Hominines Terme qui fait référence aux espèces qui sont plus proches des Humains que des Chimpanzés ou des Gorilles. Il y a deux principaux groupes dans les Hominines : les Australopithèques, apparus les premiers et aujourd'hui disparus, et les individus du genre *Homo* dont toutes les espèces sont éteintes, sauf une : *Homo sapiens*.

Homininés Groupe qui comprend les Chimpanzés (Panines) et les Humains (Hominines).

Hominoïdes Terme qui renvoie aux grands Singes anthropoïdes et aux Humains.

Hominoïdés Groupe qui comprend les Orangs-outans et les Hominidés.

Homochromie Camouflage qui rend difficile, pour les prédateurs, la détection de proies potentielles, lesquelles harmonisent leur couleur à celle du milieu ambiant.

Homologie Ressemblance de caractères résultant d'une ascendance commune.

Homosporée Se dit d'une plante, telle la Fougère, dont le sporophyte produit un seul type de spores. Chaque spore devient un gamétophyte qui possède à la fois les organes sexuels femelles et les organes sexuels mâles.

Homozygote Individu qui possède une paire d'allèles identiques pour un caractère donné.

Horizon Chacune des différentes couches d'un sol qui en forment le profil.

Horloge biologique Horloge interne qui régit les rythmes biologiques d'un être vivant. Évalue le temps avec ou sans indices externes, mais nécessite souvent des stimulus pour garder les cycles synchronisés avec une période appropriée. Voir aussi *rythme circadien*.

Horloge moléculaire Méthode de datation qui sert à situer l'origine des groupes taxinomiques dans le temps. Se fonde sur l'observation suivante : certaines régions du génome (à tout le moins) évoluent à des rythmes constants.

Hormone L'un des nombreux stimulus chimiques qui circulent dans tous les organismes multicellulaires. Se forme dans des cellules spécialisées, circule dans les liquides biologiques et sert à réguler les différentes parties de l'organisme en interagissant avec les cellules cibles.

Hormone antidiurétique (ADH) Hormone produite par l'hypothalamus qui participe à un mécanisme de rétroaction complexe permettant d'ajuster l'osmolarité du sang.

Hormone d'inhibition Hormone que libère l'hypothalamus chez les Vertébrés et qui stoppe la sécrétion d'hormones par l'adénohypophyse.

Hormone de croissance (GH) Protéine qui agit directement ou par stimulation sur un large éventail de tissus cibles. Intervient directement dans la croissance, mais aussi indirectement en provoquant la synthèse de facteurs de croissance.

Hormone de libération Chez les Vertébrés, hormone que produisent les neurones sécrétoires de l'hypothalamus et qui provoque la sécrétion d'hormones par l'adénohypophyse.

Hormone folliculostimulante (FSH) Glycoprotéine sécrétée par l'adénohypophyse qui déclenche la production d'ovocytes par les ovaires et de spermatozoïdes par les testicules.

Hormone juvénile (HJ) Hormone que sécrètent les corps allates chez les Arthropodes et qui maintient les caractéristiques larvaires.

Hormone lutéinisante (LH) Glycoprotéine sécrétée par l'adénohypophyse qui déclenche l'ovulation chez la femelle et la production d'androgènes chez le mâle.

Hormone mélanotrope (MSH) Hormone qui commande l'activité des cellules pigmentaires de la peau chez certains Vertébrés.

Hormone prothoracotrope Hormone que produisent les neurones sécrétoires du cerveau des Insectes ; assure le développement en provoquant la sécrétion d'ecdysone par les glandes prothoraciques.

Hôte Organisme le plus gros dans une relation symbiotique.

Humains à la morphologie moderne Humains modernes.

Humeur aqueuse Dans l'œil des Vertébrés, liquide transparent semblable à de l'eau qui remplit la cavité antérieure. Agit comme une lentille qui concentre en partie la lumière sur la rétine.

Humus Résidu de matière organique partiellement décomposée.

Hybridation Croisement de deux variétés d'organismes apparentés.

Hybridation moléculaire Appariement des bases d'un gène et d'une séquence complémentaire présente sur une autre molécule d'acide nucléique.

Hydratation Processus par lequel un halo de molécules d'eau entoure chaque ion dissous.

Hydrocarbure Molécule organique formée uniquement de carbone et d'hydrogène.

Hydrolyse Réaction chimique qui scinde les molécules à l'aide de l'eau.

Hydrolyse enzymatique Chez les Animaux, processus de décomposition des macromolécules contenues dans les fragments de nourriture qui fait appel à des enzymes spécifiques.

Hydrophile Qualifie une substance ayant une affinité avec l'eau.

Hydrophobe Qualifie une substance qui ne se dissout pas dans l'eau et n'a aucune affinité avec elle.

Hydrosquelette Soutien apporté par un compartiment fermé de l'organisme qui contient un liquide maintenu sous pression. Se retrouve chez la plupart des Cnidaires, des Plathelminthes, des Nématodes et des Annélides.

Hymen Fine membrane qui recouvre partiellement l'ouverture du vagin chez la femme jusqu'aux premiers rapports sexuels ; peut également se rompre lors d'un exercice physique vigoureux.

Hyperpolarisation Augmentation de la tension de part et d'autre de la membrane plasmique.

Hypertension Pression artérielle élevée.

Hypertonique Quand deux solutions présentent des concentrations inégales de solutés, qualifie celle qui est la plus concentrée.

Hyphe Filament qui compose l'appareil végétatif des Eumycètes.

Hypocotyle Dans les graines des Angiospermes, partie de l'axe embryonnaire qui se trouve au-dessous du point d'attache des cotylédons et qui se termine par la radicule.

Hypophyse Glande endocrine située à la base de l'hypothalamus ; formée d'un lobe postérieur (neurohypophyse), qui emmagasine et libère deux hormones produites par l'hypothalamus, et d'un lobe antérieur (adénohypophyse), qui produit et sécrète de nombreuses hormones régulatrices de diverses fonctions de l'organisme.

Hypothalamus Région de l'encéphale des Vertébrés qui se forme à partir du diencéphale embryonnaire (l'une des divisions du prosencéphale). Joue un rôle dans le maintien de l'homéostasie, notamment dans l'intégration des systèmes endocrinien et nerveux ; sécrète les hormones que libère la neurohypophyse et des hormones de régulation dont la cible est l'adénohypophyse.

Hypothèse d'un monde vert Hypothèse qui explique le fait que la plupart des écosystèmes terrestres sont très verts et font étalage de grandes biomasses mesurables de végétation, pour la multitude de consommateurs primaires qui existent. Avance que les herbivores consomment une biomasse de plantes relativement faible, parce qu'une variété de facteurs, notamment les prédateurs, les parasites et la maladie, stabilisent leurs populations.

Hypothèse de la stabilité dynamique Hypothèse selon laquelle les chaînes alimentaires très élaborées sont moins stables que les autres, ce qui expliquerait que la plupart des chaînes alimentaires ne comportent que quatre ou cinq niveaux trophiques.

Hypothèse énergétique Hypothèse selon laquelle l'inefficacité du transfert d'énergie le long d'une chaîne alimentaire limite le nombre de ses niveaux trophiques.

Hypothèse individualiste Concept qui se rapporte à la structure d'une communauté végétale et qui explique qu'une communauté de Végétaux est un regroupement fortuit d'espèces occupant le même territoire simplement parce qu'elles ont les mêmes besoins abiotiques, en matière notamment de température, de précipitations et de sol.

Hypothèse interactive Concept qui se rapporte à la structure d'une communauté végétale et qui explique que la communauté est un regroupement d'espèces étroitement et inéluctablement unies en un tout, étant à la limite un « superorganisme », par des interactions biotiques.

Hypotonique Quand deux solutions présentent des concentrations inégales de solutés, qualifie celle qui est la moins concentrée.

I

Ichnofossile Moulage (ou trace fossile) qui se forme dans les pistes, les terriers et les autres empreintes laissées dans les sédiments par les activités des animaux.

Iléon Dernier segment spécialisé de l'intestin grêle qui prend en charge l'absorption des nutriments et de l'eau.

Îlot pancréatique Amas de cellules endocrines qui sécrète entre autres le glucagon et l'insuline directement dans la circulation sanguine.

Immunisation Présentation au système immunitaire d'une forme non pathogène ou atténuée d'un microorganisme ou d'une partie de microorganisme, dans le but de provoquer une réaction immunitaire et donc la création d'une mémoire immunitaire pour le microorganisme visé. Aussi appelée *vaccination*.

Immunité active Défense qui s'obtient naturellement par la guérison d'une maladie infectieuse ou artificiellement par la vaccination.

Immunité passive Immunité temporaire qui s'obtient au moyen de cellules immunitaires ou d'anticorps étrangers. Ne dure que tant que les anticorps survivent (de quelques semaines à quelques mois), parce que le système immunitaire n'a pas été stimulé par les antigènes.

Immuno-adhérence Action collective des anticorps, du complément et des phagocytes. Les microorganismes enrobés d'anticorps et de protéines du complément adhèrent aux parois des vaisseaux sanguins et deviennent des proies faciles pour les phagocytes circulant dans le sang.

Immunoglobulines (Ig) Catégorie de protéines globulaires sériques dont la fonction est de reconnaître et d'attaquer les agents envahisseurs de l'organisme. Voir *anticorps*.

Imprégnation Forme d'apprentissage qui est limitée à une période spécifique dans la vie d'un animal et qui est généralement irréversible.

Incus Chez certains Vertébrés, deuxième des trois osselets de l'oreille moyenne qui est situé entre le malléus et le stapès. Aussi appelé *enclume*.

Indépendant de la densité En démographie, se dit d'un taux de natalité ou de mortalité qui ne varie pas à mesure que la densité de population augmente.

Inducteur Molécule spécifique qui inactive le répresseur, dans certains opérons.

Induction Mécanisme par lequel les stimulus moléculaires produits par certaines cellules provoquent des changements dans les cellules cibles situées à proximité.

Infarctus du myocarde Maladie qui résulte de l'obstruction prolongée d'une ou des deux artères coronaires et qui provoque la destruction du tissu musculaire cardiaque. Communément appelé *crise cardiaque*.

Influx nerveux Changement brusque du potentiel de membrane d'une cellule excitable qui est causé par l'ouverture et la fermeture, déclenchées elles-mêmes par un stimulus, des vannes tensiodépendantes des canaux à sodium et à potassium. Aussi appelé *potentiel d'action*.

Information de positionnement Ensemble des indices moléculaires destinés aux gènes responsables du développement ; indiquent la position de chaque cellule par rapport aux autres, pendant le développement embryonnaire.

Information sensorielle Renseignement sur le monde physique entourant l'organisme et sur les processus se déroulant à l'intérieur de l'organisme que recueillent les récepteurs sensoriels, avant de le transmettre à un centre d'intégration.

Ingestion Mode de nutrition de la plupart des Animaux, qui introduisent dans leur système digestif, par la bouche, d'autres organismes entiers ou en morceaux ou des matières organiques en décomposition. Étape du traitement de la nourriture par les Animaux.

Ingestion du substrat Mécanisme d'ingestion des animaux qui vivent sur leur source de nourriture ou à l'intérieur de celle-ci et se frayent un chemin en mangeant.

Ingestion en vrac Mécanisme d'ingestion d'animaux qui consomment des morceaux relativement gros de nourriture, voire des proies entières.

Ingestion par aspiration Mécanisme d'ingestion d'un animal qui aspire des liquides riches en nutriments, chez des hôtes vivants.

Ingestion par filtration Mécanisme d'ingestion des animaux aquatiques, comme les Palourdes et les Cétacés à fanons, qui se nourrissent de matières en suspension, c'est-à-dire qui filtrent les particules d'aliments contenues dans l'eau.

Inhibiteur compétitif Substance qui réduit la productivité d'une enzyme en s'introduisant dans son site actif à la place du substrat auquel elle ressemble.

Inhibiteur non compétitif Substance qui entrave les réactions enzymatiques en se liant à une partie de l'enzyme éloignée du site actif ; déformée, la molécule d'enzyme ne peut alors plus se lier au substrat.

Inhibition de contact Phénomène, observé dans une culture de cellules animales normales, par lequel un entassement de cellules inhibe la division de celles-ci.

Inhibition latérale Dans le fonctionnement de l'œil des Vertébrés, processus d'intégration qui rend les contours plus nets et améliore le contraste de l'image en inhibant les récepteurs situés à côté de ceux qui ont réagi à la lumière.

Inositol triphosphate (IP$_3$) Second messager qui est produit par l'hydrolyse d'un phosphoglycérolipide de la membrane plasmique et qui joue le rôle d'intermédiaire entre certaines hormones non stéroïdiennes et ce qui pourrait être considéré comme un troisième messager, pour provoquer une augmentation de la concentration cytoplasmique des ions Ca^{2+}.

Insectes Classe des Arthropodes dont les membres possèdent six pattes, une ou deux paires d'ailes et une paire d'antennes. Cette classe présente une diversité d'espèces plus grande que celle de toutes les autres classes combinées.

Insertion Mutation correspondant à l'ajout d'une ou plusieurs paires de nucléotides dans un gène.

Insuline Hormone des Vertébrés qui est sécrétée par les cellules endocrines des îlots pancréatiques. Fait diminuer la concentration de glucose sanguin en ordonnant à pratiquement toutes les cellules de l'organisme d'absorber le glucose sanguin et à celles du foie de synthétiser et d'emmagasiner le glycogène. Stimule également la synthèse des protéines et des graisses.

Intégration Traitement de l'information par le système nerveux central.

Intégrine Protéine réceptrice qui est enchâssée dans la membrane plasmique ; réunit la matrice extracellulaire et le cytosquelette.

Intensité Caractère d'un son qui est déterminé par l'amplitude de l'onde sonore.

Interaction hydrophobe Résultat de l'action des molécules d'eau, qui établissent des liaisons hydrogène entre elles et avec les parties hydrophiles de la protéine et poussent ainsi les substances non polaires les unes vers les autres.

Interférence par ARN Méthode de blocage de l'expression de gènes qui consiste à déclencher la dégradation de l'ARN messager au moyen de molécules d'ARN bicaténaires artificielles dont la séquence correspond à celle du gène visé.

Interféron Messager chimique protéique que libère une cellule infectée par un virus et qui aide les autres cellules à résister au virus ; il en existe plusieurs types.

Interleukine-1 (IL-1) Cytokine sécrétée par un macrophage qui procède à la phagocytose et présente un antigène. En collaboration avec l'antigène présenté, vient activer le lymphocyte T auxiliaire pour qu'il produise de l'interleukine-2 et d'autres cytokines.

Interleukine-2 (IL-2) Cytokine qui aide les lymphocytes B fixés à un antigène à se différencier en plasmocytes sécréteurs d'anticorps.

Interneurone Cellule nerveuse du système nerveux central qui se situe entre un neurone sensitif et un neurone moteur.

Intérocepteur Récepteur sensoriel animal qui capte les stimulus provenant du milieu interne, tels que la pression artérielle et la position du corps.

Interphase Phase du cycle cellulaire pendant laquelle la cellule ne se divise pas. Représente généralement 90 % de la durée du cycle. Pendant l'interphase, l'activité métabolique est élevée, la cellule croît (phases G_1, S et G_2) et copie ses chromosomes (phase S) en préparation de la division cellulaire.

Intestin grêle Segment le plus long du tube digestif. C'est dans l'intestin grêle que se fait la majeure partie de l'hydrolyse enzymatique des macromolécules alimentaires et la majeure partie de l'absorption des éléments nutritifs dans le sang.

Intron Segment d'ADN non codant situé à l'intérieur de la séquence codante d'un gène, dans la cellule eucaryote.

Invagination Processus pendant lequel les cellules embryonnaires s'aplatissent légèrement et forment une plaque végétative qui se replie vers l'intérieur, lors de la gastrulation, chez les Animaux.

Inversion Aberration chromosomique due à une erreur au cours de la méiose ou à des mutagènes ; survient lorsque, après une cassure, un fragment chromosomique se rattache à son chromosome d'origine, mais à l'envers.

Invertébrés Animaux qui n'ont pas de colonne vertébrale.

Investissement parental Temps et ressources qu'un animal doit consacrer à la production d'un petit.

Involution Au cours du développement embryonnaire de la Grenouille, mécanisme par lequel les cellules de la surface s'enfoncent à l'intérieur de l'embryon en basculant par-dessus la bordure de la lèvre dorsale.

Ion Atome (ou molécule) chargé, qui a gagné ou perdu au moins un électron.

Ion hydroxyde (OH$^-$) Molécule d'eau qui a perdu un proton (H$^+$).

Ion monoatomique Ion constitué d'un seul atome.

Ion polyatomique Molécule (groupe d'atomes liés) portant une charge électrique.

Iris Dans l'œil des Vertébrés et de certains Invertébrés, partie antérieure de la choroïde. A une forme de beignet et donne sa couleur à l'œil. En changeant de dimension, règle la quantité de lumière qui arrive dans la pupille.

Isomères Composés ayant la même formule moléculaire mais une configuration et des propriétés différentes.

Isomères de structure Composés qui possèdent la même formule moléculaire mais qui diffèrent par la disposition de leurs liaisons covalentes.

Isomères géométriques Composés qui possèdent la même formule moléculaire et le même ensemble de liaisons covalentes, mais dont certains atomes ou groupes d'atomes n'occupent pas la même position.

Isomères optiques Composés qui possèdent la même formule moléculaire et qui forment une image en miroir.

Isomorphe Dans l'alternance de générations, caractérise les générations dans lesquelles le sporophyte et le gamétophyte semblent identiques mais ne possèdent pas le même nombre de chromosomes.

Isopodes L'un des groupes de Crustacés, majoritairement marins, les plus nombreux. Comprend les Cloportes qu'on retrouve communément dans les endroits humides, par exemple sous les bûches et dans les feuilles.

Isotoniques Qualifie deux solutions ayant la même concentration de solutés.

Isotope L'une des nombreuses formes atomiques d'un élément. Chaque isotope contient un nombre particulier de neutrons et a par conséquent une masse atomique propre.

Itéroparité Cycle biologique dans lequel la vie d'un organisme comprend plusieurs périodes de reproduction.

J

Jéjunum Segment spécialisé de l'intestin grêle qui prend en charge l'absorption des nutriments et de l'eau.

Jeu Comportement qui n'a pas d'objectif extérieur apparent mais qui comprend des mouvements étroitement associés à des comportements utilitaires.

Jonction ouverte (jonction communicante) Canal reliant le cytoplasme de cellules animales voisines ; laisse passer de petits ions et de petites molécules.

Jonction serrée Jonction entre les cellules animales qui empêche le liquide extracellulaire de passer entre deux cellules.

Joule (J) Unité de mesure servant à quantifier toute énergie.

K

Kinase cycline-dépendante (kcd) Protéine kinase qui n'est active que quand elle est liée à une cycline particulière.

Kinétochore Structure constituée de protéines et de certaines portions d'ADN du centromère à laquelle s'attachent les microtubules du fuseau de division.

Kinétoplastidés Groupe de Protistes symbiotiques, dont fait partie *Trypanosoma,* qui possèdent une seule mitochondrie volumineuse associée à un seul organite, le kinétoplaste, qui contient l'ADN extranucléaire.

Krill Groupe de Crustacés ressemblant à des crevettes de 3 cm de long. Principale source alimentaire de nombreuses espèces de Baleines.

Kyste Cellule résistante en laquelle se transforment de nombreux Protistes pour survivre à des conditions extrêmes.

L

Lactation Chez les Mammifères, production et sécrétion de lait par les glandes mammaires.

Lamelle moyenne Mince couche riche en polysaccharides adhésifs appelés pectines qui se trouve entre les parois primaires des jeunes cellules végétales voisines.

Lamina nucléaire Revêtement qui tapisse la face interne de l'enveloppe nucléaire. Se compose d'un entrelacement de filaments protéiques grâce auquel le noyau acquiert sa forme.

Langue Organe annexe du système digestif qui sert à goûter les aliments et participe à la digestion mécanique.

Larve Forme sexuellement immature qui vit à l'état libre, dans quelques cycles de développement animaux. Sa morphologie, ses besoins nutritifs et son habitat diffèrent parfois de ceux de l'animal adulte.

Larve trochophore Stade de larve ciliée qui constitue une caractéristique que partagent de nombreux Mollusques, les Annélides marins et certains autres Lophotrochozoaires.

Larynx Partie supérieure du système respiratoire de certains Vertébrés ; organe de phonation renfermant les cordes vocales.

Lenticelle Ouverture, en des endroits localisés, du périderme des Plantes. Permet aux cellules vivantes situées à l'intérieur du tronc d'effectuer des échanges respiratoires avec l'air ambiant.

Lépidosauriens Groupe des Reptiles constitué des Lézards, des Serpents et de deux espèces animales néo-zélandaises appelées Tuataras.

Létale au stade embryonnaire Qualifie une mutation qui produit un phénotype conduisant à la mort d'un embryon ou d'une larve.

Leucocyte Élément figuré du sang de certains Invertébrés et des Vertébrés dont la fonction consiste à lutter contre les agents pathogènes et les cellules cancéreuses. Communément appelé *globule blanc.*

Lèvre dorsale Au début de la gastrulation, chez les Animaux, petit repli, dû à l'invagination d'un groupe de cellules, qui se forme et se développe sur le côté de la blastula, là où se trouvait le croissant gris sur le zygote.

Levures Eumycètes unicellulaires qui vivent en milieu humide et se reproduisent par voie asexuée, par simple division cellulaire ou par bourgeonnement des cellules parentales.

Liaison chimique Force d'attraction entre deux atomes résultant de la mise en commun des électrons périphériques ou de la présence de charges de signes opposés dans les atomes. Par cette mise en commun, les atomes liés remplissent leur dernier niveau énergétique.

Liaison covalente Liaison chimique forte entre deux atomes qui mettent en commun une ou plusieurs paires d'électrons de valence.

Liaison covalente double Type de liaison covalente dans laquelle deux atomes mettent en commun deux paires d'électrons de valence. On représente cette liaison par deux traits entre les atomes liés.

Liaison covalente non polaire Type de liaison covalente dans lequel les électrons se répartissent également entre deux atomes de même électronégativité.

Liaison covalente polaire Liaison covalente entre deux atomes d'électronégativité différente. Les électrons qui font la liaison sont davantage attirés par l'atome qui est le plus électronégatif. Ainsi, celui-ci a une charge partielle négative, tandis que l'autre atome a une charge partielle positive.

Liaison génétique Mode de transmission des gènes liés.

Liaison glycosidique Liaison covalente qui se forme entre deux monosaccharides au cours d'une réaction de condensation.

Liaison hydrogène Liaison chimique faible se produisant lorsqu'un atome d'hydrogène déjà lié par covalence à un atome électronégatif subit l'attraction d'un autre atome électronégatif.

Liaison ionique Liaison chimique produite par l'attraction entre des ions de charges opposées.

Liaison peptidique Liaison covalente qui s'établit entre deux acides aminés lors d'une réaction de condensation.

Lichen Association fondée sur le mutualisme que forment une Chlorophycée photosynthétique (Algue verte) et un Eumycète vivant en symbiose.

Ligament Bande de tissu conjonctif dense régulier qui relie des os, des cartilages et des viscères.

Ligand Molécule qui se lie spécifiquement à un site récepteur situé sur une autre molécule.

Ligature des trompes Méthode de contraception chez la femme ; opération qui consiste à cautériser ou à lier une section des trompes utérines afin d'empêcher la progression des ovocytes matures jusqu'à l'utérus.

Lignage Arbre généalogique qui représente les relations entre parents et enfants d'une génération à l'autre.

Ligne M Dans les muscles squelettiques des Vertébrés, raie verticale sombre qui est constituée de brins de myosine reliant les myofilaments épais et parallèles, et qui divise la strie H en deux.

Ligne primitive Au début du développement des Cordés, sillon qui se forme à la surface d'un nouvel embryon et qui deviendra l'axe antéropostérieur.

Ligne Z Extrémité du sarcomère, dans les muscles squelettiques des Vertébrés.

Lignée cellulaire Ensemble des générations de cellules du zygote jusqu'à l'adulte.

Lignée pure Groupe d'individus n'engendrant que des descendants de la même variété pour un caractère particulier.

Limbe Région principale, large et aplatie, de la feuille des Plantes.

Limon argilosableux Sol le plus fertile (aussi appelé « terre franche » au Québec). Se compose d'un mélange, en quantités à peu près égales, de sable, de limon (particules de taille intermédiaire) et d'argile.

Lipase pancréatique Enzyme du pancréas qui hydrolyse la majorité des molécules de graisse dans la lumière intestinale.

Lipides Classe de composés généralement insolubles dans l'eau, dont font partie les graisses, les phosphoglycérolipides et les stéroïdes.

Lipoprotéine de faible masse volumique Particule composée de milliers de molécules de cholestérol et d'autres lipides liés à une protéine. Est associée au dépôt du cholestérol dans les athéromes.

Lipoprotéine de forte masse volumique Particule composée de milliers de molécules de cholestérol et d'autres lipides liés à une protéine. Transporte moins de cholestérol qu'une lipoprotéine de faible masse volumique. Est associée à une diminution des risques de blocage des vaisseaux sanguins.

Liquide cérébrospinal Chez les Vertébrés, liquide qui se trouve dans les ventricules cérébraux et les cavités de la moelle épinière et qui est issu de la filtration du sang dans l'encéphale. Protège contre les infections, nourrit et fait office d'amortisseur pour protéger l'encéphale et la moelle épinière contre les chocs.

Liquide interstitiel Milieu interne dans lequel baignent les cellules des Vertébrés.

Lit capillaire Réseau de capillaires qui infiltre tous les organes et les tissus.

Lobe antérieur de l'hypophyse Organe constitué de cellules endocrines qui synthétisent plusieurs hormones sécrétées directement dans la circulation sanguine. Aussi appelé *adénohypophyse*.

Lobe postérieur de l'hypophyse Prolongement de l'hypothalamus composé de cellules nerveuses qui emmagasine de façon temporaire et libère des hormones produites par l'hypothalamus. Aussi appelé *neurohypophyse*.

Locomotion Déplacement actif d'un lieu à un autre.

Locus Emplacement exact d'un gène sur un chromosome.

Loi de Hardy-Weinberg Loi selon laquelle les fréquences alléliques du patrimoine génétique d'une population restent constantes de génération en génération, à moins qu'elles ne subissent les effets de facteurs autres que la ségrégation mendélienne et la recombinaison d'allèles.

Loi de l'assortiment indépendant des caractères Deuxième loi de Mendel, selon laquelle les paires d'allèles sont indépendantes les unes des autres et se séparent de manière aléatoire au moment de la formation des gamètes. Loi qui s'applique quand les allèles correspondant à deux ou plusieurs caractères sont situés sur différentes paires de chromosomes homologues.

Loi mendélienne de la ségrégation Première loi de Mendel, selon laquelle les deux allèles du gène que possède un individu se séparent au cours de la formation des gamètes.

Longueur d'onde Distance qui sépare deux crêtes d'ondes électromagnétiques.

Lophophore Appendice de nutrition circulaire ou en forme de fer à cheval qui est recouvert d'une couronne de tentacules ciliés entourant la bouche.

Lophophoriens Groupe d'Animaux comprenant les Bryozoaires, les Phoronidiens et les Brachiopodes. Animaux qui possèdent tous une structure appelée lophophore.

Lophotrochozoaires L'un des deux clades des Protostomiens, qui comprend les Annélides et les Mollusques.

Lumière visible Segment du spectre électromagnétique que l'œil humain interprète comme des couleurs ; bande de longueurs d'onde comprises entre 380 et 720 nm.

Lycophytes Embranchement des Vasculaires sans graines qui comprend les Lycopodes.

Lymphe Liquide incolore du système lymphatique des Vertébrés.

Lymphocyte B Chez les Vertébrés, type de lymphocyte qui produit des anticorps médiateurs de l'immunité humorale.

Lymphocyte T Chez les Vertébrés, type de lymphocyte qui est responsable de l'immunité à médiation cellulaire. Il existe le lymphocyte T auxiliaire, le lymphocyte T cytotoxique et le lymphocyte T suppresseur.

Lymphocyte T auxiliaire (T_A) Type de lymphocyte qui réagit aux molécules du CMH de classe II et qui pousse certains lymphocytes B à produire des anticorps, ou aide d'autres lymphocytes T à réagir aux antigènes ou à sécréter des cytokines, dont les interleukines.

Lymphocyte T cytotoxique (T_C) Type de lymphocyte qui réagit aux molécules du CMH de classe I et qui tue les cellules cancéreuses et les cellules de l'organisme infectées par des virus ou par d'autres agents pathogènes intracellulaires.

Lysosome Sac membraneux rempli d'enzymes hydrolytiques et présent dans le cytoplasme des Eucaryotes. Digère des macromolécules et parfois certains organites de la cellule.

Lysozyme Enzyme antimicrobienne animale contenue dans la salive, les larmes et les sécrétions des muqueuses.

M

Macroévolution Apparition, au fil de l'évolution, de nouveaux groupes taxinomiques (espèces, genres, familles, voire règnes).

Macromolécule Molécule organique colossale constituée de milliers d'atomes unis par des liaisons covalentes.

Macrophage Voir *macrophagocyte*.

Macrophagocyte Cellule amiboïde qui parcourt le dédale de fibres du tissu conjonctif aréolaire dans le but de détruire par phagocytose les agents pathogènes et les débris de cellules mortes.

Macula Centre du champ visuel de l'œil des Humains ; région de la rétine qui est privée de bâtonnets et qui possède la plus forte densité de cônes.

Maladie cardiovasculaire Affection touchant le cœur et les vaisseaux sanguins chez l'Humain.

Maladie de Tay-Sachs Maladie mortelle des homozygotes récessifs qui fabriquent une enzyme défectueuse ne réussissant pas à métaboliser un certain type de lipides (gangliosides) dans le cerveau. Se manifeste quelques mois après la naissance par des crises convulsives, la cécité et une dégénérescence des capacités motrices et mentales.

Malléus Chez certains Vertébrés, premier des trois osselets de l'oreille moyenne qui est en contact avec la membrane du tympan. Aussi appelé *marteau*.

Malnutrition Régime alimentaire animal qui ne fournit pas un ou plusieurs éléments nutritifs essentiels.

Mammifères Classe de Vertébrés endothermes qui possèdent des glandes mammaires et des poils.

Mandibule Chacune des mâchoires présentes chez les Uniramiens et les Crustacés.

Manteau Chez les Mollusques, épaisse tunique de tissu recouvrant la masse viscérale et pouvant sécréter une coquille.

Marsupiaux Mammifères, tels les Koalas, les Kangourous, les Bandicoots et les Opossums, dont les petits, pour la plupart des espèces, terminent leur développement fœtal dans une poche ventrale maternelle appelée marsupium.

Masse atomique moyenne Moyenne pondérée des masses atomiques des isotopes d'un élément.

Masse molaire Somme des masses de tous les atomes dans une molécule.

Masse viscérale Chez les Mollusques, masse contenant la plupart des organes internes.

Mastocyte Cellule présente dans le tissu conjonctif qui produit l'histamine et d'autres molécules qui déclenchent la réaction inflammatoire.

Matière Tout ce qui occupe un espace et possède une masse.

Matières fécales Résidus de la digestion.

Matrice extracellulaire Substance que sécrètent les cellules animales et qui est composée de protéines et de polysaccharides. Joue un rôle dans le soutien structural, l'adhérence, le mouvement et la régulation de la cellule.

Matrice mitochondriale Compartiment de la mitochondrie qui est situé dans l'espace délimité par la membrane interne ; renferme les enzymes et les substrats nécessaires au cycle de Krebs.

Maturation Processus par lequel un comportement peut s'améliorer lorsque le système neuromusculaire se développe.

Maturation de l'ARN Remaniement spécifique aux Eucaryotes de l'ARN prémessager, avant sa sortie du noyau sous forme d'ARNm.

Mécanisme de régulation du cycle cellulaire Mécanisme faisant intervenir un ensemble de molécules qui, de manière cyclique, déclenchent et coordonnent les événements clés du cycle.

Mécanorécepteur Type de récepteur sensoriel qui perçoit les déformations physiques dues à des phénomènes représentant tous des formes d'énergie mécanique, tels que la pression, le toucher, l'étirement, le mouvement corporel et le mouvement de l'air, de l'eau ou du sol.

Médulla rénale Région interne du rein des Vertébrés, qui est située sous le cortex rénal.

Médulla surrénale Portion interne de chacune des glandes surrénales qui est commandée par le système nerveux ; sécrète les hormones qui provoquent la réaction « de lutte ou de fuite », c'est-à-dire l'adrénaline et la noradrénaline.

Mégapascal (MPa) Unité de pression équivalant à une pression de 10 atmosphères environ.

Mégaphylle Grande feuille des Plantes vasculaires actuelles qui renferme un réseau vasculaire très ramifié.

Mégaspore Spore produite par le sporophyte d'une plante hétérosporée ; devient un gamétophyte femelle portant des archégones.

Méiose Division cellulaire en deux étapes des organismes à reproduction sexuée ; produit des cellules filles non identiques et contenant deux fois moins de chromosomes que la cellule mère.

Méiose I Première des deux étapes de la division cellulaire des organismes à reproduction sexuée ; produit des cellules filles contenant deux fois moins de chromosomes que la cellule mère.

Méiose II Seconde des deux étapes de la division cellulaire des organismes à reproduction sexuée ; produit des cellules filles contenant deux fois moins de chromosomes que la cellule mère.

Mélatonine Hormone qui est un acide aminé modifié sécrété par le corps pinéal et qui assure la régulation des fonctions associées à la luminosité et à la photopériode.

Membrane basale Couche compacte de la matrice extracellulaire sur laquelle reposent les cellules situées à la base d'un épithélium.

Membrane de fécondation Membrane vitelline qui a durci à l'aide d'enzymes et qui empêche la pénétration de tout autre spermatozoïde, après la fusion de la membrane plasmique de l'ovocyte de deuxième ordre avec celle d'un premier spermatozoïde, lors de la fécondation.

Membrane du tympan Limite entre l'oreille externe et l'oreille moyenne.

Membrane extra-embryonnaire L'une des quatre enveloppes spécialisées (le sac vitellin, l'amnios, le chorion et l'allantoïde) qui protègent l'embryon des Reptiles, des Oiseaux et des Mammifères et qui permettent les échanges gazeux, l'entreposage des déchets et le transfert des nutriments mis en réserve.

Membrane plasmique Enveloppe extérieure de la cellule qui tient lieu de barrière sélective et qui joue un rôle dans la composition chimique de la cellule.

Membrane postsynaptique Membrane plasmique du corps du neurone ou d'une dendrite qui se trouve après la fente synaptique, dans une synapse chimique.

Membrane présynaptique Membrane plasmique du corpuscule nerveux terminal qui fait face à la fente synaptique, dans une synapse chimique.

Mémoire à court terme Capacité des Animaux les plus évolués à conserver les informations, les attentes et les objectifs pendant un certain temps, puis de cesser de les retenir quand ils sont devenus inutiles.

Mémoire à long terme Capacité des Animaux les plus évolués de conserver, d'associer et de se rappeler certaines informations durant toute la vie.

Menstruation Dans le cycle menstruel, saignement qui se produit lorsque la couche fonctionnelle de l'endomètre se détache de l'utérus et sort par le col utérin et le vagin.

Méristème Tissu végétal qui reste embryonnaire tout au long de la vie des Plantes et permet ainsi une croissance indéfinie.

Méristème apical Tissu végétal embryonnaire qui est situé à l'extrémité des racines et dans les bourgeons des pousses et qui fournit à la plante les cellules nécessaires à la croissance en longueur.

Méristème fondamental Chez les Végétaux, méristème primaire qui donne naissance aux tissus fondamentaux.

Méristème latéral Chez les Plantes, cambium libéro-ligneux et cambium subérophellodermique formant des cylindres. Cellules en division qui s'étendent en périphérie dans les racines et les différentes pousses et qui sont responsables de la croissance secondaire.

Mésencéphale (1) L'une des trois régions embryonnaires de l'encéphale qui ont été produites au cours de l'évolution des Vertébrés. (2) Partie inférieure de l'encéphale des Vertébrés qui est située au-dessus du pont. Renferme les centres de perception et d'intégration de plusieurs types d'informations sensorielles.

Mésentère Feuillet de tissu conjonctif reliant de nombreux organes suspendus dans des cavités remplies de liquide, chez les Animaux.

Mésoderme Feuillet embryonnaire qui est situé entre l'endoderme et l'ectoderme et qui donne naissance à la corde dorsale, à la muqueuse du cœlome, aux muscles, au squelette, aux gonades, aux reins et à la plus grande partie du système cardiovasculaire.

Mésoglée Couche gélatineuse qui sépare les deux feuillets de cellules, dans le corps des Éponges.

Mésophylle Tissu fondamental de la feuille qui est situé entre l'épiderme supérieur et l'épiderme inférieur et qui est spécialisé dans la photosynthèse.

Mésotrophe Qualifie un lac dont la teneur en nutriments et la productivité du phytoplancton sont intermédiaires, entre les états oligotrophe et eutrophe.

Métabolisme Ensemble des réactions biochimiques d'un organisme, comprenant des voies cataboliques et des voies anaboliques.

Métabolisme basal Vitesse du métabolisme d'un endotherme qui est au repos, a terminé sa croissance, a l'estomac vide et ne subit aucun stress.

Métabolisme standard Vitesse du métabolisme d'un ectotherme qui est au repos et à jeun et ne subit aucun stress.

Métamonadines Groupe de Protistes dépourvus de mitochondries mais possédant tout de même des gènes mitochondriaux dans leur génome. En font partie les Diplomonadines (microorganismes pluriflagellés dont le plus connu est un parasite de l'intestin chez l'Humain, *Giardia lamblia,* qui cause des crampes abdominales et une diarrhée grave).

Métamorphose Changement radical que subit la larve et qui permet à un animal d'acquérir sa forme adulte sexuellement mature.

Métamorphose complète Type de développement de certains insectes qui passent par un stade larvaire, qu'on appelle notamment asticot ou chenille, au cours duquel le corps de l'insecte juvénile diffère complètement de celui de l'adulte.

Métamorphose incomplète Type de développement de certains insectes, comme les Sauterelles, dans lequel le corps de la larve, bien que plus petit et proportionné différemment, ressemble à un adulte. Une série de mues amène le jeune à ressembler de plus en plus à l'adulte, jusqu'à ce qu'il atteigne sa taille définitive.

Métanéphridies Chez les Annélides, paire d'organes tubulaires excréteurs qui sont reliés à des entonnoirs ciliés, les néphrostomes, filtrant les déchets des liquides cœlomiques. Se terminent par des pores qui déversent les déchets métaboliques à l'extérieur.

Métaphase Troisième phase de la mitose. Le fuseau est complet et les chromosomes, attachés à des microtubules kinétochoriens, sont tous alignés sur la plaque équatoriale.

Métastase Propagation des cellules cancéreuses à des sites distincts de la tumeur originale.

Méthanogènes Archéobactéries qui obtiennent de l'énergie en utilisant le dioxyde de carbone pour oxyder le dihydrogène (H_2) et produire ainsi du méthane.

Méthode naturelle Méthode de contraception correspondant à l'abstinence périodique et consistant à ne pas avoir de rapports sexuels pendant la période féconde.

Méthylation de l'ADN Ajout d'un groupement méthyle ($—CH_3$) à des bases de l'ADN après la synthèse de ce dernier; semble essentielle à l'inactivation génique à long terme.

Microclimat Conditions climatiques d'une zone très restreinte dues à des variations par rapport au climat général de la région. On parle ainsi du microclimat qui existe sous une roche ou sous un tronc d'arbre qui se trouve par terre.

Microévolution Modification, d'une génération à l'autre, des fréquences alléliques d'une population, correspondant à la plus petite manifestation de l'évolution.

Microfilament Cylindre composé d'actine qui est présent dans le cytoplasme de presque toutes les cellules eucaryotes; fait partie du cytosquelette et joue, seul ou avec la myosine, un rôle dans la contraction cellulaire.

Microphylle Chez les Lycophytes, petite feuille parcourue d'une seule nervure non ramifiée.

Microscope électronique Microscope qui fait passer un faisceau d'électrons à travers une préparation et qui utilise des lentilles particulières (électroaimants). Son pouvoir de résolution est ainsi mille fois plus élevé que celui du microscope photonique.

Microscope électronique à balayage (MEB) Microscope qu'on utilise pour étudier les tout petits détails de la surface d'une structure cellulaire.

Microscope électronique à transmission (MET) Microscope qu'on utilise pour étudier l'ultrastructure interne de lamelles très minces de cellules.

Microscope photonique (MP) Instrument d'optique muni de lentilles de verre qui réfractent (dévient) la lumière de façon à grossir l'image projetée dans l'œil.

Microspore Spore produite par le sporophyte d'une plante hétérosporée; devient un gamétophyte mâle doté d'anthéridies.

Microtubule Cylindre creux faisant partie du cytosquelette et composé de tubuline, une protéine globulaire; présent dans le cytoplasme de tous les Eucaryotes, de même que dans les cils et les flagelles.

Microvillosité L'un des très nombreux appendices microscopiques qui sont situés à la surface des cellules épithéliales d'une villosité intestinale et qui augmentent considérablement la surface.

Migration Déplacement saisonnier qu'effectuent les animaux migrateurs sur des distances relativement longues.

Milieu respiratoire Source de dioxygène; l'air pour un animal terrestre et l'eau pour un animal aquatique.

Mimétisme batésien Imitation d'une espèce au goût désagréable (espèce nocive) par une espèce au goût agréable (espèce inoffensive) pour les prédateurs.

Mimétisme müllérien Ressemblance entre deux espèces au goût désagréable.

Minéralocorticoïdes Groupe d'hormones qui sont sécrétées par le cortex surrénal et qui agissent sur l'équilibre des sels minéraux et de l'eau.

Minéraux (1) Éléments chimiques essentiels que les Végétaux absorbent dans le sol sous forme d'ions inorganiques. (2) Nutriments inorganiques simples dont les Animaux ont besoin habituellement en très petites quantités. Les besoins en minéraux, comme les besoins en vitamines, varient d'une espèce animale à l'autre.

Mitochondrie Organite des Eucaryotes qui constitue le site de la respiration cellulaire.

Mitose Mécanisme de division cellulaire des Eucaryotes qui comprend une phase de croissance (l'interphase) et cinq phases de division : la prophase, la prométaphase, la métaphase, l'anaphase et la télophase. Les chromosomes répliqués sont répartis également entre les cellules filles et le nombre de chromosomes reste le même d'une génération à l'autre.

Mixotrophe Qualifie les Protistes qui tirent leur énergie à la fois de la photosynthèse et de la nutrition hétérotrophe.

Modèle ascendant Modèle d'organisation d'une communauté dans lequel les nutriments minéraux sont les facteurs les plus importants, parce qu'ils déterminent le nombre de plantes, lesquelles à leur tour déterminent le nombre d'herbivores, lesquels enfin déterminent le nombre de prédateurs.

Modèle de la mosaïque fluide Modèle le plus acceptable de la structure des membranes. D'après ce modèle, la membrane est constituée d'une double couche fluide de phosphoglycérolipides dans laquelle flottent des protéines.

Modèle de la redondance Modèle qui reprend l'hypothèse individualiste pour une communauté animale et qui explique que la plupart des espèces composant une communauté ne sont pas en étroite relation mais font partie d'un réseau vital très lâche. Une augmentation ou une diminution d'une espèce a peu d'effets sur les autres espèces de la communauté, qui ont leur rôle propre.

Modèle de la stabilité Modèle qui exprime la tendance d'une communauté à atteindre et à maintenir un équilibre, c'est-à-dire à garder une composition relativement constante pour ce qui est des espèces, en dépit des perturbations.

Modèle des rivets Modèle qui reprend l'hypothèse interactive pour une communauté animale et qui explique que la plupart des espèces d'une communauté sont en étroite relation les unes avec les autres dans un réseau vital. Par conséquent, la réduction ou l'augmentation de l'abondance d'une espèce influe sur de nombreuses autres espèces.

Modèle descendant Modèle d'organisation d'une communauté dans lequel la prédation est le principal facteur, parce que les prédateurs déterminent le nombre d'herbivores, lesquels à leur tour déterminent le nombre de plantes, lesquelles enfin déterminent la quantité de nutriments.

Modèle du déséquilibre Modèle selon lequel les communautés, à la suite des perturbations qu'elles connaissent, sont en continuel changement.

Modèle monogénétique Modèle d'évolution selon lequel tous les *Homo sapiens* du monde proviennent d'Humains morphologiquement modernes qui ont quitté l'Afrique lors d'une deuxième vague d'émigration, il y a 100 000 ans. Ces Humains ont alors remplacé, dans le monde entier, toutes les populations d'*Homo* issues de la première vague d'émigration d'*H. erectus* hors de l'Afrique, il y a environ 1,5 million d'années.

Modèle multirégional Modèle d'évolution parallèle selon lequel les Humains modernes des diverses régions du monde dérivent d'une population locale d'*H. erectus*.

Modèle semi-conservateur Modèle de réplication de l'ADN selon lequel chacune des deux molécules filles doit être formée d'un brin de la molécule de départ et d'un nouveau brin.

Moelle Cœur du cylindre central conducteur dans les racines des Monocotylédones ; composée de cellules parenchymateuses et entourée d'un anneau de tissus conducteurs. Tissu fondamental qui est à l'intérieur des faisceaux libéroligneux, dans les tiges des Dicotylédones.

Moisissures Eumycètes à croissance rapide qui se reproduisent de façon asexuée et dont le mycélium vit en saprophyte ou en parasite sur une grande variété de substrats.

Mole (mol) Unité de mesure correspondant au nombre de grammes d'une substance qui est égal à sa masse molaire en unités de masse atomique et qui contient le nombre d'Avogadro pour les molécules.

Molécule Deux atomes ou plus unis par des liaisons covalentes.

Molécule amphipathique Molécule qui comprend une partie hydrophile et une partie hydrophobe.

Molécule d'adhérence cellulaire Au cours de la morphogenèse et de la différenciation cellulaire, molécule qui est située à la surface des cellules et qui se lie aux molécules d'adhérence cellulaire des autres cellules, afin de faciliter la migration cellulaire et de stabiliser les tissus.

Molécule du CMH de classe I Premier type de glycoprotéine du complexe majeur d'histocompatibilité qui se trouve sur presque toutes les cellules nucléées.

Molécule du CMH de classe II Deuxième type de glycoprotéine du complexe majeur d'histocompatibilité qui ne se trouve que sur quelques cellules spécialisées.

Molécule polaire Molécule (comme la molécule d'eau) dont les pôles présentent des charges opposées.

Mollusques Embranchement d'animaux constitués d'un pied musculeux, d'une masse viscérale et d'un manteau. Comprend huit classes, dont les Polyplacophores (Chitons), les Gastéropodes (Escargots et Limaces), les Bivalves (Palourdes, Huîtres, etc.) et les Céphalopodes (Calmars, Pieuvres et Nautiles).

Monocotylédones Sous-groupe des Angiospermes dont les membres ne possèdent qu'une feuille embryonnaire, appelée cotylédon. Les Monocotylédones portent des feuilles parallélinerves, c'est-à-dire des feuilles dont les nervures sont disposées dans le sens de la longueur, convergent à la base et au sommet du limbe, et sont grossièrement parallèles.

Monoculture Culture intensive d'une seule variété s'étendant sur une immense surface.

Monocyte Type de leucocyte capable de migrer dans les tissus pour y grossir et se transformer en macrophage.

Monogame Se dit d'une relation entre animaux dans laquelle un mâle s'accouple de façon durable avec une seule femelle.

Monohybride Hybride de génération F_1 issu d'un croisement expérimental portant sur un seul caractère.

Monoïque Se dit d'une espèce végétale qui présente des fleurs staminées et des fleurs pistillées sur un même individu.

Monomère Unité structurale de base des polymères.

Monophylétique Se dit d'un taxon quand un ancêtre unique a donné naissance à toutes les espèces du taxon et à aucune autre espèce. Seul un groupe monophylétique peut constituer un clade.

Monosaccharide Glucide le plus simple, qui peut jouer un rôle par lui-même ou entrer comme monomère dans la composition d'un disaccharide ou d'un polysaccharide. Possède habituellement une formule moléculaire qui est un multiple de CH_2O.

Monosomique Qualifie un zygote aneuploïde contenant un seul chromosome d'une paire d'homologues.

Monotrèmes Mammifères qui pondent des œufs semblables à ceux des Reptiles sur les plans de la structure et du développement. L'Ornithorynque et les Échidnés en sont les seuls représentants.

Monoxyde d'azote (NO) Gaz régulateur local aux multiples fonctions que produisent de nombreux types de cellules.

Morphogène Substance dont le gradient fixe l'orientation des axes de l'embryon et d'autres caractéristiques de sa forme.

Morphogenèse Ensemble des mécanismes physiques qui déterminent la forme d'un organisme et l'organisation de sa structure au cours de son développement.

Morula Sphère de cellules qui se forme peu après le début de la segmentation, processus qui se déroule après la fécondation chez les Animaux.

Mousses (Muscinées) Embranchement des Bryophytes ; Bryophytes les plus familières.

MPF (*Maturation-promoting factor*) Complexe protéique qui permet à la cellule de passer de la fin de l'interphase (phase G_2) à la mitose. Le MPF actif se compose de deux protéines, une kinase cycline-dépendante et une cycline.

Mucoviscidose Maladie héréditaire qui est létale si elle n'est pas traitée ; frappe les enfants ayant reçu deux allèles récessifs. Se caractérise par une sécrétion abondante de mucus qui contribue à l'apparition d'infections. Aussi appelée *fibrose kystique*.

Mue Processus qui permet aux Arthropodes de se débarrasser de leur exosquelette pour croître et d'en sécréter un nouveau, plus grand.

Multiplication végétative Mode de reproduction asexuée qui permet aux Végétaux d'engendrer des clones.

Muqueuse Chez les Animaux, tissu épithélial généralement squameux, stratifié ou simple prismatique, qui tapisse les cavités du corps s'ouvrant sur l'extérieur (voies respiratoires, urinaires, génitales et tube digestif). Ses cellules sécrètent une solution visqueuse nommée mucus qui lubrifie la surface et la garde humide.

Muscinées (Mousses) Embranchement des Bryophytes ; Bryophytes les plus familières.

Muscle cardiaque Chez les Vertébrés, type de tissu musculaire qui forme la paroi contractile (myocarde) du cœur. Les extrémités de ses cellules sont réunies par des disques intercalaires transmettant d'une cellule cardiaque à l'autre l'influx nerveux qui provoque la contraction musculaire.

Muscle lisse Chez les Vertébrés, type de tissu musculaire qui est dépourvu des stries des muscles squelettiques et du muscle cardiaque, ses myofilaments d'actine et de myosine n'étant pas tous disposés de façon régulière le long de la cellule, sous forme de sarcomères.

Muscle sphincter pylorique Dans le tube digestif des Vertébrés, anneau musculaire qui règle le passage du chyme acide dans l'intestin.

Muscle squelettique Faisceau de longues fibres disposées dans le sens de la longueur qui est rattaché aux os et qui produit le mouvement chez les Vertébrés et certains Invertébrés.

Mutagène Agent chimique ou physique qui interagit avec l'ADN et provoque des mutations.

Mutagenèse *in vitro* Technique qui permet d'introduire des modifications spécifiques dans la séquence d'un gène cloné. Après avoir réinséré le gène muté dans une cellule, on est en mesure de déterminer la fonction de la protéine normale manquante en examinant le phénotype du mutant.

Mutation Modification de l'ADN d'un gène qui crée la diversité génétique.

Mutation faux sens Type le plus commun de mutation qui résulte de la substitution d'une paire de bases et dans laquelle les nouveaux codons codent encore pour des acides aminés et ont donc un sens, mais qui est erroné.

Mutation non-sens Mutation qui résulte de la substitution d'un codon d'arrêt à un codon correspondant à un acide aminé et qui interrompt ainsi prématurément la traduction. Cela donne une protéine plus courte que la normale et généralement non fonctionnelle.

Mutation ponctuelle Modification chimique touchant une ou plusieurs paires de bases d'un gène.

Mutualisme Relation symbiotique dont les deux symbiontes tirent profit.

Mycélium Réseau d'hyphes chez les Eumycètes.

Mycétozoaires Groupe de Protistes qui décomposent des feuilles mortes et d'autres débris organiques, qui se meuvent à l'aide de pseudopodes et qui se nourrissent par absorption, mais qui ne sont ni des Eumycètes ni des Animaux.

Mycorhize Association par mutualisme entre des Eumycètes et les racines de certaines plantes.

Mycose Terme général sous lequel on regroupe les infections fongiques.

Myofibrille Sous-unité d'une fibre musculaire qui est assemblée avec d'autres dans le sens de la longueur. Est constituée de myofilaments épais de myosine, de myofilaments minces d'actine et de microfilaments de tropomyosine, une protéine régulatrice.

Myofilament Microfilament mince d'actine ou filament épais de myosine qui entre dans la composition des myofibrilles, dans les muscles squelettiques des Vertébrés et de certains Invertébrés.

Myofilament épais Dans les muscles squelettiques des Vertébrés et de certains Invertébrés, type de myofilament qui est composé d'ensembles décalés de molécules de myosine.

Myofilament mince Le plus petit des deux types de myofilaments, dans les muscles squelettiques des Vertébrés et de certains Invertébrés. Se compose de deux brins d'actine et d'un brin de protéine régulatrice qui sont enroulés les uns autour des autres.

Myoglobine Protéine de mise en réserve du dioxygène qui est présente dans les muscles des Vertébrés.

Myopathie de Duchenne Maladie dont la transmission est liée au sexe et qui se caractérise par un type progressif et létal de dystrophie musculaire (affaiblissement progressif des muscles et perte de la coordination). Aussi appelée *dystrophie musculaire progressive de Duchenne*.

Myosine Protéine formant des filaments; interagit avec les microfilaments d'actine pour produire la contraction de la cellule.

Myotonie Chez les Animaux, réaction physiologique d'augmentation de la tension musculaire.

Myxinoïdes (Myxines) Classe du sous-embranchement des Vertébrés. Animaux marins sans mâchoires qui possèdent un crâne cartilagineux et un squelette axial (reposant sur une corde dorsale); n'ont pas de colonne vertébrale.

Myxomycètes Protistes hétérotrophes qui sont nombreux à posséder une pigmentation brillante. Se présentent sous la forme d'un plasmode durant le stade de croissance de leur cycle de développement.

N

NAD⁺ (nicotinamide adénine dinucléotide [oxydée]) Coenzyme qui est présente dans toutes les cellules et qui aide les enzymes à transférer les électrons pendant les réactions d'oxydoréduction du métabolisme.

NADP⁺ (nicotinamide adénine dinucléotide phosphate) Accepteur qui stocke temporairement les électrons riches en énergie libérés lors des réactions photochimiques.

Nématocyste Vésicule des cnidocytes qui peut libérer une substance urticante.

Nématodes Embranchement des Vers ronds. Animaux pseudocœlomates non segmentés qui sont recouverts d'une cuticule résistante. Possèdent un tube digestif complet, mais pas de système cardiovasculaire.

Némertes Embranchement d'animaux accœlomates possédant un proboscis, trompe qui sert à capturer les proies. Appelés parfois *Vers rubanés*.

Néocortex Structure du cortex cérébral des Mammifères qui est constituée de six couches supplémentaires de tissus nerveux par rapport aux autres Vertébrés.

Néphron Unité structurale et fonctionnelle du rein des Vertébrés.

Néphron cortical Néphron qui possède une anse raccourcie et qui est presque entièrement confiné au cortex rénal.

Néphron juxtamédullaire Néphron dont l'anse bien développée pénètre profondément dans la médulla rénale.

Nerf Faisceau de prolongements neuronaux en forme de cordon qui est enveloppé dans du tissu conjonctif serré.

Nerf crânien Nerf du système nerveux périphérique des Vertébrés qui prend naissance dans l'encéphale et qui innerve les organes de la tête et du tronc.

Nerf spinal Dans le système nerveux des Vertébrés, nerf qui sort de la moelle épinière et qui innerve l'ensemble de l'organisme.

Neurohypophyse Prolongement de l'hypothalamus composé de cellules nerveuses qui emmagasine de façon temporaire et libère des hormones produites par l'hypothalamus. Aussi appelée *lobe postérieur de l'hypophyse*.

Neurolemmocyte Gliocyte qui forme avec d'autres une gaine isolante de myéline autour de l'axone de nombreux neurones du système nerveux périphérique. Aussi appelé *cellule de Schwann*.

Neurone Cellule nerveuse; unité fonctionnelle du système nerveux des Animaux dont la structure et les propriétés lui permettent d'acheminer des influx nerveux en tirant profit des variations de tension de part et d'autre de sa membrane plasmique.

Neurone moteur Cellule nerveuse qui achemine les influx issus de l'encéphale ou de la moelle épinière jusqu'aux cellules effectrices (musculaires ou glandulaires).

Neurone sécrétoire Cellule nerveuse spécialisée qui sécrète un type d'hormone.

Neurone sensitif Cellule nerveuse qui reçoit l'information d'un récepteur sensoriel détectant les changements que connaît une variable (par exemple, la lumière, la pression ou la concentration d'une substance chimique); transmet cette information au système nerveux central.

Neuropeptide Chaîne relativement courte d'acides aminés servant de neurotransmetteur. Il en existe une grande variété.

Neurotransmetteur Médiateur chimique que libèrent les corpuscules nerveux terminaux d'un neurone dans une synapse chimique; traverse la fente synaptique par diffusion et se lie à une cellule postsynaptique.

Neutralisation Réaction immunitaire dans laquelle l'anticorps bloque certains sites de liaison de l'antigène, qu'il rend ainsi inefficace.

Neutron Particule élémentaire constitutive du noyau d'un atome et n'ayant pas de charge électrique (électriquement neutre).

Niche écologique Utilisation globale qu'une espèce fait des ressources biotiques et abiotiques de son milieu.

Nitrification Processus par lequel les Bactéries oxydent l'ammonium présent dans le sol en nitrite (NO_2^-), puis en nitrate (aussi appelé trioxonitrate, NO_3^-).

Nitrogénase Complexe enzymatique propre à certains procaryotes qui catalyse la séquence complète des réactions au cours de laquelle la réduction de N_2 (diazote) conduit à la formation de NH_3 (ammoniac).

Niveau énergétique État d'énergie potentielle dans lequel se trouvent les électrons d'un atome. Voir aussi *couche électronique*.

Niveau trophique Chacun des chaînons d'une chaîne alimentaire. Regroupe les espèces d'une communauté ou d'un écosystème qui ont la même source principale de nourriture. Le niveau trophique dont dépendent tous les autres est constitué d'autotrophes, ou producteurs.

Nocicepteur Type de terminaison nerveuse libre qui est située dans l'épiderme de la peau des Animaux. Aussi appelé *récepteur de la douleur*.

Nodosité Renflement de la racine où a lieu la fixation de l'azote chez certaines Légumineuses comme les Pois ou les Haricots. Se compose de cellules végétales renfermant des Bactéries fixatrices d'azote du genre *Rhizobium*.

Nœud Point d'attache d'une feuille ou d'une branche le long de la tige des Plantes.

Nœud auriculoventriculaire Chez les Mammifères, région spécialisée du tissu musculaire cardiaque qui est située dans la paroi séparant l'oreillette droite du ventricule droit. Les influx que ce point de relais génère provoquent la contraction des ventricules.

Nœud lymphatique Chez les Vertébrés, organe qui est situé le long des vaisseaux lymphatiques et qui filtre la lymphe et contribue à la défense de l'organisme contre des virus et des bactéries.

Nœud sinusal Chez les Mammifères, région spécialisée du tissu musculaire cardiaque, située dans la paroi de l'oreillette droite, qui fixe la fréquence et la synchronisation des contractions de toutes les cellules du muscle cardiaque. Aussi appelé *centre rythmogène*.

Nombre d'oxydation Capacité de liaison d'un atome qui est généralement égale au nombre d'électrons non liés situés dans la couche périphérique de l'atome.

Nombre de masse Somme des protons et des neutrons que contient le noyau d'un atome. S'écrit au moyen d'un exposant situé à gauche du symbole de l'élément.

Nomenclature binominale Nomenclature que les taxinomistes utilisent pour donner un nom à chaque espèce. Appellation formée de deux mots latins: le premier indique le genre auquel l'espèce appartient; le second désigne l'espèce en tant que telle.

Non-disjonction Absence de séparation des chromosomes homologues ou des chromatides sœurs durant la méiose ou la mitose.

Noradrénaline Hormone que sécrète la médulla surrénale en réponse à un facteur de stress et qui produit de nombreux effets.

Norme de réaction Gamme des possibilités phénotypiques d'un génotype sur lesquelles le milieu peut exercer son influence.

Noyau (1) Centre d'un atome contenant les protons et les neutrons. (2) Organite d'une cellule eucaryote contenant les chromosomes. (3) Regroupement de corps de neurones dans l'encéphale des Vertébrés.

Noyau atomique Centre de l'atome, contenant des protons et des neutrons.

Noyaux basaux Regroupement de noyaux situé profondément dans la substance blanche de chaque hémisphère cérébral des Vertébrés. Importants centres de planification et d'apprentissage des mouvements en séquences.

Noyaux suprachiasmatiques Paire de structures de l'hypothalamus mammalien qui fonctionnent comme une horloge biologique.

Nucléases Famille d'enzymes pancréatiques qui hydrolysent l'ADN et l'ARN présents dans les aliments contenus dans la cavité de l'intestin grêle pour donner des nucléotides.

Nucléoïde Région d'une cellule procaryote où se trouve concentré l'ADN en un enchevêtrement de fibres.

Nucléole Dans le noyau d'une cellule eucaryote, masse opaque composée de granules d'ARN et de fibres; site de la synthèse des ribosomes.

Nucléosidases Enzymes de la bordure en brosse de l'intestin grêle qui scindent les nucléosides en leurs composantes (base azotée, ribose ou désoxyribose).

Nucléosome Chez les Eucaryotes, unité de base de la condensation de l'ADN; consiste en un segment d'ADN enroulé autour d'un noyau protéique, lequel se compose de deux groupes de molécules comportant chacun quatre sortes d'histones.

Nucléotidases Hydrolases de la bordure en brosse de l'intestin grêle qui retirent le groupement phosphate des nucléotides, lesquels deviennent alors des nucléosides.

Nucléotide Constituant d'un acide nucléique composé d'une base azotée, d'un glucide à cinq atomes de carbone et d'un groupement phosphate.

Numéro atomique Nombre de protons constituant le noyau d'un atome. Propre à chaque élément, il s'écrit au moyen d'un indice situé à gauche du symbole de l'élément.

Nutriment essentiel Matériau que les Animaux doivent obtenir sous forme préassemblée, parce que leurs cellules ne sont pas en mesure de le fabriquer à partir de matières brutes, quelles qu'elles soient.

Nutriment limitant Substance chimique qu'il faut ajouter pour stimuler la productivité d'un milieu.

O

Ocytocine Hormone produite par l'hypothalamus et libérée par la neurohypophyse, chez les Vertébrés. Provoque la contraction des muscles utérins durant l'accouchement et déclenche l'éjection du lait par les glandes mammaires au cours de l'allaitement.

Œil composé Chez les Insectes et les Crustacés, type d'œil à facettes multiples qui comprend un grand nombre de lentilles convergentes pouvant détecter la lumière ; particulièrement efficace pour détecter le mouvement.

Œil simple Œil à cristallin unique dont le mode de fonctionnement ressemble à celui d'un appareil photo. Se retrouve chez les Méduses, les Polychètes, les Araignées et de nombreux Mollusques.

Œsophage Canal qui, grâce au péristaltisme, fait passer les aliments du pharynx à l'estomac, sans leur faire subir de transformations.

Œstrogènes Principales hormones sexuelles femelles qui sont synthétisées dans les ovaires par les follicules en développement, durant la première moitié du cycle utérin, et en moindre quantité par le corps jaune, durant la deuxième moitié du cycle. Chez l'Humain, jouent un rôle important dans le fonctionnement du système reproducteur femelle et l'apparition des caractères sexuels secondaires à la puberté.

Œstrus Dans le cycle œstral que connaissent la plupart des Mammifères, période d'activité sexuelle associée à l'ovulation.

Oiseaux Classe d'animaux qui possèdent des plumes conçues pour le vol. Leurs œufs amniotiques et leurs pattes écailleuses attestent de leur héritage reptilien. Animaux qui descendent probablement d'un groupe de petits dinosaures carnivores.

Oligodendrocyte Gliocyte qui forme avec d'autres une gaine isolante de myéline autour de l'axone de nombreux neurones du système nerveux central.

Oligosaccharine Fragment de cellulose qui est un éliciteur et que libère une paroi cellulaire végétale endommagée.

Oligotrophe Qualifie un lac profond et pauvre en nutriments. Le phytoplancton de sa zone limnétique est rare et peu productif et ses eaux sont claires.

Ommatidie Chacune des facettes de l'œil composé des Arthropodes et de certains Polychètes. Pourvue d'une cornée et d'un cristallin, reçoit la lumière provenant d'une minuscule portion du champ visuel. Les différences d'intensité lumineuse arrivant jusqu'aux nombreuses ommatidies donnent une image en mosaïque.

Omnivore Animal hétérotrophe qui consomme régulièrement des animaux, des plantes ou des algues.

Oncogène Gène viral participant directement au déclenchement d'un cancer.

Oomycètes Straménopiles hétérotrophes dénués de chloroplastes. Comprennent les Saprolégniales, les Rouilles blanches et les agents du mildiou.

Opérateur Dans l'ADN procaryote, séquence de nucléotides située près de l'origine d'un opéron et à laquelle un répresseur actif peut se fixer. La liaison du répresseur empêche l'ARN polymérase de se lier au promoteur et de transcrire les gènes de l'opéron.

Opercule Plaque osseuse qui protège les branchies des Poissons.

Opéron Unité fonctionnelle de gènes de structure commune aux procaryotes et aux phages ; constituée de l'ensemble formé par les gènes, l'opérateur et le promoteur.

Opportuniste Qualifie un agent pathogène qui fait partie de la « flore » normale de l'organisme humain, mais qui peut provoquer des maladies lorsque les mécanismes de défense s'affaiblissent.

Opsine Dans l'œil des Vertébrés et de certains Invertébrés, protéine membranaire à laquelle se lie le rétinal.

Opsonisation Réaction immunitaire dans laquelle la fixation des anticorps à la surface d'un agent étranger facilite la phagocytose de ce dernier par un macrophage ou une cellule dendritique.

Orbitale Espace tridimensionnel où l'électron passe 90 % de son temps.

Ordre Catégorie taxinomique située au-dessus de la famille.

Ordre hiérarchique Ordre de dominance plus ou moins linéaire qui s'établit dans un groupe d'animaux.

Oreille externe L'une des trois principales régions de l'oreille des Reptiles, des Oiseaux et des Mammifères. Comporte le pavillon, qui est situé à l'extérieur du corps, et le méat acoustique externe. Achemine les ondes sonores à la membrane du tympan.

Oreille interne L'une des trois principales régions de l'oreille de certains Vertébrés. Labyrinthe de conduits et de canaux qui sont situés dans l'os temporal du crâne, qui sont enveloppés d'une membrane et dans lesquels un liquide se déplace en réponse aux sons ou aux mouvements de la tête. Comporte la cochlée, l'organe spiral et les conduits semi-circulaires.

Oreille moyenne L'une des trois principales régions de l'oreille de certains Vertébrés. Cavité contenant trois osselets (petits os), le malléus, l'incus et le stapès, qui amplifient et transmettent les vibrations du tympan à la fenêtre du vestibule.

Oreillette Cavité qui reçoit le sang revenant au cœur.

Organe Chez la plupart des Animaux, centre fonctionnel spécialisé qui est composé de différents tissus disposés selon une organisation précise.

Organe cible Chez les Plantes, organe qui consomme ou emmagasine les glucides. Les racines en croissance, l'extrémité des pousses axillaires et de la tige, et les fruits constituent des organes cibles que le phloème alimente en glucides.

Organe sensoriel de la ligne latérale Organe composé de mécanorécepteurs qui sont sensibles aux variations de la pression ambiante et qui comprennent des pores et des unités réceptrices (neuromastes), le long de chaque côté du corps, chez les Poissons et les Amphibiens aquatiques. Détecte les mouvements d'eau causés par l'animal lui-même ou par d'autres objets en mouvement.

Organe source Chez les Plantes, siège de la production des glucides, par photosynthèse ou par hydrolyse de l'amidon. Les feuilles matures sont les principaux organes sources.

Organe spiral (Organe de Corti) Organe de l'audition proprement dit de l'oreille de certains Vertébrés. Est situé sur le plancher du conduit cochléaire, ou membrane basilaire, dans l'oreille interne. Renferme les cellules réceptrices (cellules sensorielles ciliées) de l'oreille.

Organe vestigial Type de structure homologue atrophiée ayant pour l'organisme une utilité secondaire ou nulle. Représente un témoignage historique d'une structure qui remplissait une fonction importante chez les ancêtres des organismes qui le portent.

Organisme génétiquement modifié (OGM) Organisme dont on se sert en agriculture et auquel on a ajouté un ou plusieurs gènes par des moyens artificiels, ces gènes ne provenant pas nécessairement d'une autre espèce.

Organisme modèle Être vivant qu'on choisit d'étudier pour établir les principes biologiques généraux du développement.

Organisme transgénique Organisme dont le génome contient des gènes provenant d'une autre espèce.

Organite Structure cellulaire différenciée constituée d'innombrables molécules et assurant une fonction déterminée.

Organogenèse Formation, à partir des trois feuillets embryonnaires, des organes de l'embryon. S'effectue au premier trimestre de la grossesse.

Orgasme Ensemble des contractions rythmiques et involontaires de certaines parties du système reproducteur chez les deux sexes, durant le cycle de la réponse sexuelle.

Origine de réplication Région d'une molécule d'ADN où commence la réplication.

Oscillation Relâchement des règles d'appariement des bases qui permet au troisième nucléotide (extrémité 5′) d'un anticodon d'ARNt de former des liaisons hydrogène avec plus d'une sorte de base se trouvant en troisième position (extrémité 3′) d'un codon d'ARNm.

Oscule Chez les Éponges, grande ouverture qui relie le spongocœle au milieu environnant.

Osmolarité Concentration molaire volumique totale des solutés, exprimée en moles de solutés par litre de solution.

Osmorégulateur Animal qui doit réguler son osmolarité interne, parce que ses liquides corporels ne sont pas isotoniques avec l'environnement externe. Doit se débarrasser de l'eau excédentaire s'il vit dans un environnement hypotonique ou bien absorber de l'eau pour compenser les pertes osmotiques s'il habite dans un environnement hypertonique.

Osmorégulation Processus de régulation de l'équilibre hydrique des organismes vivant dans un milieu hypertonique, dans un milieu hypotonique ou dans des milieux terrestres.

Osmose Diffusion de l'eau à travers une membrane à perméabilité sélective.

Osmotolérant Animal dont l'osmolarité interne est la même que celle du milieu ; n'a pas tendance à acquérir ni à perdre de l'eau.

Ostéichthyens Poissons osseux qui possèdent un squelette dont la structure est renforcée par une matrice contenant du phosphore et du calcium. De toutes les classes de Vertébrés, les Poissons osseux comptent le plus grand nombre d'individus et d'espèces.

Ostéoblaste Cellule qui sécrète une matrice de collagène et des sels qui durcissent la matrice osseuse.

Ostéon Unité structurale microscopique du tissu osseux compact chez les Mammifères.

Ostracodermes Agnathes pisciformes qui étaient recouverts d'une armure de plaques osseuses et qui ont disparu.

Ovaire (1) Chez les fleurs, partie du carpelle dans laquelle se développent les ovules contenant des oosphères. (2) Chez les Animaux, structure qui produit les gamètes femelles et les hormones sexuelles.

Ovipare Se dit d'un type de développement dans lequel les femelles pondent des œufs qui vont éclore en dehors de leur corps.

Ovocyte de deuxième ordre Cellule sexuelle haploïde qui interrompt son processus de division à la métaphase II de la méiose et qui devient un ovule lorsqu'un spermatozoïde la pénètre.

Ovocyte de premier ordre Cellule sexuelle diploïde qui se forme lors de la prophase I de la méiose. Une fois activée par les hormones, devient un ovocyte de deuxième ordre.

Ovogenèse Processus de formation d'ovocytes dans les ovaires.

Ovogonie Cellule sexuelle diploïde des ovaires qui, après s'être multipliée par mitose, donne naissance aux ovocytes de premier ordre.

Ovovivipare Se dit d'un type de développement dans lequel les femelles gardent les œufs fécondés dans l'oviducte jusqu'à l'éclosion.

Ovulation Expulsion d'un ovocyte de deuxième ordre par un ovaire. Chez l'Humain, un follicule ovarien libère un ovocyte de deuxième ordre à chaque cycle menstruel.

Ovule (1) Chez les Plantes à graines, ensemble constitué par le tégument, le mégasporange (organe du sporophyte, siège de la méiose) et la mégaspore. (2) Chez les Animaux, gamète femelle, œuf haploïde non fécondé qui est habituellement une cellule relativement grosse et immobile.

Oxydation Perte d'électrons par une substance participant à une réaction d'oxydoréduction.

P

Paléoanthropologie Étude de l'origine et de l'évolution de l'Humain.

Paléontologie Science des êtres vivants ayant existé au cours des temps géologiques ; est fondée sur l'étude des fossiles.

Pancréas Glande dont la fonction est double : la partie exocrine sécrète des enzymes digestives et une solution alcaline dans l'intestin grêle, par l'intermédiaire d'un conduit ; la partie endocrine sécrète et libère des hormones dans le sang, l'insuline et le glucagon notamment.

Pangée Mégacontinent qui s'est formé, à la fin du Paléozoïque, lorsque les mouvements des plaques tectoniques ont réuni tous les continents.

Parabasaliens Groupe de Protistes dépourvus de mitochondries comprenant les Trichomonadines (microorganismes flagellés parasites dont le plus connu, *Trichomonas vaginalis,* cause des infections vaginales).

Parabronche Chacun des fins conduits des poumons des Oiseaux qui remplacent les alvéoles des Mammifères ; l'air y circule dans une seule direction.

Parade nuptiale Série de comportements de certains animaux qui aboutit à l'accouplement ou à la libération de gamètes, chez les espèces dont la fécondation est externe.

Parasite Organisme qui puise ses nutriments dans les liquides biologiques de son hôte.

Parasitisme Relation symbiotique dans laquelle l'un des symbiontes (le parasite) vit aux dépens de l'hôte.

Parasitoïdisme Type spécial de parasitisme dans lequel des insectes déposent leurs œufs sur un hôte vivant. Les larves se nourrissent alors du corps de l'hôte, qu'elles peuvent tuer.

Parathormone (PTH) Hormone peptidique que sécrètent les glandes parathyroïdes et qui augmente la concentration de Ca^{2+} sanguin.

Parazoaires Sous-groupe du règne animal constitué par les Éponges, organismes qui ne possèdent pas de vrais tissus.

Paroi cellulaire Couche externe protectrice de la membrane plasmique de la cellule végétale. Les Bactéries, les Archéobactéries, les Eumycètes et certains Protistes en possèdent également une. La paroi cellulaire des Végétaux est composée de fibres de cellulose qui sont enchâssées dans une matrice faite d'autres polysaccharides et de protéines.

Paroi primaire Paroi relativement mince et flexible que sécrètent les cellules végétales immatures.

Paroi secondaire Matrice résistante et durable, souvent faite de couches successives constituées de fibres de cellulose, d'autres polysaccharides et de protéines, qui protège et soutient la cellule végétale.

Partage des ressources Différenciation des niches écologiques qui permet à des espèces semblables de coexister dans une communauté.

Parthénogenèse Mode de reproduction dans lequel les femelles donnent naissance à d'autres femelles à partir d'œufs non fécondés.

Particule de reconnaissance du signal Complexe qui est constitué de six protéines et d'un petit ARN et qui reconnaît une séquence signal au moment où elle émerge du ribosome.

Parturition Expulsion du fœtus à l'extérieur de l'utérus. Aussi appelée *accouchement.*

Passériformes Groupe d'Oiseaux percheurs parmi les Carinates.

Patrimoine génétique Ensemble des gènes que possède une population à un moment donné.

Paysage En écologie, ensemble régional d'écosystèmes qui sont en interaction, tels qu'une forêt ou des parcelles de forêts, les champs voisins, les marécages, les cours d'eau et les habitats riverains.

Paysage marin Ensemble que forment plusieurs écosystèmes, principalement maritimes, qui sont unis par des échanges d'énergie, de matière et d'organismes.

Paysage terrestre Ensemble que forment plusieurs écosystèmes, principalement terrestres, qui sont unis par des échanges d'énergie, de matière et d'organismes.

Pédicelle Tige allongée du sporophyte d'une Mousse.

Pédomorphose Persistance, chez un organisme adulte, de structures qui étaient strictement juvéniles chez son ancêtre.

Pénis Chez les Mammifères mâles, organe de la copulation qui comprend trois cylindres de tissus érectiles spongieux issus de veines et de capillaires modifiés.

PEP carboxylase Au cours du cycle de Calvin de la photosynthèse, enzyme qui ajoute du dioxyde de carbone au phosphoénolpyruvate (PEP), pour donner de l'oxaloacétate.

Pepsine Enzyme qui est présente dans le suc gastrique et qui démarre l'hydrolyse des protéines.

Pepsinogène Forme inactive sous laquelle est sécrétée la pepsine par des cellules spécialisées, les cellules principales situées dans les cryptes de la muqueuse de l'estomac.

Peptidoglycane Type de polymère situé dans la paroi cellulaire des Bactéries. Se compose de monosaccharides modifiés qui sont reliés transversalement par de courts polypeptides variant d'une espèce à l'autre.

Perception Interprétation que donne le cerveau des sensations chez les Animaux.

Perforine Protéine que sécrète un lymphocyte T cytotoxique et qui provoque des lésions dans la membrane plasmique de la cellule infectée, laquelle enfle par osmose et finit par éclater.

Pergélisol Couche gelée en permanence de la toundra arctique qui se trouve sous la strate racinaire.

Péricarpe Paroi de l'ovaire qui est devenue la paroi épaissie du fruit.

Péricycle Chez les Végétaux, couche de cellules qui est située à l'intérieur de l'endoderme d'une racine et qui peut se transformer en méristème et recommencer à se diviser.

Périderme Couche protectrice, composée du liège et du cambium subérophellodermique, qui remplace l'épiderme des Plantes pendant la croissance secondaire.

Période critique Laps de temps pendant lequel l'apprentissage d'un comportement peut se faire.

Période édiacarienne Dernière période de l'ère précambrienne.

Période réfractaire Court intervalle de temps qui suit immédiatement un potentiel d'action et pendant lequel le neurone reste insensible à tout stimulus.

Péristaltisme Chez les Animaux, ondes rythmiques produites par la contraction des muscles lisses de la paroi du tube digestif qui forcent les aliments à avancer.

Péristome Chez les Mousses, partie supérieure du sporange couverte d'un opercule ; libère progressivement les spores.

Perméabilité sélective Propriété des membranes biologiques qui permet à certaines substances de les traverser plus facilement que d'autres.

Peroxysome Compartiment contenant des enzymes qui transfèrent l'hydrogène de divers substrats au dioxygène ; produit puis dégrade du peroxyde d'hydrogène ou dioxyde de dihydrogène.

Perturbation Événement qui, comme une tempête ou un incendie, cause des dégâts à une communauté, en élimine des organismes et modifie la disponibilité des ressources.

Pétale Feuille modifiée des Angiospermes qui est la plupart du temps vivement colorée ; contribue à attirer les insectes et les autres pollinisateurs.

Pétiole Queue de la feuille des Plantes, qui relie la feuille à un nœud de la tige.

Petites lèvres Dans le système reproducteur de la femme, replis de peau mince, sans poils, qui délimitent le vestibule et qui sont protégés extérieurement par les grandes lèvres.

Pétromyzonoïdes (Lamproies) Classe du sous-embranchement des Vertébrés. Animaux marins ou dulcicoles sans mâchoires qui possèdent un crâne cartilagineux et un squelette axial (reposant sur une corde dorsale) ; n'ont pas de colonne vertébrale. Un tube cartilagineux entoure la corde dorsale et des fibres de cartilage recouvrent partiellement le tube neural, organisation qui précède l'apparition d'une véritable colonne vertébrale au cours de l'évolution.

pH Logarithme négatif, à base 10, de la concentration molaire volumique des protons. Sa valeur se situe entre 0 et 14. Une solution acide a un pH inférieur à 7 ; une solution basique a un pH supérieur à 7.

Phage Virus infectant une bactérie. Aussi appelé *Bactériophage*.

Phage virulent Phage qui se multiplie uniquement suivant un cycle lytique.

Phagocytose Processus par lequel une cellule se déforme en tout ou en partie pour entourer complètement un corps étranger en produisant des pseudopodes, afin d'ingérer une grosse particule qui est ensuite emprisonnée dans une vacuole nutritive.

Pharynx Région de la gorge des Vertébrés qui constitue un carrefour communiquant aussi bien avec l'œsophage qu'avec les voies respiratoires (trachée). Chez le Ver de terre, tube musculeux qui fait saillie du côté ventral de l'animal et se termine dans la bouche.

Phase de croissance accélérée de l'endomètre Partie du cycle menstruel au cours de laquelle la fine couche basale de l'endomètre commence à régénérer la couche fonctionnelle, qui s'épaissit durant une ou deux semaines.

Phase folliculaire Partie du cycle ovarien pendant laquelle plusieurs follicules de l'ovaire commencent leur croissance.

Phase G$_0$ Stade où une cellule ne se divise plus et est dans un état de repos.

Phase G$_1$ Première période de croissance de l'interphase et du cycle cellulaire ; précède la phase S de synthèse de l'ADN.

Phase G$_2$ Troisième période de croissance de l'interphase et du cycle cellulaire ; suit la synthèse de l'ADN.

Phase lutéale Partie du cycle ovarien pendant laquelle les cellules endocrines du corps jaune sécrètent des hormones femelles.

Phase M Phase du cycle cellulaire qui comprend la mitose et la cytocinèse.

Phase menstruelle Partie du cycle menstruel au cours de laquelle les saignements se produisent.

Phase S Deuxième période de croissance de l'interphase et du cycle cellulaire ; phase de synthèse de l'ADN durant laquelle a lieu la réplication de l'ADN, après la phase G$_1$ et avant la phase G$_2$.

Phase sécrétoire Partie du cycle menstruel durant laquelle la couche fonctionnelle de l'endomètre continue à s'épaissir, devient plus vascularisée et produit des glandes qui sécrètent un liquide riche en glycogène.

Phénotype Ensemble des caractères physiques et physiologiques d'un individu.

Phénotype sauvage Phénotype normal ou le plus répandu pour un caractère donné, dans les populations naturelles.

Phéromone Substance chimique que libère un organisme pour influencer le comportement d'un autre individu de la même espèce.

Phloème Chez les Végétaux, tissu conducteur qui est composé de cellules vivantes en forme de tubes et qui acheminent les glucides et les autres nutriments organiques dans l'ensemble de la plante.

Phoronidiens Animaux marins au corps vermiforme qui habitent dans des tubes dont la taille varie de 1 mm à 50 cm. Font partie du clade des Lophophoriens.

Phosphoglycéraldéhyde (PGAL) Monosaccharide à trois atomes de carbone que produit directement le cycle de Calvin.

Phosphoglycérolipide Lipide qui constitue la couche interne des membranes biologiques. Il se compose d'une tête polaire hydrophile et d'une queue non polaire hydrophobe.

Phosphorylation au niveau du substrat Mode de synthèse de l'ATP dans lequel une enzyme transfère directement un groupement phosphate d'un substrat à l'adénosine diphosphate.

Phosphorylation oxydative Mode de synthèse de l'ATP qui est alimenté par les réactions d'oxydoréduction transférant des électrons depuis des nutriments jusqu'à du dioxygène ou à un autre accepteur dans la respiration cellulaire.

Phosphorylée Qualifie une molécule qui a reçu un groupement phosphate.

Photoautotrophe Qualifie un organisme qui utilise la lumière comme source d'énergie pour synthétiser des composés organiques à partir de dioxyde de carbone.

Photohétérotrophe Qualifie un organisme qui utilise la lumière pour produire de l'ATP, mais qui doit se procurer son carbone sous forme organique.

Photomorphogenèse Action de la lumière sur la morphologie des Végétaux.

Photon Quantité minimale d'énergie qu'une onde électromagnétique peut transporter.

Photopériodisme Réaction physiologique à la photopériode (répartition, dans la journée, entre la durée de la phase diurne et celle de la phase nocturne) ; par exemple, la floraison chez les Plantes.

Photophosphorylation Production d'ATP par l'ajout d'un groupement phosphate à l'ADP, au moyen de la force protonmotrice générée par les membranes thylakoïdiennes du chloroplaste au cours des réactions photochimiques de la photosynthèse.

Photophosphorylation cyclique Production d'ATP au cours du transport cyclique d'électrons.

Photophosphorylation non cyclique Production d'ATP au cours du transport non cyclique d'électrons.

Photopsines Groupe de pigments visuels des cônes de l'œil des Vertébrés et de certains Invertébrés qui absorbent les différentes longueurs d'onde de la lumière visible.

Photorécepteur Récepteur d'ondes électromagnétiques qui détecte la lumière visible chez certains Animaux.

Photorespiration Voie métabolique qui consomme du dioxygène, libère du dioxyde de carbone, ne produit pas d'ATP et réduit le rendement de la photosynthèse ; provoquée par la chaleur, la sécheresse et l'ensoleillement.

Photosynthèse Conversion de l'énergie lumineuse en énergie chimique qui est emmagasinée dans des glucides et d'autres molécules organiques. A lieu chez les Végétaux, chez les Algues et chez certaines cellules procaryotes.

Photosystème Unité photoréceptrice de la membrane thylakoïdienne du chloroplaste qui est constituée par l'antenne, la chlorophylle *a* du centre réactionnel et l'accepteur primaire d'électrons.

Photosystème I L'une des deux unités photoréceptrices de la membrane thylakoïdienne du chloroplaste ; utilise la chlorophylle du centre réactionnel appelée P$_{700}$.

Photosystème II L'une des deux unités photoréceptrices de la membrane thylakoïdienne du chloroplaste ; utilise la chlorophylle du centre réactionnel appelée P$_{680}$.

Phototropine Pigment qu'utilisent les Plantes pour détecter la lumière bleue, pour effectuer le phototropisme.

Phototropisme Croissance de la pousse d'une plante en direction de la lumière ou dans la direction opposée.

Phragmoplaste Structure formée d'éléments du cytosquelette et de vésicules dérivées de l'appareil de Golgi qui s'alignent le long de l'axe médian de la cellule en division.

Phylocode Taxinomie de remplacement qui consiste à nommer tout simplement des clades sans leur donner d'étiquette hiérarchique telle que classe, ordre et famille.

Phylogenèse Histoire de l'évolution d'une espèce ou d'un groupe d'espèces apparentées.

Physiologie Étude des fonctions d'un organisme.

Phytoalexine Antibiotique que produisent les Plantes et qui détruisent les microorganismes ou inhibent leur croissance.

Phytoplancton Regroupement d'Algues et de procaryotes photosynthétiques qui constituent la base de la plupart des réseaux alimentaires d'eau douce et d'eau salée.

Phytoremédiation Nouvelle technique qui respecte le paysage et permet d'assainir à peu de frais certaines régions contaminées. Fait appel aux capacités remarquables qu'ont certaines espèces végétales pour absorber les métaux lourds et les polluants organiques se trouvant dans le sol et pour les concentrer dans leur système caulinaire, qu'on peut ensuite facilement récolter.

Pied (1) Partie du sporophyte d'une Mousse qui obtient les glucides, les acides aminés, l'eau et les minéraux du gamétophyte maternel par l'intermédiaire de cellules de transfert. (2) Chez les Mollusques, organe musculeux servant habituellement aux mouvements.

Pied ambulacraire Chez les Échinodermes, prolongement érectile du réseau de canaux hydrauliques qui compose le système ambulacraire. Sert à la locomotion, à la capture des proies et aux échanges gazeux.

Pigment Substance qui absorbe la lumière visible, chez les organismes photoautotrophes.

Pigment respiratoire Protéine spéciale qui transporte la plus grande partie du dioxygène dans le sang des animaux qui possèdent un système cardiovasculaire.

Pilus sexuel Chez certaines cellules procaryotes, appendice filiforme et spécialisé, plus long que les fimbriae, qui sert à réunir deux cellules assez longtemps pour que s'effectue un transfert d'ADN au moment de la conjugaison.

Pinocytose Type d'endocytose dans lequel la cellule absorbe des gouttelettes de liquide extracellulaire avec les solutés qui y sont dissous.

Pinophytes Embranchement le plus vaste des quatre embranchements de Gymnospermes. L'appareil reproducteur de ces Végétaux est le cône, composé d'un amas de sporophylles en forme d'écailles. L'embranchement comprend les Pins, les Sapins, les Épinettes, les Mélèzes, les Ifs, les Genévriers, les Thuyas, les Cyprès et les Séquoias. Aussi appelés *Conifères*.

Pistil Organe reproducteur femelle de la fleur qui se compose d'un ou plusieurs carpelles.

Placenta Structure qui est formée d'une partie de la muqueuse utérine maternelle et des membranes extra-embryonnaires, et à travers laquelle les nutriments diffusent dans le sang de l'embryon ou du fœtus.

Placodermes Classe de Poissons fossiles dotés de mâchoires et porteurs d'une armure.

Plan d'organisation Mise en place, au cours du développement, d'une organisation spatiale dans laquelle les tissus et les organes occupent un emplacement caractéristique.

Planaire Plathelminthe carnivore qui se nourrit de petits animaux et de charogne.

Plancton Regroupement d'organismes le plus souvent microscopiques qui dérivent passivement ou nagent faiblement près de la surface de l'eau.

Plante annuelle Plante dont le cycle de développement – de la germination à la production de graines, en passant par la floraison – dure un an ou moins.

Plante bisannuelle Plante dont le cycle de développement dure deux ans.

Plante de jour court Plante qui fleurit uniquement lorsque la période de clarté est inférieure à une durée critique, habituellement à la fin de l'été, à l'automne ou en hiver.

Plante de jour long Plante qui fleurit uniquement lorsque la période de clarté dépasse une durée critique, habituellement à la fin du printemps ou au début de l'été.

Plante de type C$_3$ Plante qui utilise le cycle de Calvin pour fixer le carbone et obtenir ainsi le 3-phosphoglycérate, composé à trois atomes de carbone.

Plante de type C$_4$ Plante qui fait précéder le cycle de Calvin de réactions donnant des composés à quatre atomes de carbone, dont un provient du dioxyde de carbone ; ces composés libèrent par la suite du CO$_2$ pour le cycle de Calvin.

Plante de type CAM Plante qui utilise une adaptation photosynthétique à l'aridité, le métabolisme acide crassulacéen (CAM, *crassulacean acid metabolism*), nommé d'après la famille des Crassulacées chez qui on a découvert le processus. Le dioxyde de carbone qui entre dans les stomates ouverts pendant la nuit est transformé en acides organiques qui, pendant le jour, lorsque les stomates sont fermés, libèrent du CO$_2$ pour le cycle de Calvin.

Plante indifférente Plante dont la floraison ne dépend pas de la photopériode.

Plante vivace Plante qui peut vivre de nombreuses années.

Plantes à graines Végétaux vasculaires qui produisent des graines.

Plaque cellulaire Structure constituée de deux membranes qui se forme à l'équateur de la cellule mère pendant la cytocinèse, lors de la division des cellules végétales. Siège de la formation de la nouvelle paroi cellulaire.

Plaque équatoriale À la métaphase, plan imaginaire qui est situé à mi-chemin entre les deux pôles de la cellule et où se trouvent les centromères de tous les chromosomes répliqués.

Plaquette Fragment de cellule que contient le sang et qui contribue à la coagulation sanguine. Dépourvue de noyau, elle résulte de la fragmentation du cytoplasme de grandes cellules dans la moelle osseuse rouge.

Plasma Matrice liquide du sang des Vertébrés qui contient plusieurs types de cellules en suspension.

Plasmide Petite molécule d'ADN circulaire distincte du chromosome bactérien et capable de se répliquer de façon autonome ; présent également dans certaines cellules eucaryotes comme les Levures.

Plasmide F Petit ADN d'un plasmide contenant le facteur F, aussi appelé facteur de fertilité extrachromosomique ; contient environ 25 gènes dont la plupart participent à la production de pili sexuels.

Plasmide R Sorte de plasmide bactérien comprenant des gènes de résistance aux antibiotiques.

Plasmide Ti Plasmide qui produit des tumeurs dans les plantes infectées par une bactérie. Insère un segment de son ADN dans l'ADN chromosomique des cellules végétales hôtes ; fréquemment utilisé comme vecteur en génie génétique appliqué à des plantes.

Plasmocyte Lymphocyte B effecteur que crée un lymphocyte B activé et qui produit des anticorps.

Plasmode Masse de cytoplasme qui n'est pas séparée par des membranes et qui renferme plusieurs noyaux, durant le stade de croissance du cycle de développement des Myxomycètes.

Plasmodesme Canal qui traverse la paroi cellulaire végétale ; relie les membranes plasmiques et les cytoplasmes de cellules voisines.

Plasmogamie Fusion des cytoplasmes de cellules provenant de deux mycéliums. Première étape de l'union des cellules de deux organismes, chez de nombreux Eumycètes ayant un cycle de développement sexué.

Plasmolyse Dans les cellules dotées d'une paroi, phénomène qui se produit lorsque la cellule perd de l'eau au profit d'un milieu hypertonique : la membrane plasmique s'écarte de la paroi et se ratatine.

Plastes Famille d'organites végétaux dont font partie les chloroplastes, les chromoplastes et les amyloplastes (leucoplastes).

Plathelminthes Embranchement des Vers plats. Animaux acœlomates munis d'une cavité gastrovasculaire et possédant un troisième feuillet embryonnaire, le mésoderme, par rapport aux deux feuillets des Cnidaires et des Cténophores. Embranchement comportant quatre classes : les Turbellariés (Planaires), les Monogènes (Benedenia, Encotyllabe), les Trématodes (Douves, Schistosomes) et les Cestodes (Ténias).

Pléiotropie Faculté de la plupart des gènes de produire des effets phénotypiques multiples.

Plurifactoriel Qualifie les caractères dont l'expression phénotypique est influencée par plusieurs facteurs génétiques et environnementaux.

Poil absorbant Chacun des prolongements minuscules des cellules épidermiques qui poussent près de l'extrémité des racines des Plantes et qui augmentent considérablement la surface d'absorption de l'eau et des minéraux.

Point chaud de la biodiversité Aire relativement petite qui comporte une concentration exceptionnelle d'espèces endémiques et un grand nombre d'espèces menacées ou en voie de disparition.

Point d'ancrage Substrat auquel une cellule animale en division doit adhérer. Il peut s'agir de la paroi d'un récipient de culture ou de la matrice extracellulaire d'un tissu.

Point de contrôle Moment critique du cycle cellulaire où un stimulus dicte l'arrêt ou la poursuite du cycle.

Point de repère Point de référence qu'utilisent certains animaux pour s'orienter pendant la navigation.

Polarité Chez les Plantes, fait qu'il existe un axe bien développé dont les deux extrémités sont différentes : l'une est une racine ; l'autre est une pousse.

Pôle animal Chez de nombreux Animaux, exception faite des Mammifères, pôle de l'ovocyte de deuxième ordre où la concentration de vitellus est la plus faible. Pôle opposé au pôle végétatif.

Pôle végétatif Chez de nombreux Animaux, exception faite des Mammifères, pôle de l'ovocyte de deuxième ordre où la concentration de vitellus est la plus forte. Pôle opposé au pôle animal.

Pollinisation Transfert du pollen aux ovules.

Pollinisation croisée Transfert du pollen de la fleur d'une plante à la fleur d'une autre plante de la même espèce. Mode de reproduction le plus courant chez les Angiospermes.

Polyandrie Forme de polygamie dans laquelle une femelle s'accouple avec plusieurs mâles.

Polygame Se dit d'une relation entre animaux dans laquelle un individu s'accouple avec plusieurs autres.

Polygynie Forme de polygamie dans laquelle un mâle s'accouple avec plusieurs femelles.

Polymère Molécule constituée d'un grand nombre d'unités structurales identiques ou semblables qui sont rattachées les unes aux autres par des liaisons covalentes.

Polymorphe Se dit d'une population au sein de laquelle coexistent au moins deux types morphologiques à une fréquence suffisamment élevée pour que cela soit observable.

Polymorphisme de taille des fragments de restriction (PTFR) Différence dans les séquences d'ADN des chromosomes homologues qui peut se refléter dans les motifs formés par les fragments de restriction (segments d'ADN obtenus par le traitement à l'aide d'enzymes de restriction). Peut aussi servir de marqueur génétique pour préparer la cartographie d'un génome.

Polymorphisme équilibré Capacité de la sélection naturelle à maintenir les fréquences de plusieurs phénotypes dans une population.

Polymorphisme nucléotidique Variation du génome ne touchant qu'une seule paire de bases.

Polynucléotide Polymère qui est composé de plusieurs nucléotides (monomères) et qui entre dans la composition des acides nucléiques que sont l'ADN et l'ARN. Sert de plan pour la synthèse des protéines et, par l'intermédiaire des protéines, contrôle toutes les activités cellulaires.

Polypeptide Polymère d'acides aminés unis par des liaisons peptidiques.

Polyploïdie Anomalie chromosomique d'organismes possédant plus de deux jeux complets de chromosomes.

Polyribosome File de ribosomes le long du même ARNm.

Polysaccharide Macromolécule résultant de la condensation de quelques centaines ou de quelques milliers de monosaccharides unis par des liaisons glycosidiques.

Pompe à protons Type de pompe électrogène qui utilise l'ATP pour expulser des protons d'une cellule et qui génère ainsi un potentiel de membrane.

Pompe à sodium et à potassium Protéine de transport actif qui est enchâssée dans la membrane plasmique des cellules animales et qui expulse les ions sodium de la cellule tout en faisant entrer les ions potassium contre leur gradient de concentration.

Pompe électrogène Protéine de transport actif qui engendre un potentiel électrique de part et d'autre d'une membrane.

Ponctuation Chez les Végétaux, chacune des régions moins épaisses des parois des trachéides et des éléments de vaisseau où seule la paroi primaire est présente.

Pont Portion du tronc cérébral située dans la partie inférieure de l'encéphale des Vertébrés. Renflement qui est situé devant le cervelet et qui comporte des noyaux qui régulent les centres de respiration dans le bulbe rachidien.

Pont disulfure Liaison covalente forte qui se forme quand le soufre d'un monomère de cystéine se lie au soufre d'un autre monomère de cystéine.

Population Groupe d'individus de la même espèce habitant une région géographique particulière à un moment déterminé.

Porifères Embranchement d'animaux sessiles qui ne possèdent ni tissus vrais ni organes; se nourrissent par filtration grâce à leur corps poreux tapissé de choanocytes.

Porte-greffe Plante qui fournit le système racinaire lors d'une greffe.

Postérieure Se dit de la région située à l'arrière (queue) d'un animal à symétrie bilatérale.

Postulats de Koch Quatre critères qu'a définis Robert Koch et qui servent à établir si un agent pathogène particulier cause une maladie: (1) trouver le même agent pathogène chez tous les individus malades examinés; (2) isoler l'agent pathogène d'un sujet atteint et faire une culture pure du microorganisme; (3) provoquer la maladie chez des animaux de laboratoire en leur inoculant le microorganisme cultivé; (4) isoler le même agent pathogène chez ces animaux une fois la maladie déclarée.

Potentialisation à long terme Dans les phénomènes de mémoire et d'apprentissage, type de changement synaptique qui désigne une réactivité accrue aux potentiels d'action dans la cellule postsynaptique.

Potentiel d'action Changement brusque du potentiel de membrane d'une cellule excitable qui est causé par l'ouverture et la fermeture, déclenchées elles-mêmes par un stimulus, des vannes tensiodépendantes des canaux à sodium et à potassium. Aussi appelé *influx nerveux*.

Potentiel de membrane Différence de potentiel électrique (tension), entre le milieu extracellulaire et le cytosol de toutes les cellules, due à une répartition inégale des ions; influe sur l'activité des cellules excitables et sur le passage de toutes les substances chargées à travers la membrane.

Potentiel de repos Potentiel de membrane d'un neurone non stimulé. Est généralement d'environ −70 mV.

Potentiel gradué Variation de tension de part et d'autre de la membrane plasmique dont l'amplitude dépend de l'intensité du stimulus.

Potentiel hydrique Propriété physique qui permet de prédire la direction de l'écoulement de l'eau, régie par la concentration des solutés qui engendre une pression osmotique et par la pression qu'exerce la paroi cellulaire.

Potentiel postsynaptique excitateur (PPSE) Phénomène électrique de dépolarisation qui se produit dans la membrane plasmique d'un neurone postsynaptique et qui est provoqué par la liaison du neurotransmetteur excitateur d'un neurone présynaptique et d'un récepteur membranaire postsynaptique. Il est alors plus probable que l'axone de la cellule postsynaptique puisse déclencher un potentiel d'action.

Potentiel postsynaptique inhibiteur (PPSI) Phénomène électrique d'hyperpolarisation qui se produit dans la membrane plasmique d'un neurone postsynaptique et qui est provoqué par la liaison du neurotransmetteur inhibiteur d'un neurone présynaptique et d'un récepteur membranaire postsynaptique. Il est alors plus difficile pour un neurone postsynaptique de produire un potentiel d'action.

Potentiel récepteur Modification graduée du potentiel de membrane d'un récepteur sensoriel qui réagit à un stimulus.

Pouce opposable Disposition des doigts qui permet au pouce de toucher l'extrémité intérieure des doigts (du côté des circonvolutions de la peau) d'une même main. Caractéristique des Humains et des autres Primates anthropoïdés.

Pouls Dilatation rythmique des artères causée par la pression du sang, en raison des puissantes contractions des ventricules durant la systole.

Poumon Surface respiratoire invaginée présente chez les Vertébrés, les Escargots terrestres et les Araignées. En contact avec l'atmosphère par un système de conduits ramifiés.

Poumon lamellaire Organe qui est constitué d'un ensemble de lamelles empilées dans une chambre interne et qui permet les échanges gazeux chez les Araignées.

Pouvoir de résolution En microscopie, mesure de la clarté de l'image; correspond à la distance minimale à laquelle deux points n'apparaissent plus comme distincts.

Précipitation Établissement de liens croisés entre des molécules solubles d'antigènes (molécules dissoutes dans les liquides corporels) formant des complexes qui précipitent et sont capturés par les phagocytes dans le contexte de la réaction immunitaire.

Précipitation acide Pluie, grêle, neige ou brouillard dont le pH est inférieur à 5,6.

Prédation Interaction entre des espèces dans laquelle une espèce, le prédateur, dévore l'autre, la proie.

Préformation Concept généralement accepté au XVIIIᵉ siècle encore et selon lequel l'embryon devait contenir l'ensemble de ses descendants, c'est-à-dire une série d'embryons de plus en plus petits contenus les uns dans les autres.

Premier principe de la thermodynamique Principe de conservation de l'énergie selon lequel la quantité d'énergie dans l'Univers est constante. L'énergie peut être transférée et transformée: elle ne peut être ni détruite ni créée.

Prépuce Repli de peau qui recouvre le clitoris et le gland du pénis chez l'Humain.

Présentation de l'antigène Processus qui intervient dans la réaction immunitaire et par lequel une molécule du complexe majeur d'histocompatibilité accueille un fragment d'antigène protéique intracellulaire dans son sillon récepteur, le transporte jusqu'à la surface de la cellule et le présente au récepteur antigénique d'un lymphocyte T situé à proximité.

Préservatif masculin Barrière mécanique consistant en une fine membrane naturelle ou en un étui de latex qui s'ajuste sur le pénis de façon à recueillir le sperme. Aussi appelé *condom*.

Pression artérielle Force hydrostatique que le sang exerce contre l'aire que représente la paroi d'un vaisseau, chez les Animaux.

Pression de turgescence Force qui s'exerce sur la paroi d'une cellule après l'entrée d'eau et le gonflement de la cellule causé par l'osmose.

Pression diastolique Pression artérielle atteinte entre deux contractions cardiaques.

Pression partielle Pression qu'exerce chacun des constituants d'un mélange de gaz.

Pression racinaire Poussée ascendante qui s'exerce sur la sève brute, dans la stèle, chez les Vasculaires. Causée par l'endoderme qui empêche les minéraux contenus dans la stèle de ressortir, ce qui fait diminuer le potentiel hydrique de cette dernière et ce qui attire l'eau de l'écorce.

Pression systolique Pression sanguine maximale atteinte dans les artères au moment où le cœur se contracte, au moment de la systole ventriculaire.

Primates Ordre des Mammifères dont les individus possèdent des mains adaptées à la préhension; comprend les Prosimiens et les Anthropoïdés dont font partie les Humains.

Principe d'exclusion compétitive En écologie des communautés, concept selon lequel deux populations d'espèces semblables ayant des besoins pour les mêmes ressources ne peuvent cohabiter.

Principe de parcimonie En science, principe selon lequel toute théorie doit proposer l'explication la plus simple possible dans le respect des faits.

Principe de précaution Principe directeur dans la prise de décisions concernant l'environnement. Invite à la prudence et suggère de prendre en compte systématiquement les conséquences probables des actions envisagées.

Prion Particule protéique infectieuse qui peut se multiplier et déclencher des réactions en chaîne causant une maladie dégénérative du cerveau.

Prismatique Qualifie la forme ressemblant à une brique debout d'un type de cellules épithéliales.

Procambium Chez les Végétaux, méristème primaire des racines et des pousses qui donne naissance aux tissus conducteurs.

Procaryote Qualifie une cellule dont l'ADN ne se trouve pas dans un noyau séparé du cytosol par une enveloppe membraneuse. Cet ADN constitue en grande partie ce qu'on a tendance à appeler le « chromosome bactérien », bien qu'il s'associe à très peu de protéines, contrairement aux chromosomes eucaryotes. La cellule procaryote est dépourvue des organites membraneux caractéristiques de la cellule eucaryote. Elle contient des organites peu variés et sans membranes. Presque toutes les cellules procaryotes ont une paroi cellulaire rigide. Les cellules procaryotes composent deux domaines du vivant, celui des Archéobactéries et celui des Bactéries.

Producteur Dans une chaîne ou le réseau alimentaire d'un écosystème, organisme autotrophe, généralement photosynthétique (Végétaux, Algues ou certains procaryotes), qui se situe au niveau trophique dont dépendent tous les niveaux trophiques.

Productivité primaire Quantité d'énergie chimique (composés organiques) issue de la transformation de l'énergie lumineuse par les organismes autotrophes d'un écosystème, dans une période donnée.

Productivité primaire brute (PPB) Productivité primaire totale, c'est-à-dire quantité totale de matière organique issue de la transformation de l'énergie lumineuse en énergie chimique au cours de la photosynthèse.

Productivité primaire nette (PPN) Ce qui reste de la productivité primaire brute après qu'on y a soustrait l'énergie utilisée pour la respiration cellulaire.

Productivité secondaire Augmentation, par transformation de l'énergie chimique de la nourriture, de la biomasse des consommateurs d'un écosystème (herbivores, carnivores et détritivores).

Produit Substance résultant d'une réaction chimique.

Progestérone La plus importante hormone stéroïde du groupe des progestines que le corps jaune sécrète pendant la phase lutéale du cycle ovarien.

Progestines Famille d'hormones stéroïdes qui sont produites par les ovaires et dont fait partie la progestérone. Leurs fonctions ont surtout trait à mise en place de la phase sécrétoire du cycle menstruel et à l'adaptation de l'utérus, qui assure la croissance et le développement de l'embryon.

Prognathisme Phénomène par lequel les mâchoires de nos ancêtres Hominines étaient plus proéminentes que celles des Humains modernes.

Programme Génome humain Projet mis sur pied par un consortium international et visant à cartographier tout le génome humain et à déterminer l'ensemble de la séquence nucléotidique de chacun des chromosomes.

Progymnospermes Groupe aujourd'hui disparu de Plantes qui sont probablement les ancêtres des Gymnospermes et des Angiospermes.

Prolactine (PRL) Hormone produite par l'adénohypophyse qui a divers effets selon les espèces de Vertébrés. Chez les Mammifères, favorise la croissance des glandes mammaires et déclenche la synthèse du lait.

Prométaphase Deuxième phase de la mitose. Des chromosomes constitués de chromatides sœurs identiques apparaissent; l'enveloppe nucléaire se fragmente et les microtubules du fuseau s'attachent aux kinétochores des chromosomes.

Promiscuité Type d'accouplement des Animaux dans lequel les liens entre mâles et femelles ne sont ni forts ni durables.

Promoteur Séquence spécifique de nucléotides de l'ADN à laquelle l'ARN polymérase se lie pour commencer la transcription.

Prophage ADN phagique qui s'est intégré, par recombinaison génétique, à un site spécifique du chromosome bactérien.

Prophase Première phase de la mitose. La chromatine se condense en chromosomes et le fuseau mitotique commence à se former, mais les nucléoles et le noyau sont encore intacts.

Prosencéphale L'une des trois régions embryonnaires de l'encéphale qui ont été produites au cours de l'évolution des Vertébrés. Donne naissance au thalamus, à l'hypothalamus et au cerveau.

Prosimiens Sous-ordre des Primates (Prosimien signifie « avant les Singes ») dont les membres ressemblent probablement aux premiers Primates arboricoles. En font partie les Lémurs de Madagascar ainsi que les Loris, les Toupayes et les Galagos d'Afrique tropicale et du sud de l'Asie.

Prostaglandines (PG) L'un des groupes d'acides gras modifiés que produisent et libèrent dans le liquide interstitiel la plupart des types de cellules. Jouent le rôle de régulateurs locaux et agissent de diverses façons sur les cellules voisines.

Prostate Chez les Mammifères mâles, glande annexe qui déverse directement ses sécrétions liquides et laiteuses dans l'urètre, par plusieurs petits conduits. Ses sécrétions contiennent des protéines anticoagulantes et du citrate (nutriment destiné aux spermatozoïdes).

Protéasome Complexe protéique géant qui reconnaît et dégrade les protéines marquées par des molécules d'ubiquitine (petite protéine).

Protéine Macromolécule tridimensionnelle constituée d'un ou plusieurs polypeptides et élaborée à partir d'une vingtaine de monomères appelés acides aminés.

Protéine adaptatrice Protéine intermédiaire de grande taille qui rassemble plusieurs autres intermédiaires protéiques pour augmenter l'efficacité des voies de conversion-amplification.

Protéine CD4 Protéine de surface du lymphocyte T auxiliaire qui facilite grandement l'interaction entre

la cellule présentatrice d'antigène et le lymphocyte T auxiliaire.

Protéine CD8 Protéine de surface du lymphocyte T cytotoxique qui augmente l'interaction entre la cellule infectée présentant l'antigène et le lymphocyte T cytotoxique.

Protéine de choc thermique Protéine qui, lors d'un choc thermique, envelopperait une enzyme et d'autres protéines pour prévenir leur dénaturation. Présente chez les Végétaux, les Animaux et les microorganismes.

Protéine de transport Protéine transmembranaire qui aide une substance donnée ou une classe de substances fortement apparentées à traverser la membrane.

Protéine G Protéine qui est liée à une molécule de guanosine triphosphate et qui sert d'intermédiaire entre les récepteurs membranaires, appelés récepteurs couplés à une protéine G, et d'autres protéines de conversion-amplification situées à l'intérieur de la cellule.

Protéine intramembranaire Protéine des membranes biologiques qui pénètre dans les membranes assez profondément pour que sa partie hydrophobe se trouve entourée par les parties hydrocarbonées des lipides; peut aussi traverser les membranes de part en part.

Protéine kinase Enzyme qui transfère un groupement phosphate de l'ATP à une protéine.

Protéine périphérique Protéine qui constitue un appendice rattaché à la surface membranaire et non enfoui dans la bicouche lipidique.

Protéine phosphatase Enzyme qui retire les groupements phosphate des protéines (déphosphorylation).

Protéine réceptrice d'AMPc Protéine de régulation qui provoque directement l'expression génique en activant la transcription.

Protéines fixatrices d'ADN monocaténaire Durant la réplication de l'ADN, molécules qui s'attachent les unes derrière les autres et forment des chaînes le long des deux brins parentaux séparés par l'hélicase. Les brins parentaux d'ADN servent de matrices pour la synthèse des brins complémentaires.

Protéines RP Protéines (reliées à la pathogenèse) que produisent les gènes des Plantes activés par une infection. Certaines de ces molécules sont antimicrobiennes.

Protéines synthétisées en situation de stress Molécules spéciales, comprenant les protéines de choc thermique, que produisent les cellules des Animaux en réponse à une augmentation marquée de la température et à d'autres stress intenses (toxines, changement rapide du pH et infection virale).

Protéoglycane Glycoprotéine de la matrice extracellulaire des cellules animales qui est riche en glucides.

Protéomique Étude systématique de jeux complets de protéines (protéomes) codés par un génome.

Protérandre Qualifie l'individu de certaines espèces d'Animaux qui est d'abord mâle, dans une forme d'hermaphrodisme séquentiel.

Protérogyne Qualifie l'individu de certaines espèces d'Animaux qui est d'abord femelle, dans une forme d'hermaphrodisme séquentiel.

Protistes Groupe très hétérogène d'organismes, dont les membres sont pour la plupart unicellulaires. La grande diversité de ce groupe difficile à définir brièvement est à l'origine de nombreux débats entre systématiciens. Certains voudraient que le groupe comporte plusieurs règnes.

Protobiontes Agrégats de molécules produites par voie abiotique.

Protoderme Chez les Végétaux, méristème primaire externe qui donne naissance à l'épiderme, ou tissu de revêtement, des racines et des pousses.

Proton Particule élémentaire constitutive du noyau d'un atome et possédant une unité de charge électrique positive. Chaque élément a un nombre caractéristique de protons.

Protonéma Chez les Mousses, filament vert et ramifié qui n'a qu'une cellule d'épaisseur et qui est produit par la germination de la spore.

Protonéphridie Type de système urinaire, comme le système à cellule-flamme des Vers plats, qui est constitué d'un réseau de tubules se terminant en cul-de-sac et pourvus d'ouvertures externes appelées néphridiopores.

Proto-oncogène Gène cellulaire normal ayant un potentiel cancérogène et devenant un oncogène dans certaines conditions.

Proto-oncogène *Ras* Gène qui code pour la protéine *Ras*, protéine G qui transmet un stimulus de croissance d'un récepteur de facteurs de croissance situé sur la membrane plasmique sur une cascade de protéines kinases. La réponse cellulaire déclenchée par cette voie est la synthèse d'une protéine stimulant le cycle cellulaire.

Protoplaste Cellule végétale privée de paroi.

Protostomiens L'une des deux lignées de Cœlomates, qui comprend notamment les Mollusques, les Annélides et les Arthropodes. Ces animaux se caractérisent par une segmentation spirale et déterminée, la formation du cœlome par schizocœlie et la formation de la bouche à partir du blastopore.

Protozoaires Protistes qui, comme les Animaux, ingèrent leur nourriture.

Provirus ADN viral qui s'est intégré au génome d'une cellule hôte.

Pseudocœlomates Animaux, comme les Rotifères et les Vers ronds, dont le cœlome n'est pas complètement entouré de tissus provenant du mésoderme.

Pseudocœlome Cavité corporelle qui n'est pas complètement entourée de tissus provenant du mésoderme.

Pseudogène Segment d'ADN qui comporte des séquences ressemblant beaucoup à celles des véritables gènes (c'est-à-dire des gènes fonctionnels), mais ne s'exprimant pas.

Pseudopode Prolongement cytoplasmique qu'utilisent certaines cellules pour se déplacer et se nourrir.

Ptéridophytes Plantes vasculaires qui ne produisent pas de graines. Le groupe comprend l'embranchement des Lycophytes (Lycopodes) et celui des Ptérophytes (Fougères, Prêles et Psilotes).

Ptérophytes Embranchement des Vasculaires sans graines qui comprend les Fougères, les Prêles et les Psilotes.

Ptérosauriens Reptiles ailés qui vivaient à l'époque des Dinosaures.

Pupille Dans l'œil des Vertébrés et de certains Invertébrés, ouverture visible au centre de l'iris qui laisse entrer la lumière.

Purine L'une des deux familles de bases azotées présentes dans les nucléotides. L'adénine (A) et la guanine (G) sont des purines.

Pyramide de productivité nette Représentation des pertes successives d'énergie dans une chaîne alimentaire au moyen d'un diagramme où les niveaux trophiques prennent la forme de blocs empilés, la base représentant les producteurs. La taille de chaque bloc est proportionnelle à la productivité du niveau trophique correspondant.

Pyramide des âges En démographie, représentation graphique du pourcentage d'individus d'une population dans chacun des groupes d'âge.

Pyramide des biomasses Représentation de la diminution progressive du rendement écologique dans une chaîne alimentaire au moyen d'un diagramme où les niveaux trophiques prennent la forme de blocs empilés, la taille de chaque bloc étant proportionnelle à la biomasse mesurable (masse sèche totale des organismes) du niveau trophique correspondant, à un moment donné.

Pyramide des nombres Représentation du nombre d'individus aux différents niveaux trophiques d'une chaîne alimentaire au moyen d'un diagramme où les niveaux trophiques prennent la forme de blocs empilés, la taille de chaque bloc étant proportionnelle au nombre d'organismes occupant le niveau trophique correspondant.

Pyrimidine L'une des deux familles de bases azotées présentes dans les nucléotides. La cytosine (C), la thymine (T) et l'uracile (U) sont des pyrimidines.

Pyrogène Molécule qui règle le thermostat de l'organisme à une température plus élevée que la normale; libérée par certains leucocytes.

Q

Quête de nourriture Ensemble de comportements d'un animal visant à reconnaître et à rechercher des aliments, et à s'en saisir.

Queue poly-A Série comprenant de 50 à 250 nucléotides d'adénine qui s'ajoute à l'extrémité 3′ de la molécule d'ARN prémessager pendant la maturation.

Quotient de transpiration Chez les Plantes, masse d'eau (en grammes) perdue par gramme de CO_2 assimilé dans des substances organiques, au cours de la photosynthèse.

R

Racine latérale Chez les Végétaux, racine qui prend naissance dans la couche périphérique de la stèle.

Radiaires Animaux possédant de vrais tissus et présentant une symétrie radiaire. Comprennent les Cnidaires et les Cténophores.

Radiation adaptative Émergence de nombreuses espèces à partir d'un ancêtre commun introduit dans un environnement présentant de nouvelles possibilités et de nouveaux problèmes.

Radicule Racine embryonnaire d'une plante.

Radio-isotope Isotope (l'une des formes atomiques d'un élément chimique) dont le noyau se désintègre spontanément en libérant des particules et de l'énergie.

Radiolaires Désigne plusieurs groupes d'Actinopodes, marins pour la plupart, dont le squelette est formé d'une seule pièce délicate composée le plus souvent de silice.

Radula Organe rugueux en forme de râpe qu'un grand nombre de Mollusques utilisent pour ramasser leur nourriture.

Ratites Groupe d'Oiseaux incapables de voler parce que leur sternum est dépourvu de bréchet.

Rayonnement Émission d'ondes électromagnétiques par tous les objets dont la température est supérieure au zéro absolu, notamment le corps d'un animal, l'environnement et le Soleil.

Réabsorption sélective Transport sélectif, dans le système urinaire des Animaux, qui fait passer certaines substances du filtrat dans le liquide interstitiel, à travers l'épithélium du tubule rénal.

Réactif Substance de départ dans une réaction chimique.

Réaction acrosomiale Chez les Animaux, libération du contenu de l'acrosome d'un spermatozoïde qui se produit lorsque le spermatozoïde entre en contact avec la couche gélatineuse qui recouvre un ovocyte de deuxième ordre.

Réaction chimique Formation et rupture de liaisons chimiques, qui provoquent des modifications dans la composition de la matière.

Réaction corticale Série de changements qui se produisent dans la partie externe (cortex) du cytoplasme de l'ovocyte après la fusion de la membrane plasmique de l'ovocyte de deuxième ordre avec celle du spermatozoïde, au cours de la fécondation.

Réaction d'hypersensibilité Chez les Plantes, réaction de défense localisée qui est plus vigoureuse que l'agression et qui se produit lorsque l'agent pathogène est un agent avirulent reconnu par la relation *R-Avr*.

Réaction d'oxydoréduction Réaction chimique associée au transfert d'un ou plusieurs électrons d'un réactif à l'autre. Aussi appelée *réaction rédox*.

Réaction de condensation Réaction dans laquelle deux molécules s'associent par une liaison covalente tout en perdant une molécule d'eau. Aussi appelée *réaction de déshydratation*.

Réaction de déshydratation Réaction dans laquelle deux molécules s'associent par une liaison covalente tout en perdant une molécule d'eau. Aussi appelée *réaction de condensation*.

Réaction du greffon contre l'hôte Attaque des lymphocytes reçus par un patient lors d'une transplantation de moelle osseuse contre les cellules de son organisme.

Réaction endergonique Réaction chimique non spontanée qui absorbe de l'énergie libre de son environnement.

Réaction exergonique Réaction chimique spontanée qui s'accompagne d'un dégagement d'énergie libre.

Réaction immunitaire à médiation cellulaire Type de réaction immunitaire dans laquelle des lymphocytes T spécifiques réagissent à la présence des antigènes d'agents étrangers en s'y liant et en les détruisant. Joue un rôle essentiel dans la réaction du corps contre les tissus transplantés et les cellules cancéreuses, perçus comme des éléments du «non-soi».

Réaction immunitaire humorale Type de réaction immunitaire qui comporte l'activation des lymphocytes B et qui dépend d'anticorps circulant dans le plasma sanguin et la lymphe, liquides que la médecine ancienne appelait «humeurs».

Réaction immunitaire primaire Prolifération et différenciation sélectives de lymphocytes qui a lieu la première fois que le corps est exposé à un antigène. Se produit plusieurs jours après l'exposition à l'antigène.

Réaction immunitaire secondaire Réponse rapide, de grande ampleur et de longue durée que donne le système immunitaire lorsque l'organisme rencontre le même antigène une deuxième fois et les fois suivantes.

Réaction inflammatoire Ligne de défense de l'organisme que déclenchent les lésions des tissus ou des muqueuses dues à une blessure physique (comme une égratignure) ou la pénétration de microorganismes. Dans la zone blessée, les artérioles précapillaires se

dilatent et les veinules postcapillaires se contractent, ce qui augmente l'apport sanguin.

Réactions photochimiques Première phase de la photosynthèse, qui se déroule dans les membranes thylakoïdiennes du chloroplaste et qui transforme l'énergie solaire en énergie chimique (ATP et NADPH + H^+) en produisant du dioxygène.

Réceptacle Chez les Angiospermes, site d'attachement des pièces florales à la tige.

Récepteur à domaine tyrosine kinase Récepteur protéique qui est situé dans la membrane plasmique et qui répond à la fixation d'une molécule de communication en catalysant le transfert de groupements phosphate de l'ATP à la tyrosine, localisée sur son côté cytoplasmique.

Récepteur antigénique Version transmembranaire de molécules d'anticorps que les lymphocytes B et les lymphocytes T utilisent pour reconnaître les antigènes de façon spécifique; généralement désigné par l'expression anticorps membranaire (ou immunoglobuline membranaire).

Récepteur couplé à une protéine G Récepteur protéique de stimulus situé dans la membrane plasmique. Lorsqu'une molécule de communication se lie à lui, ce récepteur change de conformation et permet ainsi la fixation et l'activation d'une protéine G.

Récepteur d'ondes électromagnétiques Type de récepteur sensoriel qui détecte différentes formes d'énergie électromagnétique, telles que la lumière visible, l'électricité et le magnétisme.

Récepteur de la douleur Type de terminaison nerveuse libre qui est située dans l'épiderme de la peau des Animaux et qui détecte la douleur. Aussi appelé *nocicepteur*.

Récepteur gustatif Chimiorécepteur du goût.

Récepteur olfactif Chimiorécepteur de l'odorat.

Récepteur sensoriel Cellule spécialisée qui recueille des informations sur le monde physique entourant l'organisme animal et sur certains processus se déroulant à l'intérieur de l'organisme.

Recherche écologique à long terme Recherche dont le but est de révéler la dynamique des écosystèmes naturels et de déterminer les effets de l'activité humaine.

Récif de Corail Dans la zone néritique des eaux tropicales chaudes, biome caractéristique constitué de divers groupes de Cnidaires sécrétant un squelette externe de calcaire.

Recombinaison génétique Brassage de gènes entraînant l'apparition, dans la descendance, de nouvelles combinaisons d'allèles, par rapport aux combinaisons des deux parents.

Recombiné Qualifie un individu présentant une combinaison de caractères qui diffère de celle des parents.

Recrutement Chez les Vertébrés, activation d'un nombre croissant de neurones moteurs commandant un muscle qui fait augmenter progressivement la force de contraction du muscle.

Rectum Section terminale du gros intestin où restent les matières fécales jusqu'à leur élimination.

Réduction Gain d'électrons par une substance participant à une réaction d'oxydoréduction.

Réflexe Réaction automatique à un stimulus.

Refroidissement par vaporisation Propriété d'un liquide dont la surface refroidit au cours de la vaporisation, les molécules possédant l'énergie cinétique la plus grande s'échappant sous forme de gaz.

Régénération Reconstitution par un organisme des parties perdues à la suite d'une reproduction par fragmentation ou d'une blessure.

Règle d'Hamilton Principe selon lequel le bénéfice de l'animal qui tire avantage d'un acte altruiste multiplié par le coefficient de parenté doit être supérieur au coût de l'altruisme.

Règne Catégorie taxinomique la plus vaste après le domaine.

Règne des Chlorobiontes Version du règne des Végétaux qui comprend, en plus des membres du règne des Streptophytes, les Ulvophytes (Algues vertes autres que les Charophytes).

Règne des Streptophytes Nom donné au groupe qui comprend le règne végétal et les Algues vertes les plus proches des Végétaux (les Charophytes et quelques autres groupes).

Règne des Végétaux Définition traditionnelle du règne végétal, qui fait correspondre les organismes qu'il désigne aux Embryophytes.

Régulateur Concernant une variable environnementale particulière, qualifie un animal qui utilise des mécanismes homéostatiques pour atténuer le changement de son milieu interne lorsque son environnement externe fluctue.

Régulateur local Stimulus chimique agissant sur les cellules situées à proximité.

Régulation rénine-angiotensine-aldostérone (RRAA) Mécanisme de rétro-inhibition complexe qui se passe au niveau des reins et qui assure l'osmorégulation chez certains Vertébrés.

Relation de gène à gène Capacité innée des Végétaux à reconnaître les envahisseurs pathogènes et à élaborer une résistance spécifique à une maladie végétale. Dépend d'une association précise entre un allèle de la plante et un allèle de l'agent pathogène.

Rendement au niveau des consommateurs primaires Fraction de l'énergie tirée de la nourriture qui n'est pas utilisée pour la respiration cellulaire et qui n'est pas éliminée par l'urine, les fèces ou lors de la mue.

Rendement écologique (efficience écologique) Rapport (exprimé en pourcentage) entre la productivité nette d'un niveau trophique, dans un écosystème, et la productivité nette du niveau inférieur.

Renouvellement Mélange printanier ou automnal des eaux des lacs et des étangs qui sont situés dans la zone tempérée. Phénomène dû aux changements de température. Aussi appelé *brassage*.

Réparation des mésappariements de bases Processus cellulaire par lequel des enzymes spécifiques corrigent les paires de nucléotides erronées.

Réparation par excision-resynthèse Processus dans lequel certaines enzymes enlèvent le segment endommagé d'un brin d'ADN et d'autres le replacent à l'aide des nucléotides appariés aux nucléotides du brin intact.

Répétition courte en tandem (STRs, *simple tandem repeats*) Unité répétitive d'ADN qui est constituée de quelques paires de bases et qui est extrêmement variable d'une personne à l'autre.

Répresseur Protéine capable d'inactiver un opéron.

Reproduction asexuée Mode de reproduction dans lequel un individu unique engendre des descendants qui lui sont génétiquement identiques, grâce aux processus de bourgeonnement et de division d'une seule cellule ou de l'organisme entier en deux ou plusieurs parties.

Reproduction sexuée Mode de reproduction dans lequel deux parents transmettent aux individus qu'ils

engendrent une combinaison unique de gènes ; crée habituellement une plus grande variation que la reproduction asexuée.

Reptiles Groupe de Vertébrés diversifié qui comprend aujourd'hui les Lézards, les Serpents, les Tortues, les Crocodiliens. Les poumons, les écailles imperméables et les œufs amniotiques enveloppés d'une coquille figurent parmi les nombreuses adaptations de ces animaux à la vie sur la terre ferme.

Réseau alimentaire Ensemble des chaînes alimentaires interreliées d'un écosystème.

Réseau intracellulaire de membranes À l'intérieur et autour d'une cellule eucaryote, ensemble des membranes qui se prolongent les unes les autres ou échangent certaines de leurs portions par l'intermédiaire de vésicules.

Réseau nerveux Ensemble diffus de neurones entrelacés maîtrisant les contractions et les expansions des cavités chez les Cnidaires.

Réserve zonée Région qui a généralement une grande superficie et qui inclut au moins une aire non perturbée par les Humains qui vivent à proximité. Concept qui fait partie d'une certaine approche de la gestion des paysages.

Résistance périphérique (R) Force qu'opposent les artérioles à l'écoulement du sang. Plusieurs facteurs y contribuent, tels que le diamètre des artérioles, leur longueur et la viscosité du sang.

Résistance systémique acquise Réaction de défense d'une plante infectée qui protège les tissus sains contre divers agents pathogènes.

Respiration Processus de ventilation des poumons. Consiste en une inspiration et une expiration alternées de l'air.

Respiration à tension Type de respiration des Vertébrés qui fonctionne sur le principe d'une pompe aspirante : l'air est tiré vers les poumons. S'effectue grâce à la variation du volume de la cavité thoracique logeant les poumons.

Respiration cellulaire aérobie Voie catabolique la plus courante et la plus efficace pour la production d'ATP ; utilise une chaîne de transport d'électrons et a pour réactifs le dioxygène et les combustibles organiques.

Respiration cellulaire anaérobie Voie catabolique propre à quelques groupes de Bactéries et d'Archéobactéries vivant dans des environnements anaérobies comme le sol et les fonds marins. Nécessite une chaîne de transport d'électrons, qui aboutissent dans l'une des substances suivantes : NO_3^-, SO_4^{2-}, CO_2, Fe^{3+}, etc.

Réticulum endoplasmique (RE) Labyrinthe membraneux des Eucaryotes qui est en continuité avec la partie externe de l'enveloppe nucléaire. Comprend des régions lisses (qui ne portent pas de ribosomes) et des régions rugueuses (parsemées de ribosomes).

Réticulum endoplasmique de transition Région spécialisée du réticulum endoplasmique qui produit les vésicules de transition.

Réticulum endoplasmique lisse Région du réticulum endoplasmique qui ne porte pas de ribosomes.

Réticulum endoplasmique rugueux Région du réticulum endoplasmique qui est parsemée de ribosomes.

Réticulum sarcoplasmique Réticulum endoplasmique spécialisé qui régule la concentration de calcium dans le cytosol de la cellule musculaire, chez les Vertébrés.

Rétinal Dans l'œil des Vertébrés et de certains Invertébrés, pigment visuel des bâtonnets et des cônes qui est synthétisé à partir de la vitamine A et de l'opsine et qui absorbe la lumière.

Rétine Couche la plus profonde de l'œil des Vertébrés et de certains Invertébrés. Renferme les photorécepteurs (bâtonnets et cônes) et divers neurones. Au niveau du disque du nerf optique, transmet au cerveau les images formées par le cristallin.

Rétroactivation Mécanisme de régulation physiologique qui amplifie le stimulus initial, ce qui entraîne un accroissement de la réponse.

Rétro-inhibition (1) Mécanisme de régulation métabolique dans lequel le produit final d'une voie métabolique inhibe une enzyme et ferme cette voie. (2) Mécanisme de régulation homéostatique par lequel un changement se produisant dans une variable physiologique déclenche une réponse de sens contraire à celui du changement initial. (3) Mécanisme de régulation de la taille d'une population qui agit lorsque le taux de mortalité s'élève, quand la densité de population augmente, et lorsque le taux de natalité diminue, à mesure que la densité augmente.

Rétrotransposon Segment d'ADN capable de se déplacer à l'intérieur du génome par l'intermédiaire d'un ARN qui en est une transcription.

Rétrovirus Virus à ARN qui se reproduit en synthétisant de l'ADN à partir d'une matrice d'ARN, puis en insérant l'ADN nouvellement fabriqué dans un chromosome cellulaire ; classe importante de virus causant le cancer et le sida.

Révolution cardiaque Cycle complet du fonctionnement du cœur comportant une phase de contraction musculaire (systole) et d'expulsion du sang et une autre de relaxation (diastole) et de remplissage.

Rhizoïde Longue cellule tubulaire (chez les Hépatiques et les Anthocérotes) ou filament de cellule (chez les Mousses) qui ancre les Bryophytes au sol. N'est pas formé de tissus, ne possède pas de cellules conductrices spécialisées et ne joue pas un rôle important dans l'absorption de l'eau et des minéraux.

Rhodobiontes Algues eucaryotes qui ne traversent pas de stade flagellé au cours de leur cycle de développement.

Rhodopsine Dans l'œil des Vertébrés et de certains Invertébrés, pigment visuel des bâtonnets qui est constitué de rétinal et d'opsine.

Rhombencéphale L'une des trois régions embryonnaires de l'encéphale qui ont été produites au cours de l'évolution des Vertébrés. Donne naissance au bulbe rachidien, au pont et au cervelet.

Ribose Glucide entrant dans la structure de l'ARN.

Ribosome Particule synthétisée dans le nucléole et constituée d'ARN ribosomique et de protéines. Est composé de deux sous-unités qui assemblent les protéines dans le cytoplasme.

Ribozyme Molécule d'ARN enzymatique qui catalyse les réactions au cours de l'épissage de l'ARN.

Richesse spécifique Nombre d'espèces que comporte une communauté biologique.

Rituel Comportement qui comporte un ensemble de gestes symboliques.

Roche sédimentaire Roche qui s'est formée par accumulation de sable et de boue au fond des mers, des lacs et des marais, souvent riches en fossiles.

Rosette productrice de cellulose Complexe protéique en rosette qui synthétise les microfibrilles de cellulose destinées à la paroi cellulaire des Charophytes et des Végétaux terrestres.

Rotifères Embranchement d'animaux pseudocœlomates qui sont pourvus d'un appareil masticateur, d'une couronne de cils entourant la bouche et d'un système digestif complet.

Rouilles blanches Membres du groupe des Oomycètes qui vivent habituellement en parasites de plantes terrestres.

RuDP carboxylase Enzyme qui catalyse la première étape du cycle de Calvin, c'est-à-dire la liaison de CO_2 au RuDP (ribulose diphosphate).

Ruminant Animal, comme les Cerfs, les Bovins et les Ovins, dont l'estomac comporte des cavités complexes spécialisées qui sont adaptées à un régime herbivore.

Rythme circadien Cycle physiologique qui dure environ 24 heures et qui est présent chez tous les organismes eucaryotes, même en l'absence de stimulus extérieurs.

S

Sac embryonnaire Gamétophyte femelle des Angiospermes issu de la croissance et de la division de la mégaspore et doté de huit noyaux haploïdes dont l'un est celui de l'oosphère.

Sac vitellin L'une des quatre membranes extra-embryonnaires qui aident l'embryon à se développer chez les Cordés. Recouvre la masse vitelline.

Saccule Dans l'oreille interne des Humains et de la plupart des autres Mammifères, chambre qui est située derrière la fenêtre du vestibule et qui participe au sens de l'équilibre.

Sang Type de tissu conjonctif dont la matrice est un liquide appelé plasma, où baignent deux catégories de cellules sanguines : les érythrocytes et les leucocytes. Aussi appelé *tissu sanguin*.

Saprolégniales Saprophytes membres du groupe des Oomycètes qui croissent en masses duveteuses sur des algues et des animaux morts.

Saprophage Hétérotrophe qui, comme le Ver de terre, se fraye un chemin en mangeant de la terre. Il récupère ainsi des détritus, c'est-à-dire des matières organiques partiellement décomposées, qu'il ingère en même temps que la terre.

Saprophyte Organisme décomposeur qui puise ses nutriments dans les débris organiques qu'il dégrade.

Sarcomère Unité structurale fondamentale des muscles squelettiques et cardiaque des Vertébrés ; élément de répétition délimité par les lignes Z.

Schizocœlie Chez les Protostomiens, mode de formation du cœlome à partir de fentes situées dans les masses de mésoderme.

Scissiparité (fissiparité) Mode de division cellulaire caractéristique des procaryotes. Chaque cellule fille reçoit une copie de l'unique chromosome parental.

Sclère Couche externe, blanche et résistante, de tissu conjonctif qui compose l'œil des Vertébrés et de certains Invertébrés.

Sclérite Cellule sclérenchymateuse assez courte et de forme irrégulière. Présente dans la coquille des noix et l'enveloppe des graines, et de manière dispersée dans les parenchymes de certaines plantes.

Scrotum Enveloppe de peau qui se trouve à l'extérieur de la cavité pelvienne et qui renferme les testicules. Permet de préserver la viabilité des spermatozoïdes en les maintenant à une température inférieure à celle du corps.

Scutellum Chez les Graminées, type de cotylédon spécialisé.

Second messager Petite molécule non protéique et hydrosoluble, comme l'AMP cyclique, ou ion, comme l'ion calcium, qui transmet au cytoplasme l'information d'un stimulus hormonal (premier messager)

capté par un récepteur protéique situé à la surface d'une cellule.

Sécrétine Entérogastrone qui a une triple action : amène le pancréas à sécréter des ions HCO_3^- qui neutralisent l'acidité du chyme ; accentue la production de bile par le foie ; inhibe la sécrétion et le péristaltisme gastriques.

Sécrétion (1) Libération par une cellule des molécules qu'elle a synthétisées. (2) Dans le rein des Vertébrés, excrétion des déchets du sang dans le filtrat produit par les tubules du néphron.

Segmentation Dans les cellules animales, processus de séparation de deux cellules filles qui débute par une cytocinèse et qui se caractérise par une invagination de la membrane plasmique ; succession rapide de divisions cellulaires qui transforme le zygote en une sphère creuse au début du développement embryonnaire.

Segmentation déterminée Type de développement embryonnaire chez les Protostomiens, qui définit très tôt le sort de chaque cellule embryonnaire.

Segmentation holoblastique Type de segmentation dans lequel il y a division complète d'un œuf contenant peu de vitellus (comme chez les Oursins) ou une quantité modérée de vitellus (comme chez les Grenouilles).

Segmentation indéterminée Type de développement embryonnaire chez les Deutérostomiens, dans lequel chaque cellule produite dès le début de la segmentation a la capacité de devenir un embryon complet.

Segmentation méroblastique Type de segmentation dans lequel il y a division incomplète d'un œuf riche en vitellus ; caractéristique du développement des Oiseaux.

Segmentation radiaire Type de développement embryonnaire chez les Deutérostomiens, dans lequel la division cellulaire qui transforme le zygote en une sphère de cellules s'effectue parallèlement ou perpendiculairement à l'axe vertical.

Segmentation spirale Type de développement embryonnaire chez les Protostomiens, dans lequel la division cellulaire qui transforme le zygote en une sphère de cellules s'effectue en diagonale par rapport à l'axe vertical.

Sel Composé formé par des liaisons ioniques. Aussi appelé *composé ionique*.

Sélection artificielle Procédé qui consiste à croiser les organismes possédant les caractères qu'on désire perpétuer. Procédé auquel ont eu recours les Humains au cours de l'histoire, dans la culture et l'élevage.

Sélection clonale Processus durant lequel un lymphocyte est sensibilisé par le contact avec un antigène particulier et produit un clone.

Sélection dépendant de la fréquence Diminution des taux de survie et de reproduction des individus ayant un phénotype particulier, et ce, à la suite de la propagation excessive de ce dernier dans la population. Est à l'origine du polymorphisme équilibré.

Sélection directionnelle Mode de sélection naturelle qui favorise les phénotypes situés à une seule extrémité de la courbe normale de sélection.

Sélection diversifiante Mode de sélection naturelle qui favorise les deux phénotypes situés à la limite de la courbe normale de sélection.

Sélection intersexuelle Sélection naturelle qu'effectue un individu d'un sexe donné en faisant un choix circonspect parmi les partenaires possibles de sexe opposé. (Ce sont généralement les femelles qui sélectionnent les mâles.)

Sélection intrasexuelle Sélection naturelle qui a lieu entre individus de même sexe ; passe par la concurrence directe pour gagner les faveurs d'un partenaire de sexe opposé. (Chez les Vertébrés, ce sont généralement les mâles qui entrent directement en compétition l'un avec l'autre.)

Sélection *K* En démographie, sélection qui favorise les caractéristiques des cycles biologiques qui dépendent de la densité de population. Aussi appelée *sélection dépendante de la densité*.

Sélection naturelle Succès inégal dans la reproduction des individus possédant différents phénotypes qui est dû aux interactions entre les organismes et leur milieu. L'évolution résulte de la modification des fréquences alléliques causée par la sélection naturelle.

Sélection parentale Phénomène de sélection naturelle qui favorise le comportement altruiste en accroissant le succès reproductif des parents.

Sélection *r* En démographie, sélection qui favorise les caractéristiques qui maximisent le succès de reproduction dans les milieux où il y a peu d'individus (faible densité). Aussi appelée *sélection indépendante de la densité*.

Sélection spécifique Modèle théorique selon lequel les espèces qui vivent le plus longtemps et qui engendrent le plus grand nombre d'espèces déterminent la direction des grandes tendances de l'évolution.

Sélection stabilisante Mode de sélection naturelle qui élimine les phénotypes situés à la limite de la courbe normale de sélection et favorise ceux qui sont au centre de la courbe et plus courants.

Sémelparité Cycle biologique dans lequel la vie d'un organisme comprend une seule période de reproduction.

Sensation Influx nerveux qu'envoient au cerveau les récepteurs sensoriels activés et les neurones sensitifs des Animaux.

Sépale Chez les Angiospermes, verticille de feuilles modifiées qui entoure et protège le bouton floral.

Séquence signal Groupe d'environ 20 acides aminés qui constitue habituellement la première partie du polypeptide en formation et qui oriente la protéine vers un endroit précis, dans une cellule eucaryote.

Séquence signature Région de la petite sous-unité ribosomique composée d'une séquence unique de nucléotides acquise au fur et à mesure des mutations de l'ancêtre du groupe taxinomique.

Séquence stéréotypée d'actes instinctifs Suite d'actions qui est toujours la même et qu'un animal termine une fois qu'il l'a entreprise.

Séquences *Alu* Chez les Humains et les autres Primates, famille de séquences semblables qui constituent une partie de l'ADN répétitif (au moins 5 % du génome). Les séquences *Alu* sont une exception à la règle voulant que l'ADN répétitif ne soit pas codant.

Sérotonine Amine biogène synthétisée à partir de l'acide aminé qu'est le tryptophane. Produit généralement une inhibition.

Seuil d'excitation Valeur de tension de part et d'autre de la membrane plasmique qui déclenche un potentiel d'action.

Sida (syndrome d'immunodéficience acquise) Nom donné au stade final de l'infection par le VIH ; se caractérise par une réduction du nombre de lymphocytes T et par l'apparition d'infections opportunistes.

Signal En éthologie, comportement d'un animal qui provoque un changement de comportement chez un autre animal.

Sillon de division Au début de la cytocinèse des cellules animales, invagination de la surface cellulaire à l'endroit occupé précédemment par la plaque équatoriale.

Sinus Cavités entourant les organes, chez les Animaux ayant un système cardiovasculaire ouvert et dont le sang baigne directement les organes.

Site A (site aminoacyl-ARNt) L'un des trois sites de liaison du ribosome pendant la traduction ; retient l'ARNt et ajoute l'acide aminé que ce dernier porte à la chaîne polypeptidique.

Site actif Partie spécifique d'une enzyme qui se lie au substrat au moyen de liaisons chimiques faibles.

Site allostérique Site récepteur enzymatique qui est éloigné du site actif et qui se lie à un activateur ou à un inhibiteur spécifiques.

Site de restriction Séquence d'ADN reconnue par une enzyme de restriction pour le découpage.

Site E (site de sortie, *exit*) L'un des trois sites de liaison du ribosome pendant la traduction ; site par lequel l'ARNt se détache du ribosome.

Site P (site peptidyl-ARNt) L'un des trois sites de liaison du ribosome pendant la traduction ; soutient l'ARNt qui porte la chaîne polypeptidique en formation.

Sociobiologie Science qui applique la théorie de l'évolution à l'étude et à l'interprétation du comportement social.

Sol Mélange de fragments de roche de granulométries variées, d'organismes, d'humus et d'argile.

Soluté Substance dissoute dans une solution.

Solution Liquide formé d'un mélange homogène de deux ou plusieurs substances.

Solution aqueuse Solution dont l'eau est le solvant.

Solution tampon Substance composée d'un acide faible et de son sel et réduisant au minimum les changements de pH lorsqu'on y ajoute un acide ou une base.

Solvant Agent dissolvant d'une solution.

Somite Chacun des blocs de mésoderme qui se trouvent de chaque côté de la corde dorsale de l'embryon, chez les Cordés.

Sommation Addition, dans un neurone du système nerveux, des potentiels postsynaptiques générés par un ensemble de neurones.

Sommation spatiale Sommation dans laquelle plusieurs corpuscules nerveux terminaux appartenant habituellement à plusieurs neurones présynaptiques stimulent en même temps la cellule postsynaptique, de sorte que leurs effets sur le potentiel de membrane s'additionnent.

Sommation temporelle Dans un neurone du système nerveux, sommation dans laquelle les stimulus chimiques provenant d'un ou plusieurs corpuscules nerveux terminaux sont si rapprochés dans le temps que chaque potentiel postsynaptique agit sur la membrane avant même qu'elle ait pu retrouver son potentiel de repos, après la stimulation précédente.

Sonde nucléique Dans les techniques d'analyse de l'ADN, molécule d'acide nucléique monocaténaire marquée qui forme spécifiquement des liaisons hydrogène avec un gène recherché.

Sore Amas de sporanges qui sont produits par les Fougères et qui se trouvent sous les feuilles vertes ou sur des feuilles spéciales et d'une autre couleur (sporophylles). La disposition des sores, en lignes parallèles ou en points, facilite l'identification des Fougères.

Sorédie Petit amas d'hyphes incrustés d'algues ; structure qui sert à la reproduction de la partie symbiotique des Lichens.

Souffle cardiaque Trouble qui est dû à une anomalie dans une ou plusieurs valves du cœur et qui peut se manifester par le sifflement que produit le jaillissement du sang refluant par une valve.

Source thermale Milieu sombre, chaud, pauvre en dioxygène et d'origine volcanique. Milieu dont les principaux producteurs sont des Bactéries chimio-autotrophes.

Sous-alimentation Régime alimentaire animal qui manque de joules ; n'apporte pas suffisamment d'énergie pendant une période prolongée.

Spéciation Apparition de nouvelles espèces au cours de l'évolution.

Spéciation allopatrique Spéciation qui se produit lorsqu'une population est isolée des autres par une barrière géographique.

Spéciation sympatrique Spéciation qui se produit à la suite d'un changement dans le patrimoine génétique d'une sous-population qui se retrouve en isolement reproductif au sein de l'aire de distribution de la population mère.

Spectre d'absorption Graphique qui représente la capacité d'absorption d'un pigment en fonction de la longueur d'onde.

Spectre d'action Graphique qui indique l'efficacité des différentes longueurs d'onde de la lumière dans la photosynthèse.

Spectre d'hôtes Gamme limitée de cellules hôtes qu'une sorte de Virus peut infecter et parasiter.

Spectre électromagnétique Ensemble du spectre de rayonnement, dont les longueurs d'onde varient de moins de 1 nm (pour les rayons gamma) à plus de 1 km (pour certaines ondes radio).

Spectrophotomètre Appareil qui sert à mesurer la capacité d'un pigment à absorber diverses longueurs d'onde.

Spermathèque Chez plusieurs espèces d'Animaux, sac qui est situé dans le système reproducteur de la femelle et qui permet l'entreposage des spermatozoïdes pendant une année ou plus.

Spermatogenèse Processus continu et très productif de formation de spermatozoïdes mûrs dans les testicules.

Spermatogonie Cellule sexuelle diploïde et immature qui donne naissance à un spermatozoïde après avoir subi la méiose. Se trouve à la périphérie de chaque tubule séminifère contourné, dans les testicules.

Spermatozoïde Gamète mâle qui est généralement une petite cellule flagellée et qui participe à la reproduction chez les Végétaux et les Animaux.

Sperme Liquide qu'éjacule le mâle durant l'orgasme et qui contient des spermatozoïdes et diverses sécrétions provenant des trois types de glandes annexes du système reproducteur.

Sphénodontiens Groupe au sein des Reptiles actuels qui comprend les Tuataras.

Sphincter Chez les Animaux, anneau que forme la couche musculaire à certains points de jonction des segments spécialisés du tube digestif. Ferme le tube digestif à la manière d'un nœud coulant. Aussi appelé *muscle sphincter*.

Spirale d'extinction Hélice décroissante typique des petites populations dont la taille est de plus en plus réduite, jusqu'à ce qu'il n'existe plus aucun individu. Phénomène amplifié par la consanguinité et la dérive génétique.

Spongocœle Cavité gastrique centrale des Éponges.

Sporange Organe multicellulaire des Eumycètes et du sporophyte des Végétaux à l'intérieur duquel se produisent la méiose et le développement des spores haploïdes. Aussi appelé *capsule*.

Spore Cellule haploïde chez les organismes qui connaissent l'alternance de générations ; produit par méiose un individu multicellulaire, le gamétophyte, sans fusionner avec une autre cellule.

Sporophylle Feuille spécialisée des Lycophytes qui porte des sporanges et contribue, avec d'autres feuilles, à former des strobiles en forme de cônes.

Sporophyte Forme diploïde multicellulaire chez les organismes qui connaissent l'alternance de générations ; résulte de la fusion des gamètes et produit par méiose des spores haploïdes qui vont donner des gamétophytes.

Sporopollénine Polymère très résistant qui compose la paroi des spores végétales.

Sporozoïtes Minuscules cellules infectieuses que les Apicomplexes disséminent.

Squamates Groupe au sein des Reptiles actuels qui comprend les Lézards et les Serpents.

Squameuse Qualifie la forme aplatie comme une tuile d'un type de cellules épithéliales.

Stapès Chez certains Vertébrés, dernier des trois osselets de l'oreille moyenne qui est en contact avec la fenêtre du vestibule. Aussi appelé *étrier*.

Statocyste Type de mécanorécepteur qui joue un rôle dans l'équilibre chez la plupart des Invertébrés, grâce à des statolithes stimulant les cellules sensorielles ciliées sous l'effet de la gravitation.

Statolithe (1) Chez les Végétaux, plaste spécialisé contenant des grains d'amidon lourds qui se déposent dans la partie inférieure des cellules sous l'effet de la gravitation. (2) Chez la plupart des Invertébrés, granule de sable ou de calcaire qui, sous l'effet de la gravitation, stimule les cellules sensorielles ciliées d'un statocyste.

Stèle Chez les Végétaux, cylindre central conducteur qui est situé dans les racines et dans lequel se forment le xylème et le phloème.

Sténohalin Organisme qui ne peut tolérer les changements importants d'osmolarité externe.

Stéroïde Lipide qui se caractérise par un squelette carboné formé de quatre cycles accolés auxquels sont attachés divers groupements fonctionnels.

Stigmate Partie supérieure gluante du carpelle de la fleur qui reçoit le pollen.

Stimulines Groupe d'hormones ayant pour cibles des glandes endocrines.

Stipe Structure des Algues semblable à une tige et faisant partie de leur thalle.

Stomate Complexe pluricellulaire épidermique qui est constitué d'un pore, l'ostiole, et qui est entouré de cellules stomatiques, dans l'épiderme des feuilles et des tiges. Permet les échanges gazeux entre l'air ambiant et l'intérieur de la feuille.

Straménopiles Clade diversifié qui comprend plusieurs groupes de Protistes hétérotrophes ainsi qu'une variété de Protistes photosynthétiques (Algues).

Strate Chacune des couches de roches superposées.

Stratégie optimale de quête de nourriture Base d'analyse d'un comportement de recherche de nourriture qui considère la quête de nourriture comme un compromis entre les coûts et les bénéfices associés à cet ensemble de comportements.

Strie A Dans les muscles squelettiques des Vertébrés, large région correspondant à la longueur des myofilaments épais.

Strie H Dans les muscles squelettiques des Vertébrés, région qui est située au centre de la bande A et qui ne contient que des myofilaments épais.

Strie I Dans les muscles squelettiques des Vertébrés, partie qui est située au bord du sarcomère et qui ne comprend que des myofilaments minces.

Stroma Liquide où baignent les thylakoïdes dans le chloroplaste ; participe à la synthèse de molécules organiques, qui se fait à partir du dioxyde de carbone et de l'eau.

Stromatolithe Tapis bactérien formé de plusieurs couches superposées de sédiments, en forme de dôme, où l'on a trouvé les formes de vie les plus anciennes, c'est-à-dire des organismes procaryotes âgés de 3,5 milliards d'années.

Structure homologue Structure similaire chez des espèces différentes, à cause d'une ascendance commune.

Structure primaire de la protéine Niveau de structure qui correspond à la séquence d'acides aminés d'une protéine.

Structure primaire des Plantes Parties des racines et des pousses qui produisent les méristèmes apicaux.

Structure quaternaire de la protéine Structure particulière d'une protéine complexe qui est déterminée par un agencement tridimensionnel caractéristique de ses sous-unités, des chaînes polypeptidiques.

Structure secondaire de la protéine Ensemble des motifs que forme la chaîne polypeptidique d'une protéine en se repliant et en s'enroulant. Cette structure est produite par des liaisons hydrogène entre diverses parties d'un polypeptide.

Structure secondaire des Plantes Ensemble des tissus fabriqués au cours de la croissance secondaire, en diamètre : le cambium libéroligneux, qui donne le xylème (bois) et le phloème secondaires, et le cambium subérophellodermique (ou phellogène), qui donne une épaisse couche résistante destinée à remplacer l'épiderme des tiges et des racines.

Structure tertiaire de la protéine Ensemble des contorsions irrégulières d'une protéine dues aux liaisons entre les chaînes latérales, liaisons qui découlent de l'effet hydrophobe ou qui sont des liaisons ioniques, des liaisons hydrogène ou des ponts disulfure.

Structure trophique Ensemble des relations alimentaires qui existent entre les organismes d'une communauté naturelle.

Style Tige du carpelle de la fleur qui relie le stigmate à l'ovaire, lequel se trouve à la base du carpelle.

Substance blanche Matière du système nerveux central qui est constituée de structures cellulaires myélinisées.

Substance grise Matière du système nerveux central qui est constituée surtout des dendrites, des axones non myélinisés et des regroupements de corps de neurone qu'on appelle noyaux.

Substance P Neuropeptide qui est un stimulus excitateur important intervenant dans la perception de la douleur.

Substitution d'une paire de bases Mutation ponctuelle ; remplacement d'un nucléotide et de son vis-à-vis sur le brin d'ADN complémentaire par une paire de nucléotides différente.

Substrat Réactif sur lequel agit une enzyme.

Suc gastrique Solution digestive que sécrète l'épithélium tapissant de nombreux replis profonds de la paroi stomacale.

Suc intestinal Liquide alcalin jaune clair, composé d'eau et de mucus, qui aide à l'absorption des nutriments par les microvillosités.

Succession écologique Série de changements que connaît la composition spécifique d'une communauté, au cours du temps écologique.

Succession écologique primaire Type de succession écologique qui prend place dans un territoire stérile encore dépourvu de sol et d'organismes.

Succession écologique secondaire Type de succession écologique qui prend place après une perturbation ayant détruit la végétation mais ayant laissé le sol intact.

Suçoir (haustoria) Chez les Eumycètes parasites, prolongement d'un hyphe modifié qui absorbe les nutriments en pénétrant dans les tissus de l'hôte, tout en restant à l'extérieur de la membrane plasmique des cellules de l'hôte.

Superovulation Technique fréquemment employée dans l'industrie de l'élevage et plus rarement pour résoudre certains problèmes d'infécondité humaine ; consiste à provoquer une croissance folliculaire multiple, puis l'ovulation simultanée de plusieurs ovocytes de deuxième ordre.

Suralimentation Régime alimentaire animal qui a des joules en excès, apporte trop d'énergie pendant une période prolongée.

Surface respiratoire Surface corporelle d'un animal où se produisent les échanges gazeux avec le milieu.

Sustainable Biosphere Initiative (Initiative pour une biosphère durable) Programme de recherche dont l'objectif est d'acquérir les connaissances écologiques nécessaires à la gestion, à la conservation et au développement judicieux des ressources de la Terre.

Symbionte Chacun des organismes associés en symbiose.

Symbiose Type de relation écologique qu'entretiennent des organismes d'espèces différentes vivant en contact direct les uns avec les autres.

Symétrie bilatérale Symétrie à deux côtés qui caractérise un corps animal possédant non seulement une face dorsale et une face ventrale, mais aussi une région antérieure et une région postérieure.

Symétrie radiaire Symétrie qui caractérise un corps animal possédant un dessus et un dessous, mais pas de devant ni de derrière, et pas de côté droit ni de côté gauche. Présente chez les Cnidaires et les Cténophores.

Symplaste Chez les Plantes, réseau des cytosols des cellules mises en communication par des plasmodesmes.

Synapse (1) Processus d'appariement des chromosomes homologues durant la prophase I de la méiose. (2) Jonction entre un corpuscule nerveux terminal de neurone et une cellule cible qui peut être un autre neurone ou une cellule effectrice (cellule musculaire ou glandulaire).

Synapse chimique Zone de communication entre deux neurones ou entre un neurone et une cellule effectrice dans laquelle le message est véhiculé par un neurotransmetteur.

Synapse électrique Zone de communication cellulaire entre deux neurones par des jonctions ouvertes ; permet aux potentiels d'action de passer directement de la cellule présynaptique à la cellule postsynaptique.

Synapsides L'un des trois groupes d'Amniotes dont les membres se différencient par leur anatomie crânienne. Comprend les Reptiles apparentés aux Mammifères, ou Reptiles mammaliens, qu'on appelle Thérapsides.

Syndrome de Down Maladie génétique due à la présence d'un chromosome 21 surnuméraire ; se caractérise notamment par un retard intellectuel et par des malformations cardiorespiratoires. Aussi appelé *trisomie 21*.

Syndrome de l'*X* fragile Chez l'Humain, trouble mental héréditaire qui s'explique en partie par l'empreinte génomique et par l'ajout de nucléotides près de l'extrémité d'un chromosome *X*. Ces nucléotides se présentent sous la forme d'un triplet maintes fois répété et relient, en un mince fil d'ADN, l'extrémité au reste du chromosome.

Syngamie Union de gamètes haploïdes produisant un zygote diploïde. Aussi appelée *fécondation*.

Systématique Étude générale de la diversité biologique à la lumière de l'évolution, visant la reconstitution de la phylogenèse des espèces. Comprend notamment la taxinomie.

Système Ensemble de plusieurs organes qui possèdent chacun une fonction spécifique mais qui doivent fonctionner de manière coordonnée. Il existe par exemple un système digestif, un système cardiovasculaire, un système respiratoire et un système urinaire chez les Animaux.

Système ambulacraire Système propre aux Échinodermes qui est composé d'un réseau de canaux hydrauliques ramifiés en prolongements érectiles appelés pieds ambulacraires. Ces derniers servent à la locomotion, à la capture des proies et aux échanges gazeux.

Système cardiovasculaire Système circulatoire clos (dans lequel le sang qui circule à l'intérieur des vaisseaux diffère du liquide de la cavité corporelle) caractéristique des Vertébrés, composé d'un cœur et d'un réseau ramifié d'artères, de capillaires et de veines.

Système cardiovasculaire clos Système circulatoire fermé dans lequel le sang circulant dans les vaisseaux diffère du liquide de la cavité corporelle.

Système cardiovasculaire ouvert Système circulatoire dont le liquide, appelé hémolymphe, sort des vaisseaux pour baigner directement, sans l'aide de capillaires, les organes internes.

Système caulinaire Partie généralement aérienne des Plantes qui comprend une ou plusieurs tiges, les feuilles et fleurs.

Système digestif complet Succession de compartiments reliant deux ouvertures, la bouche et l'anus. Aussi appelé *canal alimentaire* ou *tube digestif*.

Système endocrinien Système de régulation chimique qui comprend les glandes endocrines et les hormones qu'elles sécrètent. Sa fonction, en association avec le système nerveux, est la régulation interne et le maintien de l'homéostasie.

Système limbique Chez les Mammifères, partie du système nerveux central qui est constituée de l'hippocampe (structure qui intervient notamment dans la mémoire), de l'aire olfactive, de certaines régions internes des lobes du cortex cérébral, de certaines parties du thalamus et de l'hypothalamus, et qui forme un anneau autour du tronc cérébral. En interagissant avec les aires sensitives du néocortex et avec d'autres centres supérieurs, produit les émotions.

Système lymphatique Chez les Vertébrés, réseau de vaisseaux et de nœuds qui est distinct du système cardiovasculaire et qui renvoie des liquides et des protéines au sang.

Système nerveux autonome Partie de la division motrice du système nerveux périphérique des Vertébrés qui transmet des influx régulant le milieu *interne*, en commandant le tissu musculaire lisse et le tissu musculaire cardiaque, ainsi que les organes de divers systèmes (digestif, cardiovasculaire, respiratoire, urinaire, reproducteur et endocrinien).

Système nerveux central (SNC) Complexe structural qui est constitué de l'encéphale et de la moelle épinière chez les Vertébrés et qui effectue la majeure partie de l'intégration des informations qui lui parviennent.

Système nerveux parasympathique Chez les Vertébrés, l'une des deux parties du système nerveux autonome qui favorise les mécanismes permettant de gagner ou d'économiser de l'énergie, comme la digestion et le ralentissement de la fréquence cardiaque, et qui ramène l'organisme à un état de calme et à des fonctions d'entretien.

Système nerveux périphérique (SNP) Ensemble des nerfs qui transmettent les commandes motrices et les informations sensorielles entre le système nerveux central et le reste du corps.

Système nerveux somatique Partie de la division motrice du système nerveux périphérique des Vertébrés qui conduit les influx aux muscles squelettiques, principalement en réponse à des stimulus externes.

Système nerveux sympathique Chez les Vertébrés, l'une des deux parties du système nerveux autonome qui augmente les dépenses d'énergie et qui prépare l'individu à l'action, notamment en augmentant la fréquence cardiaque et l'activité métabolique.

Système racinaire Ensemble des racines qui fixent solidement les Plantes au sol, absorbent les minéraux et l'eau et entreposent des réserves nutritives.

Système racinaire fasciculé Système racinaire des Monocotylédones qui se compose d'un ensemble de fines racines s'étendant sous la surface du sol.

Système racinaire pivotant Système racinaire des Dicotylédones constitué d'une large racine verticale (la racine pivotante) donnant naissance à de nombreuses petites racines latérales secondaires.

Système trachéen Système respiratoire qui assure les échanges gazeux chez les Insectes. Composé de tubes ramifiés tapissés de chitine qui s'infiltrent dans le corps et acheminent le dioxygène directement aux cellules.

Systole Phase de contraction et d'éjection du sang de la révolution cardiaque.

T

Table de fécondité En démographie, recension par âge des taux de fécondité dans une population.

Table de survie En démographie, recension pour chaque âge du nombre d'individus vivant dans une population.

Taille efficace d'une population Détermination, en nombre d'individus, du potentiel de reproduction d'une population. Se fonde sur une formule qui utilise la proportion des individus reproducteurs par sexe.

Taille minimale viable d'une population Nombre minimal d'individus qui permet à une population de se maintenir et de survivre.

Taux intrinsèque d'accroissement En démographie, taux maximal d'accroissement d'une population pour une espèce, dans des conditions idéales.

Taxie Réaction de locomotion orientée par laquelle un organisme se rapproche ou s'éloigne d'un stimulus quelconque.

Taxinomie Science qui vise à nommer et à classifier les êtres vivants.

Taxon Rang taxinomique identifié, quel qu'en soit le niveau.

Technique de capture-recapture Technique d'échantillonnage que les écologistes utilisent communément pour estimer les populations d'animaux sauvages. Lors d'une première capture, les scientifiques marquent un certain nombre d'animaux. Puis, lors d'une deuxième capture (recapture), ils calculent la proportion d'animaux marqués. On suppose que la proportion d'animaux marqués (recapturés) à la deuxième capture est équivalente à la proportion d'animaux marqués dans la population entière. C'est ainsi qu'on évalue une population.

Tégument Chez les Plantes à graines, ensemble de couches de tissu du sporophyte qui entourent et protègent le mégasporange (organe du sporophyte, siège de la méiose).

Télomérase Enzyme spéciale qui produit l'allongement des télomères. Comporte une molécule d'ARN dont une séquence nucléotidique sert de matrice pour la synthèse des nouveaux segments de télomères.

Télomère Séquence nucléotidique particulière et courte qui est répétée un grand nombre de fois, au bout des molécules d'ADN chromosomique des Eucaryotes. Voir aussi *ADN répétitif*.

Télophase Cinquième et dernière phase de la mitose. Les noyaux fils commencent à se former; la cytocinèse est en général amorcée.

Température Mesure de l'énergie cinétique moyenne des molécules d'un corps quelconque. Elle exprime la tendance relative de la chaleur à s'échapper du corps en question.

Temps de l'évolution En écologie, épisodes de l'évolution dont la durée se mesure en décennies, en siècles, en millénaires et en périodes encore plus longues.

Temps de renouvellement Rapport entre la biomasse mesurable d'un producteur, dans une chaîne alimentaire, et sa productivité primaire nette.

Temps écologique En écologie, épisodes de l'ère moderne dont la durée se mesure en minutes, en mois et en années.

Tendon Bande de tissu conjonctif dense régulier qui attache un muscle à un os.

Tension Diminution de la pression que subit une solution et qui crée une force d'aspiration.

Tension superficielle Force résultant de la cohésion et restreignant au minimum le nombre de molécules à la surface d'un liquide.

Terminateur Séquence spécifique de nucléotides de l'ADN qui marque la fin de la transcription.

Terre boule de neige Hypothèse selon laquelle les terres émergées étaient couvertes de glaciers d'un pôle à l'autre il y a 750 millions d'années, et ce, pendant 180 millions d'années. Ce serait à cause de cette période de grand froid que la diversité et la répartition des eucaryotes multicellulaires sont restées relativement faibles jusqu'à la toute fin du Précambrien.

Terre humide Zone de terre couverte d'eau peu profonde qui abrite des plantes aquatiques. Les terres humides vont des sites périodiquement inondés aux sols saturés d'eau en permanence durant la saison de végétation.

Territoire Espace qu'un ou plusieurs individus s'approprient et interdisent à leurs congénères.

Testicule Chez les Animaux, organe reproducteur ou gonade mâle, dans lequel sont produits les spermatozoïdes et les hormones sexuelles.

Testostérone Principale hormone du groupe des androgènes.

Tétanos Chez les Vertébrés, contraction uniforme et continue d'un muscle squelettique qui est produite par une fréquence de stimulation élevée.

Tétrade Groupe des quatre chromatides étroitement associées d'une paire de chromosomes homologues, à la fin de la prophase I de la méiose.

Tétrapodes Vertébrés possédant pour la plupart, au stade adulte, deux paires de membres, comme les Amphibiens, les Reptiles, les Oiseaux et les Mammifères.

Thalamus Région de l'encéphale des Vertébrés qui se forme à partir du diencéphale embryonnaire (l'une des divisions du prosencéphale). L'un des deux centres d'intégration du prosencéphale des Vertébrés. Principal centre de relais pour les informations sensitives arrivant au cerveau et pour les informations motrices partant du cerveau.

Thalle Appareil végétatif de l'algue marine qui ressemble à une plante; ne possède ni racines, ni tiges, ni feuilles véritables.

Théologie naturelle Philosophie qui s'attache à découvrir le dessein du Créateur en étudiant la nature. Selon la théologie naturelle, les adaptations des organismes prouvent que le Créateur a conçu chaque espèce à une fin précise.

Théorie chromosomique de l'hérédité Théorie selon laquelle les facteurs héréditaires (que nous appelons gènes) découverts par Mendel sont situés sur les chromosomes et sont ceux qui subissent les phénomènes de la ségrégation et de l'assortiment indépendant durant la méiose.

Théorie de la contraction par glissement des myofilaments Modèle s'appliquant au fonctionnement des muscles des Vertébrés et selon lequel la contraction musculaire résulte d'un changement dans un sarcomère, l'unité fonctionnelle d'un muscle. Chaque sarcomère raccourcit après que les myofilaments épais (myosine) et minces (actine) ont glissé les uns sur les autres. Le raccourcissement de l'ensemble des sarcomères provoque le raccourcissement de l'ensemble de la myofibrille.

Théorie synthétique de l'évolution Théorie globale de l'évolution qui intègre les découvertes et les principes de nombreux domaines, notamment la paléontologie, la taxinomie, la biogéographie et la génétique des populations. Souligne l'importance des populations en tant qu'unités de l'évolution.

Thérapie génique Traitement d'une maladie attribuable à un seul gène défectueux consistant en la modification du gène.

Thérapsides Lignée de Reptiles apparentés aux Mammifères, ou Reptiles mammaliens, qui est née des Synapsides au cours du Permien et qui a donné naissance aux Mammifères.

Thermocline Mince couche d'un plan d'eau où le gradient thermique est abrupt. Sépare la couche superficielle uniformément chaude et la couche profonde uniformément froide.

Thermodynamique Étude des transformations d'énergie qui se produisent dans une portion de matière. Voir *premier principe de la thermodynamique* et *deuxième principe de la thermodynamique*.

Thermogenèse sans frisson Augmentation de la production de chaleur chez certains Mammifères due à l'action de quelques hormones qui amènent les mitochondries à augmenter leur activité métabolique et à produire de la chaleur au lieu de l'ATP.

Thermophiles extrêmes Archéobactéries qui prospèrent dans des milieux chauds (dont les températures vont souvent de 60 à 80 °C).

Thermorécepteur Type de récepteur sensoriel des Animaux qui réagit à la chaleur ou au froid et intervient dans la régulation thermique en donnant des informations sur les températures superficielle et interne de l'organisme.

Thermorégulation Chez les Animaux, processus servant à maintenir la température interne d'un organisme dans un intervalle compatible avec la vie.

Théropodes Groupe de Dinosaures carnivores bipèdes relativement petits.

Thigmomorphogenèse Variations de forme qui résultent de la perturbation mécanique continue d'une plante, laquelle provoque une production accrue d'éthylène. L'épaississement des tiges en réaction à de forts vents en constitue un exemple.

Thigmotropisme Réaction d'orientation consécutive au contact, chez les Plantes.

Thrombus Amas de plaquettes et de fibrine qui coagulent dans un vaisseau sanguin et qui bloquent la circulation du sang.

Thylakoïde Sac membraneux aplati qui est situé à l'intérieur du chloroplaste et qui transforme l'énergie lumineuse en énergie chimique.

Thyréotrophine (TSH) Hormone produite par l'adénohypophyse qui commande la libération des hormones thyroïdiennes.

Thyroxine (T_4) L'une des hormones que produit la glande thyroïde et qui sont dérivées de l'acide aminé tyrosine ; contient quatre atomes d'iode. Stimule et entretient les processus métaboliques.

Tissu Ensemble de cellules dotées d'une structure et d'une fonction communes.

Tissu adipeux Forme spécialisée de tissu conjonctif lâche qui emmagasine les graisses (triacylglycérols) dans les cellules adipeuses dispersées dans sa matrice.

Tissu adipeux brun Tissu spécialisé dans la production rapide de chaleur, chez certains Mammifères ; situé dans le cou et entre les épaules.

Tissu cartilagineux Type de tissu conjonctif qui contient de nombreuses fibres collagènes enchâssées dans une substance fondamentale appelée chondroïtine-sulfate. Ce tissu est résistant et flexible et ces propriétés le situent entre le tissu conjonctif dense et le tissu osseux.

Tissu conducteur Tissu dont les cellules forment des tubes qui transportent l'eau et les nutriments dans la plante.

Tissu conjonctif Tissu animal qui possède une population peu abondante de cellules dispersées dans une matrice extracellulaire et dont le rôle consiste surtout à fixer et à soutenir les autres tissus.

Tissu conjonctif aréolaire Tissu conjonctif lâche fait de cellules conjonctives et de fibres élastiques et blanches, isolées ou en faisceaux. Tissu conjonctif le plus répandu chez les Vertébrés.

Tissu conjonctif dense Tissu conjonctif compact, qui contient beaucoup de fibres collagènes.

Tissu conjonctif dense irrégulier Tissu conjonctif dense dont les faisceaux de fibres collagènes sont épais et disposés en tous sens ; présent surtout dans le derme de la peau, dans la sous-muqueuse du tube digestif et dans l'enveloppe fibreuse de certains organes et des capsules articulaires.

Tissu conjonctif dense régulier Tissu conjonctif dense dont les fibres collagènes sont disposées en faisceaux parallèles ; présent principalement dans les tendons et dans les ligaments.

Tissu conjonctif lâche Tissu conjonctif dont les fibres s'entrelacent de manière espacée et qui sert à fixer un épithélium aux tissus sous-jacents et à envelopper les organes pour les maintenir en place.

Tissu de revêtement Enveloppe protectrice des Végétaux qui est composée habituellement d'une seule couche serrée de cellules de l'épiderme recouvrant et protégeant toutes les jeunes parties des Plantes qui se forment au cours de la croissance primaire.

Tissu épithélial Une ou plusieurs couches de cellules accolées les unes aux autres qui tapissent la surface externe du corps et des organes ainsi que les cavités internes.

Tissu fondamental Tissu qui est composé essentiellement de cellules parenchymateuses et qui constitue la majeure partie des jeunes plantes. Comble l'espace entre les tissus de revêtement et les tissus conducteurs.

Tissu musculaire Tissu animal se composant de cellules allongées, les fibres musculaires, qui peuvent se contracter quand elles sont stimulées par un influx nerveux.

Tissu musculaire cardiaque Tissu musculaire qui constitue la paroi contractile (myocarde) du cœur. Les extrémités de ses cellules sont réunies par des disques intercalaires qui transmettent d'une cellule cardiaque à l'autre l'influx nerveux qui provoque la contraction musculaire.

Tissu musculaire lisse Tissu musculaire qui est dépourvu des stries caractéristiques des muscles squelettiques et du muscle cardiaque, en raison de la distribution uniforme des filaments de myosine dans ses cellules. Se trouve dans la paroi du tube digestif, de la vessie, des artères et d'autres organes internes. Est associé aux activités corporelles involontaires.

Tissu musculaire squelettique Tissu musculaire d'apparence striée qui intervient généralement dans les mouvements volontaires du corps et dans les mouvements réflexes associés à l'équilibre statique et dynamique.

Tissu nerveux Chez la plupart des Animaux, tissu composé de neurones et de cellules de soutien. Perçoit les stimulus et transmet des messages d'une partie à l'autre de l'organisme.

Tissu osseux Tissu conjonctif minéralisé, composé de cellules vivantes qui sont maintenues dans une matrice rigide de fibres collagènes enchâssées dans des sels de calcium.

Tissu sanguin Tissu conjonctif dont la matrice est un liquide appelé plasma, où baignent deux catégories de cellules sanguines : les érythrocytes et les leucocytes. Aussi appelé *sang*.

Tolérant Qualifie un animal qui supporte des variations de son milieu interne dues à certains changements de l'environnement externe.

Tonoplaste Dans une cellule végétale mature, membrane qui fait partie du réseau intracellulaire de membranes et qui entoure la vacuole centrale.

Torpeur Chez les Animaux, état physiologique qui se caractérise par une activité réduite au minimum et par une diminution du métabolisme.

Torpeur quotidienne Diminution quotidienne de l'activité métabolique et de la température corporelle pendant les périodes d'inactivité de certains petits Mammifères et Oiseaux.

Torsion Rotation de la masse viscérale que subissent les Gastéropodes (classe de Mollusques) durant leur développement embryonnaire.

Totipotente Se dit de toute cellule qui a la capacité de former toutes les parties de l'organisme adulte.

Tourbe Immenses dépôts de matière organique non décomposée que forment surtout les Sphaignes dans les milieux humides.

Trachée Tube aérien renforcé d'anneaux de cartilage (en forme de fer à cheval) qui va du larynx jusqu'aux bronches, chez certains Vertébrés.

Trachéide Chez les Végétaux, élément du xylème qui assure la circulation de la sève brute et une fonction de soutien. Longue cellule mince, morte à maturité, dont les extrémités sont en pointe et dont les parois sont durcies par la lignine.

Tractus digestif Succession de compartiments qui relient deux ouvertures, la bouche et l'anus, chez la plupart des Animaux. Aussi appelé *canal alimentaire* ou *tube digestif*.

Traduction Synthèse d'un polypeptide dirigée par l'ARNm et se déroulant dans les ribosomes.

Transcriptase inverse Enzyme typique des Rétrovirus qui synthétise de l'ADN à partir de leur matrice d'ARN.

Transcription Synthèse d'ARN dirigée par l'ADN.

Transcrit primaire Chez les Eucaryotes, première version d'ARN qui résulte de la transcription. Aussi appelé *ARN prémessager*.

Transduction Transfert d'ADN d'une bactérie à l'autre par un bactériophage.

Transduction généralisée Transfert aléatoire de gènes bactériens par un bactériophage.

Transduction localisée Transfert sélectif de gènes situés près du site d'incorporation du prophage, sur le chromosome bactérien.

Transformation (1) Conversion d'une cellule animale normale en cellule cancéreuse. (2) Mécanisme par lequel une cellule assimile du matériel génétique externe.

Transgénique Qualifie un organisme qui a reçu un ou plusieurs gènes d'un autre organisme.

Transition démographique Passage d'une croissance démographique nulle correspondant à des taux de natalité et de mortalité élevés à une croissance démographique nulle caractérisée par des taux de natalité et de mortalité faibles.

Translocation (1) Aberration chromosomique due à une erreur au cours de la méiose ou à des mutagènes ; résulte de la fixation, sur un chromosome non homologue, d'un fragment chromosomique, à la suite d'un bris. (2) Au cours de la synthèse des protéines, troisième étape du cycle d'élongation, lorsque l'ARN transportant le polypeptide en formation se déplace du site A au site P, sur le ribosome.

Transmetteur sain En génétique, hétérozygote qui a un phénotype normal et qui possède un allèle normal et un allèle récessif potentiellement létal. Peut transmettre l'allèle récessif à ses enfants sans souffrir lui-même de la maladie.

Transmission Acheminement des influx jusqu'au système nerveux central.

Transpiration Chez les Plantes, vaporisation du surplus d'eau par les feuilles et les parties aériennes.

Transport actif Mouvement d'une substance à travers une membrane biologique qui se fait contre son gradient de concentration ou son gradient électrochimique ; requiert une dépense d'énergie métabolique et des protéines de transport.

Transport cyclique d'électrons Transport d'électrons au cours des réactions photochimiques de la photosynthèse. Ne fait intervenir que le photosystème I et n'engendre que de l'ATP ; ne produit ni NADPH + H$^+$ ni dioxygène.

Transport non cyclique d'électrons Transport d'électrons au cours des réactions photochimiques de la photosynthèse. Fait intervenir les deux photosystèmes et produit de l'ATP, du NADPH + H$^+$ et du dioxygène. Les électrons passent continuellement de l'eau au NADP$^+$.

Transport passif Diffusion d'une substance à travers une membrane biologique ; ne nécessite pas de dépense d'énergie de la part de la cellule.

Transposon Segment d'ADN, aussi nommé élément génétique transposable, capable de se déplacer d'un endroit à l'autre à l'intérieur du génome cellulaire ; sert d'agent de changement génétique.

Transposon complexe Séquence d'insertion qui comporte, en plus de l'ADN nécessaire à la transposition, d'autres gènes (par exemple, des gènes de résistance aux antibiotiques) qu'elle entraîne avec elle lorsqu'elle se déplace.

Transposon simple Séquence d'insertion qui ne comporte que l'ADN nécessaire à la transposition elle-même, c'est-à-dire au déplacement de la séquence d'ADN.

Travail Série de contractions fortes et rythmiques de l'utérus qui expulsent le bébé de l'utérus et du vagin au cours de l'accouchement. Comporte trois périodes : la dilatation du col utérin, l'expulsion ou naissance de l'enfant et la délivrance ou expulsion du placenta.

Triacylglycérol Molécule constituée de trois molécules d'acides gras et d'une molécule de glycérol. Aussi appelé *graisse*.

Tri-iodothyronine (T$_3$) L'une des hormones que produit la glande thyroïde et qui sont dérivées de l'acide aminé tyrosine ; contient trois atomes d'iode ; stimule et entretient les processus métaboliques.

Trilobites Membres d'une lignée aujourd'hui disparue des Arthropodes qui étaient dotés d'une segmentation marquée.

Trimestre L'une des trois périodes de la gestation humaine ou grossesse ; dure environ trois mois.

Triple réponse Manœuvre de croissance qu'effectue une plantule après une exposition à l'éthylène et qui lui permet de contourner un obstacle. Réaction qui comprend trois parties : le ralentissement de l'allongement de la tige, son épaississement (qui la rend plus forte) et sa courbure qui la fait croître horizontalement.

Triploblastique Qualifie l'Animal qui possède trois feuillets embryonnaires : l'endoderme, le mésoderme et l'ectoderme. La plupart des Eumétazoaires sont triploblastiques.

Trisomique Qualifie un zygote aneuploïde contenant trois copies d'un même chromosome.

Trompe auditive Chez certains Vertébrés, conduit relié au pharynx qui équilibre la pression de l'air entre l'oreille moyenne et l'atmosphère.

Trompe utérine Tube du système reproducteur femelle qui va de l'ovaire jusqu'au vagin chez les Invertébrés ou jusqu'à l'utérus chez les Vertébrés.

Tronc cérébral Dans l'encéphale de l'Humain, partie qui se compose du bulbe rachidien, du pont et du mésencéphale. Contribue à l'homéostasie, à la coordination des mouvements et à la transmission des informations jusqu'aux centres d'intégration supérieurs.

Trophoblaste Chez les Mammifères, épithélium externe qui entoure le blastocyste et qui constituera, avec le tissu du mésoderme, la portion fœtale du placenta.

Tropiques Régions situées entre 23,5° de latitude Nord et 23,5° de latitude Sud.

Tropisme Toute réaction de croissance qui oriente une plante vers un stimulus ou en direction opposée, à cause d'une différence dans la vitesse d'allongement des différentes cellules.

Tropomyosine Dans les muscles des Vertébrés, protéine régulatrice qui se présente sous la forme d'un microfilament et qui recouvre les sites de liaison de l'actine, destinés à la myosine, lorsque les muscles sont au repos.

Trypsine Enzyme pancréatique qui est déversée dans le duodénum et qui s'attaque spécifiquement aux liaisons peptidiques entre certains acides aminés, à l'intérieur des polypeptides. Coupe un polypeptide aux endroits occupés par la lysine et l'arginine.

Tube de Malpighi Organe excréteur typique des Arthropodes dont le contenu se déverse dans le tube digestif ; permet l'élimination des déchets métaboliques de l'hémolymphe et joue un rôle dans l'osmorégulation.

Tube digestif Succession de compartiments qui relient deux ouvertures, la bouche et l'anus, chez la plupart des Animaux. Aussi appelé *canal alimentaire* ou *tractus digestif*.

Tube neural Chez les Cordés, tube qui se forme à partir d'une plaque d'ectoderme dorsal située juste au-dessus de la corde dorsale en formation ; deviendra le système nerveux central.

Tubule contourné distal Dans le rein des Vertébrés, partie du néphron qui contribue au raffinage du filtrat et qui se déverse dans un tubule rénal collecteur.

Tubule contourné proximal Dans le rein des Vertébrés, région du néphron qui se trouve immédiatement en aval de la capsule glomérulaire rénale et qui transfère le filtrat en contribuant à le raffiner.

Tubule rénal collecteur Dans le rein de certains Vertébrés, conduit qui reçoit le filtrat de nombreux tubules rénaux. Le filtrat prend alors le nom d'urine.

Tubule séminifère contourné Conduit des testicules qui est enroulé de façon compacte et entouré de plusieurs épaisseurs de tissu conjonctif, et dans lequel se forment les spermatozoïdes.

Tubule transverse Repli de la membrane plasmique de la cellule musculaire, chez les Vertébrés.

Tumeur bénigne Masse de cellules transformées qui ont une croissance anormale mais plus lente que celle d'une tumeur maligne. Se présente sous forme compacte souvent encapsulée et reste localisée. Ne cause généralement pas de problème.

Tumeur maligne (néoplasme malin) Masse de cellules transformées qui ont une croissance anormale ; masse exempte de capsule et constituée de cellules qui ont une croissance plus rapide que celles d'une tumeur bénigne. Les cellules cancéreuses de la tumeur maligne peuvent se propager à diverses parties de l'organisme.

Tuniciers Nom qu'on donne communément aux Urocordés à cause de la tunique constituée de tunicine, polysaccharide semblable à la cellulose, qui les revêt entièrement.

Turgescente Qualifie la cellule végétale dont la paroi se distend au maximum lorsqu'elle est hypertonique par rapport à la solution située à l'extérieur de sa membrane plasmique.

Type parental Qualifie un individu qui a un phénotype ou un ensemble de phénotypes identique à celui de l'un des deux parents.

Tyrosine kinase Enzyme qui catalyse le transfert d'un groupement phosphate de l'ATP à un acide aminé du substrat protéique, la tyrosine.

U

Ultracentrifugeuse Appareil capable de faire tourner des éprouvettes à des vitesses très grandes, ce qui permet de séparer des liquides et des particules de masses volumiques infimes. Peut appliquer une force jusqu'à un million de fois plus grande que celle de la gravitation.

Ultrastructure cellulaire Expression qui désigne l'anatomie de la cellule que le microscope électronique permet d'observer.

Ulvophytes Protistes photosynthétiques de formes très variées qui doivent leur nom à la couleur verte de leurs chloroplastes. Comprennent des espèces unicellulaires, multicellulaires et vivant en colonies.

Un gène, un polypeptide Principe selon lequel un gène est un segment d'ADN commandant la synthèse d'un polypeptide.

Uniformitarisme Théorie de Charles Lyell selon laquelle les processus géologiques n'ont pas changé au cours de l'histoire de la Terre.

Uniramiens Membres d'une lignée animale qui comprend les Centipèdes, les Millipèdes et les Insectes.

Unité cartographique Unité de mesure servant à exprimer la distance entre les gènes. Une unité cartographique équivaut à une fréquence de recombinaison de 1 %. Aussi appelée centimorgan (cM) en l'honneur de Morgan.

Unité de transcription Segment d'ADN transcrit en molécule d'ARN.

Unité motrice Chez les Vertébrés, unité que constituent un neurone moteur et toutes les fibres musculaires qu'il régit.

Urée Déchet azoté qui se présente sous forme soluble et qu'excrètent les Mammifères, la plupart des Amphibiens adultes, de nombreux Poissons et beaucoup de Tortues marines.

Uretère Conduit dans lequel se déverse l'urine produite dans les reins de certains Vertébrés et qui débouche dans la vessie.

Urètre Conduit qui sort de la vessie et qui mène l'urine vers l'extérieur du corps de certains Vertébrés. Débouche près du vagin chez la femme et à l'extrémité du pénis chez l'homme, dont il draine également le système reproducteur.

Urocordés Cordés sans colonne vertébrale appelés communément Tuniciers. Animaux sessiles marins pour la plupart qui sont entièrement revêtus d'une tunique (d'où le nom de Tuniciers) constituée de tunicine, polysaccharide semblable à la cellulose.

Urodèles Ordre des Amphibiens dont les membres sont des tétrapodes munis d'une queue, tels que les Salamandres.

Utérus Organe épais et musculeux du système reproducteur femelle dans lequel ont lieu la fécondation et le développement embryonnaire chez les Animaux.

Utricule Dans l'oreille interne des Humains et de la plupart des autres Mammifères, chambre qui est située derrière la fenêtre du vestibule et qui s'ouvre sur les conduits semi-circulaires. Participe au sens de l'équilibre.

V

Vaccin Variante ou dérivé inoffensif d'un agent pathogène qui a pour effet de stimuler le système immunitaire et de lui permettre de combattre l'organisme pathogène.

Vaccination Présentation au système immunitaire d'une forme non pathogène ou atténuée d'un microorganisme ou d'une partie de microorganisme, dans le but de provoquer une réaction immunitaire et donc la création d'une mémoire immunitaire pour le microorganisme visé. Aussi appelée *immunisation*.

Vacuole centrale Dans une cellule végétale mature, sac membraneux qui joue divers rôles dans la protection, la croissance et le développement.

Vacuole nutritive Sac membraneux qui se forme lors de l'endocytose et de la phagocytose.

Vacuole pulsatile Sac membraneux qui expulse l'excès d'eau d'une cellule.

Vagin Cavité à la paroi mince du système reproducteur femelle qui est localisée entre l'utérus et le milieu externe. Reçoit le pénis et les spermatozoïdes au cours des rapports sexuels et permet le passage du bébé lors de l'accouchement.

Vaisseau chylifère Minuscule vaisseau lymphatique qui est situé au centre de chaque villosité de la muqueuse intestinale et dans lequel s'introduisent les chylomicrons absorbés.

Vaisseau du xylème Chez les Végétaux, long tube microscopique que forment les éléments de vaisseau.

Vaisseau sanguin Chez les Animaux, conduit qui achemine le sang dans le corps.

Valeur d'adaptation Contribution d'un génotype à la génération suivante, par rapport à la contribution des autres génotypes pour le même locus.

Valeur d'adaptation globale Effet global qu'a un animal sur la prolifération de ses gènes en produisant une descendance et en fournissant une aide qui permet à ses proches parents de se reproduire aussi.

Valve auriculoventriculaire (valve AV). Chez les Mammifères, repli de tissu conjonctif du cœur qui se trouve entre une oreillette et un ventricule et qui empêche le sang de retourner dans l'oreillette quand le ventricule se contracte.

Valve de l'aorte Chez les Mammifères, valve qui ferme l'aorte à la sortie du ventricule gauche du cœur.

Valve du tronc pulmonaire Chez les Mammifères, valve qui ferme le tronc pulmonaire à la sortie du ventricule droit du cœur. Le tronc pulmonaire est une courte artère du cœur qui se subdivise en artères pulmonaires gauche et droite.

Valvule spirale Repli en forme de tire-bouchon qui accroît la surface d'absorption et ralentit le passage des aliments dans le court tube digestif de la plupart des Requins.

Vaporisation Diminution de la chaleur à la surface d'un liquide, qui perd certaines de ses molécules du fait de leur passage à l'état gazeux.

Variation Différences entre les membres de la même espèce.

Variation géographique Différences dans le patrimoine génétique des populations d'une même espèce ou des groupes composant une même population.

Variation neutre Diversité génétique qui ne semble pas conférer un avantage sélectif à certains individus, par rapport à d'autres.

Vasa recta Réseau de capillaires entourant l'anse du néphron.

Vasculaires Clade des Végétaux qui possèdent un tissu conducteur. Les Vasculaires comprennent les Ptéridophytes, les Gymnospermes et les Angiospermes. Aussi appelés *Végétaux vasculaires*.

Vasculaires sans graines Vasculaires qui, contrairement aux Gymnospermes et aux Angiospermes, ne produisent pas de graines. Autre nom donné aux Ptéridophytes.

Vasectomie Méthode de contraception chez l'homme ; ligature des conduits déférents qui empêche les spermatozoïdes d'entrer dans l'urètre.

Vasocongestion Chez les Animaux, réaction physiologique sexuelle d'engorgement d'un tissu causé par un afflux accru de sang circulant dans ses artérioles.

Vasoconstriction Réduction du diamètre des vaisseaux sanguins superficiels que déclenchent des influx nerveux contractant les muscles de la paroi des vaisseaux.

Vasodilatation Augmentation du diamètre des vaisseaux sanguins superficiels que déclenchent les influx nerveux détendant les muscles de la paroi des vaisseaux.

Vecteur d'expression Vecteur de clonage qui contient le promoteur voulu d'une cellule procaryote juste en amont d'un site de restriction où le gène eucaryote peut être inséré.

Vecteur de clonage Plasmide ou virus utilisé en génie génétique comme transporteur pour faire passer l'ADN recombiné des éprouvettes aux cellules, dans lesquelles il peut se répliquer et cloner par la même occasion les gènes qu'il porte.

Végétaux vasculaires Clade des Végétaux qui possèdent un tissu conducteur. Les Végétaux vasculaires comprennent les Ptéridophytes, les Gymnospermes et les Angiospermes. Aussi appelés *Vasculaires*.

Veine Vaisseau qui ramène au cœur le sang provenant des capillaires.

Veine porte hépatique Vaisseau qui amène le sang riche en nutriments de l'intestin grêle jusqu'au foie.

Veine rénale Vaisseau sanguin de certains Vertébrés qui draine le rein.

Veinule Petit vaisseau qui transporte le sang entre un lit capillaire et une veine.

Ventilation Processus qui accroît la circulation du milieu respiratoire (air ou eau) sur la surface respiratoire (poumons ou branchies).

Ventilation alvéolaire (VA) Portion du volume d'air inspiré qui participe aux échanges gazeux.

Ventral Se dit de la moitié inférieure (ou abdomen) d'un animal à symétrie bilatérale.

Ventricule (1) Cavité qui pompe le sang hors du cœur. (2) Cavité de l'encéphale des Vertébrés qui est remplie de liquide cérébrospinal.

Verdissement Changements que subissent la morphologie et la biochimie d'une pousse qui reçoit la lumière du soleil.

Vertébrés Cordés dotés d'une colonne vertébrale. Comprennent les Mammifères, les Oiseaux, les Reptiles, les Amphibiens et divers groupes de Poissons.

Vésicule À l'intérieur des cellules eucaryotes, sac membraneux servant à transporter des substances.

Vésicule biliaire Organe qui emmagasine la bile et la libère dans l'intestin grêle au besoin.

Vésicule de transition Petite vésicule qui enveloppe et transporte dans le cytosol chacune des molécules produites par une cellule.

Vésicule enrobée Vésicule, résultant de l'invagination d'un puits tapissé, qui fait pénétrer dans la cellule les ligands fixés aux sites récepteurs appropriés.

Vésicule séminale Chez les Animaux, glande exocrine du mâle dont les sécrétions constituent la majeure partie du sperme. Le liquide qu'elle produit lubrifie les conduits et nourrit les spermatozoïdes.

Vésicule synaptique Chacun des nombreux sac membraneux qui contiennent des milliers de molécules d'un neurotransmetteur et qui sont situés dans le cytoplasme de l'extrémité de l'axone du neurone présynaptique, dans une synapse chimique.

Vessie Sac musculaire lisse et rétractile de certains Vertébrés dans lequel l'urine est emmagasinée avant d'être éliminée.

Vessie natatoire Poche de gaz qui permet aux Poissons osseux de régler leur masse volumique et de modifier à leur guise leur flottabilité. Adaptation issue de la transformation des poumons au cours de l'évolution.

Vestibule Dans le système reproducteur de la femme, région délimitée par les petites lèvres qui contient l'orifice vaginal et l'ouverture de l'urètre.

Villosité intestinale Prolongement digitiforme de la surface interne de l'intestin grêle.

Viroïde Agent pathogène des Végétaux qui est composé de minuscules molécules d'ARN circulaire nu.

Virus de l'immunodéficience humaine (VIH) Virus qui cause le sida ; fait partie des Rétrovirus.

Virus tempéré Virus capable de suivre les deux modes de réplication dans une bactérie (cycle lytique et cycle lysogénique).

Vitamine Molécule organique nécessaire en très faible quantité et servant généralement de coenzyme ou de partie de coenzyme.

Vitamine D Vitamine dont la forme active fonctionne comme une hormone. Agit alors de concert avec la parathormone dans les les os ; agit également sur les intestins, où elle stimule l'absorption du Ca^{2+} présent dans les aliments.

Vitellus Chez les Animaux, réserve de nutriments que contient un ovocyte de deuxième ordre.

Vitesse du métabolisme Quantité d'énergie utilisée par un animal pendant un intervalle de temps donné. C'est la somme de toutes les réactions biochimiques nécessaires à une dépense d'énergie qui surviennent pendant la période en question.

Vivipare Se dit d'un type de développement dans lequel l'embryon se développe dans l'utérus et se nourrit, jusqu'à la naissance, des nutriments qui lui parviennent par le placenta le reliant au sang de sa mère.

Voie anabolique Voie métabolique qui permet la synthèse de molécules complexes à partir de composés simples. Il existe de nombreuses voies anaboliques.

Voie catabolique Voie métabolique qui libère de l'énergie en décomposant des molécules complexes en composés simples. Il existe de nombreuses voies cataboliques.

Voie de conversion-amplification Séquence d'événements survenant entre un stimulus mécanique, électrique ou chimique et une réaction cellulaire.

Volume courant (VC) Volume d'air qu'un animal inspire et expire à chaque respiration.

Volume de réserve expiratoire (VRE) Quantité d'air expirée avec effort après une inspiration normale.

Volume de réserve inspiratoire (VRI) Quantité d'air supplémentaire obtenue lors d'une inspiration forcée.

Volume résiduel (VR) Volume d'air qui reste dans les poumons même après une expiration forcée.

Volume systolique (V$_s$) Volume de sang que le ventricule gauche expulse chaque fois qu'il se contracte.

X

Xénarthres Ordre des Mammifères dont les membres se caractérisent par l'absence de dents ou la présence de dents de taille réduite. Ordre dans lequel on trouve les Paresseux, les Fourmiliers et les Tatous.

Xérophyte Plante qui s'est adaptée à un climat aride.

Xylème Chez les Végétaux, tissu conducteur qui est composé de cellules mortes en forme de tubes et qui transporte l'eau et les minéraux des racines jusqu'aux feuilles.

Z

Zéaxanthine Pigment qu'utilisent les Plantes pour détecter la lumière bleue, pour amorcer l'ouverture des stomates.

Zone abyssale Partie du fond de l'océan qui se caractérise par des eaux froides, une pression extrême, une obscurité totale et une faible concentration de nutriments. Zone occupée par les communautés benthiques des grands fonds, c'est-à-dire par une communauté diversifiée d'Invertébrés, de Poissons et d'organismes procaryotes.

Zone aphotique Zone inférieure d'un plan d'eau où la lumière est insuffisante pour la photosynthèse.

Zone benthique Substrat qui se trouve au fond de tous les biomes aquatiques.

Zone d'activité polarisante Région du bourgeon d'un membre qui se trouve à l'endroit où le bourgeon rejoint le tronc, du côté postérieur, et qui sert d'organisateur dans le plan d'organisation des embryons animaux.

Zone d'élongation cellulaire Chez les Végétaux, région de l'extrémité de la racine qui chevauche la zone de division cellulaire et où les cellules deviennent parfois jusqu'à dix fois plus longues et même davantage.

Zone de différenciation cellulaire Chez les Végétaux, région de l'extrémité de la racine qui chevauche la zone d'élongation cellulaire. Avant même de terminer leur élongation, les cellules commencent à se différencier du point de vue de la structure et de la fonction.

Zone de division cellulaire Région qui comprend le méristème apical et les méristèmes primaires qui en dérivent.

Zone euphotique Zone supérieure d'un plan d'eau où l'illumination suffit à la photosynthèse.

Zone intertidale Zone de contact entre la terre et l'eau et qui est occupée par les communautés marines.

Zone limnétique Dans un plan d'eau, zone d'eaux superficielles, libres et bien éclairées qui se situent loin du rivage.

Zone littorale Dans un plan d'eau, zone d'eaux chaudes, peu profondes et bien éclairées qui se situent à proximité du rivage.

Zone néritique Zone relativement peu profonde de l'océan située au-dessus du plateau continental (partie relativement plate et surélevée des fonds marins qui délimite un continent).

Zone océanique Zone très profonde de l'océan qui est située au-delà du plateau continental.

Zone pélagique Zone de l'océan correspondant à l'eau libre, quelle que soit sa profondeur.

Zone pellucide Matrice extracellulaire de l'ovocyte de deuxième ordre chez les Mammifères.

Zone profonde Dans un plan d'eau, couche la plus épaisse, qui est privée de lumière.

Zone quiescente Région située au cœur de la zone de division cellulaire, dans la racine des Plantes ; se compose de cellules du méristème qui se divisent très lentement.

Zygomycètes Embranchement des Eumycètes dont un groupe important forme des mycorhizes. La fusion des cytoplasmes des Zygomycètes donne naissance à une structure résistante appelée zygosporange.

Zygosporange Chez les Zygomycètes, structure résistante à laquelle donne naissance la plasmogamie et qui est tour à tour le siège de la caryogamie et de la méiose.

Zygote Œuf fécondé diploïde qui résulte de l'union des gamètes haploïdes.

SOURCES
DES PHOTOGRAPHIES ET DES ILLUSTRATIONS

Page IX (à gauche) P. Shing Ho.; (en haut à droite) Molecular Probes.; (en bas à droite) Walter Gehring. **Page X** (en haut à gauche) Oxford University Museum/Neil Fletcher/Dorling Kindersley; (en haut à gauche) *Lactarius indigo*, œuvre de Mary Elizabeth Banning, reproduction autorisée par le New York State Museum, Albany, NY 12230, É.-U.; (en haut à droite) Ardea.; (en bas à droite) Darren Bennett/Animals Animals. **Page XI** Kevin Schafer/Tom Stack and Associates.

CHAPITRE 1 – Ouverture du chapitre: The Brett Weston Archives. **1.1** (a) Mike Hettwer; (b et d) James Aronovsky; (c) Michelle Bosch. **1.2** (1) Benjamin Cummings; (2) © 2003, E. H. Newcomb et W. P. Wergin/Biological Photo Service; (3) Manfred Kage/Peter Arnold, Inc.; (4) SPL/Photo Researchers, Inc.; (6) Carol Fuegi/Corbis/Magmaphoto.com. **1.3** (c) Michael Fogden/Bruce Coleman, Inc.; (d) Wolfgang Bayer/Bruce Coleman, Inc.; (e) Jeff Lepore/Photo Researchers, Inc.; (f) T. Pat Leeson/Photo Researchers, Inc. **1.6** (b) Janice Sheldon; (c) T. D. Parsons, D. Kleinfeld, F. Raccuia-Behling et B. Salzberg, *Biophysical Journal,* juillet 1989, photo: avec l'aimable autorisation de Brian Salzberg; (d) Nicolae Simionescu. **1.9** Charles H. Phillips. **1.11** (a) SPL/Photo Researchers, Inc.; (b) Ralph Robinson/Visuals Unlimited; (c) Dr Wilson/Photo Researchers, Inc. **1.12** (a) Manfred Kage/Peter Arnold, Inc.; (b) SPL/Photo Researchers, Inc.; (c) © 2003, W. L. Dentler/Biological Photo Service. **1.13** Mike Hettwer. **1.14** Richard Milner. **1.16** P. A. Sutherland/1998, OtherWorld Images, É.-U. **1.17** (a) SPL/Photo Researchers, Inc. **1.18** Mary DeChirico/Benjamin Cummings. **1.22** Don Hamerman/NYU. **1.23** (a) Peter Menzel; (b) Hank Morgan/Photo Researchers, Inc. **Tableau 1.1** (10) Hank Morgan/Photo Researchers, Inc.

CHAPITRE 2 – Ouverture du chapitre: Thomas Eisner et Daniel Aneshausley. **2.1** (en haut) Frank Krahmer/Planet Earth Pictures, Ltd.; (en bas) © 2003, N. L. Max/Biological Photo Service. **2.2** (à gauche) Chip Clark; (au centre et à droite) Stephen Frisch/Benjamin-Cummings. **2.3** Grant Heilman. **2.4** Ivan Polunin/Bruce Coleman, Inc. **2.5** Adapté de Neil A. Campbell, Lawrence G. Mitchell et Jane B. Reece, *Biology: Concepts and Connections,* 2e édition, Menlo Park, CA, Benjamin/Cummings, 1997, © 1997 The Benjamin/Cummings Publishing Company. **2.6** (a) © 2003, Laura Harley/Biological Photo Service; (b) tiré de M.C. Ratazzi *et al.*, *American Journal of Human Genetic,* 28 (1976): 143-154. **2.7** SPL/Photo Researchers, Inc. **2.8** Stuart Isett/Polaris Images. **2.15** Stephen Frisch/Benjamin-Cummings. **2.20** Runk/Schoenberger/Grant Heilman. **Page 41** Phil Degginger/Color-Pic, Inc.

CHAPITRE 3 – Ouverture du chapitre: NASA. **3.2** (à droite) Tiré de R.G. Kessel et C.Y. Shih, *Scanning Electron Microscopy in Biology,* Springer-Verlag, New York, 1974, p. 147. **3.3** George Bernard/Animals Animals. **3.4** Kevin Frayer/La Presse canadienne. **3.6** Flip Nicklin/Minden Pictures. **3.8** Adapté d'une figure de Michael Pique, The Scripps Research Institute. **3.9** Adapté de Neil A. Campbell, Lawrence G. Mitchell et Jane B. Reece, *Biology: Concepts and Connections,* 2e édition, Menlo Park, CA, Benjamin/Cummings, 1997, © 1997 The Benjamin/Cummings Publishing Company. **3.10** (a) Adapté de *L'Odyssée des pluies acides,* ministre des Approvisionnements et Services du Canada, 1981, © Imprimeur de la Reine de l'Ontario, 1981, reproduction autorisée; (b) Tiré de *L'acidité des eaux au Québec,* Gouvernement du Québec, Ministère de l'Environnement du Québec, 1994. **3.11** Lightwave Photography/Animals Animals.

CHAPITRE 4 – Ouverture du chapitre: P. Shing Ho. **4.1** Roger Ressmeyer/Corbis/Magmaphoto.com. **4.5** (a) Adapté de Christopher K. Mathews et K. E. van Holde, *Biochemistry,* 2e édition, Menlo Park, CA, ©1996 The Benjamin/Cummings Publishing Company; (b) Manfred Kage/Peter Arnold, Inc. **4.6** Adapté de Wayne M. Becker, Jane B. Reece et Martin F. Poenie, *The World of the Cell,* 3e édition, Menlo Park, CA, Banjamin/Cummings, 1996, © 1986, 1991, 1996 The Benjamin/Cummings Publishing Company, Inc. **4.7** Adapté d'une illustration de Clark Still, Columbia University.

CHAPITRE 5 – Ouverture du chapitre: Martin Shields. **5.1** (a) Succession de Linus Pauling; (b) W. McIntyre/Photo Researchers, Inc. **5.2** Adapté de Neil A. Campbell, Lawrence G. Mitchell et Jane B. Reece, *Biology: Concepts and Connections,* 2e édition, Menlo Park, CA, Benjamin/Cummings, 1997, © 1997 The Benjamin/Cummings Publishing Company. **5.6** (a) © 2003, John N. A. Lott/Biological Photo Service; (b) H. Shio et P.B. Lazarow. **5.8** (microfibrilles) J. Litray/Visuals Unlimited. **5.9** (a) F. Collet/Photo Researchers, Inc. **5.11** (a) The American Dairy Association; (b) Lara Hartley. **5.12** Adapté de Robert Wallace, Gerald P. Sanders et Robert J. Ferl, *Biology: The Science of Life,* 3e édition, New York, HarperCollins, 1991, © 1991 HarperCollins Publishers, Inc., reproduit avec l'autorisation d'Addison-Wesley Educational Publishers Inc. **5.17** Adapté de D. W. Heinz, W. A. Baase, F. W. Dahlquist et B. W. Matthews, « How amino-acid insertions are allowed in an alpha-helix of T4 lysozyme », *Nature,* 361 (1993): 561. **5.19** Lawrence Berkeley National Laboratory. **5.20** Adapté de D. W. Heinz, W. A. Baase, F. W. Dahlquist et B. W. Matthews, « How amino-acid insertions are allowed in an alpha-helix of T4 lysozyme », *Nature,* 361 (1993): 561. **5.21** (à gauche) Martin Shields; (à droite) Tiré de Vollrath et Edmunds, *Nature,* 340: 305-317. **5.23** Adapté d'illustrations d'Irving Geis, © Howard Hughes Medical Institute. **5.26** Tiré de Z. Xu, A. L. Horwich et P. B. Sigler, *Nature,* 388 (1997): 741-750. **5.27** Marie Green, University of California, Riverside.

CHAPITRE 6 – Ouverture du chapitre: Jacana/Photo Researchers, Inc. **6.1** Adapté de Alberts *et al.*, *Molecular Biology of the Cell,* 2e édition, New York, Garland Publishing, 1989, reproduction autorisée par Routledge Inc., filiale de The Taylor & Francis Group. **6.2** Alain McGlaughlin/Benjamin Cummings. **6.3** (a) Anne Dowie/Benjamin Cummings; (b) Benjamin Cummings. **6.4** Brian Capon. **6.14** Thomas Steitz, Yale University. **6.21** © 2003, R. Rodewald/Biological Photo Service.

CHAPITRE 7 – Ouverture du chapitre: Molecular Probes. **Tableau 7.1** (en haut à gauche) Biophoto Associates/Photo Researchers, Inc.; (en haut à droite, au centre à droite et en bas à gauche) David M. Phillips/Visuals Unlimited; (au centre à gauche) Ed Reschke; (en bas à gauche) Noran Instruments. **7.2** © 2003, William L. Dentler/Biological Photo Service. **7.4** (b) © 2003, S. C. Holt/Biological Photo Service. **7.5** Adapté de Wayne M. Becker, Jane B. Reece et Martin F. Poenie, *The World of the Cell,* 3e édition, Menlo Park, CA, Banjamin/Cummings, 1996, ©1986, 1991, 1996 The Benjamin/Cummings Publishing Company, Inc. **7.6** (a) J. David Robertson; (b) Adapté d'une illustration de Tomo Narashima tirée de Elaine N. Marieb, *Human Anatomy and Physiology,* 5e édition, San Francisco, CA, Benjamin Cummings, © 2001 Benjamin Cummings, une filiale de Addison Wesley Longman, Inc. **7.9** (organites de la cellule) Adapté de Elaine N. Marieb, *Human Anatomy and Physiology,* 5e édition, San Francisco, CA, Benjamin Cummings, © 2001 Benjamin Cummings, une filiale de Addison Wesley Longman, Inc.; (en bas) U. Aebi *et al.*, *Nature,* 323 (1996): 560-564, fig. 1a, reproduit avec l'autorisation de l'éditeur. **7.10** (organites de la cellule) Adapté de Elaine N. Marieb, *Human Anatomy and Physiology,* 5e édition, San Francisco, CA, Benjamin Cummings, © 2001 Benjamin Cummings, une filiale de Addison Wesley Longman, Inc.; (a) Don Fawcett/Photo Researchers, Inc. **7.11** (illustrations) Adapté de Elaine N. Marieb, *Human Anatomy and Physiology,* 5e édition, San Francisco, CA, Benjamin Cummings, © 2001 Benjamin Cummings, une filiale de Addison Wesley Longman, Inc.; (MET) Don Fawcett/Photo Researchers, Inc. **7.12** (organites de la cellule) Adapté de Elaine N. Marieb, *Human Anatomy and Physiology,* 5e édition, San Francisco, CA, Benjamin Cummings, © 2001 Benjamin Cummings, une filiale de Addison Wesley Longman, Inc.; (MET) Don Fawcett/Visuals Unlimited. **7.13** (organites de la cellule) Adapté de Elaine N. Marieb, *Human Anatomy and Physiology,* 5e édition, San Francisco, CA, Benjamin Cummings, © 2001 Benjamin Cummings, une filiale de Addison Wesley Longman, Inc.; (a) © 2003, R. Rodewald/Biological Photo Service; (b) Daniel S. Friend, Harvard Medical School. **7.15** E. H. Newcomb. **7.16** (organites de la cellule) Adapté de Elaine N. Marieb, *Human Anatomy and Physiology,* 5e édition, San Francisco, CA, Benjamin Cummings, © 2001 Benjamin Cummings, une filiale de Addison Wesley Longman, Inc. **7.17** (organites de la cellule) Adapté de Elaine N. Marieb, *Human Anatomy and Physiology,* 5e édition, San Francisco, CA, Benjamin Cummings, © 2001 Benjamin Cummings, une filiale de Addison Wesley Longman, Inc.; (MET) Daniel S. Friend, Harvard Medical School. **7.18** © 2003, W. P. Wergin et E. H. Newcomb/Biological Photo Service. **7.19** Tiré de S. E. Frederick et E. H. Newcomb, *The Journal of Cell Biology,* 43 (1969): 343, fourni par E. H. Newcomb. **7.20** (organites de la cellule) Adapté de Elaine N. Marieb, *Human Anatomy and Physiology,* 5e édition, San Francisco, CA, Benjamin Cummings, © 2001 Benjamin Cummings, une filiale de Addison Wesley Longman, Inc.; (MET) John E. Heuser, Washington University School of Medicine, St. Louis, MO. **Tableau 7.2** (à gauche) Dr Mary Osborn, Max Planck Institute; (au centre) Dr Frank Solomon et Dr J. Dinsmore, Massachusetts Institute of Technology; (à droite) Mark S. Ladinsky et J. Richard McIntosh, University of Colorado; (illustrations) Adapté de Wayne M. Becker, Jane B. Reece et Martin F. Poenie, *The World of the Cell,* 3e édition, Menlo Park, CA, Benjamin/Cummings, © 1996 The Benjamin/Cummings Publishing Company, Inc. **7.22** (illustration) Adapté d'une illustration de Tomo Narashima tirée de Elaine N. Marieb, *Human Anatomy and Physiology,* 5e édition, San Francisco, CA, Benjamin Cummings, © 2001 Benjamin Cummings, une filiale de Addison Wesley Longman, Inc.; (organites de la cellule) Adapté de Elaine N. Marieb, *Human Anatomy and Physiology,* 5e édition, San Francisco, CA, Benjamin Cummings, © 2001 Benjamin Cummings, une filiale de Addison Wesley Longman, Inc.; (MET) Kent McDonald. **7.23** (a) Richard Kessel/Visuals Unlimited; (b) Dennis Kunkel Microscopy, Inc. **7.24** (organites de la cellule) Adapté de Elaine N. Marieb, *Human Anatomy and Physiology,* 5e édition, San Francisco, CA, Benjamin Cummings, © 2001 Benjamin Cummings, une filiale de Addison Wesley Longman, Inc.; (a) Omikron/Photo Researchers, Inc.; (b et d) © 2003, W. L. Dentler/Biological Photo Service. **7.26** Tiré de Hirokawa Nobutaka, *The Journal of Cell Biology,* 94 (1982): 425, fig. 1, reproduit avec l'autorisation de The Rockefeller University Press. **7.28** Biophoto Associates/Photo Researchers, Inc. **7.30** (à gauche) Tiré de Douglas J. Kelly, *The Journal of Cell Biology,* 28 (1966): 51, reproduit avec l'autorisation de The Rockefeller University Press; (en bas à droite) Tiré de C. Peracchia et A.F. Dulhunty, *The Journal of Cell Biology,* 70 (1976): 419, reproduit avec l'autorisation de The Rockefeller University Press. **7.31** Boehringer Ingelheim International GmbH, photo Lennart Nilsson/Albert Bonniers Forlag AB, *The Body Victorious,* Delacorte Press, Dell Publishing Co., Inc.

CHAPITRE 8 – Ouverture du chapitre: Benjamin Cummings. **8.3** Philipa Claude. **8.7** Adapté de Wayne M. Becker, Jane B. Reece et Martin F. Poenie, *The World of the Cell,* 3e édition, Menlo Park, CA, Benjamin/Cummings, 1996, ©1986, 1991, 1996 The Benjamin/Cummings Publishing Company, Inc. **8.13** Cabisco/Visuals Unlimited. **8.19** (a) © 2003, R. N. Band et H. S. Pankratz/Biological Photo Service; (b) Don Fawcett/Photo Researchers, Inc.; (c) M.M. Perry et A.B. Gilbert, *Journal of Cell Science,* 39 (1979): 257, © 1979 The Company of Biologists Ltd.

CHAPITRE 9 – 9.5 Adapté de Bruce Alberts *et al.*, *Molecular Biology of the Cell,* 2e édition, New York: Garland Publishing, 1989, fig. 7.17, p. 351, © 1989 Garland Publishing. **9.9** Adapté de Christopher K. Mathews et K. E. van Holde, *Biochemistry,* 2e édition, Menlo Park, CA,

Benjamin/Cummings, 1996, ©1996 The Benjamin/Cummings Publishing Company. **9.16** Adapté de Neil A. Campbell, Lawrence G. Mitchell et Jane B. Reece, *Biology: Concepts and Connections*, 2ᵉ édition, Menlo Park, CA, Benjamin/Cummings, 1997, © 1997 The Benjamin/Cummings Publishing Company.

CHAPITRE 10 – 10.1 (a) Renée Lynn/Photo Researchers, Inc.; **(b)** Bob Evans/Peter Arnold, Inc.; **(c)** Fred Speigel, University of Arkansas; **(d)** Sue Barns; **(e)** © 2003, Paul Johnson/Biological Photo Service. **10.2 (cellule du mésophylle)** M.Eichelberger/Visuals Unlimited; **(chloroplastes)** © 2003, W. P. Wergin et E. H. Newcomb/Biological Photo Service. **10.3** Adapté de Neil A. Campbell, Lawrence G. Mitchell et Jane B. Reece, *Biology: Concepts and Connections*, 2ᵉ édition, Menlo Park, CA, Benjamin/Cummings, 1997, © 1997 The Benjamin/Cummings Publishing Company. **10.10 (b)** Christine L. Case, Skyline College. **10.11** Adapté de Christopher K. Mathews et K. E. van Holde, *Biochemistry*, 2ᵉ édition, Menlo Park, CA, Benjamin/Cummings, 1996, ©1996 The Benjamin/Cummings Publishing Company. **10.13** Adapté de Richard et David Walker, *Energy, Plants and Man*, Sheffield, University of Sheffield, ©David et Richard Walker, fig. 4.1, p. 69 (http://www.oxygraphics.co.uk/). **10.19 (à gauche)** © 2003, C. F. Miescke/Biological Photo Service.

CHAPITRE 11 – Ouverture du chapitre: Eric Schabtach et Ira Herskowitz. **11.2** Dale Kaiser. **11.3** Adapté de Neil A. Campbell, Lawrence G. Mitchell et Jane B. Reece, *Biology: Concepts and Connections*, 2ᵉ édition, Menlo Park, CA, Benjamin/Cummings, 1997, © 1997 The Benjamin/Cummings Publishing Company. **11.6** Adapté de Wayne M. Becker, Jane B. Reece et Martin F. Poenie, *The World of the Cell*, 3ᵉ édition, Menlo Park, CA, Benjamin/Cummings, 1996, ©1986, 1991, 1996 The Benjamin/Cummings Publishing Company, Inc. **11.13** Adapté de Wayne M. Becker, Jane B. Reece et Martin F. Poenie, *The World of the Cell*, 3ᵉ édition, Menlo Park, CA, Benjamin/Cummings, 1996, ©1986, 1991, 1996 The Benjamin/Cummings Publishing Company, Inc.

CHAPITRE 12 – Ouverture du chapitre: J. M. Peters. **12.1 (a et c)** Biophoto Associates/Photo Researchers, Inc.; **(b)** © 2003, C. R. Wyttenbach/Biological Photo Service. **12.3 (illustration)** Adapté de Neil A. Campbell, Lawrence G. Mitchell et Jane B. Reece, *Biology: Concepts and Connections*, 2ᵉ édition, Menlo Park, CA, Benjamin/Cummings, 1997, © 1997 The Benjamin/Cummings Publishing Company; **(MEB)** Biophoto Associates/Photo Researchers, Inc. **12.5 (micrographies)** Conly Rieder; **(illustrations)** Adapté de Neil A. Campbell, Lawrence G. Mitchell et Jane B. Reece, *Biology: Concepts and Connections*, 2ᵉ édition, Menlo Park, CA, Benjamin/Cummings, 1997, © 1997 The Benjamin/Cummings Publishing Company. **12.6 (a)** Adapté de Neil A. Campbell, Lawrence G. Mitchell et Jane B. Reece, *Biology: Concepts and Connections*, Menlo Park, CA, Benjamin/Cummings, 1994, © 1994 The Benjamin/Cummings Publishing Company; **(b en haut)** Richard Mcintosh. **12.8 (illustrations)** Adapté de Neil A. Campbell, Lawrence G. Mitchell et Jane B. Reece, *Biology: Concepts and Connections*, 2ᵉ édition, Menlo Park, CA, Benjamin/Cummings, 1997, © 1997 The Benjamin/Cummings Publishing Company; **(a)** David M. Phillips/Visuals Unlimited; **(b)** B.A. Palevitz, avec l'aimable autorisation de E.H. Newcomb, University of Wisconsin. **12.9** Carolina Biological Supply/Phototake. **12.11** Tiré de Alberts *et al.*, *Molecular Biology of the Cell*, 2ᵉ édition, New York, Garland Publishing, 1989, ©1989 Garland Publishing, fig. 13.75. **12.12** Adapté de Wayne M. Becker, Jane B. Reece et Martin F. Poenie, *The World of the Cell*, 3ᵉ édition, Menlo Park, CA, Benjamin/Cummings, 1996, ©1986, 1991, 1996 The Benjamin/Cummings Publishing Company, Inc. **12.13** Adapté de Neil A. Campbell, Lawrence G. Mitchell et Jane B. Reece, *Biology: Concepts and Connections*, 2ᵉ édition, Menlo Park, CA, Benjamin/Cummings, 1997, © 1997 The Benjamin/Cummings Publishing Company. **12.15** Guenter Albrecht-Buehler, Northwestern University. **Page 246** Carolina Biological Supply/Phototake.

CHAPITRE 13 – Ouverture du chapitre: Bill Davilla/Retna, Ltd. **13.1** Roland Birke/Tierbild Okapia/Photo Researchers, Inc. **13.2** Avec l'aimable autorisation des familles Inouye et Yaneshiro. **13.3 (illustration)** Adapté de Neil A. Campbell, Lawrence G. Mitchell et Jane B. Reece, *Biology: Concepts and Connections*, 2ᵉ édition, Menlo Park, CA, Benjamin/Cummings, 1997, © 1997 The Benjamin/Cummings Publishing Company; **(4)** SIU/Visuals Unlimited; **(5)** SPL/Photo Researchers, Inc. **13.7** Adapté de Neil A. Campbell, Lawrence G. Mitchell et Jane B. Reece, *Biology: Concepts and Connections*, 2ᵉ édition, Menlo Park, CA, Benjamin/Cummings, 1997, © 1997 The Benjamin/Cummings Publishing Company.

CHAPITRE 14 – Ouverture du chapitre: Bettmann Archives/Corbis/Magmaphoto.com.4. **14.4 (b)** Anthony Loveday/Benjamin Cummings. **14.5 (à gauche)** Dʳ Tony Brain/SPL/Photo Researchers, Inc.; **(à droite)** Bill Longcore/Photo Researchers, Inc. **14.16** Dʳ Nancy Wexler, Columbia University. **Page 286** Éleveuse: Patricia Speciale, photographe: Norma JubinVille.

CHAPITRE 15 – 15.2 (en haut) Jean Claude Revy/Phototake; **(en bas)** Carolina Biological Supply/Phototake. **15.10** Dorling Kindersley. **15.12** Martin Gallardo, Universidad Austral de Chile. **15.14 (à gauche)** SPL/Photo Researchers, Inc.; **(à droite)** Michael Greenlar/The Image Works. **15.16** Tiré de L. P. Hosticka et M. R. Hanson, « Induction of plastid mutations by nitrosomethylurea », *Journal of Heredity*, 75 (1984): 242-246, fig. 3, reproduit avec l'autorisation de Oxford University Press.

CHAPITRE 16 – Ouverture du chapitre: National Cancer Institute (É.-U.). **16.2 (a)** Meckes/Ottawa/Photo Researchers, Inc. **16.4** Tiré de J.D. Watson, *The Double Helix*, New York, Atheneum Press, 1968, p. 215, © 1968 J.D. Watson, avec l'aimable autorisation de Cold Spring Harbor Laboratory Archives. **16.5 (c)** Richard Wagner, UCSF Graphics. **16.10 (b)** Tiré de D. J. Burks et P. J. Stambrook, *The Journal of Cell Biology*, 77 (1978): 762, reproduction autorisée par The Rockefeller University Press, photo fournie par P. J. Stambrook. **16.13** Adapté de Wayne M. Becker, Jane B. Reece et Martin F. Poenie, *The World of the Cell*, 3ᵉ édition, Menlo Park, CA, Benjamin/Cummings, 1996, ©1986, 1991, 1996 The Benjamin/Cummings Publishing Company, Inc. **16.16** Adapté de Wayne M. Becker, Jane B. Reece et Martin F. Poenie,

The World of the Cell, 3ᵉ édition, Menlo Park, CA, Benjamin/Cummings, 1996, ©1986, 1991, 1996 The Benjamin/Cummings Publishing Company, Inc. **16.19 (a)** Peter Lansdorp.

CHAPITRE 17 – Ouverture du chapitre: Harry Noller, UC Santa Cruz, Tiré de *Science*, vol. 291, p. 2526. **17.5** Keith V. Wood. **17.6** Adapté de Neil A. Campbell, Lawrence G. Mitchell et Jane B. Reece, *Biology: Concepts and Connections*, 2ᵉ édition, Menlo Park, CA, Benjamin/Cummings, 1997, © 1997 The Benjamin/Cummings Publishing Company. **17.9** Adapté de Wayne M. Becker, Jane B. Reece et Martin F. Poenie, *The World of the Cell*, 3ᵉ édition, Menlo Park, CA, Benjamin/Cummings, 1996, ©1986, 1991, 1996 The Benjamin/Cummings Publishing Company, Inc. **17.11** Adapté de L. J. Kleinsmith et V. M. Kish, *Principles of Cell and Molecular Biology*, 2ᵉ édition, New York, NY, HarperCollins, 1995, reproduction autorisée par Addison Wesley Educational Publishers. **17.15 (a)** © Joachim Frank, Howard Hughes Medical Institute; **(b et c)** Adapté de Christopher K. Mathews et K. E. van Holde, *Biochemistry*, 2ᵉ édition, Menlo Park, CA, Benjamin/Cummings, 1996 © 1996 The Benjamin/Cummings Publishing Company. **17.16** Thomas Steitz, Yale University. **17.20** B. Hamkalo et O.L. Miller, Jr.

CHAPITRE 18 – Ouverture du chapitre: Tiré de D. Watson *et al.*, *Molecular Biology of the Gene*, 4ᵉ édition, fig. 7.10, Menlo Park, CA, Benjamin/Cummings, 1987, © 1987 James D. Watson. **18.2 (illustrations)** Adapté de Neil A. Campbell, Lawrence G. Mitchell et Jane B. Reece, *Biology: Concepts and Connections*, 2ᵉ édition, Menlo Park, CA, Benjamin/Cummings, 1997, © 1997 The Benjamin/Cummings Publishing Company; **(a et d)** © 2003, Robley C. Williams/Biological Photo Service; **(b)** © 2003, H. S. Pankratz/Biological Photo Service; **(c)** © 2003, John Cardamone Jr./Biological Photo Service. **18.7** Charles Dauguet/Petit Format/Photo Researchers, Inc. **18.8 (a)** Phototake; **(b)** Scott Camazine/Photo Researchers, Inc. **18.9 (a, en haut)** Sherman Thomson/Visuals Unlimited; **(a, en bas)** Norm Thomas/Photo Researchers, Inc.; **(b)** N. Obalka, N. Yeager, R. Beachy et C. Fauquet, The Scripps Research Insitute. **18.14** Dennis Kunkel/Phototake.

CHAPITRE 19 – Ouverture du chapitre: M. B. Roth et J. Gall. **19.1 (a, en haut)** © 2003, S. C. Holt/Biological Photo Service; **(a, en bas)** Avec l'aimable autorisation de Victoria Foe; **(b)** Barbara Hamkalo; **(c)** Tiré de J. R. Paulsen et U. K. Laemmli, *Cell*, 12 (1977): 817-828; **(d)** G. F. Bahr/AFIP. **19.2** O. L. Miller Jr., Département de biologie, University of Virginia. **19.3 (médaillon)** Adapté d'une illustration de Irving Geis, © Howard Hughes Medical Institute. **19.4** Evelyne Cudel-Epperson, MSU. **19.5** Adapté de Wayne M. Becker, Jane B. Reece et Martin F. Poenie, *The World of the Cell*, 3ᵉ édition, Menlo Park, CA, Benjamin/Cummings, 1996, ©1986, 1991, 1996 The Benjamin/Cummings Publishing Company, Inc. **19.10** Adapté de Christopher K. Mathews et K. E. van Holde, *Biochemistry*, 2ᵉ édition, Menlo Park, CA, Benjamin/Cummings, 1996 © 1996 The Benjamin/Cummings Publishing Company. **19.15** Adapté de Wayne M. Becker, Jane B. Reece et Martin F. Poenie, *The World of the Cell*, 3ᵉ édition, Menlo Park, CA, Benjamin/Cummings, 1996, ©1986, 1991, 1996 The Benjamin/Cummings Publishing Company, Inc.

CHAPITRE 20 – Ouverture du chapitre: Department of Energy, Joint Genome Institute, photographie de Michael Anthony. **20.7** Adapté de Wayne M. Becker, Jane B. Reece et Martin F. Poenie, *The World of the Cell*, 3ᵉ édition, Menlo Park, CA, Benjamin/Cummings, 1996, ©1986, 1991, 1996 The Benjamin/Cummings Publishing Company, Inc. **20.9 (c)** Repligen Corporation. **20.14** Incyte Pharmaceuticals, Inc., Palo Alto, CA, tiré de R. F. Service, *Science*, 282 (1998): 396-399. **20.17** Cellmark Diagnostics, Inc., Germantown, Maryland. **20.18** PPL Therapeutics. **20.20** Peter Berger, Institut für Biologie, Fribourg.

CHAPITRE 21 – Ouverture du chapitre: Walter Gehring. **21.1 (a)** Dwight Kuhn; **(b)** Hans Pfletschinger/Peter Arnold, Inc. **21.3 (a)** Meckes/Ottawa/Photo Researchers, Inc.; **(b)** Ars Natura; **(c)** Stanton Short/Jackson Laboratory; **(d)** Nancy Hopkins, MIT; **(e)** Elliot Meyerowitz. **21.4** Adapté de Bruce Alberts *et al.*, *Molecular Biology of the Cell*, 2ᵉ édition, New York, Garland Publishing, 1989, ©1989 Garland Publishing, fig. 16.32, p. 904; **(photo)** J.E. Sulston et H.R. Horvitz, *Developmental Biology*, 56 (1977): 110-156. **21.7** The Roslin Institute, Édimbourg. **21.12 (a)** Wolfgang Driever; **(b)** Dʳ Ruth Lahmann, The Whitehead Institution. **21.13** Jim Langeland, Steve Paddock, Sean Carroll, University of Wisconsin et The Howard Hughes Medical Institute. **21.14** F. R. Turner, Indiana University. **21.15** Adapté d'illustrations de William McGinnis. **21.19 (a)** Dwight Kuhn. **21.20 (a, à droite)** Adapté de E. Dennis *et al.*, « Manipulating floral identity », *Current Biology*, 3 (1993): 90-93; **(b)** Elliot Meyerowitz.

CHAPITRE 22 – Ouverture du chapitre: Nég. nᵒ 330300, avec l'aimable autorisation de Library Services, American Museum of Natural History. **22.1** English Heritage Photo Library. **22.2** James Amos/Photo Researchers, Inc. **22.5 (carte)** Adapté de Neil A. Campbell, Lawrence G. Mitchell et Jane B. Reece, *Biology: Concepts and Connections*, 2ᵉ édition, Menlo Park, CA, Benjamin/Cummings, 1997, © 1997 The Benjamin/Cummings Publishing Company, Londres; **(coin supérieur)** Avec l'aimable autorisation du National Maritime Museum, Londres; **(coin inférieur)** Joe McDonald/Animals Animals. **22.6 (a et c)** Tui de Roy /Bruce Coleman, Inc.; **(b)** Mike Putland/Ardea London Ltd. **22.8** Adrian Davies/Bruce Coleman, Inc. **22.10 (a)** E. S. Ross, California Academy of Sciences; **(b)** Premaphotos/Animals Animals; **(c)** P. et W. Ward/Animals Animals. **22.11 (a)** Erich Lessing/Art Resource; **(b)** Anne Dowie/Benjamin Cummings; **(médaillon)** Jack Wilburn/Animals Animals/Earth Scenes. **22.12** Jack Fields/Photo Researchers, Inc. **22.13** R. Shurman *et al.*, *Journal of Infectious Diseases*, 171 (1995): 1411, reproduction autorisée par The University of Chicago Press. **Tableau 22.1** Adapté de Neil A. Campbell, Lawrence G. Mitchell et Jane B. Reece, *Biology: Concepts and Connections*, 2ᵉ édition, Menlo Park, CA, Benjamin/Cummings, 1997, © 1997 The Benjamin/Cummings Publishing Company. **22.15 (terre)** SPL/Photo Researchers, Inc. **22.16 (photo)** Kenneth Kaneshiro; **(illustration)** Adapté de H. L. Carson, *Genetics*, 103 (1983): 465-482. **22.17** Philip Gingerich. **22.18** Nég. nᵒ 326668, avec l'aimable autorisation de Library Services, American Museum of Natural History.

CHAPITRE 23 – Ouverture du chapitre : David Hillis. **23.1** J. Antonovics/Visuals Unlimited. **23.2 (a)** David Cavagnaro ; **(b)** NOAA National Geophysical Data Center. **23.6** Page couverture du magazine *Time*, 1993/TimePix/Getty Images. **23.7** Fred Nijhout, Duke University. **23.9 (en haut et en bas)** Janice Britton-Davidian, ISEM, UMR 5554 CNRS, Université Montpellier II, reproduction autorisée par *Nature*, 403 (2000) : 158, © 2000 Macmillan Magazines Ltd. ; **(au centre)** NASA ; **(souris)** Dorling Kindersley. **23.10** Adapté de A. C. Allison, « Abnormal hemoglobin and erythrovute enzyme-deficiency traits », *Genetic Variation in Human Populations*, G. A. Harrison, éditeur, Oxford, Elsevier Science, 1961. **23.11** Adapté de Curtis M. Lively et Mark F. Dybdahl, « Parasite adaptation to locally common host genotypes », *Nature*, 405 (2000) : 679-680. **23.14** Thomas B. Smith, San Francisco State University.

CHAPITRE 24 – Ouverture du chapitre : Frans Lanting/Minden Pictures. **24.2 (a, à gauche)** John Shaw/Tom Stack and Associates ; **(a, à droite)** Don et Pat Valenti/Tom Stack and Associates. **24.3** Barbara Gerlach/Tom Stack and Associates. **24.4 (à gauche)** Ralph A. Reinhold/Animals Animals/Earth Scenes ; **(au centre)** Breck P. Kent/Animals Animals/Earth Scenes ; **(à droite)** Color-Pic/Animals Animals/Earth Scenes. **24.7 (à gauche)** John Shaw/Bruce Coleman, Inc. ; **(à droite)** Michael Fogden/Bruce Coleman. **24.9** Adapté de D. Futuyma, *Evolutionary Biology*, 3ᵉ édition, Sunderland, MA, Sinauer Associates, 1998, p. 445. **24.10** Kevin Schafer. **24.12** Adapté de D. M. B. Dodd, *Evolution*, 43 : 1308-1311. **24.14** University of Amsterdam. **24.16** Ole Seehausen, University of Leiden. **24.18** Adapté de M. Strickberger, *Evolution* (1990), Jones and Bartlett Publishers, Sudbury, MA, 1990, www.jbpub.com, reproduction autorisée. **24.20 (a)** Bob Gibbons, Ardea London Ltd. ; **(b)** Tom McHugh/Photo Researchers, Inc. ; **(illustrations)** Adapté de L. Wolpert, *Principles of Development*, Oxford University Press, 1998. **24.21** Jane Burton/Bruce Coleman. **24.22** Adapté de M. I. Coates, *Current Biology*, 5 (1993) : 844-848, reproduction autorisée par Elsevier Science.

CHAPITRE 25 – Ouverture du chapitre : Oxford University Museum/Neil Fletcher/Dorling Kindersley. **25.1 (a)** Georg Gerster/Photo Researchers, Inc. ; **(b)** Dorling Kindersley ; **(c)** Tom Till ; **(d)** Manfred Kage/Peter Arnold, Inc. ; **(e)** Walter H. Hodge/Peter Arnold, Inc. ; **(f)** Dʳ Martin Lockley, University of Colorado ; **(g)** Nég. nᵒ K 17341, photo de Jacklyn Beckett, avec l'aimable autorisation de Library Services, The American Museum of Natural History ; **(h)** F. Latreille/Cerpolex/Cercles Polaires Expéditions. **25.2** Adapté de D. Futuyma, *Evolutionary Biology*, 3ᵉ édition, Sunderland, MA, Sinauer Associates, 1998, p. 128. **25.3** Adapté de Neil A. Campbell, Lawrence G. Mitchell et Jane B. Reece, *Biology : Concepts and Connections*, 2ᵉ édition, Menlo Park, CA, Benjamin/Cummings, 1997, © 1997 The Benjamin/Cummings Publishing Company. **25.5** Données tirées de « Diversification and extinction in the history of life », *Science*, 268 (1995) : 55. **25.6** Benjamin Cummings. **25.8** Adapté de Neil A. Campbell, Lawrence G. Mitchell et Jane B. Reece, *Biology : Concepts and Connections*, 2ᵉ édition, Menlo Park, CA, Benjamin/Cummings, 1997, © 1997 The Benjamin/Cummings Publishing Company. **25.10** Tom McHugh/Photo Researchers, Inc. **25.17** B. Korber *et al.*, « Timing the ancestor of the HIV-1 pandemic strains », *Science*, 288 (2000) : 1789-1796.

CHAPITRE 26 – Ouverture du chapitre : Chip Clark/National Museum of Natural History, œuvre de Peter Sawyer. **26.1** Adapté de David J. Des Marais, « When did photosynthesis emerge on earth ? », *Science*, 289 (8 septembre 2000) : 1703-1705. **26.3 (a)** © 2003, S. M. Awramik/Biological Photo Service ; **(b)** Sue Barns. **26.4 (a)** John Stolz ; **(b et c)** © 2003, S. M. Awramik/Biological Photo Service. **26.5** Theodore J. Bornhorst, Michigan Technological University. **26.6** Nicholas J. Butterfield, University of Cambridge. **26.7** Andrew H. Knoll, Harvard University. **26.8** Données tirées de Andrew H. Knoll et Sean B. Carroll, *Science*, 284 (25 juin 1999) : 2129-2137. **26.9** Pfizer Inc. **26.12 (a)** F. M. Menger et Kurt Gabrielson, Emory University. **26.13** Adapté de Neil A. Campbell, Lawrence G. Mitchell et Jane B. Reece, *Biology : Concepts and Connections*, 2ᵉ édition, Menlo Park, CA, Benjamin/Cummings, 1997, © 1997 The Benjamin/Cummings Publishing Company. **26.14** Avec l'aimable autorisation de George Luther, University of Delaware Graduate College of Marine Studies.

CHAPITRE 27 – Ouverture du chapitre : Dʳ Tony Brain/SPL/Photo Researchers, Inc. **27.1** Jack Dykinga. **27.3 (a)** Meckes/Ottawa/Photo Researchers, Inc. ; **(b)** Manfred Kage/Peter Arnold Inc. ; **(c)** David Chase/CNRI/Phototake. **27.4** Heide Schulz, Max Planck Institute for Marine Microbiology. **27.5 (MP)** Christine Case. **27.6** Fran Heyl Associates, photo de David Hasty. **27.7 (illustration)** Adapté de Gerard J. Tortora, Berdell R. Funke et Christine L. Case, *Microbiology : An Introduction*, 6ᵉ édition, Menlo Park, CA, Benjamin/Cummings, 1998, © 1998 Benjamin/Cummings, une filiale de Addison Wesley Longman, Inc. ; **(MET)** Avec l'aimable autorisation de J. Adler. **27.8 (a)** Woods Hole Oceanographic Institution ; **(b)** © 2003, N. J. Lang/Biological Photo Services. **27.9** John Durham/SPL/Photo Researchers, Inc. **27.10** © 2003, H. S. Pankratz/Biological Photo Service. **27.11** Sue Barns. **27.14** © 2003, Helen E. Carr/Biological Photo Service. **Tableau 27.3** *(Rhizobium)* © 2003, L. Evans Roth/Biological Photo Service ; *(Chromatium)* © 2003, Paul W. Johnson/Biological Photo Service ; *(Chondromyces)* Phototake ; *(Bdellovibrio)* Alfred Pasieka/Peter Arnold, Inc. ; *(Helicobacter)* Photo Researchers, Inc. ; *(Chlamydia)* Moredon Animal Health/SPL/Photo Researchers, Inc. ; *(Leptospira)* SPL/Photo Researchers, Inc. ; *(Streptomyces)* Frederick P. Mertz/Visuals Unlimited ; *(Mycoplasmes)* David M. Phillips/Visuals Unlimited ; *(Scytœma)* Sue Barns. **27.15** © 2003, Ken Lucas/Biological Photo Service. **27.16** SPL/Photo Researchers, Inc. **27.17** Centers for Disease Control ; **(tique)** Larry West/Bruce Coleman, Inc. **27.18** SPL/Photo Researchers, Inc. **27.19** Exxon Corporation.

CHAPITRE 28 – Ouverture du chapitre : M. I. Walker/Photo Researchers, Inc. **28.1 (a)** Yuuji Tsukii, Hosei University ; **(b)** David Phillips/Visuals Unlimited ; **(c)** George Barron ; **(d)** A. B. Joyce/Photo Researchers, Inc. **28.3** Eric V. Grave/Photo Researchers, Inc. **28.7** Adapté de W. F. Doolittle, « Uprooting the tree of life », *Scientific American*, février 2000, p. 95. **28.9** Jerome Paulin/Visuals Unlimited. **28.10** David M. Phillips/Visuals Unlimited. **28.11** Meckes/Ottawa/Photo Researchers, Inc. **28.12** Biophoto Associates/Photo Researchers, Inc. **28.13 (micrographie)** Masamichi Aikawa. **28.14 (a)** Eric Grave/Photo Researchers, Inc. ; **(b)** Manfred Kage/Peter Arnold, Inc. ; **(c)** M. Abbey/Visuals Unlimited. **28.16** Fred Rhoades/

Mycena Consulting. **28.17 (a)** Kent Wood/Photo Researchers, Inc. ; **(b)** Fred Rhoades/Mycena Consulting. **28.18** © 2003, J. Robert Waaland/Biological Photo Service. **28.19** Anne Rosenfeld/Animals Animals. **28.20** W. Lewis Trusty/Animals Animals. **28.21** © 2003, J. Robert Waaland/Biological Photo Service. **28.22 (a)** © 2003, J. Robert Waaland/Biological Photo Service ; **(b)** D. P. Wilson et Eric Hosking/Photo Researchers, Inc. ; **(c)** Gary Robinson/Visuals Unlimited. **28.23 (a)** Manfred Kage/Peter Arnold, Inc. ; **(b)** Estate of Dʳ J. Metzner ; Peter Arnold, Inc. ; **(c)** Laurie Campbell/NHPA. **28.24** Avec l'aimable autorisation de W. L. Dentler, University of Kansas. **28.25** Adapté de C. F. Delwiche, *The American Naturalist*, 154 (octobre 1999, supplément) : 5167, reproduction autorisée par l'éditeur The University of Chicago Press. **28.26** Dʳ Kihara, Hosei University. **28.27** Eric Grave/Photo Researchers, Inc. **28.28** Manfred Kage/Peter Arnold, Inc. **28.29 (en haut)** Ray Simons/Photo Researchers, Inc. ; **(en bas)** R. Calentine/Visuals Unlimited. **28.30** Robert Kay, MRC Cambridge.

CHAPITRE 29 – Ouverture du chapitre : Otto Rogge. **29.2 (a)** Heather Angel/Natural Visions ; **(b)** Linda Graham. **29.3 (a)** Ed Reschke ; **(b)** F. A. L. Clowes. **29.4 (a)** Linda Graham ; **(b)** Graham Kent. **29.5** Karen Renzaglia, Southern Illinois University. **29.7** Linda Graham. **29.8** Linda Graham. **29.9** Linda Graham. **29.10** Linda Graham. **29.11** Graham Kent. **29.12** Charles Wellman, Centre for Palynology, University of Sheffield. **29.15 (a)** Claudia Lipke ; **(b)** Avec l'aimable autorisation de David Hanson, photo de Claudia Lipke ; **(c)** Laurie Campbell/NHPA. **29.17** Linda Graham. **29.18** Linda Graham. **29.19** Linda Graham. **29.20** Chip Clark. **29.21 (a)** Robert et Linda Mitchell ; **(b)** Michael Viard/Peter Arnold, Inc. ; **(c)** Laurie Campbell/NHPA ; **(d)** Color-Pic/Animals Animals/Earth Scenes. **29.22** Adapté de Raven *et al.*, *Biology of Plants*, 6ᵉ édition, New York, W. H. Freeman & Co., 1998, fig. 19.7. **29.24 (a)** Glenn Oliver/Visuals Unlimited ; **(b)** E. Webber/Visuals Unlimited ; **(c)** Jack M. Bostrack/Visuals Unlimited. **29.25** The Field Museum, négatif nᵒ CSGEO75400c.

CHAPITRE 30 – Ouverture du chapitre : National Museum of Natural History, © 2003 Smithsonian Institution. **30.3** Graham Kent. **30.5 (à gauche)** S. W. Carter/Photo Researchers, Inc. ; **(en haut à droite)** Geoff Bryant/Photo Researchers, Inc. ; **(en bas à droite)** Linda Graham. **30.6 (a)** Loran M. Whitelock ; **(b)** Fred Spiegel, University of Arkansas. **30.7 (a)** Michael P.L. Fogden/Bruce Coleman, Inc. ; **(b)** William Hahn ; **(c)** Doug Sokell, Visuals Unlimited. **30.8 (a)** F. Westmorland/Photo Researchers, Inc. ; **(b)** Sequoia National Park Service ; **(c)** Joseph Sohm/ChromoSohm Inc./Corbis/Magmaphoto.com ; **(d)** William Mullins/Photo Researchers, Inc. ; **(e)** Walter H. Hodge/Peter Arnold, Inc. ; **(f)** J. Coke/Westvaco Corp. ; **(g)** Jaime Plaza/Wildlight Photo Agency ; **(g, en médaillon)** Royal Botanic Gardens Sydney. **30.10 (a, à gauche)** Linda Graham ; **(a, au centre)** John D. Cunningham/Visuals Unlimited ; **(a, à droite)** Visuals Unlimited ; **(b, à gauche)** Linda Graham ; **(b, au centre)** Biophoto Associates/Photo Researchers, Inc. ; **(b, à droite)** Stan W. Elems/Visuals Unlimited. **30.11 (b)** Stephen McCabe/University of California Santa Cruz Arboretum ; **(c)** Heather Angel/Natural Visions ; **(d)** Bob et Ann Simpson/Visuals Unlimited ; **(e)** John Chellman/Animals Animals/Earth Scenes ; **(f)** Ed Reschke/Peter Arnold, Inc. **30.13 (b)** Heather Angel/Natural Visions. **30.16 (a)** Jane Burton/Bruce Coleman, Inc. ; **(b)** Scott Camazine/Photo Researchers, Inc. ; **(c)** Dwight R. Kuhn. **30.18 (a)** D. Wilder ; **(b)** Bob et Clara Calhoun/Bruce Coleman, Inc. ; **(c)** Merlin D. Tuttle/Bat Conservation International. **30.19 (a)** Martin Miller/Visuals Unlimited ; **(b)** G. Prange/Visuals Unlimited.

CHAPITRE 31 – Ouverture du chapitre : *Lactarius indigo*, œuvre de Mary Elizabeth Banning, reproduction autorisée par le New York State Museum, Albany, NY 12230, É.-U. **31.1** Fred Rhoades/Mycena Consulting. **31.2 (d)** © 2003, N. Allin et G. L. Barron/Biological Photo Service. **31.5** Martha J. Powell et Peter Letcher ; **(médaillon)** William Barstow, Dept. of Botany, University of Georgia, Athens. **31.6** Matt Meadows/Peter Arnold, Inc. **31.7 (en haut à droite)** Ed Reschke/Peter Arnold, Inc. ; **(en bas à gauche)** George Barron. **31.8** © 2003, G. L. Barron, University of Guelph/Biological Photo Service. **31.9 (a)** Color-Pic/Animals Animals/Earth Scenes ; **(b)** René Dulhoste/Jacana/Photo Researchers, Inc. ; **(c)** J. L. Lepore/Photo Researchers, Inc. **31.10 (7)** Fred Spiegel, University of Arkansas. **31.11 (a)** Kerry T. Givens/Tom Stack and Associates ; **(b)** Frans Lanting/Minden Pictures ; **(c)** Tom Volk, University of Wisconsin. **31.12** Biophoto Associates/Photo Researchers, Inc. **31.13** Rob Simpson/Visuals Unlimited. **31.14 (à gauche)** Jack Bostrack/Visuals Unlimited ; **(à droite)** M. F. Brown/Visuals Unlimited. **31.15** Stephen J. Kron, University of Chicago. **31.16** Fred Rhoades/Mycena Consulting. **31.17** V. Ahmadjian/Visuals Unlimited. **31.18** © 2003, R. L. Peterson/Biological Photo Service. **31.19** R. Ronacordi/Visuals Unlimited. **31.20 (a)** Stuart Bebb/Oxford Scientific Films/Animals Animals/Earth Scenes ; **(b)** Holt Studios/Photo Researchers, Inc. ; **(c)** David Cavagnaro/Visuals Unlimited. **31.21** Christine Case. **Page 687** SPL/Photo Researchers, Inc.

CHAPITRE 32 – Ouverture du chapitre : Charles et Sandra Hood/Bruce Coleman, Ltd. **32.10** Hans Pfletschinger/Peter Arnold, Inc. **32.11** Carolina Biological/Visuals Unlimited. **32.12** Adapté de Adouette *et al.*, *Proceedings of the National Academy of Sciences*, 25 avril 2000, p. 4454, fig. 1, © 2000 National Academy of Sciences, É.-U. **32.14** Adapté de *Science*, 15 avril 1998, p. 392.

CHAPITRE 33 – Ouverture du chapitre : Gary Braasch. **33.2** Andrew J. Martinez/Photo Researchers, Inc. **33.4 (a)** Ken Lucas/Planet Earth Pictures ; **(b)** Claudia Mills/Friday Harbor Labs. **33.6 (a)** Andrew J. Martinez/Photo Researchers, Inc. ; **(b)** © 2003, Robert Brons/Biological Photo Service ; **(c)** Kevin McCarthy/Offshoot Stock ; **(d)** Chris Huss/The Wildlife Collection. **33.7** © 2003, Robert Brons/Biological Photo Service. **33.8** Fred Bavendam/Peter Arnold, Inc. **33.9** Bill Wood/Bruce Coleman, Inc. **33.11 (photo)** Center for Diseases Control. **33.12** Stanley Fleger/Visuals Unlimited. **33.13** W. I. Walker/Photo Researchers, Inc. **33.14 (a)** Colin Milkins, Oxford Scientific Films/Animals Animals ; **(b)** Fred Bavendam/Peter Arnold, Inc. **33.15** Bill Wodd/NHPA. **33.17** Jeff Foott/Tom Stack and Associates. **33.19 (a)** SPL/Photo Researchers, Inc. **33.20** © 2003, H. W. Pratt/Biological Photo Service. **33.22 (a)** Dorling Kindersley ; **(b)** Fred Bavendam/Peter Arnold, Inc. ; **(c)** Jonathan Blair/Corbis/Magmaphoto.com. **33.24 (a)** A.N.T./NHPA ; **(b)** Sea Studios ; **(c)** Kjell Sandved ; **(d)** Astrid et Hanns Frieder Michler/SPL/Photo Researchers, Inc. **33.25 (a)** Reproduction autorisée par A. Eizinger et R. Sommer, Max Planck Institut für Entwicklungsbiologie, Tübingen, © 2000, American Association for the Advancement of Science; (**b**) L. S. Stepanowicz/Photo Researchers, Inc. **33.27** Chip Clark. **33.28** Milton Tierney, Jr./Visuals Unlimited. **33.29** (**a**) Dorling Kindersley; (**b**) © David Scharf, 1986, tous droits réservés; (**c**) Diana Sammataro, Pennsylvania State University. **33.30** Martin Shields. **33.31** (**a**) Robert et Linda Mitchell; (**b**) Dr Ed Degginger/Color-Pic, Inc. **33.32** Dorling Kindersley. **33.34** John Shaw/Tom Stack and Associates. **33.35** (**a**) Frans Lanting/Minden Pictures; (**b**) Tom McHugh/Photo Researchers, Inc.; (**c**) © 2003, C. R. Wyttenbach/Biological Photo Service. **33.36** Adapté de G. K. Davis et N. H. Patel, «The origin and evolution of segmentation», décembre 1999, *TCB/TIBS/TIG Joint Millennium Issue*. **33.37** (**a**) Jeffrey L. Rotman/Peter Arnold, Inc.; (**b**) Gary Milburn/Tom Stack and Associates; (**c**) Dave Woodward/Tom Stack and Associates; (**d**) Marty Snyderman; (**e**) Carl Roessler/Sea Images, Inc./Animals Animals; (**f**) Dorling Kindersley.

CHAPITRE 34 – Ouverture du chapitre: Biophoto Associates/Photo Researchers, Inc. **34.3** (**a**) © 2003, Robert Brons/Biological Photo Service. **34.4** (**b**) Runk Schoenenberg/Grant Heilman. **34.5** (**a**) Nanjing Institute of Palaeontology and Geology; (**b**) Tiré de *Nature*, 402: 42-45; (**c**) John Sibbick. **34.8** Tom McHugh/Photo Researchers, Inc. **34.9** Herve Berthoule/Jacana/Photo Researchers, Inc.; (**médaillon**) Tom McHugh/Photo Researchers, Inc. **34.11** (**a**) Tom McHugh/Photo Researchers, Inc.; (**b et c**) Dorling Kindersley. **34.12** (**a**) J. M. Labat/Jacana/Photo Researchers, Inc.; (**b**) Fred Bavendam/Minden Pictures. **34.14** Richard Ellis/Photo Researchers, Inc. **34.15** Adapté de C. Zimmer, *At the Water's Edge*, Free Press, p. 99. **34.16** Adapté de C. Zimmer, *At the Water's Edge*, Free Press, p. 90. **34.17** (**a**) Dorling Kindersley; (**b et c**) Michael Fogden/Bruce Coleman, Inc. **34.18** Hans Pfletschinger/Peter Arnold Inc. **34.22** Jessie Cohen, National Zoological Park, Smithsonian Institution, © Smithsonian Institution. **34.23** Tiré de *Natural History Magazine*, © 1989 D. Braginetz. **34.24** (**a**) Dorling Kindersley; (**b**) A. N. T./NHPA; (**c**) Joe McDonald/McDonald Wildlife Photography; (**d**) Studio Carlo Dani/Animals Animals. **34.25** Janice Sheldon. **34.26** Stephen J. Kraseman/DRK Photo. **34.28** Mick Ellison. **34.29** (**a**) Mitsuaki Iwago/Minden Pictures; (**b**) John Henry Dick/Vireo; (**c**) Frans Lanting/Minden Pictures. **34.30** Adapté de Stephen J. Gould *et al.*, *The Book of Life*, Londres, Ebury Press, p. 96, reproduction autorisée par Random House UK Ltd. **34.31** (**a**) Avec l'aimable autorisation de Mervyn Griffiths/CSIRO; (**a, médaillon**) D. Parer et E. Parer Cook/Auscape; (**b**) Dan Hadden/Ardea Ltd.; (**c**) Fritz Prenzel/Animals Animals. **34.34** Erwin et Peggy Bauer/Bruce Coleman, Inc. **34.36** (**a**) Dorling Kindersley; (**b**) Mickey Gibson/Animals Animals. **34.37** (**a**) Gerard Lacz/Animals Animals; (**c**) Nancy Adams/Tom Stack and Associates; (**d**) Tom Brakefield/Planet Earth Pictures; (**e**) Frans Lanting/Minden Pictures. **34.38** Dessins réalisés d'après des photographies de fossiles: *O. tugenensis*, photo tirée de Michael Balter, «Early hominid sows division», *ScienceNow*, 22 février 2001, © 2001 American Association for the Advancement of Science; *A. ramidus kadabba*, photo de Timothy White, 1999/David Brill; *A. anamensis, A. garhi* et *H. neanderthalensis*, adapté de Adrienne Zihlman, *The Human Evolution Coloring Book*, ©1982 Coloring Concepts, Inc.; *K. platyops*, photo tirée de Meave Leakey *et al.*, «New hominid genus from eastern Africa shows diverse middle Pliocene lineages», *Nature*, 410 (22 mars 2001): 433; *A. boisei*, David Brill; *H. ergaster*, photo tirée du site www.inhandmuseum.com. **34.39** (**a**) Cleveland Museum of Natural History; (**b**) SPL/Photo Researchers, Inc. **34.40** Alan Walker, © National Museums of Kenya. **34.41** Adapté d'une illustration de Laurie Grace dans A. C. Wilson et R. I. Cann, «The recent African genesis of humans», *Scientific American*, 73 (1992).

CHAPITRE 35 – Ouverture du chapitre: Tropica Aquarium Plants. **35.3** Dennis Kunkel Microscopy, Inc. **35.4** (**a, b et c**) Dwight Kuhn; (**d**) George Bernard/Animals Animals. **35.6** (**a**) Dwight Kuhn; (**b**) Kevin Schafer; (**c**) Dorling Kindersley; (**d**) Larry Mellichamp/Visuals Unlimited. **35.8** (**c**) R. Kessel-Shih/Visuals Unlimited. **35.9** (**b**) Randy Moore/BioPhoto. **35.10** (**a et b**) W. P. Wergin, photos fournies par E. H. Newcomb; (**c**) Leedale/Photo Researchers, Inc. **35.11** (**a**) Dwight Kuhn; (**b**) Graham Kent; (**c**) Bruce Iverson. **35.14** Carolina Biological Supply/Phototake. **35.15** (**a**) Ed Reschke; (**b**) Carolina Biological Supply/Phototake. **35.16** Dwight Kuhn. **35.17** Ed Reschke. **35.18** Ed Reschke. **35.19** (**b et c**) Ed Reschke. **35.22** Ed Reschke/Peter Arnold, Inc. **35.25** Tiré de Elliot M. Meyerowitz, *Science*, 254 (1991): 26, fig. 31.1, ©1991 The American Association for the Advancement of Science. **35.27** Avec l'aimable autorisation de Susan Wick, University of Minnesota. **35.28** (**MET**) B. Wells et Kay Roberts. **35.30** (**a et b**) Tiré de B. Scheres *et al.*, *Development*, 121 (1995): 53-62, fig. 1, © 1995 The Company of Biologists Ltd.; (**c**) Tiré de R. Torres Ruiz et G. Jürgens, *Development*, 120 (1994): 2967-2978, fig. 6c, © 1994 The Company of Biologists Ltd. **35.31** Tiré de U. Mayer *et al.*, *Development*, 117 (1) (1993): 149-162, fig. 1, © 1993 The Company of Biologists Ltd. **35.32** Tiré de D. Hareven *et al.*, *Cell*, 84 (5) (1996): 735-744, fig. 1, © 1996 reproduction autorisée par Elsevier Science. **35.33** Tiré de Hung *et al.*, *Plant Physiology*, 117 (1998): 73-84, fig. 2g, © American Society of Plant Biologists, reproduction autorisée, photo: avec l'aimable autorisation de John Schiefelbein/University of Michigan. **35.34** Howard F. Towner, Loyola Marymount University. **35.35** Elliot M. Meyerowitz et John Bowman, *Development*, 112 (1991): 1-2, fig. 31.2.

CHAPITRE 36 – 36.5 Heather Angel/Natural Visions. **36.8** Dana Richter/Visuals Unlimited. **36.9** Scott Camazine/Photo Researchers, Inc. **36.12** Graham Kent. **36.14** (**1**) William Cupples, avec l'aimable autorisation de Gary Tallman, Pepperdine University; (**2**) Tiré de T. D. Lamb, H. R. Matthews et V. Torre, *Journal of Physiology*, 372 (1986): 315-349, reproduction autorisée. **36.15** John D. Cunningham/Visuals Unlimited; (**médaillon**) Dorling Kindersley. **36.18** M. H. Zimmerman, avec l'aimable autorisation du professeur P. B. Tomlinson, Harvard University.

CHAPITRE 37 – Ouverture du chapitre: Ardea. **37.3** Holt Studios/Photo Researchers, Inc. **37.4** Grant Heilman/Grant Heilman Photography, Inc. **37.5** William E. Ferguson. **37.7** U.S. Department of Agriculture. **37.8** Dorling Kindersley. **37.10** (**a**) Breck P. Kent/Animals Animals/Earth Scenes; (**b**) © 2003, E. H. Newcomb/Biological Photo Service. **37.12** John Reganhold.

U.S. Department of Agriculture Soil Conservation Service. **37.14** (**a**) Gerald van Dyke/Visuals Unlimited; (**b**) Carolina Biological Supply/Phototake. **37.15** (**a**) Kevin Schafer; (**médaillon**) Biophoto Associates/Photo Researchers, Inc.; (**b**) © 2003, Barbara J. Miller/Biological Photo Service. **37.16** (**a**) Jeff Lepore/Photo Researchers, Inc.; (**b**) John Shaw/Tom Stack and Associates.

CHAPITRE 38 – Ouverture du chapitre: Tom Bean/Corbis/Magmaphoto.com. **38.3** (**a**) Wolfgang Kaehler/Corbis/Magmaphoto.com; (**b**) Dorling Kindersley; (**c**) Dorling Kindersley; (**d**) Stephen Dalton/Photo Researchers, Inc.; (**e, à gauche**) D. Cavagnaro/Visuals Unlimited; (**e, à droite**) David Sieren/Visuals Unlimited; (**f**) Ray Coleman/Photo Researchers, Inc. **38.4** (**a**) Graham Kent; (**b**) Ed Reschke. **38.5** David Scharf/Peter Arnold, Inc. **38.12** W. H. Hodge/Peter Arnold, Inc. **38.15** (**a**) Dr James L. Castner; (**b**) David Cavagnaro/DRK. **38.16** Bruce Iverson. **38.17** (**a**) Dr John C. Sanford, Cornell University. **38.18** Botanik Online, University of Hamburg. **38.19** John Doebley/Visuals Unlimited. **38.20** Steve Ferreira, University of Hawaii et Dennis Gonsalves, Cornell University/American Phytopathological Society.

CHAPITRE 39 – Ouverture du chapitre: Malcolm Wilkins, Glasgow University. **39.1** Natalie Bronstein. **39.8** Malcolm Wilkins, Glasgow University. **39.9** Tugio Sasaki, Institute for Agricultural Research, Japon. **39.10** Alan Crozier, University of Glasgow. **39.11** Fred Jensen, Kearney Agricultural Center. **39.12** Karen E. Koch. **39.14** (**a**) Kurt Stepnitz, DOE Plant Research Laboratory, Michigan State University; (**b**) Joseph J. Kieber, University of North Carolina. **39.16** Ed Reschke. **39.17** Malcolm Wilkins, University of Glasgow. **39.18** Malcolm Wilkins, University of Glasgow. **39.21** Frank B. Salisbury, Utah State University. **39.25** Michael Evans, Ohio State University. **39.26** Janet Braam, tiré de *Cell*, 60 (9 février 1990): page couverture, ©1990, Cell Press. **39.27** (**a et b**) John Kaprielian/Photo Researchers, Inc.; (**c**) Tiré de K. Esau, *Anatomy of Seed Plants*, 2e éd., New York, John Wiley & Sons, 1977, fig. 19.4, p. 358, reproduction autorisée par John Wiley & Sons, Inc. **39.28** J. L. Basq et M. C. Drew. **39.31** Barbara Baker, University of Berkeley.

CHAPITRE 40 – Ouverture du chapitre: Treat Davidson/Photo Researchers, Inc. **40.3** Ed Reschke. **40.6** (**a**) Amos Nachoum/Corbis/Magmaphoto.com; (**e**) Brandon D. Cole/Corbis/Magmaphoto.com; (**f**) George Hall/Corbis/Magmaphoto.com. **40.8** (**en haut**) D. M. Phillips/Visuals Unlimited; (**à gauche**) G. Shih-R. Kessel/Visuals Unlimited. **40.11** (**a**) Robert Full, University of California; (**b**) Yoav Levy/Phototake NYC.

CHAPITRE 41 – Ouverture du chapitre: Marty Stouffer/Animals Animals. **41.2** The Jackson Laboratory. **41.3** Carol Hughes/Bruce Coleman, Inc. **41.5** Roland Seitre/PeterArnold, Inc. **41.6** Brandon Cole. **41.7** Tom Eisner, Cornell University. **41.8** Lennart Nilsson. **41.9** Gunter Ziesler/Peter Arnold, Inc. **41.17** M.I. Walker/Photo Researchers, Inc. **41.23** (**à gauche**) Brian Milne/Animals Animals; (**à droite**) Hans et Judy Beste/Animals Animals.

CHAPITRE 42 – Ouverture du chapitre: George Bernard/Animals Animals. **42.1** © 2003 Norbert Wu/www.norbertwu.com. **42.16** (**b**) SPL/Photo Researchers, Inc. **42.17** (**a**) Ed Reschke; (**b**) W. Ober/Visuals Unlimited. **42.22** Dr Peng Chai, University of Texas et Dr Hong Y. Yan, University of Kentucky. **42.23** (**c, à droite**) CNRI/ SPL/Photo Researchers, Inc. **42.25** Hans Rainer Dunker, Justus Leibig University, Giessen. **42.30** Kevin Schafer.

CHAPITRE 43 – Ouverture du chapitre: Lennart Nilsson/Albert Bonniers Forlag AB, *A Child Is Born*, Dell Publishing Company. **43.2** SPL/Photo Researchers, Inc. **43.3** Boehringer Ingelheim International GmbH. **43.12** Lennart Nilsson/Boehringer Ingelheim International GmbH. **43.14** Adapté de Gerard J. Tortora, Berdell R. Funke et Christine L. Case, *Microbiology: An Introduction*, 6e édition, Menlo Park, CA, Benjamin/ Cummings, 1998, © 1998 Benjamin/Cummings, une filiale de Addison Wesley Longman, Inc. **43.15** (**a**) Adapté de Gerard J. Tortora, Berdell R. Funke et Christine L. Case, *Microbiology: An Introduction*, 6e édition, Menlo Park, CA, Benjamin/ Cummings, 1998, © 1998 Benjamin/Cummings, une filiale de Addison Wesley Longman, Inc.; (**c**) Dr A. J. Olson, The Scripps Research Institute. **43.19** Lennart Nilsson/Boehringer Ingelheim International GmbH.

CHAPITRE 44 – Ouverture du chapitre: Darren Bennett/Animals Animals. **44.5** (**a**) Jeff Lepore/Photo Researchers, Inc.; (**b**) Dave B. Fleetham/Visuals Unlimited. **44.7** Daniel Lyons/Bruce Coleman, Inc. **44.8** Chris Fallows/www.apexpredators.com. **44.9** (**b**) D'après une illustration de Enid Kotschnig parue dans B. Heinrich, «Thermoregulation in a winter moth», *Scientific American* (1987): 105. **44.11** (**à gauche**) John Gerlach/Visuals Unlimited. **44.13** Adapté de Lawrence G. Mitchell, John A. Mutchmor et Warren D. Dolphin, *Zoology*, Menlo Park, CA, Benjamin/Cummings, 1988, © 1988 The Benjamin/Cummings Publishing Company. **44.15** John Crowe. **44.16** Données sur le Rat-kangourou tirées de Schmidt-Nielsen, *Animal Physiology: Adaptation and Environment*, 4e édition, Cambridge, Cambridge University Press, 1990, p. 339; (**en médaillon**) Tom McHugh/Photo Researchers, Inc. **44.25** Dorling Kindersley.

CHAPITRE 45 – Ouverture du chapitre: Adapté de Bruce Alberts *et al.*, *Molecular Biology of the Cell*, 2e édition, New York, Garland Publishing, 1989, fig. 15.9, © 1989 Garland Publishing, reproduction autorisée. **45.7** (**a**) Ed Reschke. **45.10** (**a**) James Sheetz/University of Alabama. **45.11** Adapté de Gilbert, *Developmental Biology*, 4e édition, Sunderland, MA, Sinauer Associates, Inc., fig. 7.39, p. 282, reproduction autorisée. **45.14** (**a**) Ed Reschke.

CHAPITRE 46 – Ouverture du chapitre: Hans Pfletschinger/Peter Arnold. **46.1** David Wrobel/Monterey Bay Aquarium. **46.2** (**a**) David Crews, photo de P. de Vries. **46.3** Stephan Myers. **46.4** Dwight Kuhn. **46.5** William Ferguson. **46.10** C. Edelman/La Villette/Photo Researchers, Inc. **46.17** Adapté de Elaine N. Marieb, *Human Anatomy and Physiology*, 4e édition, Menlo Park, CA, Benjamin/Cummings, © 1998 Benjamin/Cummings, une filiale de Addison Wesley Longman, Inc. **46.18** Lennart Nilsson/Albert Bonniers Vorlag AB. **46.22** Howard Sochurek.

CHAPITRE 47 – Ouverture du chapitre: Lennart Nilsson/Albert Bonniers Vorlag AB. **47.1** Historical Collections, College of Physicians, Philadelphia. **47.3** Tiré de J. C. Rilkey, L. F. Jaffe, E. B. Ridgeway et G. T. Reynolds, *Journal of Cell Biology*, 76 (1978): 448-466. **47.6** George Watchmaker. **47.9** (**médaillon, MP**) Charles A. Ettensohn, Carnegie Mellon

University. **47.11** (**a, MP**) CABISCO/Visuals Unlimited; (**c, MEB**) Thomas Poole, SUNY Health Science Center. **47.13** Carolina Biological Supply/Phototake. **47.17** Tiré de Wolpert *et al., Biologie du développement* (traduction de *Principles of Development,* Oxford University Press, fig. 8.25, p. 252), reproduction autorisée par Dunod Éditeur. **47.18** (**a**) Tiré de Dr Jean-Paul Thiery, *Journal of Cell Biology,* 96 (1983): 462-473; (**b et c**) Richard Hynes, *Scientific American,* juin 1986. **47.19** Janet Heasman, University of Minnesota. **47.20** (**illustrations**) Adapté de Bruce Alberts *et al., Molecular Biology of the Cell,* 2e édition, New York, Garland Publishing, 1989, fig. 16.29 a, p. 904, © 1989 Garland Publishing, reproduction autorisée; (**photos**) Hiroki Nishida, *Developmental Biology,* 121 (1987): 526, reproduction autorisée par Academic Press. **47.22** Tiré de Wolpert *et al., Biologie du développement* (traduction de *Principles of Development,* Oxford University Press, fig. 1.10 à droite), reproduction autorisée par Dunod Éditeur; adapté de Gilbert, *Developmental Biology,* 5e édition, Sunderland, MA, Sinauer Associates Inc., 1997, partie de la fig. 15.12, p. 604, © 1997 Sinauer Associates. **47.23** Kathryn Tosney, University of Michigan. **47.24** D'après Honig et Summerbell, 1985, photo: avec l'aimable autorisation de Dennis Summerbell.

CHAPITRE 48 – Ouverture du chapitre: V. I. Lab E. R. I. C. **48.2** (**a**) Tiré de Elaine N. Marieb, *Human Anatomy and Physiology,* 4e édition, Menlo Park, CA, Benjamin/Cummings, © 1998 Benjamin/Cummings, une filiale de Addison Wesley Longman, Inc.; (**c**) Manfred Kage/Peter Arnold, Inc. **48.5** Tiré de Elaine N. Marieb, *Human Anatomy and Physiology,* 4e édition, Menlo Park, CA, Benjamin/Cummings, © 1998 Benjamin/Cummings, une filiale de Addison Wesley Longman, Inc. **48.6** (**b**) W. F. Gilly, Hopkins Station of Stanford University. **48.9** Adapté de G. Matthews, *Cellular Physiology of Nerve and Muscle,* Cambridge, MA, Blackwell Scientific Publications, 1986. **48.11** Adapté de Elaine N. Marieb, *Human Anatomy and Physiology,* 4e édition, Menlo Park, CA, Benjamin/Cummings, © 1998 Benjamin/Cummings, une filiale de Addison Wesley Longman, Inc. **48.13** (**b**) E. R. Lewis, University of California. **48.17** (**a**) Dr Richard G. Kessel et Randy H. Kardon, *Tissues and Organs: A Text-Atlas of Scanning Electron Microscopy,* W.H. Freeman, 1979; (**b**) Illustration de Sharon Ellis tirée de G. Tortora et S. Grabowski, *Principes d'anatomie et de physiologie,* ERPI, 2000, p. 450, reproduction autorisée par John Wiley & Sons, Inc. **48.18** Adapté de Elaine N. Marieb, *Human Anatomy and Physiology,* 4e édition, Menlo Park, CA, Benjamin/Cummings, © 1998 Benjamin/Cummings, une filiale de Addison Wesley Longman, Inc. **48.20** Adapté de Alfred Sherwood Romer et Thomas S. Parsons, *The Vertebrate Body,* 6e édition, Philadelphia, PA, Saunders, 1986, © 1986 Saunders College Publishing. **48.21** Adapté de Elaine N. Marieb, *Human Anatomy and Physiology,* 4e édition, Menlo Park, CA, Benjamin/Cummings, © 1998 Benjamin/Cummings, une filiale de Addison Wesley Longman, Inc. **48.22** Alexander Tsiaria/Photo Researchers, Inc. **48.23** (**a**) Pat De Coursey, University of South Carolina. **48.26** Marcus Raichle, M.D., Washington University School of Medicine. **48.28** Adapté de John G. Nicholls *et al., Neuron to Brain,* 4e édition, Sunderland, MA, Sinauer Associates Inc., 2001, fig. 23.24, © 2001 Sinauer Associates. **48.29** Fred H. Gage, The Salk Institute, Laboratory of Genetics.

CHAPITRE 49 – Ouverture du chapitre: Stephen Dalton/NHPA. **49.1** Chris Trotman/Duomo. **49.2** (**illustration centrale**) Adapté d'une illustration de Jared Schneidman Designs parue dans *Scientific American,* mars 2001, p. 36. **49.5** (**a**) OSF/Animals Animals (**b**) R. A. Steinbrecht, Max Planck Institute. **49.6** (**a**) Joe McDonald/Animals Animals; (**b**) Russ Kinne/Photo Researchers, Inc. **49.8** (**a**) John L. Pontier/Animals Animals. **49.11** Adapté de Elaine N. Marieb, *Human Anatomy and Physiology,* 4e édition, Menlo Park, CA, Benjamin/Cummings, © 1998 Benjamin/Cummings, une filiale de Addison Wesley Longman, Inc. **49.12** Adapté de Elaine N. Marieb, *Human Anatomy and Physiology,* 4e édition, Menlo Park, CA, Benjamin/Cummings, © 1998 Benjamin/Cummings, une filiale de Addison Wesley Longman, Inc. **49.13** Adapté de Elaine N. Marieb, *Human Anatomy and Physiology,* 4e édition, Menlo Park, CA, Benjamin/Cummings, © 1998 Benjamin/Cummings, une filiale de Addison Wesley Longman, Inc. **49.22** Tiré de Richard Elzinga, *Fundamentals of Entomology,* 3e édition, 1987, p. 185, reproduction autorisée par Prentice-Hall, Upper Saddle River, NJ. **49.26** John Cancalosi/Tom Stack and Associates. **49.28** (**a**) Adapté de Elaine N. Marieb, *Human Anatomy and Physiology,* 4e édition, Menlo Park, CA, Benjamin/Cummings, © 1998 Benjamin/Cummings, une filiale de Addison Wesley Longman, Inc. **49.29** Jeff Foott/Tom Stack and Associates. **49.30** Adapté de Lawrence G. Mitchell, John A. Mutchmor et Warren D. Dolphin, *Zoology,* Menlo Park, CA, Benjamin/Cummings, 1988, © 1988 The Benjamin/Cummings Publishing Company. **49.31** Clara Franzini-Armstrong, University of Pennsylvania. **49.32** Adapté de Elaine N. Marieb, *Human Anatomy and Physiology,* 4e édition, Menlo Park, CA, Benjamin/Cummings, © 1998 Benjamin/Cummings, une filiale de Addison Wesley Longman, Inc., micrographies de Dr H. E. Huxley. **49.36** Adapté de Elaine N. Marieb, *Human Anatomy and Physiology,* 4e édition, Menlo Park, CA, Benjamin/Cummings, © 1998 Benjamin/Cummings, une filiale de Addison Wesley Longman, Inc.

CHAPITRE 50 – Ouverture du chapitre: NASA. **50.1** Adapté de G. Caughly, N. Shepherd et J. Short, *Kangaroos: Their Ecology and Management in the Sheep Rangelands of Australia,* Cambridge, Cambridge University Press,1987, fig. 1.2, p. 12, © 1987 Cambridge University Press. **50.2** (**a**) Dorling Kindersley; (**b**) Ingrid Van Den Berg/Animals Animals/Earth Scenes; (**c**) David Lazenby/Planet Earth Pictures; (**d**) Nigel J. Dennis/NHPA. **50.3** Erich Hartmann/Magnum Photos, Inc. **50.6** Adapté de Charles J. Krebs, *Ecology,* 5e édition, San Francisco, CA, Benjamin/Cummings, 2001, fig. 3.2, © 2001 Benjamin/Cummings, une filiale de Addison Wesley Longman, Inc. **50.7** Adapté de Charles J. Krebs, *Ecology,* 5e édition, San Francisco, CA, Benjamin/Cummings, 2001, fig. 3.1, données fournies par O. R. Taylor dans une conversation personnelle avec C. J. Krebs, © 2001 Benjamin/Cummings, une filiale de Addison Wesley Longman, Inc. **50.8** (**photo en médaillon**) Scott Camazine/Photo Researchers, Inc.; (**cartes**) Adapté de National Zebra Mussel Information Clearinghouse, NOAA, U.S. Department of Commerce. **50.9** Données tirées de W. J. Fletcher, « Interactions among subtidal Australian sea urchins, gastropods and algae: Effects of experimental removals », *Ecological Monographs,* 57 (1987): 89-109. **50.16** Adapté de L. Roberts, « How fast can trees migrate? », *Science,* 243 (1989): 736, fig. 2, © 1989 American Association for the Advancement of Science; (**photo**)

L. Roberts, « How fast can trees migrate? », *Science,* 243 (1989), p. 736, fig. 2, © 1989 A.A.A.S. **50.19** (**a**) Boyd Norton; (**b**) Michael Gadomski/Animals Animals/Earth Scenes; (**c**) Williams Mullins/Photo Researchers, Inc. **50.21** (**a**) Steve Solum/Bruce Coleman, Inc.; (**b**) M.E. Warren/Photo Researchers, Inc. **50.23** (**a**) Stuart Westmorland/Corbis/Magmaphoto.com; (**b**) David Hall/Photo Researchers, Inc.; (**c**) Woods Hole Oceanographic Institution. **50.25** (**a**) Peter Ward/Bruce Coleman, Inc.; (**b**) Samuel Maglione/Photo Researchers, Inc.; (**c**) Charlie Ott/Photo Researchers, Inc.; (**d**) John D. Cunningham/Visuals Unlimited; (**e**) Frank Oberle; (**f**) Carr Clifton; (**g**) Michio Hoshino/Minden Pictures; (**h**) J. Warden/Superstock, Inc. **50.26** Adapté de R. T. T. Forman, « Growth under controlled conditions to explain the hierarchical distributions of a moss, *Tetraphis pellucida* », *Ecological Monographs,* 34 (1964): 1-25. **50.27** (**a**) Les données sur les oiseaux proviennent de S. Anderson, « The theory of range-size (RS) distributions », *American Museum Novitates,* 2833 (1985): 1-20; (**b**) Les données sur les plantes proviennent de K. J. Gaston et J. L. Curnutt, « The dynamics of abundance-range size relationships », Oikos 81: 38-44.

CHAPITRE 51 – Ouverture du chapitre: Tom Vezo. **51.2** Adapté de Lawrence G. Mitchell, John A. Mutchmor et Warren D. Dolphin, *Zoology,* Menlo Park, CA, Benjamin/Cummings, 1988, © 1988 The Benjamin/Cummings Publishing Company. **51.3** Adapté de N. Tinbergen, *The Study of Instinct,* Oxford, Oxford University Press, 1951. **51.4** G. Kriska, G. Horvath et S. Andrikovics, « Why do mayflies lay their eggs *en masse* on dry asphalt roads? Water-imitating polarized light reflected from asphalt attracts ephemeroptera », *The Journal of Experimental Biology,* 201 (1998): 2273-2286. **51.5** Avec l'aimable autorisation de Masakazu Konishi. **51.8** Richard Wrangham, Harvard University; (**en médaillon**) Alissa Crandall/Corbis/Magmaphoto.com. **51.9** Thomas McAvoy, *Life* Magazine ©Time Inc./TimePix/Getty Images. **51.10** (**a**) Joe McDonald/Corbis/Magmaphoto.com; (**b**) Dorling Kindersley. **51.11** Harry Engels/Animals Animals. **51.12** Ted Kerasote/Photo Researchers, Inc. **51.13** Bernd Heinrich/University of Vermont. **51.14** (**a**) Elizabeth A. Capaldi; (**b**) Adapté de Elizabeth A. Capaldi *et al.,* « Ontogeny of orientation flight in the honeybee revealed by harmonic radar », *Nature,* 403 (février 2000). **51.17** Jeff Foott/Bruce Coleman, Inc. **51.18** (**a**) Bruce Davidson/Animals Animals; (**b**) G.R. Higbee/Photo Researchers, Inc. **51.19** Visuals Unlimited. **51.20** Frans B. M. De Waal. **51.21** Doug Wechsler/Animals Animals. **51.22** (**a**) Jonathan Scott/Seaphot Ltd./Planet Earth Pictures; (**b**) Michael Dick/Animals Animals. **51.24** Philip Savoie. **51.25** David White, Ocean Engineering Division, Southampton Oceanography Centre, Royaume-Uni. **51.26** Robert Vander Meer, University of Florida. **51.27** (**a**) Kenneth Lorenzen, University of California, Davis. **51.28** Stephen Kraseman/Peter Arnold, Inc. **51.29** (**a**) Jennifer Jarvis, University of Cape Town; (**b**) Tom McHugh/Photo Researchers, Inc. **51.32** Ivan Polunin/Bruce Coleman, Inc.

CHAPITRE 52 – Ouverture du chapitre: Eckart Pott/NHPA. **52.1** A.R.E. Sinclair. **52.2** (**a**) Sophie de Wilde/Jacana/Photo Researchers, Inc.; (**b**) Frans Lanting/Minden Pictures; (**c**) W. McIntyre/Photo Researchers, Inc. **52.4** E.R. Degginger/Color-Pic, Inc. **52.5** Adapté de T. H. Clutton-Brock, F. E. Guiness et S. D. Albon, *Red Deer: Behavior and Ecology of Two Sexes,* p. 77, Chicago, The University of Chicago Press, reproduction autorisée par l'éditeur. **52.6** (**en médaillon**) Hans Reinhard/Tierbild Okapia/Photo Researchers, Inc. **52.7** (**a**) Dorling Kindersley; (**b**) Max et Bea Hunn/Visuals Unlimited. **52.9** Données provenant du Service canadien de la faune, 2001, de J. R. Cannon, « Whooping crane recovery: A case study in public and private cooperation in the conservation of endangered species », *Conservation Biology,* 10 (1996): 813-821, et de C. S. Binkley et R. S. Miller, « Population characteristics of the whooping crane, *Grus americana* », *Canadian Journal of Zoology,* 61 (1983): 2768-2776. **52.12** (**c**) Données gracieusement fournies par P. Arcese et J. N. M. Smith, 2001. **52.13** Adapté de J. T. Enright, « Climate and population regulation: The biogeographer's dilemma », *Œcologia,* 24 (1976): 295-310. **52.14** (**b**) Données gracieusement fournies par P. Arcese et J. N. M. Smith, 2001. **52.16** Données provenant du U.S. Fish and Wildlife Service, 2001; (**en médaillon**) Alan G. Nelson/Animals Animals. **52.17** Données gracieusement fournies par Rolf O. Peterson, Michigan Technological University, 2001. **52.18** Données tirées de Higgins *et al.,* « Stochastic dynamics and deterministic skeletons: Population behavior of Dungeness crab », *Science,* 30 mai 1997. **52.19** Alan Carey/Photo Researchers, Inc. **52.21** Données provenant du Population Reference Bureau, 2000. **52.22** Adapté de J. A. J. McFalls, « Population: A lively introduction », *Population Bulletin,* 53 (1998). **52.23** Tiré de J. Wackernagel *et al.,* « National natural capital accounting with the ecological footprint concept », *Ecological Economics,* 29 (1999): 375-390, reproduction autorisée par Elsevier Science.

CHAPITRE 53 – Ouverture du chapitre: Richard . Estes/Photo Researchers, Inc. **53.2** Heather Angel/Natural Visions. **53.3** (**a**) A. S. Rand et E. E. Williams, « The anoles of La Palma: Aspects of their ecological relationships », *Breviora,* 327 (1969), Museum of Comparative Zoology, Harvard University; (**b**) Joseph T. Collins/Photo Researchers, Inc.; (**c**) Kevin de Queiroz, National Museum of Natural History. **53.5** C. Allan Morgan/Peter Arnold, Inc. **53.6** Kevin Schafer/Tom Stack and Associates. **53.7** (**a**) Lincoln Brower, Sweet Briar College; (**b**) Peter J. Mayne. **53.8** (**a**) Edward S. Ross; (**b**) Runk/Schoenberger/Grant Heilman Photography, Inc. **53.9** Robert et Linda Mitchell. **53.11** Adapté de E. A. Knox, « Antarctic marine ecosystems », dans *Antarctic Ecology,* de M. W. Holdgate, Londres, Academic Press, 1970, p. 69-96. **53.12** Adapté de D. L. Breitburg, T. Loher, C. A. Pacey et A. Gerstein, « Varying effects of low dissolved oxygen on trophic interactions in an estuarine food web », *Ecological Monographs,* vol. 67, p. 490, © 1997 Ecological Society of America. **53.13** Adapté de B. Jenkins, « Productivity, disturbance and food web structure at a local spatial scale in experimental container habitats », *Oikos,* 65 (1992): 252, © 1992 *Oikos,* Suède. **53.14** (**a**) Karen Oberhauser. **53.15** Adapté de J. A. Estes *et al.,* « Killer whale predation on sea otters linking oceanic and nearshore ecosystems », *Science,* 282 (1998): 474, © 1998 American Association for the Advancement of Science; (**photo**) J. A. Lubina et S. A. Levin, « The spread of a reinvading species: Expansion in the California sea otter », *American Naturalist,* 131 (1988): p. 529, fig. 1 et p. 535, fig. 2, reproduction autorisée par The University of Chicago Press. **53.16** Frank Gilliam, Marshall University. **53.17** (**photo**) Paul A. Souders/Corbis/

Magmaphoto.com; **(graphiques)** Adapté de J. H. Connell *et al.*, « A 30-year study of coral abundance, recruitment, and disturbance at several scales in space and time », *Ecological Monographs,* 67: 461-488. **53.18 (a)** Grant Heilman/Grant Heilman Photography; **(b)** Jeff Foott/ Tom Stack and Associates. **53.19 (carte)** Adapté de R. L. Crocker et J. Major, « Soil development in relation to vegetation and surface age at Glacier Bay, Alaska », *Journal of Ecology,* 43 (1955): 427-448; **(photos)** Tom Bean/Tom & Susan Bean, Inc. **53.20 (graphique)** Adapté de R. L. Crocker et J. Major, « Soil development in relation to vegetation and surface age at Glacier Bay, Alaska », *Journal of Ecology,* 43 (1955): 427-448; **(photos)** Tom Bean/Tom & Susan Bean, Inc. **53.22** Adapté de C. B. Williams, *Patterns in the Balance of Nature,* Londres, Academic Press, 1964. **53.23** Adapté de R. E. Cook, « Variation in species density of North American birds », *Systematic Zoology,* 18 (1969): 63-84. **53.24** Adapté de D. J. Currie, « Energy and large-scale patterns of animal and plant species richness », *American Naturalist,* 137 (1991): 27-49, reproduction autorisée par The University of Chicago Press. **53.25** Adapté de F. W. Preston, « Time and space and the variation of species », *Ecology,* 41 (1960): 611-627. **53.27** Adapté de F. W. Preston, « The canonical distribution of commonness and rarity », *Ecology,* 43 (1962): 185-215, 410-432.

CHAPITRE 54 – Ouverture du chapitre: E. R. Degginger/Color Pic, Inc. **54.1** Adapté de D. L. DeAngelis, *Dynamics of Nutrient Cycling and Food Webs,* New York, Chapman & Hall, 1992. **54.2** Gregory G. Dimijian/Photo Researchers, Inc. **54.4** C. B. Field, M. J. Behrenfeld, J. T. Randerson et P. Falkowski, « Primary production of the biosphere: Integrating terrestrial and oceanic components », *Science,* 281 (1998): 237-240. **54.5** Adapté de T. L. Hayward, « Primary production in the North Pacific central gyre: A controversy with important implications », *Trends in Ecology and Evolution,* 6 (1991): 28-284, reproduction autorisée par Elsevier Science. **54.6** Adapté de J. H. Ryther et W. M. Dunstan, « Nitrogen, phosphorus, and eutrophication in the coastal marine environment », *Science,* 171 (1971): 1008-1013. **54.7** Institut des sciences de la mer, Pêches et Océans Canada. **54.8** Reproduit avec l'autorisation de D.W. Schindler, *Science,* 184 (1974): 897, fig. 1.49, © 1974 American Association for the Advancement of Science. **54.9** Adapté de S. M. Cargill et R. L. Jefferies, « Nutrient limitation of primary production in a sub-arctic salt marsh », *Journal of Applied Ecology,* 21 (1984): 657-668. **54.16** Adapté de R. E. Ricklefs, *The Economy of Nature,* 4ᵉ édition, 1997, © 1997 W. H. Freeman and Company. **54.18** Tiré de *Les éléments nutritifs et leurs effets sur l'environnement,* Environnement Canada, 2001, reproduit avec la permission du ministre des Travaux publics et Services gouvernementaux, 2003. **54.21 (a)** John D. Cunningham/Visuals Unlimited; **(b)** Photo fournie par Northeastern Forest Experiment Station, Forest Service, United States Department of Agriculture. **54.22** Robert Estall/Corbis/Magmaphoto.com. **54.23** Adapté de

G. E. Likens *et al.*, « Interactions between major biogeochemical cycles in terrestrial ecosystems », dans *In Some Perspectives of the Major Biogeochemical Cycles,* de G. E. Likens, New York, John Wiley & Sons, 1981, p. 93-123. **54.27 (a)** NASA/Goddard Space Flight Center; **(c)** Bill Bachman/Bill Bachman & Associates Pty., Ltd.

CHAPITRE 55 – Ouverture du chapitre: Juan Manuel Renjifo/Animals Animals/Earth Scenes. **55.2 (a)** Daniel Heuclin/NHPA; **(b)** Mark Carwardine/Still Pictures/Peter Arnold, Inc.; **(c)** Dieter & Mary Plage/Bruce Coleman Inc. **55.3** Richard Shiell/Animals Animals. **55.4** Roger Ressmeyer/Corbis/Magmaphoto.com. **55.5** Gary Braasch/Woodfin Camp & Associates. **55.6** Adapté de J. T. Curtis, *The Vegetation of Wisconsin,* Madison, WI, University of Wisconsin Press, 1959. **55.7 (a)** Gary Kramer; **(b)** Michael Fogden/Animals Animals; **(c)** David Dennis/Animals Animals; **(d)** Laurie Campbell/NHPA; **(e)** Marc Dantzker; **(f)** Rachel Woodfield/Merkel & Associates. **55.8** The Academy of Natural Sciences of Philadelphia/Corbis/Magmaphoto.com. **55.9** Phillip Gostelow/Camera Press/Ponopresse. **55.10** Adapté de Charles J. Krebs, *Ecology,* 5ᵉ édition, San Francisco, CA, Benjamin Cummings, 2001, fig. 19.1, © 2001 Benjamin Cummings, une filiale de Addison Wesley Longman, Inc. **55.11 (photo)** Illinois Natural History Survey, dans R. L. Westemeier, J. D. Brawn, S. A. Simpson, T. L. Esker, R. W. Jansen, J. W. Walk, E. L. Kershner, J. L. Bouzat et K. N. Paige, « Tracking the long-term decline and recovery of an isolated population », *Science,* 282: 1696, © 1998 American Association for the Advancement of Science; **(graphiques)** Adapté de R. L. Westemeier *et al.*, « Tracking the long-term decline and recovery of an isolated population », *Science,* 282: 1696, © 1998 American Association for the Advancement of Science. **55.13** F. et J. Craighead. **55.14 (a)** Rob Curtis/The Early Birder; **(b)** Raymond K. Gehman/National Geographic Society Image Collection; **(c)** Blanche Haning/The Lamplighter. **55.15 (a)** David Hosking/Photo Researchers, Inc.; **(b)** James P. Blair/National Geographic Image Collection. **55.16** Florida Department of Transportation. **55.17 (à gauche)** John D. Cunningham/Visuals Unlimited; **(à droite)** Peter Ward/Bruce Coleman, Inc. **55.18** Adapté de W. D. Newmark, « Legal and biotic boundaries of western North American national parks: A problem of congruence », *Biological Conservation,* 33 (1985): 199, © 1985 Elsevier Applied Science Publishers Ltd., Barking, Royaume-Uni. **55.19** Frans Lanting/Minden Pictures. **55.20 (a)** Joe McDonald/ Bruce Coleman, Inc.; **(b)** Reed Bowman. **55.21** Adapté de A. P. Dobson *et al.*, « Hopes for the future: Restoration ecology and conservation biology », *Science,* 277 (1997): 515, © 1997 American Association for the Advancement of Science. **55.22** Ariel Lugo/USDA/Forest Service, photo de Jesus Ayala O'Neill. **55.23 (a)** Sygma/Magmaphoto.com; **(b)** Frans Lanting/ Minden Pictures.

INDEX

A

Abcission
des feuilles, 885, 886f
voir aussi Acide abcissique

Abeilles
africaines, 1198, 1199f
communication chez les, 1249, 1249f

Aberrations chromosomiques, maladies humaines
résultant d', 301, 302f, 303f
voir aussi Anomalies

Abondance relative d'espèces, 1284, 1302, 1302f

Absorption
d'eau et d'électrolytes, fonction essentielle
du gros intestin, 942
des nutriments
chez les Mammifères, 938
par une plante, 834, 834f
et libération des gaz respiratoires, 975, 975f
et transport radial de l'eau et des minéraux
par/dans les racines, 818, 819f
étape du traitement de la nourriture, 929, 930
mode nutritionnel permettant aux Eumycètes de
vivre en saprophytes et en symbiontes, 670
rôle majeur de l'intestin grêle, 936
spectre d', 192, 193f, 194f
surface d', 670, 818

Abstinence, 1084

Acanthodiens, 748

Accepteur primaire d'électrons, 195

Accident vasculaire cérébral (AVC), 966

Acclimatation, 1021

Accommodation, 1166

Accouchement, 1083

Accouplement
comportement favorisé par la sélection
naturelle, 1245
systèmes d', 1247

Accroissement démographique, 1257, 1265
cycles réguliers d', 1273, 1274f
exponentiel, 1266, 1267f
humain, 1275, 1275f
illimité, rôle de la rétro-inhibition
pour empêcher un, 1270
logistique, 1267
équation d', 1267
voir aussi Accroissement démographique,
modèle logistique
modèle
exponentiel d', 1265, 1266f
logistique intégrant la capacité limite
du milieu, 1266, 1267t, 1268f, 1269f
taux intrinsèque d', 1266, 1267f
voir aussi Démographie, Populations

Acétylation des histones, 393

Acétylcholine, 1133

Acétyl-CoA, 172, 172f

Acide(s), 49
abcissique, 882
aminé(s), 62, 75, 76f, 79f, 1134
appariement d'un ARNt et d'un, 340f

essentiels, besoins des Animaux
ou des Humains adultes, 924, 925f
triplets de nucléotides correspondant
à des, 331
aspartique, 1134
carboxyliques, 60
désoxyribonucléique (ADN), 84
voir aussi ADN
gamma-aminobutyrique, 1134
glutamique, 1134
gras, 72, 72f
essentiels, 925
insaturé, 72, 73f
saturé, 72, 73f
jasmonique, 898
nucléique(s), 83, 84, 361t
brin d', 85, *voir aussi* Brin
composantes des, 86f
digestion des, 937, 938f
pyruvique, 169
ribonucléique (ARN), 84, 85f
voir aussi ARN
salicylique, 899
urique, 1025, 1025f

Acœlomates, 693f, 694, 694f
reclassification des, 697

ACP, 414, 415f

Acquis, 1226

Acrasiomycètes, 619, 620f, 622t

Acrosome, 1075

Actes instinctifs, séquence stéréotypée d', 1228

ACTH, 1053, 1060

Actine, 132
contractions musculaires et rôle de l', 1183, 1185f

Actinistiens, 751, 751f

Actinopodes, 617, 617f, 622t

Actinoptérygiens, 750f, 751

Action
potentiel d', 895, 1125, 1125f, 1126f, 1127, 1128f,
1160f, 1188f
spectre d', 193, 194f, 886, 887f

Activateur, 394

Activation
du complément, fixation et, 998
énergie d', 100, 101, 101f

Activité
enzymatique, *voir* Enzymes, activité
polarisante, zone d', 1112

Adaptation(s)
des proportions du corps et de la posture (soutien
physique sur la terre ferme), 1182
du système
cardiovasculaire, 951
digestif des Vertébrés au cours
de l'évolution, 942
respiratoire de la plupart des animaux
aquatiques : branchies, 968
respiratoire des animaux terrestres :
trachées et poumons, 969
globale, valeur d', 1250, 1251
nutritives, 842, 847
relatives à la germination des graines contribuant
à la survie des plantules, 861

sensorielle, 1160
structurales du système digestif souvent associées
au régime alimentaire, 942
valeur d', 497, 1250

Addition, règle de l', 271

Adénohypophyse, 1049, 1050t, 1052f

Adénosine triphosphate (ATP), 98, 99f, 100f, 150, 155,
158, 164, 174, 176, 177f, 178f, 179, 192, 199
voir aussi ATP synthétase

Adénovirus, 357, 357f

Adénylate cyclase, 218

ADH, *voir* Hormone antidiurétique

Adhérence, 44, 136, 1106, 1107

ADN, 4, 84, 85f
alignement des séquences, des segments
de l', 542, 543f
analyse d', 416
brin d', 7f, 85, 313, 315, 318, 319, 319f, 320
cellulaire, 1048
clonage de l', 408, 409f, 414, 864, 864f
complémentaire (ADNc), 413, 413f
génothèque d', 414
condensation de l', 384
découverte de l', 310
voir aussi Watson *ou* Crick
dénaturation de l', 412
domaine(s) de liaison de l', 395, 396f
données phylogénétiques provenant
des séquences de l', 542
double hélice de l', 7f, 85, 87, 87f, 311, 313, 314f
enzymes corrigeant ou réparant l', 321
essai sur microréseau à, 424, 425f
fragments d' (classement), 418
voir aussi Fragments de restriction
information héréditaire contenue dans l', 6, 250
langage génétique commun, l', 11
ligase, 320, 321f, 409, 410f
matériel génétique, 7f, 231, 309, 311, 327
méthylation de l', 393
mitochondrial, 305, 306
monocaténaire, protéines fixatrices d', 320
non codant, 417
niveaux supérieurs de condensation de l', 384
pistolet à, 864f
polymérases, 318, 321f
primase, 320, 321f
puce à, 424
recombiné, 407
clonage de gènes dans des vecteurs d', 410
utilisation d'ADN ligase pour la fabrication d',
409, 410f
utilisation d'enzymes de restriction pour
la fabrication d', 408, 409f, 410f
reconnaissance de l', 417f
reflet de l'évolution, 87
remaniement de l', 389, 391f
répétitif, 386
dispersé, 386t, 387
en tandem, 386, 386t
minisatellite et microsatellite, 386
satellite, 386, 386t
types d', 386t
réplication, réparation, correction de l', 315, 316,
316f, 317f, 320f, 321, 323
problèmes, 323f
résumé, 322f

repliement de l', 384
satellite, 386, 386t
séquençage de l', 419, 421f, 422f, 542
structure
de l', 21
du génome au niveau de l', 386
voir aussi Watson *ou* Crick
synthèse de l', 320, 320f, 321f
transcription : synthèse de l'ARN à partir et sous la
direction de l', 330, 330f, 333
voir aussi Transcription
transformation des bactéries par l', 310, 368
variation des caractères génétiques et, 266
viral, programmation des cellules par l', 310
voir aussi Acide désoxyribonucléique, Information
génétique, Génome humain

ADNc, *voir* ADN complémentaire

Adrénaline, 222f, 1058, 1133

Adventives (racines), 784, 880

Aérobie
stricts, 579
voir aussi Respiration cellulaire aérobie

Affrontement, comportement d', 1243

Afrothériens, 767

Agent(s)
du mildiou, 608
oxydant, 165
pathogènes
avirulents, 898, 900f
comme prédateurs, 1289
extracellulaires, lutte des lymphocytes B
contre les, 995
intracellulaires, lutte des lymphocytes T
cytotoxiques contre les, 994, 995f
réactions des Végétaux à la présence d',
897, 900f
réducteur, 165

Âges, pyramide des, 1276, 1277f

Agglutination, 998

Agnates, 746, 746f

Agrégats, distribution en, 1259, 1259f

Agriculture
biotechnologie en, 430, 866
durable, 839
effets sur le recyclage des nutriments, 1328
fixation symbiotique de l'azote et, 844
importance des mycorhizes, 846
intégrée, 840
multiplication végétative courante en, 863
virus et, 365

Aire(s)
-espèces, courbe, 1304, 1305f
fonctionnelles et associatives du cerveau, 1145,
1145f, 1146f
visuelle primaire, 1170

Ajustement
de la vitesse d'échange thermique, 1015
induit, 102, 102f

Alcools, 60

Aldéhydes, 60

Aldostérone, 1038

Algues, 594f, 595, 599, 600f, 611f
brunes (Phéophycées), 610, 622t
dorées (Chrysophycées), 610, 610f, 622t
générations haploïde et diploïde alternant dans le
cycle de développement de certaines, 611
hétérochontes, 608
rouges dépourvues de flagelle, les Rhodobiontes,
613, 622t

survie et reproduction grâce à des adaptations
structurales et biochimiques, 610
vertes, 613, 614f
ancestrales, 627f
et Végétaux, même ancêtre
photoautotrophe, 613
parenté étroite avec les Végétaux terrestres,
628, 629f
voir aussi Charophytes
voir aussi Lichen

Aliments
énergie chimique des, 191, 914
sources d'énergie pour les Animaux, 922
transformation dans la cavité buccale, 932
voir aussi Nutriments, Régime alimentaire,
Suralimentation, Sous-alimentation

Allantoïde, 755f, 1105

Allard, H. A., 891

Allèle(s), 266, 266f, 267f, 400
de l'anémie à hématies falciformes
effets pléiotropiques de l', 279, 280f
répartition géographique, 495f
dominant, 266f, 267
définition, 273
fixation de l', 485
multiples, 274, 275f
récessif, 266f, 267
répartition des allèles des diverses paires
dans les gamètes indépendamment
les uns des autres, 268
ségrégation des, 171f
voir aussi Fréquences alléliques

Allergies, 1002, 1002f

Allocation(s), 917, 1013
d'un écosystème, 1311
énergétique(s), 917, 917f
mondiale, 1312

Allongement
cellulaire, rôle de l'auxine dans l', 878, 879f
des tiges, 881

Allopolyploïdes, 515, 516f

Altérations de la structure chromosomique, 302f

Alternance de générations, 254, 611, 612, 630,
630f, 633

Altruisme, 1250, 1250f, 1252f
réciproque, 1253

Alvéoles, 972

Alvéolobiontes, 604, 622t

Aménagement adaptatif, 1360

Amibe(s), 2, 10, 616, 622t

Amibocytes, 705

Amidon, 68, 69f, 70f

Amine(s), 62
biogènes, 1133
groupement, 62

Aminoacyl-ARNt synthétases, 339, 340, 340f

Aminopeptidase, 937

Ammoniac, 1024, 1025f

Ammonification, 1324

Ammonites, 716

Amniocentèse, 282, 283f

Amnios, 755f, 1105

Amniotes, 746, 756, 756f, 757, 757f, 1101

Amorce, amorçage, 320, 321f

AMP cyclique (AMPc), 218, 219f, 377, 378f
faible, 377, 378f
protéine réceptrice d', 377, 378f

Amphibiens, 748, 753, 753f, 754f, 1099f, 1102f, 1108f,
1109f, 1110f
circulation pulmocutanée, 952, 952f
déclin des populations d', 755
définition, 754
température corporelle, 1018

Amplificateurs, 394, 395f

Amplification
conversion-, 210, 211, 213, 217, 218, 223f, 399,
401f, 872, 873, 874f, 883, 1159
de l'énergie du stimulus, 1159
en chaîne par polymérase (ACP), 414, 415f
génique, 389

Amplitude de la respiration contrôlée par
les centres de régulation de l'encéphale, 974

Amylase salivaire, 932

Anaérobie(s)
facultatifs, organismes, 180, 579
stricts, organismes, 579
voir aussi Respiration cellulaire anaérobie

Analogie, 538, 539f
et homologie, distinction, dichotomie, 538,
545, 546f

Analyse(s)
cladistique, la systématique phylogénétique
moderne et l', 537, 540
clonales de l'extrémité des pousses et
emplacement dans le développement
d'une cellule, 806
de la viabilité d'une population, 1349, 1350, 1350f
génétique et cycle de développement de
Drosophila melanogaster, 449, 449f, 450
quantitative du potentiel hydrique, 814

Anaphase
méiose, 256f, 257f
migration des chromosomes pendant l', 237f
mitose, 233, 235f, 237f, 239f

Anapsides, 756

Anatomie
définition, 904
des Végétaux, 782
fonctionnelle des Animaux, 903

Ancêtres reptiliens, 757

Ancrage, point d', 243

Androgènes, 1060

Anémie à hématies falciformes, 79f, 279, 280f,
347f, 495f

Aneuploïdie, 300

Angelman, syndrome d', 304

Angiosperme(s), 626, 627f, 628t, 652, 653f
clades d', 657, 660f
cycle de développement d'une, 663, 663f, 852f
fleurs, pousses spécialisées portant les organes
reproducteurs du sporophyte chez les, 852
influence mutuelle avec les Animaux
durant leur évolution, 664
morphologie de base, 782, 783, 783f, 784f, 785,
785f
radiation adaptative des, 664
rôle
de la fleur, 659, 852
des fruits, 661, 662f
du courant de masse chez les, 828
structure de la fleur, 660, 661f
voir aussi Plantes à fleurs

Angiotensine II, 1038

Anhydrobiose, 1028, 1028f

Animal(aux), 11, 12f, 15, 188, 361, 361t, 362
à sang chaud ou froid, 1015
allocations énergétiques chez les, 917, 917f, 1013
apparition des embranchements d', 699
besoins nutritionnels, 922
bioénergétique chez les, 914, 914f
circulation chez les, 950
consommateurs opportunistes, 928
corps, taille et forme se répercutant sur les interactions avec l'environnement, 910, 910f
début de la colonisation des milieux terrestres, 559
défense contre les prédateurs, 1288
définition, 689
développement chez les, 1091
voir aussi Développement chez les Animaux, Développement embryonnaire
différenciation chez les, 1106, 1110
digérés par les plantes carnivores, 848, 848f
diversification des, 558, 558f
échanges gazeux chez les, 967, 967f
embranchements des, 734t
étapes clés du développement, 439f
Eumycètes et (ancêtre protiste commun), 685
euryhalins, 1027
évolution des, 689
homéostasie chez les, 1013
influence mutuelle avec les Angiospermes durant leur évolution, 664
interdépendance des systèmes chez les, 908
mécanismes sensoriels et moteurs chez les, 1157
morphogenèse chez les, 1106
morphologie régie par les lois de la physique, 910, 910f
nutrition chez les, 921
origine du règne, 691
osmorégulateurs, 1026
osmotolérants, 1026
« pharmaceutiques », 430, 430f
plan d'organisation corporelle et milieu externe, 910
production
de déchets azotés en corrélation avec leur phylogenèse et leur habitat, 1024
des organes par l'organogenèse, 1101
régulateurs, 1012, 1012f
régulation
chimique chez les, 1043
du milieu interne, 911
nerveuse chez les, 1117
reproduction chez les, 1065, 1070
voir aussi Reproduction chez les Animaux, chez les Mammifères
sessiles, 705
spéciation sympatrique chez les, 516, 517f
sténohalins, 1026, 1027
stratégie bioénergétique d'un, 914
structure et fonction chez les, 903
corrélation entre les deux, 904
système
endocrinien chez les, 1044
nerveux chez les, 1044
tolérants, 1012, 1012f
vitesse du métabolisme, 915-917
voir aussi Règne animal, Phylogenèse animale, Arbre phylogénétique, Diversité animale, Herbivores, Carnivores, Omnivores, Ectothermes, Endothermes, Mammifères, Oiseaux, Reptiles, Amphibiens, Humains, Poissons, Invertébrés, Vertébrés

Anion, 36

Annélides, 693f, 697f, 717, 718f, 719f
classes des, 719t

Anomalies et exceptions touchant l'hérédité chromosomique, 299, 300
voir aussi Aberrations

Anoures, 753, 753f

Anse du néphron, 1032, 1033

Antennes, 722

Anthère, 664, 853, 854

Anthéridie, 631

Anthocérophytes, 635, 636f

Anthocérotes, 635, 636f

Anthophytes, 628t

Anthozoaires, 707, 708f

Anthropoïdés, 769, 771, 772, 773

Antibiotiques, 578, 683, 684f
plasmide R et résistance aux, 371

Anticodon, 338

Anticorps, 390, 391f, 988, 995
destruction des antigènes par l'intermédiaire des, 998
monoclonaux, 997
polyclonaux, 997
structure et fonction, 996, 997f
voir aussi Immunoglobuline

Antigène(s), 988
destruction par l'intermédiaire des anticorps, 998
du soi, tolérance aux, 990
interaction avec des lymphocytes spécifiques produisant les réactions et la mémoire immunitaires, 989
présentation de l', 991, 992
T-dépendants et T-indépendants, 995, 996f
tumoral, 994
voir aussi Déterminants antigéniques (épitopes)

Antiquité de la vie, 554

Aorte, valve de l', 954

Apicomplexes, 605, 606f, 622t

Apodes, 753f, 754

Apomixie, 863

Apoplaste, 817

Apoptose, 457, 457f, 885

Appareil
de Golgi, 123, 124f
juxtaglomérulaire, 1038

Appariement
d'un acide aminé et d'un ARNt, 340f
des bases dans l'ADN, 315, 315f

Apparition de la vie, 554
animale, 689

Appendice vermiforme, 942

Apprentissage, 1233, 1233f, 1236f
et maturation, 1234
mémoire et, 1149

Approche
des petites populations, 1348
des populations déclinantes, 1351

Aquaporines, 154, 815

Arachnides, 723, 724f

Araignées, 723, 724f

Arbre(s)
ascension de l'eau dans un, 822, 822f
de vie, homologie et, 477
phylogénétique(s), 537, 548f

constitution d'hypothèses, 543
des Primates, 770f
des principaux groupes de Vertébrés actuels, 745f, 771
du vivant, premières ramifications de l', 600, 601f
restructuration illustrant la démarche scientifique, 691
traditionnel des Animaux (fondé sur les plans d'organisation), 692, 693f
traditionnel des Animaux, déplacement de certaines ramifications de l', 696
traditionnel des Animaux, fondé sur les données moléculaires (l'ARN de la petite sous-unité ribosomique), 696, 697f, 698, 699f
voir aussi Tronc

Arc réflexe, 1119

Archégone, 631

Archentéron, 692, 1099

Archéobactéries (Archées), 10, 12f, 347f, 374, 573, 581f, 582, 582t
halophiles extrêmes, 583, 583f
méthanogènes, 582
thermophiles extrêmes, 583

Archives géologiques, 478, 527, 548f
dossier incomplet de l'histoire de l'évolution, 532

Archosauriens, 757

Arginine, 384

Aristote, 466

ARN, 84, 85f
amorçage de la synthèse de l'ADN avec un brin court d', 321f
de la particule de reconnaissance du signal, 345, 346, 346f
de la petite sous-unité ribosomique, arbre phylogénétique des Animaux fondé sur l', 696, 697f, 698, 699f
de transfert (ARNt), 338, 339f, 340f, 346, 346f
aminoacyl-ARNt synthétases, 339, 340, 340f
épissage
de l', 336, 336f
différentiel de l', 337, 397, 397f
fonctions dans la cellule, 346
interférence par, 424
matériel génétique premier, 562
maturation de l', 331, 335f
messager (ARNm), 330, 336f, 346, 346f, 1048
bicoïde, 451
la traduction : synthèse d'un polypeptide à partir de l', 330, 330f, 338
lac, 377, 378f
modification après transcription (dans les cellules eucaryotes), 335
nucléaire, petit, 336, 346, 346f
polymérase, 333
liaison de l', 333
prémessager, 330f, 331, 336f
épissage de l', 337f
modification des extrémités de l', 336
réplication moléculaire dans un monde d', 562, 563f
ribosomique (ARNr), 340, 346, 346f
sélection naturelle dans un monde d', 563
synthèse sous la direction et à partir de l'ADN (transcription), 330, 330f, 333
voir aussi Transcription
types d', 86, 346f
virus à, 361, 362

ARNm, ARNr, ARNt, voir ARN messager, ARN ribosomique ou ARN de transfert

Arpentage chromosomique, 418, 420f

Artère(s), 951, 956
rénale, 1031

Artérioles, 952
afférente et efférente, 1033

Artériosclérose, 966

Arthropodes, 693f, 697f, 721, 721f
classes principales d', 722t
phylogenèse et classification des, 722

Ascocarpe, 674, 676f

Ascomycètes, 674, 676f
cycle de développement des, 677f

Ascospores, 675

Aspiration
de la sève brute du xylème, 821
effet d', 821, 821f
ingestion par, 929, 929f

Asques, production de spores sexuées dans des, 674

Assimilation, rendement d', 1317

Association de stimulus, apprentissage de l', 1237

Assortiment indépendant
des caractères, loi mendélienne de l', 268, 170f
des chromosomes, 255
et enjambement : production d'individus recombinés, 294, 295f

Aster, 234f

Astérides, 731, 733, 733f

Astrocytes, 1121

Athéromes, 966

Athérosclérose, 966, 966f

Atmosphère, augmentation de la concentration de dioxyde de carbone dans l', 1331, 1332, 1333f

Atome(s), 2, 29, 30f, 190
couche périphérique d'un, 33
de carbone, éléments les plus polyvalents, 56, 57f
électronégatifs, 165
formation des molécules par l'établissement des liaisons chimiques, 34

ATP, 98, 99f, 144, 155, 158, 165f, 179, 192, 199
cycle de l', 100f
moles d', 176
production de travail, 99
régénération de l', 99, 164
synthèse de l', 174, 177f, 178f
synthétase, 175, 175f

Attaque membranaire, complexe d', 998

Australopithecus, 773

Autécologie (écologie physiologique), 1196

Autocompatibilité, 857

Autofécondation, 856, 856f

Auto-incompatibilité, 856, 857f

Autophagie, 126

Autopolyploïde, 515

Autosomes, 251

Autotolérance, 990

Autotrophes, autotrophie, 187, 578

Auxines, 877, 879f, 880
comme herbicide, 880
rôle dans l'allongement cellulaire, 878, 879f

Avantage de l'hétérozygote, 495

AVC, 966

Avertissement, coloration d', 1288, 1289f

Avirulent (agent pathogène), 898, 900f

Axe(s)
corporels, 1109
de recherche « évo-dévo », 700

Axone, 1118, 1127, 1128f
cône d'implantation de l', 1119
en développement, orientation, 1151f

Azote, 835, 836t
bactéries fixatrices d', 841
cas particulier comme nutriment, 841, 841f, 842
cycle de l', 1323, 1324f
fixation de l', 579, 841, 842, 844, 1323
monoxyde d', 1046

B

Bacillariophycées, 609

Bactéries, 10, 12f, 83, 188, 347f, 374, 573, 582f, 582t, 583
à Gram négatif ou positif, 574, 574f, 582, 585t
communication entre, 211f
détection de la recombinaison génétique chez les, 369f
du sol, fourniture d'azote aux végétaux, 841, 841f, 842
endosymbiotiques, 598
fixatrices d'azote, 841
groupes monophylétiques de, 584t, 585t
pathogènes, 586
transformation par l'ADN, 310, 368
voir aussi E. coli, Streptococcus, Protéobactéries, Cyanobactéries

Bactériophages, 310, 357

Bactériorhodopsine, 583

Bactéroïde, 842

Bande
de Caspary, 820
préprophasique, 802, 803f

Barr, corpuscule de, 299

Barrière(s)
énergétiques et enzymes, 100
géographiques et naissance de nouvelles espèces, 510, 510f, 511f
hémato-encéphalique, 1121
mécaniques (contraception), 1085
postzygotiques, 508, 508f, 509t
prézygotiques, 507, 509t
sélective entre l'écorce de la racine et les tissus conducteurs, 819

Base(s), 49
appariement dans l'ADN, 315, 315f
chromosomiques
de l'hérédité, 289
variations selon le type d'organisme, 297
moléculaires de l'hérédité, 309
réparation des mésappariements des, 321
substitution d'une paire de, 347

Baside, 676

Basidiocarpes, 677, 678f

Basidiomycètes, 676, 677, 678f
cycle de développement des, 679f

Bâtonnets, 1166, 1168f, 1169f

Beadle, G., 328, 329f

Beagle, expédition du, 469, 470f

Beijerinck, M., 356

Benthos, 1209, 1214

Besoins
nutritifs des Végétaux, 834, 835f
nutritionnels des Animaux, 922

Bêta-oxydation, 181

Bicouche lipidique, perméabilité de la, 149

Bilatériens, 692, 693f, 697f
dichotomie Radiaires-, 692, 693f, 697f
faces dorsale et ventrale, régions antérieure et postérieure des, 692
organisation corporelle des, 694, 694f

Bile, 936

Bioamplification, 1331, 1332f

Biodiversité, 1301
composantes de la, 1340, 1340f
crise de la, 1339, 1340
des communautés, facteurs influant sur la, 1301
des paysages, influence forte des zones de transition et des corridors de migration, 1354, 1355, 1355f
écosystémique, 1340, 1340f, 1341
et bien-être des Humains, 1342
génétique, 1340, 1340f
mesure de la, 1302
point chaud de la, 1356, 1356f
spécifique, 1340, 1340f

Bioénergétique, 92
action des hormones thyroïdiennes sur la, 1053
chez les Animaux, 914, 914f
rôle des échanges gazeux, 967, 967f

Biogenèse, 560, 561f

Biogéographie, 478, 478f
et phylogenèse, 532
insulaire, 1304, 1305f, 1306f

Bio-informatique, 425

Biologie, 1339
de l'évolution, 467, 527
et écologie, liens, 1195
de la conservation, 1339
du comportement, 1225
le réductionnisme en, 4
moléculaire
de la formation d'une nodosité racinaire, 844, 845f
du cancer, 398
révolution dans l'étude des Végétaux, 800
thèmes intégrateurs en, 1, 22, 23t, 903

Biologistes, 2f

Biomasse(s), 1293, 1312
mesurable, 1312, 1319f
pyramide des, 1318, 1319f

Biome(s), 4, 1202
aquatiques, 1207, 1209
dulcicoles, 1209, 1210f
océanique pélagique, 1214
terrestres, 1207, 1215, 1215f, 1216f, 1217f, 1218f, 1219f, 1220f

Biophilie, 1361, 1361f

Biopsie des villosités chorioniques, 282, 283f, 1082f, 1086

Biorestauration, 588, 588f, 1360

Biosphère, 4, 187, 204, 1193, 1196
avenir de la, 1361
durable, initiative pour une, 1361
écologie de la, 1196
impact des Humains sur la, 1327, 1328

Biosynthèse, 181, 924

Biotechnologie, 21, 22f, 407
agriculture et, 430, 866

applications de la, 426, 428
questions éthiques, 432
végétale, 865, 865f
débats publics et, 867

Bipédie, 773, 774, 774f

Bivalves, 715, 716f

Blastocœle, 1097

Blastocystes, 1081, 1081f, 1104

Blastodisque, 1103

Blastomères, 1095

Blastopore, 695f, 696, 1099

Blastula, 690, 1097, 1098, 1108f

Blocage
lent de la polyspermie, 1094
rapide de la polyspermie, 1093

Bohr, effet, 976

Boîte(s)
homéotiques, 454, 455f
TATA, 333

Bol alimentaire, 934

Bouchon vitellin, 1099

Boucle, domaines en, 384, 385f

Boule de neige, Terre (hypothèse), 558

Bourgeon axillaire ou terminal (Végétaux), 784,
794, 794f

Bourgeonnement, 1066

Bouturage, 863

Boveri, T., 290

Brachiopodes, 693f, 697f, 713

Branche, morphologie en hiver, 792f

Branchies, 952
adaptations du système respiratoire : les, 968,
968f, 969f

Brassage, 1206

Brassinostéroïdes, 886

Briggs, R., 442

Brin(s)
codant, 331
complémentaires, 315
d'ADN, 7f, 85, 313f, 315
ajout d'un nucléotide à un, 319f
complémentaires, 315
codant, 331
directeur et brin discontinu, synthèse
pendant la réplication de l'ADN, 320f
discontinu, 320
disposition antiparallèle des, 319, 319f
élongation d'un nouveau, 318
d'ARN
amorçage de la synthèse de l'ADN
avec un court, 321f
élongation du, 334, 334f
directeur, 320f
discontinu, 320, 320f

Bronches, 972

Bronchioles, 972

Bryophytes, 626, 627f, 628t
avantages écologiques et économiques des, 638
embranchements de, 635, 636f
gamétophyte et cycle de développement des, 636

Bryozoaires, 693f, 697f, 713

Bulbe rachidien, 1141

Buvardage de Southern, 417, 419f

C

Cadhérines, 1107, 1108f

Cadre de lecture, 332
décalage du, 349

Cæcum, 942

Cal, 863

Calcémie, régulation hormonale de la, 1054, 1056f

Calcitonine, 1054

Calcium, 835, 836t
ions, 220, 221f

Calicules gustatifs, 1176

Calmoduline, 220, 222

Calorie (cal), 45

Calvin, cycle de, 191, 191f, 199, 201f, 205f

Cambium
libéroligneux, 797
subérophellodermique, 797, 798

Cambrien, explosion du, 700, 700f, 701f

Camouflage, 1288, 1288f

Canal(aux)
alimentaire, 931
central (moelle épinière), 1136
chimiodépendants, 1124
ionique à ouverture
contrôlée, 1124
régulée par un ligand, 215
protéiques, 154
sélectifs, 812
tensiodépendants, 1124, 1126f

Canavanine, 897

Cancer
apparition : résultat de mutations multiples,
400, 402f
biologie moléculaire du, 398
voir aussi Oncogène et Proto-oncogène
et virus, 365

Capacité
à distinguer le soi du non-soi, 990, 1001
de support, 1266
inspiratoire (CI), 973
limite de la Terre, 1276
limite du milieu, 1266
modèle logistique d'accroissement
démographique intégrant la notion
de, 1266, 1267t
pulmonaire totale (CPT), 973
résiduelle fonctionnelle (CRF), 973
vitale (CV), 973

Capillaires, 951, 956
branchiaux, 952
péritubulaires, 1033
transfert de substances entre le sang et le liquide
interstitiel à travers la paroi des, 959

Capside(s), 356, 357f
recouvertes d'une enveloppe, 256

Capsomères, 356

Capsule, 575, 638
glomérulaire rénale, 1031

Capture-recapture, technique de, 1258

Caractère(s)
ancestral partagé, 539
dérivés partagés, 539
dominant, analyse d'un lignage, 278f
génétique(s), 264, 265f, 266t
plurifactoriels, 276
quantitatifs, 275
récessif(s)
analyse d'un lignage, 278f
liés au sexe, transmission de, 299f
sexuels secondaires, sélection sexuelle et, 500

Carbone, 835, 836f
atomes de, 56, 57f
composés étudiés par la chimie organique, 55
cycle du, 1321
dioxyde de, 967, 976, 978f, 1331, 1332, 1333f
fixation du, 192, 202
importance du, 55
monosaccharides, sources de, 67
nutrition des procaryotes, 578, 578t
voir aussi Squelette carboné, Chaînes carbonées

Carboxypeptidases, 937

Carence minérale, symptômes, 835, 836f

Carinates, 763

Carnivores, 928

Caroténoïdes, 194

Carpelles, 660, 661f

Carson, R., 1331

Carte(s)
chromosomique, 294, 297f
cognitive, 1239
cytologique, 296
des territoires présomptifs, 441, 1108, 1109f
génétique, 295, 296f, 297f
voir aussi Cartographie génétique

Cartilage
élastique, 907
fibreux, 907
hyalin, 907

Cartographie
des loci de chaque chromosome grâce
à la recombinaison, 294
génétique, 418
voir aussi Carte génétique
physique : classement des fragments d'ADN, 418

Caryogamie, 672

Caryotype, 251, 252f

Cascade trophique, modèle de la, 1295

Caspary, bande de, 820

Catabolisme
de divers nutriments, 181f
polyvalence du, 181
voir aussi Voies cataboliques

Catalyseur, 100

Catastrophisme, 467

Catécholamines, 1058

Cation(s), 36
échange dans le sol, 838f, 839

Cavité(s)
abdominale, 908
buccale, lieu de transformation des aliments,
932, 938f
corporelle, 694
de l'intestin grêle, 938f
gastrovasculaire(s), 706, 709, 930, 931f
pour le transport interne des substances, 950
palléale, 714
thoracique, 908

CCK, 940, 941f

Cécilies, 753, 753f, 754

Cellule(s), 2, 3f, 23t, 111
à l'organisme multicellulaire, de la, 438

adhérence de la, 136, 1106, 1107
alpha, 1055
amacrines, 1168
aneuploïde trisomique ou monosomique, 300
appareil de Golgi et, 123, 124f
besoin d'équilibre entre le gain et la perte d'eau
    par osmose, 1026
bêta, 1055
bipolaires, 1168, 1169f
capacité à réagir à leur environnement, 1134
chloroplastes, 127, 128f
    voir aussi Chloroplastes
cible(s), 1043, 1048
    lyse de la, 998, 999f
ciliée, 1162, 1162f
collenchymateuses, 788, 790f
compagne, 787
connexion établie par les systèmes de transport
    entre les organes d'échanges et les, 950
corticales, 818
criblées, 786, 788f
cubique, 904, 905f
cycle des, 229, 398
    voir aussi Cycle cellulaire
cytosquelette, 129
d'ancrage, 455
de la crête neurale, 1058, 1058f
de la gaine fasciculaire, 202
de Schwann, 1121
de soutien, 1121
de transfert, 629, 630f, 827
définition par les déterminants cytoplasmiques
    et l'induction entre cellules de
    la destinée, 1108
delta, 1055
dénuées de paroi, équilibre hydrique dans les,
    152, 153f
des tissus des organes végétaux, 788, 789, 790f
destinée des, 1108
deux grands types de, 6
différenciation des, 390, 392, 438, 439f, 447f,
    880, 1109
dimensions comparées des, 112f
diploïdes, 252
division des, 229, 880
    voir aussi Division cellulaire
du mésophylle, 202
effectrices, 989
emplacement dans le développement d'une
    (importance), 806
endocrines, 1058, 1058f
entité supérieure à la somme de ses parties, 137
entretien, 126
équilibre entre entrée et sortie d'eau pour
    la survie de la, 152, 153f
eucaryotes, 6, 6f, 115, 116, 221f, 231f, 236,
    241f, 335, 335f, 344, 346f, 350f, 383,
    391, 575, 889
    chimère issue d'ancêtres procaryotes, 598
    voir aussi Eucaryotes
excitables, 1124
fibreuses, 789, 790f
filles, 230, 233
-flamme, organe à, 1030, 1030f
flasque, 815
ganglionnaires, 1168
gliales, 1121
gustative, conversion du stimulus par une, 1160f
haploïde, 252
horizontales, 1168
hôte, 357
induction entre, 1108, 1110

initiales
    des rayons, 797
    fusiformes, 797
intégration dans les tissus, 137
interstitielles du testicule, 1071
jonctions intercellulaires, 135, 137, 138f
lignées de (embryons de Cordés), 1108
maintien du potentiel de membrane par la, 1122
mammaliennes, 244f
-mémoire, 989
mères des spores, 631
migrations de, 438, 1107, 1107f
mitochondries, 127, 128f
mobilité des, 129, 136
modifications de la forme, de l'emplacement et de
    l'adhérence des (morphogenèse), 1106, 1106f
NK, 984, 985
noyau, 117, 120f
organisation
    des enzymes dans une, 106
    vue d'ensemble, 114, 118f, 119f
parenchymateuses, 788, 790f
postsynaptique, 1119
potentiel de développement de, 1108, 1109
pourvues de paroi, équilibre hydrique dans les,
    153, 153f
PP, 1055
présentatrices d'antigènes (CPA), 992
présynaptique, 1119
primitives, 559
prismatique, 904
procaryotes, 6, 6f, 114, 115f
    croissance et adaptation, 576
    génétique des, 355, 367
    les deux grandes lignées de, 572
    membranes spécialisées des, 575, 576, 576f
    organisation, 575
    productions de nouvelles souches
      par la recombinaison génétique, 368
    voir aussi Procaryotes
régulation de la, 129, 136, 218
    voir aussi Régulation du cycle cellulaire
réponse(s)
    de la (communication cellulaire), 210, 212,
      217, 222, 222f
    des (lien avec les stimulus internes et
      externes), 872, 874
    triple aux contraintes physiques, 883, 884f
reproduction des, 229
reproductrices, 230
    voir aussi Gamètes
réseau intracellulaire de membranes, 121, 127f
ribosomes, 117, 121, 121f, 340, 341f
sclérenchymateuses, 789, 790f
sensorielle ciliée, 1162, 1162f
somatique(s), 230, 251
souches, 445, 445f
    du système nerveux, recherches sur la forma-
      tion et le développement des, 1150
    embryonnaires, 445
    et remplacement des éléments figurés
      du sang, 963
    multipotentes, 445
    neuronales, 1150, 1152f
    pluripotentes, 445, 964
soutien structural de la, 129, 136
squameuse, 904
stomatiques, 796
    maintenant l'équilibre entre photosynthèse
      et transpiration, 823, 823f, 824
    membrane plasmique des, 824, 826f
    voir aussi Stomates
surface de la, 135

taille des, 116
techniques d'étude de la, 112
    microscopes, 112
tension membranaire générée par une, 1122
totipotentes, 442
transformation par l'ADN viral, 310
tueuses naturelles, 985
    rôle dès le début de l'infection, 984
tumorales
    échappant à la régulation du cycle cellulaire,
      244, 244f
    lutte des lymphocytes T cytotoxiques
      contre les, 994
turgescente, 153, 815
unité structurale et fonctionnelle
    des organismes, 4
végétales, 788, 789, 790f, 814
    et diffusion de l'eau, 816f
    vacuolisées, compartiments majeurs des,
      816, 817f
    voir aussi Théorie cellulaire, Travail cellulaire,
      Membrane, Organites, Paroi cellulaire,
      Communication cellulaire, Division
      cellulaire, Expansion cellulaire,
      Cortex cellulaire, Allongement cellulaire,
      Mort cellulaire, Médiation cellulaire,
      Structure cellulaire

Cellulose, 70, 70f, 71f, 804f
    rosettes productrices de, 628

Celsius, échelle, 45

Cénocytes, 671

Centipèdes, 724, 725f

Centre
    catalytique d'une enzyme, 102
    de régulation
      automatique de la respiration, 974
      de l'encéphale contrôlant la fréquence
        et l'amplitude de la respiration, 974
      homéostasie, 912
    organisateur des microtubules, 130, 233
    réactionnel, 195
    rythmogène, 955

Centrioles, 130, 132, 132f

Centromère, 231

Centrosomes, 130, 132f, 233

Céphalisation, 692
    marquée (Vertébrés), 744

Céphalocordés, 741, 742f

Céphalopodes, 716, 717f

Cerveau de l'Humain, 1143
    évolution, 775
    fonction d'intégration des aires associatives,
      1145, 1147f
    latéralisation des fonctions cérébrales, 1147
    structure et aires fonctionnelles, 1145,
      1145f, 1146f
    taille du, 773, 774f

Cervelet, 1141, 1142

Cestode, 711, 712f

Cétones, 60

Chaîne(s)
    ACP, 414
    alimentaire(s), 1291, 1291f, 1292, 1293f
      perturbations dans les, 1347
    carbonées, 57, 58f
    de transport d'électrons, 166, 167, 168, 168f, 177f
      voir aussi Transport d'électrons

polypeptidique(s), 77, 77f, 88t
    légères ou lourdes, 996
    trophique, 1317, 1317f

Chaleur, 897
    de vaporisation, 46
    et température, 45
    spécifique de l'eau, 45
    variation de la production métabolique
        de, 1017

Champignons, 669

Changement(s)
    climatiques, 1331
        à long terme, 1206, 1208f
    de phase (morphologie des pousses végétales),
        806, 807f
    de température, acclimatation aux, 1021
    régulés (homéostasie), 913
    spontané, 96f

Chants d'oiseaux
    modèle pour la compréhension de l'apparition
        et de l'évolution d'un comportement,
        1235, 1236f
    répertoires de, 1230, 1231f

Chaperonine, 82, 83f, 343

Chargaff, E., 311

Charge critique, 1329
    et cycles des nutriments, 1328

Charophytes, 613, 614, 622t, 627f, 628, 628f, 629, 633

Chase, M., 310, 312f

Chélicérates, 722, 723

Chélicères, 722

Chéloniens, 759

Chiasma(s), 255
    optique, 1170

Chilopodes, 724, 725f

Chimie
    de la vie, 91
        groupements fonctionnels très importants,
          61t, *voir aussi* Groupements
    lois de la (application aux écosystèmes), 1311
    organique, 55
        étude des composés du carbone par la, 55

Chimioautotrophes, 188, 578, 584t

Chimiohétérotrophes, 578

Chimiokines, 987

Chimiorécepteurs, 1162, 1163f

Chimioréception : goût et odorat, 1175

Chimiosmose, 176, 177f, 198, 199f, 200f, 813, 813f

Chimiotaxie positive, 984

Chimiotrophes, 578

Chitine, 71, 71f, 671, 1180

Chlamydiées, 585t

Chlorobiontes, 613, 622t, 635

Chlorophylle, 189, 195f, 835
    a ou *b*, 193
    photo-oxydation de la, 194

Chloroplastes, 127, 128f, 189, 189f, 193f, 198, 199f
    ancêtres de la cellule eucaryote, 598
    sites de la photosynthèse, 190

Chlorose, 835

Choanocytes, 705

Choanoflagellé ancestral, 691, 693f, 697f

Choc
    anaphylactique, 1002
    thermique, protéines de, 896, 1022

Cholécystokinine (CCK), 940, 941f

Cholestérol, 73, 74f, 146

Chondrichthyens, 748

Chondroblastes, 906

Chondrocytes, 906

Chorée de Huntington, 281

Chorion, 755f, 1105

Choroïde, 1165

Chromatides
    homologues, 255
    sœurs, 231, 255, 257f

Chromatine, 117, 231
    fibre de, 384, 385f
    modifications déterminant les gènes pouvant
        être transcrits, 393
    niveaux de condensation de la, 385f
    structure chez les Eucaryotes, 383, 384

Chromoplastes, 127

Chromosome(s), 117, 210, 230
    aneuploïdie, 300
    anomalies et aberrations, 300, 301, 302f, 303f
    artificiel(s), 387
        bactérien, 419
        de levure, 413
    assortiment indépendant des, 255, 270f, 294
    bactérien, réplication du, 368f
    bases chromosomiques du sexe, variations, 297
    carte des, 294, 297f
    d'une cellule eucaryote, 231f
    détermination chromosomique du sexe, 297f
    gènes et, 250
    homologues, 251, 255, 256f, 259f
    liens entre hérédité mendélienne et, 290
    loci de, 294
    maladies génétiques causées par des anomalies
        du nombre ou de la structure des, 300,
        301, 302f, 303f
    métaphasique, 385f
    migration pendant l'anaphase, 237f
    modifications du nombre ou de la structure, 300
    polyploïdie, 300, 515
    recombinés, 259
    réduction de moitié de leur nombre, la méiose,
        254, 254f
    réplication et répartition durant la mitose, 231f,
        233, 236f
    sexuels, 251, 296
    variations des caractères génétiques et, 266
    X
        fragile, syndrome du, *voir* Syndrome
        inactivation chez les Mammifères femelles,
          299, 300f
        syndrome du triple, *voir* Syndrome

Chrysophycées, *voir* Algues dorées

Chylomicrons, 940

Chyme acide, 936

Chymotrypsine, 937

Chytridiomycètes, 673, 673f

Ciliés, 605, 607f, 622t

Cils eucaryotes, 13f, 130, 133f, 134f

Cinèse, 1239

Circuits nerveux, types de, 1120

Circulation
    branchiale, 952, 952f
    chez les Animaux, 950
    double chez les Mammifères, 953
    placentaire, 1082f
    pulmocutanée, 952, 952f
    pulmonaire, 952f, 953
    sanguine
        dans les lits capillaires, 959, 961f
        vitesse de la, 957, 958f
    systémique, 952, 952f

Citerne, 122

Clade(s), 537
    d'Angiospermes (Plantes à fleurs), 657, 660f
    de Bactéries, 584t, 585t
    de Cordés actuels, 741f
    de Plantes à graines, 652
    des Crâniates, 744
    des Lophophoriens, embranchements du, 712
    des Protostomiens, les deux, 696
    identique des Deutérostomiens, 696

Cladistique et taxinomie, 541
    voir aussi Analyse cladistique

Cladogramme, 537, 538, 539f, 769f

Classes, 536

Classification
    des espèces, des êtres vivants, 10, 11f, 566,
        A-2, A-3
        fondée sur cinq règnes, 566
        fondée sur trois domaines, 567, 573, 573f, 582t
        phylocode, 541
        systématique : lien entre la phylogenèse
          et la, 535
    des fruits charnus, 662t
    hiérarchique, 536, 537f
    phylogénétique des procaryotes, la systématique
        moléculaire et la, 581, 581f

Climat, 1202, 1203, 1203f, 1204, 1206, 1215, 1331

Cline, 493, 493f

Clitoris, 1073

Cloaque, 75, 1070

Cloisons des hyphes, 671

Clonage
    d'un mammifère, 444, 444f
    de l'ADN, 408, 864, 864f
        in vitro par l'ACP, 414
    génique, 408, 409f, 412f
        dans un plasmide bactérien, 410, 411f
        et expression des gènes d'Eucaryotes, 412
        voir aussi Plasmide bactérien
    in vitro, 864
        de carottes, 864f
    vecteur de, 410
    voir aussi Sélection clonale, Clones,
        Analyses clonales

Clones
    cellulaires, identification des, 412
    engendrés par de nombreux Végétaux par
        reproduction asexuée, 862, 864f
    voir aussi Sélection clonale, Clonage,
        Analyses clonales

CMH, 991, 991f
    de classe I et II, molécules des, 991

Cnidaires, 692, 693f, 697f, 706, 708f
    classes de l'embranchement des, 707t
    dipoblastiques, 694

Cnidocytes, 706, 707f, 930

Coagulation du sang, 965, 965f

Cochlée, 1171, 1172f
  fenêtre de la, 1172
Code
  à triplets, 331, 331f
  génétique, 331
    apparition dans l'histoire de la vie, 332, 333
    cadre de lecture, 332
    décryptage du, 332
    dictionnaire du, 332, 332f
Codominance, 273
Codon(s), 331
  reconnaissance du, 342, 343f
Coefficient de parenté, 1251, 1252f
Cœlomates, 693f, 694, 694f, 695
Cœlome, 694
  formation du, 695f, 696
Coenzyme, 104
  NAD$^+$, 166, 167f
Cœur des Mammifères, 954, 954f
Coévolution, 664, 1290
  et interactions interspécifiques, 1290
Cofacteurs, 104
Cognition, 1145, 1238
  animale, 1238
    mécanismes, 1239
Cohésion, 44
  des molécules d'eau, 44
  et adhérence de l'eau dans le xylème, 822, 822f
  voir aussi Transpiration-cohésion-tension
Cohorte, 1260, 1261f
Coiffe, 638, 792
  5′, 335f, 336
Coït, 1074
Col utérin, 1073
Coléoptile, 860
Coléorhize, 860
Collagène, 136
Collier de perles, voir Nucléosomes
Colloblastes, 708
Côlon, 942
Colonne vertébrale, 744
Coloration
  aposématique, 1288
  d'avertissement, 1288, 1289f
  de Gram, 573
Combustibles fossiles, 1329
Commandes motrices, 1118
  traitement par l'encéphale, 1158
Commensalisme, 586, 1285, 1285f, 1289, 1290
Communauté(s), 4, 1196
  conceptions divergentes de la notion de, 1284
  conservation des, 1354
  définition, 1284
  dynamique des, 1291
  écologie des, 1196, 1283
  étendue géographique d'une, 1304, 1305f
  facteurs biogéographiques influant sur
      la biodiversité des, 1301
  hypothèses individualiste et interactive des,
      1284, 1285f
  interactions interspécifiques des, 1285, 1285t
  marines, zones occupées par des, 1212
  richesse spécifique d'une, 1284, 1302, 1303f,
      1304, 1304f
  structure des, 1285, 1293, 1294, 1296, 1297f

Communication
  cellulaire, 456f, 458
    entre bactéries, 211f
    phases de la, 212
    spécificité de la, 223, 224f
    vue d'ensemble, 209, 210, 210f, 211f, 213f
  chez les Animaux, définition de la, 1247, 1248
  intercellulaire chimique ou électrique dans
      les synapses, 1128
Compartimentation
  dans le métabolisme, 107f
  du tube digestif, 930, 932f
Compartiments
  majeurs des cellules végétales vacuolisées,
      816, 817f
  spécialisés où se déroule la digestion, 930, 932f
Compétition interspécifique chez les populations,
      1285, 1285f, 1288
Complément, 987
  fixation et activation du, 998
  voie classique et alterne du, 998, 999f
Complexe(s)
  d'attaque membranaire, 998
  d'épissage, 336, 337f
  d'initiation de la transcription, 333, 335f, 393
  de troponine, 1184
  majeur d'histocompatibilité (CMH), 991,
      991f, 1001
  stationnaire, 320
Comportement(s), 1226
  altruiste, 1250, 1250f, 1252f
  animal, étude du, 1225
  apparition et évolution d'un, 1235, 1236f
  biologie du, 1225
  causes immédiates et ultimes du, 1226
  cognition, association d'une fonction du système
      nerveux et d'un, 1238
  contribution à la distribution des organismes,
      1198f, 1200
  d'accouplement, sélection naturelle et, 1245
  d'affrontement, 1243
  d'orientation, voir Cupules optiques
  d'un élément, structure atomique et, 29
  de réconciliation, 1243, 1244f
  fondements génétiques et environnementaux
      du, 1227
  inné, 1228
  introduction au, 1226
  ludique, 127, 1237f, 1238
  migratoire, 1239
  résultat de l'inné et de l'acquis, 1226, 1228, 1230f
  sexuel
    animaux parthénogénétiques, 1067, 1067f
    régulation par les stéroïdes, 1060
  social(aux), 1242
    compétitifs dans les luttes pour
        les ressources, 1242
  voir aussi Processus physiologiques et comporte-
      mentaux, Réactions comportementales
Composé(s)
  chimiques de la vie, 27, 28f
  définition, 28
  du carbone étudiés par la chimie organique, 55
  ioniques, 36
  organiques, 55
    synthèse abiotique de, 56f
Concentration
  de l'urine par le rein humain : modèle
      à deux solutés, 1035, 1035f
  des solutés dans les solutions aqueuses, 48
  des toxines, 1330

gradient de, 151, 155, 1035, 1035f
  molaire volumique, 48
Concept(s)
  biologique(s) de l'espèce, 506, 508, 509
  écologique de l'espèce, 509
  généalogique de l'espèce, 509
  morphologique de l'espèce, 509
  pluraliste de l'espèce, 509
Conception, 1081
Condensation
  de l'ADN, niveaux supérieurs de, 384
  de la chromatine, niveaux de, 385f
  réaction de, voir Réaction de condensation
Conditionnement
  classique, 1237
  opérant, 1237, 1237f
Condom, 1085
Conduction, 1014
  saltatoire, 1128
Conduit(s)
  déférent, 1071
  éjaculateur, 1071
  semi-circulaires, 1173
Cône(s)
  d'implantation du neurone, 1119
  de croissance de l'axone, 1150, 1151f
  de la rétine, 1166
  de pin, 659f
Configuration électronique, 32, 33f
Conidies, 674
Conifères, 654, 656f
  cônes de Pin, 659f
  cycle de développement du Pin, 657, 658f
Conjonctive, 1165
Conjugaison, 370, 608f
  chez E. coli, 372f
  chez les procaryotes, 577
  et plasmides, 370
  facteur F et, 371
Conodontes, 747
Consanguinité, 280
Conscience
  chez l'Humain, état de, 1149
  étude de la, 1241
Conseil génétique et dépistage, 282
Conservation
  biologie de la, 1339
  de l'eau à l'aide de deux gradients de solutés
      (rein), 1035
  des communautés, 1354
  des écosystèmes, 1354
  des paysages, 1354
  des populations et des espèces, 1348
    implications, 1353
  stratégie proactive de, 1351
Consommateurs
  opportunistes, 928
  primaires, secondaires ou tertiaires, 1310
  rendement au niveau des, 1317
Contact, inhibition de, 243, 244f
Continents, dérive des, 532, 533f, 534f
Contraceptifs oraux, 1085
Contraception, 1084-1086
  méthode(s), 1085, 1085f, 1086
    naturelle de, 1084
  orale, 1085

Contraction(s), 1183, 1185f, 1186f, 1187f
   par glissement des myofilaments, théorie
      de la, 1183, 1184f
   rapide, fibres musculaires à, 1187
   régie par les ions calcium et des protéines
      régulatrices, 1184

Contre-courant, *voir* Échangeur thermique
   ou Échange à contre-courant

Contrôle
   croisement de, *voir* Croisement de contrôle
   éléments de, *voir* Éléments de contrôle
   mécanismes de, *voir* Mécanismes génétiques
      et cellulaires de contrôle
   point de, *voir* Point de contrôle

Convection, 1014

Conversion
   -amplification, 2102
      du stimulus, 211, 213, 218, 399, 401f, 872, 873,
         874f, 883, 1047f, 1159
      voies de, 210, 217, 218, 221f, 401f, 872, 873f,
         1046, 1047, 1167, 1168f
   de l'énergie, 9
      du stimulus, 1159, 1160f

Coopération moléculaire, 564, 565f

Coopérativité, 106, 106f

Copépodes, 729

Corail, récif de, 1213f, 1214

Corde(s)
   dorsale, 740, 741f, 1011
   vocales, 972

Cordés, 693f, 697f, 733
   actuels, clades de, 741f
   carte des territoires présomptifs permettant
      de retrouver les lignées cellulaires
      dans les embryons de, 1108, 1109f
   invertébrés
      et Cordés vertébrés, lien du point de vue
         de l'évolution, 743
      et phylogenèse des Vertébrés, 740
      structures anatomiques caractérisant
         l'embranchement des, 740, 741f
   voir aussi Urocordés, Céphalocordés

Cordons nerveux, 1135

Corépresseur, 376

Cornée, 1165

Corps
   adaptations des proportions pour le soutien
      physique, 1182
   calleux, 1145
   ciliaire, 1166
   du neurone, 1118
   géniculés latéraux, 1170
   jaune, 1073
   pinéal, 1051t, 1053
   vitré, 1166

Corpuscule
   basal, 132
   de Barr, 299
   nerveux terminal, 1119

Corrélation
   entre phylogenèse et habitat, déchets azotés
      des Animaux en, 1024
   entre structure et fonction, *voir* Structure
      et fonction, corrélation

Correns, K., 289

Corridors de migration et biodiversité des paysages,
   1354, 1355, 1355f

Cortex
   cellulaire, importance des microtubules dans
      la croissance des Végétaux, 803, 804f
   cérébral humain, 1139
      aires fonctionnelles du, 1145, 1146f, 1147f
   rénal, 1031
   surrénal, 1051t, 1058, 1059, 1060f

Corti, organe de, 1171

Corticostéroïdes, 1059, 1060f

Corticotrophine (ACTH), 1053, 1060

Cotransport, 157, 158f, 813

Cotylédons, 664

Couche(s)
   d'ozone, 1334
   électroniques, 32, 34f
   tissulaires de l'estomac, 908, 909f

Couplage
   d'énergie, 97, 100f
   de la chaîne de transport d'électrons à la synthèse
      de l'ATP par chimiosmose, 177f
   de la transcription et de la traduction
      (Archéobactéries et Bactéries), 347f

Courant
   contre-, *voir* Échange à contre-courant, Échangeur
      thermique
   de masse, 818
   rôle chez les Angiospermes, 828, 829f

Courbe
   aire-espèces, 1304, 1305f
   de dissociation de l'oxyhémoglobine, 976, 977f
   de survie, 1260, 1261f

Coût énergétique du déplacement, 1178, 1178f

Crampon, 611

Crâniates, 744

Crénarchées, 583

Crête(s), 127
   ectodermique apicale, 1112
   neurale, 744, 1101
      cellules de la, 1058, 1058f

Creutzfeldt-Jacob, maladie de, 366

Cribles, 787

Crick, F., 4, 21, 86, 309, 313-316
   voir aussi Hélice, double

Crinoïdes, 733

Crise de la biodiversité, 1339, 1340

Cristallin, 1166
   unique, yeux à, 1165

Cristallographie par diffraction de rayons X, 83, 84f

Crocodiliens, 759

Croisement
   bactérien, 370, 370f
   génétique, 264, 265f, 266t
      de contrôle, 268, 269f
      dihybride, 269, 270f
      monohybride, 268

Croissance
   acidodépendante, 878, 879f
   allométrique, 520, 520f
   cellulaire
      et développement, 230, 230f
      régulation de la, 401f
   cône de, 1150, 1151f
   de l'endomètre, phase de, 1078
   définition, 790
   démographique nulle, 1266
   des Eumycètes, 670

des Végétaux, 790-800
   mécanismes de, 800-808
   voir aussi Racines, Tiges, Pousses, Feuilles,
      Bourgeon, Écorce, Tronc
   et développement, 5f
      régulation par les stéroïdes gonadiques, 1060
      voir aussi Développement
   façonnement de la structure des Plantes par
      la, 801
   facteur(s) de, 243, 243f, 455, 1046, 1051
   hormone de, 1051
   mise en jeu de la division et de l'expansion
      cellulaires par la, 801
   primaire ou secondaire des Végétaux, 791, 792,
      792f, 794, 794f, 797, 798f, 799, 800f
   végétative à la floraison, transition du méristème
      de la, 893

Croissant gris, 1097

Croûte terrestre, tectonique des plaques et, 532, 533f

Crustacés, 722, 729, 729f

Cryodécapage, 145, 146f

Cryofracture, 145, 146f

Cryptochromes, 887

Cténophores, 692, 693f, 697f, 708, 709f
   dipoblastiques, 694

Culture(s)
   hydroponique, 835f, 837f
   rotation des, 844, 844f

Cupules optiques, 1164, 1164f

Cuticule, 632, 632f, 786, 1180

Cuvier, G., 467

Cyanobactéries, 585t

Cycadophytes, 654, 655f

Cycle(s)
   biogéochimiques, 1320
      détermination dans un écosystème, 1310
      modèle général, 1326f
      perturbations par la population humaine, 1328
   biologique(s), 1262
      modèle d'accroissement démographique
         logistique et, 1269
   catalytique d'une enzyme, 103f
   cellulaire, 229, 232f
      cancer, altération du, 398
      cellules tumorales et, 243, 244f
      horloge du, 240
      mitose dans le, 232
      point de contrôle du, 239, 242f
      régulation du, 238, 239, 241, 242f, 243, 244
      stimulus internes et externes concourant
         à la régulation du, 241
   d'accroissement ou de diminution réguliers
      de populations, 1273, 1274f
   d'élongation de la traduction, 343f
   de Calvin, 191, 191f, 199, 201f, 205f
   de développement
      d'une Angiosperme, 663, 663f, 852f
      de *Drosophila melanogaster*, 449, 449f
      des Végétaux, alternance de générations
         sporophyte et gamétophyte, 852
      du Pin, 657, 658f, 659f
      humain, 251, 253f
      sexués, 249, 251, 253, 253f, 852
   de Krebs, 168, 168f, 169f, 172f, 173f, 174f
      liaison à de nombreuses voies métaboliques, 181
   de l'ATP, 100f
   de l'azote, 1323, 1324f
   de l'eau, 1322f

de réplication d'un/des virus, 358, 358f
  parasites des Animaux, 361
des nutriments, charge critique et, 1328
du carbone, 1321, 1322f
du phosphore, 1324, 1325f
lysogénique, 359, 360
  du Phage λ (un Phage tempéré), 360f
lytique, 359
  du Phage λ (un Phage tempéré), 360f
  du Phage T4, 359f
menstruel (utérin), 1078, 1079f
œstral, 1078
ovarien, 1078, 1079f
reproducteur(s)
  de la femme, 1078-1080, 1079f
  régulation par les stéroïdes gonadiques, 1060
utérin, 1078, 1079f

Cyclines, 240, 242f

Cyclose, 134, 135f

Cydippes, 708, 709f

Cytochromes, 174

Cytocinèse
  dans la cellule animale et dans la cellule
    végétale, 238f
  dans la méiose, 257f
  dans la mitose, 232, 233, 234f, 235f
  processus de division en deux du cytoplasme, 233

Cytokines, 993

Cytokinines, 880

Cytologistes, 114

Cytoplasme, 114, 233, 242f, 305f, 447

Cytosol, 114, 221f

Cytosquelette, 129, 129f, 130f, 131t

D

Dalton, 30, 975

Danielli, J., 144, 145f

Darwin, C., 14, 14f, 15, 260, 465, 466f, 467-469, 479,
  480f, 876
  l'adaptation, concept fondamental de la pensée
    de, 470
  voir aussi Révolution darwinienne, Vision
    darwinienne du vivant, Théorie
    de l'évolution, Expédition du Beagle,
    Origine des espèces

Datation (des fossiles), 529
  absolue, 531
  radiométrique, 531, 531f
  relative, 529

Davson, H., 144, 145f

De Vries, H., 289

Débit cardiaque (Dc), 954
  régulation du, 956f

Décalage du cadre de lecture, 348

Décapodes, 730

Déchets
  azotés produits par les Animaux, corrélation
    avec leur phylogenèse et leur habitat,
    1024, 1025f
  élimination par l'intermédiaire des épithéliums
    de transport, 1023

Déclencheur, 1228

Déclins de populations, 1351

Décomposeurs, 586
  accroissement du rôle écologique des, 618

Décomposition, 1310
  vitesse de, 1325

Deep green, 634

Défense(s)
  de l'organisme, 983, 984f
    bases de l'immunité spécifique, 988
    non spécifiques contre l'infection, 984
    réactions immunitaires, 992
    rôle de l'immunité dans la santé
      et la maladie, 1000
    rôle du système lymphatique, 960, voir aussi
      Système lymphatique humain
  des Animaux contre les prédateurs, 1288
  des Végétaux, 896, 897, 1288

Déficit immunitaire combiné sévère, 1003

Déglutition, réflexe de, 934, 934f

Dégradation
  de l'ARNm, 397
  des polymères, 65, 66, 66f
  des protéines, 398, 398f
  du glucose, 169

Délétion(s), 300, 348
  gènes de, 452

Démarche scientifique, 15, 23t
  approche
    descriptive et induction, 15
    hypothéticodéductive, 17
  schématisation de la, 17f

Demi-vie d'un isotope, 531

Démographie, 1260

Dénaturation, 82, 82f
  de l'ADN, 412

Dendrites, 1118

Dénitrification, 1324

Densité de population, 1258
  détermination du point d'équilibre de la, 1270f
  effets des interactions interspécifiques sur
    la, 1285-1290, 1285f
  mesure de la, 1258
  modes de distribution d'une, 1259
  taux de natalité et de mortalité dépendants
    et indépendants de la, 1270, 1270f

Dents, 932, 943f

Dépendance de la densité, taux de natalité
  et de mortalité, 1270, 1270f

Dépistage
  chez les nouveau-nés, 283
  et conseil génétique, 282

Déplacement
  coût énergétique du, 1178, 1178f
  du phénotype, 1286, 1287, 1287f

Dépolarisation, 1124, 1125

Dépression à long terme, 1149

Dérépresseur, 377

Dérive
  des continents, 532, 533f, 534f
  génétique, 489, 489f
    cause de la microévolution, 488

Descendance
  modifiée, 471, 472f
  surproduction de, 472f

Déséquilibre
  énergétique, 923

et travail dans les systèmes fermés et ouverts, 98f
  modèle du, 1296

Déshydratation, réaction de, voir Réaction

Desmosomes, 137

Désoxyribose, 85, 86f

Destruction des habitats, 1344

Déterminants
  antigéniques (épitopes), 996, 996f
  cytoplasmiques, 447, 448f, 1108, 1109, 1110f

Détermination, 446, 447f

Détritivores, 1310

Détritus, 1209

Deutérostomiens, 693f, 695, 695f, 697f, 731
  clade identique des, 696
  dichotomie Protostomiens-, 693f, 695, 697f

Développement
  action des hormones thyroïdiennes sur le, 1053
  cellules, 230, 230f, 806
  chez les Animaux, 1092
  croissance et, 5f
  cycle(s) de, voir Cycle(s)
  définition, 790
  du fœtus humain, 1081, 1082f
  durable, objectifs du, 1361
  embryonnaire, 438, 448f, 449, 449f, 1092
    chez les Amniotes, 1101
    chez les Oiseaux, 1103
    comment les gènes commandent le, 449, 449f
    de l'encéphale, 1137, 1140f
    détermination de la position des axes
      du jeune embryon, 451
    et fœtal chez les Mammifères placentaires,
      1081, 1104
    génétique du, 437
    premiers stades chez les Animaux, 690,
      690f, 1092
    principes généraux, 439
  étapes clés chez les Animaux et les Végétaux, 439f
  évolution et, 520
  humain, cycle de, 251, 253f
  potentiel de (cellule), 1108, 1109
  régulation par les stéroïdes gonadiques, 1060
  Végétaux, 790-800
    mécanismes, 800-808

Diabète
  de type I (insulinodépendant ou juvénile),
    1003, 1058
  de type II (non insulinodépendant
    ou de la maturité), 1058

Diacylglycérol (DAG), 220

Diagnostic
  de maladies, 426
  prénatal, 282

Diaphragme, 764, 972
  contraceptif, 1085

Diapsides, 756

Diastole, 954

Diatomées, 241f, 609, 610f, 622t

Dicaryon, 672

Dichotomie
  analogie et homologie, distinction et, 538,
    545, 546f
  Parazoaires-Eumétazoaires, 692, 693f, 697f
  Protostomiens-Deutérostomiens, 693f, 695, 697f
  Radiaires-Bilatériens, 692, 693f

Dicotylédones, 657, 783f, 795f, 799f, 859f

Différences structurales des divers vaisseaux sanguins, corrélation avec les fonctions, 956

Différenciation cellulaire, 390, 392, 438, 439f, 447f, 1109
    chez les animaux, 1106, 1110
    dépendant de la régulation génique, 805, 806f
    façonnement de la structure des Plantes par la, 801
    lymphocytes, 990, 990f
    régulation de la, 880
    sang, 964f
    zone de, 793

Diffraction de rayons X, 83, 84f

Diffusion, 150
    de l'eau, cellules végétales et, 816f
    facilitée, 150, 154, 154f
    simple, 150
    simultanée de deux solutés en milieu aqueux, 151f

Digestion
    d'organites, 124
    déroulement dans des compartiments spécialisés, 930
    des acides nucléiques, 937, 938f
    des glucides, 937, 938f
    des lipides, 937, 938f
    des protéines, 937, 938f
    enzymatique dans le système digestif de l'Humain, 938f
    étape du traitement de la nourriture, 929
    extracellulaire, 930, 931f
    intracellulaire, 930, 931f
    préliminaire dans l'estomac, 934
    régulation, 940, 941f
    rôle majeur de l'intestin grêle, 936
    voies nerveuse et hormonale de la régulation de la, 940

Diminution des populations, 1260
    cycle régulier de, 1273, 1274f

Dimorphisme sexuel, 500

Dinoflagellés, 241

Dinophytes, 604, 605f, 622t

Dinosaures, 758, 758f

Dioxyde de carbone
    augmentation de la concentration du, 1331, 1332, 1333f
    élimination du, 967
    transport du, 976, 978f

Dioxygène, 166, 172, 557, 557f, 579, 896f
    fourni par les échanges gazeux, 967
    réserves accumulées par les animaux plongeant en eau profonde, 977, 978f
    transport du, 976

Dipeptidase, 937

Diploïdie, préservation de la variation génétique, 495

Diplomonadines, 603, 603f, 622t

Diplopodes, 724, 725f

Dipneustes, 751

Direction de la division cellulaire, 801

Disaccharides, 68, 69f

Disparition d'espèces, voir Espèces en voie d'extinction

Dispersion des espèces, 197

Disques intercalaires, 1188

Dissociation
    courbe de, 976, 977f
    des molécules d'eau, 49

Distribution(s)
    aléatoire, 1259, 1259f

de la population, 485, 485f, 1258
    modes de, 1259
    des organismes, 1194, 1194f, 1197, 1198f, 1200, 1201, 1202
    des principaux biomes terrestres, 1215f
    en agrégats, 1259, 1259f
    géographiques, échelles de, 1220f, 1221
    uniforme, 1259, 1259f

Diversification, 15, 16f
    des Animaux, 558
    précoce des Eucaryotes, 597, 601, 602f

Diversité
    animale, origine de la, 699
    biologique, 10, 11f, 23t, 566, 567f
        du vivant, 15, 16f, voir aussi Extinctions massives
        unité dans la, 11, 13f
    dans les écosystèmes, effet d'une perte de, 1341
    des Algues accrue par une endosymbiose secondaire, 599, 600f
    des cycles de développement sexués, 253
    des Eucaryotes, origine de la, 593
    des Eumycètes, 673
    des procaryotes, 581
    des Protistes, aperçu de la, 603, 622t
    des systèmes nerveux, 1134, 1136f
    des Végétaux
        colonisation des milieux terrestres, 625
        évolution des plantes à graines, 649
        ressource non renouvelable, 665
    des Vertébrés, 739
        aperçu de la, 744, 745f
    génétique, 492
        bienfaits de la, 1342
    menaces pour la, 1344
    métabolique chez les procaryotes, 578
        et origine de la, 571
    moléculaire de la vie, les groupements fonctionnels et la, 60, 60f, 61t
    nucléotidique, 492
    nutritionnelle chez les procaryotes, 578, 578t
    spécifique, bienfaits de la, 1342

Division
    cellulaire, 229, 240f, 243f, 438, 439f
        asymétrique, 801
        attribution d'un jeu identique de chromosomes à chaque cellule fille, 230
        croissance passant par la, 230, 230f
        fonctions essentielles de la, 229, 230f
        fuseau de, 233, 236f
        mise en jeu par la croissance, 801
        plan et symétrie de la, 801, 802f
        régénération passant par la, 230, 230f
        régulation de la, 880
        reproduction passant par la, 230, 230f
        zone de, 793
    en deux du cytoplasme, 233
    motrice (SNP), 1137
    sensitive (SNP), 1137
    sillon de, 233

Dix, règle des, 1199

Dobzhansky, T., 484

Domaine(s), 10, 536
    classification fondée sur trois, 567, 573, 573f
    de liaison de l'ADN, 395, 396f
    des protéines, 337, 338f
    en boucle, 384, 385f
    homéotique, 454
    voir aussi Bactéries, Archéobactéries, Eucaryotes ou Vivant, les trois domaines du

Dominance, 273, 274
    apicale, 784, 881f
        régulation de la, 880

complète, 273
incomplète, 272, 273f
voir aussi Allèles dominants, Caractère dominant, Maladies héréditaires dominantes

Données moléculaires, arbre phylogénétique des Animaux fondé sur les, 699f
    voir aussi Arbre phylogénétique des Animaux

Dopamine, 1133

Dormance de la graine, 861, 883

Douleur, récepteurs de la, 1162

Down, syndrome de, 302, 303f

Drépanocytose, 279

Drosophila melanogaster
    analyse génétique et cycle de développement de, 449, 449f, 450
    évolution, 478, 479f
    segmentation chez, 452, 452f

Duchenne
    dystrophie musculaire progressive de, 298
    myopathie de, 298

Dulcicoles
    comparaison d'osmorégulation avec les Poissons osseux marins, 1027f
    voir aussi Biomes dulcicoles, Productivité primaire dans les écosystèmes dulcicoles

Duodénum, 936, 936f, 941f

Duplication, 300

Durée critique de la nuit, 891

Dynamique
    des communautés, structure trophique et, 1291
    des écosystèmes, 8, 9f, 1310f
    des populations, 1272

Dynéine, 132, 134f

Dysplasie ectodermique anidrotique, 299

Dystrophie musculaire progressive de Duchenne, 298

E

E. coli, 83, 237, 240f, 310, 316, 357, 367-370, 370f, 372f, 374-377, 418, 578, 587, 942

Eau(x)
    absorption
        et transport radial par/dans les racines, 818, 819f
        par le gros intestin, 942
    ascension dans un arbre, 822, 822f
    capacité du rein mammalien à conserver l', 1034, 1035
    cellules végétales et diffusion de l', 816f
    chaleur spécifique de l', 45
    cohésion
        des molécules d', 44
        et adhérence dans le xylème, 822, 822f
    conservation à l'aide de deux gradients de solutés (rein), 1035
    cycle de l', 1322f
    de mer, Poissons d', voir Poissons osseux actuels marins
    disponibilité dans le sol, 838, 838f
    dissociation des molécules d', 49
    douce, poissons d', voir Dulcicoles, Équilibre osmotique
    effets de la polarité de l', 43, 44f
    par osmose, besoin des cellules d'un équilibre entre gain et perte d', 1026
    propriétés physicochimiques de l', 820
    scission des molécules d', 190

solvant incomparable, 46
survie de la cellule et importance de l', 152, 153f
températures sur la Terre stabilisées par l', 44
traitement des, 588, 588f
transport
    dans les cellules végétales, 814
    passif de l' (osmose), 152, 152f, 153

Ebola, virus, 364, 364f

Ecdysis, 698

Ecdysone, 1045

Ecdysozoaires, 696, 697f, 698, 698f, 719

ECG, 955

Échange(s)
    à contre-courant, 969, 969f
    capillaire, 959, 962f
    de cations dans le sol, 838f, 839
    gazeux chez les Animaux, 967, 968f
        voir aussi Gaz
    organes d', *voir* Organes d'échange
    thermique, ajustement de la vitesse d', 1015

Échangeur thermique à contre-courant, 1016, 1016f

Échantillonnage, erreur d', 488

Échelle(s)
    Celsius, 45
    de la nature, 466
    de pH, 50, 50f
    des distributions géographiques, 1220f, 1221
    des temps géologiques (géochronologie), 529, 530t

Échinides, 733

Échinodermes, 693f, 697f, 731, 732f

Échographie, 283, 1086, 1086f

Écologie, 1193
    approche écosystémique de l', 1310
    champ de l', 1194, 1195, 1195f
    de la biosphère, 1196
    de la restauration, 1359
    des communautés, 1196, 1283
    des écosystèmes, 1195f, 1196
    des populations, 1195f, 1196, 1257
    du paysage, 1196, 1354
    et biologie de l'évolution, liens, 1195
    étude des questions environnementales
        dans un contexte scientifique, 1196
    physiologique, 1196
    voir aussi Organismes

Écorce, 787, 799
    de la racine, 819

Écoservices, 1342

Écosystème(s), 4, 586, 1309
    allocation énergétique d'un, 1311
    aquatiques, productivité primaire dans les,
        1312, 1315
        voir aussi Productivité primaire
    caractéristiques du sol et, 837
    conservation des, 1354
    définition, 1309
    déterminations des voies du flux d'énergie et
        des cycles biogéochimiques dans un, 1310
    dynamique, 8, 9f, 1310f
    écologie des, 1195f, 1196
    effet d'une perte de diversité des, 1341
    Eumycètes et, 683
    flux de l'énergie et recyclage chimique
        dans les, 164f
    impact des Humains sur les, 1327
    lois de la physique et de la chimie et, 1311
    marins, productivité dans les, 1312

productivité
    primaire dans les, 1311, 1312, 1316
    secondaire dans les, 1317
recyclage des éléments chimiques dans les,
    586, 1320
rôles des relations trophiques dans un, 1310
terrestres, productivité primaire, 1316

Ectoderme, 692, 1098

Ectomycorhizes, 845, 846f

Ectoparasites, 1289

Ectothermes, 758, 915, 1017
    fluctuation de la température corporelle, 1014, 1015f

EEG, 1141, 1142f

Effet
    Bohr, 976
    d'étranglement, 489, 490f
    d'une perte de diversité dans les écosystèmes, 1341
    de serre, 1332
    fondateur, 490
    Q_{10}, 1013

Efficience écologique, 1318

Éjaculation, 1071

Élastase, 937

Électrocardiogramme (ECG), 955

Électroencéphalogramme (EEG), 1141, 1142f

Électrolytes, absorption (gros intestin), 942

Électron(s), 29, 165, 166
    accepteur primaire d', 195
    célibataires, 34
    chaîne de transport d', 166, 167, 168, 168f, 174, 177f
        voir aussi Transport d'électrons
    de valence, 33
    niveaux énergétiques des, 31, 32f
    périphériques, 33
    transfert d'un, 36f, 166

Électronégativité, 35

Électrophorèse sur gel, 416, 416f, 417f

Électroporation, 413

Élément(s)
    chimiques de la vie, 27, 28, 29t, A-4
        recyclage des, 164f, 586, 1320
    configuration électronique des 18 premiers, 33
    de contrôle distaux ou proximaux (gènes des
        Eucaryotes), 394
    de vaisseau, 786
    définition, 28
    essentiel, 834
        voir aussi Éléments nutritifs
    figurés du sang, 963
        remplacement des, 964
    fonction et mobilité de l' (carence minérale), 835
    nutritifs (majeurs et mineurs) essentiels aux
        Végétaux, aux Animaux, *voir* Nutriments
        essentiels
    purement théoriques de la vision darwinienne
        du vivant, 479
    structure atomique et comportement d'un, 29
    tableau
        des propriétés périodiques des, A-5
        périodique des, A-4
    trace, 29t

Éliciteur, 899

Élimination
    des déchets et équilibre hydrique par l'intermé-
        diaire des épithéliums de transport, 1023
    étape du traitement de la nourriture, 929, 930

Élongation
    cellulaire, zone d', 793
    d'un nouveau brin d'ADN, 318
    de la traduction, 342
        cycle d', 343f
    du brin d'ARN, 334, 334f
    facteurs d' (traduction), 342

Embole, 966

Embranchement(s), 536
    des Animaux, 734t
        apparition des, 699
    des Annélides, 717
    des Arthropodes, 721
    des Ascomycètes, 674, 680t
    des Basidiomycètes, 676, 680t
    des Chytridiomycètes, 673, 680t
    des Cnidaires, 706, 707t
    des Cordés, 733, 740
    des Cténophores, 708
    des Échinodermes, 731
    des Gymnospermes actuels, 654
    des Mollusques, 714
    des Nématodes, 720
    des Némertes, 713
    des Plathelminthes, 709
    des Porifères, 703
    des Rotifères, 712
    des Végétaux actuels, 628t
    des Zygomycètes, 674, 680t
    du clade des Lophophoriens, 712
    du règne des Eumycètes, 673, 678, 680t

Embryoblaste, 1104

Embryon(s)
    à trois feuillets, 1098
    animaux, 558, 558f, 1092
    contenu dans une graine, 858
        formation et développement de l', 859, 859f
    de Végétaux terrestres, 629, 630f
    des Cordés, lignées cellulaires dans les, 1108, 1109f
    humains, 1081, 1105f
    multicellulaires dépendants, 629
    voir aussi Développement embryonnaire, Feuillets
        embryonnaires, Sac embryonnaire

Embryophytes, 629

Émergence, 4, 23t, 28f, 107
    voir aussi Vie

Émotions, 1147

Empreinte(s)
    écologique, 1277, 1278f
    génétiques, 429, 429f
    génomique, 304, 305f, 393

Émulsion, 937

Encéphale
    centre de régulation de l', 974
    développement embryonnaire de l', 1137, 1140f
    fonctions principales, 1158
    humain, parties principales, 1139, 1140f,
        1141-1143
    régulation des fonctions liées aux automatismes
        et à l'intégration (Vertébrés), 1139
    traitement des informations sensorielles
        et commandes motrices, 1158, 1160
    ventricules de l', 1136
    voir aussi Électroencéphalogramme

Endler, J., 18

Endocytose, 124, 158
    par récepteur interposé, 158, 159f

Endoderme, 692, 794, 819, 1098

Endomètre, 1073
    phase de croissance de l', 1078

Endomycorhizes, 845, 846f

Endonucléase, 322

Endoparasites, 1289

Endorphines, 1053, 1134

Endosperme, 664, 857, 858
    formation et développement de l', 858

Endospores, 577, 577f

Endosquelette, 1180

Endosymbiose
    en série, 598
    primaire, 599
    secondaire, 599, 600f

Endothélium, 956

Endothermes, 1017
    stabilisation de la température corporelle des,
        1014, 1015f

Endotoxines, 587

Énergie, 32, 92
    besoins des Animaux en sources d', 922
    chimique, 92, 93f
        des aliments, 191, 914
    cinétique, 45, 92, 93f
    circulation et transformation dans un
        écosystème, 9f
    conservation par la torpeur pendant les variations
        extrêmes de l'environnement, 1022
    conversion de l', 9
    couplage d', 97, 100f
    d'activation, 100, 101, 101f
    d'un stimulus
        conversion par les récepteurs sensoriels, 1159
        transmission au SNC, 1159, 1160
    dans les écosystèmes, flux de l', 164f, 1310
    de la cellule, convertisseurs principaux d', 127
    définition, 32, 92
    dépenses d', 917, 917f
    détermination du flux dans un écosystème, 1310
    électromagnétique, 192
    et richesse spécifique, 1304, 1304f
    gains et pertes, équilibrage
        par l'homéostasie, 1013
        par la thermorégulation, 1015
    graisses et, 72
    libre
        d'activation, 100
        définition, 95
        et équilibre, 96
        et métabolisme, 96
        variation d', 175f
        vie des organismes grâce à l', 95, 96f
    métabolisme, vie et, 91
    monosaccharides, source d', 67
    niveaux d', 31, 32, 32f, 97f
    potentielle, 32, 92, 93f
    pour vaincre la friction et la gravitation, 1177
    principes relatifs à l'extraction d', 163
    procaryotes et, 578, 578t
    production d', 163, 164, 178
    réaction endergonique, exergonique et, 97f
    réserves destinées à la production d', 68
    respiration cellulaire, voie catabolique
        génératrice d', 164
    solaire, 192
    transfert entre les niveaux trophiques,
        rendement limité, 1317
    transformation par les organismes, 92, 93
    utilisation d', 5f, 917, 917f
    variation d', 175f, 197f

Engelmann, expérience de, 193, 194f

Enjambement, 259, 260f, 294, 295f

Enrichissement en matières nutritives, expériences d',
    1314, 1315f

Entérocœlie, 696

Entérogastrones, 940

Entéropeptidase, 937

Entomologie, 725

Entre-nœuds (tiges), 784

Entretien cellulaire, 126

Entropie, 94

Enveloppe
    membraneuse (virus), 357
    nucléaire, 117, 120
    recouvrant les capsides, 356
    virus à, 361

Environnement, 93, 430
    détermination de l'anatomie des Végétaux, 782
    hérédité et, 276
    interaction avec l', 23t
    précipitations (pluies) acides et, 51, 52f, 1329, 1330f
    rôle de la torpeur pendant les variations
        extrêmes de l', 1022
    taille et forme du corps des Animaux se répercutant
        sur les interactions avec l', 910, 910f
    température corporelle, fluctuation et
        stabilisation, 1014
    voir aussi Stimulus, Organismes, Écologie

Enzyme(s), 99, 100, 101f
    activité, 104, 104f
        dans l'intestin grêle, 936
        influencée par l'environnement physique
            et chimique, 103, 104f
        régulation, 374f, 377f
    ADN et corrections faites par les, 321
    allostérique, 105, 105f
    cycle catalytique d'une, 103f
    dans une cellule, organisation favorisant
        la coordination du métabolisme, 106
    de restriction, 359
        fabrication d'ADN recombiné, 408, 410f
    inductibles, régulation de la synthèse des,
        377, 377f
    inhibition de l'activité des, 104, 104f
    protéolytiques, 939f
    réplication de l'ADN à l'aide de plusieurs, 316
    répressibles, régulation de la synthèse des, 375f
    site actif et centre catalytique d'une, 102
    spécificité au substrat, 102, 102f
    un gène, une (hypothèse), 328, 329f
    voir aussi Exoenzyme

Ephrussi, B., 328

Épiblaste, 1105

Épicotyle, 860

Épiderme(s), 455, 786

Épididyme, 1071

Épigenèse, 1092

Épiglotte, 934

Épisome, 370

Épissage
    de l'ARN, 336, 336f
        complexe d', 336
        prémessager, 337f
    différentiel de l'ARN, 337, 397, 397f

Épistasie, 275, 276f

Épithalamus, 1142

Épithélium(s)
    de l'intestin grêle, 938f
    de transport, 1023, 1034f
    glandulaires, 904
    prismatique, 905f
    simple, 904
        cubique, squameux ou prismatique, 905f
    stratifié, 904
        squameux ou prismatique, 905f
    surfaces cubique, prismatique ou squameuse
        d'un, 904
    voir aussi Tissus épithéliaux

Épitopes (déterminants antigéniques), 996, 996f

Éponges, 692, 693f, 705, 705f, 706f

Équation
    d'accroissement logistique, 1267
    de Hardy-Weinberg, 487

Équilibre, 1170, 1173
    chimique, 40
    de Hardy-Weinberg, 486
    dynamique dans les organismes, 9
    énergie libre et, 96
    entre gain et perte d'eau par osmose, besoin
        des cellules, 1026
    entre photosynthèse et transpiration grâce
        aux cellules stomatiques, 823, 824
    hydrique
        dans la mer, maintien de l', 1027
        dans les cellules dénuées ou pourvues
            de paroi, 152, 153f
        et élimination des déchets par l'intermédiaire
            des épithéliums de transport, 1023
        sur la terre ferme, 1028, 1029f
    organes de l', 1173, 1173f
    osmotique
        dans l'eau douce, 1028
        sur la terre ferme, 1028, 1029f
        voir aussi Anhydrobiose
    ponctué, 517
        modèle de l' (rythme de la spéciation), 517

Équivalence génomique, 442

Éradication des prédateurs, 1201, 1210f

Eriksson, P., 1150

Érosion, 840

Erreur d'échantillonnage, 488

Érythrocytes, 963

Érythropoïétine, 964

Escherichia coli, voir E. Coli

Espace mort anatomique (EMA), 973

Espèce(s), 485, 506
    abondance relative d', 1284, 1302, 1302f
    anneau d', 511, 511f
    classification des, 10, 11f
        voir aussi Classification, Règnes
    clés, 1293, 1294f, 1295
    concept(s) biologique(s), 506, 509
        appuyé sur l'isolement reproductif, 506
        lacunes, 508
    concept écologique de l', 509
    concept généalogique de l', 509
    concept morphologique de l', 509
    concept pluraliste de l', 509
    conservation des, 1348, 1353
    courbe aire-, 1304, 1305f
    définition biologique, 506, 506f
    dispersion des, 1197, 1198f
    dominantes, 1293
    en voie d'extinction (de disparition), 1340,
        1341f, 1348
    endémiques, 478

extinction d', *voir* Extinction
humaine
les Végétaux : ressource vitale pour l', 664
voir aussi Êtres humains
introduction d', 1198, 1344, 1346f
isolement
du patrimoine génétique des, 507, 507f
reproductif, 506
menacée, 1340
monoïque ou dioïque (fleurs), 853
nombre d', 1302
origine des, 13, 484, 505
richesse spécifique d'une communauté,
1284, 1302, 1303f, 1304, 1304f
transplantations d', 1197, 1198f

Esprit humain, 1

Essai sur microréseau à ADN, 424, 425f

Ester, groupement, 62

Estivation, 1022

Estomac, 934, 938f, 941f
couches tissulaires de l', 908, 909f

Estuaire, 1211, 1212f

Étamines, 660, 853

État
de conscience chez l'Humain, 1149
excité ou fondamental, molécule de pigment
en, 194, 195f

Étendue géographique d'une communauté, 1304

Éthologie, 1228
cognitive, 1238
introduction à l', 1226

Éthylène, 883, 884f

Étranglement, effet d', 489, 490f

Être(s)
humain(s), 188
du Néolithique et la sélection artificielle, 865
flux génétique et évolution des, 490, 491f
hérédité mendélienne chez l', 277, 278
maladies causées par les bactéries
pathogènes, 586
voir aussi Humain, Espèce humaine,
Esprit humain, *Homo sapiens*
vivant(s)
classification des, 10, 11f, A-2, A-3,
voir aussi Classification, Règnes
diversité des, 13, 13f, 249
propriétés et processus associés à l', 4, 5f, 249
reproduction (caractéristiques), 249

Étude, groupe à l', 540

Eucaryote(s), 6, 6f, 10, 12f, 13f, 115, 116, 221f, 231,
236, 241f, 335, 335f, 344, 346f, 350f, 582f,
582t, 889
apparition ayant catalysé une seconde vague
de diversification, 601, 602f
gène typique des (structure), 393, 394f
génome des (constitution), 386
voir aussi Remaniement, Expression génique
origine
de la diversité des, 593
et diversification précoce des, 597
photosynthétiques, origine hypothétique
des plastes chez les, 616f
pluricellulaires, apparition, 558, 558f
structure
de la chromatine chez les, 383
et régulation du génome chez les, 383
unicellulaires, apparition, 557
voir aussi Cellules eucaryotes, Protistes

Euchromatine, 384

Eudicotylédones, 657

Euglénobiontes, 604, 622t

Euglénophytes, 604

Eumétazoaires, 692, 693f, 697f
dichotomie Parazoaires-, 692, 693f, 697f
tripoblastiques, 692, 694

Eumycètes, 11, 12f, 188, 669, 670, 680t
cycle de développement, type des, 672, 672f
début de la colonisation des milieux terrestres
par les, 558
dispersion et reproduction, 672, 674
diversité des, 673
hyphes des, 670, 671, 671f
imparfaits, 679
importance écologique des, 683
introduction au règne des, 670
mycélium d', 670f
nutrition des, 670
origine des, 673
pathogènes, 683
phylogenèse des, 673f
saprophytes et symbiotiques, dépendance
des écosystèmes des, 683
surface d'absorption et croissance rapide des, 670
valeur commerciale des, 684, 685f
voir aussi Chytridiomycètes, Zygomycètes,
Ascomycètes, Basidiomycètes, Lichens,
Levures, Mycorhizes, Moisissures

Euryarchées, 583

Euryhalins, *voir* Animaux euryhalins

Euryptérides, 723

Euthériens, 764, 766f, 767

Eutrophisation, 1316
culturale, 1329
des lacs, 1329
voir aussi Lacs eutrophes

Éveil, 1141

Évo-dévo, axe de recherche, 700

Évolution, 10, 23t, 465, 471
adaptations du système digestif des Vertébrés
au cour de l', 942
adaptative, 5f, 465, 473f
d'après Darwin, 471
la sélection naturelle en tant que mécanisme
de l', 496
permettant aux xérophytes de réduire
la transpiration, 826
ADN et protéines, reflets de l', 87
biologie de l', 467, 1195
convergente, 538, 539f, 910f
de l'Humain, caractéristiques de l', 773
des Animaux, 685, 689, 691, 691f
des Eumycètes, 685
et celle des Animaux, ancêtre Protiste
commun, 685, 691, 691f
des Mammifères, 765
des Plantes à graines, 649, 650
des populations, 483, 484f
humaines, flux génétique et, 490, 491f
des procaryotes, 571
des systèmes nerveux, 1134
des Végétaux terrestres, aperçu de l', 626, 627f
des Vertébrés, 739
divergente, 522, 523f
en mosaïque, 337
et développement, 520
fil conducteur principal en biologie, 13, 13f

finalité intrinsèque, 522, 523f
grands principes rejetés au début par
la culture occidentale, 466
histoire
apparition des procaryotes, 555, 556f
voir aussi Archives géologiques, Vie
ou Vivant, histoire de la/du
horloge de l', 554f
importance de la glycolyse dans l', 180
influence mutuelle des Angiospermes
et des Animaux durant leur, 664
Lamarck et l', 467
mécanisme de l', 13
preuves de l', 474, 475, 475f, 476, 476f, 477f,
478, 478f, 479f
résultat de la variation génétique, 260
temps d', 546, 547f, 1195
théorie(s)
de l', *voir* Théorie de l'évolution
du gradualisme géologique et biologie
de l', 467
synthétique de l', 484
voir aussi Coévolution, Évo-dévo

Exaptations, 519

Excision-resynthèse, réparation par, 322, 323f

Excitation, seuil d', 1125

Exclusion compétitive, 1286, 1286f

Exocytose, 157

Exoenzymes, 670

Exons, 336, 338

Exosquelette, 1180

Exotoxines, 587

Expansines, 878

Expansion cellulaire
mise en jeu par la croissance, 801
orientation de l', 802, 803f

Expédition du *Beagle*, 469, 470f

Expérience
de Engelmann, 193, 194f
de Miller et Urey, 560, 562f
de Went, 876, 877f

Exploitation, rendement d', 1317

Explosion du Cambrien, 700, 700f, 701f

Expression génique
chez les Eucaryotes, 383
contrôle par les Archéobactéries
et les Bactéries, 374
différentielle, 442
essai sur un microréseau d'ADN, 425f
et clonage des gènes d'eucaryotes, 412
étude de l', 423
exagérée, 805, 805f
modification par le toucher, 894f
régulation de l', 391, 392, 392f, 397, 805
vecteur d', 412

Extension convergente, 1106, 1107f

Extinction(s)
d'espèces, 665, 666f, 764
espèces en voie d', 1340, 1341f, 1348
massives, histoire de la vie, 533, 535f, 535f, 536f
spirale d', 1348, 1348f, 1349, 1350f

Extraction d'énergie, principes relatifs à l', 163

Extrémité cohésive, 409

Extrêmophiles, 582

F

Face(s)
cis et face trans, 123
dorsale et ventrale des Bilatériens, 692

Facteur(s)
abiotiques et biotiques, comportement,
dispersion, influant sur la distribution
des organismes, 1198, 1201
climatiques conditionnant la distribution
des organismes, 1202
d'élongation, 342
de croissance, 243, 243f, 1046
dérivé des plaquettes, 243
épidermique, 455
insulinomimétiques, 1051
de stress environnementaux, réactions aux, 895
de terminaison, 342
de transcription, 333, 335f, 394, 396f
externes influant sur la photosynthèse, 200
F (fertilité), 370
et conjugaison, 371
influant sur la distribution des organismes, 1197
limitant la taille des populations, 1270
natriurétique auriculaire, 1038
Nod, 844
Rhésus (Rh), 1001
voir aussi Cofacteurs

FADH^2, 168f, 172, 174

Faisceaux libéroligneux, 795

Famille(s), 251f, 536
lignage de la, 277, 278f
multigénique, 387, 388f
nombreuses, 281, 281f

Fécondation, 251, 252, 253f, 852f, 1068
activation de l'ovocyte de deuxième ordre, 1092
aléatoire, 259
chez les Invertébrés, 1095, 1095f
chez les Mammifères, 1094, 1096f
contraception, 1084
double, 664, 858
croissance du tube pollinique et, 858f
production du zygote et de l'endosperme, 857
événements suivant la, 1081, 1081f
externe, 1068, 1068f
in vitro, 1086
interne, 1068
membrane de, 1094
provocation de la fusion du noyau du
spermatozoïde et de celui de l'ovule, 1092
réactions acrosomiale et/ou corticale durant
la fécondation, 1092, 1093, 1093f, 1094f
sans eau grâce à l'apparition du pollen, 652
ségrégation des allèles et, 271f

Fécondité, table de, 1261, 1261f

Fenêtre
de la cochlée, 1172
du vestibule, 1170

Fente(s)
brachiales (Cordés), 740, 741f, 748
synaptique, 1129

Fermentation
et respiration cellulaire, comparaison, 180
lactique ou alcoolique, 179, 179f

Fertilisants, 839

Feuille(s), 784
modifiées, 786, 786f
organisation des tissus d'une, 796, 796f
simples et composées, 784, 785, 785f

Feuillet(s)
embryonnaires, 692, 694, 1098, 1101
structures dérivées des trois (Vertébrés), 1101t
plissé bêta (β), 80, 82f

Fibre(s)
collagènes, 905
de chromatine, 384, 385f
élastiques, 905
musculaires, 1186f
à contraction lente, 1188
à contraction rapide, 1187
réticulaires, 905

Fibrine, 965

Fibrinogène, 965

Fibroblastes, 906

Fibronectines, 136

Fibrose kystique, 279

Fièvres hémorragiques, 364

Filaments intermédiaires, 130, 131t, 135

Filet, 660

Filtrat, 1029
à l'urine, du, 1033
parcours du, 1032

Filtration, 1029
du sang, 1032
ingestion par, 928, 928f

Fimbriæ, 575, 575f

Fixation
d'un allèle, 485
de l'azote, 579, 841, 842, 844,1323
du carbone, 192, 202
et activation du complément, 998
symbiotique de l'azote, 842
et agriculture, 844

Flagelles, 130, 133f, 134f
procaryotes, structure et fonctionnement,
575, 576f
Rhodobiontes, algues rouges dépourvues de, 613

Fleming, A., 17

Fleur(s)
adaptation déterminante pour la reproduction
des Angiospermes, 659
anatomie d'une, 853, 853f
bisexuée, 853
complètes, 853
diversité des, 854f
espèce monoïque ou dioïque, 853
incomplètes, 853
porteuses d'organes reproducteurs du sporophyte
chez les Angiospermes, 852
relation(s)
entre fruit et, 662f
pollinisateurs et, 665f
structure de la, 660, 661f
unisexuée, 853
voir aussi Plantes à fleurs ou Angiospermes

Flip-flop, 145

Flippases, 145

Floraison
hormone(s) de, 893f
photopériodisme et régulation de la, 891
transition du méristème de la croissance
végétative à la floraison, 893

Fluidité des membranes, voir Membranes

Fluorescence, 194

Flux
d'énergie dans un écosystème, 164f, 1310
génétique, 490, 491f
sanguin dans les veines, 957f

Fœtoscopie, 283

Fœtus, 1081, 1082f

Foie, 932, 937f, 941f

Follicule, 1073

Fonction(s)
cardiaque, régulation de la, 956f
cérébrales, latéralisation des, 1147
corrélation entre structure et, 7, 8f, 23t, 904, 956
rénale, régulation par le système nerveux
et par les hormones, 1036, 1037f
voir aussi Structure et fonction

Fondateur, effet, 490

Fondements
cellulaires et morphologiques de la morphogenèse
et de la différenciation chez les Animaux,
1106, 1106f
chromosomiques des lois mendéliennes, 291f

Fongus, 669
voir aussi Eumycètes et Maladies fongiques

Foraminifères, 617, 618f, 622t

Force(s)
de London, 80
(interactions) de Van der Waals, 37, 80, 81f
protonmotrice, 176

Formation réticulaire, 1141, 1141f

Forme(s)
méduse, 706, 706f
moléculaires tridimensionnelles, 38, 38f
pharmacorésistantes, évolution du VIH
vers des, 475
polype, 706, 706f

Formule
développée, 35
moléculaire, 35

Fossiles, 467, 467f, 480f, 528, 528f, 554
des premiers Vertébrés, 743, 743f, 747
méthode de datation, 529
stratigraphiques, 529
voir aussi Combustibles fossiles

Fougères, 642, 643f, 644, 644f

Fourche de réplication, 318

Fractionnement cellulaire, 114, 115f

Fragmentation, 1066

Fragments
d'Okazaki, 320
de restriction, 408, 416, 417f, 419f
PTFR, 418

Franklin, R., 313, 313f

Fréquence(s)
alléliques (patrimoine génétique), 485
cardiaque (F_c), 954
de base, régulation de la, 955, 956f
de recombinaison génétique, 296
respiratoire, 973
sélection dépendant de la, 496, 496f

Friction, 1177

Frisson, thermogenèse sans, 1017

Froid, 896

Frondes, 611

Fructification, 882

Fruit(s)
    charnus, classification des, 662t
    composé, 662, 662t
    formation du, 860, 860f
    maturation des, 885
    multiples, 662, 662t
    relation entre fleur et, 662f
    rôle chez les Angiospermes, 661, 662f
    servant à la dispersion des graines, 860
    simple, 662, 662t
    voir aussi Fructification

FSH, 1053

Fuseau
    de division cellulaire, 233, 236f
    neuromusculaire, 1161
    neurotendineux, 162

Fusion
    des protoplastes, 864, 865f
    du noyau du spermatozoïde et de celui
        de l'ovule, 1092
    phylogénétique, 548f, 549

G

Gage, F., 1150

Gaine(s), 626
    de myéline, 1119
    fasciculaire, cellules de la, 202

Gains ou pertes thermiques, phénomènes
    expliquant les, 1014

Gamétanges multicellulaires, 631, 632f

Gamètes, 252, 268
    voir aussi Isolement gamétique

Gamétophore, 636

Gamétophyte(s), 254, 630, 852
    génération dominante dans le cycle de dévelop-
        pement des Bryophytes, 636
    mâle et femelle, formation des, 854, 855, 855f
    réduction de la taille chez les Plantes à graines, 650
    variantes de la relation entre sporophyte et,
        650, 650f

Ganglion, 1120

Garner, W. W., 891

Garrod, A., 328

Gastéropodes, 715, 715f

Gastrine, 940, 1098

Gastrula, 690, 1098

Gastrulation, 690, 1098, 1099f, 1100f, 1103f

Gaz, *voir aussi* Échanges gazeux
    diffusion dans les poumons et autres organes
        en réponse à des gradients de pression, 975
    messagers du système nerveux, 134
    respiratoires, absorption et libération des,
        975, 975f
    transport des, 976

Gemmules, 1066

Gène(s), 83, 250, 349
    à effet maternel, 451f
    à gène, relation de, 898, 899f
    à régulation coordonnée, 396
    allèles et, 267f
    amplification des, 389
    ancestraux, duplication des, 387
    bicoïdes, 451f, 454
    chromosomes et, 250
    clonage des, 408, 409f, 410, 411f, 412, 412f
    clonés, entreposage dans des génothèques, 413

cytoplasmiques, 305, 305f
concept de (Mendel), 263
d'identité des organes, 458, 459f, 807, 807f, 808f
de délétion, 452
de parité segmentaire, 453
de polarité
    de l'œuf, 451
    segmentaire, 453
de segmentation, 452, 452f
des immunoglobulines, 390, 391f
détermination de l'anatomie des Végétaux, 782
discontinus et épissage de l'ARN, 336, 336f
expression des, 374, 374f, 383, 391, 397, 423, 425f
    voir aussi Expression génique
extracellulaires, transmission héréditaire des,
    304, 305f
fonction des (détermination), 424
homéotiques, 453, 453f, 521, 522, 805f
homologues, 454f
Hox, 521, 522f, 730, 1113
identiques, 387
liés, 292, 293f
    au sexe, 290, 298
    enjambement, 294
    recombinaison de, 294, *voir aussi* Recombi-
        naison génétique
    transmissibilité, 292, 298
maladies génétiques et, 328
métabolisme contrôlé par les, 328
modifications, 398, 399, 399f
mosaïque, 337
myoD, 446, 447
nombre de (et taille du génome), 423, 423t
non identiques, 387
non liés, recombinaison de, 294
p53, 399, 400
perte de, 389
protéines, relation avec les, 327, 328
    voir aussi Transcription *et* Traduction
recombinaison, *voir* Recombinaison génétique,
    Gènes liés ou non liés, recombinaison
régissant le développement, rôle dans
    l'évolution, 520
régulateur(s), 376, 807
remaniement des, 389, 391f
suppresseurs de tumeurs, 399
    p53, 399, 400
transcription des, 393
transfert dans le noyau, 599
typique des Eucaryotes (structure), 393, 394f
un polypeptide, un (hypothèse), 329
une enzyme, un (hypothèse), 328, 329f
voir aussi Oncogènes, Proto-oncogène

Génération(s)
    alternance de, 254, 611, 612f, 630, 630f, 633, 852
    de procaryotes, succession rapide des, 367
    hétéromorphes, 612
    isomorphes, 612
    P, F1 et F2, 264, 265f, 266t
    spontanée, 560
    sporophyte et gamétophyte, alternance dans le
        cycle de développement des Végétaux, 852
    suivante, contribution d'un génotype
        au patrimoine génétique de la, 497

Génétique, 249
    des populations, 484
        et sciences de la santé, 487
    des Virus et des procaryotes, 355, 356, 367
    du développement embryonnaire, 437
    Mendel et son approche expérimentale
        et quantitative du domaine de la, 264
    termes utiles en, 267
    voir aussi Génie génétique

Génie génétique, 407

Génome(s)
    cellulaire, altération au cours de la vie
        d'un organisme, 389
    des Eucaryotes, 230, 356
        constitué d'ADN répétitif et d'autres
            séquences non codantes, 386
        structure au niveau de l'ADN, 386
        structure et régulation, 383
    humain, programme, 418
    organisation chez les cellules procaryotes
        et eucaryotes, 575
    remaniement du, 389, 391f
    séquençage, 419, 422
        voir aussi Séquençage de l'ADN
    taille du (et nombre de gènes), 423, 423t
    viraux, 356

Génomique, 416
    orientations futures de la, 424

Génons, 331

Génophore, 576

Génothèque, 413, 414, 414f
    d'ADNc, 414

Génotype, 267, 269f, 272, 277
    contribution au patrimoine génétique
        de la génération suivante, 497
    norme de réaction du, 276

Genre *Homo,* le, *voir Homo sapiens*

Géochronologie, *voir* Échelle des temps géologiques

Géotropisme, 893, 894f

Germination, 861, 861f, 862f, 882, 883f
    des graines, régulation par les phytochromes
        de la, 888, 888f

Gestation, 1081

Gibbérelline, 881, 882f

Ginkgophytes, 654, 654f

Glace, 46, 47f

Gland du pénis, 1073

Glande(s)
    bulbo-urétrales, 1072
    endocrines
        de l'humain, 1049-1062, 1049f
        principales des Vertébrés et quelques
            hormones qu'elles sécrètent
            ou libèrent, 1050t, 1051t
    mammaires, 1073
    parathyroïdes, 1050t, 1054
    salivaires, 932, 941f
    surrénales, 1051t, 1058
        histologie et réactions au stress, 1060, 1061f
    thyroïde, 1050t, 1053, 1054f
    vestibulaires majeures, 1073

Gliocytes, 1121

Globines, 387, 388f, 389

Globules
    blancs, 963
    rouges, 963

Glomérule, 1031

Glucagon, 1055, 1057f

Glucides, 67, 199
    digestion des, 937, 938f
    membranaires, 148

Glucocorticoïdes, 1059, 1060f

Glucose, 68, 68f, 378f
    comme exemple d'homéostasie dans la nutrition,
        la régulation du, 922, 922f

dégradation du, 169
mole de, 176, 178f
oxydation en pyruvate, 169, 171f

Glycogène, 69f, 70, 222f

Glycémie, régulation par l'insuline et le glucagon, 1055, 1057f

Glycine, 1134

Glycolyse, 168, 168f, 169, 172f
définition, 169
étapes de la, 170f, 171f
importance dans l'évolution, 180
liaison à de nombreuses voies métaboliques, 181
rendement énergétique de la, 169f

Gnathostomes, 746

Gnétophytes, 654, 655f

Golgi, appareil de, 123, 124f

Gonades, 253, 1051t, 1060f, 1071, 1073

Gonadotrophine(s), 1053, 1079f
chorionique humaine (hCG), 1083

Goodall, J., 1241

Gorter, E., 144

Goût, 1175, 1176

Grade(s), 692, 694

Gradient(s)
de concentration, 151, 155
de pression, diffusion de gaz dans des organes en réponse à des, 975
de solutés
concentration de l'urine, 1035, 1035f
conservation de l'eau à l'aide de deux, 1035
électrochimique, 155
équatorial-polaire, 1302
hypothèse des, 451

Gradualisme, 468
géologique, théories du, 467

Graine(s), 626, 627f, 639
adaptations relatives à la germination des (survie des plantules), 861, 862f
de l'ovule à la, 651, 651f, 858
dispersion des, 860
dormance des, 861, 883
importants moyens de dispersion de la progéniture, 651, 661
interconversion des phytochromes et germination des, 888, 888f
mature, structure de la, 859, 860f
ovaire devenant un fruit servant à la dispersion des, 860
variation du nombre produit par les Plantes, 1264, 1264f
voir aussi Plantes à graines

Grains de pollen, 663, 853, 854, 855f

Graisses, 58, 58f, 72, 72f, 73f
énergie et, 72
voir aussi Lipides

Gram
coloration de, 574
négatif, 574, 574f, 582
positif, 574, 574f, 582, 585t

Grana, 128

Granules
corticaux, 1094
de zymogènes, 935

Granulocytes
basophiles, 986
éosinophiles, 985
neutrophiles, 984

Gravitation, 1177
réaction à la, 893
récepteurs sensibles à la, 1175

Greffes de tissus, 1001, 1002

Greffon, 864
contre l'hôte, réaction du, 1002

Grendel, F., 144

Grenouilles, 753, 753f, 754f, 1099f, 1102f, 1108f, 1109f
voir aussi Amphibiens

Griffin, D., 1241

Griffith, F., 310

Grille de Punnett, 267

Grossissement, 112

Groupe(s)
à l'étude, 540
de référence, 540
expérimental, 20
monophylétiques, 537, 539f
paraphylétique, 539f
polyphylétique, 539f
sanguins du système ABO, 1001
témoin, 20

Groupement(s)
amine, 62
carbonyle, 60
carboxyle, 60
ester, 62
fonctionnels, 60
contribution à la diversité moléculaire de la vie, 60, 60f, 61t
hème, 174
hydroxyle, 60
phosphate, 62
thiol, 62

Guttation, 820, 820f

Gymniophones, voir Cécilies

Gymnospermes, 626, 627f, 628t, 651f, 652, 653f
actuels, embranchements des, 654
Mésozoïque, ère des, 652
voir aussi Progymnospermes

H

Habitat(s)
destruction des, 1344
sélection d'un, 1200

Habituation, 1234

Haldane, J. B. S., 560

Halophiles extrêmes, voir Archéobactéries

Hamilton, W., 1251
règle d', 1251, 1252

Hantavirus, 364, 364f

Hardy-Weinberg
équation de, 487
équilibre de, 486
loi de, 486, 486f, 487, 488

Harvey, W., 829

Hauteur d'un son, 1172f, 1173

HDL, 966

Hélicase, 320, 321f

Hélice
alpha (α), 80, 82f, 147
double de l'ADN, 7f, 85, 87, 87f, 311, 313, 314f

Héliophilie, 889

Héliozoaires, 617, 617f

Hématies falciformes, voir Maladie à hématies falciformes

Hémisphères cérébraux, 1143

Hémizygotes, 298

Hémocyanine, 976

Hémocytoblastes, 964

Hémoglobine, 79f, 963

Hémolymphe, 951

Hémophilie, 298

Hépatiques, 635, 636f

Hépatophytes, 635, 636f

Herbicides, 880

Herbivores, 928, 1288, 1319
défense des Végétaux contre les, 1288
réactions des Végétaux à la présence d', 897

Hérédité, 4, 6, 14f, 23f, 85, 88t, 249
bases
chromosomiques de l', 289
moléculaires de l', 309
chromosomique, anomalies et exceptions touchant l', 299, 300
cytoplasmique, 305f
et environnement, 276
introduction à l', 250
liée au sexe, 290, 292f
mendélienne
chez l'Humain, 277, 278
et chromosomes, liens, 290
polygénique, 275, 276f
théorie chromosomique de l', 290
voir aussi Mendel, Gènes liés au sexe, Transmission héréditaire

Hermaphrodisme, 705, 1067
séquentiel, 1067

Hershey, A., 310, 312f

Hétérocaryon, 672

Hétérochontes, 607, 608

Hétérochromatine, 384

Hétérochromosomes, 251

Hétérochronie, 520, 521f

Hétérogénéité, 1301

Hétéromorphes, 612

Hétérostylie, 856f

Hétérotrophes, 578, 584t, 914, 1310

Hétérozygote(s), 267, 298
avantage de l', 495

Hibernation, 1022, 1023f

Hiérarchie de l'organisation biologique, 2

Hirudinées, 718

Histamine, 986

Histocompatibilité, voir Complexe majeur d'histocompatibilité ou CMH

Histones, 384
acétylation des, 393

Holland, M., 880

Holothurides, 733

Homéostasie, 5f, 9, 912
action des hormones thyroïdiennes sur l', 1053
assurée par les divisions du SNP, 1137
chez les Animaux, 1013
dépendant des mécanismes de rétroaction, 912

équilibrage des gains et pertes d'énergie
et de matière par l', 1013
maintien par l'interaction des systèmes
de régulation, 1039
mécanismes
gérant l'approvisionnement en énergie
des Animaux, 922
tempérant les changements du milieu interne,
911
voir aussi Mécanismes homéostatiques
régulation par rétroaction, 1044, 1044f
vue d'ensemble, 1012

Hominidés, 772

Hominines, 772, 772f, 773

Homininés, 772

Hominoïdes, 772

Hominoïdés, 771

Homo sapiens, 772
genre, 775
primates et phylogenèse de, 767
voir aussi Humains

Homochromie, 1288

Homologie(s), 476, 538
analogie et (distinction, dichotomie), 538,
545, 546f
anatomiques, 476, 477f
embryologiques, 476
et arbre de vie, 477
moléculaires, 477, 477t

Homoncule, 1092f

Homozygote, 267, 298

Hooke, R., 6

Horizons du sol, 837, 837f

Horloge(s)
biologique
chez les Humains, 1143
régulation des rythmes circadiens chez
les Végétaux et les Eucaryotes, 889
régulation par la lumière, 890
de l'évolution, 554f
du cycle cellulaire, 240
moléculaires, 546, 547f, 548f

Hormone(s), 73, 211, 1050t
adénohypophysaire, 1050
adrénaline, 1058, 1133
androgènes, 1060
animale, définition, 1043
antagonistes, 1055
antidiurétique (ADH), 1036, 1049, 1050
calcitonine, 1054
catécholamines, 1058
corticotrophine (ACTH), 1053
d'inhibition, 1049
de croissance (GH), 1051
de la floraison, 893f
de la médulla surrénale, synthèse des, 1058, 1059f
de libération, 1049
ecdysone, 1045
endorphines, 1053
folliculostimulante (FSH), 1053
glucagon, 1055, 1057f
insuline, 1055, 1057f
lutéinisante (LH), 1053
mélanotrope (MSH), 1053
mélatonine, 1053
neurohypophysaires, 1049
noradrénaline, 1058, 1133
ocytocine, 1049, 1083, 1083f
œstrogènes, 1062, 1083, 1083f

ovariennes, 1079f
progestérone, 1062
progestine, 1062
prolactine (PRL), 1051
prothoracotrope, 1045
réactions des Végétaux aux, 875
régulation
de la fonction rénale par les, 1036, 1037f
de la reproduction chez la femelle,
interaction complexe d', 1078
de la reproduction chez le mâle, interaction
complexe d', 1077, 1078f
sécrétées ou libérées par les principales glandes
endocrines des Vertébrés, 1050t
stéroïdes, 1048, 1059, 1060f
voir aussi Stéroïdes
stimulines, 1048
testostérone, 1060
thyréotrophine (TSH), 1053
thyroïdiennes, 1048, 1053, 1054f
thyroxine (T_4), 1053, 1055f
tri-iodothyronine (T_3), 1053, 1055f
végétales, 875
coordination de la croissance, du développement et des réponses aux stimulus
externes, 877
vue d'ensemble, 878t

Hôte(s), 586
cellule, 357
réaction du greffon contre l', 1002
spectre d', 358

Humain(s)
à la morphologie moderne, origine des, 775,
776, 776f
anatomie du système reproducteur
de l'homme, 1070, 1072f
de la femme, 1073-1075
besoins
en acides aminés et gras essentiels, 924,
925, 925f
en minéraux, 925, 927t, 928
en vitamines, 925, 926t
biodiversité et bien-être des, 1342
caractéristiques importantes de l'évolution
de l', 773
développement embryonnaire et fœtal
chez l', 1081
dispersion des, 775
états de conscience chez l', 1149
glandes endocrines de l', 1049-1062, 1049f
impact sur la biosphère et les écosystèmes, 1327
principaux agents de perturbation, 1298
reproduction chez l', 1070
système digestif de l', *voir* Système digestif
voir aussi Êtres humains, *Homo sapiens*

Humanité, 771

Humeur aqueuse, 1166

Humidité, limitation de la productivité primaire
par l', 1316

Humus, 837

Huntington, chorée de, 281

Hutton, J., 467, 468

Huxley, T. H., 1347

Hybridation, 264
moléculaire, 412

Hybrides
déchéance des, 508
fécondité réduite des, 508
stérilité des, 508
visibilité réduite des, 508

Hydratation, 47

Hydrocarbures, 58, 58f

Hydrogène, 835, 836t
liaison, 37, 37f

Hydrolyse
de l'ATP, 99f
du saccharose, 100f
enzymatique, 929
réaction d', *voir* Réaction

Hydrosquelette, 1179

Hydrozoaire(s), 707, 708f
cycle de développement d'un, 709f

Hymen, 1073

Hyperpolarisation, 1124, 1125, 1126

Hypersensibilité, réaction d', 899

Hypertension, 966

Hyphes, 670, 671f

Hypoblaste, 1105

Hypocotyle, 860

Hypophyse, 1049, 1050t
hormones libérées par l', 1052f
lobes antérieur (adénohypophyse) et postérieur
(neurohypophyse) de l', 1049, 1050t

Hypothalamus, 1049, 1050t, 1142
et rythmes circadiens, 1143
hormones libérées par l', 1052f
rôle dans la thermorégulation humaine, 1021

Hypothèse(s)
arbres phylogénétiques et constitution d', 543
d'un monde vert, 1318
de la stabilité dynamique, 1292
des gradients, 451
énergétique (restriction du nombre de niveaux
des chaînes alimentaires), 1292, 1293f
Terre boule de neige, 558
un gène, une enzyme, 328, 329f
un gène, un polypeptide, 329

I

Ichnofossiles, 529

Identité
des organes, gène d', 458, 459f, 807, 807f, 808f
des parties corporelles, détermination par
les gènes homéotiques, 453

Iléon, 938

Îles, biogéographie dans les, 1304, 1305f, 1306f

Îlots pancréatiques, 1055, 1057f

Immunisation, 1000

Immunité
acquisition naturelle ou artificielle, 1000
active, 1000
humorale
mécanismes effecteurs de l', 998, 999f
rôle des lymphocytes T auxiliaires dans l', 992
voir aussi Réaction immunitaire humorale
passive, 1000
rôle dans la santé et la maladie, 1000
spécifique, bases de l', 988

Immunoadhérence, 998

Immunodéficience
acquise, syndrome d', *voir* Syndrome
d'immunodéficience acquise
humaine, virus de l', *voir* Virus de
l'immunodéficience humaine
maladies de l', 1003

Immunoglobulines (Ig) (anticorps), 390
   classes d', 998t
   gènes des, 390, 391f
Immunologie de la reproduction, 1083
Impact des Humains sur les écosystèmes
      et la biosphère, 1328
Implantation, 1081f
Imprégnation, 1234, 1235f
Inactivation
      d'un chromosome *X* chez les Mammifères
            femelles, 299, 300f
      par inducteur (répresseur de *lac*), 376
Incus, 1170
Individus recombinés, 294
Inducteur, 376
Induction, 15, 376, 448, 455, 456f, 459, 1108, 1110
      voir aussi Opérons inductibles
Infarctus du myocarde, 965
Infection(s)
      défenses non spécifiques contre l', 984
      la peau et les muqueuses : première ligne
            de défense contre l', 984
      virales
            chez les Plantes, 365, 366f
            modes variés chez les Animaux, 361, 361t
Influx nerveux, 1124, 1125
      propagation le long de l'axone, 1127, 1128f
Information(s)
      de positionnement, 448, 804, 1111, 1113f
      génétique (ADN), 83, 84, 230
            acides nucléiques et, 83
            de la cellule eucaryote, 117
            voir aussi ADN, matériel génétique
      héréditaire, 564
            voir aussi Hérédité, ADN *ou* Acide
                  désoxyribonucléique
      rôle de la transcription et de la traduction
            dans la transmission de l', 330, 330f
            voir aussi Transcription
      sensorielles, 1118
            traitement par l'encéphale, 1158, 1160
      visuelle, 1168
Ingestion, 690
      étape du traitement de la nourriture, 929
      types d', 928, 928f, 929, 929f, 930f
Inhibiteurs enzymatiques, 104, 104f
      compétitifs, 104
      non compétitifs, 105
Inhibition
      de contact, 243, 244f
      de l'activité des enzymes, 104, 104f
      hormones d', 1049
      latérale, 1169
Initiation
      de la traduction, 341, 342f
      de la transcription, 333, 334f, 393
            complexe d', 393
Initiative pour une biosphère durable, 361
Inné, 1226, 1230f
      stéréotypé, 1228
Inondation, 896, 896f
Inositol triphosphate (IP₃), 220, 221f
Insectes, 474-476, 725, 725f, 728f
      chimiorécepteurs chez les, 1162, 1163f
      hormones déclenchant la mue chez les,
            1045, 1045f
      ordres principaux d', 726t, 727t

oreille des, 1175, 1175f
système reproducteur, 1070, 1071f
température corporelle, 1019, 1020f
Insertions, 348, 373f
Insuline, 1055, 1057f
Intégration
      adaptation sensorielle, type d', 1160
      nerveuse faite au niveau cellulaire, 1130, 1131f
      traitement de l'information ou, 1160
Intégrines, 136, 147
Intensité sonore, 1172
Interactions
      de Van der Waals, 37, 80, 81f
      hydrophobes, 80
      interspécifiques
            coévolution et, 1290
            et structure des communautés, 1285,
                  1285f, 1294
      sociales dépendant des modes
            de communication, 1247
Interconversion de phytochromes
      et germination des graines, 888
      et héliophilie, 889
Interfécondité, 506f
Interférence par ARN, 424
Interférons, 988
Interleukine-2 (IL-2), 993
Interneurones, 1119
Interphase
      méiose, 256f
      mitose, 232, 234f
Interprétation, fonction de l'encéphale, 1158
Intestin
      grêle, 936
            activité enzymatique dans l', 936, 939f
            anatomie de l', 939f
            cavité de l', 938f
            épithélium de l', 938f
      gros, 942
Introduction d'espèces, problèmes et menaces, 1198,
      1344, 1346f
Introns, 336
      jonction et évolution, importance des, 337
Invagination, 1099
Inversion, 301
Invertébrés, 703, 704, 733, 1000, 1019, 1020f, 1044,
      1045f, 1095, 1095f, 1099f, 1175, 1175f
Investissement parental, 1246
Involution, 1099
Ion(s), 36, 218
      calcium, 220
            régissant la contraction musculaire, 1184
      monoatomique, 36
      polyatomique, 36
Iris, 1165
Irrigation, 840
Isolement
      du patrimoine génétique par les barrières
            prézygotiques ou postzygotiques, 507
            voir aussi Barrières
      écologique, 507
      éthologique, 507, 507f
      gamétique, 508
      géographique, spéciation et, 511, 511f
      mécanique, 507

reproductif, 506
      évolution des mécanismes d', 512
      prézygotique et postzygotique, évolution
            des mécanismes d', 513, 514f
      temporel, 507
Isomères, 58
      de structure, 59, 59f
      géométriques, 59, 59f
      optiques, 59, 59f
Isopodes, 729
Isotope(s), 30
      demi-vie d'un, 531
Itéroparité, 1262
Ivanowsky, D., 356

J

Jacob, F., 375, 376
Janzen, D., 1358
Jéjunum, 938
Jeu, 1237, 1237f
Jonctions intercellulaires, 135, 137, 138f
      communicantes, 137
      d'ancrage, 137
      ouvertes, 137
      serrées, 137
Joule (J), 45
Jour
      court, plante de, 891, 892f
      long, plante de, 892f

K

kcd, *voir* Kinases cycline-dépendantes
Kinase(s)
      cycline-dépendantes (kcd), 240
      protéine, 218
      tyrosine, 215
Kinétochore, 233, 234f, 236f, 241
Kinétoplastidés, 604, 622t
King, T., 442
Klinefelter, syndrome de, 302
Koch, postulats de, 587
Krebs, cycle de, 168, 168f, 169f, 172f, 173f, 174f, 181
Krill, 730
Kystes, 596

L

Lacs
      eutrophes, 1209, 1210f, 1329
      mésotrophes, 1209
      oligotrophes, 1209
      zones d'un, 1209, 1210f
Lactation, 1083
Lactobacillus, 578
Lactose, *voir* Opéron *lac*
Lamarck, théorie de, 468
Lamelle moyenne, 136
Lamina nucléaire, 117
Lamproies, 747, 747f

Langage et parole, 1147, 1147f

Langmuir, I., 144

Langue, 932, 934

Larve, 690
    trochophore, 697, 698f

Larynx, 971

LDL, 966

Lenticelles, 799

Leopold, A., 1196

Lépidosauriens, 757

Lésions neurologiques, 150

Létales au stade embryonnaire, mutations, 450

Leucémie myéloïde chronique, 303

Leucocytes, *voir* Globules blancs

Lèvre(s)
    dorsale, 1099
    petites et grandes, 1073

Levure(s), 678-681, 680f
    chromosomes artificiels de, 413

LH, 1053

Liaison génétique, 292

Liaison(s) chimique(s)
    covalente, 34, 35f
        double, 35
        non polaire, 35
        polaire, 35, 36f
    de l'ADN, domaine(s) de, 395, 396f
    de l'ARN polymérase et initiation
        de la transcription, 333, 334f
    définition, 34
    établissement par les atomes (formation
        des molécules), 34
    faibles, 37
    hydrogène, 37, 37f, 81f
        polarité des molécules d'eau et, 43, 44f
    intermoléculaires, 37
    ionique, 36, 36f, 81f
    peptidique, 75, 342, 343f
    réactions chimiques établissant et rompant des, 39

Libération, hormones de, 1049

Lichen(s), 614, 678, 681, 681f

Ligaments, 906

Ligand(s), 158, 213
    canal ionique à ouverture régulée par un, 215

Ligase, *voir* ADN ligase

Ligature des trompes, 1086

Lignage de la famille, 277, 278f

Ligne
    latérale, organe sensoriel de la, 749, 1174, 1174f
    M, 1183
    primitive, 1103
    Z, 1182

Lignée
    cellulaire, 441, 441f, 1108
    pure, 264

Limbe, 784

Limons argilosableux, 837

Limule, 723, 723f

Linné, *voir* Von Linné

Lipase pancréatique, 938

Lipides, 71
    digestion des, 937, 938f
    voir aussi Graisses

Lipoprotéines
    de faible masse volumique (LDL), 966
    de forte masse volumique (HDL), 966

Liposomes, 563

Liquide(s)
    cérébrospinal, 1136
    interstitiel, 911, 962f
        transfert de substances entre le sang et le, 959
    renvoyés dans le sang, rôle du système
        lymphatique, 960

Lister, J., 587

Lits capillaires, 952
    circulation sanguine dans les, 959, 961f

Lobe
    antérieur de l'hypophyse, *voir* Adénohypophyse
    postérieur de l'hypophyse, *voir* Neurohypophyse

Loci de chromosome(s) et recombinaison, 294

Locomotion, 1177
    dans l'eau, 1178
    dans les airs, 1179
    fondements cellulaire et squelettique de la, 1179
    sur la terre ferme, 1178

Locus, *voir* Loci

Loi(s)
    de Dalton, 975
    de Hardy-Weinberg, 486, 486f
        conditions préalables à l'application, 488
        et variation génétique, 487
    de la physique
        et de la chimie, application
            aux écosystèmes, 1311
        régissant la morphologie des Animaux, 910
    mendélienne(s)
        de l'assortiment indépendant des caractères,
            268, 270f
        de la génétique, généralisation des, 272
        de la ségrégation, 265, 267, 268f, 270f
        fondements chromosomiques des, 291f

London, forces de, 80

Longueur d'onde, 192

Lophophore, 698, 712

Lophophoriens, 693f, 698f, 712, 713f
    déplacement de l'embranchement des, 698

Lophotrochozoaires, 696, 697f, 698, 708

Lorenz, K., 1228

Lumière(s), 193f
    attirance exercée sur les Végétaux par la, 875
    bleue, photorécepteurs sensibles à la, 887
    capteurs de, 192
    effet
        sur le rétinal, 1167, 1167f
        sur les synapses, 1169f
    horloge biologique réglée par la, 890
    infrarouge, 892f
    nature de la, 192
    pigment absorbant la (rhodopsine), 1167
    productivité primaire limitée dans les écosystèmes
        aquatiques par la, 1312
    réactions des Végétaux à la, 886, 888
    réception dans un photosystème, 196f
    rouge, 892f
    visible, 192

Lupus érythémateux, 1003

Lycophytes, 640, 642

Lycopodes, 642

Lyell, C., 468, 470

Lymphe, 960

Lymphocytes
    B, 988, 989
        fabrication d'anticorps pour la lutte contre les
            agents pathogènes extracellulaires, 995
        différenciation des, 990, 990f, 991
        interaction avec des antigènes, 989
    T, 988, 989
        auxiliaires (T_A), 991, 994f
        auxiliaires, rôle dans l'immunité humorale et
            l'immunité à médiation cellulaire, 992
        cytotoxiques (T_C), 991
        cytotoxiques, lutte contre les agents pathogènes
            intracellulaires et les cellules tumorales,
            994, 995f
        infecté par le VIH, 1004f
        interaction avec des molécules du CMH, 991f
        rôle des marqueurs du soi dans le fonction-
            nement et la différenciation des, 991

Lyse de la cellule cible, voies classique et alterne
    du complément aboutissant à la, 998, 999f

Lysine, 384

Lysosomes, 124, 125f

Lysozyme, 77f, 984

M

Mâchoire(s)
    des Vertébrés, évolution des, 748, 748f
    humaine, morphologie de la, 773
    Vertébrés sans, 746, 746f

Macroévolution, 505
    de la spéciation à la, 518-524

Macromolécules, 65, 66, 66f
    électrophorèse sur gel de, 416f
    modes de transport, 157, 159f
    structure et fonctions des, 65-90

Macrophages, 985

Macrophagocytes, 906

Macula, 1166

Magnésium, 835, 836f, 836t

Maladie(s)
    auto-immunes, 1003
    cardiovasculaires, 965
    causées par des bactéries pathogènes, 586
    de Creutzfeldt-Jacob, 366
    de l'immunodéficience, 1003
    de la vache folle, 366
    de Tay-Sachs, 279
    diagnostics de, 426
    fongiques touchant les Végétaux, les Humains,
        683, 684, 684f
    génétiques causées par des anomalies du nombre
        ou de la structure des chromosomes, 300,
        301, 302f, 303f
    héréditaires
        dominantes, 280, 281
        liées au sexe chez l'Humain, 298
        récessives, 278-280
    humaines résultant d'aberrations
        chromosomiques, 301, 301f, 303f
    métaboliques, 328
    neurologiques, 1150
    opportunistes, 1004
    plurifactorielles, 281
    provoquées par des troubles du système
        immunitaire, 1002
    rôle de l'immunité dans la, 1000
    virales des Animaux, causes et prévention, 362
    voir aussi Diagnostic prénatal, Dépistage

Malléus, 1170

Malpighi, tubes de, 727, 1030, 1031f

Mammifères, 13
caractéristiques des, 764, 764f
circulation
double, 953
pulmonaire, 952f, 953
cladogramme hypothétique de la phylogenèse
des, 769f
cœur des, 954, 954f
composantes et fonctions principales
des systèmes chez les, 909t
évolution des, 765
fécondation chez les, 1094, 1096f
ordres principaux des, 768t
placentaires
développement embryonnaire et fœtal
chez les, 1081, 1104
voir aussi Euthériens
reins des, 1031
système
digestif des, 931
respiratoire des, 971, 971f
température corporelle, 1017

Mandibules, 722

Manteau, 714

Marqueur(s)
du soi, rôle à la surface des cellules, 991
PTFR, 426, 426f

Marsupiaux, 764, 765, 765f, 766f

Masse
atomique moyenne, 30
corporelle, 915
courant de, 818, 828, 829f
molaire, 48
nombre de, 30
viscérale, 714
volumique, lipoprotéines de faible ou forte, 966

Mastocytes, 986

Matériel génétique, 7f, 231, 309, 311, 327
découverte de l'ADN grâce à la recherche du, 310
premier, 562

Matière(s), 27
équilibrage des pertes par l'homéostasie, 1013
fécales, 942
utilisation par les Animaux, allocations
énergétiques, 917, 917f, 1013

Matrice
extracellulaire, 136, 137f, 1107f
mitochondriale, 127
nucléaire, 117

Maturation, 1234
des fruits, 885
des protéines, 398
et synthèse de l'ARN, 333

Mayer, A., 356

Mayr, E., 471, 484

McClintock, B., 389

Mécanisme(s)
de l'évolution, 13
de l'homéostasie/homéostatiques, 911
voir aussi Homéostasie, mécanismes
de régulation
chez les Invertébrés, 1044, 1045f
du cycle cellulaire, 239, 241, 244
moléculaire (cycle cellulaire), 238, 242f
de rétroaction, 912, 1020, 1044, 1055f
de rétro-inhibition, 9, 10f, 106, 106f, 182, 182f,
913, 913f, 1037f

de transpiration-cohésion-tension, 821
de transport, voir Transport, mécanisme(s)
génétiques et cellulaires de contrôle des plans
d'organisation, 448
principaux reliant les gènes aux protéines, 329
voir aussi Transcription et Traduction
sensoriels et moteurs chez les Animaux,
1157, 1177

Mécanorécepteurs, 1161, 1162f

Médecine légale et biotechnologie, 428, 429f

Médiateurs chimiques, 1046
modes d'action, 1046, 1047, 1048f

Médiation cellulaire, réaction immunitaire, 992,
993f, 994

Médicaments extraits de Plantes, 666, 666t

Médulla
rénale, 1031
surrénale, 1051t, 1058, 1058f
synthèse des hormones de la, 1058, 1059f

Méduse, 708f
forme, 706, 706f

Mégapascals (MPa), 814

Mégaphylles, 640, 641f

Mégaspores, 855

Méiose, 232, 249, 253f
I et/ou II, 254, 256f, 257f, 259f, 301f
comparaison entre mitose et, 255, 258f
enjambement, 259, 260f
phases de la, 256f, 257f
réduction de moitié du nombre
de chromosomes dans la, 254, 254f
rôle dans la reproduction sexuée, 251
spermatogenèse, ovogenèse et, 1075
stade diploïde, stade haploïde et, 254
tardive (alternance de générations
chez les Végétaux), 633
voir aussi Non-disjonction méiotique

Mélatonine, 1053

Membrane(s)
basale, 904
cellulaires, constitution, 73
de fécondation, 1094
diffusion à travers une, 150
du tympan, 1170
extra-embryonnaire(s), 755, 755f, 1103,
1104f, 1105f
fluidité des, 145, 147f
voir aussi Mosaïque fluide, modèle de la
mitochondriale interne, 174
modèles de (évolution), 144, 145, 145f
perméabilité sélective de la, 143, 149, 812, 812f
plasmique, 114, 116, 117f, 143, 148f, 149f
des cellules stomatiques, 824, 826f
des procaryotes, 574-576, 576f
potentiel de repos de la, 1123f
protéines de la, 1046
postsynaptique, 1130
potentiel de, 155, 1122, 1123f, 1124, 1125f, 1126f
présynaptique, 1130
production de, 123
réseau intracellulaire de, 121, 127f
structure et fonctions multiples des, 143, 144f,
147, 148f, 149, 149f, 150f, 151f
voir aussi Mosaïque, Transport, Exocytose,
Phagocytose, Endocytose
transport
à travers une, 148, 150, 813, 815
des substances dépendant de
la perméabilité des, 812, 812f

Mémoire, 1149
à court ou long terme, 1149
cellules-, 989
immunitaire produite par interaction d'antigènes
et de lymphocytes, 989, 990f

Mendel, G., 260, 289, 310
découvertes de, 264
hérédité mendélienne chez l'Humain, 277, 278
voir aussi Hérédité mendélienne
loi(s)
de l'assortiment indépendant des caractères,
268
de l'hérédité de Mendel reflétant les règles
des probabilités, 270
de la génétique mendélienne,
généralisation, 272
de la ségrégation, 265, 267, 268f, 270f
fondements chromosomiques, 291f
voir aussi Gènes extracellulaires

Ménopause, 1080

Menstruation, 1078

Mer, voir Milieu marin, Poissons, Communautés
marines, Équilibre hydrique dans la mer

Méristème(s), 790, 791
apicaux, 438, 629, 629f, 791, 791f
de la croissance végétative à la floraison,
transition du, 893
fondamental, 793
latéraux, 791, 791f, 797
passage d'une phase végétative
à une phase florale, 807

Mésappariements des bases, réparation des, 321

Meselson, M., 316, 317f

Mésencéphale, 1137, 1140f, 1141

Mésentères, 908

Mésoderme, 694, 1098

Mésoglée, 705

Mésophylle, 189, 202, 796

Mésozoïque, ère des Gymnospermes, 652

Messagers
du système nerveux, gaz, 134
seconds, 218, 219f, 873

Messages nerveux, nature des, 1122, 1131f

Métabolisme, 91
acide crassulacéen (CAM), 203, 204f
basal (MB), 916
compartimentation dans le, 107f
complexité du, 92f
contrôle des gènes, 328
coordination du, 106
de l'azote, 579
des Bactéries du sol et fourniture d'azote
aux Végétaux, 841
énergie libre et, 96
et dioxygène, 579
réactions exergoniques et endergoniques dans le,
96, 97, 97f
régulation, 105
allostérique, 105, 15f
standard (MS), 916
vitesse du (stratégie bioénergétique d'un
animal), 914
voir aussi Vitesse du métabolisme
voir aussi Voies métaboliques

Métamonadines, 603, 622t

Métamorphose(s), 690, 728f
complètes, 727
incomplètes, 727

Métanéphridies, 717, 1030, 1031f

Métaphase
fuseau de division pendant la, 236f
méiose, 256f, 257f
mitose, 233, 235f, 236, 239f

Métastase, 244, 245f

Méthanogènes, *voir* Archéobactéries

Méthode(s)
de datation des fossiles, 529
de séquençage de l'ADN, 419, 420, 421f, 422f
naturelle de contraception, 1084

Méthylation de l'ADN, 393

Microclimat, 1206

Microévolution, causes de la, 488

Microfilaments, 130, 131t, 134f
d'actine, 132
et mobilité, 135f

Micrographies électroniques, 114f, 115f, 117

Microorganismes
biogenèse des, 561f
du sol, adaptation nutritive, 842
symbiotiques contribuant à la nutrition
de nombreux Vertébrés, 943, 944f

Microphylles, 640, 641f

Microréseau à ADN, essai sur, 424, 425f

Microscope(s)
électronique, 113, A-1
à balayage (MEB), 113, 114f
à transmission (MET), 113, 114f, 117f
photoniques (MP), 112, 113f, A-1

Microspores, 854

Microtubules, 130, 131t
du cortex cellulaire, 803, 804f

Microvillosités, 938

Migration, 1239
cellulaire, 438, 1107, 1107f
corridors de, 1354, 1355, 1355f
des chromosomes pendant l'anaphase, 237f
routes de, 1241f

Mildiou, agents du, 608

Milieu
de culture complet, 328
externe (Animaux), 910
interne (Animaux)
mécanismes de l'homéostasie tempérant
les changements du, 911
régulation du, 911, 911f, 912f, 1011
marin, zones d'un, 1209, 1212f
respiratoire, 967

Miller, C. O., 880

Miller, S., 56, 560, 562f

Millipèdes, 724, 725f

Mimétisme
batésien, 1288, 1289f
moléculaire, 39f
müllérien, 1289, 1289f

Minéralocorticoïdes, 1059, 1060f

Minéraux, 834, 836t, 848
absorption et transport radial par/dans les racines,
818, 819f, 834
besoins des Humains, 927t
disponibilité dans le sol, 838, 838f
type et quantité nécessaires aux Animaux
et aux Humains, 925, 927t, 928
voir aussi Carence minérale

Mitochondries, 127, 128f, 198, 199f, 598
ancêtres des, 598
Protistes sans, 603
voir aussi Myopathie mitochondriale

Mitose, 231, 231f, 253f
chez les Eucaryotes et scissiparité bactérienne, 236
comparaison entre méiose et, 255, 258f
dans le cycle cellulaire, 232
dans une cellule végétale, 239f
évolution de la (hypothèse), 241f
phases de la, *voir* Phase mitotique

Mixotrophes, 595

Modèle
ascendant, 1294, 1295
chimiosmotique, 879f
de l'équilibre ponctué et recherche
sur le rythme de spéciation, 517
de la cascade trophique, 1295
de la mosaïque fluide, 144, 145, 145f
de la redondance, 1284
de la stabilité, 1296
de Stanley, 524
des rivets, 1284
descendant, 1295
du déséquilibre, 1296
exponentiel d'accroissement démographique,
1265, 1266f
logistique d'accroissement démographique,
1266, 1267t, 1268f, 1269f
et cycles biologiques, 1269
multirégional ou monogénétique, 776, 776f
semi-conservateur, 316

Modifications génétiques, 398, 399, 399f

Moelle, 787

Moisissure(s), 669, 678
bleue, 680f
chevelue, 674f
Penicillium notatum, 685f

Mole (mol), 39, 48, 176, 178f

Molécule(s), 2, 3f, 29
amphipathique, 143
d'adhérence cellulaire, 1107
d'eau
cohésion des, 44
dissociation des, 49
et liaisons hydrogène, polarité des, 43, 44f
scission des, 190
de chlorophylle dans les Plantes,
site et structure, 195f
de communication, 213
de pigment en état excité ou fondamental,
194, 195f
du CMH de classe I ou II, 991
interaction des Lymphocytes T et des, 991f
fonction biologique dépendant de leur forme
tridimensionnelle, 38, 38f
formation des, 34, 35, 35f
hydrophobes : les lipides, 71
maternelles dirigeant la régulation
de la transcription, 447
mécanisme de régulation moléculaire (cycle
cellulaire), 238
organiques, 56, 57f, 166
diversité des, 57
oxydation des, 172
polaire, 43

Mollusques, 693f, 697f, 714, 714f
classes principales des, 714t

Monde vert, hypothèse d'un, 1318

Monocaténaire, *voir* ADN monocaténaire

Monocotylédones, 657, 783f, 795f

Monocultures, 1298

Monocytes, 985

Monod, J., 375

Monogamie, 1247

Monogènes, 711

Monohybridité, 268

Monomère(s), 66, 67, 85
organiques, synthèse abiotique de, 560

Monosaccharides, 67, 67f, 68
sources d'énergie et de carbone, 67

Monosomie, 300, 303

Monotrèmes, 765, 765f

Monoxyde d'azote (NO), 1046

Montée de sève brute, 820

Morgan, T. H., 290, 310

Morphogènes, 451

Morphogenèse, 438, 439f
chez les Animaux, fondements cellulaires
et morphologiques, 1106
découlant du plan d'organisation, 804
façonnement de la structure des Plantes
par la, 801

Mort cellulaire programmée, 457, 885

Morula, 1097

Mosaïque, 147
fluide, modèle de la, 144, 145, 145f
gène, 337

Moule zébrée, 1198, 1200f

Mousses, 635, 636f, 637f

Mouvement(s)
corporels, 1186
et locomotion, 1177, 1183f
voir aussi Squelette, Muscles, Locomotion
nyctinastiques, 889, 890f

Mpa, 814

MPF (*maturation-promoting factor*), 240, 242f

MSH, 1053

Mucoviscidose, 279

Mue, 721

Multiplication
règle de la, 271
végétative, 862, 863, 863f

Muqueuse(s), 904, 909f
premières lignes de défense contre l'infection,
984, 985f

Muscinées, 635, 636f

Muscles (chez les Vertébrés), 908f, 1182, 1183f,
1188, 1188f
cardiaque, 1188
lisses, 1189
sphincter pylorique, 936
voir aussi Sphincters
squelettiques, 1182, 1184f
voir aussi Tissu musculaire

Musculeuse, 909f

Mutagènes, 349

Mutagenèse *in vitro*, 424

Mutant(s)
de Morgan, le premier, 292

types de, 885f
utilisation de, 883, 884f
Mutation(s), 346, 491
de gènes homéotiques, 453f
faux-sens, 348
létales au stade embryonnaire, 450
multiples, causes du cancer, 400
non-sens, 348
ponctuelle(s), 346, 347, 347f, 348f
production de variation génétique, 493
silencieuses, 347
spontanées, 349
Mutualisme, 586, 586f, 1285, 1285f, 1289, 1290, 1290f
Mycélium, 670, 670f
Mycétozoaires, 594f, 595, 618, 622t
Mycorhizes, 678, 682, 682f, 683f, 818, 819f, 845, 846, 846f, 847f
Mycoses, 684
Myéline, gaine de, 1119
Myoblastes, 446
Myocarde, infarctus du, 965
Myofibrilles, 1182
Myofilaments
minces ou épais, 1182
théorie de la contraction par glissement des, 1183, 1184f
Myoglobine, 978, 1188
Myopathie
de Duchenne, 298
mitochondriale, 305
Myosine, 134, 135f
contractions musculaires et rôle de la, 1183, 1185f
Myotonie, 1074
Myxines, 746, 746f
Myxinoïdes, 746
Myxomycètes, 618, 619f, 622t

N

NAD⁺, 166, 167f, 191
NADH + H⁺, 168f, 172, 174
NADP⁺ et NADPH + H⁺, 191, 192, 199
Nage, 1178
Nature, échelle de la, 466
Navigation, 1240
Nématocystes, 707
Nématodes, 693f, 697f, 720, 720f
Némertes, 693f, 697f, 713
Néocortex, 1144
Néphron(s)
anse du, 1032, 1033
corticaux, 1032
juxtamédullaires, 1032
structure et fonction du, 1031, 1034f
unité structurale et fonctionnelle des reins des Mammifères, 1031
vaisseaux sanguins associés aux, 1033
Nerfs, 1118, 1139f
crâniens, 1137
parasympathiques, 1137, 1139f
spinaux, 1137, 1138f
sympathiques, 1137, 1139f
Neurohypophyse, 1049, 1050t, 1052f

Neurolemmocytes, 1121, 1121f
Neurone(s), 907, 907f, 1058, 1058f, 1118, 1119, 1124
formation et développement des, 1150
moteur, 1119
potentiel de membrane d'un, *voir* Potentiel de membrane
réseaux complexes composant le système nerveux, 1118
sécrétoires, 1044, 1052f
sensitif, 1119
structure et synapses, 1118, 1119, 1119f, 1121f
voir aussi Interneurones, Cellules souches neuronales
Neuropeptides, 1134
Neurotransmetteurs, 1119, 1129, 1132, 1133f, 1134
Neutralisation, 998
Neutrons, 29
Niche écologique, 1286
Nicolson, G., 145
Nicotinamide adénine dinucléotide (NAD⁺), 166, 167f
Nidation, 1081f
Nitrification, 1324
Nitrogénase, 842
Niveau(x)
de condensation de la chromatine, 385f
de l'organisation biologique, 2
de repliement successifs de l'ADN, 384
énergétique(s) (électrons), 31, 32, 32f
dernier, 33
supérieurs de condensation de l'ADN, 384
trophiques, 1291, 1310, 1317, 1320f
Nocicepteurs, 1162
Nodosité, 842, 843f, 844, 845f, 846
Nœud(s)
auriculoventriculaire, 955
des tiges, 784
lymphatiques, 962
sinusal, 955
Nombre(s)
d'oxydation, 35, 57f
de masse, 30
pyramide des, 1318
Nomenclature binominale, 536
Non-disjonction méiotique, 300, 301f
Non-soi, *voir* Soi et non-soi
Noradrénaline, 1058, 1133
Norme de réaction du génotype, 276
Nourriture
étapes du traitement de la, 929
quête de, 1231
Nouveau-nés, dépistage chez les, 283
Noyau(x)
atomique, 29
basaux, 1143
cellulaire, 117, 120f, 223f
du spermatozoïde, fusion avec celui de l'ovule, 1092
suprachiasmatiques, 1143
transfert de gènes dans le, 599
transplantation de (Animaux), 442, 443f
Nucléases, 937
Nucléoïde, 115, 367, 576
Nucléole, 117
Nucléosidases, 937

Nucléosomes (collier de perles), 384, 385f
Nucléotidases, 937
Nucléotides, 7, 83, 85, 86f, 319f
triplets de (correspondant à des acides aminés), 331
Nuit, durée critique de la, 891
Numéro atomique, 30
Nutriment(s)
absorption
chez les Mammifères, 938
par une plante, 834, 834f
azote, cas particulier comme, 841, 841f, 842
catabolisme de divers, 181f
charge critique et cycle des, 1328
essentiels, 924
(majeurs et mineurs) pour les Végétaux, 834, 835f, 836t
source et obtention de (besoins des Animaux), 922, 924, 924f
limitant, 1314
mécanismes de transport chez les Végétaux, 811, 817
productivité primaire limitée dans les écosystèmes
aquatiques par les, 1312
terrestres par les, 1316
recyclage des, 1325, 1326, 1328
réserve contenue dans une graine, 858
structure d'une communauté déterminée de bas en haut par des, 1294
voir aussi Parasitisme, Prédation, Enrichissement en matières nutritives
Nutrition
chez les Animaux, 921, 943
des procaryotes, modes de, 578, 578t
des Végétaux, 833
rôle du sol, 837
par absorption, les Eumycètes, 670
régulation du glucose, exemple d'homéostasie dans la, 922
voir aussi Nutriments, Adaptations nutritives

O

Obésité, 923, 923f
Ocytocine, 1049, 1083, 1083f
Odorat, 1175, 1176, 1177f
Œil
composé, 1164, 1164f
simple, 1165
structure chez les Vertébrés, 1165, 1165f
voir aussi Yeux
Œsophage, 934, 938f
Œstrogènes, 1062, 1083, 1083f
Œstrus, 1078
Œuf
amniotique, 755, 755f
gène de polarité de l', 451f
OGM, 432, 865, 1345
débats publics, 867, 868
Oiseaux, 13
actuels, 763, 763f
caractéristiques des, 760, 760f, 761f
développement embryonnaire chez les, 1103
origine des, 761, 762f
système respiratoire des, 973, 973f
température corporelle, 1017
voir aussi Chants d'oiseaux *et* Migration, routes de
Okazaki, fragments d', 320

Oligochètes, 717
Oligodendrocytes, 1121
Oligosaccharines, 899
Ommatidies, 1164
Omnivores, 928
Oncogènes, 365, 399, 399f
Onde(s)
    de pression, détection par les Poissons
        et Amphibiens aquatiques, 1174
    électromagnétiques, récepteurs d', 1163, 1163f
    longueur d', 192
Oomycètes, 607, 622t
Oparin, A. I., 560
Opérateur, 375
Opéron(s)
    concept de base, 375
    inductibles, 376
    lac (lactose), 376, 377, 377f, 378, 378f
    répressibles, 376
    trp (tryptophane), 375, 375f
Ophiures, 733
Opsine, 1167
Opsonisation, 998
Orbitale(s)
    définition, 33
    électroniques, 33, 34f
    hybrides, 38f
Ordre(s), 5f, 94f, 536
    hiérarchique, 1243
Oreille
    externe, 1170
    interne, 1170, 1173
        chez les Poissons et Amphibiens aquatiques,
            1174
    moyenne, 1170
    structure et fonction, 1171f
Oreillettes, 951, 953f, 954f
Organe(s), 3f, 4, 908
    à cellule-flamme (protonéphridie), 1030
    cibles, 827
    d'échanges et cellules, connexion établie
        par les systèmes de transport, 950
    de Corti, 1171
    gènes d'identité des, 458, 459f, 807, 807f, 808f
    reproducteurs
        de l'homme, 1070
        de la femme, 1073
        du sporophyte chez les Angiospermes,
            les fleurs, 852
    sensoriel de la ligne latérale chez les Poissons
        et Amphibiens aquatiques, 749, 1174
    sources, 827
    spiral, 1171
    transplantation d', 1001
    tubulaires des divers systèmes urinaires
        métanéphridies, 1030, 1031f
        protonéphridies, 1030, 1030f
        tubes de Malpighi, 727, 1030, 1031f
    végétaux
        tissus des, 786, 787f
        types de cellules des tissus des, 788, 789, 790f
    vestigiaux, 476
Organisateur(s), 1110, 1112f
    de Spemann et Mangold, 1110, 1111f
Organisation (biologique), 2
    cellulaire, vue d'ensemble, 114

corporelle
    des Bilatériens, 694, 694f
    des Mollusques, 714
    plans d' (Animaux), 692, 693f, 699f, 910, 1109,
        1110, 1111f
corrélation entre structure et fonction dans l', 7,
    8f, 23t, 904
des enzymes dans une cellule favorisant
    la coordination du métabolisme, 106
des systèmes nerveux, 135
des tissus
    d'une feuille, 796, 796f
    primaires d'une jeune racine, 793, 793f, 794
hiérarchie de l', 2, 3f
mécanismes génétiques et cellulaires de contrôle
    des plans d', 448
plans d', 448, 453, 454f, 459f, 804, 807f
    voir aussi Organisation corporelle, plans d'
propriétés apparaissant à chaque niveau de l', 2
spatiale, 448
structurale des procaryotes et des Eucaryotes, 6, 6f
Organisme(s), 2, 3f, 833
    altération du génome cellulaire au cours
        de la vie d'un, 389
    aptitudes à la reproduction, 229
    de l'ovocyte à l', 1092
    défenses de l', 983, 984f
        voir aussi Défenses de l'organisme
    des Animaux, production des, 1101
    distribution des, 1197
        voir aussi Distribution des organismes
    équilibre dynamique dans les, 9
    facteurs influant sur la distribution des, 1197
    génétiquement modifiés (OGM), 432,
        865-868, 1345
    hétérozygote, 167
    homozygote, 267
    interactions entre eux et avec leur milieu,
        déterminant leur distribution et
        leur abondance, 1194, 1194f
    la cellule comme unité structurale et fonctionnelle
        des, 4
    modèle, 440, 440f
    multicellulaire, de la cellule à l', 438
    premiers, 560
    procaryotes
        vue d'ensemble des, 571
        voir aussi Procaryotes, Cellules procaryotes
    sensibilité aux variations de pH, 49
    systèmes ouverts interagissant avec
        leur environnement, 8, 1193
    transformation de l'énergie par les, 92, 93
    transgéniques, 430, 866
    vie grâce à l'énergie, 95
Organites, 2, 3f, 8f, 113, 114, 125f, 127, 127f, 138
Organogenèse, 1081, 1101, 1102f, 1103f, 1104f
Orgasme, 1075
Orientation, 1240
    comportement d', *voir* Cupules optiques
Origine(s)
    de la diversité
        animale, 699
        des Eucaryotes, 593
        métabolique, procaryotes et, 571
    de la variation génétique, 255
    de la vie, 553, 559
        débat, 565
        étapes hypothétiques, 560, 562, 563
    de réplication, 237, 318, 318f
    des espèces, 13, 484, 505

des Humains à la morphologie moderne, 775
    voir aussi Modèle multirégional
        ou monogénétique
des Oiseaux, 761
des Reptiles, 758
des Vasculaires, 639
des Végétaux terrestres, 633
du règne animal, 691
et diversification précoce des Eucaryotes,
    597, 597f
moléculaire de l'anémie à hématies
    falciformes, 347f
Oscillation, 339
Oscule, 705
Osmolarité, 1026
Osmorégulateurs, 1026
Osmorégulation, 152, 153f, 1026, 1027f
Osmose, 152, 152f, 1026
    voir aussi Équilibre osmotique
Osmotolérants, 1026
Ostéichthyens, 750
Ostéoblastes, 907
Ostéons, 907
Ostracodermes, 747
Ouïe, 1170
Ovaire(s), 853, 854, 860
    humains, 1051t, 1073
Overton, C., 144
Ovocytation, 1075
Ovocyte(s)
    à l'organisme, de l', 1092
    de deuxième ordre, 1075
        activation par la fécondation, 1092, 1094
        rôle des déterminants cytoplasmiques
            dans les, 1109
    de premier ordre, 1075
Ovogenèse, 1075
Ovogonies, 1075
Ovulation, 1073, 1075f
Ovule, 651, 651f, 663, 858
    fécond, rencontre ou fusion avec un
        spermatozoïde mature, 1068, 1092
Oxydation, 165
    bêta-, 181
    des molécules organiques, 172
    du glucose en pyruvate, 169, 171f
    nombre d', 35, 57f
Oxydoréduction, réactions d', 165, 166f
Oxygène, 835, 836t
Oxyhémoglobine, courbe de dissociation, 976, 977f
Ozone
    amincissement de la couche d', 1334
    atmosphérique, destruction, 1333

P

Paire de bases, substitution d'une, 347
Paléoanthropologie, 771
Paléontologie, 467
Paludisme, répartition géographique, 495f
Pancréas, 932, 939f, 941f
    histologie du, 1057f
    hormones sécrétées par les tissus endocrines du,
        1051t, 1055, 1057f

Pangée, 532, 553

Parabasaliens, 603, 622t

Parabronches, 973

Parade nuptiale, 1245, 1246f

Paradoxe de la biogenèse, 560

Parasites, 578, 586
    animaux, 361, 361t
    comme prédateurs, 1289
    intracellulaires obligatoires, 357
    plantes, 847, 847f

Parasitisme, 1285f, 1288, 1289
    chez les Végétaux, 847, 847f

Parasitoïdisme, 1289

Parathormone (PTH), 1054

Parazoaires, 692, 693f, 697f, 704
    -Eumétazoaires, dichotomie, 692, 693f

Parcimonie, principe de, 542, 543, 544f, 546f

Parenté, coefficient de, 1251, 1252f

Parité segmentaire, gènes de, 453

Paroi cellulaire, 135, 136f
    chez les procaryotes, 574
    lamelle moyenne, 136
    primaire, 136
    secondaire, 136
    végétale, 789f
    voir aussi Équilibre hydrique

Parole et langage, 1147, 1147f

Partage des ressources, 1286, 1287f

Parthénogenèse, 712, 1066, 1067f

Particule(s)
    de reconnaissance du signal (PRS), 345
    élémentaires, 29
    modes de transport des, 157, 159f

Parturition, 1083

Passériformes, 763

Pasteur, L., 561f, 587

Patch-clamping, 824, 826f

Patrimoine génétique
    d'une population, 485, 486f
    de la génération suivante, contribution
        d'un génotype au, 497

Pauling, L., 66f

Paysage(s), 1354
    biodiversité des, 1354
    conservation des, 1354
    écologie du, 1196, 1354
    réserves naturelles, partie fonctionnelle des, 1357
    terrestre ou marin, 1196

Peau
    organe de la thermorégulation, 1017, 1017f
    première ligne de défense contre l'infection, 984
    récepteurs de la (chez les Humains), 1161, 1161f

Pédicelle, 638

Pédomorphose, 520, 521f, 743

Penicillium, 17, 685f

Pénis humain, 1073
    gland du, 1073

PEP carboxylase, 202

Pepsine, 935

Pepsinogène, 935

Peptidoglycane, 574

Perception des stimulus, 1159

Perforine, 994

Pergélisol, 1215

Péricarpe, 662

Péricycle, 794

Périderme, 799
    production du, 798

Période
    critique, 1235
    édiacarienne, 699
    réfractaire, 1127

Péristaltisme, 931, 934f, 1179, 1180f

Péristome, 638, 638f

Perméabilité
    de la bicouche lipidique, 149
    sélective, 143, 149
        des membranes, transport des substances
            dépendant de la, 812, 812f

Perméases, 154, 155

Peroxysomes, 128, 129f, 628

Perpétuation de la vie, 6

Pert, C., 1134

Perte(s)
    sélective de gènes, 389
    thermiques, *voir* Gains ou pertes thermiques

Perturbation(s), 1296, 1297f
    dans les chaînes alimentaires, 1347
    et structure d'une communauté, 1296
    les Humains, principaux agents de, 1298

Perutz, M., 15

Pétales, 660, 853

Pétiole, 784

Pétromyzonoïdes, 747

PGAL, 199

pH, 49, 50, 50f, 103

Phage(s), 310, 357
    réplication des, 359
    T4, cycle lytique du, 359f
    tempéré (le Phage λ), cycles lytique
        et lysogénique d'un, 360f
    virulent, 359

Phagocytes, rôle dès le début de l'infection, 984

Phagocytose, 124, 126, 158, 159f, 984, 985f

Pharynx, 934, 938f

Phase(s)
    changement de (morphologie des pousses
        végétales), 806, 807f
    de croissance accélérée de l'endomètre, 1078
    de la communication cellulaire, 212
    folliculaire, 1079
    G_0, 240
    G_1, 232
    G_2, 232, 234f, 242f
    lutéale, 1079
    M, 232
    menstruelle, 1078
    mitotique, 232, 233, 234f
    S, 232
    sécrétoire, 1078

Phénotype(s), 267, 269f, 272, 276, 277, 277f
    déplacement du, 1286, 1287, 1287f
    mutants, 290
    production différente chez les Mammifères selon
        leur provenance, 304
    sauvage, 290
    variation du, 497

Phéophycées, *voir* Algues brunes

Phéromones, 210, 1069, 1248, 1248f

Phloème, 632, 632f, 786, 788f
    remplissage et vidange du, 827, 828f
    transport de la sève élaborée dans le, 826, 827

Phoronidiens, 693f, 697f, 713

Phosphate
    groupement, 62
    transfert du, 100f

Phosphoglycéraldéhyde (PGAL), 199

Phosphoglycérolipides, 73, 74f, 143
    membranes cellulaires constituées en majeure
        partie de, 73

Phosphore, cycle du, 1324, 1325f

Phosphorylation(s), 219f
    au niveau du substrat, 169, 169f
    oxydative, 168, 168f, 169, 177f

Photoautotrophes, 187, 188f, 578, 584t, 613

Photohétérotrophes, 578

Photomorphogenèse, 886

Photon, 192

Photo-oxydation de la chlorophylle, 194

Photopériodisme, 891
    effets réversibles des lumières rouge et infrarouge
        sur la réaction de, 892f
    et régulation de la floraison, 891

Photophosphorylation, 191
    cyclique, 197
    non cyclique, 196

Photopsines, 1168

Photorécepteurs, 1163, 1164, 1167f
    sensibles à la lumière bleue, 887

Photorespiration, 202

Photosynthèse
    apparition chez les procaryotes, 580, 580f
    dans la nature, 39f, 187, 189f, 194f, 203f, 204f,
        205f, 557f
    et transpiration, équilibre grâce aux cellules
        stomatiques, 823, 824
    facteurs externes influant sur la, 200
    voies métaboliques de la, 190, 190f

Photosystèmes, 194, 196f
    I et II, 196

Phototrophes, 578

Phototropine, 887

Phototropisme, 875, 876f

Phragmoplaste, 629

Phylocode, 541

Phylogenèse, 527
    animale, 1024
        deux versions de la, 691, 692, 696, 698
        révision, 704f
    biogéographie et, 532
    de *Homo sapiens,* primates et, 767
    déduction à partir de données moléculaires,
        541, 542
    des Amniotes, hypothèse, 756f
    des Arthropodes et classification, 722
    des Eumycètes, 673, 673f
    des Mammifères, cladogramme hypothétique
        de la, 769f
    des Tétrapodes, 752, 752f, 753, 753f
    des Vertébrés et Cordés invertébrés, 740
    hypothétique des Plantes à graines, 653f
    la systématique : liens entre classification et,
        535, 581
    principe de parcimonie aidant à reconstruire la,
        542, 543

Phylogénie hypothétique des Eucaryotes, 602f

Physiologie, définition, 904

Physique (lois de la)
    application aux écosystèmes, 1311
    régissant la morphologie des Animaux, 910

Phytoalexine, 899

Phytochrome(s), 873, 874f
    fonctionnement, 888
    interconversion des
        et germination des graines, 888, 888f
        et héliophilie, 889
    structure d'un, 889f

Phytoplancton, 596

Phytoremédiation, 841

Pied(s)
    ambulacraires, 731
    des Mollusques, 714
    sporophytes des Mousses, 638

Pigment(s)
    absorbant la lumière : la rhodopsine, 1167
    du chloroplaste, 194f
    groupe hétérogène de (formation par les photoré-
        cepteurs sensibles à la lumière bleue), 887
    photosynthétiques, 192
    respiratoires, transport des gaz et stabilisation
        du pH du sang, 976

Pilotage, 1240

Pilus, pili sexuel(s), 370, 575

Pin, voir Conifères, Cône de pin

Pinocytose, 158, 159f

Pinophytes, 654, 656f

Pistil, 661

Pistolet à ADN, 864f

Placenta, 764, 1081

Placentaires, 766f
    voir aussi Euthériens

Placodermes, 748

Plan(s)
    d'organisation, 448, 454f, 459f, 804, 1111
        anormaux, 453f
        corporelle, arbre phylogénétique traditionnel
            des Animaux fondé sur les, 692,
            693f, 699f
        corporelle de base (Animaux), 1109
        corporelle et milieu externe (Animaux), 910
        corporelle typique des Mollusques, 714f
        d'un membre chez les Vertébrés, 1111, 1112f
        de la fleur, gènes de l'identité des organes et,
            807, 807f
        morphogenèse découlant du, 804
    de la division cellulaire, 801, 802f, 803f

Planaires, 710, 710f

Plancton, 596

Planète, réchauffement de la, 1332

Plante(s)
    à fleurs, 627f
        clades de, 657, 660f
        voir aussi Angiospermes, Fleurs
    à graines, 627f
        clades de, 652
        évolution des, 649, 650
        phylogenèse hypothétique des, 653f
        voir aussi Graines, Angiospermes,
            Gymnospermes
    absorption de nutriments par une, 834, 834f
    annuelles, 791

bisannuelles, 791
carnivores, 848, 848f
de jour
    court, 891, 892f
    long, 892f
de type CAM, 203, 204f
de types C_3 et C_4, 202, 203f
génie génétique, utilisation pour la culture de,
    431, 431f
indifférentes, 891
médicaments extraits de, 666, 666t
parasites, 847, 847f
sans graines, 639
structure
    primaire, 792
    secondaire, 797
    voir aussi Structure des Plantes, façonnement
Virus des, 365, 366f
vivaces, 791
voir aussi Végétaux, Angiospermes, Fleurs

Plantules, 861

Plaque(s)
    athéroscléreuse, voir Athéromes
    cellulaire, 233, 238f
    équatoriale, 233, 235f, 236f
    tectoniques, 532, 533f
    voir aussi Sclérose en plaques

Plaquettes, 963
    facteur de croissance dérivé des, 243

Plasma, 962

Plasmide(s), 367, 576
    bactériens et clonage génique, 409f, 410, 411f
    caractéristiques générales des, 370
    conjugaison et, 370
    définition, 370
    F, 371
    R, 371
        et résistance aux antibiotiques, 371
    Ti, 431, 431f

Plasmocytes, 989

Plasmode, 618

Plasmodesmes, 137, 789f

Plasmogamie, 672

Plasmolyse, 153, 815

Plastes, 127, 598, 616f

Plathelminthes, 693f, 697f, 709
    classes des, 710t

Platon, 466

Pléiotropie, 274, 280f

Pluies acides, 51, 52f, 1329, 1330f

Pluricellularité, 620

Poils absorbants, 784, 784f, 818

Point
    chaud de la biodiversité, 1356, 1356f
    d'ancrage, 243
    de contrôle du cycle cellulaire, 239, 242f
    de repère, 1239

Poissons, 748
    cartilagineux, 748-750
    circulations branchiale et systémique, 952, 952f
    d'eau douce, voir Dulcicoles
    osseux actuels
        classes, 750
        marins, comparaison de l'osmorégulation avec
            les poissons dulcicoles, 1026, 1027f
    température corporelle, 1018, 1019f
    voir aussi Branchies, Équilibre hydrique
        dans la mer, Nage, Dulcicoles

Polarité, 804, 805f
    de base (Animaux), 1109
    de l'œuf, gène de, 451f
    des molécules d'eau et liaisons hydrogène, 43, 44f
    segmentaire, gènes de, 453

Pôles végétatif et animal, 1096

Pollen
    effets de l'apparition du, 652
    grains de, 663, 853, 854, 855f

Pollinisation, pollinisateurs, 652, 665f, 854, 856

Polyandrie, 1247

Polychètes, 718

Polygamie, 1247

Polygynie, 1247

Polymérase, voir ADN polymérase, ARN polymérase
    ou ACP

Polymère(s)
    construction à partir de monomères, 67
    définition, 66, 71
    de monosaccharides : les polysaccharides, 68
    de nucléotides : les acides nucléiques, 83, 85
    organiques, 562
    synthèse et dégradation des, 65, 66, 66f

Polymorphisme(s), 492
    de taille des fragments de restriction (PTFR),
        418, 429
        marqueur, 426, 426f
    équilibré préservant la variation génétique, 495
    nucléotidiques, 425

Polynucléotide, 85, 86f

Polype, forme, 706, 706f

Polypeptide, 75, 77
    à la protéine fonctionnelle, du, 343
    séquences signal, orientation vers des destinations
        précises de, 344, 345, 345f
    synthèse à partir de l'ARNm (traduction),
        330, 338, 341
    un gène, un (hypothèse), 329

Polyploïdie, 300, 515

Polyribosomes, 343, 344f

Polysaccharide(s), 68
    de réserve, 68, 69f
    structural(aux), 70, 71f

Polysome, 343

Polyspermie, blocage
    lent de la, 1094
    rapide de la, 1093

Pompe
    à protons, 157, 813
    à sodium et à potassium, 155, 156f
    électrogène, 157, 157f

Ponctuations, 786

Pont(s), 1141
    disulfure, 80, 81f

Population(s), 4, 14f, 485, 1196, 1257
    accroissement des, 1260, 1273
    approche des petites, 1348
    caractéristiques des, 1258
    commensalisme chez les, 1285, 1285f, 1290
    compétition chez les, 1285, 1285f, 1286
    conservation des, 1348
    de petite taille, spirale d'extinction, 1348
    déclinantes, approche des, 1351
    densité de, 1258, 1270, 1270f, 1285f
    diminution des, 1260, 1273
    distribution de la, 485, 485f, 1258, 1259

dynamique reposant sur une interaction d'influences biotiques et abiotiques, 1272
écologie des, 1195f, 1196
évolution des, 483, 484f
extinction de, 1348
    voir aussi Extinction des espèces
facteurs limitant la taille des, 1270
fluctuations, 1272, 1272f, 1273, 1273f
    extrêmes, de, 1273, 1273f
génétique des, 484, 487
humaine, accroissement de la, 1275, 1275f
non évolutive (loi de Hardy-Weinberg), 486
patrimoine génétique d'une (définition), 485
polymorphe, 492
prédation chez les, 1285, 1285f, 1288
taille
    efficace d'une, 1349
    minimale viable d'une, 1349
variations génétiques survenant au sein des (et entre elles), 491, 492f
viabilité d'une (analyse), 1349, 1350, 1350f

Porifères, 692, 693f, 697f, 705

Porte-greffe, 864

Positionnement, information de, 448, 804, 1111, 1113f

Positrons, tomographie par émission de, 30, 31f

Postulats de Koch, 587

Posture, adaptation de la, 1182

Potassium, 835, 836t
pompe à, 155, 156f

Potentialisation à long terme, 1149

Potentiel(s)
d'action, 895, 1125, 1125f, 1126f, 1160f, 1188f
    propagation le long de l'axone, 1127, 1128f
de développement d'une cellule, 1108, 1109
de membrane, 155, 1122, 1123f
    variation du, 1124
de repos, 1122, 1123f
gradués : hyperpolarisation et dépolarisation, 1124, 1125, 1125f
hydrique, 814
    analyse quantitative du, 814
    différences de, 814
    influence de la concentration des solutés et de la pression sur le, 814
    modèle mécanique du, 815f
postsynaptique(s)
    excitateur (PPSE), 1130
    inhibiteur (PPSI), 1130
    sommation des, 1131, 1132f
récepteur, 1159

Pouce opposable, 769

Poumons, 970, 972f
lamellaires, 723
ventilation des, 972

Pousses
analyses clonales de l'extrémité des, 806
croissance primaire des, 794, 794f
spécialisées : les fleurs, 852

Pouvoir de résolution, 112

PPSE, 1130

PPSI, 1130

PRA, 377, 378f

Prader-Labhart-Willi, syndrome de, 304

Précaution, principe de, 1196

Précipitations, 998
acides, 51, 52f, 1329, 1330f
conditionnant la distribution des organismes, 1202

Prédateurs
adaptations des, 1288
agents pathogènes comme, 1289
clés, 1293, 1294f, 1295f
défenses des Animaux contre les, 1288
éradication des, 1201, 1201f
parasites comme, 1289
structure d'une communauté déterminée de haut en bas par des, 1294

Prédation, 1288
chez les populations, 1285, 1285f, 1288
chez les Végétaux, 847
sélective, 19, 19f

Préformation de l'embryon, 1092

Prêles, 643

Prépuce, 1073

Présentation de l'antigène, 991

Préservatif masculin, 1085

Pression
artérielle, 951, 960f
    facteurs à l'origine de l'augmentation de la, 961f
    mesure de la, 960f
de turgescence, 815
gradients de, 975
influence sur le potentiel hydrique, 814
ondes de, *voir* Ondes de pression
partielle, 975
racinaire, poussée de la sève brute dans le xylème, 820
sanguine, 957, 958, 958f
    diastolique, 958
    systolique, 958

Primase, *voir* ADN primase

Primates
actuels, 769, 769f, 770f, 771f
arbre phylogénétique des, 770f
caractéristiques des, 767
et phylogenèse de *Homo sapiens,* 767

Principe
d'exclusion compétitive, *voir* Exclusion compétitive
de parcimonie
    et écueil de la dichotomie analogie-homologie, 545, 546f
    et phylogenèse, 542
    systématique moléculaire, 543, 544f, 545f
de précaution, 1196

Prions, 366, 367f

Probabilités, *voir* Règles des probabilités

Proboscis, 713

Procambium, 793

Procaryotes, 6, 6f, 114, 115f
ancêtres de la cellule eucaryote, 598
catégories, 578
classification phylogénétique des, 581, 581f
et origine de la diversité métabolique, 571
diversité
    des, 581
    nutritionnelle et métabolique chez les, 578, 578t
évolution des, 571
fonction des, 573
génétique des, 355, 367
importance écologique des, 586
mobilité des, 575
photosynthèse chez les, 580, 580f
production de nouvelles souches par la recombinaison génétique, 368

reproduction des, 573
structure des, 573
symbiotiques, 586
thermophiles, 572f
univers des, 571
utilisation par l'Humain pour la recherche et la technologie, 588, 588f
voir aussi Cellules procaryotes

Processus physiologiques et comportementaux intervenant par l'intermédiaire de la thermorégulation, 1015

Producteurs, 1310

Productivité
nette, pyramide de, 1318, 1318f
primaire
    brute (PPB), 1312
    dans les écosystèmes aquatiques, dulcicoles ou terrestres, 1311, 1312, 1313f, 1314f, 1315, 1315f, 1316, 1316f
    nette (PPN), 1312
secondaire, 1317

Produits, 39

Progestérone, 1062, 1080

Progestines, 1062

Prognathisme, 773

Programme Génome humain, 418

Progymnospermes, 652

Prolactine (PRL), 1051

Prométaphase, 233, 234f, 239f

Promiscuité, 1247

Promoteur, 333, 334f, 335f

Prophage, 360

Prophase
méiose, 256f, 257f
mitose, 233, 234f, 239f

Propriétés
chimiques d'un atome, 32
périodiques des éléments, tableau des, A-5
physicochimiques de l'eau, 820

Prosencéphale, 1137, 1140f

Prosimiens, 769, 769f

Prostaglandines (PG), 1046, 1083, 1083f

Prostate, 1071

Protéasomes, 398, 398f

Protéine(s), 74, 75, 75t, 76f, 77, 77f
adaptatrices, 224, 225f
antimicrobiennes, rôle dès le début de l'infection, 984, 987
CD4, 992
CD8, 994
codées par des oncogènes, 399
conformation et fonction, 77, 80, 81
de choc thermique, 896, 1022
de la membrane plasmique, médiateurs chimiques fixés aux, 1046
de réplication, 318, 321f
de sécrétion, synthèse des, 123
de suppression des tumeurs, 399
de transport, 150, 153, 812
dégradation des, 398, 398f
des Phages, 310
digestion des, 937, 938f
domaines des, 337, 338f
du verdissement, 875
fixatrices d'ADN monocaténaire, 320, 321f
fonctionnelle, du polypeptide à la, 343

fonctions diversifiées, 74, 75t, 77, 81
 mutations, 346
gènes, relations avec les, 327, 328
 voir aussi Transcription *et* Traduction
hélicases, 320, 321f
hydrosoluble, 48, 48f
G, 213
 récepteurs couplés à une, 213, 214f
intramembranaires, 147
kinase, 218
maladies génétiques, les gènes codant pour les, 328
maturation des, 398
membranaires, 213
modification post-traductionnelle des, 875
motrices et cytosquelette, 130f
niveaux d'organisation structurale des, 74, 78, 82f
 voir aussi Protéines, structure
périphériques, 147
phosphatases, 218
phosphorylation des, 218
principales intervenant dans la réplication
 de l'ADN et leurs fonctions, 321f
réceptrice d'AMPc (PRA), 377, 378f
reflets de l'évolution, 87
régulatrices (contraction musculaire), 1184
réplication de l'ADN, 320
repliement des, 82
RP, 899
SSB, 320
structurale : la soie d'une araignée, 80f
structure
 détermination, 83
 mutations, 346
 primaire, 78, 78f, 79f, 82f
 quaternaire, 81, 82f
 secondaire, 79, 79f, 82f
 tertiaire, 80, 81f, 82f
synthèse des, 337, 346
synthétisées en situation de stress, 1022
transmembranaires, 147, 149f
 voir aussi Rendement protéique
Protéobactéries
 alpha, 584t
 bêta, 584t
 delta, 584t
 epsilon, 584t
 gamma, 584t
Protéoglycanes, 136
Protéomique, 424
Protérandres, 1067
Protérogynes, 1067
Protiste(s), 10, 12f, 567, 594, 594f, 595f
 ancêtre commun aux Animaux
  et aux Eumycètes, 685
 aperçu de la diversité des, 603
 cycles de développement, 596
 flagellé, origine du règne animal, 691, 691f,
  693f, 697f
 habitats, 596
 introduction au monde des, 594
 mobilité, 595, 615
 nutrition, 595, 615
 organismes les plus diversifiés de tous
  les Eucaryotes, 595
 règnes des, 594
 sans mitochondries, 603
 unicellulaire, 596f
Protobiontes, 563, 564, 564f
Protoderme, 793
Proton(s), 29
 pompe à, 157, 813

Protonéma, 636
Protonéphridies, 1030, 1030f
Proto-oncogène(s), 399, 399f
 Ras, 399, 400
Protoplastes, fusion des, 864, 865f
Protostomiens, 693f, 695, 695f, 697f, 708, 719
 clades des, 696
 -Deutérostomiens, dichotomie, 693f, 695, 697f
Protozoaires, 10, 594f, 595
Provirus, 361
PRS, 345
Prusiner, S., 366
Pseudocœlomates, 693f, 694, 694f, 712, 720
Pseudocœlome, 694
Pseudogènes, 389
Pseudopodes, 134, 615, 617f
Psilophytes, 642
Ptéridophytes, 626, 627f, 640, 641f
Ptérophytes, 640, 642
PTFR, 418, 426, 426f
 marqueur, 426, 426f
PTH, 1054
Puce à ADN, 424
Puits tapissés, 158
Punnett, grille de, 167
Pupille, 1165
Purines, 85, 86f
Pyramide
 de productivité nette, 1318, 1318f
 des âges, 1276, 1277f
 des biomasses, 1318
 des nombres, 1318
 écologique, 1318
Pyrimidine, 85, 86f
Pyrogènes, 987
Pyruvate
 au carrefour de deux voies cataboliques, 180f
 conversion en acétyl-CoA, 172f
 oxydation du glucose en, 169

Q

Quête de nourriture, 1231
 stratégies optimales de, 1231, 1232f
Queue
 musculaire postanale (Cordés), 740, 741f
 poly-A, 335f, 336
Quotient de transpiration, 824

R

Racine(s)
 absorption et transport radial de l'eau et des
  minéraux par/dans les, 818, 819f
 adventives, 784
  formation, 880
 croissance
  primaire des, 792, 792f
  secondaire des, 799, 800
 interactions entre certaines bactéries et des, 842

latérales, 794, 794f
 formation, 880
organisation des tissus primaires d'une jeune,
 793, 793f, 794
 voir aussi Système racinaire, Pression racinaire,
  Nodosités, Mycorhizes
Radiaires, 692, 693f, 697f, 705
 -Bilatériens, dichotomie, 692, 693f, 697f
Radiation adaptative
 dans les archipels, 512, 512f, 513f
 des Angiospermes, 664
 des Reptiles, 758
Radicule, 860
Radiographie de l'ADN par diffraction de rayons X,
 voir Rayons X
Radio-isotope, 30, 31f
Radiolaires, 617, 617f
Radula, 714
Raies, 748, 749f
Ramifications
 de l'arbre phylogénétique du vivant, remise
  en question des premières, 600
 du vivant, les grandes, 566
Rapports génotypique et phénotypique, 268
Ratites, 763
Rayonnement, 1014
Rayons
 cellules initiales des, 797
 X, 349
  diffraction de, 83, 84f, 313, 313f
Réabsorption sélective, 1029
Réactifs, 39
Réaction(s)
 à la gravitation, 893
 à un type d'énergie, classification des récepteurs
  sensoriels selon leurs, 1161
 acrosomiale, 1092, 1093, 1093f
 au stress, histologie des glandes surrénales et,
  1060, 1061f
 aux facteurs de stress environnementaux, 895
 aux stimulus
  de l'environnement, 5f
  mécaniques, 894
 chimiques
  dans les cellules, 9, 559
  établissant et rompant des liaisons chimiques,
   39, 39f
 comportementales (régulation de la température
  corporelle des ectothermes et des
  endothermes), 1016
 corticale, 1093, 1093f, 1094f
 d'hydrolyse dans la dégradation d'un polymère,
  66, 66f
 d'hypersensibilité, 899
 d'oxydoréduction, 165, 166f
 de condensation dans la synthèse d'un polymère,
  66, 66f, 69f
 de déshydratation dans la synthèse d'un
  polymère, 66
 des Végétaux
  à la lumière, 886, 888
  à la présence d'herbivores et d'agents
   pathogènes, 897
  aux hormones, 875
  aux stimulus externes autres que
   la lumière, 893
 du génotype, norme de, 276
 du greffon contre l'hôte, 1002
 endergonique et/ou exergonique, 96, 97, 97f, 101f

fonction de l'encéphale, la, 1158
immunitaire(s)
à médiation cellulaire, 992, 993f, 994
humorale, 992, 993f, 995, 996f
primaire et secondaire, 989
produite par interaction d'antigènes
et de lymphocytes, 989
inflammatoire, rôle dès le début de l'infection,
984, 986, 987f
métaboliques, accélération par les enzymes, 100
photochimiques, 191, 191f, 192, 197f, 200f, 205f
voir aussi Cycle de Calvin

Réceptacle, 853

Récepteur(s)
à domaine tyrosine kinase, 215, 216f
antigéniques, 988
composante de la régulation homéostatique, 912
couplés
à un canal ionique, 215, 217f
à une membrane G, 213, 214f
d'ondes électromagnétiques, 1163, 1163f
de la douleur, 162
gustatifs, 1162
interposé
endocytose par, 158
transport par, 157, 159f
intracellulaire(s), 215, 217f, 1048
olfactifs, 1162
protéique, 213, 1047, 1048
sensoriels, 1118, 1159, 1161f
classification par le type d'énergie auquel
ils réagissent, 1161
sensibles à la gravitation, 1175
voir aussi Photorécepteurs, Mécanorécepteurs,
Nocicepteurs, Chimiorécepteurs,
Thermorécepteurs

Réception du stimulus, 211, 872, 1046, 1047f

Réchauffement de la planète, 1332

Recherche(s)
agricole, objectif majeur de la, 842
écologique(s)
à long terme, 1326
réorientation de la (objectif du développement
durable), 1361
« évo-dévo », axe de, 700
utilisation par l'Humain des procaryotes
pour la technologie et la, 588

Récifs de Corail, 1213f, 1214

Recombinaison génétique, 294
cartographie des loci de chaque chromosome
grâce à la, 294
chez *E. coli,* 372f
de l'ADN, 407
voir aussi ADN recombiné, Clonage des gènes
détection chez les bactéries, 369f
due à l'enjambement, 295f
et conjugaison chez *Paramecium caudatum,* 608f
fréquences de, 296
production
de nouvelles souches de procaryotes
par la, 368
de variation génétique, 493, 495
voir aussi Gènes liés *ou* Gènes non liés,
recombinaison

Réconciliation, comportement de, 1243, 1244f

Recrutement, 1186

Rectum, 942

Recyclage
des éléments chimiques dans les écosystèmes,
164f, 586, 1320
modèle général, 1321, 1321f
des nutriments
détermination du temps par la vitesse
de décomposition, 1325
effets de l'agriculture sur le, 1328
rôle de la végétation, 1326

Redondance, modèle de la, 1284

Réduction, 165

Réductionnisme en biologie, 4

Référence, groupe de, 540

Réflexe, 1119, 1120f
de déglutition, 934, 934f

Refroidissement par vaporisation, 45, 46, 46f,
1016, 1018f

Régénération, 1066
de l'ATP, 99, 164
des tissus, 230, 230f

Régime
alimentaire animal, 924
adaptations structurales du système digestif
associées au, 942, 943f
et types d'ingestion, 928
végétarien, acides aminés essentiels, 925f

Régions
antérieure et postérieure des Bilatériens, 692
biogéographiques, 1197, 1197f

Règle(s)
d'Hamilton, 1251, 1252
de Chargaff, 311
des dix, 1199
des probabilités, lois de l'hérédité de Mendel
reflétant les, 270, 272

Règne(s), 10, 12f, 536
animal, origine du, 691
classification fondée sur cinq, 566
des Eumycètes
embranchements du, 680t
introduction au, 670
voir aussi Eumycètes, Embranchement(s)
des Streptophytes, 635
des Végétaux, 635, 635f
monophylétisme du, 635

Régulateur(s), 1044, 1048
gène, 376
local(aux), 211, 1046
voir aussi Animaux régulateurs

Régulation
allostérique, 105, 105f
automatique de la respiration, 974, 974f
centre de, *voir* Centre de régulation
chez les Invertébrés, mécanismes de, 1044, 1045f
chimique chez les Animaux, 1043
coordonnée, gènes à, 396
d'une voie métabolique, 374, 374f
de l'équilibre dynamique dans les organismes,
mécanismes de, 9, 10f, 23t
de l'expression génique, la différenciation
cellulaire dépendant de la, 805
de l'homéostasie par rétroaction, 1044, 1044f
de la cellule, 129
de sa croissance, 401f
de la dégradation de l'ARNm, 397
de la différenciation cellulaire, 880

de la digestion, 941f
voies nerveuse et hormonale de la, 940
de la division cellulaire, 880
de la dominance apicale, 880
de la floraison, photopériodisme et, 891
de la fonction
cardiaque, 956f
rénale par le système nerveux et les hormones,
1036, 1037f
de la fréquence cardiaque de base, 955, 956f
de la température corporelle, 912, 913f, 1013
voir aussi Thermorégulation
de la traduction, 397
de la transcription, 446, 447, 458, 807, 874
de la transpiration, 823
des fonctions fondamentales liées aux
automatismes et à l'intégration
(encéphale), 1139
du cycle cellulaire, 238, 244
mécanisme de, 239, 241, 242f
du débit cardiaque, 956f
du génome chez les Eucaryotes, 383
du glucose, exemple d'homéostasie dans
la nutrition, 922, 922f
du milieu interne chez les Animaux et
les Humains, 911, 911f, 912, 1011
voir aussi Animaux régulateurs *ou* tolérants
génique
négative, 376
positive, 377, 378f
homéostatique, mécanismes de, 912-914
hormonale, 1054, 1055, 1055f, 1056f, 1057f
reproduction chez la femelle, 1078
reproduction chez le mâle, 1077, 1078f
interne chez les Animaux, système de, 1044
moléculaire dans le cycle cellulaire, 238
nerveuse chez les Animaux, 1117
rénine-angiotensine-aldostérone (RRAA), 1038

Reins
des Mammifères, 1031, 1037f
capacité à conserver l'eau, 1034, 1035
voir aussi Fonction rénale
des Vertébrés, 1031, 1039
voir aussi Urine, Solutés, Néphrons

Relation(s)
de gène à gène, 898, 899f
trophiques déterminent les voies du flux d'énergie
et des cycles biogéochimiques dans
un écosystème, 1310

Remaniements du génome, 389, 391f

Rendement
au niveau des consommateurs, 1318
d'assimilation, 1317
d'exploitation, 1317
énergétique de la glycolyse, 169f
(ou efficience) écologique et pyramides
écologiques, 1318
protéique, augmentation du, 842

Rénine-angiotensine-aldostérone, régulation, 1038

Renouvellement, 1206

Réparation
de l'ADN, *voir* ADN, réplication, réparation
et correction
des mésappariements des bases, 321
par excision-resynthèse, 322, 323f

Répartition des chromosomes durant la mitose, 231f,
233, 236

Repère, point de, 1239

Répétitions
courtes en tandem (STRs), 429
directes, 373, 373f

Réplication
d'un/des Virus
cycle de, 358, 358f, 361
modes variés de, 361, 361t
d'une double hélice d'ADN, 87, 87f
de l'ADN
à l'aide de plusieurs enzymes et d'autres
protéines, 316, *voir aussi* ADN,
réplication, réparation et correction
machine de (un complexe stationnaire), 320
des chromosomes, *voir* Chromosomes, réplication
des Phages, 359
du chromosome bactérien, 368f
fourche de, 318
moléculaire dans un monde d'ARN, 562, 563f
origine de, 237, 318, 318f
problèmes de, 323f

Repliement
de l'ADN, structure de la chromatine reflétant
les niveaux successifs de, 384
des protéines, 82

Repolarisation, 1127

Réponse
cellulaire, 210, 217, 222, 222f, 223, 872, 874
aux contraintes physiques, la triple, 883, 884f
sexuelle chez l'Humain, 1074

Répresseur, 375f, 376, 377f, 395

Reproduction, 5f, 14f, 230, 230f
aptitudes des organismes à la, 229
asexuée, 250, 250f, 499, 499f
mécanismes chez les Animaux, 1065, 1066f
voir aussi Reproduction végétale asexuée
des Angiospermes, 659
des Animaux, 1065-1070
cycles et types de, 1066
mammaliens, 1070, 1083
modes de, 1065
systèmes complexes, 1070, 1070f, 1071f
voir aussi Reproduction sexuée *ou* asexuée
des Eumycètes, 672, 674
des Mammifères, 1070, 1083
des procaryotes, 573
immunologie de la, 1083
ou survie, obligation de compromis, 1263
par scissiparité, 1066
voir aussi Scissiparité
problèmes et solutions, 1086
sexuée, 250, 251, 499, 499f
des Animaux, 1068
des Eumycètes, 674
maintien par la sélection naturelle, 499, 499f
rôle de la méiose, 251
source de variation génétique, 255
voir aussi Reproduction végétale sexuée
taux de, 1261
végétale, 851
asexuée, 862, 863
sexuée, 852, 863
voir aussi Succès reproductif différentiel,
Isolement reproductif

Reptiles, 13, 757, 758f
actuels, 759, 759f
origine et radiation adaptative des, 758
température corporelle, 1018

Requins, 748, 749f
ovipares, ovovivipares ou vivipares, 750

Réseau(x)
alimentaires, 1291, 1291f, 1292f
intracellulaire de membranes, 121, 127f
nerveux, *voir* Cnidaires
trophique, augmentation de concentration
des toxines à chaque niveau d'un, 1330

Réserves
naturelles, 1357
zonées, 1357, 1358f

Résistance
périphérique (R), 958
systémique acquise, 899

Résolution, pouvoir de, 112

Respiration
cellulaire, 164, 967
aérobie, 166, 168, 168f, 176, 178f
anaérobie, 164, 179, 579
fermentation et (comparaison), 180
régulation par des mécanismes de rétro-
inhibition, 182, 182f
échanges gazeux, 967, 967f
pulmonaire, 972
à tension, 972, 972f
fréquence et amplitude contrôlées par les centres
de régulation de l'encéphale, 974
régulation automatique de la, 974, 974f

Ressemblance physique, 506f

Ressources, partage des, 1286, 1287f

Restauration
des territoires dégradés, 1358
écologie de la, 1359

Restriction
enzymes de, 359, 408, 410f
fragments de, 408, 416, 417f, 418, 419f
site de, 408, 416

Retard de la sénescence, 881

Réticulum
endoplasmique (RE), 121, 122f
de transition, 123
lisse, 122
rugueux, 122, 123
sarcoplasmique, 1185, 1186f

Rétinal, 1167, 1167f

Rétine, 1165, 1167f, 1168, 1169f

Rétroaction, mécanismes de, 912, 1020, 1044, 1055f

Rétroactivation, 9, 10f, 913

Rétro-inhibition
accroissement démographique illimité empêché
par la, 1270
exemples de, 1270
mécanismes de, 9, 10f, 106, 106f, 182, 182f, 913,
913f, 1037f

Rétrotransposons, 389, 390f

Rétrovirus, 362, 363f

Revêtement, tissus de, 786

Révolution
cardiaque, 953, 954, 955f
darwinienne, 469, 469f, 479

Reznick, D., 18

Rhizoïdes, 636

Rhizopodes, 616, 622t

Rhodobiontes, 613, 622t

Rhodopsine, 1167

Rhombencéphale, 1137, 1140f

Ribonucléoprotéines nucléaires (pRNPn), petites,
336, 337f

Ribose, 85, 86f

Ribosomes, 114, 117, 121, 121f, 340, 341f
sous-unité ribosomique, 341f

Ribozymes, 337, 563

Richesse spécifique d'une communauté, 1284, 1302,
1303f, 1304, 1304f

Rituel, 1243, 1243f

Rivets, modèle des, 1284

Roberts, R., 336

Roches sédimentaires, 467, 467f, 468f, 528

Rosettes productrices de cellulose, 628

Rotation des cultures, 844, 844f

Rotifères, 693f, 697f, 712

Rouilles blanches, 608

RRAA, 1038

RuDP carboxylase, 199

Rythmes circadiens, 825, 889
hypothalamus et, 1143
participation du corps pinéal aux, 1053

S

Sac
embryonnaire, 663, 853, 855, 855f
vitellin, 755, 1105

Saccharose, hydrolyse du, 100f

Saccule, 173

Saisons, 1204, 1204f, 1207f

Salamandres, 753, 753f

Salinité, 896

Sang, 907
chaud ou froid, animaux à, 1015
coagulation du, 965, 965f
des Mammifères, composition, 962, 963f
éléments figurés du, 963, 964
et liquide interstitiel, transfert de substances
à travers la paroi des capillaires, 959
filtration du, 1032
stabilisation du pH du, 976
tissu conjonctif composé de cellules en suspension
dans le plasma, 962
voir aussi Circulation, Union consanguine,
Flux sanguin, Échange capillaire, Pression
sanguine, Vaisseaux sanguins, Transfusions
sanguines, Groupes sanguins

Sanger, F., 78

Santé
rôle de l'immunité dans la, 1000
sciences de la, *voir* Sciences de la santé

Saprolégniales, 608, 609f

Saprophytes, 578
Eumycètes et, 670, 683

Sarcomère, 1182

Schistosomes, 711, 711f

Schizocœlie, 696

Schleiden, M., 6

Schwann, T., 6
voir aussi Cellule de Schwann

Science(s)
  comme activité sociale, 20, 21f
  contexte culturel de la, 21
  de la santé et loi de Hardy-Weinberg, 487
  et technologie au service de la société, 21, 23t
  théories en, 20

Scission des molécules d'eau, 190

Scissiparité, 237, 576, 1066
  bactérienne, 236, 240f

Sclère, 1165

Sclérenchyme, voir Cellules sclérenchymateuses

Sclérites, 789, 790f

Sclérose en plaques, 1003

Scorpions de mer, 723

Scrotum, 1071

Scutellum, 860

Scyphozoaires, 707, 707f

Sécheresse, 896
  stress provoqué par la, 883

Sécrétine, 941f

Sécrétion, 1029
  synthèse des protéines de, 123
  vésicules de, 123

Segmentation, 233, 238f, 690, 695, 695f, 730, 1081,
    1081f, 1098f, 1103f
  déterminée, 695, 695f
  gènes de, 452, 452f
  holoblastique, 1097
  hypothèses sur l'origine de la, 730, 731f
  indéterminée, 695, 695f
  méroblastique, 1097
  radiaire, 695, 695f
  spirale, 695, 695f
  zygote divisé par la, 1095

Ségrégation
  des allèles et fécondation, des événements
      aléatoires, 271
  loi mendélienne de la, 265, 267, 268f, 70f

Sel(s), 36, 47f

Sélection
  artificielle, 473, 474f, 865
  clonale, 989, 989f
  dépendant de la fréquence, 496, 496f
  directionnelle, 497, 498f
  diversifiante, 497, 498f
  intersexuelle, 500
  intrasexuelle, 500
  K, 1269
  naturelle, 14, 14f, 465, 471
    cause de la microévolution, 488
    dans un monde d'ARN, 563
    diversité du vivant et, 15, 16f
    effets de la, 15, 15f, 484f, 497
    en tant que mécanisme de l'évolution
        adaptative, 496
    et comportement d'accouplement, 1245
    exemples prouvant l'évolution, 474, 475, 475f,
        476, 476f, 477f, 478, 478f, 479f
    maintien de la reproduction sexuée, 499, 499f
    modes de, 497, 498f
    production impossible d'organismes
        parfaits, 501
    protobiontes et, 564
    quelques subtilités de la, 474
    variations génétiques, fondements de la, 491
  parentale, 1251, 1252, 1252f
  r, 1269

sexuelle, production de différences importantes
    dans les caractères sexuels secondaires,
    500, 500f
  spécifique d'après le modèle de Stanley, 524
  stabilisante, 497, 498f

Sémelparité, 1262, 1262f

Sénescence, retard de la, 881

Sens, 1158

Sensation, 1159
  fonction de l'encéphale, la, 1158

Sépales, 660, 853

Septicémie, 987

Séquençage de l'ADN, 419, 421f, 422f

Séquence(s)
  Alu, 387
  d'ADN, analyse des, 422
  guide, 336
  non codantes des génomes d'Eucaryotes, 386
  remorque, 336
  signal, orientation de polypeptides vers des
      destinations précises dans la cellule,
      344, 345, 345f
  signature, 581
  stéréotypée d'actes instinctifs, 1228
  voir aussi Séquençage

Séreuse, 909f

Séropositivité, 1004

Sérotonine, 1133

Serre, effet de, 1332

Seuil d'excitation, 1125

Sève
  brute
    du xylème, aspiration de la, 821
    transport dans le xylème, 820
  élaborée
    ponction à l'aide d'un Puceron, 828, 829
    transport dans le phloème, 826, 827, 828

Sexe(s)
  changement de, voir Hermaphrodisme
  détermination chromosomique du, 297f
  diminution des différences de taille et
      de masse entre les (Humains), 773
  gènes liés au, 290, 298
  hérédité liée au, 290, 292f
  maladies héréditaires liées au
      (chez l'Humain), 298
  transmission de caractères récessifs
      liés au sexe, 299f
  variations (selon le type d'organisme) des bases
      chromosomiques du, 297
  voir aussi Pili sexuels, Comportement sexuel,
      Caractères sexuels, Sélection sexuelle,
      Chromosomes sexuels, Dimorphisme
      sexuel, Réponse sexuelle

Sharp, P., 336

Shigella dysenteriæ, 371

Sida, 362, 363f, 1003, 1004
  voir aussi VIH

Signal
  chez les Animaux, définition du, 1247, 1248
  particule de reconnaissance du, 345
  séquences, voir Séquences

Signature, séquences, voir Séquences

Silenceurs, 395

Sillon de division, 233

Simpson, G. Gaylord, 484

Singer, J., 145

Singes, voir Primates actuels

Sinus, 951

Siphons, 671

Site
  A, 340
  actif d'une enzyme, 102
  allostérique d'une enzyme, 105
  de restriction, 408, 416
  E, 340
  P, 340

SNA, voir Système nerveux autonome

SNC, voir Système nerveux central

SNP, voir Système nerveux périphérique

Snyder, S., 134

Société, science, technologie et, 21, 22f, 23t

Sociobiologie, 1242, 1253

Sodium, pompe à, 155, 156f

Soi
  et non-soi
    distinction par un système immunitaire, 990
    limites aux transfusions sanguines et
        aux greffes de tissus, 1001
    rôle des marqueurs du, 991
    tolérance aux antigènes du, 990

Sol(s), 837
  bactéries du (rôle), 841, 841f, 842
  conservation du, 839, 839f
  disponibilité de l'eau et des minéraux du,
      838, 838f
  voir aussi Échange de cations
  horizon du, 837, 837f
  miroorganismes du, 842
  rôle dans la nutrition des Végétaux, 837
  texture et composition des, 837

Soluté(s), 46, 151f
  concentration
    dans les solutions aqueuses, 48
    de l'urine à l'aide de deux gradients de,
        1035, 1035f
    influence sur le potentiel hydrique, 814
  conservation de l'eau à l'aide de deux gradients
      de (rein), 1035
  cotransport, 157
  pompage de, 155

Solution(s), 46
  aqueuse(s), 46
    concentration des solutés dans les, 48
    pH de quelques, 50f
  hyperosmotique, 1026
  hypertonique, 152, 153f
  hypoosmotique, 1026
  hypotonique, 152, 153f
  isotoniques, 152, 153f
  tampon, 51

Solvant, 46

Somites, 1101

Sommation, 1131, 1132f
  spatiale, 1131, 1132f
  temporelle, 1131, 1132f

Sommeil, 1141
  paradoxal, 141

Son, hauteur d'un, 1172f, 1173

Sonde nucléique, 412, 412f

Sorédies, 682

Sores, 644

Souffle cardiaque, 955

Sources
d'énergie, aliments chez les Animaux, 922
thermales sous-marines, 1213f, 1214

Sous-alimentation, 923

Sous-muqueuse, 909f

Sous-unité ribosomique, 341f
arbre phylogénétique des Animaux fondé
sur l'ARN de la petite, 696, 697f

Southern, buvardage de, 417, 419f

Soutien
cellules de, 1121
physique sur la terre ferme, 1182

Spéciation, 505
allopatrique, 509, 510, 510f, 511, 514
anneau d'espèces, 511
conditions favorisant la, 510
radiation adaptative dans les archipels, 512
macroévolution et, 518-524
modèle de l'équilibre ponctué et recherche
sur le rythme de la, 517
polyploïde chez les Végétaux, 515, 516f
sympatrique, 510, 510f, 515, 516, 517, 517f

Spectre
d'absorption, 192, 193f, 194f
d'action, 193, 194f, 886, 887f
d'hôtes, 358
électromagnétique, 192, 192f

Spectrophotomètre, 192

Spemann et Mangold, l'organisateur de, 1110, 1111f

Spermathèque, 1070

Spermatogenèse, 1075, 1076f

Spermatogonies, 1075

Spermatozoïde, 1068, 1077f, 1082f
rencontre ou fusion avec un ovule fécond,
1068, 1092

Sperme, 1071

Sphaigne, 639, 639f

Sphénodontiens, 759

Sphénophytes, 643

Sphincter(s)
du tube digestif, 932
voir aussi Muscle sphincter

Spirale d'extinction, 1348, 1348f, 1349, 1350f

Spirochètes, 585t

Spongiaires, voir Porifères

Spongocœle, 705

Sporanges, 631, 631f, 638, 676f
voir aussi Zygosporange

Spores, 254, 630, 631, 631f, 634f
cellules mères des, 631
dispersées par les sporophytes des Bryophytes, 637
produites de manière sexuée ou asexuée
par les Eumycètes, 672
sexuées, production dans des asques
(Ascomycètes), 674

Sporophylles, 642, 644f, 652

Sporophytes, 254, 630, 631, 631f, 634f, 637, 638f, 642,
650, 650f, 852

Sporopollénine, 631

Sporozoïtes, 605

Squamates, 759

Squelette(s)
carboné(s)
source d'aliments, 922, 924
variations dans les, 57
cartilagineux, 748
humain, 1181f
rôle du, 1179
transformation du, 748

Stabilisation du pH du sang par les pigments
respiratoires, 976

Stabilité, 96f
dynamique, hypothèse de la, 1292
modèle de la, 1296

Stade
diploïde au stade haploïde, passage du, 254
hétérocaryote (Eumycètes), 672

Stahl, F., 316, 317f

Stanley, S., 524

Stanley, W., 356

Stapès, 1170

Statocyste, 1175, 1175f

Statolithes, 1175

Stebbins, G. Ledyard, 484

Stèle, 794

Sténohalins, voir Animaux sténohalins

Stéréotype, voir Inné

Stéroïdes, 73, 74f
gonadiques, 1060
voir aussi Hormones stéroïdes

Steward, F. C., 442

Stigmate, 664

Stimulines, voir Hormones

Stimulus
apprentissage d'association de, 1237
cellulaires, 455
conversion-amplification de, 211, 213, 218, 223f,
399, 401f, 872, 873, 873f, 874f, 883, 1046,
1047, 1047f, 1159, 1167, 1168f
d'induction, 1110
de l'environnement, réactions aux, 5f
dirigeant la régulation de la transcription, 447
extracellulaire, réponse du noyau à un, 223f
internes ou externes
concourant à réguler le cycle cellulaire, 241
réactions des Végétaux aux (autres que
la lumière), 893
réponses des Végétaux aux, 871, 872
mécaniques, réaction aux, 894
perception des, 1155
réception et conversion-amplification du, 212,
213, 218, 223f, 872
régulation du cycle cellulaire par des, 241, 242f
réponse cellulaire à un, 222f, 874
transmission, 1159, 1160

Stipes, 611

Stomate(s), 189, 632, 796, 823, 823f
ouverture et fermeture d'un, 824, 825f

Straménopiles, 607, 622t

Stratégie
bioénergétique d'un animal, 914
optimale de quête de nourriture, 1231, 1232f

Streptococcus pneumoniæ, 310, 369, 587

Streptophytes, règne des, 635

Stress
facteurs environnementaux de
(réactions aux), 895
histologie des glandes surrénales et réactions au,
1060, 1061f
provoqué par la sécheresse, 883
synthèse des protéines en situation de, 1022

Strie
A, 1182
H, 1183
I, 1182

Stroma, 128

Stromatolithes, 556, 556f

STRs, 429

Structure(s)
analogues, 539f
atomique d'un élément, 29
des Communautés, voir Communauté(s)
des Plantes
façonnement par la croissance,
la morphogenèse et
la différenciation, 801
primaire et secondaire, 792, 797
des protéines, voir Protéines
des vaisseaux sanguins, 956, 957f
et fonction
corrélation entre, 7, 904, 956
des tissus épithéliaux, 904, 905f
familiale, modifications importantes
chez l'Humain, 773
homologues, 476, 477f
trophique, 1291
et dynamique des communautés, 1291

Style, 664

Substance(s)
absorbées dans l'estomac, 934
blanche, 1137
grise, 1137
hydrophiles et hydrophobes, 48
P, 1134
transfert entre le sang et le liquide interstitiel
à travers la paroi des capillaires, 959
transport
cavité gastrovasculaire ou système cardiovasculaire assurant le transport des, 950
dépendant de la perméabilité des membranes,
812, 812f

Substitution d'une paire de bases, 347

Substrat, 102
ingestion du, 929, 929f
phosphorylation au niveau du, 169, 169f
spécificité des enzymes au, 102, 102f

Suc
gastrique, 934, 935f
intestinal, 939

Succès reproductif différentiel, 13, 14f

Succession écologique, 1298, 1299, 1301f
modèle de, 1300t
primaire ou secondaire, 1299

Suçoirs, 671, 671f

Superovulation, 1087

Suralimentation, 923

Surexploitation, 1347, 1347f

Surface
cellulaire, 135
d'absorption, 670, 818
respiratoire, 967

Survie, 14f
  lutte pour la, 13
  obligation de compromis entre reproduction
    et, 1263
  probabilité de, 1263, 1264f
  tables et courbes de, 1260, 1261f

Sustainable Biosphere Initiative, 1361

Sutherland, E., 218

Sutton, W. S., 290

Symbionte(s) (ou symbiote), 586
  Eumycètes et, 670, 683

Symbiose, 586, 670, 683, 1289
  des Végétaux (adaptation nutritive), 842

Symétrie
  corporelle
    bilatérale, 692, 693f, 694f
    radiaire, 692, 693f, 694f, 706
    radiaire secondaire, 731
  de la division cellulaire, 801, 802f

Symplaste, 817

Synapse(s), 255, 1118, 1119, 1160f, 1169f
  chimique, 1129, 1129f
  communication intercellulaire chimique
    ou électrique dans les, 1128
  électrique, 1128

Synapsides, 756

Syndrome
  d'Angelman, 304
  d'immunodéficience acquise (sida), 362, 363f,
    1003, 1004
  de Down, 302, 303f
  de Klinefelter, 302
  de l'*X* fragile, 304
  de Prader-Labhart-Willi, 304
  de Turner, 303
  du triple *X*, 303

Syngamie, 252

Synthèse
  abiotique
    de composés organiques, 56
    de monomères organiques, 560
  d'un polypeptide, 330, 338, 341
  des hormones de la médulla surrénale, 1058, 1059f
  des protéines, 337, 346, 1022
    de sécrétion, 123
  et maturation de l'ARN, 333

Systématique, 527
  définition, 535
  liens entre classification et phylogenèse, 535, 581
  moléculaire
    et classification phylogénétique
      des procaryotes, 581, 581f
    principe de parcimonie et, 543, 544f, 545f
  phylogénétique moderne
    fondée sur l'analyse cladistique, 537
    objet de vifs débats, 547, 548f

Système(s), 4, 93
  ABO, groupes sanguins du, 1001
  allergique, 1002, 1002f, 1003
  ambulacraire, 731
  cardiovasculaire, 951
    clos, 714, 744, 950, 951, 951f
    des Mammifères, 953, 953f
    ouvert, 721, 950, 951, 1193
    phylogenèse des Vertébrés reflétée
      dans les adaptations de leur, 951
    pour le transport interne des substances, 950
  caulinaire des Végétaux (tiges et feuilles), 782,
    783f, 784, 785f
  chez les Animaux, interdépendance des, 908

chez les Mammifères, composantes et fonctions
    principales, 909t
d'accouplement, 1247
  monogamie et polygamie, 1247
  polygynie et polyandrie, 1247
de communication interne chez
    les Animaux, 1044
de détermination chromosomique du sexe, 297f
de régulation interne chez les Animaux, 1044
de transport, connexion fonctionnelle entre
    les organes d'échanges et les cellules, 950
digestif
  complet des Rotifères, 712
  de l'Humain, 933f, 938f
  des Mammifères, 919f, 931
  des Vertébrés, adaptations au cours
    de l'évolution, 942, 943
  des Vertébrés, adaptations structurales souvent
    associées au régime alimentaire, 942
endocrinien
  chez les Animaux, 1044
  des Vertébrés, 1048, 1049
  et le système nerveux, interactions
    entre le, 1044
fermé, 93, 98f
immunitaire
  capacité à distinguer le soi du non-soi,
    990, 1001
  rudimentaire des Invertébrés, 1000
  troubles du, 1002, 1002f, 1003
limbique, 1147, 1148f
lymphatique humain, 986f
  rôle du, 960
nerveux
  autonome (SNA), 941f, 1137
  cellules souches du, 1150
  central (SNC), 941f, 1118, 1135, 1136f, 1159
  chez les Animaux, 1044, 1118, 1118f
  chez les Vertébrés, 1135, 1136f
  composé de neurones, 1118
  diversité des, 1134, 1136f
  et homéostasie, 1137
  et le système endocrinien, interactions
    entre le, 1044
  évolution des, 1134
  fonctions principales, 1118
  gaz messagers du, 1134
  organisation des, 1135
  parasympathique, 1137, 1139f
  périphérique (SNP), 1118, 1135, 1136f,
    1137, 1138f
  régulation de la fonction rénale par le, 1036
  somatique, 1137
  structure cellulaire du, 1118
  sympathique, 1137, 1139f
ouverts (les organismes), 8, 93, 98f
racinaire (Végétaux), 783f
  fasciculé, 782
  pivotant, 783
  voir aussi Racines
reproducteur(s)
  complexes chez les Animaux, 1070,
    1070f, 1071f
  de l'homme, anatomie, 1070, 1071f
  de la femme, anatomie, 1073-1075, 1074f
  voir aussi Reproduction des Animaux
respiratoire
  branchies chez la plupart des animaux
    aquatiques, 968, 968f, 969f
  chez les Mammifères, 971, 971f
  chez les Oiseaux, 973, 973f
trachéen, 727, 970, 970f
urinaire(s), 1029, 1029f
  à cellule-flamme, 1030, 1030f

humain, 1031, 1032f
métanéphridies, 1030, 1031f
protonéphridies, 1030, 1030f
tubes de Malpighi, 727, 1030, 1031f
voir aussi Écosystème

Systole, 954

T

Table(s)
  de fécondité, 1261
    d'une cohorte, 1261f
  et courbe(s) de survie, 1260, 1260f, 1261f

Tableau
  des propriétés périodiques des éléments, A-5
  périodique des éléments, A-4

Taille de populations, *voir* Populations, taille

Tandem, *voir* Répétition courtes en tandem *ou* ADN
  répétitif en tandem

Tatum, E., 328, 329f

Taux
  de natalité et de mortalité dépendants ou
    indépendants de la densité de population,
    1270, 1270f
  de reproduction, 1261
  intrinsèque d'accroissement, 1266

Taxie, 575, 1239

Taxinomie (taxonomie), 10, 466, 535, 536, 541f,
  566, 634

Taxon, 536, 567

Tay-Sachs, maladie de, 279

Technique de capture-recapture, 1258

Technologie
  au service de la société, science et, 21, 22f, 23t
  utilisation par l'Humain des procaryotes pour
    la recherche et la, 588

Tectonique des plaques et croûte terrestre, 532, 533f

Tégument, 651, 859

Télomères et télomérase, 323, 324, 324f

Télophase
  méiose, 257f
  mitose, 233, 235f, 239f

Température(s)
  acclimatation aux changements de, 1021
  chaleur et, 45
  conditionnant la distribution
    des organismes, 1202
  corporelle
    des Animaux, 1017-1020
    régulation de la, 912, 913f, 1013
    voir aussi Gains ou pertes thermiques,
      Thermorégulation, Thermogenèse
  enzymes et, 103, 104f
  sur la Terre
    limitation de la productivité primaire
      par la, 1316
    stabilisation par l'eau, 44

Temps
  absolu, 546
  de l'évolution, 1195
    horloges moléculaires, 546, 548f
  écologiques, 1195
  géologiques, échelle des, 529, 530t

Tendons, 906

Tension
  membranaire générée par une cellule, 1122

respiration à, 972
superficielle, 44

Terminaison
de la traduction, 342, 344f
facteur de, 342
de la transcription, 334f, 335

Terminateur, 333, 334f

Terre
boule de neige (hypothèse), 558
capacité démographique limite de la, 1276
franche, 837
humide, 1211, 1212f
vie sur la, *voir* Vie *ou* Vivant

Territoire(s), 1244, 1244f, 1245f
dégradés, restauration des, 1358
présomptifs, carte des, 441, 1108, 1109f

Territorialité, 1244

Testicule(s), 1051t, 1071
cellules interstitielles du, 1071
régulation hormonale de l'activité dans les, 1078, 1078f

Testostérone, 1060

Tétrade, 255, 256f

Tétraploïdie, 300, 301f

Tétrapodes, 746
phylogenèse des, 752, 752f

Thalamus, 1142

Thalle, 611

Théologie naturelle, 466

Théorie(s)
cellulaire, 6
chromosomique de l'hérédité, 290
de l'évolution
contexte historique, 466, 466f
et culture humaine associée par
la sociobiologie, 1253
voir aussi Théorie synthétique de l'évolution
de la contraction par glissement des myofilaments,
1183, 1184f
du gradualisme géologique, 467
en science, 20
synthétique de l'évolution, 484

Thérapie génique humaine, 427, 427f

Thérapsides, 756

Thermocline, 1209

Thermodynamique, 93
deuxième principe de la, 94
premier principe de la, 93, 93f

Thermogenèse sans frisson, 1017

Thermophiles extrêmes, *voir* Archéobactéries

Thermorécepteurs, 1162

Thermorégulation, 1015, 1017f
humaine, rôle de l'hypothalamus, 1021
mécanismes de rétroaction dans la, 1020
processus physiologiques et comportementaux
intervenant par l'intermédiaire de la, 1015
voir aussi Température corporelle

Théropodes, 761

Thigmomorphogenèse, 894

Thigmotropisme, 895

Thimann, K., 876

Thiol, groupement, 62

Thylakoïdes, 128, 200f

Thymus, 1051t

Thyréotrophine (TSH), 1053

Thyroxine (T_4), 1053, 1055f

Tige(s), 784
allongement des, 881
croissance secondaire des, 797, 797f, 798f,
799f, 800f
tissus primaires de la, 795, 795f, 800f

Tinbergen, N., 1228, 1229f

Tissu(s), 3, 3f, 904
adipeux, 906, 906f
bruns, 1017
cartilagineux, 906, 906f
conducteur(s), 626, 786, 797, 819
conjonctif, 905, 906f
aréolaire ou simple, 905, 906f
dense ou dense régulier et irrégulier, 906, 906f
lâche, 905
sang, 962
de la feuille, organisation des, 796, 796f
de revêtement, 786
des Animaux, corrélation entre structure
et fonction, 904
des organes végétaux
cellules des, 788, 789, 790f
les trois catégories de, 786, 787f
endocrines
de la glande thyroïde, 1054f
du pancréas, 1055
épithélial(aux), 904
structure et fonction, 904, 905f
fondamentaux, 787
greffe de, 1001
intégration des cellules dans les, 137
musculaire
cardiaque, 907, 908f
lisse, 908, 908f
squelettique, 907, 908f
nerveux, 907
osseux, 906f, 907
pancréatiques, 1057f
primaires d'une jeune
racine, organisation des, 793, 793f, 794
tige, 795, 795f, 800f
régénération des, 230, 230f
sanguin, 906f, 907
secondaires, 797, 800f
voir aussi Couches tissulaires, Organes

Tolérance
aux antigènes du soi, 990
voir aussi Animaux tolérants, Autotolérance

Tomographie par émission de positrons (TEP), 30, 31f

Tonoplaste, 126, 817

Torpeur
quotidienne, 1022
rôle de la, 1022

Torsion, 715, 715f

Totipotence, 442

Tourbe, 639, 639f

Toxines, concentration en augmentation à chaque
niveau d'un réseau trophique, 1330

Trachée, 969, 972
voir aussi Système trachéen

Trachéides, 786

Tractus digestif, 931

Traduction
concept de base, 338f
couplage de la transcription et de la, 347f
élongation de la, 342, 343f
initiation de la, 341, 342f

mécanisme reliant les gènes aux protéines, 329, 330f
régulation de la, 397
résumé de la, 350
synthèse d'un polypeptide à partir de l'ARNm,
330, 330f, 338
terminaison de la, 342, 344f

Traitement
de l'information visuelle, 1168
de la nourriture, étapes principales du, 929
par l'encéphale des informations sensorielles, 1158

Transcriptase inverse, 362

Transcription
complexe d'initiation de la, 333, 335f, 393
couplage de la traduction et de la, 347f
des gènes, 393
étapes de la, 333, 334, 334f, 335
facteurs de, 333, 335f, 394, 396f
initiation de la, 333, 334f
mécanisme reliant les gènes aux protéines,
329, 330f
modification de l'ARN après, 335
régulation de la, 446, 447, 458, 807, 874
résumé de la, 350
rôles des facteurs de, 394
synthèse de l'ARN sous la direction et à partir
de l'ADN, 330, 330f, 333
terminaison de la, 334f, 335
unité de, 333
voir aussi Transcrit primaire

Transcrit primaire, 331, 346f

Transduction, 369, 370f
chez les procaryotes, 577
généralisée, 369
localisée, 369, 370

Transfert(s)
ARN de, *voir* ARN de transfert
cellules de, 629, 630f, 827
d'électrons, 36f, 166
d'énergie entre niveaux trophiques, rendement
limité des, 1317
de gènes dans le noyau, 599
de substances entre le sang et le liquide
interstitiel, 959
du phosphate, 100f

Transformation
cellulaire, 244
procaryotes, 577
des aliments dans la cavité buccale, 932
en génétique bactérienne, 310, 311f, 368

Transfusions sanguines, 1001

Transition
démographique, 1275, 1276f
réticulum endoplasmique de, 123
vésicules de, 123
zones de, 1354, 1355f

Translocation, 301, 303, 342, 343f

Transmission
de caractères récessifs liés au sexe, 299f
de l'énergie d'un stimulus, 1160
de l'information génétique, *voir* Information
génétique
héréditaire
des gènes extracellulaires, 304, 305f
mode propre aux gènes liés, 298
horizontale, 365
verticale, 365

Transpiration
-cohésion-tension, mécanisme de, 821, 821f
effet d'aspiration créé par la, 821, 821f

équilibre grâce aux cellules stomatiques
entre photosynthèse et, 823, 824
évolution adaptative permettant aux xérophytes
de réduire la, 826
montée de sève brute et, 820
quotient de, 824
régulation de la, 823

Transplantation(s)
d'espèces, 1197, 1198f
d'organe, 1001
de noyaux chez les Animaux, 442, 443f

Transport
à travers une membrane, 148
actif, 155, 156f
d'électrons
cyclique, 197, 198f
et chaîne de transport, 166, 167, 168, 168f,
174, 175f, 177f
non cyclique, 196
de l'eau dans les cellules végétales, 814
de la sève
brute dans le xylème, 820
élaborée dans le phloème, 826, 827, 828
de nutriments chez les Végétaux, mécanismes de,
811, 817, 818, 819f
voir aussi Transport des substances, Courant
de masse
des gaz par les pigments respiratoires, 976
des substances dépendant de la perméabilité
sélective des membranes, 812, 812f
du dioxyde de carbone, 976, 978f
du dioxygène, 976
épithélium de, 1023, 1034f
interne de substances par une cavité gastrovasculaire ou un système cardiovasculaire, 950
membranaire, 148, 813, 815
par une protéine membranaire de deux solutés
différents (cotransport), 157, 158f
passif, 151, 152, 153, 156f
protéines de, 150, 153, 812
systèmes de, 950

Transposon(s), 371, 389, 390f
complexe, 373, 374f
et rétrotransposons, 389
simple, 372, 373f

Travail
cellulaire, 96f, 98, 98f, 99, 164, 164f
déclenchement hormonal du, 1083, 1083f
périodes du, 1083, 1084f

Trématodes, 711
reclassification des 697

Triacylglycérol, 72, 72f

Tri-iodothyronine (T$_3$), 1053, 1055f

Trilobites, 722, 723, 723f

Trimestres de la gestation humaine, 1081

Triplets
code à, 331, 331f
de nucléotides correspondant à des acides
aminés, 331

Triploïdie, 300

Trisomie, 300, 302, 303f

Trocophore, 714

Trompe(s)
auditive, 1170
utérine(s), 1073
ligature des, 1086

Tronc
cérébral, 1139-1143

d'arbre, 799, 799f
pulmonaire, valve du, 954

Trophoblaste, 1104

Tropiques, 1203

Tropisme, 875

Tropomyosine, 1184

Troponine, complexe de, 1184

Troubles du système immunitaire, 1002, 1002f, 1003

Trypsine, 937

Tryptophane, opéron, voir Opéron trp

Tube(s)
criblé, 829f
de Malpighi, 727, 1030
digestif, 931, 943f
compartimentation du, 931, 932f
primitif, 1098
neural, 1101, 1137
dorsal creux (Cordés), 740, 741f
pollinique, croissance du, 858

Tubules
contourné(s)
distal, 1032, 1034f
proximal, 1032, 1033
séminifères, 1071
rénal collecteur, 1032, 1034, 1034f
spécialisés des divers systèmes urinaires,
1030, 1032
transverses, 1185, 1186f
voir aussi Organes tubulaires ou Tubes de Malpighi

Tumeur(s)
bénigne ou maligne, 244, 245f
gènes suppresseurs de, 399
rôle des oncogènes, 399
voir aussi Cellules tumorales, Antigène tumoral

Tuniciers, 740

Turbellariés, 710

Turbine moléculaire, 175f

Turgescence, 815, 816f
changement rapide de la turgescence, 895f
voir aussi Cellule turgescente

Turner, syndrome de, 303

Tympan, membrane du, 1170

Types
morphologiques, 492
parentaux, 294

Tyrosine kinase, 215

U

Ultracentrifugeuses, 114

Ultrastructure cellulaire, 113

Ulvophytes, 613, 614, 622t

Uniformitarisme, voir Lyell, C.

Unions consanguines, 280

Uniramiens, 722

Unité(s), 10, 23t
cartographiques, 296
dans la diversité biologique, 11, 13f
de transcription, 333
motrice, 1186, 1188f

Urée, 1025, 1025f

Uretères, 1031

Urètre, 1031, 1071

Urey, H., 560, 562f

Urine
concentration par le rein humain : modèle
à deux solutés, 1035, 1035f
du filtrat à l', 1033
isoosmotique ou hyperosmotique, 1036
voir aussi Système urinaire

Urocordés, 740, 742f, 1109f

Urodèles, 753, 753f

Utérus, 1073

Utilisation d'énergie, 5f

Utricule, 1173

V

Vaccin, 428

Vaccination, 1000

Vacuole(s), 126, 126f
centrale, 126, 126f
nutritives, 126
pulsatiles, 126, 153f

Vaisseau(x)
chylifère, 939
du xylème, 786
éléments de, 786
sanguins
associés aux néphrons, 1033
corrélation entre structure et fonction, 956
structure des, 957f

Valence, électrons de, 33

Valeur d'adaptation, 497
globale, 1250, 1251

Valve
auriculoventriculaire (valve AV), 954
de l'aorte, 954
du tronc pulmonaire, 954

Valvule spirale, 749

Van der Waals, forces (interactions) de, 37, 80, 81f

Van Leeuwenhoek, A., 6

Van Niel, C. B., 190

Van Overbeek, J., 880

Vaporisation, 1014
chaleur de, 46
refroidissement par, 45, 46, 46f, 1016, 1018f

Variation(s)
climatiques régionales, 1215
d'énergie
des électrons pendant les réactions
photochimiques, 197
libre, 175f
du phénotype, effets de la sélection naturelle
sur la, 497
génétique(s), 249, 250
diploïdie préservant la, 495
fondements de la sélection naturelle, 491
géographique, 492, 494f
l'évolution, résultat de la, 260
loi de Hardy-Weinberg et, 487
mesure de la, 492
mutations et, 493
neutre, 496
origines de la, 255
polymorphisme équilibré préservant la, 495
recombinaisons et, 493, 495

survenant au sein des populations et entre elles, 491, 492f
géographique, 492, 494f
individuelle, 13
neutre, 496

Vasa recta, 1033

Vasculaires, 626, 627f, 628f, 640f
apparition de diverses, 640
divergence de leurs ancêtres semblables à des Mousses, 639
origine des, 639
sans graines, 639, 640, 641f
embranchements modernes des, 642
forêts du carbonifère, 644, 645f
le sporophyte, forme dominante dans le cycle de développement des, 642

Vasectomie, 1086

Vasocongestion, 1074

Vasoconstriction, 1015, 1017

Vasodilatation, 1015, 1017

Vecteur
d'expression, 412
de clonage, 410

Végétation, rôle dans le recyclage des nutriments, 1326

Végétaux, 11, 12f, 15, 187, 305, 305f, 365
accession aux milieux terrestres par des adaptations à la vie en eau peu profonde, 634
actuels, embranchements des, 628t
alternance de générations sporophyte et gamétophyte dans le cycle de développement des, 852
anatomie des, 782
besoins nutritifs, 834, 835f
biologie moléculaire et étude des, 800
biotechnologie végétale, voir Biotechnologie végétale
composantes anatomiques fondamentales des, 782
composition chimique, indice sur leurs besoins nutritifs, 834
conversion-amplification de stimulus et les réponses des, 872
croissance et développement, 790
mécanismes, 800
voir aussi Racine, Branche, Bourgeon, Feuille, Tige, Tronc, Pousses
débuts de la colonisation des milieux terrestres, 559
défenses contre les herbivores, 897, 1288
diversité des, 625, 649, 665
éléments nutritifs, 834, 835f, 836t
étapes clés du développement chez les, 439f, 458
gènes et environnement déterminant l'anatomie des, 782
limites du règne des, 634
maladies fongiques touchant les, 683, 684f
mécanisme(s) de transport
de la sève élaborée chez les Angiospermes : le courant de masse, 828, 829f
des nutriments chez les, 811, 817
mécanismes empêchant l'autofécondation, 856
même ancêtre photoautotrophe que les Algues vertes, 613
nutrition
besoins, 834, 835f
mécanismes, voir Transport de nutriments, Absorption de l'eau et des minéraux
rôle du sol, 837
voir aussi Nutriments, Bactéries du sol, Adaptations nutritives

réactions
à la lumière, 886, 888
à la présence d'herbivores et d'agents pathogènes, 897, 1288
aux hormones, 875
aux stimulus externes autres que la lumière, 893
règne des, 634, 635, 635f
régulation des rythmes circadiens par l'horloge biologique chez les, 889
reproduction, voir Reproduction végétale
ressource
diversité non renouvelable, 665
vitale pour l'espèce humaine, 664
spéciation polyploïde chez les, 515
symbiose des, 842
taxinomie des, 634
terrestres
aperçu de l'évolution des, 626, 627f
distinction avec les Charophytes, adaptation à la terre ferme, 629, 633
groupes de, 626
origine des, 633
transport
de la sève brute, 820
de la sève élaborée, 826, 827, 828
de nutriments, 811, 817
vasculaires, 626, 627f, 628f
voir aussi Plantes, Organes végétaux, Système racinaire ou caulinaire, Cellules végétales, Parasitisme, Prédation

Veine(s), 951, 956
flux sanguin dans les, 957f
porte hépatique, 940
rénale, 1031

Veinules, 952

Ventilation, 968
alvéolaire (VA), 973
des poumons, 972

Ventricules
cardiaques, 951, 953f, 954f
de l'encéphale, 1136

Verdissement, 872, 872f, 874f
protéines du, 875

Vers
annelés, 717, 718f, 719f
plats, 709, 710f
ronds, 720
rubanés, 713

Vertébrés, 733, 739
actuels, arbre phylogénétique des principaux groupes de, 745f
adaptations du système digestif au cours de l'évolution, 942
caractéristiques du sous-embranchement des, 744, 744f
déclenchement de la différenciation, 1110
développement embryonnaire de l'encéphale chez les, 137
diversité des, 739, 744, 745f
évolution des, 739
fossiles des premiers, 743, 743f, 747
glandes endocrines principales et hormones qu'elles sécrètent ou libèrent, 1050t
introduction aux, 744
muscles chez les, 908f
plan d'organisation d'un membre chez les, 1111, 1111f
réalisation des plans d'organisation, 1110
reins des, 1031
sans mâchoires, 746, 746f

système
endocrinien des, 1048
nerveux chez les, 1135, 1136f
voir aussi Mammifères, Poissons, Amniotes, Primates et Phylogenèse de Homo sapiens

Vésicule(s)
biliaire, 932
de sécrétion, 123
de transition, 123
enrobées, 158
séminales, 1071
synaptiques, 1129

Vessie, 1031
natatoire, 750

Vestibule, fenêtre du, 1170

Viabilité d'une population, analyse de la, 1349, 1350, 1350f

Vie, 2, 2f
animale
apparition de la, 689
voir aussi Animal(aux)
arbre de, 477
caractéristiques de la, 4, 5f, 10, 94f
chimie de la, 61t, 91
éléments chimiques nécessaires à la, 28, 29t, A-4
groupements fonctionnels et diversité moléculaire de la, 60, 60f, 61t
histoire de la, 533, 534f, 553
voir aussi Vivant, histoire du, ou Évolution, histoire de l'
métabolisme, énergie et, 91, 95
perpétuation de la, 6
sur la Terre, 187
adaptation à la, 1034
apparition, 554, 554f
origine, 553, 559, 560, 562, 563, 565
voir aussi Vivant

VIH, 362, 363f, 476, 476f, 1003, 1004f, 1005f
origine du, 547

Villosités
chorioniques, biopsie des, 282, 283f, 1082f, 1086
intestinales, 938

Virchow, R., 6, 229

Viroïdes, 366

Virus, 357f
à ARN, 361, 362
voir aussi Rétrovirus
à enveloppe, 361, 362f
voir aussi Enveloppe membraneuse
agriculture et, 365
ascendance des, 366
cancer et, 365
cycle de réplication d'un, 358, 358f
voir aussi Virus parasites des Animaux, infections et réplication
de l'immunodéficience humaine (VIH), 362, 363f, 476, 476f, 1003, 1004, 1004f, 1005f
origine du, 547
découverte des, 356
des Végétaux, 365
Ebola, 364, 364f
génétique des, 355, 356
génome dans une coque protectrice, 356
nouveaux, 364
origine, apparition, 366
parasites des Animaux, infections et réplication, 361, 361t, 362f
reproduction dans une cellule hôte, 357
structure des, 356, 357, 357f
taille d'un, 356f

tempérés, 360
voir aussi Provirus, Rétrovirus, Hantavirus

Vision, 1164
darwinienne du vivant, 479
voies nerveuses de la, 1170f
voir aussi Œil, Yeux

Vitalisme, 55

Vitamines, 925
besoins des Humains, 926t

Vitellus, 1095

Vitesse
d'échange thermique, ajustement de la, 1015
de décomposition déterminant le temps
de recyclage des nutriments, 1325
de la circulation sanguine, 957, 958f
du métabolisme, 914
et température corporelle durant
l'hibernation, 1022, 1023f
mesure de la, 915f
par kilogramme de masse corporelle,
inversement proportionnelle
à la taille du corps, 915
variation de la, 916, 916f

Vivant, 2
éléments purement théoriques de la vision
darwinienne du, 479
histoire du, 555f
voir aussi Vie, histoire de la
les grandes ramifications du, 566
les trois domaines du, 10, 12f, 567, 573, 573f,
582, 600
sélection naturelle et diversité du, 15, 16f
voir aussi Vie, Vision darwinienne du vivant,
Êtres vivants, Diversité biologique

Vogts, W., 1108

Voie(s)
anabolique(s) (biosynthèse), 92, 181
cataboliques, 92, 164, 169, 180f
classique et alterne du complément, 998, 999f
de conversion-amplification, 210, 217, 218, 221f,
399, 401f, 883, 1167, 1168f
des stimulus, activation par les médiateurs
chimiques fixés aux protéines de
la membrane plasmique, 1046,
1047, 1047f
des stimulus liant les stimulus internes et
externes et les réponses des cellules,
872, 873f, 874
de la régulation de la digestion (nerveuse
et hormonale), 940

du flux de l'énergie et des cycles biogéochimiques
dans un écosystème, 1310
métabolique(s), 91, 181
de la photosynthèse, 190, 190f
régulation d'une, 374, 374f
nerveuses de la vision, 1170f

Vol, 1179

Volume
courant (VC), 973
de réserve
expiratoire (VRE), 973
inspiraroire (VRI), 973
résiduel (VR), 973
systolique (V$_s$), 954

Von Frisch, K., 1228

Von Linné, C., 466, 471

Von Tschermark, E., 289

Vrac, ingestion en, 929, 930f

W

Wallace, A., 470

Watson, J., 4, 21, 86, 309, 313-316
voir aussi Hélice, double

Went, F. W., 876
expérience de, 877, 878f

Whittaker, R. H., 566, 566f

Wilkins, M., 313

Wilson, E. O., 572, 1361

Woese, C., 572, 581

Wright, S., 484

X

X
fragile, syndrome de l', 304
syndrome du triple, 303
voir aussi Rayons X

Xénarthres, 767

Xérophytes, 826, 827f

Xylème, 632, 632f, 786, 787f
aspiration de la sève brute du, 821
cohésion et adhérence de l'eau dans le, 822, 822f

ses cellules chez les Angiospermes, 659, 660f
transport de la sève brute dans le, 820
vaisseaux du, 786

Y

Yeux
à cristallin unique, 1165
simples, 1165
composés, 722, 1164, 1164f
voir aussi Œil

Z

Zéaxanthine, 887

ZEC, 1357

Zone(s)
abyssale, 1214
aphotique, 1209
benthique, 1209, 1212
d'activité polarisante, 1112
d'élongation cellulaire, 793
d'exploitation contrôlée (ZEC), 1357
de différenciation cellulaire, 793
de division cellulaire, 793
de transition et biodiversité des paysages,
1354, 1355f
euphotique, 1209
intertidale, 1212, 1213f
limnétique, 1209
littorale, 1209
néritique, 1212
océanique, 1212
pélagique, 1212
pellucide, 1095
profonde, 1209
protégées, 1356
quiescente, 793

Zygomycète(s), 674, 674f
cycle de développement d'un, 675f

Zygosporange, 674

Zygote
division par la segmentation, 1095
formation du, 1081, 1081f
production par la double fécondation, 857

Zymogènes, granules de, 935